PRINCIPES

D'ANATOMIE ET DE PHYSIOLOGIE

2e ÉDITION

PRINCIPES
D'ANATOMIE ET DE PHYSIOLOGIE

2e ÉDITION

Gerard J. **TORTORA**   Bryan **DERRICKSON**

Adaptation française **Michel Forest • Louise Martin**

ÉDITIONS DU RENOUVEAU PÉDAGOGIQUE INC.

5757, RUE CYPIHOT, SAINT-LAURENT (QUÉBEC) H4S 1R3
TÉLÉPHONE: (514) 334-2690   TÉLÉCOPIEUR: (514) 334-4720
erpidlm@erpi.com   w w w . e r p i . c o m

Direction, développement de produits
Sylvain Giroux

Supervision éditoriale
Sylvie Chapleau

Traduction
Marie-Hélène Courchesne, Catherine Ego, Pierrette Mayer

Révision linguistique
Hélène Lecaudey, Jean-Pierre Regnault

Correction d'épreuves
Isabelle Rolland

Recherche iconographique
Nathalie Bouchard

Direction artistique
Hélène Cousineau

Supervision de la production
Muriel Normand

Édition électronique
Infoscan Collette

Couverture
Martin Tremblay

Les sources des illustrations et des photographies sont présentées après le glossaire.

Dépôt légal – Bibliothèque et Archives nationales du Québec, 2007
Dépôt légal – Bibliothèque et Archives Canada, 2007
Imprimé au Canada

4567890   II   13 12
20367   ABCD   SM9

ISBN 978-2-7613-1840-2

De bonnes connaissances en anatomie et en physiologie constituent, sans aucun doute, un bon point de départ pour entamer une carrière enrichissante dans une des multiples professions du domaine de la santé. En tant qu'enseignants de cette matière, nous sommes conscients qu'il est à la fois satisfaisant et difficile de donner une base solide pour la compréhension de la complexité du corps humain à une population d'étudiants de plus en plus variée. Cette nouvelle édition de *Principes d'anatomie et de physiologie* continue de présenter un contenu équilibré, en conformité avec notre thème principal et unificateur qu'est l'homéostasie, et appuyé par des explications pertinentes des déséquilibres homéostatiques. Par ailleurs, les commentaires que nous avons reçus de nos étudiants au cours des années nous ont convaincus que les lecteurs apprennent l'anatomie et la physiologie plus facilement lorsqu'on leur rappelle souvent la relation qui existe entre la structure et la fonction. Notre équipe de rédaction, composée d'un anatomiste et d'un physiologiste, deux spécialités très différentes, dispose donc d'avantages réels en ce qui a trait à l'atteinte d'un juste équilibre entre l'étude de l'anatomie et celle de la physiologie.

Plus que tout, nos étudiants continuent de nous rappeler qu'ils ont d'abord besoin d'explications simples et de textes précis et clairs. Pour répondre à ces besoins, chaque chapitre a été rédigé et révisé de manière à inclure les éléments suivants :

- des descriptions claires, captivantes et à jour sur l'anatomie et la physiologie ;
- des illustrations aux dimensions généreuses réalisées par des experts ;
- une pédagogie éprouvée en salle de classe ;
- des outils de soutien solides pour l'étudiant.

En révisant le contenu de la présente édition, nous nous sommes concentrés sur ces critères importants pour assurer le succès des cours d'anatomie et de physiologie en classe. Nous avons également précisé ou ajouté des éléments pour améliorer l'expérience d'enseignement et d'apprentissage.

L'HOMÉOSTASIE : UN THÈME UNIFICATEUR

L'homéostasie, définie comme l'état d'équilibre physiologique dynamique de l'organisme, est le thème central de *Principes d'anatomie et de physiologie*. Le chapitre 1 présente d'entrée de jeu ce concept unificateur et explique comment divers mécanismes de régulation interviennent pour maintenir les processus physiologiques à l'intérieur des limites étroites assurant la survie. Le présent ouvrage fait souvent état de ces mécanismes homéostatiques, que des illustrations viennent expliquer et appuyer, et la majorité des chapitres sont soutenus par des renseignements qui étayent ce concept important. Une nouveauté

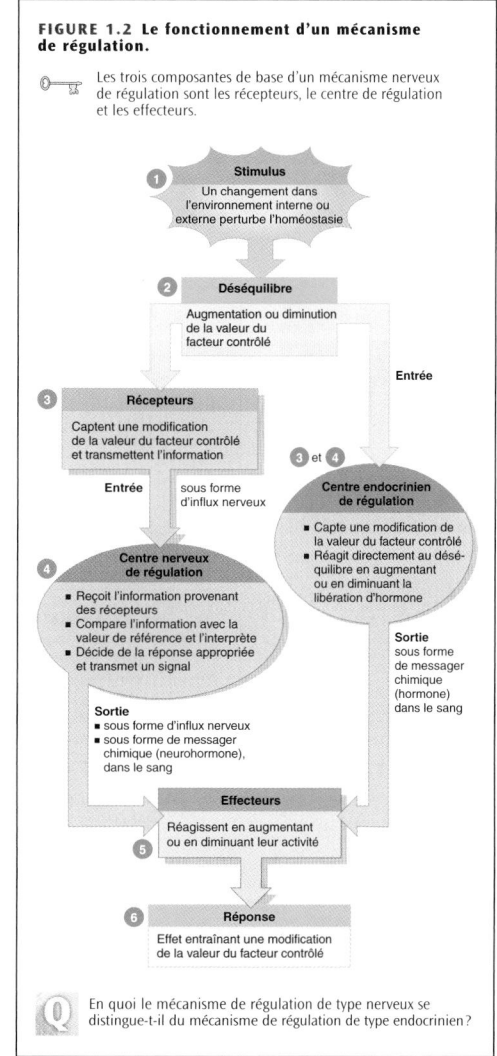

FIGURE 1.2 Le fonctionnement d'un mécanisme de régulation.

Les trois composantes de base d'un mécanisme nerveux de régulation sont les récepteurs, le centre de régulation et les effecteurs.

1 Stimulus Un changement dans l'environnement interne ou externe perturbe l'homéostasie

2 Déséquilibre Augmentation ou diminution de la valeur du facteur contrôlé

Entrée

3 Récepteurs Captent une modification de la valeur du facteur contrôlé et transmettent l'information

Entrée — sous forme d'influx nerveux

3 et 4 Centre endocrinien de régulation
- Capte une modification de la valeur du facteur contrôlé
- Réagit directement au déséquilibre en augmentant ou en diminuant la libération d'hormone

4 Centre nerveux de régulation
- Reçoit l'information provenant des récepteurs
- Compare l'information avec la valeur de référence et l'interprète
- Décide de la réponse appropriée et transmet un signal

Sortie
- sous forme d'influx nerveux
- sous forme de messager chimique (neurohormone), dans le sang

Sortie sous forme de messager chimique (hormone) dans le sang

Effecteurs Réagissent en augmentant ou en diminuant leur activité

5

6 Réponse Effet entraînant une modification de la valeur du facteur contrôlé

Q En quoi le mécanisme de régulation de type nerveux se distingue-t-il du mécanisme de régulation de type endocrinien ?

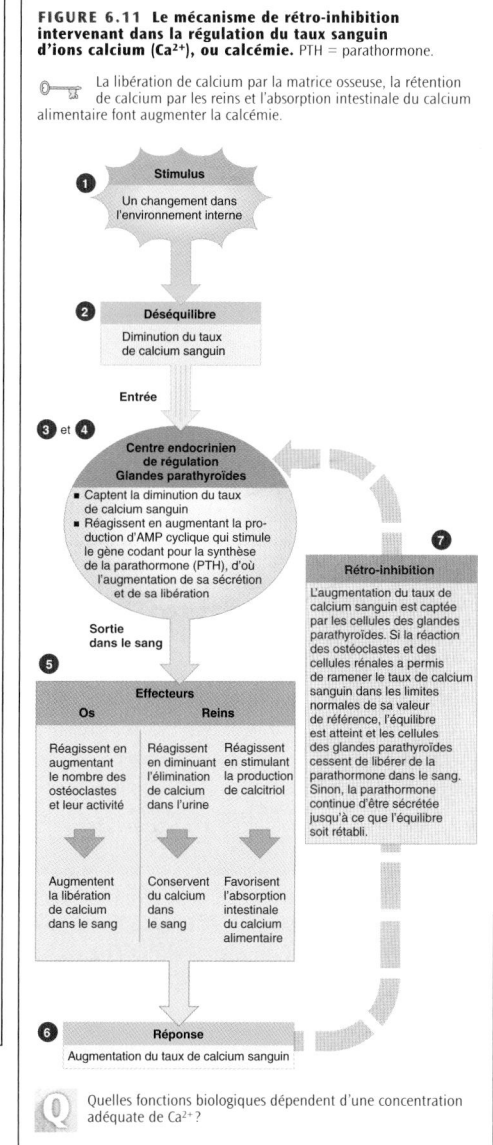

FIGURE 6.11 Le mécanisme de rétro-inhibition intervenant dans la régulation du taux sanguin d'ions calcium (Ca²⁺), ou calcémie. PTH = parathormone.

La libération de calcium par la matrice osseuse, la rétention de calcium par les reins et l'absorption intestinale du calcium alimentaire font augmenter la calcémie.

1 Stimulus Un changement dans l'environnement interne

2 Déséquilibre Diminution du taux de calcium sanguin

Entrée

3 et 4 Centre endocrinien de régulation Glandes parathyroïdes
- Captent la diminution du taux de calcium sanguin
- Réagissent en augmentant la production d'AMP cyclique qui stimule le gène codant pour la synthèse de la parathormone (PTH), d'où l'augmentation de sa sécrétion et de sa libération

Sortie dans le sang

5 Effecteurs

Os | **Reins**

Réagissent en augmentant le nombre des ostéoclastes et leur activité | Réagissent en diminuant l'élimination de calcium dans l'urine | Réagissent en stimulant la production de calcitriol

Augmentent la libération de calcium dans le sang | Conservent du calcium dans le sang | Favorisent l'absorption intestinale du calcium alimentaire

7 Rétro-inhibition L'augmentation du taux de calcium sanguin est captée par les cellules des glandes parathyroïdes. Si la réaction des ostéoclastes et des cellules rénales a permis de ramener le taux de calcium sanguin dans les limites normales de sa valeur de référence, l'équilibre est atteint et les cellules des glandes parathyroïdes cessent de libérer de la parathormone dans le sang. Sinon, la parathormone continue d'être sécrétée jusqu'à ce que l'équilibre soit rétabli.

6 Réponse Augmentation du taux de calcium sanguin

Q Quelles fonctions biologiques dépendent d'une concentration adéquate de Ca²⁺ ?

a été introduite dans la présente édition : la première page de chaque chapitre contient un bref énoncé de la relation entre le système étudié dans le chapitre et ses principales contributions à l'homéostasie générale de l'organisme. Par la suite, à la fin du chapitre, cette présentation est appuyée par une rubrique intitulée *Point de mire sur l'homéostasie* (une pour chacun des systèmes : tégumentaire, squelettique, musculaire, nerveux, endocrinien, cardiovasculaire, lymphatique et immunité, respiratoire, digestif et urinaire). Cette dernière rubrique explique, clairement et brièvement, comment le système étudié contribue à l'homéostasie de chacun des autres systèmes de l'orga-

nisme. Son utilisation simplifie l'apprentissage par l'étudiant des liens qui existent entre les systèmes de l'organisme et de la manière dont les interactions entre ces systèmes contribuent à l'homéostasie de l'organisme dans son ensemble.

De plus, nous croyons que l'étudiant comprendra mieux les processus physiologiques normaux s'il analyse des situations dans lesquelles ces processus sont perturbés par une maladie ou un trouble. L'ouvrage contient trois rubriques qui traitent de ces perturbations de l'homéostasie.

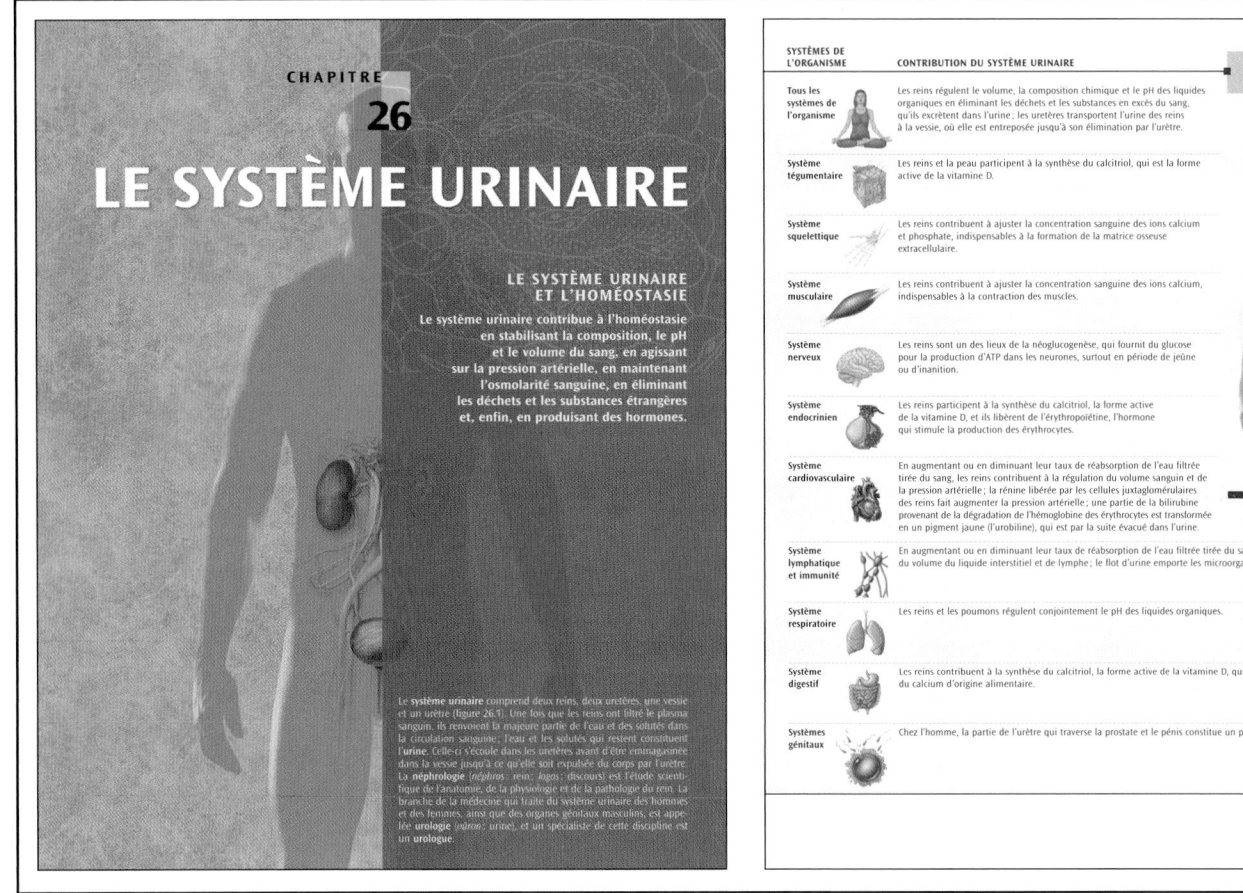

Les **applications cliniques** placent une structure anatomique ou sa fonction dans un contexte clinique ou professionnel ou encore dans une situation de la vie quotidienne. Comme elles ont la faveur des étudiants depuis toujours, nous avons ajouté à la présente édition un grand nombre d'applications cliniques et toutes ont été revues par un comité d'infirmières qui ont validé leur exactitude et leur pertinence. Chaque application suit immédiatement la description de la structure ou de la fonction qu'elle met en contexte.

LA RÉGÉNÉRATION DES CELLULES CARDIAQUES
Comme nous l'avons indiqué précédemment dans le présent chapitre, le cœur d'une personne qui a survécu à une crise cardiaque contient des régions dont le tissu musculaire a subi des lésions. Habituellement, les myocytes lésés sont progressivement remplacés par du tissu cicatriciel fibreux non contractile. L'absence de cellules souches dans le muscle cardiaque et l'absence de mitose des myocytes cardiaques adultes expliqueraient l'incapacité du cœur à réparer les lésions consécutives à un infarctus. Toutefois, une étude récente menée par des chercheurs américains et italiens sur des greffés du cœur a mis en évidence un important processus de remplacement des cellules cardiaques. Au cours de cette étude, qui portait sur des hommes ayant reçu un cœur de femme, les chercheurs ont étudié la présence d'un chromosome Y dans les cellules cardiaques. (Toutes les cellules femelles, sauf les gamètes, ont deux chromosomes X et n'ont pas de chromosome Y.) Quelques années après la greffe, les chercheurs ont constaté que 7 % à 16 % des cellules cardiaques des tissus transplantés, notamment les myocytes cardiaques et les cellules endothéliales des artérioles et des capillaires coronaires, avaient été remplacées par des cellules du receveur, puisque celles-ci contenaient un chromosome Y. Cette étude a également révélé la présence de cellules présentant certaines caractéristiques des cellules souches, tant dans les cœurs greffés que dans les cœurs témoins. De toute évidence, les cellules souches peuvent migrer du sang au cœur et se différencier en cellules endothéliales ou en myocytes fonctionnels. Il faut espérer que les chercheurs trouveront le moyen de stimuler la régénération des cellules cardiaques afin de traiter les personnes souffrant d'insuffisance cardiaque ou de cardiopathie (maladie du cœur). ■

De plus, la section sur les **déséquilibres homéostatiques** que l'on trouve à la fin de presque tous les chapitres présente de courtes explications des principales maladies et des principaux troubles qui illustrent les écarts par rapport à l'homéostasie. Cette section contient des réponses aux nombreuses questions que les étudiants se posent sur les problèmes médicaux. Le lecteur bénéficiera également d'une liste de **termes médicaux** et de maladies à la fin de la plupart des chapitres. Cette section a été étendue et mise à jour.

AMÉLIORATIONS APPORTÉES À L'ORGANISATION, AUX THÈMES SPÉCIAUX ET AU CONTENU

Le présent ouvrage respecte la même organisation que l'édition précédente, mais l'ordre de présentation des thèmes a légèrement changé. Il est divisé en cinq grandes parties.

- La première partie, « L'organisation du corps humain », décrit l'organisme en fonction de ses niveaux structuraux et fonctionnels, qui vont de la molécule aux systèmes organiques.

- La deuxième partie, « Les principes du soutien et du mouvement », analyse l'anatomie et la physiologie des systèmes squelettique et musculaire et des articulations.

- La troisième partie, « Les systèmes de régulation du corps humain », met l'accent sur l'importance de la communication neuronale dans le maintien immédiat de l'homéostasie, la façon dont les récepteurs sensoriels fournissent de l'information sur les milieux interne et externe et le rôle primordial que les hormones jouent dans le maintien à long terme de l'homéostasie.

- La quatrième partie, « Le maintien du fonctionnement du corps humain », explique comment les systèmes organiques contribuent de façon ponctuelle au maintien de l'homéostasie en participant aux processus de la circulation, de la respiration, de la digestion, du métabolisme cellulaire, des fonctions urinaires et des systèmes tampons.

- La cinquième partie, « La continuité », étudie l'anatomie et la physiologie du système génital, le développement de l'être humain et les concepts de base de la génétique et de l'hérédité.

Vieillissement Il est toujours bon de rappeler que l'anatomie et la physiologie ne sont pas statiques. À mesure que nous vieillissons, la structure et le fonctionnement de notre organisme subissent de subtiles transformations. De plus, le vieillissement présente un intérêt d'ordre professionnel pour la plupart des lecteurs qui entreprendront bientôt une carrière dans le secteur de la santé, où l'âge moyen de la clientèle ne cesse de croître. C'est pourquoi les changements anatomiques et physiologiques associés au vieillissement sont abordés à la fin de quinze chapitres de l'ouvrage.

Exercice L'exercice physique peut avoir des effets bénéfiques pour certaines structures anatomiques et améliorer de nombreuses fonctions physiologiques, en particulier celles qui relèvent des systèmes musculaire, squelettique et cardiovasculaire. Le volet consacré à l'exercice servira particulièrement au lecteur qui se destine à une profession liée à l'éducation physique, à l'entraînement d'athlètes et à la danse. Certains chapitres clés comprennent donc de brefs exposés sur l'exercice, désignés par l'icône de la chaussure de course.

Développement embryonnaire Nous disons souvent à nos étudiants qu'ils seront plus à même de comprendre la « logique » de l'anatomie humaine s'ils se familiarisent avec le développement embryonnaire des diverses structures. Nous avons inclus des sections illustrées sur ce sujet à la fin de la plupart des chapitres portant sur les systèmes organiques. Nous avons placé cette information à la fin pour que l'étudiant apprenne la terminologie anatomique nécessaire avant d'aborder les structures embryonnaires et fœtales. L'icône du fœtus indique le début de chacune de ces sections.

LE DÉVELOPPEMENT EMBRYONNAIRE DU SYSTÈME NERVEUX

> **OBJECTIF**
> - Décrire le développement embryonnaire des différentes parties de l'encéphale.

Le développement du système nerveux s'amorce au cours de la troisième semaine de gestation avec l'apparition de la **plaque neurale**, qui est un épaississement de l'**ectoderme** (figure 14.28). La plaque neurale s'invagine ensuite et forme un pli longitudinal, la **gouttière neurale**. Puis les bords de la plaque neurale s'élèvent, formant des **bourrelets neuraux** qui délimitent la gouttière neurale. Au fil du développement, ces bourrelets s'allongent, se rapprochent [...neural].

LE VIEILLISSEMENT DU TISSU OSSEUX

> **OBJECTIF**
> - Décrire les effets du vieillissement sur le tissu osseux.

De la naissance jusqu'à l'adolescence, la production de tissu osseux l'emporte sur la perte osseuse au cours du remaniement osseux. Chez les jeunes adultes, les taux de dépôt et de résorption de matière osseuse sont à peu près identiques. À mesure que la concentration de stéroïdes sexuels diminue durant l'âge adulte, en particulier chez les femmes à la ménopause, la masse osseuse diminue parce que la résorption par les ostéoclastes est plus rapide que le dépôt de matière osseuse par les ostéoblastes. Chez les per[...]orption est plus

LES EFFETS DE L'EXERCICE SUR LE CŒUR

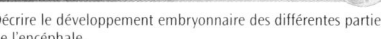

> **OBJECTIF**
> - Expliquer le lien entre l'exercice physique et le cœur.

Quelle que soit notre forme physique, il n'y a pas d'âge pour chercher à l'améliorer en faisant de l'exercice. Certains types d'exercices favorisent plus que d'autres le bon fonctionnement du système cardiovasculaire. Les **exercices aérobiques**, comprenant toutes les activités qui sollicitent les grands muscles du corps pendant au moins 20 minutes, augmentent le débit cardiaque et accélèrent le métabolisme. Pour améliorer notablement le fonctionnement du système cardiovasculaire, on recommande une fréquence de trois à cinq séances d'exercice par semaine. La marche

Ajouts à la nouvelle édition   Le texte et les illustrations de tous les chapitres ont été améliorés. De plus, on a augmenté le nombre d'applications cliniques. Voici un aperçu des changements importants.

Chapitre 1   *Introduction au corps humain*

Les figures 1.1, 1.5, 1.9, 1.10 et 1.12 ont été redessinées et/ou améliorées. Le tableau 1.2 a été complètement refait et on y a introduit des figures représentant les différents systèmes. Le tableau 1.3 présente une nouvelle technologie et de nouvelles photographies. Le modèle de régulation a été modifié pour y intégrer la régulation endocrinienne.

Chapitre 2   *Le niveau chimique d'organisation*

La figure 2.16 illustrant la molécule de glycogène est nouvelle et la figure 2.22 a été redessinée. L'étude des réactions d'oxydoréduction a été transférée au chapitre sur le métabolisme et la nutrition (chapitre 25). La section sur les lipides a été révisée et on y retrouve une nouvelle application clinique, *Les acides gras et la santé*.

Chapitre 3   *Le niveau cellulaire d'organisation*

La discussion sur le transport membranaire a été réorganisée en deux nouvelles sections, l'une portant sur *Le transport par énergie cinétique* et l'autre, sur *Le transport par transporteur protéique*. Les figures 3.7, 3.14 et 3.15 comprennent de nouvelles photomicrographies. Les figures 3.10, 3.11, 3.12 et 3.30 ont été redessinées. L'étude des étapes de la méïose a été déplacée du chapitre 28 au chapitre 3 afin de la rapprocher de celle de la mitose avec l'ajout des figures 3.31 et 3.32. Nouvelles informations sur la kinase cycline-dépendante dans la section sur la régulation du sort de la cellule. Ajout de nouvelles applications cliniques : *Les utilisations médicales des solutions isotonique, hypertonique et hypotonique, Le RE lisse et la tolérance aux médicaments, La génomique, Le fuseau mitotique et le cancer* et *La progéria et le syndrome de Werner*.

Chapitre 4   *Le niveau tissulaire d'organisation*

L'épithélium glandulaire est présenté dans un nouveau tableau 4.2. Les figures 4.3 et 4.7 sont nouvelles. Les figures 4.1, 4.2 et 4.4 ont été redessinées. Les tableaux 4.1 à 4.6 comprennent de nouvelles photomicrographies et toutes les figures ont été redessinées. Ajout d'une section sur *Les cellules excitables* et d'une application clinique sur *Les membranes basales et la maladie*. La section sur les *Termes médicaux* a été révisée.

Chapitre 5   *Le système tégumentaire*

Le chapitre comprend l'ajout d'une nouvelle section sur *Le tatouage et le perçage corporel*, de nouvelles informations sur les divers traitements cosmétiques permettant de limiter les effets du vieillissement ainsi que de nouvelles notions sur le développement embryonnaire du système tégumentaire. Ajout des figures 5.7, 5.8 et 5.9 ; la figure 5.1 comprend l'ajout d'une photomicrographie et les figures 5.3 et 5.6 ont été redessinées et/ou ont de nouvelles micrographies. Ajout de deux nouvelles applications cliniques sur *La chimiothérapie et la perte des cheveux, Les lignes de Langer et les interventions chirurgicales* et *Les lésions cutanées causées par le soleil*.

Chapitre 6   *Système squelettique : le tissu osseux et les os*

La figure 6.2 comprend de nouvelles photomicrographies de cellules osseuses et la figure 6.9 comprend de nouvelles photographies de fractures. Les figures 6.3, 6.4 et 6.6 ont été redessinées et/ou améliorées. La figure sur le mécanisme de rétro-inhibition intervenant dans la régulation du taux de calcium sanguin a été révisée. Ajout d'une nouvelle application clinique *Le remaniement et l'orthodontie*. La section sur *Le développement embryonnaire du système squelettique* a été déplacée au chapitre 8.

Chapitre 7   *Système squelettique : le squelette axial*

Ajout des figures 7.13, 7.15, 7.25 et 7.26. La section sur les *Déséquilibres homéostatiques* comprend une nouvelle entrée sur *Les fractures de la colonne vertébrale*.

Chapitre 8   *Système squelettique : le squelette appendiculaire*

Ajout de la figure 8.2 et amélioration du graphisme de la figure 8.10. Ajout de trois nouvelles applications cliniques sur *La pelvimétrie, La greffe osseuse* et *Les fractures du métatarse*. La section sur *Le développement embryonnaire du système squelettique* a été replacée dans ce chapitre et comprend une nouvelle figure 8.18.

Chapitre 9   *Les articulations*

La matière de ce chapitre a été remaniée, de telle sorte que la section sur *Les types d'articulations synoviales* est placée à la suite de la section sur *Les mouvements permis par les articulations synoviales*. Ajout de l'exposé 9.1 sur l'articulation temporomandibulaire ; de la figure 9.11 ; d'une application clinique sur *La luxation temporomandibulaire* ; d'une section sur *L'arthroplastie* ; de la figure 9.16. La section sur les *Déséquilibres homéostatiques* comprend une nouvelle entrée sur *La spondylarthrite ankylosante*.

Chapitre 10   *Le tissu musculaire*

L'organisation des figures a été modifiée : les figures 10.2, 10.6, 10.7, 10.10, 10.13 et 10.18 ont été redessinées et/ou améliorées ; les photomicrographies des figures 10.5 et 10.6 sont nouvelles. Ajout de deux nouvelles applications cliniques sur *L'électromyographie* et sur *L'Hypotonie et l'hypertonie*.

Chapitre 11   *Le système musculaire*

Une colonne intitulée *Innervation* a été ajoutée dans tous les exposés. L'exposé 11.8 et la figure 11.11 sur les muscles intervenant dans la respiration ont été révisés et améliorés. Ajout de nouvelles applications cliniques sur *Les bienfaits du stretching, Le strabisme, Les blessures au dos et levage de fardeaux* et *Les injections intramusculaires*.

Chapitre 12   *Le tissu nerveux*

Le graphisme et les couleurs des figures ont été grandement améliorés. La section sur *Les cellules gliales* a été complétée et réorganisée en deux nouvelles parties : *Les gliocytes du SNC* et *Les gliocytes du SNP* ; les figures 12.6 et 12.7 qui s'y rapportent sont nouvelles. La section sur *Les signaux électriques dans les neurones* a été modifiée pour inclure la nouvelle figure 10.10 qui illustre les fonctions sensitive et motrice du système nerveux. Les figures 12.8, 12.9, 12.16, 12.17 et 12.20 ont été redessinées et/ou améliorées.

Chapitre 13   *La moelle épinière et les nerfs spinaux*

L'organisation de la matière de ce chapitre a été remaniée de façon à ce que la section sur *Les nerfs spinaux* précède la section sur *La physiologie de la moelle épinière*. La figure 13.1 a été redessinée et comprend une nouvelle photomicrographie. Le graphisme des figures des différents exposés a été amélioré. Ajout de deux nouvelles applications cliniques sur *Les lésions des nerfs spinaux* et *Les réflexes et le diagnostic*. La section sur les *Déséquilibres homéostatiques* comprend une nouvelle entrée sur *Les lésions traumatiques de la moelle épinière*.

Chapitre 14   *L'encéphale et les nerfs crâniens*

C'est dans ce chapitre que le manuel comprend les changements les plus importants. Le tableau 14.1 est nouveau. Les figures 14.2b, 14.9, 14.16, 14.28, 14.29 ainsi que les figures 14.18 à 14.27 se rapportant aux nerfs crâniens sont nouvelles et la plupart des autres figures ont été redessinées et/ou améliorées. Ajout de deux nouvelles applications cliniques sur *L'ataxie* et *L'anesthésie dentaire*. La section sur les *Déséquilibres homéostatiques* comprend de nouvelles entrées sur *Les tumeurs cérébrales* et sur *Le trouble déficitaire de l'attention avec hyperactivité*.

Chapitre 15   Le système nerveux autonome

Ce chapitre a été déplacé de façon à ce que son étude précède celle des chapitres portant sur *La sensibilité, la motricité et l'intégration* et sur *Les sens*. La matière portant sur *L'anatomie des voies motrices autonomes* a été réorganisée et la section sur *Les effets physiologiques du SNA* comprend une nouvelle entrée sur *L'activité (ou tonus) du système nerveux autonome*. La figure 15.1 est nouvelle ; la figure 15.6 a été redessinée et la figure 15.2 présente séparément, et par conséquent en vue agrandie, les voies motrices des parties sympathique et parasympathique du SNA. Le chapitre comprend une section complète sur les *Termes médicaux*.

Chapitre 16   La sensibilité, la motricité et l'intégration

Les figures 16.4 et 16.8 ont été redessinées ; le graphisme des figures et des tableaux 16.3 et 16.4 a été amélioré. Ajout de trois nouvelles applications cliniques sur *L'algohallucinose*, *Les lésions des noyaux gris centraux* et *L'amnésie*.

Chapitre 17   Les sens

Les figures 17.2 et 17.13 et 17.19 ont été redessinées. Ajout de deux nouvelles sections sur *Le développement embryonnaire de l'œil et de l'oreille* et sur *Le vieillissement des organes des sens* ainsi que de nouvelles applications cliniques dont *L'hyposmie*, *L'aversion gustative*, *La dégénérescence maculaire*, *La presbytie*, *Le Lasik*.

Chapitre 18   Le système endocrinien

Le graphisme des figures 18.1, 18.3, 18.4 et 18.8 a été amélioré. Des microphotographies ont été ajoutées à la figure 18.5 redessinée. Des figures illustrant le modèle de régulation remplacent les figures 18.6, 18.7, 18.9, 18.12 ; la figure 18.17 a été révisée. Des photographies d'organes de cadavres sont ajoutées aux figures 18.5, 18.10, 18.13, 18.15 et 18.18. Ajout de nouvelles applications cliniques dont *L'administration d'hormones*, *Le rôle de l'ocytocine lors de l'accouchement*, *L'hyperplasie congénitale des surrénales* et *L'état de stress post-traumatique*. La nouvelle figure 18.22, ajoutée à la section sur les *Déséquilibres homéostatiques*, illustre divers troubles du système endocrinien.

Chapitre 19   Système cardiovasculaire : le sang

La figure 19.14 est nouvelle ; le graphisme de la figure 19.8 a été amélioré ; les figures 19.2, 19.7 et 19.10 comprennent de nouvelles microphotographies. Le mécanisme de régulation de la figure 19.6 a été révisé. Ce chapitre comprend une nouvelle section sur *La Greffe de cellules souches provenant de la moelle osseuse rouge ou du sang ombilical* et deux nouvelles applications cliniques sur *L'examen de la moelle osseuse* et *La surcharge en fer et les lésions des tissus*.

Chapitre 20   Système cardiovasculaire : le cœur

Les figures 20.1, 20.13, 20.19, 20.20 et 20.22 sont nouvelles ; le graphisme des figures 20.3, 20.4a, 20.8, 20.14 et 20.18 a été grandement amélioré ; la figure 20.21 comprend une nouvelle photomicrographie. Le réseau de concepts de la figure 20.17 a été réorganisé. Des photographies d'organes de cadavres ont été ajoutées aux figures 20.6 et 20.8. Ajout de trois nouvelles applications cliniques sur *La myocardite et l'endocardite*, sur *L'ischémie et l'infarctus du myocarde* et sur *Le traitement des cœurs défaillants*. Dans la section *Déséquilibres homéostatiques*, de nouvelles informations ont été ajoutées sur *Le développement* des plaques d'athérosclérose, sur *Le diagnostic de la coronaropathie*, sur *Le traitement de la coronaropathie* et sur *Les arythmies*.

Chapitre 21   Système cardiovasculaire : les vaisseaux sanguins et l'hémodynamique

Le tableau 21.1 est nouveau et des figures ont été ajoutées dans le tableau 21.3 ; la figure 21.1 comprend une nouvelle photomicrographie. Le graphisme des figures 21.1, 21.4, 21.7, 21.9, 21.13, 21.29 et 21.30, de même que le graphisme de quelques figures des exposés sur les voies de circulation, a été grandement amélioré. Les mécanismes de régulation des figures 21.14 et 21.16 ont été révisés et le réseau de concepts de la figure 21.10 a été réorganisé. Ajout d'une application clinique sur *L'angiogenèse et la maladie*. La liste des *Termes médicaux* a été allongée.

Chapitre 22   Le système lymphatique et l'immunité

L'organisation de la matière de ce chapitre a été révisée, en particulier les sections touchant *Le traitement des antigènes*, *Les lymphocytes T* et *Le système du complément*. Les figures 22.12, 22.15 et 22.18 sont nouvelles ; les figures 22.6, 22.9, 22.10, 22.11, 22.13, 22.14, 22.16 et 22.18 ont été améliorées. La figure 22.5 comprend de nouvelles photomicrographies ; la figure 22.6 comprend une nouvelle photographie d'organe de cadavre. Ajout de deux applications cliniques sur *La rupture de la rate* et *Le subterfuge microbien contre la phagocytose*.

Chapitre 23   Le système respiratoire

Les figures 23.25 et 23.27 sont nouvelles ; les figures 23.1, 23.16, 23.19, 23.18, 23.24, et 23.29 ont été améliorées et/ou agrandies ; la figure 23.6 comprend une nouvelle photographie d'organe de cadavre. Le mécanisme de régulation de la figure 23.28 a été révisé. Ajout de deux nouvelles applications cliniques sur *La laryngite et le cancer du larynx* et sur *Le syndrome de détresse respiratoire*. La section *Déséquilibres homéostatiques* comprend trois nouvelles entrées : *La maladie liée à l'amiante*, *La mort subite du nourrisson* et *Le syndrome respiratoire aigu sévère*.

Chapitre 24   Le système digestif

Une nouvelle section sur *L'innervation du tube digestif* a été ajoutée ; elle comprend des informations sur le système nerveux entérique et ses parties. Les étapes de la régulation nerveuse et hormonale de la digestion (phases céphalique, gastrique et intestinale) sont étudiées, ensemble, dans une nouvelle section déplacée vers la fin du chapitre. La figure 24.3 est nouvelle et les figures 24.2, 24.12 et 24.15 ont été redessinées et/ou améliorées ; le graphisme des figures illustrant l'histologie des parties du tube digestif a été grandement amélioré ; le mécanisme de régulation de la figure 24.24 a été révisé. Ajout de nouvelles applications cliniques sur *Le traitement de canal*, *L'ictère*, *Les polypes du colon* et *L'hémorragie occulte*. La section *Déséquilibres homéostatiques* comprend deux nouvelles entrées : *Les maladies inflammatoires de l'intestin* et *Le syndrome du côlon irritable*.

Chapitre 25   Le métabolisme et la nutrition

Ce chapitre inclut une nouvelle section sur l'hypervitaminose ; la figure 25.16 et le mécanisme de régulation de la figure 25.19 ont été révisés. Ajout d'une nouvelle application clinique sur *L'alimentation compulsive*.

Chapitre 26   Le système urinaire

Les figures 26.2b et 26.22 sont nouvelles et les mécanismes de régulation des figures 26.10 et 26.17 ont été révisés. Ajout de nouvelles applications cliniques sur *La néphroptose (rein flottant)*, sur *La transplantation des reins*, sur *La perte de protéines plasmatiques dans l'urine causant l'œdème* et sur *La cystoscopie*.

Chapitre 27 L'équilibre hydrique, électrolytique et acidobasique

Les figures 27.3 et 27.4 sont nouvelles et la figure 27.7 a été révisée.

Chapitre 28 Les systèmes génitaux

Les sections sur l'érection et l'éjaculation ont été révisées. Le tableau 28.1 inclut de nouvelles figures. Les figures 28.5, 28.17, 28.18 et 28.23 à 28.26 ont été redessinées et/ou améliorées. Le mécanisme de régulation de la figure 28.8 a été révisé. Ajout de nouvelles applications cliniques : *La vasectomie, L'éjaculation précoce, Les kystes ovariens, Le prolapsus utérin, L'épisiotomie* et *La triade de l'athlète féminine*.

Chapitre 29 Le développement prénatal, la naissance et l'hérédité

Plusieurs changements ont été apportés dans la section sur le développement prénatal. La figure 29.14 est nouvelle. Le mécanisme de régulation de la figure 29.19 a été révisé. Ajout de nouvelles applications cliniques sur *L'anencéphalie* et sur *La recherche sur les cellules souches et le clonage thérapeutique*.

ILLUSTRATIONS

Graphisme renouvelé La conception d'un ouvrage dont la plupart des pages contiennent de belles illustrations et photographies doit être réalisée avec art dans un but fonctionnel. La conception de la présente édition aide l'étudiant à tirer le maximum des nombreuses particularités du texte et de ses illustrations exceptionnelles. Chaque page est soigneusement mise en forme afin de placer le texte, les figures et les tableaux connexes le plus près possible les uns des autres, ce qui évite au lecteur de tourner des pages tout en étudiant un thème. Cette édition fait une utilisation étendue de l'impression en rouge pour indiquer les références des figures et des tableaux. Cette marque, qui souligne au lecteur qu'il doit se reporter à la figure ou au tableau, sert aussi de point de repère au moment de reprendre la lecture.

Les **icônes distinctives** intégrées aux chapitres indiquent la présence de sections spéciales et facilitent leur repérage pendant la révision. Il s'agit de la **clé** qui présente les énoncés des notions clés, de la **lettre Q** associée aux questions qui agrémentent chaque figure, du **stéthoscope** qui indique une application clinique dans la partie narrative d'un chapitre, de l'icône du **fœtus** qui annonce une section portant sur le développement de l'anatomie et de la **chaussure de course** qui souligne une partie relative à l'exercice.

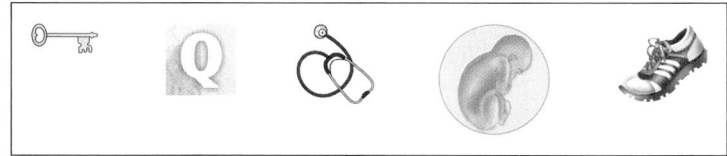

Schémas d'orientation L'étudiant a parfois besoin d'un repère pour comprendre le plan qui a été utilisé pour certaines illustrations, et une description n'est pas toujours suffisante. C'est pourquoi chaque illustration importante est accompagnée d'un schéma d'orientation qui illustre et explique la perspective choisie. Tous ces schémas ont été redessinés en couleurs pour la présente édition et ils donnent souvent une perspective en trois dimensions, ce qui les rend plus clairs et utiles. L'ouvrage comporte trois types de schémas : 1) les plans qui servent à indiquer où la section a été faite quand une partie du corps est coupée ; 2) les schémas qui contiennent une

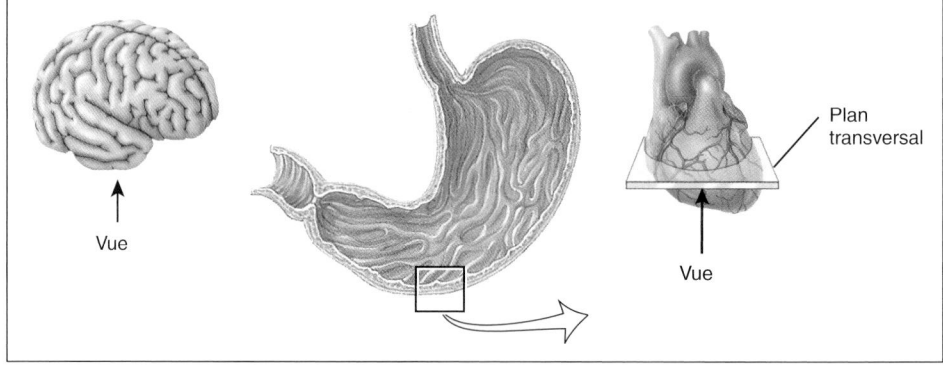

flèche indiquant une direction et le mot « Vue » qui précise dans quel angle la partie de l'organisme est présentée ; et 3) les schémas reliés par des flèches qui attirent l'attention sur des parties agrandies ou détaillées des illustrations.

Nouvelles illustrations L'enseignement de l'anatomie et de la physiologie constitue une démarche à la fois visuelle et descriptive. Puisque de plus en plus d'étudiants disent apprécier les aides visuelles, il est très important pour nous de nous assurer que les illustrations contenues dans le texte sont aussi utiles que possible. Un grand nombre des figures illustrant les sujets les plus arides pour l'étudiant ont été améliorées et repensées pour qu'elles soient plus claires et qu'elles facilitent la compréhension. Il s'agit, entre autres, des nombreuses illustrations qui décrivent les structures et les fonctions du système nerveux ainsi que des schémas présentant des sujets complexes comme la contraction musculaire, les échanges capillaires et les mécanismes à contre-courant. En tout, environ 100 figures ont été refaites pour la présente édition et la plupart des figures ont été améliorées.

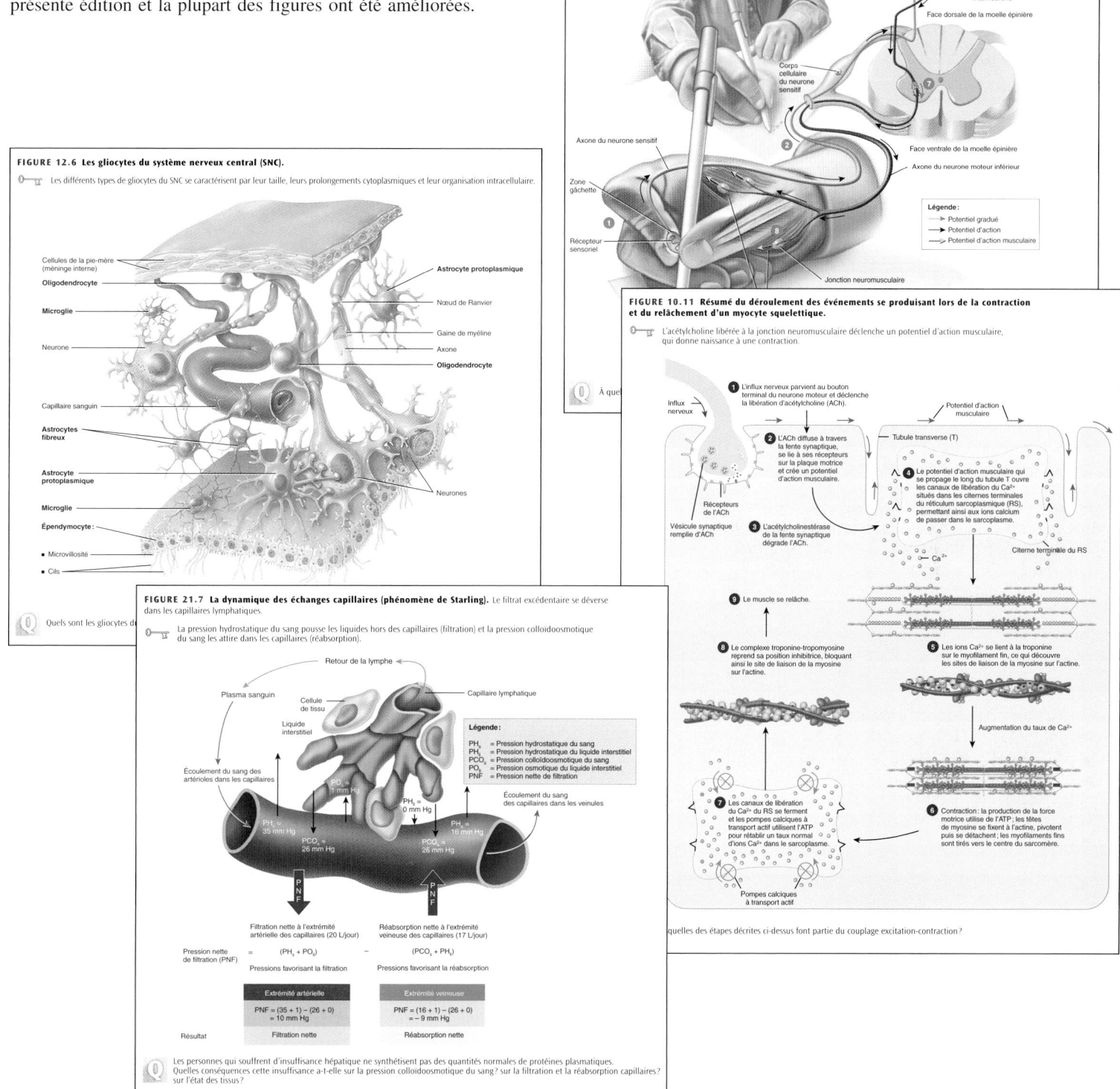

FIGURE 12.10 Les fonctions du système nerveux : vue d'ensemble.

Les potentiels gradués, les potentiels d'action et les potentiels d'action musculaires interviennent dans la transmission des stimulus sensoriels, les fonctions intégratives (par exemple, la perception) et les activités motrices.

FIGURE 12.6 Les gliocytes du système nerveux central (SNC).

Les différents types de gliocytes du SNC se caractérisent par leur taille, leurs prolongements cytoplasmiques et leur organisation intracellulaire.

FIGURE 10.11 Résumé du déroulement des événements se produisant lors de la contraction et du relâchement d'un myocyte squelettique.

L'acétylcholine libérée à la jonction neuromusculaire déclenche un potentiel d'action musculaire, qui donne naissance à une contraction.

FIGURE 21.7 La dynamique des échanges capillaires (phénomène de Starling). Le filtrat excédentaire se déverse dans les capillaires lymphatiques.

La pression hydrostatique du sang pousse les liquides hors des capillaires (filtration) et la pression colloïdoosmotique du sang les attire dans les capillaires (réabsorption).

Photographies nouvelles ou améliorées   La présente édition contient environ 40 nouvelles photographies ou photomicrographies. Elles sont dispersées dans l'ensemble du texte et comprennent des images médicales, ainsi que des photomicrographies histologiques. Comme auparavant, nous avons placé une vaste collection de photographies de cadavres claires et de bonnes dimensions à des endroits stratégiques dans de nombreux chapitres. Ces photographies ont été repensées afin qu'elles appuient de manière plus efficace les illustrations qu'elles accompagnent.

Radiographie de contraste au baryum montrant un cancer du côlon ascendant (voir la flèche)

Os coxal
Acétabulum artificiel
Tête du fémur artificielle
Corps artificiel en métal
Corps du fémur

(c) Radiographie d'une articulation coxofémorale artificielle

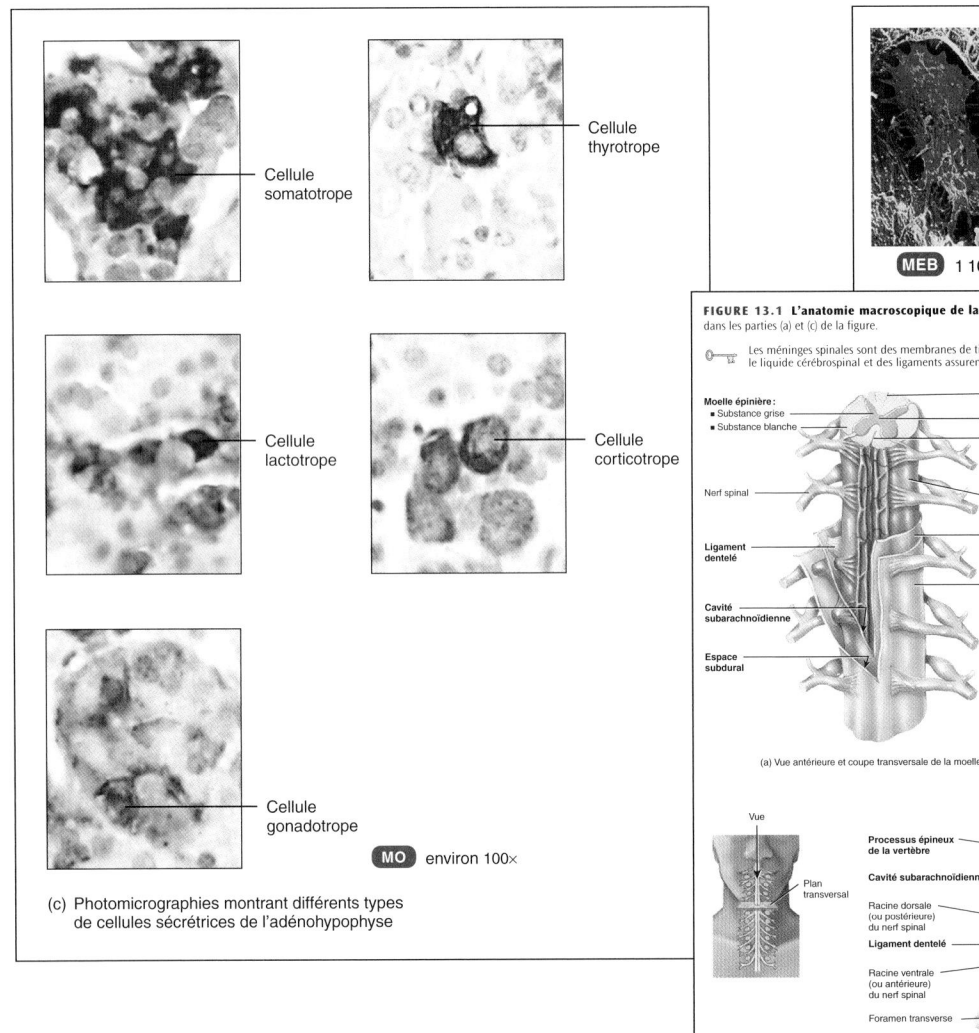

Cellule somatotrope
Cellule thyrotrope
Cellule lactotrope
Cellule corticotrope
Cellule gonadotrope

MO environ 100×

(c) Photomicrographies montrant différents types de cellules sécrétrices de l'adénohypophyse

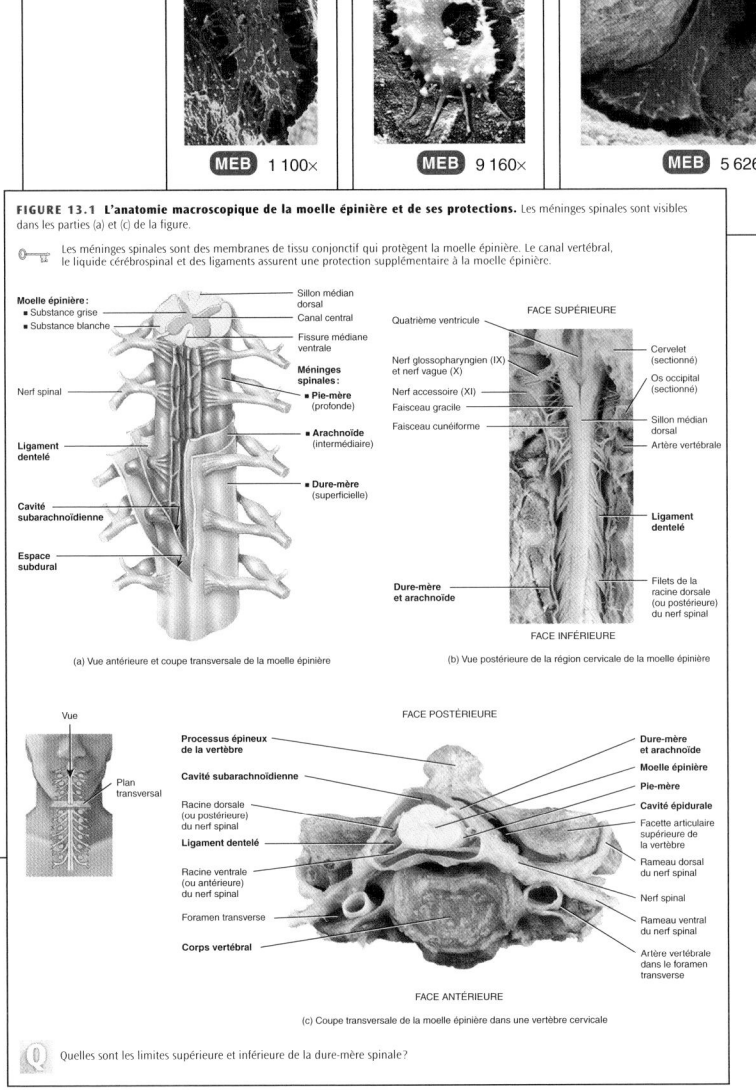

MEB 1 100×   **MEB** 9 160×   **MEB** 5 626×

FIGURE 13.1 L'anatomie macroscopique de la moelle épinière et de ses protections. Les méninges spinales sont visibles dans les parties (a) et (c) de la figure.

Les méninges spinales sont des membranes de tissu conjonctif qui protègent la moelle épinière. Le canal vertébral, le liquide cérébrospinal et des ligaments assurent une protection supplémentaire à la moelle épinière.

Moelle épinière :
■ Substance grise
■ Substance blanche

Sillon médian dorsal
Canal central
Fissure médiane ventrale

Nerf spinal

Méninges spinales :
■ **Pie-mère** (profonde)
■ **Arachnoïde** (intermédiaire)
■ **Dure-mère** (superficielle)

Ligament dentelé

Cavité subarachnoïdienne

Espace subdural

FACE SUPÉRIEURE
Quatrième ventricule
Nerf glossopharyngien (IX) et nerf vague (X)
Nerf accessoire (XI)
Faisceau gracile
Faisceau cunéiforme
Cervelet (sectionné)
Os occipital (sectionné)
Sillon médian dorsal
Artère vertébrale
Ligament dentelé
Dure-mère et arachnoïde
Filets de la racine dorsale (ou postérieure) du nerf spinal
FACE INFÉRIEURE

(a) Vue antérieure et coupe transversale de la moelle épinière

(b) Vue postérieure de la région cervicale de la moelle épinière

Vue
Plan transversal

FACE POSTÉRIEURE
Processus épineux de la vertèbre
Cavité subarachnoïdienne
Racine dorsale (ou postérieure) du nerf spinal
Ligament dentelé
Racine ventrale (ou antérieure) du nerf spinal
Foramen transverse
Corps vertébral

Dure-mère et arachnoïde
Moelle épinière
Pie-mère
Cavité épidurale
Facette articulaire supérieure de la vertèbre
Rameau dorsal du nerf spinal
Nerf spinal
Rameau ventral du nerf spinal
Artère vertébrale dans le foramen transverse

FACE ANTÉRIEURE

(c) Coupe transversale de la moelle épinière dans une vertèbre cervicale

Quelles sont les limites supérieure et inférieure de la dure-mère spinale ?

détecté par ❸ des barorécepteurs (récepteurs), cellules nerveuses sensibles à la pression situées dans les parois de certains vaisseaux sanguins. Les barorécepteurs transmettent l'information sous forme d'influx nerveux (information d'entrée) à ❹ l'encéphale (centre nerveux de régulation), qui les interprète et répond en transmettant un signal sous forme d'influx nerveux (information de sortie) au ❺ cœur (effecteur), qui augmente sa fréquence et sa force de contraction. Il en résulte un pompage cardiaque accru, qui entraîne ❻ une augmentation (réponse) de la valeur de la pression artérielle. Cette hausse est à nouveau captée par les barorécepteurs, qui ❼ transmettent cette nouvelle information à l'encéphale (rétroaction). Ce dernier vérifie si la réaction du cœur a ramené la pression artérielle dans les limites normales de sa valeur de référence. Si oui, l'équilibre est atteint et l'encéphale cesse d'envoyer des signaux au cœur. Si non, il continue d'envoyer ces signaux jusqu'à ce que l'équilibre soit rétabli. Cette série d'événements ramène la valeur du facteur contrôlé (pression artérielle) à la normale et rétablit l'homéostasie. Notez que l'activité de l'effecteur a produit un résultat (augmentation de la pression artérielle) inverse à l'effet du stimulus (diminution de la pression artérielle); il s'agit donc d'un mécanisme de rétro-inhibition.

Les mécanismes de rétroactivation

Un **mécanisme de rétroactivation** *amplifie* l'effet d'un stimulus sur la valeur d'un facteur contrôlé. Il agit de la même façon que le mécanisme de rétro-inhibition, sauf que la réponse produite touche différemment le facteur contrôlé. Le centre de régulation transmet bien une commande à un effecteur, mais ce dernier déclenche une réponse physiologique visant à *amplifier* l'effet du stimulus de départ. L'effet de la rétroactivation se poursuit tant qu'un événement extérieur au mécanisme de régulation ne l'interrompt pas.

L'accouchement normal illustre bien le fonctionnement d'un mécanisme de rétroactivation (figure 1.4). ❶ Les premières contractions utérines (stimulus) poussent le fœtus dans le col de l'utérus, c'est-à-dire la portion inférieure de l'utérus qui débouche dans le vagin, ce qui ❷ provoque l'étirement du col (déséquilibre). ❸ Des cellules sensibles à l'étirement du col (récepteurs) captent le degré d'étirement (facteur contrôlé) et transmettent l'information sous forme d'influx nerveux (information d'entrée) vers ❹ l'encéphale (centre nerveux de régulation), qui interprète cette information et répond en transmettant un signal sous forme de libération dans le sang d'une neurohormone, l'ocytocine (information de sortie). Sous l'effet de l'ocytocine, ❺ les muscles de la paroi de l'utérus (effecteurs) se contractent encore plus vigoureusement, poussant ainsi le f[...]
a pour effet d'étir[...]
prononcé du col [...]
plus en plus d'inf[...]
alors la libération [...]
col (rétroaction). [...]
résultat (augmenta[...]
du stimulus initia[...]
vation. ❽ Ce cycl[...]
et de contractions [...]
sion du bébé (évé[...]
C'est à ce momen[...]
la libération d'ocy[...]

Liens entre le texte et les figures Les étapes des processus décrits sont numérotées, de sorte que chaque étape porte le même numéro dans le texte et dans la figure correspondante. Cette méthode est largement utilisée dans l'ouvrage pour clarifier le flux des processus complexes.

Bandeaux de fonctions Cette section, présentée dans une boîte de texte contenue dans certaines figures, résume les fonctions de la structure anatomique ou du système décrit. Cette juxtaposition d'éléments visuels et textuels fait ressortir encore davantage le lien entre la structure et la fonction.

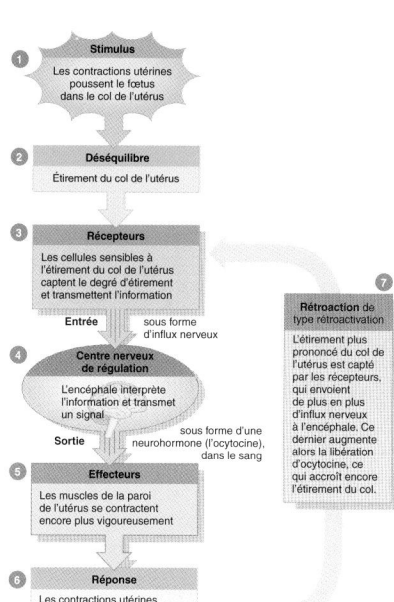

FIGURE 1.4 La régulation par un mécanisme de rétroactivation des contractions de l'utérus pendant l'accouchement. La flèche pleine représente la rétroactivation.

Si la réponse fait augmenter ou amplifie l'effet du stimulus initial, il s'agit d'un mécanisme de rétroactivation.

Stimulus — ① Les contractions utérines poussent le fœtus dans le col de l'utérus

Déséquilibre — ② Étirement du col de l'utérus

Récepteurs — ③ Les cellules sensibles à l'étirement du col de l'utérus captent le degré d'étirement et transmettent l'information
Entrée — sous forme d'influx nerveux

Centre nerveux de régulation — ④ L'encéphale interprète l'information et transmet un signal
Sortie — sous forme d'une neurohormone (l'ocytocine), dans le sang

Effecteurs — ⑤ Les muscles de la paroi de l'utérus se contractent encore plus vigoureusement

Réponse — ⑥ Les contractions utérines poussent le fœtus dans le col de l'utérus, ce qui a pour effet d'étirer davantage le col

⑦ **Rétroaction** de type rétroactivation
L'étirement plus prononcé du col de l'utérus est capté par les récepteurs, qui envoient de plus en plus d'influx nerveux à l'encéphale. Ce dernier augmente alors la libération d'ocytocine, ce qui accroît encore l'étirement du col.

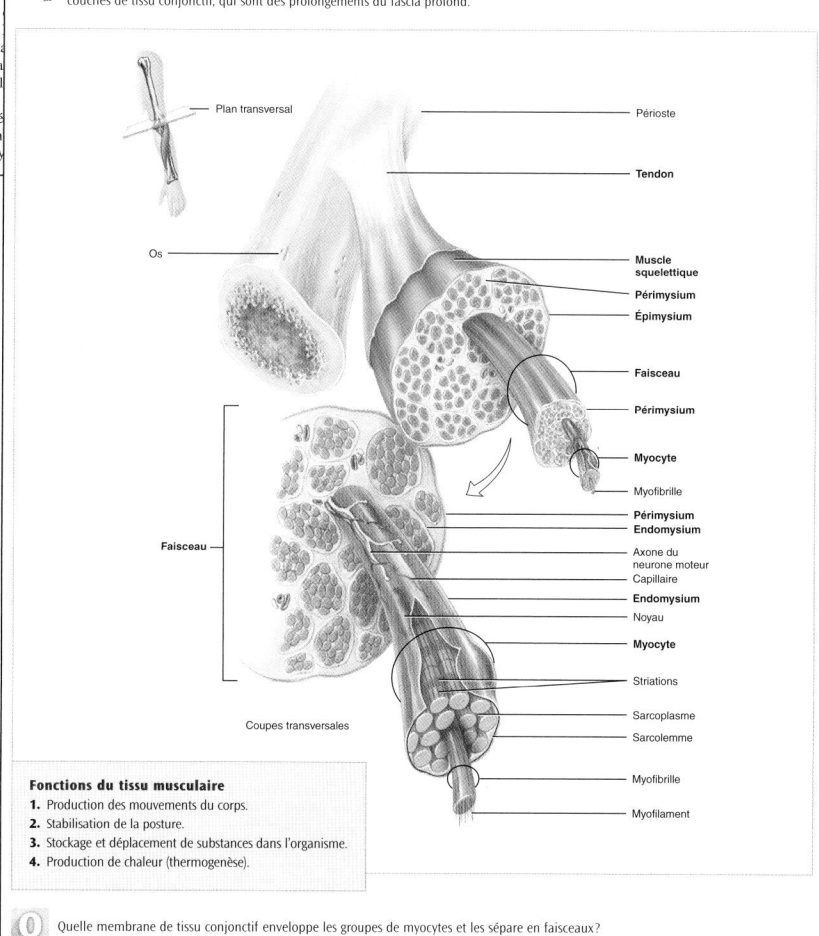

FIGURE 10.1 L'agencement d'un muscle squelettique et de ses couches de tissu conjonctif.

Un muscle squelettique est composé de myocytes individuels regroupés en faisceaux et entourés de trois couches de tissu conjonctif, qui sont des prolongements du fascia profond.

Plan transversal
Os
Faisceau
Coupes transversales

Périoste
Tendon
Muscle squelettique
Périmysium
Épimysium
Faisceau
Périmysium
Myocyte
Myofibrille
Périmysium
Endomysium
Axone du neurone moteur
Capillaire
Endomysium
Noyau
Myocyte
Striations
Sarcoplasme
Sarcolemme
Myofibrille
Myofilament

Fonctions du tissu musculaire
1. Production des mouvements du corps.
2. Stabilisation de la posture.
3. Stockage et déplacement de substances dans l'organisme.
4. Production de chaleur (thermogenèse).

Q Quelle membrane de tissu conjonctif enveloppe les groupes de myocytes et les sépare en faisceaux?

Énoncés de concept clé Cette particularité des illustrations résume l'idée évoquée dans le texte et la figure correspondante. Chaque énoncé de concept est placé au-dessus de l'illustration à laquelle il correspond et désigné par l'icône de la clé.

Questions des figures Cet élément demande au lecteur de résumer l'information textuelle et visuelle donnée dans la figure, d'élaborer une réflexion critique ou de tirer une conclusion. Chaque question est placée au-dessous de l'illustration et mise en évidence par la lettre Q. Les réponses sont données à la fin de chaque chapitre.

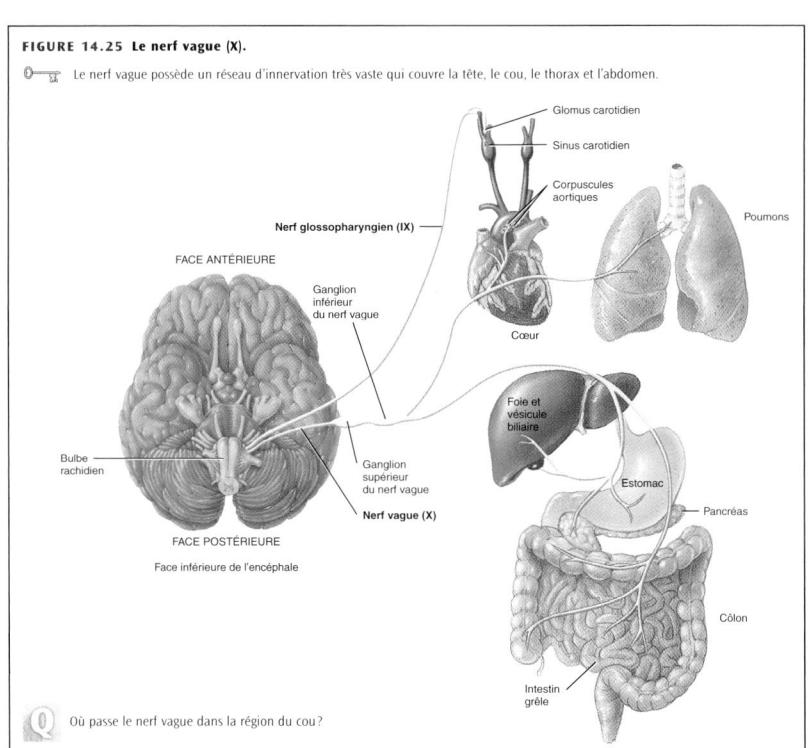

FIGURE 14.25 Le nerf vague (X).

Le nerf vague possède un réseau d'innervation très vaste qui couvre la tête, le cou, le thorax et l'abdomen.

Glomus carotidien
Sinus carotidien
Corpuscules aortiques
Nerf glossopharyngien (IX)
FACE ANTÉRIEURE
Ganglion inférieur du nerf vague
Cœur
Poumons
Bulbe rachidien
Ganglion supérieur du nerf vague
Nerf vague (X)
Foie et vésicule biliaire
Estomac
Pancréas
FACE POSTÉRIEURE
Face inférieure de l'encéphale
Côlon
Intestin grêle

Où passe le nerf vague dans la région du cou ?

PARTICULARITÉS MARQUANTES

La présente édition de *Principes d'anatomie et de physiologie* comporte des particularités pédagogiques conçues avec soin et testées en classe ; elles forment un système d'apprentissage complet pour l'étudiant qui lit le texte et suit le cours. Nous avons révisé toutes ces particularités pour y intégrer les améliorations apportées au texte.

Pages de présentation des chapitres Chaque chapitre commence par une page de présentation qui comprend une magnifique illustration du système à l'étude. Cette page contient également un court énoncé de présentation sur la manière dont le sujet à l'étude contribue à l'homéostasie du corps humain. Ceci permet à l'étudiant de toujours centrer son étude sur le thème central.

Exposés L'étudiant en anatomie et physiologie a besoin d'une aide spéciale pour apprendre les nombreuses structures qui composent certains systèmes de l'organisme, en particulier les systèmes squelettique et musculaire, les articulations, les vaisseaux sanguins et les nerfs. Comme dans les éditions précédentes, les chapitres abordant ces sujets sont organisés en **exposés**. Chaque exposé comprend une vue d'ensemble, un sommaire tabulaire des éléments anatomiques pertinents et la séquence d'illustrations et de photographies qui s'y rapporte. La section commence par un énoncé d'objectifs et se termine par une activité de révision. Un grand nombre contient également des applications cliniques connexes. Vous conviendrez certainement que ces exposés constituent les parfaits outils pour étudier les systèmes les plus complexes de l'organisme.

Objectifs et points de contrôle Dans le but d'orienter l'étudiant dans sa lecture, nous présentons des **objectifs** précis au début des principales sections de chaque chapitre. Nous avons également placé des **points de contrôle** à intervalles stratégiques dans le chapitre. Ces exercices aideront l'étudiant à vérifier s'il comprend ce qu'il lit.

Outils d'apprentissage du vocabulaire Tous les étudiants, même les meilleurs, ont au départ de la difficulté à lire et à prononcer les termes d'anatomie et de physiologie. De plus, en tant qu'enseignants, nous sommes conscients des besoins d'un nombre grandissant d'étudiants universitaires dont le français n'est pas la langue maternelle. C'est pourquoi nous nous sommes appliqués à faire en sorte que cet ouvrage comporte un volet terminologique utile et solide. Les termes clés de chaque chapitre sont soulignés par l'utilisation du **gras**. Certains sont accompagnés de leur **racine** grecque ou latine, qui constitue une information additionnelle utile. Le lecteur bénéficiera également d'une liste de **termes médicaux** à la fin de la plupart des chapitres ainsi que d'un **glossaire** à la fin de l'ouvrage. En annexe, il trouvera une liste des principaux éléments de formation de la terminologie médicale : **formes combinées**, **racines**, **préfixes** et **suffixes**.

Résumé Comme toujours, le lecteur pourra consulter à loisir le **résumé** du chapitre accompagné de références aux pages.

Questions en fin de chapitre À la fin de chaque chapitre, une **auto-évaluation** pose divers styles de questions (vrai ou faux, choix multiples, association) pour permettre à chaque lecteur de vérifier ses connaissances de la manière qu'il préfère. Les **questions à court développement** visent à placer les concepts dans une situation concrète. Ces mises en situation feront parfois sourire, mais elles ne manqueront jamais de faire réfléchir ! Les réponses aux autoévaluations et aux questions à court développement sont données à la fin du livre dans l'appendice D.

Gerard J. Tortora
Bryan Derrickson
Michel Forest
Louise Martin

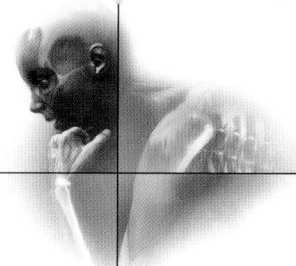

Vous trouverez dans cet ouvrage un éventail de particularités qui feront de votre apprentissage de l'anatomie et de la physiologie une expérience plus enrichissante. Ces particularités ont été élaborées à partir des commentaires d'étudiants, comme vous, qui ont utilisé l'édition précédente de cet ouvrage. La lecture de la préface vous donnera un aperçu des particularités, tant visuelles que narratives, de l'ouvrage.

Notre expérience en classe nous a appris que les étudiants apprécient les indications visuelles et écrites en début de chapitre, car elles leur permettent d'avoir une idée du contenu du chapitre. Tous les chapitres de l'ouvrage commencent par une illustration étonnante du système ou du sujet principal sur lequel le chapitre porte. De plus, vous y trouverez un court paragraphe expliquant comment le sujet à l'étude contribue à l'homéostasie du corps humain ainsi qu'une brève introduction à la matière traitée dans le chapitre.

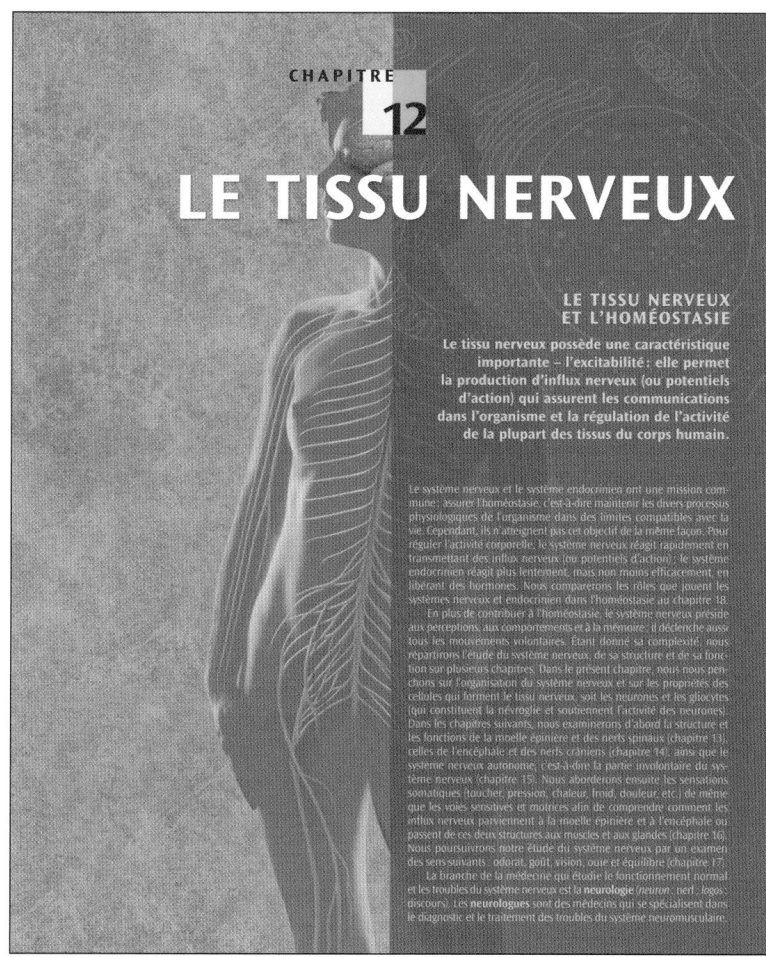

CHAPITRE 12

LE TISSU NERVEUX

LE TISSU NERVEUX ET L'HOMÉOSTASIE

Le tissu nerveux possède une caractéristique importante – l'excitabilité : elle permet la production d'influx nerveux (ou potentiels d'action) qui assurent les communications dans l'organisme et la régulation de l'activité de la plupart des tissus du corps humain.

LA TRANSMISSION DES SIGNAUX DANS LES SYNAPSES

▶ OBJECTIFS

- Expliquer les étapes de la transmission d'un signal dans une synapse chimique.
- Établir la distinction entre la sommation spatiale et la sommation temporelle.
- Donner des exemples de neurotransmetteurs excitateurs et de neurotransmetteurs inhibiteurs et décrire leurs mécanismes d'action respectifs.

Nous avons décrit au chapitre 10 les événements qui se produisent dans un type particulier de synapse, la jonction neuromusculaire. Nous allons à présent nous pencher sur la communication synaptique entre les milliards de neurones du système nerveux. Les synapses jouent un rôle essentiel dans l'homéostasie, car elles permettent la filtration et l'intégration de l'information. Pendant

En commençant la lecture de chaque exposé d'un chapitre, assurez-vous de bien comprendre les **objectifs** qui y sont présentés, ils vous aideront à rester concentré sur les notions importantes.

À la fin de chaque section, prenez le temps d'essayer de répondre aux questions du **point de contrôle**. Si vous y arrivez, vous êtes prêt à passer à la section suivante. Si vous avez de la difficulté à trouver les réponses, il pourrait vous être utile de relire la section avant de poursuivre votre lecture.

▶ POINT DE CONTRÔLE

16. Résumez les étapes de la transmission des potentiels d'action dans une synapse chimique.

17. Comment s'effectue l'élimination du neurotransmetteur de la fente synaptique ?

18. Quels sont les points communs et les différences entre les potentiels postsynaptiques excitateurs et les potentiels postsynaptiques inhibiteurs ?

19. Pourquoi dit-on que les potentiels d'action obéissent à la loi du tout ou rien et que les PPSE et les PPSI sont gradués ?

L'observation des figures (les illustrations qui comprennent des dessins et des photographies) est tout aussi importante que la lecture du texte de cet ouvrage. Pour tirer le maximum des aides visuelles, servez-vous des outils que nous avons ajoutés aux figures pour vous aider à comprendre les concepts présentés. Commencez par le **titre**, qui donne le sujet général de la figure. Passez ensuite à l'**énoncé de concept clé**, qui met en relief une des idées fondamentales illustrées. Le **schéma d'orientation** inclus dans certaines figures précise la perspective utilisée pour réaliser l'image ou situe la structure dans l'organisme. Finalement, dans le bas de la figure, vous trouverez une **question**. En répondant à ces questions, vous vous assurez que vous avez bien compris la matière abordée. Vous arriverez souvent à répondre à une question en étudiant la figure elle-même. D'autres fois, vous devrez intégrer les connaissances acquises en lisant attentivement le texte associé à la figure. Pour localiser rapidement le texte correspondant à la figure, recherchez la référence en rouge dans le texte. D'autres questions encore exigent que vous réfléchissiez sur un sujet ou que vous prévoyiez une conséquence dont vous n'avez pas encore pris connaissance dans le texte.

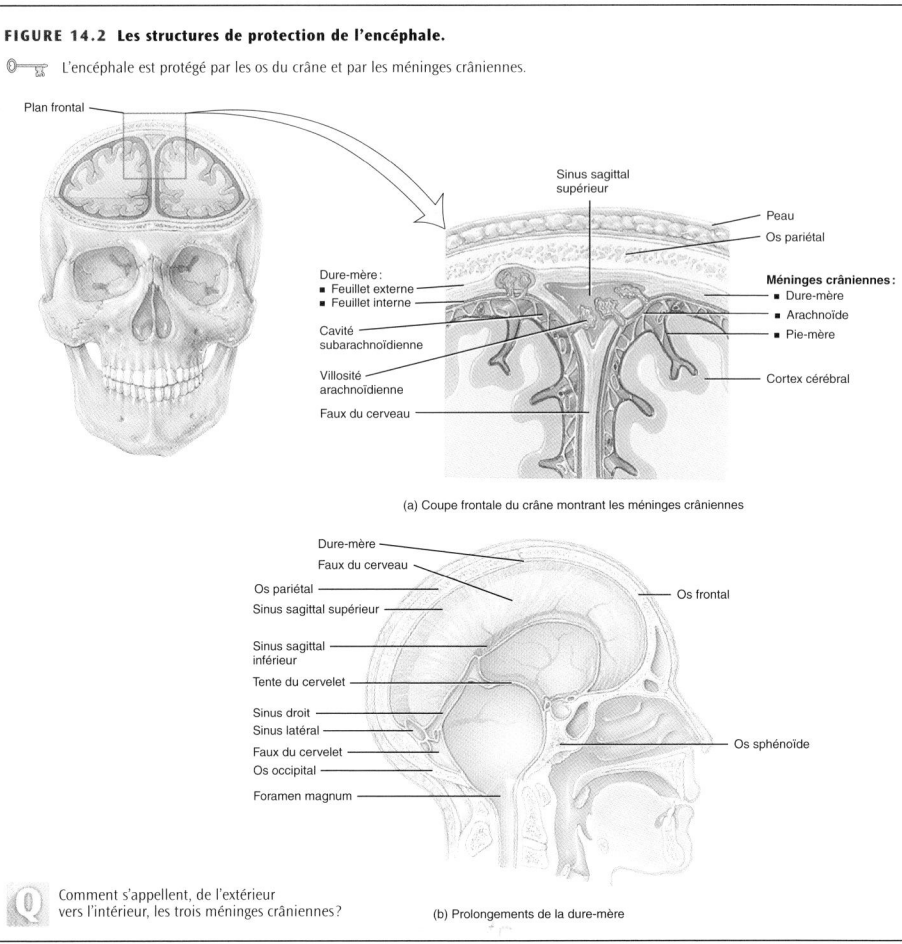

FIGURE 14.2 Les structures de protection de l'encéphale.

L'encéphale est protégé par les os du crâne et par les méninges crâniennes.

(a) Coupe frontale du crâne montrant les méninges crâniennes

(b) Prolongements de la dure-mère

Q Comment s'appellent, de l'extérieur vers l'intérieur, les trois méninges crâniennes?

À la fin de chaque chapitre, vous trouverez d'autres ressources utiles. Le **résumé** est un bref énoncé portant sur les sujets importants abordés dans le chapitre. Les numéros des pages sont indiqués près des concepts clés pour que vous puissiez retrouver rapidement les passages précis dans le texte afin d'obtenir des éclaircissements.

RÉSUMÉ

L'ORGANISATION, LA PROTECTION ET L'IRRIGATION SANGUINE DE L'ENCÉPHALE (P. 506)

1. Les principales parties de l'encéphale sont le tronc cérébral, le cervelet, le diencéphale et le cerveau.

2. L'encéphale est protégé par les os du crâne et par les méninges crâniennes.

3. Les méninges crâniennes prolongent les méninges spinales. De l'extérieur vers l'intérieur, ce sont la dure-mère, l'arachnoïde et la pie-mère.

4. L'irrigation sanguine de l'encéphale est assurée pour l'essentiel par les artères carotides internes et par les artères vertébrales.

5. Toute interruption de l'apport d'oxygène ou de glucose à l'encéphale peut affaiblir les cellules cérébrales, les endommager de manière permanente ou les détruire.

6. La barrière hématoencéphalique contrôle le passage de différentes substances de la circulation sanguine à l'encéphale. Elle est complètement infranchissable pour certaines substances.

LE LIQUIDE CÉRÉBROSPINAL (P. 509)

1. Le liquide cérébrospinal est formé dans les plexus choroïdes et circule dans les ventricules latéraux, le troisième ventricule, le quatrième ventricule, la cavité subarachnoïdienne et le canal central de la moelle épinière. La majeure partie du liquide cérébrospinal retourne dans la circulation sanguine par les villosités arachnoïdiennes du sinus sagittal supérieur.

2. Le liquide cérébrospinal fournit une protection mécanique et chimique à l'encéphale et assure la circulation des nutriments.

LE TRONC CÉRÉBRAL (P. 510)

1. Le bulbe rachidien prolonge la partie supérieure de la moelle épinière; il contient des faisceaux sensitifs et des faisceaux moteurs. C'est dans le bulbe rachidien que se produit la décussation des pyramides. Les noyaux qu'il renferme sont des centres réflexes

AUTOÉVALUATION

Vous trouverez les réponses à ces questions à l'appendice D.

COMPLÉTEZ LES PHRASES SUIVANTES.

1. Les hémisphères cérébraux sont reliés par une large bande de substance blanche qui s'appelle _____.

2. Les cinq lobes du cerveau s'appelle _____ et _____

3. Le cerveau est séparé en deux moiti

L'**autoévaluation** a pour but de vous aider à vérifier si vous avez bien compris le contenu du chapitre. Les **questions à court développement** sont des problèmes sous forme d'énoncés qui vous permettent de mettre en application dans des situations précises les concepts que vous avez étudiés dans le chapitre.

QUESTIONS À COURT DÉVELOPPEMENT

Vous trouverez les réponses à ces questions à l'appendice D.

1. Une personne âgée qui a subi un accident vasculaire cérébral (AVC) a maintenant de la difficulté à bouger le bras droit et présente des troubles d'élocution. Quelles parties de son cerveau l'AVC a-t-il touchées?

2. Nicole a fait récemment une infection virale. Depuis, elle n'arrive plus à bouger les muscles du côté droit de son visage; elle ne sent plus le goût des aliments; elle a constamment la bouche sèche; elle ne peut plus fermer l'œil droit. Quel nerf crânien l'infection virale a-t-elle touché?

SOMMAIRE

TROISIÈME PARTIE
LES SYSTÈMES DE RÉGULATION DU CORPS HUMAIN

QUATRIÈME PARTIE
LE MAINTIEN DU FONCTIONNEMENT DU CORPS HUMAIN

Chapitre 19

Chapitre 20

INTRODUCTION AU CORPS HUMAIN

LE CORPS HUMAIN ET L'HOMÉOSTASIE

L'être humain dispose de nombreux mécanismes qui lui permettent de maintenir son homéostasie, c'est-à-dire l'équilibre relatif du milieu intérieur du corps. Le mauvais fonctionnement des mécanismes homéostatiques déclenche souvent des cycles de correction, appelés *mécanismes de régulation*, qui aident à rétablir les conditions nécessaires à la santé et à la vie.

Notre voyage dans l'univers fascinant du corps humain commence par un survol des disciplines que sont l'anatomie et la physiologie. Il se poursuit avec une description de l'organisation du corps humain et des propriétés que celui-ci a en commun avec tous les êtres vivants. Nous verrons ensuite comment l'organisme régit son propre milieu intérieur. Ce processus ininterrompu, appelé *homéostasie*, est un thème qui reviendra dans chacun des chapitres du manuel. Enfin, nous présenterons un vocabulaire de base qui vous aidera à parler du corps humain de façon à être bien compris à la fois des scientifiques et des professionnels de la santé.

DÉFINITION DE L'ANATOMIE ET DE LA PHYSIOLOGIE

OBJECTIF

• Définir l'anatomie et la physiologie et nommer plusieurs sous-disciplines de ces sciences.

L'anatomie et la physiologie sont les deux disciplines scientifiques qui nous permettent de comprendre les différentes parties et fonctions du corps humain. L'**anatomie** (*anatemnein* : disséquer) est l'étude des *structures* de l'organisme et des relations entre ces structures. Les premiers anatomistes avaient recours à la **dissection** (*dissecare* : couper), action qui consiste à découper avec soin les structures du corps humain afin d'étudier comment elles sont reliées les unes aux autres. Aujourd'hui, de nombreuses techniques d'imagerie médicale (tableau 1.3) contribuent à l'évolution de l'anatomie. Tandis que l'anatomie s'intéresse aux structures de l'organisme, la **physiologie** (*phusis* : nature ; *logos* : discours) est l'étude des *fonctions* du corps humain, c'est-à-dire du fonctionnement normal de ses diverses parties. Le tableau 1.1 présente plusieurs sous-disciplines de l'anatomie et de la physiologie.

Parce que structure et fonctionnement sont étroitement liés, vous vous familiariserez avec le corps humain en étudiant ensemble l'anatomie et la physiologie. La structure de chaque partie du corps est adaptée aux fonctions qu'elle assure. Par exemple, les os du crâne sont fermement soudés pour former un boîtier rigide qui protège l'encéphale. Les os des doigts sont liés par des articulations souples qui permettent divers types de mouvements. Dans les poumons, la minceur des sacs alvéolaires facilite le passage de l'oxygène dans le sang puis vers les cellules de l'organisme, ainsi que l'expulsion du dioxyde de carbone du sang vers les poumons, d'où il est exhalé durant l'expiration. La paroi de la vessie est nettement plus épaisse pour empêcher les fuites d'urine dans la cavité pelvienne, mais sa structure lui permet tout de même de se distendre considérablement à mesure que la vessie se remplit.

▶ **POINT DE CONTRÔLE**

1. À quelle fonction et à quelles structures du corps les inhalothérapeutes s'intéressent-ils ?

2. Donnez un exemple de la relation qui existe entre la structure et la fonction d'une partie du corps.

TABLEAU 1.1 QUELQUES SOUS-DISCIPLINES DE L'ANATOMIE ET DE LA PHYSIOLOGIE

SOUS-DISCIPLINES DE L'ANATOMIE	CHAMP D'ÉTUDE	SOUS-DISCIPLINES DE LA PHYSIOLOGIE	CHAMP D'ÉTUDE
Embryologie (*embruon* : embryon)	Structures se formant depuis la fécondation de l'ovule jusqu'à la huitième semaine de développement *in utero*.	**Neurophysiologie** (*neuron* : nerf)	Propriétés fonctionnelles des cellules nerveuses.
Anatomie du développement	Structures se formant depuis la fécondation de l'ovule jusqu'au stade adulte.	**Endocrinologie** (*endon* : en dedans ; *krinein* : sécréter)	Hormones (substances chimiques transportées par le sang) et leur régulation des fonctions de l'organisme.
Histologie (*histos* : tissu)	Structure microscopique des tissus.	**Physiologie cardiovasculaire** (*kardia* : cœur ; *vasculum* : petit vase)	Fonctions du cœur et des vaisseaux sanguins.
Anatomie de surface	Repères anatomiques visibles et palpables sur la surface du corps.	**Immunologie** (*immunis* : exempt)	Mécanismes de défense de l'organisme contre les agents pathogènes.
Anatomie macroscopique	Structures visibles sans l'emploi d'un microscope.	**Physiologie respiratoire** (*respirare* : souffler à nouveau)	Fonctions des voies respiratoires et des poumons.
Anatomie des systèmes	Structure des systèmes spécifiques comme les systèmes nerveux et respiratoire.	**Physiologie rénale** (*renes* : reins)	Fonctions des reins.
Anatomie régionale	Régions spécifiques du corps comme la tête ou le tronc.	**Physiologie de l'exercice**	Changements fonctionnels produits par l'activité musculaire sur les cellules et les organes.
Anatomie radiologique (*radius* : rayon)	Structures internes visibles au moyen de la radiographie.	**Physiopathologie**	Changements fonctionnels causés par la maladie et le vieillissement.
Anatomie pathologique (*pathos* : maladie)	Altérations (tant au niveau macroscopique qu'au niveau microscopique) causées aux structures par la maladie.		

LES NIVEAUX D'ORGANISATION DU CORPS HUMAIN

- Décrire les niveaux d'organisation structurale du corps humain.
- Définir les onze systèmes du corps humain, les organes qu'ils comprennent et leurs fonctions générales.

On peut comparer les niveaux d'organisation du langage (lettres de l'alphabet, mots, phrases, paragraphes, etc.) aux niveaux d'organisation du corps humain. Votre étude du corps humain s'étendra des éléments et des molécules à l'organisme dans son ensemble. Des plus petites structures jusqu'aux plus grandes, six niveaux d'organisation du corps constituent des points de repère utiles en anatomie et en physiologie ; ce sont les niveaux chimique, cellulaire, tissulaire, organique, systémique et de l'organisme entier (figure 1.1).

FIGURE 1.1 Les niveaux d'organisation structurale du corps humain.

Les six niveaux d'organisation structurale sont les niveaux chimique, cellulaire, tissulaire, organique, systémique et de l'organisme entier.

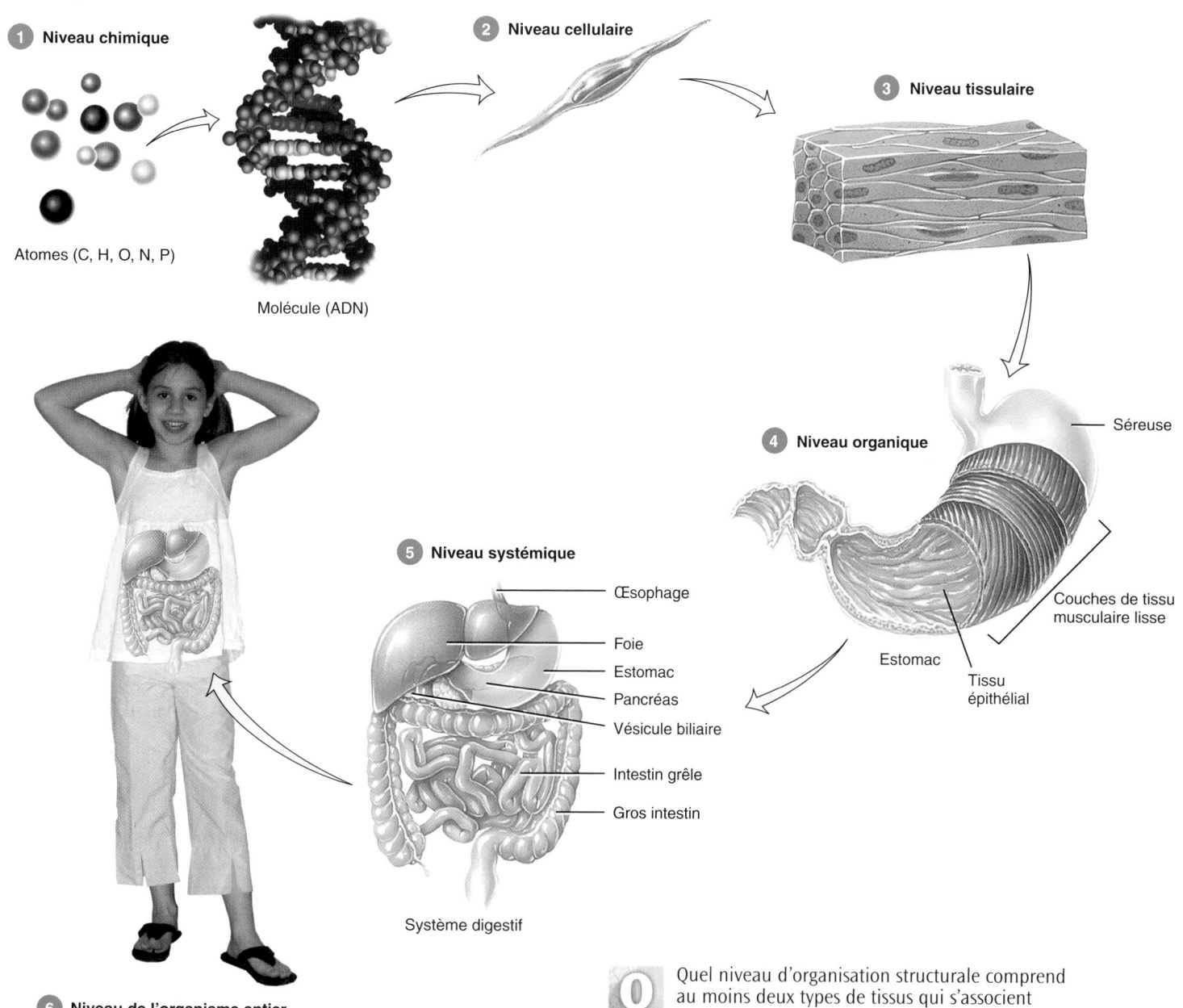

1 **Niveau chimique**

Atomes (C, H, O, N, P)

Molécule (ADN)

2 **Niveau cellulaire**

3 **Niveau tissulaire**

4 **Niveau organique**

Séreuse

Couches de tissu musculaire lisse

Estomac

Tissu épithélial

5 **Niveau systémique**

Œsophage
Foie
Estomac
Pancréas
Vésicule biliaire
Intestin grêle
Gros intestin

Système digestif

6 **Niveau de l'organisme entier**

Q Quel niveau d'organisation structurale comprend au moins deux types de tissus qui s'associent pour accomplir une fonction donnée ?

1 Le **niveau chimique**, qu'on peut comparer aux lettres de l'alphabet, comprend les **atomes**, soit les plus petites particules de matière contribuant aux réactions chimiques, et les **molécules**, issues de l'union de deux ou de plusieurs atomes. Certains atomes, tels que le carbone (C), l'hydrogène (H), l'oxygène (O), l'azote (N), le phosphore (P), le calcium (Ca) et le soufre (S), sont essentiels au maintien de la vie. Parmi les molécules bien connues du corps humain, citons l'acide désoxyribonucléique (ADN), c'est-à-dire le patrimoine génétique transmis d'une génération à l'autre, et le glucose, forme de sucre qu'on rencontre dans le sang. Nous étudierons le niveau chimique de l'organisation du corps humain aux chapitres 2 et 25.

2 Au **niveau cellulaire**, les molécules se combinent pour former les **cellules**, unités de base structurales et fonctionnelles d'un organisme. Tout comme les mots sont les plus petits éléments porteurs de sens du langage, les cellules constituent les plus petites unités vivantes dans le corps humain. Les cellules musculaires, nerveuses et épithéliales en sont des exemples. La figure 1.1 montre une cellule musculaire lisse, l'un des trois types de cellules musculaires présents dans le corps humain. Nous étudierons le niveau cellulaire d'organisation au chapitre 3.

3 Le niveau d'organisation suivant est le **niveau tissulaire**. Les **tissus** sont des groupes de cellules entourés de matériaux qui exécutent ensemble une fonction particulière, tout comme les mots permettent de former des phrases. Il existe quatre types de tissus dans le corps humain : le *tissu épithélial*, le *tissu conjonctif*, le *tissu musculaire* et le *tissu nerveux*. Nous traiterons le niveau tissulaire au chapitre 4. La figure 1.1 montre le tissu musculaire lisse, qui est composé de cellules musculaires lisses étroitement réunies.

4 Au **niveau organique**, divers types de tissus s'associent. De la même manière que les paragraphes sont composés de différentes phrases, les **organes** sont des structures composées de deux types au moins de tissus ; chaque organe joue un rôle précis et a habituellement une forme reconnaissable. La peau, les os, l'estomac, le cœur, le foie, les poumons et le cerveau sont des exemples d'organes. La figure 1.1 montre les divers tissus qui forment l'estomac. L'enveloppe externe de l'estomac, la *séreuse*, est une couche de tissu épithélial et de tissu conjonctif qui réduit la friction entre l'estomac et les organes avec lesquels ce dernier entre en contact lorsqu'il est en mouvement. Sous la séreuse, des *couches de tissu musculaire lisse* se contractent pour mélanger les aliments et les acheminer vers l'organe de digestion suivant, l'intestin grêle. La couche la plus interne est composée de *tissu épithélial* qui sécrète des liquides et des substances chimiques responsables des processus digestifs dans l'estomac.

5 Le niveau d'organisation suivant est le **niveau systémique**. Chaque **système** (qui serait, pour poursuivre l'analogie, l'équivalent d'un chapitre) est constitué d'organes associés (les paragraphes) pour accomplir une fonction commune. Le système digestif, dont le rôle est de dégrader et d'absorber les aliments, en est un exemple. Les organes du système digestif sont la bouche, les glandes salivaires, le pharynx (gorge), l'œsophage, l'estomac, l'intestin grêle, le gros intestin, le foie, la vésicule biliaire et le pancréas. Un organe peut remplir diverses fonctions et, par conséquent, faire partie de plusieurs systèmes. Ainsi, le pancréas fait partie autant du système digestif que du système endocrinien, qui est responsable de la production hormonale.

6 Le plus grand niveau d'organisation est le **niveau de l'organisme entier**. Dans notre analogie, un **organisme**, c'est-à-dire

---

TABLEAU 1.2 LES ONZE SYSTÈMES DU CORPS HUMAIN

Système tégumentaire (chapitre 5)

Composantes : Peau et structures dérivées telles que les poils, les ongles ainsi que les glandes sudoripares et sébacées.

Fonctions : Protège l'organisme ; favorise la thermorégulation ; élimine certains déchets ; contribue à la synthèse de la vitamine D ; détecte les sensations, telles que le toucher, la douleur, le chaud et le froid.

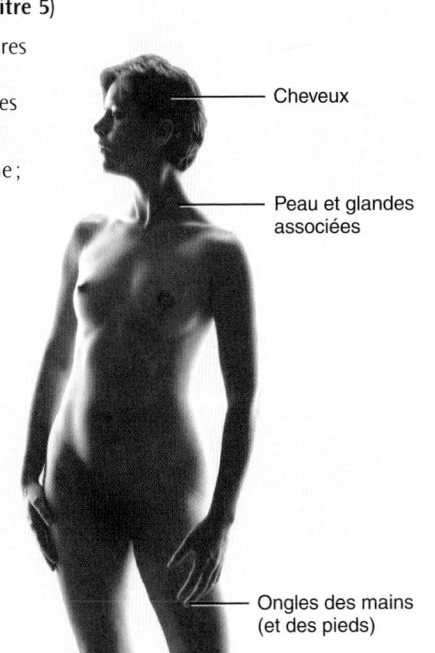

Cheveux

Peau et glandes associées

Ongles des mains (et des pieds)

Système squelettique (chapitres 6 à 9)

Composantes : Os et articulations ainsi que leurs cartilages.

Fonctions : Soutient et protège l'organisme ; fournit une surface permettant l'attache des muscles ; facilite les mouvements du corps ; abrite les cellules produisant les cellules sanguines ; emmagasine les minéraux et les lipides (gras).

Os

Cartilage

Articulation

tout être vivant, peut être comparé à un livre. Toutes les parties du corps humain qui interagissent entre elles forment l'organisme entier.

Dans les chapitres qui suivent, vous étudierez l'anatomie et la physiologie des principaux systèmes du corps humain. Le tableau 1.2 présente les composantes et les fonctions de ces systèmes. Vous découvrirez également que chaque système agit sur les autres. Lorsque vous étudierez plus en détail chacun des systèmes de l'organisme, vous découvrirez qu'ils travaillent de concert pour maintenir l'organisme en bonne santé, le protéger contre les maladies et assurer la reproduction de l'espèce humaine.

LES MÉTHODES DIAGNOSTIQUES NON EFFRACTIVES

Les professionnels de la santé et les étudiants en anatomie et physiologie emploient couramment diverses **méthodes diagnostiques non effractives** pour évaluer certains aspects de la structure et des fonctions du corps. L'*inspection* consiste à observer tout changement du corps par rapport à la normale. À la suite de l'inspection, les autres méthodes peuvent être mises en pratique. La **palpation** (*palpare*: toucher) consiste à explorer par le toucher les surfaces du corps. Ainsi, la palpation de l'abdomen permet de détecter des organes internes distendus ou sensibles et des masses anormales. L'**auscultation** (*auscultar*: écouter) est utilisée pour écouter les sons émis par le corps afin d'évaluer le fonctionnement de certains organes, à l'aide d'un stéthoscope qui amplifie ces sons. Ainsi, l'auscultation des poumons pendant la respiration permet de révéler de petits bruits secs indiquant une accumulation anormale de liquide. La **percussion** (*percussio*: coup) consiste à frapper légèrement sur la surface du corps avec les doigts, puis à écouter l'écho de ces tapotements. Ainsi, la percussion permet de déceler la présence anormale de liquide dans les poumons

ou d'air dans les intestins, de même que d'apprécier la taille, la consistance et la localisation d'une structure sous-jacente. ■

▶ **POINT DE CONTRÔLE**

3. Définissez les termes suivants: atome, molécule, cellule, tissu, organe, système et organisme.

4. Quels niveaux d'organisation le physiologiste de l'exercice utilise-t-il pour étudier le corps humain? (*Indice: Consultez le tableau 1.1.*)

5. En vous appuyant sur le tableau 1.2, dites quels systèmes d'organes favorisent l'élimination des déchets.

LES CARACTÉRISTIQUES DE L'ORGANISME HUMAIN VIVANT

OBJECTIFS

• Définir les principales fonctions vitales du corps humain.
• Définir l'homéostasie et expliquer sa relation avec le liquide interstitiel.

LES PRINCIPALES FONCTIONS VITALES

Les organismes, ou êtres vivants, accomplissent des fonctions qui les distinguent de la matière inerte. Les six principales fonctions vitales du corps humain sont les suivantes.

1. Le **métabolisme** est la somme de toutes les réactions chimiques qui ont lieu dans l'organisme. L'une des phases du métabolisme

Système musculaire squelettique (chapitres 10 et 11)

Composantes: Muscles composés de tissu musculaire squelettique, ainsi nommé parce qu'il est habituellement fixé aux os.

Fonctions: Produit les mouvements du corps, tels que la marche; stabilise la position du corps (posture); produit de la chaleur.

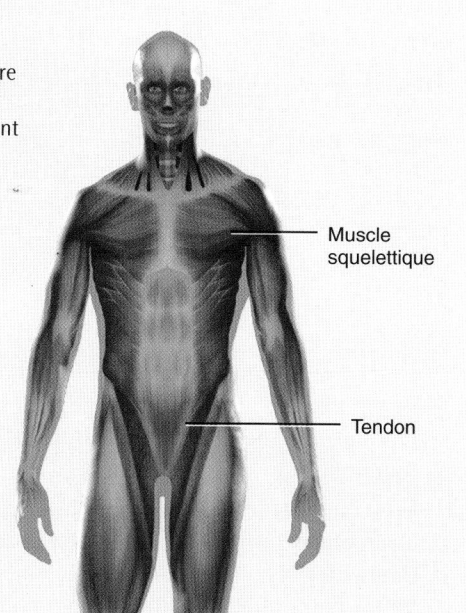

Muscle squelettique

Tendon

Système nerveux (chapitres 12 à 17)

Composantes: Encéphale, moelle épinière, nerfs et récepteurs sensoriels tels que l'œil et l'oreille.

Fonctions: Engendre des potentiels d'action (influx nerveux) pour réguler les activités de l'organisme; détecte les changements des milieux intérieur et extérieur, les interprète et y réagit en provoquant des contractions musculaires ou des sécrétions glandulaires.

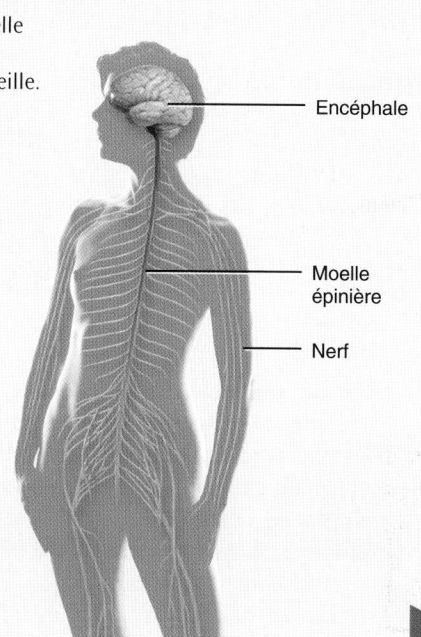

Encéphale

Moelle épinière

Nerf

TABLEAU 1.2 LES ONZE SYSTÈMES DU CORPS HUMAIN *(suite)*

Système endocrinien (chapitre 18)

Composantes: Glandes sécrétant des hormones (glande pinéale, hypothalamus, hypophyse, thymus, glande thyroïde, glandes parathyroïdes, glandes surrénales, pancréas, ovaires et testicules) et cellules sécrétant des hormones dans divers autres organes.

Fonctions: Assure la régulation des activités de l'organisme en libérant des hormones, messagers chimiques transportés par le sang d'une glande endocrine à un organe cible.

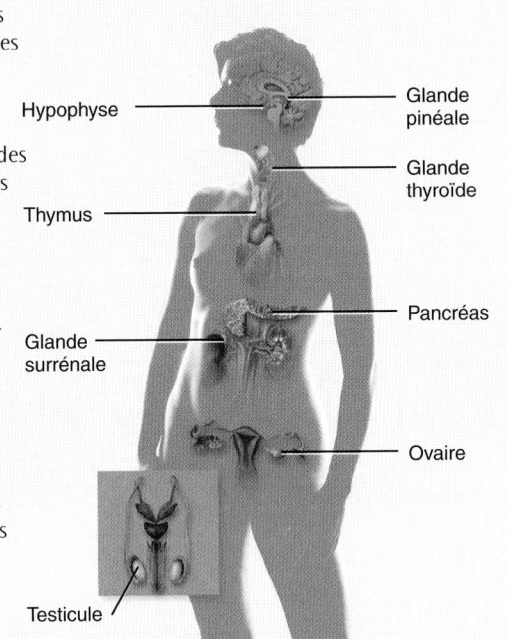

Hypophyse — Glande pinéale — Glande thyroïde — Thymus — Pancréas — Glande surrénale — Ovaire — Testicule

Système lymphatique et immunité (chapitre 22)

Composantes: Lymphe et vaisseaux lymphatiques; comprend également la moelle osseuse rouge, la rate, le thymus, les nœuds lymphatiques et les tonsilles (amygdales).

Fonctions: Réachemine les protéines et les liquides vers le sang; transporte les lipides du tube digestif jusqu'au sang; inclut des structures où se développent et prolifèrent les lymphocytes, qui combattent les organismes pathogènes.

Tonsille — Thymus — Conduit thoracique — Rate — Nœud lymphatique — Vaisseau lymphatique

Système cardiovasculaire (chapitres 19 à 21)

Composantes: Sang, cœur et vaisseaux sanguins.

Fonctions: Le cœur pompe le sang dans les vaisseaux sanguins; le sang transporte l'oxygène et les nutriments aux cellules, débarrasse ces dernières du dioxyde de carbone et de certains déchets; il contribue aussi à la régulation de l'équilibre acidobasique, de la température et de la teneur en eau des liquides de l'organisme; les constituants sanguins aident l'organisme à se défendre contre les maladies et à réparer les vaisseaux sanguins endommagés.

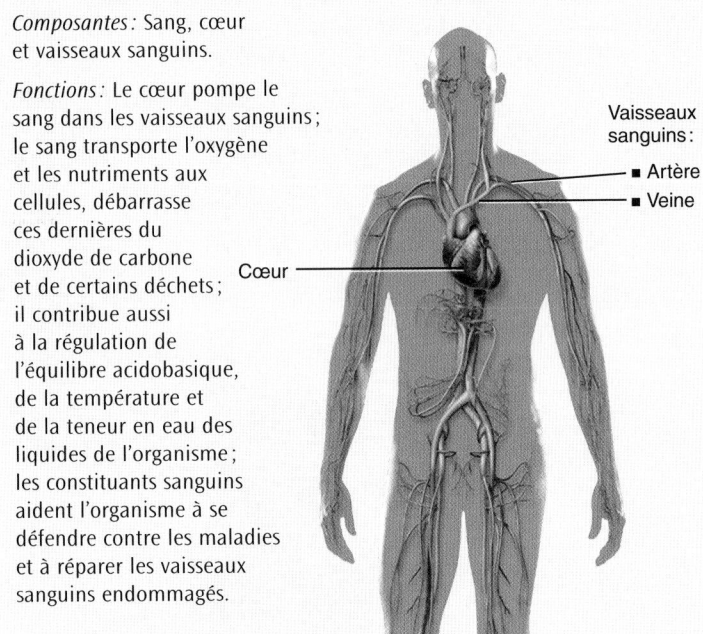

Vaisseaux sanguins:
■ Artère
■ Veine

Cœur

Système respiratoire (chapitre 23)

Composantes: Poumons et voies respiratoires, telles que le pharynx (gorge), le larynx, la trachée et les bronches.

Fonctions: Transfère l'oxygène de l'air inspiré au sang et le dioxyde de carbone du sang à l'air expiré; contribue à la régulation de l'équilibre acidobasique des liquides de l'organisme; facilite l'émission des sons grâce au passage de l'air à travers les cordes vocales.

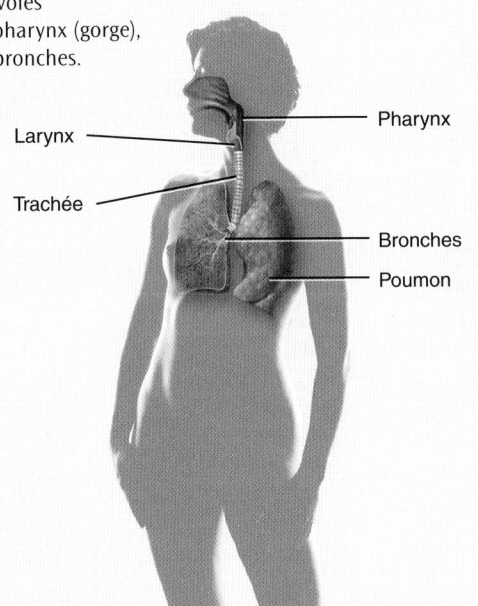

Larynx — Trachée — Pharynx — Bronches — Poumon

---

est le **catabolisme** (*cata*: en dessous; *bolos*: jet), soit la dégradation de substances chimiques complexes en unités constitutives plus simples. L'autre phase, l'**anabolisme** (*ana*: en haut), correspond à la formation de substances chimiques complexes à partir de composantes plus petites et plus simples. Par exemple, la digestion scinde (catabolisme) les protéines alimentaires en acides aminés. Les acides aminés servent ensuite à constituer (anabolisme) de nouvelles protéines, qui forment à leur tour diverses structures telles que les muscles et les os.

Grâce à l'activité métabolique, l'oxygène fourni par le système respiratoire et les nutriments dégradés par le système digestif produisent l'énergie chimique dont les cellules ont besoin pour fonctionner.

2. La **réactivité** est la capacité de l'organisme à percevoir les changements provenant du milieu intérieur ou du milieu extérieur et à y répondre. Par exemple, une diminution de la température corporelle peut traduire un changement dans le milieu intérieur, et le fait de tourner la tête en direction d'un crissement

Système digestif (chapitre 24)

Composantes: Tube digestif, qui comprend plusieurs organes: la bouche, le pharynx (gorge), l'œsophage, l'estomac, l'intestin grêle, le gros intestin et l'anus; contient également les organes contribuant à la digestion, tels que les glandes salivaires, le foie, la vésicule biliaire et le pancréas.

Fonctions: Assure la dégradation physique et chimique des aliments; absorbe les nutriments; élimine les déchets solides.

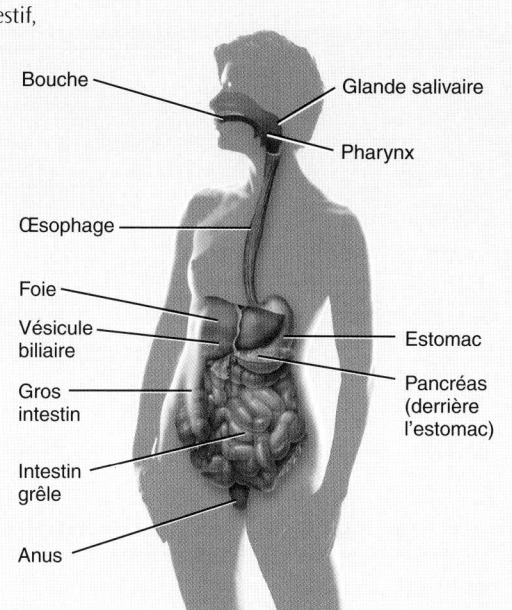

Bouche — Glande salivaire — Pharynx — Œsophage — Foie — Vésicule biliaire — Gros intestin — Estomac — Pancréas (derrière l'estomac) — Intestin grêle — Anus

Système urinaire (chapitre 26)

Composantes: Reins, uretères, vessie et urètre.

Fonctions: Produit, emmagasine et élimine l'urine; élimine les déchets et règle le volume et la composition chimique du sang; contribue à la régulation de l'équilibre acidobasique des liquides de l'organisme; maintient l'équilibre minéral de l'organisme; contribue à l'érythropoïèse.

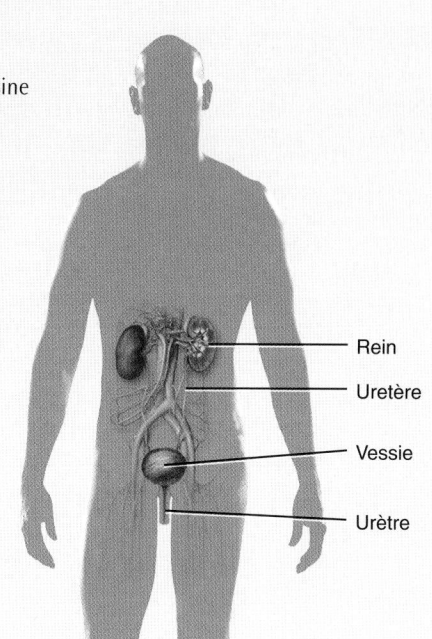

Rein — Uretère — Vessie — Urètre

Système génital (chapitre 28)

Composantes: Gonades (ovaires chez la femme et testicules chez l'homme) et leurs organes associés (trompes utérines, utérus et vagin chez la femme, épididymes, conduits déférents et pénis chez l'homme).

Fonctions: Les gonades produisent les gamètes (ovocytes ou spermatozoïdes), qui s'unissent pour former un nouvel organisme; elles libèrent également les hormones régissant la reproduction et d'autres processus; les organes associés transportent et emmagasinent les gamètes.

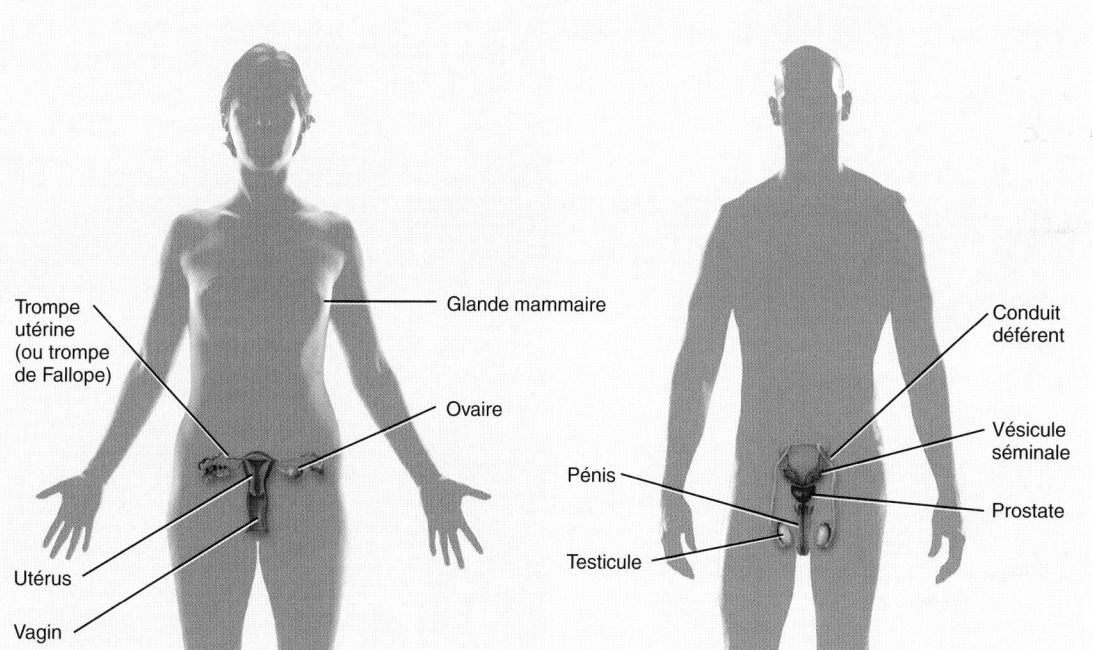

Trompe utérine (ou trompe de Fallope) — Glande mammaire — Ovaire — Utérus — Vagin — Pénis — Testicule — Conduit déférent — Vésicule séminale — Prostate

de freins est une réaction à un changement du milieu extérieur. Des cellules spécialisées répondent de façon précise à ces différents changements provenant du milieu. Les cellules nerveuses émettent des signaux électriques, appelés *influx nerveux* ou *potentiels d'action*. Les cellules musculaires se contractent pour donner aux diverses parties du corps la force de se mouvoir.

3. Le **mouvement** est l'activité motrice non seulement du corps dans son ensemble, mais aussi de chaque organe, de chaque cellule et de chaque structure cellulaire, aussi infime soit-elle. Par exemple, les muscles de la jambe agissent de façon coordonnée pour déplacer le corps d'un endroit à un autre au moyen de la marche ou de la course. Après un repas riche en matières grasses, la vésicule biliaire se contracte et éjecte de la bile dans le tube digestif pour faciliter la dégradation des graisses. Lorsqu'un tissu est blessé ou infecté, certains globules blancs (leucocytes) se déplacent du sang vers le tissu lésé pour le nettoyer et assurer son rétablissement. Dans chaque cellule, divers organites se meuvent pour exécuter leurs tâches.

4. La **croissance** est l'augmentation du volume du corps résultant de l'accroissement de la taille des cellules existantes ou de leur nombre, ou des deux. Il arrive aussi qu'un tissu croisse à la suite d'une augmentation de la quantité de matière entre les cellules qui le composent. Ainsi, dans un os en croissance, des minéraux se déposent entre des cellules osseuses, si bien que l'os croît en longueur et en largeur.

5. La **différenciation** est le processus par lequel une cellule non spécialisée devient spécialisée. Comme nous le verrons plus loin, les cellules spécialisées ont une structure et une fonction différentes de celles des cellules dont elles sont issues. Ainsi, les globules rouges et divers types de globules blancs se différencient à partir des mêmes cellules non spécialisées (précurseurs) de la moelle osseuse rouge. On appelle **cellules souches** les cellules capables de se diviser en d'autres cellules qui se différencient. C'est également grâce à la différenciation que l'ovule fécondé passe au stade d'embryon, puis à ceux de fœtus, de nourrisson, d'enfant et enfin d'adulte.

6. La **reproduction** est soit la formation de nouvelles cellules destinées à la croissance, à la réparation tissulaire ou au remplacement d'autres cellules, soit la production d'un nouvel individu. Chez l'être humain, la formation de nouvelles cellules a lieu continuellement au cours de la vie et se poursuit de génération en génération grâce à la production d'un nouvel individu à la suite de la fécondation d'un ovule par un spermatozoïde.

Quand les fonctions vitales sont perturbées, des cellules et des tissus sont détruits, ce qui peut mettre en péril l'organisme entier. Le corps humain est déclaré cliniquement mort lorsque le cœur ne bat plus, que la respiration spontanée arrête et que les fonctions cérébrales cessent.

L'HOMÉOSTASIE

Nous avons vu que l'organisme est un ensemble de structures organisées en différents niveaux de complexité, dont la cellule est l'unité structurale et fonctionnelle. Le bon fonctionnement de l'organisme est donc lié au bon fonctionnement de ses cellules. Or, nos cellules ont besoin d'énergie pour assurer leurs fonctions, et il n'existe pas d'organe ou de système qui aurait pour rôle spécifique de produire cette énergie tout au long de notre vie. Chaque cellule doit donc subvenir à ses propres besoins énergétiques ; en effet, le maintien dans le milieu intérieur des conditions essentielles à la production d'énergie est capital.

L'**homéostasie** (*homoios* : semblable ; *stasis* : position) est l'état d'équilibre du milieu intérieur qui résulte de l'interaction constante des nombreux mécanismes de régulation de l'organisme. Il ne s'agit pas d'un état statique, mais d'un état d'équilibre dynamique dans lequel les conditions du milieu interne peuvent varier. L'association des mots *équilibre* et *dynamique* peut paraître paradoxale si on considère que *équilibre* est synonyme de stabilité ou d'absence de mouvement. Prenons l'exemple d'un funambule qui marche sur un fil d'acier : il est indiscutablement en équilibre sur le fil. Par contre, il doit constamment bouger certaines parties de son corps ou la perche qu'il tient afin de maintenir son équilibre précaire. À

chaque mouvement de balancier du fil dans l'espace correspondent des mouvements compensatoires du corps pour rétablir l'équilibre. On peut dire que l'équilibre du funambule dépend essentiellement de ses mouvements : c'est un équilibre dynamique.

Il se passe sensiblement la même chose au niveau cellulaire. Le milieu interne de notre organisme est le siège d'innombrables et continuels changements qui provoquent des déséquilibres. Tout comme le funambule sur son fil, les cellules doivent réagir afin de compenser ces déséquilibres.

En résumé, l'homéostasie est un état dynamique parce que le point d'équilibre du corps peut varier en réponse à diverses situations, mais toujours dans des limites étroites propres au maintien de la vie. Par exemple, la glycémie varie normalement entre 3,9 et 6,1 mmol de glucose par litre de sang. Du niveau cellulaire au niveau systémique, chaque structure de l'organisme contribue à sa façon au maintien du milieu intérieur dans les limites de la normale.

LES LIQUIDES DE L'ORGANISME

Une facette importante de l'homéostasie consiste à maintenir le volume et la composition des **liquides de l'organisme**, c'est-à-dire les solutions aqueuses diluées qui contiennent des substances chimiques en dissolution et qui sont présentes aussi bien à l'intérieur qu'à l'extérieur des cellules. Le liquide à l'intérieur des cellules est appelé **liquide intracellulaire** (*intra* : à l'intérieur de) et celui qui entoure les cellules, **liquide extracellulaire** (*extra* : en dehors de). Le liquide extracellulaire comblant les espaces étroits entre les cellules des tissus se nomme **liquide interstitiel** (*inter* : entre). À mesure que vous progresserez dans votre étude, vous découvrirez que le liquide extracellulaire change de nom en fonction de l'endroit où il se trouve dans l'organisme : dans les vaisseaux sanguins, il est appelé **plasma** ; dans les vaisseaux lymphatiques, **lymphe** ; dans le cerveau et la moelle épinière, et autour de ces organes, **liquide cérébrospinal** ; dans les articulations, **liquide synovial** (ou synovie) ; et enfin, dans les yeux, **humeur aqueuse** et **corps vitré**.

Le bon fonctionnement des cellules de l'organisme dépend de la régulation précise de la composition des liquides qui y sont présents. Parce que le liquide interstitiel entoure toutes les cellules, il est souvent désigné par le terme *milieu intérieur*. La composition du liquide interstitiel change au gré des échanges de substances effectués avec le plasma. Ces échanges se produisent à travers les parois minces des plus petits vaisseaux sanguins, les *capillaires*. Ce mouvement de va-et-vient à travers les capillaires apporte aux cellules des tissus les matériaux dont elles ont besoin, tels que le glucose, l'oxygène et les ions, et débarrasse le liquide interstitiel des déchets, tels que le dioxyde de carbone.

▶ **POINT DE CONTRÔLE**

6. Quelle fonction vitale du corps humain soutient toutes les autres ?

7. Situez le liquide intracellulaire, le liquide extracellulaire, le liquide interstitiel et le plasma.

8. Pourquoi le liquide interstitiel est-il aussi appelé *milieu intérieur* de l'organisme ?

LA RÉGULATION DE L'HOMÉOSTASIE

- Décrire les composantes d'un mécanisme de régulation.
- Comparer les mécanismes de rétro-inhibition et les mécanismes de rétroactivation.
- Expliquer les conséquences des déséquilibres homéostatiques.

L'homéostasie du corps humain est constamment perturbée. Certaines perturbations sont attribuables à des agressions physiques du milieu extérieur, comme le froid d'une journée d'hiver. D'autres proviennent du milieu intérieur, comme des vomissements lors d'un malaise digestif. Les déséquilibres homéostatiques peuvent aussi être causés par des tensions psychologiques issues de notre environnement social, notamment celles que nous impose le travail ou l'école. Dans la plupart des cas, la perturbation est légère et temporaire, et les cellules répondent rapidement pour rétablir l'équilibre du milieu intérieur. Toutefois, dans certains cas, la perturbation est intense et prolongée, par exemple durant une intoxication, une exposition trop longue à des températures extrêmes ou une infection grave.

La régulation de l'homéostasie est beaucoup plus complexe qu'il ne semble à première vue. Ainsi, il ne suffit pas d'inspirer simplement de l'air pour que les cellules obtiennent la quantité d'oxygène nécessaire à leur fonctionnement; il faut aussi que l'oxygène soit distribué à l'ensemble de l'organisme. De nombreuses cellules entrent alors en jeu, telles que les cellules musculaires liées à la ventilation pulmonaire, les érythrocytes (globules rouges) liés au transport de l'oxygène dans le sang, les cellules cardiaques liées au pompage du sang et les cellules nerveuses liées à la régulation de tous ces processus. Or, pour que toutes ces cellules travaillent conjointement au rétablissement d'un équilibre, il faut qu'elles puissent communiquer entre elles.

LES MÉCANISMES DE RÉGULATION

L'organisme régit son milieu intérieur au moyen de multiples mécanismes de régulation. Un **mécanisme de régulation**, ou *boucle de rétroaction*, est un cycle d'événements au cours duquel plusieurs groupes de cellules spécialisées se transmettent des informations. Dans un tel mécanisme, l'état d'une variable corporelle donnée est constamment surveillé, évalué, modifié au besoin, surveillé à nouveau et réévalué. Chaque variable ainsi surveillée, que ce soit par exemple la température corporelle, la pression artérielle, la quantité de fer dans le sang ou la glycémie, est un *facteur contrôlé*. Toute perturbation qui modifie un facteur contrôlé est un *stimulus*; il peut s'agir du fait de courir ou de pratiquer le yoga, de manger ou de boire, d'être en colère ou de subir une hémorragie, d'être plongé dans l'eau froide, etc.

Le fonctionnement de base d'un mécanisme de régulation implique la capacité de percevoir un déséquilibre et d'y réagir de façon appropriée. La figure 1.2 présente un modèle simple du fonctionnement d'un mécanisme de régulation; étudiez-le attentivement, car nous le reprendrons tout au long du manuel lorsque nous traiterons de mécanismes de régulation.

FIGURE 1.2 Le fonctionnement d'un mécanisme de régulation.

Les trois composantes de base d'un mécanisme nerveux de régulation sont les récepteurs, le centre de régulation et les effecteurs.

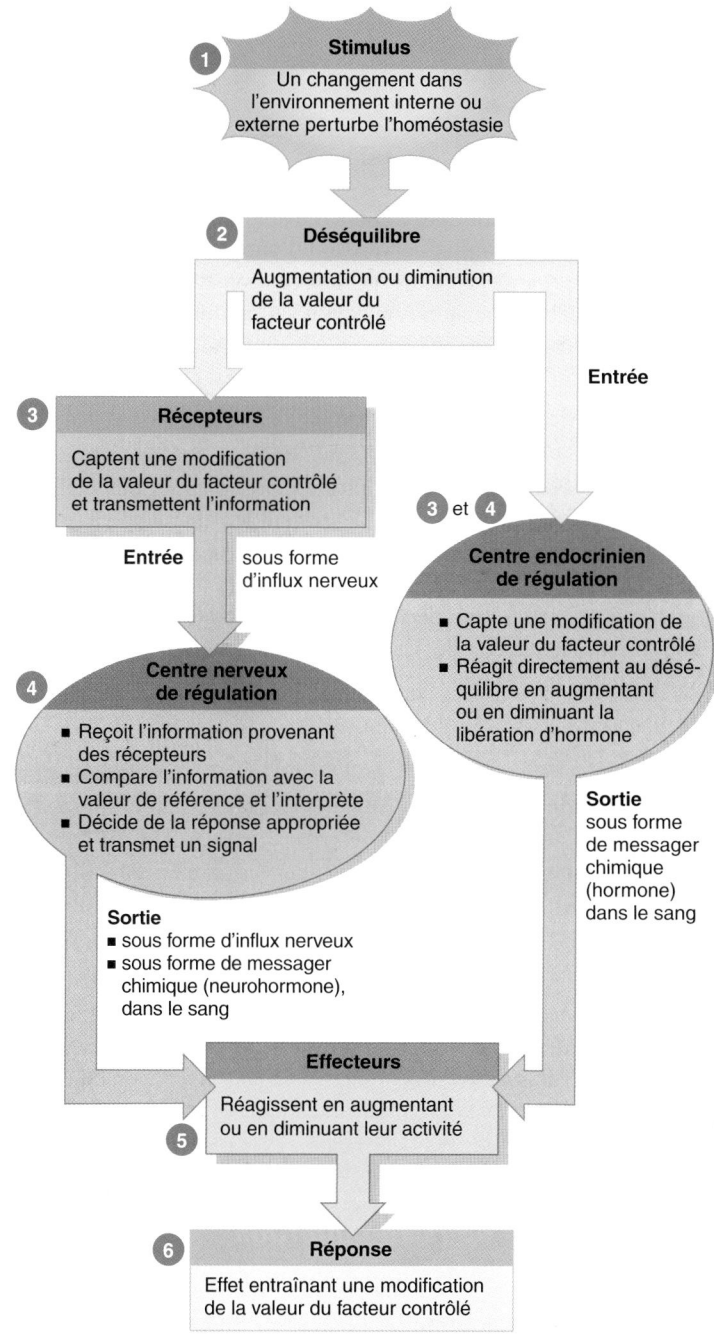

En quoi le mécanisme de régulation de type nerveux se distingue-t-il du mécanisme de régulation de type endocrinien?

❶ Un stimulus a pour effet de créer ❷ un déséquilibre, soit d'augmenter ou de diminuer la valeur d'un facteur contrôlé.

Deux modes de régulation sont alors possibles, l'un par le système nerveux, l'autre par le système endocrinien. Chacun comprend trois composantes essentielles : un récepteur, un centre de régulation et un effecteur.

Dans le mécanisme de régulation nerveuse, des cellules spécialisées constituant ❸ un récepteur captent les changements de valeur du facteur contrôlé et transmettent l'information, généralement sous la forme d'influx nerveux, à un ensemble de cellules formant ❹ le centre nerveux de régulation. Ce dernier compare l'information reçue avec la valeur de référence du facteur contrôlé (écart de valeurs à l'intérieur desquelles le facteur contrôlé doit être maintenu) ; il l'interprète comme étant une augmentation ou une diminution, décide de l'action à entreprendre et transmet un signal, généralement sous la forme d'influx nerveux ou d'autres signaux chimiques (neurohormones), à des cellules spécialisées constituant ❺ un effecteur. L'effecteur modifie alors son activité et produit ❻ une réponse, dont l'effet permet de modifier la valeur du facteur contrôlé. Dans ce type de régulation, les muscles et certaines glandes jouent le rôle d'effecteur, et la réponse est en général rapide parce que les influx nerveux se propagent rapidement dans l'organisme.

Dans le mécanisme de régulation endocrinienne, des cellules spécialisées constituant une *glande* captent les changements de la valeur du facteur contrôlé et réagissent à cette modification. La glande fait à la fois office ❸ de récepteur et ❹ de centre de régulation (centre endocrinien de régulation) : elle analyse la nature du déséquilibre, et décide de l'action à entreprendre pour rétablir l'équilibre en augmentant ou en diminuant la production et la libération dans le sang d'un messager chimique, une hormone. Cette dernière transmet une information à ❺ un effecteur. L'effecteur modifie alors son activité et déclenche ❻ une réponse, dont l'effet permet de modifier la valeur du facteur contrôlé. Dans ce type de régulation, le récepteur et le centre endocrinien de régulation sont tous deux anatomiquement intégrés dans la glande. Par ailleurs, presque toutes les cellules de l'organisme peuvent jouer le rôle d'effecteur, et la réponse est plus lente que dans le mécanisme de régulation nerveuse parce que les hormones empruntent la circulation sanguine pour se rendre aux effecteurs.

Chaque mécanisme de régulation fonctionne comme une boucle de rétroaction, dont la réponse modifie d'une façon ou d'une autre le facteur contrôlé. La boucle inverse l'effet du stimulus initial sur la valeur du facteur contrôlé (rétro-inhibition) ou elle l'amplifie (rétroactivation).

Les mécanismes de rétro-inhibition

Un **mécanisme de rétro-inhibition** *inverse* les effets d'un stimulus sur la valeur d'un facteur contrôlé. Prenons comme exemple le mécanisme de régulation nerveuse de la pression artérielle. La pression artérielle est la force exercée par le sang contre les parois des vaisseaux sanguins. Lorsqu'une perte de sang fait baisser la pression artérielle (facteur contrôlé), un cycle d'événements se déclenche (figure 1.3). (Note : pour une meilleure compréhension du mécanisme de régulation présenté ici, les événements décrits dans cet exemple ne tiennent pas compte de tous les paramètres en cause.)

❶ La perte de sang (stimulus) entraîne ❷ une diminution de la valeur de la pression artérielle (déséquilibre). Cette baisse est

FIGURE 1.3 La régulation homéostatique de la pression artérielle par un mécanisme de rétro-inhibition. Notez que la réponse fait partie du mécanisme, ce qui permet à ce dernier de continuer à augmenter la pression artérielle jusqu'à ce qu'elle revienne à la normale (homéostasie). La flèche hachurée représente la rétro-inhibition.

Si la réponse inverse l'effet du stimulus initial sur la valeur du facteur contrôlé, il s'agit d'un mécanisme de rétro-inhibition.

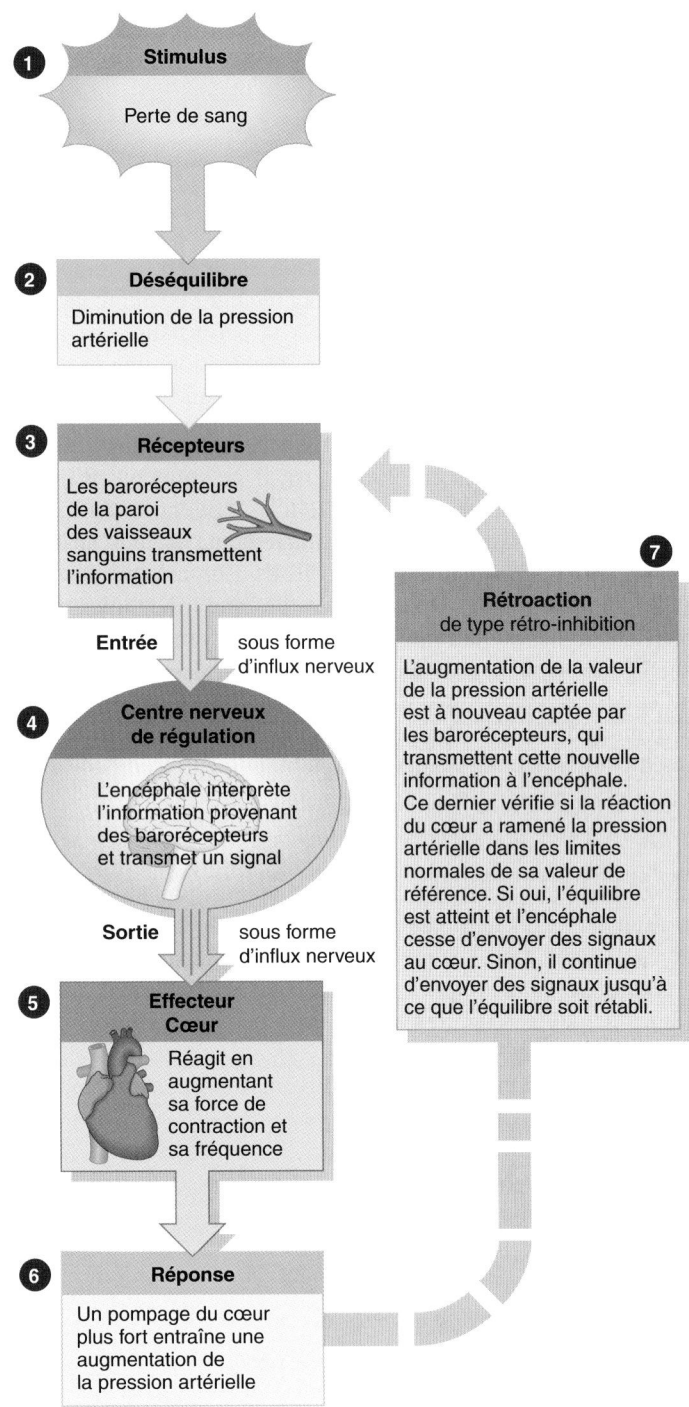

❶ **Stimulus**
Perte de sang

❷ **Déséquilibre**
Diminution de la pression artérielle

❸ **Récepteurs**
Les barorécepteurs de la paroi des vaisseaux sanguins transmettent l'information

Entrée sous forme d'influx nerveux

❹ **Centre nerveux de régulation**
L'encéphale interprète l'information provenant des barorécepteurs et transmet un signal

Sortie sous forme d'influx nerveux

❺ **Effecteur Cœur**
Réagit en augmentant sa force de contraction et sa fréquence

❻ **Réponse**
Un pompage du cœur plus fort entraîne une augmentation de la pression artérielle

❼ **Rétroaction**
de type rétro-inhibition

L'augmentation de la valeur de la pression artérielle est à nouveau captée par les barorécepteurs, qui transmettent cette nouvelle information à l'encéphale. Ce dernier vérifie si la réaction du cœur a ramené la pression artérielle dans les limites normales de sa valeur de référence. Si oui, l'équilibre est atteint et l'encéphale cesse d'envoyer des signaux au cœur. Sinon, il continue d'envoyer des signaux jusqu'à ce que l'équilibre soit rétabli.

Qu'adviendrait-il de la fréquence cardiaque si un stimulus causait une hausse de la pression artérielle ? Quel serait le mécanisme qui interviendrait alors : rétro-inhibition ou rétroactivation ?

détectée par ❸ des barorécepteurs (récepteurs), cellules nerveuses sensibles à la pression situées dans les parois de certains vaisseaux sanguins. Les barorécepteurs transmettent l'information sous forme d'influx nerveux (information d'entrée) à ❹ l'encéphale (centre nerveux de régulation), qui les interprète et répond en transmettant un signal sous forme d'influx nerveux (information de sortie) au ❺ cœur (effecteur), qui augmente sa fréquence et sa force de contraction. Il en résulte un pompage cardiaque accru, qui entraîne ❻ une augmentation (réponse) de la valeur de la pression artérielle. Cette hausse est à nouveau captée par les barorécepteurs, qui ❼ transmettent cette nouvelle information à l'encéphale (rétroaction). Ce dernier vérifie si la réaction du cœur a ramené la pression artérielle dans les limites normales de sa valeur de référence. Si oui, l'équilibre est atteint et l'encéphale cesse d'envoyer des signaux au cœur. Sinon, il continue d'envoyer des signaux jusqu'à ce que l'équilibre soit rétabli. Cette série d'événements ramène la valeur du facteur contrôlé (pression artérielle) à la normale et rétablit l'homéostasie. Notez que l'activité de l'effecteur a produit un résultat (augmentation de la pression artérielle) inverse à l'effet du stimulus (diminution de la pression artérielle); il s'agit donc d'un mécanisme de rétro-inhibition.

Les mécanismes de rétroactivation

Un **mécanisme de rétroactivation** *amplifie* l'effet d'un stimulus sur la valeur d'un facteur contrôlé. Il agit de la même façon que le mécanisme de rétro-inhibition, sauf que la réponse produite touche différemment le facteur contrôlé. Le centre de régulation transmet bien une commande à un effecteur, mais ce dernier déclenche une réponse physiologique visant à *amplifier* l'effet du stimulus de départ. L'effet de la rétroactivation se poursuit tant qu'un événement extérieur au mécanisme de régulation ne l'interrompt pas.

L'accouchement normal illustre bien le fonctionnement d'un mécanisme de rétroactivation (figure 1.4). ❶ Les premières contractions utérines (stimulus) poussent le fœtus dans le col de l'utérus, c'est-à-dire la portion inférieure de l'utérus qui débouche dans le vagin, ce qui ❷ provoque l'étirement du col (déséquilibre). ❸ Des cellules sensibles à l'étirement du col (récepteurs) captent le degré d'étirement (facteur contrôlé) et transmettent l'information sous forme d'influx nerveux (information d'entrée) vers ❹ l'encéphale (centre nerveux de régulation), qui interprète cette information et répond en transmettant un signal sous forme de libération dans le sang d'une neurohormone, l'ocytocine (information de sortie). Sous l'effet de l'ocytocine, ❺ les muscles de la paroi de l'utérus (effecteurs) se contractent encore plus vigoureusement, poussant ainsi le fœtus plus bas dans le col de l'utérus, ❻ ce qui a pour effet d'étirer davantage le col (réponse). Cet étirement plus prononcé du col est capté par les récepteurs, qui ❼ envoient de plus en plus d'influx nerveux à l'encéphale; ce dernier augmente alors la libération d'ocytocine, ce qui accroît encore l'étirement du col (rétroaction). Notez que l'activité de l'effecteur a produit un résultat (augmentation de l'étirement du col) semblable à l'effet du stimulus initial; il s'agit donc d'un mécanisme de rétroactivation. ❽ Ce cycle d'étirements suivis de la libération d'hormone et de contractions de plus en plus fortes ne prend fin qu'à l'expulsion du bébé (événement extérieur au mécanisme de régulation). C'est à ce moment seulement que l'étirement du col de l'utérus et la libération d'ocytocine cessent.

FIGURE 1.4 La régulation par un mécanisme de rétroactivation des contractions de l'utérus pendant l'accouchement. La flèche pleine représente la rétroactivation.

Si la réponse fait augmenter ou amplifie l'effet du stimulus initial, il s'agit d'un mécanisme de rétroactivation.

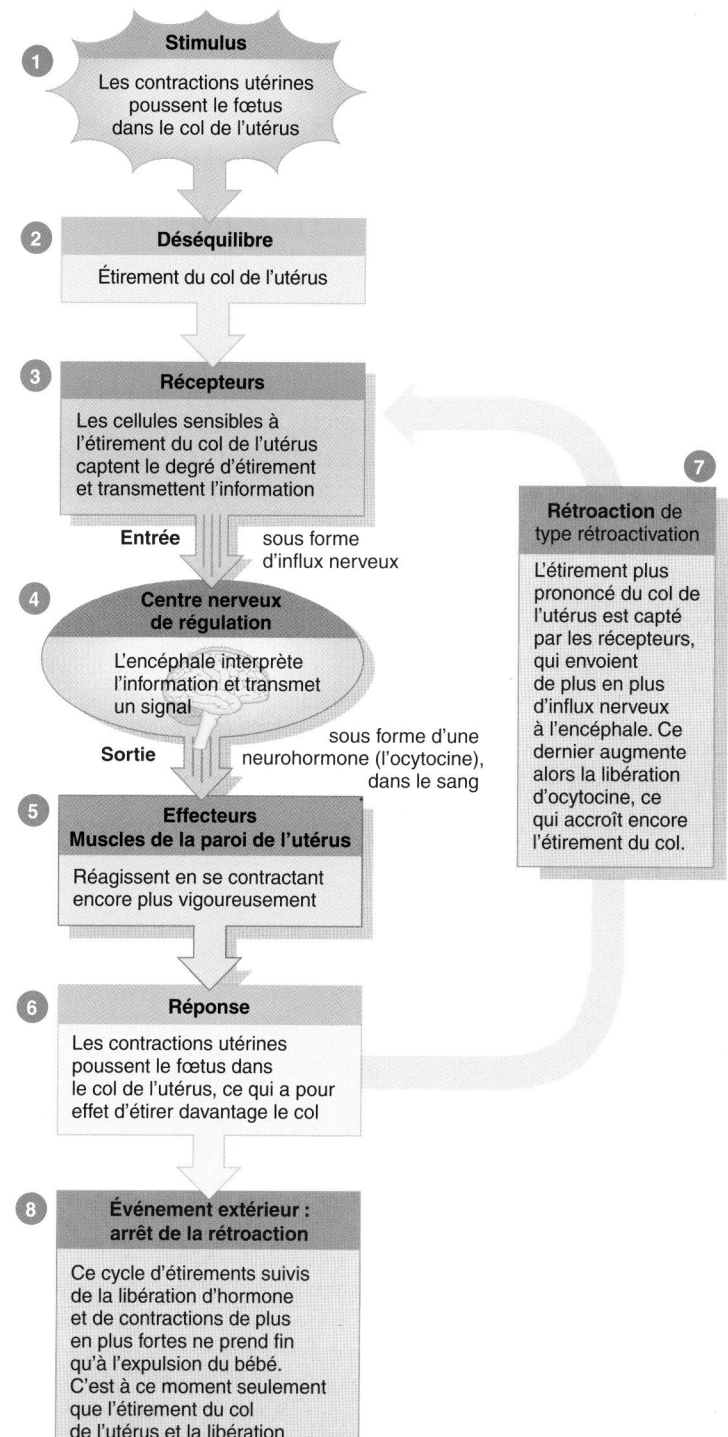

Q Pourquoi les mécanismes de rétroactivation, qui font partie d'une réaction physiologique normale, sont-ils dotés d'un mécanisme d'interruption?

Ces exemples portent à croire qu'il existe des différences importantes entre les mécanismes de rétro-inhibition et de rétroactivation. Puisque le mécanisme de rétroactivation amplifie le changement touchant un facteur contrôlé, il doit être interrompu par un événement qui lui est extérieur. Si l'action du mécanisme de rétroactivation se poursuit, la « machine » peut s'emballer et même menacer la survie de l'organisme. En revanche, le mécanisme de rétro-inhibition ralentit puis s'arrête lorsque la valeur du facteur contrôlé revient à son état initial. En général, les mécanismes de rétroactivation interviennent dans des situations assez peu fréquentes, tandis que les mécanismes de rétro-inhibition agissent sur des facteurs qui restent relativement stables pendant de longues périodes.

LES DÉSÉQUILIBRES HOMÉOSTATIQUES

Dans la mesure où tous les facteurs contrôlés de l'organisme demeurent à l'intérieur de certaines limites étroites, les cellules fonctionnent adéquatement, les mécanismes de rétro-inhibition maintiennent l'homéostasie et l'organisme reste sain. Cependant, si une ou plusieurs parties de l'organisme perdent leur capacité de contribuer à l'homéostasie, l'équilibre entre les diverses fonctions vitales peut être perturbé. Si le déséquilibre est modéré, il peut causer une anomalie ou une maladie ; lorsqu'il est grave, il peut entraîner la mort.

Le terme **anomalie** englobe tout ce qui perturbe la structure ou le fonctionnement normal de l'organisme. Le terme **maladie** désigne de façon plus précise un trouble caractérisé par un ensemble particulier de signes et de symptômes. Une *maladie locale* ne touche qu'une partie ou une région limitée du corps ; une *maladie générale* affecte l'ensemble de l'organisme ou plusieurs de ses parties. La maladie altère les structures et les fonctions du corps humain de manière caractéristique. Une personne malade peut présenter des **symptômes**, c'est-à-dire des changements *subjectifs* et non apparents dans ses fonctions vitales, tels un mal de tête, des nausées ou de l'anxiété. Les **signes** sont des changements *objectifs*, observables et mesurables par un clinicien. Les signes d'une maladie peuvent être anatomiques, tels qu'un œdème ou une éruption, ou physiologiques, tels qu'une fièvre, une hypertension artérielle ou une paralysie.

La discipline qui étudie pourquoi, quand et où les maladies apparaissent, et comment elles sont transmises entre les individus d'une collectivité, est appelée **épidémiologie** (*epi* : sur, au-dessus de ; *dêmos* : peuple ; *logos* : discours). La discipline qui traite des effets et de l'usage des médicaments dans le traitement des maladies est la **pharmacologie** (*pharmakon* : remède).

LE DIAGNOSTIC D'UNE MALADIE

Le **diagnostic** (*dia* : à travers ; *gnôsis* : connaissance) est la science et l'art de distinguer une anomalie ou une maladie de toutes les autres. Le diagnostic est fondé sur les signes et les symptômes du patient, ses antécédents médicaux, un examen physique et des épreuves en laboratoire. L'anamnèse, histoire des antécédents médicaux, groupe tous les événements susceptibles d'avoir un lien avec l'état actuel du patient ; elle comprend le problème qui l'a amené à consulter, l'évolution de ce problème, les troubles médicaux antérieurs, les antécédents médicaux familiaux, la situation sociale et professionnelle ainsi qu'une revue de l'ensemble des symptômes. L'examen physique est une évaluation méthodique de l'organisme et de ses fonctions. Il comprend les méthodes diagnostiques non effractives que sont l'inspection, la palpation, l'auscultation et la percussion, que nous avons abordées plus haut, de même que la prise des signes vitaux (température, pouls, fréquence respiratoire et pression artérielle) et, parfois, des épreuves en laboratoire. ■

▶ **POINT DE CONTRÔLE**

9. Quels types de perturbations peuvent déclencher un mécanisme de régulation ?

10. En quoi les mécanismes de rétro-inhibition et de rétroactivation se ressemblent-ils ? En quoi sont-ils différents ?

11. Établissez la distinction entre les signes et les symptômes d'une maladie, et donnez des exemples.

LA TERMINOLOGIE ANATOMIQUE

OBJECTIFS

- Décrire l'orientation du corps en position anatomique.
- Connaître le nom courant des diverses régions du corps humain et le terme anatomique correspondant.
- Définir les plans et les coupes anatomiques ainsi que les termes employés pour décrire l'orientation du corps humain.
- Décrire les principales cavités du corps, les organes qu'elles contiennent et les membranes qui les tapissent.

Dans le monde scientifique et médical, on utilise un langage spécialisé pour désigner les structures du corps humain et leurs fonctions. Le langage de l'anatomie et de la physiologie définit tout avec précision pour que nous puissions communiquer de manière claire. Par exemple, peut-on dire : « Le poignet se situe au-dessus des doigts » ? Cet énoncé est exact si vos bras reposent le long de votre corps. Mais si vous levez les mains au-dessus de la tête, vos doigts se retrouvent alors au-dessus de vos poignets. Pour éviter une telle confusion, les anatomistes se servent d'une position anatomique standard et d'un vocabulaire spécialisé pour situer les diverses parties du corps les unes par rapport aux autres.

LES POSITIONS DU CORPS

On décrit les régions ou les parties du corps humain en supposant que le corps se trouve dans une posture bien précise, appelée **position anatomique**. Dans cette position, la personne se tient debout, face à l'observateur, la tête droite et les yeux fixés en avant. Les pieds sont posés à plat sur le sol et pointent en avant, les bras pendent le long du corps et les paumes sont tournées en avant (figure 1.5). En position anatomique, le corps est debout. Cependant, lorsqu'il est en position couchée, il se trouve en **décubitus ventral** si le visage fait face vers le bas ou en **décubitus dorsal** si le visage fait face vers le haut.

LES RÉGIONS DU CORPS

Le corps humain se divise en plusieurs régions. Les principales sont la tête, le cou, le tronc, les membres supérieurs et les membres

FIGURE 1.5 La position anatomique. Chaque région du corps est désignée par son nom courant, accompagné entre parenthèses du terme anatomique correspondant. Par exemple, la tête correspond à la région céphalique.

En position anatomique, la personne se tient debout, face à l'observateur, la tête droite et les yeux fixés en avant. Les pieds sont posés à plat sur le sol et pointent en avant, les bras pendent le long du corps et les paumes sont tournées en avant.

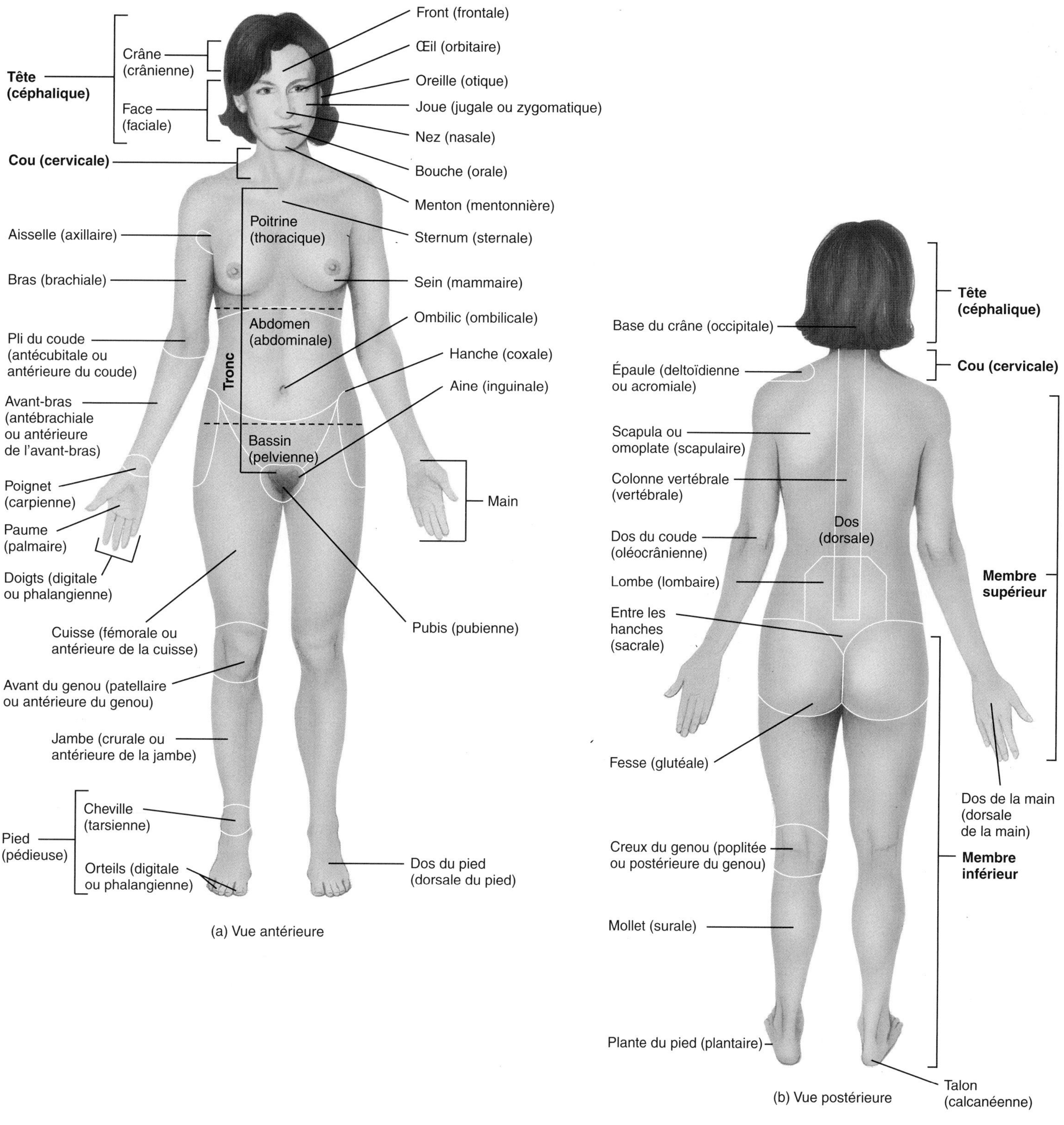

Front (frontale)

Œil (orbitaire)

Oreille (otique)

Joue (jugale ou zygomatique)

Nez (nasale)

Bouche (orale)

Menton (mentonnière)

Sternum (sternale)

Sein (mammaire)

Ombilic (ombilicale)

Hanche (coxale)

Aine (inguinale)

Main

Pubis (pubienne)

Crâne (crânienne)

Tête (céphalique)

Face (faciale)

Cou (cervicale)

Aisselle (axillaire)

Bras (brachiale)

Pli du coude (antécubitale ou antérieure du coude)

Avant-bras (antébrachiale ou antérieure de l'avant-bras)

Poignet (carpienne)

Paume (palmaire)

Doigts (digitale ou phalangienne)

Cuisse (fémorale ou antérieure de la cuisse)

Avant du genou (patellaire ou antérieure du genou)

Jambe (crurale ou antérieure de la jambe)

Pied (pédieuse)

Cheville (tarsienne)

Orteils (digitale ou phalangienne)

Poitrine (thoracique)

Abdomen (abdominale)

Tronc

Bassin (pelvienne)

Dos du pied (dorsale du pied)

(a) Vue antérieure

Base du crâne (occipitale)

Épaule (deltoïdienne ou acromiale)

Scapula ou omoplate (scapulaire)

Colonne vertébrale (vertébrale)

Dos du coude (oléocrânienne)

Lombe (lombaire)

Entre les hanches (sacrale)

Fesse (glutéale)

Creux du genou (poplitée ou postérieure du genou)

Mollet (surale)

Plante du pied (plantaire)

Tête (céphalique)

Cou (cervicale)

Dos (dorsale)

Membre supérieur

Dos de la main (dorsale de la main)

Membre inférieur

Talon (calcanéenne)

(b) Vue postérieure

Q En quoi est-il utile de définir une position anatomique standard?

inférieurs (figure 1.5). La **tête** est composée du crâne et de la face. Le crâne sert de boîtier protecteur à l'encéphale, tandis que la face, qui forme la partie antérieure de la tête, comprend les yeux, le nez, la bouche, le front, les joues ainsi que le menton et s'étend d'une oreille à l'autre. Le **cou** soutient la tête et la relie au tronc. Le **tronc** englobe la poitrine, l'abdomen et le bassin. Chaque **membre supérieur** est rattaché au tronc et comprend l'épaule, l'aisselle, le bras (partie du membre allant de l'épaule au coude), le coude, l'avant-bras (partie du membre allant du coude au poignet), le poignet et

la main. Chaque **membre inférieur**, également rattaché au tronc, comprend la fesse, la cuisse (partie du membre allant de la fesse au genou), le genou, la jambe (partie du membre allant du genou à la cheville), la cheville et le pied. L'aine, située sur la face antérieure du corps, se caractérise par les replis qu'elle forme de chaque côté du corps à l'endroit où le tronc est relié à la cuisse.

La figure 1.5 donne le terme courant désignant chacune des principales régions du corps accompagné, entre parenthèses, du terme anatomique correspondant. Par exemple, lorsqu'on reçoit une

EXPOSÉ 1.1   Les termes relatifs à l'orientation du corps (figure 1.6)

► OBJECTIF

- Définir la terminologie de l'orientation utilisée pour décrire le corps humain.

APERÇU

La plupart des termes relatifs à l'orientation des parties du corps humain sont groupés par paires dont le sens de chaque composante s'oppose. Par exemple, **supérieur** signifie vers le haut du corps et **inférieur**, vers le bas du corps. Il faut se rappeler que ces termes n'ont de sens que s'ils servent à décrire la situation d'une structure par rapport à une autre.

Par exemple, le genou est supérieur par rapport à la cheville, même si les deux sont situés dans la moitié inférieure du corps. À l'aide du tableau suivant, étudiez les termes relatifs à l'orientation et lisez l'exemple d'utilisation donné pour chacun. Au fur et à mesure, reportez-vous à la figure 1.6 pour situer la structure dont il est question.

▶ POINT DE CONTRÔLE

Quels termes décrivent les relations précises qui existent entre : 1) le coude et l'épaule, 2) l'épaule gauche et l'épaule droite, 3) le sternum et l'humérus et 4) le cœur et le diaphragme?

TERME	DÉFINITION	EXEMPLE
Supérieur (céphalique ou crânien)	Vers la tête ou le haut d'une structure.	Le cœur est supérieur par rapport au foie.
Inférieur (caudal)	À l'opposé de la tête ou vers le bas d'une structure.	L'estomac est inférieur par rapport aux poumons.
Antérieur (ventral)	Vers l'avant ou à l'avant du corps.	Le sternum est antérieur par rapport au cœur.
Postérieur (dorsal)	Vers le dos ou à l'arrière du corps.	L'œsophage est postérieur par rapport à la trachée.
Médial	Vers le plan médian*.	L'ulna est situé du côté médial du radius.
Médian	Au milieu du corps ou d'une structure.	Le médiastin est médian par rapport aux poumons.
Latéral	À l'opposé du plan médian.	Les poumons sont latéraux par rapport au cœur.
Intermédiaire	Entre deux structures.	Le côlon transverse est intermédiaire entre les côlons ascendant et descendant.
Homolatéral (ipsilatéral)	Du même côté du corps qu'une autre structure.	La vésicule biliaire et le côlon ascendant sont homolatéraux.
Controlatéral	Du côté du corps situé à l'opposé d'une autre structure.	Les côlons ascendant et descendant sont controlatéraux.
Proximal	Plus près du point d'attache d'un membre au tronc; plus près de l'origine d'une structure.	L'humérus est proximal par rapport au radius.
Distal	Plus éloigné du point d'attache d'un membre au tronc; plus éloigné de l'origine d'une structure.	Les phalanges sont distales par rapport aux os du carpe.
Superficiel	Près de la surface ou à la surface du corps.	Les côtes sont superficielles par rapport aux poumons.
Profond	Loin de la surface du corps.	Les côtes sont profondes par rapport à la peau de la poitrine et du dos.

* Le plan médian est une ligne verticale imaginaire qui divise le corps en une partie droite et une partie gauche égales.

injection antitétanique (vaccin) dans la fesse, il s'agit d'une injection dans la région glutéale. La raison pour laquelle le terme anatomique diffère du nom courant est qu'il est dérivé du mot grec ou latin désignant cette partie ou région du corps. Ainsi, le mot latin *axilla* désigne l'aisselle, et le nerf qui traverse l'aisselle est appelé nerf axillaire. Au fil de votre lecture, vous apprendrez les racines grecques et latines d'un grand nombre de termes anatomiques et physiologiques.

LES TERMES RELATIFS À L'ORIENTATION DU CORPS

Pour situer les diverses structures du corps, les anatomistes se servent d'une **terminologie de l'orientation** précise qui décrit la position d'une partie du corps par rapport à une autre. Les termes peuvent être groupés par paires dont le sens de chaque composante s'oppose, par exemple antérieur (devant) et postérieur (derrière). L'exposé 1.1 et la figure 1.6 présentent les principaux termes relatifs à l'orientation.

FIGURE 1.6 Les termes relatifs à l'orientation du corps.

Les termes relatifs à l'orientation situent avec précision les diverses parties du corps les unes par rapport aux autres.

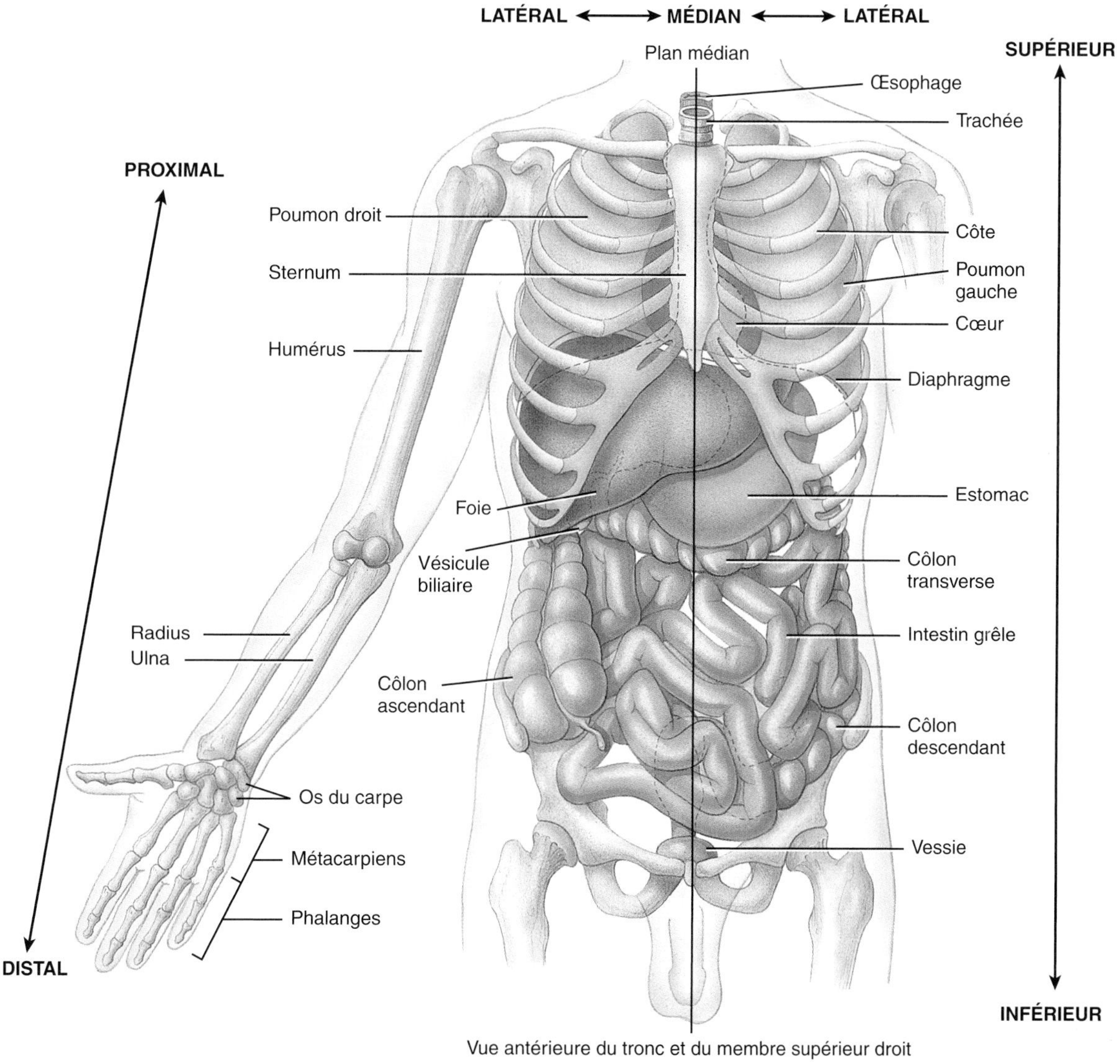

LATÉRAL ← → MÉDIAN ← → LATÉRAL

SUPÉRIEUR

Plan médian
Œsophage
Trachée

PROXIMAL

Poumon droit
Côte
Poumon gauche
Sternum
Cœur
Humérus
Diaphragme

Estomac
Foie
Côlon transverse
Vésicule biliaire
Intestin grêle
Radius
Ulna
Côlon ascendant
Côlon descendant
Os du carpe
Métacarpiens
Vessie
Phalanges

DISTAL

INFÉRIEUR

Vue antérieure du tronc et du membre supérieur droit

Le radius est-il proximal par rapport à l'humérus ? L'œsophage est-il antérieur par rapport à la trachée ?
Les côtes sont-elles superficielles par rapport aux poumons ? La vessie est-elle médiale par rapport au côlon ascendant ?
Le sternum est-il latéral par rapport au côlon descendant ?

LES PLANS ET LES COUPES

Vous étudierez également le corps humain à l'aide de **plans**, c'est-à-dire des surfaces planes imaginaires traversant une partie du corps (figure 1.7). Le **plan sagittal** (*sagitta* : flèche) est un plan vertical divisant le corps ou un organe en deux côtés, droit et gauche. Lorsque le plan sagittal passe au milieu du corps ou d'un organe pour le diviser en deux côtés égaux, il est nommé **plan sagittal médian**, ou **plan médian**. Si, au lieu de passer par le centre, le plan sagittal divise le corps ou un organe en deux côtés inégaux, il est appelé **plan parasagittal** (*para* : à côté de). Le **plan frontal**, ou **plan coronal** (*corona* : couronne), divise le corps ou un organe en une partie antérieure (avant) et une partie postérieure (arrière). Le **plan transversal**, ou **plan horizontal**, divise le corps ou un organe en une partie supérieure (haut) et une partie inférieure (bas). Les plans sagittal, frontal et transversal sont perpendiculaires les uns par rapport aux autres. Par ailleurs, le **plan oblique** divise le corps ou un organe selon un angle intermédiaire entre un plan transversal et un plan soit sagittal, soit frontal.

Les régions du corps que vous étudierez seront souvent représentées en **coupe**, ce qui signifie que vous ne verrez qu'une image bidimensionnelle d'une structure tridimensionnelle ou une coupe le long d'un plan. Il sera donc important de savoir de quelle coupe il s'agit pour bien comprendre la relation anatomique entre les diverses parties représentées. La figure 1.8 montre comment trois

FIGURE 1.8 Les plans et les coupes de diverses parties de l'encéphale. Le schéma de gauche montre le plan et la photographie de droite, la coupe correspondante. Remarque : Les flèches des schémas indiquent de quelle perspective on voit chaque coupe. Ces flèches seront utilisées tout au long de l'ouvrage pour indiquer les perspectives de visualisation.

Les plans divisent le corps de diverses façons pour produire des coupes.

FIGURE 1.7 Les plans du corps humain.

Les plans frontal, transversal, sagittal et oblique divisent chacun le corps selon une orientation précise.

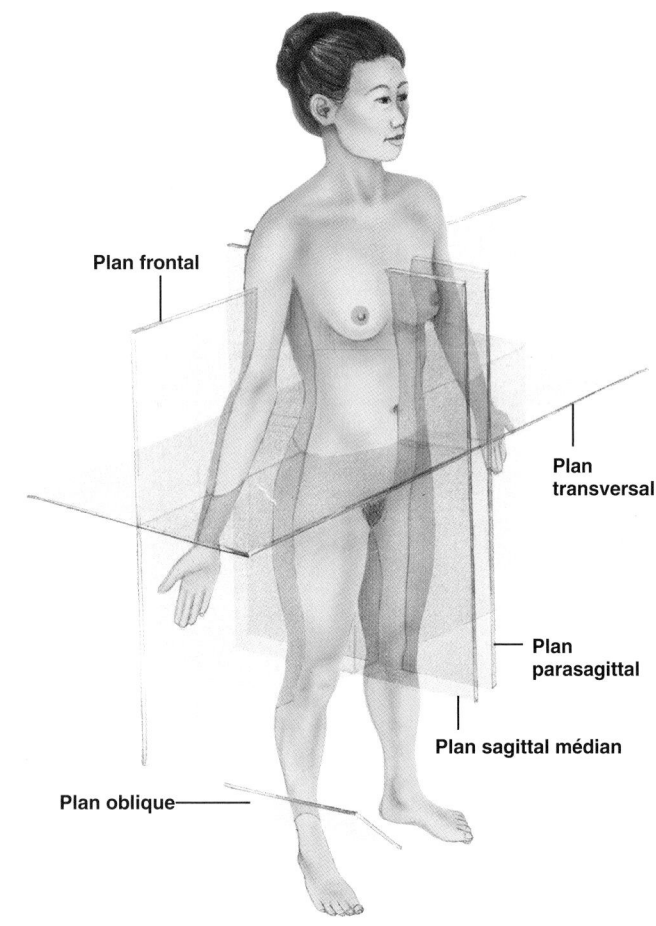

Vue antérolatérale droite

Quel plan divise le cœur en une partie antérieure et une partie postérieure ?

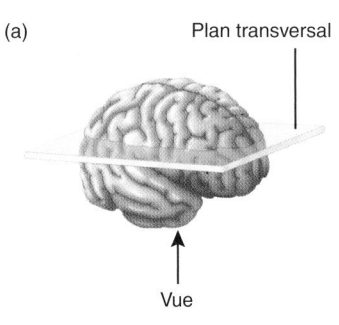

(a) Plan transversal

Vue

Coupe transversale

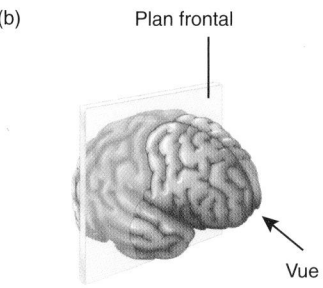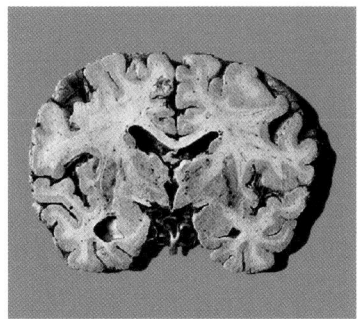

(b) Plan frontal

Vue

Coupe frontale

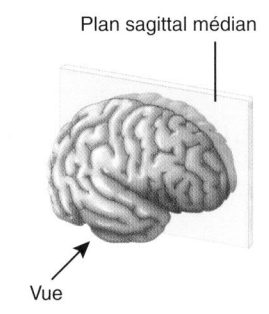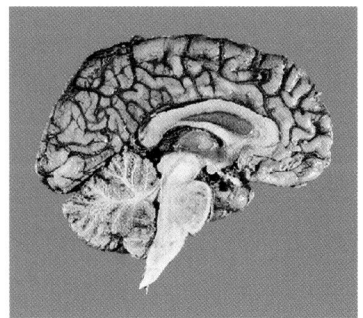

(c) Plan sagittal médian

Vue

Coupe sagittale médiane

Quel plan divise l'encéphale en une partie droite et une partie gauche inégales ?

coupes, *transversale*, *frontale* et *sagittale médiane*, présentent l'encéphale sous trois angles différents.

LES CAVITÉS DU CORPS

Les **cavités du corps** sont des espaces qui contribuent à protéger, isoler et soutenir les organes internes. Les os, les muscles, les ligaments et d'autres structures séparent les diverses cavités les unes des autres. Nous étudierons maintenant les principales cavités du corps humain (figure 1.9).

La **cavité crânienne** est circonscrite par les os du crâne et contient l'encéphale. Le **canal vertébral** est constitué des os de la colonne vertébrale ; il renferme la moelle épinière. Trois membranes protectrices, appelées **méninges**, tapissent la cavité crânienne et le canal vertébral.

Les principales cavités du tronc sont la cavité thoracique et la cavité abdominopelvienne. La **cavité thoracique** (*thôrakos* : thorax)

(figure 1.10) est délimitée par les côtes, les muscles du thorax, le sternum et la partie thoracique de la colonne vertébrale. Elle contient la **cavité péricardique** (*peri* : autour ; *kardia* : cœur), espace rempli de liquide où loge le cœur, et deux **cavités pleurales** (*pleura* : côté), dont chacune contient un poumon baignant dans une petite quantité de liquide. La partie centrale de la cavité thoracique est appelée **médiastin** (*mediastinus* : qui se tient au milieu). Situé entre les poumons, le médiastin s'étend du sternum jusqu'à la colonne vertébrale, et du cou jusqu'au diaphragme (figure 1.10a). Il englobe tous les viscères thoraciques, à l'exception des poumons. Le cœur, l'œsophage, la trachée, le thymus et plusieurs gros vaisseaux sanguins sont des structures du médiastin. Le **diaphragme** est le grand muscle en forme de dôme qui sépare la cavité thoracique de la cavité abdominopelvienne.

La **cavité abdominopelvienne** (figure 1.9) s'étend du diaphragme à l'aine. Elle est circonscrite par la paroi abdominale et les os et muscles du bassin. Comme son nom l'indique, la cavité

FIGURE 1.9 Les cavités du corps. Les pointillés en (a) et (b) indiquent la limite entre la cavité abdominale et la cavité pelvienne.

Les principales cavités du tronc sont la cavité thoracique et la cavité abdominopelvienne.

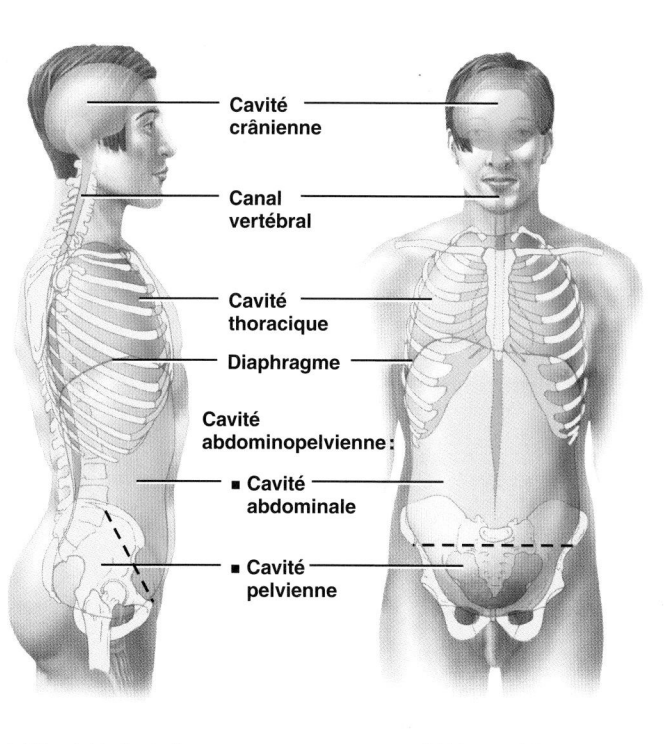

(a) Vue latérale droite   (b) Vue antérieure

CAVITÉ	DESCRIPTION
Cavité crânienne	Délimitée par les os du crâne, contient l'encéphale.
Canal vertébral	Délimitée par la colonne vertébrale, contient la moelle épinière et le début des nerfs rachidiens.
Cavité thoracique*	Contient les cavités pleurales et péricardique ainsi que le médiastin.
Cavités pleurales	Abritent chacune un poumon; la séreuse des cavités pleurales est la plèvre.
Cavité péricardique	Contient le cœur; la séreuse de la cavité péricardique est le péricarde.
Médiastin	Partie centrale de la cavité thoracique située entre les poumons; s'étend du sternum à la colonne vertébrale et du cou au diaphragme; contient le cœur, le thymus, l'œsophage, la trachée et plusieurs gros vaisseaux sanguins.
Cavité abdominopelvienne	Divisée en cavité abdominale et cavité pelvienne.
Cavité abdominale	Contient l'estomac, la rate, le foie, la vésicule biliaire, l'intestin grêle et la plus grande partie du gros intestin; la séreuse de la cavité abdominale est le péritoine.
Cavité pelvienne	Contient la vessie, certaines parties du gros intestin et les organes génitaux internes.

* Voir la figure 1.10 pour une description de la cavité thoracique.

Q Dans quelle cavité se situent les organes suivants : vessie, estomac, cœur, intestin grêle, poumons, organes génitaux internes féminins, thymus, rate et foie ? Utilisez ces abréviations dans votre réponse : T = cavité thoracique ; A = cavité abdominale ; P = cavité pelvienne.

FIGURE 1.10 La cavité thoracique. Le pointillé indique les limites du médiastin. Remarque : Quand une coupe transversale présente une vue inférieure (du dessous), la portion antérieure du corps est montrée en haut de l'illustration et le côté gauche se trouve à droite.

La cavité thoracique contient trois petites cavités et le médiastin.

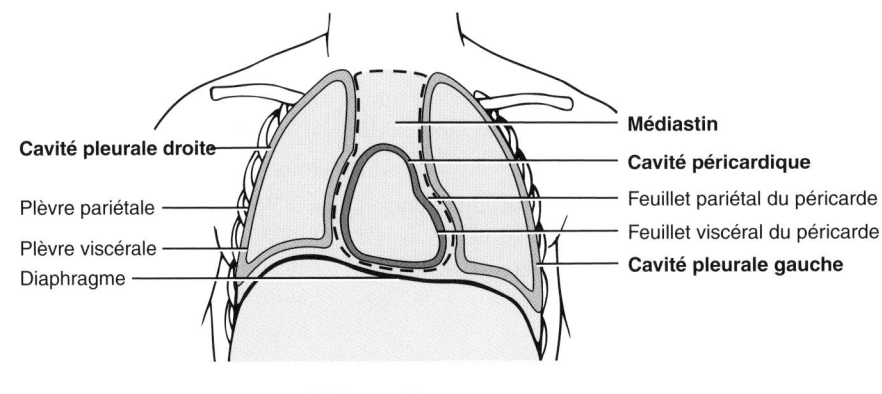

(a) Vue antérieure

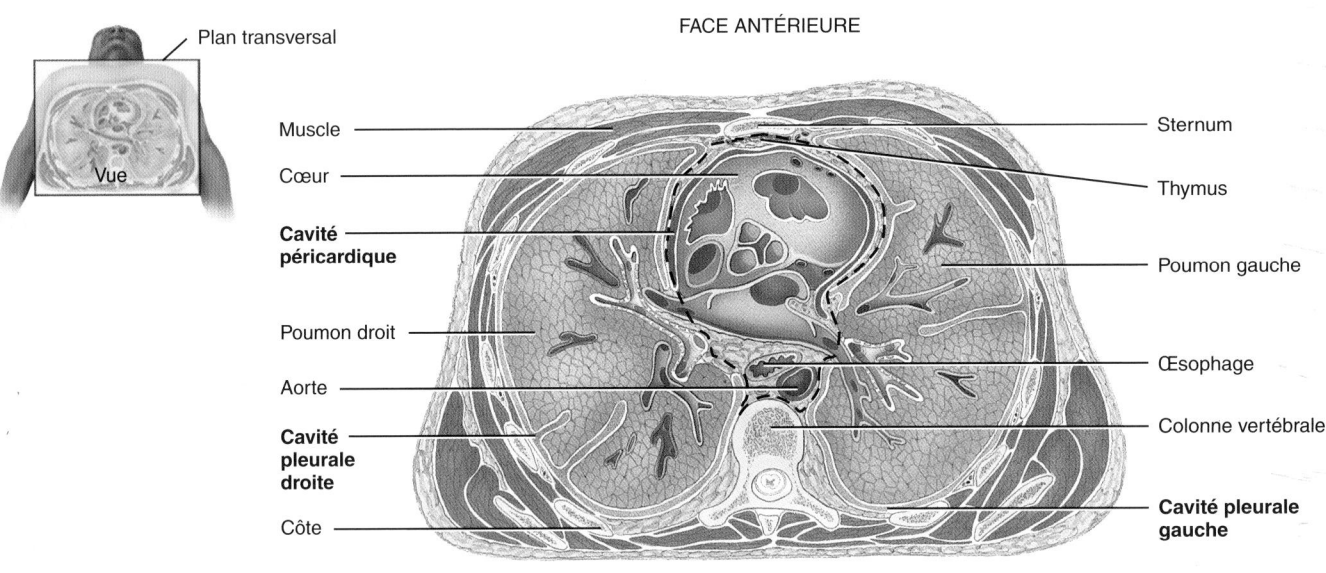

(b) Vue inférieure d'une coupe transversale de la cavité thoracique

abdominopelvienne se divise en deux parties qui ne sont cependant séparées par aucune paroi (figure 1.11). La partie supérieure, appelée **cavité abdominale**, renferme l'estomac, la rate, le foie, la vésicule biliaire, l'intestin grêle et la majeure partie du gros intestin. La partie inférieure, appelée **cavité pelvienne** (*pelvis* : bassin), contient la vessie, certaines parties du gros intestin et les organes génitaux internes. Les organes situés à l'intérieur des cavités thoracique et abdominopelvienne sont groupés sous le nom de **viscères**.

Les membranes des cavités thoracique et abdominale

Une mince membrane double, la **séreuse**, enveloppe les viscères dans les cavités thoracique et abdominale, et tapisse les parois du thorax et de l'abdomen. Elle comprend deux feuillets : 1) le *feuillet pariétal*, qui tapisse la paroi des cavités, et 2) le *feuillet viscéral*,

qui recouvre les viscères et y adhère. Entre les deux feuillets de la séreuse, un liquide analogue à la lymphe, appelé *sérosité*, réduit la friction entre les organes ; la sérosité permet aussi le glissement des organes les uns contre les autres quand le corps est en mouvement, par exemple lorsque les poumons se gonflent et se dégonflent au cours de la respiration.

La **plèvre** est la séreuse des cavités pleurales. La *plèvre viscérale* adhère à la surface des poumons, tandis que la *plèvre pariétale* tapisse la paroi thoracique et recouvre la face supérieure du diaphragme. L'espace entre les deux feuillets de la plèvre, la *cavité pleurale*, est rempli d'une petite quantité de sérosité. Le **péricarde** est la séreuse de la cavité péricardique. Le *feuillet viscéral du péricarde* entoure le cœur, tandis que le *feuillet pariétal du péricarde* est relié aux structures du médiastin. L'espace entre les deux feuillets du péricarde, la *cavité péricardique*, est également rempli d'une

FIGURE 1.10 La cavité thoracique *(suite).*

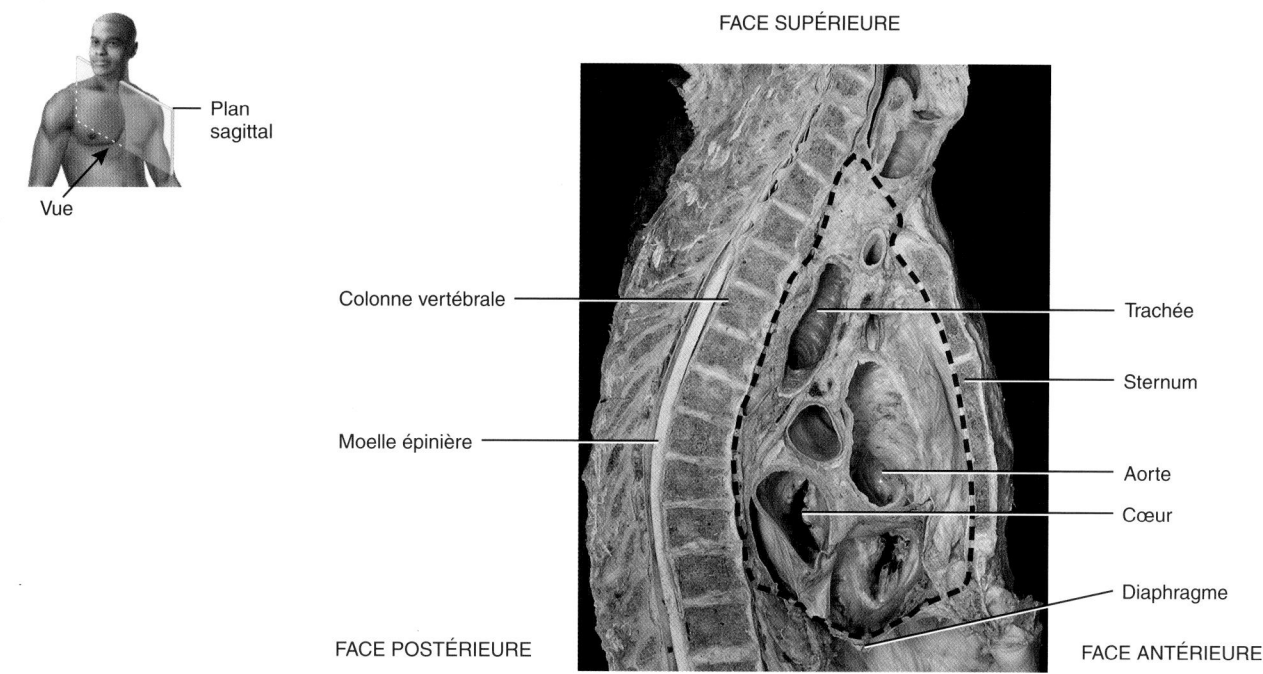

FACE SUPÉRIEURE

Plan sagittal

Vue

Colonne vertébrale

Moelle épinière

Trachée

Sternum

Aorte

Cœur

Diaphragme

FACE POSTÉRIEURE

FACE ANTÉRIEURE

FACE INFÉRIEURE

(c) Coupe sagittale de la cavité thoracique

Quel est le nom de la cavité qui abrite le cœur ?
Quelle cavité renferme les poumons ?

FIGURE 1.11 La cavité abdominopelvienne.
Le pointillé indique la frontière approximative entre la cavité abdominale et la cavité pelvienne.

La cavité abdominopelvienne s'étend du diaphragme jusqu'à l'aine.

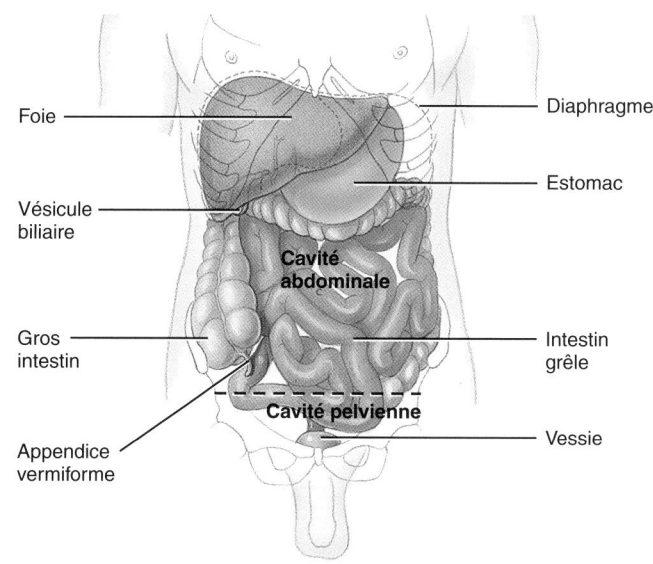

Foie

Vésicule biliaire

Gros intestin

Appendice vermiforme

Diaphragme

Estomac

Cavité abdominale

Intestin grêle

Cavité pelvienne

Vessie

Vue antérieure

À quels systèmes du corps humain les organes présentés ci-dessus dans les cavités abdominale et pelvienne appartiennent-ils ? (*Indice : Consultez le tableau 1.2.*)

petite quantité de sérosité. Le **péritoine** est la séreuse de la cavité abdominale. *Le péritoine viscéral* recouvre les viscères abdominaux, tandis que le *péritoine pariétal* tapisse la paroi abdominale et recouvre la face inférieure du diaphragme. L'espace entre les deux feuillets du péritoine, la *cavité péritonéale*, est aussi remplie de sérosité. La plupart des organes de l'abdomen sont situés dans cette cavité. Certains se trouvent entre le péritoine pariétal et la paroi abdominale postérieure : on dit de ces organes qu'ils sont *rétropéritonéaux* (*retro* : en arrière). C'est le cas des reins, des glandes surrénales, du pancréas, du duodénum de l'intestin grêle, des côlons ascendant et descendant du gros intestin et de certaines portions de l'aorte abdominale et de la veine cave inférieure.

En plus des cavités que nous venons de voir, vous en étudierez d'autres dans les prochains chapitres, notamment : la *cavité orale* (ou *buccale*), qui contient la langue et les dents ; la *cavité nasale*, qui se trouve dans le nez ; les *cavités orbitaires*, qui comprennent les globes oculaires ; les *cavités de l'oreille moyenne*, qui renferment les osselets de l'oreille moyenne ; et les *cavités synoviales*, qui se situent dans les articulations mobiles et qui contiennent le liquide synovial. La figure 1.9 présente un résumé des principales cavités du corps et de leurs membranes.

LES RÉGIONS ET LES QUADRANTS ABDOMINOPELVIENS

Afin de situer plus facilement les nombreux organes abdominaux et pelviens, les anatomistes et les cliniciens se servent de deux méthodes pour diviser la cavité abdominopelvienne. Dans la première, on sépare la cavité en neuf **régions abdominopelviennes** au moyen de deux plans transversaux et de deux plans verticaux placés comme dans une grille de tic-tac-toc (figure 1.12a, b). Le *plan transversal supérieur* passe juste sous les côtes, à travers la partie inférieure de l'estomac ; le *plan transversal inférieur* passe juste au-dessus des hanches. Les *plans parasagittaux* gauche et droit

FIGURE 1.12 Les régions et les quadrants de la cavité abdominopelvienne.

La division en neuf régions est utilisée en anatomie ; la division en quadrants sert à situer une douleur, une tumeur ou une autre anomalie.

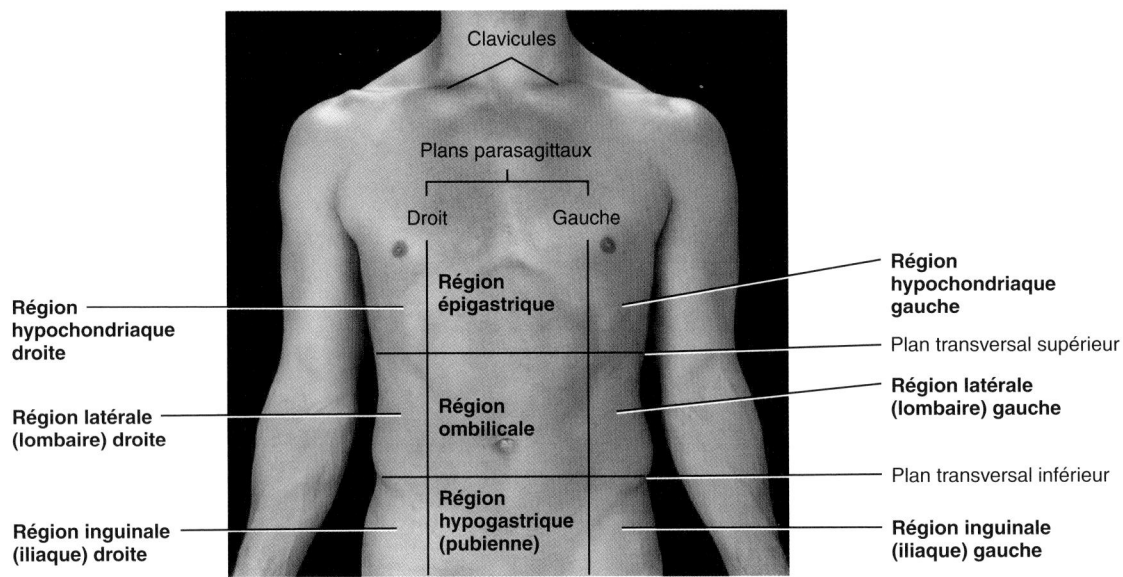

(a) Vue antérieure montrant les régions abdominopelviennes

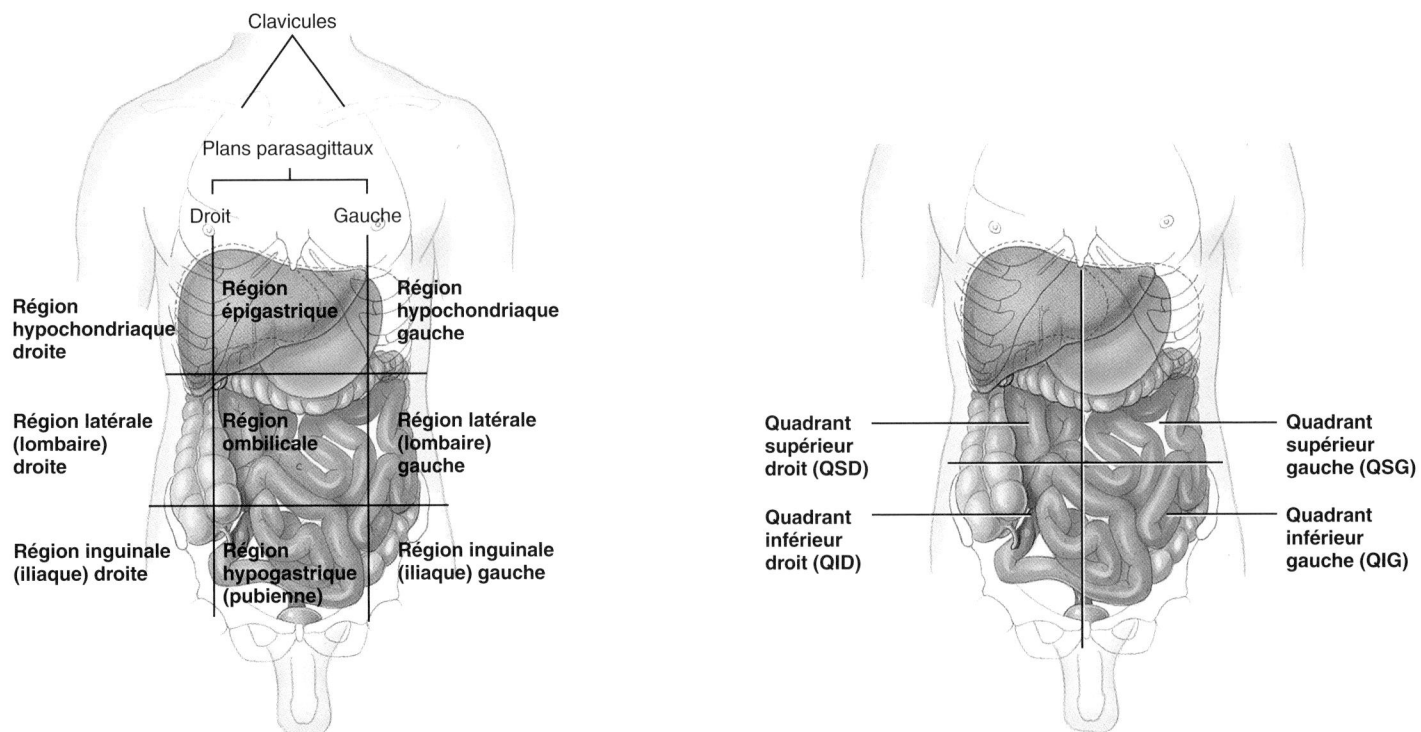

(b) Vue antérieure montrant l'emplacement des régions abdominopelviennes

(c) Vue antérieure montrant l'emplacement des quadrants abdominopelviens

 Dans quelle région abdominopelvienne se situent les organes suivants : la plus grande partie du foie, le côlon transverse, et la vessie ? Dans quel quadrant abdominopelvien la douleur causée par une appendicite (inflammation de l'appendice vermiforme) peut-elle être ressentie ?

(tous deux verticaux) traversent chacun le centre d'une clavicule et sont médiaux par rapport aux mamelons. Ces quatre plans divisent la cavité abdominopelvienne en une grande partie médiane et deux parties plus petites à gauche et à droite. Les neuf régions abdominopelviennes sont les régions hypochondriaque droite, épigastrique, hypochondriaque gauche, latérale (lombaire) droite, ombilicale, latérale (lombaire) gauche, inguinale (iliaque) droite, hypogastrique (pubienne) et inguinale (iliaque) gauche.

La deuxième méthode de division, plus simple, sépare la cavité abdominopelvienne en **quadrants** (*quadrans* : quart), comme le montre la figure 1.12c. Un plan transversal et un plan sagittal médian traversent l'**ombilic** (*umbilicus* : nombril). Les quadrants abdominopelviens sont le quadrant supérieur droit (QSD), le quadrant supérieur gauche (QSG), le quadrant inférieur droit (QID) et le quadrant inférieur gauche (QIG). Les neuf régions servent plutôt aux anatomistes, et les quadrants sont utilisés plus volontiers par les cliniciens pour situer une douleur, une tumeur ou une autre anomalie dans la cavité abdominopelvienne.

▶ **POINT DE CONTRÔLE**

12. Situez sur votre propre corps toutes les régions indiquées à la figure 1.5, et désignez-les par leur nom courant et le terme anatomique correspondant.

13. Quelles structures séparent les diverses cavités du corps les unes des autres ?

14. Situez sur votre propre corps les neuf régions abdominopelviennes et les quatre quadrants abdominopelviens, et nommez quelques-uns des organes que chaque région ou quadrant contient.

L'IMAGERIE MÉDICALE

▶ **OBJECTIF**

• Décrire les principes de l'imagerie médicale et l'importance de celle-ci dans l'évaluation des fonctions organiques et le diagnostic des maladies.

Diverses techniques d'**imagerie médicale** permettent de visualiser les structures internes du corps humain et de diagnostiquer avec plus de précision un large éventail de troubles anatomiques et physiologiques. L'ancêtre de toutes les techniques d'imagerie médicale est la radiographie, dont on se sert en médecine depuis la fin des années 1940. Les méthodes plus récentes non seulement facilitent le diagnostic des maladies, mais elles permettent aussi d'approfondir notre compréhension de la physiologie normale. Le tableau 1.3 présente quelques techniques d'imagerie médicale couramment utilisées. Nous aborderons dans des chapitres suivants d'autres méthodes, tel le cathétérisme cardiaque.

TABLEAU 1.3 QUELQUES TECHNIQUES COURANTES D'IMAGERIE MÉDICALE

Radiographie

Procédé : Un faisceau simple de rayons X traverse le corps et produit une image des structures internes sur une pellicule sensible aux rayons X. Cette image bidimensionnelle est appelée *radiographie*.

Commentaires : Cette technique est relativement simple, rapide et peu coûteuse, et elle permet en général de recueillir suffisamment d'information pour poser un diagnostic. Parce que les rayons X ne traversent pas facilement les structures denses, les os paraissent blancs. Les structures creuses, comme les poumons, sont noires. Les structures de densité moyenne, tels la peau, la graisse et les muscles, prennent des teintes de gris. Une faible dose de rayons X permet d'examiner les tissus mous, comme les seins (**mammographie**), de même que la densité osseuse (**ostéodensitométrie**).

Pour que les structures creuses ou pleines de liquide soient visibles, il faut utiliser un produit de contraste. À la radiographie, ces structures paraissent alors blanches. Le produit peut être injecté ou introduit par voie orale ou par voie anale en fonction de la structure dont on veut obtenir l'image.

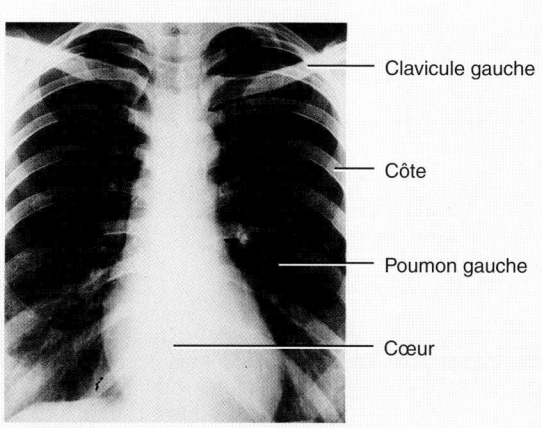

Clavicule gauche

Côte

Poumon gauche

Cœur

Radiographie de la vue antérieure du thorax

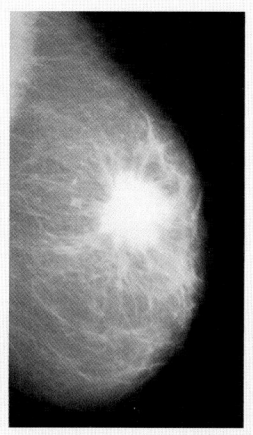

Mammographie d'un sein montrant une tumeur cancéreuse (masse blanche à bords irréguliers)

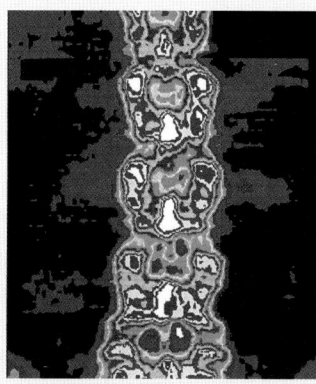

Ostéodensitométrie de la vue antérieure de la colonne vertébrale

TABLEAU 1.3 QUELQUES TECHNIQUES COURANTES D'IMAGERIE MÉDICALE *(suite)*

Radiographie *(suite)*

La radiographie de contraste permet d'obtenir une image des vaisseaux sanguins (**angiographie**), du système urinaire (**urographie intraveineuse**) et des voies gastro-intestinales (**radiographie de contraste au baryum**).

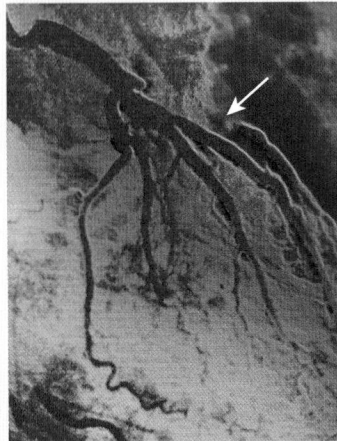

Angiographie du cœur d'un adulte montrant le blocage d'une artère coronaire (voir la flèche)

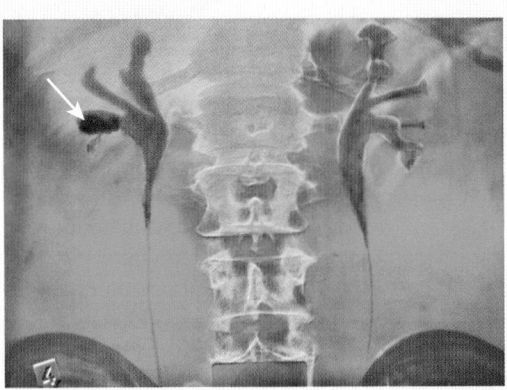

Urographie intraveineuse montrant un calcul rénal (voir la flèche) dans le rein droit

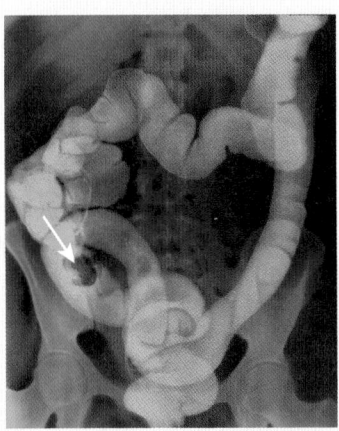

Radiographie de contraste au baryum montrant un cancer du côlon ascendant (voir la flèche)

Imagerie par résonance magnétique (IRM)

Procédé : L'exposition du corps à un champ magnétique très intense provoque dans les liquides et les tissus de l'organisme un réaménagement des protons (petites particules positives à l'intérieur d'atomes tels que l'hydrogène) par rapport au champ produit. Des ondes radio «lisent» ensuite ces motifs d'ions et une image chromocodée apparaît sur l'écran. Cette image représente l'empreinte en deux ou trois dimensions de la composition chimique des cellules.

Commentaires : Relativement sûr, ce procédé ne convient pas aux personnes ayant des objets métalliques à l'intérieur du corps. L'IRM montre des détails précis des tissus mous mais non des os. Elle sert le plus souvent à distinguer les tissus normaux des tissus anormaux et est utilisée pour déceler des tumeurs, des dépôts lipidiques obstruant les artères ou encore des anomalies cérébrales, pour mesurer le débit sanguin et pour repérer diverses anomalies des systèmes musculaire et squelettique, du foie et des reins.

Tomodensitométrie

Procédé : Radiographie informatisée utilisant un faisceau de rayons X pour tracer un arc sous divers angles autour d'une partie du corps. La coupe transversale ainsi obtenue, appelée *tranche tomographique*, est reproduite sur un écran.

Commentaires : La tomodensitométrie donne une image plus détaillée des tissus mous et des organes que la radiographie classique. Les différentes densités tissulaires apparaissent dans des teintes de gris. On peut assembler de nombreuses tranches tomographiques pour obtenir une image tridimensionnelle d'une structure. Depuis quelques années, on a commencé à produire des tomodensitogrammes de l'ensemble du corps qui ciblent généralement le tronc. Ce type d'image semble très utile pour la détection d'un cancer du poumon ou des reins, ou d'une coronaropathie.

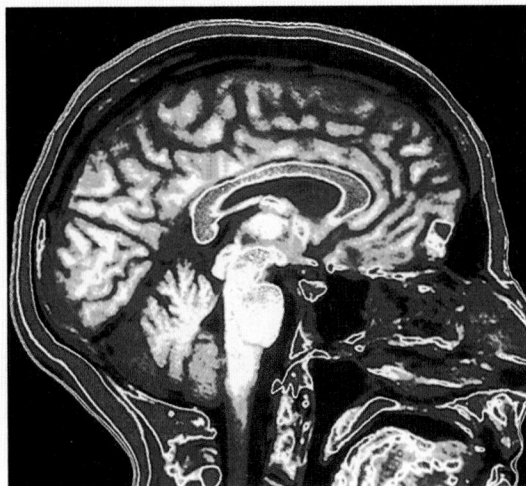

Image obtenue par résonance magnétique de la coupe sagittale de l'encéphale

FACE ANTÉRIEURE

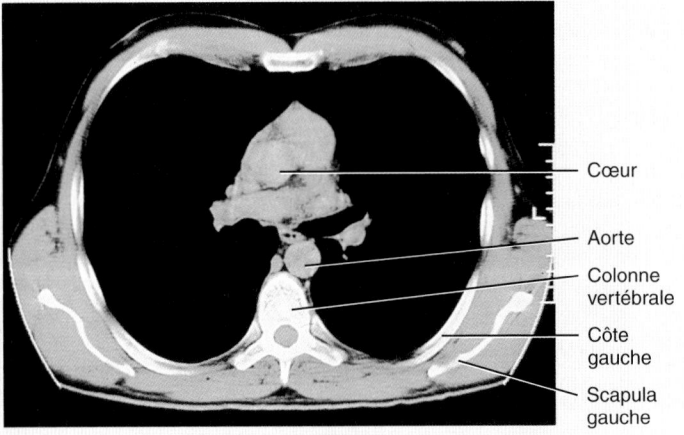

— Cœur

— Aorte

— Colonne vertébrale

— Côte gauche

— Scapula gauche

FACE POSTÉRIEURE

Tomodensitogramme montrant une vue inférieure de la coupe transversale du thorax

Échographie

Procédé : Ultrasons émis par un appareil tenu dans la main, réfléchis par les tissus et captés de nouveau par le même instrument. L'image obtenue, fixe ou mobile, est appelée *sonogramme* ; elle est reproduite sur un écran.

Commentaires : Méthode sans risque connu, non effractive et indolore, et ne nécessitant aucun produit de contraste, l'échographie est utilisée principalement pour visualiser le fœtus durant la grossesse. Elle sert aussi à déterminer la taille, la situation et le fonctionnement des organes ou à observer l'écoulement sanguin dans les vaisseaux (**échographie Doppler**).

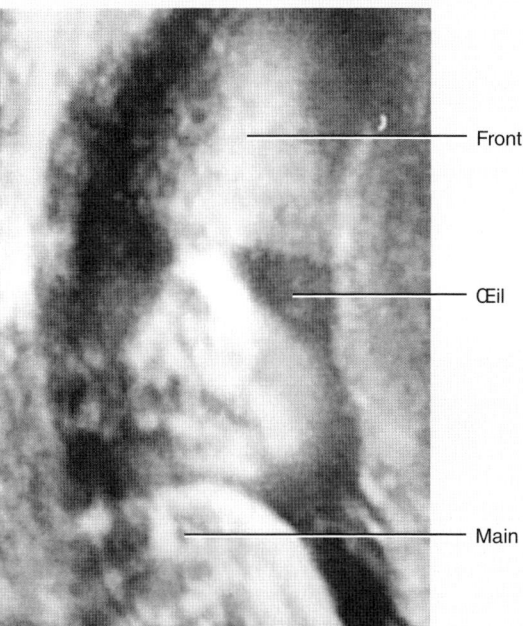

Front

Œil

Main

Sonogramme d'un fœtus (avec la permission de Andrew Joseph Tortora et Damaris Soler)

Tomographie par émission de positrons (TEP)

Procédé : On injecte au patient une substance émettant des positrons (particules à charge positive), qui est absorbée par les tissus. La collision de ces positrons avec les électrons à charge négative présents dans les tissus produit des rayons gamma (semblables aux rayons X) qui sont captés par des caméras gamma installées autour du patient. Un ordinateur reçoit l'information des caméras et construit en direct une *image tomographique* en couleurs. On peut alors voir à quel endroit la substance injectée a été absorbée dans le corps. Dans l'image reproduite ici, les zones en noir et en bleu indiquent une activité minimale, et les zones en rouge, orange, jaune et blanc représentent des zones d'activité croissante.

Commentaires : La TEP est utilisée pour étudier la physiologie des structures, par exemple le métabolisme du cerveau ou celui du cœur.

FACE ANTÉRIEURE

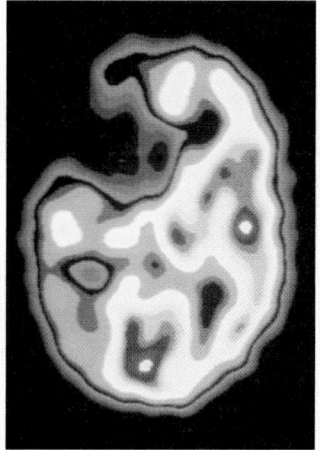

FACE POSTÉRIEURE

Image tomographique d'une coupe transversale de l'encéphale (la région plus foncée dans le coin supérieur gauche indique le siège d'un accident vasculaire cérébral)

Scintigraphie par balayage

Procédé : On injecte un radionucléide (substance radioactive) dans l'organisme par voie intraveineuse, et il est transporté par le sang vers les tissus dont on veut obtenir une image. Les rayons gamma produits par le radionucléide sont captés par une caméra gamma installée à l'extérieur du patient, puis transmis à un ordinateur. Ce dernier construit une image en couleurs qui est affichée sur un moniteur. Les zones où la couleur est intense ont absorbé beaucoup de radionucléides et présentent une grande activité tissulaire ; les zones moins colorées ont absorbé moins de radionucléides et montrent une activité tissulaire moins intense.

La **tomographie par émission monophotonique (TEMP)** est un type particulier de scintigraphie utilisé précisément pour l'étude du cerveau, du cœur, des poumons et du foie.

Commentaires : La scintigraphie par balayage est utilisée pour étudier l'activité d'un tissu ou d'un organe, comme le cœur, la thyroïde et les reins.

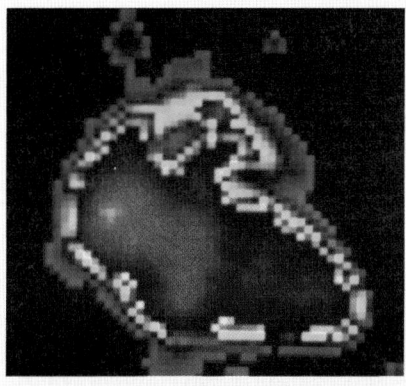

Scintigraphie par balayage d'un cœur humain normal

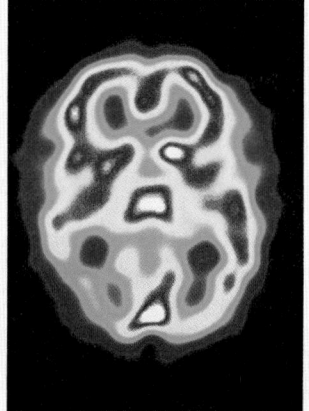

Tomographie par émission monophotonique (TEMP) d'une coupe transversale du cerveau (la région en vert dans le bas à gauche indique une crise de migraine)

TABLEAU 1.3 QUELQUES TECHNIQUES COURANTES D'IMAGERIE MÉDICALE *(suite)*

Endoscopie

Procédé : Pour effectuer un examen visuel de l'intérieur des organes ou des cavités du corps, on utilise un appareil lumineux appelé *endoscope*. L'image est transmise à l'oculaire de l'endoscope ou affichée sur un moniteur.

Commentaires : L'endoscopie englobe entre autres la coloscopie, la laparoscopie et l'arthroscopie. La *coloscopie* est utilisée pour examiner l'intérieur du côlon, qui fait partie du gros intestin. La *laparoscopie* permet de visualiser les organes situés dans la cavité abdominopelvienne. L'*arthroscopie* sert à explorer l'intérieur d'une articulation, habituellement celle du genou.

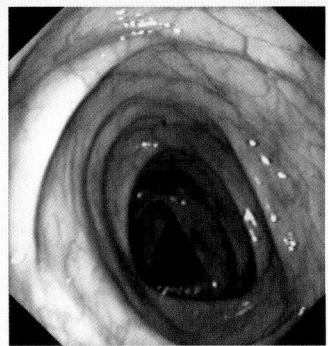

Vue intérieure du côlon par coloscopie

RÉSUMÉ

DÉFINITION DE L'ANATOMIE ET DE LA PHYSIOLOGIE (P. 2)

1. L'anatomie est l'étude des structures de l'organisme et des relations entre ces structures ; la physiologie est l'étude des fonctions du corps humain.

2. La dissection consiste à découper soigneusement les structures du corps afin d'étudier comment elles sont reliées les unes aux autres.

3. Les sous-disciplines de l'anatomie comprennent, entre autres, l'embryologie, l'anatomie du développement, l'histologie, l'anatomie de surface, l'anatomie macroscopique, l'anatomie des systèmes, l'anatomie régionale, l'anatomie radiologique et l'anatomie pathologique (tableau 1.1).

4. Les sous-disciplines de la physiologie comprennent, entre autres, la neurophysiologie, l'endocrinologie, la physiologie cardiovasculaire, l'immunologie, la physiologie respiratoire, la physiologie rénale, la physiologie de l'exercice et la physiopathologie (tableau 1.1).

LES NIVEAUX D'ORGANISATION DU CORPS HUMAIN (P. 3)

1. Le corps humain comprend six niveaux d'organisation structurale : les niveaux chimique, cellulaire, tissulaire, organique, systémique et de l'organisme entier.

2. Les cellules sont les unités structurales et fonctionnelles de base d'un organisme et les plus petites unités vivantes dans le corps humain.

3. Les tissus sont des groupes de cellules entourés de matériaux qui exécutent ensemble une fonction particulière.

4. Les organes sont toujours composés d'au moins deux types de tissus ; chaque organe joue un rôle précis et a habituellement une forme reconnaissable.

5. Chaque système est constitué d'organes associés pour accomplir une fonction commune.

6. On entend par *organisme* tout être vivant.

7. Le tableau 1.2 présente les onze systèmes du corps humain : tégumentaire, squelettique, musculaire, nerveux, endocrinien, cardiovasculaire, lymphatique (et immunité), respiratoire, digestif, urinaire et génital.

LES CARACTÉRISTIQUES DE L'ORGANISME HUMAIN VIVANT (P. 5)

1. Les organismes vivants accomplissent des fonctions qui les distinguent de la matière inerte.

2. Les principales fonctions vitales du corps humain sont le métabolisme, la réactivité, le mouvement, la croissance, la différenciation et la reproduction.

3. L'homéostasie est l'état d'équilibre dynamique du milieu intérieur résultant de l'interaction incessante de tous les mécanismes de régulation de l'organisme.

4. Les liquides de l'organisme sont des solutions aqueuses diluées. Le liquide intracellulaire se trouve à l'intérieur des cellules, tandis que le liquide extracellulaire entoure celles-ci. Le liquide interstitiel est le liquide extracellulaire qui comble les espaces entre les cellules des tissus ; le plasma est le liquide extracellulaire qui circule dans les vaisseaux sanguins.

5. Puisqu'il entoure toutes les cellules de l'organisme, le liquide interstitiel est aussi appelé milieu intérieur.

LA RÉGULATION DE L'HOMÉOSTASIE (P. 9)

1. Les perturbations de l'homéostasie sont attribuables à des agressions externes ou internes ou à des tensions psychologiques, ou aux deux.

2. Lorsque la perturbation de l'homéostasie est légère et temporaire, les cellules réagissent rapidement pour rétablir l'équilibre du milieu intérieur. Lorsqu'elle est grave, la régulation de l'homéostasie peut échouer.

3. Le plus souvent, l'homéostasie est régie par le système nerveux et le système endocrinien, agissant de concert ou chacun de son côté. Le système nerveux détecte les changements dans l'organisme et envoie des influx nerveux en vue de corriger l'écart de valeur subi par un facteur contrôlé. Le système endocrinien rétablit l'homéostasie en sécrétant des hormones.

4. Un mécanisme de régulation est formé de trois composantes : 1) Les récepteurs détectent les changements de valeur d'un facteur contrôlé et transmettent l'information à un centre de régulation. 2) Le centre de régulation fixe la fourchette de valeurs normales d'un facteur contrôlé, évalue le message reçu des récepteurs et donne des ordres au besoin. 3) Les effecteurs reçoivent l'information du

centre de régulation et déclenchent une réaction (effet) pour modifier le facteur contrôlé.

5. Si la réponse inverse l'effet du stimulus initial sur la valeur du facteur contrôlé, le mécanisme de régulation est une rétro-inhibition. Si, au contraire, la réponse amplifie l'effet du stimulus initial sur la valeur du facteur contrôlé, le mécanisme de régulation est une rétroactivation.

6. Le mécanisme qui contribue à la régulation de la pression artérielle est un mécanisme de rétro-inhibition. Lorsqu'un stimulus diminue la pression artérielle (facteur contrôlé), les barorécepteurs (récepteurs sensibles à la pression), situés dans les vaisseaux sanguins, transmettent des influx nerveux (information d'entrée) à l'encéphale (centre de régulation). L'encéphale envoie à son tour des influx (information de sortie) au cœur (effecteur). Résultat : la fréquence cardiaque augmente (réponse) et la pression artérielle retourne à la normale (rétablissement de l'homéostasie).

7. L'accouchement est régi par un mécanisme de rétroactivation. Au début du travail, le col de l'utérus s'étire (stimulus) et des cellules nerveuses sensibles à l'étirement (récepteurs) envoient des influx nerveux (information d'entrée) à l'encéphale (centre de régulation). L'encéphale répond en libérant de l'ocytocine (information de sortie), hormone qui provoque des contractions plus fortes de l'utérus (effecteur). La progression du fœtus accroît l'étirement (réponse) du col de l'utérus et l'encéphale répond en libérant encore plus d'ocytocine, ce qui provoque des contractions encore plus fortes. Le cycle prend fin au moment de la naissance du bébé.

8. Les perturbations de l'homéostasie (déséquilibres homéostatiques) peuvent provoquer des anomalies, des maladies et parfois la mort.

9. Le terme *anomalie* englobe tout ce qui perturbe la structure ou le fonctionnement normal de l'organisme. Le terme *maladie*, plus précis, désigne un ensemble particulier de signes et de symptômes.

10. Les symptômes sont des changements subjectifs et non apparents dans les fonctions vitales, tandis que les signes sont des changements objectifs, observables et mesurables.

LA TERMINOLOGIE ANATOMIQUE (p. 12)

1. Chaque fois qu'on décrit une région du corps, on suppose que ce dernier se trouve en position anatomique. Dans cette position, la personne se tient debout, face à l'observateur, la tête droite et les yeux fixés en avant. Les pieds sont posés à plat sur le sol et pointent en avant, les bras pendent le long du corps et les paumes sont tournées en avant.

2. Lorsqu'il est en position allongée, le visage faisant face vers le bas, le corps se trouve en décubitus ventral. Si le visage fait face vers le haut, le corps se trouve en décubitus dorsal.

3. Chaque région du corps porte un nom. Les principales régions sont la tête, le cou, le tronc, les membres supérieurs et les membres inférieurs.

4. Dans chaque région, on désigne les parties du corps par un nom courant et le terme anatomique correspondant. Par exemple : le thorax (thoracique), le nez (nasale), le poignet (carpienne).

5. Les termes relatifs à l'orientation du corps situent les diverses parties de celui-ci les unes par rapport aux autres. L'exposé 1.1 présente un résumé des termes relatifs à l'orientation les plus couramment employés.

6. Les plans sont des surfaces planes imaginaires servant à diviser le corps ou ses organes en parties pour en visualiser l'intérieur. Le plan sagittal médian divise le corps ou un organe en deux côtés, gauche et droit, égaux. Le plan parasagittal divise le corps ou un organe en deux côtés, gauche et droit, inégaux. Le plan frontal divise le corps ou un organe en une partie antérieure et une partie postérieure. Le plan transversal divise le corps ou un organe en une partie supérieure et une partie inférieure. Le plan oblique divise le corps ou un organe selon un plan intermédiaire entre un plan transversal et un plan soit sagittal, soit frontal.

7. Les coupes sont les surfaces planes de structures tridimensionnelles résultant de la division de structures corporelles. Elles portent le même nom que les plans auxquels elles correspondent ; on distingue les coupes transversale, frontale et sagittale.

8. Dans le corps humain, les espaces qui contribuent à protéger, isoler et soutenir les organes internes sont appelés cavités du corps.

9. La cavité crânienne contient l'encéphale, et le canal vertébral renferme la moelle épinière. Les méninges sont des membranes protectrices qui tapissent la cavité crânienne et le canal vertébral.

10. Le diaphragme sépare la cavité thoracique de la cavité abdominopelvienne. Les viscères sont les organes abrités par les cavités thoracique et abdominopelvienne. Une séreuse tapisse la paroi de la cavité et adhère aux viscères.

11. La cavité thoracique se subdivise en trois petites cavités : la cavité péricardique, qui loge le cœur, et deux cavités pleurales, qui contiennent chacune un poumon.

12. Le médiastin forme la partie centrale de la cavité thoracique. Situé entre les cavités pleurales, il s'étend du sternum à la colonne vertébrale et du cou au diaphragme. Il contient tous les viscères thoraciques, à l'exception des poumons.

13. La cavité abdominopelvienne se divise en une partie supérieure, la cavité abdominale, et une partie inférieure, la cavité pelvienne.

14. Les viscères de la cavité abdominale sont l'estomac, la rate, le foie, la vésicule biliaire, l'intestin grêle et la majeure partie du gros intestin.

15. Les viscères de la cavité pelvienne sont la vessie, certaines parties du gros intestin et les organes génitaux internes.

16. Des séreuses tapissent les parois des cavités thoracique et abdominale, et recouvrent les organes que ces dernières contiennent. Ce sont la plèvre, associée aux poumons, le péricarde, associé au cœur, et le péritoine, associé à la cavité abdominale.

17. La figure 1.9 présente un résumé des cavités du corps et de leurs membranes.

18. Pour situer les organes plus facilement, on divise la cavité abdominopelvienne en neuf régions : hypochondriaque droite, épigastrique, hypochondriaque gauche, latérale (lombaire) droite, ombilicale, latérale (lombaire) gauche, inguinale (iliaque) droite, hypogastrique (pubienne) et inguinale (iliaque) gauche.

19. Pour situer une anomalie dans la région abdominopelvienne, les cliniciens divisent cette cavité en quadrants : le quadrant supérieur droit (QSD), le quadrant supérieur gauche (QSG), le quadrant inférieur droit (QID) et le quadrant inférieur gauche (QIG).

L'IMAGERIE MÉDICALE (P. 21)

1. Diverses techniques d'imagerie médicale permettent de visualiser les structures internes et de diagnostiquer des anomalies anatomiques et des perturbations physiologiques.

2. Le tableau 1.3 présente quelques techniques d'imagerie médicale.

AUTOÉVALUATION

Vous trouverez les réponses à ces questions à l'appendice D.

COMPLÉTEZ LES PHRASES SUIVANTES.

1. Un (une) _____ est un groupe de cellules semblables entouré de matériaux qui exécutent ensemble une fonction particulière.

2. Le (la) _____ est la somme de toutes les réactions chimiques qui ont lieu dans l'organisme. Il (elle) est composé(e) de deux phases : la phase qui correspond à l'élaboration de nouvelles substances est le (la) _____ et celle qui représente la dégradation des substances est le (la) _____.

3. Le liquide qui se trouve à l'intérieur des cellules est le (la) _____ et celui qui entoure les cellules est le (la) _____.

INDIQUEZ SI LES ÉNONCÉS SUIVANTS SONT VRAIS OU FAUX.

4. Dans un mécanisme de rétroactivation, la réponse fait augmenter l'effet du stimulus initial sur la valeur du facteur contrôlé ou l'amplifie.

5. Une personne qui est couchée le visage vers le bas est en décubitus dorsal.

6. Le plus grand niveau d'organisation structurale est le niveau systémique.

CHOISISSEZ LA BONNE RÉPONSE.

7. Un plan vertical qui divise le corps ou un organe en deux côtés, droit et gauche, inégaux est : a) un plan transversal, b) un plan frontal, c) un plan sagittal médian, d) un plan coronal, e) un plan parasagittal.

8. À mi-chemin d'un parcours de 10 km, un coureur commence à transpirer abondamment. Les glandes sudoripares qui produisent la transpiration représentent quelle partie d'une boucle de rétroaction ? a) facteur contrôlé, b) récepteurs, c) stimulus, d) effecteurs, e) centre de régulation.

9. Une cellule souche non spécialisée devient une cellule du cerveau pendant le développement du fœtus. C'est un exemple : a) de différenciation, b) de croissance, c) d'organisation, d) de réactivité, e) d'homéostasie.

10. Un technologue en radiographie doit obtenir une image d'une masse sur la vessie. Sur quelle région doit-il placer la caméra ? a) inguinale (iliaque) gauche, b) épigastrique, c) hypogastrique, d) inguinale (iliaque) droite, e) ombilicale.

11. Lequel ou lesquels des éléments suivants n'est pas ou ne sont pas associés à la cavité thoracique ? 1) péricarde, 2) médiastin, 3) péritoine, 4) plèvre. a) 2 et 3 ; b) 2 ; c) 3 ; d) 1 et 4 ; e) 3 et 4.

12. Choisissez le terme qui complète le mieux la phrase. Certains termes peuvent être employés plus d'une fois.

_____ a) Vos yeux sont _____ par rapport à votre menton.
_____ b) Votre peau est _____ par rapport à votre cœur.
_____ c) Votre épaule droite est _____ et _____ par rapport à votre ombilic.
_____ d) Dans la position anatomique, votre pouce est _____.
_____ e) Vos fesses sont _____.
_____ f) Votre pied droit et votre main droite sont _____.
_____ g) Votre genou est _____ entre votre cuisse et vos orteils.
_____ h) Vos poumons sont _____ par rapport à votre colonne vertébrale.
_____ i) Votre sternum est _____ par rapport à votre menton.
_____ j) Votre mollet est _____ par rapport à votre talon.

1) supérieur
2) inférieur
3) antérieur (ventral)
4) postérieur (dorsal)
5) médial
6) latéral
7) intermédiaire
8) homolatéral
9) controlatéral
10) proximal
11) distal
12) superficiel
13) profond

13. Établissez la correspondance entre les cavités suivantes et leur définition :

_____ a) cavité remplie de liquide où loge le cœur
_____ b) cavité qui contient l'encéphale
_____ c) cavité formée des côtes, des muscles thoraciques, du sternum et d'une partie de la colonne vertébrale
_____ d) cavité contenant l'estomac, la rate, le foie, la vésicule biliaire, l'intestin grêle et la plus grande partie du gros intestin
_____ e) cavité remplie de liquide qui abrite un poumon
_____ f) cavité contenant la vessie, une partie du gros intestin et les organes génitaux
_____ g) cavité qui contient la moelle épinière

1) cavité crânienne
2) canal vertébral
3) cavité thoracique
4) cavité péricardique
5) cavité pleurale
6) cavité abdominale
7) cavité pelvienne

14. Associez les systèmes suivants à leurs fonctions :

_____ a) système nerveux
_____ b) système endocrinien
_____ c) système urinaire
_____ d) système cardiovasculaire
_____ e) système musculaire
_____ f) système respiratoire
_____ g) système digestif
_____ h) système squelettique
_____ i) système tégumentaire
_____ j) système lymphatique et immunité
_____ k) système génital

1) assure la régulation des activités de l'organisme en libérant des hormones (substances chimiques) transportées par le sang à divers organes cibles du corps
2) produit les gamètes ; libère les hormones des gonades
3) protège contre la maladie infectieuse ; réachemine les liquides vers le sang
4) protège l'organisme en formant une barrière contre l'extérieur ; favorise la thermorégulation
5) transporte l'oxygène et les nutriments aux cellules ; protège contre la maladie ; élimine les déchets des cellules
6) utilise des potentiels d'action (influx nerveux) pour réguler les activités de l'organisme ; reçoit de l'information des organes sensoriels ; interprète cette information et y réagit
7) assure la dégradation des aliments et l'absorption des nutriments
8) transfère l'oxygène de l'air inspiré au sang et le dioxyde de carbone du sang à l'air expiré
9) soutient et protège l'organisme ; fournit une structure interne ; présente une surface permettant l'attache des muscles
10) produit les mouvements du corps et stabilise la position du corps
11) élimine certains déchets ; contribue à la régulation du volume et de la composition chimique du sang

15. Associez les termes courants suivants à leur description anatomique :

_____ a) axillaire   1) crâne
_____ b) inguinale   2) œil
_____ c) cervicale   3) joue
_____ d) crânienne   4) aisselle
_____ e) orale   5) bras
_____ f) brachiale   6) aine
_____ g) orbitaire   7) fesse
_____ h) glutéale   8) cou
_____ i) zygomatique   9) bouche
_____ j) coxale   10) hanche

QUESTIONS À COURT DÉVELOPPEMENT

Vous trouverez les réponses à ces questions à l'appendice D.

1. Âgé de 80 ans, Henri tombe d'une échelle et craint de s'être fracturé le bras. Au service des urgences, le médecin fait faire une radiographie. Henri demande de subir un examen plus poussé d'imagerie par résonance magnétique afin qu'on vérifie par la même occasion son stimulateur cardiaque. Le médecin refuse. Pourquoi ?

2. De nombreuses recherches portant sur les cellules souches visent à améliorer le traitement de certaines maladies telles que le diabète insulinodépendant, causé par un mauvais fonctionnement d'une partie des cellules normales du pancréas. Quelle serait l'utilité des cellules souches dans le traitement de ce type de maladie ?

3. Dans son premier examen d'anatomie et physiologie, Caroline définit l'homéostasie comme l'« état du corps lorsque sa température se stabilise au niveau de la température ambiante ». Êtes-vous d'accord avec cette définition ?

4. Sarah ressent un engourdissement et des picotements dans les deux mains. Son médecin lui apprend qu'elle souffre du syndrome du canal carpien et recommande l'application d'attelles bilatérales. Où portera-t-elle ces attelles ?

RÉPONSES AUX QUESTIONS DES FIGURES

1.1 Les organes (niveau organique) comprennent toujours au moins deux types de tissus qui s'associent pour exécuter une fonction donnée.

1.2 Dans le mécanisme de régulation de type nerveux, les muscles et les glandes jouent le rôle d'effecteur et leur réponse est en général rapide parce que les influx nerveux se propagent rapidement dans l'organisme. Dans le mécanisme de régulation de type endocrinien, presque toutes les cellules de l'organisme peuvent jouer le rôle d'effecteur et la réponse est plus lente parce que les hormones empruntent la circulation sanguine pour se rendre aux effecteurs.

1.3 Lorsqu'un stimulus donné cause une hausse de la pression artérielle, la fréquence cardiaque diminue à la suite du déclenchement du mécanisme de rétro-inhibition. La réponse, une baisse de la pression artérielle, inverse l'effet du stimulus.

1.4 Puisque les mécanismes de rétroactivation amplifient progressivement l'effet du stimulus initial, un mécanisme doit assurer la fin du cycle d'événements.

1.5 Grâce à une position anatomique standard, on peut définir clairement chaque terme et situer n'importe quelle partie du corps par rapport à une autre.

1.6 Non, le radius est distal par rapport à l'humérus. Non, l'œsophage est postérieur par rapport à la trachée. Oui, les côtes sont super-ficielles par rapport aux poumons. Oui, la vessie est médiane par rapport au côlon ascendant. Non, le sternum est médian par rapport au côlon descendant.

1.7 Le plan frontal divise le cœur en une partie antérieure et une partie postérieure.

1.8 Le plan parasagittal (non illustré) divise l'encéphale en une partie droite et une partie gauche inégales.

1.9 Vessie : P ; estomac : A ; cœur : T ; intestin grêle : A ; poumons : T ; organes génitaux internes de la femme : P ; thymus : T ; rate : A ; foie : A.

1.10 La cavité péricardique abrite le cœur ; la cavité pleurale renferme les poumons.

1.11 Les organes de la cavité abdominale présentés dans la figure appartiennent tous au système digestif (foie, vésicule biliaire, estomac, appendice vermiforme, intestin grêle et la plus grande partie du gros intestin). Les organes de la cavité pelvienne présentés dans la figure appartiennent soit au système urinaire (vessie), soit au système digestif (certaines parties du gros intestin).

1.12 Le foie est situé principalement dans la région épigastrique ; le côlon transverse est situé dans la région ombilicale ; la vessie est située dans la région hypogastrique. La douleur associée à l'appendicite est ressentie dans le quadrant inférieur droit (QID).

LE NIVEAU CHIMIQUE D'ORGANISATION

LA CHIMIE ET L'HOMÉOSTASIE

Le maintien de la variété et de la quantité appropriées des milliers de substances chimiques présentes dans l'organisme ainsi que la surveillance des interactions entre ces substances constituent deux aspects importants de l'homéostasie.

Nous avons vu au chapitre 1 que le niveau chimique d'organisation du corps humain, soit le plus bas niveau d'organisation structurale, est composé d'atomes et de molécules. Ces lettres de l'alphabet anatomique s'unissent pour former des structures et des systèmes dont la taille et la complexité étonnent. Dans le présent chapitre, nous découvrirons comment les atomes se lient pour former des molécules, et comment les atomes et les molécules libèrent ou emmagasinent de l'énergie au cours de processus appelés *réactions chimiques*. Nous traiterons également de l'importance vitale de l'eau – qui constitue près des deux tiers de notre poids corporel – dans la plupart des réactions chimiques comme dans la régulation de l'homéostasie. Enfin, nous étudierons cinq familles de molécules dont les propriétés uniques contribuent à assembler les structures de l'organisme et à alimenter les fonctions qui permettent à l'être humain de vivre.

La **chimie** est la science de la structure et des interactions de la matière. Tous les organismes vivants et non vivants sont constitués de **matière**, c'est-à-dire de tout ce qui occupe un volume et possède une **masse**. La masse est la quantité de matière qu'un objet contient, et elle ne varie pas. Ce qui change, c'est la *pesanteur*, soit la force gravitationnelle agissant sur la matière. Quand les objets sont loin de la Terre, la force gravitationnelle est plus faible ; c'est pourquoi le poids d'un astronaute est presque nul dans l'espace.

L'ORGANISATION DE LA MATIÈRE

> ### OBJECTIFS
>
> - Nommer les principaux éléments chimiques présents dans le corps humain.
> - Décrire les structures des atomes, des ions, des molécules, des radicaux libres et des composés.

LES ÉLÉMENTS CHIMIQUES

La matière peut prendre trois formes : solide, liquide ou gazeuse. Les *solides*, tels les os et les dents, sont compacts et possèdent une forme et un volume déterminés. Les *liquides*, tel le plasma sanguin, ont un volume déterminé et prennent la forme de leur contenant. Les *gaz*, tels l'oxygène (O_2) et le dioxyde de carbone (CO_2), n'ont pas de forme ni de volume précis. *Toutes* les formes de matière, qu'elles soient vivantes ou non, sont composées d'un nombre limité d'unités constitutives appelées **éléments chimiques**. Chaque élément est une substance qui ne peut se diviser en substances plus simples au moyen de méthodes chimiques ordinaires. À l'heure actuelle, les chercheurs ont déterminé 112 éléments, dont 92 sont présents sur notre planète ; les autres sont dérivés d'éléments naturels au moyen d'accélérateurs de particules ou de réacteurs nucléaires. Chaque élément est désigné par un **symbole chimique**, formé d'une ou de deux lettres de son nom en anglais, en latin ou dans une autre langue. Voici des exemples de symboles chimiques : H représente l'hydrogène, C le carbone, O l'oxygène, N (*nitrogène*) l'azote, Ca le calcium, Na (*natrium*) le sodium, Fe le fer et P le phosphore*.

Vingt-six éléments naturels sont normalement présents dans le corps humain. De ce nombre, quatre seulement – l'oxygène (O), le carbone (C), l'hydrogène (H) et l'azote (N) – constituent environ 96 % de la masse corporelle. Sept autres – le calcium (Ca), le phosphore (P), le potassium (K), le soufre (S), le sodium (Na), le chlore (Cl) et le magnésium (Mg) – constituent un peu moins de 4 % de la masse corporelle. D'autres éléments, appelés *oligoéléments*, sont présents dans de très faibles concentrations dans l'organisme (moins de 0,02 %). Certains oligoéléments assurent d'importantes fonctions dans l'organisme. Par exemple, l'iode (I) est nécessaire à la production de l'hormone thyroïdienne ; le fer (Fe), sous ses formes ionisées (Fe^{2+} et Fe^{3+}), est un des constituants de l'hémoglobine (protéine transportant les molécules d'oxygène dans le sang) et de certaines enzymes (protéines catalysant les réactions chimiques dans les cellules vivantes). Le rôle des autres oligoéléments reste à définir. Le tableau 2.1 donne une liste des éléments qui composent la majeure partie de l'organisme.

---

* Le tableau périodique des éléments, qui énumère tous les éléments chimiques connus, est fourni à l'appendice A.

TABLEAU 2.1 LES PRINCIPAUX ÉLÉMENTS CHIMIQUES PRÉSENTS DANS LE CORPS HUMAIN

ÉLÉMENT CHIMIQUE (SYMBOLE)	POURCENTAGE DE LA MASSE CORPORELLE TOTALE	IMPORTANCE
Oxygène (O)	65,0	Constituant de l'eau et de nombreuses molécules organiques (carbonées) ; essentiel à la production d'ATP, molécule dans laquelle les cellules emmagasinent temporairement de l'énergie chimique.
Carbone (C)	18,5	Forme les chaînes et les structures cycliques du squelette de toutes les molécules organiques, notamment des glucides, des lipides (matières grasses), des protéines et des acides nucléiques (ADN et ARN).
Hydrogène (H)	9,5	Constituant de l'eau et de la plupart des molécules organiques ; sous forme ionisée (H^+), rend les liquides de l'organisme plus acides.
Azote (N)	3,2	Présent dans toutes les protéines et tous les acides nucléiques.
Calcium (Ca)	1,5	Contribue à la solidité des os et des dents ; sous forme ionisée (Ca^{2+}), nécessaire à la coagulation du sang, à la libération des hormones, à la contraction musculaire et à de nombreux autres processus.
Phosphore (P)	1,0	Présent dans les acides nucléiques et l'ATP ; nécessaire à la structure normale des os et des dents.
Potassium (K)	0,4	L'ion potassium (K^+) est le cation (ion positif) le plus abondant dans le liquide intracellulaire ; nécessaire à la production de potentiels d'action.
Soufre (S)	0,25	Présent dans certaines vitamines et de nombreuses protéines.
Sodium (Na)	0,2	L'ion sodium (Na^+) est le cation le plus abondant dans le liquide extracellulaire ; essentiel au maintien de l'équilibre hydrique ; nécessaire à la production de potentiels d'action.
Chlore (Cl)	0,2	L'ion chlorure (Cl^-) est l'anion (ion négatif) le plus abondant dans le liquide extracellulaire ; essentiel au maintien de l'équilibre hydrique.
Magnésium (Mg)	0,1	L'ion magnésium (Mg^{2+}) contribue à l'activité de nombreuses enzymes, molécules qui accélèrent les réactions chimiques dans les organismes.
OLIGOÉLÉMENTS	0,2	Aluminium (Al), bore (B), chrome (Cr), cobalt (Co), cuivre (Cu), fluor (F), iode (I), manganèse (Mn), molybdène (Mo), sélénium (Se), silicium (Si), étain (Sn), vanadium (V) et zinc (Zn).

LA STRUCTURE DE L'ATOME

Chaque élément est constitué d'**atomes**, c'est-à-dire les plus petites unités de matière qui conservent les propriétés et les caractéristiques de l'élément. Les atomes sont extrêmement petits. Si on regroupait 200 000 des plus grands atomes, cet ensemble tiendrait dans le point final qui termine cette phrase. Les plus petits atomes, ceux d'hydrogène, ont un diamètre inférieur à 0,1 nm (nanomètre) ($0,1 \times 10^{-9}$ m = 0,000 000 000 1 m), et les plus grands ne sont que cinq fois plus gros.

Les atomes sont formés de dizaines de **particules élémentaires**. Toutefois, trois seulement de ces particules élémentaires sont essentielles à la compréhension des réactions chimiques qui se produisent dans le corps humain : les protons, les neutrons et les électrons (figure 2.1). Le **noyau** est le centre dense de l'atome ; il contient des particules à charge électrique positive, les **protons** (p^+), et des particules neutres, les **neutrons** (n^0). Les minuscules **électrons** (e^-) sont électronégatifs et circulent dans l'espace qui entoure le noyau. Ils ne décrivent aucune trajectoire fixe, mais forment plutôt un « nuage » chargé négativement qui enveloppe le noyau (figure 2.1a).

Bien qu'il soit impossible de prédire leur position exacte, certains groupes d'électrons sont disposés en couches électroniques autour du noyau ; ces régions correspondent à différents **niveaux énergétiques**, représentés par de simples cercles autour du noyau. (La répartition des électrons dans ces niveaux est appelée configuration électronique.) Parce que chaque niveau énergétique ne peut contenir qu'un nombre maximal d'électrons, le modèle planétaire traduit particulièrement bien cette caractéristique structurale de l'atome (figure 2.1b). La première couche électronique (la plus proche du noyau) ne contient jamais plus de 2 électrons. La deuxième peut contenir au plus 8 électrons, tandis que la troisième couche peut en contenir jusqu'à 18. Les couches électroniques se remplissent d'électrons dans un ordre bien précis, en commençant par la première couche. Dans la figure 2.2, notez que le sodium (Na), qui possède 11 électrons au total, contient 2 électrons dans sa première couche électronique, 8 dans la deuxième et 1 dans la troisième. Dans le corps humain, l'élément le plus massif est l'iode, qui compte 53 électrons : 2 dans la première couche électronique, 8 dans la deuxième, 18 dans la troisième, 18 dans la quatrième et 7 dans la cinquième.

Dans un atome, le nombre d'électrons est toujours égal au nombre de protons. Parce que chaque électron et chaque proton possèdent une charge, les charges négatives des électrons et les charges positives des protons s'annulent toujours. L'atome est donc électriquement neutre, et sa charge est nulle.

LE NUMÉRO ATOMIQUE, LA MASSE ATOMIQUE ET LE NOMBRE DE MASSE

Le *nombre de protons* dans le noyau de l'atome est désigné par le **numéro atomique**. La figure 2.2 montre que les atomes de divers éléments ont des numéros atomiques différents parce qu'ils possèdent chacun un nombre différent de protons. Par exemple, l'oxygène a un numéro atomique de 8 parce que son noyau possède 8 protons, et le sodium a un numéro atomique de 11 parce que son noyau possède 11 protons.

Étant de la matière, les atomes possèdent une certaine masse. L'unité standard servant à mesurer la masse des atomes et de leurs particules élémentaires est le **dalton**, aussi appelé *unité de masse atomique*. Un neutron a une masse de 1,008 dalton et un proton, une masse de 1,007 dalton. La masse d'un électron, soit 0,000 5 dalton, est près de 2 000 fois inférieure à la masse d'un neutron ou d'un proton. La **masse atomique** d'un atome se calcule en additionnant la masse de ses protons, de ses neutrons et de ses électrons, et sa valeur s'exprime généralement avec des décimales. Le **nombre de masse** d'un atome est la somme de la masse de ses protons et de celle de ses neutrons. Le sodium, qui compte 11 protons et 12 neutrons, a une masse atomique de 22,99 daltons et un nombre de masse de 23 (figure 2.2). En général, on considère que le nombre de masse est l'expression simplifiée, sans décimale, de la masse atomique d'un atome.

LES ISOTOPES ET LA MASSE ATOMIQUE MOYENNE

Même si tous les atomes d'un élément ont le même nombre de protons et d'électrons, ils peuvent avoir un nombre différent de neutrons et donc des nombres de masse différents. Dans un élément, les atomes qui ont des nombres différents de neutrons – et donc

FIGURE 2.1 Deux représentations de la structure de l'atome. Les électrons circulent autour du noyau, qui contient des neutrons et des protons. (a) Dans le modèle des orbitales, la partie ombrée représente les régions où un électron pourrait se trouver autour du noyau. (b) Dans le modèle planétaire, chaque cercle plein représente des électrons décrivant des cercles concentriques dans le niveau énergétique qu'ils occupent. Dans les deux modèles illustrés, l'exemple choisi est un atome de carbone possédant six protons, six neutrons et six électrons.

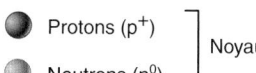 L'atome est la plus petite unité de matière qui conserve les propriétés et les caractéristiques de son élément.

Protons (p^+)

Neutrons (n^0) ⎤ Noyau

Électrons (e^-)

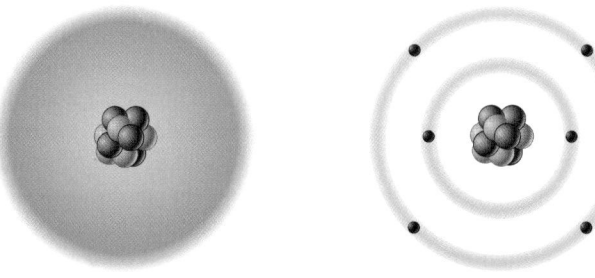

(a) Modèle des orbitales (b) Modèle planétaire

 Comment les électrons du carbone sont-ils répartis entre le premier et le deuxième niveau énergétique ?

FIGURE 2.2 La structure atomique de quelques atomes stables.

Les atomes des divers éléments ont des numéros atomiques différents parce qu'ils contiennent des nombres différents de protons.

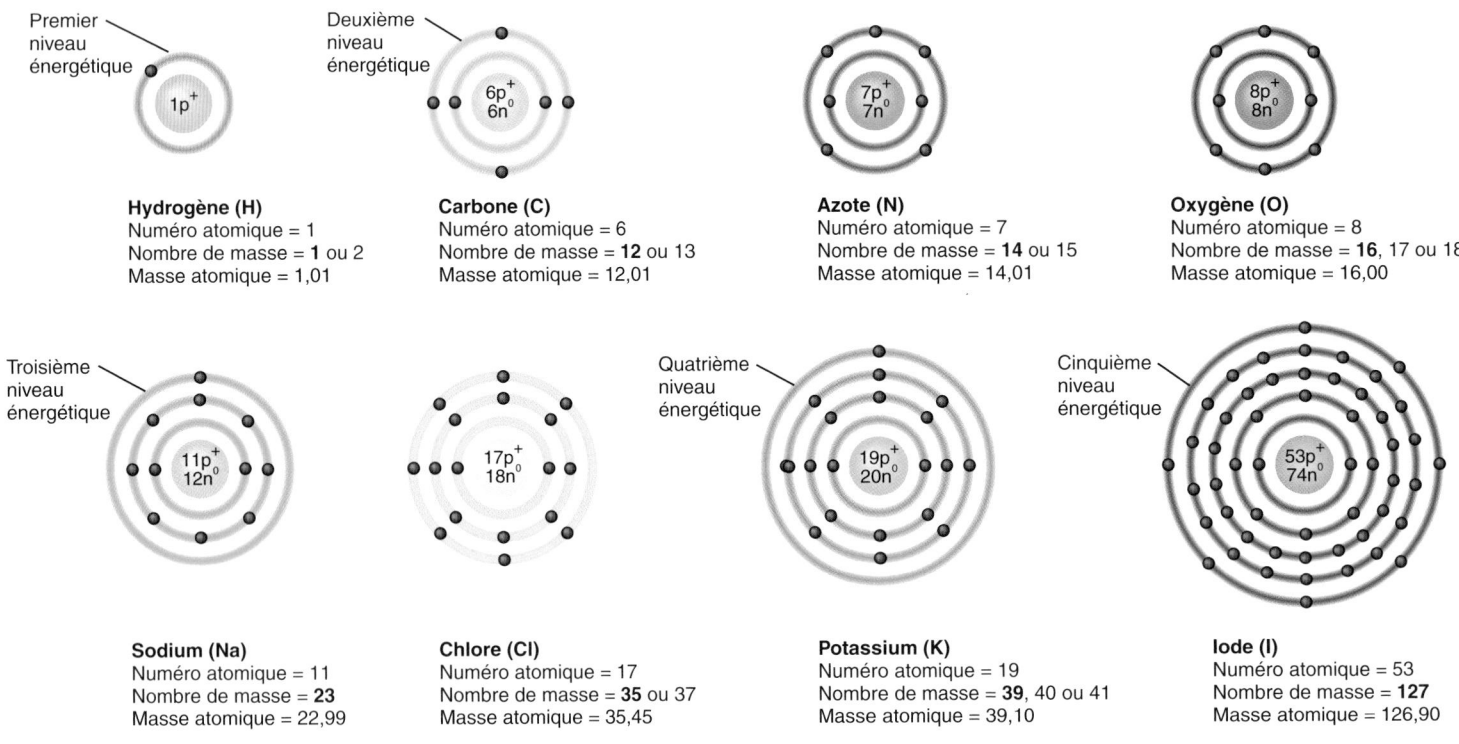

Numéro atomique = nombre de protons dans un atome
Nombre de masse = nombre de protons et de neutrons dans un atome (l'isotope le plus abondant est indiqué en caractères gras)
Masse atomique = moyenne des masses de tous les atomes stables d'un élément en daltons

Parmi les huit éléments cités ci-dessus, précisez les quatre qui sont les plus abondants dans les organismes vivants.

des nombres de masse différents – sont appelés **isotopes**. Par exemple, dans un échantillon d'oxygène, la plupart des atomes possèdent 8 neutrons, mais quelques-uns en ont 9 ou 10, même si tous possèdent 8 protons et 8 électrons. La plupart des isotopes sont stables, ce qui signifie que leur structure nucléaire ne change jamais. Les isotopes stables de l'oxygène sont ^{16}O, ^{17}O et ^{18}O (ou O–16, O–17 et O–18). Comme vous l'avez déjà compris, le chiffre correspond au nombre de masse, soit à la somme des protons et des neutrons de chaque isotope. Nous verrons plus loin que les propriétés chimiques d'un atome sont déterminées par son nombre d'électrons. Bien que les isotopes d'un élément aient des nombres différents de neutrons, ils ont les mêmes propriétés chimiques parce qu'ils ont le même nombre d'électrons.

La **masse atomique moyenne** d'un élément est la moyenne des masses atomiques de tous ses isotopes naturels. De façon générale, la masse atomique moyenne d'un élément est à peu près égale au nombre de masse de son isotope le plus abondant, ce qui est le cas pour ^{16}O.

Certains isotopes, appelés **radio-isotopes**, sont instables; leur noyau se désintègre, c'est-à-dire qu'il s'altère de manière spontanée, pour adopter une configuration électronique stable. Les atomes ^{3}H, ^{14}C, ^{15}O et ^{19}O sont des exemples de radio-isotopes. Lorsqu'ils se désintègrent, ils irradient des particules élémentaires ou de l'énergie et forment souvent un autre élément. Ainsi le radio-isotope du carbone, ^{14}C, devient-il ^{14}N. La désintégration d'un radio-isotope peut se produire en une fraction de seconde seulement, comme elle peut prendre des millions d'années. La **demi-vie** d'un radio-isotope correspond à l'intervalle de temps au bout duquel la moitié de ses atomes radioactifs se sont désintégrés pour former un atome plus stable. La demi-vie de ^{14}C, qui sert à déterminer l'âge d'échantillons organiques, est de 5 600 ans; celle de ^{131}I, qui constitue un outil clinique très utile, est de 8 jours.

LES DANGERS ET LES AVANTAGES DE L'IRRADIATION

Les radio-isotopes comportent aussi bien des dangers que des avantages. Ils sont dangereux pour le corps humain parce que leurs rayonnements ont la capacité de dégrader des molécules, ce qui peut endommager les tissus et causer diverses formes de cancer. Même si la désintégration de radio-isotopes naturels ne libère habituellement qu'une faible quantité de rayonnements dans le milieu extérieur, des accumulations localisées peuvent survenir. Le radon 222, par exemple, gaz incolore et inodore, est un produit radioactif naturel qui résulte de la désintégration de l'uranium; les émissions peuvent provenir du sol, et il peut s'accumuler dans les bâtiments. L'exposition au radon accroît notablement les risques de cancer du poumon chez les fumeurs tout en étant souvent la cause de ce même cancer chez les non-fumeurs. Cependant, d'autres radio-isotopes sont utiles en imagerie médicale pour établir le diagnostic et le traitement de diverses maladies. Certains radio-isotopes servent de **traceurs** permettant de suivre les mouvements de certaines substances dans l'organisme. Le thallium 201 est utilisé pour étudier le débit sanguin dans le cœur au cours d'un électrocardiogramme d'effort; l'iode 131 permet de déceler un cancer de la thyroïde et d'évaluer la taille et le fonctionnement de cette dernière; il peut également servir à détruire une partie de la glande dans un cas d'hyperthyroïdie; le césium 137 permet de traiter un cancer du col de l'utérus à un stade avancé, et l'iridium est utilisé pour le traitement du cancer de la prostate. ■

LES IONS, LES MOLÉCULES, LES COMPOSÉS ET LES RADICAUX LIBRES

Nous avons vu plus haut que les atomes d'un même élément ont un nombre égal de protons. Par ailleurs, les atomes de chaque élément ont une manière caractéristique de perdre, de gagner ou de partager des électrons pour atteindre la stabilité au cours de leurs interactions avec d'autres atomes. Le comportement des électrons détermine si les atomes du corps auront une charge électrique (ions) ou s'ils s'uniront avec d'autres atomes pour former des combinaisons complexes (molécules). Lorsqu'un atome *perd* ou *gagne* des électrons, il devient un **ion**, c'est-à-dire un atome qui a une charge positive ou une charge négative parce qu'il comporte un nombre inégal de protons et d'électrons. L'**ionisation** est le processus par lequel les atomes perdent ou gagnent des électrons. Pour symboliser un ion, on écrit son symbole chimique, suivi du nombre de ses charges positives (+) ou négatives (−). Par exemple, Ca^{2+} représente un ion calcium qui a deux charges positives parce qu'il a perdu deux électrons.

Lorsque deux ou plusieurs atomes *partagent* des électrons, ils forment une nouvelle combinaison appelée **molécule**. La *formule moléculaire* indique les éléments d'une molécule et le nombre d'atomes de chaque élément. Une molécule peut comprendre deux atomes de même type, comme dans le cas d'une molécule d'oxygène (figure 2.3a), dont la formule moléculaire est O_2. L'indice 2 signifie qu'il y a deux atomes dans la molécule. Une molécule peut également être constituée de deux ou plusieurs types d'atomes. Par exemple, dans la molécule d'eau (H_2O), un atome d'oxygène partage des électrons avec deux atomes d'hydrogène.

Un **composé** est une substance qui contient des atomes de deux ou plusieurs éléments. La plupart des atomes du corps humain forment des composés. L'eau (H_2O) et le chlorure de sodium (NaCl), ou sel de table, sont des composés. Cependant, une

FIGURE 2.3 La structure atomique d'une molécule d'oxygène et d'un radical libre, le superoxyde.

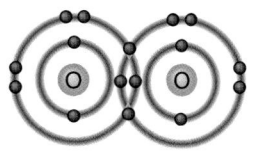 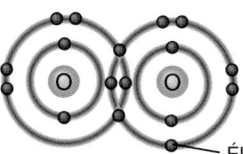

Un radical libre possède un électron non apparié dans son niveau énergétique le plus externe.

Électron non apparié

(a) Molécule d'oxygène (O_2)   (b) Radical libre (superoxyde, $O_2^{-\cdot}$)

 Quelles substances de l'organisme peuvent inactiver les radicaux libres dérivés de l'oxygène?

molécule d'oxygène (O_2) n'est pas un composé, parce qu'elle est constituée d'atomes d'un seul élément.

Un **radical libre** est un atome ou une molécule chargé électriquement qui comporte un électron non apparié sur son niveau énergétique le plus externe. Par exemple, le superoxyde est un radical libre formé lorsqu'une molécule d'oxygène gagne un électron (figure 2.3b). L'électron non apparié du radical libre le rend instable, très réactif et nocif pour les molécules environnantes. Le radical libre se stabilise soit en cédant son électron non apparié, soit en acceptant un électron d'une autre molécule. Ce processus peut toutefois briser d'importantes molécules du corps.

LES RADICAUX LIBRES ET LEURS EFFETS SUR LA SANTÉ

Dans notre corps, les radicaux libres sont produits notamment par l'exposition aux rayonnements ultraviolets du Soleil ou aux rayons X, de même que par certaines réactions se déroulant au cours des processus normaux du métabolisme. Certaines substances nocives, comme le tétrachlorure de carbone (solvant utilisé pour le nettoyage à sec), produisent également des radicaux libres quand elles interviennent dans des réactions métaboliques de l'organisme. Les radicaux libres dérivés des molécules d'oxygène peuvent être en partie responsables de nombreux troubles, maladies et affections tels que le cancer, l'athérosclérose, la maladie d'Alzheimer, l'emphysème pulmonaire, le diabète, les cataractes, la dégénérescence maculaire, la polyarthrite rhumatoïde et la dégénérescence associée au vieillissement. Selon certaines études, une plus grande consommation d'*antioxydants* (substances qui inactivent les radicaux libres dérivés de l'oxygène) ralentirait la progression des dommages causés par les radicaux libres. Les principaux antioxydants alimentaires sont le sélénium, le zinc, le bêtacarotène et les vitamines E et C. ■

▶ **POINT DE CONTRÔLE**

1. Donnez le nom et le symbole chimique des 12 éléments chimiques les plus abondants dans le corps humain.

2. Donnez le numéro atomique, la masse atomique et le nombre de masse du carbone. Quel lien existe-t-il entre ces données?

3. Définissez les isotopes et les radicaux libres.

LES LIAISONS CHIMIQUES

Les **liaisons chimiques** sont les forces qui maintiennent ensemble les atomes d'une molécule ou d'un composé. Les probabilités qu'un atome forme une liaison chimique avec un autre atome dépendent du nombre d'électrons que contient son **dernier niveau énergétique**, ou couche de valence. Ces électrons sont appelés **électrons de valence**. Un atome dont le dernier niveau énergétique contient huit électrons est *chimiquement stable*, c'est-à-dire qu'il n'est pas porté à former de liaisons chimiques avec d'autres atomes. Par exemple, le néon (dont le numéro atomique est 10) compte huit électrons sur son dernier niveau énergétique, ce qui l'empêche de se lier à d'autres atomes. Le dernier niveau énergétique de l'hydrogène et de l'hélium correspond à leur premier niveau énergétique, qui ne peut contenir que deux électrons. Puisque l'hélium comporte deux électrons de valence, il est lui aussi très stable et se lie rarement à d'autres atomes. L'hydrogène, par contre, ne possède qu'un électron de valence (figure 2.2); il se lie donc facilement à d'autres atomes.

Les atomes de la plupart des éléments importants d'un point de vue biologique n'ont pas huit électrons sur leur dernier niveau énergétique. Dans des conditions propices, deux ou plusieurs atomes peuvent interagir et devenir chimiquement stables en réorganisant leurs électrons pour se retrouver chacun avec huit électrons de valence. Ce principe chimique, appelé **règle de l'octet** (*octo* : huit), explique pourquoi les atomes interagissent de façon prévisible. Un atome est plus porté à se lier à un autre si cette liaison procure à chacun huit électrons de valence. Pour obtenir ce résultat, il doit se débarrasser des électrons présents sur son dernier niveau énergétique incomplet, le remplir avec les électrons cédés ou partager des électrons avec d'autres atomes. La façon dont les électrons de valence se répartissent détermine le type de liaison chimique. Nous allons nous pencher maintenant sur les trois types de liaisons chimiques : les liaisons ioniques, les liaisons covalentes et les liaisons hydrogène.

LES LIAISONS IONIQUES

Nous avons vu plus haut que, lorsqu'un atome perd ou gagne un ou plusieurs électrons de valence, il y a formation d'ions. Les ions électropositifs et les ions électronégatifs s'attirent mutuellement, puisque les charges opposées s'attirent. La force d'attraction qui maintient ensemble des ions possédant des charges opposées est une **liaison ionique**. Prenons, par exemple, des atomes de sodium et de chlore, éléments du sel de table. Le sodium possède un électron de valence (figure 2.4a). S'il *perd* cet électron, il lui reste huit électrons dans son deuxième niveau énergétique, qui devient le dernier niveau énergétique. Cependant, il s'ensuit que le nombre total de ses protons (11) dépasse le nombre total de ses électrons

FIGURE 2.4 Les ions et la formation d'une liaison ionique. (a) Un atome de sodium acquiert un octet complet d'électrons dans son dernier niveau énergétique en cédant un électron. (b) Un atome de chlore acquiert un octet complet en gagnant un électron. (c) Une liaison ionique se forme entre des ions de charges opposées. (d) Dans un cristal de NaCl, chaque ion Na⁺ est entouré de six ions Cl⁻. Dans (a), (b) et (c), l'électron qui est perdu ou gagné apparaît en rouge.

 Une liaison ionique est la force d'attraction qui maintient ensemble des ions de charges opposées.

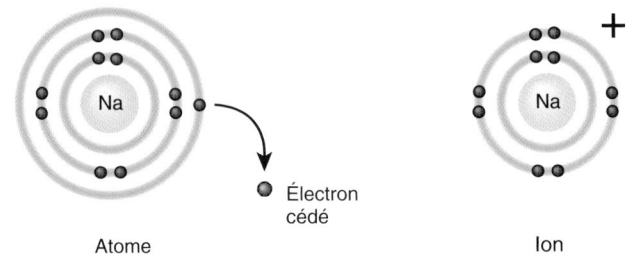

(a) Sodium : 1 électron de valence

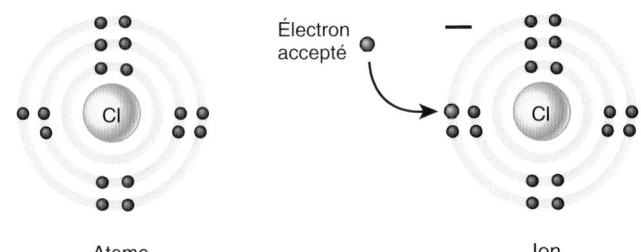

(b) Chlore : 7 électrons de valence

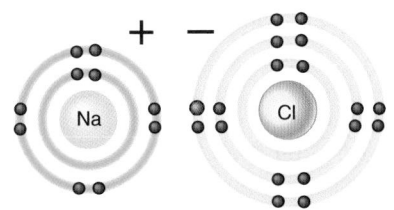

(c) Liaison ionique du chlorure de sodium (NaCl)

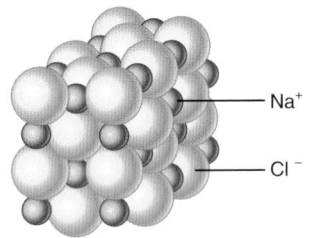

(d) Ions compactés dans un cristal de chlorure de sodium

 Que sont les cations et les anions?

(10), et l'atome de sodium devient un **cation** – ion de charge positive. Un ion sodium qui a une charge de 1⁺ est représenté par le symbole Na^+. Le chlore, par contre, possède sept électrons de valence (figure 2.4b). S'il *acquiert* un électron d'un atome voisin, il aura un octet complet dans son troisième niveau énergétique. À la suite de ce gain, le nombre total de ses électrons (18) dépasse le nombre total de ses protons (17), ce qui le transforme en **anion** – ion de charge négative. La forme ionique du chlore porte le nom d'*ion chlorure*. L'ion chlorure, qui a une charge de 1–, est représenté par le symbole Cl^-. Lorsqu'un atome de sodium cède son unique électron de valence à un atome de chlore, il y a formation d'un cation et d'un anion qui s'attirent et se lient par une liaison ionique (figure 2.4c). Le composé produit est le chlorure de sodium (NaCl).

En règle générale, les composés ioniques existent sous forme de solides dont l'arrangement des ions est ordonné et répétitif ; le cristal de NaCl en est un exemple (figure 2.4d). Un cristal de NaCl peut être grand ou petit, car le nombre total de ses ions peut varier, mais le rapport entre Na^+ et Cl^- reste toujours de 1 à 1. Dans le corps humain, les liaisons ioniques se trouvent principalement dans les dents et les os, où elles confèrent une grande solidité aux tissus. Un composé ionique qui se dissocie en ions positifs et en ions négatifs dans une solution est appelé **électrolyte**, parce que la solution peut conduire l'électricité. La plupart des autres ions sont dissous dans les liquides de l'organisme. (Nous traitons en détail de la chimie et de l'importance des électrolytes au chapitre 27.) Le tableau 2.2 donne le nom et le symbole des ions et des composés ioniques les plus abondants dans le corps humain.

LES LIAISONS COVALENTES

Lorsqu'un ou plusieurs atomes *partagent* une, deux ou trois paires d'électrons de valence plutôt que d'en gagner ou d'en perdre, ils forment une **liaison covalente**. Plus le nombre de paires d'électrons partagées entre deux atomes est grand, plus la liaison covalente est forte. Les liaisons covalentes peuvent se former entre les atomes d'un même élément ou entre les atomes d'éléments différents. Elles sont les liaisons chimiques que l'on rencontre le plus souvent dans le corps humain, et les composés qu'elles forment constituent la majeure partie des structures de l'organisme.

TABLEAU 2.2 LES IONS ET LES COMPOSÉS IONIQUES COMMUNS DU CORPS HUMAIN

CATIONS		ANIONS	
NOM	**SYMBOLE**	**NOM**	**SYMBOLE**
Ion hydrogène	H^+	Ion fluorure	F^-
Ion sodium	Na^+	Ion chlorure	Cl^-
Ion potassium	K^+	Ion iodure	I^-
Ion ammonium	NH_4^+	Ion hydroxyle	OH^-
Ion hydronium	H_3O^+	Ion nitrate	NO_3^-
Ion magnésium	Mg^{2+}	Ion bicarbonate	HCO_3^-
Ion calcium	Ca^{2+}	Ion oxyde	O^{2-}
Ion ferreux (II)	Fe^{2+}	Ion sulfate	SO_4^{2-}
Ion ferrique (III)	Fe^{3+}	Ion phosphate	PO_4^{3-}

Dans une **liaison covalente simple**, deux atomes partagent une paire d'électrons. Par exemple, une molécule d'hydrogène se forme lorsque deux atomes d'hydrogène partagent leur unique électron de valence (figure 2.5a), ce qui leur permet d'avoir un dernier niveau énergétique complet au moins de façon temporaire. Dans une **liaison covalente double**, deux atomes partagent deux paires d'électrons, comme cela se produit dans une molécule d'oxygène (figure 2.5b). Une **liaison covalente triple** se forme lorsque deux atomes partagent trois paires d'électrons, comme dans une molécule d'azote (figure 2.5c). Notez que, dans les *formules développées* données pour les molécules issues d'une liaison covalente à la figure 2.5, le nombre de lignes qui séparent les symboles chimiques des deux atomes indique si la liaison covalente est simple (—), double (=) ou triple (≡).

Les principes s'appliquant à une liaison covalente entre atomes d'un même élément valent également pour une liaison covalente entre atomes d'éléments différents. Les liaisons covalentes du méthane (CH_4), un gaz, sont formées entre les atomes de deux éléments différents, soit un atome de carbone et quatre atomes d'hydrogène (figure 2.5d). Le dernier niveau énergétique de l'atome de carbone peut contenir huit électrons mais n'en possède que quatre. L'unique niveau énergétique d'un atome d'hydrogène peut contenir deux électrons, mais chaque atome d'hydrogène n'en possède qu'un seul. Une molécule de méthane est le produit de quatre liaisons covalentes simples ; chaque atome d'hydrogène partage une paire d'électrons avec l'atome de carbone.

Dans certaines liaisons covalentes, deux atomes partagent les électrons de manière égale, c'est-à-dire qu'aucun des deux atomes n'attire les électrons partagés plus fortement que l'autre. Ce type de liaison est appelé **liaison covalente non polaire**. Les liaisons entre deux atomes identiques sont toujours covalentes et non polaires (figure 2.5a, b, c). Les liaisons entre le carbone et chacun des atomes d'hydrogène sont également non polaires, comme dans le cas des quatre liaisons C—H dans une molécule de méthane (figure 2.5d).

Dans une **liaison covalente polaire**, le partage des électrons entre deux atomes est inégal, c'est-à-dire que le noyau de l'un des atomes attire les électrons partagés plus que le noyau de l'autre atome. Lorsqu'une liaison covalente polaire se forme, la molécule produite possède une charge partiellement négative à proximité de l'atome qui attire plus fortement les électrons. Cet atome a alors une plus grande **électronégativité**, c'est-à-dire qu'il a la capacité d'attirer à lui les électrons. Au moins un autre des atomes de la molécule aura une charge partiellement positive. Les charges partielles sont représentées par la lettre grecque minuscule delta, accompagnée du signe moins ou du signe plus (δ^- et δ^+). Chez les organismes vivants, la liaison covalente polaire est particulièrement bien illustré par le lien qui unit l'oxygène à l'hydrogène dans une molécule d'eau (figure 2.6) ; dans cette molécule, le noyau de l'atome d'oxygène attire les électrons plus fortement que les noyaux des atomes d'hydrogène. L'atome d'oxygène a donc une plus grande électronégativité. Nous verrons un peu plus loin comment les liaisons covalentes polaires permettent à l'eau de dissoudre de nombreuses molécules qui jouent un rôle vital. Les liaisons qui existent entre l'azote et l'hydrogène, et entre l'oxygène et le carbone, sont également polaires.

FIGURE 2.5 La formation d'une liaison covalente. Les électrons colorés en rouge sont toujours partagés en parts égales. Dans la formule développée d'une molécule issue d'une liaison covalente, chaque paire d'électrons partagée est représentée par une ligne droite entre les symboles chimiques des deux atomes. Dans la formule moléculaire, le nombre d'atomes dans chaque molécule est placé en indice.

 Dans une liaison covalente, deux atomes partagent une, deux ou trois paires d'électrons de valence.

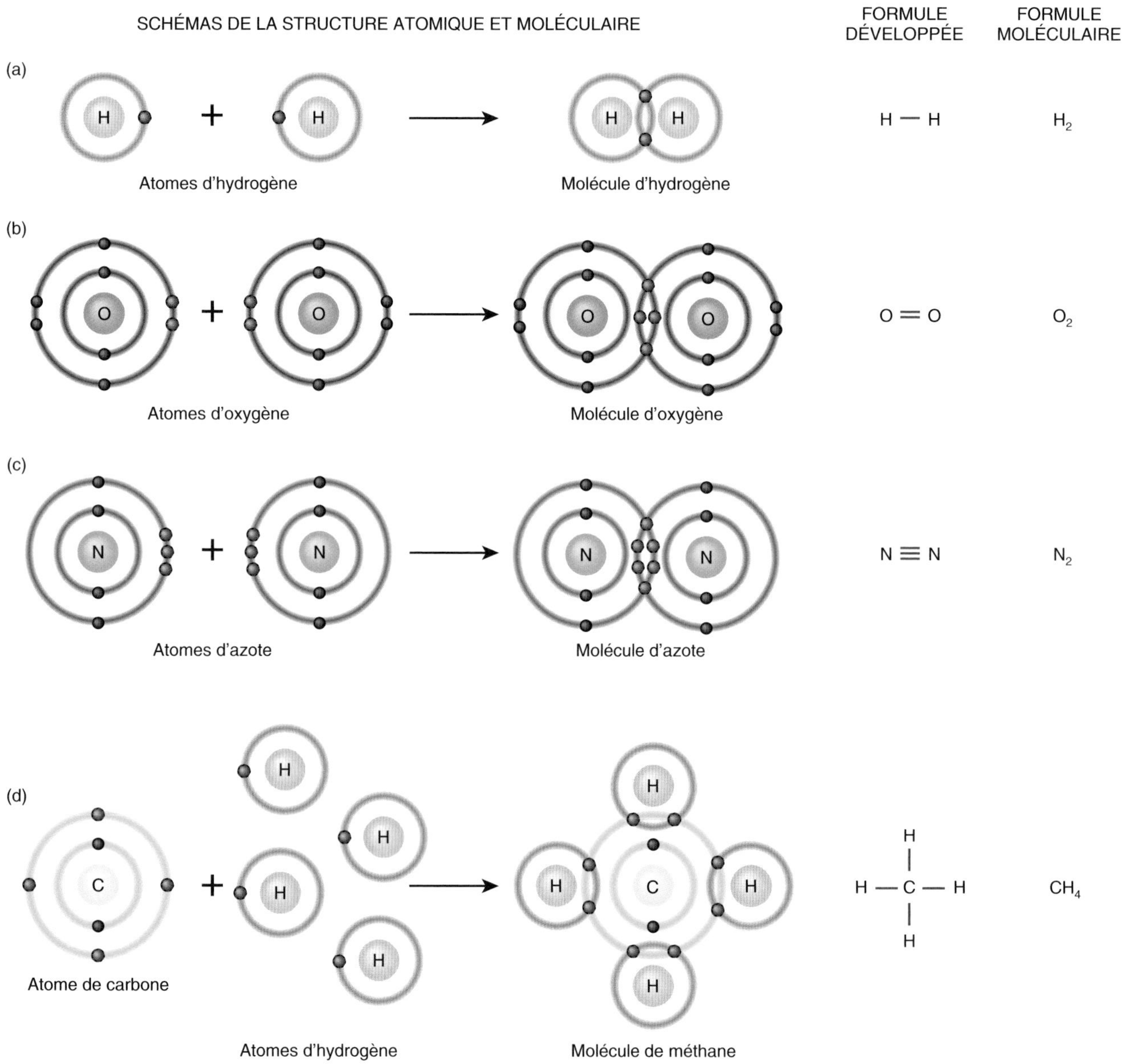

SCHÉMAS DE LA STRUCTURE ATOMIQUE ET MOLÉCULAIRE | FORMULE DÉVELOPPÉE | FORMULE MOLÉCULAIRE

(a)

Atomes d'hydrogène → Molécule d'hydrogène

$H - H$ H_2

(b)

Atomes d'oxygène → Molécule d'oxygène

$O = O$ O_2

(c)

Atomes d'azote → Molécule d'azote

$N \equiv N$ N_2

(d)

Atome de carbone + Atomes d'hydrogène → Molécule de méthane

$$H - \overset{\displaystyle H}{\underset{\displaystyle H}{C}} - H$$ CH_4

Q Quelle est la principale différence entre une liaison ionique et une liaison covalente?

LES LIAISONS HYDROGÈNE

Les liaisons covalentes polaires qui se forment entre les atomes d'hydrogène et d'autres atomes peuvent produire un troisième type de liaison chimique, la **liaison hydrogène** (figure 2.7). Une liaison hydrogène se forme quand un atome d'hydrogène ayant une charge partiellement positive (δ^+) attire la charge partiellement négative (δ^-) des atomes électronégatifs environnants, qui sont le plus souvent des atomes d'oxygène ou d'azote. C'est pourquoi les liaisons hydrogène découlent de l'attraction entre des parties de molécules ayant des charges opposées, plutôt que du partage d'électrons – comme dans une liaison covalente – ou de la perte ou du gain d'électrons – comme dans les liaisons ioniques. Les liaisons hydrogène sont faibles comparativement aux liaisons ioniques ou covalentes. Par conséquent, elles ne peuvent pas lier les atomes pour former des molécules. Elles peuvent toutefois établir des liens entre des molécules ou entre diverses parties d'une grande molécule, tels une protéine ou un acide nucléique (dont nous parlerons un peu plus loin dans le chapitre).

FIGURE 2.6 Les liaisons covalentes polaires entre les atomes d'oxygène et les atomes d'hydrogène d'une molécule d'eau. Les électrons colorés en rouge sont partagés en parts inégales. Parce que le noyau de l'oxygène attire plus fortement les électrons partagés, l'extrémité de la molécule d'eau qui contient l'atome d'oxygène a une charge partiellement négative, représentée par δ⁻, et les extrémités qui contiennent de l'hydrogène ont une charge partiellement positive, représentée par δ⁺.

 Une liaison covalente polaire se forme lorsque le noyau d'un atome donné attire plus fortement les électrons partagés que le noyau d'un autre atome dans la molécule.

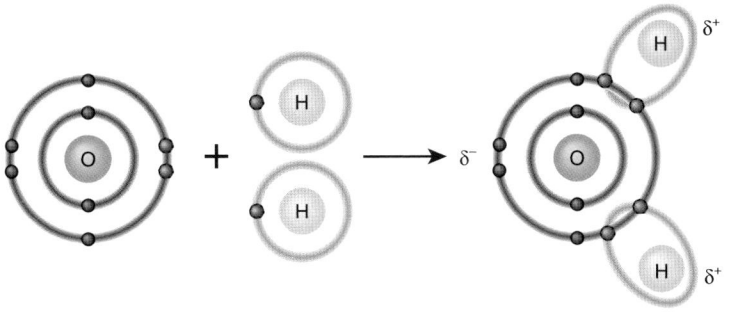

Atome d'oxygène   Atomes d'hydrogène   Molécule d'eau

Q Dans une molécule d'eau, quel atome a la plus grande électronégativité?

FIGURE 2.7 Les liaisons hydrogène entre des molécules d'eau. Chaque molécule d'eau forme des liaisons hydrogène, indiquées par des pointillés, avec trois ou quatre molécules d'eau situées à proximité.

 Des liaisons hydrogène se forment lorsque les atomes d'hydrogène d'une molécule d'eau sont attirés par la charge partiellement négative d'un atome d'oxygène dans une autre molécule d'eau.

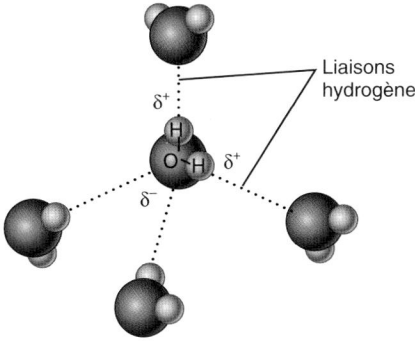

Liaisons hydrogène

Q Pourquoi va-t-il de soi que l'ammoniac (NH_3) forme des liaisons hydrogène avec des molécules d'eau?

Les liaisons hydrogène qui relient les molécules d'eau confèrent à l'eau une grande cohésion, soit la force d'attraction qui unit des particules semblables. La cohésion des molécules d'eau crée une tension superficielle très élevée, qui mesure la difficulté d'étirer ou de rompre la surface d'un liquide. À la frontière qui sépare l'eau de l'air, la tension superficielle de l'eau est très élevée, parce que les molécules d'eau sont beaucoup plus attirées les unes vers les autres qu'elles ne le sont par les molécules dans l'air. (Ce principe est clairement illustré par une araignée qui marche sur l'eau ou par une feuille qui flotte.) L'influence de la tension superficielle de l'eau sur l'organisme se reflète dans l'effort accru qu'il faut fournir pour respirer. Les sacs alvéolaires des poumons sont tapissés d'une mince pellicule de liquide aqueux. C'est pourquoi chaque inspiration doit fournir suffisamment de force pour vaincre la résistance de la tension superficielle lorsque les sacs alvéolaires s'ouvrent et se dilatent pour aspirer l'air.

Bien que les liaisons hydrogène simples soient faibles, les très grandes molécules en contiennent parfois des milliers. Lorsqu'elles sont nombreuses, les liaisons hydrogène donnent de la force et de la stabilité aux grosses molécules et contribuent à déterminer la forme tridimensionnelle de ces dernières. Comme nous le verrons plus loin dans ce chapitre, la forme d'une grosse molécule détermine comment elle se comportera dans l'organisme.

▶ **POINT DE CONTRÔLE**

4. Quelle est l'importance du dernier niveau énergétique d'un atome?

5. Comparez les caractéristiques des liaisons ioniques, des liaisons covalentes et des liaisons hydrogène.

6. Quelle information particulière donne-t-on lorsqu'on écrit la formule moléculaire ou la formule développée d'une molécule?

LES RÉACTIONS CHIMIQUES

> **OBJECTIFS**
>
> - Définir une réaction chimique.
> - Décrire les diverses formes d'énergie.
> - Comparer les réactions chimiques exothermiques et les réactions chimiques endothermiques.
> - Décrire le rôle de l'énergie d'activation et celui des catalyseurs dans les réactions chimiques.
> - Décrire les réactions de synthèse, de dégradation et d'échange, et les réactions réversibles.

Une **réaction chimique** a lieu chaque fois que des liaisons se forment ou se rompent entre des atomes. Les réactions chimiques sont à la base de toutes les fonctions vitales et, comme nous l'avons vu, les interactions des électrons de valence sont nécessaires à toutes les réactions chimiques. Examinons comment les molécules d'hydrogène et d'oxygène réagissent pour former des molécules d'eau (figure 2.8). Les substances constitutives de l'eau – deux molécules de H_2 et une de O_2 – sont ses **réactifs**. Les substances produites – deux molécules de H_2O – sont ses **produits**. La flèche dans la figure indique dans quelle direction la réaction se déroule. Dans une réaction chimique, la masse totale des réactifs est égale à la masse totale des produits. Le nombre d'atomes de chaque élément est donc le même avant et après la réaction. Cependant,

FIGURE 2.8 La réaction chimique entre deux molécules d'hydrogène (H₂) et une molécule d'oxygène (O₂) pour former deux molécules d'eau (H₂O). Notez que la réaction se produit par rupture des liaisons existantes et formation de nouvelles liaisons.

 Le nombre d'atomes de chaque élément est le même avant et après une réaction chimique.

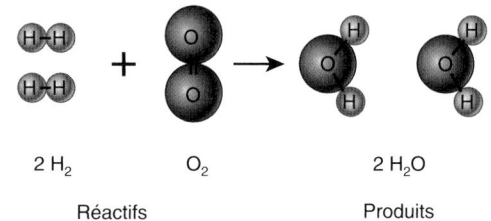

2 H₂   O₂   2 H₂O

Réactifs   Produits

Q Pourquoi faut-il deux molécules de H₂ pour permettre cette réaction?

puisque les atomes sont réarrangés, les réactifs et les produits ont des propriétés chimiques différentes. Les milliers de réactions chimiques qui se produisent dans l'organisme lui permettent de construire ses structures et d'accomplir ses fonctions vitales. Le terme **métabolisme** désigne toutes les réactions chimiques qui se produisent dans l'organisme.

LES FORMES D'ÉNERGIE ET LES RÉACTIONS CHIMIQUES

Chaque réaction chimique transforme de l'énergie. L'**énergie** (*energeia*: force en action) est la capacité de fournir un travail. Les deux principales formes d'énergie sont l'**énergie potentielle**, emmagasinée par la matière en fonction de sa position, et l'**énergie cinétique**, associée à la matière en mouvement. Par exemple, l'énergie stockée dans une pile, dans l'eau retenue par un barrage, ou chez une personne qui s'apprête à sauter quelques marches d'un escalier, est de l'énergie potentielle. Lorsque la pile sert à alimenter une horloge, que les vannes du barrage s'ouvrent pour permettre à l'eau d'alimenter une génératrice ou que la personne saute, l'énergie potentielle est convertie en énergie cinétique. L'**énergie chimique** est une forme d'énergie potentielle emmagasinée dans les liaisons des composés et des molécules. La quantité totale d'énergie est la même au début et à la fin de la réaction chimique. Bien qu'elle ne puisse être ni créée ni détruite, l'énergie peut être convertie d'une forme à une autre. Ce principe porte le nom de **loi de la conservation de l'énergie**. Dans le corps humain, l'énergie chimique fournie par les aliments ingérés est convertie en diverses formes d'énergie cinétique, par exemple en énergie mécanique, pour nous permettre de marcher et de parler. La conversion de l'énergie d'une forme à une autre libère généralement de la chaleur, qui est utilisée en partie pour maintenir notre température corporelle.

LE TRANSFERT ÉNERGÉTIQUE DANS LES RÉACTIONS CHIMIQUES

Nous savons maintenant que l'énergie chimique est emmagasinée dans les liaisons chimiques entre les atomes et que les réactions chimiques se produisent au moment de la formation de nouvelles liaisons ou de la rupture de liaisons existantes. La *réaction globale* peut soit libérer de l'énergie, soit en absorber. Les **réactions exothermiques**, ou réactions exergoniques (*exô*: dehors), libèrent plus d'énergie qu'elles n'en absorbent. En revanche, les **réactions endothermiques**, ou réactions endergoniques (*endon*: en dedans), absorbent plus d'énergie qu'elles n'en libèrent.

Le couplage des réactions exothermiques et des réactions endothermiques est l'une des principales caractéristiques du métabolisme. L'énergie libérée au cours d'une réaction exothermique sert souvent à alimenter une réaction endothermique. En règle générale, les réactions exothermiques ont lieu lorsque des nutriments, tel le glucose, sont dégradés. Une partie de l'énergie libérée peut être emmagasinée dans les liaisons covalentes de l'adénosine triphosphate (ATP), que nous décrirons plus loin. Quand une molécule de glucose est entièrement dégradée, l'énergie chimique que contenaient ses liaisons peut servir à produire jusqu'à 38 molécules d'ATP. L'énergie transférée aux molécules d'ATP servira plus tard à alimenter les réactions endothermiques nécessaires à la formation de structures du corps comme les muscles et les os. Cette énergie est également utile au travail mécanique fourni au cours de la contraction musculaire ou lors du mouvement des substances qui entrent dans les cellules et en sortent.

L'énergie d'activation

Le mouvement des électrons autour du noyau génère les mouvements des atomes eux-mêmes et, par conséquent, celui des ions et des molécules. Parce que les particules de matière sont constamment en mouvement, elles entrent sans cesse en collision les unes avec les autres. Pour qu'une réaction chimique ait lieu, il doit y avoir une collision d'une force suffisante pour perturber le mouvement des électrons de valence et provoquer la rupture ou la formation d'une liaison chimique. L'énergie de collision nécessaire à la rupture de liaisons chimiques dans les réactifs est appelée **énergie d'activation** (figure 2.9). C'est l'énergie qui doit être investie au départ pour qu'une réaction se déclenche. Les réactifs doivent absorber suffisamment d'énergie pour que leurs liaisons chimiques deviennent instables et que leurs électrons de valence forment de nouvelles combinaisons. Lorsque de nouvelles liaisons se forment, l'énergie est libérée dans le milieu environnant. Prenons l'analogie suivante. Un jeune garçon, immobile sur sa bicyclette en haut d'une pente, donne un coup de pédale pour démarrer et dévaler la pente. Le premier coup de pédale correspond à l'énergie d'activation; c'est l'énergie minimale nécessaire pour amorcer la descente. (Dans cet exemple, notons qu'elle suffit pour atteindre le bas de la pente: le garçon n'a pas besoin de dépenser plus d'énergie.)

Deux facteurs déterminent la probabilité qu'une collision se produise et déclenche une réaction chimique, soit la concentration des particules et la température.

- **La concentration.** Plus il y a de particules de matière dans un espace restreint, plus les risques de collision entre ces particules augmentent (pensez à une foule qui se bouscule pour entrer dans un wagon de métro à l'heure de pointe). La concentration de particules augmente lorsque de nouvelles particules pénètrent dans l'espace qui les contient ou que la pression exercée sur cet

FIGURE 2.9 L'énergie d'activation.

 L'énergie d'activation est l'énergie nécessaire à la rupture de liaisons chimiques dans les molécules de réactifs pour qu'une réaction se déclenche.

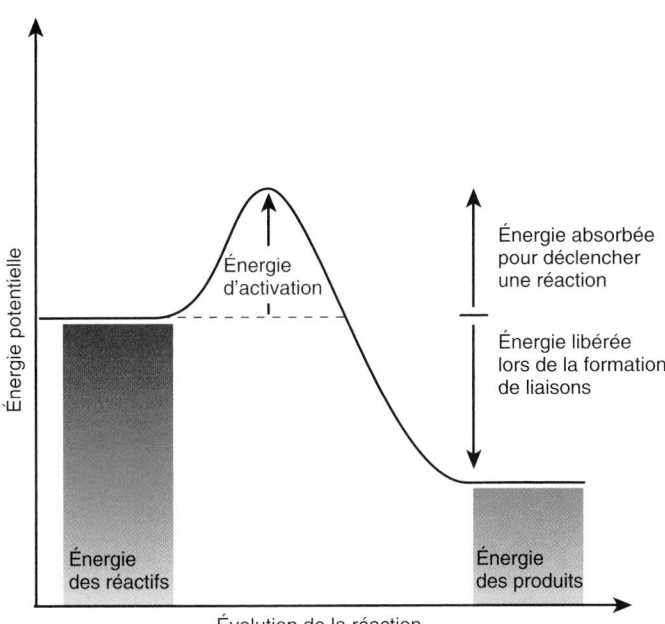

Énergie d'activation

Énergie absorbée pour déclencher une réaction

Énergie libérée lors de la formation de liaisons

Énergie des réactifs

Énergie des produits

Énergie potentielle

Évolution de la réaction

Q Pourquoi la réaction illustrée ici est-elle exothermique?

espace augmente et force les particules à se rapprocher, ce qui multiplie les risques de collision.

- **La température.** Lorsque la température augmente, les particules de matière se déplacent plus rapidement. Donc, plus la température de la matière est élevée, plus la collision entre les particules est forte, et plus les probabilités qu'une collision déclenche une réaction sont grandes.

Les catalyseurs

Comme nous l'avons vu plus haut, les réactions chimiques se produisent lorsque des liaisons chimiques se rompent ou se forment à la suite d'une collision entre des atomes, des ions ou des molécules. La température corporelle et la concentration des molécules dans les liquides de l'organisme sont toutefois trop basses pour déclencher des réactions chimiques assez rapides pour permettre la vie. Si on augmentait la température et le nombre de particules de matière réactives à l'intérieur de l'organisme, on augmenterait la fréquence des collisions et, par conséquent, la vitesse des réactions chimiques, mais on risquerait également d'endommager ou de détruire des cellules.

Les **catalyseurs** sont les substances qui résolvent ce problème. Ces composés chimiques accélèrent les réactions chimiques en abaissant l'énergie d'activation nécessaire au déclenchement d'une

réaction (figure 2.10). Dans le corps humain, les catalyseurs les plus importants sont les enzymes; nous en parlerons plus loin dans le chapitre.

Le catalyseur n'exerce aucune action sur la différence d'énergie potentielle entre les réactifs et les produits. Il abaisse plutôt la quantité d'énergie nécessaire pour qu'une réaction s'enclenche. Ce serait, pour reprendre l'analogie du garçon sur sa bicyclette, quelqu'un qui pousserait légèrement le garçon pour lui faire amorcer la descente.

Pour qu'une réaction chimique ait lieu, il faut que des particules de matière, surtout de grosses molécules, entrent en collision non seulement avec une force suffisante, mais aussi en des endroits précis. Le catalyseur aide à orienter les particules de matière pour qu'elles entrent en collision à des endroits où le déclenchement d'une réaction est possible. Bien qu'il ait pour effet d'accélérer une réaction chimique, le catalyseur lui-même reste intact à la fin de la réaction. Une seule molécule de catalyseur peut donc servir à déclencher de nombreuses réactions chimiques.

LES MODES DE RÉACTIONS CHIMIQUES

Après une réaction chimique, les atomes des réactifs sont réarrangés et forment des produits aux nouvelles propriétés chimiques. Nous allons nous pencher maintenant sur les modes de réactions

FIGURE 2.10 Comparaison entre l'énergie nécessaire pour qu'une réaction chimique se produise avec un catalyseur (courbe verte) et sans catalyseur (courbe rouge).

Les catalyseurs accélèrent les réactions chimiques en abaissant l'énergie d'activation.

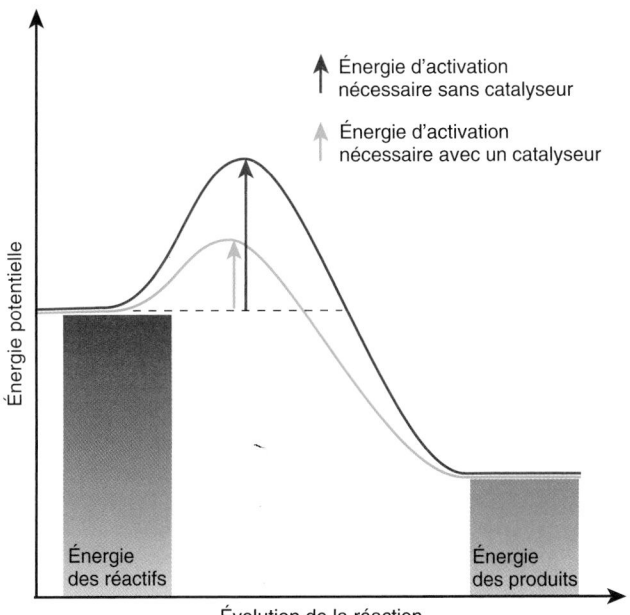

Énergie d'activation nécessaire sans catalyseur

Énergie d'activation nécessaire avec un catalyseur

Énergie potentielle

Énergie des réactifs

Énergie des produits

Évolution de la réaction

Q Le catalyseur change-t-il l'énergie potentielle des produits et des réactifs?

chimiques que toutes les cellules vivantes ont en commun. Lorsque vous les connaîtrez, vous comprendrez mieux les diverses réactions chimiques essentielles au bon fonctionnement du corps humain qui seront abordées dans des chapitres ultérieurs.

Les réactions de synthèse : l'anabolisme

Lorsqu'au moins deux atomes, ions ou molécules se combinent pour former une nouvelle molécule plus grosse, on parle de **réaction de synthèse**. Le terme *synthèse* est dérivé d'un mot grec qui signifie « réunion ». On peut représenter les réactions de synthèse de la façon suivante :

$$
\underset{\substack{\text{Atome, ion} \\ \text{ou molécule A}}}{A} + \underset{\substack{\text{Atome, ion} \\ \text{ou molécule B}}}{B} \xrightarrow[\text{pour former}]{\text{Se combinent}} \underset{\substack{\text{Nouvelle} \\ \text{molécule AB}}}{AB}
$$

La réaction entre deux molécules d'hydrogène et une molécule d'oxygène pour former deux molécules d'eau constitue un exemple de réaction de synthèse (figure 2.8). On peut aussi prendre l'exemple de la formation de l'ammoniac à partir de l'azote et de l'hydrogène :

$$
\underset{\substack{\text{Une molécule} \\ \text{d'azote}}}{N_2} + \underset{\substack{\text{Trois molécules} \\ \text{d'hydrogène}}}{3H_2} \xrightarrow[\text{pour former}]{\text{Se combinent}} \underset{\substack{\text{Deux} \\ \text{molécules} \\ \text{d'ammoniac}}}{2NH_3}
$$

Toutes les réactions de synthèse qui ont lieu dans le corps humain forment un ensemble de processus appelé **anabolisme**. Les réactions anaboliques sont la plupart du temps des réactions endothermiques, parce qu'elles absorbent plus d'énergie qu'elles n'en libèrent. Par exemple, la combinaison de molécules simples (tels les acides aminés, que nous décrirons sous peu) pour former de grosses molécules (telles les protéines) est une réaction anabolique.

Les réactions de dégradation : le catabolisme

Une **réaction de dégradation** fractionne de grosses molécules en atomes, ions ou molécules plus petits. On peut représenter les réactions de dégradation de la façon suivante :

$$
\underset{\substack{\text{Molécule AB}}}{AB} \xrightarrow{\text{Se fractionne en}} \underset{\substack{\text{Atome, ion} \\ \text{ou molécule A}}}{A} + \underset{\substack{\text{Atome, ion} \\ \text{ou molécule B}}}{B}
$$

Les réactions de dégradation qui ont lieu dans le corps humain font partie d'un ensemble de processus appelé **catabolisme**. Les réactions cataboliques sont la plupart du temps exothermiques, parce qu'elles libèrent plus d'énergie qu'elles n'en absorbent. La série de réactions qui dégrade le glucose en acide pyruvique et produit ainsi deux molécules d'ATP, est un des meilleurs exemples de réaction catabolique. Les réactions cataboliques sont décrites au chapitre 25.

Les réactions d'échange

Dans le corps humain, de nombreuses réactions sont des **réactions d'échange**, c'est-à-dire qu'elles comportent à la fois une synthèse et une dégradation. Ces réactions peuvent être représentées de la façon suivante :

$$
AB + CD \longrightarrow AD + BC
$$

Les liaisons entre A et B ainsi qu'entre C et D se rompent (dégradation), et de nouvelles liaisons se forment (synthèse) entre A et D ainsi qu'entre B et C. Voici un exemple de réaction d'échange :

$$
\underset{\substack{\text{Chlorure} \\ \text{d'hydrogène}}}{HCl} + \underset{\substack{\text{Bicarbonate} \\ \text{de sodium}}}{NaHCO_3} \longrightarrow \underset{\substack{\text{Acide} \\ \text{carbonique}}}{H_2CO_3} + \underset{\substack{\text{Chlorure} \\ \text{de sodium}}}{NaCl}
$$

On constate que les ions des deux composés ont changé de « partenaire ». L'ion hydrogène (H^+) de la molécule HCl s'est lié à l'ion bicarbonate (HCO_3^-) de la molécule $NaHCO_3$, et l'ion sodium (Na^+) de la molécule $NaHCO_3$ s'est lié à l'ion chlorure (Cl^-) de la molécule HCl.

Les réactions réversibles

Certaines réactions chimiques peuvent se dérouler dans une seule direction, à partir des réactifs jusqu'aux produits, indiquée par une flèche simple dans les exemples précédents. D'autres sont réversibles. Dans une **réaction réversible**, les produits peuvent se reconvertir en réactifs. La réversibilité de la réaction est symbolisée par deux demi-flèches pointant dans des directions opposées :

$$
AB \underset{\text{Se combinent pour former}}{\overset{\text{Se fractionne en}}{\rightleftharpoons}} A + B
$$

Certaines réactions sont réversibles uniquement dans des conditions précises :

$$
AB \underset{\text{Chaleur}}{\overset{\text{Eau}}{\rightleftharpoons}} A + B
$$

Dans cet exemple, nous avons écrit les conditions nécessaires à la réaction au-dessus ou au-dessous des flèches. Dans ces réactions, AB se dégrade en A et en B uniquement lorsqu'on ajoute de l'eau, et A et B se combinent pour former AB uniquement en présence de chaleur. De nombreuses réactions réversibles de l'organisme font intervenir des catalyseurs appelés *enzymes*. Souvent, des enzymes différentes guident les réactions dans des directions inverses.

Nous traiterons d'autres réactions importantes dans le fonctionnement des cellules, les réactions d'oxydoréduction, au début du chapitre 25 (dans la section intitulée *Le métabolisme et la nutrition*).

▶ **POINT DE CONTRÔLE**

7. Quelle est la relation entre les réactifs et les produits dans une réaction chimique ?

8. Comparez l'énergie potentielle et l'énergie cinétique.

9. Quel effet les catalyseurs produisent-ils sur l'énergie d'activation ?

10. Comment l'anabolisme et le catabolisme sont-ils reliés aux réactions de synthèse et aux réactions de dégradation respectivement ?

LES COMPOSÉS INORGANIQUES ET LES SOLUTIONS

> **OBJECTIFS**

- Décrire les propriétés des acides, des bases et des sels inorganiques ainsi que de l'eau.
- Établir une distinction entre les solutions, les colloïdes et les suspensions.
- Définir le pH et expliquer le rôle des tampons dans l'homéostasie.

Dans l'organisme, la plupart des substances chimiques existent sous forme de composés. Les biologistes et les chimistes divisent ces composés en deux grandes catégories : les composés inorganiques et les composés organiques. En général, les **composés inorganiques** sont dépourvus de carbone et possèdent une structure simple. Ils comprennent notamment l'eau ainsi qu'un grand nombre de sels, d'acides et de bases. Les composés inorganiques peuvent avoir des liaisons ioniques ou des liaisons covalentes. L'eau constitue de 55 à 60 % de la masse corporelle d'un adulte ; tous les autres composés inorganiques représentent de 1 à 2 % de plus. Parmi les composés inorganiques qui contiennent du carbone, on compte le dioxyde de carbone (CO_2), l'ion carbonate (HCO_3^-) et l'acide carbonique (H_2CO_3). Les **composés organiques**, quant à eux, contiennent toujours du carbone, souvent de l'hydrogène, et ont toujours des liaisons covalentes. La plupart sont de grosses molécules, et un grand nombre sont formés de longues chaînes d'atomes de carbone. Les composés organiques constituent les 38 à 43 % restants de la masse corporelle.

L'EAU

L'**eau** est le composé inorganique le plus important et le plus abondant dans tous les organismes vivants. On peut survivre des semaines sans manger, mais sans eau on ne tient que quelques jours. De fait, l'eau est le milieu dans lequel se déroulent presque toutes les réactions chimiques. Elle possède de nombreuses propriétés qui en font un composé indispensable au maintien de la vie. Nous avons déjà mentionné que sa propriété la plus essentielle est la polarité, c'est-à-dire la capacité d'une molécule d'eau à partager en parts inégales ses électrons de valence pour donner une charge partiellement négative à l'atome d'oxygène et des charges partiellement positives aux deux atomes d'hydrogène qui la constituent (figure 2.6). À elle seule, cette propriété fait de l'eau un excellent solvant pour d'autres substances ioniques ou polaires, assure la cohésion de ses molécules (force d'attraction entre celles-ci) et lui permet de résister aux changements de température.

L'eau en tant que solvant

Au Moyen Âge, les alchimistes étaient à la recherche d'un solvant universel qui pourrait dissoudre les autres matières. L'eau était le composé qui répondait le mieux à ce critère. Cependant, même si l'eau est le solvant le plus universel que l'on connaisse, elle n'est pas « le » solvant universel. Si elle l'était, elle ne pourrait tenir dans

aucun contenant, parce qu'elle le dissoudrait ! Mais qu'est-ce qu'un solvant exactement ? Dans une **solution**, une substance appelée **solvant** dissout une autre substance appelée **soluté**. Le solvant y est presque toujours plus abondant que le soluté. Par exemple, la sueur est une solution diluée faite d'eau (le solvant) et de petites quantités de sels (les solutés).

L'eau est un solvant universel pour les substances ionisées ou les substances polaires, parce que ses liaisons covalentes polaires et sa forme « arquée » permettent à chacune de ses molécules d'interagir avec plusieurs ions ou molécules de son entourage. Les solutés qui présentent des liaisons covalentes polaires sont **hydrophiles** (*hudôr* : eau ; *philos* : ami), ce qui signifie qu'ils se dissolvent aisément dans l'eau. Le sucre et le sel sont des solutés hydrophiles bien connus. Les molécules qui présentent surtout des liaisons covalentes non polaires sont pour leur part **hydrophobes** (*phobos* : crainte), c'est-à-dire qu'elles ne sont pas très solubles dans l'eau. Parmi ces substances, on compte les graisses animales et les huiles végétales.

Pour comprendre la capacité de dissolution de l'eau, pensez à un cristal de sel comme le chlorure de sodium ($NaCl$) que l'on déposerait dans de l'eau (figure 2.11). L'atome électronégatif (oxygène) des molécules d'eau attire les ions sodium (Na^+), tandis que les atomes électropositifs (hydrogène) attirent les ions chlorure (Cl^-). Rapidement, les molécules d'eau entourent et séparent quelques ions Na^+ et Cl^- à la surface du cristal, ce qui a pour effet de rompre les liaisons ioniques du $NaCl$. Les molécules d'eau entourant les ions rendent plus difficile l'union d'ions Na^+ et Cl^-, et donc la formation d'une nouvelle liaison ionique.

La capacité de l'eau à former des solutions est essentielle à notre santé et à notre survie. Parce qu'elle peut dissoudre un grand nombre de substances, l'eau constitue un milieu idéal pour les réactions métaboliques. Elle permet aux réactifs dissous d'entrer en collision pour former des produits. Elle peut également dissoudre des déchets dans l'urine, de sorte qu'ils sont ensuite éliminés de l'organisme.

L'eau dans les réactions chimiques

L'eau sert de milieu pour la plupart des réactions chimiques qui ont lieu dans l'organisme et elle contribue à certaines réactions soit en tant que réactif, soit en tant que produit. Pendant la digestion, par exemple, des réactions de dégradation fractionnent de grosses molécules en plus petites molécules en y ajoutant des molécules d'eau. Ce type de réaction, appelé **hydrolyse** (*lusis* : dissolution), permet à l'organisme d'absorber les nutriments. Par ailleurs, quand deux petites molécules s'unissent pour former une grosse molécule dans une **réaction de synthèse par déshydratation** (*dis* : indique l'éloignement, la séparation), une molécule d'eau est un des produits formés. Comme nous le verrons un peu plus loin, de telles réactions ont lieu pendant la synthèse des protéines et d'autres grandes molécules (voir, par exemple, la figure 2.21).

Les capacités thermiques de l'eau

Si on la compare avec d'autres substances, l'eau peut absorber ou libérer une quantité relativement importante de chaleur, même si

FIGURE 2.11 La dissolution de sels et de substances polaires dans des molécules polaires d'eau. Lorsqu'on dépose un cristal de chlorure de sodium dans l'eau, l'extrémité «oxygène» légèrement négative (en rouge) des molécules d'eau est attirée par les ions sodium positifs (Na$^+$), et leurs extrémités «hydrogène» légèrement positives (en gris) sont attirées par les ions chlorure négatifs (Cl$^-$). L'eau dissout le chlorure de sodium et provoque sa rupture, ou sa dissociation, en particules chargées, que nous décrirons sous peu.

🔑 L'eau est un solvant universel parce que ses liaisons covalentes polaires, dans lesquelles ses électrons sont partagés en parts inégales, créent des régions positives et des régions négatives.

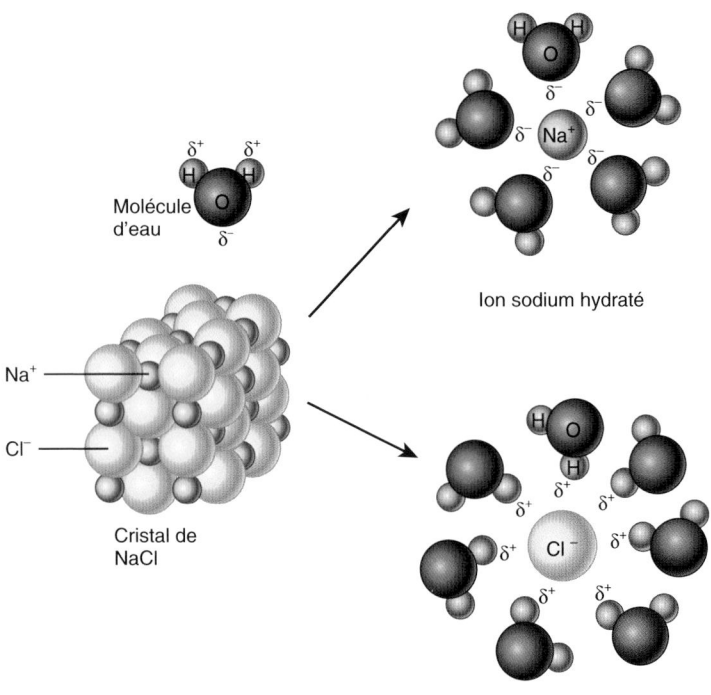

Molécule d'eau

Ion sodium hydraté

Na$^+$

Cl$^-$

Cristal de NaCl

Ion chlorure hydraté

 Le sucre de table (saccharose) se dissout aisément dans l'eau sans pour autant être un électrolyte. Est-il possible que les liaisons covalentes entre les atomes du saccharose soient toutes non polaires? Justifiez votre réponse.

sa propre température varie peu. C'est pourquoi on dit qu'elle possède une grande *capacité thermique*, propriété attribuable au nombre élevé de liaisons hydrogène qu'elle contient. En effet, lorsque l'eau absorbe de l'énergie thermique (chaleur), une partie de cette énergie sert à rompre les liaisons hydrogène. Il reste donc moins d'énergie pour accélérer le mouvement de ses molécules, ce qui augmenterait sa température. Inversement, il y a libération d'énergie lorsque des liaisons hydrogène se forment. Par exemple, un glaçon dans un verre d'eau refroidit l'eau, non pas en libérant du froid mais en absorbant la chaleur de l'eau. Les grandes quantités d'eau que contient le corps humain produisent le même effet : elles atténuent les effets des écarts de la température ambiante et contribuent au maintien de l'homéostasie thermique.

L'eau a également besoin d'une grande quantité de chaleur pour passer de l'état liquide à l'état gazeux. Sa *chaleur de vaporisation*

est élevée. L'eau qui s'évapore à la surface de la peau élimine de grandes quantités de chaleur, ce qui constitue un mécanisme de refroidissement efficace.

L'eau en tant que lubrifiant

L'eau constitue un élément essentiel du mucus et des liquides lubrifiants de l'organisme. Le thorax (cavités pleurale et péricardique) et l'abdomen (cavité péritonéale) ont particulièrement besoin de lubrification, car les organes qu'ils contiennent se touchent et glissent les uns sur les autres. Il en va de même pour les articulations, là où les os, les ligaments et les tendons frottent les uns contre les autres. Dans le tube digestif, le mucus et d'autres sécrétions contenant de l'eau humidifient les aliments pour faciliter leur passage dans les voies gastro-intestinales.

LES SOLUTIONS, LES COLLOÏDES ET LES SUSPENSIONS

Un **mélange** est une combinaison d'éléments ou de composés qui sont physiquement entremêlés sans être chimiquement liés. Par exemple, l'air que nous respirons est un mélange de gaz formé principalement de molécules d'azote, d'oxygène, d'argon et de dioxyde de carbone. Les trois grandes catégories de mélanges liquides sont les solutions, les colloïdes et les suspensions.

Une fois mélangés, les solutés d'une solution sont répartis uniformément parmi les molécules de solvant. Parce que les particules de soluté sont très petites, une solution est toujours claire et transparente ; il faut avoir recours à la distillation pour séparer le solvant (telle l'eau) du soluté.

Le **colloïde** se distingue de la solution surtout en raison de la taille de ses particules. Dans un colloïde, les particules de soluté sont assez grosses pour diffuser la lumière, comme les gouttelettes d'eau suspendues dans le brouillard diffusent la lumière provenant des phares d'une automobile. C'est pour cette raison que les colloïdes semblent souvent translucides ou opaques. Le lait est à la fois un colloïde et une solution ; les grosses protéines qu'il contient en font un colloïde, tandis que les sels de calcium, le sucre de lait (ou lactose), les ions et d'autres petites particules y sont en solution.

Dans les solutions comme dans les colloïdes, les solutés ne se déposent pas au fond du contenant. Dans une **suspension**, au contraire, la matière en suspension peut se mélanger au liquide ou au milieu de suspension pendant un certain temps, mais elle finit toujours par se déposer. Le sang en est un exemple : lorsqu'il est fraîchement prélevé dans l'organisme, il a une couleur rougeâtre uniforme. Si on le laisse reposer quelque temps dans une éprouvette, les érythrocytes (globules rouges) d'abord en suspension finissent par former un dépôt (figure 19.1a). La couche supérieure jaune pâle constituée de la portion liquide du sang est appelée *plasma* ; ce dernier est à la fois une solution composée d'ions et d'autres petits solutés, et un colloïde contenant des protéines plasmatiques plus grosses.

Il existe diverses façons de représenter la **concentration** d'une solution. L'une des méthodes les plus courantes consiste à exprimer la masse par volume en un **pourcentage** qui correspond à la masse relative du soluté dans un volume donné de solution. C'est ainsi qu'on peut lire l'inscription suivante sur une bouteille de vin : « 14,1 % d'alcool par volume ». On peut aussi indiquer la concentration en unités de **moles par litre** (**mol/L**), soit le nombre total de molécules dans un volume donné de solution. Une **mole** est la quantité de toute substance dont la masse en grammes égale la somme des masses atomiques de tous les atomes qui la composent. Par exemple, une mole de chlore (masse atomique = 35,45) pèse 35,45 g et une mole de chlorure de sodium (NaCl) pèse 58,44 g (22,99 pour Na + 35,45 pour Cl). Tout comme une douzaine équivaut toujours à 12 unités, une mole possède toujours le même nombre de particules, soit $6,023 \times 10^{23}$. Ce nombre gigantesque est appelé *nombre d'Avogadro*. Ainsi, lorsqu'on exprime une substance en moles, on donne le nombre d'atomes, d'ions ou de molécules qu'elle contient. Cette information est particulièrement importante dans les réactions chimiques, parce qu'il faut toujours un nombre défini d'atomes de certains éléments pour déclencher une réaction. Le tableau 2.3 présente ces deux façons d'exprimer la concentration.

LES ACIDES, LES BASES ET LES SELS INORGANIQUES

Lorsque des acides, des bases ou des sels inorganiques se dissolvent dans l'eau, on dit qu'ils **se dissocient**, c'est-à-dire qu'ils se séparent en ions et deviennent entourés de molécules d'eau. Un **acide** (figure 2.12a) est une substance qui se dissocie en **ions hydrogène** (H^+) et en un ou plusieurs anions. Parce que H^+ est composé d'un seul proton doté d'une charge positive, les acides sont également des **donneurs de protons**. Une **base** (figure 2.12b) enlève un H^+ d'une solution ; c'est donc un **accepteur de protons**. De nombreuses bases se dissocient en un ou plusieurs **ions hydroxyle** (OH^-) et en un ou plusieurs cations.

Un **sel** qui se dissout dans l'eau se dissocie en cations et en anions autres que H^+ ou OH^- (figure 2.12c). Dans l'organisme, les sels – tel le chlorure de potassium – sont des électrolytes qui jouent un rôle majeur dans la conduction des courants électriques (ions circulant d'un endroit à un autre), en particulier dans les tissus nerveux et musculaires. Les ions des sels fournissent aussi de nombreux éléments chimiques essentiels aux liquides intracellulaires

FIGURE 2.12 La dissociation des acides, des bases et des sels inorganiques.

 La dissociation est la séparation des acides, des bases et des sels inorganiques en ions dans une solution.

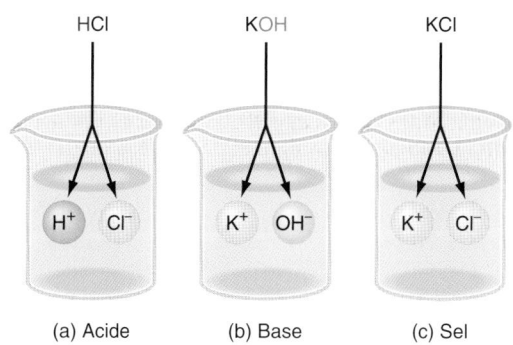

(a) Acide (b) Base (c) Sel

Q Le composé $CaCO_3$ (carbonate de calcium) se dissocie en un ion calcium (Ca^{2+}) et un ion carbonate (CO_3^{2-}). Est-ce un acide, une base ou un sel ? Qu'en est-il de H_2SO_4, qui se dissocie en deux ions H^+ et un ion SO_4^{2-} ?

et extracellulaires, par exemple le sang, la lymphe et le liquide interstitiel des tissus.

Les acides et les bases réagissent les uns avec les autres pour former des sels. Ainsi, la réaction entre le chlorure d'hydrogène (HCl), un acide, et l'hydroxyde de potassium (KOH), une base, produit le chlorure de potassium (KCl), un sel, et de l'eau (H_2O). On peut représenter cette réaction d'échange par la formule suivante :

$$HCl + KOH \longrightarrow H^+ + Cl^- + K^+ + OH^- \longrightarrow KCl + H_2O$$

Acide   Base   Ions dissociés   Sel   Eau

L'ÉQUILIBRE ACIDOBASIQUE : LE CONCEPT DU pH

Pour maintenir l'homéostasie, les liquides intracellulaires et extracellulaires doivent contenir des quantités presque égales d'acides et de bases. Plus le nombre d'ions hydrogène (H^+) dissous dans une solution est élevé, plus la solution est acide ; à l'inverse, plus le nombre d'ions hydroxyle (OH^-) est élevé, plus la solution est alcaline, ou basique. Dans l'organisme, les réactions chimiques sont très sensibles aux plus infimes changements d'acidité ou d'alcalinité des liquides dans lesquels elles se produisent. Chaque fois que les limites étroites qui définissent les concentrations normales de H^+ et de OH^- sont dépassées, les fonctions vitales sont grandement perturbées.

L'acidité ou l'alcalinité d'une solution s'exprime par l'**échelle des pH** (potentiel d'hydrogène), qui va de 0 à 14 (figure 2.13). Cette échelle indique la concentration d'ions H^+ en moles par litre. Un pH de 7 signifie qu'une solution contient un dix-millionième (0,000 000 1) d'une mole d'ions hydrogène par litre. En langage scientifique, ce nombre s'écrit 1×10^{-7}, soit le chiffre 1 avec la virgule décimale déplacée de sept espaces vers la gauche. Pour exprimer ce nombre en pH, on donne à l'exposant négatif (−7) une valeur positive (7). Une solution dont la concentration d'ions H^+ est de 0,000 1 (10^{-4}) mol/L a donc un pH de 4, tandis qu'une

TABLEAU 2.3 LE POURCENTAGE ET LA MOLARITÉ	
DÉFINITION	**EXEMPLE**
Pourcentage (masse par volume)	
Nombre de grammes d'une substance par 100 millilitres (mL) de solution	Pour obtenir une solution de NaCl à 10 %, il faut ajouter à 10 g de NaCl suffisamment d'eau pour obtenir au total 100 mL de solution.
Molarité : moles (mol) par litre (L)	
Une solution molaire (1 M) = 1 mole de soluté par litre de solution	Pour obtenir une solution molaire (1 M) de NaCl, il faut dissoudre 1 mol de NaCl (58,44 g) dans suffisamment d'eau pour obtenir au total 1 L de solution.

FIGURE 2.13 L'échelle des pH. Une solution dont le pH est inférieur à 7 est acide et contient donc plus d'ions H⁺ que d'ions OH⁻. [H⁺] : concentration d'ions hydrogène ; [OH⁻] : concentration d'ions hydroxyle.

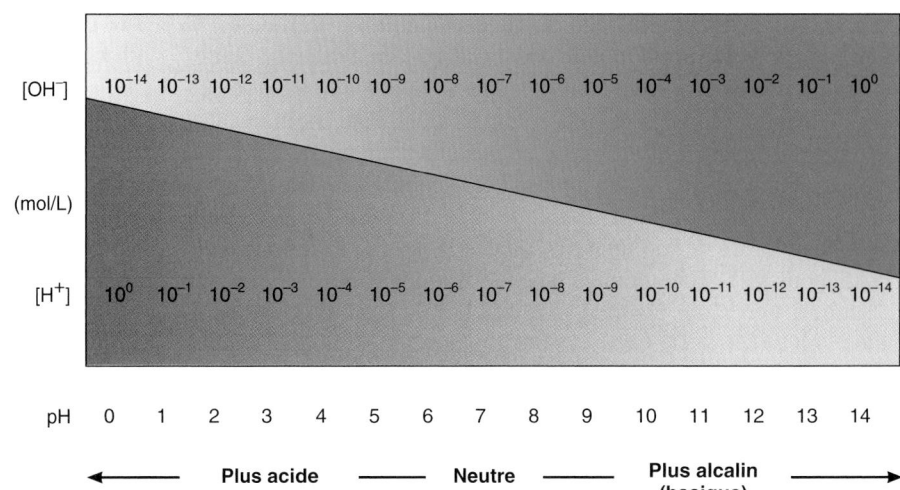

 Plus la valeur numérique du pH diminue, plus la solution est acide, parce que la concentration des ions H⁺ devient progressivement plus grande. Une solution dont le pH est supérieur à 7 est alcaline (ou basique), c'est-à-dire qu'elle contient plus d'ions OH⁻ que d'ions H⁺. Plus le pH est élevé, plus la solution est alcaline.

Q À un pH de 7 (neutre), les concentrations d'ions H⁺ et d'ions OH⁻ sont égales (10^{-7} mol/L). Quelle est la concentration d'ions H⁺ et d'ions OH⁻ d'une solution à un pH de 6 ? Lequel des pH 6,82 ou 6,91 est le plus acide ? Lequel des pH 8,41 ou 5,59 est le plus près de la neutralité ?

solution dont la concentration d'ions H⁺ est de 0,000 000 001 (10^{-9}) mol/L a un pH de 9. Il faut également savoir que chaque nombre entier de l'échelle des pH correspond à *dix fois* la valeur du nombre qui le précède. Ainsi, un pH de 6 représente une concentration d'ions H⁺ 10 fois plus grande qu'un pH de 7, et un pH de 8 représente une concentration d'ions H⁺ 10 fois moins grande qu'un pH de 7 et 100 fois moins grande qu'un pH de 6.

À un pH de 7, soit la valeur médiane de l'échelle des pH, les concentrations d'ions H⁺ et d'ions OH⁻ sont égales. Une substance à un pH de 7, telle l'eau distillée (pure), est dite neutre. Une solution qui contient plus d'ions H⁺ que d'ions OH⁻ est une **solution acide** ; son pH est inférieur à 7. Une solution qui contient plus d'ions OH⁻ que d'ions H⁺ est une **solution alcaline** (ou **basique**) ; son pH est supérieur à 7.

LE MAINTIEN DU pH : LES TAMPONS

Le pH de la plupart des liquides de l'organisme varie généralement dans un intervalle très restreint, comme nous venons de le voir. Le tableau 2.4 donne le pH de certains liquides de l'organisme et celui d'autres substances connues qui ne sont pas présentes dans l'organisme. Des mécanismes homéostatiques maintiennent le pH du sang entre 7,35 et 7,45, ce qui est légèrement plus alcalin que l'eau distillée. Au chapitre 27, nous verrons que si le pH du sang baisse et passe sous 7,35, l'acidose survient, et que si le pH dépasse 7,45, l'alcalose se manifeste ; ces deux conditions peuvent gravement menacer l'homéostasie. La salive est légèrement acide et le sperme, légèrement alcalin. Parce que les reins contribuent à éliminer l'excès d'acide de l'organisme, l'urine peut être assez acide.

Bien que l'organisme absorbe et produise continuellement des bases et des acides assez forts, le pH des liquides intracellulaires et extracellulaires demeure relativement stable. Cette stabilité est attribuable à la présence de **tampons**, dont le rôle est de convertir les bases et les acides forts en bases et en acides faibles. Les acides

TABLEAU 2.4 LE PH DE QUELQUES SUBSTANCES

SUBSTANCE	pH
• Suc gastrique (dans l'estomac)	de 1,2 à 3,0
Jus de citron	2,3
Vinaigre	3,0
Boisson gazeuse	de 3,0 à 3,5
Jus d'orange	3,5
• Sécrétions vaginales	de 3,5 à 4,5
Jus de tomate	4,2
Café	5,0
• Urine	de 4,6 à 8,0
• Salive	de 6,35 à 6,85
Lait	6,8
Eau distillée (pure)	7,0
• Sang	de 7,35 à 7,45
• Liquide séminal (contenant les spermatozoïdes)	de 7,20 à 7,60
• Liquide cérébrospinal (associé au système nerveux)	7,4
• Suc pancréatique (suc digestif du pancréas)	de 7,1 à 8,2
• Bile (sécrétion du foie favorisant la digestion des lipides)	de 7,6 à 8,6
Lait de magnésie	10,5
Hydroxyde de sodium (soude caustique)	14,0

• Substances présentes dans le corps humain.

(et les bases) forts s'ionisent facilement et augmentent la concentration d'ions H⁺ (ou d'ions OH⁻) d'une solution ; ils peuvent donc changer radicalement le pH et perturber le métabolisme de l'organisme. Les acides (et les bases) faibles ne s'ionisent pas aussi aisément et apportent moins d'ions H⁺ (ou d'ions OH⁻) ; ils ont donc moins d'effet sur le pH. Les composés chimiques qui peuvent convertir des bases et des acides forts en bases et en acides faibles sont également appelés *tampons*.

Ils produisent leur effet en diminuant ou en augmentant la concentration des protons (H^+).

Dans l'organisme, l'un des plus importants tampons est le **système tampon acide carbonique-bicarbonate**. L'acide carbonique (H_2CO_3) peut se comporter comme un acide faible et l'ion bicarbonate (HCO_3^-), comme une base faible. C'est pourquoi ce système tampon peut compenser un excès ou un manque d'ions H^+. Par exemple, en cas d'excès d'ions H^+ (condition acide), l'ion HCO_3^- peut agir comme une base faible et éliminer le surplus d'ions H^+, comme suit :

$$H^+ \quad + \quad HCO_3^- \quad \longrightarrow \quad H_2CO_3$$

| Hydrogène | Ion bicarbonate (base faible) | Acide carbonique |

Par ailleurs, en cas de manque d'ions H^+ (condition alcaline), l'ion H_2CO_3 peut se comporter en acide faible et fournir les ions H^+ manquants :

$$H_2CO_3 \quad \longrightarrow \quad H^+ \quad + \quad HCO_3^-$$

| Acide carbonique (acide faible) | Hydrogène | Ion bicarbonate |

Les tampons et leur rôle dans le maintien de l'équilibre acido-basique seront décrits plus en détail au chapitre 27.

▶ **POINT DE CONTRÔLE**

11. En quoi les composés inorganiques diffèrent-ils des composés organiques ?

12. Décrivez deux façons d'exprimer la concentration d'une solution.

13. Quelles sont les fonctions de l'eau dans le corps humain ?

14. Comment l'action d'un tampon est-elle un exemple d'homéostasie ?

15. De quelle manière les ions bicarbonate empêchent-ils un surplus d'ions H^+ de se former ?

LES COMPOSÉS ORGANIQUES

> **OBJECTIFS**

- Décrire les groupements fonctionnels des molécules organiques.
- Nommer les unités constitutives et les fonctions des glucides, des lipides, des protéines et des enzymes.
- Décrire la structure et les fonctions de l'acide désoxyribonucléique (ADN), de l'acide ribonucléique (ARN) et de l'adénosine triphosphate (ATP).
- Décrire le concept de géométrie moléculaire et son importance dans le maintien de l'homéostasie.

Les composés inorganiques sont relativement simples. Leurs molécules possèdent quelques atomes à peine et ne peuvent fournir aux cellules ce dont elles ont besoin pour accomplir des tâches biologiques complexes. Par contre, de nombreuses molécules organiques ont une taille suffisante et les propriétés nécessaires pour exécuter de telles fonctions. Les classes de composés organiques les plus importantes sont les glucides, les lipides, les protéines, les acides nucléiques et l'adénosine triphosphate (ATP).

LE CARBONE ET SES GROUPEMENTS FONCTIONNELS

Le carbone possède plusieurs propriétés qui le rendent particulièrement utile aux organismes vivants. Un atome de carbone peut se lier à quatre autres atomes de carbone et à d'autres éléments pour former des chaînes qui contiennent des milliers d'atomes de carbone ; les grandes molécules ainsi créées peuvent avoir diverses formes. En raison de cette propriété du carbone, le corps peut construire une multitude de composés organiques présentant chacun une structure et des fonctions uniques. De plus, la grande taille de la plupart des molécules carbonées et l'incapacité de certaines à se dissocier dans l'eau font de ces éléments des matériaux utiles à la constitution des structures de l'organisme.

Les composés organiques contiennent habituellement des liaisons covalentes. Le carbone possède quatre électrons de valence, ce qui lui permet de former des liaisons covalentes avec divers atomes, y compris d'autres atomes de carbone, pour former des structures cycliques et des chaînes linéaires ou ramifiées. Les autres éléments qui se lient le plus souvent au carbone dans les composés organiques sont l'hydrogène, l'oxygène et l'azote. Le soufre et le phosphore font également partie des composés organiques. D'autres éléments, indiqués dans le tableau 2.1, sont aussi présents dans un nombre restreint de composés organiques.

Dans une molécule organique, la chaîne d'atomes de carbone est appelée **squelette carboné**. La liaison de tous ces atomes à des atomes d'hydrogène donne une molécule d'hydrocarbure. Toutefois, des **groupements fonctionnels** distincts peuvent se fixer au squelette carboné à la place de certains atomes d'hydrogène. Chaque type de groupement fonctionnel présente une disposition d'atomes particulière qui confère à la molécule organique ses propriétés chimiques caractéristiques. Le tableau 2.5 contient une liste des groupements fonctionnels les plus connus des molécules organiques ; quelques-unes de leurs propriétés y sont décrites. Parce que les molécules organiques sont souvent de grande taille, une représentation abrégée permet d'exprimer leur formule développée. La figure 2.14 illustre les deux méthodes qui servent à indiquer la structure du glucose, molécule dont le squelette carboné cyclique présente plusieurs groupements hydroxyle qui y sont attachés.

De petites molécules organiques peuvent s'associer pour former de très grandes molécules appelées **macromolécules** (*makros* : grand). Les macromolécules sont habituellement des **polymères** (*polus* : nombreux ; *meros* : partie). Les polymères sont de grandes molécules constituées de liaisons covalentes entre de nombreuses petites unités identiques ou similaires appelées **monomères** (*monos* : unique). En général, la réaction qui permet la liaison de deux monomères est une synthèse par déshydratation. Dans ce type de réaction, un des monomères perd un atome d'hydrogène et l'autre, un groupement hydroxyle, ce qui produit une molécule

TABLEAU 2.5 LES PRINCIPAUX GROUPEMENTS FONCTIONNELS

Nom et formule développée*	Occurrence et importance
Hydroxyle R—O—H	Les *alcools* contiennent un groupement —OH qui est polaire et hydrophile, parce qu'il possède un atome O électronégatif. Les molécules ayant de nombreux groupements —OH se dissocient facilement dans l'eau.
Sulfhydryle R—S—H	Les *thiols* ont un groupement —SH qui est polaire et hydrophile, parce qu'il possède un atome S électronégatif. Certains acides aminés (unités constitutives des protéines), telle la cystéine, contiennent des groupements —SH qui contribuent à stabiliser la forme des protéines.
Carbonyle $$O$$ $$\parallel$$ R—C—R ou $$O$$ $$\parallel$$ R—C—H	Les *cétones* contiennent un groupement carbonyle dans leur squelette carboné. Le groupement carbonyle est polaire et hydrophile, parce qu'il possède un atome O électronégatif. Les *aldéhydes* ont un groupement carbonyle à l'extrémité de leur squelette carboné.
Carboxyle Ester $$O$$ $$\parallel$$ R—C—OH ou $$O$$ $$\parallel$$ R—C—O⁻	Les *acides carboxyle* contiennent un groupement carboxyle à l'extrémité de leur squelette carboné. Tous les acides aminés ont un groupement —COOH à l'une de leurs extrémités. Au pH des cellules de l'organisme, la forme électronégative prédomine et elle est hydrophile.
Ester $$O$$ $$\parallel$$ R—C—O—R	Les *esters* occupent une place prédominante dans les graisses et les huiles alimentaires et sont également présents dans la graisse corporelle. L'aspirine est un ester d'acide salicylique, molécule analgésique dérivée de l'écorce du saule.
Phosphate $$O$$ $$\parallel$$ R—O—P—O⁻ $$\mid$$ O⁻	Les *phosphates* contiennent un groupement phosphate (—PO_4^{2-}) qui est très hydrophile, parce qu'il possède deux charges négatives. Un composé phosphaté, l'adénosine triphosphate (ATP), transfère l'énergie chimique entre les molécules organiques pendant les réactions chimiques.
Amine H R—N H ou H ⁺⁄ R—N—H H	Les *amines* ont un groupement —NH_2 qui peut se comporter comme une base et absorber un ion hydrogène pour donner au groupement amine une charge positive. Tous les acides aminés ont un groupement amine à l'une de leurs extrémités. Au pH des liquides de l'organisme, la plupart des groupements amine ont une charge de 1+.

* La lettre R représente le squelette carboné de la molécule.

d'eau (figure 2.15). Les macromolécules – tels les glucides, les lipides, les protéines et les acides nucléiques – s'assemblent de cette façon dans la cellule.

Les molécules qui ont une même formule moléculaire mais des structures différentes sont des **isomères** (*isos*: égal). Par exemple, la formule moléculaire du glucose et du fructose est $C_6H_{12}O_6$, mais les atomes de ces deux sucres sont disposés différemment dans le squelette carboné (figure 2.15), ce qui leur confère des propriétés chimiques distinctes.

LES GLUCIDES

Les **glucides** comprennent les sucres, les amidons, le glycogène et la cellulose. Bien qu'ils regroupent des composés organiques aussi nombreux que diversifiés et qu'ils assurent plusieurs fonctions, les glucides ne constituent que de 2 à 3 % de la masse corporelle totale. Chez les animaux et les humains, la principale fonction des glucides (notamment le glucose) est de fournir une source rapidement utilisable d'énergie chimique pour produire l'ATP qui alimente les réactions métaboliques. Seuls quelques glucides remplissent des fonctions structurales, tel le désoxyribose – sucre qui est une unité constitutive de l'acide désoxyribonucléique (ADN), la molécule qui contient notre bagage génétique héréditaire.

Le carbone, l'hydrogène et l'oxygène sont les unités constitutives des glucides. On trouve généralement deux atomes d'hydrogène pour un atome d'oxygène, comme dans l'eau. À quelques exceptions près, les glucides sont composés d'un atome de carbone pour chaque molécule d'eau; c'est pourquoi on les appelait autrefois «hydrates de carbone» (hydrate signifie «formé d'eau»). Les glucides sont classés en trois principaux groupes selon leur taille: les monosaccharides, les disaccharides et les polysaccharides (tableau 2.6).

Les monosaccharides et les disaccharides: des sucres simples

Les monosaccharides et les disaccharides sont également appelés **sucres simples**. Les monomères des glucides, nommés **monosaccharides** (*saccharum*: sucre), contiennent de trois à sept atomes de carbone. Ils sont désignés par un terme se terminant en *-ose* dans lequel le nombre d'atomes de carbone est indiqué par un préfixe. Par exemple, les monosaccharides qui possèdent trois atomes de carbone sont appelés *trioses* (*tri*: trois). On distingue en outre les *tétroses* (quatre atomes de carbone), les *pentoses* (cinq atomes de carbone), les *hexoses* (six atomes de carbone) et les

FIGURE 2.14 Les deux versions de la formule développée du glucose.

Dans la représentation abrégée, les atomes de carbone se trouvent à la jonction de deux liaisons et les atomes simples d'hydrogène ne sont pas indiqués.

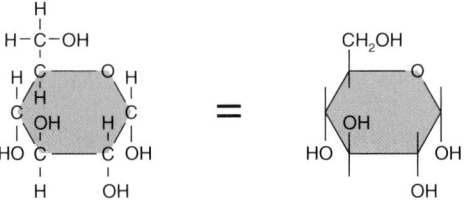

Tous les atomes sont indiqués   Représentation abrégée

 Combien y a-t-il de groupements hydroxyle dans une molécule de glucose? d'atomes de carbone dans le squelette carboné du glucose?

TABLEAU 2.6 LES PRINCIPAUX GLUCIDES

TYPE DE GLUCIDES	EXEMPLES
Monosaccharides (sucres simples qui contiennent de trois à sept atomes de carbone)	Glucose (principal glucide du sang)
	Fructose (dans les fruits)
	Galactose (présent dans le sucre de lait)
	Désoxyribose (dans l'ADN)
	Ribose (dans l'ARN)
Disaccharides (sucres simples formés de la combinaison de deux monosaccharides au cours de réactions de synthèse par déshydratation)	Saccharose (sucre ordinaire) = glucose + fructose
	Lactose (ou sucre de lait) = glucose + galactose
	Maltose = glucose + glucose
Polysaccharides (des dizaines ou des centaines de mono-saccharides liés au cours de réactions de synthèse par déshydratation)	Glycogène (forme stockée de glucides chez les animaux)
	Amidon (forme stockée de glucides chez les végétaux et principal glucide alimentaire)
	Cellulose (constituant des parois cellulaires des végétaux; ne peut être digérée par l'être humain mais favorise le passage des aliments dans les intestins)

heptoses (sept atomes de carbone). Dans l'ensemble de l'organisme, les cellules brisent des molécules de **glucose**, un hexose, pour produire l'ATP.

Deux molécules de monosaccharide peuvent s'associer à la suite d'une synthèse par déshydratation pour former une molécule de **disaccharide** (*di*: deux) et une molécule d'eau. Par exemple, les molécules de deux monosaccharides, le glucose et le fructose, s'unissent pour constituer une molécule de disaccharide, le saccharose (sucre ordinaire), comme le montre la figure 2.15. Le glucose et le fructose sont des isomères. Ainsi que nous l'avons

vu plus haut, les isomères ont la même formule moléculaire, mais la position relative de leurs atomes d'oxygène et de carbone est différente, ce qui confère à chaque composé des propriétés chimiques distinctes. Il faut noter que la formule du saccharose est $C_{12}H_{22}O_{11}$, et non $C_{12}H_{24}O_{12}$, parce qu'une molécule d'eau est perdue lorsque deux monosaccharides se combinent.

Les disaccharides peuvent également se diviser en molécules plus petites et plus simples par hydrolyse. Ainsi, une molécule de saccharose à laquelle on ajoute de l'eau peut être hydrolysée en ses constituants, le glucose et le fructose (figure 2.15). Certaines personnes utilisent des **édulcorants de synthèse** afin de réduire leur consommation de sucre pour des raisons médicales, tandis que d'autres le font pour éviter de prendre du poids. Les édulcorants de synthèse sont beaucoup plus sucrés que le saccharose, ont une teneur moins élevée en calories et ne causent pas la carie dentaire.

Les polysaccharides

Le troisième groupe de glucides est composé des **polysaccharides**. Chaque molécule de polysaccharide contient des dizaines, voire des centaines de monosaccharides qui se sont liés au cours de réactions de synthèse par déshydratation. Contrairement aux sucres simples, les polysaccharides ne sont habituellement pas solubles dans l'eau et n'ont pas un goût sucré. Dans le corps humain, le principal polysaccharide est le **glycogène**, constitué de monomères de glucose liés les uns aux autres en chaînes ramifiées (figure 2.16). Une petite quantité de glucides est emmagasinée sous forme de glycogène dans le foie et les muscles squelettiques. Les **amidons** sont des polysaccharides qui sont formés à partir du glucose des plantes. On les rencontre dans des aliments comme les pâtes et les pommes de terre, et ils constituent les principaux glucides de l'alimentation. À l'instar des disaccharides, les polysaccharides – tels le glycogène et les amidons – peuvent être dégradés en monosaccharides par hydrolyse. Par exemple, lorsque la glycémie baisse, les cellules du foie dégradent le glycogène en glucose et le libèrent dans le sang. C'est ainsi que le glucose devient disponible pour les cellules de l'organisme, qui le dégradent de manière à synthétiser

FIGURE 2.15 La formule développée et la formule moléculaire de deux monosaccharides, le glucose et le fructose, et d'un disaccharide, le saccharose. Au cours de la synthèse par déshydratation (qui se lit de gauche à droite), deux molécules plus petites, le glucose et le fructose, s'unissent pour former une molécule plus grande de saccharose. Notez qu'il y a perte d'une molécule d'eau. Au cours de l'hydrolyse (qui se lit de droite à gauche), l'ajout d'une molécule d'eau à la grande molécule de saccharose divise le disaccharide en deux molécules plus petites de glucose et de fructose.

Les monosaccharides sont les monomères servant à construire les glucides.

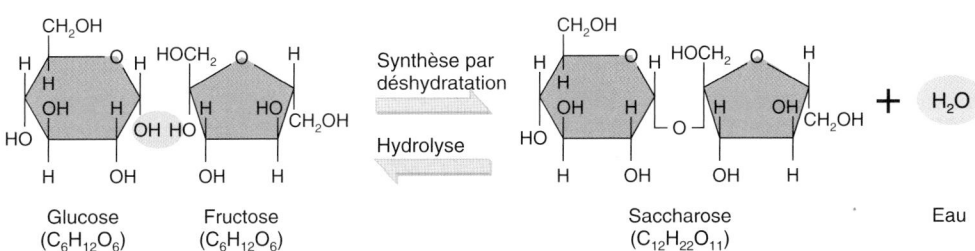

 Combien y a-t-il d'atomes de carbone dans le fructose? dans le saccharose?

FIGURE 2.16 Une portion d'une molécule de glycogène, principal polysaccharide du corps humain.

 Le glycogène est constitué de monomères de glucose et est la forme emmagasinée des glucides de l'organisme.

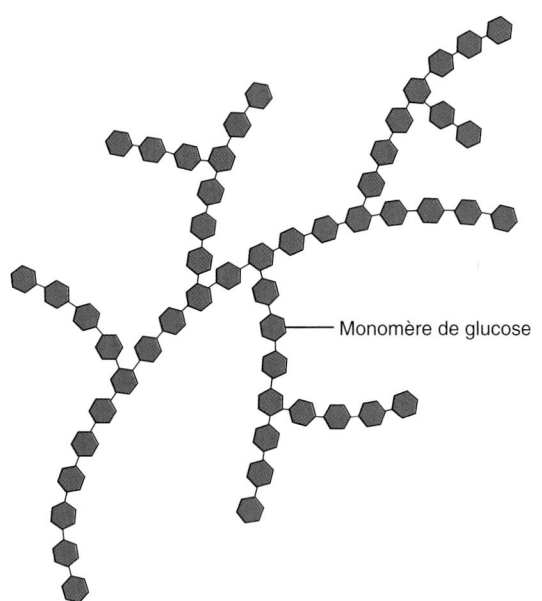

Monomère de glucose

Q Quelles cellules de l'organisme emmagasinent le glycogène ?

l'ATP. La **cellulose** est un polysaccharide contenu dans les végétaux et que les êtres humains consomment mais ne peuvent pas digérer. Cependant, elle forme une masse qui facilite l'élimination des déchets par les voies intestinales.

LES LIPIDES

Les **lipides** (*lipos* : graisse) forment un deuxième groupe important de composés organiques. Ils constituent de 18 à 25 % de la masse corporelle chez les adultes minces. À l'instar des glucides, les lipides contiennent du carbone, de l'hydrogène et de l'oxygène, mais leur rapport hydrogène–oxygène n'est pas toujours de 2 à 1. La proportion d'atomes d'oxygène électronégatifs dans les lipides est en général plus faible que dans les glucides, de sorte qu'ils forment moins de liaisons covalentes polaires. Par conséquent, la plupart des lipides sont insolubles dans des solvants polaires comme l'eau ; ils sont *hydrophobes*. (Toutefois, les solvants non polaires, tels le chloroforme et l'éther, dissolvent facilement les lipides.) Parce qu'ils sont hydrophobes, seuls les plus petits lipides (certains acides gras) sont en solution dans le sang aqueux. Pour devenir plus solubles dans le plasma sanguin, certaines molécules de lipides se lient à des molécules de protéines hydrophiles ; les complexes de lipides et de protéines qui en résultent sont appelés **lipoprotéines**, qui sont solubles parce que les protéines se trouvent à l'extérieur et les lipides, à l'intérieur.

La famille des lipides inclut les triacylglycérols (graisses et huiles), les phosphoglycérolipides (lipides contenant du phosphore), les stéroïdes (lipides contenant des structures cycliques d'atomes de carbone), les eicosanoïdes (lipides à 20 carbones) et divers autres lipides tels que les acides gras, les vitamines liposolubles (A, D, E et K) et les lipoprotéines. Le tableau 2.7 résume les types de lipides et décrit leur rôle dans le corps humain.

Les triacylglycérols

Les lipides les plus abondants dans l'organisme et les aliments sont les **triacylglycérols** (*tri* : trois), ou triglycérides. À la température ambiante, les triacylglycérols se présentent sous forme solide

TABLEAU 2.7 LES TYPES DE LIPIDES PRÉSENTS DANS L'ORGANISME

Type de lipides	Fonctions
Triacylglycérols (*graisses et huiles*)	Protection, isolation, stockage de l'énergie.
Phosphoglycérolipides	Principale composante lipidique des membranes cellulaires.
Stéroïdes	
Cholestérol	Composante secondaire de toutes les membranes cellulaires animales ; précurseur des sels biliaires, de la vitamine D et des hormones stéroïdiennes.
Sels biliaires	Nécessaires à la digestion et à l'absorption des graisses alimentaires.
Vitamine D	Favorise la régulation du taux de calcium dans l'organisme ; nécessaire à la croissance et à la réparation des os.
Hormones du cortex surrénalien	Favorisent la régulation du métabolisme, de la résistance au stress et de l'équilibre de l'eau et de certains ions.
Hormones sexuelles	Stimulent les fonctions de reproduction et le maintien des caractéristiques sexuelles.
Eicosanoïdes (*prostaglandines et leucotriènes*)	Agissent de diverses façons sur la modification des réponses aux hormones, la coagulation, l'inflammation, l'immunité, la sécrétion d'acide gastrique, le diamètre des voies respiratoires, la dégradation des lipides et la contraction des muscles lisses.
Autres lipides	
Acides gras	Catabolisés pour produire l'ATP ou utilisés pour la synthèse des monoacylglycérols, des diacylglycérols, des triacylglycérols et des phosphoglycérolipides.
Carotènes	Nécessaires à la synthèse de la vitamine A, qui sert à constituer les pigments visuels de l'œil. Agissent également comme des antioxydants.
Vitamine E	Favorise la réparation des tissus, prévient les cicatrices, contribue à la structure et au fonctionnement normaux du système nerveux. Agit aussi comme un antioxydant.
Vitamine K	Nécessaire à la synthèse des protéines de coagulation.
Lipoprotéines	Transportent les lipides dans le sang, acheminent les triacylglycérols et le cholestérol vers les tissus et éliminent l'excès de cholestérol du sang.

(graisses) ou liquide (huiles). Ils constituent la forme d'énergie chimique la plus concentrée dans l'organisme. Un gramme de triacylglycérols fournit plus du double de l'énergie produite par un gramme de glucides ou de protéines. Notre capacité à emmagasiner les triacylglycérols dans le tissu adipeux est presque illimitée. Tous les excédents de glucides, de protéines, de graisses et d'huiles que nous consommons ont un même destin : ils se déposent dans le tissu adipeux sous forme de triacylglycérols.

Un triacylglycérol comporte deux types d'unités constitutives : une molécule simple de glycérol et trois molécules d'acides gras. La molécule de **glycérol** à trois carbones forme le squelette d'un triacylglycérol (figure 2.17). (La formule abrégée d'un acide gras est R—COOH, où R correspond à une chaîne carbonée de type hydrocarbure, c'est-à-dire une chaîne constituée exclusivement d'atomes d'hydrogène et d'atomes de carbone.) Les trois **acides gras** sont fixés à raison d'un acide gras pour chaque atome de carbone du squelette de glycérol. La liaison du premier acide gras conduit à la formation d'un **monoacylglycérol**, celle du deuxième

acide gras, à la formation d'un **diacylglycérol** et celle du troisième, à la formation d'un triacylglycérol. Les molécules de triacylglycérols se forment au cours de réactions de synthèse par déshydratation ; la liaison chimique qui se produit chaque fois qu'une molécule d'eau est cédée est appelée *estérification* (tableau 2.5). La réaction inverse, l'hydrolyse, dégrade une molécule simple de triacylglycérol en trois molécules d'acides gras et une molécule de glycérol.

Les acides gras peuvent être saturés, mono-insaturés ou polyinsaturés. Les **acides gras saturés** contiennent uniquement des *liaisons covalentes simples* entre leurs atomes de carbone. Parce qu'il n'y a aucune liaison double, chaque atome de carbone est *saturé d'atomes d'hydrogène* (voir les exemples de l'acide palmitique et de l'acide stéarique dans la figure 2.17c). Les triacylglycérols composés d'acides gras saturés sont généralement solides à la température ambiante. Ils sont notamment présents dans les viandes (surtout rouges) et les produits laitiers non écrémés (lait entier, fromage et beurre), mais on les rencontre aussi dans certains produits végétaux

FIGURE 2.17 La formation d'un triacylglycérol à partir d'une molécule de glycérol et de trois molécules d'acides gras. Chaque fois qu'une molécule de glycérol (a) et une molécule d'acide gras (b) se lient au cours d'une synthèse par déshydratation, une molécule d'eau est perdue. La molécule de glycérol se lie par estérification à chacune des trois molécules d'acides gras, qui n'ont pas nécessairement la même longueur ni le même site de liaison double entre leurs atomes de carbone (C = C). Dans (c), on voit une molécule de triacylglycérol contenant deux molécules d'acides gras saturés et une molécule d'acide gras mono-insaturé. Dans l'acide oléique, un coude se forme à la liaison double.

Les unités constitutives des triacylglycérols sont une molécule de glycérol et trois molécules d'acides gras.

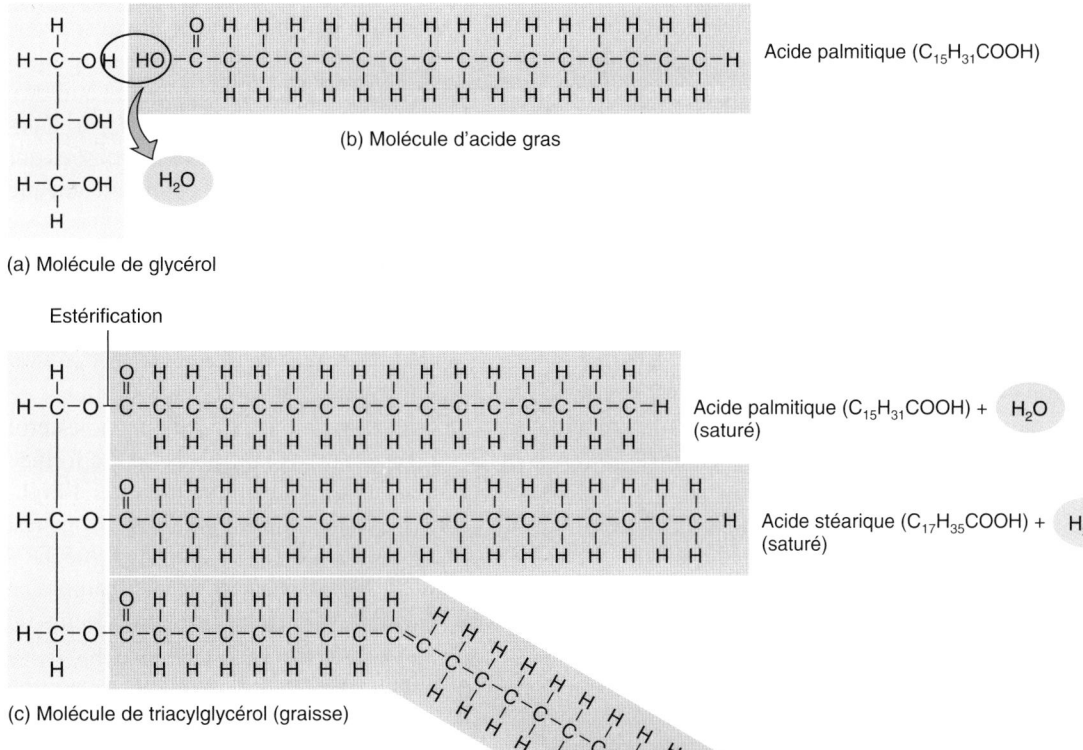

(b) Molécule d'acide gras

Acide palmitique ($C_{15}H_{31}COOH$)

(a) Molécule de glycérol

Estérification

Acide palmitique ($C_{15}H_{31}COOH$) + H_2O
(saturé)

Acide stéarique ($C_{17}H_{35}COOH$) + H_2O
(saturé)

(c) Molécule de triacylglycérol (graisse)

Acide oléique ($C_{17}H_{33}COOH$) + H_2O
(mono-insaturé)

Q L'oxygène dans la molécule d'eau perdue au cours de la synthèse par déshydratation provient-il du glycérol ou d'un acide gras ?

tels que le beurre de cacao, l'huile de palme et l'huile de noix de coco. Les régimes alimentaires riches en acides gras saturés sont associés à des maladies telles que les cardiopathies et le cancer colorectal.

Les **acides gras mono-insaturés** contiennent *une seule liaison covalente double* entre deux atomes de carbone de la chaîne carbonée. Ils ne sont donc pas complètement saturés d'atomes d'hydrogène (voir l'exemple de l'acide oléique dans la figure 2.17c). Cette liaison double en forme de coude confère aux acides gras une structure tridimensionnelle qui joue un rôle important dans les réactions chimiques. L'huile d'olive, l'huile d'arachide, l'huile de canola, la plupart des noix et les avocats sont riches en triacylglycérols contenant des acides gras mono-insaturés. On a associé les acides gras mono-insaturés à une diminution du risque de cardiopathie.

La chaîne carbonée des **acides gras polyinsaturés** contient *plus d'une liaison covalente double* entre les atomes de carbone des acides gras. L'acide linoléique en est un exemple. Les huiles de maïs, de carthame, de tournesol et de soja, de même que les poissons gras (saumon, thon et maquereau), comportent un pourcentage élevé d'acides gras polyinsaturés. On pense que les graisses polyinsaturées diminuent également le risque de cardiopathie.

LES ACIDES GRAS ET LA SANTÉ

Comme son nom l'indique, un groupe d'acides gras, appelés **acides gras essentiels**, est indispensable à la santé des êtres humains. Ces acides gras ne peuvent toutefois pas être produits par l'organisme et doivent être tirés d'aliments ou de suppléments. Les plus importants sont les *acides gras oméga-3*, les *acides gras oméga-6* et les *acides gras* cis.

On pense que les acides gras oméga-3 et oméga-6 sont des acides gras polyinsaturés qui agissent ensemble pour maintenir l'organisme en bonne santé. Ils pourraient avoir un effet protecteur contre les cardiopathies et les accidents vasculaires cérébraux parce qu'ils diminuent le taux de cholestérol total, augmentent le taux de lipoprotéines de haute densité (HDL, *high-density lipoproteins*), ou «bon» cholestérol, et diminuent le taux de lipoprotéines de basse densité (LDL, *low-density lipoproteins*), ou «mauvais» cholestérol. De plus, les acides gras oméga-3 et oméga-6 diminuent le taux de perte osseuse en accroissant l'utilisation du calcium par l'organisme, soulagent les symptômes de l'arthrite causés par l'inflammation, favorisent la cicatrisation, améliorent certaines affections cutanées (psoriasis, eczéma et acné) et soutiennent le bon fonctionnement cérébral. Les principales sources d'acides gras oméga-3 sont les graines de lin, les poissons gras, les huiles qui contiennent de grandes quantités d'acides gras polyinsaturés, les huiles de poisson et les noix. On rencontre des acides gras oméga-6 principalement dans les aliments transformés (céréales, pains, riz blanc), les œufs, les produits de boulangerie, les huiles contenant de grandes quantités de graisses polyinsaturées et la viande (surtout les abats rouges, comme le foie).

Les acides gras *cis* sont des acides gras bénéfiques sur le plan nutritif que l'organisme utilise pour produire des agents régulateurs semblables aux hormones et former les membranes cellulaires. Toutefois, quand les acides gras *cis* sont chauffés, mis sous pression et combinés avec un catalyseur (habituellement le nickel) au cours d'une réaction appelée *hydrogénation*, ils se transforment en acides gras *trans* néfastes à la santé.

Les fabricants de produits alimentaires utilisent l'hydrogénation pour que les huiles végétales soient solides à la température ambiante et qu'elles deviennent rances moins rapidement. On rencontre des acides gras *trans* ou hydrogénés dans les produits de boulangerie du commerce (craquelins, gâteaux et biscuits), les collations salées, certaines margarines et les aliments cuits dans un bain de friture (beignets et frites). Si l'étiquette d'un produit alimentaire contient les mots hydrogéné ou partiellement hydrogéné, cela signifie que ce produit contient des acides gras *trans*. Les effets néfastes des acides gras *trans* se traduisent notamment par un accroissement du cholestérol total, une diminution de HDL, une augmentation de LDL et une élévation des triacylglycérols. Ces effets, qui peuvent produire une augmentation du risque de cardiopathie et d'autres maladies cardiovasculaires, sont semblables à ceux qui sont causés par les graisses saturées. ■

Les phosphoglycérolipides

À l'instar des triacylglycérols, les **phosphoglycérolipides** ont un squelette de glycérol et deux chaînes d'acides gras fixées aux deux premiers atomes de carbone du glycérol. Toutefois, le troisième atome de carbone est lié à un groupement phosphate (PO_4^{3-}), luimême généralement lié à un acide aminé contenant de l'azote (N) (figure 2.18). La structure chimique des phosphoglycérolipides définit deux régions distinctes par leur comportement avec l'eau: la «tête», composée du glycérol lié au groupement phosphate, et les «queues», composées des deux chaînes d'acides gras. La région de la molécule constituant la «tête» est polaire et peut former des liaisons hydrogène avec des molécules d'eau. Les deux acides gras constituant les «queues» sont non polaires et peuvent se lier uniquement à d'autres lipides. Les molécules qui ont à la fois des régions polaires et des régions non polaires sont dites **amphipathiques**, ou amphiphiles (*amphi*: des deux côtés; *philos*: ami de). Les phosphoglycérolipides amphipathiques s'alignent par leurs queues non polaires en deux rangées de molécules superposées qui constituent la majeure partie de la membrane entourant chaque cellule (figure 2.18c).

Les stéroïdes

La structure des **stéroïdes** est très différente de celle des triacylglycérols. Les stéroïdes se composent de quatre anneaux d'atomes de carbone (en jaune dans la figure 2.19). Certaines cellules de l'organisme synthétisent d'autres stéroïdes à partir du cholestérol (figure 2.19a), qui comporte une grande région non polaire formée de quatre anneaux et d'une queue hydrocarbonée. Dans l'organisme, les principaux stéroïdes – tels le cholestérol, les œstrogènes, la testostérone, le cortisol, les sels biliaires et la vitamine D – forment un groupe appelé **stérols**, parce qu'ils possèdent au moins un groupement hydroxyle (alcool, —OH) lié à un ou plusieurs de leurs anneaux. Ces groupements hydroxyle polaires rendent les stérols légèrement amphipathiques. Le cholestérol est nécessaire à la structure des membranes cellulaires; les œstrogènes et la testostérone sont essentiels à la régulation des fonctions sexuelles; le cortisol contribue à la régulation de la glycémie; les sels biliaires servent à la digestion et à l'absorption des lipides; la vitamine D favorise la croissance osseuse. Dans le chapitre 10, nous aborderons l'utilisation des stéroïdes anabolisants par certains athlètes en vue d'accroître leur volume musculaire, leur force et leur endurance.

FIGURE 2.18 Les phosphoglycérolipides. (a) Au cours de la synthèse des phosphoglycérolipides, deux acides gras se lient aux deux premiers atomes de carbone du squelette de glycérol. Un groupement phosphate unit un petit groupement chargé au troisième atome de carbone du glycérol. (b) Le cercle représente la tête polaire et les deux lignes ondulées indiquent les deux queues non polaires. Les liaisons doubles dans la chaîne hydrocarbonée d'acides gras forment souvent un coude dans la queue.

 Les phosphoglycérolipides sont des molécules amphipathiques ; ils possèdent à la fois des régions polaires et des régions non polaires.

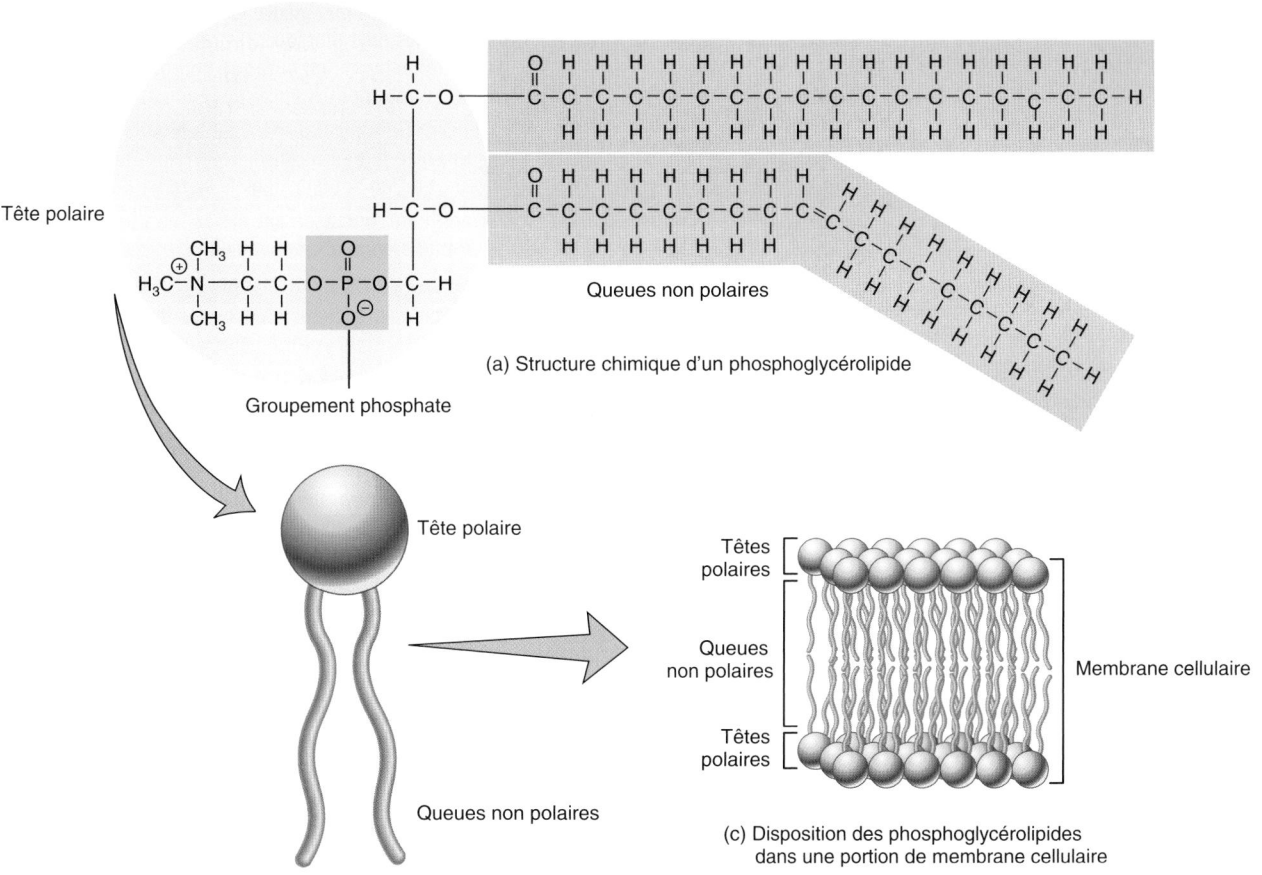

(a) Structure chimique d'un phosphoglycérolipide

(b) Représentation simplifiée d'un phosphoglycérolipide

(c) Disposition des phosphoglycérolipides dans une portion de membrane cellulaire

Q Quelle région d'un phosphoglycérolipide est hydrophile ? Laquelle est hydrophobe ?

Les autres lipides

Les **eicosanoïdes** (*eikosan* : vingt) sont des lipides dérivés d'un acide gras à 20 carbones, l'acide arachidonique. Les deux principales catégories d'eicosanoïdes sont les **prostaglandines** et les **leucotriènes**. Les prostaglandines contribuent à un grand nombre de fonctions de l'organisme. Par exemple, elles modifient les réponses aux hormones, contribuent à la réaction inflammatoire (chapitre 22), préviennent les ulcères d'estomac, dilatent les voies respiratoires, régissent la température corporelle et influent sur la formation des caillots sanguins. Quant aux leucotriènes, elles interviennent dans les réactions allergiques et inflammatoires.

Les autres lipides présents dans l'organisme comprennent également les acides gras (qui peuvent par hydrolyse produire de l'ATP ou par déshydratation constituer des triacylglycérols et des

phosphoglycérolipides), certaines vitamines liposolubles comme les bêtacarotènes (pigments jaune orangé du jaune d'œuf, de la carotte et de la tomate convertis en vitamine A), les vitamines D, E et K ainsi que les lipoprotéines.

▶ POINT DE CONTRÔLE

15. Comment classifie-t-on les glucides ?

16. De quelle manière la synthèse par déshydratation et l'hydrolyse sont-elles reliées ?

17. Expliquez l'importance des triacylglycérols, des phosphoglycérolipides, des stéroïdes, des lipoprotéines et des eicosanoïdes dans l'organisme.

18. Distinguez les graisses saturées, les graisses mono-insaturées et les graisses polyinsaturées.

FIGURE 2.19 Les stéroïdes. Tous les stéroïdes possèdent quatre anneaux d'atomes de carbone.

 Le cholestérol, qui est synthétisé par le foie, est le matériau de base servant à la synthèse d'autres stéroïdes dans l'organisme.

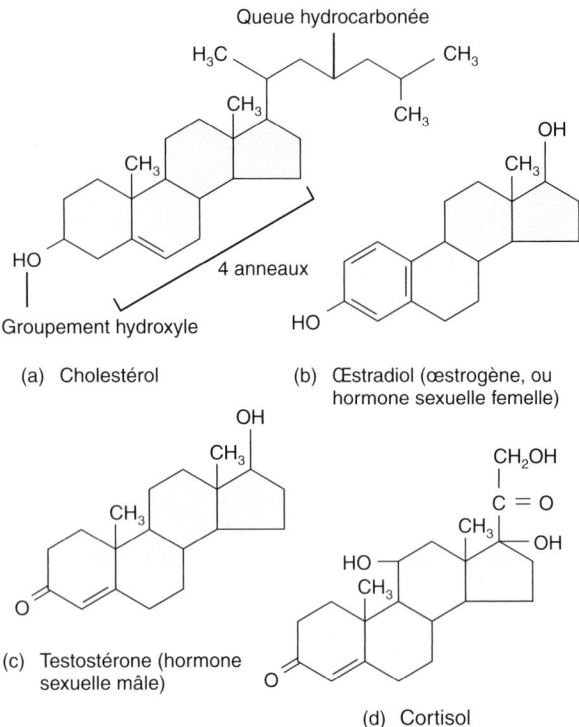

(a) Cholestérol

(b) Œstradiol (œstrogène, ou hormone sexuelle femelle)

(c) Testostérone (hormone sexuelle mâle)

(d) Cortisol

Q Qu'est-ce qui distingue la structure de l'œstradiol de celle de la testostérone?

TABLEAU 2.8 QUELQUES FONCTIONS DES PROTÉINES	
TYPE DE PROTÉINE	**FONCTIONS**
Structurale	Constitue la structure de diverses parties du corps.
	Exemples : le collagène dans les os et d'autres tissus conjonctifs, et la kératine dans la peau, les poils et les ongles.
Régulatrice	En tant qu'hormone, assure la régulation de divers mécanismes physiologiques, et régit la croissance et le développement ; en tant que neurotransmetteur, transmet les réponses du système nerveux.
	Exemples : l'insuline (hormone), qui régit la glycémie ; la substance P (neurotransmetteur), qui transmet la sensation de douleur dans le système nerveux.
Contractile	Permet le raccourcissement des cellules musculaires, qui est à l'origine du mouvement.
	Exemples : la myosine et l'actine.
Immunologique	Contribue aux réactions qui protègent l'organisme contre les substances étrangères et les agents pathogènes.
	Exemples : les anticorps et les interleukines.
De transport	Transporte les substances vitales partout dans l'organisme, et de nombreuses molécules à travers les membranes cellulaires.
	Exemple : l'hémoglobine, qui transporte une grande partie de l'oxygène et une partie du dioxyde de carbone dans le sang.
Catalyseur	Agit en tant qu'enzyme pour réguler les réactions biochimiques.
	Exemples : l'amylase salivaire, qui permet la digestion de l'amidon, et la saccharase, qui permet la digestion du saccharose.

LES PROTÉINES

Les **protéines** sont de grosses molécules qui contiennent du carbone, de l'hydrogène, de l'oxygène et de l'azote ; certaines contiennent également du soufre. Un corps d'adulte normal et mince comprend de 12 à 18 % de protéines. La structure des protéines est beaucoup plus complexe que celle des glucides ou des lipides. Elles assurent de nombreuses fonctions dans l'organisme et sont responsables en grande partie de la structure des tissus. Sous forme d'enzymes, les protéines accélèrent la plupart des réactions biochimiques essentielles ; d'autres encore font partie du mécanisme de la contraction musculaire. Sous forme d'anticorps, elles défendent l'organisme contre les microorganismes. Enfin, certaines hormones contribuant au maintien de l'homéostasie sont également des protéines. Le tableau 2.8 décrit quelques fonctions majeures des protéines.

Les acides aminés et les polypeptides

Les **acides aminés** sont les monomères des protéines. Chacun des 20 acides aminés est formé de trois groupements fonctionnels importants liés à un atome central de carbone (figure 2.20a) : 1) un groupement amine ($—NH_2$) ; 2) un groupement carboxyle ($—COOH$) ; et 3) une chaîne latérale (groupement R). Au pH normal des liquides de l'organisme, le groupement amine et le groupement carboxyle sont ionisés (figure 2.20b). Les différentes chaînes latérales confèrent à chaque acide aminé une identité chimique unique (figure 2.20c).

La synthèse d'une protéine suit plusieurs étapes : un acide aminé se lie à un deuxième, un troisième s'ajoute aux deux premiers, et ainsi de suite. La liaison covalente qui unit chaque paire d'acides aminés est appelée **liaison peptidique**. Elle se forme toujours entre l'atome de carbone du groupement carboxyle ($—COOH$) d'un acide aminé et l'atome d'azote du groupement amine ($—NH_2$) d'un autre. Au moment de la formation d'une liaison peptidique, une molécule d'eau est libérée (figure 2.21) ; il s'agit donc d'une réaction de synthèse par déshydratation. La rupture d'une liaison peptidique, qui a lieu, par exemple, au cours de la digestion des protéines alimentaires, est une réaction d'hydrolyse (figure 2.21).

La liaison de deux acides aminés produit un **dipeptide**. Si on ajoute un acide aminé à un dipeptide, on obtient un **tripeptide**. L'ajout d'autres acides aminés mènerait à la formation d'un **peptide** (de 4 à 10 acides aminés) ou d'un **polypeptide** (de 10 à 2000 acides aminés ou plus). Les petites protéines ne contiennent parfois qu'une seule chaîne de polypeptide formée de 50 acides aminés seulement. Les plus grosses protéines contiennent des centaines, voire des milliers d'acides aminés et peuvent comprendre plusieurs chaînes repliées les unes sur les autres.

FIGURE 2.20 Les acides aminés. (a) Comme leur nom l'indique, les acides aminés ont un groupement amine (représenté en bleu) et un groupement carboxyle (acide) (représenté en rouge). La chaîne latérale (groupement R) est différente dans chaque acide aminé. (b) À un pH se rapprochant de 7, le groupement amine et le groupement carboxyle sont ionisés. (c) La glycine est le plus simple des acides aminés ; sa chaîne latérale est constituée d'un seul atome d'hydrogène. La cystéine est l'un des deux acides aminés qui contiennent du soufre (S). La chaîne latérale de la tyrosine contient un anneau à six carbones. La lysine possède un deuxième groupement amine à l'extrémité de sa chaîne latérale.

🔑 Dans l'organisme, les protéines contiennent 20 acides aminés possédant chacun une chaîne latérale unique.

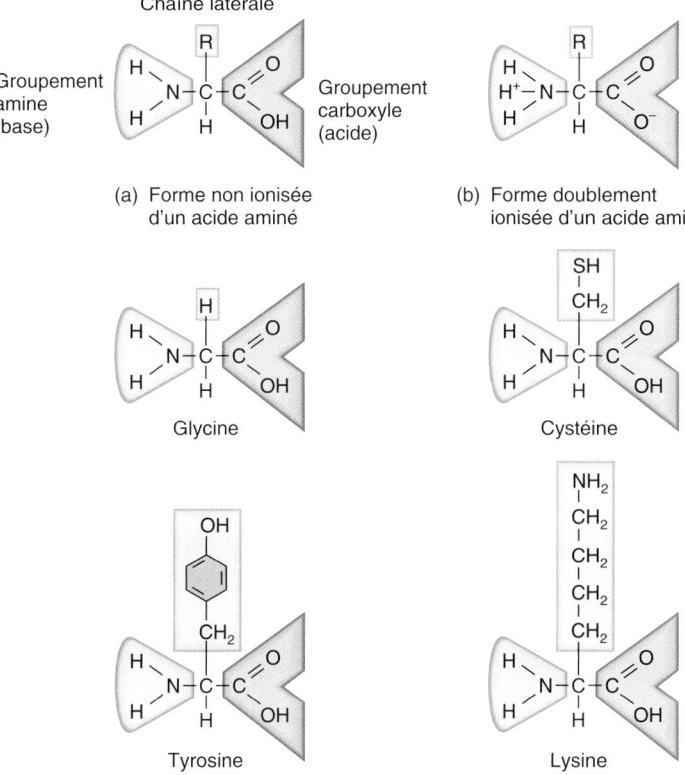

(a) Forme non ionisée d'un acide aminé

(b) Forme doublement ionisée d'un acide aminé

Glycine

Cystéine

Tyrosine

Lysine

(c) Quelques acides aminés représentatifs

Q Dans un acide aminé, quel est le nombre minimal d'atomes de carbone ? d'atomes d'azote ?

Parce que chaque modification dans le nombre ou la séquence d'acides aminés peut produire une protéine différente, il existe une très grande variété de protéines possible. C'est comme si nous disposions d'un alphabet de 20 lettres pour former des mots. Chaque acide aminé correspond à une lettre, et les combinaisons d'acides aminés possibles (peptides, polypeptides et protéines) correspondent à la variété presque infinie de mots que l'on peut créer.

Les niveaux d'organisation structurale des protéines

Les protéines présentent quatre niveaux d'organisation structurale. La **structure primaire** est la seule séquence d'acides aminés maintenus par des liaisons peptidiques covalentes pour former une chaîne polypeptidique (figure 2.22a). Cette structure est déterminée génétiquement, et toute modification peut entraîner un changement dans la séquence des acides aminés de la protéine ; la fonction de cette dernière s'en trouve altérée, ce qui peut avoir de graves conséquences pour les cellules de l'organisme. Dans la **drépanocytose**, un acide aminé non polaire (la valine) remplace un acide aminé polaire (l'acide glutamique) au cours de deux mutations de l'hémoglobine (protéine qui transporte l'oxygène). Cet échange d'acide aminé diminue la solubilité de l'hémoglobine dans l'eau. Par conséquent, l'hémoglobine a tendance à former des cristaux à l'intérieur des érythrocytes (globules rouges), ce qui produit des cellules en forme de faucilles qui ne peuvent pas passer dans les étroits vaisseaux sanguins. Les symptômes et le traitement de la drépanocytose sont décrits à la page 739.

Dans la **structure secondaire** d'une protéine, les acides aminés de la chaîne polypeptidique se tordent ou se replient sur eux-mêmes (figure 2.22b). Les deux structures secondaires les plus courantes sont l'*hélice alpha* et le *ruban plissé en accordéon*. La structure secondaire d'une protéine est stabilisée par des liaisons hydrogène qui reviennent à intervalles réguliers le long du squelette polypeptidique.

La **structure tertiaire** d'une chaîne polypeptidique a une forme tridimensionnelle. Chaque protéine possède une structure tertiaire unique qui détermine son mode de fonctionnement. Le motif de plissage en accordéon peut permettre le rapprochement des acides aminés situés aux extrémités de la chaîne (figure 2.22c). La structure tertiaire peut être composée de divers types de liaisons. Les liaisons les plus fortes, mais les moins courantes, sont les liaisons

FIGURE 2.21 La formation d'une liaison peptidique entre deux acides aminés au cours de la synthèse par déshydratation. Dans cet exemple, la glycine se lie à l'alanine pour former un dipeptide (à lire de gauche à droite). La liaison peptidique est rompue par hydrolyse (à lire de droite à gauche).

🔑 Les acides aminés sont les monomères qui permettent de constituer les protéines.

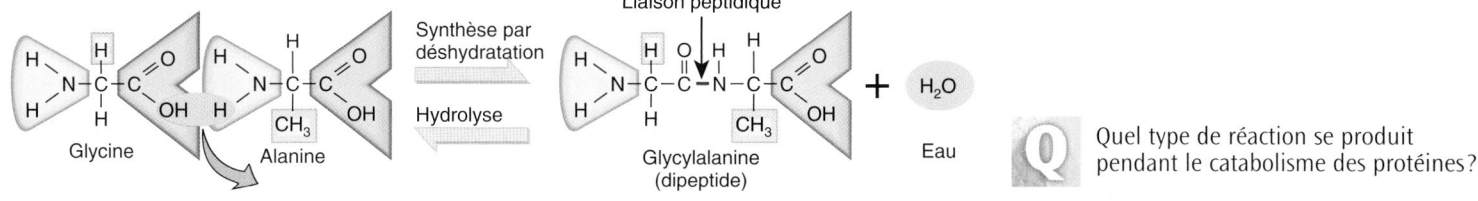

Glycine

Alanine

Synthèse par déshydratation

Hydrolyse

Liaison peptidique

Glycylalanine (dipeptide)

+ H₂O

Eau

Q Quel type de réaction se produit pendant le catabolisme des protéines ?

FIGURE 2.22 Les niveaux d'organisation structurale des protéines. (a) La structure primaire est la séquence d'acides aminés dans le polypeptide. (b) Les structures secondaires les plus courantes sont l'hélice alpha et le ruban plissé en accordéon. Par souci de simplification, les groupements R des acides aminés ne sont pas représentés ici. (c) La structure tertiaire est la forme tridimensionnelle résultant du plissage de la protéine. (d) Dans la structure quaternaire, deux ou plusieurs chaînes polypeptidiques se disposent les unes par rapport aux autres.

La forme unique de chaque protéine lui permet d'exécuter des fonctions précises.

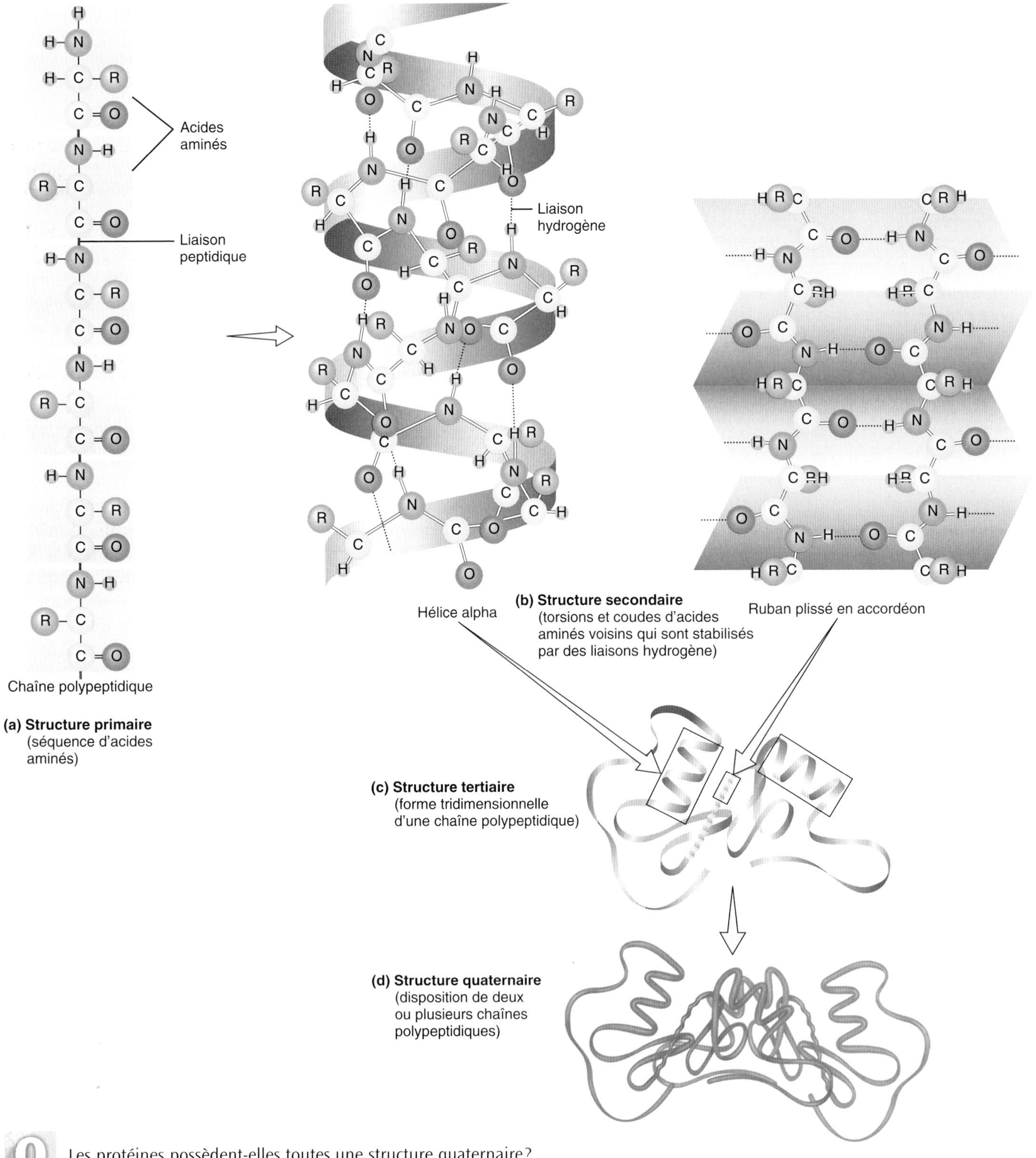

Acides aminés

Liaison peptidique

Liaison hydrogène

Chaîne polypeptidique

(a) Structure primaire
(séquence d'acides aminés)

Hélice alpha

(b) Structure secondaire
(torsions et coudes d'acides aminés voisins qui sont stabilisés par des liaisons hydrogène)

Ruban plissé en accordéon

(c) Structure tertiaire
(forme tridimensionnelle d'une chaîne polypeptidique)

(d) Structure quaternaire
(disposition de deux ou plusieurs chaînes polypeptidiques)

Les protéines possèdent-elles toutes une structure quaternaire?

covalentes S—S, appelées *ponts disulfure*. Ces liaisons se forment entre les groupements sulfhydryles de deux monomères d'un acide aminé, la cystéine. De nombreuses liaisons faibles (liaisons hydrogène, liaisons ioniques et interactions hydrophobes) déterminent également le motif des plis. Certaines portions d'un polypeptide sont attirées par l'eau (hydrophilie), tandis que d'autres en sont repoussées (hydrophobie). Parce que la plupart des protéines dans l'organisme se trouvent dans un milieu aqueux, le motif plissé de la structure déplace la plupart des acides aminés dont les chaînes latérales sont hydrophobes de la surface de la protéine vers le centre. Il arrive souvent que des molécules auxiliaires appelées *chaperons* contribuent à la formation de ces plis. Même si la structure tertiaire des protéines est déterminée par la séquence des acides aminés de la chaîne protéique, les chaperons faciliteraient le déroulement du repliement des protéines. De plus, les chaperons interviendraient chaque fois qu'une protéine présente une structure anormale, soit parce qu'elle a été mal codée dès le départ, soit parce qu'elle a changé de structure à la suite d'un stress. Les chaperons s'accrocheraient alors à ces protéines «dénaturées» pour en prévenir l'agrégation, pour les restructurer quand c'est possible, ou pour les éliminer quand les dommages causés sont trop graves.

Dans les protéines qui contiennent plus d'une chaîne polypeptidique (ce n'est pas le cas de toutes les protéines), ces chaînes se disposent les unes par rapport aux autres pour former la **structure quaternaire** (figure 2.22d). Les liaisons qui unissent les chaînes polypeptidiques sont essentiellement les mêmes que dans la structure tertiaire.

La structure des protéines varie considérablement. Chaque protéine possède sa propre architecture et sa propre forme tridimensionnelle, qui déterminent les fonctions assurées par la protéine. En général, la fonction d'une protéine dépend de sa capacité à reconnaître une autre molécule et à s'y fixer, comme une clé convient parfaitement à la serrure dans laquelle on la glisse. Ainsi, une hormone s'unit à une protéine spécifique d'une cellule pour en modifier la fonction, et un anticorps se lie à une substance étrangère (antigène) qui s'est introduite dans l'organisme. Grâce à sa forme unique, chaque protéine peut interagir avec d'autres molécules pour exécuter des tâches précises.

Des mécanismes homéostatiques maintiennent la température et la composition chimique des liquides de l'organisme, ce qui permet aux protéines qui y baignent de conserver leur forme tridimensionnelle unique. Lorsqu'une protéine se trouve dans un milieu qui a été modifié, elle peut réagir en se dépliant et perdre sa forme caractéristique (structures secondaire, tertiaire et quaternaire). On dit alors qu'elle est **dénaturée**. Les protéines dénaturées ne sont plus fonctionnelles. Dans certains cas, la dénaturation est réversible, mais elle est parfois permanente, comme lorsqu'on fait cuire un œuf. Dans un œuf cru, la protéine blanche soluble (l'albumine) a la forme d'un liquide clair et visqueux. Lorsqu'on la soumet à la chaleur, cette protéine change de forme – elle se dénature –, devient insoluble et blanchit.

Les enzymes

Dans les cellules vivantes, la plupart des catalyseurs sont des molécules protéiques qui portent le nom d'**enzymes**. Certaines enzymes comprennent deux parties : une fraction protéique appelée **apoen-** zyme et une fraction non protéique appelée **cofacteur**. Le cofacteur peut être l'ion d'un métal (tels le fer, le magnésium, le zinc ou le calcium) ou une molécule organique nommée *coenzyme*. Les coenzymes sont souvent dérivées des vitamines. Le nom des enzymes se termine habituellement par le suffixe *-ase*. Toutes les enzymes peuvent être classifiées selon le type de réaction chimique qu'elles catalysent. Par exemple, les *oxydases* ajoutent de l'oxygène, les *kinases* ajoutent du phosphate, les *déshydrogénases* éliminent l'hydrogène, les *ATPases* brisent l'ATP, les *anhydrases* enlèvent l'eau, les *protéases* dégradent les protéines et les *lipases* dégradent les triacylglycérols. On peut dire que les enzymes répondent bien à l'expression «À chacun son métier»!

Les enzymes catalysent des réactions bien précises avec une grande efficacité et à l'aide de nombreux mécanismes de régulation intégrés. Leurs trois principales propriétés sont les suivantes.

1. *Les enzymes sont très spécifiques.* Les enzymes sont très spécialisées mais leur degré de spécificité varie selon le type de réaction chimique qu'elles catalysent. Dans ce sens, on peut comparer une enzyme à un marteau ou à un tournevis. Un marteau peut servir à planter toutes sortes de clous, mais un tournevis peut tourner uniquement la tête de vis adaptée à sa propre extrémité (un tournevis à bout carré ne peut tourner une vis à tête étoilée).

   Ainsi, comme un marteau, une enzyme peut agir sur un grand nombre de molécules ayant des caractéristiques semblables ; on dit alors qu'elle a une **spécificité d'action**. Et comme un tournevis, elle peut agir sur un petit groupe de molécules seulement, parfois même sur une molécule unique ; on dit alors qu'elle a une **spécificité de substrat** (un substrat étant la ou les molécules qui vont être transformées lors de la réaction chimique). Comment cette haute spécificité est-elle possible ? Chacune du millier d'enzymes et plus présentes dans l'organisme est une macromolécule dotée de groupements fonctionnels qui contribuent aux réactions chimiques. La molécule d'enzyme a une forme tridimensionnelle caractéristique avec, dans certains groupements fonctionnels, une configuration de surface unique qui lui permet de ne reconnaître que certains substrats et de ne se fixer qu'à eux. Cette configuration constitue le **site actif** de l'enzyme, qui catalyse la réaction. Dans certains cas, le site actif est aussi adapté au substrat qu'une clé à une serrure. Dans d'autres cas, il change de forme pour s'ajuster parfaitement au substrat qui s'y est introduit. On appelle ce phénomène l'*ajustement induit*.

   Parmi la multitude de molécules présentes dans une cellule, une enzyme doit reconnaître son substrat, puis l'isoler ou le fusionner avec un autre substrat pour former un ou plusieurs produits précis.

2. *Les enzymes sont très efficaces.* Dans des conditions optimales, les enzymes peuvent catalyser des réactions à une vitesse de 100 millions à 10 milliards de fois plus élevée que la vitesse des réactions semblables qui ont lieu sans leur concours. Une seule molécule d'enzyme peut convertir de 1 à 10 000 molécules de substrat en molécules de produit en 1 seconde, et ce nombre peut atteindre 600 000. De plus, les enzymes ne sont requises qu'en petites quantités.

3. *Les enzymes sont assujetties à une régulation cellulaire.* Leur vitesse de synthèse et leur concentration sont en tout temps régies par les gènes des cellules. Les substances présentes à l'intérieur de la cellule peuvent soit amplifier, soit inhiber l'activité d'une enzyme donnée. De nombreuses enzymes possèdent à la fois une forme active et une forme inactive dans les cellules. La vitesse à laquelle elles sont activées ou désactivées dépend des paramètres chimiques à l'intérieur de la cellule.

Les enzymes diminuent l'énergie d'activation nécessaire pour une réaction chimique, car elles rendent moins aléatoires les collisions entre les molécules. Elles aident également les substrats à s'aligner dans une position qui permet leur interaction chimique. La figure 2.23 illustre le fonctionnement d'une enzyme :

❶ Lorsque la molécule de substrat entre en collision avec l'enzyme, une petite partie seulement de la surface de l'enzyme, le site actif, réagit avec le substrat, ce qui crée un composé intermédiaire temporaire appelé **complexe enzyme-substrat**. Dans l'exemple illustré, les deux molécules de substrats sont le saccharose (un disaccharide) et l'eau.

❷ Les molécules de substrat sont transformées par le réarrangement des atomes en place, la dégradation de la molécule de substrat ou la liaison de plusieurs molécules de substrat dans les produits de la réaction. Dans l'exemple illustré, les produits sont deux monosaccharides, le glucose et le fructose.

❸ Une fois la réaction terminée, les produits s'éloignent de l'enzyme. Il faut noter ici que l'enzyme n'a subi aucune transformation chimique et qu'elle est alors libre de se fixer à nouveau à d'autres molécules de substrat pour catalyser ainsi une nouvelle réaction chimique.

Une seule enzyme peut parfois catalyser une réaction réversible. La réaction se fera dans un sens ou dans l'autre selon la concentration des substrats et des produits. Par exemple, l'*anhydrase carbonique* catalyse la réaction réversible suivante :

$$\underset{\substack{\text{Dioxyde}\\\text{de carbone}}}{CO_2} + \underset{\text{Eau}}{H_2O} \xrightarrow[\textit{Anhydrase carbonique}]{} \underset{\substack{\text{Acide}\\\text{carbonique}}}{H_2CO_3}$$

Pendant l'exercice physique, une plus grande quantité de dioxyde de carbone (CO_2) est produite et libérée dans le sang, ce qui favorise la réaction vers la droite et augmente la quantité d'acide carbonique dans le sang. Lorsque du CO_2 est expiré, sa teneur dans le sang diminue et la réaction s'inverse vers la gauche, ce qui convertit l'acide carbonique en CO_2 et en H_2O.

LA GALACTOSÉMIE

La **galactosémie** (*galaktos* : lait ; *haima* : sang) est une anomalie héréditaire dans laquelle un monosaccharide, le galactose, s'accumule dans le sang parce qu'il ne peut pas être converti en glucose à cause de l'absence de l'enzyme nécessaire. Le nouveau-né atteint présente un déficit de croissance dès la première semaine de vie, provoqué par l'anorexie (perte d'appétit), des vomissements et de la diarrhée. Puisque la source principale de galactose est le lactose (ou sucre du lait), le traitement consiste à supprimer le lait du régime alimentaire du nourrisson. S'il n'est pas traité rapidement, le nourrisson restera petit et pourra souffrir d'arriération mentale. ■

FIGURE 2.23 Le fonctionnement d'une enzyme.

Une enzyme accélère une réaction chimique sans être elle-même altérée.

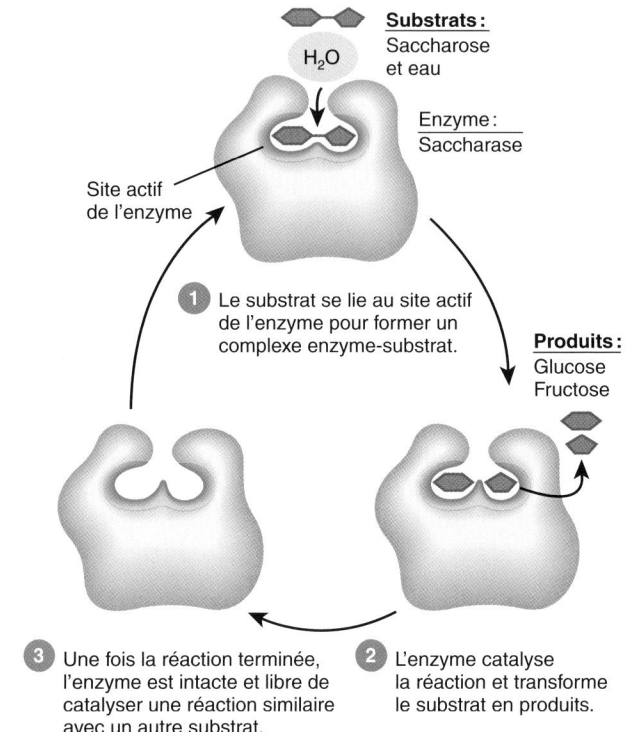

❶ Le substrat se lie au site actif de l'enzyme pour former un complexe enzyme-substrat.

❷ L'enzyme catalyse la réaction et transforme le substrat en produits.

❸ Une fois la réaction terminée, l'enzyme est intacte et libre de catalyser une réaction similaire avec un autre substrat.

Substrats : Saccharose et eau

Enzyme : Saccharase

Site actif de l'enzyme

Produits : Glucose Fructose

Q Pourquoi la saccharase ne peut-elle pas catalyser la formation de saccharose à partir du glucose et du fructose ?

LES ACIDES NUCLÉIQUES : L'ACIDE DÉSOXYRIBONUCLÉIQUE (ADN) ET L'ACIDE RIBONUCLÉIQUE (ARN)

Les **acides nucléiques** sont ainsi nommés parce qu'ils ont été découverts dans les noyaux des cellules. Ces énormes molécules organiques contiennent du carbone, de l'hydrogène, de l'oxygène, de l'azote et du phosphore. On distingue deux variétés d'acide nucléique : l'acide désoxyribonucléique (ADN) et l'acide ribonucléique (ARN).

Un acide nucléique est une chaîne composée d'une séquence de monomères appelés **nucléotides**. Chaque nucléotide est divisé en trois parties (figure 2.24a) :

1. *Une base azotée.* Il existe cinq bases azotées qui renferment des atomes de carbone, d'hydrogène, d'oxygène et d'azote : l'adénine (A), la thymine (T), la cytosine (C), la guanine (G) et l'uracile (U). L'adénine et la guanine sont de grosses molécules formées de deux structures cycliques et sont appelées **purines** ; la thymine, l'uracile et la cytosine sont des molécules plus petites ne comportant qu'une seule structure cyclique et portent le nom de **pyrimidines**. Chaque nucléotide est nommé en fonction de la base qu'il contient. Par exemple, un nucléotide contenant de la thymine est un nucléotide de thymine, un autre qui contient de l'adénine est un nucléotide d'adénine, etc.

FIGURE 2.24 La molécule d'ADN.
(a) Un nucléotide est formé d'une base, d'un pentose (sucre) et d'un groupement phosphate. (b) Les bases complémentaires pointent vers l'intérieur de la double hélice. Des liaisons hydrogène (représentées par des pointillés) entre les bases de chaque paire complémentaire assurent la stabilité de la structure. On trouve deux liaisons hydrogène entre l'adénine et la thymine, et trois entre la cytosine et la guanine.

 Les nucléotides sont les monomères des acides nucléiques.

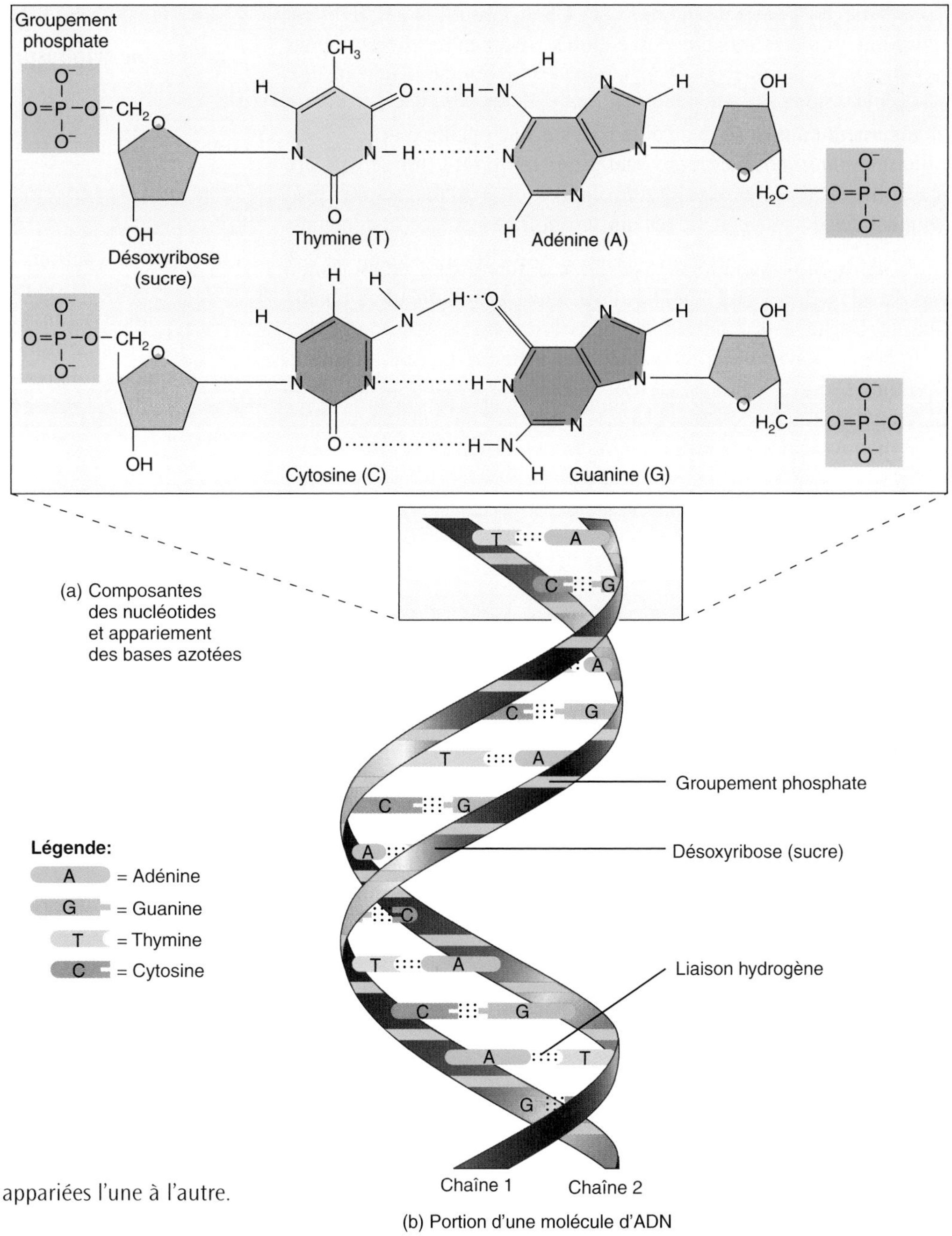

Groupement phosphate

Désoxyribose (sucre)

Thymine (T) Adénine (A)

Cytosine (C) Guanine (G)

(a) Composantes des nucléotides et appariement des bases azotées

Légende:
A = Adénine
G = Guanine
T = Thymine
C = Cytosine

Groupement phosphate

Désoxyribose (sucre)

Liaison hydrogène

Chaîne 1   Chaîne 2

(b) Portion d'une molécule d'ADN

Q Nommez les bases qui sont toujours appariées l'une à l'autre.

2. *Un pentose (sucre).* Un sucre à cinq carbones (pentose), soit le **désoxyribose** ou le **ribose**, se fixe à chaque base azotée.

3. *Un groupement phosphate.* Le groupement phosphate (PO_4^{3-}) d'un nucléotide s'attache à un pentose, lui-même fixé à une base azotée.

En 1953, le Britannique F. H. C. Crick et le jeune chercheur américain J. D. Watson ont publié un court article décrivant comment ces trois composantes étaient disposées dans l'ADN. En analysant les données recueillies par d'autres chercheurs, ils ont construit un modèle si raffiné et simple qu'il a immédiatement fait l'unanimité dans le monde scientifique. Dans le modèle à **double hélice** de Watson et Crick, l'ADN ressemble à une échelle en spirale (figure 2.24b). Deux chaînes composées chacune d'une alternance de groupements phosphate et de désoxyriboses (pentoses) constituent les montants de l'échelle. Des paires de bases azotées complémentaires, retenues par des liaisons hydrogène, en forment les barreaux. Parce que l'adénine s'associe toujours à la thymine (A-T), et la cytosine à la guanine (C-G), dès que l'on connaît la séquence des bases dans une chaîne d'ADN, on peut prédire la séquence sur la chaîne complémentaire (secondaire).

L'**acide désoxyribonucléique** (**ADN**) constitue le matériel génétique héréditaire de chaque cellule humaine. Chez les êtres humains, chaque **gène** correspond à un segment de molécule d'ADN. Nos gènes déterminent les traits qui nous sont transmis et, en régissant la synthèse des protéines, ils assurent la régulation de la plupart des activités qui se déroulent dans les cellules de notre organisme pendant toute notre vie. Chaque fois que l'ADN est reproduit, comme lorsque des cellules vivantes se divisent pour augmenter en nombre, les deux chaînes se déroulent. Chacune sert de matrice sur laquelle une seconde chaîne est formée. Tout changement dans la séquence de bases d'une chaîne d'ADN constitue une *mutation*. Certaines mutations ont pour effet de détruire les cellules, d'autres causent le cancer et d'autres encore provoquent des défauts génétiques qui seront transmis aux descendants.

L'**acide ribonucléique** (**ARN**) est différent de l'ADN à bien des égards. Chez l'être humain, l'ARN est une molécule à chaîne simple. Le sucre de la molécule d'ARN est un pentose, le ribose, et la base de pyrimidine de l'ARN est l'uracile (U) plutôt que la thymine. Dans les cellules, on rencontre trois types d'ARN : l'ARN messager, l'ARN ribosomal et l'ARN de transfert. Chacun joue un rôle distinct dans le processus de transmission des instructions codées de l'ADN au moment où les cellules assemblent les acides aminés pour former les protéines.

L'IDENTIFICATION GÉNÉTIQUE

Les chercheurs et les tribunaux ont recours à la technique d'**identification génétique** pour vérifier si l'ADN d'une personne correspond à un échantillon d'ADN obtenu par prélèvement ou présent sur des pièces à conviction, comme des taches de sang ou des cheveux. Chez chaque individu, certains segments d'ADN contiennent des séquences de bases qui se répètent plusieurs fois. Le nombre de répétitions dans chaque région et le nombre de régions dans lesquelles on trouve des répétitions diffèrent d'une personne à une autre. On peut procéder à l'identification génétique sur des quantités infimes d'ADN, par exemple sur un cheveu, une goutte de sperme ou une tache de sang. Cette technique sert également à identifier la victime d'un crime ou les parents biologiques d'un enfant, et peut même déterminer si deux personnes ont un ancêtre commun. ■

L'ADÉNOSINE TRIPHOSPHATE

L'**adénosine triphosphate** (**ATP**) est la « devise énergétique » des organismes vivants ; c'est la seule source d'énergie biologique immédiatement utilisable par la cellule pour accomplir son travail (figure 2.25).

L'ATP transfère l'énergie libérée au cours de réactions cataboliques exothermiques aux cellules qui en ont besoin pour accomplir leurs tâches (réactions endothermiques). Cette énergie sert notamment à la contraction musculaire, au mouvement des chromosomes pendant la division cellulaire, au mouvement des structures à l'intérieur des cellules, au transport de substances à travers les membranes cellulaires et à la synthèse de grosses molécules à partir de molécules plus petites.

Comme son nom l'indique, l'ATP est constituée de trois groupements phosphate fixés à une unité d'adénosine composée d'adénine et de ribose (sucre à cinq carbones). Lors de la formation de l'ATP, l'énergie est emmagasinée dans le lien chimique situé entre le deuxième et le troisième groupement phosphate. Au moment où la cellule requiert de l'énergie pour effectuer une tâche, une molécule d'eau est ajoutée à l'ATP, le troisième groupement phosphate (PO_4^{3-}), représenté par le symbole ⓟ, est perdu et la réaction globale libère de l'énergie. L'enzyme qui catalyse l'hydrolyse de l'ATP est appelée *ATPase*. Lorsque le troisième groupement phosphate est éliminé, on obtient une molécule nommée **adénosine diphosphate** (**ADP**). On peut représenter cette réaction par la formule suivante :

$$\text{ATP} + \text{H}_2\text{O} \xrightarrow{ATPase} \text{ADP} + \text{ⓟ} + \text{E}$$

ATP	H₂O	ADP	Groupement phosphate	Énergie
Adénosine triphosphate	Eau	Adénosine diphosphate		

FIGURE 2.25 Les structures de l'ATP et de l'ADP.
Les deux liaisons phosphate qui peuvent servir au transfert d'énergie sont indiquées par le symbole (~). Le transfert d'énergie s'effectue habituellement par hydrolyse du groupement phosphate terminal de l'ATP.

L'ATP transfère aux cellules l'énergie chimique nécessaire à leurs activités.

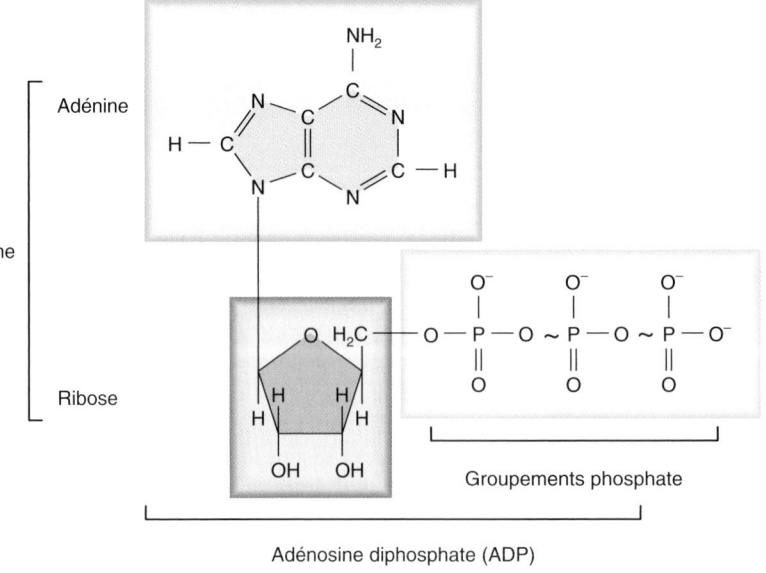

 Donnez quelques exemples d'activités cellulaires qui dépendent de l'énergie libérée par l'ATP.

Comme nous l'avons déjà mentionné, l'énergie libérée par le catabolisme de l'ATP en ADP est constamment utilisée par les cellules. Puisque les quantités d'ATP sont toujours limitées, un mécanisme assure le réapprovisionnement. Une enzyme, l'*ATP synthase*, catalyse l'ajout d'un groupement phosphate à l'ADP, ainsi que l'indique la formule suivante :

$$\underset{\substack{\text{Adénosine} \\ \text{diphosphate}}}{\text{ADP}} + \underset{\substack{\text{Groupement} \\ \text{phosphate}}}{\textcircled{P}} + \underset{\text{Énergie}}{\text{E}} \xrightarrow{\textit{ATP synthase}} \underset{\substack{\text{Adénosine} \\ \text{triphosphate}}}{\text{ATP}} + \underset{\text{Eau}}{\text{H}_2\text{O}}$$

L'énergie nécessaire à la liaison d'un groupement phosphate à l'ADP provient en grande partie du catabolisme du glucose au cours d'un processus appelé « respiration cellulaire ». La respiration cellulaire comporte une phase anaérobie (absence d'oxygène) et une phase aérobie (présence d'oxygène).

1. **La phase anaérobie.** Par un ensemble de réactions ne nécessitant pas d'oxygène, le glucose se dégrade partiellement en acide pyruvique au cours d'une série de réactions cataboliques. Chaque molécule de glucose convertie en acide pyruvique produit deux molécules d'ATP.

2. **La phase aérobie.** En présence d'oxygène, le glucose se dégrade complètement en dioxyde de carbone et en eau. Ces réactions produisent de la chaleur et de 36 à 38 molécules d'ATP.

Les chapitres 10 et 25 traiteront plus en détail de la respiration cellulaire.

LA GÉOMÉTRIE MOLÉCULAIRE

L'étude des molécules, des plus simples aux plus complexes, montre que leur taille et leur forme tridimensionnelle particulières contribuent grandement à leurs fonctions dans les cellules et, par conséquent, au maintien de l'homéostasie. En effet, cette géométrie moléculaire détermine la spécificité des réactions entre les molécules. Dans divers chapitres du manuel, nous aborderons plusieurs mécanismes biologiques tributaires de la géométrie moléculaire. Dans ce chapitre, nous avons constaté l'importance de la complémentarité dans le rôle des molécules d'enzymes et de l'ADN. Ainsi, les enzymes peuvent réagir spécifiquement avec un substrat de forme complémentaire ; de même, le code génétique s'élabore grâce à la complémentarité des bases azotées dans l'ADN des chromosomes. Dans les chapitres 12 et 18, nous étudierons le rôle des molécules d'hormones ou de neurotransmetteurs dans la communication intercellulaire endocrinienne et nerveuse. Nous observerons par ailleurs que des molécules ayant des formes semblables à celles de messagers chimiques naturels peuvent perturber le fonctionnement normal d'un organe. Dans le chapitre 22, nous verrons que l'efficacité du système immunitaire repose sur la spécificité des anticorps formés par l'organisme à la suite de l'agression par un microorganisme particulier ; seule la complémentarité entre les molécules d'anticorps de l'organisme et les molécules d'antigènes du microorganisme permet la neutralisation et la destruction de ce dernier.

Pour visualiser le concept de la géométrie moléculaire et le mécanisme clé-serrure, consultez les figures suivantes : figures 2.23 (enzyme) et 2.24 (ADN) ; figures 3.3 et 3.8 (transports transmembranaires) ; figure 12.17 (synapse chimique) ; figures 18.3 et 18.4 (hormones) ; figure 22.16 (production d'anticorps).

* * *

Au chapitre 1, nous avons examiné les divers niveaux d'organisation du corps humain. Dans le présent chapitre, nous avons présenté l'alphabet des atomes et des molécules à la base du langage du corps. Maintenant que vous comprenez mieux la chimie du corps humain, vous êtes prêt à former des mots ; au chapitre 3, nous verrons comment les atomes et les cellules arrivent à former les structures des cellules et à exécuter les activités cellulaires qui contribuent à l'homéostasie.

▶ POINT DE CONTRÔLE

19. Définissez la protéine. Qu'est-ce qu'une liaison peptidique ?

20. Expliquez comment on classifie les protéines selon leurs niveaux d'organisation structurale.

21. Qu'est-ce qui distingue l'ADN de l'ARN ?

22. Dans la réaction catalysée par l'ATP synthase, quels sont les substrats et les produits ? S'agit-il d'une réaction exothermique ou d'une réaction endothermique ?

23. Expliquez l'importance de la géométrie moléculaire dans les réactions chimiques entre les molécules.

RÉSUMÉ

L'ORGANISATION DE LA MATIÈRE (P. 30)

1. Toutes les formes de matière se composent d'éléments chimiques.

2. L'oxygène, le carbone, l'hydrogène et l'azote constituent environ 96 % de la masse corporelle.

3. Chaque élément est constitué de petites unités appelées atomes.

4. Les atomes comprennent un noyau, qui contient des protons et des neutrons, ainsi que des électrons, qui circulent autour du noyau dans des régions appelées niveaux énergétiques ou couches électroniques.

5. Le nombre de protons (numéro atomique) permet de distinguer les atomes d'un élément de ceux d'un autre élément.

6. Le nombre de masse d'un atome est la somme de la masse de ses protons et de celle de ses neutrons.

7. Les atomes d'un élément qui ont le même nombre de protons mais un nombre différent de neutrons sont appelés isotopes. Les radio-isotopes sont instables et se désintègrent.

8. La masse atomique moyenne d'un élément est la moyenne des masses de tous ses isotopes naturels.

9. Un atome qui *perd* ou *gagne* des électrons devient un ion, c'est-à-dire un atome qui a une charge positive ou une charge négative parce qu'il comporte un nombre différent de protons et d'électrons. Les ions qui ont une charge positive sont des cations ; ceux qui ont une charge négative sont des anions.

10. Lorsque deux atomes partagent des électrons, ils forment une molécule. Un composé contient des atomes d'au moins deux éléments.

11. Un radical libre est un atome ou un groupe d'atomes chargé électriquement qui comporte un électron non apparié dans son dernier niveau énergétique (le niveau le plus externe). Par exemple, le superoxyde est un radical libre qui est formé lorsqu'un électron s'ajoute à une molécule d'oxygène.

LES LIAISONS CHIMIQUES (P. 34)

1. Les atomes sont maintenus ensemble par des forces d'attraction appelées liaisons chimiques. Ces liaisons se forment lorsque les atomes gagnent, perdent ou partagent des électrons de leur dernier niveau énergétique.

2. La plupart des atomes deviennent stables lorsqu'ils ont huit électrons (octet) dans leur dernier niveau énergétique.

3. Lorsqu'une force d'attraction maintient ensemble des ions de charges opposées, elle crée une liaison ionique.

4. Dans une liaison covalente, les atomes partagent des paires d'électrons de valence. Les liaisons covalentes peuvent être simples, doubles ou triples, de même que polaires ou non polaires.

5. Un atome d'hydrogène qui forme une liaison covalente polaire avec un atome d'oxygène ou d'azote peut également former une liaison plus faible, appelée liaison hydrogène, avec un atome électronégatif. La liaison covalente polaire confère à l'atome d'hydrogène une charge partiellement positive (δ^+) qui attire la charge partiellement négative (δ^-) des atomes électronégatifs environnants, qui sont souvent des atomes d'oxygène ou d'azote.

LES RÉACTIONS CHIMIQUES (P. 37)

1. Chaque fois que des liaisons se forment ou se rompent entre des atomes, une réaction chimique a lieu. Les substances constitutives sont les réactifs ; les substances produites sont les produits.

2. L'énergie, qui est la capacité de fournir un travail, prend deux formes principales : l'énergie potentielle (emmagasinée) et l'énergie cinétique (associée au mouvement).

3. Les réactions endothermiques nécessitent de l'énergie, tandis que les réactions exothermiques en libèrent. L'ATP couple les réactions endothermiques et les réactions exothermiques.

4. L'énergie de départ nécessaire au déclenchement d'une réaction est appelée énergie d'activation. Plus la concentration et la température des particules de réactifs sont élevées, plus les probabilités qu'une réaction ait lieu augmentent.

5. Les catalyseurs accélèrent les réactions chimiques en diminuant l'énergie d'activation. La plupart des catalyseurs dans les organismes vivants sont des molécules de protéines appelées enzymes.

6. Dans les réactions de synthèse, des réactifs se combinent pour former des molécules plus grosses. Ce sont des réactions anaboliques, habituellement endothermiques.

7. Dans les réactions de dégradation, une substance se divise en molécules plus petites. Ce sont des réactions cataboliques, habituellement exothermiques.

8. Les réactions d'échange se caractérisent par le remplacement d'un atome ou d'un groupe d'atomes par un autre atome ou un autre groupe d'atomes.

9. Dans les réactions réversibles, les produits peuvent se reconvertir en réactifs.

LES COMPOSÉS ET LES SOLUTIONS INORGANIQUES (P. 41)

1. Les composés inorganiques sont habituellement petits et dépourvus de carbone. Les composés organiques contiennent toujours du carbone, souvent de l'hydrogène, et ont toujours des liaisons covalentes.

2. L'eau est le composé inorganique le plus abondant dans le corps. C'est un solvant polyvalent et un excellent milieu de suspension, qui contribue à l'hydrolyse et à la synthèse par déshydratation, et qui sert de lubrifiant. Parce qu'elles possèdent de nombreuses liaisons hydrogène, les molécules d'eau ont une grande cohésion, ce qui crée une tension superficielle élevée. L'eau possède une grande capacité thermique et une chaleur de vaporisation élevée.

3. Au cours d'un processus appelé synthèse par déshydratation, de petites molécules organiques se combinent pour former des molécules plus grosses et libèrent par le fait même une molécule d'eau. Dans le processus inverse, appelé hydrolyse, de grosses molécules se dégradent en molécules plus petites quand on ajoute de l'eau.

4. Les acides, les bases et les sels inorganiques se dissocient en ions dans l'eau. Un acide s'ionise en anions et en ions hydrogène (H^+), et est un donneur de protons ; de nombreuses bases s'ionisent en cations et en ions hydroxyle (OH^-), et sont des accepteurs de protons. Un sel s'ionise en cations et en anions autres que H^+ et OH^-.

5. Un mélange est la combinaison d'éléments ou de composés qui sont physiquement entremêlés sans être chimiquement liés. Les solutions, les colloïdes et les suspensions sont des mélanges possédant des propriétés différentes.

6. Les deux façons d'exprimer la concentration d'une solution sont le pourcentage (masse par volume), exprimé en grammes par 100 mL de solution, et le nombre de moles par litre (mol/L). Une mole est la quantité en grammes de toute substance dont la masse égale les masses atomiques combinées de tous les atomes qui la constituent.

7. Le pH des liquides de l'organisme doit rester relativement constant pour que l'homéostasie soit maintenue. Dans l'échelle des pH, un pH de 7 représente la neutralité. Une solution dont le pH est inférieur à 7 est acide, tandis qu'une solution dont le pH est supérieur à 7 est alcaline. Le pH normal du sang se situe entre 7,35 et 7,45.

8. Les tampons enlèvent ou ajoutent des protons (H^+) pour contribuer au maintien de l'homéostasie.

9. L'un des plus importants tampons est le système tampon acide carbonique-bicarbonate. L'ion bicarbonate (HCO_3^-) se comporte en base faible et élimine le surplus d'ions H^+ ; l'acide carbonique (H_2CO_3) agit comme un acide faible et augmente le nombre d'ions H^+.

LES COMPOSÉS ORGANIQUES (P. 45)

1. Le carbone, qui possède quatre électrons de valence, forme des liaisons covalentes avec d'autres atomes de carbone pour constituer de grosses molécules dont la forme varie. Des groupements fonctionnels fixés au squelette carboné des molécules organiques confèrent à ces dernières des propriétés chimiques caractéristiques.

2. Les glucides fournissent la majeure partie de l'énergie chimique nécessaire à la production d'ATP. Ils sont classés en trois groupes : les monosaccharides, les disaccharides et les polysaccharides.

3. Les lipides forment un ensemble diversifié de composés comprenant les triacylglycérols (graisses et huiles), les phosphoglycérolipides, les stéroïdes et les eicosanoïdes. Les triacylglycérols assurent des fonctions de protection, d'isolation et de stockage de l'énergie. Les phosphoglycérolipides sont des composantes essentielles de la membrane cellulaire. Les stéroïdes sont nécessaires à la structure des cellules, contribuent à la régulation des fonctions sexuelles, assurent le maintien de la glycémie, facilitent la digestion et l'absorption des lipides, et favorisent la croissance osseuse. Les eicosanoïdes (prostaglandines et leucotriènes) modifient les réponses aux hormones, contribuent à la réaction inflammatoire, dilatent les voies respiratoires et régissent la température corporelle.

4. Les protéines sont constituées d'acides aminés. Elles contribuent à la structure du corps et à la régulation des processus physiologiques, assurent une protection, favorisent la contraction musculaire, transportent des substances et jouent le rôle d'enzymes. Les protéines ont des niveaux d'organisation structurale primaire, secondaire, tertiaire et (parfois) quaternaire. Les diverses fonctions des protéines dépendent de leur structure et de leur forme.

5. L'acide désoxyribonucléique (ADN) et l'acide ribonucléique (ARN) sont des acides nucléiques qui contiennent des bases azotées, un sucre à cinq carbones (pentose) et des groupements phosphate. L'ADN présente une structure à double hélice et constitue le principal matériel chimique des gènes. L'ARN possède une structure et une composition chimique différentes de celles de l'ADN et contribue aux réactions de synthèse protéique.

6. L'adénosine triphosphate (ATP) est la principale molécule de transfert énergétique des organismes vivants. Lorsqu'elle fournit de l'énergie dans une réaction endothermique, elle est dégradée en adénosine diphosphate (ADP) et en un groupement phosphate. La synthèse de l'ATP à partir de l'ADP et d'un groupement phosphate est alimentée par l'énergie libérée au cours de diverses réactions de dégradation, en particulier celles du glucose.

7. La géométrie moléculaire se définit par la taille et la forme tridimensionnelle des molécules ; elle détermine la spécificité des réactions entre les molécules.

AUTOÉVALUATION

Vous trouverez les réponses à ces questions à l'appendice D.

COMPLÉTEZ LES PHRASES SUIVANTES.

1. Un atome dont le nombre de masse est de 18 et qui contient 10 neutrons devrait avoir un numéro atomique de _____.

2. La matière peut prendre trois formes : _____, _____ et _____.

3. Les monomères des glucides sont les _____ ; les monomères des protéines sont les _____.

INDIQUEZ SI LES ÉNONCÉS SUIVANTS SONT VRAIS OU FAUX.

4. Les éléments qui composent la plus grande partie de la masse corporelle sont le carbone, l'hydrogène, l'oxygène et l'azote.

5. Des liaisons ioniques se forment lorsque des atomes perdent, gagnent ou partagent les électrons de leur dernier niveau énergétique.

6. Le pH normal du sang humain se situe entre 7,35 et 7,45, ce qui est légèrement alcalin.

CHOISISSEZ LA BONNE RÉPONSE.

7. Lesquels des éléments suivants sont des composés ? 1) $C_6H_{12}O_6$; 2) O_2 ; 3) Fe ; 4) H_2 ; 5) CH_4. a) Tous les éléments ; b) 1, 2, 4 et 5 ; c) 1 et 5 ; d) 2 et 4 ; e) 3.

8. Le glucose et le fructose, qui sont des monosaccharides, se combinent pour former un disaccharide, le saccharose, au cours d'une réaction appelée a) synthèse par déshydratation, b) hydrolyse, c) dégradation, d) liaison hydrogène, e) ionisation.

9. Laquelle des fonctions suivantes *n'est pas* assurée par les protéines ? a) constituer une structure, b) permettre la contraction des muscles, c) transporter des matières dans l'organisme, d) emmagasiner de l'énergie, e) contribuer à la régulation de nombreux processus physiologiques.

10. Lesquels des composés organiques suivants sont des lipides ? 1) les polysaccharides, 2) les triacylglycérols, 3) les stéroïdes, 4) les enzymes, 5) les eicosanoïdes. a) 1, 2 et 4 ; b) 2, 3 et 5 ; c) 2 et 5 ; d) 2, 3 et 4 ; e) 2 et 3.

11. Un composé se dissocie dans l'eau en un cation qui n'est pas un ion H^+ et en un anion qui n'est pas un ion OH^-. Il est fort probable que cette substance est a) un acide, b) une base, c) une enzyme, d) un tampon, e) un sel.

12. Lesquels des énoncés suivants sur l'ATP sont *vrais* ? 1) L'ATP est la devise énergétique de la cellule. 2) L'énergie fournie par l'hydrolyse de l'ATP est constamment utilisée par les cellules. 3) Pour produire l'ATP, il faut de l'énergie. 4) La production d'ATP nécessite une phase anaérobie et une phase aérobie. 5) Le processus de production d'énergie sous forme d'ATP est appelé loi de la conservation de l'énergie. a) 1, 2, 3 et 4 ; b) 1, 2, 3 et 5 ; c) 2, 4 et 5 ; d) 1, 2 et 4 ; e) 3, 4 et 5.

13. Au cours de l'analyse d'une substance chimique inconnue, un chimiste détermine que cette substance est composée de carbone, d'hydrogène et d'oxygène dans une proportion de 1 atome de carbone pour 2 atomes d'hydrogène pour 1 atome d'oxygène. Cette substance est probablement a) un acide aminé, b) de l'ADN, c) un triacylglycérol, d) une protéine, e) un monosaccharide.

14. Associez les réactions suivantes au terme correspondant :

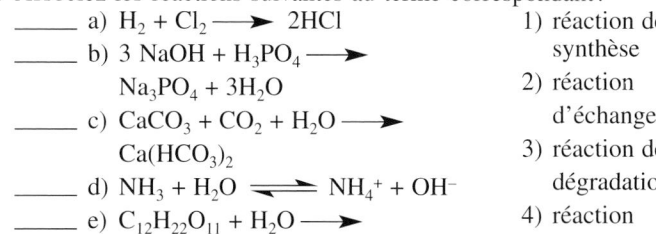

_____ a) $H_2 + Cl_2 \longrightarrow 2HCl$

_____ b) $3\,NaOH + H_3PO_4 \longrightarrow Na_3PO_4 + 3H_2O$

_____ c) $CaCO_3 + CO_2 + H_2O \longrightarrow Ca(HCO_3)_2$

_____ d) $NH_3 + H_2O \rightleftharpoons NH_4^+ + OH^-$

_____ e) $C_{12}H_{22}O_{11} + H_2O \longrightarrow C_6H_{12}O_6 + C_6H_{12}O_6$

1) réaction de synthèse
2) réaction d'échange
3) réaction de dégradation
4) réaction réversible

15. Associez les éléments suivants :

_____ a) molécule covalente polaire abondante dans l'organisme qui sert de solvant, qui a une grande capacité thermique, qui produit une grande tension superficielle et qui agit comme lubrifiant

_____ b) substance qui se dissocie en au moins un ion hydrogène et au moins un anion

_____ c) substance qui se dissocie en cations et en anions, qui ne sont ni des ions hydrogène, ni des ions hydroxyle

_____ d) accepteur de protons

_____ e) mesure de la concentration en ions hydrogène

_____ f) composé chimique qui peut convertir des bases et des acides forts en bases et en acides faibles

_____ g) catalyseur de réactions chimiques spécialisé, efficace et assujetti à une régulation cellulaire

_____ h) composé à chaîne simple qui contient un sucre à cinq atomes de carbone et des bases d'adénine, de cytosine, de guanine et d'uracile

_____ i) composé dont la fonction consiste à emmagasiner temporairement l'énergie libérée par les réactions exothermiques et à la transférer vers les activités cellulaires qui en ont besoin

_____ j) composé à double chaîne qui contient un sucre à cinq atomes de carbone, des bases d'adénine, de thymine, de cytosine et de guanine, et le bagage génétique de l'organisme

_____ k) atome chargé

_____ l) atome chargé qui possède un électron non apparié dans son niveau énergétique le plus externe

1) acide
2) radical libre
3) base
4) tampon
5) enzyme
6) ion
7) pH
8) sel
9) ARN
10) ATP
11) eau
12) ADN

QUESTIONS À COURT DÉVELOPPEMENT

Vous trouverez les réponses à ces questions à l'appendice D.

1. Votre meilleur ami décide de faire frire ses œufs dans de la margarine plutôt que dans du beurre parce qu'il a entendu dire que ce dernier était mauvais pour le cœur. A-t-il fait un choix judicieux ? A-t-il d'autres choix ?

2. Un bébé de quatre mois est admis à l'hôpital ; il présente une fièvre de 40 °C. Pourquoi est-il essentiel de faire baisser la fièvre le plus rapidement possible ?

3. Au cours de travaux pratiques en laboratoire de chimie, Marie met du saccharose (sucre de table) dans un bécher, y ajoute de l'eau et brasse le tout. À mesure que le sucre disparaît, elle déclare qu'elle a dégradé le saccharose en fructose et en glucose. L'analyse chimique de Marie est-elle juste ?

RÉPONSES AUX QUESTIONS DES FIGURES

2.1 Dans le carbone, la première couche contient deux électrons et la seconde, quatre électrons.

2.2 Les quatre éléments les plus abondants dans les organismes vivants sont l'oxygène, le carbone, l'hydrogène et l'azote.

2.3 Les antioxydants tels que le sélénium, le zinc, le bêtacarotène et les vitamines C et D peuvent inactiver les radicaux libres de l'oxygène.

2.4 Un cation est un ion chargé positivement ; un anion est un ion chargé négativement.

2.5 Dans une liaison ionique, il y a *perte* et *gain* d'électrons ; dans une liaison covalente, il y a *partage* de paires d'électrons.

2.6 L'atome d'oxygène dans une molécule d'eau est plus électronégatif que les atomes d'hydrogène.

2.7 L'atome d'azote dans l'ammoniac est électronégatif. Parce que les atomes d'azote attirent les électrons plus fortement que les atomes d'hydrogène, l'extrémité azotée de la molécule d'ammoniac acquiert une charge légèrement électronégative, ce qui permet aux atomes d'hydrogène des molécules d'eau (ou d'autres molécules d'ammoniac) de former des liaisons hydrogène avec l'azote. De même, les atomes d'oxygène des molécules d'eau peuvent former des liaisons hydrogène avec les atomes d'hydrogène des molécules d'ammoniac.

2.8 Dans les réactifs, le nombre d'atomes d'hydrogène doit être égal au nombre présent dans les produits ; dans l'exemple donné, le nombre total d'atomes d'hydrogène est de quatre. Autrement dit, deux molécules de H_2 sont nécessaires pour qu'une réaction se produise avec chaque molécule de O_2 de sorte que le nombre d'atomes d'hydrogène et d'oxygène dans les réactifs soit le même que celui dans les produits.

2.9 Cette réaction est exothermique, parce que les réactifs ont une plus grande énergie potentielle que les produits.

2.10 Non. Un catalyseur ne change pas l'énergie potentielle des produits et des réactifs ; il ne fait que réduire l'énergie d'activation nécessaire au déclenchement d'une réaction.

2.11 Puisque le sucre se dissout facilement dans un solvant polaire (l'eau), on peut dire qu'il possède plusieurs liaisons covalentes polaires.

2.12 $CaCO_3$ est un sel ; H_2SO_4 est un acide.

2.13 À un pH de 6, $[H^+] = 10^{-6}$ mol/L et $[OH^-] = 10^{-8}$ mol/L. Un pH de 6,82 est plus acide qu'un pH de 6,91. Les pH 8,41 et 5,59 sont à 1,41 unité de pH du pH neutre (7).

2.14 La structure cyclique du glucose comprend cinq groupements —OH et six atomes de carbone.

2.15 Le fructose contient 6 atomes de carbone et le saccharose, 12.

2.16 Les cellules du foie et des muscles squelettiques emmagasinent le glycogène.

2.17 L'oxygène dans la molécule d'eau provient d'un acide gras.

2.18 La tête polaire est hydrophile ; la queue non polaire est hydrophobe.

2.19 Les seules différences entre l'œstradiol et la testostérone sont le nombre de liaisons doubles dans l'anneau A et les types de groupements fonctionnels qui s'y rattachent.

2.20 Un acide aminé comprend au moins deux atomes de carbone et un atome d'azote.

2.21 L'hydrolyse a lieu pendant le catabolisme des protéines.

2.22 Les protéines constituées d'une seule chaîne polypeptidique n'ont pas de structure quaternaire.

2.23 La saccharase a une spécificité pour la molécule de saccharose ; elle ne peut donc pas « reconnaître » le glucose ni le fructose.

2.24 La thymine s'associe toujours à l'adénine et la cytosine, à la guanine.

2.25 Parmi les activités cellulaires qui dépendent de l'énergie fournie par l'ATP, on compte la contraction musculaire, le mouvement des chromosomes, le transport des substances à travers les membranes cellulaires et les réactions de synthèse (anaboliques).

LE NIVEAU CELLULAIRE D'ORGANISATION

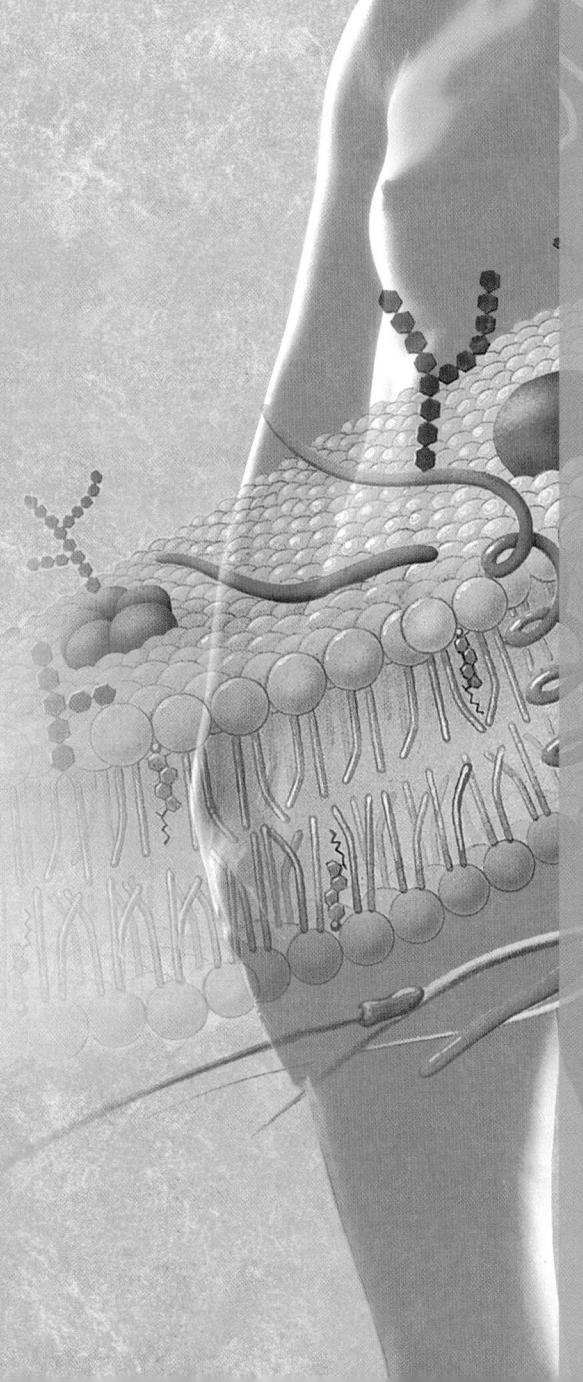

LES CELLULES ET L'HOMÉOSTASIE

Quelque 200 types différents de cellules spécialisées assurent une multitude de fonctions qui permettent à chacun des systèmes de contribuer à l'homéostasie du corps tout entier. Par ailleurs, toutes les cellules ont en commun des structures et des fonctions clés qui rendent possible leur activité intense.

Dans le chapitre précédent, nous avons traité des atomes, qui constituent l'alphabet du langage du corps humain. Les lettres de cet alphabet se combinent pour former des mots, soit les molécules simples et les molécules complexes. Ces mots se combinent à leur tour pour former des livres, les **cellules**, qui sont les unités structurales et fonctionnelles vivantes, entourées d'une membrane. Toute cellule provient d'une autre cellule grâce à un processus appelé **division cellulaire**, au cours duquel une cellule se divise en deux cellules identiques. Chaque type de cellule joue un rôle unique et contribue aux nombreuses activités fonctionnelles reliées à l'homéostasie de l'organisme humain. La **biologie cellulaire**, ou cytologie (*kytos* : cellule ; *logos* : discours), est l'étude des structures et des fonctions de la cellule. En étudiant les diverses parties de la cellule et les relations qui existent entre elles, nous découvrirons qu'il existe des liens étroits entre les structures et les fonctions de la cellule. Dans le présent chapitre, nous verrons que les cellules sont le siège d'un ensemble impressionnant de réactions chimiques qui concourent à la création et au maintien des processus vitaux, notamment en restreignant certains types de réactions chimiques à des structures cellulaires spécialisées.

LES PARTIES DE LA CELLULE

OBJECTIF

• Nommer et décrire les trois parties principales de la cellule.

La figure 3.1 présente une vue d'ensemble des structures caractéristiques d'une cellule type du corps humain. La plupart des cellules possèdent plusieurs des structures illustrées dans la figure, mais aucune ne les renferme toutes. Pour en faciliter l'étude, on divise la cellule en trois parties principales : la membrane plasmique, le cytoplasme et le noyau.

• La **membrane plasmique** forme l'enveloppe extracellulaire, flexible de la cellule ; elle sépare le milieu intracellulaire du milieu externe. C'est une barrière sélective qui régule les déplacements de substances vers l'intérieur et l'extérieur de la cellule. Cette sélectivité contribue à créer et à maintenir un milieu propice à l'activité cellulaire normale. La membrane plasmique joue aussi un rôle clé dans la communication entre les cellules elles-mêmes et entre ces dernières et le milieu extracellulaire.

• Le **cytoplasme** (*plasma* : chose façonnée, modelée) est tout le contenu cellulaire situé entre la membrane plasmique et le noyau. Ce compartiment comprend deux composantes : le cytosol et les organites. Le **cytosol** est la portion fluide du cytoplasme ; il est composé d'eau, de solutés et de particules en suspension. Plusieurs types d'**organites** (petits organes) baignent dans le cytosol ; chaque type a une forme caractéristique et des fonctions spécifiques : citons, par exemple, le cytosquelette, les ribosomes, le réticulum endoplasmique, le complexe golgien, les lysosomes, les peroxysomes et les mitochondries.

• Le **noyau** est un gros organite qui renferme la plus grande partie de l'ADN de la cellule. Il abrite les **chromosomes** (*chrôma* : couleur ; *sôma* : corps), dont chacun est formé d'une seule molécule d'ADN associée à de nombreuses protéines ; chaque chromosome contient des milliers d'unités héréditaires, appelées **gènes**, qui régissent la plupart des caractéristiques structurales et fonctionnelles de la cellule.

FIGURE 3.1 Les structures caractéristiques d'une cellule du corps humain.

La cellule vivante est l'unité structurale et fonctionnelle fondamentale du corps humain.

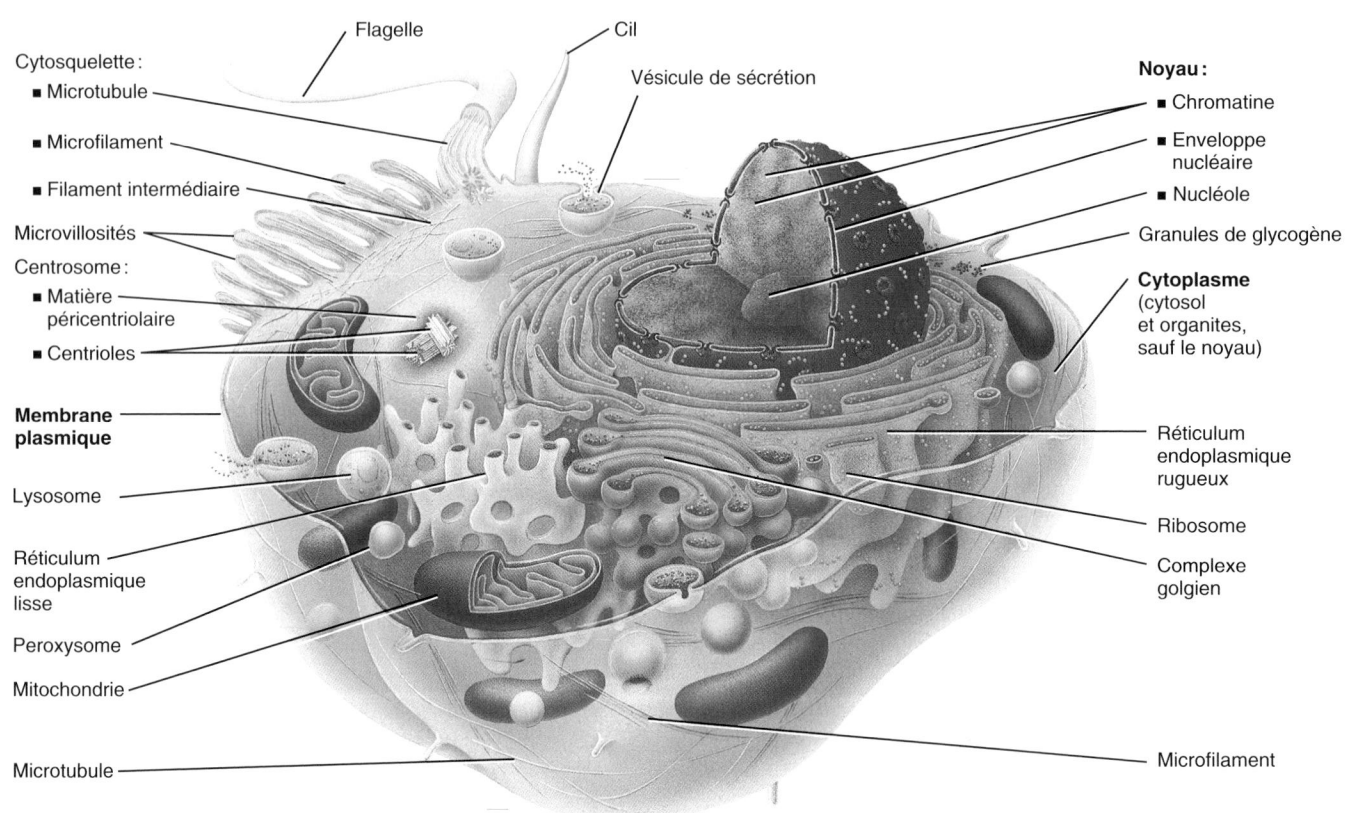

Coupe transversale

Q Quelles sont les trois parties principales de la cellule ?

1. Nommer les trois parties principales de la cellule et expliquer les fonctions de chacune.

LA MEMBRANE PLASMIQUE

OBJECTIFS

- Décrire la structure et les fonctions de la membrane plasmique.
- Expliquer le concept de perméabilité sélective.
- Définir le gradient électrochimique et décrire ses composantes.

La **membrane plasmique** est une barrière à la fois souple et robuste qui entoure et retient le cytoplasme de la cellule. La meilleure façon de la décrire est d'avoir recours à un modèle structural : le *modèle de la mosaïque fluide*, selon lequel la configuration moléculaire de la membrane plasmique ressemble à une mer de lipides, constamment en mouvement, qui contient une « mosaïque » de protéines très diverses (figure 3.2). Certaines protéines flottent librement comme des icebergs, d'autres sont ancrées à des endroits précis, comme des bateaux amarrés à un quai. Les lipides membranaires permettent le passage de plusieurs types de molécules liposolubles, mais ils font obstacle à l'entrée et à la sortie des substances chargées ou polaires. Certaines protéines membranaires permettent le mouvement de molécules polaires et d'ions vers l'intérieur ou l'extérieur de la cellule ; d'autres protéines jouent le rôle de récepteurs de signaux ou de molécules d'adhérence.

LA BICOUCHE LIPIDIQUE

L'élément structural fondamental de la membrane plasmique est la **bicouche lipidique**, qui est formée de deux feuillets juxtaposés dos à dos et composée de trois types de molécules lipidiques : des phosphoglycérolipides, du cholestérol et des glycolipides (figure 3.2). Environ 75 % des lipides membranaires sont des **phosphoglycérolipides**, c'est-à-dire des lipides contenant des groupements phosphate. On trouve en plus faible proportion du **cholestérol** (environ 20 %), stéroïde auquel est lié un groupement —OH (hydroxyle), et divers **glycolipides** (environ 5 %), qui sont des lipides liés à des glucides.

La configuration en bicouche s'explique du fait que les phosphoglycérolipides sont des molécules **amphipathiques**, c'est-à-dire formées d'une partie polaire et d'une partie non polaire. Dans les phosphoglycérolipides (voir la figure 2.18), la composante polaire est la « tête » hydrophile (*hudôr* : eau ; *philos* : ami), qui comprend un groupement phosphate ; les composantes non polaires sont les deux grandes « queues » d'acides gras, formées de chaînes d'hydrocarbures hydrophobes (*phobos* : crainte). *Qui se ressemble s'assemble*, dit le proverbe ; il en va de même ici : les molécules de phosphoglycérolipides s'orientent dans la bicouche de sorte que leur tête hydrophile est en contact avec l'eau. Parce que l'eau est le constituant majeur des milieux intracellulaire et extracellulaire, les têtes hydrophiles font face aussi bien au cytosol à l'intérieur qu'au liquide extracellulaire à l'extérieur. Les molécules de phosphoglycérolipides forment donc une double couche dans laquelle les queues d'acides

gras hydrophobes pointent les unes vers les autres, créant ainsi à l'intérieur de la membrane une région hydrophobe, non polaire.

Les molécules de cholestérol sont légèrement amphipathiques (voir la figure 2.19) ; elles s'intercalent parmi les autres lipides, et ce, dans les deux couches de la membrane. Le minuscule groupement —OH est la seule région polaire de la molécule de cholestérol et il forme des liaisons hydrogène avec les têtes polaires des phosphoglycérolipides et des glycolipides. Les anneaux stéroïdes rigides et la queue hydrocarbonée du cholestérol sont non polaires ; ils s'insèrent parmi les queues d'acides gras des phosphoglycérolipides et des glycolipides. Les groupements glucidiques des glycolipides forment une « tête » polaire ; leurs « queues », composées d'acides gras, sont non polaires. Les glycolipides ne sont présents que dans la couche membranaire qui trouve face au liquide extracellulaire, ce qui explique en partie le fait que les deux côtés de la bicouche sont asymétriques (différents).

LA CONFIGURATION DES PROTÉINES MEMBRANAIRES

On classe les protéines membranaires en deux catégories, soit les protéines intrinsèques et les protéines périphériques, selon qu'elles sont enchâssées ou non dans la membrane plasmique (figure 3.2). Les **protéines intrinsèques** s'enfoncent parmi les queues d'acides gras dans la bicouche lipidique, dans laquelle elles sont solidement arrimées. La plupart des protéines de cette catégorie sont des **protéines transmembranaires**, c'est-à-dire qu'elles s'étirent sur toute l'épaisseur de la bicouche lipidique et avancent à la fois dans le cytosol et dans le liquide extracellulaire. Quelques protéines intrinsèques s'attachent fermement à un côté de la bicouche en formant des liaisons covalentes avec les acides gras. À l'instar des lipides membranaires, les protéines intrinsèques de la membrane sont amphipathiques. Leurs régions hydrophiles font saillie soit dans le liquide extracellulaire aqueux, soit dans le cytosol ; leurs régions hydrophobes s'étirent parmi les queues composées d'acides gras.

Comme leur nom l'indique, les **protéines périphériques** ne sont pas aussi solidement enchâssées dans la membrane. Elles s'associent plus ou moins lâchement avec les têtes polaires des lipides membranaires ou avec des protéines intrinsèques, tant sur la face interne que sur la face externe de la membrane.

Beaucoup de protéines membranaires sont des **glycoprotéines**, c'est-à-dire que des glucides sont fixés à leurs extrémités et font saillie dans le liquide extracellulaire. Ces glucides sont de petites chaînes, droites ou ramifiées, de 2 à 60 monosaccharides. La partie glucidique des glycoprotéines, de même que celle des glycolipides, forme une couche « pelucheuse » composée de sucres, le **glycocalyx**, qui s'étend à la surface de la membrane plasmique. Le glycocalyx joue plusieurs rôles ; par exemple, il permet aux cellules d'adhérer les unes aux autres dans certains tissus. Parce qu'il est produit par les cellules, le glycocalyx contient des glucides particuliers à la cellule qui le sécrète. C'est pourquoi il joue le rôle de *marqueur d'identité cellulaire*, sorte de « signature » moléculaire permettant aux cellules de se reconnaître mutuellement ou de reconnaître une cellule étrangère ; ainsi, la capacité d'un leucocyte (ou globule blanc) à détecter le glycocalyx « étranger » d'une bactérie

FIGURE 3.2 La configuration des lipides et des protéines de la membrane plasmique selon le modèle de la mosaïque fluide.

Les membranes sont des structures fluides parce que les lipides et de nombreuses protéines pivotent librement et se déplacent latéralement dans la moitié de la bicouche à laquelle ils appartiennent.

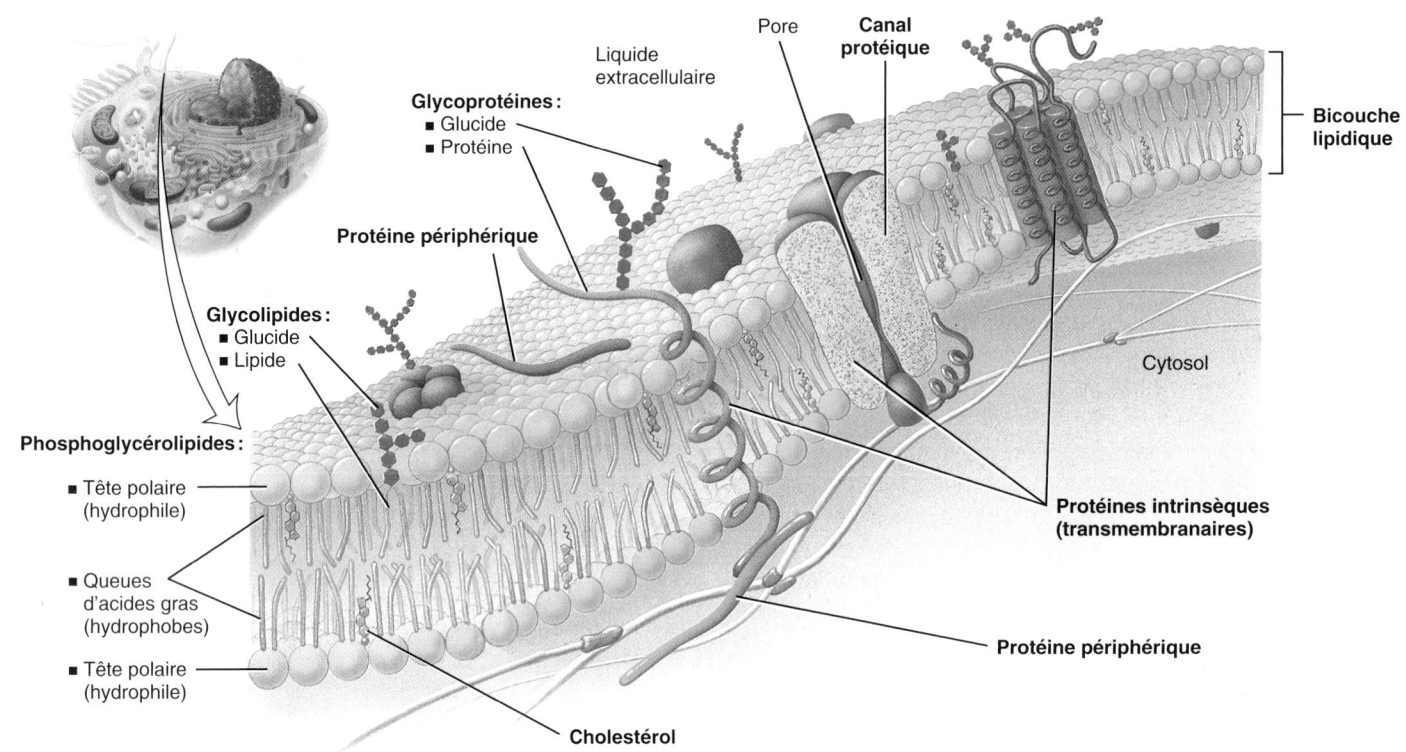

 Qu'est-ce que le glycocalyx?

pathogène est l'une des bases de la réponse immunitaire, qui aide le corps à détruire les organismes cherchant à l'envahir. Par ailleurs, les propriétés hydrophiles du glycocalyx entraînent la formation d'une pellicule liquide à la surface de nombreuses cellules. Entre autres effets, cette pellicule rend les érythrocytes (ou globules rouges) glissants lorsqu'ils se déplacent dans des vaisseaux sanguins étroits, protège de l'assèchement les cellules qui tapissent les voies respiratoires et le tube digestif, et évite aux cellules d'être digérées par les enzymes présentes dans le liquide extracellulaire.

LES FONCTIONS DES PROTÉINES MEMBRANAIRES

En général, les types de lipides varient peu d'une membrane plasmique à une autre. Par contre, il existe des différences remarquables entre les cellules et entre les organites quant à l'assortiment de protéines qui occupent leurs membranes respectives. De nombreuses fonctions de la membrane sont déterminées par ces protéines (figure 3.3).

- Certaines protéines membranaires intrinsèques forment des **canaux ioniques**; il s'agit de *pores*, ou orifices, par lesquels des ions donnés, tels les ions potassium (K^+), peuvent entrer dans la cellule ou en sortir. La plupart de ces canaux sont *sélectifs*: ils ne laissent passer qu'un seul type d'ion.

- D'autres protéines intrinsèques jouent le rôle de **transporteurs**. Elles déplacent de façon sélective une substance polaire ou un ion d'un côté de la membrane à l'autre.

- Des protéines intrinsèques appelées **récepteurs** servent de sites de reconnaissance cellulaire. Chaque type de récepteur reconnaît un type donné de molécule et s'y lie spécifiquement; par exemple, les récepteurs de l'insuline se lient à cette hormone et à aucune autre. Une molécule donnée qui se lie à un récepteur est appelée **ligand** (*ligare*: lier) de celui-ci. (Nous avons vu dans le premier chapitre que, pour qu'un mécanisme de régulation fonctionne, diverses cellules doivent communiquer les unes avec les autres. Cette communication se fait toujours à l'aide d'un messager chimique – neurotransmetteur ou hormone. La capacité de ces messagers à livrer leur «message» dépend de la présence de récepteurs à la surface de la membrane, et parfois à l'intérieur même de la cellule.)

- Certaines protéines intrinsèques sont des **enzymes** qui catalysent des réactions chimiques données, sur la face interne ou externe de la cellule.

- Des protéines intrinsèques peuvent aussi servir d'**amarres**. Ces dernières fixent, l'une à l'autre ou à des filaments protéiniques situés à l'intérieur ou à l'extérieur de la cellule, des protéines

FIGURE 3.3 Les fonctions des protéines membranaires.

Les fonctions des protéines membranaires reflètent dans une large mesure celles de la cellule.

| Liquide extracellulaire | Membrane plasmique | Cytosol |

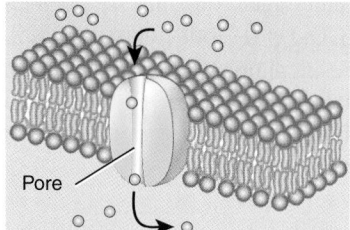

Canal ionique (protéine intrinsèque)
Permet à un ion spécifique (○) de traverser un pore rempli d'eau. La plupart des membranes plasmiques possèdent des canaux spécifiques de plusieurs ions communs.

Pore

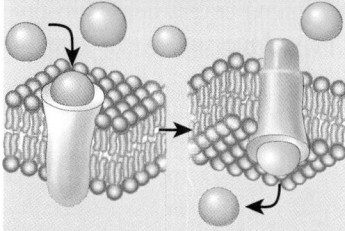

Transporteur (protéine intrinsèque)
Transporte des substances spécifiques (○) d'un côté de la membrane à l'autre en changeant de forme. Par exemple, les acides aminés, indispensables à la synthèse des protéines, entrent dans les cellules par l'intermédiaire de transporteurs.

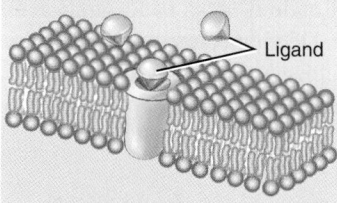

Ligand

Récepteur (protéine intrinsèque)
Reconnaît un ligand spécifique (▽) et modifie d'une manière quelconque le fonctionnement de la cellule. Par exemple, l'hormone antidiurétique se lie à ses récepteurs situés à la surface de certaines cellules rénales et modifie la perméabilité à l'eau de leurs membranes plasmiques.

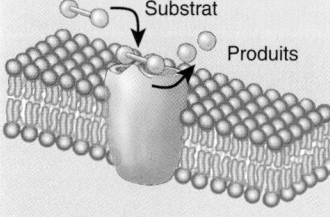

Substrat
Produits

Enzyme (protéines intrinsèque et périphérique)
Catalyse une réaction à l'intérieur ou à l'extérieur de la cellule (selon que le site actif fait face à l'un ou à l'autre côté). Par exemple, la lactase, ancrée à la surface des cellules épithéliales tapissant l'intérieur de l'intestin grêle, brise en deux le lactose, un disaccharide présent dans le lait.

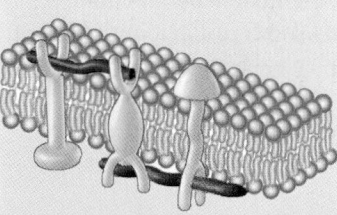

Amarre (protéines intrinsèque et périphérique)
Fixe des filaments à l'intérieur et à l'extérieur de la membrane plasmique, ce qui confère à la cellule sa stabilité et sa forme structurales. Peut aussi jouer un rôle dans le mouvement de la cellule ou lier deux cellules l'une à l'autre.

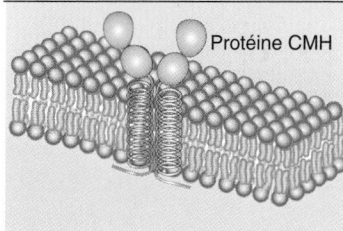

Protéine CMH

Marqueur d'identité cellulaire (glycoprotéine)
Confère un caractère unique aux cellules de chaque individu (sauf dans le cas de vrais jumeaux). Les protéines du complexe majeur d'histocompatibilité (CMH) forment une classe importante de marqueurs de ce type.

Q Lorsqu'elle stimule une cellule, l'insuline (une hormone) se lie d'abord à une protéine de la membrane plasmique. De quelle fonction des protéines membranaires cette action est-elle la plus représentative?

---

de la membrane plasmique de cellules voisines. Elles permettent ainsi l'assemblage de plusieurs cellules. Des protéines périphériques jouent également le rôle d'enzymes ou d'amarres.

- Les glycoprotéines et les glycolipides membranaires forment le glycocalyx. Comme nous l'avons vu plus haut, ces molécules servent souvent de **marqueurs d'identité cellulaire**. Les marqueurs des groupes sanguins du système ABO en sont des exemples. Dans une transfusion sanguine, le groupe sanguin du donneur doit être compatible avec celui du receveur. C'est à cause de ces marqueurs que les greffes d'organes se soldent parfois par un échec, puisque seuls les individus ayant des marqueurs cellulaires semblables sont de vrais jumeaux.

En outre, les protéines périphériques jouent un rôle dans le soutien de la membrane plasmique; elles fixent les protéines intrinsèques et prennent part à des activités mécaniques, telles que le transport de substances et d'organites à l'intérieur de la cellule, la modification de la forme des cellules en division et des cellules musculaires, et la fixation de cellules entre elles.

LA FLUIDITÉ DE LA MEMBRANE

Les membranes sont des structures fluides: la plupart des lipides et un grand nombre des protéines membranaires peuvent facilement tourner et se déplacer latéralement dans la moitié de la bicouche à laquelle ils appartiennent. Les molécules lipidiques changent de place avec leurs voisines environ 10 millions de fois par seconde et peuvent faire le tour de la cellule en quelques minutes! La fluidité de la membrane dépend à la fois du nombre de liaisons doubles dans les acides gras qui forment les queues des lipides de la bicouche et de la quantité de cholestérol présent. Chaque liaison double entraîne la formation d'un pli dans les queues d'acides gras (voir la figure 2.18), ce qui accroît la fluidité de la membrane en rendant impossible la juxtaposition serrée de ses molécules lipidiques. Ainsi, plus la quantité d'acides gras saturés dans les phosphoglycérolipides est élevée, moins la membrane est fluide. La fluidité de la membrane représente un excellent compromis pour la cellule; une membrane rigide ne serait pas suffisamment mobile, tandis qu'une membrane tout à fait liquide ne posséderait pas l'organisation structurale ni le soutien mécanique dont la cellule a besoin.

La fluidité de la membrane plasmique autorise des interactions à l'intérieur de celle-ci, par exemple la réunion de protéines membranaires. Elle autorise également le mouvement des composantes membranaires qui assurent les processus cellulaires, tels le mouvement, la croissance, la division et la sécrétion, de même que la formation de jonctions entre des cellules. La fluidité permet aussi à la bicouche lipidique de se reformer d'elle-même quand elle est déchirée ou percée. Ainsi, lorsqu'on enfonce une aiguille à travers une membrane plasmique puis qu'on la retire, le trou se referme spontanément et la cellule n'éclate pas. C'est cette propriété de la bicouche lipidique qui rend possible une intervention appelée *injection intracytoplasmique de sperme* qui vise à aider les couples infertiles à concevoir un enfant. L'intervention consiste à féconder un ovocyte en y injectant un spermatozoïde à l'aide d'une seringue munie d'une minuscule aiguille. Cette même propriété permet le retrait ou le remplacement du noyau d'une cellule dans une expérience de clonage, comme celle qui a donné naissance à Dolly, la fameuse brebis clonée.

Bien que les lipides et les protéines membranaires jouissent d'une grande mobilité dans la moitié de la bicouche à laquelle ils appartiennent, il est rare qu'ils passent d'un côté à l'autre. En effet, les régions hydrophiles des molécules membranaires ne traversent que très difficilement le cœur hydrophobe de la membrane, ce qui explique en partie l'asymétrie de la bicouche membranaire.

Parce qu'il forme des liaisons hydrogène avec les têtes des phosphoglycérolipides et des glycolipides avoisinants et qu'il remplit l'espace entre les queues ondulées des acides gras, le cholestérol rend la bicouche lipidique plus résistante mais moins fluide à la température normale du corps. Chez les humains, l'accumulation de cholestérol dans la membrane plasmique la rend plus rigide, notamment dans les cellules tapissant les vaisseaux sanguins. La diminution de l'élasticité des vaisseaux qui s'ensuit est l'une des caractéristiques de l'athérosclérose, communément appelée «durcissement des artères».

LA PERMÉABILITÉ DE LA MEMBRANE

Une membrane est dite *perméable* aux substances qui peuvent la traverser et *imperméable* à celles qui en sont incapables. Bien qu'il n'y ait aucune substance à laquelle les membranes plasmiques soient tout à fait perméables, il en est qui passent plus facilement que d'autres. Cette propriété des membranes est appelée **perméabilité sélective**.

La bicouche lipidique de la membrane est perméable aux molécules non polaires et non chargées, soit les molécules solubles dans les lipides telles que l'oxygène, le dioxyde de carbone et les stéroïdes, mais elle est imperméable aux ions, aux molécules chargées et aux grosses molécules polaires non chargées, comme le glucose. Elle est aussi *légèrement* perméable à de petites molécules polaires non chargées, telles l'eau et l'urée – laquelle est un déchet résultant de la fragmentation des acides aminés. Cette dernière propriété est surprenante, compte tenu que les molécules d'eau et d'urée sont polaires. On pense que, lorsque les queues d'acides gras des phosphoglycérolipides et des glycolipides membranaires se déplacent de façon aléatoire, il se crée momentanément de petites brèches dans le milieu hydrophobe de la membrane. Les molécules d'eau et d'urée sont assez petites pour se faufiler d'un interstice à l'autre et traverser ainsi la membrane.

Pour bien fonctionner, une cellule a besoin d'un grand nombre d'ions, de molécules chargées et de molécules polaires non chargées incapables de traverser la membrane plasmique par eux-mêmes. Ce sont les protéines transmembranaires qui assurent leur transport et augmentent ainsi la perméabilité de la membrane plasmique. En jouant le rôle de canaux et de transporteurs, ces protéines sont très sélectives ; chacune est spécifique d'un ion ou d'une molécule. Les macromolécules, dont la grande taille les empêche de passer par un canal ou d'utiliser un transporteur, doivent traverser la membrane plasmique par endocytose ou par exocytose (voir plus loin dans le présent chapitre).

LES GRADIENTS DE LA MEMBRANE PLASMIQUE

En raison de la perméabilité sélective de sa membrane plasmique, une cellule vivante peut maintenir différentes concentrations de certaines substances de part et d'autre de la membrane. On appelle

gradient de concentration une différence dans la concentration d'une substance entre deux endroits, par exemple entre l'intérieur et l'extérieur de la membrane. Beaucoup d'ions et de molécules ont une plus forte concentration soit dans le cytosol, soit dans le liquide extracellulaire. Ainsi, la concentration des molécules d'oxygène (O_2) et des ions sodium (Na^+) est plus élevée dans le liquide extracellulaire que dans le cytosol, alors que c'est l'inverse pour les molécules de dioxyde de carbone (CO_2) et les ions potassium (K^+).

La membrane plasmique crée également une distribution inégale des ions positifs et des ions négatifs sur les deux faces de la membrane. En général, on observe un plus grand nombre de charges négatives sur la face interne de la membrane plasmique et un plus grand nombre de charges positives sur la face externe. Normalement, une différence de charge électrique entre deux régions constitue un **gradient électrique**. Lorsque ce gradient s'observe de part et d'autre de la membrane plasmique, on appelle la différence de charge **potentiel de membrane**.

Vous verrez bientôt que le gradient de concentration et le gradient électrique sont importants, parce qu'ils facilitent le mouvement de diverses substances à travers la membrane plasmique. Dans bien des cas, une substance traverse la membrane en *suivant son gradient de concentration*, c'est-à-dire qu'elle diffuse depuis l'endroit où elle a une plus forte concentration vers l'endroit où sa concentration est moindre, pour atteindre un équilibre. De même, une substance chargée positivement a tendance à se déplacer vers une région chargée négativement, et une substance chargée négativement a tendance à se diriger vers une région chargée positivement. L'effet combiné du gradient de concentration et du potentiel de membrane sur le mouvement d'un ion donné est appelé **gradient électrochimique**.

▶ POINT DE CONTRÔLE

2. Comment les régions hydrophobe et hydrophile déterminent-elles la configuration des lipides membranaires dans la bicouche ?

3. Quelles substances diffusent à travers la bicouche lipidique et lesquelles en sont incapables ?

4. «Les protéines présentes dans une membrane plasmique déterminent les fonctions que la membrane peut remplir.» Cette affirmation est-elle vraie ou fausse ? Justifiez votre réponse.

5. De quelle façon le cholestérol agit-il sur la fluidité de la membrane ?

6. Pourquoi dit-on que la membrane est dotée d'une perméabilité sélective ?

7. Quels sont les facteurs qui permettent l'existence d'un gradient électrochimique ?

LE TRANSPORT MEMBRANAIRE

OBJECTIF

- Décrire les mécanismes du transport de substances à travers la membrane plasmique.

La cellule étant l'unité structurale et fonctionnelle de l'organisme, le maintien de l'homéostasie dépend de la capacité de chacune des cellules d'assurer ses fonctions. Parce que les cellules doivent être en mesure de disposer à tout moment des substances qui leur sont nécessaires, le transport de substances à travers la membrane plasmique est essentiel. Certaines substances doivent entrer dans la cellule pour rendre possibles les réactions métaboliques ; d'autres doivent sortir de la cellule parce qu'elles ont été produites par la cellule pour être exportées ou pour être éliminées.

Les substances traversent généralement la membrane plasmique grâce à des mécanismes de transport qu'on classe en deux catégories – actifs ou passifs – selon qu'ils font appel ou non à l'énergie de la cellule. Dans le cas d'un *mécanisme passif*, une substance traverse la membrane plasmique en suivant son gradient de concentration ou le gradient électrique, et utilise uniquement sa propre énergie cinétique (la cellule ne fournit pas d'énergie ; voir le chapitre 2). Dans le cas d'un *mécanisme actif*, l'énergie de la cellule, habituellement sous la forme d'ATP, sert à faire « monter » la substance contre son gradient de concentration ou le gradient électrique. Pour mieux comprendre ces catégories, pensez à un bateau à moteur sur une rivière. Vous êtes transportés passivement lorsque le bateau descend la rivière ; il est entraîné dans le sens du courant et vous n'avez pas besoin d'utiliser le moteur. Par contre, vous êtes transportés activement lorsque le bateau remonte la rivière (se déplace à contre-courant) et qu'il vous faut utiliser le moteur. De la même façon, les substances se déplacent de manière active ou de manière passive.

Le transport de substances à travers la membrane plasmique peut nécessiter ou non l'assistance d'un *transporteur protéique*. La diffusion et l'osmose sont des mécanismes de transport passif qui ne requièrent pas de transporteur. Dans la diffusion, une substance traverse librement la membrane ou emprunte un canal membranaire ; dans l'osmose, les molécules d'eau utilisent un canal appelé *aquaporine* pour traverser la membrane. Les autres substances doivent se lier à des transporteurs protéiques pour traverser la membrane. C'est le cas dans la diffusion facilitée pour des substances, tel le glucose, qui se lient spécifiquement à un transporteur protéique effectuant passivement le transport. C'est aussi le cas, en général, pour les substances qui nécessitent un mode de transport actif et qui doivent se lier à un transporteur protéique spécifique pour traverser la membrane. D'autres substances doivent être transportées à l'intérieur de petits sacs sphériques, appelés *vésicules*, qui sont fixés à la membrane plasmique. L'endocytose et l'exocytose sont des exemples de transport vésiculaire. Dans le premier cas, des vésicules se détachent de la membrane plasmique pour apporter des substances dans la cellule ; dans le second cas, des vésicules fusionnent avec la membrane plasmique pour laisser des substances sortir de la cellule.

En résumé, des substances peuvent traverser la membrane plasmique soit en utilisant leur propre énergie cinétique (mécanisme passif), soit par l'intermédiaire d'un transporteur protéique (mécanisme passif ou actif) ou d'une vésicule (mécanisme actif).

LE TRANSPORT PAR ÉNERGIE CINÉTIQUE

La diffusion

Pour saisir pourquoi les substances diffusent à travers la membrane plasmique, il faut comprendre comment s'effectue la diffusion dans une solution. La **diffusion** (*diffundere* : répandre) est un processus passif dans lequel les particules d'une solution s'y répartissent de façon aléatoire en raison de leur mouvement constant dû à leur énergie cinétique. Les *solutés*, soit les substances dissoutes, aussi bien que le *solvant*, c'est-à-dire le liquide qui dissout, sont soumis à la diffusion. Si une substance donnée (soluté) se trouve en concentration élevée dans une zone d'une solution et en concentration faible dans une autre zone, les molécules de soluté diffusent vers la région où la concentration est la plus faible ; des molécules de soluté peuvent également se déplacer en plus petite quantité dans le sens inverse. Ainsi, le déplacement *net* des molécules de soluté s'est effectué en *suivant le gradient de concentration*. Les molécules de solvant sont soumises au même phénomène. Au bout d'un certain temps, les particules sont réparties uniformément dans la solution ; on dit alors que la solution est à l'*état d'équilibre*. Les particules continuent de se déplacer de façon aléatoire en raison de leur énergie cinétique, mais leur répartition ne change plus.

Considérons un grain de colorant dans un récipient d'eau (figure 3.4). Dans la zone entourant le grain, la concentration de molécules de colorant (soluté) est plus grande, mais la concentration de molécules d'eau (solvant) moins grande, que dans le reste du récipient. La coloration est donc maximale à proximité du grain. Plus on s'éloigne de la zone du grain, plus l'intensité de la couleur diminue, parce que la concentration des molécules de colorant diminue et que la concentration des molécules du solvant est plus

FIGURE 3.4 Le principe de la diffusion. Au début de l'expérience, un grain de colorant placé dans un cylindre rempli d'eau se dissout (a), puis le colorant diffuse de la zone où sa concentration est la plus élevée vers les zones où sa concentration est moindre (b). À l'état d'équilibre (c), la concentration du colorant est identique partout dans la solution, même si les particules continuent de se déplacer de façon aléatoire.

 Dans la diffusion, une substance se déplace en suivant son gradient de concentration.

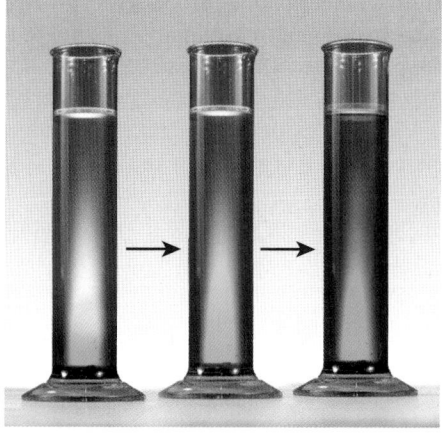

| Phase initiale (a) | Phase intermédiaire (b) | Équilibre (c) |

 Quel est l'effet de la fièvre sur les processus vitaux où la diffusion entre en jeu ?

forte (figure 3.4a). Dès lors, les molécules se mettent à se déplacer en suivant leur propre gradient de concentration (figure 3.4b). Au bout de quelque temps, la solution aqueuse de colorant a une couleur uniforme, parce que les molécules de colorant et d'eau ont diffusé jusqu'à ce qu'elles aient été uniformément distribuées : elles sont à l'état d'équilibre (figure 3.4c).

Dans l'exemple de diffusion que nous venons de décrire, il n'y a pas de membrane pour faire obstacle au déplacement des molécules dans le récipient. Par ailleurs, les substances peuvent aussi diffuser à travers toute membrane qui leur est perméable. Plusieurs facteurs influent sur la vitesse de diffusion des substances dans une solution ou à travers une membrane plasmique :

1. *La pente du gradient de concentration*. Plus la différence entre les concentrations de part et d'autre de la membrane est grande, plus la vitesse de diffusion est élevée – de la même manière que plus la pente de la rivière est grande, plus le bateau se déplace rapidement en suivant le courant. Quand ce sont des particules chargées qui diffusent, c'est la pente du gradient électrochimique qui détermine la vitesse de diffusion à travers la membrane.

2. *La température*. Plus la température est élevée, plus le mouvement des molécules est rapide, et plus la vitesse de diffusion est grande. Chez une personne qui a de la fièvre, tous les processus de diffusion de l'organisme sont accélérés.

3. *La masse de la substance qui diffuse*. Plus la masse de la particule qui diffuse est grande, plus la résistance à son déplacement est forte, et plus la vitesse de diffusion est faible. Les petites molécules diffusent plus rapidement que les grosses.

4. *La surface*. Plus la surface de la membrane accessible aux particules qui diffusent est grande, plus la vitesse de diffusion est élevée. Par exemple, les sacs alvéolaires des poumons présentent une grande surface pour la diffusion de l'oxygène de l'air dans le sang. Certaines maladies pulmonaires, comme l'emphysème, réduisent la surface disponible, ce qui réduit la diffusion de l'oxygène.

5. *La distance de diffusion*. Plus la distance sur laquelle la diffusion a lieu est grande, plus le processus est long. La diffusion à travers une membrane plasmique s'effectue en une fraction de seconde, parce que la membrane est très mince. Par contre, chez une personne souffrant de pneumonie, du liquide s'accumule dans les alvéoles des poumons ; la distance de diffusion s'accroît parce que l'oxygène doit se déplacer à la fois dans le liquide accumulé et dans la membrane des alvéoles pour se rendre dans la circulation sanguine. L'oxygénation des cellules du corps se trouve ainsi réduite. De la même façon, la cicatrisation des tissus composant les ligaments, les cartilages et les os est longue parce que les cellules sont éloignées des vaisseaux sanguins ; en revanche, les lésions de la peau (tissu richement vascularisé) guérissent rapidement parce que chaque cellule est située à proximité d'un vaisseau sanguin.

La diffusion à travers la bicouche lipidique Les molécules hydrophobes non polaires diffusent librement à travers la bicouche lipidique de la membrane plasmique d'une cellule, sans l'aide d'un transporteur protéique, parce qu'elles sont solubles dans la bicouche (figure 3.5a). Les molécules de ce type comprennent l'oxygène (O_2) gazeux, le dioxyde de carbone (CO_2) et l'azote (N_2) ; les acides gras, les stéroïdes et les vitamines liposolubles (A, E, D et K) ; les alcools simples ; et l'ammoniac. Nous avons vu plus haut que deux petites molécules polaires non chargées, soit l'eau et l'urée, diffusent à travers la bicouche lipidique. La diffusion à travers la bicouche joue un rôle important dans l'échange d'oxygène et de dioxyde de carbone entre le sang et les cellules de l'organisme, ainsi qu'entre le sang et l'air dans les poumons au cours des échanges gazeux. Elle est également le moyen par lequel la cellule absorbe certains nutriments et excrète plusieurs déchets.

La diffusion à travers les canaux ioniques membranaires La plupart des canaux membranaires sont des *canaux ioniques*, c'est-à-dire des protéines transmembranaires intrinsèques permettant le passage de petits ions inorganiques qui sont trop hydrophiles pour accéder à l'intérieur non polaire de la bicouche lipidique (figure 3.5a). Un ion donné ne peut diffuser à travers la membrane qu'en certains endroits. Dans la plupart des membranes plasmiques, ce sont les canaux ioniques sélectifs pour K^+ (ion potassium) ou Cl^- (ion chlorure) qui sont les plus nombreux. Il y a aussi, en moins grand nombre, des canaux sélectifs pour Na^+ (ion sodium) ou Ca^{2+} (ion calcium). En général, la diffusion d'ions à travers des canaux est plus lente que la diffusion libre à travers la bicouche lipidique parce que les canaux occupent une plus petite proportion de la surface totale de la membrane que les lipides. Ce processus est néanmoins très rapide. Plus d'un million d'ions potassium peuvent traverser un canal à K^+ en une seconde !

Un canal est dit *à fonctionnement commandé* si une partie de la protéine qui le constitue joue le rôle d'« obturateur », ou de « vanne », en changeant de forme de manière à tantôt ouvrir le pore, tantôt le fermer (figure 3.5b). Certains canaux à fonctionnement commandé passent alternativement de la position ouverte à la position fermée de façon aléatoire ; d'autres sont régulés par des changements chimiques ou électriques ayant lieu à l'intérieur ou à l'extérieur de la cellule. Quand les vannes d'un canal sont ouvertes, les ions diffusent vers l'intérieur ou l'extérieur de la cellule, en suivant leur gradient de concentration et le gradient électrochimique. Le nombre de canaux ioniques d'une membrane plasmique varie en fonction du type de la cellule, d'où les différences de perméabilité aux divers ions selon les membranes.

L'osmose

L'osmose est le déplacement net d'un solvant à travers une membrane à perméabilité sélective ; l'osmose est donc, comme la diffusion simple, un mécanisme passif. Considérons d'abord le mécanisme du point de vue du solvant. Chez les organismes vivants, le solvant est l'eau et la membrane plasmique des cellules a une perméabilité sélective. L'eau traverse donc la membrane plasmique en passant d'une zone où la *concentration d'eau* est *élevée* à une zone où la *concentration d'eau* est *plus faible*. Considérons maintenant l'osmose du point de vue de la concentration des solutés. L'eau se déplace à travers une membrane à perméabilité sélective à partir d'une zone où la *concentration de soluté* est *faible* vers une zone où la *concentration de soluté* est *plus élevée*. Comparons deux solutions de glucose, l'une à 5 % et l'autre à 10 %. Le premier pourcentage indique que la solution comprend 5 parties de glucose

FIGURE 3.5 Les types de diffusion.

Les molécules hydrophobes non polaires diffusent à travers la bicouche lipidique ; les petits ions inorganiques empruntent des canaux ioniques et le glucose, des transporteurs.

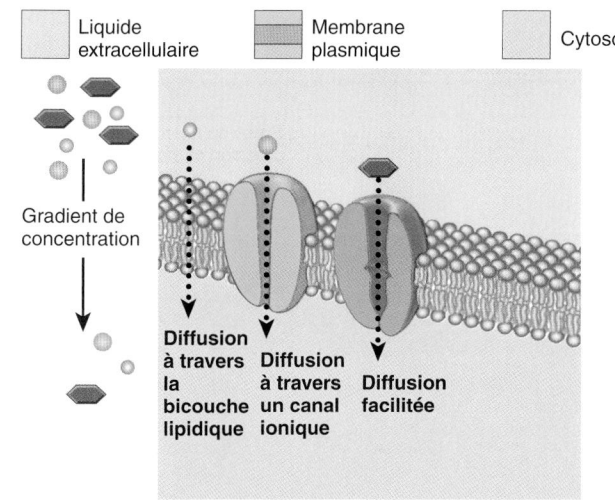

(a) Comparaison des divers types de diffusion

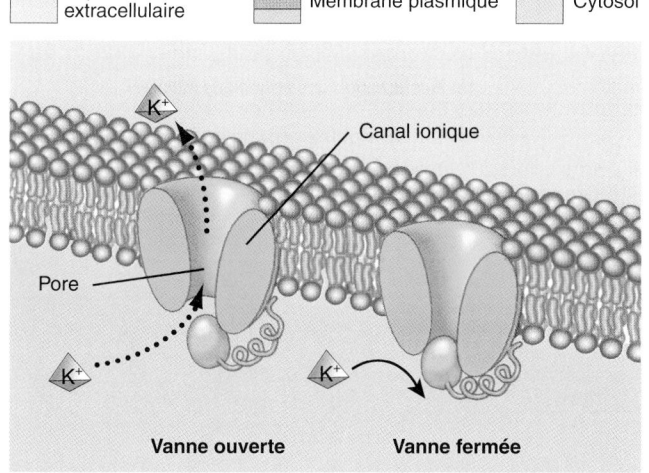

(b) Vue détaillée d'un canal à K⁺

 Pourquoi la diffusion à travers un canal protéique est-elle plus lente que la diffusion à travers la bicouche lipidique ?

(soluté) et 95 parties d'eau (solvant) ; le deuxième pourcentage signifie que la solution contient 10 parties de glucose et 90 parties d'eau. La solution la plus concentrée en soluté est la solution la moins concentrée en solvant.

Au cours de l'osmose, les molécules d'eau franchissent la membrane plasmique de deux façons : 1) en traversant la bicouche lipidique de la manière décrite précédemment ; 2) en passant par des **aquaporines** (*aqua* : eau), c'est-à-dire des protéines membranaires intrinsèques servant de canaux spécifiques de l'eau.

L'osmose se produit seulement quand une membrane est perméable à l'eau mais non à certains solutés. On peut démontrer ce phénomène par une expérience simple. Considérons un tube en U dans lequel une membrane à perméabilité sélective sépare les deux branches. On verse dans la branche gauche un volume d'eau distillée (eau pure) et, dans la branche droite, un volume égal d'une solution contenant un soluté auquel la membrane est imperméable (figure 3.6a). La concentration d'eau étant plus élevée à gauche qu'à droite, un déplacement net de molécules d'eau – l'osmose – a lieu de la gauche vers la droite, car l'eau « suit » son gradient de concentration. En même temps, la membrane fait obstacle à la diffusion du soluté de la branche droite vers la branche gauche. Il en résulte que le volume d'eau dans la branche gauche diminue, alors que le volume de solution dans la branche droite augmente (figure 3.6b).

On pourrait imaginer que l'osmose se poursuivra jusqu'à ce qu'il ne reste plus d'eau dans la branche gauche, mais tel *n'est pas* le cas. Dans cette expérience, plus la colonne de solution dans la branche droite s'élève, plus la pression qu'elle exerce de son côté de la membrane augmente. La pression exercée de cette façon par un liquide est appelée **pression hydrostatique**. Elle force les molécules d'eau à retourner dans la branche gauche. L'équilibre entre les deux colonnes est atteint lorsqu'il y a autant de molécules d'eau qui se déplacent de droite à gauche, sous l'action de la pression hydrostatique, qu'il y en a qui se déplacent de gauche à droite par osmose (figure 3.6b).

Supposons maintenant qu'on désire empêcher le déplacement de l'eau de la branche gauche vers la branche droite ; pour ce faire, il faudrait appliquer une pression sur la colonne droite à l'aide d'un piston (figure 3.6c). Plus la différence de concentration d'eau entre les deux branches du tube est grande, plus la pression à exercer pour empêcher le déplacement de l'eau doit, elle aussi, être grande. La force nécessaire pour arrêter le déplacement de l'eau de la branche gauche vers la branche droite est appelée **pression osmotique**. Elle est exercée par la solution contenant le soluté (ou la plus grande concentration de soluté) auquel la membrane est imperméable. La pression osmotique d'une solution est proportionnelle à la concentration de particules de soluté qui ne peuvent pas franchir la membrane : plus la concentration de soluté dans une solution est grande, plus la pression osmotique de cette solution est élevée. (Notez que la pression osmotique d'une solution n'est pas à l'origine du mouvement de l'eau pendant l'osmose. Elle constitue plutôt la pression qui *préviendrait* ce déplacement.)

Normalement, la pression osmotique du cytosol est égale à celle du liquide interstitiel (à l'extérieur des cellules). Comme elle est la même de part et d'autre de la membrane plasmique (dont la perméabilité est sélective), le volume de la cellule demeure relativement constant. Cependant, si on place des cellules dans une solution dont la pression osmotique est différente de celle du cytosol, leur forme et leur volume changent : lorsque de l'eau entre dans les cellules ou en sort par osmose, leur volume augmente ou diminue. La **tonicité** (*tonos* : tension) d'une solution est une mesure de sa capacité à changer le volume des cellules en modifiant leur teneur en eau.

Toute solution dans laquelle une cellule, par exemple un érythrocyte, conserve sa forme habituelle et son volume normal est appelée **solution isotonique** (*isos* : égal) (figure 3.7a). La concentration

FIGURE 3.6 Le principe de l'osmose. Les molécules d'eau traversent la membrane à perméabilité sélective ; les molécules de soluté dans la branche droite ne peuvent pas passer à travers la membrane. (a) Au début de l'expérience, les molécules d'eau se déplacent de la branche gauche vers la branche droite, en suivant leur gradient de concentration. (b) Au bout d'un certain temps, le volume d'eau dans la branche gauche a diminué et le volume de solution dans la branche droite a augmenté. À l'état d'équilibre, le mouvement osmotique net est nul : il y a autant de molécules d'eau qui vont de droite à gauche sous l'action de la pression hydrostatique qu'il y en a qui se déplacent de gauche à droite sous l'action de l'osmose. (c) Si on exerce une pression sur la solution dans la branche droite, on peut recréer les conditions initiales. Cette pression, qui arrête l'osmose, est égale à la pression osmotique.

 L'osmose est le déplacement de molécules d'eau à travers une membrane à perméabilité sélective.

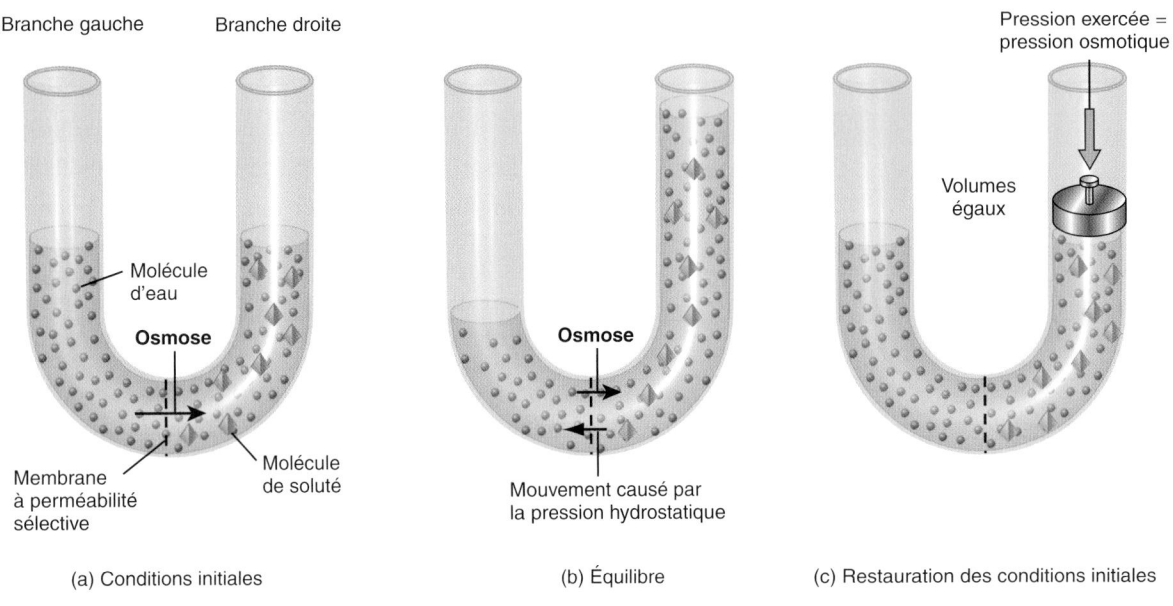

(a) Conditions initiales   (b) Équilibre   (c) Restauration des conditions initiales

 Est-ce que le niveau du liquide dans la branche droite augmente jusqu'à ce que la concentration d'eau soit la même dans les deux branches ?

des solutés qui ne peuvent pas traverser la membrane plasmique est la même de part et d'autre de la membrane. Par exemple, une solution de NaCl à 0,9 % (0,9 g de chlorure de sodium dans 100 mL de solution), appelée *solution saline normale* ou *solution physiologique,* est isotonique aux érythrocytes. Bien que la membrane plasmique de ces derniers laisse passer l'eau, elle se comporte comme si elle était imperméable aux ions Na^+ et Cl^-, c'est-à-dire aux solutés. (Tout ion Na^+ ou Cl^- qui entre dans la cellule par un canal ou par l'intermédiaire d'un transporteur est immédiatement expulsé par transport actif ou par un autre moyen.) Ainsi, quand on immerge des érythrocytes dans une solution de NaCl à 0,9 %, les molécules d'eau entrent et sortent au même rythme (il n'y a pas de déplacement net de molécules d'eau ni vers l'intérieur ni vers l'extérieur de la cellule), ce qui permet aux cellules de garder leur forme habituelle et leur volume normal.

La situation est différente si on place des érythrocytes dans une **solution hypotonique** (*hypo* : au-dessous), c'est-à-dire une solution dont la concentration en solutés est *plus faible* que celle du cytosol des érythrocytes (figure 3.7b). Dans ce cas, les molécules d'eau, en plus grande concentration à l'extérieur, entrent dans les cellules plus rapidement qu'elles n'en sortent, ce qui fait gonfler les cellules et finit par les faire éclater. Cette rupture des érythrocytes est appelée **hémolyse** (*haima* : sang ; *lysis* : destruction) ; la rupture de cellules d'une autre nature attribuable au fait qu'on les a placées dans une solution hypotonique est appelée simplement **lyse**. L'eau

distillée est très hypotonique (absence totale de solutés), et elle provoque une hémolyse rapide.

Une **solution hypertonique** (*hyper* : au-delà) possède une *plus grande* concentration de solutés que le cytosol des érythrocytes (figure 3.7b). C'est le cas d'une solution de NaCl à 2 %, où les molécules d'eau sortent des cellules plus rapidement qu'elles n'y entrent, ce qui fait rétrécir les cellules. Un tel rétrécissement des cellules est appelé **crénelure**.

LES UTILISATIONS MÉDICALES DES SOLUTIONS ISOTONIQUES, HYPERTONIQUES ET HYPOTONIQUES

Les solutions hypertoniques et hypotoniques peuvent endommager ou détruire les érythrocytes (globules rouges) et d'autres cellules du corps. C'est pourquoi la plupart des **solutions intraveineuses** (liquides injectés dans le sang d'une veine) sont isotoniques. Citons, par exemple, la solution physiologique (NaCl à 0,9 %) et la solution (aqueuse) de dextrose à 5 %. La perfusion d'une solution hypertonique, tel le mannitol, sert parfois au traitement des patients souffrant d'*œdème cérébral*, soit un excès de liquide interstitiel dans le cerveau. La perfusion d'une telle solution élimine le liquide en excès en causant l'osmose de l'eau, du liquide interstitiel vers le sang. Les reins excrètent ensuite dans l'urine l'excès d'eau qui se trouve dans le sang. On administre des solutions hypotoniques, par voie orale ou par voie intraveineuse, pour traiter les personnes déshydratées. L'eau contenue dans la solution passe du sang au liquide interstitiel, puis elle entre

FIGURE 3.7 L'effet de la tonicité sur les érythrocytes.
Les flèches indiquent le sens et l'importance du mouvement de l'eau,
vers l'intérieur ou l'extérieur de la cellule. Une solution de NaCl à 0,9 %
est isotonique aux érythrocytes.

 Lorsqu'elles baignent dans une solution isotonique, les cellules gardent leur forme, parce que les molécules d'eau entrent dans les cellules et en sortent au même rythme : il n'y a donc pas de déplacement net d'eau, ni vers l'intérieur ni vers l'extérieur de la cellule.

Solution isotonique	Solution hypotonique	Solution hypertonique

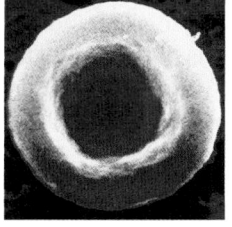 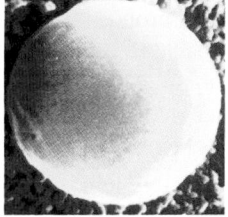 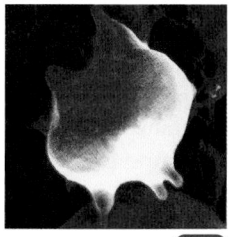

(a) Sens du mouvement de l'eau

Érythrocyte de forme normale | Érythrocyte hémolysé | Érythrocyte crénelé

MEB

(b) Images obtenues par micrographie électronique à balayage (800 ×)

 Un érythrocyte plongé dans une solution de NaCl à 2 % sera-t-il hémolysé ou crénelé ? Pourquoi ?

dans les cellules du corps pour les réhydrater. L'eau et la plupart des boissons pour sportifs, que l'on consomme pour se réhydrater après une séance d'exercice, sont hypotoniques relativement aux cellules du corps humain. ∎

▶ **POINT DE CONTRÔLE**

8. Quels facteurs sont susceptibles d'accroître la vitesse de diffusion ?

9. Qu'est-ce que la pression osmotique ?

10. Quelles substances peuvent diffuser directement à travers la bicouche lipidique ?

11. Comparez la diffusion à travers un canal membranaire et la diffusion simple.

LE TRANSPORT PAR TRANSPORTEUR PROTÉIQUE

La diffusion facilitée

Les solutés polaires ou chargés incapables de diffuser à travers la bicouche lipidique, et dont la taille est trop grande pour qu'ils empruntent les canaux membranaires, peuvent franchir la membrane

plasmique par **diffusion facilitée**. Dans ce mécanisme, un soluté se lie à un transporteur membranaire spécifique d'un côté de la membrane, puis il est largué de l'autre côté après un changement de conformation du transporteur (figure 3.5a).

À l'instar de la diffusion, la diffusion facilitée est un mécanisme passif. Son résultat net est un déplacement suivant le gradient de concentration. Le soluté se lie plus fréquemment au transporteur du côté de la membrane où sa concentration est la plus élevée. Une fois que la concentration est identique de part et d'autre de la membrane, les molécules de soluté se lient au transporteur du côté du cytosol et passent dans le liquide extracellulaire au même rythme qu'elles se lient au transporteur du côté extracellulaire pour passer dans le cytosol. Ainsi, la vitesse de la diffusion facilitée est déterminée par la pente du gradient de concentration à travers la membrane.

Le nombre de transporteurs dans la membrane plasmique limite la vitesse à laquelle la diffusion facilitée peut s'effectuer, la vitesse maximale étant appelée *transport maximal*. Quand tous les transporteurs sont occupés, le transport maximal est atteint et toute augmentation supplémentaire du gradient de concentration reste sans effet sur la vitesse de la diffusion facilitée. Comme dans le cas d'une éponge saturée qui ne peut plus absorber d'eau, le mécanisme de la diffusion facilitée présente alors une *saturation*.

La perméabilité sélective de la membrane plasmique est souvent régulée de façon à assurer l'homéostasie. Ainsi, par l'intermédiaire de son récepteur, l'insuline (une hormone) favorise l'insertion, dans la membrane plasmique de certaines cellules, d'un grand nombre de molécules d'un transporteur spécifique du glucose. Elle fait donc augmenter le transport maximal pour la diffusion facilitée du glucose dans les cellules. Comme le nombre de transporteurs disponibles est plus élevé, les cellules de l'organisme peuvent absorber plus rapidement le glucose circulant dans le sang. On appelle *diabète sucré* (voir le chapitre 18) l'incapacité à produire de l'insuline ou à l'utiliser.

Le transport actif

Certains solutés polaires ou chargés doivent entrer dans la cellule ou en sortir en circulant *contre* leur gradient de concentration. Ils ne peuvent alors utiliser aucun type de transport passif pour traverser la membrane. De tels solutés réussissent toutefois à traverser la membrane grâce à un processus appelé **transport actif**. On considère qu'il s'agit d'un processus actif parce que les transporteurs protéiques ont besoin d'une certaine quantité d'énergie pour déplacer des solutés à travers la membrane plasmique contre leur gradient de concentration. Deux sources d'énergie cellulaire peuvent alimenter le transport actif : 1) l'hydrolyse de l'ATP fournit l'énergie nécessaire au *transport actif primaire* ; 2) l'énergie emmagasinée dans le gradient de concentration ionique sert au *transport actif secondaire*. À l'instar de la diffusion facilitée, les mécanismes de transport actif présentent deux caractéristiques, soit le transport maximal et la saturation. Les solutés transportés activement à travers la membrane plasmique comprennent plusieurs ions, tels Na^+, K^+, H^+, Ca^{2+}, I^- (ion iodure) et Cl^-, de même que des acides aminés et des monosaccharides. (Notez que certaines de ces substances traversent aussi passivement la membrane par l'intermédiaire de canaux ou par diffusion facilitée si des canaux ou des transporteurs appropriés sont présents.)

Le transport actif primaire Dans le **transport actif primaire**, l'énergie fournie par l'hydrolyse de l'ATP sert à modifier la conformation d'un transporteur protéique, qui peut alors «pomper» une substance à travers une membrane plasmique contre son gradient de concentration. En fait, les protéines qui assurent le transport actif primaire sont souvent appelées **pompes**. En général, les cellules de l'organisme utilisent environ 40 % de l'ATP qu'elles produisent pour le transport actif primaire. Les substances qui inhibent la production d'ATP, comme le cyanure, sont des poisons mortels parce qu'elles bloquent le transport actif dans toutes les cellules du corps.

Le mécanisme de transport actif primaire le plus courant sert à expulser des ions sodium (Na^+) des cellules et à y faire entrer des ions potassium (K^+). Étant donné la nature des ions qu'il déplace, ce transporteur est appelé **pompe à sodium-potassium**. Parce qu'une partie de cette pompe agit comme une *ATPase,* c'est-à-dire une enzyme qui hydrolyse l'ATP, on l'appelle aussi **Na^+-K^+ ATPase**. La membrane plasmique de toutes les cellules renferme des milliers de pompes à sodium-potassium, qui maintiennent une faible concentration de Na^+ dans le cytosol en rejetant ces ions dans le liquide extracellulaire, contre leur gradient de concentration. Ces pompes font simultanément entrer dans la cellule des ions K^+, contre leur gradient de concentration. Puisque K^+ et Na^+ s'écoulent lentement à travers la membrane plasmique en suivant leur gradient de concentration et le gradient électrique – par transport passif ou par transport actif secondaire –, les pompes à sodium-potassium doivent fonctionner sans arrêt pour maintenir dans le cytosol une faible concentration de Na^+ et une forte concentration de K^+.

La figure 3.8 illustre le fonctionnement de la pompe à sodium-potassium.

❶ Trois Na^+ se lient à la pompe protéique dans le cytosol.

❷ La liaison avec Na^+ déclenche l'hydrolyse de l'ATP en ADP, réaction qui s'accompagne de la liaison d'un groupement phosphate ⓟ à la pompe protéique. Cette réaction change la conformation de la pompe protéique et entraîne de ce fait l'expulsion des trois Na^+ dans le liquide extracellulaire. La nouvelle conformation favorise alors la liaison à la pompe de deux K^+ présents dans le liquide extracellulaire.

❸ La liaison avec K^+ déclenche la libération du groupement phosphate attaché à la pompe protéique, ce qui entraîne à nouveau un changement de la conformation de la pompe.

❹ Quand elle reprend sa conformation initiale, la pompe protéique libère les deux K^+ dans le cytosol. Elle est alors prête à se lier de nouveau à trois Na^+, et le cycle recommence.

En conservant des concentrations différentes de Na^+ et de K^+ dans le cytosol et le liquide extracellulaire, les pompes à sodium-potassium jouent un rôle crucial dans le maintien du volume normal de la cellule et la capacité de certaines cellules à produire des signaux électriques, tels les potentiels d'action. Rappelons que la tonicité d'une solution est proportionnelle à sa concentration en particules de solutés incapables de pénétrer dans la membrane. Étant donné que les ions sodium diffusant dans une cellule ou y entrant par transport actif secondaire en sont immédiatement expulsés par la pompe protéique, c'est comme s'ils n'y étaient jamais entrés. De fait, les ions Na^+ se comportent comme s'ils étaient incapables de pénétrer dans la membrane ; ils jouent donc un rôle essentiel dans la tonicité du liquide extracellulaire. Les ions K^+ jouent un rôle similaire dans le cytosol. En contribuant au maintien de la tonicité normale de part et d'autre de la membrane plasmique, la pompe à sodium-potassium fait en sorte que les cellules ne soient pas soumises à des mouvements osmotiques d'eau vers l'intérieur ou l'extérieur, qui les feraient gonfler ou rétrécir.

FIGURE 3.8 La pompe à sodium-potassium (Na^+-K^+ ATPase) expulse des ions sodium (Na^+) de la cellule et y apporte des ions potassium (K^+).

La pompe à sodium-potassium maintient la concentration d'ions sodium dans la cellule à un faible niveau.

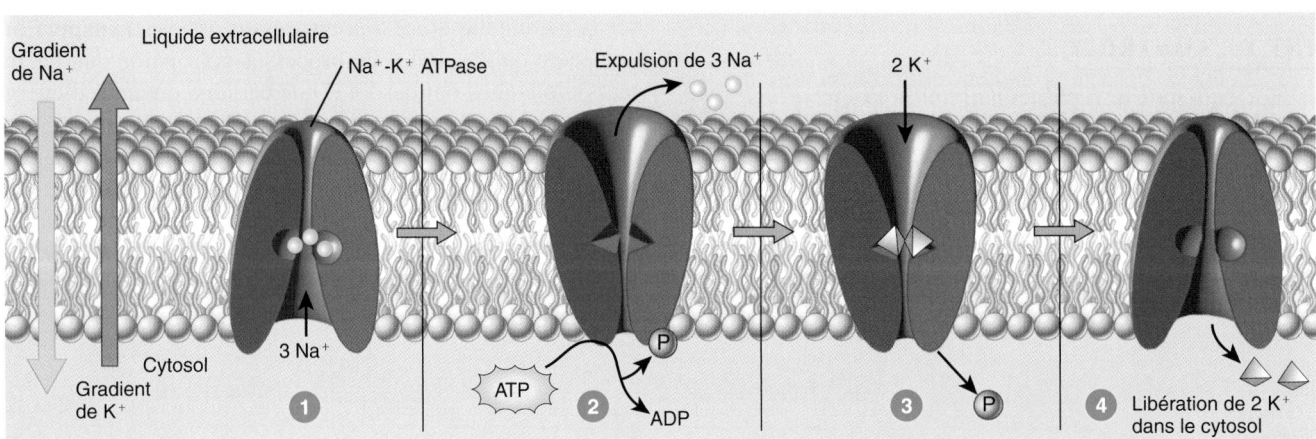

 Quel est le rôle de l'ATP dans le fonctionnement de la pompe ?

Le transport actif secondaire Dans le **transport actif secondaire**, l'énergie emmagasinée dans le gradient de concentration de Na⁺ ou de H⁺ sert à faire passer d'autres substances à travers la membrane plasmique, contre leur propre gradient de concentration. Puisque le gradient de Na⁺ et de H⁺ est établi par transport actif primaire, le transport actif secondaire utilise *indirectement* l'énergie fournie par l'hydrolyse de l'ATP.

La pompe à sodium-potassium maintient de part et d'autre de la membrane un fort gradient de concentration de Na⁺. De ce fait, les ions Na⁺ emmagasinent de l'énergie, c'est-à-dire qu'ils ont une énergie potentielle, tout comme l'eau retenue derrière un barrage. C'est pourquoi, si une voie de retour dans la cellule s'offre à Na⁺, une partie de l'énergie emmagasinée peut être convertie en énergie cinétique (énergie de mouvement) et utilisée pour transporter d'autres substances *contre leur gradient de concentration*. En somme, les protéines prenant part au transport actif secondaire tirent parti de l'énergie contenue dans le gradient de concentration de Na⁺ en fournissant à cet ion le moyen de revenir dans la cellule. Dans le transport actif secondaire, un transporteur protéique se lie simultanément à Na⁺ et à une autre substance, puis il change de conformation, de sorte que les deux substances traversent la membrane en même temps. Si un transporteur déplace deux substances dans un même sens, on le qualifie de **symporteur** (*syn* : ensemble) ; par contre, un **antiporteur** (*anti* : contre) déplace deux substances dans deux sens opposés, de part et d'autre de la membrane.

La membrane plasmique contient plusieurs systèmes antiports et symports alimentés en énergie par le gradient de Na⁺ (figure 3.9a). Par exemple, la concentration en ions calcium (Ca²⁺) est faible dans le cytosol parce que des antiporteurs Na⁺-Ca²⁺ expulsent ces ions. Des antiporteurs Na⁺-H⁺ contribuent de façon analogue à la régulation du pH (concentration en H⁺) du cytosol en expulsant les ions H⁺

en excès. En revanche, le glucose et les acides aminés alimentaires sont absorbés par les cellules qui tapissent l'intestin grêle, par l'intermédiaire de symporteurs Na⁺-glucose et Na⁺-acide aminé (figure 3.9b). Dans chaque cas, les ions Na⁺ se déplacent suivant leur gradient de concentration, tandis que les autres solutés circulent contre leur gradient de concentration. Il ne faut pas perdre de vue que tous les symporteurs et antiporteurs peuvent accomplir leur tâche parce que les pompes à sodium-potassium maintiennent la concentration en Na⁺ du cytosol à un faible niveau.

LA DIGITALINE ACCROÎT LA QUANTITÉ DE CA²⁺ DANS LES CELLULES DU MUSCLE CARDIAQUE

On administre fréquemment de la digitaline aux patients souffrant d'*insuffisance cardiaque*, état lié à l'affaiblissement de la fonction de pompage du cœur. Cette substance fait effet en ralentissant l'action des pompes à sodium-potassium, qui laissent alors une plus grande quantité de Na⁺ s'accumuler dans les cellules du muscle cardiaque. Il en résulte une diminution du gradient de concentration de Na⁺ de part et d'autre de la membrane, ce qui entraîne un ralentissement du système antiport Na⁺-Ca²⁺. En conséquence, les cellules retiennent un plus grand nombre d'ions Ca²⁺ ; cette légère augmentation de Ca²⁺ dans le cytosol des cellules du muscle cardiaque accroît l'intensité de leurs contractions et donne plus de force aux battements du cœur. ■

LE TRANSPORT VÉSICULAIRE

Une **vésicule** est un petit sac sphérique membraneux qui apparaît par bourgeonnement et se détache d'une membrane existante. Sa membrane est à perméabilité sélective et son cytosol contient une petite quantité de liquide ainsi que des particules en solution ou en suspension. Comme nous le verrons dans le présent chapitre, les vésicules assurent le transport de diverses substances d'une

FIGURE 3.9 Les mécanismes de transport actif secondaire. (a) Les antiporteurs transportent, en sens opposés, deux substances à travers la membrane. (b) Les symporteurs transportent, dans un même sens, deux substances à travers la membrane.

Les mécanismes de transport actif secondaire utilisent l'énergie emmagasinée dans le gradient de concentration d'un ion (dans ce cas-ci, Na⁺). Étant donné que les pompes permettant le transport actif primaire maintiennent les gradients ioniques grâce à l'hydrolyse de l'ATP, les mécanismes de transport actif secondaire consomment indirectement de l'ATP.

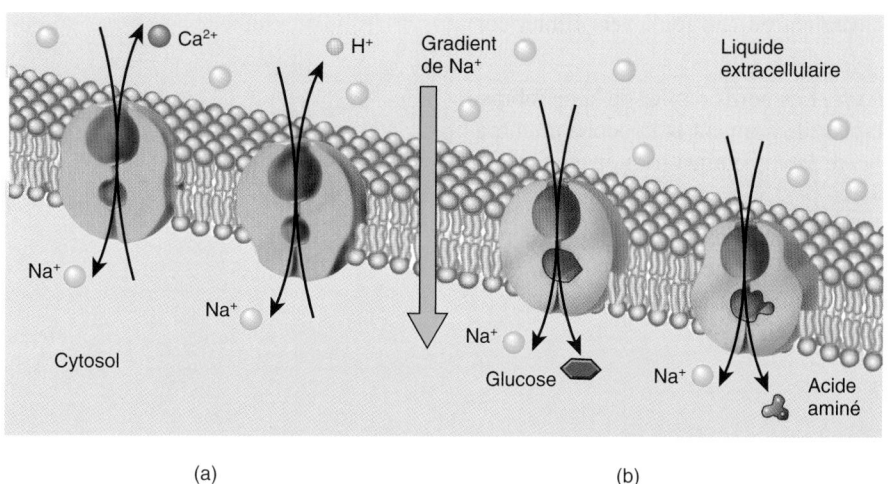

(a)   (b)

 Quelle est la principale différence entre les mécanismes de transport actif primaire et secondaire ?

structure cellulaire à une autre. Elles transportent également des substances du liquide extracellulaire dans le cytosol et en libèrent d'autres dans le liquide extracellulaire. Au cours de l'**endocytose** (*endon* : en dedans), les substances qui entrent dans la cellule sont enveloppées dans une vésicule formée à partir de la membrane plasmique ; pendant l'**exocytose** (*exô* : dehors), des substances sortent de la cellule grâce à la fusion avec la membrane plasmique de vésicules formées à l'intérieur de la cellule. L'endocytose et l'exocytose nécessitent toutes deux un apport d'énergie sous forme d'ATP. Le transport vésiculaire est donc un mécanisme actif.

L'endocytose

Nous examinerons trois types d'endocytose : l'endocytose par récepteurs interposés, la phagocytose et la pinocytose. L'**endocytose par récepteurs interposés** est une forme d'endocytose très sélective au cours de laquelle des ligands donnés entrent dans la cellule. (Rappelons qu'un ligand est une molécule qui se lie à un récepteur membranaire spécifique.) Une vésicule se forme lorsqu'un récepteur protéique de la membrane plasmique reconnaît une particule donnée présente dans le liquide extracellulaire, et s'y lie. Ainsi, c'est grâce à l'endocytose par récepteurs interposés que les cellules absorbent les lipoprotéines de basse densité (LDL, *low-density lipoproteins*) contenant du cholestérol, la transferrine (protéine de transport du fer dans le sang), certaines vitamines, les anticorps et diverses hormones. L'endocytose par récepteurs interposés des LDL (et d'autres ligands) se déroule de la façon suivante (figure 3.10) :

① **La liaison.** Du côté extracellulaire de la membrane plasmique, une particule de LDL contenant du cholestérol se lie à un récepteur spécifique de la membrane plasmique pour former un complexe récepteur-LDL. Les récepteurs spécifiques intervenant dans ce type de transport sont des protéines membranaires intrinsèques concentrées dans des *puits tapissés* ; ces derniers sont des régions spécifiques de la surface membranaire ainsi nommées parce que le côté cytoplasmique de la membrane est recouvert d'une couche de protéines périphériques appelées *clathrines*. Le rassemblement de nombreuses molécules de clathrine crée une structure en forme de panier autour des complexes récepteurs-LDL, ce qui entraîne l'invagination (ou repli vers l'intérieur) de la membrane.

② **La formation d'une vésicule.** Les bords repliés de la membrane à la périphérie du puits tapissé fusionnent et la poche membraneuse se détache. La *vésicule tapissée* ainsi formée contient les complexes récepteurs-LDL.

③ **Le dépouillement.** À peine formée, la vésicule tapissée perd sa couche de clathrine, ce qui en fait une *vésicule non tapissée*. Les molécules de clathrine retournent à la face interne de la membrane plasmique ou contribuent à tapisser d'autres vésicules situées dans la cellule.

④ **La fusion avec un endosome.** La vésicule non tapissée fusionne rapidement avec une autre vésicule appelée *endosome*, à l'intérieur de laquelle les particules de LDL se séparent de leurs récepteurs.

⑤ **Le recyclage des récepteurs.** La plupart des récepteurs se rassemblent dans des protubérances allongées de l'endosome qui,

FIGURE 3.10 L'endocytose par récepteurs interposés d'une particule de lipoprotéine à basse densité (LDL).

 L'endocytose par récepteurs interposés permet à la cellule d'absorber les substances dont elle a besoin.

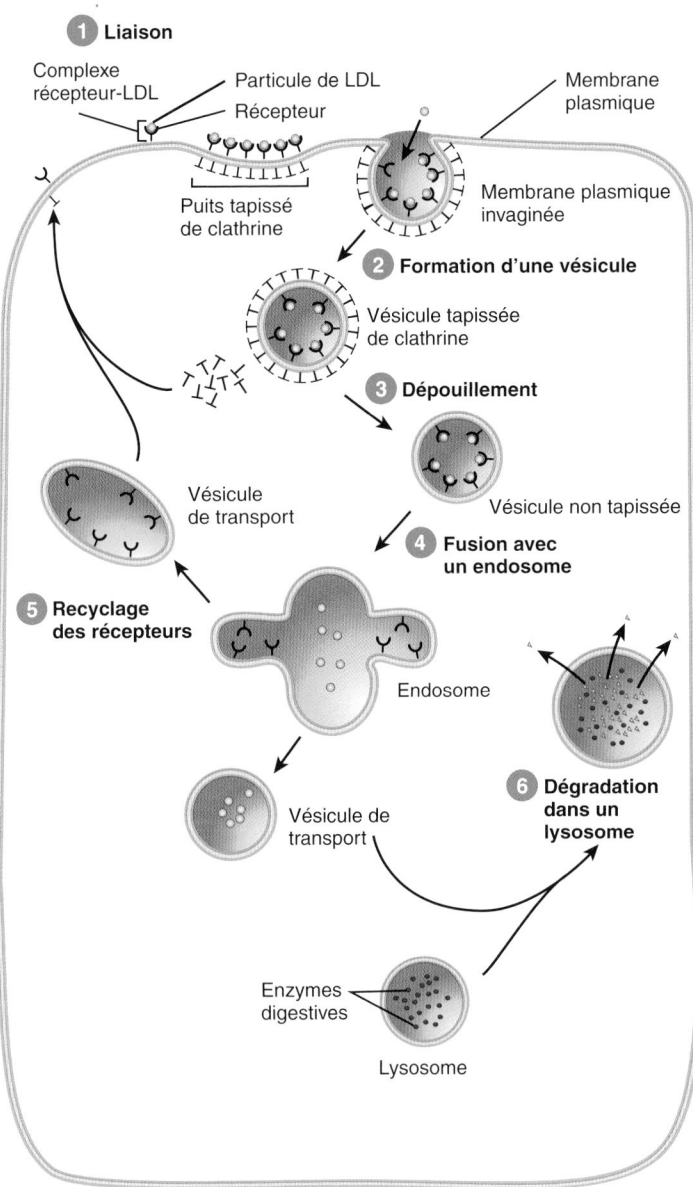

Nommez quelques autres ligands susceptibles d'être soumis à l'endocytose par récepteurs interposés.

en se détachant par pincement, forment des *vésicules de transport* qui renvoient les récepteurs à la membrane plasmique. Un récepteur de LDL retourne ainsi sur la membrane plasmique 10 minutes environ après être entré dans la cellule.

⑥ **La dégradation dans un lysosome.** D'autres vésicules de transport, qui contiennent les particules de LDL, se détachent de l'endosome par bourgeonnement et fusionnent avec un *lysosome*. Les lysosomes contiennent de nombreuses enzymes digestives. Certaines d'entre elles dégradent les grosses molécules protéiques et lipidiques des particules de LDL en acides aminés, en acides gras et en cholestérol. Ces molécules plus petites quittent ensuite le lysosome. La cellule utilise le cholestérol pour reconstruire sa membrane et synthétiser des stéroïdes, tels les œstrogènes. Les acides gras et les acides aminés servent notamment à la production d'ATP et à la formation des diverses molécules dont la cellule a besoin.

LES VIRUS ET L'ENDOCYTOSE PAR RÉCEPTEURS INTERPOSÉS

Bien que l'endocytose par récepteurs interposés serve normalement à l'absorption de substances utiles, certains virus tirent parti de ce mécanisme pour entrer dans les cellules de l'organisme et les infecter. Par exemple, le virus de l'immunodéficience humaine (VIH), qui cause le syndrome d'immunodéficience acquise (sida), peut se fixer à un récepteur appelé *CD4*, présent dans la membrane plasmique d'un type de leucocytes (ou globules blancs), les *lymphocytes T auxiliaires*. Après s'être lié au CD4, le VIH pénètre dans un lymphocyte de ce type grâce à l'endocytose par récepteurs interposés. ■

La **phagocytose** (*phagein*: manger) est une forme d'endocytose par laquelle la cellule engloutit de grosses particules solides telles que des cellules usées, des bactéries ou des virus entiers (figure 3.11). Seul un petit nombre de cellules de l'organisme, appelées **phagocytes**, sont capables d'effectuer la phagocytose. Il existe deux catégories importantes de phagocytes: les *macrophagocytes*, ou macrophages, situés dans divers tissus de l'organisme, et les *granulocytes neutrophiles*, un type particulier de leucocytes. La phagocytose s'amorce par ❶ la liaison de la particule, par exemple un microorganisme, à un récepteur situé sur la membrane plasmique du phagocyte, ce qui amène ce dernier à projeter des **pseudopodes** (*pseudein*: tromper; *podos*: pied), c'est-à-dire des prolongements de la membrane plasmique et de son cytoplasme. Les pseudopodes entourent la particule, à l'extérieur de la cellule, et ❷ les membranes fusionnent pour former une vésicule appelée *phagosome*, qui pénètre dans le cytoplasme. Le phagosome ❸ s'unit à son tour avec un ou plusieurs lysosomes. ❹ Des enzymes lysosomiales dégradent alors la particule ingérée. ❺ Dans la plupart des cas, les substances non digérées contenues dans le phagosome restent indéfiniment dans une vésicule appelée *corps résiduel*. La phagocytose constitue un mécanisme de défense essentiel qui contribue à protéger l'organisme contre la maladie. C'est par phagocytose que les macrophagocytes éliminent chaque jour les microorganismes qui tentent d'envahir les cellules, de même que des milliards d'érythrocytes usés; les granulocytes neutrophiles contribuent eux aussi à libérer l'organisme de microorganismes envahisseurs. Le pus présent dans une plaie infectée est un mélange de granulocytes neutrophiles morts, de macrophagocytes, de cellules provenant de tissus, et de liquide.

La plupart des cellules de l'organisme sont capables de **pinocytose** (*pinein*: boire), forme d'endocytose dans laquelle la cellule absorbe de minuscules gouttelettes de liquide extracellulaire (figure 3.12). Aucun récepteur protéique ne joue de rôle dans ce processus; tous les types de solutés présents dans le liquide extracellulaire sont entraînés dans la cellule. Au cours de la pinocytose, la membrane plasmique ❶ s'invagine et constitue une vésicule

FIGURE 3.11 La phagocytose. Des pseudopodes entourent une particule (un microorganisme dans ce cas-ci) et les membranes fusionnent pour former un phagosome.

La phagocytose est un mécanisme de défense essentiel qui contribue à protéger l'organisme contre la maladie.

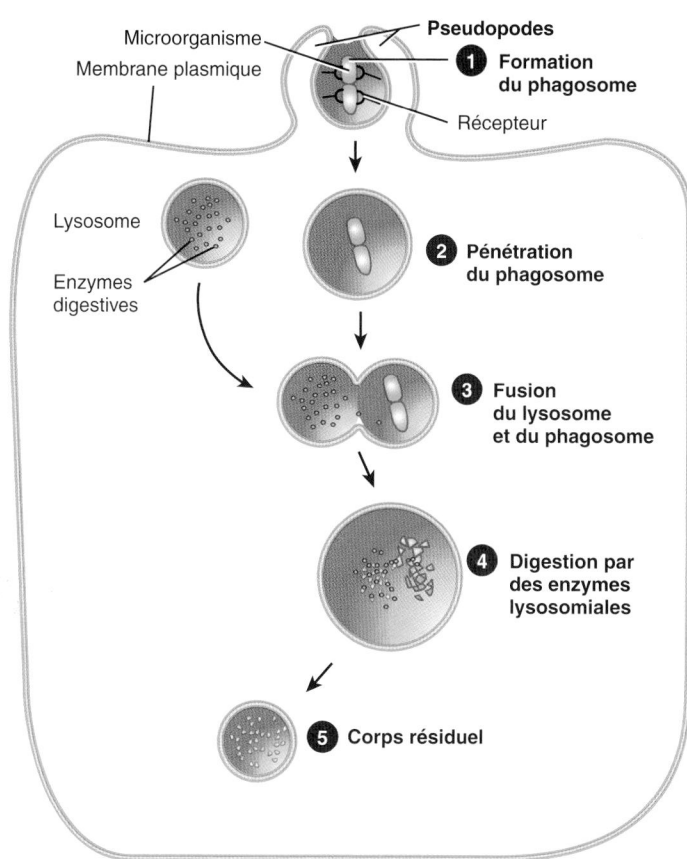

(a) Représentation schématique du processus

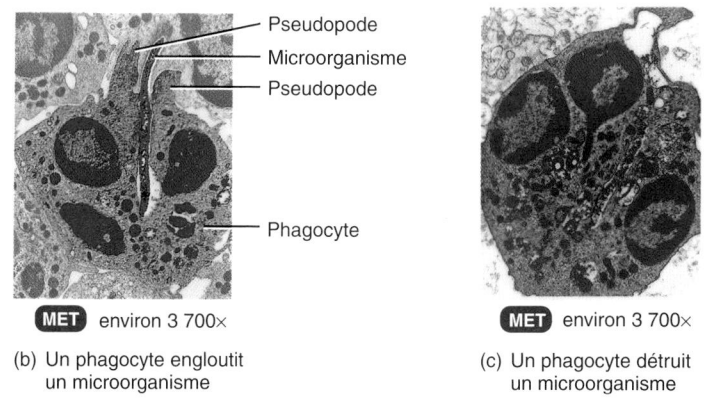

MET environ 3 700×

MET environ 3 700×

(b) Un phagocyte engloutit un microorganisme

(c) Un phagocyte détruit un microorganisme

 Qu'est-ce qui déclenche la formation de pseudopodes?

contenant une gouttelette de liquide extracellulaire. La vésicule se détache par «pincement» de la membrane, puis ❷ elle pénètre dans le cytoplasme où ❸ elle fusionne avec un lysosome. ❹ Les enzymes lysosomiales dégradent les solutés ingérés. Il en résulte

FIGURE 3.12 La pinocytose. La membrane plasmique forme une vésicule en se repliant vers l'intérieur.

La plupart des cellules de l'organisme sont le siège de la pinocytose, soit l'absorption non sélective de minuscules gouttelettes de liquide extracellulaire.

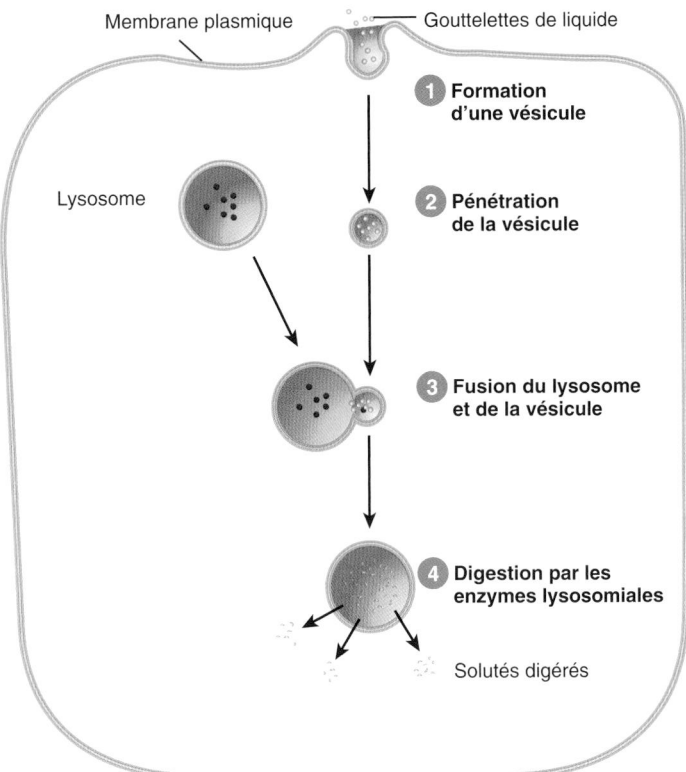

Membrane plasmique   Gouttelettes de liquide

1 Formation d'une vésicule

2 Pénétration de la vésicule

Lysosome

3 Fusion du lysosome et de la vésicule

4 Digestion par les enzymes lysosomiales

Solutés digérés

 En quoi l'endocytose par récepteurs interposés et la phagocytose diffèrent-elles de la pinocytose?

des molécules plus petites, tels des acides aminés et des acides gras, qui quittent le lysosome et sont utilisés ailleurs dans la cellule. La pinocytose a lieu dans la plupart des cellules de l'organisme, et plus particulièrement dans les cellules qui permettent l'absorption dans l'intestin et les reins.

L'exocytose

Contrairement à l'endocytose, qui fait entrer des substances dans une cellule, l'**exocytose** en fait sortir. Toutes les cellules sont le siège d'exocytose, mais ce mécanisme est surtout important dans deux types de cellules: 1) les cellules sécrétrices, qui libèrent les enzymes digestives, les hormones, le mucus et d'autres substances; et 2) les cellules nerveuses, qui libèrent des substances appelées *neurotransmetteurs* (voir la figure 12.17). Dans certains cas, des déchets cellulaires sont également expulsés par exocytose: des vésicules membraneuses, appelées *vésicules de sécrétion*, se forment dans le cytoplasme, puis elles fusionnent avec la membrane plasmique et libèrent leur contenu dans le liquide extracellulaire.

Les parties de la membrane plasmique qui sont perdues par endocytose sont recouvrées ou recyclées par exocytose. L'équilibre qui s'établit entre ces deux mécanismes maintient la surface de la mem-

brane plasmique relativement constante. Le renouvellement de la membrane est très courant dans certaines cellules. Par exemple, les cellules sécrétrices du pancréas qui produisent les enzymes digestives sont capables de recycler en 90 minutes une quantité de membrane plasmique équivalant à la totalité de leur surface.

La transcytose

Le transport vésiculaire peut aussi servir à déplacer une substance successivement vers l'intérieur d'une cellule, à travers la cellule et vers l'extérieur de la cellule. Au cours de ce processus actif, appelé **transcytose**, une substance quelconque pénètre d'un côté de la cellule par endocytose; les vésicules ainsi formées traversent le cytoplasme de la cellule et fusionnent avec la membrane plasmique de l'autre côté pour libérer leur contenu dans le liquide extracellulaire par exocytose. La transcytose a lieu le plus souvent dans les cellules endothéliales qui tapissent les vaisseaux sanguins; elle permet l'échange de substances entre le plasma et le liquide interstitiel. Chez une femme enceinte, par exemple, des anticorps de la mère traversent le placenta et entrent dans le sang circulant du fœtus par transcytose.

Le tableau 3.1 résume les mécanismes de transport par lesquels les substances entrent dans la cellule et en sortent.

▶ **POINT DE CONTRÔLE**

12. Quelle est la différence fondamentale entre le transport actif et le transport passif?

13. Comment les symporteurs et les antiporteurs remplissent-ils leurs fonctions?

14. Quelle est la différence entre le transport actif primaire et le transport actif secondaire?

15. Quelles similarités et quelles différences l'endocytose et l'exocytose présentent-elles?

LE CYTOPLASME

▶ OBJECTIF

• Décrire la structure et les fonctions du cytoplasme, du cytosol et des organites.

Le cytoplasme comprend toutes les substances cellulaires à l'intérieur de la membrane plasmique et à l'extérieur du noyau. Il est formé de deux composantes: 1) le cytosol, et 2) les organites, qui sont de minuscules structures assurant diverses fonctions au sein de la cellule.

LE CYTOSOL

Le **cytosol**, ou **liquide intracellulaire**, est la partie liquide du cytoplasme qui entoure les organites (figure 3.1); il occupe environ 55% du volume total de la cellule. Bien que sa composition et sa consistance varient d'un endroit à l'autre de la cellule, il comprend de 75 à 90% d'eau et divers composants en solution ou en suspension. On compte parmi ces derniers des ions, du glucose, des acides aminés, des acides gras, des protéines, des lipides, de l'ATP et des déchets.

TABLEAU 3.1 LES MÉCANISMES DE TRANSPORT QUI PERMETTENT LES ÉCHANGES ENTRE LA CELLULE ET LE LIQUIDE EXTRACELLULAIRE

MÉCANISME DE TRANSPORT	DESCRIPTION	SUBSTANCES TRANSPORTÉES
TRANSPORT PAR ÉNERGIE CINÉTIQUE		
Diffusion	Répartition aléatoire de molécules ou d'ions attribuable à leur énergie cinétique. Une substance diffuse en suivant son gradient de concentration jusqu'à ce que l'état d'équilibre soit atteint.	
Diffusion à travers la la bicouche lipidique	Diffusion passive d'une substance à travers la bicouche lipidique de la membrane plasmique.	Solutés hydrophobes, non polaires: oxygène, dioxyde de carbone et azote; acides gras, stéroïdes et vitamines liposolubles; glycérol et alcools simples; ammoniac. Petites molécules polaires telles que l'eau et l'urée.
Diffusion à travers les canaux membranaires	Diffusion passive d'une substance, en suivant son gradient de concentration et le gradient électrique, à travers des canaux qui traversent la bicouche lipidique; certains canaux sont munis de vannes (canaux à fonctionnement commandé).	Petits solutés inorganiques, surtout des ions: K^+, Cl^-, Na^+ et Ca^{2+}. Eau.
Osmose	Déplacement de molécules d'eau à travers une membrane à perméabilité sélective d'une région où la concentration d'eau est élevée vers une région où elle est plus faible.	Solvant: eau dans les organismes vivants.
TRANSPORT PAR TRANSPORTEUR PROTÉIQUE		
Diffusion facilitée	Déplacement passif d'une substance en suivant son gradient de concentration par l'intermédiaire de protéines transmembranaires qui servent de transporteurs; la vitesse de diffusion maximale est limitée par le nombre de transporteurs disponibles et par la saturation des transporteurs.	Solutés polaires ou chargés: glucose, fructose, galactose et certaines vitamines.
Transport actif	Mécanisme de transport dans lequel la cellule dépense de l'énergie pour faire passer une substance à travers la membrane, contre son gradient de concentration, par l'intermédiaire de protéines transmembranaires qui servent de transporteurs; le transport maximal est limité par le nombre de transporteurs disponibles et par la saturation des transporteurs.	Solutés polaires ou chargés.
Transport actif primaire	Transport d'une substance à travers la membrane, contre son gradient de concentration, par des protéines transmembranaires appelées *pompes*, qui utilisent l'énergie fournie par l'hydrolyse de l'ATP.	Na^+, K^+, Ca^{2+}, H^+, I^-, Cl^- et d'autres ions.
Transport actif secondaire	Système couplé qui permet le transport de deux substances à travers la membrane plasmique grâce à l'énergie emmagasinée dans un gradient de concentration de Na^+ ou de H^+ qui est maintenu par les pompes du transport actif primaire. Les antiporteurs font passer Na^+ (ou H^+) et une autre substance, dans des sens opposés, à travers la membrane; les symporteurs font passer Na^+ (ou H^+) et une autre substance, dans le même sens, à travers la membrane.	Système antiport: Ca^{2+}, H^+ vers l'extérieur de la cellule. Système symport: glucose, acides aminés vers l'intérieur de la cellule.
TRANSPORT VÉSICULAIRE	Déplacement de substances vers l'intérieur ou l'extérieur d'une cellule dans des vésicules qui se forment à partir de la membrane plasmique; nécessite un apport d'énergie, fournie par l'ATP.	
Endocytose	Absorption par une cellule de substances contenues dans des vésicules.	
Endocytose par récepteurs interposés	Complexes ligand-récepteur qui déclenchent l'invagination de puits tapissés de clathrines et mènent à la formation de vésicules renfermant des ligands.	Ligands: transferrine, lipoprotéines de basse densité (LDL); certaines vitamines, certaines hormones et certains anticorps.
Phagocytose	«Action de manger pour une cellule»; déplacement d'une particule solide vers l'intérieur d'une cellule à la suite de la formation de pseudopodes qui emprisonnent la particule dans un phagosome.	Bactéries, virus et cellules âgées ou mortes.
Pinocytose	«Action de boire pour une cellule»; déplacement de liquide extracellulaire vers l'intérieur d'une cellule à la suite de la formation d'une vésicule par invagination de la membrane plasmique.	Solutés présents dans le liquide extracellulaire.
Exocytose	Déplacement de substances vers l'extérieur d'une cellule dans des vésicules de sécrétion qui fusionnent avec la membrane plasmique et libèrent leur contenu dans le liquide extracellulaire.	Neurotransmetteurs, hormones, et enzymes digestives.
Transcytose	Déplacement d'une substance à travers une cellule, résultant d'une endocytose d'un côté de la cellule et d'une exocytose du côté opposé.	Substances, tels les anticorps, qui traversent les cellules endothéliales. Il s'agit d'une voie courante pour les substances qui se déplacent entre le plasma sanguin et le liquide interstitiel.

De nombreuses réactions chimiques essentielles à l'existence de la cellule ont lieu dans le cytosol. Par exemple, les enzymes du cytosol catalysent la *glycolyse*, suite de réactions chimiques qui donne deux molécules d'ATP à partir d'une molécule de glucose (voir la figure 25.4). L'énergie ainsi produite sert à l'activité cellulaire. D'autres types de réactions ayant lieu dans le cytosol fournissent les matières premières indispensables au maintien des structures de la cellule et à sa croissance.

- Dans certaines cellules, on rencontre dans le cytosol des molécules organiques qui se rassemblent pour constituer des agrégats et qui sont emmagasinées sous cette forme. Ces molécules peuvent apparaître puis disparaître à divers moments au cours de la vie de la cellule. Les *gouttelettes de lipides* qui contiennent des triacylglycérols et les amas de molécules de glycogène appelés *granules de glycogène* en sont des exemples.

LES ORGANITES

Nous avons déjà noté que les **organites** sont des structures spécialisées qui ont des formes caractéristiques et qui accomplissent des fonctions spécifiques liées à la croissance, à l'entretien et à la reproduction des cellules. Malgré le grand nombre de réactions chimiques qui se produisent à tout instant dans la cellule, il y a peu d'interférence entre elles parce qu'elles ont lieu dans des organites différents. Chaque type d'organite possède son propre bagage d'enzymes qui catalysent des réactions spécifiques, et chacun est un compartiment fonctionnel où se déroulent des processus biochimiques spécifiques. Le nombre et la nature des organites varient d'un type de cellule à l'autre selon la fonction que chaque cellule accomplit. Bien qu'ils assurent des fonctions différentes, les organites collaborent souvent à l'homéostasie. On rencontre deux types d'organites : 1) les *organites non membraneux* dépourvus de membranes et qui sont en contact direct avec le cytosol ; et 2) les *organites membraneux* enveloppés d'une ou de deux membranes (chacune constituée d'une bicouche lipidique semblable à celle de la membrane plasmique) qui isolent leur milieu interne du cytosol. Le cytosquelette, les centrosomes, les cils, les flagelles et les ribosomes font partie de la première catégorie ; le réticulum endoplasmique, le complexe golgien, les mitochondries, les lysosomes et les peroxysomes font partie de la deuxième catégorie. Le noyau est en fait un gros organite, mais il est traité à part en raison de son rôle particulièrement important, aux commandes de l'activité cellulaire.

Les organites non membraneux

Le cytosquelette Le **cytosquelette** est un réseau de filaments protéiques qui s'étendent dans tout le cytosol (figure 3.1). Le cytosquelette sert de charpente à la cellule. Il joue le rôle d'un échafaudage qui contribue à donner à la cellule sa forme et à organiser son contenu. Il assure également les mouvements cellulaires, dont le transport interne des organites et de certaines molécules, la migration des chromosomes durant la division cellulaire et les déplacements de cellules entières telles que les phagocytes. Bien que son nom indique une certaine rigidité, le cytosquelette se réorganise continuellement suivant les mouvements et les changements de forme de la cellule. Trois types de protéines filamenteuses entrent dans la structure du cytosquelette et de divers organites. Selon le diamètre de ces structures, on distingue, en ordre croissant, les microfilaments, les filaments intermédiaires et les microtubules.

Les **microfilaments** sont les éléments les plus minces du cytosquelette ; ils se composent d'une protéine, l'*actine*, et sont concentrés à la périphérie de la cellule (figure 3.13a). Les microfilaments assurent deux grandes fonctions : ils contribuent à la production de mouvement et fournissent un soutien mécanique. Pour ce qui est du mouvement, ils contribuent à la contraction musculaire, à la division cellulaire et à la locomotion de la cellule, notamment lors de la migration des cellules embryonnaires en développement, de l'invasion de tissus par des leucocytes (ou globules blancs) qui combattent une infection et de la migration de cellules de la peau au cours de la cicatrisation.

Les microfilaments fournissent une grande partie du soutien mécanique qui confère à la cellule sa forme et sa résistance. Ils fixent le cytosquelette aux protéines intrinsèques de la membrane plasmique. De plus, ils stabilisent les **microvillosités** (*mikros* : petit ; *villus* : touffe de poils), qui sont des prolongements filiformes microscopiques de la membrane plasmique, sans mobilité propre. Au cœur de chaque microvillosité se trouve un faisceau de microfilaments parallèles. Parce qu'elles accroissent largement la surface de la cellule, les microvillosités sont abondantes sur les cellules jouant un rôle dans l'absorption, telles les cellules épithéliales qui tapissent l'intestin grêle.

Comme leur nom le suggère, les **filaments intermédiaires** sont plus gros que les microfilaments mais plus minces que les microtubules (figure 3.13b). Plusieurs protéines différentes entrent dans la composition des filaments intermédiaires, qui sont remarquablement robustes. On les rencontre dans les parties de la cellule soumises à des tensions mécaniques. Les filaments intermédiaires aident aussi à stabiliser la position d'organites, tel le noyau, et à amarrer des cellules les unes aux autres.

Les **microtubules** sont les plus grosses composantes du cytosquelette. Ce sont de longs tubes creux sans ramifications, composés principalement d'une protéine, la *tubuline*. Leur assemblage s'amorce dans un organite appelé *centrosome* (voir ci-dessous) et leur croissance s'effectue depuis le centrosome en direction de la périphérie de la cellule (figure 3.13c). Les microtubules jouent un rôle dans la détermination de la forme de la cellule et dans le déplacement d'organites, telles les vésicules de sécrétion, dans celui des chromosomes durant la division cellulaire et dans le mouvement de prolongements cellulaires spécialisés, tels les cils et les flagelles. Des protéines motrices appelées *kinéines* et *dynéines* sont à l'origine des mouvements auxquels contribuent les microtubules. Ces protéines serviraient de locomotives miniatures qui entraînent les substances et les organites le long des microtubules comme si elles étaient des wagons sur des rails.

Le centrosome Le **centrosome**, qui est situé près du noyau, est formé de deux composants : une paire de centrioles et la matière péricentriolaire (figure 3.14a). Les deux **centrioles** sont des structures cylindriques, chacune composée de neuf groupes de trois microtubules (triplets) disposés en cercle (figure 3.14b). L'axe longitudinal de l'un des centrioles est perpendiculaire à l'axe longitudinal du second. Tout autour des centrioles se trouve la **matière péricentriolaire**, qui contient des centaines de complexes en forme d'anneau, constitués de tubuline (figure 3.14c). Ces complexes sont les centres d'organisation de la croissance du fuseau mitotique, qui

FIGURE 3.13 Le cytosquelette.

Le cytosquelette est un réseau constitué de trois types de filaments protéiques qui s'étendent dans tout le cytoplasme, soit les microfilaments, les filaments intermédiaires et les microtubules.

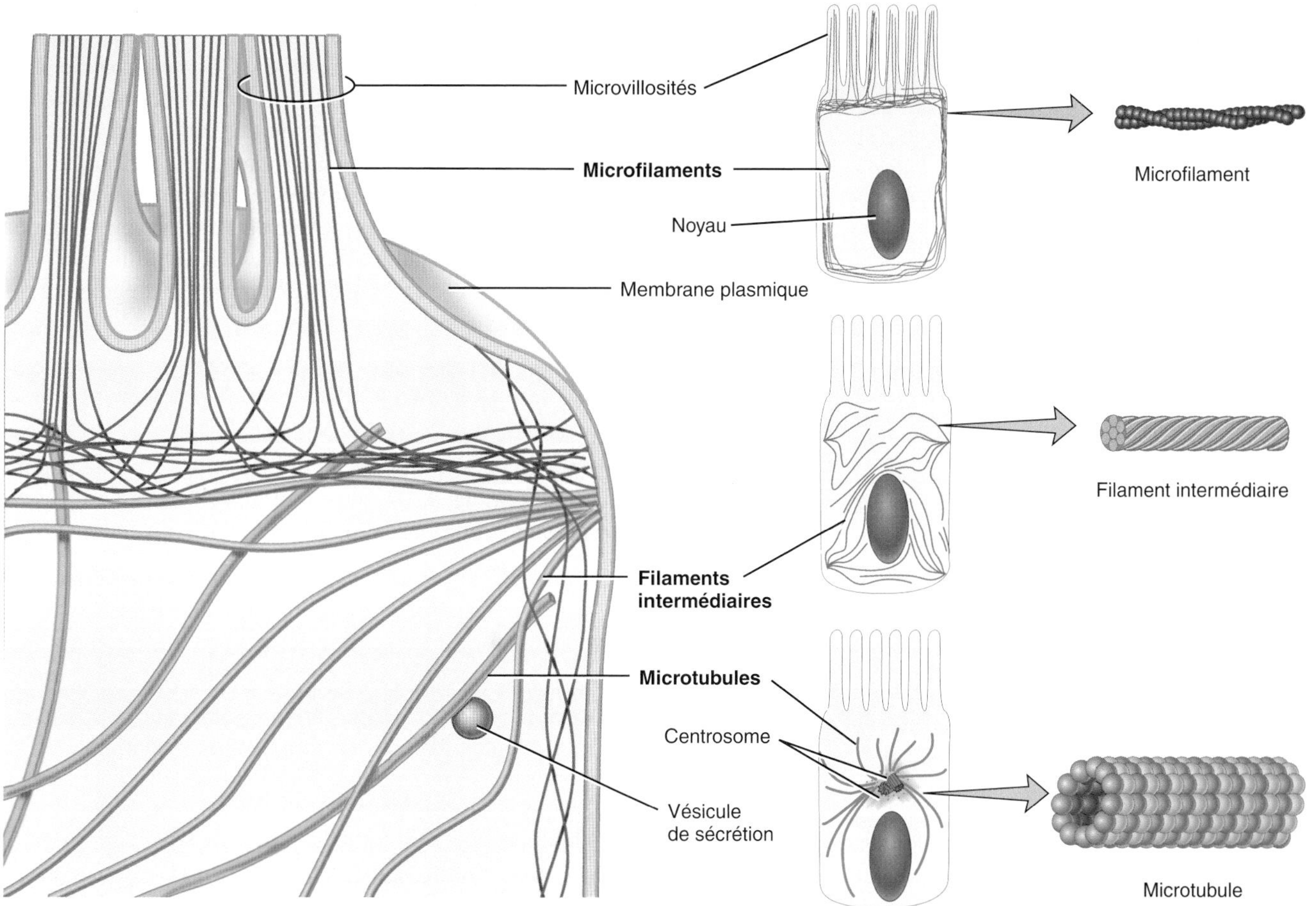

Microvillosités

Microfilaments

Noyau

Membrane plasmique

Microfilament

Filament intermédiaire

Filaments intermédiaires

Microtubules

Centrosome

Vésicule de sécrétion

Microtubule

(a) Vue d'ensemble du cytosquelette

(b) Distribution des éléments du cytosquelette (à gauche) et détail de leur structure (à droite)

 Q Quelle composante du cytosquelette contribue à la formation de la structure des centrioles, des cils et des flagelles?

Fonctions

1. Joue le rôle d'échafaudage et contribue ainsi à la détermination de la forme de la cellule et à l'organisation de son contenu.

2. Facilite le déplacement des organites à l'intérieur de la cellule, des chromosomes lors de la division cellulaire et de certaines cellules entières, tels les phagocytes.

---

joue un rôle crucial durant la division cellulaire, et des microtubules dans les cellules qui ne se divisent pas. Au cours de la division cellulaire, il y a duplication des centrosomes, ce qui assure aux générations suivantes de cellules la capacité de se diviser. Les centrioles jouent également un rôle dans la formation et la régénération des cils et des flagelles.

Les cils et les flagelles Les microtubules sont les principales composantes des cils et des flagelles, qui sont des prolongements motiles de la surface de la cellule (figure 3.15). Les **cils** sont de courtes projections de la surface cellulaire qui ressemblent à des poils par leur abondance et leur aspect (figure 3.1). Chaque cil contient en son centre un faisceau de 20 microtubules entouré de membrane plasmique (figure 3.15a). Les microtubules sont disposés de manière que neuf groupes de deux microtubules fusionnés (doublets) forment un cercle autour d'une paire située au centre. Chacun des cils est amarré à un *corpuscule basal*. Ce dernier est situé immédiatement sous la surface de la membrane plasmique ; sa structure ressemble à celle d'un centriole et sa fonction consiste à amorcer l'assemblage des cils et des flagelles. On considère en

FIGURE 3.14 Le centrosome.

Situé près du noyau, le centrosome se compose d'une paire de centrioles et de matière péricentriolaire.

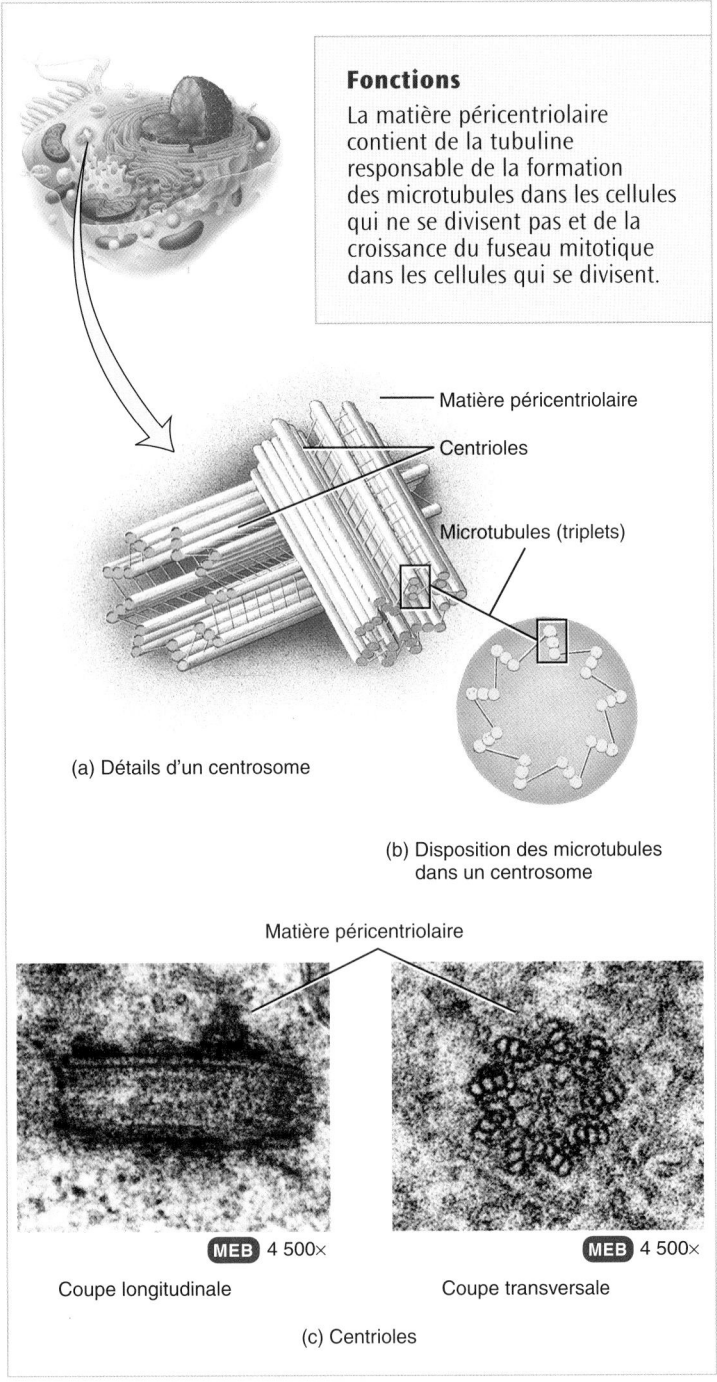

Fonctions

La matière péricentriolaire contient de la tubuline responsable de la formation des microtubules dans les cellules qui ne se divisent pas et de la croissance du fuseau mitotique dans les cellules qui se divisent.

Matière péricentriolaire

Centrioles

Microtubules (triplets)

(a) Détails d'un centrosome

(b) Disposition des microtubules dans un centrosome

Matière péricentriolaire

MEB 4 500×   MEB 4 500×

Coupe longitudinale   Coupe transversale

(c) Centrioles

Q Si vous remarquez qu'une cellule n'a pas de centrosome, quelle prévision pouvez-vous faire quant à sa capacité de se diviser ?

fait le corpuscule basal et le centriole comme deux manifestations fonctionnelles d'une même structure.

Un cil présente un battement qui s'apparente au mouvement d'une rame : relativement rigide dans la phase de la poussée (alors que la rame se trouve dans l'eau), mais plutôt flexible dans celle de la récupération (alors que la rame se déplace au-dessus de l'eau et qu'on se prépare à la replonger) (figure 3.15b). Le mouvement coordonné de nombreux cils permet à la cellule d'assurer une circulation continuelle des liquides à sa surface. Par exemple, beaucoup de cellules des voies respiratoires portent des centaines de cils qui aident à balayer vers l'extérieur des poumons les particules étrangères emprisonnées dans le mucus. Chez une personne souffrant de fibrose kystique, la viscosité anormalement grande des sécrétions muqueuses fait obstacle à l'action des cils et altère le fonctionnement des voies respiratoires. Le mouvement des cils est également paralysé par la nicotine contenue dans la fumée de cigarette. C'est pourquoi les fumeurs toussent souvent afin d'expulser de leurs voies respiratoires les particules étrangères. Les cellules qui tapissent les trompes utérines (ou trompes de Fallope) sont également pourvues de cils qui acheminent l'ovocyte vers l'utérus.

Le **flagelle** (*flagellum* : fouet) possède une structure semblable à celle du cil, mais il est beaucoup plus long. Habituellement, il sert à déplacer une cellule entière en la poussant vers l'avant, dans le sens de son axe, dans un mouvement ondulatoire rapide (figure 3.15c). Le seul exemple de flagelle dans le corps humain est la queue du spermatozoïde, qui propulse ce dernier vers son rendez-vous avec l'ovocyte.

Les ribosomes Les **ribosomes** (*sôma* : corps) sont le siège de la synthèse des protéines. L'appellation de ces minuscules organites reflète une forte concentration d'un type d'acide ribonucléique, soit l'**ARN ribosomal** (**ARNr**), mais chaque ribosome contient aussi plus de 50 protéines différentes. Sur le plan structural, un ribosome comprend deux sous-unités, dont l'une est environ deux fois plus grosse que l'autre (figure 3.16). Celles-ci se forment séparément dans le nucléole – corps sphérique situé dans le noyau –, puis elles sortent du noyau et se joignent dans le cytoplasme.

Certains ribosomes sont fixés à la face externe de l'enveloppe nucléaire et au réticulum endoplasmique, système membranaire comptant de multiples replis. Ils synthétisent des protéines destinées à des organites donnés ou qui seront insérées dans la membrane plasmique ou exportées de la cellule. D'autres ribosomes sont « libres », c'est-à-dire qu'ils ne sont fixés à aucune structure du cytoplasme ; ils synthétisent des protéines utilisées dans le cytosol. On trouve aussi des ribosomes dans les mitochondries, où ils assurent la synthèse de protéines mitochondriales. À l'occasion, il se forme des chapelets de 10 à 20 ribosomes ; ce sont les *polyribosomes*.

Les organites membraneux

Le réticulum endoplasmique Le **réticulum endoplasmique** (*reticulum* : réseau ; *plasma* : chose façonnée), ou **RE**, est un réseau de membranes constituant des espaces remplis de liquide et ayant la forme de sacs aplatis ou de tubules appelés *citernes* (figure 3.17). Il s'étire dans tout le cytoplasme à partir de l'enveloppe nucléaire (membrane qui entoure le noyau), à laquelle il est relié. Il est si étendu qu'il constitue plus de la moitié de la surface membranaire interne de la plupart des cellules.

Les cellules contiennent deux types de RE qui ont des structures et des fonctions différentes. Le **RE rugueux**, ou **RE granulaire**, est lié à l'enveloppe nucléaire de sorte que ces structures

FIGURE 3.15 Les cils et les flagelles.

Un cil contient un noyau de microtubules ; une paire de microtubules, située au centre, est entourée de neuf doublets.

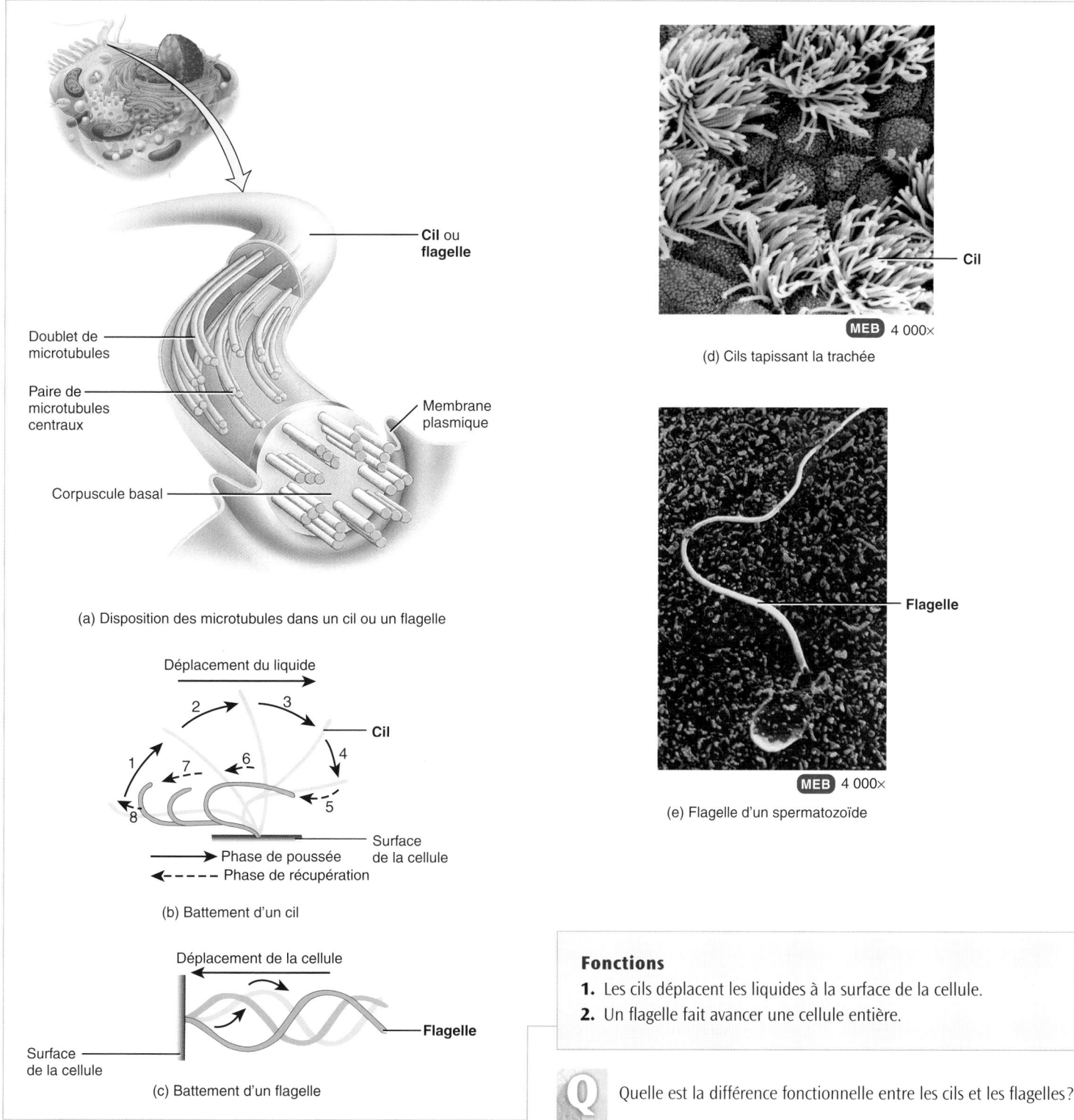

Cil ou flagelle

Doublet de microtubules

Paire de microtubules centraux

Membrane plasmique

Corpuscule basal

(a) Disposition des microtubules dans un cil ou un flagelle

Déplacement du liquide

Cil

Surface de la cellule

→ Phase de poussée
◄----- Phase de récupération

(b) Battement d'un cil

Déplacement de la cellule

Flagelle

Surface de la cellule

(c) Battement d'un flagelle

MEB 4 000×

(d) Cils tapissant la trachée

Cil

Flagelle

MEB 4 000×

(e) Flagelle d'un spermatozoïde

Fonctions
1. Les cils déplacent les liquides à la surface de la cellule.
2. Un flagelle fait avancer une cellule entière.

Q Quelle est la différence fonctionnelle entre les cils et les flagelles ?

sont dans le prolongement l'une de l'autre ; en général, le RE rugueux est replié de façon à former une série de sacs aplatis. Sa face externe est parsemée de ribosomes où s'effectue la synthèse des protéines. Ces dernières entrent dans des cavités du RE, où elles sont traitées et triées. Des enzymes lient les protéines dans certains cas à des glucides pour former des glycoprotéines et, dans

FIGURE 3.16 Les ribosomes.

Les ribosomes sont le siège de la synthèse des protéines.

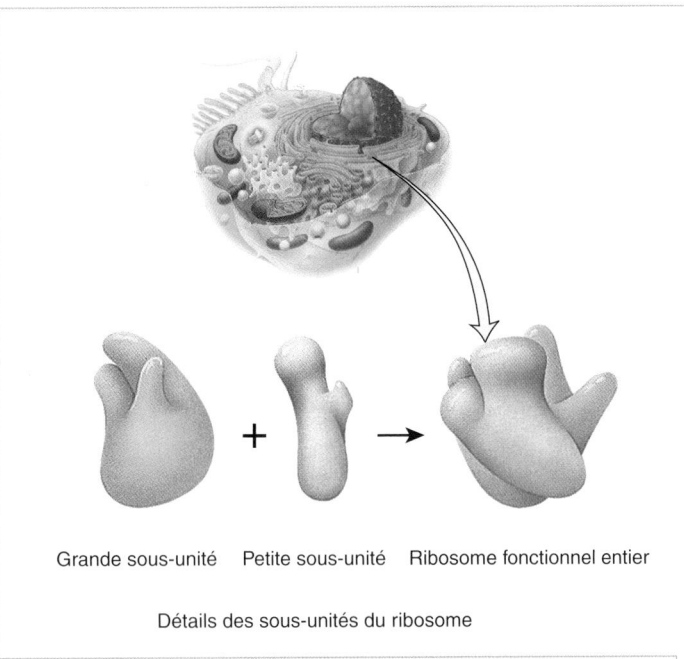

Grande sous-unité   Petite sous-unité   Ribosome fonctionnel entier

Détails des sous-unités du ribosome

Fonctions

1. Les ribosomes liés au RE synthétisent des protéines qui sont destinées aux organites, qui seront insérées dans la membrane plasmique ou qui seront sécrétées à l'extérieur de la cellule.

2. Les ribosomes libres synthétisent des protéines utilisées dans le cytosol.

 Où les sous-unités de ribosomes sont-elles synthétisées et assemblées?

d'autres cas, à des phosphoglycérolipides également synthétisés par le RE rugueux. Ces molécules peuvent être incorporées à des membranes d'organites ou à la membrane plasmique, ou encore être sécrétées par exocytose. En bref, le RE rugueux produit des protéines destinées à la sécrétion, des protéines membranaires et de nombreuses protéines qui finiront par être intégrées aux organites.

Le **RE lisse**, ou **RE agranulaire**, est un prolongement du RE rugueux, qui forme un réseau de tubules membraneux (figure 3.17). Contrairement au RE rugueux, il ne porte pas de ribosomes sur la face externe de sa membrane. Toutefois, il contient des enzymes uniques qui lui confèrent une plus grande diversité fonctionnelle. Étant dépourvu de ribosomes, il ne synthétise pas de protéines, mais il produit par contre des acides gras et des stéroïdes, dont les œstrogènes et la testostérone. Dans les cellules du foie, les enzymes du RE lisse inactivent ou détoxiquent les médicaments liposolubles et des substances potentiellement nocives, tels l'alcool, les pesticides et les *cancérogènes* (agents susceptibles de provoquer le cancer). Dans les cellules hépatiques, rénales et intestinales, une enzyme du RE lisse élimine le groupement phosphate du glucose 6-phosphate,

FIGURE 3.17 Le réticulum endoplasmique.

Le réticulum endoplasmique est un réseau de sacs ou de tubules membraneux remplis de liquide; il s'étend dans tout le cytoplasme et est relié à l'enveloppe nucléaire.

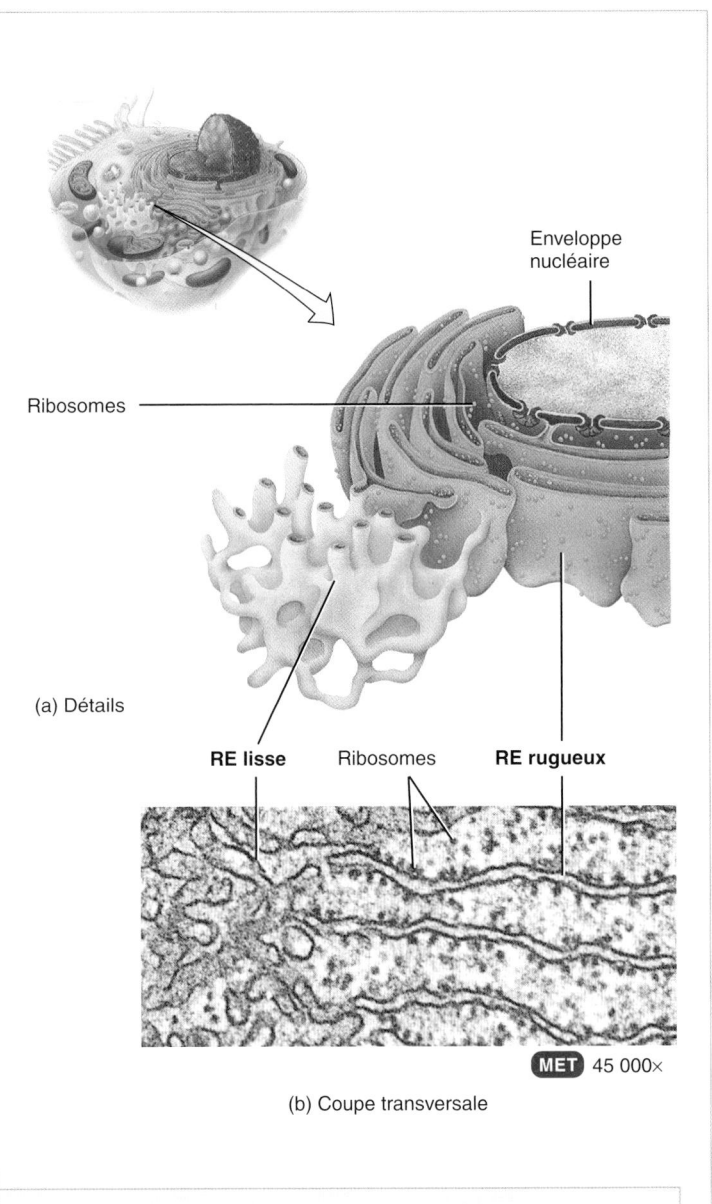

Enveloppe nucléaire

Ribosomes

(a) Détails

RE lisse   Ribosomes   RE rugueux

MET 45 000×

(b) Coupe transversale

Fonctions

1. Le RE rugueux synthétise des glycoprotéines et des phosphoglycérolipides, qui sont transférés dans des organites cellulaires, insérés dans la membrane plasmique ou sécrétés durant l'exocytose.

2. Le RE lisse synthétise des acides gras et des stéroïdes, dont les œstrogènes et la testostérone; il inactive ou détoxique des médicaments et des substances potentiellement nocives; il élimine le groupement phosphate du glucose-6-phosphate; il emmagasine puis libère des ions calcium, qui déclenchent la contraction de cellules musculaires.

 Quelles sont les différences structurales et fonctionnelles entre le RE rugueux et le RE lisse?

ce qui permet au glucose «libre» d'entrer dans la circulation sanguine. Dans les cellules musculaires, les ions calcium qui déclenchent la contraction sont libérés par le réticulum sarcoplasmique, un type de RE lisse.

LE RE LISSE ET LA TOLÉRANCE AUX MÉDICAMENTS

Nous avons vu que l'une des fonctions du RE lisse est la détoxification de certains médicaments. Chez les individus qui consomment régulièrement des médicaments, tel le phénobarbital (un sédatif), on observe des modifications du RE lisse des cellules du foie. Ainsi, l'administration prolongée de phénobarbital entraîne une augmentation de la quantité de RE lisse et des enzymes qu'il contient, ce qui a pour effet de protéger les cellules contre les effets toxiques du médicament. Plus la quantité de RE lisse augmente, plus la dose de médicament nécessaire pour obtenir l'effet initial augmente elle aussi. Par conséquent, cette modification au niveau du RE lisse entraîne un accroissement de la tolérance au médicament: une même dose ne provoque plus le même degré de sédation. ■

Le complexe golgien La plupart des protéines synthétisées par les ribosomes du RE rugueux finissent par être transportées vers d'autres parties de la cellule. La première étape du transport est le passage à travers un organite appelé **complexe golgien**, ou complexe de Golgi. Ce dernier comprend de 3 à 20 petits sacs membraneux aplatis au pourtour bombé, les **citernes** (*cista*: coffre), qui ressemblent à des pains pitas empilés (figure 3.18). Les citernes sont souvent recourbées, conférant ainsi plus ou moins au complexe golgien la forme d'une tasse. La plupart des cellules possèdent plusieurs complexes golgiens. Le complexe golgien est plus étendu dans les cellules qui sécrètent des protéines, ce qui est une indication du rôle de cet organite dans la cellule.

Les citernes situées aux extrémités opposées du complexe golgien diffèrent par leur taille, leur forme et leur activité enzymatique. Le côté **réception**, ou **face cis**, est une citerne convexe orientée vers le RE rugueux; le côté **expédition**, ou **face trans**, est une citerne concave orientée vers la membrane plasmique. Les citernes situées

---

FIGURE 3.18 Le complexe golgien.

Les faces opposées d'un complexe golgien diffèrent par leur taille, leur forme, leur contenu et leur activité enzymatique.

Fonctions

1. Modifie, trie, emballe et transporte les protéines provenant du RE rugueux.

2. Forme des vésicules de sécrétion qui déversent les protéines traitées dans le liquide extracellulaire par exocytose; forme des vésicules membranaires qui convoient les nouvelles molécules jusqu'à la membrane plasmique; forme des vésicules de transport qui convoient des molécules vers d'autres organites, par exemple des lysosomes.

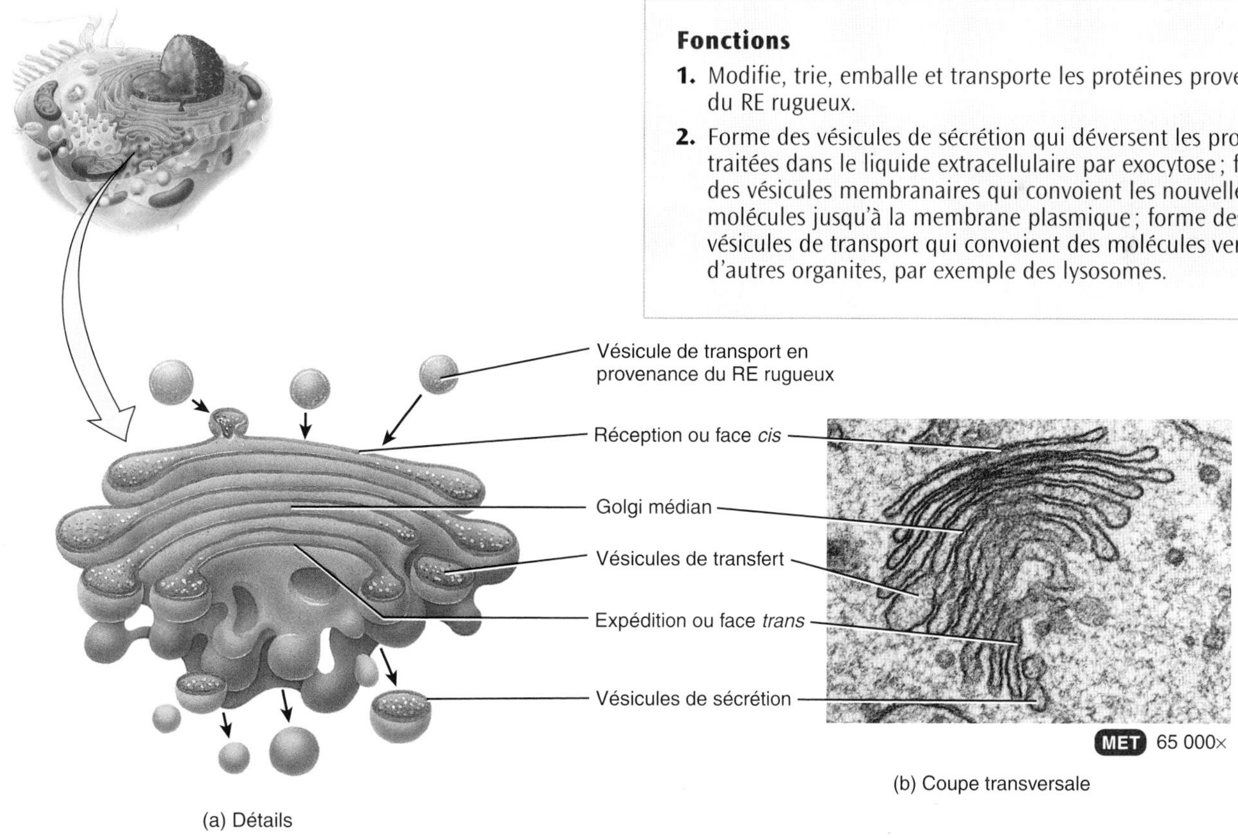

Vésicule de transport en provenance du RE rugueux

Réception ou face *cis*

Golgi médian

Vésicules de transfert

Expédition ou face *trans*

Vésicules de sécrétion

MET 65 000×

(b) Coupe transversale

(a) Détails

En quoi les faces *cis* et *trans* sont-elles différentes sur le plan fonctionnel?

entre les faces *cis* et *trans* constituent le **Golgi médian**. Des vésicules de transport issues du RE forment en se fusionnant la face *cis*. On pense que, au cours de son processus de maturation, cette citerne devient un Golgi médian, puis une face *trans*.

La face *cis*, le Golgi médian et la face *trans* du complexe golgien contiennent différentes enzymes qui permettent à chacune de ces structures de modifier, trier et emballer les protéines qui seront transportées en divers endroits. La face *cis* reçoit et modifie les protéines synthétisées par le RE rugueux. Le Golgi médian ajoute des glucides et des lipides aux protéines, formant ainsi respectivement des glycoprotéines et des lipoprotéines. La face *trans* poursuit la modification des molécules, puis elle les trie et les emballe avant qu'elles soient transportées jusqu'à leur destination.

C'est par la maturation des citernes et une série d'échanges que les protéines pénètrent dans le complexe golgien, le traversent et en sortent (figure 3.19):

1 Les protéines synthétisées par les ribosomes du RE rugueux sont entourées d'une portion de la membrane du RE qui finit par se détacher de la surface membranaire par bourgeonnement et forme ainsi une **vésicule de transport**.

2 La vésicule de transport se rapproche de la face *cis* (côté réception) du complexe golgien.

3 La fusion de plusieurs vésicules de transport crée la face *cis* du complexe golgien et entraîne la libération de protéines dans la lumière (ou espace libre) de cette face.

4 Les protéines passent de la face *cis* à une ou plusieurs citernes du Golgi médian. Les enzymes de ce dernier modifient les protéines, ce qui donne des glycoprotéines, des glycolipides et des lipoprotéines. Les **vésicules de transfert**, qui se forment par bourgeonnement de la membrane sur le bord des citernes, rapportent des enzymes spécifiques vers la face *cis*, de même que des protéines partiellement modifiées vers la face *trans*.

5 Les produits du Golgi médian sont transportés dans la lumière de la face *trans*.

6 Dans la face *trans*, les produits subissent d'autres modifications, puis ils sont triés et emballés.

7 Certaines des protéines traitées quittent la face *trans* (côté expédition) et sont emmagasinées dans des **vésicules de sécrétion** qui les transportent jusqu'à la membrane plasmique, où elles sont libérées dans le liquide extracellulaire par exocytose. Par exemple, des cellules pancréatiques libèrent de l'insuline (une hormone) de cette façon.

8 D'autres protéines traitées quittent la face *trans* dans des vésicules de molécules membranaires qui livrent leur contenu à la

FIGURE 3.19 Le traitement et l'emballage des protéines par le complexe golgien.

Toutes les protéines sécrétées par la cellule sont traitées dans le complexe golgien.

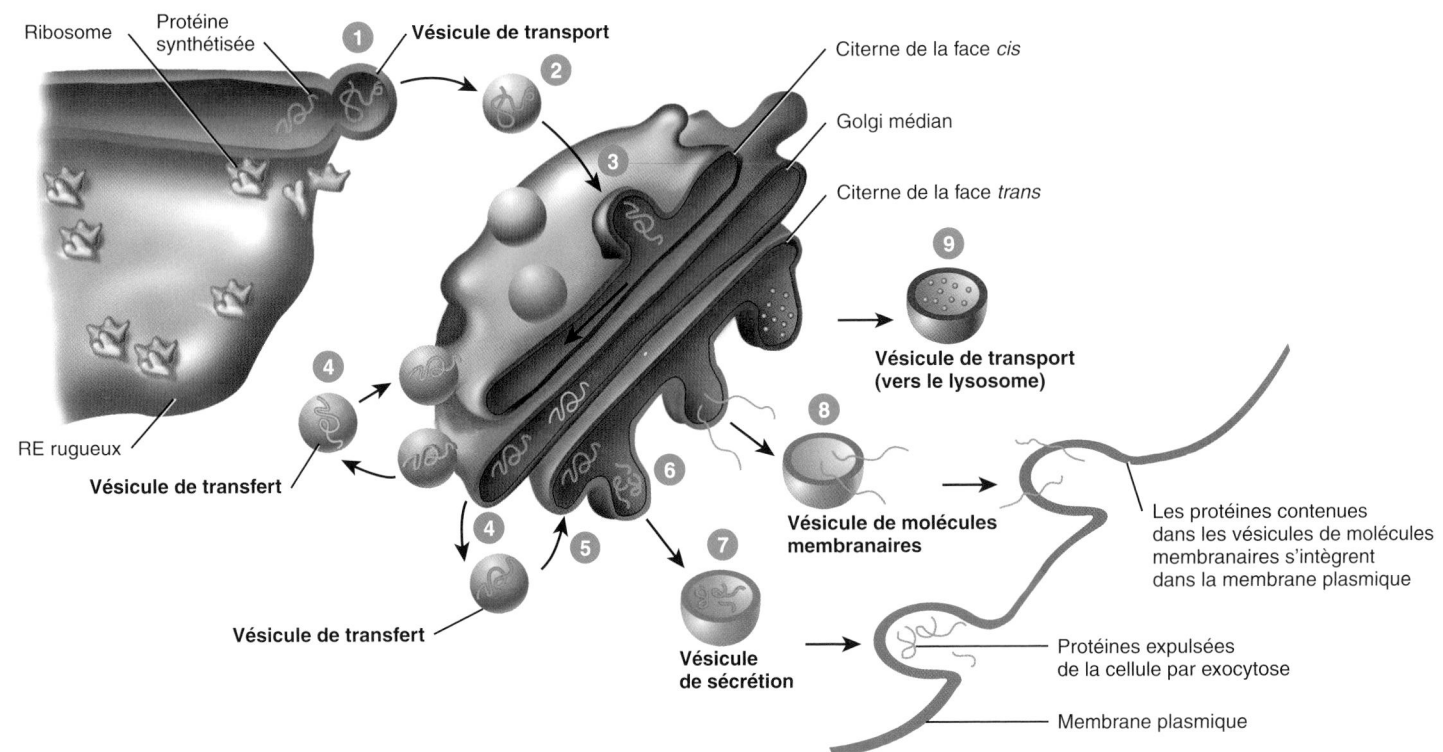

Quelles sont les trois grandes destinations des protéines qui quittent le complexe golgien?

surface de la membrane plasmique, à laquelle ces protéines s'incorporent. C'est ainsi que le complexe golgien renouvelle la membrane plasmique et comble les pertes qu'elle subit, et qu'il modifie le nombre de molécules dans la membrane et leur répartition.

9 Enfin, des protéines traitées quittent la face *trans* dans des vésicules de transport qui les convoient vers une autre destination cellulaire. Par exemple, ce sont des vésicules de transport qui conduisent les enzymes digestives aux lysosomes, dont nous examinons la structure et les fonctions ci-dessous.

Les lysosomes Les **lysosomes** (*lysis* : dissolution ; *sôma* : corps) sont des vésicules membraneuses issues du complexe golgien (figure 3.20). Ils contiennent jusqu'à 60 enzymes digestives différentes très actives, capables d'hydrolyser, ou décomposer, une grande variété de molécules lorsqu'ils fusionnent avec les vésicules qui se forment au cours de l'endocytose. Étant donné que les enzymes lysosomiales sont particulièrement efficaces à un pH acide, le lysosome a une seule membrane, munie de pompes qui y font entrer des ions hydrogène (H⁺) par transport actif, de sorte que le pH à l'intérieur du lysosome est de 5, donc 100 fois plus acide que le pH du cytosol, qui se maintient à 7. La membrane du lysosome contient également des transporteurs qui transfèrent au cytosol les produits finaux de la digestion, tels le glucose, les acides gras et les acides aminés.

Les enzymes lysosomiales contribuent également au recyclage des structures usées de la cellule. Un lysosome peut engloutir un autre organite, le digérer et retourner ses composantes au cytosol, où ils seront réutilisés. Au cours de ce processus, appelé **autophagie** (*autos* : soi-même ; *phagein* : manger), l'organite à digérer est enveloppé par une membrane issue du RE de manière à créer une vésicule, l'*autophagosome*, qui fusionne avec un lysosome. C'est ainsi que, chez l'humain, une cellule hépatique recycle environ la moitié de son contenu cytoplasmique chaque semaine. Les enzymes lysosomiales peuvent aussi détruire la cellule qui les contient. Ce processus, appelé **autolyse**, se produit dans certains états pathologiques et il entraîne la détérioration des tissus observée immédiatement après la mort.

Nous venons de voir que la plupart des enzymes lysosomiales agissent à l'intérieur de la cellule, mais certaines jouent un rôle dans la digestion extracellulaire. Par exemple, au moment de la fécondation, la tête du spermatozoïde libère des enzymes lysosomiales ; ces enzymes facilitent la pénétration dans l'ovocyte en dissolvant la couche protectrice de ce dernier au cours d'un processus appelé *réaction acrosomiale*.

LA MALADIE DE TAY-SACHS

Certains troubles sont causés par l'altération ou l'absence d'enzymes lysosomiales. Par exemple, la maladie de Tay-Sachs est une affection héréditaire qui touche surtout des enfants d'origine ashkénaze (communauté juive d'Europe de l'Est). Elle se caractérise par l'absence d'une seule enzyme lysosomiale, l'hexoaminidase A ; la fonction normale de cette enzyme est de dégrader un glycolipide membranaire, le ganglioside G_{M2}, qui est particulièrement abondant dans les cellules nerveuses. L'accumulation de gangliosides G_{M2} réduit l'efficacité des cellules nerveuses. Les enfants atteints de la maladie de Tay-Sachs souffrent en général d'épilepsie et de rigidité musculaire. Ils deviennent

FIGURE 3.20 Les lysosomes.

Les lysosomes contiennent plusieurs types d'enzymes digestives très actives.

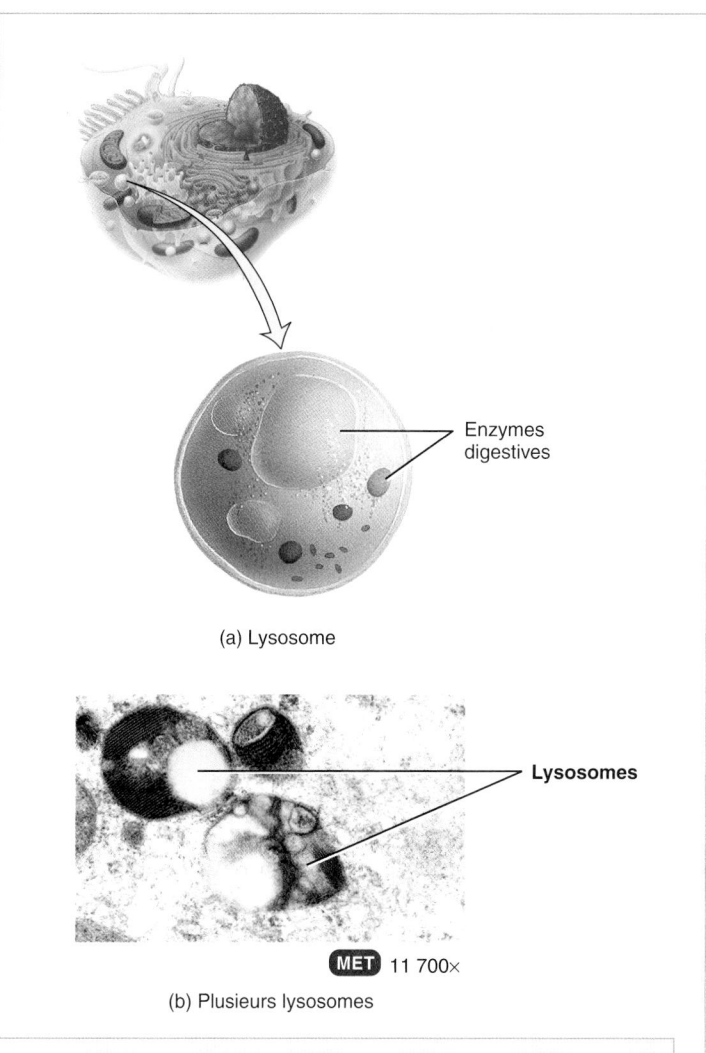

Enzymes digestives

(a) Lysosome

Lysosomes

MET 11 700×

(b) Plusieurs lysosomes

Fonctions

1. Digèrent les substances qui entrent dans la cellule par endocytose et transportent les produits finaux de la digestion vers le cytosol.
2. Assurent l'autophagie, soit la digestion des organites usés.
3. Assurent l'autolyse, soit la digestion de la cellule entière.
4. Assurent la digestion extracellulaire.

 Comment appelle-t-on le processus au cours duquel les organites usés sont digérés par les lysosomes ?

progressivement aveugles, tombent en démence, perdent la coordination de leurs mouvements et meurent habituellement avant l'âge de 5 ans. Des tests de dépistage permettent maintenant de déterminer si un adulte est porteur du gène déficient. ■

Les peroxysomes Les **peroxysomes** (*per-*: exprimant une plus grande quantité ; *oxy*: pointu ; *sôma*: corps ; figure 3.1) sont un groupe d'organites dont la structure rappelle celle des lysosomes, mais en plus petit. Ils contiennent plusieurs *oxydases*, soit des enzymes capables d'oxyder diverses substances organiques (c'est-à-dire d'en retirer des atomes d'hydrogène). Par exemple, au cours du métabolisme cellulaire normal, il y a oxydation des acides aminés et des acides gras dans les peroxysomes. De plus, certaines enzymes contenues dans les peroxysomes oxydent des substances toxiques, tel l'alcool. Ces organites sont donc très abondants dans le foie, où a lieu la détoxication de l'alcool et de diverses autres substances nocives. Les réactions d'oxydation s'accompagnent de la production de peroxyde d'hydrogène (H_2O_2), un composé potentiellement toxique. Toutefois, on trouve aussi dans les peroxysomes une enzyme appelée *catalase*, qui décompose la molécule de H_2O_2. Parce que la production et la dégradation de H_2O_2 s'effectuent dans le même organite, les peroxysomes protègent le reste de la cellule contre les effets toxiques de H_2O_2. Ces organites se forment à partir de peroxysomes existants.

Les protéasomes Nous avons vu plus haut que les lysosomes dégradent les protéines qui y arrivent par transport vésiculaire. Par ailleurs, les protéines cytosoliques doivent être éliminées à certaines phases de la vie d'une cellule. Ce sont de petites structures en forme de barillet, appelées **protéasomes** (*-ase*: enzyme), qui assurent la destruction continue des protéines inutiles, altérées ou défectueuses. Par exemple, les protéines faisant partie de voies métaboliques sont dégradées après avoir rempli leur fonction. Cette destruction joue un rôle dans la rétro-inhibition en éliminant une voie métabolique après que la réaction appropriée a eu lieu. Une cellule de l'organisme contient généralement des milliers de protéasomes, tant dans le cytosol que dans le noyau. On n'a découvert ces organites que tout récemment parce qu'ils sont beaucoup trop petits pour être visibles au microscope optique et qu'ils ne sont pas très apparents sur les micrographies électroniques. Ils doivent leur appellation au fait qu'ils contiennent un nombre considérable de *protéases*, enzymes qui fragmentent les protéines en petits peptides. Une fois que les enzymes d'un protéasome ont dégradé une protéine en unités plus petites, d'autres enzymes fragmentent les peptides en acides aminés, qui peuvent alors être recyclés pour former de nouvelles protéines.

Il se peut que certaines maladies résultent de l'incapacité des protéasomes à dégrader les protéines anormales, comme ils sont censés le faire. Par exemple, on a observé des amas de protéines anormalement repliées dans les cellules nerveuses de personnes souffrant de la maladie de Parkinson ou de la maladie d'Alzheimer. On effectue actuellement des recherches pour tenter de découvrir les raisons pour lesquelles les protéasomes n'éliminent pas ces protéines anormales.

Les mitochondries Étant donné qu'elles ont pour fonction de produire la plus grande partie de l'ATP par respiration aérobie (en présence d'oxygène), on dit que les **mitochondries** (*mitos*: filament ; *chondrion*: petit grumeau) sont les centrales énergétiques de la cellule. Celle-ci peut contenir une centaine seulement de mitochondries ou bien des milliers, selon son degré d'activité. Les cellules actives, comme celles des muscles, du foie et des reins, ont un grand nombre de mitochondries parce qu'elles consomment l'ATP à un rythme élevé. Dans la cellule, les mitochondries sont généralement situées là où pénètre l'oxygène et où l'ATP est utilisé, soit, par exemple, entre les protéines contractiles des cellules musculaires.

Une mitochondrie est constituée d'une double membrane : une **membrane mitochondriale externe** et une **membrane mitochondriale interne** séparées par une petite cavité remplie de liquide (figure 3.21). La structure de chacune des deux membranes rappelle celle de la membrane plasmique. La membrane mitochondriale interne forme une série de replis appelés **crêtes**. La cavité centrale remplie de liquide, bordée par la membrane interne, est appelée **matrice mitochondriale**. Les multiples replis des crêtes procurent une énorme surface pour les réactions chimiques qui ont lieu durant la phase aérobie de la *respiration cellulaire* et qui produisent l'essentiel de l'ATP cellulaire (voir le chapitre 25). Les enzymes catalysant ces réactions se trouvent sur les crêtes et dans la matrice de la mitochondrie.

À l'instar des peroxysomes, les mitochondries se reproduisent d'elles-mêmes. Ce processus se déroule quand les besoins énergétiques de la cellule augmentent ou avant la division cellulaire. La synthèse de certaines des protéines essentielles aux fonctions mitochondriales se réalise sur les ribosomes présents dans la matrice mitochondriale. Chaque mitochondrie possède même son propre ADN sous forme de multiples copies d'une molécule d'ADN circulaire qui contient 37 gènes. Ces gènes régissent la synthèse de 2 ARN ribosomaux, de 22 ARN de transfert, et de 13 protéines qui fabriquent les composantes de la mitochondrie.

Bien que le noyau de chaque cellule somatique contienne des gènes provenant et du père et de la mère, tous les gènes des mitochondries sont hérités de la mère seulement. La tête du spermatozoïde (la partie qui pénètre et féconde l'ovocyte) est normalement dépourvue de la plupart des organites, tels les mitochondries, les ribosomes, le réticulum endoplasmique et le complexe golgien, et toute mitochondrie spermatique qui entre dans l'ovocyte est rapidement détruite.

▶ **POINT DE CONTRÔLE**

16. Que trouve-t-on dans le cytoplasme, mais non dans le cytosol ?

17. Quels organites sont entourés d'une membrane et lesquels ne le sont pas ?

18. Quels organites prennent part à la synthèse des hormones protéiques et à leur emballage dans des vésicules de sécrétion ?

19. Qu'est-ce qui se produit sur les crêtes et dans la matrice de la mitochondrie ?

FIGURE 3.21 Les mitochondries.

🔑 L'ATP est produit dans les mitochondries au cours de la phase aérobie d'un ensemble de réactions chimiques appelé respiration cellulaire.

Fonction
Produit l'ATP au cours des réactions de la respiration cellulaire aérobie.

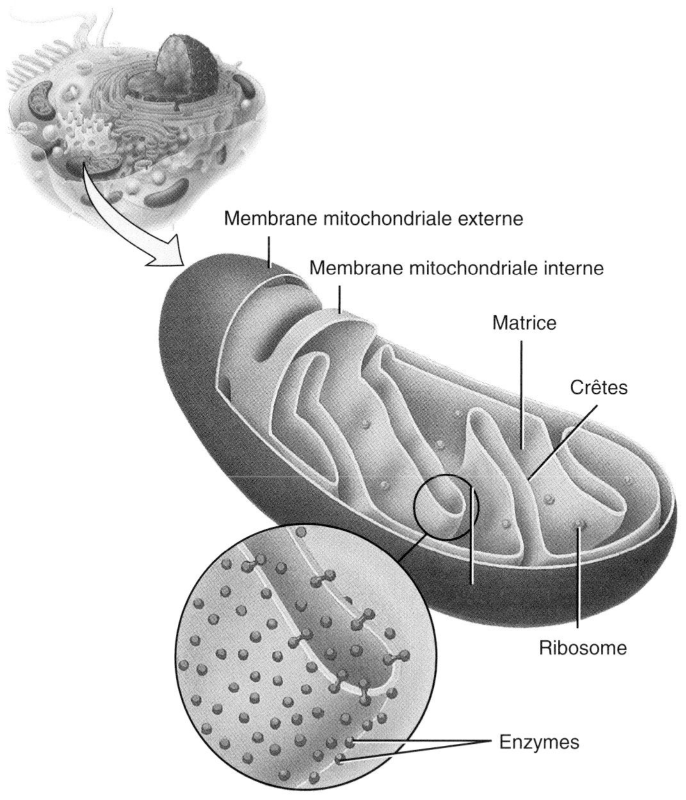

Membrane mitochondriale externe

Membrane mitochondriale interne

Matrice

Crêtes

Ribosome

Enzymes

(a) Détails

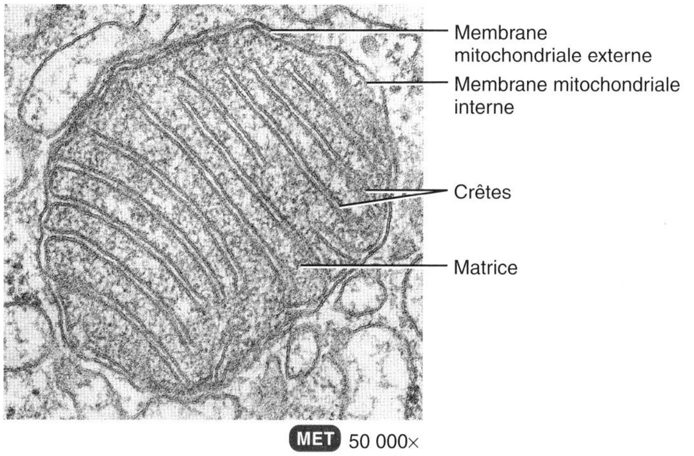

Membrane mitochondriale externe
Membrane mitochondriale interne

Crêtes

Matrice

MET 50 000×

(b) Coupe transversale

Q Comment les crêtes de la mitochondrie contribuent-elles à la fonction caractéristique de cet organite, soit la production d'ATP?

LE NOYAU

> **OBJECTIF**

- Décrire la structure et la fonction du noyau.

Le **noyau** présente une forme sphérique ou ovale; c'est la structure qui, en général, est la plus facile à reconnaître dans une cellule (figure 3.22). La plupart des cellules possèdent un seul noyau. Certaines, comme les érythrocytes matures, n'en ont pas du tout; d'autres par contre, comme les cellules des muscles squelettiques, en ont plusieurs. Une membrane double, appelée **enveloppe nucléaire**, sépare le noyau du cytoplasme. Elle comprend deux bicouches lipidiques semblables à la membrane plasmique. La membrane externe de l'enveloppe nucléaire et le réticulum endoplasmique rugueux sont dans le prolongement l'un de l'autre et leurs structures se ressemblent. L'enveloppe nucléaire est traversée de nombreux canaux appelés **pores nucléaires** qui sont composés

chacun de protéines disposées en cercle autour d'un grand passage central; le diamètre de ce dernier est environ 10 fois plus grand que celui des canaux protéiques de la membrane plasmique.

Les pores nucléaires règlent le mouvement des substances entre le noyau et le cytoplasme. Les petites molécules et les ions traversent passivement les pores par diffusion, ce que ne peuvent faire la plupart des grosses molécules, tels les ARN et les protéines. Toutefois, le transport de ces grosses molécules s'effectue par un mécanisme actif qui, après la reconnaissance des molécules, permet leur passage dans les pores nucléaires de façon sélective, soit vers l'intérieur, soit vers l'extérieur du noyau. C'est de cette façon que les protéines nécessaires pour assurer les fonctions nucléaires vont du cytosol au noyau, et que les molécules d'ARN nouvellement formées se déplacent du noyau au cytosol. (Notons que les molécules d'ADN composant les chromosomes sont elles aussi incapables de traverser les pores nucléaires, mais elles ne bénéficient pas d'un mode de transport quelconque; elles restent donc confinées à l'intérieur du noyau.)

FIGURE 3.22 Le noyau.

Le noyau contient la plupart des gènes de la cellule, qui sont situés sur les molécules d'ADN constituant les chromosomes.

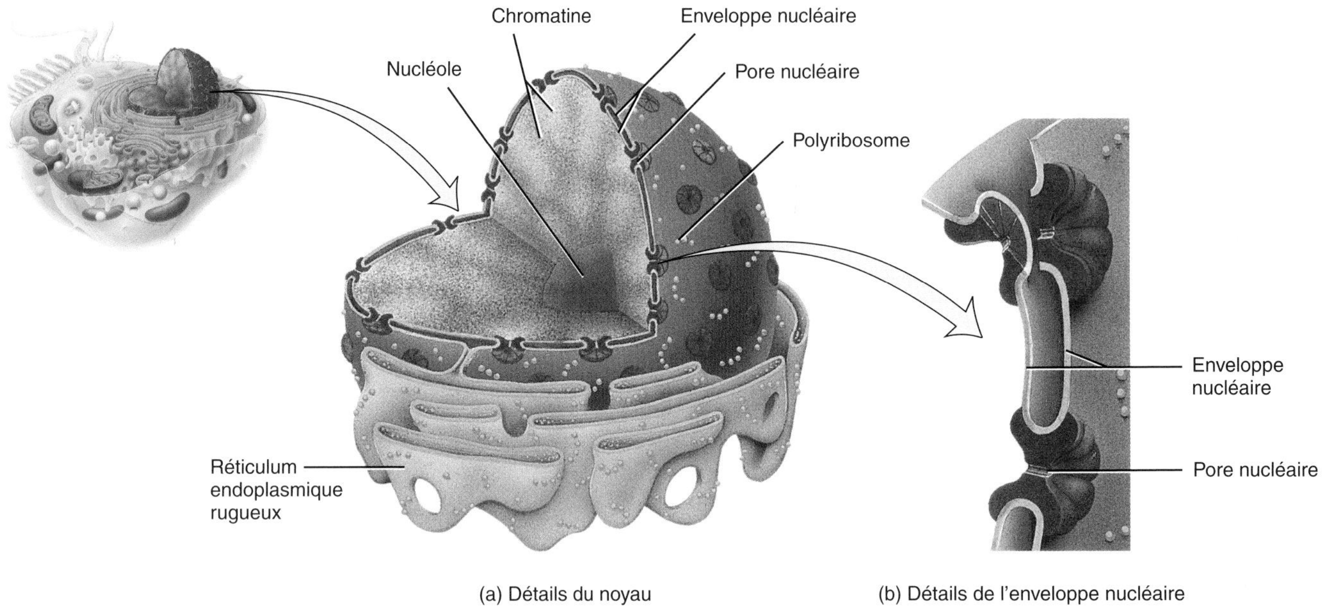

Chromatine

Enveloppe nucléaire

Nucléole

Pore nucléaire

Polyribosome

Réticulum endoplasmique rugueux

Enveloppe nucléaire

Pore nucléaire

(a) Détails du noyau

(b) Détails de l'enveloppe nucléaire

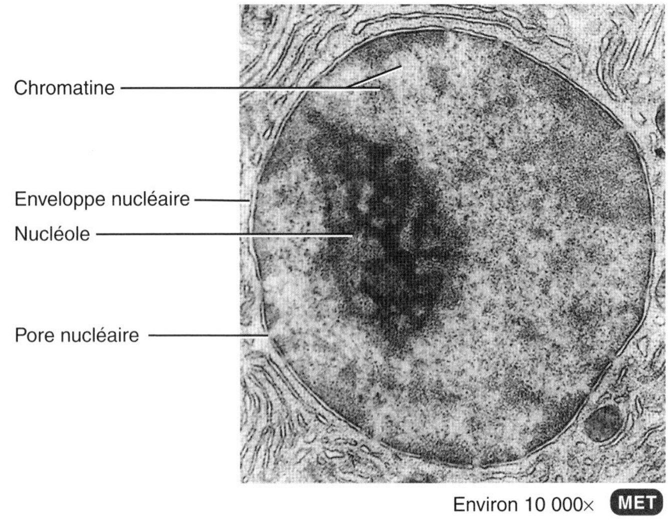

Chromatine

Enveloppe nucléaire

Nucléole

Pore nucléaire

Environ 10 000× **MET**

(c) Coupe transversale du noyau

Fonctions
1. Détermine la structure de la cellule.
2. Dirige l'activité cellulaire.
3. Produit les unités ribosomales dans les nucléoles.

Q Qu'est-ce que la chromatine?

Le noyau contient un ou plusieurs corps sphériques, appelés **nucléoles**, qui prennent part à la formation des ribosomes. Chaque nucléole est simplement composé d'un amas de protéines, d'ADN et d'ARN, et n'est pas entouré d'une membrane. C'est dans les nucléoles qu'est synthétisé l'ARNr qui s'assemble avec des protéines pour former les sous-unités ribosomales. Les nucléoles occupent beaucoup d'espace dans les cellules qui synthétisent de grandes quantités de protéines, comme les cellules des muscles et du foie.

Les nucléoles se défont et disparaissent durant la division cellulaire et se reforment une fois que les nouvelles cellules ont été constituées.

Chez l'humain, le noyau des cellules somatiques (soit l'ensemble des cellules du corps à l'exception des cellules sexuelles et de leurs cellules précurseurs) possèdent 46 **chromosomes** (*chrôma*: couleur; *sôma*: corps): 23 hérités de la mère et 23 du père. Le long des chromosomes, sont disposées les unités de l'hérédité, appelées **gènes**, qui déterminent la structure de la cellule et dirigent la plupart de ses activités. L'ensemble des gènes contenus dans le noyau d'une cellule constitue son génome.

Dans chaque chromosome, une longue molécule d'ADN forme une torsade enroulée autour de plusieurs protéines (figure 3.23). (Rappelons que, selon le modèle de la double hélice, la molécule d'ADN est composée de deux chaînes de nucléotides complémentaires et qu'on l'appelle aussi ADN bicaténaire; voir la figure 2.24.) Lorsque la cellule n'est pas en phase de division, la torsade d'ADN et de protéines se présente comme une longue ficelle ayant l'aspect d'une masse granuleuse diffuse, appelée **chromatine**. Au microscope électronique, la chromatine ressemble à un chapelet dont chaque grain est un **nucléosome**. Le nucléosome est composé

FIGURE 3.23 La condensation de l'ADN en chromosome dans une cellule en train de se diviser. Au terme de la condensation, deux molécules identiques d'ADN et leurs histones forment une paire de chromatides retenues par un centromère.

Un chromosome est une molécule d'ADN enroulée et repliée plusieurs fois sur elle-même, et associée à des molécules de protéines.

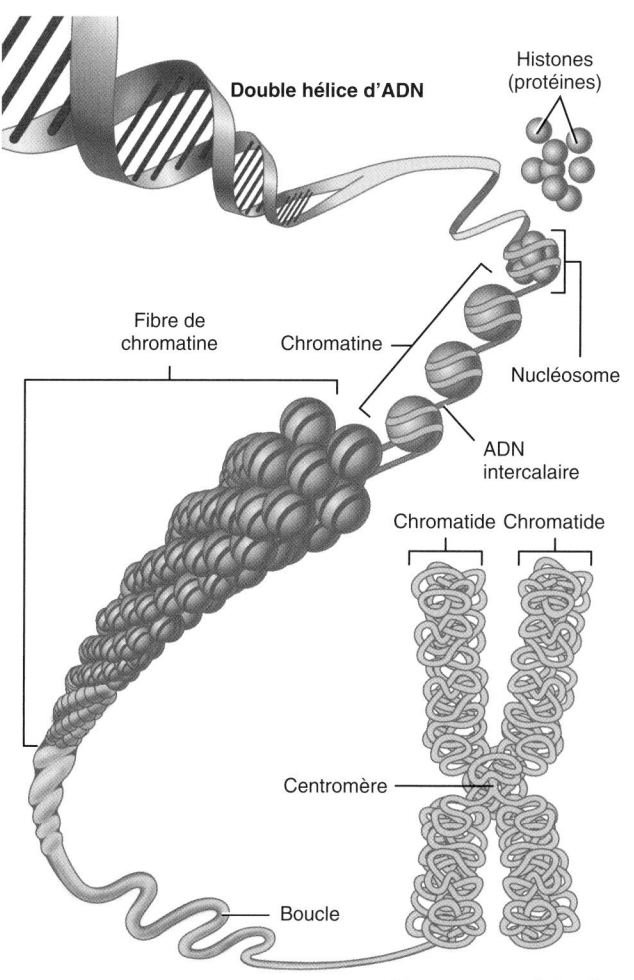

Double hélice d'ADN

Histones (protéines)

Fibre de chromatine

Chromatine

Nucléosome

ADN intercalaire

Chromatide   Chromatide

Centromère

Boucle

Chromosome répliqué

 Quelles sont les composantes d'un nucléosome?

d'ADN bicaténaire enroulé deux fois autour d'une petite masse formée de huit protéines, appelées **histones**; ces dernières facilitent l'enroulement et le repliement de l'ADN. La «ficelle» qui porte les grains est constitué d'**ADN intercalaire**, qui maintient les nucléosomes adjacents.

En dehors de la phase de division, une autre histone favorise l'enroulement des nucléosomes en une **fibre de chromatine** de plus fort diamètre, qui se replie à son tour pour former de grandes boucles. Cependant, juste avant la division cellulaire, l'ADN se réplique (se dédouble) et les boucles se condensent encore davantage pour former un **chromosome répliqué** constitué d'une paire de **chromatides** unies en un point appelé *centromère*. Comme ces deux chromatides sont issues de la même molécule d'ADN, elles contiennent la même information génétique; c'est pourquoi on les appelle *chromatides sœurs*. Nous verrons bientôt que, pendant la division cellulaire, chaque chromatide d'un chromosome répliqué sera à l'origine d'un nouveau chromosome dans une cellule fille.

Le tableau 3.2 présente en résumé les principales parties de la cellule et leurs fonctions.

LA GÉNOMIQUE

Au cours de la dernière décennie du XXᵉ siècle, on a séquencé le génome de l'être humain, de la souris, de la drosophile et de plus de 50 microorganismes. Il s'en est suivi un essor considérable de la recherche dans le domaine de la **génomique**, qui est l'étude des relations entre le génome et les fonctions biologiques d'un organisme. Le projet du génome humain, entrepris en juin 1990, avait pour objectif de séquencer la totalité des nucléotides de notre génome, dont le nombre s'élève à près de 3,2 milliards, et il a été terminé en avril 2003. Plus de 99,9 % des bases nucléotidiques sont identiques chez tous les individus; moins de 0,1 % de l'ADN (soit 1 base sur 1 000) est à l'origine des différences héréditaires observées chez les humains. On a constaté avec étonnement que la moitié au moins du génome humain est constituée de séquences répétitives qui ne détiennent pas le message génétique correspondant aux protéines, et on l'a qualifié d'«ADN égoïste». Les gènes comprennent en moyenne 3 000 nucléotides, mais leur taille varie considérablement. Le plus gros gène humain que l'on connaisse contient 2,4 millions de nucléotides et il possède une séquence codante pour une protéine, la dystrophine. Les scientifiques savent maintenant que le génome humain compte en tout 30 000 gènes environ, soit beaucoup moins que les 100 000 que l'on avait prédits. Les données sur le génome humain et les effets de l'environnement sur ce dernier portent sur la détermination des fonctions de gènes particuliers qui jouent un rôle dans certaines maladies héréditaires. La médecine génomique cherche également à mettre au point des médicaments et des tests de dépistage qui permettraient aux médecins de mieux conseiller et de mieux traiter les patients qui souffrent d'affections ayant une forte composante génétique, tels l'hypertension, l'obésité, le diabète et le cancer. ■

▶ **POINT DE CONTRÔLE**

20. Comment les grosses molécules entrent-elles dans le noyau et comment en sortent-elles?

21. Où l'ARN est-il produit?

22. Comment l'ADN se condense-t-il dans le noyau?

TABLEAU 3.2 LES PARTIES DE LA CELLULE ET LEURS FONCTIONS

PARTIE	STRUCTURE	FONCTIONS
Membrane plasmique	Mosaïque fluide : bicouche lipidique (phosphogly-cérolipides, cholestérol et glycolipides) parsemée de protéines ; entoure le cytoplasme.	Protège le contenu de la cellule ; assure la jonction avec les autres cellules ; contient des protéines jouant le rôle de canaux, de transporteurs, de récepteurs, d'enzymes, de marqueurs d'identité cellulaire et d'amarres ; gouverne l'entrée et la sortie des substances.
Cytoplasme	Contenu de la cellule situé entre la membrane plasmique et le noyau : cytosol et organites.	Site de toutes les activités intracellulaires, à l'exception de celles qui ont lieu dans le noyau.
Cytosol	Constitué d'eau, de solutés, et de particules en suspension.	Milieu dans lequel de nombreuses réactions métaboliques cellulaires ont lieu.
Organites	Structures spécialisées ayant une forme caractéristique.	Chaque organite assure des fonctions spécifiques.
Cytosquelette	Réseau composé de trois types de filaments protéiques : les microfilaments, les filaments intermédiaires et les microtubules.	Maintient la forme et l'organisation générale du contenu de la cellule ; assure les mouvements de la cellule.
Centrosome	Comprend une paire de centrioles et de la matière péricentriolaire.	La matière péricentriolaire est constituée de tubuline, qui sert à la croissance du fuseau mitotique et à la formation des microtubules.
Cils et flagelles	Prolongements de la surface cellulaire capables d'effectuer des déplacements ; composés de 20 microtubules et d'un corpuscule basal.	Les cils déplacent les liquides à la surface de la cellule ; le flagelle déplace la cellule entière.
Ribosome	Comprend deux sous-unités formées d'ARN ribosomal et de protéines ; peut être libre dans le cytosol ou fixé au RE rugueux.	Contribue à la synthèse des protéines.
Réticulum endoplasmique (RE)	Réseau membraneux de sacs ou de tubules aplatis. Le RE rugueux est couvert de ribosomes et relié à l'enveloppe nucléaire ; le RE lisse ne contient pas de ribosomes.	Le RE rugueux synthétise les glycoprotéines et les phosphoglycérolipides qui seront transférés à des organites cellulaires, intégrés à la membrane plasmique ou sécrétés durant l'exocytose. Le RE lisse synthétise des acides gras et des stéroïdes ; il inactive ou détoxifie les médicaments ; il élimine le groupement phosphate du glucose-6-phosphate ; il emmagasine des ions calcium et les libère dans les cellules musculaires.
Complexe golgien	Constitué de 3 à 20 sacs membraneux aplatis appelés *citernes* ; on distingue, sur les plans structural et fonctionnel, la face *cis*, le Golgi médian et la face *trans*.	La face *cis* reçoit les protéines du RE rugueux ; le Golgi médian forme les glycoprotéines, les glycolipides et les lipoprotéines ; la face *trans* poursuit la modification des molécules, puis les trie et les emballe pour leur transport vers diverses destinations.
Lysosome	Vésicule qui prend naissance dans le complexe golgien ; contient des enzymes digestives.	Fusionne avec les endosomes, les vésicules pinocytaires et les phagosomes, et en digère le contenu ; transporte dans le cytosol les produits finaux de la digestion ; digère les organites usés (autophagie), la cellule entière (autolyse) et de la matière extracellulaire.
Peroxysome	Vésicule contenant des oxydases et de la catalase ; les peroxysomes se forment à partir de peroxysomes existants, par bourgeonnement.	Oxydase : oxyde les acides aminés et les acides gras ; détoxifie les substances nocives, tel l'alcool ; produit du peroxyde d'hydrogène. Catalase : décompose le peroxyde d'hydrogène.
Protéasome	Fine structure contenant les protéases.	Dégrade les protéines inutiles, altérées ou défectueuses en les fragmentant en peptides plus petits.
Mitochondrie	Constituée des membranes mitochondriales externe et interne, de crêtes et de la matrice mitochondriale ; les mitochondries se forment à partir de mitochondries existantes.	Site des réactions de la respiration cellulaire aérobie, qui produit l'essentiel de l'ATP de la cellule.

LA SYNTHÈSE DES PROTÉINES

> **OBJECTIF**

- Décrire les étapes de la synthèse des protéines.

Les protéines déterminent les caractéristiques physiques et chimiques des cellules et, par conséquent, celles des organismes qu'elles contribuent à former. Certaines protéines servent à l'assemblage de structures cellulaires telles que la membrane plasmique, le cyto-squelette et divers organites ; d'autres jouent le rôle d'hormone,

TABLEAU 3.2 **LES PARTIES DE LA CELLULE ET LEURS FONCTIONS** *(suite)*

PARTIE	STRUCTURE	FONCTIONS
Noyau	Constitué d'une enveloppe nucléaire, de pores, de nucléoles et de chromosomes ayant la forme d'une masse de chromatine enchevêtrée dans les cellules en interphase.	Les pores nucléaires régulent le mouvement des substances entre le noyau et le cytoplasme ; les nucléoles produisent les ribosomes ; les chromosomes sont constitués de gènes qui déterminent la structure cellulaire et régissent les fonctions de la cellule.

Flagelle — Cil

Filament intermédiaire —

Centrosome —

— **Noyau**

— **Cytoplasme**

— **Membrane plasmique**

Lysosome —
RE lisse —

— Ribosome sur le RE rugueux

Peroxysome —

— Complexe golgien

— Mitochondrie

Microtubule —

— Microfilament

d'anticorps ou d'élément contractile dans les tissus musculaires ; d'autres encore sont des enzymes qui régulent la vitesse des nombreuses réactions chimiques se produisant dans les cellules, ou bien des transporteurs qui convoient diverses substances dans le sang (voir le tableau 2.8). C'est pourquoi, bien que les cellules doivent synthétiser de nombreuses substances pour maintenir l'homéostasie, la plus grande partie de la machinerie cellulaire est affectée à la synthèse de grandes quantités de protéines, de polypeptides et de peptides de toutes sortes. Tout comme le terme *génome* désigne l'ensemble des gènes d'un organisme, le terme **protéome** désigne l'ensemble des protéines d'un organisme.

Toute protéine est constituée d'un certain nombre d'acides aminés assemblés selon une séquence précise. De même que l'orthographe d'un mot est liée à la séquence, au type et au nombre de lettres qui le composent, la structure tridimensionnelle d'une protéine est liée à la séquence, au type et au nombre des acides aminés qui la composent. De plus, de même que le sens d'un mot est lié à son orthographe, la fonction d'une protéine est liée à sa structure tridimensionnelle.

Par exemple, le mot « POIRE » indique un fruit ; si vous remplacez la lettre O par la lettre A, vous obtenez le mot « PAIRE » ; si vous changez de place la lettre R, vous obtenez le mot « PROIE ». Ces deux changements altèrent complètement le sens du premier mot.

De la même façon, le mécanisme de la synthèse des protéines exige une grande précision, car toute erreur dans l'assemblage des acides aminés d'une protéine risque d'altérer la protéine en cours de fabrication, voire de l'empêcher de remplir sa fonction spécifique. C'est ce qui se passerait, par exemple, si une erreur dans la synthèse d'un transporteur membranaire entraînait une modification de son site de fixation. Cette protéine serait alors incapable d'effectuer le transport spécifique de certaines molécules à travers la membrane de la cellule, ce qui pourrait être la cause de déséquilibres cellulaires graves. Le degré de précision nécessaire à la production d'une protéine normale dépend de plusieurs facteurs ; il peut s'agir notamment : 1) de l'originalité de l'écriture, dans la molécule d'ADN, de l'information nécessaire sous forme de code génétique ; et 2) du déroulement des étapes qui conduisent au décodage du message génétique et à l'assemblage, dans la bonne séquence, du bon nombre et des bons types d'acides aminés.

Au cours d'un processus appelé **expression génétique**, l'ADN d'un gène sert de matrice pour la synthèse d'une protéine spécifique. Chaque gène constitue en quelque sorte la « recette » de fabrication d'une protéine. Rappelez-vous que les molécules d'ADN – la matrice génétique – sont trop grosses pour traverser l'enveloppe nucléaire et qu'elles restent donc enfermées dans le noyau de la cellule. Or, la synthèse et l'assemblage de la protéine doivent s'effectuer dans le cytoplasme de la cellule, où se trouvent les organites qui les mettent en œuvre. C'est pourquoi la synthèse d'une protéine débute tout d'abord par ❶ un processus appelé de façon appropriée *transcription*, pendant lequel l'information codée dans un gène de l'ADN est *transcrite* (copiée) de manière à produire une molécule spécifique d'ARN appelée ARN messager (ARNm). La molécule d'ARNm est capable de traverser l'enveloppe nucléaire vers le cytoplasme.

Puis, ❷ au cours d'un second processus appelé *traduction*, l'ARNm se lie à un ribosome et c'est là que l'information contenue dans l'ARNm est *traduite* en une séquence correspondante d'acides aminés, qui constitue une molécule de protéine (figure 3.24).

Nous avons vu au chapitre 2 que chaque gène correspond à une séquence précise de nucléotides sur la molécule d'ADN. C'est dans cette séquence que se trouve le secret du code génétique. L'information première existe sous la forme d'unités constituées d'une série de trois nucléotides consécutifs appelée **triplet**, ou *génon*. Sa transcription crée une séquence complémentaire de trois nucléotides appelée **codon** dans l'ARNm. Un codon donné détermine un acide aminé donné. Le **code génétique** est l'ensemble des règles qui définissent les rapports entre, d'une part, la séquence de triplets de l'ADN et, d'autre part, les codons correspondants de l'ARNm et les acides aminés qu'ils spécifient.

Parmi les différents agents moléculaires intervenant dans la synthèse des protéines, on rencontre trois types d'ARN produits à partir de la matrice d'ADN :

1. L'**ARN messager** (**ARNm**), qui dirige la synthèse des protéines ;
2. L'**ARN ribosomal** (**ARNr**), qui, avec les protéines ribosomales, forme les ribosomes ;

3. L'**ARN de transfert** (**ARNt**), qui se lie aux acides aminés et les maintient sur les ribosomes jusqu'à ce qu'ils soient incorporés à des protéines à l'étape de la traduction. Une extrémité de l'ARNt porte un acide aminé spécifique et l'autre extrémité est constituée d'un triplet de nucléotides appelé **anticodon**. Par appariement des bases complémentaires, l'anticodon de l'ARNt se fixe au codon de l'ARNm. Il y a plus de 20 types d'ARNt, mais chacun se lie à l'un seulement des 20 acides aminés.

Nous allons maintenant décrire plus en détail les étapes de la synthèse d'une protéine. Toutefois, compte tenu de la complexité du processus, nous en ferons une description simplifiée.

LA TRANSCRIPTION

Au cours de la **transcription**, qui a lieu dans le noyau, l'information génétique représentée par la séquence de triplets de l'ADN est copiée sur un brin d'ARNm. Un seul des deux brins d'ADN, appelé *brin matrice*, sert de modèle pour la synthèse de la séquence complémentaire de codons sur l'ARNm.

L'**ARN polymérase** est l'enzyme qui catalyse la transcription de l'ADN. Cependant, elle doit recevoir des instructions précises quant à l'endroit où amorcer le processus et où le terminer. Le segment d'ADN où commence la transcription est une séquence de nucléotides particulière, appelée **promoteur**, qui est située près du début du gène à transcrire (figure 3.25a). C'est là que l'ARN polymérase se fixe à l'ADN.

Au cours de la transcription, les bases ne forment des paires que si elles sont complémentaires : la cytosine (C), la guanine (G) et la thymine (T) du brin matrice d'ADN s'apparient respectivement avec la guanine, la cytosine et l'adénine (A) dans le brin d'ARNm correspondant (figure 3.25b). Toutefois, l'adénine dans le brin matrice d'ADN s'apparie avec l'uracile (U), et non la thymine, dans l'ARNm :

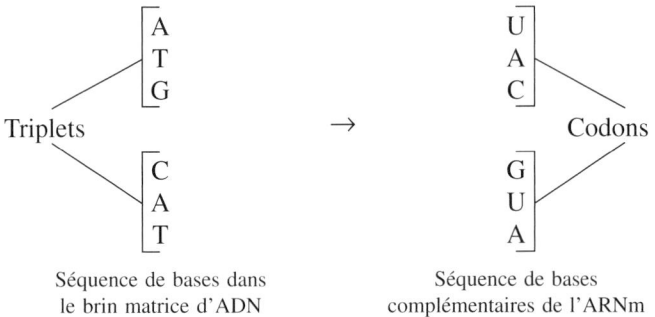

Triplets
| A |
| T |
| G |

| C |
| A |
| T |

Séquence de bases dans le brin matrice d'ADN

→

Codons
| U |
| A |
| C |

| G |
| U |
| A |

Séquence de bases complémentaires de l'ARNm

La transcription du brin matrice d'ADN se poursuit jusqu'à une séquence de nucléotides particulière, appelée **site de terminaison**, qui spécifie la fin du gène (figure 3.25a). Quand l'ARN polymérase atteint ce site, elle se détache de la molécule d'ARNm transcrite et du brin matrice d'ADN.

En fait, ce ne sont pas toutes les parties d'un gène qui portent les séquences codantes pour les protéines. Les segments d'un gène appelés **introns** n'ont *pas* de séquences codantes pour les protéines. Ils sont situés entre les **exons**, segments qui *ont* des séquences codantes pour les protéines. Immédiatement après la transcription, l'ARNm nouvellement synthétisé contient de l'information provenant

FIGURE 3.24 Vue d'ensemble de l'expression génétique. La synthèse d'une protéine donnée requiert la transcription de l'ADN d'un gène en une molécule d'ARNm, puis la traduction de l'ARNm en une séquence correspondante d'acides aminés.

🔑 La transcription a lieu dans le noyau, alors que la traduction se fait dans le cytoplasme.

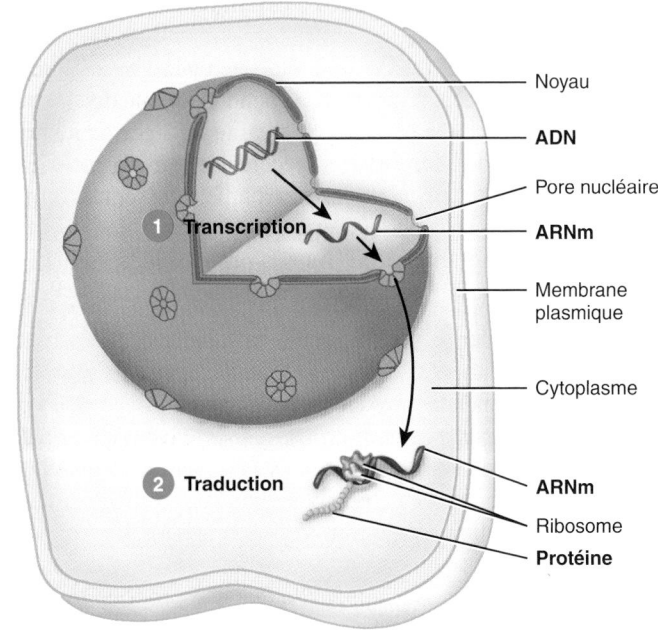

- Noyau
- **ADN**
- Pore nucléaire
- ❶ Transcription
- **ARNm**
- Membrane plasmique
- Cytoplasme
- ❷ Traduction
- **ARNm**
- Ribosome
- **Protéine**

Q Pourquoi les protéines sont-elles importantes dans la vie d'une cellule ?

FIGURE 3.25 La transcription. La transcription de l'ADN débute à un promoteur et finit à un site de terminaison.

Au cours de la transcription, l'information génétique contenue dans l'ADN est copiée sous forme d'ARNm.

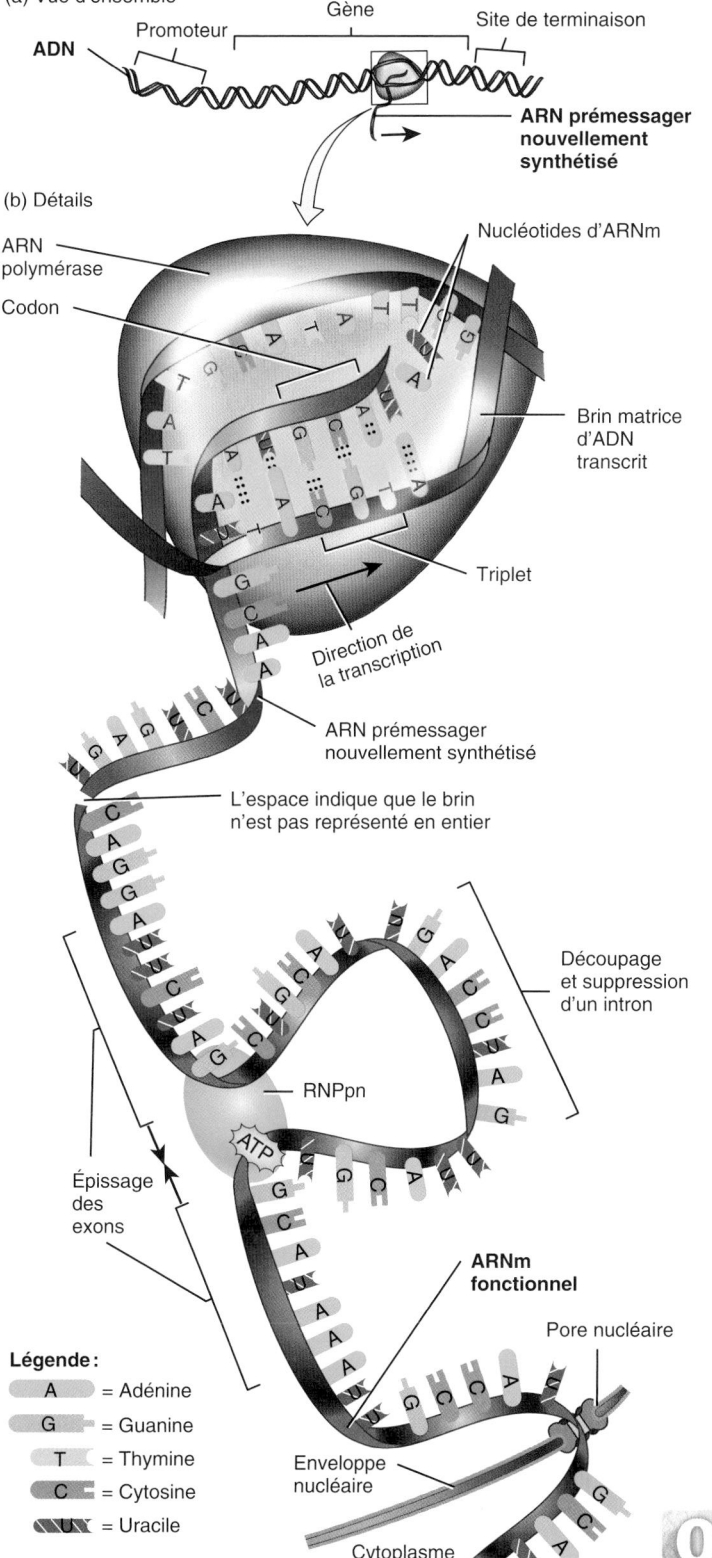

(a) Vue d'ensemble

Gène

Promoteur

Site de terminaison

ADN

ARN prémessager nouvellement synthétisé

(b) Détails

ARN polymérase

Nucléotides d'ARNm

Codon

Brin matrice d'ADN transcrit

Triplet

Direction de la transcription

ARN prémessager nouvellement synthétisé

L'espace indique que le brin n'est pas représenté en entier

Découpage et suppression d'un intron

RNPpn

ATP

Épissage des exons

ARNm fonctionnel

Pore nucléaire

Légende :
A = Adénine
G = Guanine
T = Thymine
C = Cytosine
U = Uracile

Enveloppe nucléaire

Cytoplasme

à la fois des introns et des exons ; il est appelé **ARN prémessager**. Les introns sont retranchés de l'ARN prémessager par les **petites ribonucléoprotéines nucléaires** (RNPpn ; figure 3.25b), des enzymes qui font en même temps l'**épissage** (ou recollage) des exons. Il en résulte une molécule d'ARNm fonctionnelle, qui traverse alors un pore de l'enveloppe nucléaire pour entrer dans le cytoplasme, où s'effectue la traduction.

Bien que le génome humain comprenne environ 30 000 gènes, le nombre de protéines humaines différentes se situe probablement entre 500 000 et 1 million. Comment un si grand nombre de protéines peuvent-elles être codées par un si petit nombre de gènes ? Une partie de l'explication réside dans l'**épissage alternatif**, processus par lequel divers types d'épissage de l'ARN prémessager issu d'un gène par transcription produisent des ARNm distincts, qui sont ensuite traduits en diverses protéines. Ainsi, un gène peut détenir la séquence codante pour au moins 10 protéines distinctes. De plus, les protéines subissent des modifications chimiques après l'étape de traduction, par exemple au cours de leur passage dans le complexe golgien. Ces altérations chimiques peuvent donner deux ou plusieurs protéines différentes à la suite d'une seule traduction.

LA TRADUCTION

La **traduction** est le processus au cours duquel la séquence des codons d'une molécule d'ARNm est traduite en une séquence spécifique d'acides aminés, qui forme une protéine. Ce processus exige l'intervention de l'ARNr contenu dans les ribosomes et celle de différents types d'ARN de transfert ; il a lieu dans le cytoplasme. La petite sous-unité du ribosome possède un *site de liaison* de l'ARNm ; la grande sous-unité contient deux sites de liaison de molécules d'ARNt : un *site P* et un *site A* (figure 3.26). Les acides aminés nécessaires à la synthèse des protéines ont traversé la membrane cytoplasmique par transport actif. Ils se retrouvent libres dans le cytoplasme et y circulent par diffusion simple. Notez que les acides aminés ne s'assemblent pas directement sur la molécule d'ARNm ; en effet, le langage codé de l'ARNm ne peut être traduit directement dans le langage des protéines. Pour que l'assemblage puisse se faire, chaque acide aminé doit dans un premier temps se fixer spécifiquement à une molécule servant en quelque sorte d'adaptateur, l'ARNt. Dans un deuxième temps, des enzymes d'activation catalysent la liaison entre l'acide aminé et sa molécule d'ARNt correspondante ; elles donnent également à l'acide aminé l'énergie dont il aura besoin par la suite pour établir avec d'autres acides aminés la liaison peptidique (—CO—NH—) qui donnera naissance à la protéine.

La première molécule d'ARNt portant son acide aminé spécifique se fixe à l'ARNm au site P ; le site A retient la molécule d'ARNt suivante portant son acide aminé.

Q Si le brin matrice d'ADN présente la séquence de bases AGCT, quelle sera la séquence de bases de l'ARNm et quelle enzyme catalysera la transcription de l'ADN ?

FIGURE 3.26 La traduction. Au cours de la traduction, une molécule d'ARNm se lie à un ribosome. La séquence de nucléotides de l'ARNm spécifie ensuite la séquence d'acides aminés d'une protéine.

Les ribosomes ont un site de liaison de l'ARNm, de même qu'un site P et un site A pour la liaison de l'ARNt.

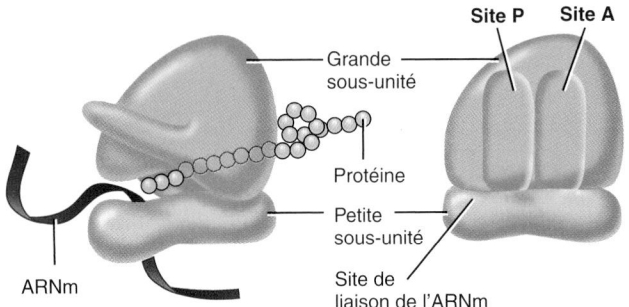

(a) Composantes du ribosome et leur relation à l'ARNm et à la protéine pendant la traduction

(b) Vue de l'intérieur des sites de liaison de l'ARNt

 Quels sont les rôles des sites A et P?

La traduction comprend les étapes suivantes (figure 3.27):

1 Une molécule d'ARNm se lie à la petite sous-unité ribosomale au site de liaison de l'ARNm. La traduction de toutes les molécules d'ARNm débute sur un codon d'initiation (AUG). Un ARNt particulier appelé *ARNt d'initiation*, et qui possède l'anticodon UAC, se lie alors au codon AUG de l'ARNm, grâce à la formation de paires de bases complémentaires. Comme AUG est le codon pour l'acide aminé appelé *méthionine*, celle-ci est toujours le premier acide aminé dans une protéine ou dans un polypeptide naissant.

2 La grande sous-unité ribosomale se fixe ensuite à la petite sous-unité ribosomale, au site de liaison de l'ARNm, et forme un ribosome fonctionnel. L'ARNt d'initiation avec son acide aminé (la méthionine) s'introduit dans le site P du ribosome.

3 L'anticodon d'un deuxième ARNt avec son acide aminé va former une paire avec le deuxième codon de l'ARNm, au site A du ribosome.

4 Un composant de la grande sous-unité ribosomale catalyse la formation d'une liaison peptidique entre la méthionine et l'acide aminé transporté au site A par le deuxième ARNt. La méthionine se détache alors de l'ARNt au site P, mais reste attachée par son lien peptidique à l'acide aminé du site A.

5 Après la formation de la liaison peptidique, l'ARNt au site P se détache du ribosome qui fait avancer le brin d'ARNm d'un codon. L'ARNt du site A qui porte le dipeptide vient occuper le site P, ce qui permettra la liaison d'un autre ARNt portant son acide aminé avec le nouveau codon qui occupe maintenant le site A. Les étapes **3** à **5** se répètent et la chaîne polypeptidique s'allonge petit à petit.

6 La synthèse de la protéine (c'est-à-dire la formation de la longue chaîne de polypeptides) se termine quand le ribosome atteint un codon d'arrêt au site A, ce qui provoque le détachement de

la protéine désormais complète du dernier ARNt. Lorsque cet ARNt quitte à son tour le site P, le ribosome se scinde en ses deux sous-unités, la grande et la petite.

La synthèse d'une protéine s'effectue au rythme d'environ 15 liaisons peptidiques par seconde. Au fur et à mesure que le ribosome avance sur l'ARNm, et avant même qu'il ait terminé la synthèse de la protéine, un nouveau ribosome peut se fixer derrière lui sur la même molécule d'ARNm et commencer à la traduire. Plusieurs ribosomes fixés à un même ARNm forment un **polyribosome**. La lecture simultanée par plusieurs ribosomes permet de traduire en très peu de temps une molécule d'ARNm en plusieurs protéines identiques.

L'ADN RECOMBINÉ

Les scientifiques ont mis au point des techniques pour introduire dans diverses cellules des gènes provenant d'autres organismes. À la suite de ces manipulations, les organismes hôtes produisent des protéines que, normalement, ils ne synthétisent pas. Les organismes ainsi modifiés sont appelés **recombinants**, et leur ADN – une combinaison d'ADN de différentes sources – porte le nom d'**ADN recombiné**. Si l'ADN recombiné fonctionne de façon appropriée, l'hôte synthétise la protéine spécifiée par le gène qu'il a acquis. On appelle **génie génétique** la technologie qui est née de la manipulation du matériel génétique.

Les applications pratiques de cette technologie ont une portée considérable. À l'heure actuelle, des souches de bactéries recombinantes produisent une grande quantité de substances thérapeutiques importantes. Mentionnons, entre autres, l'*hormone de croissance humaine (hGH)*, qui est essentielle à la croissance normale et joue un rôle crucial dans le métabolisme; l'*insuline*, hormone qui contribue à la régulation de la concentration du glucose dans le sang et qui est utilisée par les diabétiques; l'*interféron (IFN)*, une substance antivirale (et peut-être anticancéreuse); et l'*érythropoïétine (EPO)*, hormone qui stimule la production de globules rouges. ■

▶ POINT DE CONTRÔLE

23. Quelles différences présentent la transcription et la traduction?

LA DIVISION CELLULAIRE

OBJECTIFS

- Examiner les phases, les événements et l'importance de la division des cellules somatiques et des cellules reproductrices.
- Décrire les signaux qui déclenchent la division des cellules somatiques.

La plupart des cellules du corps humain sont soumises à la **division cellulaire**, processus par lequel les cellules se reproduisent. Les deux types de division cellulaire, soit la division des cellules somatiques et la division des cellules reproductrices, répondent à des besoins différents de l'organisme.

On appelle **cellule somatique** (*sôma*: corps) toute cellule de l'organisme qui n'est pas une cellule germinale, c'est-à-dire un

FIGURE 3.27 La traduction : formation de la protéine et fin de la synthèse.

Durant la synthèse des protéines, les petite et grande sous-unités ribosomales s'unissent pour former un ribosome fonctionnel ; elles se séparent au terme du processus.

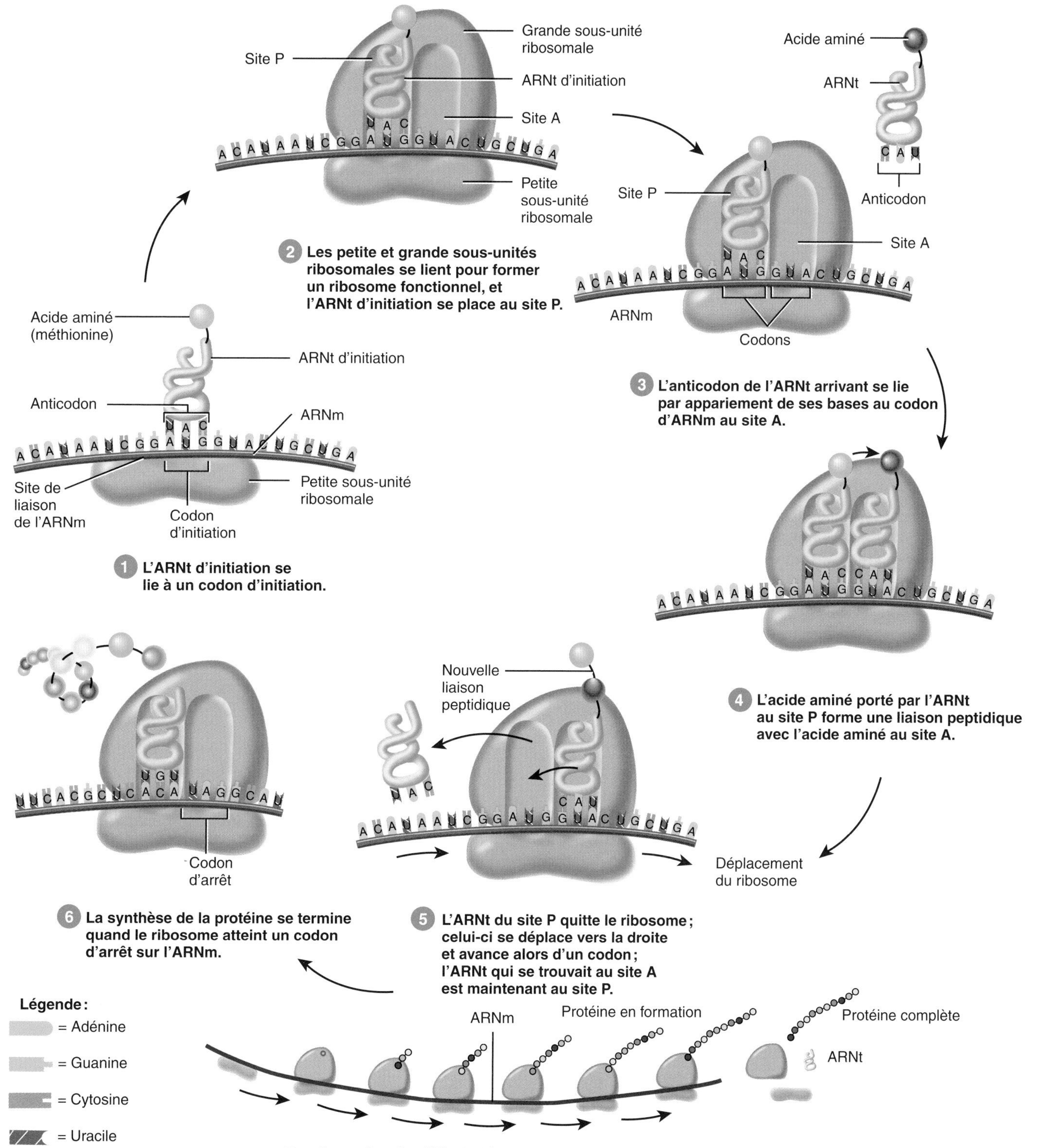

Site P

Grande sous-unité ribosomale

ARNt d'initiation

Site A

Petite sous-unité ribosomale

Acide aminé

ARNt

Anticodon

2 Les petite et grande sous-unités ribosomales se lient pour former un ribosome fonctionnel, et l'ARNt d'initiation se place au site P.

Site P

Site A

ARNm

Codons

3 L'anticodon de l'ARNt arrivant se lie par appariement de ses bases au codon d'ARNm au site A.

Acide aminé (méthionine)

ARNt d'initiation

Anticodon

ARNm

Site de liaison de l'ARNm

Petite sous-unité ribosomale

Codon d'initiation

1 L'ARNt d'initiation se lie à un codon d'initiation.

4 L'acide aminé porté par l'ARNt au site P forme une liaison peptidique avec l'acide aminé au site A.

Nouvelle liaison peptidique

Déplacement du ribosome

Codon d'arrêt

6 La synthèse de la protéine se termine quand le ribosome atteint un codon d'arrêt sur l'ARNm.

5 L'ARNt du site P quitte le ribosome ; celui-ci se déplace vers la droite et avance alors d'un codon ; l'ARNt qui se trouvait au site A est maintenant au site P.

Légende :

= Adénine

= Guanine

= Cytosine

= Uracile

ARNm

Protéine en formation

Protéine complète

ARNt

Représentation simplifiée du déplacement d'un ribosome le long de l'ARNm

Q Quelle est la fonction du codon d'arrêt ?

gamète (spermatozoïde ou ovocyte) ou une cellule précurseur quelconque destinée à devenir un gamète. La **division des cellules somatiques** comprend une division nucléaire, la **mitose**, et une division du cytoplasme, la **cytocinèse**. Elle aboutit à la formation de deux cellules identiques ayant chacune le même nombre et le même type de chromosomes que la cellule d'origine. Cette forme de division assure le remplacement des cellules mortes ou endommagées et l'ajout de nouvelles cellules aux tissus en croissance.

La **division des cellules reproductrices** est le mécanisme qui produit les gamètes, c'est-à-dire les cellules nécessaires à la formation d'une nouvelle génération d'organismes capables à leur tour de se reproduire sexuellement. Ce processus est un type particulier de division, appelé **méiose**, qui s'effectue en deux étapes et par lequel le nombre de chromosomes dans le noyau est réduit de moitié.

LA DIVISION D'UNE CELLULE SOMATIQUE

Le **cycle cellulaire** est une suite ordonnée d'événements au cours de laquelle une cellule somatique produit une réplique de son contenu et se divise en deux. Les cellules humaines, comme celles du cerveau, de l'estomac et des reins, contiennent 23 paires de chromosomes, soit 46 chromosomes au total. Les deux chromosomes qui forment une paire proviennent l'un de la mère et l'autre du père, et on les appelle **chromosomes homologues** (*homos* : semblable). Ils contiennent des gènes semblables, disposés généralement dans le même ordre ou presque. Si on les examine à l'aide d'un microscope optique, les chromosomes homologues semblent habituellement très similaires, à l'exception toutefois d'une paire de chromosomes appelés **chromosomes sexuels** et représentés par X et Y. Chez la femme, la paire de chromosomes sexuels homologues est formée de deux chromosomes X ; chez l'homme, cette paire est formée d'un chromosome X et d'un chromosome Y, beaucoup plus petit. Étant donné que les cellules somatiques contiennent deux ensembles de chromosomes, on les appelle **cellules diploïdes** (*diplous* : double ; *eidos* : aspect) et on les représente par **2n**, où le symbole « *n* » désigne le nombre de chromosomes dans la cellule.

Quand une cellule se reproduit, tous ses chromosomes doivent se répliquer (produire une copie d'eux-mêmes) pour que ses gènes soient transmis à la nouvelle génération de cellules. Le cycle cellulaire comprend deux grandes périodes : l'interphase, pendant laquelle la cellule ne se divise pas, et la phase mitotique (phase M), pendant laquelle la cellule se divise (figure 3.28).

L'interphase

Durant l'**interphase**, la cellule procède à la réplication de son ADN par un processus que nous décrirons sous peu. De plus, elle produit des organites supplémentaires et des composantes du cytosol en vue de la division cellulaire. L'interphase est une période d'activité métabolique intense, au cours de laquelle a lieu la plus grande partie de la croissance cellulaire. Elle se divise elle-même en trois phases : G_1, S et G_2 (figure 3.28). La lettre S représente la *synthèse* de l'ADN. Les phases G étant des intervalles où il n'y a pas d'activité liée à la réplication de l'ADN, on les considère comme des phases de *transition* (G pour *gap* : intervalle) dans la synthèse de l'ADN.

FIGURE 3.28 Le cycle cellulaire. La cytocinèse, ou division du cytoplasme, qui a lieu vers la fin de l'anaphase ou le début de la télophase, n'est pas représentée.

Le cycle cellulaire est complet quand la cellule initiale a fini de reproduire son contenu et qu'elle s'est divisée en deux cellules identiques.

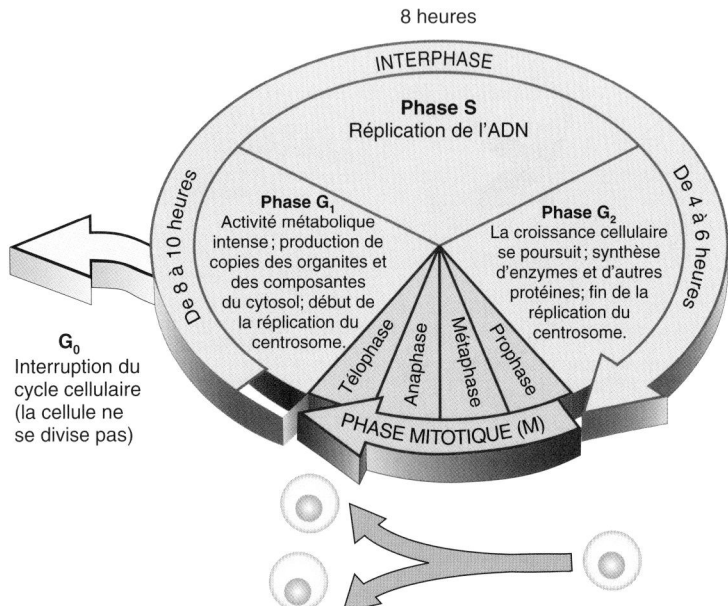

 Pendant quelle phase du cycle cellulaire la réplication de l'ADN a-t-elle lieu ?

La **phase G_1** est l'intervalle entre la phase mitotique et la phase S. La cellule est alors active sur le plan métabolique ; elle produit des copies de la plupart de ses organites et des composantes de son cytosol, mais il n'y a pas de réplication de l'ADN. La réplication du centrosome commence elle aussi durant la phase G_1, et presque toutes les activités cellulaires décrites dans le présent chapitre ont lieu pendant cette phase. Dans le cas d'une cellule dont le cycle cellulaire complet dure 24 heures, la phase G_1 s'effectue sur une période de 8 à 10 heures. Toutefois, la durée de cette phase est assez variable en général. Elle est très courte dans de nombreuses cellules embryonnaires et dans le cas des cellules cancéreuses. Quant aux cellules qui restent en phase G_1 durant une très longue période, et qui ne se diviseront peut-être jamais plus, on dit qu'elles sont en **phase G_0**. La plupart des cellules nerveuses sont dans cet état. Mais lorsqu'une cellule entre en phase S, elle doit aller jusqu'au bout de la division cellulaire.

La **phase S** est l'intervalle entre G_1 et G_2 ; elle dure environ 8 heures. C'est pendant cette phase qu'a lieu la réplication de l'ADN (figure 3.29). Dans un premier temps, la double hélice d'ADN s'ouvre partiellement et les deux brins se séparent en brisant les liaisons hydrogène entre les bases appariées : on dit alors que l'ADN se déspiralise. Chaque base du brin d'ADN parental ainsi exposée s'apparie avec la base complémentaire d'un nucléotide nouvellement synthétisé. Un nouveau brin d'ADN prend forme grâce à la création de liaisons chimiques entre les nucléotides contigus.

FIGURE 3.29 La réplication de l'ADN. Les deux brins de la double hélice se séparent par rupture des liaisons hydrogène (représentées par les pointillés) entre les nucléotides. De nouveaux nucléotides complémentaires se fixent aux sites appropriés et un nouveau brin d'ADN est synthétisé le long de chacun des brins d'origine. Les flèches indiquent la formation de nouvelles liaisons hydrogène entre les bases appariées.

 La réplication double la quantité d'ADN.

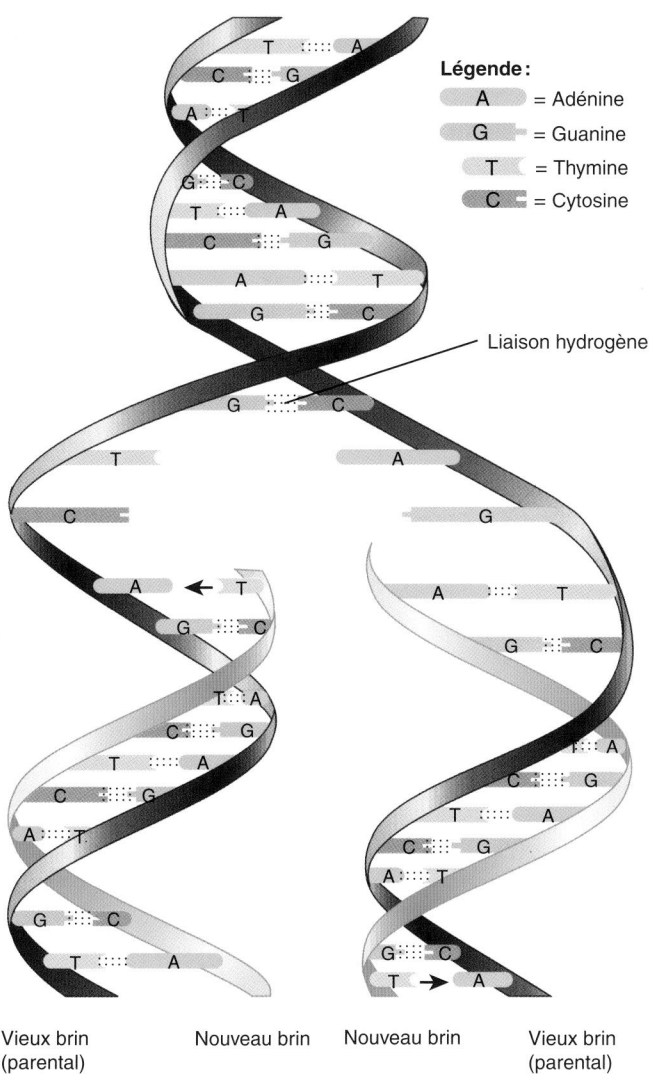

Légende :

A = Adénine

G = Guanine

T = Thymine

C = Cytosine

Liaison hydrogène

Vieux brin (parental)   Nouveau brin   Nouveau brin   Vieux brin (parental)

Q Pendant la division des cellules somatiques, pourquoi est-il essentiel que la réplication de l'ADN ait lieu avant la cytocinèse ?

Ce processus de déspiralisation et d'appariement de bases complémentaires se poursuit jusqu'à ce que chacun des deux brins d'origine soit associé à un nouveau brin complémentaire. La molécule d'ADN « parentale » a ainsi donné naissance à deux nouvelles molécules d'ADN identiques. À la fin de la division cellulaire, les deux cellules produites possèdent donc le même matériel génétique. La **phase G₂** est l'intervalle entre la phase S et la phase mitotique et elle dure de 4 à 6 heures. Au cours de cette phase, la croissance cellulaire se poursuit, des enzymes et d'autres protéines sont synthétisées en préparation de la division cellulaire, et la réplication du centrosome s'achève.

Pour bien comprendre les différentes étapes de la division cellulaire, soit la mitose et la cytocinèse, étudions attentivement la description des phases de la division proprement dite ci-dessous (de ❷ à ❻) en nous référant à leur illustration dans la figure 3.30.

Quand on observe une cellule au microscope optique (MO) pendant ❶ l'interphase (figure 3.30a), on voit une enveloppe nucléaire bien définie, un nucléole et une masse de chromatine enchevêtrée. Dès qu'une cellule a terminé les activités des phases G₁, S et G₂, l'ADN à l'état de chromatine se réplique (se dédouble) ; la phase mitotique peut alors débuter.

La phase mitotique

La **phase mitotique** (**phase M**) comprend la division nucléaire, ou mitose, et la division du cytoplasme, ou cytocinèse, ce qui mène à la formation de deux cellules identiques. Les événements qui se produisent durant cette phase sont facilement observables au microscope optique parce que la chromatine se condense en chromosomes distincts.

Division nucléaire : la mitose La **mitose** (*mitos* : filament) est la distribution des deux jeux de chromosomes dans deux noyaux distincts de manière qu'il en résulte une répartition *exacte* de l'information génétique. Par commodité, les biologistes divisent ce processus en quatre phases consécutives : la prophase, la métaphase, l'anaphase et la télophase. En réalité, la mitose est un processus continu : chaque phase fusionne imperceptiblement avec la suivante.

Première phase : la prophase. ❷ Au début de la prophase, les fibres de chromatine se condensent et raccourcissent, formant ainsi des chromosomes *répliqués* qui sont visibles au microscope optique (figure 3.30b). Le processus de condensation empêche peut-être les longues chaînes d'ADN de s'emmêler au cours de leurs déplacements pendant la mitose. Puisque la réplication de l'ADN a eu lieu au cours de la phase S de l'interphase, chaque chromosome répliqué durant la prophase est composé d'une paire de *chromatides* sœurs. Les chromatides d'une même paire sont reliées par un **centromère**, situé là où le chromosome forme un étranglement. Un complexe de protéines appelé **kinétochore** est fixé à la face externe de chaque centromère. Plus tard durant la prophase (figure 3.30c), les tubulines de la matière péricentriolaire des centrosomes commencent à élaborer le **fuseau mitotique**, assemblage de microtubules dont la forme rappelle un ballon de football et qui se fixe au kinétochore. En s'allongeant, les microtubules poussent les centrosomes vers les pôles (extrémités) de la cellule, de sorte que le fuseau s'étend d'un pôle à l'autre. C'est le fuseau mitotique qui cause la séparation des chromatides aux deux pôles opposés de la cellule. Ensuite, le nucléole et l'enveloppe nucléaire disparaissent.

Deuxième phase : la métaphase. ❸ Pendant la métaphase, les microtubules alignent les centromères des paires de chromatides exactement au centre du fuseau mitotique (figure 3.30d). Le plan passant par l'équateur du fuseau mitotique est appelé **plaque équatoriale**.

Troisième phase : l'anaphase. ❹ Au début de l'anaphase (figure 3.30e), les centromères se divisent, de sorte que les deux membres de chaque paire de chromatides se séparent. Après leur

FIGURE 3.30 La division cellulaire : mitose et cytocinèse.

Les étapes du cycle sont représentées à la suite (à partir de ②) dans le sens des aiguilles d'une montre.

Une unique cellule somatique donne naissance à deux cellules diploïdes identiques en se divisant.

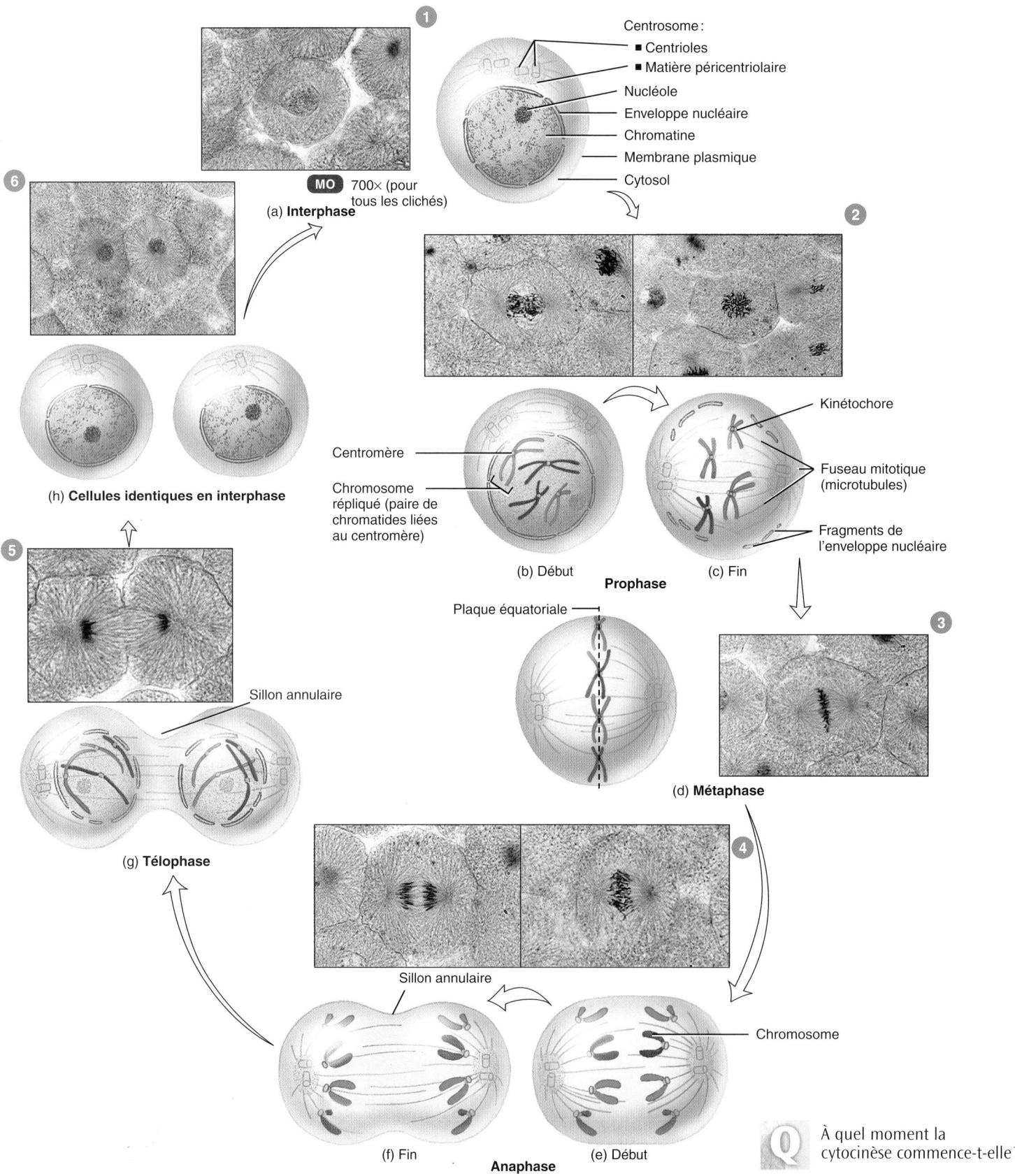

1

Centrosome :
- Centrioles
- Matière péricentriolaire

Nucléole
Enveloppe nucléaire
Chromatine
Membrane plasmique
Cytosol

MO 700× (pour tous les clichés)

(a) **Interphase**

6

(h) **Cellules identiques en interphase**

2

(b) Début   **Prophase**   (c) Fin

Centromère
Chromosome répliqué (paire de chromatides liées au centromère)

Kinétochore
Fuseau mitotique (microtubules)
Fragments de l'enveloppe nucléaire

Plaque équatoriale

(d) **Métaphase**

3

5

Sillon annulaire

(g) **Télophase**

4

Sillon annulaire

(f) Fin   **Anaphase**   (e) Début

Chromosome

Q À quel moment la cytocinèse commence-t-elle ?

séparation, chaque chromatide de la paire devient un *chromosome* indépendant dans la cellule fille. La traction des microtubules sur les chromosomes pendant l'anaphase leur donne l'aspect d'un V, car les centromères ouvrent la voie en entraînant les bras longitudinaux des chromosomes vers le pôle. À la fin de l'anaphase (figure 3.30f), les chromosomes se dirigent chacun vers l'un des pôles opposés de la cellule.

Quatrième phase : la télophase. ⑤ La dernière phase de la mitose, la télophase, commence quand les chromosomes cessent leur migration (figure 3.30g). Les deux jeux identiques de chromosomes, qui occupent maintenant les pôles opposés de la cellule, se déroulent et reprennent l'aspect filamenteux de la chromatine. Une enveloppe nucléaire se forme autour de chacune des masses de chromatine, les nucléoles redeviennent visibles dans les noyaux identiques et le fuseau mitotique se défait.

Division du cytoplasme : la cytocinèse On appelle **cytocinèse** (*kytos* : cellule ; *kinêsis* : mouvement) la division du cytoplasme et des organites d'une cellule en deux cellules filles identiques. Ce processus commence à la fin de l'anaphase par la formation d'un **sillon annulaire**, soit un léger étranglement de la membrane plasmique, et se termine avec la télophase. Le sillon annulaire apparaît habituellement à mi-distance entre les centrosomes et il s'étend sur toute la périphérie de la cellule (figure 3.30f, g). Les microfilaments d'actine qui se trouvent près de la face interne de la membrane plasmique forment un *anneau contractile*, qui tire progressivement la membrane plasmique vers l'intérieur et finit par scinder la cellule en deux en se resserrant autour de son centre, à la manière d'une ceinture autour de la taille. Étant donné que le plan du sillon annulaire est toujours perpendiculaire au fuseau mitotique, les deux jeux de chromosomes se retrouvent nécessairement dans deux cellules distinctes. L'apparition des deux nouvelles cellules identiques marque la fin de la cytocinèse et ⑥ le début d'une nouvelle interphase (figure 3.30h).

On peut résumer comme suit l'ordre des événements :

Phase G_1 → phase S → phase G_2 → mitose → cytocinèse

Le tableau 3.3 présente un résumé des étapes du cycle de la cellule somatique.

LE FUSEAU MITOTIQUE ET LE CANCER

L'un des traits caractéristiques des cellules cancéreuses est leur division anarchique. On appelle *néoplasme*, ou *tumeur*, la masse de cellules qui résulte de cette division. La chimiothérapie, c'est-à-dire l'administration de substances anticancéreuses, est l'une des méthodes de traitement du cancer. Certains des médicaments utilisés interrompent la division cellulaire en inhibant la formation du fuseau mitotique. Malheureusement, ils tuent ainsi tous les types de cellules à division rapide, ce qui cause des effets secondaires tels que la nausée, la diarrhée, la perte des cheveux, l'amincissement de la peau et des muqueuses, la fatigue et une diminution de la résistance aux maladies. ■

LA RÉGULATION DU SORT DE LA CELLULE

Une cellule a trois vocations possibles : accomplir ses fonctions sans se diviser, croître et se diviser, ou mourir. L'homéostasie est maintenue quand un équilibre s'établit entre la prolifération et la

TABLEAU 3.3	LE CYCLE DE LA CELLULE SOMATIQUE
PHASE	**ACTIVITÉ**
INTERPHASE	Période entre deux divisions cellulaires ; les fibres de chromatine ne sont pas visibles au microscope optique.
Phase G_1	Métabolisme cellulaire intense ; synthèse d'organites et de composantes du cytosol ; début de la réplication des chromosomes. (Les cellules qui restent en phase G_1 durant une longue période, et qui ne se diviseront peut-être jamais plus, sont dites *en phase G_0*.)
Phase S	Réplication de l'ADN et des centrosomes.
Phase G_2	La croissance cellulaire et la synthèse d'enzymes et de protéines se poursuivent ; fin de la réplication des centrosomes.
PHASE MITOTIQUE	La cellule mère produit des cellules identiques dotées de chromosomes identiques ; les chromosomes sont visibles au microscope optique.
Mitose	Division nucléaire ; répartition des deux jeux de chromosomes dans deux noyaux distincts.
Prophase	Les fibres de chromatine se condensent pour former des chromatides appariées ; disparition du nucléole et de l'enveloppe nucléaire ; migration des centrosomes chacun vers l'un des pôles opposés de la cellule.
Métaphase	Les centromères des paires de chromatides s'alignent sur la plaque équatoriale.
Anaphase	Les centromères se divisent ; les jeux identiques de chromosomes se rendent chacun vers l'un des pôles opposés de la cellule.
Télophase	Les enveloppes nucléaires et les nucléoles redeviennent visibles ; les chromosomes se transforment en chromatine ; le fuseau mitotique se disloque.
Cytocinèse	Division du cytoplasme ; l'anneau contractile forme le sillon annulaire autour du centre de la cellule et divise le cytoplasme en deux portions égales.

mort des cellules. Les signaux qui indiquent à la cellule si elle doit vivre en phase G_0, se diviser ou mourir ont fait l'objet de recherches intenses et fructueuses au cours de ces dernières années.

Ainsi, l'étude des mécanismes impliqués dans la régulation de la division cellulaire a montré que l'entrée d'une cellule en phase mitotique est déclenchée par l'activation d'une protéine kinase appelée *MPF* (*maturation promoting factor*), elle-même constituée de deux sous-unités. La première sous-unité consiste en une protéine enzymatique, la **kinase cycline dépendante** (les **Cdk**, *cyclin-dependent protein kinases*), capable de transférer un groupement phosphate de l'ATP à certaines protéines particulières. La deuxième sous-unité est la **cycline** – protéine ainsi appelée parce que sa concentration augmente et diminue au cours du cycle cellulaire, lequel cause l'activation et la désactivation des Cdk.

Ainsi, l'activation de complexes cycline-Cdk spécifiques entraîne à son tour le passage d'une cellule de la phase G_1 aux phases S et G_2, puis à la mitose, dans cet ordre. Si une étape quelconque du processus est retardée, toutes les étapes suivantes le sont aussi de manière que la séquence normale soit maintenue. La concentration de cycline dans la cellule joue un rôle important dans la synchronisation et la séquence des événements qui constituent la division cellulaire. Par exemple, la concentration de la cycline particulière qui contribue à mener une cellule de la phase G_2 à la mitose augmente tout au long des phases G_1, S et G_2, et au début de la mitose. C'est sa concentration élevée qui déclenche la mitose, mais, vers la fin de cette étape, les protéasomes détruisent cette cycline, de même que d'autres cyclines dans la cellule; sa concentration diminue alors rapidement et la mitose prend fin.

La mort d'une cellule est également soumise à une régulation. Tout au long de sa vie, un organisme perd des cellules qui meurent par un processus ordonné, programmé dans les gènes, qu'on appelle **apoptose** (*apoptein*: rejeter). Un agent déclencheur, situé à l'intérieur ou à l'extérieur de la cellule, stimule la production, par des gènes «suicidaires», d'enzymes qui s'attaquent à la cellule de plusieurs façons et endommagent, entre autres structures, le cytosquelette et le noyau. Par conséquent, la cellule rétrécit et se sépare des cellules voisines. Bien que la membrane plasmique reste intacte, l'ADN se fragmente dans le noyau et le cytoplasme se contracte. La cellule mourante est ensuite absorbée par des phagocytes. Un récepteur protéique contenu dans la membrane plasmique des phagocytes joue un rôle dans le processus en se liant à un lipide de la membrane plasmique de la cellule suicidaire. Au cours de la croissance fœtale, l'apoptose élimine les cellules inutiles, telle la palmature entre les doigts; après la naissance, elle continue de jouer un rôle en régulant le nombre de cellules des tissus et en éliminant les cellules potentiellement dangereuses, telles les cellules cancéreuses.

L'apoptose est une forme normale de mort cellulaire, contrairement à la **nécrose** (*nekros*: mort), qui est d'origine pathologique et résulte de blessures aux tissus. Lorsqu'il y a nécrose, un grand nombre de cellules adjacentes gonflent, crèvent et répandent leur cytoplasme dans le liquide interstitiel. Les débris cellulaires déclenchent généralement une réponse inflammatoire du système immunitaire, ce qui n'a pas lieu au cours de l'apoptose.

LES GÈNES SUPPRESSEURS DE TUMEUR

De nombreuses maladies sont liées à des anomalies des gènes qui régissent le cycle cellulaire ou l'apoptose. Par exemple, certains cancers sont causés par des défectuosités de gènes appelés **gènes suppresseurs de tumeur**, qui produisent des protéines dont la fonction normale est d'inhiber la division cellulaire. La perte ou l'altération du gène suppresseur de tumeur appelé *gène p53*, situé sur le chromosome 17, est le changement génétique causal le plus fréquemment observé dans une grande variété de tumeurs, dont les cancers du sein et du côlon. La protéine p53 normalement produite par ce gène retient les cellules dans la phase G_1, ce qui empêche la division cellulaire. Elle prend part également à la réparation de l'ADN endommagé et déclenche l'apoptose dans les cellules où la réparation de l'ADN n'a pu être menée à bien. C'est pour ces raisons que le gène p53 est qualifié d'«ange gardien du génome». ■

LA DIVISION D'UNE CELLULE REPRODUCTRICE

Dans la reproduction sexuée, chaque nouvel organisme résulte de l'union de deux gamètes (fécondation), produits chacun par l'un des deux parents. Si les gamètes avaient le même nombre de chromosomes que les cellules somatiques, ce nombre doublerait au moment de la fécondation. La division des cellules reproductrices, qui a lieu dans les gonades (les ovaires et les testicules), est appelée **méiose** (*meiôsis*: réduction); elle produit des gamètes dont le nombre de chromosomes a été réduit de moitié. Les gamètes ne possèdent donc qu'un seul jeu de 23 chromosomes; ce sont des **cellules haploïdes** (*n*) (*haploos*: simple; *eidos*: aspect). La fécondation restaure le nombre diploïde (2*n*) de chromosomes.

La méiose

Contrairement à la **mitose**, qui ne comprend qu'un cycle, la méiose s'accomplit en deux étapes successives: la **méiose I** et la **méiose II**. Durant l'interphase qui précède la méiose I, les chromosomes de la cellule diploïde initiale se répliquent, de sorte que chaque chromosome est constitué de deux chromatides génétiquement identiques reliées en leur centromère (chromatides sœurs). La réplication des chromosomes est semblable à celle qui précède la mitose au cours de la division d'une cellule somatique.

Méiose I La méiose I, qui s'amorce immédiatement après la réplication des chromosomes, comprend quatre phases: la prophase I, la métaphase I, l'anaphase I et la télophase I (figure 3.31a). ❶ Au cours de la prophase I, qui est d'une assez longue durée, les chromosomes répliqués raccourcissent et épaississent, la cellule perd son enveloppe nucléaire et ses nucléoles, et le fuseau mitotique se forme. Deux événements ne faisant pas partie de la prophase mitotique se produisent pendant la prophase I de la méiose (figure 3.31b). Premièrement, tous les chromosomes homologues se rejoignent deux par deux pour former une paire; ce phénomène est appelé **synapsis**. Comme chaque chromosome d'une paire possède deux chromatides sœurs, les quatre chromatides qui en résultent forment une structure nommée **tétrade**. Deuxièmement, les chromatides non-sœurs de deux chromosomes homologues peuvent s'échanger des segments. Un tel échange entre des chromatides non-sœurs de chromosomes différents porte le nom d'**enjambement** (figure 3.31b). Ce processus permet, avec d'autres, l'échange de gènes entre les chromatides de chromosomes homologues. L'enjambement assure que les cellules produites diffèrent génétiquement non seulement l'une de l'autre, mais aussi des cellules dont elles sont issues; il entraîne donc une *recombinaison génétique*, c'est-à-dire la formation de nouvelles combinaisons de gènes, et il contribue en partie à la grande diversité génétique chez les humains et les autres organismes qui produisent des gamètes par méiose.

❷ Au cours de la métaphase I, les tétrades formées par les paires homologues de chromosomes s'alignent le long de la plaque équatoriale de la cellule de sorte que les chromosomes homologues sont côte à côte. ❸ Pendant l'anaphase I, les membres de chaque paire de chromosomes homologues se séparent, car ils sont tirés vers des pôles opposés de la cellule par les microtubules fixés aux centromères. Les chromatides appariées, reliées par un centromère, restent ensemble. (Rappelons que, durant l'anaphase mitotique, les centromères se scindent et les chromatides se séparent.) ❹ La télophase I et la cytocinèse de la méiose ressemblent à la télophase et à la cytocinèse de la mitose. Le résultat final de la méiose I, c'est que chaque nouvelle cellule contient le nombre haploïde de chromosomes, car elle ne renferme qu'un seul membre de chaque paire de chromosomes homologues présente dans la cellule initiale.

FIGURE 3.31 La méiose : division d'une cellule reproductrice. Les événements sont décrits dans le texte.

Au cours de la division d'une cellule reproductrice, une unique cellule diploïde initiale produit, en passant par les étapes de la méiose I et de la méiose II, quatre gamètes haploïdes génétiquement différents de la cellule dont ils sont issus.

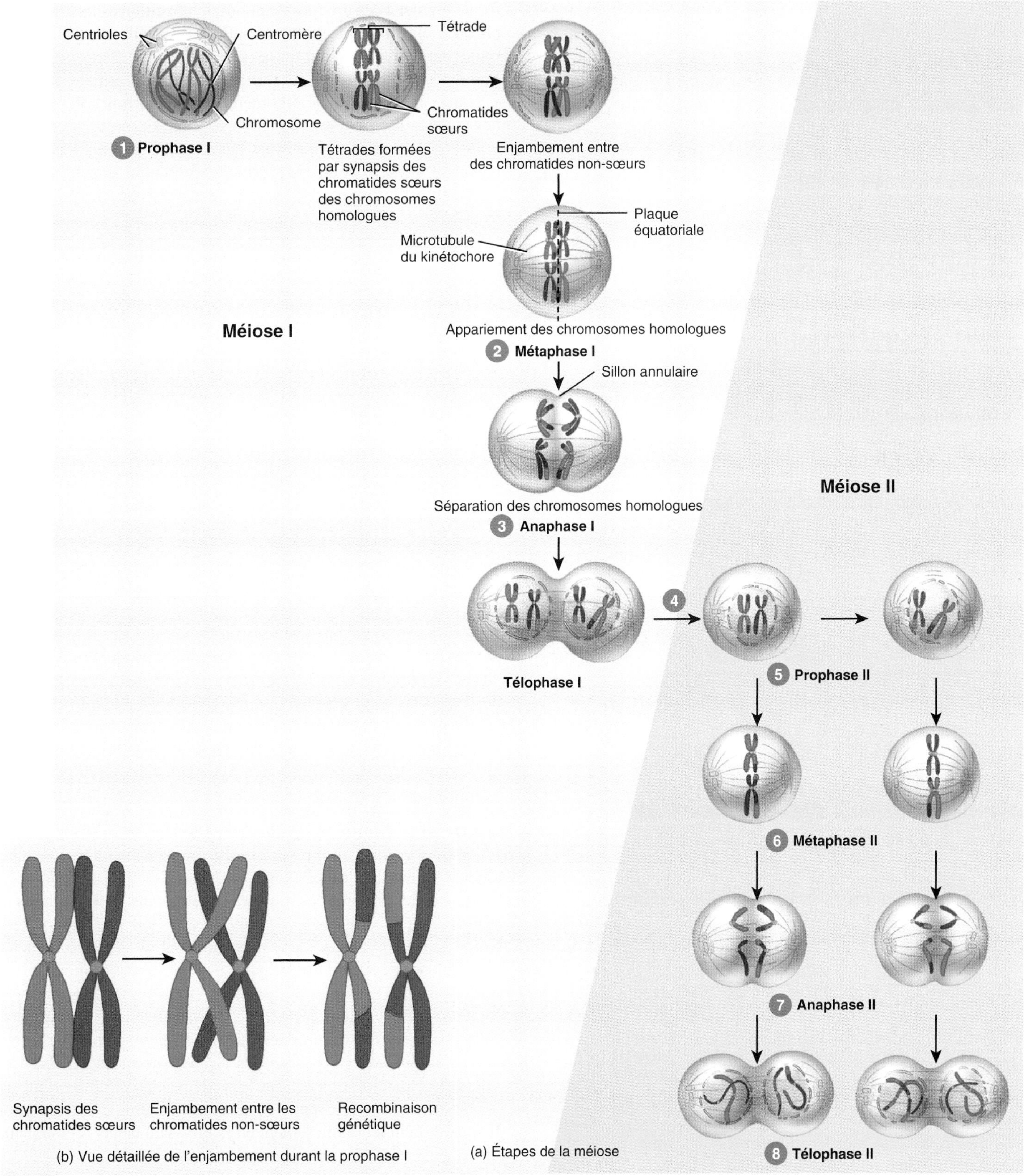

Centrioles

Centromère

Tétrade

Chromosome

Chromatides sœurs

1 Prophase I

Tétrades formées par synapsis des chromatides sœurs des chromosomes homologues

Enjambement entre des chromatides non-sœurs

Méiose I

Microtubule du kinétochore

Plaque équatoriale

Appariement des chromosomes homologues

2 Métaphase I

Sillon annulaire

Méiose II

Séparation des chromosomes homologues

3 Anaphase I

Télophase I

4

5 Prophase II

6 Métaphase II

7 Anaphase II

8 Télophase II

Synapsis des chromatides sœurs

Enjambement entre les chromatides non-sœurs

Recombinaison génétique

(b) Vue détaillée de l'enjambement durant la prophase I

(a) Étapes de la méiose

Quel effet l'enjambement a-t-il sur le contenu génétique des gamètes haploïdes ?

Méiose II La seconde étape de la méiose, soit la méiose II, comprend elle aussi quatre phases (figure 3.31) : **5** la prophase II, **6** la métaphase II, **7** l'anaphase II et **8** la télophase II, qui ressemblent aux phases correspondantes de la mitose : les centromères se scindent et les chromatides se séparent, puis chacune se rend à l'un des deux pôles opposés de la cellule.

En résumé, au début de la méiose I, il y a une cellule diploïde initiale et, à la fin, deux cellules ayant chacune le nombre haploïde de chromosomes. Au cours de la méiose II, ces deux cellules se divisent, de sorte que le résultat final donne quatre gamètes haploïdes, génétiquement différents de la cellule diploïde initiale. C'est pourquoi on peut qualifier la mitose de *division équationnelle* et la méiose de *division réductionnelle*.

La figure 3.32 présente une comparaison des événements de la méiose et de la mitose.

▶ **POINT DE CONTRÔLE**

24. Comparez la division des cellules somatiques et celle des cellules reproductrices. Quelle est l'importance de chaque type de division ?

25. Définissez l'interphase. À quel moment la réplication de l'ADN a-t-elle lieu ?

26. Décrivez les principaux événements de la phase mitotique du cycle cellulaire.

27. Quelles différences et quelles similitudes l'apoptose et la nécrose présentent-elles ?

28. Qu'est-ce qui distingue une cellule haploïde d'une cellule diploïde ?

29. Expliquez ce que sont les chromosomes homologues.

LA DIVERSITÉ CELLULAIRE

> **OBJECTIF**

• Décrire les différences de taille et de forme entre les cellules.

Le corps d'un adulte moyen est composé de près de 100 billions de cellules qu'on peut regrouper approximativement en 200 types. La taille des cellules varie considérablement. Il faut un microscope puissant pour voir les plus petites, et la plus grosse, l'ovocyte, est à peine visible à l'œil nu. On mesure le diamètre des cellules en *micromètres*. Un micromètre (μm) égale un millionième de mètre, ou 10^{-6} m. Un érythrocyte a un diamètre de 8 μm et un ovocyte, un diamètre d'environ 140 μm.

La forme des cellules est aussi très variable (figure 3.33). On trouve des cellules rondes, ovales, plates, cubiques, prismatiques, allongées, en forme d'étoile, cylindriques ou encore discoïdes. La forme de la cellule est liée à sa fonction dans le corps. Par exemple, le spermatozoïde possède une longue queue (flagelle) évoquant un fouet, qu'il utilise pour se déplacer. En raison de sa forme discoïde,

l'érythrocyte (ou globule rouge) a une grande surface, ce qui accroît sa capacité de transmettre de l'oxygène à d'autres cellules. La forme allongée et fusiforme d'une cellule de muscle lisse au repos raccourcit lorsque celui-ci se contracte. Ce changement de forme permet à des groupes de cellules musculaires lisses de rétrécir ou d'élargir le passage pour le sang circulant dans les vaisseaux sanguins, ce qui constitue un moyen de réguler la circulation sanguine dans divers tissus. Certaines cellules renferment des microvillosités, qui augmentent considérablement leur surface ; c'est le cas des cellules épithéliales qui tapissent l'intestin grêle, où les microvillosités favorisent l'absorption des aliments digérés. Les cellules nerveuses présentent de longs prolongements qui leur permettent de transmettre l'influx nerveux sur de grandes distances. Nous verrons dans les prochains chapitres que la diversité cellulaire permet en outre l'organisation des cellules en structures plus complexes, soit les tissus et les organes.

▶ **POINT DE CONTRÔLE**

30. Quel lien existe-t-il entre la forme et la fonction d'une cellule ? Donnez quelques exemples de votre cru.

LE VIEILLISSEMENT DES CELLULES

> **OBJECTIF**

• Décrire les modifications des cellules associées au vieillissement.

Le **vieillissement** est un processus normal qui s'accompagne d'une détérioration progressive des réponses adaptatives liées à l'homéostasie. Il entraîne des changements observables des structures et des fonctions, et augmente la vulnérabilité à la maladie et au stress exercé par l'environnement. La branche de la médecine qui se spécialise dans les troubles de la vieillesse et les soins aux personnes âgées est appelée **gériatrie** (*gerôn* : vieillard ; *iatreuein* : soigner). La **gérontologie** est l'étude scientifique des processus et des troubles associés au vieillissement.

Même si des millions de cellules sont normalement produites chaque minute, plusieurs types de cellules de l'organisme – en particulier les cellules des muscles squelettiques et les cellules nerveuses – ne se divisent pas parce qu'elles sont figées en permanence dans la phase G_0. Des expériences ont montré que la capacité de se diviser de bien d'autres types de cellules est limitée. Des cellules normales mises en culture se divisent un certain nombre de fois, puis elles cessent de le faire. Ces observations suggèrent que l'arrêt de la mitose est un phénomène normal, programmé dans les gènes. Selon cette hypothèse, les « gènes du vieillissement » font partie du patrimoine génétique ; ils jouent un rôle important dans les cellules normales, mais leur activité s'estompe avec le temps. Ils provoquent le vieillissement en ralentissant des processus vitaux ou en y mettant fin.

Un autre aspect du vieillissement fait intervenir les **télomères**, ces séquences spécifiques d'ADN qu'on rencontre uniquement aux

FIGURE 3.32 **Comparaison entre la mitose (à gauche) et la méiose (à droite), dans laquelle la cellule initiale possède deux paires de chromosomes homologues.**

Les phases de la méiose II sont identiques à celles de la mitose.

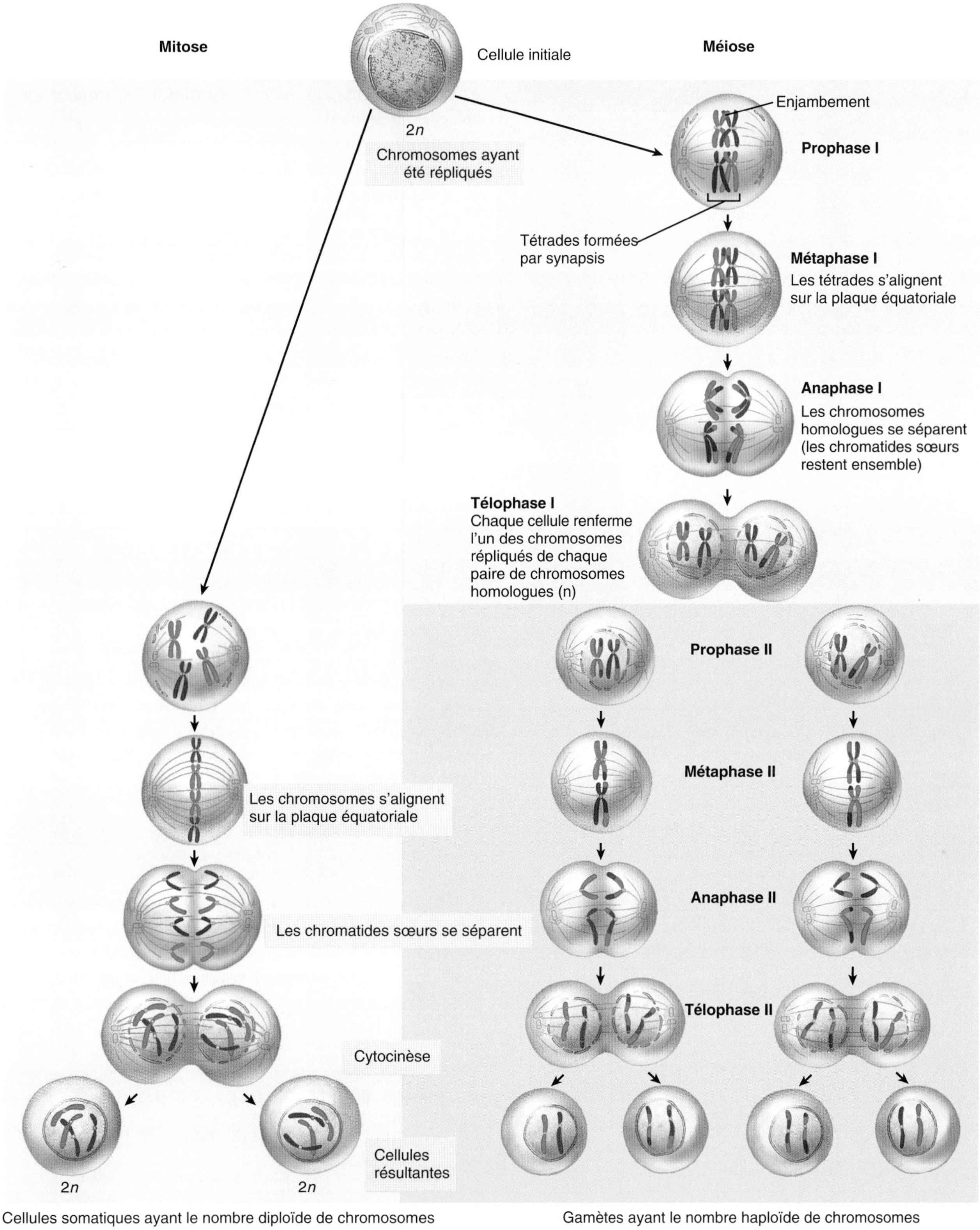

Mitose

Cellule initiale

Méiose

2n

Chromosomes ayant été répliqués

Enjambement

Prophase I

Tétrades formées par synapsis

Métaphase I
Les tétrades s'alignent sur la plaque équatoriale

Anaphase I
Les chromosomes homologues se séparent (les chromatides sœurs restent ensemble)

Télophase I
Chaque cellule renferme l'un des chromosomes répliqués de chaque paire de chromosomes homologues (n)

Prophase II

Les chromosomes s'alignent sur la plaque équatoriale

Métaphase II

Les chromatides sœurs se séparent

Anaphase II

Télophase II

Cytocinèse

Cellules résultantes

2n

2n

Cellules somatiques ayant le nombre diploïde de chromosomes

Gamètes ayant le nombre haploïde de chromosomes

 Comment l'anaphase I de la méiose se distingue-t-elle de l'anaphase de la mitose et de l'anaphase II de la méiose?

FIGURE 3.33 La diversité de la forme et de la taille des cellules humaines. La différence relative de taille entre la plus petite et la plus grande cellule est en réalité beaucoup plus importante que ne l'indique la figure.

 Les quelque 100 billions de cellules d'un adulte moyen peuvent être regroupées en près de 200 types.

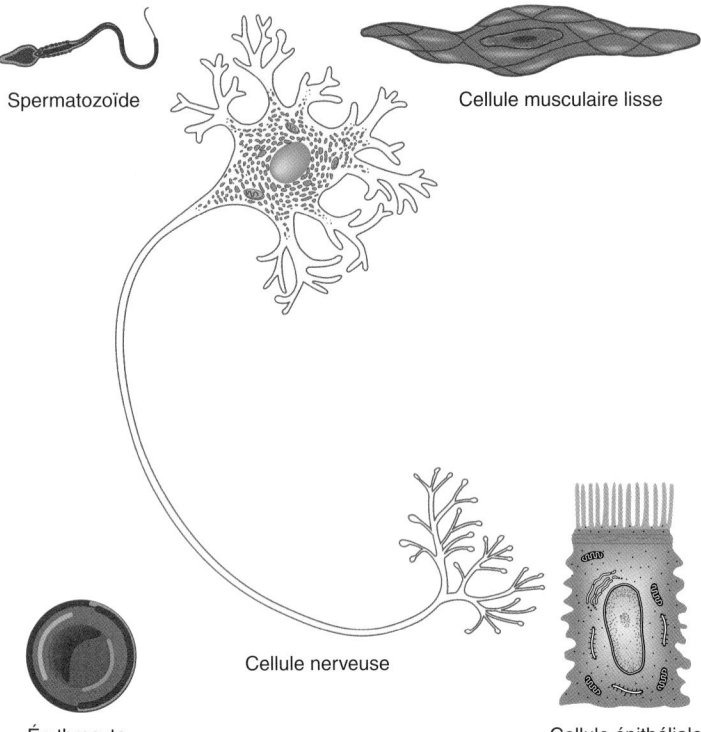

Spermatozoïde

Cellule musculaire lisse

Cellule nerveuse

Érythrocyte

Cellule épithéliale

 Pourquoi le spermatozoïde est-il la seule cellule du corps qui a besoin d'un flagelle?

extrémités de chaque chromosome; ils protègent ces dernières contre l'érosion et les empêchent de s'agglutiner. Cependant, dans la plupart des cellules somatiques normales, chaque cycle de division cellulaire entraîne le raccourcissement des télomères. Au bout de nombreux cycles, les télomères, et même une partie du matériel chromosomique fonctionnel, finissent par disparaître. Ces observations suggèrent que l'érosion de l'ADN aux extrémités des chromosomes contribue grandement au vieillissement et à la mort des cellules.

Le glucose, qui est le sucre le plus abondant dans l'organisme, joue aussi un rôle dans le vieillissement. Il est ajouté au hasard aux protéines, à l'intérieur et à l'extérieur des cellules, et forme des liaisons transversales irréversibles entre les molécules protéiques adjacentes. Avec l'âge, le nombre de ces liaisons augmente, ce qui contribue à la raideur et à la perte d'élasticité qu'on observe dans les tissus vieillissants.

Les radicaux libres sont des agents oxydants qui causent des dommages aux lipides, aux protéines et aux acides nucléiques en leur arrachant des électrons pour les appairer à leurs propres électrons libres. Parmi leurs effets, citons la formation de rides sur la peau, l'apparition de raideur dans les articulations et le durcissement des artères. Le métabolisme normal – la respiration cellulaire aérobie dans les mitochondries, par exemple – produit des radicaux libres. D'autres sont présents dans la pollution atmosphérique, les rayonnements et certains aliments que nous consommons. Certaines enzymes naturelles contenues dans les peroxysomes et le cytosol débarrassent normalement la cellule des radicaux libres. Des substances dans les aliments, comme la vitamine E, la vitamine C, le bêtacarotène et le sélénium, sont des antioxydants qui inhibent leur formation.

Selon certaines théories, les causes du vieillissement relèveraient du niveau cellulaire, selon d'autres, des mécanismes de régulation de l'organisme entier. Par exemple, le système immunitaire peut se tourner contre l'organisme lui-même et se mettre à attaquer ses cellules. Cette *réponse auto-immune* peut être causée par des modifications des marqueurs d'identité à la surface des cellules. Celles-ci deviennent alors la cible des anticorps et sont appelées à être détruites. Au fur et à mesure que se multiplient les altérations des protéines de la membrane plasmique, la réponse auto-immune s'intensifie et produit les signes bien connus du vieillissement. Dans les prochains chapitres, nous examinerons les effets du vieillissement sur chaque système dans une section semblable à celle-ci.

LA PROGERIA ET LE SYNDROME DE WERNER

La **progeria** est une maladie caractérisée par un développement normal au cours de la première année de vie, suivi d'un vieillissement prématuré. Cet état se manifeste par une peau sèche et ridée, une calvitie totale et des traits faciaux évoquant une tête d'oiseau. La mort survient généralement vers l'âge de 13 ans. Bien qu'elle soit causée par un défaut génétique qui fait en sorte que les télomères sont beaucoup plus courts qu'ils ne le sont normalement, la progeria n'est pas une déficience héréditaire, mais une anomalie congénitale (c'est-à-dire présente à la naissance) des gènes.

Le **syndrome de Werner** est une maladie héréditaire rare caractérisée par l'accélération marquée du vieillissement, en général dès la vingtaine. Elle se manifeste par la formation de rides sur la peau, le grisonnement des cheveux et la calvitie, l'apparition de cataractes, l'atrophie musculaire et une susceptibilité accrue au diabète sucré, au cancer et aux maladies cardiovasculaires. La plupart des individus atteints de cette affection meurent avant l'âge de 50 ans. On a déterminé récemment le gène responsable du syndrome de Werner. Les chercheurs espèrent que cette information leur permettra de mieux comprendre les mécanismes du vieillissement et de venir en aide aux personnes souffrant de cette maladie. ■

▶ POINT DE CONTRÔLE

31. Pourquoi certains tissus deviennent-ils plus rigides en vieillissant?

DÉSÉQUILIBRES HOMÉOSTATIQUES

À la fin de la plupart des chapitres, nous examinons brièvement des maladies et troubles graves qui constituent un écart par rapport à l'homéostasie. Ces exemples fournissent des réponses aux questions qu'on se pose souvent au sujet de problèmes médicaux.

Le cancer

Le **cancer** est un groupe de maladies caractérisées par une prolifération anarchique de cellules. Quand les cellules d'une partie de l'organisme se divisent sans que les systèmes de régulation interviennent, la masse de tissu excédentaire qui se forme est appelée **tumeur**, ou **néoplasme** (*neos*: nouveau; *plassein*: former). L'étude des tumeurs porte le nom d'**oncologie** (*onkos*: tumeur, enflure; *logos*: discours). Une tumeur peut être cancéreuse et souvent mortelle, mais elle peut aussi être bénigne. Un néoplasme cancéreux est appelé **tumeur maligne**. Une des propriétés de la plupart des tumeurs de ce type est leur capacité de former des **métastases**, c'est-à-dire de disséminer des cellules cancéreuses dans d'autres parties du corps. Une **tumeur bénigne** est un néoplasme qui ne se propage pas par métastases. La verrue en est un exemple. Il est possible de faire l'ablation chirurgicale de la plupart des tumeurs bénignes si elles nuisent au fonctionnement normal de l'organisme ou causent un défigurement. Il existe toutefois des tumeurs bénignes qu'on ne peut éliminer par une chirurgie et qui peuvent s'avérer fatales.

La croissance et la propagation du cancer

Les cellules d'une tumeur maligne se reproduisent rapidement et continuellement. Lorsqu'elles envahissent les tissus environnants, elles déclenchent souvent l'**angiogenèse**, c'est-à-dire l'élaboration de réseaux de vaisseaux sanguins. Les protéines qui stimulent l'angiogenèse sont appelées **facteurs d'angiogenèse tumoraux** (**TAF**, *tumor angiogenesis factors*). La formation de vaisseaux sanguins peut être causée soit par la surproduction de TAF, soit par un manque d'inhibiteurs de l'angiogenèse normalement présents dans l'organisme. Lorsque les cellules cancéreuses se répandent, elles commencent à disputer l'espace et les nutriments aux tissus normaux, ce qui finit par entraîner une réduction de la taille de ces derniers, puis leur mort. Certaines cellules malignes se détachent de la tumeur primitive (ou initiale) et envahissent une cavité du corps ou entrent dans la circulation sanguine ou lymphatique et vont coloniser d'autres tissus pour former des tumeurs secondaires. Les cellules malignes résistent aux mécanismes de défense antitumoraux de l'organisme. La douleur généralement associée à un cancer se manifeste quand la tumeur comprime des nerfs ou bloque le conduit d'un organe, entraînant ainsi l'accumulation de sécrétions qui exercent une pression supplémentaire, ou lorsque des tissus ou des organes meurent.

Les causes du cancer

Plusieurs facteurs peuvent perturber les systèmes de régulation d'une cellule normale et la rendre cancéreuse. L'un d'eux est la présence dans l'environnement de certains agents, soit des substances dans l'air que nous respirons, l'eau que nous buvons ou les aliments que nous consommons. Un **cancérogène** est un agent chimique ou un rayonnement qui déclenche un cancer. Il provoque des **mutations**, c'est-à-dire des modifications structurales permanentes de l'ADN dans les séquences de bases d'un gène. L'Organisation mondiale de la santé (OMS) estime que, chez les humains, de 60 à 90 % de tous les cancers sont associés à des cancérogènes. On compte parmi ces derniers les hydrocarbures contenus dans le goudron des cigarettes, le radon, un gaz qui émane du sol, et les rayonnements ultraviolets (UV) qui font partie du rayonnement solaire.

Des chercheurs concentrent actuellement leurs efforts sur l'étude des gènes causant des cancers, ou **oncogènes**. Quand ils sont activés de façon inappropriée, ils sont susceptibles de transformer une cellule normale en cellule cancéreuse. La plupart des oncogènes sont issus de gènes normaux, appelés **protooncogènes**, qui régulent la croissance et le développement. À la suite d'une modification quelconque, le protooncogène s'exprime de façon inappropriée ou synthétise ses produits en quantité excessive ou au mauvais moment. Certains oncogènes causent une surproduction des facteurs de croissance, soit des substances qui stimulent la multiplication des cellules; d'autres provoquent des changements dans les récepteurs membranaires qui se mettent alors à émettre des signaux comme s'ils étaient activés par un facteur de croissance. Il en résulte une perturbation du schéma de croissance de la cellule.

Dans chaque cellule, des protooncogènes assurent des fonctions normales jusqu'à ce qu'ils subissent une modification maligne. Il semble que l'altération de l'ADN de certains protooncogènes, provoquée par des mutations, activerait ces derniers, qui se transforment alors en oncogènes. D'autres protooncogènes sont activés par un réarrangement des chromosomes qui entraîne un échange de segments d'ADN et place les protooncogènes à proximité de gènes qui stimulent leur activité.

Certains cancers sont d'origine virale. Les virus sont de minuscules assemblages d'acides nucléiques, sous forme d'ADN ou d'ARN, qui se reproduisent uniquement à l'intérieur des cellules qu'ils infectent. Il existe des virus, appelés **oncovirus**, qui causent le cancer en déclenchant une prolifération anormale des cellules. Par exemple, le *papillomavirus* (ou virus du papillome humain, VPH) est responsable de presque tous les cas de cancer du col de l'utérus. Il produit une protéine qui amène les protéasomes à détruire la protéine p53, laquelle inhibe normalement la division cellulaire anarchique. En l'absence de cette protéine suppressive, les cellules prolifèrent de façon anarchique.

Des études récentes suggèrent qu'il y aurait un lien entre certains cancers et une cellule ayant peut-être un nombre anormal de chromosomes; cette cellule pourrait contenir des copies excédentaires d'oncogènes ou bien un nombre insuffisant de copies de gènes suppresseurs de tumeur. L'une ou l'autre anomalie pourrait alors entraîner une prolifération anarchique des cellules. Certaines données indiquent également que le cancer serait causé par le développement de cellules souches normales en cellules souches cancéreuses, capables de former des tumeurs malignes.

La carcinogenèse: un processus à étapes multiples

La **carcinogenèse** est le processus par lequel un cancer se développe; il comprend plusieurs étapes au cours desquelles jusqu'à dix mutations distinctes doivent s'accumuler dans une cellule avant qu'elle devienne cancéreuse. C'est dans le cas du cancer du côlon (tumeur colorectale) que l'on connaît le mieux la progression des modifications génétiques menant à la maladie. Ce type de cancer, comme celui du poumon ou du sein, met des années, voire des décennies à se former. Au début, la tumeur apparaît comme une zone de prolifération cellulaire accrue, qui résulte d'une seule mutation et croît petit à petit pour constituer des adénomes, c'est-à-dire des grosseurs anormales mais non cancéreuses. Après deux ou trois autres mutations, le gène suppresseur de tumeur p53 subit à son tour une mutation et un carcinome prend naissance. Le fait qu'autant de mutations soient nécessaires pour qu'un cancer apparaisse indique que la croissance cellulaire est normalement régie par un système de freins et de contrepoids. L'affaiblissement du système immunitaire joue également un rôle important dans la carcinogenèse.

Le traitement du cancer

On fait l'ablation chirurgicale d'un grand nombre de tumeurs. Mais si le cancer est répandu dans tout le corps ou s'il se trouve dans des organes comme le cerveau, dont le fonctionnement serait sérieusement compromis par la chirurgie, on utilise plutôt la chimiothérapie et la radiothérapie. Il arrive également que l'on combine les trois méthodes thérapeutiques. La chimiothérapie consiste à administrer des médicaments qui tuent les cellules cancéreuses ; quant à la radiothérapie, elle fragmente les chromosomes et inhibe ainsi la division cellulaire. Comme les cellules cancéreuses se divisent rapidement, elles sont plus sensibles que les cellules normales aux effets destructeurs de la chimiothérapie et de la radiothérapie. Malheureusement pour les patients, les cellules des follicules pileux et de la moelle osseuse rouge, de même que les cellules tapissant le tube digestif, se divisent elles aussi rapidement. Les effets secondaires de la chimiothérapie et de la radiothérapie comprennent donc la perte des cheveux – causée par la mort des cellules des follicules pileux –, des vomissements et la nausée – provoqués par la mort de cellules tapissant l'estomac et les intestins –, une susceptibilité accrue aux infections et des signes d'anémie parfois sévère – résultant du ralentissement de la production des leucocytes et des érythrocytes dans la moelle osseuse rouge.

Il est difficile de traiter le cancer parce que ce n'est pas une maladie simple et qu'il est rare que toutes les cellules d'une même tumeur se comportent de façon identique. On estime que la plupart des cancers prennent naissance dans une seule cellule anormale, mais quand la tumeur est assez grosse pour être détectée cliniquement, elle peut déjà être constituée d'une population diversifiée de cellules anormales. Par exemple, certaines cellules cancéreuses produisent facilement des métastases alors que d'autres n'en créent pas ; certaines sont sensibles aux substances chimiothérapeutiques alors que d'autres y sont résistantes. C'est pour cette raison qu'un même agent chimiothérapeutique peut détruire les cellules vulnérables mais laisser les cellules résistantes proliférer.

On élabore actuellement une autre forme potentielle de traitement du cancer, soit la *virothérapie*, qui consiste à utiliser des virus pour tuer les cellules cancéreuses. On emploie des virus conçus pour cibler uniquement les cellules cancéreuses, et ne causer aucun dommage aux cellules saines de l'organisme. Par exemple, on fixe aux virus des protéines (tels des anticorps) qui se lient à des récepteurs spécifiques qu'on rencontre seulement dans les cellules cancéreuses. Une fois dans l'organisme, les virus se lient aux cellules cancéreuses et les infectent. Ces dernières finissent par mourir lorsque les virus provoquent leur lyse.

Des chercheurs étudient également le rôle des *gènes régulateurs de la formation de métastases*, qui régissent la capacité des cellules cancéreuses à métastaser. Ils espèrent mettre au point des médicaments susceptibles de manipuler ces gènes et, de ce fait, de bloquer la production de métastases par les cellules cancéreuses.

TERMES MÉDICAUX

À la fin de la plupart des chapitres, vous trouverez un glossaire des principaux termes médicaux relatifs tant à des états normaux qu'à des états pathologiques. Vous devriez vous familiariser avec ces expressions, car elles occuperont une place très importante dans votre vocabulaire de médecine.

Certains des états examinés dans le glossaire ou dans le texte sont dits locaux ou systémiques. Une *maladie locale* n'affecte qu'une partie ou une zone très limitée du corps ; une *maladie systémique* touche la totalité ou plusieurs parties du corps.

La science qui étudie les causes des maladies de même que le moment et le lieu où elles se manifestent, et comment elles se transmettent au sein d'une communauté, est appelée **épidémiologie** (*epi* : sur, au-dessus ; *dêmos* : qui circule dans le pays ; *logos* : science). La science qui étudie les effets et les utilisations des médicaments pour le traitement d'une maladie est la **pharmacologie** (*pharmakon* : remède).

Anaplasie (*anaplasis* : régénération, réfection) Perte de différenciation et de fonction tissulaires, qui caractérise la plupart des cancers.

Atrophie (*a-* : sans ; *trôphe* : nourriture) Diminution de la taille des cellules qui mène à une réduction de la taille du tissu ou de l'organe touché ; dépérissement.

Dysplasie (*dys* : difficulté, mauvais état ; *plassein* : façonner) Altération de la taille, de la forme et de l'organisation des cellules causée par une irritation ou une inflammation chroniques ; peut mener à une néoplasie (formation d'une tumeur généralement maligne) ; le retour à la normale est possible si l'irritation cesse.

Hyperplasie (*hyper* : au-delà) Augmentation du nombre des cellules d'un tissu causée par un accroissement de la fréquence de la division cellulaire.

Hypertrophie Augmentation de la taille des cellules sans division cellulaire.

Marqueur tumoral Substance introduite dans la circulation sanguine par les cellules tumorales et qui indique la présence d'une tumeur, de même que la nature exacte de celle-ci. On emploie les marqueurs tumoraux notamment pour le dépistage d'un cancer, l'élaboration de diagnostics et de prognostics, l'évaluation de la réaction à un traitement et la surveillance en matière de récurrence.

Métaplasie (*meta* : indiquant le changement) Transformation d'un type de cellule en un autre.

Progéniture (*pro* : en avant ; *gignere* : engendrer) Ensemble des descendants d'un individu.

Protéomique (*protéo* : protéine ; *ikos* : relatif à) Étude du protéome (soit l'ensemble des protéines d'un organisme) dans le but de découvrir toutes les protéines produites ; cherche notamment à déterminer les interactions entre les protéines et la structure tridimensionnelle de ces dernières afin de rendre possible la mise au point de médicaments susceptibles de modifier l'activité des protéines, qui pourraient être utilisés pour le traitement et le diagnostic de maladies.

RÉSUMÉ

INTRODUCTION (P. 63)

1. La cellule vivante est l'unité structurale et fonctionnelle fondamentale du corps humain.

2. La biologie cellulaire est l'étude scientifique des structures et des fonctions de la cellule.

LES PARTIES DE LA CELLULE (P. 64)

1. La figure 3.1 présente une vue d'ensemble des structures caractéristiques d'une cellule du corps.

2. Les principales parties de la cellule sont la membrane plasmique, le cytoplasme (soit toute la matière qui se trouve entre la membrane plasmique et le noyau) et le noyau.

LA MEMBRANE PLASMIQUE (P. 65)

1. La membrane plasmique entoure et retient le cytoplasme de la cellule.

2. La membrane est constituée de protéines et de lipides joints par des liens non covalents.

3. Selon le modèle de la mosaïque fluide, la membrane est une mosaïque de protéines qui flottent comme des icebergs sur une mer de lipides formant une bicouche.

4. La bicouche lipidique est composée de deux feuillets juxtaposés dos à dos et constituée de phosphoglycérolipides, de cholestérol et de glycolipides. La disposition en bicouche est attribuable au fait que les lipides sont des molécules amphipathiques, c'est-à-dire qu'ils comprennent des parties polaires et des parties non polaires.

5. Les protéines intrinsèques s'enfoncent dans la bicouche lipidique et certaines la traversent. Les protéines périphériques s'associent aux lipides membranaires ou aux protéines intrinsèques, sur la face interne ou externe de la membrane.

6. Beaucoup de protéines intrinsèques sont des glycoprotéines, ayant des glucides fixés aux segments qui font saillie dans le liquide extracellulaire. Elles forment avec les glycolipides un glycocalyx sur la face externe de la cellule.

7. Le glycocalyx joue plusieurs rôles, dont celui de marqueur d'identité cellulaire.

8. Les protéines membranaires remplissent diverses fonctions. Les protéines intrinsèques sont des canaux et des transporteurs qui facilitent le passage de solutés spécifiques à travers la membrane ; les récepteurs servent de sites de reconnaissance cellulaire ; les enzymes catalysent des réactions chimiques spécifiques ; les amarres fixent certaines protéines membranaires à des filaments protéiques à l'intérieur ou à l'extérieur de la cellule. Les protéines périphériques jouent le rôle d'enzymes ou d'amarres ; elles contribuent au soutien de la membrane plasmique ; elles fixent des protéines intrinsèques et prennent part à des activités mécaniques. Les glycoprotéines membranaires sont des marqueurs d'identité cellulaire.

9. La fluidité de la membrane est d'autant plus grande qu'il y a davantage de liaisons doubles dans les queues des acides gras qui composent la bicouche. Le cholestérol rend la bicouche lipidique plus résistante mais moins fluide à la température normale du corps. Grâce au caractère fluide de la membrane plasmique, les interactions et le mouvement des composantes y sont possibles à l'intérieur, et la bicouche lipidique se répare d'elle-même si elle est déchirée ou perforée.

10. La perméabilité sélective de la membrane permet à certaines substances de passer plus facilement que d'autres. La bicouche lipidique est perméable à la plupart des molécules non polaires et non chargées, mais elle est imperméable aux ions et aux molécules chargées ou polaires. Les canaux et les transporteurs augmentent la perméabilité de la membrane plasmique à diverses substances polaires et chargées (y compris des ions), de taille petite ou moyenne, qui ne peuvent pas traverser la bicouche lipidique.

11. La perméabilité sélective de la membrane plasmique rend possible l'existence de gradients de concentration, qui sont des différences entre les concentrations des substances de part et d'autre de la membrane.

LE TRANSPORT MEMBRANAIRE (P. 68)

1. Au cours d'un processus passif, une substance traverse la membrane plasmique suivant son gradient de concentration grâce à sa propre énergie cinétique ou suivant le gradient électrique grâce à l'attraction des charges contraires. Au cours d'un processus actif, l'énergie cellulaire sert à faire « monter » la substance contre son gradient de concentration.

2. Une substance traverse la membrane plasmique grâce à sa propre énergie cinétique ou en se liant à un transporteur protéique spécifique, ou encore à l'intérieur d'une vésicule.

3. Au cours de la diffusion, les molécules ou les ions se déplacent d'un endroit où la concentration est élevée vers un endroit où elle est plus faible jusqu'à ce que l'état d'équilibre soit atteint. À ce moment, les molécules et les ions se déplacent de façon aléatoire dans toutes les directions.

4. La vitesse de diffusion à travers la membrane plasmique dépend de la pente du gradient de concentration ou du gradient électrique, de la température, de la masse de la substance qui diffuse, de la surface accessible aux particules qui diffusent et de la distance de diffusion.

5. Les molécules hydrophobes et non polaires diffusent à travers la bicouche lipidique de la membrane plasmique ; citons, par exemple, l'oxygène, le dioxyde de carbone, l'azote, les stéroïdes, les vitamines liposolubles (A, E, D et K), les alcools simples et l'ammoniac. Les molécules d'eau et d'urée, non chargées et polaires, diffusent également à travers la bicouche lipidique.

6. Des canaux ioniques sélectifs pour K^+, Cl^-, Na^+ et Ca^{2+} permettent à ces petits ions inorganiques (trop hydrophiles pour accéder à l'intérieur non polaire de la membrane) de diffuser à travers la membrane plasmique.

7. L'osmose est le déplacement net d'eau à travers une membrane à perméabilité sélective, depuis une zone où la concentration d'eau est élevée vers une zone où elle est plus faible.

8. Dans une solution isotonique, les érythrocytes (ou globules rouges) gardent leur forme normale ; dans une solution hypotonique, ils subissent une hémolyse ; dans une solution hypertonique, ils deviennent crénelés.

9. Dans la diffusion facilitée, un soluté comme le glucose se lie à un transporteur spécifique d'un côté de la membrane et il est libéré de l'autre côté à la suite d'une modification de la conformation du transporteur. Il se déplace en suivant son gradient de concentration.

10. Certaines substances peuvent traverser la membrane contre leur gradient de concentration grâce au transport actif. C'est le cas de certains ions, tels Na^+, K^+, H^+, Ca^{2+}, I^- et Cl^-, ainsi que des acides aminés et des monosaccharides.

11. Deux sources d'énergie servent au transport actif : l'énergie fournie par l'hydrolyse de l'ATP est utilisée dans le transport actif primaire ; l'énergie emmagasinée dans les gradients de concentration de Na^+ ou de H^+ est utilisée dans le transport actif secondaire.

12. La protéine de transport actif primaire la plus répandue est la pompe à sodium-potassium, ou Na^+-K^+ ATPase.

13. Les mécanismes de transport actif secondaire comprennent des systèmes symports et antiports actionnés par des gradients de concentration de Na^+ ou de H^+. Les premiers déplacent deux substances dans le même sens à travers la membrane plasmique ; les seconds déplacent deux substances en sens opposés.

14. Au cours de l'endocytose, des vésicules minuscules se détachent de la membrane plasmique et entraînent de la matière dans la cellule, à travers la membrane plasmique ; au cours de l'exocytose, des vésicules fusionnent avec la membrane plasmique pour déverser leur contenu à l'extérieur de la cellule.

15. L'endocytose par récepteurs interposés est l'absorption sélective de grosses molécules et de particules (ligands) qui se lient à des récepteurs spécifiques situés dans des régions de la membrane appelées *puits tapissés de clathrines.*

16. La phagocytose est l'ingestion de particules solides. Certains globules blancs détruisent les microorganismes qui pénètrent dans l'organisme de cette façon.

17. Au cours de la pinocytose, soit l'ingestion de liquide extracellulaire, une vésicule entoure le liquide, puis le transporte dans la cellule.

18. Au cours de la transcytose, des vésicules sont soumises à l'endocytose d'un côté d'une cellule ; elles traversent la cellule et sont soumises à l'exocytose de l'autre côté.

LE CYTOPLASME (P. 78)

1. Le cytoplasme est constitué de toute la matière cellulaire située entre la membrane plasmique et le noyau. Il comprend le cytosol et les organites.

2. Le cytosol est la partie liquide du cytoplasme. Il contient de l'eau, des ions, du glucose, des acides aminés, des acides gras, des protéines, des lipides, de l'ATP et des déchets, et il est le siège de nombreuses réactions chimiques essentielles à l'existence de la cellule.

3. Les organites sont des structures spécialisées ayant des formes caractéristiques et des fonctions spécifiques.

4. Le cytosquelette est un réseau constitué de plusieurs types de filaments protéiques qui s'étendent dans tout le cytoplasme. Ses constituants sont les microfilaments, les filaments intermédiaires et les microtubules. Le cytosquelette sert de charpente à la cellule et assure les mouvements cellulaires.

5. Le centrosome est constitué d'une paire de centrioles et de matière péricentriolaire. Cette dernière est responsable de la formation des microtubules dans les cellules qui ne se divisent pas et du fuseau mitotique dans les cellules qui se divisent.

6. Les cils et les flagelles sont des prolongements de la surface cellulaire capables d'effectuer des mouvements ; ils sont élaborés par les corpuscules basaux. Les cils déplacent les liquides à la surface des cellules, et le flagelle déplace une cellule entière.

7. Les ribosomes se composent de deux sous-unités produites dans le noyau et constituées d'ARN ribosomal et de protéines ribosomales. Ils sont le siège de la synthèse des protéines.

8. Le réticulum endoplasmique (RE) est un réseau de membranes qui forment des sacs aplatis ou des tubules. Il se déploie dans tout le cytoplasme à partir de l'enveloppe nucléaire.

9. Le RE rugueux est parsemé de ribosomes qui synthétisent les protéines. Ces dernières pénètrent ensuite dans la cavité du RE où elles sont traitées et triées. Le RE rugueux produit des protéines de sécrétion, des protéines membranaires et des protéines intégrées à des organites ; il forme des glycoprotéines, synthétise des phosphoglycérolipides et fixe des protéines à des phosphoglycérolipides.

10. Le RE lisse est dépourvu de ribosomes. Il synthétise des acides gras et des stéroïdes ; il neutralise ou détoxique les médicaments et des substances potentiellement nocives ; il élimine le groupement phosphate du glucose-6-phosphate ; il libère des ions calcium qui déclenchent la contraction dans les cellules musculaires.

11. Le complexe golgien est constitué de sacs aplatis appelés *citernes.* On distingue la face *cis,* le Golgi médian et la face *trans,* qui contiennent chacun des enzymes différentes leur permettant de modifier, de trier et d'emballer des protéines en vue de leur transport vers divers endroits de la cellule, à l'intérieur de vésicules de sécrétion, de vésicules membranaires ou de vésicules de transport.

12. Les lysosomes sont des vésicules membraneuses qui contiennent des enzymes digestives. Les endosomes, les phagosomes et les vésicules pinocytaires déversent leur contenu dans des lysosomes pour qu'il y soit dégradé. Les lysosomes digèrent les organites usés (autophagie), la cellule entière (autolyse) et de la matière extracellulaire.

13. Les peroxysomes contiennent des oxydases qui oxydent les acides aminés, les acides gras et les substances toxiques ; le peroxyde d'hydrogène produit au cours de ces réactions est détruit par la catalase.

14. Les protéases contenues dans les protéasomes dégradent continuellement les protéines inutiles, altérées ou défectueuses en les fragmentant en peptides plus petits.

15. La mitochondrie est constituée d'une membrane externe lisse, d'une membrane interne qui forme des crêtes et d'une cavité remplie de liquide, appelée *matrice mitochondriale.* On dit que c'est la «centrale énergétique» de la cellule parce qu'elle produit la plus grande partie de l'ATP.

LE NOYAU (P. 89)

1. Le noyau comprend une enveloppe nucléaire double ; des pores nucléaires qui règlent le mouvement des substances entre le noyau et le cytoplasme ; des nucléoles qui produisent les ribosomes ; et des gènes, situés sur des chromosomes, qui déterminent la structure de la cellule et en dirigent les activités.

2. Les cellules somatiques humaines possèdent 46 chromosomes, soit 23 chromosomes hérités de chacun des parents. L'ensemble de l'information génétique contenue dans une cellule ou un organisme est son génome.

LA SYNTHÈSE DES PROTÉINES (P. 92)

1. Les cellules fabriquent les protéines en transcrivant et en traduisant l'information génétique codée dans l'ADN.

2. Le code génétique est l'ensemble des règles qui définissent les rapports entre les séquences de triplets de l'ADN, les codons correspondants de l'ARN messager et les acides aminés qu'ils spécifient.

3. Au cours de la transcription, l'information génétique représentée par la séquence de triplets de l'ADN est copiée sur un brin d'ARNm. Les triplets servent de matrice pour la synthèse d'une séquence complémentaire de codons. La transcription s'amorce sur l'ADN à un endroit appelé *promoteur.* Les régions de l'ADN qui ont des séquences codantes pour la synthèse des protéines sont appelées *exons ;* celles qui n'en ont pas sont appelées *introns.*

4. Aussitôt synthétisé, l'ARN prémessager est modifié dans le noyau.

5. La traduction est le processus au cours duquel la séquence de nucléotides d'une molécule d'ARNm spécifie la séquence d'acides aminés d'une protéine. L'ARNm se lie à un ribosome, les acides aminés s'unissent à leurs ARNt spécifiques, et les anticodons des ARNt s'apparient aux codons de l'ARNm pour mettre les acides aminés spécifiques en position sur un polypeptide en formation. La traduction commence au codon d'initiation et se termine au codon d'arrêt.

LA DIVISION CELLULAIRE (P. 96)

1. La division cellulaire est le processus par lequel les cellules se reproduisent. Elle comprend la division nucléaire (mitose ou méiose) et la division cytoplasmique (cytocinèse).

2. La division cellulaire au cours de laquelle il y a remplacement ou ajout de cellules est appelée *division des cellules somatiques ;* elle comprend la mitose et la cytocinèse.

3. La division cellulaire qui mène à la production de gamètes (spermatozoïdes et ovocytes) est appelée *division des cellules reproductrices* ; elle comprend la méiose et la cytocinèse.

LA DIVISION D'UNE CELLULE SOMATIQUE (P. 98)

1. Le cycle cellulaire est une suite ordonnée d'événements au cours de laquelle une cellule somatique produit une réplique de son contenu et se divise en deux ; il comprend l'interphase et la phase mitotique.

2. Une cellule somatique humaine renferme 23 paires de chromosomes homologues ; elle est donc diploïde ($2n$).

3. Avant la phase mitotique, les molécules d'ADN se répliquent de manière que chacune des cellules de la nouvelle génération reçoive un jeu identique de chromosomes.

4. Quand une cellule est entre deux divisions et qu'elle accomplit tous les processus vitaux sauf la division, on dit qu'elle est en *interphase*. Cette période comprend trois phases : G_1, S et G_2.

5. Durant la phase G_1, la cellule produit des copies de ses organites et des constituants de son cytosol, et la réplication du centrosome débute ; durant la phase S, la réplication de l'ADN s'effectue ; pendant la phase G_2, des enzymes et d'autres protéines sont synthétisées, et la réplication du centrosome est menée à terme.

6. La mitose est le scindement des chromosomes et la répartition de deux jeux identiques de chromosomes dans des noyaux distincts mais identiques ; elle comprend la prophase, la métaphase, l'anaphase et la télophase.

7. En général, la cytocinèse commence vers la fin de l'anaphase et se termine en même temps que la mitose. Un sillon annulaire se forme dans la plaque équatoriale et se creuse vers l'intérieur de la cellule, si bien qu'il coupe par pincement le cytoplasme en deux portions.

LA RÉGULATION DU SORT DE LA CELLULE (P. 101)

1. Une cellule a trois vocations possibles : vivre et fonctionner sans se diviser, croître et se diviser, ou mourir. La régulation de la division cellulaire est assurée par des protéines spécifiques appelées kinases cycline dépendantes et par les cyclines.

2. L'apoptose est la mort programmée, normale, des cellules. Elle se produit dès le développement de l'embryon et se poursuit tout au long de la vie de l'organisme.

3. Certains gènes régulent à la fois la division cellulaire et l'apoptose. Des anomalies de ces gènes sont associées à une large gamme de troubles et de maladies.

LA DIVISION D'UNE CELLULE REPRODUCTRICE (P. 102)

1. Dans le cas de la reproduction sexuée, tout nouvel organisme résulte de l'union de deux gamètes, provenant chacun de l'un des deux parents.

2. Les gamètes contiennent un seul jeu de 23 chromosomes ; ils sont donc haploïdes (n).

3. La méiose est le processus par lequel les gamètes haploïdes sont produits ; elle consiste en deux divisions cellulaires successives appelées *méiose I* et *méiose II*.

4. Au cours de la méiose I, les chromosomes homologues subissent la synapsis (appariement) et l'enjambement, dont le résultat final est la formation de deux cellules haploïdes non identiques qui se distinguent également de la cellule mère diploïde dont elles sont issues.

5. Au cours de la méiose II, deux cellules haploïdes se divisent pour produire quatre cellules haploïdes.

LA DIVERSITÉ CELLULAIRE (P. 104)

1. La taille et la forme des quelque 200 types de cellules du corps varient considérablement.

2. La taille des cellules se mesure en micromètres. Un micromètre (µm) égale 10^{-6} m. La dimension des cellules du corps humain varie de 8 à 140 µm.

3. Il existe un lien entre la forme d'une cellule et sa fonction.

LE VIEILLISSEMENT DES CELLULES (P. 104)

1. Le vieillissement est un processus normal qui s'accompagne d'une détérioration progressive des réponses adaptatives liées à l'homéostasie de l'organisme.

2. On a proposé plusieurs théories sur le vieillissement, dont la cessation génétiquement programmée de la division cellulaire, l'accumulation de radicaux libres et l'intensification d'une réponse auto-immune.

AUTOÉVALUATION

Vous trouverez les réponses à ces questions à l'appendice D.

COMPLÉTEZ LES PHRASES SUIVANTES.

1. Les trois parties principales de la cellule sont la _____, le _____ et le _____.

2. L'_____ est une mort cellulaire programmée, alors que la _____ est une mort qui résulte de blessures aux tissus.

3. Les _____ sont des séquences particulières d'ADN, situées aux extrémités des chromosomes et dont l'érosion contribue au vieillissement puis à la mort des cellules.

4. La séquence de bases d'ARNm qui est complémentaire à la séquence ATC de bases d'ADN est _____.

INDIQUEZ SI LES ÉNONCÉS SUIVANTS SONT VRAIS OU FAUX.

5. Plus la surface de la membrane plasmique est petite, plus la vitesse de diffusion est grande.

6. Les cellules résultant de la méiose sont génétiquement différentes de la cellule dont elles sont issues.

7. La pompe à sodium-potassium, ou Na^+-K^+ ATPase, est un important mécanisme actif, très abondant, qui contribue au maintien de la tonicité de la cellule.

CHOISISSEZ LA BONNE RÉPONSE.

8. Si les concentrations de solutés sont identiques dans le liquide extracellulaire et le liquide intracellulaire, la cellule se trouve dans une solution _____. a) hypertonique, b) hydrophobe, c) saturée, d) hypotonique, e) isotonique.

9. Quelle protéine membranaire *n'est pas* associée à la bonne fonction ? a) récepteur : permet la reconnaissance de molécules spécifiques, b) canal ionique : permet le passage d'ions spécifiques à travers la membrane plasmique, c) transporteur : permet aux cellules de l'organisme de se reconnaître mutuellement et de reconnaître les cellules étrangères, d) amarre : permet la fixation d'une cellule à une autre et contribue à la stabilité et à la forme de la cellule, e) enzyme : catalyse des réactions cellulaires.

10. Mettez en ordre chronologique les étapes suivantes de la synthèse des protéines : a) la liaison des anticodons de l'ARNt aux codons de l'ARNm, b) la modification par les RNPpn de l'ARN prémessager nouvellement synthétisé avant que celui-ci quitte le noyau et entre dans le cytoplasme, c) la fixation de l'ARN polymérase au promoteur, d) la liaison de l'ARNm à la petite sous-unité d'un ribosome, e) les acides aminés sont liés par des liaisons peptidiques, f) les petite et grande sous-unités ribosomales s'unissent pour former un ribosome fonctionnel, g) la transcription d'un segment d'ADN en ARNm, h) la protéine se détache du ribosome au moment où il atteint le codon d'arrêt de l'ARNm, i) l'ARN polymérase se détache après avoir atteint le site de terminaison, j) des acides aminés spécifiques se fixent à l'ARNt, k) l'ARNt d'initiation se lie au codon d'initiation de l'ARNm.

11. Lesquels des organites suivants ont pour principale fonction des réactions de décomposition ? 1) les ribosomes, 2) les protéasomes, 3) les lysosomes, 4) les centrosomes, 5) les peroxysomes. a) 2, 3 et 5 ; b) 3 et 5 ; c) 2, 4 et 5 ; d) 1 et 4 ; e) 2 et 5.

12. Lesquels des énoncés suivants, relatifs au noyau, sont *vrais* ? 1) Les nucléoles dans le noyau sont le siège de la synthèse des ribosomes. 2) Le noyau renferme les unités héréditaires de la cellule. 3) L'enveloppe nucléaire est une membrane solide et imperméable. 4) La synthèse des protéines a lieu dans le noyau. 5) Dans les cellules qui ne sont pas en train de se diviser, l'ADN se trouve dans le noyau sous la forme de chromatine. a) 1, 2 et 3 ; b) 1, 2 et 4 ; c) 1, 2 et 5 ; d) 2, 4 et 5 ; e) 2, 3 et 4.

13. Associez les éléments suivants :
_____ a) mitose
_____ b) méiose
_____ c) prophase
_____ d) métaphase
_____ e) anaphase
_____ f) télophase
_____ g) cytocinèse
_____ h) interphase

1) division cytoplasmique
2) division de la cellule somatique, qui donne naissance à deux cellules identiques
3) division de la cellule reproductrice, qui réduit le nombre de chromosomes de moitié
4) étape de la division cellulaire au cours de laquelle la réplication de l'ADN a lieu
5) étape durant laquelle les fibres de chromatine se condensent et raccourcissent pour former les chromosomes
6) étape durant laquelle les centromères se divisent et les chromatides sœurs se rendent aux pôles opposés de la cellule
7) étape au cours de laquelle les centromères des paires de chromatides s'alignent au centre du fuseau mitotique
8) étape au cours de laquelle les chromosomes se déroulent et redeviennent de la chromatine

14. Associez les éléments suivants :
_____ a) cytosquelette
_____ b) centrosome
_____ c) ribosomes
_____ d) RE rugueux
_____ e) RE lisse
_____ f) complexe golgien
_____ g) lysosomes
_____ h) peroxysomes
_____ i) mitochondries
_____ j) cils
_____ k) flagelle
_____ l) protéasomes
_____ m) vésicules

1) vésicules membraneuses formées dans le complexe golgien et contenant de puissantes enzymes digestives et hydrolytiques
2) réseau de filaments protéiques qui s'étendent dans tout le cytoplasme ; contribue à la forme, à l'organisation et au mouvement de la cellule
3) sièges de la synthèse des protéines
4) contiennent des enzymes qui fragmentent les protéines inutiles, altérées ou défectueuses en peptides simples
5) site où a lieu la synthèse des protéines de sécrétion et des molécules membranaires
6) vésicules membraneuses contenant des enzymes qui oxydent diverses substances organiques
7) courtes projections microtubulaires de la membrane plasmique qui jouent un rôle dans le déplacement de matière le long de la surface de la cellule
8) modifie, trie, emballe et transporte les molécules synthétisées dans le RE rugueux
9) centre d'organisation de la croissance du fuseau mitotique
10) jouent un rôle dans la production de l'ATP
11) contribue à la synthèse des acides gras et des stéroïdes, de même qu'à la libération du glucose du foie dans la circulation sanguine et à la détoxification
12) sacs membraneux sphériques qui transportent, transfèrent ou sécrètent des protéines
13) longue projection microtubulaire de la membrane plasmique qui joue un rôle dans le mouvement de la cellule

15. Associez les éléments suivants :

_____ a) diffusion

_____ b) osmose

_____ c) diffusion facilitée

_____ d) transport actif primaire

_____ e) transport actif secondaire

_____ f) transport vésiculaire

_____ g) phagocytose

_____ h) pinocytose

_____ i) exocytose

_____ j) endocytose par récepteurs interposés

_____ k) transcytose

1) mécanisme de transport passif par lequel un soluté se lie à un transporteur spécifique d'un côté de la membrane et est libéré de l'autre côté

2) processus au moyen duquel la cellule sécrète ou évacue des substances par la fusion de vésicules de sécrétion avec la membrane plasmique

3) répartition aléatoire de particules dans une solution sous l'impulsion de leur énergie cinétique ; les substances se déplacent des zones de concentration élevée aux zones où la concentration est plus faible jusqu'à ce que l'état d'équilibre soit atteint

4) transport de substances, soit vers l'intérieur, soit vers l'extérieur de la cellule, au moyen d'un petit sac membraneux sphérique, formé par bourgeonnement d'une membrane existante

5) utilise l'énergie libérée par l'hydrolyse de l'ATP pour changer la conformation d'une protéine de transport, qui « pompe » une substance à travers une membrane cellulaire contre son gradient de concentration

6) transport vésiculaire au cours duquel il y a une endocytose d'un côté d'une cellule, suivie d'une exocytose de l'autre côté de la cellule

7) forme d'endocytose au cours de laquelle il y a absorption non sélective de minuscules gouttelettes de liquide extracellulaire

8) forme d'endocytose qui consiste en l'absorption de grosses particules solides

9) déplacement d'eau, à travers la membrane plasmique semi-perméable, d'une zone où la concentration d'eau est élevée vers une zone où elle est plus faible

10) processus qui permet à une cellule d'absorber, par la formation de vésicules, des ligands spécifiques contenus dans le liquide extracellulaire

11) utilise indirectement l'énergie libérée par la dégradation de l'ATP ; fait appel aux antiporteurs et aux symporteurs

Vous trouverez les réponses à ces questions à l'appendice D.

1. La mucine est une protéine présente dans la salive et d'autres sécrétions. Si on la mélange avec de l'eau, on obtient la substance visqueuse appelée *mucus*. Décrivez l'itinéraire de la mucine dans la cellule, depuis sa synthèse jusqu'à son excrétion, en nommant tous les organites et les processus qui entrent en jeu.

2. Jacques désire être le père biologique d'un enfant mais ne produit pas suffisamment de spermatozoïdes. Avec sa conjointe, il opte pour l'injection cytoplasmique d'un spermatozoïde, une technique de fécondation in vitro. Cette technique consiste à injecter un spermatozoïde directement dans un ovocyte à l'aide d'une micropipette. Jacques s'étonne que la cellule transpercée ne laisse pas échapper son contenu par l'orifice pratiqué. Que lui direz-vous ?

3. Chez certaines personnes qui doivent perdre du poids, on procède à l'ablation ou à la dérivation d'une grande partie de l'intestin grêle. D'après ce que vous savez du fonctionnement de la cellule, comment cette procédure aide-t-elle les individus à perdre du poids ?

4. Les marathoniens risquent de se déshydrater à cause de l'intensité de l'activité physique qu'ils pratiquent. Quels genres de liquides devraient-ils boire pour réhydrater leurs cellules ? Justifiez votre réponse.

RÉPONSES AUX QUESTIONS DES FIGURES

3.1 Les trois parties principales de la cellule sont la membrane plasmique, le cytoplasme et le noyau.

3.2 Le glycocalyx est la couche de sucres qui se trouve sur la face extracellulaire de la membrane plasmique. Il est composé des glucides qui font partie des glycolipides et des glycoprotéines membranaires.

3.3 La protéine membranaire qui se lie à l'insuline joue le rôle de récepteur.

3.4 Étant donné que la fièvre est une augmentation de la température corporelle, elle provoque un accroissement de la vitesse de déplacement des molécules et, par le fait même, de tous les processus de diffusion.

3.5 La diffusion à travers un canal protéique est plus lente que la diffusion à travers la bicouche lipidique parce qu'un canal protéique occupe une plus petite portion de la surface de la membrane plasmique que les lipides.

3.6 La concentration d'eau ne peut jamais être la même dans les deux branches, d'une part, parce que la branche de gauche contient de l'eau distillée et que celle de droite contient une solution dont la teneur en eau est inférieure à 100 %, et d'autre part, parce que la membrane est imperméable aux solutés. Il n'y aura donc jamais de solutés dans la branche droite et donc jamais d'équilibre. En principe, l'équilibre ne serait atteint que lorsque toute l'eau de la branche droite serait passée dans la branche gauche.

3.7 L'érythrocyte deviendra crénelé dans une solution de NaCl à 2 % parce que celle-ci est hypertonique.

3.8 La pompe protéique est phosphorylée par l'ATP (c'est-à-dire qu'elle en reçoit un groupement phosphate) et cette réaction change la conformation tridimensionnelle de la pompe. L'ATP transfère de l'énergie qui sert à alimenter la pompe.

3.9 Dans le transport actif secondaire, l'hydrolyse de l'ATP sert indirectement au fonctionnement des symporteurs et des antiporteurs ; dans le transport actif primaire, elle actionne directement la pompe protéique.

3.10 Le fer, les vitamines et les hormones sont d'autres exemples de ligands suceptibles d'être soumis à l'endocytose par récepteurs interposés.

3.11 La liaison de particules à des récepteurs de la membrane plasmique déclenche la formation de pseudopodes.

3.12 Des récepteurs protéiques entrent en jeu dans l'endocytose et dans la phagocytose, mais non dans la pinocytose.

3.13 Les microtubules contribuent à la formation des centrioles, des cils et des flagelles.

3.14 Une cellule dépourvue de centrosome serait probablement incapable de se diviser.

3.15 Les cils déplacent les liquides à la surface des cellules ; les flagelles déplacent des cellules entières.

3.16 Les petite et grande sous-unités ribosomales sont synthétisées séparément dans le nucléole du noyau et sont assemblées dans le cytoplasme.

3.17 Le RE rugueux contient des ribosomes, contrairement au RE lisse. Le RE rugueux participe à la synthèse des protéines qui seront exportées de la cellule ; le RE lisse est associé à la synthèse de lipides et à d'autres réactions métaboliques.

3.18 La face *cis* reçoit et modifie les protéines du RE rugueux ; la face *trans* modifie, trie et emballe des molécules qui seront transportées ailleurs.

3.19 Certaines protéines quittent la cellule par exocytose. Certaines sont incorporées à la membrane plasmique ; d'autres sont gardées dans des vésicules de stockage qui se transforment en lysosomes.

3.20 La digestion des organites usés par les lysosomes est appelée *autophagie*.

3.21 Les crêtes des mitochondries procurent une plus grande surface pour les réactions chimiques et contiennent certaines des enzymes nécessaires à la production d'ATP.

3.22 La chromatine est un complexe formé d'ADN, de protéines et d'ARN. C'est la forme filamenteuse sous laquelle apparaissent les chromosomes lorsque la cellule n'est pas en train de se diviser.

3.23 Le nucléosome est composé d'ADN bicaténaire enroulé deux fois autour d'un noyau de huit histones (protéines).

3.24 Les protéines déterminent les caractéristiques physiques et chimiques de la cellule. Elles jouent de nombreux rôles indispensables au bon fonctionnement de la cellule.

3.25 La séquence AGCT de bases d'ADN devient, après transcription par l'ARN polymérase, la séquence UCGA de bases d'ARNm.

3.26 Le site P retient l'ARNt fixé au polypeptide en formation. Le site A retient l'ARNt portant le prochain acide aminé qui sera ajouté au polypeptide en formation.

3.27 Quand un ribosome arrive à un codon d'arrêt au site A, il libère la protéine maintenant complète du dernier ARNt.

3.28 La réplication de l'ADN a lieu durant la phase S.

3.29 La réplication de l'ADN a lieu avant la cytocinèse, si bien que chacune des nouvelles cellules possède un génome complet.

3.30 En général, la cytocinèse commence vers la fin de l'anaphase.

3.31 Il résulte de l'enjambement que les cellules nouvellement formées diffèrent génétiquement l'une de l'autre, de même que de la cellule dont elles sont issues.

3.32 Pendant l'anaphase I de la méiose, les chromatides appariées sont jointes par un centromère et elles ne se séparent donc pas. Au cours de l'anaphase II de la méiose et durant la mitose, les centromères se scindent et les chromatides appariées se séparent.

3.33 Le spermatozoïde, qui utilise son flagelle pour se déplacer, est la seule cellule appelée à franchir une distance considérable.

LE NIVEAU TISSULAIRE D'ORGANISATION

LES TISSUS ET L'HOMÉOSTASIE

Les quatre types fondamentaux de tissus que compte le corps humain contribuent à l'homéostasie en assurant diverses fonctions, par exemple la protection, le soutien, la communication entre les cellules et la résistance aux maladies.

Ainsi que nous l'avons vu au chapitre 3, une cellule est un assemblage complexe de compartiments dans lesquels se déroule la myriade des réactions biochimiques nécessaires au maintien de la vie. Toutefois, les cellules fonctionnent rarement isolément les unes des autres. Tout comme les mots sont agencés pour former des phrases, les cellules interviennent en groupes appelés tissus. Un **tissu** est un agencement de cellules semblables qui ont généralement une origine embryonnaire commune et qui concourent à l'accomplissement d'activités spécialisées. Ainsi que nous le verrons dans ce chapitre, la structure et les propriétés d'un tissu sont déterminées par des facteurs tels que la nature du matériau extracellulaire et les liens entre les cellules. Les tissus peuvent être durs – tels les os –, semi-solides – telle la graisse –, et même liquides – tel le sang. Ils varient aussi considérablement quant aux types de cellules qui les composent, quant à la disposition de leurs cellules et, le cas échéant, quant aux fibres qu'ils contiennent. L'étude scientifique des tissus est l'**histologie** (*histos*: tissu ; *logos*: discours). Les **pathologistes** (*pathos*: maladie) sont des médecins qui se spécialisent dans l'étude des cellules et des tissus en laboratoire pour aider d'autres médecins à formuler des diagnostics plus précis. L'une des principales fonctions d'un pathologiste consiste à examiner des tissus afin d'y déceler des changements susceptibles d'indiquer la présence d'une maladie.

LES TYPES DE TISSUS ET LEURS ORIGINES

> **OBJECTIF**
>
> • Nommer les quatre grands types de tissus qui composent le corps humain et indiquer les caractéristiques de chacun d'eux.

On classe les tissus en quatre grands types, selon leur fonction et leur structure.

1. Le **tissu épithélial** recouvre les surfaces du corps et tapisse la paroi interne des organes creux, des cavités et des conduits. Il forme aussi les glandes.

2. Le **tissu conjonctif** protège et soutient le corps et les organes. Il en existe divers types. Leurs fonctions consistent à relier les organes, à constituer des réserves d'énergie sous forme de graisse et à protéger l'organisme contre les agents pathogènes.

3. Le **tissu musculaire** produit la force physique nécessaire au mouvement des structures corporelles.

4. Le **tissu nerveux** détecte les variations des conditions du milieu extérieur et du milieu intérieur et y réagit en produisant des potentiels d'action (ou influx nerveux) qui contribuent à l'homéostasie.

Dans ce chapitre, nous étudierons en détail le tissu épithélial et la plupart des types de tissu conjonctif. Cependant, seules les caractéristiques générales du tissu osseux et du sang – deux tissus conjonctifs particuliers – seront présentées ici. Ces tissus feront l'objet d'une analyse plus poussée aux chapitres 6 et 19, respectivement. De même, nous présenterons ici la structure et la fonction du tissu musculaire et du tissu nerveux dans leurs grandes lignes, mais nous y reviendrons en détail aux chapitres 10 et 12, respectivement.

Ainsi que nous le verrons, tous les tissus de l'organisme proviennent des trois **feuillets embryonnaires primitifs**, soit les premiers tissus qui se forment dans l'embryon humain : l'**ectoderme**, l'**endoderme** et le **mésoderme**. Les tissus épithéliaux se développent à partir des trois feuillets embryonnaires primitifs. Tous les tissus conjonctifs et la plupart des tissus musculaires dérivent du mésoderme. Le tissu nerveux provient de l'ectoderme. (La figure 29.7b illustre les feuillets embryonnaires primitifs ; le tableau 29.1 décrit les structures dérivées de ces feuillets.)

Normalement, la plupart des cellules qui composent un tissu restent rattachées les unes aux autres ainsi qu'à une membrane basale (décrite plus loin) et à des tissus conjonctifs. Seuls quelques types de cellules circulent librement dans le corps ; ainsi, les phagocytes patrouillent dans l'organisme à la recherche de corps étrangers à détruire. Toutefois, il faut mentionner que, avant la naissance, de nombreuses cellules migrent dans l'organisme du fœtus au fil de sa croissance et de son développement.

▶ **POINT DE CONTRÔLE**

1. Définissez le tissu.
2. Quels sont les quatre grands types de tissus du corps humain ?

LES JONCTIONS CELLULAIRES

> **OBJECTIF**
>
> • Décrire la structure et les fonctions des cinq principaux types de jonctions cellulaires.

La plupart des cellules épithéliales ainsi qu'un certain nombre de cellules musculaires et de cellules nerveuses sont étroitement réunies de manière à former des unités fonctionnelles. Les **jonctions cellulaires** sont des points de contact entre les membranes plasmiques de cellules voisines ; sur le plan structural, elles sont généralement composées de protéines membranaires. La fonction des jonctions cellulaires dépend de leur structure.

Nous étudierons ici les cinq principaux types de jonctions cellulaires : les jonctions serrées, les jonctions d'adhérence, les desmosomes, les hémidesmosomes et les jonctions communicantes (figure 4.1).

LES JONCTIONS SERRÉES

Les **jonctions serrées**, ou jonctions étanches, sont des enchevêtrements de bandes de protéines transmembranaires qui fusionnent les faces extérieures de membranes plasmiques adjacentes et ferment ainsi les espaces intercellulaires (figure 4.1a). Les jonctions serrées sont nombreuses entre les cellules des tissus épithéliaux qui tapissent la paroi interne des organes et des cavités tels que l'estomac, l'intestin et la vessie. Elles entravent le passage des substances entre les cellules et empêchent le contenu de ces organes de s'infiltrer dans le sang ou dans les tissus environnants.

LES JONCTIONS D'ADHÉRENCE

Les **jonctions d'adhérence** unissent fermement les cellules. Dans une jonction d'adhérence, on rencontre une structure appelée **plaque**, constituée d'une couche dense de protéines accolée à la face interne de la membrane plasmique de chacune des cellules voisines. La plaque est doublement fixée à des glycoprotéines transmembranaires, les **cadhérines**, ainsi qu'à des microfilaments d'actine appartenant au cytosquelette de la cellule (figure 4.1b). Chacune des cadhérines s'ancre dans la plaque du côté opposé de la membrane plasmique, traverse en partie l'espace intercellulaire et s'unit aux cadhérines d'une cellule adjacente ; ces glycoprotéines sont donc des protéines de liaison qui ont un rôle majeur dans la formation des liens entre les cellules. Dans les cellules épithéliales, les jonctions d'adhérence forment souvent des **ceintures d'adhésion**, larges bandes continues qui entourent chaque cellule comme une ceinture entoure la taille. Les jonctions d'adhérence constituent ainsi une sorte de système d'ancrage pour fixer les cellules les unes aux autres ; elles aident les surfaces épithéliales à résister à la séparation lors de diverses activités contractiles (par exemple, quand la nourriture chemine dans l'intestin).

LES DESMOSOMES

Les **desmosomes** (*desmos* : lien ; *sôma* : corps) sont des jonctions d'adhérence en forme de disques ; ils contiennent donc une plaque et des cadhérines, lesquelles occupent l'espace intercellulaire entre les membranes de cellules adjacentes pour attacher ces cellules les unes aux autres (figure 4.1c). Toutefois, la plaque des desmosomes n'est pas reliée à des microfilaments mais se fixe à d'autres éléments du cytosquelette, les filaments intermédiaires, qui sont faits de kératine (une protéine). Ces filaments intermédiaires émergent des desmosomes situés d'un côté de la cellule, traversent le cytosol et rejoignent les desmosomes situés du côté opposé de la cellule. Cet agencement structural des desmosomes contribue à la stabilité des cellules et du tissu. Ces raccordements – qui ressemblent à un maillage par points – sont nombreux parmi les cellules de l'épiderme (la couche la plus superficielle de la peau) et parmi celles du muscle cardiaque. Les desmosomes empêchent les cellules de l'épiderme de se séparer en cas de tension, et les cellules du muscle cardiaque de se déchirer durant la contraction.

LES HÉMIDESMOSOMES

Les **hémidesmosomes** (*hêmi*: moitié) ressemblent aux desmosomes mais ne relient pas les cellules adjacentes entre elles. Leur

FIGURE 4.1 Les jonctions cellulaires.

La plupart des cellules épithéliales ainsi qu'un certain nombre de cellules musculaires et nerveuses contiennent des jonctions cellulaires.

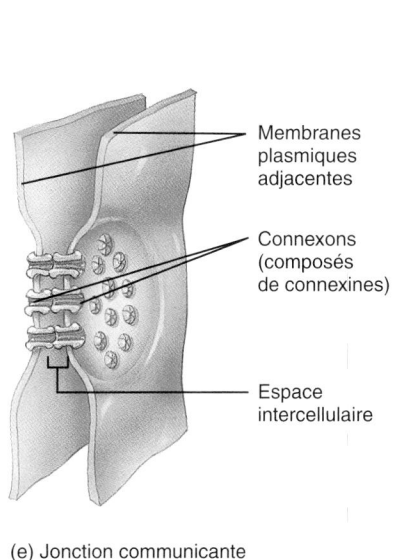

(e) Jonction communicante

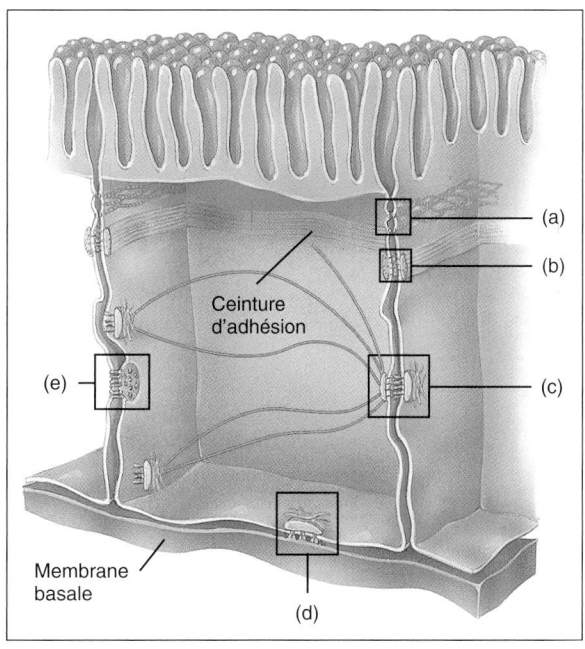

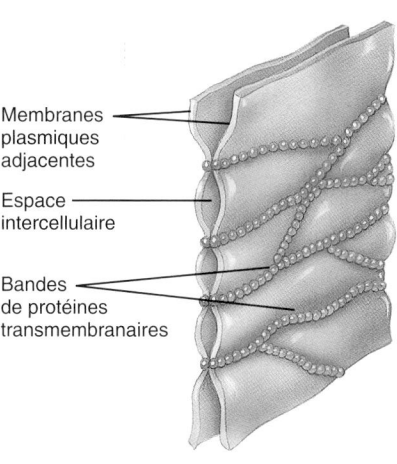

(a) Jonction serrée (étanche)

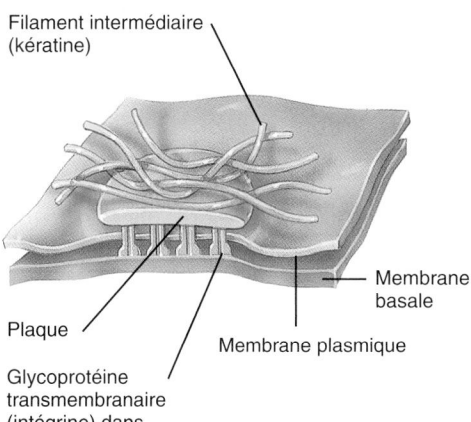

(d) Hémidesmosome

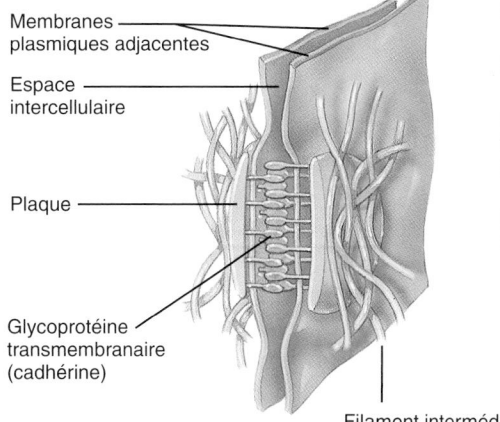

(c) Desmosome

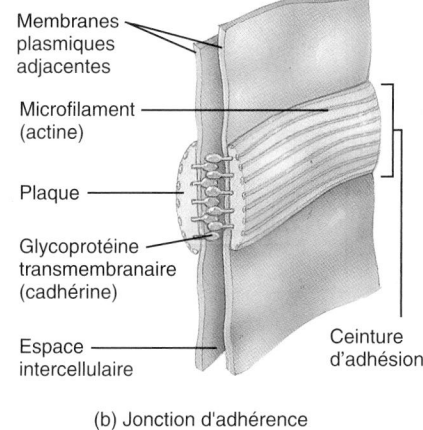

(b) Jonction d'adhérence

 Quel est le type de jonction cellulaire qui permet aux cellules adjacentes de communiquer?

nom provient du fait qu'ils présentent l'aspect d'une moitié de desmosome (figure 4.1d). Toutefois, les glycoprotéines transmembranaires des hémidesmosomes sont des **intégrines** plutôt que des cadhérines. Sur la paroi intérieure de la membrane plasmique, les intégrines se fixent aux filaments intermédiaires faits de kératine. À l'extérieur de la membrane plasmique, les intégrines se lient à la laminine (une autre protéine) de la membrane basale ; nous y reviendrons sous peu. Par conséquent, les hémidesmosomes ancrent les cellules, non pas entre elles, mais à la membrane basale.

LES JONCTIONS COMMUNICANTES

Les **jonctions communicantes** contiennent des protéines membranaires appelées **connexines**, qui forment de minuscules tunnels remplis de liquide, les **connexons** ; ces derniers relient les cellules adjacentes entre elles (figure 4.1e). Contrairement à celles des jonctions serrées, les membranes plasmiques des jonctions communicantes ne sont pas fusionnées, mais séparées par un minuscule espace intercellulaire. À travers les connexons, les ions et les petites molécules peuvent diffuser du cytosol d'une cellule à celui d'une autre cellule. Dans les tissus avasculaires (par exemple, le cristallin et la cornée de l'œil), le passage des nutriments, et peut-être celui des déchets, s'effectue par les jonctions communicantes. Les jonctions communicantes permettent aussi aux cellules d'un tissu de communiquer. Dans l'embryon, certains des signaux chimiques et électriques qui régissent la différenciation cellulaire et la croissance se propagent par les jonctions communicantes. Enfin, elles assurent la propagation rapide des influx nerveux et des potentiels d'action musculaire parmi les cellules, propriété qui est essentielle au fonctionnement normal de certaines parties du système nerveux ainsi qu'aux contractions du muscle cardiaque, des muscles du tube digestif et de ceux de l'utérus.

▶ POINT DE CONTRÔLE

3. Quel type de jonctions cellulaires rencontre-t-on dans le muscle cardiaque ?

4. Quel type de jonctions cellulaires rencontre-t-on dans les tissus épithéliaux ?

LE TISSU ÉPITHÉLIAL

> ### OBJECTIFS
>
> • Décrire les caractéristiques générales du tissu épithélial.
> • Indiquer l'emplacement, la structure et la fonction des différents types d'épithéliums.

LES CARACTÉRISTIQUES GÉNÉRALES DU TISSU ÉPITHÉLIAL

Le **tissu épithélial**, ou **épithélium**, se compose de cellules disposées en un ou plusieurs feuillets continus. Parce que les cellules sont serrées les unes contre les autres et fermement liées entre elles par de nombreuses jonctions cellulaires, il ne reste que très peu d'espace intercellulaire entre les membranes plasmiques adjacentes.

Les cellules épithéliales présentent des surfaces qui diffèrent dans leurs structures comme dans leurs fonctions spécialisées. La **surface apicale** (surface libre) des cellules épithéliales se trouve face à la surface du corps, à une cavité, à la lumière d'un organe interne ou à un conduit tubulaire dans lequel se déversent les sécrétions cellulaires (figure 4.2). Les surfaces apicales peuvent être hérissées de cils ou de microvillosités. Les **surfaces latérales** des cellules épithéliales font face aux cellules adjacentes se trouvant de chaque côté. Ainsi que nous venons de le voir, et comme l'indique la figure 4.1, les surfaces latérales peuvent contenir des jonctions serrées, des jonctions d'adhérence, des desmosomes ou des jonctions communicantes. La **surface basale** des cellules épithéliales se trouve de l'autre côté de la surface apicale. Les surfaces basales de la couche de cellules la plus profonde adhèrent au matériau extracellulaire, par exemple la membrane basale. Les hémidesmosomes des surfaces basales de la couche la plus profonde des cellules épithéliales ancrent l'épithélium dans la membrane basale. Notons que, dans les épithéliums à plusieurs couches, le terme *couche apicale* désigne la couche de cellules la plus superficielle, tandis que le terme *couche basale* désigne la couche de cellules la plus profonde.

La **membrane basale** sert de point d'attache et de soutien pour le tissu épithélial qui la recouvre. Elle est formée d'une mince couche extracellulaire généralement constituée de deux feuillets appelés **lames**, ou *lamina* (« couche mince ») : la lame basale (ou *lamina lucida*) et la lame réticulaire (ou *lamina fibroreticularis*) ; certains

FIGURE 4.2 L'organisation structurale des cellules épithéliales sur la membrane basale.

La membrane basale est située entre l'épithélium et le tissu conjonctif.

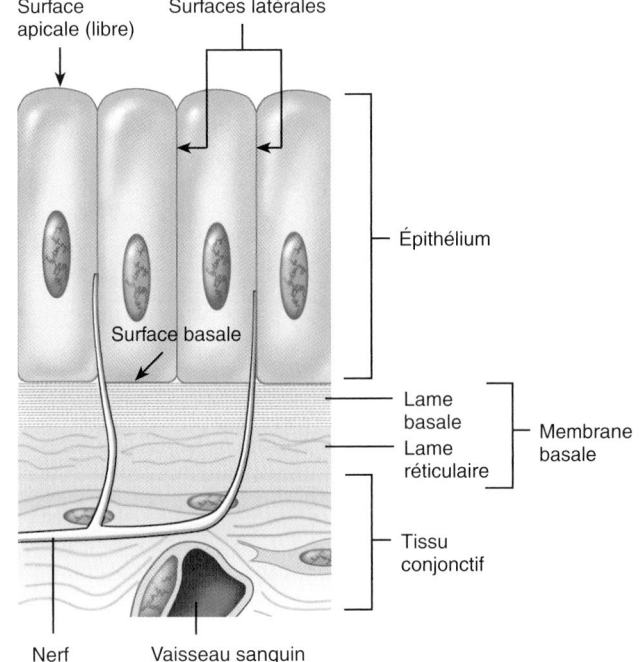

 Quelle est la fonction de la membrane basale ?

auteurs décrivent aussi un troisième feuillet appelé *lame intermédiaire*, ou *lamina densa*. La lame basale est plus proche des cellules épithéliales, qui d'ailleurs la sécrètent. Elle contient des protéines, tels le collagène et la laminine, ainsi que des glycoprotéines. Comme nous venons de le voir, les molécules de laminine de la lame basale s'arriment aux intégrines des hémidesmosomes et fixent de la sorte les cellules épithéliales à la membrane basale (figure 4.1d). La lame réticulaire, quant à elle, est plus proche du tissu conjonctif sous-jacent et contient des protéines fibreuses produites par les fibroblastes, qui sont des cellules du tissu conjonctif.

LES MEMBRANES BASALES ET LA MALADIE

Dans certaines conditions, l'accroissement de la production de collagène et de laminine peut entraîner un épaississement notable des membranes basales. Ainsi, dans les cas non traités de diabète sucré, la membrane basale des petits vaisseaux sanguins (les capillaires) s'épaissit, en particulier dans les yeux et les reins. Elle empêche alors ces vaisseaux de bien fonctionner, exposant le patient à un risque de cécité et d'insuffisance rénale. ■

Le tissu épithélial est innervé – il comprend des terminaisons nerveuses –, mais il est **avasculaire** (*a-*: sans ; *vasculum*: vaisseau) – c'est-à-dire dépourvu de vaisseaux sanguins. Il obtient ses nutriments et se débarrasse de ses déchets par l'intermédiaire des vaisseaux sanguins du tissu conjonctif adjacent. L'échange de substances entre l'épithélium et le tissu conjonctif s'accomplit par diffusion des molécules dans le milieu extracellulaire (entre les cellules).

Parce que le tissu épithélial forme les limites entre les organes ou entre l'organisme et le milieu extérieur, il est très souvent exposé au stress physique et aux lésions. Son taux de division cellulaire est cependant très élevé, ce qui lui permet de se renouveler et de se réparer sans cesse en éliminant les cellules mortes ou endommagées et en les remplaçant par de nouvelles cellules. Le tissu épithélial remplit de nombreuses fonctions dans l'organisme, notamment la protection, la filtration, la sécrétion, l'absorption et l'excrétion. De plus, il s'associe au tissu nerveux pour former les organes de l'odorat, de l'ouïe, de la vue et du toucher.

On distingue deux types de tissu épithélial : l'épithélium de revêtement et l'épithélium glandulaire. 1) L'**épithélium de revêtement** constitue l'épiderme (la couche superficielle de la peau) et l'enveloppe externe de certains organes internes. Il tapisse en outre la paroi interne des vaisseaux sanguins, des conduits, des cavités et des organes des systèmes respiratoire, digestif, urinaire et génital. 2) **L'épithélium glandulaire** constitue la partie sécrétrice de certaines glandes, par exemple la glande thyroïde, les glandes surrénales et les glandes sudoripares.

L'ÉPITHÉLIUM DE REVÊTEMENT

On classe les épithéliums de revêtement selon deux critères : la disposition des cellules en couches et la forme des cellules (figure 4.3).

1. ***La disposition des cellules en couches***. L'épithélium de revêtement comprend une ou plusieurs couches, selon ses fonctions.

   a) L'*épithélium simple* est constitué d'une seule couche de cellules qui interviennent dans la diffusion, l'osmose, la filtration, la sécrétion et l'absorption. La **sécrétion** est la production

et la libération de substances telles que le mucus, la sueur, des hormones et certaines enzymes. L'**absorption** est le passage de liquides ou d'autres substances dans la circulation sanguine, par exemple les aliments digérés qui se trouvent dans le tube digestif.

   b) L'*épithélium pseudostratifié* (*pseudein*: tromper ; *stratum*: chose étendue) semble comprendre plusieurs couches de cellules parce que les noyaux sont situés à différentes hauteurs. En réalité, il s'agit d'un épithélium simple, composé d'une seule couche de cellules reposant toutes sur la membrane basale. Toutes les cellules n'atteignent pas la surface apicale, et celles qui l'atteignent peuvent soit être dotées de cils, soit sécréter du mucus.

   c) L'*épithélium stratifié* est formé d'au moins deux couches de cellules qui protègent le tissu sous-jacent dans les endroits très exposés à l'usure.

2. ***La forme des cellules***

   a) Les cellules *pavimenteuses* sont minces et disposées comme les carreaux d'un dallage, ce qui permet le passage rapide des substances de l'une à l'autre. Elles accomplissent des fonctions de filtration et de diffusion.

   b) Les cellules *cubiques* (ou cuboïdes) sont aussi larges que hautes ; elles ont une forme de cube. Leur surface apicale peut être hérissée de microvillosités. Elles accomplissent soit des fonctions de sécrétion, soit des fonctions d'absorption.

   c) Les cellules *prismatiques* sont beaucoup plus hautes que larges ; leur forme rectangulaire évoque celle des colonnes. Elles protègent les tissus sous-jacents. Leur surface apicale peut être hérissée de cils ou de microvillosités. Elles sont souvent spécialisées dans la sécrétion et l'absorption.

   d) Les cellules *transitionnelles* changent de forme ; de plates, elles peuvent devenir cubiques, et inversement. Ainsi, elles s'agrandissent quand l'organe (par exemple, la vessie) s'étire ou se dilate, puis elles reprennent leur forme initiale.

En se fondant sur les deux critères retenus (disposition des cellules en couches et forme des cellules), on classe comme suit les épithéliums de revêtement :

I. L'épithélium simple

   A. L'épithélium simple pavimenteux

   B. L'épithélium simple cubique

   C. L'épithélium simple prismatique (cilié et non cilié)

   D. L'épithélium pseudostratifié prismatique (cilié et non cilié)

II. L'épithélium stratifié

   A. L'épithélium stratifié pavimenteux (kératinisé et non kératinisé)*

   B. L'épithélium stratifié cubique*

   C. L'épithélium stratifié prismatique*

   D. L'épithélium transitionnel

Chacun de ces épithéliums de revêtement est décrit dans les sections qui suivent et représenté dans le tableau 4.1 au moyen d'une

---

* Cette classification repose sur la forme des cellules de la surface *apicale*.

Les épithéliums de revêtement sont classifiés selon la forme de leurs cellules et l'agencement de leurs couches.

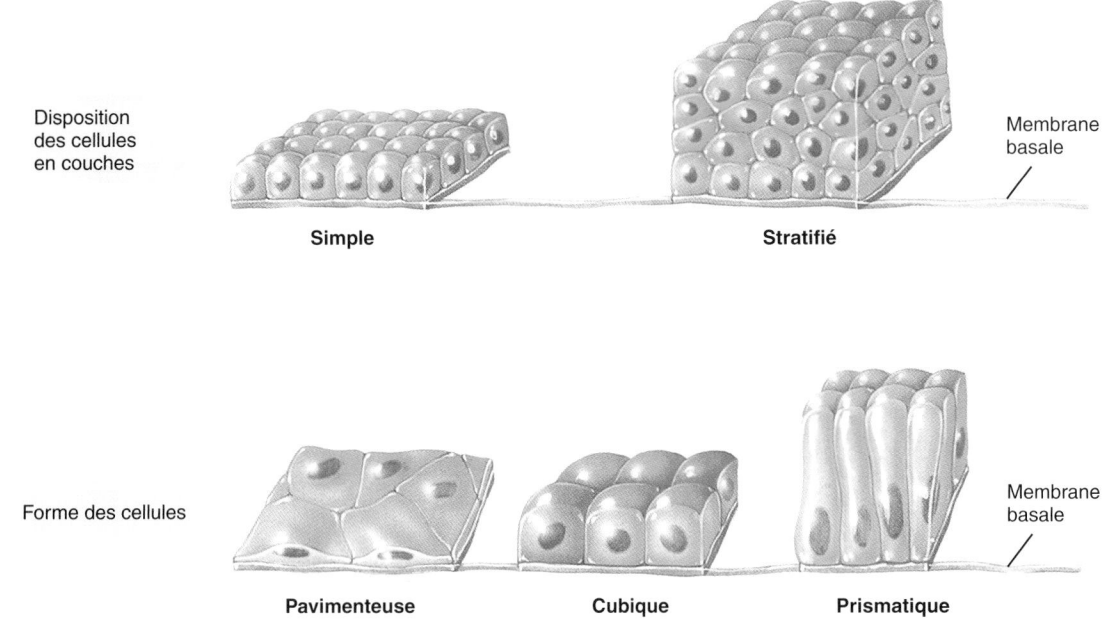

Laquelle de ces formes cellulaires facilite le passage rapide des substances d'une cellule à l'autre ?

photomicrographie, d'un schéma et d'une illustration montrant l'un de ses principaux emplacements dans l'organisme. Le tableau donne également la description des différents épithéliums, avec leur emplacement et leurs fonctions.

L'épithélium simple

L'épithélium simple pavimenteux L'épithélium simple pavimenteux (ou squameux) est formé d'une seule couche de cellules aplaties qui, vues de la surface apicale, présentent l'aspect d'un dallage (tableau 4.1A). Plats et de forme ovale ou sphérique, les noyaux sont situés au centre des cellules. On rencontre l'épithélium simple pavimenteux dans les parties du corps où se produit la filtration (par exemple, celle du sang dans les capillaires sanguins des reins) ou la diffusion (par exemple, celle de l'oxygène dans les capillaires sanguins des poumons). Par contre, il n'y en a pas dans les régions exposées au stress mécanique (l'usure).

L'épithélium simple pavimenteux qui tapisse l'intérieur du cœur, des vaisseaux sanguins et des vaisseaux lymphatiques est appelé **endothélium** (*endon* : en dedans ; *thêlê* : mamelle) ; celui qui forme le feuillet épithélial des séreuses, telles que le péritoine, est le **mésothélium** (*mesos* : au milieu). Contrairement aux autres tissus épithéliaux, qui proviennent de l'ectoderme ou de l'endoderme embryonnaire, l'endothélium et le mésothélium dérivent tous deux du mésoderme embryonnaire.

L'épithélium simple cubique La forme cubique des cellules de cet épithélium (tableau 4.1B) apparaît clairement en coupe trans-

versale du tissu. Les noyaux sont généralement ronds et centraux. L'épithélium simple cubique est présent dans des organes tels que la glande thyroïde et les reins. Il intervient dans la sécrétion et l'absorption.

L'épithélium simple prismatique Les cellules d'un épithélium simple prismatique (ou cylindrique) ressemblent à des colonnes et leurs noyaux, ovales, sont situés près de la base de la cellule. L'épithélium simple prismatique se présente sous deux formes : l'épithélium simple prismatique non cilié et l'épithélium simple prismatique cilié.

L'*épithélium simple prismatique non cilié* contient deux types de cellules : des cellules épithéliales prismatiques portant des microvillosités sur leur surface apicale, et des cellules caliciformes (tableau 4.1C). Les **microvillosités** sont des prolongements cytoplasmiques digitiformes (en forme de doigts) qui accroissent la surface de la membrane plasmique (voir la figure 3.1) et augmentent ainsi la vitesse d'absorption des substances par la cellule. Les **cellules caliciformes** sont des cellules épithéliales prismatiques modifiées qui sécrètent du mucus, un liquide légèrement collant, sur leur surface apicale. Avant sa libération, le mucus s'accumule dans la partie supérieure de la cellule et en provoque la distension. La cellule prend alors l'aspect d'un calice, d'où son nom. Le mucus sécrété lubrifie et protège les muqueuses des voies digestives, respiratoires et génitales ainsi que la majeure partie des voies urinaires. De plus, le mucus contribue à empêcher les sucs gastriques

TABLEAU 4.1 TISSUS ÉPITHÉLIAUX : LES ÉPITHÉLIUMS DE REVÊTEMENT

L'ÉPITHÉLIUM SIMPLE

A. L'épithélium simple pavimenteux

Description : Couche unique de cellules aplaties ; noyau central.

Emplacement : Tapisse l'intérieur du cœur, des vaisseaux sanguins, des vaisseaux lymphatiques, des sacs alvéolaires des poumons et des capsules glomérulaires des reins ainsi que la face interne du tympan ; forme le feuillet épithélial des séreuses telles que le péritoine.

Fonctions : Filtration, diffusion, osmose et sécrétion dans les séreuses.

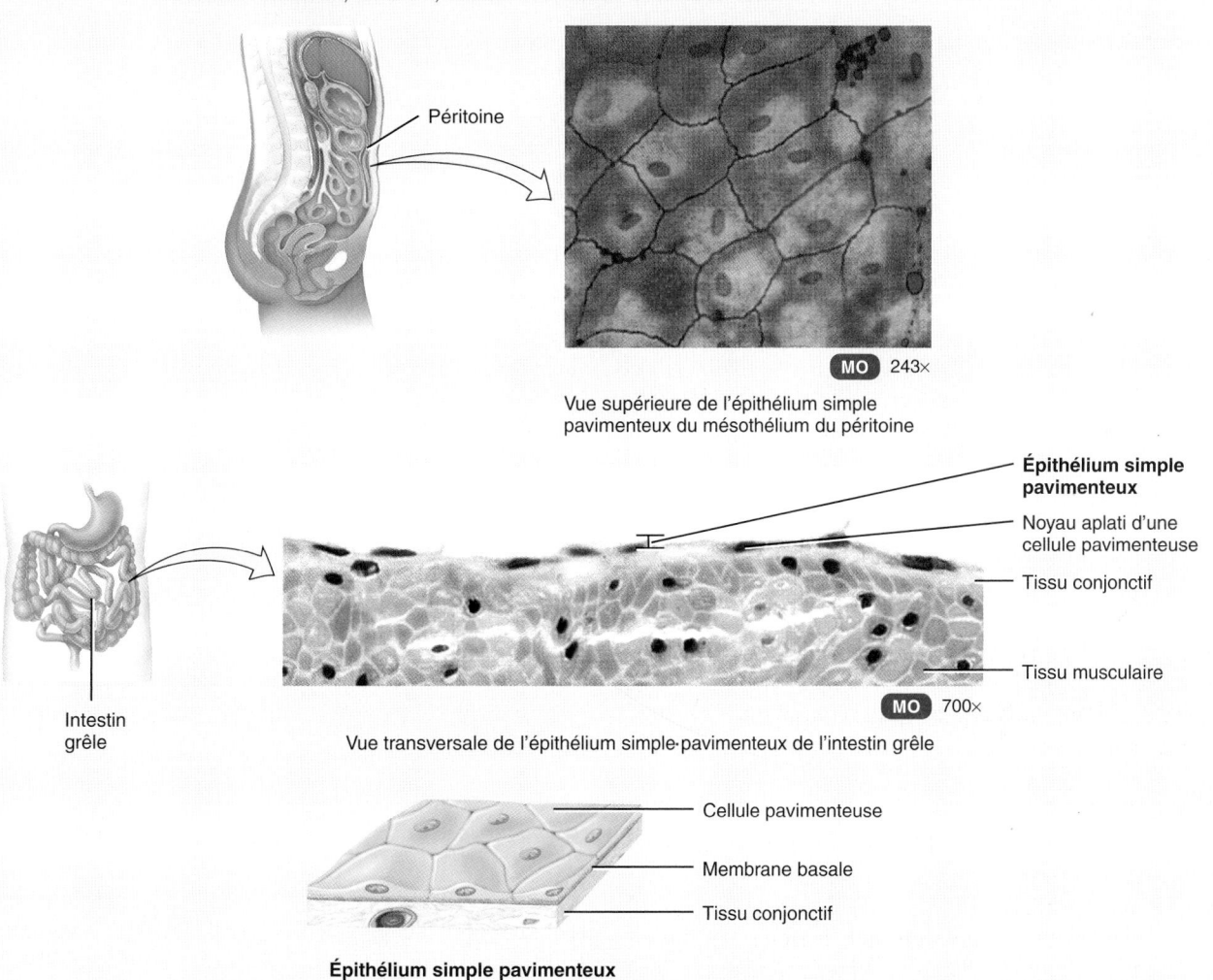

Péritoine

MO 243×

Vue supérieure de l'épithélium simple pavimenteux du mésothélium du péritoine

Épithélium simple pavimenteux

Noyau aplati d'une cellule pavimenteuse

Tissu conjonctif

Tissu musculaire

MO 700×

Intestin grêle

Vue transversale de l'épithélium simple·pavimenteux de l'intestin grêle

Cellule pavimenteuse

Membrane basale

Tissu conjonctif

Épithélium simple pavimenteux

acides, ainsi que les enzymes digestives, de détruire la muqueuse de l'estomac.

L'*épithélium simple prismatique cilié* contient des cellules épithéliales prismatiques portant des cils sur leur surface apicale (tableau 4.1D). Il est également parsemé de cellules caliciformes dans certains segments des voies respiratoires supérieures. Le mucus sécrété par les cellules caliciformes forme une pellicule qui recouvre les voies respiratoires et emprisonne les particules étrangères inhalées. En ondulant tous en même temps, les cils font remonter le mucus et les particules vers la gorge, d'où ils peuvent être expectorés, puis avalés ou crachés. La toux et l'éternuement accélèrent les ondulations des cils et le déplacement du mucus. Les cils concourent également à propulser les ovocytes de l'ovaire jusque dans l'utérus par les trompes utérines.

L'épithélium pseudostratifié prismatique

Comme nous l'avons déjà mentionné, l'épithélium pseudostratifié prismatique semble contenir plusieurs couches de cellules, parce que les noyaux des cellules sont situés à différentes hauteurs (tableau 4.1E). En fait, toutes les cellules sont rattachées à la membrane basale en une seule couche, mais certaines n'atteignent pas la surface apicale. Elles semblent former plusieurs couches alors qu'il

Suite du texte à la page 126

TABLEAU 4.1 TISSUS ÉPITHÉLIAUX : LES ÉPITHÉLIUMS DE REVÊTEMENT *(suite)*

B. L'épithélium simple cubique

Description : Couche unique de cellules cubiques ; noyau central.

Emplacement : Recouvre la surface des ovaires ; tapisse la face antérieure de la capsule du cristallin ; forme la rétine de l'œil ; tapisse l'intérieur des tubules rénaux et des petits conduits de nombreuses glandes ; constitue la partie sécrétrice de certaines glandes, par exemple la glande thyroïde, ainsi que les conduits de diverses glandes, par exemple le pancréas.

Fonctions : Sécrétion et absorption.

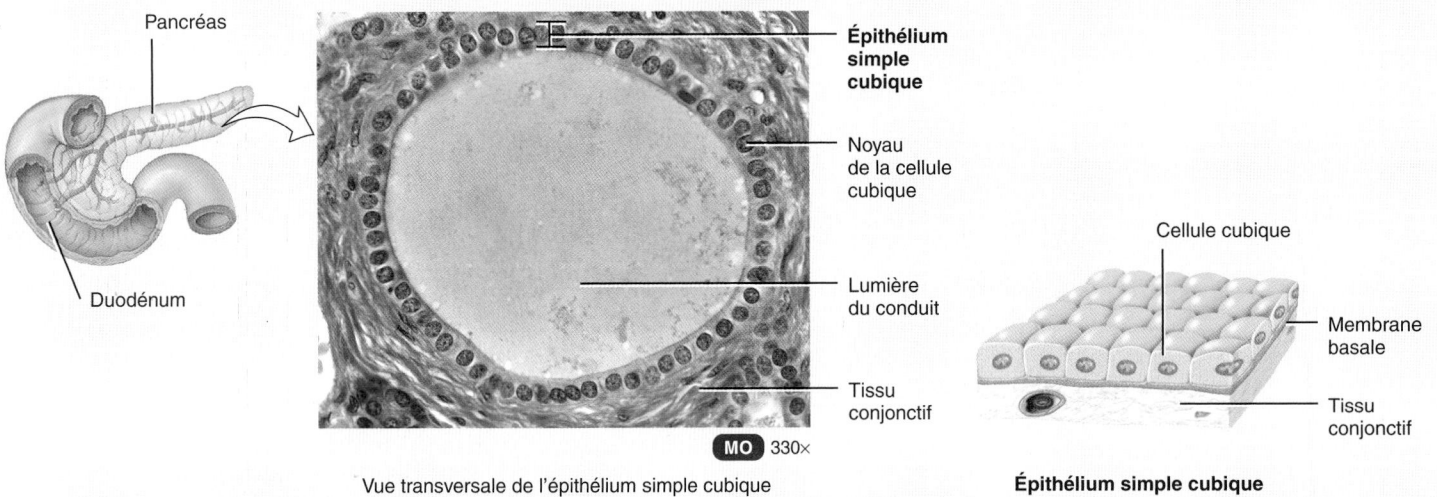

Vue transversale de l'épithélium simple cubique
d'un conduit intralobulaire du pancréas

Épithélium simple cubique

C. L'épithélium simple prismatique non cilié

Description : Couche unique de cellules non ciliées en forme de colonnes ; noyau situé près de la base de la cellule ; à certains endroits, contient des cellules caliciformes et des cellules dotées de microvillosités.

Emplacement : Tapisse l'intérieur du tube digestif (depuis l'estomac jusqu'à l'anus), de la vésicule biliaire et des conduits de nombreuses glandes.

Fonctions : Sécrétion et absorption.

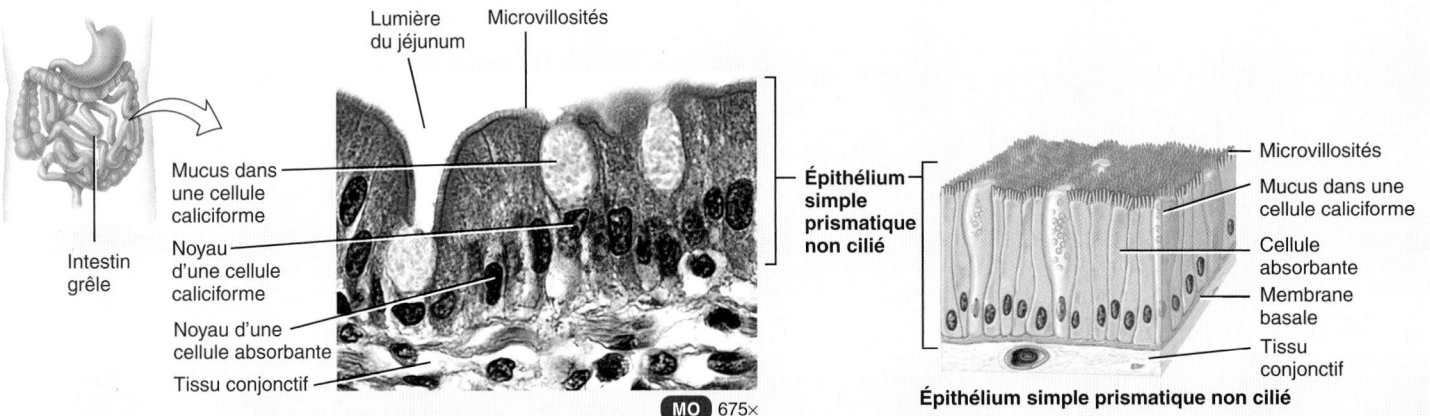

Vue transversale de l'épithélium simple prismatique
non cilié du revêtement du jéjunum de l'intestin grêle

Épithélium simple prismatique non cilié

D. L'épithélium simple prismatique cilié

Description : Couche unique de cellules ciliées en forme de colonnes ; noyau situé près de la base de la cellule ; contient des cellules caliciformes à certains endroits.

Emplacement : Tapisse l'intérieur de certaines parties des voies respiratoires supérieures, des trompes utérines, de l'utérus, de certains sinus, du canal central de la moelle épinière et des ventricules de l'encéphale.

Fonction : Propulsion du mucus et d'autres substances par l'action des cils.

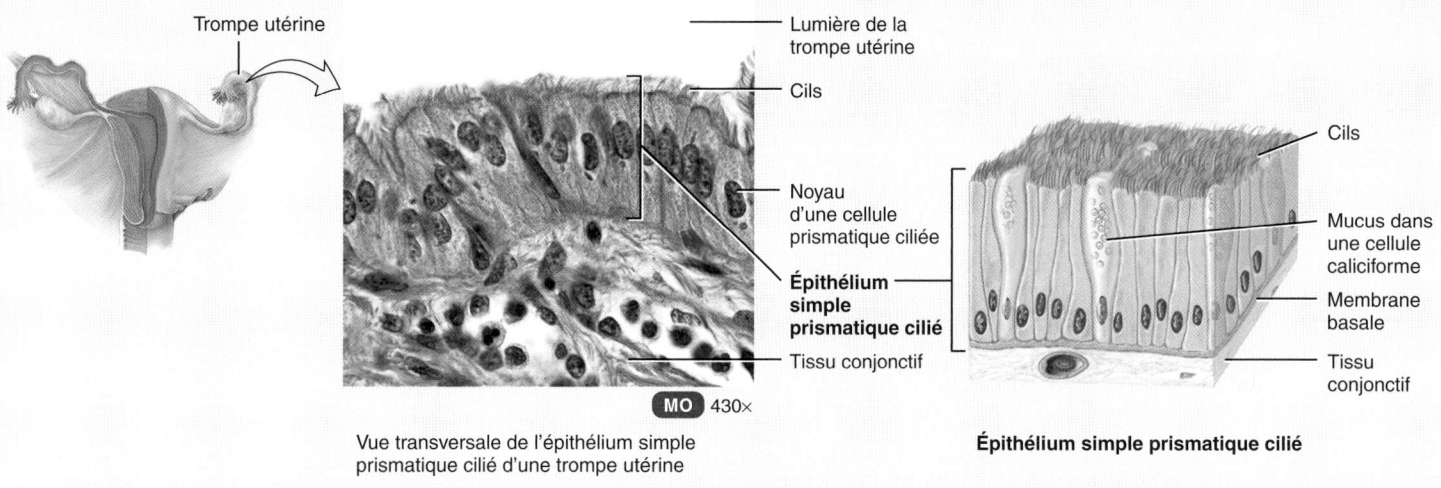

Vue transversale de l'épithélium simple prismatique cilié d'une trompe utérine

Épithélium simple prismatique cilié

E. L'épithélium pseudostratifié prismatique

Description : N'est pas véritablement un tissu stratifié ; les noyaux des cellules sont situés à différentes hauteurs ; toutes les cellules sont rattachées à la membrane basale, mais toutes n'atteignent pas la surface apicale.

Emplacement : La variété ciliée tapisse l'intérieur de la majeure partie des voies respiratoires supérieures ; la variété non ciliée tapisse l'intérieur des gros conduits de nombreuses glandes, des épididymes et d'une partie de l'urètre chez l'homme.

Fonctions : Sécrétion et propulsion du mucus par l'action des cils.

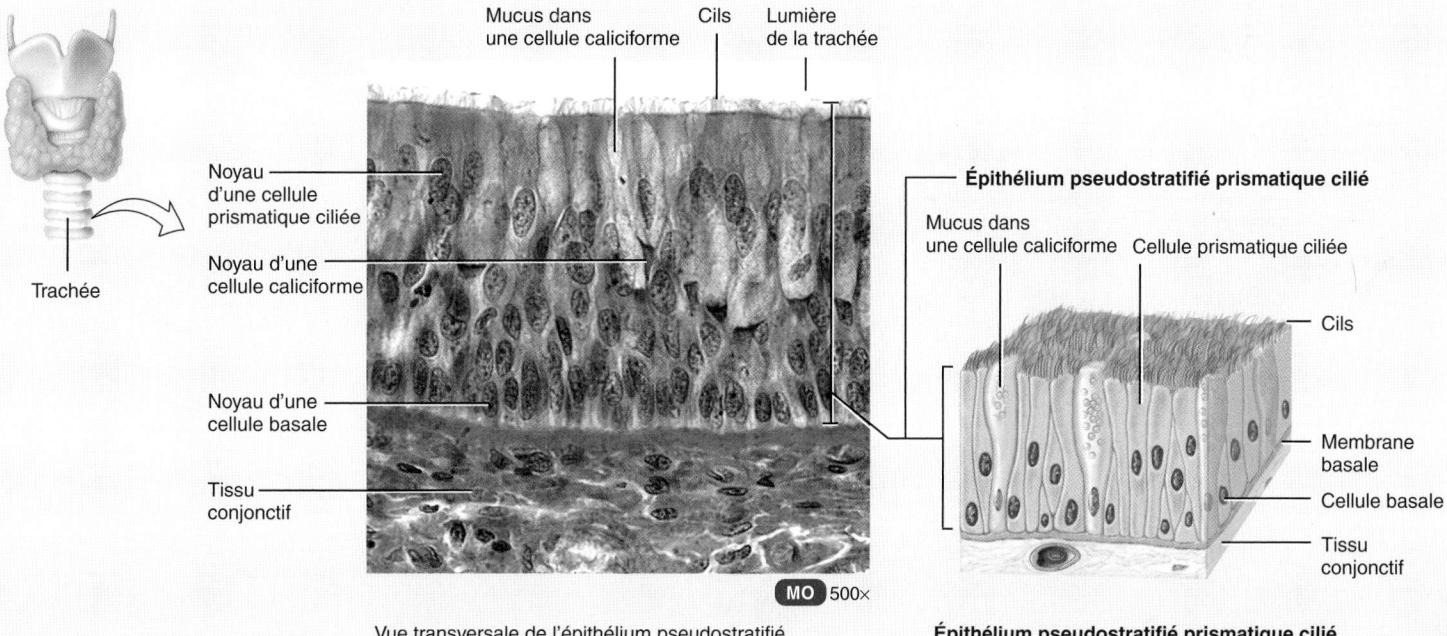

Vue transversale de l'épithélium pseudostratifié prismatique cilié de la trachée

Épithélium pseudostratifié prismatique cilié

TABLEAU 4.1 TISSUS ÉPITHÉLIAUX : LES ÉPITHÉLIUMS DE REVÊTEMENT *(suite)*

L'ÉPITHÉLIUM STRATIFIÉ

F. L'épithélium stratifié pavimenteux

Description : Plusieurs couches de cellules ; les cellules basales sont cubiques ou prismatiques ; les cellules de la surface apicale et des quelques couches sous-jacentes sont pavimenteuses ; les cellules de la couche basale remplacent les cellules superficielles à mesure qu'elles meurent.

Emplacement : La variété kératinisée forme la couche superficielle de la peau ; la variété non kératinisée recouvre la langue et tapisse les surfaces humides telles que les muqueuses de la bouche, de l'œsophage, d'une partie de l'épiglotte, d'une partie du pharynx et du vagin.

Fonction : Protection.

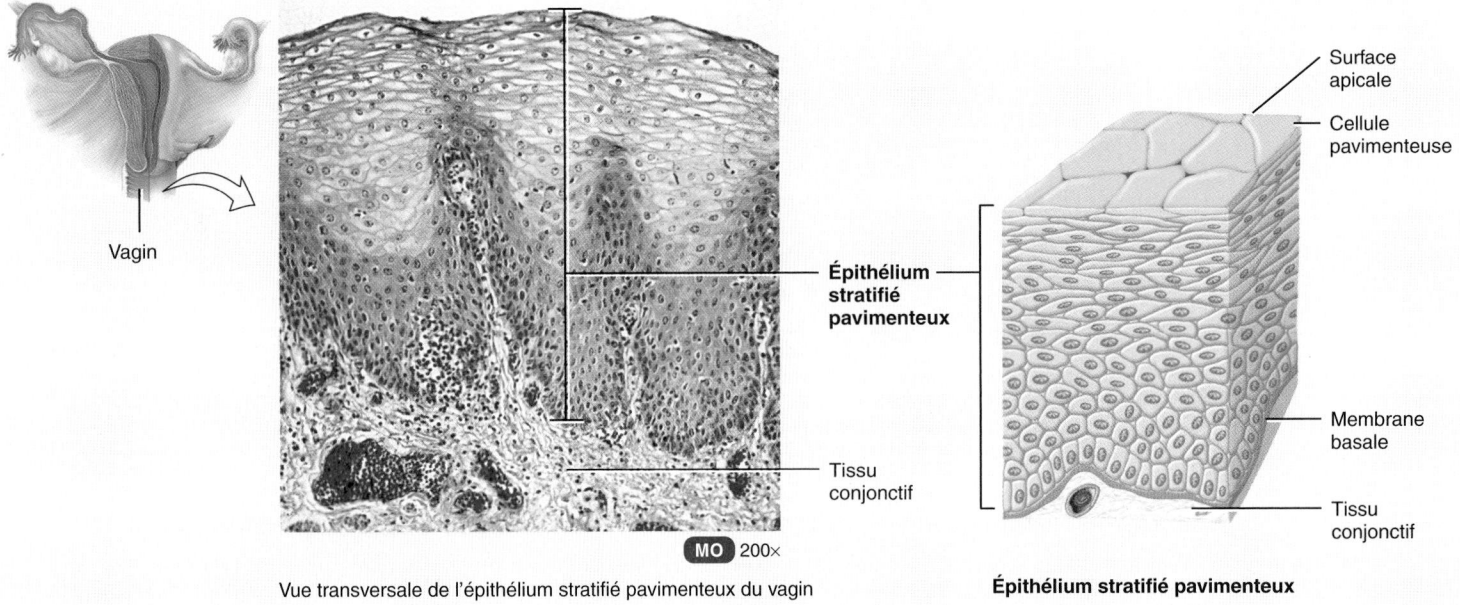

Vagin

Épithélium stratifié pavimenteux

Tissu conjonctif

Surface apicale

Cellule pavimenteuse

Membrane basale

Tissu conjonctif

MO 200×

Vue transversale de l'épithélium stratifié pavimenteux du vagin

Épithélium stratifié pavimenteux

G. L'épithélium stratifié cubique

Description : Au moins deux couches de cellules ; les cellules de la surface apicale sont des cellules cubiques.

Emplacement : Conduits des glandes sudoripares, salivaires et œsophagiennes chez l'adulte, et une partie de l'urètre chez l'homme.

Fonctions : Protection et, dans une faible mesure, sécrétion et absorption.

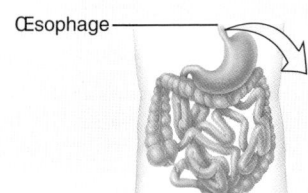

Œsophage

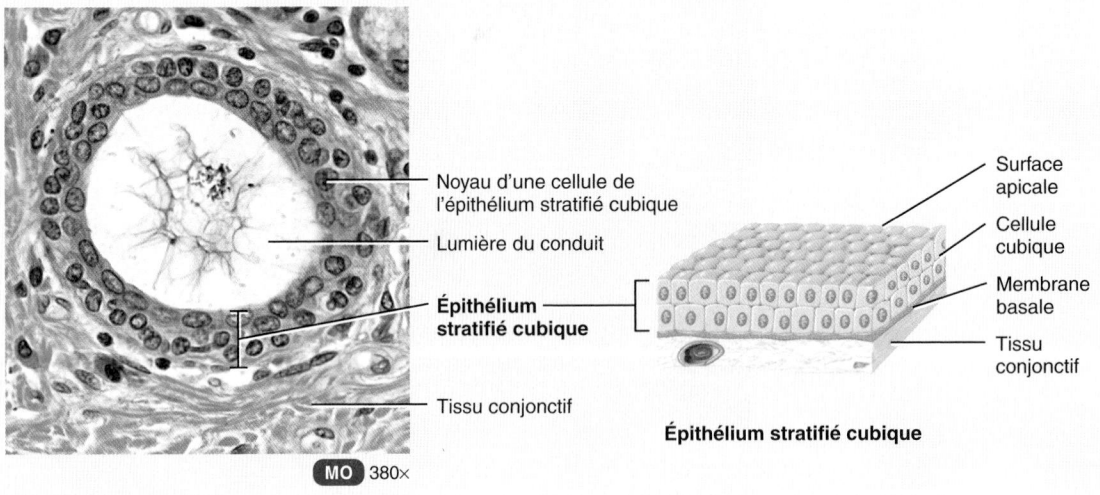

Noyau d'une cellule de l'épithélium stratifié cubique

Lumière du conduit

Épithélium stratifié cubique

Tissu conjonctif

Surface apicale

Cellule cubique

Membrane basale

Tissu conjonctif

MO 380×

Vue transversale de l'épithélium stratifié cubique du conduit d'une glande œsophagienne

Épithélium stratifié cubique

H. L'épithélium stratifié prismatique

Description : Plusieurs couches de cellules de forme irrégulière ; les cellules prismatiques se trouvent uniquement à la surface apicale.

Emplacement : Tapisse l'intérieur d'une partie de l'urètre et des gros conduits excréteurs de certaines glandes (par exemple, les glandes œsophagiennes), de petites régions de la muqueuse anale et une partie de la conjonctive de l'œil.

Fonctions : Protection et sécrétion.

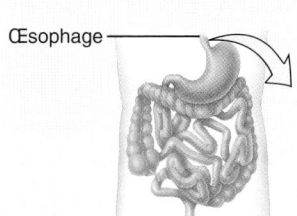

Œsophage

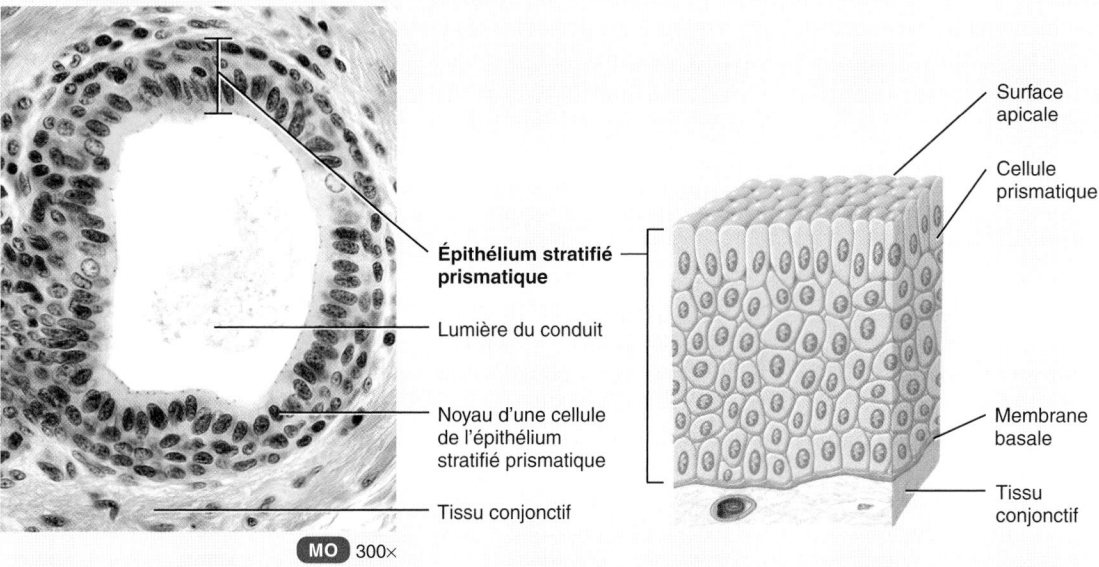

Épithélium stratifié prismatique

Lumière du conduit

Noyau d'une cellule de l'épithélium stratifié prismatique

Tissu conjonctif

MO 300×

Vue transversale de l'épithélium stratifié prismatique du conduit d'une glande œsophagienne

Surface apicale

Cellule prismatique

Membrane basale

Tissu conjonctif

Épithélium stratifié prismatique

I. L'épithélium transitionnel

Description : Cellules dont la forme varie (d'où le nom *transitionnel*) ; les cellules de la surface apicale sont pavimenteuses (lorsque l'organe est étiré) ou cubiques (lorsque l'organe est au repos).

Emplacement : Tapisse l'intérieur de la vessie et de certaines parties des uretères et de l'urètre.

Fonction : Permet la distension.

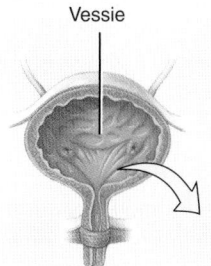

Vessie

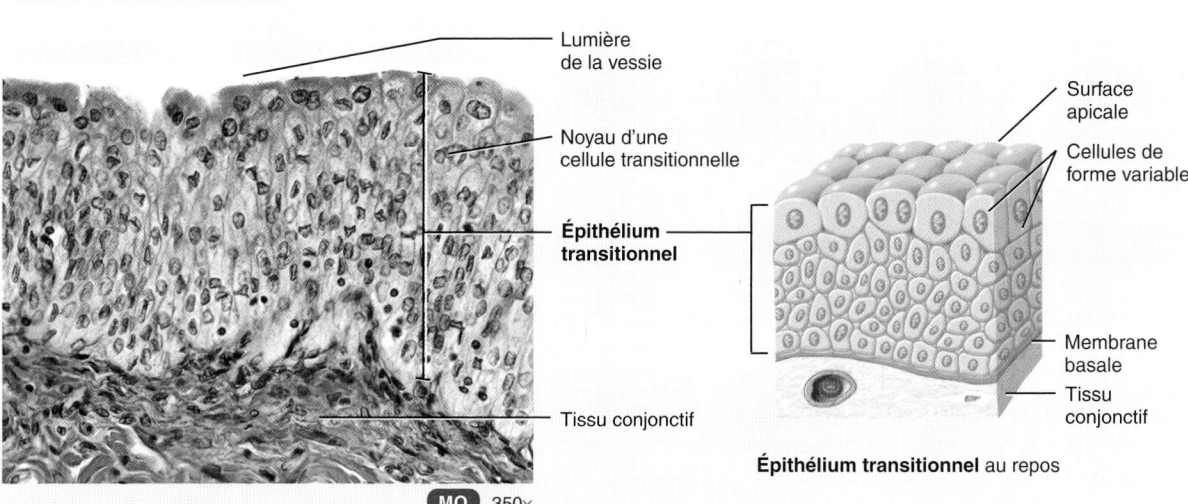

Lumière de la vessie

Noyau d'une cellule transitionnelle

Épithélium transitionnel

Tissu conjonctif

MO 350×

Vue transversale de l'épithélium transitionnel de la vessie au repos

Surface apicale

Cellules de forme variable

Membrane basale

Tissu conjonctif

Épithélium transitionnel au repos

n'en est rien, d'où le nom d'épithélium *pseudo*stratifié (*pseudein*: tromper). Dans l'*épithélium pseudostratifié prismatique cilié*, les cellules qui atteignent la surface sécrètent du mucus (cellules caliciformes) ou portent des cils. Le mucus sécrété emprisonne les particules étrangères, puis les cils le propulsent pour l'expulser hors du corps. L'*épithélium pseudostratifié prismatique non cilié* contient des cellules non ciliées, et ne possède pas de cellules caliciformes.

L'épithélium stratifié

Contrairement à l'épithélium simple, l'épithélium stratifié comprend au moins deux couches de cellules. Il est donc plus résistant et protège mieux les tissus sous-jacents. En outre, certaines de ses cellules produisent des sécrétions. Les noms des différents épithéliums stratifiés correspondent à la forme des cellules de la couche apicale.

L'épithélium stratifié pavimenteux Les cellules d'un épithélium stratifié pavimenteux sont aplaties dans la couche apicale et de forme variable (cubique ou prismatique) dans les couches profondes (tableau 4.1F). Les cellules basales (les plus profondes) se divisent continuellement et, poussées par les nouvelles cellules, montent vers la couche apicale. À mesure qu'elles s'éloignent des couches inférieures et de leur apport sanguin présent dans le tissu conjonctif sous-jacent, elles se déshydratent, rétrécissent, durcissent et meurent. Arrivées à la surface, et ayant perdu leurs jonctions cellulaires (les cellules sont alors mortes), elles se détachent. L'épaisseur de l'épithélium est cependant conservé, puisque les cellules qui se détachent sont remplacées par les nouvelles cellules qui émergent continuellement de la couche basale.

L'épithélium stratifié pavimenteux se présente sous une forme kératinisée et une forme non kératinisée. Dans l'*épithélium stratifié pavimenteux kératinisé*, la couche apicale et plusieurs couches plus profondes sont partiellement déshydratées et contiennent de la **kératine**, protéine résistante et fibreuse qui contribue à protéger la peau et les tissus sous-jacents contre la chaleur, les microorganismes et les agressions chimiques. L'épithélium stratifié pavimenteux kératinisé constitue la couche superficielle de la peau. L'*épithélium stratifié pavimenteux non kératinisé* recouvre, par exemple, l'intérieur de la bouche et de l'œsophage. Il ne contient pas de kératine dans sa couche apicale ni dans les quelques couches inférieures, et il reste humide en permanence. Ces deux catégories d'épithélium forment la première ligne de défense du corps contre les microorganismes.

L'épithélium stratifié cubique Relativement rare, l'épithélium stratifié cubique se caractérise par le fait que sa couche apicale est formée de cellules cubiques (tableau 4.1G). En tant qu'épithélium de revêtement plus résistant qu'un épithélium simple, il a une fonction de protection et, dans une faible mesure, une fonction de sécrétion et d'absorption.

L'épithélium stratifié prismatique Comme l'épithélium stratifié cubique, l'épithélium stratifié prismatique est peu répandu dans le corps humain. La ou les couches basales sont habituellement composées de petites cellules de formes irrégulières. Seule la couche apicale contient des cellules de forme prismatique (tableau 4.1H). Ce type d'épithélium a des fonctions de protection et de sécrétion.

L'épithélium transitionnel L'épithélium transitionnel est également stratifié. On le rencontre uniquement dans le système urinaire, et il change d'apparence (tableau 4.1I). À l'état de repos (relâchement), l'épithélium transitionnel ressemble à l'épithélium stratifié cubique, sauf que les cellules de la couche apicale sont plutôt grosses et rondes. Quand le tissu s'étire, ses cellules s'aplatissent et lui donnent l'apparence d'un épithélium stratifié pavimenteux. Du fait de son élasticité, l'épithélium transitionnel constitue le revêtement idéal pour l'intérieur des structures creuses sujettes à l'expansion, comme la vessie, à laquelle il permet de s'agrandir pour contenir des volumes liquidiens variables sans se déchirer.

LA CYTOLOGIE CERVICOVAGINALE

L'examen cytologique consiste à prélever et à examiner au microscope des cellules épithéliales qui se sont détachées de la surface apicale d'un tissu. La **cytologie cervicovaginale** en particulier, couramment appelée *frottis cervicovaginal*, sert à l'étude des cellules de l'épithélium stratifié pavimenteux non kératinisé du vagin et du col de l'utérus (sa partie inférieure). Ce procédé permet de détecter précocement des changements cellulaires qui pourraient indiquer la présence d'un cancer ou d'un état précancéreux dans le système génital de la femme. On conseille aux femmes de subir un examen cytologique cervicovaginal chaque année, dans le cadre de leur bilan gynécologique, à compter de l'âge de 18 ans (ou plus tôt, si elles sont sexuellement actives).

La cytologie cervicovaginale s'inscrit dans le cadre d'une méthode de dépistage plus générale appelée **biopsie** (*bios*: vie; *opsis*: vue). Une biopsie consiste à prélever un échantillon de tissu vivant et à l'examiner au microscope. Ce procédé sert à diagnostiquer de nombreuses maladies, notamment le cancer, et à déterminer la cause d'infections et d'inflammations inexpliquées. On prélève à la fois du tissu normal et du tissu douteux à des fins de comparaison. Une fois l'échantillon prélevé – soit chirurgicalement, soit à l'aide d'une seringue –, on peut le conserver, le colorer pour en faire ressortir certaines propriétés ou le couper en fines tranches pour l'observer au microscope. Il arrive qu'on procède à une biopsie pendant une intervention chirurgicale, alors que le patient est sous anesthésie, afin de déterminer le traitement le plus approprié. Si, par exemple, une biopsie de tissu mammaire révèle la présence de cellules cancéreuses, le chirurgien peut amorcer aussitôt l'intervention la plus opportune. ■

L'ÉPITHÉLIUM GLANDULAIRE

L'épithélium glandulaire se compose de cellules glandulaires dont la fonction est de sécréter. Les cellules glandulaires se trouvent souvent en grappes en dessous de l'épithélium de revêtement. Une **glande** est constituée d'une cellule ou d'un groupe de cellules épithéliales très spécialisées qui sécrètent activement des substances dans des conduits, sur une surface ou dans la circulation sanguine. Les glandes sont soit endocrines, soit exocrines.

Les sécrétions des **glandes endocrines** (tableau 4.2A) pénètrent dans le liquide interstitiel puis diffusent directement dans la circulation sanguine, sans passer par un conduit. Ces sécrétions sont des *hormones*, c'est-à-dire des messagers chimiques qui régissent de nombreuses activités métaboliques et physiologiques contribuant à l'homéostasie. L'hypophyse, la glande thyroïde et les glandes surrénales comptent parmi les glandes endocrines. Nous reviendrons sur le sujet en détail au chapitre 18.

TABLEAU 4.2 TISSUS ÉPITHÉLIAUX : L'ÉPITHÉLIUM GLANDULAIRE

A. Les glandes endocrines *Description* : Cellules dont les produits de sécrétion (hormones), libérés dans le liquide interstitiel, diffusent directement dans la circulation sanguine.

Emplacement : Par exemple, l'hypophyse (à la base de l'encéphale), la glande pinéale (dans l'encéphale), la glande thyroïde et les glandes parathyroïdes (près du larynx), les glandes surrénales (au-dessus des reins), le pancréas (sous l'estomac), les ovaires (dans la cavité pelvienne), les testicules (dans le scrotum) ainsi que le thymus (dans la cavité thoracique).

Fonction : Production d'hormones qui régissent différentes fonctions physiologiques.

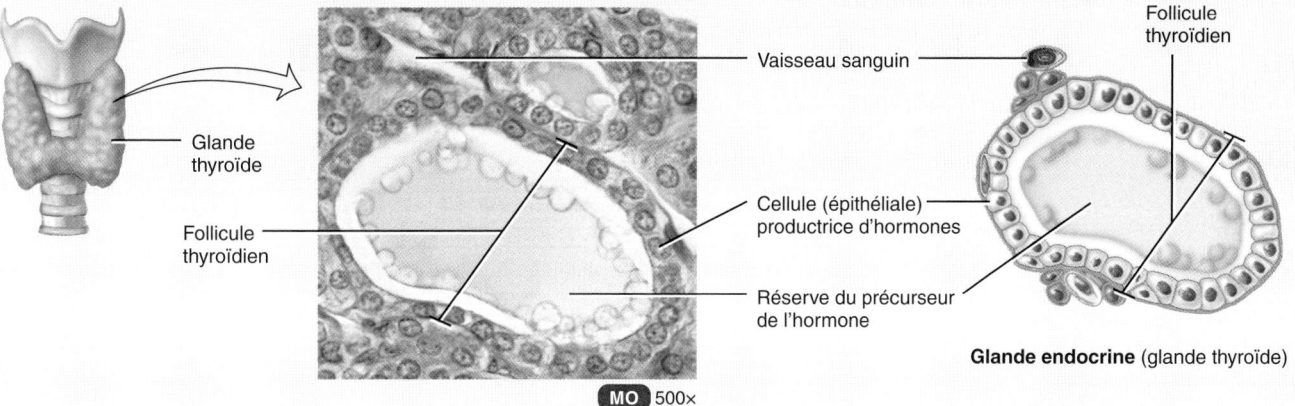

Vue transversale d'une glande endocrine (glande thyroïde)

MO 500×

Glande endocrine (glande thyroïde)

B. Les glandes exocrines *Description* : Cellules dont les produits de sécrétion sont libérés dans des conduits.

Emplacement : Glandes de la peau (sudoripares, sébacées et cérumineuses) ; glandes mammaires ; glandes digestives, par exemple les glandes salivaires, qui sécrètent la salive dans la bouche, et le pancréas, qui sécrète ses produits dans l'intestin grêle.

Fonction : Production de substances telles que la sueur, le sébum, le cérumen, la salive ou les enzymes digestives.

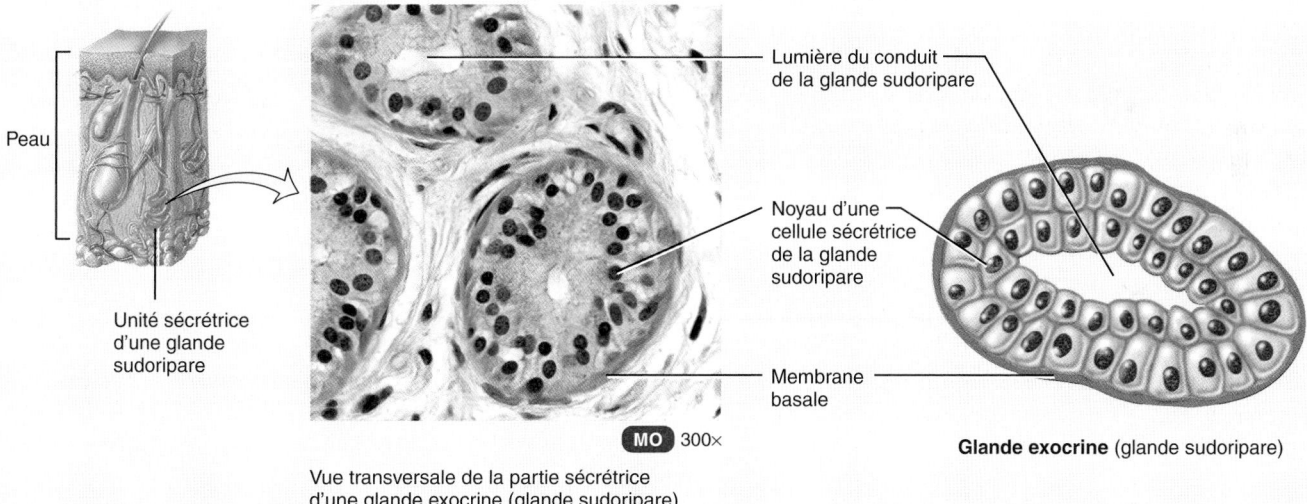

Vue transversale de la partie sécrétrice d'une glande exocrine (glande sudoripare)

MO 300×

Glande exocrine (glande sudoripare)

Les **glandes exocrines** (*exô* : dehors ; *krinein* : sécréter ; tableau 4.2B) sécrètent leurs produits dans des conduits qui débouchent sur la surface d'un épithélium de revêtement (par exemple, la surface de la peau) ou dans la lumière d'un organe creux. Le mucus, la sueur, le sébum, le cérumen, la salive et les enzymes digestives sont des sécrétions de glandes exocrines. Parmi les glandes exocrines figurent notamment les glandes sudoripares, qui produisent la sueur, et les glandes salivaires, qui sécrètent la salive. Ainsi que nous le verrons, certaines glandes sont mixtes ; par exemple, le pancréas et l'estomac comprennent des tissus glandulaires endocriniens et exocriniens.

La classification structurale des glandes exocrines

Les glandes exocrines sont soit unicellulaires, soit multicellulaires. Comme leur nom l'indique, les **glandes unicellulaires** se composent d'une seule cellule. Les cellules caliciformes en sont un très bon exemple. Elles sécrètent en abondance un mucus protecteur directement sur la surface apicale d'un épithélium de revêtement. Toutefois, la plupart des glandes sont des **glandes multicellulaires**, c'est-à-dire qu'elles comprennent de nombreuses cellules qui forment une structure microscopique ou un organe distinct. Tel est le cas des glandes sudoripares, sébacées et salivaires. Deux structures s'organisent pour former une glande exocrine multicellulaire :

la partie sécrétoire, appelée *unité sécrétrice*, et le conduit (ou canal) sécréteur, par lequel s'écoule la sécrétion.

On classe les glandes multicellulaires selon deux critères : 1) la configuration de leur conduit sécréteur, et 2) la forme de l'unité sécrétrice de la glande (figure 4.4). Ainsi, une **glande simple** comprend un conduit sécréteur unique (qui ne se ramifie pas), et

FIGURE 4.4 Les glandes exocrines multicellulaires.

Les unités sécrétrices sont représentées en rose et les conduits, en mauve.

 La classification structurale des glandes exocrines multicellulaires repose sur la configuration du conduit et sur la forme de l'unité sécrétrice.

Glandes simples
conduit sécréteur non ramifié

avec une unité sécrétrice tubulaire

avec une unité sécrétrice alvéolaire

| droite | contournée | ramifiée | droite | ramifiée |

Glandes exocrines multicellulaires se divisent en

Conduit

Unité sécrétrice

Glande simple tubulaire

Glande simple tubulaire contournée

Glande simple tubulaire ramifiée

Glande simple alvéolaire

Glande simple alvéolaire ramifiée

Glandes composées
conduit sécréteur ramifié

avec des unités sécrétrices tubulaires ramifiées

avec des unités sécrétrices alvéolaires ramifiées

avec des unités sécrétrices tubuloalvéolaires ramifiées

Glande composée tubulaire

Glande composée alvéolaire

Glande composée tubuloalvéolaire

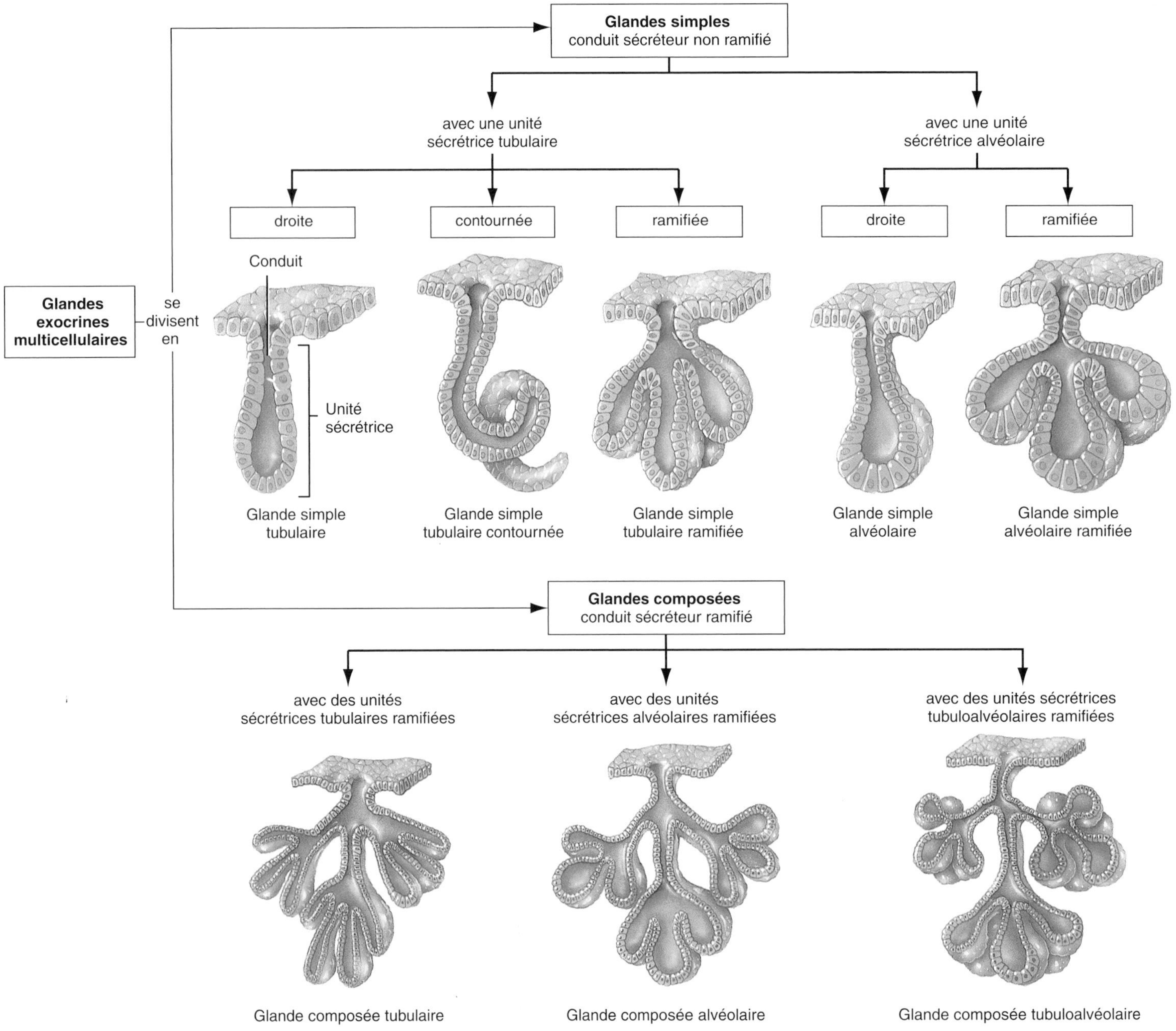

Q Qu'est-ce qui distingue les glandes multicellulaires simples des glandes multicellulaires composées ?

une **glande composée** comprend un conduit qui se ramifie. L'unité sécrétrice d'une glande peut présenter trois formes, qui donnent son nom à la glande : **tubulaire** (en forme de tube), **alvéolaire**, ou **acineuse** (de forme arrondie), et **tubuloalvéolaire** (de forme à la fois tubulaire et arrondie, ou encore en forme de tube aux extrémités arrondies). Par ailleurs, quelle que soit sa forme, l'unité sécrétrice peut être ramifiée ou non ; lorsqu'elle n'est pas ramifiée, l'unité sécrétrice peut être droite ou contournée.

À partir de ces deux critères, la classification structurale des glandes exocrines multicellulaires s'établit de la façon suivante :
I. Les glandes simples :
- **Les glandes simples tubulaires**. Le conduit sécréteur est unique ; l'unité sécrétrice est de forme tubulaire et droite. Exemple : glandes du gros intestin.
- **Les glandes simples tubulaires contournées**. Le conduit sécréteur est unique ; l'unité sécrétrice est de forme tubulaire et enroulée. Exemple : glandes sudoripares.
- **Les glandes simples tubulaires ramifiées**. Le conduit sécréteur est unique ; l'unité sécrétrice est de forme tubulaire et ramifiée. Exemple : glandes gastriques.
- **Les glandes simples alvéolaires** (ou **acineuses**). Le conduit sécréteur est unique ; l'unité sécrétrice est de forme arrondie et droite. Exemple : glandes de l'urètre chez l'homme.
- **Les glandes simples alvéolaires ramifiées**. Le conduit sécréteur est unique ; l'unité sécrétrice est de forme arrondie et ramifiée. Exemple : glandes sébacées.
II. Les glandes composées :
- **Les glandes composées tubulaires**. Le conduit sécréteur est ramifié ; les unités sécrétrices sont de forme tubulaire et ramifiée. Exemple : glandes bulbo-urétrales.
- **Les glandes composées alvéolaires**. Le conduit sécréteur est ramifié ; les unités sécrétrices sont de forme arrondie et ramifiée. Exemple : glandes mammaires.
- **Les glandes composées tubuloalvéolaires**. Le conduit sécréteur est ramifié ; les unités sécrétrices sont de forme tubulaire et ramifiée ou de forme arrondie et ramifiée. Exemple : glandes tubuloalvéolaires du pancréas.

La classification fonctionnelle des glandes exocrines

La classification fonctionnelle des glandes exocrines repose sur le mode de sécrétion. Le produit de sécrétion des **glandes mérocrines** (*meros* : partie) est formé par les ribosomes du RE rugueux, transformé, trié et emballé par le complexe golgien, puis, au fur et à mesure de sa production, libéré de la cellule par exocytose dans des vésicules de sécrétion (figure 4.5a). La plupart des glandes exocrines de l'organisme sont des glandes mérocrines, telles que les glandes salivaires et le pancréas. Les **glandes apocrines** (*apo* : loin de) accumulent leur produit de sécrétion à la surface apicale de la cellule sécrétrice. Cette partie de la cellule se détache ensuite du reste de la structure pour évacuer la sécrétion (figure 4.5b). La partie restante de la cellule se répare et répète le processus. Toutefois, depuis que le microscope électronique permet d'étudier les cellules de plus près, certains scientifiques doutent de la présence de glandes apocrines dans l'organisme humain. Des glandes que l'on considérait autrefois comme apocrines (par exemple,

les glandes mammaires qui sécrètent le lait) sont probablement des glandes mérocrines. Les cellules des **glandes holocrines** (*holos* : tout) accumulent leur produit de sécrétion dans leur cytosol. Arrivées à maturité, elles se rompent, devenant elles-mêmes le produit de sécrétion (figure 4.5c), puis sont remplacées par de nouvelles cellules. Les glandes sébacées de la peau appartiennent à la catégorie des glandes holocrines.

FIGURE 4.5 La classification fonctionnelle des glandes exocrines multicellulaires.

Une glande est dite mérocrine, apocrine ou holocrine selon que sa sécrétion se compose uniquement du produit d'une cellule ou qu'elle comprend une partie ou la totalité de la cellule glandulaire elle-même.

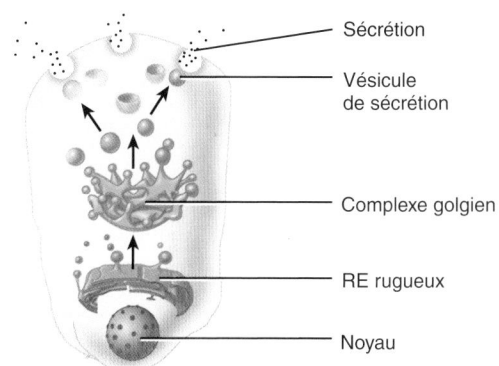

- Sécrétion
- Vésicule de sécrétion
- Complexe golgien
- RE rugueux
- Noyau

(a) **Sécrétion mérocrine**

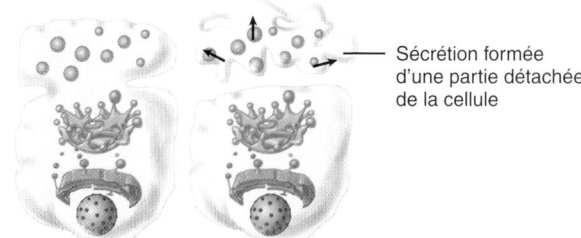

- Sécrétion formée d'une partie détachée de la cellule

(b) **Sécrétion apocrine**

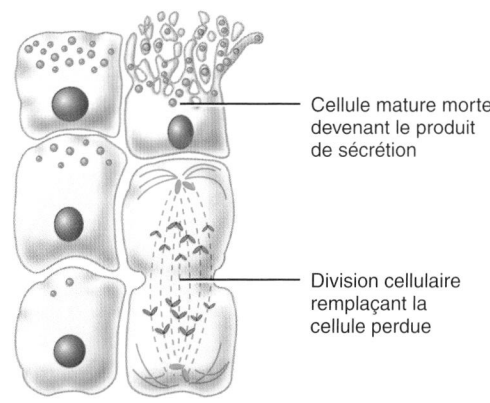

- Cellule mature morte devenant le produit de sécrétion
- Division cellulaire remplaçant la cellule perdue

(c) **Sécrétion holocrine**

 À quelle catégorie les glandes sébacées appartiennent-elles ?
À quelle catégorie les glandes salivaires appartiennent-elles ?

► **POINT DE CONTRÔLE**

5. Quelles sont les caractéristiques communes à tous les tissus épithéliaux?

6. Décrivez la forme des cellules et leur disposition en couches dans les différents types d'épithéliums suivants: épithélium simple pavimenteux, épithélium simple cubique, épithélium simple prismatique (cilié et non cilié), épithélium pseudostratifié prismatique (cilié et non cilié), épithélium stratifié pavimenteux (kératinisé et non kératinisé), épithélium stratifié cubique, épithélium stratifié prismatique, épithélium transitionnel.

7. Expliquez le rapport entre la structure et les fonctions des types d'épithéliums nommés à la question précédente.

8. Où sont situés l'endothélium et le mésothélium?

9. Qu'est-ce qui distingue les glandes endocrines des glandes exocrines? Nommez les trois classes fonctionnelles de glandes exocrines et donnez un exemple de glande pour chacune d'elles.

LE TISSU CONJONCTIF

> **OBJECTIFS**

- Décrire les caractéristiques générales du tissu conjonctif.
- Décrire la structure, l'emplacement et la fonction des différents types de tissus conjonctifs.

Le **tissu conjonctif** est l'un des tissus les plus abondants et les plus répandus dans le corps humain. Sous ses diverses formes, il remplit un large éventail de fonctions. Il relie, soutient et renforce d'autres tissus; il protège les organes internes et leur sert d'isolant; il enveloppe et compartimente des structures telles que les muscles squelettiques; il constitue le principal système de transport de l'organisme (le sang étant un tissu conjonctif liquide), sa principale réserve d'énergie (tissu adipeux) et la principale source de réponse immunitaire.

LES CARACTÉRISTIQUES GÉNÉRALES DU TISSU CONJONCTIF

Le tissu conjonctif se compose essentiellement de deux éléments fondamentaux: des cellules et une matrice extracellulaire. La **matrice extracellulaire** d'un tissu conjonctif s'étend entre les cellules, largement séparées les unes des autres. Elle est formée de fibres et d'une substance fondamentale, matériau qui occupe l'espace entre les cellules et les fibres. Elle est généralement sécrétée par les cellules du tissu conjonctif et elle détermine les propriétés de ce tissu. Par exemple, la matrice extracellulaire du cartilage est ferme mais souple; celle de l'os, au contraire, est dure et rigide.

Contrairement aux épithéliums, les tissus conjonctifs se trouvent rarement sur les surfaces du corps. De plus, alors que les tissus épithéliaux sont avasculaires, les tissus conjonctifs sont fortement vascularisés, c'est-à-dire qu'ils contiennent beaucoup de vaisseaux sanguins. Le cartilage et les tendons font exception à cette règle; le premier est avasculaire et les seconds sont peu vascularisés. Exception faite du cartilage, le tissu conjonctif est innervé, comme le sont les épithéliums.

LES CELLULES DU TISSU CONJONCTIF

Le tissu conjonctif se compose de plusieurs types de cellules, et toutes proviennent du mésoderme embryonnaire (les cellules mésenchymateuses). Chacune des grandes classes de tissu conjonctif comprend un type immature de cellules dont le nom se termine par le suffixe -*blaste*, qui signifie «germe». Il s'agit par exemple des *fibroblastes* dans les tissus conjonctifs lâche et dense, des *chondroblastes* dans le cartilage et des *ostéoblastes* dans le tissu osseux. Les cellules immatures conservent la capacité de se diviser et sécrètent la matrice caractéristique du tissu. Elles se différencient alors en cellules matures dont le nom se termine par le suffixe –*cyte*. Ainsi, quand la matrice du cartilage et des os est produite, les chondroblastes deviennent des chondrocytes et les ostéoblastes, des ostéocytes. Les cellules matures ont une capacité de division restreinte et ne contribuent que très peu à la formation de la matrice; elles servent principalement au maintien de cette matrice.

Les cellules des tissus conjonctifs diffèrent selon la classe de tissu considérée. Ce sont notamment les suivantes (figure 4.6):

1. Les **fibroblastes** (*fibra*: filament) sont de grandes cellules aplaties dotées de prolongements ramifiés. Présents dans plusieurs tissus conjonctifs, ils y constituent habituellement le type de cellules le plus abondant. Les fibroblastes migrent à travers le tissu conjonctif et sécrètent les fibres et la substance fondamentale de la matrice extracellulaire.

2. Les **macrophagocytes** (*makros*: grand; *phagein*: manger), ou *macrophages*, sont issus des monocytes, un type de leucocytes. De forme irrégulière, ils possèdent de courts prolongements ramifiés (pseudopodes) et sont capables de phagocytose, mécanisme de capture et de digestion des microorganismes et des débris cellulaires. Par conséquent, les macrophagocytes jouent un rôle essentiel dans les mécanismes de défense immunitaire de l'organisme et, selon leur localisation, ils peuvent être fixes ou libres. Les *macrophagocytes fixes* demeurent dans un tissu en particulier et le protègent en y exerçant en tout temps leur fonction phagocytaire; tel est le cas des macrophagocytes alvéolaires des poumons (voir la figure 23.12) et des macrophagocytes spléniques de la rate. Les *macrophagocytes libres* migrent vers les tissus et se rassemblent dans les foyers d'infection ou d'inflammation pour y phagocyter les microorganismes pathogènes.

3. Les **plasmocytes** sont de petites cellules issues de la différenciation de lymphocytes B, un autre type de leucocytes. Ils sécrètent les *anticorps*, protéines qui neutralisent les substances étrangères à l'organisme. Les plasmocytes jouent de ce fait un rôle majeur dans la réponse immunitaire spécifique. Bien qu'ils soient présents un peu partout dans l'organisme, la plupart demeurent dans les tissus conjonctifs, à l'intérieur de structures appelées *follicules lymphatiques* disséminées surtout dans le tube digestif et dans les voies respiratoires. Ils sont également nombreux dans les nœuds (ganglions) lymphatiques, dans la rate et dans la moelle osseuse rouge.

4. Les **mastocytes** sont abondants le long des vaisseaux sanguins qui irriguent le tissu conjonctif soutenant, par exemple, les muqueuses, le derme et la paroi des artères de gros calibre. Ils interviennent dans les phénomènes d'allergie et d'inflammation

FIGURE 4.6 Les cellules et les fibres caractéristiques du tissu conjonctif.

 Les fibroblastes sont généralement les cellules les plus nombreuses dans le tissu conjonctif.

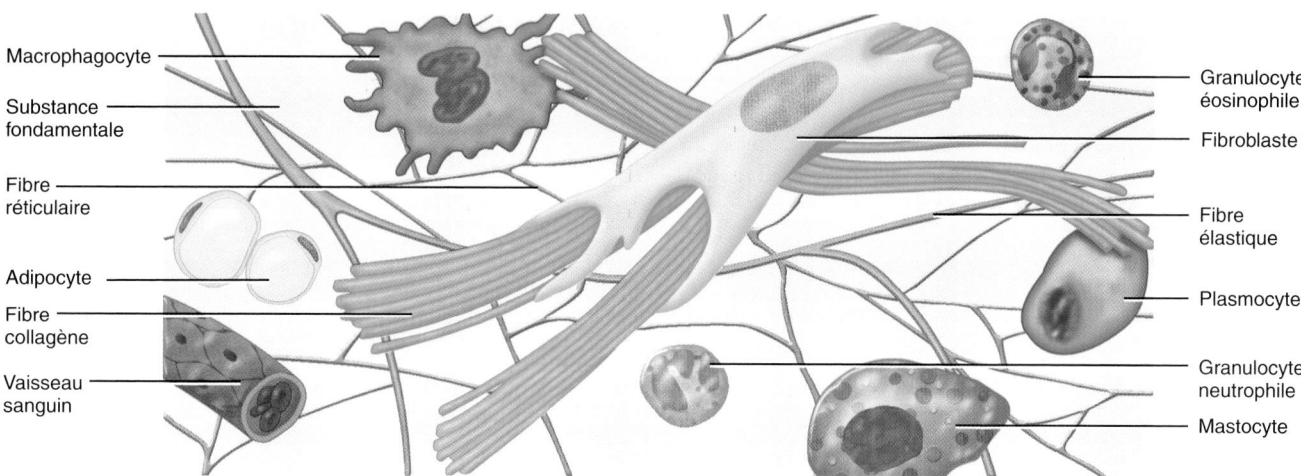

Macrophagocyte

Substance fondamentale

Fibre réticulaire

Adipocyte

Fibre collagène

Vaisseau sanguin

Granulocyte éosinophile

Fibroblaste

Fibre élastique

Plasmocyte

Granulocyte neutrophile

Mastocyte

Q Quelle est la fonction des fibroblastes?

– la réaction de l'organisme à une lésion ou à une infection – en libérant des granules qui contiennent des médiateurs chimiques tels que l'histamine et d'autres substances vasoactives. En outre, des chercheurs ont découvert récemment que les mastocytes peuvent se lier aux bactéries, les ingérer et les détruire.

5. Les **adipocytes** (*adeps*: graisse; *kytos*: cellule), ou *cellules adipeuses*, contiennent des réserves de triacylglycérols (lipides). Ils sont enfouis profondément sous la peau et peuvent se trouver isolés ou en petits groupes. Ils entourent différents organes tels que le cœur et les reins.

6. Les **leucocytes**, ou globules blancs, ne sont pas abondants dans le tissu conjonctif normal. Dans certaines conditions, toutefois, ils migrent en grand nombre de la circulation sanguine dans les tissus conjonctifs pour y phagocyter des microorganismes. Par exemple, les *granulocytes neutrophiles* s'accumulent dans les foyers d'infection et les *granulocytes éosinophiles* migrent vers les foyers d'infection parasitaire ou de réaction allergique.

LA MATRICE EXTRACELLULAIRE DU TISSU CONJONCTIF

Chaque type de tissu conjonctif possède des propriétés caractéristiques, déterminées par la composition de la matrice extracellulaire qui sépare les cellules. La matrice extracellulaire comprend deux composantes: 1) la substance fondamentale, et 2) des fibres.

La substance fondamentale

Comme nous l'avons déjà indiqué, la **substance fondamentale** est la composante du tissu conjonctif qui est située entre les cellules et les fibres. Elle peut être liquide, semi-liquide, gélatineuse ou calcifiée. Elle soutient les cellules, les relie, stocke l'eau et constitue le milieu où s'effectue l'échange des substances entre le sang et les cellules. Elle intervient dans le développement des tissus, leur migration, leur prolifération, leurs changements de forme et l'accomplissement de leurs fonctions métaboliques.

La substance fondamentale contient de l'eau, des protéines d'adhésion ainsi que des associations complexes de polysaccharides et de protéines. Parmi les polysaccharides, ou **glycosaminoglycanes (GAG)**, on compte l'acide hyaluronique, le chondroïtine sulfate, le dermatane sulfate et le kératane sulfate. À l'exception de l'acide hyaluronique, les GAG sont liés à des protéines et constituent ainsi des complexes moléculaires appelés **protéoglycanes**. On peut se représenter un protéoglycane comme une brosse dont une protéine forme le centre ou l'axe; de cette protéine se dresse un GAG, dessinant ainsi une structure semblable à une des soies de la brosse. Entre autres propriétés, les GAG ont notamment celle d'emprisonner l'eau, ce qui rend la substance fondamentale plus gélatineuse.

L'**acide hyaluronique** est une substance visqueuse qui relie les cellules, lubrifie les articulations et concourt à maintenir la forme du globe oculaire. Les leucocytes, les spermatozoïdes et certaines bactéries produisent de l'*hyaluronidase* – enzyme qui dégrade l'acide hyaluronique –, rendant ainsi la substance fondamentale du tissu conjonctif plus liquide. La capacité de produire de l'hyaluronidase aide les leucocytes à se déplacer dans les tissus conjonctifs pour atteindre les foyers d'infection et facilite la pénétration de l'ovocyte par le spermatozoïde au moment de la fécondation. Elle permet aussi aux bactéries de se disséminer rapidement dans les tissus conjonctifs. Le **chondroïtine sulfate** concourt au soutien et à l'adhésivité dans le cartilage, les os, la peau et les vaisseaux sanguins. La peau, les tendons, les vaisseaux sanguins et les valves cardiaques contiennent du **dermatane sulfate**; les os, le cartilage et la cornée renferment du **kératane sulfate**. Enfin, la substance fondamentale contient des **protéines d'adhésion** qui relient les composantes de la substance fondamentale entre elles ainsi qu'à la surface des cellules. La principale protéine d'adhésion du tissu conjonctif est la **fibronectine**; elle se lie aux fibres collagènes (dont nous traiterons plus loin) et à la substance fondamentale, et les unit un peu à la manière d'une colle. De plus, elle ancre les cellules à la substance fondamentale.

Les fibres

Les **fibres** de la matrice extracellulaire renforcent et soutiennent les tissus conjonctifs. Il en existe trois types: les fibres collagènes, les fibres élastiques et les fibres réticulaires.

Les **fibres collagènes** (*kolla*: colle) sont très solides et résistent à la traction. Elles se présentent souvent sous forme de faisceaux parallèles (figure 4.6), une disposition qui accroît la résistance des tissus; par exemple, les fibres collagènes d'un tendon peuvent supporter une traction de 500 à 1000 kg/cm². Toutefois, elles ne sont pas rigides; leur disposition ondulée et croisée dans le tissu conjonctif permet une certaine élasticité et extensibilité, de sorte qu'elles concourent au contraire à la souplesse des tissus. Ces fibres sont composées d'une protéine, le *collagène*. Le collagène constitue 25 % de la teneur en protéines de l'organisme, ce qui en fait la protéine la plus abondante du corps humain. Le collagène est sécrété dans la matrice extracellulaire sous forme de tropocollagène. Une fois dans la matrice, les molécules de tropocollagène se polymérisent pour constituer des fibrilles, qui s'associent à leur tour en fibres collagènes. On rencontre des fibres collagènes dans la plupart des types de tissu conjonctif, mais surtout dans les os, le cartilage, les tendons et les ligaments. Il y aurait une vingtaine de types de fibres collagènes, et leurs propriétés varient selon le tissu considéré. Par exemple, les fibres collagènes du cartilage attirent plus de molécules d'eau que celles des os, ce qui confère au cartilage une texture plus rembourrée, moins dure que celle des os.

Les **fibres élastiques**, dont le diamètre est inférieur à celui des fibres collagènes, se ramifient et se réunissent pour former un réseau à l'intérieur du tissu. Elles se composent d'une protéine appelée *élastine*, dont les molécules sont entourées d'une glycoprotéine – la *fibrilline* – qui augmente leur résistance et leur stabilité. Grâce à leur structure moléculaire caractéristique, les fibres élastiques sont solides mais peuvent s'étirer sans se rompre jusqu'à 150 % de leur longueur au repos. Elles ont aussi la capacité de retrouver leur forme initiale après l'étirement, propriété nommée *élasticité*. Les fibres élastiques abondent dans la peau, les parois des vaisseaux sanguins et le tissu pulmonaire. C'est en partie la présence de ces fibres dans les poumons qui rend possible le processus de la ventilation pulmonaire.

Les **fibres réticulaires**, ou fibres de réticuline (*reticulum*: réseau), sont produites par les fibroblastes et sont composées de *réticuline*, une forme délicate et très ramifiée de collagène. À l'instar des fibres collagènes, les fibres réticulaires soutiennent et renforcent les tissus. Elles sont nombreuses dans le tissu conjonctif réticulaire qui constitue le **stroma** (*strôma*: tapis, couverture), c'est-à-dire la charpente de nombreux organes mous tels que la rate et les nœuds lymphatiques (par opposition au **parenchyme**, qui constitue leur partie fonctionnelle). Elles soutiennent les parois des vaisseaux sanguins et forment un fin réseau de soutien autour des cellules dans certains tissus, par exemple le tissu conjonctif

aréolaire, le tissu adipeux et le tissu musculaire lisse. Enfin, les fibres réticulaires entrent dans la composition de la membrane basale (qui soutient le tissu épithélial).

LE SYNDROME DE MARFAN

Le **syndrome de Marfan** est une maladie héréditaire causée par une anomalie du gène qui code pour la fibrilline. Il se caractérise par un développement anormal des fibres élastiques, de sorte que les tissus qui en contiennent beaucoup sont faibles ou difformes. Les structures les plus gravement touchées sont le périoste (enveloppe des os), le ligament suspenseur du cristallin (dans l'œil) et les parois des grosses artères. Les personnes atteintes du syndrome de Marfan sont pour la plupart de grande taille; leurs bras, leurs jambes, leurs doigts et leurs orteils sont anormalement longs. La maladie se manifeste souvent par une vision embrouillée due au déplacement du cristallin. La complication la plus redoutable de ce syndrome est un affaiblissement de l'aorte (principale artère qui émerge du cœur), qui peut entraîner sa rupture. ■

LA CLASSIFICATION DES TISSUS CONJONCTIFS

Parce que les cellules et les matrices extracellulaires des tissus conjonctifs sont très diversifiées et que leurs proportions relatives varient considérablement d'un tissu à l'autre, plusieurs formules de classification des tissus conjonctifs sont envisageables. Nous adoptons ici la classification suivante:

I. Le tissu conjonctif embryonnaire
  A. Le mésenchyme
  B. Le tissu conjonctif muqueux
II. Le tissu conjonctif mature
  A. Le tissu conjonctif lâche
    1. Le tissu conjonctif aréolaire
    2. Le tissu adipeux
    3. Le tissu conjonctif réticulaire
  B. Le tissu conjonctif dense
    1. Le tissu conjonctif dense régulier
    2. Le tissu conjonctif dense irrégulier
    3. Le tissu conjonctif élastique
  C. Le cartilage
    1. Le cartilage hyalin
    2. Le cartilage fibreux
    3. Le cartilage élastique
  D. Le tissu osseux
  E. Le tissu conjonctif liquide
    1. Le sang
    2. La lymphe

Il est à noter que notre classification comprend deux grandes sous-classes: le tissu conjonctif embryonnaire et le tissu conjonctif mature. Le **tissu conjonctif embryonnaire** se trouve principalement dans l'*embryon* (l'être humain en formation depuis la fécondation jusqu'à la fin du deuxième mois de la grossesse) et dans le *fœtus* (l'être humain en formation depuis le troisième mois de la grossesse jusqu'à la naissance).

Le **mésenchyme** est un tissu conjonctif embryonnaire qui existe chez l'embryon seulement, ou presque. C'est du mésenchyme que proviennent tous les autres tissus conjonctifs (tableau 4.3A). Le mésenchyme est composé de cellules aux formes irrégulières, d'une substance fondamentale semi-liquide et de fibres réticulaires délicates. Le **tissu conjonctif muqueux**, ou **gelée de Wharton**, est un tissu embryonnaire qui se trouve principalement dans le cordon ombilical. Cette variété de mésenchyme contient des fibroblastes épars, une substance fondamentale gélatineuse et des fibres collagènes (tableau 4.3B).

Notre deuxième grande sous-classe de tissu conjonctif, le **tissu conjonctif mature**, est présente dans l'organisme du nouveau-né.

Ses cellules dérivent du mésenchyme. Nous décrivons les différents types de tissu conjonctif mature dans la section suivante.

LES TYPES DE TISSU CONJONCTIF MATURE

Les cinq types de tissu conjonctif mature sont : 1) le tissu conjonctif lâche ; 2) le tissu conjonctif dense ; 3) le cartilage ; 4) le tissu osseux ; et 5) le tissu conjonctif liquide (sang et lymphe). Nous allons maintenant les étudier en détail. Chacun des tissus conjonctifs matures est représenté dans le tableau 4.4 au moyen d'une photomicrographie, d'un schéma et d'une illustration montrant l'un de ses principaux emplacements.

TABLEAU 4.3 LES TISSUS CONJONCTIFS EMBRYONNAIRES

A. Le mésenchyme

Description : Composé de cellules mésenchymateuses aux formes irrégulières et enchâssées dans une substance fondamentale semi-liquide qui contient des fibres réticulaires.

Emplacement : Sous la peau et le long des os en formation de l'embryon ; on rencontre aussi quelques cellules mésenchymateuses dans le tissu conjonctif adulte, en particulier le long des vaisseaux sanguins.

Fonction : À la base de la formation de tous les autres types de tissu conjonctif.

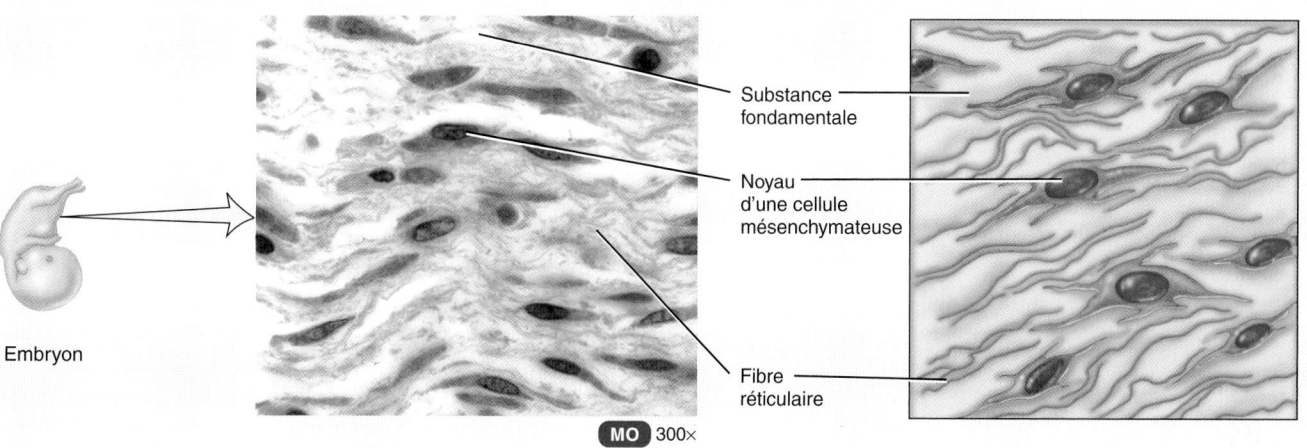

Embryon

MO 300×

Vue transversale du mésenchyme d'un embryon

Substance fondamentale

Noyau d'une cellule mésenchymateuse

Fibre réticulaire

Mésenchyme

B. Le tissu conjonctif muqueux

Description : Composé de fibroblastes épars enchâssés dans une substance fondamentale gélatineuse et visqueuse qui contient des fibres collagènes fines.

Emplacement : Cordon ombilical du fœtus.

Fonction : Soutien.

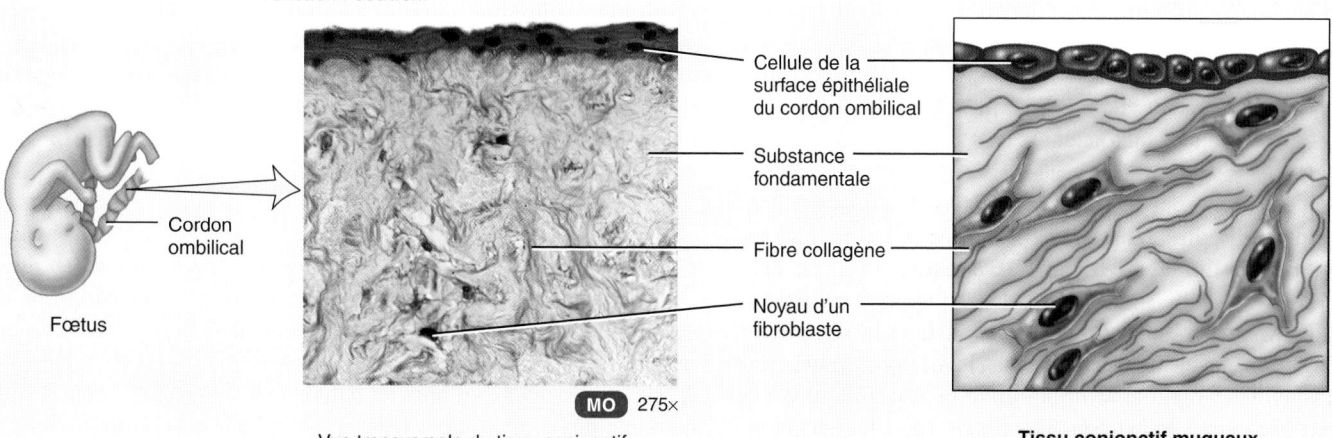

Cordon ombilical

Fœtus

MO 275×

Vue transversale du tissu conjonctif muqueux du cordon ombilical

Cellule de la surface épithéliale du cordon ombilical

Substance fondamentale

Fibre collagène

Noyau d'un fibroblaste

Tissu conjonctif muqueux

TABLEAU 4.4 LES TISSUS CONJONCTIFS MATURES

LE TISSU CONJONCTIF LÂCHE

A. Le tissu conjonctif aréolaire

Description : Ensemble de fibres (collagènes, élastiques et réticulaires) et de plusieurs types de cellules (fibroblastes, macrophagocytes, plasmocytes, adipocytes et mastocytes) enchâssées dans une substance fondamentale semi-liquide.

Emplacement : Couche sous-cutanée ; derme papillaire (couche superficielle du derme) ; chorion (ou *lamina propria*) des muqueuses ; autour des vaisseaux sanguins, des nerfs et des organes.

Fonctions : Résistance, élasticité, soutien.

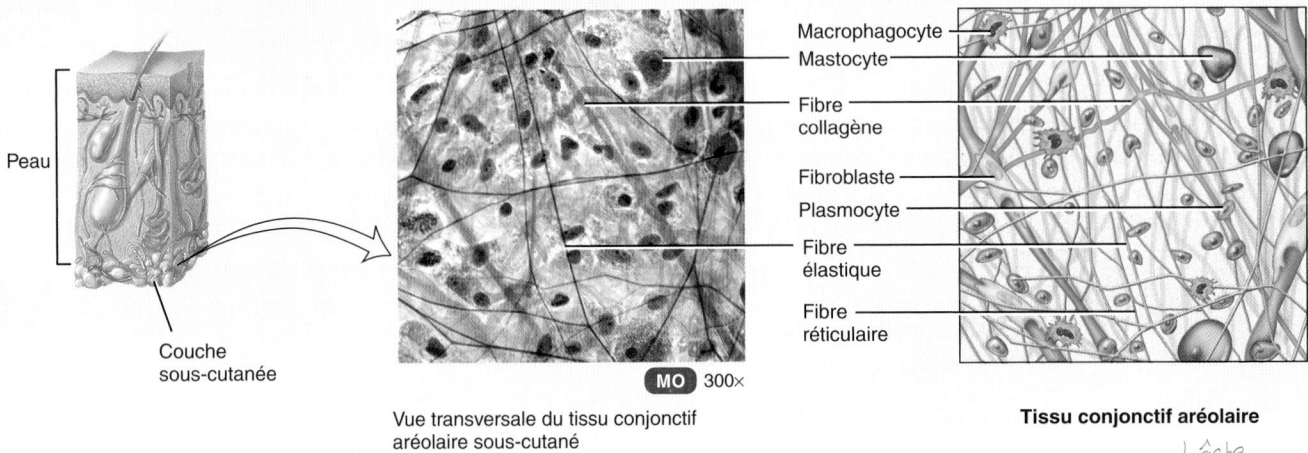

Peau

Couche sous-cutanée

MO 300×

Vue transversale du tissu conjonctif aréolaire sous-cutané

Macrophagocyte
Mastocyte
Fibre collagène
Fibroblaste
Plasmocyte
Fibre élastique
Fibre réticulaire

Tissu conjonctif aréolaire

lâche

Le tissu conjonctif lâche

Les fibres du **tissu conjonctif lâche** s'entremêlent entre les cellules mais ne forment pas un réseau serré. Le tissu conjonctif lâche se présente sous trois formes : le tissu conjonctif aréolaire, le tissu adipeux et le tissu conjonctif réticulaire.

Le tissu conjonctif aréolaire Le tissu conjonctif aréolaire (*areola* : petite surface) est l'un des tissus conjonctifs les plus répandus dans le corps humain. Il contient plusieurs types de cellules, notamment des fibroblastes, des macrophagocytes, des plasmocytes, des mastocytes, des adipocytes et quelques leucocytes (tableau 4.4A). Les trois types de fibres (collagènes, élastiques et réticulaires) sont dispersés irrégulièrement dans le tissu. La substance fondamentale semi-liquide contient de l'acide hyaluronique, du chondroïtine sulfate, du dermatane sulfate et du kératane sulfate. Associé au tissu adipeux, le tissu conjonctif aréolaire forme la *couche sous-cutanée*, soit la couche de tissu qui rattache la peau aux tissus et aux organes sous-jacents.

Le tissu adipeux Le tissu adipeux est un tissu conjonctif lâche dont les cellules, les **adipocytes**, sont spécialisées dans le stockage des triacylglycérols (lipides) (tableau 4.4B). (C'est pourquoi, dans le langage populaire, le tissu adipeux est aussi appelé « graisse » ; lorsqu'on dit d'une personne qu'elle engraisse, cela signifie en réalité qu'elle emmagasine du tissu adipeux.) Les adipocytes dérivent des fibroblastes. Une vacuole remplie d'une grosse gouttelette de triacylglycérol repousse le cytoplasme et le noyau à la périphérie de la cellule. On rencontre du tissu adipeux dans tous les endroits du corps qui contiennent du tissu conjonctif aréolaire. Ce tissu est

un bon isolant et limite la déperdition de chaleur à travers la peau. Il constitue une importante réserve d'énergie et, d'une manière générale, il protège et soutient différents organes. Quand on prend du poids, la quantité des tissus adipeux augmente et de nouveaux vaisseaux sanguins se forment. Les personnes obèses ont donc beaucoup plus de vaisseaux sanguins que les personnes plus minces, ce qui oblige leur cœur à pomper plus vigoureusement et les prédispose ainsi à l'hypertension artérielle.

Chez l'adulte, la majeure partie du tissu adipeux est du *tissu adipeux blanc*, la variété que nous venons de décrire. Une autre variété, le *tissu adipeux brun*, doit sa couleur à sa forte vascularisation et à ses nombreuses mitochondries pigmentées qui contribuent à la respiration cellulaire aérobie. Le tissu adipeux brun est abondant chez le fœtus et le nourrisson, mais rare chez l'adulte. Il produit de grandes quantités de chaleur et concourt probablement au maintien de la température corporelle chez le nouveau-né. La chaleur produite par les mitochondries se propage aux autres tissus par l'intermédiaire des nombreux vaisseaux sanguins qui parcourent ce tissu adipeux.

LA LIPOSUCCION

La **liposuccion** (*lipos* : graisse), ou **lipectomie d'aspiration** (*ektomê* : ablation), est une intervention chirurgicale qui consiste à aspirer de petites quantités de tissu adipeux de diverses parties du corps. Cette technique peut servir à amincir des régions telles que les cuisses, les fesses, les bras, les seins et l'abdomen. L'intervention peut entraîner des complications telles que l'embolie graisseuse (obstruction des vaisseaux sanguins), l'infection, la déplétion hydrique, des lésions aux structures internes et une douleur postopératoire intense. ■

B. Le tissu adipeux

Description : Agglomération d'adipocytes, cellules qui emmagasinent les triacylglycérols (lipides) sous la forme d'une grosse gouttelette qui occupe le centre de la cellule, dont le noyau et le cytoplasme sont ainsi repoussés à la périphérie.

Emplacement : Couche sous-cutanée de la peau, autour du cœur et des reins, moelle osseuse jaune, coussinets autour des articulations et derrière le globe oculaire dans l'orbite.

Fonctions : Réduction des déperditions de chaleur par la peau, réserve d'énergie, soutien et protection. Chez le nouveau-né, le tissu adipeux brun produit une grande quantité de chaleur et contribue ainsi au maintien de la température corporelle.

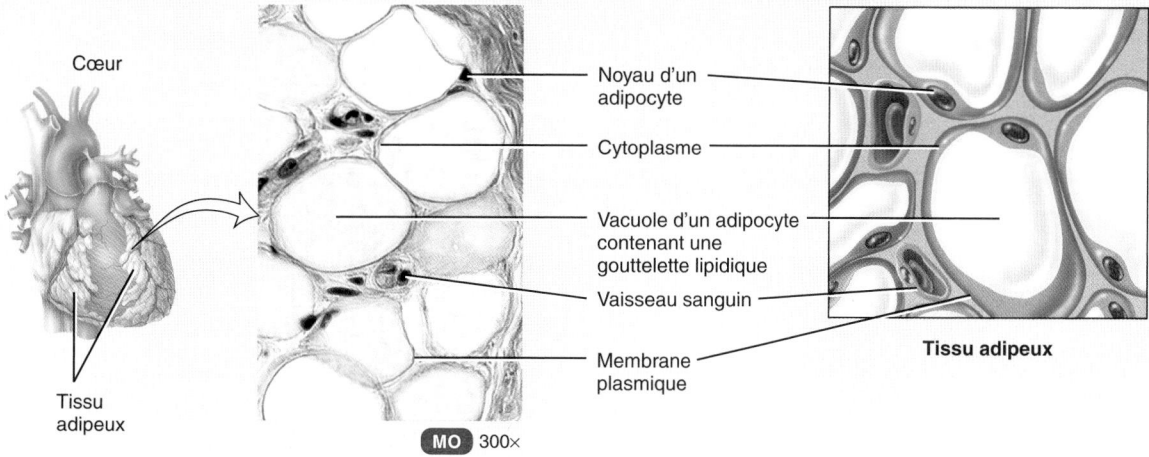

Cœur

Tissu adipeux

Noyau d'un adipocyte

Cytoplasme

Vacuole d'un adipocyte contenant une gouttelette lipidique

Vaisseau sanguin

Membrane plasmique

Tissu adipeux

MO 300×

Vue transversale du tissu adipeux blanc montrant des adipocytes

---

LE TISSU CONJONCTIF LÂCHE

C. Le tissu conjonctif réticulaire

Description : Réseau de fibres réticulaires entrelacées et de cellules réticulaires.

Emplacement : Stroma (charpente) du foie, de la rate et des nœuds lymphatiques ; moelle osseuse rouge (qui produit les cellules sanguines) ; lame réticulaire de la membrane basale ; autour des vaisseaux sanguins et dans les muscles lisses.

Fonctions : Formation du stroma des organes ; liaison des cellules des muscles lisses entre elles ; filtration puis élimination des microorganismes et des cellules sanguines usées dans la rate et des microorganismes dans les nœuds lymphatiques.

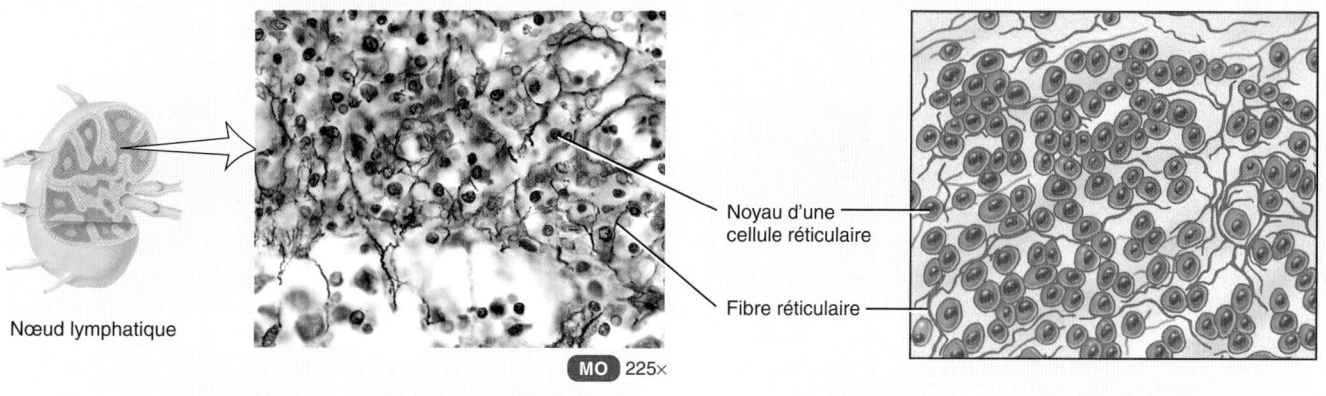

Nœud lymphatique

Noyau d'une cellule réticulaire

Fibre réticulaire

MO 225×

Vue transversale du tissu conjonctif réticulaire d'un nœud lymphatique

Tissu conjonctif réticulaire

Le tissu conjonctif réticulaire Le tissu conjonctif réticulaire comprend de fines fibres réticulaires entrelacées et des cellules réticulaires (tableau 4.4C). Les fibres réticulaires constituent la fine charpente (stroma) d'organes mous tels que le foie, la rate et les nœuds lymphatiques, et concourt à relier les cellules des muscles lisses. Les cellules réticulaires sont généralement munies de longs prolongements cytoplasmiques et exercent une activité phagocy-

taire essentielle, par exemple dans la rate, où elles filtrent le sang et éliminent les cellules usées ; dans les nœuds lymphatiques, elles filtrent la lymphe pour éliminer les bactéries.

Le tissu conjonctif dense

Le **tissu conjonctif dense** contient des fibres plus nombreuses, plus épaisses et plus denses que le tissu conjonctif lâche, mais beaucoup

D. Le tissu conjonctif dense régulier

Description : La matrice extracellulaire est d'un blanc luisant ; composé principalement de fibres collagènes regroupées en faisceaux parallèles ; les fibroblastes sont disposés en rangées entre les faisceaux.

Emplacement : Tendons (structures qui relient les muscles aux os), la plupart des ligaments (structures qui relient les os) et aponévroses (tendons en forme de feuillets qui relient des muscles entre eux ou à des os).

Fonction : Formation de liens solides entre des structures.

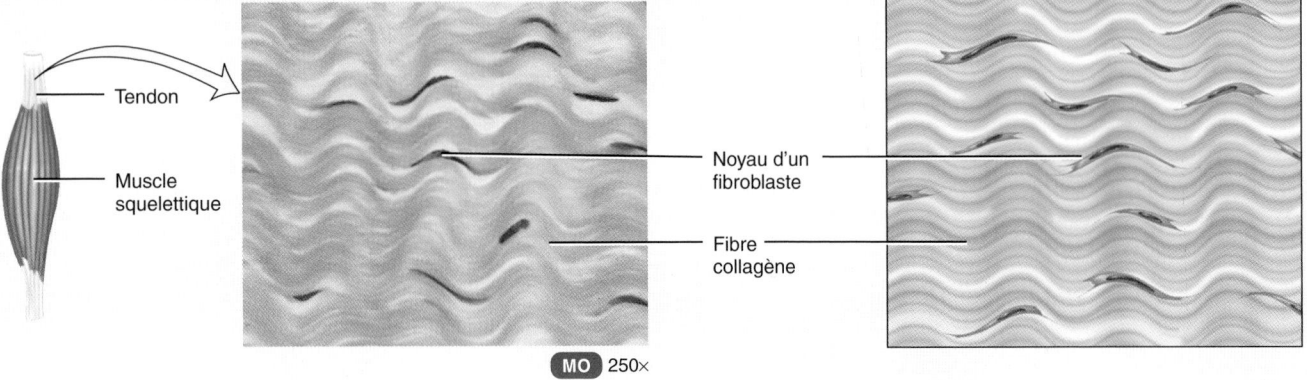

Tendon

Muscle squelettique

Noyau d'un fibroblaste

Fibre collagène

MO 250×

Vue transversale du tissu conjonctif dense régulier d'un tendon

Tissu conjonctif dense régulier

E. Le tissu conjonctif dense irrégulier

Description : Composé principalement de fibres collagènes disposées irrégulièrement et de quelques fibroblastes.

Emplacement : Fascias (tissu situé sous la peau et autour des muscles et d'autres organes), derme réticulaire (couche profonde), périoste, périchondre, capsules articulaires, capsules membraneuses autour de divers organes (reins, foie, testicules, nœuds lymphatiques), péricarde et valves cardiaques.

Fonction : Renforcement.

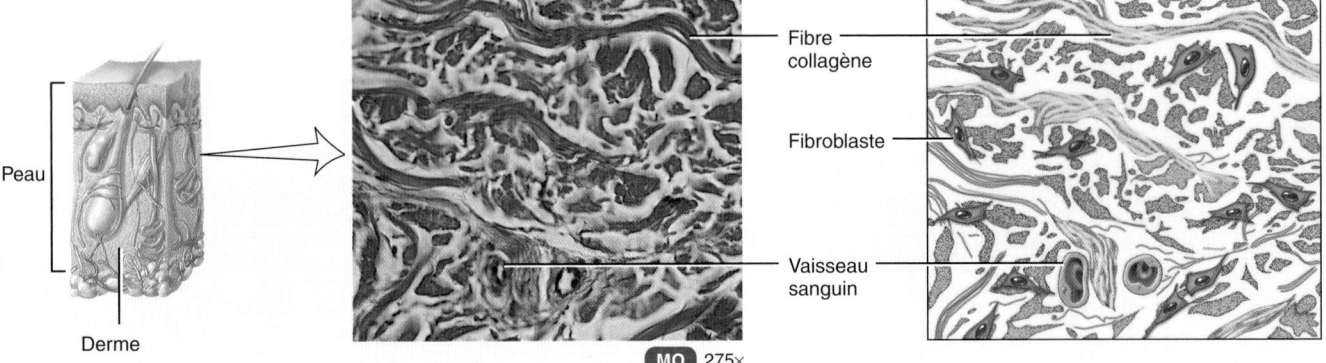

Peau

Derme

Fibre collagène

Fibroblaste

Vaisseau sanguin

MO 275×

Vue transversale du tissu conjonctif dense irrégulier du derme réticulaire

Tissu conjonctif dense irrégulier

moins de cellules. On distingue trois types de tissu conjonctif dense : le tissu conjonctif dense régulier, le tissu conjonctif dense irrégulier et le tissu conjonctif élastique.

Le tissu conjonctif dense régulier Dans le tissu conjonctif dense régulier, les fibres collagènes sont disposées en faisceaux *réguliers* et *parallèles* (tableau 4.4D). Cette configuration confère une grande solidité au tissu et lui permet de résister aux tractions exercées dans le sens des fibres. Les fibroblastes, qui produisent les fibres et la substance fondamentale, forment des rangées entre les fibres. D'un blanc argenté, ce tissu est résistant mais possède une certaine souplesse. On le rencontre dans les tendons et dans la plupart des ligaments.

Le tissu conjonctif dense irrégulier Le tissu conjonctif dense irrégulier contient des fibres collagènes qui sont plus reserrées que celles du tissu conjonctif lâche. En outre, elles sont disposées de

F. Le tissu conjonctif élastique

Description : Composé principalement de fibres élastiques ramifiées ; des fibroblastes sont situés dans les espaces entre les fibres.

Emplacement : Tissu pulmonaire, parois des artères élastiques, trachée, bronches, cordes vocales vraies, ligament suspenseur du pénis et ligaments intervertébraux.

Fonction : Élasticité de divers organes.

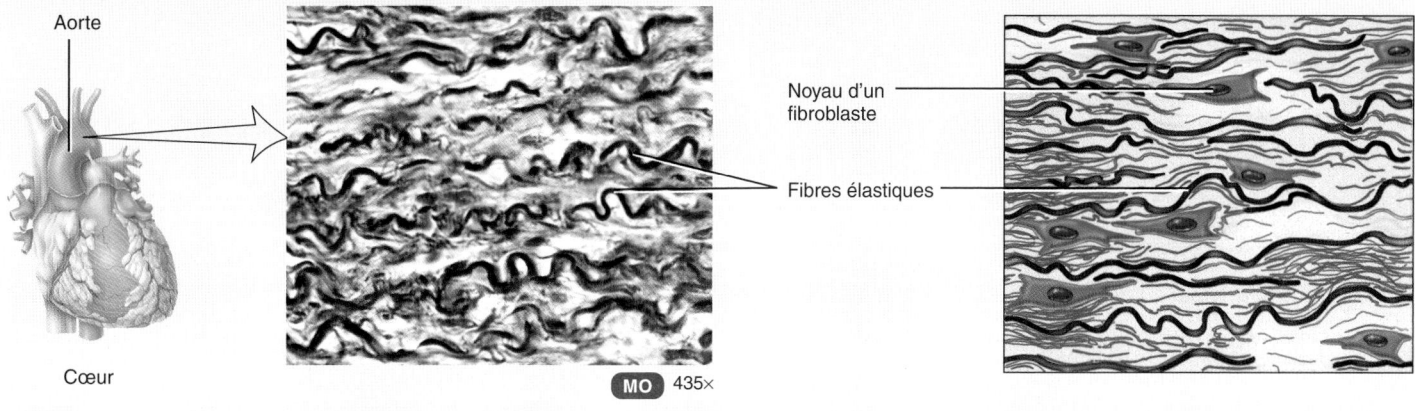

Aorte

Cœur

Noyau d'un fibroblaste

Fibres élastiques

MO 435×

Vue transversale du tissu conjonctif élastique de l'aorte

Tissu conjonctif élastique

LE CARTILAGE

G. Le cartilage hyalin

Description : Composé d'une substance fondamentale luisante et blanc bleuté contenant de fines fibres collagènes et de nombreux chondrocytes ; le type de cartilage le plus abondant dans le corps humain.

Emplacement : Extrémités des os longs, extrémités antérieures des côtes, nez, certaines parties du larynx, trachée, bronches, et squelette de l'embryon et du fœtus.

Fonctions : Surface lisse pour la mobilité articulaire, souplesse et soutien.

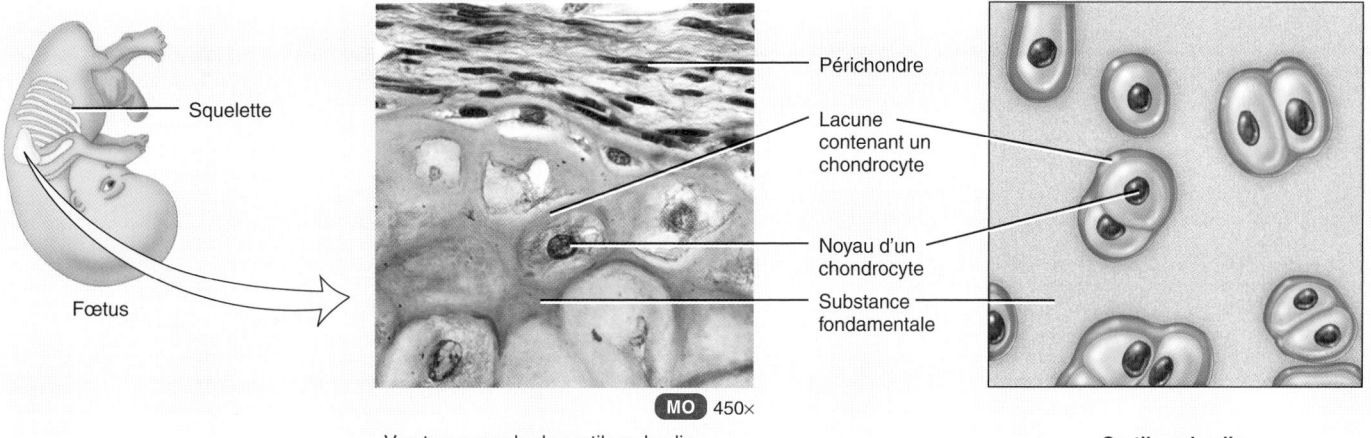

Squelette

Fœtus

Périchondre

Lacune contenant un chondrocyte

Noyau d'un chondrocyte

Substance fondamentale

MO 450×

Vue transversale du cartilage hyalin d'un os fœtal en développement

Cartilage hyalin

manière plus ou moins *irrégulière* (tableau 4.4E). On rencontre du tissu conjonctif dense irrégulier dans les parties du corps soumises à des tractions exercées dans différentes directions. Il se présente souvent sous forme de feuillets, par exemple dans le derme (sous l'épiderme) et dans le péricarde (autour du cœur). Les valves cardiaques, le périchondre (la membrane entourant le cartilage) et le périoste (la membrane entourant les os) sont également formés de tissu conjonctif dense irrégulier ; les fibres collagènes y sont toutefois disposées de manière assez ordonnée.

Le tissu conjonctif élastique Ce sont les fibres élastiques ramifiées qui prédominent dans le tissu conjonctif élastique (tableau 4.4F). Elles lui donnent une couleur jaunâtre à l'état naturel (sans coloration artificielle). Des fibroblastes occupent les espaces entre les fibres. Le tissu conjonctif élastique est résistant et peut reprendre sa forme initiale après un étirement. Cette élasticité est essentielle au fonctionnement normal du tissu pulmonaire, qui se rétracte au cours des expirations, et à celui des artères, dont la rétraction entre les battements cardiaques contribue au maintien du débit sanguin.

TABLEAU 4.4 LES TISSUS CONJONCTIFS MATURES *(suite)*

H. Le cartilage fibreux (ou fibrocartilage)

Description : Composé de chondrocytes disséminés parmi des faisceaux de fibres collagènes dans la matrice extracellulaire.

Emplacement : Symphyse pubienne (le point où les os coxaux se rejoignent sur la face antérieure), disques intervertébraux, ménisques (coussins de cartilage) du genou et parties des tendons qui s'insèrent dans le cartilage.

Fonctions : Soutien et fusion.

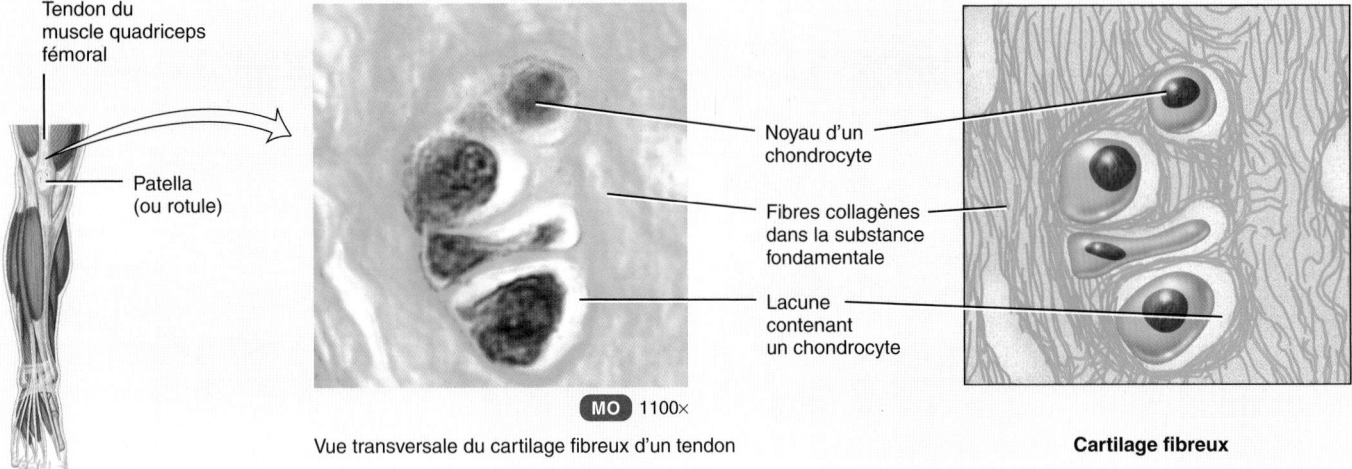

Tendon du muscle quadriceps fémoral

Patella (ou rotule)

Noyau d'un chondrocyte

Fibres collagènes dans la substance fondamentale

Lacune contenant un chondrocyte

MO 1100×

Vue transversale du cartilage fibreux d'un tendon

Cartilage fibreux

Partie du membre inférieur droit

LE CARTILAGE

I. Le cartilage élastique

Description : Composé de chondrocytes situés dans un réseau filamenteux de fibres élastiques à l'intérieur de la matrice extracellulaire.

Emplacement : Épiglotte (sorte de clapet dans le larynx), auricule (ou pavillon de l'oreille), trompe auditive.

Fonctions : Soutien et maintien de la forme.

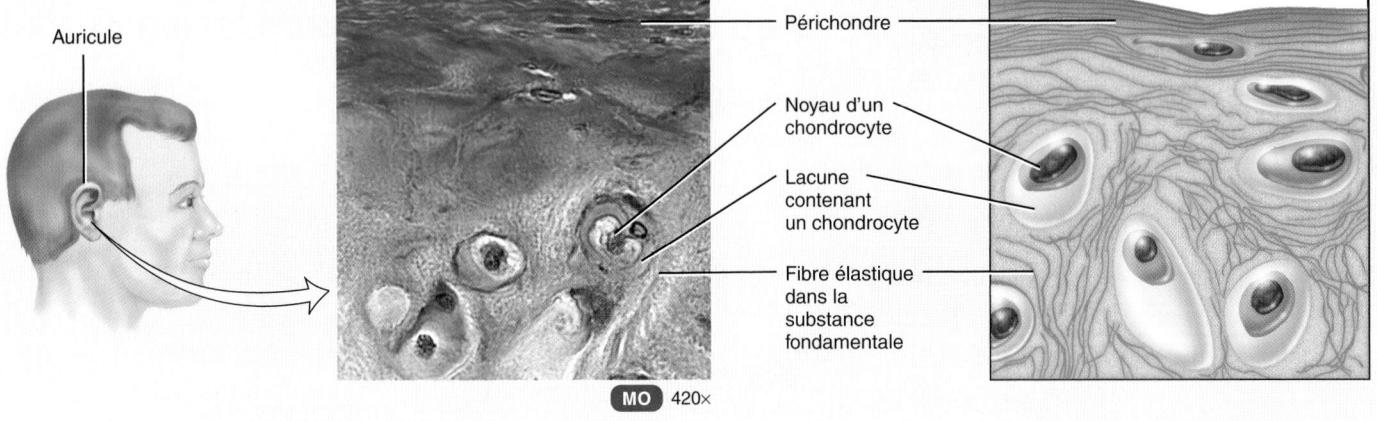

Auricule

Périchondre

Noyau d'un chondrocyte

Lacune contenant un chondrocyte

Fibre élastique dans la substance fondamentale

MO 420×

Vue transversale du cartilage élastique de l'auricule de l'oreille

Cartilage élastique

Le cartilage

Le **cartilage** consiste en un réseau dense de fibres collagènes et de fibres élastiques fermement enchâssées dans du chondroïtine sulfate, composante gélatineuse de la substance fondamentale. Le cartilage peut tolérer beaucoup plus de stress que les tissus conjonctifs lâche et dense. Il doit sa résistance aux fibres colla-gènes et sa résilience (capacité de reprendre sa forme initiale après une déformation) au chondroïtine sulfate.

Les cellules du cartilage mature, les **chondrocytes** (*khondros* : cartilage), se présentent seules ou en groupes dans des espaces appelés **lacunes cartilagineuses** (*lacuna* : fosse) et situés dans la matrice extracellulaire. La surface du cartilage est généralement

J. Le tissu osseux compact

Description : Le tissu osseux compact se compose d'ostéones contenant des lamelles, des lacunes, des ostéocytes, des canalicules et des canaux centraux de l'ostéone. Le tissu osseux spongieux (voir la figure 6.3), par contre, se compose de minces travées, les trabécules osseuses ; les espaces intratrabéculaires sont remplis de moelle osseuse rouge.

Emplacement : Le tissu osseux compact et le tissu osseux spongieux forment les différentes parties des os.

Fonctions : Soutien, protection, stockage ; siège des tissus hématopoïétiques ; action de levier permettant les mouvements, en collaboration avec le tissu musculaire.

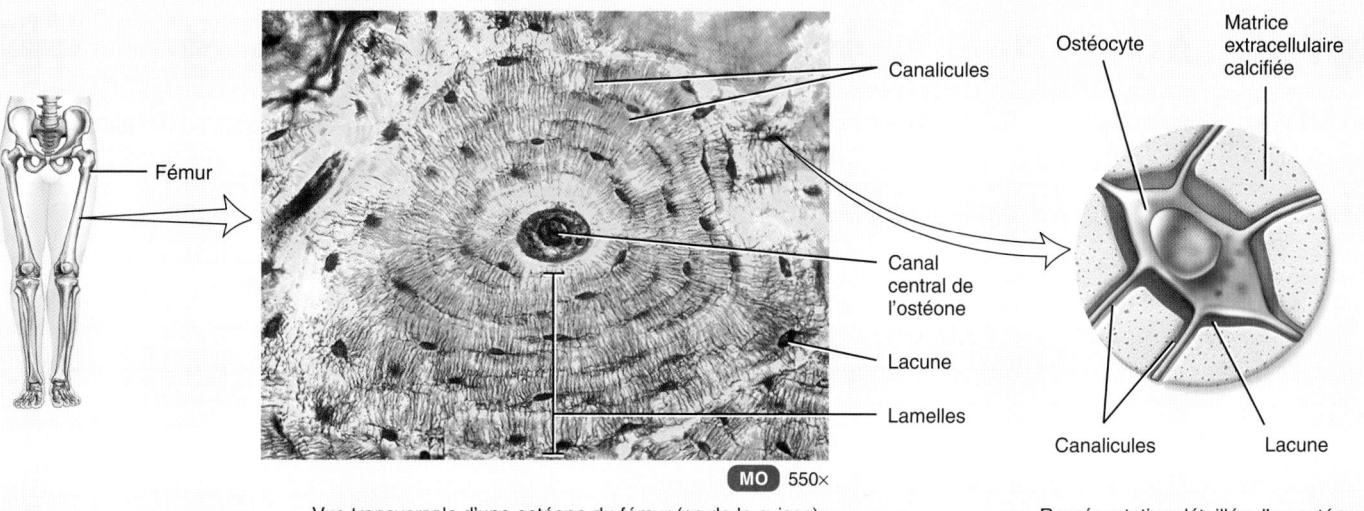

Vue transversale d'une ostéone du fémur (os de la cuisse)

Représentation détaillée d'un ostéocyte

MO 550×

LE TISSU CONJONCTIF LIQUIDE

K. Le sang

Description : Composé de plasma et d'éléments figurés, c'est-à-dire les érythrocytes, les leucocytes et les thrombocytes.

Emplacement : À l'intérieur des vaisseaux sanguins (artères, artérioles, capillaires, veinules et veines) et des cavités du cœur.

Fonctions : Transport des molécules d'oxygène et du dioxyde de carbone (érythrocytes) ; phagocytose, réactions allergiques et réponse immunitaire (leucocytes) ; coagulation (thrombocytes).

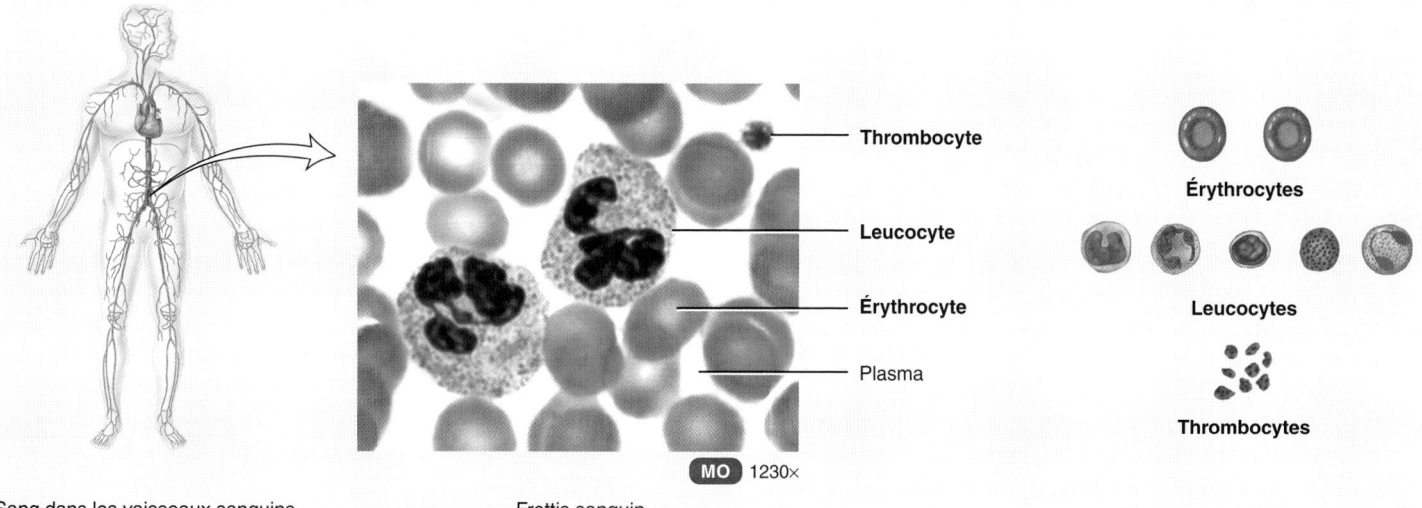

Sang dans les vaisseaux sanguins

Frottis sanguin

MO 1230×

entourée d'une membrane de tissu conjonctif dense irrégulier, le *périchondre* (*peri* : autour). Contrairement aux autres tissus conjonctifs, le cartilage ne contient ni vaisseaux sanguins ni nerfs, sauf dans le périchondre. N'étant pas vascularisé, le cartilage se reforme très lentement en cas de lésion. On en distingue trois types : le cartilage hyalin, le cartilage fibreux et le cartilage élastique.

Le cartilage hyalin D'un blanc bleuté luisant, le cartilage hyalin possède une substance fondamentale gélatineuse et résiliente. Les techniques de coloration ordinaires ne font pas apparaître ses fines fibres collagènes. Par contre, les chondrocytes sont très visibles dans les lacunes (tableau 4.4G). Le cartilage hyalin est recouvert d'un périchondre, sauf dans les articulations et dans les épiphyses (parties des os qui s'allongent pendant la croissance). Des trois types de cartilage présents dans le corps humain, le cartilage hyalin est le plus abondant mais aussi le moins résistant. Il confère souplesse et soutien aux structures ; dans les articulations, il réduit la friction et absorbe les chocs.

Le cartilage fibreux Dans le cartilage fibreux, ou fibrocartilage, les lacunes contenant les chondrocytes sont disséminées parmi des faisceaux bien visibles de fibres collagènes, dans la matrice extracellulaire (tableau 4.4H). Ce type de cartilage est dépourvu de périchondre. À la fois résistant et rigide, c'est le plus solide des trois types de cartilage. On le rencontre notamment dans les disques intervertébraux.

Le cartilage élastique Dans le cartilage élastique, les lacunes contenant les chondrocytes se trouvent dans un réseau filamenteux de fibres élastiques, dans la matrice extracellulaire (tableau 4.4I). Ce type de cartilage est entouré d'un périchondre. Il apporte résistance et élasticité et permet à certaines structures, par exemple l'oreille externe, de conserver leur forme.

La croissance et la réparation du cartilage Tissu relativement inactif sur le plan métabolique, le cartilage croît lentement. Il prend en outre beaucoup de temps pour guérir lorsqu'il est déchiré ou enflammé, essentiellement parce qu'il est avasculaire. Les substances nécessaires à sa réparation et les cellules sanguines qui contribuent au processus doivent diffuser ou migrer dans le cartilage. La croissance cartilagineuse peut se faire selon deux modalités : la croissance interstitielle ou la croissance par apposition.

Dans la **croissance interstitielle**, les dimensions du cartilage augmentent rapidement parce que les chondrocytes existants se divisent et élaborent une quantité croissante de matrice extracellulaire. L'expansion du cartilage se fait de l'intérieur vers l'extérieur – d'où le terme *croissance* inter*stitielle* –, de sorte que, en synthétisant la nouvelle matrice, les chondrocytes s'éloignent les uns des autres, un peu à la manière des raisins dans un pain qui monte dans le four. Ce mode de croissance se produit quand le cartilage est jeune et malléable, c'est-à-dire pendant l'enfance et l'adolescence.

Dans la **croissance par apposition**, l'expansion est due à l'activité des cellules de la couche chondrogène profonde du périchondre. Les cellules profondes du périchondre, les fibroblastes, se divisent ; certaines se différencient et deviennent des chondroblastes. À mesure que la différenciation progresse, les chondroblastes s'enrobent de matrice extracellulaire et deviennent des chondrocytes. Ainsi, la matrice s'accumule en dessous du périchondre, à la surface du cartilage, dont elle augmente la largeur. La croissance par apposition s'amorce plus tard que la croissance interstitielle et se poursuit jusqu'à la fin de l'adolescence.

Le tissu osseux

Le cartilage, les articulations et les os forment le système squelettique qui soutient les tissus mous, protège les structures délicates

et, en collaboration avec les muscles squelettiques, produit les mouvements. Les os emmagasinent le calcium et le phosphore. Ils contiennent la moelle osseuse rouge, qui fabrique les cellules sanguines, ainsi que la moelle osseuse jaune, qui constitue une réserve de triacylglycérols. Les os sont des organes composés de plusieurs types de tissu conjonctif, dont le **tissu osseux**, le périoste, la moelle osseuse rouge, la moelle osseuse jaune et l'endoste (membrane tapissant la paroi de la cavité qui contient la moelle osseuse jaune). Selon l'organisation de la matrice extracellulaire et des cellules, on distingue le tissu osseux compact et le tissu osseux spongieux.

L'unité fondamentale du **tissu osseux compact** est l'**ostéone**, ou système de Havers (tableau 4.4J). Chaque ostéone se compose de quatre éléments :

1. **Les lamelles** sont des anneaux concentriques de matrice extracellulaire faits de sels minéraux (essentiellement du calcium et des phosphates), qui confèrent au tissu osseux sa dureté, et de fibres collagènes, qui lui donnent sa résistance. C'est aux lamelles que le tissu osseux compact doit sa compacité.

2. **Les lacunes** sont de petits espaces situés entre les lamelles ; elles contiennent les cellules osseuses matures, les **ostéocytes**.

3. **Les canalicules** sont des réseaux de minuscules canaux qui émergent des lacunes et contiennent les prolongements des ostéocytes. Ils constituent des voies de transport par lesquelles les nutriments atteignent les ostéocytes et par où sortent les déchets.

4. **Le canal central de l'ostéone**, ou canal de Havers, contient les vaisseaux sanguins et les nerfs.

Le **tissu osseux spongieux** ne renferme pas d'ostéones mais se compose de travées osseuses, les **trabécules osseuses** (*trabecula* : petite poutre), qui contiennent des lamelles, des ostéocytes, des lacunes et des canalicules. Les espaces entre les trabécules sont remplis de moelle osseuse rouge. Nous étudierons l'histologie de l'os en détail au chapitre 6.

L'INGÉNIERIE TISSULAIRE

L'ingénierie tissulaire permet aux scientifiques de cultiver en laboratoire des tissus qui serviront à remplacer ceux qui sont endommagés dans le corps humain. On peut ainsi cultiver de la peau et du cartilage sur un canevas de matériau synthétique biodégradable ou de collagène, qui sert de substrat et permet le développement des cellules. Ce support se dégrade à mesure que les cellules se divisent et s'associent. Le tissu ainsi cultivé est ensuite greffé dans l'organisme du patient. Les scientifiques travaillent actuellement à l'élaboration de méthodes pour cultiver d'autres structures, notamment des os, des tendons, des valves cardiaques, de la moelle osseuse et de l'intestin. Ils cherchent également à cultiver des cellules productrices d'insuline pour les diabétiques, des cellules productrices de dopamine pour les patients atteints de la maladie de Parkinson, et même des foies et des reins entiers. ■

Le tissu conjonctif liquide

Le tissu sanguin Le **tissu sanguin** ou, plus simplement, le **sang**, est un tissu conjonctif dont la matrice extracellulaire est liquide et porte le nom de **plasma**. Ce liquide aqueux jaune clair contient surtout de l'eau ainsi que de nombreux solutés, notamment des nutriments, des déchets, des enzymes, des protéines plasmatiques, des hormones, des gaz respiratoires et des ions (tableau 4.4K). Les éléments figurés du sang sont en suspension dans le plasma; ce sont les érythrocytes, les leucocytes et les thrombocytes. Les **érythrocytes**, ou globules rouges, transportent les molécules d'oxygène jusqu'aux cellules et en retirent le dioxyde de carbone. Les **leucocytes**, ou globules blancs, interviennent dans la phagocytose, l'immunité et les réactions allergiques. Les **thrombocytes**, ou plaquettes, contribuent à la coagulation du sang. Nous étudierons le sang en détail au chapitre 19.

La lymphe La **lymphe** est le liquide interstitiel qui circule dans les vaisseaux lymphatiques. Ce tissu conjonctif contient plusieurs types de cellules dans une matrice extracellulaire liquide et claire qui ressemble au plasma, mais qui contient beaucoup moins de protéines. La composition de la lymphe diffère selon la partie du corps considérée. Ainsi, la lymphe qui sort des nœuds lymphatiques renferme de nombreux lymphocytes, un type de leucocytes, alors que la lymphe de l'intestin grêle est riche en lipides alimentaires récemment absorbés. Nous étudierons la lymphe en détail au chapitre 22.

▶ **POINT DE CONTRÔLE**

10. En quoi le tissu conjonctif diffère-t-il du tissu épithélial?

11. Quelles sont les caractéristiques des cellules, de la substance fondamentale et des fibres qui composent le tissu conjonctif?

12. Comment classe-t-on les tissus conjonctifs? Énumérez les différents types de tissu conjonctif.

13. Expliquez le rapport entre la structure des tissus conjonctifs suivants et leurs fonctions: tissu conjonctif aréolaire, tissu adipeux, tissu conjonctif réticulaire, tissu conjonctif dense régulier, tissu conjonctif dense irrégulier, tissu conjonctif élastique, cartilage hyalin, cartilage fibreux, cartilage élastique, tissu osseux, sang, lymphe.

14. Quelle est la différence entre la croissance interstitielle et la croissance par apposition du cartilage?

LES MEMBRANES

OBJECTIFS

- Définir la membrane.
- Décrire la classification des membranes.

Les **membranes** sont des feuillets de tissu souple qui recouvrent ou tapissent une partie du corps. L'association d'un feuillet épithélial et du tissu conjonctif sous-jacent constitue une **membrane épithéliale**. Les principales membranes épithéliales du corps humain sont les *muqueuses*, les *séreuses* et la *membrane cutanée* (la peau). Par ailleurs, les **membranes synoviales** tapissent les articulations et contiennent du tissu conjonctif, mais pas de tissu épithélial.

LES MEMBRANES ÉPITHÉLIALES

Les muqueuses

Une **muqueuse** est une membrane qui tapisse l'intérieur d'une cavité s'ouvrant directement sur l'extérieur. On rencontre des muqueuses sur toutes les parois internes des systèmes digestif, respiratoire et génital ainsi que sur la plupart des parois internes des voies urinaires. Les muqueuses sont formées d'un feuillet épithélial qui recouvre un feuillet de tissu conjonctif (figure 4.7a).

Le feuillet épithélial d'une muqueuse joue un rôle crucial dans les mécanismes de défense de l'organisme, parce qu'il forme une barrière que les microorganismes et les autres agents pathogènes ont du mal à traverser. Les cellules sont en général reliées par des jonctions serrées, de sorte que les matières ne peuvent pas s'infiltrer entre elles. Certaines cellules du feuillet épithélial des muqueuses, telles les cellules caliciformes, sécrètent du mucus. Ce liquide visqueux prévient l'assèchement des cavités, emprisonne les particules dans les voies respiratoires et lubrifie la nourriture qui chemine dans le tube digestif. En outre, le feuillet épithélial sécrète certaines des enzymes nécessaires à la digestion et constitue le siège de l'absorption de la nourriture et des liquides dans le tube digestif. Les épithéliums des muqueuses diffèrent considérablement d'une partie du corps à l'autre. Par exemple, celui de la muqueuse de l'intestin grêle est de type simple prismatique non cilié (tableau 4.1C), alors que celui des grandes voies respiratoires est de type pseudostratifié prismatique cilié (tableau 4.1E).

Le feuillet de tissu conjonctif d'une muqueuse est toujours un tissu conjonctif aréolaire qui porte le nom de **chorion**, ou *lamina propria*. Le chorion soutient l'épithélium, le relie aux structures sousjacentes et donne une certaine flexibilité à la membrane. En outre, il maintient les vaisseaux sanguins en place et protège les muscles sous-jacents contre l'abrasion et la perforation. Les molécules d'oxygène et les nutriments diffusent du chorion vers l'épithélium qui le recouvre; le dioxyde de carbone et les déchets diffusent dans le sens opposé.

Les séreuses

Une **séreuse** (*serum*: petit-lait) est une membrane qui tapisse la paroi interne d'une cavité fermée (ne s'ouvrant pas directement sur l'extérieur) et qui recouvre les organes situés à l'intérieur. Les séreuses sont formées de tissu conjonctif aréolaire recouvert de mésothélium (épithélium simple pavimenteux) (figure 4.7b). Elles comprennent deux couches: celle qui est rattachée à la paroi de la cavité est le **feuillet pariétal** (*paries*: paroi) et celle qui recouvre les organes est le **feuillet viscéral** (voir la figure 1.10a). Le mésothélium des séreuses sécrète entre les deux feuillets une **sérosité**, lubrifiant aqueux qui permet aux organes de glisser les uns sur les autres ou contre la paroi de la cavité.

La séreuse qui tapisse la cavité thoracique et recouvre les poumons est la **plèvre**. Celle qui tapisse la cavité cardiaque et recouvre le cœur est le **péricarde**. Celle qui tapisse la cavité abdominale et recouvre les organes abdominaux est le **péritoine**.

La membrane cutanée

La **membrane cutanée**, ou **peau**, couvre la surface du corps. Elle comprend une couche superficielle, l'*épiderme*, et une couche profonde, le *derme* (figure 4.7c). L'épiderme se compose d'un épithélium stratifié pavimenteux kératinisé qui protège les tissus sous-jacents. Le derme se compose de tissu conjonctif (tissu conjonctif aréolaire et tissu conjonctif dense irrégulier). Nous étudierons la membrane cutanée plus en détail au chapitre 5.

FIGURE 4.7 Les membranes.

Une membrane est un feuillet de tissu souple qui recouvre une partie du corps ou tapisse l'intérieur d'un organe.

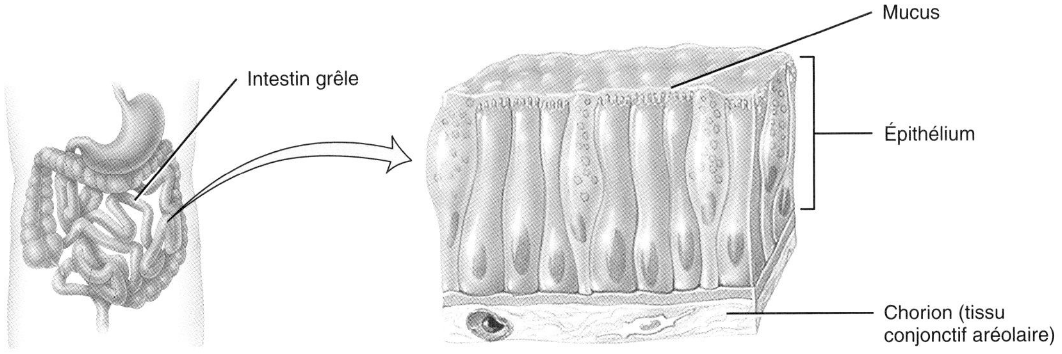

Intestin grêle

Mucus

Épithélium

Chorion (tissu conjonctif aréolaire)

(a) **Muqueuse**

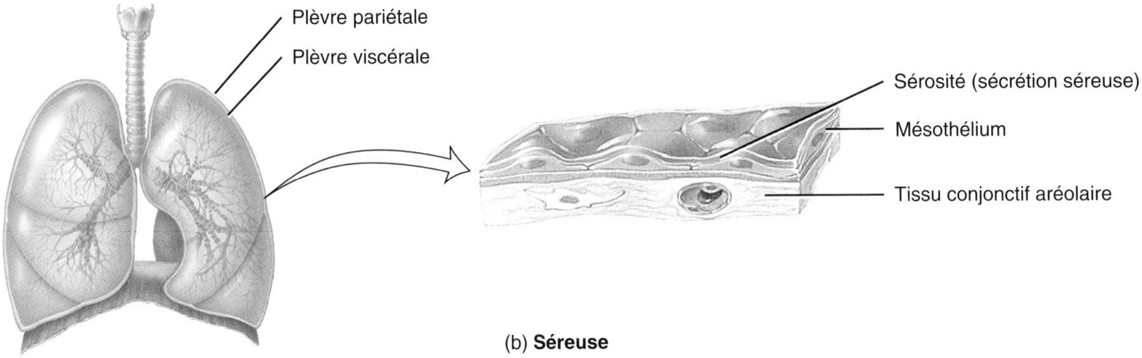

Plèvre pariétale

Plèvre viscérale

Sérosité (sécrétion séreuse)

Mésothélium

Tissu conjonctif aréolaire

(b) **Séreuse**

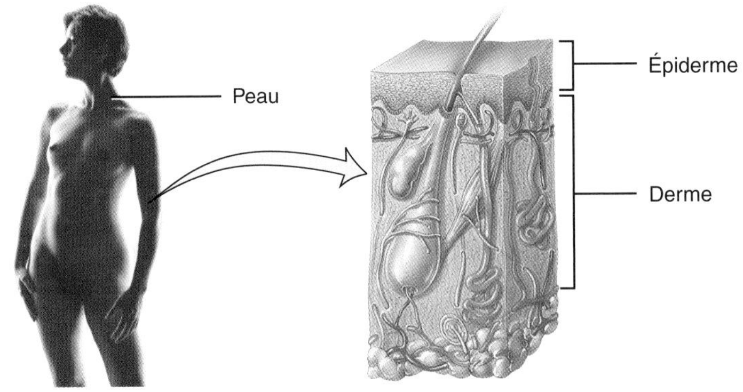

Peau

Épiderme

Derme

(c) **Membrane cutanée (peau)**

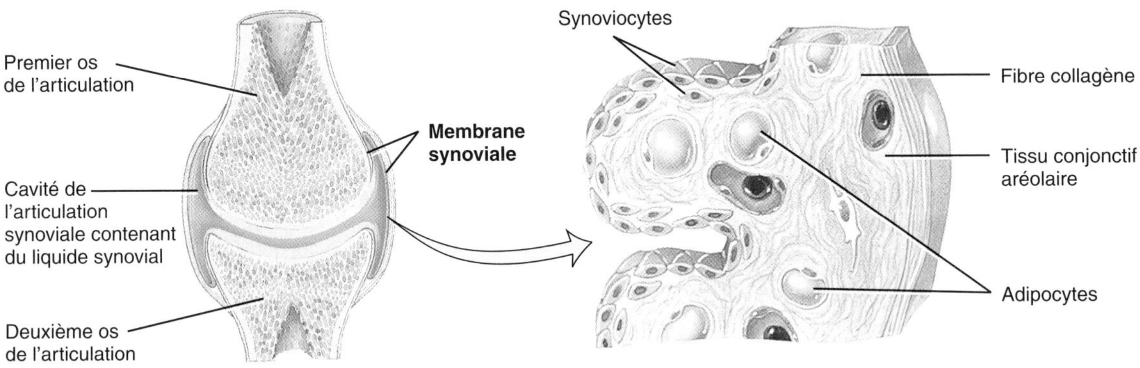

Synoviocytes

Premier os de l'articulation

Membrane synoviale

Fibre collagène

Tissu conjonctif aréolaire

Cavité de l'articulation synoviale contenant du liquide synovial

Deuxième os de l'articulation

Adipocytes

(d) **Membrane synoviale**

Qu'est-ce qu'une membrane épithéliale?

LES MEMBRANES SYNOVIALES

Les **membranes synoviales** recouvrent les parois des cavités des articulations libres (*syn* : ensemble ; les os s'unissent au niveau des articulations) ainsi que les bourses et les gaines tendineuses. Comme les séreuses, les membranes synoviales tapissent des structures qui ne s'ouvrent pas sur l'extérieur. Contrairement aux muqueuses, aux séreuses et à la membrane cutanée, elles ne comprennent pas d'épithélium et ne sont donc pas des membranes épithéliales. Les membranes synoviales sont formées d'une couche discontinue de cellules, les **synoviocytes**, qui sont plus près de la cavité synoviale (l'espace entre les os), et d'une couche de tissu conjonctif (aréolaire et adipeux) qui se trouve sous les synoviocytes (figure 4.7d). Les synoviocytes sécrètent certaines composantes du **liquide synovial**, ou **synovie** ; ce liquide lubrifie et nourrit le cartilage recouvrant les os dans les articulations mobiles ; il contient des macrophagocytes qui éliminent les microbes et les débris dans les cavités articulaires.

▶ POINT DE CONTRÔLE

15. Définissez la muqueuse, la séreuse, la membrane cutanée et la membrane synoviale. Qu'est-ce qui distingue ces membranes les unes des autres ?

16. Indiquez l'emplacement de chaque type de membrane dans le corps. Énumérez leurs fonctions respectives.

LE TISSU MUSCULAIRE

OBJECTIFS

- Décrire les caractéristiques générales du tissu musculaire.
- Comparer la structure, l'emplacement et le mode de régulation du tissu musculaire squelettique, cardiaque et lisse.

Le **tissu musculaire** est composé de cellules allongées appelées **myocytes** ou, plus couramment, fibres musculaires, qui peuvent exercer de la force en utilisant l'adénosine triphosphate (ATP). Le tissu musculaire permet ainsi le mouvement, maintient la posture et produit de la chaleur. Il assure également une protection à diverses parties du corps. La classification du tissu musculaire repose sur son emplacement et sur certaines caractéristiques structurales et fonctionnelles. On en distingue trois types : le tissu musculaire squelettique, le tissu musculaire cardiaque et le tissu musculaire lisse (tableau 4.5).

Comme son nom l'indique, le **tissu musculaire squelettique** est généralement rattaché aux os (tableau 4.5A). Ses myocytes comportent une alternance de bandes claires et de bandes foncées visibles au microscope optique, les *stries*. Le tissu musculaire squelettique a donc un aspect *strié*. Les muscles squelettiques sont dits *volontaires* parce que, habituellement, leurs contractions et leurs relâchements obéissent à la volonté. Les myocytes squelettiques sont très longs (jusqu'à 30 ou 40 cm dans les muscles les plus longs). Ils sont relativement cylindriques et leurs noyaux, nombreux, sont

---

TABLEAU 4.5 LES TISSUS MUSCULAIRES

A. Le tissu musculaire squelettique

Description : Myocytes longs, cylindriques et striés possédant de nombreux noyaux situés en périphérie ; volontaire.

Emplacement : Généralement relié aux os par des tendons.

Fonctions : Mouvement, posture, production de chaleur, protection.

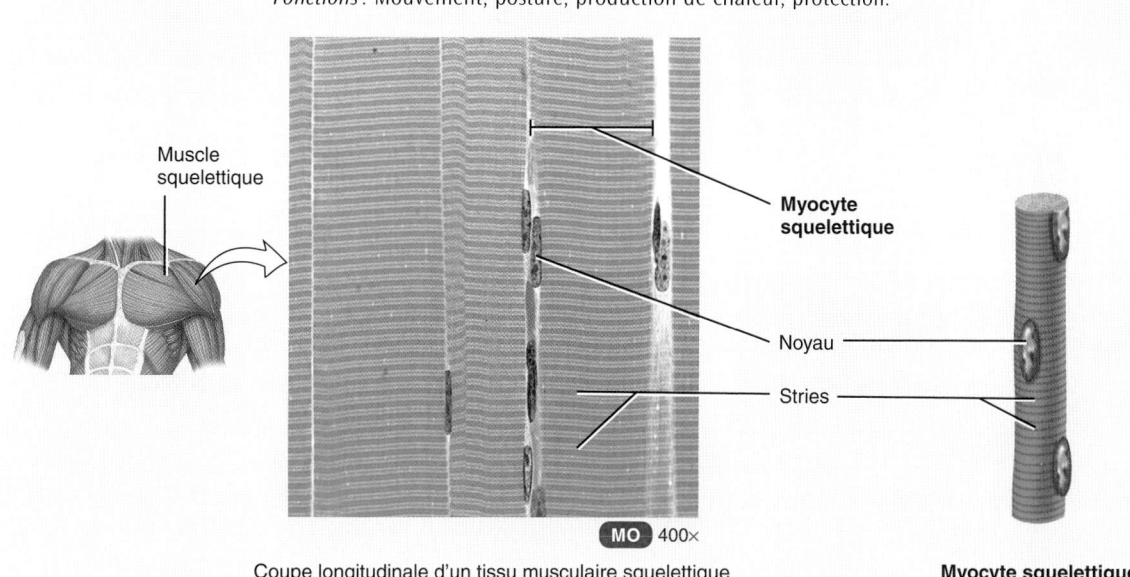

Muscle squelettique

Myocyte squelettique

Noyau

Stries

MO 400×

Coupe longitudinale d'un tissu musculaire squelettique

Myocyte squelettique

TABLEAU 4.5 LES TISSUS MUSCULAIRES *(suite)*

B. Le tissu musculaire cardiaque

Description : Myocytes striés et ramifiés possédant un ou deux noyaux centraux ; contient des disques intercalaires ; involontaire.

Emplacement : Paroi du cœur.

Fonction : Propulsion du sang dans les vaisseaux sanguins de l'organisme entier.

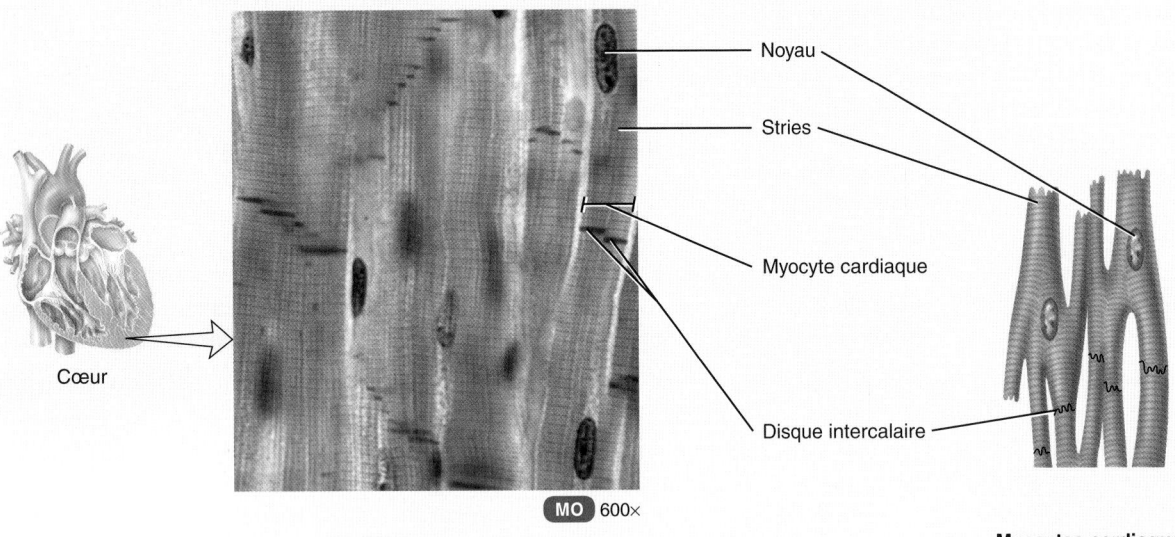

Cœur

Noyau

Stries

Myocyte cardiaque

Disque intercalaire

MO 600×

Coupe longitudinale du tissu musculaire cardiaque

Myocytes cardiaques

C. Le tissu musculaire lisse

Description : Myocytes fusiformes (en forme de fuseaux, c'est-à-dire plus épais en leur centre qu'à leurs extrémités) et non striés, possédant un noyau central ; involontaire.

Emplacement : Iris ; parois des structures internes creuses, par exemple les vaisseaux sanguins, les voies respiratoires, l'estomac, l'intestin, la vésicule biliaire, la vessie et l'utérus.

Fonction : Mouvement (constriction des vaisseaux sanguins et des voies respiratoires, propulsion de la nourriture dans le tube digestif, contraction de la vessie et de la vésicule biliaire).

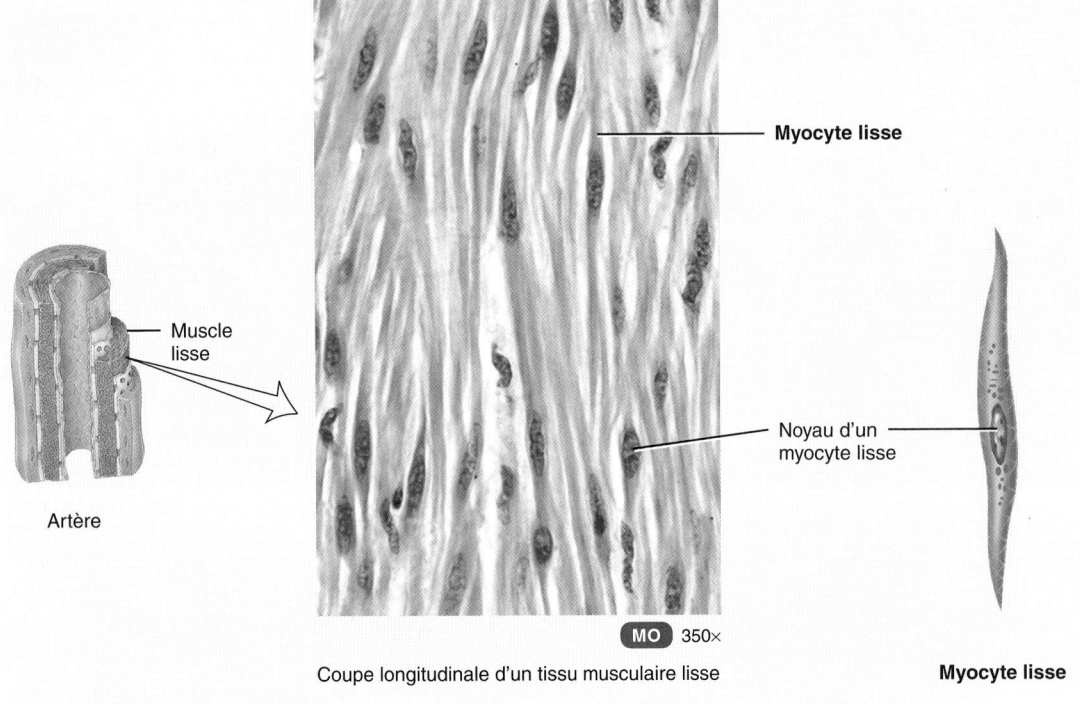

Muscle lisse

Artère

Myocyte lisse

Noyau d'un myocyte lisse

MO 350×

Coupe longitudinale d'un tissu musculaire lisse

Myocyte lisse

situés en périphérie. Les myocytes d'un même muscle sont disposés parallèlement les uns par rapport aux autres.

Le **tissu musculaire cardiaque** forme la plus grande partie de la paroi du cœur (tableau 4.5B). Comme le muscle squelettique, il est strié. Contrairement à lui, toutefois, il est *involontaire* : ses contractions ne sont pas régies consciemment. (Notons cependant que certaines personnes adeptes de techniques de relaxation réussissent à abaisser leur fréquence cardiaque.) Les myocytes cardiaques sont ramifiés et possèdent généralement un noyau central, rarement deux. Ils sont reliés bout à bout par des épaississements transversaux de la membrane plasmique, les **disques intercalaires**, qui contiennent des desmosomes et des jonctions communicantes. Seul le muscle cardiaque possède des disques intercalaires. Les desmosomes renforcent le tissu et retiennent les myocytes ensemble pendant leurs vigoureuses contractions. Les jonctions communicantes permettent aux potentiels d'action musculaire de se propager rapidement à travers le cœur.

Le **tissu musculaire lisse** est situé dans les parois des structures internes creuses, par exemple les vaisseaux sanguins, les voies respiratoires, l'estomac, l'intestin, la vésicule biliaire et la vessie (tableau 4.5C). Ses contractions favorisent la constriction des vaisseaux sanguins, dégradent mécaniquement la nourriture et la font avancer dans le tube digestif, propulsent les liquides dans l'organisme et éliminent les déchets. Le muscle lisse est non strié (d'où son nom) et généralement *involontaire*. (Notons encore une fois que certaines personnes réussissent à contrôler la vasomotricité de certains vaisseaux sanguins.) Un myocyte lisse est une petite cellule fusiforme (en forme de fuseau, c'est-à-dire plus épaisse en son centre qu'à ses extrémités) contenant un seul noyau central. Dans certains muscles lisses, et notamment dans la paroi des intestins, de nombreux myocytes sont reliés par des jonctions communicantes. Quand ils se contractent tous en même temps, le muscle dans son ensemble subit une vigoureuse contraction. Dans d'autres régions, par exemple l'iris, dépourvues de jonctions communicantes, les myocytes lisses se contractent individuellement, comme les myocytes squelettiques. Nous reviendrons en détail sur le tissu musculaire au chapitre 10.

▶ **POINT DE CONTRÔLE**

17. Quels tissus musculaires sont striés et lesquels sont lisses ?

18. Quel type de tissu musculaire contient des jonctions communicantes ?

LE TISSU NERVEUX

> **OBJECTIF**

• Décrire les caractéristiques structurales et les fonctions du tissu nerveux.

Malgré sa stupéfiante complexité, le système nerveux ne comprend que deux grands types de cellules, les neurones et les gliocytes. Les **neurones**, ou cellules nerveuses, sont d'abord et avant tout sensibles à différents stimulus. Ils convertissent ces stimulus en signaux électriques – les **potentiels d'action**, ou **influx nerveux** –, qu'ils transmettent à d'autres neurones, à des cellules musculaires ou à des cellules glandulaires. Par conséquent, on peut dire que les neurones sont à la base de la communication nerveuse entre les cellules du corps humain. La plupart des neurones comprennent trois composantes fondamentales : un corps cellulaire et deux types de prolongements, les dendrites et l'axone (tableau 4.6). Le **corps cellulaire** contient le noyau et les autres organites. Les **dendrites** (*dendron* : arbre) sont effilés et habituellement courts et ramifiés ; ils constituent la principale partie réceptrice du neurone. L'**axone** (*axon* : axe) est mince, cylindrique, parfois très long ; chaque neurone n'en possède qu'un. Il s'agit de la partie émettrice du neurone, car il achemine les influx nerveux vers un autre neurone, une cellule musculaire ou une cellule glandulaire.

Les **gliocytes**, ou cellules gliales (*gloios* : glu), forment la névroglie ; de morphologie différente selon leurs fonctions, ces cellules ne produisent ni n'acheminent d'influx nerveux. Elles accomplissent toutefois d'importantes fonctions de soutien, de protection et de nutrition. Nous présenterons en détail la structure et les fonctions des neurones et des gliocytes au chapitre 12.

▶ **POINT DE CONTRÔLE**

19. Quelles sont les fonctions des dendrites, du corps cellulaire et de l'axone d'un neurone ?

LES CELLULES EXCITABLES

> **OBJECTIF**

• Expliquer la notion d'excitabilité électrique.

Les neurones et les myocytes ont une propriété commune qui en font des cellules très importantes pour le maintien de l'homéostasie. Ces cellules sont dotées d'**excitabilité électrique** et on les appelle **cellules excitables**, c'est-à-dire qu'elles peuvent répondre à certains stimulus grâce à la production de signaux électriques appelés *potentiels d'action*. Ces potentiels d'action se propagent le long de la membrane plasmique du neurone ou du myocyte par l'intermédiaire de canaux ioniques spécifiques sensibles au voltage. Quand un potentiel d'action se propage dans un neurone, celui-ci libère des substances chimiques, les *neurotransmetteurs*, qui permettent aux neurones de communiquer avec d'autres neurones, des myocytes ou des cellules glandulaires. Quand un potentiel d'action se propage dans un myocyte, celui-ci se contracte et produit une activité, par exemple un mouvement dans un membre, la propulsion de la nourriture dans l'intestin grêle, le passage du sang du cœur aux vaisseaux sanguins. Nous examinerons plus en détail le potentiel d'action musculaire et le potentiel d'action nerveux aux chapitres 10 et 12, respectivement.

▶ **POINT DE CONTRÔLE**

20. Pourquoi l'excitabilité électrique est-elle cruciale pour les neurones et les myocytes ?

TABLEAU 4.6 LE TISSU NERVEUX

Description : Composé de neurones et de gliocytes. Les neurones comprennent un corps cellulaire et des prolongements (des dendrites et un seul axone). Les gliocytes présentent une morphologie différente selon leurs fonctions.

Emplacement : Système nerveux.

Fonctions : Les neurones réagissent à divers types de stimulus, convertissent les stimulus en influx nerveux (ou potentiels d'action) et acheminent les influx nerveux vers d'autres neurones, des myocytes ou des cellules glandulaires. Les gliocytes assurent d'importantes fonctions de soutien, de protection et de nutrition ; ils ne produisent ni n'acheminent d'influx nerveux.

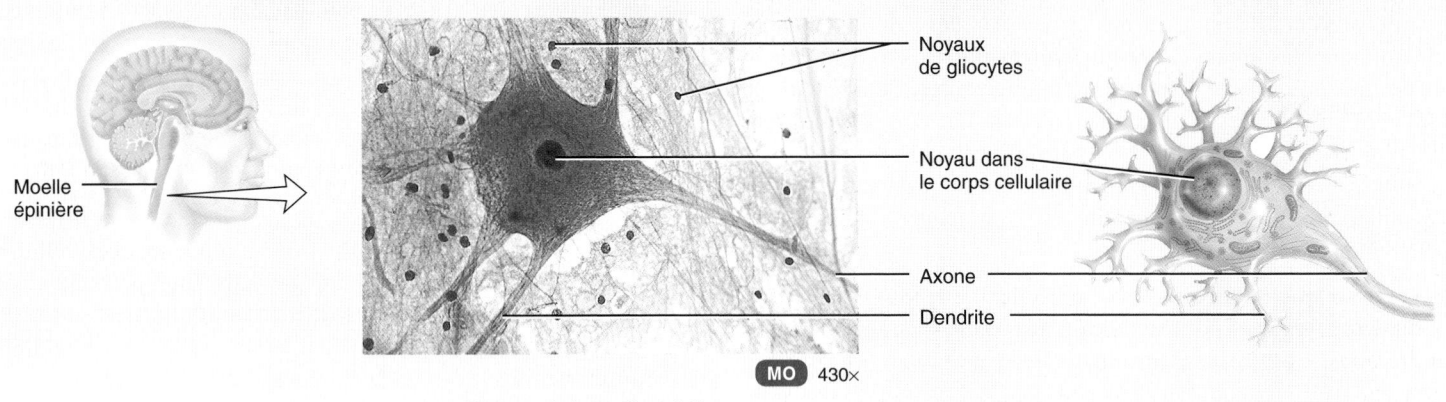

Moelle épinière

Noyaux de gliocytes

Noyau dans le corps cellulaire

Axone

Dendrite

MO 430×

Neurone de la moelle épinière

MAINTIEN DE L'HOMÉOSTASIE : LA RÉPARATION DES TISSUS

> **OBJECTIF**

- Décrire le rôle que joue la réparation des tissus dans le retour à l'homéostasie.

La réparation des tissus est le processus par lequel des cellules usées, endommagées ou mortes sont remplacées. Les nouvelles cellules sont produites par division cellulaire et proviennent soit du **stroma**, le tissu conjonctif de soutien, soit du **parenchyme**, l'ensemble des cellules qui constituent la partie fonctionnelle du tissu ou de l'organe. Chez l'adulte, la capacité de renouvellement des cellules parenchymateuses perdues à la suite d'une lésion, d'une maladie ou d'une autre cause varie selon le type de tissu considéré (épithélial, conjonctif, musculaire ou nerveux).

Dans certains cas, des cellules immatures indifférenciées, les **cellules souches**, se divisent pour remplacer les cellules mortes ou endommagées. Par exemple, les cellules souches qui se trouvent dans des parties protégées de l'épithélium de la peau et du tube digestif remplacent les cellules qui se détachent de la surface apicale ; les cellules souches de la moelle osseuse rouge produisent en permanence des érythrocytes, des leucocytes et des thrombocytes. Par ailleurs, certaines cellules matures différenciées peuvent se diviser ; c'est le cas, par exemple, des hépatocytes (cellules du foie) et des cellules endothéliales des vaisseaux sanguins.

Dans certaines régions du corps, les cellules épithéliales exposées à l'usure, voire aux lésions, se renouvellent constamment.

Certains tissus conjonctifs ont aussi la capacité de se renouveler continuellement. C'est notamment le cas des cellules du tissu sanguin. D'autres tissus conjonctifs, tel le cartilage, remplacent leurs cellules mais à une vitesse moins rapide.

La capacité de renouvellement cellulaire du tissu musculaire est relativement faible. Bien que le tissu musculaire squelettique contienne des cellules souches, appelées *cellules satellites*, celles-ci ne se divisent pas assez rapidement pour remplacer les myocytes très endommagés (voir la figure 10.2a). Le tissu musculaire cardiaque ne contient pas de cellules satellites ; de plus, dépourvus de capacité mitotique, les myocytes cardiaques existants ne peuvent pas former de nouvelles cellules. Des recherches récentes indiquent toutefois que des cellules souches migrent du sang au cœur, où elles peuvent se différencier et remplacer un certain nombre de myocytes cardiaques et de cellules endothéliales dans les vaisseaux sanguins du cœur. Enfin, les myocytes lisses peuvent proliférer dans une certaine mesure, mais beaucoup plus lentement que les cellules des tissus épithéliaux ou conjonctifs.

De tous les tissus de l'organisme, le tissu nerveux est celui qui se renouvelle le moins bien. Bien que certaines recherches établissent la présence de quelques cellules souches dans l'encéphale, ces cellules sont en principe incapables de se diviser (mitose) pour remplacer les neurones endommagés. Des scientifiques cherchent sans relâche des moyens de faciliter la réparation du tissu nerveux détérioré par les lésions ou la maladie.

Un tissu ou un organe endommagé retrouvera sa structure initiale et son fonctionnement normal dans la mesure où les cellules du parenchyme ou celles du stroma sont actives dans le processus de réparation ; l'activité de ces cellules dépend elle-même de leur vitesse de reproduction. Si ce sont les cellules du parenchyme qui réparent le tissu ou l'organe, la **régénération tissulaire** est possible et le tissu endommagé se reconstruit presque parfaitement. Par contre, si ce sont les fibroblastes du stroma qui prennent en charge la réparation, le tissu endommagé est remplacé par un nouveau tissu conjonctif de nature cicatricielle. En effet, les fibroblastes synthétisent du collagène et d'autres matériaux matriciels qui s'agglomèrent pour former du tissu cicatriciel ; ce processus est appelé **fibrose**. Parce que le tissu cicatriciel n'a pas la spécialisation nécessaire pour accomplir les fonctions du tissu parenchymateux, le tissu ou l'organe ne peut plus remplir sa fonction comme avant.

Si les dommages tissulaires sont très étendus, par exemple dans le cas d'une grande plaie ouverte, la réparation fait intervenir et le stroma du tissu conjonctif et les cellules du parenchyme ; les fibroblastes se divisent rapidement et produisent des fibres collagènes pour renforcer la structure du nouveau tissu. Par ailleurs, les capillaires sanguins croissent pour fournir au tissu en voie de guérison les substances dont il a besoin. Tous ces phénomènes produisent un tissu conjonctif en croissance active, le **tissu de granulation**. Ce nouveau tissu se forme par-dessus la blessure ou l'incision chirurgicale pour fournir une charpente (stroma) aux cellules épithéliales qui migrent vers l'ouverture afin de la combler. Le tissu de granulation sécrète en outre des substances qui inhibent la croissance des bactéries ou les détruisent.

LES FACTEURS INFLUANT SUR LA RÉPARATION DES TISSUS

Trois facteurs influent sur la réparation des tissus : l'alimentation, la circulation sanguine et l'âge. L'alimentation est déterminante parce que la cicatrisation nécessite une grande quantité de nutriments et peut épuiser les réserves de l'organisme. Il est important de garantir un apport protéique adéquat car les protéines forment la majeure partie des composantes structurales des tissus. Plusieurs vitamines jouent aussi un rôle direct dans la cicatrisation des blessures et la réparation des tissus. La vitamine C, par exemple, intervient dans la production et l'entretien des matériaux matriciels, en particulier le collagène. De plus, elle favorise la formation de nouveaux vaisseaux sanguins et les renforce. Une carence en vitamine C peut empêcher la guérison des blessures, même superficielles, et rendre les parois des vaisseaux sanguins très fragiles et sujets aux déchirures.

Par ailleurs, il est indispensable que la circulation sanguine soit suffisante pour permettre l'acheminement de l'oxygène, des nutriments et des anticorps ainsi que le transport des cellules du système immunitaire jusqu'à la lésion. De plus, le sang contribue à l'élimination du liquide tissulaire, des bactéries, des corps étrangers et des débris qui pourraient entraver la cicatrisation. La vitesse de la cicatrisation d'un organe lésé est en relation directe avec le nombre de capillaires présents dans ses tissus – soit la faible ou la forte vascularisation de ces derniers, qui ralentit ou accélère le processus de diffusion des matériaux matriciels vers les cellules. Ainsi, le derme est fortement vascularisé, et une blessure de la peau se cicatrisera rapidement. Par contre, l'os est moins vascularisé, et une fracture se consolidera plus lentement.

L'âge joue également un rôle majeur dans la capacité de réparation des tissus. Nous étudions ses effets dans la section suivante.

LES ADHÉRENCES

Le tissu cicatriciel peut constituer des **adhérences**, c'est-à-dire des attaches anormales entre les tissus. Il n'est pas rare que des adhérences se forment dans l'abdomen, autour du siège d'une inflammation antérieure (par exemple celle de l'appendice vermiforme). Elles peuvent aussi apparaître à la suite d'une intervention chirurgicale. Les adhérences ne posent pas toujours problème, mais elles peuvent amoindrir la souplesse des tissus, causer des obstructions (notamment dans l'intestin) et compliquer les interventions ultérieures. Il faut parfois les éliminer par voie chirurgicale en procédant à une *libération opératoire d'adhérences*. ■

▶ **POINT DE CONTRÔLE**

21. Comparez la réparation effectuée par les cellules du stroma et la réparation effectuée par les cellules du parenchyme.

22. Quel est le rôle du tissu de granulation ?

LE VIEILLISSEMENT DES TISSUS

OBJECTIF

• Décrire les effets du vieillissement sur les tissus.

En règle générale, les lésions guérissent plus rapidement et laissent moins de cicatrices chez les jeunes que chez les personnes âgées. Les interventions chirurgicales ne laissent même aucune cicatrice chez le fœtus. L'organisme jeune est souvent en meilleur état nutritionnel, ses tissus sont mieux irrigués (meilleure circulation sanguine) et son métabolisme cellulaire est plus rapide. Les cellules peuvent donc synthétiser les matières nécessaires et se diviser plus rapidement. Par ailleurs, les composantes extracellulaires des tissus se modifient avec l'âge. Le glucose (le sucre le plus abondant dans le corps humain) intervient dans le vieillissement. Quand le corps prend de l'âge, le glucose s'unit au hasard à des protéines qui se trouvent à l'intérieur et à l'extérieur des cellules, entraînant ainsi la formation de liaisons transversales irréversibles entre les molécules protéiques voisines. Au fil du temps, ces liaisons transversales s'accumulent et rendent les tissus plus raides. Les fibres collagènes, qui donnent aux tendons leur résistance, augmentent en nombre mais leur qualité se détériore avec l'âge. Dans les parois artérielles, cette évolution entraîne une diminution de la souplesse des artères équivalente à celle que provoque l'accumulation de dépôts lipidiques caractéristique de l'athérosclérose. Les vaisseaux sanguins et la peau doivent leur élasticité à l'élastine, une autre composante extracellulaire. Avec le temps, cependant, l'élastine s'épaissit, se fragmente et acquiert une affinité croissante pour le calcium. Il est probable que ces changements jouent eux aussi un rôle dans l'apparition de l'athérosclérose.

▶ **POINT DE CONTRÔLE**

23. Quels changements le vieillissement provoque-t-il généralement dans les tissus épithéliaux et conjonctifs ?

L'ORGANISATION DES TISSUS EN ORGANES

À l'intérieur du corps, les différents tissus ne remplissent pas leur fonction de façon isolée. Au contraire, deux ou plusieurs tissus s'assemblent pour former des structures anatomiques plus complexes, les organes, qui, à leur tour, se regroupent pour constituer les systèmes de l'organisme. De ce fait, l'organisation structurale d'un organe est directement reliée à l'organisation des différents tissus qui le composent; de même, le fonctionnement d'un organe est directement relié à l'intégration des fonctions des tissus qui le composent.

Tout organe a besoin d'être alimenté en sang pour fonctionner et répondre aux différents besoins des cellules qui le composent. D'une façon générale, la circulation du sang suit le même modèle à travers tous les organes (figure 4.8). Le sang chargé d'oxygène et de nutriments arrive à l'organe par l'intermédiaire d'une ou de plusieurs artères. À son entrée dans l'organe, l'artère se ramifie en artérioles qui, à leur tour, se ramifient en capillaires. C'est au niveau des capillaires que les échanges entre le sang et les cellules sont possibles. Par exemple, l'oxygène et les nutriments diffusent du sang vers les cellules, alors que les déchets du métabolisme cellulaire, les produits de sécrétion des cellules et le dioxyde de carbone diffusent en sens inverse, soit des cellules vers le sang. De leur côté, les capillaires fusionnent pour former de plus gros vaisseaux, les veinules qui, à leur tour, fusionnent pour former une veine, laquelle achemine le sang hors de l'organe, permettant ainsi au sang de revenir vers le cœur et les poumons. Nous étudierons les vaisseaux sanguins en détail au chapitre 21.

Les organes dont les cellules sont très actives, tels les muscles ou le foie, contiennent de très nombreux capillaires, si bien que toutes les cellules sont à proximité d'un capillaire et peuvent y puiser ou y rejeter des molécules rapidement. Par conséquent, la capacité de travail d'un organe est directement liée à l'étendue de sa vascularisation.

Dans l'organisme humain, on rencontre deux types d'organes distincts par leur morphologie : les organes creux, comme les vaisseaux sanguins, l'estomac et l'intestin, et les organes pleins, comme le foie et la rate.

1. Tous les *organes creux* sont formés de trois couches au moins : une muqueuse, une séreuse et une couche intermédiaire. Ainsi que nous l'avons déjà mentionné, la muqueuse tapisse la portion de l'organe qui est en contact avec la lumière. Dans certains organes, la muqueuse peut contenir des cellules fonctionnelles, telles certaines cellules de la muqueuse de l'estomac qui sécrètent des enzymes digestives (comme le pepsinogène). Quant à la séreuse, elle constitue l'enveloppe externe de l'organe. Enfin, la couche intermédiaire se compose habituellement d'un tissu conjonctif de soutien qui sert de charpente et permet à l'organe de conserver sa forme, et d'un tissu fonctionnel qui peut être soit de type épithélial, soit de type musculaire, soit encore de type nerveux ; par ailleurs, la couche intermédiaire contient généralement des vaisseaux sanguins et des terminaisons nerveuses nécessaires à la régulation de l'activité de l'organe.

2. Les *organes pleins* sont également dotés d'une séreuse qui enveloppe une organisation tissulaire comprenant le stroma (le tissu conjonctif de soutien de l'organe) et le parenchyme (le tissu fonctionnel de l'organe). On rencontre également dans ces organes des vaisseaux sanguins et des structures nerveuses.

FIGURE 4.8 Représentation schématique de la circulation du sang dans un organe.

🔑 L'artère apporte le sang dans l'organe, les artérioles le distribuent, les capillaires permettent les échanges entre le sang et les cellules ; les veinules collectent le sang et la veine le conduit hors de l'organe.

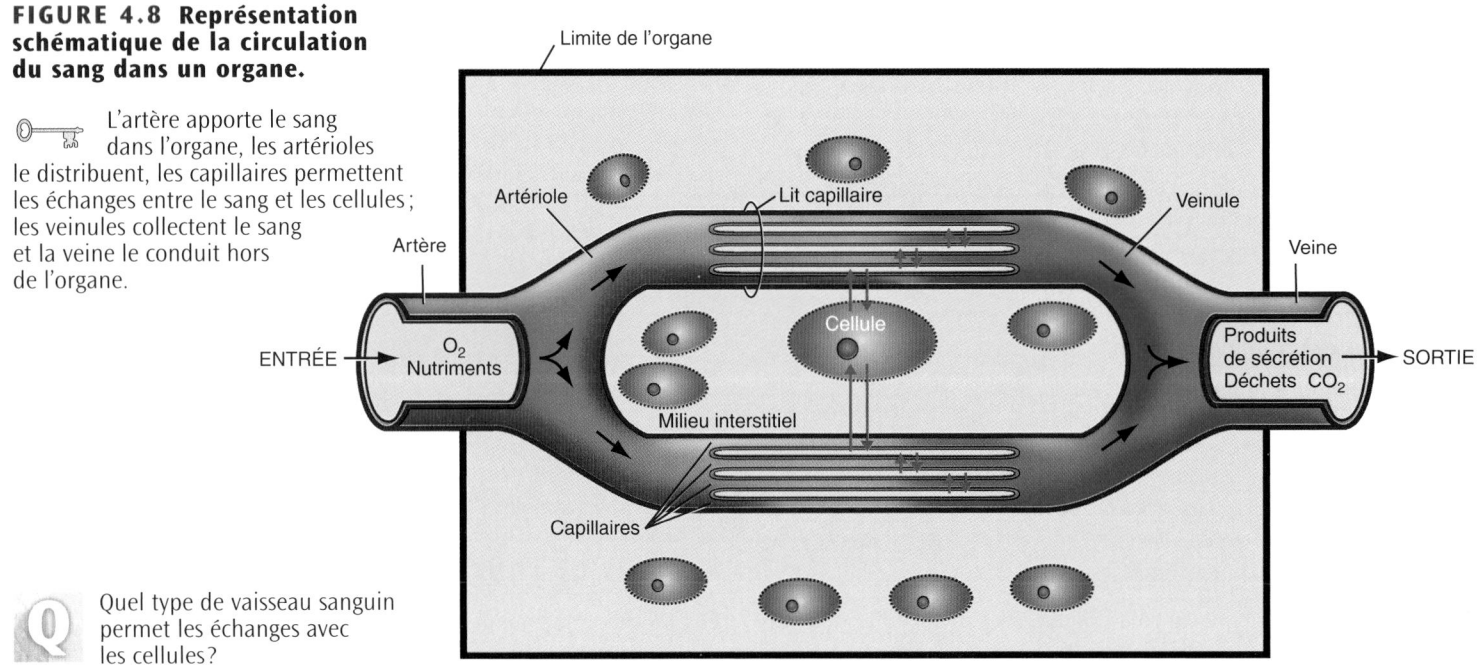

Ⓠ Quel type de vaisseau sanguin permet les échanges avec les cellules ?

En outre, certains organes comprennent des ensembles appelés **unités structurales et fonctionnelles**. Par exemple, l'*alvéole pulmonaire* est l'unité structurale et fonctionnelle des poumons, la *villosité intestinale* celle de l'intestin grêle, le *néphron* celle du rein, le *lobule hépatique* celle du foie, l'*ostéone* celle de l'os. Quel que soit l'organe, chacune de ces unités présente une organisation semblable, soit des cellules fonctionnelles soutenues par du tissu conjonctif et alimentées par des capillaires sanguins relativement proches d'elles et, lorsque nécessaire, proches de terminaisons nerveuses pour la régulation nerveuse. Nous porterons donc une attention particulière à la description de ces unités structurales et fonctionnelles chaque fois que cela sera possible dans notre étude des différents organes.

▶ **POINT DE CONTRÔLE**

23. Comment un organe est-il approvisionné en sang?

24. Quelle différence y a-t-il entre un organe creux et un organe plein?

25. Quelles sont les caractéristiques d'une unité structurale et fonctionnelle dans un organe?

DÉSÉQUILIBRES HOMÉOSTATIQUES

Les troubles qui touchent les tissus épithéliaux diffèrent généralement selon l'organe considéré. Ainsi, la maladie ulcéreuse gastroduodénale érode le revêtement épithélial de l'estomac ou de l'intestin grêle. Dans ce manuel, les perturbations touchant les tissus épithéliaux seront donc décrites dans les sections portant sur les différents systèmes de l'organisme. Les **maladies auto-immunes** constituent le trouble des tissus conjonctifs le plus fréquent: les anticorps produits par le système immunitaire prennent les tissus de l'organisme pour des corps étrangers et les attaquent. La polyarthrite rhumatoïde, qui atteint les membranes synoviales des articulations, est l'une des maladies auto-immunes les plus courantes. Des quatre types fondamentaux de tissus présents dans le corps humain, le tissu conjonctif est l'un des plus abondants et des plus répandus; ses troubles touchent donc en général plusieurs systèmes de l'organisme à la fois. Nous décrirons les troubles courants des tissus musculaires et des tissus nerveux à la fin des chapitres 10 et 12, respectivement.

Le syndrome de Gougerot-Sjögren

Le **syndrome de Gougerot-Sjögren** est une maladie auto-immune répandue qui entraîne l'inflammation et la destruction des glandes exocrines, en particulier les glandes lacrymales et salivaires. Ses signes comprennent notamment la sécheresse des yeux, de la bouche, du nez, des oreilles, de la peau et du vagin, ainsi que l'hypertrophie des glandes salivaires. Au nombre de ses effets systémiques figurent la fatigue, l'arthrite, les difficultés de déglutition, la pancréatite (inflammation du pancréas), la pleurésie (inflammation de la plèvre) ainsi que les douleurs musculaires et articulaires. Le trouble atteint neuf femmes pour un homme. Environ 20% des personnes âgées présentent certains signes du syndrome de Gougerot-Sjögren. Le traitement vise à soulager les symptômes. Ainsi, le patient peut s'humecter les yeux à l'aide de collyre (gouttes ophtalmiques), s'humecter la bouche en sirotant des liquides, en mâchant de la gomme sans sucre et en prenant des substituts de salive, et hydrater sa peau avec des crèmes.

Le lupus érythémateux aigu disséminé

Le **lupus érythémateux aigu disséminé**, ou simplement lupus érythémateux, est une maladie inflammatoire chronique des tissus conjonctifs, qui atteint principalement les femmes non blanches en âge de procréer. Cette maladie auto-immune peut endommager les tissus de tous les systèmes de l'organisme. Bénigne chez la plupart des patients, elle peut toutefois évoluer rapidement vers la mort dans certains cas. Son évolution est jalonnée de périodes d'exacerbation et de rémission. Le lupus érythémateux touche environ 1 personne sur 2 000 et 8 ou 9 femmes pour 1 homme.

La cause du lupus érythémateux nous est encore inconnue. Les recherches montrent néanmoins que des facteurs génétiques, environnementaux et hormonaux interviennent dans l'apparition de cette maladie. L'étude des antécédents familiaux et les recherches effectuées auprès de jumeaux établissent l'existence de causes génétiques. Parmi les facteurs environnementaux mis en cause, on compte les virus, les bactéries, les substances chimiques, les médicaments et les drogues, l'exposition excessive au soleil et le stress. Enfin, les hormones sexuelles, par exemple les œstrogènes, pourraient aussi déclencher le lupus érythémateux.

Le lupus érythémateux se manifeste par différents signes et symptômes, notamment: douleurs articulaires, fièvre légère, fatigue, ulcères de la bouche, perte pondérale, hypertrophie des nœuds lymphatiques et de la rate, sensibilité excessive à la lumière solaire (photosensibilité), alopécie rapide (perte des cheveux) et anorexie (perte d'appétit). L'apparition sur le nez et les joues d'une éruption en forme de papillon constitue l'un des signes distinctifs de la maladie. D'autres lésions cutanées, telles que des vésicules ou des ulcérations, peuvent aussi apparaître. On trouvait autrefois que certaines lésions cutanées causées par la maladie ressemblaient à des morsures de loup, d'où le nom de la maladie (*lupus* signifie «loup» en latin). La complication la plus grave de cette maladie est l'inflammation des reins, du foie, de la rate, des poumons, du cœur, de l'encéphale et du tube digestif. Le lupus érythémateux reste incurable à ce jour. Le traitement consiste à soulager les symptômes au moyen d'immunosuppresseurs et d'anti-inflammatoires, par exemple l'aspirine.

TERMES MÉDICAUX

Atrophie (*a-*: sans; *trophê*: nourriture) Diminution de la taille des cellules entraînant une diminution de la taille du tissu ou de l'organe qu'elles composent.

Biopsie (*bios*: vie; *opsis*: vue) Prélèvement d'un échantillon de tissu vivant pour l'examiner au microscope et faciliter le diagnostic d'une maladie.

Greffe Remplacement d'un tissu ou d'un organe malade ou endommagé. Les greffes les plus sûres se font à l'aide des tissus du patient lui-même ou de ceux d'un vrai jumeau.

Hypertrophie (*hyper*: au-delà) Augmentation de la taille d'un tissu due au fait que ses cellules grossissent sans se diviser.

Rejet Réponse immunitaire dirigée contre les protéines étrangères d'un tissu ou d'un organe greffé; en général, les médicaments immunosuppresseurs tels que la cyclosporine empêchent maintenant le rejet chez les patients ayant subi une greffe du cœur, du rein ou du foie.

Xénogreffe (*xenos*: étranger) Remplacement d'un tissu ou d'un organe malade ou endommagé par des cellules ou des tissus provenant d'un animal. Ainsi, des valves cardiaques de porc ou de bœuf peuvent être implantées dans le corps humain pour remplacer les valves endommagées du patient.

LES TYPES DE TISSUS ET LEURS ORIGINES (P. 116)

1. Un tissu est un agencement de cellules semblables ayant généralement la même origine embryonnaire, et qui est spécialisé dans l'accomplissement d'une fonction particulière.

2. Les quatre types fondamentaux de tissus sont le tissu épithélial, le tissu conjonctif, le tissu musculaire et le tissu nerveux.

3. Tous les tissus de l'organisme proviennent des trois feuillets embryonnaires primitifs – les premiers tissus qui se forment chez l'embryon humain –, soit l'ectoderme, le mésoderme et l'endoderme.

LES JONCTIONS CELLULAIRES (P. 116)

1. Les jonctions cellulaires sont des points de contact entre des membranes plasmiques adjacentes.

2. Les jonctions serrées (ou jonctions étanches) forment des joints hermétiques entre les cellules. Les jonctions d'adhérence, les desmosomes et les hémidesmosomes relient les cellules entre elles ou à la membrane basale. Les jonctions communicantes permettent aux signaux électriques et chimiques de passer entre les cellules.

LE TISSU ÉPITHÉLIAL (P. 118)

1. On distingue deux types de tissu épithélial : l'épithélium de revêtement et l'épithélium glandulaire.

2. L'épithélium se compose principalement de cellules mais aussi d'un matériau extracellulaire peu abondant qui occupe l'espace entre les membranes plasmiques adjacentes. Les surfaces apicale, latérales et basale des cellules épithéliales sont spécialisées dans l'accomplissement de fonctions spécifiques. Les épithéliums sont disposés en feuillets et rattachés à une membrane basale. Ils sont avasculaires mais innervés. Ils proviennent des trois feuillets embryonnaires primitifs et se renouvellent rapidement.

3. Les feuillets épithéliaux peuvent être simples (formés d'une seule couche de cellules) ou stratifiés (formés de plusieurs couches de cellules). Les cellules épithéliales peuvent être pavimenteuses (aplaties), cubiques, prismatiques (rectangulaires) ou transitionnelles (de forme variable).

4. L'épithélium simple pavimenteux est formé d'une seule couche de cellules aplaties (tableau 4.1A). On le rencontre dans les parties du corps dans lesquelles la filtration ou la diffusion constitue une fonction prioritaire. Ainsi, l'endothélium tapisse les parois internes du cœur et des vaisseaux sanguins ; le mésothélium compose les séreuses qui tapissent les cavités thoracique et abdominopelvienne et recouvrent les organes qu'elles contiennent.

5. L'épithélium simple cubique est formé d'une seule couche de cellules cubiques ayant des fonctions de sécrétion et d'absorption (tableau 4.1B). On le rencontre autour des ovaires, dans les reins et les yeux, et sur la paroi interne des conduits de certaines glandes.

6. L'épithélium simple prismatique non cilié est formé d'une seule couche de cellules en forme de colonne (cylindriques) non ciliées (tableau 4.1C). Il tapisse la majeure partie du tube digestif. Ses cellules spécialisées sont dotées de microvillosités et assurent des fonctions d'absorption ; ses cellules caliciformes sécrètent du mucus.

7. L'épithélium simple prismatique cilié est formé d'une seule couche de cellules cylindriques ciliées (tableau 4.1D). On le rencontre dans certaines parties des voies respiratoires supérieures, où sa fonction consiste à expulser les particules étrangères emprisonnées dans le mucus.

8. L'épithélium pseudostratifié prismatique est formé d'une seule couche de cellules mais semble en comprendre plusieurs (tableau 4.1E). La variété ciliée contient des cellules caliciformes et tapisse la majeure partie des voies respiratoires supérieures. La variété non ciliée ne contient pas de cellules caliciformes et tapisse les conduits de nombreuses glandes, les épididymes ainsi qu'une partie de l'urètre chez l'homme.

9. L'épithélium stratifié pavimenteux est formé de plusieurs couches de cellules. Les cellules de la surface apicale et de certaines couches profondes sont aplaties (tableau 4.1F). Une variété non kératinisée de cet épithélium tapisse la cavité buccale ; une variété kératinisée constitue l'épiderme (couche superficielle de la peau).

10. L'épithélium stratifié cubique est formé de plusieurs couches de cellules. Les cellules de la surface apicale sont cubiques (tableau 4.1G). On rencontre cet épithélium dans les glandes sudoripares chez l'adulte et dans une partie de l'urètre de l'homme.

11. L'épithélium stratifié prismatique est formé de plusieurs couches de cellules. Les cellules de la surface apicale sont rectangulaires (en forme de colonne) (tableau 4.1H). On rencontre cet épithélium dans une partie de l'urètre chez l'homme et dans les gros conduits excréteurs de certaines glandes.

12. L'épithélium transitionnel est formé de plusieurs couches de cellules. L'apparence des cellules varie selon le degré d'étirement (tableau 4.1I). Cet épithélium tapisse l'intérieur de la vessie.

13. Une glande est soit une seule cellule, soit un groupe de cellules épithéliales assurant une fonction de sécrétion.

14. Les glandes endocrines sécrètent des hormones dans le liquide interstitiel, puis dans le sang (tableau 4.2A).

15. Les glandes exocrines (glandes muqueuses, sudoripares, sébacées et digestives) sécrètent leurs produits dans des conduits ou directement sur une surface libre (tableau 4.2B).

16. Du point de vue structural, on classe les glandes exocrines en glandes unicellulaires et multicellulaires.

17. Du point de vue fonctionnel, on classe les glandes exocrines en glandes holocrines, apocrines et mérocrines.

LE TISSU CONJONCTIF (P. 130)

1. Le tissu conjonctif est l'un des tissus les plus abondants dans le corps humain.

2. Le tissu conjonctif comprend des cellules relativement peu nombreuses et une abondante matrice extracellulaire formée de substance fondamentale et de fibres. On le rencontre rarement sur les surfaces libres. Le tissu conjonctif est innervé (sauf le cartilage) et fortement vascularisé (sauf le cartilage, les tendons et les ligaments).

3. Les cellules du tissu conjonctif proviennent des cellules mésenchymateuses.

4. Les cellules du tissu conjonctif sont les fibroblastes (qui sécrètent la matrice), les macrophagocytes (qui accomplissent la phagocytose), les plasmocytes (qui sécrètent les anticorps), les mastocytes (qui sécrètent l'histamine), les adipocytes (qui emmagasinent les lipides) et les leucocytes (qui migrent depuis la circulation sanguine en présence d'infection).

5. La matrice extracellulaire est formée de substance fondamentale et de fibres.

6. La substance fondamentale soutient les cellules et les relie les unes aux autres ; elle constitue un milieu pour l'échange des substances, emmagasine l'eau et influe sur les fonctions cellulaires.

7. La substance fondamentale contient de l'eau, des polysaccharides – par exemple, de l'acide hyaluronique, du chondroïtine sulfate, du dermatane sulfate et du kératane sulfate – ainsi que des protéoglycanes et des protéines d'adhésion.

8. Les fibres de la matrice extracellulaire remplissent des fonctions de renforcement et de soutien. Elles se répartissent en trois catégories : a) les fibres collagènes (composées de collagène) sont abondantes dans les os, les tendons et les ligaments ; b) les fibres élastiques (composées d'élastine, de fibrilline et d'autres glycoprotéines) se trouvent dans la peau, les parois des vaisseaux sanguins et les poumons ; c) les fibres réticulaires (composées de collagène et de glycoprotéines) se trouvent autour des adipocytes, des fibres nerveuses et des myocytes squelettiques et lisses.

9. Les deux principales sous-classes de tissu conjonctif sont le tissu conjonctif embryonnaire (présent chez l'embryon et le fœtus) et le tissu conjonctif mature (présent chez le nouveau-né).

10. Les tissus conjonctifs embryonnaires sont le mésenchyme, dont proviennent tous les autres tissus conjonctifs (tableau 4.3A), et le tissu conjonctif muqueux, qui se trouve dans le cordon ombilical fœtal et assure une fonction de soutien (tableau 4.3B).

11. Le tissu conjonctif mature se différencie à partir du mésenchyme. On en distingue plusieurs types : le tissu conjonctif lâche, le tissu conjonctif dense, le cartilage, le tissu osseux et le tissu conjonctif liquide.

12. Les catégories de tissus conjonctifs lâches sont le tissu conjonctif aréolaire, le tissu adipeux et le tissu conjonctif réticulaire.

13. Le tissu conjonctif aréolaire comprend les trois types de fibres, plusieurs types de cellules et une substance fondamentale semi-liquide (tableau 4.4A). Il est présent dans la couche sous-cutanée, dans les muqueuses et autour des vaisseaux sanguins, des nerfs et des organes.

14. Le tissu adipeux est composé d'adipocytes, cellules qui emmagasinent des triacylglycérols (tableau 4.4B). Il est présent dans la couche sous-cutanée, autour des organes et dans la moelle osseuse jaune. Le tissu adipeux brun produit de la chaleur.

15. Le tissu conjonctif réticulaire est composé de fibres réticulaires et de cellules réticulaires. Il est présent dans le foie, la rate et les nœuds lymphatiques (tableau 4.4C).

16. Les catégories de tissus conjonctifs denses sont le tissu conjonctif dense régulier, le tissu conjonctif dense irrégulier et le tissu conjonctif élastique.

17. Le tissu conjonctif dense régulier se compose de fibroblastes et de faisceaux parallèles de fibres collagènes (tableau 4.4D). Il forme les tendons, la plupart des ligaments et les aponévroses.

18. Le tissu conjonctif dense irrégulier se compose de fibres collagènes disposées de manière irrégulière et de quelques fibroblastes (tableau 4.4E). Il est présent dans les fascias, le derme et les capsules membraneuses entourant les organes.

19. Le tissu conjonctif élastique est composé de fibres élastiques ramifiées et de fibroblastes (tableau 4.4F). Il est présent dans les poumons, la trachée, les bronches et les parois des grosses artères.

20. Le cartilage contient des chondrocytes ; sa matrice gélatineuse (chondroïtine sulfate) contient du collagène et des fibres élastiques.

21. Le cartilage hyalin est blanc bleuté et se compose d'une substance fondamentale gélatineuse. Il est présent dans le squelette de l'embryon, à l'extrémité des os, dans le nez et dans les structures respiratoires (tableau 4.4G). Il est flexible. Il permet les mouvements, remplit une fonction de soutien et s'entoure généralement d'un périchondre.

22. Le cartilage fibreux est présent dans la symphyse pubienne, les disques intervertébraux et les ménisques (coussins de cartilage) de l'articulation du genou (tableau 4.4H). Il contient des chondrocytes disséminés parmi les faisceaux bien visibles de fibres collagènes.

23. Le cartilage élastique maintient la forme de certains organes, par exemple l'épiglotte, les trompes auditives et l'oreille externe (tableau 4.4I). Il contient des chondrocytes disposés dans un réseau filamenteux de fibres élastiques et s'entoure d'un périchondre.

24. Le cartilage peut connaître une croissance interstitielle (de l'intérieur vers l'extérieur) ou une croissance par apposition (de l'extérieur vers l'intérieur).

25. Le tissu osseux est composé d'une matrice de sels minéraux et de fibres collagènes qui lui confèrent sa dureté, ainsi que d'ostéocytes situés dans des lacunes (tableau 4.4J). Le tissu osseux soutient et protège les organes, constitue les surfaces de fixation des muscles, concourt à la production des mouvements, emmagasine des minéraux et contient le tissu hématopoïétique (qui forme le sang), soit la moelle osseuse rouge.

26. Le sang est un tissu conjonctif liquide composé de plasma et d'éléments figurés – érythrocytes, leucocytes et plasmocytes (tableau 4.4K). Ses cellules transportent l'oxygène et le dioxyde de carbone, assurent la phagocytose, contribuent aux réactions allergiques, interviennent dans l'immunité et permettent la coagulation.

27. La lymphe, liquide interstitiel qui circule dans les vaisseaux lymphatiques, est également un tissu conjonctif liquide. Ce liquide clair est semblable au plasma mais contient moins de protéines.

LES MEMBRANES (P. 141)

1. La membrane épithéliale est formée d'une couche épithéliale recouvrant une couche de tissu conjonctif. Les muqueuses, les séreuses et la membrane cutanée (peau) sont des membranes épithéliales.

2. Les muqueuses tapissent les cavités qui s'ouvrent sur l'extérieur, par exemple le tube digestif.

3. Les séreuses tapissent les cavités fermées (la plèvre tapisse la cavité pleurale, le péricarde couvre la cavité cardiaque, le péritoine tapisse la cavité abdominale) et recouvrent les organes qu'elles contiennent. Les séreuses sont formées d'un feuillet pariétal et d'un feuillet viscéral séparés par de la sérosité.

4. Les membranes synoviales recouvrent les cavités articulaires, les bourses et les gaines de tendons ; elles sont formées de tissu conjonctif aréolaire, et non d'épithélium.

LE TISSU MUSCULAIRE (P. 143)

1. Le tissu musculaire se compose de cellules spécialisées dans la contraction et appelées *myocytes*. Il permet le mouvement, maintient la posture, produit de la chaleur et assure une fonction de protection.

2. Le tissu musculaire squelettique est rattaché aux os ; il est strié et sa contraction est volontaire (tableau 4.5A).

3. Le tissu musculaire cardiaque forme la plus grande partie de la paroi du cœur ; il est strié et sa contraction est involontaire (tableau 4.5B).

4. Le tissu musculaire lisse se trouve dans les parois des structures internes creuses (vaisseaux sanguins et viscères) ; il est non strié et sa contraction est involontaire (tableau 4.5C).

LE TISSU NERVEUX (P. 145)

1. Le système nerveux est composé de neurones et de gliocytes; ces cellules de protection et de soutien forment la névroglie (tableau 4.6).

2. Les neurones sont sensibles aux stimulus; ils les convertissent en signaux électriques (les potentiels d'action, ou influx nerveux), qu'ils transmettent à d'autres cellules.

3. La plupart des neurones sont composés d'un corps cellulaire et de deux types de prolongements, les dendrites et l'axone.

LES CELLULES EXCITABLES (P. 145)

1. L'excitabilité électrique est la capacité à répondre à certains stimulus par la production de potentiels d'action.

2. Les neurones et les myocytes sont des cellules excitables parce qu'elles sont dotées d'excitabilité électrique.

MAINTIEN DE L'HOMÉOSTASIE : LA RÉPARATION DES TISSUS (P. 146)

1. La réparation des tissus est le processus de remplacement des cellules usées, endommagées ou mortes par des cellules saines.

2. Les cellules souches peuvent se diviser pour remplacer les cellules mortes ou endommagées.

3. En cas de lésion superficielle, la réparation des tissus fait intervenir les cellules du parenchyme et du stroma; par contre, les dommages étendus entraînent la formation d'un tissu de granulation.

4. La réparation des tissus nécessite une bonne alimentation ainsi qu'une circulation sanguine adéquate.

LE VIEILLISSEMENT DES TISSUS (P. 147)

1. Les lésions tissulaires guérissent plus rapidement et laissent moins de cicatrices chez les jeunes que chez les personnes âgées; les interventions chirurgicales pratiquées sur le fœtus ne laissent pas de cicatrices.

2. Les composantes extracellulaires des tissus, par exemple le collagène et les fibres élastiques, se modifient avec l'âge.

L'ORGANISATION DES TISSUS EN ORGANES (P. 148)

1. Deux ou plusieurs tissus s'unissent pour former des structures anatomiques plus complexes, les organes, qui, à leur tour, forment les systèmes de l'organisme.

2. L'organisme comprend deux types d'organes: les organes creux, comme les vaisseaux sanguins, l'estomac et l'intestin, et les organes pleins, comme le foie et la rate.

3. Les organes creux sont formés de trois couches au moins: une muqueuse, une séreuse et une couche intermédiaire.

4. Les organes pleins sont également dotés d'une séreuse qui enveloppe une organisation tissulaire comprenant le stroma (tissu conjonctif de soutien) et le parenchyme (tissu fonctionnel de l'organe).

5. Certains organes comprennent des ensembles appelés *unités structurales et fonctionnelles*. Quel que soit l'organe, chacune de ces unités présente une organisation semblable: des cellules fonctionnelles soutenues par du tissu conjonctif avec des capillaires sanguins relativement près des cellules fonctionnelles et, lorsque nécessaire, des terminaisons nerveuses pour la régulation nerveuse.

AUTOÉVALUATION

Vous trouverez les réponses à ces questions à l'appendice D.

COMPLÉTEZ LES PHRASES SUIVANTES.

1. Les quatre types de tissu conjonctif sont ＿＿, ＿＿, ＿＿ et ＿＿.

2. Le tissu épithélial est généralement classifié selon ces deux critères : ＿＿ et ＿＿.

INDIQUEZ SI LES ÉNONCÉS SUIVANTS SONT VRAIS OU FAUX.

3. Les cellules des tissus épithéliaux sont dotées d'une surface apicale à leur sommet et sont fixées à la membrane basale par leur surface inférieure.

4. Les fibres collagènes sont des fibres du tissu conjonctif organisées en faisceaux, et qui confèrent résistance et souplesse à ce tissu.

CHOISISSEZ LA BONNE RÉPONSE.

5. De ces trois types de tissus musculaires, lequel ou lesquels sont volontaires? 1) muscle cardiaque, 2) muscles lisses, 3) muscles squelettiques. a) 1, 2 et 3; b) 2; c) 1; d) 1 et 3; e) 3.

6. Lequel de ces tissus est avasculaire? a) le muscle cardiaque, b) l'épithélium stratifié pavimenteux, c) le tissu osseux compact, d) les muscles squelettiques, e) le tissu adipeux.

7. Quand le revêtement d'un organe sécrète et libère du mucus, lequel de ces types de cellules y trouve-t-on généralement? a) des cellules caliciformes, b) des mastocytes, c) des macrophagocytes, d) des ostéoblastes, e) des fibroblastes.

8. Pourquoi le cartilage guérit-il si lentement? a) Le cartilage endommagé est soumis à la fibrose, qui entrave le mouvement des matériaux indispensables à sa guérison. b) Le cartilage ne contient pas de fibroblastes, qui sont indispensables à la formation des fibres dans les tissus cartilagineux. c) Le cartilage est avasculaire, de sorte que les matériaux indispensables à sa guérison doivent diffuser depuis les tissus environnants. d) Les chondrocytes endommagés ne sont pas remplacés. e) La mitose des chondrocytes est lente, ce qui ralentit la guérison.

9. Lequel des énoncés suivants *s'applique* aux séreuses? a) Elles tapissent les parties du corps qui s'ouvrent directement sur l'extérieur. b) Leur partie pariétale est fixée à l'organe. c) Leur partie viscérale est fixée à la paroi d'une cavité corporelle. d) Celle qui recouvre le cœur s'appelle le péritoine. e) Celle qui recouvre les poumons s'appelle la plèvre.

10. Comment appelle-t-on les glandes exocrines qui forment leur produit de sécrétion et le libèrent directement depuis la cellule par exocytose? a) les glandes apocrines, b) les glandes mérocrines, c) les glandes holocrines, d) les glandes endocrines, e) les glandes tubulaires.

11. Lequel ou lesquels des facteurs suivants expliquent l'évolution tissulaire qui accompagne le vieillissement? 1) les liaisons croisées qui se forment entre le glucose et les protéines, 2) la diminution du nombre des fibres collagènes, 3) la diminution de l'afflux sanguin, 4) les carences alimentaires, 5) l'élévation du métabolisme cellulaire. a) 1, 2, 3, 4 et 5; b) 1, 2, 3 et 4; c) 1 et 4; d) 1, 3 et 4; e) 1, 2 et 3.

12. De quel type de jonction cellulaire les cellules ont-elles besoin pour communiquer entre elles? a) jonctions d'adhérence, b) desmosomes, c) jonctions communicantes, d) jonctions serrées, e) hémidesmosomes.

13. Pour chacun des énoncés suivants, indiquez le type de tissu correspondant. Inscrivez **É** pour le tissu épithélial ; **C** pour le tissu conjonctif ; **M** pour le tissu musculaire ; et **N** pour le tissu nerveux.

_____ a) relie, soutient

_____ b) contient des cellules allongées qui produisent de la force

_____ c) névroglie

_____ d) avasculaire

_____ e) peut contenir des fibroblastes

_____ f) cellules très serrées les unes contre les autres

_____ g) disques intercalaires

_____ h) cellules caliciformes

_____ i) contient de la matrice extracellulaire

_____ j) strié

_____ k) génère des potentiels d'action

_____ l) cilié

_____ m) substance fondamentale

_____ n) surface apicale

_____ o) excitable

14. Associez chacun des tissus épithéliaux suivants à sa description :

_____ a) tissu formé d'une seule couche de cellules aplaties ; se trouve dans les parties du corps dans lesquelles la filtration (reins) ou la diffusion (poumons) constitue une fonction prioritaire

_____ b) tissu situé dans la partie superficielle de la peau ; protège le corps contre la chaleur, les microorganismes et les agressions chimiques

_____ c) tissu contenant des cellules cubiques ; assure des fonctions de sécrétion et d'absorption

_____ d) tissu tapissant la partie supérieure des voies respiratoires et les trompes utérines ; les ondulations de ses cils éliminent les substances par la lumière du conduit

_____ e) tissu formé de cellules dotées de microvillosités et de cellules caliciformes ; situé dans le revêtement des systèmes digestif, génital et urinaire

_____ f) tissu situé dans la vessie ; ses cellules peuvent changer de forme (s'étirer ou se relâcher)

_____ g) tissu dont toutes les cellules sont rattachées à la membrane basale, mais dont certaines n'atteignent pas la surface ; celles qui l'atteignent sécrètent du mucus ou portent des cils

_____ h) un type d'épithélium plutôt rare, et qui remplit surtout une fonction de protection

1) épithélium pseudostratifié prismatique cilié

2) épithélium simple prismatique cilié

3) épithélium transitionnel

4) épithélium simple pavimenteux

5) épithélium simple cubique

6) épithélium simple prismatique non cilié

7) épithélium stratifié cubique

8) épithélium stratifié pavimenteux kératinisé

15. Associez chacun des tissus conjonctifs suivants à sa description :

_____ a) le tissu d'où proviennent tous les autres tissus conjonctifs

_____ b) le tissu conjonctif possédant une matrice liquide claire qui circule dans les vaisseaux lymphatiques

_____ c) le tissu composé de plusieurs types de cellules, qui contient les trois types de fibres irrégulièrement disposées, et qui est situé dans la couche sous-cutanée

_____ d) le tissu conjonctif lâche spécialisé dans le stockage des triacylglycérols

_____ e) le tissu qui contient des fibres réticulaires et des cellules réticulaires et qui forme le stroma de certains organes, par exemple la rate

_____ f) le tissu qui contient des fibres collagènes disposées de manière irrégulière et qui se trouve dans le derme

_____ g) le tissu résistant qui est situé dans les poumons et qui peut reprendre sa forme initiale après un étirement

_____ h) le tissu qui confère de la souplesse aux articulations et y réduit la friction

_____ i) le tissu résistant et rigide qui constitue le plus solide des trois types de cartilage

_____ j) le tissu qui est formé de faisceaux de collagène disposés parallèlement les uns aux autres et qui constitue les tendons et les ligaments

_____ k) le tissu qui forme la charpente interne du corps et qui, avec les muscles squelettiques, produit le mouvement

_____ l) le tissu qui contient un réseau de fibres élastiques, confère résistance et élasticité, maintient la forme de l'organe ; situé dans l'oreille externe

_____ m) le tissu conjonctif qui contient des éléments figurés en suspension dans une matrice liquide, le plasma

1) sang

2) cartilage fibreux

3) mésenchyme

4) tissu conjonctif dense régulier

5) lymphe

6) cartilage hyalin

7) tissu conjonctif dense irrégulier

8) tissu conjonctif aréolaire

9) tissu conjonctif réticulaire

10) os (tissu osseux)

11) tissu conjonctif élastique

12) cartilage élastique

13) tissu adipeux

QUESTIONS À COURT DÉVELOPPEMENT

Vous trouverez les réponses à ces questions à l'appendice D.

1. Projetez-vous dans 50 ans d'ici et imaginez que vous pouvez mettre au point des êtres humains parfaitement adaptés à leur environnement. On vous demande une composition tissulaire idéale pour la vie sur une grosse planète ayant une attraction gravitationnelle forte, un climat froid et sec et une atmosphère mince. Quelles modifications apporteriez-vous à la structure et à la quantité des tissus? Justifiez votre réponse.

2. Vous participez au Concours du plus beau bébé. Vous demandez à vos amis de vous aider à choisir la plus belle de vos photos en bas âge. L'un d'eux souligne d'un ton moqueur que vous étiez plutôt grassouillet à l'époque. Au lieu de vous offusquer de sa remarque, vous lui expliquez les avantages que la graisse présente pour l'organisme des bébés.

3. Vous suivez un régime alimentaire composé exclusivement de pain et d'eau depuis trois semaines. Vous avez une coupure au menton et remarquez qu'elle saigne facilement et ne cicatrise pas. Pourquoi?

RÉPONSES AUX QUESTIONS DES FIGURES

4.1 Les jonctions communicantes permettent aux cellules de communiquer par la transmission de signaux chimiques et électriques entre cellules adjacentes.

4.2 La membrane basale fournit un support physique à l'épithélium. Elle permet d'attacher l'épithélium au tissu conjonctif sous-jacent.

4.3 Les substances passent plus rapidement à travers les cellules pavimenteuses parce qu'elles sont très minces.

4.4 Les glandes exocrines multicellulaires simples ont un conduit unique, alors que les glandes exocrines multicellulaires composées ont un conduit ramifié.

4.5 Les glandes sébacées sont des glandes holocrines, alors que les glandes salivaires sont des glandes mérocrines.

4.6 Les fibroblastes sécrètent les fibres et la substance fondamentale de la matrice extracellulaire.

4.7 La membrane épithéliale se compose d'un feuillet épithélial et d'une couche sous-jacente de tissu conjonctif.

4.8 Les capillaires permettent les échanges entre le sang et les cellules.

LE SYSTÈME TÉGUMENTAIRE

LE SYSTÈME TÉGUMENTAIRE ET L'HOMÉOSTASIE

Le système tégumentaire joue un rôle essentiel dans l'homéostasie ; en effet, il protège le corps et contribue à sa régulation thermique. Il nous permet également de percevoir les stimulus agréables, douloureux et autres qui émanent de notre environnement externe.

Le **système tégumentaire** (*tegumentum* : couverture) regroupe la peau et ses structures annexes – les poils, les ongles, des glandes, des muscles et des nerfs. Les fonctions de ce système consistent à protéger le corps, à maintenir une température corporelle constante et à fournir l'information sensorielle relative au milieu extérieur. La peau est l'organe le plus facile à inspecter, mais aussi le plus exposé aux infections, maladies et lésions. Située à la surface du corps, elle est soumise aux traumatismes, au rayonnement solaire, aux microorganismes et aux polluants environnementaux. Heureusement, elle possède de solides dispositifs qui la protègent contre la plupart de ces agressions. Très visible, la peau témoigne de nos émotions (par le rougissement, le froncement des sourcils, etc.) et révèle le fonctionnement de certains mécanismes physiologiques normaux (par exemple, la transpiration). Les altérations de sa couleur peuvent dans certains cas trahir des déséquilibres homéostatiques. Ainsi, le bleuissement typique de l'hypoxie (manque d'oxygène dans les tissus) est l'un des signes de l'insuffisance cardiaque, mais aussi de plusieurs autres perturbations. Les érythèmes et les éruptions qui accompagnent la varicelle, l'herpès labial ou la rougeole révèlent la présence d'une infection ou d'une maladie systémique des organes internes. D'autres altérations touchent uniquement la peau : verrues, lentigo sénile (taches de vieillesse), boutons d'acné, etc. La peau joue un rôle crucial dans l'estime de soi, ce qui explique que de nombreuses personnes consacrent beaucoup de temps et d'argent à lui rendre une apparence plus normale ou plus jeune. La branche de la médecine qui diagnostique et traite les maladies du système tégumentaire est la **dermatologie** (*derma* : peau ; *logos* : discours).

LA STRUCTURE DE LA PEAU

> **OBJECTIFS**
>
> - Décrire les couches de l'épiderme et les cellules qui les composent.
> - Comparer la composition du derme papillaire et du derme réticulaire.
> - Expliquer les causes de la diversité des couleurs de peau.

La **peau**, ou **membrane cutanée**, recouvre la surface externe du corps. Elle constitue l'organe le plus lourd (masse) et le plus étendu (superficie) du corps humain. Chez l'adulte, elle couvre plus ou moins 2 m² et pèse de 4,5 à 5 kg, soit environ 16 % de la masse corporelle totale. Son épaisseur varie de 0,5 mm sur les paupières à 4 mm sur les talons ; elle est de 1 à 2 mm sur la majeure partie du corps. Sur le plan structural, la peau comprend deux couches principales (figure 5.1). La partie superficielle, la plus mince, se compose de *tissu épithélial* et est appelée **épiderme** (*epi* : sur). La

FIGURE 5.1 Les composantes du système tégumentaire. La peau est formée d'une couche superficielle mince, l'épiderme, et d'une couche profonde et plus épaisse, le derme. En dessous de la peau, le fascia superficiel rattache le derme aux organes et aux tissus sous-jacents.

🔑 Le système tégumentaire regroupe la peau et ses annexes (poils, ongles et glandes cutanées) ainsi que les muscles lisses et les nerfs associés.

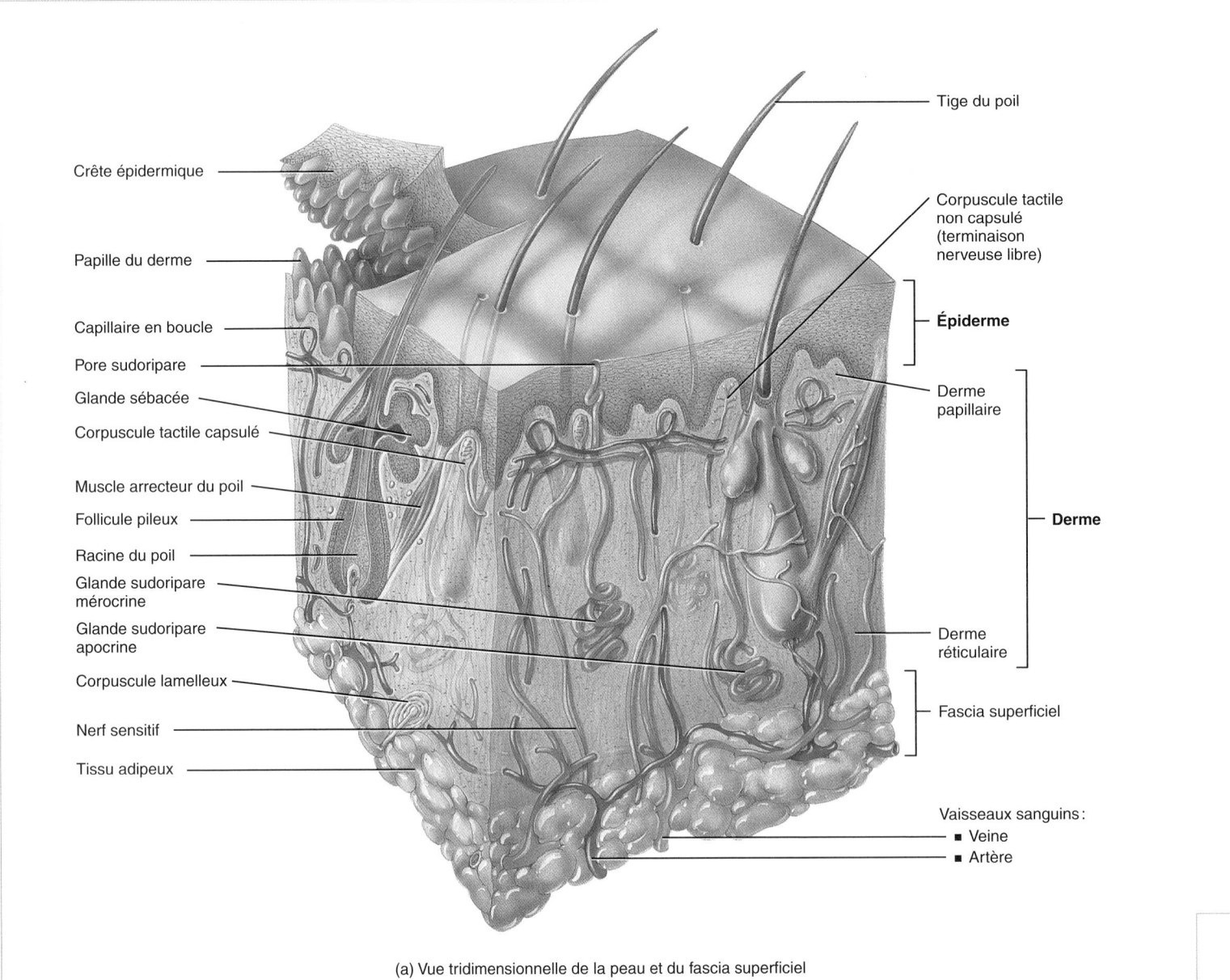

Crête épidermique

Papille du derme

Capillaire en boucle

Pore sudoripare

Glande sébacée

Corpuscule tactile capsulé

Muscle arrecteur du poil

Follicule pileux

Racine du poil

Glande sudoripare mérocrine

Glande sudoripare apocrine

Corpuscule lamelleux

Nerf sensitif

Tissu adipeux

Tige du poil

Corpuscule tactile non capsulé (terminaison nerveuse libre)

Épiderme

Derme papillaire

Derme

Derme réticulaire

Fascia superficiel

Vaisseaux sanguins :
- Veine
- Artère

(a) Vue tridimensionnelle de la peau et du fascia superficiel

partie la plus profonde, et la plus épaisse, se compose de *tissu conjonctif* et est nommée **derme**.

En dessous du derme se trouve la couche sous-cutanée, qui n'appartient pas à la peau proprement dite ; elle est appelée **fascia superficiel** ou encore **hypoderme** (*hypo* : au-dessous), et se compose de tissu aréolaire et de tissu adipeux. Des fibres issues du derme ancrent la peau dans le fascia superficiel, lui-même fixé aux tissus et organes sous-jacents. Le fascia superficiel sert de réserve de tissu adipeux et contient de gros vaisseaux sanguins qui irriguent la peau. Cette couche (et, dans certains cas, le derme) renferme aussi des récepteurs sensitifs encapsulés, les **corpuscules lamelleux**, ou corpuscules de Pacini, qui sont sensibles à la pression (figure 5.1).

L'ÉPIDERME

L'**épiderme** est un épithélium stratifié pavimenteux kératinisé. Les quatre principaux types de cellules qui le composent sont les kératinocytes, les mélanocytes, les macrophagocytes intraépidermiques et les cellules de Merkel (figure 5.2). Les **kératinocytes** (*keras* : corne ; *kytos* : cellule) constituent environ 90 % des cellules épidermiques. Ils sont agencés en quatre ou cinq couches et produisent la **kératine** (figure 5.2a). Nous avons vu au chapitre 4 que la kératine est une protéine fibreuse et résistante qui protège la peau et les tissus sous-jacents contre la chaleur, les microorganismes et les agents chimiques. Les kératinocytes renferment en outre des granules lamellés ; ces derniers libèrent un enduit imperméabilisant qui limite les infiltrations et les déperditions d'eau et fait obstacle aux particules étrangères.

Les **mélanocytes** (*melas* : noir) constituent environ 8 % des cellules épidermiques. Ils se forment à partir de l'ectoderme embryonnaire et élaborent la mélanine (figure 5.2b). Leurs prolongements longs et minces s'insinuent entre les kératinocytes et leur transfèrent des granules de mélanine. La **mélanine** est un pigment jaune orangé ou brun foncé qui colore la peau et absorbe les rayonnements ultraviolets (UV) nocifs. Une fois parvenus à l'intérieur des kératinocytes, les granules de mélanine s'agglutinent pour former un voile protecteur sur la face du noyau qui est tournée vers le milieu extérieur (vers la surface de la peau) ; ils protègent ainsi l'ADN nucléaire contre le rayonnement ultraviolet. Bien que les granules de mélanine assurent une bonne protection aux kératinocytes, les mélanocytes eux-mêmes restent très exposés aux détériorations causées par les UV.

Les **macrophagocytes intraépidermiques**, ou cellules de Langerhans, naissent dans la moelle osseuse rouge puis se fixent dans l'épiderme (figure 5.2c), où ils ne constituent qu'une faible proportion des cellules épidermiques. Comme tous les macrophagocytes tissulaires, les macrophagocytes intraépidermiques sont issus de la lignée des monocytes sanguins qui migrent vers les tissus pour y exercer une activité phagocytaire locale. Ces cellules contribuent donc aux réactions immunitaires de l'organisme contre les microorganismes qui envahissent la peau. À l'instar des mélanocytes, les macrophagocytes présentent une grande vulnérabilité aux UV.

Les **cellules de Merkel** sont les cellules les moins nombreuses de l'épiderme. Situées dans la couche la plus profonde de l'épiderme, elles entrent en contact avec le prolongement aplati (portion réceptrice) d'un neurone sensitif, appelé **corpuscule tactile non capsulé** ou encore disque de Merkel (figure 5.2d). Ensemble, les cellules de Merkel et les corpuscules tactiles non capsulés constituent un récepteur sensoriel cutané qui détecte différents types de stimulus tactiles.

L'épiderme se subdivise en plusieurs couches selon le stade de développement des kératinocytes qui les composent (figure 5.3). Dans la

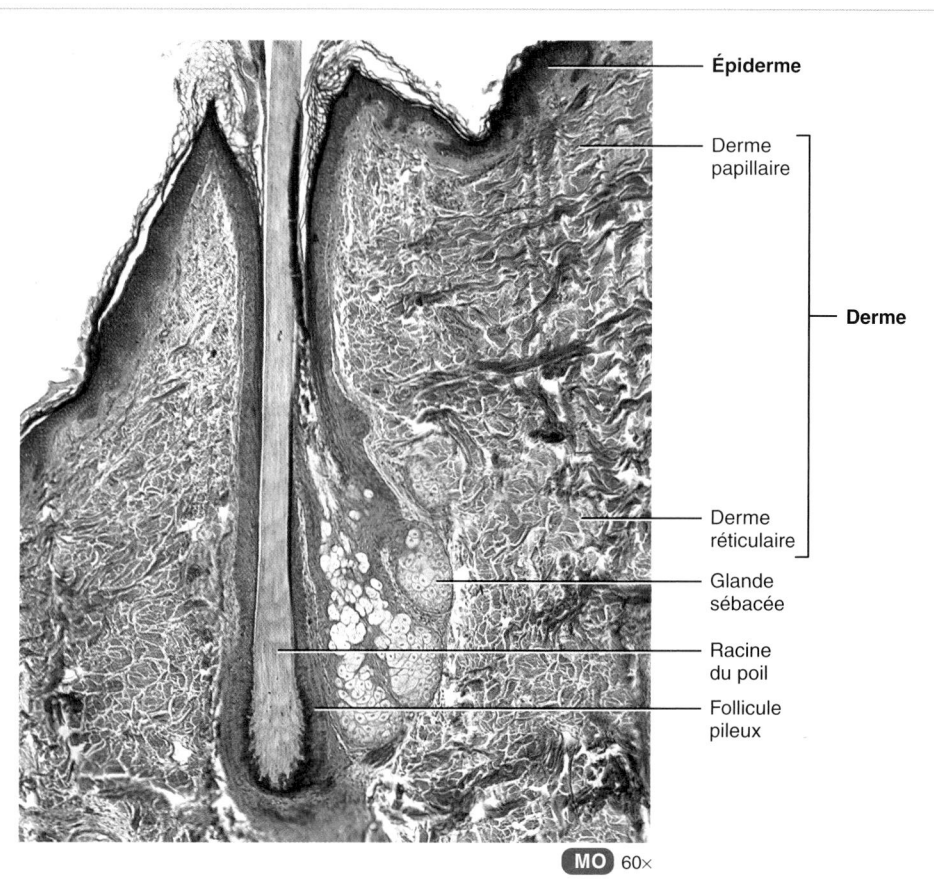

Épiderme

Derme papillaire

Derme

Derme réticulaire

Glande sébacée

Racine du poil

Follicule pileux

MO 60×

(b) Photomicrographie d'une coupe transversale de la peau

Fonctions
1. Thermorégulation.
2. Réservoir de sang.
3. Protection contre les agressions extérieures.
4. Sensations cutanées.
5. Excrétion et absorption.
6. Synthèse de la vitamine D.

 De quels types de tissus l'épiderme et le derme sont-ils formés ?

FIGURE 5.2 Les types de cellules épidermiques. L'épiderme contient des kératinocytes, des mélanocytes (qui synthétisent la mélanine), des macrophagocytes intraépidermiques (qui contribuent à la réponse immunitaire) et des cellules de Merkel (qui interviennent dans les sensations tactiles).

L'épiderme est formé en majeure partie de kératinocytes, qui produisent la kératine (protéine qui protège les tissus sous-jacents) et des granules lamellés (qui contiennent un enduit imperméabilisant).

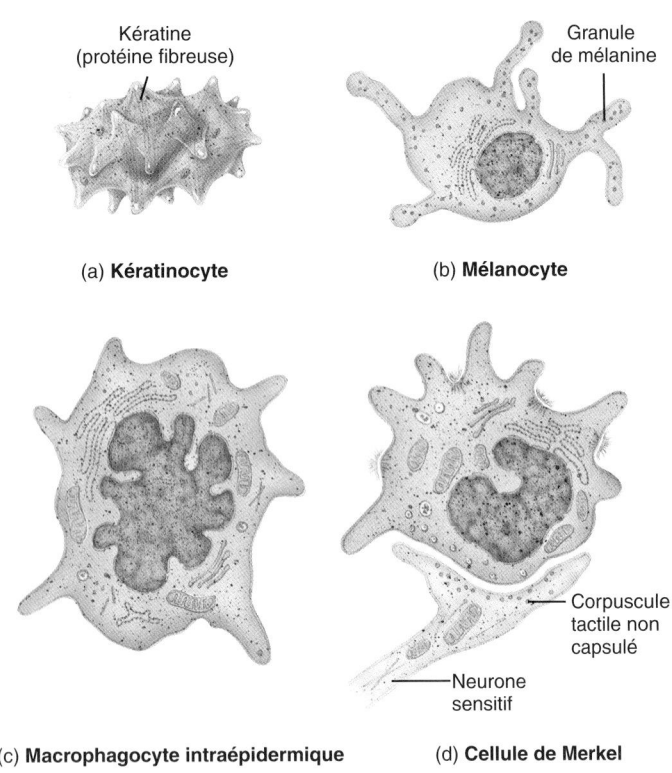

(a) **Kératinocyte**

Kératine (protéine fibreuse)

Granule de mélanine

(b) **Mélanocyte**

(c) **Macrophagocyte intraépidermique**

(d) **Cellule de Merkel**

Corpuscule tactile non capsulé

Neurone sensitif

Q Quelle est la fonction de la mélanine?

plupart des régions du corps humain, l'épiderme compte quatre couches : la couche basale, la couche épineuse, la couche granuleuse et la couche cornée (très mince). Cet épiderme est appelé **peau fine**. Aux endroits exposés à des frictions intenses, par exemple le bout des doigts, la paume des mains et la plante des pieds, l'épiderme comprend cinq couches : la couche basale, la couche épineuse, la couche granuleuse, la couche claire et la couche cornée (plutôt épaisse). Cet épiderme est appelé **peau épaisse**. Nous examinerons en détail dans ce chapitre la peau fine et la peau épaisse.

La couche basale

La **couche basale**, ou *stratum basale*, est la couche la plus profonde de l'épiderme. Elle se compose d'une seule *strate* (épaisseur) de kératinocytes prismatiques ou cubiques. Certaines de ces cellules sont des *cellules souches* qui se divisent pour produire continuellement de nouveaux kératinocytes. Aussi la couche basale est-elle parfois appelée **couche germinative**, ou *stratum germinativum*. Les kératinocytes de la couche basale possèdent un gros noyau. Leur cytoplasme renferme de nombreux ribosomes, un petit

complexe golgien, quelques mitochondries et un peu de réticulum endoplasmique rugueux. Leur cytosquelette comprend des filaments intermédiaires dispersés dans le cytosol, les *tonofilaments*. Ces derniers se composent d'une protéine fibreuse qui produira la kératine dans les couches plus superficielles de l'épiderme. Les tonofilaments s'attachent à des desmosomes qui relient les cellules de la couche basale entre elles et aux cellules de la couche épineuse adjacente. Ils s'attachent également à des hémidesmosomes qui fixent les kératinocytes à la membrane basale située entre l'épiderme et le derme. Les mélanocytes, les macrophagocytes intraépidermiques et les cellules de Merkel (avec leurs corpuscules tactiles non capsulés) sont disséminés parmi les kératinocytes de la couche basale.

LES GREFFES DE PEAU

Quand une lésion a détruit une vaste superficie de sa couche basale avec ses cellules souches, la peau n'arrive plus à se régénérer. Dans ce cas, la **greffe de peau** constitue le seul traitement envisageable. L'intervention consiste à recouvrir la plaie avec un morceau de peau saine. Pour éviter le rejet, on prélève en général le greffon chez le blessé lui-même (*autogreffe*) ou chez son jumeau homozygote (*isogreffe*). Si la lésion est tellement étendue que l'autogreffe s'avère impossible, on peut recourir à la *greffe de peau autologue*. Cette technique, qui est la plus couramment utilisée pour traiter les grands brûlés, consiste à prélever de petites quantités de l'épiderme du patient et à cultiver les kératinocytes en laboratoire afin d'obtenir de minces feuillets de peau. On recouvre ensuite la plaie avec ces feuillets, qui produisent bientôt une peau permanente. Certains produits fabriqués en laboratoire à partir du prépuce de nouveau-nés circoncis peuvent également être utilisés pour la régénération cutanée par recouvrement des plaies (Apligraft et Transite). ■

La couche épineuse

La **couche épineuse**, ou *stratum spinosum*, est située au-dessus de la couche basale ; elle compte de 8 à 10 strates de gros kératinocytes polyédriques (à plusieurs facettes) serrés les uns contre les autres. Ces kératinocytes possèdent les mêmes organites que les cellules de la couche basale. En outre, ils présentent des tonofilaments assemblés en faisceaux qui traversent le cytosol et s'insèrent dans des desmosomes ; cette structure relie étroitement les cellules, et confère à la peau résistance et souplesse. Quand on les prépare en vue d'un examen microscopique, les kératinocytes de la couche épineuse rétrécissent ; ils semblent alors être hérissés d'épines, d'où le nom donné à cette couche (figure 5.2a). Ces « épines » correspondent en fait aux faisceaux de tonofilaments décrits ci-dessus. La couche épineuse contient aussi des prolongements de macrophagocytes intraépidermiques et de mélanocytes.

La couche granuleuse

La **couche granuleuse**, ou *stratum granulosum*, se situe plus ou moins au milieu de l'épiderme. Elle est formée de trois à cinq strates de kératinocytes aplatis en apoptose. (L'apoptose est une mort cellulaire ordonnée et programmée génétiquement dans laquelle la fragmentation des noyaux précède la mort de la cellule.) Ainsi, dans les strates inférieures de cette couche, les noyaux et les organites des kératinocytes commencent à dégénérer et les tonofilaments deviennent plus apparents. Ces kératinocytes renferment des granules eux-mêmes composés d'une protéine, la **kératohyaline**. La combinaison des tonofilaments et des granules de kératohyaline

FIGURE 5.3 Les couches de l'épiderme.

L'épiderme est un épithélium stratifié pavimenteux kératinisé.

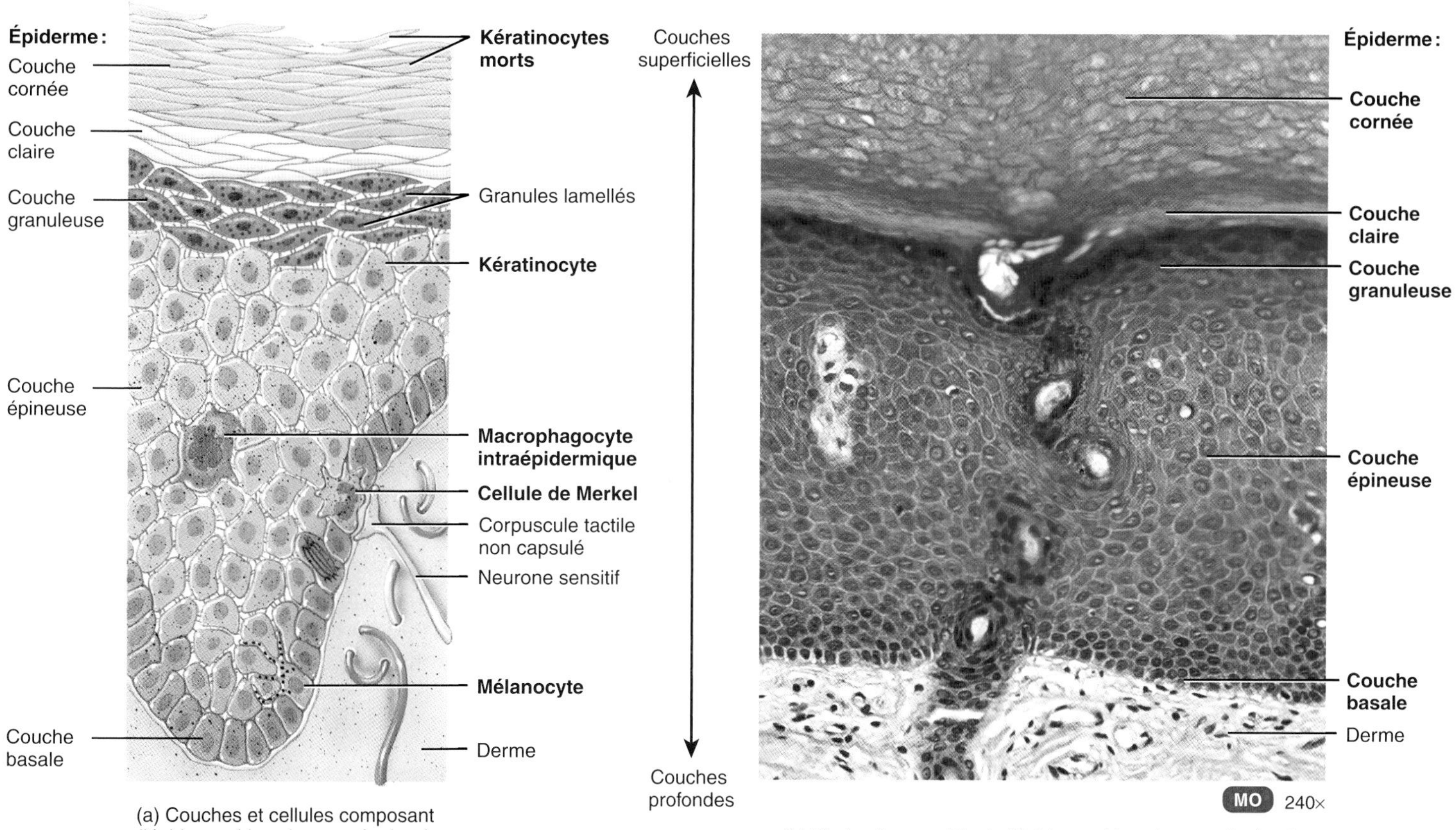

Épiderme:
Couche cornée
Couche claire
Couche granuleuse
Couche épineuse
Couche basale

Kératinocytes morts
Granules lamellés
Kératinocyte
Macrophagocyte intraépidermique
Cellule de Merkel
Corpuscule tactile non capsulé
Neurone sensitif
Mélanocyte
Derme

Couches superficielles

Couches profondes

(a) Couches et cellules composant l'épiderme (dans la peau épaisse)

Épiderme:
Couche cornée
Couche claire
Couche granuleuse
Couche épineuse
Couche basale
Derme

MO 240×

(b) Photomicrographie de l'épiderme (dans la peau épaisse)

Q Quelle couche de l'épiderme contient des cellules souches qui se divisent continuellement?

conduirait à la production de la **kératine**. Les kératinocytes de la couche granuleuse contiennent en outre des **granules lamellés**, recouverts d'une membrane, qui libèrent une sécrétion lipidique. Celle-ci comble les espaces entre les cellules de la couche granuleuse et entre celles de la couche claire et de la couche cornée. Elle sert de revêtement imperméabilisant qui limite les infiltrations et les déperditions d'eau, et elle fait obstacle aux substances étrangères. Quand leurs noyaux se dégradent à l'apoptose, les kératinocytes de la couche granuleuse ne peuvent plus effectuer les réactions métaboliques vitales et ils meurent. La couche granuleuse constitue ainsi la ligne de démarcation entre les couches profondes, actives sur le plan métabolique, et les cellules mortes des couches superficielles.

La couche claire

La **couche claire**, ou *stratum lucidum*, n'est présente que dans la peau épaisse du bout des doigts, de la paume des mains et de la plante des pieds. Elle est formée de trois à cinq strates de kératinocytes morts, transparents et aplatis qui contiennent de grandes quantités de kératine et des membranes plasmiques épaissies.

La couche cornée

La **couche cornée**, ou *stratum corneum*, est formée de 25 à 30 strates de kératinocytes morts et aplatis. Ces cellules sont éliminées continuellement et remplacées à mesure par des cellules des couches plus profondes. Elles renferment essentiellement de la kératine et sont séparées par des lipides produits par les granules lamellés; ces lipides concourent à imperméabiliser la couche cornée. Les multiples épaisseurs de cellules mortes protègent en outre les couches plus profondes contre les lésions et les invasions microbiennes. L'exposition constante de la peau aux frictions déclenche la formation d'une *callosité*, soit un épaississement anormal de la couche cornée.

LA KÉRATINISATION ET LA CROISSANCE DE L'ÉPIDERME

Les jeunes kératinocytes nouvellement formés de la couche basale sont poussés graduellement vers la surface. Ils accumulent une quantité croissante de kératine à mesure qu'ils montent d'une couche de l'épiderme à la suivante; ce processus est appelé **kératinisation des cellules**. Les kératinocytes entrent ensuite en apoptose et, par conséquent, meurent. Enfin, les cellules kératinisées mortes se détachent et sont remplacées par les cellules sous-jacentes, qui se kératinisent à leur tour. Le cycle complet – impliquant la formation des cellules dans la couche basale, leur ascension vers la surface, leur kératinisation et leur détachement – prend environ quatre semaines dans un épiderme moyen de 0,1 mm d'épaisseur. Le rythme de la division cellulaire dans la couche basale s'accélère quand les couches superficielles de l'épiderme subissent des abrasions ou des brûlures. Les scientifiques n'ont pas encore élucidé le mécanisme qui régit ce mode de croissance exceptionnel; ils ont toutefois établi qu'il fait intervenir des protéines à fonction hormonale telles que le **facteur de croissance épidermique** (EGF, *epidermal growth factor*). Les **pellicules** sont des agglomérations de cellules kératinisées qui se détachent du cuir chevelu.

Le tableau 5.1 résume les caractéristiques des couches de l'épiderme.

LE PSORIASIS

Le **psoriasis** est une dermatose (maladie de la peau) chronique très répandue. Il est _____ ur une division excessivement rapide des kératinocytes et pa_____ igration précoce de la couche basale à la couche cornée. Les _____ocytes se détachent prématurément, au bout de 7 à 10 jours s_____ dans certains cas. Les kératinocytes immatures élaborent une _____ normale qui forme des squames argentées à la surface de la pe_____out sur les genoux, les coudes et le cuir chevelu. Certains traite_____ont efficaces (onguents topiques et photothérapie aux UV); ils empêchent la division cellulaire, ralentissent le rythme de croissance des cellules ou inhibent la kératinisation. ■

TABLEAU 5.1 RÉSUMÉ DES CARACTÉRISTIQUES DES COUCHES DE L'ÉPIDERME	
COUCHE	**DESCRIPTION**
Basale	La couche la plus profonde; se compose d'une seule strate de kératinocytes prismatiques ou cubiques contenant des tonofilaments dispersés (filaments intermédiaires) dans le cytosol; les cellules souches se divisent pour produire de nouveaux kératinocytes; des mélanocytes, des macrophagocytes intraépidermiques et des cellules de Merkel (avec leurs corpuscules tactiles non capsulés) sont disséminés parmi les kératinocytes.
Épineuse	Formée de 8 à 10 strates de kératinocytes polyédriques avec leurs faisceaux de tonofilaments; comprend des prolongements de mélanocytes et de macrophagocytes intraépidermiques.
Granuleuse	Formée de trois à cinq strates de kératinocytes aplatis dont le noyau et les organites commencent à dégénérer; les cellules contiennent de la kératohyaline, protéine qui transforme les tonofilaments en kératine, et des granules lamellés, qui libèrent une sécrétion lipidique imperméabilisante.
Claire	Présente seulement dans la peau du bout des doigts, de la paume des mains et de la plante des pieds; formée de trois à cinq strates de kératinocytes morts, transparents et aplatis contenant de grandes quantités de kératine.
Cornée	Formée de 25 à 30 strates de kératinocytes morts aplatis contenant essentiellement de la kératine.

LE DERME

La seconde couche de la peau, la plus profonde, est appelée **derme**. Elle se compose principalement de tissu conjonctif. Le derme comprend des fibres collagènes et élastiques, des vaisseaux sanguins, des nerfs, des glandes et des follicules pileux. On distingue deux sous-couches dermiques définies par la structure histologique: le derme papillaire et le derme réticulaire.

Le **derme papillaire**, ou zone papillaire, constitue environ un cinquième de l'épaisseur totale du derme (figure 5.1). Il se compose de tissu conjonctif aréolaire comprenant des fibres élastiques fines. De petites structures digitiformes, les **papilles du derme** (*papilla*: bouton, pustule), accroissent considérablement sa surface. Ces structures en forme de mamelon font saillie dans l'épiderme et certaines d'entre elles contiennent des **capillaires en boucle** (capillaires sanguins). Ces papilles renferment également des récepteurs sensitifs tels que des terminaisons nerveuses libres associées aux sensations de chaleur, de froid, de douleur et du toucher grossier. Certaines papilles, surtout celles présentes dans le derme de la paume des mains et de la plante des pieds, comprennent aussi des récepteurs sensibles au toucher fin appelés **corpuscules tactiles capsulés**, ou corpuscules de Meissner.

Le **derme réticulaire**, ou zone réticulaire (*reticulum*: réseau), est fixé au fascia superficiel; il se compose de tissu conjonctif dense irrégulier contenant des fibroblastes, des faisceaux de fibres collagènes et quelques grosses fibres élastiques. Les fibres collagènes du derme réticulaire s'entrelacent comme les cordes d'un filet. Quelques adipocytes, des follicules pileux, des nerfs, des glandes sébacées et des glandes sudoripares occupent l'espace entre les fibres.

L'association de fibres collagènes et de fibres élastiques dans le derme réticulaire confère à la peau sa **résistance**, son **extensibilité** (sa capacité à s'étirer) et son **élasticité** (sa capacité à reprendre sa forme initiale après un étirement). L'extensibilité de la peau est manifeste autour des articulations ainsi que chez les femmes enceintes et les personnes obèses. Toutefois, les étirements extrêmes peuvent produire dans le derme de petites déchirures, les **vergetures**, qui ont l'aspect de stries rouges ou blanc argenté à la surface de la peau.

LES LIGNES DE LANGER ET LES INTERVENTIONS CHIRURGICALES

Dans certaines régions du corps, les fibres collagènes ont tendance à s'orienter toutes plus ou moins dans la même direction pour assurer un certain tonus à la peau. Les **lignes de Langer** sont des lignes de tension qui indiquent cette direction dominante à la surface de la peau. Elles sont particulièrement visibles sur la face palmaire des doigts, où elles suivent l'axe longitudinal. Les chirurgiens plasticiens se doivent de bien connaître le tracé des lignes de tension. En effet, les incisions chirurgicales pratiquées le long des fibres collagènes ne laissent qu'une fine cicatrice. Par contre, celles qui sont pratiquées au travers de ces fibres (transversalement) détruisent la continuité du collagène; l'ouverture est donc plus grande et laisse des cicatrices plus épaisses et plus larges. ■

La surface de la paume des mains, des doigts, de la plante des pieds et des orteils est parcourue de crêtes et de sillons formant des lignes droites, des boucles et des volutes bien visibles sur le bout des doigts. Ces **crêtes épidermiques** apparaissent au cours du troisième mois du développement fœtal. Ce sont en fait des projections qui descendent de l'épiderme dans le derme, entre les papilles du derme situées dans le derme papillaire (figure 5.1). Ces crêtes augmentent la surface de l'épiderme, et donc la friction, ce qui accroît la capacité de prise des mains et des pieds. Parce que les conduits des glandes sudoripares s'ouvrent par des pores au sommet des crêtes épidermiques, la sueur et les crêtes forment des **empreintes digitales** (et des **empreintes de pied**) au contact d'un objet lisse. La disposition des crêtes épidermiques est génétiquement déterminée et, par conséquent, propre à chaque personne. Les empreintes digitales peuvent servir à l'identification des individus parce qu'elles restent identiques tout au long de la vie (à ceci près qu'elles grandissent en même temps que la personne). L'étude de la configuration des crêtes épidermiques des mains est la **dactyloscopie**.

Le tableau 5.2 résume les caractéristiques structurales du derme papillaire et du derme réticulaire.

LES ÉLÉMENTS STRUCTURAUX DE LA COULEUR DE LA PEAU

Trois pigments, la mélanine, l'hémoglobine et le carotène, donnent à la peau sa couleur. La **mélanine** produit une coloration qui varie du jaune pâle au noir en passant par tous les tons de rouge et de brun, selon sa quantité. On distingue deux types de mélanines, la *phéomélanine* (de jaune à rouge) et l'*eumélanine* (de brun à noir) ; la différence entre les deux est surtout visible dans les cheveux. Les parties du corps qui contiennent le plus de mélanocytes – cellules qui produisent la mélanine – sont l'épiderme du pénis, les mamelons, les aréoles, le visage et les membres. On rencontre également des mélanocytes dans les muqueuses. Le *nombre* des mélanocytes est sensiblement le même chez tous les êtres humains ;

c'est donc la *quantité de pigment* que les mélanocytes élaborent et transmettent aux kératinocytes qui détermine la couleur de la peau. Chez certaines personnes, la mélanine s'accumule localement et forme des *taches de rousseur*. Le vieillissement peut aussi provoquer la formation de *taches séniles* plates qui ressemblent à des taches de rousseur, et dont la couleur varie du brun pâle au noir. À l'instar des taches de rousseur, ces taches de vieillesse résultent d'une accumulation de mélanine. Les **nævus**, ou grains de beauté, sont des accumulations locales et bénignes, rondes, plates ou surélevées de mélanocytes, qui apparaissent généralement pendant l'enfance ou l'adolescence.

Les mélanocytes synthétisent la mélanine à partir d'un acide aminé appelé *tyrosine* en présence d'une enzyme appelée *tyrosinase*. Cette synthèse se déroule dans un organite, le **mélanosome**. L'exposition aux rayonnements ultraviolets intensifie l'activité enzymatique dans les mélanosomes et stimule ainsi la production de mélanine. À la fois plus abondante et plus sombre, cette mélanine produite par l'exposition aux UV donne à la peau un aspect bronzé et assure au corps une certaine protection contre le rayonnement UV ultérieur. La mélanine absorbe les UV, prévient la détérioration de l'ADN des cellules épidermiques et neutralise les radicaux libres qui se forment dans la peau en cas de dommage causé par les UV. Elle joue donc, dans une certaine mesure, un rôle protecteur. Toutefois, ainsi que nous le verrons, les expositions répétées aux UV peuvent entraîner le cancer de la peau. Les vacanciers perdent leur bronzage lorsque les kératinocytes contenant de la mélanine se détachent de la couche cornée.

Les personnes à la peau foncée ont beaucoup de mélanine dans leur épiderme ; ce dernier présente une couleur plus soutenue qui va du jaune au noir en passant par le rouge (cuivré) et le brun. Les personnes à la peau claire ont peu de mélanine dans leur épiderme ; ce dernier semble translucide et sa couleur peut aller du rose au rouge, selon la quantité et la teneur en oxygène du sang qui circule dans les capillaires du derme. La couleur rouge est due à l'**hémoglobine**, pigment qui transporte l'oxygène dans les érythrocytes.

Le **carotène** (*carota* : carotte) est un pigment jaune orangé qui donne leur couleur caractéristique au jaune d'œuf et aux carottes. En cas d'ingestion excessive, ce précurseur de la vitamine A – laquelle sert à synthétiser les pigments nécessaires à la vision – s'accumule dans la couche cornée et dans les zones adipeuses du derme ainsi que dans le fascia superficiel. La peau peut même devenir orange quand on consomme beaucoup d'aliments riches en carotène. Ce phénomène est évidemment plus visible chez les personnes à la peau claire.

L'**albinisme** (*albus* : blanc) est une anomalie héréditaire caractérisée par l'incapacité de produire de la mélanine. Chez la plupart des **albinos**, les mélanocytes ne synthétisent pas de tyrosinase. Leurs cheveux, leurs yeux et leur peau sont ainsi dépourvus de mélanine.

Le **vitiligo** est l'absence partielle ou totale des mélanocytes dans certaines régions de la peau. Il se manifeste par des taches blanches (sans pigmentation) irrégulières. Cette absence de cellules chargées d'élaborer la mélanine peut être causée par un dysfonctionnement du système immunitaire (par exemple, une maladie auto-immune) dans lequel les anticorps attaquent les mélanocytes.

TABLEAU 5.2	**DESCRIPTION DU DERME PAPILLAIRE ET DU DERME RÉTICULAIRE**
DERME	**DESCRIPTION**
Papillaire	La partie superficielle du derme (environ un cinquième de son épaisseur totale) ; composé de tissu conjonctif aréolaire renfermant des fibres élastiques ; contient les papilles du derme (qui abritent des capillaires), des corpuscules tactiles capsulés et des terminaisons nerveuses libres.
Réticulaire	La partie profonde du derme (environ les quatre cinquièmes de son épaisseur totale) ; composé de tissu conjonctif dense irrégulier renfermant des faisceaux de fibres collagènes et quelques grosses fibres élastiques. L'espace entre les fibres comprend quelques adipocytes, des follicules pileux, des nerfs, des glandes sébacées et des glandes sudoripares.

LA COULEUR DE LA PEAU ET LE DIAGNOSTIC

La couleur de la peau et des muqueuses peut fournir des indices qui facilitent parfois le diagnostic de certaines affections. Quand le sang ne capte pas une quantité suffisante d'oxygène dans les poumons, par exemple en cas d'arrêt respiratoire, les muqueuses, le lit des ongles et la peau prennent une teinte bleutée ; on dit qu'ils sont **cyanosés** (*kyanos* : bleu). L'**ictère** (*ikteros* : jaunisse) est dû à l'accumulation de bilirubine, un pigment jaune, dans la peau. Cet état donne une teinte jaunâtre à la peau et au blanc des yeux, d'où son nom courant de **jaunisse**. L'ictère est généralement le signe d'une maladie du foie. L'**érythème** (*eruthêma* : rougeur), c'est-à-dire la rougeur de la peau, est causé par un engorgement sanguin des capillaires du derme consécutif à une lésion cutanée, une exposition à la chaleur, une infection, une inflammation ou une réaction allergique. La **pâleur** peut indiquer un état de choc ou une anémie. Ces modifications dans la coloration de la peau sont plus évidentes chez les personnes à la peau claire que chez celles à la peau foncée. Chez ces dernières, toutefois, l'examen du lit des ongles et des gencives peut fournir des indications précieuses sur la circulation sanguine. ■

LE TATOUAGE ET LE PERÇAGE CORPOREL

Le **tatouage** est une coloration permanente de la peau obtenue par l'insertion d'un pigment étranger dans le derme au moyen d'une aiguille. Cette coutume aurait vu le jour en Égypte entre 4 000 et 2 000 ans av. J.-C. Aujourd'hui, presque tous les peuples du monde pratiquent le tatouage, sous une forme ou sous une autre. Les tatouages peuvent être effacés au laser (rayons lumineux très concentrés). Cette procédure exige plusieurs interventions. Les encres et les pigments du tatouage absorbent de manière sélective le laser sans détruire la peau intacte environnante. Le laser désintègre ainsi le tatouage en petites particules d'encre que le système immunitaire élimine graduellement. L'effacement des tatouages au laser représente cependant un investissement considérable en temps et en argent ; il peut en outre s'avérer très douloureux.

Le **perçage corporel** consiste à insérer un bijou dans un orifice artificiel. Cette pratique est également très ancienne, puisque les pharaons égyptiens et les soldats de l'Empire romain y avaient recours. Elle est en vogue aujourd'hui en Amérique du Nord. Pour la plupart des régions du corps, la personne qui réalise l'intervention nettoie la zone cutanée avec un antiseptique, tire la peau avec des forceps et fait passer une aiguille à travers ce pli cutané. Elle fixe ensuite le bijou à l'autre extrémité de l'aiguille et l'enfonce dans la peau. La cicatrisation complète peut prendre jusqu'à un an dans certains cas. Les endroits le plus souvent choisis pour le perçage sont les oreilles, le nez, les sourcils, les lèvres, la langue, les mamelons, le nombril et les parties génitales. Diverses complications sont à craindre, notamment les infections, les réactions allergiques et les lésions anatomiques (par exemple, la dégénérescence d'un nerf ou la déformation d'un cartilage). De plus, les bijoux insérés dans le corps peuvent gêner certaines procédures médicales telles que l'application d'un masque de réanimation, le dégagement des conduits aériens, la pose d'une sonde urinaire, la prise d'une radiographie et le déroulement de l'accouchement.

▶ POINT DE CONTRÔLE

1. Quelles sont les structures du système tégumentaire ?

2. Comment se produit la kératinisation ?

3. Quelles sont les différences structurelles et fonctionnelles entre l'épiderme et le derme ?

4. Comment se forment les crêtes épidermiques ?

5. Quels sont les trois pigments de la peau et quelle couleur chacun d'eux lui confère-t-il ?

6. Qu'est-ce qu'un tatouage ? Quels problèmes de santé le perçage corporel peut-il causer ?

LES ANNEXES CUTANÉES

> ### OBJECTIF

- Comparer la structure, la répartition et les fonctions des poils, des glandes de la peau et des ongles

Les **annexes cutanées** sont les poils, les glandes de la peau et les ongles. Elles se développent à partir de l'épiderme embryonnaire et remplissent de nombreuses fonctions importantes. Par exemple, les poils et les ongles protègent le corps ; les glandes sudoripares contribuent à la thermorégulation.

LES POILS

Tout le corps humain est couvert de **poils**, à l'exception de la paume des mains, de la face palmaire des doigts, de la plante des pieds et de la face plantaire des orteils. Chez l'adulte, les poils sont généralement plus denses sur le cuir chevelu, les arcades sourcilières, les aisselles et autour des organes génitaux externes. La densité et la répartition des poils sont en grande partie déterminées par des facteurs génétiques et hormonaux.

Les cheveux assurent au cuir chevelu une certaine protection contre les lésions et le rayonnement solaire. Ils limitent par ailleurs les déperditions de chaleur de la tête. Les sourcils et les cils, les poils des narines et ceux du méat acoustique externe empêchent les corps étrangers ainsi que des microorganismes d'entrer dans les yeux, le nez et les oreilles, respectivement. Les récepteurs tactiles (plexus des racines des poils) des follicules pileux s'activent dès qu'un poil bouge, même très légèrement. Les poils contribuent ainsi au toucher fin (détection des contacts légers).

L'anatomie du poil

Chaque poil est formé de colonnes de cellules kératinisées mortes réunies par des protéines extracellulaires. La **tige du poil** est la partie aérienne du poil, celle qui dépasse de la surface de la peau (figure 5.4a). La **racine du poil** est la partie qui, située sous la tige, pénètre dans le derme et, parfois, jusque dans le fascia superficiel. La tige et la racine sont formées de trois couches concentriques de cellules : la médulla, le cortex et la cuticule du poil (figure 5.4c, d). La *médulla du poil*, la couche centrale, est composée de deux ou trois épaisseurs de cellules de formes irrégulières ; les poils très fins en sont parfois dépourvus. Le *cortex du poil*, la couche intermédiaire, forme la majeure partie de la tige et se compose de cellules allongées. La *cuticule du poil*, la couche superficielle, consiste en

FIGURE 5.4 La structure d'un poil.

Les poils sont des annexes cutanées composées de cellules kératinisées mortes.

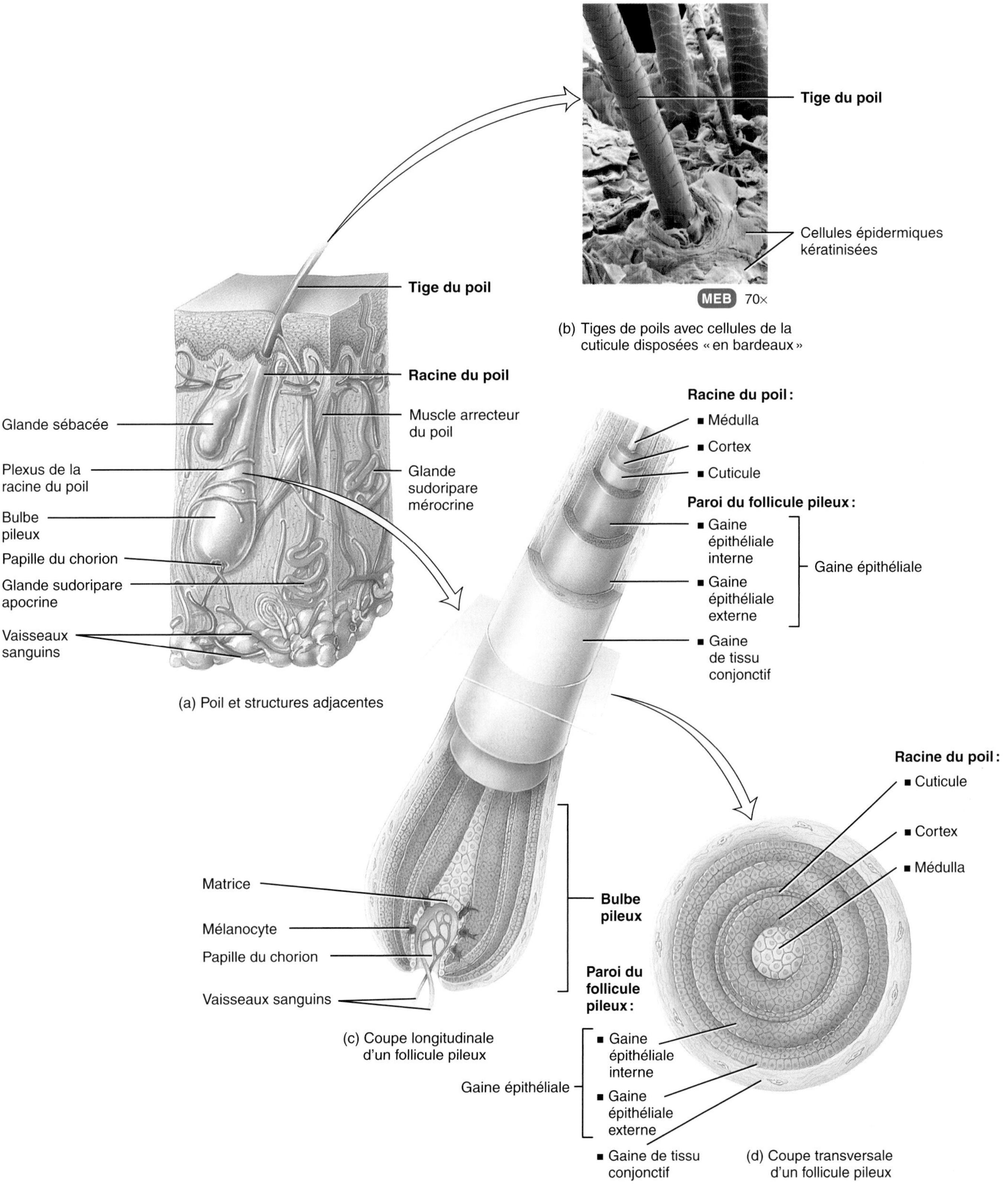

Tige du poil

Cellules épidermiques
kératinisées

MEB 70×

(b) Tiges de poils avec cellules de la
cuticule disposées « en bardeaux »

Tige du poil

Racine du poil

Glande sébacée

Muscle arrecteur
du poil

Plexus de la
racine du poil

Glande
sudoripare
mérocrine

Bulbe
pileux

Papille du chorion

Glande sudoripare
apocrine

Vaisseaux
sanguins

(a) Poil et structures adjacentes

Racine du poil :
- Médulla
- Cortex
- Cuticule

Paroi du follicule pileux :
- Gaine
  épithéliale
  interne
- Gaine
  épithéliale
  externe
- Gaine
  de tissu
  conjonctif

Gaine épithéliale

Racine du poil :
- Cuticule
- Cortex
- Médulla

Matrice

Mélanocyte

Papille du chorion

Vaisseaux sanguins

**Bulbe
pileux**

**Paroi du
follicule
pileux :**

Gaine épithéliale

(c) Coupe longitudinale
d'un follicule pileux

- Gaine
  épithéliale
  interne
- Gaine
  épithéliale
  externe
- Gaine de tissu
  conjonctif

(d) Coupe transversale
d'un follicule pileux

Pourquoi est-il douloureux de s'arracher un cheveu, mais pas de le couper ?

une seule épaisseur de cellules plates et minces qui sont le plus fortement kératinisées. Les cellules de la cuticule de la tige sont disposées comme des bardeaux, leur bord libre dirigé vers l'extrémité du poil (figure 5.4b).

Le **follicule pileux** est une cavité bulbeuse dans laquelle s'insère toute la racine du poil. La base du follicule pileux s'arrondit en forme d'oignon et porte le nom de **bulbe pileux** (figure 5.4c). Le bulbe pileux abrite une saillie pointue, la **papille du chorion** (ou papille du poil), composée de tissu conjonctif aréolaire et de nombreux vaisseaux sanguins qui nourrissent le follicule en croissance. Le bulbe renferme aussi une couche germinative de cellules, la **matrice du poil**. Les cellules de la matrice sont à l'origine de la croissance des poils existants et produisent de nouveaux poils pour remplacer ceux qui sont tombés. Ce processus de renouvellement se déroule à l'intérieur d'un même follicule.

La paroi du follicule pileux est formée d'une **gaine épithéliale** comprenant deux couches concentriques : la **gaine épithéliale interne**, produite par la matrice du poil, et la **gaine épithéliale externe**, constituée par un prolongement descendant de l'épiderme. La gaine épithéliale est elle-même recouverte par une sorte de sac composé de tissu conjonctif, appelé **gaine de tissu conjonctif**. Cette gaine est l'enveloppe la plus externe de la paroi du follicule pileux.

L'ÉPILATION

Les **dépilatoires** sont des produits qui éliminent les poils en dissolvant la protéine de leur tige pour la transformer en une masse gélatineuse, laquelle peut ensuite être éliminée par essuyage. La racine du poil n'étant pas touchée, le poil repousse. L'**électrolyse** consiste à détruire la matrice du poil au moyen d'un courant électrique afin que le poil ne repousse pas. Le **laser** peut également être utilisé pour l'épilation. ∎

Les poils sont également associés aux glandes sébacées (que nous décrirons plus loin) et à un faisceau de myocytes lisses (figure 5.4a). Ce muscle lisse est appelé **muscle arrecteur du poil** (*arrigere* : dresser). Il s'étend de la partie superficielle du derme jusqu'à la gaine de tissu conjonctif enveloppant le follicule pileux, et s'attache sur le côté du follicule. En position normale, les poils émergent obliquement de la surface de la peau. Mais sous le coup d'un stress physiologique tel que le froid ou d'un stress psychologique tel que la peur, les terminaisons nerveuses autonomes provoquent la contraction des muscles arrecteurs du poil. Ceux-ci tirent alors sur les tiges du poil et les rendent perpendiculaires à la surface de la peau. La peau située autour des tiges forme de petites éminences ; c'est la «chair de poule».

Chaque follicule pileux est entouré de dendrites qui forment le **plexus de la racine du poil** (figure 5.4a). Sensible au toucher, le plexus de la racine du poil émet des influx nerveux si la tige du poil se déplace.

La croissance des poils

Chaque follicule pileux se développe selon un cycle qui comprend une phase de croissance et une phase de repos. Pendant la **phase de croissance**, les cellules de la matrice se différencient, se kératinisent et meurent. Le poil pousse à mesure que de nouvelles cellules s'agglutinent à la base de sa racine. Au bout d'un certain temps, la croissance du poil s'arrête et la **phase de repos** s'amorce.

Un nouveau cycle commence ensuite. La racine du vieux poil tombe ou est expulsée du follicule ; un nouveau poil apparaît. La phase de croissance des cheveux dure de 2 à 6 ans et elle est suivie d'une phase de repos d'environ 3 mois. À tout instant, environ 85 % des cheveux se trouvent en phase de croissance. La partie visible du cheveu est morte mais sa racine (dans le cuir chevelu) reste vivante tant que le cheveu n'est pas expulsé de son follicule.

Un adulte perd de 70 à 100 cheveux par jour. Les maladies, la radiothérapie, la chimiothérapie, l'âge, la génétique, le sexe et le stress psychologique influent à la fois sur le rythme de croissance et sur le cycle de renouvellement des cheveux. Les régimes amaigrissants draconiens qui limitent d'une manière excessive l'apport énergétique ou protéique accélèrent la chute des cheveux. La perte des cheveux est également plus importante durant les 3 à 4 mois qui suivent l'accouchement. L'**alopécie** est l'absence totale ou partielle de cheveux. Elle peut être causée par des facteurs génétiques, le vieillissement, les troubles endocriniens, la chimiothérapie ou les dermatoses.

LA CHIMIOTHÉRAPIE ET LA PERTE DES CHEVEUX

La **chimiothérapie** est le traitement des maladies (généralement, le cancer) par l'administration de médicaments. Les agents chimiothérapiques «à effet antimitotique» interrompent le cycle de vie des cellules cancéreuses, qui se divisent rapidement. Mais ils endommagent aussi les autres cellules soumises à une division rapide, par exemple celles qui composent la matrice pileuse. C'est la raison pour laquelle les patients traités par chimiothérapie perdent leurs cheveux. Les cellules matricielles au repos constituent environ 15 % de l'ensemble du cuir chevelu, et elles ne sont pas touchées par les agents chimiothérapiques. À l'arrêt des traitements, les cellules de la matrice remplacent les follicules pileux perdus, et les cheveux repoussent. ∎

Les types de poils

Les follicules pileux se développent entre la 9e et la 12e semaine qui suivent la fécondation. Vers le 5e mois du développement, les follicules produisent des poils très fins et non pigmentés qui forment le **lanugo** (*lana* : laine), et qui couvrent tout le corps du fœtus. Ces poils tombent avant la naissance, sauf sur le cuir chevelu, aux sourcils et aux cils. Quelques mois après la naissance, le lanugo résiduel cède la place à des poils légèrement plus épais. Sur le reste du corps du bébé poussent des poils fins et courts qui forment le **duvet**. À la puberté, les sécrétions hormonales (androgènes) déclenchent le développement de poils épais, pigmentés et généralement ondulés aux aisselles et sur le pubis. Chez les garçons, ces poils apparaissent également sur le visage et d'autres zones du corps. Les poils épais qui poussent à la puberté ainsi que les cheveux, les sourcils et les cils sont très pigmentés ; ce sont les **poils adultes**. Chez l'homme, la pilosité se compose à 95 % environ de poils adultes, contre 5 % de duvet ; chez la femme, elle comprend environ 35 % de poils adultes et 65 % de duvet.

La couleur des poils

La couleur des poils et des cheveux tient avant tout à la quantité et au type de la mélanine qui se trouve dans les cellules kératinisées. La mélanine est synthétisée par les mélanocytes disséminés dans la matrice du bulbe pileux, puis transférée aux cellules du cortex et de la médulla du poil (figure 5.4c). Les poils foncés contiennent principalement de l'eumélanine, tandis que les poils blonds et roux contiennent des variantes de la phéomélanine. Le grisonnement des poils et des cheveux est dû à une diminution graduelle de la production de mélanine. Leur blanchissement découle d'une insuffisance de mélanine et d'une accumulation de bulles d'air dans la tige.

LES POILS ET LES HORMONES

À la puberté, les testicules commencent à sécréter de grandes quantités d'androgènes (hormones sexuelles masculinisantes); les garçons présentent alors une pilosité masculine caractéristique, notamment la barbe et les poils sur la poitrine. Chez les filles, à la puberté, les ovaires et les glandes surrénales se mettent à produire de petites quantités d'androgènes qui stimulent la croissance des poils aux aisselles et dans la région pubienne. Une tumeur sur les glandes surrénales, les testicules ou les ovaires peut entraîner une sécrétion excessive d'androgènes et causer chez les garçons prépubères et chez les filles une pilosité corporelle excessive, l'**hirsutisme** (*hirsutus*: velu).

Chose étonnante, les androgènes interviennent aussi dans l'apparition de l'alopécie androgénique (ou androgénétique), la forme la plus courante de calvitie. Chez l'adulte génétiquement prédisposé, les androgènes inhibent la croissance capillaire. Chez l'homme, la perte des cheveux commence le plus souvent par une dénudation graduelle des tempes («golfes temporaux») et du sommet du crâne. Chez la femme, la chevelure se raréfie plutôt sur le dessus de la tête. Le minoxidil a été le premier médicament approuvé pour stimuler la croissance des cheveux. Distribué sous le nom de Rogaine^MD, il provoque une vasodilatation (élargissement des vaisseaux sanguins) qui accroît la circulation sanguine. Environ un tiers des patients qui l'ont essayé constatent une amélioration de la pousse capillaire, un élargissement des follicules pileux du cuir chevelu et un allongement du cycle de la croissance des cheveux. Chez la plupart d'entre eux, cependant, la pousse capillaire reste minime. Enfin, le minoxidil n'a pas d'effet chez les personnes déjà touchées par la calvitie. ■

LES GLANDES DE LA PEAU

Ainsi que nous l'avons vu au chapitre 4, les cellules fonctionnelles des glandes sont des cellules épithéliales qui produisent des sécrétions. La peau contient trois types de glandes multicellulaires dites *exocrines* parce que leurs produits de sécrétion sont libérés dans des conduits qui débouchent sur la surface de la peau. Les glandes de la peau sont les glandes sébacées, les glandes sudoripares et les glandes cérumineuses. Les glandes mammaires sont des glandes sudoripares spécialisées qui sécrètent du lait; nous les décrirons au chapitre 28, en même temps que le système génital de la femme.

Les glandes sébacées

Les **glandes sébacées** (*sebum*: suif) sont des glandes simples alvéolaires ramifiées (voir la figure 4.4). À quelques exceptions près, elles sont reliées aux follicules pileux (figures 5.1 et 5.4a). L'unité sécrétrice des glandes sébacées est située dans le derme et s'ouvre habituellement dans le rétrécissement du follicule pileux. Toutefois, à certains endroits tels que les lèvres, le gland du pénis, les petites lèvres de la vulve et les glandes tarsales des paupières, les glandes sébacées débouchent directement à la surface de la peau.

Les glandes sébacées sont petites dans la plupart des régions du tronc et des membres mais plus grandes dans la peau des seins, du visage, du cou et de la partie supérieure du thorax. La paume des mains et la plante des pieds en sont dépourvues.

Les glandes sébacées sécrètent une substance huileuse, le **sébum**, qui est un mélange de triacylglycérols, de cholestérol, de protéines, de sels inorganiques et de phéromones (substances qui excitent l'odorat). Le sébum recouvre les poils et les cheveux, et les empêche de devenir secs et cassants. De plus, il prévient l'évaporation excessive de l'eau à la surface de l'épiderme, et garde la peau douce et souple; l'acidité due à la présence des corps gras inhibe la croissance de certaines bactéries.

L'ACNÉ

L'**acné** est une inflammation des glandes sébacées qui apparaît habituellement à la puberté, au moment où les glandes sébacées grossissent et accroissent leurs sécrétions de sébum. Plusieurs facteurs stimulent les glandes sébacées, notamment les androgènes produits par les testicules, les ovaires et les glandes surrénales. L'acné touche surtout les follicules pilosébacés qui ont été colonisés par des bactéries, dont certaines prolifèrent dans le sébum riche en lipides. L'infection peut entraîner la formation d'un kyste ou d'une poche de cellules de tissu conjonctif qui détruit ou déplace les cellules de l'épiderme. Cette affection, appelée **acné kystique**, peut laisser des cicatrices permanentes sur l'épiderme. Le traitement consiste à nettoyer délicatement les zones touchées une ou deux fois par jour avec un savon doux, un antibiotique topique (par exemple, la clindamycine ou l'érythromycine) ou un autre produit topique (tel que le peroxyde de benzoyle ou la trétinoïne), ou des antibiotiques par voie orale (par exemple, la tétracycline, la minocycline, l'érythromycine ou l'isotrétinoïne). Contrairement à ce que l'on entend souvent dire, la consommation de chocolat ou de fritures ne provoque pas l'acné et ne l'aggrave pas. ■

Les glandes sudoripares

Le corps compte de trois à quatre millions de **glandes sudoripares** (*sudor*: sueur; *parere*: engendrer) dont les cellules exocrines libèrent leurs sécrétions (la sueur) directement à la surface de la peau, par les pores, ou dans les follicules pileux. On distingue deux types de glandes sudoripares, classifiées selon leur structure, leur emplacement et leur type de sécrétion: les glandes sudoripares mérocrines et les glandes sudoripares apocrines.

Les **glandes sudoripares mérocrines** sont des glandes simples tubulaires contournées (voir la figure 4.4; figures 5.1 et 5.4a). Ces glandes sont dites *mérocrines* parce qu'elles libèrent leur sécrétion au fur et à mesure de leur production par exocytose dans de petites vésicules (voir la figure 4.5a). On les rencontre en abondance dans la peau de la plupart des régions du corps, surtout celle du front, de la paume des mains et de la plante des pieds. Cependant, le bord des lèvres, le lit des ongles des doigts et des orteils, le gland du pénis, le gland du clitoris, les petites lèvres de la vulve et les tympans en sont dépourvus. L'unité sécrétrice des glandes sudoripares mérocrines est située pour l'essentiel dans les couches profondes du derme (parfois dans la partie supérieure du fascia superficiel). Le conduit excréteur traverse le derme et l'épiderme, et s'ouvre par un pore à la surface de la peau (figure 5.1).

Les glandes sudoripares mérocrines sécrètent un fluide aqueux, la **sueur**, à raison d'environ 600 mL par jour. La sueur est composée à 99 % d'eau, d'ions (surtout Na^+ et Cl^-), d'urée, d'acide urique, d'ammoniac, d'acides aminés, de glucose et d'acide lactique (cette substance attire les moustiques). La fonction principale des glandes sudoripares mérocrines est de favoriser la thermorégulation par l'évaporation ; quand la sueur s'évapore, une grande quantité d'énergie calorifique quitte la surface du corps. Les glandes sudoripares mérocrines contribuent aussi, quoique modestement, à l'élimination de déchets tels que l'urée, l'acide urique et l'ammoniac. La sueur qui s'évapore de la peau avant que sa présence ne se manifeste par une sensation d'humidité est la **transpiration insensible**. Celle qui est excrétée en grande quantité et dont la présence provoque une sensation d'humidité sur la peau est la **transpiration sensible**. La sueur contient également des substances bactéricides qui contribuent à la résistance immunitaire non spécifique de l'organisme.

Les **glandes sudoripares apocrines** sont aussi des glandes simples tubulaires contournées (figures 5.1 et 5.4a). On les rencontre principalement dans la peau des aisselles, des aines, des aréoles (régions pigmentées qui entourent les mamelons) et des régions barbues du visage chez l'homme adulte. On croyait autrefois que ces glandes sécrétaient la sueur dans des parties de la cellule qui se détachaient, d'où le qualificatif « apocrines » (voir la figure 4.5b). On sait à présent que la sueur est libérée par exocytose, le mode de sécrétion caractéristique des glandes mérocrines, mais on continue d'utiliser le terme *apocrines*. L'unité sécrétrice des glandes sudoripares apocrines est située en majeure partie dans le fascia superficiel ; leur conduit excréteur s'ouvre dans un follicule pileux, et non pas directement à la surface de la peau (figure 5.1). Par comparaison avec la sueur aqueuse des glandes sudoripares mérocrines, le produit de sécrétion des glandes apocrines est légèrement visqueux ; il contient les mêmes composantes, auxquelles s'ajoutent des lipides et des protéines. Alors que les glandes sudoripares mérocrines commencent à fonctionner peu après la naissance, les glandes apocrines n'entrent en activité qu'à la puberté. Les glandes sudoripares apocrines sont stimulées par le stress psychologique et l'excitation sexuelle. Elles produisent ce qu'on appelle communément les « sueurs froides ».

Le tableau 5.3 présente une comparaison entre les glandes sudoripares mérocrines et apocrines.

Les glandes cérumineuses

L'oreille externe contient des glandes sudoripares spécialisées, les **glandes cérumineuses** (*cera* : cire), qui produisent une sécrétion cireuse. L'unité sécrétrice des glandes cérumineuses se trouve dans le fascia superficiel, en dessous des glandes sébacées. Leur conduit excréteur s'ouvre soit directement à la surface du méat acoustique externe, soit dans les conduits de glandes sébacées. Le mélange des sécrétions des glandes cérumineuses et sébacées est appelé **cérumen**. Avec les poils du méat acoustique externe, le cérumen constitue une barrière collante qui empêche les corps étrangers de pénétrer dans l'oreille.

TABLEAU 5.3 COMPARAISON DES GLANDES SUDORIPARES MÉROCRINES ET APOCRINES		
CARACTÉRISTIQUE	**GLANDES SUDORIPARES MÉROCRINES**	**GLANDES SUDORIPARES APOCRINES**
Répartition	Peau de la plupart des régions du corps, surtout le front, la paume des mains et la plante des pieds.	Peau des aisselles, des aines, des aréoles, des régions barbues du visage (chez l'homme), du clitoris et des petites lèvres de la vulve.
Emplacement de l'unité sécrétrice	Surtout les couches profondes du derme.	Surtout le fascia superficiel.
Débouché du conduit excréteur	Surface de l'épiderme, par un pore.	Follicule pileux.
Sécrétion	Peu visqueuse ; composée d'eau, d'ions (Na^+ et Cl^-), d'urée, d'acide urique, d'ammoniac, d'acides aminés, de glucose et d'acide lactique.	Visqueuse ; mêmes composantes que la sécrétion des glandes sudoripares mérocrines, *plus* des lipides et des protéines.
Fonctions	Thermorégulation, élimination des déchets et action bactéricide.	Stimulées en période de stress psychologique et d'excitation sexuelle (plutôt une caractéristique qu'une fonction).
Entrée en fonction (début des sécrétions)	Peu après la naissance.	Puberté.

LES BOUCHONS DE CÉRUMEN

Certaines personnes sécrètent des quantités excessives de cérumen. Celui-ci peut alors s'accumuler dans le méat acoustique externe et former un bouchon qui empêche les ondes sonores d'atteindre le tympan. Parmi les méthodes permettant d'éliminer les **bouchons de cérumen**, citons l'irrigation régulière de l'oreille avec une solution contenant des enzymes qui dissolvent le cérumen, et le retrait du bouchon avec un instrument non pointu (cette procédure doit être confiée à un professionnel de la santé). On doit éviter l'usage de cotons-tiges ou d'objets pointus, parce qu'on risque d'enfoncer le cérumen dans le méat acoustique externe et d'endommager le tympan. ■

LES ONGLES

Les **ongles** sont des plaques de cellules épidermiques kératinisées mortes, dures et entassées les unes sur les autres, qui forment un revêtement translucide et solide sur la face dorsale de l'extrémité distale des doigts. Chaque ongle se compose d'un **corps** – la partie visible –, d'un **bord libre** – la partie qui dépasse de l'extrémité distale du doigt – et d'une **racine** – la partie enfouie sous un repli de la peau, le *repli unguéal proximal* (figure 5.5). Sous le corps de l'ongle s'étendent les couches profondes de l'épiderme qui forment le *lit de l'ongle* ainsi qu'une couche profonde du derme. La majeure partie du corps de l'ongle est rosée à cause du sang

 Les cellules des ongles proviennent de la transformation des cellules superficielles de la matrice de l'ongle.

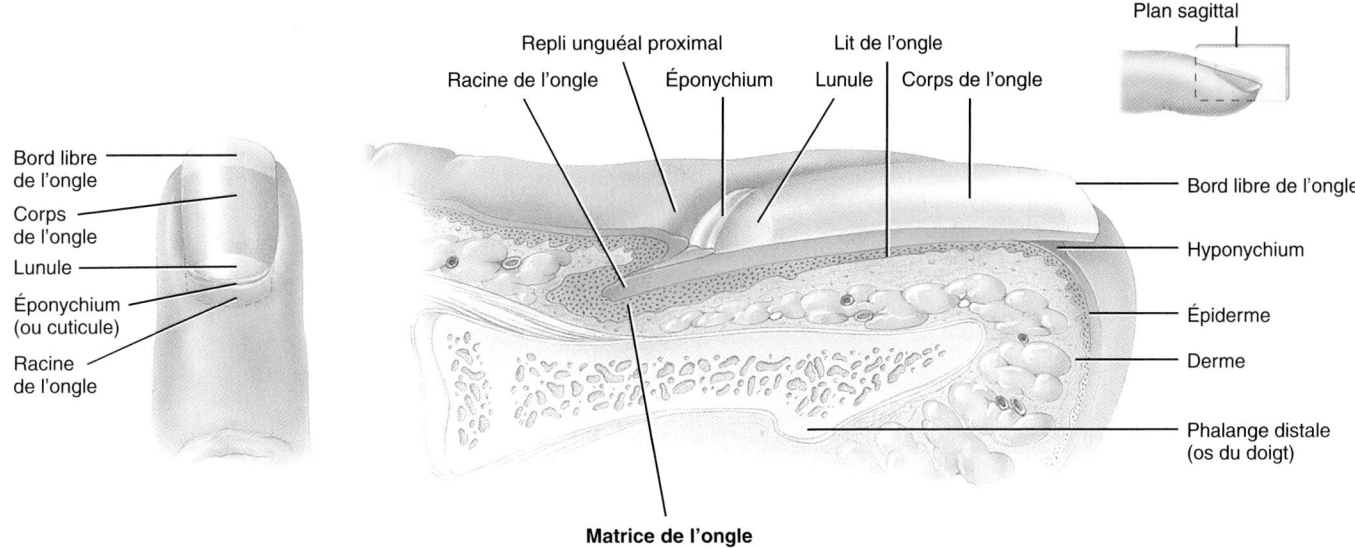

(a) Face dorsale de l'ongle

(b) Coupe sagittale montrant les détails de l'anatomie interne d'un ongle

 Pourquoi les ongles sont-ils durs?

qui circule dans les capillaires du derme sous-jacent. Le bord libre est blanc parce qu'il ne recouvre pas de capillaires. Le croissant blanchâtre qui apparaît à l'extrémité proximale de l'ongle est la **lunule** (*lunula*: petite lune). L'épaississement de l'épithélium dans cette région empêche le tissu vasculaire sous-jacent de transparaître et donne à la lunule sa couleur blanchâtre. Sous le bord libre se trouve un épaississement de la couche cornée, l'**hyponychium** (*hypo*: audessous; *onux*: ongle) qui rattache l'ongle au bout du doigt. L'**éponychium** (*epi*: sur), ou **cuticule**, est une bande étroite d'épiderme qui provient des bords latéraux de l'ongle et y est rattachée. Il recouvre la bordure proximale de l'ongle et est composé d'une couche cornée épidermique.

La partie proximale de l'épithélium situé sous la racine de l'ongle est la **matrice de l'ongle**. C'est là que les cellules se divisent par mitose pour faire pousser l'ongle. Cette croissance est due à la transformation des cellules superficielles de la matrice en cellules de l'ongle. La vitesse de la croissance des ongles dépend du rythme de la mitose des cellules matricielles, lui-même déterminé en partie par des facteurs tels que l'âge, l'état de santé et l'état nutritionnel. La croissance des ongles varie aussi selon les saisons, le moment de la journée et la température ambiante. En moyenne, les ongles des doigts poussent d'environ 1 mm par semaine et ceux des orteils, un peu plus lentement.

Sur le plan fonctionnel, les ongles nous aident à saisir et à manipuler les petits objets, protègent les extrémités des doigts contre les blessures et nous permettent de nous gratter diverses parties du corps.

▶ **POINT DE CONTRÔLE**

7. Décrivez la structure d'un poil. Qu'est-ce qui cause la «chair de poule»?

8. Comparez l'emplacement et les fonctions des glandes sébacées, des glandes sudoripares et des glandes cérumineuses.

9. Décrivez les principales parties de l'ongle.

LES TYPES DE PEAU

> **OBJECTIF**

• Comparer la structure et les fonctions de la peau fine et de la peau épaisse.

Du point de vue de sa structure, la peau varie peu d'une région du corps à l'autre. Elle présente cependant certaines variations localisées en ce qui a trait à l'épaisseur de l'épiderme, à la résistance, à la souplesse, au degré de kératinisation, à la répartition et au type des poils, à la densité et aux types des glandes, à la pigmentation, à la vascularisation et à l'innervation. On distingue deux grands types de peau, classifiés selon différentes propriétés structurales et fonctionnelles: la **peau fine** (velue) et la **peau épaisse** (sans poils).

Le tableau 5.4 résume les caractéristiques de la peau fine et de la peau épaisse.

TABLEAU 5.4 COMPARAISON DE LA PEAU FINE ET DE LA PEAU ÉPAISSE

CARACTÉRISTIQUE	PEAU FINE	PEAU ÉPAISSE
Répartition	Toutes les parties du corps sauf la paume des mains, la face palmaire des doigts et la plante des pieds.	Paume des mains, face palmaire des doigts et plante des pieds.
Épaisseur de l'épiderme	De 0,10 à 0,15 mm.	De 0,6 à 4,5 mm.
Strates de l'épiderme	En général, pas de couche claire ; couche épineuse et couche cornée minces.	Couche claire, couche épineuse et couche cornée épaisses.
Crêtes épidermiques	Absentes, car les papilles du derme sont peu développées et peu nombreuses.	Présentes, car les papilles du derme sont nombreuses et bien développées.
Follicules pileux et muscles arrecteurs du poil	Présents.	Absents.
Glandes sébacées	Présentes.	Absentes.
Glandes sudoripares	Rares.	Nombreuses.
Récepteurs sensoriels	Clairsemés.	Denses.

▷ **POINT DE CONTRÔLE**

10. Comment distingue-t-on la peau fine de la peau épaisse ?

LES FONCTIONS DE LA PEAU

> **OBJECTIF**

- Décrire le rôle que joue la peau dans la thermorégulation, la circulation sanguine (en tant que réservoir de sang), la protection, les sensations, l'excrétion, l'absorption et la synthèse de la vitamine D.

Maintenant que vous connaissez mieux la structure de base de la peau, vous comprenez mieux aussi ses nombreuses fonctions, que nous avons présentées au début de ce chapitre. Le système tégumentaire joue en effet plusieurs rôles de premier plan ; en particulier la peau contribue à la régulation de la température corporelle, sert de réservoir de sang, assure une protection, permet des sensations cutanées, contribue à l'excrétion et à l'absorption de certaines substances ainsi qu'à la synthèse de la vitamine D.

LA THERMORÉGULATION

La peau contribue de deux manières à la **thermorégulation**, c'est-à-dire la régulation homéostatique de la température corporelle : d'une part, en libérant de la sueur à la surface du corps et, d'autre part, en ajustant le débit sanguin dans le derme. En réponse à une température ambiante élevée ou à la chaleur produite par l'activité physique, notre production de sueur augmente ; son évaporation à la surface de la peau aide à abaisser notre température corporelle. De plus, les vaisseaux sanguins du derme se dilatent, ce qui accroît la circulation sanguine dans le derme et intensifie la déperdition thermique corporelle. Ces processus de régulation expliquent l'apparence de la peau rougie et humide lorsqu'on a chaud. À l'inverse, la production de sueur diminue quand la température ambiante baisse, ce qui permet au corps de conserver sa chaleur. En outre, les vaisseaux sanguins du derme se contractent, ce qui fait baisser la circulation sanguine dans la peau et limite les déperditions thermiques. Ces processus de régulation expliquent l'apparence de la peau pâle et plus sèche lorsqu'on a froid.

UN RÉSERVOIR DE SANG

Chez l'adulte au repos, le vaste réseau des vaisseaux sanguins contenus dans le derme transporte de 8 à 10 % de la quantité totale du sang en circulation dans le corps. Aussi dit-on que la peau sert de **réservoir de sang**.

LA PROTECTION

La peau assure au corps différents types de **protection**. La peau constitue en elle-même une véritable barrière à la fois mécanique, chimique et biologique. La **barrière mécanique** est formée par la superposition des couches de cellules kératinisées de l'épiderme. De plus, la kératine de l'épiderme protège les tissus sous-jacents contre les microorganismes, l'abrasion, la chaleur et les agressions chimiques ; les kératinocytes fermement imbriqués font obstacle aux invasions microbiennes. De plus, le renouvellement constant des kératinocytes morts par les cellules germinatives de la couche basale assure le maintien de l'épaisseur de l'épiderme. La **barrière chimique** est formée par les sécrétions de la peau. Les lipides libérés par les granules lamellés ralentissent l'évaporation de l'eau de la surface de la peau et préservent ainsi l'organisme de la déshydratation ; ils empêchent également l'eau de pénétrer dans notre peau lorsque nous nageons ou prenons une douche. Le sébum huileux sécrété par les glandes sébacées prévient l'assèchement de la peau et des poils et contient des substances qui détruisent les bactéries présentes à leur surface. Le pH acide de la sueur ralentit le développement de certains microorganismes. La mélanine, un pigment, offre une certaine protection contre les effets nocifs du rayonnement ultraviolet. La peau constitue aussi une **barrière biologique** grâce à deux types de cellules qui en assurent la protection immunitaire. Ainsi, les macrophagocytes intraépidermiques détectent et capturent les microorganismes potentiellement nuisibles, alertant par la même occasion le système immunitaire ; ensuite, les macrophagocytes du derme phagocytent les bactéries et les virus qui ont réussi à échapper aux macrophagocytes intraépidermiques.

LES SENSATIONS CUTANÉES

Les **sensations cutanées**, c'est-à-dire les sensations qui prennent naissance dans la peau, comprennent les sensations tactiles (toucher, pression, vibration et chatouillement ou picotement), les sensations thermiques (chaleur et froid) et les sensations douloureuses. Les sensations douloureuses signalent généralement l'existence ou le risque d'une lésion tissulaire. Parmi le vaste éventail des récepteurs sensoriels qui sont répartis dans la peau figurent les corpuscules tactiles non capsulés, les corpuscules tactiles capsulés et les plexus de la racine du poil qui entourent chaque follicule pileux. Nous reviendrons en détail sur les sensations cutanées au chapitre 16.

L'EXCRÉTION ET L'ABSORPTION

La peau joue normalement un rôle secondaire dans l'**excrétion**, soit l'élimination des déchets, et dans l'**absorption**, soit la pénétration de matières du milieu extérieur dans les cellules du corps. Malgré ses propriétés imperméabilisantes, la couche cornée de l'épiderme laisse s'évaporer du corps environ 400 mL d'eau par jour. L'organisme perd en outre quelque 200 mL d'eau par jour sous forme de sueur quand il est au repos, et beaucoup plus en cas d'activité physique. La sueur contribue à l'élimination de l'eau et à la déperdition de chaleur, mais elle sert aussi à l'excrétion de petites quantités de sels, de dioxyde de carbone ainsi que d'ammoniac et d'urée, deux molécules organiques produites par la dégradation des protéines.

La peau absorbe des quantités négligeables de substances hydrosolubles mais elle laisse pénétrer certaines matières liposolubles, notamment les vitamines liposolubles A, D, E et K, divers médicaments ainsi que des gaz (O_2 et CO_2). Parmi les substances toxiques qui peuvent être absorbées par la peau figurent les solvants organiques tels que l'acétone (contenu dans certains dissolvants de vernis à ongles) et le tétrachlorure de carbone (utilisé pour le nettoyage à sec); les sels de métaux lourds tels que le plomb, le mercure et l'arsenic; et les toxines du sumac vénéneux (ou «herbe à puce») et du sumac de l'Ouest (famille des Anacardiacées). Les stéroïdes topiques (appliqués sur la peau) tels que la cortisone sont liposolubles. Ils atteignent donc facilement le derme papillaire, où ils combattent l'inflammation en inhibant la production d'histamine des mastocytes. (Rappelons que l'histamine intervient dans la mise en place de la réaction inflammatoire.)

L'ADMINISTRATION DES MÉDICAMENTS PAR VOIE TRANSDERMIQUE

La plupart des médicaments sont soit absorbés par le système digestif, soit injectés dans un muscle ou un tissu sous-cutané. Certains peuvent toutefois être administrés par **voie transdermique** (ou **voie transcutanée**), au moyen d'un timbre que l'on colle sur la peau. Le médicament contenu dans le timbre traverse l'épiderme et entre dans les vaisseaux sanguins du derme. La libération du médicament s'effectue à un rythme contrôlé et s'échelonne sur un ou plusieurs jours. Ce mode d'administration s'avère particulièrement indiqué pour les médicaments que le corps élimine rapidement, parce que les autres méthodes exigeraient des administrations trop fréquentes. Comme la couche cornée constitue le principal obstacle à la pénétration de la plupart des médicaments, les régions de la peau les plus propices à l'absorption transdermique sont celles dont la couche cornée est la plus mince, par exemple le scrotum, le visage et le cuir chevelu. Le nombre de médicaments administrés par voie transdermique ne cesse d'augmenter. Signalons la nitroglycérine, pour la prévention de l'angine de poitrine (douleur thoracique associée à la maladie coronarienne); la scopolamine, contre le mal des transports; l'œstradiol, utilisé dans l'hormonothérapie de substitution prescrite aux femmes en ménopause; l'éthinylœstradiol et la norelgestromine, dans les timbres contraceptifs; la nicotine, destinée aux personnes qui veulent abandonner l'usage du tabac; et le fentanyl, administré aux cancéreux pour soulager les douleurs intenses. ■

LA SYNTHÈSE DE LA VITAMINE D

Pour que la **synthèse de la vitamine D** s'effectue, il est indispensable que les UV de la lumière solaire activent un précurseur présent dans la peau, lequel diffuse ensuite dans la circulation sanguine. Des enzymes se trouvant dans le foie et les reins modifient la molécule activée et produisent le *calcitriol*, la forme la plus active de la vitamine D. Le calcitriol est une hormone qui favorise l'absorption du calcium alimentaire, c'est-à-dire son transfert du tube digestif à la circulation sanguine.

▶ **POINT DE CONTRÔLE**

11. Quels sont les deux rôles de la peau dans la thermorégulation?

12. Quels rôles protecteurs la peau joue-t-elle pour l'organisme?

13. Quelles sont les sensations qui résultent de la stimulation des récepteurs sensoriels de la peau?

14. Quels sont les types de molécules qui peuvent traverser la couche cornée?

MAINTIEN DE L'HOMÉOSTASIE : LA CICATRISATION DES LÉSIONS DE LA PEAU

> **OBJECTIF**

- Expliquer le mécanisme de la cicatrisation des lésions superficielles (épidermiques) et des lésions profondes.

Toute lésion cutanée met en branle une série de mécanismes qui servent à rétablir la structure et le fonctionnement normaux (ou quasi normaux) de la peau. Selon la profondeur de la blessure, deux processus de cicatrisation peuvent alors s'enclencher : la cicatrisation des lésions superficielles pour les blessures qui ne touchent que l'épiderme ; et la cicatrisation des lésions profondes, pour celles qui entament le derme.

LA CICATRISATION DES LÉSIONS SUPERFICIELLES (ÉPIDERMIQUES)

Même lorsque la partie centrale d'une lésion superficielle s'enfonce jusque dans le derme, les cellules épidermiques superficielles situées sur les bords de la plaie ne sont en général que légèrement endommagées. C'est le cas des abrasions (raclage d'une partie de la peau) et des brûlures mineures.

En cas de lésion superficielle, les cellules basales de l'épiderme entourant la plaie se détachent de la membrane basale. Elles grossissent et migrent vers le centre de la lésion pour combler l'espace (figure 5.6a). Quand les cellules provenant des bords opposés de la plaie se rencontrent, une réponse cellulaire, l'**inhibition de contact**, arrête leur progression. La migration cesse complètement lorsque tous les côtés de chaque cellule entrent en contact avec d'autres cellules de l'épiderme.

Tandis que les cellules basales de l'épiderme migrent, une hormone appelée *facteur de croissance épidermique* (EGF, *epidermal growth factor*) stimule la division des cellules souches basales pour remplacer celles qui ont migré dans la plaie. Les cellules basales

épidermiques déplacées se divisent pour produire de nouvelles couches et épaississent ainsi l'épiderme régénéré (figure 5.6b). La régénération, ou remplacement de l'épiderme détruit par le même type de tissu, aboutit à une réparation permanente de l'épiderme.

LA CICATRISATION DES LÉSIONS PROFONDES

La cicatrisation des lésions profondes se déclenche lorsqu'une blessure atteint le derme et le fascia superficiel. Le processus de réparation est plus complexe que celui des lésions superficielles, parce

---

FIGURE 5.6 La cicatrisation des lésions cutanées.

🗝️ Dans les lésions superficielles, seul l'épiderme est touché ; dans les lésions profondes, le derme est atteint.

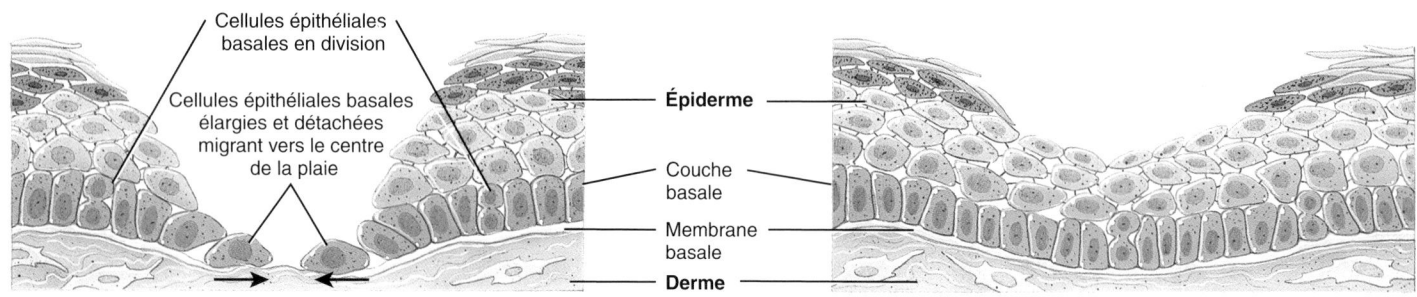

(a) Division des cellules épithéliales basales et migration vers le centre de la plaie

(b) Épaississement de l'épiderme

Cicatrisation des lésions superficielles

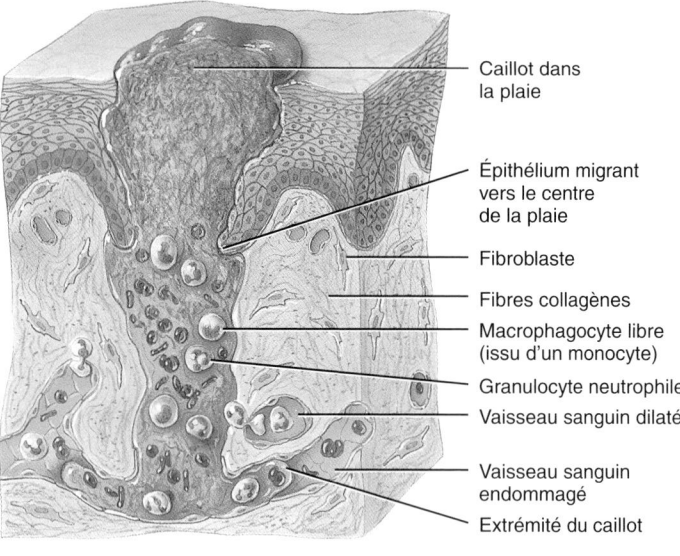

(c) Phase inflammatoire

(d) Phase de maturation

Cicatrisation des lésions profondes

 Les lésions superficielles saignent-elles ? Justifiez votre réponse.

que plusieurs couches de tissu sont abîmées dans ce cas. En outre, il entraîne la formation de tissu cicatriciel – composé de tissu conjonctif fibreux – qui empêche la peau de récupérer intégralement ses fonctions antérieures. La cicatrisation des lésions profondes s'effectue en quatre phases : la phase inflammatoire, la phase de migration, la phase de prolifération et la phase de maturation.

Pendant la **phase inflammatoire**, un caillot se forme dans la plaie et en réunit lâchement les bords (figure 5.6c). Comme son nom l'indique, cette phase de la cicatrisation des lésions profondes se caractérise par la **réaction inflammatoire**, réponse vasculaire et cellulaire qui concourt à l'élimination des microorganismes, des corps étrangers et des tissus morts ou très endommagés pour préparer la réparation. Deux phénomènes associés à l'inflammation – la vasodilatation (liée à la rougeur et à la chaleur) et l'accroissement de la perméabilité vasculaire (lié à l'œdème et à la douleur) – favorisent la migration de différents types de leucocytes sanguins phagocytaires, notamment des granulocytes neutrophiles et des monocytes (qui deviennent des macrophagocytes libres). Ces leucocytes phagocytaires contribuent à la guérison en repérant et en capturant les microorganismes infiltrés dans la lésion. Des cellules mésenchymateuses se transforment en fibroblastes, qui vont eux aussi jouer un rôle dans la guérison.

Les trois phases qui suivent sont celles de la réparation proprement dite. Au cours de la **phase de migration**, le caillot se transforme en croûte. Les cellules épithéliales se massent dessous pour fermer la plaie. Les fibroblastes migrent le long de filaments de fibrine et commencent à synthétiser du tissu cicatriciel (composé de fibres collagènes et de glycoprotéines) tandis que les vaisseaux sanguins abîmés se régénèrent. Le tissu qui remplit la plaie pendant cette phase est appelé **tissu de granulation**. La **phase de prolifération** se caractérise par une croissance importante des cellules épithéliales sous la croûte, le dépôt désordonné de fibres collagènes par les fibroblastes et la poursuite de la régénération des vaisseaux sanguins. Enfin, à la **phase de maturation**, la croûte tombe dès que l'épiderme a retrouvé son épaisseur normale. Les fibres collagènes, qui s'étaient placées au hasard, s'organisent ; le nombre des fibroblastes diminue ; et les vaisseaux sanguins reviennent à la normale (figure 5.6d).

La formation de tissu cicatriciel est appelée **fibrose**. Dans certains cas, la réparation des lésions profondes produit tellement de tissu cicatriciel qu'une cicatrice surélevée se forme. Si une telle cicatrice demeure enclose dans les limites de la plaie, elle prend le nom de **cicatrice hypertrophique** ; si elle s'étend au-delà des limites de la plaie et envahit les tissus environnants normaux, elle est appelée **cicatrice chéloïdienne**. Le tissu cicatriciel se distingue de la peau normale par la densité de ses fibres collagènes. En outre, il est moins élastique et contient moins de vaisseaux sanguins que la peau intacte, et, dans certains cas, moins de poils, de glandes et de structures sensorielles. Les cicatrices sont en général plus claires que la peau normale, en raison de la disposition des fibres collagènes et de la rareté des vaisseaux sanguins.

▶ **POINT DE CONTRÔLE**

15. Pourquoi la guérison des lésions superficielles ne produit-elle pas de cicatrice ?

LE DÉVELOPPEMENT EMBRYONNAIRE DU SYSTÈME TÉGUMENTAIRE

▶ **OBJECTIF**

- Décrire le développement de l'épiderme, de ses annexes cutanées et du derme.

Comme nous l'avons mentionné au chapitre 4, tous les tissus et organes de l'organisme proviennent des trois **feuillets embryonnaires primitifs** (nous étudierons le développement embryonnaire en détail au chapitre 29). De l'extérieur vers l'intérieur, il s'agit de l'*ectoderme* (*ektos* : en dehors), du *mésoderme* (*mesos* : au milieu) et de l'*endoderme* (*endon* : en dedans) (voir le tableau 29.1).

L'*épiderme* provient de l'**ectoderme**, qui couvre intégralement l'embryon. Vers la 4e semaine du développement embryonnaire, l'ectoderme se compose d'une couche unique de cellules (figure 5.7a). Au début de la 7e semaine, les cellules ectodermiques se divisent pour former une mince couche protectrice superficielle de cellules aplaties qui constituent le **périderme** (figure 5.7b) ; les cellules en division de l'ectoderme sous-jacent forment la **couche basale**. Les cellules péridermiques s'éliminent progressivement par desquamation et ont généralement disparu à la 21e semaine.

Vers la 11e semaine, les cellules ectodermiques de la couche basale forment une nouvelle couche de cellules, la **couche intermédiaire**, qui, comme son nom l'indique, est située entre l'ectoderme et le périderme (figure 5.7c). Les cellules de cette couche produisent de la kératine et deviendront des kératinocytes. Les *crêtes épidermiques* sont des saillies de l'épiderme dans le derme ; elles apparaissent en même temps que les couches de l'épiderme (figure 5.7c).

Outre les kératinocytes, divers types de cellules commencent à apparaître dans l'épiderme en développement. Ainsi, des *mélanoblastes* provenant de la crête neurale pénètrent dans l'épiderme (figure 5.7c) et se différencient en *mélanocytes*, cellules responsables de la pigmentation de l'épiderme. De nombreux mélanocytes vont aussi migrer vers les follicules pileux en formation pour les pigmenter à leur tour. Plus tard, mais toujours dans le premier trimestre de la grossesse, des *macrophagocytes intraépidermiques* issus de la moelle osseuse rouge envahissent l'épiderme ; des cellules de ce type migreront tout au long de la vie de la moelle osseuse rouge vers l'épiderme pour y assurer une protection immunitaire. Les *cellules de Merkel* (récepteurs sensoriels) apparaissent dans l'épiderme dans les quatre à six premiers mois de la grossesse ; leur origine nous reste inconnue à ce jour.

Notons que les cellules de la couche intermédiaire sont à l'origine de la formation des trois couches externes de l'épiderme mature, soit les couches épineuse, granuleuse et cornée, qui sont toutes trois formées à la naissance (figure 5.7d). Les cellules ectodermiques de la couche basale sont les cellules souches dont provient la couche germinative de l'épiderme mature.

Le *derme* dérive du **mésoderme**, qui est situé en dessous de l'ectoderme superficiel. Le mésoderme forme un tissu conjonctif

FIGURE 5.7 Le développement embryonnaire du système tégumentaire.

L'épiderme se forme à partir de l'ectoderme et le derme, à partir du mésoderme.

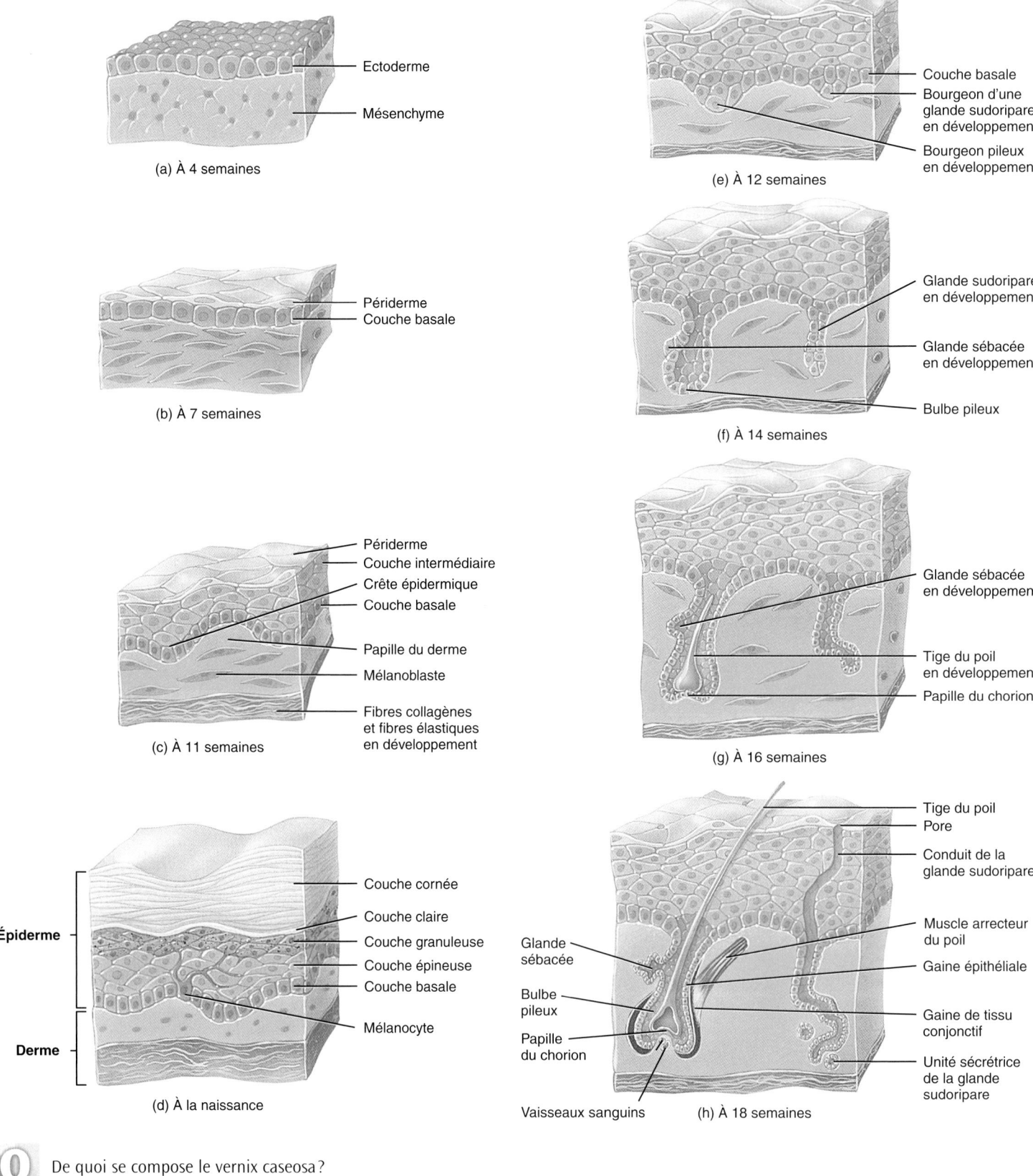

(a) À 4 semaines

— Ectoderme
— Mésenchyme

(b) À 7 semaines

— Périderme
— Couche basale

(c) À 11 semaines

— Périderme
— Couche intermédiaire
— Crête épidermique
— Couche basale
— Papille du derme
— Mélanoblaste
— Fibres collagènes et fibres élastiques en développement

(d) À la naissance

Épiderme
— Couche cornée
— Couche claire
— Couche granuleuse
— Couche épineuse
— Couche basale
— Mélanocyte

Derme

(e) À 12 semaines

— Couche basale
— Bourgeon d'une glande sudoripare en développement
— Bourgeon pileux en développement

(f) À 14 semaines

— Glande sudoripare en développement
— Glande sébacée en développement
— Bulbe pileux

(g) À 16 semaines

— Glande sébacée en développement
— Tige du poil en développement
— Papille du chorion

(h) À 18 semaines

Glande sébacée
Bulbe pileux
Papille du chorion
Vaisseaux sanguins

— Tige du poil
— Pore
— Conduit de la glande sudoripare
— Muscle arrecteur du poil
— Gaine épithéliale
— Gaine de tissu conjonctif
— Unité sécrétrice de la glande sudoripare

De quoi se compose le vernix caseosa?

embryonnaire lâche, le **mésenchyme** (figure 5.7a). À la 11e semaine, les cellules mésenchymateuses se différencient pour donner des fibroblastes et commencent à former des fibres collagènes et des fibres élastiques (figure 5.7c). Quand les crêtes épidermiques se dessinent, des portions du derme superficiel s'enfoncent dans l'épiderme ; elles y font saillie et forment les **papilles du derme** (à ne pas confondre avec les papilles du chorion), lesquelles contiennent des *capillaires en boucle*, des corpuscules tactiles et des terminaisons nerveuses libres.

Entre la 9e et la 12e semaine, des invaginations (appelées *bourgeons*) de la couche basale de l'épiderme apparaissent dans le derme sous-jacent ; elles vont donner naissance aux *glandes sudoripares* et aux *follicules pileux* (figure 5.7e). En ce qui concerne les follicules pileux, les invaginations descendantes dont ils sont issus – appelées **bourgeons pileux** – s'enfoncent dans le derme au cours des semaines suivantes ; leurs extrémités distales se renflent et deviennent les **bulbes pileux** (figure 5.7f). Les invaginations des bulbes pileux – nommées **papilles du chorion**, ou papilles du poil – se remplissent d'un mésoderme dans lequel se développent les vaisseaux sanguins et les récepteurs sensoriels cutanés (figure 5.7g). Les cellules situées au centre du bulbe pileux donnent la *matrice*, qui forme les *poils* et les *cheveux* ; les cellules périphériques du bulbe pileux donnent la *gaine épithéliale* (figure 5.7h). Le mésenchyme du derme environnant donne la *gaine de tissu conjonctif* et le *muscle arrecteur du poil* (figure 5.7h). Au 5e mois du développement fœtal, les follicules pileux produisent des poils très fins, le lanugo, sur la tête d'abord, puis sur les autres parties du corps. Le lanugo tombe en général avant la naissance. Quant aux glandes sudoripares, elles apparaissent vers le 5e mois dans la paume des mains et la plante des pieds, un peu plus tard dans les autres régions du corps. Lorsque les bourgeons qui leur donnent naissance pénètrent dans le derme, leur partie proximale devient le conduit de la glande sudoripare ; leur partie distale s'enroule et devient son unité sécrétrice (figure 5.7h).

La plupart des *glandes sébacées* émergent sur le côté d'un follicule pileux vers le quatrième mois du développement fœtal et restent attachées aux follicules (figure 5.7f). Au 5e mois, les sécrétions des glandes sébacées se mêlent aux cellules du périderme en desquamation ainsi qu'à des poils pour former le **vernix caseosa** (*vernix* : vernis ; *caseus* : fromage). Cette substance blanche et graisseuse couvre et protège la peau du fœtus, qui est constamment exposée au liquide amniotique. De plus, sa viscosité facilite l'expulsion du fœtus. Enfin, le vernix caseosa prévient les lésions cutanées que pourrait s'infliger le fœtus avec ses ongles.

Les *ongles* sont formés vers la 10e semaine. Ils se composent au début d'une épaisse couche d'épithélium appelée **lame de l'ongle**. L'ongle lui-même est constitué d'épithélium kératinisé et croît à partir de la base en direction distale. Les ongles n'atteignent l'extrémité des doigts qu'au 9e mois du développement fœtal.

▶ **POINT DE CONTRÔLE**

16. Quelles structures sont, au départ, des invaginations de la couche basale du derme ?

LE VIEILLISSEMENT DU SYSTÈME TÉGUMENTAIRE

▶ OBJECTIF

• Décrire les effets du vieillissement sur le système tégumentaire.

Les effets du vieillissement sur la peau ne deviennent vraiment apparents que vers la fin de la quarantaine. La plupart des changements liés à l'âge se produisent dans le derme. Ses fibres collagènes se raréfient, durcissent, se brisent et forment des enchevêtrements désorganisés. Ses fibres élastiques perdent une partie de leur élasticité, forment des amas et s'effilochent, processus que l'usage du tabac accélère considérablement. Enfin, les fibroblastes, qui sécrètent les fibres collagènes et les fibres élastiques, deviennent moins nombreux. En conséquence, des sillons caractéristiques, les *rides*, apparaissent dans la peau.

Plus tard, les macrophagocytes intraépidermiques se raréfient et la phagocytose perd de son efficacité, si bien que la réponse immunitaire dans la peau s'affaiblit. De plus, l'atrophie des glandes sébacées assèche la peau, l'abîme et la prédispose aux infections. L'activité des glandes sudoripares diminue, ce qui pourrait expliquer en partie la fréquence plus élevée des coups de chaleur chez les personnes âgées. La diminution du nombre des mélanocytes actifs fait grisonner les cheveux et donne à la peau une coloration atypique par endroits. L'augmentation de la taille de certains mélanocytes provoque l'apparition des taches séniles (aussi appelées *lentigo sénile* ou encore *taches de vieillesse*). Les parois des vaisseaux sanguins du derme s'épaississent et deviennent moins perméables, et la quantité de tissu adipeux sous-cutané diminue. La peau âgée (le derme en particulier) est plus mince que la peau jeune et la migration des cellules de la couche basale à la surface de l'épiderme ralentit considérablement avec l'âge. À l'âge adulte avancé, la peau guérit plus lentement et devient plus sujette à diverses affections telles que le cancer et les plaies de pression. L'**acné rosacée**, ou couperose, est une dermatose qui touche essentiellement les adultes à la peau claire âgés de 30 à 60 ans. Elle se caractérise par une rougeur, des petits boutons et des vaisseaux sanguins bien visibles, généralement dans la zone centrale du visage.

La croissance des ongles et des poils ralentit pendant la vingtaine et la trentaine. Les ongles peuvent aussi devenir plus cassants avec l'âge, souvent à cause de la déshydratation ou de l'usage répété de dissolvant pour les cuticules ou de vernis à ongles.

Divers traitements cosmétiques permettent maintenant de limiter les effets du vieillissement et du rayonnement solaire sur la peau. Des **produits topiques** uniformisent le teint et atténuent les taches d'hypopigmentation ou d'hyperpigmentation (hydroquinone) ou diminuent les ridules et les zones rugueuses (acide rétinoïque). La **microdermabrasion** (*mikros* : petit ; *derma* : peau ; *abrasio* : enlever en grattant) consiste à projeter sur la peau de minuscules cristaux sous pression pour éliminer les cellules superficielles, lisser la peau et atténuer les taches. L'**exfoliation chimique** vise les mêmes effets, mais par l'application d'un acide léger (tel l'acide glycolique). La

restructuration au laser élimine les vaisseaux sanguins disgracieux de la surface cutanée, uniformise le teint (atténuation des taches d'hypo- et d'hyperpigmentation) et lisse les ridules. Le **comblement des rides** consiste en l'injection de collagène d'origine bovine, d'acide hyaluronique ou d'hydroxyapatite de calcium dans la peau pour la « regonfler », atténuer les rides et remplir les sillons qui se creusent, par exemple, entre les ailes du nez et les commissures des lèvres ou entre les sourcils. La **transplantation adipeuse**, ou *transplantation de graisse*, consiste à prélever des tissus adipeux dans une partie du corps pour les réimplanter dans d'autres, par exemple autour des yeux. La **toxine botulinique** est utilisée en cosmétique ; le **Botox**MD, dilution de cette toxine qui cause des empoisonnements alimentaires, est injecté dans la peau pour paralyser les muscles à l'origine des rides. Le **lissage non chirurgical par radiofréquence** resserre la peau des joues, de la mâchoire et du cou, ainsi que celle des poches sous les yeux et des paupières tombantes par émission de radiofréquences. Enfin, la **rhytidectomie**, ou **ridectomie**, du visage, du front ou du cou est une intervention chirurgicale avec effraction cutanée qui consiste à exciser la peau relâchée et les tissus adipeux, puis à resserrer les tissus musculaires et conjonctifs sous-jacents.

LES LÉSIONS CAUSÉES PAR LE SOLEIL ; LES FILTRES UVB ; LES ÉCRANS UVA/UVB

La caresse des chauds rayons du soleil est bien agréable, mais… mieux vaut ne pas en abuser ! On distingue deux types de rayonnements ultraviolets (UV) susceptibles de nuire à la santé de la peau : les UVA et les UVB. Les UVA ont une grande longueur d'onde et constituent environ 95 % du rayonnement ultraviolet qui atteint la surface de la Terre. La couche d'ozone ne les arrête pas. Ce sont eux qui pénètrent le plus profondément dans la peau, où ils sont absorbés par les mélanocytes et provoquent ainsi le bronzage. Enfin, les UVA peuvent affaiblir le système immunitaire. Les UVB ont une longueur d'onde plus courte et sont en partie absorbés par la couche d'ozone. Ils ne pénètrent pas dans la peau aussi profondément que les UVA. Ils provoquent néanmoins les coups de soleil, ou érythèmes solaires, ainsi que la plupart des lésions tissulaires qui causent les rides, le vieillissement de la peau et, dans certains cas, la cataracte. (Ces lésions tissulaires résultent de la production de radicaux libres, qui abîment les fibres collagènes et élastiques.) Les deux types d'UV favoriseraient le cancer de la peau. À long terme, l'exposition excessive au soleil entraîne une dilatation des vaisseaux sanguins, l'apparition de taches séniles et de taches de rousseur ainsi que des altérations de la texture de la peau.

L'exposition au rayonnement ultraviolet naturel (soleil) ou artificiel (salons de bronzage) peut aussi causer une **photosensibilisation** de la peau. Cette affection se caractérise par une réaction cutanée excessive en cas d'ingestion de certains médicaments ou de contact avec différents produits. Elle se manifeste notamment par la rougeur cutanée, les démangeaisons, la formation de cloques, la desquamation (la peau pèle), l'urticaire, voire, dans certains cas, l'état de choc. Parmi les médicaments ou autres produits susceptibles d'entraîner une réaction de photosensibilisation figurent des antibiotiques (tétracycline), des anti-inflammatoires non stéroïdiens (ibuprofène ou naproxène), des plantes consommées en suppléments (millepertuis), des pilules anticonceptionnelles, des hypotenseurs, des antihistaminiques, des édulcorants artificiels, des parfums, des lotions après-rasage, des crèmes pour la peau, des détergents et des cosmétiques médicamenteux.

Les **autobronzants** sont des laits ou des crèmes topiques contenant un pigment (dihydroxyacétone) qui interagit avec les protéines de la peau pour lui donner une allure bronzée.

Les **écrans solaires UVB** sont des laits ou des crèmes topiques contenant des agents chimiques (par exemple, le benzophénone ou l'un de ses dérivés) qui absorbent les UVB mais laissent passer la plupart des UVA.

Les **écrans solaires UVA/UVB** sont également des laits ou des crèmes topiques, mais ils contiennent des agents chimiques qui font dévier les UVA et les UVB (par exemple, l'oxyde de zinc).

Les écrans solaires sont classifiés selon leur *facteur de protection solaire* (FPS), ou *indice de protection solaire* (IPS), soit un nombre qui mesure l'efficacité du rempart qu'ils sont censés opposer au rayonnement ultraviolet. Plus le FPS est élevé, plus le produit devrait protéger efficacement la peau. À titre de précaution, les personnes qui comptent passer beaucoup de temps au soleil devraient appliquer un filtre ou un écran présentant un FPS d'au moins 15. Si on reconnaît que les produits solaires offrent une protection contre les coups de soleil, les chercheurs ne s'entendent pas sur leur rôle protecteur contre le cancer de la peau. Certaines études indiquent même qu'ils pourraient le favoriser en donnant un sentiment injustifié de sécurité face aux dangers des UV. ∎

▶ POINT DE CONTRÔLE

17. Quels facteurs accroissent les risques d'infection cutanée quand on vieillit ?

* * *

La section *Point de mire sur l'homéostasie : le système tégumentaire* illustre les diverses manières dont la peau contribue à l'homéostasie des autres systèmes de l'organisme. Au fil de cet ouvrage, nous présenterons à la fin de neuf autres chapitres une section intitulée *Point de mire sur l'homéostasie* qui décrira les mécanismes par lesquels le système étudié contribue à l'homéostasie de tous les autres. Nous analyserons au chapitre 6 la formation des tissus osseux et l'agencement des os dans le système squelettique qui, comme la peau, protège la plupart de nos organes internes.

**POINT DE MIRE
SUR L'HOMÉOSTASIE**

Tous les systèmes de l'organisme

La peau et les poils (ainsi que les cheveux) constituent des barrières mécaniques qui protègent tous les organes internes contre les agressions du milieu externe. Les glandes sudoripares et les vaisseaux sanguins cutanés assurent la thermorégulation indispensable au bon fonctionnement des autres systèmes de l'organisme.

Système squelettique

La peau contribue à la synthèse de la vitamine D, qui est nécessaire à l'absorption du phosphore et du calcium d'origine alimentaire dont l'organisme a besoin pour la formation et le renouvellement des os.

Système musculaire

La peau fournit, avec d'autres systèmes, des ions calcium nécessaires aux contractions musculaires, et ce, en contribuant à la synthèse de la vitamine D.

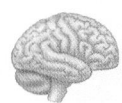

Système nerveux

Les récepteurs sensoriels de la peau et des tissus sous-cutanés envoient vers le cerveau l'information relative aux sensations de toucher, de pression, de température et de douleur.

Système endocrinien

Les kératinocytes de la peau contribuent à l'activation de la vitamine D et à sa transformation en calcitriol, hormone qui facilite l'absorption du phosphore et du calcium d'origine alimentaire.

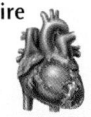

Système cardiovasculaire

Des modifications chimiques localisées se produisant dans le derme provoquent la dilatation et la constriction des vaisseaux sanguins de la peau, contribuant ainsi à l'ajustement du flux sanguin cutané. Ce mécanisme de vasodilatation et de vasoconstriction peut, par conséquent, influer sur le maintien de la pression artérielle.

Système lymphatique et immunité

La peau est la « ligne de front » de l'immunité, la première ligne de défense de l'organisme. Elle constitue une barrière mécanique, chimique et biologique. Sur le plan mécanique, sa structure anatomique s'oppose à la pénétration des microorganismes dans le corps. Sur le plan chimique, ses sécrétions glandulaires entravent le développement et la prolifération des microorganismes. Sur le plan biologique, les macrophagocytes intraépidermiques éliminent les micro-organismes qui envahissent l'épiderme, alors que les macrophagocytes du derme capturent ceux qui arrivent à le traverser. Les macro-phagocytes de la peau présentent les antigènes des microorganismes capturés aux lymphocytes spécifiques du système lymphatique.

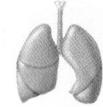

Système respiratoire

Les poils du nez retiennent les particules en suspension dans l'air inhalé. En cas de douleur, la stimulation des récepteurs sensoriels de la peau peut altérer le rythme respiratoire.

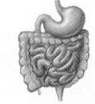

Système digestif

La peau contribue à l'activation de la vitamine D et à sa transformation en calcitriol, hormone qui facilite l'absorption du phosphore et du calcium d'origine alimentaire dans l'intestin grêle.

Système urinaire

Les cellules rénales reçoivent la vitamine D partiellement activée dans la peau et la transforment en calcitriol. Une partie des déchets de l'organisme est excrétée sous forme de sueur, ce qui renforce l'efficacité de l'excrétion urinaire.

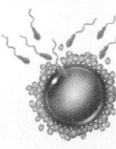

Systèmes génitaux

Les récepteurs sensoriels de la peau et des tissus sous-cutanés réagissent aux stimulations érotiques, ajoutant ainsi au plaisir sexuel. La succion du bébé stimule les récepteurs sensoriels de la peau et provoque l'écoulement du lait. Les glandes mammaires sont en fait des glandes sudoripares spécialisées qui sécrètent le lait. La peau s'étire pendant la grossesse, au fil du développement fœtal.

Le système tégumentaire

DÉSÉQUILIBRES HOMÉOSTATIQUES

Le cancer de la peau

L'exposition excessive au soleil est responsable de l'immense majorité des cancers apparaissant sur la peau. Les trois **cancers de la peau** les plus répandus sont l'épithélioma basocellulaire, l'épithélioma spinocellulaire et le mélanome malin. L'**épithélioma basocellulaire** constitue environ 78 % des cas de cancer de la peau. Les tumeurs se forment à partir des cellules de la couche basale de l'épiderme et produisent rarement des métastases. L'**épithélioma spinocellulaire**, qui constitue environ 20 % des cancers de la peau, prend naissance dans les cellules pavimenteuses de l'épiderme et possède un potentiel métastatique variable. Il résulte en général de lésions tissulaires antérieures causées par l'exposition au soleil. L'épithélioma basocellulaire et l'épithélioma spinocellulaire sont des *cancers de la peau non mélaniques*. Leur incidence est de 50 % plus élevée chez les hommes que chez les femmes.

Le **mélanome malin** provient des mélanocytes et représente environ 2 % des cancers de la peau. Le risque individuel de présenter un mélanome malin s'élève aujourd'hui à 1 sur 75, soit une probabilité deux fois plus élevée qu'il y a 20 ans. Cette augmentation s'explique en partie par la destruction de la couche d'ozone (qui absorbe une partie du rayonnement ultraviolet dans la haute atmosphère), mais surtout par le fait que les gens passent plus de temps qu'autrefois au soleil et dans les salons de bronzage. Le mélanome malin produit rapidement des métastases et peut évoluer vers la mort en quelques mois.

Le dépistage précoce constitue l'un des facteurs déterminants de la réussite du traitement. On désigne les premiers signes du mélanome malin par l'acronyme ABCD (figure 5.8). La lettre A correspond à *l'asymétrie* : d'ordinaire, les lésions des mélanomes malins ne sont pas symétriques ; B signifie *bords* : les bords de la lésion sont irréguliers (dentelés ou flous) ; C désigne la *couleur* : la lésion a une coloration inégale ou elle est multicolore ; D signifie *diamètre* : un nævus normal (un grain de beauté) a un diamètre inférieur à 6 mm, plus ou moins celui des gommes à effacer au bout des crayons. Les mélanomes malins qui possèdent déjà les caractéristiques A, B et C font généralement plus de 6 mm de diamètre.

FIGURE 5.8 Comparaison d'un nævus normal (grain de beauté) et d'un mélanome malin.

Presque tous les cancers de la peau sont causés par une exposition excessive au soleil.

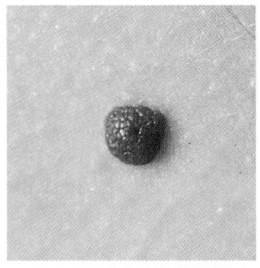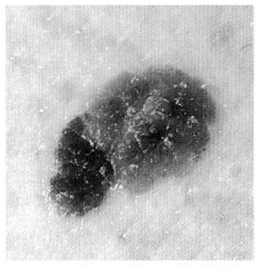

(a) Nævus normal (grain de beauté)

(b) Mélanome malin

Quel est le cancer de la peau le plus fréquent ?

Les principaux facteurs de risque du cancer de la peau sont les suivants :

1. *Le type de peau.* Les personnes à la peau claire qui attrapent toujours des coups de soleil au lieu de bronzer sont particulièrement sujettes au cancer de la peau.

2. *L'exposition au soleil.* Le risque d'apparition du cancer de la peau est plus élevé dans les régions situées en altitude (le rayonnement ultraviolet y est plus intense) ou qui comptent un grand nombre de jours d'ensoleillement par année. De même, les personnes qui travaillent à l'extérieur ou qui ont déjà eu au moins trois coups de soleil graves courent un risque plus élevé.

3. *Les antécédents familiaux.* La fréquence du cancer de la peau est plus élevée dans certaines familles que dans d'autres.

4. *L'âge.* Les personnes âgées sont plus sujettes que les jeunes au cancer de la peau, car elles totalisent depuis leur naissance un nombre plus élevé d'heures d'exposition au soleil.

5. *L'état immunologique.* La fréquence des cancers de la peau est plus élevée chez les personnes dont le système immunitaire est affaibli.

Les brûlures

Une **brûlure** est une lésion causée par la chaleur excessive, l'électricité, la radioactivité ou des agents corrosifs qui dénaturent les protéines dans les cellules cutanées. Les brûlures suppriment certaines des fonctions homéostatiques majeures de la peau, notamment la thermorégulation, la protection contre les microorganismes et la déshydratation.

On classe les brûlures selon leur gravité. Les *brûlures du premier degré* atteignent uniquement l'épiderme (figure 5.9a). Elles causent une douleur modérée et un érythème (une rougeur), mais n'entraînent pas la formation de cloques. Les fonctions de la peau restent intactes. En cas de brûlure du premier degré, on peut limiter la douleur et les lésions en appliquant immédiatement de l'eau froide sur la zone touchée. La guérison prend généralement de trois à six jours et peut s'accompagner de desquamation. Les coups de soleil légers sont des brûlures du premier degré.

Les *brûlures du deuxième degré* détruisent l'épiderme et une partie du derme (figure 5.9b). Elles suppriment partiellement les fonctions de la peau et entraînent une rougeur, la formation de cloques, un œdème et de la douleur. La formation de cloques est due à l'accumulation de liquide tissulaire qui s'insère entre l'épiderme et le derme. D'ordinaire, les brûlures du deuxième degré laissent intactes les annexes cutanées (par exemple les follicules pileux, les glandes sébacées et les glandes sudoripares). En l'absence d'infection, ce genre de brûlure guérit habituellement en trois ou quatre semaines, mais il peut laisser des cicatrices.

Les *brûlures du troisième degré* détruisent l'épiderme, le derme et le fascia superficiel (figure 5.9c). Elles suppriment en outre la plupart des fonctions de la peau. La couleur des lésions peut aller du blanc marbré à l'acajou ; dans certains cas, ces brûlures ont un aspect sec et carbonisé. Elles causent un œdème considérable. La destruction des terminaisons nerveuses supprime les sensations dans la région atteinte. La régénération est lente ; un abondant tissu de granulation se forme avant de se recouvrir d'un épithélium. La formation de tissu cicatriciel (fibrose) est fréquente. Dans certains cas, une greffe de peau s'avère indispensable pour accélérer la guérison et éviter la formation de cicatrices trop visibles.

La lésion observée sur le tissu cutané qui est entré en contact direct avec l'agent nocif est l'*effet local* de la brûlure. En cas de brûlure grave, les *effets systémiques* peuvent toutefois menacer plus gravement la vie de la victime. Ces effets peuvent être les suivants : 1) une forte déperdition d'eau, de plasma et de protéines plasmatiques, ce qui peut causer un état de choc ; 2) une infection bactérienne ; 3) une diminution de la circulation sanguine ; 4) une diminution de la production d'urine ; et 5) un affaiblissement de la réponse immunitaire.

FIGURE 5.9 Les brûlures.

Une brûlure est une lésion tissulaire produite par un agent qui détruit les protéines présentes dans les cellules de la peau.

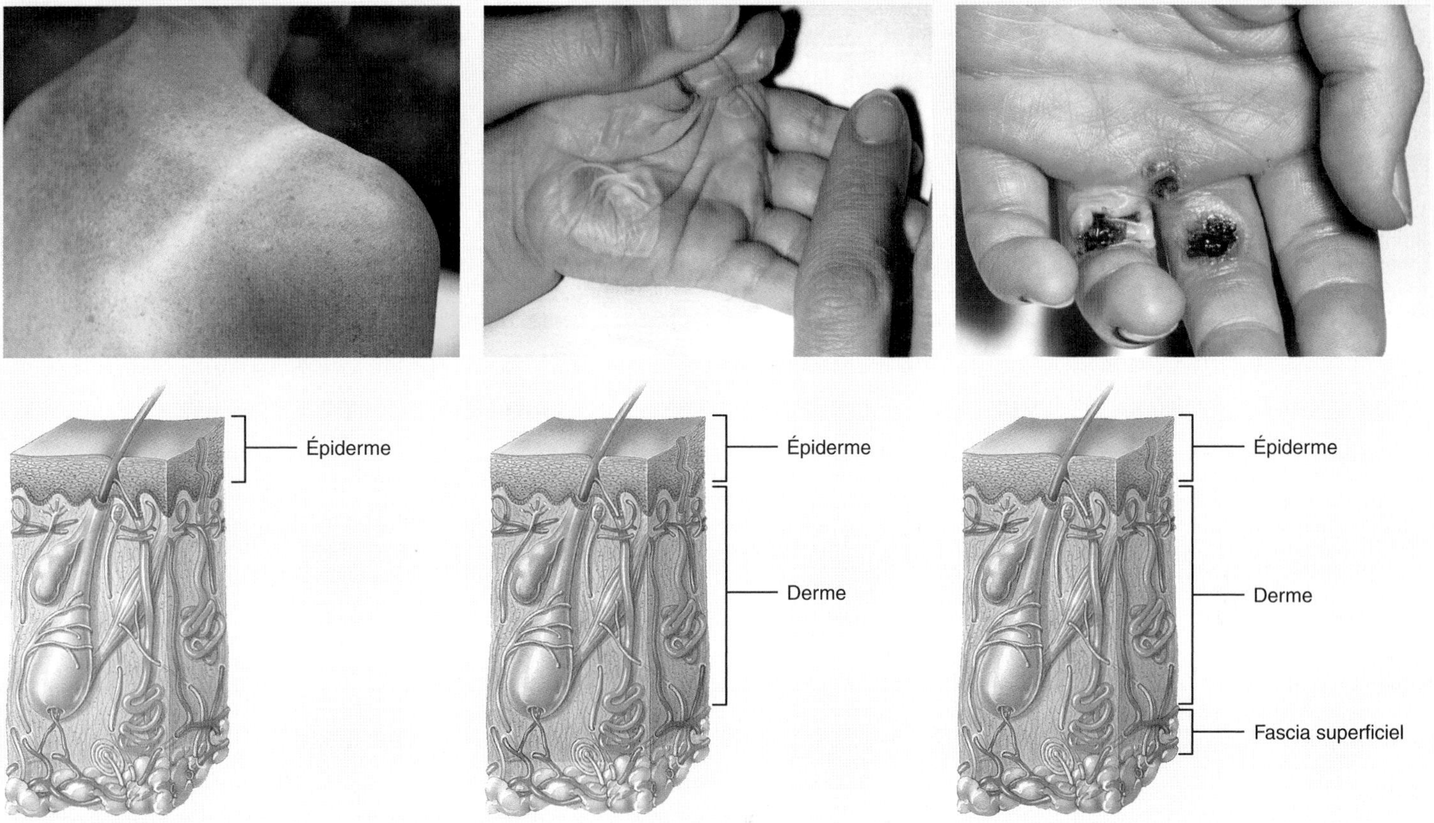

Épiderme

Épiderme

Derme

Épiderme

Derme

Fascia superficiel

(a) **Brûlure du premier degré** (coup de soleil)

(b) **Brûlure du deuxième degré** (notez la présence de cloques)

(c) **Brûlure du troisième degré**

Q Quels sont les facteurs qui déterminent la gravité d'une brûlure?

La gravité d'une brûlure dépend de son étendue et de sa profondeur, mais aussi de l'âge et de l'état de santé de la victime. Selon la classification établie par l'American Burn Association, la brûlure grave se définit de la façon suivante : une brûlure du troisième degré touchant plus de 10 % de la surface corporelle ; ou une brûlure du deuxième degré touchant plus de 25 % de la surface corporelle ; ou toute brûlure du troisième degré sur le visage, les mains, les pieds ou le *périnée* (régions anale et urogénitale). Plus de la moitié des brûlures dont l'étendue dépasse 70 % de la surface corporelle entraînent la mort. La **règle des neuf** de Wallace est une méthode rapide permettant d'estimer la surface corporelle touchée par une brûlure chez l'adulte (figure 5.10):

1. Compter 9 % si les faces antérieure et postérieure de la tête et du cou sont touchées.

2. Compter 9 % pour les faces antérieure et postérieure de chaque bras (soit un total de 18 % pour les deux bras).

3. Compter quatre fois neuf, ou 36 %, pour les faces antérieure et postérieure du tronc, y compris les fesses.

4. Compter 9 % pour la face antérieure et 9 % pour la face postérieure de chaque jambe jusqu'aux fesses (soit un total de 36 % pour les deux jambes).

5. Compter 1 % pour le périnée.

Souvent, les victimes d'incendie inhalent de la fumée. Si elle est très chaude ou dense, ou si la victime y est longuement exposée, la fumée peut s'avérer dangereuse. Ainsi, la fumée très chaude risque d'endommager la trachée et de faire enfler sa muqueuse interne. Cette enflure resserre la trachée et obstrue la circulation d'air dans les poumons. Les petits conduits aériens risquent de rétrécir à leur tour, produisant alors un essoufflement ou un sifflement respiratoire. Quand une personne a inhalé de la fumée, les secouristes lui posent généralement un masque à oxygène sur le visage et, dans certain cas, insèrent un tube dans sa trachée pour faciliter sa respiration.

Les plaies de pression

Les **plaies de pression**, ou *escarres de décubitus*, autrefois appelées «plaies de lit», sont causées par une insuffisance prolongée de l'irrigation des tissus (figure 5.11). En règle générale, elles apparaissent dans les tissus qui surmontent une saillie osseuse longuement soumise à la pression d'un objet, par exemple un lit, un plâtre ou une attelle. Si on soulage la pression en moins de quelques heures, la rougeur subsiste mais les lésions tissulaires permanentes ne sont pas à craindre. La présence d'ampoules dans la région touchée peut indiquer des lésions superficielles ; une décoloration bleu rougeâtre signale dans certains cas une lésion profonde. La pression prolongée entraîne une ulcération des tissus. Les petites déchirures de

FIGURE 5.10 La règle des neuf : une méthode rapide pour déterminer l'étendue d'une brûlure. Les pourcentages correspondent approximativement aux parties de la surface corporelle touchées.

 La règle des neuf permet d'estimer rapidement la surface corporelle touchée par une brûlure chez l'adulte.

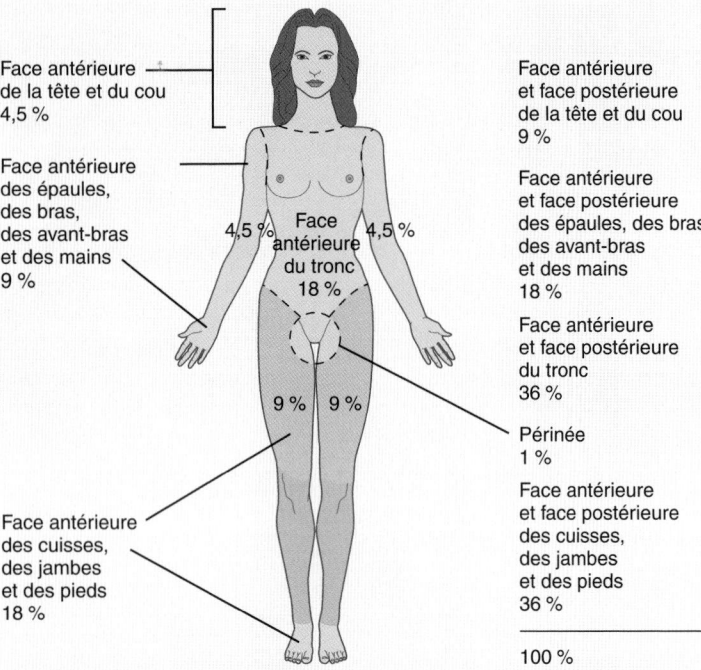

Face antérieure de la tête et du cou
4,5 %

Face antérieure des épaules, des bras, des avant-bras et des mains
9 %

4,5 % 4,5 %

Face antérieure du tronc
18 %

9 % 9 %

Face antérieure des cuisses, des jambes et des pieds
18 %

Face antérieure et face postérieure de la tête et du cou
9 %

Face antérieure et face postérieure des épaules, des bras, des avant-bras et des mains
18 %

Face antérieure et face postérieure du tronc
36 %

Périnée
1 %

Face antérieure et face postérieure des cuisses, des jambes et des pieds
36 %

100 %

Face antérieure du corps

Q Quel pourcentage du corps serait touché en cas de brûlure sur la face antérieure du tronc et la face antérieure du membre gauche supérieur ?

l'épiderme s'infectent ; le fascia superficiel et les tissus sous-jacents sont abîmés. À terme, le tissu se nécrose. Les plaies de pression se produisent surtout chez les patients confinés au lit. On peut les prévenir par des soins appropriés, mais elles s'étendent parfois très vite chez les patients âgés ou affaiblis.

FIGURE 5.11 Les plaies de pression.

Les plaies de pression sont causées par une insuffisance prolongée de l'irrigation des tissus, qui détruit l'épithélium.

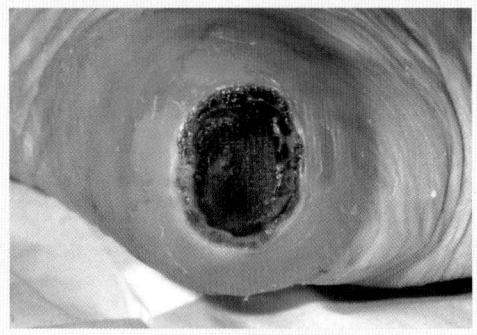

Plaie de pression sur le talon

Q Quelles sont les parties du corps les plus exposées aux plaies de pression ?

TERMES MÉDICAUX

Abrasion (*abradere* : enlever en grattant) Zone du corps dont la peau a été enlevée par frottement, grattage ou raclage.

Alopécie Chute partielle ou complète des cheveux et des poils ; peut être causée par le vieillissement, des troubles endocriniens, la chimiothérapie anticancéreuse et des dermatoses.

Ampoule Accumulation de sérosité dans l'épiderme ou entre l'épiderme et le derme, causée par une friction forte, quoique brève ; aussi appelée **phlyctène**. Le terme **bulle** désigne une ampoule de grande taille.

Cal Épaississement et durcissement de la peau causé par des pressions ou des frottements répétés, et qui se forme généralement sur la paume des mains ou la plante des pieds.

Cors et durillons Épaississements coniques douloureux de la couche cornée de l'épiderme ; généralement causés par la friction ou la pression, ils se forment surtout sur les articulations des orteils ou entre les orteils. Ils sont durs ou mous, selon leur emplacement. Les durillons (durs) apparaissent habituellement sur les articulations des orteils ; les cors (mous), entre le quatrième et le cinquième orteil.

Comédon (*comedere* : manger) Amas de matière sébacée et de cellules mortes dans le follicule pileux et dans le conduit excréteur d'une glande

sébacée ; apparaît en général sur le visage, la poitrine ou le dos ; fréquent surtout à l'adolescence ; communément appelé **point noir**.

Dermatite de contact (*derma* : peau ; *ite* : inflammation) Inflammation de la peau caractérisée par une rougeur, une démangeaison et un œdème ; causée par l'exposition de la peau à des substances chimiques qui provoquent une réaction allergique, par exemple la toxine du sumac vénéneux (couramment appelé « herbe à puce » au Québec).

Eczéma (*ek* : en dehors ; *zein* : bouillir) Inflammation de la peau caractérisée par des rougeurs, la formation de vésicules ainsi qu'une sécheresse cutanée et des démangeaisons extrêmes. Il apparaît surtout dans les plis du poignet, de l'arrière des genoux et de l'avant des coudes. Il commence généralement dans la petite enfance mais disparaît souvent avec les années. Il semble que l'eczéma est souvent dû à une allergie, soit de contact, soit de nature anaphylactique. Il pourrait aussi y avoir des causes génétiques.

Froidure Destruction localisée de la peau et des tissus sous-cutanés de zones du corps exposées à un froid extrême. Dans les cas bénins, la peau bleuit et enfle ; la froidure s'accompagne alors d'une douleur légère. Les signes des cas graves sont les suivants : enflure considérable, léger saignement ; absence de douleur ; formation de vésicules. Les froidures non traitées peuvent dégénérer en gangrène. Le traitement consiste à réchauffer rapidement la région touchée.

Hémangiome (*haima* : sang ; *angeion* : vaisseau ; *ome* : tumeur) Tumeur localisée de la peau et du fascia superficiel causée par une multiplication anormale des vaisseaux sanguins. La **tache de vin** est un type d'hémangiome plat de couleur rose, rouge ou violet, présent à la naissance, généralement sur la nuque.

Herpès labial Lésion de la muqueuse buccale causée par *Herpes simplex virus* de type 1 transmis par voie orale ou respiratoire. Les virus restent généralement à l'état latent dans les cellules des ganglions sensitifs du nerf trijumeau, mais des facteurs tels que le rayonnement ultraviolet, les changements hormonaux et le stress psychologique peuvent l'activer à tout moment. Aussi appelé **bouton de fièvre** ou **feu sauvage**.

Impétigo Infection superficielle de la peau causée par des bactéries telles que le staphylocoque et le streptocoque ; atteint surtout les enfants.

Kératose (*keras, keratos* : corne) Épaississement épidermique ; par exemple, la *kératose sénile* (ou *kératose solaire*) est une lésion précancéreuse causée par une exposition excessive du visage et des mains au soleil.

Kyste (*kustis* : vessie) Cavité isolée des tissus voisins par une paroi distincte de tissu conjonctif et contenant un liquide ou une autre substance.

Lacération (*lacerare* : déchirer) Déchirure irrégulière de la peau.

Nævus Tache de peau pigmentée ronde, plate ou surélevée ; peut être présente à la naissance ou apparaître plus tard. La couleur varie du brun jaunâtre au noir. Aussi appelé *grain de beauté*.

Papule (*papilla* : bouton, pustule) Petite éminence ronde de la peau (moins d'un centimètre de diamètre), par exemple un bouton.

Pied d'athlète Infection superficielle de la peau du pied causée par un mycète.

Prurit (*prurire* : démanger) Démangeaison. Le prurit est l'un des troubles dermatologiques les plus fréquents ; il peut être causé par des maladies de la peau (infections), des maladies systémiques (cancer, insuffisance rénale), des facteurs psychogènes (stress psychologique) ou des réactions allergiques.

Topique (*topos* : lieu) Se dit d'un médicament qui s'applique sur la surface de la peau plutôt que d'être ingéré ou injecté.

Urticaire (*urtica* : ortie) Taches rouges et surélevées de la peau, souvent prurigineuses ; généralement causé par une infection, un trauma physique, un médicament, un stress psychologique, un additif alimentaire ou une allergie alimentaire.

Verrue Masse produite par la croissance désordonnée des cellules épithéliales de la peau et causée par un *Papillomavirus*. La plupart des verrues ne sont pas cancéreuses.

RÉSUMÉ

LA STRUCTURE DE LA PEAU (P. 156)

1. Le système tégumentaire se compose de la peau et de ses annexes (les poils, les ongles, des glandes) ainsi que des muscles lisses et nerfs associés.

2. La peau est le plus lourd et le plus étendu des organes du corps humain. Ses principales parties sont l'épiderme (partie superficielle) et le derme (partie profonde).

3. Le fascia superficiel est situé sous le derme et ne fait pas partie de la peau. Il ancre le derme aux tissus et aux organes sous-jacents et contient les corpuscules lamelleux (ou corpuscules de Pacini).

4. Les types de cellules présentes dans l'épiderme sont les kératinocytes, les mélanocytes, les macrophagocytes intraépidermiques et les cellules de Merkel.

5. Les couches de l'épiderme sont, de l'intérieur vers l'extérieur, la couche basale, la couche épineuse, la couche granuleuse, la couche claire (dans la peau épaisse seulement) et la couche cornée (tableau 5.1). Les cellules souches de la couche basale se divisent sans cesse pour produire les kératinocytes des autres couches.

6. Le derme comprend le derme papillaire et le derme réticulaire. Le derme papillaire se compose de tissu conjonctif aréolaire contenant des fibres élastiques fines, les papilles du derme et les corpuscules tactiles capsulés. Le derme réticulaire se compose de tissu conjonctif dense irrégulier contenant des fibres collagènes et de grosses fibres élastiques entrelacées, du tissu adipeux, les follicules pileux, des nerfs, les glandes sébacées et les conduits des glandes sudoripares.

7. Les crêtes épidermiques forment les empreintes digitales et les empreintes des pieds.

8. La couleur de la peau est due à l'action combinée de la mélanine, du carotène et de l'hémoglobine.

9. Le tatouage consiste à injecter un pigment dans le derme au moyen d'une aiguille. Le perçage corporel consiste à insérer un bijou dans le corps par un orifice artificiel.

LES ANNEXES CUTANÉES (P. 162)

1. Les annexes de la peau – poils, glandes de la peau et ongles – se forment à partir de l'épiderme embryonnaire.

2. Chaque poil est composé d'une tige (dont la majeure partie dépasse de la surface de la peau), d'une racine qui pénètre dans le derme (et parfois dans le fascia superficiel), et d'un follicule pileux.

3. À chaque follicule pileux sont associés une glande sébacée, un muscle arrecteur du poil et un plexus de la racine du poil.

4. Les poils se forment par la division des cellules de la matrice, dans le bulbe. Le renouvellement et la croissance des poils obéissent à un cycle faisant alterner une phase de croissance et une phase de repos.

5. Les poils assurent une certaine fonction de protection contre le soleil, la déperdition de chaleur ainsi que la pénétration de corps étrangers dans les yeux, le nez et les oreilles. Ils interviennent aussi dans la perception des sensations tactiles légères.

6. Le lanugo fœtal tombe avant la naissance, à l'exception des cheveux (lanugo du cuir chevelu), des cils et des sourcils. Chez l'homme, la plupart des poils corporels sont des poils adultes (pigmentés et épais) ; chez la femme, la plupart des poils corporels sont du duvet (poils fins).

7. Les glandes sébacées sont généralement reliées à des follicules pileux ; elles sont absentes de la paume des mains et de la plante des pieds. Elles sécrètent du sébum, substance qui imbibe les poils et imperméabilise la peau. L'obstruction des glandes sébacées peut causer l'acné.

8. Les glandes sudoripares sont soit mérocrines, soit apocrines. Les glandes sudoripares mérocrines sont réparties dans toute la peau, sauf à quelques endroits du corps ; leurs conduits s'ouvrent par des pores à la surface de l'épiderme. Les glandes sudoripares apocrines se trouvent uniquement dans la peau des aisselles, des aines et des aréoles ; leurs conduits débouchent dans des follicules pileux ; elles commencent à fonctionner à la puberté et sont stimulées par le stress psychologique et l'excitation sexuelle. Les glandes mammaires sont des glandes sudoripares spécialisées qui sécrètent du lait.

9. Les glandes cérumineuses sont des glandes sudoripares spécialisées qui sécrètent du cérumen. Elles sont situées dans le méat acoustique externe.

10. Les ongles sont formés de cellules épidermiques kératinisées mortes et dures, situées sur la face dorsale de l'extrémité distale des doigts.

11. Les principales parties de l'ongle sont le corps de l'ongle, le bord libre, la racine, la lunule, l'éponychium et la matrice. La croissance de l'ongle se fait par division des cellules de la matrice.

LES TYPES DE PEAU (P. 167)

1. La peau fine recouvre toutes les parties du corps sauf la paume des mains, la face palmaire des doigts et la plante des pieds.

2. La peau épaisse recouvre la paume des mains, la face palmaire des doigts et la plante des pieds.

LES FONCTIONS DE LA PEAU (P. 168)

1. La peau a plusieurs fonctions principales : elle contribue à la thermorégulation, agit comme réservoir de sang, assure une protection, intervient dans les sensations, et contribue à l'excrétion, à l'absorption, ainsi qu'à la synthèse de la vitamine D.

2. La peau contribue à la thermorégulation en libérant de la sueur à sa surface et en ajustant le débit sanguin dans le derme.

3. La peau constitue une barrière mécanique, chimique et biologique contre les agressions microbiennes qui menacent l'intégrité de l'organisme.

4. Les sensations cutanées sont notamment les sensations tactiles, les sensations thermiques et les sensations douloureuses.

MAINTIEN DE L'HOMÉOSTASIE : LA CICATRISATION DES LÉSIONS DE LA PEAU (P. 169)

1. Dans une lésion superficielle, même si la partie centrale de la plaie descend souvent jusque dans le derme, les cellules épidermiques des bords sont rarement très endommagées.

2. La cicatrisation des lésions superficielles compte les étapes suivantes : augmentation du volume des cellules basales et migration ; inhibition de contact ; et division des cellules basales migrantes et stationnaires.

3. Dans la phase inflammatoire de la cicatrisation d'une lésion profonde, un caillot se forme entre les bords de la plaie ; les cellules épithéliales migrent vers le centre de la plaie ; la vasodilatation et l'accroissement de la perméabilité des vaisseaux sanguins favorisent l'afflux des phagocytes ; et les cellules mésenchymateuses se transforment en fibroblastes.

4. Dans la phase de migration, les fibroblastes migrent le long de filaments de fibrine et commencent à synthétiser des fibres collagènes et des glycoprotéines.

5. Dans la phase de prolifération, les cellules épithéliales se multiplient très vite.

6. Dans la phase de maturation, la croûte se détache ; l'épiderme retrouve son épaisseur normale ; les fibres collagènes s'organisent ; les fibroblastes disparaissent peu à peu ; et les vaisseaux sanguins se regénèrent.

LE DÉVELOPPEMENT EMBRYONNAIRE DU SYSTÈME TÉGUMENTAIRE (P. 171)

1. L'épiderme se développe à partir de l'ectoderme embryonnaire ; les annexes de la peau (poils, ongles et glandes de la peau) proviennent de l'épiderme.

2. Le derme provient des cellules du mésoderme.

LE VIEILLISSEMENT DU SYSTÈME TÉGUMENTAIRE (P. 173)

1. Les effets du vieillissement sur le système tégumentaire commencent à se manifester en général à la fin de la quarantaine.

2. Les effets du vieillissement sur le système tégumentaire sont notamment la formation de rides ; la diminution du tissu adipeux souscutané ; l'atrophie des glandes sébacées ; et la baisse du nombre des mélanocytes et des macrophagocytes intraépidermiques.

AUTOÉVALUATION

Vous trouverez les réponses à ces questions à l'appendice D.

COMPLÉTEZ LES PHRASES SUIVANTES.

1. La couche épidermique que l'on rencontre dans la peau épaisse mais pas dans la peau fine est appelée _____.

2. Les glandes sudoripares qui sont les plus nombreuses dans le corps humain et qui produisent des sécrétions aqueuses s'appellent les glandes sudoripares _____. Les glandes sudoripares modifiées qui se trouvent dans l'oreille s'appellent les glandes _____. Les glandes sudoripares qui se trouvent dans les aisselles, les aines et les aréoles ainsi que dans les régions barbues du visage des hommes et qui produisent des sécrétions lipidiques épaisses s'appellent les glandes sudoripares _____.

INDIQUEZ SI LES ÉNONCÉS SUIVANTS SONT VRAIS OU FAUX.

3. Les peaux foncées contiennent plus de mélanocytes que les peaux claires.

4. Pour empêcher définitivement la croissance d'un poil, il faut détruire sa matrice.

CHOISISSEZ LA BONNE RÉPONSE.

5. La couche de l'épiderme qui contient les cellules souches en cours de mitose est : a) la couche cornée, b) la couche claire, c) la couche basale, d) la couche épineuse, e) la couche granuleuse.

6. La substance qui favorise la mitose des cellules épidermiques est : a) la kératohyaline, b) la mélanine, c) le carotène, d) le collagène, e) le facteur de croissance épidermique.

7. Lequel des énoncés suivants *ne décrit pas* une fonction de la peau ? a) production de calcium, b) synthèse de la vitamine D, c) protection, d) excrétion des déchets, e) thermorégulation.

8. Pour exposer les tissus sous-jacents du dessous du pied, le chirurgien doit d'abord inciser la peau. Indiquez dans quel ordre son scalpel trancherait les couches de la peau. 1) couche claire, 2) couche cornée, 3) couche basale, 4) couche granuleuse, 5) couche épineuse. a) 3, 5, 4, 1, 2 ; b) 2, 1, 5, 4, 3 ; c) 2, 1, 4, 5, 3 ; d) 1, 3, 5, 4, 2 ; e) 3, 4, 5, 1, 2.

9. Lequel des énoncés suivants décrit une conséquence possible du vieillissement de la peau ? a) augmentation du nombre des fibres collagènes et des fibres élastiques, b) diminution de l'activité des glandes sébacées, c) épaississement de la peau, d) accroissement du flux sanguin dans la peau, e) accélération de la croissance des ongles des orteils.

10. Lequel des énoncés suivants est *faux* ? a) L'albinisme est une incapacité héréditaire des mélanocytes à sécréter de la mélanine. b) Les vergetures apparaissent quand le derme est étiré d'une manière excessive, au point de se déchirer. c) Pour éviter les cicatrices trop visibles, les chirurgiens doivent inciser la peau parallèlement aux lignes de Langer. d) Les empreintes digitales se dessinent dans le derme papillaire. e) La plupart des tissus adipeux du corps humain se trouvent dans le derme.

11. On amène un patient victime de brûlures au service des urgences. Il ne sent aucune douleur dans la région brûlée. En tirant délicatement sur les poils de son bras, le médecin arrive à retirer sans effort les follicules pileux. De quel type de brûlure ce patient souffre-t-il ? a) une brûlure du troisième degré, b) une brûlure du deuxième degré, c) une brûlure du premier degré, d) une brûlure du premier ou du deuxième degré, e) une brûlure localisée.

12. Lesquels des énoncés suivants sont *vrais* ? 1) Les ongles sont composés de cellules épidermiques kératinisées mortes, dures et entassées formant un revêtement translucide et solide par-dessus la face dorsale de l'extrémité distale des doigts. 2) Le bord libre de l'ongle est blanc parce qu'il ne contient pas de capillaires. 3) Les ongles facilitent la préhension et la manipulation des petits objets. 4) Les ongles protègent des traumas l'extrémité des doigts. 5) La couleur des ongles est due à l'interaction de la mélanine et du carotène. a) 1, 2 et 3 ; b) 1, 3 et 4 ; c) 1, 2, 3 et 4 ; d) 2, 3 et 4 ; e) 1, 3 et 5.

13. Associez les éléments suivants :

_____ a) produit la protéine qui protège la peau et les tissus sous-jacents contre la lumière, la chaleur, les microorganismes et de nombreux agents chimiques

_____ b) produit le pigment qui colore la peau et absorbe les rayonnements ultraviolets

_____ c) cellules qui proviennent de la moelle osseuse rouge, migrent vers l'épiderme et contribuent à la réponse immunitaire

_____ d) cellules de l'épiderme associées aux sensations tactiles

_____ e) dans le derme ; interviennent dans les sensations de chaleur, de fraîcheur, de douleur, de démangeaisons et de picotements/chatouillement

_____ f) muscle lisse attaché aux follicules pileux ; quand il se contracte, il tire la tige du poil de sorte qu'elle se dresse perpendiculairement à la surface de la peau

_____ g) épaississement anormal de l'épiderme

_____ h) libère une sécrétion lipidique qui imperméabilise la couche granuleuse

_____ i) cellules sensibles à la pression et situées, pour la plupart, dans le fascia superficiel

_____ j) substance graisseuse qui recouvre et protège la peau du fœtus contre l'exposition constante au liquide amniotique

_____ k) associé(e)s aux follicules pileux ; sécrètent une substance adipeuse qui empêche les cheveux de devenir secs et cassants, préviennent l'évaporation d'eau de la surface de la peau et entravent la croissance de certaines bactéries

1) cellules de Merkel
2) cal
3) kératinocytes
4) macrophagocytes intraépidermiques
5) mélanocytes
6) corpuscules tactiles non capsulés (terminaisons nerveuses libres)
7) glandes sébacées
8) granules lamellés
9) corpuscules lamelleux
10) vernix caseosa
11) arrecteur du poil

14. Associez les éléments suivants :

_____ a) partie profonde du derme ; se compose essentiellement de tissu conjonctif dense irrégulier

_____ b) se compose d'épithélium stratifié pavimenteux kératinisé

_____ c) ne fait pas partie de la peau proprement dite ; contient des tissus adipeux et aréolaire ainsi que des vaisseaux sanguins ; rattache la peau aux tissus et organes sous-jacents

_____ d) partie superficielle du derme ; se compose de tissu conjonctif aréolaire

1) fascia superficiel
2) derme papillaire
3) derme réticulaire
4) épiderme

15. Associez les éléments suivants et placez dans l'ordre les phases de la guérison des lésions profondes :

_____ a) les cellules épithéliales se massent sous la croûte pour fermer la plaie ; du tissu de granulation se forme

_____ b) la croûte tombe ; les fibres collagènes se réorganisent ; les vaisseaux sanguins reviennent à la normale

_____ c) la vasodilatation et l'accroissement de la perméabilité vasculaire favorisent la libération des cellules phagocytaires ; un caillot se forme

_____ d) les cellules épithéliales se multiplient rapidement sous la croûte ; des fibres collagènes se déposent de manière désordonnée ; les vaisseaux sanguins continuent de se régénérer

1) phase de prolifération

2) phase inflammatoire

3) phase de maturation

4) phase de migration

Ordre des phases : 1) _____ , 2) _____ , 3) _____ , 4) _____

QUESTIONS À COURT DÉVELOPPEMENT

Vous trouverez les réponses à ces questions à l'appendice D.

1. Une quantité stupéfiante de poussière s'accumule dans les maisons qui abritent une famille, des chats et des chiens. La plupart de ces particules sont produites par l'organisme des personnes et des animaux. De quelle partie du corps viennent les particules d'origine humaine ?

2. Jeanne vient de rentrer de chez le coiffeur, qui lui a coupé les cheveux. Elle affirme que sa nouvelle coiffure lui épaissit les cheveux. Est-ce possible ? Justifiez votre réponse.

3. Eduardo, cuisinier réputé, s'est tranché accidentellement l'extrémité de l'ongle du pouce droit, il y a six mois. Bien que l'ongle autour pousse normalement, la partie qui a été coupée ne se reconstitue pas. Pourquoi ?

RÉPONSES AUX QUESTIONS DES FIGURES

5.1 L'épiderme se compose de tissu épithélial et le derme, de tissu conjonctif.

5.2 La mélanine protège l'ADN contenu dans le noyau des kératinocytes contre le rayonnement ultraviolet.

5.3 La couche basale est la partie de l'épiderme qui contient des cellules souches en division constante.

5.4 L'arrachage du cheveu stimule les plexus de la racine du poil, dans le derme ; or, certaines de ces structures sont sensibles à la douleur. La coupe des cheveux n'est pas douloureuse parce que la tige du poil se compose de cellules déjà mortes et qu'elle ne renferme pas de nerfs.

5.5 Les ongles sont durs parce qu'ils sont composés de cellules épidermiques kératinisées mortes, dures et entassées les unes sur les autres.

5.6 L'épiderme étant avasculaire, les lésions superficielles ne saignent pas.

5.7 Le vernix caseosa se compose de sécrétions des glandes sébacées, de cellules détachées du périderme et de poils.

5.8 Le type de cancer de la peau le plus répandu est l'épithélioma basocellulaire.

5.9 La gravité d'une brûlure dépend de la profondeur des lésions et de la superficie de la zone touchée, mais aussi de l'âge de la victime et de son état de santé général.

5.10 La brûlure toucherait environ 22,5 % du corps (4,5 % [bras] + 18 % [face antérieure du tronc]).

5.11 Les plaies de pression se forment en général dans les tissus qui surmontent une saillie osseuse longuement soumise à une pression, par exemple les épaules, les hanches, les fesses, les talons et les chevilles.

SYSTÈME SQUELETTIQUE : LE TISSU OSSEUX ET LES OS

LE TISSU OSSEUX ET L'HOMÉOSTASIE

Le tissu osseux est continuellement en formation, remaniement et réparation. Il contribue à l'homéostasie du corps en servant de structure de soutien et de protection, en produisant des cellules sanguines et en stockant des minéraux et des triacylglycérols.

Un os se compose de différents tissus – tissu osseux, cartilage, tissus conjonctifs denses, épithélium, tissu adipeux et tissu nerveux – qui assurent ensemble plusieurs fonctions. C'est pourquoi on dit de chaque os qu'il est un organe. Le tissu osseux, tissu vivant et complexe, est soumis à un processus continu de remaniement par lequel la matière osseuse se forme et se dégrade. L'ensemble des os et de leurs cartilages constitue le **système squelettique**. Dans le présent chapitre, nous décrirons les composantes des os pour vous permettre de comprendre comment les os se forment et vieillissent et comment l'exercice physique influe sur leur densité et leur résistance. L'étude de la structure des os et du traitement des troubles osseux est appelée **ostéologie** (*osteon* : os ; *logos* : discours).

LES FONCTIONS DES OS ET DU SYSTÈME SQUELETTIQUE

- Décrire les six fonctions principales du système squelettique.

Le tissu osseux constitue environ 18 % du poids du corps humain. Le système squelettique assure plusieurs fonctions fondamentales :

1. **Le soutien.** Les os du squelette forment une structure rigide qui sert de support aux tissus mous et de point d'attache aux tendons de la plupart des muscles squelettiques.

2. **La protection.** Les os du squelette protègent les organes internes les plus importants contre les blessures. Par exemple, les os du crâne protègent l'encéphale, les vertèbres protègent la moelle épinière et la cage thoracique protège le cœur et les poumons.

3. **Le mouvement.** La plupart des muscles squelettiques sont reliés aux os ; lorsqu'ils se contractent, ils agissent comme des leviers sur les os pour produire le mouvement. Nous abordons cette fonction en détail dans le chapitre 10.

4. **L'homéostasie des minéraux.** Le tissu osseux sert de réservoir à plusieurs minéraux, notamment le calcium et le phosphore, qui contribuent à la résistance des os. Selon les besoins de l'organisme, les os libèrent des minéraux dans le sang pour maintenir l'équilibre des minéraux (homéostasie) et les distribuer à d'autres parties du corps.

5. **La formation des cellules sanguines.** Dans certains os, un tissu conjonctif appelé **moelle osseuse rouge** produit les érythrocytes, les leucocytes et les thrombocytes au cours du processus de l'**hématopoïèse** (*haima* : sang ; *poïein* : faire). La moelle osseuse rouge est composée de cellules sanguines en formation, d'adipocytes, de fibroblastes et de macrophagocytes à l'intérieur d'un réseau de fibres réticulaires. Elle est également présente dans les os en formation du fœtus et dans certains os adultes, en particulier dans les os plats tels que les os du bassin, les côtes, le sternum, les vertèbres et les os du crâne ainsi que dans les extrémités des os longs des bras et des cuisses.

6. **Le stockage des triacylglycérols.** Chez le nourrisson, la moelle osseuse des os en formation est rouge et contribue à l'hématopoïèse. Au fil du temps, la production de cellules sanguines diminue dans les os longs, et la moelle osseuse rouge se transforme presque entièrement en moelle osseuse jaune. La **moelle osseuse jaune** est surtout composée d'adipocytes qui emmagasinent les triacylglycérols servant de réserve d'énergie.

▶ POINT DE CONTRÔLE

1. Quels sont les tissus qui constituent le système squelettique ?

2. En quoi la composition, la situation et la fonction de la moelle osseuse rouge et de la moelle osseuse jaune diffèrent-elles ?

LA STRUCTURE DES OS

- Décrire les fonctions de chaque partie d'un os long.
- Décrire les caractéristiques histologiques du tissu osseux.

L'ANATOMIE MACROSCOPIQUE DE L'OS

Ainsi que nous l'avons déjà mentionné, l'organisation structurale d'un organe est liée à sa fonction. Aussi, afin de bien comprendre les fonctions des os dans le maintien de l'homéostasie, nous allons d'abord aborder la structure d'un os d'un point de vue macroscopique. On peut étudier la structure macroscopique des os en considérant les parties d'un os long tel que l'humérus (os du bras) illustré à la figure 6.1a. Un *os long* est toujours plus long que large. Un os long typique comprend les parties suivantes :

1. La **diaphyse** (*diaphusis* : séparation naturelle) est le corps de l'os ; longue et cylindrique, elle constitue la majeure partie de l'os.

2. Les **épiphyses** (*epi* : sur) sont les extrémités distale et proximale de l'os.

3. Les **métaphyses** (*meta* : entre) sont les régions où la diaphyse entre en contact avec les épiphyses dans un os adulte. Dans un os en croissance, chaque métaphyse comprend une **plaque épiphysaire** (aussi appelée *cartilage de conjugaison* ou encore *cartilage épiphysaire*), soit une couche de cartilage hyalin qui permet à la diaphyse de croître en longueur (ce processus est décrit plus loin dans le chapitre). Quand une personne atteint l'âge de 18 à 21 ans, l'os cesse généralement de croître en longueur. La plaque épiphysaire est alors remplacée par de l'os ; on appelle **ligne épiphysaire** la structure osseuse qui en résulte.

4. Le **cartilage articulaire** est une mince couche de cartilage hyalin recouvrant l'épiphyse au point d'union entre deux os (articulation). Le cartilage articulaire réduit la friction et absorbe les chocs que subissent les articulations mobiles.

5. Le **périoste** (*peri* : autour) est une épaisse membrane de tissu conjonctif dense irrégulier qui entoure la surface osseuse aux endroits où elle est dépourvue de cartilage articulaire. Les cellules productrices de matière osseuse du périoste permettent aux os de croître en épaisseur, mais pas en longueur. Le périoste protège également l'os, favorise la consolidation des fractures, nourrit le tissu osseux et sert de point d'attache aux ligaments et aux tendons. Il est fixé à l'os sous-jacent par des **fibres de Sharpey**, soit d'épais faisceaux de collagène s'étendant du périoste à la matrice extracellulaire osseuse.

6. La **cavité médullaire**, ou canal médullaire (*medulla* : moelle), est l'espace à l'intérieur de la diaphyse qui contient la moelle osseuse jaune lipidique.

7. L'**endoste** (*endon* : en dedans) est une mince membrane qui tapisse la cavité médullaire et qui contient une couche unique de cellules productrices de matière osseuse et une petite quantité de tissu conjonctif.

FIGURE 6.1 Les parties d'un os long. Le tissu osseux spongieux de l'épiphyse et de la métaphyse contient la moelle osseuse rouge, tandis que la cavité médullaire de la diaphyse contient la moelle osseuse jaune (chez l'adulte).

Dans un os long, le cartilage articulaire recouvre les épiphyses proximale et distale et le périoste entoure la diaphyse.

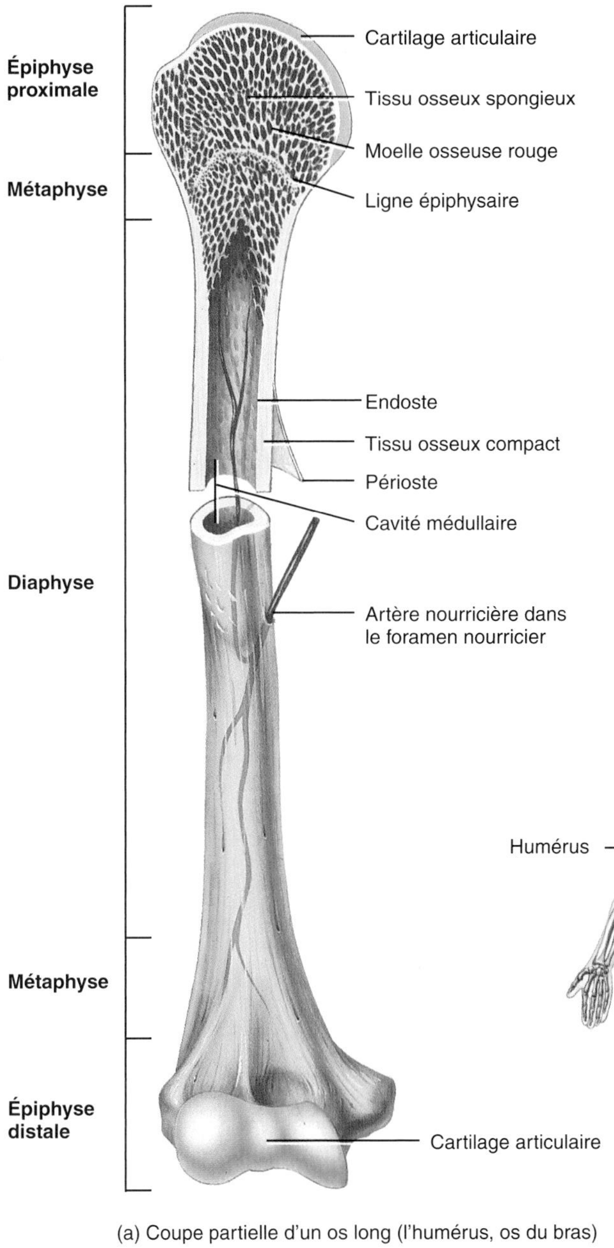

Épiphyse proximale

Métaphyse

Diaphyse

Métaphyse

Épiphyse distale

Cartilage articulaire

Tissu osseux spongieux

Moelle osseuse rouge

Ligne épiphysaire

Endoste

Tissu osseux compact

Périoste

Cavité médullaire

Artère nourricière dans le foramen nourricier

(a) Coupe partielle d'un os long (l'humérus, os du bras)

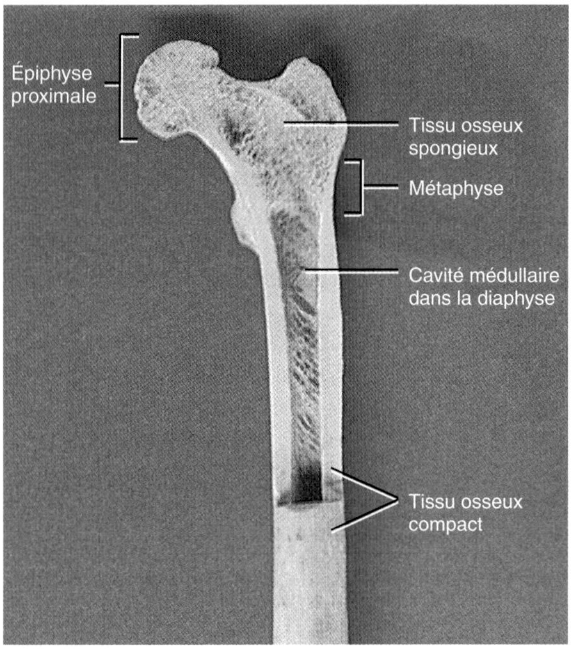

Épiphyse proximale

Tissu osseux spongieux

Métaphyse

Cavité médullaire dans la diaphyse

Tissu osseux compact

(b) Photographie d'une coupe partielle d'un os long (le fémur, os de la cuisse)

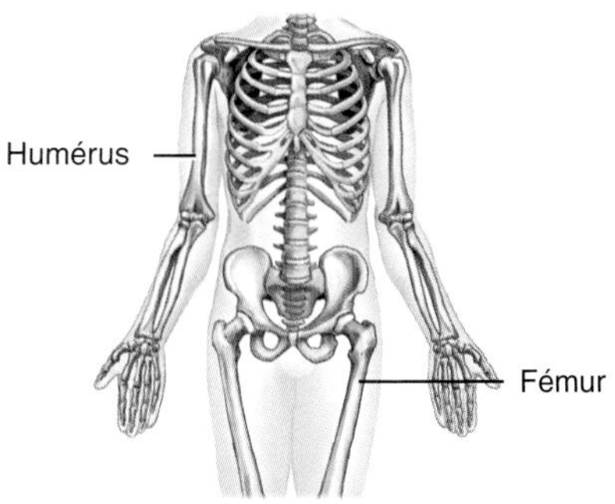

Humérus

Fémur

Cartilage articulaire

Fonctions du tissu osseux

1. Sert de soutien aux tissus mous et de point d'attache aux muscles squelettiques.
2. Protège les organes internes.
3. Contribue au mouvement, de concert avec les muscles squelettiques.
4. Emmagasine et libère des minéraux.
5. Contient la moelle osseuse rouge, qui produit les cellules sanguines.
6. Contient la moelle osseuse jaune, qui emmagasine les triacylglycérols (graisses).

Quelle est l'importance du périoste du point de vue fonctionnel?

▶ **POINT DE CONTRÔLE**

3. Représentez sur un schéma les parties d'un os long et énumérez les fonctions de chacune.

L'ANATOMIE MICROSCOPIQUE DE L'OS

Nous allons maintenant étudier la structure osseuse du point de vue microscopique (histologie). Comme tout tissu conjonctif, le **tissu osseux** contient une grande quantité de matrice extracellulaire qui entoure des cellules disséminées.

Les cellules du tissu osseux

Le tissu osseux comprend quatre types de cellules : les cellules ostéogéniques, les ostéoblastes, les ostéocytes et les ostéoclastes (figure 6.2).

1. Les **cellules ostéogéniques** (*genos* : origine) sont des cellules souches non spécialisées dérivées du mésenchyme, tissu qui donne naissance à tous les tissus conjonctifs. Ce sont les seules cellules osseuses capables de se diviser ; les cellules formées se transforment en ostéoblastes. Les cellules ostéogéniques sont présentes dans la couche interne du périoste, dans l'endoste ainsi que dans les canaux où passent les vaisseaux sanguins à l'intérieur de l'os.

2. Les **ostéoblastes** (*blastos* : germe) sont des cellules productrices de matière osseuse. Ils synthétisent et sécrètent des fibres collagènes et d'autres composantes organiques nécessaires à la formation de la matrice extracellulaire du tissu osseux, et amorcent la calcification (décrite plus loin). À mesure qu'ils s'entourent de matrice extracellulaire, les ostéoblastes restent prisonniers de leurs sécrétions et se transforment en ostéocytes. (Remarque : le suffixe *–blaste* désigne une cellule sécrétant la matrice extracellulaire dans les os ou tout autre tissu conjonctif. Enfermés dans la matrice osseuse, les ostéoblastes ne se divisent pas – capacité que conservent habituellementt les « blastes ».)

3. Les **ostéocytes** (*kytos* : cellule) sont des cellules osseuses arrivées à maturité ; ce sont les cellules les plus abondantes dans le tissu osseux. Ils maintiennent les activités cellulaires quotidiennes du tissu osseux, par exemple ses échanges de nutriments et de déchets avec le sang. À l'instar des ostéoblastes, les ostéocytes ne se divisent pas. (Remarque : le suffixe *–cyte* désigne une cellule mature contribuant au maintien du tissu, que ce soit le tissu osseux ou tout autre tissu.)

4. Les **ostéoclastes** (*klastos* : brisé) sont des cellules géantes dérivées de la fusion de plusieurs – parfois jusqu'à 50 – monocytes (un type de leucocyte) ; ils sont concentrés dans l'endoste. Du côté de la cellule adjacente à la surface osseuse, la membrane plasmique de l'ostéoclaste forme un pli profond appelé *bordure ondulée*. C'est de cette bordure que la cellule libère des enzymes lysosomiales et des acides puissants qui digèrent les protéines et les minéraux de la matrice de l'os sous-jacent. Cette dégradation de la matrice extracellulaire osseuse, appelée **résorption**, fait partie du processus normal de développement, de croissance, de maintien et de réparation de l'os. (Remarque : le suffixe *–claste* désigne la destruction de matrice extracellulaire osseuse.) Comme nous le verrons plus loin, lors d'une baisse du taux de calcium sanguin ou au cours du remaniement normal des os, et en réaction à certaines hormones, les ostéoclastes sécrètent des enzymes et des acides qui détruisent les sels minéraux et les fibres collagènes de la matrice extracellulaire osseuse. Ils servent également de cellules cibles dans les traitements médicamenteux de l'ostéoporose.

La matrice extracellulaire

La matrice extracellulaire d'un os est composée à 25 % d'eau, à 25 % de fibres collagènes et à 50 % de sels minéraux cristallisés.

FIGURE 6.2 Les types de cellules dans le tissu osseux.

Les cellules ostéogéniques se divisent et se transforment en ostéoblastes, cellules qui sécrètent la matrice extracellulaire osseuse.

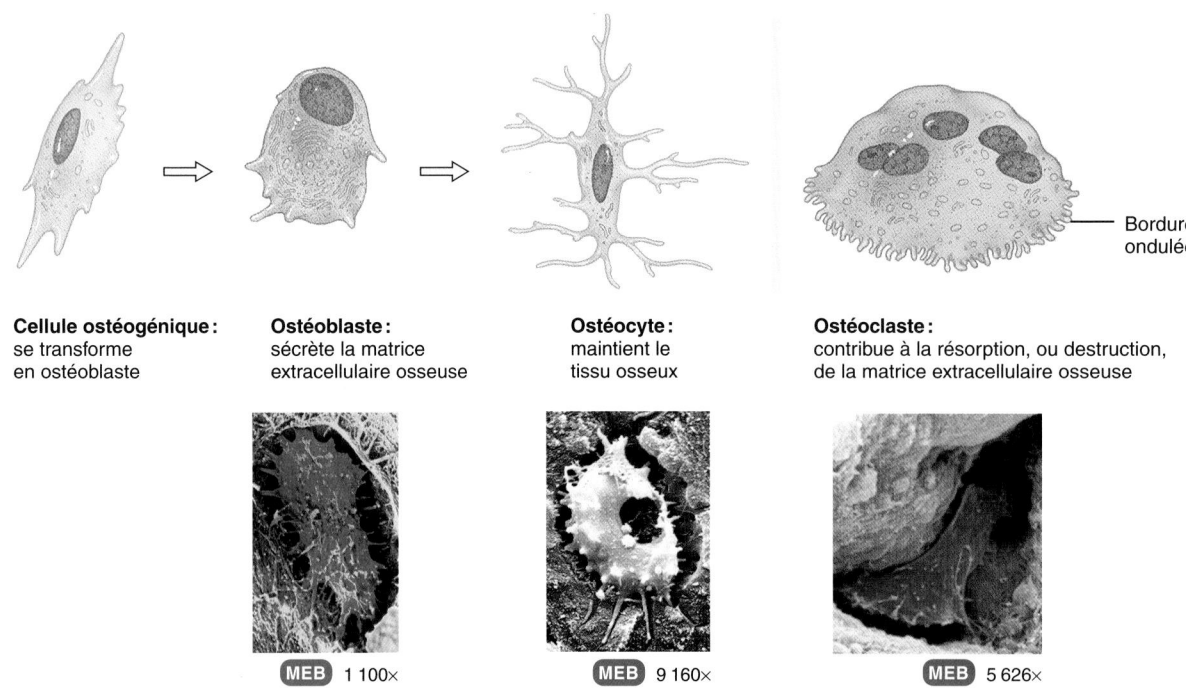

Cellule ostéogénique : se transforme en ostéoblaste

Ostéoblaste : sécrète la matrice extracellulaire osseuse

Ostéocyte : maintient le tissu osseux

Ostéoclaste : contribue à la résorption, ou destruction, de la matrice extracellulaire osseuse

MEB 1 100×

MEB 9 160×

MEB 5 626×

Pourquoi la résorption osseuse est-elle un processus important ?

La matrice contient surtout du phosphate de calcium $[Ca_3(PO_4)_2]$ qui, combiné à un autre sel minéral, l'hydroxide de calcium $[Ca(OH)_2]$, forme des cristaux d'**hydroxyapatite**. Pendant leur formation, les cristaux se combinent à d'autres sels minéraux, tel le carbonate de calcium $(CaCO_3)$, et à des ions, tels le magnésium, le fluorure, le potassium et le sulfate. À mesure qu'ils se déposent dans la charpente formée par les fibres collagènes de la matrice extracellulaire, ces sels minéraux se cristallisent et le tissu durcit. Ce processus, appelé **calcification**, est déclenché par les cellules productrices de matière osseuse, les ostéoblastes.

On croyait jadis que la calcification se produisait chaque fois que des sels minéraux étaient présents en quantité suffisante pour former des cristaux. On sait maintenant que ce processus n'est possible qu'en présence de fibres collagènes. Les sels minéraux commencent à se cristalliser dans les espaces microscopiques entre les fibres collagènes. Une fois ces espaces remplis, des cristaux de minéraux s'accumulent autour des fibres collagènes.

Tandis que la *dureté* de l'os dépend de sa teneur en sels minéraux inorganiques cristallisés, sa *flexibilité* est fonction des fibres collagènes qu'il contient. Telles les tiges d'armature qui renforcent le béton, les fibres collagènes et d'autres molécules organiques confèrent à l'os sa *force de tension*, c'est-à-dire sa résistance aux forces d'étirement ou de déchirement. Si on faisait tremper un os dans une solution acide, comme du vinaigre, les sels minéraux de l'os se dissoudraient et l'os deviendrait caoutchouteux et flexible.

L'os n'est pas complètement dur; de nombreux petits espaces séparent ses cellules et la matrice extracellulaire. Certains de ces espaces fournissent un accès aux vaisseaux sanguins qui approvisionnent en nutriments les cellules osseuses. D'autres servent au stockage de la moelle osseuse rouge. La taille et la répartition de ces espaces déterminent les régions qui sont faites de tissu osseux compact et celles qui sont faites de tissu osseux spongieux (figure 6.1). Le squelette dans son ensemble contient environ 80 % de tissu osseux compact et 20 % de tissu osseux spongieux.

Le tissu osseux compact

Le **tissu osseux compact** comporte peu d'espaces (figure 6.3a) et est le tissu osseux le plus solide. Il se trouve sous le périoste de tous les os et constitue la majeure partie de la diaphyse des os longs. Le tissu osseux compact joue un rôle de protection et de soutien tout en offrant une résistance aux forces que le poids et le mouvement exercent sur lui.

Le tissu osseux compact se divise en unités structurales récurrentes appelées **ostéones**, ostéons ou systèmes de Havers (figure 6.3a). Chaque ostéone est composée d'un canal central, de lamelles concentriques, de lacunes, d'ostéocytes et de canalicules. La forme cylindrique et creusée de l'ostéone lui permet d'abriter un canal longitudinal appelé **canal central de l'ostéone**, ou canal de Havers. Les canaux centraux sont entourés de lamelles concentriques, les **lamelles de l'ostéone**, qui sont composées de matrice extracellulaire calcifiée, un peu à la manière des anneaux d'un tronc d'arbre. Entre les lamelles se trouvent de petits espaces, appelés **lacunes** (*lacuna* : fosse), qui contiennent les cellules de l'os arrivées à maturité, les **ostéocytes**. De ces lacunes, de minuscules **canalicules** (petits canaux) remplis de liquide extracellulaire partent dans toutes

les directions. Les canalicules contiennent de minces excroissances cellulaires issues des ostéocytes (voir le médaillon de droite dans la figure 6.3a). Les ostéocytes adjacents communiquent donc par ces canalicules. Les canalicules relient les lacunes entre elles et avec le canal central de l'ostéone, formant ainsi un minuscule réseau de ramifications complexes dans les os. Étant donné que la matrice extracellulaire est solide, c'est grâce à ce réseau et à ses nombreuses voies de passage que les nutriments et l'oxygène atteignent les ostéocytes et que les déchets diffusent, en sens contraire, vers la circulation sanguine. Les vaisseaux sanguins (artères et veines), les vaisseaux lymphatiques et les nerfs du périoste pénètrent horizontalement dans le tissu osseux compact par les **canaux perforants**, ou canaux de Volkmann. Les vaisseaux et les nerfs des canaux perforants rejoignent ceux des canaux centraux des ostéones puis s'étendent jusqu'à la cavité médullaire (figure 6.4).

Les ostéones du tissu osseux compact sont alignées dans le même axe que les lignes de contrainte. Dans la diaphyse, par exemple, elles sont parallèles à l'axe longitudinal de l'os. C'est pourquoi la diaphyse d'un os long résiste aux flexions ou aux fractures, même si une force considérable est appliquée à l'une ou l'autre de ses extrémités. Les ostéones d'un os long sont comparables à une pile de bûches; chaque bûche est formée d'anneaux de matériaux durs et, une fois qu'ils sont reliés, il est nécessaire d'y appliquer une force considérable pour les briser tous. Les lignes de contrainte dans un os changent lorsque le bébé apprend à marcher ou qu'une personne pratique une activité physique intense et répétée, tel un entraînement avec des poids. Les lignes de contrainte d'un os changent également à la suite de fractures ou de déformations physiques. La structure des ostéones n'est donc pas statique, elle change constamment en fonction des contraintes physiques que subit le squelette.

Les espaces entre les ostéones contiennent des **lamelles interstitielles**, qui renferment aussi des lacunes avec des ostéocytes et des canalicules. Les lamelles interstitielles sont des fragments d'ostéones qui ont été partiellement détruites lors du remaniement osseux ou au cours de la croissance. Les lamelles qui entourent l'os juste en dessous du périoste et celles qui entourent la cavité médullaire sont appelées **lamelles circonférentielles**.

Le tissu osseux spongieux

Contrairement au tissu osseux compact, le **tissu osseux spongieux** ne contient pas d'ostéones. Malgré son sens premier, le terme « spongieux » ne qualifie pas la texture de l'os, mais plutôt son aspect (figure 6.3b). Le tissu osseux spongieux est composé de lamelles formant une trame irrégulière de minces colonnes de tissu osseux appelées **trabécules osseuses** (*trabecula* : petite poutre). Les espaces macroscopiques entre les trabécules donnent sa légèreté à ce type de tissu osseux et, dans certains os, sont remplis de moelle osseuse rouge. À l'intérieur de chaque trabécule se trouvent des ostéocytes logés dans des lacunes d'où irradient des canalicules, qui relient les ostéocytes. Les ostéocytes du tissu osseux spongieux sont nourris par diffusion à partir du sang circulant dans les capillaires situés dans la cavité médullaire de l'os (figure 6.4).

Le tissu osseux spongieux constitue la plus grande partie du tissu osseux des os courts, plats et irréguliers, et la plus grande

FIGURE 6.3 L'histologie du tissu osseux compact et du tissu osseux spongieux. (a) Coupes de la diaphyse d'un os long montrant le périoste à droite, le tissu osseux compact au centre, et le tissu osseux spongieux et la cavité médullaire à gauche. En médaillon (en haut à droite), un ostéocyte dans une lacune. (b et c) Détails du tissu osseux spongieux. Le tableau 4.4J présente une photomicrographie du tissu osseux compact ; la figure 6.12a montre une micrographie électronique à balayage (MEB) d'un tissu osseux spongieux.

Dans le tissu osseux compact, les ostéocytes sont logés dans des lacunes disposées entre les lamelles de l'ostéone qui entourent le canal central de l'ostéone ; dans le tissu osseux spongieux, les ostéocytes sont logés dans des lacunes disposées dans des trabécules osseuses de forme irrégulière.

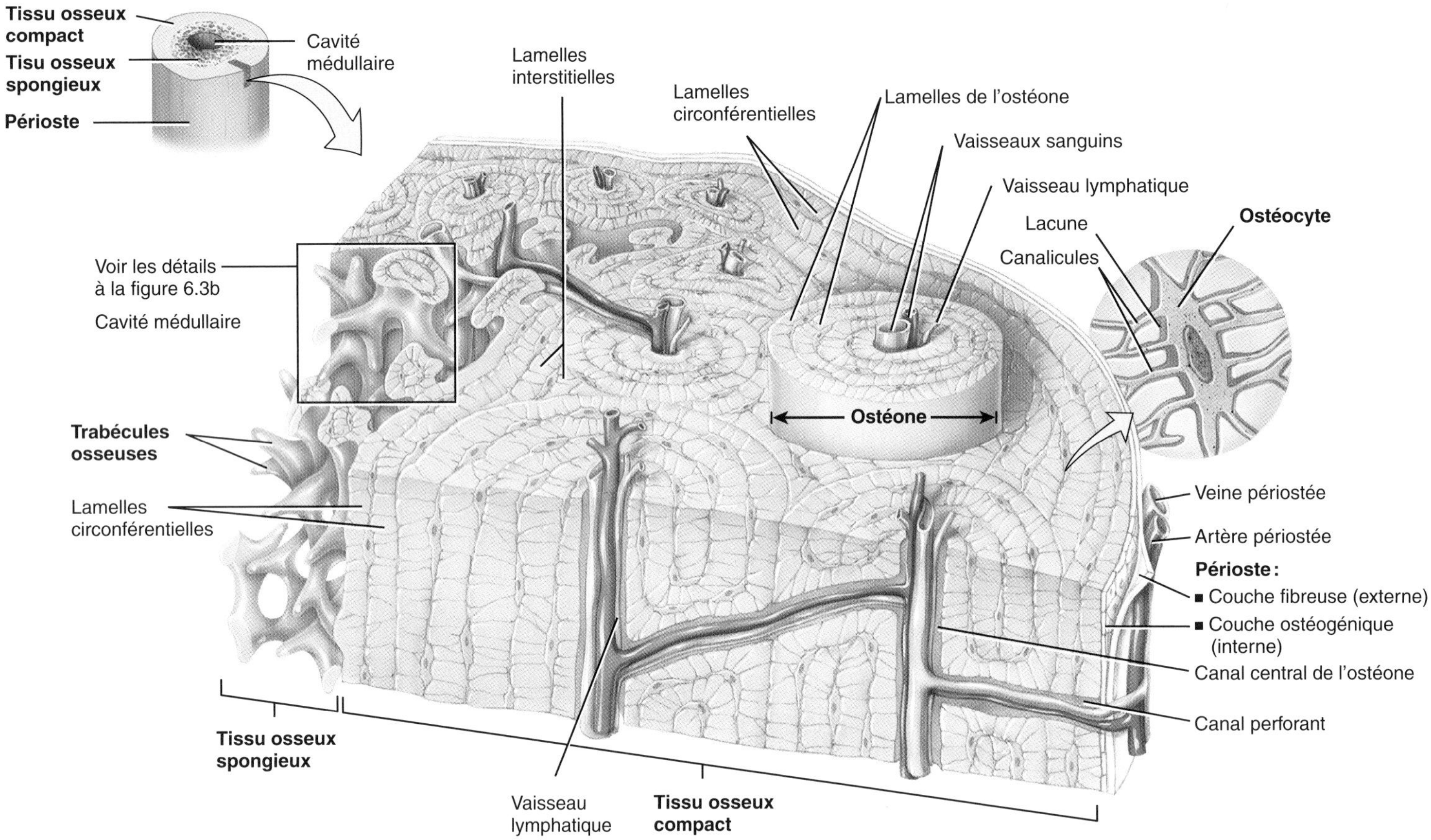

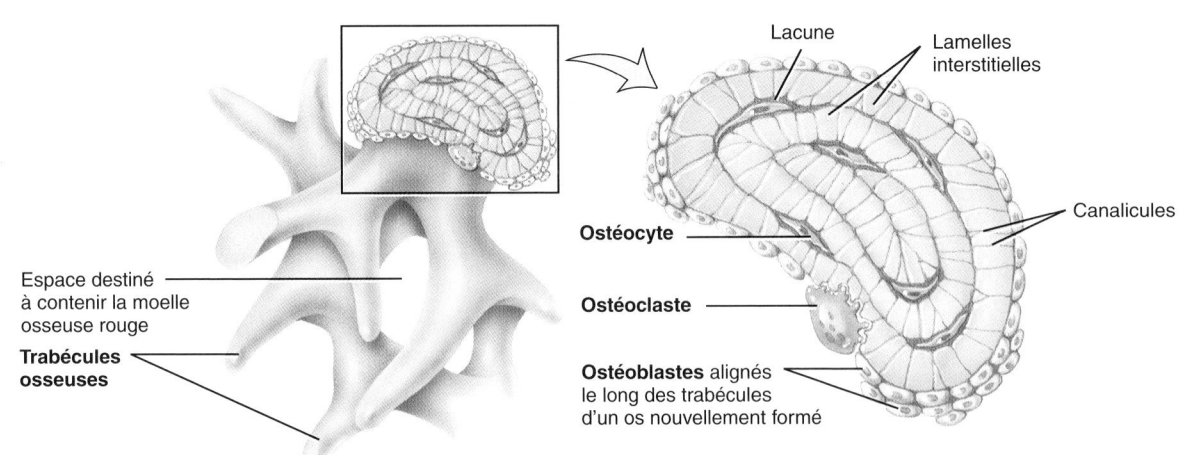

(a) Ostéones dans un tissu osseux compact et trabécules osseuses dans un tissu osseux spongieux

(b) Schéma agrandi des trabécules osseuses du tissu osseux spongieux

c) Détails d'une coupe d'une trabécule montrant les différents types de cellules osseuses

Q Avec l'âge, certains canaux centraux de l'ostéone peuvent s'obstruer. Quel est l'effet de cette obstruction sur les ostéocytes adjacents ?

partie des épiphyses des os longs ; il forme un mince anneau autour de la cavité médullaire de la diaphyse des os longs.

À première vue, la structure des ostéones du tissu osseux compact semble très ordonnée et les trabécules du tissu osseux spongieux semblent disposées de manière aléatoire. Pourtant, ces trabécules osseuses sont orientées précisément le long des lignes de contrainte, ce qui aide les os à résister aux contraintes et à transférer des forces sans se rompre. Le tissu osseux spongieux est situé principalement aux endroits où les os ne subissent pas de grandes contraintes ou aux endroits qui subissent des contraintes provenant de nombreuses directions à la fois.

Le tissu osseux spongieux et le tissu osseux compact diffèrent à deux égards. Premièrement, le tissu osseux spongieux est léger, ce qui diminue la masse totale de l'os et permet à ce dernier de se déplacer plus aisément lorsqu'il est tiré par un muscle squelettique. Deuxièmement, les trabécules du tissu osseux spongieux soutiennent et protègent la moelle osseuse rouge. Le tissu osseux spongieux situé dans les os coxaux (os de la hanche), les côtes, le sternum, la colonne vertébrale et les extrémités des os longs est le site de stockage de la moelle osseuse rouge et donc le siège de l'hématopoïèse (formation des cellules sanguines) chez l'adulte.

LA SCINTIGRAPHIE OSSEUSE

La **scintigraphie osseuse** (voir le tableau 1.3) est une épreuve diagnostique qui tire avantage du fait que l'os est un tissu vivant. Une petite quantité de traceur radioactif facilement assimilable par l'os est injectée par voie intraveineuse. Le degré d'absorption du traceur est directement proportionnel à la quantité de sang qui circule dans l'os. Un scintigraphe (gamma-caméra) mesure le rayonnement émis par les os, et transpose cette information sur une photographie affichée sur un moniteur, que l'on peut lire comme une radiographie. Les régions entièrement grises indiquent une absorption uniforme du traceur radioactif et représentent le tissu osseux normal. Les régions plus foncées ou plus pâles peuvent indiquer des anomalies osseuses. Les régions plus foncées sont des «zones chaudes» où l'accélération du métabolisme occasionne une plus grande absorption du traceur radioactif en raison d'une augmentation de l'irrigation sanguine. Les zones chaudes sont parfois des indices de cancer des os, d'une fracture mal consolidée ou d'une croissance osseuse anormale. Les régions plus pâles, dites «zones froides», indiquent un ralentissement du métabolisme qui cause une absorption plus faible du traceur radioactif en raison d'une diminution de l'irrigation sanguine. Les zones froides peuvent indiquer des troubles tels qu'une maladie dégénérative des os, une décalcification osseuse, des fractures, des infections osseuses, la maladie osseuse de Paget et la polyarthrite rhumatoïde. La scintigraphie osseuse détecte les anomalies de trois à six mois plus tôt qu'une radiographie courante et diminue le nombre d'interventions radiologiques nécessaires. Il s'agit d'une épreuve diagnostique couramment utilisée pour la détermination de la densité osseuse, et très efficace pour le dépistage de l'ostéoporose chez les femmes. ■

► POINT DE CONTRÔLE

4. Pourquoi l'os est-il considéré comme un tissu conjonctif ?

5. Nommez les quatre types de cellules du tissu osseux et leurs fonctions.

6. Quels sont les constituants de la matrice extracellulaire du tissu osseux ?

7. Faites la distinction entre le tissu osseux spongieux et le tissu osseux compact en comparant leur aspect microscopique, leur situation et leur fonction.

LA VASCULARISATION ET L'INNERVATION DES OS

OBJECTIF

• Décrire la vascularisation et l'innervation des os.

Les os sont généreusement vascularisés. Les vaisseaux sanguins, particulièrement abondants dans les régions de l'os contenant la moelle osseuse rouge, pénètrent dans les os par le périoste. Nous décrirons l'apport sanguin d'un os long adulte en prenant pour exemple le tibia représenté à la figure 6.4.

Près du centre de la diaphyse, une grosse **artère nourricière** traverse le tissu osseux compact en passant par un trou appelé **foramen nourricier**. Lorsqu'elle entre dans la cavité médullaire,

FIGURE 6.4 La vascularisation d'un os long adulte, le tibia.

Les os sont abondamment vascularisés.

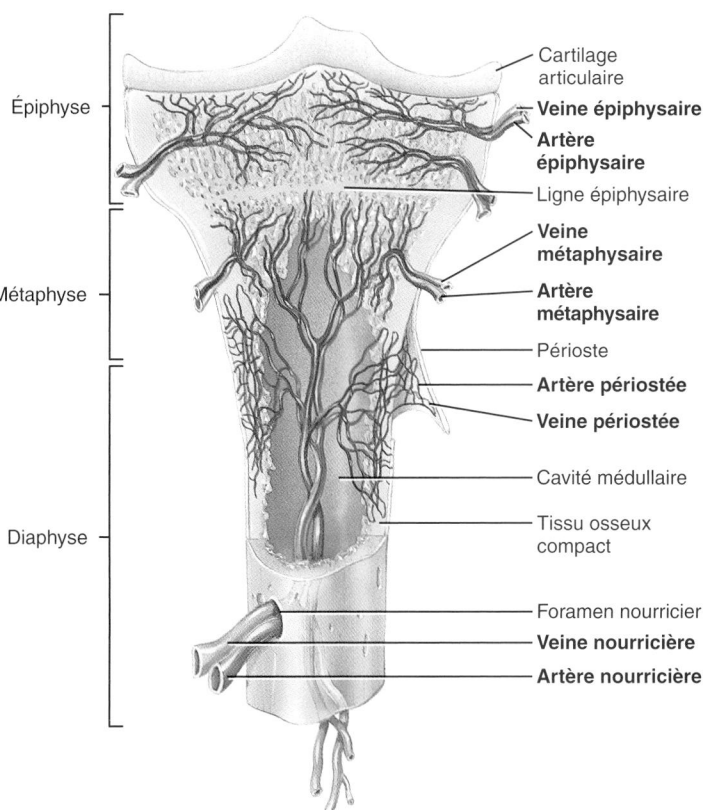

Cartilage articulaire
Veine épiphysaire
Artère épiphysaire
Ligne épiphysaire
Épiphyse
Veine métaphysaire
Artère métaphysaire
Métaphyse
Périoste
Artère périostée
Veine périostée
Cavité médullaire
Tissu osseux compact
Diaphyse
Foramen nourricier
Veine nourricière
Artère nourricière

 Par quelles structures les artères et les veines périostées pénètrent-elles dans le tissu osseux compact ?

l'artère nourricière se divise en branches longitudinales formant un rameau proximal et un rameau distal, de sorte que les capillaires irriguent la partie interne du tissu osseux compact de la diaphyse ainsi que le tissu osseux spongieux et la moelle osseuse rouge jusqu'aux plaques épiphysaires. Certains os, tel le tibia, n'ont qu'une seule artère nourricière; d'autres, tel le fémur, en ont plusieurs. Les extrémités des os longs sont irriguées par les artères métaphysaires et épiphysaires, qui émergent des artères irriguant l'articulation correspondante. Les **artères métaphysaires** s'introduisent dans les métaphyses d'un os long et se joignent à l'artère nourricière pour irriguer la moelle osseuse rouge et le tissu osseux des métaphyses. Les **artères épiphysaires** pénètrent dans les épiphyses d'un os long et irriguent la moelle osseuse rouge et le tissu osseux des épiphyses. Les **artères périostées**, très nombreuses, sont des branches des artères épiphysaires, métaphysaires et diaphysaires; elles pénètrent dans le périoste, accompagnées de nerfs, en empruntant les divers canaux perforants et irriguent le périoste et la partie externe du tissu osseux compact (figure 6.3a).

Les veines qui évacuent le sang des os longs se situent à trois endroits : 1) une ou deux **veines nourricières** accompagnant l'artère nourricière dans la diaphyse; 2) de nombreuses **veines épiphysaires** et **veines métaphysaires** émergent avec leurs artères correspondantes des épiphyses et des métaphyses; 3) de multiples petites **veines périostées** émergent avec leurs artères correspondantes du périoste.

Les vaisseaux sanguins qui irriguent les os sont accompagnés de nerfs. Le périoste est riche en nerfs sensitifs, dont certains transmettent la sensation de douleur. Ces nerfs sont particulièrement sensibles aux déchirures et aux contraintes, ce qui explique la douleur aiguë qui accompagne les fractures ou les tumeurs osseuses. C'est aussi pourquoi une biopsie médullaire effectuée à l'aide d'une aiguille peut être douloureuse. Au cours de cette intervention destinée à prélever un échantillon de moelle osseuse rouge à des fins d'analyse, on insère une aiguille au centre de l'os; on peut ainsi déceler diverses affections telles que la leucémie, un néoplasme métastatique, un lymphome, la maladie de Hodgkin et l'anémie aplastique. Le patient ressent une douleur quand l'aiguille traverse le périoste. Une fois l'aiguille passée, la douleur s'atténue.

▶ **POINT DE CONTRÔLE**

8. Localisez les artères nourricières, les foramens nourriciers, les artères épiphysaires et les artères périostées et décrivez leurs rôles.

9. Quelles parties de l'os contiennent les nerfs sensitifs associés à la douleur? Décrivez une situation dans laquelle ces nerfs sont importants.

LA FORMATION DES OS

> **OBJECTIF**

- Décrire les étapes de l'ossification intramembraneuse et de l'ossification endochondrale.

Le processus par lequel les os se forment est appelé **ossification**, ou **ostéogenèse** (*genesis* : formation). Le « squelette » de l'embryon humain est composé de cellules mésenchymateuses lâches dont la forme ressemble à celle des os et où a lieu l'ossification. Ces « os » servent de base à l'ossification, qui commence au cours de la sixième semaine du développement fœtal et peut se dérouler de deux façons.

Les deux modes d'ossification, qui visent le remplacement du tissu conjonctif existant par de l'os, produisent toutefois la même structure dans les os adultes; seul le processus de formation des os est différent. Dans le premier mode, appelé **ossification intramembraneuse** (*intra* : à l'intérieur de; *membrum* : membre), la formation des os s'effectue directement à l'intérieur du mésenchyme disposé en minces couches ressemblant à des membranes. Dans le second mode, appelé **ossification endochondrale** (*khondros* : cartilage), la formation des os s'effectue à l'intérieur du cartilage hyalin formé à partir du mésenchyme.

L'OSSIFICATION INTRAMEMBRANEUSE

L'**ossification intramembraneuse** est le plus simple des deux processus de formation des os; elle assure le remplacement direct du mésenchyme par de l'os. Les os plats du crâne et de la mandibule (mâchoire inférieure) sont formés de cette façon. De plus, la fontanelle – qui permet au crâne d'un nourrisson de traverser, lors de l'accouchement, le canal génital (voie de passage entre l'entrée et la sortie du bassin) – durcit plus tard par ossification intramembraneuse, dont les quatre stades sont les suivants (figure 6.5) :

❶ *La formation du centre d'ossification*. Au siège de formation de l'os, sous l'influence de messages chimiques précis, les cellules mésenchymateuses se regroupent et se différencient, d'abord en cellules ostéogéniques, puis en ostéoblastes. (Rappelons que le mésenchyme est à l'origine de tous les autres tissus conjonctifs.) Les endroits où ont lieu ces regroupements sont appelés **centres d'ossification**, ou **points d'ossification**. Au milieu d'un centre d'ossification, des ostéoblastes sécrètent une matrice extracellulaire organique non minéralisée appelée **matière ostéoïde**. La matière ostéoïde se dépose autour des ostéoblastes et les recouvre complètement. En périphérie du centre d'ossification, des cellules ostéogéniques se divisent par mitose pour produire d'autres ostéoblastes qui sécrètent plus de matière ostéoïde.

❷ *La calcification*. Ensuite, la sécrétion de matière ostéoïde cesse. En quelques jours, du calcium et d'autres sels minéraux se déposent, la matière ostéoïde durcit et se minéralise (calcification). Les ostéoblastes qui se sont transformés en ostéocytes sont alors logés dans les lacunes osseuses et étendent leurs minces prolongements cytoplasmiques dans des canalicules orientés dans toutes les directions.

❸ *La formation des trabécules osseuses*. À mesure que la matrice extracellulaire osseuse se forme, les centres d'ossification adjacents fusionnent et finissent par constituer des trabécules osseuses, puis du tissu osseux spongieux. Des vaisseaux sanguins se forment dans les espaces séparant les trabécules. Le tissu conjonctif associé aux vaisseaux sanguins dans les trabécules se différencie en moelle osseuse rouge.

FIGURE 6.5 L'ossification intramembraneuse. Les illustrations ❶ et ❷ montrent une portion plus petite et à plus fort grossissement que les illustrations ❸ et ❹. Reportez-vous à cette figure à mesure que vous lirez les paragraphes numérotés correspondants dans le texte.

🔑 Au cours de l'ossification intramembraneuse, la formation d'os s'effectue à l'intérieur du mésenchyme disposé en minces couches ressemblant à des membranes.

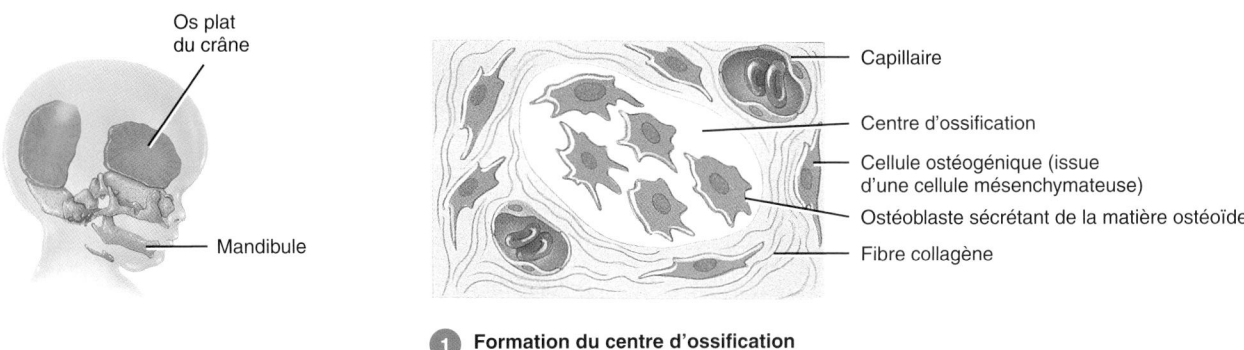

Os plat du crâne

Mandibule

Capillaire

Centre d'ossification

Cellule ostéogénique (issue d'une cellule mésenchymateuse)

Ostéoblaste sécrétant de la matière ostéoïde

Fibre collagène

❶ Formation du centre d'ossification

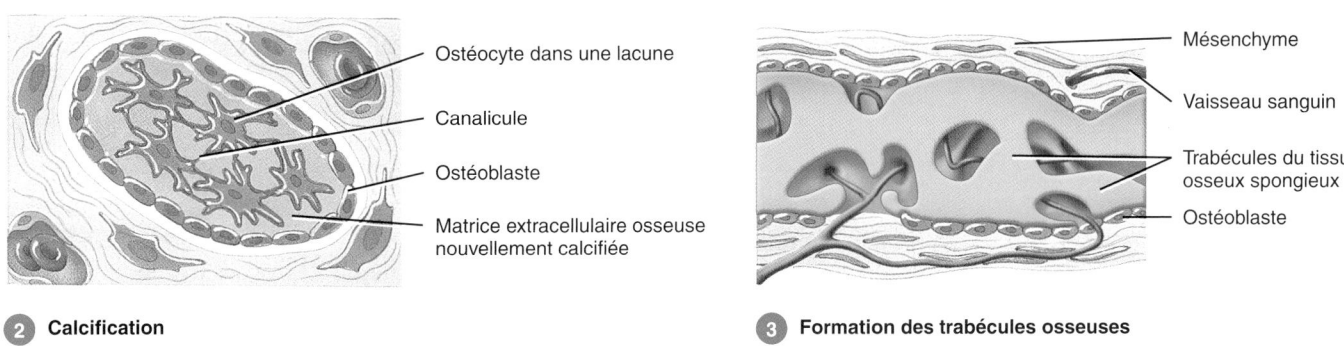

Ostéocyte dans une lacune

Canalicule

Ostéoblaste

Matrice extracellulaire osseuse nouvellement calcifiée

❷ Calcification

Mésenchyme

Vaisseau sanguin

Trabécules du tissu osseux spongieux

Ostéoblaste

❸ Formation des trabécules osseuses

Périoste

Tissu osseux spongieux

Tissu osseux compact

❹ Formation du périoste

❓ Quels sont les os qui se forment par ossification intramembraneuse?

❹ *La formation du périoste*. Sur la face externe de l'os, le mésenchyme se condense et se différencie en périoste. Les couches superficielles de tissu osseux spongieux sont remplacées par une mince couche de tissu osseux compact, mais le tissu osseux spongieux reste présent au centre. La majeure partie de l'os nouvellement formé est remaniée (détruite et reconstituée) au cours d'une transformation qui donnera un os de forme et de taille adultes.

L'OSSIFICATION ENDOCHONDRALE

L'**ossification endochondrale** assure le remplacement du cartilage – formé à partir du mésenchyme – par de la matière osseuse. Bien que la plupart des os se forment de cette façon, c'est dans l'os long qu'on peut le mieux observer ce processus. Les étapes de l'ossification endochondrale sont les suivantes (figure 6.6):

❶ *La formation du modèle de cartilage*. Au siège de formation de l'os, sous l'influence de messages chimiques précis, les cellules mésenchymateuses s'assemblent et se différencient en

FIGURE 6.6 L'ossification endochondrale.

Au cours de l'ossification endochondrale, la matière osseuse remplace graduellement le modèle de cartilage.

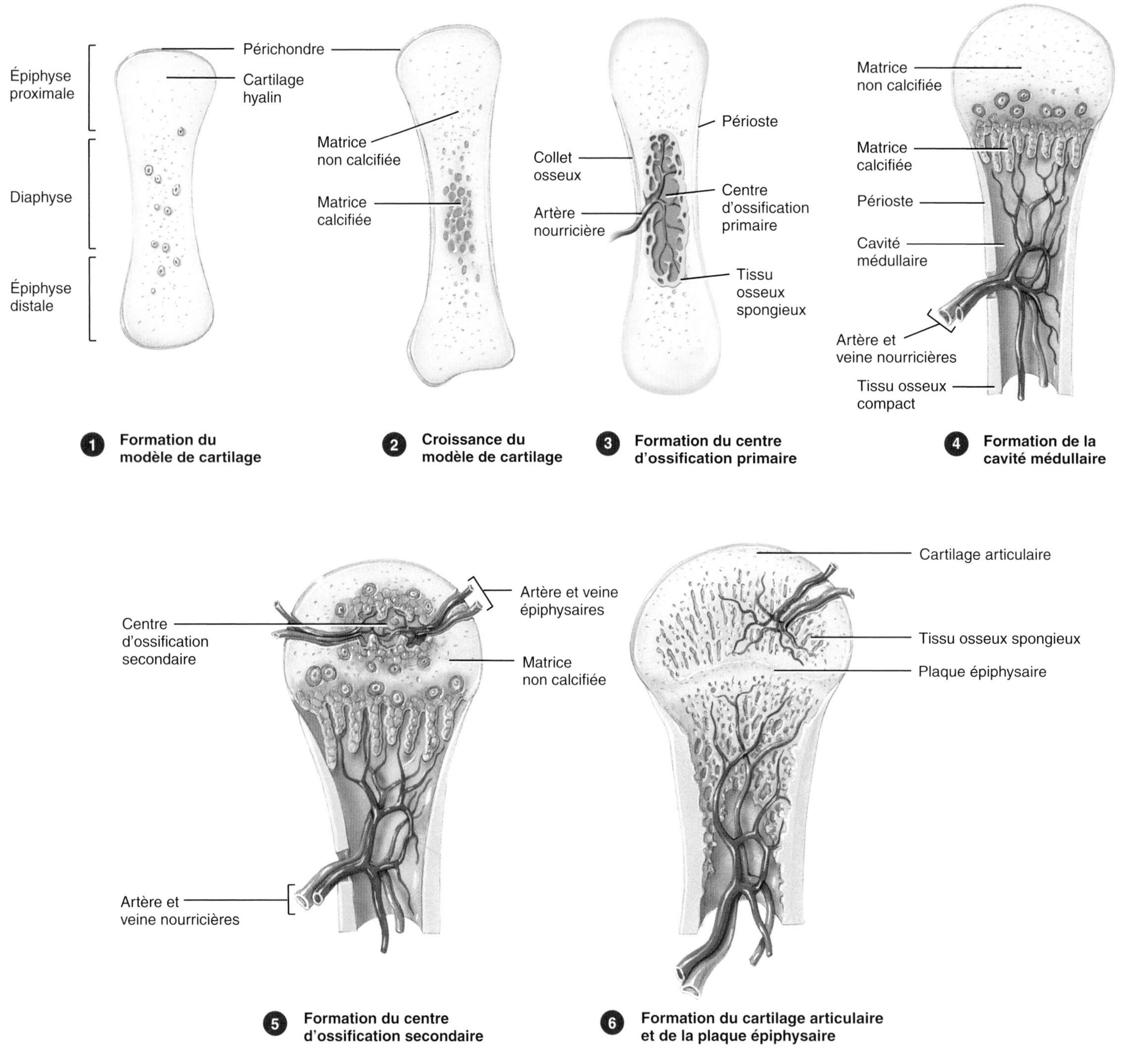

Épiphyse proximale

Diaphyse

Épiphyse distale

Périchondre
Cartilage hyalin

Matrice non calcifiée

Matrice calcifiée

1 Formation du modèle de cartilage

Périchondre

Matrice non calcifiée

Matrice calcifiée

2 Croissance du modèle de cartilage

Périoste

Collet osseux

Centre d'ossification primaire

Artère nourricière

Tissu osseux spongieux

3 Formation du centre d'ossification primaire

Matrice non calcifiée

Matrice calcifiée

Périoste

Cavité médullaire

Artère et veine nourricières

Tissu osseux compact

4 Formation de la cavité médullaire

Centre d'ossification secondaire

Artère et veine épiphysaires

Matrice non calcifiée

Artère et veine nourricières

5 Formation du centre d'ossification secondaire

Cartilage articulaire

Tissu osseux spongieux

Plaque épiphysaire

6 Formation du cartilage articulaire et de la plaque épiphysaire

Q Sur les radiographies d'une étoile de basketball âgée de 18 ans, les plaques épiphysaires sont clairement visibles, mais on ne voit aucune ligne épiphysaire. Cette jeune femme grandira-t-elle encore?

chondroblastes, qui sécrètent une matrice extracellulaire composée de cartilage hyalin solide. Cette matrice adopte la forme de l'os à constituer et produit ainsi un **modèle de cartilage** qui a l'aspect d'une haltère avec une diaphyse et deux extrémités, les épiphyses. Entretemps, une membrane appelée **périchondre** croît et recouvre le modèle de cartilage.

2 *La croissance du modèle de cartilage*. Lorsque les chondroblastes sont profondément enfouis dans la matrice extracellulaire de cartilage, ils deviennent des chondrocytes. Le modèle de cartilage croît en longueur par division cellulaire continue des chondrocytes et par sécrétion additionnelle de matrice extracellulaire de cartilage. Ce type de croissance est appelé

croissance interstitielle, et elle produit une croissance du modèle de cartilage en longueur. Par contraste, le cartilage croît en épaisseur surtout lorsque de nouveaux chondroblastes issus du périchondre déposent de la matrice extracellulaire à la périphérie du modèle. Ce type de croissance caractérisée par le dépôt de matrice à la surface du cartilage est nommé **croissance par apposition**.

À mesure que le modèle de cartilage croît, les chondrocytes de la région médiane s'hypertrophient (grossissent) et la matrice extracellulaire de cartilage environnante commence à se calcifier. Les chondrocytes à l'intérieur du cartilage en voie de calcification meurent, parce que les nutriments ne diffusent plus assez rapidement à travers la matrice extracellulaire. À mesure que les chondrocytes meurent, des espaces se forment et fusionnent pour constituer de petites cavités entourées de matière osseuse.

❸ *La formation du centre d'ossification primaire*. L'ossification primaire se déroule *vers l'intérieur* à partir de la face externe de l'os. Une artère nourricière pénètre la région médiane du modèle, traversant le périchondre et s'introduisant dans le modèle de cartilage en empruntant un foramen nourricier. Au même moment, dans la diaphyse, les cellules ostéogéniques du périchondre se différencient en ostéoblastes. On dit que le périchondre acquiert un « potentiel ostéogène », c'est-à-dire qu'il produit de la matière osseuse ; il est alors appelé **périoste**. Le périoste dépose une fine couche de tissu osseux à la surface de la diaphyse, ce qui forme un *collet osseux*. Dans le même temps, des capillaires croissent à l'intérieur du cartilage calcifié en voie de désintégration, et des cellules mésenchymateuses primitives colonisent les petites cavités laissées libres par les chondrocytes morts (à l'étape précédente). Apparaît alors un **centre d'ossification primaire**, dans lequel le tissu osseux remplacera presque tout le cartilage d'origine. Près du centre du modèle de cartilage, les cellules mésenchymateuses primitives se différencient en ostéoblastes et en cellules hématopoïétiques de la moelle osseuse (cellules productrices de cellules sanguines). Puis les ostéoblastes commencent à déposer de la matrice extracellulaire osseuse sur les vestiges de cartilage calcifié pour former des trabécules de tissu osseux spongieux.

❹ *La formation de la cavité médullaire*. À mesure que le centre d'ossification primaire grossit en direction des extrémités de l'os, des ostéoclastes dégradent les trabécules de tissu osseux spongieux nouvellement formées. À la fin du processus il ne reste qu'une cavité, appelée *cavité médullaire*, dans la diaphyse (corps de l'os). Finalement, la plus grande partie de la paroi de la diaphyse est remplacée par du tissu osseux compact.

❺ *La formation de centres d'ossification secondaires*. Lorsque des ramifications de l'artère épiphysaire pénètrent dans les épiphyses, des **centres d'ossification secondaires** y apparaissent, habituellement vers le moment de la naissance. La formation des os s'effectue ici de la même façon que dans le centre d'ossification primaire, sauf que le tissu osseux spongieux demeure à l'intérieur des épiphyses (où aucune cavité médullaire ne se forme). Contrairement à l'ossification primaire, l'ossification secondaire se déroule *vers l'extérieur*, du centre des épiphyses jusqu'à la face externe de l'os.

❻ *La formation du cartilage articulaire et de la plaque épiphysaire*. Le cartilage hyalin qui recouvre les épiphyses se transforme en cartilage articulaire. Avant l'âge adulte, il reste une portion du cartilage hyalin original du modèle de cartilage entre la diaphyse et chacune des épiphyses ; ce cartilage constitue la **plaque épiphysaire**, à partir de laquelle la croissance en longueur des os longs est possible.

▶ **POINT DE CONTRÔLE**

10. Nommez les étapes marquantes de l'ossification intramembraneuse et de l'ossification endochondrale, et expliquez les principales différences entre ces deux processus.

LA CROISSANCE DES OS

> **OBJECTIFS**

- Décrire comment les os croissent en longueur et en épaisseur.
- Expliquer comment les nutriments et les hormones régissent la croissance des os.

Durant l'enfance, les os de l'ensemble du corps épaississent grâce à la croissance par apposition ; les os longs s'allongent grâce à la croissance interstitielle, par dépôt de matière osseuse sur la partie de la plaque épiphysaire qui fait face à la diaphyse.

LA CROISSANCE EN LONGUEUR DES OS

Pour comprendre comment un os croît en longueur, il faut connaître certaines caractéristiques de la structure de la plaque épiphysaire (figure 6.7). La **plaque épiphysaire** est une couche de cartilage hyalin située dans la métaphyse d'un os en croissance ; elle comprend quatre zones (figure 6.7b) :

1. *La zone de cartilage au repos*, ou *zone de cartilage de réserve*. Cette couche de cartilage est la plus proche de l'épiphyse. Elle se compose de petits chondrocytes dispersés, entourés d'une grande quantité de matrice extracellulaire. On dit que le cartilage est au repos parce que ses cellules ne contribuent pas à la croissance de l'os ; elles servent plutôt à attacher la plaque épiphysaire à l'épiphyse de l'os.

2. *La zone de prolifération*, ou *zone de croissance*. Les chondrocytes de cette zone sont légèrement plus gros et sont empilés en colonnes comme des pièces de monnaie – organisation due à leur prolifération par mitoses successives. Cette zone de croissance active permet le remplacement continu des chondrocytes qui meurent dans la partie de la plaque épiphysaire faisant face à la diaphyse. La prolifération cellulaire assure ainsi l'allongement progressif de l'os.

3. *La zone d'hypertrophie*, ou *zone de transformation*. Les divisions cellulaires ont cessé ; les chondrocytes empilés arrivent à maturation et s'hypertrophient.

4. *La zone ostéogène*, ou *zone de cartilage en calcification*. Cette dernière zone de la plaque épiphysaire a une épaisseur

FIGURE 6.7 **La plaque épiphysaire.** Sur la radiographie de
la partie (a), la plaque épiphysaire est la bande sombre apparaissant
entre les zones calcifiées plus pâles.

🔑 La plaque épiphysaire est une couche de cartilage hyalin
située dans la métaphyse d'un os en croissance. Elle permet
à la diaphyse d'un os de croître en longueur.

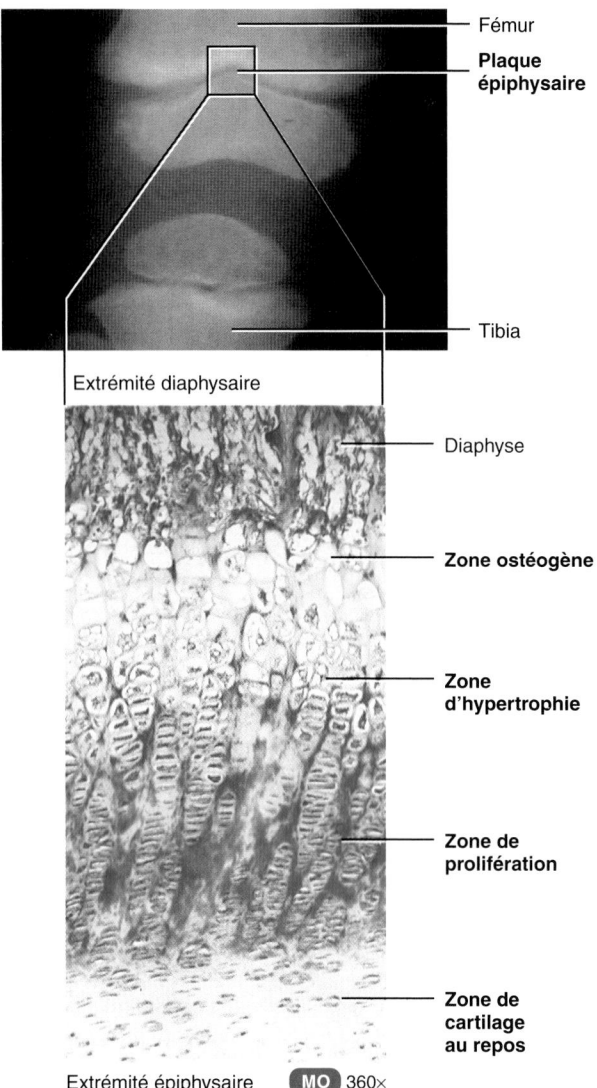

(a) Radiographie montrant la plaque épiphysaire
du fémur d'un enfant de 3 ans

Fémur

**Plaque
épiphysaire**

Tibia

Extrémité diaphysaire

Diaphyse

Zone ostéogène

**Zone
d'hypertrophie**

**Zone de
prolifération**

**Zone de
cartilage
au repos**

Extrémité épiphysaire **MO** 360×

(b) Photomicrographie montrant les zones
de cartilage de la plaque épiphysaire

Q Quelles activités de la plaque épiphysaire causent la croissance
en longueur de la diaphyse?

de quelques cellules seulement; elle se compose surtout de
chondrocytes mûrs, qui meurent à la suite de la calcification
de la matrice extracellulaire les entourant. Le cartilage calcifié
est dissous par les ostéoclastes, d'où l'aspect du tissu osseux

spongieux – qui semble truffé d'espaces entre des trabécules
cartilagineuses calcifiées. Cette zone est ensuite envahie par
des ostéoblastes et des capillaires provenant de la diaphyse. Les
ostéoblastes s'assemblent à la surface des trabécules cartilagineuses puis y déposent une matrice extracellulaire osseuse qui
remplacera le cartilage calcifié. Par conséquent, la zone de cartilage calcifié en dégénérescence se transforme en «nouvelle
diaphyse osseuse», qui est solidement fixée à la diaphyse de l'os.

Seule l'activité de la plaque épiphysaire permet à la diaphyse
de croître en longueur. En effet, à mesure que l'os croît en longueur, de nouveaux chondrocytes se forment du côté épiphysaire
de la plaque, et de la matière osseuse recouvre les anciens chondrocytes du côté diaphysaire de la plaque. L'épaisseur de la plaque
épiphysaire reste ainsi relativement constante, même si l'os du côté
diaphysaire s'allonge.

Vers l'âge de 18 ans chez la femme et de 25 ans chez l'homme,
les plaques épiphysaires se referment; leurs cellules cessent de se
diviser et le cartilage est remplacé par de la matière osseuse. La
plaque épiphysaire s'amincit pour faire place à un nouveau tissu
osseux appelé **ligne épiphysaire**. L'apparition de la ligne épiphysaire marque l'arrêt de la croissance en longueur de l'os. La clavicule est le dernier os à franchir cette étape. Lorsqu'une fracture
endommage la plaque épiphysaire, l'os fracturé risque d'être plus
court que la normale lorsqu'il atteindra sa taille adulte. En effet,
la lésion du cartilage dans la plaque épiphysaire précipite la fermeture de cette dernière et inhibe la croissance en longueur de l'os.

LA CROISSANCE EN ÉPAISSEUR DES OS

Contrairement au cartilage, qui peut épaissir soit par un processus
de croissance interstitielle, soit par un processus de croissance
par apposition, le tissu osseux ne peut croître en épaisseur (en diamètre) que par le moyen de la **croissance par apposition**, dont
les étapes sont illustrées à la figure 6.8. Afin de bien comprendre
ces étapes et de bien vous représenter les détails histologiques de
l'os, reportez-vous à la figure 6.3a. Notez que les vaisseaux périos-
tés (artères et veines) longent l'os et pénètrent dans l'os par les
canaux perforants. La croissance en épaisseur de l'os se déroule
selon les étapes suivantes :

❶ *La formation des crêtes à partir du périoste*. À la surface de
l'os, les cellules de la face interne du périoste se différencient
en ostéoblastes, lesquels sécrètent les fibres collagènes et les
autres molécules organiques qui composent la matrice extracellulaire osseuse. Les ostéoblastes sont ensuite enveloppés de
matrice extracellulaire et se transforment en ostéocytes, logés
dans des lacunes. Ce processus de croissance engendre la
formation de crêtes osseuses de part et d'autre des vaisseaux
sanguins irriguant le périoste. Ces crêtes grossissent lentement
et creusent un sillon qui accueillera les vaisseaux sanguins
du périoste.

❷ *La formation d'un tunnel à partir de la fusion des crêtes*.
Par la suite, les crêtes se replient les unes sur les autres et
fusionnent; le sillon devient un tunnel qui entoure complètement les vaisseaux sanguins. Après le repli et la fusion des
crêtes, le périoste tapissant le tunnel est appelé *endoste*.

FIGURE 6.8 Croissance en épaisseur des os : la croissance par apposition.

 Le cartilage peut croître en suivant soit le processus de croissance interstitielle, soit le processus de croissance par apposition ; l'os ne peut croître en épaisseur que par apposition.

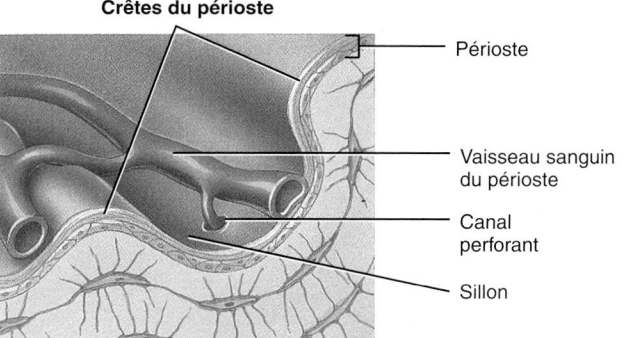

① La formation des crêtes
Les crêtes du périoste creusent un sillon qui accueillera le vaisseau sanguin du périoste.

② La formation d'un tunnel
Les crêtes du périoste fusionnent pour former un tunnel tapissé d'endoste.

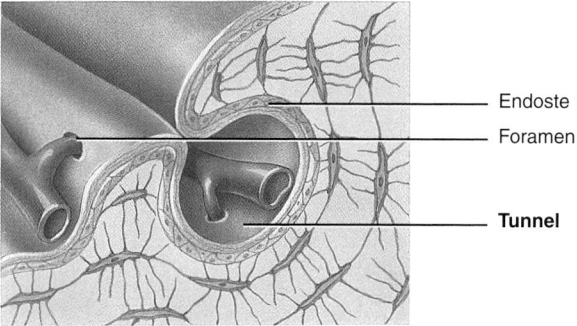

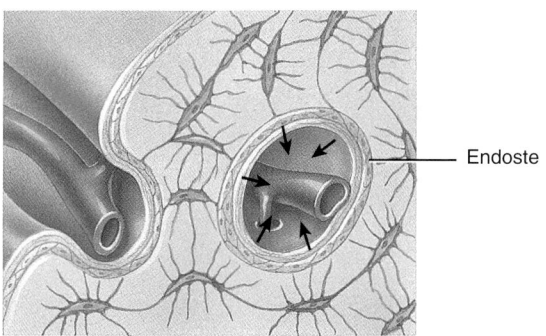

③ La formation d'une nouvelle ostéone
Les ostéoblastes situés dans l'endoste déposent de nouvelles lamelles concentriques, de l'extérieur vers le centre du tunnel ; une nouvelle ostéone est formée, à l'intérieur de laquelle se trouve le canal central de l'ostéone.

④ La formation de lamelles circonférentielles
L'os croît vers l'extérieur à mesure que les ostéoblastes du périoste déposent de nouvelles lamelles circonférentielles. Une nouvelle ostéone apparaît chaque fois que des crêtes du périoste se replient autour des vaisseaux sanguins.

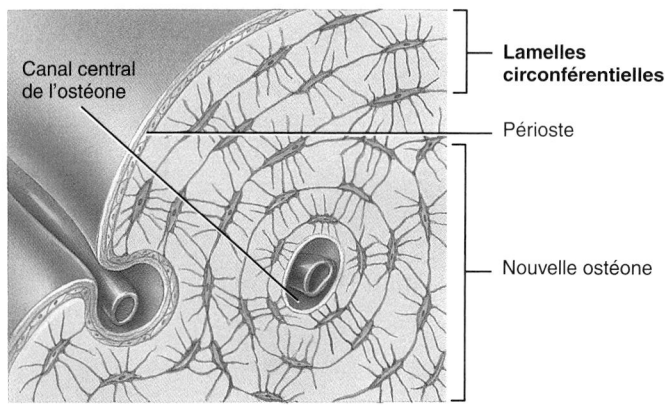

Q Comment la cavité médullaire grossit-elle pendant la croissance en épaisseur de l'os ?

③ **La formation d'une nouvelle ostéone.** De nouvelles lamelles concentriques se forment lorsque les ostéoblastes de l'endoste déposent de la matière extracellulaire osseuse. La formation de ces lamelles s'effectue vers l'intérieur en direction des vaisseaux sanguins emprisonnés. Le tunnel se remplit et une nouvelle ostéone est formée ; le tunnel est appelé *canal central de l'ostéone.*

④ **La formation de lamelles circonférentielles.** Au cours de la formation d'une ostéone, les ostéoblastes situés en dessous du périoste déposent de nouvelles lamelles circonférentielles externes, ce qui contribue à épaissir l'os. La croissance en épaisseur se poursuit à mesure que d'autres vaisseaux sanguins du périoste sont enveloppés, de la même façon que dans le processus décrit à l'étape ②.

À mesure que du nouveau tissu osseux se dépose sur la face externe de l'os, le tissu osseux tapissant la cavité médullaire est détruit par les ostéoclastes de l'endoste. C'est ce qui permet à la cavité médullaire d'élargir en même temps que l'os croît en épaisseur.

▶ **POINT DE CONTRÔLE**

11. Décrivez les zones de cartilage de la plaque épiphysaire, leurs fonctions et l'importance de la ligne épiphysaire.

12. Quelles sont les différences entre la croissance en longueur et la croissance en épaisseur des os ?

13. De quelle manière la région métaphysaire d'un os permet-elle de déterminer l'âge d'un squelette ?

LES OS ET L'HOMÉOSTASIE

> **OBJECTIFS**
>
> - Décrire les mécanismes du remaniement osseux.
> - Décrire les étapes de la consolidation d'une fracture.
> - Décrire le rôle de l'os dans l'homéostasie du calcium.

LE REMANIEMENT OSSEUX

Tout comme la peau, les os commencent à se former avant la naissance et continuent de se renouveler par la suite. Le **remaniement osseux**, ou remodelage osseux, est un processus continu par lequel du nouveau tissu osseux remplace le vieux. Ce processus comprend d'une part la **résorption osseuse**, soit la destruction par les ostéoclastes des fibres collagènes de l'os et la libération des minéraux qui s'y trouvent, et d'autre part le **dépôt de matière osseuse**, c'est-à-dire l'ajout par les ostéoblastes de minéraux et de fibres collagènes aux os. La résorption osseuse mène donc à la destruction de la matrice extracellulaire osseuse, tandis que le dépôt permet de la reconstruire. En tout temps, environ 5 % de la masse osseuse totale du corps est en cours de remaniement. Le taux de renouvellement du tissu osseux compact est d'environ 4 % par année, et celui du tissu osseux spongieux, d'environ 20 % par année. Le remaniement se déroule à une vitesse différente selon la région du corps concernée. Par exemple, la partie distale du fémur est entièrement remplacée tous les quatre mois. Par contre, l'os de certaines parties du corps du fémur n'est pas entièrement remplacé au cours de la vie d'une personne. Même lorsque les os ont atteint leur taille et leur forme adultes, l'ancienne matière osseuse continue d'être détruite et remplacée par de la nouvelle matière. Le remaniement permet également d'éliminer les parties lésées d'un os, en les remplaçant par de la nouvelle matière osseuse. Il peut être déclenché par divers facteurs tels que l'exercice, la sédentarité ou un changement dans l'alimentation.

Le remaniement comporte d'autres avantages. Étant donné que l'intensité des contraintes qu'il subit influe sur sa résistance, un os nouvellement formé qui est soumis à des charges importantes deviendra plus épais et donc plus fort que l'ancienne matière osseuse. De plus, la forme d'un os peut changer pour fournir le soutien approprié en fonction des contraintes que l'os subit pendant le processus de remaniement. Enfin, la nouvelle matière osseuse résiste mieux aux fractures.

LE REMANIEMENT ET L'ORTHODONTIE

L'**orthodontie** est la partie de la médecine dentaire spécialisée dans la prévention et la correction des malpositions des dents. Le mouvement des dents provoqué par les appareils orthodontiques exerce une tension sur l'os qui constitue les alvéoles dans lesquelles les dents sont implantées. En réaction à cette tension artificielle, les ostéoclastes et les ostéoblastes remanient les alvéoles, si bien que l'alignement des dents devient régulier. ■

Au cours d'un cycle de résorption osseuse, un ostéoclaste se fixe solidement à la surface osseuse de l'endoste ou du périoste et forme un sceau étanche aux extrémités de sa bordure ondulée (figure 6.2). Il libère ensuite dans cette pochette scellée plusieurs acides qui dissolvent les minéraux de l'os, ainsi que des enzymes lysosomiales qui digèrent les fibres collagènes et d'autres substances organiques. Plusieurs ostéoclastes se mettent à creuser ensemble de petits tunnels dans la matière osseuse vieillie. Les protéines osseuses et les minéraux de la matrice extracellulaire dégradés (principalement le calcium et le phosphore) pénètrent dans un ostéoclaste par endocytose, traversent la cellule dans des vésicules et migrent par exocytose de l'autre côté de la bordure ondulée. Parvenus dans le liquide interstitiel, les produits de la résorption osseuse diffusent dans les capillaires adjacents. Dès qu'ils ont résorbé une petite portion de matière osseuse, les ostéoclastes s'éloignent et les ostéoblastes viennent les remplacer dans cette région pour reconstruire l'os.

Pour que l'homéostasie osseuse soit maintenue, les activités de résorption osseuse des ostéoclastes et les activités de reconstitution osseuse des ostéoblastes doivent s'équilibrer. Cet équilibre est toutefois fragile. En effet, si les ostéoblastes fabriquent trop de tissu osseux, une trop grande quantité de minéraux est déposée sur l'os ; le surplus forme d'épais bourrelets, appelés *excroissances osseuses*, qui restreignent les mouvements articulaires. Les os deviennent anormalement épais et lourds. À l'inverse, s'il y a une perte trop importante de calcium ou de tissus, les os s'affaiblissent et peuvent se fracturer, comme dans les cas d'ostéoporose, ou devenir trop souples, comme dans les cas de rachitisme et d'ostéomalacie. (Pour en savoir plus sur ces maladies, voir la section *Déséquilibres homéostatiques* à la fin du chapitre.) Une accélération anormale du processus de remaniement entraîne la maladie de Paget, au cours de laquelle l'os nouvellement formé, surtout celui du bassin, des membres, des vertèbres lombaires et du crâne, devient dur et cassant, et se fracture facilement.

LES FACTEURS RÉGISSANT LA CROISSANCE DES OS ET LE REMANIEMENT OSSEUX

Le métabolisme normal des os, soit la croissance chez l'enfant et le remaniement chez l'adulte, dépend de nombreux facteurs, notamment d'un apport adéquat en minéraux et en vitamines et de concentrations suffisantes de plusieurs hormones.

1. *Les minéraux*. De grandes quantités de calcium et de phosphore sont nécessaires à la croissance des os, de même que des quantités plus modestes de fluorure, de magnésium, de fer et de manganèse. Ces minéraux sont également nécessaires au remaniement.

2. *Les vitamines*. La vitamine D est essentielle à l'absorption du calcium dans le tube digestif ainsi qu'à la minéralisation des os pendant la croissance. La vitamine C contribue à la synthèse de la principale protéine osseuse, le collagène, et à la différenciation des ostéoblastes en ostéocytes. Les vitamines K et B_{12} jouent également un rôle dans la synthèse des protéines, tandis que la vitamine A stimule l'activité des ostéoblastes.

3. *Les hormones*. Pendant l'enfance, les hormones les plus importantes qui stimulent la croissance des os sont les facteurs de croissance analogues à l'insuline (IGF, *insulinlike growth factors*), sécrétés par le tissu osseux et le foie. Les IGF stimulent les ostéoblastes, favorisent la division cellulaire dans la plaque

épiphysaire et le périoste, et activent la synthèse des protéines nécessaires à la formation de matière osseuse. La production des IGF est elle-même stimulée par l'hormone de croissance humaine (hGH, *human growth hormone*), sécrétée par l'adénohypophyse. Les hormones thyroïdiennes (T_3 et T_4), sécrétées par la glande thyroïde, favorisent aussi la croissance des os en stimulant les ostéoblastes.

À la puberté, la sécrétion des hormones appelées *stéroïdes sexuels* a une incidence considérable sur la croissance des os. Les **stéroïdes sexuels** comprennent des œstrogènes (produits par les ovaires) et des androgènes, telle la testostérone (produite par les testicules). Bien que les taux d'œstrogènes soient beaucoup plus élevés chez la femme et les taux d'androgènes beaucoup plus élevés chez l'homme, la femme possède également des androgènes et l'homme, des œstrogènes, mais en quantités plus faibles. La glande surrénale produit chez les deux sexes des androgènes, et certains tissus, tel le tissu adipeux, sont capables de convertir les androgènes en œstrogènes. Les stéroïdes sexuels entraînent l'accroissement de l'activité des ostéoblastes et de la synthèse de la matrice extracellulaire osseuse, ainsi que la soudaine poussée de croissance qui survient pendant l'adolescence. Les œstrogènes provoquent chez la femme des modifications osseuses typiques telles que l'élargissement du bassin. Ce sont aussi les stéroïdes sexuels, en particulier les œstrogènes chez les deux sexes, qui arrêtent la croissance des plaques épiphysaires, et donc la croissance en longueur des os.

À l'âge adulte, les stéroïdes sexuels contribuent au remaniement osseux en ralentissant la résorption de l'ancien tissu osseux et en favorisant le dépôt de nouveau tissu. Les œstrogènes ralentissent la résorption par l'intermédiaire de divers mécanismes, entre autres en stimulant l'apoptose (mort cellulaire programmée) des ostéoclastes. Comme nous le verrons bientôt, la parathormone, le calcitriol (forme active de la vitamine D) et la calcitonine sont des hormones qui peuvent avoir une incidence sur le remaniement osseux.

⚕ LES DÉSÉQUILIBRES HORMONAUX AFFECTANT LA TAILLE DU SQUELETTE

Lorsqu'une personne sécrète une quantité trop élevée ou trop faible des hormones contribuant à la croissance normale des os, elle peut devenir anormalement grande ou demeurer petite. Pendant l'enfance, une hypersécrétion de hGH provoque le gigantisme ; la personne est démesurément grande et lourde. Par ailleurs, une sécrétion trop faible de hGH entraîne le nanisme hypophysaire ; la personne est alors de petite taille. Parce que les œstrogènes arrêtent la croissance des plaques épiphysaires, les hommes et les femmes qui ont des taux trop bas d'œstrogènes ou un nombre insuffisant de récepteurs cellulaires d'œstrogènes deviennent anormalement grands. ■

LA FRACTURE ET LA CONSOLIDATION DES OS

Une **fracture** est une rupture de la continuité d'un os. Les fractures sont nommées en fonction de leur gravité, de la forme ou de la situation du trait de fracture, ou en l'honneur du médecin qui en a fait la première description. Les fractures les plus courantes sont les suivantes (figure 6.9) :

- **La fracture ouverte**. Les bouts d'os cassés percent la peau (figure 6.9a). À l'inverse, une **fracture fermée** ne déchire pas la peau.
- **La fracture plurifragmentaire** (ou comminutive). L'os se fractionne au point d'impact en deux grands fragments séparés par de petits fragments (figure 6.9b).
- **La fracture en bois vert**. Os fracturé de façon incomplète ; une extrémité de l'os est fracturée, tandis que l'autre n'est que fléchie ; propre à l'enfant, dont l'ossification n'est pas entièrement terminée et dont les os contiennent plus de matière organique que de matière inorganique (figure 6.9c).
- **La fracture engrenée** (ou enfoncée). L'une des extrémités de l'os fracturé est poussée violemment à l'intérieur de l'autre ; type de fracture fréquent des os du crâne et de la face (figure 6.9d).
- **La fracture de Pott** (ou de Dupuytren). Fracture de l'extrémité distale de la fibula (os latéral de la jambe), accompagnée d'une atteinte grave de l'articulation tibiale distale (figure 6.9e).
- **La fracture de Pouteau-Colles**. Fracture de l'extrémité distale du radius (os latéral de l'avant-bras) caractérisée par le déplacement postérieur du fragment distal de l'os fracturé, qui bascule en dehors et s'enfonce en pointe dans la diaphyse (figure 6.9f).

Dans certains cas, un os peut se fracturer sans rupture apparente. Dans la **fracture de stress**, une série de fissures microscopiques se forment sans que les autres tissus semblent atteints. Chez les adultes en bonne santé, ces fractures sont causées par des activités physiques intenses et répétées comme la course, le saut ou la danse aérobique. Des fractures de stress accompagnent également certains processus pathologiques perturbant la calcification normale des os, telle l'ostéoporose (voir la section *Déséquilibres homéostatiques*). Environ 25 % des fractures de stress touchent le tibia. Les fractures de stress ne sont souvent pas visibles sur une radiographie, mais une scintigraphie osseuse les révèle clairement.

Les étapes de la consolidation d'une fracture sont les suivantes (figure 6.10) :

❶ *La formation d'un hématome*. Les vaisseaux sanguins croisant le trait de fracture se rompent. Le sang qui s'écoule des vaisseaux déchirés coagule autour de la fracture. Cette masse de sang coagulé, appelée **hématome** (*haima* : sang ; *ome* : tumeur), se forme habituellement dans les six à huit heures suivant la fracture. L'hématome interrompt la circulation du sang, ce qui entraîne la mort des cellules osseuses au point de fracture. Les cellules détruites libèrent des messagers chimiques qui causent une inflammation accompagnée d'œdème local, processus qui produit d'autres déchets cellulaires. Par la suite, des phagocytes (granulocytes neutrophiles et macrophagocytes) issus de la circulation sanguine migrent vers l'hématome et, avec des ostéoclastes, commencent à évacuer le tissu mort ou endommagé de l'hématome et de la région entourant l'hématome. Cette étape peut durer plusieurs semaines.

❷ *La formation du cal fibrocartilagineux*. Des fibroblastes issus du périoste envahissent le point de fracture et produisent des fibres collagènes, qui facilitent la soudure des deux bouts d'os fracturé. Entretemps, les phagocytes continuent l'évacuation des déchets cellulaires. De plus, les cellules issues du périoste

FIGURE 6.9 Les types de fractures. Les illustrations sont présentées à gauche et les radiographies, à droite.

Une fracture est une rupture de la continuité d'un os.

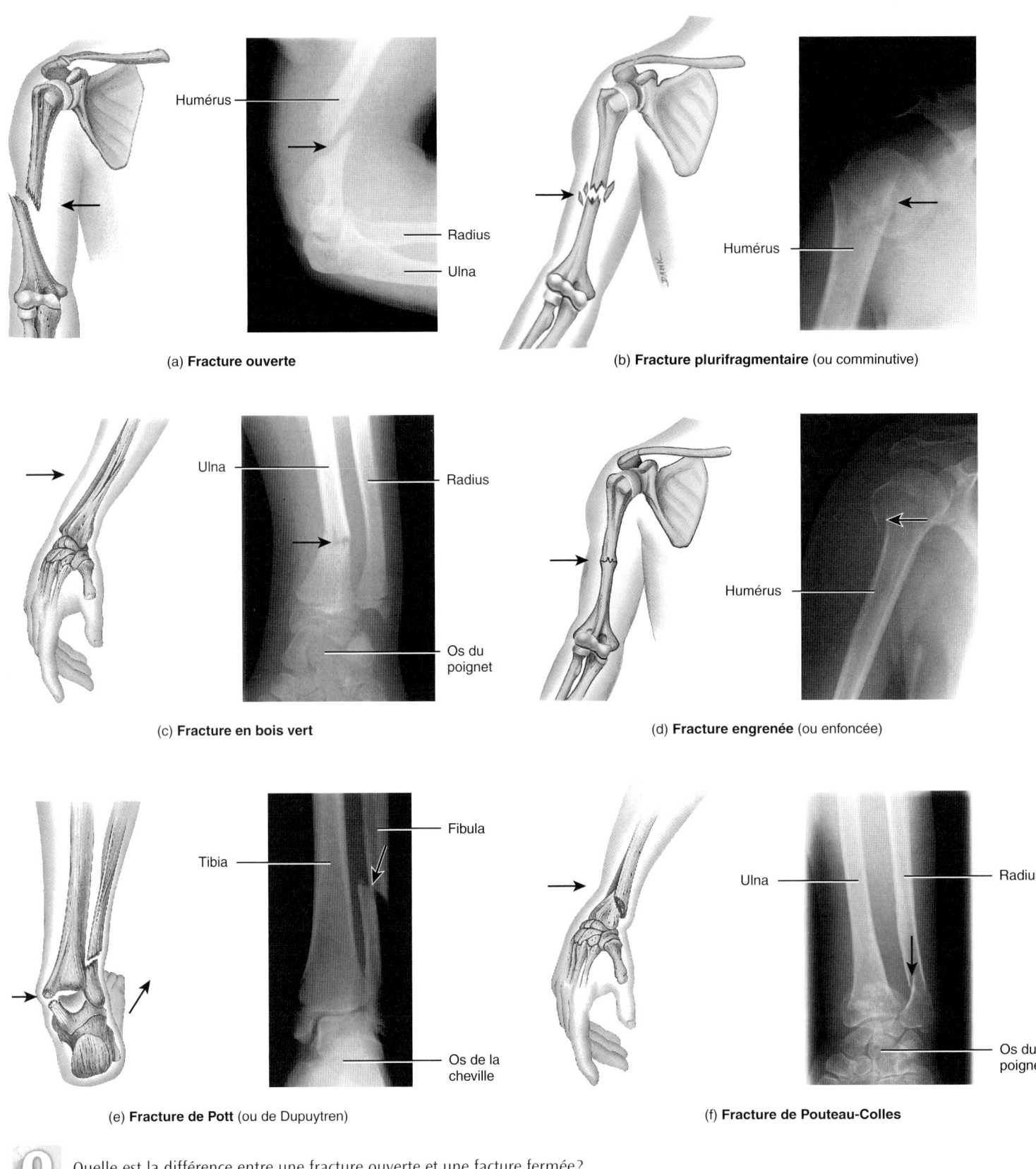

(a) **Fracture ouverte**

(b) **Fracture plurifragmentaire** (ou comminutive)

(c) **Fracture en bois vert**

(d) **Fracture engrenée** (ou enfoncée)

(e) **Fracture de Pott** (ou de Dupuytren)

(f) **Fracture de Pouteau-Colles**

Q Quelle est la différence entre une fracture ouverte et une facture fermée?

FIGURE 6.10 Les étapes de la consolidation d'une fracture.

L'os guérit plus rapidement que le cartilage parce qu'il est mieux vascularisé.

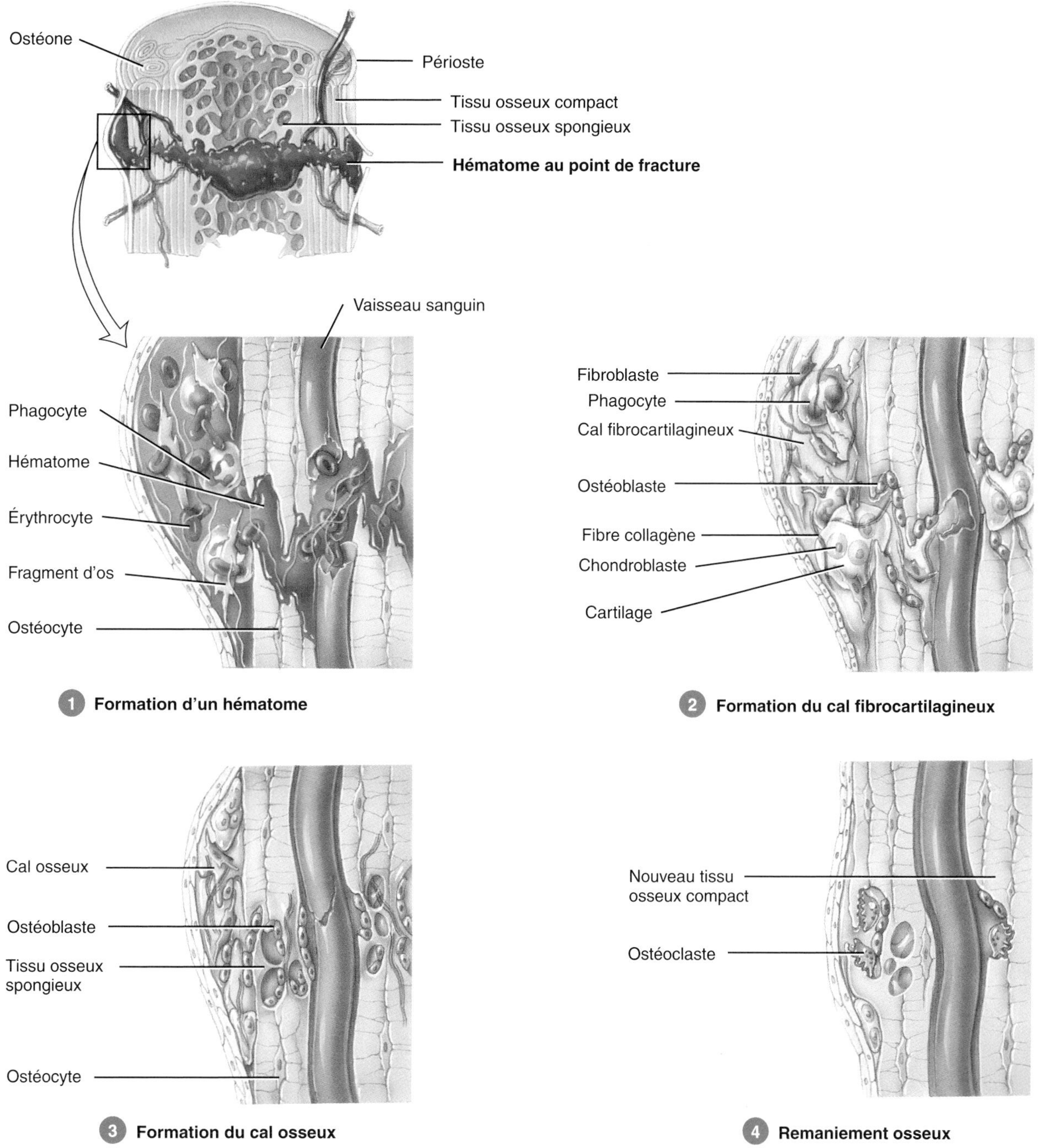

Ostéone

Périoste

Tissu osseux compact

Tissu osseux spongieux

Hématome au point de fracture

Vaisseau sanguin

Phagocyte

Hématome

Érythrocyte

Fragment d'os

Ostéocyte

1 Formation d'un hématome

Fibroblaste

Phagocyte

Cal fibrocartilagineux

Ostéoblaste

Fibre collagène

Chondroblaste

Cartilage

2 Formation du cal fibrocartilagineux

Cal osseux

Ostéoblaste

Tissu osseux spongieux

Ostéocyte

3 Formation du cal osseux

Nouveau tissu osseux compact

Ostéoclaste

4 Remaniement osseux

 Pourquoi une fracture met-elle parfois des mois à guérir?

se transforment en chondroblastes et commencent à produire le cartilage fibreux dans cette zone. Ces étapes mènent à la formation d'un **cal fibrocartilagineux**, masse de tissu de réparation composé de fibres collagènes et de cartilage qui forme une éclisse entre les bouts d'os fracturé. La formation du cal fibrocartilagineux dure environ trois semaines.

3 *La formation du cal osseux*. Près du tissu osseux sain bien vascularisé, les cellules ostéogéniques se transforment en ostéoblastes, qui commencent à produire des trabécules de tissu osseux spongieux. Ces trabécules relient les parties vivantes et les parties mortes des fragments d'os. Au bout d'un certain temps, le cartilage fibreux est converti en tissu osseux spongieux; le cal fibrocartilagineux est alors appelé **cal osseux**. Le stade du cal osseux dure de trois à quatre mois environ.

❹ *Le remaniement osseux*. L'étape finale de la consolidation d'une fracture est le **remaniement osseux** du cal. Les sections mortes des fragments d'os fracturé sont graduellement résorbées par les ostéoclastes. Le tissu osseux compact remplace le tissu osseux spongieux à la périphérie de la fracture. La reconstitution est parfois si complète que le trait de fracture n'est plus visible, même sur une radiographie. Cependant, une région épaissie peut subsister à la surface de l'os, preuve qu'une fracture a été consolidée à cet endroit. Un os reconstitué est parfois plus solide qu'il ne l'était avant la fracture.

Bien que l'os soit abondamment vascularisé, le processus de consolidation peut durer plusieurs mois. Le calcium et le phosphore nécessaires à la consolidation et au durcissement de la nouvelle matière osseuse ne se déposent que graduellement, et les cellules osseuses croissent et se reproduisent lentement en général. Qui plus est, il arrive que l'apport sanguin vers l'os fracturé soit temporairement interrompu, ce qui explique pourquoi les fractures graves guérissent si difficilement.

LE TRAITEMENT DES FRACTURES

Le traitement des fractures varie en fonction de l'âge, du type de fracture et de l'os atteint. Les objectifs du traitement sont le réalignement des fragments osseux, l'immobilisation de l'os pour maintenir cet alignement, ainsi que le rétablissement des fonctions de l'os. Pour réunir correctement les bouts d'os cassé, on procède d'abord à leur réalignement par **réduction**. Dans la **réduction à peau fermée**, on replace de façon manuelle les extrémités de l'os dans leur position normale et la peau demeure intacte. Dans la **réduction chirurgicale** (ou **ouverte**), on relie au cours d'une intervention chirurgicale les deux extrémités fracturées en utilisant divers dispositifs de fixation internes (vis, plaques, broches, tiges ou fils). Après la réduction, on immobilise l'os fracturé dans un plâtre, une écharpe, une attelle, un pansement élastique, un dispositif de retenue externe ou toute combinaison de ces moyens. ∎

LE RÔLE DES OS DANS L'HOMÉOSTASIE DU CALCIUM

Les os constituent le principal site de stockage de calcium de l'organisme, puisqu'ils emmagasinent 99 % du calcium absorbé. L'équilibre du taux de calcium sanguin, ou calcémie, est régi par la vitesse de résorption du calcium (des os jusqu'au sang) et la vitesse de dépôt du calcium (du sang jusqu'aux os). Le fonctionnement des cellules nerveuses et musculaires repose principalement sur une concentration stable d'ions calcium (Ca^{2+}) dans le liquide extracellulaire. La coagulation du sang ne peut se faire sans Ca^{2+}. De plus, de nombreuses enzymes utilisent le Ca^{2+} comme cofacteur (substance requise pour qu'une réaction enzymatique se produise). C'est pourquoi un mécanisme de régulation rigoureux maintient le taux des ions calcium dans le plasma sanguin entre 2,4 et 2,6 mmol/L. Une modification même minime de cette concentration peut être fatale ; si la calcémie est trop élevée, le cœur peut cesser de battre (arrêt cardiaque), et si elle est trop faible, la respiration peut cesser (arrêt respiratoire). Les os jouent un rôle de tampons dans l'homéostasie du calcium en libérant du Ca^{2+} dans le plasma sanguin (par le moyen des ostéoclastes) lorsque la concentration de calcium diminue, et en captant du Ca^{2+} (par le moyen des ostéoblastes) lorsque cette concentration augmente.

La **parathormone** (**PTH**), qui est sécrétée par les glandes parathyroïdes (figure 18.13), est la principale hormone contribuant à la régulation des échanges de Ca^{2+}. La PTH augmente le taux de calcium sanguin. La sécrétion de PTH est associée à un mécanisme de rétro-inhibition (figure 6.11 ; pour un rappel du mécanisme de rétro-inhibition, voir la figure 1.3).

❶ Un changement dans l'environnement interne (stimulus) provoque ❷ une diminution du taux de calcium sanguin (déséquilibre). ❸ et ❹ Les cellules des glandes parathyroïdes (qui agissent à la fois comme récepteurs et comme centre endocrinien de régulation) captent cette diminution et augmentent leur production d'une molécule appelée *adénosine monophosphate cyclique* (AMP cyclique) ; l'AMP cyclique pénètre dans le noyau des cellules et stimule le gène codant pour la synthèse de la PTH. Il y a alors libération d'une plus grande quantité de PTH dans le sang (information de sortie). ❺ Transportée dans la circulation sanguine, la PTH atteint les os et les reins (effecteurs). Dans les os, elle accroît le nombre et l'activité des ostéoclastes, qui dégradent le tissu osseux pour augmenter la résorption osseuse. Dans les reins, elle entraîne, d'une part, une diminution des pertes de Ca^{2+} dans l'urine et, d'autre part, une augmentation de la production de **calcitriol** (forme active de la vitamine D), hormone qui favorise l'absorption intestinale du Ca^{2+} alimentaire dans le sang. ❻ Ainsi, la résorption osseuse par les ostéoclastes entraîne une libération plus élevée de Ca^{2+} dans le sang, d'où l'augmentation de la calcémie (réponse). La diminution de la perte urinaire de Ca^{2+} permet de le conserver dans le sang, et l'augmentation de son absorption intestinale contribue également à l'augmentation de la calcémie (réponse). ❼ L'augmentation de la calcémie est captée par les cellules des glandes parathyroïdes. Si la réaction des ostéoclastes et des cellules rénales a permis de ramener la calcémie dans les limites normales de sa valeur de référence, l'équilibre est atteint et les cellules des glandes parathyroïdes réduisent la libération de PTH dans le sang. Sinon, la PTH continue d'être sécrétée jusqu'à ce que l'équilibre soit rétabli (rétro-inhibition).

Une autre hormone contribue à diminuer le taux de Ca^{2+} dans le sang. Lorsqu'un changement (stimulus), entraîne une augmentation de la calcémie (déséquilibre), les *cellules parafolliculaires* de la glande thyroïde (récepteurs et centre endocrinien de régulation) captent cette augmentation et sécrètent dans le sang une hormone, la **calcitonine**. Transportée dans la circulation sanguine, la calcitonine atteint les os (effecteurs) ; elle inhibe l'activité des ostéoclastes et accélère la captation des ions calcium du sang et leur dépôt dans l'os. La calcitonine facilite donc la formation osseuse. Rappelons que l'utilisation du calcium pour la formation de l'os se traduit par son retrait du sang et par la diminution de sa concentration sanguine (réponse). Si la diminution de la calcémie a permis de la ramener dans les limites normales de sa valeur de référence, l'équilibre est atteint et les cellules parafolliculaires de la thyroïde cessent de libérer de la calcitonine dans le sang. Sinon, la calcitonine continue d'être sécrétée jusqu'à ce que l'équilibre soit rétabli (rétroaction).

FIGURE 6.11 Le mécanisme de rétro-inhibition intervenant dans la régulation du taux sanguin d'ions calcium (Ca²⁺), ou calcémie. PTH = parathormone.

 La libération de calcium par la matrice osseuse, la rétention de calcium par les reins et l'absorption intestinale du calcium alimentaire font augmenter la calcémie.

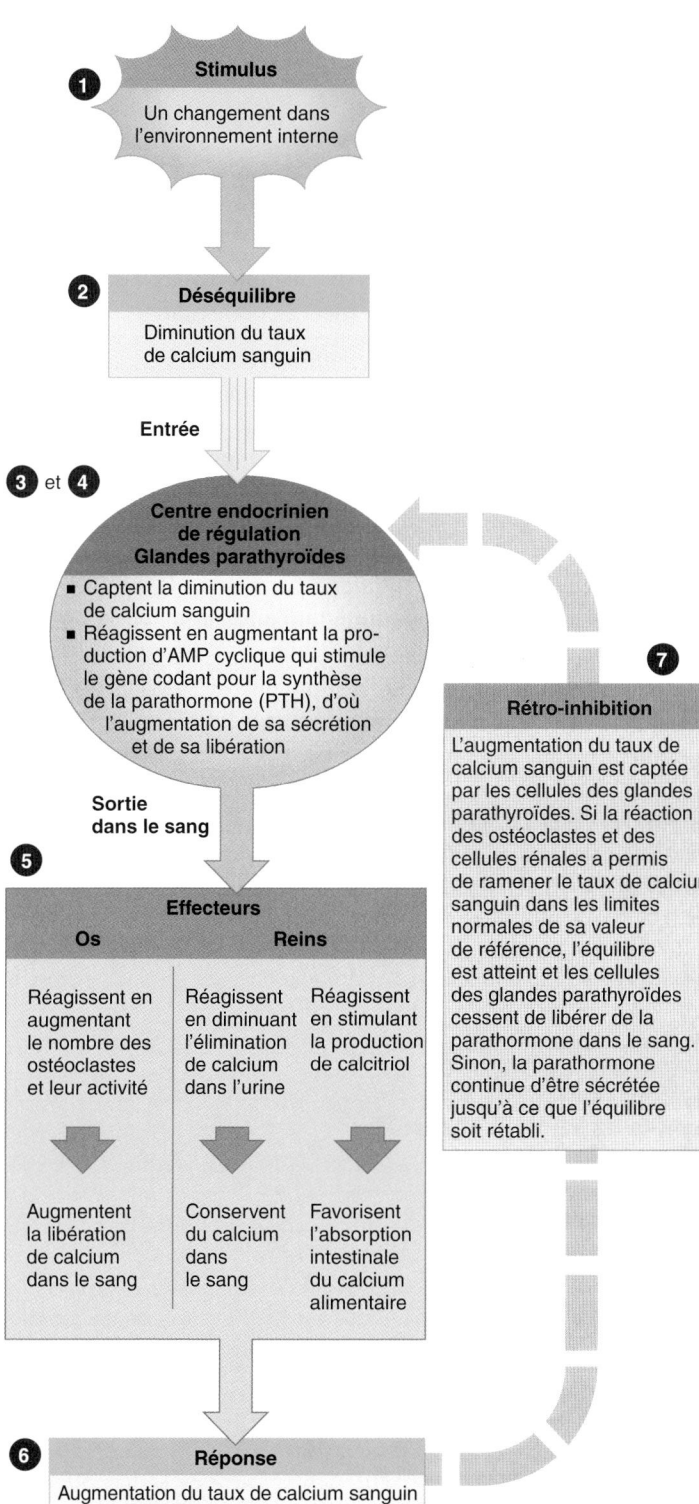

Q Quelles fonctions biologiques dépendent d'une concentration adéquate de Ca²⁺?

Malgré ses bienfaits, on ne connaît pas le rôle précis de la calcitonine dans l'homéostasie du calcium ; en effet, qu'elle soit totalement absente ou abondante, la calcitonine ne semble causer aucun symptôme clinique. Malgré tout, on considère que de la calcitonine prélevée sur des saumons (Miacalcin^MD) est un médicament efficace dans le traitement de l'ostéoporose, parce qu'elle ralentit la résorption osseuse.

La figure 18.14 résume les rôles de la parathormone, du calcitriol et de la calcitonine dans la régulation du taux de calcium sanguin.

▶ **POINT DE CONTRÔLE**

14. Définissez le remaniement osseux, et décrivez le rôle des ostéoblastes et des ostéoclastes dans ce processus.

15. Quels facteurs ont une incidence sur la croissance et le remaniement osseux ?

16. Nommez les types de fractures et résumez les quatre étapes de la consolidation d'une fracture.

17. Comment les hormones agissent-elles sur les os dans la régulation de l'homéostasie du calcium ?

18. À l'aide du modèle graphique de la figure 6.11, représentez le mécanisme de rétro-inhibition intervenant dans la régulation de la calcémie par la calcitonine.

LES EFFETS DE L'EXERCICE SUR LE TISSU OSSEUX

▶ **OBJECTIF**

• Décrire les effets de l'exercice physique et des forces mécaniques sur le tissu osseux.

Dans une certaine mesure, le tissu osseux est capable d'adapter sa résistance à diverses sollicitations mécaniques. Sous l'effet d'une contrainte, le tissu osseux devient plus fort grâce à une augmentation du dépôt de sels minéraux et de la production de fibres collagènes par les ostéoblastes. En l'absence de sollicitations mécaniques, les os ne se remanient pas normalement parce que la résorption osseuse s'effectue plus rapidement que la formation osseuse.

Les principales forces mécaniques qui s'exercent sur les os sont celles qui sont produites par la contraction des muscles squelettiques et la gravitation. Quand une personne est alitée ou qu'elle porte un plâtre pour immobiliser un os fracturé, ses os non sollicités s'affaiblissent en raison d'une perte de minéraux et d'une diminution du nombre de fibres collagènes. Les astronautes soumis à l'apesanteur dans l'espace perdent également une partie de leur masse osseuse. Dans les deux cas, la perte osseuse peut être fulgurante et atteindre un taux de 1 % par semaine. Au contraire, les os des athlètes, qui sont fortement et fréquemment sollicités, deviennent considérablement plus épais que ceux des personnes qui ne pratiquent pas d'activité physique. Les exercices de mise en charge qui sollicitent les articulations portantes, tels la marche ou l'entraînement modéré avec des poids (mais pas la natation), contribuent à la formation et à la rétention de masse osseuse. Les adolescents et les jeunes adultes devraient pratiquer régulièrement des exercices ou des sports sollicitant les articulations portantes avant que leurs plaques épiphysaires se soudent définitivement. Ces exercices favorisent en effet la constitution d'une masse osseuse totale optimale avant que commence son inévitable diminution au cours du vieillissement. Même les personnes âgées peuvent renforcer leurs os en s'adonnant à de tels exercices.

▶ **POINT DE CONTRÔLE**

19. Quels types de forces mécaniques peuvent rendre le tissu osseux plus fort?

20. Un enfant qui aurait grandi dans l'espace pourrait-il retourner vivre sur Terre?

LE VIEILLISSEMENT DU TISSU OSSEUX

OBJECTIF

• Décrire les effets du vieillissement sur le tissu osseux.

De la naissance jusqu'à l'adolescence, la production de tissu osseux l'emporte sur la perte osseuse au cours du remaniement osseux. Chez les jeunes adultes, les taux de dépôt et de résorption de matière osseuse sont à peu près identiques. À mesure que la concentration de stéroïdes sexuels diminue durant l'âge adulte, en particulier chez les femmes après la ménopause, la masse osseuse diminue parce que la résorption par les ostéoclastes est plus rapide que le dépôt de matière osseuse par les ostéoblastes. Chez les personnes âgées, la perte de matière osseuse par résorption est plus rapide que le gain. Comme les os des femmes sont d'ordinaire plus petits et moins massifs que ceux des hommes, la perte de masse osseuse a des conséquences plus graves pour les femmes âgées que pour les hommes. Ces facteurs contribuent à la forte incidence d'ostéoporose chez les femmes.

Les deux principaux effets du vieillissement sur le tissu osseux sont la perte de masse osseuse et la fragilisation des os. La perte de masse osseuse est causée par la **déminéralisation**, c'est-à-dire la perte de calcium et d'autres minéraux de la matrice extracellulaire osseuse. Cette baisse commence habituellement après l'âge de 30 ans chez les femmes, s'accélère vers l'âge de 45 ans à mesure que les taux sanguins d'œstrogènes diminuent, et se poursuit jusqu'à ce que les os aient perdu 30 % de leurs réserves de calcium à l'âge de 70 ans. Les femmes perdent environ 8 % de leur masse osseuse par décennie. Les hommes ne perdent habituellement pas de masse osseuse avant l'âge de 60 ans, et cette perte se limite à environ 3 % par décennie. La déperdition de calcium osseux est l'une des caractéristiques de l'ostéoporose (décrite ci-dessous).

Le deuxième effet majeur du vieillissement sur le système squelettique est la fragilisation des os, causée par un ralentissement de la synthèse des protéines. Rappelons que c'est la teneur organique de la matrice extracellulaire osseuse, en particulier la proportion de fibres collagènes, qui confère aux os leur résistance aux forces de traction. Quand ils deviennent moins résistants à la traction, les os sont plus fragiles et se fracturent plus facilement. Chez certaines personnes âgées, le ralentissement de la synthèse des fibres collagènes est dû en partie à une diminution de la production de l'hormone de croissance humaine. Non seulement la perte de masse osseuse rend-elle les os plus vulnérables aux fractures, mais il arrive aussi qu'elle occasionne des difformités, des douleurs, une perte de stature et la chute des dents.

▶ **POINT DE CONTRÔLE**

21. Qu'est-ce que la déminéralisation et comment affecte-t-elle le fonctionnement des os?

22. Quels changements se produisent dans la partie organique de la matrice extracellulaire osseuse au cours du vieillissement?

DÉSÉQUILIBRES HOMÉOSTATIQUES

L'ostéoporose

Le terme **ostéoporose** (*poros*: pore ; *ose*: affection chronique) désigne littéralement la porosité des os (figure 6.12). Le problème majeur est que la résorption osseuse s'effectue plus rapidement que le dépôt de matière osseuse. Ce trouble est causé en grande partie par une déplétion de l'organisme en calcium ; l'organisme élimine plus de calcium dans l'urine, les fèces et la sueur qu'il n'en absorbe des aliments. La masse osseuse diminue à un point tel que les os se fracturent, souvent spontanément, sous l'effet des sollicitations mécaniques de la vie quotidienne. Par exemple, une personne peut se fracturer la hanche simplement parce qu'elle s'est assise trop rapidement. Au Canada, 70 % des 25 000 fractures de la hanche qui surviennent chaque année, sont attribuables à l'ostéoporose, et 20 % des personnes touchées meurent. Annuellement, les 76 000 fractures associées à l'ostéoporose tuent plus de Canadiennes que le cancer du sein et le cancer des ovaires combinés. L'ostéoporose atteint tout le système squelettique. Outre les fractures, elle provoque une diminution en volume des vertèbres, une perte staturale, la cyphose dorsale et des douleurs osseuses.

L'ostéoporose frappe surtout les adultes d'âge moyen et les personnes âgées, dont 80 % sont des femmes. Les femmes âgées sont atteintes d'ostéoporose plus souvent que les hommes pour deux raisons. D'une part les os des femmes sont moins massifs que ceux des hommes ; d'autre part la production d'œstrogènes chez les femmes diminue considérablement et brusquement à la ménopause, tandis que chez les hommes, la production de la principale hormone androgène, la testostérone, diminue peu et seulement de manière graduelle. Les œstrogènes et la testostérone stimulent l'activité des ostéoblastes et la synthèse de la matrice extracellulaire osseuse. Les autres facteurs de risque de l'ostéoporose comprennent des antécédents familiaux de la maladie, l'ascendance européenne ou asiatique, une constitution morphologique mince ou petite, l'inactivité physique, le tabagisme, un régime pauvre en calcium et en vitamine D, la consommation de plus de deux verres d'alcool par jour et la prise de certains médicaments.

FIGURE 6.12 Le tissu osseux spongieux chez (a) un jeune adulte normal et (b) une personne atteinte d'ostéoporose. Notez les trabécules osseuses affaiblies dans (b). Le tissu osseux compact est affecté de la même façon par l'ostéoporose.

 Dans l'ostéoporose, la résorption se fait plus rapidement que la formation de matière osseuse, ce qui diminue la masse osseuse.

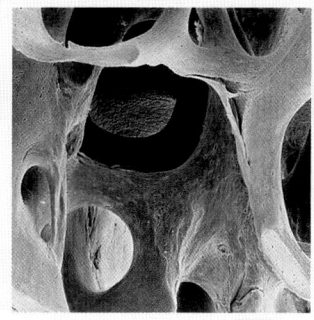 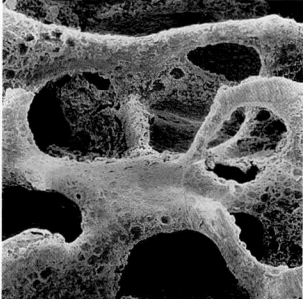

MEB 30×   MEB 30×

(a) Os normal   (b) Os atteint d'ostéoporose

Q Si vous vouliez créer un médicament qui réduirait les effets de l'ostéoporose, chercheriez-vous une substance qui inhibe l'activité des ostéoblastes ou celle des ostéoclastes?

Chez les femmes ménopausées, il est possible de traiter l'ostéoporose par œstrogénothérapie (faibles doses d'œstrogènes) ou par hormonothérapie substitutive (combinaison d'œstrogènes et de progestérone, autre stéroïde sexuel). Bien qu'ils aident à combattre l'ostéoporose, ces traitements accroissent le métabolisme de tout l'organisme, ce qui peut augmenter les risques de cancer du sein chez la femme. On utilise aussi deux médicaments dans le traitement de l'ostéoporose : le raloxifène (Evista^MD), qui imite les effets bénéfiques des œstrogènes sur les os sans augmenter les risques de cancer du sein, et l'alendronate (Fusomax^MD), substance non hormonale qui bloque la résorption de matière osseuse par les ostéoclastes.

La prévention de l'ostéoporose demeure toutefois la meilleure stratégie. Une femme a tout avantage à consommer suffisamment de calcium et à pratiquer des exercices de mise en charge, surtout quand elle est jeune, pour éviter d'avoir plus tard à prendre des médicaments et des suppléments de calcium.

Le rachitisme et l'ostéomalacie

Le **rachitisme** et l'**ostéomalacie** (*malakia* : mollesse) se caractérisent par l'absence de calcification des os. Bien que la production de matrice organique se poursuive, le dépôt des sels de calcium ne se fait pas, les os deviennent « mous » ou caoutchouteux et se déforment facilement. Le rachitisme affecte les os en croissance chez l'enfant. Parce que la matière osseuse formée dans les plaques épiphysaires ne s'ossifie pas, les jambes sont arquées et le crâne, la cage thoracique et le bassin sont difformes. Dans l'ostéomalacie, appelée parfois « rachitisme des adultes », la matière osseuse formée pendant le remaniement ne se calcifie pas. Ce trouble occasionne des douleurs plus ou moins intenses et une sensibilité des os, surtout aux hanches et aux jambes. Il arrive que les os se fracturent à la suite de traumatismes mineurs. Le rachitisme et l'ostéomalacie sont généralement causés par une carence en vitamine D découlant soit d'un manque d'exposition au soleil, soit d'un apport alimentaire insuffisant en vitamine D. Une parathormone recombinante humaine (rPTH), Forteo^MD, stimule les ostéoblastes et permet ainsi la formation de tissu osseux.

TERMES MÉDICAUX

Arthrose (*arthron* : articulation) Dégénérescence du cartilage articulaire amenant les extrémités osseuses à se toucher ; la friction des os les uns contre les autres est un facteur aggravant ; fréquente chez les personnes âgées.

Ostéomyélite Inflammation osseuse caractérisée par une forte fièvre, des sueurs, des frissons, de la douleur, des nausées, la formation de pus, un œdème et une sensation de chaleur dans l'os atteint et les muscles rigides qui le recouvrent ; souvent causée par une bactérie, habituellement *Staphylococcus aureus* ; la bactérie peut provenir de l'extérieur du corps (elle s'infiltre par une fracture ouverte ou une plaie pénétrante, ou lors d'une intervention chirurgicale orthopédique), d'autres sièges d'infection dans l'organisme par l'intermédiaire du sang (abcès dentaire, infection associée à une brûlure, infection des voies urinaires ou infection des voies respiratoires supérieures) et d'infections des tissus mous adjacents (infections associées au diabète, par exemple).

Ostéopénie (*penia* : pauvreté) Réduction de la masse osseuse causée par un ralentissement de la synthèse osseuse, qui ne parvient plus à compenser même une résorption osseuse normale ; désigne également une diminution de la masse osseuse en deçà des limites de la normale ; l'ostéoporose est une forme d'ostéopénie.

Ostéosarcome (*sarkôma* : excroissance de chair) Cancer des os qui affecte principalement les ostéoblastes et survient le plus souvent durant la période de croissance chez l'adolescent ; situé fréquemment sur la métaphyse du fémur, du tibia et de l'humérus ; les métastases touchent préférentiellement les poumons ; le traitement fait appel à la polychimiothérapie après l'ablation de la tumeur maligne, voire l'amputation du membre atteint.

RÉSUMÉ

INTRODUCTION (P. 183)

1. Un os se compose de différents tissus : tissu osseux, cartilage, tissus conjonctifs denses, épithélium, tissu adipeux et tissu nerveux.

2. L'ensemble des os et de leurs cartilages constitue le système squelettique.

LES FONCTIONS DES OS ET DU SYSTÈME SQUELETTIQUE (P. 184)

1. Le système squelettique assure des fonctions de soutien, de protection, de mouvement, d'homéostasie des minéraux, d'hématopoïèse et de stockage des triacylglycérols.

LA STRUCTURE DES OS (P. 184)

1. Un os long typique comprend la diaphyse (corps), les épiphyses (extrémités) proximale et distale, les métaphyses, le cartilage articulaire, le périoste, la cavité médullaire et l'endoste.

2. Le tissu osseux contient une matrice extracellulaire qui entoure des cellules disséminées.

3. Les quatre principaux types de cellules osseuses sont les cellules ostéogéniques, les ostéoblastes, les ostéocytes et les ostéoclastes.

4. La matrice extracellulaire des os est riche en sels minéraux inorganiques (surtout en hydroxyapatite) et en fibres collagènes.

5. Le tissu osseux compact se compose d'ostéones séparées par de petits espaces.

6. Le tissu osseux compact recouvre l'os spongieux dans les épiphyses et constitue la majeure partie du tissu osseux dans la diaphyse. Le tissu osseux compact est le type de tissu osseux le plus solide et il assure des fonctions de protection, de soutien et de résistance aux contraintes mécaniques.

7. Le tissu osseux spongieux ne contient pas d'ostéones. Il est constitué de trabécules osseuses entourant ses nombreux espaces remplis de cellules de la moelle osseuse rouge.

8. Le tissu osseux spongieux constitue la plus grande partie des os courts, plats et irréguliers, et la partie interne des épiphyses des os longs; les trabécules osseuses offrent une résistance le long des lignes de contrainte, soutiennent et protègent la moelle osseuse rouge et allègent les os pour faciliter leurs mouvements.

LA VASCULARISATION ET L'INNERVATION DES OS (P. 189)

1. Les os longs reçoivent leur apport sanguin des artères périostées, des artères nourricières et des artères épiphysaires et métaphysaires; toutes ces artères sont accompagnées de veines.

2. Des nerfs accompagnent les vaisseaux sanguins dans les os; le périoste est riche en nerfs sensitifs.

LA FORMATION DES OS (P. 190)

1. Les os se forment par un processus appelé *ossification* (ou *ostéogénèse*), qui débute lorsque les cellules mésenchymateuses se transforment en cellules ostéogéniques. Ces cellules se divisent et donnent naissance à d'autres cellules qui se différencient en ostéoblastes, en ostéoclastes et en ostéocytes.

2. L'ossification commence à la sixième semaine de développement embryonnaire. Les deux types d'ossification, intramembraneuse et endochondrale, visent le remplacement du mésenchyme par du tissu osseux.

3. L'ossification intramembraneuse est la formation osseuse se déroulant à l'intérieur du mésenchyme disposé en minces couches ressemblant à des membranes. Elle assure le remplacement direct du mésenchyme par de l'os.

4. L'ossification endochondrale est la formation osseuse se déroulant à l'intérieur du modèle de cartilage hyalin qui se forme à partir du mésenchyme. Le centre d'ossification primaire d'un os long se situe dans la diaphyse. Le cartilage se dégrade, laissant des espaces qui fusionnent pour former la cavité médullaire. Des ostéoblastes déposent ensuite du tissu osseux. L'ossification se poursuit dans les épiphyses (centres d'ossification secondaire), où le tissu osseux remplace le cartilage, sauf dans la plaque épiphysaire.

LA CROISSANCE DES OS (P. 193)

1. La plaque épiphysaire comprend quatre zones: la zone de cartilage au repos, la zone de prolifération, la zone d'hypertrophie et la zone ostéogène.

2. Parce que la division cellulaire se déroule dans la plaque épiphysaire, la diaphyse d'un os croît en longueur.

3. Les os croissent en épaisseur, ou en diamètre, lorsque les ostéoblastes du périoste déposent du nouveau tissu osseux autour de la face externe de l'os (croissance par apposition).

LES OS ET L'HOMÉOSTASIE (P. 196)

1. Le remaniement osseux (ou remodelage osseux) est un processus continu au cours duquel des ostéoclastes creusent de petits tunnels dans le vieux tissu osseux et des ostéoblastes le reconstruisent.

2. Au cours de la résorption osseuse, les ostéoclastes libèrent des enzymes et des acides qui dégradent les fibres collagènes et dissolvent les sels minéraux.

3. Des minéraux alimentaires (surtout du calcium et du phosphore) et des vitamines (C, D, K et B_{12}) sont nécessaires à la croissance et au maintien des os. Les facteurs de croissance analogues à l'insuline, l'hormone de croissance humaine, les hormones thyroïdiennes, les œstrogènes et les androgènes stimulent la croissance des os.

4. Les stéroïdes sexuels ralentissent la résorption osseuse et favorisent le dépôt de nouvelle matière osseuse.

5. Une fracture est une rupture de la continuité d'un os.

6. La consolidation d'une fracture comprend la formation d'un hématome, d'un cal fibrocartilagineux et d'un cal osseux, et un remaniement osseux.

7. Les types de fractures les plus courantes sont la fracture fermée, la fracture ouverte, la fracture plurifragmentaire, la fracture en bois vert, la fracture engrenée, la fracture de Pott (ou de Dupuytren), la fracture de Pouteau-Colles et la fracture de stress.

8. L'os est le principal site de stockage du calcium de l'organisme.

9. La parathormone (PTH), sécrétée par les glandes parathyroïdes, augmente la calcémie; la calcitonine, sécrétée par la glande thyroïde, peut diminuer la calcémie. La vitamine D facilite l'absorption du calcium et du phosphate, ce qui accroît la concentration sanguine de ces substances.

LES EFFETS DE L'EXERCICE SUR LE TISSU OSSEUX (P. 201)

1. Les contraintes mécaniques accroissent la résistance des os parce qu'elles font augmenter le dépôt de sels minéraux et la production de fibres collagènes.

2. L'absence de contraintes mécaniques affaiblit les os parce qu'ils se déminéralisent alors et produisent moins de fibres collagènes.

LE VIEILLISSEMENT DU TISSU OSSEUX (P. 202)

1. Le principal effet du vieillissement sur les os est la déminéralisation, soit la déperdition du calcium des os causée par une diminution de l'activité des ostéoblastes.

2. Un autre effet du vieillissement consiste en une baisse de la production de protéines de la matrice extracellulaire (principalement des fibres collagènes), qui rend les os plus fragiles et plus vulnérables aux fractures.

AUTOÉVALUATION

Vous trouverez les réponses à ces questions à l'appendice D.

COMPLÉTEZ LES PHRASES SUIVANTES.

1. La croissance des os en longueur est appelée croissance _____ ; la croissance des os en épaisseur est appelée croissance _____.

2. La _____ des os dépend des sels minéraux cristallisés ; les fibres collagènes et les autres molécules organiques fournissent aux os leur _____.

INDIQUEZ SI LES ÉNONCÉS SUIVANTS SONT VRAIS OU FAUX.

3. La résorption osseuse suppose l'accroissement de l'activité des ostéoclastes.

4. La formation des os à partir du cartilage est appelée ossification endochondrale.

5. La croissance osseuse dépend principalement des hormones.

CHOISISSEZ LA BONNE RÉPONSE.

6. Mettez dans l'ordre les étapes de l'ossification intramembraneuse. 1) Les matrices osseuses fusionnent pour former des trabécules. 2) Les groupes d'ostéoblastes forment un centre d'ossification qui sécrète la matrice extracellulaire organique (appelée matière ostéoïde). 3) Le tissu osseux spongieux est remplacé, en surface, par du tissu osseux compact. 4) Le périoste se forme sur la périphérie de l'os. 5) La matrice extracellulaire durcit en raison des dépôts de calcium et de sels minéraux. a) 2, 4, 5, 1, 3 ; b) 4, 3, 5, 1, 2 ; c) 1, 2, 5, 4, 3 ; d) 2, 5, 1, 4, 3 ; e) 5, 1, 3, 4, 2.

7. Mettez dans l'ordre les principales étapes de l'ossification endochondrale. 1) L'artère nourricière pénètre dans le périchondre. 2) Les ostéoclastes forment la cavité médullaire. 3) Dans la région médiane du modèle de cartilage, les chondrocytes grossissent et la matière extracellulaire de cartilage se calcifie. 4) Les centres d'ossification secondaires apparaissent dans les épiphyses. 5) Les ostéoblastes deviennent actifs au centre d'ossification primaire. a) 3, 1, 5, 2, 4 ; b) 3, 1, 5, 4, 2 ; c) 1, 3, 5, 2, 4 ; d) 1, 2, 3, 5, 4 ; e) 2, 5, 4, 3, 1.

8. Le tissu osseux spongieux est différent du tissu osseux compact parce que le tissu osseux spongieux : a) est composé de nombreuses ostéones, b) se trouve principalement dans les diaphyses des os longs, et le tissu osseux compact se trouve principalement dans les épiphyses des os longs, c) contient des ostéones qui sont toutes alignées dans la même direction le long des lignes de contrainte,

d) ne contient pas d'ostéocytes dans les lacunes, e) est formé de trabécules osseuses orientées le long des lignes de contrainte.

9. L'un des principaux effets des exercices de mise en charge sur les os est : a) l'oxygénation des os pour leur formation, b) l'augmentation de la déminéralisation des os, c) le maintien et l'accroissement de la masse osseuse, d) la stimulation de la libération de stéroïdes sexuels pour la croissance osseuse, e) l'utilisation des triacylglycérols stockés dans la moelle osseuse jaune.

10. Mettez dans l'ordre les étapes de la consolidation d'une fracture. 1) production de trabécules par les ostéoblastes et formation du cal osseux, 2) formation d'un hématome au point de fracture, 3) résorption des fragments osseux et remaniement osseux, 4) migration des fibroblastes vers le point de fracture, 5) formation d'une éclisse entre les bouts d'os fracturé et formation d'un cal fibrocartilagineux. a) 2, 4, 5, 1, 3 ; b) 2, 5, 4, 1, 3 ; c) 1, 2, 5, 4, 3 ; d) 2, 5, 1, 3, 4 ; e) 5, 2, 4, 1, 3.

11. Associez les éléments suivants :

_____ a) espace dans le corps de l'os qui contient de la moelle osseuse jaune	1) cartilage articulaire
_____ b) tissu qui emmagasine des triacylglycérols	2) endoste
_____ c) tissu hématopoïétique	3) cavité médullaire
_____ d) mince couche de cartilage hyalin recouvrant le point d'union entre les extrémités osseuses (articulation)	4) diaphyse
_____ e) extrémités distale et proximale des os	5) épiphyses
_____ f) partie principale, longue et cylindrique, de l'os ; corps de l'os	6) métaphyse
_____ g) dans un os en croissance, région qui contient la plaque épiphysaire	7) périoste
_____ h) membrane épaisse qui entoure la surface de l'os aux endroits où elle est dépourvue de cartilage	8) moelle osseuse rouge
_____ i) couche de cartilage hyalin située entre le corps et l'extrémité d'un os en croissance	9) moelle osseuse jaune
_____ j) membrane tapissant la cavité médullaire	10) fibres de Sharpey
_____ k) vestige de la plaque épiphysaire active ; signe que l'os a cessé de croître en longueur	11) ligne épiphysaire
_____ l) groupes de fibres collagènes qui relient le périoste à l'os	12) plaque épiphysaire

12. Associez les éléments suivants:

_____ a) petits espaces entre les lamelles qui contiennent des ostéocytes

_____ b) canaux qui pénètrent dans le tissu osseux compact; acheminent les vaisseaux sanguins, les vaisseaux lymphatiques et les nerfs provenant du périoste

_____ c) régions situées entre les ostéones; fragments d'anciennes ostéones

_____ d) cellules qui sécrètent les éléments nécessaires à la formation d'un os

_____ e) unité structurale du tissu osseux compact

_____ f) minuscules canaux reliés remplis de liquide extracellulaire; relient les lacunes entre elles et au canal central de l'ostéone

_____ g) canaux qui traversent l'os dans le sens de la longueur et relient les vaisseaux sanguins et les nerfs aux ostéocytes

_____ h) grosses cellules dérivées des monocytes et contribuant à la résorption osseuse

_____ i) dans le tissu osseux spongieux, trame irrégulière composée de minces colonnes de tissu osseux

_____ j) anneaux de matrice osseuse calcifiée entourant les canaux centraux de l'ostéone

_____ k) cellules adultes qui assurent le métabolisme quotidien des os

_____ l) ouverture dans la diaphyse de l'os permettant à une artère de traverser l'os

_____ m) cellules souches non spécialisées dérivées du mésenchyme

1) cellules ostéogéniques
2) ostéocytes
3) ostéone
4) canaux perforants
5) lamelles de l'ostéone
6) ostéoblastes
7) trabécules osseuses
8) lamelles interstitielles
9) canalicules
10) ostéoclastes
11) foramen nourricier
12) lacunes
13) canaux centraux de l'ostéone

13. Associez les éléments suivants:

_____ a) diminue le taux de calcium dans le sang en accélérant le dépôt de calcium dans les os et en inhibant les ostéoclastes

_____ b) nécessaire à la synthèse du collagène

_____ c) pendant l'enfance, favorise la croissance de la plaque épiphysaire; sa production est stimulée par l'hormone de croissance humaine

_____ d) contribue à la croissance osseuse en accroissant l'activité des ostéoblastes; entraîne l'arrêt de la croissance en longueur des os longs

_____ e) nécessaire à la synthèse des protéines

_____ f) forme active de la vitamine D; augmente les taux de calcium dans le sang en accroissant l'absorption du calcium par les voies intestinales

_____ g) augmente les taux de calcium dans le sang en accroissant la résorption osseuse

1) parathormone
2) calcitonine
3) calcitriol
4) facteurs de croissance analogues à l'insuline
5) stéroïdes sexuels
6) vitamine C
7) vitamine K

14. Associez les éléments suivants:

_____ a) couche en forme de colonne de chondrocytes en voie de maturation

_____ b) couche de petits chondrocytes dispersés qui attachent la plaque épiphysaire à l'os

_____ c) couche de chondrocytes en cours de division active

_____ d) région de chondrocytes morts

1) zone d'hypertrophie
2) zone ostéogène
3) zone de prolifération
4) zone de cartilage au repos

15. Associez les éléments suivants :

_____ a) dans ce type de fracture, l'une des extrémités de l'os fracturé est poussée violemment à l'intérieur de l'autre

_____ b) trouble des os poreux caractérisé par une perte de masse osseuse et une plus grande vulnérabilité aux fractures

_____ c) os brisé en deux fragments principaux séparés par de petits fragments

_____ d) os brisé qui ne déchire pas la peau

_____ e) fracture partielle dans laquelle une extrémité de l'os est fracturée et l'autre est fléchie

_____ f) os brisé qui traverse la peau

_____ g) fractures microscopiques découlant de l'incapacité de résister à des contraintes répétées

_____ h) dégénérescence du cartilage articulaire amenant les extrémités osseuses à se toucher ; aggravée par la friction entre les os

_____ i) trouble caractérisé par l'absence de calcification de la nouvelle matière osseuse formée par remaniement osseux chez l'adulte

_____ j) infection des os

1) fracture fermée
2) fracture ouverte
3) fracture engrenée (ou enfoncée)
4) fracture en bois vert
5) fracture de stress
6) fracture plurifragmentaire
7) ostéoporose
8) ostéomalacie
9) arthrose
10) ostéomyélite

QUESTIONS À COURT DÉVELOPPEMENT

Vous trouverez les réponses à ces questions à l'appendice D.

1. Catherine est une élève de 5e secondaire qui suit un programme de course à pied intensif plusieurs heures par jour afin de se qualifier pour l'équipe d'athlétisme de son école. Elle se plaint depuis quelque temps de douleurs intenses dans la jambe droite qui l'empêchent de poursuivre son entraînement. Son médecin lui examine la jambe. Il ne remarque aucun signe de blessure externe et lui suggère de passer une scintigraphie osseuse. Quel problème le médecin soupçonne-t-il ?

2. Marc avait 9 ans lorsqu'il est tombé et s'est cassé le bras gauche en jouant au basketball. On lui a mis le bras dans le plâtre, et la guérison semble avoir suivi un cours normal. Devenu adulte, Marc se demande pourquoi son bras droit lui paraît plus long que le gauche. Il vérifie et se rend compte que, effectivement, son bras droit *est* plus long que le gauche. Quelle explication donneriez-vous à Marc ?

3. Les astronautes en mission dans l'espace font chaque jour de l'exercice physique, mais leurs os s'affaiblissent quand même après un long séjour dans l'espace. Pourquoi ?

RÉPONSES AUX QUESTIONS DES FIGURES

6.1 Le périoste est essentiel à la croissance en épaisseur des os, au remaniement osseux et à la nutrition des os. Il sert également de point d'attache aux ligaments et aux tendons.

6.2 La résorption osseuse est nécessaire au développement, à la croissance, au maintien et à la réparation des os.

6.3 Puisque les canaux centraux de l'ostéone sont les principales voies d'accès pour l'approvisionnement sanguin des ostéocytes, leur obstruction entraînerait la mort des ostéocytes.

6.4 Les artères périostées pénètrent dans le tissu osseux par des canaux perforants.

6.5 Les os plats du crâne et de la mandibule (mâchoire inférieure) se développent par ossification intramembraneuse.

6.6 Il est probable qu'elle grandira encore, étant donné la présence de plaques épiphysaires à partir desquelles la croissance des os en longueur est possible. Les lignes épiphysaires apparaissent lorsque les zones de croissance ne sont plus actives. L'absence de lignes épiphysaires indique donc que l'os croît encore en longueur.

6.7 La croissance en longueur de la diaphyse est causée par les divisions cellulaires dans la zone de prolifération et par la maturation des cellules dans la zone d'hypertrophie.

6.8 La cavité médullaire s'hypertrophie sous l'effet de l'activité des ostéoclastes dans l'endoste.

6.9 Dans une fracture ouverte, l'extrémité de l'os traverse la peau ; dans une fracture fermée, ce n'est pas le cas.

6.10 La guérison des fractures peut durer des mois parce que le dépôt de calcium et de phosphore est un processus lent et que, en général, les cellules osseuses croissent et se reproduisent lentement.

6.11 La fréquence cardiaque, la respiration, le fonctionnement des cellules nerveuses et musculaires, le fonctionnement des enzymes et la coagulation du sang dépendent du maintien d'une concentration adéquate de calcium dans le sang.

6.12 Un médicament inhibiteur de l'activité des ostéoclastes pourrait atténuer les effets de l'ostéoporose.

SYSTÈME SQUELETTIQUE : LE SQUELETTE AXIAL

LE SQUELETTE AXIAL ET L'HOMÉOSTASIE

Les os du squelette axial contribuent à l'homéostasie en protégeant un grand nombre des organes du corps tels que l'encéphale, la moelle épinière, le cœur et les poumons. Ils jouent également un rôle important dans le stockage et la libération du calcium.

Sans votre squelette, vous ne pourriez pas survivre. Vous seriez incapable de faire des mouvements, comme marcher ou prendre un objet, et le moindre coup à votre tête ou à votre poitrine pourrait entraîner des blessures à votre cerveau ou à votre cœur. Parce que le système squelettique constitue la charpente du corps, il importe de se familiariser avec le nom, la forme et la situation de chaque os pour localiser et nommer d'autres parties anatomiques. L'artère radiale, par exemple, qui sert habituellement à la palpation du pouls, est ainsi appelée parce qu'elle se trouve près du radius, l'os latéral de l'avant-bras. Le nerf ulnaire court le long de l'ulna, l'os médial de l'avant-bras. Le lobe frontal du cerveau est situé derrière l'os frontal, l'os du front. Le muscle tibial antérieur longe la face antérieure du tibia. Des parties de certains os servent également à localiser des structures situées dans le crâne et à tracer le contour des poumons, du cœur et des organes situés dans les régions abdominale et pelvienne.

Certains mouvements tels que lancer une balle, faire de la bicyclette et marcher nécessitent une interaction entre les os et les muscles. Pour comprendre comment les muscles produisent divers mouvements, vous devez étudier leurs points d'attache sur les os et les articulations qui sont sollicitées lors des contractions musculaires. Les os, les muscles et les articulations forment un système intégré appelé **système musculosquelettique**. La discipline de la médecine qui a pour objet la prévention et le traitement des troubles du système musculosquelettique est l'**orthopédie**.

LES DIVISIONS DU SYSTÈME SQUELETTIQUE

> **OBJECTIF**

- Décrire les divisions axiale et appendiculaire du squelette.

Le squelette d'un être humain adulte comprend 206 os identifiés, dont la plupart sont appariés, un membre de chaque paire se trouvant sur les côtés droit et gauche du corps. Le squelette des nourrissons et des enfants comporte plus de 206 os parce que certains os, tels ceux de la hanche et certains os de la colonne vertébrale, fusionnent après la naissance.

On classe les os du squelette d'un adulte en deux divisions principales : le **squelette axial** et le **squelette appendiculaire** (*appendix* : ce qui pend ou ce qui est suspendu). Le tableau 7.1 présente les 80 os du squelette axial et les 126 os du squelette appendiculaire. La figure 7.1 montre comment ces deux divisions sont liées pour former l'ensemble du squelette. Le squelette axial comprend les os qui se trouvent autour de l'**axe** longitudinal du corps humain, ligne verticale imaginaire qui suit le centre de gravité du corps, du sommet de la tête jusqu'à l'espace entre les pieds : les os de la tête, les osselets de l'ouïe, l'os hyoïde (figure 7.4), les côtes, le sternum et les os de la colonne vertébrale. Le squelette appendiculaire comprend les os des **membres supérieurs** et **inférieurs** ainsi que les os des **ceintures** qui relient les membres au squelette axial. Sur le plan fonctionnel, les osselets de l'ouïe situés dans l'oreille moyenne, qui vibrent lorsque des ondes sonores frappent la membrane du tympan, ne font partie ni du squelette axial ni du squelette appendiculaire, mais nous les incluons dans le squelette axial par souci de commodité (voir le chapitre 17).

Notre étude du système squelettique concerne ces deux divisions et s'intéresse plus particulièrement à la façon dont les nombreux os du corps sont reliés. Dans le présent chapitre, nous nous concentrerons sur le squelette axial, en examinant d'abord les *os de la tête* puis les os de la *colonne vertébrale* et du *thorax*. Dans le chapitre 8, qui traite du squelette appendiculaire, nous examinerons les os de la *ceinture scapulaire* (épaule) et des *membres supérieurs*, puis les os de la *ceinture pelvienne* (hanche) et des *membres inférieurs*. Avant de commencer l'étude du squelette axial, considérons certaines caractéristiques générales des os.

▶ **POINT DE CONTRÔLE**

1. Quels os forment les divisions axiale et appendiculaire du squelette ?

LES TYPES D'OS

> **OBJECTIF**

- Classer les os selon leur forme et leur situation.

Presque tous les os peuvent être classés en cinq principaux types selon leur forme : os longs, os courts, os plats, os irréguliers et os

TABLEAU 7.1 LES OS DU SQUELETTE ADULTE		
DIVISION DU SQUELETTE	**STRUCTURE**	**NOMBRE D'OS**
SQUELETTE AXIAL	**Os de la tête**	
	Os du crâne	8
	Os de la face	14
	Os hyoïde	1
	Osselets de l'ouïe	6
	Colonne vertébrale	26
	Thorax	
	Sternum	1
	Côtes	24
		Sous-total = 80
SQUELETTE APPENDICULAIRE	**Ceinture scapulaire (épaule)**	
	Clavicule	2
	Scapula	2
	Membres supérieurs	
	Humérus	2
	Ulna	2
	Radius	2
	Os du carpe	16
	Métacarpiens	10
	Phalanges de la main	28
	Ceinture pelvienne	
	Os coxal (os de la hanche)	2
	Membres inférieurs	
	Fémur	2
	Patella	2
	Fibula	2
	Tibia	2
	Os du tarse	14
	Métatarsiens	10
	Phalanges du pied	28
		Sous-total = 126
		Total = 206

sésamoïdes (figure 7.2). Comme nous l'avons vu au chapitre 6, les **os longs** sont plus longs que larges et comprennent une diaphyse et un nombre variable d'épiphyses (extrémités). Leur forme légèrement incurvée leur confère une certaine force. En effet, l'os incurvé absorbe la pression exercée par la masse corporelle en plusieurs endroits et la répartit uniformément. Si les os étaient droits, la masse corporelle serait répartie de façon inégale et les fractures seraient plus fréquentes. La diaphyse des os longs est composée principalement de *tissu osseux compact*, mais leurs épiphyses contiennent une grande quantité de *tissu osseux spongieux*. Les os de la cuisse

FIGURE 7.1 Les divisions du système squelettique. Le squelette axial est représenté en bleu et le squelette appendiculaire, en jaune. (Notez la position de l'os hyoïde à la figure 7.4.)

Le squelette d'un être humain adulte comprend 206 os classés en une division axiale et une division appendiculaire.

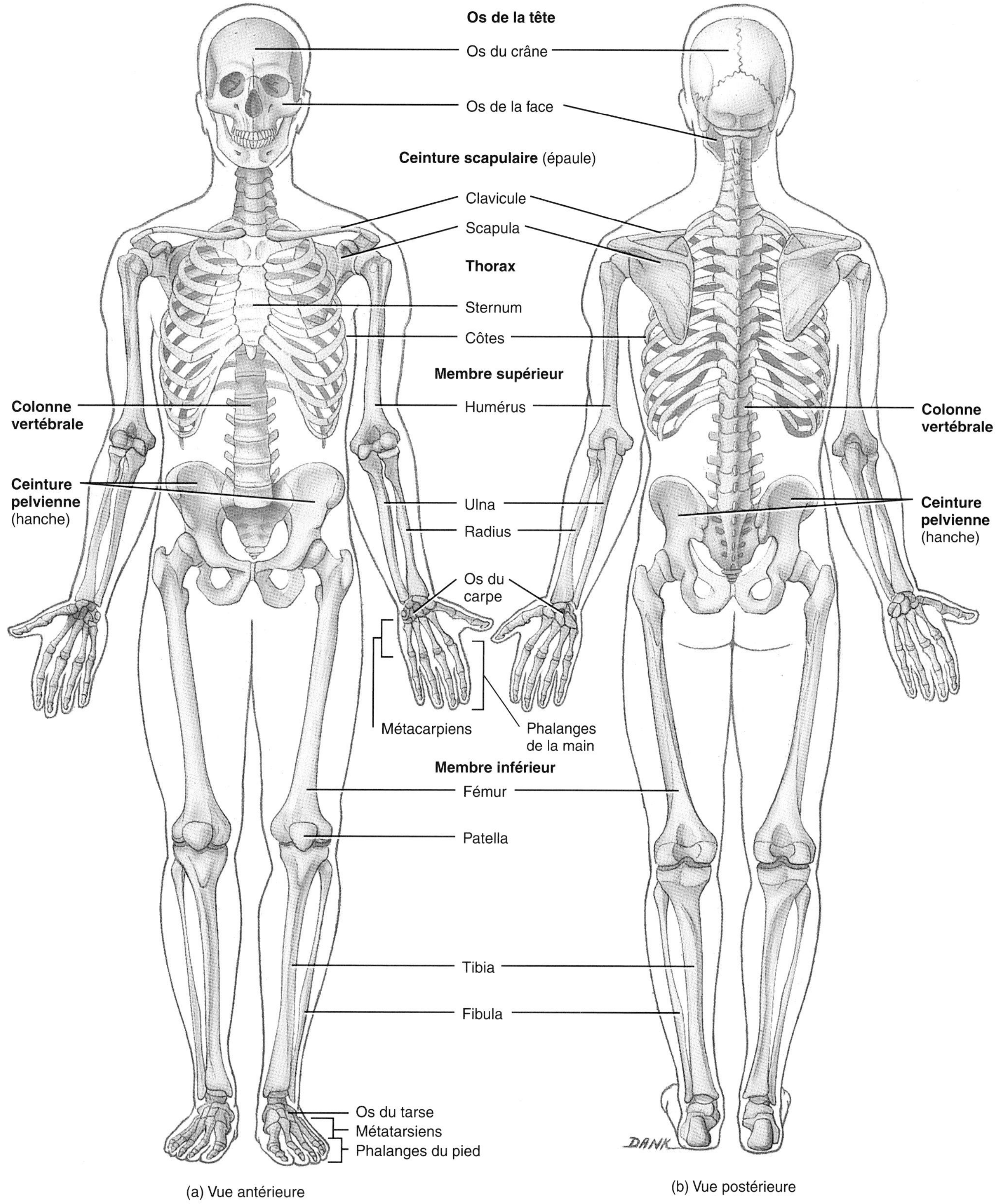

Os de la tête
- Os du crâne
- Os de la face

Ceinture scapulaire (épaule)
- Clavicule
- Scapula

Thorax
- Sternum
- Côtes

Membre supérieur
- Humérus

Colonne vertébrale

Ceinture pelvienne (hanche)

- Ulna
- Radius

- Os du carpe

- Métacarpiens
- Phalanges de la main

Membre inférieur
- Fémur
- Patella

- Tibia
- Fibula

- Os du tarse
- Métatarsiens
- Phalanges du pied

Colonne vertébrale

Ceinture pelvienne (hanche)

(a) Vue antérieure

(b) Vue postérieure

DANK

Q Lesquelles des structures suivantes font partie du squelette axial et lesquelles font partie du squelette appendiculaire ?
Os de la tête, clavicule, colonne vertébrale, ceinture scapulaire, humérus, ceinture pelvienne et fémur.

FIGURE 7.2 La classification des os selon leur forme.
Les os représentés ne sont pas dessinés à l'échelle.

 La forme d'un os détermine en grande partie ses fonctions.

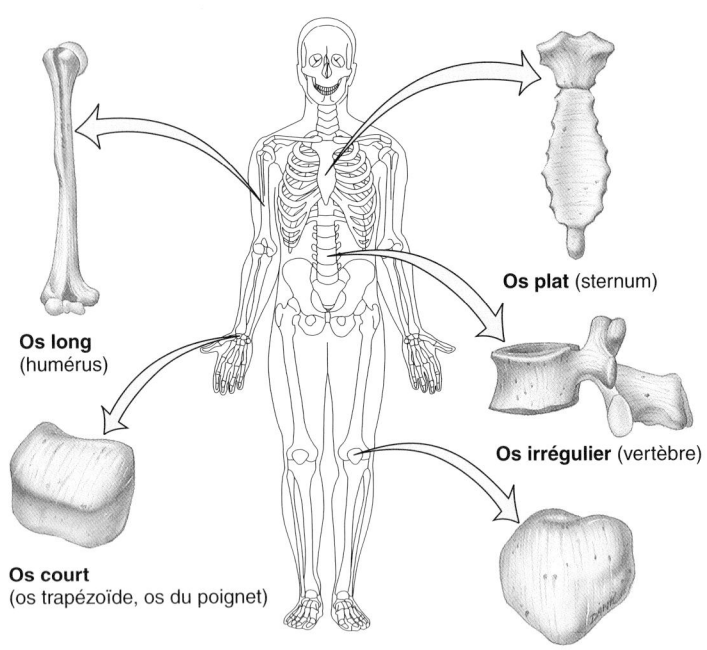

Os long
(humérus)

Os court
(os trapézoïde, os du poignet)

Os plat (sternum)

Os irrégulier (vertèbre)

Os sésamoïde (patella)

Q Quel type d'os offre surtout une protection et de nombreux points d'attache aux muscles?

(fémur), de la jambe (tibia et fibula), du bras (humérus), de l'avant-bras (ulna et radius), des doigts et des orteils (phalanges) sont des os longs, et leur taille varie considérablement.

Les **os courts**, presque aussi larges que longs, sont cubiques. Ils sont composés de tissu spongieux, mais leur surface est recouverte d'une fine couche de tissu osseux compact. Les os du poignet (sauf l'os pisiforme, qui est un os sésamoïde) et les os de la cheville (sauf le calcanéus, qui est un os irrégulier) sont des os courts.

Les **os plats** sont généralement minces et comportent deux lames plus ou moins parallèles de tissu osseux compact entourant une couche de tissu osseux spongieux. Les os plats offrent une excellente protection et de nombreux points d'attache pour les muscles. Ils comprennent les os du crâne (qui protègent l'encéphale), le sternum et les côtes (qui recouvrent les organes du thorax) ainsi que les scapulas, ou omoplates.

Les **os irréguliers** présentent une forme complexe et n'appartiennent à aucune des catégories précédentes. Ils comportent des quantités variables de tissu osseux spongieux et de tissu osseux compact. Les vertèbres, les os de la hanche, certains os de la face et le calcanéus sont des os irréguliers.

Les **os sésamoïdes** (*sesamoeidês*: qui ressemble au grain de sésame) apparaissent dans certains tendons soumis à des frictions,

des tensions et des contraintes physiques considérables, tels ceux de la paume des mains et de la plante des pieds. Leur nombre varie d'une personne à l'autre, ils ne sont pas toujours entièrement ossifiés et ils possèdent habituellement un diamètre de quelques millimètres seulement. Faisant exception à cette règle, la patella (ou rotule) du genou, située dans le tendon du quadriceps (voir la figure 11.20a), est un grand os sésamoïde présent en règle générale chez tous les individus. Les os sésamoïdes ont pour fonction de protéger les tendons contre un usage exagéré et de modifier la direction de la traction que ces derniers exercent, ce qui améliore le rendement mécanique des articulations.

Il existe un autre type d'os, que l'on classifie selon leur situation plutôt que selon leur forme. Les **os suturaux** (*sutura*: couture) sont de petits os situés à l'intérieur d'articulations immobiles, appelées *sutures*, qui unissent certains os du crâne (figure 7.6). Leur nombre varie grandement d'une personne à l'autre.

Rappelez-vous que, au chapitre 6, nous avons vu que la moelle osseuse rouge chez l'adulte ne se trouve que dans les os plats, comme les côtes, le sternum et les os de la tête; dans les os irréguliers, comme les vertèbres et les os de la hanche; dans les os longs, comme les épiphyses proximales du fémur et de l'humérus; et dans certains os courts.

▶ **POINT DE CONTRÔLE**

2. Donnez des exemples d'os longs, courts, plats, irréguliers et sésamoïdes.

LE RELIEF OSSEUX

> **OBJECTIF**
>
> • Décrire les principaux éléments du relief osseux et les fonctions de chacun.

Les os présentent un **relief osseux** caractéristique formé d'éléments dont la structure est adaptée à une fonction particulière. La plupart de ces éléments ne sont pas présents à la naissance, mais se forment en réaction à certaines forces et sont plus proéminents dans le squelette adulte. En réaction à une tension appliquée à la surface d'un os par les tendons, les ligaments, les aponévroses et les fascias, du tissu osseux se dépose, ce qui produit une région surélevée ou rugueuse. Par contre, la compression de la surface d'un os entraîne la formation d'une dépression.

Les éléments du relief osseux se divisent en deux grands groupes: 1) les *dépressions et ouvertures*, qui forment les articulations ou permettent le passage de tissus mous (comme les vaisseaux sanguins et les nerfs); il peut s'agir, par exemple, de fosses, de foramens ou de canaux; et 2) les *protubérances*, qui sont des saillies ou des excroissances contribuant à la formation des articulations ou servant de points d'attache au tissu conjonctif (aux ligaments et aux tendons, par exemple); il peut s'agir, par exemple, de processus, de tubercules ou de crêtes. Le tableau 7.2 décrit les divers éléments du relief osseux et donne des exemples pour chacun.

TABLEAU 7.2 **LE RELIEF OSSEUX**

ÉLÉMENT DU RELIEF	DESCRIPTION	EXEMPLE
DÉPRESSIONS ET OUVERTURES : permettent le passage des tissus mous (nerfs, vaisseaux sanguins, ligaments, tendons) ou forment les articulations.		
Fissure ou scissure	Fente étroite reliant les parties adjacentes des os et servant de passage aux vaisseaux sanguins ou aux nerfs.	Fissure orbitaire supérieure de l'os sphénoïde (figure 7.12).
Foramen ou canal (*foramen* : trou)	Ouverture par laquelle passent les vaisseaux sanguins, les nerfs ou les ligaments. Le foramen est l'ouverture d'un canal.	Canal optique de l'os sphénoïde (figure 7.12).
Fosse ou fossette (*fossa* : creux)	Dépression peu profonde.	Fosse coronoïdienne de l'humérus (voir la figure 8.5a).
Sillon	Dépression linéaire longeant la surface d'un os et permettant le passage d'un vaisseau sanguin, d'un nerf ou d'un tendon.	Sillon intertuberculaire de l'humérus (voir la figure 8.5a).
Conduit, méat	Ouverture tubulaire.	Méat acoustique externe (figure 7.4a)
PROTUBÉRANCES : saillies ou excroissances osseuses qui forment les articulations ou servent de points d'attache au tissu conjonctif, comme les ligaments et les tendons.		
Protubérances formant des articulations :		
Condyle (*kondulos* : articulation)	Grande protubérance arrondie située à l'extrémité d'un os.	Condyle latéral du fémur (voir la figure 8.13a).
Facette	Surface articulaire lisse et plate.	Facette articulaire supérieure d'une vertèbre (figure 7.18d).
Tête	Protubérance articulaire arrondie portée sur le col (portion rétrécie) d'un os.	Tête du fémur (voir la figure 8.13a).
Protubérances servant de points d'attache au tissu conjonctif :		
Crête	Arête bien en évidence ou projection allongée.	Crête iliaque de l'os coxal (voir la figure 8.10b).
Épicondyle (*epi* : sur)	Partie renflée au-dessus d'un condyle.	Épicondyle médial du fémur (voir la figure 8.13a).
Ligne	Arête ou bordure longue et étroite (moins en évidence qu'une crête).	Ligne âpre du fémur (voir la figure 8.13b).
Processus épineux ou épine	Saillie étroite et pointue.	Processus épineux d'une vertèbre (figure 7.17).
Trochanter	Très grosse protubérance.	Grand trochanter du fémur (voir la figure 8.13b).
Tubercule (*tuber* : excroissance)	Petite protubérance arrondie.	Tubercule majeur de l'humérus (voir la figure 8.5a).
Tubérosité	Grosse protubérance ronde, habituellement rugueuse.	Tubérosité iliaque de l'os coxal (voir la figure 8.10b).

▶ **POINT DE CONTRÔLE**

3. Nommez certains éléments du relief osseux, décrivez-les et donnez un exemple pour chacun. Comparez ensuite votre liste avec celle du tableau 7.2.

LES OS DE LA TÊTE

OBJECTIFS

- Nommer les os du crâne et de la face et indiquer s'ils sont appariés ou non.
- Décrire les particularités anatomiques suivantes des os de la tête : sutures, sinus paranasaux et fontanelles.

Les **os de la tête**, au nombre de 22, reposent sur l'extrémité supérieure de la colonne vertébrale. Ils se divisent en deux groupes : les os du crâne, ou neurocrâne, et les os de la face, ou massif facial. Les **os du crâne** forment la cavité crânienne ; ils entourent et protègent l'encéphale. Les 8 os du crâne sont l'os frontal, les 2 os pariétaux, les 2 os temporaux, l'os occipital, l'os sphénoïde et l'os ethmoïde. Les 14 **os de la face** sont les 2 os nasaux, les 2 maxillaires, les 2 os zygomatiques, la mandibule, les 2 os lacrymaux, les 2 os palatins, les 2 cornets nasaux inférieurs et le vomer. Les figures 7.3 à 7.8 présentent diverses vues de ces os.

LES CARACTÉRISTIQUES ET FONCTIONS GÉNÉRALES

Outre la grande cavité crânienne, les os de la tête forment plusieurs petites cavités, y compris les cavités nasales et les orbites qui s'ouvrent à l'extérieur. Certains os de la tête contiennent également des cavités tapissées d'une muqueuse, appelées *sinus paranasaux*, qui communiquent avec les cavités nasales. D'autres petites cavités du crâne abritent des structures contribuant à l'audition et au maintien de l'équilibre.

La mandibule (ou mâchoire inférieure) est le seul os mobile de la tête, mis à part les osselets de l'ouïe situés à l'intérieur des os temporaux. La plupart des os de la tête sont maintenus en place par des articulations immobiles, appelées *sutures*, qui sont particulièrement apparentes sur la face externe de la tête.

La tête présente un relief osseux accidenté formé de foramens et de scissures permettant le passage de vaisseaux sanguins et de nerfs. Vous apprendrez le nom des principaux éléments du relief osseux de la tête à mesure que vous étudierez les os qui la constituent.

En plus de protéger l'encéphale, les os du crâne stabilisent la position de l'encéphale, des vaisseaux sanguins, des vaisseaux lymphatiques et des nerfs grâce à leurs faces internes, qui sont reliées à des membranes (les méninges). Leurs faces externes offrent de nombreux points d'attache aux muscles qui font bouger diverses parties de la tête. Les os de la tête fixent également certains muscles contribuant à l'expression faciale, comme la concentration qui s'exprime sur votre visage pendant que vous lisez ce manuel. Les os de la face forment la charpente du visage et sou-

tiennent les voies d'accès aux systèmes digestif et respiratoire. Ensemble, les os du crâne et de la face protègent et soutiennent les délicats organes de la vision, du goût, de l'odorat, de l'ouïe et de l'équilibre.

Nous étudierons plus loin certaines caractéristiques particulières de la tête telles que les sutures, les foramens, les sinus paranasaux, les orbites, les fontanelles et le septum nasal. Vous comprendrez mieux leur rôle lorsque vous aurez appris le nom, les différentes parties et la situation des os du crâne et de la face.

LES OS DU CRÂNE

L'os frontal

L'**os frontal** forme le front (partie antérieure du crâne ; il est représenté en bleu dans les figures des os du crâne), le plafond des orbites et une grande partie du plancher crânien antérieur (figure 7.3). Peu après la naissance, les côtés gauche et droit de l'os frontal sont unis par la *suture frontale*, qui disparaît habituellement vers

FIGURE 7.3 Vue antérieure des os de la tête.

Les os de la tête comprennent les os du crâne et les os de la face.

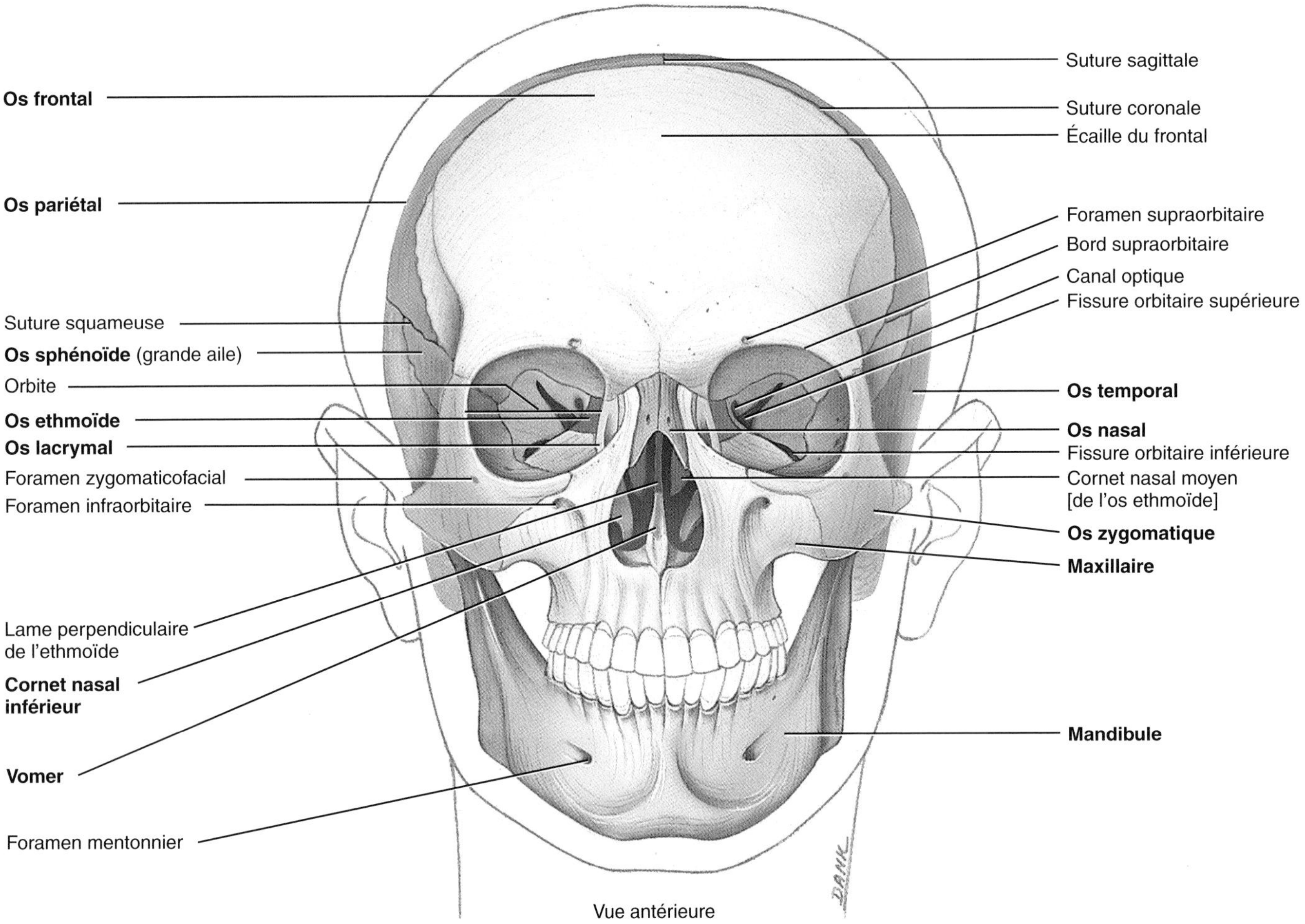

Os frontal
Os pariétal
Suture squameuse
Os sphénoïde (grande aile)
Orbite
Os ethmoïde
Os lacrymal
Foramen zygomaticofacial
Foramen infraorbitaire
Lame perpendiculaire de l'ethmoïde
Cornet nasal inférieur
Vomer
Foramen mentonnier

Suture sagittale
Suture coronale
Écaille du frontal
Foramen supraorbitaire
Bord supraorbitaire
Canal optique
Fissure orbitaire supérieure
Os temporal
Os nasal
Fissure orbitaire inférieure
Cornet nasal moyen [de l'os ethmoïde]
Os zygomatique
Maxillaire
Mandibule

Vue antérieure

Parmi les os illustrés ci-dessus, lesquels sont des os du crâne ?

six ou huit ans ; toutefois, il peut en rester un résidu – la *suture métopique* – que l'on observe chez environ 8 % des individus.

Sur la vue antérieure de la tête présentée à la figure 7.3, on peut observer l'*écaille du frontal*, lame écailleuse de tissu osseux qui forme le front. L'écaille du frontal s'incline graduellement vers le bas à partir de la suture coronale, sur le dessus de la tête, puis devient escarpée et presque verticale. Au-dessus des orbites, l'os frontal épaissit pour constituer le *bord supraorbitaire* (*supra* : au-dessus ; *orbis* : cercle), ou arcade sourcilière. À partir du bord supraorbitaire, l'os frontal se prolonge vers l'arrière pour former le plafond de l'orbite et une partie du plancher de la cavité crânienne. Le bord supraorbitaire comporte une ouverture médiale par rapport à son centre appelée *foramen supraorbitaire*. Quand le foramen est incomplet, on l'appelle *incisure supraorbitaire*. À mesure que vous étudiez les foramens et canaux associés aux os du crâne, reportez-vous au tableau 7.3 afin de noter les structures qui les traversent. Les *sinus frontaux* (figure 7.5) sont situés derrière l'écaille du frontal. Les sinus paranasaux sont des cavités tapissées de muqueuses de certains os de la tête, que nous aborderons plus loin.

L'ŒIL AU BEURRE NOIR

Immédiatement au-dessus du bord supraorbitaire se dessine une crête prononcée. Lorsqu'un coup est porté à cet endroit, il arrive souvent que l'os frontal se fracture ou que la peau qui le recouvre soit lacérée, provoquant une hémorragie. La contusion de la peau entraîne une accumulation de liquide et de sang dans le tissu conjonctif adjacent. Il s'ensuit un œdème et une décoloration de la peau appelés *contusion oculaire*, ou œil au beurre noir. ■

Les os pariétaux

Les deux **os pariétaux** (*paries* : paroi ; ils sont représentés en rose dans les figures des os du crâne) forment la plus grande partie des faces latérales et supérieure de la cavité crânienne (figures 7.4 et 7.5). Les faces internes des os pariétaux présentent de nombreuses saillies et dépressions par lesquelles peuvent passer les vaisseaux sanguins qui alimentent la dure-mère, membrane superficielle de tissu conjonctif recouvrant l'encéphale.

Les os temporaux

Les deux **os temporaux** (*tempus* : tempe ; ils sont représentés en lilas dans les figures des os du crâne) forment les côtés inférieurs et latéraux du crâne ainsi qu'une partie de son plancher ; chaque os temporal est donc en contact avec un os pariétal, l'os sphénoïde, un os zygomatique et l'os occipital. L'os temporal est constitué de trois portions : la partie squameuse, la partie mastoïdienne et la partie pétreuse. La figure 7.4 montre une portion mince et plate de l'os temporal, appelée *partie squameuse de l'os temporal* ou encore *écaille du temporal*, qui forme les parties antérieure et supérieure de la tempe. La portion inférieure de la partie squameuse de l'os temporal se prolonge pour constituer le *processus zygomatique de l'os temporal*, qui s'articule avec le processus temporal de l'os zygomatique. Ensemble, le processus zygomatique du temporal et le processus temporal de l'os zygomatique forment l'*arcade zygomatique*. La *fosse mandibulaire* est une excavation dans la face postérieure et inférieure du processus zygomatique de chaque os temporal. Devant la fosse mandibulaire se trouve une bosse arron-

die, le *tubercule articulaire de l'os temporal* (figure 7.4). La fosse mandibulaire et le tubercule articulaire de l'os temporal s'articulent avec la mandibule pour former l'*articulation temporomandibulaire*.

La *partie mastoïdienne de l'os temporal* (*mastoeidês* : en forme de mamelle ; figure 7.4) se trouve en arrière et en dessous du *méat acoustique externe* (*meatus* : passage, canal), qui dirige les ondes sonores vers l'intérieur de l'oreille. Chez l'adulte, le méat acoustique externe contient plusieurs *cellules mastoïdiennes*, minuscules alvéoles remplies d'air séparées de l'encéphale par de minces cloisons osseuses. Lorsqu'une **mastoïdite** (inflammation des cellules mastoïdiennes) survient en raison d'une infection de l'oreille moyenne, par exemple, l'infection peut se propager à l'encéphale et causer une méningite, voire une encéphalite.

Le *processus mastoïde de l'os temporal* est une saillie arrondie de la partie mastoïdienne de cet os. Situé derrière le méat acoustique externe, il sert de point d'attache à plusieurs muscles du cou. Le *méat acoustique interne* (figure 7.5) est l'ouverture par laquelle passent deux nerfs crâniens, le nerf facial (VII) et le nerf vestibulocochléaire (VIII). Le *processus styloïde de l'os temporal* (*stulos* : colonne) prolonge vers le bas la face inférieure de l'os temporal et sert de point d'attache à certains muscles et ligaments de la langue et du cou (figure 7.4). Le *foramen stylomastoïdien*, par lequel passent le nerf facial et l'artère stylomastoïdienne, sépare le processus styloïde du processus mastoïde (figure 7.7).

À la base de la cavité crânienne (figure 7.8a) se trouve la *partie pétreuse de l'os temporal* (*petra* : rocher). Cet élément triangulaire situé à la base de la tête, entre l'os sphénoïde et l'os occipital, abrite l'oreille interne et l'oreille moyenne, deux structures contribuant aux sens de l'ouïe et de l'équilibre. Elle contient également le *foramen carotidien*, qui s'ouvre sur le canal qu'emprunte l'artère carotide (figure 7.7). Derrière le foramen carotidien, sur la face antérieure de l'os occipital, le *foramen jugulaire* permet le passage de la veine jugulaire.

L'os occipital

L'**os occipital** (*occiput* : partie postérieure de la tête ; il est représenté en orange dans les figures des os du crâne) forme la paroi postérieure et la majeure partie de la base du crâne (figures 7.4 et 7.6). La vue inférieure des os de la tête de la figure 7.7 présente l'os occipital et les structures adjacentes. Le *foramen magnum* (grand trou) est situé dans la partie inférieure de l'os. À l'intérieur de cet orifice, le bulbe rachidien (partie inférieure de l'encéphale) rejoint la moelle épinière. Les artères vertébrales et spinales passent également à travers le foramen magnum. Les *condyles occipitaux* sont des saillies ovales aux surfaces convexes situées de part et d'autre du foramen magnum (figure 7.7) ; ils s'articulent avec des dépressions sur la première vertèbre cervicale (appelée *atlas*) pour former l'*articulation atlantooccipitale*, qui permet de bouger la tête en signe d'assentiment. Au-dessus de chaque condyle occipital sur la face inférieure de la tête se dessine le *canal hypoglosse* (*hypo* : au-dessous ; *glôssa* : langue) (figure 7.5).

La *protubérance occipitale externe* est un prolongement médian proéminent de la face postérieure de l'os occipital situé juste au-dessus du foramen magnum. Cette bosse est palpable derrière la tête, juste au-dessus du cou (figure 7.4). Un gros ligament

FIGURE 7.4 Vue latérale droite des os de la tête. Même si l'os hyoïde ne fait pas partie des os de la tête, il est représenté ci-dessous à titre de référence.

L'arcade zygomatique est formée par le processus zygomatique de l'os temporal et le processus temporal de l'os zygomatique.

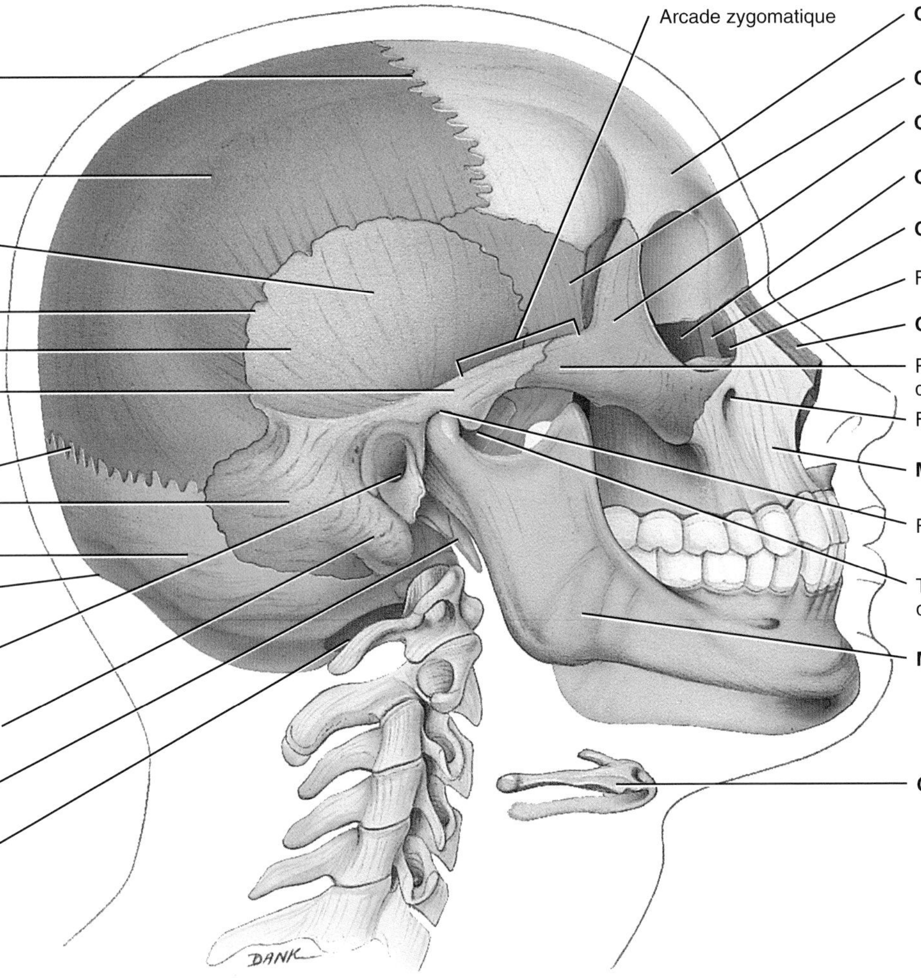

Suture coronale

Os pariétal

Partie squameuse de l'os temporal

Suture squameuse

Os temporal

Processus zygomatique de l'os temporal

Suture lambdoïde

Partie mastoïdienne de l'os temporal

Os occipital

Protubérance occipitale externe

Méat acoustique externe

Processus mastoïde de l'os temporal

Processus styloïde de l'os temporal

Foramen magnum

Arcade zygomatique

Os frontal

Os sphénoïde

Os zygomatique

Os ethmoïde

Os lacrymal

Fosse du sac lacrymal

Os nasal

Processus temporal de l'os zygomatique

Foramen infraorbitaire

Maxillaire

Fosse mandibulaire

Tubercule articulaire de l'os temporal

Mandibule

Os hyoïde

DANK

Vue latérale droite

Quels sont les principaux os qui sont réunis par la suture squameuse, la suture lambdoïde et la suture coronale?

fibreux et élastique, le *ligament nuchal*, ou nucal (*nucha*: nuque), qui contribue au soutien de la tête, s'étend de la protubérance occipitale externe à la septième vertèbre cervicale. Les deux crêtes courbes qui irradient latéralement de la protubérance occipitale externe sont appelées *lignes nuchales supérieures*; en dessous, les *lignes nuchales inférieures* servent de points d'attache musculaire (figures 7.6 et 7.7).

L'os sphénoïde

L'**os sphénoïde** (*sphênoeidês*: en forme de coin; il est représenté en vert dans les figures des os du crâne) occupe la partie centrale de la base du crâne (figures 7.7 et 7.8). On le considère comme l'os clé du plancher du crâne parce qu'il s'articule avec tous les autres os du crâne et les maintient en place. La vue supérieure du plancher du crâne (figure 7.8a) montre comment l'os sphénoïde

s'articule à l'avant avec l'os frontal, de côté avec les os temporaux et à l'arrière avec l'os occipital. L'os sphénoïde se trouve à l'arrière et légèrement au-dessus des cavités nasales et forme une partie du plancher, des parois latérales et de la paroi postérieure des orbites (figure 7.12).

L'os sphénoïde ressemble à une chauvesouris aux ailes déployées (figure 7.8b). Le *corps de l'os sphénoïde* est la portion médiale cubique qui sépare l'os ethmoïde de l'os occipital. Il contient des *sinus sphénoïdaux* qui débouchent dans les cavités nasales (figure 7.13). Sur la face supérieure du corps de l'os sphénoïde se trouve une structure en forme de selle, appelée *selle turcique* (*turcicus*: turc) (figure 7.8a). La portion antérieure de la selle turcique, qui forme le pommeau de la selle, est nommée *tubercule de la selle*. Le siège de la selle est formé par une dépression, appelée *fosse hypophysaire*, qui contient l'hypophyse. La portion postérieure de

Les os du crâne sont l'os frontal, les os pariétaux, les os temporaux, l'os occipital, l'os sphénoïde et l'os ethmoïde. Les os de la face sont les os nasaux, les maxillaires, les os zygomatiques, les os lacrymaux, les os palatins, la mandibule et le vomer.

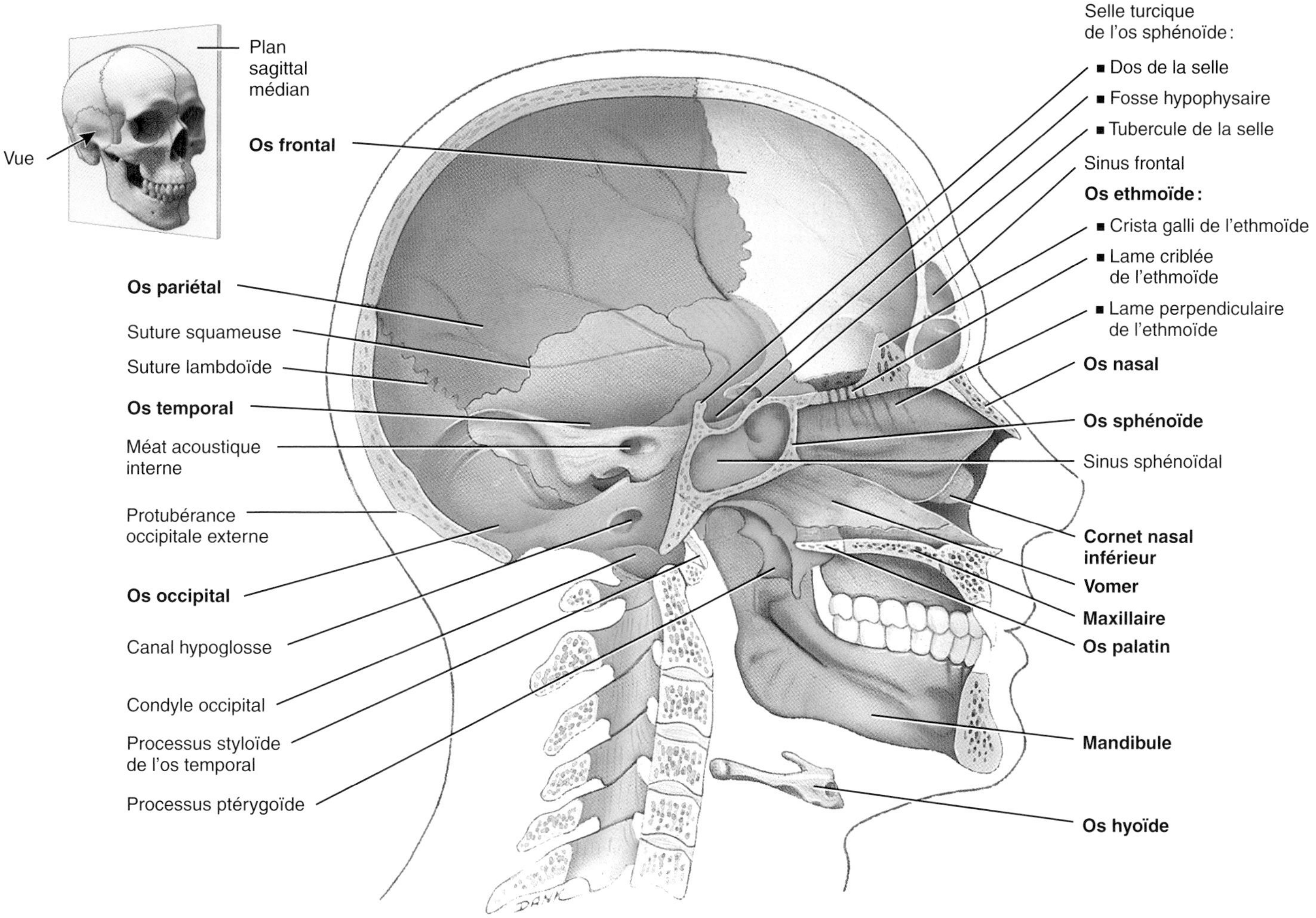

Plan sagittal médian

Vue

Os frontal

Selle turcique de l'os sphénoïde :
- ■ Dos de la selle
- ■ Fosse hypophysaire
- ■ Tubercule de la selle

Sinus frontal

Os ethmoïde :
- ■ Crista galli de l'ethmoïde
- ■ Lame criblée de l'ethmoïde
- ■ Lame perpendiculaire de l'ethmoïde

Os nasal

Os sphénoïde

Sinus sphénoïdal

Os pariétal

Suture squameuse

Suture lambdoïde

Os temporal

Méat acoustique interne

Protubérance occipitale externe

Os occipital

Canal hypoglosse

Condyle occipital

Processus styloïde de l'os temporal

Processus ptérygoïde

Cornet nasal inférieur

Vomer

Maxillaire

Os palatin

Mandibule

Os hyoïde

Vue du plan sagittal médian

Avec quels os l'os temporal s'articule-t-il ?

la selle turcique est formée par une crête, le *dos de la selle*, ou *lame quadrilatère du sphénoïde*.

Les *grandes ailes de l'os sphénoïde* s'étendent de chaque côté du corps de l'os sphénoïde et forment le plancher antérieur et latéral du crâne. Les grandes ailes contribuent également à la paroi latérale de la tête, partie bien en évidence située juste devant l'os temporal. Les *petites ailes de l'os sphénoïde* sont plus petites et forment une bordure osseuse à l'avant et au-dessus des grandes ailes. Les petites ailes contribuent au plancher du crâne et à la partie postérieure des orbites.

Entre le corps et la petite aile de l'os sphénoïde, juste devant la selle turcique, se trouve le *canal optique* (*optikos* : relatif à la vue) que le nerf optique (II) et l'artère ophtalmique empruntent. L'orifice s'ouvrant sur le côté du corps de l'os sphénoïde, entre les grandes ailes et les petites ailes, est appelé *fissure orbitaire supérieure*. Vous pouvez observer cette fissure sur la vue antérieure de l'orbite dans la figure 7.12.

Les *processus ptérygoïdes* (*pterugoeidês* : en forme d'aile) pointent vers le bas à partir de l'endroit où le corps et les grandes ailes de l'os sphénoïde s'unissent ; ils forment la région postérieure et latérale des cavités nasales (figures 7.7 et 7.8b). Certains des muscles qui font bouger la mandibule sont fixés aux processus ptérygoïdes. À la base du processus ptérygoïde latéral de la grande aile de l'os sphénoïde, se trouve le *foramen ovale*. Le *foramen déchiré*, recouvert en partie par une couche de fibrocartilage chez les sujets vivants, est relié à l'avant à l'os sphénoïde, et par les côtés à l'os sphénoïde et à l'os occipital. Il abrite une branche de l'artère pharyngienne ascendante. Le *foramen rond* est un autre orifice associé à l'os sphénoïde ; il est situé à la jonction des parties

FIGURE 7.6 Vue postérieure des os de la tête. Le dessin des sutures a été exagéré pour les mettre en évidence.

L'os occipital forme la majeure partie des portions postérieure et inférieure du crâne.

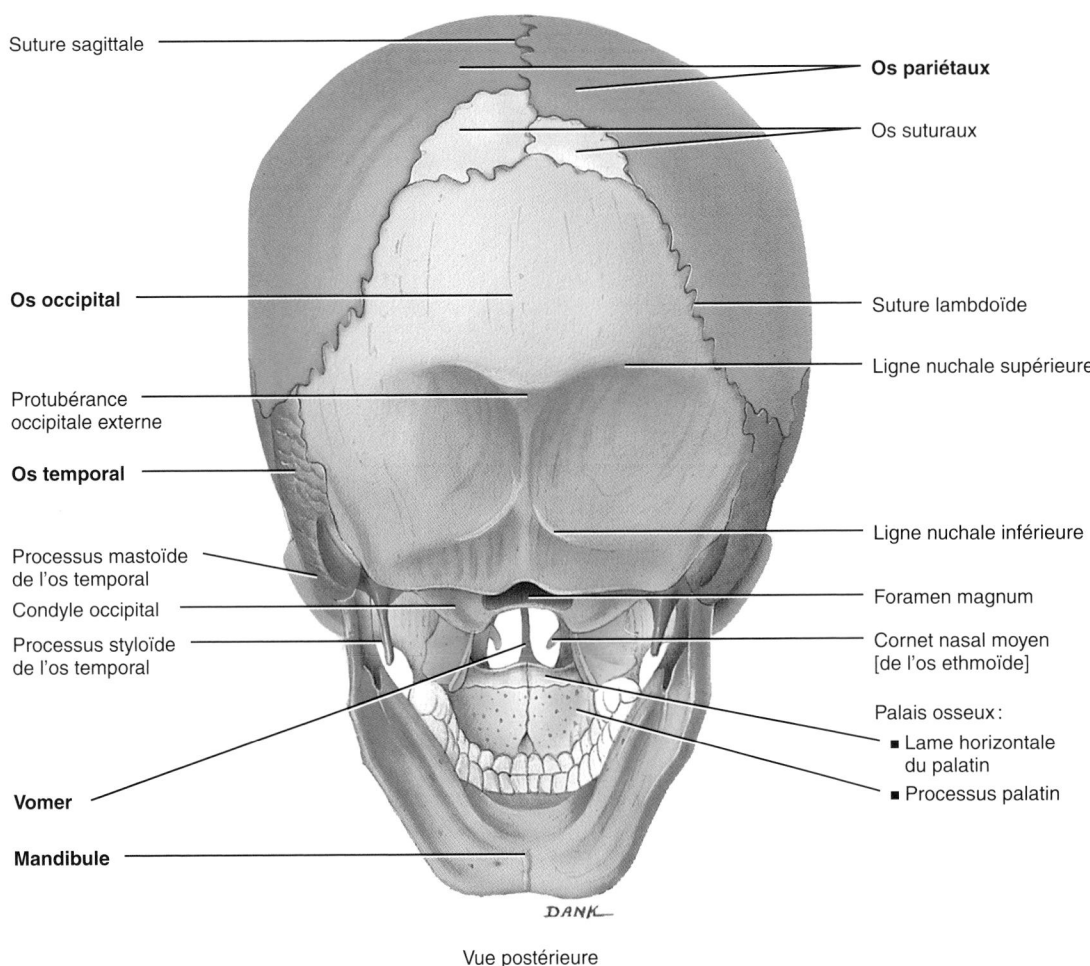

Vue postérieure

Quels os forment la plus grande partie des faces latérales et de la face supérieure du crâne?

antérieure et médiale de cet os. La branche maxillaire du nerf trijumeau (V) passe par le foramen rond.

L'os ethmoïde

L'os ethmoïde (*êthmos*: crible; *eidos*: forme) fait penser à une éponge; il est situé au centre de la partie antérieure du plancher crânien, entre les orbites (figure 7.9). Il se trouve en avant de l'os sphénoïde et en arrière des os nasaux. L'os ethmoïde forme: 1) une partie de la portion antérieure du plancher crânien; 2) la paroi médiale des orbites; 3) les portions supérieures du septum nasal, cloison qui sépare les deux cavités nasales, droite et gauche; et 4) la majeure partie des parois latérales et supérieures des cavités nasales. L'os ethmoïde joue un rôle de soutien important dans la région supérieure des cavités nasales.

La *lame criblée de l'ethmoïde* repose sur le plancher antérieur du crâne et forme le toit des cavités nasales. Elle contient les *foramens ethmoïdaux*, que traversent les nerfs olfactifs. La lame cri-

blée de l'ethmoïde se prolonge vers le haut en un processus triangulaire pointu, la *crista galli de l'ethmoïde* (*crista*: crête; *gallus*: coq), qui sert de point d'attache aux membranes (les méninges) qui recouvrent l'encéphale. Elle se prolonge vers le bas pour donner la *lame perpendiculaire de l'ethmoïde*, qui forme la partie supérieure du septum nasal (figure 7.11).

Les *labyrinthes ethmoïdaux*, ou masses latérales de l'ethmoïde, constituent la plus grande partie de la paroi séparant les cavités nasales des orbites. Ils contiennent de petites cavités remplies d'air, dont le nombre varie de 3 à 18. Ces «cellules» ethmoïdales forment ensemble les *sinus ethmoïdaux* (figure 7.13). Les labyrinthes ethmoïdaux présentent deux projections minces en forme de volute de part et d'autre du septum nasal, les *cornets nasaux supérieurs* et *moyens*. Les cornets nasaux inférieurs forment une troisième paire d'os distincte dont nous parlerons sous peu. Les cornets nasaux augmentent la surface vasculaire et muqueuse des cavités nasales, ce qui favorise l'odorat, tout en servant à réchauffer,

FIGURE 7.7 Vue inférieure des os de la tête. La mandibule (ou mâchoire inférieure) a été enlevée.

Les condyles occipitaux s'articulent avec la première vertèbre cervicale (atlas) pour former les articulations atlantooccipitales.

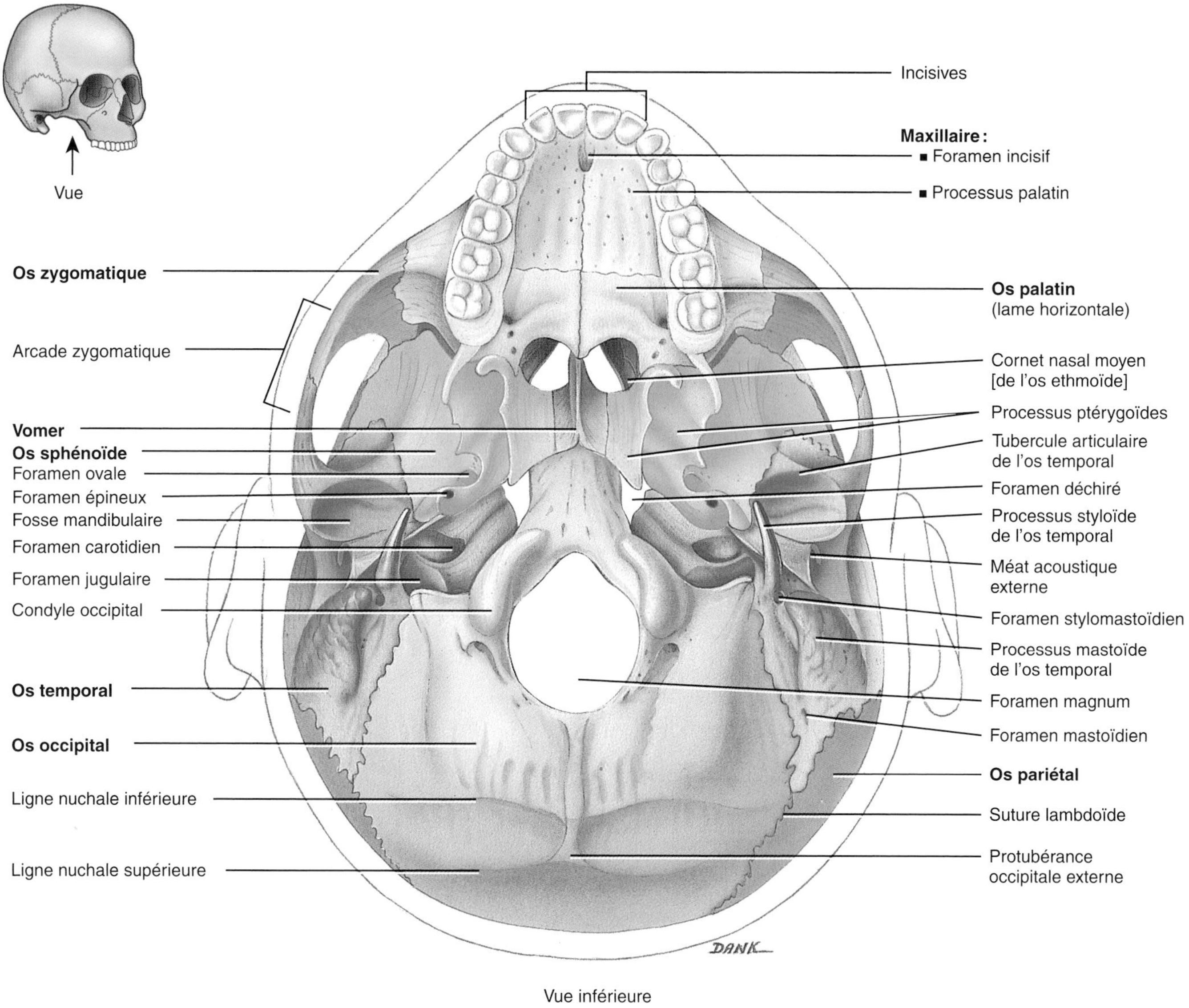

Vue
Incisives
Maxillaire :
■ Foramen incisif
■ Processus palatin
Os zygomatique
Arcade zygomatique
Os palatin
(lame horizontale)
Cornet nasal moyen
[de l'os ethmoïde]
Processus ptérygoïdes
Vomer
Os sphénoïde
Foramen ovale
Foramen épineux
Fosse mandibulaire
Foramen carotidien
Foramen jugulaire
Condyle occipital
Tubercule articulaire
de l'os temporal
Foramen déchiré
Processus styloïde
de l'os temporal
Méat acoustique
externe
Foramen stylomastoïdien
Processus mastoïde
de l'os temporal
Foramen magnum
Foramen mastoïdien
Os temporal
Os occipital
Os pariétal
Ligne nuchale inférieure
Suture lambdoïde
Ligne nuchale supérieure
Protubérance
occipitale externe
DANK
Vue inférieure

Q Quelles sont les parties du système nerveux qui s'unissent à l'intérieur du foramen magnum?

à humidifier et à filtrer l'air inhalé avant qu'il atteigne les poumons. Les cornets nasaux filtrent l'air inhalé en le faisant tourbillonner, si bien que les nombreuses particules que ce dernier contient sont emprisonnées dans le mucus tapissant les voies nasales. C'est ainsi que les cornets nasaux aident à filtrer l'air inhalé avant qu'il pénètre dans le reste des voies respiratoires. Les cornets nasaux supérieurs contribuent également à l'odorat.

LES OS DE LA FACE

La forme de la face change considérablement au cours des deux premières années de vie. L'encéphale et les os du crâne grossissent, les dents de lait se forment et émergent tandis que les sinus paranasaux prennent du volume. La croissance du massif facial cesse vers l'âge de 16 ans. Les 14 os de la face comprennent les 2 os nasaux, les 2 maxillaires, les 2 os zygomatiques, la mandibule, les 2 os lacrymaux, les 2 os palatins, les 2 cornets nasaux inférieurs et le vomer.

Les os nasaux

Les deux **os nasaux** se joignent par le milieu (figure 7.3) pour former une partie de l'arête du nez. Le reste des tissus de soutien du nez est principalement composé de cartilage.

FIGURE 7.8 L'os sphénoïde.

L'os sphénoïde est considéré comme l'os clé du plancher crânien parce qu'il s'articule avec tous les autres os du crâne et les maintient en place.

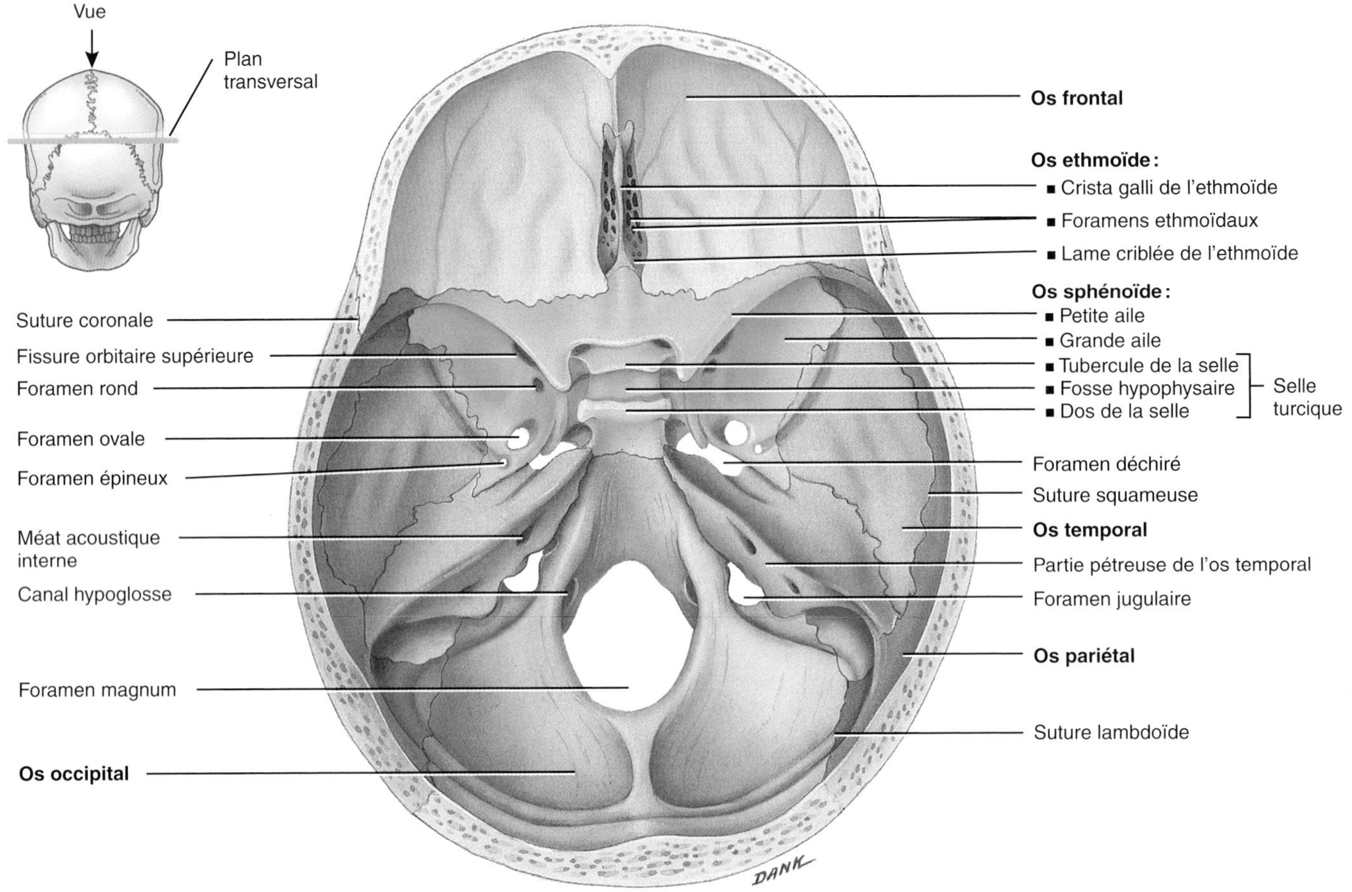

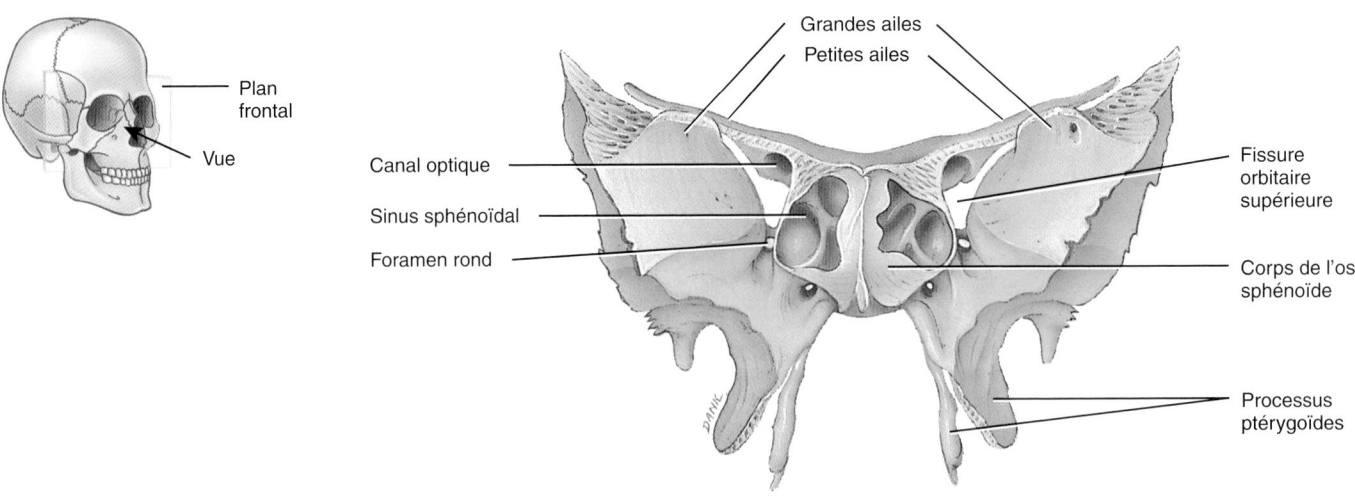

Vue

Plan transversal

Os frontal

Os ethmoïde :
- Crista galli de l'ethmoïde
- Foramens ethmoïdaux
- Lame criblée de l'ethmoïde

Os sphénoïde :
- Petite aile
- Grande aile
- Tubercule de la selle ⎤
- Fosse hypophysaire   ⎬ Selle turcique
- Dos de la selle   ⎦

Suture coronale

Fissure orbitaire supérieure

Foramen rond

Foramen ovale

Foramen épineux

Méat acoustique interne

Canal hypoglosse

Foramen magnum

Os occipital

Foramen déchiré

Suture squameuse

Os temporal

Partie pétreuse de l'os temporal

Foramen jugulaire

Os pariétal

Suture lambdoïde

(a) Vue supérieure de l'os sphénoïde dans le plancher du crâne

Plan frontal

Vue

Grandes ailes

Petites ailes

Canal optique

Sinus sphénoïdal

Foramen rond

Fissure orbitaire supérieure

Corps de l'os sphénoïde

Processus ptérygoïdes

(b) Vue antérieure de l'os sphénoïde

Quels sont les os qui s'articulent avec l'os sphénoïde (dans le sens des aiguilles d'une montre, en commençant à la crista galli de l'os ethmoïde) ?

FIGURE 7.9 L'os ethmoïde.

L'os ethmoïde forme une partie de la portion antérieure du plancher du crâne, la paroi médiale des orbites, les portions supérieures du septum nasal et la majeure partie des parois latérales des cavités nasales.

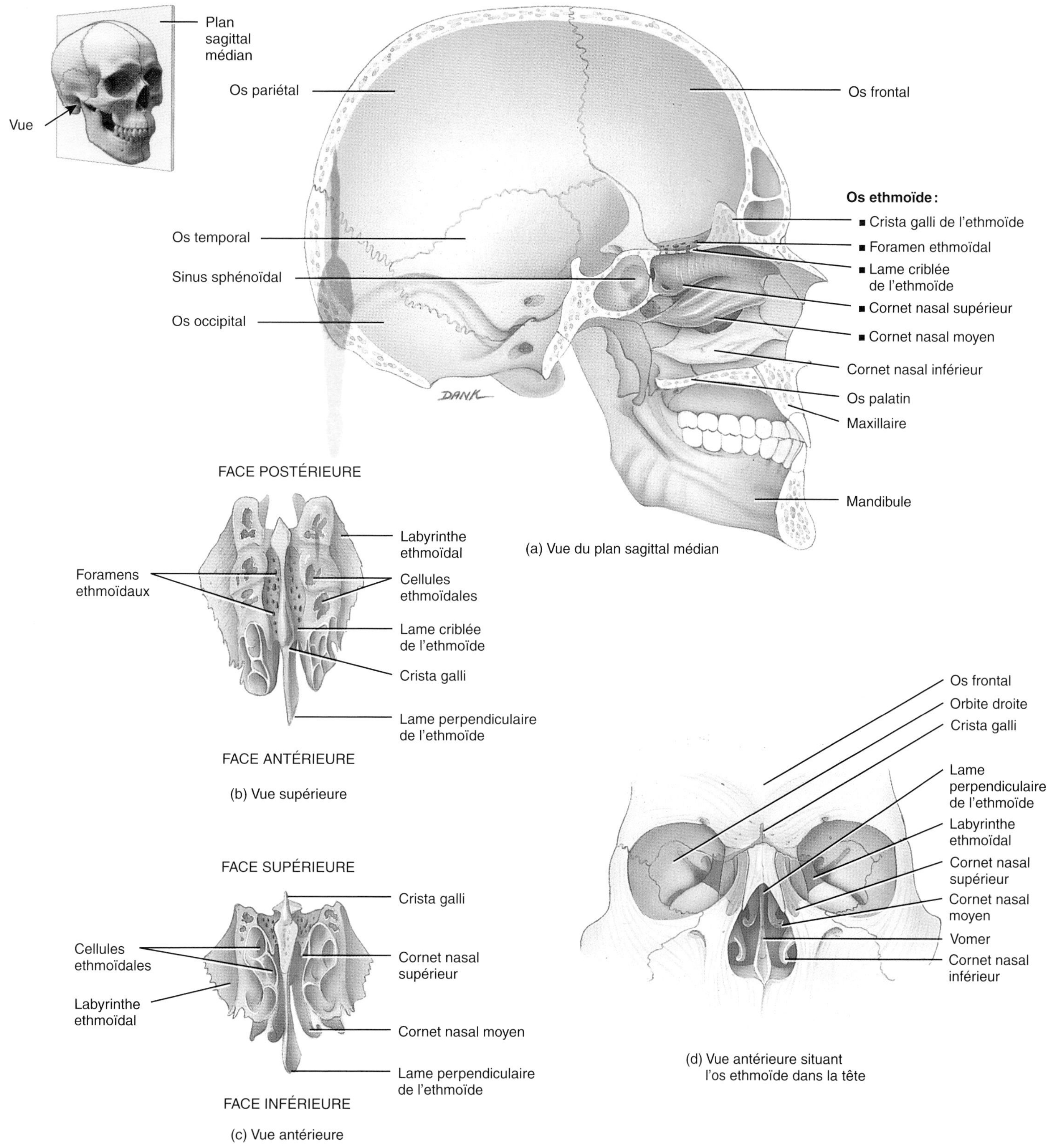

Plan sagittal médian

Vue

Os pariétal

Os frontal

Os temporal

Sinus sphénoïdal

Os occipital

Os ethmoïde:
- Crista galli de l'ethmoïde
- Foramen ethmoïdal
- Lame criblée de l'ethmoïde
- Cornet nasal supérieur
- Cornet nasal moyen

Cornet nasal inférieur

Os palatin

Maxillaire

Mandibule

(a) Vue du plan sagittal médian

FACE POSTÉRIEURE

Foramens ethmoïdaux

Labyrinthe ethmoïdal

Cellules ethmoïdales

Lame criblée de l'ethmoïde

Crista galli

Lame perpendiculaire de l'ethmoïde

FACE ANTÉRIEURE

(b) Vue supérieure

FACE SUPÉRIEURE

Cellules ethmoïdales

Labyrinthe ethmoïdal

Crista galli

Cornet nasal supérieur

Cornet nasal moyen

Lame perpendiculaire de l'ethmoïde

FACE INFÉRIEURE

(c) Vue antérieure

Os frontal

Orbite droite

Crista galli

Lame perpendiculaire de l'ethmoïde

Labyrinthe ethmoïdal

Cornet nasal supérieur

Cornet nasal moyen

Vomer

Cornet nasal inférieur

(d) Vue antérieure situant l'os ethmoïde dans la tête

Quelle partie de l'os ethmoïde forme la portion supérieure du septum nasal ? Laquelle forme les parois médiales des orbites ?

Les maxillaires

Les deux **maxillaires** (*maxilla* : mâchoire) s'unissent pour former la mâchoire supérieure. Ils s'articulent avec chaque os de la face, sauf la mandibule, ou mâchoire inférieure (figures 7.4 et 7.7). Les maxillaires contribuent au plancher des orbites, aux parois latérales et à la base des cavités nasales ainsi qu'à la majeure partie du palais osseux. Le palais osseux est le toit osseux de la bouche formé par les processus palatins des maxillaires et les lames horizontales des os palatins. Il sépare la cavité nasale de la cavité buccale.

Chaque maxillaire contient un grand *sinus maxillaire* qui communique avec les cavités nasales (figure 7.13). L'*arcade alvéolaire* (*alveolus* : petite cavité) du maxillaire est une saillie arciforme creusée d'*alvéoles dentaires* dans lesquelles logent les dents supérieures. Le *processus palatin* du maxillaire est une saillie horizontale qui forme les trois quarts antérieurs du palais osseux. L'union et la fusion des maxillaires sont terminées normalement avant la naissance. Quand la fusion ne se fait pas, une fissure palatine apparaît (voir plus loin).

Le *foramen infraorbitaire* (*infra* : en dessous ; figure 7.3) est une ouverture située juste sous l'orbite ; il sert de passage au nerf infraorbitaire et à des vaisseaux sanguins, de même qu'à une branche de la portion maxillaire du nerf trijumeau (V). Le *foramen* (ou *canal*) *incisif*, autre ouverture importante du maxillaire, est situé juste derrière les incisives (figure 7.7). Il offre un passage à des branches du nerf nasopalatin et à de plus gros vaisseaux sanguins du palais. La *fissure orbitaire inférieure*, située entre la grande aile de l'os sphénoïde et le maxillaire, est une structure associée à la fois au maxillaire et à l'os sphénoïde (figure 7.12).

LA FISSURE PALATINE ET LE BEC-DE-LIÈVRE

Les processus palatins des maxillaires se soudent en général entre la dixième et la douzième semaine du développement embryonnaire. Lorsqu'ils ne se soudent pas, un type de **fissure palatine** apparaît. Celle-ci s'accompagne parfois d'une fusion incomplète des lames horizontales des os palatins (figure 7.7). Le **bec-de-lièvre** est une autre forme de fissure touchant la lèvre supérieure. La fissure palatine et le bec-de-lièvre surviennent souvent ensemble. Selon la taille et l'emplacement de la fissure, l'élocution et la déglutition peuvent être perturbées. De plus, les enfants présentant une fissure palatine sont plus vulnérables aux infections de l'oreille, qui peuvent mener à une déficience auditive. Le stomatologiste (médecin ou dentiste spécialisé dans le traitement des maladies de la bouche) recommande habituellement la fermeture du bec-de-lièvre dès les premières semaines de vie ; cette intervention a un taux de réussite élevé. La fermeture de la fissure palatine se pratique le plus souvent lorsque l'enfant est âgé de 12 à 18 mois, idéalement avant qu'il commence à parler. Étant donné que le palais joue un rôle important dans la prononciation des consonnes, des séances d'orthophonie sont parfois nécessaires, ainsi que des traitements orthodontiques afin d'aligner les dents. Les résultats sont en général excellents. La prise de suppléments d'acide folique (une des vitamines du groupe B) pendant la grossesse réduit les risques d'apparition de fissure palatine et de bec-de-lièvre. ∎

Les os zygomatiques

Les deux **os zygomatiques** (*dzugoûn* : joindre), couramment appelés *os des pommettes*, forment les protubérances des joues et une partie de la paroi latérale et du plancher de chaque orbite (figure 7.12). Ils s'articulent avec l'os frontal, les maxillaires, l'os sphénoïde et les os temporaux.

Le *processus temporal de l'os zygomatique* se prolonge vers l'arrière et s'articule avec le processus zygomatique de l'os temporal pour former l'*arcade zygomatique* (figure 7.4).

Les os lacrymaux

Les deux **os lacrymaux** (*lacrima* : larme) sont des os minces dont la taille et la forme rappellent celles d'un ongle (figures 7.3, 7.4 et 7.12). Ces os, les plus petits de la face, sont situés sur la face postérieure et latérale des os nasaux et contribuent en partie à la paroi médiale de chaque orbite. Chacun contient une *fosse du sac lacrymal*, qui est une sorte de rainure verticale aussi formée par la branche frontale du maxillaire et abritant le sac lacrymal, structure qui accumule les larmes et les achemine dans la cavité nasale (figure 7.12).

Les os palatins

Les deux **os palatins** sont en forme de L ; ils constituent la partie postérieure du palais osseux, une partie du plancher et des parois latérales des cavités nasales ainsi qu'une petite portion du plancher des orbites (figures 7.7 et 7.12). La partie postérieure du palais osseux est formée par les *lames horizontales du palatin* (figures 7.6 et 7.7).

Les cornets nasaux inférieurs

Les deux **cornets nasaux inférieurs**, situés en dessous des cornets nasaux moyens de l'os ethmoïde, sont des os distincts de l'os ethmoïde (figures 7.3 et 7.9a). Ces os en forme de volute constituent une partie de la paroi latérale et inférieure des cavités nasales et se prolongent dans les cavités nasales. Les trois paires de cornets nasaux (supérieurs, moyens et inférieurs) font tourbillonner l'air avant qu'il ne parvienne aux poumons. Toutefois, seuls les cornets nasaux supérieurs de l'os ethmoïde jouent un rôle dans l'odorat.

Le vomer

Le **vomer** (soc de charrue) est un os triangulaire du plancher des cavités nasales qui s'articule en haut avec la lame perpendiculaire de l'ethmoïde et en bas avec les maxillaires et les os palatins, sur la ligne médiane de la tête (figures 7.3, 7.7 et 7.11). Le vomer forme la portion inférieure du septum nasal.

La mandibule

La **mandibule** (*mandere* : manger), ou mâchoire inférieure, est l'os de la face le plus volumineux et le plus résistant (figure 7.10). Il s'agit du seul os mobile de la tête si l'on exclut les osselets de l'ouïe. Vue de côté, la mandibule présente une portion horizontale incurvée, le *corps de la mandibule*, et deux segments perpendiculaires, les *branches de la mandibule*. Chaque branche de la mandibule forme avec le corps un *angle de la mandibule*, qui se prolonge vers l'avant par une saillie appelée *protubérance mentonnière*. Chaque branche possède un *condyle de la mandibule* postérieur qui s'articule avec la fosse mandibulaire et le tubercule articulaire de l'os temporal (figure 7.4) pour former l'**articulation temporo-mandibulaire**, ainsi qu'un *processus coronoïde de la mandibule*

FIGURE 7.10 La mandibule.

 La mandibule est l'os de la face le plus volumineux et le plus résistant.

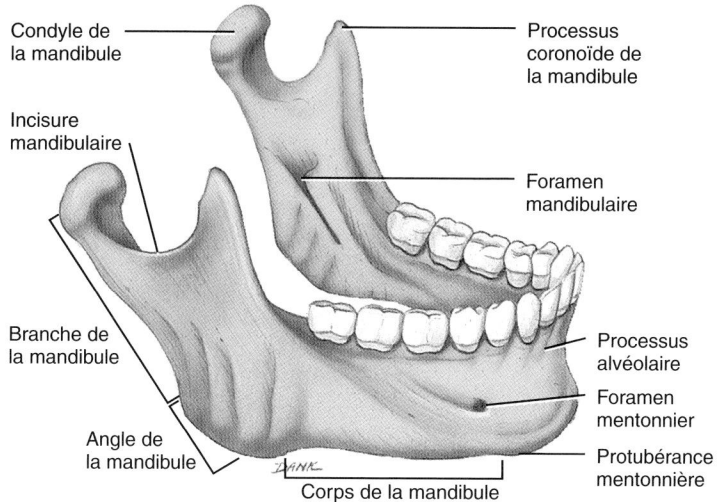

Vue latérale droite

Q Quelle fonction de la mandibule distingue cet os des autres os de la tête?

antérieur auquel le muscle temporal se rattache. L'encoche située entre le processus coronoïde et le condyle de la mandibule est appelée *incisure mandibulaire*. Le *processus alvéolaire* est une saillie arciforme creusée d'*alvéoles dentaires* dans lesquelles logent les dents inférieures.

Le *foramen mentonnier* se situe plus ou moins en dessous de la deuxième prémolaire. C'est à proximité de ce foramen que les dentistes atteignent le nerf mentonnier pour y injecter un anesthésique. Le *foramen mandibulaire* est un autre orifice associé à la mandibule; situé sur la face médiale de chaque branche de la mandibule, il est également utilisé par les dentistes pour les injections d'anesthésique. Le foramen mandibulaire est l'entrée du *canal mandibulaire* qui traverse obliquement la branche de la mandibule, en avant du corps de la mandibule. Ce canal permet aux vaisseaux sanguins et aux nerfs alvéolaires inférieurs de gagner les dents de la mâchoire inférieure.

LE SYNDROME DE COSTEN

Le **syndrome de Costen**, ou *syndrome de l'articulation temporo-mandibulaire*, est un trouble touchant l'articulation temporo-mandibulaire. Il se caractérise par une douleur sourde autour de l'oreille, une sensibilité des muscles de la mâchoire, des craquements lors de l'ouverture ou de la fermeture de la bouche, une ouverture restreinte ou anormale de la bouche, des céphalées, une sensibilité dentaire et l'usure anormale des dents. Le syndrome de Costen peut être causé par un mauvais alignement des dents, le bruxisme, un traumatisme à la tête et au cou, ou encore l'arthrite. Le traitement peut comprendre l'application de chaleur humide ou de glace, un régime de consistance molle, l'administration d'analgésiques comme l'aspirine, une rééducation des muscles, un ajustement ou un redressement des dents (soins orthodontiques) ou une chirurgie. ■

Le septum nasal

L'intérieur du nez est divisé en deux cavités nasales, droite et gauche, par une cloison verticale composée de tissu osseux et de cartilage et appelée **septum nasal**. Trois éléments forment le septum nasal: le *vomer*, le *cartilage septal du nez* et la *lame perpendiculaire de l'ethmoïde* (figure 7.11). Le bord antérieur du vomer s'articule avec le cartilage septal du nez, composé de cartilage hyalin, pour constituer la portion antérieure du septum. Le bord supérieur du

FIGURE 7.11 Le septum nasal.

 Les structures qui forment le septum nasal sont la lame perpendiculaire de l'ethmoïde, le vomer et le cartilage septal du nez.

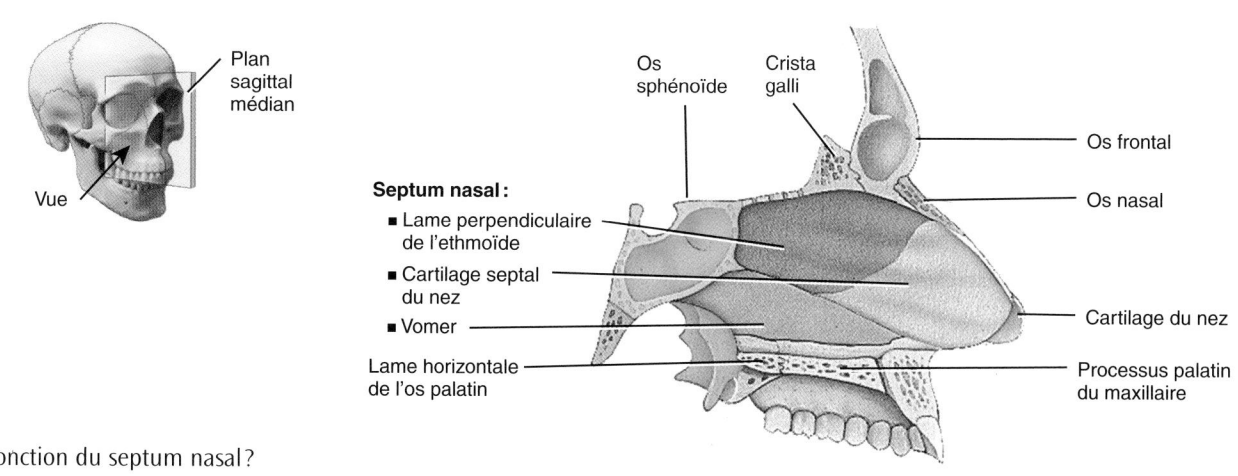

Vue du plan sagittal médian

Q Quelle est la fonction du septum nasal?

vomer s'articule avec la lame perpendiculaire de l'ethmoïde pour constituer le reste du septum nasal. Quand on parle d'une « fracture du nez », on fait référence dans la plupart des cas à des lésions du cartilage septal, plutôt qu'à une fracture réelle des os nasaux.

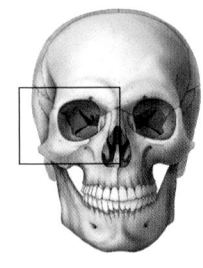

LA DÉVIATION DE LA CLOISON DU NEZ

La **déviation de la cloison du nez** est une déviation latérale du septum nasal par rapport à la ligne médiane du nez. Survenant en général à la jonction entre le vomer et le cartilage septal du nez, cette déviation est parfois attribuable à une anomalie de développement ou à un traumatisme. Lorsqu'elle est grave, elle peut bloquer entièrement les voies nasales. Même si le blocage n'est que partiel, il existe un danger d'infection. L'inflammation des voies nasales peut entraîner une congestion nasale, le blocage des ouvertures des sinus paranasaux, une sinusite chronique, une céphalée et des saignements de nez. Une intervention chirurgicale permet habituellement de corriger la déviation, ou au moins de la réduire. ■

LES ORBITES

Sept os de la tête s'unissent pour former chaque **orbite**, qui contient un globe oculaire et ses annexes (figure 7.12). Les trois os du crâne qui forment l'orbite sont l'os frontal, l'os sphénoïde et l'os ethmoïde ; les quatre os de la face sont l'os palatin, l'os zygomatique, l'os lacrymal et le maxillaire. Chaque orbite est une structure pyramidale comprenant quatre régions qui convergent vers l'arrière :

1. La *paroi supérieure de l'orbite* est constituée de portions des os frontal et sphénoïde.

2. La *paroi latérale de l'orbite* est constituée de portions des os zygomatique et sphénoïde.

3. La *paroi inférieure de l'orbite* est constituée de portions du maxillaire et des os zygomatique et palatin.

4. La *paroi médiale de l'orbite* est constituée de portions du maxillaire et des os lacrymal, ethmoïde et sphénoïde.

Chaque orbite est associée à cinq ouvertures :

1. Le *canal optique* est situé à la jonction des parois supérieure et médiale.

2. La *fissure orbitaire supérieure* est située à l'angle latérosupérieur de l'apex.

3. La *fissure orbitaire inférieure* est située à la jonction des parois latérale et inférieure.

4. Le *foramen supraorbitaire* est situé du côté médial du bord supraorbitaire de l'os frontal.

5. La *fosse du sac lacrymal* est située dans l'os lacrymal.

LES FORAMENS ET LES CANAUX

La plupart des **foramens** et **canaux** (ouvertures permettant le passage de vaisseaux sanguins, de nerfs ou de ligaments) associés aux os de la tête sont mentionnés dans les descriptions des os du crâne et de la face qu'ils traversent. Le tableau 7.3 présente une liste alphabétique de ces foramens et canaux ainsi que des structures qui les traversent ; vous pourrez y revenir lorsque vous étudierez d'autres systèmes de l'organisme, notamment les systèmes nerveux et cardiovasculaire.

FIGURE 7.12 Les détails de l'orbite.

L'orbite est une structure pyramidale qui contient le globe oculaire et ses annexes.

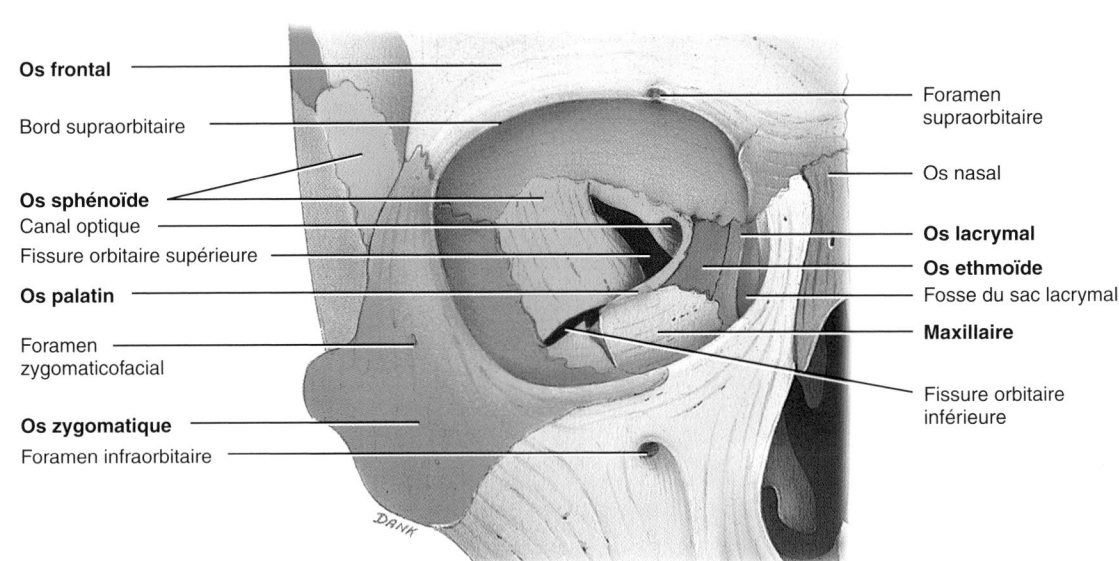

Os frontal
Bord supraorbitaire
Os sphénoïde
Canal optique
Fissure orbitaire supérieure
Os palatin
Foramen zygomaticofacial
Os zygomatique
Foramen infraorbitaire

Foramen supraorbitaire
Os nasal
Os lacrymal
Os ethmoïde
Fosse du sac lacrymal
Maxillaire
Fissure orbitaire inférieure

Vue antérieure montrant les os de l'orbite droite

Q Quels sont les sept os qui forment l'orbite ?

TABLEAU 7.3 LES PRINCIPAUX FORAMENS ET CANAUX DES OS DE LA TÊTE

FORAMEN ET CANAL	SITUATION	STRUCTURES QUI LES TRAVERSENT*
Foramen carotidien (associé à l'artère carotide dans le cou)	Partie pétreuse de l'os temporal (figure 7.7).	Artère carotide interne et nerfs sympathiques des yeux.
Canal hypoglosse (*hypo* : au-dessous ; *glôssa* : langue)	Au-dessus de la base des condyles occipitaux (figure 7.8a).	Nerf crânien XII (hypoglosse) et rameau de l'artère pharyngienne ascendante.
Canal optique	Entre la portion supérieure et la portion inférieure de la petite aile de l'os sphénoïde (figure 7.12).	Nerf crânien II (optique) et artère ophtalmique.
Foramen ethmoïdal	Lame criblée de l'ethmoïde (figure 7.8a).	Nerf crânien I (olfactif).
Foramen infraorbitaire (*infra* : en dessous)	En dessous de l'orbite dans le maxillaire (figure 7.12).	Nerf infraorbitaire, vaisseaux sanguins et rameau de la branche maxillaire du nerf crânien V (trijumeau).
Foramen jugulaire (*jugulum* : gorge)	Derrière le foramen carotidien, entre la partie pétreuse de l'os temporal et l'os occipital (figure 7.8a).	Veine jugulaire interne, nerfs crâniens IX (glossopharyngien), X (vague) et XI (accessoire).
Foramen déchiré	Fixé à l'avant par l'os sphénoïde, à l'arrière par la partie pétreuse de l'os temporal et au centre par les os sphénoïde et occipital (figure 7.8a).	Rameau de l'artère pharyngienne ascendante.
Foramen magnum (grand)	Os occipital (figure 7.7).	Bulbe rachidien et ses membranes (les méninges), nerf crânien XI (accessoire), artères vertébrales et spinales.
Foramen mandibulaire (*mandere* : manger)	Face médiale de la branche de la mandibule (figure 7.10).	Nerf alvéolaire inférieur et vaisseaux sanguins.
Foramen mastoïdien (*mastoeidês* : en forme de mamelle)	Bord postérieur du processus mastoïde de l'os temporal (figure 7.7).	Veine émissaire du sinus transverse et rameau de l'artère occipitale vers la dure-mère.
Foramen mentonnier	En dessous de la deuxième prémolaire dans la mandibule (figure 7.10).	Nerf mentonnier et vaisseaux sanguins.
Foramen ovale	Grande aile de l'os sphénoïde (figure 7.8a).	Branche mandibulaire du nerf crânien V (trijumeau).
Foramen rond	Jonction des parties antérieure et médiale de l'os sphénoïde (figure 7.8a, b).	Branche maxillaire du nerf crânien V (trijumeau).
Foramen stylomastoïdien (*stulos* : colonne)	Entre le processus styloïde et le processus mastoïde de l'os temporal (figure 7.7).	Nerf crânien VII (facial) et artère stylomastoïdienne.
Foramen supraorbitaire (*supra* : au-dessus)	Bord supraorbitaire de l'orbite dans l'os frontal (figure 7.12).	Nerf et artère supraorbitaires.

* Les nerfs crâniens indiqués ci-dessus sont décrits au tableau 14.3.

LES PARTICULARITÉS ANATOMIQUES DES OS DE LA TÊTE

Les os de la tête présentent certaines particularités que l'on n'observe pas dans les autres os du corps. Il s'agit des sutures, des sinus paranasaux et des fontanelles.

Les sutures

Une **suture** est une articulation immobile chez l'adulte qui relie les os de la tête et les maintient généralement en place. Les sutures de la tête des nourrissons et des enfants sont souvent mobiles.

Le nom de nombreuses sutures renvoie aux os qu'elles unissent. Par exemple, la suture frontozygomatique se situe entre l'os frontal et l'os zygomatique, et la suture sphénopariétale relie l'os sphénoïde à l'os pariétal. Cependant, certains noms de suture ne sont pas aussi descriptifs. Les quatre sutures principales de la tête sont les suivantes :

1. La **suture coronale** (*corona* : couronne) unit l'os frontal aux deux os pariétaux (figure 7.4).

2. La **suture sagittale** (*sagitta* : flèche) unit les deux os pariétaux sur la ligne médiane supérieure de la tête (figure 7.6). Elle est ainsi nommée parce que chez le nourrisson, avant que les os de la tête soient fermement soudés, la suture et les fontanelles de cette région ressemblent à une flèche.

3. La **suture lambdoïde** unit les deux os pariétaux et l'os occipital. Elle est ainsi nommée parce qu'elle ressemble à la lettre grecque *lambda* (λ), comme on peut l'observer à la figure 7.6. Les os suturaux se trouvent à l'intérieur des sutures sagittale et lambdoïde.

4. Les **sutures squameuses** (*squama* : écaille) unissent les os pariétaux et temporaux sur les faces latérales de la tête (figure 7.4).

Les sinus paranasaux

Les **sinus paranasaux** (*para* : à côté de) sont des cavités de certains os du crâne et de la face entourant les cavités nasales (figure 7.13). Leurs muqueuses rejoignent celle des cavités nasales. Les os frontal, sphénoïde et ethmoïde ainsi que les maxillaires contiennent des sinus paranasaux. Mis à part la sécrétion de mucus, les sinus paranasaux augmentent la résonance de la voix lorsque nous parlons ou chantons.

LA SINUSITE

Les sécrétions produites par les muqueuses des sinus paranasaux s'écoulent dans les cavités nasales. La **sinusite** est une inflammation de ces muqueuses due à une réaction allergique ou à une infection. Lorsqu'elles enflent au point de bloquer l'écoulement des sécrétions dans les cavités nasales, les muqueuses exercent une pression accrue sur les sinus paranasaux et provoquent une céphalée. La sinusite chronique peut également être causée par une déviation importante du septum nasal ou par des polypes nasaux, excroissances dont l'ablation est réalisée au cours d'une intervention chirurgicale. ■

Les fontanelles

Le squelette d'un jeune embryon se compose de cartilage ou de mésenchyme disposés en fines couches ressemblant à des membranes qui ont la forme des os qu'ils deviendront. Graduellement, le processus d'ossification permet à la matière osseuse de remplacer ce cartilage (ossification endochondrale) et ce mésenchyme (ossification intramembraneuse).

À la naissance, des espaces membraneux appelés **fontanelles** (petites fontaines) séparent les os plats du crâne (figure 7.14). Les fontanelles sont des régions où le mésenchyme ne s'est pas ossifié. Au cours de l'ossification intramembraneuse, ces membranes seront remplacées par de la matière osseuse et deviendront des sutures. Sur le plan fonctionnel, les fontanelles donnent une certaine souplesse au crâne d'un fœtus, permettent à sa tête de changer de taille et de forme pour emprunter le canal génital, et elles favorisent la croissance rapide de l'encéphale pendant l'enfance. Bien que le nouveau-né possède parfois de nombreuses fontanelles, la forme et la situation de six d'entre elles sont relativement constantes :

- La **fontanelle antérieure** (frontale) unique, la plus grande des six fontanelles, est située sur la ligne médiane entre les deux os pariétaux et l'os frontal ; elle a plus ou moins la forme d'un losange. Elle se ferme habituellement dans les 18 à 24 mois suivant la naissance.

- La **fontanelle postérieure** (occipitale) unique est située sur la ligne médiane entre les deux os pariétaux et l'os occipital. Étant donné qu'elle est beaucoup plus petite que la fontanelle antérieure, elle se ferme habituellement 2 mois environ après la naissance.

FIGURE 7.13 Les sinus paranasaux.

Les sinus paranasaux sont des cavités tapissées d'une muqueuse situées à l'intérieur des os frontal, sphénoïde et ethmoïde ainsi que des maxillaires, et reliées aux cavités nasales.

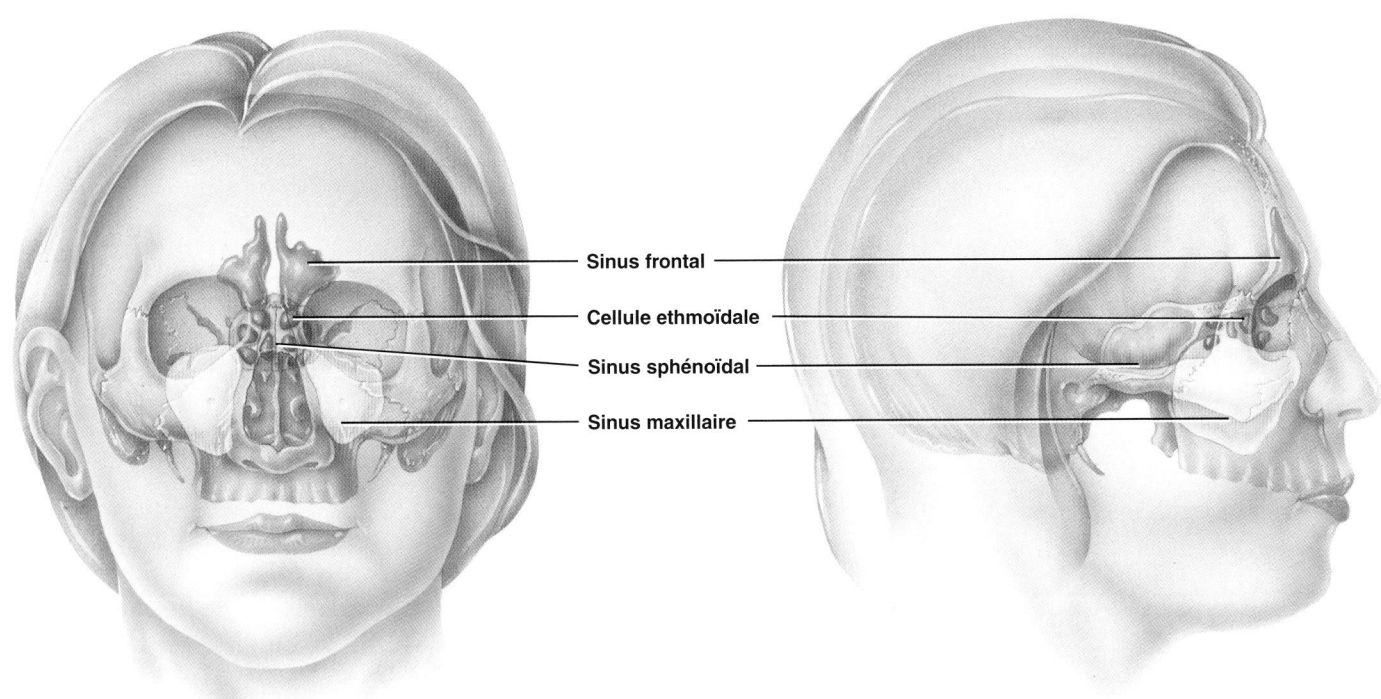

Sinus frontal
Cellule ethmoïdale
Sinus sphénoïdal
Sinus maxillaire

(a) Vue antérieure

(b) Vue latérale droite

Q Quelles sont les fonctions des sinus paranasaux ?

FIGURE 7.14 Les fontanelles du nouveau-né.

 Les fontanelles sont des espaces remplis de mésenchyme présents à la naissance qui séparent les os du crâne.

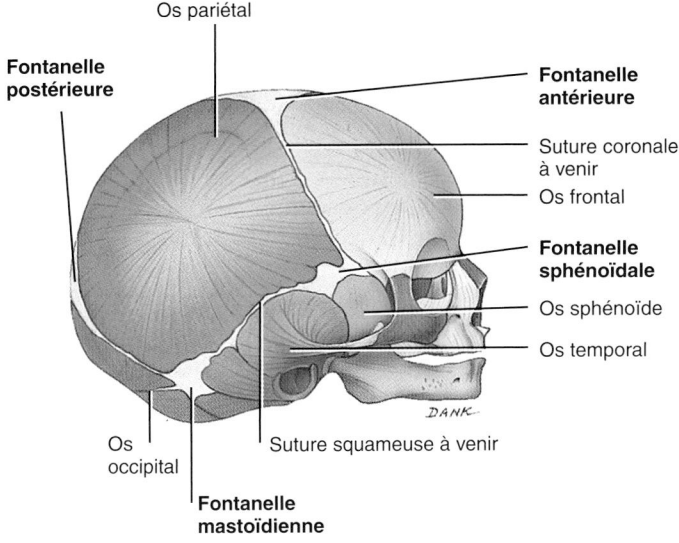

Vue latérale droite

Q Laquelle des fontanelles est entourée de quatre os de la tête différents?

- Les deux **fontanelles sphénoïdales** (antérolatérales) sont situées de chaque côté de la tête, entre les os frontal, pariétal, temporal et sphénoïde. Elles sont petites et de forme irrégulière. Elles se ferment normalement 3 mois environ après la naissance.

- Les deux **fontanelles mastoïdiennes** (postérolatérales) sont situées de chaque côté de la tête, entre les os pariétal, occipital et temporal. De forme irrégulière, elles commencent à se fermer 1 ou 2 mois après la naissance, mais ne sont complètement fermées qu'au bout de 12 mois.

La fermeture plus ou moins avancée des fontanelles permet au médecin d'évaluer le développement de l'encéphale. En outre, la fontanelle antérieure sert de point de repère pour les prélèvements sanguins dans le sinus sagittal supérieur (grosse veine située sur la face médiane du cerveau).

L'OS HYOÏDE

> **OBJECTIF**

- Décrire la relation entre l'os hyoïde et les os de la tête.

L'**os hyoïde** (*huoeidês*: en forme de U) est une composante unique du squelette axial puisqu'il ne s'articule avec aucun autre os. En fait, il est retenu aux processus styloïdes des os temporaux par des ligaments et des muscles. Situé à l'avant du cou, entre la mandibule et le larynx (figure 7.15a), l'os hyoïde soutient la langue et offre des points d'attache à certains muscles de la langue et aux muscles

FIGURE 7.15 L'os hyoïde.

 L'os hyoïde soutient la langue et fournit des points d'attache aux muscles de la langue, du cou et du pharynx.

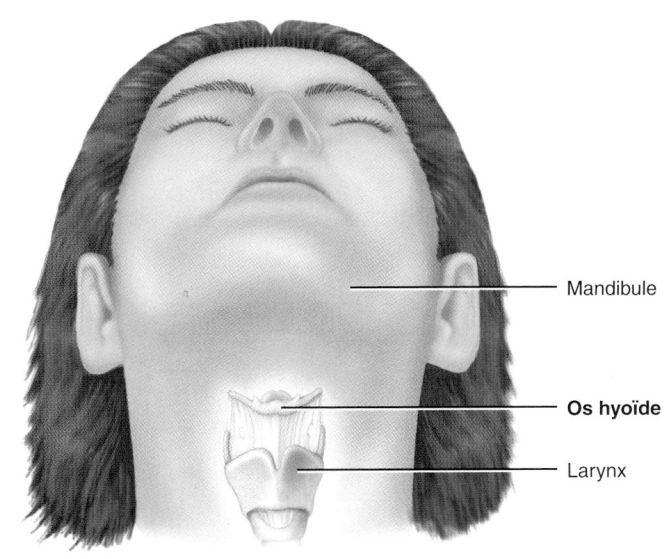

(a) Emplacement de l'os hyoïde

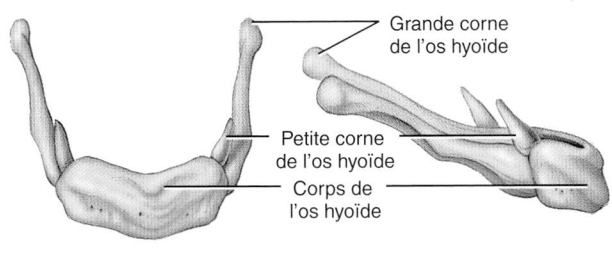

(b) Vue antérieure   (c) Vue latérale droite

Q Qu'est-ce qui distingue l'os hyoïde de tous les autres os du squelette axial?

du cou et du pharynx. Il comprend un *corps de l'os hyoïde* horizontal et deux paires de prolongements, les *grandes cornes* et les *petites cornes de l'os hyoïde* (figure 7.15b, c), auxquelles se rattachent des muscles et des ligaments.

L'os hyoïde de même que les cartilages du larynx et de la trachée sont souvent fracturés lors d'une strangulation. On examine attentivement ces régions lorsqu'on procède à une autopsie pour confirmer les soupçons de mort par strangulation.

▶ **POINT DE CONTRÔLE**

4. Nommez les principaux os du crâne et de la face.
5. Nommez les os de l'orbite.
6. Nommez les structures qui forment le septum nasal.
7. Définissez le foramen, la suture, le sinus paranasal et la fontanelle.
8. Quelles sont les fonctions de l'os hyoïde?

LA COLONNE VERTÉBRALE

La **colonne vertébrale**, ou épine dorsale, représente environ les deux cinquièmes de la hauteur totale du corps ; elle est formée d'une série d'os appelés **vertèbres**. La colonne vertébrale forme avec le sternum et les côtes le squelette du tronc. La colonne vertébrale est constituée d'os et de tissu conjonctif ; elle entoure et protège la moelle épinière, qui est composée de tissu nerveux et de tissu conjonctif. La colonne vertébrale mesure environ 71 cm chez un homme adulte de taille moyenne et 61 cm chez une femme adulte de taille moyenne. Elle forme une tige à la fois robuste et souple composée d'éléments qui peuvent fléchir vers l'avant, l'arrière et les côtés, ou pivoter. En plus de renfermer et de protéger la moelle épinière, la colonne vertébrale soutient la tête et sert de point d'attache aux côtes, à la ceinture pelvienne et aux muscles du dos.

Au début de leur formation, les vertèbres sont au nombre de 33. Au cours de la croissance d'un enfant, certaines vertèbres des régions sacrale et coccygienne fusionnent. C'est pourquoi la colonne vertébrale d'un adulte, aussi appelée *rachis*, contient généralement 26 os (figure 7.16a). Ils sont répartis de la façon suivante :

- Les 7 **vertèbres cervicales** (*cervix* : cou) sont situées dans la région du cou.
- Les 12 **vertèbres thoraciques** sont situées derrière la cavité thoracique.
- Les 5 **vertèbres lombaires** (*lumbus* : rein) soutiennent le bas du dos.
- Le **sacrum** (*os sacrum* : os sacré) est un os formé par la fusion de 5 **vertèbres sacrales**.
- Un os (parfois deux) appelé **coccyx** (*kokkux* : coucou ; sa forme rappelle le bec de coucou) est issu de la fusion de 4 **vertèbres coccygiennes**.

Les vertèbres cervicales, thoraciques et lombaires sont mobiles, mais le sacrum et le coccyx ne le sont pas. Nous nous pencherons plus en détail sur chacune de ces régions un peu plus loin.

LES COURBURES NORMALES DE LA COLONNE VERTÉBRALE

Vue de côté, la colonne vertébrale présente quatre courbures légères, appelées **courbures normales** (figure 7.16b). Par rapport à l'avant du corps, les *courbures cervicale* et *lombaire* sont convexes (bombées), tandis que les *courbures thoracique* et *sacrale* sont concaves (renfoncées). Les courbures de la colonne vertébrale la rendent plus résistante, contribuent au maintien de l'équilibre en position debout, absorbent les chocs pendant la marche et la protègent contre les fractures.

Le fœtus ne possède qu'une seule courbure concave par rapport à l'avant du corps (figure 7.16c). Trois mois environ après la naissance, lorsque le nourrisson commence à tenir sa tête droite, la courbure cervicale apparaît. Plus tard, lorsque l'enfant peut s'asseoir, se tenir debout et marcher, la courbure lombaire se développe. Les courbures thoracique et sacrale sont appelées *courbures primaires* parce qu'elles se forment durant le développement fœtal. Les courbures cervicale et lombaire sont dites *courbures secondaires* parce qu'elles ne se forment que plusieurs mois après la naissance. Toutes les courbures sont pleinement développées à l'âge de 10 ans. Cependant, les courbures secondaires peuvent disparaître progressivement en raison du vieillissement.

Divers facteurs peuvent entraîner l'accentuation des courbures normales de la colonne vertébrale, ou encore la déviation latérale de la colonne, ce qui cause une **courbure anormale** de la colonne vertébrale. Trois de ces courbures, la scoliose, la cyphose et la lordose, sont décrites à la section *Déséquilibres homéostatiques*.

LES DISQUES INTERVERTÉBRAUX

Les **disques intervertébraux** sont situés entre les corps de vertèbres adjacentes, à partir de la deuxième vertèbre cervicale jusqu'au sacrum (figure 7.16d). Chaque disque comporte un anneau externe de cartilage fibreux appelé *anneau fibreux du disque intervertébral* et une substance interne molle, pulpeuse et très élastique nommée *nucléus pulposus*, ou *noyau pulpeux*. Les disques intervertébraux sont des articulations solides permettant à la colonne vertébrale de bouger et d'absorber les chocs verticaux. Lorsqu'ils sont comprimés, ils s'aplatissent et s'élargissent. En raison du vieillissement, le nucléus pulposus durcit et devient moins élastique. L'amincissement et la compression des vertèbres entraînent une diminution de la taille avec l'âge.

LES PARTIES D'UNE VERTÈBRE TYPIQUE

Bien que chaque vertèbre des différentes régions de la colonne vertébrale ait une taille, une forme et des caractéristiques qui lui sont propres, les vertèbres forment un ensemble assez homogène pour que nous puissions généraliser leurs structures et leurs fonctions (figure 7.17). Une vertèbre typique comprend habituellement un corps vertébral, un arc vertébral et plusieurs processus.

Le corps vertébral

Le **corps vertébral** est la partie antérieure épaisse et discoïde constituant la région portante de la vertèbre. Ses faces supérieure et inférieure sont rugueuses, ce qui permet aux disques intervertébraux cartilagineux de s'y fixer. Ses faces antérieure et latérale contiennent des foramens nourriciers par lesquels pénètrent les vaisseaux sanguins qui apportent les nutriments et l'oxygène et qui éliminent le dioxyde de carbone et les déchets provenant du tissu osseux.

L'arc vertébral

L'**arc vertébral** est constitué de deux processus courts et épais, les *pédicules vertébraux* (*pediculus* : petit pied), qui sont situés derrière le corps vertébral où ils s'unissent aux *lames vertébrales* aplaties. L'arc vertébral prolonge vers l'arrière le corps vertébral, avec lequel il encercle la moelle épinière en formant le *foramen*

FIGURE 7.16 La colonne vertébrale. Dans (a), les nombres entre parenthèses indiquent combien de vertèbres compte chaque région. Dans (d), la taille relative du disque a été augmentée pour qu'on le voie mieux. Une «fenêtre» a été pratiquée dans l'anneau fibreux du disque intervertébral afin de montrer le nucléus pulposus.

La colonne vertébrale d'un adulte contient habituellement 26 vertèbres.

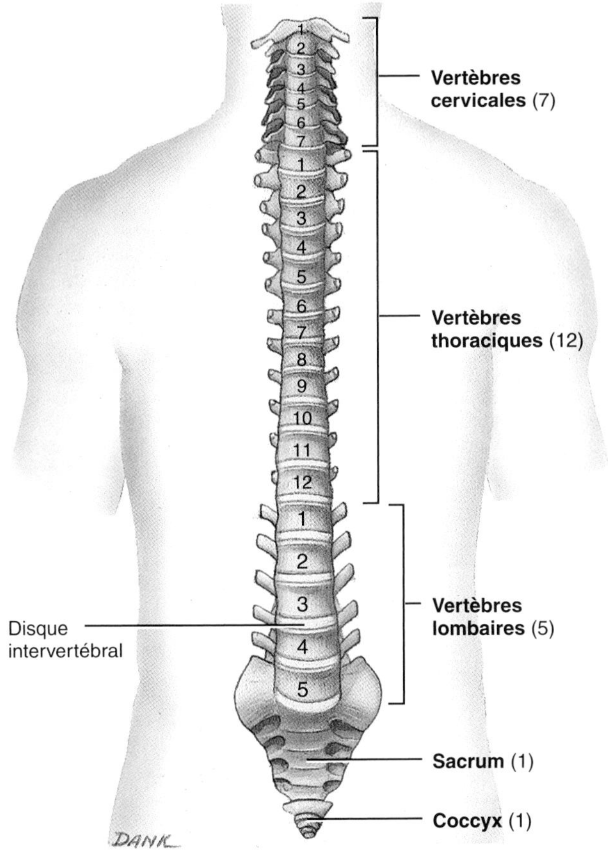

FACE POSTÉRIEURE   FACE ANTÉRIEURE

Vertèbres cervicales (7)

Vertèbres thoraciques (12)

Vertèbres lombaires (5)

Disque intervertébral

Sacrum (1)

Coccyx (1)

DANK

(a) Vue antérieure montrant les régions de la colonne vertébrale

Courbure cervicale
(formée par les 7 vertèbres cervicales)

Courbure thoracique
(formée par les 12 vertèbres thoraciques)

Disque intervertébral

Courbure lombaire
(formée par les 5 vertèbres lombaires)

Foramen intervertébral

Sacrum

Courbure sacrale
(formée par le sacrum)

Coccyx

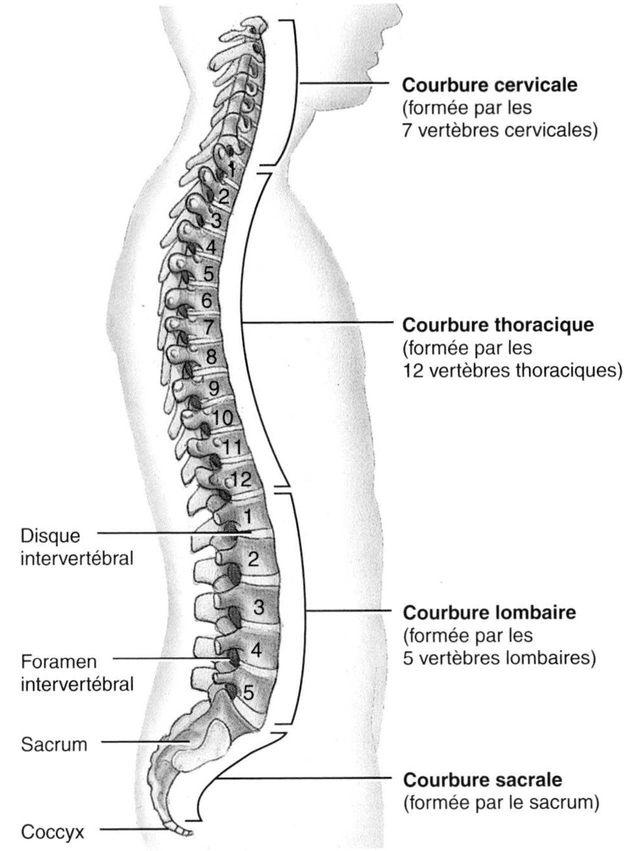

(b) Vue latérale droite montrant les quatre courbures normales

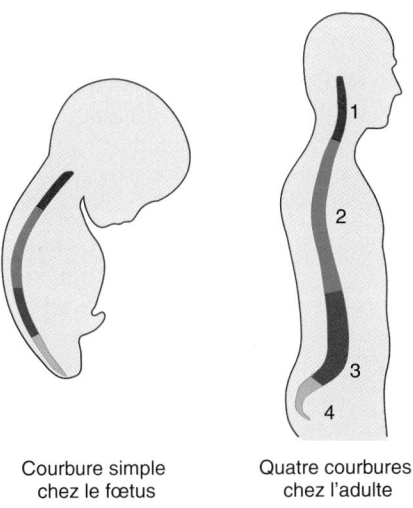

Courbure simple chez le fœtus

Quatre courbures chez l'adulte

(c) Courbures chez le fœtus et l'adulte

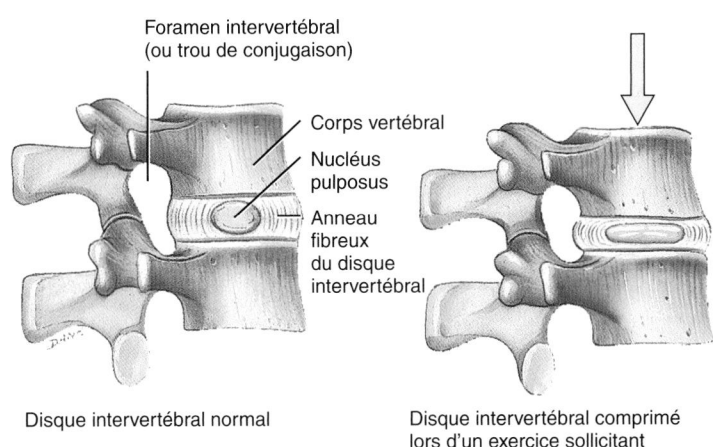

Foramen intervertébral (ou trou de conjugaison)

Corps vertébral

Nucléus pulposus

Anneau fibreux du disque intervertébral

Disque intervertébral normal

Disque intervertébral comprimé lors d'un exercice sollicitant les articulations portantes

(d) Disque intervertébral

Quelles courbures de la colonne vertébrale d'un adulte sont concaves (par rapport à l'avant du corps)?

Une vertèbre typique comprend un corps vertébral, un arc vertébral et plusieurs processus.

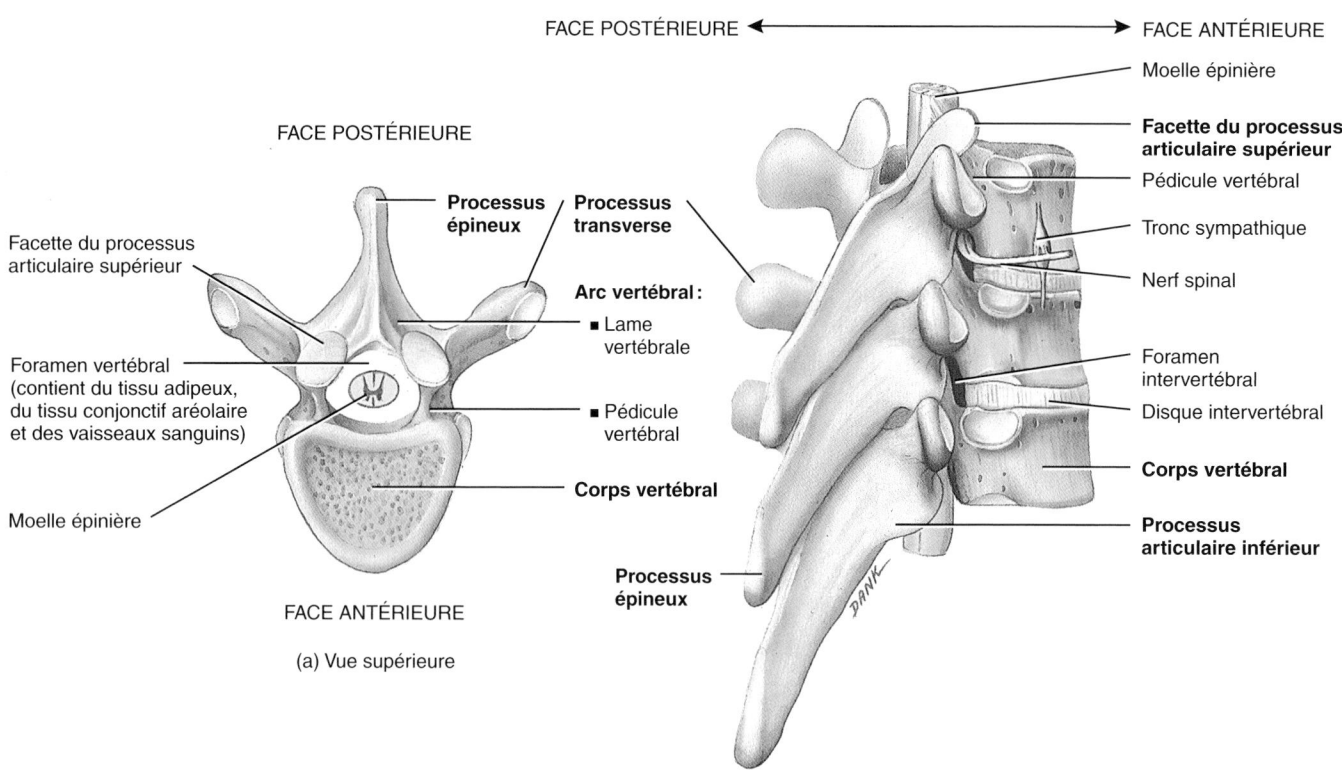

FACE POSTÉRIEURE ◄──────────► FACE ANTÉRIEURE

FACE POSTÉRIEURE

Facette du processus articulaire supérieur

Foramen vertébral (contient du tissu adipeux, du tissu conjonctif aréolaire et des vaisseaux sanguins)

Moelle épinière

Processus épineux

Processus transverse

Arc vertébral :
■ Lame vertébrale
■ Pédicule vertébral

Corps vertébral

Processus épineux

FACE ANTÉRIEURE

(a) Vue supérieure

Moelle épinière

Facette du processus articulaire supérieur

Pédicule vertébral

Tronc sympathique

Nerf spinal

Foramen intervertébral

Disque intervertébral

Corps vertébral

Processus articulaire inférieur

(b) Vue postérolatérale droite de vertèbres articulées

Q Quelles sont les fonctions des foramens vertébraux et intervertébraux ?

vertébral, ou trou vertébral. Le foramen vertébral contient la moelle épinière, du tissu adipeux, du tissu conjonctif aréolaire et des vaisseaux sanguins. La succession des foramens vertébraux de toutes les vertèbres forme le **canal vertébral**. Les pédicules vertébraux comportent deux entailles, les *incisures vertébrales supérieure* et *inférieure*. Ces incisures superposées circonscrivent un orifice entre les vertèbres adjacentes de chaque côté de la colonne. Cet orifice, qui permet le passage d'un seul nerf spinal vers une région précise du corps, est appelé *foramen intervertébral*, ou trou de conjugaison.

Les processus

Sept **processus** sont issus de l'arc vertébral. Le **processus transverse** est situé à la jonction d'une lame vertébrale et d'un pédicule vertébral, de part et d'autre de l'arc vertébral. Un **processus épineux** unique prolonge vers l'arrière le point d'union des lames vertébrales. Ces trois processus sont des points d'attache musculaire. Les quatre autres forment des articulations avec les vertèbres adjacentes, supérieure ou inférieure. Les deux **processus articulaires supérieurs** d'une vertèbre s'articulent avec les deux proces-

sus articulaires inférieurs de la vertèbre située juste au-dessus. De la même manière, les deux **processus articulaires inférieurs** d'une vertèbre s'articulent avec les deux processus articulaires supérieurs de la vertèbre située juste en dessous. Les surfaces de contact des processus articulaires, appelées *facettes*, sont recouvertes de cartilage hyalin. (Certaines facettes articulaires présentent une concavité et sont parfois nommées *fosses* ou *fossettes*. Dans les descriptions ultérieures des différentes vertèbres, nous utiliserons de préférence le terme *facette* pour désigner une surface articulaire complète, plane ou concave, et le terme *demi-facette* pour désigner une petite surface articulaire plane.) Les articulations formées par les corps vertébraux et les facettes articulaires des vertèbres successives sont appelées *articulations de la colonne vertébrale*.

LES RÉGIONS DE LA COLONNE VERTÉBRALE

Nous étudierons maintenant les cinq régions de la colonne vertébrale, en allant du haut vers le bas. Les vertèbres de chaque région sont numérotées suivant la même direction. Lorsque vous observez les os de la colonne vertébrale, vous remarquez que le passage d'une région à l'autre n'est pas brusque, mais graduel, ce qui permet aux vertèbres de bien s'ajuster.

La région cervicale

Le corps des **vertèbres cervicales** (C1 à C7) est plus petit que celui de toutes les autres vertèbres, sauf celles qui forment le coccyx (figure 7.18a), mais leur arc vertébral est plus grand. Toutes les vertèbres cervicales comprennent trois foramens : un foramen vertébral et deux foramens transversaires (figure 7.18b). Le foramen vertébral des vertèbres cervicales est le plus grand des foramens de la colonne vertébrale parce qu'il abrite la portion cervicale de la moelle épinière. Chaque processus transverse cervical contient un *foramen transversaire* par lequel passent l'artère vertébrale ainsi que sa veine et son nerf correspondants. Le processus épineux des vertèbres C2 à C6 est souvent *bifide*, c'est-à-dire fendu en deux (figure 7.18a, d).

Les deux premières vertèbres cervicales sont très différentes des autres. Comme Atlas dans la mythologie, qui portait le monde sur ses épaules, la première vertèbre cervicale (C1), appelée **atlas**, soutient la tête (figure 7.18a, b). L'atlas est un anneau osseux comportant deux grosses *masses latérales* unies par les *arcs antérieur* et *postérieur*. Il ne possède ni corps ni processus épineux. Les faces supérieures des masses latérales, appelées *facettes articulaires supérieures de l'atlas*, sont concaves. Elles s'articulent avec les condyles occipitaux pour former les deux *articulations atlantooccipitales*. Ces articulations permettent d'incliner la tête en signe d'assentiment. Les faces inférieures des masses latérales, appelées *facettes articulaires inférieures de l'atlas*, s'articulent avec la deuxième vertèbre cervicale. Les processus transverses et les foramens transversaires de l'atlas sont assez volumineux.

La deuxième vertèbre cervicale (C2), appelée **axis** (figure 7.18a, c), possède un corps. Un processus en forme de dent appelé *dent de l'axis*, ou apophyse odontoïde, s'élève au-dessus de la partie antérieure du foramen vertébral de l'atlas. La dent de l'axis sert de pivot pour la rotation de l'atlas et de la tête. Cette configuration permet donc à la tête de tourner d'un côté à l'autre, comme pour faire non de la tête. L'articulation formée par l'arc antérieur de l'atlas et la dent de l'axis, et leurs facettes articulaires, est appelée *articulation atlantoaxoïdienne*. Dans certains cas de traumatisme crânien, la dent de l'axis s'enfonce dans le bulbe rachidien de l'encéphale. Il s'agit habituellement de ce genre de lésion quand un coup de fouet cervical antéropostérieur (« coup du lapin ») entraîne la mort.

Les quatre vertèbres cervicales suivantes (C3 à C6), représentées par la vertèbre de la figure 7.18d, possèdent une structure semblable à celle de la vertèbre cervicale typique que nous venons de décrire. La septième vertèbre cervicale (C7), appelée *vertèbre proéminente*, est légèrement différente (figure 7.18a). Son seul grand processus épineux peut être vu et palpé à la base du cou.

FIGURE 7.18 Les vertèbres cervicales.

Les vertèbres cervicales sont situées dans la région du cou.

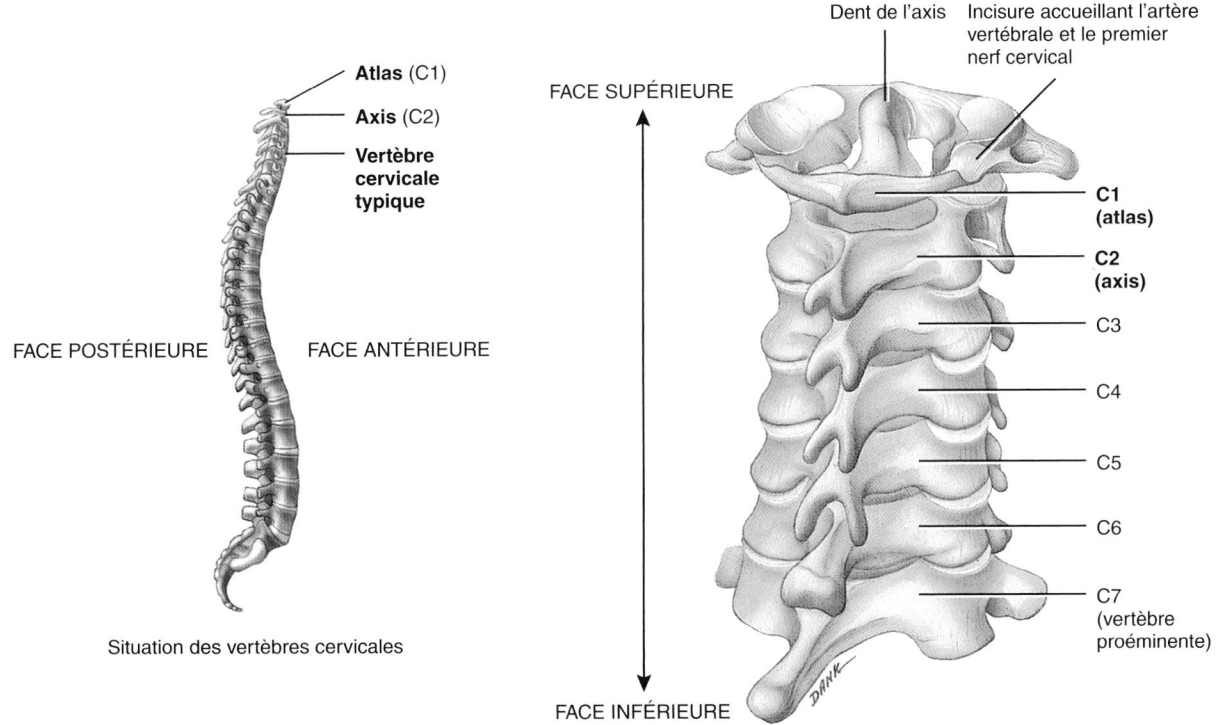

Situation des vertèbres cervicales

FACE POSTÉRIEURE   FACE ANTÉRIEURE

Atlas (C1)
Axis (C2)
Vertèbre cervicale typique

FACE SUPÉRIEURE

FACE INFÉRIEURE

Dent de l'axis   Incisure accueillant l'artère vertébrale et le premier nerf cervical

C1 (atlas)
C2 (axis)
C3
C4
C5
C6
C7 (vertèbre proéminente)

(a) Vue postérieure des vertèbres cervicales articulées

FIGURE 7.18 Les vertèbres cervicales (*suite*).

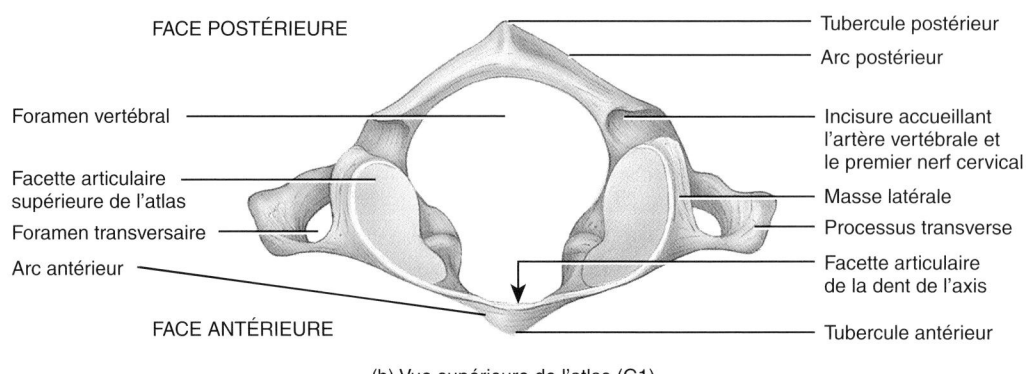

FACE POSTÉRIEURE

Tubercule postérieur

Arc postérieur

Foramen vertébral

Incisure accueillant l'artère vertébrale et le premier nerf cervical

Facette articulaire supérieure de l'atlas

Masse latérale

Foramen transversaire

Processus transverse

Arc antérieur

Facette articulaire de la dent de l'axis

FACE ANTÉRIEURE

Tubercule antérieur

(b) Vue supérieure de l'atlas (C1)

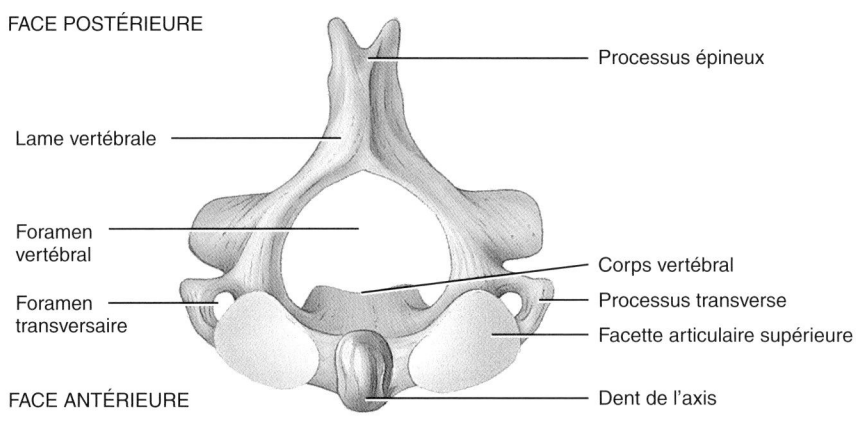

FACE POSTÉRIEURE

Processus épineux

Lame vertébrale

Foramen vertébral

Corps vertébral

Foramen transversaire

Processus transverse

Facette articulaire supérieure

FACE ANTÉRIEURE

Dent de l'axis

(c) Vue supérieure de l'axis (C2)

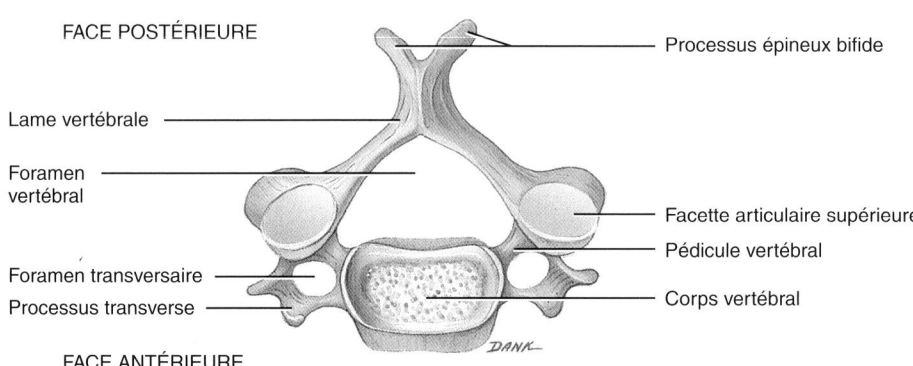

FACE POSTÉRIEURE

Processus épineux bifide

Lame vertébrale

Foramen vertébral

Facette articulaire supérieure

Pédicule vertébral

Foramen transversaire

Processus transverse

Corps vertébral

FACE ANTÉRIEURE

(d) Vue supérieure d'une vertèbre cervicale typique

Q Quels sont les os qui permettent à la tête de tourner en signe de négation?

La région thoracique

Les **vertèbres thoraciques** (T1 à T12; figure 7.19) sont beaucoup plus grandes et robustes que les vertèbres cervicales. À l'exception des trois dernières, les vertèbres thoraciques sont considérées comme des vertèbres typiques étant donné qu'elles possèdent des corps vertébraux, des arcs vertébraux et sept processus assurant divers points d'attache musculaire et articulaire. De façon particulière, les processus épineux des vertèbres T1 et T2 sont longs, aplatis sur les côtés et dirigés vers le bas. En comparaison, les processus épineux des vertèbres T11 et T12 sont plus courts, plus larges et dirigés vers l'arrière. Les vertèbres thoraciques ont également des processus transverses plus longs et plus larges que les vertèbres cervicales.

FIGURE 7.19 Les vertèbres thoraciques.

Les vertèbres thoraciques sont situées dans la région thoracique et s'articulent avec les côtes.

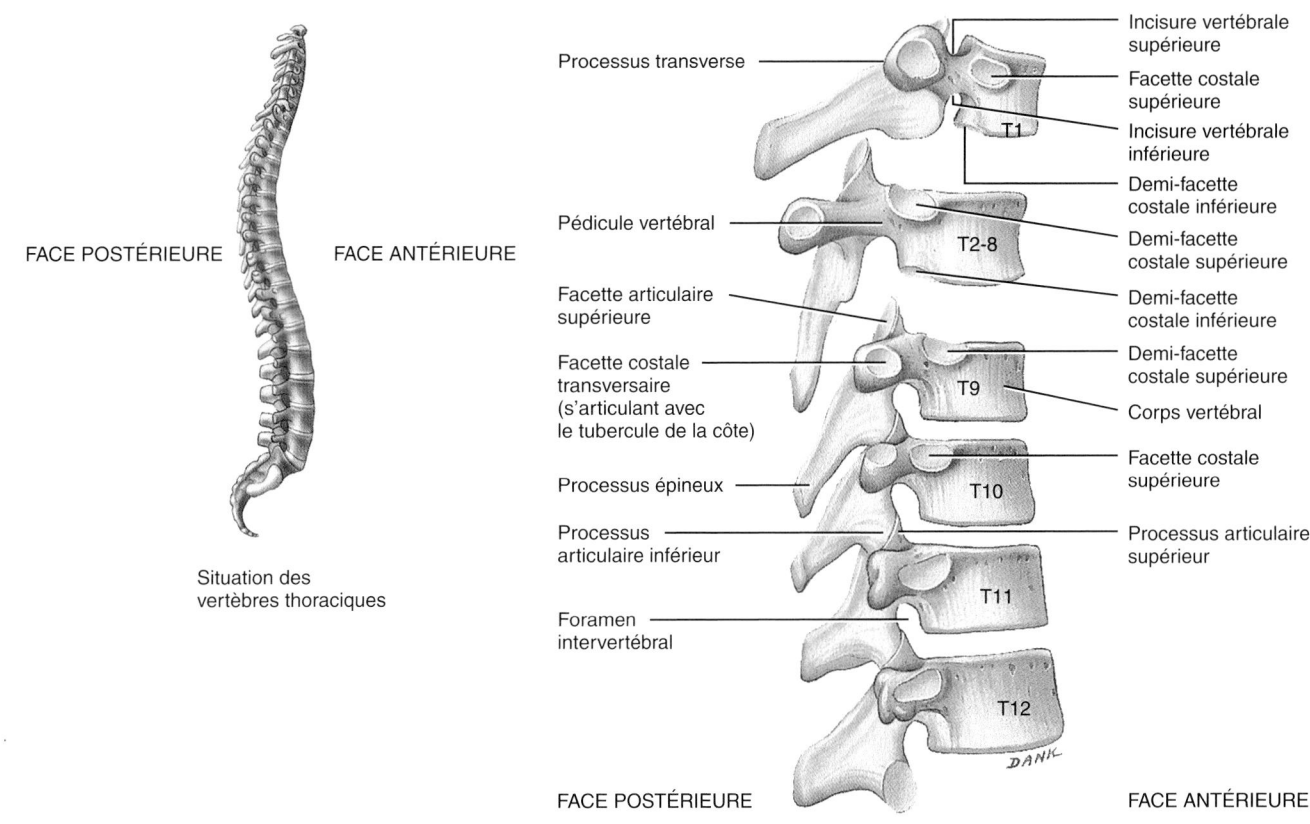

(a) Vue latérale droite de plusieurs vertèbres thoraciques articulées

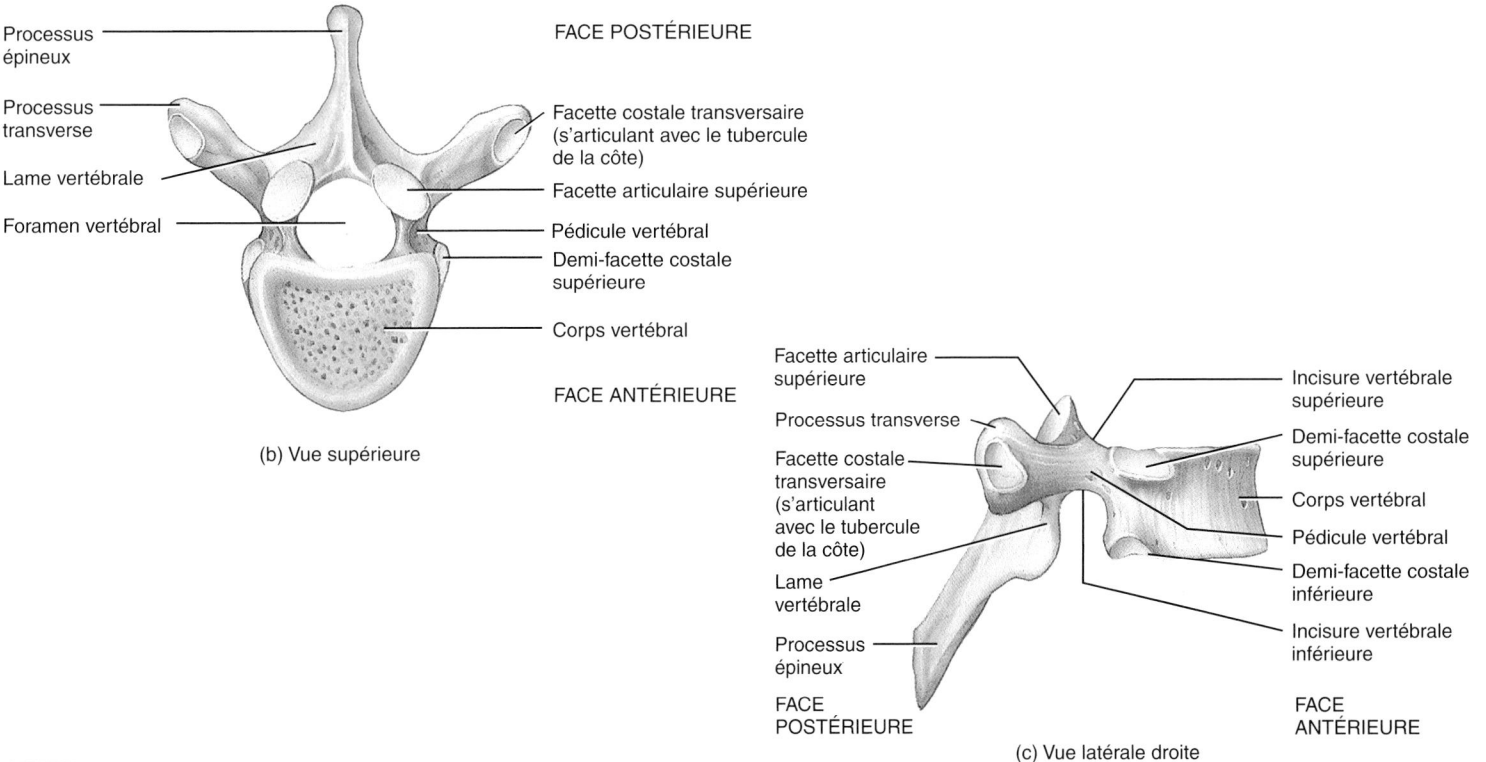

(b) Vue supérieure

(c) Vue latérale droite

Q Quelles parties des vertèbres thoraciques s'articulent avec les côtes?

La principale particularité qui différencie les vertèbres thoraciques des autres vertèbres est le fait qu'elles s'articulent avec les côtes. À l'exception de T11 et T12, les processus transverses des vertèbres thoraciques présentent des facettes costales transversaires leur permettant de s'articuler avec les *tubercules des côtes*. Leurs corps vertébraux possèdent également soit des facettes, soit des demi-facettes costales qui s'articulent avec les *têtes des côtes* (figure 7.23). Les articulations formées par les vertèbres thoraciques et les côtes, appelées *articulations costovertébrales*, sont situées de part et d'autre du corps vertébral. Comme le montre la figure 7.19, la vertèbre T1 possède une facette costale supérieure et une demi-facette costale inférieure de part et d'autre de son corps vertébral. Les vertèbres T2 à T8 possèdent une demi-facette costale supérieure et une demi-facette costale inférieure de part et d'autre de leur corps vertébral. La vertèbre T9 présente une demi-facette costale supérieure, et les vertèbres T10 à T12 présentent une facette costale supérieure de part et d'autre de leur corps vertébral. Les mouvements de la région thoracique sont limités par les points d'attache entre les côtes et le sternum.

La région lombaire

Les **vertèbres lombaires** (L1 à L5) sont les vertèbres les plus grandes et les plus robustes, parce que le poids corporel supporté par les vertèbres augmente toujours dans la portion inférieure de la colonne vertébrale (figure 7.20). Les processus des vertèbres lombaires sont courts et épais. Les processus articulaires supérieurs sont orientés vers le centre plutôt que vers le haut et les processus articulaires inférieurs, de côté plutôt que vers le bas. Les processus épineux, de forme quadrilatérale, sont épais, larges et dirigés presque directement vers l'arrière. Ils constituent d'excellents points d'attache pour les grands muscles dorsaux.

Le tableau 7.4 résume les principales différences structurales entre les vertèbres cervicales, les vertèbres thoraciques et les vertèbres lombaires.

Le sacrum

Le **sacrum** est un os triangulaire formé par l'union de cinq vertèbres sacrales (S1 à S5), représentées à la figure 7.21a. La fusion des vertèbres sacrales commence entre 16 et 18 ans et prend habituellement fin vers 30 ans. Situé dans la partie postérieure de la cavité pelvienne, entre les deux os coxaux, le sacrum constitue une assise solide sur laquelle s'appuie la ceinture pelvienne. Le sacrum de la femme est plus court, plus large et plus recourbé entre les vertèbres S2 et S3 que celui de l'homme (voir le tableau 8.1).

La face antérieure concave du sacrum fait face à la cavité pelvienne. Elle est lisse et contient quatre *lignes transverses* constituant le site de fusion des corps vertébraux du sacrum (figure 7.21a). Ces lignes transverses se terminent par quatre paires de *foramens sacraux pelviens*. La portion latérale de la face supérieure du sacrum présente une surface lisse, l'*aile du sacrum*, formée par la fusion des processus transverses de la première vertèbre sacrale (S1).

La face postérieure convexe du sacrum contient une *crête sacrale médiane* issue de la fusion des processus épineux des vertèbres sacrales supérieures, une *crête sacrale latérale* issue de la fusion des processus transverses des vertèbres sacrales et quatre paires de *foramens sacraux dorsaux* (*postérieurs*) (figure 7.21b). Ces foramens communiquent avec les foramens sacraux pelviens qui servent de passage aux nerfs et aux vaisseaux sanguins. Le *canal sacral* est le prolongement du canal vertébral. Par ailleurs, les lames de la cinquième vertèbre sacrale, et parfois de la quatrième, ne se rencontrent pas, ce qui laisse un passage inférieur vers le canal vertébral appelé *hiatus sacral*. De part et d'autre du hiatus sacral pointent les *cornes sacrales*, qui sont les processus articulaires inférieurs de la cinquième vertèbre sacrale. Ces cornes sont fixées par des ligaments au coccyx.

La partie inférieure et étroite du sacrum est appelée *apex du sacrum*, tandis que sa partie supérieure, plus large, est nommée *base du sacrum*. Le bord antérieur saillant de la base, nommé *promontoire sacral*, est l'un des repères utilisés pour mesurer le bassin. Le sacrum comporte sur chacune de ses faces latérales une grande surface auriculaire (en forme d'oreille) qui s'articule avec l'ilium de chaque os coxal pour former l'*articulation sacro-iliaque*. Située à l'arrière de la surface auriculaire du sacrum, la *tubérosité sacrale* est une surface rugueuse dont les dépressions permettent aux ligaments de se fixer. Elle s'articule avec les os coxaux pour former les articulations sacro-iliaques. Les *processus articulaires supérieurs* s'articulent pour leur part avec les processus articulaires inférieurs de la cinquième vertèbre lombaire, et la base du sacrum s'articule avec le corps vertébral de cette vertèbre pour former l'*articulation lombosacrale*.

Le coccyx

Le **coccyx**, comme le sacrum, est un os de forme triangulaire. Il est issu de la fusion de quatre vertèbres coccygiennes (Co1 à Co4), représentées à la figure 7.21. Les vertèbres coccygiennes fusionnent un peu plus tard que les vertèbres sacrales, soit entre 20 et 30 ans. La face dorsale du corps du coccyx contient deux longues *cornes coccygiennes* qui sont reliées par des ligaments aux cornes sacrales. Les cornes coccygiennes sont les pédicules vertébraux et les processus articulaires supérieurs de la première vertèbre coccygienne. Sur les faces latérales du coccyx se trouve une série de *processus transverses du coccyx*, dont la première paire est la plus grande. Le coccyx s'articule en haut avec l'apex du sacrum. Chez la femme, le coccyx pointe vers le bas pour permettre le passage du bébé au moment de l'accouchement, tandis que chez l'homme, il pointe vers l'avant (voir le tableau 8.1).

L'ASNESTHÉSIE PÉRIDURALE

L'**anesthésie péridurale** consiste à injecter dans l'hiatus sacral des anesthésiques agissant sur les nerfs sacral et coccygien. Cette procédure est le plus souvent utilisée pour soulager les douleurs de l'accouchement et pour anesthésier la région périanale. Comme l'hiatus sacral se trouve entre les cornes sacrales, ces cornes sont d'importants repères osseux pour le localiser. On injecte parfois aussi des anesthésiques dans le foramen sacral postérieur. ■

▶ POINT DE CONTRÔLE

9. Quelles sont les fonctions de la colonne vertébrale?

10. À quel moment les courbures vertébrales secondaires apparaissent-elles?

11. Quelles sont les principales particularités des os des diverses régions de la colonne vertébrale?

FIGURE 7.20 Les vertèbres lombaires.

Les vertèbres lombaires sont situées dans le bas du dos.

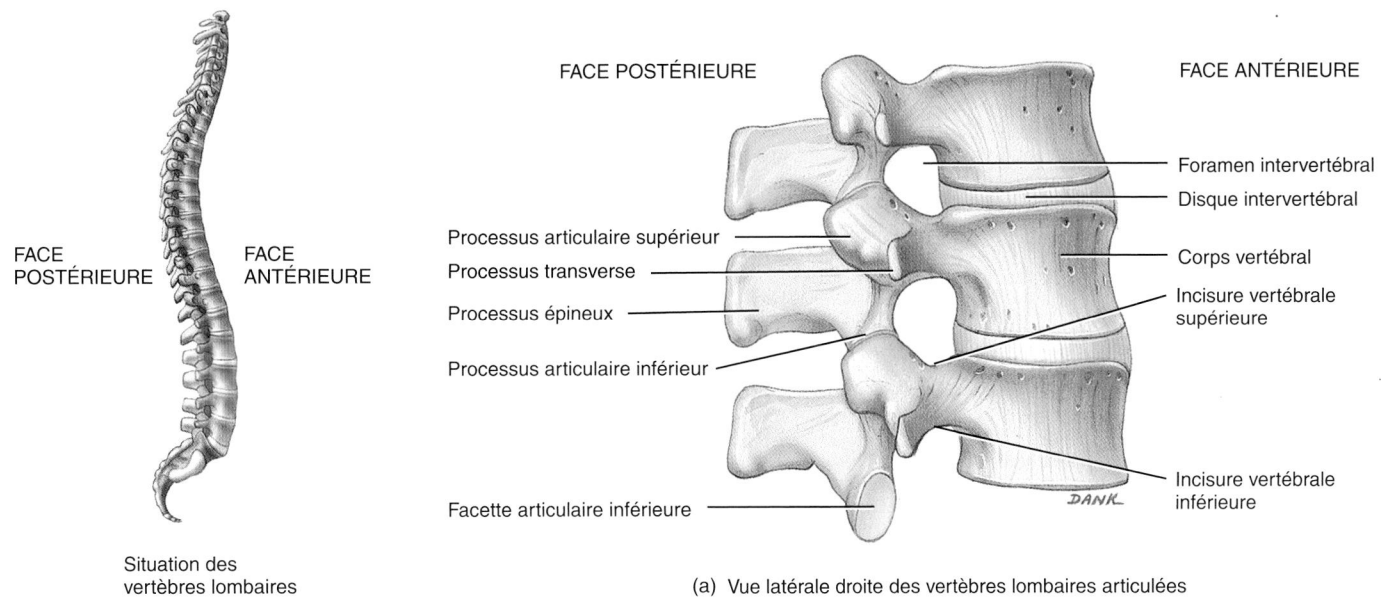

Situation des
vertèbres lombaires

(a) Vue latérale droite des vertèbres lombaires articulées

FACE POSTÉRIEURE — FACE ANTÉRIEURE

Foramen intervertébral
Disque intervertébral
Processus articulaire supérieur
Processus transverse
Corps vertébral
Processus épineux
Incisure vertébrale supérieure
Processus articulaire inférieur
Facette articulaire inférieure
Incisure vertébrale inférieure

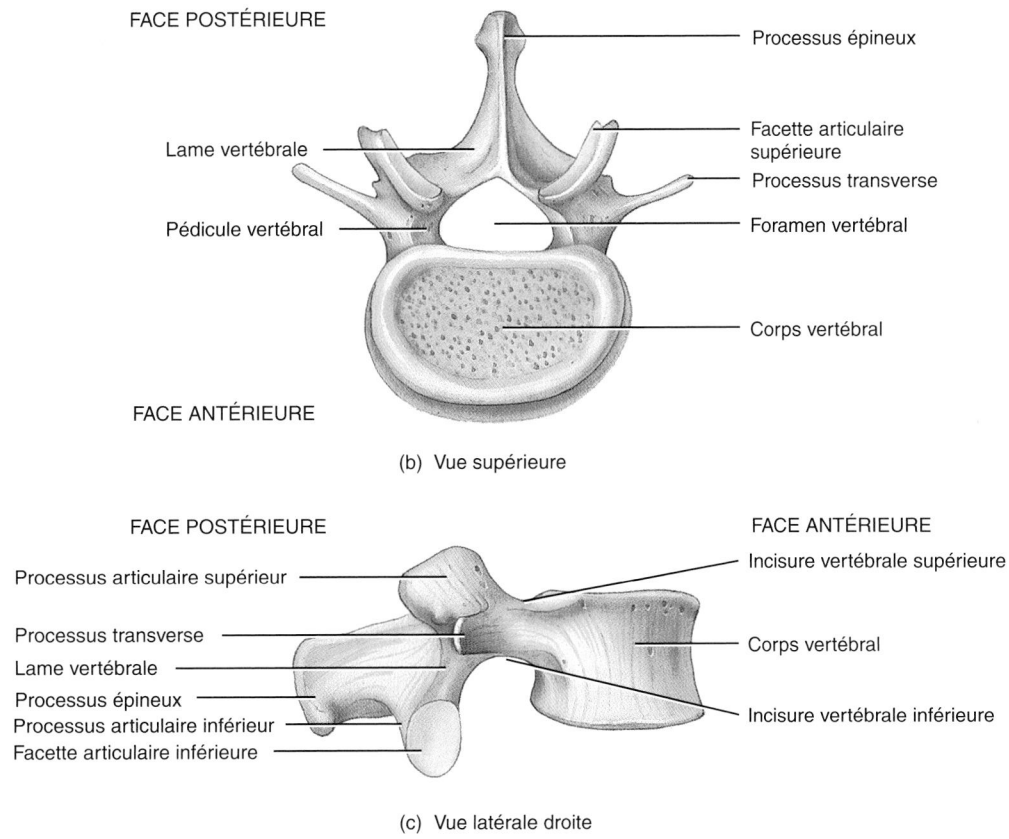

(b) Vue supérieure

FACE POSTÉRIEURE
Processus épineux
Lame vertébrale
Facette articulaire supérieure
Processus transverse
Pédicule vertébral
Foramen vertébral
Corps vertébral
FACE ANTÉRIEURE

(c) Vue latérale droite

FACE POSTÉRIEURE — FACE ANTÉRIEURE
Processus articulaire supérieur
Incisure vertébrale supérieure
Processus transverse
Lame vertébrale
Corps vertébral
Processus épineux
Processus articulaire inférieur
Facette articulaire inférieure
Incisure vertébrale inférieure

Pourquoi les vertèbres lombaires sont-elles les plus grandes et les plus robustes de la colonne vertébrale?

CARACTÉRISTIQUES	VERTÈBRES CERVICALES	VERTÈBRES THORACIQUES	VERTÈBRES LOMBAIRES
Structure générale	Voir la figure 7.18d	Voir la figure 7.19b	Voir la figure 7.20b
Corps	Petits	Plus grands	Les plus grands
Foramens	Un foramen vertébral et deux foramens transversaires	Un foramen vertébral	Un foramen vertébral
Processus épineux	Minces et souvent bifides (C2 à C6)	Longs et relativement épais (surtout dirigés vers le bas)	Courts et émoussés (dirigés vers l'arrière plutôt que vers le bas)
Processus transverses	Petits	Relativement grands	Grands et émoussés
Facettes costales	Absentes	Présentes	Absentes
Orientation des facettes articulaires			
Supérieures	Vers le haut et l'arrière	Vers l'arrière et de côté	Vers le centre
Inférieures	Vers le bas et l'avant	Vers l'avant et le centre	De côté
Disques intervertébraux	Épais par rapport aux corps vertébraux	Minces par rapport aux corps vertébraux	Massifs

FIGURE 7.21 Le sacrum et le coccyx.

Le sacrum est formé par l'union de cinq vertèbres sacrales et le coccyx, par l'union de quatre vertèbres coccygiennes.

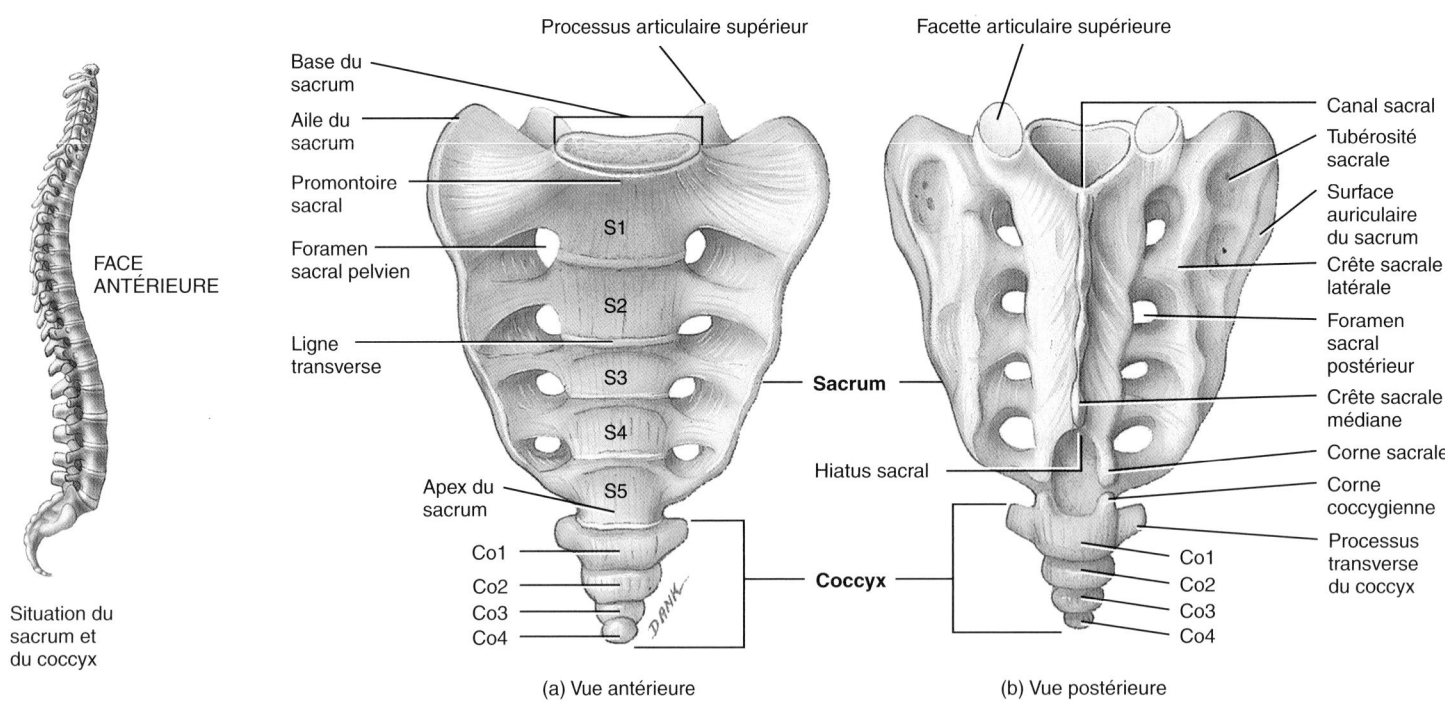

(a) Vue antérieure   (b) Vue postérieure

Q Combien de foramens percent le sacrum, et quelle est leur fonction?

LE THORAX

OBJECTIF

- Nommer les os du thorax.

Le mot **thorax** désigne l'ensemble de la poitrine. La portion osseuse du thorax, ou **cage thoracique**, est une enceinte osseuse formée par le sternum, les cartilages costaux, les côtes et le corps des vertèbres thoraciques (figure 7.22). La cage thoracique est plus étroite à son extrémité supérieure et plus large à son extrémité inférieure. Vue de côté, elle est plutôt aplatie. La cage thoracique entoure et protège les organes des cavités thoracique et abdominale supérieure. Elle soutient également les os de la ceinture scapulaire et des membres supérieurs.

LE STERNUM

Le **sternum** est un os plat et étroit mesurant environ 15 cm de longueur ; il est situé sur la ligne médiane antérieure de la paroi thoracique et se divise en trois parties (figure 7.22). La partie supérieure est formée par le **manubrium sternal** (*manubrium* : poignée) ; le **corps du sternum** constitue la partie moyenne et la plus grande ; le **processus xiphoïde** (*xiphoeidês* : en forme d'épée) forme la partie inférieure et la plus petite. La fusion des éléments qui composent le sternum survient généralement vers l'âge de 25 ans et des crêtes transversales se forment aux points de fusion.

La jonction du manubrium et du corps du sternum forme l'*angle sternal*. Le manubrium porte sur sa face supérieure une échancrure appelée *incisure jugulaire du sternum*. De part et d'autre de l'incisure jugulaire, les *incisures claviculaires* s'articulent

FIGURE 7.22 Les os du thorax.

Les os du thorax entourent et protègent les organes de la cavité thoracique et de la cavité abdominale supérieure.

FACE SUPÉRIEURE

Incisure jugulaire du sternum
Sternum :
- Manubrium sternal
- Corps du sternum
- Processus xiphoïde

Incisure claviculaire

Angle sternal

FACE INFÉRIEURE

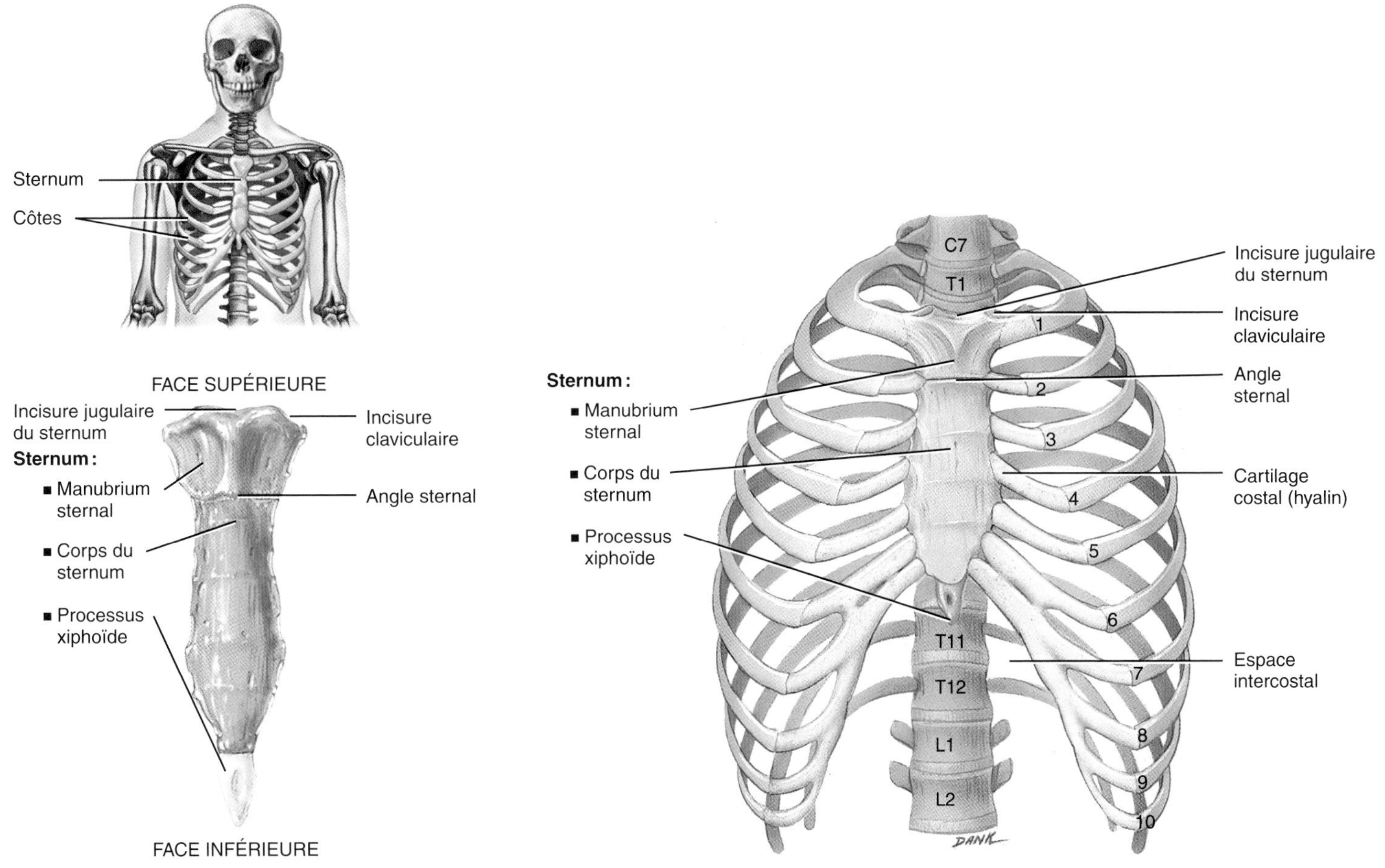

(a) Vue antérieure du sternum

C7
T1
Incisure jugulaire du sternum
Incisure claviculaire
Angle sternal

Sternum :
- Manubrium sternal
- Corps du sternum
- Processus xiphoïde

Cartilage costal (hyalin)

T11
T12
L1
L2

Espace intercostal

(b) Vue antérieure des os du thorax

Quelles sont les côtes que l'on appelle « vraies côtes » ? Lesquelles sont dites « fausses côtes » et « côtes flottantes » ?

avec les extrémités médiales des clavicules pour former les *articulations sternoclaviculaires*. Le manubrium sternal s'articule également avec les cartilages costaux des première et deuxième côtes. Le corps du sternum s'articule directement ou indirectement avec les cartilages costaux de la deuxième à la dixième côte. Le processus xiphoïde se compose de cartilage hyalin pendant l'enfance et ne s'ossifie complètement que vers l'âge de 40 ans. Il n'est rattaché à aucune côte mais il offre des points d'attache à certains muscles abdominaux. Si un secouriste pratiquant la réanimation cardiorespiratoire ne place pas ses mains de façon correcte sur le thorax, il risque de fracturer le processus xiphoïde, qui s'enfoncerait alors dans les organes internes. On pratique une section sagittale médiane du sternum en chirurgie pour avoir accès à certaines structures de la cavité thoracique comme le thymus ou le cœur et ses gros vaisseaux. Après la chirurgie, les moitiés de sternum sont retenues ensemble avec des attaches métalliques.

LES CÔTES

Douze paires de **côtes** soutiennent les côtés de la cavité thoracique (figure 7.22b). La longueur des côtes augmente progressivement de la première à la septième, puis diminue de la huitième à la douzième côte. Chaque côte s'articule en arrière avec la vertèbre thoracique correspondante.

À l'avant, les sept premières paires de côtes sont fixées directement au sternum par des segments de cartilage hyalin, les *cartilages costaux*. Ces cartilages donnent son élasticité à la cage thoracique et empêchent que certains coups portés à la poitrine ne fracturent le sternum ou les côtes. Les sept premières paires de côtes ont des cartilages costaux qui sont fixés directement au sternum ; elles sont appelées *vraies côtes*, ou *côtes sternales*. Les articulations formées par les vraies côtes et le sternum sont les *articulations sternocostales*. Les trois paires suivantes sont appelées *fausses côtes*, ou *côtes asternales*, parce que leurs cartilages sont reliés les uns aux autres ainsi qu'aux cartilages de la septième paire de côtes ; elles s'attachent donc indirectement au sternum. Les onzième et douzième paires de côtes sont dites *côtes flottantes* parce que le cartilage costal de leur extrémité antérieure ne possède aucun point d'ancrage sur le sternum ; ces côtes sont fixées uniquement par l'arrière aux vertèbres thoraciques. L'inflammation du cartilage costal, appelée *syndrome de Tietze*, se caractérise par une sensibilité au toucher et une douleur de la paroi thoracique antérieure, qui irradie parfois. Ces symptômes sont semblables à la douleur thoracique associée à une crise cardiaque (angine de poitrine).

La figure 7.23a montre une côte typique (côtes 3 à 9). La *tête de la côte* fait saillie à l'extrémité postérieure de la côte. La facette de la tête de la côte s'insère dans une facette du corps d'une seule vertèbre ou dans les demi-facettes de deux vertèbres thoraciques adjacentes. Pour les côtes C_3 à C_9, la tête de la côte possède une *facette supérieure* qui s'insère dans la demi-facette costale inférieure du corps d'une vertèbre thoracique ; la tête de la côte possède aussi une *facette inférieure* qui s'insère dans la demi-facette costale supérieure du corps de la vertèbre thoracique adjacente. Ces deux points d'attache fixent la tête de la côte à deux vertèbres et au disque intervertébral qui les unit (figures 7.19 et 7.23b). Le *col de la côte* est la partie étranglée située immédiatement à côté de la tête de la

côte. Le *tubercule de la côte* est une structure arrondie située sur la face postérieure de la côte, à la jonction du col de la côte et de son corps. Il comprend une *partie non articulaire* fixée au processus transverse d'une vertèbre par un ligament (ligament costotransversaire postérieur). La *surface articulaire* du tubercule s'articule avec la facette costale transversaire du processus transverse de la vertèbre qui lui correspond (figure 7.23c). Le *corps de la côte* constitue la majeure partie de la côte. À quelque distance du tubercule, on observe un changement abrupt dans la courbure du corps de la côte. Ce point est appelé *angle de la côte*. La face interne de la côte comporte un *sillon de la côte* qui protège les vaisseaux sanguins et un petit nerf.

En résumé, la portion postérieure de la côte se fixe à une vertèbre thoracique par sa tête et par la surface articulaire de son tubercule. La facette de la tête de la côte s'insère dans une facette costale du corps d'une vertèbre ou dans les demi-facettes costales de deux vertèbres adjacentes. La surface articulaire du tubercule s'articule avec la facette costale transversaire du processus transverse de la vertèbre. Ces fixations forment les *articulations costovertébrales*.

Les espaces entre les côtes, appelés *espaces intercostaux*, sont occupés par des muscles intercostaux, des vaisseaux sanguins et des nerfs. Lors d'une intervention chirurgicale, on accède généralement aux poumons et aux autres organes de la cavité thoracique par un espace intercostal. Des écarteurs conçus à cet effet servent à créer un espace plus grand entre les côtes. Chez un jeune individu, les cartilages costaux sont suffisamment élastiques pour résister à une flexion *considérable* sans se briser.

LES FRACTURES, LES LUXATIONS ET LES DISJONCTIONS DES CÔTES

Les **fractures des côtes** sont les blessures du thorax les plus courantes. Elles sont habituellement causées par un traumatisme direct, découlant principalement de l'impact d'un volant de voiture, d'une chute ou d'un enfoncement accidentel de la poitrine. Les côtes ont tendance à se briser à l'endroit qui a subi le plus grand choc, mais elles peuvent aussi se fracturer à leur point le plus vulnérable, c'est-à-dire leur plus grande courbure, située juste devant l'angle de la côte. Les côtes du centre de la cage thoracique sont le plus souvent touchées. Dans certains cas, les côtes fracturées peuvent percer le cœur ou ses gros vaisseaux, les poumons, la trachée, les bronches, l'œsophage, la rate, le foie et les reins. Les fractures des côtes sont habituellement assez douloureuses. On n'immobilise plus les factures des côtes avec des bandages en raison des risques de pneumonie associés à la mauvaise ventilation des poumons qui en découle.

Les **luxations des côtes** sont fréquentes dans les sports de contact et sont caractérisées par le déplacement du cartilage costal du sternum, ce qui provoque de la douleur, surtout au cours d'une inhalation profonde.

Les **disjonctions des côtes** se traduisent par le déplacement d'une côte et de son cartilage costal. En conséquence, la côte peut se déplacer vers le haut et se superposer à la côte située juste au-dessus, causant alors des douleurs intenses. ■

▶ **POINT DE CONTRÔLE**

12. Quels sont les os du thorax ?

13. Quelles fonctions assurent-ils ?

14. Comment les côtes sont-elles classées ?

FIGURE 7.23 La structure des côtes. Chaque côte comprend une tête, un col et un corps. Les facettes et la partie articulaire du tubercule permettent à la côte de s'articuler avec une vertèbre.

Chaque côte s'articule en arrière avec la vertèbre thoracique de même rang.

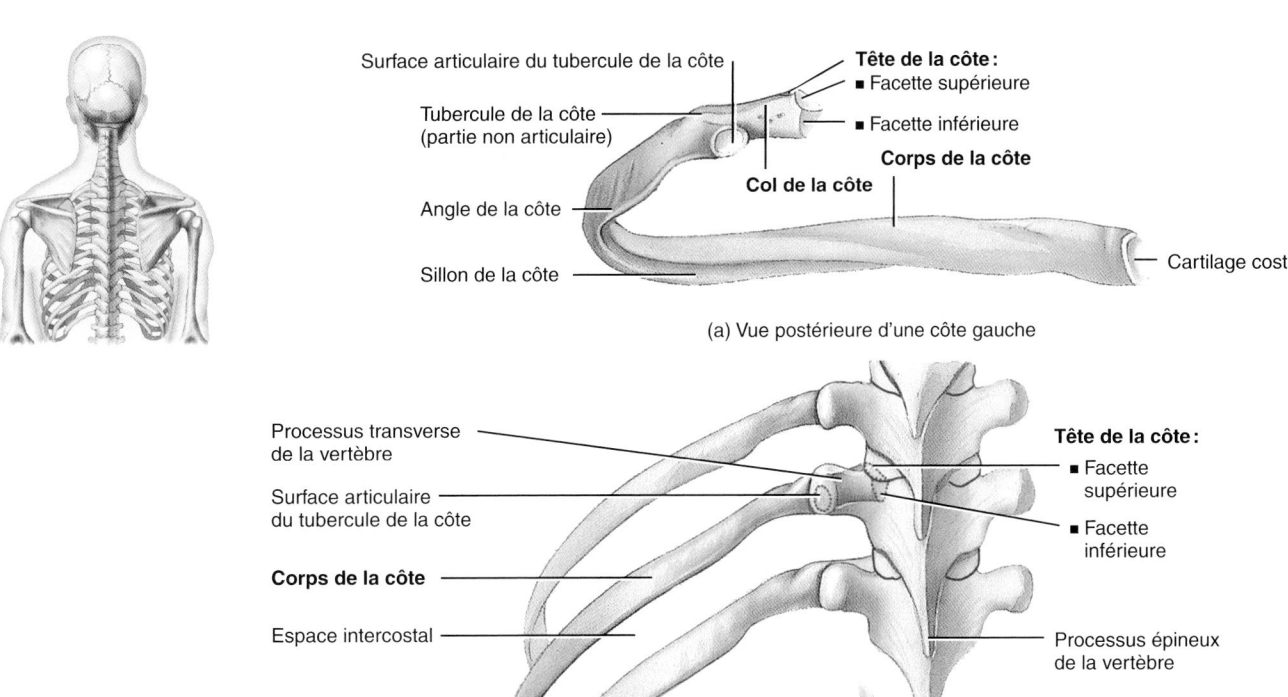

(a) Vue postérieure d'une côte gauche

(b) Vue postérieure des côtes gauches articulées avec les vertèbres thoraciques et le sternum (articulations costovertébrales)

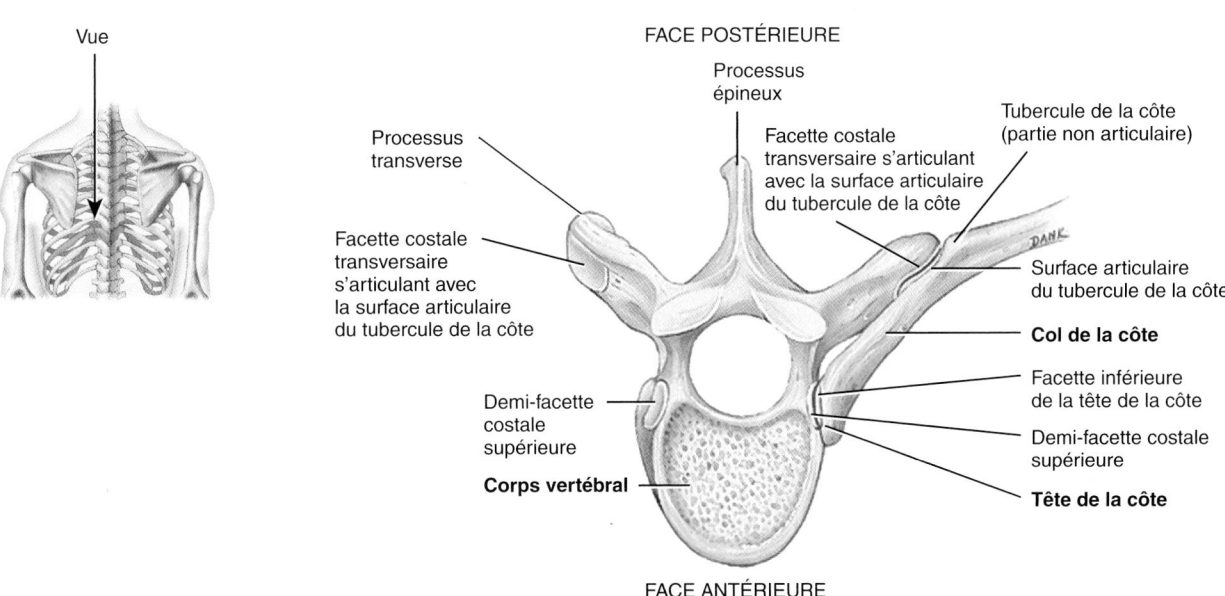

(c) Vue supérieure d'une côte gauche articulée avec une vertèbre thoracique

Comment une côte s'articule-t-elle avec une vertèbre thoracique ?

DÉSÉQUILIBRES HOMÉOSTATIQUES

La hernie discale

Les disques intervertébraux absorbent les chocs, ce qui leur vaut d'être constamment comprimés. Lorsque leurs ligaments antérieur et postérieur subissent des lésions ou s'affaiblissent, la pression dans le nucléus pulposus peut devenir si forte qu'elle provoque la rupture du fibrocartilage environnant (anneau fibreux du disque intervertébral). Le nucléus pulposus fait alors saillie vers l'arrière ou dans l'un des corps vertébraux adjacents (figure 7.24) ; c'est la **hernie discale**. Ce trouble frappe le plus souvent la région lombaire, qui supporte la majeure partie du poids corporel et est la région le plus souvent fléchie.

Généralement, le nucléus pulposus glisse vers l'arrière, contre la moelle épinière et les nerfs spinaux. Ce mouvement exerce une pression sur les nerfs spinaux et provoque une faiblesse localisée et une douleur aiguë. Si les racines du nerf sciatique, qui va de la moelle épinière jusqu'au pied, sont comprimées, la douleur irradie à l'arrière de la cuisse, puis dans le mollet et parfois dans le pied. Lorsque la pression s'exerce sur la moelle épinière, certains de ses neurones peuvent être détruits. Les traitements possibles comprennent le repos au lit, la prise d'analgésiques, la physiothérapie, des exercices et la traction. La hernie discale peut être traitée par *laminectomie* ; cette intervention consiste à retirer certaines parties des lames des vertèbres et des disques intervertébraux pour diminuer la pression exercée sur les nerfs.

Les courbures anormales de la colonne vertébrale

Les **courbures anormales** de la colonne vertébrale peuvent être des courbures normales qui ont été accentuées par divers facteurs ; elles peuvent aussi résulter d'une déviation latérale de la colonne.

La **scoliose** (*skolios* : tortueux), la plus courante des courbures anormales, est une courbure latérale de la colonne vertébrale le plus souvent localisée dans la région thoracique (figure 7.25a). Elle peut être causée par une anomalie congénitale (présente à la naissance) des vertèbres, une sciatique chronique, une paralysie des muscles d'un côté de la colonne vertébrale, une mauvaise posture ou des membres inférieurs de longueur inégale.

La **cyphose** (*kuphôsis* : bosse) est une courbure thoracique dont la convexité est exagérée (figure 7.25b). Dans une tuberculose osseuse, les corps vertébraux sont partiellement effondrés, ce qui provoque une flexion angulaire aiguë de la colonne vertébrale. Chez les personnes âgées, la dégénérescence des disques intervertébraux peut conduire à la cyphose. La cyphose peut également être causée par le rachitisme et une mauvaise posture. Elle est courante chez les femmes souffrant d'ostéoporose à un stade avancé. Les personnes qui ont les « épaules arrondies » sont souvent atteintes de cyphose légère.

La **lordose** (*lordos* : voûte), que l'on appelle couramment « dos creux », est une courbure lombaire excessive de la colonne vertébrale (figure 7.25c). Elle apparaît lorsqu'une trop grande charge est appliquée à l'avant du corps, comme dans la grossesse ou l'obésité extrême, et peut résulter aussi d'une mauvaise posture, du rachitisme, de l'ostéoporose ou d'une tuberculose osseuse.

Le spina bifida

Le **spina bifida** est une anomalie congénitale de la colonne vertébrale caractérisée par le développement anormal des lames des vertèbres L5 et/ou S1 et par l'absence d'union médiane entre ces lames vertébrales. La forme la moins grave, le *spina bifida occulta*, touche les vertèbres L5 ou S1 et ne produit aucun symptôme. Il ne se manifeste que par la présence d'une petite fossette velue sur la peau. Diverses formes de spina bifida provoquent la protubérance des méninges (membranes) et/ou de la moelle épinière par une malformation des lames vertébrales ; on les appelle *spina bifida cystica* en raison de la présence d'un sac en forme de kyste qui passe entre les vertèbres (figure 7.26). Si le sac contient les méninges qui recouvrent la moelle épinière et le liquide cérébrospinal, il s'agit d'un cas de *méningocèle*. Si la moelle épinière et/ou ses racines nerveuses sont contenues dans le sac, il s'agit d'un *méningomyélocèle*. Plus le kyste est volumineux et plus il contient de structures nerveuses, plus les troubles neurologiques sont graves. Dans les cas graves, le spina bifida cause des troubles sérieux tels qu'une paralysie complète ou partielle, une perte complète ou partielle de la maîtrise des sphincters de la vessie ou de l'anus, et l'absence de réflexes. Pendant la grossesse, une carence en acide folique – vitamine du groupe B – fait augmenter l'incidence du spina bifida. Le diagnostic prénatal du spina bifida comprend un prélèvement sanguin pour vérifier la présence d'une substance produite par le fœtus, l'alphafœtoprotéine, ainsi qu'une échographie ou une amniocentèse (prélèvement de liquide amniotique à des fins d'analyse).

Les fractures de la colonne vertébrale

Les **fractures** de la colonne vertébrale touchent souvent les vertèbres C1, C2, C4 à T7 et T12 à L2. Les fractures de la colonne cervicale ou lombaire sont généralement causées par une blessure comportant une flexion et une compression, par exemple lorsqu'une personne tombe sur les pieds ou les fesses après une chute ou qu'elle reçoit un poids sur les épaules. Les fractures ou les luxations des vertèbres cervicales surviennent au cours d'une chute sur la tête provoquant une flexion extrême du cou, par exemple lorsqu'une personne plonge en eaux peu profondes ou tombe de cheval. Une luxation peut être provoquée par un mouvement soudain d'avant en arrière (coup du lapin) qui se produit parfois au cours d'un accident de voiture. Des dommages peuvent être causés à la moelle épinière ou au nerf spinal au moment d'une fracture de la colonne vertébrale.

FIGURE 7.24 La hernie discale.

En général, le nucléus pulposus forme une hernie vers l'arrière.

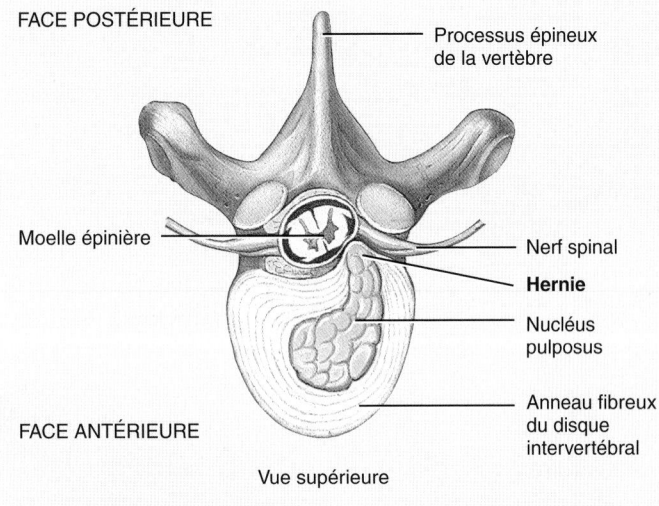

FACE POSTÉRIEURE

Processus épineux de la vertèbre

Moelle épinière

Nerf spinal

Hernie

Nucléus pulposus

Anneau fibreux du disque intervertébral

FACE ANTÉRIEURE

Vue supérieure

Q Pourquoi la plupart des hernies touchent-elles la région lombaire ?

FIGURE 7.25 Les courbures anormales de la colonne vertébrale.

🗝 Une courbure anormale est le résultat de l'accentuation d'une courbure normale.

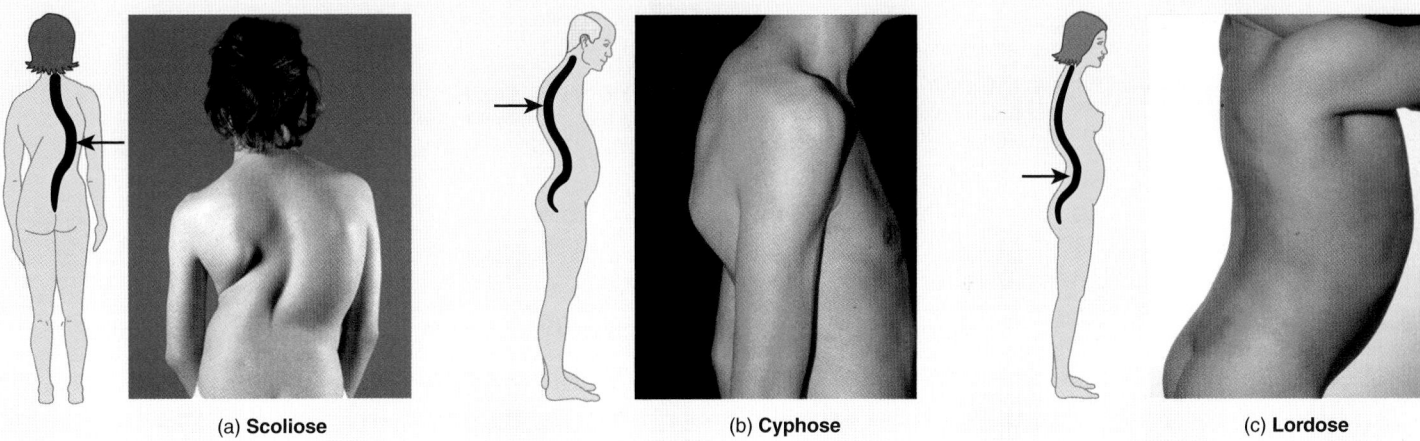

(a) **Scoliose**　　　　(b) **Cyphose**　　　　(c) **Lordose**

Q Les femmes atteintes d'ostéoporose au stade avancé présentent souvent une courbure anormale. Laquelle est-ce ?

FIGURE 7.26 **Le spina bifida.** L'illustration montre un méningomyélocèle.

🗝 Le spina bifida est causé par le développement anormal des lames des vertèbres L₅ et/ou S₁ et par l'absence d'union médiane entre ces lames vertébrales.

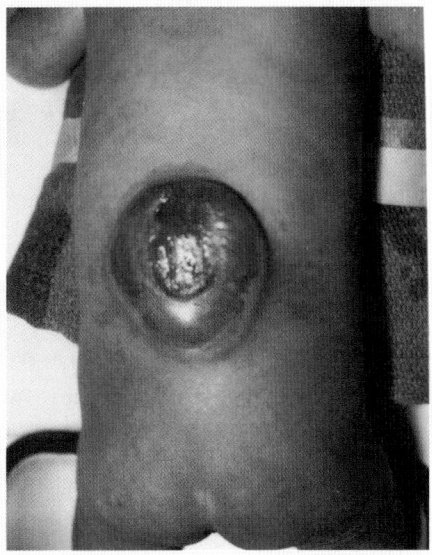

Q Le spina bifida est associé à la carence en une vitamine du groupe B. Laquelle est-ce ?

TERMES MÉDICAUX

Coup de fouet cervical antéropostérieur Blessure de la région cervicale causée par une grave hyperextension (inclinaison vers l'arrière) de la tête suivie par une grave hyperflexion (inclinaison vers l'avant) de la tête, qui survient souvent au cours d'une collision par l'arrière d'une voiture. Les symptômes sont associés à l'étirement et au déchirement de ligaments et de muscles, aux fractures de vertèbres et à la formation de hernies discales. Aussi appelé «coup du lapin».

Craniosténose (*kranion* : crâne ; *stenos* : étroit) Soudure prématurée d'une ou de plusieurs sutures crâniennes au cours des 18 à 20 premiers mois de vie, causant une déformation de la tête. La soudure prématurée de la suture sagittale donne une tête longue et étroite ; la soudure prématurée de la suture coronale produit une tête large. La soudure prématurée de toutes les sutures limite la croissance et le développement de l'encéphale ; une intervention chirurgicale est nécessaire pour prévenir les lésions cérébrales.

Craniotomie (*tomê* : section) Intervention chirurgicale au cours de laquelle une partie du crâne est retirée. Elle permet, par exemple, de retirer un caillot sanguin, une tumeur ou un échantillon de tissu cérébral à des fins de biopsie.

Laminectomie (*lamina* : lame ; *ektomê* : ablation) Intervention chirurgicale visant à retirer une lame vertébrale. Elle peut servir à accéder au canal vertébral et à soulager les symptômes d'une hernie discale.

Spondylodèse Intervention chirurgicale au cours de laquelle au moins deux vertèbres de la colonne vertébrale sont stabilisées au moyen d'un greffon osseux ou d'un dispositif artificiel. Elle peut être pratiquée pour traiter une fracture d'une vertèbre ou à la suite de l'ablation d'une hernie discale.

Sténose du canal lombaire Rétrécissement du canal vertébral dans la région lombaire de la colonne vertébrale en raison d'une hypertrophie des os ou des tissus mous avoisinants. Elle peut découler d'une altération des disques intervertébraux provoquée par l'arthrite et est une cause courante de douleurs au dos et aux jambes.

RÉSUMÉ

INTRODUCTION (P. 209)

1. Les os protègent les parties molles de l'organisme et rendent les mouvements possibles ; ils servent également de points de repère pour situer les autres systèmes du corps humain.

2. Même si on les traite généralement à part du système musculaire et du système squelettique, les os, les muscles et les articulations forment un système intégré appelé *système musculosquelettique*.

LES DIVISIONS DU SYSTÈME SQUELETTIQUE (P. 210)

1. Le squelette axial comprend tous les os situés le long de l'axe longitudinal du corps : les os de la tête, les osselets de l'ouïe, l'os hyoïde, les côtes, le sternum et les os de la colonne vertébrale. Voir le tableau 7.1.

2. Le squelette appendiculaire comprend les os des membres supérieurs et inférieurs ainsi que les os des ceintures scapulaire et pelvienne, qui relient les membres au squelette axial. Voir le tableau 7.1.

LES TYPES D'OS (P. 210)

1. Presque tous les os peuvent être classés selon leur forme : os longs, courts, plats, irréguliers et sésamoïdes. Les os sésamoïdes se trouvent dans les tendons ou les ligaments.

2. Les os suturaux sont situés à l'intérieur de certains os du crâne.

LE RELIEF OSSEUX (P. 212)

1. Les éléments du relief osseux sont des caractéristiques structurales visibles à la surface des os.

2. Chaque élément du relief osseux (dépression, ouverture ou protubérance) possède une structure adaptée à sa fonction, qui peut être de former une articulation, de fixer un muscle ou de permettre le passage de nerfs et de vaisseaux sanguins (voir le tableau 7.2).

LES OS DE LA TÊTE (P. 213)

1. Les 22 os de la tête se divisent en os du crâne et en os de la face.

2. Les 8 os du crâne sont l'os frontal, les 2 os pariétaux, les 2 os temporaux, l'os occipital, l'os sphénoïde et l'os ethmoïde.

3. Les 14 os de la face sont les 2 os nasaux, les 2 maxillaires, les 2 os zygomatiques, la mandibule, les 2 os lacrymaux, les 2 os palatins, les 2 cornets nasaux inférieurs et le vomer.

4. Le septum nasal comprend le vomer, la lame perpendiculaire de l'ethmoïde et le cartilage septal du nez. Il sépare les deux cavités nasales, gauche et droite.

5. Chaque orbite est formée par sept os de la tête.

6. Les foramens et canaux des os de la tête permettent le passage des nerfs et des vaisseaux sanguins (voir le tableau 7.3).

7. Les sutures sont des articulations immobiles qui maintiennent en place la plupart des os de la tête. Les principales sutures sont la suture coronale, la suture sagittale, la suture lambdoïde et les sutures squameuses.

8. Les sinus paranasaux sont des cavités de certains os de la tête qui communiquent avec les cavités nasales. Les os frontal, sphénoïde et ethmoïde et les maxillaires contiennent les sinus paranasaux.

9. Les fontanelles sont des espaces remplis de mésenchyme qui séparent les os du crâne du fœtus et du nourrisson. Les principales fontanelles sont la fontanelle antérieure, la fontanelle postérieure, les deux fontanelles sphénoïdales et les deux fontanelles mastoïdiennes. Après la naissance, les fontanelles se remplissent de matière osseuse et deviennent des sutures.

L'OS HYOÏDE (P. 227)

1. L'os hyoïde est un os en forme de U qui ne s'articule avec aucun autre os.

2. Il soutient la langue et offre des points d'attache à certains muscles de la langue et aux muscles du cou et du pharynx.

LA COLONNE VERTÉBRALE (P. 228)

1. La colonne vertébrale forme avec le sternum et les côtes le squelette du tronc.

2. Les 26 os de la colonne vertébrale d'un adulte sont les 7 vertèbres cervicales, les 12 vertèbres thoraciques, les 5 vertèbres lombaires, le sacrum (5 vertèbres fusionnées) et le coccyx (habituellement 4 vertèbres fusionnées).

3. La colonne vertébrale d'un adulte présente quatre courbures normales (cervicale, thoracique, lombaire et sacrale) qui la rendent plus résistante, la soutiennent et contribuent au maintien de l'équilibre.

4. En général, chaque vertèbre possède un corps vertébral, un arc vertébral et sept processus. Les vertèbres des différentes parties de la colonne varient selon leur taille, leur forme et leurs caractéristiques.

LE THORAX (P. 237)

1. La portion osseuse du thorax (cage thoracique) est formée par le sternum, les côtes, les cartilages costaux et les vertèbres thoraciques.

2. La cage thoracique protège les organes vitaux des cavités thoracique et abdominale supérieure.

AUTOÉVALUATION

Vous trouverez les réponses à ces questions à l'appendice D.

COMPLÉTEZ LES PHRASES SUIVANTES.

1. Les espaces membraneux situés entre les os du crâne du fœtus qui permettent à la tête de changer de taille et de forme pour emprunter le canal génital sont appelés _____.

2. La fosse hypophysaire de la selle turcique de l'os sphénoïde contient _____.

3. Les régions de la colonne vertébrale formées par des vertèbres fusionnées sont le _____ et le _____.

INDIQUEZ SI LES ÉNONCÉS SUIVANTS SONT VRAIS OU FAUX.

4. Les articulations atlantooccipitales permettent de tourner la tête en signe de négation.

5. Les côtes qui ne sont pas fixées au sternum sont appelées *vraies côtes*.

CHOISISSEZ LA BONNE RÉPONSE.

6. Lequel des os suivant *ne* contient *pas* de sinus paranasal ? a) l'os frontal, b) l'os sphénoïde, c) les os lacrymaux, d) l'os ethmoïde, e) les maxillaires.

7. Laquelle des paires suivantes n'est pas bien formée ? a) mandibule : seul os mobile de la tête, b) os hyoïde : os qui ne s'articule avec aucun autre, c) sacrum : soutient le bas du dos, d) vertèbres thoraciques : s'articulent vers l'arrière avec les côtes thoraciques, e) cornet nasal inférieur : fait partie des os de la face.

8. Lequel des os suivant *ne* forme *pas* une paire ? a) le vomer, b) l'os palatin, c) l'os lacrymal, d) le maxillaire, e) l'os nasal.

9. La suture située entre les os pariétal et temporal est : a) la suture lambdoïde, b) la suture sagittale, c) la suture coronale, d) la suture antérolatérale, e) la suture squameuse.

10. Les courbures vertébrales primaires qui se forment pendant le développement fœtal sont : 1) la courbure cervicale, 2) la courbure thoracique, 3) la courbure lombaire, 4) la courbure coccygienne, 5) la courbure sacrale. a) 2 et 3 ; b) 1 et 2 ; c) 2 et 4 ; d) 2 et 5 ; e) 1 et 3.

11. Lesquelles des fonctions suivantes sont associées aux os du crâne ? 1) protection de l'encéphale, 2) point de fixation pour les muscles qui permettent les mouvements de la tête, 3) protection des organes des sens, 4) point de fixation pour les méninges, 5) point de fixation pour les muscles qui permettent de produire les expressions faciales. a) 1, 2 et 5 ; b) 1, 2, 4 et 5 ; c) 2 et 5 ; d) 1, 2, 3 et 5 ; e) 1, 2, 3, 4 et 5.

12. Associez les éléments suivants :

_____ a) arête bien en évidence ou projection allongée
_____ b) ouverture tubulaire
_____ c) grande protubérance arrondie située à l'extrémité d'un os
_____ d) surface articulaire lisse, plate ou arrondie
_____ e) saillie étroite et pointue
_____ f) ouverture par laquelle passent les vaisseaux sanguins, les nerfs ou les ligaments
_____ g) grosse protubérance ronde et rugueuse
_____ h) fente étroite reliant les parties adjacentes des os et servant de passage aux vaisseaux sanguins ou aux nerfs

1) foramen
2) tubérosité
3) processus épineux
4) crête
5) facette
6) fissure ou scissure
7) condyle
8) méat (ou conduit)

13. Associez les éléments suivants :

_____ a) foramen supraorbitaire
_____ b) articulation temporomandibulaire
_____ c) méat acoustique externe
_____ d) foramen magnum
_____ e) canal optique
_____ f) lame criblée de l'ethmoïde
_____ g) processus palatin
_____ h) branche, corps et condyle
_____ i) foramen transversaire, processus bifides
_____ j) dent
_____ k) promontoire
_____ l) cartilages costaux
_____ m) processus xiphoïde

1) os temporal
2) os sphénoïde
3) vertèbres cervicales
4) os ethmoïde
5) fixation formée par la mandibule et l'os temporal (fosse mandibulaire et tubercule articulaire)
6) os occipital
7) os frontal
8) maxillaires
9) mandibule
10) axis
11) sacrum
12) sternum
13) côtes

14. Associez les éléments suivants (une même réponse peut servir plus d'une fois):

_____ a) os plus longs que larges qui sont formés d'un corps et d'un nombre variable d'épiphyses

_____ b) os cubiques qui sont presque aussi longs que larges

_____ c) os qui se forment dans certains tendons soumis à des frictions, des tensions et des contraintes physiques considérables

_____ d) petits os situés à l'intérieur des articulations entre certains os du crâne

_____ e) os minces composés de deux lames vertébrales presque parallèles de tissu osseux compact entourant une couche de tissu osseux spongieux

_____ f) os aux formes complexes comprenant les vertèbres et certains os de la face

_____ g) comprennent la patella

_____ h) os qui offrent une grande protection et de nombreux points d'attache musculaire

_____ i) comprennent le fémur, le tibia, la fibula, l'humérus, l'ulna et le radius

_____ j) comprennent les os du crâne, le sternum et les côtes

_____ k) comprennent presque tous les os du carpe (poignet) et du tarse (cheville)

1) os irréguliers
2) os longs
3) os courts
4) os plats
5) os sésamoïdes
6) os suturaux

15. Associez les éléments suivants:

_____ a) forme le front

_____ b) forment les faces latérales inférieures du crâne et une partie du plancher du crâne; contiennent le processus zygomatique et le processus mastoïde

_____ c) forme une partie de la portion antérieure du plancher du crâne, la paroi médiale des orbites, les portions supérieures du septum nasal et la majeure partie des parois latérales des cavités nasales; constitue une structure de soutien importante des cavités nasales

_____ d) forment la proéminence de la joue et une partie de la paroi latérale et du plancher de chaque orbite

_____ e) os le plus large et le plus fort de la face; seul os mobile de la tête

_____ f) os plus ou moins triangulaire situé à la base des cavités nasales; une des composantes du septum nasal

_____ g) forment la plus grande partie des côtés et du toit de la cavité crânienne

_____ h) forme la partie postérieure et la majeure partie de la base du crâne; contient le foramen magnum

_____ i) considéré comme l'os clé du plancher du crâne; contient la selle turcique, le canal optique et les processus ptérygoïdes

_____ j) forment l'arête du nez

_____ k) les plus petits os de la face; contiennent une fosse verticale abritant une structure qui accumule les larmes et les achemine dans les cavités nasales

_____ l) ne s'articule avec aucun autre os

_____ m) s'unissent pour former la mâchoire supérieure et s'articulent avec chaque os de la face à l'exception de la mâchoire inférieure

_____ n) forment la partie postérieure du palais osseux, une partie du plancher et des parois latérales des cavités nasales et une petite portion du plancher des orbites

_____ o) os en forme de volute qui constituent une partie des parois latérales des cavités nasales; font tourbillonner et filtrent l'air inhalé

1) os temporaux
2) os pariétaux
3) os frontal
4) os occipital
5) os sphénoïde
6) os ethmoïde
7) os nasaux
8) maxillaires
9) os zygomatiques
10) os lacrymaux
11) os palatins
12) vomer
13) mandibule
14) cornets nasaux inférieurs
15) os hyoïde

QUESTIONS À COURT DÉVELOPPEMENT

Vous trouverez les réponses à ces questions à l'appendice D.

1. Jean a eu un accident de voiture. Il ne peut ouvrir la bouche et on lui dit qu'il a subi les blessures suivantes : œil au beurre noir, fracture du nez, fracture de la joue, fracture de la mâchoire supérieure, lésion à une orbite et perforation d'un poumon. Décrivez *avec précision* les structures anatomiques de Jean qui ont été lésées au cours de l'accident.

2. Ron est un expert de la souque-à-la-corde. Il s'exerce en tirant jour et nuit sur une corde attachée à une ancre de 400 kg. Quels changements sa structure osseuse devrait-elle subir ?

3. Une jeune maman rentre à la maison avec son nouveau-né. Une amie bien intentionnée lui dit de ne pas laver les cheveux de son bébé au cours des prochains mois parce que l'eau et le savon pourraient « entrer par la partie molle située sur le dessus de sa tête et causer des lésions cérébrales ». Expliquez-lui pourquoi ce n'est pas vrai.

RÉPONSES AUX QUESTIONS DES FIGURES

7.1 Les os de la tête et la colonne vertébrale font partie du squelette axial. La clavicule, la ceinture scapulaire, l'humérus, la ceinture pelvienne et le fémur forment le squelette appendiculaire.

7.2 Les os plats offrent une protection aux organes internes et de nombreux points d'attache aux muscles.

7.3 Les os frontal, pariétal, sphénoïde, ethmoïde et temporal sont des os du crâne.

7.4 Une suture squameuse unit les os pariétal et temporal. Une suture lambdoïde unit les os pariétal et occipital. Une suture coronale unit les os pariétal et frontal.

7.5 L'os temporal s'articule avec les os pariétal, sphénoïde, zygomatique et occipital.

7.6 Les os pariétaux forment les portions latérales et postérieures du crâne.

7.7 Le bulbe rachidien de l'encéphale s'unit à la moelle épinière dans le foramen magnum.

7.8 À partir de la crista galli de l'os ethmoïde, l'os ethmoïde s'articule avec les os frontal, pariétal, temporal, occipital, temporal, pariétal, frontal, pour revenir à la crista galli de l'os ethmoïde.

7.9 La lame perpendiculaire de l'os ethmoïde forme la partie supérieure du septum nasal et ses labyrinthes ethmoïdaux constituent la majeure partie des parois médiales des orbites.

7.10 La mandibule est le seul os mobile de la tête si l'on exclut les osselets de l'ouïe.

7.11 Le septum nasal sépare les deux cavités nasales, droite et gauche.

7.12 Les os formant l'orbite sont les os frontal, sphénoïde, zygomatique, maxillaire, lacrymal, ethmoïde et palatin.

7.13 Les sinus paranasaux produisent du mucus et augmentent la résonance de la voix.

7.14 La fontanelle sphénoïdale est entourée de quatre os, les os frontal, pariétal, temporal et sphénoïde.

7.15 L'os hyoïde ne s'articule avec aucun autre os.

7.16 Les courbures thoracique et sacrale de la colonne vertébrale sont concaves par rapport à l'avant du corps.

7.17 Les foramens vertébraux abritent la moelle épinière, tandis que les foramens intervertébraux permettent la sortie des nerfs spinaux de la colonne vertébrale.

7.18 L'atlas s'articulant sur l'axis permet le mouvement de la tête en signe de négation.

7.19 Les facettes et les demi-facette costales du corps des vertèbres thoraciques s'articulent avec les têtes des côtes ; les facettes costales des processus transverses des vertèbres thoraciques s'articulent avec les tubercules des côtes.

7.20 Les vertèbres lombaires sont les vertèbres les plus grandes et les plus robustes du corps parce que le poids corporel supporté par les vertèbres augmente toujours dans la portion inférieure de la colonne vertébrale.

7.21 Il existe quatre paires de foramens sacraux, pour un total de huit. Chaque foramen sacral pelvien rejoint un foramen sacral postérieur à la hauteur du foramen intervertébral. Les nerfs et les vaisseaux sanguins passent par ces orifices.

7.22 Vraies côtes : paires 1 à 7 ; fausses côtes : paires 8 à 10 ; côtes flottantes : paires 11 et 12.

7.23 La facette de la tête de la côte s'insère dans une facette costale du corps d'une vertèbre, et la partie articulaire du tubercule d'une côte s'articule avec la facette costale du processus transverse d'une vertèbre.

7.24 La plupart des hernies discales touchent la région lombaire parce que cette région supporte la majeure partie du poids corporel et est la région le plus souvent fléchie.

7.25 La cyphose est fréquente chez les personnes atteintes d'ostéoporose au stade avancé.

7.26 Une carence en acide folique est associée au spina bifida.

SYSTÈME SQUELETTIQUE : LE SQUELETTE APPENDICULAIRE

LE SQUELETTE APPENDICULAIRE ET L'HOMÉOSTASIE

Les os du squelette appendiculaire contribuent à l'homéostasie de plusieurs manières : ils servent de points d'attache aux muscles et produisent un effet de levier, ce qui facilite les mouvements du corps ; offrent soutien et protection aux organes internes, tels les organes génitaux ; et entreposent et libèrent du calcium.

Comme nous l'avons vu au chapitre 7, les deux grandes divisions du système squelettique sont le squelette axial et le squelette appendiculaire. Nous y avons abordé les structures qui composent le squelette axial et la principale fonction de ce dernier, soit la protection des organes internes. Dans le présent chapitre, nous traiterons des structures qui composent le squelette appendiculaire et de sa principale fonction, soit le mouvement. Le squelette appendiculaire comprend les os des membres supérieurs et inférieurs ainsi que les deux ceintures osseuses qui relient les membres au squelette axial. Les os du squelette appendiculaire sont reliés entre eux et avec les muscles squelettiques pour permettre les mouvements, tels ceux qui sont associés, par exemple, à la marche, à l'écriture, à l'utilisation d'un ordinateur ou d'un instrument de musique, à la danse et à la natation.

LA CEINTURE SCAPULAIRE (ÉPAULE)

OBJECTIF

• Nommer les os et les principaux éléments du relief osseux de la ceinture scapulaire.

Le corps humain comporte deux **ceintures scapulaires**, appelées aussi *ceintures pectorales* ou *ceintures du membre supérieur*, qui fixent les os des membres supérieurs au squelette axial (figure 8.1). Chacune comprend une clavicule et une scapula. À l'avant, la *clavicule* s'articule avec le *manubrium sternal* au niveau de l'*articulation sternoclaviculaire*. La *scapula* s'articule avec la clavicule pour former l'*articulation acromioclaviculaire* et avec l'humérus pour former l'*articulation scapulohumérale* (épaule). Les ceintures scapulaires ne s'articulent pas avec la colonne vertébrale ; elles sont maintenues en place par des attaches musculaires.

LA CLAVICULE

La **clavicule** est un os long et mince, incurvé en S, qui s'étend horizontalement dans la partie antérieure du thorax, au-dessus de la première côte (figure 8.2). La clavicule est incurvée en S puisque sa portion médiale (ou interne) est convexe vers l'avant et sa portion latérale (ou externe), concave vers l'avant. Elle comprend un corps et deux extrémités. Son extrémité médiale, appelée *extrémité sternale*, est arrondie et s'articule avec le manubrium sternal pour former l'*articulation sternoclaviculaire*. Son extrémité latérale, appelée *extrémité acromiale*, est large et aplatie et s'articule avec l'acromion de la scapula pour former l'*articulation acromioclaviculaire* (figure 8.1). Le *tubercule conoïde* (*kônoeidês* : en forme de cône), situé sur la face inférieure de l'extrémité acromiale de la clavicule, sert de point d'attache au ligament conoïde, qui relie la clavicule et la scapula. Comme son nom l'indique, l'*empreinte du ligament costoclaviculaire*, située sur la face inférieure de l'extrémité sternale, sert de point d'attache au ligament costoclaviculaire (figure 8.2b) ; ce ligament fixe la clavicule à la première côte.

LA FRACTURE DE LA CLAVICULE

La clavicule transmet la force mécanique du membre supérieur au tronc. Une **fracture de la clavicule** peut survenir lorsque l'os subit un choc d'une trop grande force, par exemple lors d'une chute amortie par les bras tendus. La clavicule est l'un des os du corps le plus souvent fracturés. La jonction de ses deux courbures est son point le plus

FIGURE 8.1 La ceinture scapulaire droite.

La clavicule est l'os antérieur de la ceinture scapulaire et la scapula, son os postérieur.

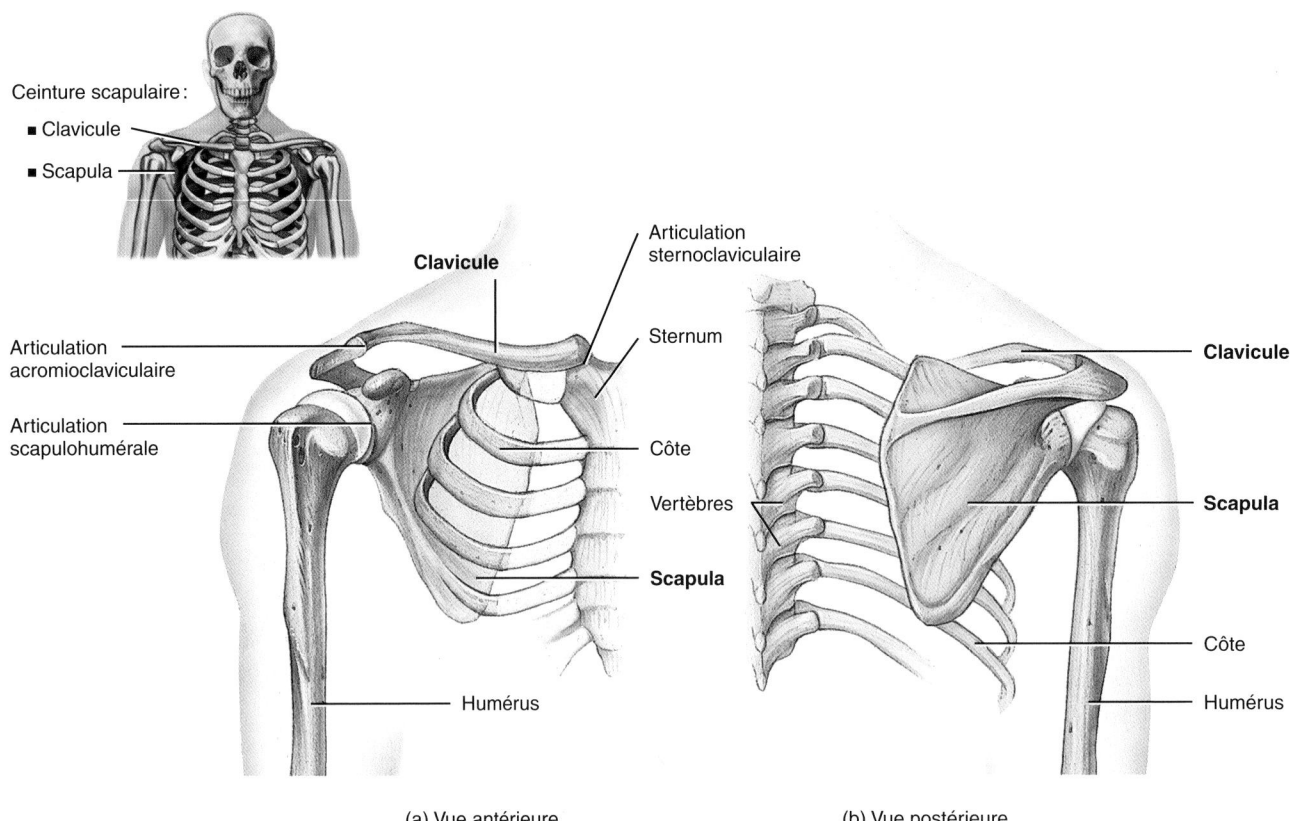

(a) Vue antérieure   (b) Vue postérieure

Q Quelle est la fonction des ceintures scapulaires ?

FIGURE 8.2 La clavicule droite.

La clavicule s'articule avec le manubrium sternal du côté médial et avec l'acromion de la scapula du côté latéral.

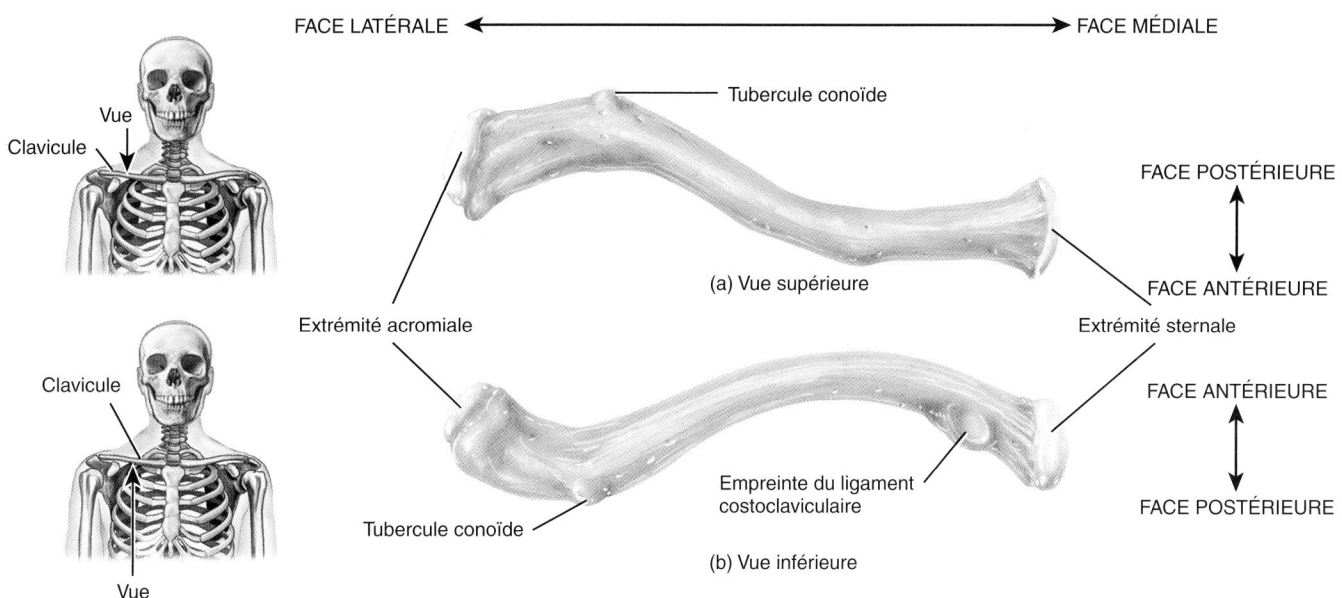

Q Quel est le point le plus faible de la clavicule?

faible, et c'est là que se produit habituellement la fracture. Même en l'absence de fracture, la compression de la clavicule causée par une bretelle de ceinture de sécurité au cours d'un accident de voiture entraîne souvent une lésion du nerf médian, situé entre la clavicule et la deuxième côte. Pour empêcher le bras de se déplacer vers l'extérieur, on immobilise en général une clavicule fracturée avec une attelle. ■

LA SCAPULA

La **scapula**, ou *omoplate*, est un os large, plat et triangulaire situé en haut de la partie dorsale du thorax, entre la deuxième et la septième côte (figure 8.3). Une crête saillante, l'*épine scapulaire*, traverse en diagonale la face postérieure du *corps* aplati et triangulaire de la scapula (figure 8.3b). L'extrémité latérale de l'épine scapulaire se prolonge en un processus large et plat appelé *acromion* (*akrômion*: pointe de l'épaule), que l'on peut palper au plus haut point de l'épaule. Les tailleurs partent de l'acromion pour mesurer la longueur du membre supérieur. En-dessous de l'acromion se trouve une dépression peu profonde, la *cavité glénoïdale* de la scapula, qui reçoit la tête de l'humérus (os du bras), avec laquelle elle forme l'*articulation scapulohumérale* (figure 8.1). Cette articulation, bien qu'elle ne soit pas très stable, permet une amplitude de mouvement maximale.

Le bord mince de la scapula situé près de la colonne vertébrale est nommé *bord médial* (ou *spinal*). Son bord épais situé plus près

du bras est appelé *bord latéral* (ou *axillaire*). La jonction des bords médial et latéral forme l'*angle inférieur*. Le *bord supérieur* (ou cervical) de la scapula rejoint le bord médial au niveau de l'*angle supérieur* de la scapula. L'*incisure suprascapulaire* est une gouttière proéminente qui longe le bord supérieur de la scapula et achemine le nerf suprascapulaire.

À l'extrémité latérale du bord supérieur de la scapula, sur la face antérieure, on observe une saillie appelé *processus coracoïde* (*korakoeidês*: semblable à un bec de corbeau), à laquelle se rattachent les tendons de muscles (petit pectoral, coracobrachial et biceps brachial; voir les figures 11.14 et 11.15) et de ligaments (coracoacromial et coracoclaviculaire; voir la figure 9.12). Au-dessus et en dessous de l'épine scapulaire, sur la face postérieure de la scapula, se trouvent, respectivement, la *fosse supraépineuse* et la *fosse infraépineuse*. Ces deux fosses servent de points d'attache aux tendons des muscles de l'épaule, soit les muscles supraépineux et infraépineux. La région légèrement excavée sur la face antérieure de la scapula, appelée *fosse subscapulaire*, sert également de point d'insertion aux tendons des muscles de l'épaule.

▶ **POINT DE CONTRÔLE**

1. Quels os ou quelles parties d'os de la ceinture scapulaire forment les articulations sternoclaviculaire, acromioclaviculaire et scapulohumérale?

FIGURE 8.3 La scapula (ou omoplate) droite.

La cavité glénoïdale de la scapula s'articule avec la tête de l'humérus pour former l'articulation scapulohumérale (épaule).

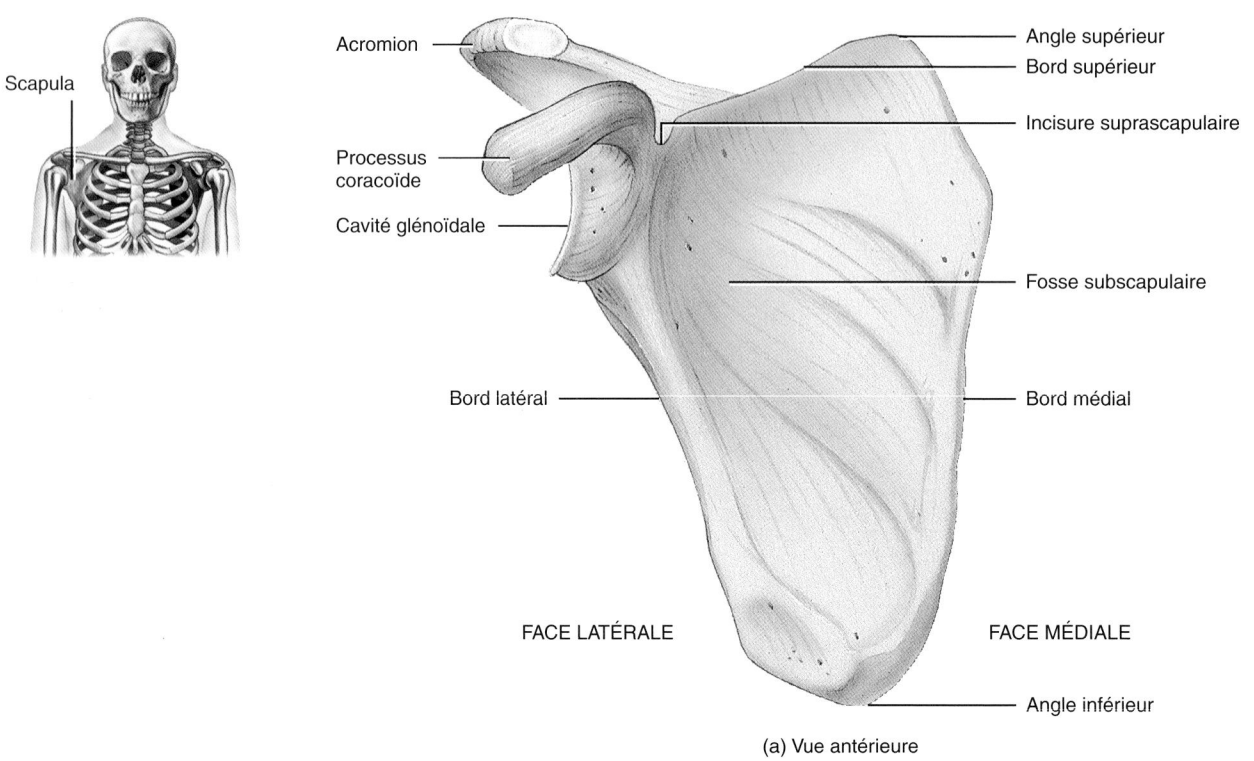

(a) Vue antérieure

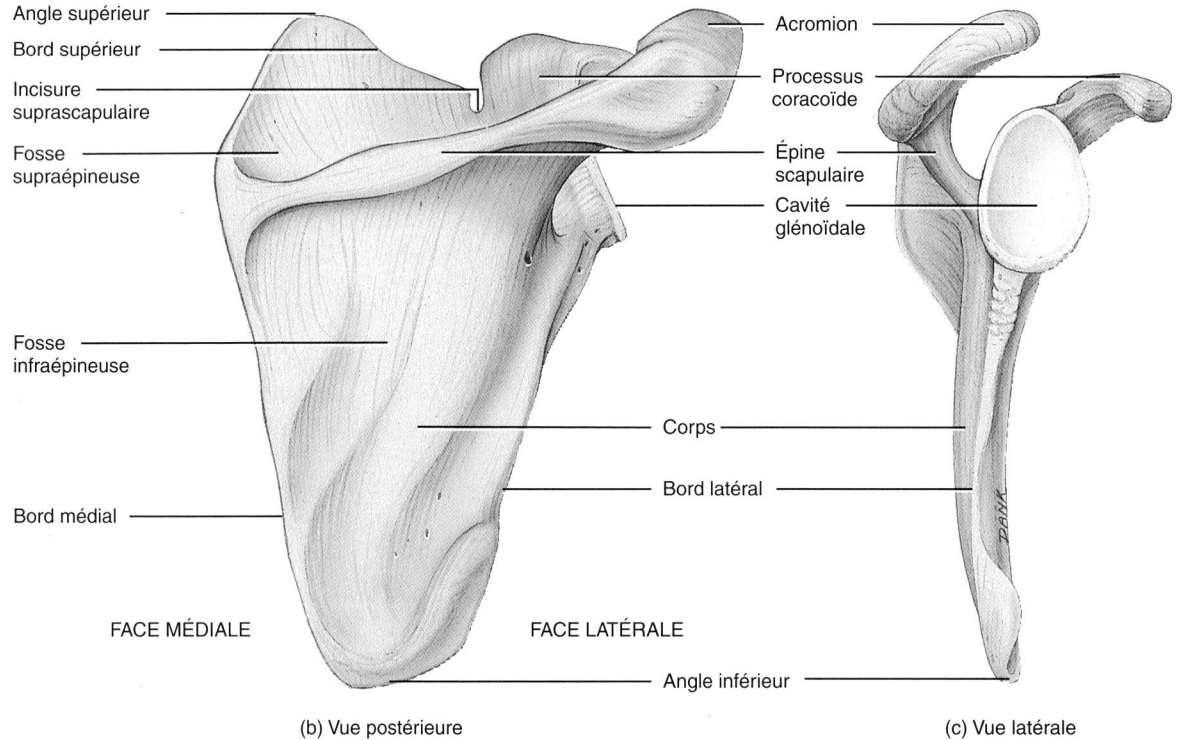

(b) Vue postérieure

(c) Vue latérale

Q Quelle partie de la scapula forme la pointe de l'épaule?

LE MEMBRE SUPÉRIEUR

> **OBJECTIF**

- Nommer les os et les principaux éléments du relief osseux du membre supérieur.

Chacun des **membres supérieurs** compte 30 os formant trois groupes : 1) l'humérus (bras), 2) l'ulna et le radius (avant-bras) et 3) les 8 os du carpe (poignet), les 5 os métacarpiens (paume) et les 14 phalanges de la main (doigts) (figure 8.4).

L'HUMÉRUS

L'**humérus** (os du bras) est l'os le plus long et le plus large du membre supérieur (figure 8.5). Son extrémité proximale s'articule avec la scapula et son extrémité distale, avec deux os, l'ulna et le radius.

Située à l'extrémité proximale, la *tête de l'humérus* forme une saillie arrondie qui s'articule avec la cavité glénoïdale de la scapula pour former l'*articulation scapulohumérale*. Le *col anatomique de l'humérus* est une incisure oblique évidente qui circonscrit la tête et la sépare des tubercules majeur et mineur. Le *tubercule majeur* fait saillie sur la face latérale de l'humérus, en dessous du col anatomique. Il s'agit du repère osseux le plus latéral que l'on puisse palper dans la région de l'épaule. Le *tubercule mineur* prolonge la face antérieure de l'os. Ces deux tubercules sont séparés par le *sillon intertuberculaire*. En allant vers l'extrémité distale, on rencontre le *col chirurgical de l'humérus*, portion rétrécie à la jonction de la tête et du corps de l'humérus ; il est ainsi nommé parce qu'il est souvent fracturé.

Le *corps de l'humérus* est plus ou moins cylindrique à son extrémité proximale, puis devient graduellement triangulaire et enfin plat et large à son extrémité distale. Sur la face latérale de sa partie moyenne, on observe une région rugueuse en forme de V appelée *tubérosité deltoïdienne*. Cette région offre des points d'attache aux tendons du muscle deltoïde.

Plusieurs saillies sont évidentes à l'extrémité distale de l'humérus. Le *capitulum de l'humérus* (*caput* : tête) est une bosse arrondie sur la face latérale de l'os qui s'articule avec la tête du radius. La *fosse radiale* est une dépression antérieure qui reçoit la tête du radius lorsque le coude est fléchi. La *trochlée de l'humérus*, située à l'opposé du capitulum, est une surface en forme de poulie qui s'articule avec l'ulna. La *fosse coronoïdienne* (en forme de couronne) est une dépression antérieure qui reçoit le processus coronoïde de l'ulna lorsque le coude est fléchi. La *fosse olécrânienne* (*ôlénê* : coude ; *kranion* : tête) est une cuvette postérieure qui reçoit l'olécrâne de l'ulna lorsque le bras est étendu (droit). L'*épicondyle médial* et l'*épicondyle latéral de l'humérus* sont des saillies rugueuses situées de part et d'autre de l'extrémité distale, à laquelle les tendons de la plupart des muscles de l'avant-bras se rattachent. Le nerf ulnaire, celui qui est si sensible quand on se heurte le coude, peut être palpé en roulant un doigt sur la peau au-dessus de la face postérieure de l'épicondyle médial.

FIGURE 8.4 Les régions et les os du membre supérieur droit.

Chaque membre supérieur comprend un humérus, un ulna, un radius, des os du carpe, des os métacarpiens et des phalanges de la main.

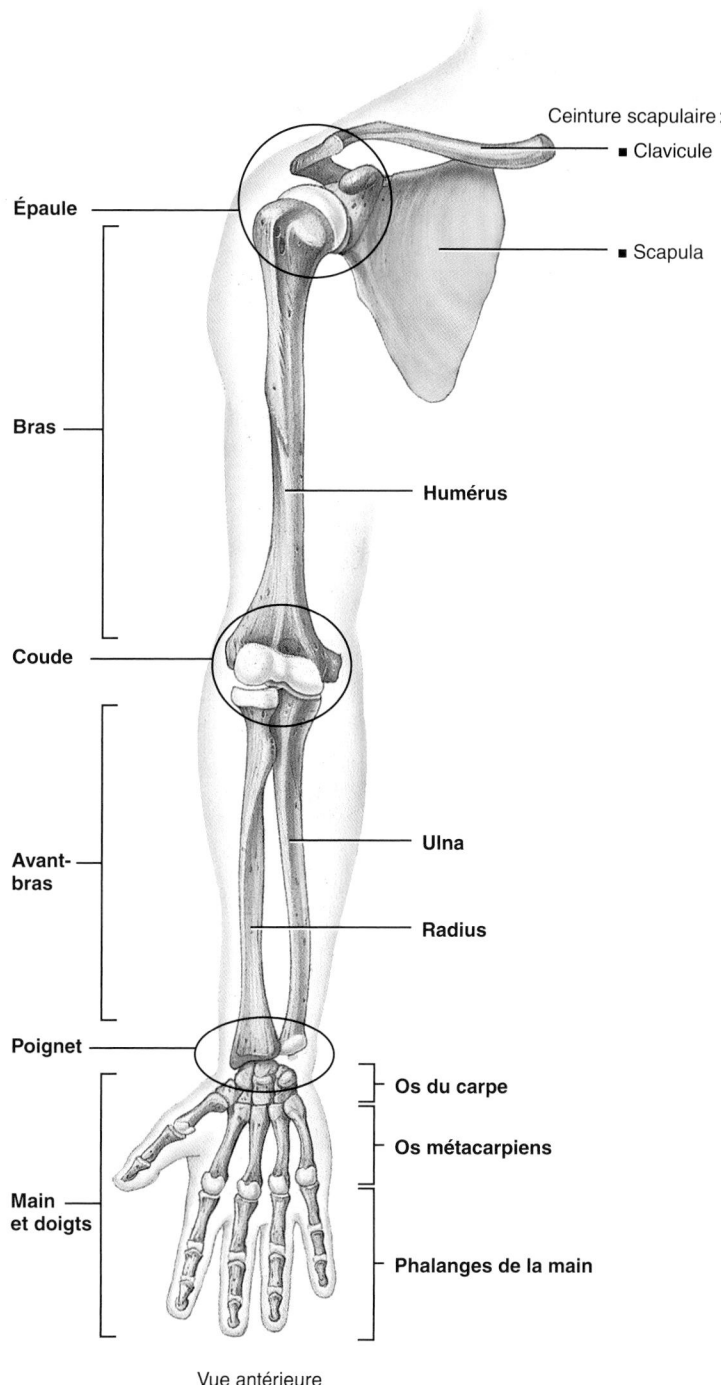

Vue antérieure

 Combien d'os compte chaque membre supérieur ?

FIGURE 8.5 L'humérus droit en rapport avec la scapula, l'ulna et le radius.

🗝 L'humérus est l'os le plus long et le plus large du membre supérieur.

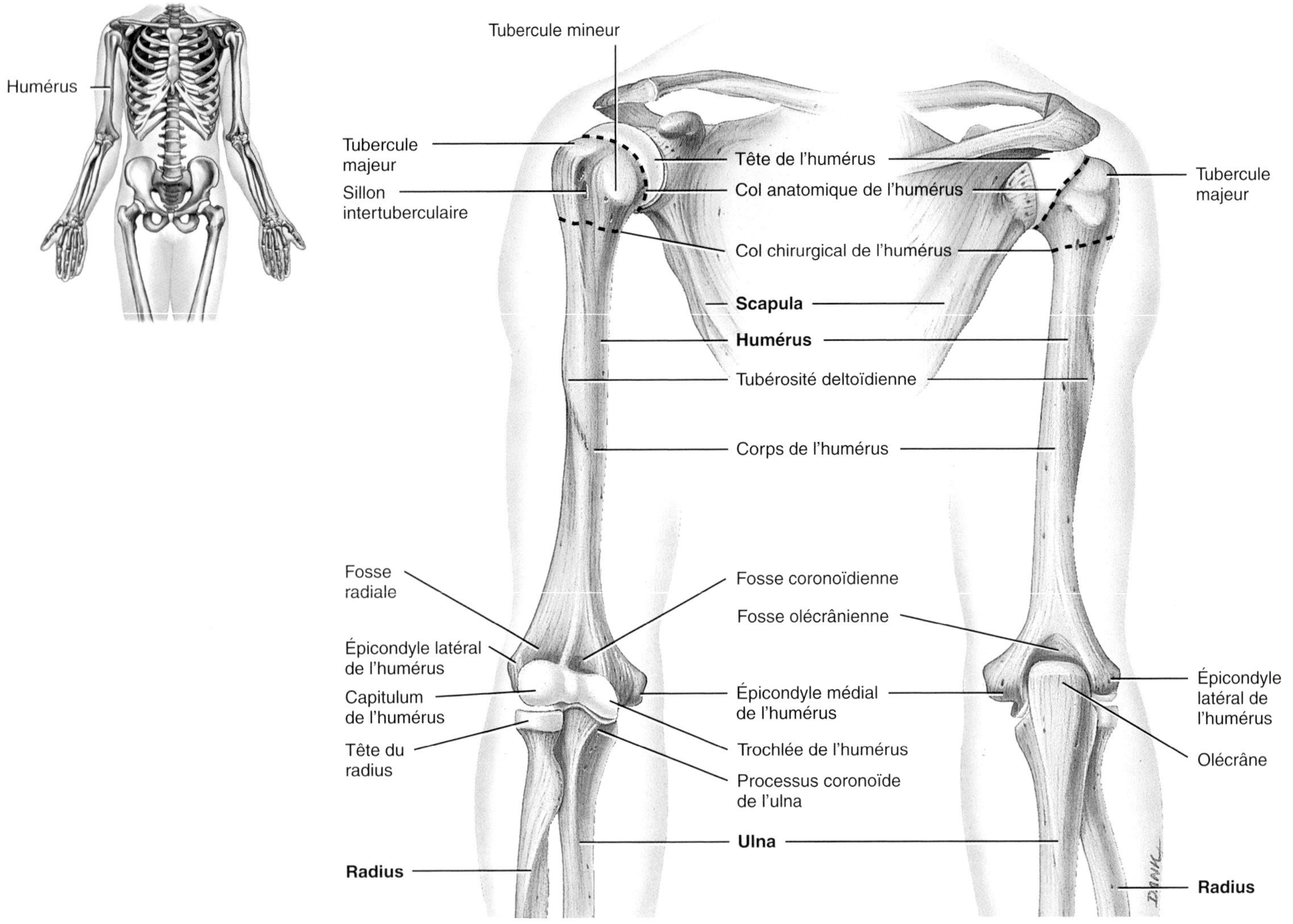

Humérus

Tubercule mineur

Tubercule majeur

Sillon intertuberculaire

Tête de l'humérus

Col anatomique de l'humérus

Col chirurgical de l'humérus

Tubercule majeur

Scapula

Humérus

Tubérosité deltoïdienne

Corps de l'humérus

Fosse radiale

Fosse coronoïdienne

Fosse olécrânienne

Épicondyle latéral de l'humérus

Capitulum de l'humérus

Tête du radius

Épicondyle médial de l'humérus

Trochlée de l'humérus

Processus coronoïde de l'ulna

Épicondyle latéral de l'humérus

Olécrâne

Ulna

Radius

Radius

(a) Vue antérieure

(b) Vue postérieure

Q Quelles parties de l'humérus s'articulent avec le radius au niveau du coude?
Lesquelles s'articulent avec l'ulna au même niveau?

L'ULNA ET LE RADIUS

L'**ulna**, situé sur le côté médial de l'avant-bras (du côté du petit doigt), est plus long que le radius (figure 8.6). À l'extrémité proximale de l'ulna (figure 8.6b) se trouve l'*olécrâne*, qui forme le volumineux processus osseux à la pointe du coude. Le *processus coronoïde de l'ulna* (figure 8.6a) constitue une saillie antérieure qui, avec l'olécrâne, reçoit la trochlée de l'humérus. Située entre l'olécrâne et le processus coronoïde de l'ulna, l'*incisure trochléaire* est une grande échancrure qui forme une partie de l'articulation du coude (figure 8.7b). Sur le côté latéral du processus coronoïde se trouve une dépression, appelée *incisure radiale*, qui reçoit la tête du radius. Juste en dessous du processus coronoïde de l'ulna, on observe la *tubérosité ulnaire* à laquelle se fixe le muscle biceps

brachial. L'extrémité distale de l'os comprend la *tête de l'ulna*, séparée du poignet par un disque fibrocartilagineux. Le *processus styloïde de l'ulna* (*stulos*: colonne; *eidos*: aspect) est situé sur la face postérieure de cette extrémité (figure 8.7c); il sert de point d'attache au ligament ulnocarpien palmaire dans l'articulation du poignet.

Le **radius** se trouve sur le côté latéral de l'avant-bras (du côté du pouce) (figure 8.6). Son extrémité proximale comporte la *tête du radius*, de forme discoïde, qui s'articule avec le capitulum de l'humérus et l'incisure radiale de l'ulna. Le *col du radius* est une portion rétrécie située en dessous de la tête du radius. Sous ce col, sur la face médiale du radius, une région rugueuse appelée *tubérosité radiale* offre des points d'attache aux tendons du muscle

FIGURE 8.6 L'ulna et le radius droits en rapport avec l'humérus et les os du carpe.

Sur sa face médiale, l'avant-bras comporte l'ulna et sur sa face latérale, le radius, qui est plus court que l'ulna.

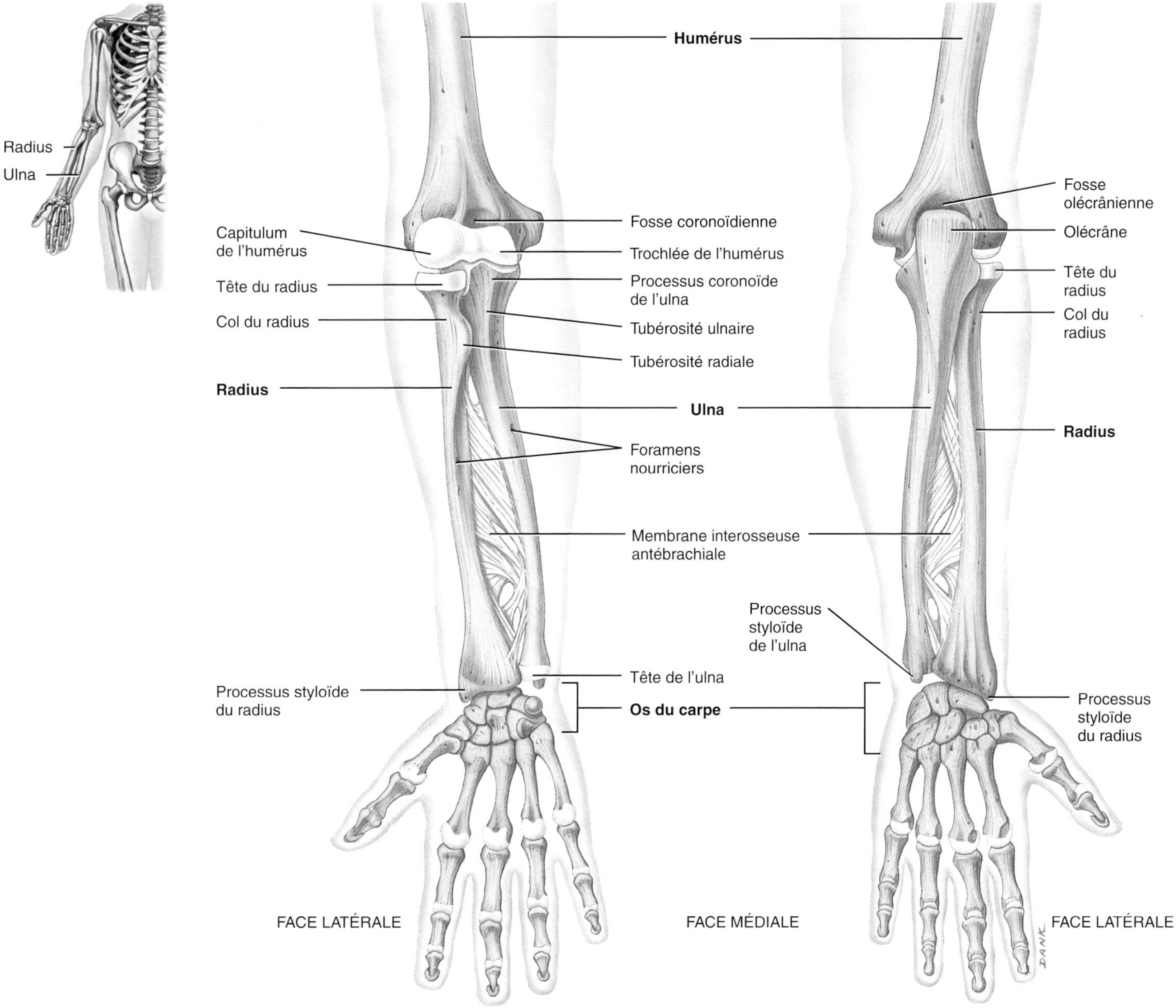

Radius
Ulna

Humérus

Fosse coronoïdienne
Trochlée de l'humérus
Capitulum de l'humérus
Processus coronoïde de l'ulna
Tête du radius
Tubérosité ulnaire
Col du radius
Tubérosité radiale
Radius
Ulna
Foramens nourriciers
Membrane interosseuse antébrachiale
Processus styloïde du radius
Tête de l'ulna
Os du carpe

FACE LATÉRALE

FACE MÉDIALE

(a) Vue antérieure

Fosse olécrânienne
Olécrâne
Tête du radius
Col du radius
Radius
Processus styloïde de l'ulna
Processus styloïde du radius

FACE LATÉRALE

(b) Vue postérieure

Quelle partie de l'ulna appelle-t-on le «coude»?

biceps brachial. Le corps du radius s'élargit sur la face latérale de l'extrémité distale pour former le *processus styloïde du radius*, que l'on peut palper près du pouce. Le processus styloïde sert de point d'attache au muscle brachioradial et au ligament radiocarpien palmaire à l'articulation du poignet. Chez les personnes de plus de 50 ans, la fracture la plus fréquente est celle de l'extrémité distale du radius.

L'*articulation du coude* unit le radius et l'ulna à l'humérus en deux endroits : à la jonction de la tête du radius et du capitulum de l'humérus (figure 8.7a) et à la jonction de la trochlée de l'humérus et de l'incisure trochléaire de l'ulna (figure 8.7b).

L'ulna et le radius sont reliés en trois points. D'abord, une *membrane interosseuse* large et plate composée de tissu conjonctif fibreux relie le corps des deux os. Cette membrane sert également

FIGURE 8.7 Les articulations formées par l'ulna et le radius. (a) Articulation du coude. (b) Surfaces articulaires à l'extrémité proximale de l'ulna. (c) Surfaces articulaires aux extrémités distales du radius et de l'ulna. L'ulna et le radius sont également reliés par une membrane interosseuse.

 L'articulation du coude est formée par deux articulations : 1) l'union de l'incisure trochléaire de l'ulna et de la trochlée de l'humérus ; et 2) l'union de la tête du radius et du capitulum de l'humérus.

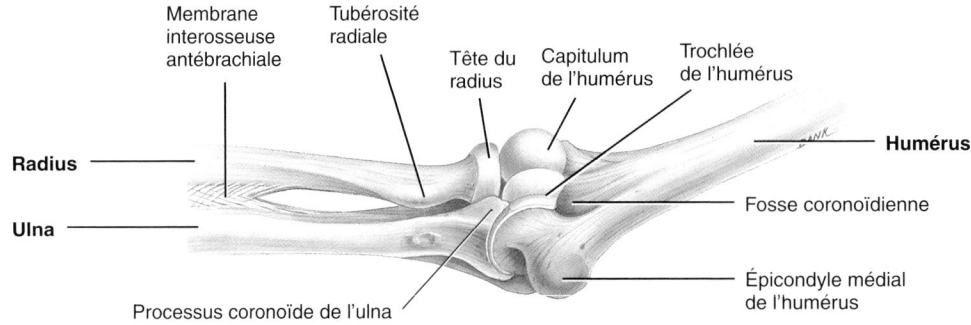

(a) Vue médiale en rapport avec l'humérus

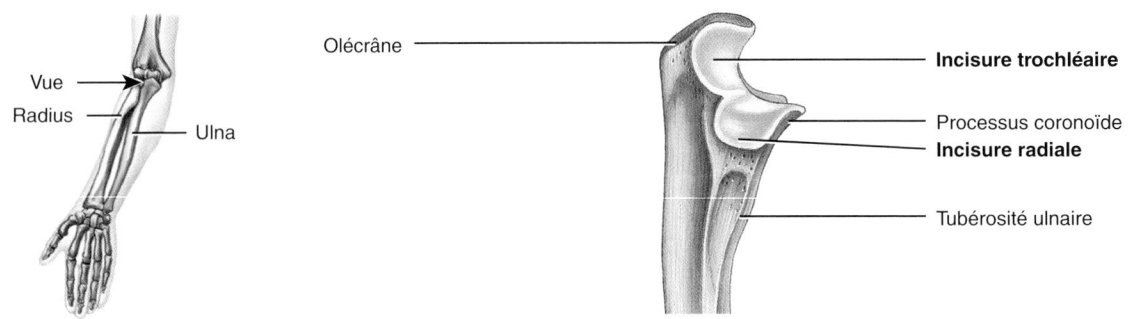

(b) Vue latérale de l'extrémité proximale de l'ulna

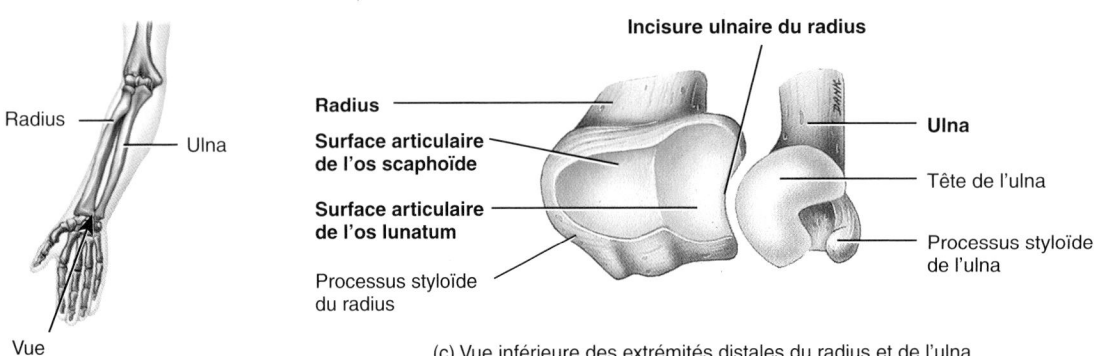

(c) Vue inférieure des extrémités distales du radius et de l'ulna

 Quels sont les points d'attache entre le radius et l'ulna ?

de point d'attache à quelques tendons des muscles squelettiques profonds de l'avant-bras. L'ulna et le radius s'articulent directement à leurs extrémités proximales et distales. À l'extrémité proximale, la tête du radius s'articule avec l'*incisure radiale* de l'ulna, dépression située à l'extérieur et en dessous de l'incisure trochléaire de l'ulna (figure 8.7b). Cette articulation est appelée *articulation radio-ulnaire proximale*. À l'extrémité distale, la tête de l'ulna s'articule avec l'*incisure ulnaire* du radius (figure 8.7c) pour former l'*articulation radio-ulnaire distale*. Enfin, l'extrémité distale du radius

s'articule avec trois os du poignet – l'os lunatum, l'os scaphoïde et l'os triquétrum – pour former l'*articulation radiocarpienne*.

LES OS DU CARPE, LES OS MÉTACARPIENS ET LES PHALANGES DE LA MAIN

Le **carpe** (couramment appelé « poignet ») est la région proximale de la **main** et comprend huit petits **os du carpe**, reliés par des ligaments (figure 8.8). Les articulations entre les os du carpe sont appelées *articulations intercarpiennes*. Les os du carpe sont disposés sur deux rangées transverses de quatre os chacune. Leur nom dénote leur forme. Les os de la rangée proximale sont, de l'extérieur vers l'intérieur, l'**os scaphoïde** (*skaphê* : barque ; *eidos* : aspect), l'**os lunatum** (*luna* : lune) ou os semi-lunaire, l'**os triquétrum** (qui a trois angles) ou os pyramidal, et l'**os pisiforme** (*pisum* : pois). Les os de la rangée distale sont, de l'extérieur vers l'intérieur, l'**os trapèze** (quadrilatère dont aucun côté n'est parallèle), l'**os trapézoïde** (quadrilatère dont deux côtés sont parallèles), l'**os capitatum** (en forme de tête) et l'**os hamatum** (crochu) ou os crochu.

L'os capitatum est le plus grand os du carpe ; sa tête est une saillie arrondie s'articulant avec l'os lunatum. L'os hamatum est ainsi nommé parce qu'il comporte sur sa face antérieure une grande saillie en forme de crochet. Dans environ 70 % des fractures du carpe, seul l'os scaphoïde est touché ; en effet, lors d'une chute amortie par la main étendue, l'impact est transmis, de l'os capitatum jusqu'au radius, par l'os scaphoïde.

L'espace concave formé par l'os pisiforme et l'os hamatum (du côté de l'ulna) ainsi que par l'os scaphoïde et l'os trapèze (du côté du radius) constitue, avec le *rétinaculum des fléchisseurs des doigts* (bandes fibreuses d'aponévrose profonde ; voir la figure 11.17), le **canal carpien**. Les longs tendons fléchisseurs des doigts et du pouce de même que le nerf médian passent par ce canal. Le rétrécissement du canal carpien, causé par divers facteurs tels que l'inflammation, provoque parfois un trouble appelé *syndrome du canal carpien* (voir p. 398).

FIGURE 8.8 Le poignet droit et la main droite en rapport avec l'ulna et le radius.

Le squelette de la main comprend les os du carpe à son extrémité proximale, les os métacarpiens au centre et les phalanges à son extrémité distale.

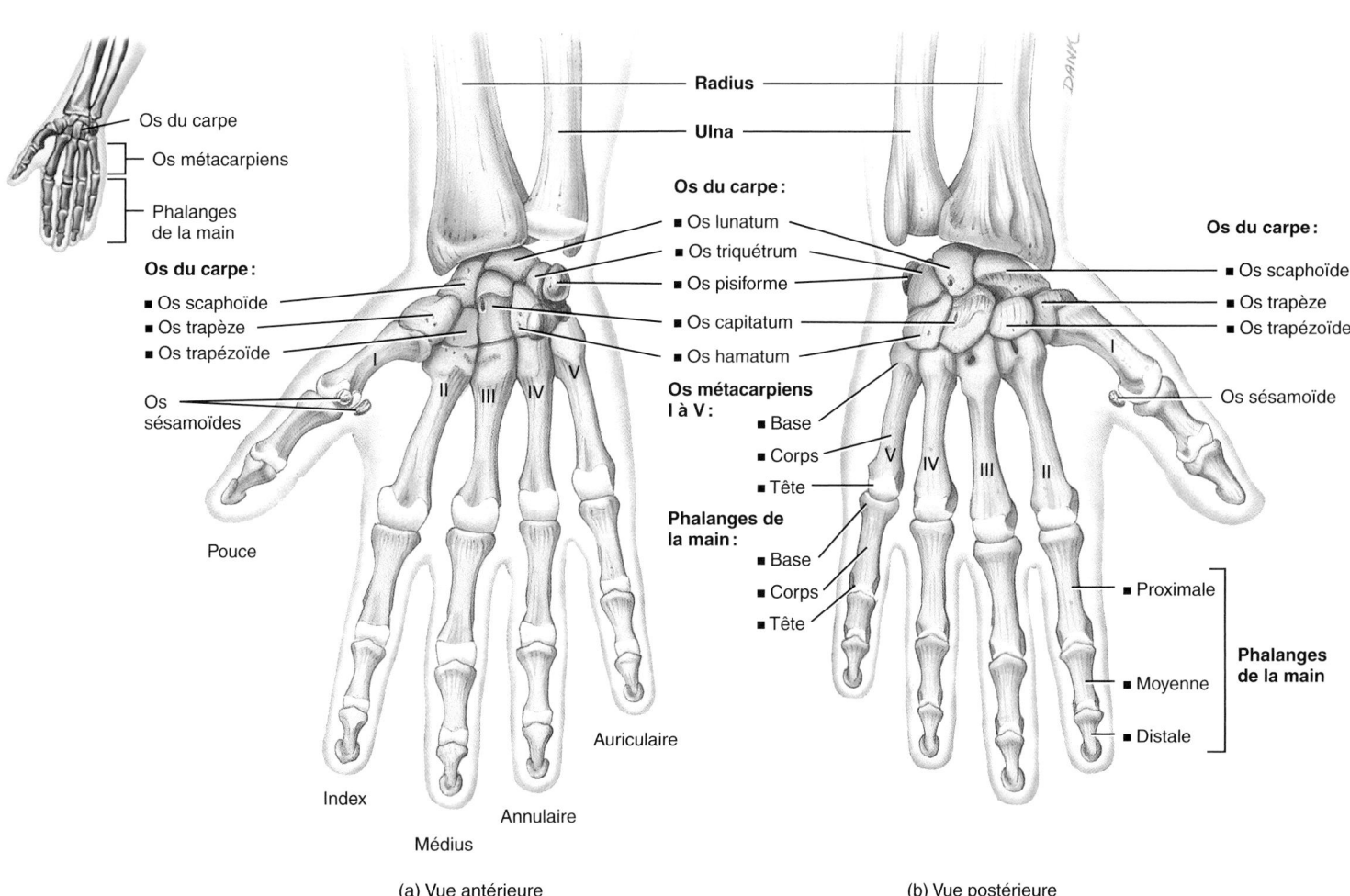

(a) Vue antérieure

(b) Vue postérieure

Q Quel est l'os du poignet le plus souvent fracturé ?

Le **métacarpe** (*meta* : après ; *karpos* : poignet), couramment appelé « paume de la main », est la région moyenne de la main et comprend cinq **os métacarpiens**. Chaque os métacarpien présente une *base de l'os métacarpien* en position proximale, une *tête de l'os métacarpien* en position distale et, entre les deux, un *corps de l'os métacarpien* (figure 8.8b). Les os métacarpiens sont numérotés de I à V de l'intérieur vers l'extérieur, en commençant par le pouce. Leurs bases s'articulent avec les os de la rangée distale du carpe pour former les *articulations carpométacarpiennes*, et leurs têtes s'articulent avec les phalanges proximales pour former les *articulations métacarpophalangiennes*. Poing serré, les têtes des os métacarpiens deviennent proéminentes.

Les **phalanges** de la main (*phalanx* : formation de combat), ou os des doigts, constituent la partie osseuse distale de la main. Les cinq doigts de chaque main comportent au total 14 phalanges. Comme les os métacarpiens, ils sont numérotés de I à V, en commençant par le pouce. Chaque phalange comprend une *base de la phalange* en position proximale, une *tête de la phalange* en position distale et, entre les deux, un *corps de la phalange*. Le pouce comprend deux phalanges et les quatre autres doigts en possèdent trois chacun. À partir du pouce, ces quatre autres doigts sont appelés communément l'index, le médius (ou majeur), l'annulaire et l'auriculaire (ou petit doigt). Les *phalanges proximales*, qui forment la première rangée de phalanges, s'articulent avec les os métacarpiens et les phalanges moyennes. Les *phalanges moyennes* de la deuxième rangée s'articulent avec les phalanges proximales et les *phalanges distales* de la troisième rangée. Le pouce ne possède pas

de phalange moyenne. Les articulations unissant les phalanges de la main sont appelées *articulations interphalangiennes de la main*.

▶ **POINT DE CONTRÔLE**

2. Nommez les os qui forment le membre supérieur, de l'extrémité proximale à l'extrémité distale.

3. Décrivez les articulations des os du membre supérieur.

LA CEINTURE PELVIENNE (HANCHE)

OBJECTIFS

- Nommer les os et les principaux éléments du relief osseux de la ceinture pelvienne.
- Décrire les parties de la ceinture pelvienne que sont le petit bassin et le grand bassin.

La **ceinture pelvienne**, ou ceinture du membre inférieur, est constituée des deux **os coxaux** (*coxa* : hanche), ou **os iliaques** ; on les appelle couramment « os de la hanche » (figure 8.9). Les os coxaux se rejoignent à l'avant au niveau d'une articulation nommée **symphyse pubienne**. À l'arrière, ils s'unissent au sacrum pour former les *articulations sacro-iliaques*. L'anneau formé par les os coxaux, la symphyse pubienne et le sacrum est une structure profonde appelée **bassin**, ou **pelvis**. Au point de vue fonctionnel, le bassin offre

FIGURE 8.9 Le bassin. Le bassin d'une femme est représenté ici.

Les os coxaux s'unissent à l'avant au niveau de la symphyse pubienne et à l'arrière au niveau du sacrum pour former le bassin.

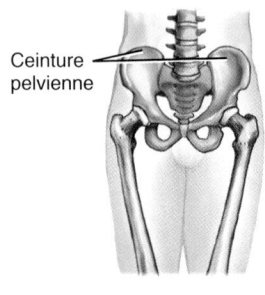
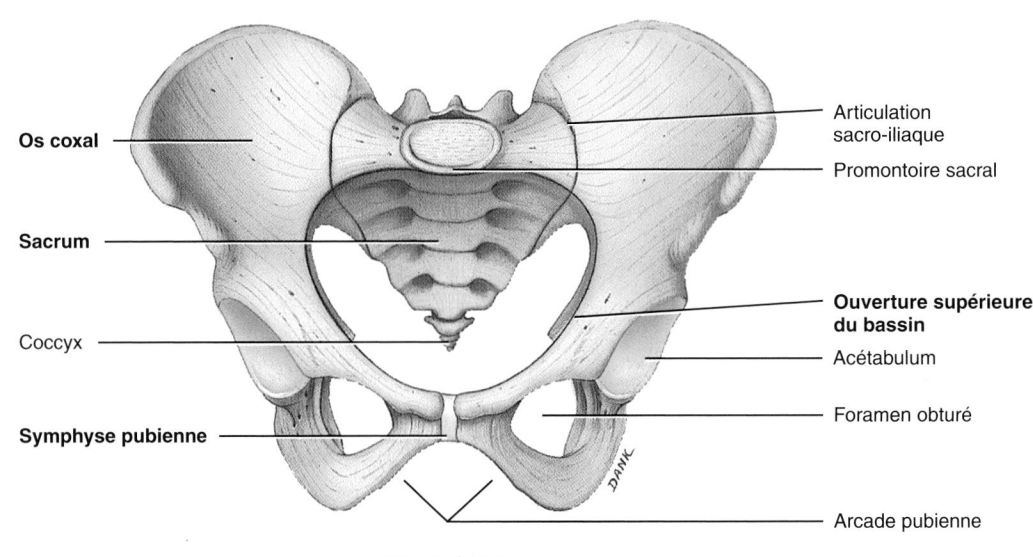

Vue antérieure

Quelles sont les fonctions du bassin ?

une assise solide et stable à la colonne vertébrale et aux organes abdominaux. La ceinture pelvienne du bassin relie également les os des membres inférieurs au squelette axial ; elle s'articule avec la colonne vertébrale au niveau de l'articulation sacro-iliaque.

Chez le nouveau-né, chaque os coxal est constitué de trois os séparés par du cartilage : l'*ilium* en haut, le *pubis* en avant et en bas et l'*ischium* en arrière. Avant l'âge de 23 ans, ces trois os fusionnent (figure 8.10a). Bien que l'os coxal fonctionne comme un seul os, les anatomistes en parlent souvent comme s'il s'agissait de trois os distincts.

L'ILIUM

L'**ilium** (« flanc ») est la plus grande des trois composantes de l'os coxal (figure 8.10b, c). Il est composé d'une *aile de l'ilium* supérieure et d'un *corps de l'ilium* inférieur ; le corps contribue à la formation de l'*acétabulum*, fosse qui reçoit la tête du fémur. Le bord supérieur de l'ilium, appelé *crête iliaque*, se termine à l'avant par une saillie émoussée, l'*épine iliaque antérosupérieure*. On appelle **contusion de la crête iliaque** toute lésion de l'épine iliaque antérosupérieure et des tissus mous avoisinants qui survient parfois dans les sports de contact. L'épine iliaque antérosupérieure surplombe l'*épine iliaque antéro-inférieure*. À l'arrière, la crête iliaque se termine par une saillie aiguë, l'*épine iliaque postérosupérieure*, sous laquelle pointe l'*épine iliaque postéro-inférieure*. Ces épines servent de points d'attache aux tendons des muscles du tronc, de la hanche et des cuisses. En dessous de l'épine iliaque postéro-inférieure se trouve la *grande incisure ischiatique*, qui permet le passage du plus long nerf du corps, le nerf sciatique (ou nerf ischiatique).

La face médiale de l'ilium contient la *fosse iliaque*, région concave qui fixe le tendon du muscle iliaque. Derrière cette fosse, on observe la *tubérosité iliaque*, point d'insertion du ligament sacro-iliaque, et la *surface auriculaire de l'ilium* (*auricula* : oreille), qui s'articule avec le sacrum pour former l'*articulation sacro-iliaque* (figure 8.9). La *ligne arquée de l'ilium* est une crête située en avant et au-dessus de la surface auriculaire.

Les autres éléments marqués du relief osseux de l'ilium, situés sur sa face latérale, sont les *lignes glutéale postérieure*, *glutéale antérieure* et *glutéale inférieure* (*gluteus* : fesse). Les tendons des muscles fessiers se rattachent à l'ilium entre ces trois lignes.

L'ISCHIUM

L'**ischium** (*iskhion* : hanches), la partie postérieure et inférieure de l'os coxal (figure 8.10b, c), est composé d'un *corps de l'ischium* supérieur et d'une *branche de l'ischium* inférieure. Cette branche est la partie de l'ischium qui fusionne avec le pubis. L'ischium présente aussi une *épine ischiatique* proéminente, une *petite incisure ischiatique* (située en dessous de l'épine) et une *tubérosité ischiatique* épaisse et irrégulière. Cette dernière est si saillante qu'elle peut blesser la personne sur laquelle on s'assied. Ensemble, la branche de l'ischium et le pubis circonscrivent le *foramen obturé* (*obturare* : boucher), le plus grand foramen du squelette. Il doit son nom au fait qu'il est presque complètement fermé par une

membrane obturatrice fibreuse, bien qu'il permette quand même le passage de vaisseaux sanguins et de nerfs.

LE PUBIS

Le **pubis** est la partie antérieure et inférieure de l'os coxal (figure 8.10b, c). Il comprend la *branche supérieure du pubis*, la *branche inférieure du pubis* et, entre les deux, le *corps du pubis*. Le bord antérieur du corps du pubis est nommé *crête pubienne*, et son extrémité latérale est une saillie appelée *tubercule pubien*. De ce tubercule part une ligne soulevée, le *pecten du pubis*, qui court sur la face supérieure et latérale de la branche supérieure du pubis puis fusionne avec la ligne arquée de l'ilium. Comme nous le verrons bientôt, ces deux lignes sont d'importants repères osseux permettant de situer les parties supérieure et inférieure du bassin.

La *symphyse pubienne* est l'articulation qui unit les deux os coxaux (figure 8.9) ; elle est composée d'un disque fibrocartilagineux. En dessous de cette articulation, l'*arcade pubienne* est formée par la convergence des branches inférieures des deux pubis. Pendant les dernières semaines de grossesse, la relaxine – hormone produite par les ovaires et le placenta – augmente la souplesse de la symphyse pubienne pour faciliter le passage du bébé. L'affaiblissement de l'articulation, associé à un déplacement du centre de gravité en raison du grossissement de l'utérus, entraîne un changement dans la démarche des femmes enceintes.

L'**acétabulum** (« vase à vinaigre ») est la fosse profonde délimitée par l'ilium, l'ischium et le pubis. Il reçoit la tête arrondie du fémur. Ensemble, l'acétabulum et la tête du fémur forment l'*articulation coxofémorale*, ou *articulation de la hanche*. La profondeur de la cavité articulaire façonnée par l'acétabulum limite l'amplitude des mouvements mais confère de la force à l'articulation. Sur la face inférieure de l'acétabulum se trouve une échancrure profonde, l'*incisure acétabulaire*, qui forme un foramen que les vaisseaux sanguins et les nerfs traversent pour atteindre l'articulation, et qui sert de point d'attache aux ligaments du fémur (par exemple, celui de la tête du fémur).

LES GRAND ET PETIT BASSINS

Le bassin est divisé en une partie supérieure et une partie inférieure par rapport à l'*ouverture supérieure du bassin* (figure 8.11a). On peut définir le contour de cette ouverture en suivant dans un plan oblique les repères osseux formés par certaines parties des os coxaux. En commençant à l'arrière, au *promontoire sacral*, suivez les *lignes arquées de l'ilium* qui courent vers l'extérieur et le bas des os coxaux. Continuez ensuite vers le bas, le long des *pectens du pubis*. Enfin, bifurquez vers l'avant jusqu'à la partie supérieure de la symphyse pubienne. Ensemble, ces points forment, dans un plan oblique, un cercle qui est plus élevé en arrière qu'en avant. Ce cercle délimite l'ouverture supérieure du bassin.

La partie du bassin située au-dessus de l'ouverture supérieure est appelée **grand bassin** (figure 8.11b). Le grand bassin est circonscrit à l'arrière par les vertèbres lombaires, sur les côtés par les portions supérieures des os coxaux et à l'avant par la paroi abdominale. L'espace qu'occupe le grand bassin fait partie de

FIGURE 8.10 L'os coxal droit. Les lignes qui unissent l'ilium, l'ischium et le pubis représentées dans (a) ne sont pas toujours visibles chez un adulte.

L'acétabulum est la cavité articulaire formée par la convergence des trois parties de l'os coxal.

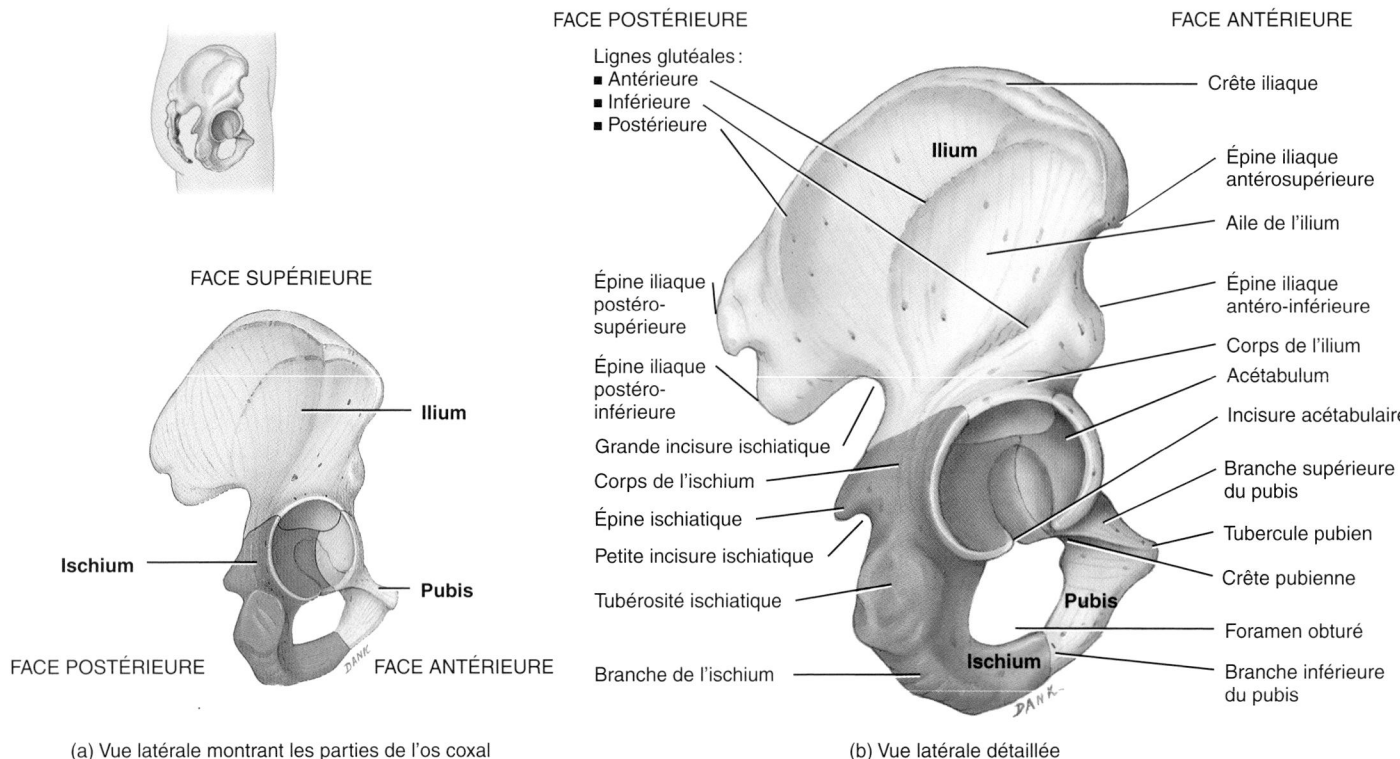

FACE POSTÉRIEURE

Lignes glutéales:
- Antérieure
- Inférieure
- Postérieure

Épine iliaque postéro-supérieure

Épine iliaque postéro-inférieure

Grande incisure ischiatique

Corps de l'ischium

Épine ischiatique

Petite incisure ischiatique

Tubérosité ischiatique

Branche de l'ischium

Ilium

FACE ANTÉRIEURE

Crête iliaque

Épine iliaque antérosupérieure

Aile de l'ilium

Épine iliaque antéro-inférieure

Corps de l'ilium

Acétabulum

Incisure acétabulaire

Branche supérieure du pubis

Tubercule pubien

Crête pubienne

Foramen obturé

Branche inférieure du pubis

Pubis

Ischium

(b) Vue latérale détaillée

FACE SUPÉRIEURE

Ilium

Ischium

Pubis

FACE POSTÉRIEURE   FACE ANTÉRIEURE

(a) Vue latérale montrant les parties de l'os coxal

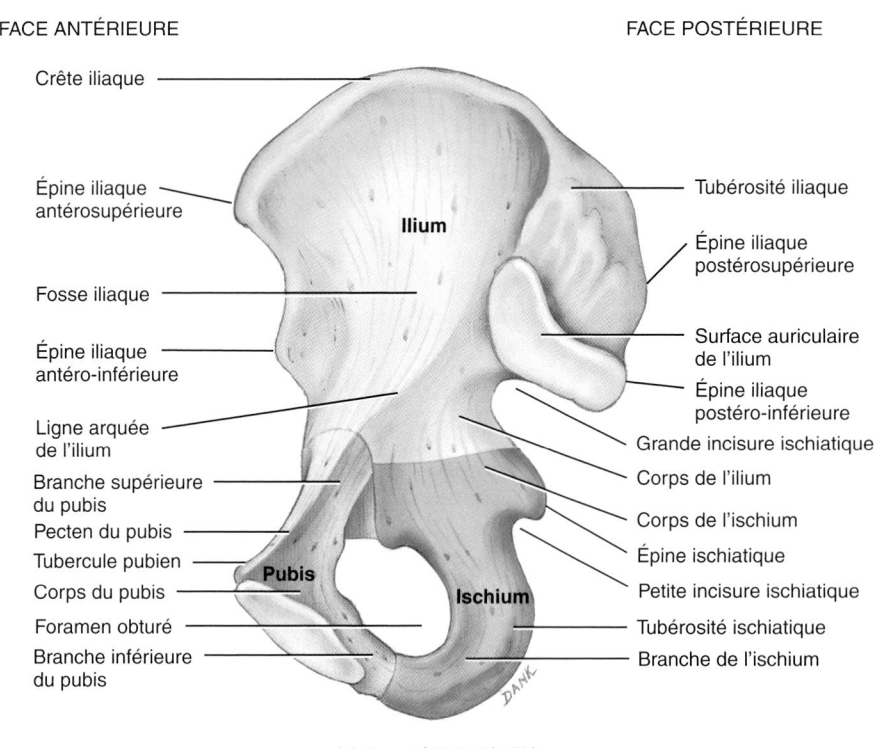

FACE ANTÉRIEURE

Crête iliaque

Épine iliaque antérosupérieure

Fosse iliaque

Épine iliaque antéro-inférieure

Ligne arquée de l'ilium

Branche supérieure du pubis

Pecten du pubis

Tubercule pubien

Corps du pubis

Foramen obturé

Branche inférieure du pubis

Ilium

Pubis

FACE POSTÉRIEURE

Tubérosité iliaque

Épine iliaque postérosupérieure

Surface auriculaire de l'ilium

Épine iliaque postéro-inférieure

Grande incisure ischiatique

Corps de l'ilium

Corps de l'ischium

Épine ischiatique

Petite incisure ischiatique

Tubérosité ischiatique

Branche de l'ischium

Ischium

(c) Vue médiale détaillée

Quelle partie de l'os coxal s'articule avec le fémur?
Laquelle s'articule avec le sacrum?

l'abdomen mais ne contient aucun organe pelvien, à l'exception de la vessie (lorsqu'elle est pleine) et de l'utérus pendant la grossesse.

La partie du bassin située en dessous de l'ouverture supérieure est nommée **petit bassin** (figure 8.11b). Le petit bassin est bordé à l'arrière par le sacrum et le coccyx, sur les côtés par les portions inférieures de l'ilium et de l'ischium et à l'avant par le pubis. Le petit bassin entoure les organes pelviens (voir la figure 1.9). L'ouverture supérieure du petit bassin, bordée par l'ouverture supérieure du bassin, est appelée *détroit supérieur* et son ouverture inférieure, *détroit*

inférieur. L'*axe du pelvis* est une ligne imaginaire qui s'incurve dans le petit bassin et qui rejoint les points centraux des plans des détroits supérieur et inférieur. Pendant l'accouchement, la tête de l'enfant suit l'axe du pelvis au cours de sa descente dans le bassin.

LA PELVIMÉTRIE

La **pelvimétrie** désigne la mensuration des détroits inférieur et supérieur du canal génital, qui peut se faire par échographie ou par examen physique. Il est important de mesurer la taille de la cavité pelvienne chez les femmes enceintes parce que le fœtus doit passer par

FIGURE 8.11 Les grand et petit bassins. Le bassin d'une femme est représenté ici. Par souci de simplification, les repères osseux de l'ouverture supérieure du bassin présentés en (a) ne sont montrés que du côté gauche du corps, et le contour de cette ouverture n'apparaît que du côté droit. L'ouverture supérieure du bassin est représentée en entier à la figure 8.9.

Le grand bassin et le petit bassin sont séparés par l'ouverture supérieure du bassin.

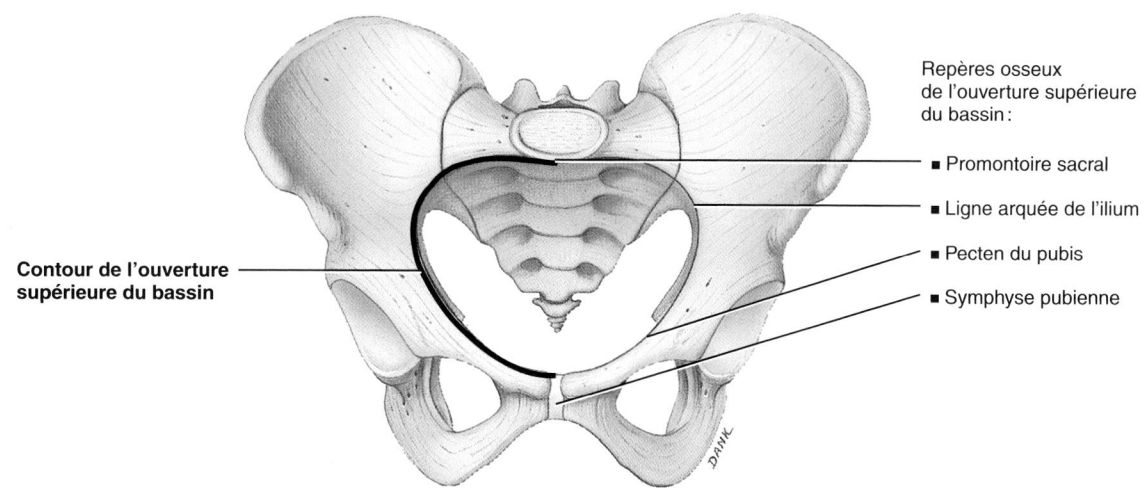

(a) Vue antérieure des bords de l'ouverture supérieure du bassin

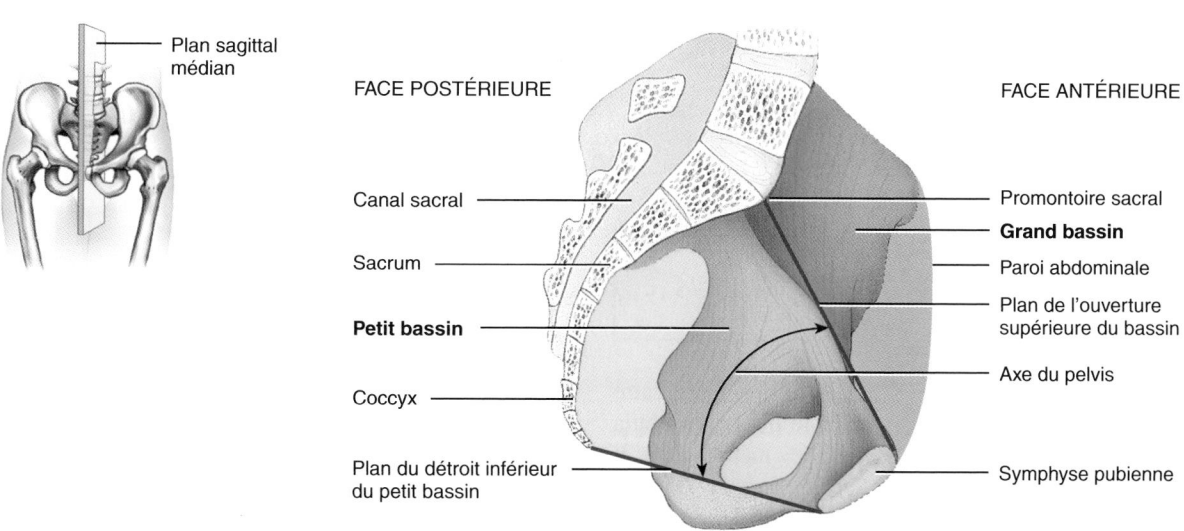

(b) Coupe sagittale médiane situant le grand et le petit bassin

Quelle est l'importance de l'axe du pelvis?

l'ouverture la plus étroite du bassin à la naissance. On doit généralement avoir recours à une césarienne quand la cavité pelvienne est trop petite pour laisser passer le bébé. ∎

▶ **POINT DE CONTRÔLE**

4. Décrivez les caractéristiques particulières de chaque os de la ceinture pelvienne.

5. Établissez la distinction entre le grand bassin et le petit bassin.

COMPARAISON DES BASSINS FÉMININ ET MASCULIN

> **OBJECTIF**
>
> • Donner les principales différences structurales entre le bassin féminin et le bassin masculin.

En règle générale, les os de l'homme sont plus larges et plus lourds, et leurs repères sont plus marqués, que les os d'une femme de stature et d'âge similaires. Les différences entre les os de l'homme et ceux de la femme sont particulièrement évidentes lorsqu'on compare les bassins. La plupart de ces différences structurales relèvent de l'adaptation du bassin féminin aux exigences de la grossesse et de l'accouchement. Le bassin de la femme est plus large et moins profond que celui de l'homme. Par conséquent, le petit bassin de la femme est plus spacieux, surtout dans les détroits supérieur et inférieur, ce qui facilite le passage de la tête de l'enfant pendant l'accouchement. Le tableau 8.1 présente une liste des principales différences structurales entre le bassin féminin et le bassin masculin, accompagnée d'illustrations.

▶ **POINT DE CONTRÔLE**

6. Pourquoi les différences structurales entre le bassin féminin et le bassin masculin sont-elles importantes?

LE MEMBRE INFÉRIEUR

> **OBJECTIF**
>
> • Nommer les os et les principaux éléments du relief osseux du membre inférieur.

Chacun des **membres inférieurs** comprend 30 os formant quatre groupes: 1) le fémur (cuisse); 2) la patella; 3) le tibia et la fibula (jambe); et 4) les 7 os du tarse (cheville), les 5 os métatarsiens et les 14 phalanges du pied (orteils) (figure 8.12).

LE FÉMUR

Le **fémur** (os de la cuisse) est le plus long, le plus lourd et le plus résistant de tous les os du corps (figure 8.13). Son extrémité proximale s'articule avec l'acétabulum de l'os coxal et son extré-

FIGURE 8.12 Les régions et les os du membre inférieur droit.

Chaque membre inférieur comprend un fémur, une patella, un tibia, une fibula, des os du tarse, des os métatarsiens et des phalanges du pied.

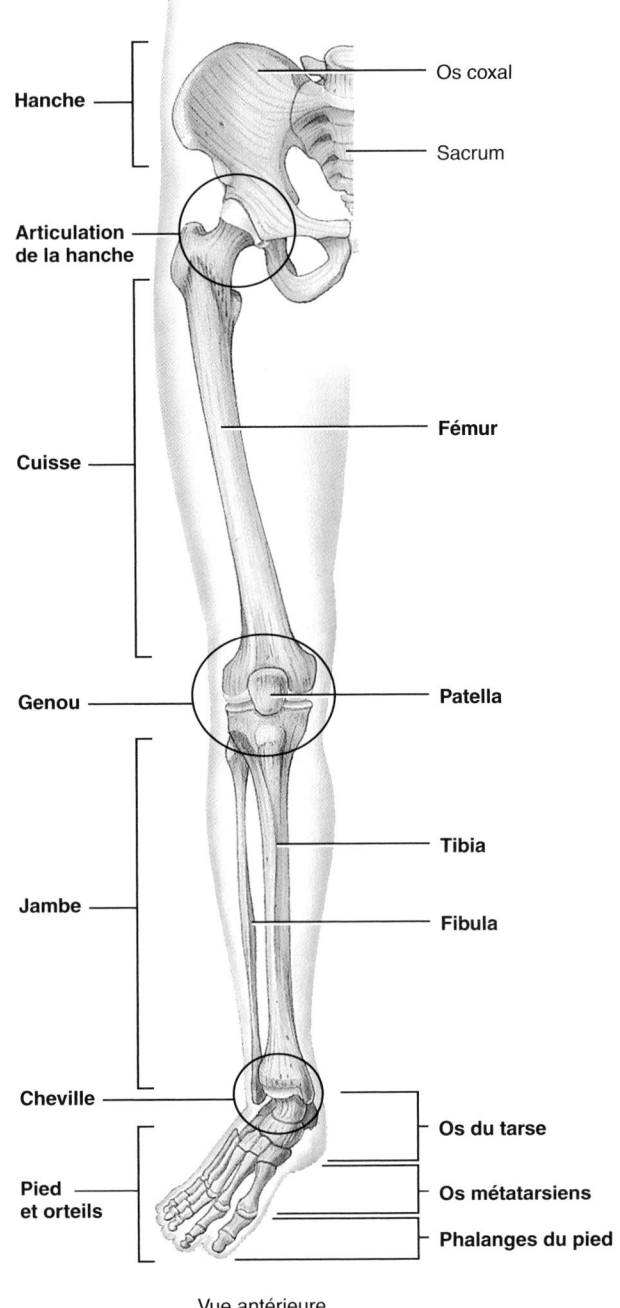

Vue antérieure

 Combien d'os y a-t-il dans chaque membre inférieur?

mité distale, avec le tibia et la patella. Le *corps du fémur* oblique vers l'intérieur, ce qui rapproche les genoux du plan médian du corps. L'angle de convergence des fémurs est plus grand chez la femme parce que son bassin est plus large.

TABLEAU 8.1 COMPARAISON DES BASSINS FÉMININ ET MASCULIN

POINT DE COMPARAISON	FEMME	HOMME
Structure générale	Léger et mince.	Lourd et épais.
Grand bassin	Peu profond.	Profond.
Ouverture supérieure du bassin	Plus large et ovale.	Plus petite, en forme de cœur.
Acétabulum	Petit et tourné vers l'avant.	Grand et tourné vers le côté.
Foramen obturé	Ovale.	Rond.
Arcade pubienne	Angle de plus de 90°.	Angle de moins de 90°.

Grand bassin

Détroit supérieur du petit bassin

Acétabulum

Foramen obturé

Arcade pubienne (angle de plus de 90°)

Grand bassin

Détroit supérieur du petit bassin

Acétabulum

Foramen obturé

Arcade pubienne (angle de moins de 90°)

Vues antérieures

Crête iliaque	Moins incurvée.	Plus incurvée.
Ilium	Moins vertical.	Plus vertical.
Grande incisure ischiatique	Large.	Étroite.
Coccyx	Plus mobile et plus incurvé vers l'avant.	Moins mobile et moins incurvé vers l'avant.
Sacrum	Court, large (voir les vues antérieures) et moins incurvé vers l'avant.	Long, étroit (voir les vues antérieures) et plus incurvé vers l'avant.

Crête iliaque

Ilium

Grande incisure ischiatique

Sacrum

Coccyx

Crête iliaque

Ilium

Grande incisure ischiatique

Sacrum

Coccyx

Vues latérales droites

Détroit inférieur du petit bassin	Plus large.	Plus étroit.
Tubérosités ischiatiques	Plus courtes, plus espacées et plus tournées vers l'intérieur.	Plus longues, moins espacées et plus tournées vers l'extérieur.

Tubérosité ischiatique

Détroit inférieur du petit bassin

Tubérosité ischiatique

Détroit inférieur du petit bassin

Vues inférieures

FIGURE 8.13 Le fémur droit en rapport avec l'os coxal, la patella, le tibia et la fibula.

L'acétabulum de l'os coxal et la tête du fémur se joignent pour former l'articulation coxofémorale.

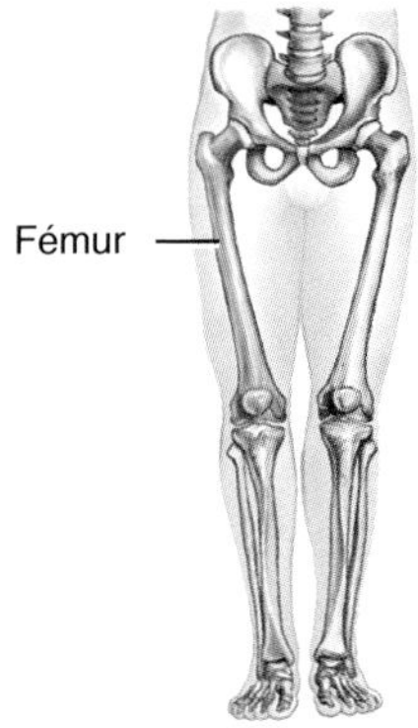

Fémur

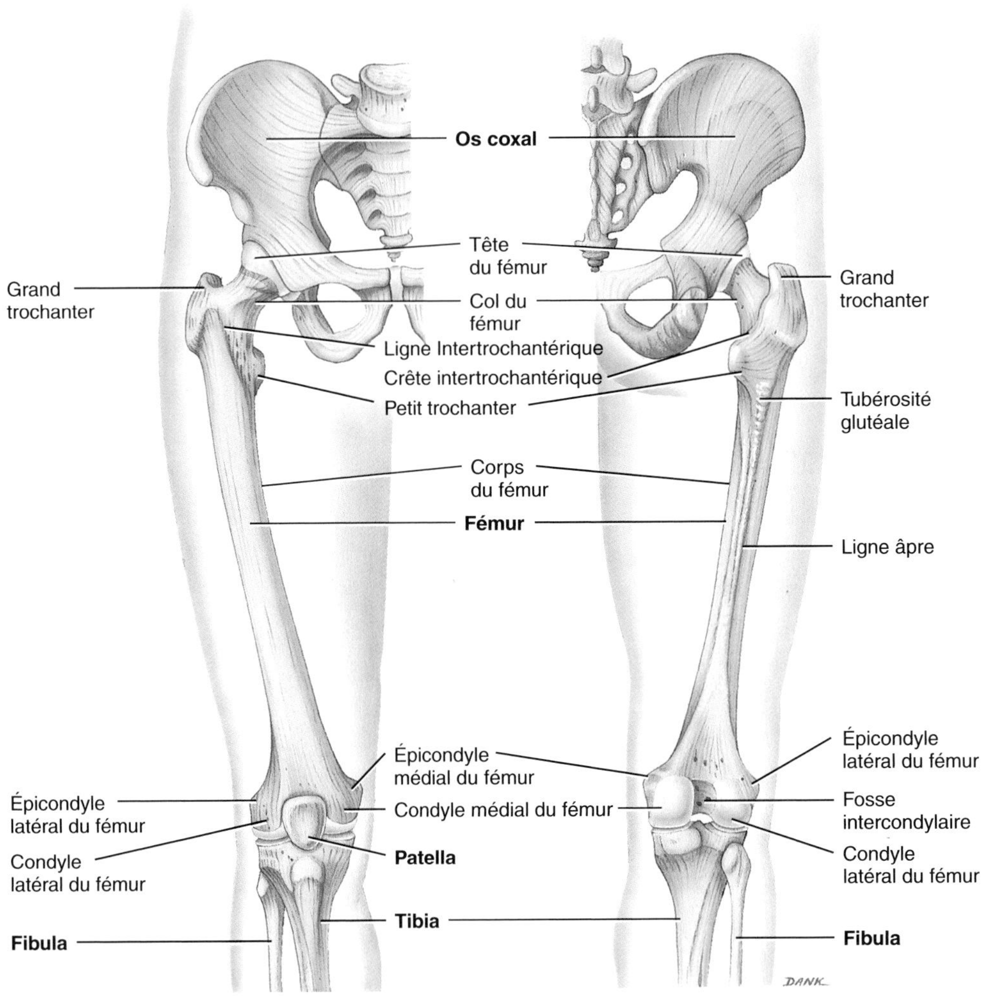

Os coxal

Tête du fémur

Grand trochanter

Col du fémur

Ligne Intertrochantérique

Crête intertrochantérique

Petit trochanter

Corps du fémur

Fémur

Grand trochanter

Tubérosité glutéale

Ligne âpre

Épicondyle médial du fémur

Condyle médial du fémur

Patella

Épicondyle latéral du fémur

Condyle latéral du fémur

Fibula

Tibia

Épicondyle latéral du fémur

Fosse intercondylaire

Condyle latéral du fémur

Fibula

DANK

(a) Vue antérieure

(b) Vue postérieure

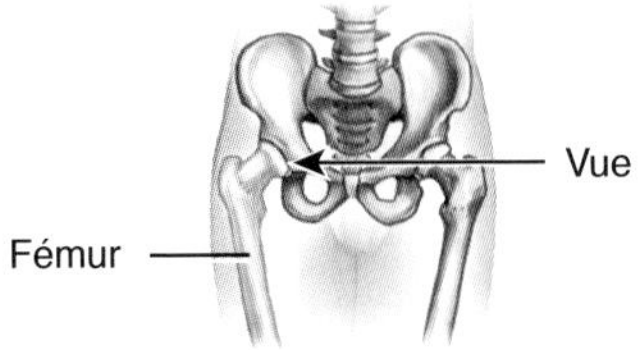

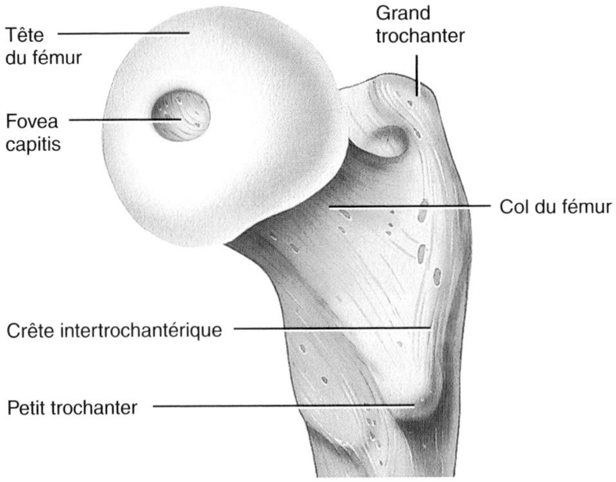

Tête du fémur

Grand trochanter

Vue

Fémur

Fovea capitis

Col du fémur

Crête intertrochantérique

Petit trochanter

(c) Vue médiale de l'extrémité proximale du fémur

Q Pourquoi l'angle de convergence des fémurs est-il plus grand chez la femme que chez l'homme ?

À l'extrémité proximale du fémur, la *tête du fémur* arrondie s'articule par son ligament avec l'acétabulum de l'os coxal pour former l'*articulation coxofémorale*. La tête du fémur comporte une petite dépression centrée appelée *fovea capitis* (*fovea* : fosse ; *caput*, *capitis* : tête). Le ligament de la tête du fémur rattache la fovea capitis du fémur à l'acétabulum de l'os coxal. Le *col du fémur* est une partie rétrécie située en dessous de la tête. Une « fracture de la hanche » touche plus souvent le col du fémur que les os coxaux. Le *grand trochanter* et le *petit trochanter* sont deux saillies de la jonction entre le col et le corps du fémur servant de points d'attache aux tendons de certains muscles de la cuisse et des muscles fessiers. Le grand trochanter est une éminence palpable et visible en avant du creux situé sur le côté de la hanche. Il sert souvent de repère pour localiser le point d'injection intramusculaire sur la face latérale de la cuisse. Le petit trochanter est situé en dessous du grand trochanter et vers l'intérieur par rapport à ce dernier. Les faces antérieures des trochanters sont unies par l'étroite *ligne intertrochantérique* (figure 8.13a). Une arête appelée *crête intertrochantérique* se dessine sur leurs faces postérieures (figure 8.13b).

En dessous de la crête intertrochantérique, sur la face postérieure du corps du fémur, se trouve la *tubérosité glutéale*, qui fusionne avec une autre crête verticale appelée *ligne âpre*. Ces deux crêtes servent de points d'attache aux tendons de plusieurs muscles de la cuisse.

L'extrémité distale du fémur, plus évasée, porte le *condyle médial du fémur* et le *condyle latéral du fémur*. Ces masses osseuses s'articulent avec les condyles médial et latéral du tibia. Au-dessus des condyles du fémur se trouvent l'*épicondyle médial du fémur* et l'*épicondyle latéral du fémur*, auxquels se fixent les ligaments de l'articulation du genou. Sur la face postérieure, une échancrure appelée *fosse intercondylaire* est comprise entre les deux condyles. Sur la face antérieure, c'est la *surface patellaire* qui les sépare.

LA PATELLA

La **patella** (« petit plat »), ou rotule, est un petit os triangulaire situé devant l'articulation du genou (figure 8.14). Cet os sésamoïde se

forme dans le tendon du muscle quadriceps fémoral. Il comporte une large extrémité supérieure appelée *base de la patella* et une extrémité inférieure en pointe appelée *apex de la patella*. La face postérieure de la patella porte deux *facettes articulaires*, une pour le condyle médial du fémur et l'autre pour le condyle latéral du fémur. Le ligament patellaire relie la patella à la tubérosité tibiale. L'*articulation fémoropatellaire*, située entre la face postérieure de la patella et la surface patellaire du fémur, constitue la partie moyenne de l'*articulation fémorotibiale*, ou *articulation du genou*. La patella accroît l'effet de levier du tendon du muscle quadriceps fémoral, maintient la position de ce tendon lorsque le genou est fléchi et protège l'articulation du genou.

LE SYNDROME FÉMOROPATELLAIRE

Le **syndrome fémoropatellaire** est l'une des affections les plus courantes touchant les adeptes de la course à pied. Pendant la flexion et l'extension normales du genou, la patella coulisse verticalement dans le sillon qui sépare les condyles du fémur. Dans le syndrome fémoropatellaire, ce mouvement coulissant ne se fait pas normalement. La patella glisse latéralement vers le haut et vers le bas, et la pression accrue que subit l'articulation entraîne une douleur continue ou une sensibilité au toucher autour ou en dessous de la patella. La douleur est habituellement ressentie après une longue période en position assise, surtout après une séance d'exercice. Elle est aggravée lorsque la personne s'accroupit ou descend un escalier. Le fait de s'adonner à des activités de marche, de course à pied ou de jogging toujours du même côté de la route est une cause de ce syndrome. En effet, les routes présentent toujours un léger affaissement sur les côtés, de sorte que le genou le plus près du centre de la route est soumis à une plus grande contrainte mécanique parce qu'il n'est jamais en extension complète pendant le trajet. Une déformation appelée *genu valgum* (ou genoux cagneux ; voir p. 271), la course en terrain montagneux et la course de fond (sur des longues distances) sont également des facteurs prédisposants. ■

LE TIBIA ET LA FIBULA

Le **tibia** est le plus gros os de la jambe. Il est situé du côté médial et il supporte le poids corporel (figure 8.15). Son extrémité proximale

FIGURE 8.14 La patella droite.

La patella s'articule avec les condyles latéral et médial du fémur.

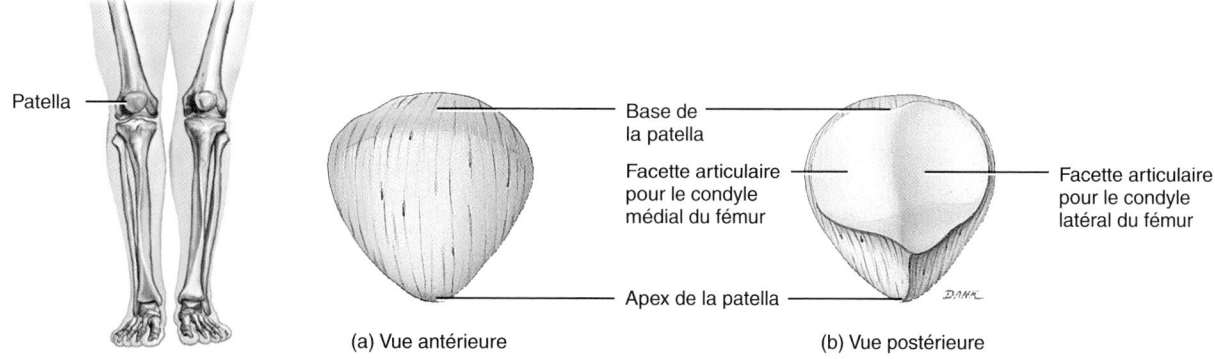

Patella

(a) Vue antérieure

Base de la patella

Facette articulaire pour le condyle médial du fémur

Apex de la patella

Facette articulaire pour le condyle latéral du fémur

(b) Vue postérieure

Q À quel type d'os la patella appartient-elle ? Pourquoi ?

L'extrémité proximale du tibia s'articule avec le fémur et la fibula, et son extrémité distale, avec la fibula et le talus.

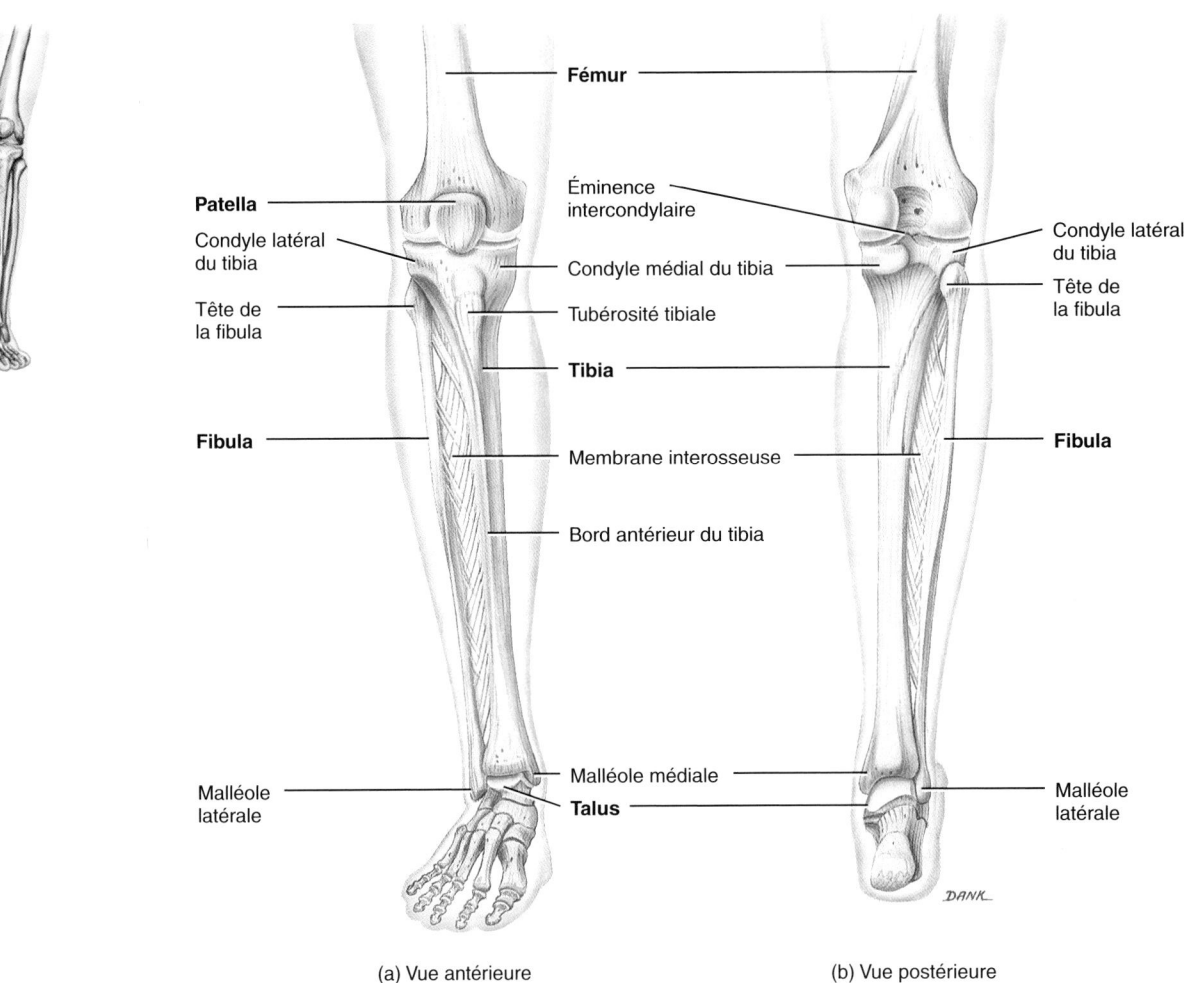

Tibia
Fibula

Fémur

Patella
Condyle latéral du tibia
Tête de la fibula

Éminence intercondylaire

Condyle médial du tibia

Tubérosité tibiale

Condyle latéral du tibia
Tête de la fibula

Fibula

Tibia

Membrane interosseuse

Fibula

Bord antérieur du tibia

Malléole latérale

Malléole médiale
Talus

Malléole latérale

(a) Vue antérieure

(b) Vue postérieure

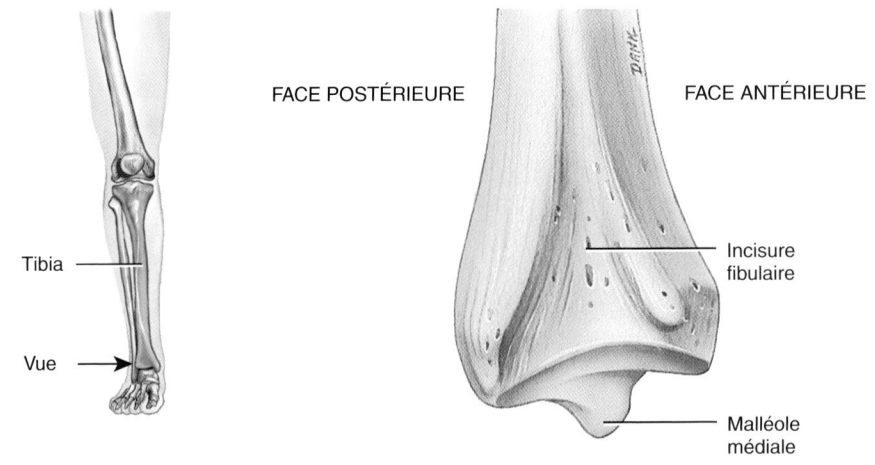

FACE POSTÉRIEURE

FACE ANTÉRIEURE

Tibia

Vue

Incisure fibulaire

Malléole médiale

(c) Vue latérale de l'extrémité distale du tibia

Quel os de la jambe soutient le poids corporel?

s'articule avec le fémur et la fibula, et son extrémité distale, avec la fibula et le talus de la cheville. À l'instar de l'ulna et du radius, le tibia et la fibula sont unis par une membrane interosseuse.

L'extrémité proximale du tibia est élargie par le *condyle latéral du tibia* et le *condyle médial du tibia*. Ces condyles s'articulent avec ceux du fémur pour donner les *articulations fémorotibiales* latérale et médiale. La face inférieure du condyle latéral du tibia s'articule avec la tête de la fibula. Les condyles légèrement concaves du tibia sont séparés en haut par une saillie appelée *éminence intercondylaire* (figure 8.15b). La *tubérosité tibiale*, située sur la face antérieure, sert de point d'attache au ligament patellaire. Elle se prolonge vers le bas pour former une crête pointue que l'on peut palper sous la peau, appelée *bord antérieur du tibia*.

La face médiale de l'extrémité distale du tibia constitue la *malléole médiale* (*malleolus*: marteau), qui s'articule avec le talus de la cheville pour former une proéminence palpable sur la face médiale de la cheville. L'*incisure fibulaire* (figure 8.15c) s'articule avec l'extrémité distale de la fibula pour former l'*articulation tibiofibulaire distale*. De tous les os longs du corps, le tibia est celui qui est le plus souvent fracturé et qui présente le plus de fractures ouvertes.

La **fibula**, ou péroné, est en position latérale par rapport au tibia et lui est parallèle; elle est beaucoup plus petite que lui (figure 8.15). Son extrémité proximale, la *tête de la fibula*, s'articule avec la face inférieure du condyle latéral du tibia, sous le niveau de l'articulation du genou, pour donner l'*articulation tibiofibulaire proximale*. Son extrémité distale en forme de pointe de flèche présente une saillie appelée *malléole latérale*, qui s'articule avec le talus de la cheville. La malléole latérale constitue la volumineuse bosse latérale de la cheville. Comme nous l'avons vu, la fibula s'articule également avec le tibia au niveau de l'incisure fibulaire pour donner l'articulation tibiofibulaire distale.

LA GREFFE OSSEUSE

Dans une **greffe osseuse**, on prend généralement une portion d'un os d'une partie du corps, avec le périoste et l'artère nourricière, et on s'en sert pour remplacer un os d'une autre partie du corps. L'os greffé rétablit l'irrigation sanguine vers le terrain du greffon, et la cicatrisation se déroule de la même façon que dans le cas d'une fracture. La fibula est souvent utilisée comme source de greffon parce que, même après le retrait d'une portion de la fibula, une personne peut marcher, courir et sauter normalement. Rappelez-vous que c'est le tibia qui porte le poids du corps. ■

LES OS DU TARSE, LES OS MÉTATARSIENS ET LES PHALANGES DU PIED

Le **tarse** (cheville) est la région proximale du **pied** et comprend les sept **os du tarse** (figure 8.16). Parmi ces derniers, le **talus** (« os de la cheville ») et le **calcanéus** (« talon ») sont situés dans la partie postérieure du pied. Le calcanéus est l'os du tarse le plus gros et le plus fort. Les os du tarse antérieur sont l'**os naviculaire** (*naviculus*: nacelle), les trois **os cunéiformes** (en forme de coin), dits **cunéiforme médial**, **cunéiforme intermédiaire** et **cunéiforme latéral**, ainsi que l'**os cuboïde**. Les articulations entre les os du tarse sont appelées *articulations intertarsiennes*. L'os le plus haut du tarse, le talus, est le seul os du pied qui s'articule avec la fibula

et le tibia. Il s'articule d'un côté avec la malléole médiale du tibia et de l'autre, avec la malléole latérale de la fibula. Ces articulations forment l'*articulation talocrurale*. Pendant la marche, le talus transmet environ la moitié du poids corporel au calcanéus et le reste aux autres os du tarse.

Le **métatarse**, la région intermédiaire du pied, est constitué de cinq **os métatarsiens** numérotés de I à V de l'intérieur vers l'extérieur (figure 8.16). Comme les os métacarpiens de la paume de la main, chaque os métatarsien comprend une *base de l'os métatarsien* en position proximale, une *tête de l'os métatarsien* en position distale et, entre les deux, un *corps de l'os métatarsien*. Les os métatarsiens s'articulent par leur extrémité proximale avec les trois os cunéiformes et l'os cuboïde pour former les *articulations tarsométatarsiennes*. Leur extrémité distale s'articule avec la rangée proximale des phalanges pour constituer les *articulations métatarsophalangiennes*. Le premier os métatarsien est plus épais que les autres parce qu'il supporte une plus lourde charge.

LES FRACTURES DU MÉTATARSE

Une **fracture du métatarse** se produit quand un objet lourd tombe ou roule sur le pied. Ces fractures sont fréquentes chez les danseurs, surtout chez les ballerines. Quand une ballerine se tient sur la pointe du pied et perd l'équilibre, la totalité de son poids se retrouve sur ses os métatarsiens, ce qui entraîne la fracture d'un ou de plusieurs os métatarsiens. ■

Les **phalanges** du pied, ou os des orteils, constituent la partie osseuse distale du pied. Les phalanges du pied ressemblent aux phalanges de la main en ce qui concerne leur nombre et leur disposition. Les orteils sont numérotés de I à V en commençant par l'hallux (ou gros orteil). Chacune des phalanges du pied comprend une *base de la phalange* proximale, une *tête de la phalange* distale et, entre les deux, *un corps de la phalange*. L'hallux comporte deux phalanges, une proximale et une distale, plus grandes et plus lourdes que les autres. Les quatre autres orteils comprennent chacun trois phalanges (proximale, moyenne et distale). Tout comme les phalanges de la main, les phalanges du pied sont unies par des articulations, qui sont appelées *articulations interphalangiennes du pied*.

LES ARCS PLANTAIRES

Le pied présente deux **arcs** maintenus en place par des ligaments et des tendons (figure 8.17). Les arcs permettent au pied de supporter le poids du corps, répartissent uniformément cette masse au-dessus de ses tissus durs et mous et produisent un effet de levier durant la marche. Les arcs plantaires ne sont pas rigides: ils fléchissent sous le poids corporel et reviennent en place une fois allégés, ce qui leur permet d'emmagasiner de l'énergie pour le pas suivant et contribue à amortir les chocs. Habituellement, les arcs du pied sont complètement développés vers l'âge de 12 ou 13 ans.

L'**arc longitudinal du pied** se divise en deux parties constituées chacune d'os du tarse et d'os métatarsiens disposés en forme d'arc, de la face antérieure à la face postérieure du pied. La *partie médiale de l'arc longitudinal du pied* prend naissance dans le calcanéus, s'élève jusqu'au niveau du talus et redescend sur les piliers formés par l'os naviculaire, les trois os cunéiformes et les têtes

FIGURE 8.16 Le pied droit.

 Le squelette du pied comprend à son extrémité proximale les os du tarse, au centre les os métatarsiens et à son extrémité distale, les phalanges du pied.

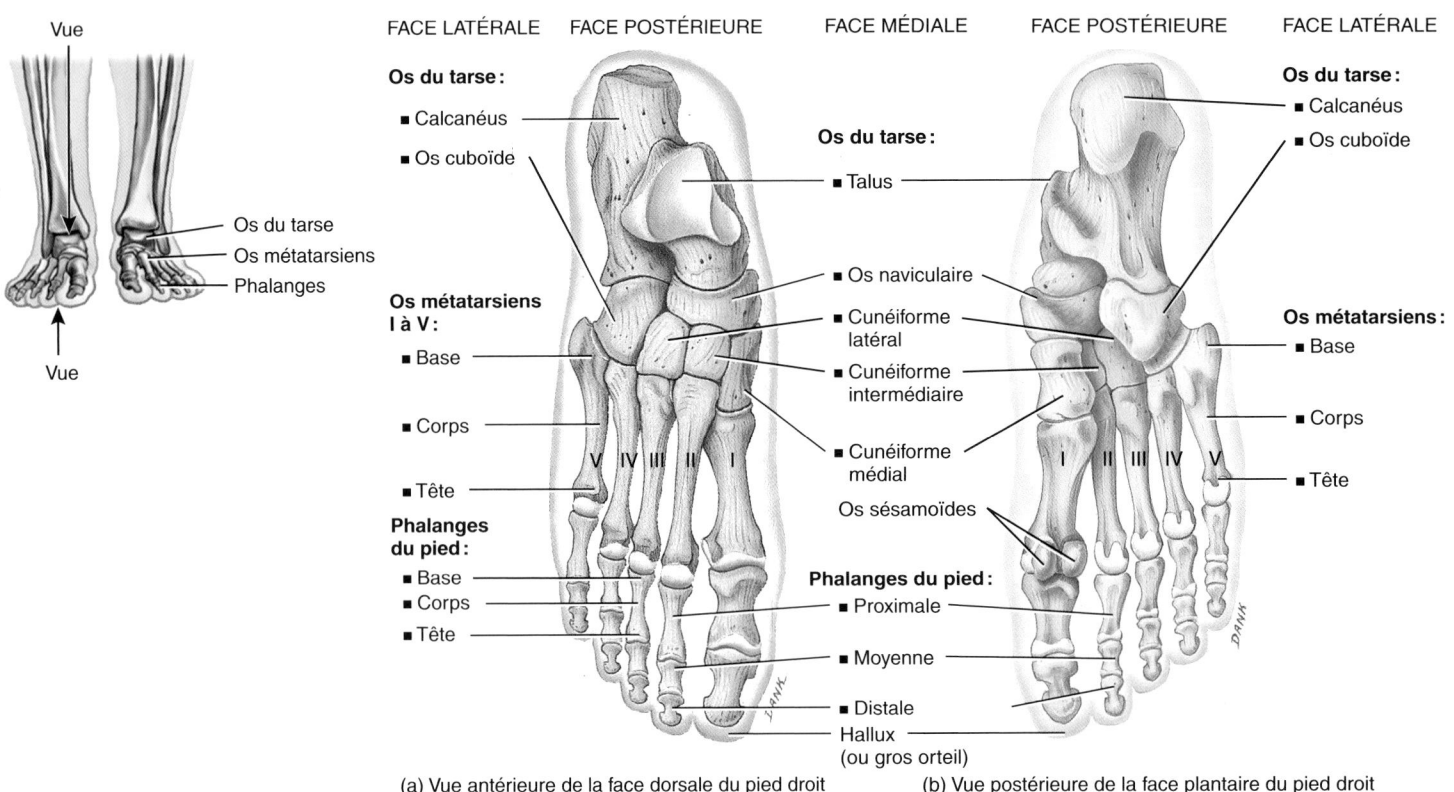

FACE LATÉRALE | FACE POSTÉRIEURE | FACE MÉDIALE | FACE POSTÉRIEURE | FACE LATÉRALE

Vue

Os du tarse
Os métatarsiens
Phalanges

Vue

Os du tarse :
- Calcanéus
- Os cuboïde

Os métatarsiens I à V :
- Base
- Corps
- Tête

Phalanges du pied :
- Base
- Corps
- Tête

Os du tarse :
- Talus
- Os naviculaire
- Cunéiforme latéral
- Cunéiforme intermédiaire
- Cunéiforme médial

Os sésamoïdes

Phalanges du pied :
- Proximale
- Moyenne
- Distale

Hallux (ou gros orteil)

Os du tarse :
- Calcanéus
- Os cuboïde

Os métatarsiens :
- Base
- Corps
- Tête

(a) Vue antérieure de la face dorsale du pied droit

(b) Vue postérieure de la face plantaire du pied droit

 Quel os du tarse s'articule avec le tibia et la fibula ?

FIGURE 8.17 Les arcs du pied droit.

Les arcs plantaires permettent au pied de supporter le poids corporel, de répartir cette masse et de produire un effet de levier pendant la marche.

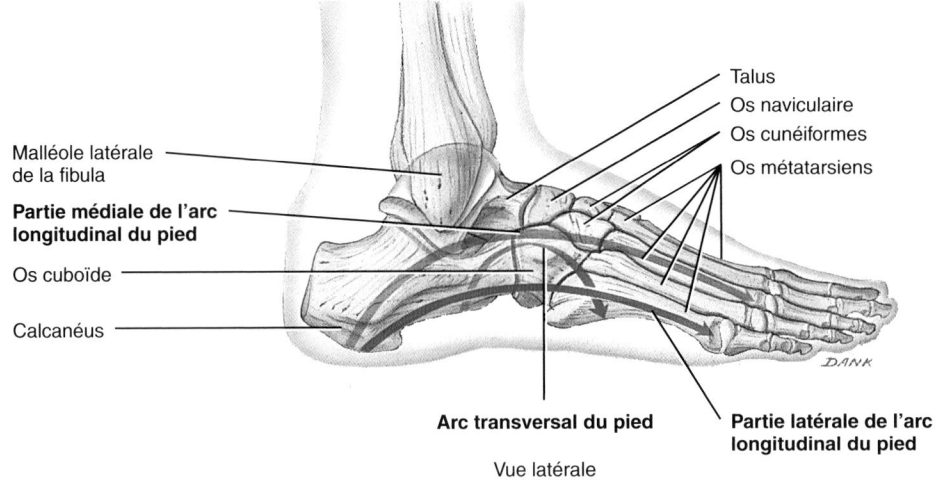

Talus
Os naviculaire
Os cunéiformes
Os métatarsiens

Malléole latérale de la fibula

Partie médiale de l'arc longitudinal du pied

Os cuboïde

Calcanéus

Arc transversal du pied

Partie latérale de l'arc longitudinal du pied

Vue latérale

 Quelle caractéristique structurale des arcs plantaires leur permet d'amortir les chocs ?

des trois os métatarsiens internes. La *partie latérale de l'arc longitudinal du pied* commence également à la hauteur du calcanéus, puis s'élève jusqu'au niveau de l'os cuboïde et redescend vers les têtes des deux os métatarsiens externes. La partie médiale de l'arc longitudinal est tellement élevée que la partie interne du pied entre la pointe et le talon ne touche pas le sol quand on marche sur une surface dure.

L'**arc transversal du pied** unit les faces médiale et latérale du pied. Il est formé par l'os naviculaire, les trois os cunéiformes et les bases des cinq os métatarsiens.

Comme nous l'avons déjà mentionné, l'un des rôles de l'arc du pied consiste à répartir le poids du corps au-dessus de ses tissus durs et mous. Normalement, la pointe du pied supporte environ 40 % du poids du corps et le talon, 60 %. La pointe du pied est la portion coussinée de la plante du pied située juste devant la tête des os métatarsiens. Toutefois, quand une personne porte des chaussures à talons hauts, la répartition du poids change ; il arrive que la pointe du pied supporte jusqu'à 80 % du poids du corps, et le talon, 20 %. Les coussinets adipeux sont donc endommagés, des douleurs articulaires se manifestent et la forme des os peut changer.

LE PIED PLAT ET LE PIED EN GRIFFE

Les os qui composent les arcs plantaires sont maintenus en place par des ligaments et des tendons. Lorsque ces ligaments et tendons s'affaiblissent, la partie médiale de l'arc longitudinal peut s'affaisser. Le **pied plat** qui en résulte peut être causé par une charge excessive, des anomalies posturales, un affaiblissement des tissus de soutien et une prédisposition génétique. Il arrive que l'affaissement des arcs entraîne une inflammation de l'aponévrose profonde de la plante du pied (fasciite plantaire) ou du tendon calcanéen, une entorse du muscle fléchisseur commun des orteils, des fractures de stress, des oignons et des callosités. On prescrit souvent une orthèse plantaire fabriquée sur mesure pour corriger le pied plat.

Le **pied en griffe** se caractérise par une élévation anormale de la partie médiale de l'arc longitudinal. Il est souvent causé par des difformités musculaires, par exemple lorsque des lésions neurologiques secondaires au diabète provoquent l'atrophie des muscles du pied. ■

▶ POINT DE CONTRÔLE

7. Nommez les os du membre inférieur, en allant de l'extrémité proximale à l'extrémité distale.

8. Décrivez les articulations du membre inférieur.

9. Quelles sont les fonctions des arcs plantaires ?

LE DÉVELOPPEMENT EMBRYONNAIRE DU SYSTÈME SQUELETTIQUE

OBJECTIF

- Décrire le développement du système squelettique.

Tout le tissu osseux provient des cellules mésenchymateuses, cellules du tissu conjonctif dérivées du **mésoderme**. Les cellules mésenchymateuses fusionnent et constituent des modèles d'os dans les régions où la formation osseuse se déroulera. Dans certains cas, les os se forment directement dans le mésenchyme (ossification intramembraneuse ; voir la figure 6.5). Dans d'autres, les os se forment dans le cartilage hyalin qui se développe à partir du mésenchyme (ossification endochondrale ; voir la figure 6.6).

Le *crâne* commence à se former au cours de la quatrième semaine après la fécondation. Il se développe à partir du mésenchyme entourant l'encéphale en cours de formation et est composé de deux parties principales : le **neurocrâne**, ou chondrocrâne, qui regroupe les os du crâne, et le **viscérocrâne**, qui forme les os de la face (figure 8.18a). Le neurocrâne est divisé en deux parties appelées **neurocrâne cartilagineux** et **neurocrâne membraneux**. Le neurocrâne cartilagineux est composé de cartilage hyalin dérivé du mésenchyme se trouvant à la base du crâne en formation. Il subit par la suite une ossification endochondrale pour former les *os plats de la base du crâne*. Le neurocrâne membraneux est composé de mésenchyme qui est ensuite soumis à une ossification intramembraneuse pour produire les *os plats des côtés et de la partie supérieure du crâne*. Pendant le développement du fœtus et l'enfance, les os plats sont séparés par des espaces membraneux que l'on appelle *fontanelles* (voir la figure 7.14). Le viscérocrâne, tout comme le neurocrâne, est divisé en deux parties : le **viscérocrâne cartilagineux** et le **viscérocrâne membraneux**. Le viscérocrâne cartilagineux est dérivé du cartilage des deux premiers arcs pharyngiens (voir la figure 29.13). L'ossification endochondrale de ces cartilages produit les *osselets de l'ouïe* et l'*os hyoïde*. Le viscérocrâne membraneux est dérivé du mésenchyme du premier arc pharyngien et, à la suite d'une ossification intramembraneuse, forme les os de la face.

Les *vertèbres* sont dérivées de parties de masses cuboïdes du mésoderme, appelées *somites* (voir la figure 10.19). Les cellules mésenchymateuses de ces régions entourent la chorde dorsale environ quatre semaines après la fécondation. La **chorde dorsale**, ou **notochorde**, est un cylindre plein formé de cellules mésodermiques qui stimulent les cellules mésenchymateuses pour qu'elles forment les *corps vertébraux*. Située entre les corps vertébraux, la chorde dorsale amène les cellules mésenchymateuses à produire le *nucléus pulposus* d'un disque intervertébral et les cellules mésenchymateuses environnantes à former l'*anneau fibreux du disque intervertébral*. À mesure que le développement se poursuit, d'autres parties des vertèbres se forment et l'*arc vertébral* entoure la moelle épinière (le défaut de formation de l'arc vertébral se traduit par une affection appelée *spina bifida* ; voir le chapitre 7, p. 240). Dans la région thoracique, les processus des vertèbres mènent à la formation des *côtes*. Le *sternum* est issu du mésoderme de la paroi ventrale.

Le *squelette des membres* provient du mésoderme. Vers le milieu de la quatrième semaine de développement, les membres supérieurs font leur apparition sous forme de petites saillies fixées de part et d'autre du tronc et appelées **bourgeons des membres supérieurs** (figure 8.18b). Environ deux semaines plus tard, les **bourgeons des membres inférieurs** apparaissent. Les bourgeons des membres sont des masses de **mésenchyme** recouvertes d'**ectoderme**. À ce stade du développement, un squelette mésenchymateux est présent dans les membres ; une partie du mésoderme entourant les os en croissance constituera plus tard les muscles squelettiques des membres.

FIGURE 8.18 Le développement du système squelettique. (a) Les os qui se forment à partir du neurocrâne cartilagineux sont indiqués en bleu pâle ; ceux qui se forment à partir du viscérocrâne cartilagineux, en bleu foncé ; ceux qui se forment à partir du neurocrâne membraneux, en rouge ; et ceux qui se forment à partir du viscérocrâne membraneux, en rose.

Lorsque les bourgeons des membres apparaissent, l'ossification endochondrale des os des membres commence (vers la fin de la huitième semaine de développement).

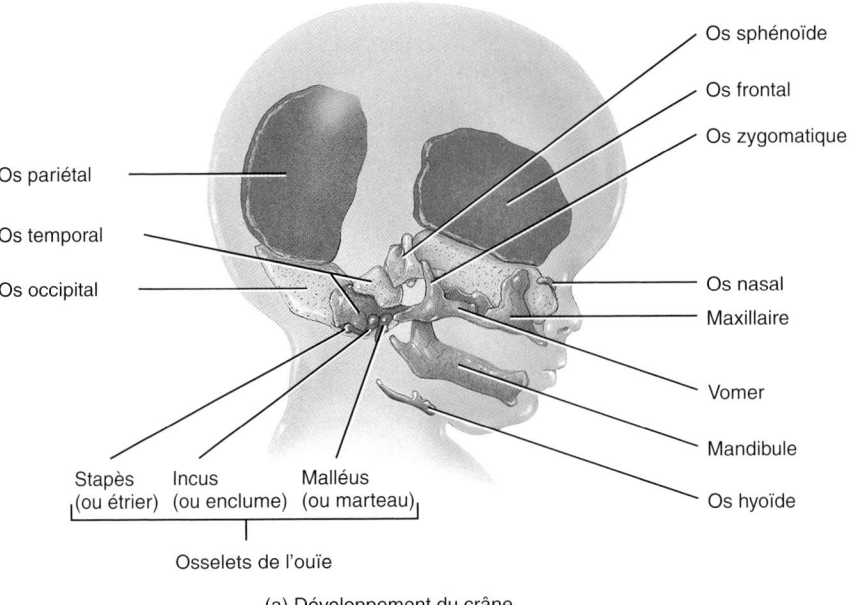

Os pariétal
Os temporal
Os occipital

Os sphénoïde
Os frontal
Os zygomatique
Os nasal
Maxillaire
Vomer
Mandibule
Os hyoïde

Stapès (ou étrier)   Incus (ou enclume)   Malléus (ou marteau)

Osselets de l'ouïe

(a) Développement du crâne

À la sixième semaine, une constriction s'est formée au centre des bourgeons des membres. Cette constriction engendre les segments distaux aplatis des bourgeons des membres supérieurs, appelés **lames de la main**, et les segments distaux des bourgeons des membres inférieurs, appelés **lames du pied** (figure 8.18c). Ces lames donneront naissance aux mains et aux pieds, respectivement. À cette étape du développement des membres, un squelette cartilagineux formé à partir du mésenchyme est en place. À la septième semaine (figure 8.18d), les *bras*, les *avant-bras* et les *mains* sont visibles dans les bourgeons des membres supérieurs, et les *cuisses*, les *jambes* et les *pieds* émergent dans les bourgeons des membres inférieurs. À la huitième semaine (figure 8.18e), les épaules, les coudes et les poignets font leur apparition. Les bourgeons des membres supérieurs deviennent les membres supérieurs et les bourgeons des membres inférieurs, les membres inférieurs.

L'ossification endochondrale des membres commence vers la fin de la huitième semaine de vie intra-utérine. Vers la douzième

semaine, des centres d'ossification primaires sont présents dans la plupart des os des membres. La plupart des centres d'ossification secondaires font leur apparition après la naissance.

▶ **POINT DE CONTRÔLE**

10. Expliquez à quel moment et comment les membres se développent.

* * *

Afin de bien comprendre le rôle du système squelettique dans l'homéostasie des autres systèmes de l'organisme, consultez la section *Point de mire sur l'homéostasie : le système squelettique*. Au chapitre 9, nous verrons comment les articulations maintiennent le squelette et lui permettent de contribuer aux mouvements.

FIGURE 8.18 Le développement du système squelettique *(suite).*

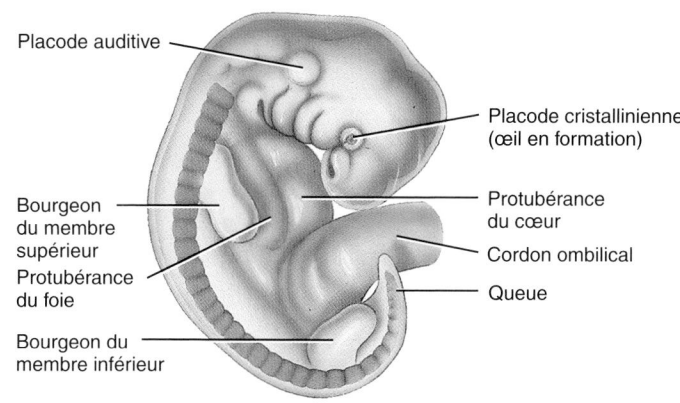

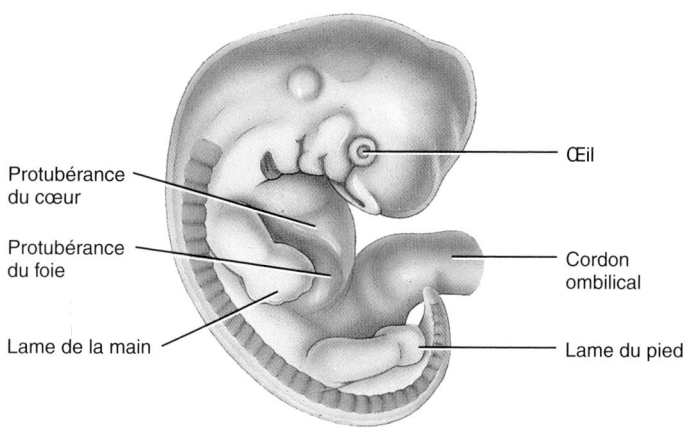

(b) Développement des bourgeons des membres chez un embryon de quatre semaines

(c) Développement des lames de la main et du pied chez un embryon de six semaines

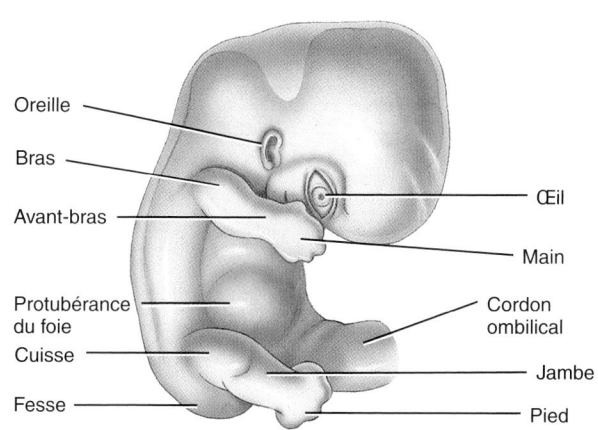

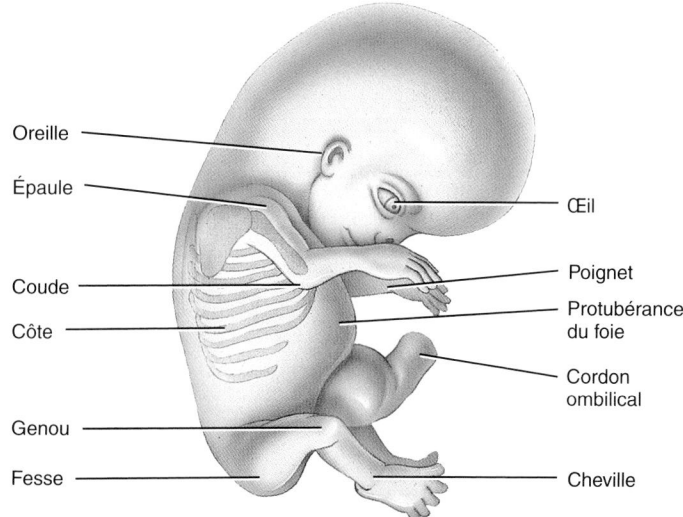

(d) Développement du bras, de l'avant-bras et de la main dans le bourgeon du membre supérieur ainsi que de la cuisse, de la jambe et du pied dans le bourgeon du membre inférieur chez un embryon de sept semaines

(e) Bourgeons des membres qui se sont développés en membres supérieurs et inférieurs chez un embryon de huit semaines

 Lequel des trois principaux tissus embryonnaires (ectoderme, mésoderme et endoderme) donne naissance au système squelettique?

Tous les systèmes

Les os soutiennent et protègent les organes internes ; les os emmagasinent et libèrent du calcium, qui est nécessaire au bon fonctionnement de la plupart des tissus de l'organisme.

Système tégumentaire

Les os offrent un bon soutien aux muscles et à la peau qui les recouvrent, et les articulations donnent la souplesse nécessaire à l'étirement de la peau.

Système musculaire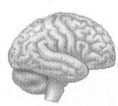

Les os fournissent des points de fixation aux muscles et servent de levier permettant les mouvements du corps ; la contraction des muscles squelettiques requiert des ions calcium.

Système nerveux

Le crâne et les vertèbres protègent l'encéphale et la moelle épinière ; une concentration normale de calcium dans le sang est nécessaire au bon fonctionnement des neurones et de la névroglie.

Système endocrinien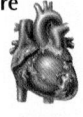

Les os emmagasinent et libèrent le calcium nécessaire pendant l'exocytose des vésicules remplies d'hormones dans les cellules glandulaires ainsi que pour l'action normale de nombreuses hormones.

Système cardiovasculaire

La moelle osseuse rouge est le siège de l'hématopoïèse (formation des cellules sanguines) ; le cœur a besoin d'ions calcium pour maintenir le rythme de ses battements.

Système lymphatique et immunité

La moelle osseuse rouge produit tous les types de leucocytes qui contribuent aux réactions immunitaires.

Système respiratoire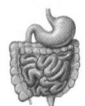

Le squelette axial du thorax protège les poumons ; les mouvements des côtes facilitent la ventilation pulmonaire ; certains muscles servant à la ventilation sont fixés aux os par des tendons.

Système digestif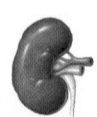

Les dents permettent la mastication des aliments ; les os de la cage thoracique protègent l'œsophage, l'estomac et le foie ; les os du bassin protègent certaines parties des intestins.

Système urinaire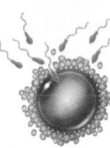

Les côtes protègent partiellement les reins ; les os du bassin protègent la vessie et l'urètre.

Systèmes génitaux

Les os du bassin protègent les ovaires, les trompes utérines et l'utérus chez la femme et une partie du canal déférent et des glandes accessoires chez l'homme ; les os sont une importante source du calcium nécessaire à la production du lait pendant la lactation.

Le système squelettique

DÉSÉQUILIBRES HOMÉOSTATIQUES

La fracture de la hanche

Bien que toutes les régions de la ceinture pelvienne puissent se fracturer, l'expression **fracture de la hanche** désigne communément la fracture des os formant l'articulation coxofémorale, c'est-à-dire la tête, le col ou les trochanters du fémur, ou encore les os qui forment l'acétabulum. L'incidence de ce type de fracture est en hausse, en partie à cause de l'augmentation de l'espérance de vie. La réduction de la masse osseuse qui découle de l'ostéoporose (maladie qui atteint plus fréquemment les femmes) et une plus grande vulnérabilité aux chutes prédisposent les personnes âgées aux fractures de la hanche.

Les fractures de la hanche nécessitent souvent une intervention chirurgicale qui vise à réparer et à stabiliser la fracture, à accroître la mobilité et à diminuer la douleur. On utilise parfois des broches, des vis, des clous ou des plaques pour fixer la tête du fémur. Lorsque la fracture est grave, on peut remplacer la tête du fémur ou l'acétabulum par des prothèses (dispositifs artificiels). L'intervention qui vise le remplacement de l'une ou l'autre de ces parties d'os est appelée *hémiarthroplastie* (*hêmi*: à moitié ; *arthron* : articulation ; *plassein* : façonner). L'*arthroplastie totale de la hanche* consiste à remplacer à la fois la tête du fémur et l'acétabulum. La prothèse qui remplace l'acétabulum est en plastique ; celle qui remplace la tête du fémur est en métal. Toutes deux sont conçues pour supporter de fortes contraintes. Elles sont fixées aux parties saines de l'os au moyen d'un ciment acrylique et de vis (voir la figure 9.16).

TERMES MÉDICAUX

Genu valgum   (*valgus*: tourné en dehors) Déformation caractérisée par une distance plus faible entre les genoux et plus grande entre les chevilles, causée par une angulation externe des jambes par rapport à la cuisse. Aussi appelé **genou cagneux** ou encore **jambes en X**.

Genu varum   (*varus*: tourné en dedans) Déformation caractérisée par une distance plus grande entre les genoux et une angulation interne des jambes par rapport à la cuisse. Aussi appelé **jambe arquée** ou encore **jambes en O**.

Hallux valgus   Déviation du gros orteil (ou hallux) par rapport à la ligne médiane du corps, souvent causée par le port de chaussures trop étroites. Quand le gros orteil est dévié vers le deuxième orteil, il se forme une protubérance à la base du gros orteil. Couramment appelé **oignon**.

Pied bot   Difformité héréditaire du pied qui frappe 1 nouveau-né sur 1 000. Le pied est tordu vers le bas et l'intérieur, et l'arc plantaire forme un angle plus grand que la normale. Le traitement consiste à redonner une courbure normale à l'arc au moyen d'un plâtre ou d'une bande adhésive, habituellement peu de temps après la naissance. Le port de chaussures correctives ou une chirurgie s'avèrent parfois nécessaires.

RÉSUMÉ

LA CEINTURE SCAPULAIRE (ÉPAULE) (P. 248)

1. Chacune des deux ceintures scapulaires comprend une clavicule et une scapula.

2. Chaque ceinture scapulaire fixe un membre supérieur au squelette axial.

LE MEMBRE SUPÉRIEUR (P. 251)

1. Chacun des deux membres supérieurs comptent 30 os.

2. Chaque membre supérieur comprend un humérus, un ulna, un radius, des os du carpe, des os métacarpiens et des phalanges de la main.

LA CEINTURE PELVIENNE (HANCHE) (P. 256)

1. La ceinture pelvienne est formée des deux os coxaux.

2. Chaque os coxal est constitué de trois os fusionnés : l'ilium, le pubis et l'ischium.

3. Les os coxaux, le sacrum et la symphyse pubienne forment le bassin. Le bassin soutient la colonne vertébrale et les viscères abdominaux, et fixe les membres inférieurs au squelette axial.

4. Le grand bassin est séparé du petit bassin par l'ouverture supérieure du bassin.

COMPARAISON DES BASSINS FÉMININ ET MASCULIN (P. 260)

1. Les os de l'homme sont en général plus larges et plus lourds que les os de la femme, et leurs repères sont plus marqués.

2. Le bassin de la femme est adapté à la grossesse et à l'accouchement. Les différences entre les bassins féminin et masculin sont énumérées et illustrées au tableau 8.1.

LE MEMBRE INFÉRIEUR (P. 260)

1. Chacun des deux membres inférieurs comporte 30 os.

2. Chaque membre inférieur comprend un fémur, une patella, un tibia, une fibula, des os du tarse, des os métatarsiens et des phalanges du pied.

3. Chaque pied présente deux arcs, l'arc longitudinal et l'arc transversal, qui le soutiennent et produisent un effet de levier.

LE DÉVELOPPEMENT EMBRYONNAIRE DU SYSTÈME SQUELETTIQUE (P. 267)

1. Les os se forment à partir du mésoderme par ossification intramembraneuse ou par ossification endochondrale.

2. Les membres se développent à partir des bourgeons des membres composés de mésoderme et d'ectoderme.

Vous trouverez les réponses à ces questions à l'appendice D.

COMPLÉTEZ LES PHRASES SUIVANTES.

1. Les os qui composent la paume sont _____.

2. Nommez les trois os qui fusionnent pour former un os coxal : _____, _____, _____.

3. La partie du bassin située sous l'ouverture supérieure du bassin est le _____ bassin ; la partie qui se trouve au-dessus est le _____ bassin.

INDIQUEZ SI LES ÉNONCÉS SUIVANTS SONT VRAIS OU FAUX.

4. Le plus gros des os du carpe est le lunatum.

5. L'articulation antérieure formée par les deux os coxaux est la symphyse pubienne.

CHOISISSEZ LA BONNE RÉPONSE.

6. Lesquels des énoncés suivants sont *vrais* ? 1) La ceinture scapulaire comprend la scapula, la clavicule et le sternum. 2) Bien qu'elles ne soient pas très stables, les articulations de la ceinture scapulaire permettent une liberté de mouvement dans de nombreuses directions. 3) La composante antérieure de la ceinture scapulaire est la scapula. 4) La ceinture scapulaire s'articule directement avec la colonne vertébrale. 5) La composante postérieure de la ceinture scapulaire est le sternum. a) 1, 2 et 3 ; b) 2 seulement ; c) 4 seulement ; d) 2, 3 et 5 ; e) 3, 4 et 5.

7. Lesquels des énoncés suivants à propos de l'articulation du coude sont *vrais* ? 1) Quand l'avant-bras est étendu, la fosse olécranienne reçoit l'olécrâne. 2) Quand l'avant-bras est fléchi, la fosse radiale reçoit le processus coronoïde. 3) La tête du radius s'articule avec le capitulum de l'humérus. 4) La trochlée de l'humérus s'articule avec l'incisure trochléaire. 5) La tête de l'ulna s'articule avec l'incisure ulnaire du radius. a) 1, 2, 3, 4 et 5 ; b) 1, 3 et 4 ; c) 1, 3, 4 et 5 ; d) 1, 2, 3 et 4 ; e) 2, 3 et 4.

8. Lequel des os suivants est le plus haut des os du tarse qui s'articule avec l'extrémité distale du tibia ? a) le calcanéus, b) l'os naviculaire, c) l'os cuboïde, d) l'os cunéiforme, e) le talus.

9. Lequel (lesquels) des énoncés suivants est (sont) *faux* concernant la scapula ? 1) Son bord latéral est aussi appelé bord axillaire. 2) L'incisure suprascapulaire reçoit la tête de l'humérus. 3) La scapula est également appelée clavicule. 4) L'acromion s'articule avec la clavicule. 5) Le processus coracoïde sert de point d'attache aux muscles. a) 1, 2 et 3 ; b) 3 seulement ; c) 2 et 3 ; d) 3 et 4 ; e) 2, 3 et 5.

10. Lequel des énoncés suivants est *faux* ? a) Une diminution de la hauteur de la partie médiale de l'arc longitudinal du pied produit un pied en griffe. b) L'arc transversal est formé par l'os naviculaire, les os cunéiformes et les bases des cinq os métatarsiens. c) L'arc longitudinal du pied se divise en une partie médiale et une partie latérale, qui prennent toutes deux naissance dans le calcanéus. d) Les arcs du pied servent à absorber les chocs. e) Les arcs permettent au pied de soutenir le poids du corps.

11. Les os qui forment la ceinture scapulaire sont : a) les vertèbres, la clavicule et la scapula ; b) le sternum et la clavicule ; c) la clavicule, la scapula et le sternum ; d) la clavicule et la scapula ; e) la clavicule, la scapula et l'humérus.

12. La grande incisure ischiatique est située sur : a) l'ilium, b) l'ischium, c) le fémur, d) le pubis, e) le sacrum.

13. Associez les éléments suivants :

_____ a) os large, triangulaire et plat situé dans la partie postérieure du thorax

_____ b) os en forme de S situé horizontalement dans la partie antérieure et supérieure du thorax

_____ c) s'articule par son extrémité proximale avec la scapula et par son extrémité distale avec le radius et l'ulna

_____ d) situé sur la face médiale de l'avant-bras

_____ e) situé sur la face latérale de l'avant-bras

_____ f) os le plus long, le plus lourd et le plus résistant du corps

_____ g) os le plus grand et le plus médial de la jambe

_____ h) os le plus petit et le plus latéral de la jambe

_____ i) os du talon

_____ j) os sésamoïde qui s'articule avec le fémur et le tibia

1) calcanéus
2) scapula
3) patella
4) radius
5) fémur
6) clavicule
7) ulna
8) tibia
9) humérus
10) fibula

14. Associez les éléments suivants :

_____ a) le plus large et le plus solide des os du tarse

_____ b) os le plus interne de la rangée distale des os du carpe ; une saillie en forme de crochet se trouve sur sa face antérieure

_____ c) os en forme de pois le plus médial de la rangée proximale des os du carpe

_____ d) os qui s'articulent avec les os métatarsiens I à III et l'os cuboïde

_____ e) os situé dans la rangée proximale des os du carpe ; son nom signifie « en forme de lune »

_____ f) os le plus latéral (extérieur) de la rangée distale des os du carpe

_____ g) le plus gros des os du carpe

_____ h) os généralement qualifiés de proximal, moyen et distal

_____ i) os le plus latéral (extérieur) de la rangée proximale des os du carpe

_____ j) os qui s'articule avec le tibia et la fibula

_____ k) os faisant partie de la rangée proximale des os du carpe ; son nom indique qu'il a « trois coins »

_____ l) os latéral qui s'articule avec le calcanéus et les os métatarsiens IV et V

_____ m) os qui s'articule avec l'os métatarsien II

_____ n) os en forme de nacelle qui s'articule avec le talus

1) os cuboïde
2) os triquétrum
3) calcanéus
4) os pisiforme
5) os capitatum
6) phalanges
7) os trapézoïde
8) os hamatum
9) os lunatum
10) os scaphoïde
11) os cunéiformes
12) os naviculaire
13) os trapèze
14) talus

15. Associez les éléments suivants (une même réponse peut servir plus d'une fois):

_____ a) olécrâne
_____ b) fosse olécrânienne
_____ c) trochlée
_____ d) grand trochanter
_____ e) malléole médiale
_____ f) extrémité acromiale
_____ g) capitulum
_____ h) acromion
_____ i) tubérosité radiale
_____ j) acétabulum
_____ k) malléole latérale
_____ l) cavité glénoïdale
_____ m) processus coronoïde
_____ n) ligne âpre
_____ o) bord antérieur
_____ p) épine iliaque antérosupérieure
_____ q) fovea capitis
_____ r) tubercule majeur
_____ s) incisure trochléaire

1) clavicule
2) scapula
3) humérus
4) ulna
5) radius
6) fémur
7) tibia
8) fibula
9) os coxal

QUESTIONS À COURT DÉVELOPPEMENT

Vous trouverez les réponses à ces questions à l'appendice D.

1. Le chien de Mme Gravel a déterré un ensemble complet d'ossements humains dans un bois près de chez elle. Après avoir examiné les lieux, les policiers ont recueilli les os et les ont transportés au laboratoire d'expertise médicolégale à des fins d'identification. Par la suite, Mme Gravel a lu dans les journaux que les os appartenaient à une femme âgée. Comment le médecin légiste a-t-il pu tirer cette conclusion?

2. Un jeune père très fier tient sa fille de cinq mois debout sur ses pieds en la soutenant sous les bras. Il déclare qu'elle ne pourra jamais être danseuse parce que ses pieds sont trop plats. Est-ce vrai? Justifiez votre réponse.

3. Le journal local rapporte qu'un ouvrier s'est coincé la main dans un engrenage mécanique. Il a perdu les deux doigts externes de la main gauche. La fille de l'ouvrier, qui suit des cours de sciences à l'école secondaire, précise qu'il reste à son père trois phalanges. Est-ce exact, ou a-t-elle besoin d'un cours de rattrapage en anatomie? Justifiez votre réponse.

RÉPONSES AUX QUESTIONS DES FIGURES

8.1 Les ceintures scapulaires fixent les membres supérieurs au squelette axial.

8.2 Le point le plus faible de la clavicule est la région qui correspond à la jonction de ses deux courbures.

8.3 L'acromion de la scapula forme la pointe de l'épaule.

8.4 Chaque membre supérieur comporte 30 os.

8.5 Le radius s'articule au niveau du coude avec le capitulum et la fosse radiale de l'humérus. L'ulna s'articule au niveau du coude avec la trochlée, la fosse coronoïdienne et la fosse olécrânienne de l'humérus.

8.6 L'olécrâne est la partie de l'ulna qu'on appelle le «coude».

8.7 Le radius et l'ulna forment deux articulations, les articulations radio-ulnaires proximale et distale. Leurs corps sont également reliés par une membrane interosseuse.

8.8 L'os du poignet le plus souvent fracturé est l'os scaphoïde.

8.9 Le bassin fixe les membres inférieurs au squelette axial et soutient la colonne vertébrale ainsi que les viscères abdominaux.

8.10 Le fémur s'articule avec l'acétabulum de l'os coxal et forme l'articulation coxofémorale; le sacrum s'articule avec la surface auriculaire de l'ilium de l'os coxal pour former l'articulation sacro-iliaque.

8.11 Pendant l'accouchement, la tête de l'enfant suit l'axe du pelvis au cours de sa descente dans le bassin.

8.12 Chaque membre inférieur comporte 30 os.

8.13 L'angle de convergence des fémurs est plus grand chez la femme que chez l'homme parce que le bassin de la femme est plus large.

8.14 La patella est décrite comme un os sésamoïde parce qu'elle se forme dans un tendon (le tendon du muscle quadriceps fémoral de la cuisse).

8.15 Le tibia est l'os de la jambe qui soutient le poids corporel.

8.16 Le talus est le seul os du tarse qui s'articule avec le tibia et la fibula.

8.17 Les arcs plantaires ne sont *pas* rigides: ils fléchissent sous le poids corporel et reprennent leur forme une fois allégés, ce qui leur permet d'absorber le choc de la marche.

8.18 Le système squelettique se développe à partir du mésoderme.

LES ARTICULATIONS

LES ARTICULATIONS ET L'HOMÉOSTASIE

Les articulations du squelette contribuent à l'homéostasie en reliant les os pour permettre le mouvement et la flexibilité.

Les os sont trop rigides pour fléchir sans subir de dommages. Heureusement, les articulations, qui sont formées de tissus conjonctifs souples, relient les os tout en permettant une mobilité plus ou moins grande dans la plupart des cas. L'**articulation**, ou **jointure**, est le point de contact entre deux os, entre un os et un cartilage, ou entre un os et une dent. Lorsqu'on dit qu'un os *s'articule* avec un autre, cela signifie que ces os se joignent et bougent l'un par rapport à l'autre. On comprend mieux l'importance des articulations lorsqu'on a un genou dans le plâtre, ce qui nous rend la marche difficile, ou qu'une attelle nous immobilise un doigt, ce qui limite notre capacité à manipuler de petits objets. L'étude scientifique des articulations est appelée **arthrologie** (*arthron* : articulation ; *logos* : discours) et l'étude du mouvement du corps humain, **kinésiologie** (*kinêsis* : mouvement).

LA CLASSIFICATION DES ARTICULATIONS

> **OBJECTIF**
>
> • Décrire les classifications structurale et fonctionnelle des articulations.

On classifie les articulations sur le plan structural selon leurs caractéristiques anatomiques et, sur le plan fonctionnel, selon le type de mouvement qu'elles permettent.

La classification structurale des articulations repose sur deux critères : 1) la présence ou l'absence d'un espace, appelé *cavité articulaire*, entre les os qui s'articulent ; et 2) le type de tissu conjonctif qui unit les os. Les trois catégories structurales d'articulations sont les suivantes :

- **Les articulations fibreuses :** les os sont reliés par du tissu conjonctif fibreux riche en fibres collagènes ; il n'y a pas de cavité articulaire.
- **Les articulations cartilagineuses :** les os sont unis par du cartilage ; il n'y a pas de cavité articulaire.
- **Les articulations synoviales :** comportent une cavité articulaire ; les os sont unis par le tissu conjonctif dense irrégulier d'une capsule articulaire et, souvent, par des ligaments accessoires.

La classification fonctionnelle des articulations se fonde sur le degré de mouvement qu'elles permettent. Les trois catégories fonctionnelles d'articulations sont les suivantes :

- **Les articulations immobiles**, ou **synarthroses** (*syn* : avec).
- **Les articulation semi-mobiles**, ou **amphiarthroses** (*amphi* : des deux côtés).
- **Les articulations mobiles**, ou **diarthroses**. Toutes les articulations mobiles sont des articulations synoviales. Leur forme varie et elles permettent divers types de mouvements.

Dans les sections suivantes, nous utiliserons la classification structurale des articulations mais nous donnerons aussi, pour chaque type d'articulation, ses caractéristiques fonctionnelles.

> ▶ **POINT DE CONTRÔLE**
>
> **1.** Quels types de critères servent à classifier les articulations ?

LES ARTICULATIONS FIBREUSES

> **OBJECTIF**
>
> • Décrire la structure et les fonctions des trois types d'articulations fibreuses.

Nous avons souligné que les **articulations fibreuses** sont dépourvues de cavité articulaire et que les os sont presque soudés ensemble par du tissu conjonctif fibreux. Ces articulations ne permettent aucun mouvement, ou n'en permettent que très peu. Les trois types d'articulations fibreuses sont les sutures, les syndesmoses et les gomphoses.

LES SUTURES

Une **suture** (*sutura* : couture) est une articulation fibreuse composée d'une mince couche de tissu conjonctif fibreux dense. Seuls les os du crâne sont unis par des sutures ; la suture coronale, entre les os pariétal et frontal (figure 9.1a), en est un exemple. Les bords irréguliers des sutures s'emboîtent pour accroître la résistance de l'articulation et diminuer le risque de fracture. Du point de vue fonctionnel, la suture est considérée comme une articulation immobile.

Certaines sutures observables durant l'enfance sont remplacées par de la matière osseuse à l'âge adulte. Une suture de ce type est appelée **synostose**, ou jonction osseuse : deux os distincts fusionnent pour n'en former qu'un seul. Ainsi, pendant la croissance, les deux moitiés de l'os frontal s'unissent le long de la ligne de suture. Généralement, la fusion est complète à l'âge de six ans, de sorte que la suture n'est plus visible. Si cette dernière persiste après cet âge, on l'appelle *suture métopique* (*metôpon* : front). Du point de vue fonctionnel, une synostose est considérée comme une articulation immobile.

LES SYNDESMOSES

Dans une **syndesmose** (*syndesmos* : ligament), la distance qui sépare les os et le tissu conjonctif fibreux est plus grande que dans la suture. Le tissu conjonctif fibreux se présente soit sous forme de faisceau (ligament), soit sous forme de membrane (membrane interosseuse). Les articulations entre le tibia et la fibula sont des syndesmoses. Au niveau distal, ces deux os sont reliés par le ligament tibiofibulaire antérieur alors que leurs bords parallèles sont unis par une membrane interosseuse (figure 9.1b). La syndesmose est peu mobile, ce qui la place dans la catégorie des articulations semi-mobiles.

LES GOMPHOSES

Une **gomphose** (*gomphos* : clou, cheville), ou *articulation dentoalvéolaire*, est une articulation fibreuse par laquelle un os s'enclave dans la cavité d'un autre os. Dans le corps humain, seules les articulations unissant les racines dentaires aux processus alvéolaires des maxillaires et de la mandibule sont des gomphoses (figure 9.1c). Le desmodonte, un court ligament composé de tissu conjonctif fibreux dense, fixe la dent à son alvéole. Du point de vue fonctionnel, la gomphose est considérée comme une articulation immobile. On appelle *parodontose* l'inflammation et la destruction progressive des gencives, du desmodonte et de l'os.

> ▶ **POINT DE CONTRÔLE**
>
> **2.** Quelles articulations fibreuses sont immobiles et lesquelles sont semi-mobiles ?

FIGURE 9.1 Les articulations fibreuses.

Dans une articulation fibreuse, les os sont unis par du tissu conjonctif fibreux.

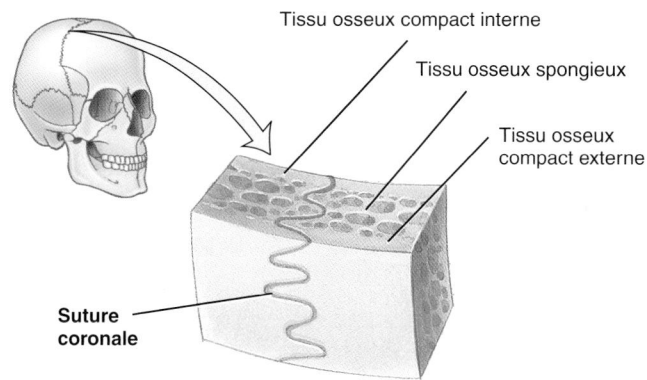

Tissu osseux compact interne
Tissu osseux spongieux
Tissu osseux compact externe
Suture coronale

(a) Suture entre les os du crâne

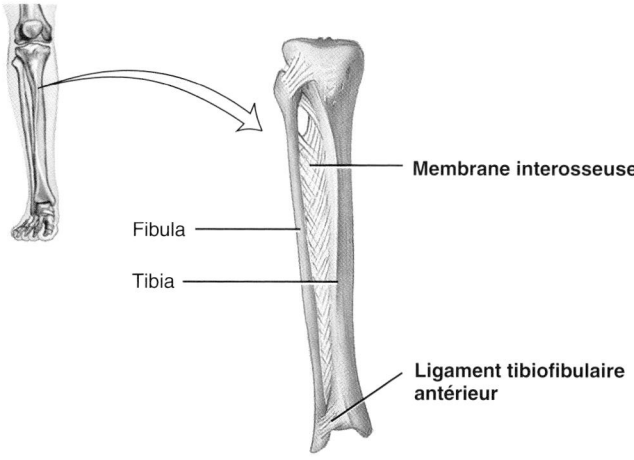

Membrane interosseuse
Fibula
Tibia
Ligament tibiofibulaire antérieur

(b) Syndesmoses entre le tibia et la fibula

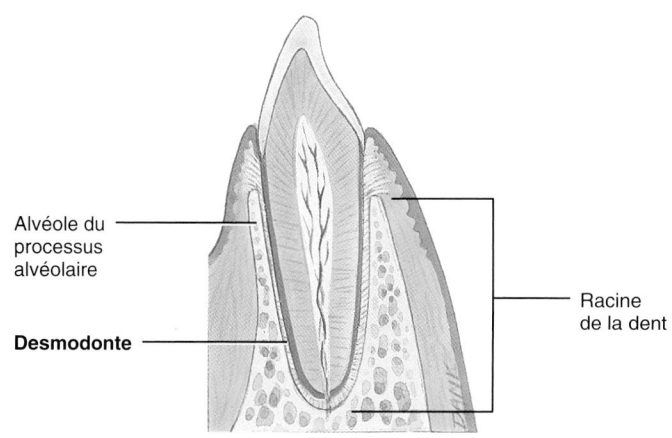

Alvéole du processus alvéolaire
Desmodonte
Racine de la dent

(c) Gomphose unissant une dent et l'alvéole d'un processus alvéolaire

Pourquoi les sutures entrent-elles dans la catégorie fonctionnelle des articulations immobiles, et les syndesmoses dans celle des articulations semi-mobiles?

LES ARTICULATIONS CARTILAGINEUSES

▶ OBJECTIF

- Décrire la structure et les fonctions des deux types d'articulations cartilagineuses.

Comme l'articulation fibreuse, l'**articulation cartilagineuse** est dépourvue de cavité articulaire et permet peu de mouvement, parfois aucun. Les os sont étroitement liés par du cartilage fibreux ou hyalin (voir le tableau 4.4G, H). Les deux types d'articulations cartilagineuses sont les synchondroses et les symphyses.

LES SYNCHONDROSES

Dans la **synchondrose** (*khondros* : cartilage), le matériau de jonction des os est une lame de cartilage hyalin. La plaque épiphysaire qui unit l'épiphyse et la diaphyse d'un os en croissance en est un exemple (figure 9.2a). La figure 6.7a présente une photomicrographie de la plaque épiphysaire. Du point de vue fonctionnel, la synchondrose est une articulation immobile. Lorsque l'os cesse de croître en longueur, de la matière osseuse remplace le cartilage hyalin et la synchondrose devient une synostose. L'articulation qui unit la première côte au manubrium sternal est aussi une synchondrose qui s'ossifie à l'âge adulte pour devenir une synostose immobile (voir la figure 7.22b).

LES SYMPHYSES

Dans la **symphyse** (*symphysis* : union, cohésion), les extrémités des os sont recouvertes de cartilage hyalin, mais les os sont unis par un large disque plat composé de cartilage fibreux. Toutes les symphyses sont situées sur la ligne médiane du corps. La symphyse pubienne qui relie les faces antérieures des os coxaux en est un exemple (figure 9.2b). On rencontre également une symphyse à la jonction du manubrium et du corps du sternum (voir la figure 7.22) ainsi qu'entre les corps des vertèbres, unis par les articulations intervertébrales (voir la figure 7.20a). Une partie du disque intervertébral est composée de cartilage fibreux. La symphyse est une articulation semi-mobile ; elle permet donc peu de mouvement.

▶ POINT DE CONTRÔLE

3. Quelles articulations cartilagineuses sont immobiles et lesquelles sont semi-mobiles?

LES ARTICULATIONS SYNOVIALES

▶ OBJECTIFS

- Décrire la structure des articulations synoviales.
- Décrire la structure et les fonctions des bourses et des gaines tendineuses.

LA STRUCTURE DES ARTICULATIONS SYNOVIALES

Les **articulations synoviales** se distinguent des autres articulations par une caractéristique particulière, soit la présence entre les os

FIGURE 9.2 Les articulations cartilagineuses.

 Dans une articulation cartilagineuse, les os sont unis par du cartilage.

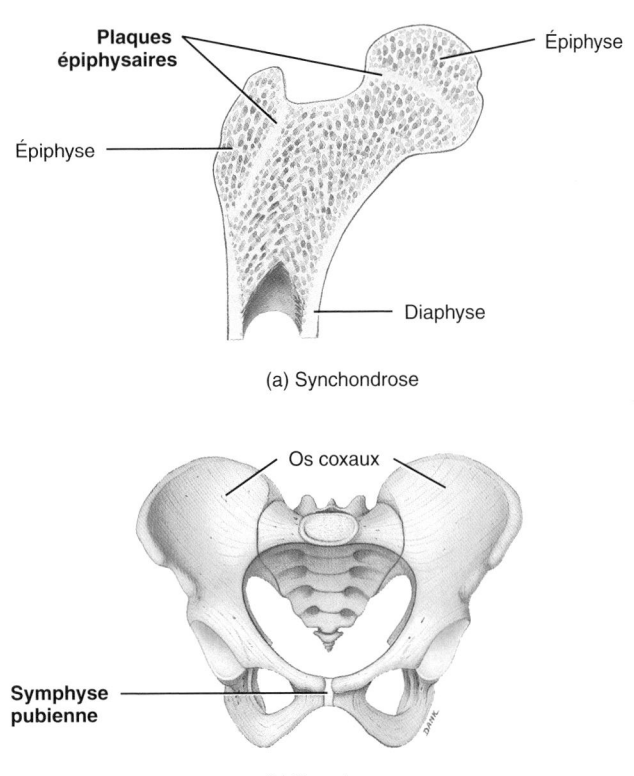

(a) Synchondrose

(b) Symphyse

 Quelle est la différence structurale entre une synchondrose et une symphyse?

FIGURE 9.3 La structure d'une articulation synoviale typique. Remarquez les deux couches de la capsule articulaire : la capsule fibreuse et la membrane synoviale. Le liquide synovial se trouve dans la cavité articulaire, entre la membrane synoviale et le cartilage articulaire.

 L'articulation synoviale se caractérise par la cavité articulaire située entre les os qu'elle unit.

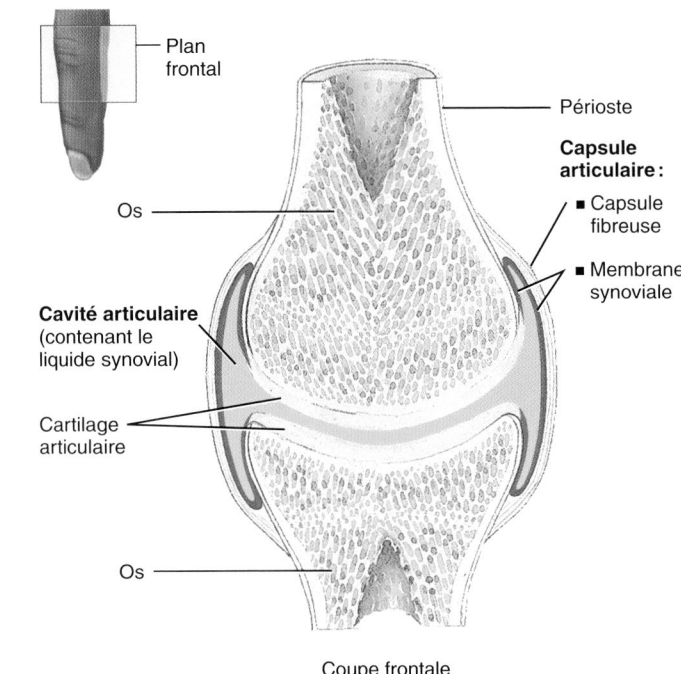

Coupe frontale

 À quelle catégorie fonctionnelle les articulations synoviales appartiennent-elles?

qui s'articulent d'un espace appelé **cavité articulaire** (figure 9.3). Parce que la cavité articulaire confère à l'articulation une grande liberté de mouvement, toutes les articulations synoviales sont considérées du point de vue fonctionnel comme des articulations mobiles. Dans une articulation synoviale, la surface articulaire des os est tapissée d'une couche de cartilage hyalin appelé **cartilage articulaire**, qui forme un recouvrement lisse et luisant sur les os sans les relier. Le cartilage articulaire réduit la friction entre les os pendant le mouvement et contribue à amortir les chocs.

La capsule articulaire

Une **capsule articulaire** en forme de manchon entoure l'articulation synoviale ; elle contient la cavité articulaire et unit les os. Elle est constituée de deux couches, une capsule fibreuse à l'extérieur et une membrane synoviale à l'intérieur (figure 9.3). La **capsule fibreuse** est habituellement composée de tissu conjonctif dense irrégulier (fait en grande partie de fibres collagènes) qui adhère au périoste des os de l'articulation. Sa souplesse permet une amplitude de mouvement considérable et sa grande résistance à la trac-

tion protège les os contre les luxations. Les fibres de certaines capsules fibreuses forment des faisceaux parallèles de tissu conjonctif dense régulier qui résistent très bien aux contraintes. La solidité de ces faisceaux, nommés **ligaments** (*ligare* : lier), est l'un des principaux facteurs mécaniques qui assurent l'union des os dans une articulation synoviale. La couche interne de la capsule articulaire, appelée **membrane synoviale**, est composée de tissu conjonctif aréolaire contenant des fibres élastiques. Dans de nombreuses articulations synoviales, la membrane synoviale accumule du tissu adipeux nommé **corps adipeux**. Le corps adipeux infrapatellaire du genou en est un exemple (figure 9.15c).

Les personnes dont les os se désarticulent facilement ont des capsules articulaires et des ligaments exceptionnellement flexibles. Il en résulte un accroissement de l'amplitude des mouvements qui leur permet de divertir les gens dans les fêtes en effectuant des tours, comme toucher leur poignet avec leur pouce, ou placer leurs chevilles ou leurs coudes derrière leur cou. Malheureusement, les articulations possédant pareille flexibilité sont structurellement moins stables et se disloquent donc plus facilement.

Le liquide synovial

La membrane synoviale sécrète le **liquide synovial**, ou synovie (*ovum*: œuf); ce liquide est visqueux, transparent ou jaune pâle, d'où son nom évoquant l'apparence et la consistance du blanc d'œuf cru. Le liquide synovial est composé d'acide hyaluronique, sécrété par les cellules de type fibrocyte de la membrane synoviale, et de liquide interstitiel filtré du plasma sanguin. Il forme une pellicule sur les faces internes de la capsule articulaire. Il a notamment pour fonction de réduire la friction en lubrifiant l'articulation, d'absorber les chocs, de fournir de l'oxygène et des nutriments aux chondrocytes du cartilage articulaire et d'éliminer de ces derniers le dioxyde de carbone et les déchets métaboliques. (Rappelons que le cartilage est un tissu avasculaire; il ne possède donc pas de vaisseaux sanguins qui accompliraient ces tâches.) Le liquide synovial contient également des phagocytes qui éliminent les microorganismes et les débris issus de l'usure normale ou de la déchirure de l'articulation. Lorsqu'une articulation synoviale est immobilisée pendant un certain temps, le liquide devient plus visqueux (gélatineux) mais, à mesure qu'on augmente le mouvement, sa viscosité diminue. La période d'échauffement qui précède une séance d'exercice a entre autres effets bénéfiques celui de stimuler la production et la sécrétion de liquide synovial; plus la quantité de ce dernier est grande, moins il y a de stress sur les articulations pendant l'exercice.

Nous avons tous entendu les craquements accompagnant le mouvement de certaines articulations, ou ceux que l'on provoque en faisant volontairement craquer les jointures de ses doigts. Selon des théories en cours, lorsqu'il se produit une expansion brusque de la cavité articulaire, la pression du liquide synovial diminue, créant ainsi un vide partiel. Sous l'effet de la dépression, les molécules des gaz sanguins – dioxyde de carbone et oxygène – passent des vaisseaux sanguins à la membrane synoviale, ce qui entraîne la formation de bulles dans le liquide synovial. Quand on fait éclater les bulles, par exemple par une hyperflexion des doigts, on entend un craquement caractéristique.

Les ligaments accessoires et les disques articulaires

De nombreuses articulations synoviales contiennent également des **ligaments accessoires**, soit les ligaments extracapsulaires et intracapsulaires. Les *ligaments extracapsulaires* sont situés à l'extérieur de la capsule articulaire. Les ligaments collatéraux fibulaire et tibial de l'articulation du genou en sont des exemples (figure 9.15d). Les *ligaments intracapsulaires* se trouvent à l'intérieur de la capsule articulaire, mais ils sont séparés de la cavité articulaire par les plis de la membrane synoviale. Les ligaments croisés antérieur et postérieur du genou en sont des exemples (figure 9.15d).

À l'intérieur de certaines articulations synoviales, comme celle du genou, des coussinets de cartilage fibreux fixés à la capsule fibreuse s'insèrent entre les surfaces articulaires des os. Ces coussinets sont appelés **disques articulaires**, ou **ménisques**. La figure 9.15d illustre les ménisques latéral et médial de l'articulation du genou. Ces disques subdivisent habituellement la cavité articulaire en deux, de sorte que des mouvements séparés peuvent avoir lieu dans chacun des deux espaces ainsi créés. Nous verrons

plus loin que des mouvements séparés sont également possibles dans les différents compartiments de l'articulation temporomandibulaire (voir p. 292). En modifiant la forme des surfaces articulaires des os, les disques articulaires permettent à deux os de forme différente de s'ajuster plus étroitement l'un à l'autre. Ils contribuent aussi à la stabilité de l'articulation et acheminent le liquide synovial vers les régions où la friction est particulièrement forte.

LA DÉCHIRURE D'UN CARTILAGE ET L'ARTHROSCOPIE

La déchirure des disques articulaires (ou ménisques) du genou – on parle communément de **cartilage déchiré** – est fréquente chez les athlètes. Le cartilage endommagé s'use, ce qui peut entraîner l'apparition d'arthrite à moins qu'on ne procède à son ablation (méniscectomie). La réparation chirurgicale d'un cartilage déchiré est essentielle étant donné la nature avasculaire du cartilage. Pour ce faire, on utilise l'**arthroscopie** (*skopein*: examiner, observer), procédure qui consiste à examiner l'intérieur d'une articulation, habituellement celle du genou, à l'aide d'un instrument de visualisation lumineux de la taille d'un crayon, appelé *arthroscope*. On a recours à cette technique pour déterminer la nature et l'étendue des lésions consécutives à une blessure au genou, surveiller la progression de la maladie ou évaluer l'efficacité du traitement. En outre, l'insertion d'instruments chirurgicaux dans l'arthroscope ou un autre type d'incision permet au médecin d'enlever le cartilage déchiré et de réparer les ligaments croisés du genou; de remodeler le cartilage mal formé; de prélever des échantillons de tissu en vue de leur analyse; et d'effectuer des interventions chirurgicales sur d'autres articulations, notamment celles du coude, de la cheville et du poignet, et l'articulation scapulohumérale (épaule). ■

L'INNERVATION ET L'IRRIGATION SANGUINE

Les nerfs qui traversent les articulations sont les mêmes que ceux qui innervent les muscles squelettiques et permettent les mouvements articulaires. Les articulations synoviales renferment de nombreuses terminaisons nerveuses réparties dans la capsule articulaire et les ligaments qui la renforcent. Certaines de ces terminaisons transmettent l'information sur la douleur provenant de l'articulation jusqu'à la moelle épinière et à l'encéphale, où l'information est traitée. D'autres terminaisons captent l'information sur le degré de mouvement et d'étirement d'une articulation et la transmettent à la moelle épinière et à l'encéphale, qui y réagissent s'il y a lieu en envoyant des influx nerveux vers les muscles chargés d'adapter les mouvements du corps.

Même si plusieurs composantes d'une articulation synoviale sont avasculaires, les artères passant à proximité se ramifient en de nombreuses branches qui pénètrent dans les ligaments et la capsule articulaire, et y apportent de l'oxygène et des nutriments. Les veines éliminent des articulations le dioxyde de carbone et les déchets. Habituellement, les branches de diverses artères fusionnent autour d'une articulation avant de pénétrer dans la capsule articulaire. Les chondrocytes du cartilage articulaire d'une articulation synoviale sont alimentés en oxygène et en nutriments par le liquide synovial issu du sang, tandis que tous les autres tissus articulaires sont alimentés directement par des artères. Les mêmes chondrocytes du cartilage articulaire rejettent le dioxyde de carbone et les déchets dans le liquide synovial, puis ces derniers entrent dans des veines ; le dioxyde de carbone et les déchets de toutes les autres structures articulaires passent directement dans les veines.

L'ENTORSE ET LA FOULURE

Une **entorse** est une élongation ou une déchirure des ligaments, sans luxation, qui résulte d'une violente torsion de l'articulation. Elle survient lorsque les ligaments sont soumis à des forces dépassant leur capacité de résistance normale. Certaines entorses peuvent altérer des vaisseaux sanguins, des muscles, des tendons ou des nerfs environnants. Une entorse grave peut être si douloureuse qu'il est impossible de bouger l'articulation. On observe un œdème marqué dû à la libération de substances par les cellules endommagées et à l'hémorragie des vaisseaux sanguins rompus. Les entorses les plus courantes sont celles de la cheville, suivies par celles de la région lombaire. Une **foulure** est une élongation ou une déchirure partielle d'un muscle. Elle se produit souvent lorsqu'on contracte un muscle brusquement et fortement, à la façon dont un sprinter contracte les muscles de ses jambes au moment de la poussée de départ. ■

LES BOURSES ET LES GAINES TENDINEUSES

Les mouvements du corps causent une friction entre les parties qui s'articulent. Les **bourses** sont des structures en forme de sac, placées en des endroits stratégiques, qui réduisent la friction dans certaines articulations, notamment celle du genou et l'articulation scapulohumérale (figures 9.12 et 9.15c). Les bourses ne font pas vraiment partie des articulations synoviales, mais elles s'apparentent aux capsules articulaires, puisque leurs parois sont constituées de tissu conjonctif tapissé d'une membrane synoviale. Elles contiennent une petite quantité de liquide semblable au liquide synovial. Les bourses sont situées entre la peau et les os, les tendons et les os, les muscles et les os, ou les ligaments et les os. Ces sacs remplis de liquide amortissent le mouvement des parties du corps qui s'articulent.

Les **gaines tendineuses** réduisent également la friction au cours des mouvements entre les articulations et les structures environnantes. Ce sont des bourses en forme de tube qui entourent des tendons soumis à un frottement intense. Les tendons qui traversent une cavité articulaire, comme le tendon du muscle biceps brachial au niveau de l'articulation scapulohumérale (figure 9.12c), sont pourvus d'une telle gaine. On trouve également des gaines tendineuses dans le poignet et la cheville, où de nombreux tendons sont présents dans un espace restreint (voir la figure 11.23), ainsi que dans les doigts et les orteils, qui sont fréquemment en mouvement (voir la figure 11.18).

LA BURSITE

La **bursite** est une inflammation aiguë ou chronique d'une bourse. Elle est habituellement due à l'irritation causée par des efforts répétés et excessifs au niveau d'une articulation, mais elle est aussi parfois provoquée par un traumatisme, une infection aiguë ou chronique (y compris la syphilis et la tuberculose), ou la polyarthrite rhumatoïde (voir p. 304). Les symptômes comprennent la douleur, l'œdème, la sensibilité au toucher et la perte de mobilité. Le traitement consiste généralement à administrer un anti-inflammatoire par voie orale et à injecter un stéroïde de type cortisol. ■

▶ **POINT DE CONTRÔLE**

4. Du point de vue structural, quelle caractéristique des articulations synoviales les fait considérer comme des articulations mobiles ?

5. Quelles sont les fonctions du cartilage articulaire, du liquide synovial et des disques articulaires ?

6. Quels genres de sensations perçoit-on au niveau des articulations, et de quelles sources les articulations reçoivent-elles des nutriments ?

7. Par quelles caractéristiques une bourse ressemble-t-elle à une capsule articulaire ? Par quelles caractéristiques s'en distingue-t-elle ?

LES MOUVEMENTS PERMIS PAR LES ARTICULATIONS SYNOVIALES

OBJECTIF

- Décrire les types de mouvements permis par les articulations synoviales.

Les anatomistes, les physiothérapeutes et les kinésithérapeutes (thérapeutes qui traitent des maladies en utilisant diverses techniques de mouvements) emploient des termes précis pour désigner les mouvements que les articulations synoviales permettent. Ces termes portent sur la forme du mouvement, sa direction ou la relation entre les parties du corps qui s'articulent pendant un mouvement. Les articulations synoviales permettent quatre types de mouvements : 1) le glissement, 2) les mouvements angulaires, 3) la rotation et 4) les mouvements spéciaux.

LE GLISSEMENT

Le **glissement** est un mouvement simple par lequel une surface osseuse relativement plate se déplace d'avant en arrière et d'un côté à l'autre par rapport à une autre surface osseuse (figure 9.4), sans que l'angle formé par ces os change de façon notable. L'amplitude des mouvements de glissement est limitée par la structure lâche de la capsule articulaire et des ligaments et os qui s'y rattachent. Les articulations intercarpiennes et intertarsiennes sont des exemples d'articulations permettant des mouvements de glissement.

LES MOUVEMENTS ANGULAIRES

Les **mouvements angulaires** augmentent ou diminuent l'angle entre deux os qui s'articulent. Les principaux mouvements angulaires sont la flexion, l'extension, la flexion latérale, l'hyperextension, l'abduction, l'adduction et la circumduction. Dans les descriptions ci-dessous, le corps se trouve en position anatomique (voir la figure 1.5).

Le glissement est un mouvement d'avant en arrière et d'un côté à l'autre.

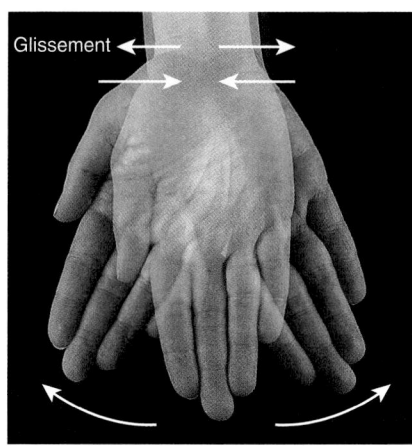

Articulations intercarpiennes

Q Donnez deux exemples d'articulations qui permettent les mouvements de glissement.

La flexion, l'extension, la flexion latérale et l'hyperextension

La flexion et l'extension sont des mouvements opposés. La **flexion** (*flectere* : fléchir) entraîne une diminution de l'angle entre deux os, tandis que l'**extension** (*extendere* : étendre) augmente l'angle entre les os, souvent pour replacer une partie du corps fléchie en position anatomique (figure 9.5). Les deux mouvements se produisent habituellement dans le plan sagittal. Tous les mouvements suivants sont des exemples de flexion (vous avez probablement deviné que les mouvements inverses sont des extensions) :

- Le déplacement de la tête en direction du thorax au niveau de l'articulation atlantooccipitale qui unit l'atlas (première vertèbre) et l'os occipital de la boîte crânienne, et au niveau des articulations intervertébrales cervicales qui joignent les vertèbres cervicales (figure 9.5a) ;

- Le déplacement du tronc vers l'avant au niveau des articulations intervertébrales ;

- Le déplacement de l'humérus vers l'avant au niveau de l'articulation scapulohumérale, par exemple lorsqu'on balance le bras vers l'avant pendant la marche (figure 9.5b) ;

- Le déplacement de l'avant-bras vers le bras au niveau de l'articulation du coude, qui unit l'humérus, l'ulna et le radius (figure 9.5c) ;

- Le déplacement de la paume vers l'avant-bras au niveau de l'articulation radiocarpienne (poignet), qui unit le radius et les os du carpe (figure 9.5d) ;

- Le déplacement des doigts ou des orteils au niveau des articulations interphalangiennes, qui unissent les phalanges ;

- Le déplacement du fémur vers l'avant au niveau de l'articulation coxofémorale, qui unit le fémur et l'os coxal, par exemple pendant la marche (figure 9.5e) ;

- Le déplacement de la jambe vers la cuisse au niveau de l'articulation du genou, qui unit le tibia, le fémur et la patella, par exemple lorsqu'on fléchit le genou (figure 9.5f).

Bien que la flexion et l'extension s'effectuent habituellement dans le plan sagittal, il existe quelques exceptions. Par exemple, lorsqu'on fléchit le pouce pour aller toucher le côté opposé de la paume, on le déplace au-dessus du milieu de la paume en utilisant l'articulation carpométacarpienne qui unit l'os trapèze à l'os métacarpien du pouce (voir la figure 11.18d). Le mouvement latéral du tronc, vers la droite ou la gauche, au niveau de la taille constitue une autre exception. Ce mouvement, qui se produit dans le plan frontal et sollicite les articulations intervertébrales, est appelé **flexion latérale** (figure 9.5g).

Le mouvement qui consiste à prolonger une extension au-delà de la position anatomique est appelé **hyperextension** (*hyper* : au-delà). Voici quelques exemples d'hyperextension :

- Le déplacement de la tête vers l'arrière au niveau des articulations atlantooccipitales et intervertébrales cervicales (figure 9.5a) ;

- Le déplacement du tronc vers l'arrière au niveau des articulations intervertébrales ;

- Le déplacement de l'humérus vers l'arrière au niveau de l'articulation scapulohumérale, par exemple lorsqu'on balance le bras vers l'arrière pendant la marche (figure 9.5b) ;

- Le déplacement de la paume vers l'arrière au niveau de l'articulation du poignet (figure 9.5d) ;

- Le déplacement du fémur vers l'arrière au niveau de l'articulation coxofémorale, par exemple au cours de la marche (figure 9.5e).

L'hyperextension des articulations trochléennes (figure 9.10b), notamment celles du coude et du genou, de même que des articulations interphalangiennes, n'est généralement pas possible étant donné la disposition des ligaments et l'alignement anatomique des os.

L'abduction, l'adduction et la circumduction

L'**abduction** (*abductio* : action d'écarter) est le mouvement qui écarte un os de la ligne médiane du corps ; l'**adduction** (*adductio* : action d'attirer) est le mouvement qui rapproche un os de la ligne médiane du corps. Toutes deux s'effectuent habituellement dans le plan frontal. Le déplacement latéral de l'humérus au niveau de l'articulation scapulohumérale (épaule), le déplacement latéral de la paume au niveau de l'articulation du poignet et le déplacement latéral du fémur au niveau de l'articulation coxofémorale (hanche) sont des abductions (figure 9.6a – c). Le mouvement qui ramène l'une ou l'autre de ces parties du corps en position anatomique est une adduction (figure 9.6a – c).

L'abduction et l'adduction des doigts et des orteils ne se décrivent pas par rapport à la ligne médiane du corps. Dans le cas de l'abduction des doigts (à l'exception du pouce), la ligne de référence est une droite imaginaire se confondant avec l'axe longitudinal du médius (le doigt le plus long), duquel les doigts s'écartent lorsqu'on les étend (figure 9.6d). Dans l'abduction du

FIGURE 9.5 Les mouvements angulaires permis par les articulations synoviales: flexion, extension, hyperextension et flexion latérale.

Un mouvement angulaire augmente ou diminue l'angle formé par deux os.

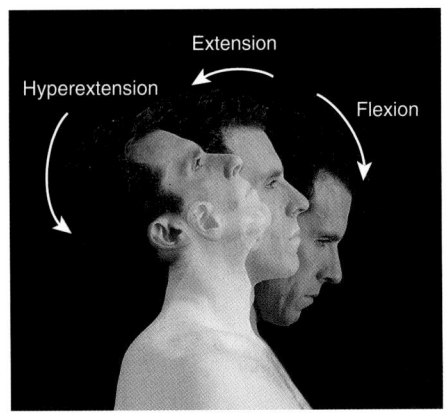

(a) Articulations atlantooccipitale et intervertébrales cervicales

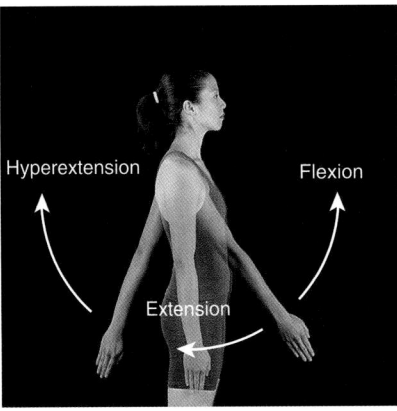

(b) Articulation scapulohumérale (épaule)

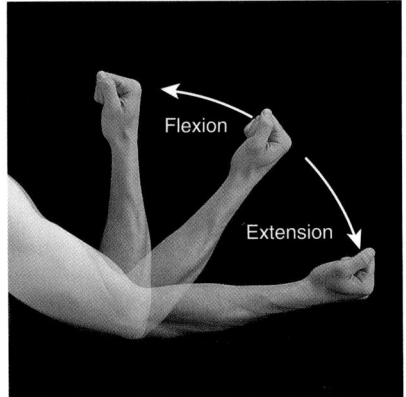

(c) Articulation du coude

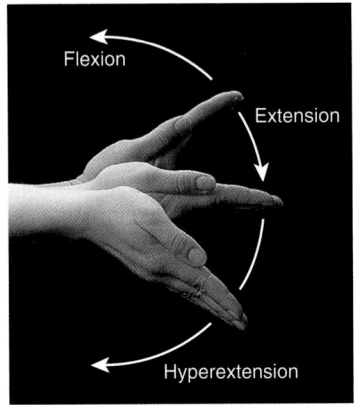

(d) Articulation radiocarpienne (poignet)

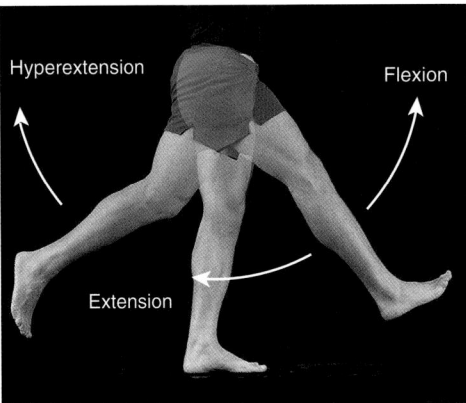

(e) Articulation coxofémorale (hanche)

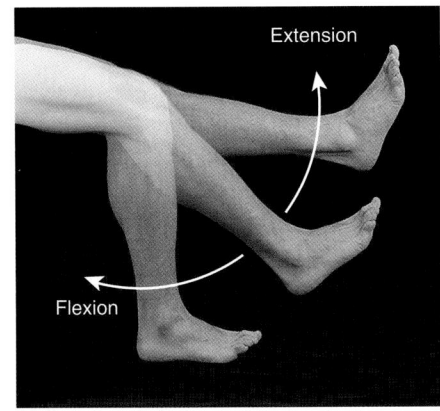

(f) Articulation du genou

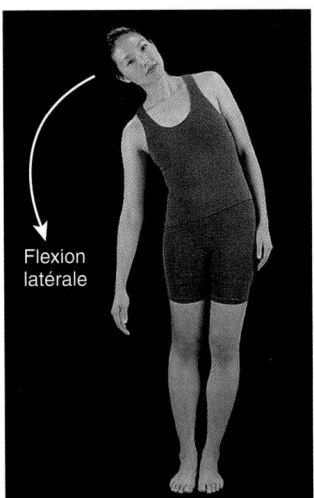

(g) Articulations intervertébrales

 Donnez deux exemples de flexion qui ne s'effectuent pas dans le plan sagittal.

pouce, celui-ci s'écarte de la paume dans le plan sagittal (voir la figure 11.18d). Pour ce qui est de l'abduction des orteils, la ligne de référence est une droite imaginaire tracée le long du deuxième orteil. Le mouvement qui ramène les doigts ou les orteils en position anatomique est une adduction. L'adduction du pouce consiste à ramener celui-ci vers la paume dans le plan sagittal (voir la figure 11.18d).

La **circumduction** (*circum*: autour; *ducere*: conduire) est le mouvement au cours duquel l'extrémité distale d'une partie du corps décrit un cercle (figure 9.7). Ce n'est pas un mouvement isolé, mais plutôt une séquence continue de mouvements de flexion, d'abduction, d'extension et d'adduction. Par conséquent, la circumduction ne s'effectue pas suivant un seul axe ou dans un plan unique. Les exemples de cicumduction comprennent le mouvement de rotation de l'humérus au niveau de l'articulation scapulohumérale (figure 9.7a), de la main au niveau de l'articulation du poignet, du pouce au niveau de l'articulation carpométacarpienne, des doigts au niveau des articulations métacarpophalangiennes et du fémur au niveau de l'articulation coxofémorale (figure 9.7b). Les articulations coxofémorale et scapulohumérale

FIGURE 9.6 Les mouvements angulaires permis par les articulations synoviales: abduction et adduction.

 L'abduction et l'adduction s'effectuent habituellement dans le plan frontal.

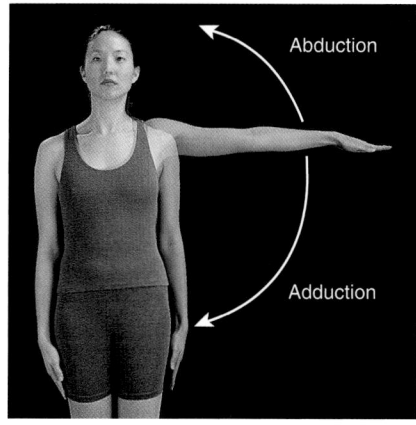

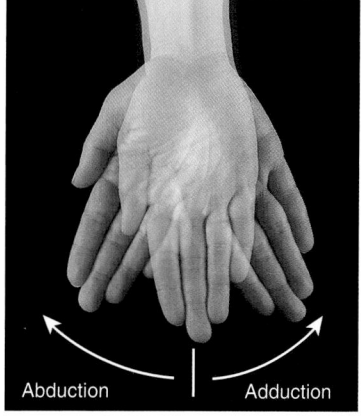

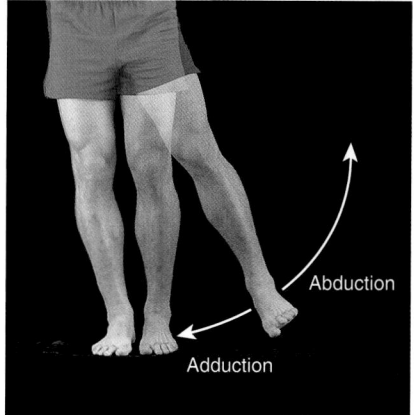

(a) Articulation scapulohumérale (épaule)

(b) Articulation radiocarpienne (poignet)

(c) Articulation coxofémorale (hanche)

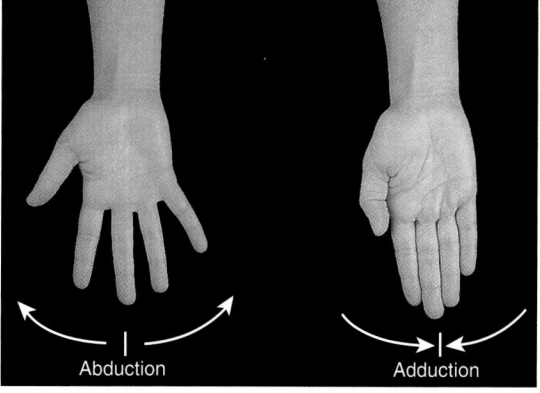

(d) Articulations métacarpophalangiennes des doigts
(à l'exception du pouce)

Q Comment l'expression *addition d'un membre au tronc* aide-t-elle à mémoriser ce qu'est l'adduction?

FIGURE 9.7 Les mouvements angulaires permis par les articulations synoviales: circumduction.

 Dans la circumduction, l'extrémité distale d'une partie du corps décrit un cercle.

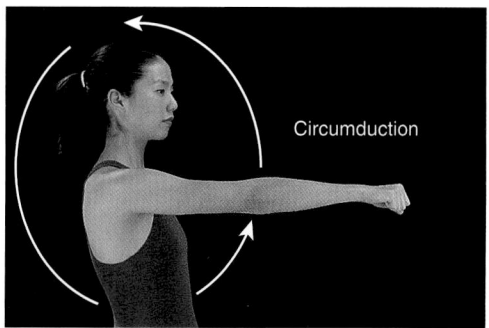

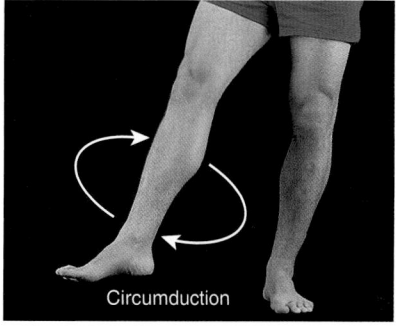

(a) Articulation scapulohumérale (épaule)

(b) Articulation coxofémorale (hanche)

Q Quelle est la séquence de mouvements qui compose la circumduction?

permettent la circumduction, mais les mouvements sont plus limités au niveau de l'articulation coxofémorale que de l'articulation scapulohumérale parce que la tension qui s'exerce sur les ligaments et les muscles est plus élevée à cet endroit qu'à l'épaule (exposés 9.2 et 9.4).

LA ROTATION

La **rotation** (*rotare*: tourner) est le mouvement d'un os autour de son axe longitudinal. Le fait de tourner la tête d'un côté à l'autre au niveau de l'articulation atlantoaxoïdienne (qui unit l'atlas et l'axis) afin de signifier «non» est un exemple de rotation (figure 9.8a), de même que le fait de tourner le tronc d'un côté à l'autre au niveau des articulations intervertébrales tout en maintenant les hanches et les membres inférieurs en position anatomique. On décrit la rotation des membres par rapport à la ligne médiane du corps au moyen de termes précis. Le mouvement qui consiste à tourner la face antérieure de l'os d'un membre vers la ligne médiane du corps est appelé *rotation médiale* (ou interne). La rotation médiale de l'humérus au niveau de l'articulation scapulohumérale résulte de la séquence de mouvements suivante: placez-vous en position anatomique, fléchissez le coude et déplacez la paume en direction de la poitrine (figure 9.8b). La rotation médiale de l'avant-bras au niveau des articulations radio-ulnaires (qui unissent le radius et l'ulna) consiste, lorsqu'on se trouve en position anatomique, à tourner la paume vers l'intérieur (figure 9.9h). Pour tourner le fémur vers l'intérieur au niveau de l'articulation coxofémorale, on peut se coucher sur le dos, fléchir le genou et écarter la jambe et le pied de la ligne médiane du corps. Bien que la jambe et le pied se déplacent latéralement, le fémur effectue une rotation médiale (figure 9.8c). On effectue une rotation médiale de la jambe au niveau de l'articulation du genou, par exemple en s'asseyant sur une chaise, en fléchissant le genou, en levant la jambe au-dessus du sol et en tournant les orteils vers l'intérieur. Le mouvement qui consiste à tourner la face antérieure de l'os d'un membre de manière à l'écarter de la ligne médiane du corps est appelé *rotation latérale* (ou externe) (figure 9.8b, c).

LES MOUVEMENTS SPÉCIAUX

Les **mouvements spéciaux** ne sont permis que par certaines articulations seulement. Ils comprennent l'élévation, l'abaissement, la protraction, la rétraction, l'inversion, l'éversion, la dorsiflexion, la flexion plantaire, la supination, la pronation et l'opposition (figure 9.9):

- L'**élévation** est le déplacement d'une partie du corps en position supérieure, par exemple lorsqu'on ferme la bouche au niveau de l'articulation temporomandibulaire (qui unit la mandibule et l'os temporal) en élevant la mandibule (figure 9.9a), ou lorsqu'on hausse les épaules au niveau de l'articulation acromioclaviculaire en élevant la scapula. Le mouvement opposé est l'abaissement. L'os hyoïde, la clavicule et les côtes font aussi partie des os qu'on peut élever ou abaisser.

- L'**abaissement** est le mouvement d'une partie du corps en position inférieure. Ouvrir la bouche en abaissant la mandibule (figure 9.9b) ou replacer les épaules soulevées en position anatomique en abaissant la scapula en sont des exemples.

- La **protraction** est le déplacement d'une partie du corps vers l'avant dans le plan transversal. La mandibule est protractée au niveau de l'articulation temporomandibulaire lorsqu'elle est projetée vers l'avant (figure 9.9c) et les clavicules sont protractées au niveau des articulations acromioclaviculaires et sterno-claviculaires lorsqu'on croise les bras ou qu'on amène les coudes à se toucher. Le mouvement opposé est la rétraction.

- La **rétraction** est le mouvement qui ramène une partie du corps protractée en position anatomique (figure 9.9d).

- L'**inversion** est le mouvement médial de la plante des pieds au niveau des articulations intertarsiennes (unissant les os du tarse) qui amène les dessous des pieds face à face (figure 9.9e). Le mouvement opposé est l'éversion. Les physiothérapeutes

FIGURE 9.8 La rotation permise par les articulations synoviales.

Dans une rotation, un os tourne autour de son axe longitudinal.

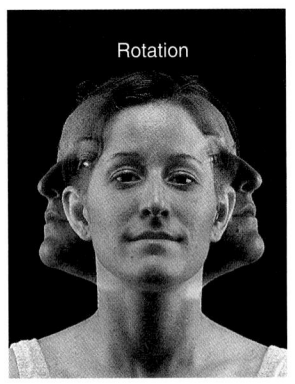
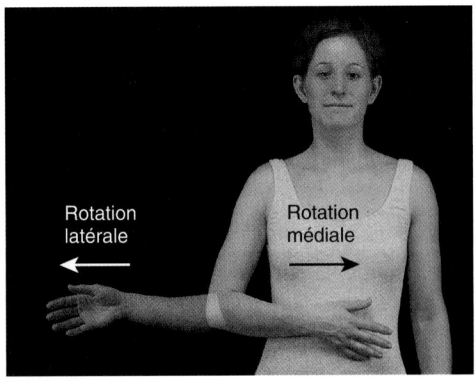
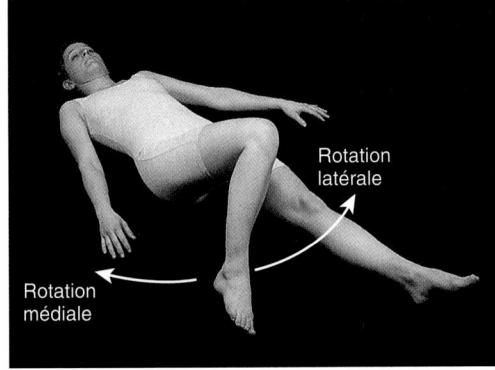

(a) Articulation atlantoaxoïdienne

(b) Articulation scapulohumérale (épaule)

(c) Articulation coxofémorale (hanche)

 Qu'est-ce qui différencie la rotation médiale de la rotation latérale?

FIGURE 9.9 Les mouvements spéciaux permis par les articulations synoviales.

Les mouvements spéciaux ne sont permis que par certaines articulations synoviales.

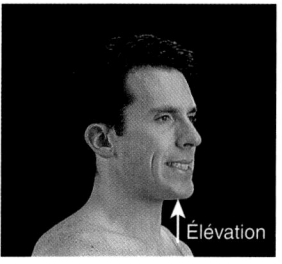

Élévation

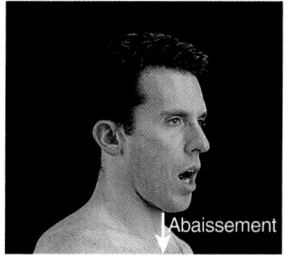

Abaissement

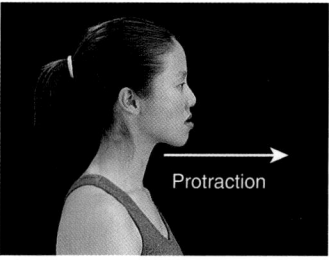

Protraction

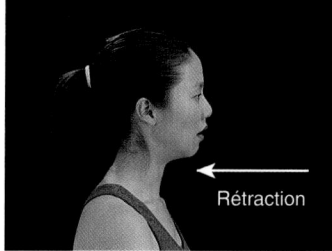

Rétraction

(a)   Articulation temporomandibulaire   (b)   (c)   Articulation temporomandibulaire   (d)

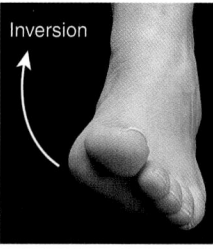

Inversion

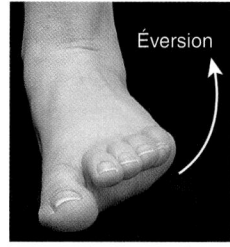

Éversion

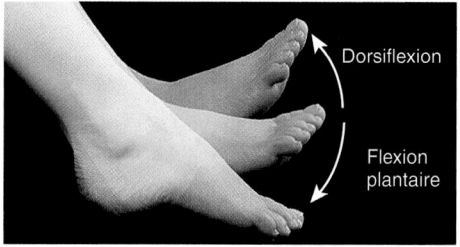

Dorsiflexion

Flexion plantaire

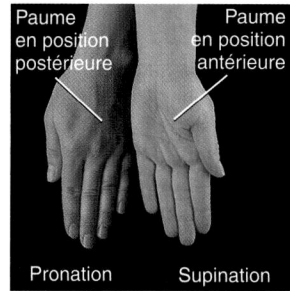

Paume en position postérieure   Paume en position antérieure

Pronation   Supination

(e)   Articulations intertarsiennes   (f)   (g)   Articulation talocrurale (cheville)   (h)   Articulation radio-ulnaire

Quel mouvement de la ceinture scapulaire permet d'amener les bras vers l'avant jusqu'à ce que les coudes se touchent ?

emploient également le terme *supination* pour désigner l'inversion du pied.

- L'**éversion** est le mouvement latéral de la plante des pieds au niveau des articulations intertarsiennes qui tend à orienter les dessous des pieds dans des directions opposées (figure 9.9f).
- La **dorsiflexion** est la flexion du pied vers le dos du pied (face supérieure) au niveau de l'articulation talocrurale (cheville, unissant le tibia et la fibula au talus) (figure 9.9g). Le pied se trouve en dorsiflexion lorsqu'on se tient sur les talons. Le mouvement opposé est la flexion plantaire.
- La **flexion plantaire** consiste à fléchir le pied vers la face plantaire (ou inférieure) au niveau de l'articulation de la cheville (figure 9.9g), par exemple lorsqu'on se tient sur la pointe des pieds.
- La **supination** est le mouvement de l'avant-bras, au niveau des articulations radio-ulnaires proximale et distale, qui tourne la paume en position antérieure (figure 9.9h). Cette position de la paume est celle de la position anatomique. Le mouvement opposé est la pronation.
- La **pronation** est le mouvement de l'avant-bras, au niveau des articulations radio-ulnaires proximale et distale, au cours duquel l'extrémité distale du radius croise l'extrémité distale de l'ulna de sorte que la paume est tournée en position postérieure (figure 9.9h).
- L'**opposition** est le mouvement du pouce, au niveau de l'articulation carpométacarpienne (unissant l'os trapèze et l'os méta-

carpien du pouce), qui se déplace au-dessus de la paume pour aller toucher le bout des doigts de la même main (voir la figure 11.18d). Ce mouvement exclusif aux humains et aux primates leur permet de saisir et de manipuler des objets avec une grande précision.

Le tableau 9.1 résume les mouvements permis par les articulations synoviales.

▶ **POINT DE CONTRÔLE**

8. Quelles sont les quatre grandes catégories de mouvements que permettent les articulations synoviales ?

9. Faites sur vous-même ou une autre personne une démonstration de chaque mouvement décrit au tableau 9.1.

LES TYPES D'ARTICULATIONS SYNOVIALES

▸ **OBJECTIF**

- Décrire les six types d'articulations synoviales.

Bien que les articulations synoviales aient en commun certaines caractéristiques structurales, leurs surfaces articulaires n'ont pas toutes la même forme, d'où la diversité des mouvements qu'elles

MOUVEMENTS	DESCRIPTION	MOUVEMENTS	DESCRIPTION
Glissement	Mouvement d'une surface osseuse relativement plate au-dessus d'une autre vers l'avant et l'arrière et de côté ; peu de changement dans l'angle formé par les os.	Rotation	Mouvement d'un os autour de son axe longitudinal ; la rotation des membres peut être médiale (vers la ligne médiane du corps) ou latérale (en s'éloignant de la ligne médiane du corps).
Angulaires	Augmentation ou diminution de l'angle formé par les os.	Spéciaux	Permis par certaines articulations seulement.
Flexion	Diminution de l'angle formé par les os, habituellement dans le plan sagittal.	Élévation	Déplacement d'une partie du corps en position supérieure.
Flexion latérale	Mouvement du tronc dans le plan frontal.	Abaissement	Déplacement d'une partie du corps en position inférieure.
Extension	Augmentation de l'angle formé par les os, habituellement dans le plan sagittal.	Protraction	Déplacement d'une partie du corps vers l'avant dans le plan transversal.
Hyperextension	Extension au-delà de la position anatomique.	Rétraction	Déplacement d'une partie du corps vers l'arrière dans le plan transversal.
Abduction	Mouvement qui éloigne un os de la ligne médiane du corps, habituellement dans le plan frontal.	Inversion	Mouvement médial des plantes des pieds qui place celles-ci face à face.
Adduction	Mouvement qui rapproche un os de la ligne médiane du corps, habituellement dans le plan frontal.	Éversion	Mouvement latéral des plantes des pieds qui tend à orienter celles-ci dans des directions opposées.
Circumduction	Succession de mouvements de flexion, d'abduction, d'extension et d'adduction permettant à l'extrémité distale d'une partie du corps de décrire un cercle.	Dorsiflexion	Flexion du pied vers sa face supérieure (dos du pied).
		Flexion plantaire	Flexion du pied vers sa face inférieure (plante du pied).
		Supination	Mouvement de l'avant-bras qui tourne la paume en position antérieure.
		Pronation	Mouvement de l'avant-bras qui tourne la paume en position postérieure.
		Opposition	Mouvement du pouce qui se déplace au-dessus de la paume pour aller toucher le bout des doigts de la même main.

permettent. On les classe en six catégories en fonction de ces mouvements : planes, trochléennes, trochoïdes, condylaires, en selle et sphéroïdes.

LES ARTICULATIONS PLANES

Dans une **articulation plane**, les surfaces articulaires sont plates ou légèrement recourbées (figure 9.10a). Les articulations de ce type permettent surtout des mouvements de glissement ; elles sont dites *non axiales*, parce que les mouvements auxquels elles contribuent ne s'effectuent pas autour d'un axe ni dans un plan. Les articulations intercarpiennes (entre les os du carpe du poignet), intertarsiennes (entre les os du tarse), sternoclaviculaires (entre le manubrium du sternum et la clavicule), acromioclaviculaires (entre l'acromion de la scapula et la clavicule), sternocostales (entre le sternum et les extrémités des cartilages costaux de la deuxième à la septième paire de côtes) et costovertébrales (entre les têtes et les tubercules des côtes et les processus transverses des vertèbres thoraciques) sont autant d'exemples d'articulations planes. Les

radiographies prises pendant l'exécution de mouvements du poignet et de la cheville révèlent qu'une certaine rotation des petits os du carpe et du tarse accompagne le mouvement de glissement.

LES ARTICULATIONS TROCHLÉENNES

Dans une **articulation trochléenne**, la surface convexe d'un os s'ajuste dans la surface concave d'un autre os (figure 9.10b). Les articulations de ce type permettent un mouvement angulaire d'ouverture et de fermeture semblable à celui d'une porte à charnières. Dans la plupart des mouvements, un os reste fixe tandis que l'autre tourne autour d'un axe. Les articulations trochléennes sont dites *uniaxiales*, parce qu'elles permettent généralement le mouvement autour d'un seul axe ; les seuls mouvements possibles sont la flexion et l'extension. Les articulations du genou et du coude, de même que l'articulation talocrurale (cheville) et les articulations interphalangiennes, sont des exemples d'articulations trochléennes.

FIGURE 9.10 Les types d'articulations synoviales. Un dessin précis et un schéma simplifié illustrent chaque type d'articulation.

Les articulations synoviales sont classées en sous-catégories selon la forme de leurs surfaces articulaires.

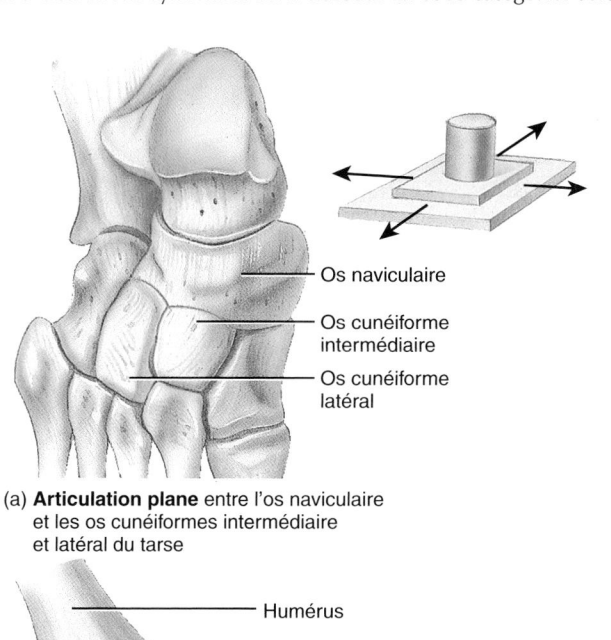

(a) **Articulation plane** entre l'os naviculaire et les os cunéiformes intermédiaire et latéral du tarse

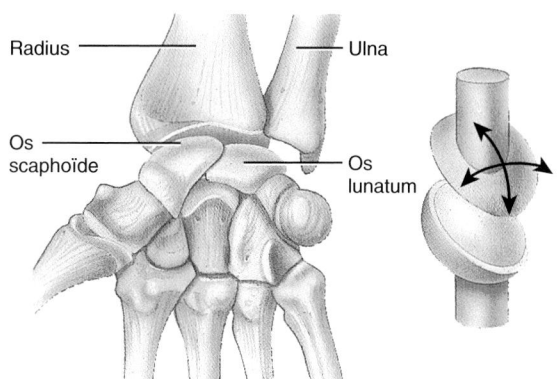

(d) **Articulation condylaire** entre le radius, l'os scaphoïde et l'os lunatum du carpe

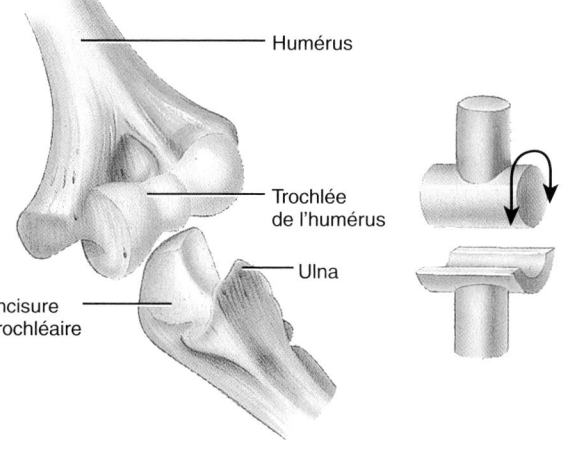

(b) **Articulation trochléenne** du coude, entre la trochlée de l'humérus et l'incisure trochléaire de l'ulna

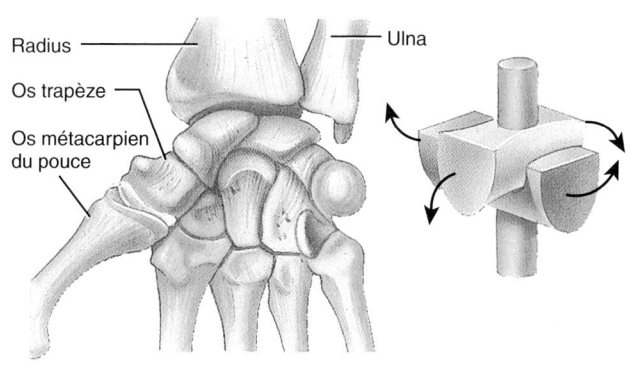

(e) **Articulation en selle** entre l'os trapèze du carpe et l'os métacarpien du pouce

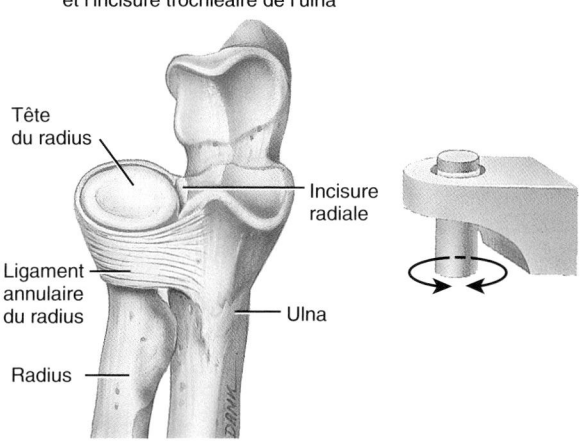

(c) **Articulation trochoïde** entre la tête du radius et l'incisure radiale de l'ulna

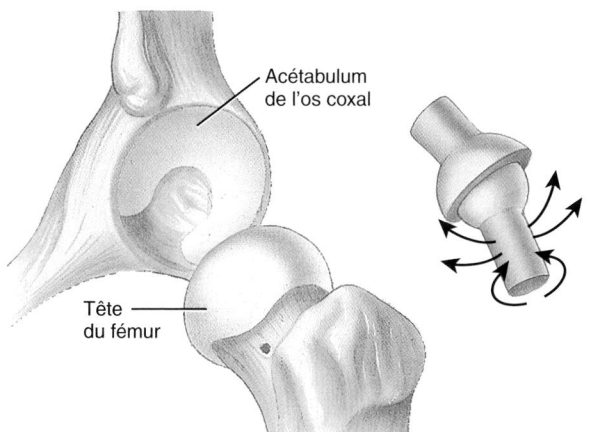

(f) **Articulation sphéroïde** entre la tête du fémur et l'acétabulum de l'os coxal

 Lesquelles des articulations représentées sont biaxiales?

LES ARTICULATIONS TROCHOÏDES

Dans une **articulation trochoïde**, la surface arrondie ou conique d'un os s'adapte à un anneau formé conjointement par un autre os et un ligament (figure 9.10c). Les articulations trochoïdes sont *uniaxiales*, puisqu'elles permettent des mouvements de rotation autour de leur axe longitudinal seulement. L'articulation atlantoaxoïdienne, qui permet à l'atlas de tourner autour de l'axis, et donc à la tête de bouger de chaque côté pour signifier « non » (figure 9.8a), ainsi que l'articulation radio-ulnaire, qui permet la rotation antérieure et postérieure de la paume (figure 9.9h), en sont des exemples.

LES ARTICULATIONS CONDYLAIRES

Dans une **articulation condylaire** (*kondylos* : articulation), ou articulation ellipsoïde, la surface convexe de forme ovale d'un os s'adapte à la cavité concave également ovale d'un autre os (figure 9.10d). Les articulations de ce type sont dites *biaxiales*, parce qu'elles permettent le mouvement autour de deux axes. La flexion, l'extension, l'abduction, l'adduction et la circumduction sont donc possibles. Les exemples d'articulations condylaires comprennent les articulations du poignet et les articulations métacarpophalangiennes unissant les os métacarpiens aux phalanges du deuxième au cinquième doigt.

LES ARTICULATIONS EN SELLE

Dans une **articulation en selle**, un os possède une surface articulaire en forme de selle, que la surface articulaire de l'autre os chevauche comme un cavalier sur sa selle (figure 9.10e). L'articulation en selle est en réalité une articulation condylaire modifiée qui assure une plus grande liberté de mouvement. Elle est *biaxiale*, puisqu'elle permet la flexion, l'extension, l'abduction, l'adduction et la circumduction. L'articulation carpométacarpienne qui unit l'os trapèze du carpe à l'os métacarpien du pouce en est un exemple.

LES ARTICULATIONS SPHÉROÏDES

Dans une **articulation sphéroïde**, la surface sphérique d'un os s'adapte à la cavité concave et profonde (en forme de tasse) d'un autre os (figure 9.10f). Les articulations de ce type sont dites *multiaxiales*, parce qu'elles permettent le mouvement autour de trois axes et dans tous les plans. La flexion, l'extension, l'abduction, l'adduction, la circumduction et la rotation sont donc possibles. Les articulations scapulohumérale et coxofémorale sont les seuls exemples d'articulations sphéroïdes. Dans le cas de l'articulation scapulohumérale, la tête de l'humérus s'insère dans la cavité glénoïdale de la scapula ; dans le cas de l'articulation coxofémorale, la tête du fémur s'emboîte dans l'acétabulum de l'os coxal.

Le tableau 9.2 résume les classes structurales et fonctionnelles des articulations.

▶ **POINT DE CONTRÔLE**

10. Quels types d'articulations sont non axiales ? uniaxiales ? biaxiales ? multiaxiales ?

LES FACTEURS INFLUANT SUR LE CONTACT DANS LES ARTICULATIONS SYNOVIALES ET SUR L'AMPLITUDE DE MOUVEMENT QU'ELLES PERMETTENT

▶ **OBJECTIF**

• Décrire les six facteurs qui déterminent le type et l'amplitude de mouvement qu'une articulation synoviale permet.

La façon dont les surfaces articulaires des articulations synoviales entrent en contact les unes avec les autres détermine le type de mouvements possibles et leur amplitude. L'**amplitude de mouvement** est la mesure de la mobilité des os d'une articulation, exprimée en degrés d'angle dans un cercle. Les facteurs suivants permettent en partie aux surfaces articulaires de rester en contact et influent sur l'amplitude des mouvements :

1. *La structure ou la forme des os qui s'articulent.* La structure ou la forme des os détermine leur ajustement. Les surfaces articulaires de certains os sont complémentaires. Cette relation spatiale est particulièrement évidente dans l'articulation coxofémorale, où la tête du fémur s'emboîte dans l'acétabulum de l'os coxal. L'ajustement étroit de ces surfaces permet le mouvement de rotation.

2. *La résistance et la tension des ligaments articulaires.* Les différentes composantes d'une capsule fibreuse ne sont tendues que lorsque l'articulation se trouve dans certaines positions. Lorsqu'ils sont tendus, les ligaments ne limitent pas seulement l'amplitude des mouvements, mais ils orientent également le mouvement des os qui s'articulent. Par exemple, dans l'articulation du genou, le ligament croisé antérieur est tendu et le ligament croisé postérieur est lâche lorsque le genou est droit, et on observe l'inverse lorsque le genou est fléchi.

3. *La disposition et la tension des muscles.* La tension musculaire augmente la contrainte que les ligaments exercent sur une articulation et limite donc le mouvement. L'effet de la tension musculaire est bien illustré dans l'articulation coxofémorale. Lorsqu'on fléchit la cuisse en maintenant le genou tendu, le mouvement est limité par la tension des muscles de la loge postérieure de la cuisse. Cependant, si on fléchit aussi le genou, la tension sur ces muscles diminue, et on peut lever la cuisse plus haut.

4. *L'apposition des tissus mous.* Le point de contact de deux surfaces corporelles peut limiter la mobilité. Par exemple, lorsqu'on fléchit le bras au niveau du coude, il ne peut pas aller au-delà du point de rencontre de la face antérieure de l'avant-bras et du muscle biceps brachial, parce que ces deux surfaces se pressent l'une contre l'autre. La présence de tissu adipeux peut également restreindre le mouvement de l'articulation.

5. *Les hormones.* Certains facteurs hormonaux peuvent modifier la souplesse d'une articulation. Par exemple, la relaxine – hormone produite par le placenta et les ovaires – augmente la souplesse du cartilage fibreux de la symphyse pubienne et relâche

CLASSE STRUCTURALE	DESCRIPTION	CLASSE FONCTIONNELLE	EXEMPLES
FIBREUSE Pas de cavité articulaire ; os unis par du tissu conjonctif fibreux dense.			
Suture	Os unis par une mince couche de tissu conjonctif fibreux dense ; la suture unit les os du crâne. Avec l'âge, certaines sutures sont remplacées par une synostose, dans laquelle des os distincts du crâne fusionnent pour n'en former qu'un seul.	Immobile (synarthrose).	Suture frontale.
Syndesmose	Os réunis par du tissu conjonctif fibreux dense, soit un ligament, soit une membrane interosseuse.	Semi-mobile (amphiarthrose).	Articulation tibiofibulaire distale.
Gomphose	Os réunis par un desmodonte ; cheville conique s'insérant dans une cavité.	Immobile.	À la racine des dents, dans les alvéoles des maxillaires et de la mandibule.
CARTILAGINEUSE Pas de cavité articulaire ; os unis par du cartilage.			
Synchondrose	Os unis par du cartilage hyalin ; la synchondrose est remplacée par une synostose à la fin de la croissance en longueur des os.	Immobile.	Plaque épiphysaire entre la diaphyse et les épiphyses d'un os long.
Symphyse	Os unis par un large disque plat de cartilage fibreux.	Semi-mobile.	Articulations intervertébrales et symphyse pubienne.
SYNOVIALE Caractérisée par une cavité articulaire, du cartilage articulaire et une capsule articulaire ; comporte parfois des ligaments accessoires, des disques articulaires et des bourses.			
Plane	Surfaces articulaires plates ou légèrement recourbées.	Mobile (diarthrose), non axiale ; mouvement de glissement.	Articulations intercarpiennes, intertarsiennes, sternocostales (entre le sternum et les deuxième à septième paires de côtes) et costovertébrales.
Trochléenne	Surface convexe s'ajustant dans une surface concave.	Mobile, uniaxiale ; flexion et extension.	Articulation du coude, articulation talocrurale (cheville) et articulations interphalangiennes.
Trochoïde	Surface arrondie ou conique s'ajustant dans un anneau formé conjointement par un os et par un ligament.	Mobile, uniaxiale ; rotation.	Articulations atlantoaxoïdienne et radio-ulnaire.
Condylaire	Surface convexe de forme ovale s'ajustant dans une cavité concave également de forme ovale.	Mobile, biaxiale ; flexion, extension, abduction, adduction et circumduction.	Articulations radiocarpiennes et métacarpophalangiennes.
En selle	Surface articulaire en forme de selle « chevauchée » par une autre surface articulaire.	Mobile, biaxiale ; flexion, extension, abduction, adduction et circumduction.	Articulation carpométacarpienne entre l'os trapèze et le pouce.
Sphéroïde	Surface sphérique s'ajustant dans une cavité concave et profonde (en forme de tasse).	Mobile, multiaxiale ; flexion, extension, abduction, adduction, circumduction et rotation.	Articulations scapulohumérale et coxofémorale.

les ligaments reliant le sacrum, l'os coxal et le coccyx vers la fin de la grossesse. Ces modifications permettent l'expansion du détroit inférieur du bassin, nécessaire au passage du bébé.

6. **L'inactivité.** Le mouvement que permet une articulation peut être restreint si cette dernière reste inactive pendant une longue période. Par exemple, lorsque l'articulation du coude est immobilisée dans un plâtre, l'amplitude des mouvements risque d'être limitée durant un certain temps une fois le plâtre retiré. La restriction du mouvement peut également être causée par une baisse de la quantité de liquide synovial, une diminution de la souplesse des ligaments et des tendons et une *atrophie musculaire*, c'est-à-dire une réduction de la taille d'un muscle ou la perte de masse musculaire.

▶ **POINT DE CONTRÔLE**

11. De quelle façon la résistance et la tension des ligaments influent-elles sur l'amplitude du mouvement ?

QUELQUES ARTICULATIONS DU CORPS

Dans les chapitres 7 et 8, nous avons examiné les principaux os et les éléments du relief osseux. Dans le présent chapitre, nous avons étudié les classifications structurale et fonctionnelle des articulations et décrit les mouvements que les articulations permettent.

Le tableau 9.3 (*Quelques articulations du squelette axial*) et le tableau 9.4 (*Quelques articulations du squelette appendiculaire*) devraient vous aider à assimiler l'information contenue dans ces trois chapitres. Ils présentent quelques-unes des principales articulations du corps accompagnées de leurs composantes articulaires (les os dont elles sont constituées), de leurs classifications structurale et fonctionnelle, et des types de mouvements qu'elles permettent.

À la suite de ces tableaux, nous examinerons en détail plusieurs articulations du corps dans une série d'exposés. Chacun de ces exposés traite d'une articulation synoviale et contient: 1) une définition décrivant le type d'articulation et les os dont elle est constituée; 2) une description des composantes anatomiques, c'est-à-dire des principaux ligaments, du disque articulaire, de la capsule articulaire et des autres traits distinctifs de l'articulation; et 3) les mouvements possibles. Chaque exposé renvoie également à une figure qui illustre l'articulation. Les articulations temporomandibulaire, scapulohumérale (épaule), du coude, coxofémorale (hanche) et du genou y sont décrites. Étant donné que ces articulations seront traitées dans les exposés 9.1 à 9.5, elles ne figurent pas dans les tableaux 9.3 et 9.4.

TABLEAU 9.3 QUELQUES ARTICULATIONS DU SQUELETTE AXIAL

ARTICULATION	COMPOSANTES ARTICULAIRES	CLASSIFICATION	MOUVEMENTS PERMIS
Suture	Entre les os du crâne.	*Structurale*: fibreuse. *Fonctionnelle*: immobile.	Aucun.
Atlantooccipitale	Entre les facettes articulaires supérieures de l'atlas et les condyles occipitaux de l'os occipital.	*Structurale*: synoviale (condylaire). *Fonctionnelle*: mobile.	Flexion et extension de la tête, et légère flexion latérale de la tête des deux côtés.
Atlantoaxoïdienne	1) Entre la dent de l'axis et l'arc antérieur de l'atlas et 2) entre les masses latérales de l'atlas et celles de l'axis.	*Structurale*: synoviale (trochoïde) entre la dent et l'arc antérieur, et synoviale (plane) entre les masses latérales. *Fonctionnelle*: mobile.	Rotation de la tête.
Intervertébrale	1) Entre les corps des vertèbres et 2) entre les arcs vertébraux.	*Structurale*: cartilagineuse (symphyse) entre les corps des vertèbres, et synoviale (plane) entre les arcs vertébraux. *Fonctionnelle*: semi-mobile entre les corps des vertèbres, et mobile entre les arcs vertébraux.	Flexion, extension, flexion latérale et rotation de la colonne vertébrale.
Costovertébrale	1) Entre, d'une part, les facettes des têtes des côtes et, d'autre part, les demi-facettes costales des corps des vertèbres thoraciques adjacentes et les disques intervertébraux qui relient ces vertèbres et 2) entre la surface articulaire des tubercules des côtes et les facettes costales transversaires des processus transverses des vertèbres thoraciques.	*Structurale*: synoviale (plane). *Fonctionnelle*: mobile.	Léger glissement.
Sternocostale	Entre le sternum et les sept premières paires de côtes.	*Structurale*: cartilagineuse (synchondrose) entre le sternum et la première paire de côtes, et synoviale (plane) entre le sternum et les deuxième à septième paires de côtes. *Fonctionnelle*: immobile entre le sternum et la première paire de côtes, et mobile entre le sternum et les deuxième à septième paires de côtes.	Aucun entre le sternum et la première paire de côtes; léger glissement entre le sternum et les deuxième à septième paires de côtes.
Lombosacrale	1) Entre le corps de la cinquième vertèbre lombaire et la base du sacrum et 2) entre les facettes articulaires inférieures de la cinquième vertèbre lombaire et les facettes articulaires supérieures de la première vertèbre sacrale.	*Structurale*: cartilagineuse (symphyse) entre le corps de la cinquième vertèbre lombaire et la base du sacrum, et synoviale (plane) entre les facettes articulaires. *Fonctionnelle*: semi-mobile entre le corps et la base, et mobile entre les facettes articulaires.	Flexion, extension, flexion latérale et rotation de la colonne vertébrale.

FIGURE 9.11 L'articulation temporomandibulaire droite.

De toutes les articulations unissant les os du crâne, seule l'articulation temporomandibulaire est mobile.

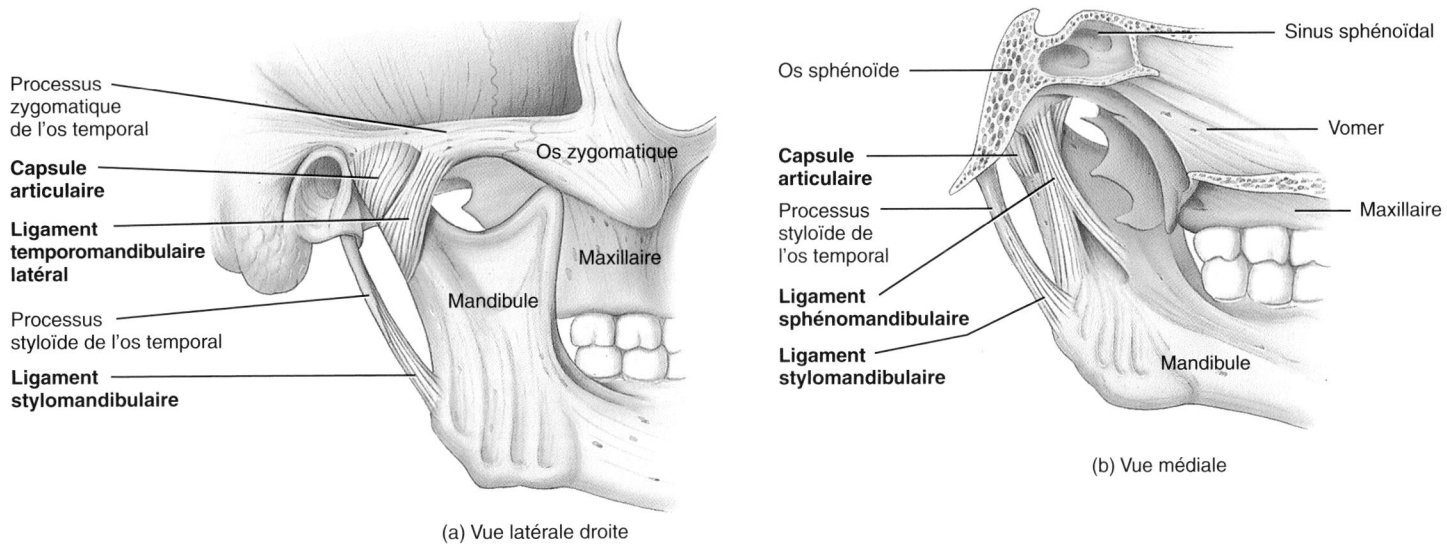

(a) Vue latérale droite

(b) Vue médiale

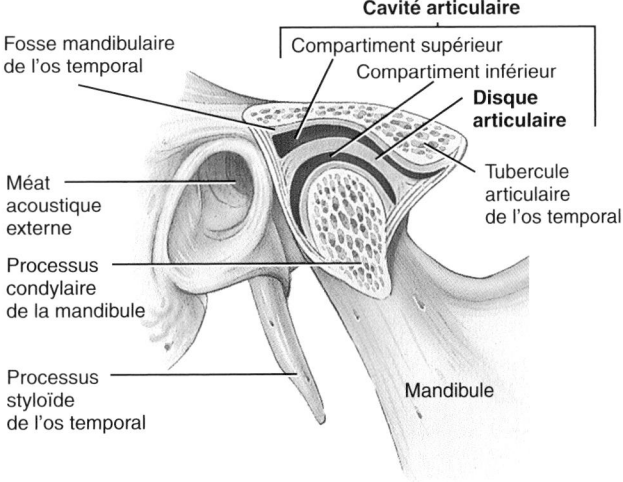

(c) Coupe sagittale

 Quel ligament prévient le déplacement de la mandibule?

OBJECTIF

* Décrire les composantes anatomiques de l'articulation scapulo-humérale et les mouvements qu'elle permet.

DÉFINITION

L'**articulation scapulohumérale** (épaule) est une articulation sphéroïde formée par la tête de l'humérus et la cavité glénoïdale de la scapula. Reportez-vous aux figures 8.4 et 8.5 (montrant les détails des os de la ceinture scapulaire) pour bien comprendre la description de l'articulation scapulohumérale.

LES COMPOSANTES ANATOMIQUES

1. *La capsule articulaire.* Enveloppe mince et lâche, recouvrant entièrement l'articulation, qui va de la cavité glénoïdale de la scapula au col anatomique de l'humérus. Sa partie inférieure est son point le plus faible (figure 9.12).

2. *Le ligament coracohuméral.* Ligament large et résistant qui renforce la partie supérieure de la capsule articulaire ; il s'étend du processus coracoïde de la scapula jusqu'au tubercule majeur de l'humérus (figure 9.12a, b).

3. *Les ligaments glénohuméraux.* Trois prolongements épaissis de la capsule articulaire recouvrant la face antérieure de l'articulation et s'étendant de la cavité glénoïdale de la scapula jusqu'au tubercule mineur et au col anatomique de l'humérus. Ces ligaments sont souvent mal définis, parfois même absents, et contribuent peu à la résistance de l'articulation (figure 9.12a, b).

4. *Le ligament huméral transverse.* Bandelette étroite tendue entre le tubercule majeur et le tubercule mineur de l'humérus (figure 9.12a).

5. *Le bourrelet glénoïdal.* Mince anneau de cartilage fibreux longeant le bord de la cavité glénoïdale, la rendant ainsi plus profonde et plus large (figure 9.12b, c).

6. *Les bourses.* Quatre *bourses* sont associées à l'articulation scapulohumérale. Ce sont la *bourse subtendineuse du muscle subscapulaire* (figure 9.12a), la *bourse subdeltoïdienne*, la *bourse subacromiale* (figure 9.12a – c) et la *bourse subcoracoïdienne*.

LES MOUVEMENTS

L'articulation scapulohumérale permet la flexion, l'extension, l'abduction, l'adduction, la rotation médiale, la rotation latérale et la circumduction du bras (figures 9.5 – 9.8). De toutes les articulations, c'est celle qui offre la plus grande liberté de mouvement, puisque sa capsule articulaire est singulièrement lâche et que la cavité glénoïdale de la scapula est peu profonde comparativement à la grande taille de la tête de l'humérus.

Bien que les ligaments de l'articulation scapulohumérale confèrent à l'épaule une certaine résistance, cette dernière doit la plus grande partie de sa force aux muscles qui l'entourent, notamment aux *muscles de la coiffe des rotateurs* (supraépineux, infraépineux, petit rond et subscapulaire), qui relient la scapula à l'humérus (voir la figure 11.15). Les tendons de ces muscles entourent l'articulation (à l'exception de sa partie inférieure) et fusionnent avec la capsule articulaire. Ensemble, les muscles de la coiffe des rotateurs maintiennent la tête de l'humérus dans la cavité glénoïdale.

LA LÉSION DE LA COIFFE DES ROTATEURS, LA LUXATION DE L'ÉPAULE ET LA LUXATION DE L'ARTICULATION ACROMIOCLAVICULAIRE

On appelle **lésion de la coiffe des rotateurs** une foulure ou une déchirure d'un ou de plusieurs muscles de la coiffe. Ce type de blessure est courant chez les lanceurs au baseball, les joueurs de volleyball ou de

FIGURE 9.12 L'articulation scapulohumérale droite (épaule).

La stabilité de l'articulation scapulohumérale est due principalement à la disposition des muscles de la coiffe des rotateurs.

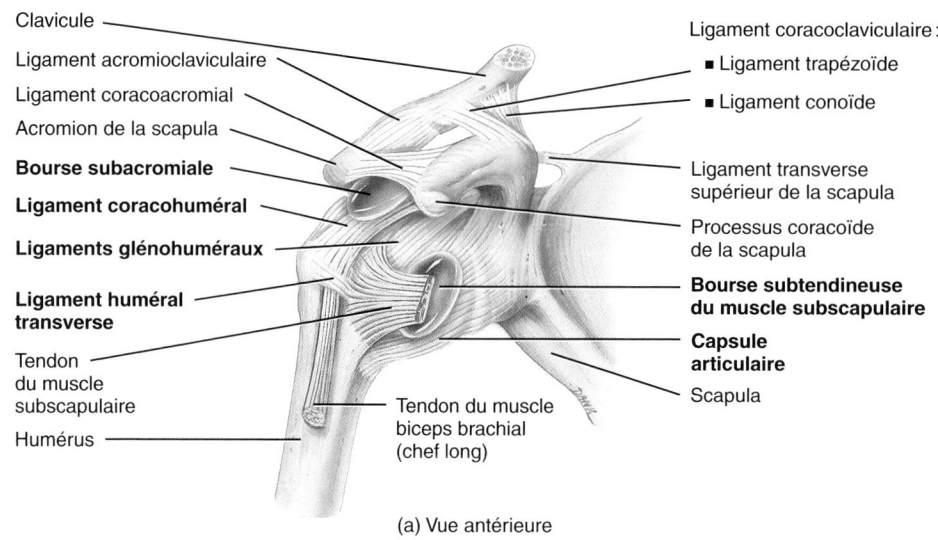

(a) Vue antérieure

sports de raquette, les nageurs et les violonistes parce qu'ils effectuent des mouvements de l'épaule comportant une circumduction vigoureuse. La lésion peut aussi résulter de l'usure, du vieillissement, d'un traumatisme, d'une mauvaise posture, du soulèvement de charges dans une position inappropriée ou de mouvements répétitifs au travail, comme le fait de placer des objets sur une tablette fixée plus haut que la tête. La blessure se traduit le plus souvent par une déchirure du tendon du muscle supraépineux, ce tendon étant particulièrement sujet à l'usure du fait qu'il se trouve entre la tête de l'humérus et l'acromion de la scapula, qui le comprime pendant les mouvements de l'épaule.

La luxation la plus fréquente chez les adultes est celle de l'articulation scapulohumérale parce que sa cavité articulaire est peu profonde et que les os sont maintenus ensemble par des muscles de soutien. Dans le cas d'une **luxation de l'épaule**, la tête de l'humérus se déplace géné-ralement vers le bas, là où la capsule articulaire est le moins protégée. Les luxations de la mandibule, du coude, des doigts, du genou et de la hanche sont moins courantes.

Il arrive souvent qu'une chute brutale sur l'épaule ou qu'un choc violent sur la partie supérolatérale du dos provoque une **luxation de l'articulation acromioclaviculaire** (articulation formée par l'acromion de la scapula et l'extrémité acromiale de la clavicule). L'acromion est alors plus saillant et peut pointer au-dessus de la clavicule. Ce type de luxation peut s'accompagner d'une rupture ligamentaire. ■

▶ **POINT DE CONTRÔLE**

Quels tendons de l'articulation scapulohumérale d'un lanceur de baseball sont les plus susceptibles de se déchirer pendant un vigoureux mouvement de circumduction?

FIGURE 9.12 L'articulation scapulohumérale droite (épaule) *(suite)*.

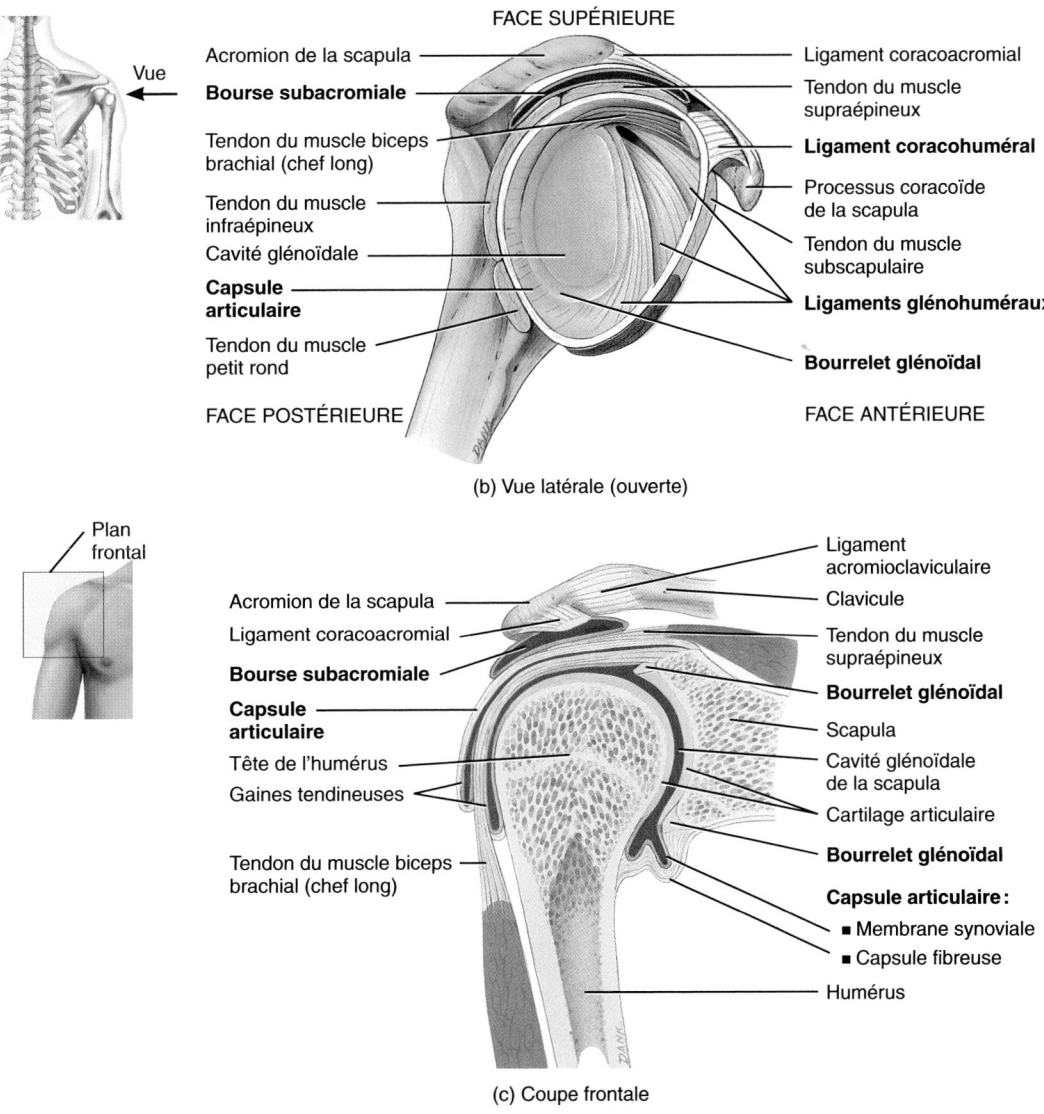

(b) Vue latérale (ouverte)

(c) Coupe frontale

 Pourquoi l'articulation scapulohumérale est-elle plus mobile que les autres articulations du corps?

• Décrire les composantes anatomiques de l'articulation du coude et les mouvements qu'elle permet.

DÉFINITION

L'**articulation du coude** est composée de trois articulations : *huméro-ulnaire, huméroradiale* et *radio-ulnaire*. L'articulation radio-ulnaire est une articulation trochléenne formée par la trochlée de l'humérus, l'incisure trochléaire de l'ulna et la tête du radius. Reportez-vous aux figures 8.5 à 8.7 (montrant les détails des os du bras et de l'avant bras) pour bien comprendre la description de l'articulation du coude.

LES COMPOSANTES ANATOMIQUES

1. ***La capsule articulaire.*** La partie antérieure de la capsule articulaire couvre la partie antérieure de l'articulation, depuis les fosses radiale et coronoïdienne de l'humérus jusqu'au processus coronoïde de l'ulna et au ligament annulaire du radius. Sa partie postérieure s'étend depuis le capitulum de l'humérus, la fosse olécrânienne et l'épicondyle latéral de l'humérus jusqu'au ligament annulaire du radius, à l'olécrâne de l'ulna et à l'ulna, derrière l'incisure radiale (figure 9.13a, b).

2. ***Le ligament collatéral ulnaire.*** Ligament épais de forme triangulaire s'étendant de l'épicondyle médial de l'humérus jusqu'au processus coronoïde et à l'olécrâne de l'ulna (figure 9.13a).

3. ***Le ligament collatéral radial.*** Ligament triangulaire résistant s'étendant de l'épicondyle latéral de l'humérus jusqu'au ligament annulaire du radius et à l'incisure radiale de l'ulna (figure 9.13b).

FIGURE 9.13 L'articulation du coude droit.

L'articulation du coude est formée par des parties de trois os : l'humérus, l'ulna et le radius.

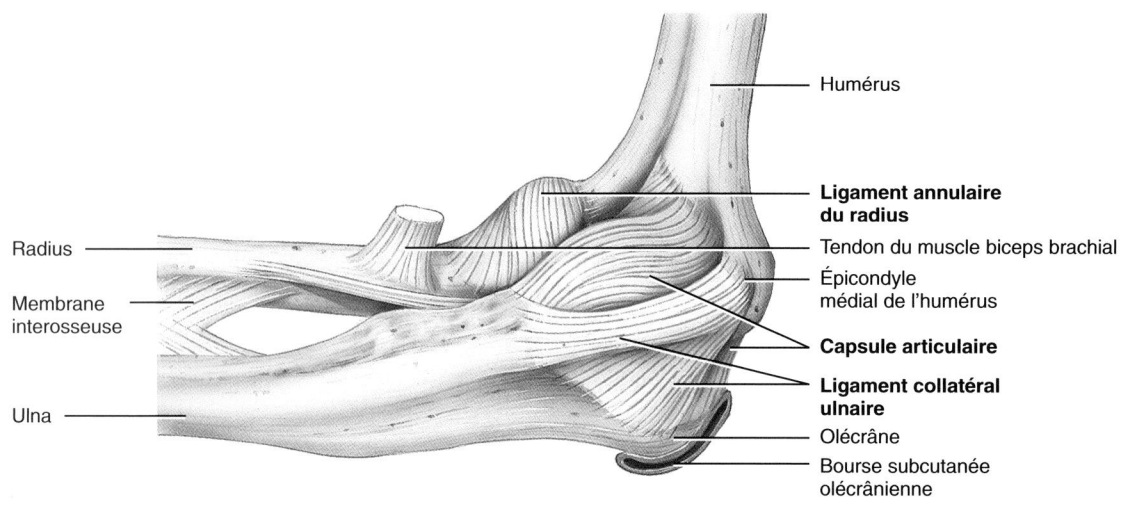

(a) Vue médiale

LES MOUVEMENTS

L'articulation du coude permet la flexion et l'extension de l'avant-bras (figure 9.5c).

LES ÉPICONDYLITES LATÉRALE ET MÉDIALE ET LA PRONATION DOULOUREUSE DES JEUNES ENFANTS

L'expression **épicondylite latérale** (ou *du joueur de tennis*) désigne le plus souvent une douleur à l'épicondyle latéral de l'humérus, ou dans cette région. Cette affection est généralement causée par un coup de revers mal exécuté qui provoque une entorse ou une foulure des muscles extenseurs, d'où la douleur. L'**épicondylite médiale** (ou *du golfeur*) résulte généralement de longues séances de lancer de la balle ou de pratiques incluant des lancers à effet, surtout chez les jeunes. Cette affection peut s'accompagner de l'enflure, de la rupture partielle ou d'une fracture non consolidée du coude.

La luxation de la tête du radius est appelée **pronation douloureuse des jeunes enfants** ; c'est la luxation au niveau des membres supérieurs la plus fréquente chez les enfants. La tête du radius passe au-delà du ligament annulaire du radius ou le déchire. Ce ligament forme un collier autour de la tête du radius dans l'articulation radio-ulnaire proximale. Le risque de luxation est particulièrement grand lorsqu'on exerce une forte traction sur l'avant-bras en extension et en supination, par exemple lorsqu'on fait tourner un enfant que l'on tient par les mains et dont les bras sont tendus. ■

▶ POINT DE CONTRÔLE

Dans l'articulation du coude, quels ligaments relient l'humérus et l'ulna ? l'humérus et le radius ?

FIGURE 9.13 L'articulation du coude droit *(suite)*.

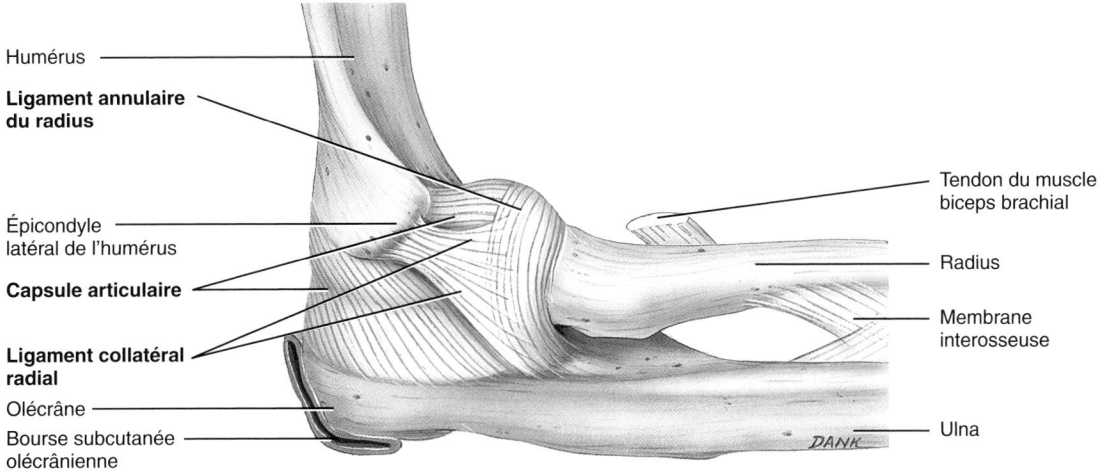

(b) Vue latérale

 Quels sont les mouvements que permet une articulation trochléenne ?

• Décrire les composantes anatomiques de l'articulation coxofémorale et les mouvements qu'elle permet.

DÉFINITION

L'**articulation coxofémorale**, ou *articulation de la hanche*, est une articulation sphéroïde, alliant stabilité et mobilité ; elle est formée par la tête du fémur et l'acétabulum de l'os coxal. Reportez-vous aux figures 8.12 et 8.13 (montrant les détails des os de la ceinture pelvienne) pour bien comprendre la description de l'articulation coxofémorale.

LES COMPOSANTES ANATOMIQUES

1. **La capsule articulaire.** Capsule très dense et résistante qui s'étend du pourtour de l'acétabulum jusqu'au col du fémur (figure 9.14b). Cette structure, l'une des plus robustes du corps, comprend des fibres circulaires et longitudinales. Les premières constituent la *zone orbiculaire* et forment un collier autour du col du fémur. Les secondes sont renforcées par trois ligaments accessoires (iliofémoral, pubofémoral et ischiofémoral).

2. **Le ligament iliofémoral.** Portion épaissie de la capsule articulaire qui s'étend de l'épine iliaque antéro-inférieure de l'os coxal jusqu'à la ligne intertrochantérique du fémur (figure 9.14a, c).

3. **Le ligament pubofémoral.** Portion épaissie de la capsule articulaire qui s'étend de la partie pubienne du pourtour de l'acétabulum jusqu'au col du fémur (figure 9.14a).

4. **Le ligament ischiofémoral.** Portion épaissie de la capsule articulaire qui s'étend de la paroi ischiatique de l'acétabulum jusqu'au col du fémur (figure 9.14c).

5. **Le ligament de la tête fémorale.** Bande triangulaire plate qui s'étend de la fosse de l'acétabulum jusqu'à la fovea capitis (fossette de la tête du fémur) (figure 9.14b).

6. **Le bourrelet acétabulaire.** Anneau de cartilage fibreux fixé au pourtour de l'acétabulum, dont il augmente la profondeur. Puisque le diamètre du pourtour de l'acétabulum est plus petit que celui de la tête du fémur, la luxation du fémur est rare (figure 9.14b).

7. **Le ligament transverse de l'acétabulum.** Ligament résistant qui croise l'incisure de l'acétabulum. Il soutient une partie du bourrelet acétabulaire, et est relié au ligament de la tête fémorale et à la capsule articulaire (figure 9.14b).

LES MOUVEMENTS

L'articulation coxofémorale permet la flexion, l'extension, l'abduction, l'adduction, la circumduction, la rotation médiale et la rotation latérale de la cuisse (figures 9.5 – 9.8). L'excellente stabilité de cette articulation lui vient de sa capsule articulaire très résistante renforcée par les ligaments accessoires, de la manière dont le fémur s'insère dans l'acétabulum ainsi que des muscles entourant l'articulation. Bien que les articulations scapulohumérale et coxofémorale soient toutes deux sphéroïdes, l'articulation coxofémorale permet une moins grande amplitude de mouvement. La flexion est limitée par la rencontre de la face antérieure de la cuisse avec la paroi abdominale antérieure lorsque le genou est fléchi, et par la tension qu'exercent les muscles de la loge postérieure de la cuisse lorsque

FIGURE 9.14   L'articulation coxofémorale droite (hanche).

La capsule articulaire de l'articulation coxofémorale est l'une des structures les plus robustes du corps.

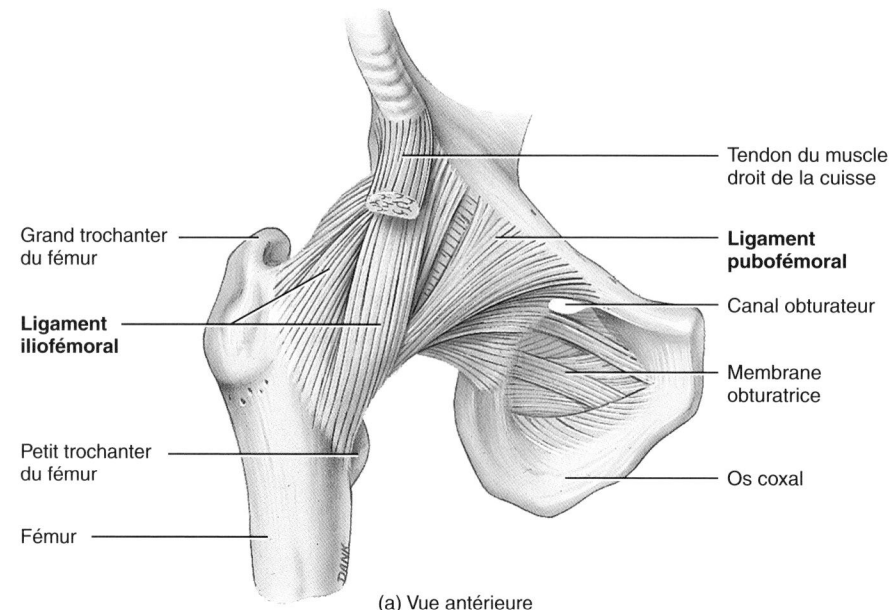

Tendon du muscle droit de la cuisse

Grand trochanter du fémur

Ligament pubofémoral

Ligament iliofémoral

Canal obturateur

Membrane obturatrice

Petit trochanter du fémur

Os coxal

Fémur

(a) Vue antérieure

le genou est droit. L'extension est limitée par la tension qu'exercent les ligaments iliofémoral, pubofémoral et ischiofémoral. L'abduction est limitée par la tension du ligament pubofémoral ; l'adduction est limitée par le contact avec le membre opposé et par la tension dans le ligament de la tête fémorale. La rotation médiale est limitée par la tension dans le ligament ischiofémoral ; la rotation latérale est limitée par la tension dans les ligaments iliofémoral et pubofémoral.

▶ **POINT DE CONTRÔLE**

Quels facteurs limitent la flexion et l'abduction au niveau de l'articulation coxofémorale ?

FIGURE 9.14 L'articulation coxofémorale droite (hanche) *(suite).*

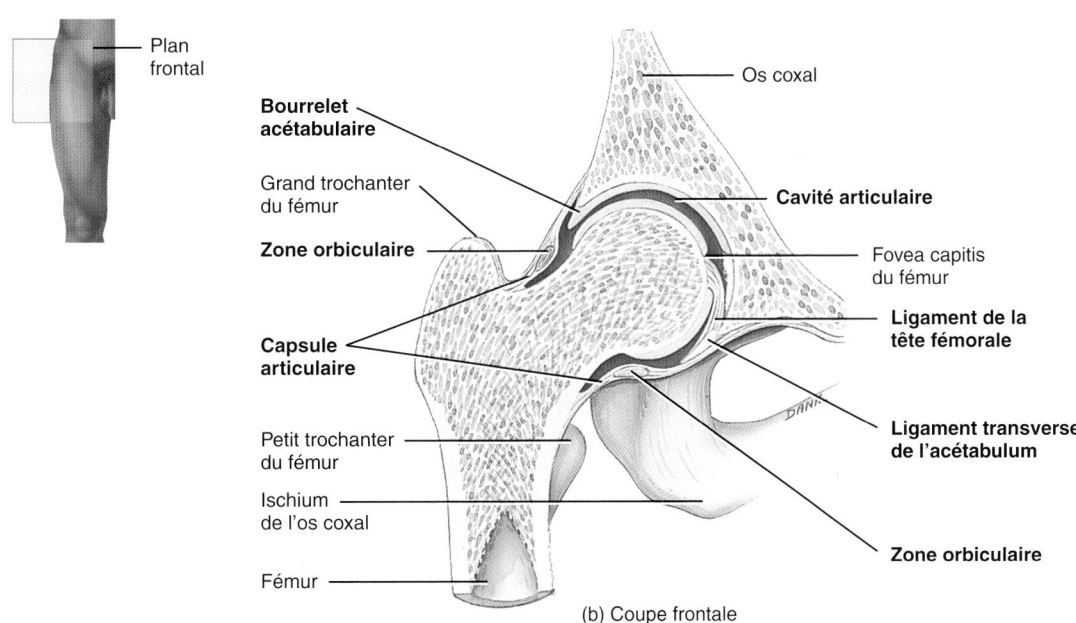

(b) Coupe frontale

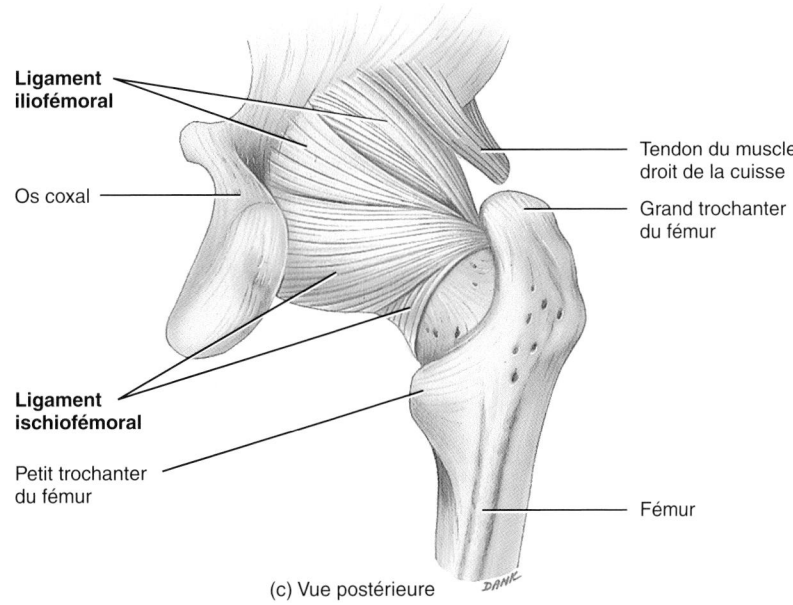

(c) Vue postérieure

 Quels ligaments limitent l'extension au niveau de l'articulation coxofémorale ?

> **OBJECTIF**
>
> • Décrire les composantes anatomiques de l'articulation du genou et expliquer les types de mouvements qu'elle permet.

DÉFINITION

L'**articulation du genou** est la plus grande et la plus complexe des articulations du corps. Reportez-vous aux figures 8.14 et 8.15 (montrant les détails de la patella et des os de la jambe) pour bien comprendre la description de l'articulation du genou. Cette articulation comprend en fait trois articulations réunies à l'intérieur d'une même cavité articulaire :

1. En position latérale, l'articulation fémorotibiale unit le condyle latéral du fémur, le ménisque latéral et le condyle latéral du tibia ; c'est une articulation trochléenne modifiée.

2. En position médiale, l'articulation fémorotibiale unit le condyle médial du fémur, le ménisque médial et le condyle médial du tibia ; c'est aussi une articulation trochléenne modifiée.

3. En position intermédiaire, l'articulation fémoropatellaire unit la patella et la surface patellaire du fémur ; c'est une articulation plane.

LES COMPOSANTES ANATOMIQUES

1. *La capsule articulaire.* La capsule articulaire du genou est relativement mince et incomplète. Elle n'est présente que sur les faces latérales et postérieure du genou (figure 9.15a, b). Quelques fibres capsulaires relient toutefois les os qui s'articulent.

2. *Les rétinaculums patellaires médial et latéral.* Les rétinaculums sont des tendons fusionnés du muscle quadriceps fémoral et du fascia lata (membrane profonde des muscles de la cuisse) qui renforcent la face antérieure de l'articulation (figure 9.15a).

3. *Le ligament patellaire.* Prolongement du tendon du muscle quadriceps fémoral qui s'étend de la patella jusqu'à la tubérosité tibiale. Ce ligament renforce également la face antérieure de l'articulation. La face postérieure de l'articulation est séparée de la membrane synoviale par un corps adipeux infrapatellaire (figure 9.15a, c).

4. *Le ligament poplité oblique.* Ligament large et plat qui s'étend de la fosse intercondylaire du fémur jusqu'à la tête du tibia (figure 9.15b). Le tendon du muscle semi-membraneux, situé au-dessus de ce ligament, passe du condyle médial du tibia au condyle latéral du fémur. Le ligament et le tendon renforcent la face postérieure de l'articulation.

5. *Le ligament poplité arqué.* Ligament qui s'étend du condyle latéral du fémur jusqu'au processus styloïde de la tête de la fibula. Il renforce la partie latérale inférieure de la face postérieure de l'articulation (figure 9.15b).

6. *Le ligament collatéral tibial.* Ligament large et plat de la face médiale de l'articulation qui s'étend du condyle médial du fémur jusqu'au condyle médial du tibia (figure 9.15a, b, d). Les tendons des muscles sartorius, gracile et semi-tendineux qu'il croise contribuent collectivement à renforcer la face médiale de l'articulation. Étant donné que le ligament collatéral tibial est fermement fixé au ménisque médial, une déchirure de ce ligament entraîne souvent une déchirure du ménisque et une lésion du ligament croisé antérieur du genou, décrit au point **8a** ci-dessous.

7. *Le ligament collatéral fibulaire.* Ligament résistant et arrondi de la face latérale de l'articulation qui s'étend du condyle latéral du fémur jusqu'à la face latérale de la tête de la fibula (figure 9.15a, b, d). Il renforce la face latérale de l'articulation du genou ; il est recouvert par le tendon du muscle biceps fémoral et est situé au-dessus du tendon du muscle poplité.

8. *Les ligaments intracapsulaires.* Ligaments situés à l'intérieur de la capsule articulaire qui relient le tibia au fémur. Les ligaments croisés (disposés en croix) antérieur et postérieur doivent leur nom à leur origine par rapport à l'aire intercondylaire du tibia : en s'éloignant de celle-ci, ils se croisent avant d'atteindre leur point d'attache sur le fémur.

   a. *Le ligament croisé antérieur du genou.* S'étend latéralement vers l'arrière depuis le versant *antérieur* de l'aire intercondylaire du tibia jusqu'à la partie postérieure de la face médiale du condyle latéral du fémur (figure 9.15d). Le ligament croisé antérieur limite l'hyperextension du genou et s'oppose au glissement vers l'avant du tibia sur le fémur. Il est étiré ou déchiré dans environ 70 % des blessures graves au genou.

b. **Le ligament croisé postérieur du genou.** S'étend médialement vers l'avant depuis une cavité située sur la partie *postérieure* de l'aire intercondylaire du tibia et du ménisque latéral jusqu'à la partie antérieure de la face latérale du condyle médial du fémur (figure 9.15d). Le ligament croisé postérieur s'oppose au glissement vers l'arrière du tibia (et au glissement vers l'avant du fémur) lorsque le genou est en flexion, ce qui est très important quand on descend un escalier ou une surface fortement inclinée.

9. **Les disques (ou ménisques) articulaires.** Deux disques de cartilage fibreux situés entre les condyles du tibia et du fémur compensent en partie les formes irrégulières des os et assurent la circulation du liquide synovial.

   a. **Le ménisque médial.** Cartilage fibreux semi-lunaire (en forme de C). Son extrémité antérieure est fixée à la fosse intercondylaire antérieure du tibia, en avant du ligament croisé antérieur du genou. Son extrémité postérieure est attachée à la fosse intercondylaire postérieure du tibia, entre les points d'insertion du ligament croisé postérieur du genou et du ménisque latéral (figure 9.15d).

   b. **Le ménisque latéral.** Cartilage fibreux presque circulaire (rappelant un O incomplet) (figure 9.15c, d). Son extrémité antérieure est fixée à l'avant de l'éminence intercondylaire du tibia et, latéralement, à l'arrière du ligament croisé antérieur du genou. Son extrémité postérieure est attachée à l'arrière de l'éminence intercondylaire du tibia et à l'avant de l'extrémité postérieure du ménisque médial. Les ménisques médial et latéral sont unis par le *ligament transverse du genou* (figure 9.15d) et sont reliés aux bords de la tête du tibia par les *ligaments coronaires* (non représentés).

10. Les principales *bourses* du genou sont les suivantes :

    a. La *bourse prépatellaire subcutanée*, située entre la patella et la peau (figure 9.15c).

    b. La *bourse infrapatellaire profonde*, située entre la partie supérieure du tibia et le ligament patellaire (figure 9.15a, c).

    c. La *bourse synoviale suprapatellaire*, située entre la partie inférieure du fémur et la face profonde du muscle quadriceps fémoral (figure 9.15a, c).

LES MOUVEMENTS

L'articulation du genou permet la flexion, l'extension, une légère rotation médiale et une rotation latérale de la jambe en position fléchie (figures 9.5f et 9.8c).

LES BLESSURES AU GENOU

L'articulation du genou est l'articulation la plus susceptible de subir des lésions parce qu'elle est mobile et portante et que sa stabilité dépend presque entièrement des ligaments et des muscles qui lui sont associés. En outre, la forme des os qui s'articulent ne leur permet pas de bien s'ajuster l'un à l'autre. On peut observer une **tuméfaction du genou** immédiatement après un traumatisme ou quelques heures plus tard. Si elle apparaît immédiatement, elle est alors attribuable à l'épanchement de sang à l'extérieur des vaisseaux sanguins lésés situés à proximité de l'endroit où il s'est produit une rupture du ligament croisé antérieur du genou, une lésion d'une membrane synoviale, une déchirure d'un ménisque, une fracture ou une entorse des ligaments collatéraux. Si la tuméfaction apparaît seulement au bout de quelques heures, elle est attribuable à une production excessive de liquide synovial, ce que l'on désigne par l'expression populaire *avoir de l'eau dans le genou*. La **déchirure des ligaments collatéraux tibiaux** est une lésion au genou fréquente chez les joueurs de football. Elle est souvent associée à une déchirure du ligament croisé antérieur et du ménisque médial (cartilage déchiré) et est habituellement provoquée par un coup violent sur la face latérale du genou alors que le pied est ancré au sol. L'expression **luxation du genou** désigne le déplacement du tibia par rapport au fémur. Il s'agit le plus souvent d'un déplacement vers l'avant résultant de l'hyperextension du genou. La luxation entraîne fréquemment la lésion de l'artère poplitée. ■

▶ POINT DE CONTRÔLE

Quelles sont les fonctions opposées des ligaments croisés antérieur et postérieur du genou?

FIGURE 9.15 L'articulation du genou droit.

L'articulation du genou est la plus grande et la plus complexe des articulations du corps.

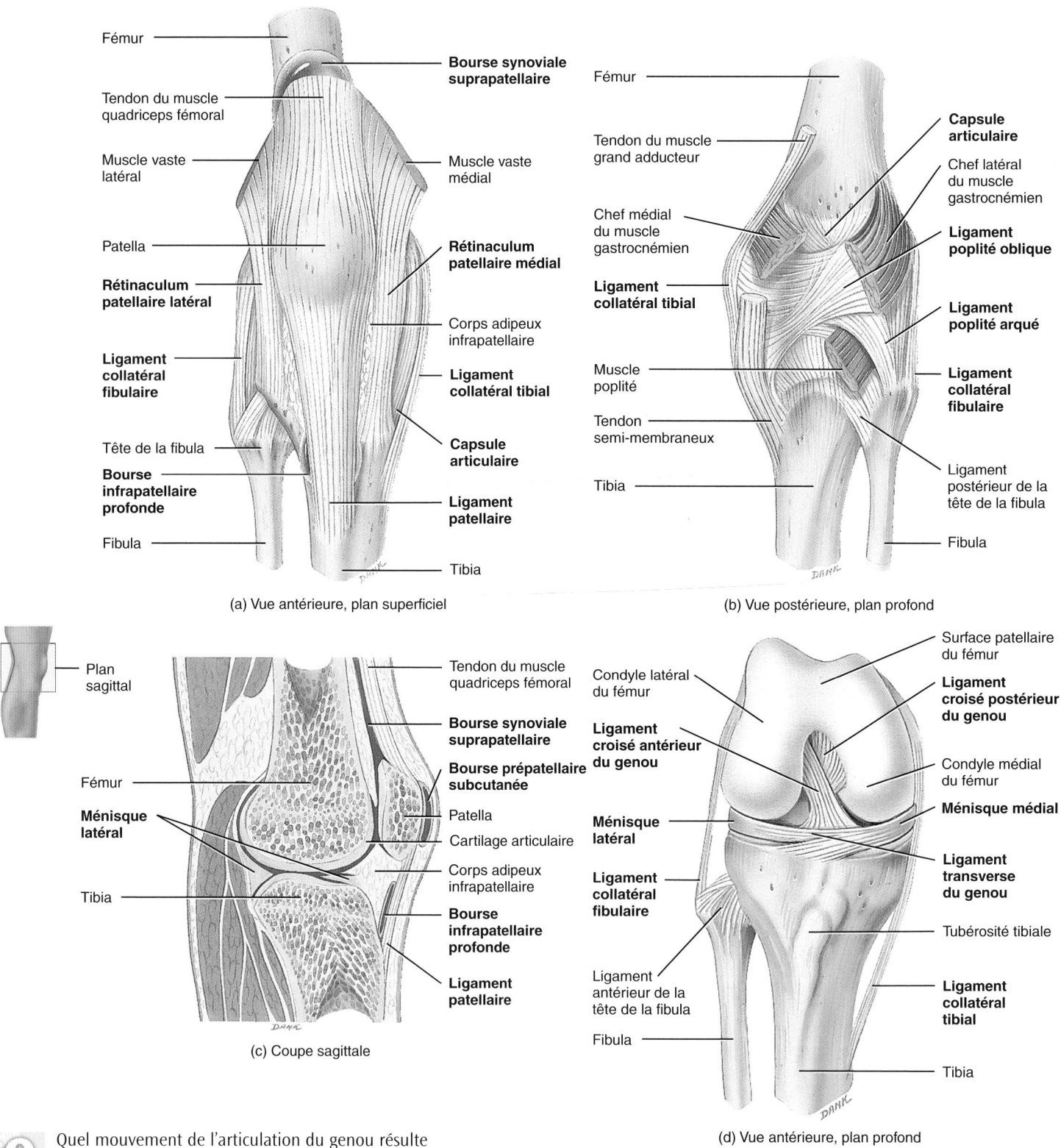

(a) Vue antérieure, plan superficiel

(b) Vue postérieure, plan profond

(c) Coupe sagittale

(d) Vue antérieure, plan profond

Q Quel mouvement de l'articulation du genou résulte de la contraction du muscle quadriceps fémoral (à l'avant de la cuisse)?

LE VIEILLISSEMENT DES ARTICULATIONS

> **OBJECTIF**

• Expliquer les effets du vieillissement sur les articulations.

Le vieillissement entraîne habituellement une baisse de la production de liquide synovial dans les articulations. Par ailleurs, le cartilage articulaire s'amincit, et les ligaments raccourcissent et perdent de leur souplesse. Les effets du vieillissement, qui peuvent varier considérablement d'une personne à l'autre, sont dus à des facteurs génétiques et à l'usure subie par les articulations. Bien qu'elle commence parfois dès l'âge de 20 ans, la dégénérescence des articulations ne survient en général que beaucoup plus tard. La plupart des personnes âgées de 80 ans présentent une forme quelconque de dégénérescence articulaire dans les genoux, les coudes, les hanches et les épaules. On observe aussi souvent chez les personnes âgées une dégénérescence de la colonne vertébrale qui donne lieu à une déviation de la courbure dorsale et crée une pression sur les racines des nerfs. Une forme d'arthrite appelée *arthrose* (voir la section *Déséquilibres homéostatiques*) est associée en partie à l'âge. Presque toutes les personnes de plus de 70 ans présentent des signes d'arthrose. Les exercices d'étirement et d'aérobie visant à maintenir une pleine amplitude de mouvement aident à réduire les effets du vieillissement. Ils contribuent au fonctionnement efficace des ligaments, des tendons, des muscles, du liquide synovial et du cartilage articulaire.

> ▶ **POINT DE CONTRÔLE**

12. Quelles articulations présentent des signes de dégénérescence chez presque tous les individus au fil des ans?

L'ARTHROPLASTIE

> **OBJECTIF**

• Expliquer les procédés appliqués en arthroplastie et décrire comment on effectue une arthroplastie totale de la hanche.

On appelle **arthroplastie** (*arthron*: articulation; *plassein*: façonner) l'intervention chirurgicale au cours de laquelle on remplace par une articulation artificielle une articulation gravement endommagée par une maladie, telle l'arthrite, ou un traumatisme. Bien qu'il soit possible d'appliquer l'arthroplastie à la plupart des articulations du corps, ce sont les articulations coxofémorale (hanche), scapulohumérale (épaule) et celle du genou qui sont les plus fréquemment remplacées. Au cours de l'intervention, on enlève les extrémités des os endommagés et on met en place des composantes en métal, en céramique ou en plastique. Le but de l'arthroplastie est de soulager la douleur et d'accroître l'amplitude des mouvements.

On pratique chaque année des milliers d'*arthroplasties partielles de la hanche*, qui ne touchent que le fémur. L'*arthroplastie totale de la hanche* porte à la fois sur l'acétabulum et sur la tête du fémur (figure 9.16). On remplace les parties endommagées de

FIGURE 9.16 L'arthroplastie totale de la hanche.

Dans l'arthroplastie totale de la hanche, on remplace les parties endommagées de l'acétabulum et la tête du fémur par des prothèses.

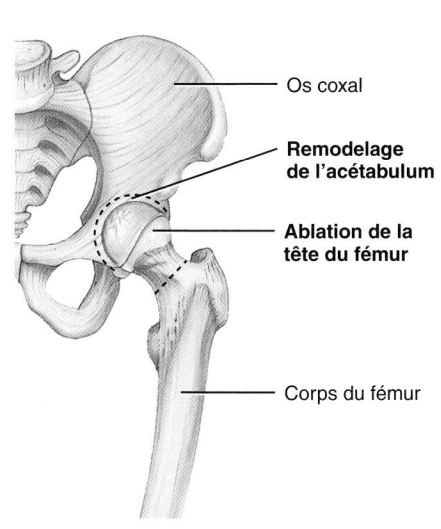

(a) Préparation en vue d'une arthroplastie totale de la hanche

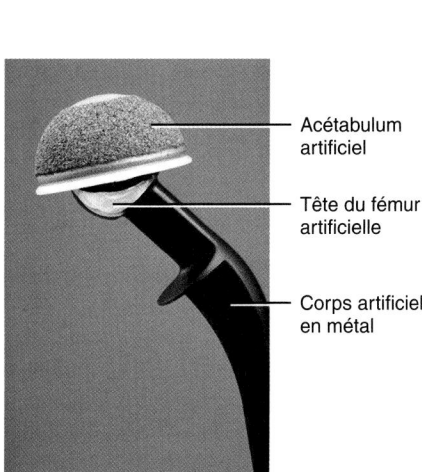

(b) Articulation coxofémorale artificielle

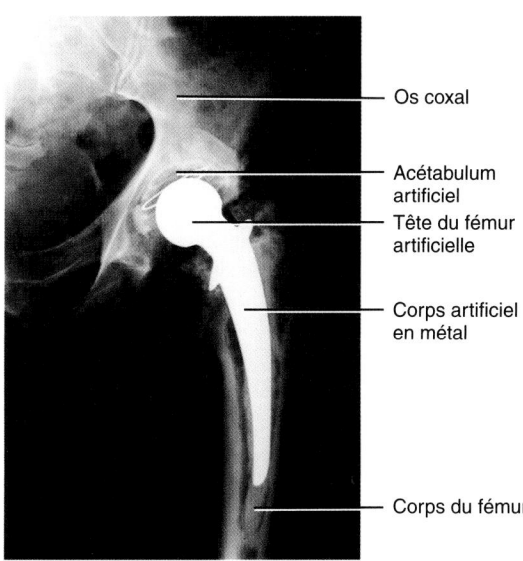

(c) Radiographie d'une articulation coxofémorale artificielle

 Quel est l'objectif d'une arthroplastie?

l'acétabulum et la tête du fémur par des prothèses préfabriquées (dispositifs artificiels). On remodèle l'acétabulum de manière que la nouvelle tête artificielle s'y adapte ; on enlève la tête du fémur et on façonne le centre du fémur de façon à pouvoir y insérer la composante fémorale. La composante acétabulaire est en polyéthylène, et la composante fémorale est faite d'acier au chrome-cobalt, d'un alliage de titane ou encore d'acier inoxydable. Ces matériaux sont conçus pour résister à un degré élevé de stress et ils ne déclenchent pas de réaction du système immunitaire. Une fois qu'on a choisi les composantes acétabulaire et fémorale appropriées, on les fixe aux parties saines des os au moyen d'un ciment acrylique, qui forme une liaison mécanique. Des chercheurs tentent continuellement d'accroître la solidité du ciment et de découvrir des moyens de stimuler la croissance du tissu osseux autour des implants. Les complications potentielles d'une arthroplastie comprennent l'infection, la formation de caillots sanguins, le décollement ou le déplacement des composantes de la prothèse, ainsi que des lésions nerveuses.

▶ POINT DE CONTRÔLE

13. Quelles articulations du corps sont le plus souvent remplacées par arthroplastie ?

DÉSÉQUILIBRES HOMÉOSTATIQUES

Le rhumatisme et l'arthrite

Le terme **rhumatisme** désigne toutes les affections douloureuses des structures formant la charpente du corps – os, ligaments, tendons et muscles –, qui ne sont pas attribuables à une infection ou à un traumatisme. L'**arthrite** est une forme de rhumatisme caractérisée par un œdème, de la raideur et de la douleur au niveau des articulations. Au Canada en 2001, 11,4 % des hommes et 19 % des femmes souffraient d'arthrite ou de rhumatisme ; c'est l'une des principales causes d'incapacité physique chez les adultes de plus de 65 ans.

L'arthrose

L'**arthrose** est une maladie dégénérative des articulations caractérisée par la perte graduelle de cartilage articulaire. Elle est causée par un ensemble de facteurs comprenant le vieillissement, l'obésité, l'irritation des articulations, la faiblesse des muscles, l'usure et l'abrasion. C'est la forme d'arthrite la plus courante.

L'arthrose attaque progressivement les articulations synoviales, en particulier celles qui supportent le poids du corps. Elle se caractérise par la détérioration du cartilage articulaire et la formation de nouvelle matière osseuse dans les régions sous-chondrales et sur le bord des articulations. Le cartilage se dégrade lentement, et, à mesure que les extrémités osseuses sont exposées, des excroissances faites de nouveau tissu osseux s'y déposent, ce qui représente un effort mal orienté du corps pour réduire la friction. Ces excroissances réduisent l'espace dans la cavité articulaire et limitent les mouvements. Contrairement à la polyarthrite rhumatoïde (décrite ci-dessous), l'arthrose s'attaque principalement au cartilage articulaire, bien que la membrane synoviale s'enflamme souvent dans les derniers stades de la maladie. Par ailleurs, l'arthrose touche d'abord les grandes articulations (genou, hanche) et elle est due à l'usure, tandis que la polyarthrite rhumatoïde, affection évolutive du cartilage, s'attaque d'abord aux petites articulations. L'arthrose est ce qui motive le plus souvent l'arthroplastie de la hanche et du genou.

La polyarthrite rhumatoïde

La **polyarthrite rhumatoïde** est une maladie auto-immune, c'est-à-dire une maladie causée par le système immunitaire de l'organisme qui attaque ses propres tissus ; dans le cas de la polyarthrite rhumatoïde, la maladie touche le cartilage et l'enveloppe des articulations. Cette affection se caractérise par une inflammation de l'articulation, qui provoque un œdème, de la douleur et une perte fonctionnelle. Habituellement, l'atteinte est bilatérale : lorsqu'un poignet est atteint, l'autre risque de l'être aussi, mais souvent dans une moindre mesure.

Le principal symptôme de la polyarthrite rhumatoïde est l'inflammation de la membrane synoviale. Sans traitement, la membrane épaissit et le liquide synovial s'accumule. La pression qui en résulte cause de la douleur et une sensibilité au toucher. La membrane produit ensuite un tissu de granulation anormal, appelé *pannus*, qui adhère à la surface du cartilage articulaire et entraîne parfois l'érosion complète de ce dernier. En l'absence de cartilage, le tissu fibreux se soude aux extrémités osseuses exposées, puis il s'ossifie et fusionne avec l'articulation, qui devient alors immobile. Il s'agit de l'effet invalidant le plus grave de la polyarthrite rhumatoïde. La croissance du tissu de granulation provoque la déformation des doigts caractéristique chez les personnes atteintes de cette maladie.

L'arthrite goutteuse

L'acide urique (substance qui donne son nom à l'urine) est un déchet du métabolisme des sous-unités de l'acide nucléique (ADN et ARN). Une personne atteinte de **goutte** produit une quantité excessive d'acide urique ou n'est pas en mesure d'excréter cette substance de façon normale. Il s'ensuit une accumulation d'acide urique dans le sang. L'acide urique en excès réagit alors avec le sodium pour former un sel, appelé *urate de sodium*. Les cristaux de ce sel se déposent dans les tissus mous, comme les reins, ainsi que dans le cartilage des oreilles et des articulations.

Dans l'**arthrite goutteuse**, les cristaux d'urate de sodium se déposent dans les tissus mous des articulations. La goutte touche surtout les articulations des pieds, en particulier celle à la base du gros orteil. Les cristaux irritent le cartilage et entraînent son érosion, ce qui cause une inflammation, un œdème et une douleur aiguë. Ils finissent par détruire tous les tissus articulaires. Si l'affection n'est pas traitée, les extrémités des os fusionnent et l'articulation devient immobile. Le traitement consiste à administrer d'abord un analgésique (ibuprofène, naproxène, colchicine ou cortisone), puis de l'allopurinol afin de maintenir un faible taux d'acide urique, ce qui prévient la formation de cristaux.

La maladie de Lyme

La **maladie de Lyme** doit son nom à la petite communuté de Lyme, au Connecticut, où elle a été signalée pour la première fois en 1975. Elle est causée par une bactérie, le spirochète *Borrelia burgdorferi*, qui se transmet aux humains principalement par l'intermédiaire de tiques (*Ixodes dammini*) tellement minuscules que leur piqûre passe souvent inaperçue. Quelques semaines plus tard, on observe parfois au point de la piqûre un érythème de forme annulaire en général – il en existe bien d'autres variations –, mais certaines personnes ne présentent aucune éruption cutanée. Les autres symptômes comprennent un œdème et de la raideur au niveau des articulations, de la fièvre et des frissons, des maux de tête, une raideur de la nuque, des nausées et une lombalgie. Au stade avancé de la maladie, la principale complication est l'arthrite, qui touche les grosses articulations (genou, cheville, hanche, coude et poignet, par exemple). Les antibiotiques sont généralement efficaces dans le traitement de la maladie de Lyme, surtout s'ils sont administrés à un stade précoce. Toutefois, certains symptômes peuvent perdurer pendant des années.

La spondylarthrite ankylosante

La **spondylarthrite ankylosante** (*spondylos* : vertèbre ; *arthron* : articulation ; *ankylê* : frein, limitation) est une maladie inflammatoire d'origine inconnue qui touche les articulations unissant des vertèbres (intervertébrales), et le sacrum et l'os coxal (articulation sacro-iliaque). Elle est plus fréquente chez les hommes et débute entre 20 et 40 ans. Elle se caractérise par une douleur et une raideur au niveau des hanches et de la région lombaire, qui se propagent vers le haut le long de la colonne vertébrale. L'inflammation peut mener à l'*ankylose* (perte marquée ou totale de la mobilité d'une articulation) et à la *cyphose*. Le traitement consiste à administrer un anti-inflammatoire, à appliquer de la chaleur et à prescrire des massages et des exercices sous supervision.

TERMES MÉDICAUX

Arthralgie (*arthron* : articulation ; *algos* : douleur) Douleur au niveau d'une articulation.

Bursectomie (*ektomê* : ablation) Excision chirurgicale d'une bourse.

Chondrite (*khondros* : cartilage) Inflammation d'un cartilage.

Subluxation Luxation partielle ou incomplète.

Synovite Inflammation de la membrane synoviale d'une articulation.

RÉSUMÉ

INTRODUCTION (P. 275)

1. L'articulation est le point de contact entre deux os, entre un os et un cartilage, ou entre un os et une dent.

2. Selon sa structure, une articulation ne permet aucun mouvement, ou elle permet de légers mouvements ou encore une grande liberté de mouvements.

LA CLASSIFICATION DES ARTICULATIONS (P. 276)

1. La classification structurale des articulations repose sur la présence ou l'absence d'une cavité articulaire et sur le type de tissu conjonctif qui unit les os. Les trois catégories structurales d'articulations sont les articulations fibreuses, cartilagineuses et synoviales.

2. La classification fonctionnelle des articulations traduit le degré de mouvement possible. Les trois catégories fonctionnelles d'articulations sont les articulations immobiles (ou synarthroses), semi-mobiles (ou amphiarthroses) et mobiles (ou diarthroses).

LES ARTICULATIONS FIBREUSES (P. 276)

1. Les os d'une articulation fibreuse sont reliés par du tissu conjonctif fibreux dense.

2. Les articulations fibreuses comprennent les sutures immobiles (entre les os du crâne), les syndesmoses semi-mobiles (comme l'articulation tibiofibulaire distale) et les gomphoses immobiles (entre les racines des dents et les alvéoles de la mandibule et des maxillaires).

LES ARTICULATIONS CARTILAGINEUSES (P. 277)

1. Les os des articulations cartilagineuses sont unis par du cartilage.

2. Les articulations cartilagineuses comprennent les synchondroses immobiles unies par du cartilage hyalin (plaque épiphysaire entre la diaphyse et les épiphyses) et les symphyses semi-mobiles unies par du cartilage fibreux (symphyse pubienne).

LES ARTICULATIONS SYNOVIALES (P. 277)

1. Dans une articulation synoviale, il existe un espace, appelé *cavité articulaire*, entre les os qui s'articulent. Toutes les articulations synoviales sont des articulations mobiles.

2. Les articulations synoviales se caractérisent également par la présence de cartilage articulaire et d'une capsule articulaire, composée d'une capsule fibreuse et d'une membrane synoviale.

3. La membrane synoviale sécrète le liquide synovial, qui forme une mince pellicule visqueuse sur les faces internes de la capsule articulaire.

4. De nombreuses articulations synoviales contiennent également des ligaments accessoires (extracapsulaires et intracapsulaires) et des disques articulaires, ou ménisques.

5. Les articulations synoviales possèdent de nombreuses terminaisons nerveuses et une bonne irrigation sanguine. Les nerfs transmettent de l'information sur la douleur, le mouvement et le degré d'étirement de l'articulation. Les vaisseaux sanguins pénètrent dans la capsule articulaire et les ligaments.

6. Une bourse est une structure en forme de sac qui ressemble à une capsule articulaire du point de vue structural ; elle réduit le frottement dans une articulation comme celle du genou ou l'articulation scapulohumérale (épaule).

7. Une gaine tendineuse est une bourse en forme de tube qui enveloppe un tendon là où le frottement est très important.

LES MOUVEMENTS PERMIS PAR LES ARTICULATIONS SYNOVIALES (P. 280)

1. Dans le glissement, deux surfaces osseuses relativement plates se déplacent d'avant en arrière et de côté l'une par rapport à l'autre.

2. Un mouvement angulaire augmente ou diminue l'angle entre deux os. La flexion, l'extension, la flexion latérale, l'hyperextension, l'abduction et l'adduction sont des mouvements angulaires. La

circumduction est une séquence de mouvements de flexion, d'abduction, d'extension et d'adduction.

3. La rotation est le mouvement d'un os autour de son axe longitudinal.

4. Les mouvements spéciaux ne sont possibles qu'au niveau de certaines articulations synoviales. Ces mouvements sont l'élévation, l'abaissement, la protraction, la rétraction, l'inversion, l'éversion, la dorsiflexion, la flexion plantaire, la supination, la pronation et l'opposition.

5. Le tableau 9.1 résume les divers mouvements permis par les articulations synoviales.

LES TYPES D'ARTICULATIONS SYNOVIALES (P. 285)

1. Les six types d'articulations synoviales sont les articulations planes, trochléennes, trochoïdes, condylaires, en selle et sphéroïdes.

2. Dans une articulation plane, les surfaces articulaires sont plates et les os glissent d'avant en arrière et d'un côté à l'autre (mouvement non axial) ; les articulations entre les os du tarse et entre les os du carpe en sont des exemples.

3. Dans une articulation trochléenne, la surface convexe d'un os s'ajuste dans la surface concave d'un autre os. Les articulations de ce type permettent un mouvement angulaire autour d'un seul axe (mouvement uniaxial) ; les articulations du coude et du genou et l'articulation talocrurale (cheville) en sont des exemples.

4. Dans une articulation trochoïde, la surface arrondie ou conique d'un os s'adapte à un anneau formé conjointement par un autre os et par un ligament. Les articulations de ce type permettent des mouvements de rotation (mouvement uniaxial) ; les articulations atlantoaxoïdienne et radio-ulnaire en sont des exemples.

5. Dans une articulation condylaire, la surface convexe de forme ovale d'un os s'adapte à la cavité concave également ovale d'un autre os. Les articulations de ce type permettent des mouvements angulaires autour de deux axes (mouvement biaxial) ; l'articulation du poignet et les articulations métacarpophalangiennes du deuxième au cinquième doigt en sont des exemples.

6. Dans une articulation en selle, la surface articulaire d'un os est en forme de selle et la surface articulaire de l'autre os la chevauche, comme un cavalier sur sa selle. Les articulations de ce type permettent des mouvements angulaires autour de deux axes (mouvement biaxial) ; l'articulation carpométacarpienne unissant l'os trapèze et l'os métacarpien du pouce en est un exemple.

7. Dans une articulation sphéroïde, la surface sphérique d'un os s'adapte à la cavité concave et profonde (en forme de tasse) d'un autre os. Les articulations de ce type permettent des mouvements angulaires et des rotations autour de trois axes et dans tous les plans (mouvement multiaxial) ; les articulations scapulohumérale et coxofémorale en sont des exemples.

8. Le tableau 9.2 résume les classifications structurale et fonctionnelle des articulations.

LES FACTEURS INFLUANT SUR LE CONTACT DANS LES ARTICULATIONS SYNOVIALES ET SUR L'AMPLITUDE DE MOUVEMENT QU'ELLES PERMETTENT (P. 288)

1. La façon dont les surfaces articulaires des articulations synoviales entrent en contact les unes avec les autres détermine le type de mouvements possibles.

2. Plusieurs facteurs contribuent à maintenir les surfaces articulaires en contact et influent sur l'amplitude du mouvement : la structure ou la forme des os qui s'articulent, la résistance et la tension des ligaments articulaires, la disposition et la tension des muscles, l'apposition des tissus mous, les hormones et l'inactivité.

QUELQUES ARTICULATIONS DU CORPS (P. 289)

1. Les tableaux 9.3 et 9.4 décrivent quelques-unes des principales articulations du corps en précisant leurs composantes articulaires, leur classification structurale et fonctionnelle ainsi que les types de mouvements qu'elles permettent.

2. L'articulation temporomandibulaire unit le processus condylaire de la mandibule et la fosse mandibulaire au tubercule articulaire de l'os temporal (exposé 9.1).

3. L'articulation scapulohumérale (épaule) unit la tête de l'humérus et la cavité glénoïdale de la scapula (exposé 9.2).

4. L'articulation du coude unit la trochlée de l'humérus, l'incisure trochléaire de l'ulna et la tête du radius (exposé 9.3).

5. L'articulation coxofémorale (hanche) unit la tête du fémur et l'acétabulum de l'os coxal (exposé 9.4).

6. Dans le genou, l'articulation fémoropatellaire unit la patella et la surface patellaire du fémur ; l'articulation fémorotibiale unit, d'une part, le condyle latéral du fémur, le ménisque latéral et le condyle latéral du tibia, et, d'autre part, le condyle médial du fémur, le ménisque médial et le condyle médial du tibia (exposé 9.5).

LE VIEILLISSEMENT DES ARTICULATIONS (P. 303)

1. Le vieillissement entraîne une baisse de la production de liquide synovial, un amincissement du cartilage articulaire et une perte de souplesse dans les ligaments.

2. La plupart des personnes âgées présentent une forme quelconque de dégénérescence articulaire dans les genoux, les coudes, les hanches et les épaules.

L'ARTHROPLASTIE (P. 303)

1. On appelle arthroplastie le remplacement chirurgical d'une articulation.

2. Les articulations les plus fréquemment remplacées sont celles de la hanche, du genou et de l'épaule.

AUTOÉVALUATION

Vous trouverez les réponses à ces questions à l'appendice D.

COMPLÉTEZ LES PHRASES SUIVANTES.

1. Le point de contact entre deux os, entre un os et un cartilage ou entre un os et une dent est appelé _____.

2. L'intervention chirurgicale qui consiste à remplacer une articulation très endommagée par une articulation artificielle est appelée _____.

INDIQUEZ SI LES ÉNONCÉS SUIVANTS SONT VRAIS OU FAUX.

3. Un ménisque est un sac rempli de liquide, situé à l'extérieur de la cavité articulaire, dont la fonction est de réduire le frottement entre les os et les tissus mous.

4. Le mouvement qui consiste à hausser les épaules comprend une flexion et une extension.

5. Plus on bouge une articulation, plus le liquide synovial devient visqueux (il s'épaissit).

CHOISISSEZ LA BONNE RÉPONSE.

6. Lesquelles des articulations suivantes appartiennent à la classification structurale ? 1) amphiarthroses, 2) articulations cartilagineuses, 3) articulations synoviales, 4) synarthroses, 5) articulations fibreuses. a) 1, 2, 3, 4 et 5; b) 2 et 5; c) 1 et 4; d) 1, 2, 4 et 5; e) 2, 3 et 5.

7. Lesquelles des articulations suivantes sont, du point de vue fonctionnel, des articulations immobiles ? 1) une syndesmose, 2) une symphyse, 3) une articulation synoviale, 4) une gomphose, 5) une suture. a) 1 et 2; b) 3 et 5; c) 1, 2 et 3; d) 4 et 5; e) uniquement 5.

8. La maladie dégénérative des articulations la plus fréquente chez les personnes âgées, souvent due à l'usure, est: a) la polyarthrite rhumatoïde, b) l'arthrose, c) le rhumatisme, d) l'arthrite goutteuse, e) la spondylarthrite ankylosante.

9. La mastication des aliments comprend des mouvements: 1) de flexion, 2) d'extension, 3) d'hyperextension, 4) d'élévation, 5) d'abaissement. a) 1 et 2; b) 1 et 3; c) 4 et 5; d) 3 et 5; e) 1 et 4.

10. La fonction du liquide synovial est: 1) d'absorber les chocs au niveau des articulations, 2) de lubrifier les articulations, 3) de provoquer la formation d'un caillot sanguin lorsqu'une articulation subit un traumatisme, 4) de fournir de l'oxygène et des nutriments aux chondrocytes, 5) de fournir des phagocytes qui éliminent les débris au niveau des articulations. a) 1, 2, 4 et 5; b) 1, 2, 3, 4 et 5; c) 1, 2 et 4; d) 3 et 4; e) 2, 4 et 5.

11. Lesquels des énoncés suivants sont *vrais* relativement à une articulation synoviale ? 1) Les os unis par une articulation synoviale sont recouverts d'une muqueuse. 2) La capsule articulaire entoure l'articulation synoviale, abrite la cavité articulaire et unit les os. 3) La partie fibreuse de la capsule articulaire permet une grande liberté de mouvement. 4) La résistance à la traction de la capsule fibreuse contribue à prévenir le déplacement des os. 5) Toutes les articulations contiennent une capsule fibreuse. a) 1, 2, 3 et 4; b) 2, 3, 4 et 5; c) 2, 3 et 4; d) 1, 2 et 3; e) 2, 4 et 5.

12. Lesquels des facteurs suivants maintiennent les surfaces articulaires d'une articulation synoviale en contact et influent sur l'amplitude de mouvement ? 1) la structure ou la forme des os qui s'articulent, 2) la résistance et la tension des ligaments articulaires, 3) la disposition et la tension des muscles, 4) l'inactivité, 5) le contact entre les tissus mous. a) 1, 2, 3 et 5; b) 2, 3, 4 et 5; c) 1, 3, 4 et 5; d) 1, 3 et 5; e) 1, 2, 3, 4 et 5.

13. Associez les éléments suivants:
_____ a) articulation fibreuse qui unit des os du crâne; immobile
_____ b) articulation fibreuse entre le tibia et la fibula; semi-mobile
_____ c) articulation entre un os et une dent
_____ d) plaque épiphysaire
_____ e) articulation entre les deux pubis
_____ f) articulation avec une cavité entre les os; mobile
_____ g) articulation osseuse

1) synostose
2) synchondrose
3) syndesmose
4) articulation synoviale
5) suture
6) symphyse
7) gomphose

14. Associez les éléments suivants:
_____ a) la surface arrondie ou conique d'un os s'adapte à un anneau formé par un autre os et un ligament; permet la rotation autour de son propre axe
_____ b) les surfaces articulaires des os sont planes ou légèrement recourbées; permet le glissement
_____ c) la surface convexe, de forme ovale, d'un os s'adapte à la cavité également de forme ovale d'un autre os; permet le mouvement autour de deux axes
_____ d) la surface convexe d'un os s'articule avec la surface concave d'un autre os; permet la flexion et l'extension
_____ e) la surface sphérique d'un os s'articule avec la cavité en forme de tasse d'un autre os; permet une grande liberté de mouvement suivant trois axes
_____ f) articulation condylaire modifiée dans laquelle les os évoquent un cavalier sur son cheval

1) articulation trochléenne
2) articulation en selle
3) articulation sphéroïde
4) articulation plane
5) articulation condylaire
6) articulation trochoïde

15. Associez les éléments suivants:

_____ a) déplacement d'une partie du corps en position supérieure

_____ b) déplacement d'une partie du corps en position inférieure

_____ c) mouvement qui rapproche un os de la ligne médiane du corps

_____ d) mouvement par lequel des surfaces osseuses relativement plates se déplacent d'avant en arrière et de côté les unes par rapport aux autres

_____ e) déplacement d'une partie du corps vers l'avant dans le plan transversal

_____ f) diminution de l'angle entre des os

_____ g) déplacement d'une partie du corps projetée vers l'avant pour la replacer en position anatomique

_____ h) mouvement médial de la plante des pieds

_____ i) mouvement latéral de la plante des pieds

_____ j) mouvement qui éloigne un os de la ligne médiane du corps

_____ k) mouvement produit lorsqu'on se tient sur les talons

_____ l) mouvement produit lorsqu'on se tient sur la pointe des pieds

_____ m) mouvement de l'avant-bras qui permet de tourner la paume en position antérieure

_____ n) mouvement de l'avant-bras qui permet de tourner la paume en position postérieure

_____ o) mouvement du pouce au-dessus de la paume pour aller toucher le bout des doigts de la même main

_____ p) augmentation de l'angle entre des os

_____ q) mouvement circulaire de l'extrémité distale d'une partie du corps

_____ r) mouvement d'un os qui tourne autour de son axe longitudinal

1) pronation
2) flexion plantaire
3) éversion
4) abduction
5) rotation
6) rétraction
7) opposition
8) élévation
9) flexion
10) adduction
11) abaissement
12) inversion
13) glissement
14) extension
15) protraction
16) dorsiflexion
17) circumduction
18) supination

QUESTIONS À COURT DÉVELOPPEMENT

Vous trouverez les réponses à ces questions à l'appendice D.

1. Catherine adore s'imaginer qu'elle est un boulet de canon. Lorsqu'elle se prépare à plonger du tremplin de la piscine, elle se place d'abord dans la bonne position : tête et cuisses repliées contre la poitrine, dos arrondi, bras fermement appuyés sur les flancs et avant-bras croisés sur les tibias pour maintenir les jambes bien repliées contre la poitrine. Décrivez la position du dos, de la tête et des membres de Catherine en employant la terminologie anatomique appropriée.

2. Au cours d'une séance d'entraînement de football, Jérémie s'est fait plaquer et il s'est tordu la jambe. Il a ressenti une douleur intense, puis a tout de suite remarqué que son genou était enflé. La douleur et l'œdème n'ont fait qu'empirer le reste de l'après-midi, à tel point que Jérémie pouvait à peine marcher. L'entraîneur lui a dit de consulter un médecin, qui déciderait peut-être de « drainer l'eau de son genou ». De quoi l'entraîneur voulait-il parler et, selon vous, qu'est-il arrivé exactement à l'articulation du genou de Jérémie pour que les symptômes décrits se manifestent ?

3. Depuis sa sortie de l'hôpital, tante Agnès se vante auprès des autres résidents du centre d'hébergement pour personnes âgées qu'elle est maintenant une « femme bionique », et elle parie qu'elle sera bientôt capable de se croiser les jambes derrière la tête parce qu'elle a des « os neufs » ! D'après vous, quelle opération Agnès a-t-elle subie au cours de son hospitalisation et pour quelle raison ?

RÉPONSES AUX QUESTIONS DES FIGURES

9.1 Du point de vue fonctionnel, les sutures sont des synarthroses parce qu'elles sont immobiles ; les syndesmoses sont des amphiarthroses parce qu'elles sont légèrement mobiles (ou semi-mobiles).

9.2 La synchondrose et la symphyse n'ont pas le même type de cartilage articulaire : la première comporte du cartilage hyalin et la seconde, du cartilage fibreux.

9.3 Les articulations synoviales font partie de la catégorie fonctionnelle des articulations mobiles, c'est-à-dire celles qui bougent librement.

9.4 Les articulations intercarpiennes (poignet) et intertarsiennes (cheville) permettent des mouvements de glissement.

9.5 La flexion du pouce et la flexion latérale du tronc sont deux exemples de flexions qui ne s'effectuent pas dans le plan sagittal.

9.6 L'adduction d'un membre consiste à rapprocher celui-ci de la ligne médiane du corps (on l'« additionne » au tronc). Truc mnémotechnique : les deux « d » de « addition » font penser aux deux « d » de « adduction ».

9.7 La circumduction est une séquence continue de mouvements de flexion, d'abduction, d'extension et d'adduction.

9.8 Dans la rotation médiale, on tourne la face antérieure d'un os ou d'un membre vers la ligne médiane du corps ; dans la rotation latérale, on la tourne dans le sens opposé.

9.9 Le mouvement consistant à déplacer les bras vers l'avant jusqu'à ce que les coudes se touchent est un exemple de protraction.

9.10 Les articulations condylaires et les articulations en selle sont des articulations biaxiales.

9.11 Le ligament temporomandibulaire latéral prévient le déplacement de la mandibule.

9.12 L'articulation scapulohumérale est l'articulation la plus mobile du corps parce que sa capsule articulaire est lâche et que la cavité glénoïdale de la scapula est peu profonde par rapport à la dimension de la tête de l'humérus.

9.13 Une articulation trochléenne permet la flexion et l'extension.

9.14 La tension dans trois ligaments – iliofémoral, pubofémoral et ischiofémoral – limite l'amplitude de l'extension au niveau de l'articulation coxofémorale.

9.15 La contraction du muscle quadriceps fémoral permet l'extension au niveau de l'articulation du genou.

9.16 Le but de l'arthroplastie est de soulager la douleur et d'accroître l'amplitude des mouvements.

LE TISSU MUSCULAIRE

LE TISSU MUSCULAIRE ET L'HOMÉOSTASIE

Le tissu musculaire contribue à l'homéostasie en assurant les mouvements du corps, en déplaçant des substances à l'intérieur de ce dernier et en produisant de la chaleur pour maintenir la température corporelle normale.

Bien qu'ils fournissent une force d'appui et qu'ils forment la structure du corps humain, les os ne peuvent faire bouger seuls les parties du corps. Nos mouvements sont produits par la contraction et le relâchement alternés des muscles, qui constituent de 40 à 50 % de notre masse corporelle totale. La force musculaire reflète la principale fonction des muscles, soit la transformation de l'énergie chimique en énergie mécanique pour produire une force, exécuter une tâche et effectuer un mouvement. Le tissu musculaire joue aussi un rôle dans la stabilisation de la position du corps, la régulation du volume des organes, la production de chaleur et la circulation des liquides et des aliments dans les divers systèmes de l'organisme. L'étude scientifique des muscles est appelée **myologie** (*mus* : muscle ; *logos* : discours).

LE TISSU MUSCULAIRE : VUE D'ENSEMBLE

LES TYPES DE TISSUS MUSCULAIRES

Nous avons abordé au chapitre 4 les trois types de tissus musculaires : squelettique, cardiaque et lisse (voir le tableau 4.5). Même s'ils ont en commun certaines propriétés, ces trois types de tissus musculaires diffèrent par l'anatomie microscopique des cellules musculaires (appelées *myocytes*) qui les composent, les parties du corps où ils sont situés et la façon dont les systèmes nerveux et endocrinien les régissent.

Le **tissu musculaire squelettique** est ainsi nommé pour deux raisons : les muscles squelettiques, constitués de ce type de tissu, sont fixés aux os et ils permettent la mise en mouvement des parties du squelette. (Quelques muscles squelettiques sont fixés à la peau ou à d'autres muscles squelettiques et assurent le mouvement de ces parties du corps.) Le tissu musculaire squelettique est *strié*, c'est-à-dire qu'on observe une succession régulière de bandes alternativement claires et sombres (*striation*) lorsqu'on l'examine au microscope (figure 10.5). C'est pourquoi le tissu musculaire squelettique est aussi appelé *tissu musculaire strié*. L'activité du tissu musculaire squelettique est surtout *volontaire*, car elle peut être régie consciemment par les neurones, ou cellules nerveuses, du système nerveux somatique. (La figure 12.1 illustre les parties du système nerveux.) Jusqu'à un certain point, la plupart des muscles squelettiques sont aussi régis de façon involontaire. Ainsi, nous ne sommes généralement pas conscients du fait que le diaphragme se contracte et se relâche alternativement pour maintenir la ventilation pulmonaire. Nous n'avons pas non plus besoin de contracter volontairement les muscles squelettiques qui assurent l'équilibre ou stabilisent la position du corps.

Seul le cœur contient du **tissu musculaire cardiaque**, qui constitue la majeure partie de sa paroi. Le muscle cardiaque est lui aussi *strié*, mais son activité est *involontaire* : la contraction et le relâchement alternés du cœur ne sont pas régis consciemment. Les battements du cœur sont déterminés par un centre d'automatisme qui déclenche chaque contraction et impose un rythme intrinsèque appelé **autorythmicité**. Plusieurs facteurs – dont quelques hormones et neurotransmetteurs – accélèrent ou ralentissent le rythme cardiaque en agissant sur le centre d'automatisme. Notez toutefois que certaines personnes réussissent à ralentir à volonté leur fréquence cardiaque grâce à diverses techniques de concentration.

Le **tissu musculaire lisse** est situé dans les parois des organes creux tels que les vaisseaux sanguins, les voies respiratoires et la plupart des organes contenus dans les cavités abdominale et pelvienne.

On en trouve aussi dans la peau, associé aux follicules pileux. L'examen microscopique révèle que ce tissu ne possède pas la striation caractéristique du tissu musculaire squelettique ou cardiaque. C'est pourquoi il apparaît *non strié*, et on le dit *lisse*. L'activité des muscles lisses est généralement *involontaire*, et certains d'entre eux, tels les muscles qui font avancer les aliments dans le tube digestif, sont dotés d'autorythmicité. Le muscle cardiaque et les muscles lisses sont régis par des neurones du système nerveux autonome (involontaire) et par des hormones libérées par les glandes endocrines.

LES FONCTIONS DU TISSU MUSCULAIRE

Par le biais de contractions soutenues ou de contractions et relâchements alternés, le tissu musculaire remplit quatre fonctions clés : la production des mouvements du corps, la stabilisation des articulations et le maintien de la posture, le stockage et le déplacement de substances dans l'organisme, ainsi que la production de chaleur.

1. ***La production des mouvements du corps.*** Les mouvements de tout le corps, comme courir ou marcher, aussi bien que les mouvements localisés, comme saisir un crayon ou hocher la tête, exigent le fonctionnement coordonné des os, des articulations et des muscles squelettiques.

2. ***La stabilisation des articulations et le maintien de la posture.*** Les contractions des muscles squelettiques stabilisent les articulations et contribuent, avec les ligaments, à les renforcer lors des mouvements ; de plus, ces muscles aident à maintenir les positions du corps, telles la station debout et la station assise. Certains des muscles agissant sur la posture restent continuellement contractés dès qu'une personne est éveillée ; ainsi, c'est la contraction continue des muscles du cou qui maintient la tête droite.

3. ***Le stockage et le déplacement de substances dans l'organisme.*** Le stockage est assuré par la contraction continue de muscles circulaires lisses, appelés *sphincters*, qui empêche l'écoulement du contenu des organes creux. Le stockage temporaire de la nourriture dans l'estomac et de l'urine dans la vessie est possible grâce aux sphincters, dont la contraction ferme l'orifice de ces organes. Les contractions du muscle cardiaque propulsent le sang hors du cœur dans les vaisseaux sanguins. La contraction et le relâchement du tissu musculaire lisse qui se trouve dans les parois de ces vaisseaux contribuent à ajuster leur diamètre et donc à régler le débit sanguin. Ce sont aussi des contractions de muscles lisses qui déplacent la nourriture et diverses substances – telles la bile et les enzymes – dans le tube digestif, qui poussent les gamètes – spermatozoïdes et ovocytes – dans les conduits du système génital et qui propulsent l'urine dans le système urinaire. Les contractions des muscles squelettiques stimulent la circulation de la lymphe et contribuent au retour du sang vers le cœur (voir la figure 21.9).

4. ***La production de chaleur.*** Lorsque le tissu musculaire se contracte, il produit de la chaleur ; ce processus est nommé

thermogenèse. Une grande partie de cette chaleur générée sert à maintenir la température normale de l'organisme. Les contractions involontaires de muscles squelettiques, que l'on appelle *frisson*, font augmenter au besoin le taux de production de chaleur.

LES PROPRIÉTÉS DU TISSU MUSCULAIRE

Le tissu musculaire possède quatre propriétés qui lui permettent d'assurer ses fonctions et de contribuer à l'homéostasie :

1. ***L'excitabilité électrique.*** Cette propriété, commune aux myocytes et aux neurones et dont il a été question au chapitre 4, est la capacité de réagir à certains stimulus par la production de signaux électriques, appelés *potentiels d'action*. (Nous expliquerons plus en détail au chapitre 12 comment se crée un potentiel d'action.) Le potentiel d'action se propage ensuite le long de la membrane plasmique du myocyte et engendre la contraction musculaire. Dans le cas des myocytes, il existe deux principaux types de stimulus qui déclenchent des potentiels d'action musculaires : des signaux électriques autorythmiques émanant du tissu musculaire lui-même, comme dans le centre d'automatisme du cœur ; et des stimulus chimiques tels que les neurotransmetteurs libérés par les neurones, des hormones transportées par le sang, ou même des variations locales du pH.

2. ***La contractilité.*** C'est la capacité du tissu musculaire de se contracter avec force après le déclenchement d'un potentiel d'action musculaire. Lorsqu'un muscle se contracte, il génère une tension (force de contraction) en exerçant une traction sur ses points d'attache. Si la tension créée est assez grande pour surmonter la résistance au mouvement d'un objet, le muscle raccourcit et il se produit un mouvement.

3. ***L'extensibilité.*** C'est la capacité du tissu musculaire de s'étirer sans se déchirer. La capacité d'étirement permet au muscle de dépasser sa longueur au repos et de conserver, lorsqu'il est étiré, la capacité de se contracter avec force. Ce sont généralement les muscles lisses qui sont sujets aux étirements les plus importants. Chaque fois que l'estomac se remplit de nourriture, par exemple, le tissu musculaire de ses parois s'étire. Le tissu musculaire cardiaque s'étire lui aussi chaque fois que le cœur se remplit de sang.

4. ***L'élasticité.*** C'est la capacité du tissu musculaire de reprendre sa longueur et sa forme d'origine après une contraction ou un étirement.

Dans ce chapitre, nous mettons l'accent sur la structure et la fonction des muscles squelettiques. Nous étudierons en détail le muscle cardiaque et les muscles lisses dans des chapitres ultérieurs.

▶ **POINT DE CONTRÔLE**

1. Quelles caractéristiques distinguent les trois types de tissus musculaires ?
2. Nommez les fonctions générales du tissu musculaire.
3. Décrivez les propriétés du tissu musculaire.

LE TISSU MUSCULAIRE SQUELETTIQUE

OBJECTIFS

- Expliquer l'importance du tissu conjonctif, des vaisseaux sanguins et des nerfs dans l'organisation des muscles squelettiques.
- Décrire l'anatomie microscopique d'un myocyte squelettique.
- Faire la distinction entre les myofilaments épais et les myofilaments fins.

Chaque muscle squelettique est un organe distinct constitué de tissu musculaire, lui-même composé de centaines ou de milliers de cellules appelées **myocytes** (*mus* : muscle ; *kytos* : cellule), ou *fibres musculaires* à cause de leur forme allongée. Les expressions *myocyte*, *cellule musculaire* et *fibre musculaire* désignent donc toutes trois une même structure. Un muscle squelettique renferme en outre des tissus conjonctifs qui entourent les myocytes et le muscle tout entier, de même que des vaisseaux sanguins et des nerfs (figure 10.1). Pour saisir comment la contraction d'un muscle squelettique peut générer une tension, il faut d'abord en comprendre l'anatomie macroscopique et microscopique.

LES COMPOSANTES DU TISSU CONJONCTIF

Du tissu conjonctif entoure et protège le tissu musculaire. Un **fascia** (« bande »), ou aponévrose de revêtement, est une large couche de tissu conjonctif fibreux qui soutient et enveloppe les muscles ainsi que d'autres organes.

Le **fascia superficiel**, ou **hypoderme**, sépare le muscle de la peau (voir la figure 11.21). Il est composé de tissu conjonctif aréolaire et de tissu adipeux, et offre un passage aux nerfs ainsi qu'aux vaisseaux sanguins et lymphatiques qui entrent dans le muscle et en sortent. Le tissu adipeux du fascia superficiel emmagasine la majeure partie des triacylglycérols (graisses) de l'organisme, sert de couche isolante réduisant la perte de chaleur et protège les muscles contre les lésions. Le **fascia profond** est un tissu conjonctif dense irrégulier qui tapisse les parois de l'organisme et des membres, et qui maintient ensemble les muscles ayant des fonctions similaires (voir la figure 11.21). Il facilite la liberté de mouvement des muscles, contient des nerfs, des vaisseaux sanguins et des vaisseaux lymphatiques, et comble l'espace entre les muscles.

Trois couches de tissu conjonctif issues du fascia profond protègent et renforcent le muscle squelettique (figure 10.1). La couche la plus externe qui enveloppe l'ensemble du muscle, est appelée **épimysium** (*epi* : sur). L'épimysium peut être en continuité avec le fascia profond situé entre des muscles voisins et avec le fascia superficiel situé sous la peau. Le **périmysium** (*peri* : autour) entoure des groupes comptant de 10 à 100 myocytes individuels, parfois davantage, et les sépare en paquets nommés **faisceaux** (*fascis* : paquet). De nombreux faisceaux constituent une structure suffisamment volumineuse pour être visible à l'œil nu. Ils donnent à un morceau de viande son apparence fibreuse caractéristique, et c'est le long des faisceaux que la viande se sépare lorsqu'on la

FIGURE 10.1 L'agencement d'un muscle squelettique et de ses couches de tissu conjonctif.

Un muscle squelettique est composé de myocytes individuels regroupés en faisceaux et entourés de trois couches de tissu conjonctif, qui sont des prolongements du fascia profond.

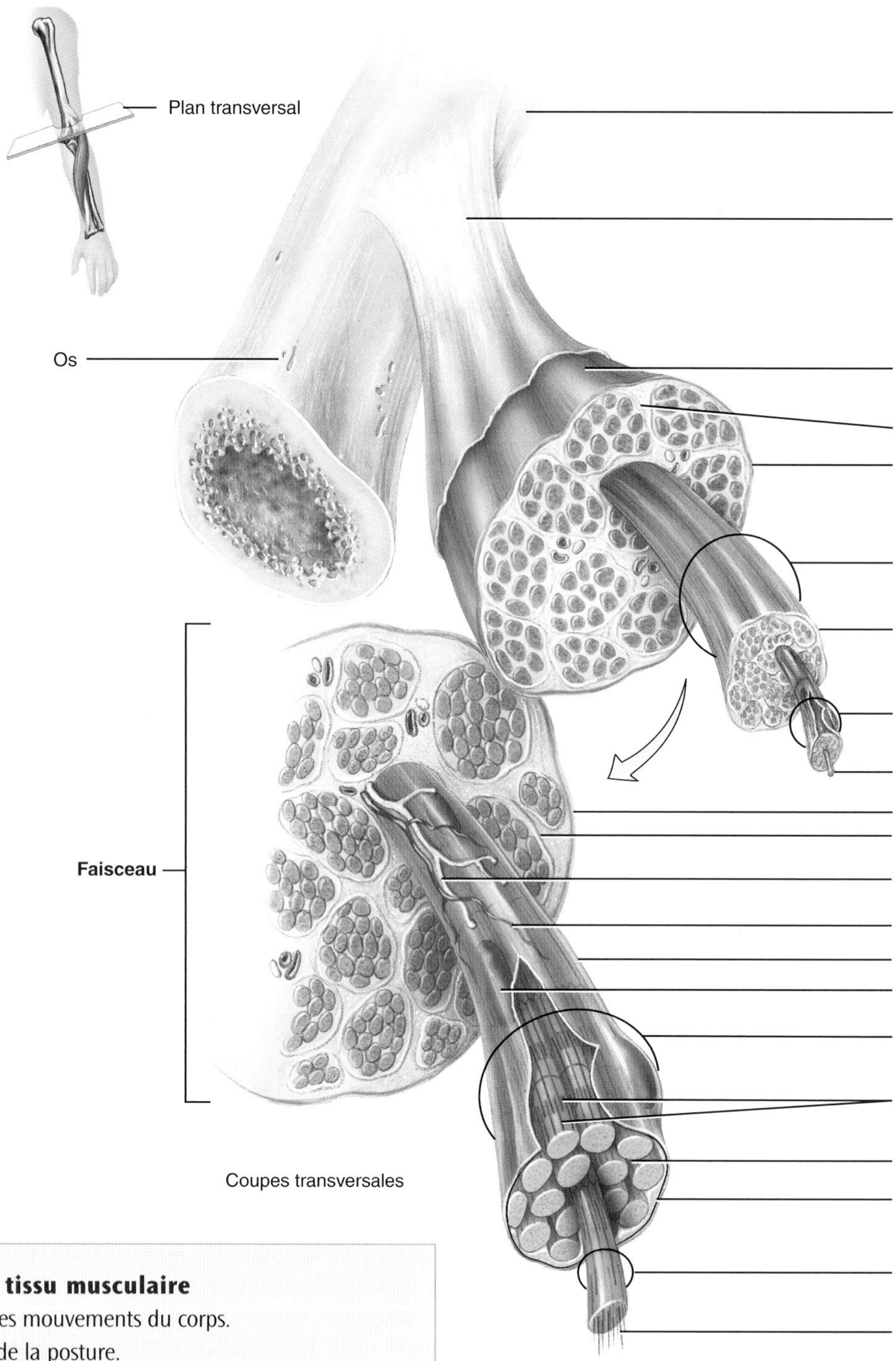

Plan transversal — Périoste

— Tendon

Os —

— Muscle squelettique

— Périmysium

— Épimysium

— Faisceau

— Périmysium

— Myocyte

— Myofibrille

— Périmysium
— Endomysium

— Axone du neurone moteur

— Capillaire

— Endomysium

— Noyau

— Myocyte

Faisceau

— Stries

Coupes transversales

— Sarcoplasme

— Sarcolemme

— Myofibrille

— Myofilament

Fonctions du tissu musculaire

1. Production des mouvements du corps.
2. Stabilisation de la posture.
3. Stockage et déplacement de substances dans l'organisme.
4. Production de chaleur (thermogenèse).

Q Quelle membrane de tissu conjonctif enveloppe les groupes de myocytes et les sépare en faisceaux?

déchire. L'épimysium et le périmysium sont tous deux des tissus conjonctifs denses irréguliers. L'**endomysium** (*endon*: en dedans), mince membrane de tissu conjonctif aréolaire, pénètre à l'intérieur de chaque faisceau et isole les myocytes.

L'épimysium, le périmysium et l'endomysium sont en continuité avec le tissu conjonctif qui fixe le muscle squelettique à d'autres structures telles que les os ou d'autres muscles. Ainsi, les trois couches de tissu conjonctif peuvent se prolonger au-delà des myocytes pour former un **tendon** – cordon de tissu conjonctif dense régulier composé de touffes parallèles de fibres collagènes qui fixent le muscle au périoste de l'os. Le tendon calcanéen, ou tendon d'Achille, du muscle gastrocnémien de la jambe en est un exemple (voir la figure 11.22c). Lorsque les couches de tissu conjonctif se prolongent en une large lame aplatie, le tendon porte le nom d'**aponévrose** (*apo*: loin de; *neuron*: nerf). C'est le cas de l'aponévrose épicrânienne, située sur la voûte crânienne entre les ventres frontal et occipital du muscle occipitofrontal (voir la figure 11.4a, c).

Certains tendons, et en particulier ceux du poignet et de la cheville, sont entourés d'un tube de tissu conjonctif fibreux appelé **gaine tendineuse**, ou gaine de tendon, qui ressemble à une bourse du point de vue structural. Le feuillet interne, nommé *feuillet viscéral*, d'une gaine tendineuse s'attache à la surface du tendon, alors que le feuillet externe, nommé *feuillet pariétal*, est fixé à l'os (voir la figure 11.18a). Les deux feuillets délimitent une cavité tapissée d'une pellicule de liquide synovial. Une gaine tendineuse réduit le frottement lorsque le tendon glisse dans un mouvement de va-et-vient.

L'APPORT SANGUIN ET L'INNERVATION

Nous avons vu au chapitre 4 que tout organe a besoin d'être alimenté en sang pour répondre aux différents besoins des cellules qui le composent (voir la figure 4.8). Les muscles squelettiques, dont la fonction de contraction exige beaucoup d'énergie, sont parcourus par un riche réseau de nerfs et de vaisseaux sanguins. En général, une artère et une ou deux veines accompagnent chaque nerf qui pénètre à l'intérieur d'un muscle squelettique. Les neurones qui provoquent la contraction des muscles squelettiques sont les *neurones moteurs* (ou *motoneurones*) *somatiques*. Chaque neurone moteur somatique possède un prolongement filiforme, l'*axone*, qui s'étend de l'encéphale ou de la moelle épinière jusqu'à un groupe de myocytes squelettiques (figure 10.10d). L'axone d'un neurone moteur somatique se ramifie généralement plusieurs fois, et chaque branche (axone collatéral) se rend à un myocyte différent.

On rencontre une multitude de vaisseaux sanguins microscopiques, appelés *capillaires*, dans le tissu musculaire, et chaque myocyte est en contact étroit avec un ou plusieurs capillaires (figure 10.10d). Les capillaires sanguins apportent aux myocytes de l'oxygène et des nutriments, et évacuent la chaleur et les déchets produits par leur métabolisme. Surtout au moment de la contraction, un myocyte synthétise et utilise une grande quantité d'énergie sous forme d'ATP (adénosine triphosphate). Ces réactions, que vous apprendrez à mieux connaître dans ce chapitre, requièrent de l'oxygène, du glucose, des acides gras et d'autres substances que le sang apporte aux myocytes.

L'ANATOMIE MICROSCOPIQUE D'UN MYOCYTE SQUELETTIQUE

L'unité structurale et fonctionnelle du muscle squelettique est le myocyte lui-même. Chez un adulte, leur diamètre varie entre 10 et 100 µm* et leur longueur est d'environ 10 cm, bien qu'elle atteigne 30 cm dans certains cas. Étant donné que chaque myocyte squelettique se forme, au cours du développement embryonnaire, par la fusion d'une centaine au moins de petites cellules du mésoderme, appelées *myoblastes* (figure 10.2a), il possède à maturité une centaine de noyaux ou plus. Après la fusion, le myocyte perd sa capacité de se diviser par mitose. Le nombre de myocytes squelettiques est donc déterminé avant la naissance, et la plupart d'entre eux durent toute la vie.

La remarquable croissance musculaire qui a lieu après la naissance se produit surtout par **hypertrophie** (*hyper*: au-delà; *trophê*: nourriture), c'est-à-dire par augmentation du volume des myocytes existants, plutôt que par **hyperplasie** (*plassein*: façonner), c'est-à-dire par accroissement du nombre de myocytes. Durant l'enfance, l'hormone de croissance humaine et d'autres hormones stimulent l'augmentation de la taille des myocytes squelettiques. La testostérone (hormone produite par les testicules chez l'homme et, en petite quantité, par certains tissus chez la femme) favorise encore une augmentation du volume des myocytes. Quelques myoblastes demeurent en tant que *cellules satellites* dans le muscle squelettique parvenu à maturité (figure 10.2a); ces cellules conservent leur capacité à fusionner entre elles ou avec des myocytes endommagés et sont donc activées lors du processus de régénération de myocytes fonctionnels endommagés. Toutefois, le nombre des nouveaux myocytes squelettiques produits n'est pas suffisant pour compenser une lésion ou une dégénérescence importante d'un muscle squelettique. Dans de tels cas, le tissu musculaire squelettique est soumis à un processus appelé **fibrose**, soit le remplacement des myocytes fonctionnels par du tissu fibreux cicatriciel. C'est pourquoi la régénération d'un muscle squelettique est limitée et ne compense pas la perte de fonction musculaire.

Le sarcolemme, les tubules T et le sarcoplasme

Les nombreux noyaux d'un myocyte squelettique sont situés juste sous le **sarcolemme** (*sarx*: chair; *lemma*: gaine), la membrane plasmique du myocyte (figure 10.2b, c). Le sarcolemme des myocytes est quelque peu différent de la membrane plasmique qui entoure les cellules typiques (voir la figure 3.1). Des milliers de minuscules invaginations du sarcolemme, appelées **tubules T** (**transverses**), creusent des tunnels allant de la surface jusqu'au centre de chaque myocyte. L'ouverture des tubules T vers l'extérieur du myocyte leur permet de se remplir de liquide interstitiel. Les potentiels d'action musculaires se propagent le long du sarcolemme et suivent les tubules T, ce qui assure leur diffusion rapide à l'ensemble du myocyte et l'excitation presque simultanée de toutes les parties de ce dernier.

À l'intérieur du sarcolemme se trouve le **sarcoplasme**, soit le cytoplasme d'un myocyte. Le sarcoplasme est lui aussi sensiblement

---

* Un micromètre (µm) = 1 millionième de mètre (10^{-6}).

FIGURE 10.2 L'organisation microscopique d'un muscle squelettique. (a) Au cours du développement embryonnaire, de nombreux myoblastes fusionnent pour constituer un myocyte squelettique. Une fois que ces fusions se sont produites, le myocyte squelettique perd sa capacité de division cellulaire, mais les cellules satellites la conservent. (b et c) La sarcolemme du myocyte enveloppe le sarcoplasme et les myofibrilles, qui sont striées. Le réticulum sarcoplasmique (RS) entoure chaque myofibrille. Des milliers de tubules T, emplis de liquide interstitiel, s'invaginent du sarcolemme vers le centre du myocyte. Un tubule T et les deux citernes terminales du RS situées de chaque côté constituent une triade. Le tableau 4.5a contient une photomicrographie de tissu musculaire squelettique.

 Les éléments contractiles des myocytes, soit les myofibrilles, sont composés de myofilaments fins et de myofilaments épais qui se chevauchent.

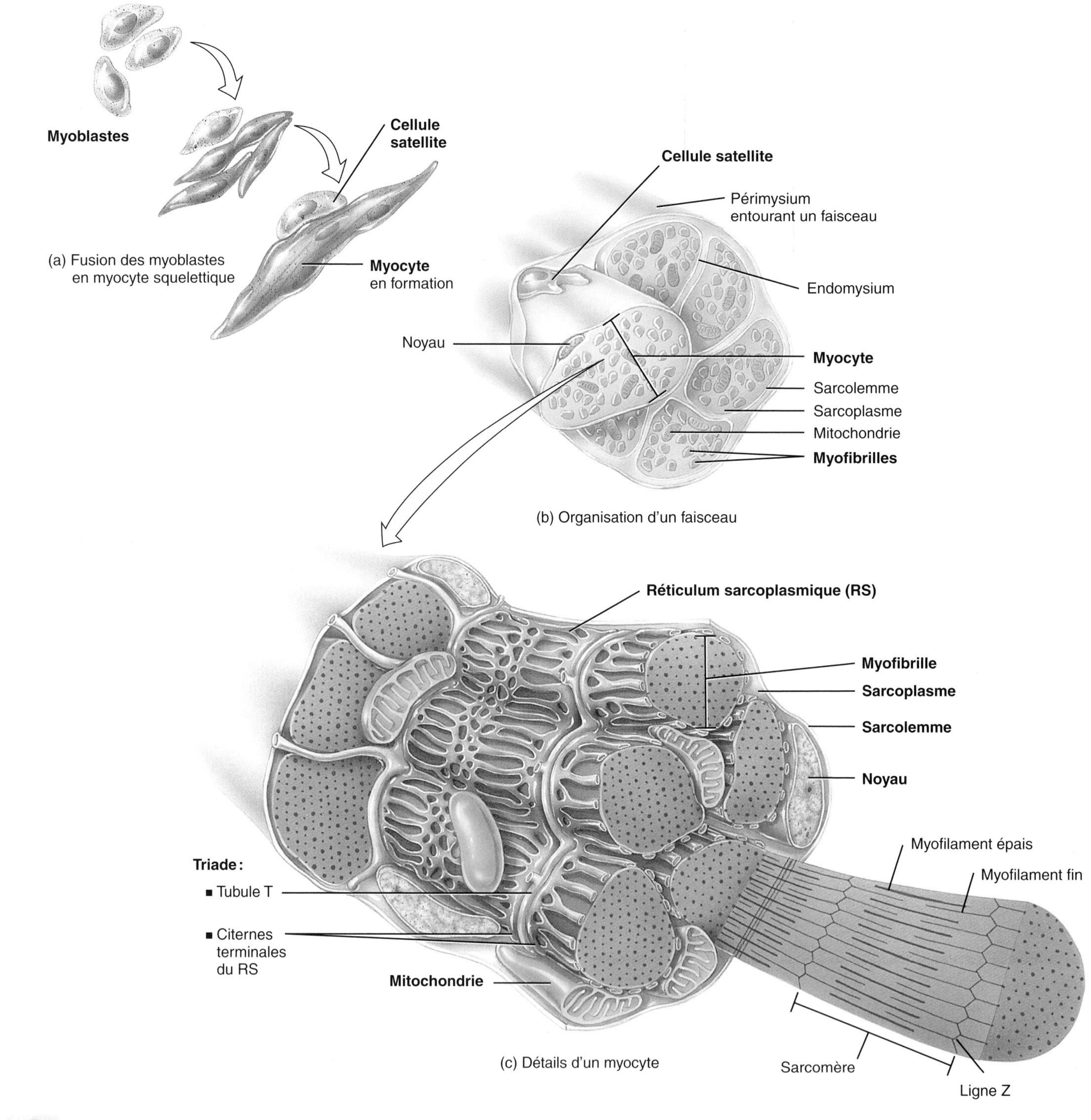

Myoblastes

Cellule satellite

(a) Fusion des myoblastes en myocyte squelettique

Myocyte en formation

Cellule satellite

Périmysium entourant un faisceau

Endomysium

Noyau

Myocyte

Sarcolemme

Sarcoplasme

Mitochondrie

Myofibrilles

(b) Organisation d'un faisceau

Réticulum sarcoplasmique (RS)

Myofibrille

Sarcoplasme

Sarcolemme

Noyau

Triade :
■ Tubule T
■ Citernes terminales du RS

Mitochondrie

Myofilament épais

Myofilament fin

(c) Détails d'un myocyte

Sarcomère

Ligne Z

 Dans cette illustration, quelle structure libère des ions calcium pour déclencher la contraction musculaire ?

différent du cytoplasme des cellules typiques, puisqu'il comprend de nombreux noyaux. De plus, le sarcoplasme contient une grande quantité de glycogène, grosse molécule composée de nombreuses molécules de glucose, qui peut servir à la synthèse de l'ATP. Le sarcoplasme renferme également de la **myoglobine**, protéine de couleur rouge. Cette protéine, que l'on ne rencontre que dans les myocytes, emmagasine les molécules d'oxygène présentes dans le liquide interstitiel qui diffusent dans les myocytes, puis elle les libère lorsque les mitochondries en ont besoin pour produire de l'ATP. Les mitochondries sont alignées à travers tout le myocyte et stratégiquement situées près des protéines musculaires qui utilisent de l'ATP pendant la contraction (figure 10.2c).

Les myofibrilles et le réticulum sarcoplasmique

À très fort grossissement, le sarcoplasme apparaît rempli de minces filaments. Ces petites structures, appelées **myofibrilles** (*mus* : muscle ; *fibrille* : petite fibre), sont les éléments contractiles du muscle squelettique (figure 10.2c). Elles ont un diamètre d'environ 2 μm et s'étendent sur toute la longueur du myocyte. Ce sont leurs stries bien visibles qui donnent son apparence striée au myocyte.

Un système de sacs membraneux emplis de liquide, le **réticulum sarcoplasmique (RS)**, entoure chaque myofibrille (figure 10.2c). Ce système complexe est semblable au réticulum endoplasmique lisse des cellules autres que musculaires. Les sacs dilatés des extrémités du réticulum sarcoplasmique, appelées **citernes terminales**, enserrent le tubule T de chaque côté. Un tubule transverse et les deux citernes terminales associées forment une **triade**. Dans un myocyte relâché (au repos), les citernes terminales du réticulum sarcoplasmique emmagasinent des ions calcium (Ca^{2+}). C'est la libération du Ca^{2+} des citernes terminales qui déclenche la contraction musculaire.

L'ATROPHIE ET L'HYPERTROPHIE MUSCULAIRES

L'**atrophie musculaire** (*a-* : sans ; *trophê* : nourriture), ou amyotrophie, est un dépérissement des muscles résultant de la diminution du volume des myocytes due à la disparition graduelle de myofibrilles. Lorsqu'elle découle de la non-utilisation des muscles, on la nomme *atrophie due à l'inactivité*. On observe cette forme d'atrophie chez les personnes alitées et chez celles qui portent un plâtre, à cause de la diminution marquée d'influx nerveux vers un muscle inactif. Cet état est toutefois réversible. Dans le cas où l'influx nerveux est perturbé ou interrompu, le muscle subit une *amyotrophie par dénervation*. En une période qui peut aller de 6 mois à 2 ans, le muscle perd les trois quarts de son volume, et le tissu musculaire est remplacé de façon irréversible par du tissu conjonctif fibreux.

Nous avons déjà vu que l'**hypertrophie musculaire** est l'accroissement du diamètre des myocytes causé par la production d'une plus grande quantité de myofibrilles, de mitochondries, de réticulum sarcoplasmique et d'autres organites. Elle apparaît en cas d'activité musculaire très vigoureuse et répétitive comme les exercices de musculation. Parce qu'ils contiennent un plus grand nombre de myofibrilles, les muscles hypertrophiés peuvent effectuer des contractions plus énergiques. ■

Les myofilaments et le sarcomère

Les myofibrilles sont composées de deux types de structures encore plus petites, appelées **myofilaments** (figure 10.2c), dont la longueur varie de 1 à 2 μm. Le diamètre des *myofilaments fins* est d'environ 8 nm*, alors que celui des *myofilaments épais* est d'environ 16 nm. Les deux types de myofilaments jouent un rôle direct dans le processus de contraction. Les myofilaments d'une myofibrille ne s'étendent pas sur toute la longueur du myocyte ; ils sont plutôt organisés en segments appelés **sarcomères** (*meros* : partie), qui sont les unités « contractiles » d'une myofibrille (figure 10.3a). Pour comprendre le mécanisme de la contraction musculaire étudié plus loin, il faut visualiser l'organisation structurale des sarcomères.

Dans une myofibrille, les sarcomères sont séparés par d'étroites régions de matière dense en forme de dents de scie appelées *lignes Z ou disques Z*. Entre les deux extrémités du sarcomère délimitées par les lignes Z, les myofilaments fins et les myofilaments épais se chevauchent plus ou moins selon que le muscle est contracté, relâché ou étiré. La configuration de ce chevauchement – soit une alternance de bandes sombres et de bandes claires (figures 10.3b et 10.5) – est responsable de l'effet de striation visible aussi bien dans une unique myofibrille que dans le myocyte tout entier. La partie centrale plus sombre d'un sarcomère est la **bande A**, qui s'étend sur toute la longueur des myofilaments épais (figure 10.3b). Une zone étroite, appelée *zone H*, constitue le centre de chaque bande A ; elle ne contient que des myofilaments épais. Près de chaque extrémité de la bande A se trouve une *zone de chevauchement* comprenant des myofilaments fins et des myofilaments épais ; six myofilaments fins y entourent chaque myofilament épais, et trois myofilaments épais entourent chaque myofilament fin (figure 10.3c). Dans l'ensemble, il y a deux myofilaments fins pour chaque myofilament épais. Des protéines de soutien maintiennent les myofilaments épais au centre de la zone H et forment la **ligne M**, ainsi nommée parce qu'elle se trouve au *milieu* du sarcomère. L'extrémité du sarcomère est plus claire et contient la longueur restante des myofilaments fins mais aucun myofilament épais (figure 10.3b). L'extrémité droite d'un sarcomère et l'extrémité gauche de son voisin forment la **bande I**, région plus claire du fait de la présence de myofilaments fins uniquement. Une ligne Z passe par le centre de chaque bande I et délimite chaque sarcomère.

LA LÉSION MUSCULAIRE PROVOQUÉE PAR L'EXERCICE

La comparaison de micrographies électroniques du tissu musculaire d'un athlète, prises avant et après un effort intense, révèle les atteintes importantes subies par le muscle au cours d'exercices très vigoureux, y compris la déchirure des sarcolemmes de certains myocytes et des lésions aux myofibrilles et aux lignes Z. Ces lésions microscopiques causées par l'effort violent sont également mises en évidence par l'augmentation des concentrations sanguines de certaines protéines, comme la myoglobine et la créatine kinase (une enzyme), qui sont normalement confinées dans les myocytes. De 12 à 48 h après une période d'exercice vigoureux, les muscles squelettiques sont souvent endoloris. Ces **douleurs musculaires à retardement** s'accompagnent de raideur, de sensibilité et d'enflure. On n'en connaît pas bien les causes, mais il semble que des lésions musculaires microscopiques constituent un facteur décisif. ■

---

* Un nanomètre (nm) = 1 millionième de millimètre (10^{-9}).

Les myofibrilles contiennent deux types de myofilaments : les myofilaments fins et les myofilaments épais.

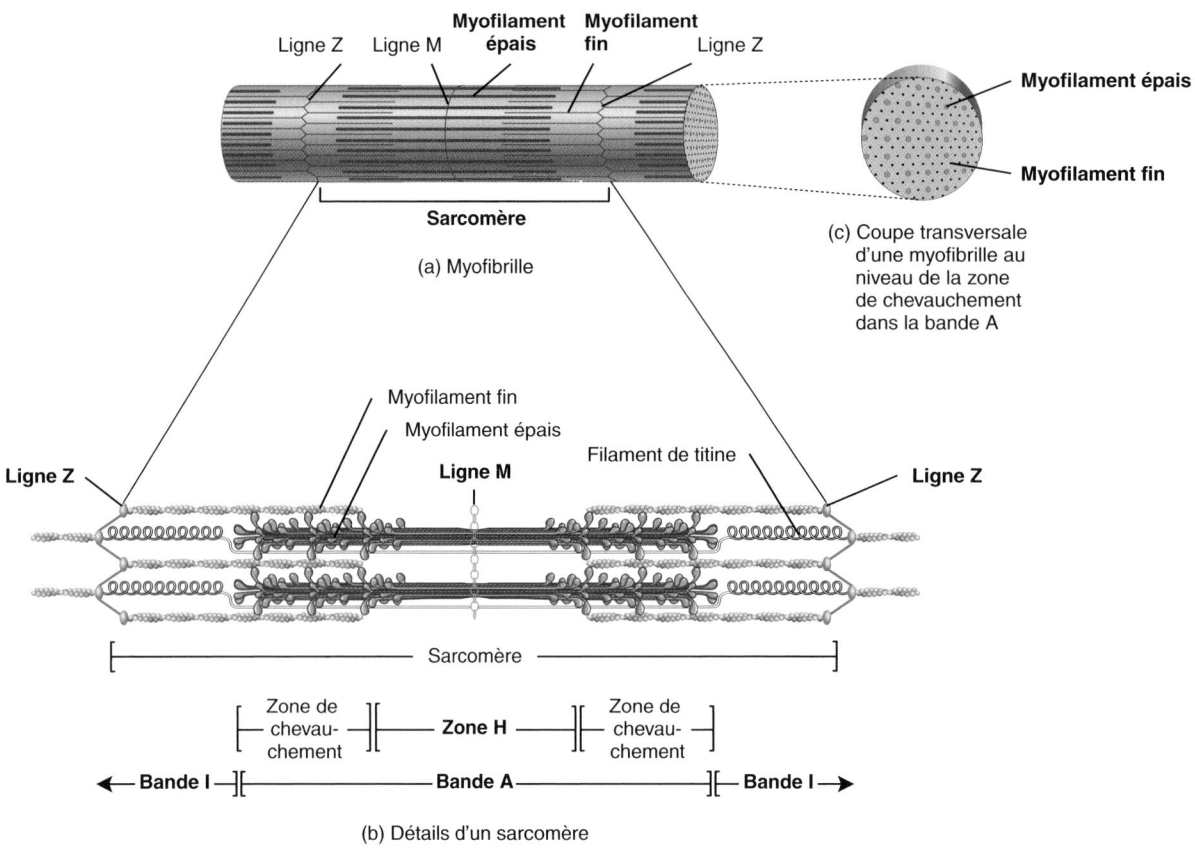

(a) Myofibrille

(c) Coupe transversale d'une myofibrille au niveau de la zone de chevauchement dans la bande A

(b) Détails d'un sarcomère

 Lequel des éléments suivants est le plus petit : myocyte, myofilament épais ou myofibrille ? Lequel est le plus gros ?

LES PROTÉINES DES MUSCLES

Les myofibrilles sont composées de trois sortes de protéines : 1) les protéines contractiles, qui génèrent la force durant la contraction ; 2) les protéines régulatrices, qui agissent comme des « interrupteurs » pour enclencher et arrêter le processus de contraction ; et 3) les protéines structurales, qui maintiennent l'alignement approprié des myofilaments fins et épais, donnent son élasticité et son extensibilité à la myofibrille, et lient les myofibrilles aux sarcolemmes et à la matrice extracellulaire.

Les deux *protéines contractiles* du muscle sont la myosine et l'actine, la première étant la composante principale des myofilaments épais, l'autre, celle des myofilaments fins. La **myosine** agit comme une *protéine motrice* dans les trois types de tissu musculaire. Les protéines motrices poussent ou tirent diverses structures cellulaires pour créer un mouvement en transformant l'énergie chimique de l'ATP en énergie mécanique ou en l'utilisant pour produire une force. Un myofilament épais d'un muscle squelettique est composé d'environ 300 molécules de myosine, chacune ayant la forme de deux bâtons de golf enroulés l'un autour de l'autre (figure 10.4a). La molécule de myosine comporte une région allongée appelée *queue de la myosine* et une région sphérique appelée *tête de la myosine*. La *queue de la myosine* pointe vers la ligne M, au centre du sarcomère. Disposées parallèlement, les queues des molécules de myosine voisines constituent la tige du myofilament épais. La tête de chaque molécule de myosine comporte deux protubérances. On dit donc qu'elle est bilobée. Les têtes sont tournées vers l'extérieur par rapport à l'axe de la tige du myofilament, chacune pointant en direction de l'un des six myofilaments fins qui entourent un myofilament épais. Chaque tête de myosine comprend *un site de liaison pour l'actine* ; *un site de liaison de l'ATP* ; et une enzyme, l'*ATPase*, qui hydrolyse l'ATP en ADP (adénosine diphosphate) et en un groupement phosphate inorganique (voir le chapitre 2 pour le processus de l'hydrolyse). Les myofilament fins sont fixés aux lignes Z (figure 10.3b) ; ils sont composés principalement d'une protéine globulaire appelée **actine**. De nombreuses molécules d'actine s'assemblent en deux brins pour former un myofilament d'actine enroulé en hélice (figure 10.4b). Chaque molécule d'actine comporte un *site de liaison de la myosine* où peut se fixer une tête de myosine. Deux *protéines régulatrices* – la **tropomyosine** et la **troponine** – entrent en plus petite quantité dans la composition des myofilaments fins. Dans un muscle

FIGURE 10.4 La structure des myofilaments fins et épais.

(a) Un myofilament épais contient environ 300 molécules de myosine, dont l'une est représentée en agrandissement. Les queues de la myosine forment la tige d'un myofilament épais, alors que les têtes de la myosine pointent vers l'extérieur, en direction des myofilaments fins voisins. (b) Les myofilaments fins contiennent de l'actine, de la troponine et de la tropomyosine.

Les protéines contractiles (myosine et actine) donnent sa force à la contraction, tandis que les protéines régulatrices (troponine et tropomyosine) agissent comme des interrupteurs pour enclencher et arrêter le processus de contraction.

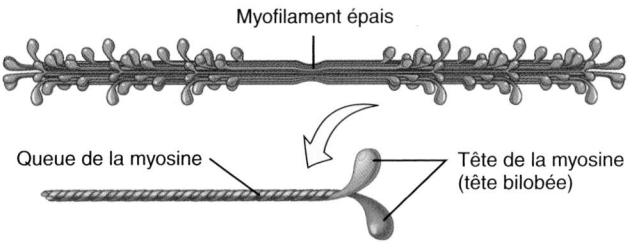

a) Un myofilament épais (en haut) et une molécule de myosine (en bas)

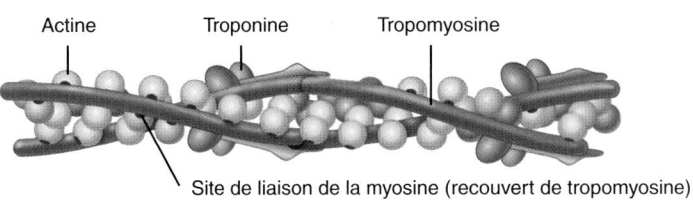

(b) Segment d'un myofilament fin

 Quelles protéines sont reliées aux lignes Z ? Lesquelles sont présentes dans la bande A ? dans la bande I ?

au repos, l'association myosine-actine est inhibée par la tropomyosine, protéine en forme de court bâtonnet qui couvre les *sites de liaison de la myosine* situés sur chaque molécule d'actine. La troponine, petite protéine globulaire liée à la fois à la tropomyosine et à l'actine, maintient en place la tropomyosine dans sa position de blocage. Pour que l'activité contractile dans un myocyte se déclenche, il faut dans un premier temps que les molécules de tropomyosine dégagent les sites de liaison de la myosine situés sur l'actine, ce qui permet le contact entre l'actine et la myosine.

En plus de ces protéines contractiles et régulatrices, le muscle contient environ une douzaine de *protéines structurales* qui contribuent à l'alignement, à la stabilité, à l'élasticité et à l'extensibilité des myofibrilles. Les protéines structurales les plus importantes sont la titine, la myomésine, la nébuline et la dystrophine. La *titine* (de *titan*) est la troisième protéine la plus abondante dans les muscles squelettiques (après l'actine et la myosine) (figure 10.3b). Son nom reflète sa taille énorme : la titine est 50 fois plus grosse qu'une protéine de dimension moyenne. Chaque molécule de titine couvre la moitié d'un sarcomère, depuis une ligne Z jusqu'à une ligne M (figure 10.3b), soit une distance de 1 à 1,2 μm dans un myocyte d'un muscle au repos. La titine fixe les extrémités d'un

myofilament épais à la fois à une ligne Z et à la ligne M, contribuant ainsi à stabiliser la position du myofilament. La partie du filament de titine qui s'étend de la ligne Z jusqu'au début du myofilament épais étant très élastique, elle peut s'étirer jusqu'à au moins quatre fois sa longueur au repos, puis reprendre sa longueur initiale sans être endommagée. La titine compte beaucoup dans l'extensibilité et l'élasticité des myofibrilles. Elle aide probablement le sarcomère à retrouver sa longueur au repos après la contraction ou l'étirement musculaire ; elle contribue peut-être à prévenir l'extension excessive des sarcomères ; et elle maintient les bandes A dans leur position centrale.

Des molécules de *myomésine* composent la ligne M ; cette protéine se lie à la titine et maintient ensemble les myofilaments épais adjacents. La *nébuline*, protéine longue mais sans élasticité, enveloppe chaque myofilament fin sur toute sa longueur ; elle contribue à fixer les myofilaments fins aux lignes Z. La *dystrophine* est une protéine du cytosquelette qui lie les myofilaments fins du sarcomère aux protéines intrinsèques de la membrane du sarcolemme ; ces protéines s'attachent à leur tour à des protéines de la matrice extracellulaire du tissu conjonctif qui entoure les myocytes. C'est la raison pour laquelle on pense que la dystrophine et ses protéines associées renforcent le sarcolemme et contribuent à transmettre aux tendons la tension générée par les sarcomères. Il est question à la page 342 de la relation entre la dystrophine et la dystrophie musculaire.

La figure 10.5 montre les liens existant entre les zones, les lignes et les bandes d'un sarcomère telles qu'on les observe au microscope électronique à transmission.

▶ **POINT DE CONTRÔLE**

4. Quels types de fascia recouvrent les muscles squelettiques ?

5. Pourquoi la contraction musculaire requiert-elle un généreux apport sanguin ?

6. En quoi les myofilaments fins et les myofilaments épais diffèrent-ils sur le plan structural ?

LA CONTRACTION ET LE RELÂCHEMENT DES MYOCYTES SQUELETTIQUES

OBJECTIFS

- Décrire brièvement les étapes du mécanisme de glissement des myofilaments lors de la contraction musculaire.
- Décrire comment le potentiel d'action musculaire est créé à la jonction neuromusculaire.

Lorsque des chercheurs ont examiné les premières micrographies électroniques de muscles squelettiques au milieu des années 1950, ils ont été surpris de constater que la longueur des myofilaments fins et des myofilaments épais était la même, que le muscle soit au repos ou contracté. On avait cru jusqu'alors que la contraction musculaire était un processus de « pliage », similaire à celui d'un

FIGURE 10.5 Les zones, les lignes et les bandes caractéristiques d'un sarcomère.

Les striations d'un muscle squelettique sont dues à l'alternance de bandes A sombres et de bandes I plus claires.

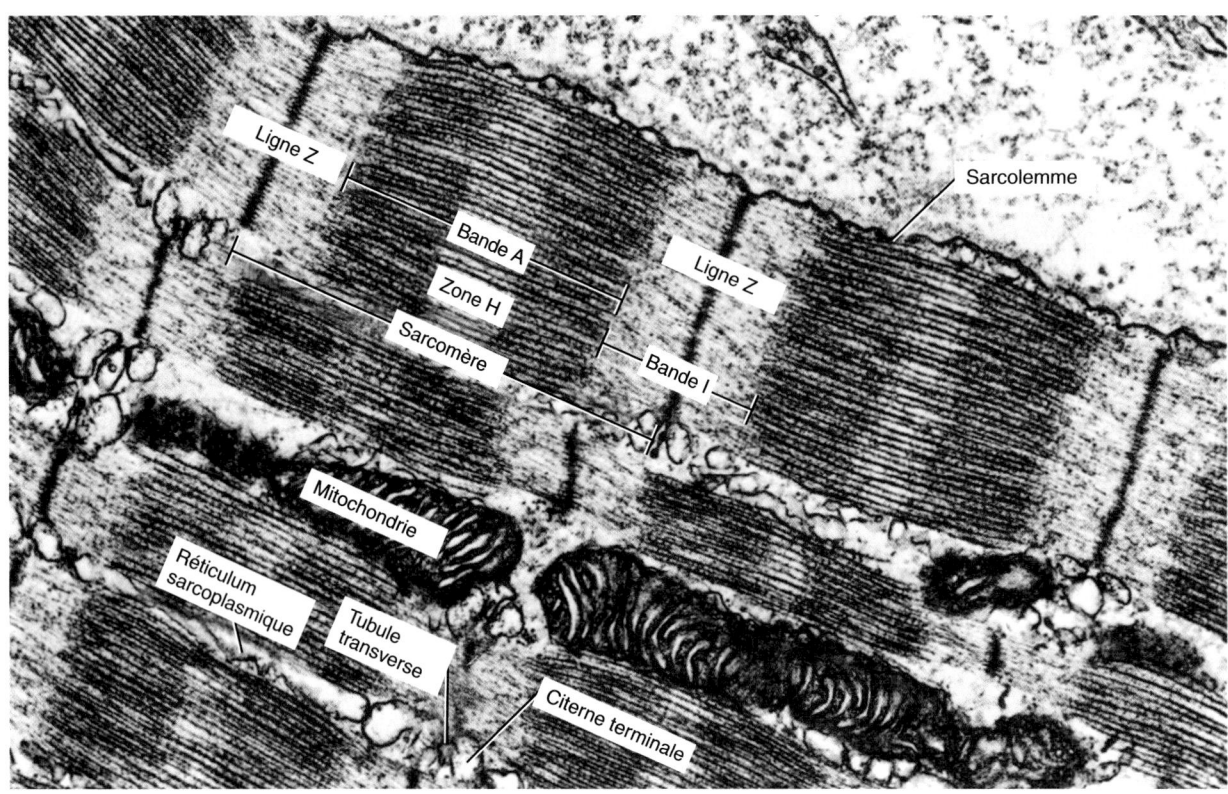

Qu'est-ce qui délimite les sarcomères?

accordéon. Les chercheurs ont découvert que le muscle squelettique « se raccourcit » lors de la contraction parce que les myofilaments fins et les myofilaments épais glissent latéralement les uns sur les autres. Le modèle décrivant le processus de la contraction musculaire est connu sous le nom de **mécanisme de glissement des myofilaments**.

LE MÉCANISME DE GLISSEMENT DES MYOFILAMENTS

Une contraction musculaire se produit lorsque les têtes de myosine des myofilaments épais se lient à l'actine des myofilaments fins, puis se déplacent le long de ces derniers aux deux extrémités d'un sarcomère, entraînant ainsi progressivement les myofilaments fins vers la ligne M (figure 10.6). Les myofilaments fins glissent alors vers le centre du sarcomère (ligne M) et s'y rencontrent; ils peuvent même s'avancer suffisamment vers le centre pour que leurs extrémités se chevauchent (figure 10.6c). Comme les myofilaments fins sont fixés aux lignes Z, leur déplacement rapproche les lignes Z les unes des autres, ce qui raccourcit le sarcomère. Toutefois, la longueur des myofilaments épais et fins ne change pas. Le raccourcissement des sarcomères provoque celui du myocyte tout entier, et finalement celui de tout le muscle.

Le cycle de la contraction

La contraction est déclenchée en réponse à un stimulus (dont nous étudierons la nature plus loin). Au début de la contraction, les citernes terminales du réticulum sarcoplasmique libèrent des ions calcium (Ca^{2+}) dans le cytosol, où ces derniers se lient à la troponine et forcent les complexes troponine-tropomyosine à s'éloigner des sites de liaison de la myosine situés sur l'actine. Lorsque ces sites sont « libres », le **cycle de la contraction** – la répétition de la séquence d'événements qui fait glisser les filaments – commence. Il comprend quatre phases (figure 10.7):

① *L'hydrolyse de l'ATP.* À la fin d'un cycle (étape ❹), une molécule d'ATP s'est fixée à la tête de la myosine (configuration de basse énergie). Le cycle commence lorsque l'ATP est hydrolysée, grâce à l'ATPase, en ADP et en un groupement phosphate ❶. Cette réaction d'hydrolyse réoriente et active la tête de myosine, qui prend dès lors une configuration de haute énergie. Notez que les produits d'hydrolyse de l'ATP – l'ADP et un groupement phosphate – sont toujours liés à la tête de myosine.

② *La liaison de la myosine à l'actine et la formation de ponts d'union.* La tête de myosine activée (haute en énergie), attirée par le site de liaison de la myosine situé sur l'actine, se lie à l'actine; le myofilament épais est ainsi relié au myofilament fin. Lorsqu'elle se fixe sur l'actine durant la contraction, la tête

Pendant la contraction musculaire, les myofilaments fins se déplacent vers la ligne M de chaque sarcomère.

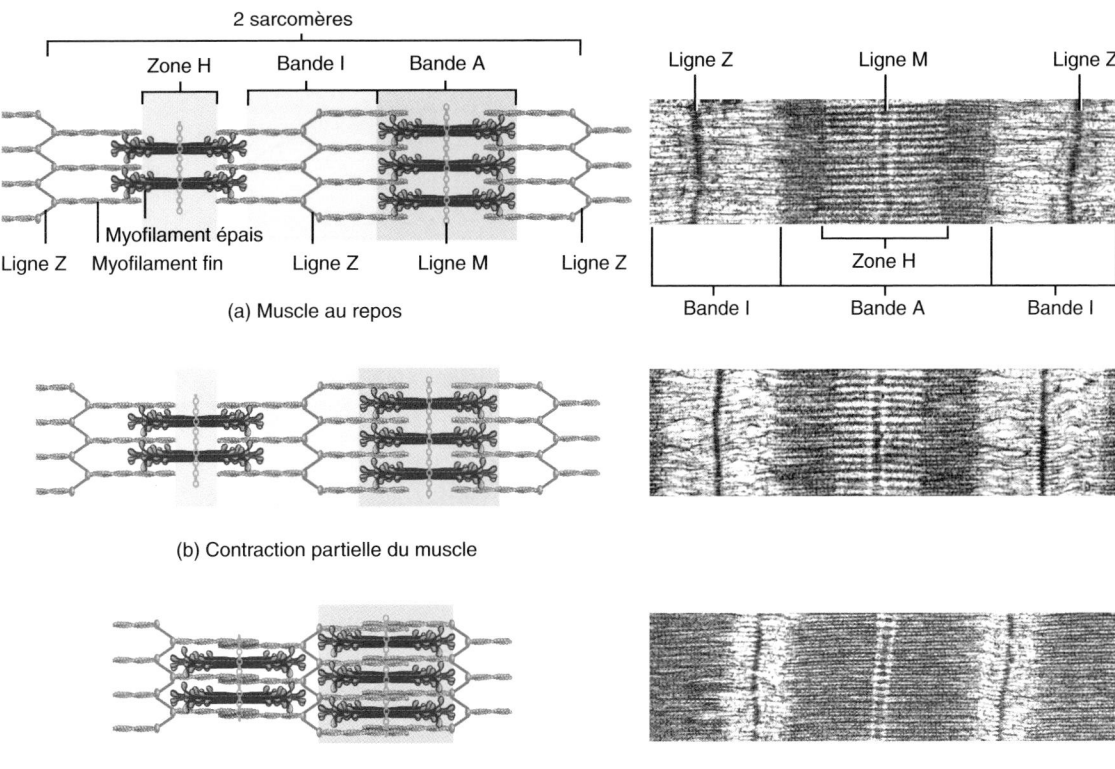

(a) Muscle au repos

(b) Contraction partielle du muscle

(c) Contraction maximale du muscle

Qu'arrive-t-il à la bande I et à la zone H lorsque le muscle se contracte ?
La longueur des myofilaments épais et des myofilaments fins change-t-elle ?

de myosine activée est appelée **pont d'union**. À cette étape, la tête de myosine libère le groupement phosphate, tandis que la molécule d'ADP reste liée au pont d'union.

③ *La production de la force motrice.* La production de la force motrice a lieu à la suite de la liaison de la myosine à l'actine. Pendant ce processus, le site sur le pont d'union où l'ADP est toujours fixée s'ouvre et libère l'ADP. L'énergie mise en réserve dans la tête de la myosine (haute énergie) est alors utilisée pour produire la force motrice qui fait pivoter le pont d'union vers le centre du sarcomère. Ce pivotement du point d'union vers le centre du sarcomère fait glisser le myofilament fin sur le myofilament épais, en direction de la ligne M.

④ *La séparation de la myosine et de l'actine.* À la fin de la phase précédente, le pont d'union – en position « repliée » à cause du pivotement – reste fermement attaché à l'actine. Ce lien doit toutefois être coupé pour que le cycle puisse se répéter. C'est ce qui se produit lorsqu'une nouvelle molécule d'ATP se fixe à son site de liaison sur la tête de myosine ; c'est ainsi que la myosine peut se séparer de l'actine. Notez que la tête de la myosine séparée de l'actine et rechargée d'une molécule d'ATP a de nouveau sa configuration de basse énergie, ce qui la prépare à recommencer un cycle de contraction.

Le cycle de la contraction se répète lorsque l'ATPase de la myosine hydrolyse la molécule d'ATP nouvellement liée, et il se poursuit aussi longtemps que de l'ATP est disponible et que le taux de Ca^{2+} près du myofilament fin est suffisamment élevé. Les ponts d'union continuent à pivoter dans un sens et dans l'autre chaque fois que se déclenche la force de contraction, entraînant les myofilaments fins vers la ligne M. Chacun des 600 ponts d'union que contient un myofilament épais se fixe et se sépare environ 5 fois par seconde. À tout moment, certaines des têtes de myosine sont liées à l'actine, formant des ponts d'union et générant une force, tandis que d'autres sont libérées et prêtes à se fixer à nouveau. Durant le cycle de la contraction, l'ATP joue deux rôles : dans un premier temps, de l'ATP est hydrolysée pour fournir l'énergie nécessaire au déplacement des ponts d'union ; dans un deuxième temps, de l'ATP est requise pour rompre le lien entre la myosine et l'actine afin que le cycle puisse recommencer.

Le phénomène de la contraction est assez semblable à ce que serait la progression sur un tapis roulant non motorisé. Un pied (le pont d'union) touche le tapis (le myofilament fin) et le pousse vers l'arrière (vers la ligne M), puis l'autre pied entre en contact avec le tapis et exerce une seconde poussée. Le tapis (le myofilament fin) subit un mouvement régulier tandis que le coureur (le myofilament

FIGURE 10.7 Le cycle de la contraction. Les sarcomères exercent une force et raccourcissent au cours de la répétition des cycles pendant lesquels les têtes de myosine se fixent à l'actine (ponts d'union), pivotent, puis se détachent.

Pendant la production de la force motrice de la contraction, les ponts d'union pivotent et «tirent» les myofilaments fins qui glissent par-dessus les myofilaments épais, vers le centre du sarcomère.

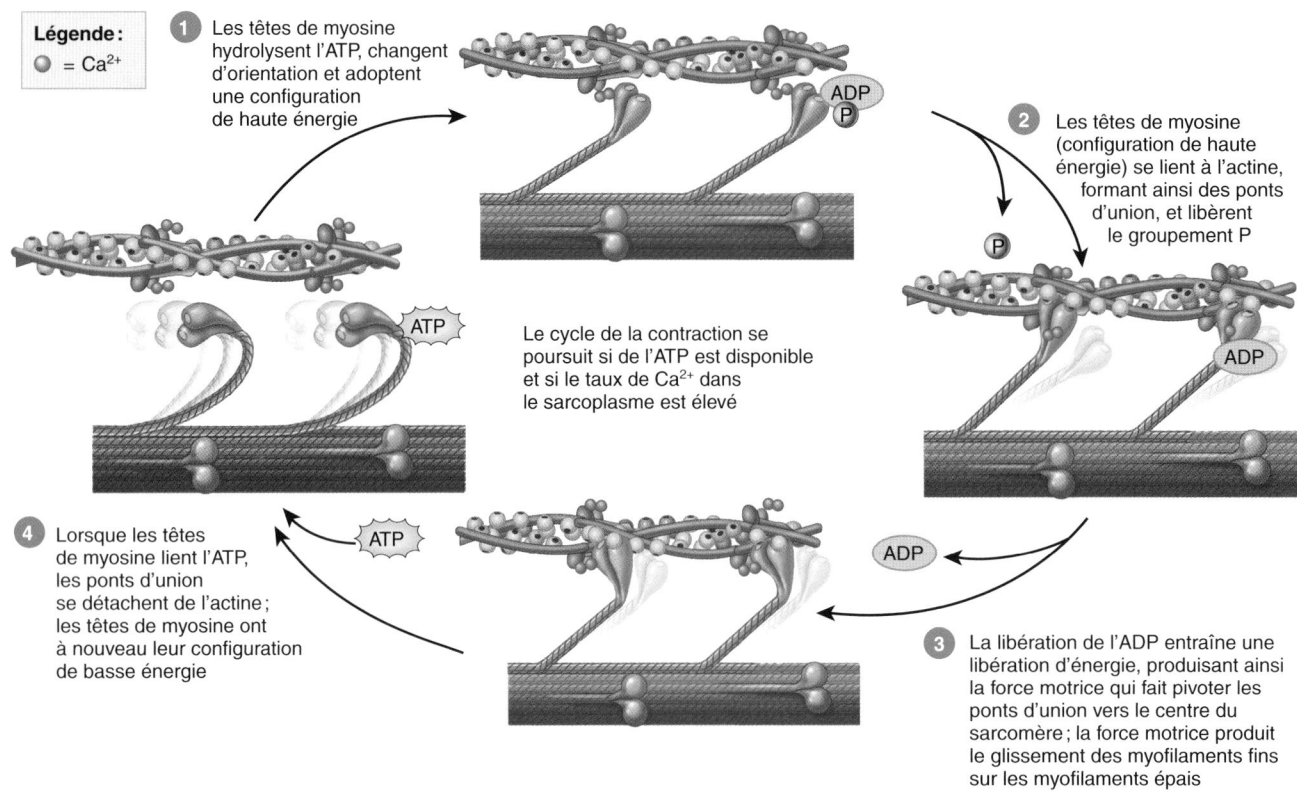

Légende:
● = Ca²⁺ (Ca^{2+})

1 Les têtes de myosine hydrolysent l'ATP, changent d'orientation et adoptent une configuration de haute énergie

2 Les têtes de myosine (configuration de haute énergie) se lient à l'actine, formant ainsi des ponts d'union, et libèrent le groupement P

Le cycle de la contraction se poursuit si de l'ATP est disponible et si le taux de Ca^{2+} dans le sarcoplasme est élevé

4 Lorsque les têtes de myosine lient l'ATP, les ponts d'union se détachent de l'actine; les têtes de myosine ont à nouveau leur configuration de basse énergie

3 La libération de l'ADP entraîne une libération d'énergie, produisant ainsi la force motrice qui fait pivoter les ponts d'union vers le centre du sarcomère; la force motrice produit le glissement des myofilaments fins sur les myofilaments épais

 Qu'arriverait-il si, soudainement, il n'y avait plus d'ATP disponible après que le sarcomère a commencé à raccourcir?

épais) reste sur place. Chaque pont d'union avance progressivement le long d'un myofilament fin, se rapprochant d'une ligne Z à chaque «pas», alors que le myofilament fin se déplace vers la ligne M. Comme les jambes du coureur, les ponts d'union ont besoin, pour continuer leur progression, d'une alimentation constante en énergie, soit une molécule d'ATP à chaque cycle de la contraction!

Tandis que le cycle de la contraction se poursuit, le mouvement des ponts d'union fournit la force motrice qui rapproche les lignes Z les unes des autres, et le sarcomère raccourcit. Au cours d'une contraction musculaire maximale, la distance entre les lignes Z peut diminuer jusqu'à la moitié de la longueur au repos. Les lignes Z exercent à leur tour une traction sur les sarcomères voisins et le myocyte tout entier raccourcit. Certaines composantes du muscle sont élastiques; elles s'étirent légèrement avant de transmettre la tension créée par le glissement des myofilaments. Ces composantes comprennent les molécules de titine, le tissu conjonctif entourant les myocytes (endomysium, périmysium et épimysium) et les tendons reliant le muscle à un os. Lorsqu'ils commencent à raccourcir, les myocytes d'un muscle squelettique exercent d'abord une traction sur leurs enveloppes de tissu conjonctif et sur les tendons. Ces deux types de composantes s'étirent puis se tendent, et la tension transmise par l'intermédiaire des tendons tire sur les os auxquels ils sont fixés. Il en résulte un mouvement d'une partie du corps. Toutefois, nous verrons bientôt que le cycle de la contraction ne provoque pas toujours le raccourcissement de myocytes ni d'un muscle entier. Lors de certaines contractions, les ponts d'union pivotent et génèrent une tension, mais les myofilaments fins ne glissent pas vers l'intérieur parce que la tension qu'ils créent n'est pas assez grande pour déplacer la charge sur le muscle.

Le couplage excitation-contraction

Une diminution de la concentration en Ca^{2+} dans le cytosol interrompt la contraction musculaire (figure 10.8a), tandis qu'une augmentation la déclenche (figure 10.8b). Au repos, la concentration de Ca^{2+} dans le cytosol est très faible – environ 0,1 micromole par litre (0,1 μmol/L) seulement; une grande quantité de Ca^{2+} est toutefois emmagasinée dans les citernes terminales du réticulum sarcoplasmique. Sur les filaments fins, la tropomyosine associée à la troponine masque plusieurs sites de liaisons de la myosine sur l'actine, de telle sorte que le sarcomère conserve sa position de relâchement (figure 10.8a).

FIGURE 10.8 Le rôle du Ca²⁺ dans la régulation de la contraction par la troponine et la tropomyosine. (a) Quand le muscle est relâché, le taux de Ca²⁺ dans le sarcoplasme est bas (à peine 0,1 µmol/L), parce que les ions calcium sont pompés dans le réticulum sarcoplasmique (RS) par les pompes calciques à transport actif. (b) Un potentiel d'action musculaire qui se propage le long d'un tubule transverse (T) ouvre les canaux calciques du RS, et les ions calcium se répandent dans le cytosol ; la contraction commence.

Une augmentation du taux de Ca²⁺ dans le sarcoplasme déclenche le glissement des myofilaments fins ; lorsque le taux de Ca²⁺ diminue, le glissement s'interrompt.

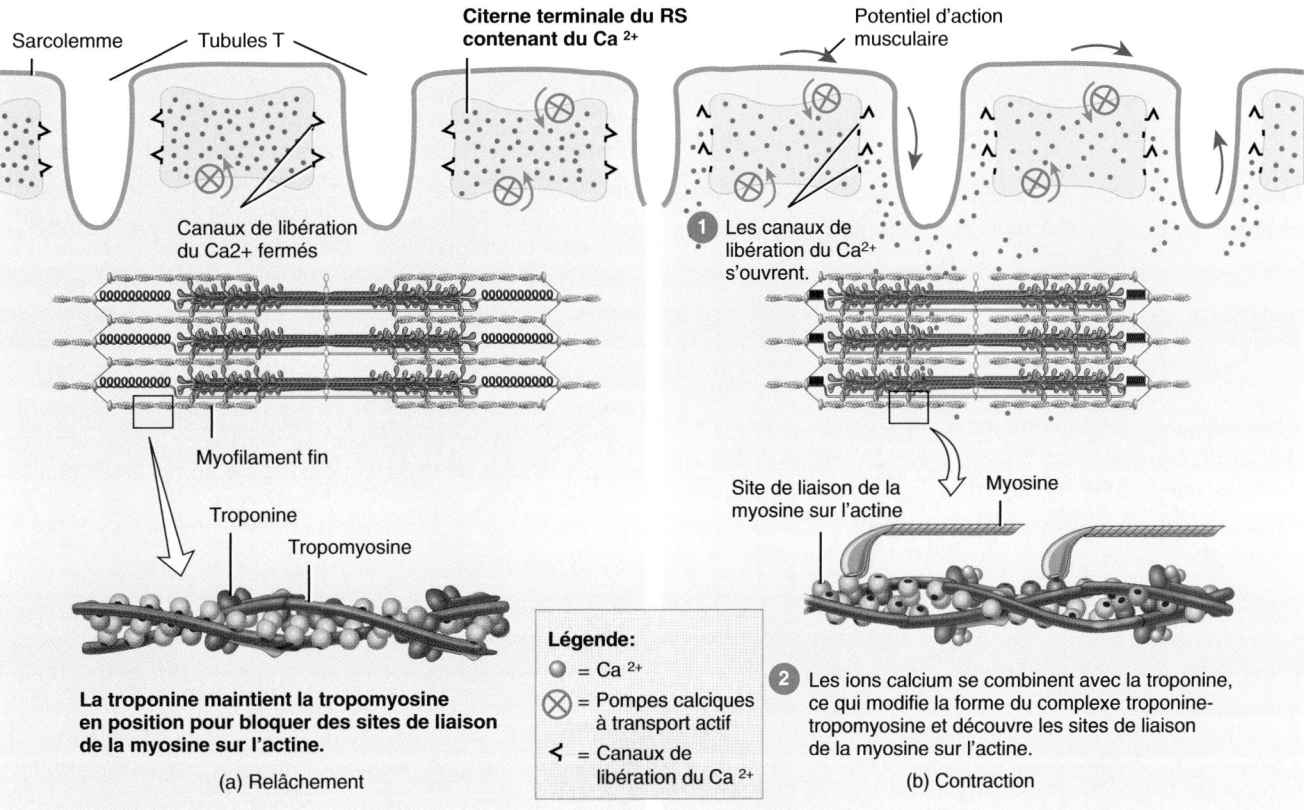

Quelles sont les trois fonctions de l'ATP dans la contraction musculaire ?

Les phases suivantes constituent le **couplage excitation-contraction**, soit l'étape qui associe l'*excitation* (un potentiel d'action musculaire se propageant le long du sarcolemme et dans les tubules T) à la *contraction* (glissement des myofilaments) (figure 10.8b) :

❶ Lorsqu'un potentiel d'action musculaire se propage le long du sarcolemme et dans les tubules T, il provoque l'ouverture des **canaux de libération du Ca²⁺** de la membrane du RS ; les ions Ca²⁺ passent alors du RS dans le cytosol qui entoure les myofilaments fins et épais. La concentration en Ca²⁺ du cytosol augmente ainsi de dix fois ou plus. ❷ Les ions Ca²⁺ libérés se combinent avec la troponine, qui change de forme. Cette modification éloigne le complexe troponine-tropomyosine des sites de liaison de la myosine situés sur l'actine. Comme nous l'avons déjà vu, une fois ces sites libres, les têtes de myosine s'y fixent, formant ainsi des ponts d'union, et le cycle de la contraction commence.

La membrane du réticulum sarcoplasmique contient également des **pompes calciques à transport actif** qui utilisent l'ATP pour faire passer continuellement du Ca²⁺ du cytosol dans le RS (figure 10.8). Tant que la propagation des potentiels d'action musculaires à travers les tubules T se poursuit, les canaux de libération du Ca²⁺ restent ouverts et les ions calcium diffusent dans le cytosol plus vite qu'ils ne sont pompés en direction inverse. Une fois que le dernier potentiel d'action s'est propagé par les tubules T, les canaux de libération du Ca²⁺ se ferment. Tandis que les pompes rapportent le Ca²⁺ dans les citernes terminales du RS, la concentration en ions calcium dans le cytosol diminue rapidement. Dans le RS, les molécules d'une protéine de liaison du calcium, fort justement appelée **calséquestrine**, se lient au Ca²⁺, ce qui augmente encore davantage la quantité d'ions calcium retenus, ou emmagasinés, dans les citernes terminales du RS. C'est la raison pour laquelle la concentration en Ca²⁺ dans le réticulum sarcoplasmique d'un muscle relâché est 10 000 fois supérieure à celle que l'on rencontre dans le cytosol.

Tandis que la concentration de Ca²⁺ chute dans le cytosol, les complexes troponine-tropomyosine reprennent leur position et recouvrent les sites de liaison de la myosine, et le myocyte se relâche.

LA RIGIDITÉ CADAVÉRIQUE

Après la mort, les membranes cellulaires se dégradent progressivement, et les ions calcium s'échappent du RS vers le cytosol – où de l'ATP est encore disponible –, ce qui entraîne la fixation des têtes de myosine à l'actine et la formation de ponts d'union. Cependant, comme la synthèse de l'ATP cesse peu de temps après l'arrêt de la respiration, les têtes de myosine ne se détachent plus de l'actine et les ponts d'union demeurent en place. L'état qui s'ensuit, caractérisé par la rigidité des muscles (qui ne peuvent ni se contracter ni s'étirer), est appelé **rigidité cadavérique**. Il se manifeste de 3 à 4 h après la mort et dure environ 24 h. Il disparaît ensuite lorsque les enzymes protéolytiques des lysosomes décomposent les ponts d'union. ∎

La relation tension-longueur

La figure 10.9 illustre la **relation tension-longueur** dans un muscle squelettique. On voit que l'intensité de la contraction musculaire dépend de la longueur des sarcomères du muscle *avant que commence la contraction*. Avec une longueur de sarcomère se situant entre 2,0 et 2,4 µm environ (ce qui est très proche de la longueur au repos pour la plupart des muscles), la zone de chevauchement des myofilaments de chacun des sarcomères est optimale, et le

FIGURE 10.9 La relation tension-longueur dans un myocyte squelettique. Durant une contraction, la tension maximale se produit lorsque la longueur du sarcomère au repos est de 2,0 à 2,4 µm (longueur dite optimale).

Un myocyte atteint sa tension la plus élevée lorsqu'il y a une zone optimale de chevauchement entre les myofilaments fins et les myofilaments épais.

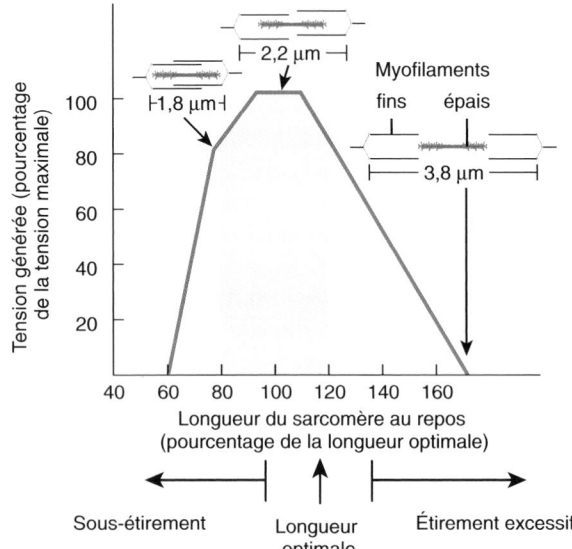

Pourquoi la tension atteint-elle son maximum lorsque la longueur du sarcomère est de 2,2 µm ?

myocyte peut atteindre une tension maximale. Notez dans la même figure que la tension maximale (100 %) se produit lorsque la zone de chevauchement entre un myofilament épais et un myofilament fin s'étend de la bordure de la zone H jusqu'à l'extrémité du myofilament épais (voir aussi la figure 10.3).

Lorsque les sarcomères d'un myocyte sont étirés de façon excessive, la zone de chevauchement est plus courte et un nombre moins élevé de têtes de myosine peuvent entrer en contact avec les myofilaments fins. La tension que le myocyte peut générer diminue alors. Si un myocyte squelettique est étiré à 170 % de sa longueur maximale, il n'y a aucun chevauchement entre les myofilaments fins et les myofilaments épais. Comme aucune tête de myosine ne peut se fixer aux myofilaments fins, le myocyte ne peut se contracter, et la tension est nulle. À l'inverse, à mesure que la longueur optimale des sarcomères rétrécit, la tension qui pourrait être générée diminue de nouveau. Ce phénomène est dû au fait que les myofilaments épais se recroquevillent lorsqu'ils sont comprimés par les lignes Z, ce qui diminue d'autant le nombre de têtes de myosine capables d'établir le contact avec les myofilaments fins. Normalement, la longueur du myocyte au repos est maintenue très près de la longueur optimale par la fixation solide des muscles aux os (par le biais de leurs tendons) et à d'autres tissus non élastiques.

LA JONCTION NEUROMUSCULAIRE

Nous avons vu plus haut que les neurones qui déclenchent la contraction des myocytes squelettiques sont appelés **neurones moteurs somatiques**. Chaque neurone moteur somatique possède un prolongement filiforme, l'*axone*, qui va de l'encéphale ou de la moelle épinière à un groupe de myocytes squelettiques. Un myocyte se contracte en réponse à un ou plusieurs potentiels d'action qui se propagent le long de son sarcolemme et à travers son système de tubules T. Les potentiels d'action musculaires naissent à la **jonction neuromusculaire**, soit le point de rencontre entre un neurone moteur somatique et un myocyte (figure 10.10a).

L'axone du neurone moteur se termine par une arborisation dont les branches, appelées *terminaisons axonales*, s'approchent des myocytes. À la jonction neuromusculaire, les extrémités de ces terminaisons s'évasent et forment des renflements appelés **boutons terminaux**. Chaque bouton terminal est en communication avec le myocyte par une synapse (figure 10.10b). Une **synapse** est une zone de communication entre deux neurones, ou entre un neurone et une cellule cible – dans le cas présent, entre un neurone moteur somatique et un myocyte. À la plupart des synapses se trouve un petit intervalle appelé **fente synaptique** qui sépare les deux cellules. Comme celles-ci ne se «touchent» pas vraiment, le potentiel d'action ne peut passer d'une cellule à une autre en «sautant par-dessus cet espace». La première cellule, dite «présynaptique», communique plutôt indirectement avec la seconde, dite «postsynaptique», en libérant un «messager» chimique appelé **neurotransmetteur**.

En suspension dans le cytosol, à l'intérieur de chaque bouton terminal, se trouvent des centaines de petits sacs membraneux nommés **vésicules synaptiques**. Chaque vésicule synaptique contient des milliers de molécules d'**acétylcholine (ACh)**, le neurotransmetteur libéré au niveau de la jonction neuromusculaire.

FIGURE 10.10 La structure de la jonction neuromusculaire, soit la région des synapses situées entre un neurone moteur somatique et un myocyte squelettique.

Les boutons terminaux des terminaisons axonales contiennent des vésicules synaptiques remplies d'acétylcholine (ACh).

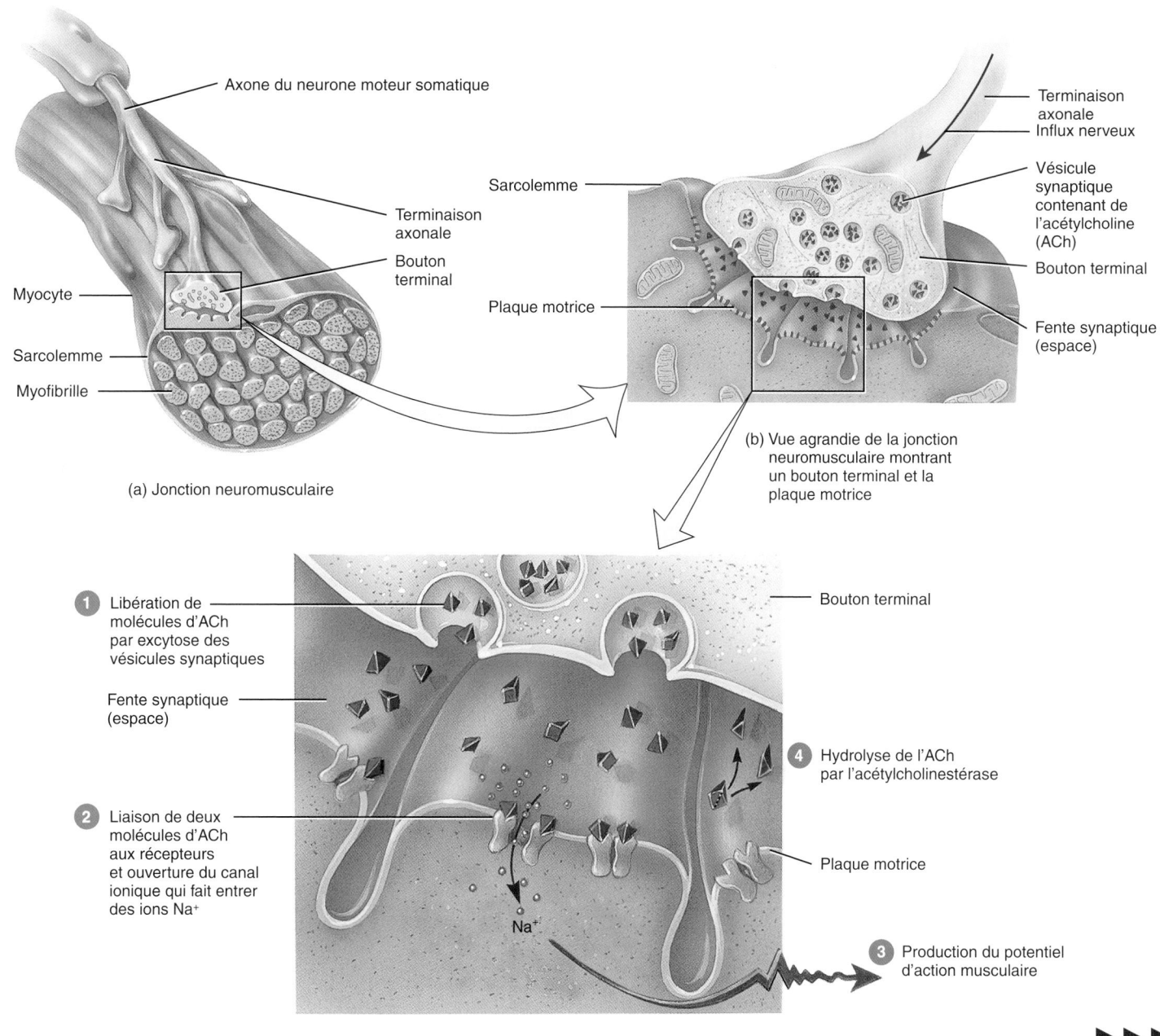

(a) Jonction neuromusculaire

Axone du neurone moteur somatique

Terminaison axonale

Bouton terminal

Myocyte

Sarcolemme

Myofibrille

Sarcolemme

Plaque motrice

Terminaison axonale
Influx nerveux

Vésicule synaptique contenant de l'acétylcholine (ACh)

Bouton terminal

Fente synaptique (espace)

(b) Vue agrandie de la jonction neuromusculaire montrant un bouton terminal et la plaque motrice

1 Libération de molécules d'ACh par excytose des vésicules synaptiques

Fente synaptique (espace)

2 Liaison de deux molécules d'ACh aux récepteurs et ouverture du canal ionique qui fait entrer des ions Na⁺

Na⁺

Bouton terminal

4 Hydrolyse de l'ACh par l'acétylcholinestérase

Plaque motrice

3 Production du potentiel d'action musculaire

(c) Liaison de l'acétylcholine aux récepteurs de la plaque motrice

La partie du sarcolemme adjacente aux boutons terminaux est appelée **plaque motrice** (figure 10.10b, c). C'est la composante de la jonction neuromusculaire qui appartient au myocyte ; elle contient de 30 à 40 millions de **récepteurs de l'acétylcholine** – protéines intrinsèques transmembranaires se liant spécifiquement à l'ACh. Nous verrons que les récepteurs de l'acétylcholine sont des canaux ioniques sensibles à un ligand. Une jonction neuromusculaire comprend donc tous les boutons terminaux de la terminaison axonale d'un côté de la fente synaptique, et la plaque motrice du myocyte de l'autre côté.

Lorsqu'il produit un potentiel d'action (ou influx nerveux), le neurone moteur somatique déclenche dans les myocytes auxquels il est relié un potentiel d'action *musculaire* de la façon suivante (figure 10.10c) :

1 **La libération d'acétylcholine.** L'arrivée de l'influx nerveux à un bouton terminal d'un neurone moteur somatique déclenche l'exocytose de nombreuses vésicules synaptiques, puis la libération des molécules d'ACh dans la fente synaptique ; ces dernières diffusent vers la plaque motrice du myocyte.

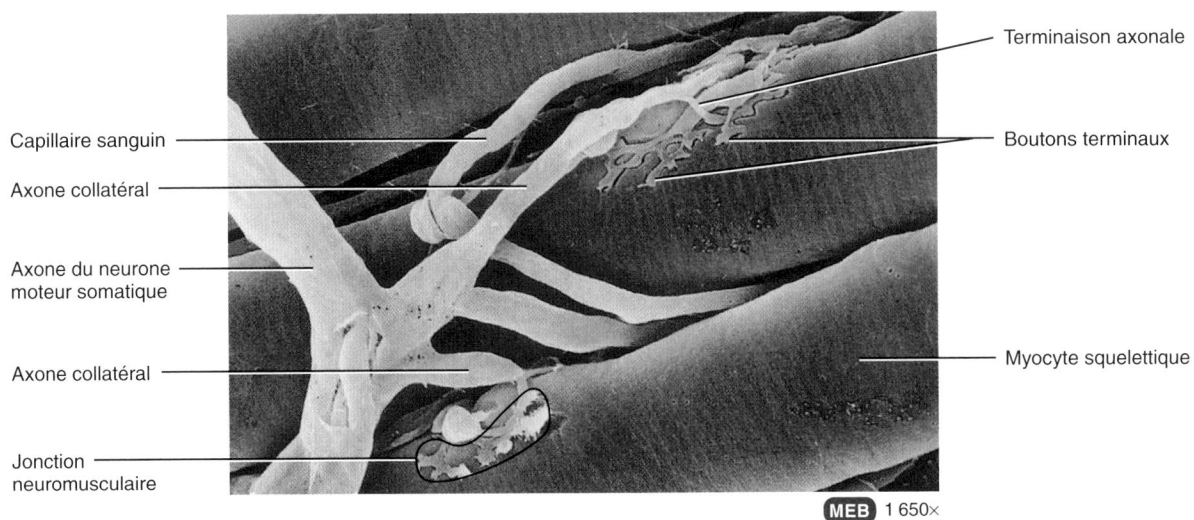

Terminaison axonale

Boutons terminaux

Capillaire sanguin

Axone collatéral

Axone du neurone moteur somatique

Myocyte squelettique

Axone collatéral

Jonction neuromusculaire

MEB 1 650×

(d) Photomicrographie de deux jonctions neuromusculaires

 Comment appelle-t-on la partie du sarcolemme qui contient les récepteurs de l'acétylcholine ?

2 *L'activation des récepteurs de l'acétylcholine.* Les récepteurs de l'ACh sont situés sur la plaque motrice du myocyte ; il y a deux récepteurs sur un canal ionique normalement fermé. La liaison de deux molécules d'ACh aux récepteurs ouvre le canal ionique, ce qui permet à de petits cations, surtout des ions Na+, de passer à travers la membrane.

3 *La production du potentiel d'action musculaire.* L'arrivée de Na+ (suivant son gradient électrochimique) augmente la charge positive à l'intérieur du myocyte. Cette modification du potentiel de membrane (dépolarisation) déclenche un potentiel d'action musculaire. Normalement, chaque influx nerveux donne naissance à un potentiel d'action musculaire qui se propage à la surface du sarcolemme et à l'intérieur du myocyte le long du système de tubules T. En réaction, les citernes terminales du réticulum sarcoplasmique libèrent dans le sarcoplasme les ions Ca2+ emmagasinés. La diffusion des ions Ca2+ dans le cytosol déclenche ensuite la contraction du myocyte.

4 *Fin de l'activité de l'ACh.* L'effet de la liaison de l'ACh ne dure pas parce que ce neurotransmetteur est rapidement dégradé par une enzyme appelée **acétylcholinestérase (AChE)**, qui est liée aux fibres collagènes dans la matrice extracellulaire de la fente synaptique. L'hydrolyse de l'ACh produit de l'acétyle et de la choline, qui n'ont pas d'effet activateur sur les récepteurs de l'ACh.

Si un autre influx nerveux libère de l'acétylcholine, les étapes **2** et **3** se répètent. Lorsque les influx nerveux cessent dans le neurone moteur, la libération d'ACh s'interrompt et l'AChE dégrade rapidement l'ACh déjà présente dans la fente synaptique.

Cela met fin à l'émission de potentiels d'action musculaires, et les canaux de libération de Ca2+ de la membrane du réticulum sarcoplasmique se ferment.

La jonction neuromusculaire est généralement située à égale distance des extrémités du myocyte squelettique. Les potentiels d'action musculaires qui naissent à la jonction neuromusculaire se propagent donc dans les deux directions. Cette disposition permet une excitation (et donc une contraction) quasi simultanée de toutes les parties du myocyte.

La figure 10.11 résume les événements qui se déroulent pendant la contraction et le relâchement du myocyte squelettique. On peut regrouper ces événements en trois grandes étapes : 1) la transmission de l'influx nerveux du neurone moteur somatique au myocyte squelettique ; 2) le couplage excitation-contraction ; et 3) le relâchement du myocyte.

1. *La transmission de l'influx nerveux du neurone moteur somatique au myocyte squelettique.* **1** L'influx nerveux déclenché dans le neurone moteur se propage le long de la membrane de l'axone et parvient à la jonction neuromusculaire, région où la terminaison axonale munie de boutons terminaux est adjacente à la plaque motrice du myocyte. L'influx nerveux déclenche l'exocytose des vésicules synaptiques, qui libèrent de l'acétylcholine (ACh). **2** L'ACh diffuse à travers la fente synaptique jusqu'à la plaque motrice du myocyte. L'ACh se lie à ses récepteurs spécifiques sur la plaque motrice, ce qui entraîne l'ouverture de canaux ioniques et permet à des ions – surtout Na+ – de passer à travers la membrane et d'amorcer un potentiel d'action musculaire. **3** Puis, l'acétylcholinestérase fragmente

FIGURE 10.11 Résumé du déroulement des événements se produisant lors de la contraction et du relâchement d'un myocyte squelettique.

L'acétylcholine libérée à la jonction neuromusculaire déclenche un potentiel d'action musculaire, qui donne naissance à une contraction.

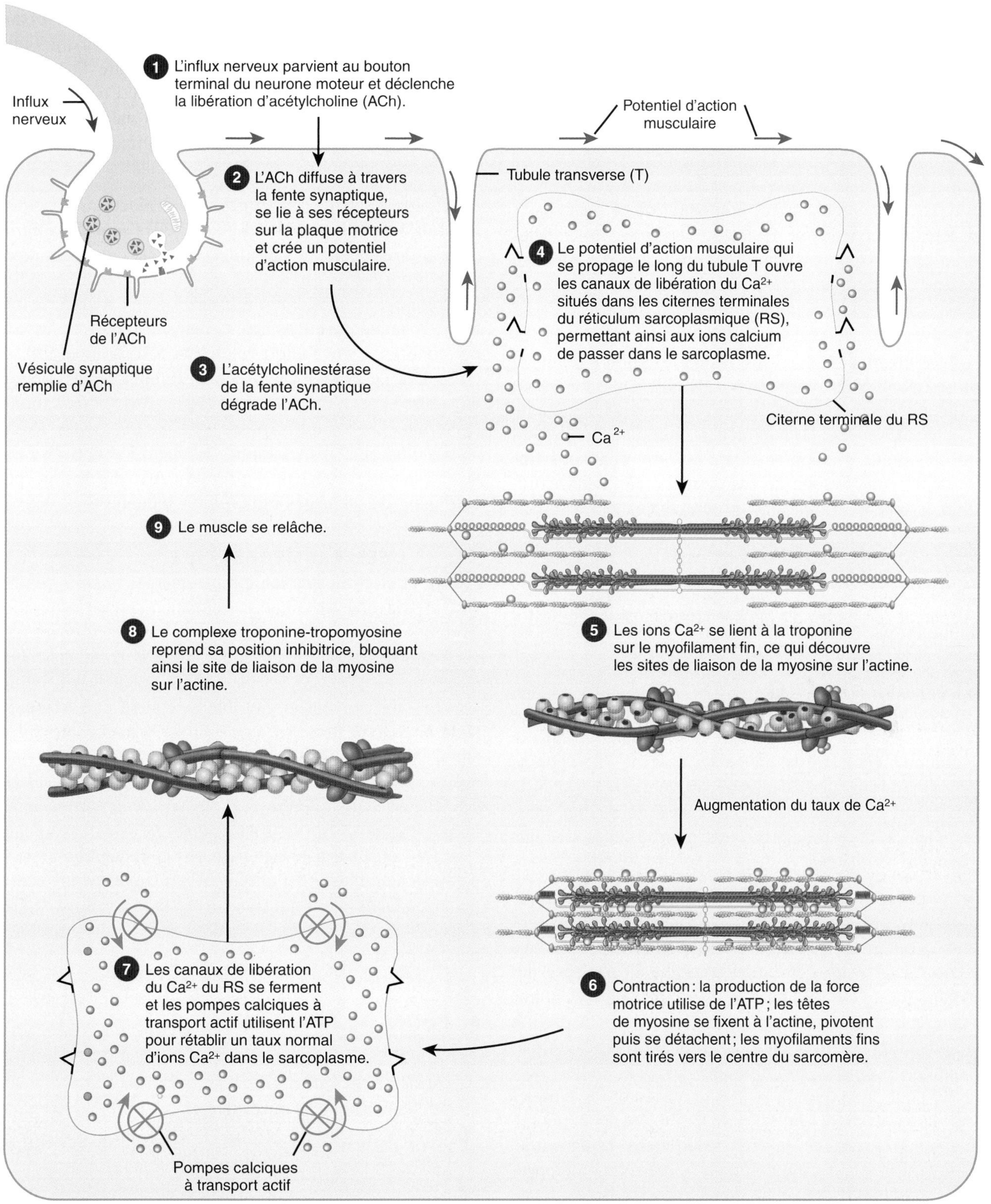

Influx nerveux

1 L'influx nerveux parvient au bouton terminal du neurone moteur et déclenche la libération d'acétylcholine (ACh).

Potentiel d'action musculaire

2 L'ACh diffuse à travers la fente synaptique, se lie à ses récepteurs sur la plaque motrice et crée un potentiel d'action musculaire.

Tubule transverse (T)

4 Le potentiel d'action musculaire qui se propage le long du tubule T ouvre les canaux de libération du Ca^{2+} situés dans les citernes terminales du réticulum sarcoplasmique (RS), permettant ainsi aux ions calcium de passer dans le sarcoplasme.

Récepteurs de l'ACh

Vésicule synaptique remplie d'ACh

3 L'acétylcholinestérase de la fente synaptique dégrade l'ACh.

Citerne terminale du RS

Ca^{2+}

9 Le muscle se relâche.

8 Le complexe troponine-tropomyosine reprend sa position inhibitrice, bloquant ainsi le site de liaison de la myosine sur l'actine.

5 Les ions Ca^{2+} se lient à la troponine sur le myofilament fin, ce qui découvre les sites de liaison de la myosine sur l'actine.

Augmentation du taux de Ca^{2+}

7 Les canaux de libération du Ca^{2+} du RS se ferment et les pompes calciques à transport actif utilisent l'ATP pour rétablir un taux normal d'ions Ca^{2+} dans le sarcoplasme.

6 Contraction : la production de la force motrice utilise de l'ATP ; les têtes de myosine se fixent à l'actine, pivotent puis se détachent ; les myofilaments fins sont tirés vers le centre du sarcomère.

Pompes calciques à transport actif

Lesquelles des étapes décrites ci-dessus font partie du couplage excitation-contraction ?

rapidement l'ACh en ses constituants de sorte qu'un autre potentiel d'action musculaire ne peut être généré tant qu'un nouvel influx nerveux ne se propage pas dans le neurone moteur et n'entraîne de nouveau la libération d'acétylcholine.

2. *Le couplage excitation-contraction.* ❹ Le potentiel d'action musculaire se propage à la surface du sarcolemme du myocyte et le long du système de tubules T, ce qui ouvre les canaux de libération du Ca^{2+} situés dans la membrane des citernes terminales du réticulum sarcoplasmique. Les ions calcium diffusent alors du RS dans le sarcoplasme. ❺ Les ions Ca^{2+} se combinent avec la troponine ; les complexes troponine-tropomyosine s'éloignent, ce qui dégage des sites de liaison de la myosine sur l'actine. ❻ L'ATPase de la myosine hydrolyse l'ATP, et les têtes de myosine prennent une configuration de haute énergie. Les têtes de myosine se fixent à l'actine et forment des ponts d'union. Les ponts d'union libèrent l'énergie mise en réserve dans les têtes de myosine, produisant ainsi la force motrice nécessaire au pivotement des ponts d'union. De l'ATP se lie à nouveau aux têtes de myosine, ce qui rompt les liens entre la myosine et l'actine ; les têtes de myosine reprennent une configuration de basse énergie. Elles hydrolysent à nouveau l'ATP, retrouvent leur position de départ et se fixent à un nouveau site sur l'actine. La contraction musculaire se produit parce que les ponts d'union se fixent aux myofilaments fins puis « se déplacent » le long de ces derniers, aux deux extrémités d'un sarcomère, tirant ainsi progressivement les myofilaments fins vers le centre du sarcomère. Le glissement graduel de ces myofilaments vers l'intérieur rapproche les lignes Z les unes des autres, et le sarcomère raccourcit. Les cycles de contraction se poursuivent tant que des ions Ca^{2+} sont liés à la troponine et que la position « en retrait » des molécules de tropomyosine ne masque pas les sites de liaison.

3. *Le relâchement du myocyte.* ❼ Les pompes calciques à transport actif font repasser les ions Ca^{2+} du sarcoplasme vers les citernes terminales du RS, et le taux d'ions calcium dans le cytosol diminue. ❽ La dissociation du Ca^{2+} de la troponine remet la tropomyosine dans sa position de blocage des sites de liaison de la myosine sur l'actine. Les sites étant ainsi masqués, les têtes de myosine ne peuvent plus se lier à l'actine. ❾ Le myocyte se relâche.

Plusieurs médicaments et dérivés de plantes inhibent des réactions spécifiques ayant lieu à la jonction neuromusculaire ; ces substances sont dites *antagonistes*. Ainsi, la *toxine botulinique* produite par la bactérie *Clostridium botulinum* empêche l'exocytose des vésicules synaptiques, ce qui bloque la libération d'acétylcholine et donc la contraction musculaire. Ces bactéries peuvent proliférer dans certains aliments mal préparés ou mal conservés, et leur toxine est l'une des substances chimiques les plus létales. Une infime quantité peut provoquer la mort en paralysant les muscles squelettiques ; la paralysie des muscles de la respiration, et notamment du diaphragme, entraîne un arrêt respiratoire. Malgré tout, c'est la première toxine à avoir été employée à des fins thérapeutiques (Botox^MD). Chez les patients atteints de strabisme (défaut de convergence des deux axes visuels), de blépharospasme (contraction spasmodique du muscle orbiculaire de l'œil) ou de spasmes des cordes vocales qui rendent la parole difficile, des

injections de Botox^MD dans les muscles touchés ont un effet myorelaxant. On utilise également le Botox^MD dans les cures de rajeunissement pour détendre les muscles qui causent les rides du visage et pour soulager les maux de dos chroniques dus à des spasmes dans la région lombaire.

Le *curare*, poison d'origine végétale utilisé par les autochtones d'Amérique du Sud pour chasser les animaux à l'arc ou à la sarbacane, provoque la paralysie musculaire flasque en se liant aux récepteurs de l'ACh et en bloquant l'ouverture des canaux ioniques. On emploie fréquemment des médicaments semblables au curare lors d'interventions chirurgicales pour détendre les muscles squelettiques.

D'autres substances stimulent des réactions spécifiques ayant lieu à la jonction neuromusculaire ; elles sont dites *agonistes*. Un groupe de substances chimiques appelées *anticholinestérasiques* ont la propriété de diminuer l'activité enzymatique de l'acétylcholinestérase, ce qui ralentit l'élimination de l'ACh de la fente synaptique. À faible dose, ces agents peuvent renforcer les contractions musculaires. L'un d'entre eux est la néostigmine, utilisée dans le traitement de la myasthénie grave (voir p. 341), comme antidote du curare et pour faire cesser les effets de la curarisation après une opération. De même, certains *gaz neurotoxiques* (Sarin) et des *insecticides* (DDT, malathion), inhibent l'action de l'acétylcholinestérase en prolongeant l'effet de l'ACh sur les récepteurs et en entraînant des spasmes musculaires tétaniques.

L'ÉLECTROMYOGRAPHIE

L'**électromyographie** (*mus* : muscle ; *graphein* : écrire), ou **EMG**, est une technique d'exploration servant à mesurer l'activité électrique (les potentiels d'action musculaires) dans les muscles au repos ou contractés. Normalement, il n'y a pas d'activité électrique dans un muscle au repos ; une contraction minime produit une faible activité électrique et une contraction plus intense produit une activité plus importante. Au cours de l'examen, on place une électrode sur le muscle à étudier afin d'éliminer toute activité électrique de fond, puis on insère dans le muscle une fine aiguille reliée par des fils à un dispositif enregistreur. L'activité électrique du muscle se traduit par des ondes observables sur un oscilloscope et par des sons audibles à l'aide d'un amplificateur.

L'EMG est utile pour déterminer si la diminution de la force ou la paralysie d'un muscle est attribuable au dysfonctionnement du muscle lui-même ou des nerfs qui l'innervent. On se sert aussi de l'EMG pour le diagnostic de certaines maladies des muscles, notamment la dystrophie musculaire. ■

▶ **POINT DE CONTRÔLE**

7. Quels rôles les protéines contractiles, régulatrices et structurales jouent-elles dans la contraction et le relâchement musculaires ?

8. Comment les ions calcium et l'ATP contribuent-ils à la contraction et au relâchement musculaires ?

9. Pourquoi la longueur du sarcomère influe-t-elle sur la valeur de la tension maximale pendant une contraction musculaire ?

10. Qu'est-ce qui distingue la plaque motrice des autres parties du sarcolemme ?

LE MÉTABOLISME MUSCULAIRE

OBJECTIFS

- Décrire les réactions associées à la production d'ATP par les myocytes.
- Faire la distinction entre la respiration cellulaire anaérobie et la respiration cellulaire aérobie.
- Décrire les facteurs qui contribuent à la fatigue musculaire.

LA PRODUCTION D'ATP DANS LES MYOCYTES

Contrairement à la plupart des cellules de l'organisme, les myocytes des muscles squelettiques passent souvent d'un état presque inactif, où ils sont au repos et n'utilisent qu'une faible quantité d'ATP, à un état de grande activité, où ils sont en contraction et utilisent l'ATP à un rythme élevé. La contraction musculaire exige une énorme quantité d'ATP pour alimenter en énergie son cycle, pour pomper le Ca^{2+} dans le réticulum sarcoplasmique afin de revenir au relâchement, et pour permettre d'autres réactions métaboliques. Cependant, l'ATP présente dans les myocytes ne peut soutenir la contraction plus de quelques secondes. La synthèse rapide d'ATP supplémentaire est nécessaire si un exercice vigoureux dépasse cette durée. Les myocytes ont trois moyens de produire de l'ATP: 1) la transformation de molécules de créatine phosphate; 2) la respiration cellulaire anaérobie; et 3) la respiration cellulaire aérobie (figure 10.12). Les myocytes sont les seules cellules de l'organisme à utiliser la créatine phosphate pour produire de l'ATP; les autres cellules emploient les deux types de respiration cellulaire. Nous allons examiner brièvement les phases de la respiration cellulaire dans les paragraphes qui suivent, et nous y reviendrons plus en détail au chapitre 25.

La créatine phosphate

Lorsqu'ils sont au repos, les myocytes produisent plus d'ATP que n'en nécessite leur métabolisme à ce moment-là. L'ATP en excès sert à synthétiser la **créatine phosphate**, molécule à potentiel énergétique élevé que l'on rencontre uniquement dans les myocytes (figure 10.12a). C'est une enzyme, la *créatine kinase (CK)*, qui catalyse le transfert de l'un des groupements phosphate riche en énergie de l'ATP à la créatine, formant ainsi de la créatine phosphate et de l'ADP. La **créatine** est une petite molécule semblable à un acide aminé, synthétisée dans le foie, les reins et le pancréas, puis transportée vers les myocytes. Il y a de trois à six fois plus de créatine phosphate que d'ATP dans le sarcoplasme d'un myocyte au repos. Au début de la contraction, lorsque le taux d'ADP commence à s'élever, la CK catalyse le transfert d'un groupement phosphate riche en énergie en sens inverse, de la créatine phosphate à l'ADP. Cette réaction de phosphorylation directe crée rapidement de nouvelles molécules d'ATP. Ensemble, la créatine phosphate et l'ATP fournissent suffisamment d'énergie aux muscles pour une contraction maximale d'environ 15 s. Cette quantité d'énergie suffit pour des activités vigoureuses de très courte durée, comme courir un 100 m.

La respiration cellulaire anaérobie

La **respiration cellulaire anaérobie** est une série de réactions génératrices d'ATP qui se déroulent en l'absence d'oxygène. Lorsque l'activité musculaire se prolonge et que la réserve de créatine phosphate dans le myocyte est très basse, le glucose est catabolisé pour produire de l'ATP. Le glucose provient de deux sources: il passe du sang aux myocytes en contraction et traverse leur membrane plasmique par diffusion facilitée; il est également produit par la dégradation du glycogène dans les myocytes eux-mêmes (figure 10.12b). Ensuite, une série de dix réactions appelée *glycolyse* décompose rapidement chaque molécule de glucose en deux molécules d'acide pyruvique (la figure 25.4 illustre les réactions de la glycolyse). Ces réactions chimiques utilisent deux molécules d'ATP mais en forment quatre; il y a donc un gain net de deux molécules d'ATP.

Généralement, l'acide pyruvique – formé par glycolyse dans le cytosol – pénètre dans les mitochondries où il prend part à une série de réactions nécessitant de l'oxygène, appelée *respiration cellulaire aérobie* (décrite ci-dessous), qui produit une grande quantité d'ATP. Au cours de certaines activités, toutefois, la dégradation complète de l'acide pyruvique peut être freinée par le manque d'oxygène. Lorsque cela arrive, des réactions anaérobies convertissent la plus grande partie de l'acide pyruvique en acide lactique dans le cytosol. Environ 80 % de l'acide lactique ainsi produit diffuse des myocytes squelettiques dans le sang. Les cellules hépatiques peuvent reconvertir une partie de l'acide lactique en glucose. En plus de fournir de nouvelles molécules de glucose, cette conversion réduit le degré d'acidité du sang. La respiration cellulaire anaérobie peut fournir suffisamment d'énergie pour une période de 30 à 40 s d'activité musculaire maximale. La conversion de créatine phosphate et la glycolyse fournissent ensemble assez d'ATP pour courir un 400 m.

FIGURE 10.12 La production d'ATP destinée à la contraction musculaire. (a) La créatine phosphate, qui provient de l'ATP lorsque le muscle est au repos, transfère un groupement phosphate riche en énergie à l'ADP, produisant ainsi de l'ATP, pendant la contraction musculaire. (b) La dégradation du glycogène du muscle en glucose et la production d'acide pyruvique par glycolyse du glucose fournissent à la fois de l'ATP et de l'acide lactique. Comme il n'y a aucun besoin en oxygène, ce processus est anaérobie. (c) Dans les mitochondries, l'acide pyruvique, les acides gras et les acides aminés sont utilisés pour produire de l'ATP par le biais de la respiration cellulaire aérobie – ensemble de réactions qui nécessitent de l'oxygène.

Au cours d'une activité de longue durée, comme un marathon, la plus grande partie de l'ATP est produite par respiration cellulaire aérobie.

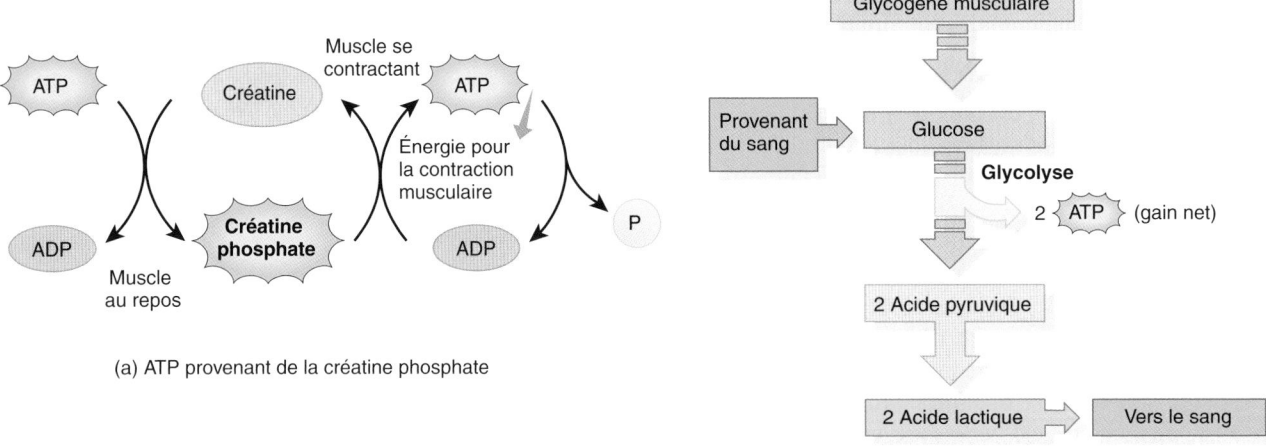

(a) ATP provenant de la créatine phosphate

(b) ATP provenant de la respiration cellulaire anaérobie

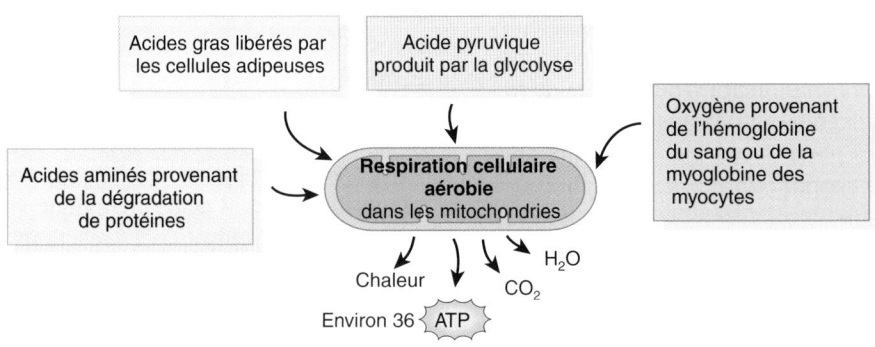

(c) ATP provenant de la respiration cellulaire aérobie

 Dans quelle partie du myocyte squelettique les événements décrits ci-dessus ont-ils lieu ?

La respiration cellulaire aérobie

Une activité musculaire se prolongeant plus de 30 s va dépendre progressivement de la **respiration cellulaire aérobie**, série de réactions produisant, en présence d'oxygène, de l'ATP dans les mitochondries. Si la quantité d'oxygène disponible est suffisante, l'acide pyruvique pénètre dans les mitochondries, où il est entièrement oxydé au cours de réactions qui produisent de l'ATP, du dioxyde de carbone, de l'eau et de la chaleur (figure 10.12c). Bien que la respiration cellulaire aérobie soit plus lente que la glycolyse, elle produit beaucoup plus d'ATP. Chaque molécule de glucose donne environ 36 molécules d'ATP, alors qu'une molécule d'acide gras en donne généralement plus de 100 par la respiration cellulaire aérobie.

Le tissu musculaire dispose de deux sources d'oxygène : 1) l'oxygène qui diffuse du sang dans les myocytes et 2) l'oxygène libéré par la myoglobine à l'intérieur même des myocytes. L'hémoglobine (présente uniquement dans les érythrocytes) et la myoglobine (présente uniquement dans les myocytes) sont toutes deux des protéines qui fixent l'oxygène lorsqu'il y en a en abondance, puis en libèrent lorsqu'il se raréfie.

La respiration cellulaire aérobie fournit assez d'ATP pour une activité prolongée à la condition qu'une quantité suffisante d'oxygène et de nutriments soit disponible. Ces nutriments comprennent l'acide pyruvique fourni par la glycolyse du glucose, les acides gras provenant de la dégradation des triacylglycérols dans les cellules adipeuses et les acides aminés provenant de la dégradation de protéines. Dans le cas d'une activité durant plus de 10 min, le système aérobie fournit plus de 90 % de l'ATP nécessaire. À la fin d'une épreuve d'endurance, telle qu'un marathon, près de la totalité de l'ATP est produite par la respiration cellulaire aérobie.

LA FATIGUE MUSCULAIRE

L'incapacité d'un muscle à maintenir une forte contraction après une activité prolongée est appelée **fatigue musculaire**. Elle est surtout provoquée par des changements qui s'opèrent à l'intérieur des myocytes. Avant même que la fatigue musculaire commence à se manifester, une personne peut ressentir des signes de lassitude et l'envie de cesser l'activité. Cette réponse, appelée *fatigue centrale*, est due à des modifications au niveau du système nerveux central (encéphale et moelle épinière). Bien qu'on n'en connaisse pas exactement le mécanisme, on pense qu'elle fait partie d'un système de protection qui amène la personne à s'arrêter avant qu'il ne se produise des lésions musculaires. Comme vous le verrez, certains types de myocytes squelettiques se fatiguent plus rapidement que d'autres.

Bien que les mécanismes précis qui entraînent la fatigue musculaire ne soient pas encore tous connus, on estime qu'elle est attribuable à une combinaison de facteurs. L'un de ceux-ci est une déficience dans la libération des ions calcium du RS, qui est alors suivie d'une baisse du taux de calcium dans le sarcoplasme. La diminution du taux de créatine phosphate est également associée à la fatigue musculaire, mais il est curieux que souvent les taux d'ATP dans un muscle fatigué ne soient pas beaucoup plus bas que ceux que l'on enregistre dans un muscle au repos. Parmi les autres facteurs, citons le manque d'oxygène, la diminution du glycogène et d'autres nutriments, l'accumulation d'acide lactique et d'ADP, et l'incapacité des potentiels d'action, dans les neurones moteurs somatiques, à libérer assez d'acétylcholine.

LA CONSOMMATION D'OXYGÈNE APRÈS UN EXERCICE

Pendant les périodes de contraction musculaire prolongées, l'augmentation du rythme de la respiration et de la circulation sanguine accroît l'apport d'oxygène au tissu musculaire. Lorsque la contraction musculaire cesse, les efforts respiratoires continuent pendant un certain temps et la consommation d'oxygène reste plus élevée qu'au repos. Selon l'intensité de l'exercice, la période de récupération peut aller de quelques minutes à plusieurs heures. Le terme **dette d'oxygène** désigne la quantité supplémentaire d'oxygène (au-delà du niveau normal de consommation) inspirée dans l'organisme après un exercice. Cette quantité additionnelle sert à « rembourser » à l'organisme un déficit momentané et à ramener le métabolisme aux conditions du repos, et ce, de trois façons : 1) la reconversion de l'acide lactique en glucose puis en réserves de glycogène dans le foie ; 2) la resynthèse de la créatine phosphate et de l'ATP dans les myocytes ; et 3) le remplacement de l'oxygène extrait de la myoglobine.

Les modifications métaboliques qui ont lieu *pendant l'exercice* n'expliquent qu'en partie la consommation supplémentaire d'oxygène *après l'exercice*. Une petite quantité seulement de glycogène est resynthétisée à partir de l'acide lactique. Les réserves de gly-

cogène sont plutôt reconstituées plus tard à partir des glucides des aliments. Une grande partie de l'acide lactique restant après l'exercice est reconvertie en acide pyruvique et utilisée pour la production d'ATP par le biais de la respiration cellulaire aérobie dans le cœur, le foie, les reins et les muscles squelettiques. La consommation d'oxygène après un exercice est également stimulée par des changements en cours. Premièrement, la température élevée de l'organisme consécutive à un exercice vigoureux augmente le rythme des réactions chimiques dans tout le corps, ce qui accélère également le rythme d'utilisation de l'ATP, d'où un accroissement de la demande en oxygène pour produire de l'ATP. Deuxièmement, le cœur et les muscles qui entrent en jeu dans la respiration continuent de « travailler » davantage qu'en période de repos ou d'activité normale et consomment donc plus d'ATP. Troisièmement, les processus de régénération des tissus ont lieu à une fréquence plus élevée. Pour toutes ces raisons, le terme **consommation d'oxygène de récupération** décrit mieux la forte consommation d'oxygène qui suit un exercice physique que le terme *dette d'oxygène*.

▶ **POINT DE CONTRÔLE**

11. Quelles réactions productrices d'ATP sont aérobies et lesquelles sont anaérobies ?

12. De quelles sources provient l'ATP durant une course de 1 000 m ?

13. Quels facteurs contribuent à la fatigue musculaire ?

14. Pourquoi le terme *consommation d'oxygène de récupération* est-il plus approprié que *dette d'oxygène* ?

LA RÉGULATION DE LA TENSION MUSCULAIRE

OBJECTIFS

- Décrire la structure et la fonction d'une unité motrice, et définir le recrutement des unités motrices.
- Expliquer les phases d'une secousse musculaire simple.
- Décrire l'effet de la fréquence de stimulation sur la tension musculaire, et la production du tonus musculaire.
- Faire la distinction entre une contraction isotonique et une contraction isométrique.

Les muscles squelettiques sont des effecteurs du système nerveux. Comme nous l'avons vu dans le chapitre 1 (voir la figure 1.2), le centre nerveux de régulation analyse les différentes informations provenant des récepteurs ; puis il transmet un signal, sous la forme d'influx nerveux, à des cellules spécialisées constituant un effecteur – en l'occurrence un muscle squelettique. L'activité de ce dernier se modifie pour rétablir un équilibre. Ainsi, lorsque nous sommes déshydratés et buvons de l'eau, un ensemble de muscles entrent en jeu pour compenser la perte d'eau ; un autre ensemble de muscles interviennent pour nous déplacer dans l'espace et nous éviter d'être renversés par une automobile. Toutes ces actions nécessitent des signaux envoyés aux différents muscles pour en régir l'activité. Un muscle est un organe composé de plusieurs centaines, voire des milliers de myocytes, et les myocytes ne se contractent pas tous en même temps. Alors, comment le système nerveux contrôle-t-il le travail d'un muscle?

Un seul influx nerveux dans un neurone moteur somatique ne déclenche qu'un seul potentiel d'action musculaire dans tous les myocytes squelettiques avec lesquels il forme des synapses. Contrairement aux potentiels d'action, qui ont toujours la même ampleur dans un neurone ou un myocyte donné, l'intensité de la contraction musculaire varie: un myocyte peut produire une force beaucoup plus grande que celle résultant de la contraction qui suit un unique potentiel d'action musculaire. La tension, ou force, totale que peut fournir un seul myocyte dépend principalement du rythme auquel les influx nerveux parviennent à la jonction neuro-musculaire. Le nombre d'influx par seconde est appelé *fréquence de stimulation*. La tension maximale dépend également de l'ampleur de l'étirement avant la contraction (figure 10.9), de même que de la quantité d'oxygène et de nutriments disponibles. La tension totale qu'un muscle entier peut produire dépend du nombre de myocytes qui se contractent à l'unisson.

LES UNITÉS MOTRICES

Même si chaque myocyte squelettique ne possède qu'une seule jonction neuromusculaire, l'axone d'un neurone moteur somatique se ramifie et forme des jonctions neuromusculaires avec une multitude de myocytes. L'ensemble structural constitué d'un neurone moteur somatique et de tous les myocytes squelettiques qu'il stimule est appelé **unité motrice** (figure 10.13). Un seul neurone moteur somatique est en contact avec 150 myocytes squelettiques, en moyenne, et tous les myocytes d'une unité motrice se contractent simultanément. En général, les myocytes d'une unité motrice sont répartis dans tout le muscle plutôt que regroupés.

Les muscles qui régissent des mouvements précis comprennent un certain nombre de petites unités motrices. Ainsi, dans les muscles du larynx qui régissent la voix, il n'y a pas plus de 2 ou 3 myocytes par unité motrice et, dans ceux qui régissent les mouvements des yeux, il y a de 10 à 20 myocytes par unité motrice. Par contre, certaines unités motrices des muscles squelettiques responsables de mouvements grands et puissants, comme le muscle biceps brachial du bras ou le muscle gastrocnémien de la jambe, peuvent posséder chacune de 2 000 à 3 000 myocytes. Parce que tous les myocytes d'une unité motrice se contractent et se relâchent simultanément, la force totale d'une contraction dépend en partie de la taille des unités motrices et du nombre d'unités activées en même temps.

LA SECOUSSE MUSCULAIRE SIMPLE

Une **secousse musculaire simple** est une brève contraction de tous les myocytes d'une unité motrice en réponse à un unique potentiel d'action provenant de son neurone moteur. Ce type de secousse peut être observé en laboratoire par stimulus électrique direct d'un neurone moteur ou de ses myocytes. La figure 10.14 représente l'enregistrement graphique d'une contraction musculaire, appelé **myogramme**. Une secousse d'un myocyte squelettique dure de 20 à 200 ms (millisecondes), ce qui est très long comparativement à la brièveté d'un potentiel d'action musculaire, dont la durée est de 1 ou 2 ms.

FIGURE 10.13 Les unités motrices. Deux neurones moteurs somatiques sont représentés ici, l'un en violet et l'autre en vert, chacun stimulant les myocytes squelettiques de son unité motrice.

 Une unité motrice est constituée d'un neurone moteur somatique et de tous les myocytes squelettiques qu'il stimule.

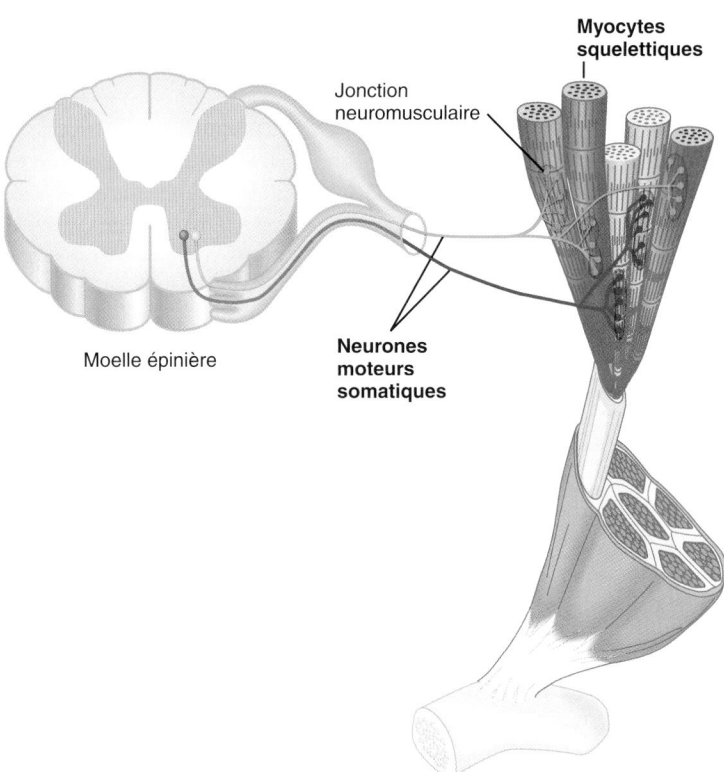

 Quel est l'effet de la taille d'une unité motrice sur sa force de contraction? (Supposez que chaque myocyte génère à peu près la même tension.)

On observe un court délai entre l'application du stimulus (temps zéro du graphique) et le début de la contraction. Ce délai d'environ 2 ms est la **période de latence**, au cours de laquelle le potentiel d'action musculaire se propage du sarcolemme et les tubules T, et les ions calcium sont libérés du réticulum sarcoplasmique. La deuxième phase, soit la **période de contraction**, dure de 10 à 100 ms. Les ions Ca^{2+} se lient à la troponine, les sites de liaison de la myosine situés sur l'actine sont mis à découvert et les ponts d'union s'élaborent. Un pic de tension apparaît dans le myocyte. Durant la troisième phase, soit la **période de relaxation**, qui dure elle aussi de 10 à 100 ms, les ions Ca^{2+} sont pompés dans le réticulum sarcoplasmique par transport actif, et les sites de liaison de la myosine sur l'actine sont recouverts par la tropomyosine; au même moment, les têtes de myosine se détachent de l'actine et la tension dans le myocyte diminue. La durée réelle de ces périodes dépend de la nature du myocyte squelettique. Certains myocytes à contraction rapide, comme ceux qui régissent le mouvement des yeux (décrits plus loin), ont une période de contraction ne dépassant pas 10 ms, suivie d'une période de relaxation tout aussi brève. D'autres myocytes, à contraction lente, comme

FIGURE 10.14 Le myogramme d'une secousse musculaire simple. La flèche indique le moment où le stimulus prend place.

 Un myogramme est l'enregistrement graphique d'une contraction musculaire.

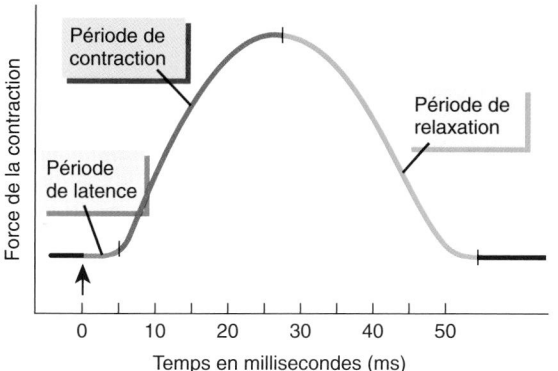

 Quels événements ont lieu pendant la période de latence?

ceux qui régissent le mouvement des jambes, ont des périodes de contraction et de relaxation de l'ordre de 100 ms.

Si on applique deux stimulus consécutifs, le muscle répond au premier mais pas au second. Lorsqu'un myocyte reçoit suffisam-ment de stimulation pour se contracter, il perd temporairement son excitabilité et ne peut réagir pendant un certain temps. Cette période de manque d'excitabilité, appelée **période réfractaire**, est une caractéristique commune à tous les myocytes et à tous les neurones. Sa durée varie selon les muscles sollicités. Les muscles squelettiques ont une courte période réfractaire d'environ 5 ms, tandis que celle du muscle cardiaque est plus longue et dure environ 300 ms.

LA FRÉQUENCE DE STIMULATION

Si un deuxième stimulus survient après la période réfractaire de la contraction provoquée par un premier stimulus, mais avant le relâchement du myocyte squelettique, la deuxième contraction sera en fait plus forte que la première (figure 10.15b). Ce phénomène, dans lequel des contractions plus fortes sont produites par des stimulus survenant successivement, est appelé **sommation temporelle**. Lorsqu'un myocyte squelettique est stimulé à une fréquence de 20 à 30 fois par seconde, il ne peut se relâcher que partiellement entre les stimulus, ce qui entraîne une contraction soutenue mais «tremblotante» appelée **tétanos incomplet** (*tetanos*: tension, rigidité) (figure 10.15c). À une fréquence plus élevée de 80 à 100 stimulus par seconde, le myocyte ne se relâche pas du tout; la contraction est soutenue et les secousses individuelles ne sont plus détectables: c'est le **tétanos complet** (figure 10.15d).

FIGURE 10.15 Myogrammes montrant les effets de différentes fréquences de stimulation. (a) Secousse musculaire simple. (b) Si un deuxième stimulus a lieu avant que le myocyte soit relâché, la deuxième contraction est plus forte que la première; ce phénomène est appelé *sommation temporelle*. (La ligne tiretée indique ce qu'aurait dû être la force de contraction d'une secousse musculaire simple.) (c) Le tétanos incomplet produit une courbe en dents de scie à cause du relâchement partiel du myocyte entre les stimulus. (d) Dans le tétanos complet, qui survient quand il y a de 80 à 100 stimulus par seconde, le myogramme est constant et continu, à l'instar de la force de la contraction.

 À cause de la sommation temporelle, la tension produite au cours d'une contraction continue est plus grande que celle qui résulte d'une secousse musculaire simple.

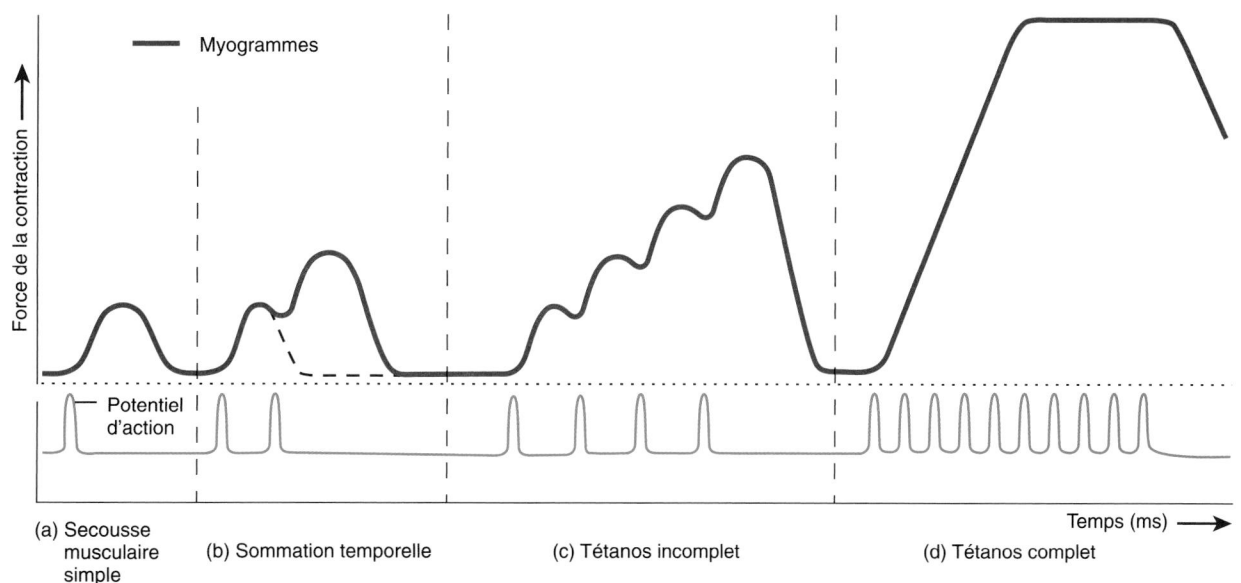

 Si le deuxième stimulus était appliqué quelques millisecondes plus tard, le pic de la force de la deuxième contraction en (b) serait-il plus élevé ou plus bas?

La sommation temporelle ainsi que les tétanos incomplet et complet résultent de la libération d'ions Ca^{2+} additionnels par le réticulum sarcoplasmique, provoquée par les stimulus survenant au moment où la concentration de Ca^{2+} dans le sarcoplasme est déjà élevée en raison du premier stimulus. À cause de l'augmentation du taux de Ca^{2+}, le pic de tension généré au cours du tétanos complet est de 5 à 10 fois supérieur au pic de tension produit avec une seule secousse musculaire. Toutefois, les contractions musculaires volontaires soutenues et fluides sont surtout le résultat du tétanos incomplet asynchrone survenant dans différentes unités motrices.

L'étirement des composantes élastiques, tels les tendons et le tissu conjonctif entourant les myocytes, influe également sur la sommation temporelle. Pendant cette sommation, les composantes élastiques n'ont pas beaucoup de temps entre les contractions pour reprendre leur forme normale, et restent donc tendues. Dans cet état, elles ne requièrent pas beaucoup d'étirement avant le déclenchement de la contraction musculaire suivante. La combinaison de la tension des composantes élastiques et de l'état partiellement contracté des myofilaments permet que la force d'une seconde contraction soit plus grande que celle de la précédente.

LE RECRUTEMENT DES UNITÉS MOTRICES

Le processus au cours duquel le nombre d'unités motrices actives augmente est appelé **recrutement des unités motrices**. Les différentes unités motrices d'un muscle entier ne sont pas stimulées pour se contracter à l'unisson ; tandis que certaines se contractent, d'autres sont relâchées. Ce modèle d'activité «asynchrone» des unités motrices retarde la fatigue et permet une contraction soutenue de tout un muscle pendant une longue période. Les unités motrices les plus faibles sont recrutées en premier, puis des unités de plus en plus fortes s'ajoutent si la tâche à effectuer le requiert.

Le recrutement est l'un des facteurs qui permettent la réalisation de mouvements fluides et souples au lieu d'une suite de mouvements saccadés. Comme nous l'avons vu, le nombre de myocytes innervés par un neurone moteur varie beaucoup. Les gestes précis sont obtenus par de petits changements dans la contraction musculaire. C'est pourquoi les muscles qui produisent les mouvements précis sont composés de petites unités motrices. De cette façon, quand l'une de ces unités motrices est recrutée ou cesse d'être sollicitée, on n'observe que peu de changement dans la tension musculaire. Par contre, de grandes unités motrices sont recrutées lorsqu'une tension intense est nécessaire et que la précision est moins importante.

L'ENTRAÎNEMENT À L'ENDURANCE ET LA MUSCULATION

Les activités régulières répétitives comme le jogging ou la danse aérobique augmentent l'approvisionnement de sang riche en oxygène pour la respiration cellulaire aérobie des muscles squelettiques. Par contre, des activités comme l'haltérophilie dépendent plutôt de la production anaérobie d'ATP par le biais de la glycolyse. Des activités anaérobies de ce type stimulent la synthèse des protéines des muscles, ce qui augmente la masse musculaire au bout d'un certain temps (hypertro-

phie musculaire). L'entraînement aérobie accroît donc l'endurance à des activités prolongées, tandis que l'entraînement anaérobie augmente la force musculaire requise pour des prouesses à court terme. L'**entraînement** fractionné (ou *interval training*) est une forme de conditionnement physique qui associe les deux types d'entraînements ; par exemple, on fait alterner des périodes de sprint et des périodes de jogging. ■

LE TONUS MUSCULAIRE

Même au repos, on observe dans un muscle squelettique un **tonus musculaire** (*tonos* : tension), c'est-à-dire une légère tension due à de faibles contractions involontaires des unités motrices. Il ne faut pas oublier qu'un muscle squelettique se contracte uniquement s'il est stimulé par l'acétylcholine libérée par ses neurones moteurs sous l'action d'influx nerveux. Le tonus musculaire est donc établi par des neurones de l'encéphale et de la moelle épinière qui excitent les neurones moteurs du muscle. Si les neurones moteurs associés à un muscle squelettique sont lésés ou coupés, le muscle devient **flasque**, état caractérisé par le manque de fermeté dû à l'absence complète de tonus musculaire. Pour maintenir ainsi la tonicité du muscle, de petits groupes d'unités motrices sont activés et désactivés en alternance selon un schéma qui fluctue constamment. Le tonus musculaire assure la fermeté des muscles, mais il ne fournit pas une force assez grande pour produire un mouvement. Par exemple, lorsque les muscles de la nuque sont en phase normale de contraction, ils maintiennent la tête droite et l'empêchent de tomber en avant vers la poitrine. Le tonus musculaire est également important pour les tissus musculaires lisses, tels ceux que l'on rencontre dans le tube digestif, où les parois des organes du système digestif maintiennent une tension constante sur leur contenu. Le tonus des myocytes lisses dans la paroi des vaisseaux sanguins joue un' rôle essentiel dans la régulation de la tension artérielle.

L'HYPOTONIE ET L'HYPERTONIE

L'**hypotonie** (*hypo* : au-dessous) est la diminution ou la perte du tonus musculaire. Un muscle dans cet état est dit flasque : il est mou et paraît aplati plutôt que rond. Un membre atteint d'hypotonie est en hyperextension. Certains troubles neurologiques et la perturbation de l'équilibre électrolytique (en particulier le sodium, le calcium et, à un moindre degré, le magnésium) peuvent entraîner une **paralysie flasque**, caractérisée par la perte du tonus musculaire, la perte ou la réduction des réflexes tendineux, et l'atrophie et la dégénérescence des muscles atteints.

L'**hypertonie** (*hyper* : au-delà) est l'augmentation du tonus musculaire, et elle se manifeste de deux façons : la spasticité et la rigidité. La **spasticité** est caractérisée par une augmentation du tonus musculaire (raideur) associée à une exagération des réflexes tendineux et à des réflexes pathologiques (tel le signe de Babinski, qui consiste dans l'extension du gros orteil, accompagné ou non de l'écartement en éventail des autres orteils, en réaction au frottement du bord externe de la plante du pied). Des troubles du système nerveux et une perturbation de l'équilibre électrolytique, du type qui a été précisé ci-dessus, peuvent entraîner une **paralysie spastique**, soit une paralysie partielle dans laquelle les muscles présentent de la spasticité. La **rigidité** est une augmentation du tonus musculaire qui n'affecte pas les réflexes, comme on l'observe dans les cas de tétanos. ■

LES CONTRACTIONS ISOTONIQUES ET ISOMÉTRIQUES

On classe les contractions musculaires en contractions isotoniques ou en contractions isométriques. Lors d'une **contraction isotonique** (*isos*: égal; *tonos*: tension), la tension (force de contraction) créée par le muscle demeure presque constante tandis que la longueur du muscle change. Les contractions isotoniques interviennent dans les mouvements du corps et pour déplacer des objets. Elles sont de deux types: concentriques et excentriques. Au cours d'une **contraction isotonique concentrique**, si la tension créée est suffisante pour surmonter la résistance offerte par l'objet à déplacer, le muscle raccourcit et exerce une traction sur une autre structure, par exemple un tendon, pour produire un mouvement et réduire l'angle d'une articulation. Ramasser et soulever un livre sur une table fait appel à ce type de contraction du muscle biceps brachial du bras (figure 10.16a). Par contre, lorsqu'on replace le livre sur la table, le biceps qui s'était raccourci s'allonge progressivement tout en continuant à se contracter. Lorsque la longueur d'un muscle augmente pendant une contraction, il s'agit d'une **contraction isotonique excentrique** (figure 10.16b). Lors d'une contraction de ce type, la tension exercée par les ponts d'union de myosine s'opposent au déplacement d'une charge (le livre dans l'exemple illustré) et ralentissent le processus d'étirement. Pour des raisons que l'on ne comprend pas encore parfaitement, la répétition de contractions isotoniques excentriques (par exemple lorsqu'on descend le long d'une pente) provoque plus de lésions musculaires et de douleurs musculaires à retardement que ne le font les contractions isotoniques concentriques.

Au cours d'une **contraction isométrique** (*metron*: mesure), la tension créée est insuffisante pour surmonter la résistance de l'objet à déplacer, et la longueur du muscle ne change pas. Tenir un livre à bout de bras (figure 10.16c) offre un exemple de ce type de contractions. Elles jouent un rôle majeur dans le maintien de la posture et le port d'objets dans une position fixe. Même si elles ne produisent pas de mouvements du corps, les contractions isométriques s'accompagnent d'une dépense d'énergie. Le poids du livre tire le bras vers le bas, ce qui étire les muscles du bras et de l'épaule. La contraction isométrique de ces muscles contrebalance l'étirement. Les contractions isométriques sont également importantes parce qu'elles stabilisent certaines articulations pendant que d'autres sont en mouvement. La plupart des activités humaines font intervenir les contractions isométriques et les contractions isotoniques.

▶ **POINT DE CONTRÔLE**

15. Expliquez le lien entre la taille des unités motrices et le degré de régulation musculaire qu'elles permettent.

16. Qu'est-ce que le recrutement des unités motrices?

17. Expliquez l'importance du tonus musculaire.

18. Définissez les termes suivants: contraction isotonique concentrique, contraction isotonique excentrique et contraction isométrique.

19. Faites un mouvement où intervient une contraction isotonique. Que ressentez-vous? Selon vous, qu'est-ce qui cause le malaise que vous éprouvez?

FIGURE 10.16 Comparaison des contractions isotoniques (concentriques et excentriques) et des contractions isométriques. Les photos (a) et (b) montrent la contraction isotonique du muscle biceps brachial. La photo (c) montre la contraction isométrique des muscles de l'épaule et du bras.

 Dans une contraction isotonique, la tension est constante, mais la longueur du muscle augmente ou diminue; dans une contraction isométrique, la tension augmente beaucoup sans modification de la longueur du muscle.

(a) Contraction concentrique qui se produit quand on lève la main tenant un livre

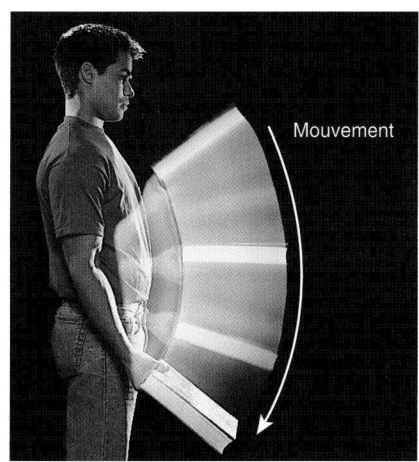

(b) Contraction excentrique qui se produit quand on abaisse la main tenant un livre

(c) Contraction isométrique qui se produit quand on tient un livre à bout de bras

 Quels types de contractions se produisent dans les muscles du cou quand on marche?

LES TYPES DE MYOCYTES SQUELETTIQUES

> ### OBJECTIF
>
> • Comparer la structure et la fonction des trois types de myocytes squelettiques.

Les myocytes squelettiques n'ont pas tous la même fonction ni la même composition. Par exemple, leur contenu en myoglobine – protéine rouge qui fixe l'oxygène dans le tissu musculaire – varie grandement. Les myocytes squelettiques riches en myoglobine sont appelés *myocytes rouges* et sont rouge foncé (comme la viande brune des cuisses de poulet); ceux qui contiennent peu de myoglobine, les *myocytes blancs*, sont rose pâle (comme la viande blanche d'une poitrine de poulet). Les myocytes rouges contiennent également plus de mitochondries et sont irrigués par un plus grand nombre de capillaires sanguins.

En outre, les myocytes squelettiques se distinguent par la vitesse à laquelle ils se contractent et se relâchent, par le type de réactions métaboliques qui produisent de l'ATP et par la vitesse à laquelle ils se fatiguent. Ainsi, un myocyte est considéré comme « lent » ou « rapide » selon la vitesse à laquelle l'ATPase de ses têtes de myosine hydrolyse l'ATP. En se fondant sur ces caractéristiques structurales et fonctionnelles, on classe les myocytes squelettiques en trois grandes catégories: 1) les myocytes oxydatifs lents; 2) les myocytes oxydatifs-glycolytiques rapides; et 3) les myocytes glycolytiques rapides.

LES MYOCYTES OXYDATIFS LENTS

Les **myocytes oxydatifs lents** ont le diamètre le plus petit et sont donc les moins puissants des myocytes. Ils ont une apparence rouge sombre, parce qu'ils contiennent une grande quantité de myoglobine et un réseau capillaire très dense. Comme ils comportent de nombreuses et grandes mitochondries, ils produisent de l'ATP surtout par respiration cellulaire aérobie, d'où leur appellation de myocytes oxydatifs. Ils sont aussi qualifiés de « lents » parce que l'ATPase de leurs têtes de myosine hydrolyse l'ATP à un rythme plutôt lent, et leur cycle de la contraction se déroule moins vite que celui des myocytes « rapides ». Ils ont donc une faible vitesse de contraction. Leurs secousses musculaires simples durent de 100 à 200 ms, et il leur faut plus de temps pour atteindre leur pic de tension. Cependant, les myocytes lents résistent très bien à la fatigue et sont capables d'effectuer des contractions soutenues et prolongées pendant des heures. Ces myocytes aux secousses lentes, résistants à la fatigue sont adaptés au maintien de la posture et aux activités d'endurance aérobies telles que le marathon.

LES MYOCYTES OXYDATIFS-GLYCOLYTIQUES RAPIDES

Les **myocytes oxydatifs-glycolytiques rapides** ont un diamètre moyen par rapport aux deux autres types de myocytes. À l'instar des myocytes oxydatifs lents, ils contiennent une grande quantité de myoglobine et un réseau capillaire très dense. Ils ont donc eux aussi une apparence rouge sombre. Ils produisent de l'ATP par respiration cellulaire aérobie, et leur résistance à la fatigue est modérée. Comme leur taux de glycogène intracellulaire est élevé, ils produisent aussi de l'ATP par glycolyse anaérobie. Ils sont qualifiés de « rapides » parce que l'ATPase de leurs têtes de myosine hydrolyse l'ATP de trois à cinq fois plus rapidement que celle des myocytes lents, d'où une vitesse de contraction plus grande. Les secousses musculaires des myocytes oxydatifs-glycolytiques rapides atteignent donc leur pic de tension plus rapidement que celles des myocytes oxydatifs lents, mais elles sont de plus courte durée – moins de 100 ms. Les myocytes oxydatifs-glycolytiques rapides jouent un rôle dans des activités telles que la marche et le sprint.

LES MYOCYTES GLYCOLYTIQUES RAPIDES

Les **myocytes glycolytiques rapides** sont ceux qui ont le plus grand diamètre et qui contiennent le plus grand nombre de myofibrilles; ils génèrent donc les contractions les plus puissantes. Ils renferment peu de myoglobine et de mitochondries, et les capillaires sanguins qui les irriguent sont peu nombreux; ainsi, ils apparaissent plutôt blancs. Riches en glycogène, les myocytes glycolytiques rapides produisent de l'ATP surtout par glycolyse. Leur grande taille associée à leur capacité à hydrolyser l'ATP à une grande vitesse leur permet de se contracter fortement et rapidement. Ces myocytes à secousses rapides sont adaptés aux mouvements anaérobies intenses de courte durée, comme lancer une balle ou soulever des poids et haltères, mais ils se fatiguent vite. Les programmes de musculation composés d'activités qui exigent le déploiement d'une grande force pendant de courtes périodes font augmenter la taille, la force et de la teneur en glycogène des myocytes glycolytiques rapides, dont le volume peut être de 50 % plus élevé chez un haltérophile que chez une personne sédentaire ou un athlète pratiquant des sports d'endurance. L'augmentation de la masse musculaire est due à l'augmentation de la synthèse des protéines musculaires qui composent les myofilaments épais et fins, d'où le grossissement (hypertrophie) des myocytes glycolytiques rapides et, par conséquent, l'accroissement du volume du muscle.

LA RÉPARTITION ET LE RECRUTEMENT DES DIFFÉRENTS TYPES DE MYOCYTES

La plupart des muscles squelettiques sont composés d'une combinaison des trois types de myocytes squelettiques, dont la moitié sont des myocytes oxydatifs lents. Toutefois, cette proportion varie quelque peu selon la fonction du muscle, le programme d'entraînement de la personne et certains facteurs génétiques. Ainsi, les muscles de posture du cou, du dos et des jambes, continuellement actifs, contiennent une proportion élevée de myocytes oxydatifs lents. Par contre, les muscles des épaules et des bras, qui n'ont qu'une activité intermittente et brève destinée à produire des tensions fortes, comme de lever ou lancer des objets, contiennent une proportion élevée de myocytes glycolytiques rapides. Les muscles des jambes, qui non seulement soutiennent le corps mais interviennent aussi dans la marche et la course, ont une forte proportion et de myocytes oxydatifs lents et de myocytes oxydatifs-glycolytiques rapides.

Les myocytes squelettiques d'une unité motrice donnée sont tous d'un même type. Cependant, l'ordre dans lequel les unités motrices sont recrutées dépend très précisément de la tâche à accomplir. Par exemple, si des contractions faibles suffisent à accomplir une tâche, seules les unités motrices de myocytes oxydatifs lents sont activées. S'il faut un peu plus de puissance, des unités motrices de myocytes oxydatifs-glycolytiques rapides seront aussi recrutées. Enfin, si la puissance maximale de contraction est requise, des unités de myocytes glycolytiques rapides entrent également en action. L'activation des unités motrices est régie par l'encéphale et la moelle épinière.

Le tableau 10.1 résume les caractéristiques des trois types de myocytes squelettiques.

▶ **POINT DE CONTRÔLE**

20. Pourquoi dit-on de certains myocytes qu'ils sont «rapides», alors que d'autres sont qualifiés de «lents»?

21. Dans quel ordre les divers types de myocytes squelettiques sont-ils recrutés quand on court à toutes jambes pour ne pas rater l'autobus?

TABLEAU 10.1 LES CARACTÉRISTIQUES DES TROIS TYPES DE MYOCYTES SQUELETTIQUES

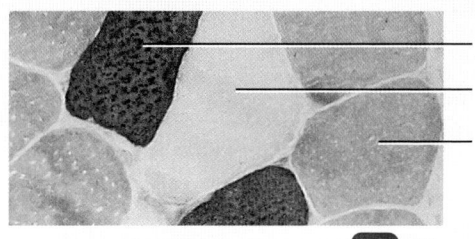

Myocyte oxydatif lent
Myocyte glycolytique rapide
Myocyte oxydatif-glycolytique rapide

MO 440×

Coupe transversale des trois types de myocytes squelettiques

	MYOCYTES OXYDATIFS LENTS	MYOCYTES OXYDATIFS-GLYCOLYTIQUES RAPIDES	MYOCYTES GLYCOLYTIQUES RAPIDES
CARACTÉRISTIQUES STRUCTURALES			
Diamètre	Le plus petit.	Intermédiaire.	Le plus grand.
Myoglobine	Grande quantité.	Grande quantité.	Petite quantité.
Mitochondries	Nombreuses.	Nombreuses.	Peu nombreuses.
Capillaires sanguins	Nombreux.	Nombreux.	Peu nombreux.
Couleur	Rouge.	Rouge-violet.	Blanc (pâle).
CARACTÉRISTIQUES FONCTIONNELLES			
Capacité à générer de l'ATP; voies métaboliques utilisées	Très élevée; par respiration cellulaire aérobie (requérant de l'oxygène).	Intermédiaire; par respiration cellulaire aérobie (requérant de l'oxygène) et par respiration cellulaire anaérobie (glycolyse; ne requérant pas d'oxygène).	Faible; par respiration cellulaire anaérobie (glycolyse).
Vitesse d'hydrolyse de l'ATP par l'ATPase de la myosine	Lente.	Rapide.	Rapide.
Vitesse de contraction	Lente.	Rapide.	Rapide.
Résistance à la fatigue	Élevée.	Modérée.	Faible.
Créatine kinase	Quantité la plus faible.	Quantité intermédiaire.	Quantité élevée.
Stockage du glycogène	Faible.	Intermédiaire.	Élevé.
Ordre d'activation (recrutement)	En premier.	En deuxième.	En troisième.
Muscles où les myocytes sont abondants	Muscles de la posture (comme ceux du cou).	Muscles des jambes.	Muscles des bras.
Fonctions premières des myocytes	Maintien de la posture et activités d'endurance aérobies.	Marche, sprint.	Mouvements vigoureux, rapides et de courte durée.

L'EXERCICE ET LE TISSU MUSCULAIRE SQUELETTIQUE

> **OBJECTIF**

- Décrire les effets de l'exercice sur divers types de myocytes squelettiques.

La proportion de myocytes glycolytiques rapides et de myocytes oxydatifs lents dans un muscle donné est déterminée par les gènes et est en partie responsable des différences individuelles observées dans la performance physique. Par exemple, les personnes chez qui la proportion de myocytes glycolytiques rapides est élevée excellent souvent dans les disciplines comportant des périodes d'activité intense, comme l'haltérophilie ou le sprint, tandis que les personnes chez qui la proportion de myocytes oxydatifs lents est élevée sont plutôt douées pour les activités nécessitant de l'endurance, comme le marathon.

Bien que le nombre total de myocytes squelettiques n'augmente pas en général, leurs caractéristiques peuvent changer jusqu'à un certain point. Divers types d'exercices sont susceptibles d'entraîner des modifications des myocytes dans le muscle squelettique. Les exercices d'endurance (aérobies), telles la course ou la natation, transforment graduellement certains myocytes glycolytiques rapides en myocytes oxydatifs lents. Dans les myocytes ainsi modifiés, on observe une légère augmentation du diamètre, du nombre de mitochondries, de l'apport sanguin et de la force. Les exercices d'endurance entraînent aussi des modifications cardiovasculaires et respiratoires qui accroissent l'apport d'oxygène et de nutriments aux muscles squelettiques, sans changement de la masse musculaire. Par contre, les exercices exigeant le déploiement d'une grande force durant de courtes périodes provoquent une augmentation du volume et de la force des myocytes glycolytiques rapides. L'accroissement du volume est dû à l'accroissement de la synthèse de myofilaments épais et de myofilaments fins. Le résultat global est une hypertrophie des muscles, comme en font foi les muscles protubérants des culturistes.

LES STÉROÏDES ANABOLISANTS

L'utilisation de **stéroïdes anabolisants** par des athlètes fait souvent les manchettes. Ces composés de synthèse apparentés à la testostérone sont absorbés pour augmenter le volume musculaire, et donc améliorer la force, l'endurance et la performance sportive. Cependant, les doses élevées nécessaires pour obtenir des résultats ont des effets secondaires dangereux et parfois dévastateurs, y compris le cancer du foie, des lésions aux reins, une augmentation des risques de maladie coronarienne, un ralentissement de la croissance, des sautes d'humeur brutales, des poussées d'acné, de l'irritation et de l'agressivité. Chez les femmes, on peut observer l'atrophie des seins et de l'utérus, des irrégularités dans les menstruations, la stérilité, la pilosité du visage et des changements de la voix. Quant aux hommes, ils peuvent connaître une diminution de la sécrétion naturelle de testostérone, une atrophie des testicules, la stérilité, ainsi qu'une calvitie. ■

▶ POINT DE CONTRÔLE

22. Au niveau cellulaire, qu'est-ce qui cause l'hypertrophie musculaire?

LE TISSU MUSCULAIRE CARDIAQUE

> **OBJECTIF**

- Décrire les principales caractéristiques structurales et fonctionnelles du tissu musculaire cardiaque.

Le tissu musculaire composant la paroi du cœur est le **tissu musculaire cardiaque** (décrit plus en détail au chapitre 20; voir aussi la figure 20.9). Entre les couches de **myocytes cardiaques**, les cellules contractiles du cœur, on rencontre des feuillets de tissu conjonctif contenant les vaisseaux sanguins, les nerfs et le système de conduction du cœur. Les myocytes cardiaques présentent une disposition d'actine et de myosine identique à celle des myocytes squelettiques, avec les mêmes zones, bandes et lignes Z. Cependant, les myocytes cardiaques possèdent des structures microscopiques, appelées *disques intercalaires*, qui leur sont particulières. Ce sont des épaississements transversaux irréguliers du sarcolemme qui relient les extrémités des myocytes cardiaques. Ces disques contiennent des *desmosomes*, qui maintiennent fermement les myocytes cardiaques ensemble, et des *jonctions communicantes*, qui permettent aux potentiels d'action musculaires de se propager d'un myocyte cardiaque à l'autre (voir la figure 4.1e). Les myocytes cardiaques se distinguent aussi par leur forme cylindrique et ramifiée et par leur unique noyau central.

En réponse à un potentiel d'action unique, le tissu musculaire cardiaque reste contracté de 10 à 15 fois plus longtemps que le tissu musculaire squelettique (voir la figure 20.11), grâce à l'apport prolongé de Ca^{2+} dans le sarcoplasme. Dans les myocytes cardiaques, les ions Ca^{2+} qui pénètrent dans le sarcoplasme proviennent à la fois du réticulum sarcoplasmique (comme dans le cas des muscles squelettiques) et du liquide interstitiel dans lequel baignent les myocytes. Étant donné que les canaux permettant l'arrivée du Ca^{2+} en provenance du liquide interstitiel restent ouverts durant un intervalle de temps assez long, la contraction du muscle cardiaque dure beaucoup plus longtemps que la secousse musculaire simple d'un muscle squelettique.

Nous avons vu que le tissu musculaire squelettique ne se contracte que s'il est stimulé par l'acétylcholine libérée par un neurone moteur sous l'action d'un influx nerveux. Contrairement au tissu musculaire squelettique, le tissu musculaire cardiaque possède des myocytes autorythmiques, c'est-à-dire des myocytes capables de générer, sans stimulus externe, des potentiels d'action musculaires. Le tissu musculaire cardiaque se contracte donc lorsqu'il est stimulé par ses propres myocytes autorythmiques. Dans des conditions normales (au repos), il se contracte et se relâche en moyenne 75 fois par minute. Cette activité rythmique continue constitue une différence physiologique majeure entre le tissu musculaire cardiaque et le tissu musculaire squelettique. Par ailleurs, les mitochondries des myocytes cardiaques sont plus grandes et plus nombreuses que celles des myocytes squelettiques. Cette caractéristique structurale explique pourquoi le tissu musculaire cardiaque dépend grandement de la respiration cellulaire aérobie pour générer de l'ATP, et qu'il a donc besoin d'un apport constant d'oxygène. De plus, les myocytes cardiaques peuvent utiliser l'acide lactique produit par les myocytes squelettiques pour fabriquer de l'ATP, ce qui est un avantage pendant l'exercice physique.

▶ **POINT DE CONTRÔLE**

23. Quelles similarités et quelles différences présentent les myocytes squelettiques et les myocytes cardiaques ?

LE TISSU MUSCULAIRE LISSE

OBJECTIF

- Décrire les principales caractéristiques structurales et fonctionnelles du tissu musculaire lisse.

Comme pour le tissu musculaire cardiaque, la stimulation du **tissu musculaire lisse** est généralement involontaire. Des deux types de tissus musculaires lisses, le plus répandu dans l'organisme est le **tissu musculaire lisse viscéral**, ou **unitaire** (figure 10.17a). On le rencontre dans les composantes tubulaires des parois des petites artères, des veines et d'organes creux tels que l'estomac, les intestins, l'utérus et la vessie. À l'instar du muscle cardiaque, les muscles lisses viscéraux sont autorythmiques. Les myocytes lisses sont reliés par des jonctions communicantes, qui forment un réseau dans lequel les potentiels d'action musculaires peuvent se propager. Lorsqu'un neurotransmetteur, une hormone ou un signal ner-

veux autorythmique stimule un myocyte lisse, le potentiel d'action musculaire est transmis aux myocytes adjacents, qui se contractent alors à l'unisson, comme une seule unité.

Le second type de tissu musculaire lisse est le **tissu musculaire lisse multiunitaire** (figure 10.17b). Il est constitué de myocytes individuels possédant chacun leurs propres terminaisons axonales de neurones moteurs autonomes et très peu de jonctions communicantes entre les myocytes adjacents. Tandis que la stimulation d'un seul myocyte viscéral déclenche la contraction de nombreux myocytes voisins, la stimulation d'un myocyte multiunitaire ne déclenche que sa propre contraction. On rencontre du tissu musculaire lisse multiunitaire dans les parois des grandes artères, dans les voies respiratoires, dans les muscles arrecteurs des poils associés aux follicules pileux, dans les muscles de l'iris responsables de la dilatation et de la constriction de la pupille, et dans le corps ciliaire qui régit la focalisation du cristallin.

L'ANATOMIE MICROSCOPIQUE DU TISSU MUSCULAIRE LISSE

Relâché, un myocyte lisse a une longueur de 30 à 200 µm ; il est renflé au centre (diamètre de 3 à 8 µm) et ses extrémités sont fuselées (figure 10.18). Il y a au centre de chaque myocyte lisse un

FIGURE 10.17 Les deux types de tissus musculaires lisses. (a) Un neurone moteur autonome fait synapse avec plusieurs myocytes lisses viscéraux, et les potentiels d'action se propagent aux myocytes adjacents par le biais de jonctions communicantes. (b) Trois neurones moteurs autonomes font synapse avec des myocytes lisses multiunitaires individuels. La stimulation de l'un d'entre eux ne déclenche que sa propre contraction.

Les myocytes lisses viscéraux sont reliés par des jonctions communicantes et se contractent à l'unisson ; les myocytes lisses multiunitaires ne comportent pas de jonctions communicantes et se contractent indépendamment les uns des autres.

FIGURE 10.18 L'anatomie microscopique d'un myocyte lisse. Le tableau 4.5C contient une photomicrographie d'un muscle lisse.

Les myocytes lisses ont des myofilaments épais et fins mais pas de tubules T, et un réticulum sarcoplasmique peu abondant.

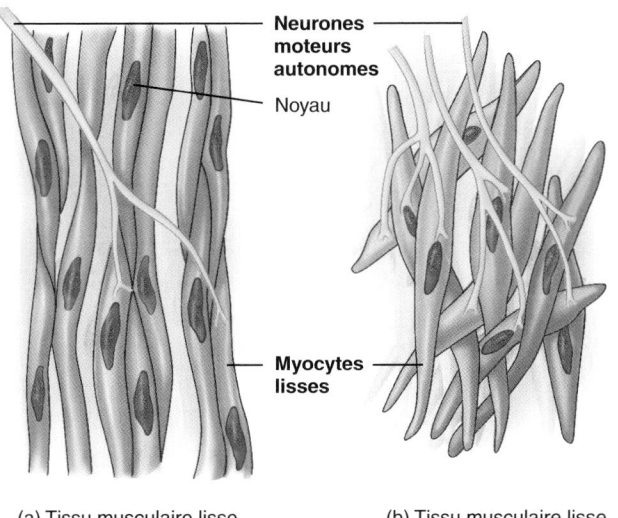

(a) Tissu musculaire lisse viscéral (ou unitaire)

(b) Tissu musculaire lisse multiunitaire

Neurones moteurs autonomes
Noyau
Myocytes lisses

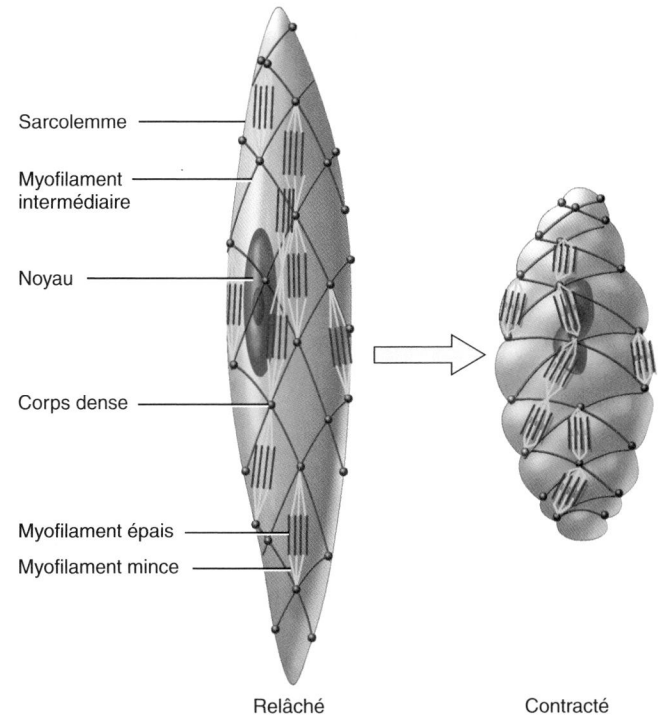

Sarcolemme
Myofilament intermédiaire
Noyau
Corps dense
Myofilament épais
Myofilament mince

Relâché   Contracté

Des deux types de muscles lisses, lequel ressemble davantage au muscle cardiaque qu'à un muscle squelettique, tant par sa structure que par par sa fonction ?

Comparez la vitesse de déclenchement et la durée de contraction d'un myocyte lisse et celles d'un myocyte squelettique.

seul noyau ovale. Le sarcoplasme des myocytes lisses contient à la fois des *myofilaments épais* et des *myofilaments fins*, dans un rapport variant entre 1 à 10 et 1 à 15, mais ils ne sont pas disposés régulièrement comme dans les sarcomères des muscles striés squelettiques. Les myocytes lisses contiennent également des *myofilaments intermédiaires*. Étant donné qu'il n'y a pas de chevauchement régulier des divers myofilaments, ils ne présentent pas l'apparence striée des myocytes squelettiques (voir le tableau 4.5C), d'où leur aspect lisse. Les myocytes lisses sont aussi dépourvus de système de tubules T et contiennent peu de réticulum sarcoplasmique pour le stockage de Ca^{2+}. Leur sarcolemme comporte néanmoins de petites invaginations en forme de sac nommées **cavéoles** (*cavus* : creux), qui renferment des ions Ca^{2+} extracellulaires pouvant servir à la contraction musculaire.

Dans les myocytes lisses, les myofilaments fins sont attachés à des structures appelées **corps denses**, qui ont des fonctions semblables à celles des lignes Z des myocytes squelettiques. Certains de ces corps denses sont dispersés dans le sarcoplasme, alors que d'autres sont reliés au sarcolemme. Des groupes de myofilaments intermédiaires sont également attachés à des corps denses et s'étendent d'un corps à un autre (figure 10.18). Au cours d'une contraction, le mécanisme de glissement des myofilaments épais et fins génère une tension qui se transmet aux myofilaments intermédiaires. Ces derniers exercent à leur tour une traction sur les corps denses reliés au sarcolemme, ce qui entraîne un raccourcissement de l'ensemble du myocyte. Lorsqu'un myocyte lisse se contracte, il est soumis à une torsion similaire à celle d'un tire-bouchon. Cette contraction provoque un mouvement hélicoïdal dans un sens et le relâchement entraîne un mouvement similaire en sens inverse.

LA PHYSIOLOGIE DU TISSU MUSCULAIRE LISSE

Bien que les principes de la contraction soient semblables pour les trois types de tissus musculaires, le tissu musculaire lisse présente d'importantes différences physiologiques. Par comparaison avec celle du myocyte squelettique, la contraction d'un myocyte lisse commence plus lentement et dure beaucoup plus longtemps. D'autre part, l'ampleur du raccourcissement et de l'étirement est plus grande dans le cas des muscles lisses que dans celui des autres muscles.

C'est l'augmentation du taux de Ca^{2+} dans le cytosol d'un myocyte lisse qui déclenche la contraction, comme pour un muscle squelettique. Le réticulum sarcoplasmique (le réservoir de Ca^{2+} dans le muscle squelettique) est peu abondant dans le muscle lisse. Les ions calcium qui se répandent dans son cytosol proviennent à la fois du liquide interstitiel et du réticulum sarcoplasmique ; toutefois, étant donné qu'il n'y a pas de tubules T dans les myocytes lisses (mais plutôt des cavéoles), le Ca^{2+} met plus de temps pour parvenir aux myofilaments situés au centre du myocyte et déclencher le processus contractile. Cela explique en partie le démarrage lent de la contraction d'un muscle lisse.

Plusieurs mécanismes régulent la contraction et le relâchement des myocytes lisses. Dans l'un d'eux, une protéine régulatrice, appelée **calmoduline**, se lie aux ions Ca^{2+} du cytosol. (Rappelons que c'est le rôle de la troponine dans les myocytes squelettiques.) La calmoduline active ensuite une enzyme, appelée *kinase des*

chaînes légères de la myosine, qui utilise l'ATP pour ajouter un groupement phosphate à un segment de la tête de myosine. Une fois que le groupement phosphate a modifié la tête de myosine, celle-ci peut se fixer à l'actine et la contraction peut avoir lieu. La kinase des chaînes légères de la myosine est lente à agir, ce qui contribue aussi à la lenteur de la contraction des myocytes lisses.

Non seulement les ions calcium pénètrent-ils lentement dans les myocytes lisses, mais ils en sortent tout aussi lentement, ce qui retarde le relâchement. La présence prolongée de Ca^{2+} dans le cytosol assure le **tonus des muscles lisses**, soit un état de contraction partielle continue. Le tissu musculaire lisse peut ainsi soutenir un tonus à long terme ; cette capacité est importante dans le tube digestif dont les parois maintiennent une pression constante sur son contenu, ainsi que dans les parois des vaisseaux sanguins appelés *artérioles* qui maintiennent une pression constante sur le sang.

La plupart des myocytes lisses se contractent et se relâchent en réponse aux potentiels d'action du système nerveux autonome. Nombre d'entre eux le font également en réponse à l'étirement, à des hormones ou à des facteurs locaux, tels que des changements dans les taux de pH, d'oxygène et de dioxyde de carbone, et les modifications de la température et de la concentration en certains ions. Par exemple, l'adrénaline – hormone libérée par la médulla surrénale – joue un rôle dans le relâchement des muscles lisses des voies respiratoires et des parois de certains vaisseaux sanguins (ceux qui ont des récepteurs β_2 ; voir le tableau 15.2).

Contrairement aux myocytes striés squelettiques, les myocytes lisses peuvent s'étirer considérablement sans perdre leur fonction contractile. Lorsqu'ils s'étirent, ils commencent par se contracter, ce qui augmente leur tension. Au bout d'une minute environ, la tension décroît. Ce phénomène, appelé **réponse tension-relaxation**, permet aux muscles lisses de subir de grandes variations de longueur sans perdre leur capacité contractile. Donc, même si les muscles lisses des parois des vaisseaux sanguins et des organes creux comme l'estomac, les intestins et la vessie peuvent s'étirer, la pression sur le contenu de ces derniers change très peu. Lorsqu'un organe se vide, toutefois, les muscles lisses de ses parois reprennent leur longueur initiale et retrouvent leur fermeté.

▶ **POINT DE CONTRÔLE**

24. Quelles différences y a-t-il entre un muscle lisse multiunitaire et un muscle lisse viscéral ?

25. Quelles similarités les muscles lisses et les muscles squelettiques présentent-ils ? Qu'est-ce qui les distingue ?

LA RÉGÉNÉRATION DU TISSU MUSCULAIRE

OBJECTIF

• Expliquer le processus de régénération des myocytes.

Étant donné que les myocytes squelettiques matures ont perdu leur capacité de division cellulaire, la croissance des muscles squelettiques après la naissance est surtout due à l'**hypertrophie**, c'est-à-dire à l'accroissement du volume des myocytes existants, plutôt qu'à l'**hyperplasie**, soit l'augmentation du nombre de myocytes. Les cellules satellites se divisent lentement et fusionnent avec des myocytes existants pour contribuer aussi bien à la croissance du muscle qu'à la restauration des myocytes endommagés. La régénération du tissu musculaire squelettique est donc limitée.

Jusqu'à tout récemment, on pensait que les myocytes cardiaques endommagés n'étaient pas remplacés et que la guérison se faisait uniquement par **fibrose**, c'est-à-dire par la formation de tissu cicatriciel. Mais des recherches, décrites au chapitre 20, viennent de montrer que dans certaines conditions le tissu musculaire cardiaque se régénère. Il peut en outre se produire une hypertrophie des myocytes cardiaques s'il y a augmentation de l'activité physique. Ainsi, on observe une hypertrophie du cœur chez de nombreux athlètes.

À l'instar des tissus musculaires squelettique et cardiaque, le tissu musculaire lisse est susceptible d'hypertrophie. De plus, certains myocytes lisses, tels ceux de l'utérus, conservent leur capacité de division et peuvent donc croître par hyperplasie. De nouveaux myocytes lisses peuvent aussi apparaître à partir de cellules appelées *péricytes*, cellules souches associées aux petites veines et aux capillaires sanguins. La prolifération de myocytes lisses est parfois provoquée par certaines maladies comme l'athérosclérose. Par comparaison avec les deux autres types de tissus musculaires, le tissu lisse possède de bien plus grandes capacités régénératrices, mais elles sont tout de même limitées par rapport à celles d'autres tissus comme l'épithélium.

Le tableau 10.2 résume les caractéristiques principales des trois types de tissus musculaires.

LE DÉVELOPPEMENT EMBRYONNAIRE DES MUSCLES

OBJECTIF

- Décrire le développement embryonnaire des muscles.

À l'exception de certains muscles, tels ceux de la pupille et les muscles arrecteurs des poils associés aux follicules pileux, tous les muscles de l'organisme sont dérivés du **mésoderme**. Pendant son développement, une portion du mésoderme s'organise en colonnes denses de part et d'autre du système nerveux en formation. Ces colonnes de mésoderme se segmentent en une série de structures cubiques appelées **somites** (figure 10.19a). La première paire de somites apparaît au 20e jour du développement embryonnaire et, à la fin de la 5e semaine, de 42 à 44 paires se sont formées. Il existe une corrélation entre le nombre de somites et l'âge approximatif de l'embryon.

À l'exception des muscles squelettiques de la tête et des membres, les *muscles squelettiques* se développent à partir du **mésoderme des somites**. Comme il y a très peu de somites dans la région céphalique de l'embryon, la plupart des muscles squelettiques de la tête se développent à partir du **mésoderme géné-**ral de cette partie du corps. Les muscles squelettiques des membres se forment à partir d'amas cellulaires du mésoderme général qui se développent autour des os en formation dans les bourgeons des membres (origines des futurs membres ; voir la figure 8.18b).

Les somites se différencient en trois régions : 1) le **myotome**, qui forme quelques-uns des muscles squelettiques ; 2) le **dermatome**, qui forme les tissus conjonctifs, dont le derme de la peau ; et 3) le **sclérotome**, qui donne naissance aux vertèbres (figure 10.19b).

Le *muscle cardiaque* se développe à partir de **cellules mésodermiques** qui migrent vers le cœur embryonnaire et l'enveloppent lorsqu'il en est encore au stade des tubes cardiaques primitifs (voir la figure 20.18).

Les *muscles lisses* se développent à partir de **cellules mésodermiques** qui migrent vers le tube digestif et les viscères en formation et les enveloppent.

▶ POINT DE CONTRÔLE

26. À partir de quels tissus embryonnaires les trois types de muscles se développent-ils ?

LE VIEILLISSEMENT DU TISSU MUSCULAIRE

OBJECTIF

- Expliquer comment le vieillissement affecte le tissu musculaire squelettique.

Avec l'âge, les humains subissent une perte lente et progressive de la masse musculaire squelettique qui est remplacée surtout par du tissu conjonctif fibreux et du tissu adipeux. Ce déclin est en partie causé par la diminution de l'activité physique. Une baisse de la force musculaire maximale, un ralentissement des réflexes musculaires et une diminution de la flexibilité accompagnent cette perte de masse musculaire. À 85 ans, la force est environ la moitié de ce qu'elle était à 25 ans. On constate parfois, dans certains muscles, une perte sélective de myocytes d'un type donné. Avec le vieillissement, la proportion de myocytes oxydatifs lents semble augmenter ; ce phénomène est peut-être dû à l'atrophie des myocytes des autres types ou à leur transformation en myocytes oxydatifs lents. On ne sait pas encore si le vieillissement est directement en cause ou si cela est lié à la baisse de l'activité physique. Quoi qu'il en soit, les activités aérobies et les programmes de musculation donnent des résultats probants chez les personnes âgées et ralentissent ou même inversent le déclin de la performance musculaire associé au vieillissement.

▶ POINT DE CONTRÔLE

27. Pourquoi la force musculaire diminue-t-elle avec l'âge ?

28. Selon vous, pourquoi un adulte de 30 ans en bonne santé lève-t-il une charge de 10 kg plus aisément qu'une personne de 80 ans ?

TABLEAU 10.2 RÉSUMÉ DES PRINCIPALES CARACTÉRISTIQUES DES TROIS TYPES DE TISSUS MUSCULAIRES			
CARACTÉRISTIQUES	**MUSCLE SQUELETTIQUE**	**MUSCLE CARDIAQUE**	**MUSCLE LISSE**
Aspect et caractéristiques microscopiques des cellules	Myocyte cylindrique allongé possédant de nombreux noyaux situés en périphérie; strié.	Myocyte cylindrique ramifié possédant un noyau central; disques intercalaires réunissant les myocytes adjacents; strié.	Myocyte fusiforme possédant un noyau central; non strié.
Situation	Le plus souvent fixé aux os par des tendons.	Cœur.	Parois des organes creux (viscères, voies respiratoires, vaisseaux sanguins), iris et corps ciliaire de l'œil, muscles arrecteurs des poils associés aux follicules pileux.
Diamètre des myocytes	Très grand (de 10 à 100 µm).	Grand (de 10 à 20 µm).	Petit (de 3 à 8 µm).
Composantes du tissu conjonctif	Endomysium, périmysium, épimysium.	Endomysium.	Endomysium.
Longueur des myocytes	De 100 µm à 30 cm.	De 50 à 100 µm.	De 30 à 200 µm.
Protéines contractiles organisées en sarcomères	Oui.	Oui.	Non.
Réticulum sarcoplasmique	Abondant.	Présent.	Très peu abondant.
Présence de tubules transverses (T)	Oui. Alignés avec chaque jonction des bandes I et A.	Oui. Alignés avec chaque ligne Z.	Non.
Jonctions entre les myocytes	Aucune.	Disques intercalaires contenant des jonctions communicantes et des desmosomes.	Jonctions communicantes dans le muscle lisse viscéral; aucune dans le muscle lisse multiunitaire.
Autorythmicité	Non.	Oui.	Oui, dans les muscles lisses viscéraux.
Source du Ca^{2+} nécessaire à la contraction	Réticulum sarcoplasmique.	Réticulum sarcoplasmique et liquide interstitiel.	Réticulum sarcoplasmique et liquide interstitiel.
Protéines régulatrices de la contraction	Troponine et tropomyosine.	Troponine et tropomyosine.	Calmoduline et kinase des chaînes légères de la myosine.
Vitesse de contraction	Rapide.	Modérée.	Lente.
Régulation nerveuse	Volontaire (système nerveux somatique).	Involontaire (système nerveux autonome).	Involontaire (système nerveux autonome).
Régulation de la contraction	Acétylcholine libérée par les neurones moteurs somatiques.	Acétylcholine et noradrénaline libérées par les neurones moteurs autonomes; plusieurs hormones.	Acétylcholine et noradrénaline libérées par les neurones moteurs autonomes; plusieurs hormones; changements chimiques locaux; étirement.
Capacité de régénération	Limitée, se fait par le biais des cellules satellites.	Limitée, dans certaines conditions.	Considérable, par le biais des péricytes (par comparaison avec celle des autres tissus musculaires, mais limitée par rapport à celle de l'épithélium).

FIGURE 10.19 La situation et la structure des somites, éléments clés dans le développement embryonnaire du système musculaire.

 La plupart des muscles sont dérivés du mésoderme.

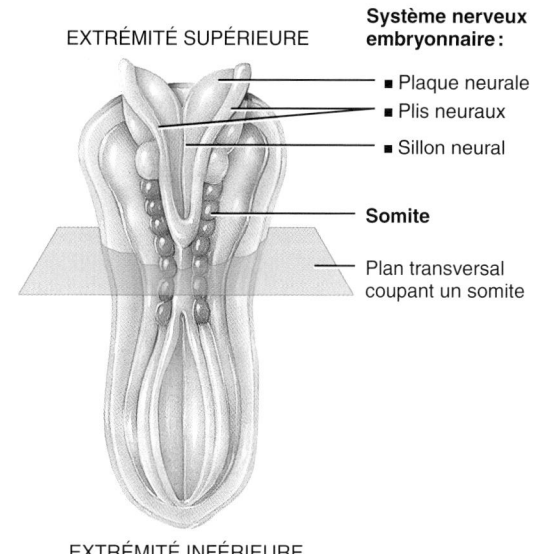

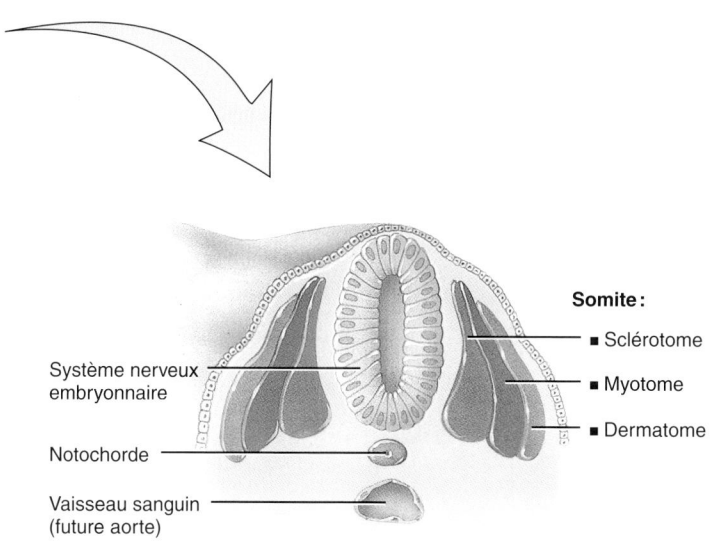

(a) Vue dorsale d'un embryon d'environ 22 jours montrant les somites

(b) Coupe transversale d'un somite

Q Quelle partie d'un somite se différencie en muscle squelettique?

DÉSÉQUILIBRES HOMÉOSTATIQUES

Des anomalies de la fonction du muscle squelettique peuvent résulter de maladies ou de lésions de l'une des composantes d'une unité motrice : les neurones moteurs somatiques, les jonctions neuromusculaires ou les myocytes. Le terme **affection neuromusculaire** englobe les troubles touchant ces trois éléments ; le terme **myopathie** (*pathos* : maladie) s'applique à un trouble touchant le tissu musculaire squelettique lui-même.

La myasthénie grave

La **myasthénie grave** (*mus* : muscle ; *asthenês* : faiblesse) est une maladie auto-immune provoquant une détérioration chronique progressive de la jonction neuromusculaire. Chez les personnes atteintes, le système immunitaire produit de façon inappropriée des anticorps qui bloquent en s'y liant certains récepteurs de l'acétylcholine, ce qui entraîne une diminution du nombre de ces récepteurs fonctionnels au niveau des plaques motrices des muscles squelettiques (figure 10.10). Comme on constate une hyperplasie ou des tumeurs du thymus chez 75 % des patients atteints de myasthénie grave, on pense que des anomalies thymiques seraient à l'origine de la maladie. Au fur et à mesure que celle-ci progresse, de plus en plus de récepteurs de l'ACh sont perdus, de sorte que les muscles s'affaiblissent toujours davantage, s'épuisent de plus en plus rapidement, et peuvent finir par cesser de fonctionner.

On relève environ 1 cas de myasthénie grave sur 10 000 personnes. La maladie est plus fréquente chez les femmes et se déclare généralement entre 20 et 40 ans ; chez les hommes, elle apparaît habituellement entre 50 et 60 ans. Ce sont le plus souvent les muscles du visage et du cou qui sont atteints. Les premiers symptômes comprennent une faiblesse des muscles de l'œil susceptible de provoquer une diplopie (perception visuelle dédoublée), et des muscles du pharynx et du larynx, d'où de la difficulté à déglutir. Par la suite, le patient a du mal à mastiquer et à parler. Les muscles des membres peuvent finir par être touchés. La paralysie des muscles respiratoires entraîne parfois la mort du sujet, mais il est rare que la maladie atteigne ce stade.

Dans le traitement de la myasthénie grave, on utilise d'abord des médicaments à action anticholinestérasique tels que la pyridostigmine (Mestinon^MD) et la néostigmine. Ce sont des inhibiteurs de l'acétylcholinestérase, enzyme qui dégrade l'ACh. Ils font donc augmenter dans la fente synaptique le taux d'acétylcholine, qui peut alors se lier aux récepteurs toujours en état de fonctionner. Au cours de ces dernières années, on a utilisé avec succès des corticostéroïdes tels que la prednisone pour diminuer les taux d'anticorps. Un autre traitement, la plasmaphérèse, consiste à retirer les anticorps du sang. On a également recours dans certains cas à l'ablation chirurgicale du thymus (thymectomie).

La dystrophie musculaire

Le terme **dystrophie musculaire** (*dys*: difficulté; *trophê*: nourriture) désigne un groupe d'affections héréditaires dégénératives des myocytes squelettiques, dont la plus courante est la *dystrophie musculaire (ou myopathie) de Duchenne*. Parce que le gène mutant est situé sur le chromosome X, dont les garçons ne possèdent qu'une copie, seuls les garçons ou presque sont touchés (l'hérédité liée au sexe est décrite au chapitre 29). Chaque année dans le monde, près de 21 000 bébés de sexe masculin en sont atteints (environ 1 sur 3 500). Les signes de la maladie se manifestent en général chez l'enfant âgé de deux à cinq ans; les parents constatent alors que l'enfant tombe souvent et qu'il a de la difficulté à courir, à sauter ou à sautiller. Vers l'âge de 12 ans, la plupart des jeunes patients ne peuvent plus marcher. Une insuffisance respiratoire ou cardiaque entraîne fréquemment la mort avant la vingtaine.

Chez les personnes souffrant de dystrophie musculaire de Duchenne, le gène qui code pour la dystrophine a subi une mutation, de sorte qu'il n'y a qu'une faible quantité de cette protéine dans le sarcolemme, ou il n'y en a pas du tout. Sans l'effet consolidateur de la dystrophine, le sarcolemme se déchire facilement durant la contraction musculaire, ce qui entraîne la rupture et la mort de myocytes. On a découvert le gène de la dystrophine en 1987 et, en 1990, les premiers essais de thérapie génique ont eu lieu. On a injecté des myoblastes portant des gènes normaux dans les muscles de trois jeunes garçons atteints de dystrophie musculaire, mais seuls quelques myocytes ont recouvré la capacité à produire de la dystrophine. On a procédé à des essais cliniques avec d'autres patients, mais sans plus de succès. Des chercheurs étudient une approche différente, qui consiste à amener les myocytes à produire de l'*utrophine*, protéine semblable à la dystrophine. Des expériences effectuées dans ce sens sur des souris déficientes en dystrophine indiquent que cette méthode pourrait donner des résultats.

La fibromyalgie

La **fibromyalgie** (*algos*: douleur) est une affection rhumatismale non articulaire et douloureuse qui apparaît généralement entre 25 et 50 ans. On estime que 3 millions d'Américains en souffrent, et la maladie est 15 fois plus fréquente chez les femmes que chez les hommes. La fibromyalgie touche les composantes du tissu conjonctif fibreux des muscles, des tendons et des ligaments. Elle se caractérise par un signe étonnant – la douleur provoquée par une légère pression en des «points sensibles» précis. Même en l'absence de pression, on observe de la douleur, une sensibilité et une raideur des muscles, des tendons et des tissus mous adjacents. Les personnes atteintes de fibromyalgie se plaignent non seulement de douleur musculaire, mais aussi d'une grande fatigue, de troubles du sommeil, de maux de tête, de dépression et de l'incapacité à accomplir les activités de la vie quotidienne. Le traitement comprend la réduction du stress, la pratique régulière d'une activité physique, l'application de chaleur, des massages doux, la physiothérapie, et l'administration d'analgésiques et d'un antidépresseur à faible dose pour favoriser le sommeil.

Les contractions anormales des muscles squelettiques

Un **spasme** est la contraction anormale subite et involontaire d'un seul muscle au sein d'un groupe de plusieurs muscles. Une **crampe** est une contraction spasmodique douloureuse. Les crampes peuvent être causées par une insuffisance de l'apport sanguin aux muscles, une utilisation excessive d'un muscle, la déshydratation, une blessure, le maintien prolongé d'une position donnée, ou un faible taux sanguin d'électrolytes tels que le potassium. Un **tic** est un mouvement convulsif involontaire de muscles normalement régis par la commande volontaire. Les tressaillements de la paupière et d'autres muscles du visage sont des exemples de tics. Le **tremblement** est une agitation du corps ou d'une partie du corps causée par des contractions rythmiques involontaires. Une **fasciculation** est une brève contraction involontaire de faisceaux musculaires entiers, visible sous la peau et survenant irrégulièrement, mais qui ne provoque pas de mouvement du muscle. On peut observer des fasciculations associées à la sclérose en plaques (voir p. 461) et à la sclérose latérale amyotrophique (ou maladie de Lou-Gehrig; voir p. 600). Une **fibrillation** est une contraction spontanée d'un seul myocyte qui n'est pas visible sous la peau mais qui peut être enregistrée par électromyographie. Les fibrillations peuvent être symptomatiques de la destruction de neurones moteurs.

TERMES MÉDICAUX

Contusion musculaire Déchirement d'un muscle à la suite d'un choc violent, accompagné de saignement et de douleur vive. Couramment appelée *crampe d'athlète* ou *claquage d'un muscle*. Assez fréquente dans les sports de contact, elle touche souvent le muscle quadriceps fémoral, sur la face antérieure de la cuisse. Elle se traite par une application immédiate de glace, du repos, un bandage de soutien et l'élévation du membre blessé.

Myalgie (*mus*: muscle; *algos*: douleur) Douleur musculaire.

Myomalacie (*malakia*: mollesse) Ramollissement d'un muscle dû à une atrophie et à une dégénérescence des myocytes.

Myome (*ome*: tumeur) Tumeur bénigne constituée de tissu musculaire.

Myosite (*-ite*: inflammation) Inflammation du tissu musculaire.

Myotonie (*tonos*: tension) Augmentation de l'excitabilité et de la contractilité des muscles, accompagnée de la réduction de la capacité de relaxation; spasme tonique d'un muscle.

Syndrome de Volkmann Raccourcissement (contracture) permanent d'un muscle à la suite du remplacement des myocytes dégénérés par du tissu conjonctif fibreux, qui manque d'extensibilité. La destruction des myocytes peut survenir si la circulation sanguine est interrompue par un bandage trop serré, une bande élastique ou un plâtre mal adapté.

RÉSUMÉ

INTRODUCTION (P. 309)

1. Le mouvement résulte de la contraction et du relâchement alternés des muscles, qui constituent de 40 à 50 % de la masse corporelle totale.

2. La fonction première des muscles est la transformation de l'énergie chimique en énergie mécanique pour accomplir une tâche.

LE TISSU MUSCULAIRE: VUE D'ENSEMBLE (P. 310)

1. Les trois types de tissus musculaires sont les tissus squelettique, cardiaque et lisse. Le tissu musculaire squelettique est essentiellement fixé aux os ; il est strié et volontaire. Le tissu musculaire de la paroi du cœur est le tissu musculaire cardiaque ; il est strié et involontaire. Le tissu musculaire lisse est surtout situé dans les organes internes ; il est non strié (lisse) et involontaire.

2. En alternant contraction et relâchement, le tissu musculaire assure quatre fonctions importantes : la production des mouvements du corps ; la stabilisation des articulations et le maintien de la posture ; le stockage et le déplacement de substances dans l'organisme ; et la production de chaleur.

3. Les quatre propriétés caractéristiques des tissus musculaires sont 1) l'excitabilité électrique, soit la capacité de réagir à des stimulus en produisant des potentiels d'action ; 2) la contractilité, soit la capacité de générer une tension pour accomplir une tâche ; 3) l'extensibilité, soit la capacité de s'étirer ; et 4) l'élasticité, soit la capacité de reprendre sa forme originale après une contraction ou un étirement.

LE TISSU MUSCULAIRE SQUELETTIQUE (P. 311)

1. Les tissus conjonctifs enveloppant le muscle sont l'épimysium, qui recouvre le muscle entier ; le périmysium, qui couvre les faisceaux ; et l'endomysium, qui entoure les myocytes (aussi appelées *fibres musculaires* ou *cellules musculaires*). Le fascia superficiel sépare les muscles de la peau.

2. Un tendon et une aponévrose sont des prolongements du tissu conjonctif au-delà des myocytes ; ils fixent le muscle à un os ou à un autre muscle.

3. Les muscles squelettiques sont parcourus par des nerfs et des vaisseaux sanguins. Généralement, une artère et une ou deux veines accompagnent chaque nerf qui pénètre dans un muscle squelettique.

4. Les neurones moteurs somatiques produisent les influx nerveux qui stimulent la contraction des muscles squelettiques.

5. Les capillaires sanguins apportent l'oxygène et les nutriments, et évacuent la chaleur et les déchets produits par le métabolisme des muscles.

6. Chaque myocyte squelettique comporte 100 noyaux ou plus parce qu'il est issu de la fusion de nombreux myoblastes. Les cellules satellites sont des myoblastes qui persistent après la naissance. Le sarcolemme est la membrane plasmique d'un myocyte ; il entoure le sarcoplasme. Les tubules transverses (T) sont des invaginations du sarcolemme ; les citernes terminales du réticulum sarcoplasmique contiennent des ions Ca^{2+}.

7. Chaque myocyte contient des centaines de myofibrilles, qui sont les unités fonctionnelles contractiles du muscle squelettique. Un réticulum sarcoplasmique entoure chaque myofibrille, dans laquelle des myofilaments fins et des myofilaments épais sont organisés en segments appelés *sarcomères*.

8. Le « chevauchement » des myofilaments fins et des myofilaments épais produit la striation ; des bandes A sombres alternent avec des bandes I plus claires.

9. Les myofibrilles sont composées de trois types de protéines : contractiles, régulatrices et structurales. Les protéines contractiles sont la myosine (des myofilaments épais) et l'actine (des myofilaments fins). Les protéines régulatrices sont la tropomyosine et la troponine (qui entrent toutes deux dans la composition des myofilaments fins). Les protéines structurales comprennent la titine (qui fixe les lignes Z à la ligne M et stabilise les myofilaments épais), la myomésine (qui constitue la ligne M), la nébuline (qui ancre les myofilaments fins aux lignes Z et régule la longueur de ces myofilaments durant leur élaboration) et la dystrophine (qui lie les myofilaments fins au sarcolemme).

10. Les têtes de myosine en saillie comportent des sites de liaison à l'actine, à l'ATP et à l'ATPase (une enzyme) ; ce sont les protéines motrices qui fournissent l'énergie pour la contraction musculaire. Une molécule d'actine comporte un site de liaison de la myosine.

LA CONTRACTION ET LE RELÂCHEMENT DES MYOCYTES SQUELETTIQUES (P. 317)

1. La contraction musculaire se produit parce que les ponts d'union se fixent aux myofilaments fins puis « se déplacent » le long de ces derniers, aux deux extrémités d'un sarcomère, tirant ainsi progressivement les myofilaments fins vers le centre du sarcomère. Le glissement graduel de ces myofilaments vers l'intérieur rapproche les lignes Z les unes des autres, et le sarcomère raccourcit.

2. Le cycle de la contraction résulte de la répétition de la séquence d'événements qui provoque le glissement des myofilaments : 1) l'ATPase de la myosine hydrolyse l'ATP et la tête de myosine se charge d'énergie ; 2) la tête de myosine se fixe à l'actine et forme ainsi un pont d'union ; 3) le pivotement du pont d'union vers le centre du sarcomère génère une force (production de la force motrice) ; et 4) la liaison de l'ATP à la tête de myosine sépare cette dernière de l'actine. La tête de myosine hydrolyse à nouveau l'ATP, reprend sa position de départ et se fixe à un nouveau site sur l'actine, et le cycle continue.

3. Une augmentation du taux de Ca^{2+} dans le cytosol déclenche le glissement des myofilaments ; une baisse interrompt ce mouvement latéral.

4. Le potentiel d'action musculaire se propage le long du sarcolemme et dans le système de tubules T, ce qui ouvre les canaux de libération du Ca^{2+} des citernes terminales du réticulum sarcoplasmique. Les ions calcium diffusent du RS dans le cytosol et se combinent avec la troponine ; le complexe troponine-tropomyosine s'éloigne et dégage alors les sites de liaison de la myosine sur l'actine.

5. Les pompes calciques à transport actif font repasser continuellement le Ca^{2+} du sarcoplasme vers le RS. Lorsque le taux d'ions calcium dans le cytosol diminue, les complexes troponine-tropomyosine recouvrent de nouveau les sites de liaison de la myosine et les bloquent. Le myocyte se relâche.

6. Un myocyte atteint son degré de tension le plus élevé lorsqu'il y a chevauchement maximal des myofilaments fins et des myofilaments épais. C'est la relation tension-longueur.

7. La jonction neuromusculaire est la région où sont regroupées les synapses entre un neurone moteur somatique et un myocyte squelettique. Elle est constituée des boutons terminaux d'une terminaison axonale du neurone moteur, ainsi que de la plaque motrice adjacente du sarcolemme du myocyte.

8. Lorsqu'un influx nerveux atteint les boutons terminaux d'une terminaison axonale du neurone moteur somatique, il déclenche l'exocytose des vésicules synaptiques, qui libèrent des molécules d'acétylcholine (ACh). Celles-ci diffusent à travers la fente synaptique et se lient aux récepteurs de l'ACh présents sur la plaque motrice du sarcolemme, ce qui amorce un potentiel d'action musculaire dans le myocyte. L'acétylcholinestérase fragmente ensuite rapidement l'ACh en ses constituants.

9. Durant le cycle de contraction et de relâchement d'un myocyte squelettique, les événements se déroulent dans l'ordre suivant : 1) la transmission de l'influx nerveux du neurone moteur somatique au myocyte squelettique (étape décrite aux points 7 et 8) ; 2) le couplage excitation-contraction (étape décrite aux points 4 et 2) ; 3) le relâchement du myocyte (étape décrite au point 5).

LE MÉTABOLISME MUSCULAIRE (P. 327)

1. Les myocytes disposent de trois sources de production d'ATP: la créatine, la respiration cellulaire anaérobie et la respiration cellulaire aérobie.

2. La créatine kinase (CK) catalyse le transfert d'un groupement phosphate riche en énergie de la créatine phosphate à l'ADP pour former de nouvelles molécules d'ATP. Ensemble, la créatine phosphate et l'ATP fournissent suffisamment d'énergie pour une contraction maximale des muscles d'environ 15 s.

3. Le glucose est converti en acide pyruvique au cours de la glycolyse, qui produit deux molécules d'ATP en l'absence d'oxygène. Cette respiration cellulaire anaérobie peut fournir assez d'énergie pour une activité musculaire maximale de 30 à 40 s.

4. Si l'activité musculaire dure plus de 30 s, elle dépend de la respiration cellulaire aérobie, c'est-à-dire des réactions mitochondriales qui ont besoin d'oxygène pour la production d'ATP.

5. L'incapacité d'un muscle à se contracter avec force après une activité prolongée est appelée *fatigue musculaire*.

6. La consommation élevée d'oxygène après un exercice physique est appelée consommation d'oxygène de récupération.

LA RÉGULATION DE LA TENSION MUSCULAIRE (P. 329)

1. Une unité motrice est constituée d'un neurone moteur et des myocytes qu'il stimule. Une unité motrice peut comporter seulement 2 myocytes, mais elle peut aussi en posséder jusqu'à 3 000.

2. Le recrutement des unités motrices est le processus au cours duquel le nombre d'unités motrices actives sollicitées augmente.

3. Une secousse musculaire simple est une brève contraction de tous les myocytes d'une unité motrice en réponse à un unique potentiel d'action.

4. L'enregistrement (courbe graphique) d'une contraction est appelé *myogramme*. Il se compose d'une période de latence, d'une période de contraction et d'une période de relaxation.

5. La sommation temporelle est l'augmentation de la force de contraction d'un myocyte qui a lieu si un deuxième stimulus lui parvient avant qu'il ne soit complètement relâché.

6. Des stimulus répétés peuvent produire une contraction musculaire soutenue avec un relâchement partiel entre les stimulus, appelée *tétanos incomplet*. Une fréquence de stimulation plus rapide produit le tétanos complet, c'est-à-dire une contraction soutenue sans relâchement partiel entre les stimulus.

7. L'activation continue involontaire d'un petit nombre d'unités motrices produit le tonus musculaire, qui est essentiel au maintien de la posture du corps.

8. Au cours d'une contraction isotonique concentrique, le muscle se raccourcit pour produire un mouvement et diminuer l'angle d'une articulation. Pendant une contraction isotonique excentrique, la longueur du muscle augmente.

9. Les contractions isométriques – au cours desquelles une tension est générée sans que la longueur du muscle varie – sont importantes parce qu'elles stabilisent certaines articulations pendant que d'autres sont en mouvement.

LES TYPES DE MYOCYTES SQUELETTIQUES (P. 334)

1. Les myocytes squelettiques sont classées selon leur structure et leurs fonctions en myocytes oxydatifs lents, myocytes oxydatifs-glycolytiques rapides et myocytes glycolytiques rapides.

2. La plupart des muscles squelettiques contiennent des myocytes des trois types dans une proportion qui varie selon la fonction du muscle.

3. Les unités motrices d'un muscle sont recrutées selon l'ordre suivant: d'abord les myocytes oxydatifs lents, puis les myocytes oxydatifs-glycolytiques rapides, et enfin les myocytes glycolytiques rapides.

4. Le tableau 10.1 résume les caractéristiques des trois types de myocytes squelettiques.

L'EXERCICE ET LE TISSU MUSCULAIRE SQUELETTIQUE (P. 336)

1. Divers types d'exercices sont susceptibles de provoquer des modifications des myocytes des muscles squelettiques. Les exercices d'endurance (aérobies) entraînent une transformation graduelle d'une partie des myocytes glycolytiques rapides en myocytes oxydatifs-glycolytiques rapides.

2. Les exercices qui requièrent le déploiement d'une grande force pendant de courtes périodes entraînent une augmentation du volume et de la force des myocytes glycolytiques rapides. L'augmentation du volume est due à un accroissement de la synthèse de myofilaments épais et de myofilaments fins.

LE TISSU MUSCULAIRE CARDIAQUE (P. 336)

1. Le tissu musculaire cardiaque se trouve uniquement dans le cœur. Les myocytes cardiaques ont la même disposition d'actine et de myosine, et les mêmes bandes, zones et lignes Z que les myocytes squelettiques. Les myocytes sont reliés par des disques intercalaires, qui contiennent à la fois des jonctions communicantes et des desmosomes.

2. Le tissu musculaire cardiaque reste contracté de 10 à 15 fois plus longtemps que le tissu musculaire squelettique grâce à la libération prolongée de Ca^{2+} dans le sarcoplasme.

3. Le tissu musculaire cardiaque se contracte lorsqu'il est stimulé par ses propres myocytes autorythmiques. Comme son activité rythmique est continue, le muscle cardiaque dépend beaucoup de la respiration cellulaire aérobie pour produire de l'ATP.

LE TISSU MUSCULAIRE LISSE (P. 337)

1. Le tissu musculaire lisse est non strié et involontaire.

2. Les myocytes lisses contiennent des myofilaments intermédiaires et des corps denses; la fonction de ces derniers est similaire à celle des lignes Z des muscles squelettiques.

3. Le tissu musculaire lisse viscéral (ou unitaire) se trouve dans les parois des organes creux et des petits vaisseaux sanguins. De nombreux myocytes forment un réseau qui se contracte à l'unisson.

4. Le tissu musculaire lisse multiunitaire se trouve dans les parois des vaisseaux sanguins de grande taille, dans les voies respiratoires, dans les muscles arrecteurs des poils et dans les muscles de l'œil (où il sert à réguler le diamètre de la pupille et à focaliser le cristallin). Ces myocytes agissent indépendamment et non à l'unisson.

5. La durée de la contraction et du relâchement d'un muscle lisse est plus longue que celle d'un muscle squelettique parce que les ions Ca^{2+} mettent plus de temps à atteindre les myofilaments.

6. La contraction des myocytes lisses se fait en réponse à des influx nerveux en provenance du système nerveux autonome, des hormones et des facteurs locaux.

7. Les myocytes lisses peuvent s'étirer considérablement tout en conservant leur capacité contractile, phénomène appelé *réponse tension-relaxation*.

LA RÉGÉNÉRATION DU TISSU MUSCULAIRE (P. 338)

1. Les myocytes squelettiques ne peuvent se diviser et ils ont un potentiel restreint de régénération. Les myocytes cardiaques ne peuvent se régénérer que dans des conditions précises. Ce sont les myocytes lisses qui ont la plus grande capacité de division et de régénération.

2. Le tableau 10.2 résume les caractéristiques principales des trois types de tissus musculaires.

LE DÉVELOPPEMENT EMBRYONNAIRE DES MUSCLES (P. 339)

1. À quelques exceptions près, les muscles se développent à partir du mésoderme.

2. Les muscles squelettiques de la tête et des membres se développent à partir du mésoderme général, les autres à partir du mésoderme des somites.

LE VIEILLISSEMENT DU TISSU MUSCULAIRE (P. 339)

1. Les humains connaissent une perte progressive de la masse musculaire squelettique à partir de l'âge de 30 ans environ. Le tissu perdu est remplacé par du tissu conjonctif fibreux et du tissu adipeux.

2. Le vieillissement s'accompagne également d'une diminution de la force musculaire, d'un ralentissement des réflexes musculaires et d'une réduction de la flexibilité.

AUTOÉVALUATION

Vous trouverez les réponses à ces questions à l'appendice D.

COMPLÉTEZ LES PHRASES SUIVANTES.

1. L'ensemble formé par un neurone moteur somatique et tous les myocytes musculaires qu'il stimule s'appelle _____.

2. La perte de masse musculaire due à l'inactivité s'appelle _____ ; le remplacement, par du tissu cicatriciel, des myocytes endommagés s'appelle _____.

3. Les bourgeons terminaux des neurones moteurs somatiques renferment des vésicules synaptiques remplies du neurotransmetteur _____.

INDIQUEZ SI LES ÉNONCÉS SUIVANTS SONT VRAIS OU FAUX.

4. La capacité des myocytes de réagir à des stimulus et de produire des signaux électriques s'appelle *excitabilité*.

5. La séquence d'événements menant à la contraction d'un muscle squelettique est la suivante : a) génération d'un influx nerveux, b) libération d'acétylcholine, un neurotransmetteur, c) génération d'un potentiel d'action musculaire, d) libération d'ions calcium par le réticulum sarcoplasmique, e) fixation des ions calcium au complexe troponine-tropomyosine, f) glissement des myofilaments fins sur les myofilaments épais.

CHOISISSEZ LA BONNE RÉPONSE.

6. En physiologie musculaire, l'expression *période de latence* désigne : a) la période de perte d'excitabilité se produisant lorsque deux stimulus sont appliqués immédiatement l'un à la suite de l'autre, b) une brève contraction d'une unité motrice, c) la période de consommation accrue d'oxygène qui suit une séance d'exercice, d) l'incapacité d'un muscle à se contracter fortement après une activité prolongée, e) le court intervalle de temps entre l'application d'un stimulus et le commencement de la contraction.

7. Dans quels cas la protéine musculaire ne correspond pas à la description qui en est donnée ? a) la tinine : protéine régulatrice qui maintient la troponine en place ; b) la myosine : protéine motrice contractile ; c) la tropomyosine : protéine régulatrice qui bloque les sites de liaison de la myosine ; d) l'actine : protéine contractile qui comporte des sites de liaison de la myosine ; e) la calséquestrine : protéine de liaison du calcium.

8. Lequel des processus suivants *ne se produit pas* durant la contraction musculaire ? a) la formation de ponts d'union au moment où la tête de myosine activée se fixe au site de liaison de la myosine situé sur l'actine ; b) l'hydrolyse de l'ATP ; c) le glissement des myofilaments épais vers l'intérieur, en direction de la ligne M ; d) l'augmentation du taux de calcium dans le cytosol ; e) le rapprochement mutuel des lignes Z.

9. Lequel des énoncés suivants relatifs à la relation longueur-tension dans les myocytes est *faux* ? a) L'étirement des sarcomères entraîne une diminution de la tension dans les myocytes. b) Si un myocyte est étiré au point où il n'y a pas de chevauchement des myofilaments, aucune tension n'est générée. c) Une compression extrême des sarcomères entraîne une réduction de la tension. d) La tension est maximale lorsque la zone de chevauchement des myofilaments épais et des myofilaments fins s'étend de la bordure de la zone H à une extrémité d'un myofilament épais. e) Le raccourcissement des sarcomères entraîne une réduction de la tension dans ces derniers.

10. Lesquels des éléments suivants sont des sources d'ATP pour la contraction musculaire ? 1) créatine phosphate, 2) glycolyse, 3) respiration cellulaire anaérobie, 4) respiration cellulaire aérobie, 5) acétylcholine. a) 1, 2 et 3 ; b) 2, 3 et 4 ; c) 2, 3 et 5 ; d) 1, 2, 3 et 4 ; e) 2, 3, 4 et 5.

11. Que se passerait-il si la réserve d'ATP était brusquement épuisée après que le sarcomère a commencé à raccourcir ? a) Rien, la contraction se déroulerait normalement. b) Les têtes de myosine ne pourraient pas se détacher de l'actine. c) La troponine se fixerait aux têtes de myosine. d) Les myofilaments d'actine et de myosine se sépareraient et ne pourraient plus se recombiner. e) Les têtes de myosine se détacheraient complètement de l'actine et se fixeraient au complexe troponine-tropomyosine.

12. Associez les éléments suivants :

_____ a) gaine de tissu conjonctif aréolaire enveloppant individuellement les myocytes squelettiques

_____ b) tissu conjonctif dense irrégulier divisant un muscle en groupes de myocytes individuels

_____ c) groupes de myocytes

_____ d) la couche de tissu conjonctif entourant un muscle squelettique tout entier qui est située le plus à l'extérieur

_____ e) tissu conjonctif dense irrégulier tapissant les parois du corps et les membres, et maintenant ensemble les unités musculaires fonctionnelles

_____ f) cordon de tissu conjonctif dense régulier fixant le muscle au périoste de l'os

_____ g) cellule musculaire allongée

_____ h) tissu conjonctif aréolaire et tissu adipeux séparant le muscle de la peau

_____ i) éléments de tissu conjonctif se prolongeant en une lame large et aplatie

_____ j) tube formé de deux couches de tissu conjonctif fibreux entourant certains tendons

1) aponévrose
2) fascia profond
3) fascia superficiel
4) tendon
5) endomysium
6) périmysium
7) épimysium
8) gaine tendineuse
9) faisceaux
10) myocyte

13. Associez les éléments suivants :

_____ a) synapse entre un neurone moteur et un myocyte

_____ b) invaginations de la surface du sarcolemme vers le centre du myocyte

_____ c) myoblastes persistant dans les muscles squelettiques adultes

_____ d) membrane plasmique d'un myocyte

_____ e) protéine fixant l'oxygène présente seulement dans les myocytes

_____ f) système tubulaire de mise en réserve des ions Ca^{2+} semblable au réticulum endoplasmique lisse

_____ g) unité de contraction d'un myocyte squelettique

_____ h) zone centrale du sarcomère où se trouvent les myofilaments fins et les myofilaments épais

_____ i) zone du sarcomère où se trouvent des myofilaments fins mais aucun myofilament épais

_____ j) délimite les sarcomères

_____ k) zone où se trouvent uniquement des filaments épais

_____ l) cytoplasme d'un myocyte

_____ m) composé(e) de protéines de soutien qui maintiennent les filaments épais ensemble dans la zone H

1) bande A
2) bande I
3) ligne Z
4) zone H
5) ligne M
6) sarcomère
7) jonction neuromusculaire
8) myoglobine
9) cellules satellites
10) tubules T
11) réticulum sarcoplasmique
12) sarcolemme
13) sarcoplasme

14. Associez les éléments suivants :

_____ a) propriété des muscles lisses permettant aux myocytes d'assurer leur fonction contractile même lorsqu'ils sont étirés

_____ b) contraction brève de tous les myocytes d'une unité motrice d'un muscle en réponse à un seul potentiel d'action circulant dans son neurone moteur

_____ c) contraction soutenue d'un muscle, sans période de relâchement entre les stimulus

_____ d) contractions plus fortes provoquées par plusieurs stimulus consécutifs

_____ e) processus au cours duquel le nombre d'unités motrices activées augmente

_____ f) contraction pendant laquelle le muscle raccourcit

_____ g) incapacité d'un muscle à maintenir sa force de contraction, ou tension, pendant une activité prolongée

_____ h) contraction soutenue mais « tremblotante », avec un relâchement partiel entre les stimulus

_____ i) produit par l'activation involontaire continue d'un petit nombre des unités motrices d'un muscle squelettique ; entraîne une fermeté du muscle squelettique

_____ j) contraction avec production de tension sans raccourcissement du muscle

_____ k) quantité d'oxygène requise pour ramener les conditions métaboliques de l'organisme à l'état de repos après une période d'exercice

_____ l) contraction pendant laquelle le muscle s'allonge

1) fatigue musculaire
2) secousse musculaire simple
3) sommation temporelle
4) tétanos complet
5) contraction isotonique concentrique
6) recrutement d'unités motrices
7) tonus musculaire
8) contraction isotonique excentrique
9) contraction isométrique
10) réponse tension-relaxation
11) consommation d'oxygène de récupération
12) tétanos incomplet

15. Associez les éléments suivants (chaque élément descriptif peut être associé à plus d'un type de muscles):

_____ a) ses myocytes sont reliés par des disques intercalaires

_____ b) ses myofilaments épais et fins ne sont pas disposés de manière à former des sarcomères

_____ c) les cellules satellites servent à la réparation de ses myocytes endommagés

_____ d) strié

_____ e) sa contraction commence lentement mais dure pendant une longue période

_____ f) sa contraction est de longue durée grâce à la libération prolongée de calcium en provenance à la fois du réticulum sarcoplasmique et du liquide interstitiel

_____ g) ne manifeste pas d'autorythmicité

_____ h) les péricytes servent à la réparation de ses myocytes endommagés

_____ i) la troponine y joue le rôle de protéine régulatrice

_____ j) est considéré comme unitaire ou multiunitaire

_____ k) peut être autorythmique

_____ l) la calmoduline y joue le rôle de protéine régulatrice

1) muscle squelettique
2) muscle cardiaque
3) muscle lisse

QUESTIONS À COURT DÉVELOPPEMENT

Vous trouverez les réponses à ces questions à l'appendice D.

1. Julien est un haltérophile qui s'exerce plusieurs heures par jour. Les muscles de ses bras ont déjà augmenté manifestement de volume. Il vous dit que ses myocytes « se multiplient à une allure folle et qu'il est de plus en plus fort ». Êtes-vous d'accord avec cette explication ? Pourquoi ?

2. On considère qu'une poitrine de poulet est de la « viande blanche » et une cuisse de poulet, de la « viande brune ». La poitrine et les cuisses d'un canard migrateur sont de la « viande brune ». La poitrine sert au vol autant chez les poulets que chez les canards. Comment expliquez-vous la différence de couleur de la viande (ou des muscles) ? En quoi les muscles sont-ils adaptés à leur fonction ?

3. La polio est une maladie causée par un virus qui s'attaque aux neurones moteurs somatiques du système nerveux central. Les individus atteints sont susceptibles de souffrir de faiblesse et d'atrophie musculaires. Un certain pourcentage des sujets infectés par le virus de la polio meurent à cause d'une paralysie respiratoire. Établissez des liens entre vos connaissances relatives au fonctionnement des myocytes et les symptômes décrits.

RÉPONSES AUX QUESTIONS DES FIGURES

10.1 Le périmysium regroupe les myocytes en faisceaux.

10.2 Les citernes terminales du réticulum sarcoplasmique libèrent des ions calcium, ce qui déclenche la contraction.

10.3 Du plus petit au plus grand : myofilament épais, myofibrille, myocyte.

10.4 L'actine et la titine sont reliées aux lignes Z. Les bandes A contiennent de la myosine, de l'actine, de la troponine, de la tropomyosine et de la titine ; les bandes I contiennent les mêmes protéines que les bandes A, sauf la myosine.

10.5 Les sarcomères sont délimités par des lignes Z.

10.6 La bande I et la zone H raccourcissent durant la contraction musculaire. La longueur des myofilaments fins et épais ne change pas ; ils glissent les uns sur les autres.

10.7 S'il y avait un manque d'ATP, les ponts d'union ne pourraient pas se détacher de l'actine. Les muscles resteraient en état de rigidité, comme cela se produit dans la rigidité cadavérique.

10.8 Les trois fonctions de l'ATP dans la contraction musculaire sont les suivantes : 1) son hydrolyse par une ATPase active les têtes de myosine, qui peuvent alors se fixer à l'actine et pivoter ; 2) sa liaison à la myosine amène celle-ci à se détacher de l'actine après la production de la force motrice de contraction ; et 3) elle fait fonctionner les pompes qui renvoient le Ca^{2+} du cytosol vers le réticulum sarcoplasmique.

10.9 Dans un sarcomère de 2,2 μm de longueur, la zone de chevauchement entre les segments des myofilaments épais qui portent les têtes de myosine et les myofilaments fins est importante, mais pas au point de limiter le raccourcissement du sarcomère.

10.10 La partie du sarcolemme qui contient les récepteurs de l'acétylcholine est la plaque motrice.

10.11 Les étapes ❹ à ❻ font partie du couplage excitation-contraction (potentiel d'action musculaire par le biais de la liaison des têtes de myosine à l'actine).

10.12 L'échange de phosphate entre la créatine phosphate et l'ADP, la dégradation du glycogène et la glycolyse ont lieu dans le cytosol. L'oxydation de l'acide pyruvique, des acides aminés et des acides gras (respiration cellulaire aérobie) a lieu dans les mitochondries.

10.13 Les unités motrices comprenant un grand nombre de myocytes peuvent effectuer des contractions plus vigoureuses que celles qui ne comportent que quelques myocytes.

10.14 Les événements qui ont lieu pendant la période de latence sont les étapes du couplage excitation-contraction : la libération d'ions Ca^{2+} provenant du RS et leur liaison à la troponine permettent aux têtes de myosine de se lier à l'actine et de pivoter.

10.15 Si le deuxième stimulus était appliqué un peu plus tard, la courbe de la deuxième contraction serait moins élevée que celle qui est illustrée en (b).

10.16 Le maintien de la tête droite et immobile fait surtout appel à des contractions isométriques.

10.17 Le muscle lisse viscéral ressemble plutôt au muscle cardiaque ; ils présentent tous deux des jonctions communicantes qui permettent aux potentiels d'action musculaires de se propager d'un myocyte aux myocytes adjacents.

10.18 La contraction d'un myocyte lisse commence plus lentement et dure plus longtemps que la contraction d'un myocyte squelettique.

10.19 Comme son nom l'indique, c'est le myotome du somite qui se différencie en muscle squelettique.

LE SYSTÈME MUSCULAIRE

LE SYSTÈME MUSCULAIRE ET L'HOMÉOSTASIE

Le système musculaire et le tissu musculaire contribuent à l'homéostasie de l'organisme en produisant les mouvements du corps, en stabilisant les articulations, en maintenant la posture, en permettant le stockage et le déplacement des substances à l'intérieur de l'organisme et en produisant de la chaleur.

Le terme «système musculaire» fait référence à tous les muscles (organes) et désigne les muscles squelettiques, cardiaque et lisses. L'ensemble des muscles volontaires du corps forment le **système musculaire squelettique**. La quasi-totalité des 700 muscles squelettiques, par exemple le muscle biceps brachial, sont constitués à la fois de tissu musculaire squelettique et de tissu conjonctif. La fonction de la plupart des muscles squelettiques est de produire des mouvements de parties du corps, mais quelques muscles servent principalement à stabiliser des os de sorte que d'autres muscles squelettiques puissent effectuer un mouvement de façon plus efficace. Dans le présent chapitre, nous étudions de nombreux muscles squelettiques parmi les plus importants, qui sont situés en majorité aussi bien dans la moitié droite que dans la moitié gauche du corps. Nous précisons les points d'attache et l'innervation (le ou les nerfs qui stimulent la contraction) de chaque muscle décrit. La connaissance de ces éléments fondamentaux de l'anatomie des muscles squelettiques permet de comprendre comment s'effectuent les mouvements normaux. Ce savoir est essentiel pour le personnel paramédical et les techniciens en réadaptation physique, qui travaillent auprès de personnes dont la fonction motrice et la mobilité ont été perturbées par un traumatisme physique, une intervention chirurgicale ou une paralysie musculaire. Nous traiterons le muscle cardiaque et les mucles lisses dans des chapitres ultérieurs.

COMMENT LES MUSCLES SQUELETTIQUES PRODUISENT LES MOUVEMENTS

> ## OBJECTIFS
>
> - Décrire les interactions des os et des muscles squelettiques lors de la production de mouvements du corps.
> - Définir les notions de levier et de point d'appui, et comparer les trois types de leviers quant à la position du point d'appui, de la force et de la charge.
> - Décrire les divers modèles de disposition des faisceaux d'un muscle squelettique, de même que la relation entre ces agencements et la force de la contraction et l'amplitude du mouvement.
> - Expliquer comment le travail coordonné des muscles d'un groupe fonctionnel – soit l'agoniste, l'antagoniste, le synergiste et le fixateur – produit les mouvements.

LES POINTS D'ATTACHE DES MUSCLES : ORIGINE ET INSERTION

Les muscles squelettiques qui produisent des mouvements le font en exerçant une force sur des tendons, qui tirent à leur tour sur des os ou d'autres structures, comme la peau. La plupart des muscles croisent au moins une articulation et sont habituellement attachés à ses os mobiles (figure 11.1a).

Quand un muscle squelettique se contracte, il tire l'un des os d'une articulation vers l'autre os. En règle générale, les deux os d'une articulation ne se déplacent pas de la même manière en réponse à la contraction. L'un d'eux demeure stationnaire ou près de sa position initiale, soit parce que d'autres muscles le stabilisent en le tirant dans le sens opposé, soit parce qu'il est moins mobile en raison de sa structure. On appelle habituellement **origine** le point d'attache d'un tendon d'un muscle à l'os stationnaire ; le point d'attache de l'autre tendon à l'os mobile porte le nom d'**insertion**. On peut comparer ce système à un ressort sur une porte : l'extrémité du ressort fixée au chambranle est l'origine et l'extrémité fixée à la porte est l'insertion. Il peut être utile de se rappeler que, dans la plupart des cas, l'origine est proximale et l'insertion est distale, surtout dans le cas des membres ; l'insertion est le plus souvent tirée vers l'origine. La partie charnue du muscle, comprise entre les tendons, est nommée **ventre du muscle**. On appelle **actions** d'un muscle les principaux mouvements qu'il produit en se contractant. Dans l'analogie du ressort, l'action du ressort consiste à fermer la porte.

Bon nombre de muscles ne recouvrent pas les parties du corps qu'ils déplacent. La figure 11.1b montre que, même si l'une des fonctions du muscle biceps brachial est de déplacer l'avant-bras, le ventre de ce muscle repose sur l'humérus et non sur l'avant-bras. Nous verrons également que les actions des muscles qui croisent deux articulations, tels le muscle droit de la cuisse et le muscle sartorius, sont plus complexes que celles des muscles qui croisent une seule articulation.

LA TÉNOSYNOVITE

La **ténosynovite** est une inflammation des tendons, des gaines tendineuses et des membranes synoviales qui entourent certaines articulations. Les tendons le plus souvent touchés sont ceux des poignets, des épaules, des coudes (comme dans le cas de l'*épicondylite des joueurs de tennis*), des articulations des doigts (comme dans le cas du *doigt à ressort*), des chevilles et des pieds. On observe parfois une tuméfaction des gaines affectées en raison de l'accumulation de liquide. Les mouvements des régions enflammées s'accompagnent fréquemment de sensibilité et de douleur. Ce trouble est souvent lié à un traumatisme, à une foulure ou à des exercices excessifs. La ténosynovite du dos du pied est parfois due à des chaussures lacées trop serrées. Les gymnastes sont sujets à ce type d'affection parce qu'ils effectuent des mouvements répétés d'hyperextension maximale des poignets durant de longues périodes. D'autres mouvements répétitifs, associés à des activités comme la dactylographie, la coiffure, la menuiserie et le travail à la chaîne, peuvent également causer une ténosynovite. ■

LES SYSTÈMES DE LEVIER, L'AVANTAGE ET LE DÉSAVANTAGE MÉCANIQUES

Lorsqu'ils contribuent à la production de mouvements, les os jouent le rôle de leviers et les articulations leur servent de points d'appui. Un **levier** est une structure rigide qui pivote par rapport à un point fixe appelé **point d'appui**, représenté par le symbole Ⓐ. Le levier est soumis à l'action d'une **force** (F). La force exercée sur le levier est le travail fourni pour vaincre la résistance due à une **charge**, représentée par le symbole [C]. On utilise habituellement un levier pour réduire l'effort requis pour soulever ou déplacer une charge relativement lourde sur une distance plus grande ou à une vitesse plus élevée. Dans le corps humain, la force exercée par la contraction musculaire engendre le mouvement, alors que la charge est, le plus souvent, le poids de la partie du corps déplacée. Le mouvement a lieu quand la force appliquée sur l'os au point d'insertion dépasse la charge. Considérons le muscle biceps brachial qui fléchit l'avant-bras au niveau du coude pour soulever un objet (figure 11.1b). Quand on lève l'avant-bras, le coude est le point d'appui (Ⓐ). Le poids de l'avant-bras et celui de l'objet dans la main constituent la charge ([C]). La force (F) est exercée par la contraction du biceps brachial qui tire l'avant-bras vers le haut.

L'action du levier est un compromis entre, d'une part, la force et, d'autre part, la vitesse et l'amplitude du mouvement nécessaires. Nous avons vu au chapitre 9 que l'amplitude du mouvement est la mesure de la mobilité des os d'une articulation, exprimée en degrés d'angle dans un cercle. Le levier fonctionne avec un *avantage mécanique* – c'est un levier de **puissance** – quand une petite force exercée rapidement sur une distance relativement grande est suffisante pour soulever une lourde charge ou la déplacer sur une petite distance. Dans ce cas, la charge se situe près du point d'appui et la force doit s'exercer loin de ce dernier. Le levier formé par la mandibule au niveau de l'articulation temporomandibulaire et la force exercée par la contraction des muscles de la mâchoire créent un important avantage mécanique qui permet de broyer les aliments. Ainsi, au cours de la mastication, la charge (la nourriture) est située près du point d'appui (l'articulation temporomandibulaire),

FIGURE 11.1 La relation entre les muscles squelettiques et les os. (a) Les muscles sont attachés aux os par des tendons dont les points d'attache sont appelés *origine* et *insertion* ; la partie charnue entre les deux points d'attache est nommée *ventre du muscle*. (b) Les muscles squelettiques produisent des mouvements en tirant sur les os. Les os servent de leviers et les articulations sont les points d'appui de ces leviers. Le principe du levier est illustré ici par le mouvement de l'avant-bras. Notez les endroits où la charge et la force sont appliquées dans cet exemple.

 Dans les membres, en général, l'origine d'un muscle est proximale et l'insertion est distale.

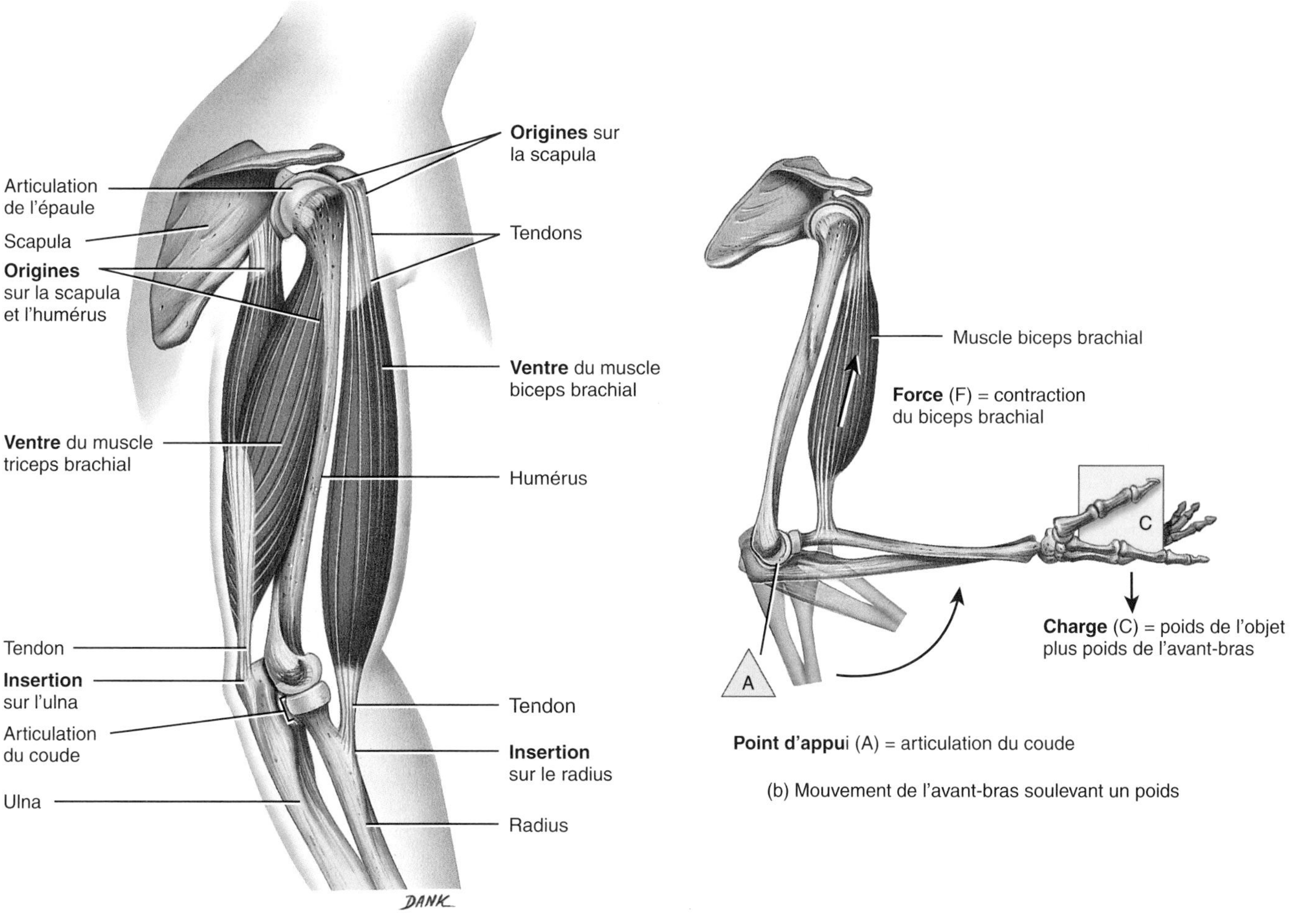

Origines sur la scapula

Articulation de l'épaule

Scapula

Origines sur la scapula et l'humérus

Ventre du muscle triceps brachial

Tendon

Insertion sur l'ulna

Articulation du coude

Ulna

Tendons

Ventre du muscle biceps brachial

Humérus

Tendon

Insertion sur le radius

Radius

DANK

(a) Origine et insertion d'un muscle squelettique

Muscle biceps brachial

Force (F) = contraction du biceps brachial

C

Charge (C) = poids de l'objet plus poids de l'avant-bras

A

Point d'appui (A) = articulation du coude

(b) Mouvement de l'avant-bras soulevant un poids

 Où se situe le ventre du muscle qui permet l'extension de l'avant-bras ?

et la force exercée par les muscles de la mâchoire s'applique à une plus grande distance de l'articulation. Autre exemple : on peut soulever légèrement une voiture à l'aide de la manivelle d'un cric sur laquelle il suffit d'appliquer une force relativement petite.

Par contre, le levier fonctionne avec un *désavantage mécanique* – c'est un levier de **vitesse** – quand une grande force exercée lentement sur une distance relativement courte suffit pour soulever ou déplacer une charge plus petite. Dans ce cas, la charge est située loin du point d'appui et la force s'exerce près de ce dernier. Le levier formé par l'humérus au niveau de l'articulation scapulohumérale et la force fournie par les muscles du dos et de l'épaule créent un désavantage mécanique qui permet à un lanceur de baseball de première division d'envoyer la balle à près de 160 km à l'heure ! Ainsi, lorsqu'un lanceur envoie la balle au marbre, les

muscles de son dos et de son épaule appliquent une énorme force très près du point d'appui (l'articulation scapulohumérale) alors que la charge, plus légère (la balle), est projetée depuis l'extrémité éloignée du levier (l'os du bras).

Les leviers obéissent donc à un principe de base, à savoir que la situation des points d'application de la force et de la charge et la position du point d'appui déterminent si le levier fonctionne avec un avantage ou un désavantage mécanique.

On classe les leviers en trois catégories selon la situation du point d'appui, de la force et de la charge :

1. Dans les **leviers du premier genre**, le point d'appui se trouve entre la force et la charge (figure 11.2a). (Essayez de retenir **FAC**.) Des ciseaux et une bascule en sont des exemples. Ce

type de levier peut produire un avantage ou un désavantage mécanique selon que c'est la force ou la charge qui est le plus près du point d'appui. Si la force est plus éloignée du point d'appui que la charge, une petite force pourra déplacer une grande charge, mais seulement sur une distance assez courte et à vitesse réduite. Si la force est plus proche du point d'appui que la charge, seule une charge plus légère peut être déplacée, mais elle ira plus loin, plus rapidement. Prenons l'exemple d'un adulte et d'un enfant sur une bascule. Si la force (l'enfant) est plus éloignée du point d'appui que la charge (l'adulte), une petite force pourra déplacer une grande charge.

Il y a peu de leviers du premier genre dans le corps. La tête qui repose sur la colonne vertébrale en forme un (figure 11.2a). Quand on lève la tête, la contraction des muscles postérieurs du cou fournit la force (F), l'articulation entre l'atlas et l'os occipi-tal (articulation atlantooccipitale) constitue le point d'appui $\triangle$, et le poids de la partie antérieure du crâne est la charge $\boxed{C}$.

2. Dans les **leviers du deuxième genre**, la charge est située entre le point d'appui et la force (figure 11.2b). (Essayez de retenir ACF.) Ces leviers, dont la brouette est un exemple, produisent toujours un avantage mécanique parce que la charge est toujours plus proche du point d'appui que la force. Cette disposition sacrifie la vitesse et l'amplitude du mouvement à la puissance ; c'est le type de leviers qui fournit le plus de puissance. La plupart des experts estiment qu'il y a très peu de leviers du deuxième genre dans le corps. La position debout sur la pointe des pieds en forme un. Les os et les articulations de l'avant-pied servent de point d'appui $\triangle$, le poids du corps est la charge $\boxed{C}$ et les muscles du mollet exercent une force (F) pour soulever le talon.

FIGURE 11.2 Les genres de leviers.

Les leviers sont classés en trois genres selon la situation du point d'appui, de la force et de la charge.

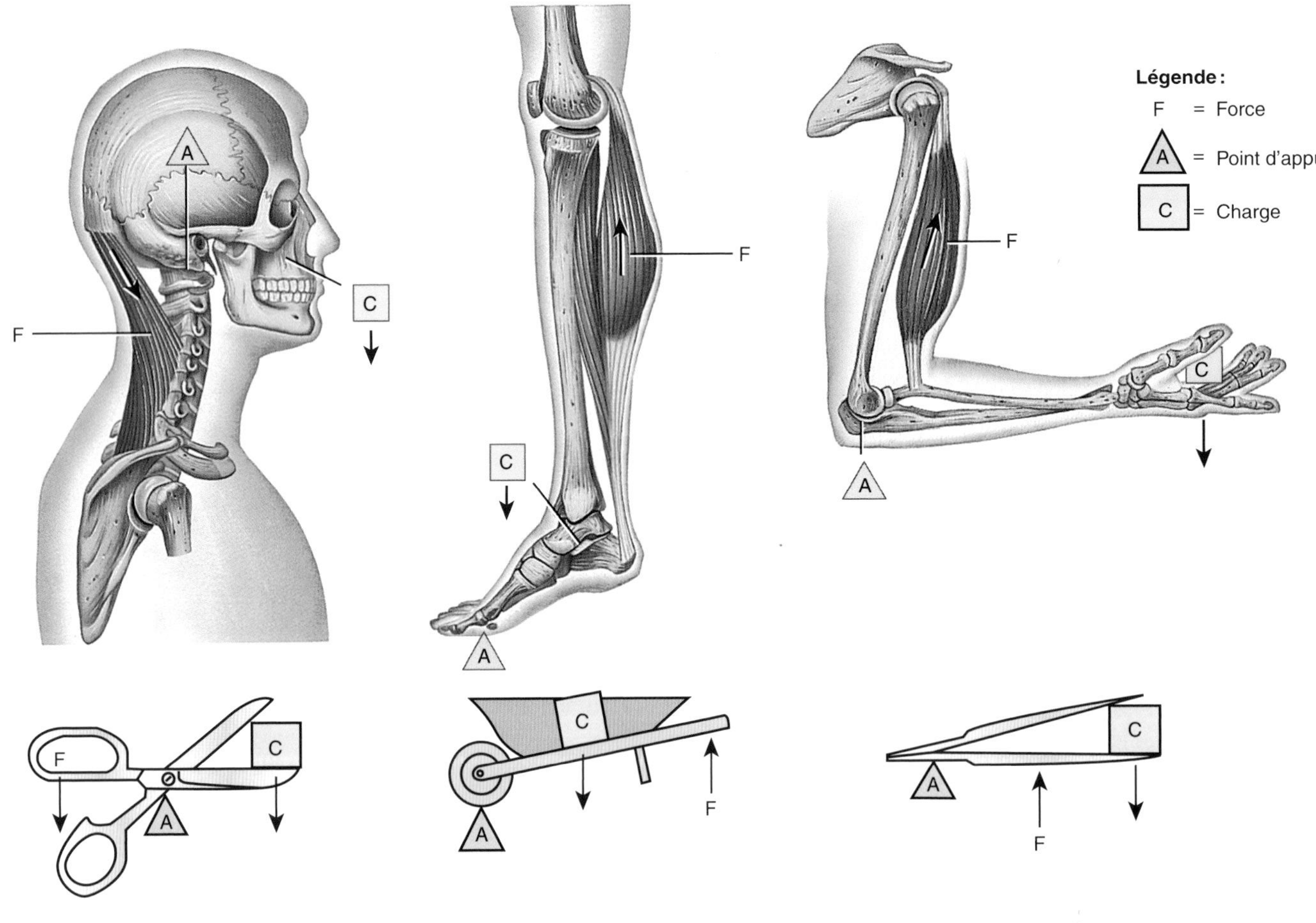

Légende :
F = Force
$\triangle$ = Point d'appui
$\boxed{C}$ = Charge

(a) Levier du premier genre

(b) Levier du deuxième genre

(c) Levier du troisième genre

 Quel type de levier permet d'obtenir la plus grande puissance ?

3. Dans les **leviers du troisième genre**, la force se trouve entre le point d'appui et la charge (figure 11.2c). (Essayez de retenir AFC.) Ces leviers fonctionnent comme un forceps ; ce sont les plus courants dans le corps. Ils produisent toujours un désavantage mécanique parce que la force exercée est toujours plus proche du point d'appui que la charge. Dans le corps, ils favorisent la vitesse et l'amplitude de mouvement aux dépens de la puissance. L'articulation du coude, le muscle biceps brachial et les os du bras et de l'avant-bras en sont des exemples (figure 11.2c). Comme nous l'avons vu, lors de la flexion de l'avant-bras au niveau du coude, l'articulation du coude est le point d'appui, la contraction du muscle biceps brachial fournit la force et le poids de la main et de l'avant-bras est la charge. L'adduction de la cuisse est un autre exemple de l'action d'un levier du troisième genre. Dans ce cas, l'articulation coxofémorale est le point d'appui Ⓐ, la contraction des muscles adducteurs est la force (F) et la cuisse est la charge Ⓒ.

LES EFFETS DE L'AGENCEMENT DES FAISCEAUX

Nous avons vu au chapitre 10 que, dans un muscle squelettique, les myocytes sont réunis en **faisceaux**. Les myocytes sont parallèles à l'intérieur de chaque faisceau, mais les faisceaux peuvent être agencés de façons différentes par rapport aux tendons. On reconnaît cinq agencements caractéristiques : parallèle, fusiforme (en forme de cigare), circulaire, triangulaire (ou convergent) et penniforme (en forme de plume) (tableau 11.1).

L'agencement des faisceaux influe sur la puissance d'un muscle et l'amplitude des mouvements. Quand un myocyte se contracte, il ne mesure que 70 % environ de sa longueur au repos. Ainsi, plus les myocytes d'un muscle sont longs, plus l'amplitude du mouvement que ce dernier peut produire est grande. Toutefois, la puissance d'un muscle ne dépend pas de sa longueur, mais de l'aire totale de sa section transversale ; un myocyte court peut se contracter avec autant de force qu'un myocyte long. L'agencement des

---

TABLEAU 11.1 L'AGENCEMENT DES FAISCEAUX

PARALLÈLE

Les faisceaux sont parallèles à l'axe longitudinal du muscle ; ils se terminent à chaque extrémité par un tendon plat.

Exemple : Muscle stylohyoïdien (figure 11.8)

FUSIFORME

Les faisceaux sont presque parallèles à l'axe longitudinal du muscle ; ils se terminent aux extrémités par des tendons plats ; le muscle va en s'effilant vers les tendons ; son diamètre est maximal au niveau du ventre.

Exemple : Muscle digastrique (figure 11.8)

CIRCULAIRE

Les faisceaux sont disposés en cercles concentriques ; ils forment les muscles sphincters qui entourent certains orifices.

Exemple : Muscle orbiculaire de l'œil (figure 11.4)

TRIANGULAIRE OU CONVERGENT

Les faisceaux sont étalés sur une grande surface et convergent vers un gros tendon central ; la forme du muscle rappelle celle d'un triangle.

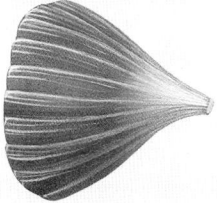

Exemple : Muscle grand pectoral (figure 11.3a)

PENNIFORME

Les faisceaux sont courts par rapport à la longueur totale du muscle ; le tendon s'étend sur presque toute la longueur du muscle.

Unipenné

Les faisceaux sont disposés d'un seul côté du tendon.

Exemple : Muscle long extenseur des orteils (figure 11.22b)

Bipenné

Les faisceaux sont disposés de part et d'autre d'un tendon central.

Exemple : Muscle droit de la cuisse (figure 11.20a)

Multipenné

Les faisceaux s'implantent obliquement suivant plusieurs directions sur plusieurs tendons.

Exemple : Muscle deltoïde (figure 11.10b)

faisceaux constitue souvent un compromis entre la puissance et l'amplitude du mouvement. Par exemple, les muscles penniformes possèdent un grand nombre de faisceaux distribués sur la longueur de leurs tendons, ce qui leur confère une grande puissance mais diminue leur amplitude de mouvement. À l'inverse, les muscles parallèles possèdent un plus petit nombre de faisceaux qui s'étendent sur toute la longueur du muscle, ce qui leur confère une plus grande amplitude de mouvement mais diminue leur puissance.

⚕ L'INJECTION INTRAMUSCULAIRE

Une **injection intramusculaire** se fait, à travers la peau et le tissu sous-cutané, dans le muscle lui-même. On préfère ce mode d'injection lorsqu'on souhaite que l'absorption soit rapide, pour administrer une dose supérieure à celle qu'on pourrait donner par injection sous-cutanée, ou dans le cas d'un médicament trop irritant pour être administré par cette dernière méthode. L'injection se fait le plus souvent dans le muscle moyen fessier (figure 11.3b), dans la portion médiane du muscle vaste latéral situé sur la face latérale de la cuisse (figure 11.3a) ou encore dans le muscle deltoïde de l'épaule (figure 11.3b). Les muscles de ces régions, en particulier les muscles fessiers, sont passablement épais et l'absorption est facilitée par un apport sanguin important. Afin de prévenir les blessures, on pratique une injection intramusculaire dans l'épaisseur du muscle, loin des principaux nerfs et vaisseaux sanguins. Un médicament administré par injection intramusculaire entre dans la circulation systémique plus rapidement que s'il était donné par voie orale, mais plus lentement que s'il était administré par voie intraveineuse. ■

LA COORDINATION DES GROUPES MUSCULAIRES

Bon nombre de mouvements sont produits par plusieurs muscles squelettiques agissant comme un groupe. La majorité des muscles squelettiques forment des paires qui s'opposent (antagonistes) de part et d'autre d'une articulation – fléchisseur-extenseur, abducteur-adducteur, et ainsi de suite. Dans le cas des paires opposées, un des muscles, appelé **agoniste** (*agônistês* : qui lutte) ou encore *mobilisateur principal*, se contracte pour déclencher une action, alors que l'autre muscle, l'**antagoniste** (*anta* : face à face), s'étire et subit l'action du premier. Ainsi, lorsqu'on fléchit l'avant-bras au niveau du coude, le muscle biceps brachial est l'agoniste et le muscle triceps brachial, l'antagoniste (figure 11.1). L'antagoniste et l'agoniste sont habituellement situés de part et d'autre de l'os ou de l'articulation, comme c'est le cas dans cet exemple.

Chaque muscle d'une paire opposée joue tantôt le rôle d'agoniste, tantôt le rôle d'antagoniste selon les mouvements. Par exemple, au cours de l'extension de l'avant-bras (qui revient à abaisser la charge illustrée dans la figure 11.1), le triceps brachial devient l'agoniste et le biceps brachial, l'antagoniste ; les rôles des deux muscles sont inversés. Si un agoniste et son antagoniste se contractent en même temps avec des forces égales, il n'y a pas de mouvement.

Certains muscles agonistes croisent plusieurs articulations avant d'atteindre celle où a lieu leur action principale. Ainsi, le biceps brachial couvre l'articulation de l'épaule et celle du coude, alors que son action principale s'exerce sur l'avant-bras. Pour prévenir les mouvements indésirables ou encore pour faciliter l'action de l'agoniste, des muscles dits **synergistes** (*syn* : avec ; *ergon* : travail) interviennent : leur contraction stabilise les articulations intermédiaires. Par exemple, les muscles fléchisseurs des doigts (agonistes) croisent les articulations intercarpiennes et radiocarpienne (articulations intermédiaires). Si le mouvement était complètement libre au niveau de ces articulations, il serait impossible de plier les doigts sans fléchir en même temps le poignet. La contraction synergique des muscles extenseurs du poignet stabilise les articulations au niveau de ce dernier et les empêche de bouger (mouvement indésirable) pendant que les muscles fléchisseurs des doigts se contractent pour accomplir une flexion efficace des doigts (action principale). En règle générale, les synergistes sont situés à proximité de l'agoniste.

Une partie des muscles d'un groupe jouent le rôle de **fixateurs**. Ils stabilisent l'origine de l'agoniste pour que celui-ci agisse de façon plus efficace. Les fixateurs stabilisent l'extrémité proximale d'un membre pendant que l'extrémité distale décrit un mouvement. Par exemple, la scapula est un os de la ceinture scapulaire aux mouvements libres qui sert d'origine à plusieurs muscles responsables des mouvements du bras. Mais quand les muscles des bras se contractent, la scapula doit être stabilisée. Au cours de l'abduction du bras, le muscle deltoïde joue le rôle d'agoniste, alors que des fixateurs (muscles petit pectoral, trapèze, subclavier, denté antérieur et autres) maintiennent fermement la scapula contre la partie postérieure du thorax (figure 11.14). L'insertion du muscle deltoïde tire sur l'humérus, ce qui entraîne l'abduction du bras. Lors de différents mouvements et à divers moments, un muscle peut agir comme agoniste, antagoniste, synergiste ou fixateur.

Dans les membres, un groupe de muscles squelettiques, les vaisseaux sanguins et les nerfs qui leurs sont associés forment une **loge** dont tous les éléments ont une fonction commune. Ainsi, dans les membres supérieurs, les muscles de la loge des fléchisseurs sont situés dans la partie antérieure, tandis que ceux de la loge des extenseurs se trouvent dans la partie postérieure.

⚕ LES BIENFAITS DE L'ÉTIREMENT MUSCULAIRE

L'**étirement musculaire** vise à assurer une amplitude normale des mouvements des articulations et la mobilité des tissus mous entourant ces dernières. Un programme d'*étirement statique*, constitué d'étirements lents et soutenus pendant lesquels un muscle est maintenu à sa longueur maximale, est ce qui convient le mieux à la majorité des individus. Il est recommandé d'étirer les muscles jusqu'à ce qu'on sente une légère gêne (mais pas de douleur) et de garder la position de 15 à 30 s environ. On devrait faire précéder la séance d'étirement d'exercices d'échauffement pour augmenter l'amplitude des mouvements de façon plus efficace. Voici quelques effets bénéfiques de l'étirement :

1. *L'amélioration de la performance physique.* Une articulation flexible permet des mouvements de plus grande amplitude, ce qui améliore la performance.
2. *La diminution du risque de blessure.* L'étirement réduit la résistance des tissus mous, ce qui diminue le risque de dépasser l'extensibilité maximale des tissus durant l'activité (c'est-à-dire le risque de lésion des tissus mous).
3. *La réduction de la douleur musculaire.* L'étirement atténue jusqu'à un certain point la douleur musculaire consécutive à l'exercice.

4. **L'amélioration de la posture.** Une mauvaise posture est due à une position inappropriée de différentes parties du corps et aux effets de la force gravitationnelle au cours des ans. L'étirement est susceptible d'aider au réalignement des tissus mous pour améliorer la posture et maintenir une bonne posture. ■

▶ **POINT DE CONTRÔLE**

1. Décrivez, à l'aide des termes *origine*, *insertion* et *ventre*, comment les muscles squelettiques produisent les mouvements du corps en tirant sur les os.

2. Décrivez les trois genres de leviers présents dans le corps et donnez un exemple de chacun.

3. Décrivez les divers agencements de faisceaux musculaires.

4. Pourquoi un muscle parallèle est-il susceptible d'avoir une plus grande amplitude de mouvement qu'un muscle penniforme?

5. Définissez les rôles de l'agoniste, de l'antagoniste, du synergiste et du fixateur dans l'accomplissement de divers mouvements du membre supérieur.

LES CRITÈRES POUR L'APPELLATION DES MUSCLES SQUELETTIQUES

> **OBJECTIF**

- Expliquer sept caractéristiques utilisées pour nommer les muscles squelettiques.

Plusieurs caractéristiques des muscles squelettiques fournissent des éléments descriptifs pouvant servir à nommer les muscles. Le nom de la plupart des quelque 700 muscles squelettiques contient une combinaison de racines évoquant des traits distinctifs du muscle. Si vous apprenez les termes qui désignent ces caractéristiques, il vous sera plus facile de retenir les noms des muscles. Ces traits distinctifs des muscles comprennent la *disposition des faisceaux musculaires*; la *taille*, la *forme*, l'*action principale*, le *nombre d'origines* et la *situation du muscle*, ainsi que son *origine* et son *insertion* (tableau 11.2).

▶ **POINT DE CONTRÔLE**

6. Choisissez dix des muscles présentés dans la figure 11.3 et déterminez les caractéristiques ayant servi à les nommer. (*Indice: Utilisez le préfixe, le suffixe et la racine de chaque nom comme guide.*)

LES PRINCIPAUX MUSCLES SQUELETTIQUES

Les exposés 11.1 à 11.20 vous aideront à apprendre les noms des principaux muscles squelettiques des diverses régions du corps. Les muscles présentés dans ces exposés sont répartis en groupes selon la partie du corps sur laquelle ils agissent. En étudiant ces groupes de muscles, consultez la figure 11.3 pour bien voir les rapports qui existent entre eux.

Les exposés fournissent les renseignements suivants:

- **Un objectif.** Cet énoncé décrit les connaissances que vous devriez acquérir en étudiant l'exposé.

- **Un survol.** Les paragraphes qui suivent constituent une introduction aux muscles étudiés; on y met l'accent sur l'organisation des muscles dans les différentes régions du corps et sur leurs traits distinctifs.

- **Le nom des muscles.** Les muscles étudiés sont présentés sous forme de tableau. Les racines indiquent l'origine du nom de ces muscles. Lorsque vous aurez maîtrisé l'étymologie des muscles, il vous sera plus facile d'en comprendre l'action.

- **L'origine, l'insertion, l'action et l'innervation.** Dans les tableaux, vous trouverez l'origine, l'insertion, l'action et l'innervation de chaque muscle. Dans les colonnes intitulées Innervation, on nomme le nerf ou les nerfs responsables de la contraction de chaque muscle. En général, les muscles de la tête sont desservis par les nerfs crâniens, qui prennent naissance dans la partie inférieure de l'encéphale, alors que les muscles du reste du corps sont innervés par les nerfs spinaux, qui prennent naissance dans la moelle épinière à l'intérieur de la colonne vertébrale. Les nerfs crâniens sont désignés par un nom et un chiffre romain entre parenthèses – par exemple, le nerf facial (VII). Les nerfs spinaux sont numérotés par groupes selon la partie de la moelle épinière dont ils sont issus: C = cervical (région du cou), T = thoracique (région de la poitrine), L = lombaire (région du bas du dos) et S = sacral (région des fesses). Ainsi, T1 est le premier nerf spinal thoracique.

- **Les muscles et les mouvements.** Les exercices proposés dans cette section vous permettront d'organiser les muscles en fonction des actions qu'ils accomplissent.

- **Un point de contrôle.** Les questions posées visent à évaluer l'apprentissage et portent strictement sur des informations présentées dans l'exposé. Il peut s'agir de questions de révision, de questions à court développement ou d'applications.

- **Des applications cliniques.** Certains exposés renferment des applications cliniques consistant, comme celles qui sont intégrées au texte, en des descriptions d'affections ou de procédés cliniques mettant en évidence les rapports entre un muscle donné ou sa fonction et des activités cliniques, professionnelles ou de la vie quotidienne .

- **Des figures.** Les figures présentent des plans superficiels et profonds, des vues antérieures et postérieures ou médiales et latérales, qui illustrent le plus clairement possible la situation de chaque muscle. Les muscles dont le nom est en **caractères gras** sont traités dans le tableau faisant partie intégrante de l'exposé.

Voici la liste des exposés et des figures correspondantes où sont représentés et décrits les principaux muscles squelettiques:

▶ *Exposé 11.1*   Les muscles de l'expression faciale (figure 11.4), p. 360.

TABLEAU 11.2 LES CARACTÉRISTIQUES UTILISÉES POUR NOMMER LES MUSCLES

NOM	SIGNIFICATION	EXEMPLE	FIGURE
DIRECTION : ORIENTATION DES FAISCEAUX MUSCULAIRES PAR RAPPORT À LA LIGNE MÉDIANE DU CORPS.			
Droit	Parallèle à la ligne médiane	M. droit de l'abdomen	11.10a, c
Transverse	Perpendiculaire à la ligne médiane	M. transverse de l'abdomen	11.10a, c
Oblique	Oblique par rapport à la ligne médiane	M. oblique externe de l'abdomen	11.10a, c
TAILLE : TAILLE RELATIVE DU MUSCLE.			
Grand	—	M. grand fessier	11.3b
Moyen	—	M. moyen fessier	11.20c
Petit	—	M. petit fessier	11.20c
Long	—	M. long adducteur	11.20a
Court	—	M. court adducteur	11.20b
Longissimus	Le plus long	M. longissimus de la tête	11.19a
Vaste	Très grand	M. vaste latéral	11.20a
FORME : FORME APPROXIMATIVE DU MUSCLE.			
Deltoïde	Triangulaire	M. deltoïde	11.10b
Trapèze	Trapézoïdal	M. trapèze	11.3b
Dentelé	En dents de scie	M. dentelé antérieur	11.14b
Rhomboïde	En losange	M. grand rhomboïde	11.15c
Orbiculaire	Circulaire	M. orbiculaire de l'œil	11.4a
Pectiné	En forme de peigne	M. pectiné	11.20a
Piriforme	En forme de poire	M. piriforme	11.20c
Platys	Plat	M. platysma	11.4c
Carré	Carré	M. carré des lombes	11.11b
Gracile	Mince	M. gracile	11.20a

Nom	Signification	Exemple	Figure
ACTION : Principale action du muscle.			
Fléchisseur	Ferme l'angle de l'articulation	M. fléchisseur radial du carpe	11.17a
Extenseur	Ouvre l'angle de l'articulation	M. extenseur ulnaire du carpe	11.17c
Abducteur	Éloigne l'os de la ligne médiane	M. long abducteur du pouce	11.17c
Adducteur	Rapproche l'os de la ligne médiane	M. long adducteur	11.20a
Élévateur	Élève une partie du corps	M. élévateur de la scapula	11.14a
Abaisseur	Abaisse une partie du corps	M. abaisseur de la lèvre inférieure	11.4b
Supinateur	Tourne la paume vers l'avant	M. supinateur	11.17b
Pronateur	Tourne la paume vers l'arrière	M. rond pronateur	11.17a
Sphincter	Réduit la taille d'une ouverture	Sphincter externe de l'anus	11.12
Tenseur	Donne de la rigidité à une partie du corps	M. tenseur du fascia lata	11.20a
Rotateur	Tourne l'os autour de son axe longitudinal	M. rotateur du rachis	11.19a
NOMBRE DE CHEFS : Nombre de tendons d'origine.			
Biceps	Deux chefs	M. biceps brachial	11.16a
Triceps	Trois chefs	M. triceps brachial	11.16b
Quadriceps	Quatre chefs	M. quadriceps fémoral	11.20a
SITUATION : Structure près de laquelle le muscle se trouve.			
Exemple : Muscle temporal situé près de l'os temporal.			11.4c
ORIGINE ET INSERTION : Points d'attache des muscles.			
Exemple : Muscle sternocléidomastoïdien dont l'origine est sur le sternum et la clavicule, et l'insertion, sur le processus mastoïde de l'os temporal			11.3a

▶ *Exposé 11.13* Les muscles des mouvements du radius et de l'ulna (os de l'avant-bras) (figure 11.16), p. 390.

▶ *Exposé 11.14* Les muscles des mouvements du poignet, de la main et des doigts (figure 11.17), p. 394.

▶ *Exposé 11.15* Les muscles intrinsèques de la main (figure 11.18), p. 398.

▶ *Exposé 11.16* Les muscles des mouvements de la colonne vertébrale (figure 11.19), p. 402.

▶ *Exposé 11.17* Les muscles des mouvements du fémur (os de la cuisse) (figure 11.20), p. 407.

▶ *Exposé 11.18* Les muscles agissant sur le fémur (os de la cuisse) et sur le tibia et la fibula (os de la jambe) (figures 11.20 et 11.21), p. 412.

▶ *Exposé 11.19* Les muscles des mouvements du pied et des orteils (figure 11.22), p. 415.

▶ *Exposé 11.20* Les muscles intrinsèques du pied (figure 11.23), p. 419.

* * *

Pour mieux comprendre les nombreux aspects du rôle du système musculaire dans l'homéostasie des divers systèmes de l'organisme, reportez-vous à la section *Point de mire sur l'homéostasie : le système musculaire*, p. 422. Dans le prochain chapitre (chap. 12), nous examinerons l'organisation du système nerveux, la façon dont les neurones produisent les influx nerveux qui stimulent les tissus musculaires ainsi que d'autres neurones, et le fonctionnement des synapses.

FIGURE 11.3 Les principaux muscles squelettiques superficiels.

La plupart des mouvements sont effectués par des muscles squelettiques qui agissent en groupes plutôt qu'individuellement.

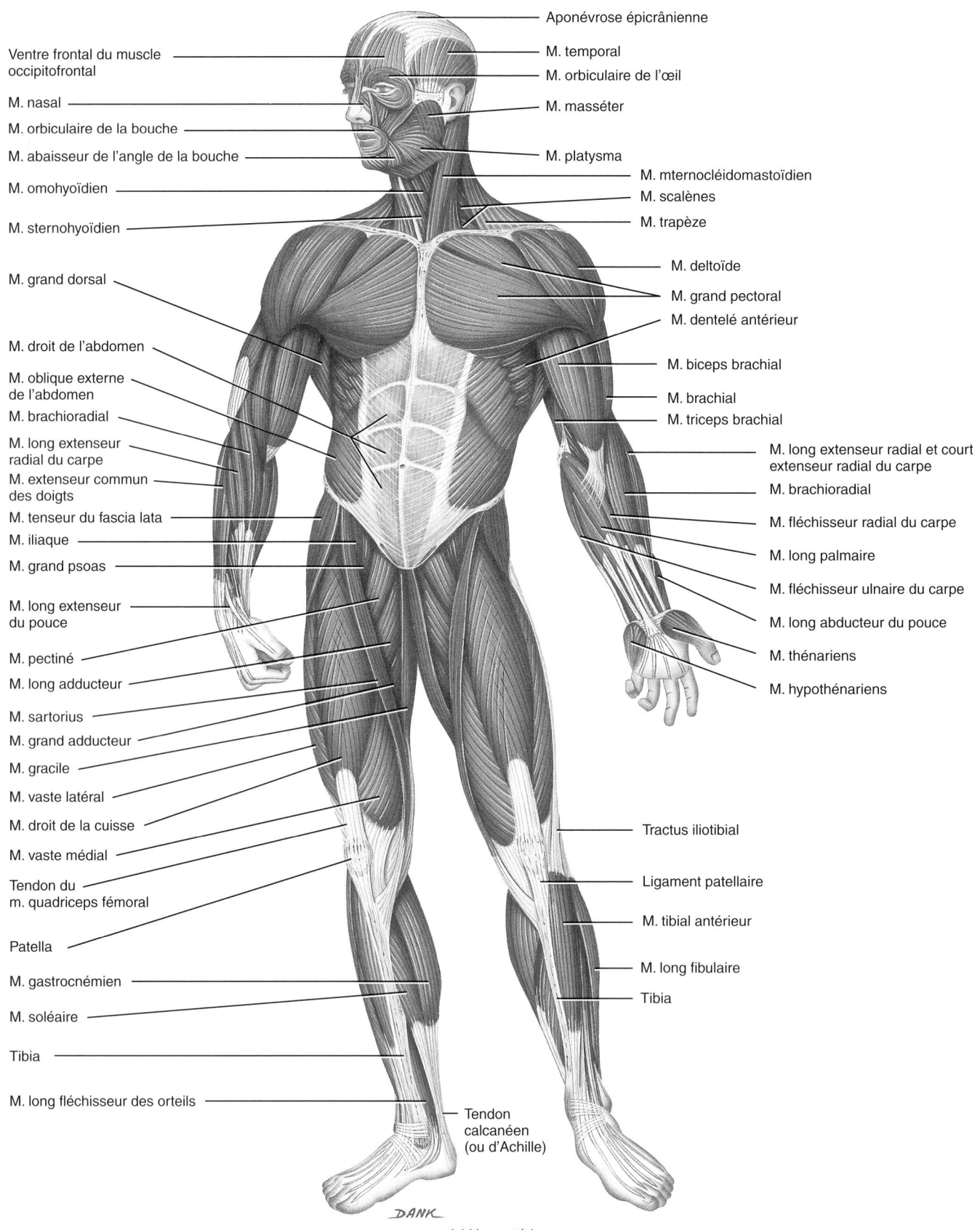

Aponévrose épicrânienne

M. temporal

M. orbiculaire de l'œil

M. masséter

M. platysma

M. mternocléidomastoïdien

M. scalènes

M. trapèze

M. deltoïde

M. grand pectoral

M. dentelé antérieur

M. biceps brachial

M. brachial

M. triceps brachial

M. long extenseur radial et court extenseur radial du carpe

M. brachioradial

M. fléchisseur radial du carpe

M. long palmaire

M. fléchisseur ulnaire du carpe

M. long abducteur du pouce

M. thénariens

M. hypothénariens

Ventre frontal du muscle occipitofrontal

M. nasal

M. orbiculaire de la bouche

M. abaisseur de l'angle de la bouche

M. omohyoïdien

M. sternohyoïdien

M. grand dorsal

M. droit de l'abdomen

M. oblique externe de l'abdomen

M. brachioradial

M. long extenseur radial du carpe

M. extenseur commun des doigts

M. tenseur du fascia lata

M. iliaque

M. grand psoas

M. long extenseur du pouce

M. pectiné

M. long adducteur

M. sartorius

M. grand adducteur

M. gracile

M. vaste latéral

M. droit de la cuisse

M. vaste médial

Tendon du m. quadriceps fémoral

Patella

M. gastrocnémien

M. soléaire

Tibia

M. long fléchisseur des orteils

Tractus iliotibial

Ligament patellaire

M. tibial antérieur

M. long fibulaire

Tibia

Tendon calcanéen (ou d'Achille)

DANK

(a) Vue antérieure

FIGURE 11.3 **Les principaux muscles squelettiques superficiels** *(suite).*

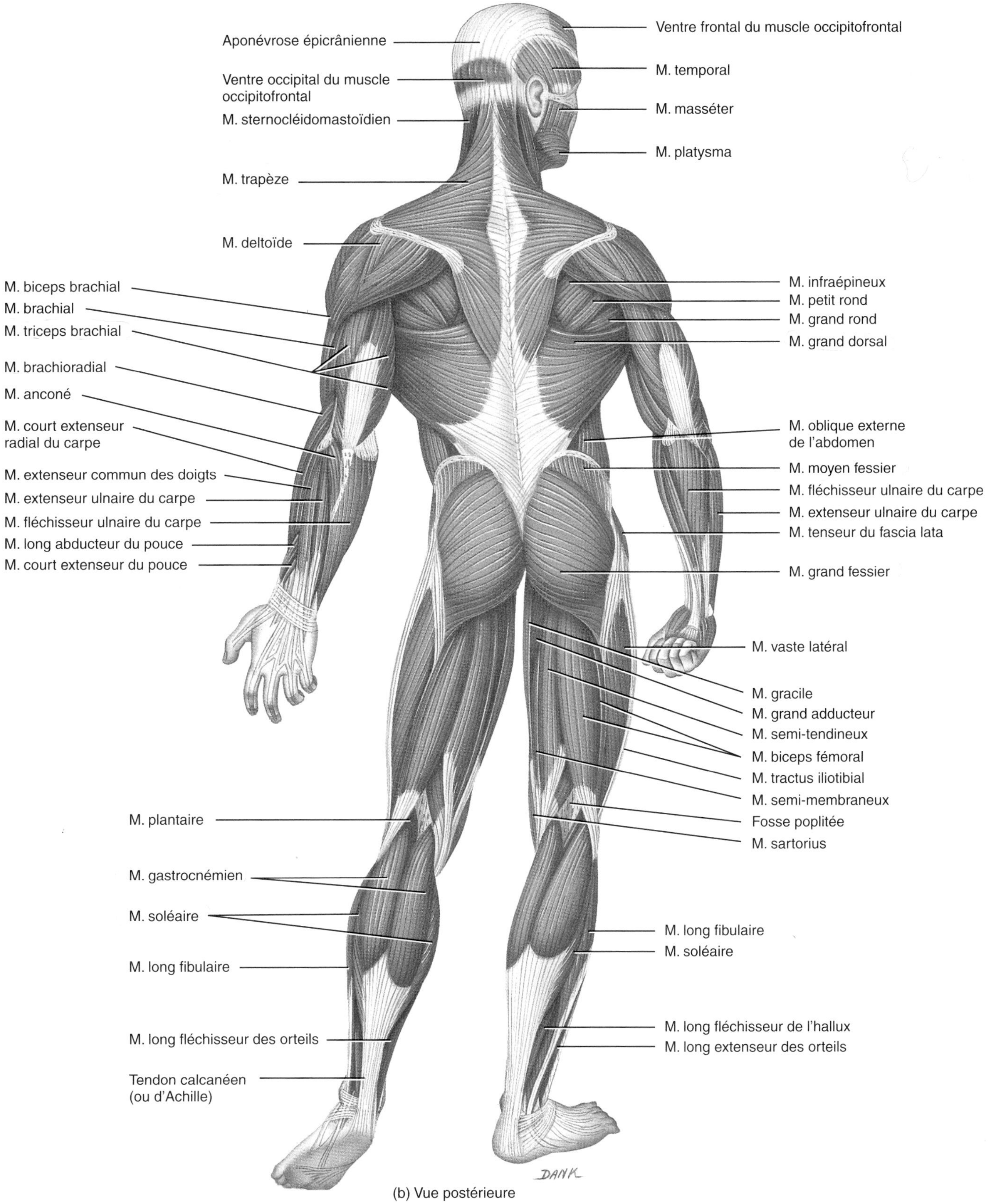

Aponévrose épicrânienne

Ventre occipital du muscle occipitofrontal

M. sternocléidomastoïdien

M. trapèze

M. deltoïde

M. biceps brachial

M. brachial

M. triceps brachial

M. brachioradial

M. anconé

M. court extenseur radial du carpe

M. extenseur commun des doigts

M. extenseur ulnaire du carpe

M. fléchisseur ulnaire du carpe

M. long abducteur du pouce

M. court extenseur du pouce

M. plantaire

M. gastrocnémien

M. soléaire

M. long fibulaire

M. long fléchisseur des orteils

Tendon calcanéen (ou d'Achille)

Ventre frontal du muscle occipitofrontal

M. temporal

M. masséter

M. platysma

M. infraépineux

M. petit rond

M. grand rond

M. grand dorsal

M. oblique externe de l'abdomen

M. moyen fessier

M. fléchisseur ulnaire du carpe

M. extenseur ulnaire du carpe

M. tenseur du fascia lata

M. grand fessier

M. vaste latéral

M. gracile

M. grand adducteur

M. semi-tendineux

M. biceps fémoral

M. tractus iliotibial

M. semi-membraneux

Fosse poplitée

M. sartorius

M. long fibulaire

M. soléaire

M. long fléchisseur de l'hallux

M. long extenseur des orteils

DANK

(b) Vue postérieure

Donnez un exemple de nom de muscle correspondant à chacune des caractéristiques suivantes : direction des faisceaux, forme, action, taille, origine et insertion, situation, et nombre de tendons d'origine (ou chefs).

> **OBJECTIF**
>
> • Décrire l'origine, l'insertion, l'action et l'innervation des muscles de l'expression faciale.

Les muscles de l'expression faciale, qui confèrent aux humains la capacité d'exprimer un grand éventail d'émotions, sont situés sous les couches du fascia superficiel. En règle générale, leur origine est le fascia superficiel ou les os du crâne, et leur insertion est la peau. C'est pourquoi, quand ils se contractent, les muscles de l'expression faciale impriment un mouvement à la peau plutôt qu'à une articulation.

Parmi les muscles les plus remarquables de ce groupe, on note ceux qui entourent les orifices de la tête, tels les yeux, le nez et la bouche. Ces muscles agissent comme des *sphincters*, qui ferment les orifices, et des *dilatateurs*, qui les dilatent ou les ouvrent. Par exemple, le **muscle orbiculaire de l'œil** ferme l'œil, alors que le **muscle élévateur de la paupière supérieure** l'ouvre. Le **muscle occipitofrontal** est un muscle exceptionnel de ce groupe parce qu'il est constitué de deux parties : une partie antérieure, appelée **ventre frontal du muscle occipitofrontal**, qui recouvre l'os frontal, et une partie postérieure, appelée **ventre occipital du muscle occipitofrontal**, qui repose sur l'os occipital. Les deux ventres musculaires sont reliés par une aponévrose (tendon large et aplati) résistante appelée **aponévrose épicrânienne** ou galéa aponévrotique, qui couvre les faces supérieure et latérales du crâne. Le **muscle buccinateur** forme la principale partie musculaire de la joue. Le conduit de la glande parotide (une glande salivaire) le traverse pour se rendre à la cavité orale. Le muscle buccinateur doit son nom au fait qu'il comprime les joues quand on souffle, par exemple lorsqu'un musicien joue d'un instrument à vent comme la trompette (*buccinare*: sonner de la trompette). Il permet de siffler, de souffler et d'aspirer, et joue un rôle secondaire dans la mastication.

MUSCLE	ORIGINE	INSERTION	ACTION	INNERVATION
Muscles du cuir chevelu				
M. occipitofrontal (*occiput*: base du crâne)				
Ventre frontal	Aponévrose épicrânienne.	Peau du front et des sourcils (au-dessus du bord supraorbitaire).	Tire le cuir chevelu vers l'avant, relève les sourcils et plisse la peau du front horizontalement, comme pour exprimer la surprise.	Nerf facial (VII).
Ventre occipital	Os occipital et processus mastoïde de l'os temporal.	Aponévrose épicrânienne.	Tire le cuir chevelu vers l'arrière.	Nerf facial (VII).
Muscles de la bouche				
M. orbiculaire de la bouche (*orbis*: cercle)	Soit sur le maxillaire, soit sur la mandibule, soit sur la face profonde de la peau.	Peau des commissures des lèvres.	Sphincter; ferme et avance les lèvres, comme pour donner un baiser ou siffler; comprime les lèvres contre les dents et leur donne une forme appropriée pour la prononciation des mots.	Nerf facial (VII).
M. grand zygomatique (*zugôma*: joint)	Os zygomatique.	Peau à l'angle de la bouche et orbiculaire de la bouche.	Tire l'angle de la bouche vers le haut et le côté, comme pour le sourire.	Nerf facial (VII).
M. petit zygomatique	Os zygomatique.	Lèvre supérieure.	Relève la lèvre supérieure et expose les dents du maxillaire.	Nerf facial (VII).
M. releveur de la lèvre supérieure	Au-dessus du foramen infraorbitaire du maxillaire.	Peau à l'angle de la bouche et orbiculaire de la bouche	Relève la lèvre supérieure.	Nerf facial (VII).
M. abaisseur de la lèvre inférieure	Mandibule.	Peau de la lèvre inférieure.	Abaisse la lèvre inférieure.	Nerf facial (VII).
M. abaisseur de l'angle de la bouche	Mandibule.	Angle de la bouche.	Tire l'angle de la bouche vers le côté et le bas, comme durant l'ouverture de la bouche.	Nerf facial (VII).
M. releveur de l'angle de la bouche	En dessous du foramen infraorbitaire.	Peau de la lèvre inférieure et orbiculaire de la bouche.	Tire l'angle de la bouche vers le côté et le haut.	Nerf facial (VII).

LA PARALYSIE DE BELL

La **paralysie de Bell**, aussi appelée **paralysie faciale périphérique**, est une paralysie unilatérale des muscles de l'expression faciale, consécutive à une lésion ou à une maladie du nerf facial (VII). Elle peut être due à une inflammation du nerf facial causée par une infection de l'oreille, à une lésion du nerf facial consécutive à une opération chirurgicale à l'oreille ou à une infection par l'herpèsvirus. Dans les cas graves, la paralysie entraîne l'affaissement de tout un côté du visage. De ce côté, la personne est incapable de plisser le front, de fermer l'œil ou d'avancer les lèvres, et elle éprouve de la difficulté à avaler et a tendance à baver. Quatre-vingts pour cent des patients se rétablissent complètement en quelques semaines ou quelques mois ; chez les autres, la paralysie est permanente. Les symptômes de la paralysie de Bell sont semblables à ceux de l'accident vasculaire cérébral. ■

LES MUSCLES ET LES MOUVEMENTS

Classez les muscles du présent exposé en deux groupes : 1) ceux qui agissent sur la bouche, et 2) ceux qui agissent sur les yeux.

▶ POINT DE CONTRÔLE

Pourquoi les muscles de l'expression faciale impriment-ils un mouvement à la peau plutôt qu'à une articulation ?

MUSCLE	ORIGINE	INSERTION	ACTION	INNERVATION
Muscles de la bouche (suite)				
M. buccinateur (*buccinare* : jouer de la trompette)	Processus alvéolaires du maxillaire et de la mandibule, et raphé ptérygomandibulaire (lame fibreuse tendue du processus ptérygoïde à la mandibule).	Orbiculaire de la bouche.	Presse les joues contre les dents (molaires) et les lèvres, comme pour souffler dans un instrument à vent ou aspirer ; tire les commissures des lèvres vers le côté ; facilite la mastication en refoulant la nourriture entre les dents (l'empêchant de se loger entre les dents et les joues).	Nerf facial (VII).
M. risorius (« riant »)	Fascia au-dessus de la glande parotide (une glande salivaire).	Peau à l'angle de la bouche.	Tire l'angle de la bouche vers le côté, comme pour grimacer.	Nerf facial (VII).
M. mentonnier	Mandibule.	Peau du menton.	Relève et fait avancer la lèvre inférieure, et relève la peau du menton, comme pour faire la moue.	Nerf facial (VII).
Muscle du cou				
M. platysma (*platys* : large)	Fascia superficiel des muscles deltoïde et grand pectoral.	Mandibule, muscles autour de l'angle de la bouche et peau de la joue.	Tire la partie externe de la lèvre inférieure vers le bas et l'arrière, comme pour faire la moue ; abaisse la mandibule.	Nerf facial (VII).
Muscles de l'orbite et du sourcil				
M. orbiculaire de l'œil	Paroi médiale de l'orbite et os lacrymal.	Peau autour de l'orbite et tarse (tissu conjonctif dense renforçant les paupières).	Ferme les paupières.	Nerf facial (VII).
M. corrugateur du sourcil (*corrugo* : froncer)	Extrémité médiale de l'arcade sourcilière de l'os frontal.	Peau du sourcil.	Tire le sourcil vers le bas et plisse la peau du front verticalement (comme pour froncer les sourcils).	Nerf facial (VII).
M. élévateur de la paupière supérieure (voir aussi la figure 11.5a)	Paroi supérieure de l'orbite (petite aile du sphénoïde).	Peau de la paupière supérieure.	Élève la paupière supérieure (ouvre l'œil).	Nerf oculomoteur (III).

FIGURE 11.4 Les muscles de l'expression faciale.

Lorsqu'ils se contractent, les muscles de l'expression faciale mettent en mouvement la peau plutôt qu'une articulation.

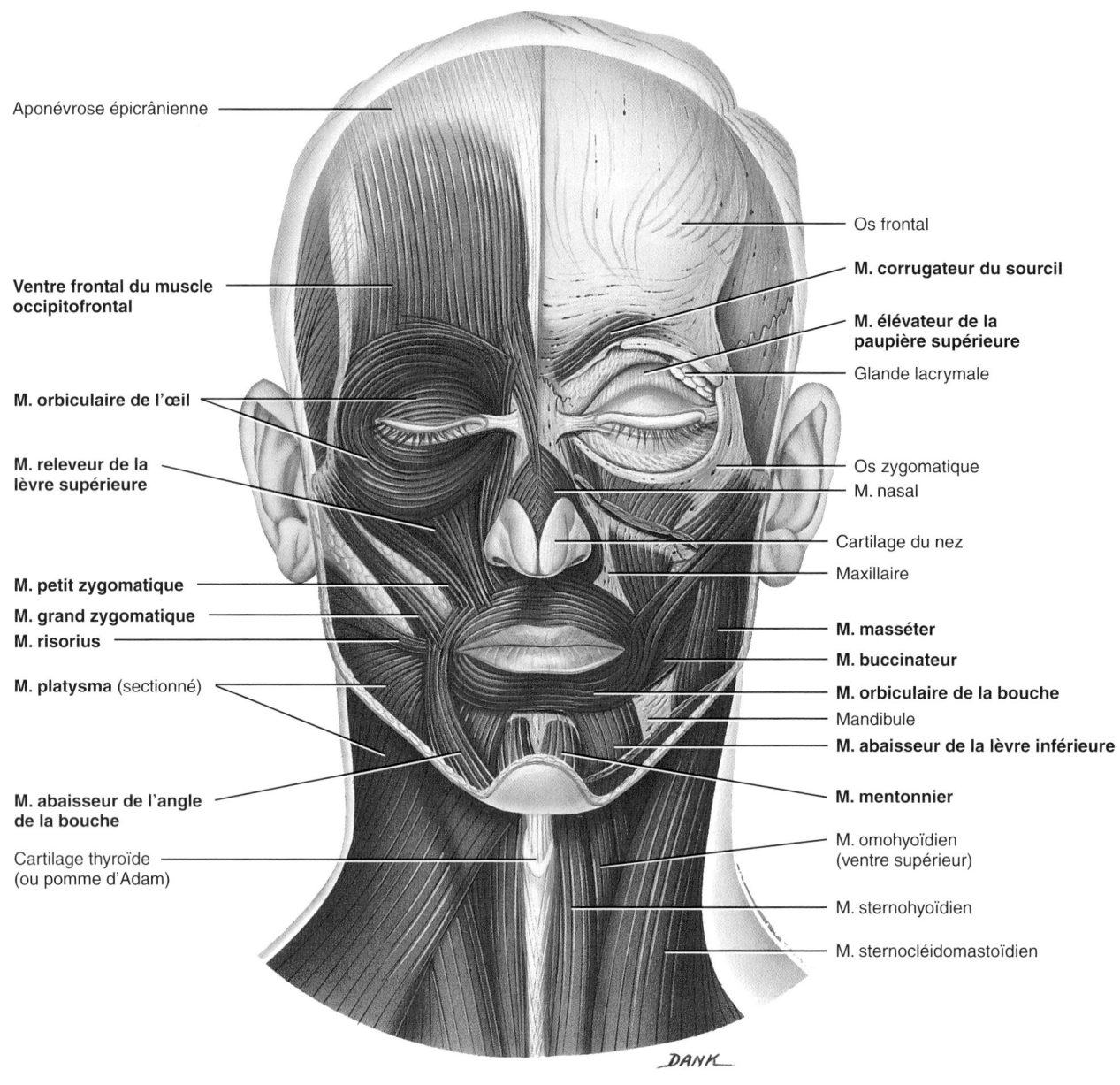

Aponévrose épicrânienne

Ventre frontal du muscle occipitofrontal

M. orbiculaire de l'œil

M. releveur de la lèvre supérieure

M. petit zygomatique

M. grand zygomatique

M. risorius

M. platysma (sectionné)

M. abaisseur de l'angle de la bouche

Cartilage thyroïde (ou pomme d'Adam)

Os frontal

M. corrugateur du sourcil

M. élévateur de la paupière supérieure

Glande lacrymale

Os zygomatique

M. nasal

Cartilage du nez

Maxillaire

M. masséter

M. buccinateur

M. orbiculaire de la bouche

Mandibule

M. abaisseur de la lèvre inférieure

M. mentonnier

M. omohyoïdien (ventre supérieur)

M. sternohyoïdien

M. sternocléidomastoïdien

DANK

(a) Vue antérieure, plan superficiel   (b) Vue antérieure, plan profond

FIGURE 11.4 Les muscles de l'expression faciale *(suite).*

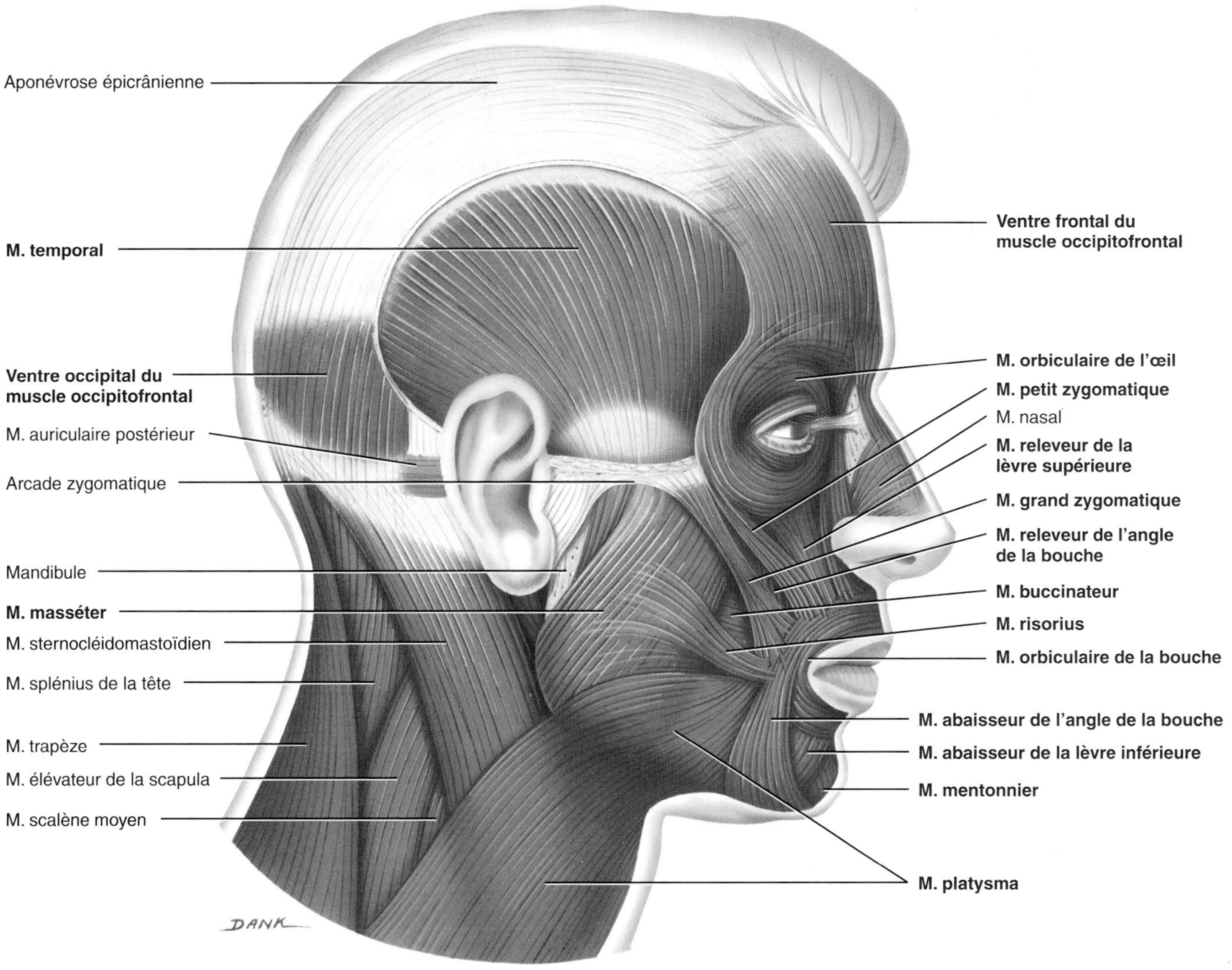

Aponévrose épicrânienne

M. temporal

Ventre occipital du muscle occipitofrontal

M. auriculaire postérieur

Arcade zygomatique

Mandibule

M. masséter

M. sternocléidomastoïdien

M. splénius de la tête

M. trapèze

M. élévateur de la scapula

M. scalène moyen

DANK

Ventre frontal du muscle occipitofrontal

M. orbiculaire de l'œil

M. petit zygomatique

M. nasal

M. releveur de la lèvre supérieure

M. grand zygomatique

M. releveur de l'angle de la bouche

M. buccinateur

M. risorius

M. orbiculaire de la bouche

M. abaisseur de l'angle de la bouche

M. abaisseur de la lèvre inférieure

M. mentonnier

M. platysma

(c) Vue latérale droite, plan superficiel

Q Quels muscles de l'expression faciale sont responsables du froncement des sourcils, du sourire, de la moue et du plissement des yeux?

OBJECTIF

• Décrire l'origine, l'insertion, l'action et l'innervation des muscles extrinsèques du globe oculaire.

Les muscles qui permettent le mouvement des yeux sont appelés **muscles du globe oculaire** ; leur origine est située à l'extérieur du globe oculaire (dans l'orbite) et leur insertion, sur la face externe de la sclère («blanc de l'œil»). Ils font partie des muscles squelettiques du corps qui se contractent le plus rapidement et sont commandés avec la plus grande précision. Les mouvements de l'œil relèvent de trois paires de *muscles extrinsèques* (*extrinsecus* : au dehors) : 1) les muscles droit supérieur et droit inférieur ; 2) les muscles droit latéral et droit médial ; et 3) les muscles oblique supérieur et oblique inférieur. Les quatre muscles droits (supérieur, inférieur, latéral et médial) prennent naissance sur un anneau tendineux dans l'orbite et s'insèrent sur la sclère de l'œil. Comme leur nom l'indique, les **muscles droit supérieur** et **droit inférieur** font tourner le globe oculaire respectivement vers le haut et vers le bas, et les **muscles droit latéral** et **droit médial** le font tourner respectivement vers l'extérieur et vers l'intérieur.

On ne peut déduire l'action des muscles obliques de leur appellation (*oblique* : faisceaux disposés en diagonale par rapport à la ligne médiane). Le **muscle oblique supérieur** prend son origine à l'arrière près de l'anneau tendineux et se dirige vers l'avant, où il se termine par un tendon rond. Ce tendon passe dans un anneau en forme de poulie, appelé *trochlée* (*trochlea* : poulie), situé dans la partie antérieure et médiale de la paroi supérieure de l'orbite, puis il fait demi-tour et vient s'insérer sur la face postérolatérale du globe oculaire. Ainsi, le muscle oblique supérieur tourne l'œil vers le bas et l'extérieur. Le **muscle oblique inférieur** prend son origine sur le maxillaire, sur la face antéromédiale du plancher de l'orbite. Ensuite, il se dirige vers l'arrière et l'extérieur, et s'insère sur la face postérolatérale du globe oculaire. Par conséquent, il tourne l'œil vers le haut et vers l'extérieur.

LE STRABISME

Le **strabisme** (*strabos* : qui louche) est un défaut de parallélisme des yeux. Il peut être héréditaire ou dû à un traumatisme à la naissance, à un attachement déficient des muscles, à un trouble du système nerveux central ou à une maladie localisée. Le strabisme peut être constant ou intermittent. Chaque œil envoie une image à une zone distincte de l'encéphale ; comme, chez les personnes atteintes de strabisme, l'encéphale ne tient habituellement pas compte des messages émis par l'un des deux yeux, cet œil s'affaiblit, ce qui mène à l'amblyopie («œil paresseux»). Le *strabisme divergent* est causé par une lésion du nerf oculomoteur (III) et caractérisé par une rotation latérale du globe oculaire à l'état de repos, et l'incapacité d'effectuer des mouvements du globe oculaire médialement ou vers le bas. Une lésion du nerf abducens (VI) entraîne un *strabisme convergent*, caractérisé par une rotation médiale du globe oculaire à l'état de repos et l'incapacité d'effectuer des mouvements du globe oculaire latéralement.

Le choix du traitement dépend du type particulier de strabisme. On peut avoir recours à la chirurgie, à la thérapie visuelle (rééducation des centres de régulation cérébraux) et à l'orthoptique (exercices des muscles des mouvements de l'œil visant à corriger le défaut de parallélisme des yeux). ■

MUSCLE	ORIGINE	INSERTION	ACTION	INNERVATION
M. droit supérieur	Anneau tendineux commun (fixé à l'orbite autour du canal optique).	Partie supérieure et centrale du globe oculaire.	Tourne le globe oculaire vers le haut (élévation) et l'intérieur (adduction), et lui imprime une rotation médiale.	Nerf oculomoteur (III).
M. droit inférieur	Anneau tendineux commun.	Partie inférieure et centrale du globe oculaire.	Tourne le globe oculaire vers le bas (abaissement) et l'intérieur (adduction), et lui imprime une rotation médiale.	Nerf oculomoteur (III).
M. droit latéral	Anneau tendineux commun.	Face latérale du globe oculaire.	Tourne le globe oculaire vers l'extérieur (abduction).	Nerf abducens (VI).
M. droit médial	Anneau tendineux commun.	Face médiale du globe oculaire.	Tourne le globe oculaire vers l'intérieur (adduction).	Nerf oculomoteur (III).
M. oblique supérieur	Os sphénoïde. Le point d'attache est supramédial par rapport à l'anneau tendineux de l'orbite.	Globe oculaire entre le droit supérieur et le droit latéral. Le muscle s'insère sur les faces supérieure et latérale du globe oculaire par un tendon qui passe à travers la trochlée.	Tourne le globe oculaire vers le bas (abaissement) et l'extérieur (abduction), et lui imprime une rotation médiale.	Nerf trochléaire (IV).
M. oblique inférieur	Maxillaire sur le plancher de l'orbite.	Globe oculaire entre le droit inférieur et le droit latéral.	Tourne le globe oculaire vers le haut (élévation) et l'extérieur (abduction), et lui imprime une rotation latérale.	Nerf oculomoteur (III).

LES MUSCLES ET LES MOUVEMENTS

Classez les muscles du présent exposé selon leur action sur le globe oculaire : 1) élévation, 2) abaissement, 3) abduction, 4) adduction, 5) rotation médiale et 6) rotation latérale. Un même muscle peut être mentionné plus d'une fois.

▶ **POINT DE CONTRÔLE**

Quels muscles se contractent et lesquels se relâchent, dans l'un et l'autre œil, quand on regarde à gauche sans bouger la tête ?

FIGURE 11.5 Les muscles du globe oculaire (extrinsèques).

 Les muscles du globe oculaire (extrinsèques) font partie des muscles squelettiques du corps qui se contractent le plus rapidement et sont commandés avec la plus grande précision.

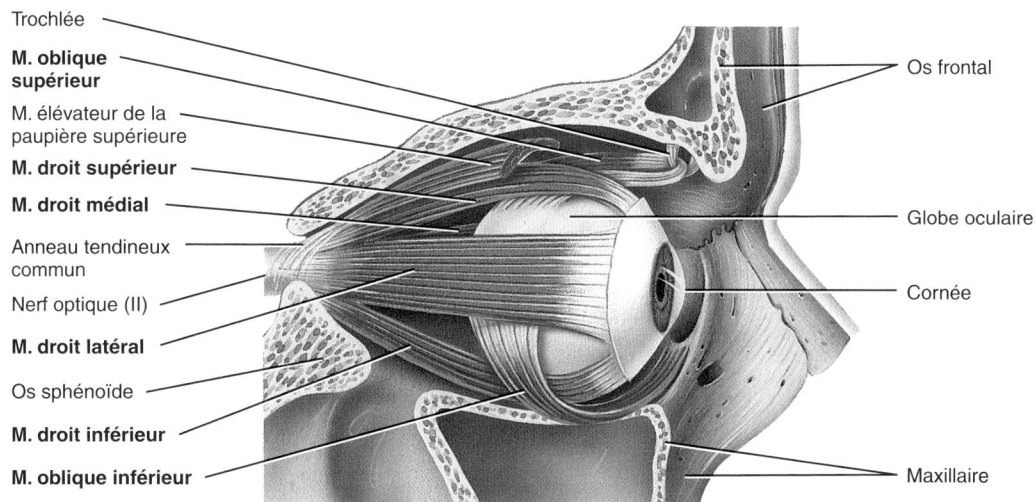

Trochlée
M. oblique supérieur
M. élévateur de la paupière supérieure
M. droit supérieur
M. droit médial
Anneau tendineux commun
Nerf optique (II)
M. droit latéral
Os sphénoïde
M. droit inférieur
M. oblique inférieur

Os frontal
Globe oculaire
Cornée
Maxillaire

(a) Vue latérale du globe oculaire droit

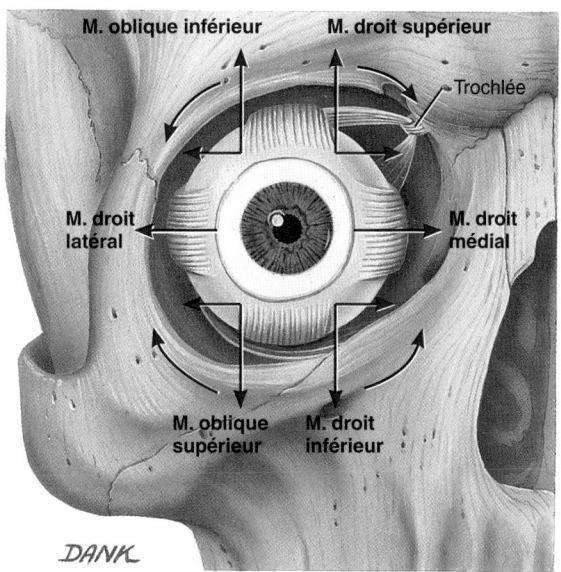

M. oblique inférieur   **M. droit supérieur**
Trochlée
M. droit latéral   **M. droit médial**
M. oblique supérieur   **M. droit inférieur**

DANK

(b) Mouvements du globe oculaire droit en réponse à la contraction des muscles extrinsèques

 Pourquoi le muscle oblique inférieur tourne-t-il le globe oculaire vers le haut et latéralement vers l'extérieur ?

OBJECTIF

• Décrire l'origine, l'insertion, l'action et l'innervation des muscles qui font bouger la mandibule.

Les muscles qui assurent les mouvements de la mandibule (mâchoire inférieure) au niveau de l'articulation temporomandibulaire sont dits muscles masticateurs parce que c'est grâce à eux que nous pouvons mâcher la nourriture. Trois des quatre paires de muscles masticateurs permettent de fermer la mâchoire avec beaucoup de puissance et de mordre avec force ; ce sont les **muscles masséter**, **temporal** et **ptérygoïdien médial**. Le muscle masséter est le muscle masticateur le plus puissant. Le muscle ptérygoïdien médial et le **muscle ptérygoïdien latéral** contribuent à la mastication en faisant glisser la mandibule latéralement pour broyer la nourriture. De plus, ces muscles effectuent la protraction (et sont responsables de la protrusion) de la mandibule.

LES MUSCLES ET LES MOUVEMENTS

Classez les muscles du présent exposé selon leur action sur la mandibule : 1) élévation, 2) abaissement, 3) rétraction, 4) protraction et 5) va-et-vient latéral. Un même muscle peut être mentionné plus d'une fois.

▶ **POINT DE CONTRÔLE**

Que se passerait-il si les muscles masséter et temporal perdaient leur tonus ?

Muscle	Origine	Insertion	Action	Innervation
M. masséter (*masêtêr* : masticateur) (figure 11.4c)	Maxillaire et arcade zygomatique.	Angle et branche de la mandibule.	Élève la mandibule, comme durant la fermeture de la bouche.	Branche mandibulaire du nerf trijumeau (V).
M. temporal (*tempus* : tempe)	Os temporal.	Processus coronoïde et branche de la mandibule.	Élève et rétracte la mandibule.	Branche mandibulaire du nerf trijumeau (V).
M. ptérygoïdien médial (*médial* : vers la ligne médiane ; *pterugoeidês* : en forme d'aile)	Chef profond : face médiale de la partie latérale du processus ptérygoïde de l'os sphénoïde. Chef superficiel : maxillaire.	Angle et branche de la mandibule.	Permet l'élévation, la protraction et le va-et-vient latéral de la mandibule.	Branche mandibulaire du nerf trijumeau (V).
M. ptérygoïdien latéral (*latéral* : éloigné de la ligne médiane)	Chef supérieur : grande aile de l'os sphénoïde. Chef inférieur : face latérale de la partie latérale du processus ptérygoïde de l'os sphénoïde.	Condyle de la mandibule ; articulation temporo-mandibulaire.	Permet la protraction, l'abaissement (comme durant l'ouverture de la bouche) et le va-et-vient latéral de la mandibule.	Branche mandibulaire du nerf trijumeau (V).

FIGURE 11.6 Les muscles des mouvements de la mandibule (mâchoire inférieure). (Le masséter est visible à la figure 11.4c.)

 Les muscles qui font bouger la mandibule sont dits muscles masticateurs.

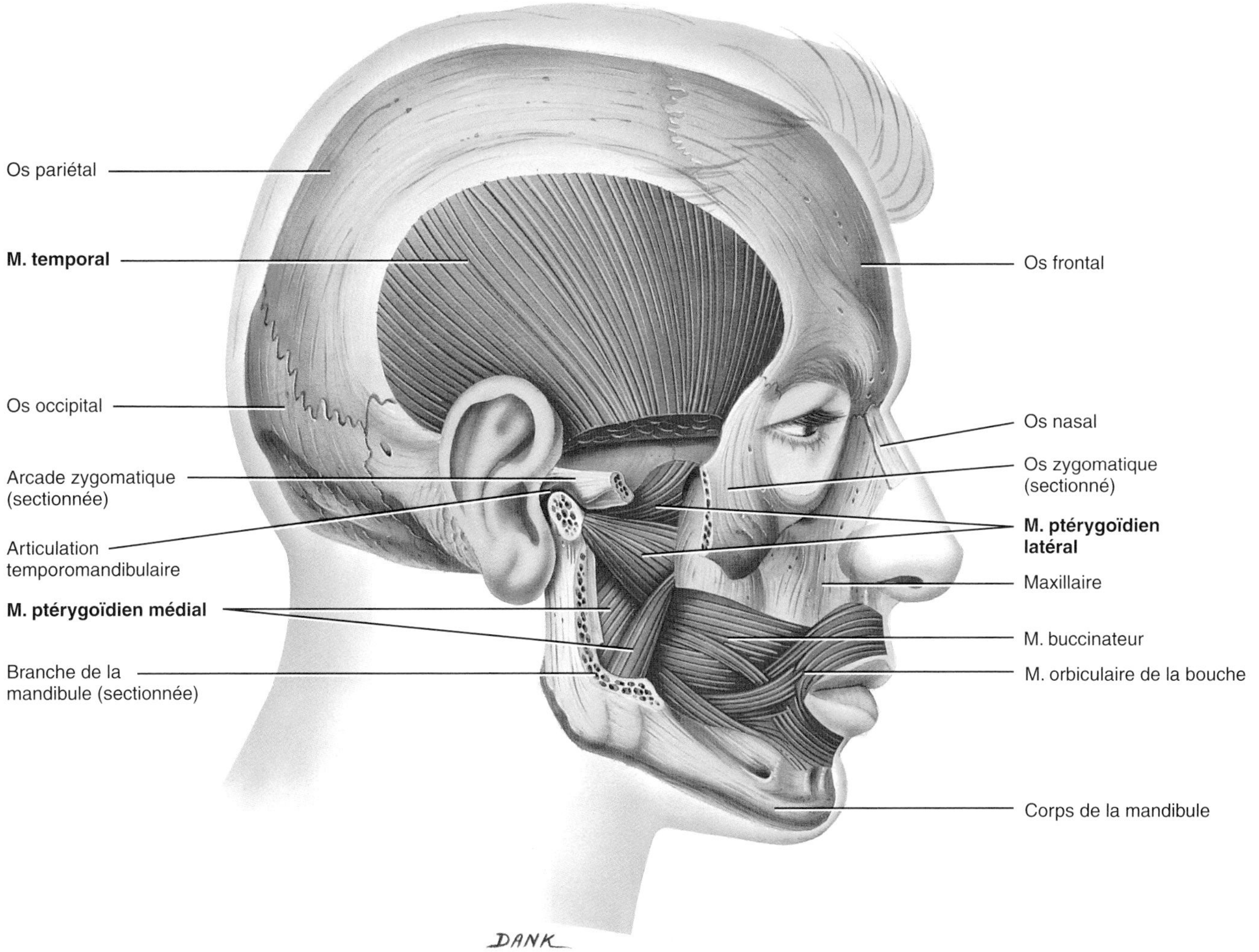

Os pariétal

M. temporal

Os occipital

Arcade zygomatique
(sectionnée)

Articulation
temporomandibulaire

M. ptérygoïdien médial

Branche de la
mandibule (sectionnée)

Os frontal

Os nasal

Os zygomatique
(sectionné)

**M. ptérygoïdien
latéral**

Maxillaire

M. buccinateur

M. orbiculaire de la bouche

Corps de la mandibule

DANK

Vue latérale droite, plan superficiel

Q Quel est le muscle masticateur le plus puissant?

- Décrire l'origine, l'insertion, l'action et l'innervation des muscles extrinsèques de la langue.

La langue est une structure très mobile dont le rôle dans la digestion est primordial ; elle est essentielle à la mastication, à la gustation et à la déglutition. Elle est également importante pour l'élocution. La mobilité de la langue est largement facilitée par sa suspension à la mandibule, au processus styloïde de l'os temporal ainsi qu'à l'os hyoïde. La langue est divisée en deux moitiés latérales par un septum fibreux médian, qui s'étend sur toute sa longueur. Le septum est attaché par le bas à l'os hyoïde. Les *muscles de la langue* sont de deux principaux types : extrinsèques et intrinsèques. Les **muscles extrinsèques de la langue** ont leur origine à l'extérieur de la langue et ils s'insèrent dans cette dernière. Ils font bouger la langue entière dans plusieurs directions ; par exemple, vers l'avant ou l'arrière, ou de côté. Les **muscles intrinsèques de la langue** ont leur origine et leur insertion dans la langue elle-même. Ils modifient la forme de la langue, mais ne contribuent pas à ses mouvements. Les muscles extrinsèques et intrinsèques de la langue s'insèrent dans les deux moitiés latérales de la langue.

Vous constaterez, en étudiant les muscles extrinsèques de la langue, que tous leurs noms se terminent par *glosse*, qui signifie «langue». Vous noterez également que l'action de ces muscles est évidente compte tenu de la position de la mandibule, du processus styloïde, de l'os hyoïde et du palais mou, qui leur servent de points d'origine. Par exemple, le **muscle génioglosse** (dont l'origine est sur la mandibule) tire la langue vers le bas et l'avant, le **muscle styloglosse** (dont l'origine est sur le processus styloïde) tire la langue vers le haut et l'arrière, le **muscle hyoglosse** (dont l'origine est sur l'os hyoïde) tire la langue vers le bas et l'aplatit, et le **muscle palatoglosse** (dont l'origine est sur le palais mou) relève la partie postérieure de la langue.

L'INTUBATION POUR L'ANESTHÉSIE

Quand on opère un patient sous anesthésie générale, les muscles se relâchent complètement. Après l'administration de divers anesthésiques (en particulier les agents paralysants), il faut protéger les voies respiratoires du patient et assurer le libre passage de l'air dans les poumons parce que les muscles de la respiration font partie des muscles paralysés. La paralysie du muscle génioglosse entraîne l'affaissement de la langue vers l'arrière, d'où un risque d'obstruction des voies respiratoires menant aux poumons. Pour éviter que cela se produise, on peut soit tirer la mandibule vers l'avant et l'immobiliser («position de reniflement»), soit introduire un tube dans la trachée (intubation endotrachéale) en passant par la bouche et le laryngopharynx (partie inférieure de la gorge). L'intubation se fait aussi parfois par le nez. ■

LES MUSCLES ET LES MOUVEMENTS

Classez les muscles du présent exposé selon leur action sur la langue : 1) abaissement, 2) élévation, 3) protraction, et 4) rétraction. Un même muscle peut être mentionné plus d'une fois.

▶ POINT DE CONTRÔLE

Quand votre médecin vous dit : « Ouvrez la bouche, sortez la langue et faites ah ! » parce qu'il veut examiner l'intérieur de votre bouche afin de repérer les signes éventuels d'une infection, quels muscles devez-vous contracter ?

MUSCLE	ORIGINE	INSERTION	ACTION	INNERVATION
M. génioglosse (*geneion* : menton ; *glôssa* : langue)	Épine mentonnière de la mandibule.	Face inférieure de la langue et corps de l'os hyoïde.	Abaisse la langue et la pousse vers l'avant (protraction).	Nerf hypoglosse (XII).
M. styloglosse (*stulos* : colonne)	Processus styloïde de l'os temporal.	Côté et face inférieure de la langue.	Redresse la langue et la tire vers l'arrière (rétraction) pour créer une dépression lors de la mastication.	Nerf hypoglosse (XII).
M. palatoglosse (*palatum* : palais)	Face antérieure du palais mou.	Côté de la langue.	Élève la partie postérieure de la langue et abaisse le palais mou sur elle.	Plexus pharyngé, qui contient des axones du nerf vague (X) et du nerf accessoire (XI).
M. hyoglosse (*huoeidês* : en forme de U, en rapport avec l'os hyoïde)	Grande corne et corps de l'os hyoïde.	Côté de la langue.	Abaisse la langue et en tire les côtés vers le bas.	Nerf hypoglosse (XII).

FIGURE 11.7 Les muscles extrinsèques des mouvements de la langue.

 Les muscles extrinsèques et intrinsèques de la langue sont disposés dans les deux moitiés latérales de l'organe.

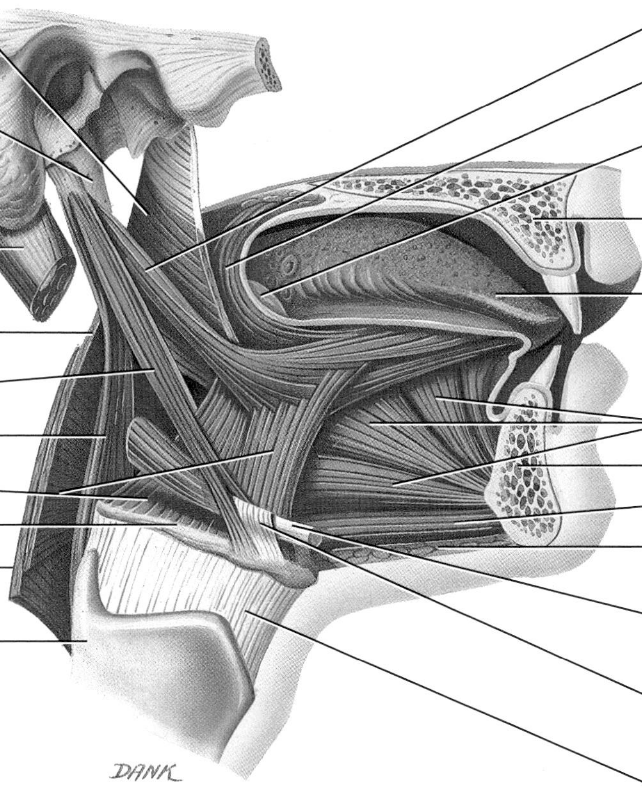

M. constricteur supérieur du pharynx

Processus styloïde de l'os temporal

Processus mastoïde de l'os temporal

M. digastrique (ventre postérieur, sectionné)

M. constricteur moyen du pharynx

M. stylohyoïdien

M. stylopharyngien

M. hyoglosse

Os hyoïde

M. constricteur inférieur du pharynx

Cartilage thyroïde du larynx

M. styloglosse

M. palatoglosse

Amygdale palatine

Palais osseux (sectionné)

Langue

M. génioglosse

Mandibule (sectionnée)

M. géniohyoïdien

M. mylohyoïdien

Tendon intermédiaire du m. digastrique

Poulie fibreuse pour le tendon intermédiaire du m. digastrique

Membrane thyrohyoïdienne (relie l'os hyoïde au larynx)

DANK

Vue latérale droite, plan profond

Q Quelles sont les fonctions de la langue?

OBJECTIF

• Décrire l'origine, l'insertion, l'action et l'innervation des principaux muscles de la partie antérieure du cou intervenant dans la déglutition et la phonation.

Deux groupes de muscles sont associés à la face antérieure du cou : 1) les **muscles suprahyoïdiens**, nommés d'après leur position au-dessus de l'os hyoïde, et 2) les **muscles infrahyoïdiens**, dont le nom évoque leur position inférieure par rapport à l'os hyoïde. Les deux groupes de muscles stabilisent l'os hyoïde, qui constitue ainsi une base solide pour les mouvements de la langue.

Ensemble, les muscles suprahyoïdiens élèvent l'os hyoïde, le plancher de la cavité orale ainsi que la langue durant la déglutition. Comme son nom l'indique, le **muscle digastrique** a deux ventres, antérieur et postérieur, unis par un tendon intermédiaire qui est maintenu en place par une poulie fibreuse (figure 11.7). Ce muscle élève l'os hyoïde et le larynx durant la déglutition et la phonation ; il abaisse aussi la mandi-

bule. Le **muscle stylohyoïdien** élève l'os hyoïde et le tire vers l'arrière, allongeant ainsi le plancher de la cavité orale durant la déglutition. Le **muscle mylohyoïdien** élève l'os hyoïde et contribue à presser la langue contre le plafond de la cavité orale durant la déglutition de façon à pousser la nourriture dans la gorge. Le **muscle géniohyoïdien** (figure 11.7) élève l'os hyoïde et le tire vers l'avant pour raccourcir le plancher de la cavité orale et élargir la gorge qui s'apprête à recevoir la nourriture durant la déglutition ; il abaisse aussi la mandibule.

On compare parfois les muscles infrahyoïdiens à des courroies ou à des rubans à cause de leur forme. La plupart de ces muscles abaissent l'os hyoïde et certains assurent les mouvements du larynx associés à la déglutition et à la phonation. Le **muscle omohyoïdien** est constitué, comme le muscle digastrique, de deux ventres, mais ces derniers sont dits *supérieur* et *inférieur*, et non pas antérieur et postérieur. Ensemble, les muscles omohyoïdien, **sternohyoïdien** et **thyrohyoïdien** abaissent l'os hyoïde. En outre, le **muscle sternothyroïdien** abaisse le cartilage thyroïde (ou pomme d'Adam) du larynx et le muscle thyrohyoïdien élève ce cartilage. Ces actions sont essentielles pour la production des sons graves et des sons aigus, respectivement.

MUSCLE	ORIGINE	INSERTION	ACTION	INNERVATION
Muscles suprahyoïdiens				
M. digastrique (*di* : deux ; *gastêr* : ventre)	Ventre antérieur : sur le côté intérieur du bord inférieur de la mandibule. Ventre postérieur : sur l'os temporal.	Tendon intermédiaire relié au corps de l'os hyoïde.	Abaisse la mandibule ; élève l'os hyoïde et le stabilise durant la déglutition et la phonation.	Ventre antérieur : branche mandibulaire du nerf trijumeau (V). Ventre postérieur : nerf facial (VII).
M. stylohyoïdien (*stulos* : colonne ; *huoeidês* : en forme de U, en rapport avec l'os hyoïde)	Processus styloïde de l'os temporal.	Corps de l'os hyoïde.	Élève l'os hyoïde et le tire vers l'arrière (rétraction) pour allonger le plancher de la cavité buccale.	Nerf facial (VII).
M. mylohyoïdien (*mulê* : meule)	Face interne de la mandibule.	Corps de l'os hyoïde.	Élève l'os hyoïde, le plancher de la cavité buccale et abaisse la mandibule durant la déglutition et la phonation.	Branche mandibulaire du nerf trijumeau (V).
M. géniohyoïdien (*geneion* : menton) (figure 11.7)	Face interne de la mandibule.	Corps de l'os hyoïde.	Élève l'os hyoïde ; tire l'os hyoïde et la langue vers l'avant et abaisse la mandibule pour raccourcir le plancher de la cavité buccale et ouvrir le pharynx.	Premier nerf cervical.
Muscles infrahyoïdiens				
M. omohyoïdien (*ômos* : épaule)	Bord supérieur de la scapula et ligament transverse supérieur.	Corps de l'os hyoïde.	Abaisse, rétracte et stabilise l'os hyoïde.	Branches des nerfs spinaux C1 à C3.
M. sternohyoïdien (*sternon* : sternum)	Extrémité sternale de la clavicule et manubrium sternal.	Corps de l'os hyoïde.	Abaisse l'os hyoïde après la déglutition.	Branche des nerfs spinaux C1 à C3.
M. sternothyroïdien (*thureoeidês* : en forme de bouclier)	Manubrium sternal.	Cartilage thyroïde du larynx.	Abaisse l'os hyoïde et le cartilage thyroïde du larynx.	Branches des nerfs spinaux C1 à C3.
M. thyrohyoïdien	Cartilage thyroïde du larynx.	Grande corne de l'os hyoïde.	Élève le cartilage thyroïde et abaisse l'os hyoïde.	Branches des nerfs spinaux C1 et C2 et nerf crânien hypoglosse (XII).

LES MUSCLES ET LES MOUVEMENTS

Classez les muscles du présent exposé selon leur action sur l'os hyoïde : 1) élévation, 2) mouvement vers l'avant, 3) mouvement vers l'arrière, et 4) abaissement ; et selon leur action sur le cartilage thyroïde : 1) élévation, et 2) abaissement. Un même muscle peut être mentionné plus d'une fois.

▶ **POINT DE CONTRÔLE**

Quels muscles de la langue, de l'expression faciale et de la mandibule utilisez-vous pour la mastication ?

FIGURE 11.8 Les muscles suprahyoïdiens et infrahyoïdiens de la face antérieure du cou.

Les muscles suprahyoïdiens élèvent l'os hyoïde, le plancher de la cavité orale et la langue durant la déglutition. La plupart des muscles infrahyoïdiens abaissent l'os hyoïde, et certains assurent les mouvements du larynx associés à la déglutition et à la phonation.

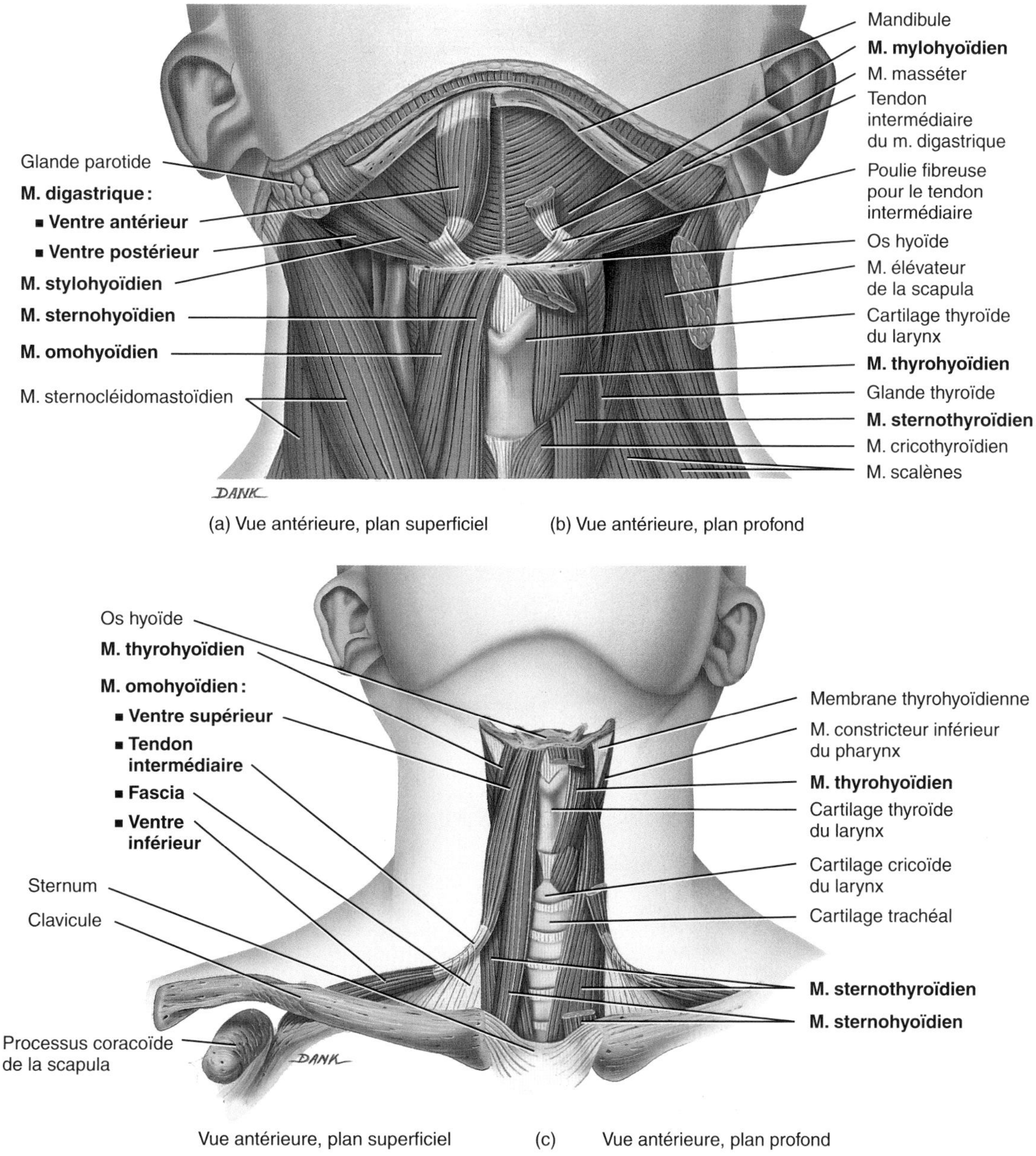

Mandibule
M. mylohyoïdien
M. masséter
Tendon intermédiaire du m. digastrique

Glande parotide
M. digastrique :
■ **Ventre antérieur**
■ **Ventre postérieur**
M. stylohyoïdien
M. sternohyoïdien
M. omohyoïdien
M. sternocléidomastoïdien

Poulie fibreuse pour le tendon intermédiaire
Os hyoïde
M. élévateur de la scapula
Cartilage thyroïde du larynx
M. thyrohyoïdien
Glande thyroïde
M. sternothyroïdien
M. cricothyroïdien
M. scalènes

DANK

(a) Vue antérieure, plan superficiel   (b) Vue antérieure, plan profond

Os hyoïde
M. thyrohyoïdien
M. omohyoïdien :
■ **Ventre supérieur**
■ **Tendon intermédiaire**
■ **Fascia**
■ **Ventre inférieur**
Sternum
Clavicule
Processus coracoïde de la scapula

Membrane thyrohyoïdienne
M. constricteur inférieur du pharynx
M. thyrohyoïdien
Cartilage thyroïde du larynx
Cartilage cricoïde du larynx
Cartilage trachéal
M. sternothyroïdien
M. sternohyoïdien

DANK

Vue antérieure, plan superficiel   (c)   Vue antérieure, plan profond

Q Quelle est l'action combinée des muscles suprahyoïdiens et infrahyoïdiens ?

OBJECTIF

• Décrire l'origine, l'insertion, l'action et l'innervation des muscles des mouvements de la tête.

La tête est attachée à la colonne vertébrale par l'articulation atlantooccipitale, formée de l'atlas et de l'os occipital. Les mouvements de la tête ainsi que son maintien en équilibre sur la colonne vertébrale font intervenir plusieurs muscles du cou. Par exemple, la contraction simultanée (bilatérale) des deux **muscles sternocléidomastoïdiens** entraîne la flexion de la partie cervicale de la colonne vertébrale et celle de la tête. La contraction (unilatérale) d'un seul sternocléidomastoïdien entraîne l'extension latérale et la rotation de la tête. La contraction bilatérale des **muscles semi-épineux de la tête**, **splénius de la tête** et **longissimus de la tête** provoque l'extension de la tête. Mais leur contraction unilatérale produit une action très différente, qui se traduit essentiellement par la rotation de la tête.

Le muscle sternocléidomastoïdien est un repère capital – sur les plans anatomique et chirurgical – qui divise le cou en deux grands triangles cervicaux : antérieur et postérieur. Ces triangles sont importants en raison des structures qu'ils circonscrivent.

Le **triangle antérieur** est limité en haut par la mandibule ; en bas, par le sternum ; au centre, par la ligne médiane cervicale ; et latéralement, par le bord antérieur du muscle sternocléidomastoïdien. Il est subdivisé en un triangle submental impair et trois triangles pairs : submandibulaire, carotidien et musculaire. Le triangle antérieur contient les nœuds lymphatiques submentaux, submandibulaires et cervicaux profonds, la glande salivaire submandibulaire (ou sous-maxillaire) et une partie de la glande parotide, l'artère et la veine faciales, l'artère carotide commune et la veine jugulaire interne, et les nerfs crâniaux suivants : glossopharyngien (IX), vague (X), accessoire (XI) et hypoglosse (XII).

Le **triangle postérieur**, ou grande fosse supraclaviculaire, est limité en haut par la clavicule ; à l'avant, par le bord postérieur du muscle sternocléidomastoïdien ; et à l'arrière, par le bord antérieur du muscle trapèze. Il est subdivisé en deux triangles, occipital et supraclaviculaire (ou omoclaviculaire), par le ventre inférieur du muscle omohyoïdien. Le triangle postérieur contient une partie de l'artère subclavière, de la veine jugulaire externe, des nœuds lymphatiques cervicaux, du plexus brachial et du nerf accessoire (XI).

MUSCLE	ORIGINE	INSERTION	ACTION	INNERVATION
M. sternocléidomastoïdien (*sternon* : sternum ; *kleidos* : clavicule ; *mastoeidês* : en forme de mamelle, en rapport avec le processus mastoïde de l'os temporal)	Sternum et clavicule.	Processus mastoïde de l'os temporal.	La contraction bilatérale entraîne la flexion de la partie cervicale de la colonne vertébrale et de la tête, et l'élévation du sternum lors de l'inspiration forcée ; la contraction d'un seul côté (unilatérale) entraîne l'extension latérale et la rotation de la tête vers le côté opposé au muscle qui se contracte.	Nerf accessoire (XI).
M. semi-épineux de la tête (*semi* : à demi ; *spinosus* : couvert d'épines, en rapport avec le processus épineux) (figure 11.19a)	Processus transverses des six ou sept premières vertèbres thoraciques et de la septième vertèbre cervicale, et processus articulaires des quatrième, cinquième et sixième vertèbres cervicales.	Os occipital entre la ligne nuchale supérieure et la ligne nuchale inférieure.	Ensemble, ils entraînent l'extension de la tête ; seuls, ils causent la rotation de la tête vers le côté opposé au muscle qui se contracte.	Nerfs cervicaux.
M. splénius de la tête (*splênion* : compresse) (figure 11.19a)	Ligament nuchal et processus épineux de la septième vertèbre cervicale et des trois ou quatre premières vertèbres thoraciques.	Os occipital et processus mastoïde de l'os temporal.	Ensemble, ils entraînent l'extension de la tête ; seuls, ils causent l'inclinaison latérale et la rotation de la tête vers le côté du muscle qui se contracte.	Nerfs cervicaux.
M. longissimus de la tête (*longissimus* : le plus long) (figure 11.19a)	Processus transverses des quatre premières vertèbres thoraciques et processus articulaires des quatre dernières vertèbres cervicales.	Processus mastoïde de l'os temporal.	Ensemble, ils entraînent l'extension de la tête ; seuls, ils causent l'inclinaison latérale et la rotation de la tête vers le côté du muscle qui se contracte.	Nerfs cervicaux.

LES MUSCLES ET LES MOUVEMENTS

Classez les muscles du présent exposé selon leur action sur la tête: 1) flexion, 2) inclinaison latérale, 3) extension, 4) rotation vers le côté opposé au muscle qui se contracte, et 5) rotation vers le côté du muscle qui se contracte. Un même muscle peut être mentionné plus d'une fois.

▶ POINT DE CONTRÔLE

Quels muscles contractez-vous pour faire «oui» ou «non» de la tête?

FIGURE 11.9 Les triangles du cou.

Le muscle sternocléidomastoïdien divise le cou en deux grands triangles: antérieur et postérieur.

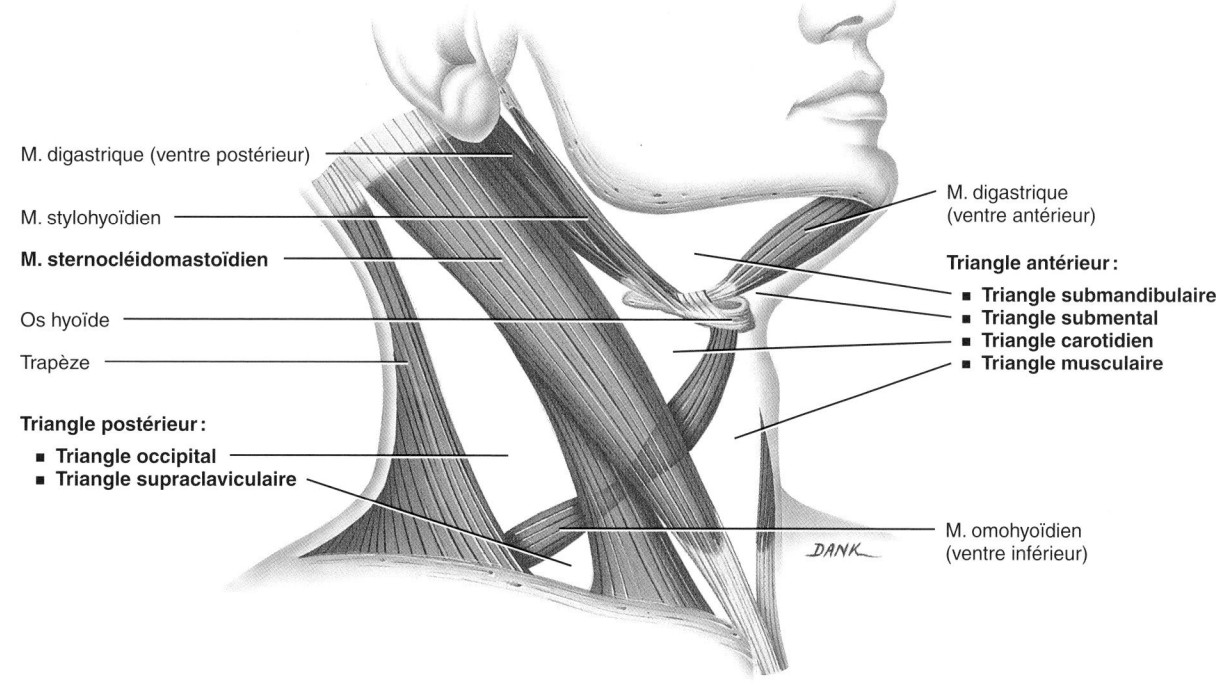

M. digastrique (ventre postérieur)

M. stylohyoïdien

M. sternocléidomastoïdien

Os hyoïde

Trapèze

Triangle postérieur:
- **Triangle occipital**
- **Triangle supraclaviculaire**

M. digastrique (ventre antérieur)

Triangle antérieur:
- **Triangle submandibulaire**
- **Triangle submental**
- **Triangle carotidien**
- **Triangle musculaire**

M. omohyoïdien (ventre inférieur)

DANK

Vue latérale droite

 Pourquoi les triangles sont-ils importants?

EXPOSÉ 11.7   Les muscles agissant sur la paroi abdominale (figure 11.10)

OBJECTIF

• Décrire l'origine, l'insertion, l'action et l'innervation des muscles agissant sur la paroi abdominale.

La paroi antérolatérale de l'abdomen se compose de peau, d'un fascia et de quatre paires de muscles : l'oblique externe de l'abdomen, l'oblique interne de l'abdomen, le transverse de l'abdomen et le droit de l'abdomen. Les trois premiers muscles sont énumérés en allant du moins profond au plus profond. Le **muscle oblique externe de l'abdomen** est le muscle superficiel ; ses faisceaux s'étendent vers le bas et l'intérieur. Le **muscle oblique interne de l'abdomen** est le muscle intermédiaire ; ses faisceaux s'étendent perpendiculairement à celles de l'oblique externe. Le **muscle transverse de l'abdomen** est le muscle profond ; la plupart de ses faisceaux sont orientés transversalement autour de la paroi abdominale. Ensemble, les muscles oblique externe, oblique interne et transverse de l'abdomen forment trois couches musculaires autour de l'abdomen. Les faisceaux musculaires s'étendent dans une direction différente dans chaque couche ; cet agencement structural assure une protection considérable aux viscères abdominaux, surtout lorsque le tonus musculaire est bon.

Le **muscle droit de l'abdomen** est un grand muscle qui s'étend sur toute la longueur de la paroi antérieure de l'abdomen, depuis ses origines sur la crête et la symphyse pubiennes jusqu'à ses insertions sur les cartilages des cinquième, sixième et septième côtes et sur le processus xiphoïde du sternum. La face antérieure du muscle est segmentée par trois bandes transversales de tissu fibreux, appelées **intersections tendineuses**, qui seraient les vestiges de septums séparant les myotomes durant le développement embryonnaire (voir la figure 10.19).

Ensemble, les muscles de la paroi antérolatérale de l'abdomen contribuent à contenir et à protéger les viscères abdominaux ; ils jouent un rôle dans la flexion, la flexion latérale et la rotation de la colonne vertébrale au niveau des articulations intervertébrales ; ils compriment l'abdomen durant l'expiration forcée et produisent la force nécessaire à la défécation, à la miction et à l'accouchement.

Les aponévroses (tendons en forme de gaine) des muscles oblique externe, oblique interne et transverse de l'abdomen se rejoignent et forment la **gaine du muscle droit de l'abdomen** ; cette dernière se divise en deux feuillets, antérieur et postérieur, qui enveloppent le muscle. En fusionnant sur la ligne médiane, ces feuillets constituent la **ligne blanche**, bande fibreuse résistante qui s'étend du processus xiphoïde du sternum jusqu'à la symphyse pubienne. Vers la fin de la grossesse, la ligne blanche

MUSCLE	ORIGINE	INSERTION	ACTION	INNERVATION
M. droit de l'abdomen (*droit* : faisceaux parallèles à la ligne médiane)	Crête pubienne et symphyse pubienne.	Cartilage des cinquième, sixième et septième côtes et processus xiphoïde.	Permet la flexion de la colonne vertébrale, en particulier de la région lombaire, et la compression de l'abdomen pour faciliter la défécation, la miction, l'expiration forcée et l'accouchement.	Nerfs spinaux T7 à T12.
M. oblique externe de l'abdomen (*externe* : près de la surface ; *oblique* : faisceaux en diagonale par rapport à la ligne médiane)	Huit côtes inférieures.	Crête iliaque et ligne blanche.	La contraction des deux muscles (bilatérale) entraîne la compression et le soutien des viscères de l'abdomen ainsi que la flexion de la colonne vertébrale ; la contraction d'un seul muscle (unilatérale) amène la rotation de la colonne vertébrale et sa flexion latérale, en particulier dans la région lombaire.	Nerfs spinaux T7 à T12 et nerf iliohypogastrique.
M. oblique interne de l'abdomen (*interne* : loin de la surface)	Crête iliaque, ligament inguinal et fascia thoracolombaire.	Cartilage des trois ou quatre dernières côtes et ligne blanche.	La contraction des deux muscles entraîne la compression et le soutien des viscères de l'abdomen ainsi que la flexion de la colonne vertébrale ; la contraction d'un seul muscle provoque la rotation de la colonne vertébrale et sa flexion latérale, en particulier dans la région lombaire.	Nerfs spinaux T8 à T12, nerf iliohypogastrique et nerf ilio-inguinal.
M. transverse de l'abdomen (*transverse* : faisceaux perpendiculaires à la ligne médiane)	Crête iliaque, ligament inguinal, fascia lombaire et cartilages des six côtes inférieures.	Processus xiphoïde, ligne blanche et pubis.	Permet la compression et le soutien des viscères de l'abdomen.	Nerfs spinaux T8 à T12, nerf iliohypogastrique et nerf ilio-inguinal.
M. carré des lombes (*lumbes* : reins) (figure 11.11)	Crête iliaque et ligament iliolombaire.	Bord inférieur de la douzième côte et des quatre premières vertèbres lombaires.	La contraction des deux muscles tire les douzièmes côtes vers le bas durant l'expiration forcée, immobilise les douzièmes côtes pour en prévenir l'élévation durant l'inspiration profonde et contribue à l'extension de la partie lombaire de la colonne vertébrale ; la contraction d'un seul muscle entraîne la flexion latérale de la colonne vertébrale, en particulier dans la région lombaire.	Nerf spinal T12 et nerfs spinaux L1 à L3 ou L1 à L4.

s'étire de façon à augmenter la distance entre les deux muscles droits de l'abdomen. Le bord inférieur libre de l'aponévrose de l'oblique externe forme le **ligament inguinal**, qui s'étend de l'épine iliaque antérosupérieure jusqu'au tubercule pubien (figure 11.20a). Juste au-dessus de l'extrémité médiale du ligament inguinal se trouve une fente triangulaire dans l'aponévrose appelée **anneau inguinal superficiel**, qui constitue l'orifice externe du **canal inguinal** (voir la figure 28.2). Ce canal contient le cordon spermatique et le nerf ilio-inguinal chez l'homme, et le ligament rond de l'utérus et le nerf ilio-inguinal chez la femme.

La paroi postérieure de l'abdomen est formée des vertèbres lombaires, d'une partie de l'ilium (os coxal), des muscles grand psoas et iliaque (exposé 11.17), et du muscle carré des lombes. Alors que la paroi antérolatérale de l'abdomen est capable de contraction et de distension, la paroi postérieure est épaisse et stable par comparaison.

LA HERNIE INGUINALE

On appelle **hernie** la saillie d'un organe à travers une structure qui normalement le contient, cette saillie formant une grosseur que l'on peut voir ou sentir à travers la peau. La région inguinale est un point faible de la paroi abdominale. Elle est souvent le siège d'une **hernie inguinale**, c'est-à-dire une rupture ou séparation d'une partie de la paroi de l'abdomen qui entraîne la saillie d'un segment de l'intestin grêle. Les hernies sont beaucoup plus fréquentes chez les hommes que chez les femmes parce que leurs canaux inguinaux, qui contiennent le cordon spermatique et le nerf ilio-inguinal, sont plus gros. Le traitement d'une hernie est, la plupart du temps, de nature chirurgicale. On refoule l'organe faisant saillie dans la cavité abdominale, puis on répare la partie défectueuse des muscles abdominaux. On met aussi souvent en place un filet prothétique servant à renforcer la région faible de la paroi de l'abdomen. ■

LES MUSCLES ET LES MOUVEMENTS

Classez les muscles du présent exposé selon leur action sur la colonne vertébrale: 1) flexion, 2) flexion latérale, 3) extension, et 4) rotation. Un même muscle peut être mentionné plus d'une fois.

▶ POINT DE CONTRÔLE

Quels muscles contractez-vous quand vous rentrez le ventre, comprimant ainsi la paroi antérieure de l'abdomen?

FIGURE 11.10 Les muscles de la paroi antérolatérale de l'abdomen chez l'homme.

Les muscles de la paroi antérolatérale de l'abdomen protègent les viscères de cette région, contribuent aux mouvements de la colonne vertébrale et facilitent l'expiration forcée, la défécation, la miction et l'accouchement (chez la femme).

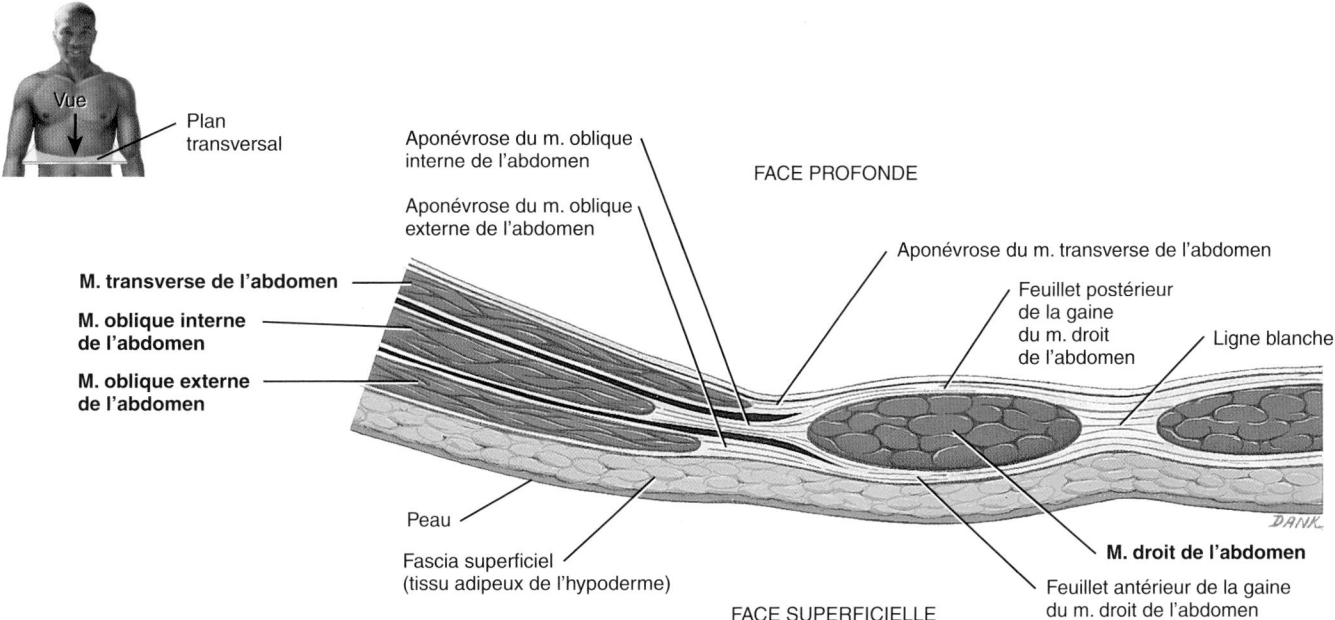

(a) Coupe transversale de la paroi antérieure de l'abdomen au-dessus de l'ombilic (ou nombril)

EXPOSÉ 11.7 Les muscles agissant sur la paroi abdominale (figure 11.10) *(suite)*

FIGURE 11.10 Les muscles de la paroi antérolatérale de l'abdomen chez l'homme *(suite)*.

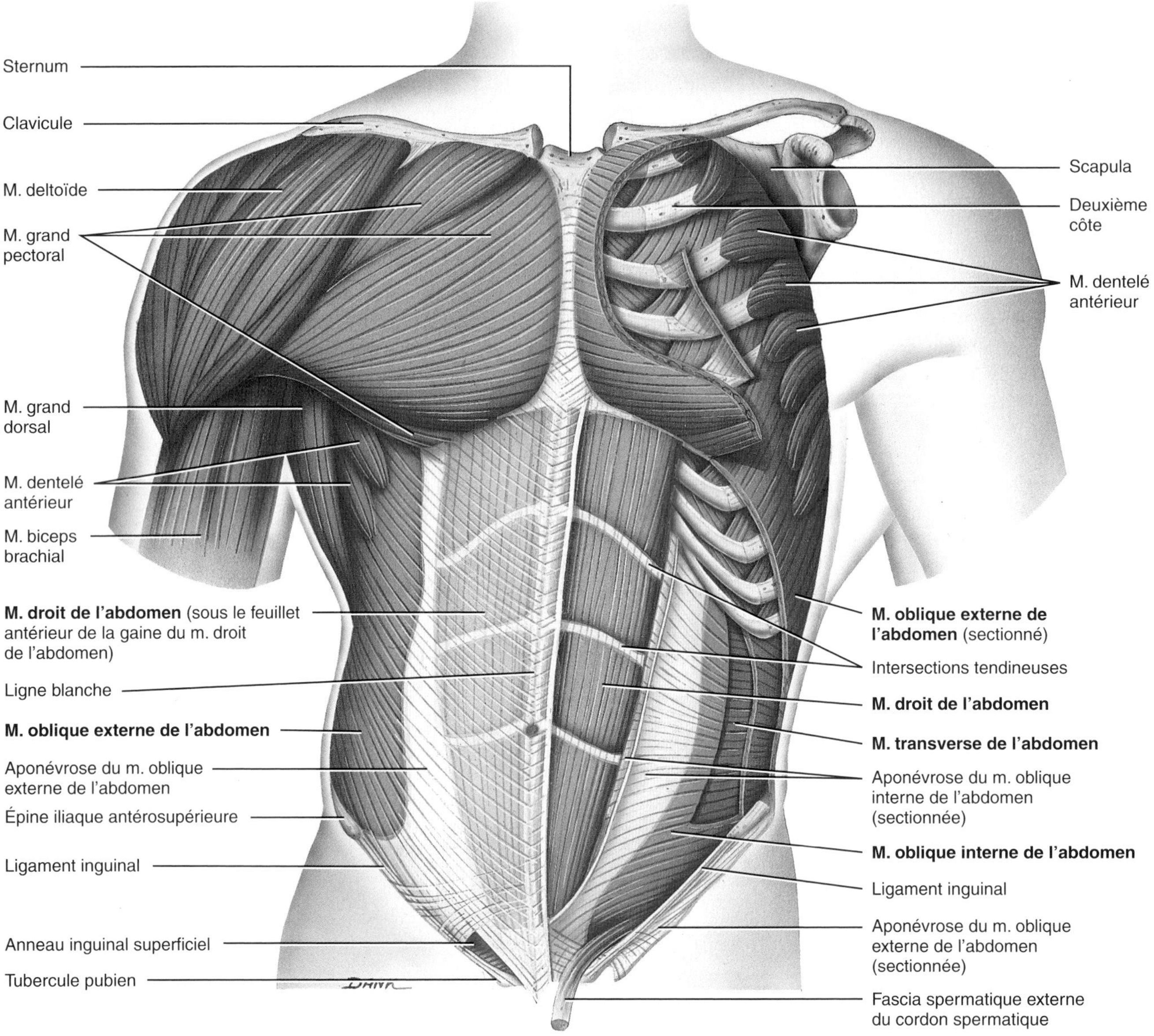

Sternum
Clavicule
M. deltoïde
M. grand pectoral
M. grand dorsal
M. dentelé antérieur
M. biceps brachial
M. droit de l'abdomen (sous le feuillet antérieur de la gaine du m. droit de l'abdomen)
Ligne blanche
M. oblique externe de l'abdomen
Aponévrose du m. oblique externe de l'abdomen
Épine iliaque antérosupérieure
Ligament inguinal
Anneau inguinal superficiel
Tubercule pubien
Scapula
Deuxième côte
M. dentelé antérieur
M. oblique externe de l'abdomen (sectionné)
Intersections tendineuses
M. droit de l'abdomen
M. transverse de l'abdomen
Aponévrose du m. oblique interne de l'abdomen (sectionnée)
M. oblique interne de l'abdomen
Ligament inguinal
Aponévrose du m. oblique externe de l'abdomen (sectionnée)
Fascia spermatique externe du cordon spermatique

(b) Vue antérieure, plan superficiel (c) Vue antérieure, plan profond

Q Quel muscle de l'abdomen facilite la miction?

OBJECTIF

- Décrire l'origine, l'insertion, l'action et l'innervation des muscles de la respiration.

Les muscles qui font l'objet du présent exposé modifient le volume de la cavité thoracique pour permettre la respiration. L'inspiration et l'expiration ont lieu respectivement quand le volume de la cavité thoracique augmente et quand il diminue.

Le **diaphragme**, qui a la forme d'un dôme, est le muscle le plus important de la respiration. Il sépare les cavités thoracique et abdominale ; sa face supérieure convexe forme le plancher de la cavité thoracique (figure 11.11c) et sa face inférieure concave, le plafond de la cavité abdominale (figure 11.11d). Il comporte une partie musculaire (charnue) en périphérie et une partie tendineuse au centre. La **partie musculaire périphérique** du diaphragme a ses origines sur le processus xiphoïde du sternum, les six dernières côtes et leurs cartilages costaux, les vertèbres lombaires et leurs disques intervertébraux, et la douzième côte (figure 11.11d). Les myocytes de la partie musculaire convergent depuis leurs origines pour aller s'insérer sur le **centre tendineux du diaphragme**, aponévrose résistante située près du centre du muscle (figure 11.11c, d). Le centre tendineux du diaphragme s'unit à la face inférieure du péricarde (enveloppe du cœur) et à la plèvre (enveloppe des poumons).

Le diaphragme possède trois ouvertures principales entre le thorax et l'abdomen par lesquelles passent diverses structures. Ces dernières comprennent l'aorte, le conduit thoracique et la veine azygos, qui traversent l'**hiatus aortique** ; l'œsophage et les nerfs vagues (X), qui passent par l'**hiatus œsophagien** ; et la veine cave inférieure, qui emprunte le fora-men de la veine cave. La hernie hiatale est une affection qui se caractérise par la protrusion de l'estomac vers le haut à travers l'hiatus œsophagien.

Par son action, le diaphragme contribue également à retourner le sang veineux au cœur par l'intermédiaire des veines de l'abdomen. De concert avec les muscles antérolatéraux de l'abdomen, il fait augmenter la pression intraabdominale et facilite l'évacuation du contenu pelvien durant la défécation, la miction et l'accouchement. Ce mécanisme augmente en efficacité lorsqu'on inspire profondément et qu'on ferme la fente de la glotte (espace entre les plis vocaux) : l'air emprisonné dans les voies respiratoires s'oppose à l'élévation du diaphragme. L'augmentation de la pression intraabdominale contribue aussi à soutenir la colonne vertébrale et à l'empêcher de fléchir quand on soulève un poids, ce qui facilite considérablement l'action des muscles du dos quand le poids à soulever est lourd.

D'autres muscles de la respiration, appelés **muscles intercostaux**, occupent les espaces intercostaux, soit les espaces qui séparent les côtes. Ils sont disposés en trois couches. Les 11 paires de **muscles intercostaux externes** forment la couche superficielle ; les myocytes qui relient chaque côte à celle qui se trouve immédiatement au-dessous, sont dirigés en oblique vers le bas et l'avant. Ces muscles élèvent les côtes durant l'inspiration et contribuent à l'expansion de la cage thoracique. Les 11 paires de **muscles intercostaux internes** forment la couche intermédiaire des espaces intercostaux. Les myocytes sont perpendiculaires à ceux des muscles intercostaux externes et sont dirigés en oblique vers le bas et l'arrière depuis le bord inférieur de chaque côte jusqu'au bord supérieur de la côte située directement au-dessous. Ils rapprochent les côtes adjacentes durant l'expiration forcée et contribuent ainsi à diminuer le volume de la cavité thoracique. Les muscles intercostaux les plus profonds forment la couche musculaire la plus profonde. Ils sont peu développés

Muscle	Origine	Insertion	Action	Innervation
Diaphragme (*diaphragma* : séparation, cloison)	Processus xiphoïde du sternum, cartilage costal et parties adjacentes des six dernières côtes, vertèbres lombaires et leurs disques intervertébraux, et douzième côte.	Centre tendineux du diaphragme.	La contraction du diaphragme l'aplatit et accroît la longueur verticale de la cavité thoracique, ce qui provoque l'inspiration ; la relaxation du diaphragme le fait se déplacer vers le haut et réduit la longueur verticale de la cavité thoracique, ce qui provoque l'expiration.	Nerf phrénique, qui contient les axones des nerfs spinaux C3 à C5.
M. intercostaux externes (*inter* : entre ; *costa* : côte ; *externe* : près de la surface)	Bord inférieur de la côte située immédiatement au-dessus.	Bord supérieur de la côte située immédiatement au-dessous.	La contraction élève les côtes durant l'inspiration et augmente ainsi les dimensions latérale et antéropostérieure de la cavité thoracique, ce qui provoque l'inspiration ; la relaxation abaisse les côtes et réduit les dimensions antéropostérieure et latérale de la cavité thoracique, ce qui provoque l'expiration.	Nerfs spinaux T2 à T12.
M. intercostaux internes (*interne* : loin de la surface)	Bord supérieur de la côte située immédiatement au-dessous.	Bord inférieur de la côte située immédiatement au-dessus.	La contraction rapproche les côtes adjacentes durant l'expiration forcée et réduisent ainsi les dimensions latérale et antéropostérieure de la cavité thoracique.	Nerfs spinaux T2 à T12.

▶

(et ne sont pas représentés dans la figure); les myocytes sont orientés dans la même direction que ceux des muscles intercostaux internes et jouent peut-être le même rôle.

Nous verrons au chapitre 23 que le diaphragme et les muscles intercostaux externes jouent un rôle durant l'inspiration et l'expiration calmes. Cependant, au cours de l'inspiration profonde et forcée (pendant une séance d'exercice ou lorsqu'on joue d'un instrument à vent), les muscles sternocléidomastoïdien, scalène et petit pectoral entrent également en jeu; durant l'expiration profonde et forcée, les muscles oblique externe, oblique interne, transverse de l'abdomen, droit de l'abdomen et intercostaux internes sont aussi utilisés.

LES MUSCLES ET LES MOUVEMENTS

Classez les muscles du présent exposé selon leur action sur la taille du thorax : 1) augmentation de la longueur verticale, 2) augmentation des dimensions latérale et antéropostérieure, et 3) diminution des dimensions latérale et antéropostérieure.

▶ POINT DE CONTRÔLE

Comment se nomment les trois ouvertures du diaphragme et quelles structures traversent chacune de ces ouvertures ?

FIGURE 11.11 Les muscles de la respiration chez l'homme.

Des ouvertures dans le diaphragme permettent le passage de l'aorte, de l'œsophage et de la veine cave inférieure.

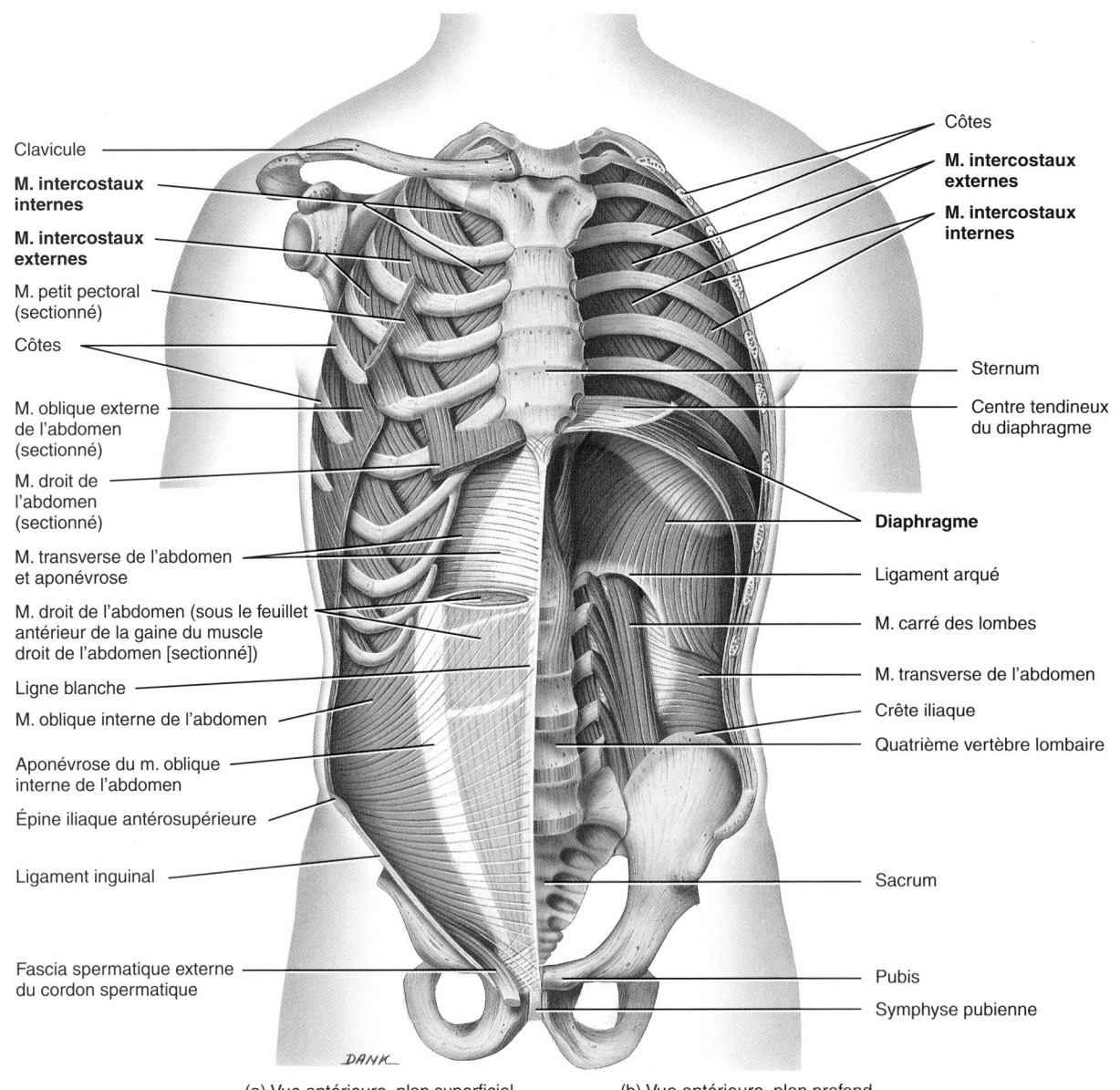

Clavicule

M. intercostaux internes

M. intercostaux externes

M. petit pectoral (sectionné)

Côtes

M. oblique externe de l'abdomen (sectionné)

M. droit de l'abdomen (sectionné)

M. transverse de l'abdomen et aponévrose

M. droit de l'abdomen (sous le feuillet antérieur de la gaine du muscle droit de l'abdomen [sectionné])

Ligne blanche

M. oblique interne de l'abdomen

Aponévrose du m. oblique interne de l'abdomen

Épine iliaque antérosupérieure

Ligament inguinal

Fascia spermatique externe du cordon spermatique

Côtes

M. intercostaux externes

M. intercostaux internes

Sternum

Centre tendineux du diaphragme

Diaphragme

Ligament arqué

M. carré des lombes

M. transverse de l'abdomen

Crête iliaque

Quatrième vertèbre lombaire

Sacrum

Pubis

Symphyse pubienne

(a) Vue antérieure, plan superficiel   (b) Vue antérieure, plan profond

FIGURE 11.11 Les muscles de la respiration chez l'homme *(suite).*

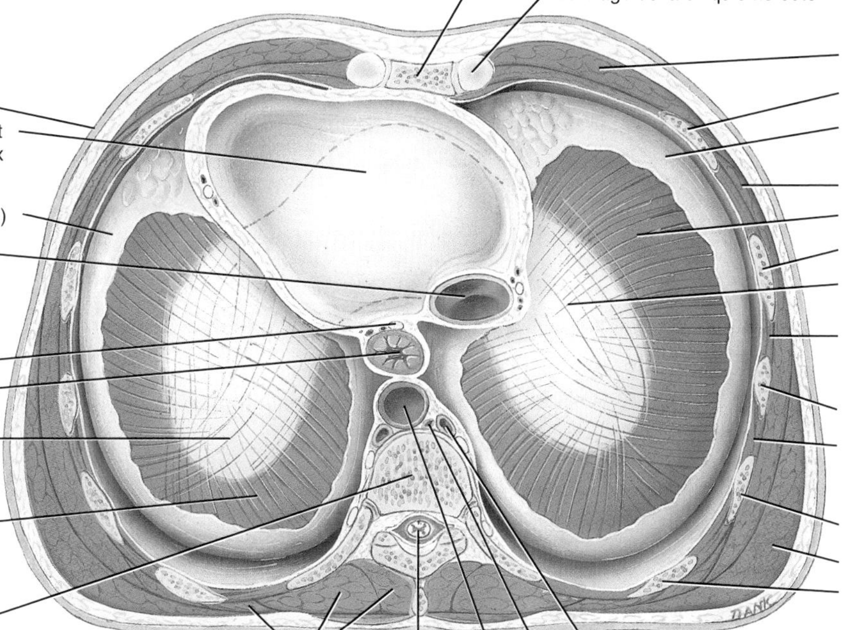

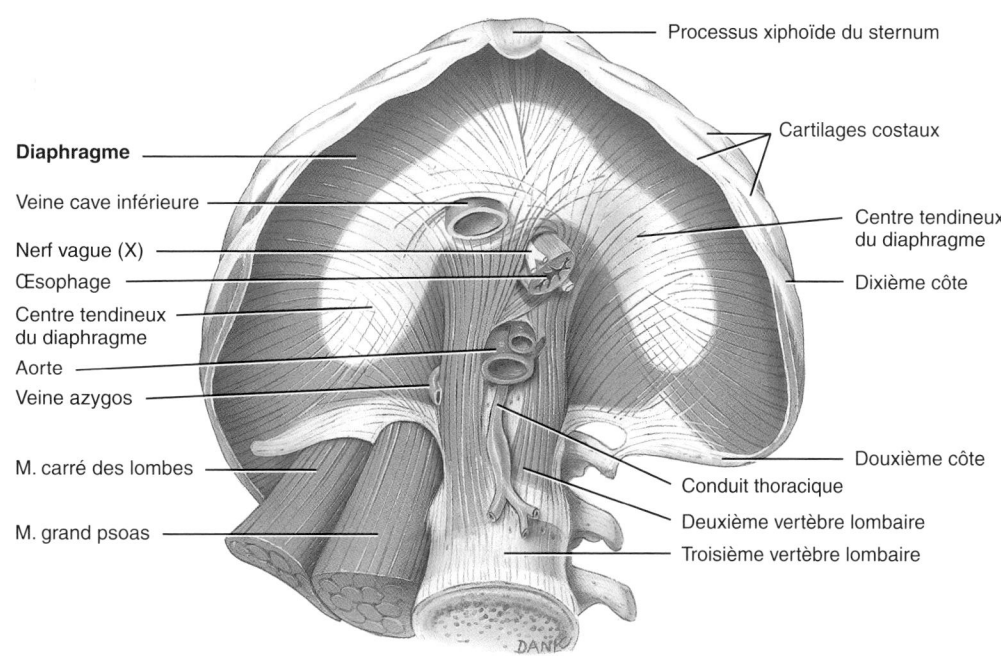

Sternum

Cartilage de la cinquième côte

Peau

Péricarde couvrant le centre tendineux du diaphragme

Plèvre (sectionnée)

Veine cave inférieure dans le **foramen de la veine cave**

Dans l'**hiatus œsophagien**
— Nerf vague (X)
— Œsophage

Centre tendineux du diaphragme

Diaphragme

Corps de la vertèbre T10

M. grand pectoral

Cinquième côte

Plèvre (sectionnée)

M. dentelé antérieur

Diaphragme

Sixième côte

Centre tendineux du diaphragme

M. intercostal externe

Septième côte

M. intercostal interne

Huitième côte

M. grand dorsal

Neuvième côte

M. érecteur du rachis

Moelle épinière

Veine azygos

Conduit thoracique

Aorte

Dans l'**hiatus aortique**

(c) Vue supérieure du diaphragme

Processus xiphoïde du sternum

Diaphragme

Veine cave inférieure

Nerf vague (X)

Œsophage

Centre tendineux du diaphragme

Aorte

Veine azygos

M. carré des lombes

M. grand psoas

Cartilages costaux

Centre tendineux du diaphragme

Dixième côte

Douxième côte

Conduit thoracique

Deuxième vertèbre lombaire

Troisième vertèbre lombaire

(d) Vue inférieure du diaphragme

 Quel muscle de la respiration est innervé par le nerf phrénique?

OBJECTIF

- Décrire l'origine, l'insertion, l'action et l'innervation des muscles du plancher pelvien.

Les muscles du plancher pelvien sont le muscle élévateur de l'anus et le muscle coccygien. Avec les fascias qui recouvrent leurs faces internes et externes, ces muscles constituent le **diaphragme pelvien**, qui est tendu du pubis, à l'avant, jusqu'au coccyx, à l'arrière, et d'une paroi latérale du bassin (ou pelvis) à l'autre – de sorte que le diaphragme pelvien sépare la cavité pelvienne du périnée. Cette disposition donne au diaphragme pelvien l'apparence d'un entonnoir suspendu (ou d'un hamac) entre ses points d'attache. Le diaphragme pelvien est traversé par le canal anal et l'urètre chez les deux sexes, et aussi par le vagin chez la femme.

Les trois composantes du **muscle élévateur de l'anus** sont les **muscles pubococcygien**, **puborectal** et **iliococcygien**; ces muscles sont illustrés à la figure 11.12 (chez la femme) et à la figure 11.13 (chez l'homme). Le muscle élévateur de l'anus est le plus gros et le plus important des muscles du plancher pelvien. Il soutient les viscères pelviens et résiste à la poussée vers le bas associée à l'augmentation de la pression intraabdominale durant l'accomplissement de certaines fonctions telles que l'expiration forcée, la toux, le vomissement, la miction et la défécation. Ce muscle agit aussi comme un sphincter à la hauteur de la jonction anorectale, de l'urètre et du vagin. En plus d'aider le muscle élévateur de l'anus, le **muscle coccygien** (ou ischiococcygien) tire le coccyx vers l'avant après qu'il a été poussé vers l'arrière lors de la défécation ou de l'accouchement.

LA LÉSION DU MUSCLE ÉLÉVATEUR DE L'ANUS ET L'INCONTINENCE URINAIRE D'EFFORT
Durant l'accouchement, le muscle élévateur de l'anus soutient la tête du fœtus et risque d'être endommagé si l'accouchement est dif-ficile, ou de subir un traumatisme si on effectue une *épisiotomie* (incision pratiquée à l'aide de ciseaux chirurgicaux afin de prévenir ou d'orienter une déchirure du périnée). Ce type de blessure peut entraîner l'**incontinence urinaire d'effort**, c'est-à-dire une perte d'urine causée par toute augmentation de la pression intraabdominale, par exemple lors de la toux. L'une des méthodes de traitement de l'incontinence urinaire d'effort vise à raffermir et à fortifier les muscles qui soutiennent les viscères pelviens. Il s'agit d'accomplir les *exercices de Kegel*, qui consistent à effectuer alternativement des contractions et des relâchements des muscles du plancher pelvien. Pour déterminer les muscles qu'elle doit exercer, la personne s'imagine en train d'uriner, puis elle contracte les muscles qui arrêteraient le jet d'urine. La contraction doit être maintenue le temps de compter jusqu'à trois; les muscles sont ensuite relâchés durant un intervalle de même durée. Le cycle doit être répété de cinq à dix fois toutes les heures, en position assise, debout et couchée. On recommande également de faire les exercices de Kegel durant la grossesse pour renforcer les muscles utilisés pour expulser le bébé. ∎

LES MUSCLES ET LES MOUVEMENTS

Classez les muscles du présent exposé selon leur action: 1) maintien en place et soutien des viscères pelviens; 2) résistance à une augmentation de la pression intraabdominale; et 3) constriction de l'anus, de l'urètre et du vagin. Un même muscle peut être mentionné plus d'une fois.

▶ POINT DE CONTRÔLE

Quels sont les muscles renforcis par les exercices de Kegel?

MUSCLE	ORIGINE	INSERTION	ACTION	INNERVATION
M. élévateur de l'anus Ce muscle est formé de trois parties:				
M. pubococcygien (*pubes*: poil; *kokkux*: bec du coucou, en raison de la forme de cet os) **M. puborectal** (non représenté)	Pubis.	Coccyx, urètre, canal anal, centre tendineux du périnée (masse de tissu fibreux en forme de coin située au centre du périnée) et raphé anococcygien (étroite bande fibreuse qui s'étend de l'anus au coccyx).	Soutient et maintient en place les viscères pelviens; résiste à l'augmentation de la pression intraabdominale durant l'expiration forcée, la toux, le vomissement, la miction et la défécation; contribue à la constriction de l'anus, de l'urètre et du vagin.	Nerfs spinaux S2 à S4.
M. iliococcygien (*ilia*: flancs)	Épine ischiatique.	Coccyx.	Même action que celle du muscle pubococcygien.	Nerfs spinaux S2 à S4.
M. coccygien	Épine ischiatique.	Bas du sacrum et haut du coccyx.	Soutient et maintient en place les viscères pelviens; résiste à l'augmentation de la pression intraabdominale durant l'expiration forcée, la toux, le vomissement, la miction et la défécation; tire le coccyx vers l'avant après la défécation ou l'accouchement.	Nerfs spinaux S4 et S5.

FIGURE 11.12 Les muscles du plancher pelvien chez la femme.

 Les muscles du plancher pelvien (formant le diaphragme pelvien) soutiennent les viscères pelviens.

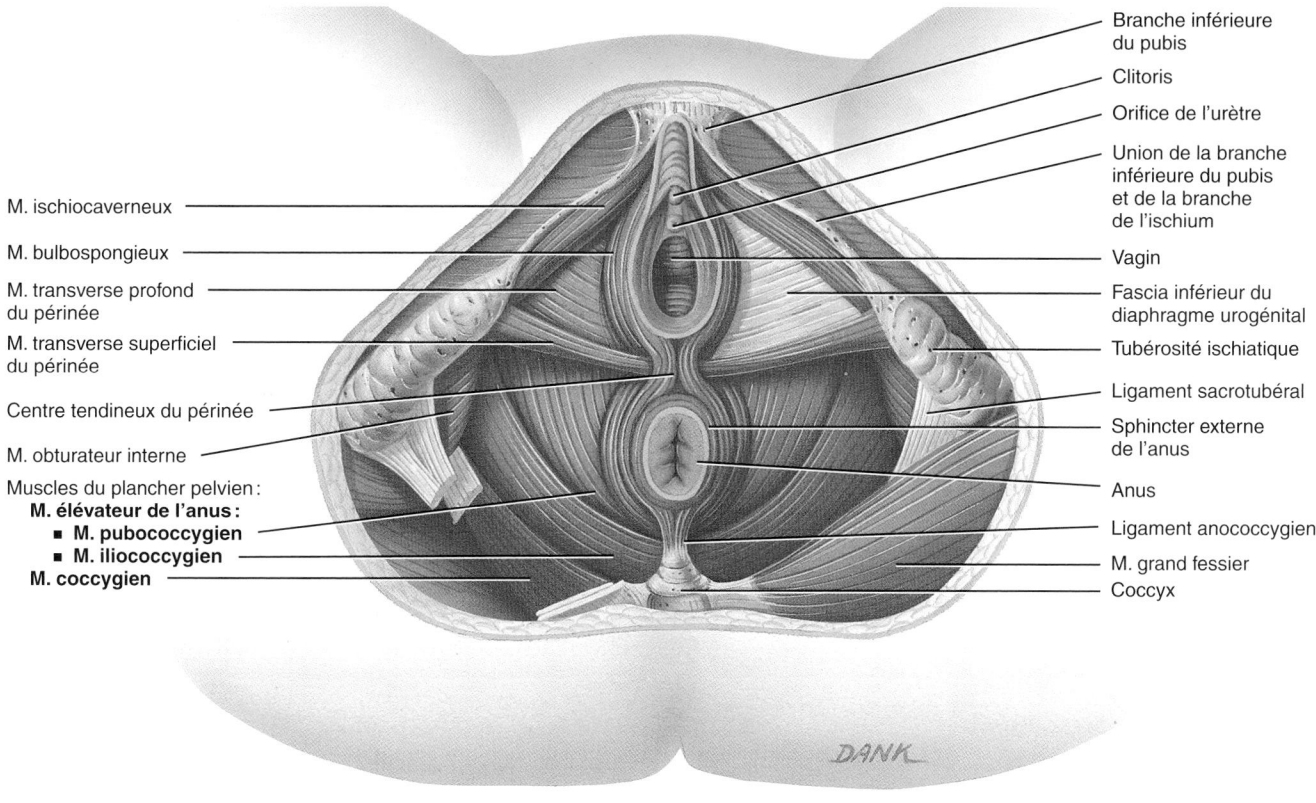

M. ischiocaverneux

M. bulbospongieux

M. transverse profond
du périnée

M. transverse superficiel
du périnée

Centre tendineux du périnée

M. obturateur interne

Muscles du plancher pelvien :
M. élévateur de l'anus :
■ **M. pubococcygien**
■ **M. iliococcygien**
M. coccygien

Branche inférieure
du pubis

Clitoris

Orifice de l'urètre

Union de la branche
inférieure du pubis
et de la branche
de l'ischium

Vagin

Fascia inférieur du
diaphragme urogénital

Tubérosité ischiatique

Ligament sacrotubéral

Sphincter externe
de l'anus

Anus

Ligament anococcygien

M. grand fessier

Coccyx

Vue inférieure, plan superficiel

Q Quelles sont les limites du diaphragme pelvien ?

- Décrire l'origine, l'insertion, l'action et l'innervation des muscles du périnée.

Le **périnée** est la région du tronc située sous le diaphragme pelvien. Il a la forme d'un losange qui s'étend de la symphyse pubienne à l'avant jusqu'au coccyx à l'arrière et, latéralement, d'une tubérosité ischiatique à l'autre. Les figures 11.12 et 11.13 permettent de comparer les périnées de la femme et de l'homme. En traçant une ligne transversale entre les tubérosités ischiatiques, on divise le périnée en un **triangle urogénital** antérieur qui contient les organes génitaux externes et un **triangle anal** postérieur qui circonscrit l'anus (voir la figure 28.21). Plusieurs muscles du périnée s'insèrent sur le centre tendineux du périnée (décrit à la page 1175). Du point de vue clinique, le périnée est très important pour les médecins qui suivent les femmes durant leur grossesse et traitent des affections touchant les voies génitales, les organes urogénitaux et la région anorectale chez la femme.

Les muscles du périnée forment deux couches : **superficielle** et **profonde**. Les muscles de la couche superficielle sont les **muscles transverse** superficiel du périnée, **bulbospongieux** et **ischiocaverneux**. Les muscles profonds sont le **muscle transverse profond du périnée** et le **sphincter externe de l'urètre**. Les muscles profonds du périnée contribuent à la miction et à l'éjaculation chez l'homme, et à la miction et à l'orgasme chez la femme. Le **sphincter externe de l'anus** adhère étroitement à la peau qui entoure l'anus ; il maintient le canal anal et l'anus fermés sauf durant la défécation.

LES MUSCLES ET LES MOUVEMENTS

Classez les muscles du présent exposé selon leur action : 1) expulsion de l'urine et du sperme, 2) érection du clitoris et du pénis, 3) fermeture de l'orifice anal, et 4) constriction de l'orifice vaginal. Un même muscle peut être mentionné plus d'une fois.

▶ **POINT DE CONTRÔLE**

Décrivez le triangle urogénital et le triangle anal ; nommez leurs limites et les structures qu'ils circonscrivent.

Muscle	Origine	Insertion	Action	Innervation
Muscles superficiels du périnée				
M. transverse superficiel du périnée (*transverse* : qui est en travers ; *superficiel* : près de la surface)	Tubérosité ischiatique.	Centre tendineux du périnée.	Renforce et stabilise le centre tendineux du périnée et améliore le soutien des viscères abdominopelviens.	Branche périnéale du nerf honteux du plexus sacral.
M. bulbospongieux (*bulbus* : oignon ; *spongia* : éponge)	Centre tendineux du périnée.	Membrane périnéale des muscles profonds du périnée, corps spongieux du pénis et fascia profond du dos du pénis chez l'homme ; arcade pubienne, racine et dos du clitoris chez la femme.	Aide à expulser l'urine durant la miction et à propulser le sperme dans l'urètre, favorise l'érection du pénis chez l'homme ; cause la constriction de l'orifice vaginal et favorise l'érection du clitoris chez la femme.	Branche périnéale du nerf honteux du plexus sacral.
M. ischiocaverneux (*iskhion* : hanche ; *cavernosus* : creux)	Tubérosité ischiatique, branche inférieure du pubis et branche de l'ischium.	Corps caverneux du pénis chez l'homme et du clitoris chez la femme.	Maintient l'érection du pénis chez l'homme et du clitoris chez la femme.	Branche périnéale du nerf honteux du plexus sacral.
Muscles profonds du périnée				
M. transverse profond du périnée (*profond* : loin de la surface)	Branche de l'ischium.	Centre tendineux du périnée.	Aide à expulser les dernières gouttes d'urine et de sperme chez l'homme et d'urine chez la femme.	Branche périnéale du nerf honteux du plexus sacral.
Sphincter externe de l'urètre (*sphinctos* : serré) (voir la figure 26.21)	Branche inférieure du pubis et branche de l'ischium.	Raphé médian chez l'homme et paroi vaginale chez la femme.	Maintient la continence urinaire et aide à expulser les dernières gouttes d'urine et de sperme chez l'homme et d'urine chez la femme.	Nerf spinal S4 et branche rectale inférieure du nerf honteux.
Sphincter externe de l'anus	Ligament anococcygien.	Centre tendineux du périnée.	Maintient le canal anal et l'anus fermés.	Nerf spinal S4 et branche rectale inférieure du nerf honteux.

FIGURE 11.13 Les muscles du périnée chez l'homme.

 Les muscles profonds du périnée contribuent à la miction chez les deux sexes et à l'éjaculation chez l'homme. Ils renforcent également le plancher pelvien.

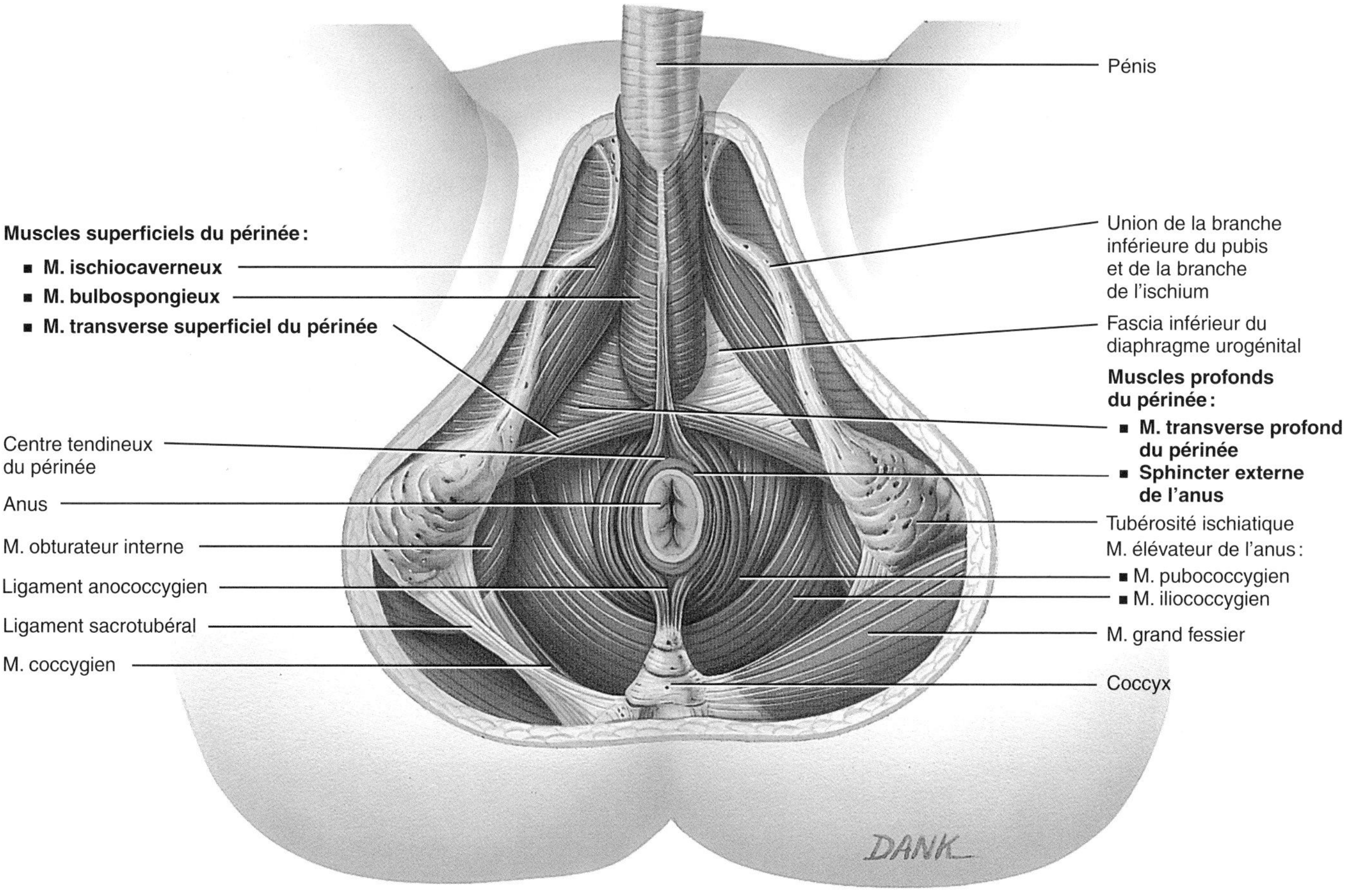

Pénis

Muscles superficiels du périnée :

- **M. ischiocaverneux**
- **M. bulbospongieux**
- **M. transverse superficiel du périnée**

Centre tendineux du périnée

Anus

M. obturateur interne

Ligament anococcygien

Ligament sacrotubéral

M. coccygien

Union de la branche inférieure du pubis et de la branche de l'ischium

Fascia inférieur du diaphragme urogénital

Muscles profonds du périnée :

- **M. transverse profond du périnée**
- **Sphincter externe de l'anus**

Tubérosité ischiatique

M. élévateur de l'anus :

- M. pubococcygien
- M. iliococcygien

M. grand fessier

Coccyx

DANK

Vue inférieure, plan superficiel

Q Quelles sont les limites du périnée ?

◤ OBJECTIF

- Décrire l'origine, l'insertion, l'action et l'innervation des muscles des mouvements de la ceinture scapulaire.

Les muscles qui produisent les mouvements de la ceinture scapulaire ont pour principale fonction de stabiliser la scapula de sorte qu'elle serve d'origine stable à la plupart des muscles qui font bouger l'humérus. Puisque les mouvements de la scapula s'effectuent généralement dans la même direction que ceux de l'humérus, les muscles qui s'attachent à la scapula ont aussi pour fonction de la déplacer de façon à augmenter l'amplitude du mouvement de l'humérus. Par exemple, l'abduction de l'humérus (comme pour lever la main en classe) ne pourrait pas dépasser l'horizontale si la scapula ne se déplaçait pas avec lui. Durant l'abduction, la scapula suit l'humérus par une rotation vers le haut.

On classe les muscles des mouvements de la ceinture scapulaire en deux groupes selon leur situation sur le thorax; on distingue ainsi les muscles de la face antérieure du thorax et les **muscles de la face postérieure du thorax**. Les premiers sont les muscles subclavier, petit pectoral et dentelé antérieur. Le **muscle subclavier** est un petit muscle cylindrique situé sous la clavicule et tendu de celle-ci à la première côte. Il stabilise la clavicule durant les mouvements de la ceinture scapulaire. Le **muscle petit pectoral** est un muscle mince et plat, de forme triangulaire, situé sous le muscle grand pectoral. Outre son rôle dans les mouvements de la scapula, le muscle petit pectoral contribue à l'inspiration forcée. Le **muscle dentelé antérieur** est un gros muscle plat, en forme d'éventail, tendu entre les côtes et la scapula. Son nom lui vient de la disposition de ses points d'origine sur les côtes qui rappelle des dents de scie.

Les muscles de la face postérieure du thorax sont les muscles trapèze, élévateur de la scapula, grand rhomboïde et petit rhomboïde. Le **muscle trapèze** est un grand feuillet musculaire plat de forme triangulaire qui s'étend du crâne et de la colonne vertébrale, médialement, jusqu'à la ceinture scapulaire, latéralement. C'est le muscle du dos le plus superficiel. Il couvre la région postérieure du cou et la partie supérieure du tronc.

MUSCLE	ORIGINE	INSERTION	ACTION	INNERVATION
Muscles de la face antérieure du thorax				
M. subclavier (*sub*: sous; *clavicula*: petite clé, en rapport avec la clavicule)	Première côte.	Clavicule.	Permet l'abaissement et le mouvement vers l'avant de la clavicule; contribue à stabiliser la ceinture scapulaire.	Nerf subclavier.
M. petit pectoral (*pectus*: de la poitrine)	De la deuxième ou troisième côte à la cinquième, ou de la deuxième côte à la quatrième.	Processus coracoïde de la scapula.	Permet l'abduction et la rotation vers le bas de la scapula; élève les troisième, quatrième et cinquième côtes durant l'inspiration forcée, quand la scapula est immobilisée.	Nerf pectoral médial.
M. dentelé antérieur	Les huit ou neuf premières côtes.	Bord médial et angle inférieur de la scapula.	Permet l'abduction et la rotation vers le haut de la scapula; élève les côtes quand la scapula est immobilisée; appelé «muscle du boxeur» parce qu'il joue un rôle important dans les mouvements horizontaux des bras, comme pour donner un coup de poing ou pousser.	Nerf thoracique long.
Muscles de la face postérieure du thorax				
M. trapèze (*trapeza*: table à quatre pieds)	Ligne nuchale supérieure de l'os occipital, ligament nuchal, et processus épineux de la septième vertèbre cervicale et de toutes les vertèbres thoraciques.	Clavicule, acromion de la scapula et épine scapulaire.	Les myocytes supérieurs élèvent la scapula et peuvent contribuer à l'extension de la tête; les myocytes du milieu effectuent l'adduction de la scapula; les myocytes inférieurs abaissent la scapula; ensemble, les myocytes supérieurs et inférieurs tournent la scapula vers le haut; stabilise la scapula.	Nerf accessoire (XI) et nerfs spinaux C3 à C5.
M. élévateur de la scapula	Les quatre ou cinq premières vertèbres cervicales.	Bord médial supérieur de la scapula.	Permet l'élévation et la rotation vers le bas de la scapula.	Nerf dorsal de la scapula et nerfs spinaux C3 à C5.
M. grand rhomboïde (*rhombos*: losange) (figure 11.15c)	Processus épineux de la deuxième à la cinquième vertèbre thoracique.	Bord médial de la scapula sous l'épine scapulaire.	Permet l'élévation, l'adduction et la rotation vers le bas de la scapula; stabilise la scapula.	Nerf dorsal de la scapula.
M. petit rhomboïde (figure 11.15c)	Processus épineux de la septième vertèbre cervicale et de la première vertèbre thoracique.	Bord médial de la scapula au-dessus de l'épine scapulaire.	Permet l'élévation, l'adduction et la rotation vers le bas de la scapula; stabilise la scapula.	Nerf dorsal de la scapula.

Les deux muscles trapèzes doivent leur nom à la forme géométrique qu'ils déterminent. Le **muscle élévateur de la scapula** est un muscle étroit et allongé situé à l'arrière du cou, sous les muscles sternocléidomastoïdien et trapèze. Ainsi que son nom l'indique, une de ses fonctions consiste à élever la scapula. Les **muscles grand rhomboïde** et **petit rhomboïde** (figure 11.15c) se trouvent sous le muscle trapèze et ils ne sont pas toujours distincts l'un de l'autre. Ils se présentent comme des bandes parallèles qui s'étendent latéralement et vers le bas des vertèbres à la scapula. Ils tirent leur nom de leur forme rhomboïdale, c'est-à-dire en losange. Le muscle grand rhomboïde est environ deux fois plus large que le petit. Ces deux muscles sont mis à contribution lorsqu'on abaisse avec force les membres supérieurs depuis une position élevée, comme pour enfoncer un pieu avec une masse.

Pour mieux comprendre l'action des muscles qui agissent sur la scapula, il est utile de décrire au préalable les divers mouvements de cet os :

- **L'élévation.** Mouvement de la scapula vers le haut, comme lorsqu'on hausse les épaules ou qu'on soulève un poids au-dessus de la tête.

- **L'abaissement.** Mouvement de la scapula vers le bas, comme lorsqu'on tire sur un câble attaché à une poulie.

- **L'abduction (protraction).** Mouvement latéral et vers l'avant de la scapula, comme lorsqu'on fait des tractions au sol ou qu'on donne un coup de poing.

- **L'adduction (rétraction).** Mouvement médial et vers l'arrière de la scapula, comme lorsqu'on tire sur des avirons.

- **La rotation vers le haut.** Mouvement latéral de l'angle inférieur de la scapula qui tourne la cavité glénoïdale vers le haut. Ce mouvement est nécessaire à l'abduction de l'humérus au-dessus de l'horizontale, comme lorsqu'on élève les bras pour imiter un pantin.

- **La rotation vers le bas.** Mouvement médial de l'angle inférieur de la scapula qui tourne la cavité glénoïdale vers le bas. On observe ce mouvement quand un gymnaste aux barres parallèles fait porter le poids de son corps sur ses mains.

LES MUSCLES ET LES MOUVEMENTS

Classez les muscles du présent exposé selon leur action sur la scapula : 1) abaissement, 2) élévation, 3) abduction, 4) adduction, 5) rotation vers le haut, et 6) rotation vers le bas. Un même muscle peut être mentionné plus d'une fois.

▶ **POINT DE CONTRÔLE**

Quels muscles décrits dans le présent exposé vous permettent de hausser les épaules, de baisser les épaules, de joindre les mains derrière le dos et de joindre les mains devant la poitrine ?

FIGURE 11.14 Les muscles des mouvements de la ceinture scapulaire.

Les muscles des mouvements de la ceinture scapulaire ont leurs origines sur le squelette axial et leurs insertions sur la clavicule ou sur la scapula.

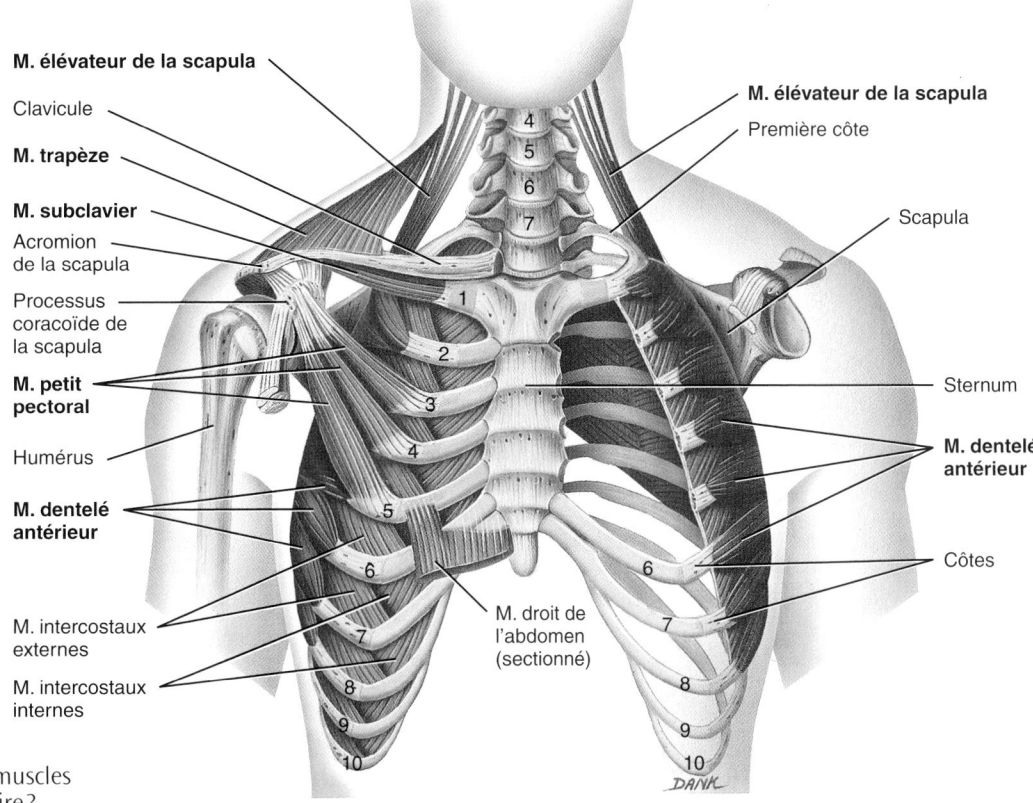

M. élévateur de la scapula
Clavicule
M. trapèze
M. subclavier
Acromion de la scapula
Processus coracoïde de la scapula
M. petit pectoral
Humérus
M. dentelé antérieur
M. intercostaux externes
M. intercostaux internes

M. élévateur de la scapula
Première côte
Scapula
Sternum
M. dentelé antérieur
Côtes

M. droit de l'abdomen (sectionné)

(a) Vue antérieure, plan profond   (b) Vue antérieure, plan plus profond

Quelle est la principale action des muscles qui font bouger la ceinture scapulaire ?

> **OBJECTIF**
>
> • Décrire l'origine, l'insertion, l'action et l'innervation des muscles des mouvements de l'humérus.

Des neuf muscles qui traversent l'articulation de l'épaule, seuls les muscles grand pectoral et grand dorsal n'ont pas leur origine sur la scapula ; ils sont fixés au squelette axial, et c'est pourquoi on les appelle **muscles axiaux**. Les sept autres muscles, nommés **muscles scapulaires**, prennent naissance sur la scapula.

Un des deux muscles axiaux qui font bouger l'humérus, le **muscle grand pectoral**, est un muscle large et épais, en éventail, qui couvre la partie supérieure du thorax. Il a deux origines : un petit chef claviculaire et un grand chef sternocostal. Le **muscle grand dorsal** est un muscle large et triangulaire, situé dans la partie inférieure du dos. On l'appelle communément « muscle du nageur » parce qu'il exerce de nombreuses actions dans la natation ; il n'est donc pas étonnant qu'il soit très développé chez les nageurs prenant part à des compétitions.

Parmi les muscles scapulaires, le **muscle deltoïde** est un muscle épais et puissant qui recouvre l'articulation de l'épaule et confère à cette dernière sa forme arrondie. Il est souvent le point des injections intramusculaires. En examinant ce muscle, on note que ses faisceaux sont fixés en trois origines et que chaque groupe de faisceaux exerce une action différente sur l'humérus. Le **muscle subscapulaire** est un grand muscle triangulaire qui remplit la fosse subscapulaire de la scapula et forme une partie de la paroi postérieure de l'aisselle. Le **muscle supraépineux** est un muscle arrondi qui tire son nom de sa situation dans la fosse supraépineuse de la scapula. Il est situé sous le muscle trapèze. Le **muscle infraépineux** est un muscle triangulaire qui doit son nom à sa situation dans la fosse infraépineuse de la scapula. Le **muscle grand rond** est un muscle épais et aplati situé sous le muscle petit rond, qui fait aussi partie de la paroi postérieure de l'aisselle. Le **muscle petit rond** est un muscle cylindrique allongé, souvent inséparable de l'infraépineux, lequel est situé le long de son bord supérieur. Le **muscle coracobrachial** est un muscle étroit et allongé du bras.

Quatre muscles profonds – subscapulaire, supraépineux, infraépineux et petit rond – renforcent et stabilisent l'articulation de l'épaule. Ces muscles relient la scapula à l'humérus. Leurs tendons plats fusionnent pour former la **coiffe des rotateurs**, ou **coiffe musculotendineuse** – sorte de manchon qui entoure presque complètement l'articulation de l'épaule. Le muscle supraépineux est particulièrement exposé à l'usure et aux déchirures en raison de sa situation entre la tête de l'humérus et l'acromion de la scapula, qui compriment son tendon durant les mouvements de l'épaule, et en particulier lors de l'abduction du bras.

LA TENDINITE DE LA COIFFE DES ROTATEURS

Une des causes les plus répandues de douleurs à l'épaule et de dysfonctionnement de l'articulation chez les sportifs est appelée **tendinite de la coiffe des rotateurs**, affection que l'on confond parfois avec une autre source fréquente de consultation, le syndrome des loges, dont il est question à la section *Déséquilibres homéostatiques*, p. 423. Les mouvements répétitifs d'élévation du bras au-dessus de l'épaule, qui sont fréquents au baseball, dans plusieurs sports de raquette, en haltérophilie, au volleyball (le *smash*) ainsi qu'en natation, exposent les personnes pratiquant ces sports à cette forme de tendinite. Celle-ci peut aussi résulter d'un coup à l'épaule ou d'une lésion provoquée par une extension excessive. Le pincement répété du tendon supraépineux lors de l'élévation du bras au-dessus de la tête entraîne l'inflammation de ce tendon, d'où la douleur. Si on continue malgré tout à effectuer des mouvements du même type, le tendon peut dégénérer près du point d'attache à l'humérus et aller jusqu'à se détacher de l'os (blessure de la coiffe des rotateurs). Le traitement consiste à mettre le tendon touché au repos et à renforcer les muscles de l'épaule au moyen d'exercices ; dans les cas graves, on a recours à la chirurgie. ■

LES MUSCLES ET LES MOUVEMENTS

Classez les muscles du présent exposé selon leur action sur l'humérus au niveau de l'articulation de l'épaule : 1) flexion, 2) extension, 3) abduction, 4) adduction, 5) rotation médiale, et 6) rotation latérale. Un même muscle peut être mentionné plus d'une fois.

▶ **POINT DE CONTRÔLE**

Pourquoi deux des muscles qui traversent l'articulation de l'épaule sont-ils appelés *muscles axiaux* et les sept autres, *muscles scapulaires* ?

MUSCLE	ORIGINE	INSERTION	ACTION	INNERVATION
Muscles axiaux contribuant aux mouvements de l'humérus				
M. grand pectoral (*pectus* : poitrine) (figure 11.10b)	Clavicule (chef claviculaire), sternum et cartilage costal de la deuxième à la sixième côte ou, parfois, de la première à la septième côte (chef sternocostal).	Tubercule majeur et saillie latérale du sillon intertuberculaire de l'humérus.	Lorsqu'il se contracte en entier, il produit l'adduction et la rotation médiale du bras au niveau de l'articulation scapulohumérale ; le chef claviculaire fléchit le bras, et le chef sternocostal produit l'extension du bras fléchi au niveau de l'articulation scapulohumérale.	Nerfs pectoraux latéral et médial.
M. grand dorsal	Processus épineux des six dernières vertèbres thoraciques et des vertèbres lombaires, crêtes du sacrum et de l'ilium, et quatre dernières côtes.	Sillon intertuberculaire de l'humérus.	Permet l'extension, l'adduction et la rotation médiale du bras au niveau de l'articulation scapulohumérale, ainsi que la traction du bras vers le bas et l'arrière.	Nerf thoracodorsal.
Muscles scapulaires contribuant aux mouvements de l'humérus				
M. deltoïde (*deltoeidês* : en forme de delta)	Extrémité acromiale de la clavicule (myocytes antérieurs), acromion de la scapula (myocytes latéraux) et épine scapulaire (myocytes postérieurs).	Tubérosité deltoïdienne de l'humérus.	Les myocytes latéraux permettent l'abduction du bras au niveau de l'articulation scapulohumérale ; les myocytes antérieurs permettent la flexion et la rotation médiale du bras au niveau de l'articulation scapulohumérale ; et les myocytes postérieurs permettent l'extension et la rotation latérale du bras au niveau de l'articulation scapulohumérale.	Nerf axillaire.
M. subscapulaire (*sub* : sous ; *scapula* : épaule, en rapport avec la scapula)	Fosse subscapulaire de la scapula.	Tubercule mineur de l'humérus.	Permet la rotation médiale et l'adduction du bras au niveau de l'articulation scapulohumérale.	Nerfs subscapulaires supérieur et inférieur.
M. supraépineux (*supra* : au-dessus ; *spina* : épine, en rapport avec l'épine scapulaire)	Fosse supraépineuse de la scapula.	Tubercule majeur de l'humérus.	Assiste le muscle deltoïde dans l'abduction du bras au niveau de l'articulation scapulohumérale.	Nerf suprascapulaire.
M. infraépineux (*infra* : au-dessous)	Fosse infraépineuse de la scapula.	Tubercule majeur de l'humérus.	Permet la rotation latérale et l'adduction du bras au niveau de l'articulation scapulohumérale.	Nerf suprascapulaire.
M. grand rond	Angle inférieur de la scapula.	Saillie médiale du sillon intertuberculaire de l'humérus.	Permet l'extension du bras au niveau de l'articulation de l'épaule ; contribue à l'adduction et à la rotation médiale du bras au niveau de l'articulation scapulohumérale.	Nerf subscapulaire inférieur.
M. petit rond	Bord latéral inférieur de la scapula.	Tubercule majeur de l'humérus.	Permet la rotation latérale, l'extension et l'adduction du bras au niveau de l'articulation scapulohumérale.	Nerf axillaire.
M. coracobrachial (*korakoeidês* : semblable à un corbeau, en rapport avec le processus coracoïde ; *brachium* : bras)	Processus coracoïde de la scapula.	Milieu de la face médiale du corps de l'humérus.	Permet la flexion et l'adduction du bras au niveau de l'articulation scapulohumérale.	Nerf musculocutané.

▶

FIGURE 11.15 Les muscles des mouvements de l'humérus (os du bras).

La force et la stabilité de l'articulation de l'épaule sont assurées par les tendons qui forment la coiffe des rotateurs.

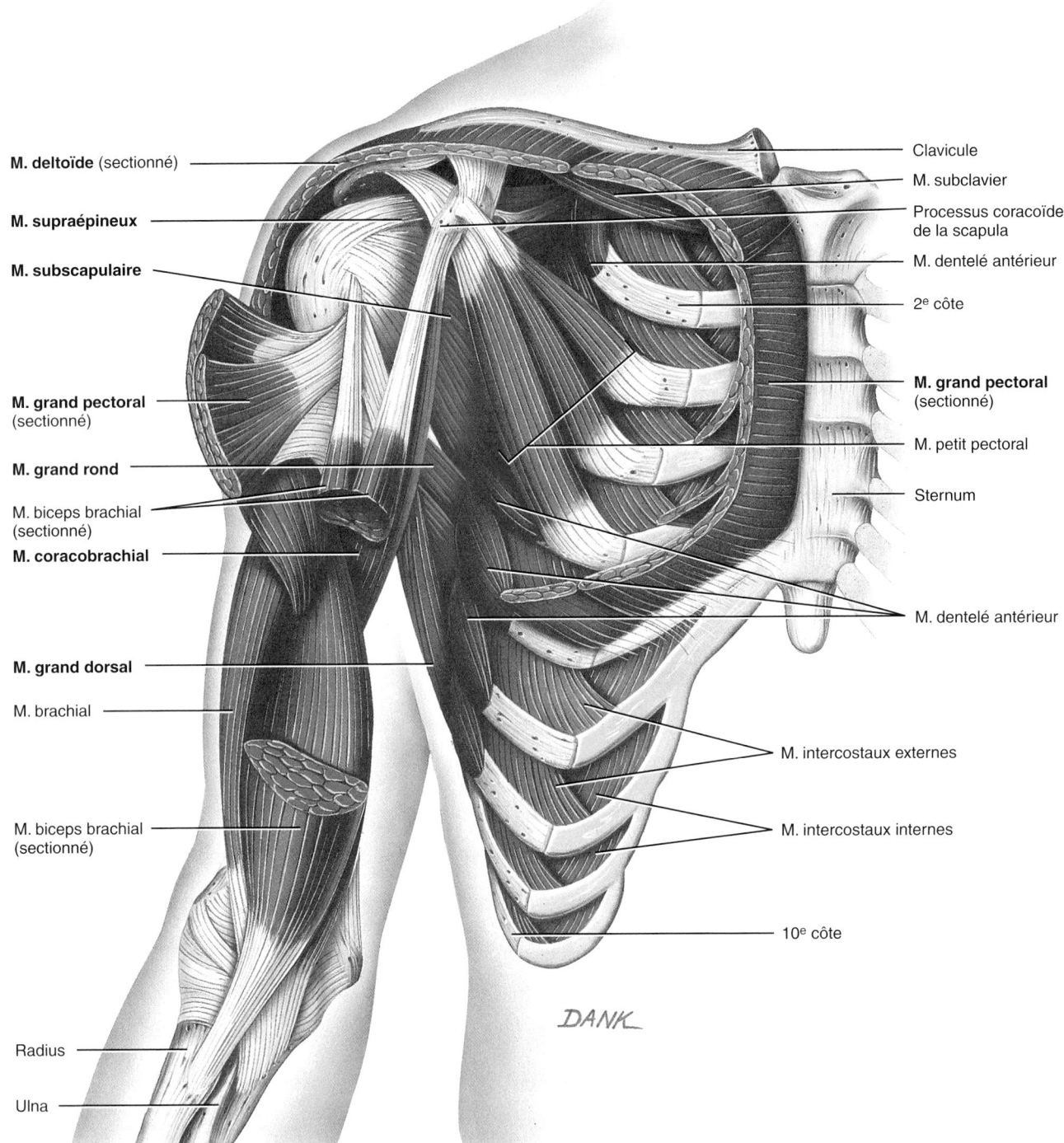

M. deltoïde (sectionné)

M. supraépineux

M. subscapulaire

M. grand pectoral (sectionné)

M. grand rond

M. biceps brachial (sectionné)

M. coracobrachial

M. grand dorsal

M. brachial

M. biceps brachial (sectionné)

Radius

Ulna

Clavicule

M. subclavier

Processus coracoïde de la scapula

M. dentelé antérieur

2e côte

M. grand pectoral (sectionné)

M. petit pectoral

Sternum

M. dentelé antérieur

M. intercostaux externes

M. intercostaux internes

10e côte

DANK

(a) Vue antérieure, plan profond (le muscle grand pectoral est représenté en entier à la figure 11.12a)

FIGURE 11.15 Les muscles des mouvements de l'humérus (os du bras) *(suite).*

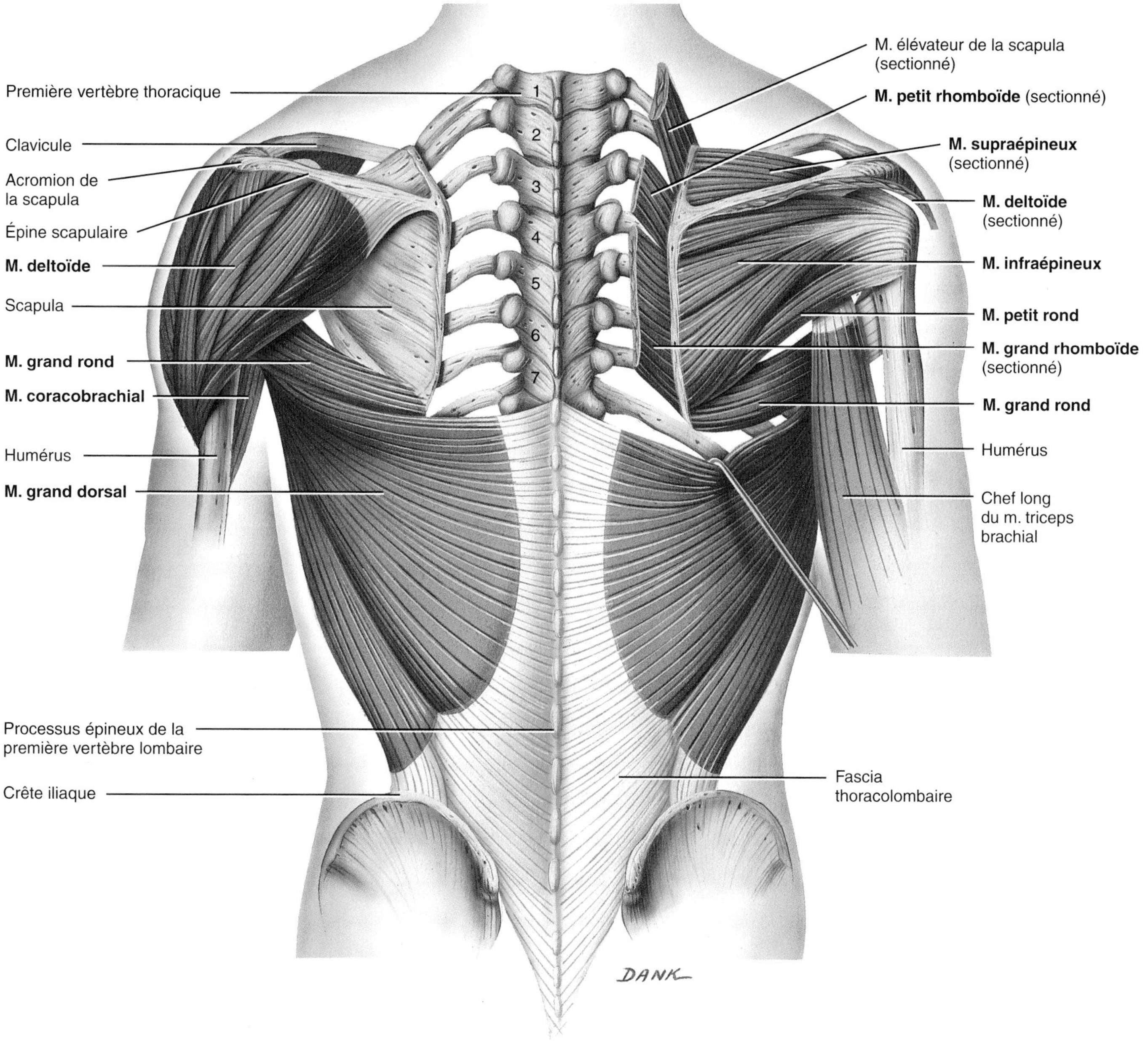

Première vertèbre thoracique

Clavicule

Acromion de la scapula

Épine scapulaire

M. deltoïde

Scapula

M. grand rond

M. coracobrachial

Humérus

M. grand dorsal

Processus épineux de la première vertèbre lombaire

Crête iliaque

M. élévateur de la scapula (sectionné)

M. petit rhomboïde (sectionné)

M. supraépineux (sectionné)

M. deltoïde (sectionné)

M. infraépineux

M. petit rond

M. grand rhomboïde (sectionné)

M. grand rond

Humérus

Chef long du m. triceps brachial

Fascia thoracolombaire

DANK

(b) Vue postérieure   (c) Vue postérieure

Quels tendons forment la coiffe des rotateurs?

- Décrire l'origine, l'insertion, l'action et l'innervation des muscles des mouvements du radius et de l'ulna.

La plupart des muscles qui mettent en mouvement le radius et l'ulna (les os de l'avant-bras) sont responsables de la flexion et de l'extension à la hauteur du coude, qui est une articulation trochléenne. Les muscles biceps brachial, brachial et brachioradial sont les fléchisseurs. Le triceps brachial et l'anconé sont les extenseurs.

Le **muscle biceps brachial** est le gros muscle situé sur la face antérieure du bras. Comme son nom l'indique, il possède deux chefs (long et court) dont les attaches se trouvent sur la scapula. Il croise à la fois l'articulation scapulohumérale (épaule) et celle du coude. En plus de contribuer à la flexion de l'avant-bras au niveau de l'articulation du coude, il assure la supination de l'avant-bras au niveau des articulations radio-ulnaires (voir la figure 9.9h) et fléchit le bras au niveau de l'articulation scapulohumérale. Le **muscle brachial** est situé sous le muscle biceps brachial. C'est le plus puissant fléchisseur de l'avant-bras au niveau du coude. Le **muscle brachioradial** fléchit l'avant-bras au niveau de l'articulation du coude, en particulier quand la flexion doit être effectuée rapidement ou qu'elle sert à soulever lentement un poids.

Le **muscle triceps brachial** est le gros muscle situé sur la face postérieure du bras. C'est le plus puissant des extenseurs de l'avant-bras au niveau de l'articulation du coude. Comme son nom l'indique, il possède trois chefs : l'un d'eux a son attache sur la scapula (chef long) et les deux autres, sur l'humérus (chefs latéral et médial). Seul le chef long traverse l'articulation scapulohumérale. Le **muscle anconé** est un petit muscle situé sur la partie latérale de la face postérieure du coude ; il assiste le muscle triceps brachial durant l'extension de l'avant-bras au niveau de l'articulation du coude.

Certains muscles des mouvements du radius et de l'ulna assurent la pronation et la supination au niveau des articulations radio-ulnaires. Les muscles pronateurs, comme leur nom l'indique, sont les **muscles rond pronateur** et **carré pronateur**. Le muscle supinateur de l'avant-bras est tout simplement appelé **muscle supinateur**. On a recours à son action puissante quand on enfonce un tire-bouchon ou encore que l'on pose une vis à l'aide d'un tournevis.

Dans les membres, les muscles squelettiques qui sont liés sur le plan fonctionnel, ainsi que les nerfs et les vaisseaux sanguins qui leur sont associés, sont regroupés par des fascias en régions appelées **loges**. Dans le bras, les muscles biceps brachial, brachial et coracobrachial – des fléchisseurs – occupent la *loge antérieure* ; le muscle triceps brachial – un extenseur – occupe la *loge postérieure*.

LES MUSCLES ET LES MOUVEMENTS

Classez les muscles du présent exposé selon leur action sur l'articulation du coude : 1) flexion et 2) extension ; selon leur action sur l'avant-bras au niveau des articulations radio-ulnaires : 1) supination et 2) pronation ; et selon leur action sur l'humérus au niveau de l'articulation scapulohumérale : 1) flexion et 2) extension. Un même muscle peut être mentionné plus d'une fois.

▶ **POINT DE CONTRÔLE**

Fléchissez un bras. Quel groupe de muscles se contracte ? Quel groupe de muscle doit-être relâché pour que vous puissiez effectuer la flexion ?

MUSCLE	ORIGINE	INSERTION	ACTION	INNERVATION
Muscles fléchisseurs de l'avant-bras				
M. biceps brachial (*biceps* : qui a deux chefs [têtes] ; *brachium* : bras)	Chef long : tubercule supraglénoïdal situé au-dessus de la cavité glénoïdale de la scapula. Chef court : processus coracoïde de la scapula.	Tubérosité du radius et aponévrose bicipitale*.	Permet la flexion de l'avant-bras au niveau de l'articulation du coude, la supination de l'avant-bras au niveau des articulations radio-ulnaires et la flexion du bras au niveau de l'articulation scapulohumérale.	Nerf musculocutané.
M. brachial	Face antérieure distale de l'humérus.	Tubérosité ulnaire et processus coronoïde de l'ulna.	Permet la flexion de l'avant-bras au niveau de l'articulation du coude.	Nerf musculocutané et nerf radial.
M. brachioradial (*radial* : qui a rapport au radius) (figure 11.17a)	Bord latéral de l'extrémité distale de l'humérus.	Au-dessus du processus styloïde du radius.	Permet la flexion de l'avant-bras au niveau de l'articulation du coude, la supination et la pronation de l'avant-bras au niveau des articulations radio-ulnaires vers la position neutre.	Nerf radial.
Muscles extenseurs de l'avant-bras				
M. triceps brachial (*triceps* : qui a trois chefs)	Chef long : tubercule infraglénoïdal, protubérance située sous la cavité glénoïdale de la scapula. Chef latéral : faces latérale et postérieure de l'humérus au-dessus du sillon du nerf radial. Chef médial : s'étend sur toute la face postérieure de l'humérus sous le sillon du nerf radial.	Olécrâne de l'ulna.	Permet l'extension de l'avant-bras au niveau de l'articulation du coude et l'extension du bras au niveau de l'articulation scapulohumérale.	Nerf radial.
M. anconé (*ancon* : coude) (figure 11.17c)	Épicondyle latéral de l'humérus.	Olécrâne et partie supérieure du corps de l'ulna.	Permet l'extension de l'avant-bras au niveau de l'articulation du coude.	Nerf radial.
Muscles pronateurs de l'avant-bras				
M. rond pronateur (*pronateur* : qui tourne la paume vers l'arrière) (figure 11.17a)	Épicondyle médial de l'humérus et processus coronoïde de l'ulna.	Milieu de la face latérale du radius.	Permet la pronation de l'avant-bras au niveau des articulations radio-ulnaires et la flexion faible de l'avant-bras au niveau de l'articulation du coude.	Nerf médian.
M. carré pronateur (figure 11.17a)	Partie distale du corps de l'ulna.	Partie distale du corps du radius.	Permet la pronation de l'avant-bras au niveau des articulations radio-ulnaires.	Nerf médian.
Muscle supinateur de l'avant-bras				
M. supinateur (*supinateur* : qui tourne la paume vers l'avant) (figure 11.17b)	Épicondyle latéral de l'humérus et saillie située près de l'incisure radiale de l'ulna (crête supinatrice).	Face latérale du tiers proximal du radius.	Permet la supination de l'avant-bras au niveau des articulations radio-ulnaires.	Nerf radial profond.

* L'**aponévrose bicipitale** est une large aponévrose du tendon d'insertion du muscle biceps brachial. Elle descend sur la face médiale du bras, croise l'artère brachiale et fusionne avec le fascia profond au-dessus des muscles fléchisseurs de l'avant-bras.

FIGURE 11.16 Les muscles des mouvements du radius et de l'ulna (os de l'avant-bras).

Les muscles antérieurs du bras assurent la flexion de l'avant-bras ; les muscles postérieurs assurent son extension.

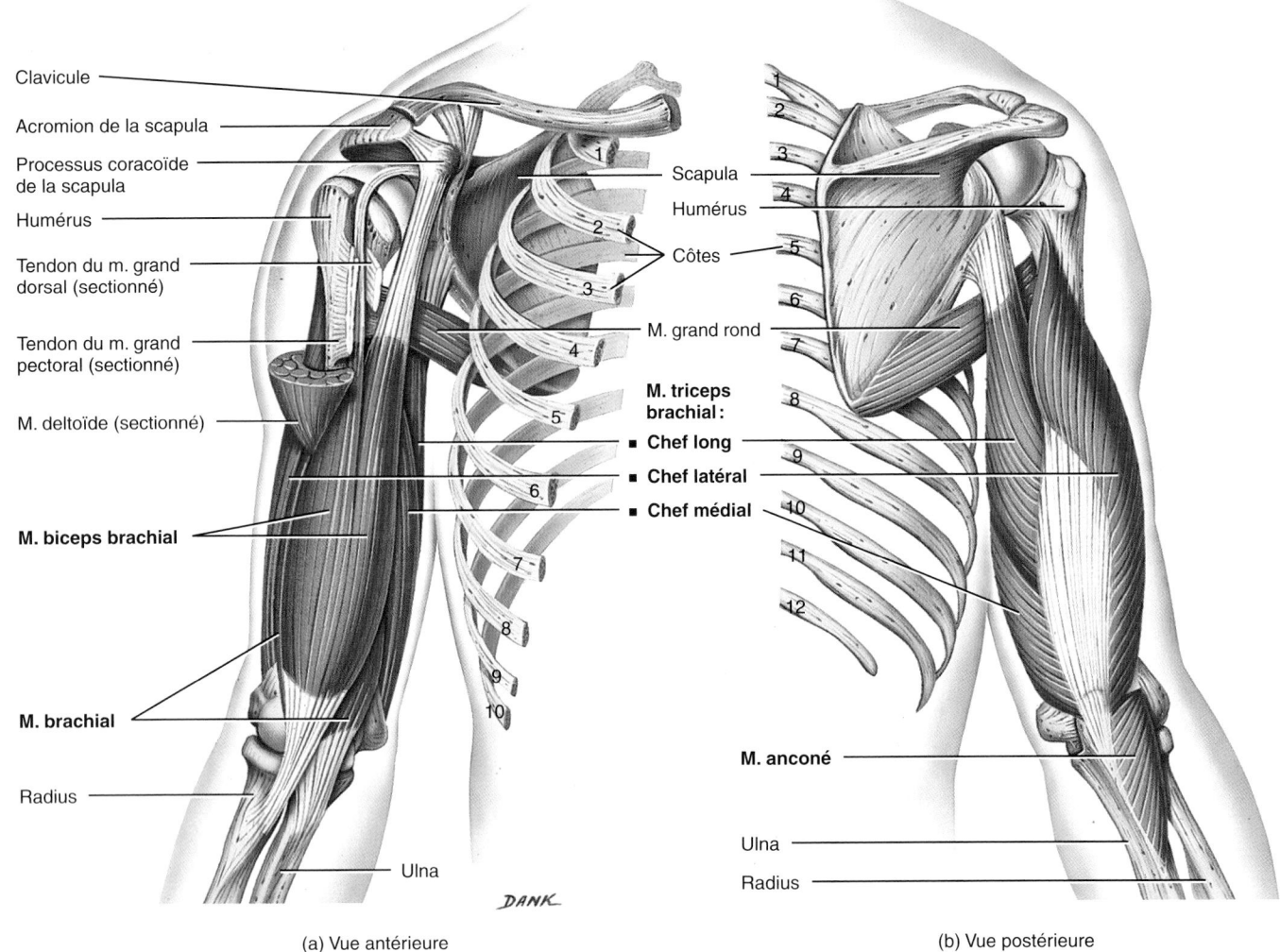

(a) Vue antérieure

(b) Vue postérieure

FIGURE 11.16 Les muscles des mouvements du radius et de l'ulna (os de l'avant-bras) *(suite)*.

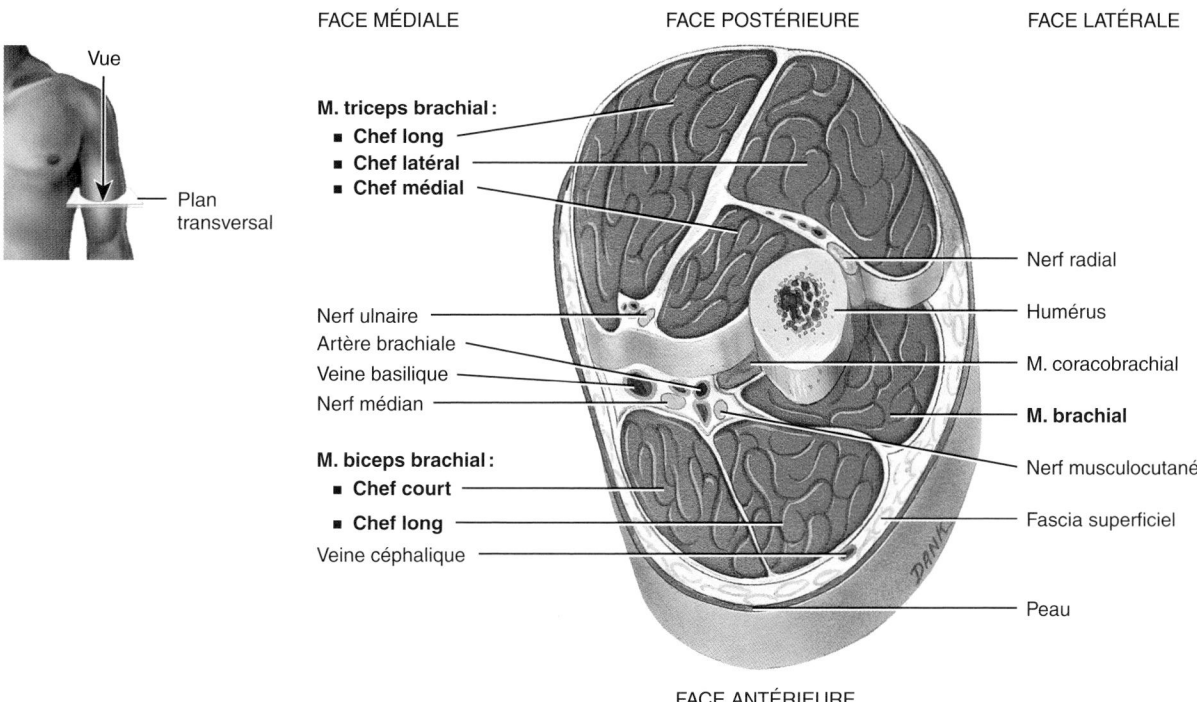

FACE MÉDIALE   FACE POSTÉRIEURE   FACE LATÉRALE

Vue

Plan transversal

M. triceps brachial :
- **Chef long**
- **Chef latéral**
- **Chef médial**

Nerf ulnaire
Artère brachiale
Veine basilique
Nerf médian

M. biceps brachial :
- **Chef court**
- **Chef long**
Veine céphalique

Nerf radial
Humérus
M. coracobrachial
M. brachial
Nerf musculocutané
Fascia superficiel
Peau

FACE ANTÉRIEURE

(c) Vue supérieure d'une coupe transversale du bras

 Quel muscle est le plus puissant fléchisseur de l'avant-bras ?
Lequel en est le plus puissant extenseur ?

OBJECTIF

• Décrire l'origine, l'insertion, l'action et l'innervation des muscles des mouvements du poignet, de la main, du pouce et des autres doigts.

Les muscles de l'avant-bras responsables des mouvements du poignet, de la main, du pouce et des autres doigts sont nombreux et diversifiés.

Comme vous pourrez le constater, le nom de ces muscles donne des renseignements sur leur origine, leur insertion ou leur action. Ceux qui agissent sur les doigts sont des *muscles extrinsèques* parce que leur origine se trouve *hors de* la main et leur insertion, dans la main. Selon leur situation et leur fonction, les muscles de l'avant-bras sont répartis en deux groupes : 1) les muscles de la loge antérieure, et 2) les muscles de la loge postérieure. Les muscles de la *loge antérieure* ont leur origine sur l'humérus et ils s'insèrent en général sur les os du carpe ainsi que sur les os métacarpiens et les phalanges ; ce sont des fléchisseurs. Les ventres

MUSCLE	ORIGINE	INSERTION	ACTION	INNERVATION
Muscles de la loge antérieure (fléchisseurs superficiels) de l'avant-bras				
M. fléchisseur radial du carpe (*fléchisseur* : ferme l'angle de l'articulation ; *radial* : qui a rapport au radius ; *karpos* : poignet)	Épicondyle médial de l'humérus.	Os métacarpiens II et III.	Permet la flexion et l'abduction de la main (déviation radiale) au niveau de l'articulation du poignet.	Nerf médian.
M. long palmaire (*palma* : paume)	Épicondyle médial de l'humérus.	Rétinaculum des fléchisseurs et aponévrose palmaire (fascia profond du milieu de la paume).	Permet une légère flexion de la main au niveau de l'articulation du poignet.	Nerf médian.
M. fléchisseur ulnaire du carpe (*ulnaire* : qui a trait à l'ulna)	Épicondyle médial de l'humérus et bord postérieur supérieur de l'ulna.	Os pisiforme, os hamatum et base de l'os métacarpien V.	Permet la flexion et l'adduction de la main (déviation ulnaire) au niveau de l'articulation du poignet.	Nerf ulnaire.
M. fléchisseur superficiel des doigts (*superficiel* : près de la surface)	Épicondyle médial de l'humérus, processus coronoïde de l'ulna et crête du bord latéral de la face antérieure (ligne oblique antérieure) du radius.	Phalange moyenne de chaque doigt*.	Permet la flexion de la phalange moyenne de chaque doigt (sauf le pouce) au niveau de l'articulation interphalangienne proximale, de la phalange proximale de chaque doigt au niveau de l'articulation métacarpophalangienne, et de la main au niveau de l'articulation du poignet.	Nerf médian.
Muscles de la loge antérieure (fléchisseurs profonds) de l'avant-bras				
M. long fléchisseur du pouce	Face antérieure du radius et membrane interosseuse antébrachiale (lame de tissu fibreux qui maintient ensemble les corps de l'ulna et du radius).	Base de la phalange distale du pouce.	Permet la flexion de la phalange distale du pouce au niveau de l'articulation interphalangienne.	Nerf médian.
M. fléchisseur profond des doigts	Face médiale antérieure du corps de l'ulna.	Base de la phalange distale de chacun des doigts.	Permet la flexion des phalanges moyenne et distale de chaque doigt (sauf le pouce) au niveau des articulations interphalangiennes, de la phalange proximale de chaque doigt au niveau de l'articulation métacarpophalangienne, et de la main au niveau de l'articulation du poignet.	Nerf médian et nerf ulnaire.

* Rappel : Le pouce est le premier doigt ; il comprend deux phalanges : proximale et distale. Les autres doigts sont numérotés de II à V ; ils comprennent chacun trois phalanges : proximale, moyenne et distale.

de ces muscles forment la plus grande partie de l'avant-bras. L'un des muscles superficiels de la loge antérieure, soit le **muscle long palmaire**, est absent chez environ 10% des individus (habituellement dans l'avant-bras gauche) et on s'en sert fréquemment au besoin pour réparer un tendon. Les muscles de la *loge postérieure* ont leur origine sur l'humérus et ils s'insèrent sur les os métacarpiens et les phalanges; ce sont des extenseurs. À l'intérieur de chaque loge, les muscles sont divisés en muscles superficiels et en muscles profonds.

Les *muscles superficiels de la loge antérieure* sont, dans l'ordre, de l'extérieur vers l'intérieur: les **muscles fléchisseur radial du carpe**, **long palmaire** et **fléchisseur ulnaire du carpe** (le nerf et l'artère ulnaires sont situés près du bord latéral du tendon de ce muscle au poignet). Le **muscle fléchisseur superficiel des doigts** est situé sous les trois autres et constitue le plus grand muscle superficiel de l'avant-bras.

Les *muscles profonds de la loge antérieure* sont, dans l'ordre, de l'extérieur vers l'intérieur: les **muscles long fléchisseur du pouce** (le seul

MUSCLE	ORIGINE	INSERTION	ACTION	INNERVATION
Muscles de la loge postérieure (extenseurs superficiels) de l'avant-bras				
M. long extenseur radial du carpe (*extenseur*: ouvre l'angle de l'articulation)	Crête supracondylaire latérale de l'humérus.	Os métacarpien II.	Permet l'extension et l'abduction de la main au niveau de l'articulation du poignet.	Nerf radial.
M. court extenseur radial du carpe	Épicondyle latéral de l'humérus.	Os métacarpien III.	Permet l'extension et l'abduction de la main au niveau de l'articulation du poignet.	Nerf radial.
M. extenseur commun des doigts	Épicondyle latéral de l'humérus.	Phalange moyenne et distale de chaque doigt.	Permet l'extension des phalanges moyenne et distale de chaque doigt (sauf le pouce) au niveau des articulations interphalangiennes, de la phalange proximale de chaque doigt au niveau de l'articulation métacarpophalangienne, et de la main au niveau de l'articulation du poignet.	Nerf radial.
M. extenseur du petit doigt	Épicondyle latéral de l'humérus.	Tendon du muscle extenseur commun des doigts sur la phalange V.	Permet l'extension de la phalange proximale du petit doigt au niveau de l'articulation métacarpophalangienne, et de la main au niveau de l'articulation du poignet.	Nerf radial profond.
M. extenseur ulnaire du carpe	Épicondyle latéral de l'humérus et bord postérieur de l'ulna.	Os métacarpien V.	Permet l'extension et l'adduction de la main au niveau de l'articulation du poignet.	Nerf radial profond.
Muscles de la loge postérieure (extenseurs profonds) de l'avant-bras				
M. long abducteur du pouce (*abducteur*: éloigne une partie du corps de la ligne médiane)	Face postérieure du milieu du radius et de l'ulna, et membrane interosseuse antébrachiale.	Os métacarpien I.	Permet l'abduction et l'extension du pouce au niveau de l'articulation carpométacarpienne et l'abduction de la main au niveau de l'articulation du poignet.	Nerf radial profond.
M. court extenseur du pouce	Face postérieure du milieu du radius et membrane interosseuse antébrachiale.	Base de la phalange proximale du pouce.	Permet l'extension de la phalange proximale du pouce au niveau de l'articulation métacarpophalangienne, de l'os métacarpien I du pouce au niveau de l'articulation carpométacarpienne, et de la main au niveau de l'articulation du poignet.	Nerf radial profond.
M. long extenseur du pouce	Face postérieure du milieu de l'ulna et membrane interosseuse antébrachiale.	Base de la phalange distale du pouce.	Permet l'extension de la phalange distale du pouce au niveau de l'articulation interphalangienne et de l'os métacarpien I du pouce au niveau de l'articulation carpométacarpienne, et l'abduction de la main au niveau de l'articulation du poignet.	Nerf radial profond.
M. extenseur de l'index	Face postérieure de l'ulna.	Tendon du muscle extenseur commun des doigts sur l'index.	Permet l'extension des phalanges distale et moyenne de l'index au niveau des articulations interphalangiennes, de la phalange proximale de l'index au niveau de l'articulation métacarpophalangienne, et de la main au niveau de l'articulation du poignet.	Nerf radial profond.

fléchisseur de la phalange distale du pouce), **fléchisseur profond des doigts** (qui se termine par quatre tendons s'insérant sur les phalanges distales des doigts) et **carré pronateur** (le plus profond des muscles de la loge antérieure). Comme son nom l'indique, le muscle carré pronateur n'est pas un muscle fléchisseur ; il est responsable de la pronation de l'avant-bras.

Les *muscles superficiels de la loge postérieure* sont, dans l'ordre, de l'extérieur vers l'intérieur : les **muscles long extenseur radial du carpe**, **court extenseur radial du carpe**, **extenseur commun des doigts** (il occupe la majeure partie de la face postérieure de l'avant-bras et se termine par quatre tendons qui s'insèrent sur les phalanges moyennes et distales des doigts), le **muscle extenseur du petit doigt** (muscle mince habi-

tuellement relié à l'extenseur commun des doigts) et le **muscle extenseur ulnaire du carpe**.

Les *muscles profonds de la loge postérieure* sont, dans l'ordre, de l'extérieur vers l'intérieur : les **muscles long abducteur du pouce**, **court extenseur du pouce**, **long extenseur du pouce** et **extenseur de l'index**.

Les tendons des muscles de l'avant-bras qui sont fixés au poignet ou s'étendent jusque dans la main, ainsi que les vaisseaux sanguins et les nerfs, sont maintenus près des os par des structures fasciales résistantes. En outre, les tendons sont enveloppés dans des gaines synoviales tendineuses. Au poignet, le fascia profond s'épaissit pour former des lames fibreuses appelées **rétinaculums** (*retinaculum* : lien). Le **rétinaculum des**

FIGURE 11.17 Les muscles des mouvements du poignet, de la main et des doigts.

🔑 Les muscles de la loge antérieure sont des fléchisseurs et ceux de la loge postérieure, des extenseurs.

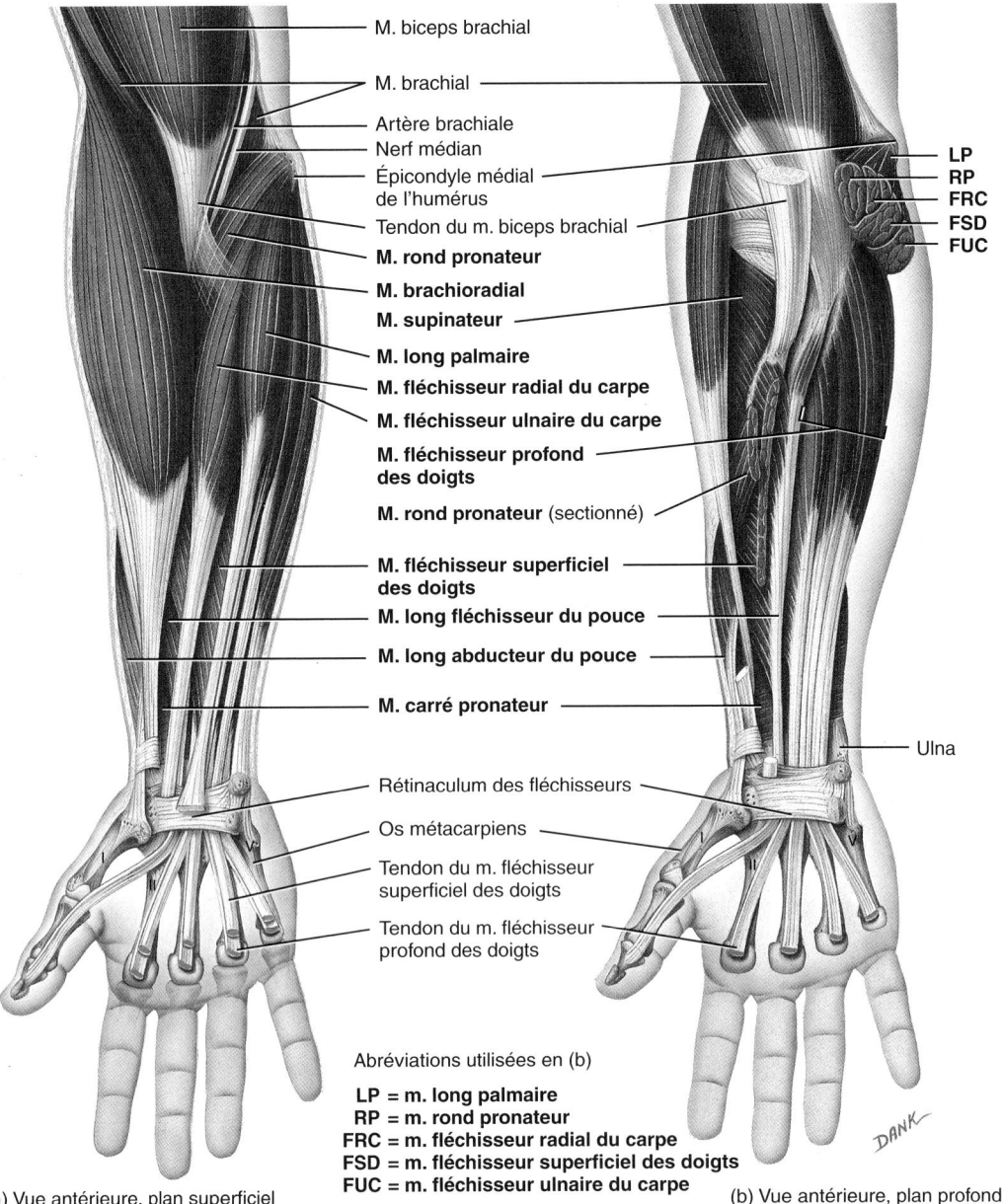

- M. biceps brachial
- M. brachial
- Artère brachiale
- Nerf médian
- Épicondyle médial de l'humérus
- Tendon du m. biceps brachial
- **M. rond pronateur**
- **M. brachioradial**
- **M. supinateur**
- **M. long palmaire**
- **M. fléchisseur radial du carpe**
- **M. fléchisseur ulnaire du carpe**
- **M. fléchisseur profond des doigts**
- **M. rond pronateur** (sectionné)
- **M. fléchisseur superficiel des doigts**
- **M. long fléchisseur du pouce**
- **M. long abducteur du pouce**
- **M. carré pronateur**
- Rétinaculum des fléchisseurs
- Os métacarpiens
- Tendon du m. fléchisseur superficiel des doigts
- Tendon du m. fléchisseur profond des doigts

- LP
- RP
- FRC
- FSD
- FUC

- Ulna

Abréviations utilisées en (b)

LP = m. long palmaire
RP = m. rond pronateur
FRC = m. fléchisseur radial du carpe
FSD = m. fléchisseur superficiel des doigts
FUC = m. fléchisseur ulnaire du carpe

(a) Vue antérieure, plan superficiel

(b) Vue antérieure, plan profond

DANK

fléchisseurs est situé sur la face palmaire des os du carpe. Les longs tendons des muscles fléchisseurs des doigts et du poignet, de même que le nerf médian, s'étendent sous le rétinaculum des fléchisseurs. Le **rétinaculum des extenseurs** est situé sur la face dorsale des os du carpe ; les tendons des extenseurs du poignet et des doigts s'étendent sous ce rétinaculum.

LES MUSCLES ET LES MOUVEMENTS

Classez les muscles du présent exposé selon leur action sur l'articulation du poignet : 1) flexion, 2) extension, 3) abduction et 4) adduction ; selon leur action sur les doigts au niveau des articulations métacarpophalan-giennes : 1) flexion et 2) extension ; selon leur action sur les doigts au niveau des articulations interphalangiennes : 1) flexion et 2) extension ; selon leur action sur le pouce au niveau des articulations carpométacar-pienne, métacarpophalangienne et interphalangienne : 1) extension et 2) abduction ; et selon leur action sur le pouce au niveau de l'articula-tion interphalangienne : flexion. Un même muscle peut être mentionné plus d'une fois.

▶ **POINT DE CONTRÔLE**

Quels muscles du poignet, de la main et des doigts servent à écrire et quelle est leur action ?

FIGURE 11.17 Les muscles des mouvements du poignet, de la main et des doigts *(suite)*.

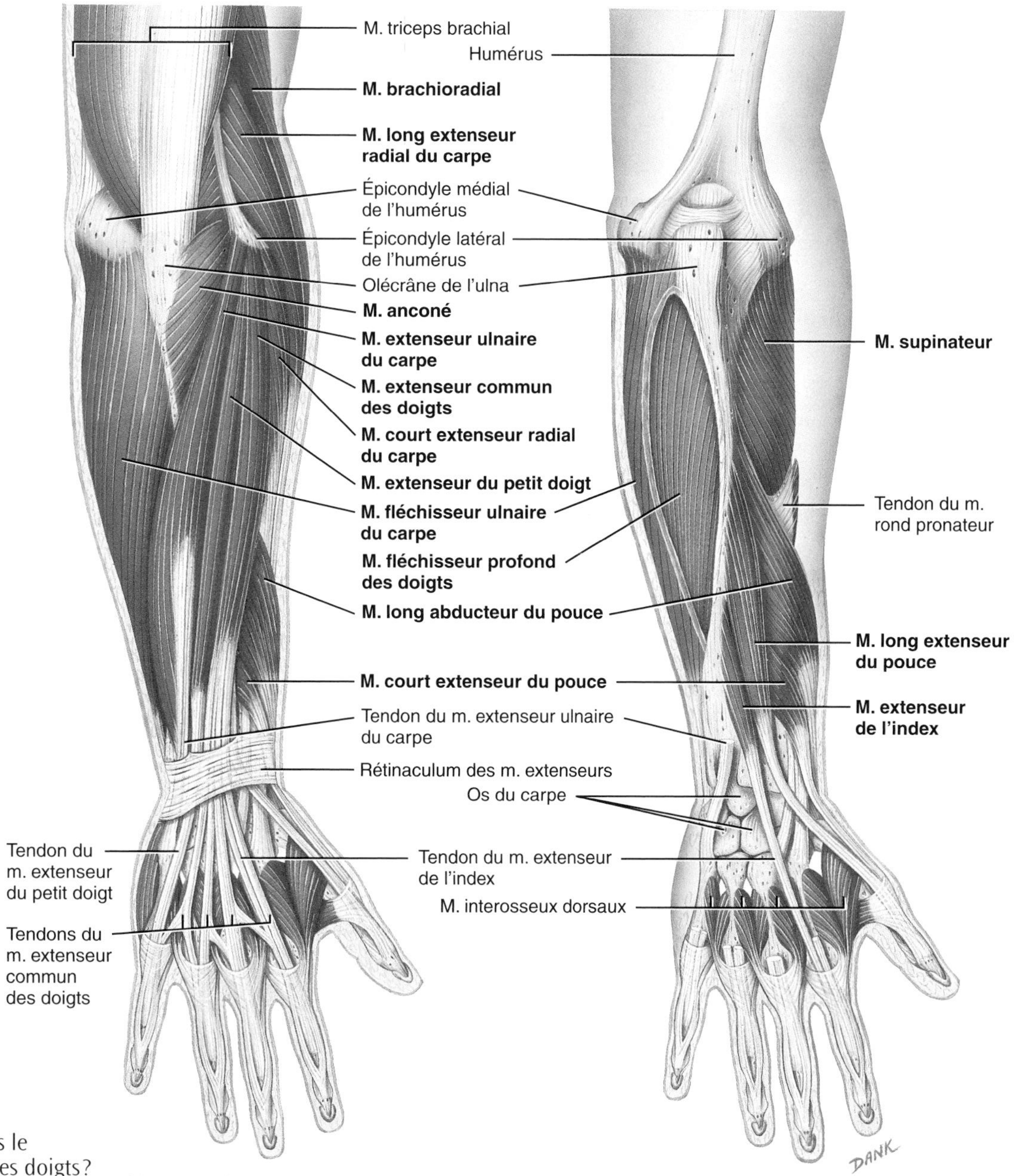

M. triceps brachial
Humérus
M. brachioradial
M. long extenseur radial du carpe
Épicondyle médial de l'humérus
Épicondyle latéral de l'humérus
Olécrâne de l'ulna
M. anconé
M. extenseur ulnaire du carpe
M. extenseur commun des doigts
M. court extenseur radial du carpe
M. extenseur du petit doigt
M. fléchisseur ulnaire du carpe
M. fléchisseur profond des doigts
M. long abducteur du pouce
M. court extenseur du pouce
Tendon du m. extenseur ulnaire du carpe
Rétinaculum des m. extenseurs
Tendon du m. extenseur du petit doigt
Tendons du m. extenseur commun des doigts

M. supinateur
Tendon du m. rond pronateur
M. long extenseur du pouce
M. extenseur de l'index
Os du carpe
Tendon du m. extenseur de l'index
M. interosseux dorsaux

(c) Vue postérieure, plan superficiel

(d) Vue postérieure, plan profond

Q Quelles structures passent sous le rétinaculum des fléchisseurs des doigts ?

- Décrire l'origine, l'insertion, l'action et l'innervation des muscles intrinsèques de la main.

Dans l'exposé 11.14, nous avons décrit plusieurs muscles extrinsèques de la main qui permettent certains mouvements des doigts. Ces muscles produisent les mouvements puissants mais grossiers des doigts. Les *muscles intrinsèques* de la main produisent les mouvements faibles mais complexes et précis des doigts qui caractérisent la main humaine. Les muscles de ce groupe sont ainsi appelés parce que leurs origines et leurs insertions se trouvent *dans* la main.

Les muscles intrinsèques de la main se répartissent en trois groupes : 1) les **muscles thénariens**, 2) les **muscles hypothénariens**, et 3) les **muscles intermédiaires**. Les quatre muscles thénariens agissent sur le pouce et forment l'**éminence thénar**, soit la saillie arrondie du côté latéral de la paume. Ce sont les muscles court abducteur du pouce, opposant du pouce, court fléchisseur du pouce et adducteur du pouce. Le **muscle court abducteur du pouce** est un muscle superficiel mince et court, relativement large, situé du côté latéral de l'éminence thénar. Le **muscle opposant du pouce** est un petit muscle triangulaire situé sous le muscle court abducteur du pouce. Le **muscle court fléchisseur du pouce** est un muscle court et large, en position médiale par rapport au muscle court abducteur du pouce. Le **muscle adducteur du pouce** est un muscle en forme d'éventail ; il possède deux chefs (oblique et transverse) séparés par un espace dans lequel passe l'artère radiale.

Les trois muscles hypothénariens agissent sur le petit doigt et forment l'**éminence hypothénar**, soit la saillie arrondie du côté médial de la paume. Ce sont les muscles abducteur du petit doigt, court fléchisseur du petit doigt et opposant du petit doigt. Le **muscle abducteur du petit doigt** est un muscle court et large ; c'est le muscle hypothénarien le plus superficiel. Il est puissant et joue un rôle essentiel dans la préhension d'objets avec les doigts en extension. Le **muscle court fléchisseur du petit doigt** est également un muscle court et large, en position latérale par rapport au muscle abducteur du petit doigt. Le **muscle opposant du petit doigt** est un muscle triangulaire situé sous les deux autres muscles hypothénariens.

Les 11 muscles intermédiaires (du milieu de la paume) agissent sur tous les doigts sauf le pouce. Ce sont les muscles lombricaux de la main, interosseux palmaires et interosseux dorsaux de la main. Comme leur nom l'indique, les **muscles lombricaux de la main** ont la forme d'un ver de terre. Leurs origines et leurs insertions se trouvent sur les tendons d'autres muscles (le muscle fléchisseur profond des doigts et le muscle extenseur commun des doigts). Les **muscles interosseux palmaires** sont les muscles interosseux les plus petits et les plus superficiels. Les **muscles interosseux dorsaux de la main** sont les muscles interosseux profonds. Les deux ensembles de muscles interosseux sont situés entre les os métacarpiens et jouent un rôle majeur dans l'abduction, l'adduction, la flexion et l'extension des doigts, et dans les mouvements propres aux activités qui exigent de la dextérité comme écrire, dactylographier et jouer du piano.

L'importance fonctionnelle de la main est indéniable quand on considère que certaines blessures de cette partie du corps peuvent entraîner une incapacité définitive. La dextérité de la main dépend surtout des mouvements du pouce. Les principales actions de la main sont les mouvements libres, la prise de force (poigne, ou serrement des doigts et du pouce contre la paume), les manipulations précises (changement de la position d'un objet dans la main exigeant une parfaite maîtrise de l'action des doigts et du pouce, comme pour régler une montre ou enfiler une aiguille), et le pincement (compression entre le pouce et l'index ou entre le pouce et les deux premiers doigts).

Le pouce joue un rôle très important dans les activités de précision de la main. Les mouvements du pouce, bien que semblables à ceux des doigts, s'effectuent dans des plans différents parce que la position du pouce est perpendiculaire à celle des autres doigts. Les cinq principaux mouvements du pouce sont illustrés à la figure 11.18d. Ils comprennent la *flexion* (mouvement médial en travers de la paume), l'*extension* (mouvement latéral qui éloigne le pouce de la paume), l'*abduction* (mouvement dans le plan antéropostérieur qui éloigne le pouce de la paume), l'*adduction* (mouvement dans le plan antéropostérieur vers la paume) et l'*opposition* (mouvement au-dessus de la paume qui met le bout du pouce en contact avec le bout d'un doigt). L'opposition est un mouvement des doigts qui, plus que tout autre, distingue les humains et les autres primates, en leur permettant de saisir et de manipuler des objets avec précision.

LE SYNDROME DU CANAL CARPIEN

Le **canal carpien** est un passage étroit formé à l'avant par le rétinaculum des muscles fléchisseurs des doigts et à l'arrière par les os du carpe. C'est par ce canal que passent le nerf médian, la structure la plus superficielle, et les longs tendons des muscles fléchisseurs des doigts (figure 11.18c). Si les structures qui se trouvent dans le canal carpien, et en particulier le nerf médian, sont comprimées, cela provoque le **syndrome du canal carpien**. La compression du nerf médian entraîne des altérations sensorielles dans la partie latérale de la main et une faiblesse musculaire de l'éminence thénar. Il en résulte de la douleur, des engourdissements et des fourmillements dans les doigts. L'affection peut être causée par l'inflammation des gaines synoviales tendineuses des doigts, un œdème, des exercices excessifs, une infection, un traumatisme et/ou des actions répétitives qui nécessitent la flexion du poignet, telles que saisir des données au clavier, couper les cheveux ou jouer du piano. Le traitement peut comprendre l'administration d'anti-inflammatoires non stéroïdiens (comme l'ibuprofène et l'aspirine), le port d'une orthèse de poignet, l'injection d'un corticostéroïde et une intervention chirurgicale qui consiste à sectionner le rétinaculum des muscles fléchisseurs et à réduire la pression sur le nerf médian. ■

LES MUSCLES ET LES MOUVEMENTS

Classez les muscles du présent exposé selon leur action sur le pouce au niveau des articulations carpométacarpienne et métacarpophalangienne : 1) abduction, 2) adduction, 3) flexion, et 4) opposition ; et selon leur action sur les doigts au niveau des articulations métacarpophalangiennes et interphalangiennes : 1) abduction, 2) adduction, 3) flexion, et 4) extension. Un même muscle peut être mentionné plus d'une fois.

▶ **POINT DE CONTRÔLE**

Comparez l'action des muscles intrinsèques et des muscles extrinsèques de la main.

MUSCLE	ORIGINE	INSERTION	ACTION	INNERVATION
Muscles thénariens (face latérale de la paume)				
M. court abducteur du pouce (*abducteur*: éloigne une partie du corps de la ligne médiane)	Rétinaculum des muscles fléchisseurs, os scaphoïde et os trapèze.	Côté latéral de la phalange proximale du pouce.	Permet l'abduction du pouce au niveau de l'articulation carpométacarpienne, contribuant à son opposition.	Nerf médian.
M. opposant du pouce	Rétinaculum des muscles fléchisseurs et os trapèze.	Côté latéral de l'os métacarpien I (pouce).	Permet l'opposition du pouce au centre de la paume, au niveau de l'articulation carpométarcapienne, de façon qu'il touche le petit doigt.	Nerf médian.
M. court fléchisseur du pouce (*fléchisseur*: ferme l'angle de l'articulation)	Rétinaculum des muscles fléchisseurs, os trapèze, os capitatum et os trapézoïde.	Côté latéral de la phalange proximale du pouce.	Permet la flexion du pouce au niveau des articulations carpométacarpienne et métacarpophalangienne.	Nerf médian et nerf ulnaire.
M. adducteur du pouce (*adducteur*: rapproche une partie du corps de la ligne médiane)	Chef oblique: os capitatum et os métacarpiens II et III. Chef transverse: os métacarpien III.	Côté médial de la phalange proximale du pouce par un tendon contenant un os sésamoïde.	Permet l'adduction du pouce au niveau des articulations carpométacarpienne et métacarpophalangienne, le rapprochant de l'axe de la main.	Nerf ulnaire.
Muscles hypothénariens (face médiale de la paume)				
M. abducteur du petit doigt	Os pisiforme et tendon du muscle fléchisseur ulnaire du carpe.	Côté médial de la phalange proximale du petit doigt.	Permet l'abduction du petit doigt au niveau de l'articulation métacarpophalangienne, l'éloignant de l'axe de la main.	Nerf ulnaire.
M. court fléchisseur du petit doigt	Rétinaculum des muscles fléchisseurs et os hamatum.	Côté médial de la phalange proximale du petit doigt.	Permet la flexion du petit doigt au niveau des articulations carpométacarpienne et métacarpophalangienne.	Nerf ulnaire.
M. opposant du petit doigt	Rétinaculum des muscles fléchisseurs et os hamatum.	Côté médial de l'os métacarpien V (petit doigt).	Permet la flexion et la rotation du petit doigt, au niveau de l'articulation carpométarcapienne, au-dessus de la paume, de façon qu'il s'oppose au pouce.	Nerf ulnaire.
Muscles intermédiaires (milieu de la paume)				
M. lombricaux (*lumbricus*: lombric) (quatre muscles)	Bords latéraux des tendons du muscle fléchisseur profond de chaque doigt.	Côté latéral du tendon de l'extenseur commun des doigts sur la phalange proximale de chaque doigt.	Permet la flexion de chaque doigt au niveau des articulations métacarpophalangiennes et l'extension de chaque doigt au niveau des articulations interphalangiennes.	Nerf médian et nerf ulnaire.
M. interosseux palmaires (*palma*: paume) (quatre muscles)	Côtés des corps des os métacarpiens de tous les doigts (sauf le médius).	Côté de la base de la phalange proximale de chaque doigt (sauf le médius).	Permet l'adduction de chaque doigt au niveau des articulations métacarpophalangiennes, les rapprochant de l'axe de la main; permet aussi la flexion de chaque doigt au niveau de l'articulation métacarpophalangienne.	Nerf ulnaire.
M. interosseux dorsaux de la main (*dorsal*: face tournée vers l'arrière) (quatre muscles)	Côtés adjacents des os métacarpiens.	Phalange proximale de chaque doigt.	Permet l'abduction des doigts II à IV au niveau des articulations métacarpophalangiennes, les écartant de l'axe de la main; permet aussi la flexion des doigts II à IV au niveau des articulations métacarpophalangiennes et l'extension de chaque doigt au niveau des articulations interphalangiennes.	Nerf ulnaire.

FIGURE 11.18 Les muscles intrinsèques de la main.

Les muscles intrinsèques de la main produisent les mouvements complexes et précis des doigts qui caractérisent la main humaine.

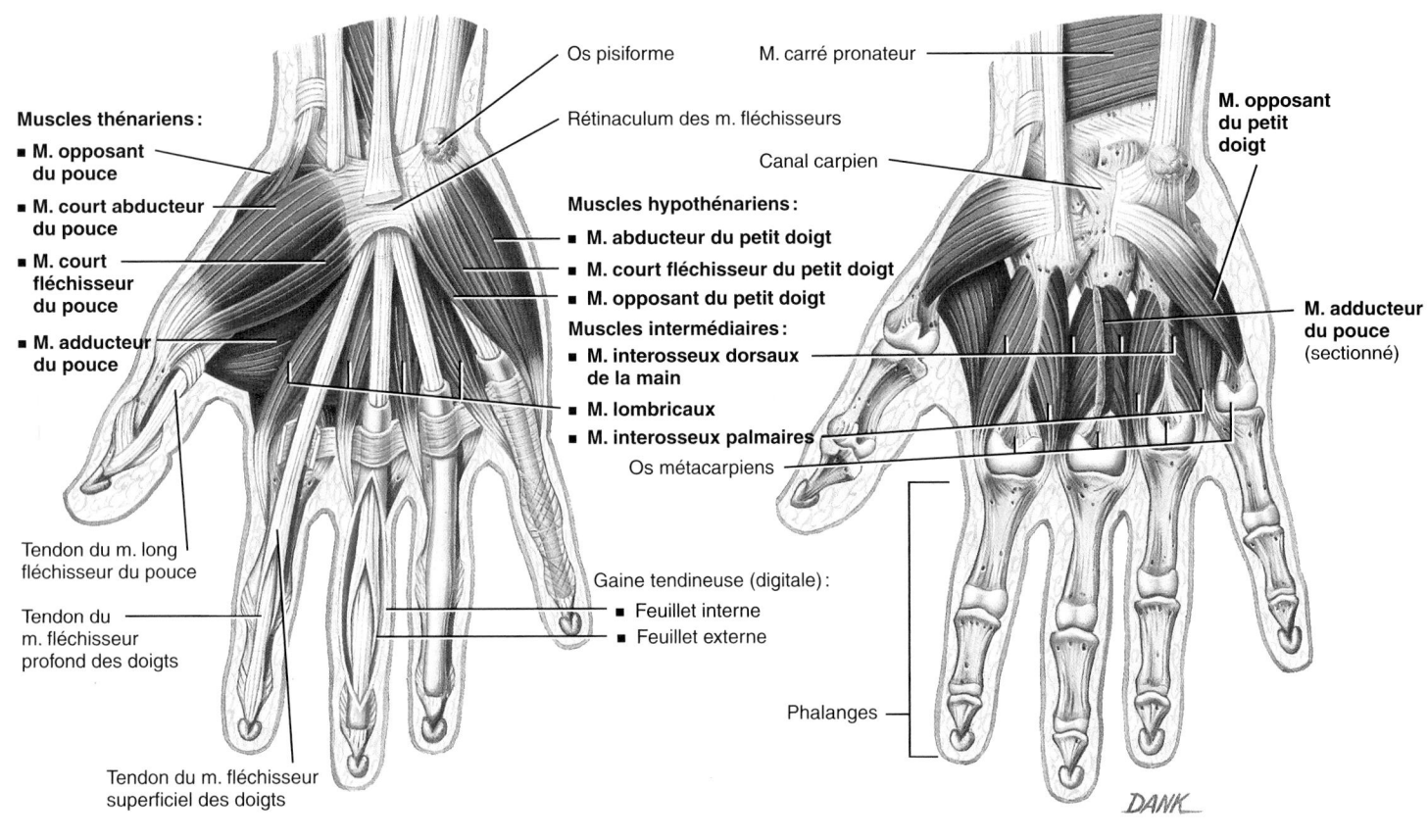

Os pisiforme

Rétinaculum des m. fléchisseurs

M. carré pronateur

Canal carpien

Muscles thénariens :

■ **M. opposant du pouce**

■ **M. court abducteur du pouce**

■ **M. court fléchisseur du pouce**

■ **M. adducteur du pouce**

Muscles hypothénariens :

■ **M. abducteur du petit doigt**

■ **M. court fléchisseur du petit doigt**

■ **M. opposant du petit doigt**

Muscles intermédiaires :

■ **M. interosseux dorsaux de la main**

■ **M. lombricaux**

■ **M. interosseux palmaires**

Os métacarpiens

M. opposant du petit doigt

M. adducteur du pouce (sectionné)

Tendon du m. long fléchisseur du pouce

Tendon du m. fléchisseur profond des doigts

Gaine tendineuse (digitale) :

■ **Feuillet interne**

■ **Feuillet externe**

Phalanges

Tendon du m. fléchisseur superficiel des doigts

(a) Vue antérieure, plan superficiel

(b) Vue antérieure, plan profond

FIGURE 11.18 Les muscles intrinsèques de la main *(suite).*

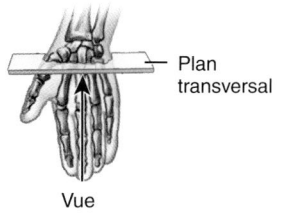

Plan transversal

Vue

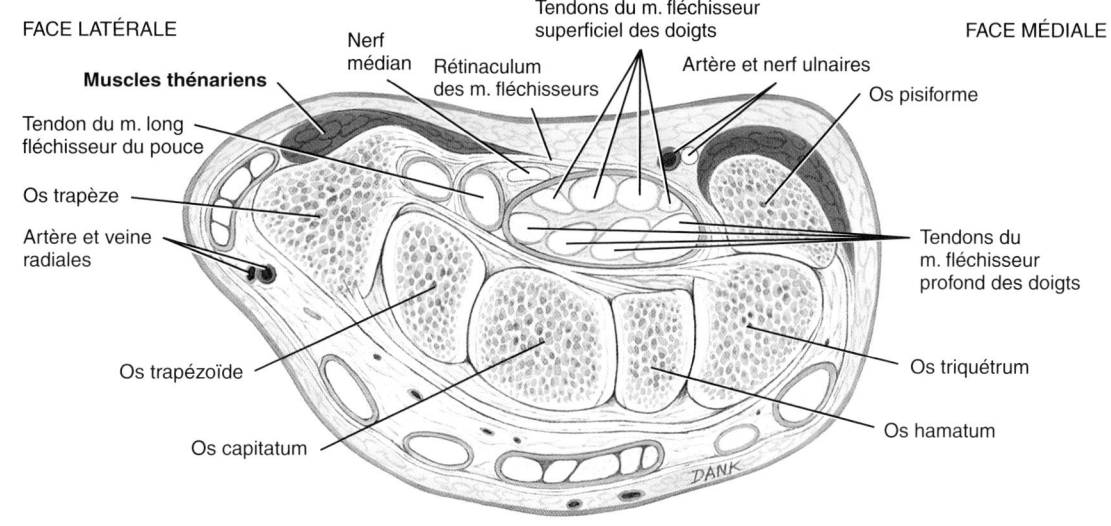

FACE ANTÉRIEURE

FACE LATÉRALE

FACE MÉDIALE

Muscles thénariens

Nerf médian

Tendons du m. fléchisseur superficiel des doigts

Rétinaculum des m. fléchisseurs

Artère et nerf ulnaires

Os pisiforme

Tendon du m. long fléchisseur du pouce

Os trapèze

Artère et veine radiales

Tendons du m. fléchisseur profond des doigts

Os triquétrum

Os trapézoïde

Os hamatum

Os capitatum

FACE POSTÉRIEURE

(c) Vue inférieure, coupe transversale

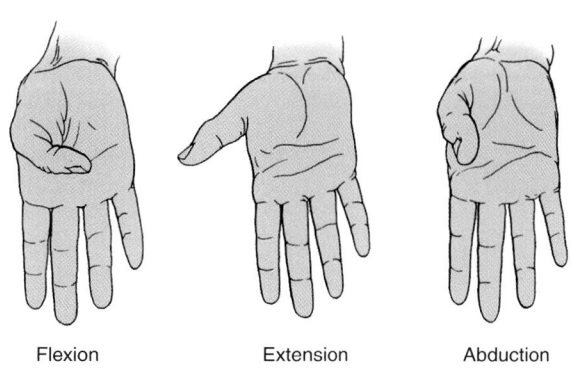

Flexion

Extension

Abduction

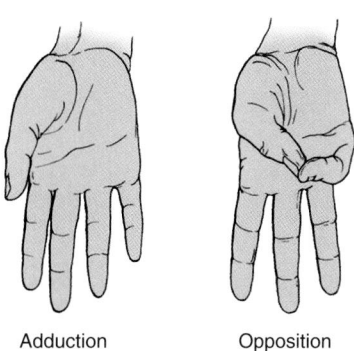

Adduction

Opposition

(d) Mouvements du pouce

 Sur quel doigt les muscles thénariens exercent-ils leur action?

EXPOSÉ 11.16 Les muscles des mouvements de la colonne vertébrale (figure 11.19)

OBJECTIF

• Décrire l'origine, l'insertion, l'action et l'innervation des muscles des mouvements de la colonne vertébrale.

Les muscles qui assurent les mouvements de la colonne vertébrale sont assez complexes parce qu'ils ont des origines et des insertions multiples et qu'ils se chevauchent en maints endroits. On peut utiliser pour critère de regroupement de ces muscles la direction générale des faisceaux

MUSCLE	ORIGINE	INSERTION	ACTION	INNERVATION
Muscles splénius				
M. splénius de la tête (*splênion*: compresse)	Ligament nuchal et processus épineux de la septième vertèbre cervicale et des trois ou quatre premières vertèbres thoraciques.	Os occipital et processus mastoïde de l'os temporal.	La contraction bilatérale entraîne l'extension de la tête et du cou; la contraction d'un seul côté (unilatérale) produit la flexion latérale et la rotation de la tête vers le côté du muscle qui se contracte.	Nerfs cervicaux moyens.
M. splénius du cou	Processus épineux de la troisième à la sixième vertèbre thoracique.	Processus transverses des deux ou quatre premières vertèbres cervicales.	La contraction bilatérale entraîne l'extension de la tête; la contraction unilatérale produit la flexion latérale et la rotation de la tête vers le côté du muscle qui se contracte.	Nerfs cervicaux inférieurs.

Muscle érecteur du rachis Comprend les muscles iliocostal (latéral), longissimus (intermédiaire) et épineux (médial).

M. iliocostal (latéral)

MUSCLE	ORIGINE	INSERTION	ACTION	INNERVATION
M. iliocostal du cou (*ilia*: flancs; *costa*: côte)	Six premières côtes.	Processus transverses de la quatrième à la sixième vertèbre cervicale.	Lorsqu'ils se contractent ensemble, les muscles de chaque région (cervicale, thoracique et lombaire) causent, dans leurs régions respectives, l'extension de la colonne vertébrale et le maintien de la position verticale; lorsqu'ils se contractent d'un côté, ils produisent la flexion latérale de la colonne vertébrale dans leurs régions respectives.	Nerfs cervicaux et nerfs thoraciques.
M. iliocostal du thorax	Six dernières côtes.	Six premières côtes.		Nerfs thoraciques.
M. iliocostal des lombes	Crête iliaque.	Six dernières côtes.		Nerfs lombaires.

M. longissimus (intermédiaire)

MUSCLE	ORIGINE	INSERTION	ACTION	INNERVATION
M. longissimus de la tête (*longissimus*: le plus long)	Processus transverses des quatre premières vertèbres thoraciques et processus articulaires des quatre dernières vertèbres cervicales.	Processus mastoïde de l'os temporal.	La contraction bilatérale des deux muscles longissimus de la tête produit l'extension de la tête; la contraction unilatérale produit la rotation de la tête vers le côté du muscle qui se contracte. Lorsqu'ils se contractent ensemble, le muscle longissimus du cou et les deux muscles longissimus du thorax produisent l'extension de la colonne vertébrale dans leurs régions respectives; lorsqu'ils se contractent d'un côté, ils entraînent la flexion latérale de la colonne dans leurs régions respectives.	Nerfs cervicaux moyens et inférieurs.
M. longissimus du cou	Processus transverses des quatrième et cinquième vertèbres thoraciques.	Processus transverses de la deuxième à la sixième vertèbre cervicale.		Nerfs cervicaux et nerfs thoraciques supérieurs.
M. longissimus du thorax	Processus transverses des vertèbres lombaires.	Processus transverses de toutes les vertèbres thoraciques et des premières vertèbres lombaires, ainsi que les neuvième et dixième côtes.		Nerfs thoraciques et nerfs lombaires.

M. épineux (médial)

MUSCLE	ORIGINE	INSERTION	ACTION	INNERVATION
M. épineux de la tête (*épineux*: qui ressemble à une épine)	Suit le semi-épineux de la tête.	Os occipital.	Lorsqu'ils se contractent ensemble, les muscles de chaque région (cervicale, thoracique et lombaire) entraînent l'extension de la colonne vertébrale dans leurs régions respectives.	Nerfs cervicaux et nerfs thoraciques supérieurs.
M. épineux du cou	Ligament nuchal et processus épineux de la septième vertèbre cervicale.	Processus épineux de l'axis.		Nerfs cervicaux inférieurs et nerfs thoraciques.
M. épineux du thorax	Processus épineux des premières vertèbres lombaires et des dernières vertèbres thoraciques.	Processus épineux des premières vertèbres thoraciques.		Nerfs thoraciques.

musculaires et leur longueur approximative. Par exemple, les deux muscles splénius ont leur origine sur la ligne médiane et sont tendus latéralement et vers le haut jusqu'à leur insertion (figure 11.19a). Quant au muscle érecteur du rachis (qui regroupe les muscles iliocostal, longissimus et épineux), il a ses origines soit sur la ligne médiane, soit à côté de celle-ci, mais il est généralement tendu vers le haut et dans le sens longitudinal, presque sans déviation latérale ou médiale. Enfin, le muscle transversaire épineux (qui regroupe les muscles semi-épineux, rotateurs et multifides) a des origines latérales, mais ses faisceaux sont tendus obliquement vers le haut jusqu'à la ligne médiane. Sous ces trois groupes

MUSCLE	ORIGINE	INSERTION	ACTION	INNERVATION
Muscle transversaire épineux				
M. semi-épineux de la tête (*semi* : à demi)	Processus transverses des six ou sept premières vertèbres thoraciques et de la septième vertèbre cervicale, ainsi que les processus articulaires des quatrième, cinquième et sixième vertèbres cervicales.	Os occipital.	La contraction bilatérale entraîne l'extension de la tête ; la contraction unilatérale produit la rotation de la tête vers le côté opposé au muscle qui se contracte.	Nerfs cervicaux et nerfs thoraciques.
M. semi-épineux du cou	Processus transverses des cinq ou six premières vertèbres thoraciques.	Processus épineux de la première à la cinquième vertèbre cervicale.	Lorsqu'ils se contractent ensemble, les deux muslces semi-épineux du cou et les deux muscles semi-épineux du thorax entraînent l'extension de la colonne vertébrale dans leurs régions respectives ; lorsqu'ils se contractent d'un côté, ils produisent la rotation de la tête vers le côté opposé au muscle qui se contracte ; ils stabilisent les vertèbres au cours des mouvements de la colonne vertébrale.	Nerfs cervicaux et nerfs thoraciques.
M. semi-épineux du thorax	Processus transverses de la sixième à la dixième vertèbre thoracique.	Processus épineux des quatre premières vertèbres thoraciques et des deux dernières vertèbres cervicales.		Nerfs thoraciques.
M. multifides (*multi* : nombreux ; *findere* : séparer)	Sacrum, ilium, processus transverses des vertèbres lombaires et thoraciques et des quatre dernières vertèbres cervicales.	Processus épineux de la vertèbre située au-dessus.	Lorsqu'ils se contractent ensemble, ils produisent l'extension de la colonne vertébrale ; lorsqu'ils se contractent séparément, ils causent la flexion latérale de la colonne vertébrale et la rotation de la tête vers le côté opposé au muscle qui se contracte.	Nerfs cervicaux, nerfs thoraciques et nerfs lombaires.
M. rotateurs (*rotare* : tourner)	Processus transverses de toutes les vertèbres.	Processus épineux de la vertèbre située au-dessus de celle où se trouve l'origine.	Lorsqu'ils se contractent ensemble, ils entraînent l'extension de la colonne vertébrale ; lorsqu'ils se contractent séparément, ils produisent la rotation de la colonne vertébrale vers le côté opposé au muscle qui se contracte.	Nerfs cervicaux, nerfs thoraciques et nerfs lombaires.
Muscles segmentaires				
M. interépineux (*inter* : entre)	Face supérieure de tous les processus épineux.	Face inférieure du processus épineux de la vertèbre située au-dessus de celle où se trouve l'origine.	Lorsqu'ils se contractent ensemble, ils produisent l'extension et la rotation de la colonne vertébrale ; lorsqu'ils se contractent séparément, ils stabilisent la colonne au cours des mouvements.	Nerfs cervicaux, nerfs thoraciques et nerfs lombaires.
M. intertransversaires (*inter* : entre)	Processus transverses de toutes les vertèbres.	Processus transverse de la vertèbre située au-dessus de celle où se trouve l'origine.	Lorsqu'ils se contractent ensemble, ils causent l'extension de la colonne vertébrale et la stabilisent ; lorsqu'ils se contractent séparément, ils produisent la flexion latérale de la colonne et la stabilisent au cours des mouvements.	Nerfs cervicaux, nerfs thoraciques et nerfs lombaires.
Muscles scalènes				
M. scalène antérieur (*skalênos* : inégal)	Processus transverses de la troisième à la sixième vertèbre cervicale.	Première côte.	Lorsqu'ils se contractent ensemble, les muscles scalènes antérieurs et moyens produisent la flexion de la tête et élèvent les premières côtes durant l'inspiration forcée ; lorsqu'ils se contractent séparément, ils entraînent la flexion latérale de la tête et sa rotation vers le côté opposé au muscle qui se contracte.	Nerfs spinaux C5 et C6.
M. scalène moyen	Processus transverses des six dernières vertèbres cervicales.	Première côte.		Nerfs spinaux C3 à C8.
M. scalène postérieur	Processus transverses de la quatrième à la sixième vertèbre cervicale.	Deuxième côte.	La contraction bilatérale des deux muscles scalènes postérieurs entraîne la flexion de la tête et l'élévation des deuxièmes côtes durant l'inspiration forcée ; lorsqu'ils se contractent séparément, ils produisent la flexion latérale de la tête et sa rotation vers le côté opposé au muscle qui se contracte.	Nerfs spinaux C6 à C8.

▶

de muscles se trouvent de petits muscles segmentaires tendus entre les processus épineux ou les processus transverses des vertèbres. En raison de leur contribution aux mouvements de la colonne vertébrale, les muscles scalènes sont également décrits ici. Nous avons indiqué dans l'exposé 11.7 que les muscles droit de l'abdomen, oblique externe, oblique interne et carré des lombes ont aussi un rôle à jouer dans les mouvements de la colonne vertébrale.

Les muscles splénius, dont la forme rappelle un bandage, sont attachés aux côtés et à l'arrière du cou. Les deux muscles de ce groupe tirent leur nom de leur point d'attache supérieur (insertion) : ce sont les **muscles splénius de la tête** et **splénius du cou**. Ils permettent l'extension ainsi que la flexion latérale et la rotation de la tête.

Le **muscle érecteur du rachis** est la plus grande masse musculaire du dos. On le reconnaît au renflement qu'il forme de chaque côté de la colonne vertébrale. C'est le principal extenseur de la colonne. Il joue également un rôle important dans la maîtrise de la flexion, de la flexion latérale et de la rotation de la colonne vertébrale ainsi que dans le maintien de la courbure lombaire, puisque la plus grande partie du muscle est située dans la région des lombes. Il est constitué de trois muscles : le muscle iliocostal (latéral), le muscle longissimus (intermédiaire) et le muscle épineux (médial). Chacun de ces muscles est lui-même formé d'une série de faisceaux qui se chevauchent et dont les noms rappellent les régions du corps auxquelles ils sont associés. Le **muscle iliocostal** comprend trois faisceaux : les **muscles iliocostal du cou, iliocostal du thorax** et **iliocostal des lombes**. Le **muscle longissimus**, qui ressemble à des chevrons, comprend aussi trois faisceaux : les **muscles longissimus de la tête, longissimus du cou** et **longissimus du thorax**. De même, le **muscle épineux** comprend trois faisceaux : les **muscles épineux de la tête, épineux du cou** et **épineux du thorax**.

Le **muscle transversaire épineux** est ainsi nommé parce que les muscles qu'il regroupe sont tendus du processus transverse au processus épineux des vertèbres. Le muscle semi-épineux, un des muscles du transversaire épineux, est lui-même formé de faisceaux qui sont nommés en fonction de la région du corps à laquelle ils sont associés : les **muscles semi-épineux de la tête, semi-épineux du cou** et **semi-épineux du thorax**. Ces muscles assurent l'extension de la colonne vertébrale et la rotation de la tête. Les **muscles multifides**, qui font également partie du transversaire épineux, sont composés de plusieurs faisceaux, comme leur nom l'indique. Ils contribuent à l'extension et à la flexion latérale de la colonne vertébrale et à la rotation de la tête. Les **muscles rotateurs** du rachis, qui font aussi partie du transversaire épineux, sont courts et se trouvent sur toute la longueur de la colonne vertébrale, dont ils assurent l'extension et la rotation.

Le groupe des **muscles segmentaires** (figure 11.19b) comprend les **muscles interépineux** et **intertransversaires**, qui réunissent les processus épineux et transverses des vertèbres consécutives. Leur fonction première consiste à stabiliser la colonne vertébrale au cours de ses mouvements.

Dans le groupe des **muscles scalènes** (figure 11.19c), le **muscle scalène antérieur** est situé devant le **muscle scalène moyen**. Ce dernier occupe la position intermédiaire ; c'est le plus long et le plus gros muscle de son groupe. Le **muscle scalène postérieur** est situé derrière le scalène moyen ; c'est le plus petit muscle du groupe. Ces muscles ont pour fonction la flexion, la flexion latérale et la rotation de la tête. Ils contribuent également à l'inspiration profonde.

LA BLESSURE AU DOS ET LES OBJETS LOURDS

Après les céphalées, les problèmes de dos sont la raison la plus fréquente de consultation médicale. Les blessures au dos viennent au deuxième rang, après le rhume, des causes d'absentéisme au travail.

Les quatre facteurs d'aggravation des risques de blessure au dos sont l'intensité de la force, la répétition, la posture et le stress appliqué à la colonne vertébrale. Un état physique médiocre, une mauvaise posture, le manque d'exercice et un surplus de poids expliquent en partie le nombre et la gravité des entorses et des foulures. La douleur au dos provoquée par un claquage musculaire ou l'étirement d'un ligament disparaît normalement après une courte période, et la personne peut ne plus jamais avoir de problème. Cependant, si les ligaments ou les muscles sont faibles, les disques de la région lombaire peuvent aussi s'affaiblir, ce qui peut mener à la hernie discale (rupture) lorsqu'on soulève un objet lourd ou qu'on fait une chute brutale. Des années d'efforts excessifs, ou le vieillissement, peuvent provoquer l'usure des disques, d'où une douleur chronique. On pose fréquemment un faux diagnostic d'entorse ou de foulure, alors qu'il s'agit en fait d'une dégénérescence de la colonne vertébrale due au vieillissement.

La flexion complète au niveau de la taille, comme lorsqu'on touche ses orteils, entraîne un étirement excessif des muscles érecteurs du rachis. Un muscle en hyperextension ne peut se contracter de façon efficace puisque cela raccourcit la zone de chevauchement dans un sarcomère, de sorte qu'un plus petit nombre de ponts d'union entrent en contact avec les myofilaments fins (voir la figure 10.9). Lors du redressement à partir de la flexion complète, ce sont donc les muscles ischiojambiers, situés à l'arrière de la cuisse, et les muscles grands fessiers qui entrent d'abord en action. Les muscles érecteurs du rachis commencent à prendre part au mouvement lorsque le degré de flexion diminue. Toutefois, si on soulève un poids de façon inappropriée, on risque une foulure de ces muscles, qui peut entraîner des spasmes douloureux, la déchirure de tendons et de ligaments de la région lombaire, et une hernie des disques intervertébraux. Les muscles de la région lombaire sont destinés à maintenir la posture, pas à soulever des poids. C'est pourquoi il est important de plier les genoux et d'utiliser les puissants muscles extenseurs des cuisses et fessiers pour soulever une lourde charge. ■

LES MUSCLES ET LES MOUVEMENTS

Classez les muscles du présent exposé selon leur action sur la tête au niveau des articulations atlantooccipitale et intervertébrales : 1) flexion, 2) extension, 3) flexion latérale, 4) rotation du côté du muscle qui se contracte, et 5) rotation du côté opposé au muscle qui se contracte ; selon leur action sur la colonne vertébrale au niveau des articulations intervertébrales : 1) flexion, 2) extension, 3) flexion latérale, 4) rotation, et 5) stabilisation ; et selon leur action sur les côtes : élévation au cours de l'inspiration profonde. Un même muscle peut être mentionné plus d'une fois.

▶ POINT DE CONTRÔLE

Quels sont les quatre grands groupes de muscles qui assurent les mouvements de la colonne vertébrale ?

FIGURE 11.19 Les muscles des mouvements de la colonne vertébrale.

Le muscle érecteur du rachis (muscles iliocostal, longissimus et épineux) est la plus grande masse musculaire du corps et constitue le principal extenseur de la colonne vertébrale.

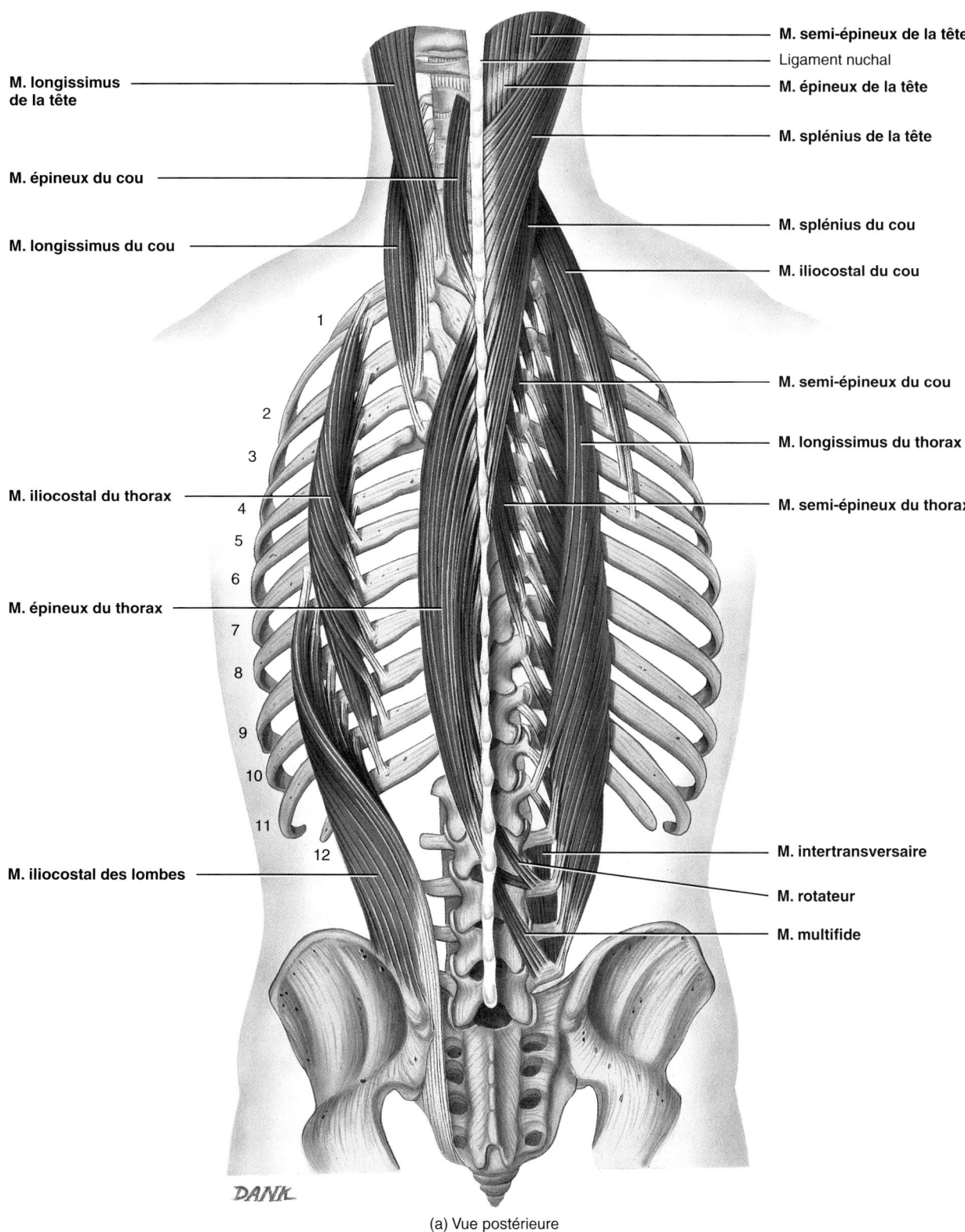

M. longissimus de la tête

M. épineux du cou

M. longissimus du cou

M. iliocostal du thorax

M. épineux du thorax

M. iliocostal des lombes

M. semi-épineux de la tête

Ligament nuchal

M. épineux de la tête

M. splénius de la tête

M. splénius du cou

M. iliocostal du cou

M. semi-épineux du cou

M. longissimus du thorax

M. semi-épineux du thorax

M. intertransversaire

M. rotateur

M. multifide

DANK

(a) Vue postérieure

FIGURE 11.19 Les muscles des mouvements de la colonne vertébrale *(suite)*.

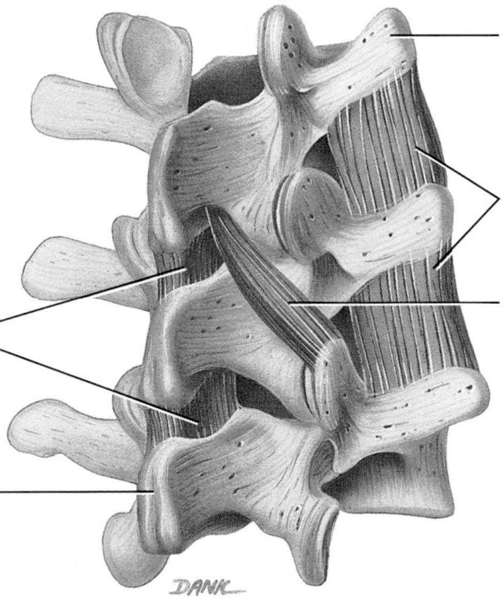

Processus transverse de la
deuxième vertèbre lombaire

M. intertransversaires

M. rotateur

M. interépineux

Processus épineux
de la quatrième
vertèbre lombaire

(b) Vue postérolatérale

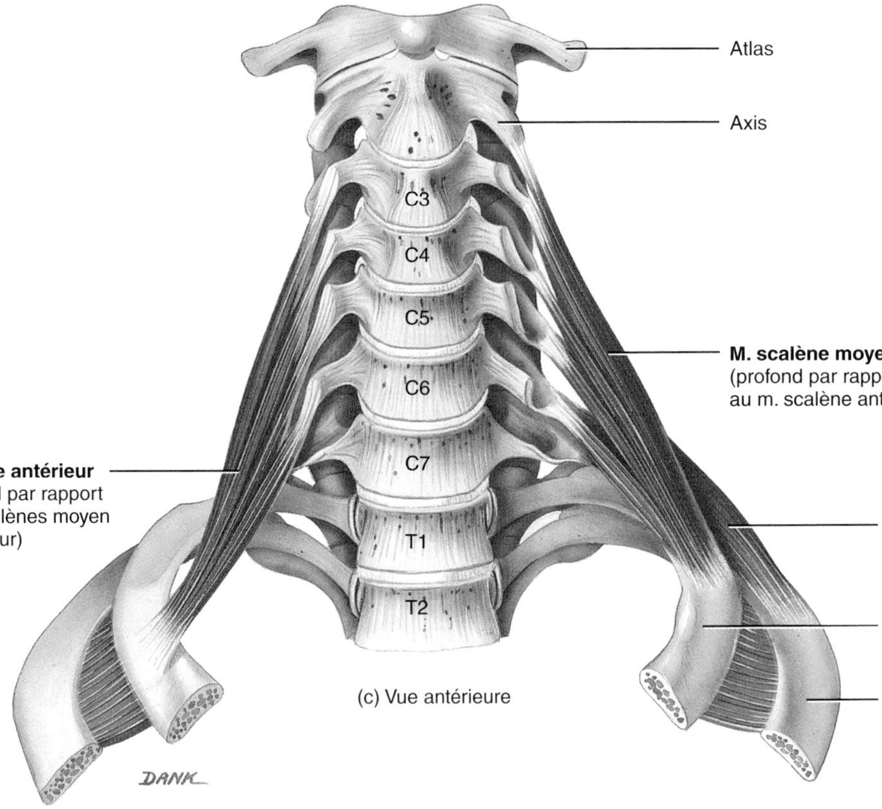

Atlas

Axis

C3
C4
C5
C6
C7
T1
T2

M. scalène moyen
(profond par rapport
au m. scalène antérieur)

M. scalène antérieur
(superficiel par rapport
aux m. scalènes moyen
et postérieur)

M. scalène postérieur

Première côte

(c) Vue antérieure

Deuxième côte

Quels muscles ont leur origine sur la ligne médiane et sont tendus latéralement et vers le haut jusqu'à leur insertion ?

OBJECTIF

• Décrire l'origine, l'insertion, l'action et l'innervation des muscles responsables des mouvements du fémur.

Comme vous le constaterez, les muscles des membres inférieurs sont plus gros et plus puissants que ceux des membres supérieurs parce qu'ils ont des fonctions différentes. Alors que les muscles des membres supérieurs se caractérisent par la variété des mouvements qu'ils permettent, les muscles des membres inférieurs assurent la stabilité, la locomotion et le maintien de la posture. Par ailleurs, ces derniers croisent souvent deux articulations et agissent également sur l'une et l'autre.

La plupart des muscles des mouvements du fémur ont leur origine sur la ceinture pelvienne et leur insertion, sur le fémur. Les **muscles grand psoas** et **iliaque** ont une insertion commune (le petit trochanter du fémur); ils forment ensemble le **muscle iliopsoas**. Il y a trois muscles fessiers: les muscles grand fessier, moyen fessier et petit fessier. Le **muscle grand fessier** est le plus gros et le plus lourd des trois et constitue un des plus gros muscles du corps; c'est le principal extenseur du fémur. Le **muscle moyen fessier** est situé presque entièrement sous le muscle grand fessier; c'est un puissant abducteur du fémur au niveau de l'articulation coxofémorale (hanche). Il est souvent choisi comme point d'injection intramusculaire. Le **muscle petit fessier** est le plus petit de ce groupe de muscles; il est situé sous le muscle moyen fessier.

Le **muscle tenseur du fascia lata** est situé sur la face latérale de la cuisse. Le *fascia lata* est un fascia profond composé de tissu conjonctif dense, qui entoure toute la cuisse. Sa face latérale est très développée et forme, avec les tendons des muscles tenseur du fascia lata et grand fessier, une structure appelée **tractus iliotibial**, qui s'insère sur le condyle latéral du tibia.

Les **muscles piriforme**, **obturateur interne**, **obturateur externe**, **jumeau supérieur**, **jumeau inférieur** et **carré fémoral** sont situés sous le muscle grand fessier; ce sont des rotateurs latéraux du fémur au niveau de l'articulation coxofémorale.

Les **muscles long adducteur**, **court adducteur** et **grand adducteur** sont situés sur la face médiale de la cuisse. Ils ont leur origine sur le pubis et s'insèrent sur le fémur. Ils produisent tous les trois l'adduction, la flexion et la rotation médiale du fémur au niveau de l'articulation coxofémorale. Le **muscle pectiné** contribue également à l'adduction et à la flexion du fémur à ce niveau.

En réalité, les muscles adducteurs et pectiné font partie de la loge médiale de la cuisse et pourraient aussi bien figurer dans l'exposé 11.18. Toutefois, nous en parlons ici parce qu'ils agissent sur le fémur.

À la jonction entre le tronc et le membre inférieur, on observe un espace appelé **triangle fémoral** (ou **de Scarpa**). Il est limité en haut par le ligament inguinal, du côté interne par le bord latéral du muscle long adducteur, et du côté externe par le bord médial du muscle sartorius. Son sommet est formé par l'intersection des muscles long adducteur et sartorius (figure 11.20a). À l'intérieur de ce triangle, on trouve, en allant de l'extérieur vers l'intérieur, le nerf fémoral et ses ramifications, l'artère fémorale et plusieurs de ses branches, la veine fémorale et ses tributaires proximaux, et les nœuds lymphatiques profonds de la région inguinale.

LE CLAQUAGE DES MUSCLES DE L'AINE

Les cinq principaux muscles de la partie médiale de la cuisse assurent les mouvements médiaux de la jambe. Ce groupe de muscles joue un rôle important durant certaines activités telles que le sprint, la course de haies et l'équitation. Une rupture ou une déchirure d'un ou de plusieurs muscles du groupe est appelée **claquage des muscles de l'aine**. Cet accident musculaire se produit le plus souvent au cours d'un sprint, d'un mouvement de torsion ou lorsqu'on frappe un objet solide, immobile ou non, avec le pied. Les symptômes apparaissent parfois immédiatement, mais ils peuvent ne survenir que le lendemain; ils comprennent une douleur intense dans la région inguinale, un œdème, une ecchymose et l'incapacité à contracter les muscles. Comme dans la majorité des cas de foulure, le traitement consiste à appliquer sans tarder de la glace sur la partie du corps atteinte, à la surélever et à la mettre au repos, et à appliquer si possible un bandage élastique pour comprimer le tissu lésé. ■

LES MUSCLES ET LES MOUVEMENTS

Classez les muscles du présent exposé selon leur action sur la cuisse au niveau de l'articulation coxofémorale: 1) flexion, 2) extension, 3) abduction, 4) adduction, 5) rotation médiale, et 6) rotation latérale. Un même muscle peut être mentionné plus d'une fois.

▶ POINT DE CONTRÔLE

Quelle est l'origine de la plupart des muscles responsables des mouvements du fémur?

MUSCLE	ORIGINE	INSERTION	ACTION	INNERVATION
M. iliopsoas				
M. grand psoas (*psoa* : lombes)	Processus transverses et corps des vertèbres lombaires.	Avec le muscle iliaque sur le petit trochanter du fémur.	Les muscles grand psoas et iliaque produisent ensemble la flexion de la cuisse au niveau de l'articulation coxofémorale, la rotation latérale de la cuisse et la flexion du tronc sur la hanche, par exemple lorsqu'on passe de la position couchée sur le dos à la position assise.	Nerfs spinaux L2 et L3.
M. iliaque (*ilia* : flancs)	Fosse iliaque et sacrum.	Avec le muscle grand psoas sur le petit trochanter du fémur.		Nerf fémoral.
M. grand fessier	Crête iliaque, sacrum, coccyx et aponévrose des muscles sacroépineux (ou muscle érecteur du rachis).	Tractus iliotibial du fascia lata et partie latérale de la ligne âpre (tubérosité glutéale) sous le grand trochanter du fémur.	Permet l'extension de la cuisse au niveau de l'articulation coxofémorale et la rotation latérale de la cuisse ; assure le contrôle postural de la cuisse.	Nerf glutéal inférieur.
M. moyen fessier	Ilium.	Grand trochanter du fémur.	Permet l'abduction de la cuisse au niveau de l'articulation coxofémorale et la rotation médiale de la cuisse.	Nerf glutéal supérieur.
M. petit fessier	Ilium.	Grand trochanter du fémur.	Permet l'abduction de la cuisse au niveau de l'articulation coxofémorale et la rotation médiale de la cuisse.	Nerf glutéal supérieur.
M. tenseur du fascia lata (*tendere* : tendre ; *fascia* : bande ; *lata* : large)	Crête iliaque.	Tibia par l'intermédiaire du tractus iliotibial.	Permet la flexion et l'abduction de la cuisse au niveau de l'articulation coxofémorale.	Nerf glutéal supérieur.
M. piriforme (*pirum* : poire)	Sacrum antérieur.	Bord supérieur du grand trochanter du fémur.	Permet la rotation latérale, l'extension et l'abduction de la cuisse au niveau de l'articulation coxofémorale.	Nerfs S_1 ou S_2, mais surtout S_1.
M. obturateur interne (*obturateur* : en rapport avec le foramen obturé ; *interne* : en dedans)	Face interne du foramen obturé, pubis et ischium.	Face médiale du grand trochanter du fémur.	Permet la rotation latérale, l'extension et l'abduction de la cuisse au niveau de l'articulation coxofémorale.	Nerf du muscle obturateur interne.
M. obturateur externe (*externe* : en dehors)	Face externe de la membrane obturatrice.	Dépression profonde sous le grand trochanter (fosse trochantérique) du fémur.	Permet la rotation latérale et l'abduction de la cuisse au niveau de l'articulation coxofémorale.	Nerf obturateur.
M. jumeau supérieur (*supérieur* : au-dessus)	Épine ischiatique.	Face médiale du grand trochanter du fémur.	Permet la rotation latérale, l'extension et l'abduction de la cuisse au niveau de l'articulation coxofémorale.	Nerf du muscle obturateur interne.
M. jumeau inférieur (*inférieur* : au-dessous)	Tubérosité ischiatique.	Face médiale du grand trochanter du fémur.	Permet la rotation latérale, l'extension et l'abduction de la cuisse au niveau de l'articulation coxofémorale.	Nerf du muscle carré fémoral.
M. carré fémoral (*carré* : quatre éléments)	Tubérosité ischiatique.	Saillie au-dessus du milieu de la crête intertrochantérique (tubercule du carré) sur la face postérieure du fémur.	Permet la rotation latérale et la stabilisation de l'articulation coxofémorale.	Nerf du muscle carré fémoral.
M. long adducteur (*adducteur* : déplace une partie du corps vers la ligne médiane)	Crête pubienne et symphyse pubienne.	Ligne âpre du fémur.	Permet l'adduction et la flexion de la cuisse au niveau de l'articulation coxofémorale et la rotation latérale de la cuisse.	Nerf obturateur.
M. court adducteur	Branche inférieure du pubis.	Moitié supérieure de la ligne âpre du fémur.	Permet l'adduction et la flexion de la cuisse au niveau de l'articulation coxofémorale et la rotation médiale de la cuisse.	Nerf obturateur.
M. grand adducteur	Branche inférieure du pubis et ischium jusqu'à la tubérosité ischiatique.	Ligne âpre du fémur.	Permet l'adduction de la cuisse au niveau de l'articulation coxofémorale et la rotation latérale de la cuisse ; la partie antérieure produit la flexion de la cuisse au niveau de l'articulation coxofémorale et la partie médiale, l'extension de la cuisse au même niveau.	Nerf obturateur et nerf sciatique.
M. pectiné (*pectinatus* : disposé en forme de peigne)	Branche supérieure du pubis.	Ligne pectinée du fémur, entre le petit trochanter et la ligne âpre.	Permet la flexion et l'adduction de la cuisse au niveau de l'articulation coxofémorale.	Nerf fémoral.

FIGURE 11.20 Les muscles des mouvements du fémur (os de la cuisse).

La plupart des muscles des mouvements du fémur ont leur origine sur la ceinture pelvienne (hanche) et leur insertion sur le fémur.

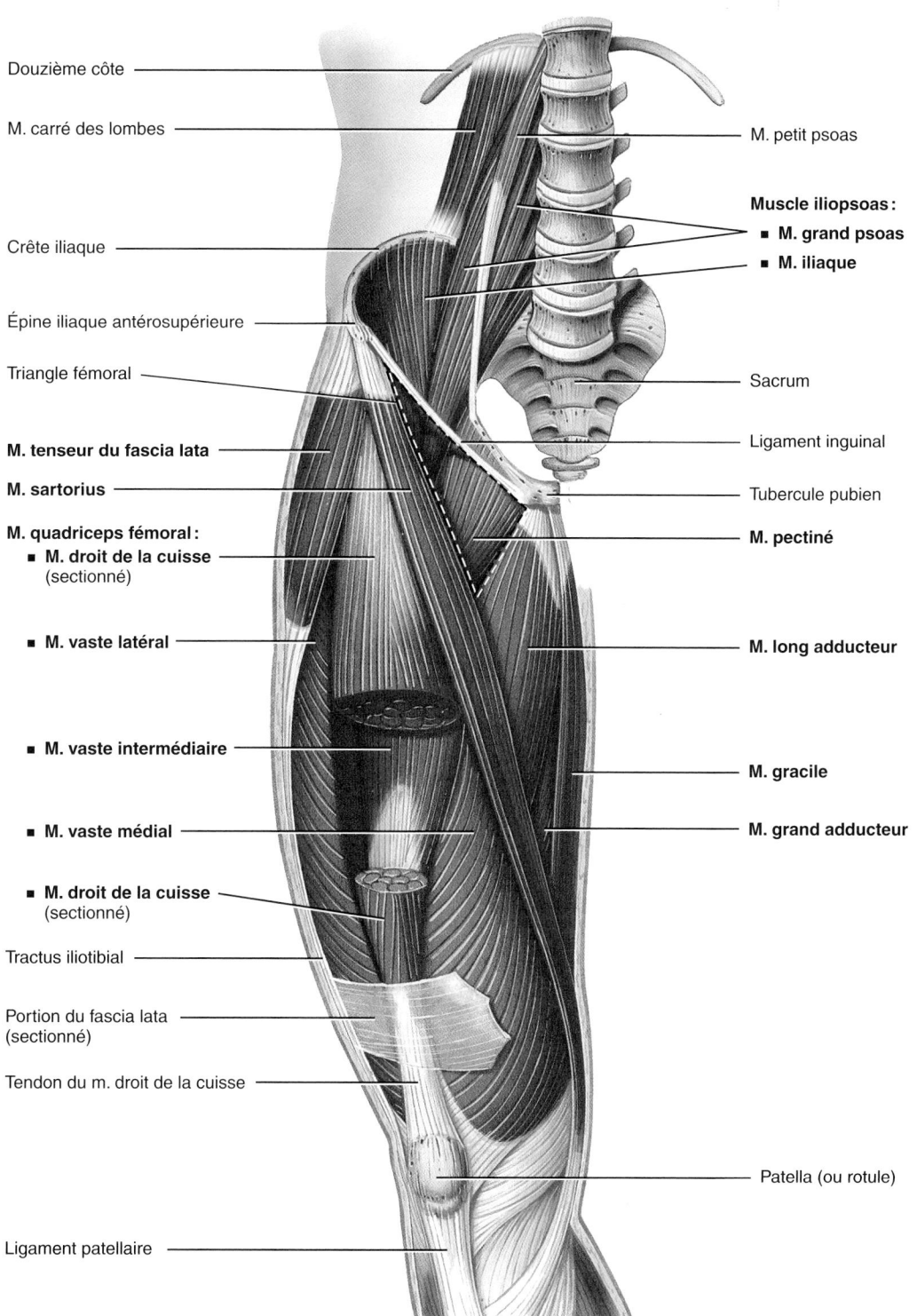

Douzième côte

M. carré des lombes

Crête iliaque

Épine iliaque antérosupérieure

Triangle fémoral

M. tenseur du fascia lata

M. sartorius

M. quadriceps fémoral :
- **M. droit de la cuisse**
  (sectionné)

- **M. vaste latéral**

- **M. vaste intermédiaire**

- **M. vaste médial**

- **M. droit de la cuisse**
  (sectionné)

Tractus iliotibial

Portion du fascia lata
(sectionné)

Tendon du m. droit de la cuisse

Ligament patellaire

M. petit psoas

Muscle iliopsoas :
- **M. grand psoas**
- **M. iliaque**

Sacrum

Ligament inguinal

Tubercule pubien

M. pectiné

M. long adducteur

M. gracile

M. grand adducteur

Patella (ou rotule)

(a) Vue antérieure, plan superficiel
(le triangle fémoral est tracé en pointillé)

FIGURE 11.20 Les muscles des mouvements du fémur (os de la cuisse) *(suite)*.

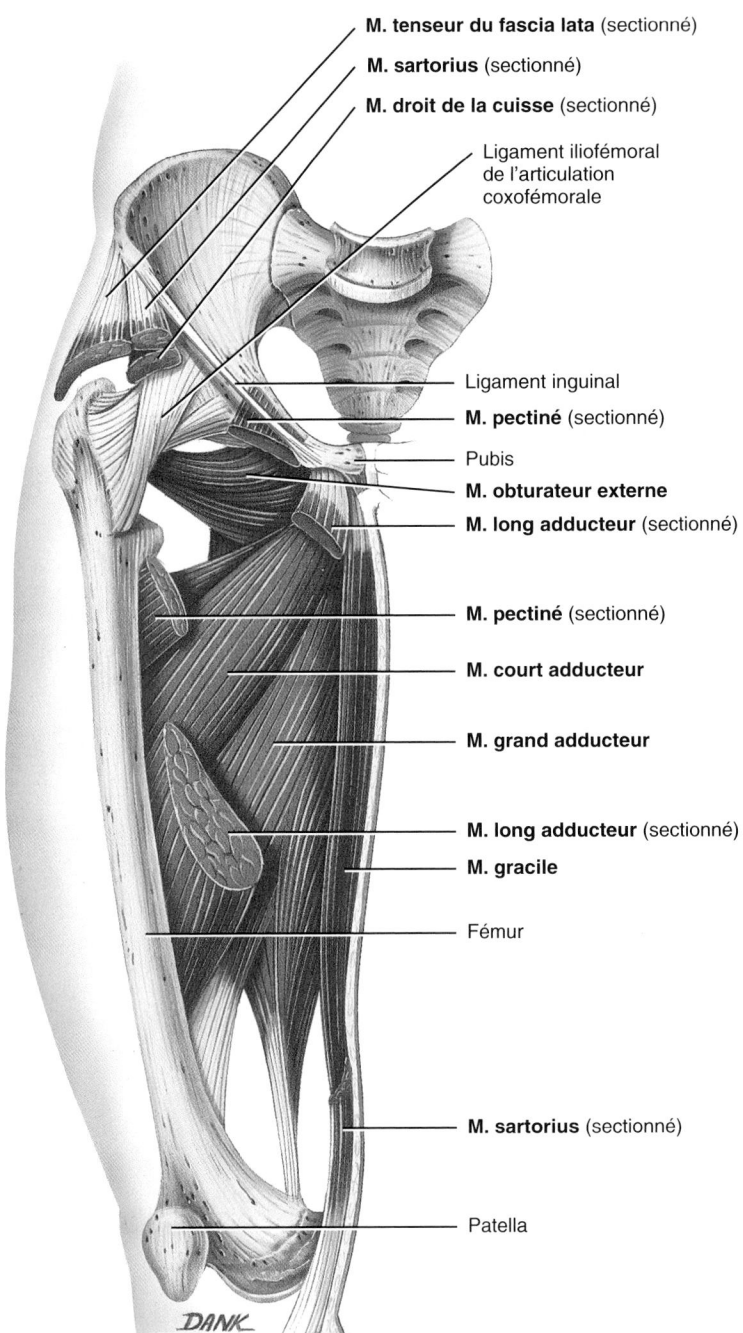

M. tenseur du fascia lata (sectionné)

M. sartorius (sectionné)

M. droit de la cuisse (sectionné)

Ligament iliofémoral de l'articulation coxofémorale

Ligament inguinal

M. pectiné (sectionné)

Pubis

M. obturateur externe

M. long adducteur (sectionné)

M. pectiné (sectionné)

M. court adducteur

M. grand adducteur

M. long adducteur (sectionné)

M. gracile

Fémur

M. sartorius (sectionné)

Patella

DANK

(b) Vue antérieure, plan profond (fémur en rotation latérale)

FIGURE 11.20 **Les muscles des mouvements du fémur (os de la cuisse)** *(suite).*

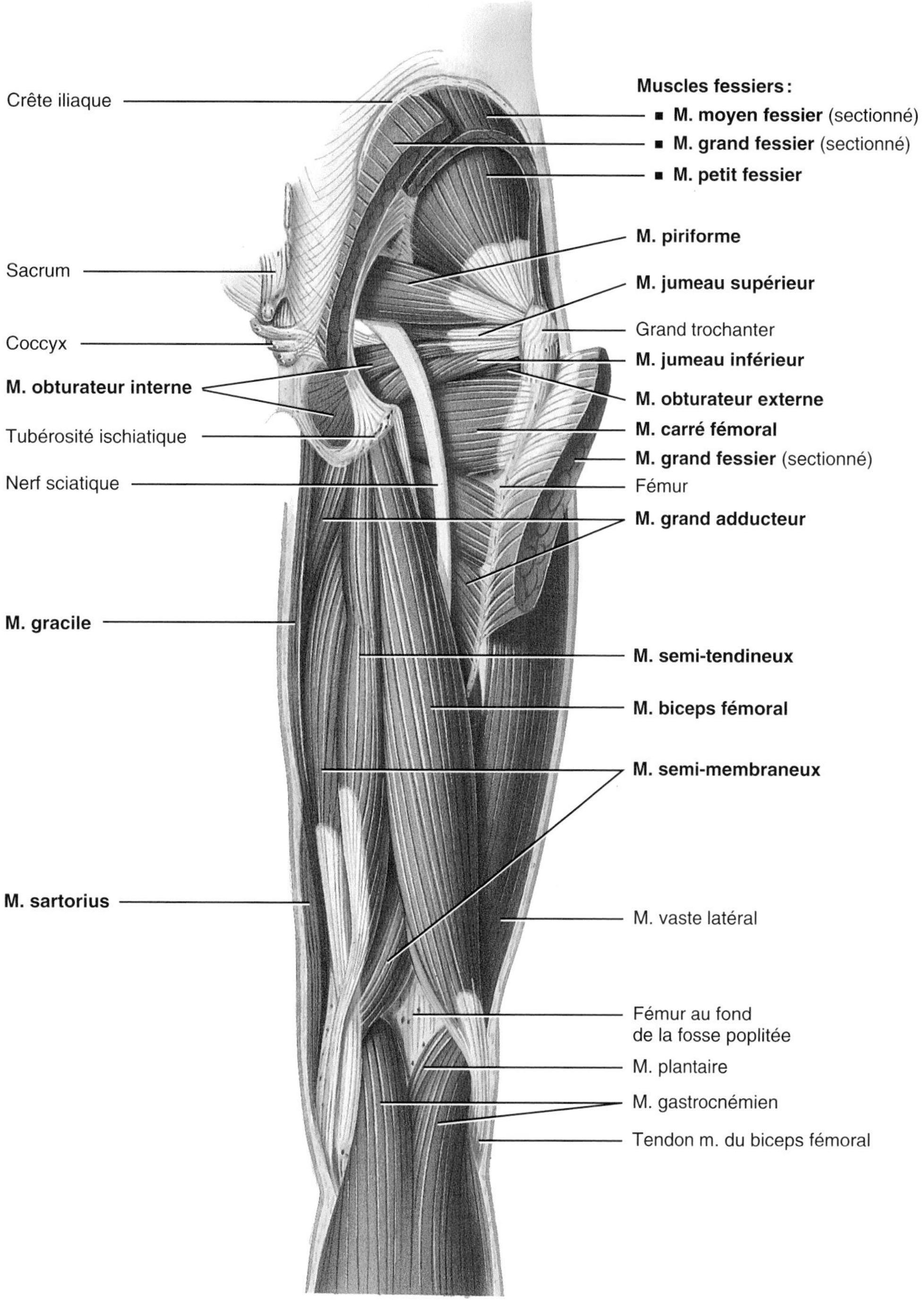

Crête iliaque

Muscles fessiers :
- **M. moyen fessier** (sectionné)
- **M. grand fessier** (sectionné)
- **M. petit fessier**

M. piriforme

M. jumeau supérieur

Sacrum

Grand trochanter

M. jumeau inférieur

Coccyx

M. obturateur interne

M. obturateur externe

Tubérosité ischiatique

M. carré fémoral

M. grand fessier (sectionné)

Nerf sciatique

Fémur

M. grand adducteur

M. gracile

M. semi-tendineux

M. biceps fémoral

M. semi-membraneux

M. sartorius

M. vaste latéral

Fémur au fond
de la fosse poplitée

M. plantaire

M. gastrocnémien

Tendon m. du biceps fémoral

(c) Vue postérieure, plan superficiel

 Quelles sont les principales différences entre les muscles des membres supérieurs et ceux des membres inférieurs ?

> ### OBJECTIF
>
> • Décrire l'origine, l'insertion, l'action et l'innervation des muscles qui agissent sur le fémur et sur le tibia et la fibula.

Les muscles qui agissent sur le fémur (os de la cuisse) et sur le tibia et la fibula (os de la jambe) sont séparés en loges médiale, antérieure et postérieure par un fascia profond. Les muscles de la *loge médiale* de la cuisse entraînent l'adduction du fémur au niveau de l'articulation coxofémorale ; ce sont donc des adducteurs. (Voir les muscles grand adducteur, long adducteur, court adducteur et pectiné, qui font partie de la loge médiale, dans l'exposé 11.17.) Le **muscle gracile**, dernier muscle de la loge médiale, produit non seulement l'adduction de la cuisse, mais aussi la flexion de la jambe au niveau de l'articulation du genou. C'est pourquoi nous en parlons ici. Le muscle gracile est un muscle long, ayant l'aspect d'une courroie ; il est situé sur la face médiale de la cuisse et du genou.

Les muscles de la *loge antérieure* de la cuisse assurent l'extension de la jambe et contribuent aussi à la flexion de la cuisse. Ce sont les muscles pectiné, iliopsoas, tenseur du fascia lata (décrits dans l'exposé 11.17) ainsi que les muscles quadriceps fémoral et sartorius. Le **muscle quadriceps fémoral** est un des plus gros muscles du corps ; il couvre la majeure partie de la face antérieure et des côtés de la cuisse. C'est en fait un muscle composé, habituellement traité comme quatre muscles : 1) le **muscle droit de la cuisse**, sur la face antérieure de la cuisse, 2) le **muscle vaste latéral**, sur la face latérale, 3) le **muscle vaste médial**, sur la face médiale, et 4) le **muscle vaste intermédiaire**, situé sous le muscle droit de la cuisse entre les muscles vaste latéral et vaste médial. Le tendon commun de ces quatre muscles est appelé **tendon du muscle quadriceps** et s'insère sur la patella. Il est prolongé sous la patella par le **ligament patellaire**, qui est attaché à la tubérosité tibiale. Le muscle quadriceps fémoral est le grand extenseur de la jambe. Le **muscle sartorius** est un muscle long et étroit qui forme une bande en travers de la cuisse à partir de l'ilium de l'os coxal jusqu'au côté médial du tibia. Les divers mouvements qu'il produit (flexion de la jambe au niveau de l'articulation du genou, et flexion, abduction et rotation latérale au niveau de l'articulation coxofémorale) permettent de croiser la jambe en position assise de façon que le talon d'un des membres repose sur le genou de l'autre. On l'appelle *muscle couturier* parce que les tailleurs s'assoyaient souvent dans cette position. (La principale action du muscle sartorius étant de faire bouger la cuisse plutôt que la jambe, nous aurions pu traiter de ce muscle dans l'exposé 11.17.)

Les muscles de la *loge postérieure* de la cuisse fléchissent la jambe et permettent aussi l'extension de la cuisse. Cette loge comprend trois muscles dits **ischiojambiers** : 1) le **muscle biceps fémoral**, 2) le **muscle semi-tendineux** et 3) le **muscle semi-membraneux**, qui possèdent de longs tendons filandreux dans la région poplitée. Comme les muscles de la loge postérieure de la cuisse croisent deux articulations (coxofémorale et celle du genou), ils sont à la fois extenseurs de la cuisse et fléchisseurs de la jambe. La **fosse poplitée** est un espace en forme de losange sur la face postérieure du genou, limitée latéralement par les tendons du muscle biceps fémoral et médialement par ceux des muscles semi-tendineux et semi-membraneux.

LE CLAQUAGE DES MUSCLES DE LA CUISSE

On appelle **claquage des muscles de la cuisse** l'étirement ou la déchirure partielle des muscles proximaux de la loge postérieure de la cuisse (ischiojambiers). Comme le claquage des muscles de l'aine (exposé 11.17), c'est une blessure fréquente chez les sportifs qui courent très fort ou qui doivent faire des départs et des arrêts brusques. Il arrive qu'à la suite d'un effort musculaire violent, nécessaire à l'exécution d'une manœuvre à la limite de la forme physique, il se produise une déchirure d'une partie de l'origine tendineuse des muscles de la loge postérieure – en particulier du muscle biceps fémoral – à la hauteur de la tubérosité ischiatique. Cette déchirure s'accompagne généralement d'une contusion (formation d'une ecchymose), de la déchirure de myocytes et de la rupture de vaisseaux sanguins, entraînant un hématome (accumulation de sang) et une vive douleur. Pour prévenir cette blessure, il importe d'adopter un programme d'entraînement approprié, qui favorise un bon équilibre entre le muscle quadriceps fémoral et les muscles postérieurs de la cuisse et d'effectuer des exercices d'étirement avant la compétition ou la course. ■

LES MUSCLES ET LES MOUVEMENTS

Classez les muscles du présent exposé selon leur action sur la cuisse au niveau de l'articulation coxofémorale : 1) abduction, 2) adduction, 3) rotation latérale, 4) flexion, et 5) extension ; et selon leur action sur la jambe au niveau de l'articulation du genou : 1) flexion et 2) extension. Un même muscle peut être mentionné plus d'une fois.

▶ POINT DE CONTRÔLE

Quels muscles font partie des loges médiale, antérieure et postérieure de la cuisse ?

MUSCLE	ORIGINE	INSERTION	ACTION	INNERVATION
Muscles de la loge médiale de la cuisse (des adducteurs)				
M. grand adducteur				
M. long adducteur	exposé 11.17.			
M. court adducteur				
M. pectiné				
M. gracile	Corps et branche inférieure du pubis.	Face médiale du corps du tibia.	Permet l'adduction de la cuisse au niveau de l'articulation coxofémorale, la rotation médiale de la cuisse et la flexion de la jambe au niveau de l'articulation du genou.	Nerf obturateur.
Muscles de la loge antérieure de la cuisse (des extenseurs)				
M. quadriceps fémoral (*quadriceps*: quatre chefs)				
M. droit de la cuisse (*droit*: fibres parallèles à la ligne médiane)	Épine iliaque antéro-inférieure.	Patella par le tendon du muscle quadriceps, puis tubérosité tibiale par le ligament patellaire.	Les quatre chefs produisent l'extension de la jambe à l'articulation du genou; agissant seul, le muscle droit de la cuisse fléchit aussi la cuisse au niveau de l'articulation coxofémorale.	Nerf fémoral.
M. vaste latéral	Grand trochanter et ligne âpre du fémur.			
M. vaste médial	Ligne âpre du fémur.			
M. vaste intermédiaire	Faces antérieure et latérale du corps du fémur.			
M. sartorius (*sartor*: couturier; le muscle le plus long du corps)	Épine iliaque antérosupérieure.	Face médiale du corps du tibia.	Permet la flexion de la jambe au niveau de l'articulation du genou; assure la flexion, l'abduction et la rotation latérale de la cuisse au niveau de l'articulation coxofémorale.	Nerf fémoral.
Muscles de la loge postérieure de la cuisse (des fléchisseurs)				
M. ischiojambiers				
M. biceps fémoral (*biceps*: deux chefs)	Chef long: tubérosité ischiatique. Chef court: ligne âpre du fémur.	Tête de la fibula et condyle latéral du tibia.	Permet la flexion de la jambe au genou et extension de la cuisse au niveau de l'articulation coxofémorale, comme lorsqu'on marche.	Nerf tibial et nerf fibulaire commun provenant du nerf sciatique.
M. semi-tendineux	Tubérosité ischiatique.	Partie proximale de la face médiale du corps du tibia.	Permet la flexion de la jambe au genou et l'extension de la cuisse au niveau de l'articulation coxofémorale.	Nerf tibial provenant du nerf sciatique.
M. semi-membraneux	Tubérosité ischiatique.	Condyle médial du tibia.	Permet la flexion de la jambe au genou et l'extension de la cuisse au niveau de l'articulation coxofémorale.	Nerf tibial provenant du nerf sciatique.

FIGURE 11.21 Les muscles agissant sur le fémur (os de la cuisse) et sur le tibia et la fibula (os de la jambe).

Les muscles qui agissent sur la jambe ont leur origine dans la hanche et la cuisse. Ils sont répartis en loges séparées par un fascia profond.

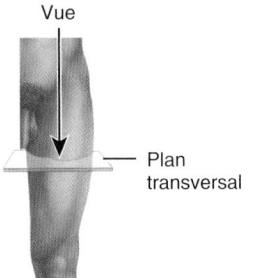

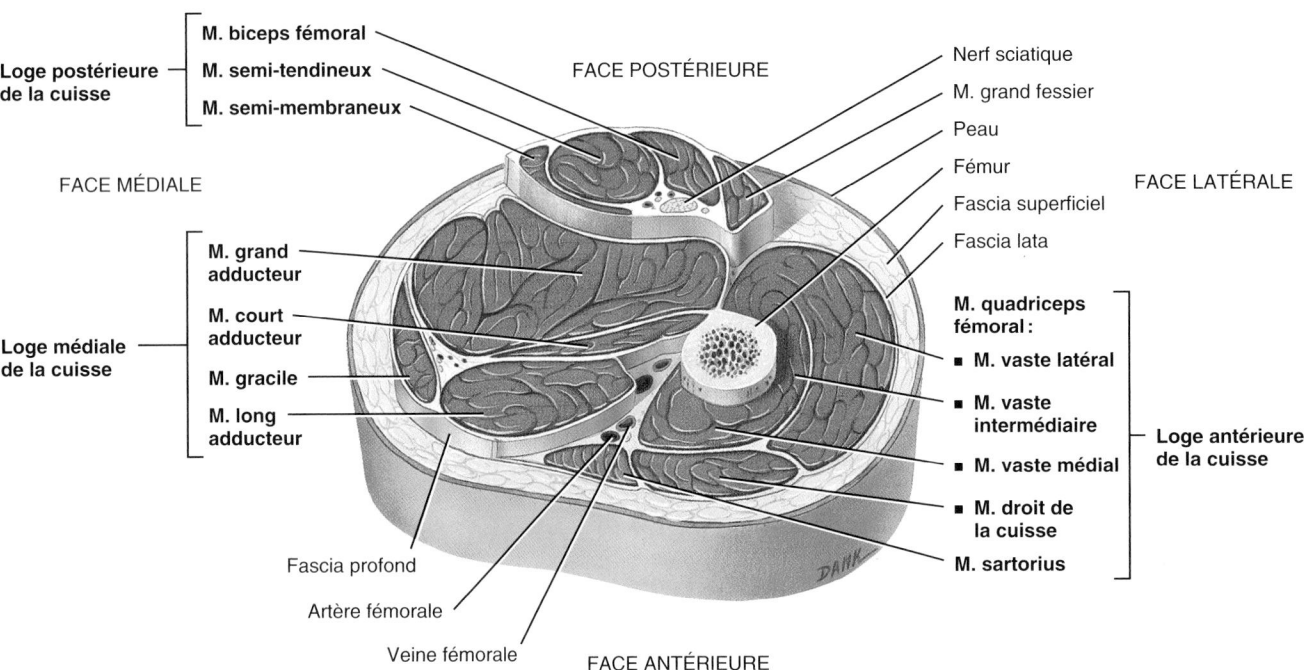

Vue supérieure d'une coupe transversale de la cuisse

 De quels muscles sont formés le muscle quadriceps fémoral et la loge postérieure de la cuisse?

- Décrire l'origine, l'insertion, l'action et l'innervation des muscles des mouvements du pied et des orteils.

Les muscles qui permettent de bouger le pied et les orteils sont situés dans la jambe. Tout comme ceux de la cuisse, les muscles de la jambe sont divisés par des fascias profonds en trois loges : antérieure, latérale et postérieure. La *loge antérieure* de la jambe comprend les muscles qui produisent la dorsiflexion du pied. Les tendons de ces muscles sont fermement maintenus à la cheville par un épaississement du fascia profond, analogue à celui qui se trouve au poignet. Il s'agit du **rétinaculum supérieur des muscles extenseurs** (ou ligament transverse de la jambe) et du **rétinaculum inférieur des muscles extenseurs** (ou ligament annulaire antérieur du tarse).

Dans la loge antérieure, le **muscle tibial antérieur** est un muscle long et épais de la face latérale du tibia qui est facile à palper. Le **muscle long extenseur de l'hallux** est un muscle mince situé entre les **muscles tibial antérieur** et **long extenseur des orteils** et en partie au-dessous d'eux. Le muscle long extenseur des orteils est un muscle penniforme situé latéralement par rapport au muscle tibial antérieur ; il est également facile à palper. Le **muscle troisième fibulaire** est en réalité partie intégrante du muscle long extenseur des orteils, avec lequel il a une origine commune.

La *loge latérale* de la jambe comprend deux muscles dont la fonction est la flexion plantaire et l'éversion du pied : les **muscles long fibulaire** et **court fibulaire**.

La *loge postérieure* de la jambe comprend des muscles qui appartiennent à deux groupes, superficiel et profond. Les muscles superficiels ont le même tendon d'insertion, soit le **tendon calcanéen** (ou **tendon d'Achille**). C'est le tendon le plus fort du corps ; il s'insère sur le calcanéus de la cheville. Les muscles superficiels et la plupart des muscles profonds produisent la flexion plantaire du pied au niveau de l'articulation de la cheville. Les muscles superficiels de la loge postérieure sont les muscles gastrocnémien, soléaire et plantaire – ce sont les muscles du mollet. Leur grande taille est directement liée aux exigences de la station debout, trait caractéristique des humains. Le **muscle gastrocnémien** est le muscle le plus superficiel ; il donne au mollet son relief. Le **muscle soléaire** est large, plat et situé sous le muscle gastrocnémien. Il tire son nom de sa ressemblance avec un poisson plat (la sole). Le **muscle plantaire** est un petit muscle ; il est parfois absent, mais il peut aussi y en avoir deux dans chaque jambe. Il est situé à l'oblique entre les muscles gastrocnémien et soléaire.

Les muscles profonds de la loge postérieure sont les muscles poplité, tibial postérieur, long fléchisseur des orteils et long fléchisseur de l'hallux. Le **muscle poplité** est un muscle triangulaire qui forme le plancher de la fosse poplitée. Le **muscle tibial postérieur** est le plus profond des muscles de la loge postérieure. Il est situé entre les **muscles** long fléchisseur des orteils et long fléchisseur de l'hallux. Le **muscle long fléchisseur des orteils** est plus petit que le **muscle long fléchisseur de l'hallux**, bien que le premier fléchisse quatre orteils, alors que le second ne fléchit que le gros orteil au niveau de l'articulation interphalangienne.

LE SYNDROME DE LA LOGE TIBIALE ANTÉRIEURE

Les personnes atteintes du **syndrome de la loge tibiale antérieure** souffrent de douleurs le long du tibia, en particulier sur ses deux tiers médiaux et distaux. La douleur peut être causée par une tendinite des muscles de la loge antérieure, surtout du muscle tibial antérieur, par une inflammation du périoste (périostite) autour du tibia ou par des fractures de stress du tibia. En général, la tendinite frappe les coureurs en mauvaise condition physique qui pratiquent leur sport sur des surfaces dures ou inclinées avec des chaussures qui soutiennent mal le pied. Il arrive aussi que l'affection résulte d'une activité excessive des jambes après une période d'inactivité relative, ou de la pratique de la course par temps froid sans une période d'échauffement appropriée. On peut fortifier les muscles de la loge antérieure (surtout le muscle tibial antérieur) pour faire contrepoids aux muscles plus forts de la loge postérieure. ■

LES MUSCLES ET LES MOUVEMENTS

Classez les muscles du présent exposé selon leur action sur le pied au niveau de l'articulation de la cheville : 1) dorsiflexion et 2) flexion plantaire ; selon leur action sur le pied au niveau des articulations intertarsiennes : 1) inversion et 2) éversion ; et selon leur action sur les orteils au niveau des articulations métatarsophalangiennes et interphalangiennes : 1) flexion et 2) extension. Un même muscle peut être mentionné plus d'une fois.

▶ **POINT DE CONTRÔLE**

Qu'est-ce que le rétinaculum supérieur des muscles extenseurs ? le rétinaculum inférieur des muscles extenseurs ?

MUSCLE	ORIGINE	INSERTION	ACTION	INNERVATION
Muscles de la loge antérieure de la jambe				
M. tibial antérieur	Condyle latéral et corps du tibia, et membrane interosseuse de la jambe (lame de tissu fibreux qui maintient ensemble le corps du tibia et celui de la fibula).	Os métatarsien I et os cunéiforme médial (I).	Permet la dorsiflexion du pied à la cheville et l'inversion du pied au niveau des articulations intertarsiennes.	Nerf fibulaire profond.
M. long extenseur de l'hallux (*extenseur* : ouvre l'angle de l'articulation ; *hallux* : gros orteil)	Face antérieure de la fibula et membrane interosseuse de la jambe.	Phalange distale du gros orteil.	Permet la dorsiflexion du pied à la cheville et l'extension de la phalange proximale du gros orteil au niveau de l'articulation métatarsophalangienne.	Nerf fibulaire profond.
M. long extenseur des orteils	Condyle latéral du tibia, face antérieure de la fibula et membrane interosseuse de la jambe.	Phalanges moyenne et distale des orteils II à V*.	Permet la dorsiflexion du pied à la cheville ; permet aussi l'extension des phalanges distale et moyenne de chaque orteil au niveau des articulations interphalangiennes, et de la phalange proximale de chaque orteil au niveau de l'articulation métatarsophalangienne.	Nerf fibulaire profond.
M. troisième fibulaire	Tiers distal de la fibula et membrane interosseuse de la jambe.	Base de l'os métatarsien V.	Permet la dorsiflexion du pied à la cheville et l'éversion du pied au niveau des articulations intertarsiennes.	Nerf fibulaire profond.
Muscles de la loge latérale (fibulaire) de la jambe				
M. long fibulaire	Tête et corps de la fibula et condyle latéral du tibia.	Os métatarsien I et os cunéiforme médial (I).	Permet la flexion plantaire du pied à la cheville et l'éversion du pied au niveau des articulations intertarsiennes.	Nerf fibulaire superficiel.
M. court fibulaire	Corps de la fibula.	Base de l'os métatarsien V.	Permet la flexion plantaire du pied à la cheville et l'éversion du pied au niveau des articulations intertarsiennes.	Nerf fibulaire superficiel.
Muscles de la loge postérieure de la jambe : muscles superficiels				
M. gastrocnémien (*gastêr* : ventre ; *knéme* : jambe)	Condyles latéral et médial du fémur et capsule de l'articulation du genou.	Calcanéus par l'intermédiaire du tendon calcanéen (ou tendon d'Achille).	Permet la flexion plantaire du pied à la cheville lorsque le genou est tendu et la flexion de la jambe au genou.	Nerf tibial.
M. soléaire (*solea* : sole)	Tête de la fibula et bord médial du tibia.	Calcanéus par l'intermédiaire du tendon calcanéen.	Permet la flexion plantaire du pied à la cheville, quelle que soit la position du genou.	Nerf tibial.
M. plantaire (*planta* : plante du pied)	Fémur, au-dessus du condyle latéral.	Calcanéus par l'intermédiaire du tendon calcanéen.	Permet la flexion plantaire du pied à la cheville et la flexion de la jambe au genou.	Nerf tibial.
Muscles de la loge postérieure de la jambe : muscles profonds				
M. poplité (*poples* : jarret)	Condyle latéral du fémur.	Tibia proximal.	Permet la flexion de la jambe au genou et la rotation médiale du tibia pour débloquer le genou en extension.	Nerf tibial.
M. tibial postérieur	Tibia, fibula et membrane interosseuse.	Os métatarsiens II, III et IV ; os naviculaire ; les trois os cunéiformes et l'os cuboïde.	Permet la flexion plantaire du pied à la cheville et l'inversion du pied au niveau des articulations intertarsiennes.	Nerf tibial.
M. long fléchisseur des orteils	Face postérieure du tibia.	Phalange distale des orteils II à V.	Permet la flexion plantaire du pied à la cheville et la flexion des phalanges distale et moyenne de chaque orteil au niveau des articulations interphalangiennes, et de la phalange proximale de chaque orteil au niveau de l'articulation métatarsophalangienne.	Nef tibial.
M. long fléchisseur de l'hallux (*fléchisseur* : ferme l'angle de l'articulation)	Deux tiers inférieurs de la fibula.	Phalange distale du gros orteil.	Permet la flexion plantaire du pied à la cheville et la flexion de la phalange distale du gros orteil au niveau de l'articulation interphalangienne et de la phalange proximale du gros orteil au niveau de l'articulation métatarsophalangienne.	Nerf tibial.

* Rappel : Le gros orteil, ou hallux, est le premier orteil et il comprend deux phalanges : proximale et distale.
  Les autres orteils sont numérotés de II à V ; ils comprennent chacun trois phalanges : proximale, moyenne et distale.

FIGURE 11.22 Les muscles des mouvements du pied et des orteils.

Les muscles superficiels de la loge postérieure ont le même tendon d'insertion, soit le tendon calcanéen (ou tendon d'Achille), qui s'insère sur le calcanéus de la cheville.

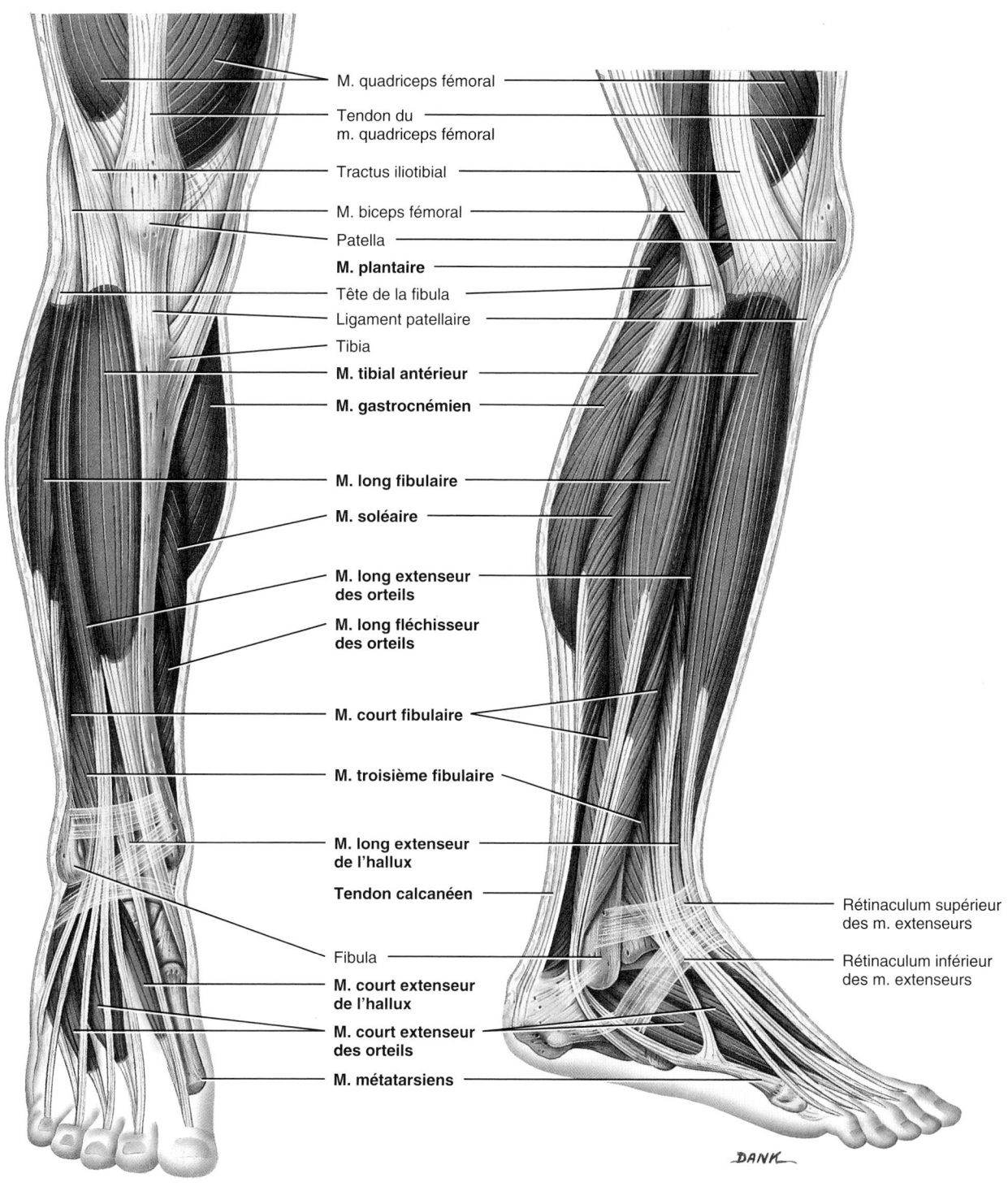

M. quadriceps fémoral

Tendon du m. quadriceps fémoral

Tractus iliotibial

M. biceps fémoral

Patella

M. plantaire

Tête de la fibula

Ligament patellaire

Tibia

M. tibial antérieur

M. gastrocnémien

M. long fibulaire

M. soléaire

M. long extenseur des orteils

M. long fléchisseur des orteils

M. court fibulaire

M. troisième fibulaire

M. long extenseur de l'hallux

Tendon calcanéen

Fibula

M. court extenseur de l'hallux

M. court extenseur des orteils

M. métatarsiens

Rétinaculum supérieur des m. extenseurs

Rétinaculum inférieur des m. extenseurs

DANK

(a) Vue antérieure, plan superficiel

(b) Vue latérale droite, plan superficiel

FIGURE 11.22 Les muscles des mouvements du pied et des orteils *(suite)*.

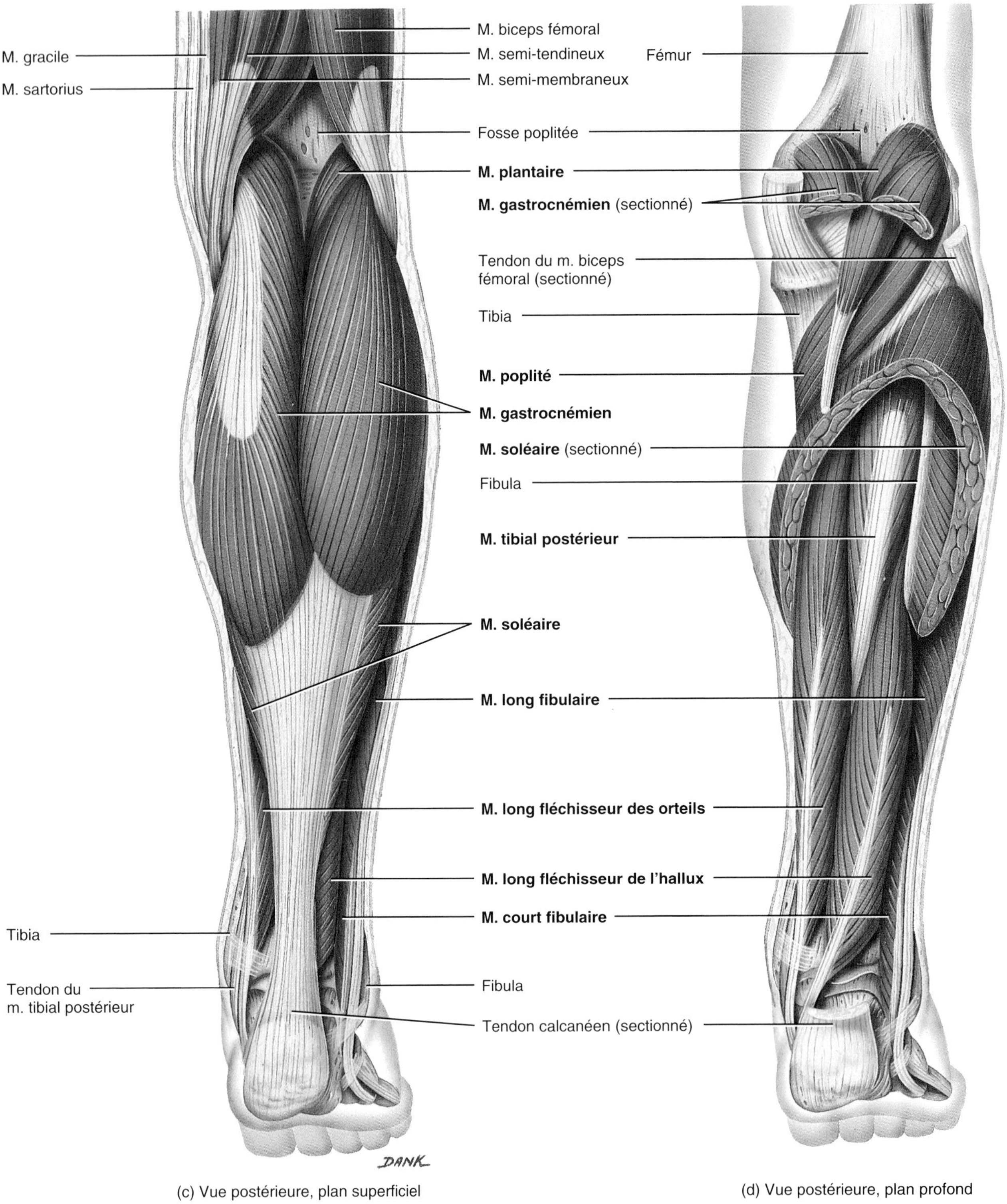

M. gracile

M. sartorius

M. biceps fémoral

M. semi-tendineux

M. semi-membraneux

Fémur

Fosse poplitée

M. plantaire

M. gastrocnémien (sectionné)

Tendon du m. biceps fémoral (sectionné)

Tibia

M. poplité

M. gastrocnémien

M. soléaire (sectionné)

Fibula

M. tibial postérieur

M. soléaire

M. long fibulaire

M. long fléchisseur des orteils

M. long fléchisseur de l'hallux

M. court fibulaire

Tibia

Tendon du m. tibial postérieur

Fibula

Tendon calcanéen (sectionné)

DANK

(c) Vue postérieure, plan superficiel

(d) Vue postérieure, plan profond

 Quelles structures retiennent fermement à la cheville les tendons des muscles de la loge antérieure?

- Décrire l'origine, l'insertion, l'action et l'innervation des muscles intrinsèques du pied.

Les muscles du présent exposé sont des *muscles intrinsèques* parce que leurs origines et leurs insertions se trouvent *dans* le pied. Les muscles de la main sont spécialisés dans les mouvements précis et complexes, alors que les muscles intrinsèques du pied se limitent à un rôle de soutien et de locomotion. Le fascia profond du pied forme l'**aponévrose (ou fascia) plantaire**, qui s'étend du calcanéus aux phalanges des orteils. L'aponévrose soutient la voûte plantaire longitudinale et renferme les tendons des fléchisseurs du pied.

On répartit les muscles intrinsèques du pied en deux groupes : *dorsal* et *plantaire*. Il n'y a qu'un seul muscle dorsal, le **muscle court extenseur des orteils**. Il comprend quatre parties situées sous les tendons du muscle long extenseur des orteils et assure l'extension des orteils II à V au niveau des articulations métatarsophalangiennes.

Les muscles plantaires sont disposés en quatre couches, dont la première est la plus superficielle. Trois muscles se trouvent dans cette couche : le **muscle abducteur de l'hallux**, situé le long du bord médial de la plante du pied, est comparable au muscle court abducteur du pouce et produit l'abduction du gros orteil au niveau de l'articulation métatarsophalangienne ; le **muscle court fléchisseur des orteils**, situé au milieu de la plante du pied, contribue à la flexion des orteils II à V au niveau des articulations interphalangiennes et métatarsophalangiennes ; et le **muscle abducteur du petit orteil**, situé le long du bord latéral de la plante du pied, qui est comparable au muscle abducteur du petit doigt de la main et assure l'abduction du petit orteil.

La deuxième couche comprend le **muscle carré plantaire**, muscle rectangulaire qui possède deux chefs et entraîne la flexion des orteils II à V au niveau des articulations métatarsophalangiennes, et les **muscles lombricaux du pied**, quatre petits muscles semblables aux muscles lombricaux de la main, qui fléchissent les phalanges proximales et produisent l'extension des phalanges distales des orteils II à V.

La troisième couche comprend trois muscles : le **muscle court fléchisseur de l'hallux**, adjacent à la face plantaire de l'os métatarsien du gros orteil, est semblable au muscle court fléchisseur du pouce et assure la flexion du gros orteil ; le **muscle adducteur de l'hallux**, qui a un chef oblique et transversal comme le muscle adducteur du pouce, entraîne l'adduction du gros orteil ; et le **muscle court fléchisseur du petit orteil**, tendu à la surface de l'os métatarsien du petit orteil, qui est semblable au muscle court fléchisseur du petit doigt et produit la flexion du petit orteil.

La quatrième couche est la plus profonde. Elle comprend deux groupes de muscles : les **muscles interosseux dorsaux du pied**, quatre muscles qui produisent l'adduction des orteils II à IV, la flexion des phalanges proximales et l'extension des phalanges distales ; et les trois **muscles interosseux plantaires**, qui entraînent l'adduction des orteils III à V, la flexion des phalanges proximales et l'extension des phalanges distales. Les muscles interosseux du pied sont comparables à ceux de la main, sauf que leur action s'exerce par rapport à la ligne médiane de l'orteil II plutôt que par rapport au doigt III, comme c'est le cas dans la main.

LA FASCIITE PLANTAIRE

La **fasciite plantaire**, ou talalgie, est une réaction inflammatoire causée par l'irritation chronique de l'aponévrose (ou fascia) plantaire à la hauteur de son origine sur le calcanéus (os du talon). Cette aponévrose devient moins élastique avec l'âge. L'affection est aussi associée à des activités qui sollicitent les articulations portantes (marcher, faire du jogging, soulever des objets lourds), au port de chaussures de mauvaise qualité ou mal ajustées, à l'obésité (qui augmente la pression sur les pieds) et à des anomalies biomécaniques (les pieds plats, des voûtes plantaires élevées et des troubles de la démarche peuvent entraîner une distribution inégale du poids corporel sur les pieds). La fasciite plantaire est la principale cause de douleur au talon chez les coureurs et résulte des chocs répétés qu'impose la course. Le traitement comprend l'application de glace ou de chaleur en profondeur, des exercices d'étirement, la perte de poids, le port d'orthèses plantaires ou de talonnettes, l'injection d'un stéroïde et la chirurgie. ■

LES MUSCLES ET LES MOUVEMENTS

Classez les muscles du présent exposé selon leur action sur le gros orteil au niveau de l'articulation métatarsophalangienne : 1) flexion, 2) extension, 3) abduction, et 4) adduction ; et selon leur action sur les orteils II à V au niveau des articulations métatarsophalangiennes et interphalangiennes : 1) flexion, 2) extension, 3) abduction, et 4) adduction. Un même muscle peut être mentionné plus d'une fois.

▶ **POINT DE CONTRÔLE**

Quelles sont les différences fonctionnelles entre les muscles intrinsèques de la main et ceux du pied ?

MUSCLE	ORIGINE	INSERTION	ACTION	INNERVATION
Groupe dorsal				
M. court extenseur des orteils (*extenseur* : ouvre l'angle de l'articulation) (figure 11.22a, b)	Calcanéus et rétinaculum inférieur des muscles extenseurs.	Tendons du muscle long extenseur des orteils sur les orteils II à IV et phalange proximale du gros orteil*.	Le muscle court extenseur de l'hallux produit l'extension du gros orteil au niveau de l'articulation métatarsophalangienne et le muscle court extenseur des orteils produit l'extension des orteils II à IV au niveau des articulations interphalangiennes.	Nerf fibulaire profond.
Groupe plantaire				
Première couche (la plus superficielle)				
M. abducteur de l'hallux (*abducteur* : éloigne une partie du corps de la ligne médiane ; *hallux* : gros orteil)	Calcanéus, aponévrose plantaire et rétinaculum des muscles fléchisseurs des orteils.	Côté médial de la phalange proximale du gros orteil avec le tendon du muscle court fléchisseur de l'hallux.	Permet l'abduction et la flexion du gros orteil au niveau de l'articulation métatarsophalangienne.	Nerf plantaire médial.
M. court fléchisseur des orteils (*fléchisseur* : ferme l'angle de l'articulation)	Calcanéus et aponévrose plantaire.	Côtés de la phalange moyenne des orteils II à V.	Permet la flexion des orteils II à V au niveau des articulations métatarsophalangiennes et interphalangiennes proximales.	Nerf plantaire médial.
M. abducteur du petit orteil	Calcanéus et aponévrose plantaire.	Côté latéral de la phalange proximale du petit orteil avec le tendon du muscle court fléchisseur du petit orteil.	Permet l'abduction et la flexion du petit orteil (V) au niveau de l'articulation métatarsophalangienne.	Nerf plantaire latéral.
Deuxième couche				
M. carré plantaire (*carré* : quatre éléments ; *planta* : plante du pied)	Calcanéus.	Tendon du muscle long fléchisseur des orteils.	Permet la flexion des orteils II à V au niveau des articulations interphalangiennes et métatarsophalangiennes, en synergie avec le muscle long fléchisseur des orteils.	Nerf plantaire latéral.
M. lombricaux (*lumbricus* : lombric)	Tendons du muscle long fléchisseur des orteils.	Tendons du muscle long extenseur des orteils sur les phalanges proximales des orteils II à V.	Permet l'extension des orteils II à V au niveau des articulations interphalangiennes et la flexion des orteils II à V au niveau des articulations métatarsophalangiennes.	Nerfs plantaires médial et latéral.
Troisième couche				
M. court fléchisseur de l'hallux	Os cuboïde et os cunéiforme latéral (III).	Côtés médial et latéral de la phalange proximale du gros orteil par l'intermédiaire d'un tendon qui contient un os sésamoïde.	Permet la flexion du gros orteil au niveau de l'articulation métatarsophalangienne.	Nerf plantaire médial.
M. adducteur de l'hallux	Os métatarsiens II à IV, ligaments des articulations métatarsophalangiennes III à V et tendon du long fibulaire.	Côté latéral de la phalange proximale du gros orteil.	Permet l'adduction et la flexion du gros orteil au niveau de l'articulation métatarsophalangienne.	Nerf plantaire latéral.
M. court fléchisseur du petit orteil	Os métatarsien V et tendon du long fibulaire.	Côté latéral de la phalange proximale du petit orteil.	Permet la flexion du petit orteil au niveau de l'articulation métatarsophalangienne.	Nerf plantaire latéral.
Quatrième couche (la plus profonde)				
M. interosseux dorsaux du pied (non illustrés)	Côté adjacent des os métatarsiens.	Phalanges proximales : des deux côtés de l'orteil II et du côté latéral des orteils III et IV.	Permet l'abduction et la flexion des orteils II à IV au niveau des articulations métatarsophalangiennes et extension des orteils au niveau des articulations interphalangiennes.	Nerf plantaire latéral.
M. interosseux plantaires	Os métatarsiens III à V.	Côté médial de la phalange proximale des orteils III à V.	Permet l'adduction des orteils II à IV, la flexion des phalanges proximales au niveau des articulations métatarsophalangiennes et l'extension des phalanges distales au niveau des articulations interphalangiennes.	Nerf plantaire latéral.

* Le tendon qui s'insère sur la phalange proximale du gros orteil, avec le ventre auquel il est attaché, est souvent considéré comme un muscle distinct, appelé *muscle court extenseur de l'hallux*.

FIGURE 11.23 Les muscles intrinsèques du pied.

 Alors que les muscles de la main sont spécialisés dans les mouvements précis et complexes, les muscles du pied se limitent à un rôle de soutien et de locomotion.

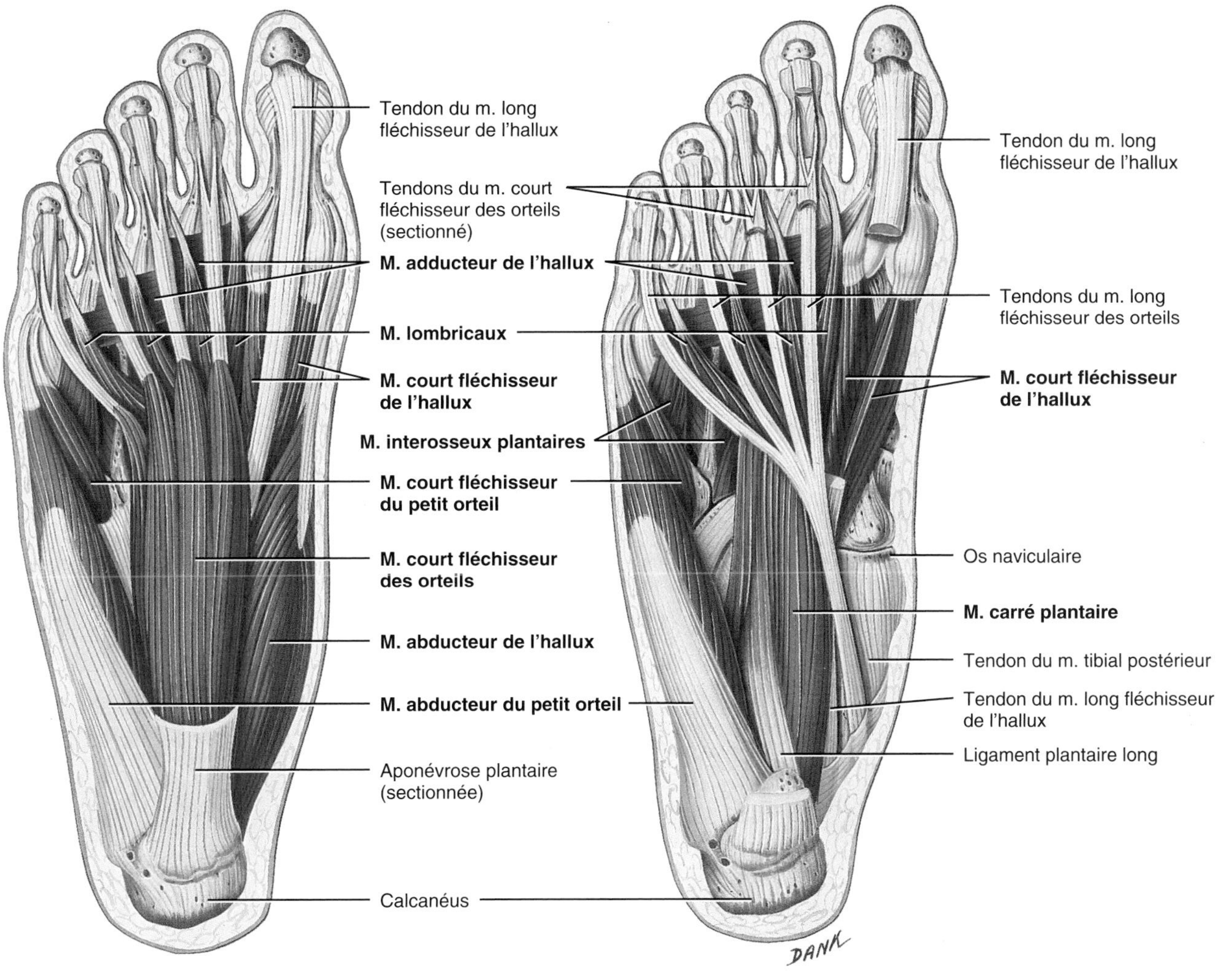

Tendon du m. long fléchisseur de l'hallux

Tendons du m. court fléchisseur des orteils (sectionné)

M. adducteur de l'hallux

M. lombricaux

M. court fléchisseur de l'hallux

M. interosseux plantaires

M. court fléchisseur du petit orteil

M. court fléchisseur des orteils

M. abducteur de l'hallux

M. abducteur du petit orteil

Aponévrose plantaire (sectionnée)

Calcanéus

Tendon du m. long fléchisseur de l'hallux

Tendons du m. long fléchisseur des orteils

M. court fléchisseur de l'hallux

Os naviculaire

M. carré plantaire

Tendon du m. tibial postérieur

Tendon du m. long fléchisseur de l'hallux

Ligament plantaire long

(a) Vue plantaire, plan superficiel et profond

(b) Vue plantaire, plan profond

DANK

Q Quelle structure soutient la voûte longitudinale et renferme les tendons des muscles fléchisseurs du pied?

Tous les systèmes de l'organisme 	Le système musculaire et le tissu musculaire assurent les mouvements du corps, stabilisent les articulations et maintiennent la posture, stockent et déplacent des substances à l'intérieur de l'organisme et produisent de la chaleur, ce qui contribue à maintenir la température corporelle à l'intérieur des limites normales.	
Système tégumentaire 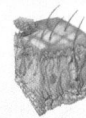	La traction exercée par les muscles squelettiques sur les attaches fixées à la peau du visage produit les expressions faciales ; l'exercice musculaire stimule la circulation sanguine au niveau de la peau.	
Système squelettique 	Les muscles squelettiques déplacent diverses parties du corps en exerçant une traction sur les attaches fixées aux os ; ils assurent la stabilité des os et des articulations.	
Système nerveux 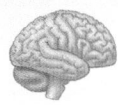	Les muscles lisses, cardiaque et squelettiques répondent aux ordres du système nerveux ; le frisson, qui est une contraction involontaire des muscles squelettiques régulée par l'encéphale, produit de la chaleur pour élever la température du corps.	
Système endocrinien 	Une activité régulière des muscles squelettiques (l'exercice physique) améliore l'action et les mécanismes de signalisation de certaines hormones, dont l'insuline ; les muscles protègent certaines glandes endocrines.	
Système cardiovasculaire 	Le muscle cardiaque est responsable de l'action de pompage du cœur ; la contraction et le relâchement du muscle lisse des parois des vaisseaux sanguins contribuent à la régulation de la quantité de sang qui circule dans divers tissus du corps ; la contraction des muscles squelettiques des jambes facilite le retour du sang au cœur ; la pratique régulière de l'exercice physique entraîne le développement du muscle cardiaque et en améliore la fonction de pompage ; l'acide lactique libéré par les muscles squelettiques en activité peut être utilisé par le cœur pour produire de l'ATP.	
Système lymphatique et immunité 	Les muscles squelettiques protègent certains nœuds et vaisseaux lymphatiques, et stimulent la circulation de la lymphe dans les vaisseaux lymphatiques ; l'exercice physique est susceptible d'intensifier ou d'atténuer certaines réponses immunitaires.	
Système respiratoire 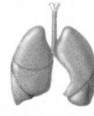	Les muscles squelettiques contribuant à la ventilation pulmonaire font entrer l'air dans les poumons et l'en font ressortir ; des muscles lisses régulent le diamètre des voies respiratoires ; les vibrations des muscles squelettiques du larynx règlent le flot d'air qui franchit les plis vocaux (cordes vocales) et, par conséquent, la production de la voix ; la toux et l'éternuement, qui sont dus à des contractions de muscles squelettiques, contribuent à maintenir les voies respiratoires libres ; la pratique régulière de l'exercice physique favorise une respiration efficace.	
Système digestif 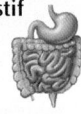	Les muscles squelettiques protègent et soutiennent les organes situés dans la cavité abdominale ; des contractions et relâchements alternés de muscles squelettiques assurent la mastication et déclenchent la déglutition ; des sphincters (muscles) lisses régulent la quantité de nourriture qui se déplace dans les organes du tube digestif et, par conséquent, contrôlent le volume de ces derniers ; les mouvements engendrés par les muscles lisses des parois du tube digestif en mélangent le contenu et le déplacent à l'intérieur du tube.	
Système urinaire 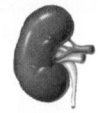	Un sphincter squelettique (externe) et un sphincter lisse (interne), ainsi que le muscle lisse de la paroi de la vessie régulent à la fois le stockage de l'urine dans la vessie et son élimination (miction).	
Systèmes génitaux 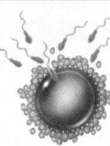	Des contractions de muscles squelettiques et de muscles lisses éjectent le sperme ; des contractions de muscles lisses propulsent l'ovocyte à l'intérieur de la trompe utérine, contribuent à la régulation du flux menstruel et expulsent le bébé hors de l'utérus au moment de la naissance ; durant une relation sexuelle, les contractions de muscles squelettiques qui se produisent au moment de l'orgasme sont associées à des sensations de plaisir chez les deux sexes.	

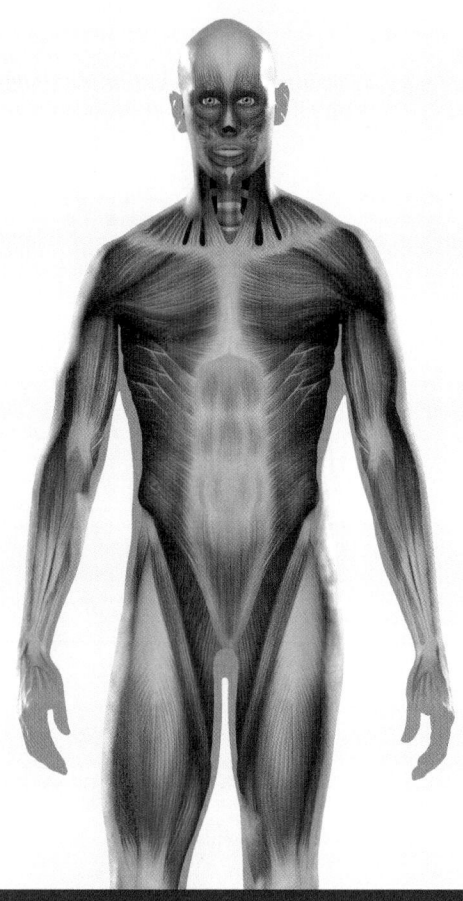

Le système musculaire

DÉSÉQUILIBRES HOMÉOSTATIQUES

Les blessures de course

Beaucoup de personnes qui font du jogging ou de la course à pied sont victimes d'une blessure liée à la pratique de cette forme d'activité. Certaines de ces blessures sont légères, mais d'autres sont assez graves. Par ailleurs, les petites lésions qui ne sont pas traitées ou sont mal soignées peuvent être à l'origine d'une affection chronique. Les coureurs se blessent fréquemment à la cheville, au genou, au tendon calcanéen (ou tendon d'Achille), à la hanche, à l'aine, au pied ou au dos, mais c'est souvent le genou qui est le plus gravement atteint.

Les blessures causées par la course sont en général liées à de mauvaises techniques d'entraînement telles que des exercices d'échauffement inadéquats (ou une absence d'échauffement), des séances de course excessives, la reprise hâtive de l'activité après une blessure ou encore de longues séances de course sur une surface dure ou inégale. Des chaussures de course de mauvaise qualité ou usées peuvent également occasionner des blessures, tout comme les défauts biomécaniques (tels les pieds plats) aggravés par la course.

Dans la plupart des cas de traumatismes sportifs, les premiers soins à donner comprennent quatre éléments : le repos, le froid, la compression et l'élévation. On doit sans tarder appliquer de la glace sur la partie atteinte, l'élever et l'immobiliser. Si possible, on pose une bande élastique pour comprimer les tissus blessés. On continue ce traitement pendant deux ou trois jours, en résistant à la tentation d'appliquer de la chaleur, car cela pourrait aggraver la tuméfaction. Par la suite, on pourra employer en alternance de la chaleur humide et des massages à la glace pour activer la circulation dans la région blessée. L'administration d'anti-inflammatoires non stéroïdiens (AINS) ou l'injection locale d'un corticostéroïde est parfois bénéfique. Pendant la convalescence, il est important de rester actif et de suivre un programme d'exercices qui ne risque pas d'aggraver la blessure. La nature de l'activité est à déterminer en consultation avec le médecin. Enfin, des exercices bien dosés sont nécessaires pour remettre en état la région qui a été blessée.

Le syndrome des loges

Nous avons indiqué dans le présent chapitre que les muscles squelettiques des membres sont regroupés en unités fonctionnelles appelées *loges*. Chez les personnes atteintes du **syndrome des loges**, il y a constriction des structures d'une loge par suite d'une pression externe ou interne qui endommage les vaisseaux sanguins et réduit l'apport sanguin (ischémie) dans la région atteinte. Les symptômes comprennent la douleur, des sensations de brûlure et de pression, la pâleur de la peau et la paralysie. Les causes habituelles du syndrome des loges comprennent l'écrasement des muscles, les plaies par pénétration, les contusions (lésions des tissus sous-cutanés sans pénétration de la peau), les foulures (étirement excessif d'un muscle) ou un plâtre mal ajusté. L'augmentation de la pression dans la loge peut avoir des conséquences graves, dont l'hémorragie, les lésions tissulaires et l'œdème (accumulation de liquide interstitiel). En effet, les fascias profonds (enveloppes de tissu conjonctif) qui entourent les loges sont très résistants, de sorte que le sang et le liquide interstitiel qui s'accumulent ne peuvent pas s'échapper. L'augmentation de la pression peut littéralement arrêter la circulation sanguine et priver d'oxygène les muscles et les nerfs avoisinants. Un des traitements de cette affection est la **fasciotomie**, opération chirurgicale consistant à inciser le fascia en vue de réduire la pression. En l'absence d'intervention, les nerfs peuvent être endommagés et la formation de tissus cicatriciels dans les muscles peut entraîner leur raccourcissement permanent ; cet état est appelé *contracture*. Si on ne soigne pas les tissus, ils peuvent mourir et le membre peut devenir non fonctionnel. Lorsque le syndrome en est à ce stade, le seul traitement possible est parfois l'amputation.

RÉSUMÉ

COMMENT LES MUSCLES SQUELETTIQUES PRODUISENT LES MOUVEMENTS (P. 350)

1. Les muscles squelettiques qui produisent des mouvements le font en tirant sur des os.

2. Le point d'attache sur l'os stationnaire est l'origine ; le point d'attache sur l'os mobile est l'insertion.

3. Les os jouent le rôle de leviers et les articulations leur servent de point d'appui. Deux types de facteurs agissent sur ces leviers : la charge et la force.

4. On classe les leviers en trois catégories – premier genre, deuxième genre et troisième genre (le plus répandu) – selon la position du point d'appui et des points d'application de la force et de la charge.

5. L'agencement des faisceaux peut être parallèle, fusiforme, circulaire, triangulaire et penniforme. Il influe sur la puissance des muscles et l'amplitude des mouvements.

6. L'agoniste produit l'action souhaitée ; l'antagoniste produit l'action opposée. Le synergiste assiste l'agoniste en réduisant les mouvements indésirables. Le fixateur stabilise l'origine de l'agoniste pour que celui-ci puisse agir avec plus d'efficacité.

LES CRITÈRES POUR L'APPELLATION DES MUSCLES SQUELETTIQUES (P. 355)

1. Les caractéristiques des divers muscles squelettiques comprennent la direction des faisceaux musculaires ; la taille, la forme, l'action, le nombre d'origines (ou chefs) et la situation du muscle ; et les points d'origine et d'insertion du muscle.

2. Le nom de la plupart des muscles squelettiques est fondé sur une combinaison des caractérisques énumérées ci-dessus.

LES PRINCIPAUX MUSCLES SQUELETTIQUES (P. 355)

1. Lorsqu'ils se contractent, les muscles de l'expression faciale font bouger la peau plutôt qu'une articulation. Ils permettent d'exprimer un grand éventail d'émotions.

2. Les muscles du globe oculaire à l'origine des mouvements des yeux font partie des muscles squelettiques du corps qui se contractent le plus rapidement et ils sont commandés avec la plus grande précision. Ils permettent l'élévation, l'abaissement, l'abduction, l'adduction, la rotation médiale et la rotation latérale du globe oculaire.

3. Les muscles des mouvements de la mandibule (mâchoire inférieure) sont appelés *muscles masticateurs* parce qu'ils permettent de mâcher la nourriture.

4. Les muscles (extrinsèques et intrinsèques) qui font bouger la langue jouent un rôle important dans la mastication, la déglutition et la phonation.

5. Les muscles du plancher de la partie antérieure du cou sont appelés *muscles suprahyoïdiens* parce qu'ils sont situés au-dessus de l'os hyoïde. Ils élèvent l'os hyoïde, la cavité orale et la langue durant la déglutition.

6. Les muscles des mouvements de la tête modifient la position de la tête et contribuent à la maintenir en équilibre sur la colonne vertébrale.

7. Les muscles qui agissent sur la paroi abdominale contribuent aux mouvements de la colonne vertébrale, aident à soutenir et à protéger les viscères de l'abdomen, à comprimer ce dernier et à produire la force nécessaire à la défécation, à la miction, au vomissement et à l'accouchement.

8. Les muscles de la respiration modifient le volume de la cavité thoracique pour permettre la ventilation, et ils facilitent le retour veineux du sang au cœur.

9. Les muscles du plancher pelvien soutiennent les viscères pelviens, résistent à la poussée qui accompagne l'augmentation de la pression intraabdominale et agissent comme un sphincter au niveau de la jonction anorectale, de l'urètre et du vagin.

10. Les muscles du périnée contribuent à la miction, à l'érection du pénis et du clitoris, à l'éjaculation, à l'orgasme chez la femme et à la défécation.

11. Les muscles des mouvements de la ceinture scapulaire (épaule) stabilisent la scapula de sorte qu'elle constitue un point d'origine stable pour la plupart des muscles qui font bouger l'humérus.

12. La plupart des muscles des mouvements de l'humérus (os du bras) ont leur origine sur la scapula (muscles scapulaires); les autres ont leur origine sur le squelette axial (muscles axiaux).

13. Les muscles des mouvements du radius et de l'ulna (os de l'avant-bras) assurent la flexion et l'extension au niveau de l'articulation du coude et sont regroupés en loge antérieure et en loge postérieure.

14. Les muscles des mouvements du poignet, de la main, du pouce et des autres doigts sont nombreux et variés. Ceux qui agissent sur les doigts sont des muscles extrinsèques.

15. Les muscles intrinsèques de la main sont importants pour les activités qui exigent de la dextérité; ils permettent aux humains de saisir des objets et de les manipuler avec précision.

16. Les muscles des mouvements de la colonne vertébrale sont assez complexes parce qu'ils ont des origines et des insertions multiples, et qu'ils présentent de nombreux chevauchements.

17. La plupart des muscles des mouvements du fémur (os de la cuisse) ont leur origine sur la ceinture pelvienne et leur insertion sur le fémur. Ces muscles sont plus gros et plus puissants que les muscles correspondants des membres supérieurs.

18. Les muscles qui agissent sur le fémur (os de la cuisse) et sur le tibia et la fibula (os de la jambe) sont séparés en loge médiale (des adducteurs), en loge antérieure (des extenseurs) et en loge postérieure (des fléchisseurs).

19. Les muscles des mouvements du pied et des orteils sont regroupés en loges antérieure, latérale et postérieure.

20. Contrairement à ceux de la main, les muscles intrinsèques du pied ont un rôle limité de soutien et de locomotion.

AUTOÉVALUATION

Vous trouverez les réponses à ces questions à l'appendice D.

COMPLÉTEZ LES PHRASES SUIVANTES.

1. Le muscle qui forme la majeure partie de la joue est le _____.

2. Les trois muscles superficiels de la loge postérieure qui assurent la flexion plantaire sont le _____, le _____ et le _____. Ils ont tous trois leur insertion sur le _____ par l'intermédiaire du tendon calcanéen.

INDIQUEZ SI LES ÉNONCÉS SUIVANTS SONT VRAIS OU FAUX.

3. Un muscle permet une amplitude de mouvement d'autant plus grande que ses myocytes sont longs.

4. Lors de la flexion de l'avant-bras, le biceps brachial joue le rôle d'agoniste et le triceps brachial, celui d'antagoniste.

CHOISISSEZ LA BONNE RÉPONSE.

5. Lequel des muscles suivants *ne* contribue *pas* à la flexion de la jambe? a) le muscle droit de la cuisse, b) le muscle gracile, c) le muscle sartorius, d) le muscle iliaque, e) le muscle tenseur du fascia lata.

6. Le tractus iliotibial est constitué du tendon du muscle grand fessier, du fascia profond qui entoure la cuisse, et du tendon de l'un des muscles suivants. Lequel? a) le muscle iliaque, b) le muscle grand fessier, c) le muscle tenseur du fascia lata, d) le muscle long adducteur, e) le muscle vaste latéral.

7. Pour qu'il se produise un mouvement: 1) les muscles doivent généralement croiser une articulation, 2) un muscle, en se contractant, doit exercer une traction sur son origine, 3) les muscles responsables des mouvements d'une partie du corps ne doivent pas recouvrir cette dernière, 4) les muscles doivent appliquer une force sur les tendons qui exercent une traction sur les os, 5) l'insertion doit stabiliser l'articulation. a) 1, 2, 3, 4 et 5; b) 1, 2, 3 et 4; c) 1, 2 et 4; d) 1, 3 et 4; e) 3 et 4.

8. Un jeune enfant ne peut jouer dehors parce qu'il pleut; il fait la moue. Lequel des muscles suivants utilise-t-il? a) le muscle mentonnier, b) le muscle orbiculaire de la bouche, c) le muscle risorius, d) le muscle releveur de la lèvre supérieure, e) le muscle petit zygomatique.

9. Les faisceaux du droit de la cuisse sont disposés de part et d'autre d'un tendon central. Ce type d'agencement des faisceaux est dit: a) unipenné, b) fusiforme, c) multipenné, d) parallèle, e) bipenné.

10. Lequel des muscles suivants *n'est pas* associé à la caractéristique ayant servi à le nommer? a) muscle court adducteur: muscle court qui rapproche un os de la ligne médiane, b) muscle droit de l'abdomen: muscle dont les myocytes sont parallèles à la ligne médiane de l'abdomen, c) muscle élévateur de la scapula: muscle qui élève la scapula, d) muscle sternohyoïdien: muscle fixé au sternum et à l'os hyoïde, e) muscle dentelé antérieur: muscle en forme de peigne, situé sur la face antérieure du corps.

11. Associez les éléments suivants :

_____ a) muscle qui stabilise l'origine
d'un agoniste

_____ b) point d'attache d'un muscle
sur un os stationnaire

_____ c) muscle dont l'étirement produit
le mouvement souhaité

_____ d) muscle dont la contraction stabilise
des articulations intermédiaires

_____ e) point d'attache sur un os mobile

_____ f) groupe de muscles ayant une
fonction commune, de même que
les vaisseaux sanguins et les nerfs
qui leur sont associés

_____ g) muscle dont la contraction permet
le mouvement souhaité

_____ h) partie charnue du muscle

1) loge
2) origine
3) insertion
4) ventre
5) synergiste
6) fixateur
7) agoniste
8) antagoniste

12. Associez les éléments suivants :

_____ a) compression du nerf médian
causant de la douleur,
l'engourdissement des doigts
et des fourmillements dans
cette région

_____ b) tendinite des muscles de la
loge antérieure de la jambe ;
inflammation du périoste
entourant le tibia

_____ c) défaut d'alignement des
globes oculaires dû à des
lésions soit du nerf oculomoteur, soit du nerf abducens

_____ d) étirement ou déchirure des
attaches distales des muscles
adducteurs

_____ e) rupture d'une partie de la
paroi abdominale dans la
région inguinale, entraînant
la protrusion d'un segment
de l'intestin grêle

_____ f) inflammation du tendon
du muscle supraépineux causée
par des mouvements répétitifs
d'élévation du bras au-dessus
de la tête

_____ g) inflammation due à l'irritation
chronique de l'aponévrose
plantaire en son origine sur
le calcanéus ; cause la plus
fréquente de douleur au talon
chez les coureurs

_____ h) inflammation douloureuse
des tendons, des gaines
tendineuses et des membranes
synoviales des articulations

_____ i) paralysie des muscles du visage
causée par une lésion du
nerf facial

_____ j) fréquent chez les individus
qui effectuent des départs et
des arrêts brusques à répétition ;
déchirure d'une partie des
origines tendineuses à la hauteur
de la tubérosité ischiatique

_____ k) raccourcissement permanent
d'un muscle attribuable à la
lésion d'un nerf et à la formation
de tissu cicatriciel

_____ l) conséquence possible d'une
blessure au muscle élévateur
de l'anus

_____ m) une pression externe ou interne
provoque la constriction des
structures d'une loge, ce qui
réduit l'apport de sang à
ces structures

1) ténosynovite
2) paralysie de Bell
3) hernie inguinale
4) incontinence
urinaire d'effort
5) syndrome
des loges
6) claquage des
muscles de l'aine
7) claquage
des muscles
de la cuisse
8) strabisme
9) syndrome
de la loge tibiale
antérieure
10) fasciite plantaire
11) tendinite de la
coiffe des rotateurs
12) contracture
13) syndrome du
canal carpien

13. Associez les éléments suivants :

_____ a) m. droit de la cuisse, vaste latéral, vaste médial, vaste intermédiaire

_____ b) m. biceps fémoral, semi-tendineux, semi-membraneux

_____ c) m. érecteur du rachis, comprend les muscles iliocostal, longissimus et épineux

_____ d) m. thénariens, hypothénariens, intermédiaires

_____ e) m. biceps brachial, brachial, coracobrachial

_____ f) m. grand dorsal

_____ g) m. subscapulaire, supraépineux, infraépineux, petit rond

_____ h) diaphragme, m. intercostaux externes et m. intercostaux internes

_____ i) m. trapèze, élévateur de la scapula, grand rhomboïde, petit rhomboïde

1) muscles de la respiration
2) forment la loge des fléchisseurs du bras
3) loge postérieure de la cuisse
4) muscles intrinsèques de la main
5) muscles qui renforcent et stabilisent l'articulation de l'épaule ; coiffe des rotateurs
6) muscle quadriceps fémoral
7) la plus grande masse musculaire du dos
8) muscles de la face postérieure du thorax
9) muscle du nageur

14. Associez les éléments suivants (une même réponse peut être utilisée plus d'une fois) :

_____ a) m. trapèze

_____ b) m. orbiculaire de l'œil

_____ c) m. élévateur de l'anus

_____ d) m. droit de l'abdomen

_____ e) m. triceps brachial

_____ f) m. gastrocnémien

_____ g) m. temporal

_____ h) sphincter externe de l'anus

_____ i) m. oblique externe de l'abdomen

_____ j) m. iliocostal du thorax

_____ k) m. digastrique

_____ l) m. styloglosse

_____ m) m. masséter

_____ n) m. long adducteur

_____ o) m. grand zygomatique

_____ p) m. grand dorsal

_____ q) m. fléchisseur radial du carpe

_____ r) m. rond pronateur

_____ s) m. sternocléidomas-toïdien

_____ t) m. quadriceps fémoral

_____ u) m. deltoïde

_____ v) m. tibial antérieur

_____ w) m. sartorius

_____ x) m. grand fessier

_____ y) m. droit supérieur de l'œil

1) muscle de l'expression faciale
2) muscle masticateur
3) muscle des mouvements du globe oculaire
4) muscle extrinsèque de la langue
5) muscle suprahyoïdien
6) muscle du périnée
7) muscle des mouvements de la tête
8) muscle de la paroi abdominale
9) muscle du plancher pelvien
10) muscle de la ceinture scapulaire
11) muscle des mouvements de l'humérus
12) muscle des mouvements du radius et de l'ulna
13) muscle des mouvements du poignet, de la main et des doigts
14) muscle des mouvements de la colonne vertébrale
15) muscle des mouvements du fémur
16) muscle agissant sur le fémur, le tibia et la fibula
17) muscle des mouvements du pied et des orteils

15. Associez les éléments suivants (une même réponse peut être utilisée plus d'une fois) :

_____ a) genre de levier le plus répandu dans le corps

_____ b) levier formé par la tête posée sur la colonne vertébrale

_____ c) produit toujours un avantage mécanique

_____ d) FAC

_____ e) ACF

_____ f) AFC

_____ g) adduction de la cuisse

1) levier du premier genre
2) levier du deuxième genre
3) levier du troisième genre

QUESTIONS À COURT DÉVELOPPEMENT

Vous trouverez les réponses à ces questions à l'appendice D.

1. Alors qu'il effectuait un lifting, un spécialiste de chirurgie esthétique a sectionné accidentellement le nerf facial du côté droit du visage. Quels effets cela pourrait-il avoir pour le patient et quels muscles seront touchés ?

2. Alors qu'il se trouve dans l'autobus pour se rendre au supermarché, Christian, âgé de 11 ans, dit à sa mère qu'il a besoin d'aller aux toilettes (pour uriner). Sa mère lui répond qu'il doit « se retenir » jusqu'à ce qu'il soit arrivé au magasin. Quels muscles Christian devra-t-il contracter pour retarder la miction ?

3. Pierre, qui évolue comme lanceur dans une ligue mineure, effectue chaque jour 100 lancers afin d'améliorer sa technique de balle à effet. Depuis quelque temps, il éprouve de la douleur dans le bras dont il se sert pour lancer la balle. Le médecin diagnostique une déchirure de la coiffe des rotateurs. Pierre est fort surpris ; pour lui, en effet, le mot coiffe désigne uniquement une sorte de chapeau. Expliquez-lui ce que veut dire le médecin et de quelle façon ce type de blessure peut affecter les mouvements du bras.

RÉPONSES AUX QUESTIONS DES FIGURES

11.1 Le ventre du muscle qui permet l'extension de l'avant-bras, soit le muscle triceps brachial, est situé derrière l'humérus.

11.2 Le levier du deuxième genre est le plus puissant.

11.3 Exemples de bonnes réponses (voir aussi le tableau 11.2) : direction des faisceaux : muscle oblique externe de l'abdomen ; forme : muscle deltoïde ; action : muscle extenseur commun des doigts ; taille : muscle grand fessier ; origine et insertion : muscle sternocléidomastoïdien ; situation : muscle tibial antérieur ; nombre de tendons d'origine : muscle biceps brachial.

11.4 Le muscle corrugateur du sourcil contribue au froncement des sourcils ; le muscle grand zygomatique se contracte lorsqu'on sourit ; le muscle mentonnier et le muscle platysma entrent en jeu lorsqu'on fait la moue ; le muscle orbiculaire de l'œil joue un rôle dans le plissement des yeux.

11.5 Le muscle oblique inférieur tourne l'œil latéralement et vers le haut parce que son origine se trouve sur la face antéromédiale du plancher de l'orbite et son insertion, sur la face postérolatérale du globe oculaire.

11.6 Le muscle masséter est le plus puissant des muscles masticateurs.

11.7 Les fonctions de la langue comprennent la mastication, la gustation, la déglutition et la phonation.

11.8 Les muscles suprahyoïdiens et infrahyoïdiens stabilisent l'os hyoïde pour faciliter les mouvements de la langue.

11.9 Les triangles délimités, dans le cou, par les muscles sterno-cléidomastoïdiens sont importants sur les plans anatomique et chirurgical en raison des structures qu'ils circonscrivent.

11.10 Le muscle droit de l'abdomen facilite la miction.

11.11 Le diaphragme est innervé par le nerf phrénique.

11.12 Les limites du diaphragme pelvien sont la symphyse pubienne à l'avant, le coccyx à l'arrière et les parois du bassin sur les côtés.

11.13 Les limites du périnée sont la symphyse pubienne à l'avant, le coccyx à l'arrière et les tubérosités ischiatiques sur les côtés.

11.14 La principale action des muscles qui font bouger la ceinture scapulaire est de stabiliser la scapula pour faciliter les mouvements de l'humérus.

11.15 La coiffe des rotateurs est formée des tendons plats des muscles subscapulaire, supraépineux, infraépineux et petit rond, qui encerclent presque complètement l'articulation scapulohumérale (de l'épaule).

11.16 Le muscle brachial est le plus puissant fléchisseur de l'avant-bras ; le muscle triceps brachial est le plus puissant extenseur de l'avant-bras.

11.17 Les tendons des muscles fléchisseurs des doigts et du poignet ainsi que le nerf médian passent sous le rétinaculum des muscles fléchisseurs des doigts.

11.18 Les muscles thénariens agissent sur le pouce.

11.19 Les muscles splénius ont leur origine sur la ligne médiane et s'étendent latéralement et vers le haut jusqu'à leur insertion.

11.20 Les muscles des membres supérieurs se caractérisent par la variété des mouvements qu'ils permettent ; les muscles des membres inférieurs ont pour fonction d'assurer la stabilité, la locomotion et le maintien de la posture. De plus, les muscles des membres inférieurs croisent habituellement deux articulations et agissent également sur l'une et l'autre.

11.21 Le muscle quadriceps fémoral est composé du muscle droit de la cuisse, des muscles vaste latéral, vaste médial et vaste intermédiaire ; les muscles de la loge postérieure de la cuisse sont les muscles biceps fémoral, semi-tendineux et semi-membraneux.

11.22 Le rétinaculum supérieur des muscles extenseurs et le rétinaculum inférieur des muscles extenseurs retiennent fermement les tendons des muscles de la loge antérieure à la cheville.

11.23 L'aponévrose plantaire soutient la voûte longitudinale et renferme les tendons des muscles fléchisseurs du pied.

LE TISSU NERVEUX

LE TISSU NERVEUX ET L'HOMÉOSTASIE

Le tissu nerveux possède une caractéristique importante – l'excitabilité : elle permet la production d'influx nerveux (ou potentiels d'action) qui assurent les communications dans l'organisme et la régulation de l'activité de la plupart des tissus du corps humain.

Le système nerveux et le système endocrinien ont une mission commune : assurer l'homéostasie, c'est-à-dire maintenir les divers processus physiologiques de l'organisme dans des limites compatibles avec la vie. Cependant, ils n'atteignent pas cet objectif de la même façon. Pour réguler l'activité corporelle, le système nerveux réagit rapidement en transmettant des influx nerveux (ou potentiels d'action) ; le système endocrinien réagit plus lentement, mais non moins efficacement, en libérant des hormones. Nous comparerons les rôles que jouent les systèmes nerveux et endocrinien dans l'homéostasie au chapitre 18.

En plus de contribuer à l'homéostasie, le système nerveux préside aux perceptions, aux comportements et à la mémoire ; il déclenche aussi tous les mouvements volontaires. Étant donné sa complexité, nous répartirons l'étude du système nerveux, de sa structure et de sa fonction sur plusieurs chapitres. Dans le présent chapitre, nous nous penchons sur l'organisation du système nerveux et sur les propriétés des cellules qui forment le tissu nerveux, soit les neurones et les gliocytes (qui constituent la névroglie et soutiennent l'activité des neurones). Dans les chapitres suivants, nous examinerons d'abord la structure et les fonctions de la moelle épinière et des nerfs spinaux (chapitre 13), celles de l'encéphale et des nerfs crâniens (chapitre 14), ainsi que le système nerveux autonome, c'est-à-dire la partie involontaire du système nerveux (chapitre 15). Nous aborderons ensuite les sensations somatiques (toucher, pression, chaleur, froid, douleur, etc.) de même que les voies sensitives et motrices afin de comprendre comment les influx nerveux parviennent à la moelle épinière et à l'encéphale ou passent de ces deux structures aux muscles et aux glandes (chapitre 16). Nous poursuivrons notre étude du système nerveux par un examen des sens suivants : odorat, goût, vision, ouïe et équilibre (chapitre 17).

La branche de la médecine qui étudie le fonctionnement normal et les troubles du système nerveux est la **neurologie** (*neuron* : nerf ; *logos* : discours). Les **neurologues** sont des médecins qui se spécialisent dans le diagnostic et le traitement des troubles du système neuromusculaire.

LE SYSTÈME NERVEUX : VUE D'ENSEMBLE

OBJECTIFS

- Énumérer les structures du système nerveux et décrire ses principales fonctions.
- Décrire l'organisation du système nerveux.

LES STRUCTURES DU SYSTÈME NERVEUX

Pesant seulement 2 kg, soit environ 3 % de la masse corporelle totale, le **système nerveux** est l'un des plus petits des 11 systèmes du corps humain, et pourtant le plus complexe. Il se compose de milliards de neurones et de gliocytes plus nombreux encore, qui forment un réseau serré et rigoureusement organisé. Les structures qui constituent le système nerveux comprennent l'encéphale, les nerfs crâniens et leurs ramifications ; la moelle épinière, les nerfs spinaux et leurs ramifications ; les ganglions ; ainsi que les plexus entériques et les récepteurs sensoriels (figure 12.1).

Logé dans le crâne, l'**encéphale** contient environ 100 milliards (10^{11}) de neurones. Douze paires (un nerf gauche et un nerf droit) de **nerfs crâniens**, numérotées de I à XII, émergent du tronc cérébral, structure située à la base de l'encéphale. Un **nerf** est un regroupement de centaines ou de milliers d'axones associés à du tissu conjonctif et à des vaisseaux sanguins, et qui ne se trouve ni dans l'encéphale ni dans la moelle épinière. Chaque nerf suit un trajet bien précis et innerve une région particulière du corps. Ainsi, le nerf crânien I transmet les signaux relatifs à l'odorat du nez jusqu'à l'encéphale. La plupart des nerfs crâniens innervent la tête.

Encerclée par les os de la colonne vertébrale, la **moelle épinière** rejoint l'encéphale à travers le foramen magnum du crâne. Elle contient environ 100 millions de neurones. Trente et une paires de **nerfs spinaux**, ou nerfs rachidiens, émergent de la moelle épinière, chacun innervant une région particulière du côté droit ou du côté gauche du corps. Les **ganglions** (*gagglion* : nœud, tumeur) sont de petites masses de tissu nerveux qui contiennent essentiellement des corps cellulaires de neurones ; ils sont situés en dehors de l'encéphale et de la moelle épinière. Les ganglions sont étroitement associés aux nerfs crâniens et spinaux. Les parois de certains organes

FIGURE 12.1 Les principales structures du système nerveux.

Le système nerveux comprend l'encéphale, les nerfs crâniens, la moelle épinière, les nerfs spinaux, les ganglions, les plexus entériques et les récepteurs sensoriels.

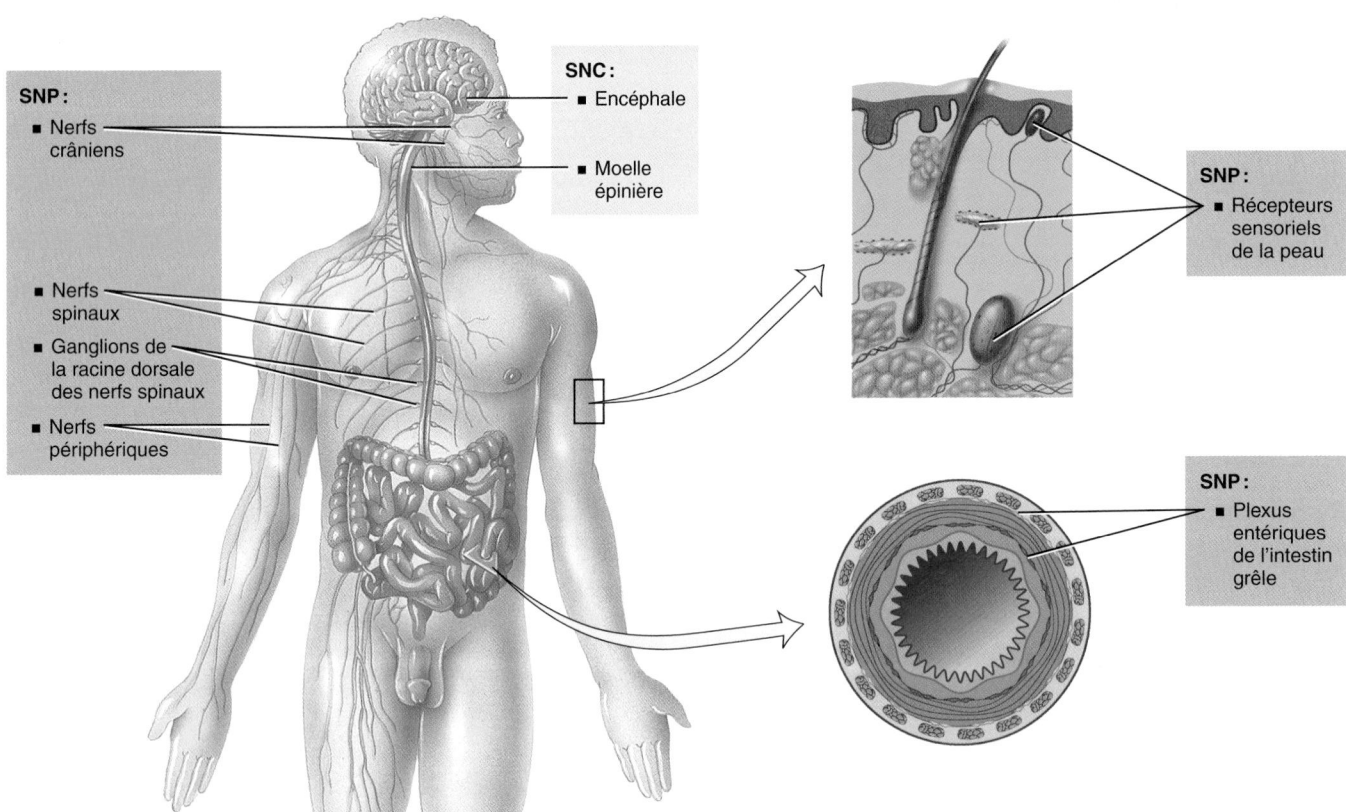

Combien de nerfs crâniens et de nerfs spinaux le corps humain possède-t-il en tout ?

du tube digestif renferment des réseaux étendus de neurones, les **plexus entériques**, qui contribuent à la régulation de l'activité digestive. Le terme **récepteurs sensoriels** désigne à la fois les dendrites des neurones sensitifs (voir plus loin) et les cellules spécialisées distinctes qui détectent des modifications de la valeur d'un facteur contrôlé (par exemple, l'étirement d'un muscle ou une onde sonore) à la suite de changements survenant dans le milieu intérieur ou extérieur (voir le chapitre 1).

LES FONCTIONS DU SYSTÈME NERVEUX

Notre système nerveux s'acquitte de tâches nombreuses et complexes. Il nous permet de percevoir différentes odeurs (sensations), de parler (langage) et de nous rappeler les événements (mémoire); il émet aussi les signaux qui déterminent les mouvements du corps et régule le fonctionnement des organes internes. Ces tâches se regroupent en trois fonctions fondamentales: la fonction sensorielle, la fonction intégrative et la fonction motrice.

- *La fonction sensorielle.* Les récepteurs sensoriels *détectent* les stimulus internes, par exemple l'augmentation de l'acidité du sang, et les stimulus externes, par exemple la chute d'une goutte de pluie sur le bras. Les **neurones sensitifs**, ou neurones afférents (*afferre*: porter vers), transmettent l'information sensorielle à l'encéphale et à la moelle épinière par l'intermédiaire des nerfs crâniens et des nerfs spinaux.

- *La fonction intégrative.* Le système nerveux *intègre*, ou traite, l'information sensorielle. Pour ce faire, il analyse l'information et en emmagasine une partie, puis il décide des réponses à y apporter. L'une des principales fonctions intégratives du système nerveux est la **perception**, c'est-à-dire la prise de conscience de l'existence des stimulus sensoriels. La perception se forme dans le cerveau. La plupart des neurones qui contribuent à la fonction intégrative sont des **interneurones**, ou neurones d'association, soit des neurones à axone court qui communiquent avec des neurones avoisinants de l'encéphale ou de la moelle épinière. Les interneurones constituent l'immense majorité des neurones du corps humain.

- *La fonction motrice.* Une fois que l'information sensorielle est intégrée, le système nerveux peut y *répondre*, c'est-à-dire qu'il peut déterminer la réponse motrice à y apporter, par exemple une contraction musculaire ou une sécrétion glandulaire. Les neurones qui accomplissent cette fonction sont les **neurones moteurs**, ou neurones efférents (*efferre*: porter hors) ou encore motoneurones. Ils transmettent l'information provenant de l'encéphale vers la moelle épinière ou l'information provenant de l'encéphale et de la moelle épinière vers les **effecteurs** (les muscles et certaines glandes) par l'intermédiaire des nerfs crâniens et des nerfs spinaux. En stimulant les effecteurs, les neurones moteurs déclenchent des contractions musculaires et des sécrétions glandulaires.

L'ORGANISATION DU SYSTÈME NERVEUX

Le système nerveux est formé de deux sous-systèmes: le **système nerveux central** (**SNC**), qui se compose de l'encéphale et de la moelle épinière, et le **système nerveux périphérique** (**SNP**), qui comprend toutes les parties du système nerveux situées à l'extérieur du SNC. Le SNC intègre toutes sortes de messages sensoriels afférents (entrants). Il est en outre le siège des pensées, des émotions et des souvenirs. La plupart des influx nerveux qui provoquent la contraction des muscles et l'activité sécrétrice des glandes proviennent du SNC. Le SNP comprend les nerfs crâniens et les nerfs spinaux de même que leurs ramifications respectives, ainsi que les ganglions et les récepteurs sensoriels.

Le SNP se subdivise en trois parties: le système nerveux dit *somatique* (SNS) (*sôma*: corps), le système nerveux dit *autonome* (SNA) (*autonomos*: qui se régit par ses propres lois) et le système nerveux entérique (SNE) (*enteron*: intestin) (figure 12.2).

Le **système nerveux somatique** (**SNS**) se compose de deux types de neurones: 1) des neurones sensitifs qui transmettent au SNC l'information provenant des récepteurs sensoriels somatiques de la tête et de la peau ainsi que des propriocepteurs situés dans les articulations et les muscles, mais aussi l'information provenant des récepteurs sensoriels spécialisés de la vue, de l'ouïe, du goût et de l'odorat; 2) des neurones moteurs qui acheminent les influx nerveux depuis le SNC jusqu'aux *muscles squelettiques* seulement. Étant donné que les réponses motrices ainsi produites peuvent être régies consciemment, l'activité de cette partie du SNP est dite *volontaire*.

Le **système nerveux autonome** (**SNA**) se compose aussi de deux types de neurones: 1) des neurones sensitifs qui transmettent au SNC l'information provenant des récepteurs sensoriels autonomes (situés principalement dans les vaisseaux sanguins et les viscères, tels l'estomac et les poumons); 2) des neurones moteurs qui transmettent les influx nerveux depuis le SNC jusqu'aux *muscles lisses*, au *muscle cardiaque* et aux *glandes*. Étant donné que, normalement, les réponses motrices produites par le SNA ne sont pas assujetties à une régulation consciente, l'activité de cette partie du SNP est dite *involontaire*. La partie motrice du SNA comprend deux subdivisions, la **partie sympathique du SNA** ou **système nerveux sympathique**, et la **partie parasympathique du SNA** ou **système nerveux parasympathique**. À quelques exceptions près, ces deux subdivisions innervent la plupart des effecteurs et elles ont habituellement des effets antagonistes. Ainsi, les neurones sympathiques augmentent la fréquence cardiaque, tandis que les neurones parasympathiques la diminuent. De manière générale, le système nerveux sympathique intervient dans l'activité physique et dans les actions d'urgence (réaction de lutte ou de fuite), alors que le système nerveux parasympathique intervient au cours du repos et de la digestion.

Le **système nerveux entérique** (**SNE**) constitue en quelque sorte « le cerveau de l'intestin ». Son action est involontaire. Autrefois considéré comme une composante du SNA, le SNE comprend environ 100 millions de neurones, situés dans les plexus entériques, qui s'étendent sur presque toute la longueur du tube digestif. Un grand nombre de neurones des plexus entériques fonctionnent de manière relativement indépendante du SNA et du SNC; ils communiquent néanmoins avec le SNC par l'intermédiaire de neurones sympathiques et parasympathiques. Les neurones sensitifs du SNE détectent les modifications de la valeur de facteurs contrôlés – tels que la valeur du pH – à la suite des changements chimiques qui se produisent dans le tube digestif, ainsi que l'étirement de ses parois à la suite de l'arrivée des aliments.

FIGURE 12.2 L'organisation du système nerveux. Notez que les effecteurs ne font pas partie intégrante du système nerveux.

 Les deux principaux sous-systèmes du système nerveux sont : 1) le système nerveux central (SNC), composé de l'encéphale et de la moelle épinière ; et 2) le système nerveux périphérique (SNP), composé de tous les tissus nerveux situés à l'extérieur du SNC. Le SNP se subdivise en système nerveux somatique (SNS), système nerveux autonome (SNA) et système nerveux entérique (SNE).

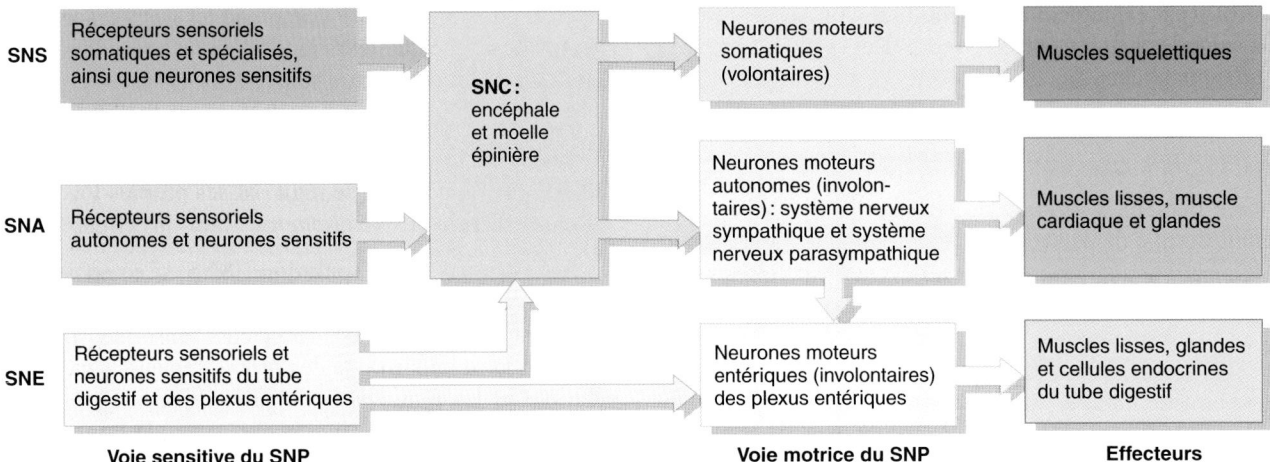

Quel est le nom des neurones qui transmettent l'information au SNC ?
Quel est celui des neurones qui acheminent l'information hors du SNC ?

Les neurones moteurs entériques régissent la contraction des muscles lisses (qui font avancer les aliments dans le tube digestif), les sécrétions des organes digestifs (notamment la sécrétion d'acide par l'estomac) et l'activité des cellules endocrines du tube digestif (qui sécrètent des hormones).

▶ **POINT DE CONTRÔLE**

1. Quelles sont les divisions du SNC ?
2. Quels problèmes causerait la détérioration des neurones sensoriels, des interneurones et des neurones moteurs ?
3. Quelles sont les subdivisions et les fonctions du SNP ?
4. Quelles sont les subdivisions du SNP qui ont une action volontaire ? Quelles sont celles qui ont une action involontaire ?

L'HISTOLOGIE DU TISSU NERVEUX

OBJECTIFS

- Comparer les caractéristiques histologiques et les fonctions des neurones et des gliocytes.
- Établir la distinction entre la substance grise et la substance blanche.

Le tissu nerveux est composé de deux types de cellules : les neurones et les gliocytes. Les neurones accomplissent la plupart des fonctions propres au système nerveux, soit la détection des stimulus, l'élaboration de la pensée, l'apprentissage et la mémoire, la régulation de l'activité musculaire et la régulation de l'activité sécrétrice des glandes. Les gliocytes soutiennent, nourrissent et pro-tègent les neurones ; ils maintiennent aussi en état d'équilibre les substances présentes dans le liquide interstitiel qui baigne les neurones.

LES NEURONES

À l'instar des myocytes, les **neurones**, ou cellules nerveuses, sont dotés d'**excitabilité électrique**, c'est-à-dire qu'ils ont la capacité de répondre aux stimulus et de les transformer en potentiels d'action. Un **stimulus** est une modification quelconque qui se produit dans l'environnement et qui, s'il est suffisamment puissant, peut générer un potentiel d'action. Un **potentiel d'action**, ou **influx nerveux**[1], est un signal électrique qui se propage le long de la membrane d'un neurone. Les potentiels d'action se forment et se transmettent grâce aux déplacements des ions (par exemple, sodium et potassium) entre le liquide interstitiel et l'intérieur des neurones, ces déplacements d'ions s'effectuant par des canaux ioniques spécifiques situés dans la membrane plasmique des neurones. Une fois engendrés, les potentiels d'action se propagent rapidement sans perdre de leur force.

Certains neurones sont minuscules et propagent les influx nerveux sur de courtes distances (moins de 1 mm) dans le SNC. D'autres constituent les cellules les plus longues du corps humain. Ainsi, les neurones moteurs qui nous permettent de remuer les orteils vont de la région lombaire de la moelle épinière jusqu'aux muscles du pied. Certains neurones sensoriels sont encore plus longs. Ceux qui nous permettent de percevoir la position de nos orteils pendant qu'ils remuent s'étendent du pied jusqu'à la partie inférieure de l'encéphale. Les influx nerveux parcourent ces distances considérables à des vitesses comprises entre 0,5 et 130 m/s.

---

1. Dans ce manuel, nous utiliserons indifféremment ces deux synonymes.

Les parties du neurone

La plupart des neurones comprennent trois parties : 1) un corps cellulaire, 2) des dendrites, et 3) un axone (figure 12.3). Le **corps cellulaire**, aussi appelé *soma* ou encore *péricaryon*, renferme un noyau entouré d'un cytoplasme contenant les organites habituels tels que des mitochondries, un complexe golgien et des lysosomes. Le corps cellulaire neuronal contient aussi des ribosomes libres et des amas très nets de réticulum endoplasmique rugueux, les *corps de Nissl*. (Rappelons que le RE rugueux est un réseau de membranes dont la surface est couverte de ribosomes, d'où le terme « rugueux ».) Les ribosomes libres et le ribosomes des corps de Nissl sont le siège de la synthèse des protéines. Une fois produites par les ribosomes des corps de Nissl, les protéines nouvellement synthétisées remplacent des composantes cellulaires, fournissant ainsi des matériaux pour la croissance des neurones, et régénèrent les axones endommagés dans le SNP. Le cytosquelette comprend des *neurofibrilles*, qui sont composées de faisceaux de filaments intermédiaires soutenant la cellule et lui donnant sa forme, et des *microtubules*, qui concourent au transport des matières entre le corps cellulaire et l'axone. De nombreux neurones contiennent aussi de la *lipofuscine*, pigment qui se présente sous la forme d'amas de granules jaune brun dans le cytoplasme. La lipofuscine est un produit des lysosomes neuronaux qui s'accumule à mesure que le neurone vieillit, mais elle ne semble pas pour autant nuire à celui-ci.

Le terme *fibre nerveuse* désigne tout prolongement qui émerge du corps cellulaire d'un neurone. La plupart des neurones ont deux types de prolongements : de nombreux dendrites et un seul axone. Les **dendrites** (*dendron* : arbre) constituent la **principale structure réceptrice** du neurone, c'est-à-dire qu'ils reçoivent l'information d'entrée. Ils sont généralement courts, effilés et très ramifiés. Dans de nombreux neurones, les dendrites forment une arborisation qui émerge du corps cellulaire. Leur cytoplasme contient des corps de Nissl, des mitochondries et d'autres organites.

Toujours unique, l'**axone** (*axon* : axe) constitue la **structure émettrice** du neurone, c'est-à-dire qu'il transmet les influx nerveux (information de sortie) à un autre neurone, à un myocyte ou à une cellule glandulaire. Long, mince et cylindrique, l'axone s'unit souvent au corps cellulaire par une éminence conique appelée **cône d'implantation de l'axone**, ou cône d'émergence. La partie de l'axone la plus proche du cône d'implantation est nommée **segment initial**. Dans la plupart des neurones, les influx nerveux naissent dans la **zone gâchette**, à la jonction du cône d'implantation et du segment initial, puis se propagent le long de l'axone jusqu'à leur destination. Un axone contient des mitochondries, des microtubules et des neurofibrilles. Parce qu'il est dépourvu de réticulum endoplasmique rugueux, aucune protéine n'y est synthétisée. Le cytoplasme de l'axone, appelé **axoplasme**, est entouré d'une membrane plasmique, l'**axolemme** (*lemma* : enveloppe, gaine). Des ramifications latérales nommées **collatérales** peuvent émerger le long de l'axone, généralement à angle droit. La partie distale de l'axone et de ses collatérales se ramifie en de fins prolongements, les **terminaisons axonales**, ou télodendrons.

La **synapse** est le point de communication entre deux neurones ou entre un neurone et une cellule effectrice. Certaines terminaisons axonales se terminent par un renflement appelé **bouton terminal** ou *corpuscule nerveux terminal* ; d'autres portent des éminences appelées *varicosités*. Les boutons terminaux et les varicosités contiennent un grand nombre de sacs minuscules entourés d'une membrane, les **vésicules synaptiques**, qui emmagasinent une substance chimique nommée **neurotransmetteur**. De nombreux neurones contiennent deux ou même trois neurotransmetteurs, chacun d'eux ayant des effets différents sur la cellule postsynaptique. Une fois libérées des vésicules synaptiques, les molécules de neurotransmetteur excitent ou inhibent d'autres neurones, des myocytes ou des cellules glandulaires.

Parce que l'axone ou les terminaisons axonales ont besoin de certaines substances synthétisées ou recyclées dans le corps cellulaire des neurones, deux moyens de transport assurent l'aller et le retour des matières entre le corps cellulaire et les terminaisons axonales. Le plus lent des deux, appelé **transport axonal lent**, déplace les matières à la vitesse de 1 à 5 mm par jour. Il véhicule l'axoplasme dans une seule direction, soit du corps cellulaire vers les terminaisons axonales. Il approvisionne en axoplasme neuf les axones en voie de développement ou de régénération et il reconstitue l'axoplasme des axones matures ou en croissance.

Le moyen de transport le plus rapide, justement appelé **transport axonal rapide**, peut déplacer les matières à la vitesse de 200 à 400 mm par jour. Il repose sur l'action de protéines qui font office de « moteurs » et acheminent les matières dans les deux directions (vers le corps cellulaire et en sens inverse) à la surface des microtubules. Le transport axonal rapide déplace les organites et matières qui forment les membranes de l'axolemme, des boutons terminaux et des vésicules synaptiques. Certaines des matières renvoyées dans le corps cellulaire stimulent la croissance du neurone ; d'autres sont dégradées ou recyclées.

La diversité structurale des neurones

La taille et la forme des neurones varient considérablement. Ainsi, le diamètre du corps cellulaire se situe entre 5 micromètres (μm) – soit moins que le diamètre d'un érythrocyte – et 135 μm – auquel cas la cellule est presque visible à l'œil nu. La forme de l'arborisation dendritique varie également d'une partie à l'autre du système nerveux. Quelques neurones très petits n'ont pas d'axone ; dans d'autres, beaucoup plus nombreux, l'axone est très court ; enfin, comme nous l'avons vu, certains axones sont presque aussi longs que le corps lui-même, puisqu'ils vont des orteils jusqu'à la base de l'encéphale.

La classification des divers neurones de l'organisme repose sur leurs caractéristiques structurales et fonctionnelles. Du point de vue fonctionnel, comme nous l'avons mentionné, on distingue trois catégories de neurones : les neurones sensitifs, les interneurones et les neurones moteurs. Du point de vue structural, on classe les neurones selon le nombre de prolongements qui émergent du corps cellulaire (figure 12.4).

1. Les **neurones multipolaires** possèdent généralement plusieurs dendrites et un seul axone (figure 12.3). La plupart des neurones de l'encéphale et de la moelle épinière appartiennent à cette catégorie.

2. Les **neurones bipolaires** possèdent un dendrite principal et un axone. On les rencontre dans la rétine, dans l'oreille interne et dans l'aire olfactive du cerveau.

FIGURE 12.3 La structure d'un neurone «typique» : neurone moteur multipolaire (neurone pourvu d'un gros corps cellulaire, de plusieurs dendrites courts et d'un long axone unique). Les flèches indiquent la direction de l'information : dendrites → corps cellulaire → axone → terminaisons axonales → boutons terminaux.

Les principales parties du neurone sont les dendrites, le corps cellulaire et l'axone.

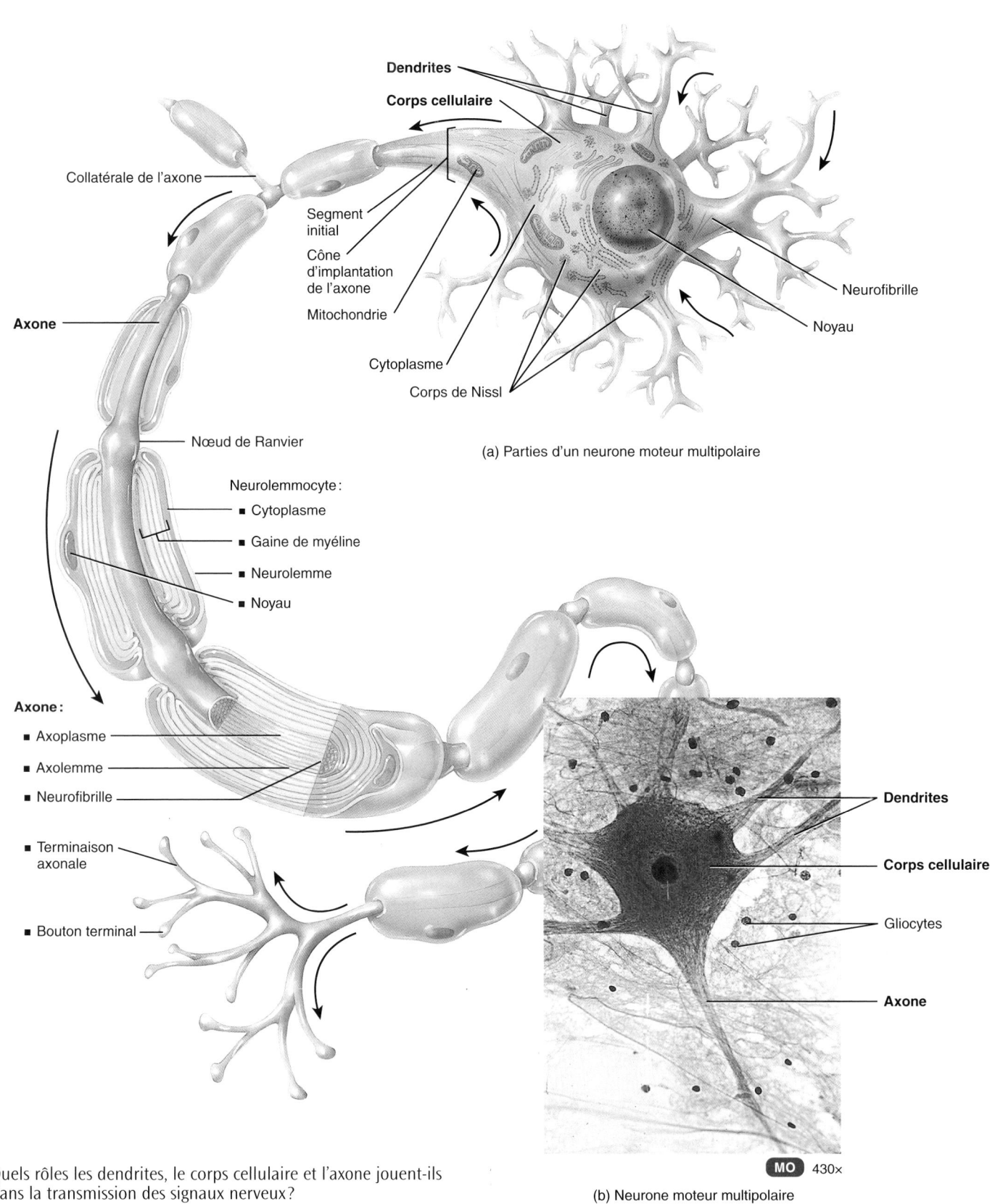

(a) Parties d'un neurone moteur multipolaire

(b) Neurone moteur multipolaire

MO 430×

Q Quels rôles les dendrites, le corps cellulaire et l'axone jouent-ils dans la transmission des signaux nerveux ?

FIGURE 12.4 La classification structurale des neurones. Les interruptions indiquent que les axones sont en réalité plus longs que dans l'illustration.

Un neurone multipolaire possède plusieurs prolongements qui émergent du corps cellulaire. Un neurone bipolaire en possède deux, et un neurone unipolaire n'en possède qu'un.

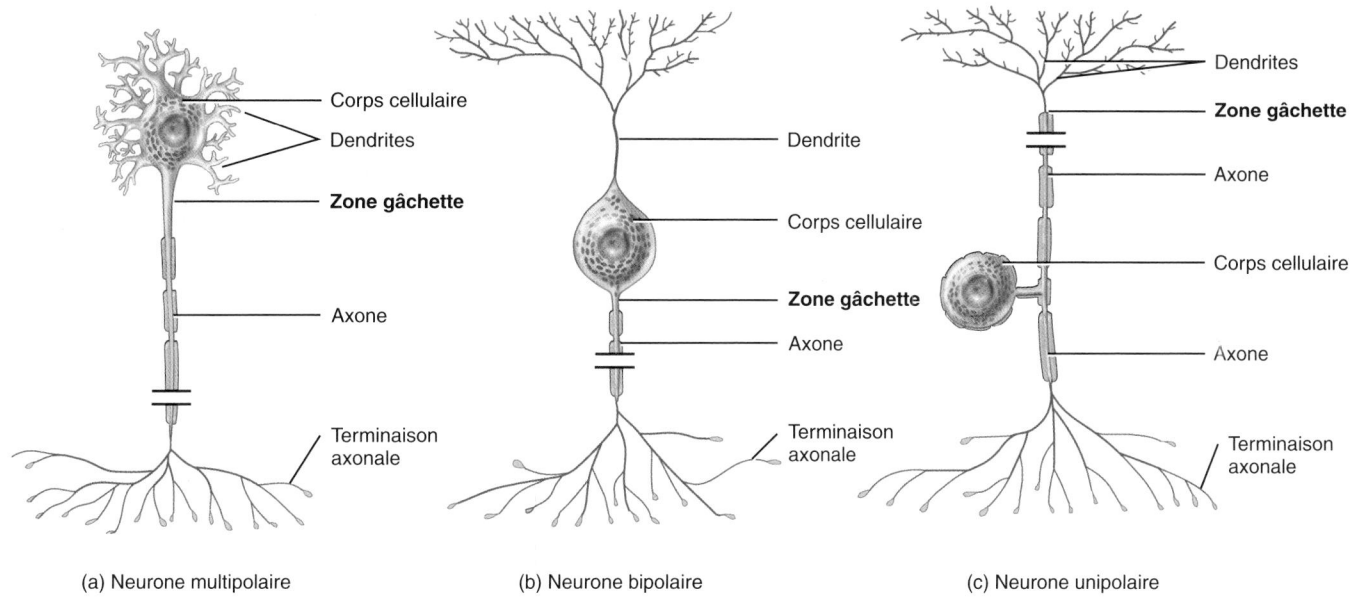

(a) Neurone multipolaire

(b) Neurone bipolaire

(c) Neurone unipolaire

Que se passe-t-il dans la zone gâchette?

3. Les **neurones unipolaires** sont des neurones sensitifs qui apparaissent dans l'embryon sous forme de neurones bipolaires. Au cours du développement embryonnaire, l'axone et le dendrite fusionnent en un seul prolongement qui se divise en deux ramifications près du corps cellulaire. Les deux ramifications possèdent la structure et la fonction caractéristiques d'un axone : ce sont des prolongements longs et cylindriques qui transmettent des influx nerveux. Toutefois, la ramification axonale qui s'étend en périphérie présente des dendrites à son extrémité distale, alors que celle qui rejoint le SNC se finit par des boutons terminaux. Les dendrites détectent les stimulus sensoriels tels qu'un contact ou un étirement. La zone gâchette des neurones unipolaires se situe à la jonction des dendrites et de l'extrémité distale de l'axone (figure 12.4c). Les influx nerveux qui y sont produits se propagent ensuite le long de l'axone vers les boutons terminaux. Le corps cellulaire des neurones unipolaires se trouve en général dans les ganglions des nerfs spinaux et crâniens.

Certains neurones portent le nom de l'histologiste qui les a décrits pour la première fois (cette nomenclature est toutefois de plus en plus délaissée) ; d'autres sont nommés en fonction de leur forme ou autre caractéristique physique. Citons par exemple les **cellules de Purkinje** dans le cervelet (figure 12.5a) et les **cellules pyramidales** du cortex cérébral de l'encéphale, lesquelles possèdent, comme leur nom l'indique, un corps cellulaire en forme de pyramide (figure 12.5b). Très souvent aussi, les neurones se distinguent par la configuration de leurs ramifications dendritiques.

FIGURE 12.5 Deux exemples de neurones du SNC. Les flèches indiquent la direction de l'information.

Très souvent, la configuration des ramifications dendritiques caractérise le type de neurone.

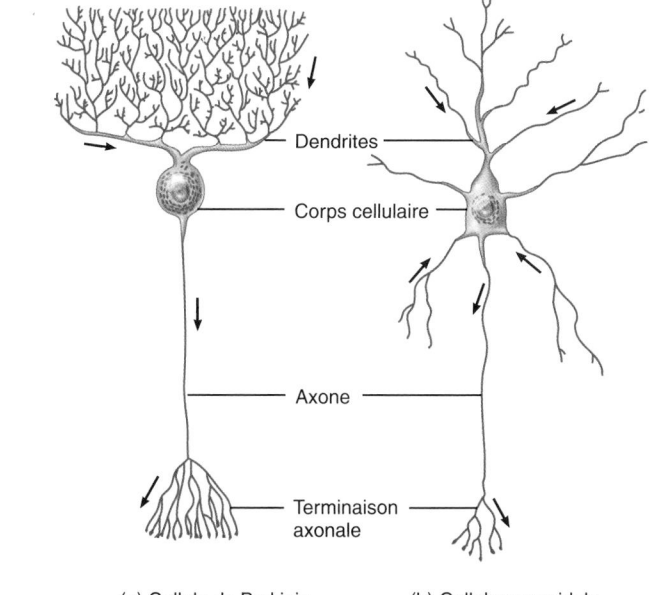

(a) Cellule de Purkinje

(b) Cellule pyramidale

D'où vient le nom des cellules pyramidales?

LES GLIOCYTES

Les **gliocytes**, ou cellules gliales, forment la névroglie ; ils constituent la moitié environ du volume du SNC. Les histologistes croyaient autrefois qu'ils représentaient une sorte de « colle » qui agglutinait les unités du tissu nerveux, d'où leur nom (*gloios* : glu). Nous savons aujourd'hui que, loin de jouer un rôle passif, les gliocytes contribuent activement au fonctionnement du tissu nerveux. En général, les gliocytes sont plus petits que les neurones et de 5 à 50 fois plus nombreux. Contrairement aux neurones, ils ne produisent ni ne transmettent de potentiels d'action, et ils peuvent se multiplier et se diviser dans le système nerveux de l'adulte. En cas de lésion ou de maladie, les gliocytes prolifèrent pour combler les espaces qui étaient occupés jusque-là par des neurones. Les **gliomes** – tumeurs du SNC formées à partir de gliocytes – sont souvent malins et croissent rapidement. Des six types de gliocytes, quatre se trouvent uniquement dans le SNC, soit les astrocytes, les oligodendrocytes, les microglies et les épendymocytes. Les deux autres types – neurolemmocytes et cellules satellites – sont présents dans le SNP.

Les gliocytes du SNC

Les gliocytes du SNC se classent en quatre catégories définies par leur taille, leurs prolongements cytoplasmiques et leur organisation intracellulaire : les astrocytes, les oligodendrocytes, les microglies et les épendymocytes (figure 12.6).

FIGURE 12.6 Les gliocytes du système nerveux central (SNC).

Les différents types de gliocytes du SNC se caractérisent par leur taille, leurs prolongements cytoplasmiques et leur organisation intracellulaire.

Cellules de la pie-mère (méninge interne)
Oligodendrocyte
Microglie
Neurone
Capillaire sanguin
Astrocytes fibreux
Astrocyte protoplasmique
Microglie
Épendymocyte :
■ Microvillosité
■ Cils

Astrocyte protoplasmique
Nœud de Ranvier
Gaine de myéline
Axone
Oligodendrocyte
Neurones

Ventricule cérébral

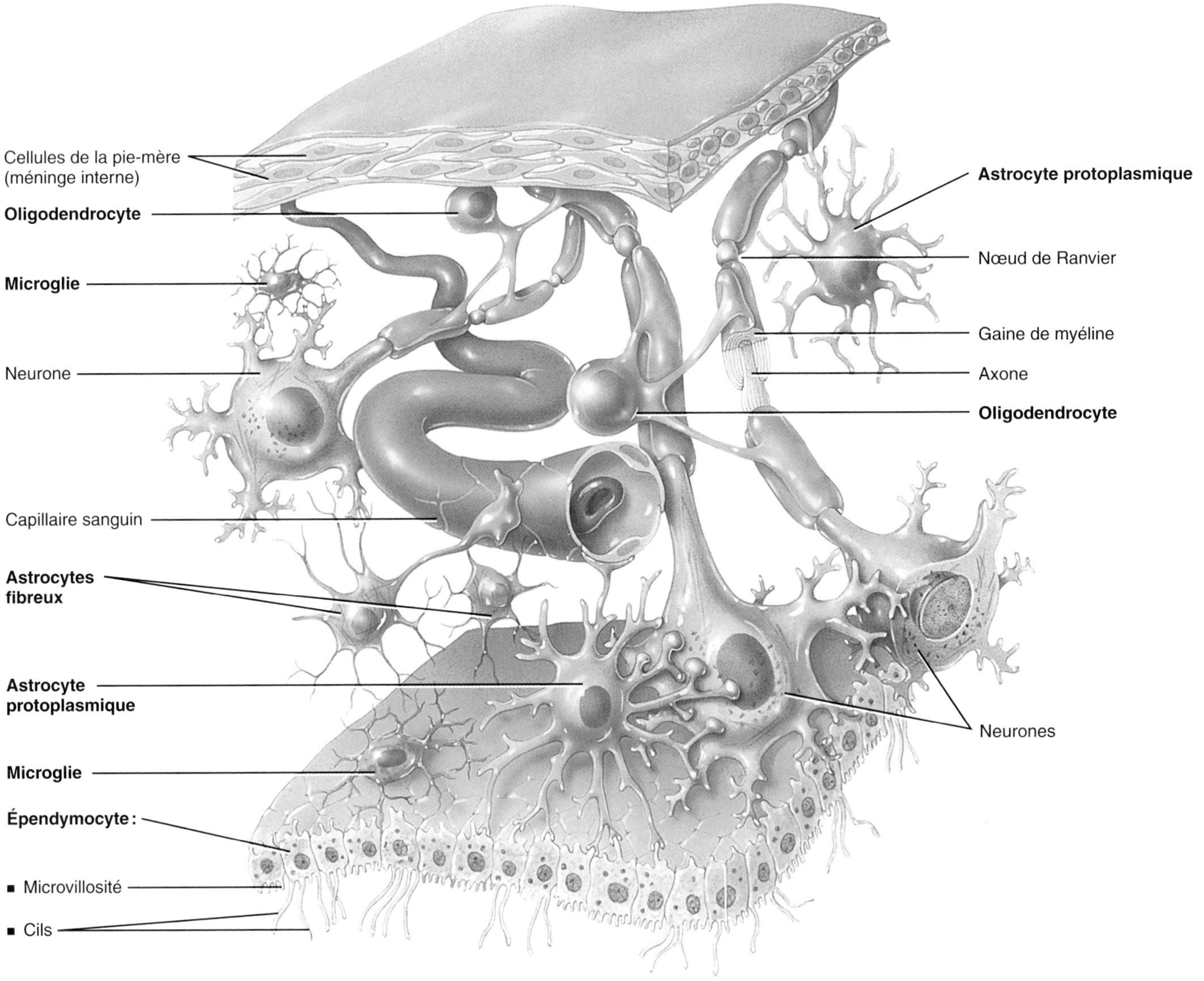

Quels sont les gliocytes du SNC qui font office de phagocytes ?

Les astrocytes (*astron*: étoile; *kytos*: cellule) Les **astrocytes** sont les gliocytes les plus grands et les plus nombreux du corps humain. Ils sont en forme d'étoile et possèdent de nombreux prolongements. On distingue deux types d'astrocytes. Les *astrocytes protoplasmiques* ont de nombreux prolongements courts et ramifiés, et se trouvent dans la substance grise (voir plus loin). Les *astrocytes fibreux* possèdent de nombreux prolongements longs et non ramifiés, et se trouvent surtout dans la substance blanche (voir plus loin). Les prolongements des astrocytes établissent le contact avec les capillaires sanguins, les neurones et la pie-mère – fine membrane qui entoure l'encéphale et la moelle épinière.

Les astrocytes remplissent plusieurs fonctions: 1) Ils contiennent des microfilaments qui leur confèrent une résistance très grande, ce qui leur permet de soutenir les neurones. 2) Leurs prolongements enroulés autour des capillaires sanguins protègent les neurones du SNC contre les substances issues du sang qui pourraient les endommager. En effet, les sécrétions chimiques libérées par les astrocytes maintiennent la perméabilité sélective caractéristique des cellules endothéliales des capillaires du SNC. Ensemble, les prolongements des astrocytes et les cellules endothéliales forment une *barrière hématoencéphalique* qui limite le transfert des matières entre le sang et le liquide interstitiel du SNC (nous étudierons la barrière hématoencéphalique en détail au chapitre 14). 3) Les astrocytes concourent à maintenir un milieu chimique adéquat pour la production des influx nerveux. Par exemple, ils régulent la concentration de certains ions majeurs tels que K^+; ils captent l'excès de neurotransmetteurs; ils servent de conduits pour le passage des nutriments et autres substances entre les capillaires sanguins et les neurones. 4) Les astrocytes interviendraient aussi dans la formation des synapses entre les neurones et, donc, dans l'apprentissage et la mémoire. 5) Enfin, chez l'embryon, les astrocytes produisent des sécrétions chimiques qui semblent réguler la croissance et la migration des neurones de l'encéphale ainsi que leurs connexions.

Les oligodendrocytes (*oligos*: peu nombreux; *dendron*: arbre) Les **oligodendrocytes** ressemblent aux astrocytes mais ils sont plus petits et possèdent moins de prolongements. Ces prolongements forment et maintiennent la gaine de myéline qui entoure les axones du SNC. Chaque oligodendrocyte présente des prolongements qui myélinisent plusieurs axones ou plusieurs segments d'un même axone (figure 12.6). Ainsi que nous le verrons plus loin, la **gaine de myéline** est une enveloppe lipidique et protéique composée de nombreuses couches; elle entoure certains axones, les isole et augmente la vitesse de propagation de l'influx nerveux. Les axones entourés de cette gaine sont dits **myélinisés**.

Les microglies (*mikros*: petit) Ces gliocytes sont petits et possèdent des prolongements minces hérissés de nombreuses projections en forme d'épines. Les **microglies** font office de phagocytes. À l'instar des macrophagocytes tissulaires, elles éliminent les débris cellulaires qui se forment pendant le développement normal du système nerveux, et phagocytent les microorganismes ainsi que les tissus nerveux endommagés.

Les épendymocytes (*epi*: sur; *enduma*: vêtement) Les **épendymocytes**, ou cellules épendymaires, sont des cellules cubiques ou prismatiques disposées en une seule couche et munies de microvillosités ainsi que de cils. Les épendymocytes tapissent les ventricules cérébraux et le canal central de la moelle épinière – espaces remplis de liquide cérébrospinal. Sur le plan fonctionnel, ils forment le liquide cérébrospinal et favorisent sa circulation autour de l'encéphale et de la moelle épinière; ils pourraient en outre détecter ses variations et les atténuer. Les épendymocytes forment aussi une barrière entre le sang et le liquide cérébrospinal, que nous étudierons au chapitre 14.

Les gliocytes du SNP

Les gliocytes du SNP entourent complètement l'axone et le corps cellulaire des neurones. On en distingue deux types: les neurolemmocytes et les cellules satellites (figure 12.7).

Les neurolemmocytes Les **neurolemmocytes**, ou cellules de Schwann, entourent les axones dans le SNP. À l'instar des oligodendrocytes, ils forment la gaine de myéline autour des axones. Par contre, alors que chaque oligodendrocyte assure la myélinisation de plusieurs axones ou de plusieurs segments d'un même axone, chaque neurolemmocyte ne myélinise qu'un seul segment d'un même axone (figure 12.7a). Par ailleurs, un même neurolemmocyte peut envelopper plus de 20 axones sans pour autant former de gaine de myéline; c'est pourquoi ces axones sont amyélinisés, c'est-à-dire dépourvus de gaine de myéline (figure 12.7b). Les neurolemmocytes contribuent à la régénération des axones, qui est plus facile dans le SNP que dans le SNC.

Les cellules satellites Ces cellules aplaties entourent le corps cellulaire des neurones dans les ganglions du SNP (figure 12.7c). (Rappelons que les ganglions sont des amas de corps cellulaires de neurones situés en dehors du SNC.) En plus de fournir un soutien structural aux neurones, les **cellules satellites** régulent les échanges de matières entre le corps cellulaire des neurones et le liquide interstitiel.

LA MYÉLINISATION

Ainsi que nous l'avons vu, les axones entourés d'une gaine de myéline – enveloppe lipidique et protéique composée de plusieurs couches – sont dits *myélinisés* (figure 12.8a). Cette gaine isole électriquement l'axone et augmente la vitesse de propagation de l'influx nerveux. Les axones qui en sont dépourvus sont dits **amyélinisés** (figure 12.8b).

Deux types de gliocytes produisent la gaine de myéline: les neurolemmocytes (dans le SNP) et les oligodendrocytes (dans le SNC). Les neurolemmocytes commencent à former des gaines de myéline autour des axones pendant le développement fœtal. Chaque neurolemmocyte enrobe un segment d'axone d'environ 1 mm de long en s'enroulant plusieurs fois autour de lui (figure 12.8a). Finalement, de nombreuses couches de membrane plasmique entourent le segment de l'axone; le cytoplasme et le noyau du neurolemmocyte forment la couche la plus externe de cette enveloppe. La partie interne, qui peut comprendre jusqu'à 100 couches de membrane plasmique du neurolemmocyte, constitue la gaine de myéline proprement dite. La couche cytoplasmique externe du neurolemmocyte qui entoure la gaine de myéline porte le nom de **neurolemme**, ou neurilemme. Seuls les axones du SNP possèdent un neurolemme. Lorsqu'un axone est endommagé, le neurolemme

FIGURE 12.7 Les gliocytes du système nerveux périphérique (SNP).

Les gliocytes du SNP entourent complètement l'axone et le corps cellulaire des neurones.

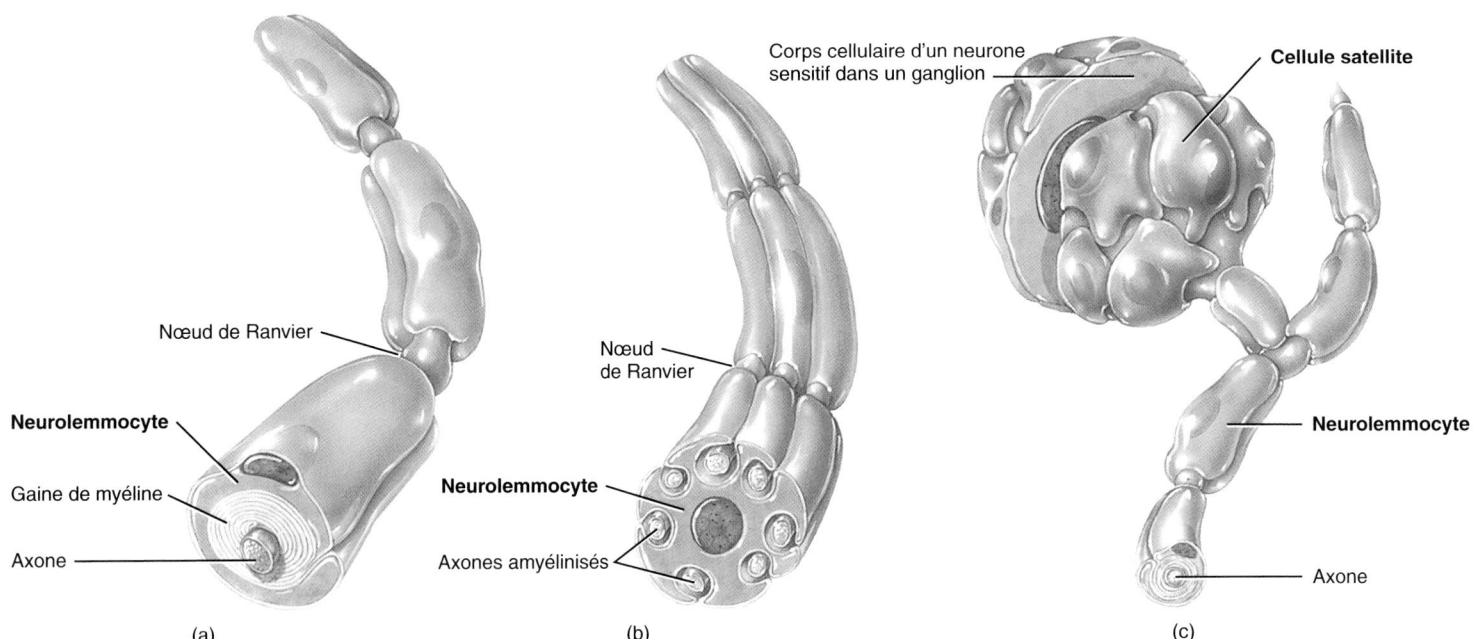

 En quoi les neurolemmocytes et les oligodendrocytes diffèrent-ils pour ce qui est du nombre des axones qu'ils myélinisent?

FIGURE 12.8 Les axones myélinisés et les axones amyélinisés. Notez que les axones amyélinisés sont entourés d'une couche unique de membrane plasmique de neurolemmocyte.

Les axones sont dits «myélinisés» quand ils sont entourés d'une gaine de myéline. Celle-ci est produite par les neurolemmocytes dans le SNP et par les oligodendrocytes dans le SNC.

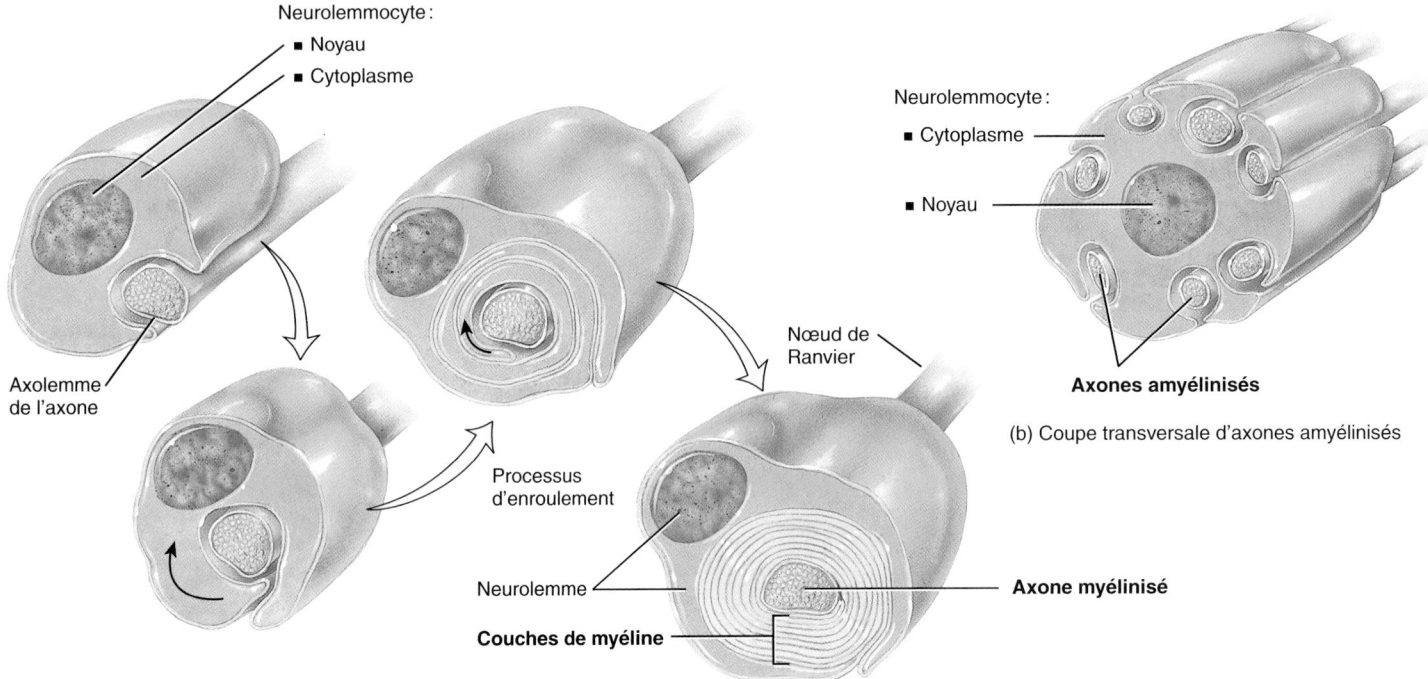

FIGURE 12.8 Les axones myélinisés et les axones amyélinisés *(suite).*

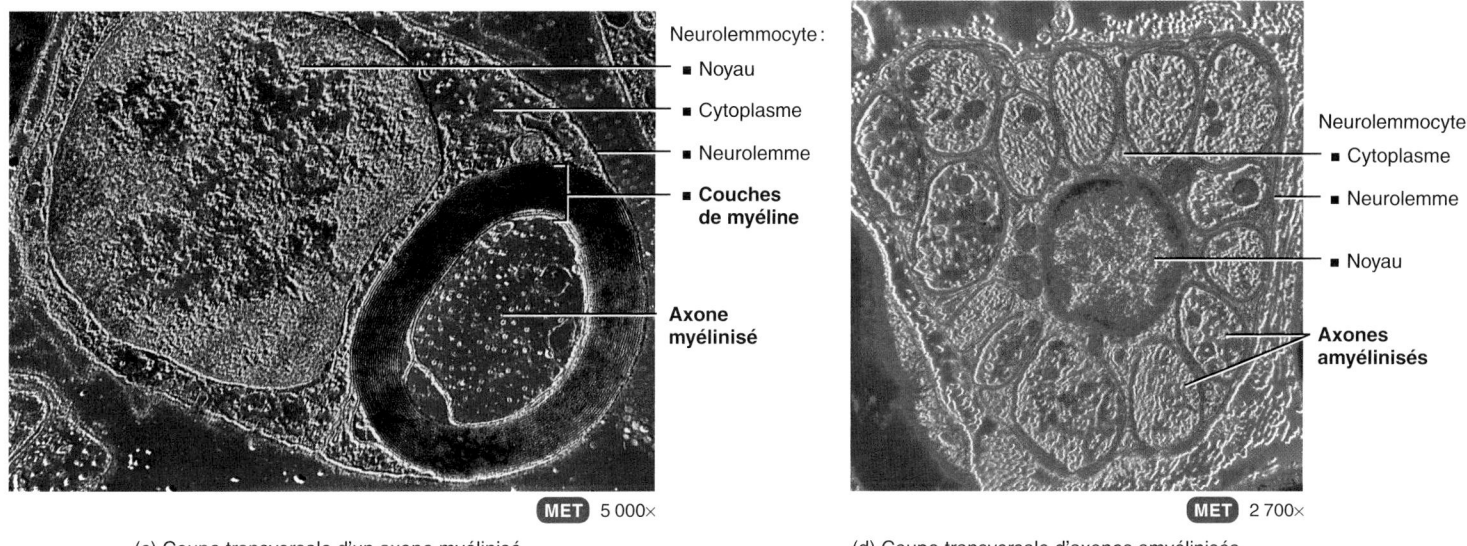

Neurolemmocyte:
- Noyau
- Cytoplasme
- Neurolemme
- **Couches de myéline**

Axone myélinisé

MET 5 000×

(c) Coupe transversale d'un axone myélinisé

Neurolemmocyte:
- Cytoplasme
- Neurolemme
- Noyau

Axones amyélinisés

MET 2 700×

(d) Coupe transversale d'axones amyélinisés

Q Quel avantage la myélinisation présente-t-elle sur le plan fonctionnel?

facilite la régénération en formant un tube de régénération qui guide et stimule la repousse de l'axone (figure 12.20). Le long de l'axone, plusieurs neurolemmocytes enveloppent chacun un segment d'axone en laissant entre eux des intervalles appelés **nœuds de Ranvier** (figure 12.3). On dit couramment que l'axone est «entouré d'une gaine de myéline»; cette gaine de myéline est en fait *discontinue*, puisqu'elle ne recouvre l'axone que par segments séparés par un nœud de Ranvier dépourvu lui-même de myéline.

Dans le SNC, un oligodendrocyte myélinise certaines parties de nombreux axones. Chaque oligodendrocyte déploie une quinzaine de prolongements larges et plats qui s'enroulent autour de plusieurs axones du SNC, formant ainsi une gaine de myéline. L'oligodendrocyte ne forme cependant pas de neurolemme, car son corps cellulaire et son noyau n'enveloppent pas l'axone. Des nœuds de Ranvier sont présents, mais ils sont moins nombreux que dans le SNP. Les axones du SNC ont une faible capacité de régénération après une lésion. On attribue cette caractéristique, d'une part, à l'absence de neurolemme et, d'autre part, à l'influence inhibitrice exercée par les oligodendrocytes sur la repousse.

La quantité de myéline augmente de la naissance à l'âge adulte et sa présence accroît considérablement la vitesse de propagation de l'influx nerveux. Comme la myélinisation se poursuit durant la petite enfance, les réponses du nourrisson aux stimulus ne sont ni aussi rapides, ni aussi coordonnées que celles d'un enfant plus âgé ou d'un adulte.

LA DÉMYÉLINISATION

La **démyélinisation** est la disparition ou la destruction de la gaine de myéline qui entoure les axones. Elle peut être causée par des maladies telles que la sclérose en plaques (voir p. 461) ou la maladie de Tay-Sachs (voir p. 87), ou par des traitements médicaux tels que la radiothérapie ou la chimiothérapie. Un seul accès de démyélinisation peut entraîner une détérioration des nerfs touchés. ■

LA SUBSTANCE GRISE ET LA SUBSTANCE BLANCHE

Dans une coupe fraîchement pratiquée de l'encéphale ou de la moelle épinière, certaines régions apparaissent blanches et luisantes et d'autres, grises (figure 12.9). La **substance blanche** se compose essentiellement d'axones myélinisés; c'est à la couleur blanchâtre de la myéline qu'elle doit son nom. La **substance grise** du système nerveux contient des corps cellulaires de neurones, des dendrites, des axones amyélinisés, des terminaisons axonales et des gliocytes. Elle a une teinte grisâtre, et non blanchâtre, parce qu'elle renferme des corps de Nissl (gris) mais peu de myéline (blanche). La substance blanche et la substance grise comprennent toutes deux des vaisseaux sanguins.

Dans la moelle épinière, la substance blanche entoure une partie centrale de substance grise qui, selon l'imagination de chacun, évoque soit la lettre H, soit un papillon. Par ailleurs, une mince enveloppe de substance grise recouvre les parties les plus grandes de l'encéphale, soit le cerveau et le cervelet (figure 12.9). On rencontre aussi de nombreux noyaux de substance grise à l'intérieur de l'encéphale. Dans le vocabulaire de la neurologie, le terme **noyau** désigne un amas de corps cellulaires de neurones situé dans le SNC. (Rappelons que les *ganglions* sont des amas similaires, mais situés dans le SNP.) Nous traiterons plus en détail de la répartition de la substance blanche et de la substance grise dans la moelle épinière et dans l'encéphale aux chapitres 13 et 14, respectivement.

▶ **POINT DE CONTRÔLE**

5. Décrivez les parties du neurone et les fonctions de chacune.

6. Donnez des exemples qui illustrent la diversité structurale et fonctionnelle du neurone.

7. Décrivez les types de gliocytes et les fonctions de chacun.

FIGURE 12.9 La répartition de la substance grise et de la substance blanche dans la moelle épinière et l'encéphale.

 La substance blanche se compose essentiellement des axones myélinisés de nombreux neurones. La substance grise se compose de corps cellulaires de neurones, de dendrites, de terminaisons axonales, d'axones amyélinisés et de gliocytes.

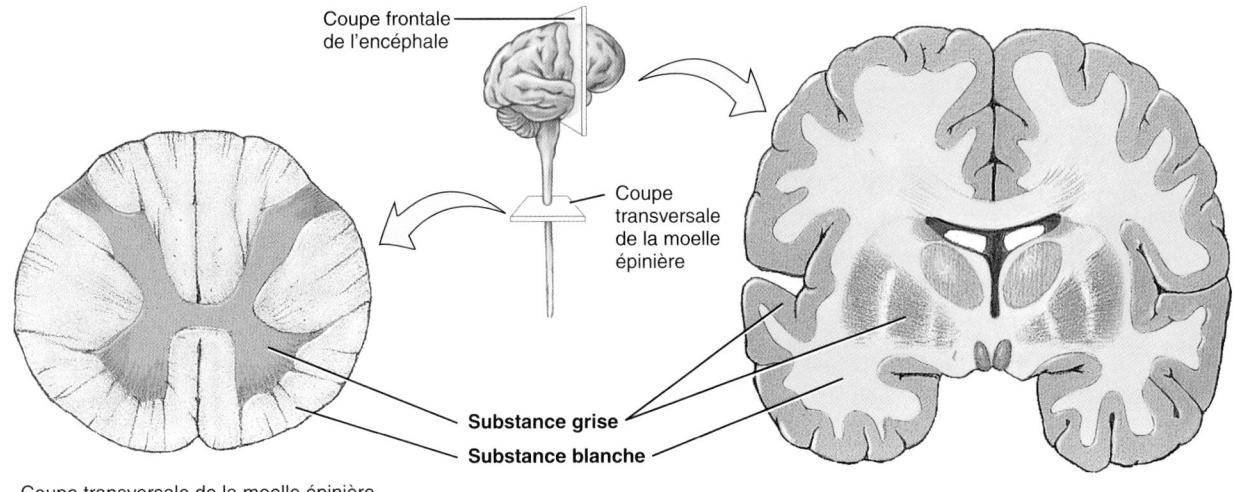

Coupe frontale de l'encéphale

Coupe transversale de la moelle épinière

Substance grise

Substance blanche

Coupe transversale de la moelle épinière

Coupe frontale de l'encéphale

Q Qu'est-ce qui donne sa couleur à la substance blanche? à la substance grise?

8. Décrivez la gaine de myéline et ses fonctions.

9. Qu'est-ce qu'un neurolemme? Quel est son rôle?

10. Qu'est-ce qu'un noyau dans le vocabulaire de la neurologie?

LES SIGNAUX ÉLECTRIQUES DANS LES NEURONES

- Décrire les propriétés cellulaires qui permettent la communication entre les neurones ainsi qu'entre les neurones et les effecteurs.
- Comparer les principaux types de canaux ioniques et expliquer leurs rapports avec les potentiels d'action et les potentiels gradués.
- Décrire les facteurs qui maintiennent le potentiel de repos.
- Indiquer les étapes nécessaires à la formation d'un potentiel d'action.

À l'instar des myocytes, les neurones sont électriquement excitables. Ils communiquent entre eux par deux types de signaux électriques: 1) les *potentiels gradués*, qui servent uniquement à la communication sur de courtes distances, et 2) les *potentiels d'action*, qui permettent la communication dans l'organisme aussi bien sur de courtes distances que sur de longues distances. Rappelons que, dans les myocytes, les potentiels d'action sont appelés *potentiels d'action musculaires*. Dans un neurone, les potentiels d'action sont aussi appelés *influx nerveux*.

Le terme «potentiel» est un concept clé. Il se définit comme la mesure d'une différence de charges entre deux points. En fait, c'est la mesure de l'énergie potentielle obtenue lors de la séparation de deux charges opposées. Cette mesure s'exprime en volts ou en millivolts. Au niveau cellulaire, les charges dépendent de la présence d'anions (ions chargés négativement) et de cations (ions chargés positivement).

Pour comprendre les fonctions des potentiels d'action et des potentiels gradués dans le processus de la communication cellulaire, nous allons maintenant analyser les étapes que franchit votre système nerveux pour vous permettre de percevoir la surface lisse d'un stylo que vous venez de prendre sur une table (figure 12.10):

1 Quand vous touchez le stylo, la pression (stimulus) du stylo sur vos doigts déclenche un potentiel gradué dans un **récepteur sensoriel** de la peau de vos doigts.

2 Si le potentiel gradué est suffisamment fort, il déclenche, dans la zone gâchette du neurone sensitif, la formation d'un potentiel d'action. Ce potentiel d'action se propage tout le long de l'axone jusqu'au SNC et finit par provoquer la libération d'un neurotransmetteur à une synapse avec un **interneurone**.

3 Ce neurotransmetteur stimule l'interneurone, qui génère alors un potentiel gradué dans ses dendrites et dans son corps cellulaire.

4 En réponse à ce potentiel gradué, un potentiel d'action est généré dans la zone gâchette de l'interneurone et se propage le long de l'axone, ce qui provoque la libération d'un neurotransmetteur à la prochaine synapse avec un autre interneurone.

5 Ce processus en trois étapes (libération d'un neurotransmetteur à une synapse, formation d'un potentiel gradué, puis formation d'un potentiel d'action) se reproduit à maintes reprises. Les

FIGURE 12.10 Les fonctions du système nerveux : vue d'ensemble.

Les potentiels gradués, les potentiels d'action et les potentiels d'action musculaires interviennent dans la transmission des stimulus sensoriels, les fonctions intégratives et les activités motrices.

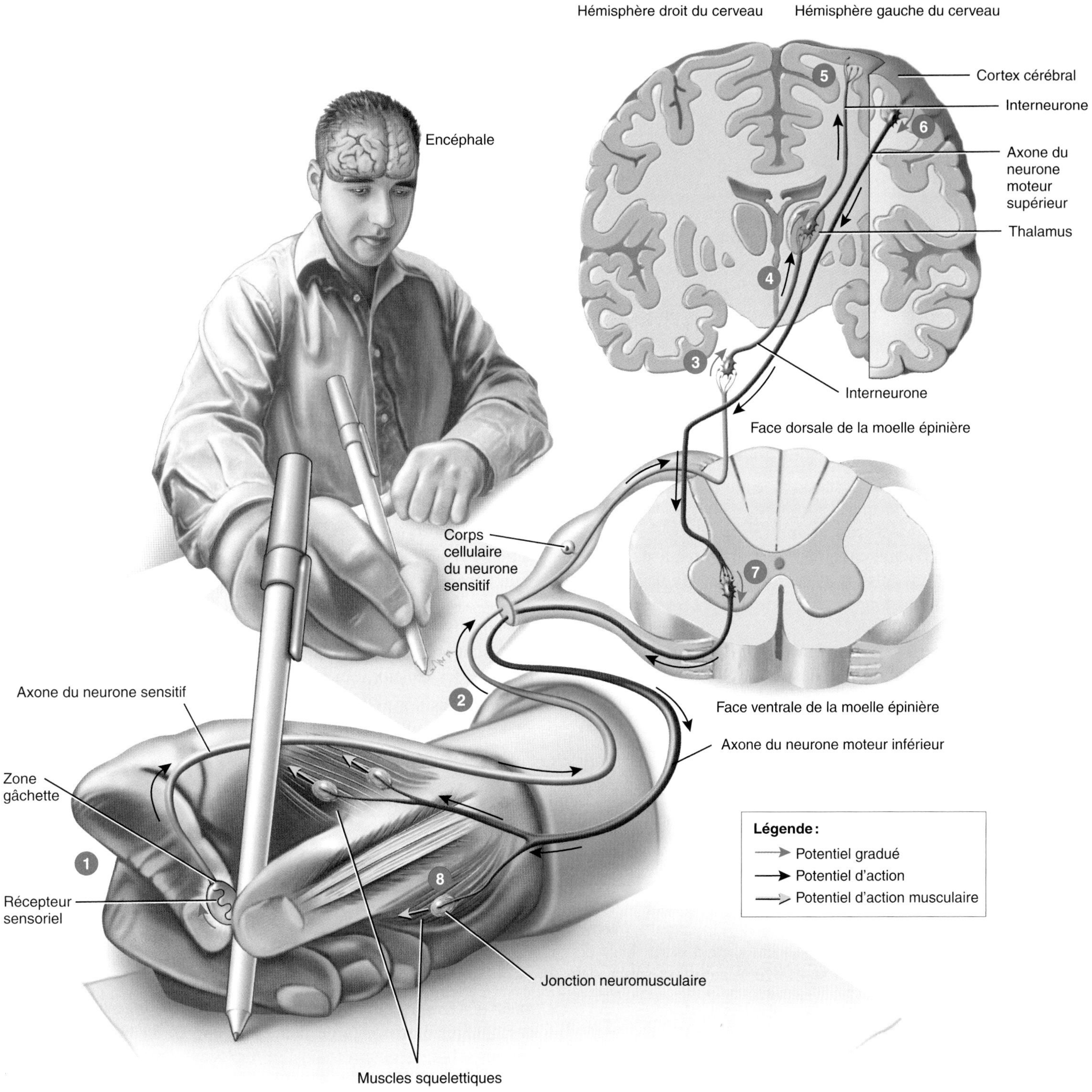

Hémisphère droit du cerveau   Hémisphère gauche du cerveau

Encéphale

Cortex cérébral

Interneurone

Axone du neurone moteur supérieur

Thalamus

Interneurone

Face dorsale de la moelle épinière

Corps cellulaire du neurone sensitif

Face ventrale de la moelle épinière

Axone du neurone moteur inférieur

Axone du neurone sensitif

Zone gâchette

Récepteur sensoriel

Légende :
→ Potentiel gradué
→ Potentiel d'action
→ Potentiel d'action musculaire

Jonction neuromusculaire

Muscles squelettiques

Q À quelle partie de l'encéphale incombent principalement les perceptions ?

interneurones des parties supérieures de l'encéphale (par exemple, le thalamus et le cortex cérébral) s'activent ainsi de proche en proche. Une fois que les interneurones du **cortex cérébral** – la partie extérieure de l'encéphale – sont activés, la perception devient possible : vous sentez la surface lisse du stylo sous vos doigts. Ainsi que nous le verrons au chapitre 14, la fonction de **perception** – conscience d'une sensation – incombe principalement au cortex cérébral.

Supposons que vous vouliez écrire une lettre avec votre stylo. Votre système nerveux répondra de la manière suivante à cette intention (figure 12.10) :

6 Un stimulus dans l'encéphale suscite la formation d'un potentiel gradué dans les dendrites et le corps cellulaire d'un **neurone moteur supérieur**, c'est-à-dire un neurone moteur qui fait synapse avec un neurone moteur inférieur situé plus bas dans le SNC. Le potentiel gradué entraîne ensuite la formation d'un potentiel d'action qui se propage dans l'axone du neurone moteur supérieur.

7 La propagation du potentiel d'action dans l'axone du neurone moteur supérieur entraîne la libération d'un neurotransmetteur à la synapse avec un **neurone moteur inférieur**. Ce neurotransmetteur génère un potentiel gradué dans le neurone moteur inférieur, provoquant ainsi la formation d'un potentiel d'action qui se propage le long de l'axone.

8 Le potentiel d'action qui se propage le long de l'axone du neurone moteur inférieur entraîne la libération d'un neurotransmetteur aux jonctions neuromusculaires qui assurent le contact avec les myocytes des muscles squelettiques régissant les mouvements des doigts. Le neurotransmetteur déclenche la formation de potentiels d'action musculaires dans ces myocytes. Ensuite, ces potentiels d'action musculaires provoquent la contraction des myocytes des doigts, ce qui vous permet d'écrire avec le stylo.

Dans cet exemple, nous avons décrit le cheminement de l'information sur le plan physiologique, soit le trajet de l'influx nerveux de neurone en neurone. Ces neurones sont logés dans différentes structures qu'il importe de bien situer sur le plan anatomique. Notons d'abord que les neurones sensitifs sont de type unipolaire, alors que les interneurones et les neurones moteurs sont de type multipolaire (figure 12.4a, c). À l'étape 1, le récepteur sensitif correspond aux dendrites du neurone sensitif (en bleu dans la figure 12.10). À l'étape 2, l'axone du neurone sensitif chemine dans un nerf spinal droit puis entre par la racine dorsale de ce dernier dans la moelle épinière, où se trouve le ganglion spinal dans lequel est logé le corps cellulaire du neurone sensitif ; de là, l'axone se rend jusqu'à la substance blanche de la moelle épinière, puis y monte verticalement jusqu'à la base de l'encéphale. À l'étape 3, les terminaisons axonales du neurone sensitif aboutissent dans la substance grise de l'encéphale et font synapse avec un interneurone. À l'étape 4, l'axone de l'interneurone passe du côté opposé et chemine dans la substance blanche de l'encéphale où il fait synapse avec un autre interneurone, généralement dans une structure appelée *thalamus*. À l'étape 5, les terminaisons axonales du troisième neurone aboutissent dans une région du cortex cérébral. À l'étape 6, l'axone du neurone moteur supérieur (en rouge dans la figure 12.10)

chemine dans la substance blanche de l'encéphale, traverse la ligne médiane et descend du côté opposé dans la substance blanche de la moelle épinière. À l'étape 7, les terminaisons axonales de l'axone du neurone moteur supérieur aboutissent plus bas dans la substance grise de la moelle épinière (corne ventrale) et font synapse avec les dendrites d'un neurone moteur inférieur. À l'étape 8, l'axone du neurone moteur inférieur quitte la moelle épinière par la racine ventrale du nerf spinal et chemine dans ce dernier jusqu'aux myocytes du muscle squelettique.

Pour revenir au plan physiologique, la perception de la surface lisse d'un stylo tenu par les doigts de la main entraîne la transmission de signaux nerveux entre des neurones qui s'activent de proche en proche en suivant les trois mêmes étapes : libération d'un neurotransmetteur à une synapse ; formation d'un potentiel gradué ; puis formation d'un potentiel d'action.

La production des potentiels gradués et des potentiels d'action repose sur deux caractéristiques fondamentales de la membrane plasmique des cellules excitables : 1) la perméabilité sélective de la membrane associée à la présence de canaux ioniques spécifiques, et 2) l'existence d'un potentiel de repos.

LES CANAUX IONIQUES

Si on relie le pôle positif et le pôle négatif d'une pile à l'aide d'un fil électrique, les électrons se mettent à circuler dans le fil. Ce déplacement de particules chargées est appelé **courant**. Dans les cellules vivantes, le courant est généré par des déplacements d'ions plutôt que d'électrons. La bicouche lipidique de la membrane plasmique est un bon isolant électrique, et le courant (le déplacement des ions) ne peut la traverser qu'en empruntant des canaux ioniques qui y sont présents. (Certaines protéines membranaires intrinsèques forment des canaux ioniques – sortes de pores, ou orifices – par lesquels des ions donnés peuvent traverser la membrane ; voir le chapitre 3). Ainsi, la production des potentiels gradués et des potentiels d'action est possible parce que la membrane des neurones contient de nombreux types de canaux ioniques spécifiques qui s'ouvrent ou se ferment en réponse à des stimulus particuliers. Lorsqu'ils sont ouverts, les canaux ioniques permettent à certains ions de diffuser à travers la membrane en suivant leur **gradient électrochimique**. Rappelons que le gradient électrochimique est l'association de deux gradients : l'un chimique, le *gradient de concentration*, qui implique une différence de concentration des ions de part et d'autre de la membrane – les ions ayant tendance à diffuser d'une région où ils sont fortement concentrés vers une région où ils sont moins concentrés ; et l'autre électrique, le *gradient électrique*, qui implique une différence dans la répartition des charges électriques de part et d'autre de la membrane – les cations (chargés positivement) se déplaçant vers les régions négativement chargées et, inversement, les anions (chargés négativement) se déplaçant vers les régions positivement chargées. Dans tous les cas, le déplacement des ions à travers les canaux ioniques d'une membrane plasmique engendre un courant qui peut modifier le potentiel de membrane.

Les canaux ioniques s'ouvrent et se ferment grâce à des « vannes » qui font partie de la ou des protéines intrinsèques faisant office de canal membranaire. Ces « vannes » peuvent se fermer ou glisser sur le côté pour ouvrir le canal (voir la figure 3.5b). Les signaux électriques produits par les neurones et les myocytes se propagent par l'intermédiaire de canaux ioniques qui se répartissent en deux catégories : les canaux à fonction passive et les canaux à fonctionnement commandé. Les canaux à fonctionnement commandé comprennent les canaux sensibles au voltage, les canaux sensibles à un ligand et les canaux mécanosensibles ; ils s'ouvrent et se ferment en réponse à un type particulier de stimulus.

1. Les **canaux à fonction passive**, ou canaux de fuite, s'ouvrent et se ferment de manière irrégulière et imprévisible. En général, les membranes plasmiques comprennent beaucoup plus de canaux à fonction passive à ions potassium (K^+) que de canaux à fonction passive à ions sodium (Na^+). Par ailleurs, comme les canaux à fonction passive à ions potassium sont beaucoup plus perméables que les canaux à fonction passive à ions sodium, les membranes sont beaucoup plus perméables aux ions K^+ qu'aux ions Na^+.

2. Les **canaux sensibles au voltage** s'ouvrent et se ferment en réponse à une variation du potentiel de membrane (voir plus loin) (figure 12.11a). Ils interviennent dans la production et la propagation des potentiels d'action.

3. Les **canaux sensibles à un ligand** s'ouvrent ou se ferment en réponse à un stimulus chimique particulier. Une vaste gamme de ligands chimiques – dont les neurotransmetteurs, les hormones et certains ions – peuvent ouvrir ou fermer les canaux ioniques sensibles à un ligand. L'acétylcholine, par exemple, est un neurotransmetteur qui provoque l'ouverture des canaux cationiques qui permettent aux ions Na^+ et Ca^{2+} de diffuser vers l'intérieur de la cellule, et aux ions K^+ de diffuser vers l'extérieur (figure 12.11b). Les canaux sensibles à un ligand fonctionnent de deux façons. D'une part, la molécule du ligand peut elle-même entraîner l'ouverture ou la fermeture du canal en se liant à une partie de la protéine (le récepteur) qui forme le canal, comme dans le cas de l'acétylcholine. D'autre part, le ligand peut agir *indirectement*, par l'intermédiaire d'une protéine membranaire appelée protéine G. Celle-ci active une autre molécule dans le cytosol, laquelle se comporte ensuite comme « second messager » qui ouvre ou ferme les vannes du canal. Certaines hormones et certains neurotransmetteurs fonctionnent ainsi par l'intermédiaire de seconds messagers (voir la figure 18.4).

4. Les **canaux mécanosensibles,** ou canaux des mécanorécepteurs s'ouvrent ou se ferment en réponse à une stimulation mécanique : une vibration (par exemple, une onde sonore), une pression (par

FIGURE 12.11 Les canaux sensibles au voltage et sensibles à un ligand de la membrane plasmique. (a) Une variation du potentiel de membrane entraîne l'ouverture des canaux à Na^+ sensibles au voltage pendant un potentiel d'action. (b) Un stimulus chimique (l'acétylcholine, un neurotransmetteur, dans ce cas-ci) entraîne l'ouverture d'un canal sensible à un ligand.

 Les canaux ioniques à fonctionnement commandé s'ouvrent ou se ferment en réponse à des stimulus précis.

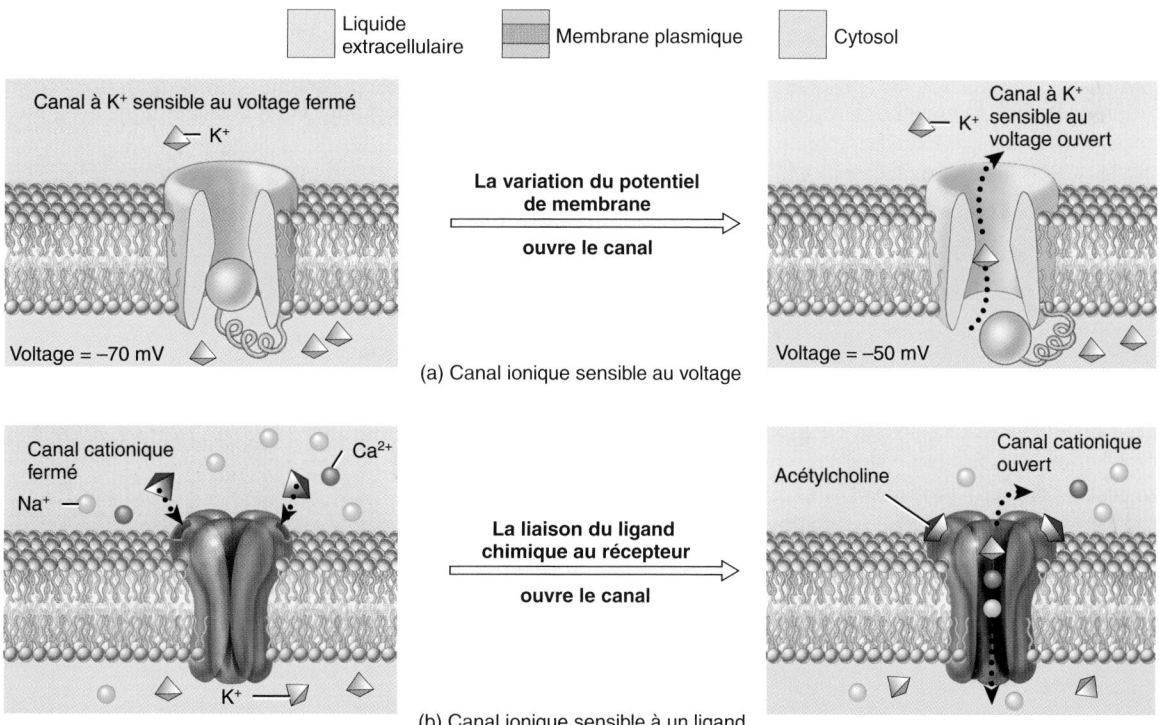

(a) Canal ionique sensible au voltage

(b) Canal ionique sensible à un ligand

Q Quel type de canal à fonctionnement commandé (non représenté dans la figure) est activé par le stimulus d'un contact sur la peau du bras ?

exemple, le toucher) ou un étirement des tissus. Sous l'effet de la force qu'il subit, le canal perd sa forme de repos et s'ouvre. On rencontre des canaux mécanosensibles notamment dans les récepteurs de l'oreille, dans les récepteurs qui détectent l'étirement des organes internes et dans les récepteurs cutanés du toucher.

LE POTENTIEL DE REPOS DE LA MEMBRANE

Le **potentiel de repos** de la membrane tient, d'une part, à une faible accumulation d'ions négatifs dans la partie du cytosol adjacente à la face interne de la membrane et, d'autre part, à une accumulation équivalente d'ions positifs dans le liquide extracellulaire adjacent à la face externe de la membrane (figure 12.12a). Cette séparation des charges électriques positives et négatives constitue une forme d'énergie potentielle que l'on mesure en volts ou en millivolts (1 mV = 0,001 V). Plus la répartition des charges est inégale de part et d'autre de la membrane, plus le potentiel de membrane (le voltage) est élevé. Ainsi que le montre la figure 12.12a, l'accumulation des charges ne se produit qu'à proximité de la membrane. En effet, dès qu'on s'en éloigne, le cytosol et le liquide extracellulaire contiennent autant de charges positives que de charges négatives. Ces deux fluides sont donc neutres sur le plan électrique.

Dans les neurones, le potentiel de membrane varie entre −40 et −90 mV mais s'établit le plus souvent à −70 mV, soit le *potentiel de repos*. Le signe négatif indique que l'intérieur de la cellule est négatif par rapport à l'extérieur. Les cellules qui présentent un potentiel de membrane sont dites **polarisées**. La plupart des cellules de l'organisme sont polarisées. Leur potentiel de membrane varie entre +5 mV et −100 mV, selon les cellules.

Le potentiel de repos s'explique par l'inégalité de la répartition des ions dans le liquide extracellulaire et le cytosol (figure 12.12b). Le liquide extracellulaire est riche en ions Na^+ et en ions chlorure (Cl^-). Dans le cytosol, par contre, le principal cation est l'ion K^+, et les deux anions (ions négativement chargés) prédominants sont les ions phosphate attachés aux molécules (par exemple, les trois ions phosphate de l'ATP) ainsi que les acides aminés des protéines. Parce que la concentration de K^+ est plus élevée dans le cytosol et que les membranes plasmiques contiennent de nombreux canaux à K^+ à fonction passive, les ions K^+ diffusent en suivant leur gradient de concentration – ils sortent des cellules pour entrer dans le liquide extracellulaire. À mesure que les ions K^+ (positifs) sortent ainsi des cellules, l'intérieur de la membrane devient de plus en plus négativement chargé ; à l'inverse, l'extérieur de la membrane devient de plus en plus positivement chargée. Un autre facteur contribue à la négativité de l'intérieur de la membrane : la plupart des anions qui se trouvent à l'intérieur de la cellule ne peuvent pas en sortir. Ils ne peuvent pas suivre les ions K^+ à l'extérieur, car ils sont attachés soit à des grosses protéines, soit à d'autres grosses molécules. Les charges négatives de l'intérieur attirent les ions K^+ du liquide extracellulaire. À terme, le nombre des ions K^+ qui réintègrent la cellule à cause de la négativité de son intérieur devient égal à celui des ions K^+ qui en sortent à cause du gradient de concentration.

FIGURE 12.12 La répartition des charges (a) et des ions (b) qui produisent le potentiel de repos de la membrane d'un neurone.

 Le potentiel de repos est dû à deux facteurs : d'une part une faible accumulation d'anions (−), principalement des ions phosphate (PO_4^{3-}) et des protéines, dans la partie du cytosol adjacente à la face interne de la membrane plasmique ; d'autre part, une accumulation équivalente de cations (+), principalement des ions sodium (Na^+), dans le liquide extracellulaire adjacent à la face externe de la membrane.

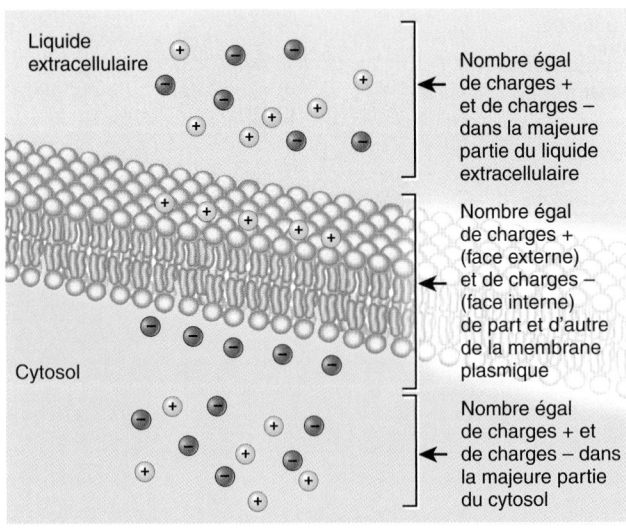

(a) Répartition des charges

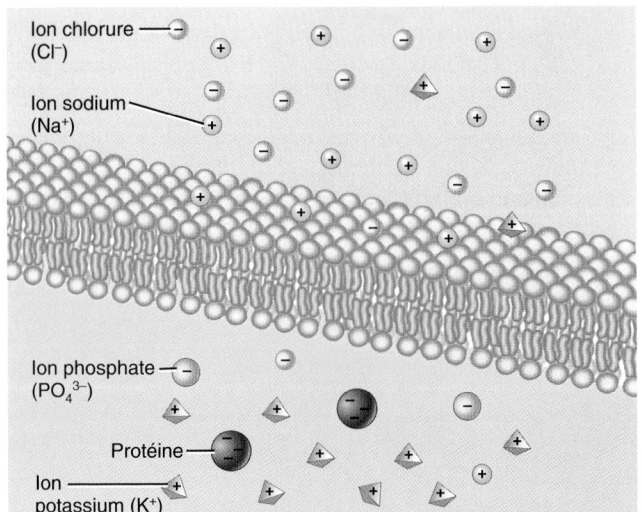

(b) Répartition des ions

 Quelle est habituellement la valeur du potentiel de repos de la membrane d'un neurone ?

Dans le liquide extracellulaire, le principal cation est l'ion Na⁺. La membrane plasmique est très peu perméable au sodium parce qu'elle ne compte que quelques canaux à Na⁺ à fonction passive. Néanmoins, les ions Na⁺ diffusent lentement vers l'intérieur, selon leur gradient de concentration. En l'absence d'intervention extérieure, cette diffusion de Na⁺ vers l'intérieur finirait par détruire le potentiel de repos de la membrane. Les *pompes à sodium-potassium* compensent ces entrées limitées de Na⁺ et ces sorties limitées de K⁺ (Na⁺-K⁺ ATPase ; voir la figure 3.8). Elles contribuent à maintenir le potentiel de repos en éjectant les ions Na⁺ à mesure qu'ils pénètrent dans la cellule, tout en ramenant les ions K⁺ à l'intérieur de la cellule. Cependant, les ions potassium se redistribuent aussi selon les gradients électriques et chimiques, ainsi que nous l'avons vu plus haut.

Étant donné que les pompes à sodium-potassium transportent trois ions Na⁺ hors de la cellule pour deux ions K⁺ qu'elles y font entrer, elles sont dites *électrogènes*, c'est-à-dire qu'elles contribuent à la négativité du potentiel de repos de la membrane. Leur contribution est cependant très faible : elle correspond à seulement –3 mV sur un total de –70 mV (potentiel de repos habituel dans un neurone typique).

LES POTENTIELS GRADUÉS

Lorsqu'un stimulus entraîne l'ouverture ou la fermeture de canaux ioniques sensibles à un ligand ou mécanosensibles dans la membrane plasmique d'une cellule excitable, la cellule produit un **potentiel gradué**. Il s'agit d'une faible déviation du potentiel de repos de la membrane qui a pour effet soit d'augmenter la polarisation de la membrane (l'intérieur de la membrane devient plus négatif), soit de la diminuer (l'intérieur de la membrane devient moins négatif). Lorsque la réponse est une polarisation plus négative, on parle de **potentiel gradué hyperpolarisant** (figure 12.13a). Lorsque la réponse est une polarisation moins négative, on parle de **potentiel gradué dépolarisant** (figure 12.13b).

L'adjectif *gradué* signifie que ces signaux électriques varient en amplitude (taille) selon la force du stimulus. Tout dépend du nombre des canaux ioniques qui se sont ouverts (ou fermés) et de la durée de l'ouverture de chacun. L'ouverture ou la fermeture des canaux ioniques modifie le déplacement de certains ions à travers la membrane plasmique, produisant ainsi un courant *localisé*, c'est-à-dire un courant qui se propage le long de la membrane plasmique sur une très courte distance seulement avant de s'évanouir. Les potentiels gradués ne servent donc qu'à la communication sur des distances très courtes, inférieures à quelques centaines de micromètres.

En général, on rencontre les canaux ioniques sensibles à un ligand et mécanosensibles dans les dendrites des neurones sensitifs. Les canaux sensibles à un ligand sont abondants surtout dans les dendrites et le corps cellulaire des interneurones et des neurones moteurs, mais plus rares dans les axones. Par conséquent, les potentiels gradués se produisent principalement dans les dendrites et le corps cellulaire du neurone, et plus rarement dans l'axone. Ces potentiels gradués portent des noms différents selon le stimulus qui les cause et l'endroit où ils prennent naissance. Par exemple, si les potentiels gradués se forment dans les dendrites ou le corps cel-

FIGURE 12.13 Les potentiels gradués. La plupart des potentiels gradués se forment dans les dendrites et dans le corps cellulaire (en bleu ci-dessous).

Dans un potentiel gradué hyperpolarisant, le potentiel de membrane devient plus négatif qu'à l'état de repos. Dans un potentiel gradué dépolarisant, le potentiel de membrane devient moins négatif qu'à l'état de repos.

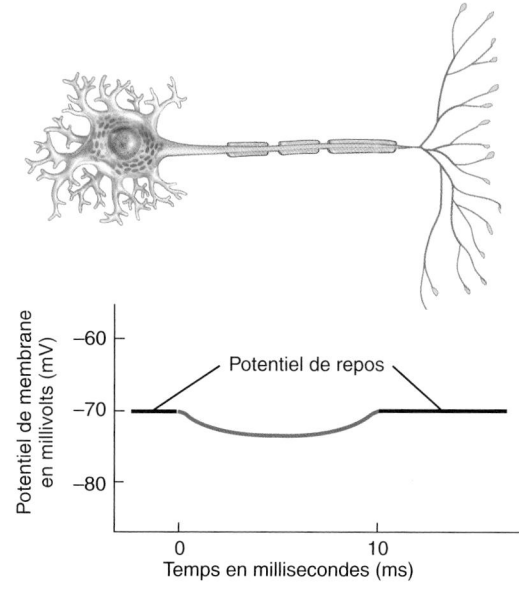

(a) Potentiel gradué hyperpolarisant

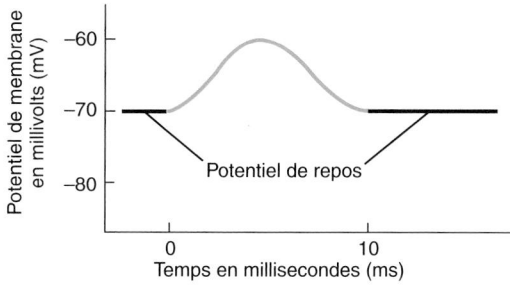

(b) Potentiel gradué dépolarisant

 Quels sont les canaux ioniques qui produisent des potentiels gradués quand ils s'ouvrent ou se ferment ?

lulaire d'un neurone en réponse à un neurotransmetteur, ce sont des *potentiels postsynaptiques* (nous y reviendrons plus loin). Ceux qui se forment dans les récepteurs sensoriels ou dans les neurones sensitifs sont appelés *potentiels récepteurs* et *potentiels générateurs*, respectivement (nous y reviendrons au chapitre 16).

LA FORMATION DES POTENTIELS D'ACTION

Un **potentiel d'action**, ou **influx nerveux**, est une succession rapide d'événements qui se regroupent en deux grandes phases (figure 12.14). Pendant la première phase, la **phase de dépolarisation**,

FIGURE 12.14 Le potentiel d'action, ou influx nerveux. Un potentiel d'action est produit lorsqu'un stimulus dépolarise la membrane plasmique jusqu'au seuil d'excitation. Le potentiel d'action se forme dans la zone gâchette (ici, à la jonction du cône d'implantation et du segment initial de l'axone), puis se propage le long de l'axone jusqu'aux terminaisons axonales. Ci-dessous, les parties en vert correspondent aux zones qui contiennent généralement des canaux à Na⁺ et à K⁺ sensibles au voltage (membrane plasmique de l'axone et terminaisons axonales).

Un potentiel d'action comprend une phase de dépolarisation et une phase de repolarisation.

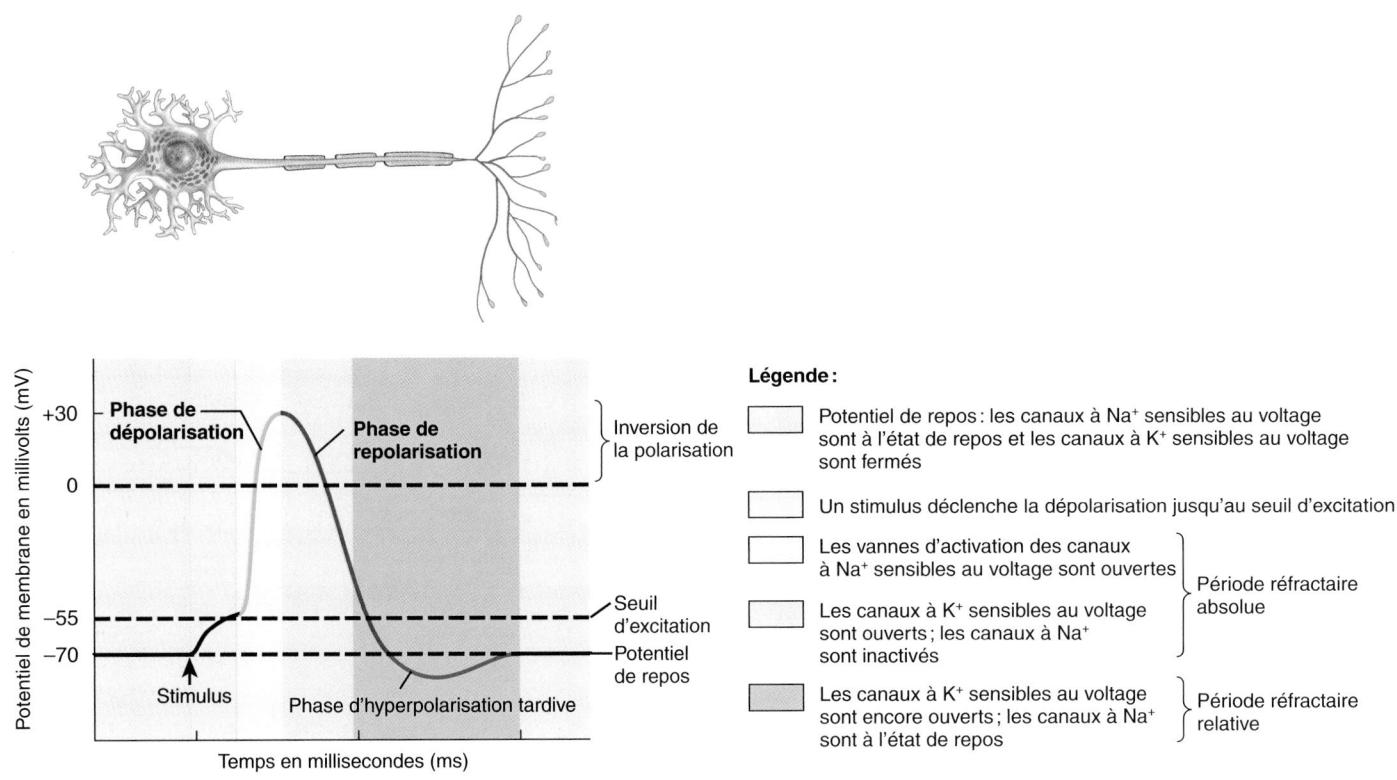

 Quels canaux sont ouverts pendant la dépolarisation? pendant la repolarisation?

le potentiel (négatif) de membrane devient graduellement de moins en moins négatif, passe par la valeur nulle (zéro), puis devient positif. Pendant la deuxième phase, la **phase de repolarisation**, le potentiel de membrane revient à sa valeur de repos (–70 mV). Deux types de canaux ioniques sensibles au voltage s'ouvrent et se ferment pendant un potentiel d'action. Ces canaux se trouvent surtout dans la membrane plasmique de l'axone et dans les terminaisons axonales. Les premiers canaux qui s'ouvrent, les canaux à Na⁺, font entrer les ions Na⁺ dans la cellule, entraînant la dépolarisation. Ensuite, des canaux à K⁺ s'ouvrent et permettent la sortie des K⁺ (alors que les canaux à Na⁺ se ferment), entraînant la repolarisation. Les phases de dépolarisation et de repolarisation durent à elles deux environ 1 ms (0,001 s) dans un neurone typique.

Les potentiels d'action répondent à la **loi du tout ou rien**. La dépolarisation locale provoquée par un potentiel gradué ou un stimulus quelconque ne génère pas toujours un potentiel d'action. Elle doit atteindre un certain niveau, appelé **seuil d'excitation** (environ –55 mV dans de nombreux neurones), pour que les canaux à Na⁺ sensibles au voltage s'ouvrent, et qu'un potentiel d'action se forme. Selon que le seuil d'excitation est atteint ou non, l'axone déclenche

un potentiel d'action maximal (tout) ou ne le déclenche pas (rien). Toutefois, une fois qu'il est déclenché, l'amplitude (valeur) du potentiel d'action est toujours la même. On peut comparer ce phénomène à la chiquenaude donnée au premier domino d'une longue rangée. Si la chiquenaude (le potentiel gradué ou un stimulus quelconque) est suffisamment forte – si la dépolarisation atteint le seuil d'excitation –, le premier domino tombe sur le deuxième et la rangée *entière* s'effondre – un potentiel d'action se forme et se propage. Si on donne une chiquenaude plus forte au premier domino, l'effet est le même : la rangée entière s'écroule. La conséquence de la chiquenaude donnée au premier domino obéit donc à la loi du tout ou rien : soit le premier domino et tous les autres tombent, soit le premier domino et tous les autres restent debout. Comme ils peuvent se propager sur de longues distances avant de se dissiper, les potentiels d'action interviennent à la fois dans la communication sur de courtes distances et dans la communication sur de longues distances. Les neurones ne présentent pas tous le même seuil d'excitation pour la formation des potentiels d'action. (Ainsi, plus le seuil d'excitation est élevé dans un neurone, plus le stimulus ou le potentiel gradué doit être fort.) Par contre, le seuil d'excitation d'un même neurone reste généralement constant.

La phase de dépolarisation

Les étapes de la formation d'un potentiel d'action sont les suivantes (figure 12.15):

1 Au repos, la face externe de la membrane du neurone est chargée positivement et la face interne de la membrane est chargée négativement. Tous les canaux ioniques à Na⁺ et à K⁺ sensibles au voltage sont fermés. Un canal ionique à Na⁺ sensible au voltage possède deux vannes distinctes : une *vanne d'activation* et une *vanne d'inactivation*. Quand le canal est à l'*état de repos*, la vanne d'inactivation est ouverte, mais la vanne d'activation est fermée. Par conséquent, les ions Na⁺ ne peuvent pas diffuser dans la cellule.

2 Dès qu'un potentiel gradué dépolarisant ou quelque autre stimulus provoque la dépolarisation de la membrane jusqu'à ce que le seuil d'excitation du neurone soit atteint (en bleu dans la figure 12.14), un grand nombre de canaux à Na⁺ sensibles au voltage passent soudainement de l'état de repos à l'*état activé*, ce qui entraîne l'ouverture rapide de leur vanne d'activation. Les vannes d'activation et d'inactivation sont alors ouvertes, et les ions Na⁺ diffusent dans la cellule. Le gradient électrique et le gradient chimique favorisent l'afflux de Na⁺ vers l'intérieur de la membrane, ce qui déclenche la **phase de dépolarisation** du potentiel d'action. À mesure que les vannes d'activation s'ouvrent, l'afflux de Na⁺ vers l'intérieur du neurone augmente, la membrane continue de se dépolariser et la vanne d'activation de nouveaux canaux à Na⁺ s'ouvre dans les parties adjacentes de la membrane plasmique. Ce phénomène constitue un *mécanisme de rétroactivation*. L'entrée massive des ions Na⁺ fait passer le potentiel de membrane de –55 mV à +30 mV. À l'apogée du potentiel d'action, l'intérieur de la membrane est de 30 mV plus positif que l'extérieur.

3 La dépolarisation qui entraîne l'ouverture de la vanne d'activation dans le canal à Na⁺ provoque aussi la fermeture de la vanne d'inactivation. Le canal passe alors à l'*état inactivé*. L'ouverture complète du canal à Na⁺ sensible au voltage ne dure que quelque dix millièmes de seconde. Pendant ce temps, environ 20 000 ions Na⁺ traversent la membrane et changent considérablement son potentiel. Mais comme ce nombre n'équivaut qu'à un millionième de la quantité de Na⁺ présente dans le liquide extracellulaire adjacent à l'extérieur de la membrane plasmique à cet endroit, la variation de la concentration de Na⁺ est négligeable. Comme quelques milliers à peine d'ions Na⁺ entrent pendant un seul potentiel d'action, la pompe à sodium-potassium les éjecte facilement et maintient ainsi la faible concentration de Na⁺ à l'intérieur de la cellule.

La phase de repolarisation

3 (*suite*) Une dépolarisation qui atteint le seuil d'excitation ouvre non seulement les canaux à Na⁺ sensibles au voltage, mais aussi les canaux à K⁺ sensibles au voltage. Cependant, comme les canaux à K⁺ sensibles au voltage s'ouvrent plus lentement, leur ouverture coïncide à peu près avec la fermeture des canaux à Na⁺ sensibles au voltage. Cette ouverture lente des canaux à K⁺ sensibles au voltage et la fermeture quasi-simultanée des canaux à Na⁺ déclenchent la **phase de repolarisation** du potentiel d'action. À mesure que les canaux à Na⁺ s'inactivent, l'afflux

des ions Na⁺ ralentit ; pendant ce temps, les canaux à K⁺ s'ouvrent et la sortie des ions K⁺ s'accélère.

4 Le ralentissement de l'entrée des ions Na⁺ et l'accélération de la sortie des ions K⁺ font passer le potentiel de membrane de 30 mV à –70 mV, rétablissant ainsi le potentiel de repos de la membrane. La repolarisation entraîne en outre l'ouverture de la vanne d'inactivation de canaux à Na⁺, ce qui permet à ceux-ci de passer de l'état inactivé à l'état de repos.

Quand les canaux à K⁺ sensibles au voltage sont ouverts, l'écoulement de K⁺ vers l'extérieur peut être suffisamment prononcé pour déclencher une **phase d'hyperpolarisation tardive** du potentiel d'action (figure 12.14). Durant cette phase, la membrane plasmique est encore plus perméable au K⁺ qu'elle ne l'est à l'état de repos et le potentiel de membrane devient encore plus négatif (environ –90 mV). Cependant, à mesure que les canaux à K⁺ sensibles au voltage se ferment, l'activité des pompes à sodium-potassium ramène le potentiel de membrane à la valeur de repos (–70 mV) et les concentrations extracellulaire et intracellulaire de Na⁺ et de K⁺ à ce qu'elles étaient avant le déclenchement du potentiel d'action. Contrairement aux canaux à Na⁺ sensibles au voltage, la plupart des canaux à K⁺ sensibles au voltage ne sont jamais totalement inactivés. Ils oscillent plutôt entre l'état de fermeture (état de repos) et l'état d'ouverture (ils sont activés).

La période réfractaire

Après la production d'un potentiel d'action, il s'écoule un certain laps de temps avant qu'une cellule excitable redevienne apte à engendrer un autre potentiel d'action. Cet intervalle est appelé **période réfractaire** (voir la légende de la figure 12.14). Pendant la **période réfractaire absolue**, la cellule ne peut pas déclencher un autre potentiel d'action, même si elle est soumise à un stimulus très fort. Cette période coïncide avec l'ouverture des vannes d'activation et s'étend jusqu'à la fermeture des vannes d'inactivation des canaux à Na⁺ (étapes 2 et 3 de la figure 12.15). Les canaux à Na⁺ inactivés ne peuvent pas se rouvrir ; ils doivent d'abord repasser par l'état de repos (étape 1 de la figure 12.15). Contrairement aux potentiels d'action, les potentiels gradués ne sont pas suivis d'une période réfractaire.

Les axones de grand diamètre possèdent une surface plus grande et présentent une période réfractaire absolue brève (environ 0,4 ms). Les potentiels d'action, ou influx nerveux, peuvent donc se succéder très rapidement et atteindre ainsi une fréquence de 1 000 influx par seconde. Par contre, les axones de petit diamètre ont une période réfractaire absolue qui peut durer jusqu'à 4 ms, de sorte que la fréquence des influx nerveux n'y dépasse pas 250 par seconde. Dans des conditions physiologiques normales, la fréquence maximale des influx nerveux dans les différents axones varie entre 10 et 1 000 par seconde.

La **période réfractaire relative** est le laps de temps pendant lequel un second potentiel d'action peut être déclenché, mais seulement par un stimulus supérieur à la normale (c'est-à-dire provoquant une dépolarisation supérieure au seuil d'excitation). Elle coïncide avec la période pendant laquelle les canaux à K⁺ sensibles au voltage restent ouverts alors que les canaux à Na⁺ inactivés sont déjà revenus à l'état de repos (figure 12.14 et étape 4 de la figure 12.15).

FIGURE 12.15 Les variations de la circulation d'ions à travers les canaux ioniques sensibles au voltage pendant les phases de dépolarisation et de repolarisation d'un potentiel d'action. Les canaux à fonction passive et les pompes à sodium-potassium ne sont pas représentés ici.

L'entrée d'ions sodium (Na⁺) amorce la phase de dépolarisation, tandis que la sortie d'ions potassium (K⁺) amorce la phase de repolarisation.

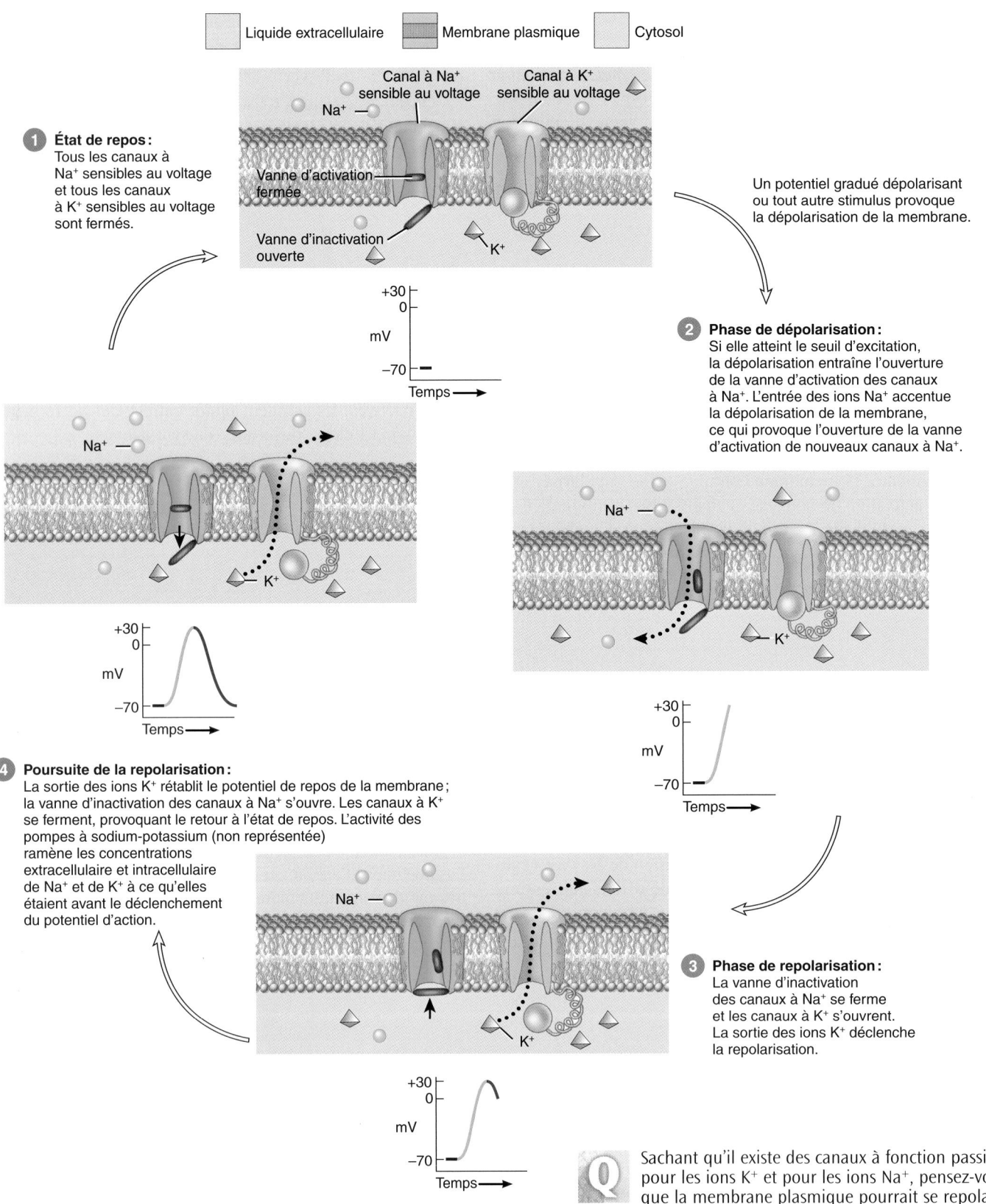

Liquide extracellulaire   Membrane plasmique   Cytosol

1 État de repos :
Tous les canaux à Na⁺ sensibles au voltage et tous les canaux à K⁺ sensibles au voltage sont fermés.

Canal à Na⁺ sensible au voltage
Canal à K⁺ sensible au voltage
Na⁺
Vanne d'activation fermée
Vanne d'inactivation ouverte
K⁺

Un potentiel gradué dépolarisant ou tout autre stimulus provoque la dépolarisation de la membrane.

2 Phase de dépolarisation :
Si elle atteint le seuil d'excitation, la dépolarisation entraîne l'ouverture de la vanne d'activation des canaux à Na⁺. L'entrée des ions Na⁺ accentue la dépolarisation de la membrane, ce qui provoque l'ouverture de la vanne d'activation de nouveaux canaux à Na⁺.

Na⁺
K⁺

4 Poursuite de la repolarisation :
La sortie des ions K⁺ rétablit le potentiel de repos de la membrane ; la vanne d'inactivation des canaux à Na⁺ s'ouvre. Les canaux à K⁺ se ferment, provoquant le retour à l'état de repos. L'activité des pompes à sodium-potassium (non représentée) ramène les concentrations extracellulaire et intracellulaire de Na⁺ et de K⁺ à ce qu'elles étaient avant le déclenchement du potentiel d'action.

Na⁺
K⁺

3 Phase de repolarisation :
La vanne d'inactivation des canaux à Na⁺ se ferme et les canaux à K⁺ s'ouvrent. La sortie des ions K⁺ déclenche la repolarisation.

Q Sachant qu'il existe des canaux à fonction passive pour les ions K⁺ et pour les ions Na⁺, pensez-vous que la membrane plasmique pourrait se repolariser sans les canaux à K⁺ sensibles au voltage ?

LA PROPAGATION DES POTENTIELS D'ACTION

Pour transmettre l'information d'une partie du corps à une autre, les potentiels d'action doivent se déplacer de l'endroit où ils se forment (dans une zone gâchette) jusqu'aux terminaisons axonales. Ce mode de déplacement est appelé **propagation**, ou *conduction*. Il repose sur un mécanisme de rétroactivation. Ainsi que nous l'avons vu, à mesure que les ions sodium entrent dans la cellule, la dépolarisation augmente et entraîne l'ouverture des canaux à Na⁺ sensibles au voltage dans les parties adjacentes de la membrane plasmique. Par conséquent, le potentiel d'action se propage de lui-même le long de la membrane plasmique, un peu comme tombent les dominos d'une longue rangée après la chute du premier. De même, étant donné que la membrane plasmique est réfractaire à l'arrière du front du potentiel d'action, ce dernier ne se propage normalement que dans une seule direction, c'est-à-dire de son point d'origine, dans la zone gâchette, vers les terminaisons axonales.

LES NEUROTOXINES ET LES ANESTHÉSIQUES LOCAUX

Certains mollusques et crustacés ainsi que d'autres organismes contiennent des neurotoxines, poisons qui agissent sur le système nerveux. La tétrodotoxine – présente dans les viscères d'un poisson japonais, le fugu (famille des tétraodontidés) – est particulièrement dangereuse, car elle bloque les potentiels d'action en s'immisçant dans les canaux à Na⁺ sensibles au voltage, les empêchant ainsi de s'ouvrir.

Les **anesthésiques locaux** sont des médicaments qui bloquent la douleur et d'autres sensations somatiques. On peut ainsi administrer au patient de la procaïne (Novocain^MD) ou de la lidocaïne pour anesthésier sa peau pendant qu'on suture une plaie, sa bouche lors d'un traitement dentaire ou la partie inférieure de son corps durant l'accouchement. À l'instar de la tétrodotoxine, ces médicaments empêchent l'ouverture des canaux à Na⁺ sensibles au voltage. Les influx nerveux ne pouvant plus traverser la région anesthésiée, les signaux douloureux n'atteignent pas le SNC.

Le refroidissement localisé d'un nerf peut aussi produire un effet d'anesthésie parce que les axones propagent les influx nerveux plus lentement quand ils sont froids. L'application de glace sur une lésion peut ainsi atténuer la douleur en entravant la propagation des influx nerveux le long des axones, et ce, jusqu'au cortex du cerveau où les sensations de douleur sont ressenties. ■

La conduction continue et la conduction saltatoire

Le type de propagation des potentiels d'action dont nous avons traité jusqu'ici se produit dans les myocytes et les axones amyélinisés. Cette séquence de dépolarisation/repolarisation progressive des segments adjacents de la membrane plasmique est appelée **conduction continue** (figure 12.16a). Étant donné que le passage d'ions dans leurs canaux sensibles au voltage entraîne l'ouverture des canaux du segment adjacent de la membrane, les courants ioniques passent successivement d'une partie de la membrane plasmique à la partie voisine. Ainsi, dans la conduction continue, les potentiels d'action se propagent à une vitesse relativement lente.

Les axones myélinisés présentent un mode de conduction plus rapide et particulier, la **conduction saltatoire** (*saltare* : sauter), parce que leurs canaux ioniques sensibles au voltage sont distribués de

manière irrégulière. En effet, les canaux sensibles au voltage sont rares dans les zones où l'axolemme est recouvert d'une gaine de myéline. Mais comme cette gaine s'interrompt aux nœuds de Ranvier, l'axolemme y est richement pourvu en canaux sensibles au voltage. Par conséquent, c'est essentiellement dans les nœuds de Ranvier que le courant acheminé par les ions Na⁺ et K⁺ circule à travers la membrane plasmique.

Lorsqu'un potentiel d'action, ou influx nerveux, se propage le long d'un axone myélinisé, le courant créé par les ions circule d'un nœud à l'autre en passant par le cytosol et le liquide extracellulaire qui entourent la gaine de myéline. Ainsi, au premier nœud, l'influx nerveux génère un courant ionique qui provoque, au deuxième nœud, l'ouverture des canaux à Na⁺ sensibles au voltage, ce qui fait resurgir l'influx nerveux à cet endroit. Le courant ionique qui traverse les canaux ouverts devient un influx nerveux au deuxième nœud. Ensuite, cet influx nerveux du deuxième nœud produit à son tour un courant ionique qui entraîne l'ouverture des canaux à Na⁺ sensibles au voltage au troisième nœud, et ainsi de suite. Chaque nœud se repolarise après s'être dépolarisé.

L'influx nerveux se propage donc plus rapidement le long des axones myélinisés que le long des axones amyélinisés. Ainsi que l'indiquent les parties (a) et (b) de la figure 12.16, l'influx nerveux parcourt, à durée égale, une distance plus grande le long d'un axone myélinisé que le long d'un axone amyélinisé.

Le fait que le courant traverse la membrane uniquement aux nœuds de Ranvier a les deux conséquences suivantes :

1. L'influx paraît « sauter » d'un nœud à l'autre à mesure que les régions nodales se dépolarisent et atteignent le seul d'excitation, d'où le nom de conduction saltatoire. Parce que les influx nerveux « sautent » d'un nœud à l'autre par-dessus de longs segments de l'axolemme myélinisé à mesure que le courant passe, ils se propagent beaucoup plus vite que s'ils s'acheminaient le long d'un axone amyélinisé de diamètre égal.

2. Comme un nombre restreint de canaux s'ouvrent aux nœuds de Ranvier (au lieu que de nombreux canaux s'ouvrent dans les segments adjacents de la membrane), la conduction saltatoire nécessite moins d'énergie que la conduction continue. Seules de petites régions de la membrane plasmique se dépolarisent et se repolarisent, ce qui réduit au minimum le nombre des ions Na⁺ qui entrent dans la cellule et le nombre des ions K⁺ qui en sortent à chaque passage d'un influx nerveux. Par conséquent, les pompes à sodium-potassium consomment moins d'ATP pour maintenir la faible concentration intracellulaire de Na⁺ et la faible concentration extracellulaire de K⁺.

L'effet du diamètre de l'axone

Les axones de grand diamètre acheminent les influx plus rapidement que ne le font les axones de petit diamètre car leurs surfaces sont plus grandes. Les plus gros axones (de 5 à 20 μm de diamètre) sont appelés **fibres A** et sont tous myélinisés. Les fibres A présentent une courte période réfractaire absolue et acheminent les influx nerveux à des vitesses variant de 12 à 130 m/s. Les axones des neurones sensitifs qui transmettent les influx nerveux associés au toucher, à la pression, à la position des articulations et à certaines sensations thermiques sont des fibres A, de même que

FIGURE 12.16 La propagation (ou conduction) d'un potentiel d'action, ou influx nerveux, après sa formation dans la zone gâchette. Les lignes pointillées représentent un courant ionique. Les médaillons indiquent le sens du courant. (a) Dans la conduction continue le long d'un axone amyélinisé, les courants ioniques parcourent successivement toutes les parties de la membrane. (b) Dans la conduction saltatoire le long d'un axone myélinisé, le potentiel d'action qui se forme dans la zone gâchette engendre dans le cytosol et le liquide extracellulaire des courants ioniques, qui entraînent l'ouverture des canaux à Na+ sensibles au voltage au premier nœud de Ranvier, puis au nœud suivant, et ainsi de suite d'un nœud à l'autre.

La conduction continue a lieu dans les axones amyélinisés et la conduction saltatoire, dans les axones myélinisés.

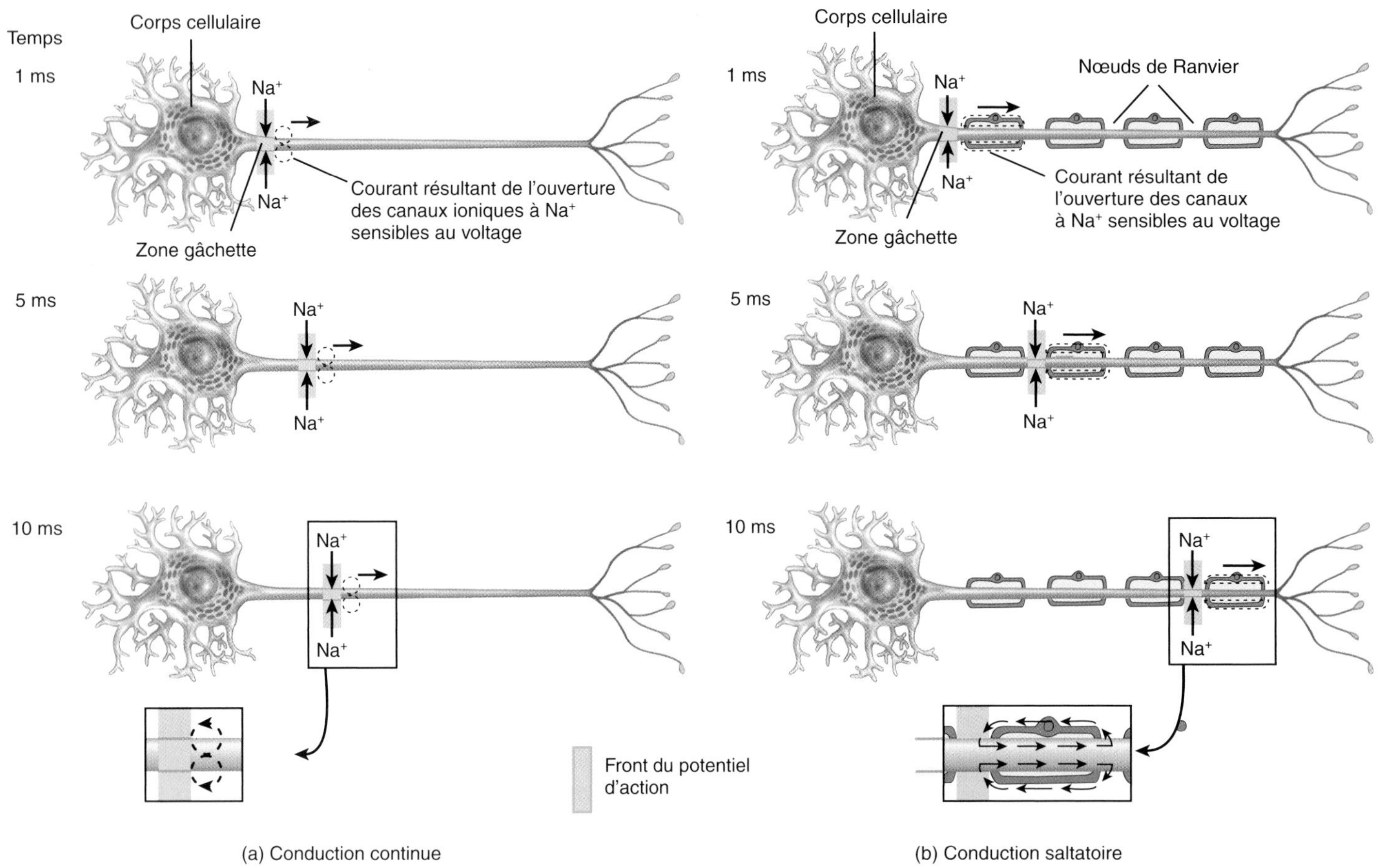

(a) Conduction continue

(b) Conduction saltatoire

Quels sont les facteurs qui déterminent la vitesse de propagation d'un potentiel d'action ?

les axones des neurones moteurs qui transmettent les influx nerveux aux muscles squelettiques.

Les **fibres B** sont des axones ayant un diamètre de 2 à 3 µm. À l'instar des fibres A, les fibres B sont myélinisées. La conduction saltatoire peut y atteindre la vitesse de 15 m/s. La période réfractaire absolue des fibres B est un peu plus longue que celle des fibres A. Les fibres B transmettent les influx des nerfs sensitifs depuis les viscères jusqu'à l'encéphale et à la moelle épinière. Tous les axones des neurones moteurs autonomes qui s'étendent de l'encéphale et de la moelle épinière jusqu'aux ganglions autonomes (relais du SNA) sont également des fibres B.

Les **fibres C** sont des axones possédant les plus petits diamètres (de 0,5 à 1,5 µm). Elles sont amyélinisées. Les influx nerveux s'y propagent à une vitesse comprise entre 0,5 et 2 m/s. La période réfractaire absolue des fibres C est plus longue que celle des fibres

A et B. Ces axones amyélinisés transmettent certains des influx sensitifs associés à la douleur, au toucher, à la pression, à la chaleur et au froid provenant de la peau ainsi que les influx douloureux provenant des viscères. Les fibres motrices autonomes qui émergent des ganglions autonomes et qui stimulent le cœur, les muscles lisses et les glandes sont des fibres C. Les fibres B et C assurent notamment les fonctions motrices suivantes : constriction et dilatation des pupilles ; augmentation et diminution de la fréquence cardiaque ; et contraction et relâchement de la vessie.

LE CODAGE DE L'INTENSITÉ DU STIMULUS

Comment les systèmes sensoriels peuvent-ils détecter les différences d'intensité entre les stimulus alors que tous les potentiels d'action sont équivalents ? Par exemple, comment pouvons-nous distinguer un contact léger d'une pression ferme ? Deux facteurs nous permettent de discerner l'intensité des stimulus. Le principal est la *fréquence des influx nerveux*, c'est-à-dire la cadence à laquelle ils sont produits dans la zone gâchette. Ainsi, un contact léger entraîne la production d'influx nerveux espacés dans le temps, alors qu'une pression plus ferme provoque le passage d'influx plus rapprochés dans l'axone. En plus de ce «code de fréquence», un second facteur détermine le codage de l'intensité des stimulus, soit le nombre de neurones sensitifs mobilisés (activés) par ce stimulus. Ainsi, une pression ferme stimule plus de neurones sensibles à la pression que ne le fait un contact léger.

COMPARAISON DES DIFFÉRENTS SIGNAUX ÉLECTRIQUES PRODUITS PAR LES CELLULES EXCITABLES

Nous avons indiqué que les cellules excitables – neurones et myocytes – produisent deux types de signaux électriques : les potentiels gradués et les potentiels d'action (ou influx nerveux). La différence majeure entre eux est que les potentiels gradués ne se propagent pas et que, par conséquent, ils ne servent qu'à la communication sur de courtes distances ; les potentiels d'action, en revanche, se propagent et permettent la communication sur de longues distances. Le tableau 12.1 résume les différences entre les potentiels gradués et les potentiels d'action.

Comme nous l'avons vu au chapitre 10, la propagation d'un potentiel d'action musculaire le long du sarcolemme et dans le système des tubules T déclenche une série d'étapes qui mènent à la contraction musculaire. Bien que les potentiels d'action des neurones et ceux des myocytes se ressemblent, ils présentent plusieurs différences notables. Par exemple, le potentiel de repos de la membrane s'établit habituellement à –70 mV dans les neurones, mais il est plus près de –90 mV dans les myocytes cardiaques et squelettiques. La durée d'un potentiel d'action varie entre 0,5 et 2 ms, mais celle d'un potentiel d'action musculaire est beaucoup plus longue – entre 1 et 5 ms environ dans les myocytes squelettiques et entre 10 et 300 ms dans les myocytes cardiaques et lisses. Enfin, la vitesse de propagation des potentiels d'action est environ 18 fois plus rapide dans les axones myélinisés de grand diamètre que dans le sarcolemme d'un myocyte squelettique.

▶ **POINT DE CONTRÔLE**

11. Définissez les termes suivants : potentiel de repos, dépolarisation, repolarisation, potentiel d'action (ou influx nerveux) et période réfractaire. Définissez les facteurs qui provoquent chacun de ces phénomènes.

12. Résumez les phases de dépolarisation et de repolarisation de la formation d'un potentiel d'action.

13. Qu'est-ce qui distingue la conduction saltatoire de la conduction continue ?

14. Quels sont les facteurs qui déterminent la vitesse de propagation des potentiels d'action ?

15. Quels sont les mécanismes qui nous permettent de distinguer les sensations produites par une caresse sur la joue et une gifle ?

TABLEAU 12.1 COMPARAISON DES POTENTIELS GRADUÉS ET DES POTENTIELS D'ACTION

CARACTÉRISTIQUES	POTENTIELS GRADUÉS	POTENTIELS D'ACTION
Origine	Se forment principalement dans les dendrites et dans le corps cellulaire (ou l'axone dans certains cas).	Se forment dans la zone gâchette et se propagent le long de l'axone.
Types de canaux	Canaux ioniques sensibles à un ligand ou mécanosensibles.	Canaux ioniques à Na^+ et à K^+ sensibles au voltage.
Propagation	Ne se propagent pas ; localisés, ce qui permet la communication sur quelques micromètres seulement.	Se propagent et permettent ainsi la communication sur de longues distances.
Amplitude	Selon la force du stimulus, varie de moins de 1 mV à plus de 50 mV.	Loi du tout ou rien ; en général, environ 100 mV.
Durée	Généralement plus longue, de quelques millisecondes à plusieurs minutes.	Plus courte, entre 0,5 et 2 ms.
Polarité	Peuvent être hyperpolarisants (inhibiteurs de la production d'un potentiel d'action) ou dépolarisants (excitateurs de la production d'un potentiel d'action).	Toujours constitués d'une phase de dépolarisation suivie par une phase de repolarisation et un rétablissement du potentiel de repos.
Période réfractaire	Non ; présentent donc une sommation spatiale et une sommation temporelle (voir plus loin).	Oui ; ne présentent donc aucune sommation.

LA TRANSMISSION DES SIGNAUX DANS LES SYNAPSES

▶ **OBJECTIFS**

- Expliquer les étapes de la transmission d'un signal dans une synapse chimique.
- Établir la distinction entre la sommation spatiale et la sommation temporelle.
- Donner des exemples de neurotransmetteurs excitateurs et de neurotransmetteurs inhibiteurs et décrire leurs mécanismes d'action respectifs.

Nous avons décrit au chapitre 10 les événements qui se produisent dans un type particulier de synapse, la jonction neuromusculaire. Nous allons à présent nous pencher sur la communication synaptique entre les milliards de neurones du système nerveux. Les synapses jouent un rôle essentiel dans l'homéostasie, car elles permettent la filtration et l'intégration de l'information. Pendant l'apprentissage, la structure et la fonction de certaines synapses se modifient, ce qui favorise la transmission de certains signaux et en bloque d'autres. Ainsi, vos périodes d'étude entraînent dans vos synapses des changements qui déterminent ensuite les résultats que vous obtiendrez à vos examens d'anatomie et de physiologie ! Par ailleurs, certains troubles neurologiques et certaines maladies sont causés par des perturbations de la communication synaptique. Enfin, de nombreux médicaments et drogues agissent au niveau des synapses.

À la synapse, le neurone qui émet le signal est appelé **neurone présynaptique** et celui qui reçoit le message, **neurone postsynaptique**. La plupart des synapses sont de type **axodendritique** (entre un axone et un dendrite), **axosomatique** (entre un axone et un corps cellulaire) ou **axo-axonique** (entre deux axones). Sur les plans structural et fonctionnel, on distingue les synapses électriques et les synapses chimiques.

LES SYNAPSES ÉLECTRIQUES

Dans une **synapse électrique**, les potentiels d'action se propagent directement entre les cellules adjacentes par des **jonctions communicantes**. Chaque jonction communicante contient une centaine de *connexons*, protéines tubulaires qui font office de tunnels entre le cytosol d'une cellule et celui de sa voisine (voir la figure 4.1e). Quand les ions passent d'une cellule à sa voisine par les connexons, les potentiels d'action se propagent aussi d'une cellule à l'autre. Les jonctions communicantes sont nombreuses dans les muscles lisses des viscères, dans le muscle cardiaque et chez l'embryon. Elles sont aussi présentes dans le SNC.

Les synapses électriques présentent deux grands avantages évidents :

1. *La rapidité de la communication*. Parce que les potentiels d'action se propagent directement à travers les jonctions communicantes, la communication est plus rapide dans les synapses électriques que dans les synapses chimiques. Dans les synapses électriques, le potentiel d'action passe directement de la cellule présynaptique à la cellule postsynaptique. Les événements qui se déroulent dans une synapse chimique prennent un peu de temps et retardent légèrement la communication.

2. *La synchronisation*. Les synapses électriques peuvent synchroniser l'activité d'un groupe de neurones ou de myocytes. En d'autres termes, un grand nombre de neurones ou de myocytes peuvent générer simultanément des potentiels d'action, à condition qu'ils soient reliés par des jonctions communicantes. La synchronisation des potentiels d'action dans le muscle cardiaque ou dans les muscles lisses des viscères permet la production de contractions coordonnées et, donc, le battement cardiaque et la propulsion des aliments dans le tube digestif.

LES SYNAPSES CHIMIQUES

Bien qu'elles soient très rapprochées, la membrane plasmique du neurone présynaptique et celle du neurone postsynaptique d'une **synapse chimique** ne se touchent pas. Elles sont séparées par la **fente synaptique**, espace de 20 à 50 nm* rempli de liquide interstitiel. Comme les potentiels d'action ne peuvent pas traverser la fente synaptique, une forme indirecte de communication s'y établit. En réponse à un potentiel d'action, le neurone présynaptique libère un neurotransmetteur qui diffuse dans le liquide interstitiel de la fente synaptique et se lie aux récepteurs situés dans la membrane plasmique du neurone postsynaptique. Quand il reçoit ce signal chimique, le neurone postsynaptique génère un potentiel gradué d'un type particulier, appelé **potentiel postsynaptique**. En d'autres termes, le neurone présynaptique convertit un signal électrique (le potentiel d'action) en signal chimique (le neurotransmetteur libéré). Le neurone postsynaptique reçoit ce signal chimique et génère alors un signal électrique (potentiel postsynaptique). La durée de ces événements dans une synapse chimique, le **délai d'action synaptique**, est d'environ 0,5 ms. Elle explique que les synapses chimiques transmettent les signaux plus lentement que ne le font les synapses électriques.

En général, les synapses chimiques transmettent les signaux de la façon suivante (figure 12.17) :

1. Le potentiel d'action, ou influx nerveux, arrive dans un bouton terminal d'un axone présynaptique.

2. La phase de dépolarisation du potentiel d'action entraîne l'ouverture des **canaux à Ca^{2+} sensibles au voltage** de la membrane des boutons terminaux. Parce que les ions calcium sont plus concentrés dans le liquide extracellulaire, le Ca^{2+} pénètre dans le neurone par les canaux ouverts.

3. L'augmentation de la concentration de Ca^{2+} à l'intérieur du neurone présynaptique fait office de signal qui déclenche l'exocytose de quelques vésicules synaptiques. À mesure que les membranes des vésicules fusionnent avec la membrane plasmique, les molécules de neurotransmetteur contenues dans les vésicules sont libérées dans la fente synaptique. Chaque vésicule synaptique contient plusieurs milliers de molécules de neurotransmetteur.

4. Les molécules de neurotransmetteur diffusent à travers la fente synaptique et se lient à des **récepteurs du neurotransmetteur** situés dans la membrane plasmique du neurone postsynaptique. Le récepteur illustré à la figure 12.17 fait partie d'un canal sensible à un ligand (figure 12.11b). Sinon, le récepteur peut aussi être une protéine distincte située dans la membrane plasmique.

5. La liaison des molécules de neurotransmetteur à leurs récepteurs des canaux sensibles à un ligand entraîne l'ouverture des canaux et permet à certains ions de s'écouler à travers la membrane.

6. Le voltage de la membrane change à mesure que les ions passent par les canaux ouverts. Ce changement du voltage de la membrane est un **potentiel postsynaptique**. Selon le type de canaux qui se sont ouverts et, donc, du type d'ions que les canaux laissent passer, le potentiel postsynaptique peut être une dépolarisation ou une hyperpolarisation de la membrane postsynaptique. Par exemple, l'ouverture des canaux à Na^+ permet l'entrée des ions Na^+, ce qui provoque une dépolarisation. Par contre, l'ouverture des canaux à Cl^- ou à K^+ déclenche l'hyperpolarisation. L'ouverture des canaux à Cl^- permet l'entrée des

---

* 1 nanomètre (nm) = 10^{-9} (0,000 000 001) mètre.

FIGURE 12.17 La transmission du signal dans une synapse chimique. Le neurone présynaptique libère des molécules de neurotransmetteur par exocytose des vésicules synaptiques. Après avoir diffusé à travers la fente synaptique, les molécules de neurotransmetteur se lient à des récepteurs situés dans la membrane plasmique du neurone postsynaptique et génèrent alors un potentiel postsynaptique.

 Dans une synapse chimique, un neurone présynaptique convertit un signal électrique (potentiel d'action) en signal chimique (neurotransmetteur libéré). Le neurone postsynaptique reconvertit ensuite ce signal chimique en signal électrique (potentiel postsynaptique).

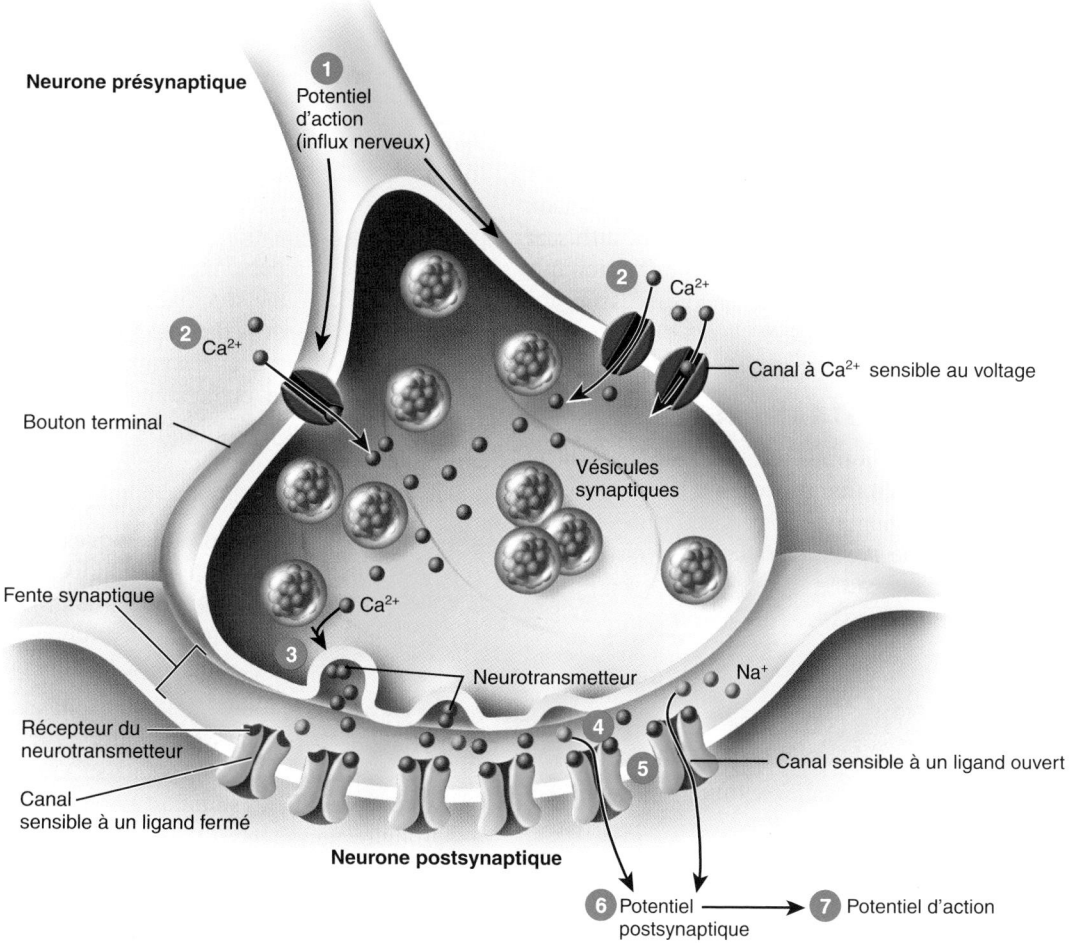

Q Pourquoi la transmission des signaux est-elle unidirectionnelle dans une synapse chimique, alors qu'elle peut être bidirectionnelle dans une synapse électrique?

ions Cl⁻, et l'ouverture des canaux à K⁺ permet la sortie des ions K⁺; dans un cas comme dans l'autre, la charge négative de l'intérieur de la cellule s'accentue.

7 Quand un potentiel postsynaptique dépolarisant atteint le seuil d'excitation, il déclenche un potentiel d'action.

Dans la plupart des synapses chimiques, l'information ne peut se transmettre que dans une seule direction (*information unidirectionnelle*), soit d'un neurone présynaptique à un neurone postsynaptique ou à un effecteur tel qu'un myocyte ou une cellule glandulaire. Ainsi, la transmission synaptique à une jonction neuromusculaire se fait d'un neurone moteur somatique à un myocyte d'un muscle squelettique, mais pas dans le sens contraire. Seuls les boutons terminaux des neurones présynaptiques peuvent libérer un neurotransmetteur, et seule la membrane plasmique du neurone postsynaptique possède les récepteurs protéiques capables de reconnaître ce neuro-

transmetteur et de se lier à lui. C'est la raison pour laquelle les potentiels d'action ne peuvent se déplacer que dans une seule direction.

LES POTENTIELS POSTSYNAPTIQUES EXCITATEURS ET INHIBITEURS

Un neurotransmetteur fait naître un potentiel gradué soit excitateur, soit inhibiteur. S'il *dépolarise* la membrane postsynaptique, le neurotransmetteur est excitateur parce qu'il rapproche le potentiel de membrane du seuil d'excitation (figure 12.13b). Un potentiel postsynaptique dépolarisant est appelé **potentiel postsynaptique excitateur** (**PPSE**). Les PPSE résultent souvent de l'ouverture des canaux *cationiques*. Ces canaux permettent le passage des trois cations les plus abondants (Na⁺, K⁺ et Ca²⁺) à travers la membrane postsynaptique. Toutefois, l'afflux de Na⁺ est supérieur à celui de Ca²⁺ et aux sorties de K⁺. Bien qu'un seul PPSE ne déclenche normalement pas de potentiel d'action, le neurone postsynaptique devient plus excitable. Parce qu'il est partiellement dépolarisé, ce dernier est plus susceptible d'atteindre le seuil d'excitation quand survient le PPSE suivant.

Par contre, si un neurotransmetteur *hyperpolarise* la membrane postsynaptique, il est inhibiteur (figure 12.13a). En rendant l'intérieur plus négatif, il augmente le potentiel de membrane ; il entrave ainsi la production d'un potentiel d'action, car le potentiel de membrane se retrouve encore plus loin du seuil d'excitation qu'à l'état de repos. Un potentiel postsynaptique hyperpolarisant est inhibiteur et est appelé **potentiel postsynaptique inhibiteur** (**PPSI**). Les PPSI résultent souvent de l'ouverture des canaux à Cl^- ou à K^+ sensibles à un ligand. Quand les canaux à Cl^- s'ouvrent, un nombre plus élevé d'ions chlorure diffusent vers l'intérieur. Quand les canaux à K^+ s'ouvrent, un nombre plus élevé d'ions potassium diffusent vers l'extérieur. Dans un cas comme dans l'autre, le flux ionique rend l'intérieur de la cellule postsynaptique encore plus négatif (hyperpolarisé).

L'ÉLIMINATION DU NEUROTRANSMETTEUR

Pour que la synapse fonctionne normalement, il faut absolument que le neurotransmetteur soit éliminé de la fente synaptique. En effet, s'il restait dans la fente synaptique, le neurotransmetteur agirait indéfiniment sur le neurone postsynaptique, le myocyte ou la cellule glandulaire. Il existe trois mécanismes qui peuvent éliminer le neurotransmetteur de la fente synaptique.

1. *La diffusion*. Certaines des molécules du neurotransmetteur libéré diffusent hors de la fente synaptique. Une fois qu'une molécule de neurotransmetteur est hors de portée de ses récepteurs (situés sur la membrane postsynaptique), elle ne peut plus agir.

2. *La dégradation enzymatique*. Certains neurotransmetteurs sont inactivés par dégradation enzymatique. L'acétylcholinestérase, par exemple, est une enzyme qui dégrade l'acétylcholine dans la fente synaptique.

3. *La recapture par les cellules*. De nombreux neurotransmetteurs sont retournés par transport actif dans le neurone qui les a libérés. On appelle ce phénomène la *recapture*. D'autres sont captés par les gliocytes avoisinants. Par exemple, les neurones qui libèrent la noradrénaline la recapturent rapidement et la recyclent dans d'autres vésicules synaptiques. Les protéines membranaires qui accomplissent cette recapture sont appelées *transporteurs de neurotransmetteurs*. C'est en agissant sur ces transporteurs que plusieurs médicaments très importants en thérapeutique bloquent sélectivement la recapture de certains neurotransmetteurs. Par exemple, la fluoxétine (Prozac^MD) est un **inhibiteur sélectif de la recapture de la sérotonine** (**ISRS**). En inhibant les transporteurs de la sérotonine, le Prozac^MD prolonge l'activité de ce neurotransmetteur dans les synapses de l'encéphale. Les ISRS sont utilisés dans le traitement de certaines formes de dépression.

LA SOMMATION SPATIALE ET LA SOMMATION TEMPORELLE DES POTENTIELS POSTSYNAPTIQUES

En général, chacun des neurones du SNC reçoit des informations en provenance de 1 000 à 10 000 synapses. L'intégration de ces messages, appelée **sommation**, se produit dans la zone gâchette du neurone postsynaptique. Plus les PPSE s'accumulent, plus la dépolarisation qui en résulte est susceptible d'atteindre le seuil d'excitation et de déclencher un potentiel d'action.

Lorsque la sommation résulte de l'accumulation d'un neurotransmetteur libéré simultanément par *plusieurs* boutons terminaux présynaptiques, c'est une **sommation spatiale** (figure 12.18a). Quand la sommation résulte de l'accumulation d'un neurotransmetteur libéré rapidement et plus d'une fois par *un seul* bouton terminal présynaptique, c'est une **sommation temporelle** (figure 12.18b). Parce que le PPSE dure généralement 15 ms environ, la deuxième libération de neurotransmetteur (et les suivantes) doit survenir peu de temps après la première pour qu'une sommation temporelle se produise. La sommation est un peu comme un vote par Internet. Si de nombreuses personnes votent en même temps, ce processus est comparable à une sommation spatiale. Si une personne vote à plusieurs reprises, mais dans un laps de temps très court, ce processus est comparable à une sommation temporelle. En général, la sommation spatiale et la sommation temporelle se combinent et déterminent ensemble la probabilité que le neurone génère un influx nerveux.

Un même neurone postsynaptique reçoit des informations de nombreux neurones présynaptiques, dont certains libèrent des neurotransmetteurs excitateurs, tandis que d'autres libèrent des neurotransmetteurs inhibiteurs. La somme des effets excitateurs et inhibiteurs produits à un moment donné détermine l'effet sur le neurone postsynaptique, qui peut alors réagir de plusieurs façons :

1. *Le PPSE*. Si le total des effets excitateurs est supérieur au total des effets inhibiteurs mais inférieur au seuil d'excitation, un PPSE infraliminaire (inférieur au seuil d'excitation) se forme. Après ce PPSE, les stimulus subséquents peuvent plus facilement produire un potentiel d'action par sommation, car le neurone est déjà partiellement dépolarisé.

2. *Le potentiel d'action*. Si le total des effets excitateurs est supérieur à celui des effets inhibiteurs et supérieur ou égal au seuil d'excitation, un potentiel d'action se forme.

3. *Le PPSI*. Si le total des effets inhibiteurs est supérieur à celui des effets excitateurs, la membrane s'hyperpolarise (PPSI). Le neurone postsynaptique est alors inhibé et il ne peut pas produire de potentiel d'action.

Le tableau 12.2 résume les caractéristiques structurales et fonctionnelles du neurone.

L'INTOXICATION PAR LA STRYCHNINE

Pour mesurer l'importance des neurotransmetteurs inhibiteurs, il suffit d'observer les conséquences d'un blocage de leur action. Normalement, des neurones inhibiteurs de la moelle épinière appelés *cellules de Renshaw* libèrent de la glycine (un neurotransmetteur à petite molécule) dans les synapses inhibitrices qu'ils forment avec des neurones moteurs somatiques. L'information inhibitrice transmise aux neurones moteurs prévient les contractions excessives des muscles squelettiques. La strychnine est un poison mortel qui se lie aux récepteurs de la glycine et les bloque. Le fragile équilibre qui s'établit normalement entre l'excitation et l'inhibition dans le SNC est perturbé et les neurones moteurs produisent des influx nerveux à répétition. Tous les muscles squelettiques,

FIGURE 12.18 La sommation spatiale et la sommation temporelle. (a) Si les neurones présynaptiques a et b génèrent séparément des PPSE (flèches) dans le neurone postsynaptique c, ceux-ci restent isolés et le seuil d'excitation n'est pas atteint. La sommation spatiale intervient uniquement quand les neurones a et b agissent simultanément sur le neurone c; leurs PPSE s'additionnent alors pour atteindre le seuil d'excitation et déclencher un potentiel d'action, ou influx nerveux. (b) La sommation temporelle intervient quand les stimulus appliqués à un même neurone en succession rapide (flèches) engendrent des PPSE qui se chevauchent et s'additionnent. Dès que la dépolarisation atteint le seuil d'excitation, un potentiel d'action se déclenche.

🔑 C'est la somme de tous les potentiels postsynaptiques (excitateurs et inhibiteurs) qui détermine si un potentiel d'action sera ou non produit.

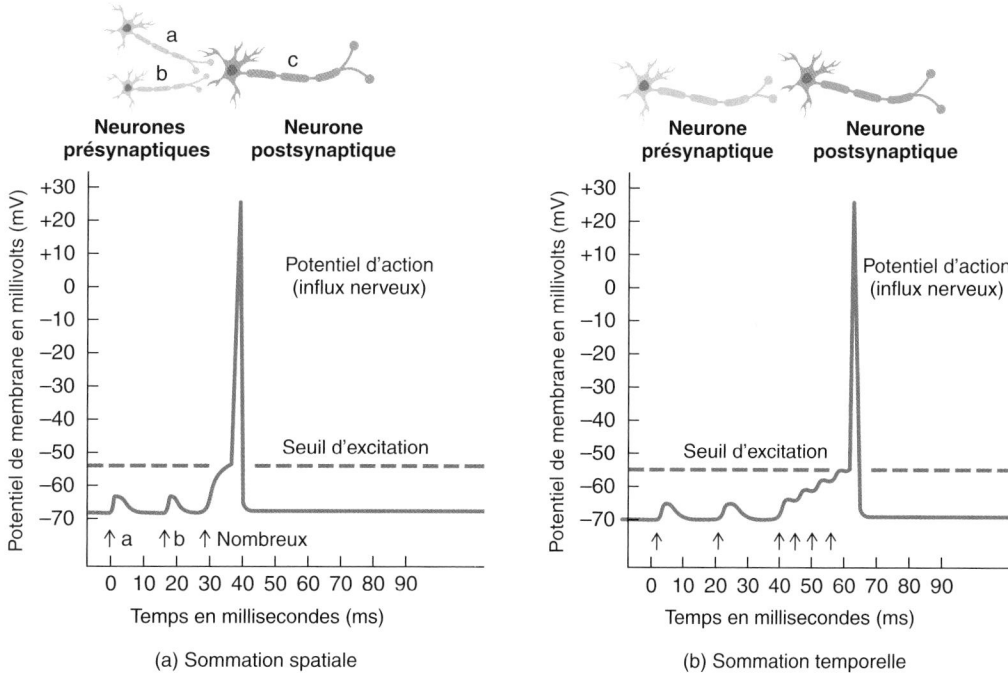

(a) Sommation spatiale

(b) Sommation temporelle

Q Que se passerait-il si, en plus des quatre PPSE représentés par des flèches dans la partie (b) de la figure, un PPSI se produisait à 55 ms?

TABLEAU 12.2 RÉSUMÉ DES STRUCTURES ET DES FONCTIONS DES NEURONES

STRUCTURE	FONCTIONS
Dendrites	Reçoivent les stimulus grâce à l'activation de canaux ioniques sensibles à un ligand ou mécanosensibles; produisent des potentiels générateurs ou récepteurs dans les neurones sensitifs; produisent des potentiels postsynaptiques excitateurs ou inhibiteurs (PPSE ou PPSI) dans les neurones moteurs et les interneurones.
Corps cellulaire	Reçoit les stimulus et produit des PPSE ou des PPSI après l'activation de canaux ioniques sensibles à un ligand ou mécanosensibles.
Jonction du cône d'implantation de l'axone et du segment initial de l'axone	Constitue la zone gâchette dans de nombreux neurones; intègre les PPSE et les PPSI et, si la somme équivaut à une dépolarisation qui atteint le seuil d'excitation, déclenche un potentiel d'action (ou influx nerveux).
Axone	Propage les potentiels d'action depuis le segment initial (ou depuis les dendrites dans les neurones sensitifs) jusqu'aux terminaisons axonales; le potentiel d'action conserve la même amplitude pendant sa propagation le long de l'axone.
Terminaisons axonales et boutons terminaux	L'afflux de Ca^{2+} causé par la phase de dépolarisation du potentiel d'action déclenche l'exocytose d'un neurotransmetteur depuis les vésicules synaptiques.

— Membrane plasmique comprenant des canaux ioniques sensibles à un ligand

— Membrane plasmique comprenant des canaux ioniques à Na^+ et à K^+ sensibles au voltage

— Membrane plasmique comprenant des canaux ioniques à Ca^{2+} sensibles au voltage

y compris le diaphragme, se contractent au maximum et restent dans cet état. Comme le diaphragme ne se relâche pas, la victime ne peut plus respirer et meurt par suffocation. ∎

▶ **POINT DE CONTRÔLE**

16. Résumez les étapes de la transmission des potentiels d'action dans une synapse chimique.

17. Comment s'effectue l'élimination du neurotransmetteur de la fente synaptique?

18. Quels sont les points communs et les différences entre les potentiels postsynaptiques excitateurs et les potentiels postsynaptiques inhibiteurs?

19. Pourquoi dit-on que les potentiels d'action obéissent à la loi du tout ou rien et que les PPSE et les PPSI sont gradués?

LES NEUROTRANSMETTEURS

> **OBJECTIF**

- Décrire la classification et les fonctions des neurotransmetteurs.

Il y aurait aujourd'hui près d'une centaine de substances connues comme neurotransmetteurs ou que l'on suppose faire partie de cette catégorie. Certains neurotransmetteurs agissent rapidement: ils se lient à leurs récepteurs et provoquent aussitôt l'ouverture ou la fermeture de canaux ioniques situés dans la membrane plasmique. D'autres agissent plus lentement: ils déclenchent des réactions chimiques à l'intérieur des cellules par l'intermédiaire de seconds messagers. Dans un cas comme dans l'autre, le résultat peut être une excitation ou une inhibition des neurones postsynaptiques. De nombreux neurotransmetteurs sont également des hormones libérées dans la circulation sanguine par des cellules endocrines situées dans des organes un peu partout dans l'organisme. Enfin, certains neurones de l'encéphale, appelés **cellules neurosécrétrices**, sécrètent aussi des hormones. Les neurotransmetteurs sont généralement classifiés selon leur structure moléculaire en deux catégories: les neurotransmetteurs à petites molécules et les neuropeptides.

LES NEUROTRANSMETTEURS À PETITES MOLÉCULES

Les neurotransmetteurs à petites molécules comprennent l'acétylcholine, les acides aminés, les amines biogènes, l'ATP et les autres purines ainsi que le monoxyde d'azote.

L'acétylcholine

L'**acétylcholine** (**ACh**) est le plus étudié des neurotransmetteurs; certains neurophysiologistes considèrent qu'elle appartient à une classe à part. L'ACh est libérée par de nombreux neurones du SNP et par certains neurones du SNC. Dans le SNC, les circuits cholinergiques interviennent dans l'éveil cortical, dans les fonctions liées à l'attention, à la concentration, à l'apprentissage et à la mémoire, ainsi que dans les fonctions qui exigent un sens de la

stratégie. C'est pourquoi la perte de neurones cholinergiques est associée à la maladie d'Alzheimer (voir la section *Déséquilibres homéostatiques* au chapitre 14). L'ACh a un effet excitateur dans certaines synapses, notamment les jonctions neuromusculaires, où elle entraîne directement l'ouverture de canaux cationiques sensibles à un ligand et, par conséquent, la contraction musculaire. (Des toxines qui renforcent son effet entraînent une paralysie tétanique, alors que des toxines antagonistes entraînent une paralysie flasque.) L'ACh est par contre inhibitrice dans d'autres synapses, où elle exerce indirectement ses effets sur les canaux ioniques par l'intermédiaire de récepteurs qui se lient à une protéine G. Par exemple, l'ACh abaisse la fréquence cardiaque par l'intermédiaire des synapses inhibitrices des neurones parasympathiques du nerf vague (nerf crânien X). L'*acétylcholinestérase* (AChE, une enzyme) inactive l'ACh en la dégradant en un acétate et une choline.

Les acides aminés

Outre leur rôle dans la synthèse des protéines, certains acides aminés agissent comme neurotransmetteurs dans le SNC. Le **glutamate** (dérivé de l'acide glutamique) et l'**aspartate** (dérivé de l'acide aspartique) ont de puissants effets excitateurs. Presque tous les neurones excitateurs du SNC – et probablement la moitié des synapses de l'encéphale – communiquent par le glutamate. À certaines synapses glutaminergiques, la liaison du neurotransmetteur à ses récepteurs postsynaptiques ouvre les canaux à Ca^{2+}. L'afflux d'ions calcium qui s'ensuit génère un PPSE. L'inactivation du glutamate se fait par recapture. Ainsi, des transporteurs spécifiques retournent le glutamate par transport actif vers les boutons terminaux et les gliocytes avoisinants.

L'**acide gamma-aminobutyrique** (**GABA**, *gamma aminobutyric acid*) et la **glycine** sont d'importants neurotransmetteurs inhibiteurs. Tous deux engendrent des PPSI en provoquant l'ouverture des canaux à Cl⁻. On rencontre le GABA uniquement dans le SNC; il en est d'ailleurs le neurotransmetteur inhibiteur le plus abondant. Un tiers des synapses de l'encéphale utilisent le GABA. Les médicaments anxiolytiques comme le diazépam (Valium^MD) sont des agonistes du GABA, c'est-à-dire qu'ils renforcent son action inhibitrice. Environ la moitié des synapses inhibitrices de la moelle épinière utilisent la glycine et l'autre moitié, le GABA.

⚕ L'EXCITOTOXICITÉ

Quand la concentration de glutamate dans le liquide interstitiel du SNC dépasse un certain seuil, elle entraîne l'**excitotoxicité**, c'est-à-dire la destruction des neurones due à une activation prolongée de la transmission synaptique excitatrice. La cause la plus répandue de l'excitotoxicité est une hypoxie cérébrale (privation d'oxygène dans l'encéphale) provoquée par une ischémie (insuffisance de l'afflux sanguin), lors d'un accident vasculaire cérébral par exemple. Le manque d'oxygène entraîne une diminution de la production d'énergie et, par le fait même, entrave les transporteurs du glutamate; le glutamate s'accumule alors dans les espaces interstitiels entre les neurones et les gliocytes, entraînant une stimulation telle des neurones qu'elle peut provoquer leur mort. Des essais cliniques sont en cours afin de déterminer si des agents antiglutamate administrés après l'accident vasculaire cérébral pourraient offrir une certaine protection contre l'excitotoxicité. ∎

Les amines biogènes

Certains acides aminés subissent une modification et une décarboxylation (élimination du groupement carboxyle) pour devenir des amines biogènes. La noradrénaline, l'adrénaline, la dopamine et la sérotonine comptent parmi les amines biogènes les plus abondantes dans le système nerveux. Chaque amine biogène peut réagir avec trois types de récepteurs. Les amines biogènes sont excitatrices ou inhibitrices, selon le type de récepteur qui se trouve à la synapse.

La **noradrénaline** (**NA**) intervient dans le réveil (émergence du sommeil profond), le rêve et la régulation de l'humeur. L'**adrénaline** sert de neurotransmetteur pour un nombre plus restreint de neurones de l'encéphale. Par ailleurs, la noradrénaline et l'adrénaline sont aussi considérées comme des hormones. Ce sont les cellules de la médulla surrénale, la partie interne (médullaire) des glandes surrénales, qui les libèrent dans le sang.

Les neurones de l'encéphale qui contiennent de la **dopamine** (**DA**) contribuent aux réponses émotionnelles, aux comportements toxicomanogènes (qui engendrent une dépendance) et aux sensations de plaisir. En outre, les neurones qui libèrent de la dopamine interviennent dans la régulation du tonus des muscles squelettiques et dans les mouvements provoqués par les contractions de ces muscles. Ainsi, la raideur musculaire caractéristique de la maladie de Parkinson est due à la dégénérescence des neurones qui libèrent de la dopamine (voir p. 606). L'une des formes de la schizophrénie est causée par une accumulation excessive de ce neurotransmetteur.

Du point de vue chimique, la noradrénaline, la dopamine et l'adrénaline appartiennent à la famille des **catécholamines**. Elles comprennent toutes un groupement aminé ($-NH_2$) ainsi qu'un cycle catéchol composé de six atomes de carbone et de deux groupements hydroxyle ($-OH$) adjacents. Les catécholamines sont toutes synthétisées à partir de la tyrosine, un acide aminé, et inactivées par recapture dans les boutons terminaux. Elles sont ensuite soit recyclées dans les vésicules synaptiques, soit détruites par des enzymes. Les deux enzymes qui détruisent les catécholamines sont la **catéchol-*O*-méthyltransférase** (**COMT**) et la **monoamine-oxydase** (**MAO**).

La **sérotonine**, ou **5-hydroxytryptamine** (**5-HT**), est concentrée dans les neurones d'une partie de l'encéphale appelée *noyau du raphé*. On pense qu'elle intervient dans la perception sensorielle, la thermorégulation, la régulation de l'humeur, l'appétit et le déclenchement du sommeil. Un déficit en sérotonine est associé à des états de dépression.

L'ATP et les autres purines

La structure cyclique caractéristique de la composante adénosine de l'ATP (représentée dans la figure 2.25) porte le nom de noyau purique. L'adénosine elle-même, ainsi que ses dérivés triphosphate, diphosphate et monophosphate (ATP, ADP et AMP) sont des neurotransmetteurs excitateurs à la fois dans le SNC et dans le SNP. La plupart des vésicules synaptiques qui contiennent de l'ATP renferment également un autre neurotransmetteur. Dans le SNP, l'ATP et la noradrénaline sont libérées ensemble par certains neurones sympathiques ; l'ATP et l'acétylcholine sont libérées par certains neurones parasympathiques dans les mêmes vésicules.

Le monoxyde d'azote

Le **monoxyde d'azote** (**NO**, *nitric oxide*), un gaz simple, est un neurotransmetteur majeur qui a des effets dans tout l'organisme. La molécule de monoxyde d'azote (NO) contient un seul atome d'azote, contrairement à l'oxyde nitreux (ou gaz hilarant, N_2O) que les dentistes utilisent parfois comme anesthésique, et qui en compte deux.

Une enzyme appelée **NO synthase** (**NOS**) catalyse la formation de NO à partir de l'arginine, un acide aminé. Se fondant sur la présence de NOS, les scientifiques estiment que plus de 2 % des neurones de l'encéphale produisent du NO. Contrairement à tous les neurotransmetteurs connus jusqu'ici, le NO n'est pas synthétisé à l'avance ni emmagasiné dans des vésicules synaptiques. Il est plutôt formé à la demande et agit immédiatement. Sa durée d'action est brève, car c'est un radical libre très réactif. Il subsiste pendant moins de 10 s avant de se combiner à l'oxygène et à l'eau pour former des nitrates et des nitrites inactifs. Le NO étant liposoluble, il diffuse à l'extérieur des cellules qui le produisent et entre dans les cellules avoisinantes. Là, il active une enzyme qui sert à la production d'un second messager, le GMP cyclique. Selon certaines recherches, le NO jouerait un rôle dans la mémoire et l'apprentissage.

En 1987, quand les scientifiques ont découvert que l'EDRF (*endothelium-derived relaxing factor*, facteur de dilatation provenant de l'endothélium artériel) était en réalité du NO, ils ont également compris que le NO était une molécule régulatrice. Les cellules endothéliales des parois des vaisseaux sanguins libèrent du NO, qui diffuse dans les myocytes lisses avoisinants et entraîne leur relâchement, provoquant alors une vasodilatation – soit une augmentation du diamètre des vaisseaux sanguins. Les effets de cette vasodilatation sont variables : baisse de la pression artérielle, érection du pénis, etc. Le sildénafil (Viagra^MD) atténue le dysfonctionnement érectile (l'impuissance) en accentuant les effets du NO. En grandes quantités, le NO est extrêmement toxique. Les phagocytes tels que les macrophagocytes tissulaires et certains leucocytes produisent du NO pour détruire les microorganismes et les cellules tumorales.

LES NEUROPEPTIDES

Les neurotransmetteurs composés de 3 à 40 acides aminés réunis par des liaisons peptidiques sont appelés **neuropeptides**. Nombreux et largement répandus aussi bien dans le SNC que dans le SNP, les neuropeptides ont des effets tant excitateurs qu'inhibiteurs. Ils sont formés dans le corps cellulaire du neurone, enveloppés dans des vésicules et ainsi transportés jusqu'aux terminaisons axonales. En plus de jouer le rôle de neurotransmetteurs, de nombreux neuropeptides remplissent la fonction d'hormones qui régissent des réponses physiologiques en dehors du système nerveux.

Des scientifiques ont constaté que la membrane plasmique de certains neurones de l'encéphale renferme des récepteurs d'opiacés tels que la morphine et l'héroïne. Ils se mirent alors en quête des substances naturelles qui se lient à ces récepteurs et découvrirent ainsi les premiers neuropeptides, les **enképhalines**, deux molécules composées chacune d'une chaîne de cinq acides aminés. Les enképhalines ont des effets analgésiques (soulagement de la douleur) puissants, 200 fois plus prononcés que ceux de la morphine. En plus des enképhalines, la famille des *peptides opioïdes* comprend les **endorphines** et les **dynorphines**. On pense que les peptides opioïdes sont les analgésiques naturels de l'organisme. C'est en augmentant leur libération que l'acupuncture entraînerait l'analgésie (atténuation des sensations de douleur). On les a aussi associés à l'amélioration de la mémoire et de l'apprentissage ; aux sensations de plaisir ou d'euphorie ; à la thermorégulation ; à la régulation des hormones influant sur le déclenchement de la puberté, sur la libido et sur la reproduction ; et à des maladies mentales telles que la dépression et la schizophrénie.

Un autre neuropeptide, la **substance P**, est libéré par les neurones qui transmettent les influx nerveux douloureux depuis les récepteurs périphériques de la douleur jusqu'au système nerveux central. La substance P accentue alors la douleur perçue. Les enképhalines et les endorphines empêchent la libération de la substance P, diminuant ainsi le nombre d'influx douloureux transmis à l'encéphale et, donc, la sensation de douleur. On a également montré que la substance P contrecarre les effets de certaines substances neurotoxiques, ce qui laisse espérer qu'elle pourrait se révéler utile dans le traitement de la dégénérescence neuronale.

Le tableau 12.3 présente de brèves descriptions des neuropeptides, ceux dont il a été question ici et quelques autres dont nous traiterons dans des chapitres ultérieurs.

TABLEAU 12.3 LES NEUROPEPTIDES

SUBSTANCE	DESCRIPTION
Substance P	Présente dans les neurones sensitifs, les voies spinales et les parties de l'encéphale associées à la douleur ; accentue la perception de la douleur.
Peptides opioïdes ■ Enképhalines ■ Endorphines ■ Dynorphines	Inhibent les influx nerveux douloureux en empêchant la libération de la substance P ; interviendraient dans la mémoire et l'apprentissage, la thermorégulation, l'activité sexuelle et la maladie mentale.
Hormones hypothalamiques de libération et d'inhibition	Produites par l'hypothalamus ; régissent la libération des hormones par l'adénohypophyse.
Angiotensine II	Stimule la soif ; régirait la pression artérielle dans l'encéphale. En qualité d'hormone, cause la vasoconstriction et favorise la libération d'aldostérone, laquelle accélère la réabsorption du sel et de l'eau par les reins.
Cholécystokinine (CCK)	Présente dans l'encéphale et dans l'intestin grêle ; interviendrait dans la régulation de l'alimentation comme signal de la satiété. En qualité d'hormone, régit la sécrétion d'enzymes pancréatiques durant la digestion et la contraction des muscles lisses dans le tube digestif.

LA MODIFICATION DES EFFETS DES NEUROTRANSMETTEURS

Certaines substances naturellement présentes dans l'organisme ainsi que des drogues, médicaments et toxines peuvent *modifier l'effet des neurotransmetteurs* de diverses façons :

1. La synthèse des neurotransmetteurs peut être stimulée ou inhibée. Par exemple, la lévodopa (L-dopa), un précurseur de la dopamine, peut aider certains patients atteints de la maladie de Parkinson (voir p. 606) parce qu'elle stimule la production de dopamine dans les zones de l'encéphale qui sont touchées. Son effet est toutefois temporaire.

2. La libération des neurotransmetteurs peut être accrue ou bloquée. Ainsi, les amphétamines favorisent la libération de la dopamine et de la noradrénaline. La toxine botulinique bloque la libération de l'acétylcholine par les neurones moteurs somatiques et provoque ainsi la paralysie.

3. Les récepteurs des neurotransmetteurs peuvent être activés ou entravés. Les agents qui se lient aux récepteurs et qui accentuent ou imitent les effets d'un neurotransmetteur naturel sont appelés **agonistes**. L'isoprotérénol (Isuprel[MD]) est un agoniste puissant de l'adrénaline et de la noradrénaline. Il peut être utilisé pour dilater les voies respiratoires pendant les crises d'asthme. Les agents qui se lient aux récepteurs et les bloquent sont appelés **antagonistes**. Zyprexa[MD], un médicament prescrit pour la schizophrénie, est un antagoniste de la sérotonine et de la dopamine.

4. L'élimination des neurotransmetteurs peut être stimulée ou inhibée. Par exemple, la cocaïne suscite l'euphorie (une sensation intense de plaisir) parce qu'elle bloque les transporteurs de la recapture de la dopamine. La dopamine reste ainsi plus longtemps dans les fentes synaptiques, et entraîne par conséquent une stimulation excessive de certaines régions de l'encéphale. ■

▶ POINT DE CONTRÔLE

20. Quels sont les neurotransmetteurs excitateurs ? les neurotransmetteurs inhibiteurs ? Comment produisent-ils leurs effets ?

21. Qu'est-ce qui distingue le monoxyde d'azote (NO) de tous les autres neurotransmetteurs déjà connus ?

LES RÉSEAUX NEURONAUX

OBJECTIF

• Nommer les divers types de réseaux neuronaux du système nerveux.

Le SNC contient des milliards de neurones disposés en **réseaux** (ou circuits) **neuronaux** complexes, soit des groupes fonctionnels de neurones qui traitent des éléments bien précis d'information. Dans un **réseau en série simple**, un neurone présynaptique ne stimule qu'un seul neurone postsynaptique. Le neurone stimulé en stimule un autre à son tour, et ainsi de suite. Cependant, la plupart des réseaux neuronaux sont beaucoup plus complexes que cela.

Un seul neurone présynaptique peut faire synapse avec plusieurs neurones postsynaptiques. Appelée **divergence**, cette disposition permet à un neurone présynaptique d'influer simultanément sur plusieurs neurones postsynaptiques (ou plusieurs myocytes ou cellules glandulaires). Dans un **réseau divergent**, l'influx nerveux émis par un neurone présynaptique stimule un nombre croissant de cellules dans le réseau (figure 12.19a). Par exemple, les quelques neurones de l'encéphale qui gouvernent un mouvement particulier stimulent un nombre beaucoup plus élevé de neurones dans la moelle épinière. Les signaux sensitifs empruntent aussi des réseaux divergents, ce qui permet la transmission de l'information sensorielle à plusieurs régions de l'encéphale. La divergence amplifie le signal.

Dans une autre configuration appelée **convergence**, plusieurs neurones présynaptiques font synapse avec un même neurone postsynaptique. Cette disposition rend plus efficace la stimulation ou l'inhibition du neurone postsynaptique. Dans un **réseau convergent** (figure 12.19b), le neurone postsynaptique reçoit des influx nerveux de plusieurs sources. Par exemple, un seul neurone moteur qui fait synapse avec des myocytes squelettiques dans une jonction neuromusculaire reçoit des informations de plusieurs voies prenant naissance dans différentes régions cérébrales.

Certains réseaux sont construits de telle façon que, dès qu'il est stimulé, le neurone présynaptique déclenche la transmission d'une série d'influx nerveux par le neurone postsynaptique. Ces réseaux sont appelés **réseaux réverbérants** (figure 12.19c). L'influx entrant stimule le premier neurone, qui stimule le deuxième, qui stimule le troisième, et ainsi de suite. Or, les ramifications des neu-

rones situés en aval de la série font synapse avec les neurones situés en amont, de sorte que les influx nerveux passent et repassent dans le réseau. Le signal de sortie peut durer de quelques secondes à plusieurs heures, selon le nombre de synapses et la disposition des neurones dans le réseau. Des neurones inhibiteurs peuvent interrompre le fonctionnement du réseau réverbérant au bout d'un certain temps. Parmi les réponses physiologiques qui résulteraient de signaux de sortie émis par des réseaux réverbérants figurent la respiration, les activités musculaires coordonnées, le réveil et la mémoire à court terme.

Les **réseaux parallèles postdécharges** constituent un quatrième type de réseau (figure 12.19d). Un seul neurone présynaptique stimule un groupe de neurones dont chacun fait synapse avec un même neurone postsynaptique. Comme le nombre des synapses entre le premier et le dernier neurone diffère d'une voie à l'autre, les délais d'action synaptique varient et le dernier neurone produit plusieurs PPSE ou PPSI. Si le signal entrant est excitateur, le neurone postsynaptique peut émettre une succession rapide d'influx nerveux. Les réseaux parallèles postdécharges interviendraient dans les activités de précision, par exemple les calculs mathématiques.

▶ **POINT DE CONTRÔLE**

22. Qu'est-ce qu'un réseau neuronal?

23. Quelles sont les fonctions des réseaux divergents, des réseaux convergents, des réseaux réverbérants et des réseaux parallèles postdécharges?

FIGURE 12.19 Exemples de réseaux neuronaux.

Les réseaux neuronaux sont des groupes fonctionnels de neurones qui traitent des éléments bien précis d'information.

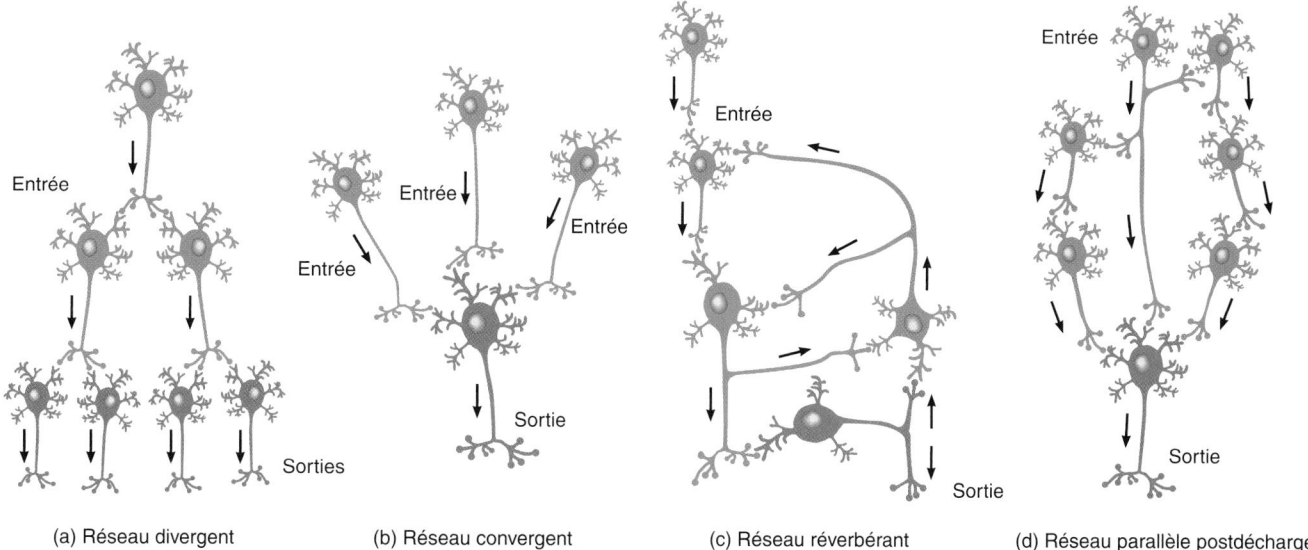

(a) Réseau divergent   (b) Réseau convergent   (c) Réseau réverbérant   (d) Réseau parallèle postdécharge

Un neurone moteur de la moelle épinière reçoit habituellement des informations provenant de neurones qui prennent naissance dans différentes régions de l'encéphale. S'agit-il d'une convergence ou d'une divergence?

LA RÉGÉNÉRATION ET
LA RÉPARATION DU TISSU NERVEUX

OBJECTIFS

- Définir la plasticité et la neurogenèse.
- Décrire les étapes de la détérioration des nerfs périphériques et celles de leur réparation.

Le tissu nerveux conserve tout au long de la vie sa **plasticité**, c'est-à-dire sa capacité de changer sous l'effet de l'expérience. Plusieurs changements peuvent se produire à l'échelon du neurone, notamment l'émergence de nouveaux dendrites, la synthèse de nouvelles protéines et les modifications des contacts synaptiques avec d'autres neurones. Il ne fait aucun doute que des signaux tant chimiques qu'électriques régissent les changements. Toutefois, malgré leur plasticité, les neurones des mammifères ne possèdent qu'une capacité très faible de **régénération**, c'est-à-dire de reconstitution et de réparation. Dans le SNP, les dommages infligés aux dendrites et aux axones myélinisés peuvent être réparés uniquement si le corps cellulaire est resté intact et que les neurolemmocytes à l'origine de la myélinisation demeurent actifs. Dans le SNC, la réparation des neurones endommagés est minime ou inexistante. Même si le corps cellulaire est intact, un axone gravement touché ne peut pas être réparé ni se reconstituer.

LA NEUROGENÈSE DANS LE SNC

La **neurogenèse** est la formation de nouveaux neurones à partir de cellules souches indifférenciées. Elle se produit couramment chez certains animaux. Ainsi, de nouveaux neurones apparaissent et disparaissent chaque année chez certains oiseaux chanteurs. Jusqu'à tout récemment, la communauté scientifique pensait que l'encéphale des primates et des êtres humains adultes ne pouvait pas former de nouveaux neurones. Mais en 1992, une équipe de scientifiques canadiens a publié le fruit étonnant de ses recherches : sous l'influence du **facteur de croissance épidermique** (EGF, *epidermal growth factor*), des cellules prélevées dans l'encéphale de souris adultes se transforment aussi bien en neurones qu'en astrocytes. On savait déjà que l'EGF déclenchait la mitose dans diverses cellules autres que les neurones et favorisait la cicatrisation des blessures et la régénération des tissus. En 1998, d'autres travaux ont montré qu'un nombre considérable de nouveaux neurones apparaissent dans l'hippocampe humain adulte, région de l'encéphale qui joue un rôle crucial dans l'apprentissage.

L'absence presque complète de neurogenèse dans d'autres régions de l'encéphale et de la moelle épinière résulterait de deux facteurs : 1) l'influence inhibitrice des gliocytes, en particulier des oligodendrocytes ; et 2) l'absence de signaux stimulant la croissance (qui sont pourtant présents durant le développement fœtal). Les axones du SNC sont myélinisés par des oligodendrocytes, qui ne forment pas de neurolemme. En outre, la myéline du SNC compte parmi les facteurs qui inhibent la régénération des neurones. Ce mécanisme est peut-être aussi celui qui arrête la croissance de l'axone une fois qu'il a atteint sa région cible au cours du développement. Par ailleurs, quand un axone est endommagé, les astrocytes avoi-sinants prolifèrent rapidement, formant un type de tissu cicatriciel qui oppose une barrière physique à la régénération. Ainsi, les lésions de l'encéphale et de la moelle épinière sont généralement permanentes. Les scientifiques continuent toutefois de travailler à l'amélioration de l'environnement des axones de la moelle épinière afin de les aider à contourner la lésion. D'autres cherchent à stimuler les cellules souches en dormance afin qu'elles remplacent les neurones détruits par une lésion ou une maladie, ou tentent d'obtenir par culture tissulaire des neurones à des fins de transplantation.

LES LÉSIONS ET LA RÉPARATION DANS LE SNP

Dans le SNP, la réparation des axones et des dendrites associés à un neurolemme peut avoir lieu à certaines conditions seulement : 1) que le corps cellulaire soit intact ; 2) que les neurolemmocytes restent actifs ; et 3) que le tissu cicatriciel ne se forme pas trop rapidement (figure 12.20). La plupart des nerfs du SNP sont constitués d'axones recouverts d'un neurolemme (couche cytoplasmique externe du neurolemmocyte qui entoure la gaine de myéline). C'est ainsi qu'un nerf du membre supérieur dont les axones ont été endommagés a de bonnes chances de guérir et de fonctionner à nouveau.

Lorsqu'un axone subit une lésion, il se produit généralement des changements à la fois dans le corps cellulaire du neurone et dans la partie de l'axone située en aval de la lésion (partie distale) ; dans certains cas, on observe également des changements dans la partie de l'axone située en amont (partie proximale).

Dans les 24 à 48 heures qui suivent la lésion d'un prolongement d'un neurone normal du SNP (figure 12.20a), les corps de Nissl se désagrègent et forment de petites masses granulaires. Cette altération porte le nom de **chromatolyse** (*khrôma* : couleur ; *lusis* : dissolution). Entre le troisième et le cinquième jour, la partie de l'axone située en aval de la lésion gonfle légèrement puis se fragmente ; la gaine de myéline se détériore également (figure 12.20b), si bien que la partie de l'axone séparée du corps cellulaire ne peut persister. Toutefois, même si l'axone et la gaine de myéline dégénèrent, le neurolemme subsiste. La détérioration de la partie distale de l'axone et de la gaine de myéline est appelée **dégénérescence wallérienne**.

Après la chromatolyse, une augmentation des activités de biosynthèse dans le corps cellulaire est un signe de guérison évident. La synthèse de l'ARNm et des protéines s'accélère, ce qui favorise la reconstruction, ou **régénération**, de l'axone. C'est pourquoi, dans les quelques jours suivant la lésion, des bourgeons d'axones commencent à envahir le tube formé par les neurolemmocytes demeurés actifs (figure 12.20b). Dans la zone endommagée, des macrophagocytes éliminent les débris.

Par ailleurs, les neurolemmocytes situés de part et d'autre de la lésion se multiplient par mitose, se rapprochent les uns des autres, se soudent au neurolemme de la partie de l'axone persistant et peuvent ainsi former un **tube de régénération** par-dessus la région abîmée (figure 12.20c). Ce tube guide la croissance de l'axone à partir de la région située en amont de la lésion jusqu'à la région distale auparavant occupée par l'axone intact. La croissance de nouveaux axones est toutefois impossible si le vide créé par la lésion est trop étendu ou s'il se remplit de fibres collagènes. Les axones provenant de la région proximale croissent d'environ 1,5 millimètre

FIGURE 12.20 La lésion et la réparation d'un neurone du SNP.

Les axones myélinisés du système nerveux périphérique peuvent se réparer si le corps cellulaire est intact, que les neurolemmocytes restent actifs et que le tissu cicatriciel ne se forme pas trop rapidement.

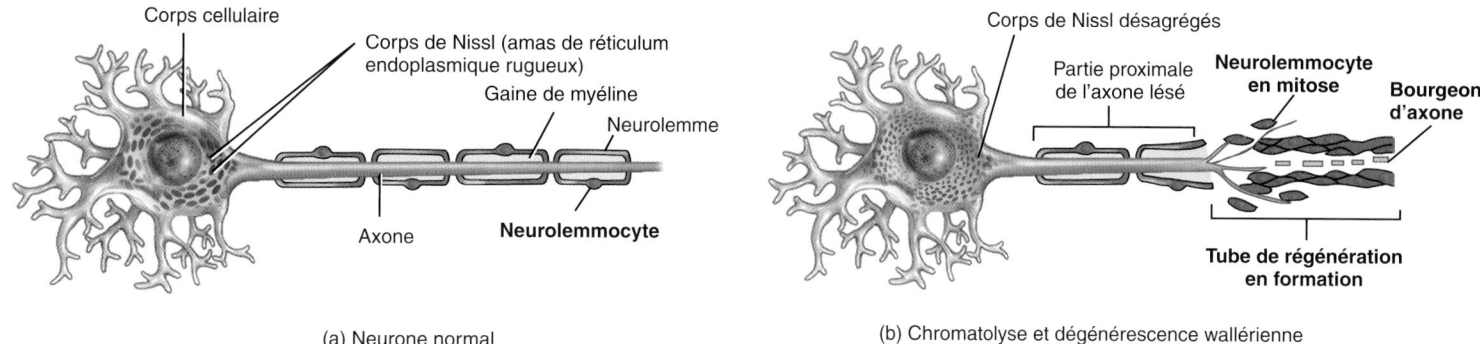

Corps cellulaire

Corps de Nissl (amas de réticulum endoplasmique rugueux)

Gaine de myéline

Neurolemme

Axone

Neurolemmocyte

(a) Neurone normal

Corps de Nissl désagrégés

Partie proximale de l'axone lésé

Neurolemmocyte en mitose

Bourgeon d'axone

Tube de régénération en formation

(b) Chromatolyse et dégénérescence wallérienne

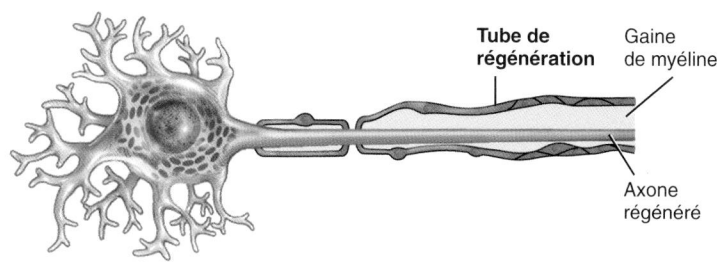

Tube de régénération

Gaine de myéline

Axone régénéré

(c) Régénération

Quel rôle le neurolemme joue-t-il dans la régénération ?

par jour, s'insinuent dans les tubes de régénération et s'étendent vers les récepteurs et les effecteurs situés en aval. C'est ainsi que quelques connexions sensitives et motrices se rétablissent, et que certaines fonctions réapparaissent. Avec le temps, les neurolemmocytes finissent par élaborer une nouvelle gaine de myéline.

Selon des études récentes, la formation de cette nouvelle gaine de myéline le long de l'axone régénéré serait régie par la fibrine, une protéine coagulante (voir p. 731). Quand un axone du SNP subit une lésion, il peut être exposé à la fibrine et à d'autres composantes du sang qui s'échappent des vaisseaux avoisinants également touchés par la lésion. Pendant la régénération de l'axone, la fibrine empêche les neurolemmocytes de produire de la myé-

line. Quand la concentration de fibrine baisse (à cause de la réparation tissulaire), les neurolemmocytes se mettent à produire de la myéline le long de l'axone régénéré. Les scientifiques pensent à l'heure actuelle que ce processus ralentit la myélinisation assez longtemps pour que l'axone endommagé se reforme complètement et rétablisse des synapses avec les effecteurs qui lui correspondent.

▶ **POINT DE CONTRÔLE**

24. Quels sont les facteurs qui expliquent l'absence de neurogenèse dans la plupart des régions de l'encéphale ?

25. Quelle est la fonction du tube de régénération pendant la réparation des neurones ?

DÉSÉQUILIBRES HOMÉOSTATIQUES

La sclérose en plaques

La **sclérose en plaques** est une maladie qui provoque une dégénérescence progressive des gaines de myéline des neurones du SNC. Au Canada, où l'incidence de la maladie varie entre 1 sur 500 et 1 sur 1 000 selon les régions du pays, on estime à 50 000 le nombre de personnes atteintes de sclérose en plaques. Cette proportion élevée s'explique par le fait que cette maladie est plus répandue dans les pays éloignés de l'équateur. Cette maladie touche environ 350 000 personnes aux États-Unis, deux millions dans le monde. Elle apparaît habituellement entre 20 et 40 ans et frappe deux fois

plus de femmes que d'hommes. La sclérose en plaques est plus fréquente chez les Blancs que chez les Noirs, et rare chez les Asiatiques.

La sclérose en plaques est une maladie auto-immune, c'est-à-dire qu'elle est déclenchée par le système immunitaire de la personne atteinte. Le nom de la maladie la décrit bien : dans de nombreuses régions du corps, les gaines de myéline *se sclérosent* et forment des *plaques*, ou cicatrices durcies. L'imagerie par résonance magnétique (IRM) révèle la présence d'un grand nombre de ces plaques dans la substance blanche de l'encéphale et de la moelle épinière. La destruction des gaines de myéline ralentit puis court-circuite la propagation des influx nerveux.

La maladie prend le plus souvent une forme récurrente, c'est-à-dire qu'elle évolue par poussées et rémissions. Habituellement, elle commence à se manifester au début de l'âge adulte. Les premiers symptômes sont les suivants : impression de lourdeur ou de faiblesse dans les muscles, sensations anormales ou diplopie (vision double). La poussée est suivie d'une période de rémission pendant laquelle les symptômes disparaissent. Les poussées se succèdent au rythme de une tous les ans ou tous les deux ans en général. Elles entraînent une disparition progressive des fonctions, interrompue par des périodes de rémission marquées par la disparition des symptômes.

On ne connaît pas encore la cause de la sclérose en plaques, mais il est possible qu'une prédisposition génétique et certains facteurs environnementaux (peut-être un virus de l'herpès) interviennent dans son apparition. Depuis 1993, de nombreuses personnes atteintes de sclérose en plaques récurrente ont reçu des injections d'interféron bêta. Ce médicament allonge les périodes de rémission, atténue la gravité des poussées et ralentit la formation de nouvelles lésions dans certains cas. Malheureusement, certains patients ne tolèrent pas l'interféron bêta, et le traitement perd de son efficacité à mesure que la maladie progresse.

L'épilepsie

L'**épilepsie** se caractérise par des épisodes brefs et récurrents de dysfonctionnement sensoriel, moteur ou psychologique, mais elle n'altère presque jamais l'intelligence. Les poussées, communément appelées *crises d'épilepsie*, touchent environ 1 % de la population mondiale. Approximativement 0,6 % de la population canadienne est atteinte d'épilepsie. En 2007, on estime que plus de 15 500 nouveaux cas seront diagnostiqués ; environ 60 % des nouveaux patients seront de jeunes enfants et des personnes âgées.

Les crises d'épilepsie sont déclenchées par des décharges électriques anormales et synchrones de millions de neurones dans l'encéphale, elles-mêmes peut-être provoquées par des réseaux réverbérants anormaux. Stimulés par les décharges, de nombreux neurones émettent des influx nerveux dans les voies auxquelles ils appartiennent. La personne atteinte peut alors percevoir des lumières, des bruits ou des odeurs sans que ses yeux, ses oreilles et son nez aient été stimulés. Ses muscles squelettiques peuvent aussi se contracter involontairement. L'*épilepsie partielle* s'amorce dans un petit foyer situé d'un côté de l'encéphale et produit des symptômes modérés ; l'*épilepsie généralisée* touche de grandes régions situées des deux côtés de l'encéphale et entraîne une perte de conscience.

Les causes de l'épilepsie sont nombreuses. Il s'agit notamment de lésions cérébrales subies à la naissance (la cause la plus fréquente) ; de troubles métaboliques (hypoglycémie, hypocalcémie, urémie, hypoxie) ; d'infections (encéphalite ou méningite) ; d'exposition à des toxines (alcool, tranquillisants, hallucinogènes) ; de troubles vasculaires (hémorragie, hypotension) ; de traumatismes crâniens ; et de tumeurs et d'abcès au cerveau. Les crises d'épilepsie qui accompagnent la fièvre sont très courantes chez les enfants de moins de deux ans. Néanmoins, la plupart des crises d'épilepsie n'ont pas de cause avérée.

Des médicaments antiépileptiques tels que la phénytoïne, la carbamazépine et le valproate de sodium peuvent généralement éliminer ou atténuer les crises. L'implantation d'un dispositif qui stimule le nerf vague (nerf crânien X) permet de réduire considérablement les crises chez certains patients sur lesquels les médicaments n'ont guère d'effets. Dans certains cas très graves, l'intervention chirurgicale peut être envisagée.

TERMES MÉDICAUX

Neuroblastome Néoplasme malin formé de cellules nerveuses immatures (neuroblastes) ; apparaît le plus souvent dans l'abdomen, plus particulièrement dans les glandes surrénales. Bien qu'il soit rare, il constitue la tumeur la plus courante dans la petite enfance.

Neuropathie (*neuron* : nerf ; *pathos* : affection, maladie) Tout trouble touchant le système nerveux, particulièrement les nerfs crâniens ou spinaux. Par exemple, la paralysie faciale périphérique (*paralysie de Bell*) touche le nerf facial (VII).

Rage Maladie mortelle causée par un virus qui atteint le SNC par transport axonal rapide. Elle se transmet généralement à l'homme par la morsure d'un chien ou autre animal carnivore infecté. Ses symptômes sont l'agitation, l'hydrophobie, l'agressivité et des comportements erratiques ; la paralysie et la mort s'ensuivent.

Syndrome de Guillain-Barré Forme aiguë de démyélinisation : des macrophagocytes détruisent la myéline des axones du SNP. C'est la cause la plus courante de paralysie aiguë en Amérique du Nord et en Europe. Ce syndrome pourrait être dû à la réponse du système immunitaire à des infections bactériennes. La plupart des personnes touchées se rétablissent complètement ou partiellement, mais environ 15 % restent paralysées.

RÉSUMÉ

LE SYSTÈME NERVEUX : VUE D'ENSEMBLE (P. 430)

1. Le système nerveux central (SNC) comprend l'encéphale et la moelle épinière. Le système nerveux périphérique (SNP) comprend tous les tissus nerveux situés à l'extérieur du SNC.

2. Les structures qui constituent le système nerveux sont l'encéphale ; les 12 paires de nerfs crâniens et leurs ramifications ; la moelle épinière ; les 31 paires de nerfs spinaux et leurs ramifications ; les ganglions ; les plexus entériques ; et les récepteurs sensoriels.

3. Le système nerveux contribue à l'homéostasie et intègre toutes les activités de l'organisme en détectant les stimulus (fonction sensorielle), en les interprétant (fonction intégrative) et en y réagissant (fonction motrice).

4. Les neurones sensitifs (afférents) transmettent l'information sensorielle depuis les nerfs crâniens et les nerfs spinaux jusqu'à l'encéphale et à la moelle épinière, ou d'un niveau inférieur à un niveau supérieur dans la moelle épinière ou dans l'encéphale. Les interneurones possèdent un axone court qui communique avec des neurones voisins de l'encéphale ou de la moelle épinière. Les neurones moteurs (aussi appelés neurones efférents ou encore motoneurones) transmettent l'information provenant de l'encéphale vers la moelle épinière ou l'information provenant de l'encéphale et de la moelle épinière vers les nerfs crâniens et les nerfs spinaux.

5. Les subdivisions du SNP sont le système nerveux somatique (SNS), le système nerveux autonome (SNA), et le système nerveux entérique (SNE).

6. Le SNS se compose : 1) de neurones sensitifs somatiques qui transmettent les influx nerveux des récepteurs somatiques et des organes des sens jusqu'au SNC ; et 2) de neurones moteurs somatiques qui s'étendent du SNC jusqu'aux muscles squelettiques. Les réponses motrices sont régies consciemment ; l'activité de cette partie du SNP est dite *volontaire*.

7. Le SNA se compose : 1) de neurones sensitifs autonomes qui prennent naissance principalement dans les viscères ; et 2) de neurones moteurs autonomes qui transmettent les influx nerveux du SNC jusqu'aux muscles lisses, au muscle cardiaque et aux glandes. Les réponses motrices sont inconscientes ; l'activité de cette partie du SNP est dite *involontaire*.

8. Le SNE se compose de neurones sensitifs et de neurones moteurs qui sont situés dans les plexus entériques du tube digestif et qui, dans une certaine mesure, fonctionnent indépendamment du SNA et du SNC. Le SNE détecte les stimulus sensoriels et régit l'activité motrice et sécrétrice du tube digestif.

L'HISTOLOGIE DU TISSU NERVEUX (P. 432)

1. Le tissu nerveux se compose de neurones (ou cellules nerveuses) et de gliocytes. Les neurones sont dotés d'excitabilité électrique et accomplissent la plupart des fonctions propres au système nerveux : détection des stimulus, pensée, mémoire, régulation de l'activité musculaire et des sécrétions glandulaires.

2. La plupart des neurones sont formés de trois parties : les dendrites, le corps cellulaire et l'axone. Les dendrites constituent les principales régions réceptrices. Le corps cellulaire, qui renferme les organites habituels, assure l'intégration. L'émission des signaux se fait généralement par un seul axone pouvant par contre se ramifier en plusieurs branches appelées *collatérales*. L'axone achemine les influx nerveux vers un autre neurone, un myocyte ou une cellule glandulaire.

3. Une synapse est un point de communication fonctionnel entre deux cellules excitables. Les boutons terminaux contiennent des vésicules synaptiques remplies de molécules de neurotransmetteur.

4. Le système qui sert au déplacement des matières du corps cellulaire aux terminaisons axonales uniquement est le transport axonal lent ; le système qui sert au déplacement des matières dans les deux directions est le transport axonal rapide.

5. Du point de vue structural, on distingue les neurones multipolaires, les neurones bipolaires et les neurones unipolaires.

6. Les gliocytes soutiennent, nourrissent et protègent les neurones. Ils entretiennent le liquide interstitiel qui baigne les neurones. Les gliocytes du SNC sont les astrocytes, les oligodendrocytes, les microglies, les épendymocytes. Les gliocytes du SNP sont les neurolemmocytes et les cellules satellites.

7. Deux types de gliocytes produisent les gaines de myéline : les oligodendrocytes myélinisent les axones du SNC et les neurolemmocytes myélinisent ceux du SNP.

8. La substance blanche se compose de faisceaux d'axones myélinisés. La substance grise se compose de corps cellulaires, de dendrites et de terminaisons axonales de neurones, d'axones amyélinisés et de gliocytes.

9. Au centre de la moelle épinière, la substance grise forme un H (ou un papillon) entouré de substance blanche. Dans l'encéphale, une mince enveloppe de substance grise recouvre les hémisphères du cerveau et du cervelet.

LES SIGNAUX ÉLECTRIQUES DANS LES NEURONES (P. 440)

1. Les neurones communiquent entre eux par les potentiels gradués, qui servent uniquement à la communication sur de courtes distances, et par les potentiels d'action, qui permettent la communication sur de courtes ou de longues distances.

2. Les signaux électriques produits par les neurones et les myocytes se propagent par deux types de canaux ioniques, soit les canaux à fonction passive (ou canaux de fuite) et les canaux à fonctionnement commandé : canaux sensibles au voltage, canaux sensibles à un ligand et canaux mécanosensibles.

3. Le potentiel de repos de la membrane s'établit habituellement à −70 mV. Une cellule qui présente un potentiel de membrane est dite polarisée.

4. Un potentiel gradué est une légère déviation par rapport au potentiel de repos de la membrane, cette déviation se produisant à la suite de l'ouverture ou de la fermeture de canaux ioniques sensibles à un ligand ou mécanosensibles. À l'hyperpolarisation, un potentiel gradué rend le potentiel de membrane plus négatif (plus polarisé). À la dépolarisation, un potentiel gradué rend le potentiel de membrane moins négatif (moins polarisé).

5. L'amplitude d'un potentiel gradué varie selon la force du stimulus.

6. Conformément à la loi du tout ou rien, un stimulus suffisamment fort pour produire un potentiel d'action engendre nécessairement un potentiel d'action d'amplitude constante. Un stimulus plus fort ne produit pas un potentiel d'action plus important.

7. Lors de la formation d'un potentiel d'action, les canaux ioniques à Na^+ et à K^+ sensibles au voltage s'ouvrent et se ferment successivement, provoquant d'abord une dépolarisation, c'est-à-dire l'inversion de la polarisation de la membrane (de −70 à +30 mV), puis une repolarisation, c'est-à-dire le rétablissement du potentiel de repos de la membrane (de +30 à −70 mV).

8. Les étapes de la formation d'un potentiel d'action sont les suivantes :
   • L'arrivée d'un potentiel gradué dépolarisant ou d'un stimulus quelconque provoque la dépolarisation de la membrane, jusqu'à ce que le seuil d'excitation du neurone soit atteint ;
   • Une fois le seuil d'excitation atteint, les canaux à Na^+ sensibles au voltage s'ouvrent et les ions Na^+ diffusent rapidement dans la cellule, déclenchant la *phase de dépolarisation* du potentiel d'action. L'afflux de Na^+ vers l'intérieur du neurone augmente, la membrane continue de se dépolariser et de nouveaux canaux à Na^+ s'ouvrent dans les parties adjacentes de la membrane plasmique ;
   • Une dépolarisation qui atteint le seuil d'excitation ouvre aussi, quoique plus lentement, les canaux à K^+ sensibles au voltage. Cette ouverture lente des canaux à K^+ sensibles au voltage suivie par la fermeture quasi-simultanée des canaux à Na^+ déclenche la *phase de repolarisation* du potentiel d'action. L'entrée des ions Na^+ ralentit et, pendant ce temps, la sortie des ions K^+ s'accélère, ce qui ramène le potentiel de membrane à la valeur de repos (−70 mV) ;
   • À mesure que les canaux à K^+ sensibles au voltage se ferment, l'activité des pompes à sodium-potassium ramène les concentrations extracellulaire et intracellulaire de Na^+ et de K^+ à ce qu'elles étaient avant le déclenchement du potentiel d'action.

9. Pendant la première partie de la période réfractaire, la production d'un autre potentiel d'action s'avère impossible (période réfractaire absolue). Elle redevient possible un peu plus tard, mais seulement à la suite d'un stimulus supérieur au seuil d'excitation (période réfractaire relative).

10. Parce que les potentiels d'action se propagent d'un point à l'autre de la membrane plasmique sans perdre de leur force, ils peuvent servir à la communication sur de longues distances. Le tableau 12.1 compare les potentiels gradués et les potentiels d'action.

11. La conduction saltatoire est la propagation des potentiels d'action, ou influx nerveux, le long d'un axone myélinisé d'un nœud de Ranvier à un autre (comme si l'influx «sautait» d'un nœud au suivant). La conduction saltatoire est plus rapide que la conduction continue.

12. Les axones de grand diamètre transmettent les potentiels d'action plus rapidement que ne le font les axones de petit diamètre.

13. L'intensité d'un stimulus est codée par la fréquence des potentiels d'action et par le nombre des neurones sensitifs qui sont mobilisés.

LA TRANSMISSION DES SIGNAUX DANS LES SYNAPSES (P. 451)

1. Une synapse est une jonction fonctionnelle entre deux neurones ou entre un neurone et un effecteur, par exemple un muscle ou une glande. Il existe deux types de synapses : les synapses électriques et les synapses chimiques.

2. Les synapses chimiques transmettent les signaux dans une seule direction, soit d'un neurone présynaptique à un neurone postsynaptique.

3. Les synapses chimiques transmettent les signaux de la façon suivante :
   • L'influx nerveux arrive dans un bouton terminal d'un axone présynaptique et entraîne l'entrée des ions calcium dans le neurone par les canaux à Ca^{2+} sensibles au voltage ouverts ;
   • Les ions Ca^{2+} déclenchent l'exocytose de quelques vésicules synaptiques ;
   • Des molécules de neurotransmetteur contenues dans les vésicules sont libérées dans la fente synaptique, y diffusent puis se lient à des *récepteurs du neurotransmetteur* situés dans la membrane plasmique du neurone postsynaptique ;
   • La liaison des molécules de neurotransmetteur à leurs récepteurs des canaux ioniques sensibles à un ligand entraîne l'ouverture des canaux et permet à certains ions de s'écouler à travers la membrane. Le voltage de la membrane change et ce changement du voltage de la membrane est un *potentiel postsynaptique*. Selon le type de canaux qui se sont ouverts et donc du type d'ions que les canaux laissent passer, le potentiel postsynaptique peut être une dépolarisation ou une hyperpolarisation de la membrane postsynaptique. Quand un potentiel postsynaptique dépolarisant atteint le seuil d'excitation, il déclenche un potentiel d'action dans le neurone postsynaptique.

4. Un neurotransmetteur excitateur est un neurotransmetteur qui peut dépolariser la membrane plasmique du neurone postsynaptique et rapprocher le potentiel de membrane du seuil d'excitation. À l'inverse, les neurotransmetteurs inhibiteurs hyperpolarisent la membrane plasmique du neurone postsynaptique, éloignant ainsi son potentiel du seuil d'excitation.

5. On distingue trois mécanismes qui éliminent les neurotransmetteurs des fentes synaptiques : la diffusion, la dégradation enzymatique et la recapture par les cellules (neurones et gliocytes).

6. Quand plusieurs boutons terminaux présynaptiques libèrent leur neurotransmetteur à peu près simultanément, la sommation spatiale peut générer un potentiel d'action. Quand un bouton terminal présynaptique libère rapidement et successivement plusieurs molécules de neurotransmetteur, la sommation temporelle peut générer un potentiel d'action.

7. Le neurone postsynaptique est un intégrateur. Il reçoit les signaux excitateurs et inhibiteurs, les intègre et réagit en conséquence.

8. Le tableau 12.2 résume les structures et les fonctions du neurone.

LES NEUROTRANSMETTEURS (P. 456)

1. On rencontre des neurotransmetteurs excitateurs et des neurotransmetteurs inhibiteurs dans le SNC et dans le SNP. Un même neurotransmetteur peut être excitateur à certains endroits et inhibiteur à d'autres.

2. La classification des neurotransmetteurs en deux catégories est déterminée par leur structure moléculaire : 1) les neurotransmetteurs à petites molécules (acétylcholine, acides aminés, amines biogènes, ATP et d'autres purines, monoxyde d'azote) ; et 2) les neuropeptides (qui se composent de 3 à 40 acides aminés).

3. On peut modifier la transmission des potentiels d'action dans les synapses chimiques en intervenant sur la synthèse du neurotransmetteur, sa libération ou son élimination, ou en bloquant ou stimulant ses récepteurs.

4. Le tableau 12.3 décrit quelques neuropeptides importants.

LES RÉSEAUX NEURONAUX (P. 458)

1. Les neurones du système nerveux central sont organisés en circuits appelés *réseaux neuronaux*.

2. Les réseaux neuronaux peuvent être en série simple, divergents, convergents, réverbérants ou parallèles postdécharges.

LA RÉGÉNÉRATION ET LA RÉPARATION DU TISSU NERVEUX (P. 460)

1. Le système nerveux est doté de plasticité (la capacité de changer sous l'effet de l'expérience), mais il peut difficilement se régénérer (reconstitution et réparation).

2. La neurogenèse (formation de nouveaux neurones à partir de cellules souches indifférenciées) est en principe très limitée. La réparation des axones endommagés est inhibée dans la plupart des régions du SNC.

3. Les axones et les dendrites associés à un neurolemme dans le SNP peuvent se réparer, à condition que le corps cellulaire soit intact, que les neurolemmocytes restent actifs et que la formation de tissu cicatriciel ne soit pas trop rapide.

AUTOÉVALUATION

Vous trouverez les réponses à ces questions à l'appendice D.

COMPLÉTEZ LES PHRASES SUIVANTES.

1. Les subdivisions du SNP sont le système _____, le système _____ et le système _____.

2. Les deux composantes du système nerveux autonome sont le système _____ et le système _____.

INDIQUEZ SI LES ÉNONCÉS SUIVANTS SONT VRAIS OU FAUX.

3. Dans une synapse chimique, le neurone qui reçoit le signal est le neurone présynaptique et celui qui l'émet est le neurone postsynaptique.

4. Les neurones du SNP peuvent toujours se réparer, mais pas ceux du SNC.

5. Lesquels des énoncés suivants sont *vrais* ? 1) La fonction sensorielle du système nerveux fait intervenir des récepteurs sensoriels qui détectent certaines variations dans les milieux intérieur et extérieur. 2) Les neurones sensitifs reçoivent des signaux électriques des récepteurs sensoriels. 3) La fonction intégrative du système nerveux consiste à analyser l'information sensorielle, à emmagasiner certaines de ces données, puis à déterminer les réponses les plus appropriées. 4) Les interneurones transmettent les influx nerveux jusqu'aux effecteurs. 5) La fonction motrice consiste à réagir aux décisions d'intégration. a) 1, 2, 3 et 4 ; b) 2, 4 et 5 ; c) 1, 2, 3 et 5 ; d) 1, 2 et 4 ; e) 2, 3, 4 et 5.

6. Quels sont les facteurs qui établissent et maintiennent le potentiel de repos de la membrane d'un neurone ? 1) une concentration élevée de K^+ dans le liquide extracellulaire et une concentration élevée de Na^+ dans le cytosol, 2) le fait que la membrane plasmique est plus perméable aux Na^+ à cause des nombreux canaux à fonction passive à ions Na^+, 3) les écarts dans les concentrations ioniques et dans les gradients électriques, 4) le nombre élevé des grands anions non diffusibles dans le cytosol, 5) les pompes à sodium-potassium qui aident à maintenir une bonne répartition du sodium et du potassium. a) 1, 2 et 5 ; b) 1, 2 et 3 ; c) 2, 3 et 4 ; d) 3, 4 et 5 ; e) 1, 2, 3, 4 et 5.

7. Placez dans l'ordre les étapes suivantes intervenant dans une synapse chimique. 1) libération du neurotransmetteur dans la fente synaptique, 2) arrivée de l'influx nerveux dans le bouton terminal du neurone présynaptique, 3) dépolarisation ou hyperpolarisation de la membrane postsynaptique, 4) afflux des Ca^{2+} dans la membrane des boutons terminaux par les canaux à Ca^{2+} sensibles au voltage activés, 5) exocytose des vésicules synaptiques, 6) ouverture des canaux sensibles à un ligand de la membrane plasmique postsynaptique, 7) liaison du neurotransmetteur à des récepteurs dans la membrane plasmique du neurone postsynaptique. a) 2, 1, 5, 4, 7, 6, 3 ; b) 1, 2, 4, 5, 7, 6, 3 ; c) 2, 4, 5, 1, 7, 6, 3 ; d) 4, 5, 1, 7, 6, 3, 2 ; e) 2, 5, 1, 4, 6, 7, 3.

8. Plusieurs neurones de l'encéphale qui envoient des influx nerveux à un même neurone moteur aboutissant dans une jonction neuromusculaire forment un réseau : a) réverbérant, b) en série simple, c) parallèle postdécharge, d) divergent, e) convergent.

9. Lesquels des énoncés suivants sont *vrais* ? 1) Si l'effet excitateur est supérieur à l'effet inhibiteur mais inférieur au seuil d'excitation, un PPSE infraliminaire (inférieur au seuil d'excitation) se forme. 2) Si l'effet excitateur est supérieur à l'effet inhibiteur et qu'il atteint ou dépasse le seuil d'excitation, un PPSE liminaire ou supraliminaire se forme et un potentiel d'action est généré. 3) Si l'effet inhibiteur est supérieur à l'effet excitateur, la membrane s'hyperpolarise, ce qui provoque une inhibition du neurone postsynaptique et l'empêche ainsi de produire un potentiel d'action. 4) Plus la sommation des hyperpolarisations est grande, plus les probabilités qu'un potentiel d'action se forme sont élevées. a) 1 et 4 ; b) 2 et 4 ; c) 1, 3 et 4 ; d) 2, 3 et 4 ; e) 1, 2 et 3.

10. Lesquels des énoncés suivants sont *vrais* ? 1) Les principaux types de canaux ioniques sont les canaux à fonctionnement commandé, les canaux à fonction passive et les canaux électriques. 2) Les canaux ioniques permettent la production de potentiels gradués et de potentiels d'action. 3) Les principaux stimulus qui actionnent les canaux ioniques à fonctionnement commandé sont les variations du voltage, les ligands (substances chimiques) et la stimulation mécanique. 4) Les canaux ioniques sensibles à un ligand peuvent s'ouvrir soit directement (grâce à la présence des molécules du ligand lui-même), soit indirectement (grâce à l'activation d'un « second messager » par une protéine G). 5) Les potentiels gradués servent uniquement aux communications sur de courtes distances. a) 1, 2 et 3 ; b) 2, 3 et 4 ; c) 2, 3 et 5 ; d) 2, 3, 4 et 5 ; e) 1, 3 et 5.

11. Lesquels des énoncés suivants sont *vrais* ? 1) La fréquence des influx nerveux et le nombre des neurones sensitifs activés déterminent le codage de l'intensité des stimulus. 2) Les axones de grand diamètre transmettent les influx nerveux plus rapidement que ne le font les axones de petit diamètre. 3) La conduction continue est plus rapide que la conduction saltatoire. 4) Les principaux facteurs qui déterminent la vitesse de propagation de l'influx nerveux sont le diamètre de l'axone et la présence (ou l'absence) d'une gaine de myéline. 5) Les potentiels d'action sont localisés, alors que les potentiels gradués se propagent. a) 1, 3 et 5 ; b) 3 et 4 ; c) 2, 4 et 5 ; d) 2 et 4 ; e) 1, 2 et 4.

12. Quels sont les mécanismes qui permettent d'éliminer les neurotransmetteurs des fentes synaptiques ? 1) le transport axonal, 2) la diffusion hors de la fente, 3) les cellules neurosécrétrices, 4) la dégradation enzymatique, 5) la recapture par les cellules (neurones ou gliocytes). a) 1, 2, 3 et 4 ; b) 2, 4 et 5 ; c) 2, 3 et 4 ; d) 1, 4 et 5 ; e) 1, 2, 3, 4 et 5.

13. Associez les éléments suivants :

_____ a) neurones ne possédant qu'un seul prolongement à partir du corps cellulaire ; toujours sensitifs

_____ b) petits gliocytes phagocytaires

_____ c) concourent à maintenir un milieu chimique convenant à la production de potentiels d'action par les neurones ; font partie de la barrière hématoencéphalique

_____ d) forment la gaine de myéline autour des axones du SNC

_____ e) contient des corps cellulaires de neurones, des dendrites, des terminaisons axonales, des axones amyélinisés et des gliocytes

_____ f) masse de corps cellulaires de neurones dans le SNC

_____ g) élaborent le liquide cérébrospinal et favorisent sa circulation ; forment une barrière entre le sang et le liquide cérébrospinal

_____ h) neurones possédant plusieurs dendrites et un axone ; le type de neurone le plus abondant

_____ i) neurones possédant un dendrite principal et un axone ; présents dans la rétine

_____ j) forment la gaine de myéline autour des axones du SNP

_____ k) soutiennent les neurones dans les ganglions du SNP

_____ l) amas de corps cellulaires de neurones situé en dehors de l'encéphale et de la moelle épinière

_____ m) amas de prolongements myélinisés issus de nombreux neurones

_____ n) faisceau d'axones (avec le tissu conjonctif et les vaisseaux sanguins correspondants) situé en dehors du SNC

_____ o) réseaux neuronaux étendus qui contribuent à la régulation du système digestif

1) astrocytes
2) oligodendrocytes
3) ganglion
4) épendymocytes
5) cellules satellites
6) neurones unipolaires
7) neurones bipolaires
8) neurones multipolaires
9) substance grise
10) substance blanche
11) plexus entériques
12) microglies
13) neurolemmocytes
14) noyau
15) nerf

14. Associez les éléments suivants :

_____ a) succession rapide d'événements qui diminuent
le potentiel de membrane,
puis l'inversent et enfin
rétablissent l'état de
repos ; un influx nerveux

_____ b) légère déviation par rapport
au potentiel de repos qui
rend la membrane soit
plus, soit moins polarisée

_____ c) période pendant laquelle
un autre potentiel
d'action peut être
généré, à condition que
le stimulus soit très fort

_____ d) niveau minimal de dépolarisation nécessaire
pour produire un potentiel
d'action

_____ e) rétablissement du potentiel
de repos de la membrane

_____ f) dépolarisation de la
membrane du neurone
postsynaptique causée
par un neurotransmetteur

_____ g) hyperpolarisation de la
membrane du neurone
postsynaptique causée
par un neurotransmetteur

_____ h) période pendant laquelle un
neurone ne peut pas générer
de potentiel d'action,
même en présence
d'un stimulus très fort

_____ i) polarisation moins négative
que le niveau de repos

_____ j) résulte de l'accumulation
de molécules de neuro-
transmetteur libérées
simultanément par plusieurs
boutons terminaux
présynaptiques

_____ k) hyperpolarisation se
produisant après la phase
de repolarisation d'un
potentiel d'action

_____ l) polarisation plus négative
que le niveau de repos

_____ m) résulte de l'accumulation
de molécules de neuro-
transmetteur libérées
successivement et
rapidement par un
même bouton terminal
présynaptique

1) potentiel gradué
2) potentiel d'action
3) potentiel post-
synaptique excitateur
4) potentiel post-
synaptique inhibiteur
5) période
réfractaire absolue
6) repolarisation
7) phase d'hyper-
polarisation tardive
8) sommation spatiale
9) seuil d'excitation
10) période réfractaire
relative
11) sommation temporelle
12) potentiel gradué
dépolarisant
13) potentiel gradué
hyperpolarisant

15. Associez les éléments suivants :

_____ a) partie du neurone
qui contient le noyau
et les organites

_____ b) réticulum endoplasmique
rugueux dans les
neurones ; lieu de la
synthèse des protéines

_____ c) emmagasinent un
neurotransmetteur

_____ d) prolongement qui propage
les influx nerveux vers un
autre neurone, un myocyte
ou une cellule glandulaire

_____ e) parties réceptrices du
neurone, très ramifiées

_____ f) revêtement lipidique
et protéique formé
de plusieurs couches,
recouvrant les axones
et produit par les gliocytes

_____ g) couche externe cytoplasmique nucléée
des neurolemmocytes

_____ h) première partie de l'axone,
la plus proche du cône
d'implantation

_____ i) point de communication
entre deux neurones
ou entre un neurone
et une cellule effectrice

_____ j) forment le cytosquelette
du neurone

_____ k) intervalles dans la gaine de
myéline entourant un axone

_____ l) point où l'axone s'unit
au corps cellulaire

_____ m) région où naissent
les potentiels d'action
(ou influx nerveux)

_____ n) les nombreux
prolongements fins
situés à l'extrémité d'un
axone et de ses collatérales

_____ o) espace rempli de liquide
interstitiel et séparant
deux neurones

1) gaine de myéline
2) neurolemme
3) nœuds de Ranvier
4) corps cellulaire
5) corps de Nissl
6) neurofibrilles
7) dendrites
8) axone
9) cône d'implantation
de l'axone
10) segment initial
11) zone gâchette
12) fente synaptique
13) terminaisons axonales
14) synapse
15) vésicules synaptiques

Vous trouverez les réponses à ces questions à l'appendice D.

1. La sonnerie du réveille-matin retentit. Carole se réveille, s'étire, bâille et se met à saliver en humant l'arôme du café. Elle sent son estomac qui gargouille. Énumérez les subdivisions du système nerveux qui interviennent dans chacune de ces actions.

2. Le petit Ming apprend à ramper. Il aime s'agripper aux rebords des fenêtres pour se tenir sur ses jambes et regarder dehors, mordillant au passage les bordures de bois peint de sa maison centenaire. Sa mère, qui étudie l'anatomie et la physiologie, remarque que le comportement du bébé change. Elle emmène Ming chez le pédiatre. Les analyses sanguines montrent que l'enfant a beaucoup de plomb dans le sang, ce métal provenant probablement des éclats de peinture qu'il a avalés. Le médecin explique à sa visiteuse que l'intoxication par le plomb entraîne la démyélinisation. La mère de Ming a-t-elle raison de s'inquiéter ? Pourquoi ?

3. Toujours désireux d'inventer de nouveaux moyens de torturer ses ennemis, le Dr Moro, un savant fou, essaie d'élaborer une drogue qui accentuera les effets de la substance P. De quels mécanismes cellulaires pourrait-il se servir pour rendre son produit le plus efficace possible ?

RÉPONSES AUX QUESTIONS DES FIGURES

12.1 Le nombre total des nerfs crâniens et des nerfs spinaux dans le corps humain s'établit à $(12 \times 2) + (31 \times 2) = 86$.

12.2 Les neurones qui transmettent l'information au SNC sont les neurones sensitifs, ou neurones afférents. Les neurones qui transmettent l'information hors du SNC sont les neurones moteurs, ou neurones efférents.

12.3 Les dendrites reçoivent les informations d'entrée (dans les neurones moteurs et les interneurones) ou génèrent des signaux (dans les neurones sensitifs). Le corps cellulaire reçoit les signaux d'entrée. L'axone propage les influx nerveux (ou potentiels d'action) et transmet le message à un autre neurone ou à une cellule effectrice en libérant un neurotransmetteur par ses boutons terminaux.

12.4 Les influx nerveux se forment dans la zone gâchette.

12.5 Le corps cellulaire des cellules pyramidales a une forme de pyramide.

12.6 Les microglies font office de phagocytes dans le système nerveux central (SNC).

12.7 Chaque neurolemmocyte myélinise un seul axone. Un même oligodendrocyte myélinise plusieurs axones.

12.8 La myélinisation accroît la vitesse de propagation (conduction) des influx nerveux.

12.9 C'est la myéline qui donne à la substance blanche son aspect luisant et blanchâtre. L'aspect grisâtre de la substance grise est dû à la présence de corps cellulaires, de dendrites, de terminaisons axonales de neurones, d'axones amyélinisés et de gliocytes.

12.10 Les perceptions se forment essentiellement dans le cortex cérébral.

12.11 Un contact sur le bras active des canaux ioniques mécanosensibles.

12.12 Le potentiel de repos de la membrane d'un neurone s'établit habituellement à -70 mV.

12.13 Des potentiels gradués se forment quand les canaux ioniques sensibles à un ligand ou mécanosensibles s'ouvrent ou se ferment.

12.14 Les canaux à Na^+ sensibles au voltage sont ouverts pendant la phase de dépolarisation ; les canaux à K^+ sensibles au voltage sont ouverts pendant la phase de repolarisation.

12.15 Oui, parce que les canaux à fonction passive permettraient quand même une sortie de K^+ plus rapide que l'entrée de Na^+ dans l'axone. Rappelons que les canaux à fonction passive à ions K^+ sont beaucoup plus perméables que les canaux à fonction passive à ions Na^+.

12.16 Le diamètre de l'axone, la présence ou l'absence d'une gaine de myéline ainsi que la température déterminent la vitesse de propagation de l'influx nerveux.

12.17 Dans certaines synapses électriques (jonctions communicantes), les ions circulent aussi bien dans les deux directions, de sorte que n'importe quel neurone peut être le neurone présynaptique. Dans une synapse chimique, l'un des neurones libère le neurotransmetteur ; l'autre possède des récepteurs qui se lient à ce neurotransmetteur. Par conséquent, le signal ne peut se transmettre que dans une seule direction.

12.18 Si un PPSI se produisait à 55 ms, la dépolarisation liminaire ne serait probablement pas atteinte, et aucun potentiel d'action ne se formerait.

12.19 Un neurone moteur qui reçoit de l'information provenant de plusieurs neurones est un exemple de convergence.

12.20 Le neurolemme participe à la formation du tube de régénération qui guide la repousse d'un axone détérioré.

LA MOELLE ÉPINIÈRE ET LES NERFS SPINAUX

LA MOELLE ÉPINIÈRE, LES NERFS SPINAUX ET L'HOMÉOSTASIE

La moelle épinière et les nerfs spinaux contribuent à l'homéostasie en fournissant des réponses réflexes rapides à une grande diversité de stimulus. La moelle épinière constitue la voie par laquelle la plupart des influx sensitifs entrent dans l'encéphale et les influx moteurs en sortent.

La moelle épinière et les nerfs spinaux contiennent les réseaux neuronaux qui gouvernent certaines de nos réactions les plus rapides aux variations du milieu extérieur. Si vous saisissez un objet brûlant, par exemple, les muscles de votre main se relâchent et vous laissez tomber cet objet avant même de percevoir consciemment la sensation de chaleur ou de douleur extrême. Il s'agit là d'un exemple de réflexe spinal – une réponse rapide et automatique à des stimulus qui fait intervenir uniquement des neurones des nerfs spinaux et de la moelle épinière. En plus de présider aux réflexes, la substance grise de la moelle épinière est le siège de l'intégration (sommation) de potentiels postsynaptiques excitateurs (PPSE) et de potentiels postsynaptiques inhibiteurs (PPSI), que nous avons étudiés au chapitre 12. Ces potentiels gradués se forment quand des molécules de neurotransmetteur interagissent avec leurs récepteurs présents dans les synapses de la moelle épinière. La substance blanche de la moelle épinière contient une douzaine de grands faisceaux sensitifs et moteurs constituant une «autoroute» qui est empruntée dans un sens par les influx sensitifs se dirigeant vers l'encéphale et dans l'autre, par les influx moteurs sortant de l'encéphale en direction des tissus effecteurs. Rappelons que la moelle épinière est unie à l'encéphale et qu'elle compose avec lui le système nerveux central (SNC).

L'ANATOMIE DE LA MOELLE ÉPINIÈRE

LES STRUCTURES PROTECTRICES

Plusieurs structures entourent et protègent le fragile tissu nerveux dont la moelle épinière est composée : deux revêtements de tissu conjonctif importants – les vertèbres (faites de tissu osseux) et les méninges (faites de tissu conjonctif dense) – ainsi que le liquide cérébrospinal (produit dans l'encéphale) (figures 13.1 et 13.5).

La colonne vertébrale

La moelle épinière est située à l'intérieur du canal vertébral de la colonne vertébrale. Comme nous l'avons vu au chapitre 7, ce canal est formé par la superposition de tous les foramens vertébraux. Les vertèbres qui l'entourent constituent une armure solide pour la moelle épinière (figure 13.1c).

Les méninges

Les trois **méninges** sont des membranes de tissu conjonctif qui recouvrent la moelle épinière et l'encéphale. Les **méninges spinales** entourent la moelle épinière (figure 13.1a) et sont en continuité avec les **méninges crâniennes**, qui enveloppent l'encéphale (voir la figure 14.4a). La méninge spinale externe, la **dure-mère**, est composée de tissu conjonctif dense irrégulier. Elle forme un sac qui s'étend du foramen magnum de l'os occipital (où elle s'unit à la dure-mère crânienne) jusqu'à la deuxième vertèbre sacrale. La moelle épinière est aussi protégée par un *coussin de tissu adipeux* et d'autres tissus conjonctifs situés dans la **cavité épidurale**, espace qui sépare la dure-mère et la paroi osseuse du canal vertébral (figure 13.1c).

La méninge intermédiaire est une enveloppe avasculaire appelée **arachnoïde** (*arakhnê* : araignée ; *eidos* : forme) à cause de la disposition en toile d'araignée de ses délicates fibres collagènes et de ses quelques fibres élastiques. Elle est située en dessous de la dure-mère et est en continuité avec l'arachnoïde crânienne. La dure-mère et l'arachnoïde sont séparées par un mince **espace subdural**, qui contient du liquide interstitiel.

La méninge la plus profonde, la **pie-mère** (*pia* : délicat), est une couche mince et transparente de tissu conjonctif qui adhère à la surface de la moelle épinière et de l'encéphale. Elle est composée de faisceaux entrelacés de fibres collagènes ainsi que de quelques fibres élastiques délicates, et contient de nombreux vaisseaux sanguins qui alimentent la moelle épinière en oxygène et en nutriments. Entre l'arachnoïde et la pie-mère se trouve la **cavité subarachnoïdienne**, qui contient du liquide cérébrospinal.

Les trois méninges spinales recouvrent les racines des nerfs spinaux jusqu'au point où ils émergent de la colonne vertébrale par les foramens intervertébraux. Comme nous le verrons dans ce chapitre, des racines ventrale et dorsale ancrent le nerf spinal à la moelle épinière. La moelle épinière est suspendue au centre de son enveloppe durale par des prolongements membraneux triangulaires de la pie-mère, appelés **ligaments dentelés**. Ces prolongements sont des épaississements de la pie-mère qui émergent latéralement de cette méninge ; ils fusionnent avec l'arachnoïde et avec la face interne de la dure-mère de chaque côté de la moelle épinière, entre la racine ventrale et la racine dorsale des nerfs spinaux (figure 13.1a, b). Les ligaments dentelés stabilisent ainsi la moelle épinière sur toute sa longueur et la protègent contre les déplacements soudains qui pourraient causer des chocs.

Le liquide cérébrospinal

Le **liquide cérébrospinal** (LCS), ou liquide céphalorachidien, protège la moelle épinière et l'encéphale contre les agressions chimiques et physiques. De plus, il apporte aux neurones et aux gliocytes de l'oxygène, du glucose et d'autres substances essentielles provenant du sang. Le liquide cérébrospinal circule continuellement autour de la moelle épinière et de l'encéphale, dans la cavité subarachnoïdienne ainsi que dans les cavités de l'encéphale et de la moelle épinière. Nous étudierons le LCS plus en détail au chapitre 14.

LA PONCTION LOMBAIRE

Une **ponction lombaire** consiste à introduire une fine aiguille dans la cavité subarachnoïdienne sous anesthésie locale. Chez l'adulte, on enfonce généralement l'aiguille entre la troisième et la quatrième vertèbre lombaire ou entre la quatrième et la cinquième. Ce point d'insertion étant situé en dessous de la limite inférieure de la moelle épinière, l'introduction de l'aiguille ne présente pas de grand danger. (On détermine ce point d'insertion au moyen d'une ligne imaginaire, la ligne supracristale, qui relie les sommets des crêtes iliaques et qui passe au niveau du processus épineux de la quatrième vertèbre lombaire.) Cette intervention sert à prélever du liquide cérébrospinal à des fins diagnostiques, à administrer des antibiotiques, un anesthésique ou un antinéoplasique, à injecter un produit de contraste pour réaliser une myélographie, à mesurer la pression du liquide cérébrospinal, ou encore à évaluer les effets d'un traitement, par exemple en cas de méningite. ■

L'ANATOMIE EXTERNE DE LA MOELLE ÉPINIÈRE

Plus ou moins cylindrique, la **moelle épinière** s'aplatit légèrement sur ses faces antérieure et postérieure. Chez l'adulte, elle s'étend du bulbe rachidien – la partie inférieure de l'encéphale – jusqu'au bord supérieur de la deuxième vertèbre lombaire (figure 13.2). Chez le nouveau-né, elle s'étend jusqu'à la troisième ou quatrième vertèbre lombaire. Comme le reste du corps, la moelle épinière et la colonne vertébrale s'allongent pendant la petite enfance. L'élongation de la moelle épinière s'arrête vers l'âge de quatre ou cinq ans, mais celle de la colonne vertébrale se poursuit. Chez l'adulte, par conséquent, la moelle épinière n'atteint pas l'extrémité inférieure de la colonne vertébrale. La moelle épinière adulte mesure de 42 à 45 cm de long. Son diamètre est d'environ 2 cm au milieu de la région thoracique ; il augmente dans la partie inférieure de la région cervicale et au milieu de la région lombaire, et diminue à l'extrémité inférieure.

FIGURE 13.1 L'anatomie macroscopique de la moelle épinière et de ses protections. Les méninges spinales sont visibles dans les parties (a) et (c) de la figure.

Les méninges spinales sont des membranes de tissu conjonctif qui protègent la moelle épinière. Le canal vertébral, le liquide cérébrospinal et des ligaments assurent une protection supplémentaire à la moelle épinière.

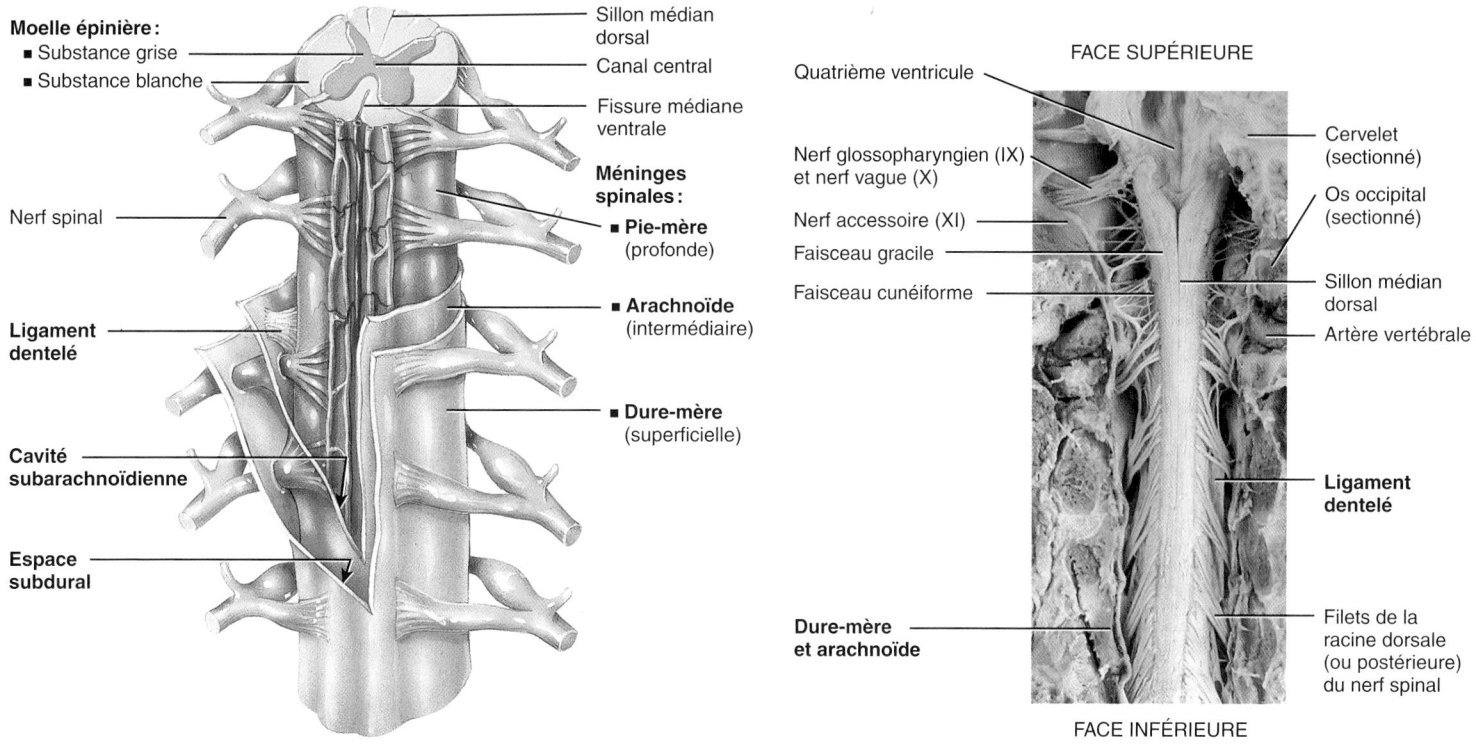

(a) Vue antérieure et coupe transversale de la moelle épinière

(b) Vue postérieure de la région cervicale de la moelle épinière

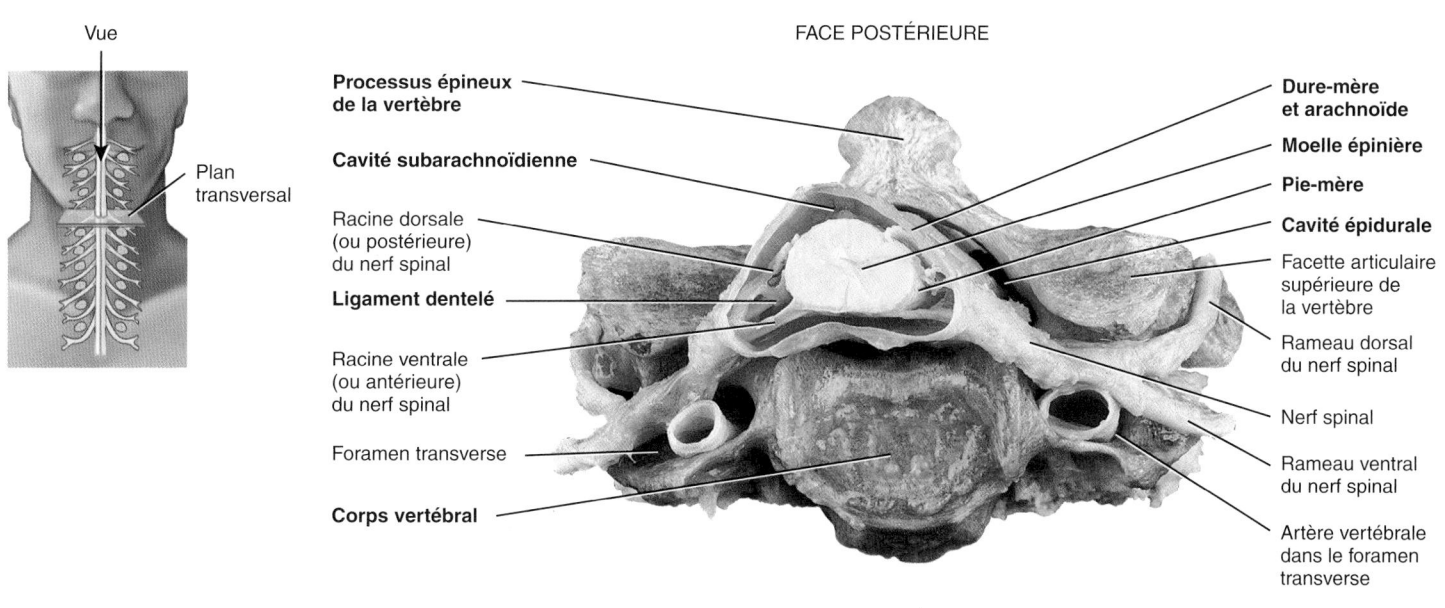

(c) Coupe transversale de la moelle épinière dans une vertèbre cervicale

 Quelles sont les limites supérieure et inférieure de la dure-mère spinale?

Vue de l'extérieur, la moelle épinière présente deux renflements bien visibles. Celui du haut, le **renflement cervical**, s'étend de la quatrième vertèbre cervicale à la première vertèbre thoracique; c'est là que les nerfs rattachés aux membres supérieurs entrent dans la moelle épinière et en sortent. Le renflement du bas, le **renflement lombaire**, s'étend de la neuvième à la douzième vertèbre thoracique; c'est là que les nerfs rattachés aux membres inférieurs entrent dans la moelle épinière et en sortent.

En dessous du renflement lombaire, la moelle épinière se termine par une structure conique, le **cône médullaire**, qui, chez l'adulte, s'étend jusqu'à la hauteur du disque intervertébral situé entre la première et la deuxième vertèbre lombaire. Émergeant du cône médullaire, le **filum terminale** (filament terminal) est un prolongement de la pie-mère qui descend vers la partie inférieure du corps et ancre la moelle épinière au coccyx.

Parce que la moelle épinière est plus courte que la colonne vertébrale, les nerfs issus des régions lombaire, sacrale et coccygienne de la moelle épinière sortent de la colonne vertébrale par un foramen intervertébral situé plus bas que leur point d'émergence dans la moelle épinière. Les racines de ces nerfs spinaux s'infléchissent donc vers le bas à partir de l'extrémité de la moelle épinière (dans le canal vertébral), et prennent l'aspect de mèches de cheveux. L'ensemble de ces racines porte le nom évocateur de **queue de cheval** (figure 13.2).

Les **nerfs spinaux** – qui font partie du système nerveux périphérique (SNP) – constituent les voies de communication entre la moelle épinière et les nerfs desservant des régions bien précises de l'organisme. Les 31 paires de nerfs spinaux qui émergent à intervalles réguliers de la moelle épinière par les foramens intervertébraux donnent l'impression que la moelle épinière est segmentée (figure 13.2). On dit d'ailleurs que chacune de ces paires de nerfs spinaux émerge d'un *segment médullaire*. En fait, la moelle épinière n'est pas segmentée. Toutefois, pour des raisons pratiques, les nerfs spinaux sont nommés en fonction des segments médullaires auxquels ils sont rattachés. Le corps humain compte 8 paires de *nerfs cervicaux* (C1 à C8 dans la figure 13.2), 12 paires de *nerfs thoraciques* (T1 à T12), 5 paires de *nerfs lombaires* (L1 à L5), 5 paires de *nerfs sacraux* (S1 à S5) et 1 paire de *nerfs coccygiens*.

Deux faisceaux d'axones, les **racines**, relient chacun des nerfs spinaux au segment de la moelle épinière qui lui correspond (figure 13.3a). La **racine dorsale** (ou postérieure) contient uniquement des axones sensitifs qui acheminent les influx nerveux depuis les récepteurs sensoriels de la peau, des muscles et des organes internes jusqu'à la moelle épinière (SNC). Chaque racine dorsale présente un renflement, le **ganglion spinal**, qui contient les corps cellulaires des neurones sensitifs. La **racine ventrale** (ou antérieure) contient les axones des neurones moteurs, lesquels transmettent les influx nerveux de la moelle épinière aux cellules et organes effecteurs.

LES LÉSIONS DES RACINES NERVEUSES

Comme nous l'avons vu, les racines des nerfs spinaux sortent du canal vertébral par les foramens intervertébraux. Les **lésions des racines nerveuses**, ou affections radiculaires, sont donc souvent secondaires à une hernie discale. Des atteintes aux vertèbres – consécutives à l'ostéoporose, à l'arthrose, à un cancer ou à une blessure – peuvent également provoquer une anomalie de fonctionnement d'une racine nerveuse. Les symptômes associés à ces lésions comprennent des douleurs, une faiblesse musculaire et une atteinte sensitive. Le traitement vise à atténuer les douleurs en associant des séances de physiothérapie, l'administration d'analgésiques et les infiltrations péridurales, et ce sur une période de 6 à 12 semaines. En cas d'échec, et si la douleur persiste, est intense ou entraîne une perte fonctionnelle, on a recours à la chirurgie. ∎

L'ANATOMIE INTERNE DE LA MOELLE ÉPINIÈRE

La substance blanche de la moelle épinière est parcourue par deux dépressions linéaires qui la divisent en un côté droit et un côté gauche (figure 13.3). Situé sur la face postérieure, le **sillon médian dorsal** est étroit et superficiel. Située sur la face antérieure, la **fissure médiane ventrale** est large et profonde. La substance grise de la moelle épinière a la forme d'un H (ou d'un papillon) et elle est entourée de substance blanche. La substance grise contient principalement des dendrites et des corps cellulaires de neurones, des axones amyélinisés et des gliocytes. La substance blanche contient essentiellement des faisceaux d'axones myélinisés de neurones. La **commissure grise** forme la barre transversale du H. Au centre de cette structure se trouve un petit espace, le **canal central**, qui s'étend sur toute la longueur de la moelle épinière; il est rempli de liquide cérébrospinal. À son extrémité supérieure, le canal central s'unit au quatrième ventricule – cavité contenant du liquide cérébrospinal –, dans le bulbe rachidien. À l'avant de la commissure grise, la **commissure blanche antérieure** relie la substance blanche des côtés droit et gauche de la moelle épinière.

Dans la substance grise de la moelle épinière et de l'encéphale, des amas de corps cellulaires de neurones forment des groupes fonctionnels appelés **noyaux**. Les *noyaux sensitifs* reçoivent les informations provenant des récepteurs sensoriels par l'intermédiaire des neurones sensitifs; les *noyaux moteurs* envoient des informations aux tissus effecteurs par l'intermédiaire des neurones moteurs. La substance grise se divise de chaque côté de la moelle épinière en régions appelées **cornes**. Les **cornes dorsales** (ou postérieures) contiennent des noyaux sensitifs somatiques et autonomes. Les **cornes ventrales** (ou antérieures) contiennent des noyaux moteurs somatiques, qui émettent des influx nerveux déclenchant la contraction des muscles squelettiques. Dans les segments thoracique, lombaire supérieur et sacral de la moelle épinière, les cornes dorsales et ventrales sont séparées par des **cornes latérales**. Celles-ci contiennent des noyaux moteurs autonomes qui régissent l'activité des muscles lisses, du muscle cardiaque et des glandes.

La substance blanche est divisée en régions, tout comme la substance grise. De chaque côté, les cornes dorsale et ventrale divisent la substance blanche en trois grandes régions appelées **cordons**: 1) le **cordon dorsal** (ou postérieur), 2) le **cordon ventral** (ou antérieur), et 3) le **cordon latéral**. Chaque cordon contient des axones regroupés en faisceaux ayant la même origine ou la même destination et transmettant le même genre d'information. Ces **faisceaux**, ou **tractus**[1], peuvent monter ou descendre sur de grandes

---

1. Dans ce manuel, le terme français «faisceau» et le terme latin «tractus» sont considérés comme des synonymes tant sur le plan anatomique – groupe d'axones de la substance blanche du SNC ayant la même origine ou la même destination – que sur le plan fonctionnel – groupe d'axones transmettant le même genre d'information.

FIGURE 13.2 L'anatomie externe de la moelle épinière et des nerfs spinaux.

La moelle épinière s'étend du bulbe rachidien (dans l'encéphale) jusqu'au bord supérieur de la deuxième vertèbre lombaire.

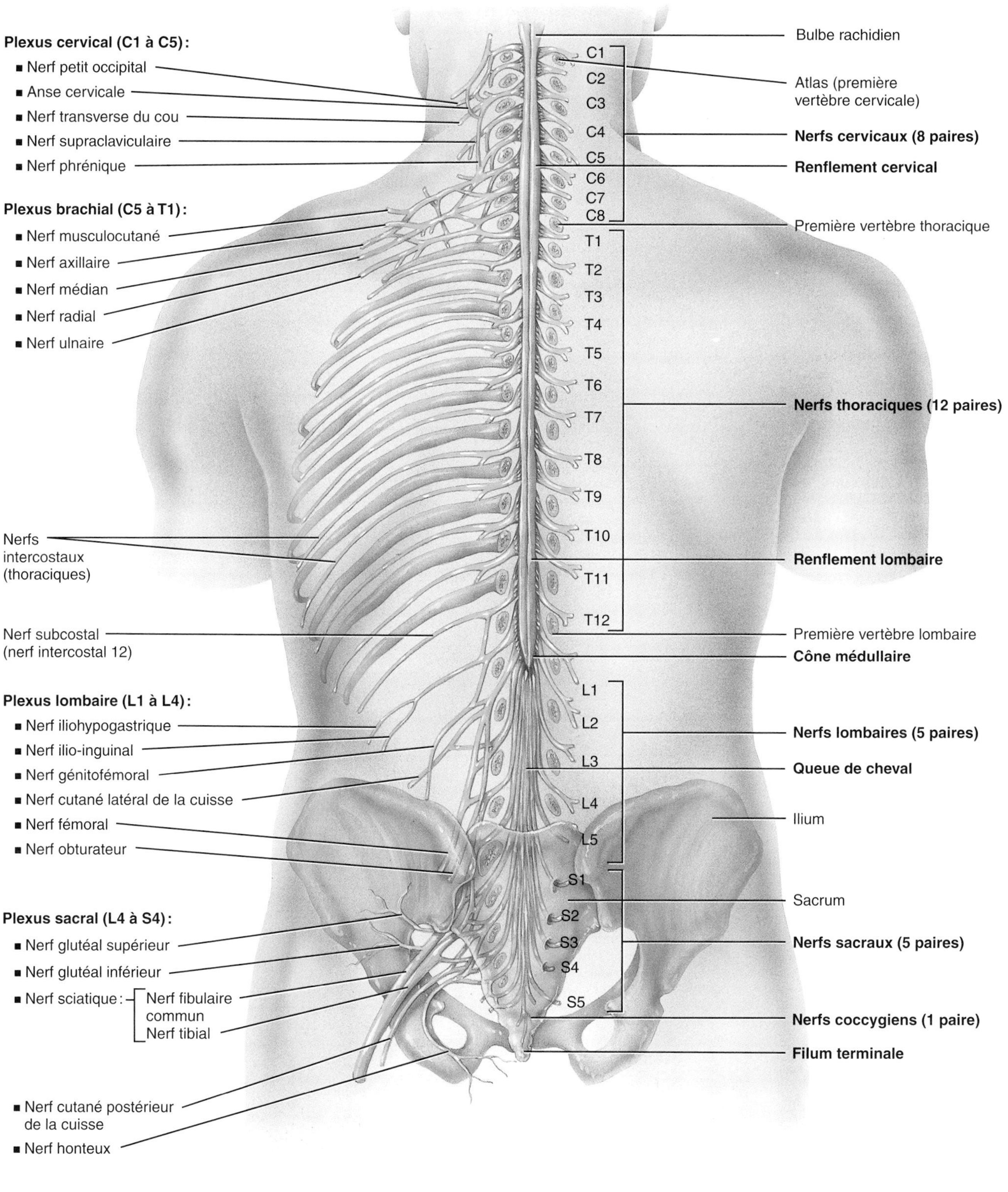

Plexus cervical (C1 à C5) :
- Nerf petit occipital
- Anse cervicale
- Nerf transverse du cou
- Nerf supraclaviculaire
- Nerf phrénique

Plexus brachial (C5 à T1) :
- Nerf musculocutané
- Nerf axillaire
- Nerf médian
- Nerf radial
- Nerf ulnaire

Nerfs intercostaux (thoraciques)

Nerf subcostal (nerf intercostal 12)

Plexus lombaire (L1 à L4) :
- Nerf iliohypogastrique
- Nerf ilio-inguinal
- Nerf génitofémoral
- Nerf cutané latéral de la cuisse
- Nerf fémoral
- Nerf obturateur

Plexus sacral (L4 à S4) :
- Nerf glutéal supérieur
- Nerf glutéal inférieur
- Nerf sciatique : Nerf fibulaire commun / Nerf tibial
- Nerf cutané postérieur de la cuisse
- Nerf honteux

C1, C2, C3, C4, C5, C6, C7, C8
T1, T2, T3, T4, T5, T6, T7, T8, T9, T10, T11, T12
L1, L2, L3, L4, L5
S1, S2, S3, S4, S5

Bulbe rachidien

Atlas (première vertèbre cervicale)

Nerfs cervicaux (8 paires)

Renflement cervical

Première vertèbre thoracique

Nerfs thoraciques (12 paires)

Renflement lombaire

Première vertèbre lombaire

Cône médullaire

Nerfs lombaires (5 paires)

Queue de cheval

Ilium

Sacrum

Nerfs sacraux (5 paires)

Nerfs coccygiens (1 paire)

Filum terminale

Vue postérieure de la moelle épinière entière et de parties des nerfs spinaux

 Quelle partie de la moelle épinière est reliée aux nerfs des membres supérieurs ?

FIGURE 13.3 L'anatomie interne de la moelle épinière : disposition de la substance grise et de la substance blanche.
Par souci de simplification, nous n'avons pas représenté les dendrites dans cette figure, ni dans plusieurs autres représentant la moelle épinière en coupe transversale. En (a), la flèche bleue et la flèche rouge indiquent la direction de la propagation de l'influx nerveux.

 Dans la moelle épinière, la substance blanche entoure la substance grise.

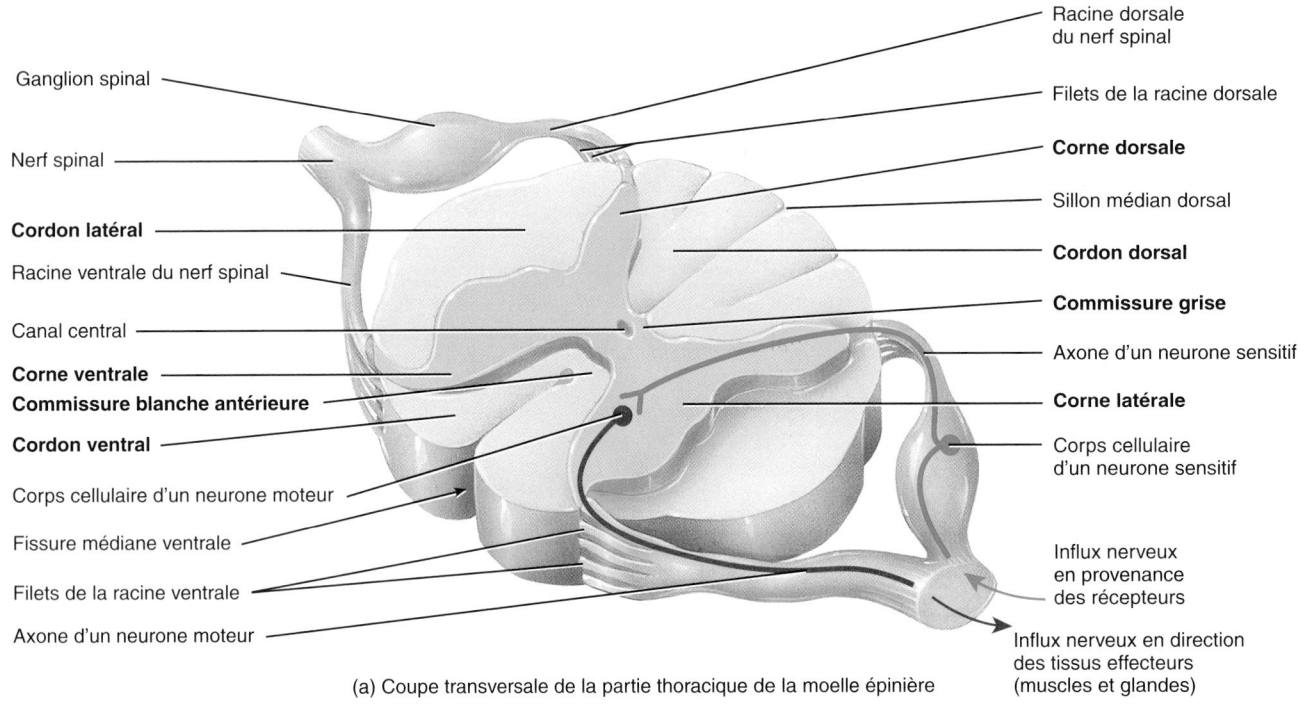

(a) Coupe transversale de la partie thoracique de la moelle épinière

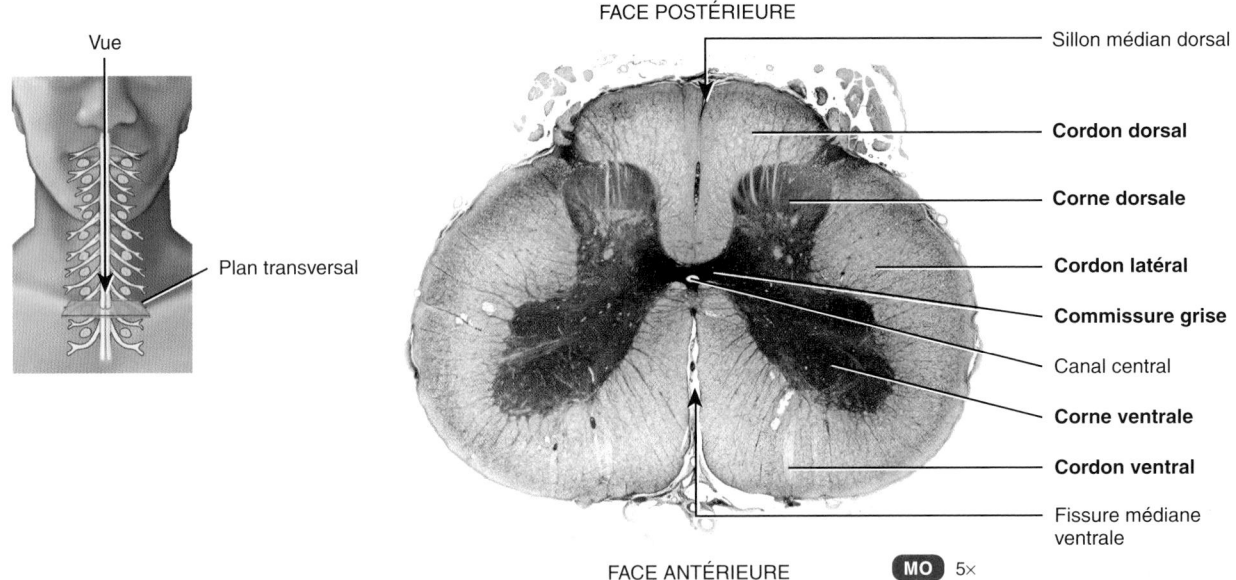

(b) Coupe transversale de la partie thoracique de la moelle épinière

 Qu'est-ce qui distingue les cornes des cordons dans la moelle épinière ?

distances le long de la moelle épinière. (Soulignons que ces faisceaux sont des groupes d'axones dans le SNC, alors que les nerfs sont des groupes d'axones dans le SNP.) Les principaux faisceaux de la moelle épinière constituent des « voies » qui relient l'encéphale aux récepteurs et aux effecteurs de la périphérie du corps. Les **voies sensitives** (ou **ascendantes**) transmettent les influx nerveux vers l'encéphale, alors que les **voies motrices** (ou **descendantes**) acheminent les influx nerveux depuis l'encéphale. Ainsi, les faisceaux sensitifs et moteurs de la moelle épinière sont reliés à ceux de l'encéphale.

Les segments médullaires diffèrent selon leur taille, leur forme, la proportion relative de substance grise et de substance blanche, ainsi que la répartition et la forme de la substance grise. Le tableau 13.1 résume ces caractéristiques.

▶ **POINT DE CONTRÔLE**

1. Décrivez les types de protection de la moelle épinière.

2. Où se trouvent les méninges spinales? Où se trouvent la cavité épidurale, l'espace subdural et la cavité subarachnoïdienne?

3. Que sont les renflements cervical et lombaire?

4. Définissez le cône médullaire, le filum terminale et la queue de cheval. Qu'est-ce qu'un segment médullaire? Qu'est-ce qui divise partiellement la moelle épinière en un côté droit et un côté gauche?

5. Définissez les termes suivants: commissure grise, canal central, corne ventrale, corne latérale, corne dorsale, cordon ventral, cordon latéral, cordon dorsal, faisceau ascendant et faisceau descendant.

LES NERFS SPINAUX

OBJECTIFS

- Décrire les éléments, les enveloppes de tissu conjonctif et les ramifications d'un nerf spinal.
- Indiquer ce qu'est un plexus et décrire la distribution des plexus cervical, brachial, lombaire et sacral.
- Expliquer l'importance des dermatomes sur le plan clinique.

Les nerfs spinaux et les ramifications qui en émergent font partie du système nerveux périphérique (SNP). Ils relient le SNC aux récepteurs sensoriels, muscles et glandes de toutes les régions du corps. Les 31 paires de nerfs spinaux sont nommées et numérotées d'après leur point d'émergence de la colonne vertébrale (figure 13.2). La première paire de nerfs cervicaux émerge entre l'atlas (la première vertèbre cervicale) et l'os occipital. Tous les autres nerfs spinaux sortent de la colonne vertébrale par les foramens intervertébraux situés entre des vertèbres adjacentes.

TABLEAU 13.1 COMPARAISON DES SEGMENTS MÉDULLAIRES	
SEGMENT	**CARACTÉRISTIQUES**
CERVICAL (Segment C1) (Segment C8)	Diamètre relativement grand, quantités assez importantes de substance blanche, forme ovale; dans les segments cervicaux supérieurs (C1 à C6), les cornes dorsales sont grandes mais les cornes ventrales, relativement petites; dans les segments cervicaux inférieurs (C7 et C8), les cornes dorsales sont plus grandes et les cornes ventrales, bien développées.
THORACIQUE (Segment T2)	Diamètre restreint, à cause des quantités relativement faibles de substance grise; sauf dans le premier segment thoracique, les cornes ventrales et dorsales sont relativement petites; présence de petites cornes latérales.
LOMBAIRE (Segment L4)	Presque circulaire; cornes ventrales et dorsales très grandes; relativement moins de substance blanche que dans les segments cervicaux.
SACRAL (Segment S3)	Relativement petit, mais quantité assez importante de substance grise; quantité relativement faible de substance blanche; cornes ventrales et dorsales grandes et larges.
COCCYGIEN	Ressemble aux segments spinaux sacraux inférieurs, mais en beaucoup plus petit.

Les segments médullaires ne sont pas tous alignés avec leurs vertèbres correspondantes. Rappelons que la moelle épinière se termine à peu près à la hauteur du bord supérieur de la deuxième vertèbre lombaire et que les racines des nerfs lombaires, sacraux et coccygiens s'inclinent vers le bas pour atteindre leurs foramens respectifs puis sortir de la colonne vertébrale. Ces racines forment ainsi la queue de cheval (figure 13.2).

Comme nous l'avons indiqué, un **nerf spinal** est généralement relié à la moelle épinière par les filets d'une racine dorsale et ceux d'une racine ventrale (figure 13.3a). Ces deux racines fusionnent au niveau du foramen intervertébral pour former le nerf spinal. Parce que la racine dorsale contient des axones sensitifs et la racine ventrale, des axones moteurs, un nerf spinal est un **nerf mixte**. La racine dorsale contient en outre un ganglion (le ganglion spinal) qui renferme les corps cellulaires de neurones sensitifs.

LES ENVELOPPES DE TISSU CONJONCTIF DES NERFS SPINAUX

Tous les nerfs crâniens et spinaux se composent de nombreux axones et comprennent plusieurs enveloppes protectrices de tissu conjonctif (figure 13.4). Qu'il soit ou non myélinisé, chacun des axones contenus dans un nerf est recouvert d'un **endonèvre** (*endon*: en dedans), l'enveloppe protectrice la plus profonde du nerf. Les axones entourés de leur endonèvre sont regroupés en **fascicules**, eux-mêmes recouverts individuellement d'un **périnèvre** (*peri*: autour), l'enveloppe intermédiaire. Enfin, le nerf dans son ensemble est recouvert d'un **épinèvre** (*epi*: sur), l'enveloppe extérieure. Des prolongements de l'épinèvre s'immiscent aussi entre les fascicules. La dure-mère spinale (méninge externe) fusionne avec l'épinèvre au passage du nerf dans le foramen intervertébral. Le périnèvre et l'épinèvre comprennent de nombreux vaisseaux sanguins qui nourrissent les nerfs (figure 13.4b). Du point de vue structural, les enveloppes de tissu conjonctif des nerfs sont semblables à celles des muscles squelettiques – l'endomysium, le périmysium et l'épimysium (voir le chapitre 10).

LA DISTRIBUTION DES NERFS SPINAUX

Les ramifications

Un nerf spinal se ramifie presque immédiatement après avoir émergé de son foramen intervertébral (figure 13.5). Ces ramifications sont appelées **rameaux**. Le **rameau dorsal** regroupe des axones qui innervent les muscles profonds et la peau de la face dorsale

---

FIGURE 13.4 L'agencement et les gaines de tissu conjonctif d'un nerf spinal. (Partie (b): extrait de Richard G. Kessel et Randy H. Kardon, *Tissues and Organs: A Text-Atlas of Scanning Electron Microscopy.* © 1979, W. H. Freeman and Company. Reproduction autorisée.)

🔑 Trois couches de tissu conjonctif protègent les axones. Chaque axone est enveloppé dans un endonèvre; les fascicules (groupes d'axones) sont enveloppés dans un périnèvre; le nerf entier est enveloppé dans un épinèvre.

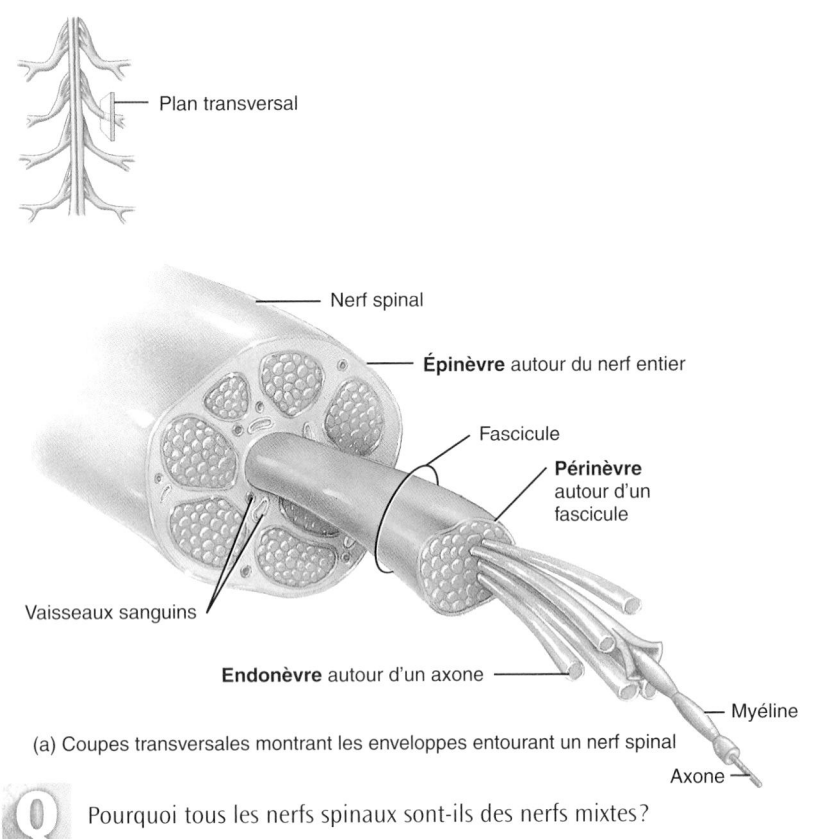

(a) Coupes transversales montrant les enveloppes entourant un nerf spinal

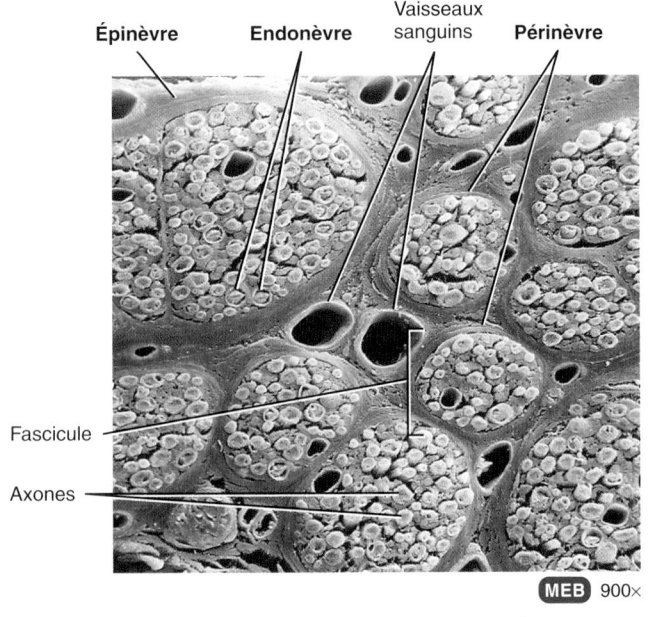

(b) Photomicrographie d'une coupe transversale montrant 12 fascicules dans un nerf spinal

Q Pourquoi tous les nerfs spinaux sont-ils des nerfs mixtes?

du tronc. Le **rameau ventral** regroupe des axones qui innervent les muscles et les structures des membres supérieur et inférieur ainsi que la peau des faces latérale et ventrale du tronc. En plus des rameaux dorsal et ventral, le nerf spinal émet un **rameau méningé**, qui retourne dans le canal vertébral par le foramen intervertébral pour innerver les vertèbres, les ligaments vertébraux, les vaisseaux sanguins de la moelle épinière et les méninges. Enfin, chaque nerf spinal émet des **rameaux communicants**, qui appartiennent au système nerveux autonome et que nous analyserons au chapitre 15.

Les plexus

À l'exception de ceux des nerfs thoraciques T2 à T12, les axones des rameaux ventraux des nerfs spinaux ne rejoignent pas directement les parties du corps qu'ils innervent. Ils s'entrecroisent pour former des réseaux sur les côtés gauche et droit du corps en s'unissant avec un nombre variable d'axones provenant des rameaux ventraux des nerfs adjacents. Ces réseaux sont appelés **plexus** («entrelacement»). (Notez que seuls les rameaux ventraux des nerfs spinaux forment des plexus; les rameaux dorsaux n'en forment pas.)

Les principaux plexus sont le **plexus cervical**, le **plexus brachial**, le **plexus lombaire**, le **plexus sacral** ainsi que le **plexus coccygien**, qui est plus petit que les autres. (La figure 13.2 présente leurs positions relatives.) Les nerfs qui émergent des plexus sont souvent nommés d'après leur trajet ou la région qu'ils innervent. Chacun d'eux peut émettre plusieurs ramifications nommées d'après les structures qu'elles desservent.

Les exposés 13.1 à 13.4 décrivent les principaux plexus.

Les nerfs intercostaux

Les rameaux ventraux des nerfs spinaux T2 à T12 ne s'intègrent pas à des plexus; ils portent le nom de **nerfs intercostaux**, ou nerfs thoraciques. Ils rejoignent directement les structures qu'ils innervent dans les espaces intercostaux. Après être sorti par le foramen intervertébral, le rameau ventral du nerf T2 innerve les muscles intercostaux du deuxième espace intercostal ainsi que la peau de l'aisselle et de la face postéromédiale du bras. Les nerfs T3 à T6 passent dans les sillons des côtes puis rejoignent les muscles intercostaux et la peau des parties antérieure et latérale de la paroi thoracique. Les nerfs T7 à T12 desservent les muscles intercostaux et abdominaux ainsi que la peau qui les recouvre. Les rameaux dorsaux des nerfs intercostaux innervent les muscles profonds du dos et la peau de la face postérieure du thorax. Le long de leur trajet, les rameaux des nerfs thoraciques émettent de plus petites ramifications qui contribuent à l'innervation des muscles et de la peau du thorax et de l'abdomen.

FIGURE 13.5 Les ramifications d'un nerf spinal typique représentées dans une coupe transversale de la région thoracique de la moelle épinière. (Voir aussi la figure 13.1c.)

Les ramifications d'un nerf spinal sont le rameau dorsal, le rameau ventral, le rameau méningé et les rameaux communicants.

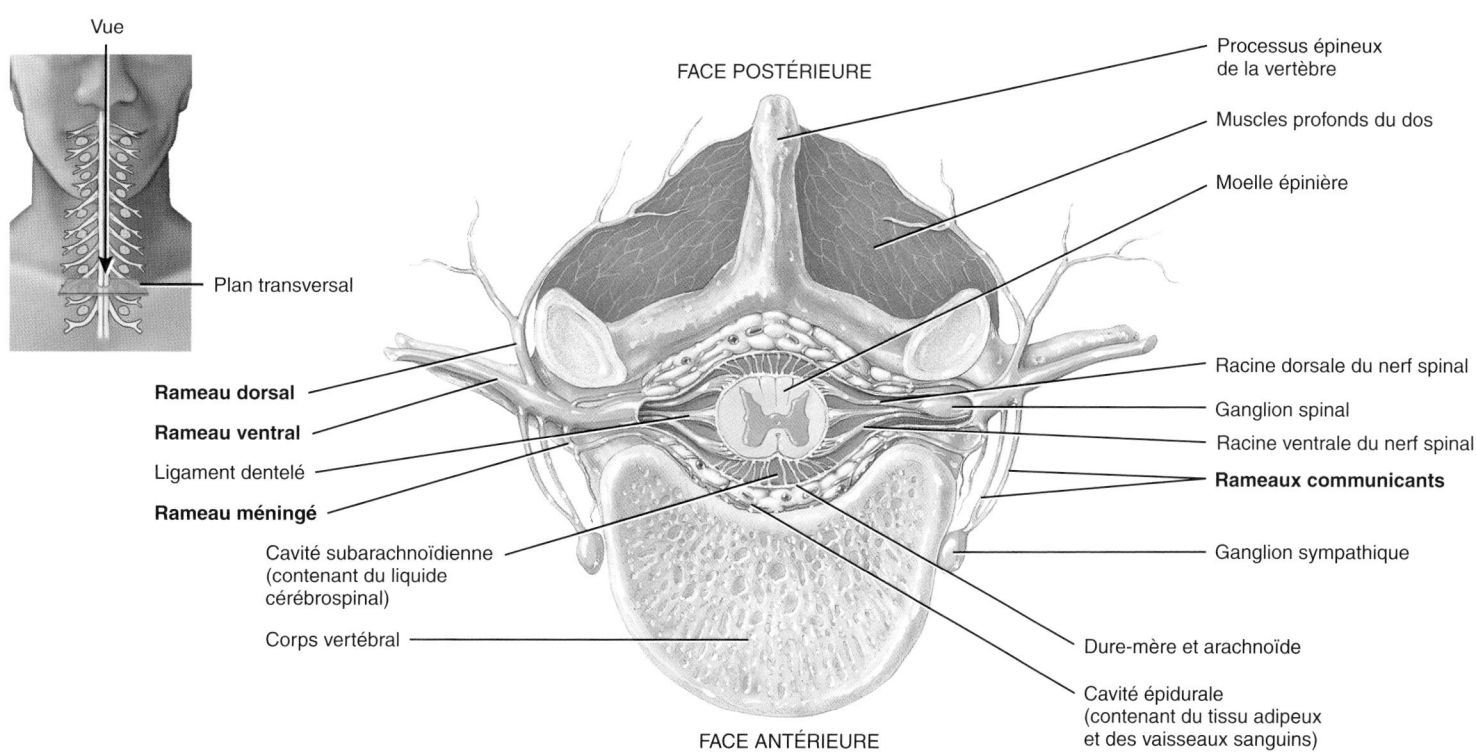

Vue

FACE POSTÉRIEURE

Processus épineux de la vertèbre

Muscles profonds du dos

Moelle épinière

Plan transversal

Racine dorsale du nerf spinal

Ganglion spinal

Rameau dorsal

Rameau ventral

Racine ventrale du nerf spinal

Ligament dentelé

Rameaux communicants

Rameau méningé

Ganglion sympathique

Cavité subarachnoïdienne (contenant du liquide cérébrospinal)

Corps vertébral

Dure-mère et arachnoïde

Cavité épidurale (contenant du tissu adipeux et des vaisseaux sanguins)

FACE ANTÉRIEURE

Q Quelle ramification du nerf spinal innerve le membre supérieur et le membre inférieur?

> **OBJECTIF**

- Décrire l'origine et la distribution du plexus cervical.

Le **plexus cervical** est formé par l'union des rameaux ventraux des quatre premiers nerfs cervicaux (C1 à C4) et par quelques ramifications de C5. Il y a un plexus cervical de chaque côté du cou, le long des quatre premières vertèbres cervicales.

Le plexus cervical, tout comme les autres plexus, comporte quelques ramifications. Près des vertèbres cervicales, les rameaux ventraux forment les **branches** du plexus cervical. Les branches se divisent en branches superficielles et en branches profondes, d'où émergent les nerfs périphériques qui innervent la peau et les muscles de la tête, du cou et de la partie supérieure de l'épaule et de la poitrine. Le nerf phrénique émerge du plexus cervical et fournit des axones moteurs au diaphragme. Le plexus cervical possède aussi des ramifications qui s'étendent parallèlement à deux nerfs crâniens, le nerf accessoire (XI) et le nerf hypoglosse (XII).

LES LÉSIONS DES NERFS PHRÉNIQUES

Le sectionnement transversal de la moelle épinière au-dessus du point d'origine des nerfs phréniques (C3, C4 et C5) entraîne l'arrêt respiratoire. La respiration cesse parce que l'acheminement des influx nerveux jusqu'au diaphragme par les nerfs phréniques est suspendu, ce qui provoque la paralysie de ce muscle. ■

▶ **POINT DE CONTRÔLE**

Quel est le nerf qui émerge du plexus cervical et qui provoque la contraction du diaphragme?

NERF	ORIGINE	DISTRIBUTION
Branches superficielles (sensitives)		
Nerf petit occipital	C2	Peau du cuir chevelu à l'arrière et au-dessus de l'oreille.
Nerf grand auriculaire	C2 et C3	Peau devant, au-dessous et au-dessus de l'oreille, et peau recouvrant la glande parotide.
Nerf transverse du cou	C2 et C3	Peau de la partie antérieure du cou.
Nerf supraclaviculaire	C3 et C4	Peau de la partie supérieure de la poitrine et de l'épaule.
Branches profondes (motrices pour la plupart)		
Anse cervicale		Nerf divisé en une racine supérieure et une racine inférieure.
Racine supérieure	C1	Muscles infrahyoïdiens et géniohyoïdien du cou.
Racine inférieure	C2 et C3	Muscles infrahyoïdiens du cou.
Nerf phrénique	C3 à C5	Diaphragme.
Branches collatérales	C1 à C5	Muscles prévertébraux (profonds) du cou, muscle élévateur de la scapula et muscle scalène moyen.

FIGURE 13.6 Vue antérieure du plexus cervical.

 Le plexus cervical innerve la peau et les muscles de la tête, du cou, de la partie supérieure des épaules et de la poitrine ainsi que le diaphragme.

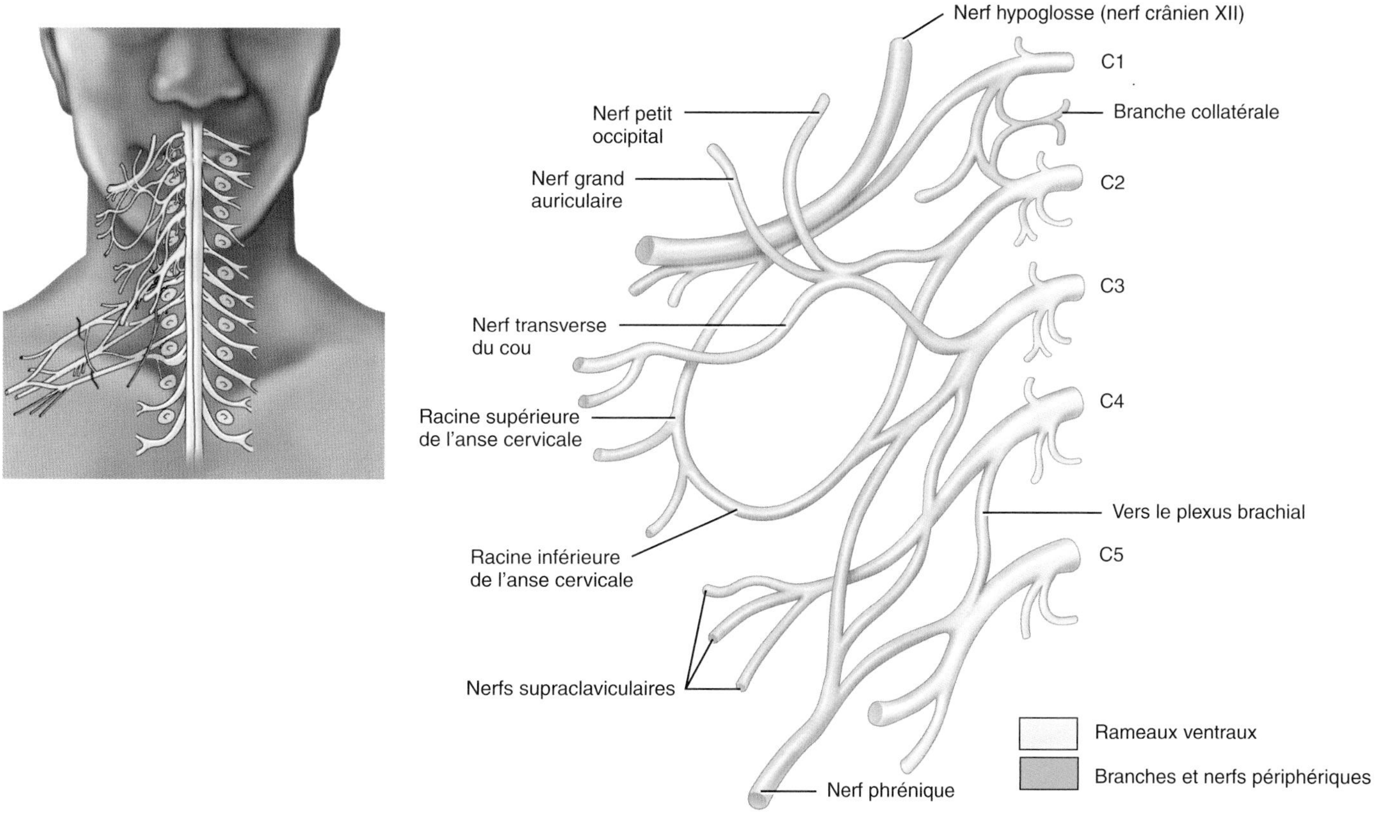

Nerf hypoglosse (nerf crânien XII)

C1

Branche collatérale

Nerf petit occipital

C2

Nerf grand auriculaire

C3

Nerf transverse du cou

C4

Racine supérieure de l'anse cervicale

Vers le plexus brachial

C5

Racine inférieure de l'anse cervicale

Nerfs supraclaviculaires

Rameaux ventraux

Branches et nerfs périphériques

Nerf phrénique

Origine du plexus cervical

Q Pourquoi le sectionnement transversal de la moelle épinière à la hauteur de C2 entraîne-t-il l'arrêt respiratoire?

- Décrire l'origine et la distribution du plexus brachial, et indiquer les effets de ses lésions.

Le **plexus brachial** est formé par l'union des rameaux ventraux des nerfs spinaux C5 à C8 et T1. Il s'étend latéralement et vers le bas de part et d'autre des quatre dernières vertèbres cervicales et de la première vertèbre thoracique (figure 13.7a). Il passe par-dessus la première côte, derrière la clavicule, puis entre dans l'aisselle.

Le plexus brachial étant très complexe, nous allons d'abord en décrire les différentes parties. Comme dans les autres plexus, les rameaux ventraux forment des branches. Dans le plexus brachial, en outre, ces branches s'unissent pour constituer des **troncs** dans la partie inférieure du cou, soit le *tronc supérieur*, le *tronc moyen* et le *tronc inférieur*. Derrière les clavicules, chacun de ces troncs se scinde en **divisions**, la *division anté-rieure* et la *division postérieure*. Dans l'aisselle, les divisions fusionnent pour constituer des **faisceaux** : le *faisceau latéral*, le *faisceau médial* et le *faisceau postérieur*. Le nom des faisceaux reflète leur emplacement par rapport à l'artère axillaire, grosse artère qui approvisionne le membre supérieur en sang. Les principaux **nerfs** du plexus brachial émergent des faisceaux.

Le plexus brachial fournit toute l'innervation de la peau et des muscles de l'épaule et du membre supérieur (figure 13.7b). Il constitue le point d'origine de cinq nerfs importants. 1) Le **nerf axillaire** innerve le muscle deltoïde et le muscle petit rond. 2) Le **nerf musculocutané** innerve les muscles fléchisseurs du bras. 3) Le **nerf radial** innerve les muscles de la face postérieure du bras et de l'avant-bras. 4) Le **nerf médian** innerve la majeure partie des muscles de la face antérieure de l'avant-bras et quelques muscles de la main. 5) Le **nerf ulnaire** innerve les muscles de la partie antéromédiale de l'avant-bras et la plupart des muscles de la main.

NERF	ORIGINE	DISTRIBUTION
Nerf dorsal de la scapula	C5	Muscles élévateur de la scapula, grand rhomboïde et petit rhomboïde.
Nerf thoracique long	C5 à C7	Muscle dentelé antérieur.
Branche destinée au muscle subclavier	C5 et C6	Muscle subclavier.
Nerf suprascapulaire	C5 et C6	Muscles supraépineux et infraépineux.
Nerf musculocutané	C5 à C7	Muscles coracobrachial, biceps brachial et brachial.
Nerf pectoral latéral	C5 à C7	Muscle grand pectoral.
Nerf subscapulaire supérieur	C5 et C6	Muscle subscapulaire.
Nerf thoracodorsal	C6 à C8	Muscle grand dorsal.
Nerf subscapulaire inférieur	C5 et C6	Muscles subscapulaire et grand rond.
Nerf axillaire	C5 et C6	Muscles deltoïde et petit rond ; peau recouvrant le muscle deltoïde et peau de la partie supéropostérieure du bras.
Nerf médian	C5 à T1	Muscles fléchisseurs de l'avant-bras, sauf le muscle fléchisseur ulnaire du carpe et certains muscles de la main (partie latérale de la paume) ; peau des deux tiers latéraux de la paume et des doigts.
Nerf radial	C5 à C8, T1	Muscle triceps brachial et autres muscles extenseurs du bras ainsi que les muscles extenseurs de l'avant-bras ; peau de la partie postérieure du bras et de l'avant-bras, des deux tiers latéraux du dos de la main ; peau des phalanges proximales et moyennes.
Nerf pectoral médial	C8 et T1	Muscles grand pectoral et petit pectoral.
Nerf cutané médial du bras	C8 et T1	Peau des parties médiale et postérieure du tiers distal du bras.
Nerf cutané médial de l'avant-bras	C8 et T1	Peau des parties médiale et postérieure de l'avant-bras.
Nerf ulnaire	C8 et T1	Muscle fléchisseur ulnaire du carpe, muscle fléchisseur profond des doigts et la plupart des muscles de la main ; peau du côté médial de la main, du petit doigt et de la moitié médiale de l'annulaire.

FIGURE 13.7 Vue antérieure du plexus brachial.

Le plexus brachial innerve la peau et les muscles de l'épaule et du membre supérieur.

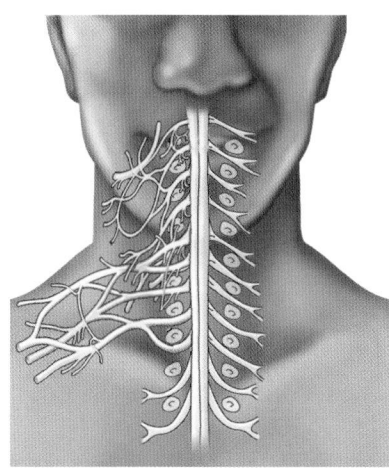

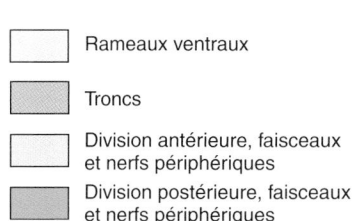

Rameaux ventraux

Troncs

Division antérieure, faisceaux et nerfs périphériques

Division postérieure, faisceaux et nerfs périphériques

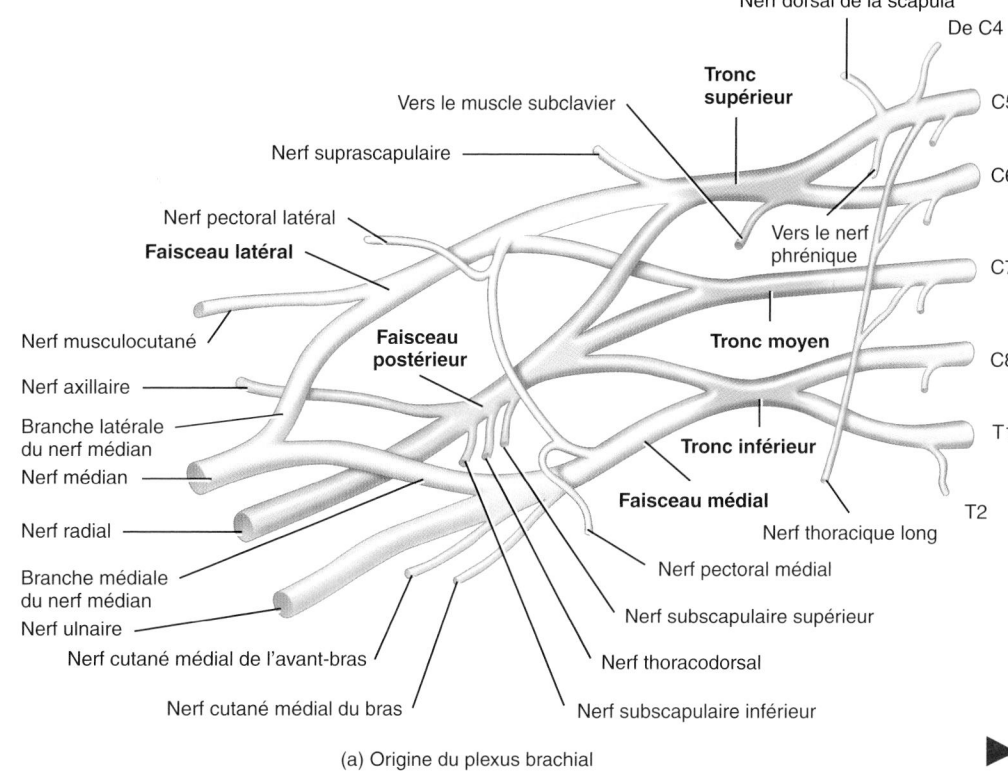

(a) Origine du plexus brachial

FIGURE 13.7 Vue antérieure du plexus brachial *(suite)*.

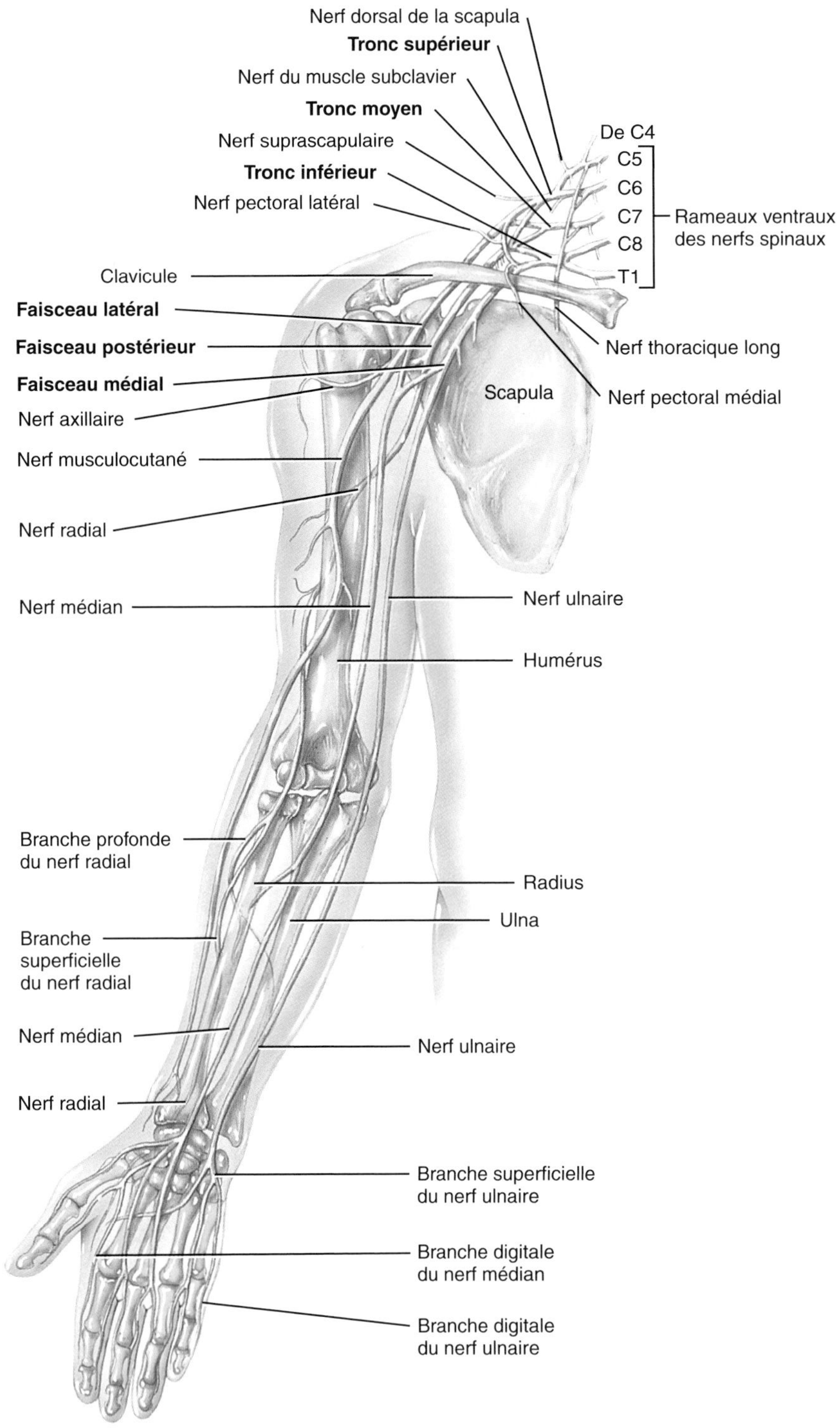

Nerf dorsal de la scapula
Tronc supérieur
Nerf du muscle subclavier
Tronc moyen
Nerf suprascapulaire
Tronc inférieur
Nerf pectoral latéral

De C4
C5
C6
C7
C8
T1

Rameaux ventraux des nerfs spinaux

Clavicule
Faisceau latéral
Faisceau postérieur
Faisceau médial
Nerf axillaire
Nerf musculocutané
Nerf radial
Nerf médian

Nerf thoracique long
Scapula
Nerf pectoral médial

Branche profonde du nerf radial
Branche superficielle du nerf radial
Nerf médian
Nerf radial

Nerf ulnaire
Humérus
Radius
Ulna
Nerf ulnaire
Branche superficielle du nerf ulnaire
Branche digitale du nerf médian
Branche digitale du nerf ulnaire

(b) Distribution des nerfs à partir du plexus brachial

Quels sont les cinq nerfs importants qui émergent du plexus brachial?

LES LÉSIONS DES NERFS ISSUS DU PLEXUS BRACHIAL

Les lésions des rameaux supérieurs du plexus brachial (C5 et C6) peuvent être causées par un mouvement qui écarte violemment la tête de l'épaule, comme il s'en produit, par exemple, lors d'une chute sur l'épaule ou lors d'un accouchement pendant lequel la tête de l'enfant subit un étirement excessif. Ces lésions se manifestent par une adduction de l'épaule, une rotation médiale du bras, une extension du coude, une pronation de l'avant-bras et une flexion du poignet (figure 13.8a). Cette déformation porte le nom de **syndrome de Duchenne-Erb**. Elle entraîne une perte de sensibilité de la face latérale du bras.

Les **lésions du nerf radial** (et du nerf axillaire) peuvent être causées par une injection intramusculaire mal effectuée dans le muscle deltoïde. Elles peuvent aussi être dues à la présence d'un plâtre trop serré autour de la partie centrale de l'humérus. Elles se manifestent par la *paralysie des extenseurs de la main*, c'est-à-dire l'incapacité de redresser le poignet et de tendre les doigts – d'où un aspect de «main tombante» (figure 13.8b). Grâce au chevauchement de l'innervation sensitive assurée par les nerfs adjacents, la perte de sensibilité est minimale.

Les **lésions du nerf médian** se manifestent par un engourdissement, des picotements et des douleurs dans la paume et les doigts. Ces lésions empêchent aussi la pronation de l'avant-bras ainsi que la flexion des articulations interphalangiennes proximales de tous les doigts et des articulations interphalangiennes distales des deuxième et troisième doigts (figure 13.8c). De plus, la flexion du poignet est minime et s'accompagne d'une adduction, et les mouvements du pouce sont faibles.

Les **lésions du nerf ulnaire** empêchent l'abduction ou l'adduction des doigts; elles se caractérisent par l'atrophie des muscles interosseux de la main, l'hyperextension des articulations métacarpophalangiennes et la flexion des articulations interphalangiennes. Cette déformation porte le nom de **main en griffe** (figure 13.8d). Elle s'accompagne d'une perte de sensibilité du petit doigt.

Les **lésions du nerf thoracique long** entraînent la paralysie du muscle dentelé antérieur. Le bord médial de la scapula fait saillie et donne à l'os la forme d'une aile. Quand le bras est levé, le bord vertébral et l'angle inférieur de la scapula s'écartent de la paroi thoracique et forment une saillie, qui fait ressortir le bord médial de la scapula. Celle-ci ressemble alors à une aile, d'où le nom de cette déformation – **scapula alata**, c'est-à-dire «omoplate ailée» (figure 13.8e). L'abduction du bras est impossible au-delà de la position horizontale. ■

▶ **POINT DE CONTRÔLE**

Quel est le nerf dont les lésions peuvent causer la déformation appelée main en griffe?

FIGURE 13.8 Les lésions des nerfs issus du plexus brachial.

Les lésions du plexus brachial altèrent la sensibilité et la motricité du membre supérieur.

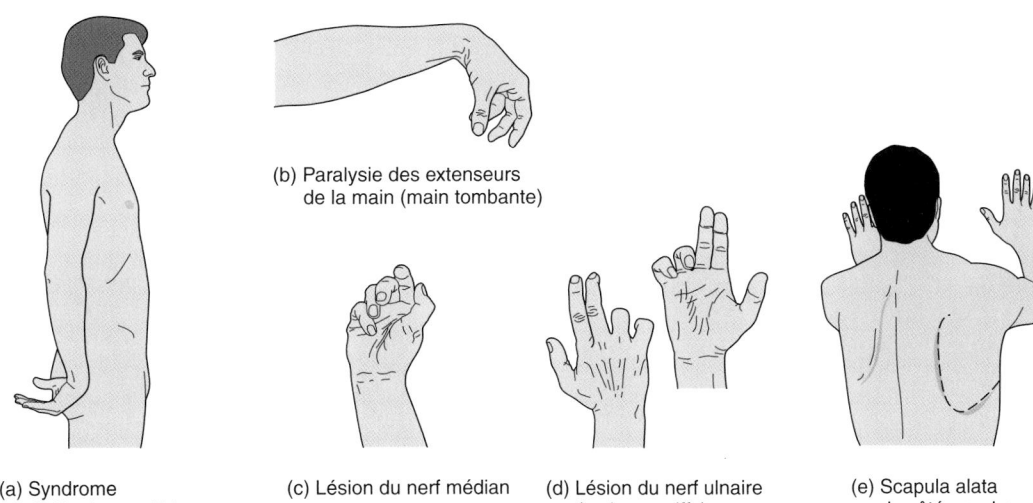

(a) Syndrome de Duchenne-Erb

(b) Paralysie des extenseurs de la main (main tombante)

(c) Lésion du nerf médian

(d) Lésion du nerf ulnaire (main en griffe)

(e) Scapula alata du côté gauche

 Quel est le nerf du plexus brachial dont les lésions altèrent la sensibilité de la paume et des doigts?

OBJECTIF

• Décrire l'origine et la distribution du plexus lombaire.

Le **plexus lombaire** est formé par l'union des rameaux ventraux des nerfs spinaux L1 à L4 (figure 13.9). Les branches qui émergent de ce plexus se scindent en divisions, *antérieure* et *postérieure*, puis émettent des nerfs périphériques. Contrairement à ceux du plexus brachial, les axones du plexus lombaire ne s'enchevêtrent pas. Situé de part et d'autre des quatre premières vertèbres lombaires, le plexus lombaire se dirige obliquement vers la partie latérale du corps, passe derrière le muscle grand psoas et devant le muscle carré des lombes.

Le plexus lombaire innerve la partie antérolatérale de la paroi abdominale, les organes génitaux externes et une partie du membre inférieur.

LES LÉSIONS DU PLEXUS LOMBAIRE

Le nerf le plus gros qui émerge du plexus lombaire est le nerf fémoral. Causées notamment par les armes blanches et les armes à feu, les **lésions du nerf fémoral** se caractérisent par une incapacité à étendre la jambe et par une perte de sensibilité de la peau de la partie antéromédiale de la cuisse.

Les **lésions du nerf obturateur** entraînent la paralysie des muscles adducteurs de la jambe et une perte de sensibilité de la peau de la partie médiale de la cuisse. Elles sont causées notamment par les pressions excessives qu'exerce la tête du fœtus sur le nerf pendant la grossesse ou l'accouchement.

▶ **POINT DE CONTRÔLE**

Quel est le nerf le plus gros qui émerge du plexus lombaire?

FIGURE 13.9 Vue antérieure du plexus lombaire.

Le plexus lombaire innerve la partie antérolatérale de la paroi abdominale, les organes génitaux externes et une partie du membre inférieur.

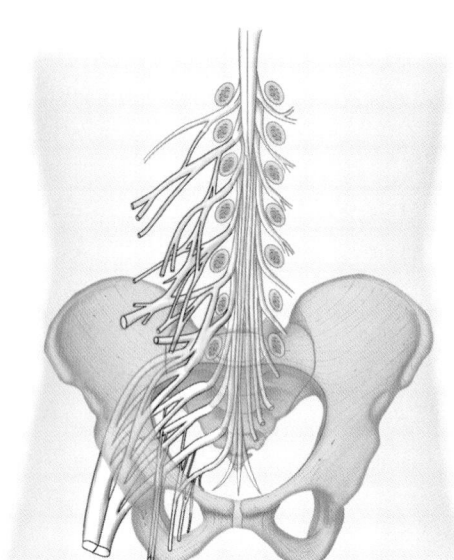

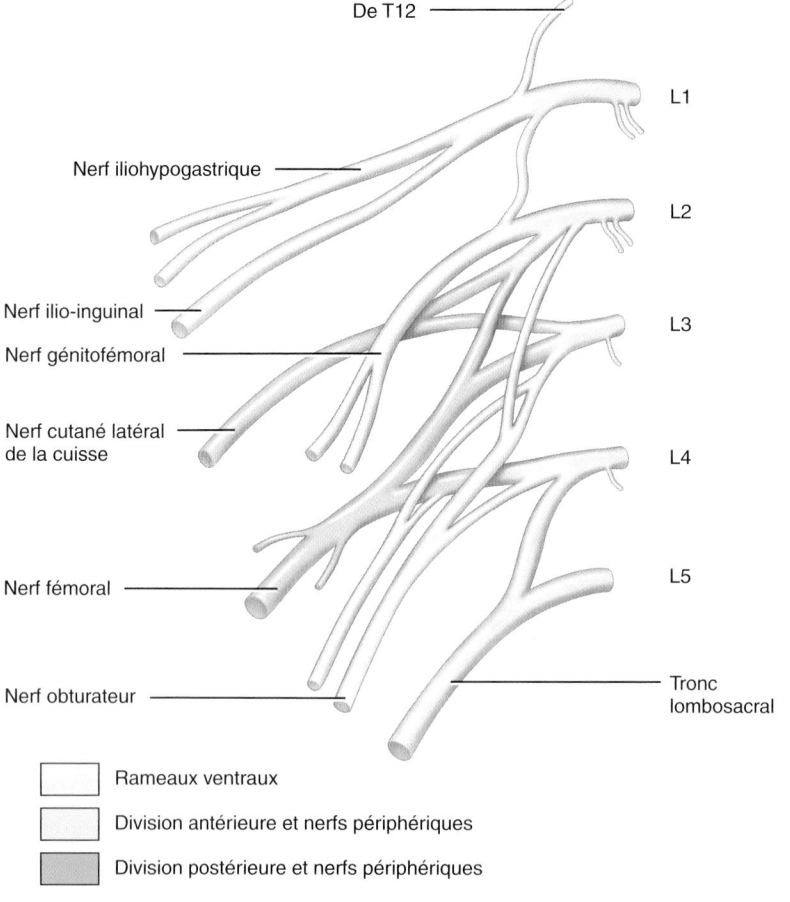

Nerf iliohypogastrique

Nerf ilio-inguinal

Nerf génitofémoral

Nerf cutané latéral de la cuisse

Nerf fémoral

Nerf obturateur

De T12

L1

L2

L3

L4

L5

Tronc lombosacral

☐ Rameaux ventraux

☐ Division antérieure et nerfs périphériques

▨ Division postérieure et nerfs périphériques

(a) Origine du plexus lombaire

FIGURE 13.9 **Vue antérieure du plexus lombaire** *(suite)*.

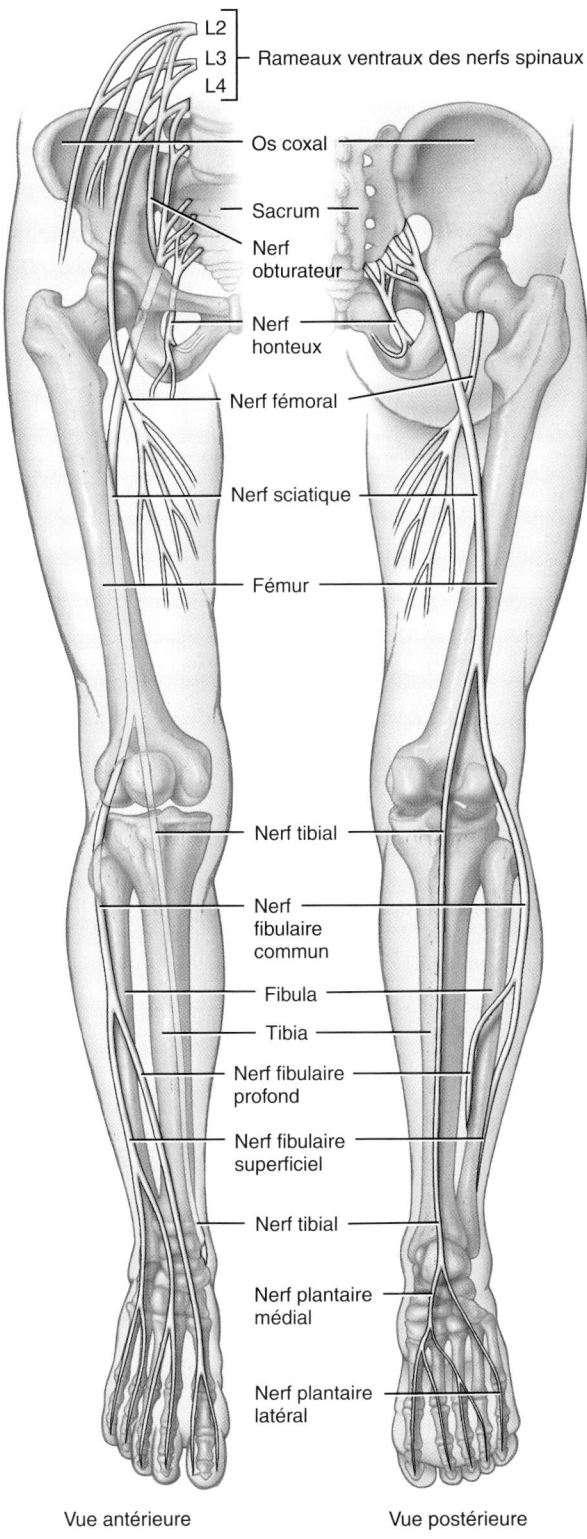

NERF	ORIGINE	DISTRIBUTION
Nerf iliohypogastrique	L1	Muscles de la partie antérolatérale de la paroi abdominale ; peau de la partie inférieure de l'abdomen et peau de la fesse.
Nerf ilio-inguinal	L1	Muscles de la partie antérolatérale de la paroi abdominale ; peau de la partie supéromédiale de la cuisse, racine du pénis et scrotum chez l'homme, grandes lèvres et mont du pubis chez la femme.
Nerf génitofémoral	L1 et L2	Muscle crémaster chez l'homme ; peau du milieu de la partie antérieure de la cuisse, du scrotum chez l'homme et des grandes lèvres chez la femme.
Nerf cutané latéral de la cuisse	L2 et L3	Peau des parties latérale, antérieure et postérieure de la cuisse.
Nerf fémoral	L2 à L4	Muscles fléchisseurs de la cuisse et muscles extenseurs de la jambe ; peau des parties antérieure et médiale de la cuisse ; peau du côté médial de la jambe et du pied.
Nerf obturateur	L2 à L4	Muscles adducteurs de la jambe ; peau de la partie médiale de la cuisse.

Vue antérieure   Vue postérieure

(b) Distribution des nerfs émanant des plexus lombaire et sacral

 Quels sont les signes d'une lésion du nerf fémoral ?

OBJECTIF

• Décrire l'origine et la distribution du plexus sacral.

Le **plexus sacral** est formé par l'union des rameaux ventraux des nerfs spinaux L4 et L5 et S1 à S4. Ses branches se scindent en divisions, *antérieure* et *postérieure*, qui émettent ensuite des nerfs périphériques. Le plexus sacral est situé pour l'essentiel à l'avant du sacrum (figure 13.10). Il innerve la fesse, le périnée et le membre inférieur. C'est du plexus sacral qu'émerge le nerf le plus long et le plus volumineux du corps humain, le nerf sciatique.

Les rameaux ventraux des nerfs spinaux S4 et S5 et le nerf coccygien forment un petit plexus, le **plexus coccygien**, qui innerve une petite surface de peau dans la région du coccyx.

LES LÉSIONS DU NERF SCIATIQUE

La plupart des maux de dos sont dus à la compression ou à l'irritation du nerf sciatique. Les lésions du nerf sciatique et de ses branches entraînent la **sciatique**, douleur qui peut s'étendre de la fesse jusqu'aux parties postérieure et latérale de la jambe, et même jusqu'à la partie latérale du pied. Ces lésions peuvent être causées par une hernie discale, une luxation de la hanche, l'arthrose dans la colonne

NERF	ORIGINE	DISTRIBUTION
Nerf glutéal supérieur	L4, L5 et S1	Muscles petit fessier et moyen fessier et muscle tenseur du fascia lata.
Nerf glutéal inférieur	L5 à S2	Muscle grand fessier.
Nerf du muscle piriforme	S1 et S2	Muscle piriforme.
Nerf des muscles carré fémoral et jumeau inférieur	L4, L5 et S1	Muscles carré fémoral et jumeau inférieur.
Nerf des muscles obturateur interne et jumeau supérieur	L5 à S2	Muscles obturateur interne et jumeau supérieur.
Nerf perforant cutané	S2 et S3	Peau des parties inférieure et médiale de la fesse.
Nerf cutané postérieur de la cuisse	S1 à S3	Peau de la région anale, de la partie inférolatérale de la fesse, de la partie supéropostérieure de la cuisse, de la partie supérieure du mollet, du scrotum chez l'homme et des grandes lèvres chez la femme.
Nerf sciatique	L4 à S3	Formé de deux nerfs (le nerf tibial et le nerf fibulaire commun) enveloppés dans une même gaine de tissu conjonctif et divergeant généralement à la hauteur du genou (voir la distribution plus bas). Dans la cuisse, le nerf sciatique émet des branches jusqu'aux muscles ischiojambiers et au muscle grand adducteur.
Nerf tibial	L4 à S3	Muscles gastrocnémien, plantaire, soléaire, poplité, tibial postérieur, long fléchisseur des orteils et long fléchisseur de l'hallux. Dans le pied, les branches du nerf tibial sont le nerf plantaire médial et le nerf plantaire latéral.
Nerf plantaire médial (figure 13.9b)		Muscles abducteur de l'hallux, court fléchisseur des orteils et court fléchisseur de l'hallux; peau des deux tiers médiaux de la plante du pied.
Nerf plantaire latéral (figure 13.9b)		Muscles du pied non innervés par le nerf plantaire médial; peau du tiers latéral de la plante du pied.
Nerf fibulaire commun	L4 à S2	Se divise en une branche superficielle et une branche profonde.
Nerf fibulaire superficiel		Muscles long fibulaire et court fibulaire; peau du tiers distal de la partie antérieure de la jambe et du dos du pied.
Nerf fibulaire profond		Muscles tibial antérieur, long extenseur de l'hallux, troisième fibulaire, long extenseur des orteils et petit extenseur des orteils; peau des côtés adjacents du gros orteil et du deuxième orteil.
Nerf honteux	S2 à S4	Muscles du périnée; peau du pénis et du scrotum chez l'homme; peau du clitoris, des grandes lèvres, des petites lèvres et du vagin chez la femme.

lombosacrale, la pression exercée par l'utérus pendant la grossesse, l'inflammation, l'irritation ou une injection intramusculaire mal effectuée dans la fesse.

Dans la plupart des lésions du nerf sciatique, c'est le nerf fibulaire commun qui est le plus touché. Les fractures de la fibula ou la pression exercée par un plâtre ou une attelle sont souvent en cause. Les lésions du nerf fibulaire commun entraînent un *fléchissement du pied* (qui donne un aspect de «pied tombant») et une déformation du pied appelée **pied bot varus équin**. Elles provoquent également une atteinte fonctionnelle dans la partie antérolatérale de la jambe et dans le dos du pied et des

orteils. Les lésions du nerf tibial entraînent une dorsiflexion et une éversion du pied – cette déformation porte le nom de **pied bot** – ainsi qu'une perte de sensibilité de la plante du pied. Les traitements de la sciatique sont similaires à ceux que nous avons décrits pour les hernies discales : repos, prise d'analgésiques, programme d'exercices, application de glace ou de chaleur, massages. ■

▶ **POINT DE CONTRÔLE**

Quel est le nerf dont les lésions causent le fléchissement du pied ?

FIGURE 13.10 Vue antérieure du plexus sacral et du plexus coccygien. La distribution des nerfs du plexus sacral est représentée dans la figure 13.9b.

Le plexus sacral innerve la fesse, le périnée et le membre inférieur.

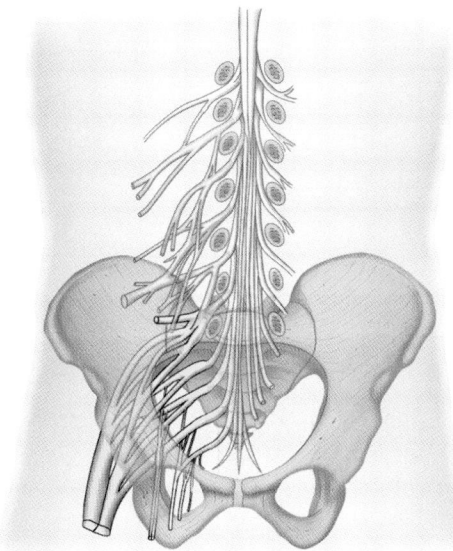
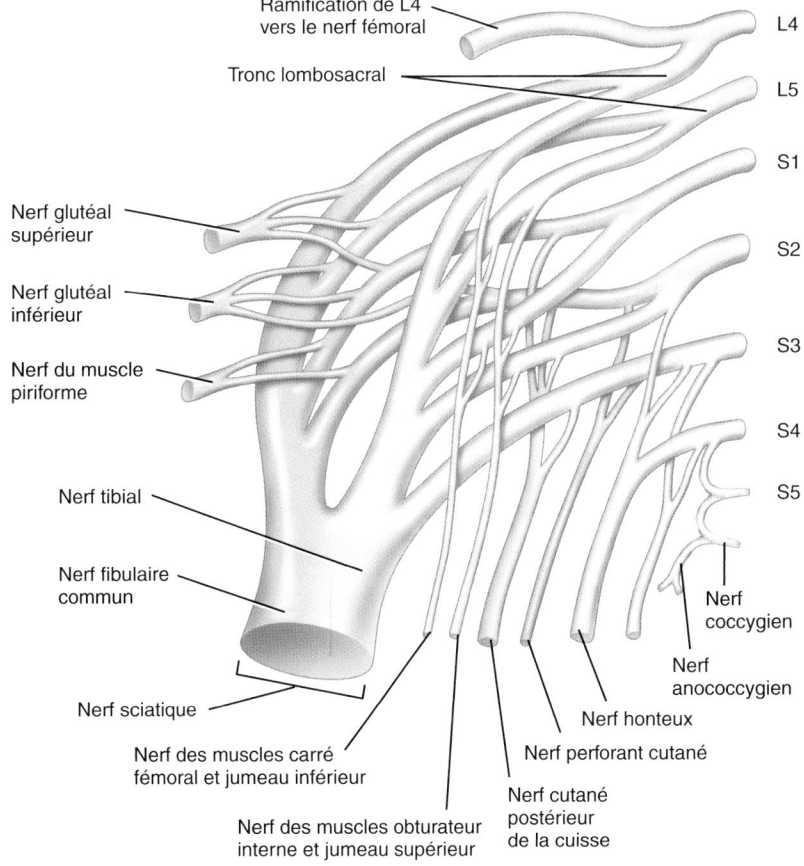

Rameaux ventraux

Division antérieure et nerfs périphériques

Division postérieure et nerfs périphériques

Ramification de L4 vers le nerf fémoral

Tronc lombosacral

L4
L5
S1
S2
S3
S4
S5

Nerf gluttéal supérieur

Nerf gluttéal inférieur

Nerf du muscle piriforme

Nerf tibial

Nerf fibulaire commun

Nerf coccygien

Nerf anococcygien

Nerf honteux

Nerf perforant cutané

Nerf sciatique

Nerf des muscles carré fémoral et jumeau inférieur

Nerf cutané postérieur de la cuisse

Nerf des muscles obturateur interne et jumeau supérieur

Origine du plexus sacral

Quelle est l'origine du plexus sacral ?

LES DERMATOMES

La peau du corps entier est innervée par des neurones sensitifs somatiques qui transmettent les influx nerveux de la peau jusqu'à la moelle épinière et à l'encéphale. Chaque nerf spinal contient des axones sensitifs qui innervent un segment particulier du corps, toujours le même. Ainsi, la peau du visage et du cuir chevelu est en grande partie innervée par le nerf crânien V (nerf trijumeau). La zone de peau qui transmet des influx sensitifs au SNC par une paire de nerfs spinaux ou par le nerf crânien V est appelée **dermatome** (*derma*: peau; *tomos*: portion) (figure 13.11). La paire de nerfs spinaux C1 est la seule qui ne correspond pas à un dermatome.

Les réseaux d'innervation de dermatomes adjacents se chevauchent en partie. Quand on sait quel segment médullaire innerve chaque dermatome, on peut facilement déterminer la hauteur d'une lésion de la moelle épinière. Si la stimulation de la peau d'une région ne provoque aucune sensation, on peut supposer en effet que les nerfs correspondant à ce dermatome sont endommagés. Par conséquent, dans une région où le chevauchement est important, la perte de sensibilité consécutive à une lésion peut être minime lorsqu'un seul des nerfs associés à ce dermatome est atteint. Du point de vue thérapeutique, il est également utile de connaître les structures innervées par les nerfs spinaux. Le sectionnement des racines dorsales ou l'injection d'anesthésiques locaux peut bloquer la douleur de manière permanente ou temporaire. Comme les dermatomes se chevauchent, la suppression totale des sensations dans une région peut nécessiter le sectionnement ou l'anesthésie d'au moins trois racines sensitives spinales adjacentes.

▶ **POINT DE CONTRÔLE**

6. Selon quels critères les nerfs spinaux sont-ils nommés et numérotés? Pourquoi tous les nerfs spinaux sont-ils mixtes?

7. Qu'est-ce qui relie les nerfs spinaux à la moelle épinière?

8. Quelles sont les régions du corps qui sont innervées par les plexus et par les nerfs intercostaux?

LA PHYSIOLOGIE DE LA MOELLE ÉPINIÈRE

> **OBJECTIFS**

- Expliquer les fonctions des principaux faisceaux sensitifs et moteurs de la moelle épinière.
- Décrire les composantes fonctionnelles d'un arc réflexe et expliquer la manière dont les réflexes contribuent à l'homéostasie.

La moelle épinière remplit deux grandes fonctions dans l'homéostasie: la propagation des potentiels d'action (ou influx nerveux) vers, et en provenance de, l'encéphale ainsi que l'intégration de l'information. Les *faisceaux de substance blanche* de la moelle épinière constituent en quelque sorte les «autoroutes» qu'empruntent les influx nerveux sensitifs (afférents) pour aller vers l'encéphale

FIGURE 13.11 L'emplacement des dermatomes.

Un dermatome est une zone de peau dont l'innervation sensitive est assurée par les racines dorsales d'une paire de nerfs spinaux ou par le nerf crânien V (nerf trijumeau), qui transmettent les influx nerveux au SNC.

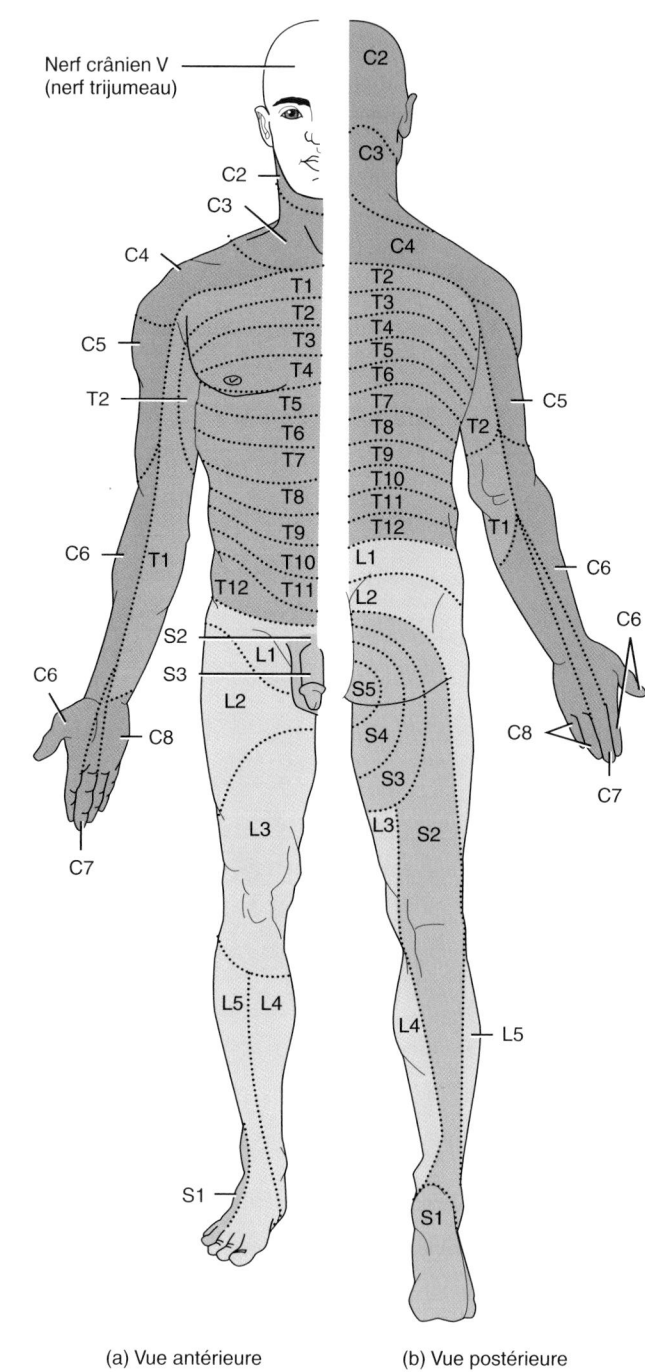

(a) Vue antérieure   (b) Vue postérieure

 Quel est le seul nerf spinal auquel ne correspond aucun dermatome?

et les influx nerveux moteurs (efférents) pour se rendre de l'encéphale aux muscles squelettiques et autres tissus effecteurs. La *substance grise* de la moelle épinière reçoit et intègre les influx sensitifs et moteurs.

LES FAISCEAUX SENSITIFS ET LES FAISCEAUX MOTEURS

Comme nous venons de le voir, la moelle épinière contribue à l'homéostasie notamment par la propagation des potentiels d'action, ou influx nerveux, dans des faisceaux. Très souvent, le nom d'un faisceau rend compte de son origine et de sa terminaison mais aussi de son emplacement dans la substance blanche. Ainsi, le faisceau spinothalamique ventral prend naissance dans la *moelle épinière*, se termine dans le *thalamus* (une structure de l'encéphale) et est situé dans le *cordon ventral*. Notez que le deuxième élément du premier adjectif qui qualifie le faisceau indique l'emplacement des terminaisons axonales. On peut très facilement déterminer la direction de l'information dans tous les faisceaux nommés selon cette convention. Ainsi, parce que le faisceau spinothalamique ventral

achemine les influx nerveux de la moelle épinière vers l'encéphale, c'est un faisceau sensitif (ou ascendant). La figure 13.12 illustre les principaux faisceaux sensitifs et moteurs de la moelle épinière. Nous les décrirons en détail au chapitre 16; les tableaux 16.3 et 16.4 résument leurs caractéristiques.

Les influx nerveux provenant des récepteurs sensoriels montent jusqu'à l'encéphale par deux voies principales situées de chaque côté de la moelle épinière : la **voie antérolatérale** comprenant les faisceaux spinothalamiques et la **voie du cordon dorsal** et du **lemnisque médial**. Les **faisceaux spinothalamiques latéral** et **ventral** acheminent plusieurs types d'influx nerveux : douleur, chaleur, froid, démangeaison, chatouillement, pression intense et toucher grossier (c'est-à-dire difficilement localisable). Le cordon dorsal comprend le **faisceau gracile** (ou grêle) et le **faisceau**

FIGURE 13.12 L'emplacement d'importants faisceaux sensitifs et moteurs dans une coupe transversale de la moelle épinière. Les faisceaux sensitifs sont représentés ici du côté droit de la moelle épinière et les faisceaux moteurs, du côté gauche. En réalité, tous les faisceaux sont présents des deux côtés.

🔑 Le nom d'un faisceau indique généralement son origine et sa terminaison ainsi que son emplacement dans la substance blanche.

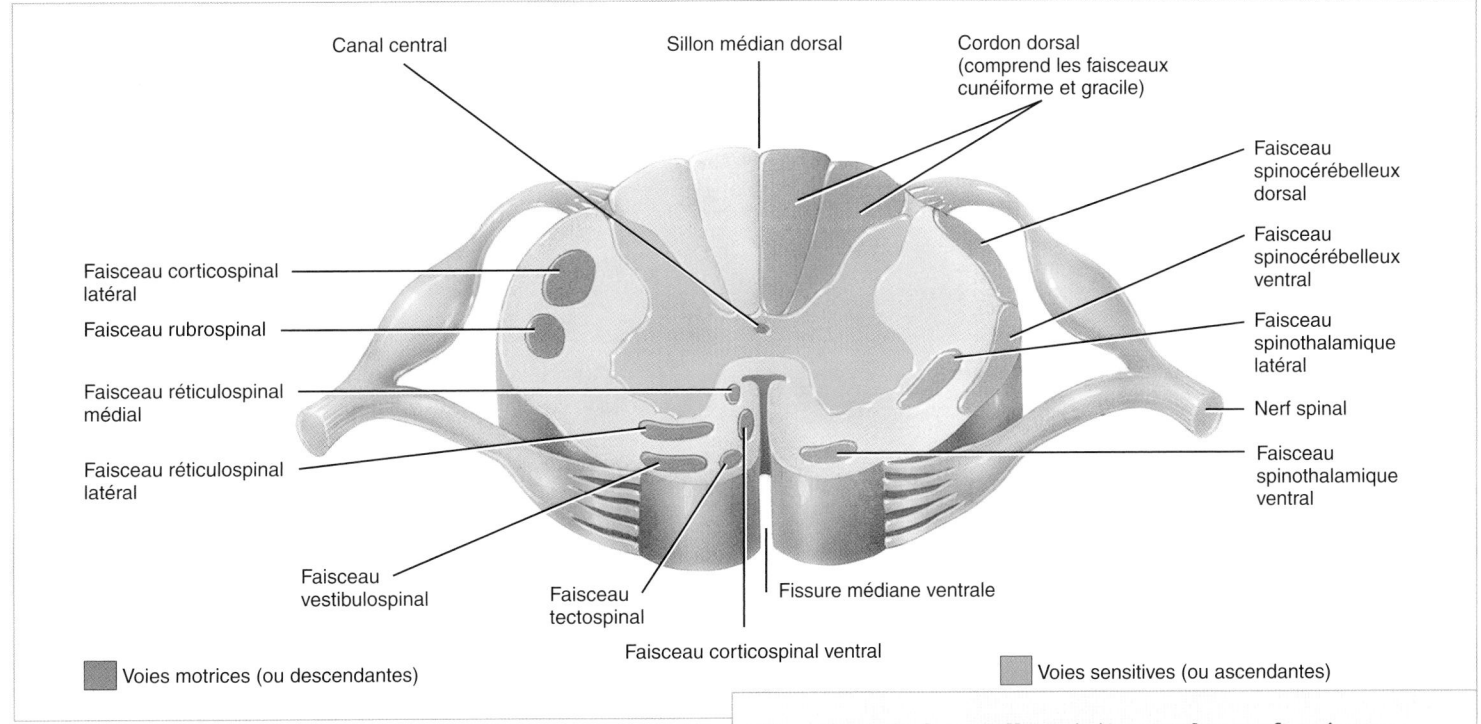

 En vous fondant sur son nom, donnez l'origine, la terminaison et l'emplacement dans la moelle épinière du faisceau corticospinal ventral. S'agit-il d'un faisceau sensitif ou d'un faisceau moteur ?

Fonctions de la moelle épinière et des nerfs spinaux

1. La substance blanche de la moelle épinière contient des faisceaux sensitifs et des faisceaux moteurs qui constituent les « autoroutes » acheminant les influx nerveux sensitifs vers l'encéphale et les influx nerveux moteurs de l'encéphale jusqu'aux tissus effecteurs.

2. La substance grise de la moelle épinière est un siège de l'intégration (sommation) des potentiels postsynaptiques excitateurs (PPSE) et des potentiels postsynaptiques inhibiteurs (PPSI).

3. Les nerfs spinaux et leurs ramifications relient le SNC aux récepteurs sensoriels, muscles et glandes de toutes les régions du corps.

cunéiforme des côtés droit et gauche qui acheminent les influx nerveux correspondant à différentes sensations : 1) la proprioception, soit la détection des mouvements des muscles, des tendons et des articulations ; 2) le toucher discriminant, soit la capacité de déterminer avec exactitude la partie du corps qui est touchée et d'éprouver des sensations distinctes quand deux points de la peau sont stimulés, même s'ils sont très proches l'un de l'autre ; et 3) les sensations de vibration.

Les systèmes sensoriels informent constamment le SNC des variations des milieux interne et externe du corps. L'information sensorielle est intégrée, ou traitée, par les interneurones de la moelle épinière et de l'encéphale. Les résultats de cette intégration se traduisent par des activités motrices – contractions musculaires et sécrétions glandulaires. Le cortex cérébral (la partie superficielle du cerveau) joue un rôle capital dans la régulation des mouvements musculaires volontaires précis. D'autres régions de l'encéphale accomplissent une importante fonction intégrative dans la régulation des mouvements automatiques, par exemple le balancement des bras quand on marche.

Les influx nerveux moteurs destinés aux muscles squelettiques descendent le long de la moelle épinière par deux types de voies motrices, les voies directes et les voies indirectes. Les **voies motrices directes** sont le *faisceau corticospinal latéral*, le *faisceau corticospinal ventral* et le *faisceau corticobulbaire*. Les corps cellulaires des neurones de ces voies sont logés dans le cortex cérébral sensorimoteur ; les axones des faisceaux corticospinaux se terminent dans la moelle épinière, alors que ceux du faisceau corticobulbaire se terminent dans le bulbe rachidien. Les voies motrices directes acheminent les influx nerveux qui se forment dans le cortex cérébral et génèrent les mouvements *volontaires* précis des muscles squelettiques. Notez que les voies motrices directes sont également appelées *voies motrices principales* ou encore *voies pyramidales* en partie parce que la plupart des axones des faisceaux corticospinaux descendent dans les pyramides du bulbe rachidien et y traversent du côté opposé du corps (décussation).

Les **voies motrices indirectes** sont le *faisceau rubrospinal*, le *faisceau tectospinal* et le *faisceau vestibulospinal*. Elles transportent les influx nerveux qui proviennent du tronc cérébral et d'autres régions de l'encéphale. Elles régissent les *mouvements automatiques* et concourent à la coordination des mouvements avec les stimulus visuels. Les voies motrices indirectes maintiennent en outre le tonus musculaire squelettique et la posture (par la contraction des muscles correspondants) et elles adaptent le tonus musculaire aux mouvements de la tête, ce qui leur confère un rôle de premier plan dans l'équilibre du corps. Notez que les voies motrices indirectes sont aussi appelées *voies motrices secondaires* ou encore *voies extrapyramidales*.

LES RÉFLEXES ET LES ARCS RÉFLEXES

La deuxième fonction que remplit la moelle épinière dans l'homéostasie est celle qui consiste à servir de centre d'intégration pour certains réflexes. Un **réflexe** est une série d'actions rapides, automatiques et involontaires déclenchées en réponse à des stimulus particuliers. Certains réflexes sont innés (ou inconditionnés), comme le fait d'éloigner la main d'une surface très chaude avant

même que vous en ayez perçu la chaleur. D'autres sont acquis (ou conditionnés), comme ceux que vous formez au cours de l'apprentissage de la conduite automobile, par exemple freiner en cas d'urgence. Quand l'intégration se produit dans la substance grise de la moelle épinière, les réflexes sont appelés **réflexes spinaux** ; le réflexe patellaire, ou réflexe rotulien, en est un exemple. Quand l'intégration se fait, non pas dans la moelle épinière, mais dans le tronc cérébral, les réflexes sont appelés **réflexes crâniens** ; les mouvements de vos yeux qui suivent les mots tandis que vous lisez cette phrase en sont un exemple. Les **réflexes somatiques** sont bien connus ; ce sont eux qui provoquent la contraction des muscles squelettiques. Tout aussi importants, les **réflexes autonomes** (ou **viscéraux**) échappent en général à la perception consciente. Ils suscitent des réponses des muscles lisses, du muscle cardiaque et des glandes. Comme nous le verrons au chapitre 15, c'est le système nerveux autonome qui, par les réflexes autonomes, régit des fonctions telles que la fréquence cardiaque, la digestion, la miction et la défécation.

Les influx nerveux qui parviennent au SNC, qui le traversent ou qui en sortent, empruntent des trajets particuliers déterminés par la nature de l'information acheminée, sa provenance et sa destination. Le trajet des influx nerveux qui produisent des réflexes est appelé **arc réflexe**. L'arc réflexe se compose des cinq éléments *fonctionnels* décrits ci-dessous (la figure 13.13 illustre les composantes d'un arc réflexe spinal) :

❶ Le récepteur sensoriel. L'extrémité distale d'un neurone sensitif (dendrites) ou une structure sensitive associée fait office de récepteur sensoriel. En réponse à un stimulus particulier, le récepteur produit un potentiel gradué (générateur ou récepteur, selon le type de récepteur). Rappelons qu'un *stimulus* constitue une variation du milieu intérieur ou extérieur, qui a pour effet de modifier la valeur (déséquilibre) d'un facteur contrôlé, par exemple la longueur d'un muscle. Quand un potentiel gradué atteint le seuil d'excitation, il déclenche un potentiel d'action, ou influx nerveux, dans le neurone sensitif.

❷ Le neurone sensitif. L'influx nerveux se propage le long de l'axone du neurone sensitif depuis le récepteur jusqu'aux terminaisons axonales, qui sont situées dans la substance grise de la moelle épinière ou du tronc cérébral (SNC).

❸ Le centre d'intégration. Une ou plusieurs régions de la substance grise du SNC servent de centre d'intégration. Dans le type de réflexe le plus simple, le centre d'intégration est constitué par une seule synapse entre un neurone sensitif et un neurone moteur. Une voie réflexe qui ne comporte qu'une synapse dans le SNC est un **arc réflexe monosynaptique** (*monos* : unique). Le plus souvent, toutefois, le centre d'intégration se compose d'un ou de plusieurs interneurones qui peuvent relayer les influx nerveux à d'autres interneurones ou à un neurone moteur. Une voie réflexe comprenant plus de deux types de neurones et plus d'une synapse dans le SNC est un **arc réflexe polysynaptique** (*polys* : nombreux).

❹ Le neurone moteur. Les influx nerveux déclenchés par le centre d'intégration sortent du SNC et cheminent le long d'un neurone moteur jusqu'à la partie du corps qui y réagira.

❺ L'effecteur. La partie du corps (par exemple, un muscle ou une glande) qui obéit à la commande motrice est l'effecteur. L'action

FIGURE 13.13 Le modèle général d'un arc réflexe spinal polysynaptique. Les flèches indiquent la direction de l'influx nerveux. Reportez-vous à la figure 13.3 pour vérifier les noms des structures anatomiques composant la moelle épinière et le nerf spinal.

 Les réflexes sont des suites ordonnées d'actions rapides, prévisibles et involontaires qui se déclenchent en réponse à certaines variations du milieu.

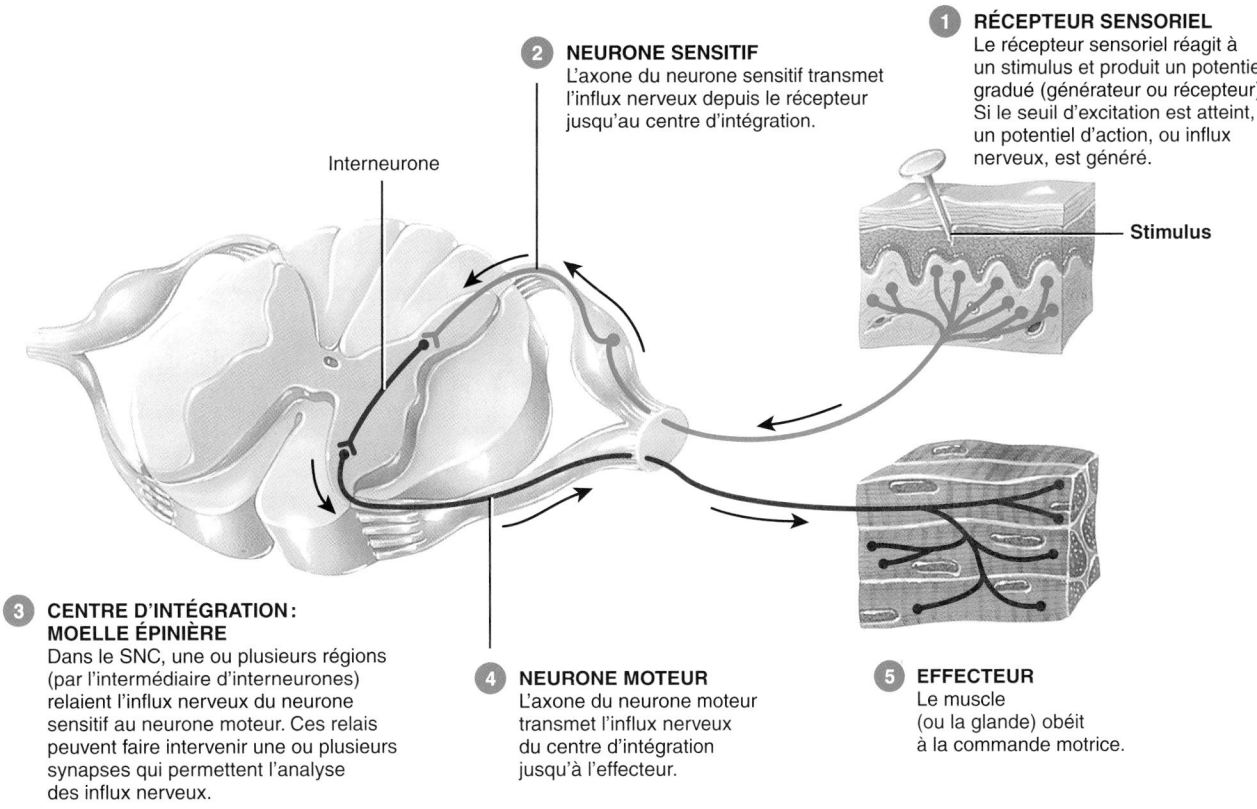

2 NEURONE SENSITIF
L'axone du neurone sensitif transmet l'influx nerveux depuis le récepteur jusqu'au centre d'intégration.

1 RÉCEPTEUR SENSORIEL
Le récepteur sensoriel réagit à un stimulus et produit un potentiel gradué (générateur ou récepteur). Si le seuil d'excitation est atteint, un potentiel d'action, ou influx nerveux, est généré.

Interneurone

Stimulus

3 CENTRE D'INTÉGRATION : MOELLE ÉPINIÈRE
Dans le SNC, une ou plusieurs régions (par l'intermédiaire d'interneurones) relaient l'influx nerveux du neurone sensitif au neurone moteur. Ces relais peuvent faire intervenir une ou plusieurs synapses qui permettent l'analyse des influx nerveux.

4 NEURONE MOTEUR
L'axone du neurone moteur transmet l'influx nerveux du centre d'intégration jusqu'à l'effecteur.

5 EFFECTEUR
Le muscle (ou la glande) obéit à la commande motrice.

Q Qu'est-ce qui déclenche les influx nerveux dans les neurones sensitifs ?
Quelle est la partie du système nerveux qui regroupe tous les centres d'intégration des réflexes ?

de l'effecteur est un réflexe. Si l'effecteur est un muscle squelettique, il s'agit d'un **réflexe somatique**. Si l'effecteur est un muscle lisse, le muscle cardiaque ou une glande, il s'agit d'un **réflexe autonome** (ou **viscéral**).

Les réflexes étant en principe très prévisibles, ils fournissent de précieuses indications sur l'état de santé du système nerveux et facilitent donc grandement le diagnostic de certaines maladies. L'absence ou l'anomalie d'un réflexe révèle une détérioration ou une maladie en un point quelconque de l'arc réflexe correspondant. Ainsi, il suffit normalement de frapper le ligament patellaire pour provoquer l'extension réflexe de l'articulation du genou. L'absence du réflexe patellaire peut signaler une détérioration fonctionnelle des neurones sensitifs ou moteurs ou encore une lésion de la moelle épinière dans la région lombaire. En règle générale, on peut vérifier les réflexes somatiques par simple percussion ou effleurement de la surface du corps.

Nous allons maintenant étudier quatre réflexes spinaux somatiques importants : le réflexe d'étirement, le réflexe tendineux, le réflexe de retrait (ou réflexe nociceptif) et le réflexe d'extension

croisée. En consultant les figures 13.14 à 13.17 illustrant leur fonctionnement, rappelez-vous que, sur le plan anatomique, le centre d'intégration d'un *réflexe spinal* est la moelle épinière (substance grise) et que les composantes périphériques sont le neurone sensitif et le neurone moteur. Dans le cas du neurone sensitif, son axone chemine dans un nerf spinal, pénètre dans la moelle épinière par la racine dorsale de ce nerf spinal et entre dans la corne dorsale de la moelle épinière ; son corps cellulaire est logé dans le ganglion spinal. Dans le cas du neurone moteur, son corps cellulaire est logé dans la corne ventrale de la moelle épinière ; son axone quitte la moelle par la racine ventrale d'un nerf spinal et chemine dans ce nerf jusqu'aux muscles squelettiques effecteurs.

Le réflexe d'étirement

Le **réflexe d'étirement**, ou réflexe myotatique, entraîne la contraction d'un muscle squelettique (l'effecteur) en réponse à son étirement. Il se produit par l'intermédiaire d'un arc réflexe monosynaptique. Il peut donc être déclenché par l'activation d'un seul neurone sensitif qui fait synapse dans la moelle épinière (SNC) avec un seul neurone moteur. Les réflexes d'étirement peuvent être provoqués par une percussion sur les tendons attachés aux muscles du coude, du poignet, du genou et de la cheville. Le réflexe d'étirement est en fait un mécanisme de régulation nerveuse (voir la figure 1.3) qui permet de rétablir la longueur d'un muscle (facteur contrôlé) lorsque celle-ci a été modifiée à la suite d'un stimulus.

Le réflexe d'étirement se déroule de la manière suivante (figure 13.14):

① Une percussion (stimulus) provoque un léger étirement d'un muscle (déséquilibre). Les **fuseaux neuromusculaires** (récep-

teurs sensoriels, représentés en détail à la figure 16.4) détectent les variations de la longueur du muscle (facteur contrôlé).

② Sous l'effet de cet étirement, le fuseau neuromusculaire génère un ou plusieurs influx nerveux qui se propagent dans un neurone sensitif somatique jusqu'à la racine dorsale du nerf spinal, puis jusqu'à la moelle épinière.

③ Dans la moelle épinière (centre d'intégration), le neurone sensitif est en contact, par l'intermédiaire d'une synapse excitatrice (PPSE), avec un neurone moteur somatique situé dans la corne ventrale, ce qui stimule ce neurone moteur.

FIGURE 13.14 Le réflexe d'étirement. Cet arc réflexe monosynaptique comprend seulement une synapse dans la moelle épinière (SNC), entre un neurone sensitif et un neurone moteur. L'illustration montre aussi un arc réflexe polysynaptique destiné aux muscles antagonistes et comprenant deux synapses dans la moelle épinière (SNC) ainsi qu'un interneurone. Les signes positifs (+) représentent des synapses excitatrices (PPSE) et les signes négatifs (–), des synapses inhibitrices (PPSI).

Le réflexe d'étirement provoque la contraction d'un muscle étiré.

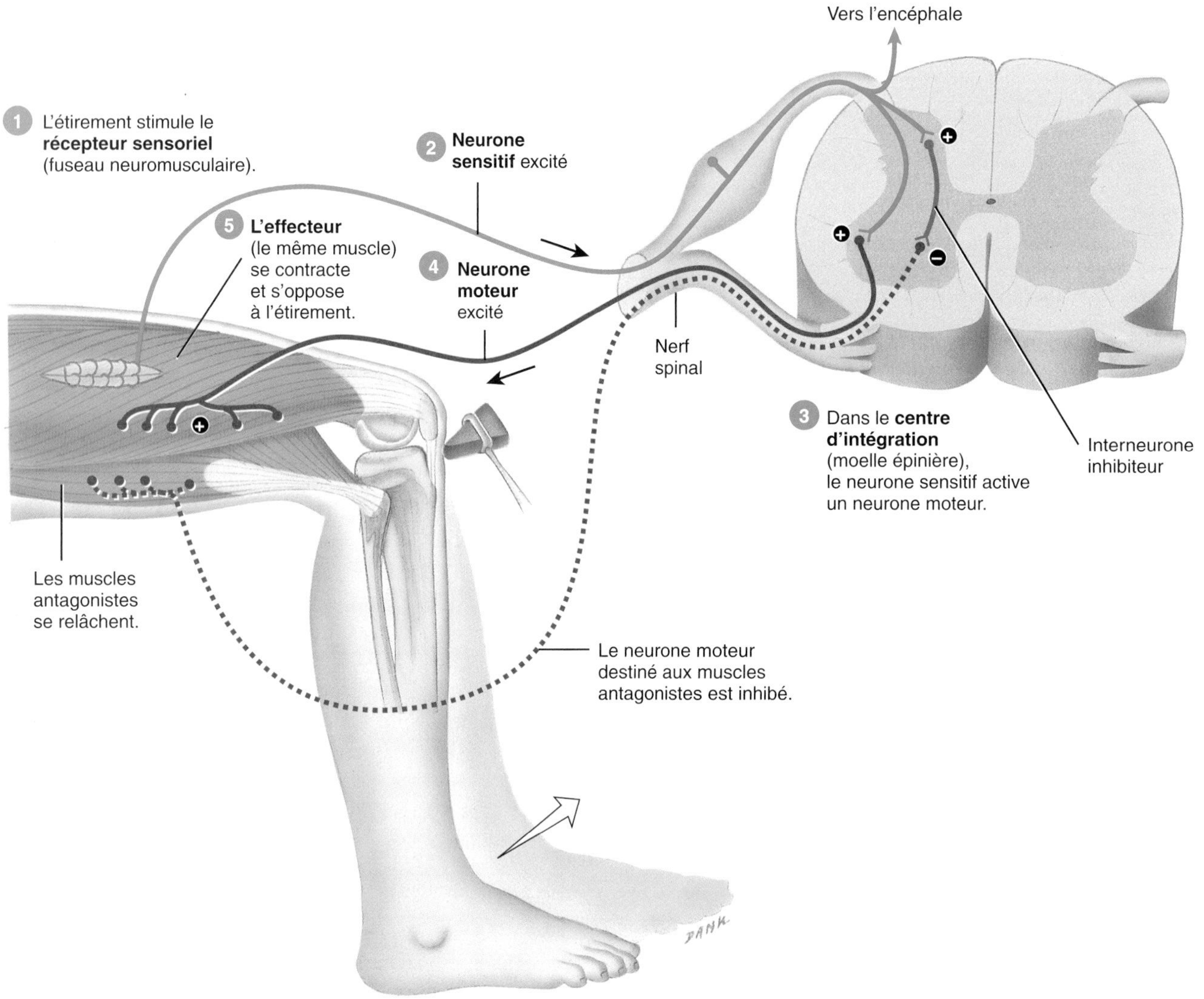

Vers l'encéphale

① L'étirement stimule le **récepteur sensoriel** (fuseau neuromusculaire).

② **Neurone sensitif** excité

⑤ **L'effecteur** (le même muscle) se contracte et s'oppose à l'étirement.

④ **Neurone moteur** excité

Nerf spinal

③ Dans le **centre d'intégration** (moelle épinière), le neurone sensitif active un neurone moteur.

Interneurone inhibiteur

Les muscles antagonistes se relâchent.

Le neurone moteur destiné aux muscles antagonistes est inhibé.

 Pourquoi ce réflexe est-il qualifié d'ipsilatéral?

④ Si cette excitation est suffisamment intense et atteint le seuil d'excitation du neurone moteur, un ou plusieurs influx nerveux se forment dans ce dernier et se propagent le long de son axone. Ces influx partent donc de la moelle épinière, traversent la racine ventrale du nerf spinal et cheminent dans ce dernier pour stimuler finalement le muscle squelettique. Les terminaisons axonales du neurone moteur forment des jonctions neuromusculaires avec des myocytes squelettiques du muscle étiré (l'effecteur).

⑤ L'acétylcholine (un neurotransmetteur) libérée dans la jonction neuromusculaire en réponse à l'influx nerveux déclenche un potentiel d'action musculaire dans des myocytes du muscle étiré, ce qui provoque la contraction de ce dernier (réponse). Ainsi, l'étirement musculaire est immédiatement suivi d'une contraction qui atténue l'étirement initial.

Dans l'arc réflexe que nous venons de décrire, l'influx sensitif pénètre dans la moelle épinière du côté où l'influx moteur la quitte ; il s'agit donc d'un **arc réflexe ipsilatéral**. Tous les réflexes monosynaptiques sont ipsilatéraux.

En plus des neurones moteurs de grand diamètre qui innervent la plupart des myocytes squelettiques, des neurones moteurs de plus petit diamètre innervent de petits myocytes spécialisés situés dans les fuseaux neuromusculaires. L'encéphale régit la sensibilité des fuseaux par l'intermédiaire de voies qui mènent à ces petits neurones moteurs. Grâce à cette régulation, les fuseaux neuromusculaires peuvent détecter des degrés d'étirement très divers pendant les contractions volontaires et réflexes. En modulant l'intensité de la réponse du fuseau neuromusculaire à l'étirement, l'encéphale détermine le **tonus musculaire**, c'est-à-dire l'état de tension légère du muscle au repos. Parce qu'il est déclenché par l'allongement du muscle, le réflexe d'étirement contribue à prévenir les lésions que pourrait causer un étirement musculaire excessif.

Bien que la voie du réflexe d'étirement soit monosynaptique (elle ne fait intervenir que deux neurones et une synapse), elle coïncide toujours avec un arc réflexe polysynaptique destiné aux muscles antagonistes. Cet arc fait intervenir trois neurones et deux synapses. En effet, une collatérale de l'axone du neurone sensitif provenant du fuseau neuromusculaire est en contact, par l'intermédiaire d'une synapse excitatrice (PPSE), avec un interneurone situé dans la substance grise de la moelle épinière (centre d'intégration). Cet interneurone est inhibiteur, d'où l'envoi de PPSI (–) au neurone moteur qui innerve les muscles antagonistes (figure 13.14). En l'absence de stimulation, ces muscles se relâchent. Ainsi, pendant le réflexe d'étirement, la contraction du muscle étiré s'accompagne du relâchement des muscles antagonistes qui s'opposent à la contraction. Ce mécanisme nerveux – dans lequel les éléments d'un réseau neuronal entraînent simultanément la contraction d'un muscle et le relâchement de ses antagonistes – est appelé **innervation réciproque**. Il prévient les conflits entre des muscles opposés et est essentiel à la coordination des mouvements.

Des collatérales de l'axone du neurone sensitif transmettent aussi des influx nerveux à l'encéphale par des voies ascendantes particulières. Ainsi informé sur le degré d'étirement ou de contraction des muscles squelettiques, l'encéphale peut coordonner les mouvements musculaires. Les influx nerveux qui parviennent à l'encéphale permettent en outre la perception consciente du réflexe.

Le réflexe d'étirement contribue également au maintien de la posture. Par exemple, quand une personne debout se penche vers l'avant, le muscle gastrocnémien et les autres muscles du mollet s'étirent. Le réflexe d'étirement qui se produit alors dans ces muscles provoque immédiatement leur contraction et rétablit la verticalité du corps, empêchant ainsi la personne de tomber. Des réflexes d'étirement similaires se produisent dans les muscles rattachés au tibia quand on se penche vers l'arrière.

Le réflexe tendineux

Le réflexe d'étirement est un mécanisme de rétroaction qui régit la *longueur* d'un muscle squelettique en le contractant. Le **réflexe tendineux**, quant à lui, est un mécanisme de rétroaction qui régit la *tension* du muscle squelettique en provoquant son relâchement avant que sa contraction n'entraîne la rupture de ses tendons. Bien que le réflexe tendineux se déclenche moins facilement que le réflexe d'étirement, il peut le surpasser en force quand la tension devient trop grande ; par exemple, c'est le réflexe tendineux qui nous fait lâcher les objets trop lourds avant qu'ils ne déchirent nos tendons. À l'instar du réflexe d'étirement, le réflexe tendineux – aussi appelé *réflexe myotatique inverse* – est ipsilatéral. Les récepteurs sensoriels associés à ce réflexe sont les **fuseaux neurotendineux**, ou organes tendineux de Golgi (représentés en détail dans la figure 16.4). Ils sont situés dans le tendon, près de sa jonction avec le muscle. Contrairement aux fuseaux neuromusculaires, qui sont sensibles aux variations de la longueur des muscles, les fuseaux neurotendineux détectent les variations de la tension musculaire causées par l'étirement passif ou la contraction musculaire.

Le réflexe tendineux est un mécanisme nerveux de régulation qui permet de rétablir la tension musculaire lorsque celle-ci est modifiée à la suite d'un stimulus (voir la figure 1.3). Le réflexe tendineux se déroule de la façon suivante (figure 13.15) :

❶ Un stimulus provoque l'augmentation (déséquilibre) de la tension (facteur contrôlé) appliquée au tendon, ce qui stimule le fuseau neurotendineux (récepteur sensoriel).

❷ Sous l'effet de la tension, le fuseau neurotendineux génère un ou plusieurs influx nerveux qui se propagent le long d'un neurone sensitif jusqu'à la racine dorsale du nerf spinal, puis jusqu'à la moelle épinière.

❸ Dans la moelle épinière (centre d'intégration), le neurone sensitif est en contact, par l'intermédiaire d'une synapse excitatrice (PPSE), avec un interneurone inhibiteur situé dans la substance grise ; l'interneurone inhibiteur (PPSI) fait ensuite synapse dans la corne ventrale avec un neurone moteur et l'inhibe.

❹ Le neurone moteur inhibé (ou hyperpolarisé) génère de moins en moins d'influx nerveux.

❺ Le muscle squelettique (effecteur) se relâche et atténue la tension (réponse).

En résumé, l'augmentation de la tension qui s'exerce sur le fuseau neurotendineux accroît la fréquence des influx inhibiteurs, et l'inhibition des neurones moteurs innervant le muscle responsable de la tension excessive (effecteur) entraîne le relâchement de ce muscle. Ainsi, le réflexe tendineux protège le tendon et le muscle contre les lésions que pourrait causer une tension excessive.

FIGURE 13.15 Le réflexe tendineux. Cet arc réflexe est polysynaptique, c'est-à-dire qu'il fait intervenir plus d'une synapse dans le SNC et plus de deux neurones. Le neurone sensitif fait synapse avec deux interneurones. L'interneurone inhibiteur déclenche le relâchement de l'effecteur et l'interneurone excitateur provoque la contraction du muscle antagoniste. Les signes positifs (+) représentent des synapses excitatrices (PPSE) et les signes négatifs (−), des synapses inhibitrices (PPSI).

Le réflexe tendineux entraîne le relâchement du muscle rattaché au fuseau neurotendineux qui est stimulé.

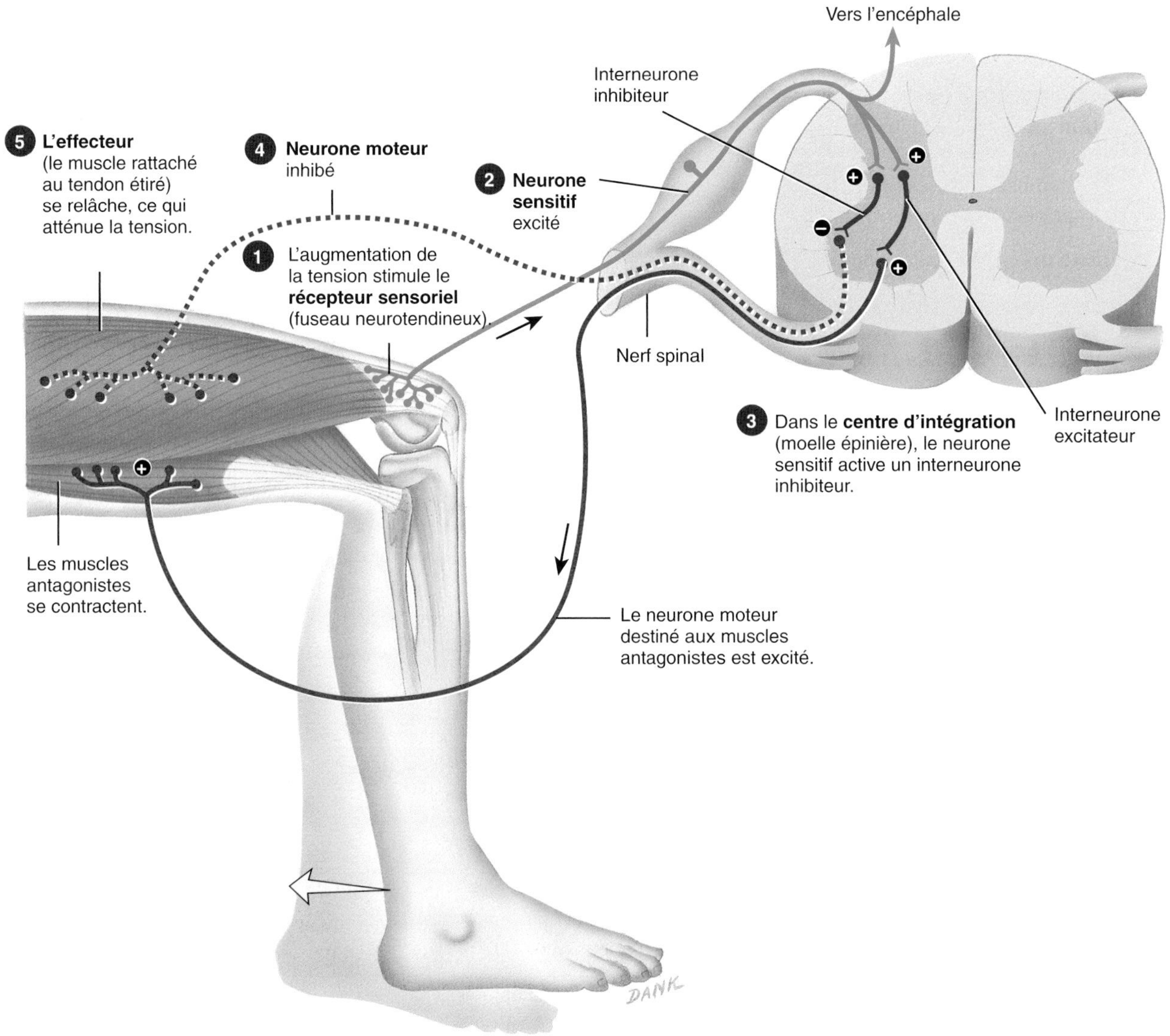

Vers l'encéphale

Interneurone inhibiteur

5 L'effecteur
(le muscle rattaché au tendon étiré) se relâche, ce qui atténue la tension.

4 Neurone moteur inhibé

2 Neurone sensitif excité

1 L'augmentation de la tension stimule le **récepteur sensoriel** (fuseau neurotendineux).

Nerf spinal

Les muscles antagonistes se contractent.

3 Dans le **centre d'intégration** (moelle épinière), le neurone sensitif active un interneurone inhibiteur.

Interneurone excitateur

Le neurone moteur destiné aux muscles antagonistes est excité.

DANK

Qu'est-ce que l'innervation réciproque?

La voie du réflexe tendineux coïncide toujours avec un arc réflexe destiné aux muscles antagonistes. Comme l'indique la figure 13.15, le neurone sensitif qui émerge du fuseau neurotendineux fait aussi synapse avec un interneurone excitateur situé dans la moelle épinière. Cet interneurone excitateur (PPSE) fait ensuite synapse avec les neurones moteurs qui régissent les muscles squelettiques antagonistes. Par conséquent, le réflexe tendineux provoque le relâchement du muscle rattaché au fuseau neurotendineux, mais aussi la contraction des antagonistes. Il s'agit là d'un autre exemple d'innervation réciproque. Le neurone sensitif transmet également les influx nerveux à l'encéphale par les faisceaux ascendants et l'informe ainsi du degré de tension musculaire dans le corps.

Le réflexe de retrait et le réflexe d'extension croisée

Si vous posez le pied sur une punaise, vous soulevez automatiquement la jambe en réponse au stimulus douloureux. Ce réflexe, également polysynaptique, est appelé **réflexe de retrait**, ou *réflexe nociceptif*. Les étapes qui le constituent s'enchaînent de la façon suivante (figure 13.16):

FIGURE 13.16 Le réflexe de retrait (ou réflexe nociceptif). Cet arc réflexe est polysynaptique et ipsilatéral. Les signes positifs (+) représentent des synapses excitatrices (PPSE).

 Le réflexe de retrait entraîne le retrait d'une partie du corps en réponse à un stimulus douloureux.

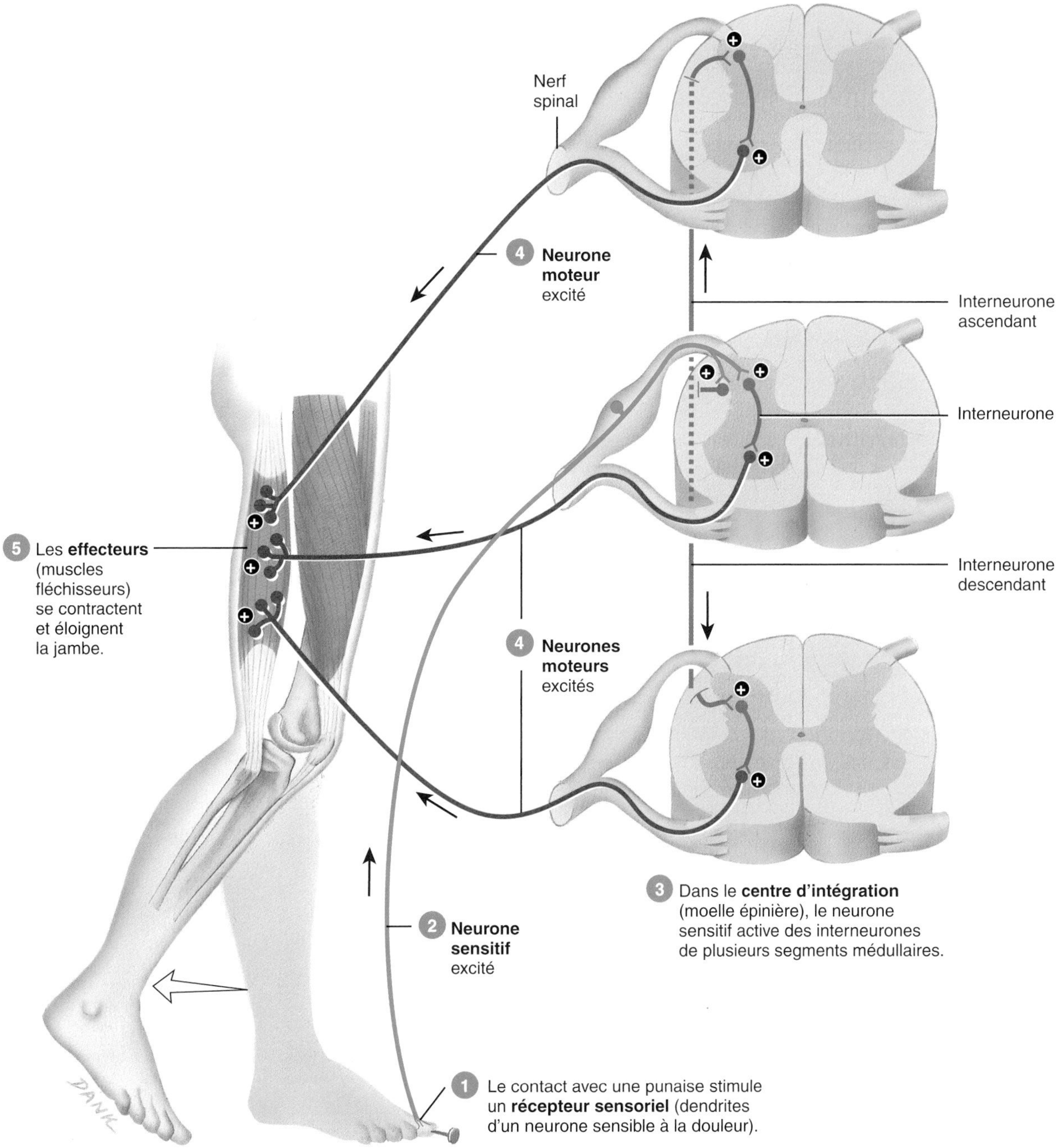

Nerf spinal

4 **Neurone moteur** excité

Interneurone ascendant

Interneurone

Interneurone descendant

5 Les **effecteurs** (muscles fléchisseurs) se contractent et éloignent la jambe.

4 **Neurones moteurs** excités

3 Dans le **centre d'intégration** (moelle épinière), le neurone sensitif active des interneurones de plusieurs segments médullaires.

2 **Neurone sensitif** excité

1 Le contact avec une punaise stimule un **récepteur sensoriel** (dendrites d'un neurone sensible à la douleur).

Q Pourquoi considère-t-on l'arc du réflexe de retrait comme un arc réflexe intersegmentaire ?

1 La pointe de la punaise en pénétrant dans la peau (stimulus) entraîne une déformation (déséquilibre) de la membrane des dendrites (récepteurs sensoriels) d'un neurone sensible à la douleur.

2 Ce neurone sensitif génère des influx nerveux qui se propagent jusque dans la corne dorsale de la moelle épinière.

3 Dans la moelle épinière (centre d'intégration), le neurone sensitif active des interneurones excitateurs (PPSE) qui parcourent plusieurs segments médullaires.

4 Ces interneurones activent des neurones moteurs situés dans différents segments médullaires. Un des interneurones est situé dans le segment médullaire correspondant au point d'entrée du neurone sensitif et au point de sortie du neurone moteur ; les autres interneurones se trouvent au-dessus et en dessous du point d'entrée du neurone sensitif dans la moelle épinière. Les neurones moteurs génèrent alors des influx nerveux qui se propagent jusque dans les terminaisons axonales, puis aux muscles squelettiques.

⑤ L'acétylcholine libérée par les neurones moteurs entraîne la contraction des muscles fléchisseurs de la cuisse (effecteurs), produisant ainsi le retrait de la jambe (réponse). Il s'agit d'un réflexe de protection, car la contraction des muscles fléchisseurs éloigne le membre de la source d'un stimulus potentiellement dangereux pour l'organisme.

À l'instar du réflexe d'étirement, le réflexe de retrait est ipsilatéral, c'est-à-dire que les influx descendants sortent de la moelle épinière du côté où les influx ascendants y sont entrés. Le réflexe de retrait présente une caractéristique des arcs réflexes polysynaptiques : plusieurs groupes musculaires doivent être contractés pour éloigner un membre entier d'un stimulus douloureux ; il faut par conséquent que plusieurs neurones moteurs acheminent simultanément des influx nerveux vers plusieurs muscles du membre considéré. Parce que les influx nerveux émis par un même neurone sensitif montent et descendent dans la moelle épinière et qu'ils activent des interneurones dans plusieurs segments médullaires, ce type d'arc réflexe est appelé **arc réflexe intersegmentaire**. Dans un arc réflexe de ce type, un même neurone sensitif peut activer plusieurs neurones moteurs et donc stimuler plus d'un effecteur. Au contraire, le réflexe d'étirement est monosynaptique : il fait intervenir des muscles qui reçoivent des influx d'un seul segment médullaire.

D'autres conséquences que le réflexe de retrait sont à prévoir quand on marche sur une punaise. Par exemple, on peut perdre l'équilibre en transférant son poids sur l'autre pied. En plus de déclencher le réflexe de retrait qui provoque le retrait du membre touché, les influx douloureux suscitent le **réflexe d'extension croisée**, qui contribue au maintien de l'équilibre. Ses étapes sont les suivantes (figure 13.17) :

❶ En pénétrant dans la peau (stimulus), la pointe de la punaise entraîne une déformation (déséquilibre) de la membrane plasmique des dendrites (récepteurs sensoriels) d'un neurone sensible à la douleur, dans le pied droit.

❷ Ce neurone sensitif génère des influx nerveux qui se propagent jusque dans la moelle épinière.

❸ Dans la moelle épinière (centre d'intégration), le neurone sensitif active plusieurs interneurones qui font synapse avec des neurones moteurs situés dans différents segments médullaires du côté gauche. Par conséquent, les influx douloureux croisent la ligne médiane dans des interneurones situés au même niveau, mais aussi à plusieurs niveaux au-dessus et en dessous du point d'entrée dans la moelle épinière.

❹ Les interneurones stimulent des neurones moteurs de plusieurs segments médullaires qui innervent les muscles extenseurs. Ces neurones moteurs génèrent alors des influx nerveux qui se propagent jusque dans les terminaisons axonales, puis aux muscles squelettiques.

⑤ L'acétylcholine libérée par les neurones moteurs provoque la contraction des muscles extenseurs de la cuisse (effecteurs) dans le membre gauche non stimulé, produisant ainsi l'extension de la jambe gauche (réponse). Le poids peut alors être transféré sur le pied gauche, qui soutiendra le corps entier. Un réflexe semblable se produit en cas de stimulation douloureuse du membre inférieur gauche ou de l'un des deux membres supérieurs, par exemple lorsque vous vous donnez un coup de marteau sur un doigt.

Contrairement au réflexe de retrait, qui est ipsilatéral, le réflexe d'extension croisée est **controlatéral** : les influx sensitifs entrent d'un côté de la moelle épinière et les influx moteurs sortent de l'autre. Le réflexe d'extension croisée synchronise ainsi l'extension du membre controlatéral avec le retrait (flexion) du membre stimulé. Le réflexe de retrait et le réflexe d'extension croisée font tous deux intervenir une innervation réciproque. Dans le réflexe de retrait, les muscles extenseurs du membre inférieur qui subit une stimulation douloureuse se relâchent un peu quand ses muscles fléchisseurs se contractent. En effet, si les deux groupes de muscles se contractaient en même temps, ils tireraient sur les os dans des directions opposées, ce qui immobiliserait le membre. Grâce à l'innervation réciproque, un groupe de muscles se contracte pendant que l'autre se relâche.

🩺 LES RÉFLEXES ET LE DIAGNOSTIC

L'examen des réflexes sert très souvent au diagnostic des troubles et maladies du système nerveux. Il permet aussi de repérer l'emplacement des tissus endommagés. Quand un réflexe s'éteint ou qu'il se met à fonctionner anormalement, le médecin peut soupçonner la présence d'une lésion le long de la voie de propagation des influx nerveux qui lui correspond. De nombreux réflexes somatiques peuvent être vérifiés par une simple percussion ou un effleurement du corps. Les réflexes somatiques suivants figurent parmi les plus significatifs du point de vue clinique :

- **Le réflexe patellaire (ou réflexe rotulien).** Ce réflexe provoque l'extension de la jambe au genou par la contraction du quadriceps fémoral en réponse à un léger coup sur le ligament patellaire (figure 13.14). Il est bloqué en cas de lésion des nerfs sensitifs ou moteurs qui innervent le muscle ou en cas de détérioration des centres d'intégration du deuxième, troisième ou quatrième segment lombaire de la moelle épinière. Il est souvent absent chez les personnes atteintes de diabète sucré ou de neurosyphilis, deux affections qui suscitent la dégénérescence des nerfs. À l'inverse, il est exagérément marqué chez les personnes atteintes d'une maladie ou d'une lésion touchant certains faisceaux moteurs qui descendent des centres supérieurs de l'encéphale jusqu'à la moelle épinière.

- **Le réflexe achilléen.** Ce réflexe d'étirement provoque l'extension (flexion plantaire) du pied par la contraction des muscles gastrocnémien et soléaire en réponse à un léger coup sur le tendon calcanéen. L'absence du réflexe achilléen indique une détérioration des nerfs allant jusqu'aux muscles postérieurs de la jambe ou des neurones de la région lombosacrale de la moelle épinière. Ce réflexe peut aussi disparaître chez les personnes atteintes de diabète chronique, de neurosyphilis ou d'alcoolisme, ou présentant une hémorragie subarachnoïdienne. À l'inverse, il est exagérément marqué en cas de compression de la moelle épinière cervicale ou de lésion des faisceaux

FIGURE 13.17 Le réflexe d'extension croisée. L'arc du réflexe de retrait est représenté (à gauche) à titre comparatif. Les signes positifs (+) représentent des synapses excitatrices (PPSE).

Le réflexe d'extension croisée entraîne la contraction des muscles qui produisent l'extension des muscles dans le membre opposé à celui qui est stimulé.

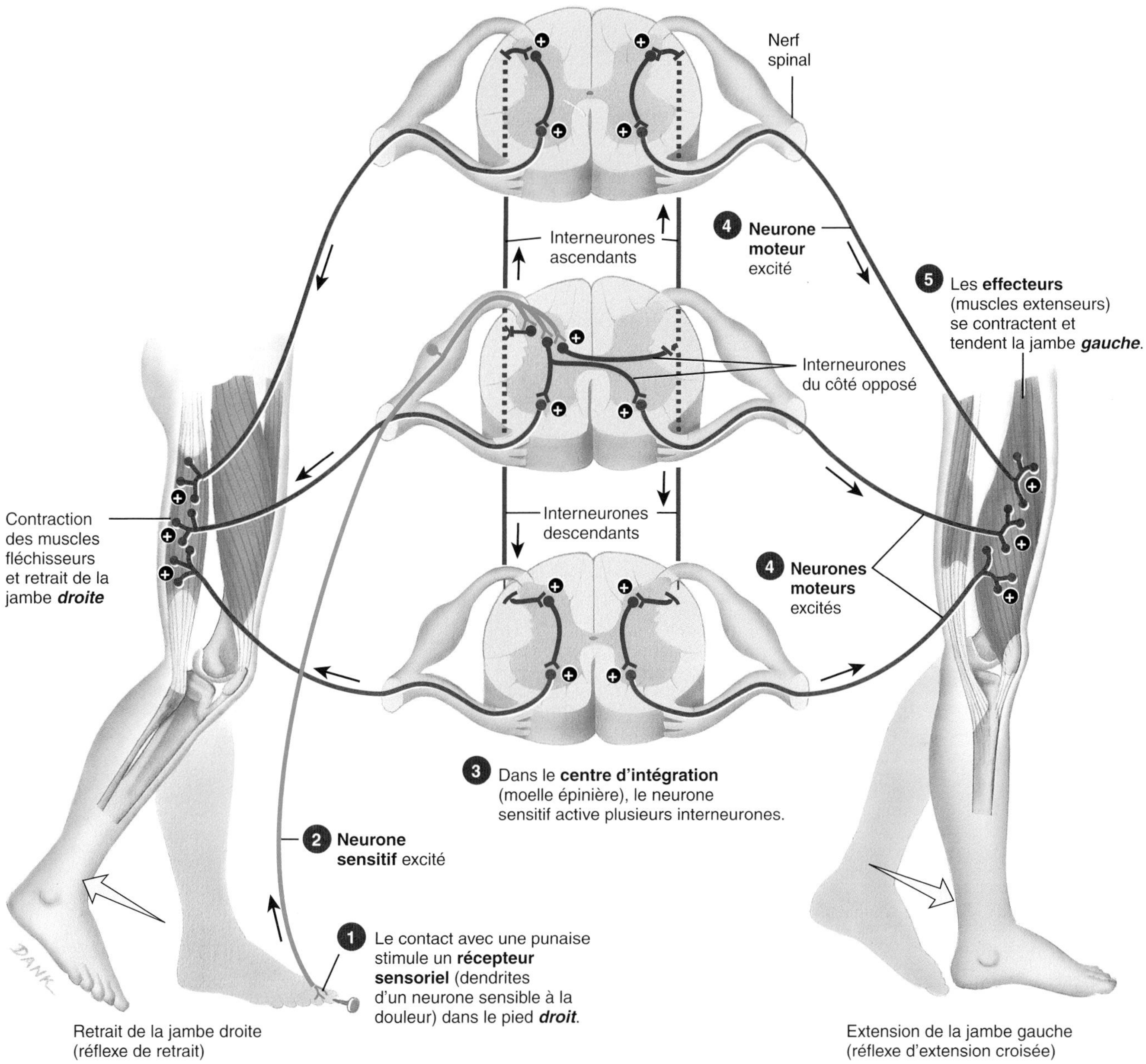

Nerf spinal
Interneurones ascendants
4 Neurone moteur excité
5 Les effecteurs (muscles extenseurs) se contractent et tendent la jambe gauche.
Interneurones du côté opposé
Contraction des muscles fléchisseurs et retrait de la jambe droite
Interneurones descendants
4 Neurones moteurs excités
3 Dans le centre d'intégration (moelle épinière), le neurone sensitif active plusieurs interneurones.
2 Neurone sensitif excité
1 Le contact avec une punaise stimule un récepteur sensoriel (dendrites d'un neurone sensible à la douleur) dans le pied droit.
DANK
Retrait de la jambe droite (réflexe de retrait)
Extension de la jambe gauche (réflexe d'extension croisée)

Q Pourquoi considère-t-on l'arc du réflexe d'extension croisée comme un arc réflexe controlatéral ?

moteurs du premier ou du deuxième segment sacral de la moelle épinière.

- **Le signe de Babinski**. Ce réflexe est déclenché par l'effleurement de la partie latérale de la plante du pied. Il entraîne la dorsiflexion du gros orteil, avec ou sans abduction des autres orteils (« orteils en éventail »). Il est normalement présent chez les enfants de moins de 18 mois et est attribuable au fait que les axones du faisceau corticospinal restent incomplètement myélinisés jusqu'à cet âge. Sa persistance est anormale au-delà de 18 mois ; elle montre alors que le faisceau corticospinal est interrompu par une lésion, qui touche en général sa partie supérieure. À partir de 18 mois, le signe de Babinski cède en principe la place au **réflexe plantaire** : quand on effleure le côté latéral de la plante du pied, les orteils s'enroulent sur eux-mêmes au lieu de se mettre en éventail.

- **Le réflexe cutané abdominal**. Ce réflexe entraîne la contraction des muscles qui compriment la paroi abdominale et il se déclenche en réponse à un effleurement de la partie latérale de l'abdomen. La contraction musculaire abdominale déplace l'ombilic vers le stimulus. L'absence de ce réflexe révèle généralement des lésions des faisceaux corticospinaux. Elle peut être causée aussi par des lésions des nerfs périphériques ou des centres d'intégration de la partie thoracique de la moelle épinière, ou par la sclérose en plaques.

La plupart des réflexes autonomes (ou viscéraux) ont peu d'utilité sur le plan diagnostique, car les récepteurs viscéraux sont situés à l'intérieur du corps et sont par conséquent difficiles à stimuler. Exception à cette règle, le **réflexe photomoteur** (ou **pupillaire**) provoque la contraction des deux pupilles quand une lumière intense est dirigée vers un œil ou les deux. Comme ce réflexe fait intervenir des synapses situées dans les parties inférieures de l'encéphale, son absence peut indiquer une lésion ou autre détérioration cérébrale. ■

▶ **POINT DE CONTRÔLE**

9. Quels sont les faisceaux de la moelle épinière qui sont ascendants ? Quels sont ceux qui sont descendants ?

10. Quels sont les points communs et les différences entre les réflexes somatiques et les réflexes autonomes ?

11. Décrivez les étapes qui constituent le réflexe d'étirement, le réflexe tendineux, le réflexe de retrait et le réflexe d'extension croisée ainsi que la fonction de chacun de ces réflexes.

12. Définissez chacun des termes suivants dans le contexte des arcs réflexes : monosynaptique, ipsilatéral, polysynaptique, intersegmentaire, controlatéral, innervation réciproque.

DÉSÉQUILIBRES HOMÉOSTATIQUES

Plusieurs troubles ou lésions peuvent toucher la moelle épinière. Leurs conséquences s'échelonnent de la détérioration neurologique légère ou temporaire à la détérioration grave et définitive, voire à la mort dans certains cas.

Les lésions traumatiques

La plupart des lésions de la moelle épinière sont causées par des traumas pouvant résulter de causes diverses : accidents de la route, chutes, sports de contact, plongée, agressions physiques. Les conséquences de ces lésions sont déterminées par l'étendue du trauma direct ou celle de la compression exercée sur la moelle épinière par des caillots sanguins ou des vertèbres fracturées ou déplacées. Ces lésions peuvent toucher n'importe quel segment médullaire, mais elles se produisent le plus souvent dans les régions cervicale, thoracique inférieure ou lombaire supérieure. Selon l'emplacement et l'étendue des dommages subis par la moelle épinière, la victime peut ou non rester paralysée. La **monoplégie** (*monos* : seul, unique ; *plêgê* : coup, blessure) est une paralysie qui touche un seul membre. La **diplégie** (*dis* : deux) touche les deux membres supérieurs ou les deux membres inférieurs. La **paraplégie** (*para* : à côté de) touche les deux membres inférieurs. L'**hémiplégie** (*hêmi* : à moitié) touche le membre supérieur, le tronc et le membre inférieur d'un côté du corps. La **tétraplégie**, ou **quadriplégie** (*tetra* : quatre), touche les quatre membres.

La **section médullaire complète** est une lacération transversale (de part en part) de la moelle épinière. Elle entraîne donc le sectionnement de tous les faisceaux sensitifs et moteurs et provoque la perte de toutes les sensations et de toutes les possibilités de mouvement volontaire *en dessous* du niveau de la lésion. La personne touchée subit une perte de sensibilité permanente des dermatomes situés en aval parce que les influx nerveux ascendants ne peuvent plus atteindre l'encéphale. La section médullaire complète empêche aussi les contractions volontaires des muscles situés en aval parce que les influx nerveux provenant de l'encéphale ne peuvent plus atteindre les muscles. L'étendue de la paralysie des muscles squelettiques dépend du niveau de la lésion. La liste suivante indique les parties du corps qui peuvent être *épargnées* par la paralysie après une section médullaire, par ordre décroissant de hauteur.

- C1 à C3 : la partie du corps située au-dessus du cou est épargnée ; aucune motricité ne subsiste en dessous et la respiration n'est possible qu'avec une ventilation mécanique.

- C4 et C5 : le diaphragme n'étant pas touché, la respiration reste possible.

- C6 et C7 : certains muscles des bras et de la poitrine sont épargnés, ce qui rend possibles l'alimentation et, dans une certaine mesure, l'habillement ; la personne touchée peut se déplacer en fauteuil roulant.

- T1 à T3 : la motricité des bras persiste.

- T4 à T9 : la motricité du tronc est préservée au-dessus de l'ombilic.

- T10 à L1 : la plupart des muscles des cuisses étant intacts, la marche est possible avec des orthèses fémoro-jambières.

- L1 et L2 : la plupart des muscles des jambes étant intacts, la marche est possible avec des orthèses jambières.

L'**hémisection** est une section médullaire partielle qui touche soit le côté gauche, soit le côté droit de la moelle épinière. Elle provoque l'apparition de trois symptômes majeurs qui touchent la partie du corps située en dessous du niveau de la lésion et qui, ensemble, forment le *syndrome de l'hémisection de la moelle*, ou syndrome de Brown-Séquard : 1) la lésion du cordon dorsal (faisceau gracile et faisceau cunéiforme) entraîne la perte de la proprioception et du toucher fin dans le côté ipsilatéral – soit le côté de la lésion ; 2) les lésions du faisceau corticospinal latéral provoquent une paralysie ipsilatérale ; 3) les lésions du faisceau spinothalamique causent la perte de la sensibilité douloureuse et thermique du côté controlatéral – soit le côté opposé de la lésion.

La section médullaire complète et, dans une certaine mesure, l'hémisection médullaire, provoquent la **sidération médullaire**. Cette réponse immédiate aux lésions de la moelle épinière se caractérise par une **aréflexie** temporaire, c'est-à-dire la disparition des réflexes. L'aréflexie touche les parties du corps innervées par les nerfs spinaux situés en dessous du niveau de la lésion. Les signes de la sidération médullaire aiguë sont notamment les suivants : ralentissement de la fréquence cardiaque, hypotension artérielle, paralysie flasque des muscles squelettiques, disparition des sensations somatiques et dysfonctionnement de la vessie. La sidération médullaire peut commencer une heure après la survenue de la lésion et dure de quelques minutes à plusieurs mois. Ensuite, l'activité réflexe se rétablit progressivement.

En cas de lésion traumatique de la moelle épinière, le pronostic s'améliore parfois quand on administre à la victime de la méthylprednisolone, un corticostéroïde anti-inflammatoire, dans les huit heures suivant l'accident. En effet, la gravité de la détérioration neurologique est maximale immédiatement après le trauma car le système immunitaire produit de l'œdème – accumulation de liquide dans les tissus – en réaction à l'agression.

La compression de la moelle épinière

Normalement, la moelle épinière est bien protégée par la colonne vertébrale. Toutefois, certains troubles la soumettent à des pressions excessives et entravent son fonctionnement. La compression de la moelle épinière peut être due à la fracture d'une ou de plusieurs vertèbres, à une hernie discale, une tumeur, l'ostéoporose ou une infection. Si la cause de la compression est déterminée et traitée avant que le tissu neural ne soit détruit, les fonctions de la moelle épinière peuvent généralement revenir à la normale. Selon l'emplacement et la force de la compression, différents symptômes peuvent se manifester : douleur, faiblesse ou paralysie, diminution ou disparition de la sensibilité en dessous du niveau de la lésion.

Les maladies dégénératives

Un certain monbre de maladies dégénératives entravent le fonctionnement de la moelle épinière, par exemple la sclérose en plaques (que nous avons décrite au chapitre 12) et la sclérose latérale amyotrophique (aussi connue sous le nom populaire de maladie de Lou-Gehrig), qui touche les neurones moteurs de l'encéphale et de la moelle épinière, provoquant ainsi une faiblesse et une atrophie musculaires ; nous y reviendrons au chapitre 16.

Le zona

Le **zona** est une infection aiguë du système nerveux périphérique due à un virus de la famille des *Herpesviridæ*, à laquelle appartient aussi le virus de la varicelle. Après qu'une personne s'est remise de la varicelle, le virus persiste dans les corps cellulaires de neurones sensitifs logés dans un ganglion spinal. S'il se réactive, le système immunitaire l'empêche en général de se propager. De temps à autre, cependant, si le système immunitaire

est affaibli, le virus réactivé peut sortir du ganglion et se propager dans les neurones sensitifs de la peau par transport axonal rapide. Il provoque alors des douleurs, une décoloration de la peau et l'apparition d'un chapelet caractéristique de boutons. Cette éruption marque la distribution (le dermatome) du nerf sensitif cutané sortant du ganglion spinal infecté.

La poliomyélite

La **poliomyélite** est causée par le poliovirus. Son apparition se manifeste par de la fièvre, des maux de tête intenses, une raideur du cou et du dos, des douleurs musculaires profondes, une faiblesse musculaire et la disparition de certains réflexes somatiques. Dans la forme la plus grave de la poliomyélite, le virus entraîne la paralysie en détruisant le corps cellulaire des neurones moteurs, en particulier ceux des cornes ventrales de la moelle épinière et ceux des noyaux des nerfs crâniens. Si le virus envahit les neurones des centres vitaux du tronc cérébral qui régissent la respiration et la fonction cardiaque, il peut provoquer la mort par insuffisance respiratoire ou cardiaque. Grâce au vaccin antipoliomyélitique, la maladie est presque complètement éradiquée dans les pays industrialisés, mais des épidémies sévissent dans d'autres régions du monde. À cause de l'augmentation des vols internationaux, le virus pourrait fort bien être réintroduit en Amérique du Nord par des voyageurs n'ayant pas été adéquatement vaccinés.

Certaines personnes présentent des **séquelles tardives de poliomyélite** plusieurs décennies après avoir guéri d'un accès grave. Ce trouble neurologique se caractérise par un affaiblissement musculaire progressif, une fatigue extrême, une détérioration fonctionnelle et des douleurs, surtout dans les muscles et les articulations. Les séquelles tardives de poliomyélite pourraient traduire une lente dégénérescence des neurones moteurs qui innervent les myocytes. Leur apparition semble être déclenchée par une chute, un accident mineur, une intervention chirurgicale ou un alitement prolongé. Les facteurs suivants pourraient être à l'origine des séquelles : surutilisation des neurones moteurs laissés intacts, rapetissement des neurones moteurs consécutif à l'infection virale initiale, réactivation de particules virales poliomyélitiques dormantes, réponses immunitaires, déficiences hormonales et toxines environnementales. Le traitement comprend des exercices de renforcement des muscles, l'administration de pyridostigmine pour favoriser l'action stimulante de l'acétylcholine sur la contraction musculaire, et l'administration de facteurs de croissance nerveuse pour stimuler la croissance des nerfs et des muscles.

TERMES MÉDICAUX

Anesthésie péridurale Suppression réversible de la sensibilité obtenue par l'injection d'un anesthésique dans la cavité épidurale, qui se trouve entre la dure-mère et les parois du canal sacral. On pratique couramment ce type d'injection dans la région lombaire inférieure pour supprimer les douleurs de l'accouchement. Aussi appelée *épidurale*.

Bloc nerveux Suppression réversible de la sensibilité obtenue par l'injection locale d'un anesthésique ; par exemple, les anesthésies dentaires.

Méningite (*itis* : inflammation) Inflammation des méninges causée par une infection, généralement bactérienne (méningite purulente) ou virale (méningite virale). Les symptômes de la méningite sont les suivants : fièvre, maux de tête, raideur du cou, vomissements, confusion, léthargie, somnolence. La méningite purulente est beaucoup plus grave que la méningite virale ; elle nécessite un traitement précoce par antibiothérapie car elle peut entraîner la mort rapidement. Quant à la méningite virale, elle guérit le plus souvent spontanément – sans traitement – au bout d'une semaine ou deux, et ne requiert donc pas de traitement spécifique. Il existe maintenant un vaccin contre certains types de méningites purulentes.

Myélite (*myelos* : moelle) Inflammation de la moelle épinière.

Myélographie (*graphein* : écrire) Radiographie de la moelle épinière après injection d'un produit de contraste (substance opaque aux rayons X) à des fins diagnostiques, par exemple pour déceler les tumeurs et les hernies discales. Plus précise, plus sûre et plus simple, l'imagerie par résonance magnétique (IRM) remplace de plus en plus la myélographie.

Neuropathie périphérique Lésion d'un ou de plusieurs nerfs, inflammatoire ou dégénérative. Elle est le plus souvent causée par une irritation du nerf consécutive à un coup, une fracture, une contusion ou une plaie par pénétration ; elle peut aussi être la conséquence d'une maladie infectieuse, d'une carence vitaminique (le plus souvent, en thiamine), d'une atteinte toxique par un poison tel que le monoxyde de carbone, le tétrachlorure de carbone et les métaux lourds, ou encore résulter de la prise de certains médicaments. Aussi appelée *névrite*.

Névralgie (*neuron* : nerf ; *algos* : douleur) Douleur se manifestant sur le trajet d'un nerf sensitif ou de l'une de ses branches.

Paresthésie (*para* : à côté de ; *aisthêsis* : sensation) Sensation anormale, telle que brûlure, fourmillement, chatouillement ou picotement, traduisant une atteinte d'un nerf sensitif.

L'ANATOMIE DE LA MOELLE ÉPINIÈRE (P. 470)

1. La moelle épinière est protégée par la colonne vertébrale, les méninges, le liquide cérébrospinal, des coussinets graisseux et les ligaments dentelés.

2. Les trois méninges (la dure-mère, l'arachnoïde et la pie-mère) sont des membranes conjonctives qui enveloppent complètement la moelle épinière et l'encéphale.

3. Dans sa partie supérieure, la moelle épinière est unie au bulbe rachidien; chez l'adulte, elle se termine à peu près à la hauteur de la deuxième vertèbre lombaire.

4. Situés dans la moelle épinière, les renflements cervical et lombaire sont les points d'émergence des nerfs destinés aux membres.

5. Le cône médullaire est la partie inférieure de forme effilée de la moelle épinière; c'est du cône médullaire qu'émergent le filum terminale et la queue de cheval.

6. Chaque nerf spinal est relié à un segment médullaire par deux racines. La racine dorsale (ou postérieure) contient des axones de neurones sensitifs et la racine ventrale (ou antérieure), des axones de neurones moteurs.

7. La fissure médiane ventrale et le sillon médian dorsal divisent partiellement la moelle épinière en un côté droit et un côté gauche.

8. La substance grise de la moelle épinière est divisée en cornes et la substance blanche en cordons. Le canal central parcourt le centre de la moelle épinière sur toute sa longueur.

9. Les parties de la moelle épinière qui apparaissent en coupe transversale sont la commissure grise, le canal central, les cornes ventrales, dorsales et latérales ainsi que les cordons ventraux, dorsaux et latéraux. Les cordons contiennent des faisceaux ascendants et descendants. Chaque partie de la moelle épinière remplit des fonctions bien précises.

10. La moelle épinière achemine l'information sensitive par les faisceaux ascendants et les commandes motrices par les faisceaux descendants.

LES NERFS SPINAUX (P. 475)

1. Les 31 paires de nerfs spinaux du corps humain sont nommées et numérotées selon la région et le niveau de la moelle épinière d'où elles émergent.

2. Le corps humain compte 8 paires de nerfs cervicaux, 12 paires de nerfs thoraciques, 5 paires de nerfs lombaires, 5 paires de nerfs sacraux et 1 paire de nerfs coccygiens.

3. Les nerfs spinaux sont généralement reliés à la moelle épinière par une racine dorsale et une racine ventrale. Tous les nerfs spinaux contiennent des axones sensitifs et des axones moteurs; ce sont donc des nerfs mixtes.

4. L'endonèvre, le périnèvre et l'épinèvre sont les trois enveloppes de tissu conjonctif associées aux nerfs spinaux.

5. Les ramifications d'un nerf spinal sont le rameau dorsal, le rameau ventral, le rameau méningé et les rameaux communicants.

6. Les rameaux ventraux des nerfs T2 à T12 ne forment pas de plexus et sont appelés *nerfs intercostaux* (ou *thoraciques*). Ils se rendent directement aux structures qu'ils innervent, dans les espaces intercostaux.

7. Les rameaux ventraux des nerfs spinaux, sauf ceux de T2 à T12, forment des réseaux appelés *plexus nerveux*.

8. Les nerfs qui émergent des plexus sont nommés d'après les régions qu'ils innervent ou le trajet qu'ils suivent.

9. Les nerfs du plexus cervical innervent la peau et les muscles de la tête, du cou et de la partie supérieure des épaules et de la poitrine; ils sont reliés à certains nerfs crâniens et innervent le diaphragme.

10. Les nerfs du plexus brachial innervent la peau et les muscles des membres supérieurs et plusieurs muscles du cou et des épaules.

11. Les nerfs du plexus lombaire innervent la partie antérolatérale de la paroi abdominale, les organes génitaux externes et une partie des membres inférieurs.

12. Les nerfs du plexus sacral innervent les fesses, le périnée et les membres inférieurs.

13. Les nerfs du plexus coccygien innervent la peau de la région du coccyx.

14. Chacun des neurones sensitifs situés dans les nerfs spinaux et dans le nerf crânien V (nerf trijumeau) innerve un segment précis de la peau, toujours le même: le dermatome.

15. En cas de lésion, la connaissance de l'emplacement des dermatomes permet aux médecins de déterminer le segment médullaire ou le nerf spinal qui a été endommagé.

LA PHYSIOLOGIE DE LA MOELLE ÉPINIÈRE (P. 488)

1. Les faisceaux de substance blanche de la moelle épinière sont les «autoroutes» des influx nerveux. Les influx sensitifs se propagent le long de ces faisceaux jusqu'à l'encéphale; les influx moteurs cheminent de l'encéphale jusqu'aux muscles squelettiques et autres tissus effecteurs.

2. L'information sensitive (qui va vers l'encéphale) emprunte essentiellement deux voies dans la substance blanche de la moelle épinière: la voie antérolatérale comprenant les faisceaux spinothalamiques, d'une part, et la voie du cordon dorsal (comprenant les faisceaux gracile et cunéiforme) et du lemnisque médial, d'autre part.

3. L'information motrice (qui va de l'encéphale vers les effecteurs) emprunte essentiellement deux voies dans la substance blanche de la moelle épinière: les voies directes (ou pyramidales) et les voies indirectes (ou extrapyramidales).

4. En plus d'acheminer les influx nerveux, la moelle épinière sert de centre d'intégration pour les réflexes spinaux. Cette intégration se fait dans la substance grise.

5. Un réflexe est une série d'actions involontaires, rapides et prévisibles, par exemple une contraction musculaire ou une sécrétion glandulaire, qui se déclenche en réponse à des variations du milieu.

6. On peut classer les réflexes en réflexes spinaux et réflexes crâniens, ou en réflexes somatiques et réflexes autonomes (viscéraux).

7. Les constituants d'un arc réflexe sont le récepteur sensoriel, le neurone sensitif, le centre d'intégration, le neurone moteur et l'effecteur.

8. Le réflexe d'étirement, le réflexe tendineux, le réflexe de retrait (ou réflexe nociceptif) et le réflexe d'extension croisée sont des réflexes spinaux somatiques. Ils font tous intervenir une innervation réciproque.

9. Les arcs réflexes monosynaptiques font intervenir seulement un neurone sensitif et un neurone moteur. Le réflexe patellaire, qui est un réflexe d'étirement, en est un exemple.

10. Le réflexe d'étirement est ipsilatéral et contribue grandement au maintien du tonus musculaire.

11. Les arcs réflexes polysynaptiques font intervenir des neurones sensitifs, des interneurones et des neurones moteurs. Le réflexe tendineux, le réflexe de retrait et le réflexe d'extension croisée en sont des exemples.

12. Le réflexe tendineux est ipsilatéral et prévient les lésions des muscles et des tendons quand la tension musculaire devient trop intense. Le réflexe de retrait est ipsilatéral et éloigne le membre des sources de stimulus douloureux. Le réflexe d'extension croisée provoque l'extension du membre opposé à celui qui subit une stimulation douloureuse ; il permet ainsi le transfert du poids du corps.

13. L'examen des réflexes somatiques (par exemple, le réflexe patellaire, le réflexe achilléen, le signe de Babinski et le réflexe cutané abdominal) sert très souvent au diagnostic des troubles et maladies.

AUTOÉVALUATION

Vous trouverez les réponses à ces questions à l'appendice D.

COMPLÉTEZ LES PHRASES SUIVANTES.

1. Parce qu'ils contiennent à la fois des axones sensitifs et des axones moteurs, les nerfs spinaux appartiennent à la catégorie des nerfs _____.

2. Les cinq constituants d'un arc réflexe sont, dans l'ordre, du début à la fin : 1) _____ ; 2) _____ ; 3) _____ ; 4) _____ ; et 5) _____.

INDIQUEZ SI LES ÉNONCÉS SUIVANTS SONT VRAIS OU FAUX.

3. La substance grise de la moelle épinière contient des noyaux somatiques moteurs et sensitifs et des noyaux autonomes moteurs et sensitifs ; elle reçoit et intègre l'information entrante (afférente) et l'information sortante (efférente).

4. La cavité épidurale se trouve entre la paroi du canal vertébral et la pie-mère.

CHOISISSEZ LA BONNE RÉPONSE.

5. Lesquels des énoncés suivants sont *faux* ? 1) Les dermatomes sont des régions du corps innervées par des neurones moteurs qui émergent de nerfs spinaux bien précis. 2) Le réflexe d'étirement contribue au maintien du tonus musculaire. 3) Le réflexe achilléen est un réflexe d'étirement. 4) Le réflexe cutané abdominal permet de diagnostiquer les troubles des réflexes autonomes. 5) Les nerfs spinaux T2 à T12 ne font partie d'aucun plexus. a) 1, 2 et 4 ; b) 2 et 5 ; c) 1 et 4 ; d) 1, 3 et 5 ; e) 1, 3 et 4.

6. Alors que vous mettez de l'ordre dans votre collection de papillons, vous vous piquez accidentellement le doigt avec une épingle. Placez dans l'ordre, du début à la fin, les étapes de la réaction de votre organisme. 1) Les influx nerveux se propagent dans les axones de la racine ventrale d'un ou de plusieurs nerfs spinaux. 2) Un neurone sensitif transmet les influx nerveux jusqu'à la moelle épinière. 3) Les influx nerveux moteurs atteignent les muscles, provoquant le retrait du membre piqué. 4) Les centres d'intégration analysent les influx sensitifs, puis génèrent des influx moteurs. 5) Le stimulus entraîne un déséquilibre qui active le récepteur sensoriel. 6) Les influx nerveux se propagent dans les axones de la racine dorsale d'un nerf spinal. a) 5, 3, 6, 4, 1, 2 ; b) 5, 2, 1, 4, 6, 3 ; c) 5, 2, 6, 4, 1, 3 ; d) 3, 5, 1, 2, 4, 6 ; e) 2, 1, 5, 4, 6, 3.

7. Comment s'appelle l'enveloppe de tissu conjonctif qui recouvre chaque axone ? a) l'endonèvre, b) l'épinèvre, c) le périnèvre, d) le fascicule, e) l'arachnoïde.

8. Dans lesquelles des perceptions suivantes les faisceaux gracile et cunéiforme interviennent-ils ? 1) la proprioception, 2) le toucher discriminant, 3) la douleur, 4) la température, 5) la pression, 6) la vibration. a) 1, 2, 4 et 5 ; b) 2, 4 et 6 ; c) 1, 2 et 6 ; d) 3, 4, 5 et 6 ; e) 1, 3, 5 et 6.

9. Lequel des faisceaux suivants est un faisceau moteur ? a) le faisceau spinocérébelleux postérieur, b) le faisceau spinothalamique latéral, c) le faisceau spinocérébelleux antérieur, d) le faisceau corticospinal latéral, e) le cordon dorsal (faisceau gracile et faisceau cunéiforme).

10. Que se passe-t-il quand la racine dorsale d'un nerf spinal est endommagée ? a) Le liquide cérébrospinal circule moins bien. b) Le contrôle moteur des muscles squelettiques est atteint. c) La capacité de l'encéphale à transmettre les influx nerveux moteurs est perturbée. d) Le contrôle moteur des organes est atteint. e) Les influx sensitifs se transmettent moins bien.

11. Lequel des énoncés suivants est *faux* ? a) Les deux principales voies motrices de la moelle épinière sont les faisceaux spinothalamiques latéral et ventral. b) Les faisceaux spinothalamiques acheminent les influx correspondant à la douleur, à la température, au toucher et à la pression intense. c) Les voies directes acheminent les influx nerveux destinés à provoquer des mouvements volontaires et précis des muscles squelettiques. d) Les voies indirectes acheminent les influx nerveux qui programment les mouvements automatiques, coordonnent les mouvements du corps avec les stimulus visuels, maintiennent le tonus musculaire squelettique ainsi que la posture, et contribuent à l'équilibre. e) Les voies directes sont des voies motrices.

12. Lesquels des énoncés suivants sont *vrais* ? 1) Les cornes ventrales contiennent des corps cellulaires de neurones qui provoquent la contraction des muscles squelettiques. 2) La commissure grise relie la substance blanche des côtés droit et gauche de la moelle épinière. 3) Les corps cellulaires des neurones moteurs autonomes sont situés dans les cornes latérales. 4) Les faisceaux sensitifs (ou ascendants) font descendre les commandes motrices dans la moelle épinière. 5) La substance grise de la moelle épinière se compose de corps cellulaires de neurones, de gliocytes, d'axones amyélinisés et de dendrites d'interneurones et de neurones moteurs. a) 1, 2, 3 et 5 ; b) 2 et 4 ; c) 2, 3, 4 et 5 ; d) 1, 3 et 5 ; e) 1, 2, 3 et 4.

13. Associez les éléments suivants (une même réponse peut servir plus d'une fois):

_____ a) réflexe provoquant la contraction d'un muscle squelettique étiré

_____ b) récepteurs qui détectent les variations dans la longueur d'un muscle

_____ c) réflexe qui maintient l'équilibre

_____ d) réflexe qui, à la manière d'un mécanisme de rétroaction, régit la tension musculaire en causant le relâchement du muscle quand il est trop contracté

_____ e) arc réflexe formé d'un neurone sensitif et d'un neurone moteur

_____ f) réflexe qui, à la manière d'un mécanisme de rétroaction, régit la longueur d'un muscle en causant une contraction musculaire

_____ g) structure d'acheminement des influx nerveux dans laquelle les influx nerveux sensitifs entrent d'un côté de la moelle épinière tandis que les influx nerveux moteurs sortent de l'autre

_____ h) structure d'acheminement des influx nerveux dans laquelle les influx nerveux sensitifs montent et descendent le long de la moelle épinière, activant au passage plusieurs neurones moteurs et plus d'un effecteur

_____ i) arc réflexe polysynaptique déclenché par un stimulus douloureux

_____ j) récepteurs qui détectent les variations dans la tension musculaire

_____ k) réflexe qui maintient un tonus musculaire approprié

_____ l) arc réflexe contenant des neurones sensitifs, des interneurones et des neurones moteurs

_____ m) structure d'acheminement des influx nerveux dans laquelle les influx nerveux sensitifs entrent et les influx nerveux moteurs sortent du même côté de la moelle épinière

_____ n) réflexe qui protège les tendons et les muscles contre des lésions qui pourraient être causées par une tension excessive

_____ o) mécanisme nerveux qui coordonne les mouvements du corps en provoquant la contraction d'un muscle et le relâchement de ses antagonistes, ou le relâchement d'un muscle et la contraction de ses antagonistes

1) réflexe d'étirement
2) réflexe tendineux
3) réflexe de retrait
4) réflexe d'extension croisée
5) arc réflexe inter-segmentaire
6) arc réflexe controlatéral
7) arc réflexe ipsilatéral
8) fuseaux neuro-musculaires
9) fuseaux neuro-tendineux
10) innervation réciproque
11) arc réflexe monosynaptique
12) arc réflexe polysynaptique

14. Associez les éléments suivants:

_____ a) réseau composé des des rameaux ventraux de nerfs adjacents

_____ b) ramification d'un nerf spinal qui innerve les muscles profonds et la peau de la face postérieure du tronc

_____ c) ramification d'un nerf spinal qui innerve les muscles et les structures des membres supérieur et inférieur ainsi que les parties latérale et antérieure du tronc

_____ d) région de la moelle épinière d'où émergent les nerfs qui desservent les membres supérieurs

_____ e) région de la moelle épinière d'où émergent les nerfs qui desservent les membres inférieurs

_____ f) structure formée par les racines des nerfs qui proviennent de la partie inférieure de la moelle épinière, mais qui ne sortent pas de la colonne vertébrale à la même hauteur

_____ g) contient des axones de neurones moteurs et transmet les influx nerveux de la moelle épinière vers les organes et les cellules périphériques

_____ h) revêtement avasculaire de la moelle épinière, composé de délicates fibres collagènes et de quelques fibres élastiques

_____ i) contient des axones de neurones sensitifs et transmet les influx nerveux des récepteurs périphériques vers la moelle épinière

_____ j) revêtement superficiel de la moelle épinière, composé de tissu conjonctif dense irrégulier

_____ k) prolongement de la pie-mère qui ancre la moelle épinière au coccyx

_____ l) épaississements de la pie-mère qui sont situés le long de la moelle épinière, fusionnent avec l'arachnoïde et avec la dure-mère, et protègent la moelle épinière contre les chocs et les déplacements soudains

_____ m) tissu conjonctif fin et transparent qui est composé de faisceaux entrelacés de fibres collagènes ainsi que de quelques fibres élastiques, et qui adhère à la surface de la moelle épinière

_____ n) cavité de la moelle épinière remplie de liquide cérébrospinal

_____ o) ramification d'un nerf spinal qui innerve les vertèbres, les ligaments vertébraux, les vaisseaux sanguins de la moelle épinière et les méninges

1) renflement cervical
2) renflement lombaire
3) canal central
4) ligaments dentelés
5) queue de cheval
6) rameau méningé
7) pie-mère
8) arachnoïde
9) dure-mère
10) racine dorsale
11) racine ventrale
12) rameau dorsal
13) rameau ventral
14) plexus
15) filum terminale

15. Associez les éléments suivants (une même réponse peut servir plus d'une fois) :

_____ a) assure toute l'innervation des épaules et des membres supérieurs

_____ b) innerve la peau et les muscles de la tête, du cou et de la partie supérieure des épaules et de la poitrine

_____ c) innerve la partie antérolatérale de la paroi abdominale, les organes génitaux externes et une partie des membres inférieurs

_____ d) innerve les fesses, le périnée et les membres inférieurs

_____ e) se compose des rameaux ventraux des nerfs C1 à C4 et de quelques ramifications de C5

_____ f) se compose des rameaux ventraux des nerfs S4 et S5 et des nerfs coccygiens

_____ g) se compose des rameaux ventraux des nerfs L1 à L4

_____ h) se compose des rameaux ventraux des nerfs C5 à C8 et T1

_____ i) se compose des rameaux ventraux des nerfs L4 et L5 et S1 à S4

_____ j) plexus d'où émerge le nerf phrénique

_____ k) plexus d'où émerge le nerf médian

_____ l) plexus d'où émerge le nerf sciatique

_____ m) plexus d'où émerge le nerf fémoral

_____ n) innerve une petite zone de peau dans la région du coccyx

_____ o) plexus dont les lésions peuvent perturber la respiration

1) plexus cervical
2) plexus brachial
3) plexus lombaire
4) plexus sacral
5) plexus coccygien

QUESTIONS À COURT DÉVELOPPEMENT

Vous trouverez les réponses à ces questions à l'appendice D.

1. Éva souffre de violents maux de tête et présente d'autres symptômes de la méningite. Son médecin lui prescrit donc une ponction lombaire. Énumérez les structures que l'aiguille transpercera, de l'extérieur vers l'intérieur. Pourquoi le médecin demande-t-il un examen qui s'effectue au niveau de la moelle épinière alors que sa patiente a mal à la tête ?

2. Arnaud a une infection qui détruit les cellules dans les cornes ventrales de la région cervicale inférieure de sa moelle épinière. Quels symptômes est-il susceptible de présenter ?

3. Aline vient d'avoir un accident de voiture et a subi une compression de la partie inférieure de la moelle épinière. Elle souffre, mais ne sent pas la main du médecin quand il lui effleure les mollets ou les orteils ; de plus, elle n'arrive pas à dire comment ses jambes sont placées. Quelle est la partie de la moelle épinière que l'accident a endommagée ?

RÉPONSES AUX QUESTIONS DES FIGURES

13.1 La limite supérieure de la dure-mère spinale est le foramen magnum de l'os occipital ; sa limite inférieure est la deuxième vertèbre sacrale.

13.2 Le renflement cervical est relié aux nerfs sensitifs et moteurs des membres supérieurs.

13.3 Les cornes sont formées de substance grise, alors que les cordons sont formés de substance blanche.

13.4 Tous les nerfs spinaux sont mixtes (à la fois sensitifs et moteurs) parce que leur racine dorsale contient des axones sensitifs et leur racine ventrale, des axones moteurs.

13.5 Le rameau ventral innerve le membre supérieur et le membre inférieur.

13.6 Un sectionnement transversal de la moelle épinière à la hauteur de C2 entraîne l'arrêt respiratoire parce qu'il empêche les commandes motrices d'atteindre le nerf phrénique, qui provoque les contractions du diaphragme, principal muscle de la respiration.

13.7 Les nerfs axillaire, musculocutané, radial, médian et ulnaire sont les cinq nerfs les plus importants qui émergent du plexus brachial.

13.8 Les lésions du nerf médian altèrent la sensibilité de la paume et des doigts.

13.9 Les lésions du nerf fémoral peuvent se manifester par l'incapacité d'étendre la jambe et par la perte de sensibilité de la peau de la partie antérolatérale de la cuisse.

13.10 Les rameaux ventraux des nerfs spinaux L4 et L5 ainsi que S1 à S4 constituent l'origine du plexus sacral.

13.11 Le seul nerf spinal auquel ne correspond aucun dermatome est C1.

13.12 Le faisceau corticospinal ventral prend naissance dans le cortex cérébral et se termine dans la moelle épinière ; il est situé sur la face antérieure de la moelle épinière. Comme l'indique le deuxième élément du premier adjectif qui le qualifie (« spinal »), ce faisceau contient des fibres descendantes ; c'est donc un faisceau moteur.

13.13 Les récepteurs sensoriels produisent des potentiels générateurs qui déclenchent des influx nerveux s'ils atteignent le seuil d'excitation. Les centres d'intégration des réflexes sont situés dans le SNC.

13.14 Ce réflexe est ipsilatéral parce que le neurone sensitif et le neurone moteur sont situés du même côté de la moelle épinière.

13.15 L'innervation réciproque est un réseau neuronal qui provoque simultanément la contraction d'un muscle et le relâchement de son antagoniste.

13.16 L'arc du réflexe de retrait est intersegmentaire parce que les influx nerveux sont acheminés par des neurones moteurs situés dans plusieurs nerfs spinaux, chacun de ces nerfs émergeant de segments médullaires différents.

13.17 L'arc du réflexe d'extension croisée est un arc réflexe contralatéral, car les influx sensitifs entrent d'un côté de la moelle épinière et que les commandes motrices sortent de l'autre.

L'ENCÉPHALE ET LES NERFS CRÂNIENS

L'ENCÉPHALE, LES NERFS CRÂNIENS ET L'HOMÉOSTASIE

L'encéphale contribue à l'homéostasie par la réception des influx sensitifs, par l'intégration de l'information qu'il reçoit et de celle qu'il détient déjà, par la prise de décisions et par le déclenchement des activités motrices.

Résoudre une équation, ressentir la faim, rire : les processus nerveux indispensables au déclenchement de ces activités se produisent dans différentes régions de l'**encéphale**, la partie du système nerveux central contenue dans le crâne. L'encéphale de l'adulte comprend environ 100 milliards de neurones et au moins 10 fois plus de gliocytes. Il pèse environ 1 300 g. Puisque, en moyenne, chaque neurone forme 1 000 synapses avec d'autres neurones, le total des synapses de notre cerveau s'élève à 1 million de milliards (10^{15})... soit plus que le nombre d'étoiles que contiendrait notre Galaxie.

C'est dans l'encéphale que les sensations nouvelles sont enregistrées, comparées et évaluées par rapport à l'information déjà emmagasinée, que les décisions se prennent et que les actions s'amorcent. L'encéphale est aussi le siège de l'intellect, des émotions et de la mémoire. C'est également dans cet organe que prend forme notre comportement à l'égard des autres. En effet, par ses idées, ses talents artistiques ou son éloquence, une personne peut en influencer d'autres et changer le cours de leur vie. Ainsi que nous le verrons sous peu, les différentes régions de l'encéphale possèdent des spécialisations fonctionnelles bien précises. Elles peuvent en outre s'associer pour accomplir des fonctions communes. Nous étudierons dans ce chapitre les mécanismes et les structures qui protègent et alimentent l'encéphale, les fonctions de ses principales parties ainsi que les relations anatomiques et physiologiques qu'il entretient avec la moelle épinière et les 12 paires de nerfs crâniens pour former le centre de régulation du corps humain.

L'ORGANISATION, LA PROTECTION ET L'IRRIGATION SANGUINE DE L'ENCÉPHALE

OBJECTIFS

- Indiquer les principales parties de l'encéphale.
- Décrire les structures et les mécanismes qui protègent l'encéphale.
- Décrire l'irrigation sanguine de l'encéphale.

Pour bien comprendre la terminologie concernant l'encéphale humain adulte, il faut d'abord connaître la manière dont cet organe se développe chez l'embryon. Nous allons présenter ici brièvement les étapes du développement embryonnaire; nous y reviendrons plus en détail à la fin de ce chapitre.

L'encéphale et la moelle épinière se développent à partir de l'ectoderme, qui forme une structure tubulaire appelée tube neural (figure 14.28). La partie antérieure du tube neural s'élargit en constituant trois renflements distincts appelés *vésicules encéphaliques primitives*: le prosencéphale, le mésencéphale et le rhombencéphale (figure 14.29). Le mésencéphale donne naissance au mésencéphale adulte et à l'aqueduc du mésencéphale. Le prosencéphale et le rhombencéphale se subdivisent pour former des vésicules encéphaliques secondaires. Le prosencéphale donne ainsi naissance au télencéphale et au diencéphale; le rhombencéphale donne naissance au métencéphale et au myélencéphale. Le télencéphale forme ensuite le cerveau et les ventricules latéraux. Le diencéphale forme le thalamus, l'hypothalamus et l'épithalamus. Le métencéphale forme le pont, le cervelet et la région supérieure du quatrième ventricule. Enfin, le myélencéphale forme le bulbe rachidien et la région inférieure du quatrième ventricule. Nous décrirons sous peu les grandes parties de l'encéphale.

Le tableau 14.1 résume les étapes du développement des structures encéphaliques.

LES PRINCIPALES PARTIES DE L'ENCÉPHALE

L'encéphale adulte comprend quatre grandes régions: le tronc cérébral, le cervelet, le diencéphale et le cerveau (figure 14.1). Le **tronc cérébral** prolonge la moelle épinière et comprend le bulbe rachidien, le pont et le mésencéphale. Derrière le tronc cérébral se trouve le **cervelet** (petit cerveau). Le **diencéphale** (*dia*: à travers; *egkephalos*: qui est dans la tête, cerveau) surmonte le tronc cérébral; il est formé du thalamus, de l'hypothalamus et de l'épithalamus. Le **cerveau** recouvre le diencéphale et le tronc cérébral et constitue la plus grande partie de l'encéphale.

LA PROTECTION DE L'ENCÉPHALE

Le crâne (voir la figure 7.4) et les méninges crâniennes entourent l'encéphale et le protègent. Les **méninges crâniennes** prolongent les méninges spinales. Elles présentent fondamentalement la même structure et portent d'ailleurs les mêmes noms. De l'extérieur vers l'intérieur, ce sont la **dure-mère**, l'**arachnoïde** et la **pie-mère** (figure 14.2). Toutefois, la dure-mère crânienne est formée de deux feuillets, alors que la dure-mère spinale n'en compte qu'un. Les deux revêtements duraux qui enveloppent l'encéphale sont largement fusionnés mais se séparent pour entourer les sinus de la dure-mère, qui emportent le sang veineux de l'encéphale jusqu'aux veines jugulaires internes. (Dans ce cas, un sinus est un canal destiné à la circulation du sang, mais ses parois sont plus minces que celles d'une veine.) Contrairement à la moelle épinière, l'encéphale n'est pas entouré d'un espace épidural. Les vaisseaux sanguins qui nourrissent l'encéphale parcourent sa surface et se recouvrent d'une couche lâche de pie-mère dès qu'ils pénètrent dans le tissu cérébral. Trois prolongements de la dure-mère délimitent certaines parties

---

TABLEAU 14.1 LE DÉVELOPPEMENT DE L'ENCÉPHALE

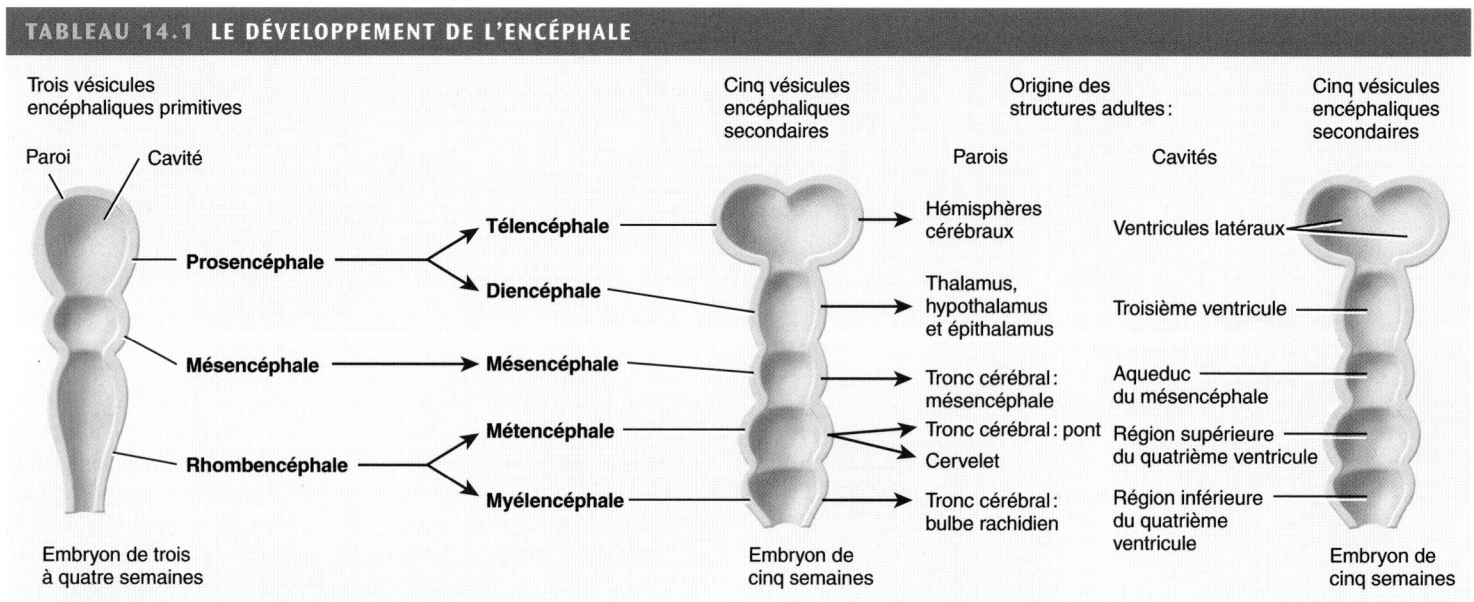

Trois vésicules encéphaliques primitives	Cinq vésicules encéphaliques secondaires	Origine des structures adultes:		Cinq vésicules encéphaliques secondaires
		Parois	Cavités	
Prosencéphale → Télencéphale		Hémisphères cérébraux	Ventricules latéraux	
Prosencéphale → Diencéphale		Thalamus, hypothalamus et épithalamus	Troisième ventricule	
Mésencéphale → Mésencéphale		Tronc cérébral: mésencéphale	Aqueduc du mésencéphale	
Rhombencéphale → Métencéphale		Tronc cérébral: pont / Cervelet	Région supérieure du quatrième ventricule	
Rhombencéphale → Myélencéphale		Tronc cérébral: bulbe rachidien	Région inférieure du quatrième ventricule	
Embryon de trois à quatre semaines	Embryon de cinq semaines			Embryon de cinq semaines

FIGURE 14.1 L'encéphale. *Remarque*: Nous étudierons l'hypophyse en même temps que le système endocrinien, au chapitre 18.

Les quatre principales parties de l'encéphale sont le tronc cérébral, le cervelet, le diencéphale et le cerveau.

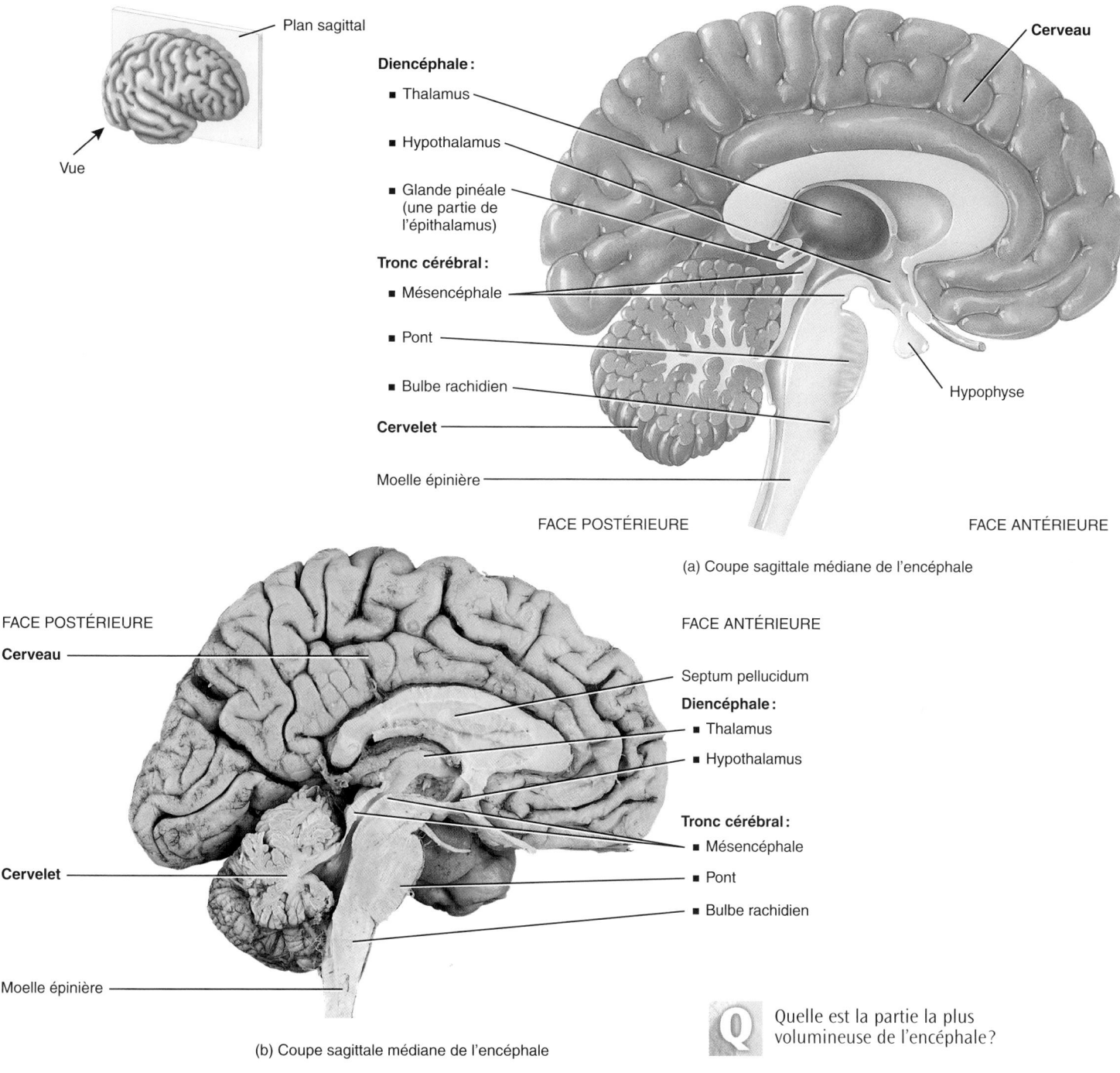

Plan sagittal

Vue

Diencéphale:
■ Thalamus
■ Hypothalamus
■ Glande pinéale (une partie de l'épithalamus)

Tronc cérébral:
■ Mésencéphale
■ Pont
■ Bulbe rachidien

Cervelet

Moelle épinière

Cerveau

Hypophyse

FACE POSTÉRIEURE　　　　　FACE ANTÉRIEURE

(a) Coupe sagittale médiane de l'encéphale

FACE POSTÉRIEURE　　　　　FACE ANTÉRIEURE

Cerveau

Cervelet

Moelle épinière

Septum pellucidum
Diencéphale:
■ Thalamus
■ Hypothalamus

Tronc cérébral:
■ Mésencéphale
■ Pont
■ Bulbe rachidien

(b) Coupe sagittale médiane de l'encéphale

Q Quelle est la partie la plus volumineuse de l'encéphale?

du cerveau: 1) la **faux du cerveau** sépare les deux hémisphères cérébraux; 2) la **faux du cervelet** sépare les deux hémisphères du cervelet; et 3) la **tente du cervelet** sépare le cerveau du cervelet.

L'IRRIGATION SANGUINE DE L'ENCÉPHALE ET LA BARRIÈRE HÉMATOENCÉPHALIQUE

L'irrigation sanguine de l'encéphale est assurée pour l'essentiel par les artères carotides internes et par les artères vertébrales (voir la figure 21.19). Le sang qui provient de la tête retourne au cœur par les veines jugulaires internes (voir la figure 21.24).

Chez l'adulte, l'encéphale ne représente que 2 % du poids total du corps mais accapare environ 20 % de l'oxygène et du glucose consommés, même au repos. Les neurones synthétisent l'ATP presque exclusivement à partir du glucose, par des réactions d'oxydation. L'irrigation sanguine d'une région de l'encéphale augmente dès que l'activité des neurones et des gliocytes s'y intensifie. Tout

FIGURE 14.2 Les structures de protection de l'encéphale.

L'encéphale est protégé par les os du crâne et par les méninges crâniennes.

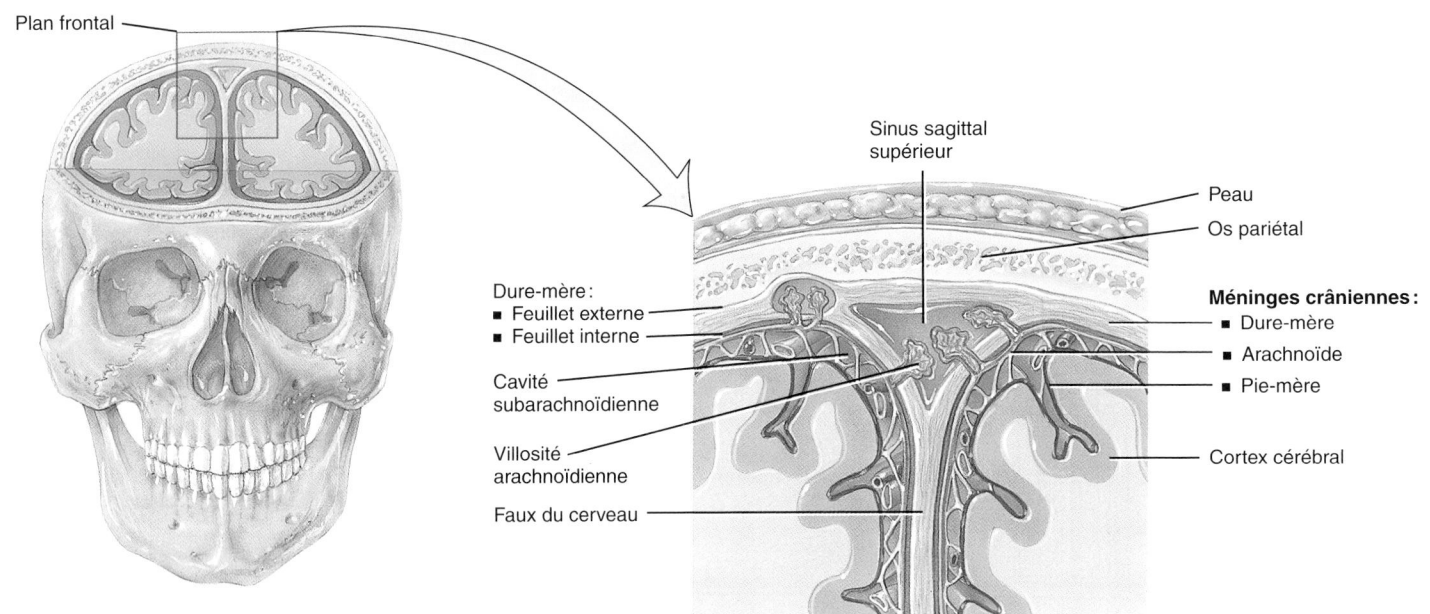

(a) Coupe frontale du crâne montrant les méninges crâniennes

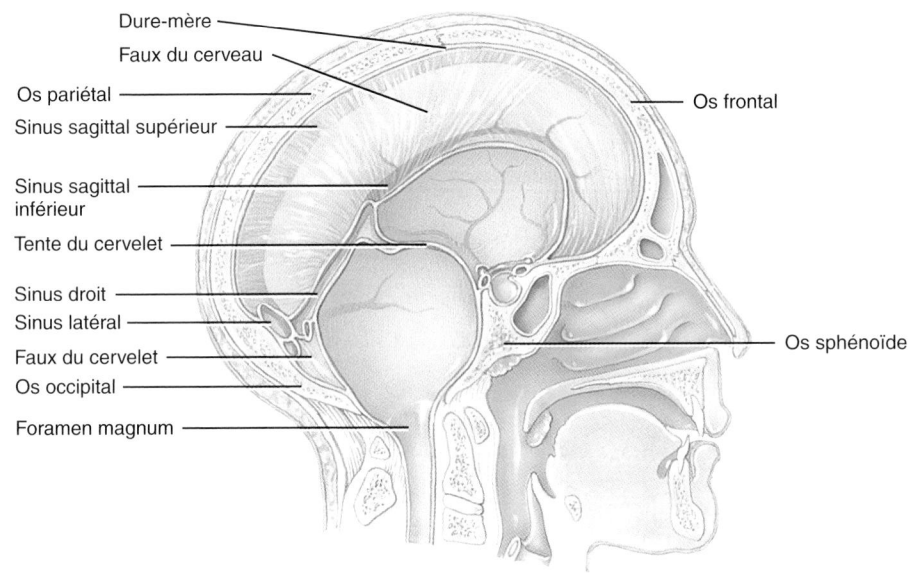

(b) Prolongements de la dure-mère

 Comment s'appellent, de l'extérieur vers l'intérieur, les trois méninges crâniennes?

ralentissement, même très bref, de l'irrigation de l'encéphale peut provoquer l'évanouissement. En règle générale, une ischémie (arrêt de l'irrigation) d'une ou deux minutes altère le fonctionnement des neurones; une interruption complète de l'apport d'oxygène pendant quatre minutes cause des dommages permanents. Par ailleurs, l'encéphale ne possède pas de réserves de glucose qui lui soient propres; il a donc besoin d'un apport glucidique continu. Si la teneur en glucose du sang qui pénètre dans l'encéphale est insuffisante, elle peut entraîner une désorientation, des étourdissements, des convulsions ou l'évanouissement.

La **barrière hématoencéphalique** protège les cellules cérébrales contre les substances toxiques et les agents pathogènes du sang en les empêchant de passer dans le tissu cérébral. La barrière hématoencéphalique est formée essentiellement de jonctions serrées (voir la figure 4.1a) qui font fusionner les membranes adjacentes des cellules endothéliales des capillaires cérébraux et les fixent à la membrane basale épaisse qui entoure les capillaires. Les prolongements de nombreux astrocytes (qui, ainsi que nous l'avons vu au chapitre 12, constituent un type de gliocytes; voir la figure 12.6) s'attachent aux capillaires et sécrètent des substances chimiques qui maintiennent l'étanchéité des jonctions serrées. Certaines substances hydrosolubles (par exemple, le glucose) traversent la barrière hématoencéphalique par transport actif. D'autres (par exemple, la créatinine, l'urée et la plupart des ions) la franchissent très lentement. D'autres encore (les protéines et la plupart des antibiotiques) ne peuvent absolument pas passer du sang au tissu cérébral. Par contre, les substances liposolubles telles que l'oxygène, le dioxyde de carbone, l'alcool et la plupart des anesthésiques franchissent facilement la barrière hématoencéphalique. Les traumas, certaines toxines et l'inflammation peuvent perturber le fonctionnement de cette barrière.

LES BRÈCHES DANS LA BARRIÈRE HÉMATOENCÉPHALIQUE

Nous avons vu que la barrière hématoencéphalique empêche des substances potentiellement nuisibles de pénétrer dans le tissu cérébral. Elle constitue toutefois une arme à double tranchant, car elle bloque l'accès à l'encéphale pour certains médicaments pouvant être utilisés dans le traitement de cancers et d'autres altérations du SNC. Les chercheurs analysent actuellement différents moyens de surmonter cet obstacle. L'une des méthodes qu'ils ont mises au point consiste à injecter le médicament dans une solution sucrée concentrée. La forte pression osmotique de la solution sucrée fait rapetisser les cellules endothéliales des capillaires, ce qui ouvre des passages entre leurs jonctions serrées et rend ainsi la barrière hématoencéphalique moins étanche. Le médicament peut alors pénétrer dans le tissu cérébral. ■

▶ **POINT DE CONTRÔLE**

1. Comparez la taille et l'emplacement du cerveau avec ceux du cervelet.

2. Décrivez l'emplacement des méninges crâniennes.

3. Décrivez l'irrigation sanguine de l'encéphale et expliquez le rôle de la barrière hématoencéphalique.

LE LIQUIDE CÉRÉBROSPINAL

> **OBJECTIF**

- Expliquer comment se forme le liquide cérébrospinal et comment il circule.

Clair et incolore, le **liquide cérébrospinal** (LCS), ou liquide céphalorachidien, protège l'encéphale et la moelle épinière contre les agressions chimiques et physiques. Il apporte en outre aux neurones et aux gliocytes de l'oxygène, du glucose et d'autres substances essentielles provenant du sang. Le liquide cérébrospinal circule continuellement autour de l'encéphale et de la moelle épinière, dans la cavité subarachnoïdienne (entre l'arachnoïde et la pie-mère) ainsi que dans les cavités de l'encéphale et de la moelle épinière (canal central).

La figure 14.3 montre les quatre cavités de l'encéphale remplies de liquide cérébrospinal : ce sont les **ventricules** (*ventriculus* : petit ventre). Les deux **ventricules latéraux** sont situés dans les hémisphères cérébraux. À l'avant, les ventricules latéraux sont séparés par une mince membrane, le **septum pellucidum** (*pellucidus* :

translucide). Le **troisième ventricule** est une étroite cavité qui s'étend le long de la ligne médiane, au-dessus de l'hypothalamus et entre les moitiés gauche et droite du thalamus. Le **quatrième ventricule** se trouve entre le tronc cérébral et le cervelet.

Chez l'adulte, le volume total du liquide cérébrospinal est de 80 à 150 mL. Ce liquide contient du glucose, des protéines, de l'acide lactique, de l'urée, des cations (Na^+, K^+, Ca^{2+}, Mg^{2+}), des anions (Cl^- et HCO_3^-) et quelques leucocytes. Il assure trois fonctions principales dans l'homéostasie :

1. *Une protection mécanique*. Le liquide cérébrospinal forme un coussin qui protège le fragile tissu de l'encéphale et de la moelle épinière contre les secousses qui pourraient le projeter contre les parois osseuses du crâne et des vertèbres. Il permet aussi à l'encéphale de « flotter » dans la cavité crânienne.

2. *Une protection chimique*. Le liquide cérébrospinal constitue un milieu chimique propice à l'émission des potentiels d'action, ou influx nerveux. D'infimes variations de la composition ionique de ce liquide dans l'encéphale suffisent pour perturber gravement la production des potentiels d'action et des potentiels postsynaptiques.

3. *La circulation*. Le liquide cérébrospinal permet l'échange des nutriments et des déchets entre le sang et le tissu nerveux.

LA FORMATION DU LIQUIDE CÉRÉBROSPINAL DANS LES VENTRICULES

Le liquide cérébrospinal se forme dans les **plexus choroïdes** (*khorion* : membrane) – réseaux de capillaires (vaisseaux sanguins microscopiques) situés dans les parois des ventricules. Les capillaires sont recouverts d'épendymocytes (voir la figure 12.6) qui élaborent le liquide cérébrospinal par filtration et sécrétion à partir du plasma sanguin. Parce que les épendymocytes sont réunis par des jonctions serrées, les matières qui passent des capillaires des plexus choroïdes au liquide cérébrospinal ne peuvent pas s'infiltrer entre ces cellules et doivent par conséquent les traverser. Cette **barrière sang-liquide cérébrospinal** permet à certaines substances d'entrer dans le liquide cérébrospinal mais en exclut d'autres, ce qui protège l'encéphale et la moelle épinière contre les substances à diffusion hématogène potentiellement nuisibles.

LA CIRCULATION DU LIQUIDE CÉRÉBROSPINAL

Le liquide cérébrospinal qui se forme dans les plexus choroïdes des ventricules latéraux s'écoule dans le troisième ventricule par deux ouvertures ovales étroites, les **foramens interventriculaires du cerveau**, ou trous de Monro (figure 14.4a). À ce liquide cérébrospinal s'ajoute celui qui se forme dans le plexus choroïde logé dans le toit du troisième ventricule. Le liquide passe ensuite dans l'**aqueduc du mésencéphale** (qui, comme son nom l'indique, traverse le mésencéphale), puis s'écoule dans le quatrième ventricule. Le liquide cérébrospinal qui se forme dans le plexus choroïde du quatrième ventricule s'ajoute alors au flux. Le liquide entre ensuite dans la cavité subarachnoïdienne par trois ouvertures dans le toit du quatrième ventricule : l'**ouverture médiane du quatrième ventricule**, ou trou de Magendie, et les **ouvertures latérales du quatrième ventricule**, une de chaque côté. Puis, le liquide cérébrospinal pénètre dans le canal central de la moelle épinière et dans la cavité subarachnoïdienne qui entoure l'encéphale et la moelle épinière.

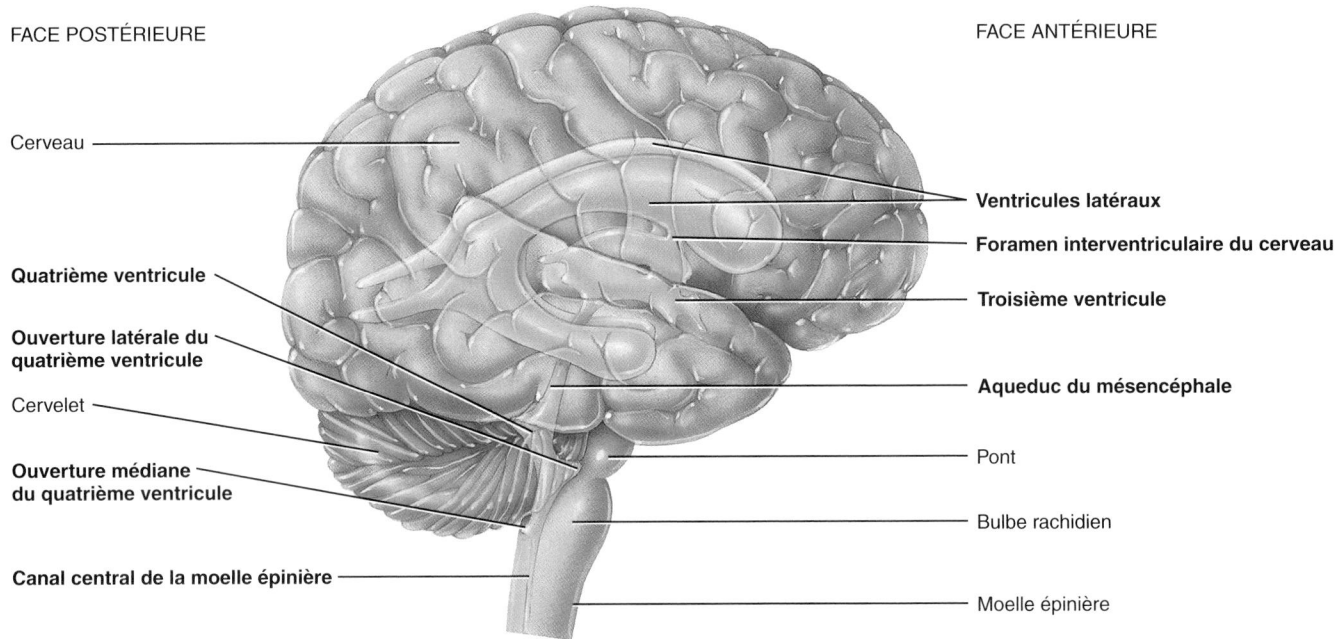

FIGURE 14.3 L'emplacement des ventricules dans l'encéphale représenté en transparence. Chacun des deux ventricules latéraux est relié au troisième ventricule par un foramen interventriculaire du cerveau ; le troisième ventricule communique avec le quatrième par l'aqueduc du mésencéphale.

Les ventricules sont des cavités de l'encéphale remplies de liquide cérébrospinal.

FACE POSTÉRIEURE

FACE ANTÉRIEURE

Cerveau

Ventricules latéraux

Foramen interventriculaire du cerveau

Quatrième ventricule

Troisième ventricule

Ouverture latérale du quatrième ventricule

Cervelet

Aqueduc du mésencéphale

Ouverture médiane du quatrième ventricule

Pont

Bulbe rachidien

Canal central de la moelle épinière

Moelle épinière

Vue latérale droite de l'encéphale

Quelle région de l'encéphale se trouve à l'avant du quatrième ventricule ?
Laquelle se trouve à l'arrière ?

Le liquide cérébrospinal est graduellement réabsorbé dans la circulation sanguine par les **villosités arachnoïdiennes**, prolongements en forme de doigts de l'arachnoïde qui font saillie dans les sinus de la dure-mère, en particulier le **sinus sagittal supérieur** (figure 14.2). (Les amas de villosités arachnoïdiennes sont appelés *granulations arachnoïdiennes*.) Normalement, le liquide cérébrospinal est réabsorbé à mesure qu'il est produit par les plexus choroïdes, à raison d'environ 20 mL/h. Par conséquent, sa pression est constante. La figure 14.4c résume la production et la circulation du liquide cérébrospinal.

L'HYDROCÉPHALIE

Les anomalies qui touchent l'encéphale – tumeurs, inflammations ou malformations – peuvent entraver le passage du liquide cérébrospinal des ventricules à la cavité subarachnoïdienne. Quand le liquide cérébrospinal s'accumule dans les ventricules, sa pression augmente et peut, à partir d'un certain stade, provoquer l'**hydrocéphalie** (*hudôr* : eau ; *kephalê* : tête). Chez le nouveau-né, dont les fontanelles ne sont pas encore soudées, l'excès de pression fait augmenter le volume de la tête. Mais si l'hydrocéphalie persiste, l'accumulation de liquide comprime et endommage le tissu nerveux, qui est particulièrement fragile. On traite l'hydrocéphalie par drainage du liquide cérébrospinal excédentaire : un neurochirurgien insère une dérivation par valve dans un ventricule latéral pour que le liquide cérébrospinal s'écoule dans la veine

cave supérieure ou dans la cavité abdominale, où il sera absorbé dans le sang. Chez l'adulte, l'hydrocéphalie peut être provoquée par un traumatisme crânien, une méningite ou une hémorragie sous-arachnoïdienne. Elle peut entraîner la mort très rapidement et exige une intervention immédiate ; en effet, comme les os crâniens sont déjà soudés chez l'adulte, le tissu nerveux est vite endommagé. ■

▶ **POINT DE CONTRÔLE**

4. Quelles sont les structures qui élaborent le liquide cérébrospinal ? Où se trouvent-elles ?

5. Quelle est la différence entre la barrière hématoencéphalique et la barrière sang-liquide cérébrospinal ?

LE TRONC CÉRÉBRAL

> **OBJECTIF**

• Décrire les structures et les fonctions du tronc cérébral.

Le tronc cérébral est la partie de l'encéphale située entre la moelle épinière et le diencéphale. Il compte trois parties : 1) le

FIGURE 14.4 La circulation du liquide cérébrospinal.

Le liquide cérébrospinal est élaboré par les épendymocytes qui recouvrent les plexus choroïdes des ventricules.

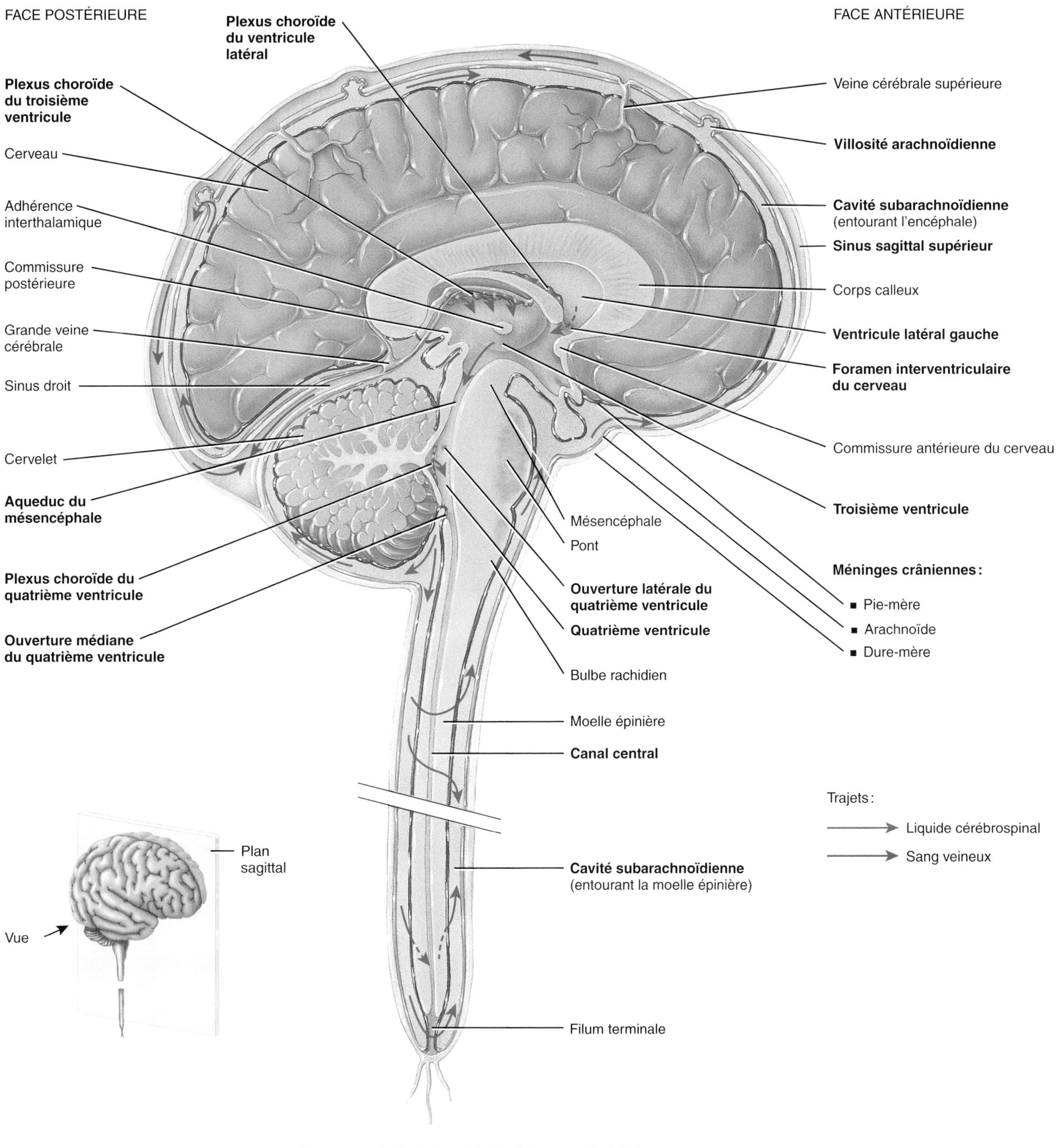

FACE POSTÉRIEURE

FACE ANTÉRIEURE

Plexus choroïde du ventricule latéral

Plexus choroïde du troisième ventricule

Cerveau

Adhérence interthalamique

Commissure postérieure

Grande veine cérébrale

Sinus droit

Cervelet

Aqueduc du mésencéphale

Plexus choroïde du quatrième ventricule

Ouverture médiane du quatrième ventricule

Veine cérébrale supérieure

Villosité arachnoïdienne

Cavité subarachnoïdienne (entourant l'encéphale)

Sinus sagittal supérieur

Corps calleux

Ventricule latéral gauche

Foramen interventriculaire du cerveau

Commissure antérieure du cerveau

Troisième ventricule

Méninges crâniennes :
- Pie-mère
- Arachnoïde
- Dure-mère

Mésencéphale

Pont

Ouverture latérale du quatrième ventricule

Quatrième ventricule

Bulbe rachidien

Moelle épinière

Canal central

Plan sagittal

Vue

Trajets :
→ Liquide cérébrospinal
→ Sang veineux

Cavité subarachnoïdienne (entourant la moelle épinière)

Filum terminale

(a) Coupe sagittale de l'encéphale et de la moelle épinière

FIGURE 14.4 La circulation du liquide cérébrospinal *(suite).*

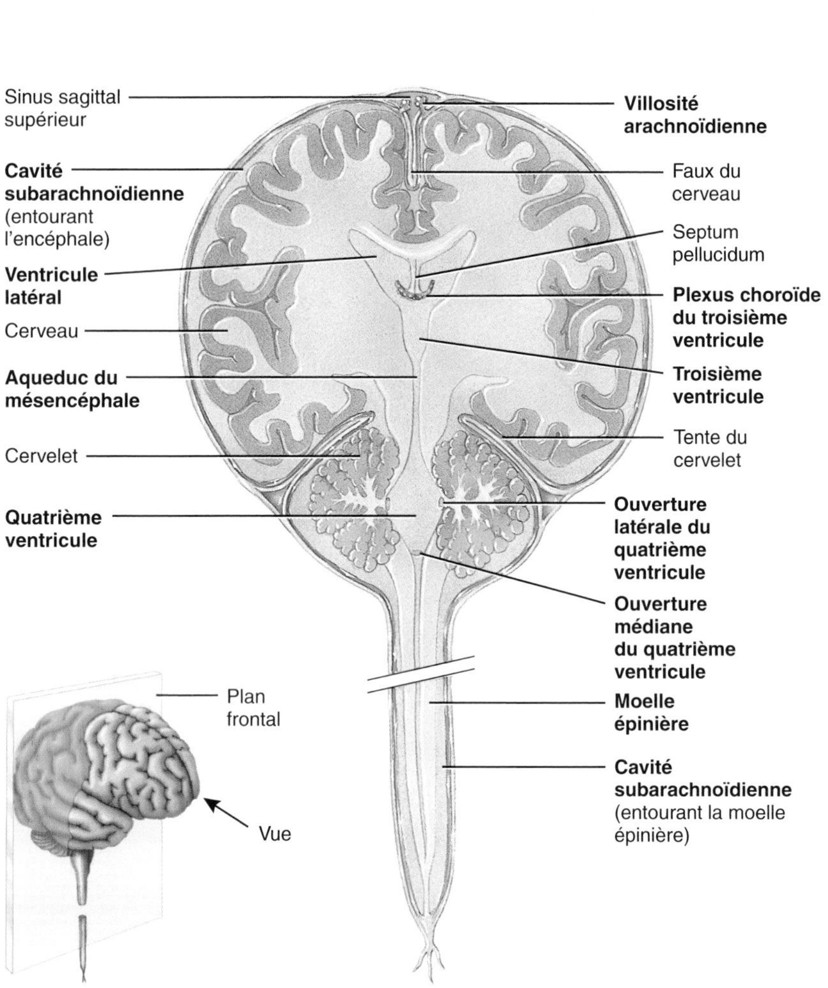

Sinus sagittal supérieur

Cavité subarachnoïdienne (entourant l'encéphale)

Ventricule latéral

Cerveau

Aqueduc du mésencéphale

Cervelet

Quatrième ventricule

Villosité arachnoïdienne

Faux du cerveau

Septum pellucidum

Plexus choroïde du troisième ventricule

Troisième ventricule

Tente du cervelet

Ouverture latérale du quatrième ventricule

Ouverture médiane du quatrième ventricule

Moelle épinière

Cavité subarachnoïdienne (entourant la moelle épinière)

Plan frontal

Vue

(b) Coupe frontale de l'encéphale et de la moelle épinière

Formation du LCS par les plexus choroïdes des ventricules latéraux → LCS → Ventricules latéraux

S'écoule par les foramens interventriculaires du cerveau

Formation du LCS par le plexus choroïde du troisième ventricule → LCS → Troisième ventricule

S'écoule par l'aqueduc du mésencéphale

Formation du LCS par le plexus choroïde du quatrième ventricule → LCS → Quatrième ventricule

S'écoule par les ouvertures latérale et médiane du quatrième ventricule

Circule dans la cavité subarachnoïdienne de la moelle épinière et de l'encéphale

Est absorbé au niveau des villosités arachnoïdiennes des sinus veineux de la dure-mère entourant l'encéphale

Sang artériel

Sang veineux

Cœur et poumons

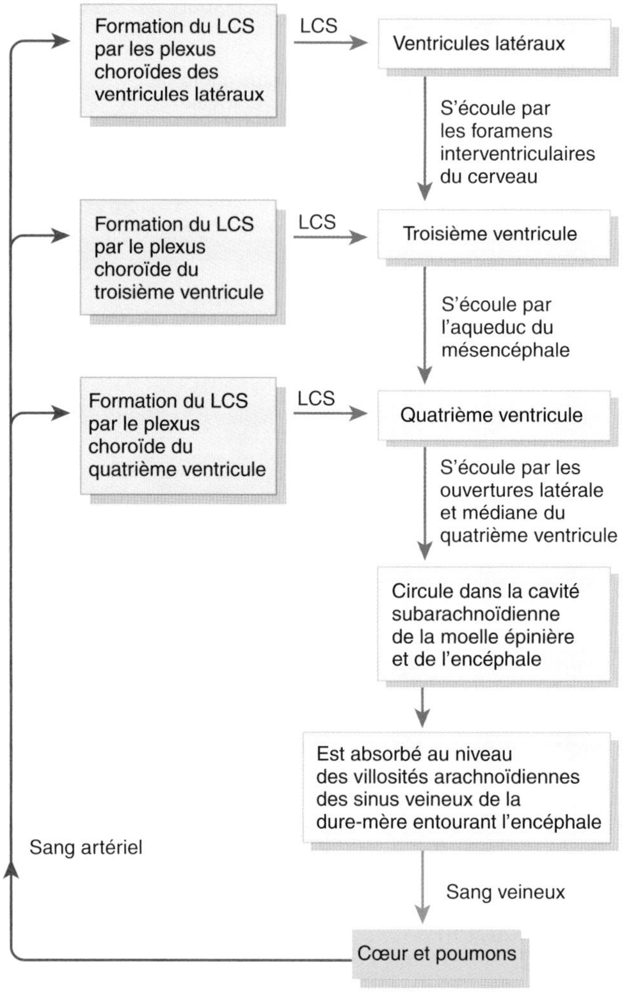

(c) Formation, circulation et absorption du liquide cérébrospinal

 Où le liquide cérébrospinal est-il réabsorbé?

---

bulbe rachidien, 2) le pont, et 3) le mésencéphale. Le tronc cérébral est parcouru par la formation réticulaire, tissu nerveux en forme de réseau composé de substance grise et de substance blanche.

LE BULBE RACHIDIEN

Le **bulbe rachidien**, ou moelle allongée, prolonge la partie supérieure de la moelle épinière et forme la partie inférieure du tronc cérébral (figure 14.5; voir aussi la figure 14.1). Le bulbe rachidien s'étend du foramen magnum jusqu'au bord inférieur du pont, ce qui représente une distance d'environ 3 cm.

La substance blanche du bulbe rachidien abrite tous les faisceaux d'axones sensitifs (ascendants) et d'axones moteurs (descendants) qui relient la moelle épinière aux autres régions de l'encéphale. Une partie de la substance blanche forme des renflements sur la face antérieure (ou ventrale) du bulbe rachidien: ce

sont les **pyramides** (figures 14.5 et 14.6). Elles sont composées des gros *faisceaux corticospinaux* qui vont du cerveau à la moelle épinière. Juste au-dessus de la jonction du bulbe rachidien et de la moelle épinière, 90 % des axones de la pyramide gauche traversent du côté droit, et 90 % des axones de la pyramide droite traversent du côté gauche. C'est en raison de cette **décussation des pyramides** (*decussare*: croiser en X) que chacun des côtés de l'encéphale contrôle les mouvements de l'autre côté du corps.

Le bulbe rachidien contient aussi des **noyaux** – masses de substance grise dans lesquelles des neurones font synapse entre eux. Certains de ces noyaux gouvernent des fonctions corporelles vitales. Le **centre cardiovasculaire** régit la fréquence et la force des battements du cœur ainsi que le diamètre des vaisseaux sanguins. Situé dans le centre respiratoire, le **centre bulbaire de la rythmicité** établit la fréquence respiratoire de base. D'autres noyaux du bulbe rachidien régissent des réflexes tels que le vomissement, la toux, la déglutition, le hoquet ou l'éternuement.

Chaque pyramide est flanquée d'un renflement ovale appelé **olive** (figures 14.5 et 14.6). L'olive renferme un **noyau olivaire caudal** dans lequel des neurones acheminent vers le cervelet les influx nerveux provenant des propriocepteurs – structures qui repèrent la position des articulations et des muscles.

La partie postérieure (ou dorsale) du bulbe rachidien abrite, à droite et à gauche, les noyaux associés aux sensations du toucher, de la proprioception consciente et de la vibration. Ce sont les **noyaux graciles**, ou noyaux grêles, et les **noyaux cunéiformes** (*cuneus* : coin). Dans ces noyaux, de nombreux axones sensitifs (ascendants) font synapse avec des neurones postsynaptiques. Les axones de ces neurones passent du côté opposé et transmettent l'information sensorielle vers le thalamus (voir la figure 16.5a). Ces axones montent jusqu'au thalamus dans une bande de substance blanche, le **lemnisque médial** (*lemniscus* : ruban), qui s'étend à travers le bulbe rachidien, le pont et le mésencéphale (figure 14.7b).

FIGURE 14.5 L'emplacement du bulbe rachidien dans le tronc cérébral.

Le tronc cérébral comprend le bulbe rachidien, le pont et le mésencéphale.

Vue

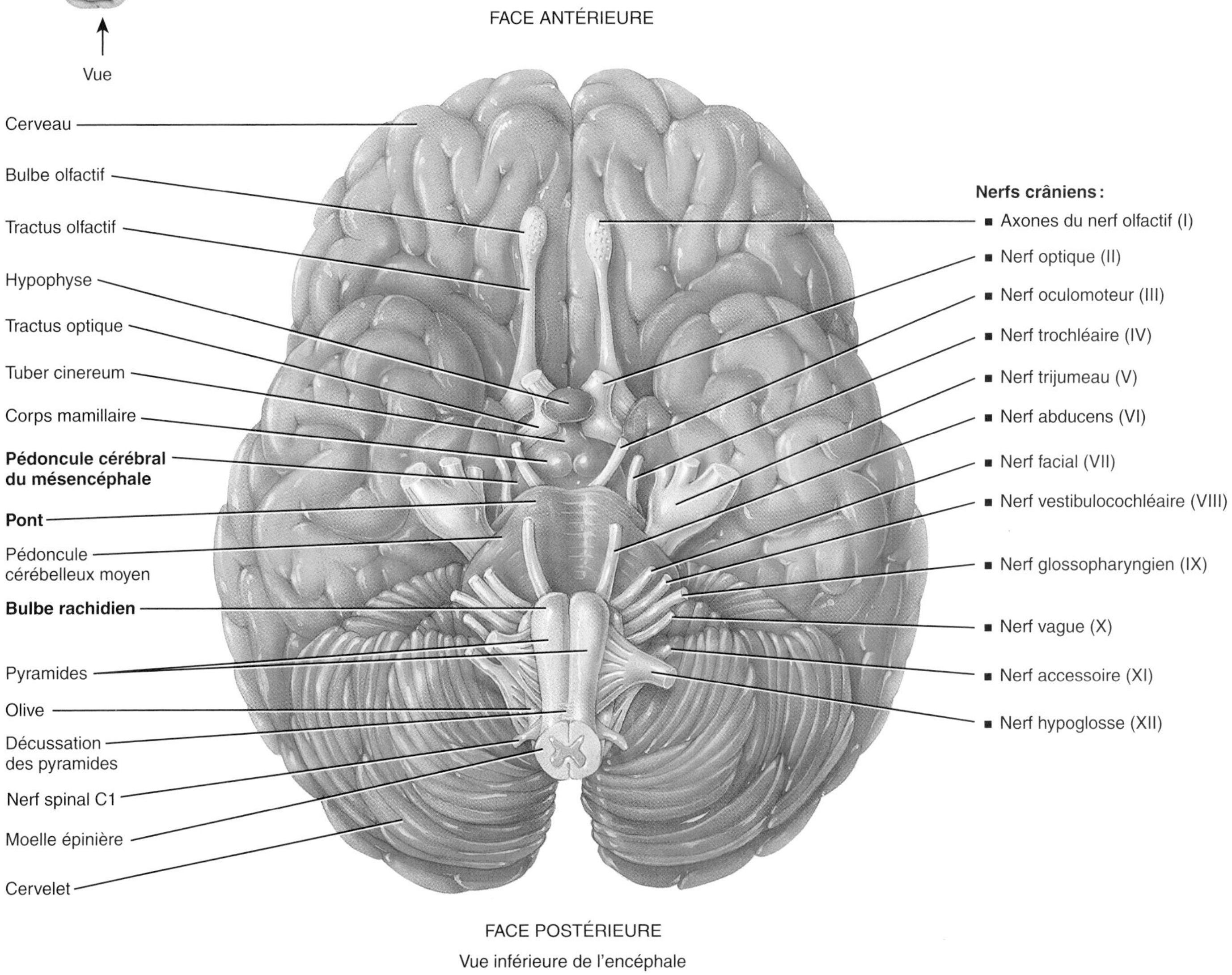

FACE ANTÉRIEURE

Cerveau

Bulbe olfactif

Tractus olfactif

Hypophyse

Tractus optique

Tuber cinereum

Corps mamillaire

Pédoncule cérébral du mésencéphale

Pont

Pédoncule cérébelleux moyen

Bulbe rachidien

Pyramides

Olive

Décussation des pyramides

Nerf spinal C1

Moelle épinière

Cervelet

Nerfs crâniens :
- Axones du nerf olfactif (I)
- Nerf optique (II)
- Nerf oculomoteur (III)
- Nerf trochléaire (IV)
- Nerf trijumeau (V)
- Nerf abducens (VI)
- Nerf facial (VII)
- Nerf vestibulocochléaire (VIII)
- Nerf glossopharyngien (IX)
- Nerf vague (X)
- Nerf accessoire (XI)
- Nerf hypoglosse (XII)

FACE POSTÉRIEURE

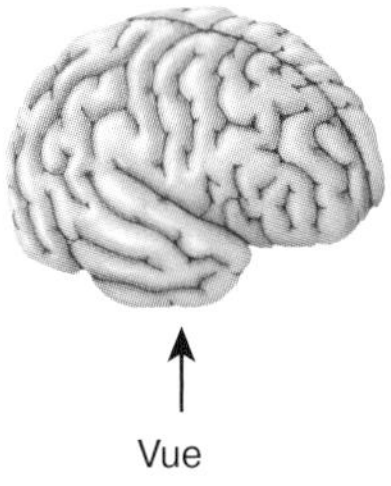

Vue inférieure de l'encéphale

Dans quelle partie du tronc cérébral se trouvent les pyramides ?
Dans quelle partie se trouvent les pédoncules cérébraux ?

FIGURE 14.6 L'anatomie interne du bulbe rachidien.

Les pyramides du bulbe rachidien contiennent les gros faisceaux corticospinaux qui s'étendent du cerveau à la moelle épinière.

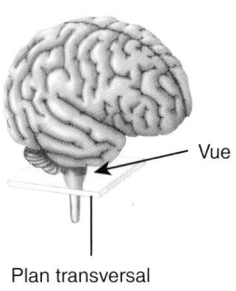

Vue

Plan transversal

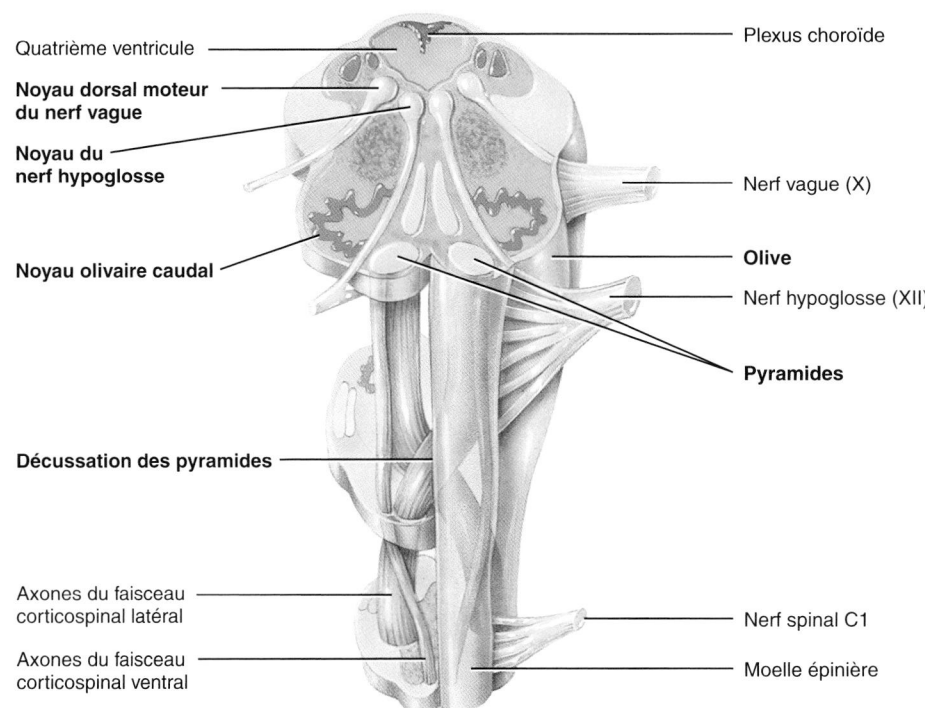

Quatrième ventricule — — Plexus choroïde

**Noyau dorsal moteur
du nerf vague**

**Noyau du
nerf hypoglosse** — Nerf vague (X)

Noyau olivaire caudal — **Olive**

— Nerf hypoglosse (XII)

Pyramides

Décussation des pyramides —

Axones du faisceau
corticospinal latéral — Nerf spinal C1

Axones du faisceau
corticospinal ventral — Moelle épinière

Coupe transversale et face antérieure du bulbe rachidien

Q Que signifie le terme *décussation*? Quelle est, sur le plan fonctionnel, la conséquence de la décussation des pyramides?

Enfin, le bulbe rachidien contient des noyaux associés aux cinq paires de nerfs crâniens suivantes (figure 14.5): les nerfs vestibulocochléaires (VIII), les nerfs glossopharyngiens (IX), les nerfs vagues (X), les nerfs accessoires (XI; leur racine crâniale) et les nerfs hypoglosses (XII). Nous étudierons plus en détail ces nerfs ainsi que les autres nerfs crâniens plus loin dans ce chapitre.

LES LÉSIONS DU BULBE RACHIDIEN

Puisque le bulbe rachidien régit de nombreuses fonctions vitales, un coup violent sur la nuque peut s'avérer mortel. Les lésions du centre bulbaire de la rythmicité sont particulièrement graves et peuvent entraîner rapidement la mort. Les symptômes des lésions non mortelles du bulbe rachidien sont notamment les suivants: dysfonctionnement des nerfs crâniens ipsilatéraux; paralysie et perte de sensibilité du côté opposé du corps; irrégularité des rythmes cardiaque et respiratoire. ■

LE PONT

Le **pont**, ou protubérance annulaire, mesure environ 2,5 cm de long et se trouve juste au-dessus du bulbe rachidien, à l'avant du cervelet (figures 14.1 et 14.5). À l'instar du bulbe rachidien, le pont se compose de noyaux de substance grise et de faisceaux d'axones formant la substance blanche. Comme son nom l'indique, le pont

relie certaines parties de l'encéphale par des faisceaux d'axones. Ainsi, certains axones du pont disposés transversalement relient le cortex cérébral moteur au cervelet; ils forment les *pédoncules cérébelleux moyens*. D'autres axones relient l'hémisphère gauche et l'hémisphère droit du cervelet. D'autres axones encore, disposés longitudinalement dans des faisceaux sensitifs (ascendants) et dans des faisceaux moteurs (descendants), relient les centres cérébraux supérieurs à la moelle épinière.

Les influx nerveux qui déclenchent les mouvements volontaires prennent naissance dans le cortex cérébral moteur. Ils sont acheminés dans les axones des neurones *corticopontiques*, qui font synapse dans plusieurs **noyaux du pont**. Les neurones du pont acheminent ensuite les signaux vers le cervelet, qui est alors informé des activités motrices décidées dans le cortex moteur. Le pont contient aussi d'autres noyaux très importants: le **centre pneumotaxique** et le **centre apneustique** (voir la figure 23.25). En collaboration avec le centre bulbaire de la rythmicité, le centre pneumotaxique et le centre apneustique régissent la respiration.

Le pont renferme également des noyaux associés à quatre paires de nerfs crâniens (figure 14.5): les nerfs trijumeaux (V), les nerfs abducens (VI), les nerfs faciaux (VII) et les nerfs vestibulocochléaires (VIII).

LE MÉSENCÉPHALE

Le **mésencéphale** mesure environ 2,5 cm de long et s'étend du pont jusqu'au diencéphale (figures 14.1 et 14.5). Il est traversé par l'aqueduc du mésencéphale, qui relie le troisième ventricule (au-dessus) au quatrième (en dessous). À l'instar du bulbe rachidien et du pont, le mésencéphale contient des faisceaux d'axones formant la substance blanche et des noyaux de substance grise.

FIGURE 14.7 Le mésencéphale.

Le mésencéphale relie le pont au diencéphale.

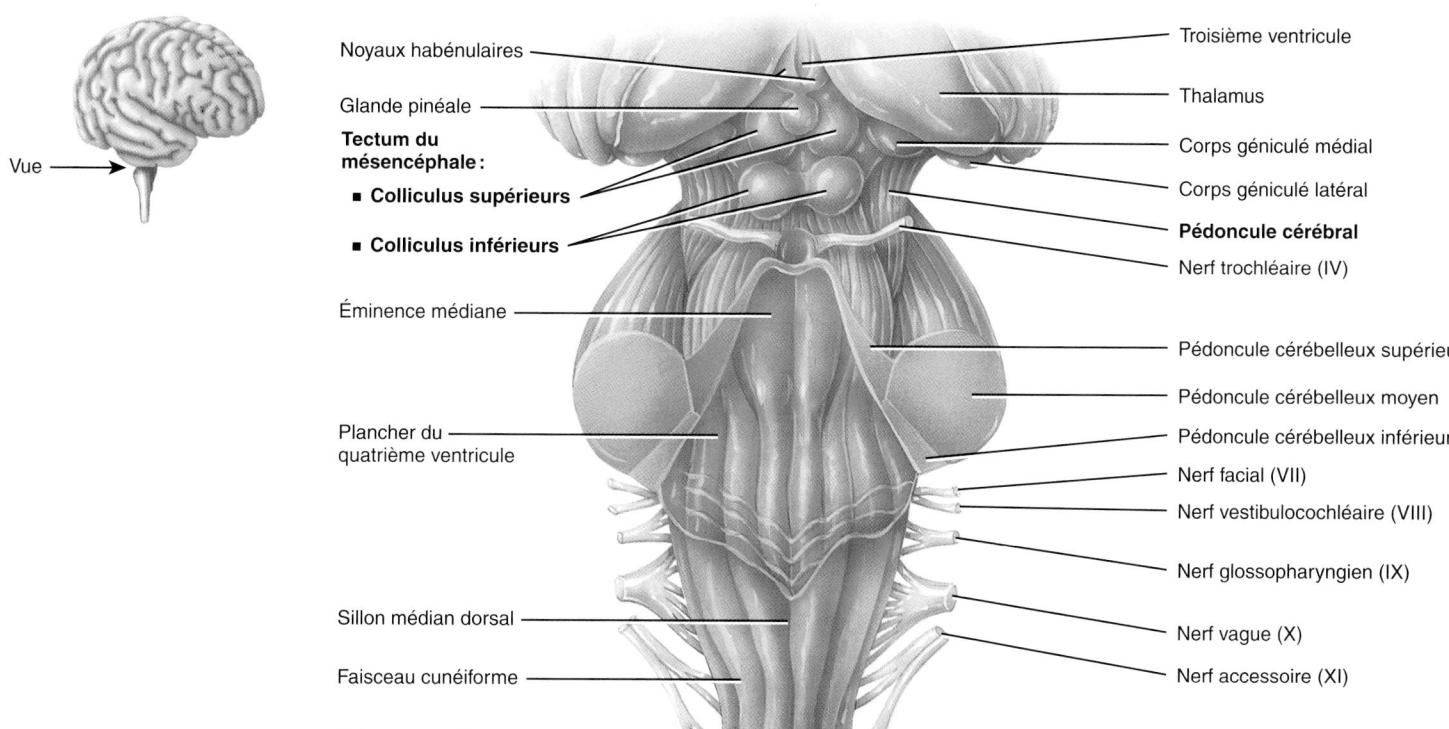

(a) Vue postérieure montrant les relations entre le mésencéphale et le tronc cérébral

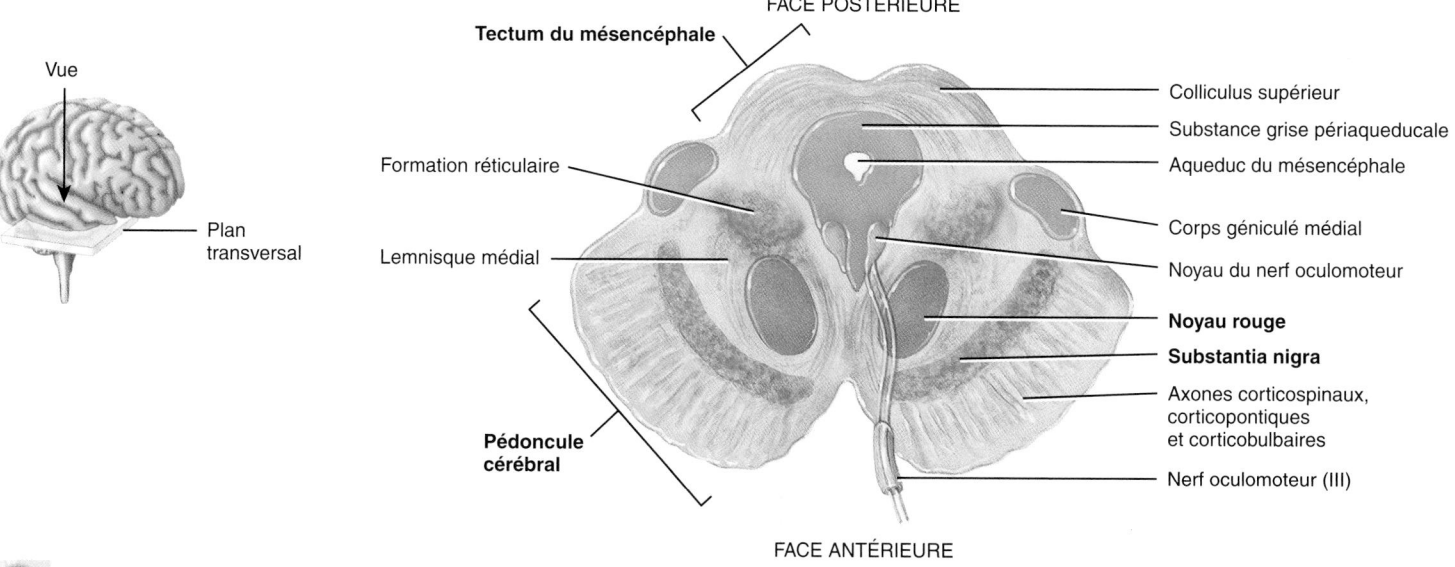

(b) Coupe transversale du mésencéphale

Q Quelle est la fonction des pédoncules cérébraux?

La partie antérieure du mésencéphale renferme une paire de faisceaux, les **pédoncules cérébraux** (*pedunculus*: petit pied; figures 14.5 et 14.7b). Les pédoncules cérébraux contiennent des axones de neurones moteurs corticospinaux, corticopontiques et corticobulbaires qui transmettent les influx nerveux du cerveau jusqu'à la moelle épinière, au pont et au bulbe rachidien, respectivement. Les pédoncules cérébraux renferment également des axones de neurones sensitifs qui s'étendent du bulbe rachidien jusqu'au thalamus.

La partie postérieure du mésencéphale, le **tectum du mésencéphale** (*tectum*: toit), présente quatre protubérances arrondies, les **colliculus** («petite colline»), ou tubercules quadrijumeaux (figure 14.7a). Les deux noyaux du haut, les **colliculus supérieurs**, sont les centres réflexes de certaines activités visuelles. Par l'intermédiaire de réseaux neuronaux allant de la rétine aux colliculus supérieurs et aux muscles extrinsèques de l'œil, les stimulus visuels font naître les mouvements oculaires nécessaires pour suivre des objets ou des images en mouvement (par exemple, une voiture qui roule) et pour parcourir les objectifs ou les images fixes (par exemple, pour balayer les mots formant la phrase que vous êtes en train de lire). Les colliculus supérieurs régissent en outre les réflexes qui gouvernent les mouvements des yeux, de la tête et du cou en réponse à des stimulus visuels. Les deux protubérances du bas, les **colliculus inférieurs**, font partie de la voie auditive et relaient les influx nerveux depuis les récepteurs de l'ouïe (situés dans l'oreille) jusqu'au thalamus. Ces deux noyaux sont aussi les centres réflexes du *réflexe de sursaut*, mouvement soudain de la tête et du corps provoqué par un bruit fort et inattendu, par exemple un coup de feu.

Le mésencéphale renferme d'autres noyaux, notamment la **substantia nigra** («substance noire») droite et gauche, qui forme deux gros noyaux foncés (figure 14.7b). Des neurones qui libèrent de la dopamine et qui s'étendent de la substantia nigra jusqu'aux noyaux gris centraux contribuent à régir les activités musculaires subconscientes. La détérioration de ces neurones serait en cause dans la maladie de Parkinson (voir p. 606). Les **noyaux rouges** droit et gauche (figure 14.7b) doivent leur couleur rougeâtre à leur forte vascularisation et au pigment ferreux contenu dans le corps cellulaire de leurs neurones. Des axones provenant du cervelet et du cortex cérébral y font synapse. En collaboration avec le cervelet, les noyaux rouges assurent la coordination des mouvements musculaires.

D'autres noyaux du mésencéphale sont associés à deux paires de nerfs crâniens (figure 14.5): les nerfs oculomoteurs (III) et les nerfs trochléaires (IV).

LA FORMATION RÉTICULAIRE

Mis à part les noyaux bien circonscrits que nous venons de décrire, l'essentiel du tronc cérébral se compose de petits amas de corps cellulaires de neurones (substance grise) disséminés parmi de petits faisceaux d'axones myélinisés (substance blanche). La grande région dans laquelle la substance blanche et la substance grise forment une sorte de réseau est appelée **formation réticulaire**, ou *formation réticulée* (*reticulum*: réseau; figure 14.7b). La formation réticulaire part de la partie supérieure de la moelle épinière, traverse tout le tronc cérébral et atteint finalement la partie inférieure du diencéphale. Ses neurones assurent des fonctions sensitives (ascendantes) et motrices (descendantes). Le **système réticulaire activateur ascendant** (**SRAA**) fait partie de la formation réticulaire et se compose d'axones sensitifs qui s'étendent jusque dans le cortex cérébral (voir la figure 16.10). Le SRAA contribue au maintien de l'état de veille et au réveil. Ainsi, la sonnerie du réveil-matin, une lumière soudaine ou un pincement douloureux nous tire du sommeil parce que l'activité du SRAA stimule alors le cortex cérébral. La principale fonction motrice de la formation réticulaire est de contribuer à la régulation du *tonus musculaire*, soit la contraction faible et normale des muscles au repos.

Le tableau 14.2 résume les fonctions du tronc cérébral.

▶ **POINT DE CONTRÔLE**

6. Décrivez l'emplacement du bulbe rachidien, du pont et du mésencéphale les uns par rapport aux autres.

7. Qu'est-ce que la décussation des pyramides? Quelle conséquence a-t-elle?

8. Quelles sont les fonctions physiologiques qui sont régies par les noyaux du tronc cérébral?

9. Citez deux fonctions importantes de la formation réticulaire.

LE CERVELET

> **OBJECTIF**

• Décrire la structure et les fonctions du cervelet.

Le **cervelet** est la partie de l'encéphale la plus volumineuse après le cerveau. Il est logé au fond et à l'arrière de la cavité crânienne. Il constitue environ un dixième de la masse de l'encéphale mais contient près de la moitié de ses neurones. Le cervelet est situé derrière le bulbe rachidien et le pont et en dessous de la partie postérieure du cerveau (figure 14.1). Il est séparé du cerveau par la **fissure transverse du cerveau**, qui est une rainure profonde, et par la **tente du cervelet**, qui soutient la partie postérieure du cerveau (figures 14.2b et 14.4b).

Vu d'en haut ou d'en bas, le cervelet a la forme d'un papillon. Sa partie centrale, rétrécie et plissée est appelée **vermis** («ver») et ses «ailes» sont les **hémisphères du cervelet** (figure 14.8a, b). Chaque hémisphère se compose de lobes séparés par des fissures nettes et profondes. Le **lobe antérieur du cervelet** et le **lobe postérieur du cervelet** régissent les mouvements subconscients des muscles squelettiques; situé sur la face inférieure du cervelet, le **lobe flocculonodulaire** (*flocculus*: petit flocon) intervient dans le maintien et le rétablissement de l'équilibre corporel.

La couche superficielle du cervelet, le **cortex cérébelleux**, est faite de crêtes étroites et parallèles de substance grise appelées **lamelles du cervelet**. En dessous de cette substance grise se déploie la substance blanche qui constitue une structure appelée **arbre de vie du cervelet** en raison de sa forme rappelant celle d'un arbre. Plus profondément, à l'intérieur de la substance blanche, se trouvent les **noyaux du cervelet**, zones de substance grise qui

TABLEAU 14.2 RÉSUMÉ DES FONCTIONS DES PRINCIPALES PARTIES DE L'ENCÉPHALE

PARTIE DE L'ENCÉPHALE	FONCTION	PARTIE DE L'ENCÉPHALE	FONCTION

TRONC CÉRÉBRAL

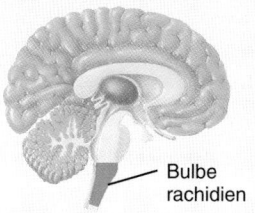
Bulbe rachidien

Bulbe rachidien: Relaie les influx sensitifs et les commandes motrices entre les autres parties de l'encéphale et la moelle épinière. La formation réticulaire (qui s'étend jusque dans le pont, le mésencéphale et le diencéphale) intervient dans la conscience et le réveil. Les centres vitaux bulbaires régissent les battements du cœur, le diamètre des vaisseaux sanguins et la respiration (en collaboration avec le pont). D'autres centres bulbaires coordonnent la déglutition, le vomissement, la toux, l'éternuement et le hoquet. Le bulbe rachidien contient les noyaux d'origine des nerfs crâniens VIII, IX, X, XI et XII.

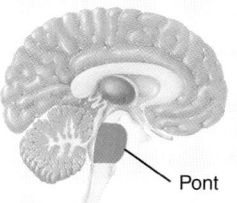
Pont

Pont: Relaie les influx nerveux entre les hémisphères du cervelet et entre le bulbe rachidien et le mésencéphale. Contient les noyaux d'origine des nerfs crâniens V, VI, VII et VIII. En collaboration avec le bulbe rachidien, le centre pneumotaxique et le centre apneustique contribuent à la régulation de la respiration.

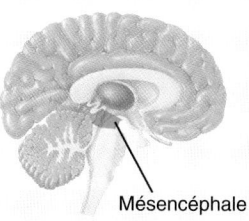
Mésencéphale

Mésencéphale: Relaie les commandes motrices du cortex cérébral au pont et les influx sensitifs de la moelle épinière au thalamus. Les colliculus supérieurs coordonnent les mouvements des globes oculaires, de la tête et du cou en réponse aux stimulus visuels; les colliculus inférieurs coordonnent les mouvements de la tête et du tronc en réponse aux stimulus auditifs. La majeure partie de la substantia nigra et du noyau rouge contribue à la régulation des mouvements. Le mésencéphale contient les noyaux d'origine des nerfs crâniens III et IV.

CERVELET

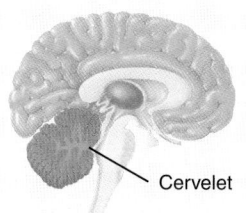
Cervelet

Compare la position recherchée avec la posture actuelle pour produire des mouvements complexes précis et bien coordonnés. Régit la posture et l'équilibre. Pourrait jouer un rôle dans la cognition et dans le traitement du langage.

DIENCÉPHALE

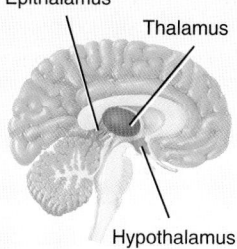
Épithalamus
Thalamus
Hypothalamus

Thalamus: Relaie presque tous les influx sensitifs au cortex cérébral. Assure une perception grossière du toucher, de la pression, de la douleur et de la température. Comprend des noyaux qui interviennent dans la planification et dans la régulation des mouvements volontaires, et d'autres qui interviennent dans les émotions, la mémoire et la cognition.

Hypothalamus: Régit et intègre les activités du système nerveux autonome et de l'hypophyse. Régit les émotions, les comportements et les rythmes circadiens. Régit la température corporelle ainsi que la consommation d'aliments solides et de boissons. Contribue au maintien de l'état de veille et détermine les habitudes de sommeil. Sécrète deux hormones: l'ocytocine et l'hormone antidiurétique.

Épithalamus: Formé de la glande pinéale, qui synthétise la mélatonine, et des noyaux habénulaires.

CERVEAU

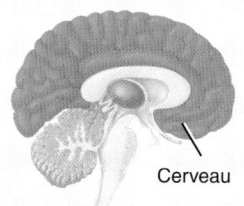
Cerveau

Dans le cortex cérébral des deux hémisphères, les aires sensitives contribuent à la perception des influx sensitifs; les aires motrices régissent les mouvements volontaires des muscles; enfin, les aires associatives assurent des fonctions d'intégration plus complexes, par exemple les fonctions ayant trait à la mémoire, à la personnalité, à l'intelligence et à la conscience. Les noyaux gris centraux coordonnent les mouvements musculaires amples et automatiques (motricité grossière) et régissent le tonus musculaire. Le système limbique intervient dans les aspects émotionnels des comportements liés à la survie.

projettent des axones chargés de transmettre les influx nerveux du cervelet jusqu'aux autres centres de l'encéphale et jusqu'à la moelle épinière.

Le cervelet est rattaché au tronc cérébral par trois paires de **pédoncules cérébelleux** (figures 14.7a et 14.8b). Ces faisceaux de substance blanche sont formés d'axones qui acheminent les influx nerveux entre le cervelet et les autres régions de l'encéphale. Les **pédoncules cérébelleux inférieurs** relient le bulbe rachidien et la moelle épinière au cervelet; ils s'étendent du noyau olivaire caudal du bulbe rachidien et des faisceaux spinocérébelleux de la moelle

épinière jusqu'au cervelet. Ils transmettent au cervelet l'information sensorielle provenant des propriocepteurs vestibulaires de l'oreille interne et des propriocepteurs des muscles, et contribuent ainsi au maintien de l'équilibre du corps. Les **pédoncules cérébelleux moyens** sont les plus gros des pédoncules du cervelet. Ils acheminent les commandes des mouvements volontaires (qui prennent naissance dans les aires motrices primaires du cortex cérébral) depuis les noyaux du pont jusqu'au cervelet. Les **pédoncules cérébelleux supérieurs** s'étendent du cervelet jusqu'aux noyaux rouges du mésencéphale et jusqu'à certains noyaux du thalamus.

FIGURE 14.8 Le cervelet.

Le cervelet coordonne les mouvements précis et régit la posture et l'équilibre.

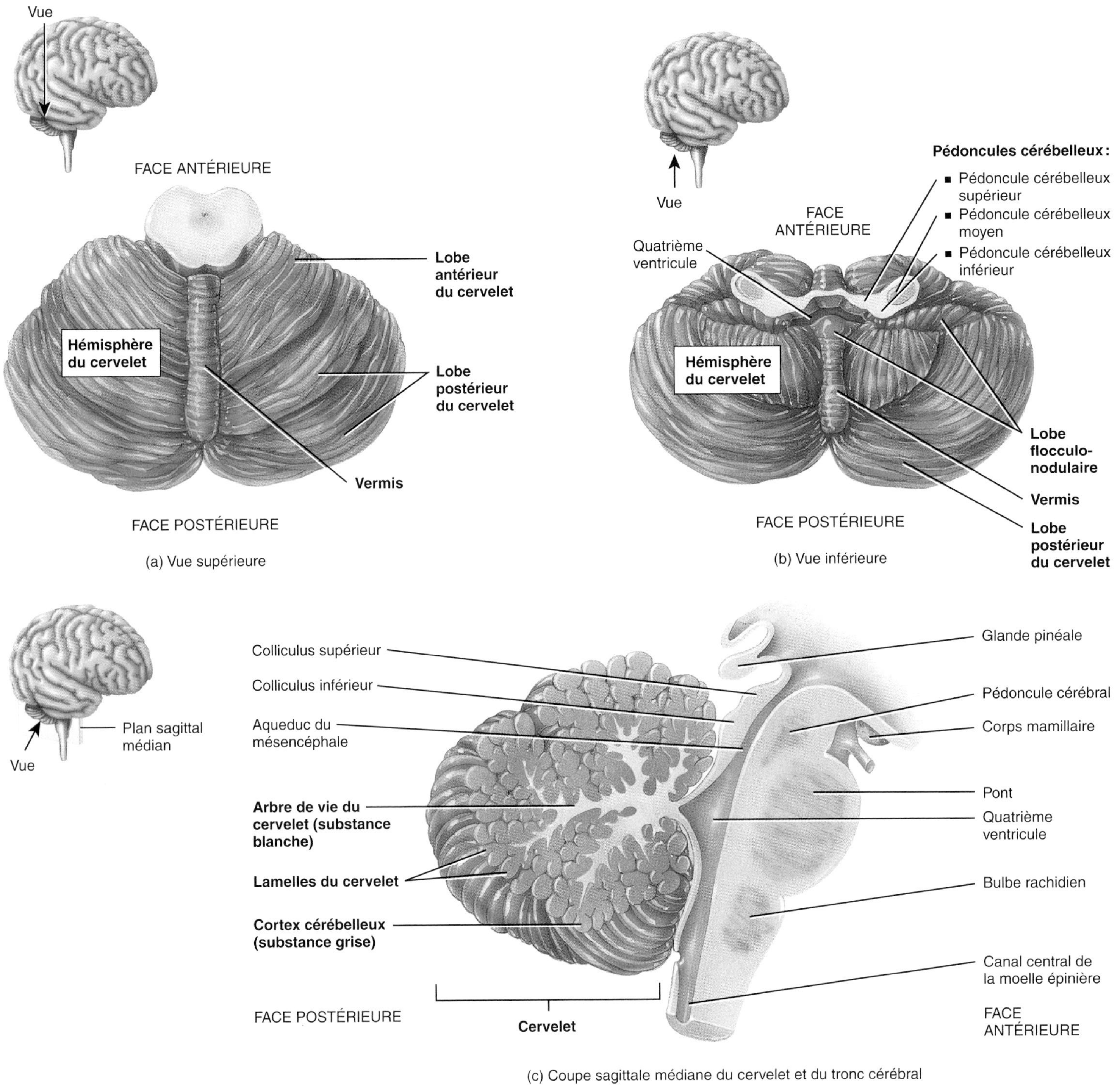

Vue

FACE ANTÉRIEURE

- **Lobe antérieur du cervelet**
- **Hémisphère du cervelet**
- **Lobe postérieur du cervelet**
- **Vermis**

FACE POSTÉRIEURE

(a) Vue supérieure

Vue

FACE ANTÉRIEURE

Quatrième ventricule

Pédoncules cérébelleux :
- Pédoncule cérébelleux supérieur
- Pédoncule cérébelleux moyen
- Pédoncule cérébelleux inférieur

Hémisphère du cervelet

Lobe flocculo-nodulaire

Vermis

Lobe postérieur du cervelet

FACE POSTÉRIEURE

(b) Vue inférieure

Vue

Plan sagittal médian

Colliculus supérieur

Colliculus inférieur

Aqueduc du mésencéphale

Arbre de vie du cervelet (substance blanche)

Lamelles du cervelet

Cortex cérébelleux (substance grise)

Glande pinéale

Pédoncule cérébral

Corps mamillaire

Pont

Quatrième ventricule

Bulbe rachidien

Canal central de la moelle épinière

FACE POSTÉRIEURE

Cervelet

FACE ANTÉRIEURE

(c) Coupe sagittale médiane du cervelet et du tronc cérébral

Comment s'appellent les structures qui contiennent les axones chargés de transmettre les influx nerveux qui entrent dans le cervelet et qui en sortent ?

La principale fonction du cervelet consiste à évaluer l'exécution des mouvements déclenchés par les aires motrices du cortex cérébral. Si les mouvements accomplis ne correspondent pas aux mouvements planifiés, le cervelet détecte ces écarts et envoie des signaux aux aires motrices du cortex cérébral grâce à ses liens avec les noyaux rouges et le thalamus. Ces messages favorisent la correction des écarts ainsi que la coordination des mouvements et des enchaînements complexes de contractions des muscles squelettiques. En plus de contribuer à la coordination des mouvements précis, le cervelet est la partie de l'encéphale qui joue le rôle le plus important dans la régulation de la posture et de l'équilibre. Ses interventions permettent toutes les activités musculaires précises, par exemple attraper une balle, danser ou parler. La présence de liens dans les deux sens entre le cervelet et les aires associatives du cortex cérébral pourrait indiquer que le cervelet contribue également à des fonctions non motrices telles que la cognition (processus impliqués dans la pensée ; savoir, ou avoir connaissance de quelque chose) ou le traitement du langage. Les images obtenues par IRM (imagerie par résonance magnétique) ou TEP (tomographie par émission de positrons) appuient cette conjecture. Les recherches montrent en outre que le cervelet pourrait jouer un rôle dans le traitement de l'information sensorielle.

L'ATAXIE

Les lésions du cervelet causées par un trauma ou une maladie provoquent une perturbation de la coordination musculaire : c'est l'**ataxie** (*a* : sans ; *taxis* : ordre). Quand elles ont les yeux bandés, les personnes ataxiques ne peuvent pas se toucher le bout du nez avec le doigt parce que leur motricité et leur proprioception sont dissociées. Les troubles de l'élocution causés par le manque de coordination des muscles de la parole constituent également un signe de l'ataxie. Les lésions cérébelleuses peuvent aussi provoquer des hésitations, trébuchements ou autres anomalies dans la marche. Parce que l'alcool inhibe l'activité du cervelet, les personnes qui en abusent présentent souvent certains signes de l'ataxie. L'intoxication progressive par l'alcool entraîne la destruction de neurones du centre bulbaire de la rythmicité et peut ainsi provoquer la détresse respiratoire, voire la mort. ■

Le tableau 14.2 résume les fonctions du cervelet.

▶ POINT DE CONTRÔLE

10. Décrivez l'emplacement du cervelet ainsi que ses principales parties.

11. Où commencent et où se terminent les axones des trois paires de pédoncules cérébelleux ? Quelles sont leurs fonctions ?

LE DIENCÉPHALE

OBJECTIF

• Décrire les composantes du diencéphale et ses fonctions.

Situé entre le tronc cérébral et le cerveau, le **diencéphale** entoure le troisième ventricule. Il comprend le thalamus, l'hypothalamus et l'épithalamus.

LE THALAMUS

Le **thalamus** (*thalamos* : chambre) mesure environ 3 cm de long et constitue 80 % du diencéphale. Il forme les parois supérolatérales du troisième ventricule. Il se compose de deux masses ovales jumelles de substance grise organisées en noyaux et contenant ici et là des faisceaux de substance blanche (figure 14.9). Chez 70 % des êtres humains, un pont de substance grise appelé **adhérence interthalamique** relie les parties droite et gauche du thalamus.

Le thalamus est le principal relais des influx sensitifs qui vont de la moelle épinière et du tronc cérébral jusqu'aux aires sensitives primaires du cortex cérébral. La perception grossière de la douleur, de la température et de la pression prend naissance dans le thalamus. Toutefois, la localisation précise de ces sensations dépend des influx nerveux qui arrivent au cortex cérébral.

Le thalamus contribue aux fonctions motrices en acheminant les influx nerveux depuis le cervelet et les noyaux gris centraux jusqu'à l'aire motrice primaire du cortex cérébral. Il transmet en outre les influx nerveux entre différentes zones du cerveau et contribue à la régulation des activités autonomes et au maintien de la conscience. Les axones qui relient le thalamus et le cortex cérébral traversent la **capsule interne**, bande épaisse de substance blanche qui longe le thalamus (figure 14.13b).

La **lame médullaire interne du thalamus** est une paroi verticale de substance blanche en forme de Y qui sépare la substance grise du côté droit du thalamus et celle du côté gauche (figure 14.9c). Elle est formée d'axones myélinisés qui entrent dans les différents noyaux thalamiques et en sortent.

De chaque côté du thalamus, les noyaux se répartissent en sept grands groupes définis selon leur emplacement et leurs fonctions (figure 14.9c, d).

1. Le **noyau antérieur du thalamus** est relié à l'hypothalamus et au système limbique (voir p. 526). Il intervient dans les émotions, la vigilance et la mémoire.

2. Les **noyaux médiaux du thalamus** sont reliés au cortex cérébral, au système limbique et aux noyaux gris centraux. Ils interviennent dans les émotions, l'apprentissage, la mémoire, la conscience et la cognition.

3. Les noyaux du **groupe latéral** sont reliés aux colliculus supérieurs, au système limbique et au cortex dans tous les lobes du cerveau. Le **noyau latéral dorsal** contribue à l'expression des émotions. Le **noyau latéral postérieur** et le **pulvinar** contribuent à l'intégration de l'information sensorielle.

4. Le **groupe ventral** rassemble cinq noyaux. Le **noyau ventral antérieur du thalamus** contribue aux fonctions motrices et peut-être à la planification des mouvements. Le **noyau ventral latéral du thalamus** est relié au cervelet et aux aires motrices du cortex cérébral. Ses neurones s'activent pendant les mouvements touchant le côté opposé du corps. Le **noyau ventral postérieur du thalamus** achemine les influx des sensations somatiques telles que le toucher, la pression, la proprioception, la vibration, la chaleur, le froid et la douleur depuis le visage et le corps jusqu'au cortex cérébral. Le **corps géniculé latéral**, ou corps genouillé latéral (*geniculum* : plié comme un genou), transmet les influx visuels de la rétine à l'aire visuelle primaire du cortex cérébral. Le **corps géniculé médial**, ou corps genouillé médial, achemine les influx auditifs de l'oreille à l'aire auditive primaire du cortex cérébral.

FIGURE 14.9 Le thalamus. L'illustration montre le thalamus en vue latérale (a) et en vue médiale (b). En (c) et (d), les noyaux thalamiques portent les mêmes couleurs que les régions corticales auxquelles ils correspondent en (a) et (b).

Le thalamus constitue le principal relais des influx sensitifs qui arrivent au cortex cérébral en provenance des autres parties de l'encéphale ainsi que de la moelle épinière.

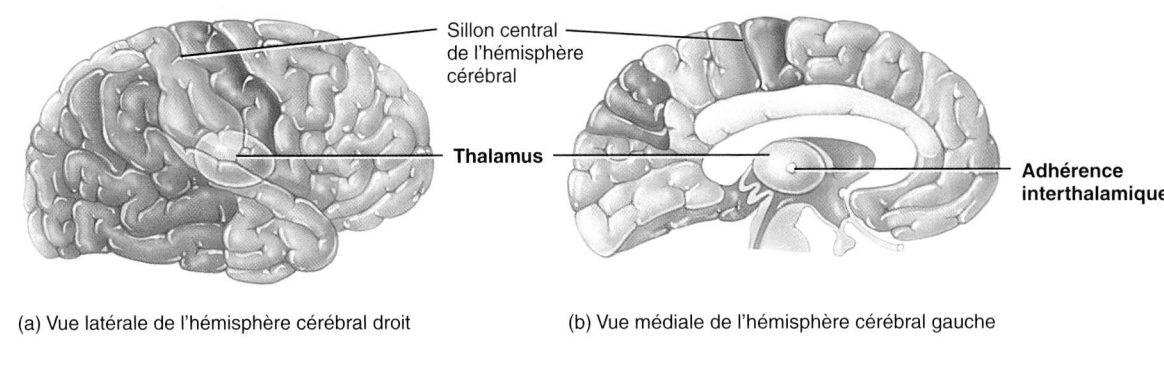

(a) Vue latérale de l'hémisphère cérébral droit

(b) Vue médiale de l'hémisphère cérébral gauche

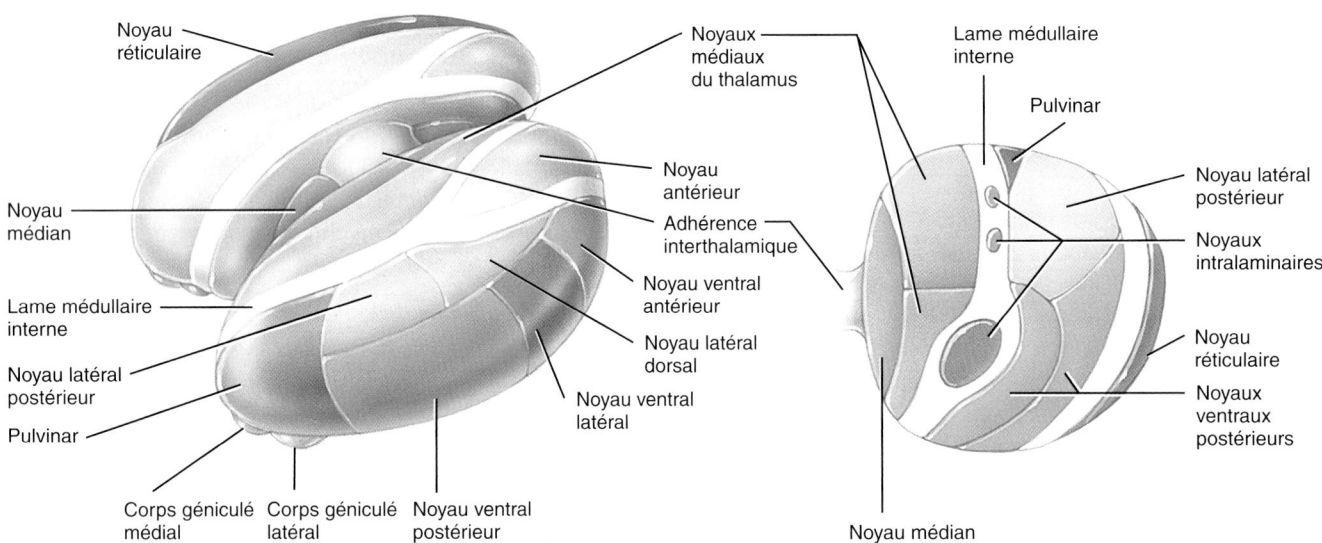

(c) Vue supérolatérale du thalamus montrant l'emplacement des noyaux thalamiques (Le noyau réticulaire est illustré seulement pour le côté gauche ; tous les autres noyaux sont illustrés pour le côté droit.)

(d) Coupe transversale du côté droit du thalamus montrant l'emplacement des noyaux thalamiques

5. Les **noyaux intralaminaires** sont situés dans la lame médullaire interne du thalamus et assurent les liaisons avec la formation réticulaire, le cervelet, les noyaux gris centraux ainsi que de vastes zones du cortex cérébral. Ils interviennent dans la perception de la douleur, dans l'intégration de l'information sensorielle et motrice ainsi que dans l'éveil (activation du cortex cérébral à partir de la formation réticulaire du tronc cérébral).

6. Le **noyau médian** forme une bande mince qui longe le troisième ventricule. Il interviendrait dans la mémoire et l'olfaction.

7. Le **noyau réticulaire du thalamus** borde le côté du thalamus et le sépare de la capsule interne. Grâce à ses effets inhibiteurs, il contribuerait à la surveillance, à la sélection et à l'intégration des activités des autres noyaux thalamiques.

L'HYPOTHALAMUS

L'**hypothalamus** (*hypo* : au-dessous) est une petite partie du diencéphale située en dessous du thalamus. Il est formé d'une douzaine de noyaux répartis dans quatre grandes régions :

1. La **région mamillaire**, adjacente au mésencéphale, est la partie postérieure de l'hypothalamus. Elle comprend les corps mamillaires et le noyau hypothalamique postérieur (figure 14.10). Les **corps mamillaires** sont deux petites protubérances arrondies qui servent de relais pour les réflexes liés à l'odorat (figure 14.5).

2. La **région tubérale**, la partie la plus large de l'hypothalamus, comprend le *noyau hypothalamique dorsomédial*, le *noyau hypothalamique ventromédial* et le *noyau arqué* ainsi que l'**infundibulum** («entonnoir»), structure en forme de tige qui

FIGURE 14.9 Le thalamus *(suite).*

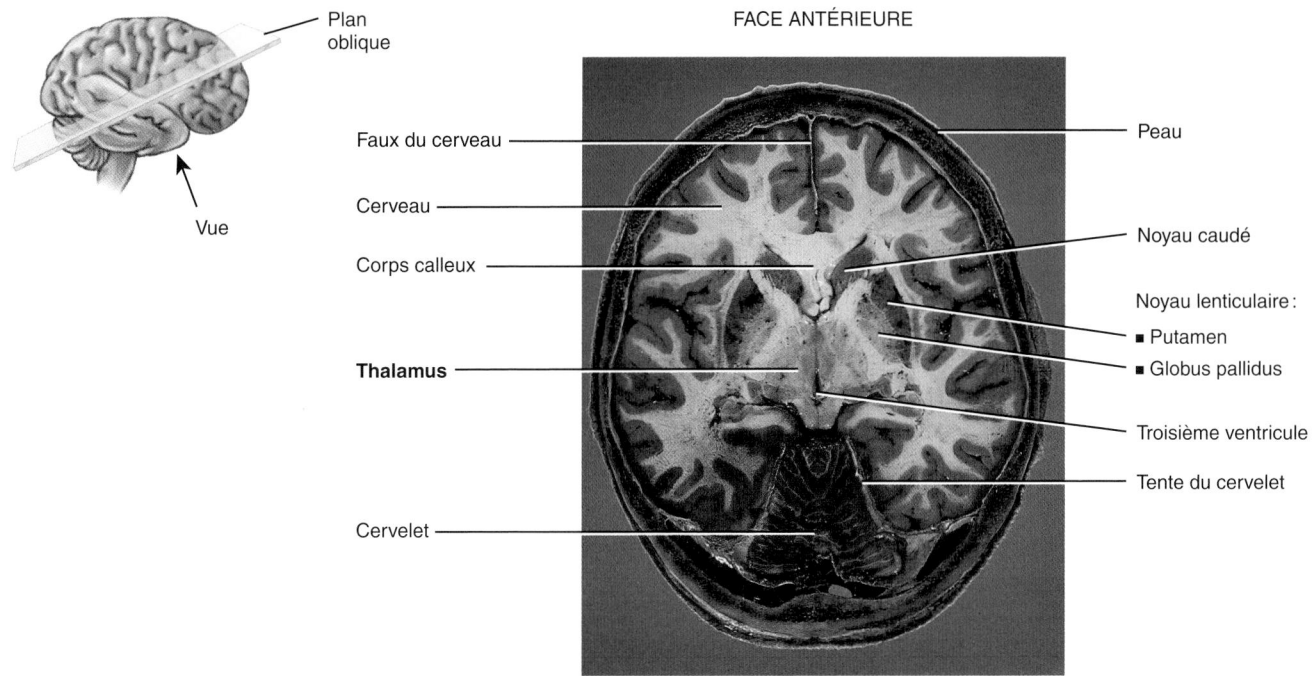

(e) Coupe oblique de l'encéphale

 Comment s'appelle la structure qui relie les côtés droit et gauche du thalamus?

relie l'hypophyse à l'hypothalamus (figure 14.10). L'**éminence médiane** du tuber cinereum est une région légèrement proéminente qui encercle l'infundibulum (figure 14.7a).

3. La **région supraoptique** (*supra* : au-dessus ; *optikos* : relatif à la vue) est située au-dessus du chiasma optique (le point de croisement des nerfs optiques) ; elle contient les *noyaux paraventriculaire, supraoptique, hypothalamique antérieur* et *suprachiasmatique* (figure 14.10). Les axones qui sortent des noyaux paraventriculaire et supraoptique forment le faisceau hypothalamohypophysaire, qui s'étend jusqu'à la neurohypophyse (partie postérieure de l'hypophyse) à travers l'infundibulum.

4. Située à l'avant de la région supraoptique, la **région préoptique** contribue, en collaboration avec l'hypothalamus, à la régulation de certaines activités autonomes. C'est pourquoi on considère en général qu'elle fait partie de l'hypothalamus. Elle contient les *noyaux préoptiques médial* et *latéral* (figure 14.10).

L'hypothalamus régit de nombreuses fonctions physiologiques et constitue l'un des principaux régulateurs de l'homéostasie. Il reçoit les influx sensitifs émis par les récepteurs somatiques et viscéraux ainsi que les influx nerveux provenant des récepteurs de la vision, du goût et de l'odorat. Dans l'hypothalamus lui-même,

d'autres récepteurs enregistrent continuellement la pression osmotique, la glycémie, certaines concentrations hormonales ainsi que la température du sang. L'hypothalamus a des liens très importants avec l'hypophyse et sécrète diverses hormones que nous étudierons en détail au chapitre 18. Quelques fonctions de l'hypothalamus peuvent être attribuées à des noyaux particuliers ; d'autres ne sont pas localisées avec autant de précision. Les principales fonctions de l'hypothalamus sont les suivantes :

- *La régulation du SNA*. L'hypothalamus régit et intègre les activités du système nerveux autonome, qui lui-même régit la contraction des muscles lisses et du muscle cardiaque ainsi que la sécrétion de nombreuses glandes. L'hypothalamus émet des axones vers les noyaux sympathiques et parasympathiques du tronc cérébral et de la moelle épinière. Par l'intermédiaire du SNA, l'hypothalamus s'avère un important régulateur des activités viscérales, notamment la fréquence cardiaque, la propulsion des aliments dans le tube digestif et les contractions de la vessie.

- *La production hormonale*. L'hypothalamus sécrète plusieurs hormones et a deux types de liens majeurs avec l'hypophyse, une glande endocrine qu'il surmonte (figure 14.1). Premièrement, l'hypothalamus libère ses hormones de régulation dans

FIGURE 14.10 L'hypothalamus. La figure illustre quelques parties de l'hypothalamus et, en trois dimensions, les noyaux hypothalamiques (d'après Netter).

L'hypothalamus régit de nombreuses activités physiologiques et constitue un important régulateur de l'homéostasie.

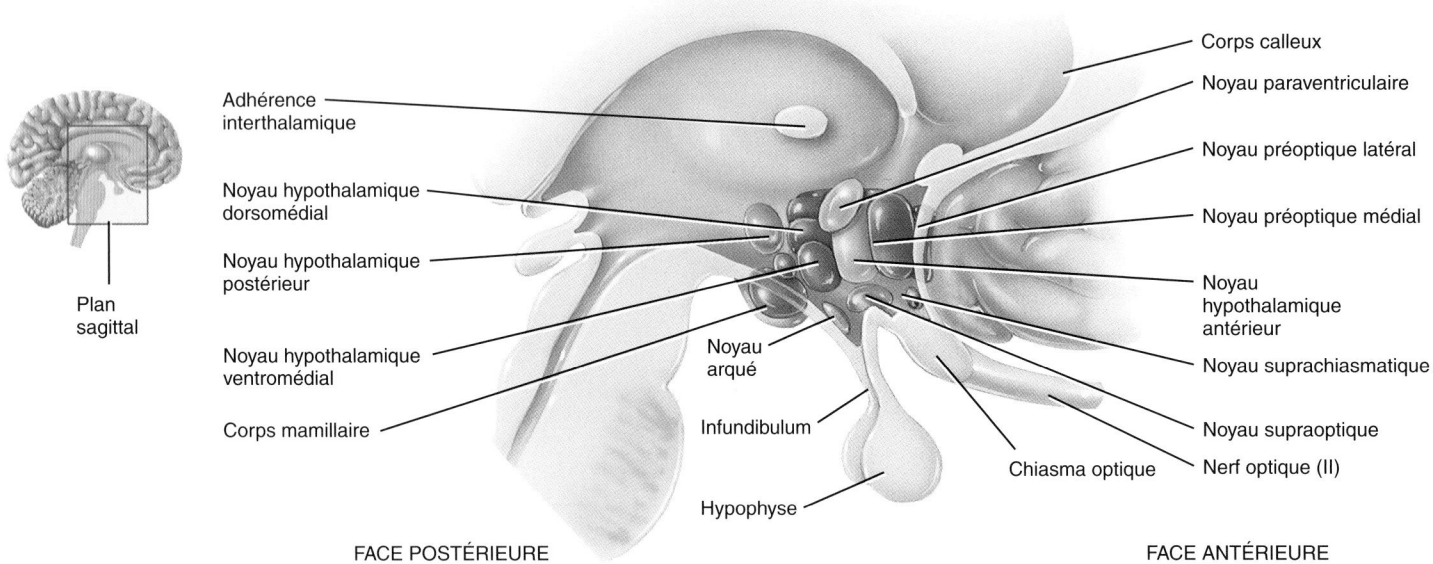

Coupe sagittale de l'encéphale montrant les noyaux hypothalamiques

Quelles sont, de l'arrière vers l'avant, les quatre grandes régions de l'hypothalamus?

les réseaux capillaires de l'éminence médiane. La circulation sanguine emporte ces hormones directement à l'adénohypophyse (partie antérieure de l'hypophyse), où elles stimulent ou inhibent la sécrétion des hormones adénohypophysaires. Deuxièmement, des neurones s'étendent de l'hypothalamus jusqu'à la neurohypophyse (partie postérieure de l'hypophyse). Les corps cellulaires de ces neurones, situés dans les noyaux hypothalamiques paraventriculaire et supraoptique, sécrètent de l'ocytocine ou de l'hormone antidiurétique. Les axones de ces neurones traversent l'infundibulum et transportent ces hormones jusqu'à la neurohypophyse, qui les emmagasine et les libère au besoin dans la circulation sanguine.

- *La régulation des émotions et des comportements*. Avec le système limbique (que nous décrirons plus loin), l'hypothalamus intervient dans l'expression de la colère, de l'agressivité, de la douleur et du plaisir ainsi que dans les comportements associés à l'excitation sexuelle.

- *La régulation de l'ingestion d'aliments solides et de boissons*. L'hypothalamus régit l'ingestion d'aliments par l'intermédiaire d'un **centre de la faim** et d'un **centre de la satiété** situés dans le noyau arqué et le noyau paraventriculaire. Il contient également un **centre de la soif**. Quand l'augmentation de la pression osmotique du liquide extracellulaire stimule certaines cellules de l'hypothalamus, celles-ci produisent la sensation de soif. L'ingestion de liquide rétablit l'équilibre osmotique normal, supprime la stimulation et soulage la soif.

- *La régulation de la température corporelle*. Si la température du sang qui traverse l'hypothalamus est supérieure à la normale, l'hypothalamus commande au système nerveux autonome de déclencher des activités favorisant la déperdition de chaleur. Si, à l'inverse, la température du sang est inférieure à la normale, l'hypothalamus produit des influx nerveux qui favorisent la production et la conservation de la chaleur.

- *La régulation des rythmes circadiens et des états de conscience*. Le noyau suprachiasmatique règle le cycle quotidien de l'état de veille et du sommeil (c'est-à-dire le cycle circadien, qui compte environ 24 heures). Ce noyau reçoit des influx des yeux (plus précisément, de la rétine) et envoie des influx aux autres noyaux hypothalamiques, à la formation réticulaire et à la glande pinéale.

L'ÉPITHALAMUS

L'**épithalamus** (*epi*: sur) est une petite région située au-dessus et à l'arrière du thalamus. Il est formé de la glande pinéale et des noyaux habénulaires. De la taille d'un petit pois, la **glande pinéale**, ou corps pinéal (*pinea*: pomme de pin), fait saillie sur la partie arrière de la ligne médiane du troisième ventricule (figure 14.1). On considère qu'elle fait partie du système endocrinien parce qu'elle sécrète la **mélatonine**, une hormone. Comme la sécrétion de mélatonine est plus importante dans l'obscurité qu'en pleine lumière, les scientifiques pensent que cette hormone favorise la somnolence. Il semble, par ailleurs, que la mélatonine contribue à régler l'horloge biologique de l'organisme. Les **noyaux habénulaires**, qui sont représentés à la figure 14.7a, interviennent dans l'olfaction, en particulier dans les réponses émotionnelles aux odeurs, par exemple le parfum d'une personne qu'on aime ou les biscuits au chocolat de notre grand-mère qui cuisent dans le four.

Le tableau 14.2 résume les fonctions des trois parties du diencéphale.

LES ORGANES CIRCUMVENTRICULAIRES

Les **organes circumventriculaires** sont ainsi appelés parce qu'ils sont situés dans les parois des troisième et quatrième ventricules. Ces parties du diencéphale détectent les variations de la composition chimique du sang parce qu'elles sont dépourvues de barrière hématoencéphalique. Les organes circumventriculaires comprennent une partie de l'hypothalamus, la glande pinéale, l'hypophyse et quelques autres structures avoisinantes. Sur le plan fonctionnel, ils coordonnent les activités homéostatiques des systèmes nerveux et endocrinien, par exemple la régulation de la pression artérielle, l'équilibre hydrique, la faim et la soif. Les organes circumventriculaires constitueraient en outre la porte d'entrée de l'encéphale pour le VIH, le virus qui cause le sida. Une fois dans l'encéphale, le VIH peut causer la démence (détérioration irréversible des facultés mentales) et d'autres troubles neurologiques.

▶ **POINT DE CONTRÔLE**

12. Pourquoi considère-t-on le thalamus comme un relais dans l'encéphale?

13. Pourquoi considère-t-on que l'hypothalamus fait partie à la fois du système nerveux et du système endocrinien?

LE CERVEAU

> **OBJECTIFS**

- Décrire le cortex et les gyrus, fissures et sillons du cerveau.
- Dresser la liste des lobes cérébraux et indiquer leur emplacement.
- Décrire les noyaux gris centraux.
- Dresser la liste des structures qui constituent le système limbique et décrire leurs fonctions.

Le cerveau est le siège de l'intelligence. C'est grâce à lui que nous pouvons lire, écrire et parler, faire des calculs et composer de la musique, nous rappeler le passé et planifier l'avenir, apprendre, imaginer, inventer.

Les moitiés droite et gauche du cerveau, appelées **hémisphères cérébraux**, sont séparées par la faux du cerveau. Chacun des deux hémisphères se compose d'une couche superficielle de substance grise, d'une masse interne de substance blanche et de noyaux de substance grise situés à l'intérieur de la substance blanche. La couche superficielle de substance grise porte le nom de **cortex**

cérébral (*cortex*: écorce) (figure 14.11a). Bien qu'il ne mesure que de 2 à 4 mm d'épaisseur, le cortex cérébral contient des milliards de neurones. Il recouvre la substance blanche cérébrale.

La masse du cerveau augmente rapidement pendant le développement embryonnaire. Toutefois, la substance grise croît beaucoup plus vite que la substance blanche qu'elle recouvre, de sorte que le cortex se plisse. Ses replis saillants sont les **gyrus** (*gûros*: cercle), ou circonvolutions (figure 14.11a, b). Les rainures profondes entre les gyrus sont les **fissures** et les rainures superficielles sont les **sillons**, ou scissures. La fissure la plus profonde, la **fissure longitudinale du cerveau**, sépare le cerveau en deux moitiés (gauche et droite); ce sont les **hémisphères cérébraux**. (Notez que la fissure séparant les hémisphères du cervelet porte le nom de **fissure transverse du cerveau**.) À l'intérieur du cerveau, les hémisphères sont reliés par le **corps calleux** (*callosus*: qui présente des cals), large bande de substance blanche contenant des axones qui se déploient entre les hémisphères (figure 14.12).

LES LOBES DU CERVEAU

Chacun des deux hémisphères cérébraux se subdivise en quatre lobes nommés d'après les os qui les recouvrent: lobe frontal, lobe pariétal, lobe temporal et lobe occipital (figure 14.11a, b). Le **sillon central de l'hémisphère cérébral**, ou scissure de Rolando, sépare le **lobe frontal** du **lobe pariétal**. Situé juste à l'avant du sillon central, le **gyrus précentral** est très important car il contient l'aire motrice primaire du cortex cérébral. Un autre gyrus important, le **gyrus postcentral**, est situé juste à l'arrière du sillon central et contient l'aire somesthésique primaire du cortex cérébral. Le **sillon latéral**, ou scissure de Sylvius, sépare le **lobe frontal** du **lobe temporal**. Le **sillon pariétooccipital** sépare le **lobe pariétal** du **lobe occipital**. La cinquième subdivision du cerveau, le **lobe insulaire**, est invisible à la surface parce qu'elle est logée à l'intérieur du sillon latéral et qu'elle est recouverte par les lobes pariétal, frontal et temporal (figure 14.11b).

LA SUBSTANCE BLANCHE CÉRÉBRALE

La **substance blanche** cérébrale est formée d'axones myélinisés et d'axones amyélinisés organisés sur le plan fonctionnel en trois types de faisceaux (figures 14.12 et 14.4a):

1. Les **faisceaux d'association** contiennent des axones qui acheminent les influx nerveux entre les gyrus d'un même hémisphère cérébral.

2. Les **faisceaux commissuraux** contiennent des axones qui transmettent les influx nerveux des gyrus d'un hémisphère cérébral aux gyrus correspondants de l'autre. Ils forment notamment le **corps calleux** (le faisceau d'axones le plus gros de l'encéphale, puisqu'il en contient environ 300 millions), la **commissure antérieure du cerveau** et la **commissure postérieure**.

3. Les **faisceaux de projection** contiennent des axones qui acheminent les influx nerveux du cerveau jusqu'aux parties inférieures du SNC (thalamus, tronc cérébral ou moelle épinière) ou des parties inférieures du SNC jusqu'au cerveau. Ainsi, la

FIGURE 14.11 Le cerveau. Le lobe insulaire étant invisible de l'extérieur, il est illustré en transparence en (b).

Le cerveau est le siège de l'intelligence. Il nous donne la capacité de lire, d'écrire et de parler, de faire des calculs et de composer de la musique, de nous rappeler le passé et de planifier l'avenir, et de créer.

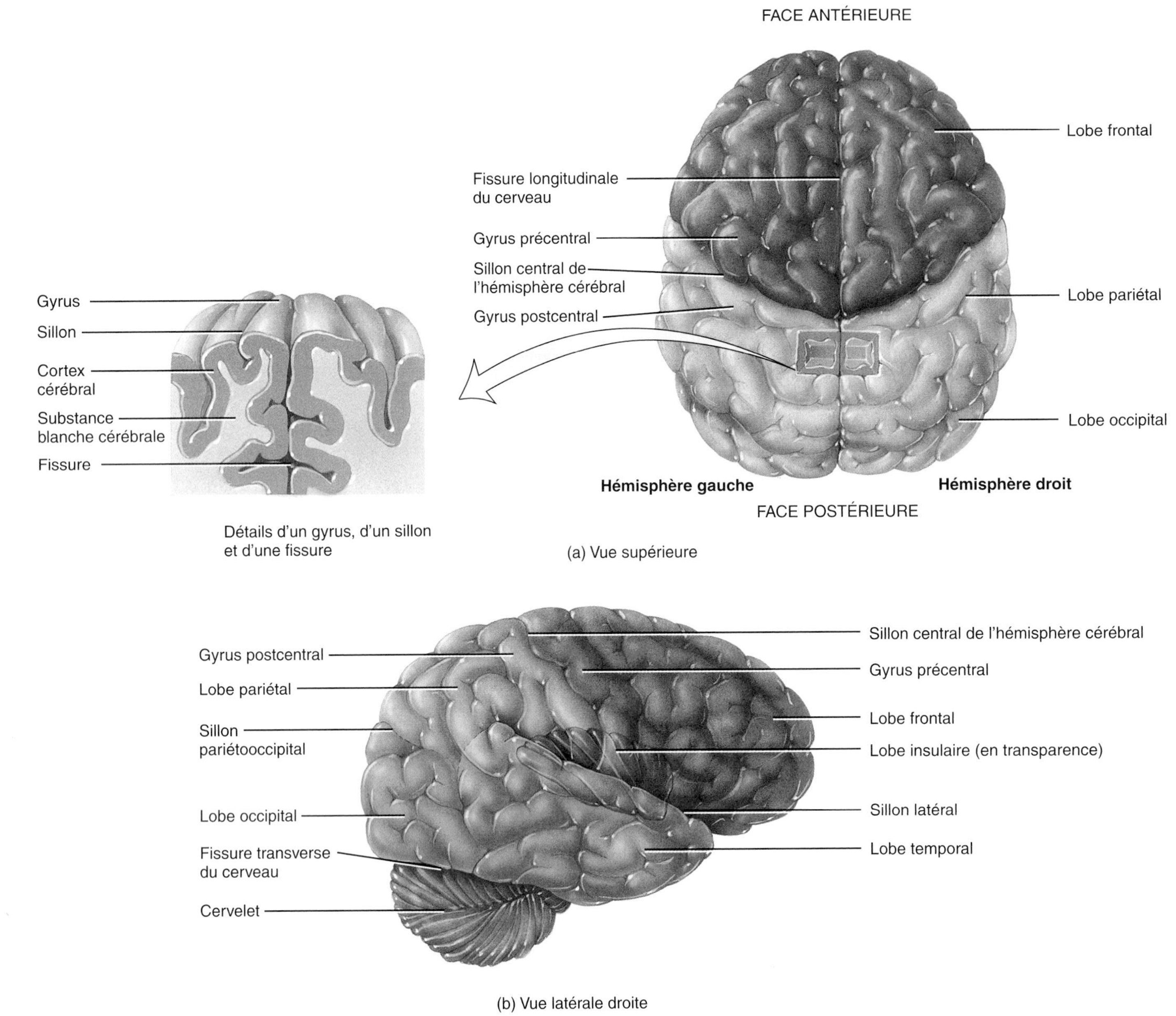

FACE ANTÉRIEURE

Lobe frontal

Fissure longitudinale du cerveau

Gyrus précentral

Sillon central de l'hémisphère cérébral

Gyrus postcentral

Lobe pariétal

Lobe occipital

Hémisphère gauche   Hémisphère droit

FACE POSTÉRIEURE

Gyrus

Sillon

Cortex cérébral

Substance blanche cérébrale

Fissure

Détails d'un gyrus, d'un sillon et d'une fissure

(a) Vue supérieure

Gyrus postcentral

Lobe pariétal

Sillon pariétooccipital

Lobe occipital

Fissure transverse du cerveau

Cervelet

Sillon central de l'hémisphère cérébral

Gyrus précentral

Lobe frontal

Lobe insulaire (en transparence)

Sillon latéral

Lobe temporal

(b) Vue latérale droite

De la substance grise et de la substance blanche, laquelle se développe le plus rapidement chez l'embryon ? Comment s'appellent les replis du cerveau, ses rainures superficielles et ses rainures profondes ?

capsule interne est une bande épaisse de substance blanche qui contient des faisceaux sensitifs (ascendants) et des faisceaux moteurs (descendants) (figure 14.13b).

LES NOYAUX GRIS CENTRAUX

À l'intérieur de chacun des deux hémisphères cérébraux se trouvent trois masses de substance grise que l'on désigne collectivement par le terme de **noyaux gris centraux** (figure 14.13). On les appelle aussi parfois *noyaux basaux*, mais les scientifiques évitent ce terme parce qu'il peut susciter une confusion par rapport à d'autres régions du cerveau, par exemple le noyau basal de Meynert, qui se détériore chez les personnes souffrant de la maladie d'Alzheimer.

Dans chaque hémisphère, deux noyaux sont adjacents et sont situés juste à côté du thalamus. Le plus proche du thalamus porte le nom de **globus pallidus** (« globe pâle ») ; l'autre, le **putamen**

FIGURE 14.12 L'organisation des faisceaux de substance blanche dans l'hémisphère cérébral gauche.

Les faisceaux d'association, les faisceaux commissuraux et les faisceaux de projection forment la substance blanche des hémisphères cérébraux.

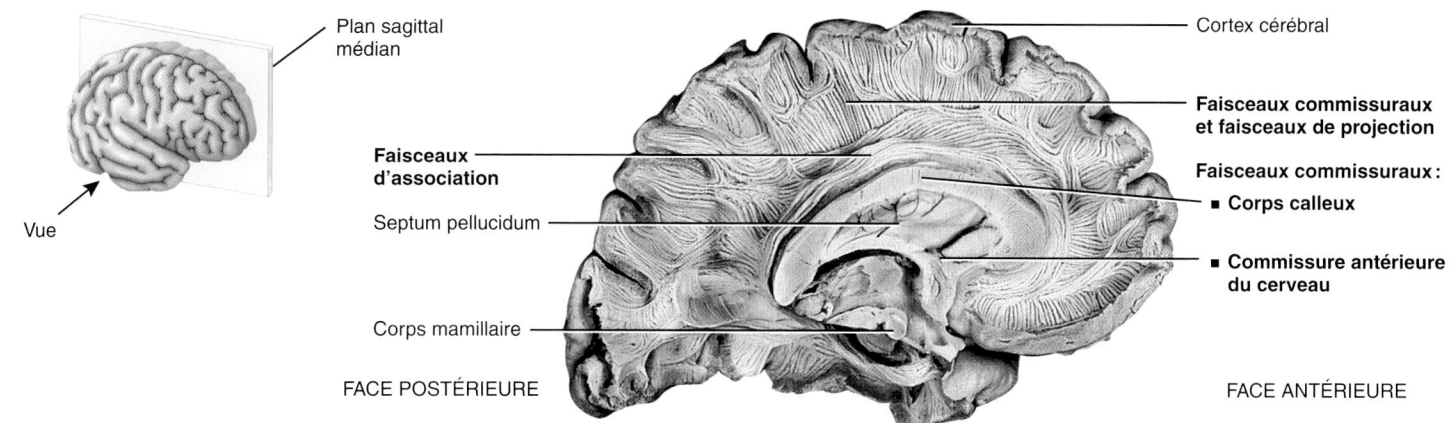

Plan sagittal médian

Vue

Faisceaux d'association

Septum pellucidum

Corps mamillaire

FACE POSTÉRIEURE

Cortex cérébral

Faisceaux commissuraux et faisceaux de projection

Faisceaux commissuraux:

- **Corps calleux**

- **Commissure antérieure du cerveau**

FACE ANTÉRIEURE

Vue médiale des faisceaux obtenue après résection de la substance grise dans une coupe sagittale médiane

Comment s'appellent les faisceaux qui acheminent les influx nerveux entre les gyrus d'un même hémisphère? entre les gyrus des deux hémisphères? du cerveau au thalamus, au tronc cérébral et à la moelle épinière?

FIGURE 14.13 Les noyaux gris centraux. En (a), les noyaux gris centraux sont illustrés en transparence et colorés en bleu; ils sont également représentés en bleu en (b).

Les noyaux gris centraux régissent les mouvements automatiques des muscles squelettiques ainsi que le tonus musculaire.

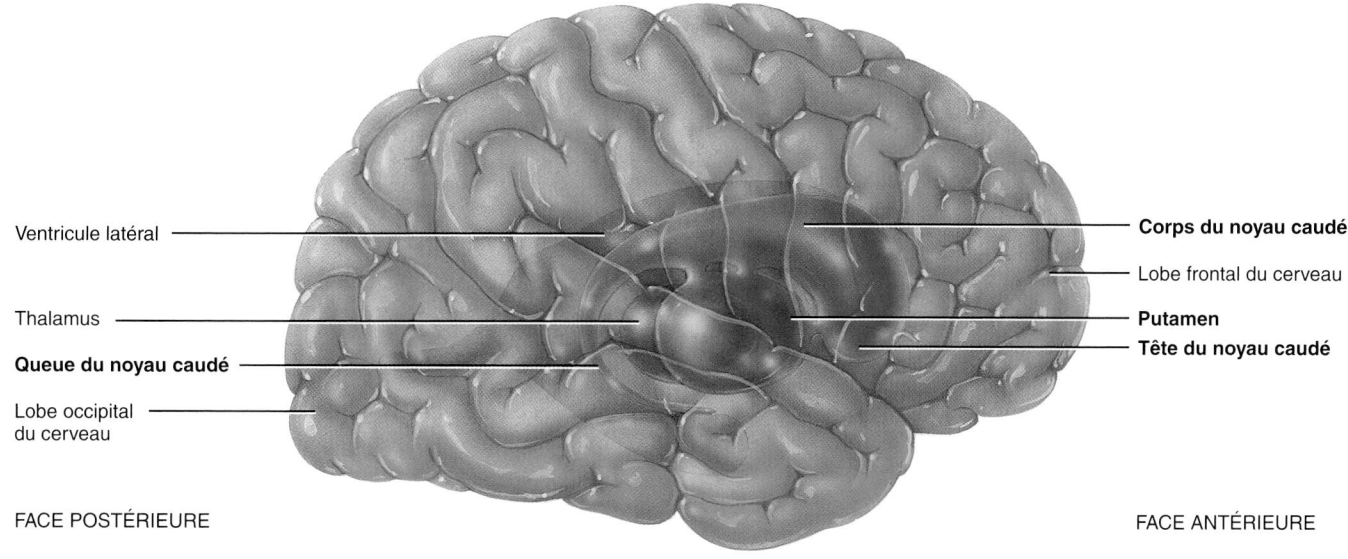

Ventricule latéral

Thalamus

Queue du noyau caudé

Lobe occipital du cerveau

FACE POSTÉRIEURE

Corps du noyau caudé

Lobe frontal du cerveau

Putamen

Tête du noyau caudé

FACE ANTÉRIEURE

(a) Vue latérale du côté droit du cerveau

(« coquille »), est plus proche du cortex cérébral. À eux deux, le globus pallidus et le putamen forment le **noyau lenticulaire** (*lenticula*: petite lentille). Le troisième noyau gris central est appelé **noyau caudé** (*cauda*: queue); il possède une grosse « tête »

reliée à une petite « queue » par un long « corps » en forme de virgule. Ensemble, le noyau lenticulaire et le noyau caudé constituent le **corps strié**. Le corps strié doit son nom au fait que la capsule interne se marque de stries à l'endroit où elle traverse les noyaux

FIGURE 14.13 **Les noyaux gris centraux** *(suite).*

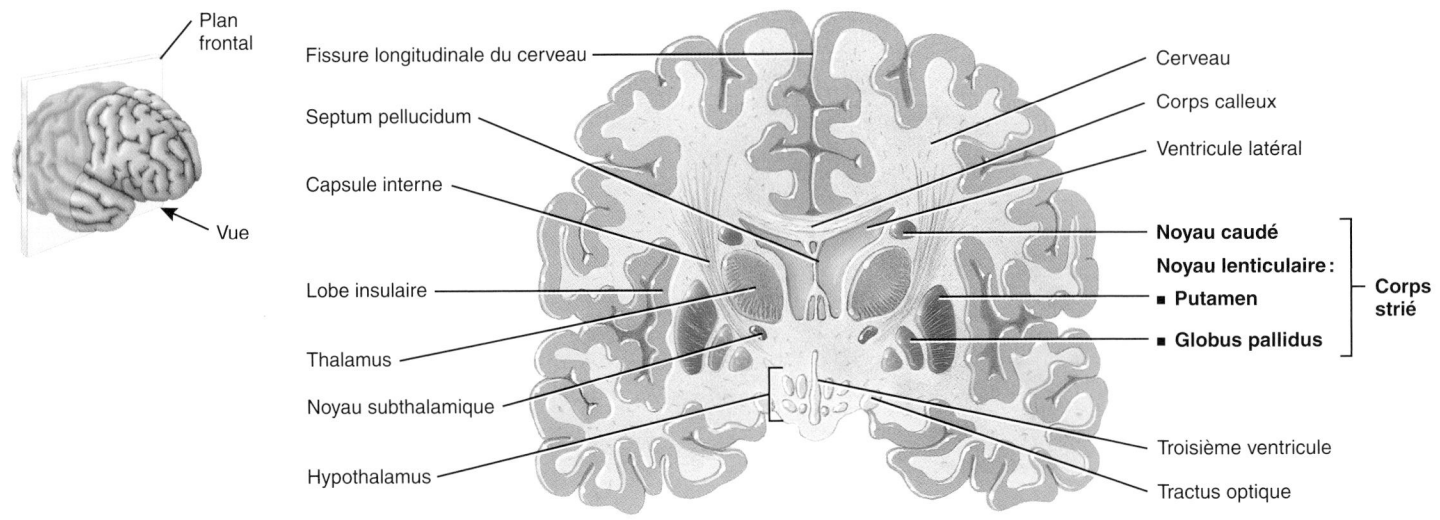

Plan frontal

Fissure longitudinale du cerveau

Septum pellucidum

Capsule interne

Vue

Lobe insulaire

Thalamus

Noyau subthalamique

Hypothalamus

Cerveau

Corps calleux

Ventricule latéral

Noyau caudé

Noyau lenticulaire :

■ **Putamen**

■ **Globus pallidus**

Corps strié

Troisième ventricule

Tractus optique

(b) Vue antérieure d'une coupe frontale

Où se trouvent les noyaux gris centraux par rapport au thalamus ?

gris centraux. Les structures de substance grise voisines associées à ces noyaux gris centraux sur le plan fonctionnel sont la *substantia nigra* du mésencéphale (figure 14.7b) et le *noyau subthalamique* (figure 14.13b). Les axones qui émergent de la substantia nigra aboutissent dans le noyau caudé et dans le putamen. Le noyau subthalamique est relié au globus pallidus.

Les noyaux gris centraux reçoivent des influx nerveux du cortex cérébral et en envoient aux aires motrices du cortex par l'intermédiaire des noyaux des groupes médial et ventral du thalamus. De plus, ils sont fortement connectés. Ils ont notamment pour fonction de faciliter l'amorce et l'exécution des mouvements. Ainsi, l'activité des neurones dans le putamen précède les mouvements corporels ; celle des neurones du noyau caudé précède les mouvements oculaires. Le globus pallidus contribue à la régulation du tonus musculaire nécessaire à des mouvements particuliers. Les noyaux gris centraux régissent aussi les contractions subconscientes des muscles squelettiques, par exemple le balancement automatique des bras pendant la marche ou le rire spontané que déclenche une plaisanterie (pas les rires que vous pourriez émettre consciemment pour faire plaisir à votre professeur d'anatomie et de physiologie quand il plaisante…).

LES LÉSIONS DES NOYAUX GRIS CENTRAUX

Les lésions des noyaux gris centraux se manifestent en général par des tremblements incontrôlables, de la raideur musculaire et des mouvements musculaires involontaires. Ces perturbations du mouvement caractérisent notamment la maladie de Parkinson (voir p. 606). Dans ce cas, les neurones de la substantia nigra qui projettent des axones jusqu'au putamen et au noyau caudé dégénèrent et causent ainsi des perturbations du mouvement. ■

En plus d'intervenir dans la fonction motrice, les noyaux gris centraux contribuent à l'amorce et à l'exécution de certains processus cognitifs, par exemple l'attention, la mémoire, la planification. Ils pourraient en outre, en collaboration avec le système limbique, contribuer à la régulation des comportements émotifs. Enfin, certaines affections psychiatriques (trouble obsessionnel compulsif, schizophrénie, angoisse chronique, etc.) pourraient être causées par un dysfonctionnement des réseaux neuronaux qui relient les noyaux gris centraux et le système limbique.

LE SYSTÈME LIMBIQUE

Le **système limbique** (*limbus* : lisière) est un ensemble de structures disposées en cercle autour de la partie supérieure du tronc cérébral et du corps calleux, sur le bord interne du cerveau et sur le plancher du diencéphale. Il comprend notamment les structures suivantes (figure 14.14) :

- Le **lobe limbique** est un anneau de cortex cérébral situé sur la face médiale de chacun des deux hémisphères. Il regroupe le **gyrus du cingulum** (*cingula* : ceinture), qui surplombe le corps calleux, et le **gyrus parahippocampal**, qui se trouve en dessous, dans le lobe temporal. L'**hippocampe** est une partie du gyrus parahippocampal qui s'étend sur le plancher du ventricule latéral.

- Le **gyrus dentatus** (« dentelé ») est situé entre l'hippocampe et le gyrus parahippocampal.

- Le **corps amygdaloïde** (*amygdala* : amande) est formé de plusieurs groupes de neurones logés près de la queue du noyau caudé.

- Les **noyaux septaux** se trouvent sous le corps calleux et le gyrus paraterminal (un gyrus cérébral).

- Les **corps mamillaires** de l'hypothalamus sont deux masses arrondies situées près de la ligne médiane et des pédoncules cérébraux.

- Les **noyaux antérieurs du thalamus** et le **noyau médial** appartiennent au thalamus et contribuent aux réseaux limbiques (figure 14.9c, d).

Le système limbique régit les aspects émotionnels du comportement.

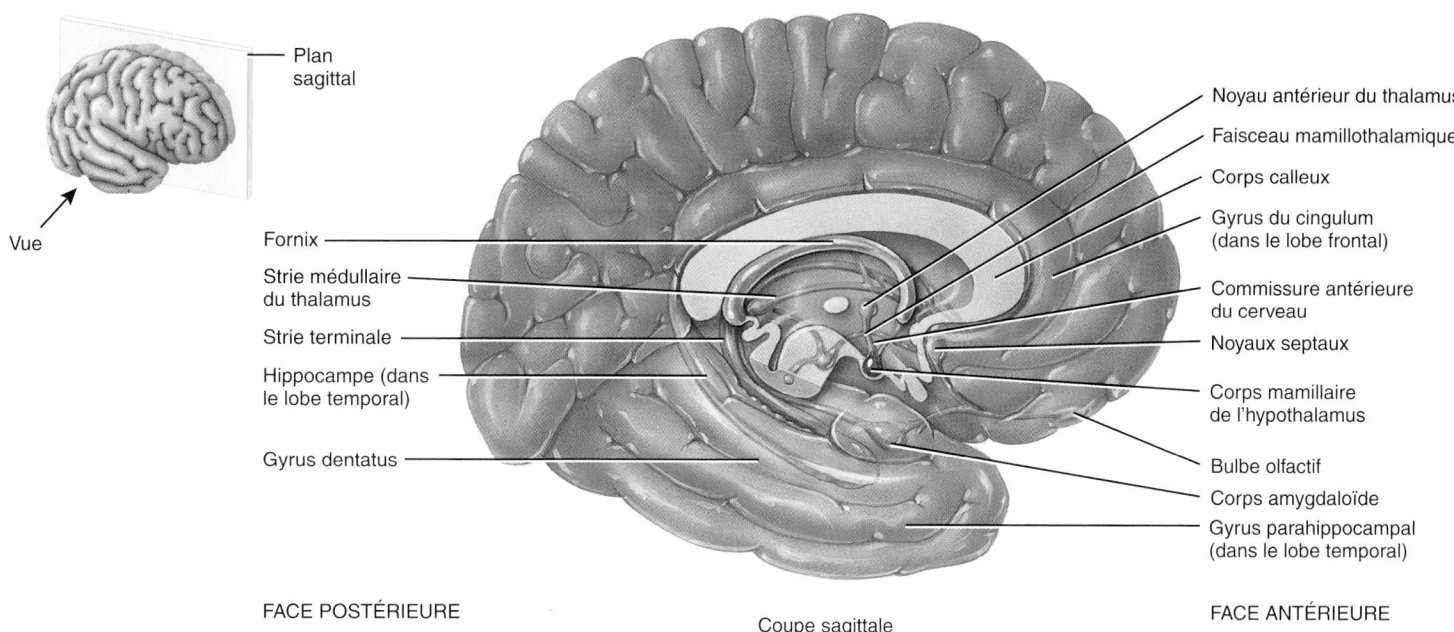

Plan sagittal

Vue

Noyau antérieur du thalamus

Faisceau mamillothalamique

Corps calleux

Gyrus du cingulum (dans le lobe frontal)

Fornix

Strie médullaire du thalamus

Commissure antérieure du cerveau

Strie terminale

Noyaux septaux

Hippocampe (dans le lobe temporal)

Corps mamillaire de l'hypothalamus

Gyrus dentatus

Bulbe olfactif

Corps amygdaloïde

Gyrus parahippocampal (dans le lobe temporal)

FACE POSTÉRIEURE

Coupe sagittale

FACE ANTÉRIEURE

 Quelle est la partie du système limbique qui intervient dans la mémoire, en collaboration avec le cerveau?

- Les **bulbes olfactifs** sont des structures aplaties qui font partie de la voie olfactive et qui reposent sur la lame criblée de l'ethmoïde.
- Le **fornix**, la **strie terminale**, la **strie médullaire du thalamus**, le **faisceau médial du prosencéphale** et le **faisceau mamillothalamique** sont reliés par des faisceaux d'axones myélinisés.

Le système limbique est parfois appelé *cerveau émotionnel* parce qu'il joue un rôle important dans de nombreuses émotions, par exemple la douleur, le plaisir, la docilité, l'affection et la colère. Il contribue aussi à l'olfaction et à la mémoire. Des expériences montrent que la stimulation de certaines régions du système limbique chez les animaux provoque une douleur intense ou un plaisir extrême. La stimulation d'autres régions entraîne la docilité et la manifestation de signes d'affection. Chez le chat, la stimulation des corps amygdaloïdes ou de certains noyaux de l'hypothalamus déclenche un comportement qui évoque la rage : l'animal sort les griffes, lève la queue, écarquille les yeux, siffle et crache. À l'inverse, l'ablation des corps amygdaloïdes rend l'animal incapable de peur autant que d'agressivité. Les humains dont les corps amygdaloïdes sont endommagés n'arrivent plus à décoder les expressions de peur chez les autres, ni à exprimer leur propre peur quand la situation le commanderait.

L'hippocampe intervient dans la mémoire, en collaboration avec d'autres parties du cerveau. Les personnes qui ont subi des lésions de certaines structures du système limbique oublient les événements récents et ne peuvent rien mémoriser.

Le tableau 14.2 résume les fonctions du cerveau.

LES LÉSIONS CÉRÉBRALES

Faisant généralement suite à un traumatisme crânien, les **lésions cérébrales** sont causées en partie par le déplacement et la déformation du tissu nerveux au moment de l'impact. Après l'ischémie (diminution du flux sanguin), le rétablissement de la circulation sanguine provoque des dommages tissulaires supplémentaires, car l'augmentation soudaine de la concentration d'oxygène produit de nombreux radicaux libres (molécules d'oxygène possédant un électron célibataire). De la même façon, les cellules cérébrales libèrent des radicaux libres à la suite d'un accident vasculaire cérébral ou d'un arrêt cardiaque. Les radicaux libres altèrent l'ADN et les enzymes cellulaires ainsi que la perméabilité de la membrane plasmique. L'hypoxie (insuffisance de l'apport d'oxygène) peut également causer des lésions cérébrales.

À chaque type de lésion cérébrale correspond un terme précis. La **commotion cérébrale** se caractérise par un évanouissement soudain mais temporaire (de quelques secondes à plusieurs heures), des troubles de la vision et des problèmes d'équilibre. Elle est causée par un coup reçu à la tête ou par l'immobilisation brutale de la tête alors qu'elle est en mouvement (par exemple, dans un accident de voiture). La commotion est le type de lésion cérébrale le plus fréquent. Elle n'entraîne pas de contusion visible de l'encéphale. Elle se manifeste par la céphalée, la somnolence, les nausées ou les vomissements, les difficultés de concentration, l'égarement ou l'amnésie (perte de mémoire) post-traumatique.

La **contusion cérébrale** est une meurtrissure de l'encéphale due à un traumatisme et se caractérisant par une hémorragie causée par la rupture de petits vaisseaux sanguins. Elle peut accompagner la commotion cérébrale. Si elle provoque une déchirure de la pie-mère, le sang pénètre dans la cavité subarachnoïdienne. La région la plus fréquemment touchée est le lobe frontal. La contusion cérébrale entraîne généralement un évanouissement immédiat d'une durée rarement supérieure à cinq minutes, une disparition des réflexes, une interruption transitoire de la respiration et une baisse de la pression artérielle. Le plus souvent, les signes vitaux se stabilisent dans les secondes qui suivent.

Une **dilacération** est une déchirure de l'encéphale qui se produit habituellement à la suite d'une fracture du crâne ou d'une blessure par balle. Elle entraîne la rupture de gros vaisseaux sanguins avec écoulement de sang dans l'encéphale et la cavité subarachnoïdienne. Ses conséquences sont notamment la formation d'un hématome cérébral (accumulation localisée de sang, le plus souvent coagulé, qui exerce une pression sur le tissu cérébral), l'œdème et l'augmentation de la pression intracrânienne. Si le caillot de sang est petit, il ne représente généralement pas un grand danger et peut se résorber de lui-même. S'il est gros, il faut dans certains cas avoir recours à une intervention chirurgicale pour le retirer. L'enflure empiète sur l'espace, nécessairement limité, que l'encéphale occupe dans la cavité crânienne. Elle provoque des maux de tête violents et, dans certains cas, la nécrose (la mort) des tissus encéphaliques. Quand l'enflure est très forte, l'encéphale peut former une hernie qui sort par le foramen magnum, ce qui entraîne la mort. ■

▶ **POINT DE CONTRÔLE**

14. Décrivez le cortex cérébral ainsi que les gyrus, fissures et sillons du cerveau.

15. Nommez les lobes du cerveau et situez-les. Qu'est-ce qui les sépare les uns des autres ? Qu'est-ce que le lobe insulaire ?

16. Décrivez l'organisation de la substance blanche cérébrale et indiquez la fonction de chacun des principaux groupes de faisceaux.

17. Nommez les noyaux gris centraux et précisez leurs fonctions respectives, puis décrivez les effets des lésions qui les touchent.

18. Définissez le système limbique et indiquez quelques-unes de ses fonctions.

L'ORGANISATION FONCTIONNELLE DU CORTEX CÉRÉBRAL

OBJECTIFS

- Décrire l'emplacement des aires sensitives, associatives et motrices du cortex cérébral ainsi que leurs fonctions.
- Expliquer les conséquences de la latéralisation hémisphérique.
- Définir les ondes cérébrales et indiquer leur importance.

Les influx nerveux de la sensibilité, de la motricité et de l'intégration sont traités dans des régions bien précises du cortex cérébral (figure 14.15). En général, les **aires sensitives** reçoivent les influx sensitifs et contribuent à la **perception**, c'est-à-dire la conscience des sensations ; les **aires motrices** déclenchent les mouvements ; et les **aires associatives** assurent des fonctions d'intégration plus complexes associées à la mémoire, aux émotions, au raisonnement, à la volonté, au jugement (discernement), aux traits de personnalité et à l'intelligence.

LES AIRES SENSITIVES

La majeure partie de l'information sensitive arrive dans la moitié postérieure du cortex des deux hémisphères cérébraux, c'est-à-dire à l'arrière des sillons centraux. Dans le cortex cérébral, les aires sensitives primaires sont reliées directement aux récepteurs sensoriels périphériques.

Les aires sensitives secondaires et les aires sensitives associatives sont en général adjacentes aux aires primaires. Elles reçoivent habituellement des influx nerveux des aires primaires et de plusieurs autres régions de l'encéphale. Les aires sensitives secondaires et les aires sensitives associatives intègrent les expériences sensorielles pour établir des schémas qui permettront la reconnaissance et la cognition. Les lésions de l'aire visuelle *primaire* entraînent la cécité dans une partie au moins du champ visuel ; les lésions de l'aire visuelle *associative* ne nuisent pas à la vision mais suppriment, par exemple, la capacité de reconnaître les visages.

Les principales aires sensitives du cortex cérébral sont présentées ci-dessous (figure 14.15 ; on trouvera dans le paragraphe d'introduction de la figure l'explication des chiffres indiqués entre parenthèses) :

- L'**aire somesthésique primaire** (aires ❶, ❷ et ❸) est située juste à l'arrière du sillon central de chaque hémisphère cérébral, dans le gyrus postcentral du lobe pariétal correspondant. Elle s'étend du sillon latéral, le long du lobe pariétal, jusqu'à la fissure longitudinale, et le long de la face médiale du lobe pariétal dans la fissure longitudinale.

  L'aire somesthésique primaire reçoit les influx nerveux émis par les récepteurs sensoriels somatiques du toucher, de la *proprioception* (position des muscles et des articulations), de la douleur, de la démangeaison, du chatouillement et de la température ; elle contribue également à la perception de ces sensations. L'aire somesthésique primaire contient une « carte » de tout le corps. Chaque *champ récepteur* de cette aire perçoit ainsi les sensations provenant d'une partie bien précise du corps (voir la figure 16.6a). La surface de l'aire somesthésique réservée à la sensibilité d'une région du corps dépend du nombre des récepteurs présents dans la région dont elle reçoit les influx, et non de la taille de cette région. Ainsi, les lèvres et le bout des doigts accaparent dans l'aire somesthésique primaire une plus grande surface que le thorax ou la hanche. L'aire somesthésique primaire nous permet de déterminer précisément l'origine des sensations – ce qui nous fournit, par exemple, l'information nécessaire pour nous taper au bon endroit quand un moustique se pose sur nous. Bien que le thalamus détecte les sensations, il le fait de manière grossière, et c'est l'aire somesthésique primaire qui détecte l'emplacement exact d'une stimulation.

- L'**aire visuelle primaire** (aire ⑰) est située à l'extrémité postérieure du lobe occipital, essentiellement sur sa face médiale (près de la fissure longitudinale). Elle reçoit l'information visuelle et contribue à la perception des stimulus visuels, par exemple la forme, la couleur et le mouvement des objets.

- L'**aire auditive primaire** (aires ㊶ et ㊷) est située dans la partie supérieure du lobe temporal, près du sillon latéral. Elle reçoit l'information sonore et contribue à la perception des sons, par exemple leur hauteur et leur rythme.

FIGURE 14.15 Les aires fonctionnelles du cerveau. Chez la plupart des gens, l'aire motrice du langage (ou aire de Broca) et l'aire de Wernicke sont situées dans l'hémisphère cérébral gauche ; nous les indiquons néanmoins ici pour montrer leur emplacement relatif. La numérotation des aires, qui est encore en usage aujourd'hui, est tirée de la carte du cortex cérébral publiée en 1909 par K. Brodmann.

 Les influx nerveux de la sensibilité, de la motricité et de l'intégration sont traités dans des aires bien précises du cortex cérébral.

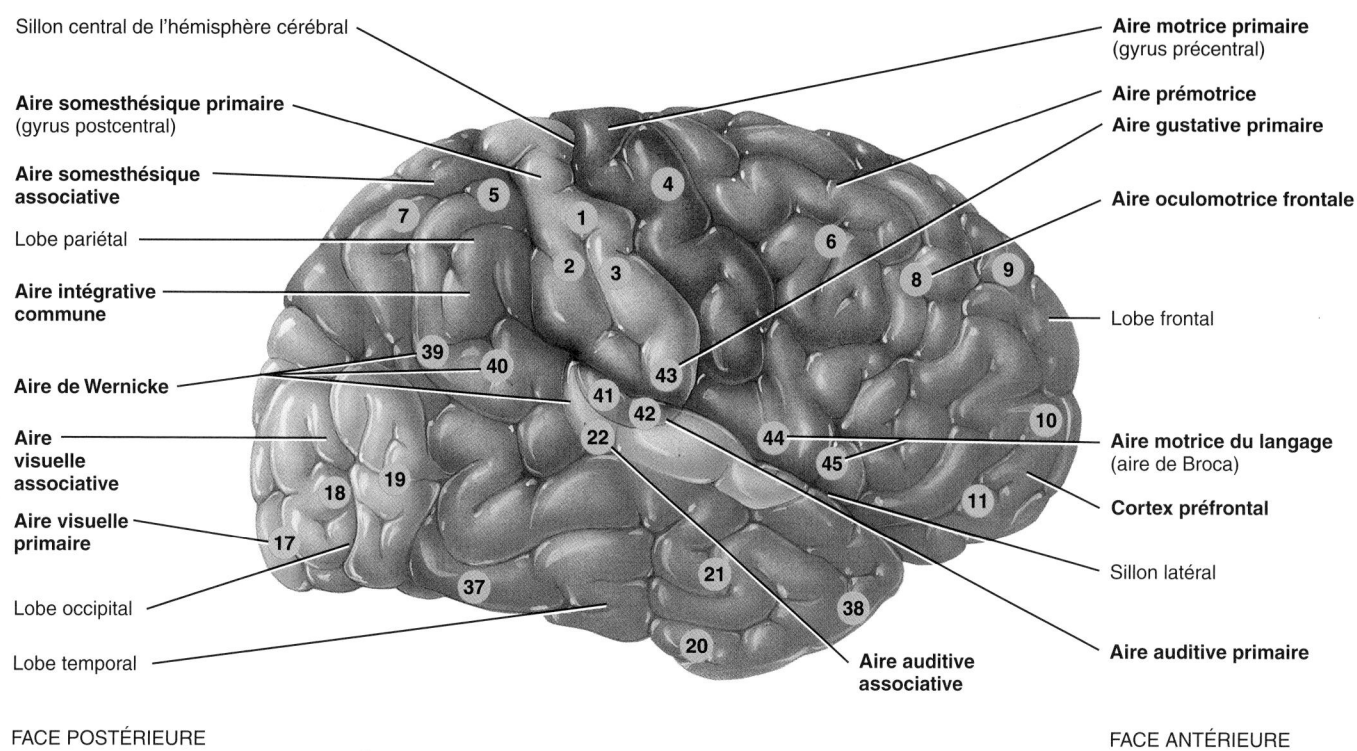

Vue latérale de l'hémisphère droit

Q Quelle est l'aire du cerveau qui interprète les sensations visuelles, auditives et somatiques ? Laquelle traduit les pensées en paroles ? Laquelle régit les mouvements musculaires complexes ? Lesquelles reçoivent les influx nerveux se rapportant au goût ? Lesquelles contribuent à la perception de la hauteur et du rythme des sons ? Lesquelles comparent les expériences visuelles présentes et passées ? Laquelle régit les mouvements de balayage volontaires des yeux ?

- L'**aire gustative primaire** (aire 43) est située à la base du gyrus postcentral, au-dessus du sillon latéral, dans le lobe pariétal. Elle reçoit les influx reliés au goût et contribue à la perception des sensations gustatives (la gustation).

- L'**aire olfactive primaire** (aire 28) est située au creux du lobe temporal (par conséquent, elle n'apparaît pas dans la figure 14.15). Elle reçoit les influx olfactifs et contribue à la perception des odeurs (l'olfaction).

LES AIRES MOTRICES

Les commandes motrices émises par le cortex cérébral émanent pour l'essentiel de la partie antérieure des hémisphères. Les principales aires motrices sont les suivantes (figure 14.15) :

- L'**aire motrice primaire** (aire 4) est située dans le gyrus précentral du lobe frontal. Chacune des régions de cette aire régit les contractions volontaires de muscles ou de groupes de muscles bien précis (voir la figure 16.6b). La stimulation électrique d'un point quelconque de l'aire motrice primaire entraîne la contrac-

tion de myocytes squelettiques spécifiques du côté opposé du corps. L'aire motrice primaire contient aussi une « carte » de tout le corps. Comme dans l'aire somesthésique primaire, la représentation des régions du corps dans l'aire motrice primaire n'est pas proportionnelle à leur taille. C'est ainsi qu'une grande partie de l'aire motrice primaire est consacrée aux muscles qui effectuent les mouvements précis, complexes ou délicats. Par exemple, la région corticale correspondant aux muscles qui font bouger les doigts est beaucoup plus vaste que la zone correspondant à ceux qui font bouger les orteils.

- L'**aire motrice du langage**, ou aire de Broca (aires 44 et 45), se trouve dans le lobe frontal, près du sillon latéral. Elle intervient dans la production du langage. Elle est située dans l'hémisphère *gauche* chez la plupart des gens. Les réseaux neuronaux qui relient l'aire motrice du langage, l'aire prémotrice et l'aire motrice primaire font bouger les muscles du larynx, du pharynx et de la bouche ainsi que les muscles de la respiration. Or, ce sont les contractions coordonnées des muscles de la parole et de la respiration qui nous permettent de parler. Les personnes qui subissent un accident vasculaire cérébral (AVC) dans cette aire gardent toute leur lucidité mais deviennent incapables de former des mots (aphasie motrice, ou aphasie de Broca ; voir plus loin la section sur l'aphasie).

LES AIRES ASSOCIATIVES

Les aires associatives du cerveau sont formées de quelques aires motrices et sensitives ainsi que de grandes régions situées sur les faces latérales des lobes occipitaux, pariétaux et temporaux et sur les lobes frontaux, devant les aires motrices. Les aires associatives sont reliées par des faisceaux d'association. Les principales aires associatives sont les suivantes (figure 14.15) :

- L'**aire somesthésique associative** (aires ❺ et ❼) se trouve juste à l'arrière de l'aire somesthésique primaire. Elle reçoit les influx de l'aire somesthésique primaire, du thalamus et d'autres parties de l'encéphale. L'aire somesthésique associative nous permet par exemple de déterminer précisément la forme et la texture d'un objet sans le regarder, d'établir la position relative de deux objets en les touchant et de percevoir la relation entre deux parties du corps. Elle emmagasine en outre les souvenirs des expériences sensorielles et nous permet ainsi de comparer les sensations actuelles avec des sensations passées. Par exemple, c'est grâce à l'aire somesthésique associative que nous pouvons reconnaître un stylo ou un trombone au toucher.

- Le **cortex préfrontal** est une grande région située dans la partie antérieure du lobe frontal. Elle est bien développée chez les primates, en particulier l'humain (aires ❾, ❿, ⓫ et ⓬ ; l'aire ⓬ n'est pas représentée dans la figure parce qu'elle est logée à l'intérieur de l'encéphale). Le cortex préfrontal a de nombreux liens avec d'autres régions du cortex cérébral, avec le thalamus, l'hypothalamus, le système limbique et le cervelet. Il intervient dans la personnalité, l'intelligence, les capacités d'apprentissage complexes, la remémoration de l'information, l'initiative, le jugement (le discernement), la prévoyance, le raisonnement, la conscience, l'intuition, l'humeur, la planification et le développement des idées abstraites. Les personnes dont le cortex préfrontal est endommagé des deux côtés deviennent généralement grossières, brutales, réfractaires aux conseils, d'humeur changeante, distraites, moins créatives, incapables de planifier et de prévoir les conséquences de leurs propos ou comportements téméraires ou irréfléchis.

- L'**aire visuelle associative** (aires ⓲ et ⓳) se trouve dans le lobe occipital. Elle reçoit des influx sensitifs de l'aire visuelle primaire et du thalamus. Elle compare les expériences visuelles présentes et passées et joue un rôle essentiel dans la reconnaissance et l'évaluation des stimulus visuels. Par exemple, l'aire visuelle associative nous permet de reconnaître une cuillère simplement en la regardant.

- L'**aire auditive associative** (aire ㉒) se trouve en dessous et en arrière de l'aire auditive primaire, dans le lobe temporal. Elle nous permet de déterminer si un stimulus auditif est une parole, de la musique ou un simple bruit.

- L'**aire de Wernicke** (aire ㉒ et, peut-être, aires ㊴ et ㊵) est une grande zone des lobes temporal et pariétal *gauches*. Elle reconnaît les mots et nous permet ainsi de comprendre les propos que nous entendons ou lisons. Elle intervient donc dans la traduction des mots en pensées. Les régions de l'hémisphère *droit* dont

l'emplacement correspond à celui de l'aire motrice du langage et de l'aire de Wernicke dans l'hémisphère gauche contribuent aussi à la communication verbale, car elles définissent la teneur émotive des paroles, par exemple la joie ou la colère. Contrairement aux victimes d'un accident vasculaire cérébral touchant l'aire motrice du langage, celles qui subissent un AVC dans l'aire de Wernicke peuvent encore former des mots mais sont incapables de les ordonner, de sorte que leurs propos n'ont pas de sens (aphasie sensorielle, ou aphasie de Wernicke ; voir plus loin la section sur l'aphasie).

- L'**aire intégrative commune** (aires ❺, ❼, ㊴ et ㊵) est bordée par les aires somesthésique, visuelle et auditive associatives. Elle reçoit des influx nerveux de ces trois aires mais aussi des aires gustative et olfactive primaires, du thalamus et de certaines parties du tronc cérébral. Elle intègre les interprétations sensorielles des aires associatives et les influx nerveux provenant d'autres aires, permettant ainsi l'émergence d'une pensée à partir d'un ensemble de messages sensitifs. Elle peut ensuite transmettre des influx nerveux à d'autres parties du cerveau afin de mettre en œuvre la réponse qui convient à l'information sensorielle qu'elle a interprétée.

- L'**aire prémotrice** (aire ❻) est une aire motrice associative située juste à l'avant de l'aire motrice primaire. Les neurones de cette aire communiquent avec l'aire motrice primaire, les aires sensitives associatives du lobe pariétal, les noyaux gris centraux et le thalamus. L'aire prémotrice régit et mémorise les activités motrices apprises complexes et séquentielles. Elle génère des influx nerveux qui engendrent un enchaînement précis de contractions dans des groupes musculaires particuliers, par exemple quand nous écrivons notre nom. C'est également dans l'aire prémotrice que s'entrepose le souvenir de ces mouvements.

- L'**aire oculomotrice frontale** (aire ❽) se trouve dans le lobe frontal. Certains scientifiques considèrent qu'elle fait partie de l'aire prémotrice. Elle régit les mouvements de balayage volontaires des yeux – ceux qui vous permettent, par exemple, de lire cette phrase.

L'APHASIE

Presque tout ce que nous savons des aires du langage nous vient d'études réalisées auprès de patients atteints de troubles de la parole consécutifs à des lésions cérébrales. L'aire motrice du langage (aire de Broca), l'aire de Wernicke et d'autres aires du langage se trouvent dans l'hémisphère gauche chez la plupart des gens, qu'ils soient droitiers ou gauchers. Les lésions des aires du langage causent l'**aphasie** (*a* : sans ; *phasis* : parole), soit l'incapacité de prononcer les mots ou de les associer à leur véritable signification. Les lésions de l'aire motrice du langage provoquent l'*aphasie motrice*, c'est-à-dire l'incapacité d'articuler ou de former correctement les mots. Les personnes atteintes de cette forme d'aphasie formulent clairement leur pensée mais ne peuvent pas l'exprimer par la parole. Les lésions de l'aire de Wernicke, de l'aire intégrative commune ou de l'aire auditive associative entraînent l'*aphasie sensorielle*, qui se caractérise par l'incapacité de comprendre les mots prononcés ou écrits. Les personnes atteintes d'aphasie sensorielle prononcent des suites de mots sans signification, par exemple : « Je sonné voiture porte souper lumière rivière stylo. » La cause sous-jacente de la forme d'aphasie sensorielle peut être la **surdité verbale** (l'incapacité de comprendre les mots parlés), la **cécité verbale** (l'incapacité de comprendre les mots écrits), ou les deux. ■

LA LATÉRALISATION HÉMISPHÉRIQUE

Les hémisphères cérébraux sont presque symétriques. De subtiles différences anatomiques les distinguent toutefois l'un de l'autre. Chez les deux tiers environ des gens, par exemple, le planum temporal (la région du lobe temporal qui comprend l'aire de Wernicke) est de 50 % plus grand dans l'hémisphère gauche que dans le droit. Cette asymétrie apparaît chez le fœtus humain aux alentours de la 30e semaine de gestation. Des différences physiologiques distinguent également les deux hémisphères. Même s'ils accomplissent de concert la plupart des fonctions, chacun d'eux assure aussi des fonctions spécialisées. Cette asymétrie fonctionnelle porte le nom de **latéralisation hémisphérique**.

Un exemple de latéralisation hémisphérique est particulièrement frappant : l'hémisphère gauche reçoit les influx sensitifs somatiques du côté droit du corps, dont il régit aussi les muscles ; à l'inverse, l'hémisphère droit reçoit les influx sensitifs du côté gauche du corps et régit ses muscles. Chez la plupart des gens, l'hémisphère gauche intervient plus que le droit dans le raisonnement, les habiletés numériques et scientifiques, le langage oral et écrit ainsi que la capacité d'utiliser et de comprendre le langage gestuel. Ainsi, les personnes qui ont subi une lésion de l'hémisphère gauche sont souvent atteintes d'aphasie. L'hémisphère droit, quant à lui, intervient plus que le gauche dans la sensibilité musicale et artistique, la perception de l'espace et des formes, la reconnaissance des visages, la compréhension du contenu émotionnel du langage, la discrimination des odeurs ainsi que la production d'images mentales visuelles, auditives, tactiles, gustatives et olfactives pour les comparer. Les personnes qui ont subi une lésion dans les régions de l'hémisphère droit dont l'emplacement correspond à celui de l'aire motrice du langage et de l'aire de Wernicke dans l'hémisphère gauche parlent d'une voix monocorde, car elles ont perdu la capacité de donner des inflexions émotionnelles à leurs propos.

La figure 14.16 illustre la latéralisation hémisphérique. Cette photographie est une superposition d'images obtenues par IRM et par TEP représentant la moyenne des clichés pour six hommes et cinq femmes auxquels on donne des odeurs agréables à humer par les deux narines. L'image obtenue par IRM montre les régions de l'encéphale ; les images tomographiques indiquent les zones présentant un accroissement de l'afflux sanguin, ce qui correspond à une augmentation de l'activité neuronale. Dans les deux hémisphères, le *cortex piriforme*, qui se trouve près de la frontière du lobe frontal et du lobe temporal, est plus lumineux sur les images tomographiques. Cette aire corticale reçoit des influx de neurones situés dans le bulbe olfactif du même côté du corps. Par ailleurs, l'activation touche surtout le côté droit du cortex orbitofrontal, qui correspond en gros à l'aire ⑪ de Brodmann (figure 14.15). De fait, les personnes qui ont subi des lésions du cortex orbitofrontal droit ont beaucoup de mal à reconnaître les odeurs et à les distinguer.

On observe des différences fonctionnelles importantes entre les deux hémisphères, mais aussi des variations considérables d'un individu à l'autre et même entre les femmes et les hommes. Ainsi,

la latéralisation semble moins prononcée chez les femmes que chez les hommes, tant pour le langage (hémisphère gauche) que pour les capacités visuelles et spatiales (hémisphère droit). Par exemple, le risque d'aphasie après une lésion de l'hémisphère gauche est moins élevé pour les femmes que pour les hommes. Cette différence pourrait être attribuable au fait que la commissure antérieure du cerveau des femmes est de 12 % plus large que celle des hommes et que la partie postérieure de leur corps calleux est plus volumineuse. On se rappellera en effet que la commissure antérieure du cerveau et le corps calleux sont des faisceaux commissuraux qui assurent les communications entre les deux hémisphères.

Le tableau 14.3 résume certaines des fonctions particulièrement marquées par la latéralisation hémisphérique.

LES ONDES CÉRÉBRALES

Les neurones cérébraux produisent à chaque instant des millions d'influx nerveux, ou potentiels d'action. Ensemble, ces signaux électriques forment les **ondes cérébrales**. Pour enregistrer les ondes cérébrales engendrées par les neurones proches de la surface du

FIGURE 14.16 Les aires corticales activées par les stimulus olfactifs. Cette figure est une superposition de multiples images obtenues par IRM (imagerie par résonance magnétique) et par TEP (tomographie par émission de positrons). Les images obtenues par IRM montrent les tissus cérébraux et le contour crânien ; les images tomographiques montrent, sous forme de zones lumineuses, les régions qui sont soumises à un accroissement de l'afflux sanguin, ce qui signale une augmentation de l'activité neuronale.

⚷ La latéralisation hémisphérique est l'asymétrie fonctionnelle des deux hémisphères cérébraux.

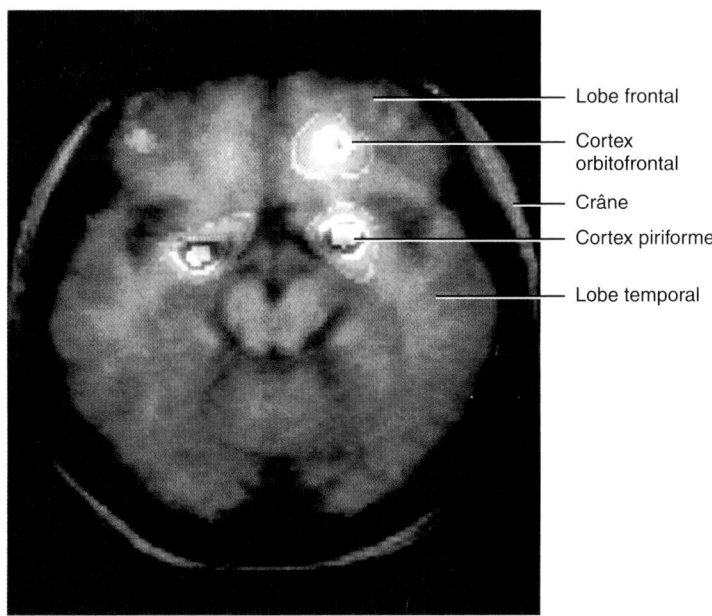

Coupe transversale de la tête

 Quelle est l'aire du cerveau qui contient des neurones exprimant la latéralisation hémisphérique pour l'olfaction ?

TABLEAU 14.3 LES DIFFÉRENCES FONCTIONNELLES ENTRE LES DEUX HÉMISPHÈRES CÉRÉBRAUX	
FONCTIONS SPÉCIALISÉES DE L'HÉMISPHÈRE GAUCHE	**FONCTIONS SPÉCIALISÉES DE L'HÉMISPHÈRE DROIT**
Réception des signaux sensitifs somatiques du côté droit du corps et contrôle musculaire du côté droit du corps.	Réception des signaux sensitifs somatiques du côté gauche du corps et contrôle musculaire du côté gauche du corps.
Raisonnement.	Sensibilité musicale et artistique.
Habiletés numériques et scientifiques.	Perception de l'espace et des formes.
Capacité d'utiliser et de comprendre le langage gestuel.	Reconnaissance des visages et du contenu émotionnel des expressions du visage.
Langage oral et écrit.	Production du contenu émotionnel du langage.
	Production d'images mentales pour comparer des relations spatiales.
	Reconnaissance et discrimination des odeurs.

cerveau, principalement ceux du cortex cérébral, on place des détecteurs appelés *électrodes* sur le front et le cuir chevelu. L'enregistrement ainsi obtenu est un **électroencéphalogramme** (**EEG**; *gramma*: lettre, écriture, tracé). L'EEG permet d'étudier le fonctionnement normal du cerveau, notamment les changements qui ont lieu pendant le sommeil, mais aussi de diagnostiquer divers troubles cérébraux, dont l'épilepsie, les tumeurs, les traumas, les hématomes, les anomalies du métabolisme, les lésions et les maladies dégénératives. Il sert également à établir si la personne est encore en vie ou si l'on doit prononcer sa mort cérébrale.

L'activation des neurones cérébraux génère quatre types d'ondes (figure 14.17):

1. **Les ondes alpha.** Ces ondes rythmiques ont une fréquence de 8 à 13 Hz (1 hertz = 1 cycle par seconde). Elles apparaissent dans l'EEG de presque tous les individus normaux quand ils ont les yeux fermés, en état de veille ou au repos. Elles disparaissent complètement pendant le sommeil.

2. **Les ondes bêta.** Les ondes bêta ont une fréquence de 14 à 30 Hz. Elles apparaissent généralement quand le système nerveux est actif, c'est-à-dire pendant les périodes de stimulation sensorielle et d'activité mentale.

3. **Les ondes thêta.** D'une fréquence comprise entre 4 et 7 Hz, les ondes thêta se forment normalement chez les enfants et les adultes sous le coup d'un stress émotionnel. Elles accompagnent en outre de nombreuses affections du cerveau.

4. **Les ondes delta.** Les ondes delta ont une fréquence de 1 à 5 Hz. Elles apparaissent chez l'adulte uniquement pendant le sommeil mais sont normales chez les nourrissons à l'état de veille. Chez l'adulte éveillé, elles révèlent la présence d'une lésion cérébrale.

▶ POINT DE CONTRÔLE

19. Comparez les fonctions des aires sensitives, motrices et associatives du cortex cérébral.

20. Qu'est-ce que la latéralisation hémisphérique?

21. Quel est l'intérêt de l'EEG sur le plan diagnostique?

FIGURE 14.17 Les types d'ondes cérébrales enregistrées par l'électroencéphalogramme (EEG).

Les ondes cérébrales témoignent de l'activité électrique du cortex cérébral.

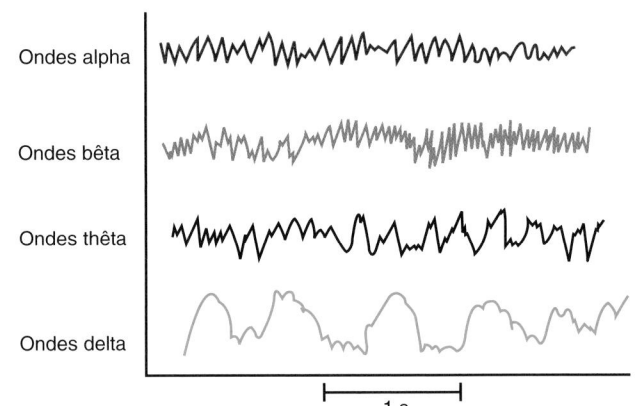

 Quelles ondes indiquent la présence d'un stress émotionnel?

LES NERFS CRÂNIENS

▶ OBJECTIF

• Nommer les nerfs crâniens et préciser leur numéro, leur type et leurs fonctions.

Les 12 paires de **nerfs crâniens** que compte le corps humain doivent leur nom au fait qu'elles passent par différents foramens des os du crâne (voir les figures 7.7, 7.8 et 7.12). À l'instar des 31 paires de nerfs spinaux, les 12 paires de nerfs crâniens font partie du système nerveux périphérique (SNP). Rappelons que le SNP se subdivise en une partie somatique (innervation des muscles squelettiques), une partie autonome (innervation des viscères et glandes) et une partie entérique (innervation du tube digestif). Il comprend des nerfs sensitifs et des nerfs moteurs (voir les figures 12.1 et 12.2). Chacun des nerfs crâniens porte un numéro en chiffres romains ainsi qu'un nom (figure 14.5). Les numéros indiquent l'ordre dans lequel les nerfs crâniens émergent de l'encéphale, de l'avant vers l'arrière. Les noms des nerfs désignent leur réseau d'innervation ou leur fonction.

Les nerfs crâniens viennent du nez (I), des yeux (II), de l'oreille interne (VIII), du tronc cérébral (III à XII) et de la moelle épinière (une partie du nerf crânien XI). Sur l'ensemble des 12 nerfs crâniens, 2 ne comprennent que des axones sensitifs et sont par conséquent des **nerfs sensitifs** (I et II). Les autres comprennent des axones de neurones sensitifs et de neurones moteurs et sont donc des **nerfs mixtes**. Les nerfs crâniens III, IV, VI, XI et XII sont principalement moteurs. Ils contiennent quelques axones sensitifs provenant des propriocepteurs de différents muscles; toutefois, la plupart de leurs axones appartiennent à des neurones moteurs qui innervent des muscles squelettiques. Les nerfs crâniens III, VII, IX et X possèdent à la fois des axones moteurs somatiques et des axones moteurs autonomes. Les axones somatiques innervent des muscles squelettiques; les axones autonomes, qui font partie du système parasympathique, innervent des glandes, des muscles lisses et le muscle cardiaque. Nous décrivons ci-après les nerfs crâniens un par un et au singulier, avec leurs types, parcours et fonctions respectifs. Rappelons cependant que ce sont toujours des structures paires. Les corps cellulaires des neurones sensitifs sont logés dans des ganglions à l'extérieur de l'encéphale; ceux des neurones moteurs sont logés dans des noyaux à l'intérieur de l'encéphale.

LE NERF CRÂNIEN I : OLFACTIF

Le **nerf olfactif (I)** (*olfactus*: odorat) est exclusivement sensitif. Il contient des axones qui acheminent les influx nerveux de l'olfaction, soit la fonction correspondant au sens de l'odorat (figure 14.18).

FIGURE 14.18 Le nerf olfactif (I).

L'épithélium de la région olfactive recouvre la face inférieure de la lame criblée de l'ethmoïde et les cornets nasaux supérieurs.

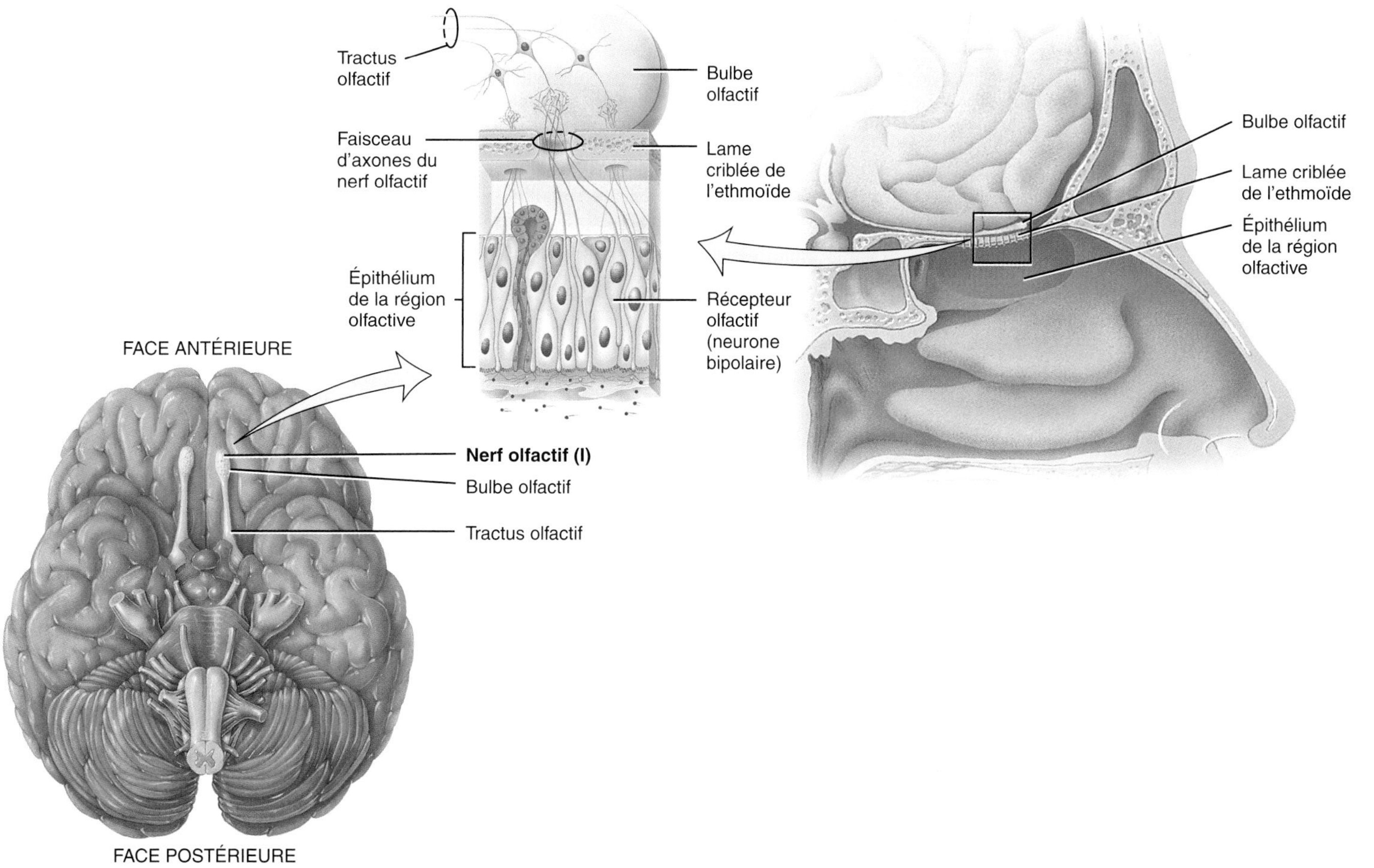

Où se terminent les axones des tractus olfactifs?

L'**épithélium de la région olfactive** occupe la partie supérieure de la cavité nasale, recouvre la face inférieure de la lame criblée de l'ethmoïde et s'étend le long du cornet nasal supérieur. Les cellules neurosensorielles olfactives qui se trouvent dans l'épithélium de la région olfactive sont des neurones bipolaires (voir la figure 12.4b) : ces neurones jouent le rôle de *récepteurs sensoriels*. Chacun d'eux possède un dendrite sensible aux molécules odorantes solubles dans le mucus ; ce dendrite émerge du côté du corps cellulaire faisant face à la cavité nasale. Chaque neurone bipolaire possède aussi un axone amyélinisé qui émerge de l'autre côté du corps cellulaire. Des faisceaux d'axones traversent une vingtaine de foramens situés dans la lame criblée de l'ethmoïde des deux côtés du nez. Au total, cette quarantaine de faisceaux d'axones forme le nerf olfactif gauche et le nerf olfactif droit. Les nerfs olfactifs se terminent dans l'encéphale, où ils constituent deux masses de substance grise appelées **bulbes olfactifs** (voir les détails à la figure 17.1).

Chacun des deux bulbes olfactifs s'appuie sur la lame criblée de l'ethmoïde située en dessous d'un lobe frontal du cerveau. Dans le bulbe olfactif, les terminaisons axonales des récepteurs olfactifs font synapse avec les dendrites et les corps cellulaires des neurones qui les suivent dans la voie olfactive. Les axones de ces neurones constituent le **tractus olfactif**, qui s'étend vers l'arrière à partir des bulbes olfactifs (figure 14.5). Certains axones du tractus olfactif se terminent dans l'aire olfactive primaire du lobe temporal du cortex cérébral (aire ㉘ de la figure 14.15). D'autres axones du tractus olfactif s'étendent jusqu'au système limbique et à l'hypothalamus.

LE NERF CRÂNIEN II : OPTIQUE

Le **nerf optique (II)** (*optikos* : relatif à la vue) est exclusivement sensitif. Il contient des axones qui acheminent les influx nerveux de la vision (figure 14.19). Dans la rétine, des cellules sensorielles optiques, appelées *cônes* et *bâtonnets*, jouent le rôle de récepteurs sensoriels. Ces photorécepteurs déclenchent les signaux visuels et les transmettent à des neurones bipolaires, qui les acheminent jusqu'aux cellules ganglionnaires. Dans chaque œil, les axones de toutes les cellules ganglionnaires de la rétine se rassemblent pour former un nerf optique. Le nerf optique passe dans le canal optique puis traverse l'os de l'orbite (voir la figure 7.12). Les deux nerfs optiques fusionnent une dizaine de millimètres derrière les globes oculaires pour former le **chiasma optique** (*khiasma* : croisement, comme dans la lettre X). Dans le chiasma, des axones de la moitié médiale de chaque rétine traversent la ligne médiane pour atteindre le côté opposé du chiasma ; les axones de la moitié latérale restent du même côté (voir la figure 17.15). Derrière le chiasma, les axones se regroupent et forment les **tractus optiques** : les axones provenant de la moitié droite des deux rétines forment le tractus optique droit, alors que les axones provenant de la moitié gauche des deux rétines forment le tractus optique gauche. La plupart des axones de chaque tractus optique se terminent dans un corps géniculé latéral du thalamus (rappelons que le thalamus est un relais sensoriel). Ils y font synapse avec des neurones dont les axones s'étendent jusque dans l'aire visuelle primaire, dans le lobe occipital du cortex cérébral (aire ⑰ de la figure 14.15). Quelques axones traversent le chiasma optique puis vont jusqu'aux colliculus supérieurs du mésencéphale. Ils font synapse avec des neurones moteurs qui régissent les muscles extrinsèques et intrinsèques du globe oculaire.

LE NERF CRÂNIEN III : OCULOMOTEUR

Le **nerf oculomoteur (III)** (*oculus* : œil ; *movere* : mouvoir) est un nerf crânien mixte, mais principalement moteur ; les axones moteurs émergent d'un noyau situé dans le mésencéphale (figure 14.20a). Les axones moteurs du nerf oculomoteur s'étendent vers l'avant du corps et se séparent en deux branches, une inférieure et une supérieure, qui traversent toutes les deux la fissure orbitaire supérieure pour atteindre l'orbite (voir la figure 7.12). Les axones moteurs de la branche supérieure innervent le muscle droit supérieur – un muscle extrinsèque du globe oculaire – et le muscle élévateur de la paupière supérieure. Les axones moteurs de la branche inférieure innervent les muscles droit médial, droit inférieur et oblique inférieur – trois muscles extrinsèques du globe oculaire. Ces neurones moteurs somatiques régissent les mouvements du globe oculaire et de la paupière supérieure.

La branche inférieure du nerf oculomoteur assure également l'innervation parasympathique des muscles intrinsèques du globe oculaire, qui sont des muscles lisses. Ce sont notamment le muscle ciliaire et le muscle sphincter de la pupille. Les influx parasympathiques se propagent du noyau oculomoteur (dans le mésencéphale) jusqu'au **ganglion ciliaire**, ou ganglion ophtalmique – un centre de relais du système nerveux autonome. Depuis le ganglion ciliaire, les axones moteurs parasympathiques vont jusqu'au muscle ciliaire, qui adapte le cristallin à la vision de près. D'autres axones moteurs parasympathiques stimulent le muscle sphincter de la pupille pour contracter la pupille quand la lumière est trop vive.

Les axones sensitifs du nerf oculomoteur proviennent des propriocepteurs des muscles extrinsèques du globe oculaire et se terminent dans le mésencéphale, qui fait partie du tronc cérébral. Ces axones sensitifs transmettent les influx nerveux de la **proprioception**, soit la perception non visuelle des mouvements et de la position du corps.

LE NERF CRÂNIEN IV : TROCHLÉAIRE

Le **nerf trochléaire (IV)** (*trochlea* : poulie) est un nerf crânien mixte principalement moteur. C'est le plus petit des 12 nerfs crâniens que compte le corps humain, et le seul qui émerge de la partie postérieure du tronc cérébral.

Les axones moteurs somatiques du nerf trochléaire émergent d'un noyau situé dans le mésencéphale ; ils traversent la fissure orbitaire supérieure et pénètrent dans l'orbite (figure 14.20b). Ces axones moteurs innervent le muscle oblique supérieur du globe oculaire, muscle extrinsèque qui régit les mouvements du globe oculaire.

Les axones sensitifs du nerf trochléaire partent des propriocepteurs du muscle oblique supérieur, traversent la fissure orbitaire supérieure et se terminent dans le mésencéphale. Comme ceux du nerf oculomoteur, ces axones sensitifs transmettent les influx nerveux de la proprioception.

LE NERF CRÂNIEN V : TRIJUMEAU

Formé de trois branches – d'où son nom – le **nerf trijumeau (V)** est le plus gros des nerfs crâniens. C'est un nerf mixte. Il comprend

FIGURE 14.19 Le nerf optique (II).

 Les signaux visuels sont acheminés depuis les cônes et les bâtonnets jusqu'aux neurones bipolaires, puis aux cellules ganglionnaires.

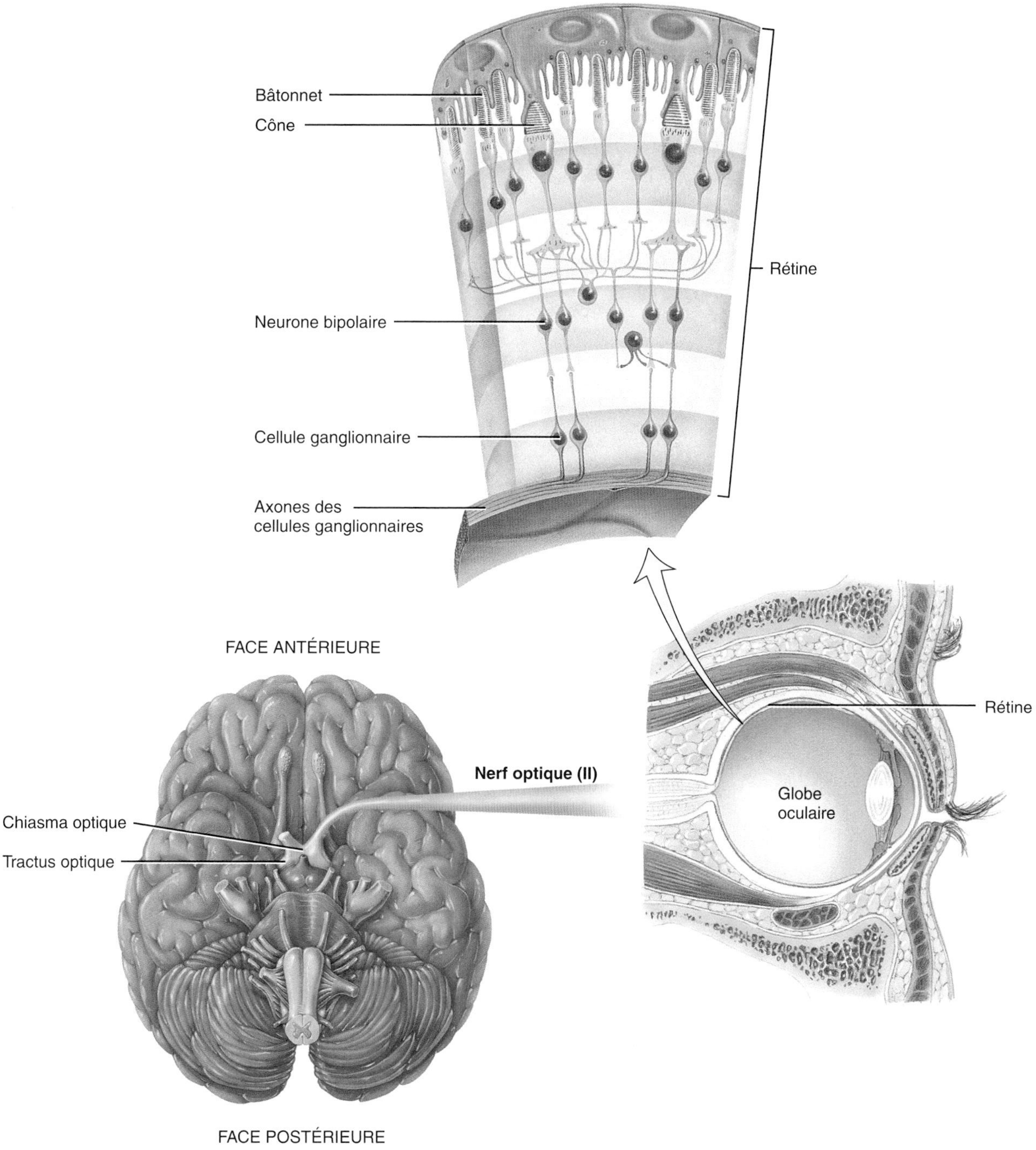

Bâtonnet

Cône

Rétine

Neurone bipolaire

Cellule ganglionnaire

Axones des cellules ganglionnaires

FACE ANTÉRIEURE

Rétine

Nerf optique (II)

Chiasma optique

Tractus optique

Globe oculaire

FACE POSTÉRIEURE

 Où se terminent la plupart des axones des tractus optiques ?

deux racines situées sur la face antérolatérale du pont, dans le tronc cérébral. Assez volumineuse, la racine sensitive possède un renflement appelé **ganglion trigéminal**, ou ganglion de Gasser, qui est logé dans une fosse s'ouvrant à la surface interne de la partie pétreuse de l'os temporal (voir la figure 7.8). Ce ganglion contient les corps cellulaires de la plupart des neurones sensitifs. Plus petite que la racine sensitive, la racine motrice du nerf trijumeau émerge d'un noyau du pont.

FIGURE 14.20 Les nerfs oculomoteur (III), trochléaire (IV) et abducens (VI).

De tous les muscles extrinsèques du globe oculaire, le nerf oculomoteur est celui qui possède le réseau d'innervation le plus important.

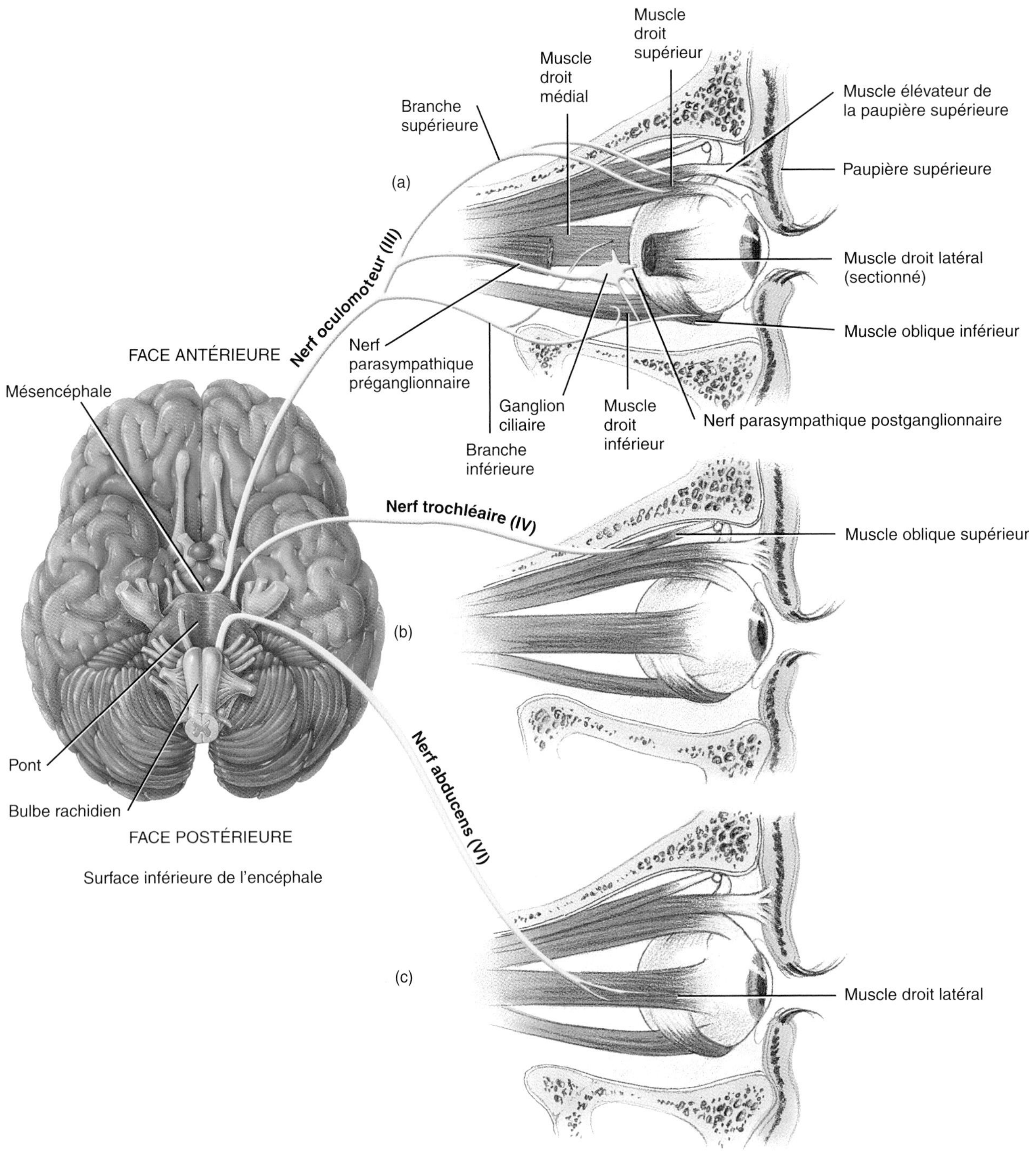

Muscle droit supérieur

Muscle droit médial

Branche supérieure

Muscle élévateur de la paupière supérieure

Paupière supérieure

(a)

Nerf oculomoteur (III)

FACE ANTÉRIEURE

Nerf parasympathique préganglionnaire

Muscle droit latéral (sectionné)

Muscle oblique inférieur

Mésencéphale

Ganglion ciliaire

Muscle droit inférieur

Nerf parasympathique postganglionnaire

Branche inférieure

Nerf trochléaire (IV)

Muscle oblique supérieur

(b)

Pont

Bulbe rachidien

FACE POSTÉRIEURE

Nerf abducens (VI)

Surface inférieure de l'encéphale

(c)

Muscle droit latéral

Laquelle des branches du nerf oculomoteur innerve le muscle droit supérieur ?
Quel est le nerf crânien le plus court du corps humain ?

Comme son nom l'indique, le nerf trijumeau possède trois branches : le nerf ophtalmique, le nerf maxillaire et le nerf mandibulaire (figure 14.21). Le **nerf ophtalmique** (*ophtalmos* : œil), la plus petite des trois branches, est entièrement sensitif. Il entre dans l'orbite par la fissure orbitaire supérieure et s'étend jusqu'au pont.

D'une taille comprise entre celle du nerf ophtalmique et celle du nerf mandibulaire, le **nerf maxillaire** (*maxilla* : mâchoire) est aussi entièrement sensitif. Il traverse l'orbite par le foramen rond de l'os sphénoïde pour se rendre au pont (voir la figure 7.8a). Le **nerf mandibulaire** (*mandibula* : mâchoire), la branche la plus grosse,

FIGURE 14.21 Le nerf trijumeau (V).

Les trois branches du nerf trijumeau sortent du crâne par la fissure orbitaire supérieure, le foramen rond et le foramen ovale de l'os sphénoïde.

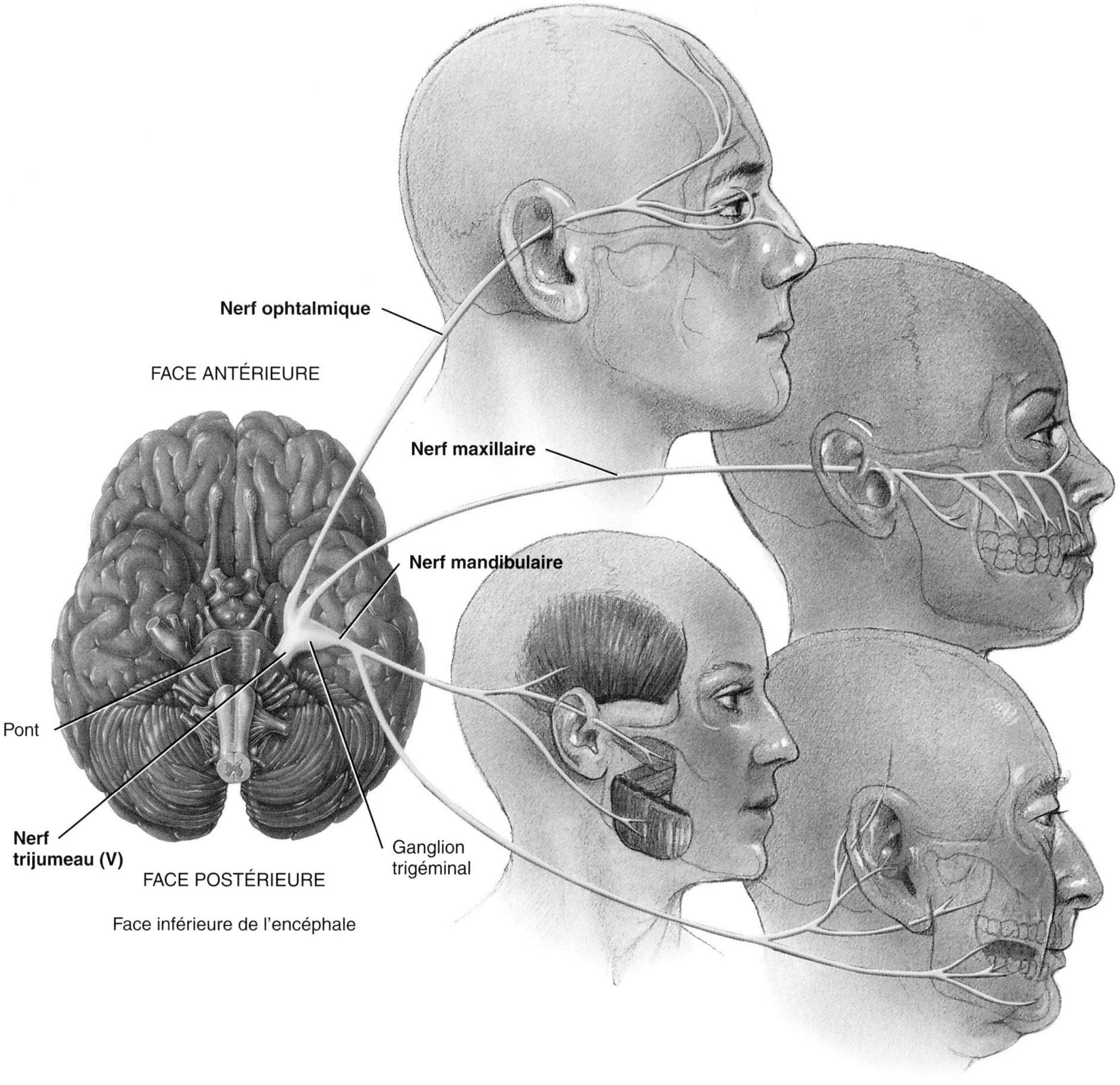

Le nerf trijumeau est-il plus gros ou plus petit que les autres nerfs crâniens?

est mixte; il se forme à partir de la réunion des axones de la racine sensitive et des axones de la racine motrice du nerf trijumeau. Le nerf mandibulaire traverse le crâne par le foramen ovale de l'os sphénoïde (voir la figure 7.8a).

Les axones sensitifs du nerf trijumeau transmettent les influx nerveux du toucher, de la douleur et de la température. Le nerf ophtalmique contient des axones sensitifs provenant de la peau de la paupière supérieure, du globe oculaire, des glandes lacrymales, de la partie supérieure de la cavité nasale, du côté du nez, du front et de la moitié antérieure du cuir chevelu. Le nerf maxillaire contient des axones sensitifs provenant de la muqueuse nasale, du palais, d'une partie du pharynx, des dents du haut, de la lèvre supérieure et de la paupière inférieure. Le nerf mandibulaire contient des axones sensitifs provenant des deux tiers antérieurs de la langue (ce ne sont pas des axones du goût), de la joue et de sa muqueuse sous-jacente, des dents du bas, de la peau recouvrant la mandibule et le côté de la tête (devant l'oreille), ainsi que de la muqueuse du plancher de la bouche. Les axones sensitifs émergeant des trois branches entrent dans le ganglion trigéminal et se terminent dans des noyaux du pont. Le nerf trijumeau contient également des axones sensitifs provenant des propriocepteurs des muscles de la mastication.

Les axones moteurs somatiques du nerf trijumeau appartiennent au nerf mandibulaire et innervent les muscles de la mastication (muscles masséter, temporal, ptérygoïdien médial et ptérygoïdien latéral ; ventre antérieur du muscle digastrique ; muscle mylohyoïdien). Ces neurones moteurs régissent la mastication.

L'ANESTHÉSIE DENTAIRE

Le nerf alvéolaire inférieur – une branche du nerf mandibulaire – innerve toutes les dents d'une moitié de la mandibule. Les dentistes doivent souvent l'anesthésier pour soigner leurs patients. Ce faisant, ils anesthésient aussi la lèvre inférieure (car le nerf mentonnier est une branche du nerf alvéolaire inférieur) ainsi que le nerf lingual (car il passe très près du nerf alvéolaire inférieur, proche du foramen mentonnier). Pour anesthésier les dents du haut, il faut insérer l'aiguille sous la muqueuse afin d'atteindre les terminaisons du nerf alvéolaire supérieur, qui sont des branches du nerf maxillaire. L'anesthésique se diffuse ensuite lentement dans la région des racines des dents qui doivent être traitées. ■

LE NERF CRÂNIEN VI : ABDUCENS

Le **nerf abducens (VI)** (*abductio* : mouvement vers l'extérieur) est un nerf crânien mixte principalement moteur. Des axones moteurs somatiques s'étendent d'un noyau situé dans le pont, près du sillon entre le pont et le bulbe rachidien, jusqu'au muscle droit latéral – un muscle extrinsèque du globe oculaire – en passant par la fissure orbitaire supérieure (figure 14.20c). Le nerf abducens doit son nom au fait que les influx nerveux provoquent l'abduction (rotation vers le côté) du globe oculaire. Les axones sensitifs s'étendent des propriocepteurs du muscle droit latéral jusqu'au pont.

LE NERF CRÂNIEN VII : FACIAL

Le **nerf facial (VII)** est un nerf crânien mixte. Ses axones sensitifs partent des calicules gustatifs, ou bourgeons du goût, situés sur les deux tiers antérieurs de la langue. Le nerf facial contient aussi des axones sensitifs provenant des propriocepteurs des muscles du visage et du cuir chevelu (figure 14.22). Les axones sensitifs

---

FIGURE 14.22 Le nerf facial (VII).

Le nerf facial cause les contractions des muscles de l'expression du visage.

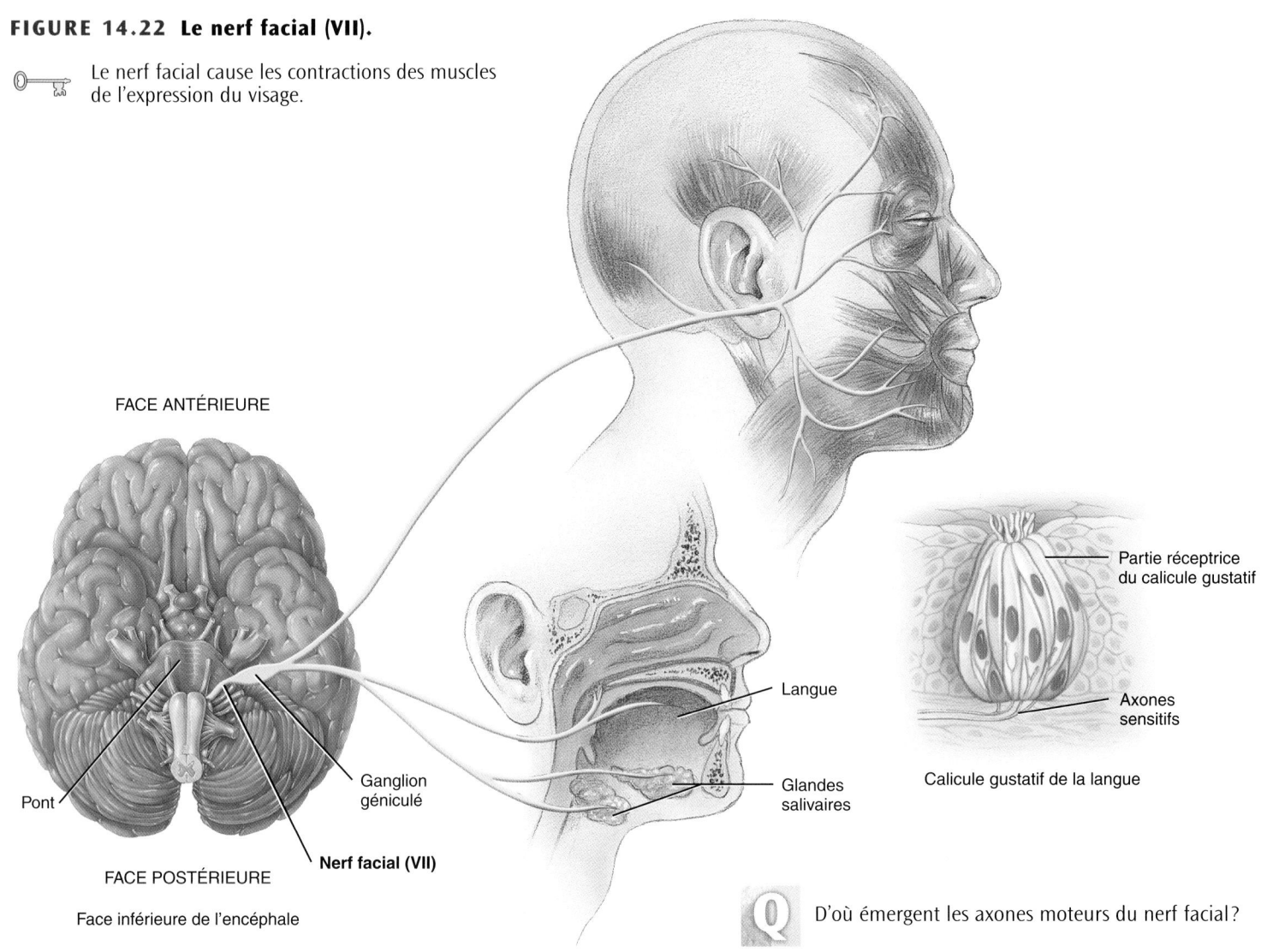

FACE ANTÉRIEURE

Pont

FACE POSTÉRIEURE

Face inférieure de l'encéphale

Ganglion géniculé

Nerf facial (VII)

Langue

Glandes salivaires

Partie réceptrice du calicule gustatif

Axones sensitifs

Calicule gustatif de la langue

Q D'où émergent les axones moteurs du nerf facial ?

du nerf facial traversent le crâne par le foramen stylomastoïdien, parcourent le méat acoustique interne de l'os temporal (voir les figures 7.7 et 7.8) et passent par le **ganglion géniculé**, qui est un amas de corps cellulaires de neurones sensitifs. Les axones sensitifs se terminent dans le pont, tout près du bulbe rachidien. De là, les influx nerveux relatifs au goût sont transmis au thalamus puis à l'aire gustative primaire du cortex cérébral (aire ㊸ de la figure 14.15).

Les axones moteurs somatiques émergent d'un noyau situé dans le pont, traversent l'os temporal et innervent les muscles du visage, du cuir chevelu et du cou. Les influx nerveux qui se propagent le long de ces axones causent les contractions des muscles de l'expression du visage (mimique) et celles du muscle stylohyoïdien et du ventre postérieur du muscle digastrique.

Les axones moteurs parasympathiques qui font partie du nerf facial se terminent dans deux ganglions parasympathiques, le **ganglion ptérygopalatin** et le **ganglion submandibulaire** (voir la figure 15.3). D'autres axones parasympathiques partent de ces deux ganglions pour rejoindre les glandes lacrymales (qui sécrètent les larmes), les glandes nasales et les glandes palatines, ainsi que les glandes submandibulaires et sublinguales (qui sécrètent la salive).

LE NERF CRÂNIEN VIII : VESTIBULOCOCHLÉAIRE

Le **nerf vestibulocochléaire** (**VIII**) (*vestibulum* : vestibule, petite cavité ; *cochlea* : escargot) portait autrefois le nom de *nerf auditif*.

Ce nerf crânien mixte principalement sensitif possède deux branches, la branche vestibulaire et la branche cochléaire (figure 14.23). La **branche vestibulaire** transmet les influx nerveux relatifs à l'équilibre ; la **branche cochléaire** transmet les influx nerveux de l'audition. Les branches vestibulaire et cochléaire fusionnent à leur sortie du méat acoustique interne pour former le nerf vestibulocochléaire.

Les axones sensitifs de la branche vestibulaire proviennent des cellules neurosensorielles ciliées qui jouent le rôle de récepteurs de l'équilibre. Ces récepteurs sensoriels sont situés dans les canaux semi-circulaires (ampoules) et dans le vestibule (saccule et utricule) de l'oreille interne. Ces axones sensitifs s'étendent jusqu'aux **ganglions vestibulaires**, où sont situés leurs corps cellulaires (voir les figures 17.16 et 17.19b), et pénètrent ensuite dans le méat acoustique interne. Enfin, ils se terminent dans les noyaux vestibulaires du pont. Certains axones sensitifs entrent également dans le cervelet par le pédoncule cérébelleux inférieur. Quant aux axones moteurs de la branche vestibulaire, ils vont du pont aux cellules neurosensorielles ciliées des canaux semi-circulaires, du saccule et de l'utricule. Les influx moteurs règlent la sensibilité des cellules neurosensorielles ciliées.

Les axones sensitifs de la branche cochléaire proviennent des cellules neurosensorielles ciliées qui jouent le rôle de récepteurs de l'ouïe. Ces récepteurs sensoriels font partie de l'organe spiral (ou organe de Corti), qui est logé dans la cochlée de l'oreille interne. Ces axones sensitifs vont jusqu'au **ganglion spiral** de la cochlée, où se trouvent leurs corps cellulaires, et pénètrent ensuite

FIGURE 14.23 Le nerf vestibulocochléaire (VIII).

La branche vestibulaire transmet les influx nerveux de l'équilibre ; la branche cochléaire transmet ceux de l'audition.

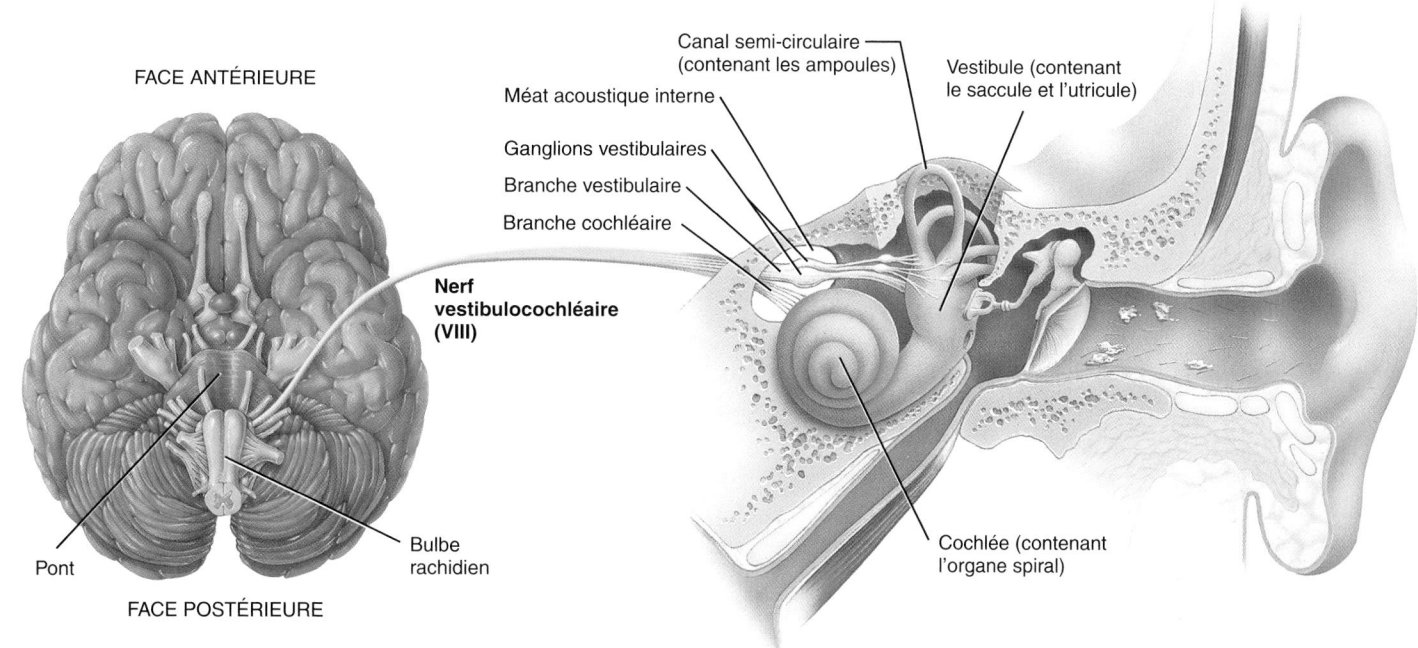

FACE ANTÉRIEURE

Méat acoustique interne

Ganglions vestibulaires

Branche vestibulaire

Branche cochléaire

Nerf vestibulocochléaire (VIII)

Canal semi-circulaire (contenant les ampoules)

Vestibule (contenant le saccule et l'utricule)

Cochlée (contenant l'organe spiral)

Pont

Bulbe rachidien

FACE POSTÉRIEURE

Q Quelles sont les structures qui se trouvent dans les ganglions vestibulaires et spiral ?

dans le méat acoustique interne (voir les figures 17.16 et 17.19b). De là, les axones rejoignent les noyaux du bulbe rachidien. Du bulbe rachidien, les influx sensitifs sont transmis au thalamus, qui les relaie vers l'aire auditive primaire (aires ④ et ④ de la figure 14.15) du cortex cérébral. Les axones moteurs de la branche cochléaire vont du pont aux cellules neurosensorielles ciliées de l'organe spiral. Les influx moteurs règlent la sensibilité des cellules neurosensorielles ciliées en modifiant leur réponse aux ondes sonores.

LE NERF CRÂNIEN IX : GLOSSOPHARYNGIEN

Le **nerf glossopharyngien (IX)** (*glôssa* : langue ; *pharugx* : gorge) est un nerf crânien mixte. Les axones sensitifs proviennent des caliculus gustatifs et des récepteurs sensoriels somatiques du tiers postérieur de la langue, des propriocepteurs des muscles de la déglutition innervés par la partie motrice, des barorécepteurs du sinus carotidien et des chimiorécepteurs du glomus carotidien, près de l'artère carotide (figure 14.24). Les corps cellulaires de ces neurones sen-

sitifs sont situés dans le ganglion inférieur du nerf glossopharyngien, ou ganglion d'Andersch, et le ganglion supérieur du nerf glossopharyngien, ou ganglion d'Ehrenritter. De ces ganglions, les axones sensitifs traversent le crâne par le foramen jugulaire (voir la figure 7.7) et se terminent dans le bulbe rachidien.

Les axones moteurs du nerf glossopharyngien émergent de noyaux du bulbe rachidien et sortent du crâne par le foramen jugulaire. Les neurones moteurs somatiques innervent le muscle stylopharyngien – muscle élévateur du pharynx et du larynx. Les neurones moteurs autonomes (parasympathiques) stimulent la glande parotide pour qu'elle sécrète de la salive. Certains corps cellulaires des neurones moteurs parasympathiques se trouvent dans le **ganglion otique**.

LE NERF CRÂNIEN X : VAGUE

Le **nerf vague (X)** (*vagus* : vagabond), également appelé *nerf pneumogastrique*, est un nerf crânien mixte qui part de la tête et du cou pour s'enfoncer jusque dans le thorax et l'abdomen (figure 14.25).

FIGURE 14.24 Le nerf glossopharyngien (IX).

Les axones sensitifs du nerf glossopharyngien acheminent les signaux provenant des caliculus gustatifs.

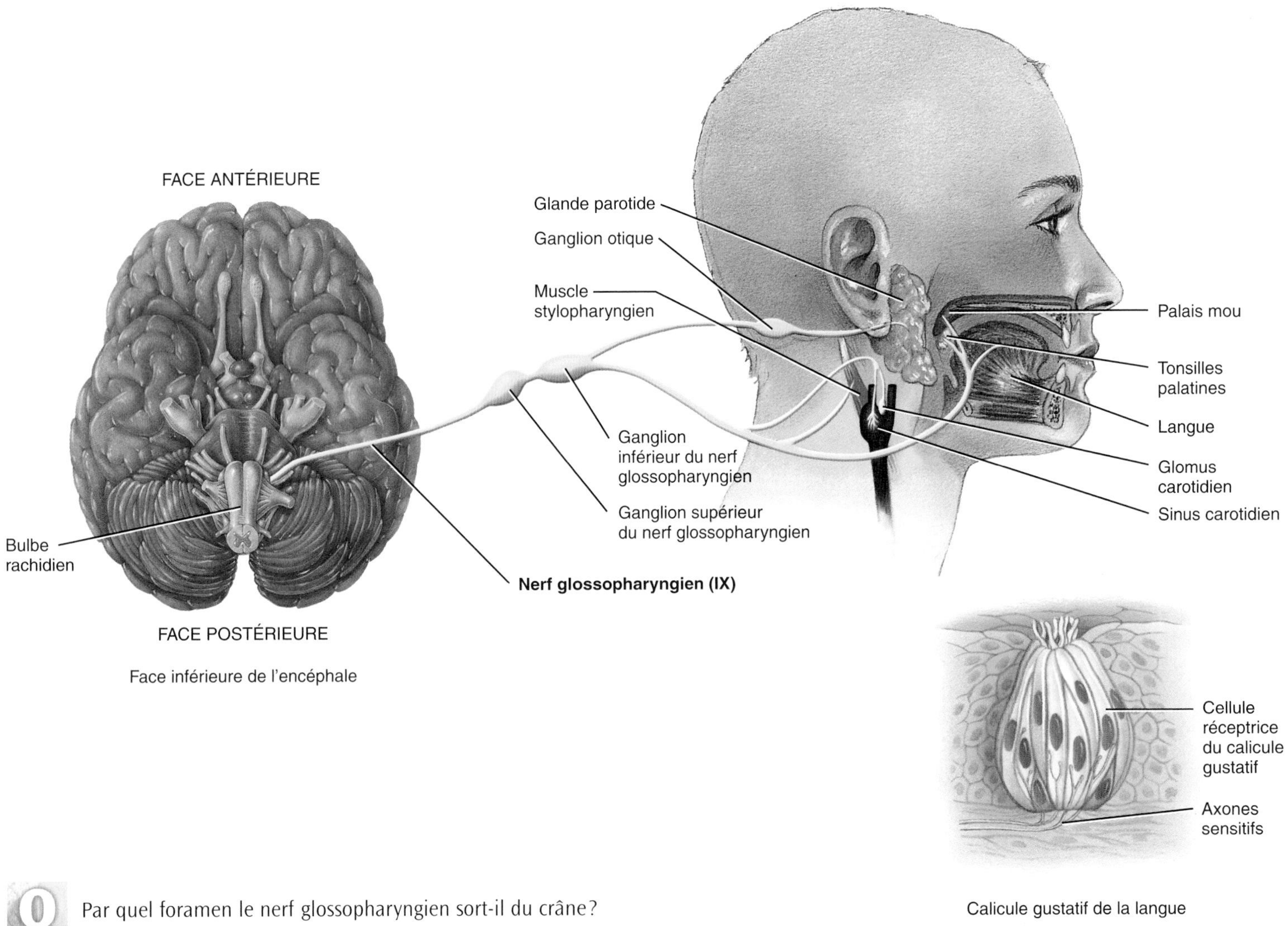

FACE ANTÉRIEURE

Glande parotide

Ganglion otique

Muscle stylopharyngien

Palais mou

Tonsilles palatines

Langue

Glomus carotidien

Sinus carotidien

Ganglion inférieur du nerf glossopharyngien

Ganglion supérieur du nerf glossopharyngien

Nerf glossopharyngien (IX)

Bulbe rachidien

FACE POSTÉRIEURE

Face inférieure de l'encéphale

Cellule réceptrice du calicule gustatif

Axones sensitifs

Par quel foramen le nerf glossopharyngien sort-il du crâne ?

Calicule gustatif de la langue

FIGURE 14.25 Le nerf vague (X).

Le nerf vague possède un réseau d'innervation très vaste qui couvre la tête, le cou, le thorax et l'abdomen.

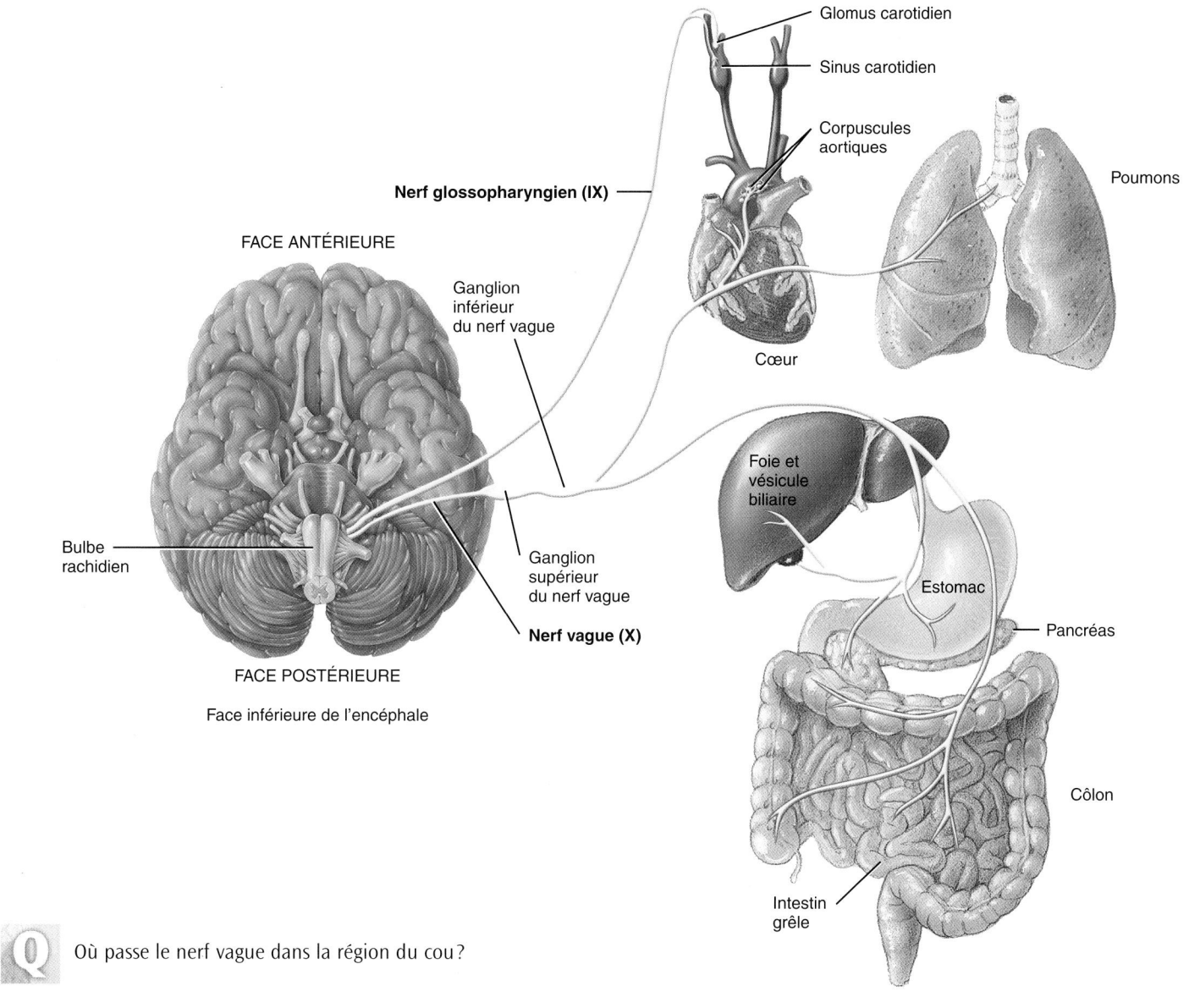

FACE ANTÉRIEURE

FACE POSTÉRIEURE

Face inférieure de l'encéphale

Q Où passe le nerf vague dans la région du cou?

Le nerf doit son nom au fait que son réseau d'innervation est très vaste. Dans le cou, il longe la veine jugulaire interne et l'artère carotide dans leurs parties médiale et postérieure.

Les axones sensitifs du nerf vague proviennent de quelques calicules gustatifs de l'épiglotte et du pharynx, ainsi que des propriocepteurs des muscles du cou et de la gorge. Des axones sensitifs émergent en outre des barorécepteurs de l'arc aortique, des chimiorécepteurs des corpuscules aortiques et des récepteurs sensoriels viscéraux de la plupart des organes des cavités thoracique et abdominale. Les axones sensitifs passent par le foramen jugulaire et se terminent dans le bulbe rachidien et le pont.

Les axones moteurs du nerf vague émergent de noyaux du bulbe rachidien; la plupart sont des axones parasympathiques (SNA), à l'exception d'axones moteurs somatiques qui innervent

des muscles squelettiques contribuant à la déglutition. Les axones moteurs parasympathiques du nerf vague se terminent dans les poumons et dans le cœur; ils innervent en outre les glandes du tube digestif ainsi que les muscles lisses des voies respiratoires, de l'œsophage, de l'estomac, de la vésicule biliaire, de l'intestin grêle et de la majeure partie du gros intestin (voir la figure 15.3).

LE NERF CRÂNIEN XI: ACCESSOIRE

Le **nerf accessoire** (**XI**) est un nerf crânien mixte. Il diffère de tous les autres nerfs crâniens en ceci qu'il émerge *à la fois* du tronc cérébral, par une racine crânienne, et de la moelle épinière, par une racine spinale (figure 14.26). La **racine crânienne** est motrice; elle émerge de noyaux du bulbe rachidien, passe par le foramen jugulaire et innerve les muscles volontaires du pharynx, du larynx et

FIGURE 14.26 Le nerf accessoire (XI).

 Le nerf accessoire sort du crâne par le foramen jugulaire.

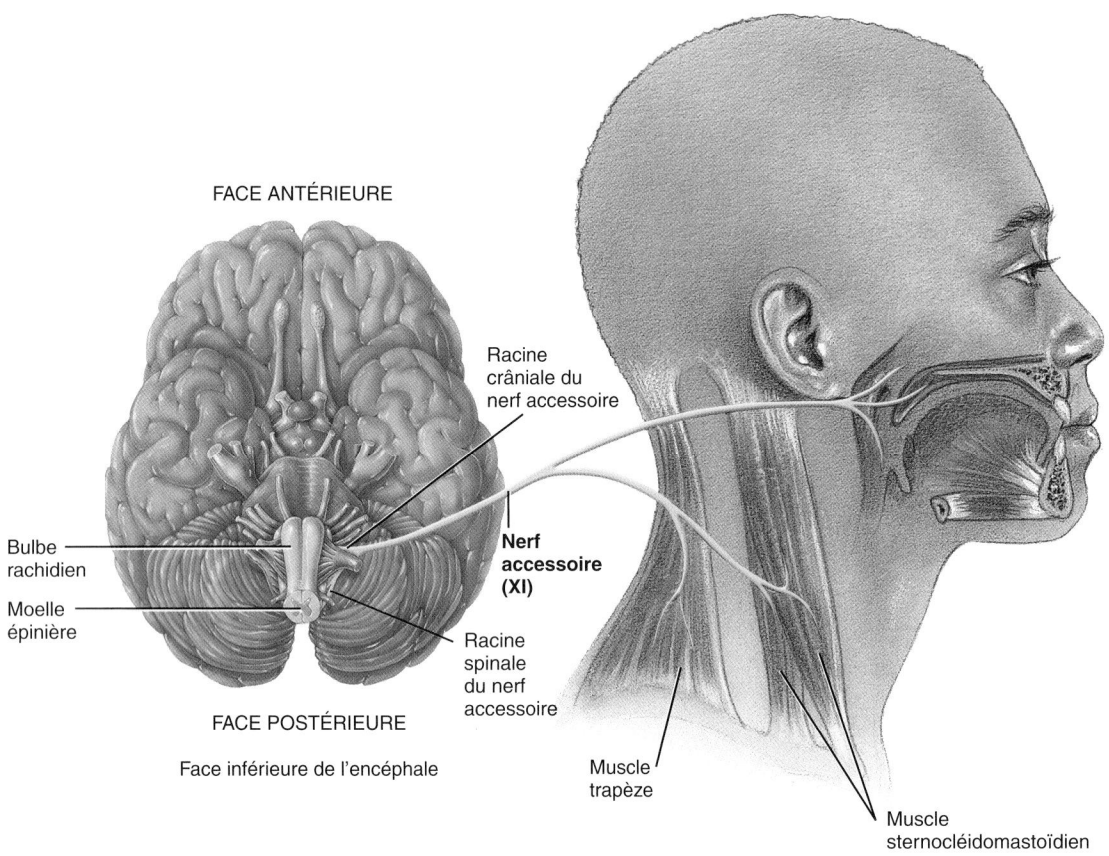

FACE ANTÉRIEURE

Racine crâniale du nerf accessoire

Bulbe rachidien

Moelle épinière

Nerf accessoire (XI)

Racine spinale du nerf accessoire

FACE POSTÉRIEURE

Face inférieure de l'encéphale

Muscle trapèze

Muscle sternocléidomastoïdien

Q En quoi le nerf accessoire se distingue-t-il de tous les autres nerfs crâniens?

du palais mou qui interviennent dans la déglutition. La **racine spinale** est mixte, mais principalement motrice. Ses axones moteurs émergent de la corne ventrale des cinq premiers segments cervicaux de la moelle épinière, puis se rejoignent, traversent le foramen magnum et sortent par le foramen jugulaire avec les axones de la racine crâniale (voir la figure 7.7). La racine spinale achemine les influx moteurs jusqu'aux muscles sternocléidomastoïdien et trapèze afin de coordonner les mouvements de la tête. Les axones sensitifs de la racine spinale proviennent des propriocepteurs des muscles (sternocléidomastoïdien et trapèze) innervés par ses neurones moteurs et se terminent dans le bulbe rachidien.

LE NERF CRÂNIEN XII: HYPOGLOSSE

Le **nerf hypoglosse (XII)** (*hupo*: au-dessous; *glôssa*: langue) est un nerf crânien mixte. Les axones sensitifs proviennent des pro-priocepteurs des muscles de la langue et se terminent dans le bulbe rachidien (figure 14.27). Ils acheminent les influx nerveux de la proprioception. Les axones moteurs somatiques émergent d'un noyau du bulbe rachidien, passent dans le canal du nerf hypoglosse et innervent les muscles de la langue. Ces axones moteurs transmettent les influx nerveux de la parole et de la déglutition.

Le tableau 14.4 décrit les nerfs crâniens et résume les applications cliniques correspondant à leur dysfonctionnement.

▶ **POINT DE CONTRÔLE**

22. Comment les nerfs crâniens sont-ils nommés et numérotés?

23. Qu'est-ce qui différencie un nerf crânien mixte d'un nerf crânien sensitif?

24. Pour chacun des 12 nerfs crâniens, indiquez un test qui pourrait révéler la présence d'une lésion.

FIGURE 14.27 Le nerf hypoglosse (XII).

Le nerf hypoglosse sort du crâne par le canal du nerf hypoglosse.

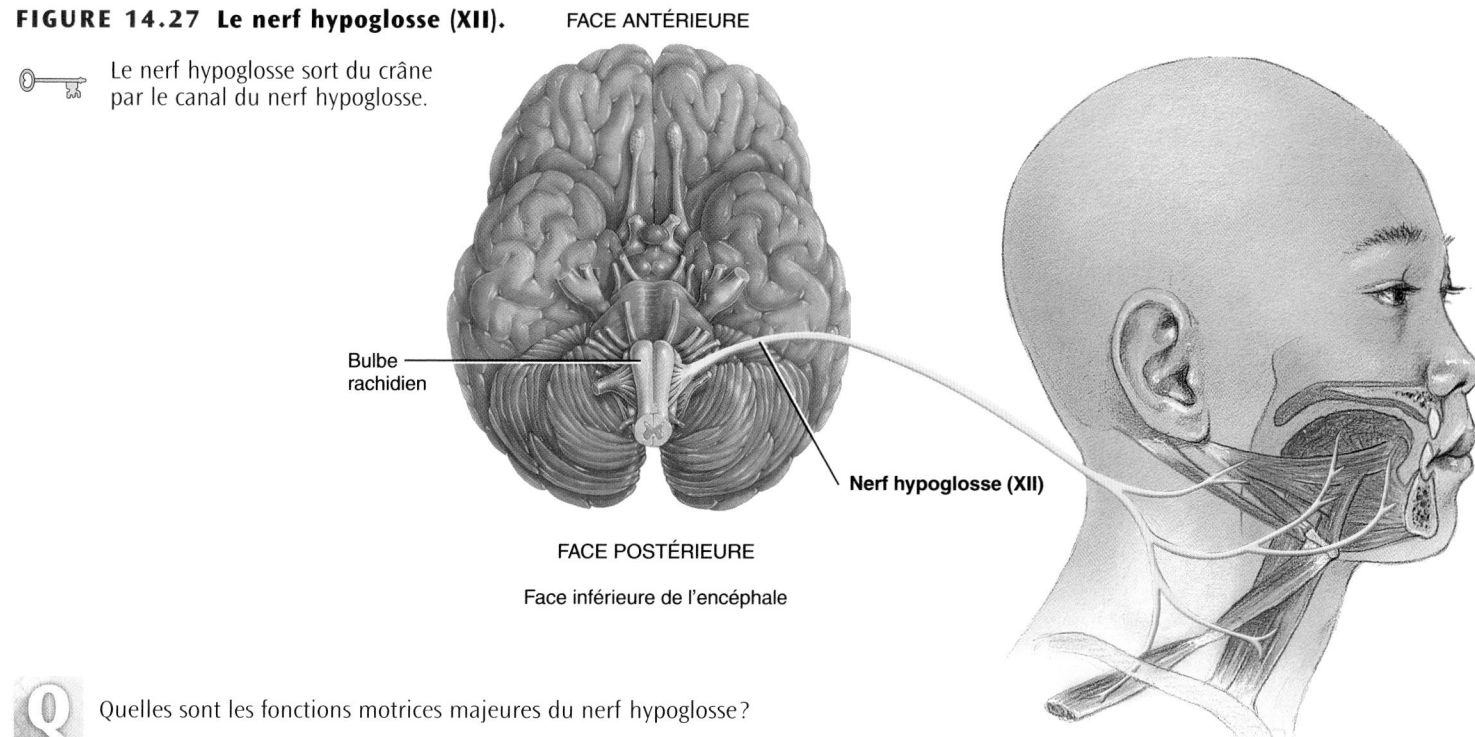

FACE ANTÉRIEURE

Bulbe rachidien

Nerf hypoglosse (XII)

FACE POSTÉRIEURE

Face inférieure de l'encéphale

Q Quelles sont les fonctions motrices majeures du nerf hypoglosse?

TABLEAU 14.4 RÉSUMÉ DES NERFS CRÂNIENS

Nom et numéro	Type et parcours	Fonctions et application clinique
Nerf olfactif (I) 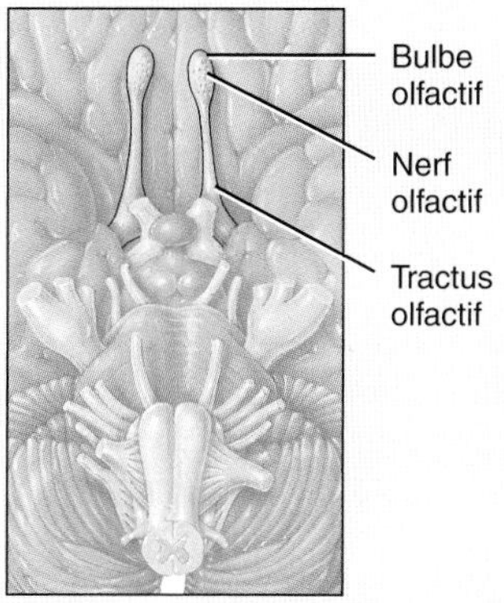 Bulbe olfactif Nerf olfactif Tractus olfactif	**Sensitif** Formé de faisceaux d'axones sensitifs provenant de l'épithélium de la région olfactive de la muqueuse du nez, passe par les foramens de la lame criblée de l'ethmoïde et se termine dans le bulbe olfactif. Du bulbe olfactif, les axones du tractus olfactif s'étendent ensuite jusque dans l'aire olfactive primaire du cortex cérébral.	*Fonction*: Odorat. *Application clinique*: La perte du sens de l'odorat porte le nom d'*anosmie*. Elle peut être due à une altération de l'épithélium olfactif par un traumatisme crânien avec fracture de la lame criblée de l'ethmoïde, ou à des lésions de la voie olfactive.
Nerf optique (II) 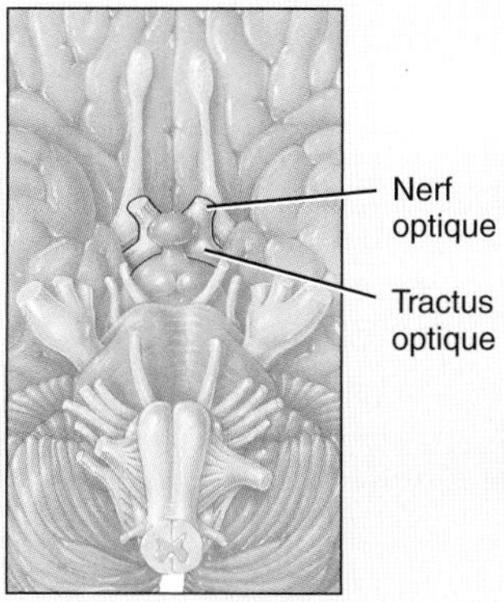 Nerf optique Tractus optique	**Sensitif** Formé d'axones sensitifs provenant de la rétine, passe dans le canal optique, forme le chiasma optique puis le tractus optique et se termine dans le corps géniculé latéral du thalamus, où la plupart des axones font synapse. De là, les axones thalamiques s'étendent jusque dans l'aire visuelle primaire du cortex cérébral.	*Fonction*: Vision. *Application clinique*: Les fractures de l'orbite, les lésions du globe oculaire et de la voie visuelle ainsi que les maladies du système nerveux peuvent provoquer des anomalies du champ visuel et une perte de l'acuité visuelle. La cécité due à une anomalie ou à la perte d'un œil ou des deux yeux porte le nom d'*anopsie*.

TABLEAU 14.4 RÉSUMÉ DES NERFS CRÂNIENS *(suite)*

NOM ET NUMÉRO	TYPE ET PARCOURS	FONCTIONS ET APPLICATION CLINIQUE

NERF OCULOMOTEUR (III)

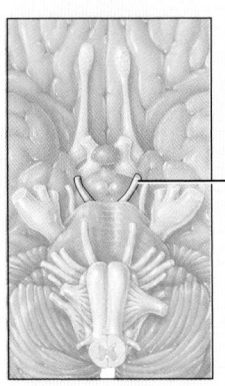

Nerf oculomoteur

Mixte (principalement moteur)

Partie sensitive: Formée d'axones sensitifs provenant des propriocepteurs des muscles du globe oculaire; ces axones passent par la fissure orbitaire supérieure et se terminent dans le mésencéphale.

Partie motrice: Formée d'axones moteurs qui émergent du mésencéphale et passent par la fissure orbitaire supérieure. Les axones moteurs somatiques innervent le muscle élévateur de la paupière supérieure et quatre muscles extrinsèques du globe oculaire (muscles droit supérieur, droit médial, droit inférieur et oblique inférieur). Les axones moteurs parasympathiques innervent le muscle ciliaire et le muscle sphincter de la pupille.

Fonction sensitive: Proprioception.

Fonction motrice somatique: Mouvements de la paupière supérieure et du globe oculaire.

Fonction motrice autonome (parasympathique): Accommodation du cristallin pour la vision de près et ajustement de l'ouverture de la pupille à la quantité de lumière.

Application clinique: Les lésions de ce nerf causent le *strabisme* (défaut de parallélisme des yeux), le *ptosis* (affaissement) de la paupière supérieure, la dilatation de la pupille, la rotation vers le bas et vers l'extérieur du globe oculaire du côté atteint, la perte de l'accommodation pour la vision de près et la *diplopie* (vision double).

NERF TROCHLÉAIRE (IV)

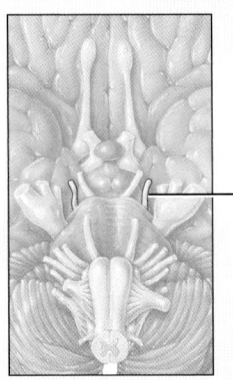

Nerf trochléaire

Mixte (principalement moteur)

Partie sensitive: Formée d'axones sensitifs provenant des propriocepteurs du muscle oblique supérieur; ces axones passent par la fissure orbitaire supérieure et se terminent dans le mésencéphale.

Partie motrice: Formée d'axones moteurs qui émergent du mésencéphale et qui passent par la fissure orbitaire supérieure. Ces axones innervent le muscle oblique supérieur, muscle extrinsèque du globe oculaire.

Fonction sensitive: Proprioception.

Fonction motrice somatique: Mouvements du globe oculaire.

Application clinique: La paralysie du nerf trochléaire entraîne la diplopie et le strabisme.

NERF TRIJUMEAU (V)

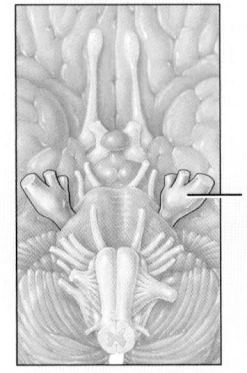

Nerf trijumeau

Mixte

Partie sensitive: Formée de trois branches qui se terminent toutes dans le pont.

1) Le **nerf ophtalmique** (*ophtalmos*: œil) contient des axones sensitifs provenant de la peau de la paupière supérieure, du globe oculaire, des glandes lacrymales, de la partie supérieure de la cavité nasale, du côté du nez, du front et de la moitié antérieure du cuir chevelu; ces axones passent par la fissure orbitaire supérieure.

2) Le **nerf maxillaire** (*maxilla*: mâchoire) contient des axones sensitifs provenant de la muqueuse nasale, du palais, de certaines parties du pharynx, des dents du haut, de la lèvre supérieure et de la paupière inférieure; ces axones passent par le foramen rond de l'os sphénoïde.

3) Le **nerf mandibulaire** (*mandibula*: mâchoire) contient des axones sensitifs provenant des deux tiers antérieurs de la langue (axones non impliqués dans le sens du goût), de la joue et de sa muqueuse sous-jacente, des dents du bas, de la peau recouvrant la mandibule et le côté de la tête (devant l'oreille) ainsi que de la muqueuse du plancher de la bouche; ces axones sensitifs passent par le foramen ovale de l'os sphénoïde.

Partie motrice: Appartient au nerf mandibulaire, dont les axones moteurs somatiques émergent du pont, passent par le foramen ovale de l'os sphénoïde et innervent les muscles de la mastication (muscles masséter, temporal, ptérygoïdien médial et ptérygoïdien latéral; ventre antérieur du muscle digastrique; muscle mylohyoïdien).

Fonction sensitive: Achemine les influx du toucher, de la douleur, de la température et de la proprioception.

Fonction motrice somatique: Mastication.

Application clinique: La *névralgie* (douleur) d'une ou de plusieurs branches du nerf trijumeau porte le nom de *névralgie essentielle du trijumeau*, ou *tic douloureux de la face*. Les lésions du nerf mandibulaire peuvent entraîner la paralysie des muscles de la mastication ainsi que la perte des sensations tactiles, thermiques et proprioceptives dans la partie inférieure du visage. Les dentistes anesthésient les branches du nerf maxillaire pour traiter les dents du haut, et celles du nerf mandibulaire pour traiter les dents du bas.

NERF ABDUCENS (VI)

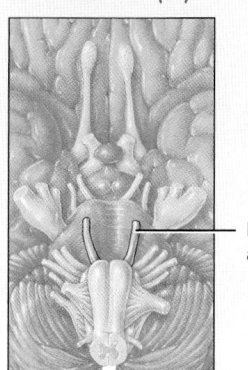

Nerf abducens

Mixte (principalement moteur)

Partie sensitive: Formée d'axones sensitifs provenant des propriocepteurs du muscle droit latéral ; ces axones passent par la fissure orbitaire supérieure et se terminent dans le pont.

Partie motrice: Formée d'axones moteurs somatiques qui émergent du pont, près du sillon situé entre le pont et le bulbe rachidien ; ces axones moteurs passent par la fissure orbitaire supérieure et innervent le muscle droit latéral, muscle extrinsèque du globe oculaire.

Fonction sensitive: Proprioception.

Fonction motrice somatique: Mouvements d'abduction du globe oculaire.

Application clinique: Les lésions du nerf abducens empêchent les mouvements latéraux du globe oculaire (vers l'extérieur) et causent généralement une rotation médiale du globe oculaire.

NERF FACIAL (VII)

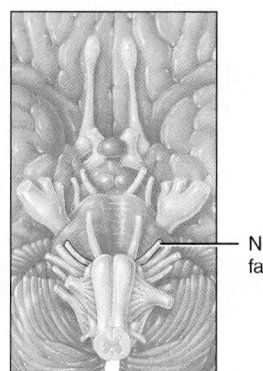

Nerf facial

Mixte

Partie sensitive: Formée d'axones sensitifs provenant des calicules gustatifs situés sur les deux tiers antérieurs de la langue. Ces axones passent par le foramen stylo-mastoïdien et le ganglion géniculé (situé à côté du nerf facial) et se terminent dans le pont. De là, les axones vont jusqu'au thalamus puis jusqu'à l'aire gustative primaire du cortex cérébral. Contient aussi des axones sensitifs provenant des propriocepteurs des muscles du visage et du cuir chevelu.

Partie motrice: Formée d'axones moteurs qui émergent du pont et passent par le foramen stylomastoïdien. Les axones des neurones moteurs somatiques innervent les muscles du visage, du cuir chevelu et du cou. Les axones moteurs parasympathiques innervent les glandes lacrymales, sublinguales, submandibulaires, nasales et palatines.

Fonction sensitive: Proprioception et goût.

Fonction motrice somatique: Expressions du visage.

Fonction motrice autonome (parasympathique): Sécrétion de la salive et des larmes.

Application clinique: Les lésions du nerf facial causées par une infection virale (zona) ou bactérienne (maladie de Lyme) entraînent la *paralysie de Bell* (paralysie des muscles du visage), une perte du goût, une diminution de la sécrétion salivaire et la perte de la capacité de fermer les yeux, même pendant le sommeil.

NERF VESTIBULOCOCHLÉAIRE (VIII)

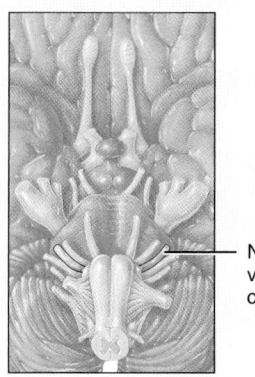

Nerf vestibulo-cochléaire

Mixte (principalement sensitif)

Branche vestibulaire du nerf, partie sensitive: Formée d'axones sensitifs provenant des récepteurs de l'équilibre situés dans les canaux semi-circulaires (ampoules) et le vestibule (saccule et utricule) ; leurs corps cellulaires forment les ganglions vestibulaires. Les axones sensitifs se terminent dans le pont et le cervelet.

Branche vestibulaire du nerf, partie motrice: Formée d'axones moteurs qui émergent du pont et se terminent dans les cellules ciliées des canaux semi-circulaires (ampoules) et du vestibule (saccule et utricule).

Branche cochléaire du nerf, partie sensitive: Formée d'axones sensitifs provenant de l'organe spiral ; leurs corps cellulaires forment le ganglion spiral. De là, les axones rejoignent les noyaux du bulbe rachidien. Du bulbe rachidien, les influx sensitifs sont transmis au thalamus, qui les relaie vers l'aire auditive primaire du cortex cérébral.

Branche cochléaire du nerf, partie motrice: Formée d'axones moteurs qui émergent du pont et se terminent dans les cellules sensorielles ciliées de l'organe spiral.

Les deux branches, vestibulaire et cochléaire, fusionnent à la sortie du méat acoustique interne et forment le nerf vestibulocochléaire.

Fonction sensitive de la branche vestibulaire du nerf: Transmet les influx nerveux relatifs à l'équilibre.

Fonction motrice de la branche vestibulaire du nerf: Règle la sensibilité des cellules ciliées.

Fonction sensitive de la branche cochléaire du nerf: Transmet les influx nerveux de l'audition.

Fonction motrice de la branche cochléaire du nerf: Influe sur le fonctionnement des cellules ciliées en modifiant leur réponse aux ondes sonores.

Application clinique: Les lésions de la branche vestibulaire du nerf peuvent causer le *vertige* (l'impression que tout tourne autour de soi ou que son propre corps est instable), l'*ataxie* (manque de coordination musculaire) et le *nystagmus* (mouvements saccadés et involontaires du globe oculaire). Les lésions du nerf cochléaire peuvent causer des *acouphènes* (bourdonnements d'oreille) ou la surdité.

TABLEAU 14.4 RÉSUMÉ DES NERFS CRÂNIENS *(suite)*

NOM ET NUMÉRO	TYPE ET PARCOURS	FONCTIONS ET APPLICATION CLINIQUE
NERF GLOSSOPHARYNGIEN (IX) 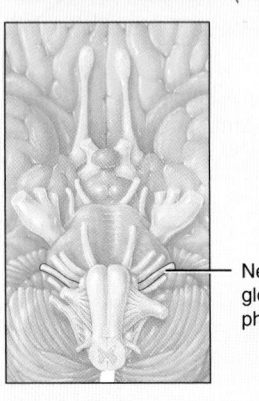 Nerf glosso-pharyngien	**Mixte** *Partie sensitive*: Formée d'axones sensitifs provenant des calicules gustatifs et des récepteurs sensoriels somatiques du tiers postérieur de la langue, des propriocepteurs des muscles de la déglutition innervés par la partie motrice, des barorécepteurs du sinus carotidien et des chimiorécepteurs du glomus carotidien, près de l'artère carotide. Les axones passent par le foramen jugulaire et se terminent dans le bulbe rachidien. *Partie motrice*: Formée d'axones moteurs qui émergent du bulbe rachidien et passent par le foramen jugulaire. Les axones moteurs somatiques innervent le muscle stylopharyngien, muscle du pharynx qui élève le larynx à la déglutition. Les axones moteurs parasympathiques innervent la glande parotide (salivaire).	*Fonction sensitive*: Goût et sensations somatiques (toucher, douleur, température) sur le tiers postérieur de la langue; proprioception dans les muscles de la déglutition; surveillance de la pression artérielle; surveillance de la concentration sanguine en O_2 et en CO_2 pour la régulation de la fréquence et de l'amplitude respiratoires. *Fonction motrice somatique*: Élévation du pharynx pendant la déglutition et la parole. *Fonction motrice autonome (parasympathique)*: Stimulation de la sécrétion de salive. *Application clinique*: Les lésions du nerf glossopharyngien entraînent des difficultés de déglutition, une diminution de la sécrétion de salive, une perte de sensibilité dans la gorge et une perte des sensations gustatives.
NERF VAGUE (X) 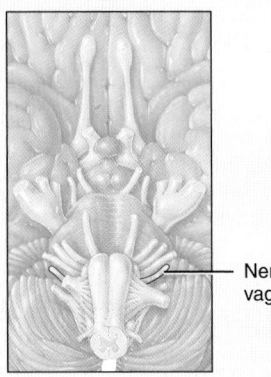 Nerf vague	**Mixte** *Partie sensitive*: Formée d'axones sensitifs provenant des quelques calicules gustatifs de l'épiglotte et du pharynx, des propriocepteurs des muscles du cou et de la gorge, des barorécepteurs de l'arc aortique, des chimiorécepteurs des corpuscules aortiques (près de l'arc aortique) et des récepteurs sensoriels viscéraux de la plupart des organes des cavités thoracique et abdominale. Les axones sensitifs passent par le foramen jugulaire et se terminent dans le bulbe rachidien et le pont. *Partie motrice*: Formée d'axones moteurs qui émergent du bulbe rachidien et passent par le foramen jugulaire. Les axones moteurs somatiques innervent les muscles squelettiques de la gorge et du cou. Les axones moteurs parasympathiques innervent les muscles lisses des voies respiratoires, de l'œsophage, de l'estomac, de l'intestin grêle, de la majeure partie du gros intestin et de la vésicule biliaire; ils innervent aussi le muscle cardiaque et les glandes du tube digestif. Le nerf vague est le seul nerf crânien à quitter la tête et le cou. Il s'étend jusque dans le thorax et l'abdomen.	*Fonction sensitive*: Goût et sensations somatiques (toucher, douleur, température et proprioception) dans l'épiglotte et le pharynx; surveillance de la pression artérielle; surveillance de la concentration sanguine en O_2 et en CO_2 pour la régulation de la fréquence et de l'amplitude respiratoires; sensibilité des viscères du thorax et de l'abdomen. *Fonction motrice somatique*: Déglutition, toux et phonation. *Fonction motrice autonome (parasympathique)*: Contraction et relâchement des muscles lisses des organes digestifs; ralentissement du battement cardiaque; sécrétion des sucs digestifs. *Application clinique*: Les lésions du nerf vague suppriment les sensations provenant de nombreux organes des cavités thoracique et abdominale, entravent la déglutition, paralysent les cordes vocales et causent une accélération du battement cardiaque.
NERF ACCESSOIRE (XI) 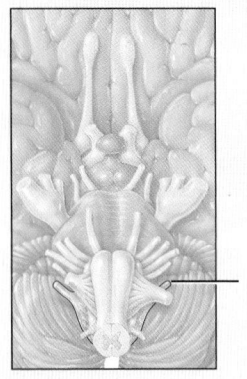 Nerf accessoire	**Mixte (principalement moteur)** *Partie sensitive*: Formée d'axones sensitifs provenant des propriocepteurs des muscles du pharynx, du larynx et du palais mou; ces axones passent par le foramen jugulaire et se terminent dans le bulbe rachidien. *Partie motrice*: Formée d'une racine crâniale et d'une racine spinale qui s'unissent pour former le nerf accessoire juste avant de passer par le foramen jugulaire. Les axones moteurs somatiques de la *racine crâniale* émergent du bulbe rachidien, passent par le foramen jugulaire et innervent les muscles du pharynx, du larynx et du palais mou. Les axones moteurs somatiques de la *racine spinale* émergent de la corne ventrale des cinq premiers segments cervicaux de la moelle épinière, passent par le foramen jugulaire et innervent les muscles sternocléidomastoïdien et trapèze.	*Fonction sensitive*: Proprioception. *Fonction motrice somatique*: La racine crâniale régit les mouvements de déglutition; la racine spinale régit les mouvements de la tête et de l'épaule. *Application clinique*: Les lésions du nerf accessoire entraînent la paralysie des muscles sternocléidomastoïdien et trapèze, ce qui empêche la personne de hausser les épaules et la gêne considérablement pour tourner la tête.

NOM ET NUMÉRO	TYPE ET PARCOURS	FONCTIONS ET APPLICATION CLINIQUE

NERF HYPOGLOSSE (XII)

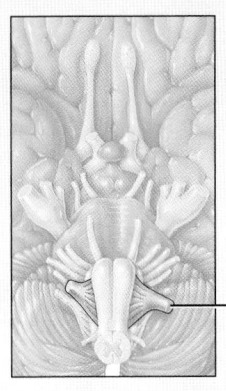

Nerf hypoglosse

Mixte (principalement moteur)

Partie sensitive : Formée d'axones sensitifs provenant des propriocepteurs des muscles de la langue ; ces axones passent par le canal du nerf hypoglosse et se terminent dans le bulbe rachidien.

Partie motrice : Formée d'axones moteurs somatiques qui émergent du bulbe rachidien, passent dans le canal du nerf hypoglosse et innervent les muscles de la langue.

Fonction sensitive : Proprioception.

Fonction motrice somatique : Mouvements de la langue pendant la parole et la déglutition.

Application clinique : Les lésions du nerf hypoglosse perturbent la mastication, la parole et la déglutition. Quand elle est tirée, la langue dévie du côté atteint ; de plus, le côté paralysé s'atrophie.

* La première lettre du nom des différents nerfs crâniens peut être mémorisée à l'aide d'une phrase inspirée d'une fable :

olfactif ;	optique ;	oculomoteur ;	trochléaire ;	trijumeau ;	abducens ;	facial ;	vestibulocochléaire ;	glossopharyngien ;	vague ;	accessoire ;	hypoglosse
« **O**yez !	**O**yez !	**O**bstinée,	**T**ortue	**T**enace	**a**		finalement **v**aincu ;	**G**rand	**V**antard **a**		**h**onte. »

LE DÉVELOPPEMENT EMBRYONNAIRE DU SYSTÈME NERVEUX

OBJECTIF

- Décrire le développement embryonnaire des différentes parties de l'encéphale.

Le développement du système nerveux s'amorce au cours de la troisième semaine de gestation avec l'apparition de la **plaque neurale**, qui est un épaississement de l'**ectoderme** (figure 14.28). La plaque neurale s'invagine ensuite et forme le **sillon neural**. Puis les bords de la plaque neurale s'élèvent, formant des **plis neuraux** qui délimitent une dépression, la **gouttière neurale**. Au fil du développement, ces bourrelets s'allongent, se rapprochent et fusionnent, constituant ainsi le **tube neural**.

Trois couches de cellules se différencient à partir de la paroi interne du tube neural. Les cellules de la couche superficielle, appelée **couche marginale du tube neural**, forment la *substance blanche* du système nerveux. Les cellules de la couche intermédiaire, nommée **zone du manteau du tube neural**, forment la *substance grise*. Les cellules de la couche profonde, appelée **couche épendymaire du tube neural**, forment le *revêtement du canal central de la moelle épinière et des ventricules cérébraux*.

La **crête neurale** est une masse de tissu située entre le tube neural et l'ectoderme (figure 14.28b). Après sa différenciation, elle donne les *ganglions spinaux*, les *nerfs spinaux*, les *ganglions des nerfs crâniens*, les *nerfs crâniens*, les *ganglions du système nerveux autonome*, les *médulla surrénales* et les *méninges*.

Ainsi que nous l'avons vu au début de ce chapitre, la partie antérieure du tube neural forme trois renflements dans les troisième et quatrième semaines du développement embryonnaire ; ce sont les **vésicules encéphaliques primitives**. Leurs noms indiquent leur emplacement relatif : le **prosencéphale** (ou cerveau antérieur ; *pro :* en avant), le **mésencéphale** (ou cerveau moyen ; *mesos :* au milieu) et le **rhombencéphale** (ou cerveau postérieur ; *rhombos :* losange) (figure 14.29a et tableau 14.1). Dans la cinquième semaine du développement embryonnaire se constituent les **vésicules encéphaliques secondaires**. Le prosencéphale en forme deux, le **télencéphale** (*telos :* accomplissement, fin) et le **diencéphale** (*dia :* à travers) (figure 14.29b). Le rhombencéphale forme aussi deux vésicules encéphaliques secondaires, le **métencéphale** (*meta :* après) et le **myélencéphale** (*myelos :* moelle). La partie du tube neural située en dessous du myélencéphale donne la *moelle épinière*.

Les vésicules encéphaliques poursuivent leur développement de la façon suivante (figure 14.29c, d et tableau 14.1) :

- Le télencéphale forme les *hémisphères cérébraux* (y compris les *noyaux gris centraux*) et abrite les deux *ventricules latéraux*.
- Le diencéphale forme le *thalamus*, l'*hypothalamus* et l'*épithalamus*.
- Le mésencéphale se développe en pédoncules cérébraux et en colliculus qui entourent l'*aqueduc du mésencéphale*.
- Le métencéphale forme le *pont* et le *cervelet* ; il abrite une partie du *quatrième ventricule*.
- Le myélencéphale forme le *bulbe rachidien* et abrite la partie restante du *quatrième ventricule*.

La carence en acide folique, une vitamine du groupe B, au cours des premières semaines du développement embryonnaire est en cause dans deux malformations du tube neural, le spina bifida (voir p. 240) et l'anencéphalie (absence de crâne et d'hémisphères cérébraux ; voir p. 1212). De nombreux aliments sont maintenant enrichis en acide folique, notamment des produits céréaliers (pains

FIGURE 14.28 L'origine du système nerveux. (a) Vue dorsale d'un embryon dont les bourrelets neuraux (délimitant la gouttière neurale) commencent à fusionner pour former le tube neural. (b) Coupes transversales de l'embryon montrant le tube neural en formation.

 Le développement du système nerveux s'amorce dans la troisième semaine de gestation à partir d'un épaississement de l'ectoderme : la plaque neurale.

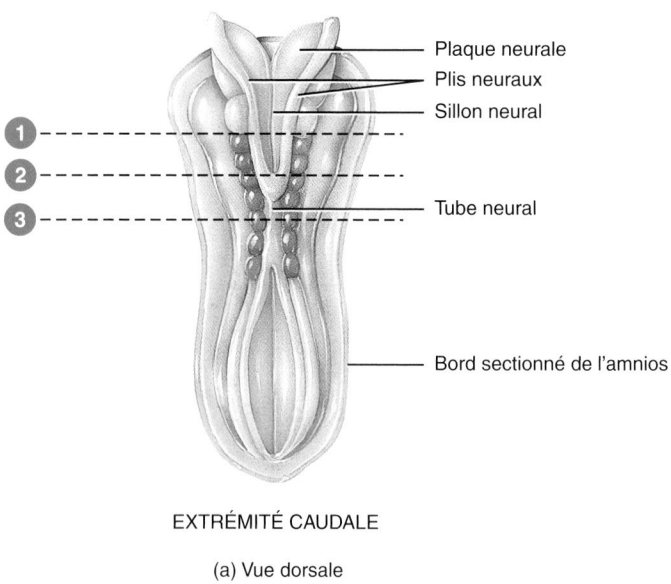

EXTRÉMITÉ CRÂNIENNE

Plaque neurale
Plis neuraux
Sillon neural

Tube neural

Bord sectionné de l'amnios

EXTRÉMITÉ CAUDALE

(a) Vue dorsale

Q Quelle est l'origine de la substance grise du système nerveux ?

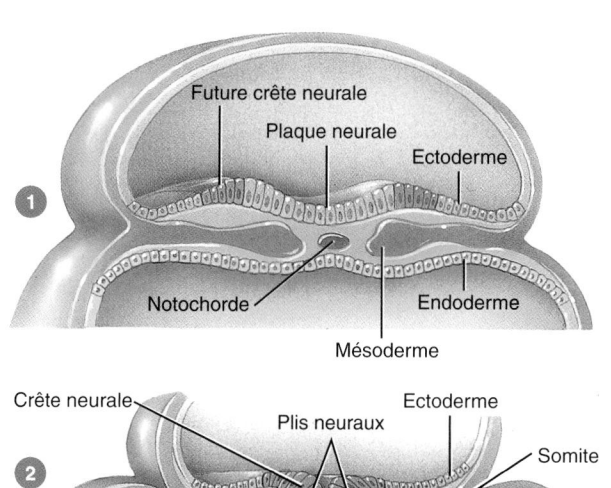

Future crête neurale
Plaque neurale
Ectoderme
Notochorde
Endoderme
Mésoderme

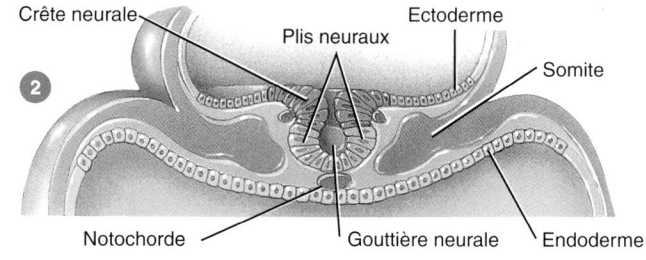

Crête neurale
Plis neuraux
Ectoderme
Somite
Notochorde
Gouttière neurale
Endoderme

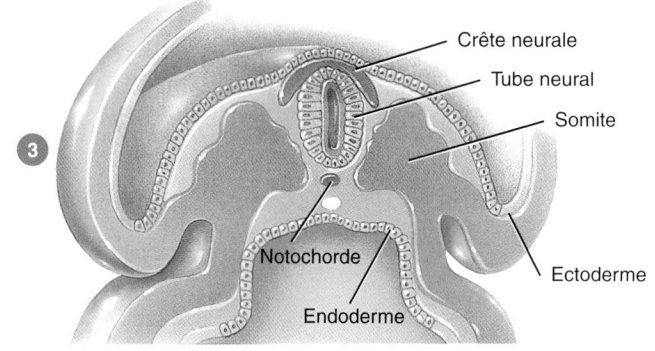

Crête neurale
Tube neural
Somite
Notochorde
Ectoderme
Endoderme

(b) Coupes transversales

ou céréales pour le petit déjeuner). Toutefois, la fréquence des deux malformations diminue considérablement chez les femmes qui prennent des suppléments d'acide folique.

▶ **POINT DE CONTRÔLE**

25. Quelles sont les parties de l'encéphale qui se forment à partir de chacune des vésicules encéphaliques primitives ?

LE VIEILLISSEMENT DU SYSTÈME NERVEUX

> **OBJECTIF**

• Décrire les effets du vieillissement sur le système nerveux.

L'encéphale croît rapidement durant les premières années de la vie. Les neurones déjà présents grossissent ; les gliocytes prolifèrent et grossissent ; les ramifications dendritiques et les contacts synaptiques se multiplient ; et les axones continuent de se myéliniser. La masse de l'encéphale commence à diminuer à partir du début de l'âge adulte et décroît d'environ 7 % jusqu'à l'âge de 80 ans. Le nombre des neurones reste à peu près constant, mais celui des contacts synaptiques baisse. La diminution du poids de l'encéphale s'accompagne d'un affaiblissement de la capacité d'émettre et de recevoir des influx nerveux, ce qui entraîne un ralentissement du traitement de l'information. La vitesse de propagation des influx nerveux décroît, les mouvements volontaires ralentissent et le temps de réaction augmente.

▶ **POINT DE CONTRÔLE**

26. Comment évolue le poids de l'encéphale au fil du temps ?

FIGURE 14.29 Le développement embryonnaire de l'encéphale et de la moelle épinière.

 Les différentes parties de l'encéphale se forment à partir des vésicules encéphaliques primitives.

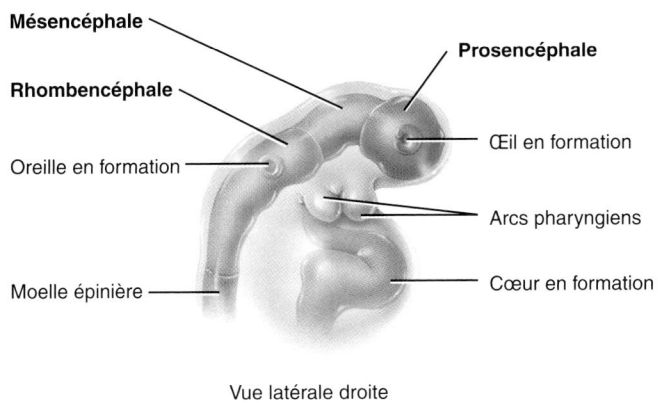

Mésencéphale
Rhombencéphale
Oreille en formation
Moelle épinière
Prosencéphale
Œil en formation
Arcs pharyngiens
Cœur en formation

Vue latérale droite

(a) Embryon de trois à quatre semaines (avec les vésicules encéphaliques primitives)

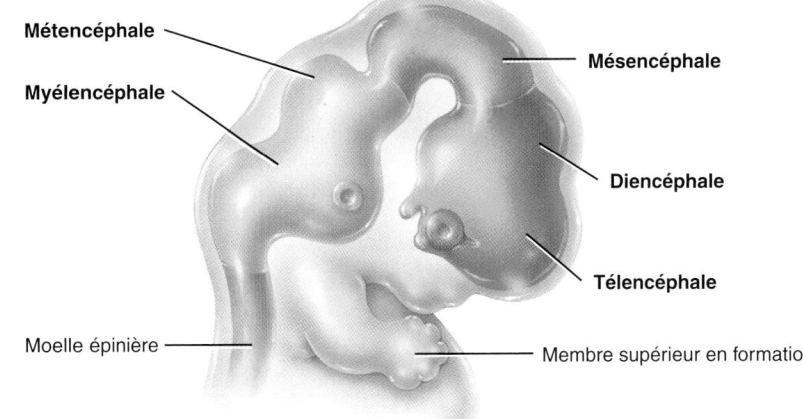

Métencéphale
Myélencéphale
Mésencéphale
Diencéphale
Télencéphale
Moelle épinière
Membre supérieur en formation

(b) Embryon de sept semaines (avec les vésicules encéphaliques secondaires)

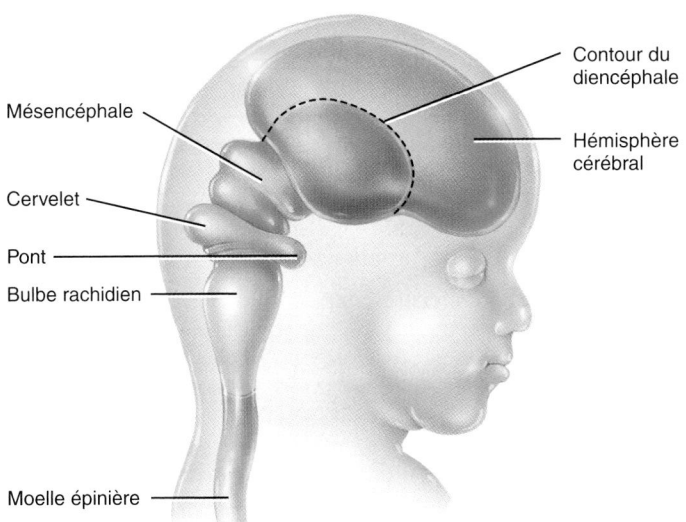

Mésencéphale
Cervelet
Pont
Bulbe rachidien
Contour du diencéphale
Hémisphère cérébral
Moelle épinière

(c) Fœtus de onze semaines (avec les hémisphères cérébraux recouvrant le diencéphale)

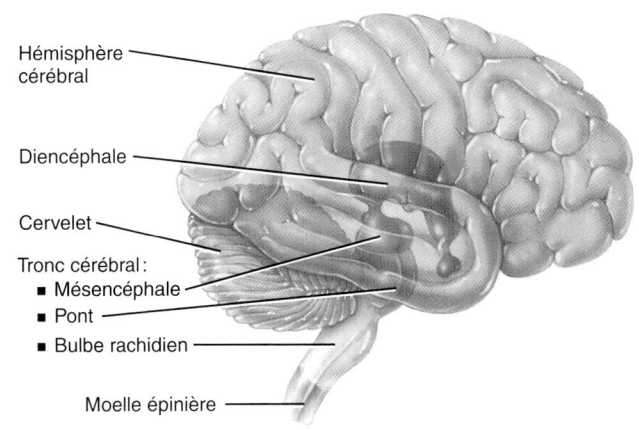

Hémisphère cérébral
Diencéphale
Cervelet
Tronc cérébral :
- Mésencéphale
- Pont
- Bulbe rachidien
Moelle épinière

(d) Encéphale à la naissance (le diencéphale et la partie supérieure du tronc cérébral sont montrés en transparence)

Q Quelle est la vésicule encéphalique primitive qui ne donne naissance à aucune vésicule encéphalique secondaire ?

DÉSÉQUILIBRES HOMÉOSTATIQUES

L'accident vasculaire cérébral

L'**accident vasculaire cérébral** (**AVC**) est le plus répandu des troubles de l'encéphale. En Amérique du Nord, c'est l'une des causes principales de décès, après la crise cardiaque et le cancer. Chaque année au Canada, près de 16 000 personnes succombent à un AVC et 40 000 à 50 000 nouveaux cas sont déclarés ; par ailleurs, environ 300 000 personnes auraient déjà subi un AVC. L'AVC se caractérise par l'apparition soudaine de symptômes neurologiques persistants, par exemple la paralysie ou la perte de sensibilité, qui sont dus à la destruction de tissu cérébral. Les causes les plus fréquentes de l'AVC sont les suivantes : hémorragie intracérébrale (d'un vaisseau de la pie-mère ou de l'encéphale) ; embolie (oblitération d'un vaisseau sanguin par un caillot) ; et athérosclérose des artères cérébrales (formation de plaques de cholestérol qui empêchent la circulation du sang).

Les facteurs de risque de l'AVC sont notamment l'hypertension artérielle, l'hypercholestérolémie, la maladie coronarienne, le rétrécissement des artères carotides, les accidents ischémiques transitoires (voir plus loin), le diabète, le tabagisme, l'obésité et l'abus d'alcool.

On utilise maintenant un activateur tissulaire du plasminogène pour éliminer les obstructions dans les vaisseaux sanguins de l'encéphale. Ce médicament thrombolytique (qui dissout les caillots) doit toutefois être administré dans les trois heures suivant l'AVC pour être pleinement efficace, et il ne sert qu'à traiter les AVC causés par un caillot. L'activateur tissulaire du plasminogène peut réduire de 50 % les incapacités permanentes dues à ce type d'AVC. Des recherches récentes montrent que le « traitement par le froid » peut atténuer les dommages résiduels de l'AVC. Ces traitements ont été élaborés grâce aux connaissances acquises en examinant des victimes d'une immersion brutale dans l'eau glacée. L'hypothermie semble déclencher une réponse de survie caractérisée par une diminution de la consommation d'oxygène par le corps. Certaines entreprises vendent maintenant des « trousses de survie à l'AVC » contenant des couvertures rafraîchissantes que l'on peut garder chez soi.

L'accident ischémique transitoire

L'**accident ischémique transitoire** (**AIT**) est un dysfonctionnement cérébral temporaire causé par une diminution de l'irrigation sanguine de l'encéphale. Il se manifeste par des étourdissements ; la faiblesse, l'engourdissement ou la paralysie d'un membre ou d'un côté du corps ; l'affaissement d'un côté du visage ; la céphalée ; l'empâtement de l'élocution ou la difficulté à comprendre les paroles ; une perte partielle de la vision ou la vision double ; et, dans certains cas, des nausées ou des vomissements. Les symptômes apparaissent soudainement et atteignent presque aussitôt leur intensité maximale. L'AIT dure en général de 5 à 10 min, rarement plus de 24 h. Il ne laisse aucun déficit neurologique permanent. L'ischémie à l'origine de l'AIT peut être causée par des caillots, l'athérosclérose ou certains troubles hématologiques. Environ le tiers des victimes d'un accident ischémique transitoire ont un AVC à plus ou moins brève échéance. L'AIT se traite par des médicaments qui empêchent l'agrégation des thrombocytes (ou plaquettes), par exemple l'aspirine, et par des anticoagulants ; par la dérivation de l'artère cérébrale touchée ; ou par endartériectomie de la carotide (excision des plaques de cholestérol et du revêtement interne de l'artère).

La maladie d'Alzheimer

La **maladie d'Alzheimer** est une démence sénile invalidante, c'est-à-dire une maladie qui entraîne la perte des capacités de raisonnement et de l'autonomie. Elle frappe environ 11 % des personnes de plus de 65 ans. En Amérique du Nord, elle est la quatrième cause de mortalité dans la population âgée, après les maladies coronariennes, le cancer et l'accident vasculaire cérébral. Les causes de la maladie d'Alzheimer nous restent inconnues dans la plupart des cas. Des recherches indiquent qu'elle pourrait résulter d'une combinaison de facteurs : patrimoine génétique ; environnement ou mode de vie ; vieillissement. Les mutations de trois gènes (codant pour les présénilines 1 et 2 et le précurseur du peptide β-amyloïde) déclenchent des formes précoces de la maladie d'Alzheimer dans certaines familles. Elles représentent toutefois moins de 1 % du total des cas. Les lésions à la tête, quand elles se multiplient au fil des ans, constituent un facteur de risque environnemental de la maladie. Les boxeurs sont exposés à une démence similaire probablement causée par les nombreux coups qu'ils reçoivent à la tête.

Dans les premiers stades de la maladie d'Alzheimer, les personnes atteintes ont de la difficulté à se rappeler les événements récents. Elles deviennent ensuite distraites et désorientées : elles répètent les questions qu'on leur pose ou s'égarent dans des lieux qu'elles connaissent pourtant bien. La désorientation s'intensifie et le souvenir des événements plus lointains disparaît ; des épisodes de paranoïa, des hallucinations ou des sautes d'humeur brutales peuvent se produire. À mesure que les facultés mentales se détériorent, les personnes atteintes perdent la capacité de lire, d'écrire, de parler, de manger et de marcher. Elles sombrent finalement dans la démence et meurent en général des complications d'un séjour prolongé au lit, par exemple la pneumonie.

Les autopsies révèlent trois anomalies structurales dans l'encéphale des victimes de la maladie d'Alzheimer :

1. *La disparition des neurones qui libèrent l'acétylcholine*. Les neurones qui libèrent l'ACh sont particulièrement concentrés dans les noyaux gris centraux, et leurs axones se disséminent à travers le cortex cérébral et le système limbique. Leur destruction constitue un signe révélateur de la maladie d'Alzheimer.

2. *La formation de plaques séniles*. Une protéine anormale, la protéine β-amyloïde, forme des agrégats autour des neurones.

3. *La formation d'enchevêtrements neurofibrillaires*. Des amas anormaux de filaments protéiques se forment dans les neurones des régions atteintes de l'encéphale. Ces filaments sont composés d'une protéine, la *protéine tau*, qui s'est hyperphosphorylée (c'est-à-dire que des groupements phosphate trop nombreux s'y sont ajoutés).

Les médicaments qui inhibent l'acétylcholinestérase (AChE) – enzyme qui inactive l'ACh – améliorent la vigilance et le comportement chez environ 5 % des personnes atteintes de la maladie d'Alzheimer. Certaines recherches indiquent que la vitamine E (un antioxydant), les œstrogènes, l'ibuprofène et l'extrait de ginkgo biloba peuvent avoir de légers effets thérapeutiques chez certains patients. Les chercheurs travaillent actuellement à l'élaboration de médicaments capables d'empêcher la formation des plaques séniles en inhibant les enzymes qui interviennent dans la synthèse de la protéine β-amyloïde et en augmentant l'activité des enzymes qui contribuent à la dégradation de cette protéine. Les recherches visent aussi à mettre au point des médicaments qui réduiront la formation des enchevêtrements neurofibrillaires en inhibant les enzymes responsables de l'hyperphosphorylation de la protéine tau.

Les tumeurs cérébrales

Une **tumeur cérébrale** est une excroissance anormale – bénigne ou maligne – de tissus de l'encéphale. Contrairement à la plupart des tumeurs qui touchent d'autres parties du corps, les tumeurs cérébrales malignes et bénignes peuvent être aussi graves les unes que les autres ; en particulier, elles peuvent comprimer les tissus voisins et faire augmenter la pression intracrânienne. Les tumeurs cérébrales malignes les plus courantes sont des tumeurs secondaires formées par métastase d'une tumeur cancéreuse qui est apparue dans une autre partie du corps, par exemple les poumons, le sein, la peau (mélanome malin), le sang (leucémie) ou les organes lymphatiques (lymphome). La plupart des tumeurs cérébrales primitives (celles qui se constituent dans l'encéphale lui-même) sont des gliomes ; elles apparaissent donc dans la névroglie. Les symptômes des tumeurs cérébrales sont variables et dépendent de la taille, de l'emplacement et du rythme de croissance de la tumeur. Ce sont, par exemple, les maux de tête, les perturbations de l'équilibre et de la coordination, les étourdissements, la diplopie (vision double), les difficultés d'élocution, les nausées et les vomissements, la fièvre, les anomalies du pouls et du rythme respiratoire, les altérations de la personnalité, l'engourdissement et la faiblesse des membres, les convulsions. Le traitement dépend de la taille, de l'emplacement et du type de la tumeur. Ce sont notamment l'ablation chirurgicale, la radiothérapie et la chimiothérapie. Malheureusement, les agents chimiothérapeutiques ne traversent que difficilement la barrière hématoencéphalique.

Le trouble déficitaire de l'attention avec hyperactivité

Le **trouble déficitaire de l'attention avec hyperactivité** (**TDAH**) est un trouble de l'apprentissage qui se caractérise par une capacité d'attention anormalement restreinte ou courte, une hyperactivité constante et un degré d'impulsivité qui ne correspond pas à l'âge de l'enfant. Le TDAH toucherait environ 5 % des enfants, et on le diagnostique 10 fois plus souvent chez les garçons que chez les filles. Il commence généralement à se manifester dans l'enfance et se poursuit à l'adolescence et à l'âge adulte. Ses symptômes apparaissent dès la petite enfance, souvent avant l'âge de quatre ans. Ce sont notamment les suivants : difficultés à organiser ses tâches et à les mener à terme ; manque d'intérêt envers les détails ; capacité d'attention anormalement brève ; incapacité à se concentrer ; difficultés à suivre les instructions ; propension à trop parler et à interrompre souvent les autres ; propension à courir et à grimper ; incapacité à jouer tranquillement seul ; difficultés à attendre son tour et, d'une manière générale, à patienter.

Les causes du TDAH ne sont pas encore pleinement élucidées. Il serait toutefois en grande partie d'origine génétique. Certaines recherches montrent par ailleurs qu'il accompagnerait des perturbations touchant les neurotransmetteurs. En outre, des études récentes reposant sur l'imagerie médicale révèlent que les personnes touchées par un TDHA possèdent moins de tissu nerveux dans certaines régions bien précises de l'encéphale, par exemple le lobe frontal et le lobe temporal, le noyau caudé et le cervelet. Le traitement peut consister en interventions d'orthopédagogie ou de thérapie comportementale, en une redéfinition des habitudes quotidiennes et en l'administration de médicaments qui calment l'enfant et l'aident à se concentrer.

TERMES MÉDICAUX

Agnosie (*a* : sans ; *gnôsis* : connaissance) Incapacité d'interpréter les stimulus sensoriels, par exemple les sons, les images, les odeurs, les saveurs et les contacts. Ce trouble de la reconnaissance des objets ne peut pas être expliqué par un déficit sensoriel.

Apraxie (*a* : sans ; *praxis* : action) En l'absence de toute paralysie, incapacité d'accomplir des mouvements coordonnés.

Conscience État d'éveil dans lequel la personne est pleinement alerte et vigilante, perçoit son environnement et s'y repère correctement. Cet état est dû en partie aux communications entre le cortex cérébral et le système réticulaire activateur ascendant (dans la formation réticulaire).

Délire Trouble transitoire de la cognition et de l'attention qui s'accompagne de perturbations touchant le cycle veille–sommeil et la psychomotricité (hyperactivité ou hypoactivité des mouvements et de la parole). Aussi appelé *état confusionnel aigu*.

Démence (*de* : hors de ; *mens* : esprit) Trouble mental qui entraîne une détérioration progressive ou permanente des facultés intellectuelles (dont la mémoire, le jugement et la pensée abstraite) ainsi que des changements de la personnalité.

Encéphalite Inflammation aiguë de l'encéphale causée par un virus ou par une réaction allergique à l'un des nombreux virus normalement inoffensifs pour le système nerveux central. Si le virus atteint aussi la moelle épinière, cette affection est appelée *encéphalomyélite*.

Encéphalopathie (*egkephalos* : cerveau ; *pathos* : ce qu'on éprouve) Toute affection touchant l'encéphale, de nature non inflammatoire (à la différence de l'encéphalite).

Léthargie Ralentissement prononcé des fonctions.

Microcéphalie (*mikros* : petit ; *kephalê* : tête) Affection congénitale caractérisée par le développement d'un encéphale et d'un crâne significativement plus petits que la normale ; se traduit en général par un retard mental.

Névralgie (*neuron* : nerf ; *algos* : douleur) Douleur se manifestant sur le trajet d'un nerf sensitif périphérique ou de l'une de ses branches.

Stupeur État d'inertie dont on ne peut tirer le patient que pour de courtes périodes et au moyen d'une stimulation vigoureuse et répétée.

Syndrome de Reye Syndrome apparaissant à la suite d'une infection virale, en particulier la varicelle ou la grippe, et le plus souvent chez des enfants ou des adolescents qui ont pris de l'aspirine. Il se caractérise par des vomissements et des perturbations du fonctionnement de l'encéphale (égarement, léthargie et altérations de la personnalité) qui peuvent mener au coma et à la mort.

RÉSUMÉ

L'ORGANISATION, LA PROTECTION ET L'IRRIGATION SANGUINE DE L'ENCÉPHALE (P. 506)

1. Les principales parties de l'encéphale sont le tronc cérébral, le cervelet, le diencéphale et le cerveau.

2. L'encéphale est protégé par les os du crâne et par les méninges crâniennes.

3. Les méninges crâniennes prolongent les méninges spinales. De l'extérieur vers l'intérieur, ce sont la dure-mère, l'arachnoïde et la pie-mère.

4. L'irrigation sanguine de l'encéphale est assurée pour l'essentiel par les artères carotides internes et par les artères vertébrales.

5. Toute interruption de l'apport d'oxygène ou de glucose à l'encéphale peut affaiblir les cellules cérébrales, les endommager de manière permanente ou les détruire.

6. La barrière hématoencéphalique contrôle le passage de différentes substances de la circulation sanguine à l'encéphale. Elle est complètement infranchissable pour certaines substances.

LE LIQUIDE CÉRÉBROSPINAL (P. 509)

1. Le liquide cérébrospinal est formé dans les plexus choroïdes et circule dans les ventricules latéraux, le troisième ventricule, le quatrième ventricule, la cavité subarachnoïdienne et le canal central de la moelle épinière. La majeure partie du liquide cérébrospinal retourne dans la circulation sanguine par les villosités arachnoïdiennes du sinus sagittal supérieur.

2. Le liquide cérébrospinal fournit une protection mécanique et chimique à l'encéphale et assure la circulation des nutriments.

LE TRONC CÉRÉBRAL (P. 510)

1. Le bulbe rachidien prolonge la partie supérieure de la moelle épinière ; il contient des faisceaux sensitifs et des faisceaux moteurs. C'est dans le bulbe rachidien que se produit la décussation des pyramides. Les noyaux qu'il renferme sont des centres réflexes

pour la régulation de la fréquence cardiaque, de la fréquence respiratoire, de la vasomotricité, de la déglutition, de la toux, du vomissement, du hoquet et de l'éternuement. D'autres noyaux du bulbe rachidien sont associés aux nerfs crâniens VIII à XII.

2. Le pont se trouve au-dessus du bulbe rachidien. Il relie différentes parties de l'encéphale par des faisceaux. Les noyaux du pont transmettent du cortex cérébral au cervelet les influx nerveux des mouvements volontaires des muscles squelettiques. Le pont contient le centre pneumotaxique et le centre apneustique, qui contribuent à la régulation de la respiration. Il renferme aussi des noyaux associés aux nerfs crâniens V à VII ainsi que la branche vestibulaire du nerf crânien VIII.

3. Le mésencéphale relie le pont et le diencéphale; il entoure l'aqueduc du mésencéphale. Il achemine les commandes motrices du cerveau jusqu'au cervelet et à la moelle épinière, transmet les influx sensitifs de la moelle épinière au thalamus et régit les réflexes auditifs et visuels. Il contient aussi des noyaux associés aux nerfs crâniens III et IV.

4. Le tronc cérébral est en grande partie composé de petites régions de substance grise et de substance blanche qui constituent la formation réticulaire. Cette dernière concourt au maintien de l'état de veille, provoque le réveil et contribue à la régulation du tonus musculaire.

LE CERVELET (P. 516)

1. Le cervelet occupe la partie inférieure et postérieure de la cavité crânienne. Il est formé de deux hémisphères latéraux réunis par le vermis.

2. Le cervelet est relié au tronc cérébral par trois paires de pédoncules cérébelleux.

3. Le cervelet coordonne les contractions des muscles squelettiques et maintient le tonus musculaire normal, la posture et l'équilibre.

LE DIENCÉPHALE (P. 519)

1. Le diencéphale entoure le troisième ventricule; il se compose du thalamus, de l'hypothalamus et de l'épithalamus.

2. Le thalamus est situé au-dessus du mésencéphale; il contient des noyaux qui servent de relais aux influx sensitifs se dirigeant vers le cortex cérébral. Il fournit aussi une perception grossière de la douleur, de la température et de la pression; il intervient dans les émotions, l'apprentissage, la cognition et la mémoire, la conscience et la vigilance; et il régit certaines activités motrices.

3. L'hypothalamus est situé sous le thalamus. Il régit le système nerveux autonome, assure son intégration (c'est-à-dire qu'il en coordonne les activités), relie le système nerveux et le système endocrinien, intervient dans la colère, l'agressivité, la douleur et le plaisir, régit la température corporelle ainsi que l'apport d'aliments solides et de boissons, et détermine le rythme circadien.

4. L'épithalamus est formé de la glande pinéale et des noyaux habénulaires. La glande pinéale sécrète la mélatonine, substance qui favoriserait le sommeil et réglerait l'horloge biologique de l'organisme.

5. Les organes circumventriculaires détectent les variations de la composition chimique du sang parce qu'ils sont dépourvus de barrière hématoencéphalique.

LE CERVEAU (P. 523)

1. Le cerveau est la partie la plus volumineuse de l'encéphale. Le cortex cérébral est parcouru par des gyrus (ou circonvolutions), des fissures et des sillons.

2. Les hémisphères cérébraux sont divisés en quatre lobes: lobe frontal, lobe pariétal, lobe temporal et lobe occipital.

3. La substance blanche du cerveau est située en dessous du cortex cérébral; elle se compose d'axones myélinisés et d'axones amyélinisés qui mettent en communication différentes régions. On distingue les faisceaux d'association, les faisceaux commissuraux et les faisceaux de projection.

4. Les noyaux gris centraux sont des structures paires et symétriques des hémisphères cérébraux. Ils contribuent à la régulation du tonus musculaire et des mouvements automatiques amples des muscles squelettiques.

5. Le système limbique encercle la partie supérieure du tronc cérébral et le corps calleux. Il intervient dans les dimensions émotionnelles du comportement et dans la mémoire.

6. Le tableau 14.2 résume les fonctions des différentes parties de l'encéphale.

L'ORGANISATION FONCTIONNELLE DU CORTEX CÉRÉBRAL (P. 528)

1. Les aires sensitives du cortex cérébral permettent la perception des influx sensitifs. Les aires motrices gouvernent les mouvements des muscles. Les aires associatives assurent des fonctions d'intégration plus complexes.

2. Les aires sensitives comprennent l'aire somesthésique primaire, l'aire visuelle primaire, l'aire auditive primaire, l'aire gustative primaire et l'aire olfactive primaire.

3. L'aire somesthésique primaire (aires ❶, ❷ et ❸) reçoit des influx nerveux des récepteurs sensoriels somatiques du toucher, de la proprioception, de la douleur et de la température. Chacun des champs récepteurs de cette aire reçoit les influx générés par une partie bien précise du visage ou du corps.

4. L'aire visuelle primaire (aire ⑰) reçoit les influx nerveux relatifs à l'information visuelle. L'aire auditive primaire (aires ㊶ et ㊷) interprète les caractéristiques fondamentales du son, par exemple la hauteur et le rythme. L'aire gustative primaire (aire ㊸) reçoit les influx nerveux de la gustation. L'aire olfactive primaire (aire ㉘) reçoit les influx de l'olfaction.

5. Les aires motrices comprennent l'aire motrice primaire (aire ❹), qui régit les contractions volontaires de certains muscles ou groupes de muscles, et l'aire motrice du langage (aires ㊹ et ㊺), qui régit la parole.

6. Les aires associatives comprennent l'aire somesthésique associative, le cortex préfrontal, l'aire visuelle associative, l'aire auditive associative, l'aire de Wernicke, l'aire intégrative commune, l'aire prémotrice et l'aire oculomotrice frontale.

7. Le cortex préfrontal (aires ❾, ❿, ⓫ et ⓬) intervient dans la personnalité, l'intellect, les capacités d'apprentissage complexes, le jugement (le discernement), le raisonnement, l'intuition et le développement des idées abstraites.

8. L'aire somesthésique associative (aires ❺ et ❼) nous permet de déterminer la forme et la texture exactes d'un objet sans le regarder et de percevoir la position relative de deux parties du corps. L'aire visuelle associative (aires ⑱ et ⑲) compare les expériences visuelles présentes et passées et joue un rôle essentiel dans la reconnaissance et l'évaluation des stimulus visuels. L'aire auditive associative (aire ㉒) détermine la signification des sons entendus.

9. L'aire de Wernicke (aire ㉒ et, peut-être, aires ㊴ et ㊵) traduit les mots en pensées et interprète ainsi le langage. L'aire intégrative commune (aires ❺, ❼, ㊴ et ㊵) intègre les interprétations sensorielles réalisées par les aires associatives ainsi que les influx

nerveux provenant d'autres aires, permettant ainsi l'émergence d'une pensée à partir d'un ensemble de messages sensitifs.

10. L'aire prémotrice (aire ⑥) produit des influx nerveux qui engendrent un enchaînement précis de contractions dans des groupes musculaires spécifiques. L'aire oculomotrice frontale (aire ⑧) régit les mouvements de balayage volontaires des yeux.

11. De subtiles différences anatomiques distinguent les deux hémisphères cérébraux. Chacun d'eux assure des fonctions spécialisées. L'hémisphère gauche et l'hémisphère droit reçoivent des influx sensitifs de l'autre côté du corps et le régissent. L'hémisphère gauche intervient davantage dans le langage, les habiletés numériques et scientifiques ainsi que le raisonnement. L'hémisphère droit intervient davantage dans la sensibilité musicale et artistique, la perception de l'espace et des formes, la reconnaissance des visages, l'appréhension du contenu émotionnel du langage, la discrimination des odeurs ainsi que la production d'images mentales de sensations visuelles, auditives, tactiles, gustatives et olfactives.

12. L'électroencéphalogramme (EEG) est un enregistrement des ondes produites par le cortex cérébral, grâce à la pose d'électrodes sur le cuir chevelu. L'EEG sert à diagnostiquer l'épilepsie, les infections et les tumeurs.

LES NERFS CRÂNIENS (P. 532)

1. Douze paires de nerfs crâniens émergent du nez, des yeux, de l'oreille interne, du tronc cérébral et de la moelle épinière.

2. Les nerfs crâniens sont nommés principalement selon la zone qu'ils innervent. Ils sont numérotés de I à XII selon l'ordre dans lequel ils émergent de l'encéphale.

3. Le tableau 14.4 indique le type de chacun des nerfs crâniens avec son parcours, ses fonctions et les conséquences de ses lésions.

LE DÉVELOPPEMENT EMBRYONNAIRE DU SYSTÈME NERVEUX (P. 547)

1. Le développement du système nerveux s'amorce avec l'apparition de la plaque neurale, qui est un épaississement de l'ectoderme.

2. Pendant le développement embryonnaire, les vésicules encéphaliques primitives se forment à partir du tube neural et donnent naissance aux différentes parties de l'encéphale.

3. Le télencéphale forme le cerveau ; le diencéphale forme le thalamus, l'hypothalamus et l'épithalamus ; le métencéphale forme le pont et le cervelet ; le myélencéphale forme le bulbe rachidien.

LE VIEILLISSEMENT DU SYSTÈME NERVEUX (P. 548)

1. L'encéphale croît très vite dans les premières années de la vie.

2. Le vieillissement entraîne une diminution de la masse de l'encéphale et un affaiblissement de la capacité de production d'influx nerveux.

AUTOÉVALUATION

Vous trouverez les réponses à ces questions à l'appendice D.

COMPLÉTEZ LES PHRASES SUIVANTES.

1. Les hémisphères cérébraux sont reliés par une large bande de substance blanche qui s'appelle _____.

2. Les cinq lobes du cerveau s'appellent _____, _____, _____, _____ et _____.

3. Le cerveau est séparé en deux moitiés (gauche et droite) par _____.

INDIQUEZ SI LES ÉNONCÉS SUIVANTS SONT VRAIS OU FAUX.

4. Le tronc cérébral comprend le bulbe rachidien, le pont et le diencéphale.

5. Vous avez beaucoup étudié pour votre examen sur l'encéphale. Tandis que vous répondez avec assurance aux questions, votre encéphale produit des ondes bêta.

CHOISISSEZ LA BONNE RÉPONSE.

6. Lequel des énoncés suivants *ne décrit pas* une fonction du thalamus ? a) Transmettre l'information provenant du cervelet et des noyaux gris centraux à l'aire motrice primaire du cortex cérébral. b) Contribuer au maintien de la conscience (vigilance). c) Assurer une perception grossière de la douleur, de la pression et de la chaleur. d) Régir la température corporelle. e) Transmettre les influx sensitifs au cortex cérébral.

7. Lequel des énoncés suivants est *faux* ? a) L'irrigation sanguine de l'encéphale est assurée pour l'essentiel par les artères carotides internes et par les artères vertébrales. b) Les neurones de l'encéphale synthétisent l'ATP presque exclusivement à partir de la respiration aérobie. c) Une interruption de seulement 20 secondes de l'irrigation sanguine de l'encéphale peut nuire au fonctionnement cérébral. d) L'approvisionnement en glucose de l'encéphale doit être ininterrompu. e) Une baisse du taux de glucose du sang irriguant l'encéphale peut provoquer l'évanouissement.

8. Parmi les fonctions suivantes, lesquelles appartiennent au liquide cérébrospinal ? 1) protection mécanique, 2) protection chimique, 3) protection électrique, 4) circulation, 5) immunité. a) 1, 2 et 3 ; b) 2, 3 et 4 ; c) 3, 4 et 5 ; d) 1, 2 et 4 ; e) 2, 4 et 5.

9. Lesquels des énoncés suivants décrivent une fonction de l'hypothalamus ? 1) régulation du SNA, 2) régulation de l'hypophyse, 3) régulation des émotions et des comportements, 4) régulation de l'ingestion d'aliments solides et de boissons, 5) régulation de la température corporelle, 6) régulation des rythmes circadiens et des états de conscience. a) 1, 2, 4 et 6 ; b) 2, 3, 5 et 6 ; c) 1, 3, 5 et 6 ; d) 1, 4, 5 et 6 ; e) 1, 2, 3, 4, 5 et 6.

10. Lequel des énoncés suivants est *faux* ? a) Les faisceaux d'association transmettent les influx nerveux entre les gyrus d'un même hémisphère. b) Les faisceaux commissuraux transmettent les influx nerveux des gyrus d'un hémisphère aux gyrus correspondants de l'autre. c) Les faisceaux de projection forment des faisceaux descendants et ascendants qui transmettent les influx nerveux du cerveau et d'autres parties de l'encéphale jusqu'à la moelle épinière, ou inversement. d) La capsule interne est formée de faisceaux commissuraux. e) Le corps calleux est formé de faisceaux commissuraux.

11. Lequel des énoncés suivants est *vrai* ? a) Les hémisphères cérébraux sont parfaitement symétriques. b) L'hémisphère gauche régit le côté gauche du corps. c) L'hémisphère droit intervient plus que le gauche dans la parole et l'écrit. d) L'hémisphère gauche intervient plus que le droit dans la sensibilité musicale et artistique. e) La latéralisation hémisphérique est plus prononcée chez les hommes que chez les femmes.

12. Associez les éléments suivants (une même réponse peut servir plus d'une fois) :

_____ a) oculomoteur
_____ b) trijumeau
_____ c) abducens
_____ d) vestibulocochléaire
_____ e) accessoire
_____ f) vague
_____ g) facial
_____ h) glossopharyngien
_____ i) olfactif
_____ j) trochléaire
_____ k) optique
_____ l) hypoglosse
_____ m) intervient dans l'odorat
_____ n) intervient dans l'ouïe et l'équilibre
_____ o) intervient dans la mastication
_____ p) intervient dans les expressions du visage et dans les sécrétions salivaires et lacrymales
_____ q) intervient dans les mouvements de la langue pendant la parole et la déglutition
_____ r) intervient dans la sécrétion des sucs digestifs
_____ s) intervient dans la sécrétion de salive, le goût, la régulation de la pression artérielle et la proprioception
_____ t) exclusivement sensitif
_____ u) régit les muscles extrinsèques du globe oculaire et intervient ainsi dans les mouvements oculaires
_____ v) intervient dans la déglutition et les mouvements de la tête

1) nerf crânien I
2) nerf crânien II
3) nerf crânien III
4) nerf crânien IV
5) nerf crânien V
6) nerf crânien VI
7) nerf crânien VII
8) nerf crânien VIII
9) nerf crânien IX
10) nerf crânien X
11) nerf crânien XI
12) nerf crânien XII

13. Associez les éléments suivants (une même réponse peut servir plus d'une fois) :

_____ a) cerveau émotionnel ; intervient dans l'olfaction et la mémoire
_____ b) structure reliant des parties de l'encéphale par des faisceaux d'axones
_____ c) relais pour les influx sensitifs
_____ d) avertit le cortex cérébral de l'arrivée d'influx nerveux sensitifs et concourt à la régulation du tonus musculaire
_____ e) centre de commande de la motricité ; régit la posture et l'équilibre
_____ f) dépourvus de barrière hématoencéphalique ; détectent les variations de la composition chimique du sang
_____ g) siège de la décussation des pyramides
_____ h) siège des centres pneumotaxique et apneustique
_____ i) sécrète la mélatonine
_____ j) contient les aires sensitives, motrices et associatives
_____ k) maintient l'état de veille et provoque le réveil
_____ l) régit le SNA
_____ m) contient les centres réflexes des mouvements accomplis par les yeux, la tête et le cou en réponse à des stimulus visuels ou autres ; contient aussi le centre réflexe des mouvements accomplis par la tête et le tronc en réponse aux stimulus auditifs
_____ n) joue un rôle essentiel dans la conscience, l'acquisition de connaissances et la cognition
_____ o) groupes de noyaux qui régissent les mouvements automatiques amples des muscles squelettiques et contribuent à l'obtention du tonus musculaire nécessaire pour des mouvements particuliers
_____ p) produit des hormones qui régissent le fonctionnement des glandes endocrines
_____ q) contient le centre cardiovasculaire et le centre bulbaire de la rythmicité

1) bulbe rachidien
2) pont
3) mésencéphale (colliculus)
4) cervelet
5) glande pinéale
6) thalamus
7) hypothalamus
8) cerveau
9) système limbique
10) formation réticulaire
11) organes circum-ventriculaires
12) système réticu-laire activateur ascendant
13) noyaux gris centraux

14. Associez les éléments suivants:

_____ a) renflements qui se trouvent sur le bulbe rachidien et sont formés par les gros faisceaux corticospinaux

_____ b) prolongement de la dure-mère qui sépare les deux hémisphères cérébraux

_____ c) prolongements de l'arachnoïde qui ont une forme de doigts; siège de la réabsorption du liquide cérébrospinal

_____ d) prolongement de la dure-mère qui sépare les deux hémisphères du cervelet

_____ e) se trouvent dans l'hypothalamus; servent de relais pour les réflexes liés à l'odorat

_____ f) replis du cortex cérébral

_____ g) rainures superficielles du cortex cérébral

_____ h) faisceaux de substance blanche qui acheminent l'information entre le cervelet et les autres régions de l'encéphale

_____ i) bande épaisse de faisceaux sensitifs et de faisceaux moteurs qui relie le cortex cérébral au tronc cérébral et à la moelle épinière

_____ j) prolongement de la dure-mère qui sépare le cerveau du cervelet

_____ k) membrane mince séparant les ventricules latéraux

1) gyrus (ou circonvolutions)
2) capsule interne
3) corps mamillaires
4) tente du cervelet
5) pyramides
6) faux du cervelet
7) septum pellucidum
8) pédoncules cérébelleux
9) faux du cerveau
10) sillons (ou scissures)
11) villosités arachnoïdiennes

15. Associez les éléments suivants:

_____ a) permet la planification et la production du langage

_____ b) interprète la hauteur des sons et le rythme

_____ c) régit les contractions musculaires volontaires

_____ d) compare les expériences visuelles présentes et passées; assure la reconnaissance et l'évaluation des stimulus visuels

_____ e) assure l'intégration et l'interprétation des sensations somatiques; compare les sensations actuelles à des sensations passées

_____ f) reçoit les influx nerveux du toucher, de la proprioception, de la douleur et de la température

_____ g) reçoit les influx reliés au goût

_____ h) détermine si un stimulus auditif est une parole, de la musique ou un simple bruit

_____ i) reçoit des influx nerveux de nombreuses aires sensitives et associatives, mais aussi du thalamus et du tronc cérébral; permet l'émergence d'une pensée susceptible de générer une réponse adéquate

_____ j) traduit les mots en pensées

_____ k) reçoit les influx olfactifs

_____ l) permet l'interprétation de la forme, de la couleur et du mouvement des objets

_____ m) coordonne les mouvements musculaires pour les activités motrices apprises complexes et séquentielles

_____ n) contribue aux mouvements de balayage des yeux

1) aire visuelle primaire
2) aire auditive primaire
3) aire gustative primaire
4) aire olfactive primaire
5) aire somesthésique primaire
6) aire motrice primaire
7) aire somesthésique associative
8) aire visuelle associative
9) aire oculomotrice frontale
10) aire motrice du langage
11) aire auditive associative
12) aire prémotrice
13) aire de Wernicke
14) aire intégrative commune

Vous trouverez les réponses à ces questions à l'appendice D.

1. Une personne âgée qui a subi un accident vasculaire cérébral (AVC) a maintenant de la difficulté à bouger le bras droit et présente des troubles d'élocution. Quelles parties de son cerveau l'AVC a-t-il touchées?

2. Nicole a fait récemment une infection virale. Depuis, elle n'arrive plus à bouger les muscles du côté droit de son visage; elle ne sent plus le goût des aliments; elle a constamment la bouche sèche; elle ne peut plus fermer l'œil droit. Quel nerf crânien l'infection virale a-t-elle touché?

3. Une compagnie pharmaceutique vient de vous engager pour mettre au point un médicament qui traitera un trouble encéphalique. Citez un important obstacle physiologique à l'élaboration de ce médicament. Comment pourriez-vous surmonter cet obstacle ou le contourner afin que votre médicament se rende à l'encéphale, où il doit agir?

4. Alain vient de faire sa première visite chez le dentiste en 10 ans. Évidemment, il a subi un long traitement et a reçu plusieurs injections anesthésiantes. Il est maintenant attablé pour le dîner, mais il n'arrive pas à manger proprement car le côté gauche de sa lèvre supérieure, le côté droit de sa lèvre inférieure et le bout de sa langue sont insensibles. Quel nerf crânien (et ses ramifications) l'anesthésie a-t-elle touché? (Donnez une réponse détaillée.)

RÉPONSES AUX QUESTIONS DES FIGURES

14.1 La partie la plus volumineuse de l'encéphale est le cerveau.

14.2 De l'extérieur vers l'intérieur, les méninges crâniennes sont la dure-mère, l'arachnoïde et la pie-mère.

14.3 Le tronc cérébral se trouve à l'avant du quatrième ventricule; le cervelet se trouve à l'arrière du quatrième ventricule.

14.4 Le liquide cérébrospinal est réabsorbé par les villosités arachnoïdiennes qui font saillie dans les sinus veineux de la dure-mère.

14.5 Les pyramides se trouvent dans le bulbe rachidien; les pédoncules cérébraux sont situés dans le mésencéphale.

14.6 Le terme *décussation* signifie «croisement». Sur le plan fonctionnel, à cause de la décussation des pyramides, chaque côté du cerveau régit les muscles du côté opposé du corps.

14.7 Les pédoncules cérébraux sont les principaux points de passage des faisceaux et des influx nerveux entre les parties supérieures de l'encéphale, d'une part, et les parties inférieures de l'encéphale et la moelle épinière, d'autre part.

14.8 Les structures qui contiennent les axones chargés de transmettre les influx nerveux qui entrent dans le cervelet et en sortent s'appellent *pédoncules cérébelleux*.

14.9 La structure qui relie généralement les côtés droit et gauche du thalamus s'appelle *adhérence interthalamique*.

14.10 De l'arrière vers l'avant, les quatre grandes régions de l'hypothalamus sont la région mamillaire, la région tubérale, la région supraoptique et la région préoptique.

14.11 Chez l'embryon, la substance grise se développe plus rapidement que la substance blanche, ce qui produit les gyrus (replis), les sillons (rainures superficielles) et les fissures (rainures profondes).

14.12 Les faisceaux qui acheminent les influx nerveux entre les gyrus d'un même hémisphère sont les faisceaux d'association ; ceux qui les acheminent entre les gyrus des deux hémisphères sont les faisceaux commissuraux ; ceux qui relient le cerveau au thalamus, au tronc cérébral et à la moelle épinière sont les faisceaux de projection.

14.13 Les noyaux gris centraux se trouvent à côté du thalamus, au-dessus et en dessous de lui.

14.14 L'hippocampe est la partie du système limbique qui intervient dans la mémoire, en collaboration avec le cerveau.

14.15 L'aire du cerveau qui interprète les sensations visuelles, auditives et somatiques est l'aire intégrative commune ; celle qui traduit les pensées en paroles est l'aire motrice du langage ; celle qui régit les mouvements musculaires complexes est l'aire prémotrice ; celles qui recoivent les influx nerveux primaires se rapportant au goût sont les aires gustatives primaires ; celles qui perçoivent la hauteur et le rythme des sons sont les aires auditives primaires ; celles qui comparent les expériences visuelles présentes et passées sont les aires visuelles associatives ; et celle qui régit les mouvements de balayage volontaires des yeux est l'aire oculomotrice frontale.

14.16 L'aire du cerveau qui exprime la latéralisation hémisphérique pour l'olfaction est le cortex orbitofrontal de l'hémisphère droit.

14.17 Ce sont les ondes thêta qui indiquent la présence d'un stress émotionnel.

14.18 Les axones des tractus olfactifs se terminent dans l'aire olfactive primaire, dans le lobe temporal du cortex cérébral.

14.19 La plupart des axones des tractus optiques se terminent dans le corps géniculé latéral du thalamus.

14.20 C'est la branche supérieure du nerf oculomoteur qui innerve le muscle droit supérieur. Le nerf crânien le plus court est le nerf trochléaire.

14.21 Le nerf trijumeau est le plus gros des nerfs crâniens.

14.22 Les axones moteurs du nerf facial émergent du pont.

14.23 Les structures qui se trouvent dans les ganglions vestibulaires sont les corps cellulaires des axones sensitifs émergeant des canaux semi-circulaires, du saccule et de l'utricule ; celles qui se trouvent dans le ganglion spiral sont les corps cellulaires des axones émergeant de l'organe spiral.

14.24 Le nerf glossopharyngien sort du crâne par le foramen jugulaire.

14.25 Dans le cou, le nerf vague longe la veine jugulaire interne et l'artère carotide dans leurs parties médiale et postérieure.

14.26 Le nerf accessoire est le seul nerf crânien qui émerge à la fois de l'encéphale (tronc cérébral) et de la moelle épinière.

14.27 Le nerf hypoglosse intervient notamment dans la parole et dans la déglutition.

14.28 La substance grise du système nerveux provient des cellules du manteau du tube neural.

14.29 Le mésencéphale est la vésicule encéphalique primitive qui ne donne naissance à aucune vésicule encéphalique secondaire.

LE SYSTÈME NERVEUX AUTONOME

LE SYSTÈME NERVEUX AUTONOME ET L'HOMÉOSTASIE

Le système nerveux autonome contribue à l'homéostasie en réagissant aux sensations viscérales perçues de manière subconsciente et en excitant ou en inhibant les muscles lisses, le muscle cardiaque et les glandes.

Ainsi que nous l'avons vu au chapitre 12, le système nerveux périphérique (SNP) se compose des nerfs crâniens et des nerfs spinaux, et se subdivise en trois sous-systèmes : le système nerveux somatique (SNS), le système nerveux autonome (SNA) et le système nerveux entérique (SNE). À l'instar du système nerveux somatique, le **système nerveux autonome (SNA)** agit par l'intermédiaire d'arcs réflexes. Sur le plan structural, le SNA comprend des neurones sensitifs autonomes, des centres d'intégration situés dans le SNC, et des neurones moteurs autonomes. Un flot continu d'influx nerveux provenant des *neurones sensitifs autonomes* des viscères et des vaisseaux sanguins est transmis aux *centres d'intégration* du système nerveux central (SNC). Ensuite, les influx nerveux des *neurones moteurs autonomes* sont acheminés à différents tissus effecteurs, et régissent ainsi l'activité des muscles lisses, du muscle cardiaque et de nombreuses glandes. L'activité du SNA est généralement involontaire. Les scientifiques avaient qualifié cette partie du système nerveux d'*autonome* parce qu'ils la croyaient totalement indépendante du SNC. On sait aujourd'hui que ce sont des centres situés dans l'hypothalamus et dans le tronc cérébral qui régissent les activités réflexes du SNA.

Dans ce chapitre, nous comparerons les caractéristiques structurales et fonctionnelles du système nerveux somatique et du système nerveux autonome. Nous décrirons ensuite l'anatomie de la partie motrice du SNA. Enfin, nous mettrons en parallèle l'organisation et l'activité de ses deux grandes subdivisions, la partie sympathique du SNA et la partie parasympathique du SNA.

COMPARAISON ENTRE LE SYSTÈME NERVEUX SOMATIQUE ET LE SYSTÈME NERVEUX AUTONOME (SNA)

OBJECTIF

• Comparer le système nerveux somatique et le système nerveux autonome du point de vue de leurs structures et de leurs fonctions.

Le système nerveux somatique comprend à la fois des neurones sensitifs et des neurones moteurs. Les neurones sensitifs transmettent l'information sensorielle provenant des organes des sens (vision, ouïe, goût, odorat et équilibre; voir le chapitre 17) et des récepteurs somatiques (douleur, température, toucher et proprioception; voir le chapitre 16). En temps normal, toutes ces sensations sont perçues consciemment. Les neurones moteurs somatiques innervent les muscles squelettiques (qui sont les effecteurs du système nerveux somatique) et produisent les mouvements volontaires. Ainsi, quand des neurones moteurs somatiques stimulent le muscle du bras, ce muscle se contracte et le bras se plie. Les neurones moteurs somatiques ont toujours un effet excitateur. Quand ils cessent de stimuler le muscle, ce dernier se relâche. Bien que, en général, nous n'ayons pas conscience de respirer, nos mouvements respiratoires sont aussi produits par des muscles squelettiques régis par des neurones moteurs somatiques. Si ces neurones moteurs respiratoires cessent de fonctionner, la respiration s'arrête. Par ailleurs, quelques muscles squelettiques (par exemple, dans l'oreille moyenne) sont mus par des réflexes et ne peuvent pas être contractés volontairement.

L'information transmise au SNA provient en majeure partie de **neurones sensitifs autonomes**. La plupart de ces neurones sont reliés à des **intérocepteurs**, c'est-à-dire des récepteurs sensoriels situés dans les vaisseaux sanguins, les viscères, les muscles et le système nerveux et qui surveillent l'évolution du milieu *interne* de l'organisme. Par exemple, les chimiorécepteurs – qui enregistrent le taux sanguin de CO_2 –, les osmorécepteurs hypothalamiques – qui enregistrent la teneur en eau du sang – et les mécanorécepteurs – qui détectent le degré d'étirement des parois des organes – sont des intérocepteurs. Contrairement à ceux que suscitent le parfum d'une fleur, une toile splendide ou un plat succulent, les signaux sensoriels émis par les intérocepteurs n'atteignent généralement pas le seuil de la conscience. Dans certains cas, l'activation intense des intérocepteurs peut toutefois générer des sensations conscientes. Ainsi, nous ressentons consciemment les douleurs provoquées par les lésions des viscères ou l'angine de poitrine (qui est causée par une insuffisance de l'irrigation du cœur). Le SNA réagit aussi à certaines sensations produites par les neurones sensitifs somatiques et les cellules réceptrices des organes des sens. Par exemple, la douleur somatique peut perturber considérablement différentes activités autonomes, et la vue ou l'odeur d'aliments putréfiés peut perturber la salivation.

Les **neurones moteurs autonomes** régissent les fonctions viscérales en augmentant (excitation) ou en diminuant (inhibition) l'activité de leurs effecteurs, soit le muscle cardiaque, les muscles lisses et les glandes. Les variations du diamètre de la pupille, la dilatation et la constriction des vaisseaux sanguins ainsi que les modulations de la fréquence et de la force des battements du cœur sont des effets moteurs autonomes. Contrairement aux muscles squelettiques, les tissus innervés par le SNA continuent généralement de fonctionner même si leur innervation est endommagée. Par exemple, les cœurs prélevés pour transplantation continuent de battre hors de la cage thoracique des donneurs, les muscles lisses de la paroi du tube digestif se contractent d'eux-mêmes d'une manière rythmique, et les glandes produisent certaines sécrétions sans que le SNA intervienne dans ces activités.

La plupart des effets autonomes ne peuvent pas être supprimés ou modifiés notablement par l'action consciente. D'ordinaire, nous sommes incapables de diminuer de moitié notre fréquence cardiaque. Cette absence de contrôle explique que le polygraphe («détecteur de mensonges») puisse mesurer des effets autonomes pour déterminer si les personnes interrogées mentent ou disent la vérité. Néanmoins, des adeptes du yoga ou de la méditation peuvent, après des années d'entraînement, maîtriser quelques-unes de leurs activités autonomes. La **rétroaction biologique**, dans laquelle certains appareils informent le patient sur certaines de ses fonctions corporelles – telles sa fréquence cardiaque ou sa pression artérielle – permet à ce dernier d'acquérir graduellement un meilleur contrôle conscient de ces fonctions. Par ailleurs, les signaux provenant des récepteurs somatiques et des organes des sens et qui passent par le système limbique peuvent également influer sur l'action des neurones moteurs autonomes. Ainsi, quand nous voyons une bicyclette sur le point de nous heurter, que nous entendons le crissement des pneus d'une voiture ou que nous sentons le contact de la main d'un agresseur sur notre bras, la fréquence et la force de nos battements cardiaques augmentent.

Nous avons vu au chapitre 10 que l'axone d'un seul neurone moteur somatique myélinisé s'étend du SNC jusqu'aux myocytes squelettiques de son unité motrice (figure 15.1a). Par contre, la plupart des voies motrices autonomes se composent de deux neurones moteurs placés en chaîne, l'un à la suite de l'autre (figure 15.1b). Le corps cellulaire du premier neurone est situé dans le SNC; son axone myélinisé s'étend du SNC jusqu'à un **ganglion autonome**. (Rappelons qu'un ganglion est un groupe de corps cellulaires situé à l'extérieur du SNC.) Le corps cellulaire du second neurone se trouve aussi dans ce ganglion autonome et son axone amyélinisé va directement du ganglion jusqu'à l'effecteur – un muscle lisse, le muscle cardiaque ou une glande. Dans certaines voies autonomes, cependant, le premier neurone moteur s'étend jusqu'à la médulla surrénale – la partie centrale des glandes surrénales –, et non jusqu'à un ganglion autonome. En outre, les neurones moteurs somatiques libèrent uniquement de l'acétylcholine (ACh) en tant que neurotransmetteur, alors que les neurones moteurs autonomes libèrent soit de l'ACh, soit de la noradrénaline (NA).

La composante motrice du SNA est organisée en deux grandes parties, ou systèmes: la **partie sympathique du système nerveux autonome**, ou **système nerveux sympathique**, et la **partie parasympathique du système nerveux autonome**, ou **système nerveux parasympathique**. La plupart des organes soumis au SNA possèdent une **double innervation**, c'est-à-dire qu'ils reçoivent des influx de neurones sympathiques et de neurones parasympathiques. En règle générale, les organes sont stimulés par les influx qui proviennent

FIGURE 15.1 Les voies motrices dans le système nerveux somatique (a) et dans le système nerveux autonome (b).

Notez que les neurones moteurs autonomes préganglionnaires libèrent de l'acétylcholine (ACh), alors que les neurones moteurs autonomes postganglionnaires libèrent soit de l'ACh, soit de la noradrénaline (NA) ; les neurones moteurs somatiques libèrent uniquement de l'ACh.

La stimulation somatique produit toujours une stimulation (excitation) des effecteurs – les myocytes squelettiques ; la stimulation autonome peut avoir un effet soit excitateur, soit inhibiteur sur les effecteurs viscéraux.

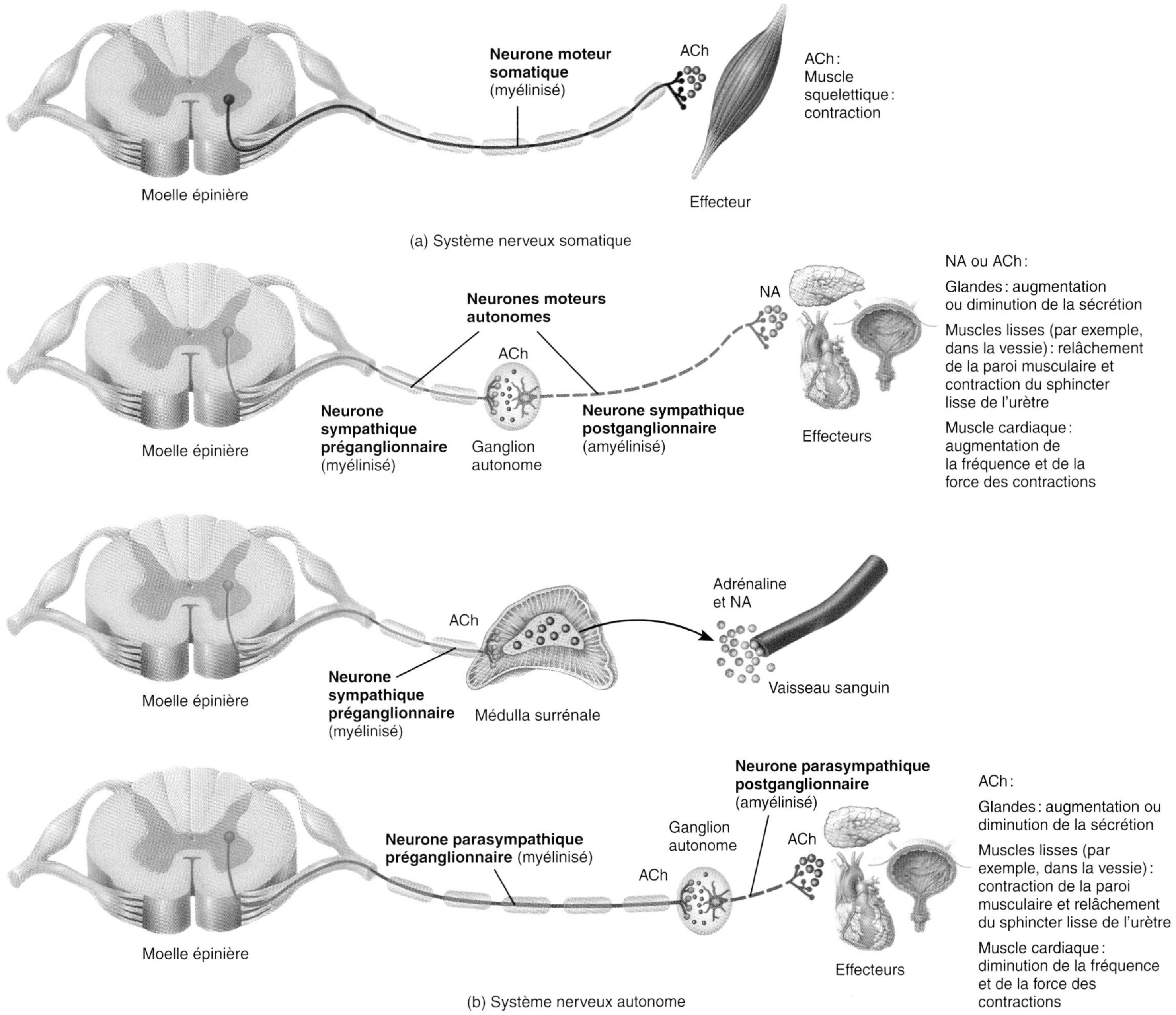

Neurone moteur somatique (myélinisé)

ACh

ACh : Muscle squelettique : contraction

Moelle épinière

Effecteur

(a) Système nerveux somatique

Neurones moteurs autonomes

NA

ACh

Neurone sympathique préganglionnaire (myélinisé)

Ganglion autonome

Neurone sympathique postganglionnaire (amyélinisé)

Moelle épinière

Effecteurs

NA ou ACh :

Glandes : augmentation ou diminution de la sécrétion

Muscles lisses (par exemple, dans la vessie) : relâchement de la paroi musculaire et contraction du sphincter lisse de l'urètre

Muscle cardiaque : augmentation de la fréquence et de la force des contractions

ACh

Neurone sympathique préganglionnaire (myélinisé)

Médulla surrénale

Adrénaline et NA

Vaisseau sanguin

Moelle épinière

Neurone parasympathique postganglionnaire (amyélinisé)

Ganglion autonome

ACh

Neurone parasympathique préganglionnaire (myélinisé)

ACh

ACh

Moelle épinière

Effecteurs

ACh :

Glandes : augmentation ou diminution de la sécrétion

Muscles lisses (par exemple, dans la vessie) : contraction de la paroi musculaire et relâchement du sphincter lisse de l'urètre

Muscle cardiaque : diminution de la fréquence et de la force des contractions

(b) Système nerveux autonome

Q Que signifie le terme «double innervation»?

d'une subdivision du SNA (augmentation de leur activité) et sont inhibés par ceux qui proviennent de l'autre (diminution de leur activité). Ainsi, l'augmentation du nombre des influx sympathiques élève la fréquence cardiaque et l'augmentation du nombre des influx parasympathiques la fait baisser. Le tableau 15.1 résume les similitudes et les différences entre le système nerveux somatique et le système nerveux autonome.

▶ POINT DE CONTRÔLE

1. Comparez les structures et les fonctions respectives du système nerveux autonome et du système nerveux somatique.

2. Quels sont les principaux éléments sensitifs et moteurs du système nerveux autonome ?

	SYSTÈME NERVEUX SOMATIQUE	SYSTÈME NERVEUX AUTONOME
Source de l'information sensorielle	Organes des sens et récepteurs somatiques.	Intérocepteurs et, dans une moindre mesure, organes des sens et récepteurs somatiques.
Régulation des commandes motrices	Régulation volontaire par le cortex cérébral et, dans une moindre mesure, les noyaux gris centraux, le cervelet, le tronc cérébral et la moelle épinière.	Régulation involontaire par le système limbique, l'hypothalamus, le tronc cérébral et la moelle épinière; faible régulation par le cortex cérébral.
Voie motrice	Un seul neurone moteur somatique dont le corps cellulaire est situé dans le SNC et dont l'axone fait synapse directement avec l'effecteur.	En général, chaîne de deux neurones: le corps cellulaire du neurone préganglionnaire est situé dans le SNC et son axone fait synapse avec le neurone postganglionnaire dans un ganglion autonome; le corps cellulaire du neurone postganglionnaire est situé dans ce ganglion et son axone fait synapse avec un effecteur viscéral. Certains neurones préganglionnaires ont leur corps cellulaire dans le SNC mais leur axone fait synapse avec des cellules de la médulla surrénale.
Neurotransmetteurs et hormones	Tous les neurones moteurs somatiques libèrent de l'ACh.	Tous les axones préganglionnaires libèrent de l'acétylcholine (ACh); la plupart des neurones postganglionnaires sympathiques libèrent de la noradrénaline (NA); en général, les neurones qui s'étendent jusqu'aux glandes sudoripares libèrent de l'ACh; tous les neurones postganglionnaires parasympathiques libèrent de l'ACh; la médulla surrénale libère de l'adrénaline et de la noradrénaline.
Effecteurs	Muscles squelettiques.	Muscles lisses, muscle cardiaque et glandes.
Effets	Contraction des muscles squelettiques.	Contraction ou relâchement des muscles lisses; augmentation ou diminution de la fréquence et de la force des contractions du muscle cardiaque; augmentation ou diminution de la sécrétion glandulaire.

L'ANATOMIE DES VOIES MOTRICES AUTONOMES

> **OBJECTIFS**
>
> • Décrire les neurones préganglionnaires et postganglionnaires du SNA.
> • Comparer les éléments anatomiques des parties sympathique et parasympathique du SNA.

LES ÉLÉMENTS ANATOMIQUES

Le premier des deux neurones d'une voie motrice autonome est appelé **neurone préganglionnaire** (figure 15.1b). Son corps cellulaire est situé dans l'encéphale ou dans la moelle épinière, et son axone sort du SNC dans un nerf crânien ou dans un nerf spinal. L'axone des neurones préganglionnaires est une fibre de type B, myélinisée et de faible diamètre; il s'étend généralement jusqu'à un ganglion autonome, où il fait synapse avec le deuxième neurone de la voie motrice autonome, le **neurone postganglionnaire** (figure 15.1b). Notez que le neurone postganglionnaire se trouve entièrement à l'extérieur du SNC; son corps cellulaire et ses dendrites sont situés dans un ganglion autonome où le neurone fait synapse avec un ou plusieurs axones préganglionnaires. L'axone du neurone postganglionnaire est une fibre de type C, amyélinisée et de faible diamètre, qui se termine dans un effecteur viscéral. Ainsi, les neurones préganglionnaires transmettent les commandes motrices du SNC aux ganglions autonomes, puis les neurones postganglionnaires les acheminent des ganglions autonomes jusqu'aux effecteurs viscéraux. (Voir la description des fibres A, B et C au chapitre 12, pages 449 et 450.)

Les neurones préganglionnaires

Dans la partie sympathique du SNA, les corps cellulaires des neurones préganglionnaires sont situés dans les cornes latérales (substance grise) des 12 segments thoraciques et des 2 premiers segments lombaires (parfois les 3 premiers) de la moelle épinière (figure 15.2). C'est pourquoi la partie sympathique du SNA porte aussi le nom de **système thoracolombaire** et les axones des neurones préganglionnaires sympathiques portent celui d'**efférences thoracolombaires**.

Les corps cellulaires des neurones préganglionnaires de la partie parasympathique du SNA sont situés dans les noyaux de quatre nerfs crâniens logés dans le tronc cérébral (III, VII, IX, X) et dans les cornes latérales des deuxième, troisième et quatrième segments

FIGURE 15.2 La structure de la partie sympathique du SNA. Les lignes pleines représentent les axones préganglionnaires et les lignes tiretées, les axones postganglionnaires. Pour simplifier la représentation graphique, cette figure montre les structures innervées d'un seul côté du corps. En fait, la partie sympathique innerve les tissus et les organes des deux côtés du corps.

 Les corps cellulaires des neurones préganglionnaires sympathiques sont situés dans les cornes latérales des 12 segments thoraciques et des 2 (et parfois 3) premiers segments lombaires de la moelle épinière.

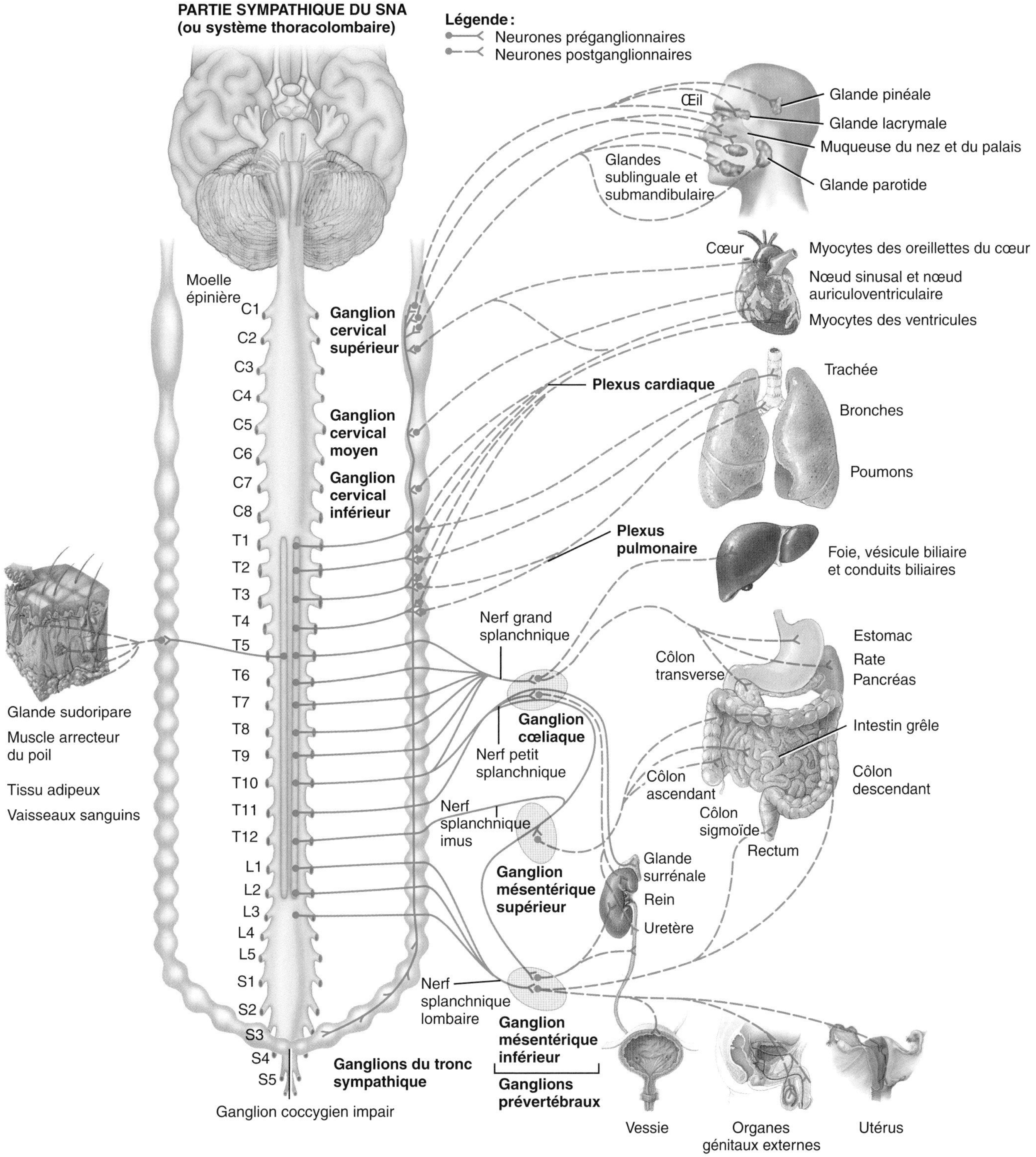

PARTIE SYMPATHIQUE DU SNA
(ou système thoracolombaire)

Légende :
● ⟨ Neurones préganglionnaires
● - - ⟨ Neurones postganglionnaires

Moelle épinière

C1
C2
C3
C4
C5
C6
C7
C8
T1
T2
T3
T4
T5
T6
T7
T8
T9
T10
T11
T12
L1
L2
L3
L4
L5
S1
S2
S3
S4
S5

Ganglion cervical supérieur

Ganglion cervical moyen

Ganglion cervical inférieur

Ganglions du tronc sympathique

Ganglion coccygien impair

Glande sudoripare
Muscle arrecteur du poil
Tissu adipeux
Vaisseaux sanguins

Nerf grand splanchnique
Ganglion cœliaque
Nerf petit splanchnique
Nerf splanchnique imus
Ganglion mésentérique supérieur
Nerf splanchnique lombaire
Ganglion mésentérique inférieur
Ganglions prévertébraux

Œil
Glande pinéale
Glande lacrymale
Muqueuse du nez et du palais
Glandes sublinguale et submandibulaire
Glande parotide

Cœur
Myocytes des oreillettes du cœur
Nœud sinusal et nœud auriculoventriculaire
Myocytes des ventricules

Plexus cardiaque

Trachée
Bronches
Poumons

Plexus pulmonaire

Foie, vésicule biliaire et conduits biliaires

Estomac
Rate
Pancréas
Côlon transverse
Intestin grêle
Côlon ascendant
Côlon descendant
Côlon sigmoïde
Rectum

Glande surrénale
Rein
Uretère

Vessie
Organes génitaux externes
Utérus

 Les axones préganglionnaires parasympathiques sont-ils plus longs ou plus courts que les axones préganglionnaires sympathiques ? Pourquoi ?

FIGURE 15.3 La structure de la partie parasympathique du SNA.
Les lignes pleines représentent les axones préganglionnaires et les lignes tiretées, les axones postganglionnaires. Pour simplifier la représentation graphique, cette figure montre les structures innervées d'un seul côté du corps. En fait, le système nerveux parasympathique innerve les tissus et les organes des deux côtés du corps.

 Les corps cellulaires des neurones préganglionnaires parasympathiques sont situés dans des noyaux du tronc cérébral et dans les cornes latérales des deuxième, troisième et quatrième segments sacraux de la moelle épinière.

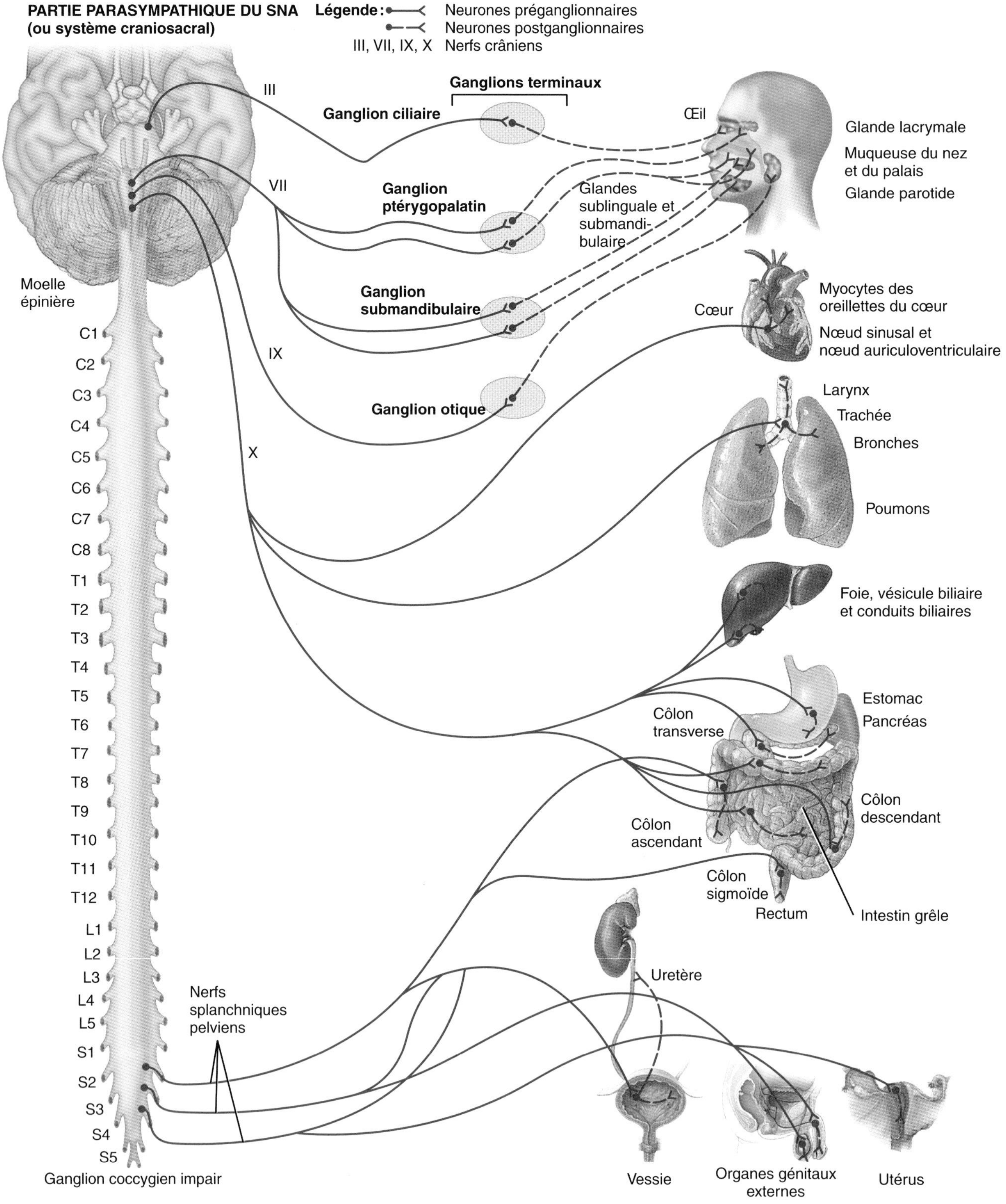

PARTIE PARASYMPATHIQUE DU SNA
(ou système craniosacral)

Légende:
Neurones préganglionnaires
Neurones postganglionnaires
III, VII, IX, X   Nerfs crâniens

Ganglions terminaux

Ganglion ciliaire
III
Œil

Glande lacrymale
Muqueuse du nez et du palais
Glande parotide

VII
Ganglion ptérygopalatin

Glandes sublinguale et submandibulaire

Ganglion submandibulaire

Cœur
Myocytes des oreillettes du cœur
Nœud sinusal et nœud auriculoventriculaire

IX

Ganglion otique

Larynx
Trachée
Bronches
Poumons

X

Moelle épinière

C1
C2
C3
C4
C5
C6
C7
C8
T1
T2
T3
T4
T5
T6
T7
T8
T9
T10
T11
T12
L1
L2
L3
L4
L5
S1
S2
S3
S4
S5

Foie, vésicule biliaire et conduits biliaires

Côlon transverse
Estomac
Pancréas

Côlon ascendant
Côlon descendant

Côlon sigmoïde
Rectum
Intestin grêle

Nerfs splanchniques pelviens

Uretère

Ganglion coccygien impair

Vessie
Organes génitaux externes
Utérus

 Q Quels ganglions sont associés à la partie parasympathique du SNA?
Lesquels sont associés à la partie sympathique du SNA?

sacraux de la moelle épinière (figure 15.3). C'est pourquoi la partie parasympathique du SNA porte aussi le nom de **système craniosacral** et les axones des neurones préganglionnaires parasympathiques portent celui d'**efférences craniosacrales**.

Les ganglions autonomes

On peut répartir les ganglions autonomes en trois groupes généraux ; deux d'entre eux appartiennent à la partie sympathique et le troisième, à la partie parasympathique du SNA.

Les ganglions sympathiques Les ganglions sympathiques contiennent les synapses entre les neurones sympathiques préganglionnaires et les neurones sympathiques postganglionnaires. Les ganglions sympathiques se divisent en deux groupes : les ganglions du tronc sympathique et les ganglions prévertébraux.

Les **ganglions du tronc sympathique** (tels les **ganglions cervicaux supérieur**, **moyen** et **inférieur**) forment de part et d'autre de la colonne vertébrale une rangée verticale qui va de la base du crâne jusqu'au coccyx (figures 15.2 et 15.5). Parce que ces ganglions se trouvent tout près de la moelle épinière, la plupart des axones préganglionnaires sympathiques sont courts. Les axones postganglionnaires provenant des ganglions des deux troncs sympathiques innervent surtout des organes situés au-dessus du diaphragme.

Les **ganglions prévertébraux** constituent le deuxième groupe de ganglions sympathiques. Ils sont situés en avant de la colonne vertébrale, près des grosses artères abdominales. En général, les axones postganglionnaires provenant des ganglions prévertébraux innervent des organes situés en dessous du diaphragme. On distingue trois paires de ganglions prévertébraux principaux : 1) les **ganglions cœliaques**, près de l'origine et de chaque côté du tronc (artère) cœliaque, juste en dessous du diaphragme ; 2) les **ganglions mésentériques supérieurs**, près de l'origine de l'artère mésentérique supérieure, dans la partie supérieure de l'abdomen ; et 3) les **ganglions mésentériques inférieurs**, près de l'origine de l'artère mésentérique inférieure, vers le milieu de l'abdomen (figures 15.2 et 15.5). Contrairement aux *paires* de ganglions des troncs sympathiques, les ganglions prévertébraux ne forment pas de véritables paires. Ainsi, les deux ganglions cœliaques, en forme de demi-lune, s'unissent au-dessus et au-dessous du tronc cœliaque pour former un seul gros ganglion. Par ailleurs, on trouve généralement un ou deux ganglions mésentériques supérieurs près de l'artère du même nom, mais un seul ganglion près de l'origine de l'artère mésentérique inférieure.

Les ganglions parasympathiques Les axones préganglionnaires de la partie parasympathique du SNA font synapse avec des neurones postganglionnaires dans les **ganglions terminaux**. La plupart de ces ganglions sont situés à proximité ou à l'intérieur d'une paroi viscérale. Parce qu'ils s'étendent du SNC jusqu'au ganglion terminal de l'organe innervé, les axones des neurones préganglionnaires parasympathiques sont généralement plus longs que ceux des neurones préganglionnaires sympathiques. De chaque côté du corps, les ganglions terminaux sont les suivants : le **ganglion ciliaire**, le **ganglion ptérygopalatin**, le **ganglion submandibulaire** et le **ganglion otique** (figure 15.3).

Les neurones postganglionnaires

Une fois qu'ils sont entrés dans les ganglions du tronc sympathique, les axones des neurones préganglionnaires sympathiques peuvent s'unir à des neurones postganglionnaires selon l'une des trois modalités décrites ci-dessous (figure 15.4) :

❶ Un axone fait synapse avec des neurones postganglionnaires dans le premier ganglion qu'il atteint, au même niveau segmentaire.

❷ Un axone monte ou descend vers un ganglion situé plus haut ou plus bas dans le tronc sympathique, puis fait synapse avec des neurones postganglionnaires. Ces axones des neurones préganglionnaires sympathiques qui montent ou descendent dans le tronc sympathique forment la **chaîne latérovertébrale sympathique**, qui relie les ganglions.

❸ Un axone traverse le ganglion du tronc sympathique sans faire synapse, puis rejoint un ganglion prévertébral, où il fait synapse avec des neurones postganglionnaires.

De plus, certains axones préganglionnaires sympathiques se terminent dans la médulla surrénale.

Chaque axone préganglionnaire sympathique émet de nombreuses collatérales (ramifications) et peut faire synapse avec 20 neurones postganglionnaires ou plus. Cette divergence constitue l'une des raisons pour lesquelles la stimulation sympathique touche souvent simultanément toutes les parties du corps ou presque (effet généralisé). Après leur sortie des ganglions, les axones postganglionnaires se terminent d'ordinaire dans plusieurs effecteurs viscéraux (figure 15.2).

Les axones des neurones préganglionnaires de la partie parasympathique du SNA pénètrent dans les ganglions terminaux à l'intérieur d'un effecteur viscéral ou à proximité (figure 15.3). Dans le ganglion, le neurone présynaptique fait généralement synapse avec quatre ou cinq neurones postsynaptiques seulement ; comme tous ces neurones innervent un même effecteur viscéral, les effets parasympathiques sont souvent limités à un seul effecteur.

Les plexus autonomes

Dans le thorax, l'abdomen et le pelvis, les axones des neurones sympathiques et ceux des neurones parasympathiques forment des réseaux enchevêtrés appelés **plexus autonomes**, dont la plupart sont situés le long des principales artères. Ces plexus peuvent aussi contenir des ganglions sympathiques et des axones de neurones sensitifs autonomes. Les principaux plexus autonomes du thorax sont le **plexus cardiaque**, qui innerve le cœur, le **plexus pulmonaire**, qui innerve l'arbre bronchique et le **plexus œsophagien** qui innerve l'œsophage (figures 15.2 et 15.5).

L'abdomen et le pelvis contiennent aussi des plexus autonomes importants (figure 15.5) dont le nom correspond souvent à celui de l'artère qu'ils jouxtent. Le **plexus cœliaque**, le plus étendu des plexus autonomes, entoure le tronc cœliaque (artère qui naît de l'aorte) et l'artère mésentérique supérieure ; il contient le gros ganglion cœliaque formé par l'union des deux ganglions cœliaques près de l'origine du tronc cœliaque, ainsi qu'un réseau dense d'axones autonomes. Le plexus cœliaque innerve le foie, la vésicule biliaire, l'estomac, le pancréas, la rate, les reins, la médulla surrénale et les testicules ou les ovaires. Le **plexus mésentérique supérieur**

Les ganglions sympathiques se répartissent en deux groupes : les ganglions du tronc sympathique (de part et d'autre de la colonne vertébrale, sur sa face antérieure) et les ganglions prévertébraux (près des grosses artères abdominales, à l'avant de la colonne vertébrale).

Corne dorsale

Racine dorsale

Ganglion spinal

Rameau dorsal du nerf spinal

Rameau ventral du nerf spinal

2 Au-dessus de T1

Corne latérale

Chaîne sympathique (axones reliant les ganglions)

Corne ventrale

Nerf spinal

1

Moelle épinière

Racine ventrale

Ganglion du tronc sympathique

Nerf splanchnique

Rameau communicant gris

3

2

Vers les effecteurs viscéraux : muscles lisses des vaisseaux sanguins, muscles arrecteurs des poils et glandes sudoripares de la peau

Rameau communicant blanc

Ganglion prévertébral (ganglion cœliaque)

Effecteur viscéral : intestin

En dessous de L2

—— Neurone préganglionnaire
--- Neurone postganglionnaire

Vue antérieure

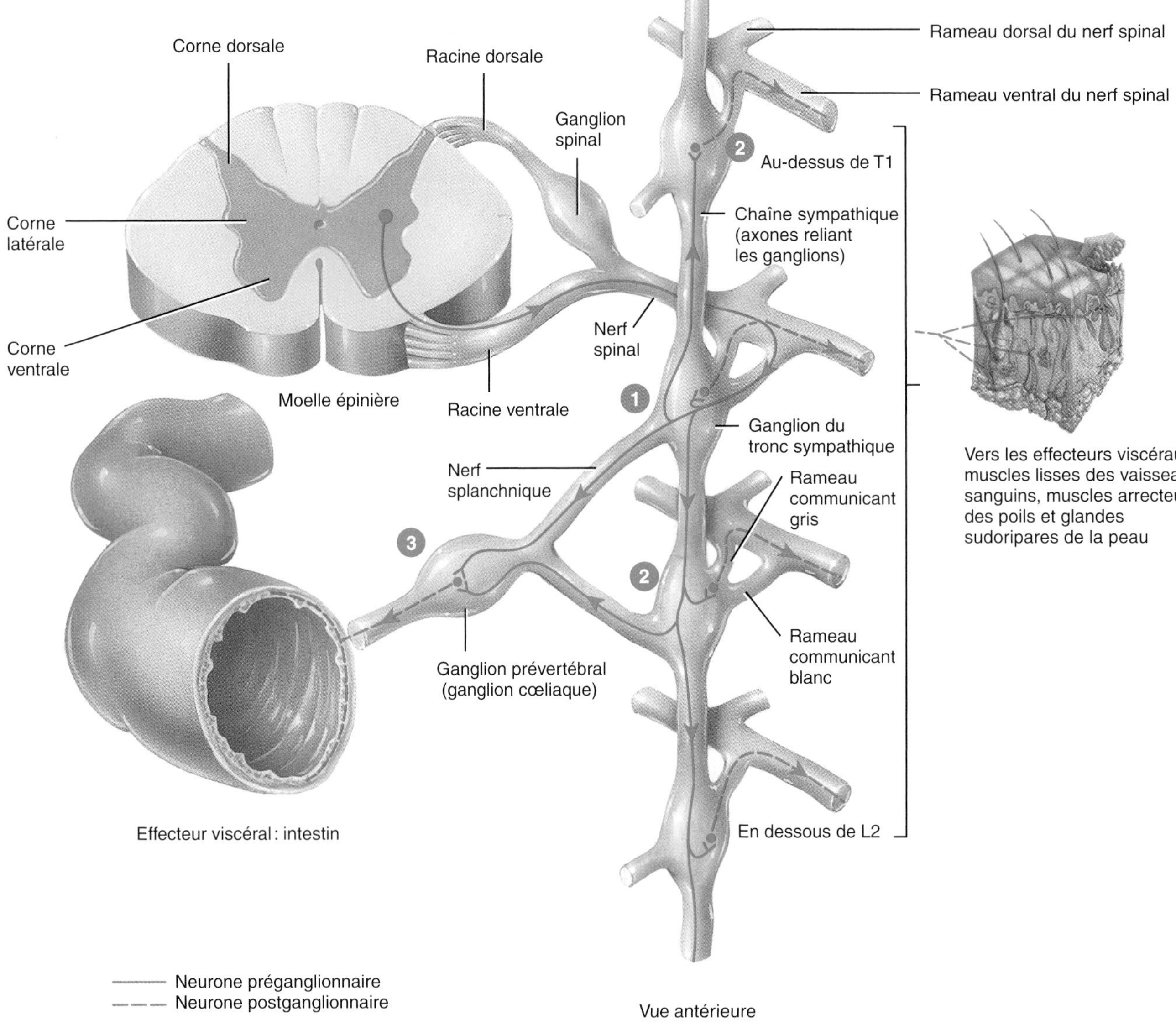

 Quel est le rôle des ganglions du tronc sympathique ?

contient le ganglion mésentérique supérieur et innerve l'intestin grêle et le gros intestin. Le **plexus mésentérique inférieur** renferme le ganglion mésentérique inférieur et innerve le gros intestin. Le **plexus hypogastrique** est situé à l'avant de la cinquième vertèbre lombaire et innerve les viscères du pelvis. Le **plexus rénal** est situé près du rein ; il contient le ganglion rénal et innerve les artérioles du rein et l'uretère.

Maintenant que nous avons décrit l'anatomie générale des voies motrices autonomes, nous allons étudier plus en détail certaines caractéristiques structurales des parties sympathique et parasympathique du système nerveux autonome.

LA STRUCTURE DE LA PARTIE SYMPATHIQUE DU SNA

Les corps cellulaires des neurones préganglionnaires sympathiques sont situés dans les cornes latérales de tous les segments thoraciques et des deux premiers segments lombaires (et parfois les trois premiers) de la moelle épinière (figure 15.2). Les axones préganglionnaires sortent de la moelle épinière par la racine ventrale d'un nerf spinal avec les neurones moteurs somatiques du même niveau segmentaire. Après avoir traversé les foramens intervertébraux, les axones préganglionnaires sympathiques myélinisés s'intègrent à une courte voie appelée **rameau communicant blanc** (l'adjectif

FIGURE 15.5 **Les plexus autonomes du thorax, de l'abdomen et du pelvis.**

Un plexus autonome est un réseau d'axones sympathiques et parasympathiques qui peut aussi contenir des axones sensitifs autonomes et des ganglions sympathiques.

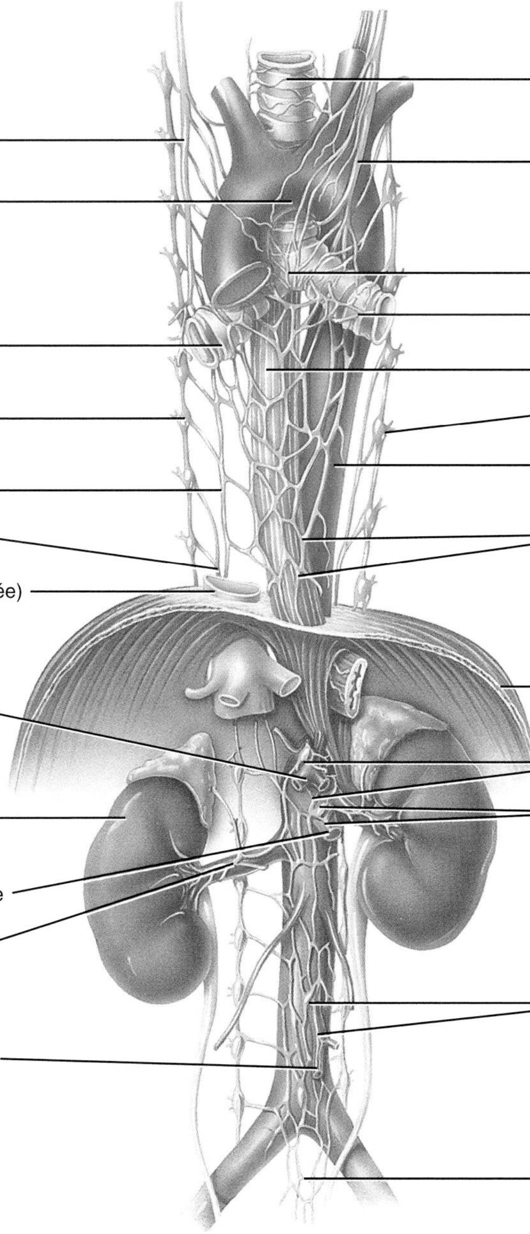

Nerf vague droit (X)

Arc aortique

Bronche principale droite

Ganglion du tronc sympathique droit

Nerf grand splanchnique

Nerf petit splanchnique

Veine cave inférieure (sectionnée)

Tronc (artère) cœliaque

Rein droit

Artère mésentérique supérieure

Plexus rénal

Artère mésentérique inférieure

Trachée

Nerf vague gauche (X)

Plexus cardiaque

Plexus pulmonaire

Œsophage

Ganglion du tronc sympathique gauche

Aorte thoracique

Plexus œsophagien

Diaphragme

Ganglion cœliaque et **plexus cœliaque**

Ganglion mésentérique supérieur et **plexus mésentérique supérieur**

Ganglion mésentérique inférieur et **plexus mésentérique inférieur**

Plexus hypogastrique

Q Quel est le plus étendu des plexus autonomes?

«blanc» signifie que ce rameau communicant contient des axones myélinisés). Ils entrent ensuite dans le ganglion du tronc sympathique le plus proche, du même côté (figure 15.4). Les rameaux communicants blancs sont donc des structures qui contiennent des axones préganglionnaires sympathiques reliant les rameaux ventraux des nerfs spinaux et les ganglions du tronc sympathique. Seuls les nerfs thoraciques et les deux ou trois premiers nerfs lombaires possèdent des rameaux communicants blancs.

Rappelons que certains des neurones préganglionnaires sympathiques entrants font synapse avec des neurones postganglionnaires, soit dans le ganglion du niveau d'entrée (étape **1** de la figure 15.4), soit dans un ganglion situé plus haut ou plus bas (étape **2** de la figure 15.4) dans le tronc sympathique. Les axones de certains de ces neurones postganglionnaires quittent les ganglions du tronc sympathique en s'intégrant à une courte voie appelée **rameau communicant gris** (l'adjectif «gris» signifie que ce rameau communicant contient des axones amyélinisés). Ils poursuivent ensuite leur trajet en s'intégrant au rameau ventral d'un nerf spinal pour innerver des effecteurs viscéraux, par exemple les glandes sudoripares, les muscles lisses des vaisseaux sanguins et les muscles arrecteurs des poils. Les rameaux communicants gris sont donc des structures qui contiennent des axones postganglionnaires sympathiques reliant les ganglions du tronc sympathique et les nerfs spinaux. Ils sont plus nombreux que les rameaux communicants blancs, car il en existe un pour chacune des 31 paires de nerfs spinaux.

Pairs et symétriques, les ganglions du tronc sympathique sont disposés de part et d'autre de la colonne vertébrale, sur sa face antérieure. Le corps humain compte généralement, sur un côté du corps, 3 ganglions cervicaux, 11 ou 12 ganglions thoraciques, 4 ou 5 ganglions lombaires et 4 ou 5 ganglions sacraux dans le tronc sympathique, ainsi que 1 ganglion coccygien. Les ganglions coccygiens droit et gauche sont en fait fusionnés et se trouvent le plus souvent sur la ligne médiane. Bien qu'ils s'étendent du cou jusqu'au coccyx en passant par le thorax et l'abdomen, les ganglions du tronc sympathique reçoivent des axones préganglionnaires uniquement des segments thoraciques et lombaires de la moelle épinière (figure 15.2).

Située dans le cou, la partie cervicale de chacun des troncs sympathiques comprend un ganglion supérieur, un ganglion moyen et un ganglion inférieur (figure 15.2). Les neurones postganglionnaires qui émergent du **ganglion cervical supérieur** innervent la tête et le cœur. Ils se répartissent entre les glandes sudoripares, le muscle lisse de l'œil, les vaisseaux sanguins du visage, les glandes lacrymales, la muqueuse du nez et le cœur ainsi que les glandes submandibulaire, sublinguale et parotide (salivaires). Les neurones postganglionnaires qui émergent du **ganglion cervical moyen** et du **ganglion cervical inférieur** innervent le cœur.

La partie thoracique de chacun des troncs sympathiques est située à l'avant du col des côtes correspondantes. Elle reçoit la plupart des axones préganglionnaires sympathiques. Les neurones postganglionnaires provenant de la partie thoracique du tronc sympathique innervent le cœur, les poumons, les bronches et d'autres viscères thoraciques. Dans la peau, ils innervent aussi les glandes sudoripares, les vaisseaux sanguins et les muscles arrecteurs des poils. La partie lombaire de chacun des troncs sympathiques se trouve à côté des vertèbres lombaires. Enfin, la partie sacrale du tronc sympathique s'étend dans la cavité pelvienne, du côté médial des foramens sacraux.

Rappelons que certains axones préganglionnaires sympathiques traversent le tronc sympathique mais ne s'y terminent pas. À leur sortie du tronc sympathique, ils forment les **nerfs splanchniques** (figures 15.2 et 15.4), qui aboutissent dans des ganglions prévertébraux. Le nerf splanchnique issu du tronc sympathique thoracique se termine dans le ganglion cœliaque, où les neurones préganglionnaires font synapse avec les corps cellulaires des neurones postganglionnaires. Les axones préganglionnaires qui émergent du cinquième au neuvième ou dixième ganglion thoracique (T5 à T9 ou T10) forment le **nerf grand splanchnique**; ce dernier traverse le diaphragme et entre dans le ganglion cœliaque du plexus cœliaque. De là, les neurones postganglionnaires s'étendent jusqu'à l'estomac, la rate, le foie, le rein et l'intestin grêle. Les axones

préganglionnaires qui émergent du dixième et du onzième ganglion thoracique (T10 et T11) forment le **nerf petit splanchnique**; ce dernier traverse le diaphragme puis le plexus cœliaque pour entrer ensuite dans le ganglion mésentérique supérieur du plexus mésentérique supérieur. Les neurones postganglionnaires qui sortent de ce ganglion innervent l'intestin grêle et le côlon. Le **nerf splanchnique imus**, ou nerf splanchnique inférieur, n'est pas toujours présent. Quand il l'est, il se compose des axones préganglionnaires émergeant du douzième ganglion thoracique (T12) ou d'une branche du nerf petit splanchnique. Le nerf splanchnique imus traverse le diaphragme puis entre dans le plexus rénal, près du rein. Les neurones postganglionnaires qui sortent du plexus rénal innervent les artérioles du rein et l'uretère. Les axones préganglionnaires qui émergent du premier au troisième ganglion lombaire (L1 à L3) forment le **nerf splanchnique lombaire** puis entrent dans le plexus mésentérique inférieur et se terminent dans le ganglion mésentérique inférieur, où ils font synapse avec des neurones postganglionnaires. Les axones des neurones postganglionnaires parcourent le plexus hypogastrique et innervent la partie distale du côlon, le rectum, la vessie et les organes génitaux. Les axones postganglionnaires qui émergent des ganglions prévertébraux suivent le trajet de diverses artères pour se rendre aux effecteurs viscéraux de l'abdomen et du pelvis.

Par ailleurs, des neurones préganglionnaires sympathiques s'étendent jusqu'à la médulla surrénale. Au cours du développement embryonnaire, la médulla surrénale et les ganglions sympathiques se forment à partir du même tissu, la crête neurale (voir la figure 14.28). La médulla surrénale est en fait un ganglion sympathique modifié dont les cellules ressemblent à des neurones postganglionnaires sympathiques. Toutefois, au lieu de rejoindre un autre organe, ces cellules libèrent des hormones dans la circulation sanguine. Quand elle est stimulée par des neurones préganglionnaires sympathiques, la médulla surrénale sécrète un mélange de catécholamines, soit environ 80 % d'**adrénaline**, 20 % de **noradrénaline** et une quantité infime de **dopamine**.

LE SYNDROME DE CLAUDE BERNARD-HORNER

Le **syndrome de Claude Bernard-Horner** se caractérise par la suppression de l'innervation sympathique d'un côté du visage. Il peut être causé par des facteurs génétiques, un traumatisme ou une maladie qui touche les efférences sympathiques dans le ganglion cervical supérieur. Les symptômes se manifestent du côté atteint et comprennent le ptosis (affaissement de la paupière supérieure), le myosis (constriction de la pupille) et l'anhydrose (absence de transpiration). ∎

LA STRUCTURE DE LA PARTIE PARASYMPATHIQUE DU SNA

Les corps cellulaires des neurones préganglionnaires parasympathiques sont situés dans des noyaux du tronc cérébral et dans les cornes latérales des deuxième, troisième et quatrième segments sacraux de la moelle épinière (figure 15.3). Les axones de ces neurones s'intègrent à un nerf crânien ou à la racine ventrale d'un nerf spinal pour émerger. Les **efférences parasympathiques craniales** sont formées d'axones préganglionnaires qui sortent du tronc cérébral dans quatre nerfs crâniens. De leur côté, les **efférences parasympathiques sacrales** sont formées d'axones préganglionnaires situés dans les racines ventrales des deuxième, troisième et quatrième nerfs sacraux. Les axones préganglionnaires des efférences craniales et des efférences sacrales aboutissent dans les ganglions terminaux, où ils font synapse avec des neurones postganglionnaires.

Les efférences craniales comprennent quatre paires de ganglions et les plexus associés au nerf vague (X). Les quatre paires de ganglions parasympathiques craniaux innervent des structures de la tête et sont situées à proximité (figure 15.3).

1. Les **ganglions ciliaires** sont situés à côté de chacun des nerfs optiques (II), près de la partie postérieure de l'orbite. Les axones préganglionnaires suivent les nerfs oculomoteurs (III) jusqu'aux ganglions ciliaires. Les axones postganglionnaires issus de ces ganglions innervent les myocytes lisses du globe oculaire.

2. Les **ganglions ptérygopalatins** sont situés à côté de chaque foramen sphénopalatin, entre l'os sphénoïde et l'os palatin ; ils reçoivent des axones préganglionnaires des nerfs faciaux (VII) et émettent des axones postganglionnaires vers la muqueuse du nez, le palais, le pharynx et les glandes lacrymales.

3. Les **ganglions submandibulaires** sont situés près des conduits des glandes submandibulaires ; ils reçoivent des axones préganglionnaires des nerfs faciaux et envoient des axones postganglionnaires aux glandes submandibulaires et sublinguales.

4. Les **ganglions otiques** sont situés juste en dessous des foramens ovales ; ils reçoivent des axones préganglionnaires des nerfs glossopharyngiens (IX) et émettent des axones postganglionnaires vers les glandes parotides.

Les axones préganglionnaires qui sortent de l'encéphale dans les nerfs vagues (X) contiennent près de 80 % des efférences craniosacrales. Les axones des nerfs vagues rejoignent de nombreux ganglions terminaux dans le thorax et l'abdomen. Parce que les ganglions terminaux se trouvent dans les parois des effecteurs viscéraux ou à proximité, les axones postganglionnaires parasympathiques sont très courts. En passant dans le thorax, le nerf vague émet des axones vers le cœur et les bronches. Dans l'abdomen, il innerve le foie, la vésicule biliaire, l'estomac, le pancréas, l'intestin grêle et une partie du gros intestin.

Les efférences parasympathiques sacrales sont constituées des axones préganglionnaires issus des racines ventrales des deuxième, troisième et quatrième nerfs sacraux (S2 à S4), et forment les **nerfs splanchniques pelviens** (figure 15.3). Ces axones font synapse avec des neurones postganglionnaires parasympathiques situés dans les ganglions terminaux, dans les parois des viscères innervés. À partir des ganglions, les axones postganglionnaires parasympathiques innervent le muscle lisse et les glandes des parois du côlon, des uretères, de la vessie et des organes génitaux.

▶ **POINT DE CONTRÔLE**

3. Pourquoi la partie sympathique du SNA est-elle aussi appelée «système thoracolombaire», alors que ses ganglions vont de la région cervicale à la région sacrale ?

4. Énumérez les organes innervés par chacun des ganglions sympathiques et parasympathiques.

5. Décrivez l'emplacement des ganglions du tronc sympathique, des ganglions prévertébraux et des ganglions terminaux. Quels types de neurones autonomes font synapse dans chacun des types de ganglions ?

6. Pourquoi la partie sympathique du SNA a-t-elle des effets généralisés sur l'organisme, alors que ceux de la partie parasympathique sont plutôt localisés ?

LES NEUROTRANSMETTEURS ET LES RÉCEPTEURS DU SNA

▶ **OBJECTIF**

• Décrire les neurotransmetteurs et les récepteurs qui interviennent dans les effets autonomes.

Les neurones autonomes se répartissent en deux catégories, selon le neurotransmetteur qu'ils synthétisent et libèrent : les neurones cholinergiques et les neurones adrénergiques. Les récepteurs de ces neurotransmetteurs sont des protéines membranaires intrinsèques situées dans la membrane plasmique des neurones postsynaptiques ou des cellules effectrices.

LES NEURONES ET LES RÉCEPTEURS CHOLINERGIQUES

Les **neurones cholinergiques** libèrent de l'**acétylcholine (ACh)** comme neurotransmetteur. Dans le SNA, les neurones cholinergiques sont les suivants : 1) tous les neurones préganglionnaires sympathiques et parasympathiques ; 2) les neurones postganglionnaires sympathiques qui innervent la plupart des glandes sudoripares ; et 3) tous les neurones postganglionnaires parasympathiques (figure 15.6).

L'ACh est emmagasinée dans des vésicules synaptiques et libérée par exocytose. Elle diffuse ensuite dans la fente synaptique et se lie à des **récepteurs cholinergiques** spécifiques qui sont des protéines membranaires intrinsèques de la membrane plasmique *postsynaptique* (voir la figure 12.17). Il existe deux types de récepteurs cholinergiques : les récepteurs nicotiniques et les récepteurs muscariniques. Les **récepteurs nicotiniques** se trouvent dans la membrane plasmique des dendrites et des corps cellulaires des neurones postganglionnaires tant sympathiques que parasympathiques (figure 15.6a, b) ainsi que dans la plaque motrice de la jonction neuromusculaire. Ces récepteurs doivent leur nom au fait que la nicotine se lie à eux, imitant ainsi l'action de l'ACh. (La nicotine est une substance présente à l'état naturel dans les feuilles de tabac, mais normalement absente de l'organisme humain.) Les **récepteurs muscariniques** se trouvent dans la membrane plasmique des cellules de tous les effecteurs innervés par des axones postganglionnaires parasympathiques (muscles lisses, muscle cardiaque et glandes). En outre, la plupart des glandes sudoripares reçoivent leur innervation de neurones postganglionnaires sympathiques *cholinergiques* et possèdent des récepteurs muscariniques (figure 15.6b). Ces récepteurs doivent leur nom au fait que la muscarine – poison provenant d'un champignon – imite l'action de l'ACh en se liant à eux. La nicotine n'active pas les récepteurs muscariniques

FIGURE 15.6 Les neurones cholinergiques (en bleu) et les neurones adrénergiques (en orange) dans les parties sympathique et parasympathique du SNA. Les neurones cholinergiques libèrent de l'acétylcholine et les neurones adrénergiques, de la noradrénaline. Les récepteurs cholinergiques et adrénergiques sont des protéines membranaires intrinsèques situées dans la membrane plasmique d'un neurone postsynaptique ou d'une cellule effectrice. Notez que les récepteurs ne sont pas représentés ; le trait les indiquant signale leur présence à la surface de la membrane plasmique des cellules effectrices.

La plupart des neurones postganglionnaires sympathiques sont adrénergiques ; les autres neurones autonomes sont cholinergiques.

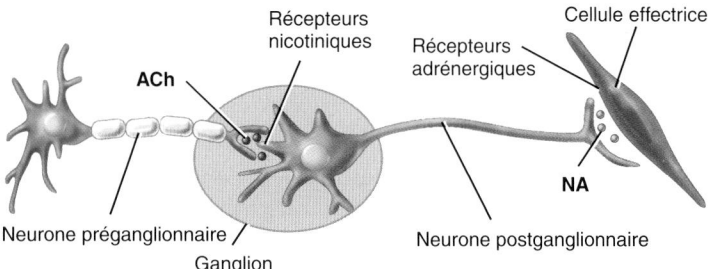

(a) Partie sympathique du SNA : innervation de la plupart des tissus effecteurs

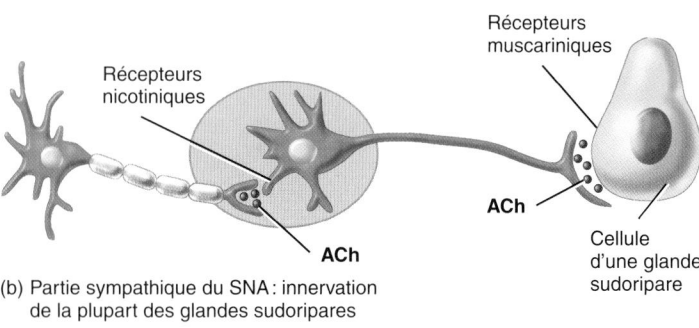

(b) Partie sympathique du SNA : innervation de la plupart des glandes sudoripares

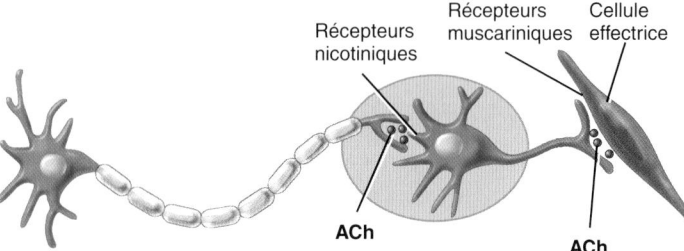

(c) Partie parasympathique du SNA

Quels sont les neurones cholinergiques qui possèdent des récepteurs cholinergiques nicotiniques ? Quel type de récepteurs cholinergiques se trouve dans les tissus effecteurs innervés par ces neurones ?

et la muscarine n'active pas les récepteurs nicotiniques ; par contre, l'ACh active les deux types de récepteurs cholinergiques.

L'activation des récepteurs nicotiniques par l'ACh entraîne une dépolarisation et, par conséquent, une excitation de la cellule postsynaptique ; celle-ci peut être un neurone postganglionnaire, un effecteur autonome ou un myocyte squelettique. L'activation

des récepteurs muscariniques par l'ACh entraîne soit une dépolarisation (excitation), soit une hyperpolarisation (inhibition), selon la cellule qui porte ces récepteurs. Par exemple, la liaison de l'ACh aux récepteurs muscariniques inhibe (détend) les muscles sphincters lisses du tube digestif ; par contre, l'ACh excite les récepteurs muscariniques des myocytes lisses du muscle sphincter de la pupille, provoquant ainsi la contraction pupillaire. Parce que l'acétylcholine est rapidement inactivée par l'**acétylcholinestérase (AChE)**, une enzyme, les effets des neurones cholinergiques sont brefs.

LES NEURONES ET LES RÉCEPTEURS ADRÉNERGIQUES

Dans le SNA, les **neurones adrénergiques** libèrent de la **noradrénaline (NA)**, aussi connue sous le nom de norépinéphrine (figure 15.6a). La plupart des neurones postganglionnaires sympathiques sont adrénergiques. À l'instar de l'ACh, la NA est synthétisée et emmagasinée dans des vésicules synaptiques, et libérée par exocytose. Les molécules de NA diffusent dans la fente synaptique et se lient à des récepteurs adrénergiques spécifiques situés sur la membrane plasmique postsynaptique, ce qui entraîne soit l'excitation, soit l'inhibition de la cellule effectrice.

Les **récepteurs adrénergiques** se lient à la noradrénaline et à l'adrénaline. La noradrénaline peut être libérée comme neurotransmetteur par les neurones postganglionnaires sympathiques ou comme hormone (dans la circulation sanguine) par la médulla surrénale. L'adrénaline est libérée comme hormone. Les récepteurs adrénergiques se répartissent en deux grandes classes, les **récepteurs alpha** (α) et les **récepteurs bêta** (β), et se trouvent dans les effecteurs viscéraux innervés par la plupart des axones postganglionnaires sympathiques. Les récepteurs adrénergiques alpha et bêta se subdivisent ensuite en sous-classes – α_1, α_2, β_1, β_2 et β_3 – définies par les effets que ces récepteurs produisent et par les substances qui les activent ou les inhibent en se liant sélectivement à eux. À quelques exceptions près, l'activation des récepteurs α_1 et β_1 engendre une excitation des tissus effecteurs, alors que l'activation des récepteurs α_2 et β_2 les inhibe. Les récepteurs β_3 se trouvent uniquement dans les cellules de la graisse brune et leur activation entraîne la thermogenèse (production de chaleur). Les cellules de la plupart des effecteurs possèdent soit des récepteurs alpha, soit des récepteurs bêta ; les cellules de certains effecteurs viscéraux contiennent toutefois les deux types de récepteurs. La noradrénaline stimule les récepteurs alpha plus fortement que les récepteurs bêta ; l'adrénaline stimule vigoureusement les deux classes de récepteurs adrénergiques.

Deux mécanismes peuvent faire cesser l'activité de la noradrénaline dans une synapse : soit sa recapture par l'axone qui l'a libérée, soit son inactivation par la **catéchol-O-méthyl-transférase (COMT)** ou par la **monoamine oxydase (MAO)**, qui sont deux enzymes. La noradrénaline reste plus longtemps que l'ACh dans la fente synaptique. Par conséquent, les effets déclenchés par les neurones adrénergiques sont généralement plus durables que les effets déclenchés par les neurones cholinergiques.

Le tableau 15.2 indique l'emplacement des récepteurs cholinergiques et adrénergiques du corps humain et décrit les effets de leur activation.

TYPE DE RÉCEPTEURS	EMPLACEMENTS PRINCIPAUX	EFFETS DE L'ACTIVATION DES RÉCEPTEURS
CHOLINERGIQUES	Protéines intrinsèques dans la membrane plasmique des neurones postsynaptiques ; activés par l'acétylcholine, un neurotransmetteur.	
• **Nicotiniques**	Membrane plasmique des neurones postganglionnaires sympathiques et parasympathiques.	Excitation → influx nerveux dans les neurones postganglionnaires.
	Cellules de la médulla surrénale.	Sécrétion d'adrénaline et de noradrénaline.
	Sarcolemme des myocytes squelettiques (plaque motrice).	Excitation → contraction.
• **Muscariniques**	Effecteurs innervés par des neurones postganglionnaires parasympathiques.	Excitation ou inhibition, selon les récepteurs.
	Glandes sudoripares innervées par des neurones postganglionnaires sympathiques cholinergiques.	Augmentation de la transpiration.
	Vaisseaux sanguins des muscles squelettiques innervés par des neurones postganglionnaires sympathiques cholinergiques.	Inhibition → relâchement → vasodilatation.
ADRÉNERGIQUES	Protéines intrinsèques dans la membrane plasmique des neurones postsynaptiques ; activés par la noradrénaline, un neurotransmetteur, ainsi que par la noradrénaline et l'adrénaline, des hormones.	
• α_1	Myocytes lisses dans la paroi des vaisseaux sanguins qui irriguent les glandes salivaires, la peau, les muqueuses, les reins et les viscères abdominaux ; muscle dilatateur de la pupille ; muscles sphincters de l'estomac et de la vessie.	Excitation → contraction et, par conséquent, vasoconstriction, dilatation de la pupille et fermeture des sphincters.
	Cellules des glandes salivaires.	Sécrétion de K^+ et d'eau.
	Glandes sudoripares de la paume des mains et de la plante des pieds.	Augmentation de la transpiration.
• α_2	Myocytes lisses dans la paroi de certains vaisseaux sanguins.	Inhibition → relâchement → vasodilatation.
	Cellules des îlots pancréatiques (cellules bêta) qui sécrètent l'insuline, une hormone.	Diminution de la sécrétion d'insuline.
	Cellules acineuses du pancréas.	Inhibition de la sécrétion d'enzymes digestives.
	Thrombocytes (ou plaquettes) du sang.	Formation du clou plaquettaire.
• β_1	Myocytes cardiaques.	Excitation → augmentation de la force et de la fréquence des contractions cardiaques.
	Cellules de l'appareil juxtaglomérulaire, dans les reins.	Sécrétion de rénine.
	Neurohypophyse.	Sécrétion de l'hormone antidiurétique.
	Adipocytes.	Dégradation des triacylglycérols → libération d'acides gras dans la circulation sanguine.
• β_2	Muscles lisses dans la paroi des voies respiratoires ; dans la paroi des vaisseaux sanguins qui irriguent le cœur, les muscles squelettiques, le tissu adipeux et le foie ; dans la paroi des viscères (par exemple, la vessie).	Inhibition → relâchement et, par conséquent, dilatation des voies respiratoires, vasodilatation et relâchement de la paroi des organes.
	Muscle ciliaire (de l'œil).	Inhibition → relâchement.
	Hépatocytes.	Glycogénolyse (dégradation du glycogène en glucose).
• β_3	Graisse brune.	Thermogenèse (production de chaleur).

LES AGONISTES ET LES ANTAGONISTES DES RÉCEPTEURS

De nombreux médicaments et produits naturels peuvent activer ou inhiber sélectivement les récepteurs cholinergiques ou les récepteurs adrénergiques. Un **agoniste** est une substance qui se lie à un récepteur et l'active, imitant ainsi l'effet d'une hormone ou d'un neurotransmetteur naturel. Par exemple, la phényléphrine – un agoniste adrénergique des récepteurs α_1 – entre dans la composition de nombreux médicaments contre le rhume et la sinusite. Parce qu'elle entraîne la constriction des vaisseaux sanguins de la muqueuse nasale, la phényléphrine réduit la sécrétion de mucus et soulage la congestion nasale. À l'inverse, un **antagoniste** est une substance qui se lie à un récepteur et le bloque, empêchant ainsi une hormone ou un neurotransmetteur naturel d'agir. Par exemple, en bloquant les récepteurs cholinergiques muscariniques, l'atropine dilate les pupilles, réduit les sécrétions glandulaires et relâche les muscles lisses du tube digestif. On l'utilise donc pour dilater les pupilles pendant les examens des yeux, pour traiter les troubles des muscles lisses (par exemple, l'iritis et l'hypermotilité intestinale) et pour contrer les effets des armes chimiques qui inactivent l'acétylcholinestérase.

Le propranolol (Indéral^MD) est un médicament souvent prescrit aux hypertendus (personnes souffrant d'hypertension artérielle). C'est un β-bloquant non sélectif, c'est-à-dire qu'il se lie à tous les types de récepteurs bêta et empêche l'adrénaline et la noradrénaline de les activer. Attribuables à l'*inhibition* des récepteurs β_1, les effets thérapeutiques du propranolol consistent en une diminution de la force et de la fréquence des contractions du cœur, ce qui fait baisser la pression artérielle. Toutefois, l'inhibition des récepteurs β_2 peut avoir des effets indésirables tels que l'hypoglycémie (baisse de la concentration sanguine de glucose) due à une diminution de la glycolyse (dégradation du glucose) et de la néoglucogenèse (formation de glucose dans le foie à partir de molécules non glucidiques), ou encore une légère bronchoconstriction (resserrement des bronches). Si ces effets secondaires risquent d'aggraver l'état du patient, on peut remplacer le propranolol par un inhibiteur sélectif des récepteurs β_1, par exemple le métoprolol (Lopressor^MD).

▶ **POINT DE CONTRÔLE**

7. Pourquoi certains neurones sont-ils dits *cholinergiques* et d'autres, *adrénergiques* ?

8. Quels sont les neurotransmetteurs et les hormones qui se lient aux récepteurs adrénergiques ?

9. Que signifient les termes *agoniste* et *antagoniste* ?

LES EFFETS PHYSIOLOGIQUES DU SNA

> **OBJECTIF**

- Décrire les principaux effets de la stimulation sympathique et parasympathique sur le corps humain.

L'ACTIVITÉ DU SNA

Ainsi que nous l'avons déjà indiqué, la plupart des organes sont innervés par les neurones moteurs et de la partie sympathique et de la partie parasympathique du SNA. Or, ces deux parties du SNA ont habituellement des effets opposés. C'est l'hypothalamus qui assure en grande partie la régulation de l'**activité** (ou **tonus**) **du système nerveux autonome**, c'est-à-dire l'équilibre entre l'activité sympathique et l'activité parasympathique. En règle générale, l'hypothalamus augmente l'activité sympathique en même temps qu'il inhibe l'activité parasympathique, et vice versa. Ces effets différents sur les organes tiennent à deux raisons: premièrement, leurs neurones postganglionnaires libèrent des neurotransmetteurs différents, et deuxièmement, les organes effecteurs possèdent des récepteurs adrénergiques et cholinergiques différents. Quelques structures ne possèdent qu'une innervation sympathique, soit les glandes sudoripares, les muscles arrecteurs des poils, les reins, la rate, la plupart des vaisseaux sanguins et la médulla surrénale (figure 15.2). Dans ces structures, la partie parasympathique ne s'oppose pas à la partie sympathique. Néanmoins, toute augmentation de l'activité sympathique a un certain effet et toute diminution, l'effet contraire.

LES EFFETS DE LA PARTIE SYMPATHIQUE DU SNA

En période de stress physique ou psychologique, la partie sympathique du SNA prend le pas sur la partie parasympathique. Cette forte activité sympathique favorise les fonctions physiologiques qui soutiennent l'effort physique et la production rapide d'énergie sous forme d'ATP; dans le même temps, elle met en veilleuse les fonctions qui favorisent le stockage de l'énergie. En plus de l'effort physique, diverses émotions – telles la peur, la gêne et la colère – stimulent la partie sympathique. Pour mémoriser facilement l'essentiel des effets sympathiques, vous pouvez visualiser les changements physiologiques déclenchés par les « situations E »: **e**xercice, **e**xcitation, **e**mbarras. L'activation de la partie sympathique du SNA et la libération d'hormones par la médulla surrénale déclenchent une série de réponses physiologiques qui sont désignées collectivement par le terme de **réaction d'alarme**, ou **réaction de lutte ou de fuite**, et qui sont essentiellement les suivantes:

- Les pupilles se dilatent.

- La fréquence cardiaque, la force des contractions cardiaques et la pression artérielle augmentent.

- Les voies respiratoires se dilatent, ce qui favorise la ventilation.

- Les vaisseaux sanguins qui irriguent les reins ainsi que le tube digestif et ses organes annexes (par exemple, glandes salivaires, pancréas, vésicule biliaire) se contractent, ce qui entraîne une diminution de l'afflux sanguin dans ces tissus et, par conséquent, un ralentissement de la formation de l'urine et de la digestion – deux activités qui ne sont pas essentielles pendant l'exercice. De plus, la réduction de la formation d'urine permet de conserver l'eau dans le sang, ce qui contribue au maintien de la pression artérielle.

- Les vaisseaux sanguins qui desservent les organes sollicités par l'exercice ou par la lutte (résistance au danger) – c'est-à-dire les muscles squelettiques, le muscle cardiaque, le foie et le tissu adipeux – se dilatent, ce qui augmente l'irrigation de ces tissus.

- Les hépatocytes accomplissent la glycogénolyse (dégradation du glycogène en glucose) et les adipocytes accomplissent la lipolyse (dégradation des triacylglycérols en acides gras et en glycérol).

- La libération de glucose par le foie entraîne une élévation de la glycémie.

- Les activités qui ne sont pas essentielles pour affronter le stress ou le danger sont inhibées. Par exemple, le péristaltisme et la sécrétion des sucs digestifs ralentissent ou s'arrêtent.

Les effets de la stimulation sympathique sont plus durables et plus généralisés que ceux de la stimulation parasympathique, et ce, pour trois raisons : 1) les axones postganglionnaires sympathiques divergent plus que les axones postganglionnaires parasympathiques et activent donc simultanément des tissus plus nombreux ; 2) l'acétylcholine est rapidement inactivée par l'acétylcholinestérase, alors que la noradrénaline reste plus longtemps dans la fente synaptique ; 3) l'adrénaline et la noradrénaline sécrétées dans la circulation sanguine par la médulla surrénale intensifient et prolongent les effets de la noradrénaline libérée par les axones postganglionnaires sympathiques. Ces hormones circulent dans l'organisme tout entier et touchent tous les tissus possédant des récepteurs alpha et bêta. L'adrénaline et la noradrénaline sont dégradées peu à peu par des enzymes hépatiques.

LES EFFETS DE LA PARTIE PARASYMPATHIQUE DU SNA

Alors que la partie sympathique du SNA s'active quand l'heure est à la lutte ou à la fuite, la partie parasympathique entre en jeu en période de repos et de digestion. Les effets parasympathiques favorisent les fonctions qui économisent et restaurent l'énergie dans les moments de calme et de récupération. Dans les intervalles qui séparent les périodes d'exercice, les influx parasympathiques envoyés aux glandes digestives et aux muscles lisses du tube digestif prédominent sur les influx sympathiques. D'une part, ils favorisent ainsi la digestion et l'absorption des aliments qui fournissent l'énergie à l'organisme ; d'autre part, ils ralentissent les fonctions physiologiques qui soutiennent l'activité physique.

Pour vous rappeler les principaux effets de l'activation parasympathique, associez-les à la lettre D : **d**iurèse, **d**igestion et **d**éfécation, ainsi que **d**iminution de la fréquence cardiaque, du diamètre des voies respiratoires (bronchoconstriction) et du diamètre des pupilles (contraction).

Le tableau 15.3 présente une comparaison des caractéristiques structurales et fonctionnelles des parties sympathique et parasympathique du SNA. Le tableau 15.4 résume les effets de la stimulation sympathique et parasympathique sur les glandes, le muscle cardiaque et les muscles lisses.

TABLEAU 15.3 L'ANATOMIE COMPARÉE DES PARTIES SYMPATHIQUE ET PARASYMPATHIQUE DU SNA

	PARTIE SYMPATHIQUE DU SNA (OU SYSTÈME THORACOLOMBAIRE)	PARTIE PARASYMPATHIQUE DU SNA (OU SYSTÈME CRANIOSACRAL)
Distribution	Vastes parties du corps : peau, glandes sudoripares, muscles arrecteurs des poils, tissu adipeux, muscles lisses des vaisseaux sanguins.	Essentiellement la tête et les viscères du thorax, de l'abdomen et du pelvis ; quelques vaisseaux sanguins.
Emplacement du corps cellulaire des neurones préganglionnaires et formation des efférences	Les corps cellulaires des neurones préganglionnaires sont situés dans les cornes latérales des segments médullaires T1 à L2 (et parfois L3). Les axones des neurones préganglionnaires forment les efférences thoracolombaires.	Les corps cellulaires des neurones préganglionnaires sont situés dans les noyaux des nerfs crâniens III, VII, IX et X et dans les cornes latérales des segments médullaires S2 à S4. Les axones des neurones préganglionnaires forment les efférences craniosacrales.
Ganglions associés	Deux groupes : ganglions du tronc sympathique et ganglions prévertébraux.	Un seul groupe : ganglions terminaux.
Emplacement des ganglions	Près du SNC et loin des effecteurs viscéraux.	En général, dans la paroi des effecteurs viscéraux ou à proximité.
Longueur des axones et divergence	Des neurones préganglionnaires à axone court font synapse avec de nombreux neurones postganglionnaires à axone long qui rejoignent de nombreux effecteurs viscéraux.	En général, des neurones préganglionnaires à axone long font synapse avec quatre ou cinq neurones postganglionnaires à axone court qui rejoignent un seul effecteur viscéral.
Rameaux communicants	Rameaux communicants blancs et gris ; les rameaux communicants blancs contiennent des axones préganglionnaires myélinisés ; les rameaux communicants gris contiennent des axones postganglionnaires amyélinisés.	Aucun.
Neurotransmetteurs	Les neurones préganglionnaires libèrent de l'acétylcholine (ACh), substance excitatrice qui stimule les neurones postganglionnaires ; la plupart des neurones postganglionnaires libèrent de la noradrénaline (NA) ; les neurones postganglionnaires qui innervent la plupart des glandes sudoripares et certains vaisseaux sanguins des muscles squelettiques libèrent de l'ACh.	Les neurones préganglionnaires libèrent de l'acétylcholine (ACh), substance excitatrice qui stimule les neurones postganglionnaires ; les neurones postganglionnaires libèrent aussi de l'ACh.
Effets physiologiques	Réaction d'alarme, ou réaction de lutte ou de fuite.	Repos et digestion.

EFFECTEUR VISCÉRAL	EFFET DE LA STIMULATION SYMPATHIQUE (RÉCEPTEURS ADRÉNERGIQUES α OU β, SAUF INDICATION CONTRAIRE)*	EFFET DE LA STIMULATION PARASYMPATHIQUE (RÉCEPTEURS CHOLINERGIQUES MUSCARINIQUES)
GLANDES		
• Médulla surrénale	Sécrétion d'adrénaline et de noradrénaline (récepteurs cholinergiques nicotiniques).	Aucun effet connu.
• Glandes lacrymales	Faible sécrétion de larmes (α).	Sécrétion de larmes.
• Pancréas	Inhibition de la sécrétion d'enzymes digestives et d'insuline, une hormone, (α_2); augmentation de la sécrétion de glucagon, une hormone, (β_2).	Sécrétion d'enzymes digestives et d'insuline.
• Neurohypophyse	Sécrétion d'hormone antidiurétique (ADH) (β_1).	Aucun effet connu.
• Glande pinéale	Augmentation de la synthèse et de la sécrétion de mélatonine (β).	Aucun effet connu.
• Glandes salivaires	Réduction de la sécrétion et épaississement de la salive (α).	Sécrétion de salive.
• Glandes sudoripares	Augmentation de la transpiration dans la plupart des parties du corps (récepteurs cholinergiques muscariniques); transpiration sur la paume des mains et la plante des pieds (α_1).	Aucun effet connu.
Tissu adipeux†	Lipolyse (dégradation des triacylglycérols en acides gras et en glycérol) (β_1); libération d'acides gras dans la circulation sanguine (β_1 et β_3).	Aucun effet connu.
Foie†	Glycogénolyse (conversion du glycogène en glucose); néoglucogenèse (production de glucose à partir de molécules non glucidiques); diminution de la sécrétion de bile (α et β_2).	Synthèse de glycogène; augmentation de la sécrétion de bile.
Reins, cellules de l'appareil juxtaglomérulaire†	Sécrétion de rénine (β_1).	Aucun effet connu.
MUSCLE CARDIAQUE	Augmentation de la force et de la fréquence des contractions des oreillettes et des ventricules (β_1).	Diminution de la fréquence cardiaque; diminution de la force des contractions des oreillettes.
MUSCLES LISSES		
Muscle dilatateur de la pupille	Contraction → dilatation de la pupille (α_1).	Aucun effet connu.
Muscle sphincter de la pupille	Aucun effet connu.	Contraction → contraction de la pupille.
Muscle ciliaire	Relâchement pour la vision de loin (β_2).	Contraction pour la vision de près.
Poumons, muscles des bronches	Relâchement → dilatation des bronches (β_2).	Contraction → constriction des bronches.
Vésicule biliaire et conduits	Relâchement (β_2).	Contraction → augmentation de la libération de bile dans l'intestin grêle.
Estomac et intestins	Diminution de la motilité et du tonus (α_1, α_2, β_2); contraction des sphincters (α_1).	Augmentation de la motilité et du tonus; relâchement des sphincters.
Rate	Contraction et déversement dans la circulation générale du sang emmagasiné (α_1).	Aucun effet connu.
Uretère	Augmentation de la motilité (α_1).	Augmentation de la motilité (?).
Vessie	Relâchement de la paroi musculaire (β_2); contraction du sphincter (α_1).	Contraction de la paroi musculaire; relâchement du sphincter.
Utérus	Inhibition de la contraction chez les femmes non enceintes (β_2); déclenchement de la contraction chez les femmes enceintes (α_1).	Effet minime.
Organes génitaux	Chez l'homme, contraction du muscle lisse du conduit déférent, de la vésicule séminale et de la prostate → éjaculation (α_1).	Vasodilatation; érection du clitoris chez la femme et du pénis chez l'homme.

EFFECTEUR VISCÉRAL	EFFET DE LA STIMULATION SYMPATHIQUE (RÉCEPTEURS ADRÉNERGIQUES α OU β, SAUF INDICATION CONTRAIRE)*	EFFET DE LA STIMULATION PARASYMPATHIQUE (RÉCEPTEURS CHOLINERGIQUES MUSCARINIQUES)
Follicules pileux, muscles arrecteurs des poils	Contraction → érection des poils (α_1).	Aucun effet connu.

MUSCLES LISSES VASCULAIRES

Artérioles des glandes salivaires	Vasoconstriction et, par conséquent, diminution de la sécrétion (α_1).	Vasodilatation et, par conséquent, augmentation de la sécrétion de K^+ et d'eau.
Artérioles des glandes gastriques	Vasoconstriction et, par conséquent, inhibition de la sécrétion (α_1).	Sécrétion de sucs gastriques.
Artérioles des glandes intestinales	Vasoconstriction et, par conséquent, inhibition de la sécrétion (α_1).	Sécrétion de sucs intestinaux.
Artérioles coronaires (artérioles du cœur)	Relâchement → vasodilatation (β_2) ; contraction → vasoconstriction (α_1, α_2) ; contraction → vasoconstriction (récepteurs cholinergiques muscariniques).	Contraction → vasoconstriction.
Artérioles de la peau et des muqueuses	Contraction → vasoconstriction (α_1).	Vasodilatation (n'entraînant pas nécessairement d'effets physiologiques importants).
Artérioles des muscles squelettiques	Contraction → vasoconstriction (α_1) ; relâchement → vasodilatation (β_2) ; relâchement → vasodilatation (récepteurs cholinergiques muscariniques).	Aucun effet connu.
Artérioles des viscères abdominaux	Contraction → vasoconstriction (α_1, β_2).	Aucun effet connu.
Artérioles de l'encéphale	Légère contraction → vasoconstriction (α_1).	Aucun effet connu.
Artérioles des reins	Vasoconstriction → diminution du volume d'urine (α_1).	Aucun effet connu.
Veines systémiques	Contraction → vasoconstriction (α_1) ; relâchement → vasodilatation (β_2).	Aucun effet connu.

* Les sous-classes des récepteurs α et β sont indiquées quand elles sont connues.
† Classés parmi les glandes parce qu'ils sécrètent des substances dans la circulation sanguine.

▶ **POINT DE CONTRÔLE**

10. Quel est le centre nerveux principal qui régularise l'activité du système nerveux autonome ?

11. Donnez des exemples d'effets antagonistes des parties sympathique et parasympathique du SNA.

12. Décrivez la réaction d'alarme, ou réaction de lutte ou de fuite.

13. Pourquoi la partie parasympathique du SNA est-elle considérée comme un système de conservation et de restauration de l'énergie ?

14. Décrivez l'effet de la stimulation sympathique en cas de peur sur chacune des parties du corps suivantes : follicules pileux, pupilles, poumons, rate, médulla surrénale, vessie, estomac, intestins, vésicule biliaire, foie, cœur, artérioles des viscères abdominaux et artérioles des muscles squelettiques.

L'INTÉGRATION ET LA RÉGULATION DES FONCTIONS AUTONOMES

▶ **OBJECTIFS**

• Décrire les éléments d'un arc réflexe autonome.
• Expliquer la relation entre l'hypothalamus et le SNA.

LES RÉFLEXES AUTONOMES

Les **réflexes autonomes** sont des réponses produites par le passage d'influx nerveux dans un arc réflexe autonome. Ces réflexes jouent un rôle majeur dans la régulation des facteurs contrôlés dans l'organisme. Par exemple, ils ajustent la fréquence cardiaque, la force des contractions ventriculaires et le diamètre des vaisseaux sanguins pour régir la *pression artérielle*; ils déterminent la motilité et le tonus musculaire du tube digestif pour régir la *digestion*; ils gouvernent l'ouverture et la fermeture des sphincters pour régir la *défécation* et la *miction*.

Un arc réflexe autonome est formé des éléments suivants:

- **Un récepteur**. Comme le récepteur d'un arc réflexe somatique (voir la figure 13.13), le récepteur d'un arc réflexe autonome est constitué par l'extrémité dendritique d'un neurone sensitif. Cette extrémité réagit à un déséquilibre (variation d'un facteur contrôlé) et produit des potentiels gradués qui déclenchent finalement des potentiels d'action, ou influx nerveux. La plupart des récepteurs sensoriels autonomes sont associés à des intérocepteurs.

- **Un neurone sensitif**. Le neurone sensitif achemine les influx nerveux du récepteur au SNC.

- **Un centre d'intégration**. Les interneurones du SNC transmettent les influx nerveux des neurones sensitifs aux neurones moteurs. Pour la plupart des réflexes autonomes, les principaux centres d'intégration se trouvent dans l'hypothalamus et dans le tronc cérébral. Certains centres d'intégration, par exemple ceux qui interviennent dans la miction et la défécation, sont toutefois logés dans la moelle épinière.

- **Des neurones moteurs**. Les influx nerveux émis par le centre d'intégration sortent du SNC par des neurones moteurs autonomes allant vers un effecteur. Dans un arc réflexe autonome, deux neurones moteurs relient le SNC et l'effecteur: le neurone préganglionnaire transmet les commandes motrices du SNC à un ganglion autonome et le neurone postganglionnaire les transmet du ganglion autonome à l'effecteur (figure 15.1).

- **Un effecteur**. Dans un arc réflexe autonome, l'effecteur est un muscle lisse, le muscle cardiaque ou une glande; le réflexe est qualifié d'autonome.

LA RÉGULATION DU SNA PAR LES CENTRES SUPÉRIEURS

En temps normal, nous n'avons pas conscience des contractions musculaires de notre tube digestif, ni des battements de notre cœur, ni des variations du diamètre de nos vaisseaux sanguins ou de nos pupilles, parce que les centres d'intégration de ces effets autonomes sont situés dans la moelle épinière ou dans les centres cérébraux inférieurs. Ces centres d'intégration reçoivent l'information des neurones sensitifs somatiques ou autonomes et ils émettent dans des neurones moteurs autonomes des commandes motrices qui gouvernent les effecteurs viscéraux. En général, toute cette activité échappe à notre perception consciente.

L'hypothalamus constitue le principal centre de régulation et d'intégration du SNA. Il reçoit: 1) l'information sensorielle relative aux fonctions viscérales, à l'olfaction (odorat) et à la gustation (goût); 2) l'information relative aux variations de la température, de l'osmolarité et de la composition chimique du sang; 3) l'information relative aux émotions en provenance du système limbique; et 4), en partie, l'information relative au cortex cérébral. Ainsi, des réactions telles que le fait de pâlir sous l'effet de la peur ou de rougir sous l'effet de la gêne sont des réponses involontaires à des stimulus dont nous avons conscience. Le cortex cérébral peut donc modifier l'activité du SNA mais il agit par l'intermédiaire du système limbique, centre nerveux qui régit les émotions. Les influx émis par l'hypothalamus atteignent des centres autonomes qui se trouvent dans le tronc cérébral (par exemple, le centre cardiovasculaire, le centre de la salivation, celui de la déglutition et celui du vomissement) ou dans la moelle épinière (par exemple, les centres réflexes de la miction et de la défécation, dans la région sacrale).

Sur le plan anatomique, l'hypothalamus est relié au SNA; en effet, ses noyaux renferment des dendrites et des corps cellulaires de neurones dont les axones sont rattachés aux systèmes nerveux sympathique et parasympathique. Ces axones forment des faisceaux qui partent de l'hypothalamus et rejoignent des noyaux sympathiques et parasympathiques du tronc cérébral ou de la moelle épinière en passant par des relais situés dans la formation réticulaire. Les parties postérieure et latérale de l'hypothalamus régissent le système nerveux sympathique. La stimulation de ces régions entraîne une augmentation de la force et de la fréquence des contractions cardiaques, une élévation de la pression artérielle due à la vasoconstriction, une augmentation de la température corporelle, une dilatation des pupilles et une inhibition de l'activité digestive. À l'inverse, les parties antérieure et médiale de l'hypothalamus régissent le système nerveux parasympathique. Leur stimulation produit un ralentissement de la fréquence cardiaque, une baisse de la pression artérielle, une contraction des pupilles et une augmentation de la sécrétion et de la motilité dans le tube digestif.

▶ **POINT DE CONTRÔLE**

15. Donnez trois exemples de facteurs contrôlés qui sont régis par des réflexes autonomes.

16. Quelles sont les différences entre un arc réflexe autonome et un arc réflexe somatique?

* * *

Maintenant que vous connaissez la structure et les fonctions du système nerveux, vous êtes en mesure de comprendre les mécanismes par lesquels le système nerveux contribue à l'homéostasie de tous les autres systèmes de l'organisme. La section *Point de mire sur l'homéostasie* résume ces effets.

Tous les systèmes de l'organisme 	Avec les hormones du système endocrinien, les influx nerveux assurent la communication entre la plupart des tissus du corps humain ainsi que leur régulation.	
Système tégumentaire 	Les nerfs sympathiques du système nerveux autonome (SNA) régissent la contraction des muscles lisses attachés aux follicules pileux ainsi que la sécrétion de la sueur par les glandes sudoripares.	
Système squelettique 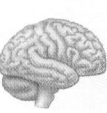	Les nocicepteurs (récepteurs de la douleur) des tissus osseux nous informent de la présence d'un trauma ou d'une lésion dans l'os.	
Système musculaire 	Les neurones moteurs somatiques transmettent les influx nerveux en provenance des aires motrices du cortex cérébral et déclenchent la contraction des muscles squelettiques pour effectuer les mouvements voulus ; les noyaux gris centraux et la formation réticulaire déterminent le tonus musculaire ; le cervelet coordonne les mouvements précis.	
Système endocrinien 	L'hypothalamus régit les sécrétions hormonales de l'adénohypophyse et de la neurohypophyse ; le SNA régit les sécrétions hormonales de la médulla surrénale et du pancréas.	
Système cardiovasculaire 	Le centre cardiovasculaire du bulbe rachidien envoie au SNA des influx nerveux qui régissent la fréquence et la force des battements du cœur ; les influx nerveux en provenance du SNA déterminent aussi la pression artérielle et le débit dans les vaisseaux sanguins.	
Système lymphatique et immunité 	Certains neurotransmetteurs contribuent à la régulation de la réponse immunitaire ; l'activité du système nerveux peut stimuler ou inhiber la réponse immunitaire.	

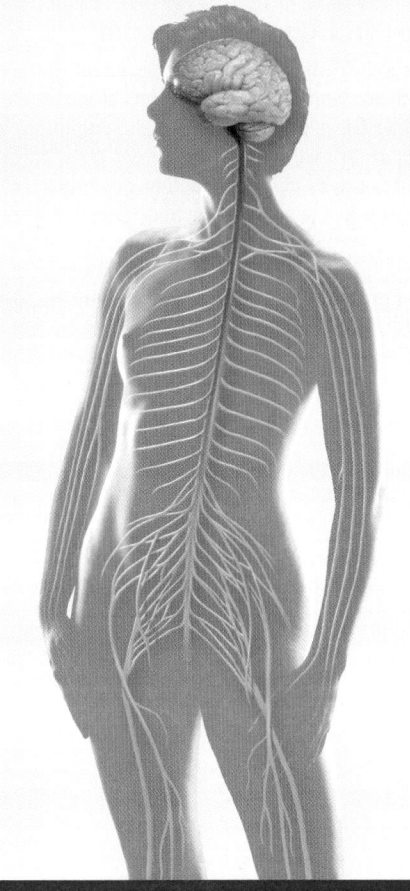

Le système nerveux

Système respiratoire 	Le centre respiratoire du bulbe rachidien détermine le rythme et l'ampleur de la respiration ; le SNA contribue à régir le diamètre des voies respiratoires.	
Système digestif	Le SNA et le système nerveux entérique (SNE) contribuent à la régulation de la digestion ; le système nerveux autonome parasympathique stimule de nombreux mécanismes digestifs.	
Système urinaire 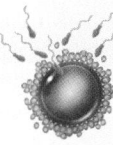	Le SNA détermine l'afflux sanguin qui entre dans les reins, influant ainsi sur la vitesse de la formation de l'urine ; l'encéphale et les centres médullaires régissent les mécanismes par lesquels la vessie se vide.	
Systèmes génitaux	L'hypothalamus et le système limbique régissent différents comportements sexuels ; le SNA provoque l'érection du pénis chez l'homme et du clitoris chez la femme, ainsi que l'éjaculation du sperme chez l'homme ; l'hypothalamus régit la libération des hormones adénohypophysaires qui contrôlent les gonades (ovaires et testicules) ; les influx nerveux qui sont générés par les stimulus tactiles produits par le nourrisson qui tète provoquent chez la mère la libération d'ocytocine et l'éjection du lait.	

DÉSÉQUILIBRES HOMÉOSTATIQUES

Le syndrome de Raynaud

Le **syndrome de Raynaud** se manifeste par l'ischémie (insuffisance de l'afflux sanguin) dans les doigts et les orteils en cas d'exposition au froid ou de stress psychologique. Ces symptômes sont attribuables à une stimulation sympathique excessive des muscles lisses des artérioles des doigts et des orteils et à une réaction exacerbée de l'organisme aux stimulus qui provoquent la vasoconstriction. Quand la stimulation sympathique contracte ces artérioles, elle provoque une diminution considérable de l'irrigation sanguine. Les doigts et les orteils peuvent alors pâlir (parce que leur afflux sanguin a baissé) ou se cyanoser (c'est-à-dire bleuir, à cause du sang désoxygéné qui circule dans les capillaires). Dans certains cas extrêmes, ils peuvent même se nécroser en raison de l'insuffisance de l'apport d'oxygène et de nutriments. Par la suite, le réchauffement des doigts et des orteils peut provoquer la dilatation des artérioles et donc une rougeur des zones touchées. Très souvent, les personnes qui présentent le syndrome de Raynaud sont hypotendues. Certaines possèdent un nombre anormalement élevé de récepteurs adrénergiques alpha. Le syndrome de Raynaud touche surtout les jeunes femmes et il est plus fréquent dans les climats froids. Les personnes atteintes doivent éviter le froid, se vêtir chaudement et, en particulier, tenir leurs pieds et leurs mains bien au chaud. Plusieurs médicaments sont utilisés dans le traitement du syndrome de Raynaud, notamment la nifédipine, un antagoniste des canaux calciques lents qui détend les muscles lisses des vaisseaux sanguins, et la prazosine, qui détend les muscles lisses en bloquant les récepteurs alpha. Le tabac et la consommation d'alcool ou de drogues peuvent exacerber les symptômes.

L'hyperréflectivité autonome

L'**hyperréflectivité autonome** est une exacerbation pathologique de l'activité sympathique. Elle touche environ 85 % des personnes atteintes d'une lésion médullaire au niveau de T6 ou au-dessus. Elle se manifeste après une sidération médullaire (voir p. 498) et elle est attribuable à un arrêt de la régulation des neurones du SNA par les centres supérieurs. Certains influx sensitifs, notamment ceux qui sont produits par l'étirement de la vessie, sont incapables de monter dans la moelle épinière et entraînent une stimulation massive des nerfs sympathiques situés en dessous de la lésion. L'hyperréflectivité autonome peut aussi être déclenchée par la stimulation des nocicepteurs ou par les contractions viscérales que provoquent l'excitation sexuelle, le travail (accouchement) ainsi que les mouvements intestinaux. L'augmentation de l'activité sympathique entraîne une vasoconstriction grave qui élève la pression artérielle. Il en résulte plusieurs réactions du centre cardiovasculaire situé dans le bulbe rachidien : 1) il stimule l'émission d'influx nerveux parasympathiques par le nerf vague (X), ce qui fait baisser la fréquence cardiaque ; et 2) il inhibe l'émission d'influx nerveux sympathiques, ce qui provoque la dilatation des vaisseaux sanguins situés au-dessus du niveau de la lésion.

L'hyperréflectivité autonome se manifeste par la céphalée pulsatile, l'hypertension, le réchauffement de la peau avec diaphorèse au-dessus du niveau de la lésion, la pâleur, le refroidissement et la sécheresse cutanées en dessous du niveau de la lésion, ainsi que l'anxiété. Cet état est critique et nécessite une intervention immédiate. La première mesure à prendre consiste à détecter rapidement les stimulus nocifs et à les éliminer. Si les symptômes ne disparaissent pas, il faut dans certains cas administrer un médicament antihypertenseur tel que la clonidine ou la nitroglycérine. En l'absence de traitement, l'hyperréflectivité autonome peut causer des convulsions, un accident vasculaire cérébral ou une crise cardiaque.

TERMES MÉDICAUX

Dysautonomie (*dus* : difficulté, manque ; *autonomos* : qui se régit par ses propres lois) Trouble héréditaire caractérisé par des anomalies du fonctionnement du système nerveux autonome et se manifestant notamment par les signes suivants : sécrétions lacrymales anormalement faibles ; contrôle vasomoteur (contraction et dilatation des vaisseaux sanguins) déficient ; manque de coordination motrice ; marbrures cutanées ; analgésie (insensibilité à la douleur) ; difficultés de déglutition ; hyporéflexie ; vomissements excessifs ; instabilité émotionnelle.

Dystrophie sympathique réflexe (DSR) Syndrome se manifestant notamment par des douleurs spontanées, une hypersensibilité douloureuse à des stimulus tels que le toucher léger ainsi qu'une sensation de froid intense et une transpiration excessive dans les régions du corps atteintes (en général, les avant-bras, les mains, les genoux et les pieds). Ce syndrome est dû à une activation de la partie sympathique du système nerveux autonome causée par des nocicepteurs abîmés par un trauma ou une intervention chirurgicale touchant les os ou les articulations. La DSR se traite par l'administration d'anesthésiques et par la physiothérapie. Des études cliniques récentes montrent par ailleurs que le baclofène peut atténuer les douleurs et rétablir le fonctionnement des régions touchées. La dystrophie sympathique réflexe porte aussi le nom de **syndrome douloureux régional complexe (SDRC) de type I**.

Hyperhidrose (*huper* : au-dessus, au-delà ; *hidrôs* : sueur) Transpiration profuse, voire excessive, causée par une stimulation intense des glandes sudoripares.

Mégacôlon (*megas* : grand) Dilatation anormale du côlon. Quand elle est congénitale, cette affection s'explique par un développement déficient des nerfs parasympathiques qui innervent le segment distal du côlon. L'insuffisance de la fonction motrice dans ce segment provoque une dilatation importante du côlon proximal (qui est normal par ailleurs). Cette affection se manifeste par une constipation opiniâtre, une distension abdominale et, parfois, des vomissements. Elle se règle par l'ablation chirurgicale de la partie du côlon qui est touchée.

Neuropathie autonome Quand elles atteignent un ou plusieurs nerfs autonomes, les neuropathies (tout trouble touchant les nerfs crâniens ou spinaux) peuvent provoquer diverses perturbations du système nerveux autonome et des réflexes, par exemple : étourdissements ou chute de la pression artérielle en position debout (hypotension orthostatique) dus à une baisse de la régulation sympathique du système cardiovasculaire ; constipation ; incontinence urinaire ; impuissance. Ce type de neuropathie est souvent causé par le diabète sucré chronique et porte alors le nom de **rétinopathie diabétique**.

Réflexe d'automatisme médullaire En cas de lésion grave de la moelle épinière au-dessus de la sixième vertèbre thoracique, la stimulation cutanée ou le trop-plein d'un organe viscéral (par exemple, la vessie ou le côlon) en dessous du siège de la lésion provoque au moment du rétablissement des réflexes une intensification majeure des influx autonomes et somatiques provenant de la moelle épinière. Cette réponse excessive s'explique par le fait que l'encéphale ne génère pas d'influx inhibiteurs. Le réflexe d'automatisme médullaire se manifeste par des spasmes en flexion des membres inférieurs, une évacuation des liquides et matières contenus dans la vessie et le côlon ainsi qu'une transpiration profuse en dessous de la lésion.

Rétroaction biologique Technique qui informe une personne sur l'une de ses réponses autonomes, par exemple son rythme cardiaque, sa pression artérielle ou sa température cutanée. Différents dispositifs électroniques de surveillance émettent des signaux visuels ou sonores sur les réponses autonomes de la personne considérée, qui peut alors apprendre graduellement à modifier ses réponses autonomes en se concentrant sur des pensées positives. Par exemple, la rétroaction biologique permet à certains patients d'apprendre à faire baisser leur rythme cardiaque et leur pression artérielle et à élever leur température cutanée pour atténuer leurs migraines.

Vagotomie (*tomê*: coupure) Section du ou des nerfs vagues (X) pratiquée généralement pour diminuer la sécrétion d'acide chlorhydrique chez les patients atteints d'ulcères.

RÉSUMÉ

COMPARAISON ENTRE LE SYSTÈME NERVEUX SOMATIQUE ET LE SYSTÈME NERVEUX AUTONOME (SNA) (P. 558)

1. Le système nerveux somatique obéit à la volonté, mais l'activité du SNA est généralement inconsciente.

2. Dans le système nerveux somatique, l'information sensorielle provient principalement des organes des sens et des récepteurs somatiques; dans le SNA, elle émane des mêmes sources, mais particulièrement des intérocepteurs.

3. Les axones des neurones moteurs somatiques viennent du SNC et font synapse directement avec un effecteur. Dans le SNA, les voies motrices sont des chaînes de deux neurones moteurs. L'axone du premier provient du SNC et fait synapse avec le second dans un ganglion autonome; le second neurone moteur fait synapse avec un effecteur.

4. La composante motrice du SNA comprend deux subdivisions: la partie sympathique et la partie parasympathique du SNA. La plupart des organes possèdent une double innervation. En général, la partie sympathique et la partie parasympathique ont des effets opposés: l'une entraîne une excitation et l'autre, une inhibition.

5. Les effecteurs du système nerveux somatique sont les muscles squelettiques; ceux du SNA sont le muscle cardiaque, les muscles lisses et les glandes.

6. Le tableau 15.1 présente une comparaison du système nerveux somatique et du système nerveux autonome.

L'ANATOMIE DES VOIES MOTRICES AUTONOMES (P. 560)

1. Les neurones préganglionnaires sont myélinisés; les neurones postganglionnaires sont amyélinisés.

2. Les corps cellulaires des neurones préganglionnaires sympathiques se trouvent dans les cornes latérales des 12 segments thoraciques et des 2 ou 3 premiers segments lombaires de la moelle épinière. Les corps cellulaires des neurones préganglionnaires parasympathiques se trouvent dans les noyaux de quatre nerfs crâniens (III, VII, IX et X), dans le tronc cérébral, et dans les cornes latérales des deuxième, troisième et quatrième segments sacraux de la moelle épinière.

3. Les ganglions autonomes se répartissent en trois groupes: les ganglions du tronc sympathique (de part et d'autre de la colonne vertébrale), les ganglions prévertébraux (en avant de la colonne vertébrale et près de l'origine de grosses artères) et les ganglions terminaux (dans la paroi des effecteurs viscéraux ou à proximité).

4. Les neurones préganglionnaires sympathiques font synapse avec les neurones postganglionnaires dans les ganglions du tronc sympathique ou dans les ganglions prévertébraux. Les neurones préganglionnaires parasympathiques font synapse avec les neurones postganglionnaires dans les ganglions terminaux.

LES NEUROTRANSMETTEURS ET LES RÉCEPTEURS DU SNA (P. 567)

1. Les neurones cholinergiques libèrent de l'acétylcholine qui se lie aux récepteurs cholinergiques nicotiniques ou muscariniques.

2. Dans le SNA, les neurones cholinergiques sont les suivants: tous les neurones préganglionnaires sympathiques et parasympathiques, tous les neurones postganglionnaires parasympathiques ainsi que les neurones postganglionnaires sympathiques qui innervent la plupart des glandes sudoripares.

3. Dans le SNA, les neurones adrénergiques libèrent de la noradrénaline. L'adrénaline et la noradrénaline se lient aux récepteurs adrénergiques alpha et bêta.

4. La plupart des neurones postganglionnaires sympathiques sont adrénergiques.

5. Le tableau 15.2 résume les caractéristiques des récepteurs cholinergiques et adrénergiques.

6. Un agoniste est une substance qui se lie à un récepteur et l'active, imitant ainsi l'effet d'un neurotransmetteur ou d'une hormone naturels. Un antagoniste est une substance qui se lie à un récepteur et le bloque, empêchant ainsi un neurotransmetteur ou une hormone naturels de produire ses effets.

LES EFFETS PHYSIOLOGIQUES DU SNA (P. 570)

1. La partie sympathique du SNA gouverne les fonctions physiologiques qui soutiennent l'activité physique vigoureuse ainsi que la production rapide d'ATP lors d'une réaction d'alarme, ou réaction de lutte ou de fuite. La partie parasympathique du SNA régit les activités qui économisent l'énergie de l'organisme ou la restaurent.

2. Les effets de la stimulation sympathique sont plus durables et plus généralisés que ceux de la stimulation parasympathique.

3. Le tableau 15.3 présente une comparaison des caractéristiques structurales et fonctionnelles des parties sympathique et parasympathique du SNA.

4. Le tableau 15.4 résume les effets de l'activité sympathique et parasympathique.

L'INTÉGRATION ET LA RÉGULATION DES FONCTIONS AUTONOMES (P. 573)

1. Les réflexes autonomes ajustent l'activité d'un muscle lisse, du muscle cardiaque ou d'une glande.

2. Les arcs réflexes autonomes se composent d'un récepteur, d'un neurone sensitif, d'un centre d'intégration, de deux neurones moteurs autonomes et d'un effecteur viscéral.

3. L'hypothalamus est le principal centre de régulation et d'intégration du SNA. Le cortex cérébral, par l'intermédiaire du système limbique, a des effets inconscients sur son activité. Les commandes motrices de l'hypothalamus sont reliées aux parties sympathique et parasympathique du SNA.

AUTOÉVALUATION

Vous trouverez les réponses à ces questions à l'appendice D.

COMPLÉTEZ LES PHRASES SUIVANTES.

1. Les neurones cholinergiques libèrent _____ ; les neurones adrénergiques libèrent _____.

2. À cause de l'emplacement des corps cellulaires de leurs neurones préganglionnaires respectifs, la partie sympathique du SNA est aussi appelée _____ et la partie parasympathique du SNA est aussi appelée _____.

INDIQUEZ SI LES ÉNONCÉS SUIVANTS SONT VRAIS OU FAUX.

3. Le nerf vague transmet 80 % des influx nerveux moteurs des axones préganglionnaires parasympathiques.

4. On dit d'un organe qu'il possède une double innervation quand il reçoit des commandes motrices sympathiques et parasympathiques.

CHOISISSEZ LA BONNE RÉPONSE.

5. Lequel des énoncés suivants est *faux* ? a) Un même axone préganglionnaire sympathique peut faire synapse avec 20 axones postganglionnaires ou plus ; c'est l'une des raisons pour lesquelles les effets sympathiques sont généralisés. b) Les effets parasympathiques sont le plus souvent localisés parce que les neurones parasympathiques font généralement synapse, dans les ganglions terminaux, avec seulement quatre ou cinq neurones postsynaptiques qui innervent tous un même effecteur. c) Certains neurones préganglionnaires sympathiques se terminent dans la médulla surrénale. d) Les neurones préganglionnaires parasympathiques font synapse avec les axones postganglionnaires dans les ganglions prévertébraux. e) Les neurones préganglionnaires parasympathiques sortent du SNC dans un nerf crânien ou dans la racine ventrale d'un nerf spinal.

6. Quels sont les plexus autonomes qui innervent le gros intestin ? 1) le plexus rénal, 2) le plexus mésentérique inférieur, 3) le plexus hypogastrique, 4) le plexus mésentérique supérieur, 5) le plexus cœliaque. a) 2, 3 et 4 ; b) 1 , 2 , 3, 4 et 5 ; c) 3 et 4 ; d) 4 et 5 ; e) 2 et 4.

7. Lesquels des énoncés suivants sont *vrais* ? 1) Le système nerveux somatique et le SNA contiennent tous deux des neurones sensitifs et des neurones moteurs. 2) Les neurones moteurs somatiques libèrent de la noradrénaline, un neurotransmetteur. 3) Les neurones moteurs autonomes ont un effet excitateur ou inhibiteur ; par contre, les neurones moteurs somatiques ont toujours un effet excitateur. 4) Les neurones sensitifs autonomes sont généralement associés à des intérocepteurs. 5) Les voies motrices autonomes sont formées de chaînes de deux neurones moteurs. 6) Les voies motrices somatiques sont formées de chaînes de deux neurones moteurs. a) 1, 2, 3, 4 et 5 ; b) 1, 3, 4 et 5 ; c) 2, 3, 5 et 6 ; d) 1, 3, 5 et 6 ; e) 2, 4, 5 et 6.

8. Lequel des énoncés suivants est *faux* ? a) Le premier neurone d'une voie autonome est le neurone préganglionnaire. b) Les axones des neurones préganglionnaires sont situés dans des nerfs spinaux ou dans des nerfs crâniens. c) Le corps cellulaire du neurone postganglionnaire est situé dans le SNC. d) Les neurones postganglionnaires transmettent les influx nerveux des ganglions autonomes aux effecteurs viscéraux. e) Tous les neurones moteurs somatiques libèrent de l'acétylcholine.

9. Lesquels des énoncés suivants sont *vrais* ? 1) La monoamine oxydase est une enzyme qui dégrade la noradrénaline. 2) L'activation des récepteurs α_2 et β_2 engendre généralement une excitation des tissus effecteurs. 3) Les bêtabloquants empêchent l'activation des récepteurs β par l'adrénaline et la noradrénaline. 4) Un agoniste est une substance qui se lie à un récepteur et empêche ainsi un neurotransmetteur naturel de produire son effet. 5) L'activation des récepteurs nicotiniques provoque toujours l'excitation des cellules postsynaptiques. a) 2 et 3 ; b) 1, 2 et 3 ; c) 2, 4 et 5 ; d) 1, 2, 3, 4 et 5 ; e) 1, 3 et 5.

10. Lesquels des neurones suivants sont cholinergiques ? 1) tous les neurones préganglionnaires sympathiques, 2) tous les neurones préganglionnaires parasympathiques, 3) tous les neurones postganglionnaires parasympathiques, 4) tous les neurones postganglionnaires sympathiques, 5) certains neurones postganglionnaires sympathiques. a) 1, 2, 3 et 5 ; b) 1, 2, 3 et 4 ; c) 2, 3 et 5 ; d) 2 et 5 ; e) 1, 3 et 5.

11. Lesquels des énoncés suivants sont *vrais* ? 1) La plupart des axones postganglionnaires sympathiques sont adrénergiques. 2) Les récepteurs cholinergiques comprennent les récepteurs nicotiniques et les récepteurs muscariniques. 3) Les récepteurs adrénergiques comprennent les récepteurs alpha et les récepteurs bêta. 4) On rencontre des récepteurs muscariniques sur tous les effecteurs innervés par des axones postganglionnaires parasympathiques. 5) En général, la noradrénaline stimule les récepteurs alpha plus vigoureusement que les récepteurs bêta, alors que l'adrénaline stimule fortement ces deux types de récepteurs. a) 1, 2, 3, 4 et 5 ; b) 2, 3, 4 et 5 ; c) 1, 3, 4 et 5 ; d) 3, 4 et 5 ; e) 1, 2, 3 et 4.

12. Parmi les phénomènes suivants, lesquels expliquent que les effets de la stimulation sympathique sont plus durables et plus généralisés que ceux de la stimulation parasympathique ? 1) La divergence est plus grande dans les axones postganglionnaires sympathiques. 2) La divergence est moins grande dans les axones postganglionnaires sympathiques. 3) L'ACh est rapidement inactivée par l'AChE, alors que la noradrénaline reste plus longtemps dans la fente synaptique. 4) La noradrénaline et l'adrénaline sécrétées dans la circulation sanguine par la médulla surrénale intensifient les effets sympathiques. 5) L'ACh reste dans la fente synaptique jusqu'à ce que la noradrénaline soit produite. a) 1 et 3 ; b) 1, 3 et 5 ; c) 1, 3 et 4 ; d) 2, 3 et 4 ; e) 2, 3 et 5.

13. Classez les structures suivantes dans l'ordre dans lequel elles interviennent dans un arc réflexe autonome : a) neurone postganglionnaire, b) neurone sensitif, c) effecteur, d) ganglion autonome, e) récepteur, f) neurone préganglionnaire, g) centre d'intégration.

14. Associez les éléments suivants :

_____ a) comprennent les ganglions cœliaque, mésentérique supérieur et mésentérique inférieur

_____ b) disposés en chaînes verticales de part et d'autre de la colonne vertébrale

_____ c) ganglions dont les axones postganglionnaires innervent généralement des organes situés en dessous du diaphragme

_____ d) ganglions situés à l'extrémité d'une voie motrice autonome, dans la paroi d'un viscère ou à proximité

_____ e) comprennent les ganglions ciliaire, ptérygopalatin, submandibulaire et otique

_____ f) ganglions allant de la base du crâne au coccyx

_____ g) contiennent des axones préganglionnaires myélinisés qui relient les rameaux ventraux des nerfs spinaux et les ganglions du tronc sympathique

_____ h) contiennent des axones postganglionnaires amyélinisés qui relient les ganglions du tronc sympathique et les nerfs spinaux

1) ganglions du tronc sympathique
2) ganglions prévertébraux
3) ganglions terminaux
4) rameaux communicants blancs
5) rameaux communicants gris

15. Associez les éléments suivants :

_____ a) stimule la miction et la défécation

_____ b) prépare l'organisme aux situations d'urgence

_____ c) réaction d'alarme, ou réaction de lutte ou de fuite

_____ d) favorise la digestion et l'absorption des aliments

_____ e) favorise les fonctions qui demandent une dépense d'énergie

_____ f) régie par les parties postérieure et latérale de l'hypothalamus

_____ g) régie par les parties antérieure et médiale de l'hypothalamus

_____ h) fait baisser la fréquence cardiaque

1) augmentation de l'activité de la partie sympathique du SNA
2) augmentation de l'activité de la partie parasympathique du SNA

Vous trouverez les réponses à ces questions à l'appendice D.

1. Vous venez de vous offrir un buffet « à volonté » où vous avez dévoré des quantités considérables d'aliments divers. Dès que vous rentrez chez vous, vous vous installez dans votre sofa pour regarder la télévision. Quelle partie de votre système nerveux va maintenant régir vos activités physiologiques ? Indiquez quelques-uns des organes qui contribuent à ces activités, les principaux nerfs qui desservent chacun de ces organes, ainsi que les effets du système nerveux sur leur fonctionnement.

2. Clara rentre de l'école en voiture en écoutant sa musique préférée. Soudain, un chien traverse la rue en courant, juste devant son véhicule. Clara réussit à éviter l'animal et poursuit sa route. Toutefois, son cœur bat la chamade ; elle a la chair de poule et ses mains sont moites. Pourquoi son organisme réagit-il de cette façon ?

3. Mme Young a une diarrhée qui l'oblige à rester chez elle. Elle aimerait assister à la fête organisée pour l'anniversaire de son frère, mais craint de s'y rendre à cause de la diarrhée. Quel type de médicament agissant sur le fonctionnement du système nerveux autonome pourrait-elle prendre pour atténuer ses symptômes ?

RÉPONSES AUX QUESTIONS DES FIGURES

15.1 Le terme « double innervation » signifie qu'un organe innervé par le SNA reçoit des neurones sympathiques et des neurones parasympathiques.

15.2 Les axones préganglionnaires parasympathiques sont en général plus longs que les axones préganglionnaires sympathiques parce que la plupart des ganglions parasympathiques sont situés dans les parois de viscères alors que la plupart des ganglions sympathiques sont situés près de la moelle épinière, dans le tronc sympathique.

15.3 Les ganglions terminaux sont associés à la partie parasympathique du SNA ; les ganglions du tronc sympathique et les ganglions prévertébraux sont associés à la partie sympathique du SNA.

15.4 Les ganglions du tronc sympathique contiennent les synapses entre les neurones sympathiques préganglionnaires et les neurones sympathiques postganglionnaires.

15.5 Le plus étendu des plexus autonomes est le plexus cœliaque.

15.6 Les neurones cholinergiques qui possèdent des récepteurs cholinergiques nicotiniques sont les neurones postganglionnaires sympathiques qui innervent les glandes sudoripares et tous les neurones postganglionnaires parasympathiques. Les effecteurs innervés par ces neurones cholinergiques possèdent des récepteurs muscariniques.

LA SENSIBILITÉ, LA MOTRICITÉ ET L'INTÉGRATION

LA SENSIBILITÉ, LA MOTRICITÉ, L'INTÉGRATION ET L'HOMÉOSTASIE

Les voies sensitives et les voies motrices du corps humain sont les routes qui acheminent les influx nerveux sensitifs (afférents) vers l'encéphale et la moelle épinière et les influx nerveux moteurs (efférents) vers les organes, par exemple les muscles que l'on veut contracter.

Nous avons consacré les quatre chapitres précédents à la description de l'organisation du système nerveux. Dans le présent chapitre, nous allons étudier les différents niveaux de la sensibilité et ses éléments constitutifs. Nous examinerons aussi les voies qui acheminent l'information somesthésique du corps jusqu'à l'encéphale et celles qui transmettent les commandes motrices de l'encéphale jusqu'aux muscles squelettiques afin de produire les mouvements.

Les influx sensitifs qui atteignent le SNC s'ajoutent à un vaste bassin d'information sensorielle. Cependant, ils n'entraînent pas tous une réponse. Chaque bribe d'information sensorielle se combine en fait à celles qui arrivent et à celles qui sont déjà emmagasinées ; ce mécanisme est appelé *intégration*. L'intégration se produit en de nombreux points des voies du SNC, tant au niveau conscient qu'au niveau subconscient : dans le cortex cérébral pour l'intégration consciente et dans la moelle épinière, le tronc cérébral, le cervelet et les noyaux gris centraux pour l'intégration subconsciente. Ainsi que nous le verrons, les commandes motrices qui régissent les contractions musculaires peuvent être modifiées en plusieurs de ces points. Pour clore ce chapitre, nous présenterons deux fonctions intégratives complexes de l'encéphale : 1) l'état de veille et le sommeil ; et 2) l'apprentissage et la mémoire.

LA SENSIBILITÉ

> **OBJECTIFS**
>
> - Définir la sensation et décrire ses éléments constitutifs.
> - Présenter les différentes classifications des récepteurs sensoriels.

Au sens le plus large, le terme **sensation** désigne l'enregistrement conscient ou subconscient de changements survenant dans le milieu externe ou interne du corps. La nature de la sensation et le type de réaction qu'elle engendre dépendent du point d'arrivée des influx nerveux qui acheminent l'information sensorielle jusqu'au SNC. Dans les réflexes spinaux, tel le réflexe d'étirement, les influx sensitifs constituent l'élément afférent (qui atteint la moelle épinière). Les influx sensitifs qui atteignent la partie inférieure du tronc cérébral déclenchent des réflexes plus complexes, telles des variations de la fréquence cardiaque ou respiratoire. Les influx sensitifs qui aboutissent au thalamus ne permettent qu'une appréciation approximative du siège et du *type* d'une stimulation tactile, douloureuse, auditive ou gustative. Il faut que les influx nerveux sensitifs arrivent jusqu'au cortex cérébral pour que nous puissions prendre conscience du stimulus sensoriel correspondant et établir avec précision l'origine et la nature des sensations. Ainsi que nous l'avons vu au chapitre 14, la **perception** est une fonction qui revient essentiellement au cortex cérébral et qui consiste à détecter et à interpréter les sensations de manière consciente. Certains influx sensitifs ne sont jamais perçus parce qu'ils ne se rendent pas jusqu'au cortex cérébral. Par exemple, plusieurs récepteurs sensoriels surveillent en permanence la pression que le sang exerce sur les parois des vaisseaux sanguins (la pression artérielle). Comme les influx nerveux qui transmettent l'information correspondante vont au centre cardiovasculaire du bulbe rachidien (et non au cortex cérébral), nous ne percevons pas notre pression artérielle.

LES MODALITÉS SENSORIELLES

Chaque type de sensations (tactiles, douloureuses, visuelles, auditives, etc.) est appelé **modalité sensorielle**. Un neurone sensitif donné véhicule l'information relative à une seule modalité. Par exemple, les neurones qui transmettent les influx tactiles à l'aire somesthésique du cortex cérébral ne peuvent pas transmettre les influx douloureux. De la même façon, les influx nerveux qui proviennent des yeux sont perçus sous forme d'images, alors que ceux qui proviennent des oreilles sont perçus sous forme de sons.

Les modalités sensorielles relèvent soit de la somesthésie, soit des organes des sens.

1. La **somesthésie** englobe la **sensibilité somatique** (*sôma*: corps) et la **sensibilité viscérale**. La sensibilité somatique comprend les modalités sensorielles tactiles (toucher, pression, vibration), thermiques (chaud, froid), douloureuses et proprioceptives. (Rappelons que les sensations proprioceptives sont celles qui se rapportent à la position statique des membres et des autres parties du corps telles que les articulations et les muscles, ainsi qu'aux mouvements des membres et de la tête.) La sensibilité viscérale fournit de l'information sur l'état des organes internes.

2. Les **organes des sens** comprennent les modalités sensorielles relatives à l'odorat, au goût, à la vision, à l'ouïe et à l'équilibre.

Nous traiterons dans ce chapitre de la somesthésie et de la douleur viscérale. Nous décrirons les organes des sens au chapitre 17. Nous avons examiné la sensibilité viscérale au chapitre 15, mais nous y reviendrons dans les chapitres ultérieurs consacrés aux différents systèmes ainsi qu'à leurs organes.

LE DÉROULEMENT DE LA SENSATION

Toute sensation s'amorce dans un **récepteur sensoriel**, qui est constitué soit d'une cellule spécialisée, soit des dendrites d'un neurone sensitif. Ainsi que nous venons de l'indiquer, chaque type de récepteurs sensoriels n'est sensible qu'à une seule modalité sensorielle. Un récepteur sensoriel réagit donc vigoureusement à un seul type de **stimulus** – variation du milieu susceptible d'activer certains récepteurs sensoriels; il ne réagit que faiblement, sinon pas du tout, aux autres stimulus. Cette caractéristique des récepteurs sensoriels est appelée **sélectivité**. Un stimulus correspond le plus souvent à l'une des trois formes d'énergie suivantes: l'énergie électromagnétique, comme la lumière et la chaleur; l'énergie mécanique, comme les ondes sonores et les variations de la pression; et l'énergie chimique, comme celle d'une molécule de dioxyde de carbone dissoute dans les liquides de l'organisme.

En général, les quatre événements suivants doivent se succéder pour qu'une sensation se forme:

1. *La stimulation du récepteur sensoriel.* Un stimulus spécifique d'un récepteur doit se produire à l'intérieur du *champ récepteur* de ce récepteur sensoriel, c'est-à-dire la région délimitée du corps dans laquelle un stimulus évoque une réponse sensorielle.

2. *La transduction du stimulus.* Le récepteur sensoriel effectue la *transduction* (ou conversion) de l'énergie du stimulus en un potentiel gradué. Rappelons ici que l'amplitude (la taille) des potentiels gradués dépend de la force du stimulus qui les engendre et que ces potentiels gradués ne se propagent pas. (Voir au chapitre 12 les différences entre les potentiels d'action et les potentiels gradués.) Les récepteurs sensoriels sont dotés de sélectivité dans la transduction: ils ne peuvent convertir qu'un seul type de stimulus. Par exemple, les molécules odorantes qui flottent dans l'air stimulent les récepteurs olfactifs du nez, qui convertissent alors l'énergie chimique de ces molécules en énergie électrique sous forme de potentiels gradués.

3. *La production de potentiels d'action, ou influx nerveux*.* Quand un potentiel gradué atteint le seuil d'excitation dans un neurone sensitif, il déclenche un ou plusieurs potentiels d'action, ou influx nerveux, qui se propagent ensuite vers le SNC. Les neurones sensitifs qui transmettent les influx nerveux du SNP au SNC sont appelés **neurones de premier ordre**.

4. *L'intégration de l'information sensorielle.* Les influx sensitifs aboutissent dans une région bien précise du SNC, où ils sont intégrés. Les sensations conscientes, ou perceptions, sont intégrées dans le cortex cérébral. Vous avez l'impression de voir avec

---

* Nous avons mentionné au chapitre 12 que les termes «potentiels d'action» et «influx nerveux» sont synonymes.

vos yeux, d'entendre avec vos oreilles et de sentir la douleur dans les parties blessées de votre corps, parce que les influx sensitifs provenant de chacune de ces zones de votre corps arrivent dans une région bien précise de votre cortex cérébral et que cette région corticale détermine de quels récepteurs sensoriels cette sensation provient. En fait, vous voyez, entendez et ressentez dans votre cortex cérébral.

LES RÉCEPTEURS SENSORIELS

Les types de récepteurs sensoriels

On peut classer les récepteurs sensoriels selon différentes caractéristiques structurales et fonctionnelles, soit leurs propriétés morphologiques microscopiques; leur localisation et l'origine des stimulus qui les activent; et le type de stimulus qu'ils détectent.

Sur le plan morphologique, les récepteurs sensoriels peuvent être des terminaisons nerveuses libres de neurones sensitifs de premier ordre; des terminaisons nerveuses capsulées de neurones sensitifs de premier ordre; des cellules spécialisées faisant synapse avec des neurones sensitifs de premier ordre (figure 16.1):

- Les **terminaisons nerveuses libres** sont des dendrites dénudés qui ne possèdent aucune spécialisation structurale visible au microscope optique (figure 16.1a). Les récepteurs de la douleur, de la chaleur et du froid, du chatouillement et de la démangeaison ainsi que certains récepteurs du toucher sont des terminaisons nerveuses libres.

FIGURE 16.1 Les types de récepteurs sensoriels et leurs rapports avec les neurones sensitifs de premier ordre.
(a) Terminaisons nerveuses libres (ici, un récepteur sensible au froid); ces terminaisons sont des dendrites dénudés de neurones de premier ordre. (b) Terminaison nerveuse capsulée (ici, un récepteur sensible à la pression); les terminaisons nerveuses capsulées sont des dendrites de neurones de premier ordre. (c) Cellule spécialisée (ici, une cellule gustative) et sa synapse avec un neurone de premier ordre.

Les terminaisons nerveuses libres et les terminaisons nerveuses capsulées produisent des potentiels générateurs qui déclenchent des influx nerveux dans les neurones de premier ordre. Les cellules spécialisées produisent des potentiels récepteurs qui entraînent la libération d'un neurotransmetteur; ce dernier déclenche ensuite un influx nerveux dans un neurone de premier ordre. Notez que les neurones de premier ordre sont des neurones sensitifs de type unipolaire.

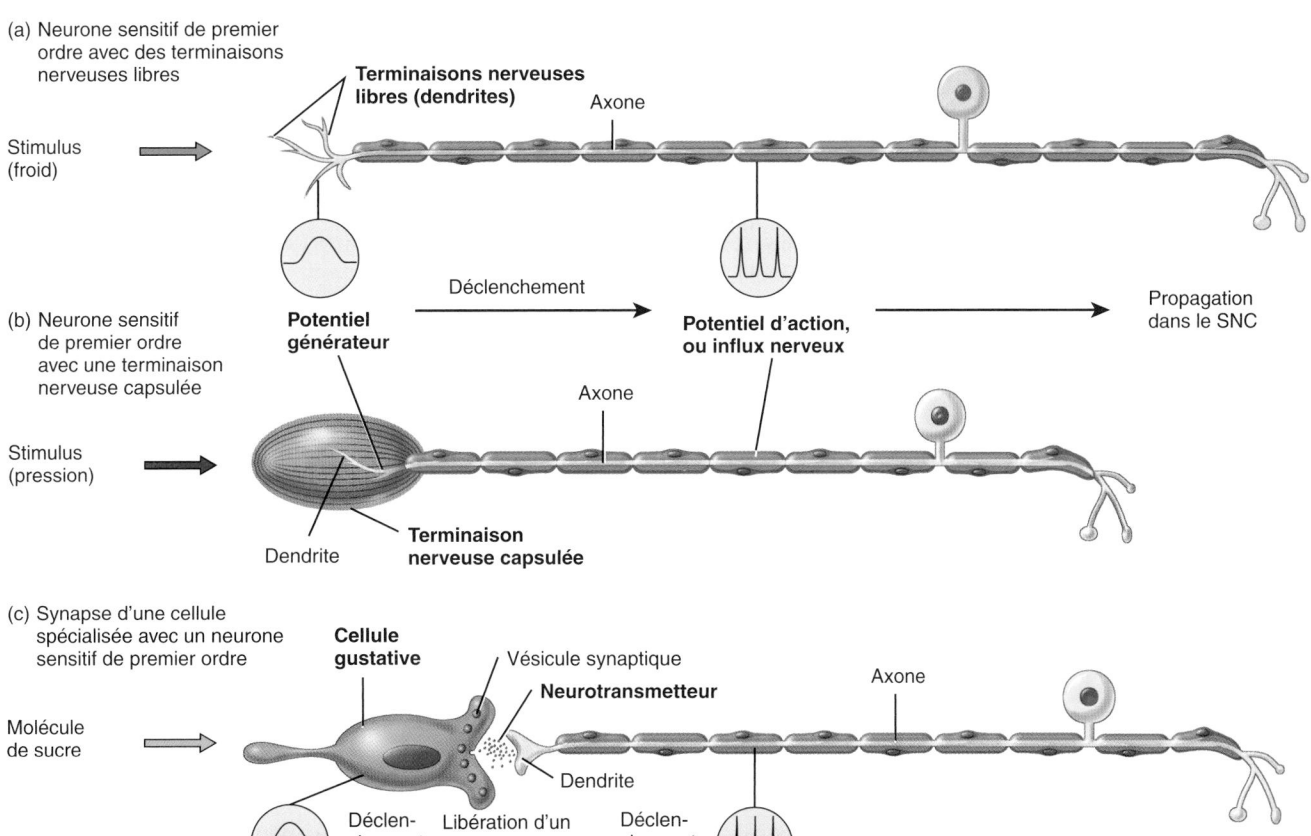

À quels sens ou sensations les cellules spécialisées sont-elles liées?

- Les **terminaisons nerveuses capsulées** sont des dendrites enveloppés dans une capsule de tissu conjonctif dotée d'une structure microscopique distinctive. Les récepteurs des sensations somatiques et viscérales du toucher, de la pression et de la vibration sont des terminaisons nerveuses capsulées. Ce sont, par exemple, les corpuscules lamelleux, ou corpuscules de Pacini (figure 16.1b). Selon ses caractéristiques propres, la capsule peut augmenter la sensibilité ou la spécificité du récepteur.

- Les **cellules spécialisées** sont des récepteurs sensoriels de certains organes des sens qui font synapse avec des neurones de premier ordre (sensitifs). Ce sont, par exemple, les *cellules sensorielles ciliées* de l'oreille interne, qui interviennent dans l'audition et l'équilibre ; les *cellules gustatives* des calicules gustatifs (figure 16.1c) ; et les *photorécepteurs* de la rétine, qui interviennent dans la vision. Nous reviendrons sur les cellules spécialisées au chapitre 17.

En réponse à un stimulus, les récepteurs sensoriels peuvent produire deux types de potentiels gradués : des potentiels générateurs ou des potentiels récepteurs. Quand ils sont stimulés, les terminaisons nerveuses libres, les terminaisons nerveuses capsulées et la partie réceptrice des récepteurs olfactifs produisent des **potentiels générateurs** (figure 16.1a, b). Si le potentiel générateur atteint le seuil d'excitation, il déclenche un ou plusieurs potentiels d'actions, ou influx nerveux, dans l'axone d'un neurone de premier ordre. Ces potentiels d'action se propagent ensuite le long de l'axone jusque dans le SNC. Ainsi les potentiels générateurs engendrent des potentiels d'action.

À l'inverse, les cellules sensorielles ciliées de l'oreille interne, les cellules gustatives et les photorécepteurs ne produisent pas de potentiels d'action. Lorsqu'ils sont stimulés, ces récepteurs sensoriels produisent des potentiels gradués appelés **potentiels récepteurs**. Un potentiel récepteur entraîne l'exocytose de vésicules synaptiques (figure 16.1c). Les molécules de neurotransmetteur libérées des vésicules synaptiques diffusent dans la fente synaptique et produisent un potentiel postsynaptique (PPS) dans un neurone de premier ordre. Le PPS peut alors déclencher un ou plusieurs potentiels d'action, ou influx nerveux, qui se propageront le long de l'axone jusque dans le SNC.

L'amplitude des potentiels générateurs et des potentiels récepteurs est proportionnelle à l'intensité du stimulus : les stimulus intenses produisent des potentiels de forte amplitude et les stimulus légers, des potentiels de faible amplitude. De la même façon, la fréquence des potentiels d'action produits dans le neurone de premier ordre est proportionnelle à la force des potentiels générateurs ou récepteurs.

On peut aussi classer les récepteurs sensoriels selon leur emplacement et selon l'origine des stimulus qui les activent :

- Les **extérocepteurs** sont situés à la surface du corps ; ils sont sensibles aux stimulus provenant de l'extérieur du corps et fournissent donc de l'information sur le milieu *externe*. Ainsi, ce sont des extérocepteurs qui transmettent les sensations auditives, visuelles, olfactives, gustatives et tactiles ainsi que les sensations de pression, de vibration, de douleur, de chaleur et de froid.

- Les **intérocepteurs** sont situés dans les vaisseaux sanguins, les viscères, les muscles et le système nerveux ; ils détectent les conditions qui règnent dans le milieu *interne*. En général, les potentiels d'action produits par les intérocepteurs ne sont pas consciemment perçus ; des stimulus intenses peuvent toutefois activer les intérocepteurs à un point tel qu'ils provoquent des sensations consciemment perçues de douleur ou de pression.

- Les **propriocepteurs** (*proprius* : à soi) sont situés dans les muscles, les tendons, les articulations et l'oreille interne ; ils détectent la position du corps, la longueur et la tension des muscles, la position et le mouvement des articulations.

On peut enfin classer les récepteurs sensoriels selon le type de stimulus qu'ils détectent. Comme nous l'avons mentionné plus haut, la plupart des stimulus sont constitués d'une énergie mécanique, d'une énergie électromagnétique ou d'une énergie chimique :

- Les **mécanorécepteurs** sont sensibles aux stimulus mécaniques tels que l'étirement ou la déformation des cellules. Leur activation génère des sensations de toucher, de pression, de vibration, de proprioception, d'équilibre et d'audition. Enfin, les mécanorécepteurs mesurent aussi l'étirement des vaisseaux sanguins et des organes internes.

- Les **thermorécepteurs** détectent les variations de la température.

- Les **nocicepteurs** réagissent aux stimulus douloureux provoqués par des lésions mécaniques ou chimiques des tissus.

- Les **photorécepteurs** détectent la lumière qui atteint la rétine.

- Les **chimiorécepteurs** détectent les substances chimiques dans la bouche (goût), le nez (odorat) et les liquides de l'organisme.

- Les **osmorécepteurs** sont sensibles aux variations de la pression osmotique des liquides de l'organisme.

Le tableau 16.1 résume les classifications des récepteurs sensoriels.

L'adaptation des récepteurs sensoriels

La plupart des récepteurs sensoriels se caractérisent par l'**adaptation**, c'est-à-dire que l'amplitude du potentiel générateur ou du potentiel récepteur diminue en cas de stimulation constante et prolongée. Par conséquent, le neurone de premier ordre produit de moins en moins de potentiels d'action, ou influx nerveux. L'adaptation peut ainsi entraîner une diminution de la perception d'une sensation, voire sa disparition, alors même que le stimulus subsiste. Ainsi, quand vous entrez sous une douche très chaude, l'eau vous paraît d'abord brûlante ; très vite, pourtant, vous n'éprouvez plus qu'une agréable sensation de chaleur alors même que le stimulus (la température de l'eau) n'a pas changé.

La vitesse de l'adaptation varie d'un récepteur à l'autre. Elle est très élevée dans les **récepteurs à adaptation rapide**, ou récepteurs phasiques, qui sont spécialisés dans la détection des *variations* du stimulus. Par exemple, les récepteurs de la pression, du toucher et de l'odorat ont une réponse maximale mais brève. Par contre, la vitesse de l'adaptation est faible dans les **récepteurs à adaptation lente**, ou récepteurs toniques, qui continuent d'émettre des influx nerveux tant que le stimulus persiste. Ces récepteurs détectent les stimulus se rapportant à la douleur, à la position du corps et à la composition chimique du sang.

TABLEAU 16.1 LA CLASSIFICATIONS DES RÉCEPTEURS SENSORIELS

CRITÈRES DE CLASSIFICATION	DESCRIPTION
CARACTÉRISTIQUES MORPHOLOGIQUES MICROSCOPIQUES	
Terminaisons nerveuses libres	Dendrites dénudés associés aux sensations de douleur, de chaleur et de froid, de chatouillement, de démangeaison ainsi qu'à certaines sensations tactiles.
Terminaisons nerveuses capsulées	Dendrites enveloppés dans une capsule de tissu conjonctif, par exemple les corpuscules tactiles capsulés associés aux sensations de pression et de vibration.
Cellules spécialisées	Cellules faisant synapse avec des neurones sensitifs de premier ordre ; situées dans la rétine (photorécepteurs), dans l'oreille interne (cellules sensorielles ciliées) et dans les calicules gustatifs de la langue (cellules gustatives).
EMPLACEMENT DU RÉCEPTEUR ET ORIGINE DES STIMULUS ACTIVATEURS	
Extérocepteurs	Situés à la surface du corps ; sensibles aux stimulus provenant de l'extérieur du corps ; fournissent de l'information sur le milieu externe ; produisent les sensations visuelles, olfactives, gustatives et tactiles ainsi que les sensations de pression, de vibration, de douleur, de chaleur et de froid.
Intérocepteurs	Situés dans les vaisseaux sanguins, les viscères, les muscles et le système nerveux ; fournissent de l'information sur le milieu interne ; les influx nerveux qu'ils produisent ne sont pas consciemment perçus en général, mais ils peuvent dans certains cas engendrer une sensation de douleur ou de pression.
Propriocepteurs	Situés dans les muscles, les tendons, les articulations et l'oreille interne ; détectent la position du corps, la longueur et la tension des muscles, la position et le mouvement des articulations ainsi que la posture (l'équilibre).
TYPE DE STIMULUS DÉTECTÉ	
Mécanorécepteurs	Détectent la pression mécanique ; génèrent les sensations de toucher, de pression, de vibration, de proprioception, d'équilibre et d'audition ; détectent aussi le degré d'étirement des vaisseaux sanguins et des organes internes.
Thermorécepteurs	Détectent les variations de la température.
Nocicepteurs	Réagissent aux stimulus douloureux provoqués par les lésions mécaniques ou chimiques des tissus.
Photorécepteurs	Détectent la lumière qui atteint la rétine.
Chimiorécepteurs	Détectent les substances chimiques dans la bouche (goût), le nez (odorat) et les liquides de l'organisme.
Osmorécepteurs	Détectent les variations de la pression osmotique des liquides de l'organisme.

▶ **POINT DE CONTRÔLE**

1. Expliquez la différence entre la sensation et la perception.

2. Qu'est-ce qu'une modalité sensorielle ?

3. Quels sont les points communs entre les potentiels générateurs et les potentiels récepteurs ? Quelles sont les différences entre eux ?

4. Quels événements sont nécessaires à la formation d'une sensation ?

5. Qu'est-ce qui distingue les récepteurs à adaptation rapide des récepteurs à adaptation lente ?

LA SOMESTHÉSIE

OBJECTIFS

- Décrire l'emplacement et la fonction des récepteurs sensoriels somatiques du toucher, de la chaleur et de la douleur.
- Indiquer quels sont les récepteurs de la proprioception et décrire leurs fonctions.

Les sensations somatiques sont provoquées par la stimulation de récepteurs sensoriels logés dans la peau ou dans le fascia superficiel (couche sous-cutanée), dans les muqueuses de la bouche, du vagin et de l'anus, dans les muscles, les tendons et les articulations ainsi que dans l'oreille interne. Ces récepteurs sensoriels ne sont pas uniformément répartis : ils sont nombreux dans certaines zones de la surface du corps, clairsemés dans d'autres. C'est sur le bout de la langue, les lèvres et le bout des doigts qu'ils sont le plus densément disposés. La sensibilité somatique dépend donc de la densité des récepteurs dans une région. Les sensations somatiques suscitées par la stimulation de la surface de la peau sont appelées **sensations cutanées** (*cutis* : peau).

Les sensations somatiques se répartissent en quatre modalités sensorielles : tactiles, thermiques, nociceptives et proprioceptives.

LES SENSATIONS TACTILES

Les **sensations tactiles** (*tactus* : toucher) sont le toucher, la pression, la vibration, la démangeaison et le chatouillement. Bien que nous percevions ces sensations de manière très différente, elles sont en fait provoquées par l'activation des mêmes types de récepteurs. Plusieurs types de mécanorécepteurs capsulés associés à des fibres A myélinisées de grand diamètre détectent les sensations du toucher, de la pression et de la vibration. Les autres sensations tactiles ainsi que la démangeaison et le chatouillement sont détectés par des terminaisons nerveuses libres associées à des fibres C amyélinisées de petit diamètre. Rappelons ici que les axones myélinisés de grand diamètre transmettent les influx nerveux plus rapidement que les axones amyélinisés de petit diamètre (voir le chapitre 12, p. 449-450). Les récepteurs tactiles de la peau et de la couche sous-cutanée comprennent les corpuscules tactiles, les plexus de la racine des poils, les mécanorécepteurs cutanés de types I et II, les corpuscules lamelleux et les terminaisons nerveuses libres (figure 16.2).

Le toucher

Les **sensations tactiles** naissent généralement de la stimulation de récepteurs tactiles de la peau ou du fascia superficiel. Le **toucher grossier** est la capacité de percevoir qu'un objet est entré en contact avec la peau ; il ne permet pas de déterminer l'emplacement exact, la forme, la taille ou la texture de cet objet. Par contre, le **toucher fin** fournit des renseignements précis sur les sensations tactiles, par exemple l'emplacement exact de la stimulation ainsi que la forme, la taille et la texture de la source du stimulus.

Le corps humain compte deux types de récepteurs tactiles à adaptation rapide. Les **corpuscules tactiles capsulés**, ou corpuscules de Meissner, sont des récepteurs du toucher fin logés dans les papilles du derme de la peau glabre. Chaque corpuscule est une masse ovale de dendrites enfermée dans une capsule de tissu conjonctif. Parce qu'ils s'adaptent rapidement, les corpuscules tactiles capsulés produisent l'essentiel de leurs influx nerveux au début de la stimulation tactile. Ils sont particulièrement abondants au bout des doigts, sur la paume des mains et sur les paupières, sur le bout de la langue, dans les lèvres, les mamelons, la plante des pieds, le clitoris et le gland du pénis. Les **plexus de la racine des poils**, ou récepteurs des follicules pileux, sont aussi des récepteurs tactiles

à adaptation rapide, mais pour le toucher grossier. Ils sont situés dans la peau velue et sont formés de terminaisons nerveuses libres enroulées autour de follicules pileux. Les plexus de la racine des poils détectent les mouvements qui font remuer les poils à la surface de la peau. Par exemple, un insecte qui se pose sur un poil fait bouger sa tige et stimule ainsi les terminaisons nerveuses libres.

Le corps humain possède en outre deux types de récepteurs tactiles à adaptation lente. Les **mécanorécepteurs cutanés de type I**, aussi appelés corpuscules tactiles non capsulés ou encore disques de Merkel, interviennent dans le toucher fin, en particulier dans la discrimination statique des formes et des contours des objets ainsi que de la perception des textures rugueuses. Leur stimulation procure une sensation de pression légère. Ce sont des terminaisons nerveuses libres dont les extrémités aplaties en forme de soucoupe sont reliées aux cellules de Merkel de la couche basale de l'épiderme (voir la figure 5.2d). Ces mécanorécepteurs non capsulés sont abondants dans le bout des doigts, les mains, les lèvres et les organes génitaux externes. Les autres récepteurs tactiles à adaptation lente, les **mécanorécepteurs cutanés de type II**, ou corpuscules de Ruffini, sont des récepteurs capsulés allongés situés dans le derme ainsi que dans

FIGURE 16.2 La structure et l'emplacement des récepteurs sensoriels dans la peau et dans la couche sous-cutanée.

 Les sensations somatiques de toucher, pression, vibration, douleur, chaleur et froid proviennent des récepteurs sensoriels situés dans la peau, la couche sous-cutanée et les muqueuses.

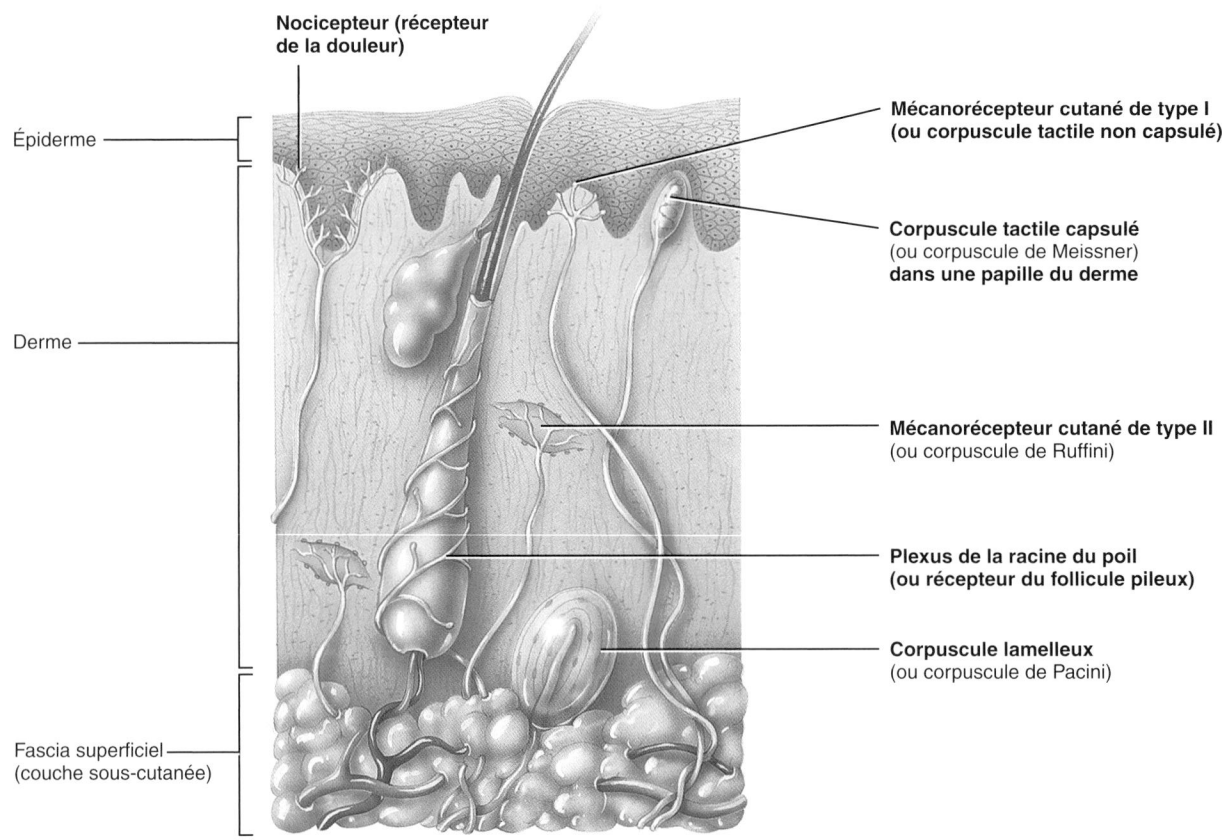

Quelles sensations sont provoquées par la stimulation des terminaisons nerveuses libres ?

les ligaments et les tendons. On les rencontre dans les mains, mais ils sont particulièrement abondants dans la plante des pieds. Ils sont surtout sensibles à l'étirement de la peau provoqué par les mouvements des doigts et des membres.

La pression et la vibration

La **pression** est une sensation ressentie sur une superficie plus vaste que celle stimulée lors du toucher, et qui naît de la déformation des tissus profonds. Les récepteurs qui la produisent sont notamment les corpuscules tactiles capsulés, les mécanorécepteurs de type I et les corpuscules lamelleux. Les **corpuscules lamelleux**, ou corpuscules de Pacini, sont de grandes structures ovales composées d'une capsule de tissu conjonctif à plusieurs couches qui entoure un dendrite. À l'instar des corpuscules tactiles capsulés, les corpuscules lamelleux s'adaptent rapidement. Ils sont présents dans le corps entier : dans le derme et dans la couche sous-cutanée ; dans les tissus sous-jacents aux muqueuses et aux séreuses ; autour des articulations, des tendons et des muscles ; dans le périoste ; et dans les glandes mammaires, les organes génitaux externes et certains viscères, tels que le pancréas et la vessie.

L'émission rapide et répétitive de signaux sensoriels par les récepteurs tactiles de la pression produit les sensations de **vibration**. Les récepteurs de ces sensations sont les corpuscules tactiles capsulés (qui détectent les vibrations de faible fréquence) et les corpuscules lamelleux (qui détectent les vibrations de haute fréquence).

La démangeaison et le chatouillement

La **démangeaison** résulte de la stimulation de terminaisons nerveuses libres par certaines substances chimiques (par exemple, la bradykinine), souvent à la suite d'une réaction inflammatoire locale. (La bradykinine appartient à la famille des kinines ; c'est un puissant vasodilatateur.) Le **chatouillement** serait produit par des terminaisons nerveuses libres et des corpuscules lamelleux. Cette sensation a ceci de particulier qu'elle est toujours provoquée par une autre personne, jamais par soi-même. Ce mystère s'expliquerait par le fait que le cervelet réagit au contact des doigts lorsque nous nous touchons nousmêmes et peut ainsi inhiber le chatouillement, ce qu'il n'est pas en mesure de faire quand quelqu'un d'autre nous touche.

L'ALGOHALLUCINOSE

Les patients qui ont subi une amputation continuent parfois d'éprouver dans le membre absent des sensations telles que la démangeaison, la pression, le picotement ou la douleur. Ce phénomène est appelé **algohallucinose**, ou illusion des amputés. Ses causes sont encore obscures. Certains experts pensent toutefois que le cortex cérébral situerait dans le membre absent (« membre fantôme ») l'origine des influx nerveux provenant en fait de la partie proximale des neurones sensitifs coupés. D'autres avancent que l'encéphale contiendrait des réseaux de neurones qui engendreraient les sensations proprioceptives. Dans ce cas, les neurones cérébraux qui recevaient les influx sensitifs du membre avant l'amputation seraient toujours actifs et généreraient des perceptions illusoires. L'algohallucinose peut être très pénible pour les amputés. La plupart d'entre eux disent ressentir des douleurs très intenses que les analgésiques n'arrivent généralement pas à calmer. D'autres traitements sont envisageables dans ce cas, par exemple la stimulation électrique des nerfs, l'acupuncture et la rétroaction biologique. ■

LES SENSATIONS THERMIQUES

Les **thermorécepteurs** sont des terminaisons nerveuses libres qui possèdent un champ récepteur d'environ 1 mm de diamètre à la surface de la peau. Nous percevons deux **sensations thermiques** distinctes, le chaud et le froid ; elles sont transmises par des récepteurs différents. Les **récepteurs du froid** sont logés dans la couche basale de l'épiderme et sont généralement associés à des fibres A myélinisées de diamètre moyen ; quelques-uns sont toutefois rattachés à des fibres C amyélinisées de petit diamètre. Les récepteurs du froid sont activés par les températures comprises entre 10 et 40 °C. Moins nombreux que les récepteurs du froid, les **récepteurs de la chaleur** sont logés dans le derme et associés à des fibres C amyélinisées de petit diamètre ; ils sont activés par les températures comprises entre 32 et 48 °C. Les récepteurs du froid et ceux de la chaleur s'adaptent rapidement au début de la stimulation ; puis, ainsi que nous l'avons vu au début de ce chapitre, ils continuent de produire des influx nerveux si le stimulus se prolonge, mais à fréquence plus faible. Les températures inférieures à 10 °C ou supérieures à 48 °C stimulent plus fortement les nocicepteurs que les thermorécepteurs et déclenchent donc des sensations douloureuses.

LES SENSATIONS DOULOUREUSES

La douleur est indispensable à la survie. Elle signale la présence de conditions nocives pour l'organisme et assure ainsi une fonction de protection. Du point de vue médical, la localisation et la description subjectives de la douleur peuvent faciliter l'établissement de la cause sous-jacente d'une maladie.

Les **nocicepteurs** (*nocivus* : nocif) sont les récepteurs de la douleur. Ce sont des terminaisons nerveuses libres que l'on rencontre dans tous les tissus de l'organisme, sauf l'encéphale (figure 16.2). Ils peuvent être activés par des stimulus thermiques, mécaniques et chimiques intenses. Les irritations et les lésions des tissus libèrent des substances chimiques, telles que des prostaglandines, des kinines ou des ions potassium (K^+), qui stimulent les nocicepteurs. La douleur peut persister après la disparition du stimulus douloureux, et ce, pour deux raisons : d'une part, ces substances chimiques restent dans les tissus ; d'autre part, les nocicepteurs s'adaptent très lentement. Parmi les facteurs qui provoquent la douleur figurent la distension (étirement) excessive de certains tissus, les contractions musculaires prolongées, les spasmes musculaires et l'ischémie (insuffisance de l'irrigation sanguine d'un organe).

Les types de douleur

On distingue deux types de douleurs : les douleurs rapides et les douleurs lentes. La perception de la **douleur rapide** apparaît généralement dans le dixième de seconde (0,1 s) qui suit l'application du stimulus. Cette rapidité s'explique par le fait que les influx nerveux se propagent dans des fibres A myélinisées de diamètre moyen. Les douleurs rapides sont souvent qualifiées d'aiguës ou de vives. Elles sont causées, par exemple, par la piqûre d'une aiguille ou par la coupure superficielle d'une lame de couteau. La douleur rapide n'est pas ressentie dans les tissus profonds. À l'inverse, la perception de la **douleur lente** commence au moins 1 s après l'application du stimulus et augmente graduellement dans les secondes ou les minutes qui suivent. Les influx nerveux de la douleur lente se propagent dans des fibres C amyélinisées de petit diamètre. Ces douleurs sont atroces dans certains cas. Elles peuvent être chroniques, cuisantes, lancinantes ou pulsatiles. La douleur lente provient de la peau, des tissus profonds ou des organes internes. Le mal de dent est une douleur lente. On peut mesurer l'écart entre le délai d'apparition de la douleur rapide et celui de la douleur lente quand on subit une blessure dans une région du corps située loin de l'encéphale, car les influx doivent alors se propager sur une longue distance. Quand on se cogne l'orteil contre une porte, par exemple, on éprouve d'abord la sensation vive de la douleur rapide, puis la sensation sourde de la douleur lente.

La stimulation des récepteurs cutanés produit la **douleur somatique superficielle**; la stimulation des récepteurs des muscles squelettiques, des articulations, des tendons et des fascias (ou aponévroses) produit la **douleur somatique profonde**. La stimulation des nocicepteurs des viscères produit la **douleur viscérale**. Les stimulations *diffuses* (qui touchent une zone étendue du corps) provoquent dans certains cas des douleurs viscérales intenses. Par exemple, la distension ou l'ischémie d'un organe peut stimuler les nocicepteurs viscéraux d'une manière diffuse. Un calcul logé dans un rein ou dans la vésicule biliaire peut ainsi obstruer un uretère ou le conduit cholédoque et le distendre, causant alors une douleur intense.

La localisation de la douleur

La douleur rapide est circonscrite très précisément à la région stimulée. Si quelqu'un vous pique avec une aiguille, par exemple, vous savez exactement quelle est la partie de votre corps qui est stimulée. La douleur somatique lente est bien localisée aussi, mais plus diffuse; elle semble généralement provenir d'une zone étendue de la peau. Dans certains cas, la douleur viscérale lente est perçue dans la région qui est effectivement stimulée. L'inflammation de la plèvre, par exemple, produit une douleur thoracique.

Toutefois, les douleurs viscérales sont le plus souvent ressenties dans la peau ou juste en dessous de la peau qui couvre l'organe stimulé ou dans une partie de la surface du corps qui est éloignée de cet organe: c'est la **douleur projetée**. La figure 16.3 montre les zones de la peau où sont perçues différentes douleurs viscérales. En règle générale, le viscère touché et la région où la douleur se projette sont innervés par le même segment médullaire. Ainsi, les fibres nerveuses sensitives issues du cœur, de la peau qui le surmonte et de la peau qui couvre la face médiale du bras gauche entrent dans la moelle épinière du côté gauche, au niveau de T1 à T5; par conséquent, la douleur causée par une crise cardiaque se manifeste généralement dans la peau qui surmonte le cœur ou qui couvre la partie interne du bras gauche.

ANALGÉSIE: LE SOULAGEMENT DE LA DOULEUR

Certaines douleurs sont disproportionnées par rapport à la lésion qui les cause; d'autres perdurent de manière chronique à la suite d'un accident; d'autres encore se déclenchent sans raison apparente. Il faut alors les réduire ou les supprimer au moyen de l'**analgésie** (*a*: sans; *algos*: douleur). Les médicaments analgésiques tels que l'aspirine et l'ibuprofène (par exemple, Advil[MD] ou Motrin[MD]) entravent la formation des prostaglandines, substances qui stimulent les nocicepteurs.

FIGURE 16.3 La douleur projetée. Les zones colorées indiquent les régions cutanées où la douleur viscérale se projette.

Presque tous les tissus de l'organisme contiennent des nocicepteurs.

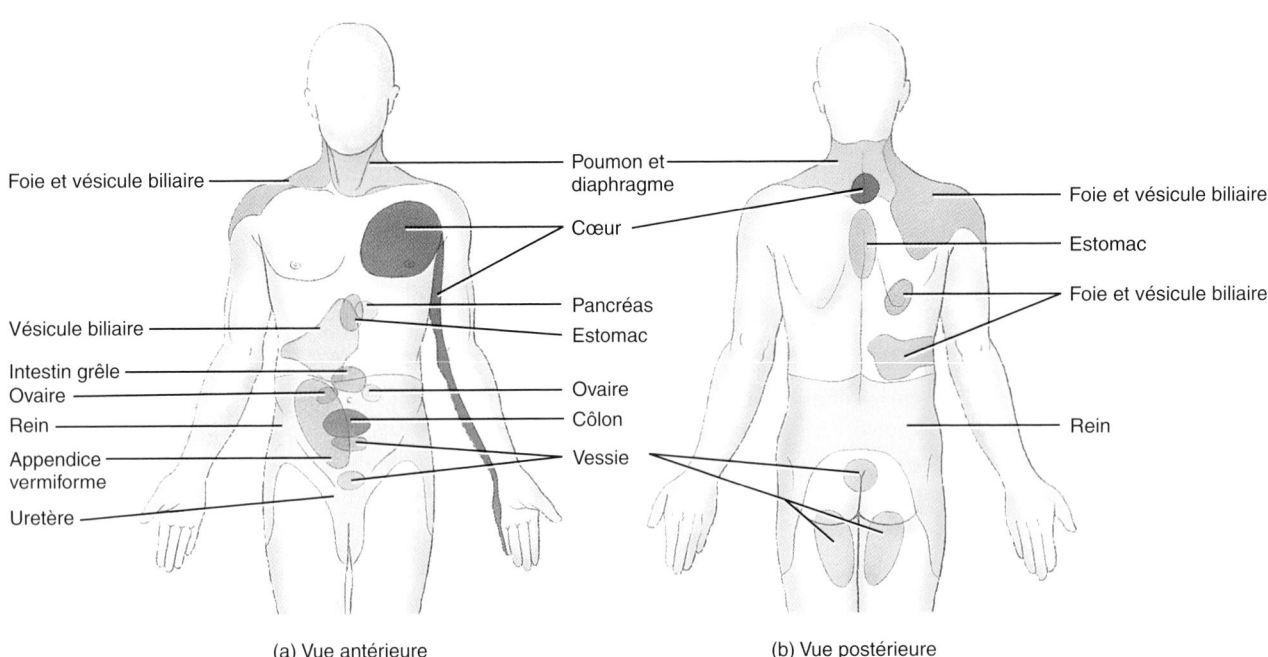

(a) Vue antérieure   (b) Vue postérieure

 Quel viscère possède la région de douleur projetée la plus étendue du corps humain?

Les anesthésiques locaux (par exemple, Novocain^MD) soulagent temporairement la douleur en empêchant la propagation des influx nerveux dans les axones des neurones nociceptifs de premier ordre. La morphine et les autres opiacés ne suppriment pas la douleur mais modifient la manière dont l'encéphale la perçoit, de sorte qu'elle ne semble plus nocive ; en d'autres termes, la douleur est perçue en tant que sensation, mais pas en tant que douleur. De nombreuses cliniques antidouleur administrent à leurs patients des anticonvulsivants et des antidépresseurs pour soulager les douleurs chroniques. ■

LES SENSATIONS PROPRIOCEPTIVES

Les **sensations proprioceptives** nous permettent de déterminer la position de notre tête et de nos membres ainsi que leurs mouvements sans les voir, de sorte que nous pouvons marcher, taper à l'ordinateur et nous habiller sans avoir à regarder ce que nous faisons. La **kinesthésie** (*kinêsis* : mouvement ; *aisthêsis* : sensation) est la perception des mouvements du corps. Les sensations proprioceptives ont leur origine dans les **propriocepteurs**, qui se trouvent dans les muscles (en particulier, les muscles posturaux) et les tendons. Ils réagissent au degré de contraction des muscles et de tension des tendons ainsi qu'à la position de nos articulations. Les cellules sensorielles ciliées de l'oreille interne nous informent sur l'orientation de notre tête par rapport au sol ainsi que sur sa position pendant les mouvements. Nous décrirons au chapitre 17 la manière dont elles nous transmettent les données nécessaires pour nous permettre de maintenir notre équilibre. Parce que les propriocepteurs s'adaptent lentement et faiblement, l'encéphale reçoit constamment des influx nerveux relatifs à la position des différentes parties du corps et accomplit en permanence les ajustements nécessaires à la coordination.

Les sensations proprioceptives nous permettent aussi d'estimer le poids des objets et de déterminer l'effort musculaire nécessaire à l'accomplissement d'une tâche. Par exemple, quand vous soulevez un sac, vous établissez très rapidement s'il contient du maïs soufflé plutôt que des livres, puis vous ne déployez que la force nécessaire pour le soulever. Nous allons présenter ici trois types de propriocepteurs : les fuseaux neuromusculaires (dans les muscles squelettiques) ; les fuseaux neurotendineux (dans les tendons) ; et les récepteurs kinesthésiques des articulations (dans les capsules articulaires des articulations synoviales).

Les fuseaux neuromusculaires

Les **fuseaux neuromusculaires** sont les propriocepteurs des muscles squelettiques. Ils mesurent les changements dans la longueur des muscles squelettiques et contribuent au réflexe d'étirement (voir la figure 13.14). L'encéphale établit le **tonus musculaire** – la contraction légère qui persiste même quand le muscle est au repos – en ajustant la réponse (sensibilité) des fuseaux neuromusculaires à l'étirement des muscles squelettiques. Les fuseaux neuromusculaires sont disséminés parmi la plupart des myocytes squelettiques et sont disposés parallèlement à eux. Ils sont nombreux dans les muscles qui produisent des mouvements fins, par exemple ceux des yeux et des doigts, et plus rares dans les muscles qui contribuent aux mouvements moins précis mais plus puissants, par exemple les muscles quadriceps fémoraux et les muscles de la loge posté-

rieure (ischiojambiers). Les petits muscles de l'oreille moyenne sont les seuls muscles squelettiques du corps humain qui ne possèdent pas de fuseaux neuromusculaires.

Chaque **fuseau neuromusculaire** se compose de 3 à 10 myocytes spécialisés appelés **myocytes intrafusoriaux** (figure 16.4). Ces myocytes sont enveloppés dans une capsule de tissu conjonctif qui ancre le fuseau dans l'endomysium et le périmysium (voir la figure 10.1). La région centrale de chaque myocyte intrafusorial contient plusieurs noyaux mais très peu de filaments d'actine et de myosine ; elle comprend également plusieurs terminaisons nerveuses sensitives (dendrites) de neurones unipolaires enroulées autour des quelques myocytes intrafusoriaux. Les régions centrales des myocytes intrafusoriaux constituent donc les surfaces réceptrices du fuseau neuromusculaire. (Rappelons que la partie de l'axone d'un neurone unipolaire qui s'étend en périphérie présente à son extrémité distale des dendrites qui détectent les stimulus sensoriels, alors que la partie de l'axone qui rejoint le SNC s'achève par des boutons terminaux ; voir la figure 12.4c.)

Les axones des neurones sensitifs qui innervent un fuseau neuromusculaire sont des axones à adaptation lente. Des axones de gros calibre transmettent rapidement les influx nerveux ; les terminaisons sensitives (dendrites) s'enroulent autour de la région centrale du myocyte intrafusorial. On rencontre également des axones plus petits dans certains fuseaux neuromusculaires ; leurs dendrites sont situés de part et d'autre des dendrites de l'axone de grand diamètre.

La principale fonction des fuseaux neuromusculaires consiste à mesurer la *longueur des muscles*, c'est-à-dire leur degré d'étirement. Un étirement soudain ou prolongé de la région centrale des myocytes intrafusoriaux stimule les terminaisons nerveuses des axones sensitifs. Les influx nerveux qui se produisent alors se propagent jusque dans le SNC. L'information provenant des fuseaux neuromusculaires parvient rapidement aux aires somesthésiques du cortex cérébral, nous permettant ainsi de percevoir constamment la position et les mouvements de nos membres. Simultanément, les influx provenant des fuseaux neuromusculaires arrivent au cervelet, où ils contribuent à la coordination des contractions musculaires.

En plus des terminaisons nerveuses sensitives qui se trouvent près de la région centrale des myocytes intrafusoriaux, les fuseaux neuromusculaires sont innervés par des axones de **neurones moteurs gamma** (γ). Ces axones moteurs se terminent près des deux extrémités des myocytes intrafusoriaux et ajustent la tension du fuseau neuromusculaire en fonction des variations de la longueur du muscle. Par exemple, quand un muscle raccourcit, les neurones moteurs gamma stimulent les extrémités des myocytes intrafusoriaux et entraînent de la sorte une légère contraction. Ainsi, les myocytes intrafusoriaux restent tendus (contractés) et la sensibilité du fuseau neuromusculaire à l'étirement du muscle est maintenue. Quand la fréquence des influx dans son neurone moteur gamma augmente, le fuseau neuromusculaire devient plus sensible à l'étirement de sa région centrale.

Le fuseau neuromusculaire est entouré de myocytes squelettiques ordinaires, les **myocytes extrafusoriaux**, qui sont innervés par des axones de grand diamètre (fibres A) de **neurones moteurs alpha** (α). Les corps cellulaires des neurones moteurs gamma et alpha se trouvent dans la corne ventrale de la moelle épinière (ou

FIGURE 16.4 Deux types de propriocepteurs : un fuseau neuromusculaire et un fuseau neurotendineux. Dans les fuseaux neuromusculaires, qui détectent les variations de la longueur des muscles squelettiques, des terminaisons nerveuses sensitives (dendrites) s'enroulent autour de la partie centrale de myocytes intrafusoriaux. Dans les fuseaux neurotendineux, qui détectent la force des contractions musculaires, l'augmentation de la tension exercée sur le tendon active des terminaisons nerveuses sensitives. La figure 13.14 montre la relation entre un fuseau neuromusculaire et la moelle épinière dans le réflexe d'étirement. La figure 13.15 montre la relation entre un fuseau neurotendineux et la moelle épinière dans le réflexe tendineux.

Les propriocepteurs fournissent de l'information sur la position du corps et ses mouvements.

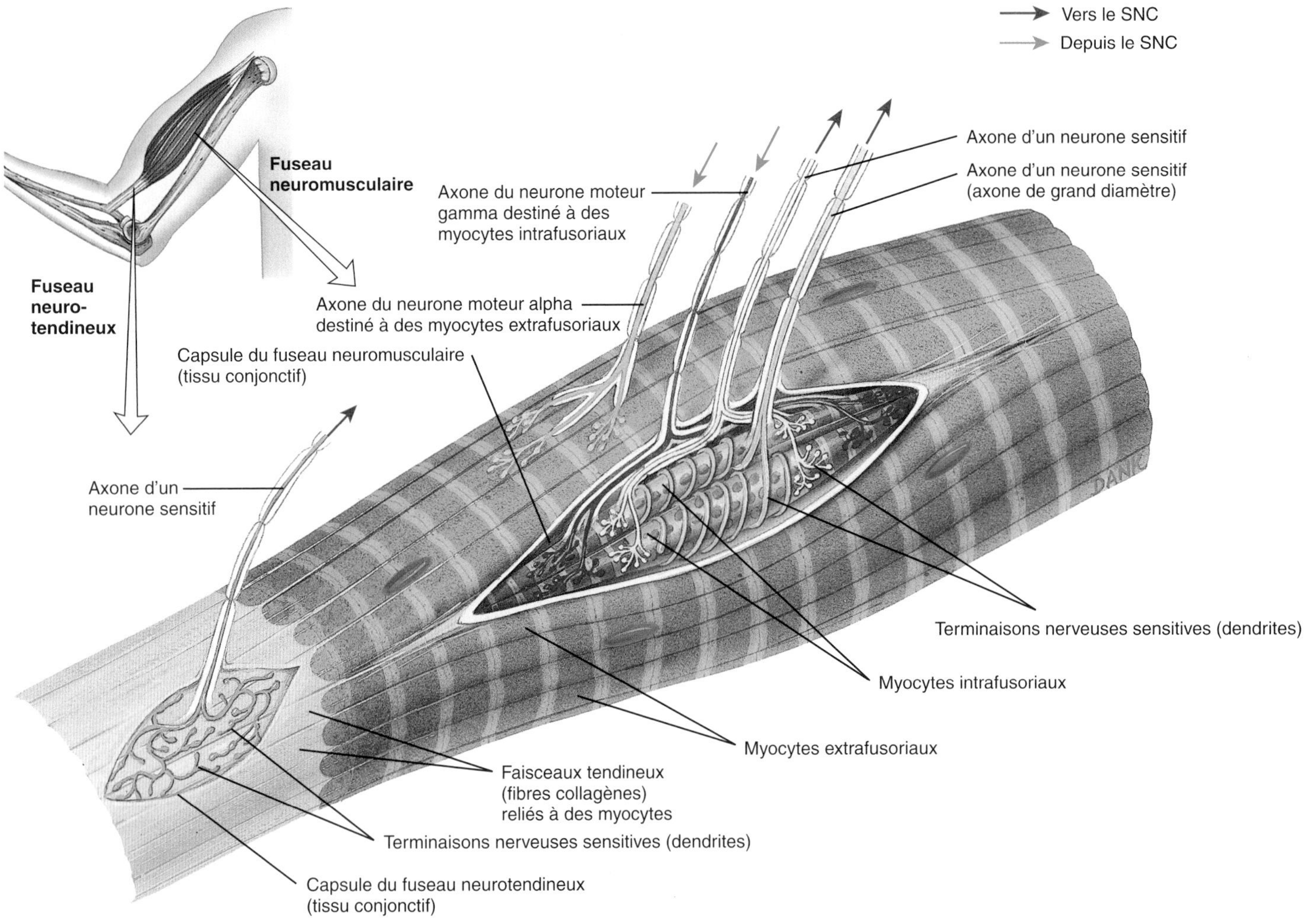

Vers le SNC

Depuis le SNC

Fuseau neuromusculaire

Fuseau neuro-tendineux

Axone du neurone moteur gamma destiné à des myocytes intrafusoriaux

Axone du neurone moteur alpha destiné à des myocytes extrafusoriaux

Capsule du fuseau neuromusculaire (tissu conjonctif)

Axone d'un neurone sensitif

Axone d'un neurone sensitif

Axone d'un neurone sensitif (axone de grand diamètre)

Terminaisons nerveuses sensitives (dendrites)

Myocytes intrafusoriaux

Myocytes extrafusoriaux

Faisceaux tendineux (fibres collagènes) reliés à des myocytes

Terminaisons nerveuses sensitives (dendrites)

Capsule du fuseau neurotendineux (tissu conjonctif)

Comment les fuseaux neuromusculaires sont-ils activés ?

dans le tronc cérébral pour les muscles de la tête). Pendant le réflexe d'étirement, les influx qui parcourent les axones sensitifs du fuseau neuromusculaire se propagent jusqu'à la moelle épinière et jusqu'au tronc cérébral et activent les neurones moteurs alpha reliés aux myocytes extrafusoriaux du même muscle. Ainsi, la stimulation de ses fuseaux neuromusculaires provoque la contraction du muscle squelettique, ce qui atténue l'étirement et contribue à prévenir les blessures en empêchant l'étirement excessif des muscles. (Voir les composantes du réflexe d'étirement à la figure 13.14. On y décrit le réflexe avec *un* neurone sensitif partant du fuseau neuromusculaire et *un* neurone moteur innervant les myocytes du muscle squelettique étiré.)

Les fuseaux neurotendineux

Les **fuseaux neurotendineux**, ou organes tendineux de Golgi, sont des propriocepteurs situés à la jonction d'un tendon et d'un muscle. En déclenchant le réflexe tendineux (voir la figure 13.15), ils protègent les tendons et leurs muscles associés contre les lésions que pourraient provoquer les tensions musculaires excessives. (Quand un muscle se contracte, il exerce une force qui rapproche ses attaches des deux extrémités l'une vers l'autre. Cette force est la tension musculaire.) Chaque fuseau neurotendineux est formé d'une mince capsule de tissu conjonctif enveloppant quelques faisceaux tendineux (faisceaux de fibres collagènes) (figure 16.4). Une ou plusieurs terminaisons nerveuses d'axones sensitifs pénètrent dans la capsule et s'enroulent parmi les fibres collagènes du tendon et autour d'elles. Quand le muscle subit une tension, les fuseaux neurotendineux produisent des influx nerveux qui se propagent jusque dans le SNC, l'informant sur les variations de la tension musculaire. Le réflexe tendineux entraîne un relâchement des muscles et donc une diminution de leur tension.

Les récepteurs kinesthésiques des articulations

On rencontre plusieurs types de **récepteurs kinesthésiques des articulations** à l'intérieur et autour des capsules articulaires des articulations synoviales. Les terminaisons nerveuses libres et les mécanorécepteurs cutanés de type II (ou corpuscules de Ruffini) situés dans les capsules articulaires réagissent à la pression. Dans le tissu conjonctif adjacent aux capsules articulaires, de petits corpus-cules lamelleux (ou corpuscules de Pacini) réagissent à l'accélération et à la décélération des articulations pendant les mouvements. Les ligaments articulaires contiennent des récepteurs qui sont comparables aux fuseaux neurotendineux et qui ajustent l'inhibition réflexe des muscles adjacents quand l'articulation subit une contrainte excessive.

Le tableau 16.2 résume les types de récepteurs sensoriels somatiques et les sensations qu'ils transmettent.

▶ **POINT DE CONTRÔLE**

6. Quels récepteurs sensoriels somatiques sont capsulés?

7. Pourquoi certains récepteurs s'adaptent-ils lentement, alors que d'autres s'adaptent rapidement?

TABLEAU 16.2 LES RÉCEPTEURS DES SENSATIONS SOMATIQUES

TYPE DE RÉCEPTEURS	STRUCTURE ET EMPLACEMENT	SENSATIONS	TYPE D'ADAPTATION
RÉCEPTEURS TACTILES			
Corpuscules tactiles capsulés (ou corpuscules de Meissner)	Masse de dendrites enveloppée dans une capsule; dans les papilles du derme de la peau glabre.	Toucher fin, pression et vibrations lentes.	Rapide.
Plexus de la racine des poils (ou récepteurs des follicules pileux)	Terminaisons nerveuses libres enroulées autour des follicules pileux; dans la peau.	Toucher grossier.	Rapide.
Mécanorécepteurs cutanés de type I (ou corpuscules tactiles non capsulés)	Terminaisons nerveuses libres en forme de soucoupes reliées aux cellules de Merkel de l'épiderme.	Toucher fin et pression.	Lente.
Mécanorécepteurs cutanés de type II (ou corpuscules de Ruffini)	Dendrites entourés d'une capsule allongée; dans le derme, les ligaments et les tendons.	Étirement de la peau.	Lente.
Corpuscules lamelleux (ou corpuscules de Pacini)	Dendrites entourés d'une capsule ovale formée de plusieurs couches; dans le derme et le fascia superficiel (couche sous-cutanée), les tissus sous-muqueux, les articulations, le périoste et certains viscères.	Pression, vibrations rapides et chatouillement.	Rapide.
Récepteurs de la démangeaison et du chatouillement	Terminaisons nerveuses libres et corpuscules lamelleux; dans la peau et les muqueuses.	Démangeaison et chatouillement.	Lente et rapide.
THERMORÉCEPTEURS			
Récepteurs de la chaleur et récepteurs du froid	Terminaisons nerveuses libres; dans la peau et dans les muqueuses de la bouche, du vagin et de l'anus.	Chaleur ou froid.	D'abord rapide, puis lente.
RÉCEPTEURS DE LA DOULEUR			
Nocicepteurs	Terminaisons nerveuses libres; dans tous les tissus de l'organisme à l'exception de l'encéphale.	Douleur.	Lente.
PROPRIOCEPTEURS			
Fuseaux neuromusculaires	Terminaisons nerveuses sensitives enroulées autour de la partie centrale de myocytes intrafusoriaux et entourées d'une capsule; dans la plupart des muscles squelettiques.	Longueur des muscles.	Lente.
Fuseaux neurotendineux	Fibres collagènes et terminaisons nerveuses sensitives entourées d'une capsule; à la jonction des tendons et des muscles.	Tension des muscles.	Lente.
Récepteurs kinesthésiques des articulations	Corpuscules lamelleux, mécanorécepteurs de type II, fuseaux neurotendineux et terminaisons nerveuses libres.	Position et mouvement des articulations.	Rapide.

8. Quels sont les récepteurs sensoriels somatiques qui interviennent dans les sensations du toucher fin ?

9. En quoi la douleur rapide se distingue-t-elle de la douleur lente ?

10. Qu'est-ce que la douleur projetée ? En quoi facilite-t-elle le diagnostic des troubles internes ?

11. Quelles dimensions de la fonction musculaire sont régies par les fuseaux neuromusculaires ? par les fuseaux neurotendineux ?

LES VOIES SOMATIQUES SENSITIVES

> **OBJECTIF**

- Décrire les éléments nerveux et les fonctions de la voie du cordon dorsal et du lemnisque médial, de la voie spinothalamique et de la voie spinocérébelleuse.

Les **voies somatiques sensitives** transmettent au cervelet et à l'aire somesthésique primaire du cortex cérébral l'information provenant des récepteurs sensoriels somatiques (voir la description plus haut). Les voies qui mènent au cortex cérébral se composent de milliers de trios de neurones sensitifs formés d'un neurone de premier ordre, d'un neurone de deuxième ordre et d'un neurone de troisième ordre.

1. Les **neurones de premier ordre** acheminent les influx nerveux des récepteurs sensoriels somatiques jusque dans le tronc cérébral ou la moelle épinière. Les influx sensitifs somatiques provenant du visage, de la bouche, des dents et des yeux parviennent au tronc cérébral en empruntant les *nerfs crâniens*. Les influx sensitifs somatiques provenant du cou, du tronc, des membres et de la partie postérieure de la tête se rendent jusqu'à la moelle épinière en empruntant les *nerfs spinaux*.

2. Les **neurones de deuxième ordre** transmettent les influx nerveux du tronc cérébral et de la moelle épinière jusqu'au thalamus. Leurs axones traversent la ligne médiane (*décussation*) dans le tronc cérébral ou dans la moelle épinière avant de monter jusqu'au noyau ventral postérieur du thalamus. Par conséquent, toute l'information sensorielle provenant d'un côté du corps arrive au thalamus du côté opposé.

3. Les **neurones de troisième ordre** transportent les influx nerveux du thalamus jusqu'à l'aire somesthésique primaire du cortex cérébral du même côté (voir la figure 14.15).

Les influx sensitifs somatiques qui entrent dans la moelle épinière montent jusqu'au cortex cérébral par deux voies ascendantes : 1) la voie du cordon dorsal et du lemnisque médial, et 2) la voie spinothalamique (ou voie antérolatérale). Les influx sensitifs somatiques qui entrent dans la moelle épinière atteignent le cervelet par l'intermédiaire des faisceaux spinocérébelleux.

LA VOIE DU CORDON DORSAL ET DU LEMNISQUE MÉDIAL

Les influx nerveux de la proprioception consciente et de la plupart des sensations tactiles montent jusqu'au cortex cérébral par la **voie du cordon dorsal et du lemnisque médial** (figure 16.5a).

Les neurones de premier ordre s'étendent des récepteurs sensoriels du tronc et des membres jusque dans la moelle épinière et le bulbe rachidien, du même côté du corps. Les corps cellulaires de ces neurones se trouvent dans les ganglions spinaux (situés sur la racine dorsale des nerfs spinaux). De chaque côté de la moelle épinière, leurs axones forment le **cordon dorsal**, qui regroupe le **faisceau gracile** et le **faisceau cunéiforme** (tableau 16.3). Les terminaisons axonales font synapse avec des neurones de deuxième ordre dont les corps cellulaires se trouvent dans le noyau gracile ou dans le noyau cunéiforme, dans le bulbe rachidien. Les influx nerveux provenant du cou, des membres supérieurs et de la partie supérieure du tronc se propagent le long des axones du faisceau cunéiforme pour arriver au noyau cunéiforme, alors que les influx nerveux provenant de la partie inférieure du tronc et des membres inférieurs se propagent le long des axones du faisceau gracile pour arriver au noyau gracile. La plupart des axones somatiques sensitifs qui acheminent les influx nerveux provenant du visage appartiennent au nerf trijumeau (nerf crânien V).

Les axones des neurones de deuxième ordre traversent la ligne médiane dans le bulbe rachidien pour entrer dans le **lemnisque médial**, mince faisceau de projection en forme de ruban qui s'étend du bulbe rachidien jusqu'au noyau ventral postérieur du thalamus. Dans le thalamus, les terminaisons axonales des neurones de deuxième ordre font synapse avec des neurones de troisième ordre dont les axones vont jusqu'à l'aire somesthésique primaire du cortex cérébral.

Les influx nerveux qui se propagent dans la voie du cordon dorsal et du lemnisque médial (ascendante) sont à l'origine des sensations très sophistiquées décrites ci-dessous :

- Le **toucher fin** est la capacité de discerner des caractéristiques précises d'une sensation tactile, notamment son point d'origine sur le corps, la forme, la taille et la texture de la source de la stimulation ; c'est aussi la capacité de distinguer deux stimulations appliquées à des points rapprochés du corps.

- La **stéréognosie** est la capacité de discerner la taille, la forme et la texture d'un objet par palpation ; par exemple, c'est grâce à la stéréognosie que nous pouvons reconnaître un trombone du bout des doigts et que les aveugles peuvent lire en braille.

- La **proprioception** est la perception de la position exacte des parties du corps. La **kinesthésie** est la perception de la direction des mouvements corporels. Les propriocepteurs permettent aussi la **discrimination du poids**, c'est-à-dire la capacité d'évaluer le poids d'un objet.

- La **sensibilité vibratoire** permet de détecter les vibrations qui touchent la peau.

LA VOIE SPINOTHALAMIQUE

Comme la voie du cordon dorsal et du lemnisque médial, la **voie spinothalamique**, ou voie antérolatérale, se compose de trios de neurones sensitifs (figure 16.5b). Le neurone de premier ordre relie un récepteur du cou, du tronc ou d'un membre à la moelle épinière. Son corps cellulaire se trouve dans le ganglion spinal. Ses terminaisons axonales font synapse avec le neurone de deuxième ordre, dont le corps cellulaire se trouve dans la corne dorsale de la moelle épinière (substance grise).

FIGURE 16.5 Les voies somatiques sensitives.

Les influx nerveux se propagent par des séries de trois neurones sensitifs (un neurone de premier ordre, un de deuxième ordre et un de troisième ordre) jusqu'à l'aire somesthésique primaire (gyrus postcentral) du cortex cérébral.

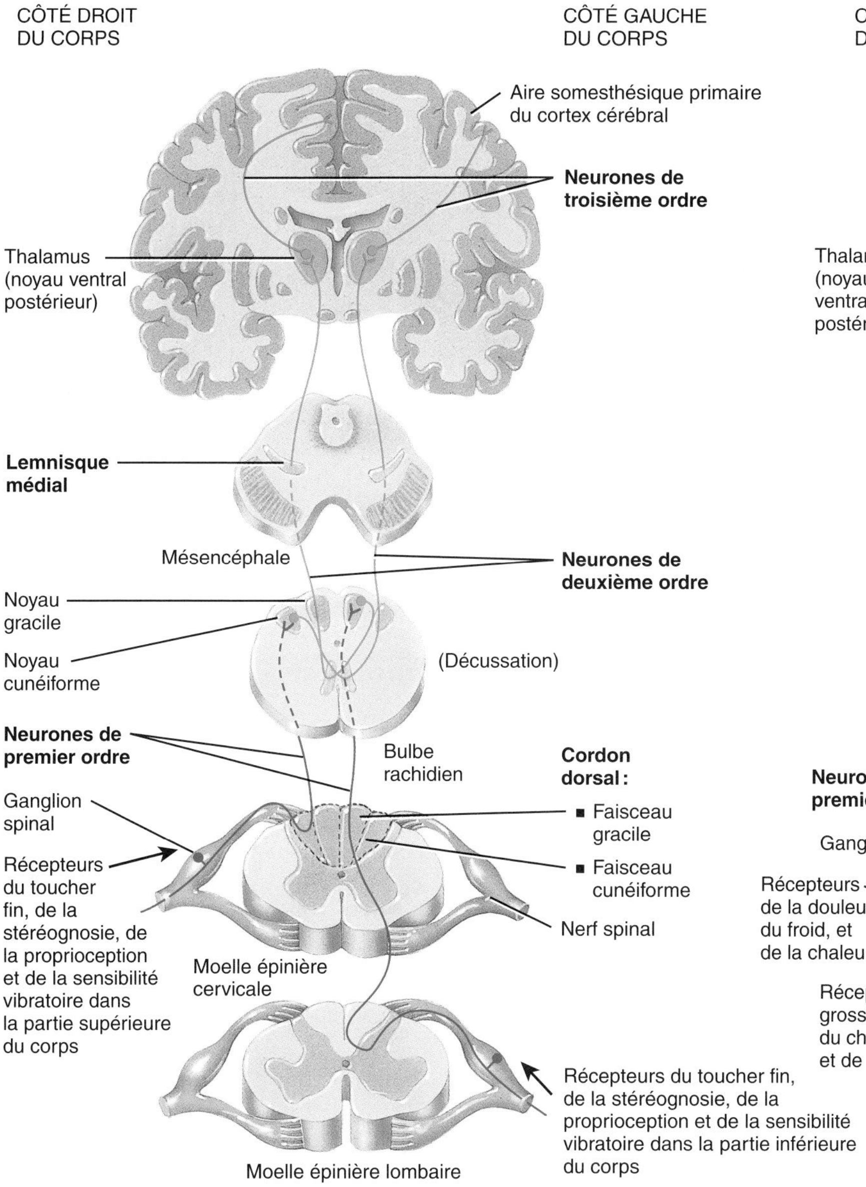

CÔTÉ DROIT DU CORPS

CÔTÉ GAUCHE DU CORPS

CÔTÉ DROIT DU CORPS

CÔTÉ GAUCHE DU CORPS

Aire somesthésique primaire du cortex cérébral

Neurones de troisième ordre

Thalamus (noyau ventral postérieur)

Lemnisque médial

Mésencéphale

Noyau gracile

Noyau cunéiforme

(Décussation)

Neurones de deuxième ordre

Neurones de premier ordre

Ganglion spinal

Récepteurs du toucher fin, de la stéréognosie, de la proprioception et de la sensibilité vibratoire dans la partie supérieure du corps

Bulbe rachidien

Cordon dorsal :
- Faisceau gracile
- Faisceau cunéiforme

Nerf spinal

Moelle épinière cervicale

Moelle épinière lombaire

Récepteurs du toucher fin, de la stéréognosie, de la proprioception et de la sensibilité vibratoire dans la partie inférieure du corps

(a) Voie du cordon dorsal et du lemnisque médial

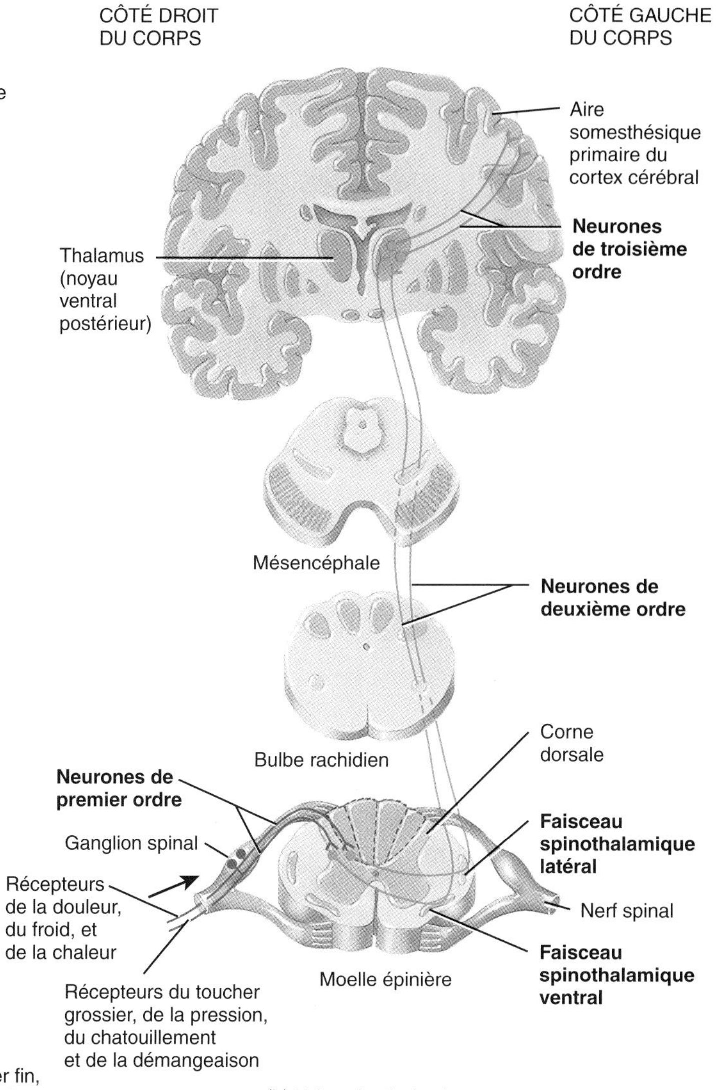

Aire somesthésique primaire du cortex cérébral

Neurones de troisième ordre

Thalamus (noyau ventral postérieur)

Mésencéphale

Neurones de deuxième ordre

Bulbe rachidien

Corne dorsale

Neurones de premier ordre

Ganglion spinal

Récepteurs de la douleur, du froid, et de la chaleur

Récepteurs du toucher grossier, de la pression, du chatouillement et de la démangeaison

Moelle épinière

Faisceau spinothalamique latéral

Nerf spinal

Faisceau spinothalamique ventral

(b) Voie spinothalamique

Q Quels types de déficits sensoriels les lésions du faisceau spinothalamique latéral droit peuvent-elles provoquer?

L'axone du neurone de deuxième ordre traverse la ligne médiane (décussation) dans la moelle épinière. Il monte ensuite jusqu'au tronc cérébral par le **faisceau spinothalamique latéral** ou par le **faisceau spinothalamique ventral**. Le faisceau spinothalamique latéral achemine les influx sensitifs de la douleur et de la température; le faisceau spinothalamique ventral transporte les influx du chatouillement, de la démangeaison, du toucher grossier et de la pression. L'axone du neurone de deuxième ordre se termine dans le noyau ventral postérieur du thalamus, où il fait synapse avec le neurone de troisième ordre. L'axone du neurone de troisième ordre s'étend jusque dans l'aire somesthésique primaire du cortex cérébral, du même côté que le noyau thalamique.

LA REPRÉSENTATION DU CORPS DANS L'AIRE SOMESTHÉSIQUE PRIMAIRE

La localisation précise des sensations somatiques en provenance de toutes les régions du corps devient possible dès que les influx nerveux arrivent à l'**aire somesthésique primaire** (aires ❶, ❷ et ❸ de la figure 14.15), dans le gyrus postcentral des lobes pariétaux du cortex cérébral. Par ailleurs, chacune des régions de cette aire reçoit l'information sensorielle provenant d'une partie donnée du corps. Cette particularité permet de construire une représentation topographique de la sensibilité du corps dans l'aire somesthésique primaire du cortex cérébral; on parle alors de la *carte somatotopique* de la sensibilité. La carte somatotopique de la figure 16.6a illustre le point de destination des signaux sensitifs somatiques provenant de différentes parties du côté gauche du corps, dans l'aire somesthésique primaire de l'hémisphère cérébral droit. L'aire somesthésique primaire de l'hémisphère gauche est similaire, mais reçoit l'information sensorielle provenant du côté droit du corps.

Il est à noter que certaines parties du corps, principalement les lèvres, le visage, la langue et le pouce, fournissent de l'information à de vastes étendues de l'aire somesthésique. D'autres parties du corps, par exemple le tronc et les membres inférieurs, communiquent avec des régions corticales beaucoup plus restreintes. La surface relative de l'aire somesthésique qui est consacrée aux sensations d'une partie du corps est proportionnelle au nombre de récepteurs sensoriels spécialisés que cette partie du corps contient. Par exemple, les récepteurs sont nombreux dans la peau des lèvres, mais clairsemés dans celle du tronc. La surface de l'aire corticale qui correspond à une partie du corps donnée peut diminuer ou augmenter

FIGURE 16.6 Les cartes somatotopiques de la sensibilité et de la motricité du cortex cérébral. (a) Aire somesthésique primaire (gyrus postcentral) et (b) aire motrice primaire (gyrus précentral) de l'hémisphère cérébral droit. Les représentations sont similaires dans l'hémisphère gauche. (D'après Penfield et Rasmussen.)

🔑 Chacun des points de la surface du corps est représenté en un endroit précis de l'aire somesthésique primaire et de l'aire motrice primaire.

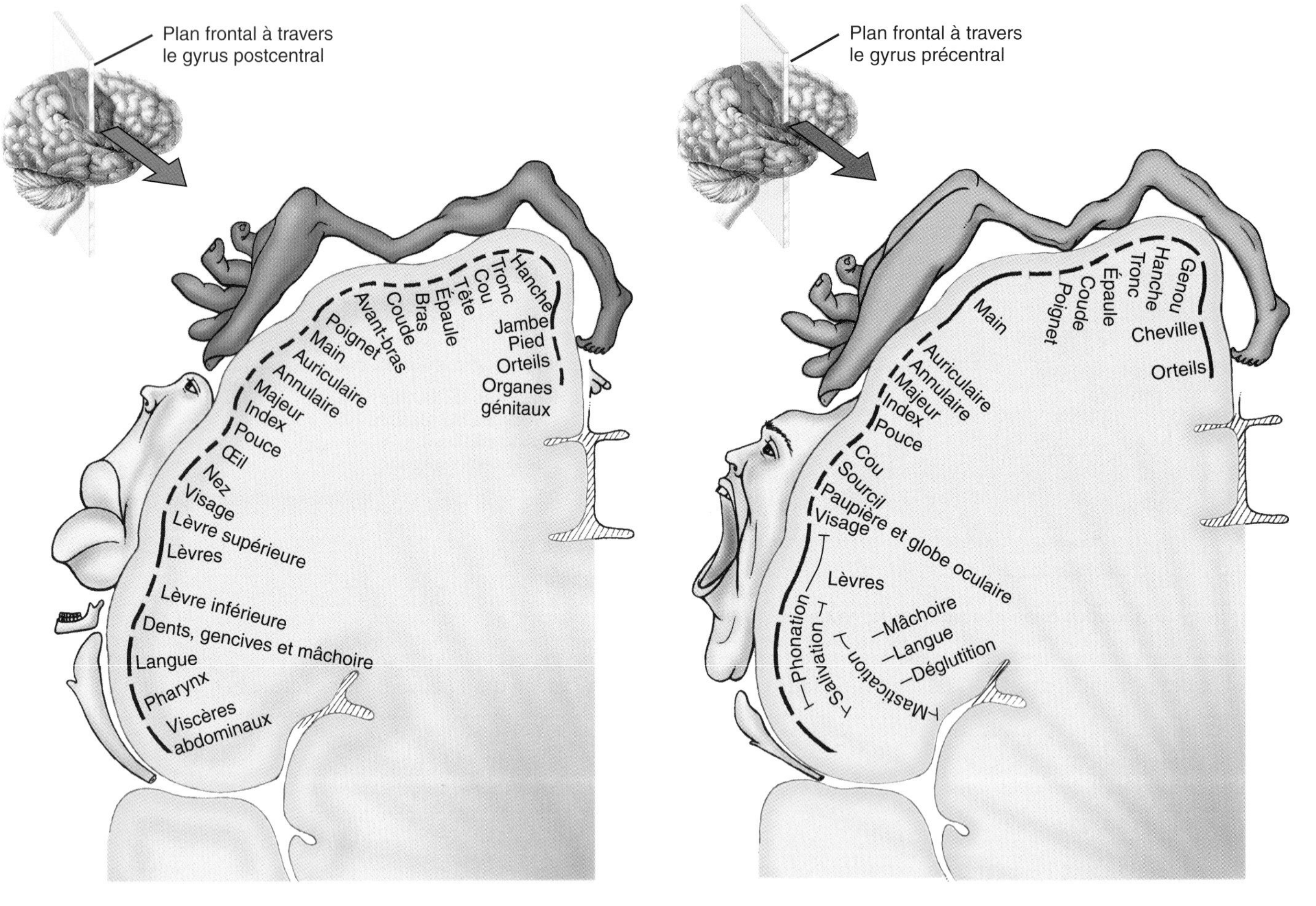

(a) Coupe frontale de l'aire somesthésique primaire dans l'hémisphère cérébral droit

(b) Coupe frontale de l'aire motrice primaire dans l'hémisphère cérébral droit

 En quoi les représentations de la main dans l'aire somesthésique primaire et dans l'aire motrice primaire se distinguent-elles? Quelles sont les implications de cette différence?

quelque peu selon la quantité d'influx sensitifs qu'elle reçoit de cette partie du corps. Ainsi, la zone corticale de l'aire somesthésique qui correspond au bout des doigts est plus étendue chez les personnes qui lisent en braille.

LES VOIES SOMATIQUES SENSITIVES MENANT AU CERVELET

Deux faisceaux ascendants situés dans la moelle épinière, le **faisceau spinocérébelleux dorsal** et le **faisceau spinocérébelleux ventral**, constituent les principales voies qui permettent aux influx de la proprioception – provenant des membres inférieurs et du tronc – d'atteindre le cervelet. Bien qu'ils ne soient pas consciemment perçus, les influx sensitifs qui cheminent jusqu'au cervelet par ces deux voies principales jouent un rôle de premier plan dans la posture, l'équilibre et la coordination des mouvements précis.

Le tableau 16.3 décrit les principaux faisceaux ascendants de la moelle épinière ainsi que les trajets qui mènent à l'encéphale.

LA SYPHILIS

La syphilis est une infection transmissible sexuellement causée par une bactérie, *Treponema pallidum*. Comme il s'agit d'une infection bactérienne, elle se traite au moyen d'antibiotiques. Si elle n'est pas traitée, cependant, elle évolue en trois stades cliniques dont le dernier se manifeste en général par des symptômes neurologiques débilitants. La dégénérescence progressive de la partie postérieure de la moelle épinière – y compris les cordons dorsaux, les faisceaux spinocérébelleux dorsaux et les racines dorsales – constitue l'un de ces symptômes les plus

TABLEAU 16.3 LES PRINCIPAUX FAISCEAUX ASCENDANTS DANS LA MOELLE ÉPINIÈRE ET LEUR TRAJET DANS L'ENCÉPHALE (FIGURE 16.5)	
FAISCEAUX ET EMPLACEMENT	**FONCTIONS ET TRAJETS**
Cordon dorsal : — Faisceau gracile — Faisceau cunéiforme 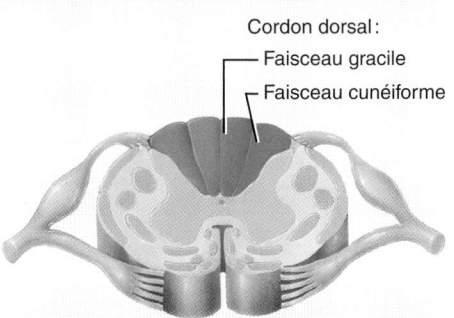	**Cordon dorsal et lemnisque médial** : Acheminent les influx nerveux du toucher fin, de la stéréognosie, de la proprioception consciente, de la kinesthésie, de la discrimination du poids et de la sensibilité vibratoire. Les axones des neurones de premier ordre d'un côté du corps forment le cordon dorsal de la moelle épinière du même côté et se terminent dans le noyau gracile ou dans le noyau cunéiforme, dans le bulbe rachidien, où ils font synapse avec les dendrites et les corps cellulaires des neurones de deuxième ordre. Les axones des neurones de deuxième ordre traversent la ligne médiane (décussation), entrent dans le lemnisque médial et s'étendent jusqu'au thalamus. Les neurones de troisième ordre transmettent les influx nerveux du thalamus à l'aire somesthésique primaire du cortex cérébral, du côté opposé à celui de la stimulation.
Faisceau spinothalamique latéral Faisceau spinothalamique ventral 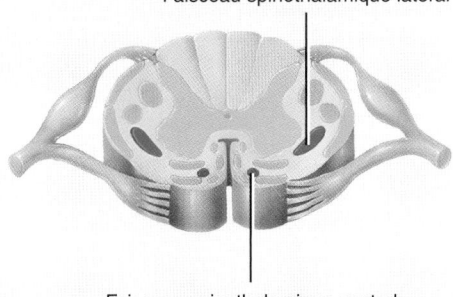	**Faisceau spinothalamique latéral** : Achemine les influx nerveux des sensations douloureuses et thermiques. Les axones des neurones de premier ordre d'un côté du corps font synapse avec les dendrites et les corps cellulaires des neurones de deuxième ordre dans la corne dorsale de la moelle épinière du même côté. Les axones des neurones de deuxième ordre traversent la ligne médiane (décussation), entrent dans le faisceau spinothalamique latéral et s'étendent jusqu'au thalamus. Les neurones de troisième ordre transmettent les influx nerveux du thalamus à l'aire somesthésique primaire du cortex cérébral, du côté opposé à celui de la stimulation. **Faisceau spinothalamique ventral** : Achemine les influx nerveux de la démangeaison, du chatouillement, de la pression et du toucher grossier (mal localisé). Les axones des neurones de premier ordre d'un côté du corps font synapse avec les dendrites et les corps cellulaires des neurones de deuxième ordre dans la corne dorsale de la moelle épinière du même côté. Les axones des neurones de deuxième ordre traversent la ligne médiane (décussation), entrent dans le faisceau spinothalamique ventral et s'étendent jusqu'au thalamus. Les neurones de troisième ordre transmettent les influx nerveux du thalamus à l'aire somesthésique primaire du cortex cérébral, du côté opposé à celui de la stimulation.
Faisceau spinocérébelleux dorsal 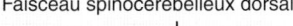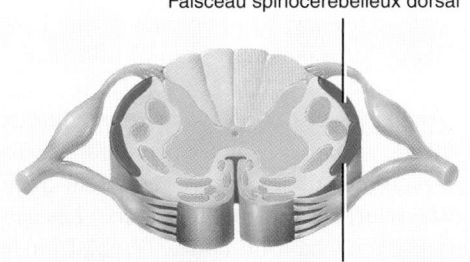 Faisceau spinocérébelleux ventral	**Faisceaux spinocérébelleux ventral et dorsal** : Acheminent les influx nerveux provenant des propriocepteurs du tronc et du membre inférieur d'un côté du corps jusqu'au même côté du cervelet. Les influx proprioceptifs renseignent le cervelet sur les mouvements en cours, lui permettant ainsi de produire des mouvements coordonnés et précis et de maintenir la posture et l'équilibre.

fréquents. La personne atteinte perd sa sensibilité somatique et présente une démarche hésitante et saccadée, en raison de la destruction des voies qui acheminent les influx proprioceptifs au cervelet. ∎

▶ POINT DE CONTRÔLE

12. Quelles sont les différences fonctionnelles qui distinguent la voie du cordon dorsal et du lemnisque médial de la voie spinothalamique?

13. Quelles sont les parties du corps auxquelles correspondent les zones de représentation les plus vastes dans l'aire somesthésique primaire?

14. Quel type d'information sensorielle les faisceaux spinocérébelleux acheminent-ils? À quoi cette information sert-elle?

LES VOIES SOMATIQUES MOTRICES

OBJECTIFS

- Définir l'emplacement et les fonctions des différents types de neurones présents dans les voies somatiques motrices.
- Comparer l'emplacement et les fonctions des voies somatiques motrices directe et indirecte.
- Expliquer le rôle des noyaux gris centraux et du cervelet dans le mouvement.

Les réseaux neuronaux de l'encéphale et de la moelle épinière orchestrent tous les mouvements volontaires et involontaires. En dernière instance, tous les signaux excitateurs et inhibiteurs qui régissent les mouvements finissent par converger vers les neurones moteurs qui sortent du tronc cérébral et de la moelle épinière et innervent les muscles squelettiques de la tête et du reste du corps. Les corps cellulaires de ces neurones, aussi appelés **neurones moteurs inférieurs**, se trouvent dans le tronc cérébral et la moelle épinière. Leurs axones s'étendent depuis les noyaux moteurs des nerfs crâniens jusqu'aux muscles squelettiques du visage et de la tête, et depuis tous les segments médullaires jusqu'aux muscles squelettiques du tronc et des membres. Seuls les neurones moteurs inférieurs acheminent l'information du SNC aux myocytes squelettiques. C'est la raison pour laquelle on dit que les neurones moteurs inférieurs forment la *voie commune finale*.

Désignés collectivement sous le terme de **voies somatiques motrices**, les neurones de quatre réseaux neuronaux fournissent de l'information aux neurones moteurs inférieurs et contribuent ainsi à la régulation des mouvements (figure 16.7). Ces quatre réseaux neuronaux sont distincts mais interagissent fortement. Nous les décrivons ci-dessous:

① *Les neurones intercalaires*. Les influx arrivent aux neurones moteurs inférieurs en provenance de neurones voisins appelés **neurones intercalaires** (en anglais, *local circuit neurons*). Il s'agit en fait d'interneurones se trouvant près des corps cellulaires des neurones moteurs inférieurs, dans le tronc cérébral et la moelle épinière. Les neurones intercalaires reçoivent l'information des récepteurs sensoriels, par exemple les nocicepteurs

FIGURE 16.7 Les voies somatiques motrices pour la coordination et la régulation des mouvements. Les neurones moteurs inférieurs reçoivent des influx provenant directement **①** des neurones intercalaires (flèche violette) et **②** de neurones moteurs supérieurs dans le cortex cérébral et le tronc cérébral (flèches vertes). Les réseaux neuronaux faisant intervenir **③** des neurones des noyaux gris centraux et **④** des neurones du cervelet régulent l'activité des neurones moteurs supérieurs (flèches rouges).

🔑 Parce que les neurones moteurs inférieurs fournissent tous les influx nerveux aux muscles squelettiques, on les désigne collectivement sous le nom de «voie commune finale».

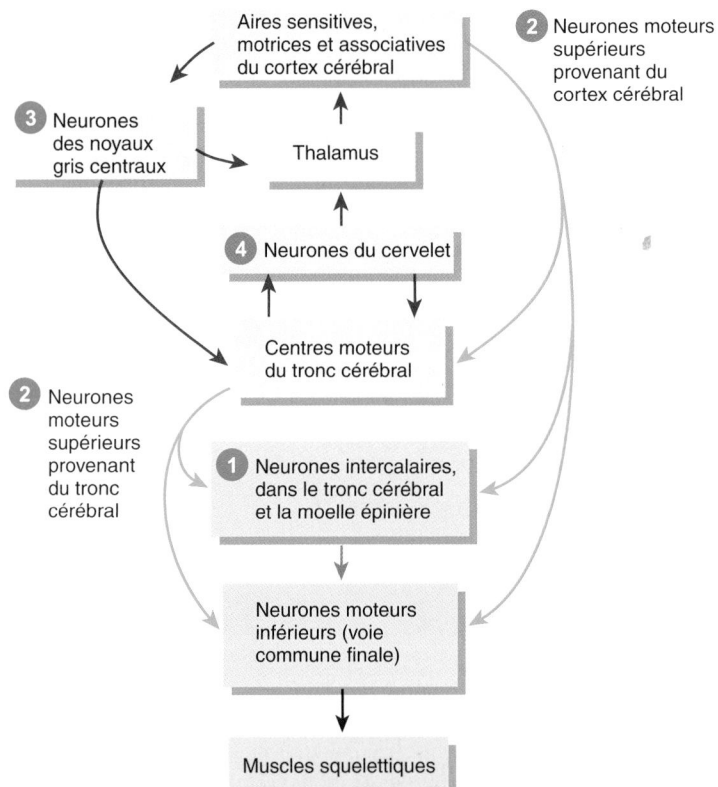

Q En quoi les fonctions des neurones moteurs supérieurs provenant du cortex cérébral et celles des neurones moteurs supérieurs provenant du tronc cérébral diffèrent-elles?

et les fuseaux neuromusculaires, mais aussi des centres supérieurs de l'encéphale. Ils contribuent à la coordination des activités rythmiques dans certains groupes bien précis de muscles, par exemple l'alternance de la flexion et de l'extension des membres inférieurs quand on marche.

② *Les neurones moteurs supérieurs*. Les neurones intercalaires et les neurones moteurs inférieurs reçoivent l'information des **neurones moteurs supérieurs**. La plupart des neurones moteurs supérieurs font synapse avec des neurones intercalaires, qui font eux-mêmes synapse avec des neurones moteurs inférieurs. (Quelques neurones moteurs supérieurs font directement synapse avec des neurones moteurs inférieurs.) Les neurones moteurs supérieurs provenant du cortex cérébral jouent un rôle essentiel dans la planification, l'amorce et l'organisation des séquences des mouvements volontaires. D'autres neurones moteurs supérieurs proviennent des centres moteurs du tronc cérébral : le noyau rouge, le noyau vestibulaire, le colliculus supérieur et la formation réticulaire. Les neurones moteurs supérieurs qui proviennent du tronc cérébral régissent le tonus musculaire, contrôlent les muscles posturaux et contribuent au maintien de l'équilibre et de la position de la tête et du reste du corps. Les noyaux gris centraux et le cervelet influent sur le fonctionnement des neurones moteurs supérieurs.

❸ *Les neurones des noyaux gris centraux.* Les neurones des noyaux gris centraux transmettent des influx aux neurones moteurs supérieurs et contribuent ainsi aux mouvements. Les réseaux neuronaux relient les noyaux gris centraux aux aires motrices du cortex cérébral, au thalamus, au noyau subthalamique et à la substantia nigra. Ces réseaux contribuent à l'amorce et à l'achèvement des mouvements, à la suppression des mouvements indésirables et au maintien d'un tonus musculaire normal.

❹ *Les neurones du cervelet (ou neurones cérébelleux).* Les neurones du cervelet contrôlent l'activité des neurones moteurs supérieurs ; ils contribuent donc, eux aussi, aux mouvements. Les réseaux neuronaux relient le cervelet aux aires motrices du cortex cérébral (par le thalamus) et au tronc cérébral. L'une des principales fonctions du cervelet consiste à évaluer l'écart entre les mouvements planifiés (voulus) et les mouvements en cours (qui sont effectivement mis en œuvre). Le cervelet envoie ensuite des ordres aux neurones moteurs supérieurs pour réduire ces écarts et rectifier les mouvements. Il coordonne par conséquent les mouvements corporels et contribue au maintien de la posture normale et de l'équilibre.

LA PARALYSIE

Les lésions et les affections des neurones moteurs *inférieurs* entraînent la **paralysie flasque** des muscles ipsilatéraux (même côté). Les myocytes innervés ne présentent plus aucune activité volontaire ni réflexe ; le tonus musculaire est absent ou presque ; le muscle reste flasque. Les lésions et les affections des neurones moteurs *supérieurs* du cortex cérébral causent la **paralysie spastique** des muscles controlatéraux (côté opposé). Cet état se caractérise par des degrés variables de spasticité (augmentation du tonus musculaire), une exacerbation des réflexes et la présence de réflexes pathologiques, par exemple le signe de Babinski (voir p. 497). ■

L'ORGANISATION DES VOIES NEURONALES MOTRICES SUPÉRIEURES

Les axones des neurones moteurs supérieurs s'étendent de l'encéphale jusqu'aux neurones moteurs inférieurs par l'intermédiaire de deux types de voies motrices descendantes : les voies motrices directes (ou principales) et les voies motrices indirectes (ou secondaires). Les **voies motrices directes** acheminent les influx jusqu'aux neurones moteurs inférieurs par des axones qui proviennent directement du cortex cérébral. Les **voies motrices indirectes** acheminent les influx des centres moteurs du tronc cérébral jusqu'aux neurones moteurs inférieurs. À leur tour, ces centres du tronc cérébral reçoivent des signaux des neurones se trouvant dans les noyaux gris centraux, le cervelet et le cortex cérébral. Les voies motrices directes et indirectes régissent la production des influx nerveux dans

les neurones moteurs inférieurs, c'est-à-dire les neurones qui stimulent la contraction des muscles squelettiques.

Avant de décrire ces voies, nous allons examiner le rôle que jouent les aires motrices du cortex cérébral dans le mouvement volontaire.

La représentation du corps dans les aires motrices

Des réseaux neuronaux se trouvant dans différentes régions de l'encéphale assurent le contrôle des mouvements corporels. Nichée dans le gyrus précentral du lobe frontal du cortex cérébral (figure 16.6b), l'**aire motrice primaire** (aire ❹ de la figure 14.15) est l'un des principaux centres de commande pour la planification et l'amorce des mouvements volontaires. L'**aire prémotrice** adjacente (aire ❻) fournit aussi des axones aux voies motrices (descendantes). De même que le corps tout entier est représenté dans l'aire somesthésique primaire pour ce qui est de la sensibilité, il est représenté dans l'aire motrice primaire pour ce qui est de la motricité. Par ailleurs, la zone de représentation n'est pas la même pour tous les muscles : à chacun correspond une surface corticale proportionnelle au nombre des unités motrices qu'il contient ; ainsi, les régions musculaires du corps dotées d'un contrôle moteur précis occupent une surface plus grande que celles dont les muscles font l'objet d'un contrôle moins fin. Par exemple, la représentation des muscles du pouce, des doigts, des lèvres, de la langue et des cordes vocales est étendue ; celle des muscles du tronc est beaucoup moins vaste. Les parties a et b de la figure 16.6 montrent que les représentations sensitives et motrices des parties du corps se ressemblent, mais ne sont pas identiques. Notez que le corps est représenté dans sa totalité mais pas dans ses proportions.

La voie motrice directe

Les influx nerveux régissant les mouvements volontaires se propagent du cortex cérébral jusqu'aux neurones moteurs inférieurs par la **voie motrice directe**, aussi appelée *voie principale* ou encore *voie pyramidale* (figure 16.8). Les aires du cortex cérébral qui contiennent de grands corps cellulaires pyramidaux de neurones moteurs supérieurs sont l'aire motrice primaire du gyrus précentral (aire ❹ de la figure 14.15) et l'aire prémotrice (aire ❻). Les axones de ces neurones moteurs supérieurs corticaux descendent par la capsule interne du cerveau. Leurs faisceaux d'axones se réunissent dans le mésencéphale, traversent ensuite le pont puis forment dans le bulbe rachidien des proéminences ventrales : les pyramides.

Près de 90 % des axones des neurones moteurs supérieurs traversent la ligne médiane (*décussation*) pour atteindre le côté *controlatéral* (opposé) du bulbe rachidien. Les autres (environ 10 % du total) restent du côté *ipsilatéral* (le même côté) dans un premier temps mais croisent la ligne médiane plus bas, au niveau d'un segment de la moelle épinière dans lequel ils font synapse avec un interneurone ou avec un neurone moteur inférieur. Par conséquent, l'hémisphère cortical droit régit les muscles du côté gauche du corps, et l'hémisphère gauche régit ceux du côté droit.

Les axones des neurones moteurs supérieurs sont regroupés en trois paires de faisceaux qui font partie de la voie motrice directe : les faisceaux corticospinaux latéraux et ventraux, et les faisceaux corticobulbaires.

1. **Les faisceaux corticospinaux latéraux**. Les axones des neurones moteurs supérieurs corticaux qui traversent la ligne médiane dans le bulbe rachidien forment les **faisceaux corticospinaux latéraux** dans les cordons latéraux droit et gauche de la moelle épinière (figure 16.8 et tableau 16.4). Ces neurones moteurs régissent les muscles des parties distales des membres. Les muscles distaux effectuent les mouvements agiles et précis des membres, des mains et des pieds, par exemple ceux qui permettent du boutonner sa chemise ou de jouer du piano.

2. **Les faisceaux corticospinaux ventraux**. Les axones des neurones moteurs supérieurs corticaux qui ne traversent pas la ligne médiane dans le bulbe rachidien forment les **faisceaux corticospinaux ventraux** dans les cordons ventraux droit et gauche de la moelle épinière (figure 16.8 et tableau 16.4). À chacun des niveaux de la moelle épinière, quelques-uns de ces axones traversent la ligne médiane par la commissure blanche antérieure puis font synapse avec des interneurones ou avec des neurones moteurs inférieurs dans la corne ventrale. Les axones de ces neurones moteurs inférieurs sortent des segments cervicaux et thoraciques supérieurs de la moelle épinière par la racine ventrale des nerfs spinaux. Ils se terminent dans les muscles squelettiques qui produisent les mouvements du cou et d'une partie du tronc, et coordonnent par conséquent les mouvements du squelette axial.

3. **Les faisceaux corticobulbaires**. Certains des axones de neurones moteurs supérieurs qui transmettent les influx nerveux destinés aux muscles squelettiques de la tête forment les **faisceaux corticobulbaires**, qui descendent du cortex cérébral au tronc cérébral (tableau 16.4). Quelques axones traversent la ligne médiane (décussation) mais d'autres restent du même côté. Les axones se terminent dans les noyaux moteurs de neuf paires de nerfs crâniens, dans le tronc cérébral : les nerfs oculomoteurs (III), trochléaires (IV), trijumeaux (V), abducens (VI), faciaux (VII), glossopharyngiens (IX), vagues (X), accessoires (XI) et hypoglosses (XII). Les neurones moteurs inférieurs des nerfs crâniens transmettent les influx nerveux qui régissent les mouvements volontaires et précis des yeux, de la langue et du cou, ainsi que la mastication, l'expression du visage et la parole.

Le tableau 16.4 résume les fonctions et les trajets des faisceaux qui forment la voie motrice directe.

La voie motrice indirecte

La **voie motrice indirecte** (aussi appelée *voie secondaire* ou encore *voie extrapyramidale*) est formée de tous les faisceaux moteurs somatiques à l'exception des faisceaux corticospinaux et corticobulbaires. Les influx nerveux transmis par cette voie empruntent des trajets polysynaptiques complexes qui passent par les aires motrices du cortex cérébral, les noyaux gris centraux, le thalamus, le cervelet, la formation réticulaire et les noyaux du tronc cérébral. Les axones des neurones moteurs supérieurs qui acheminent les influx nerveux de la voie motrice indirecte descendent de différents noyaux du tronc cérébral, passent dans cinq faisceaux majeurs de la moelle épinière et se terminent à des neurones intercalaires ou à des neurones moteurs inférieurs. Ces cinq faisceaux sont les **faisceaux rubrospinal, tectospinal, vestibulospinal, réticulospinal latéral** et **réticulospinal médial**.

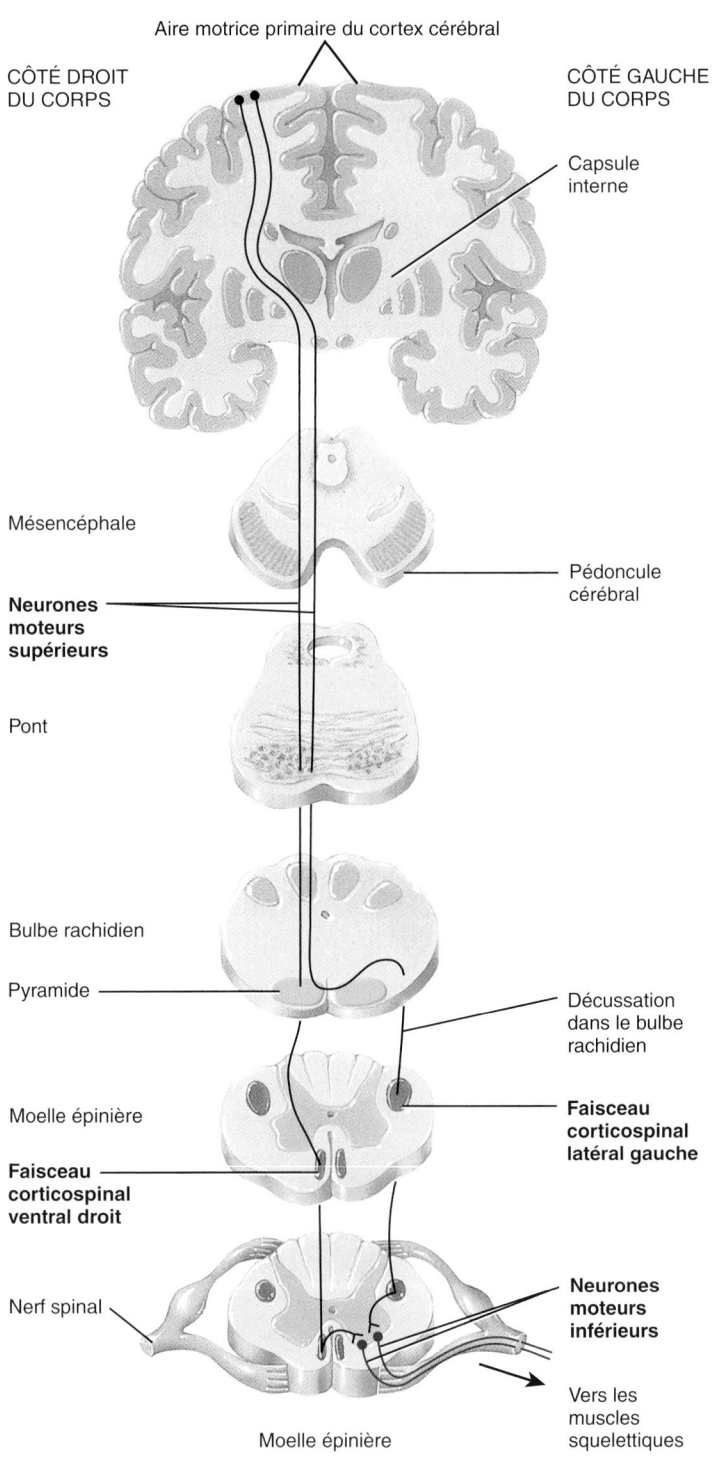

FIGURE 16.8 La voie motrice directe par laquelle les influx nerveux provenant de l'aire motrice primaire de l'hémisphère droit régissent les muscles squelettiques du côté gauche du corps. Les faisceaux qui acheminent les influx nerveux de la voie motrice directe dans la moelle épinière sont le faisceau corticospinal latéral et le faisceau corticospinal ventral.

La voie motrice directe achemine les influx nerveux à l'origine des mouvements volontaires précis.

Aire motrice primaire du cortex cérébral

CÔTÉ DROIT DU CORPS

CÔTÉ GAUCHE DU CORPS

Capsule interne

Mésencéphale

Neurones moteurs supérieurs

Pédoncule cérébral

Pont

Bulbe rachidien

Pyramide

Décussation dans le bulbe rachidien

Moelle épinière

Faisceau corticospinal latéral gauche

Faisceau corticospinal ventral droit

Nerf spinal

Neurones moteurs inférieurs

Vers les muscles squelettiques

Moelle épinière

Quels sont les deux autres faisceaux (non représentés ici) qui acheminent les influx nerveux à l'origine des mouvements volontaires précis?

Le tableau 16.4 résume les fonctions et les trajets des faisceaux qui forment la voie motrice indirecte.

LA SCLÉROSE LATÉRALE AMYOTROPHIQUE

La **sclérose latérale amyotrophique** (**SLA** ; *a* : sans ; *myo* : muscle ; *trophê* : nourriture) est une maladie dégénérative progressive qui touche les aires motrices du cortex cérébral, les axones des neurones moteurs supérieurs des cordons latéraux (faisceaux rubrospinaux et corticospinaux) et les corps cellulaires des neurones moteurs inférieurs. Elle provoque un affaiblissement progressif et une atrophie des muscles. Très souvent, la SLA touche d'abord des segments de la moelle épinière qui correspondent aux mains et aux bras, mais se propage rapidement à

TABLEAU 16.4 LES PRINCIPALES VOIES SOMATIQUES MOTRICES ET LEURS FAISCEAUX

FAISCEAUX ET EMPLACEMENT	FONCTIONS ET TRAJETS
VOIE MOTRICE DIRECTE (VOIE PRINCIPALE OU PYRAMIDALE) 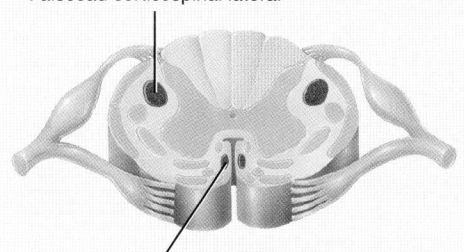 Faisceau corticospinal latéral — Faisceau corticospinal ventral — Moelle épinière 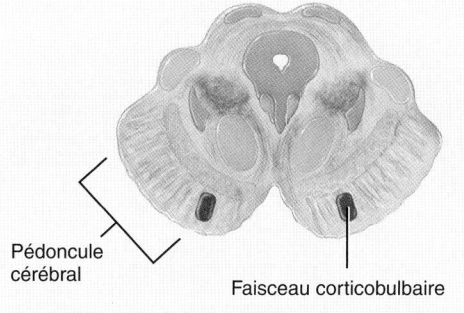 Pédoncule cérébral — Faisceau corticobulbaire — Mésencéphale du tronc cérébral	**Faisceau corticospinal latéral** : Achemine les influx nerveux des aires motrices du cortex cérébral jusqu'aux muscles squelettiques controlatéraux pour produire les mouvements volontaires et précis des membres, des mains et des pieds. Les axones des neurones moteurs supérieurs partent du gyrus précentral du cortex cérébral pour rejoindre le bulbe rachidien. Là, 90 % d'entre eux traversent la ligne médiane (décussation) pour entrer dans la moelle épinière controlatérale et former le faisceau corticospinal latéral. Les neurones moteurs supérieurs de ce faisceau descendent et se terminent dans la corne ventrale ipsilatérale de la moelle épinière. Ils fournissent des influx nerveux aux neurones moteurs inférieurs, qui innervent les muscles squelettiques. **Faisceau corticospinal ventral** : Achemine les influx nerveux des aires motrices du cortex cérébral jusqu'aux muscles squelettiques controlatéraux pour produire les mouvements du squelette axial. Les axones des neurones moteurs supérieurs descendent du cortex cérébral et rejoignent le bulbe rachidien. Là, les 10 % d'entre eux qui ne traversent pas la ligne médiane entrent dans la moelle épinière et forment le faisceau corticospinal ventral. Arrivés à destination, les neurones moteurs supérieurs de ce faisceau traversent la ligne médiane (décussation) pour se terminer dans la corne ventrale controlatérale de la moelle épinière. Ils fournissent des influx nerveux aux neurones moteurs inférieurs, qui innervent les muscles squelettiques. **Faisceau corticobulbaire** : Achemine les influx nerveux des aires motrices du cortex cérébral jusqu'aux muscles squelettiques de la tête et du cou pour coordonner les mouvements volontaires précis. Les axones des neurones moteurs supérieurs descendent du cortex cérébral au tronc cérébral, où certains d'entre eux traversent la ligne médiane. Ils fournissent des influx nerveux aux neurones moteurs inférieurs dans les noyaux des nerfs crâniens III, IV, V, VI, VII, IX, X, XI et XII, qui régissent les mouvements volontaires des yeux, de la langue et du cou ainsi que la mastication, l'expression du visage et la parole.
VOIE MOTRICE INDIRECTE (VOIE SECONDAIRE OU EXTRAPYRAMIDALE) 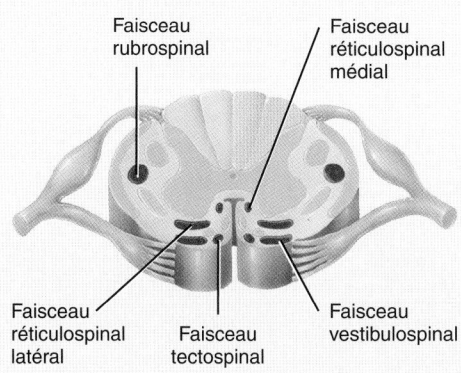 Faisceau rubrospinal — Faisceau réticulospinal médial — Faisceau réticulospinal latéral — Faisceau tectospinal — Faisceau vestibulospinal — Moelle épinière	**Faisceau rubrospinal** : Achemine les influx nerveux du noyau rouge (qui reçoit des influx nerveux du cortex cérébral et du cervelet) jusqu'aux muscles squelettiques controlatéraux qui produisent les mouvements volontaires précis des parties distales des membres (mains et pieds). **Faisceau tectospinal** : Achemine les influx nerveux du colliculus supérieur jusqu'aux muscles squelettiques controlatéraux qui produisent les mouvements de la tête et des yeux en réponse aux stimulus visuels. **Faisceau vestibulospinal** : Achemine les influx nerveux émis par le noyau vestibulaire (qui reçoit de l'oreille interne des influx nerveux relatifs aux mouvements de la tête) pour régir le tonus des muscles ipsilatéraux et maintenir ainsi l'équilibre en réponse aux mouvements de la tête. **Faisceau réticulospinal latéral** : Achemine les influx nerveux émis par la formation réticulaire pour faciliter les réflexes de flexion, inhiber les réflexes d'extension et diminuer le tonus des muscles du squelette axial et des parties proximales des membres. **Faisceau réticulospinal médial** : Achemine les influx nerveux émis par la formation réticulaire pour inhiber les réflexes de flexion, faciliter les réflexes d'extension et augmenter le tonus des muscles du squelette axial et des parties proximales des membres.

l'ensemble du corps et au visage. Elle n'altère ni les sensations, ni l'intellect. La mort survient généralement dans les deux à cinq ans. La SLA est communément désignée sous le nom de *maladie de Lou-Gehrig*, en souvenir du joueur de baseball des Yankees de New York qui y a succombé en 1941, à l'âge de 37 ans.

Des mutations héréditaires sont responsables d'environ 15 % des cas de sclérose latérale amyotrophique (SLA familiale). La SLA non héréditaire serait attribuable à un ensemble de facteurs. Selon certains chercheurs, du glutamate (un neurotransmetteur) libéré par les neurones moteurs s'accumule dans la fente synaptique à cause d'une mutation de la protéine qui, normalement, désactive et recycle ce neurotransmetteur. Le glutamate excédentaire entraîne un dysfonctionnement des neurones moteurs et, à terme, leur mort. On utilise un médicament, le riluzole, pour réduire la libération de glutamate et atténuer ainsi les lésions des neurones moteurs. D'autres facteurs peuvent intervenir, par exemple : des lésions des neurones moteurs causées par les radicaux libres ; les réponses auto-immunes ; des infections virales ; l'insuffisance du facteur de croissance du tissu nerveux ; l'apoptose (la mort programmée des cellules) ; les toxines environnementales ; et les traumas.

À part le riluzole, la sclérose latérale amyotrophique se traite au moyen de médicaments qui atténuent les symptômes tels que la fatigue, la douleur musculaire, la spasticité, la sécrétion excessive de salive et les troubles du sommeil. Les seuls autres traitements envisageables en l'état actuel de nos connaissances sont de nature symptomatique : physiothérapie, ergothérapie, orthophonie ; diététique ; travail social ; soins infirmiers à domicile et en établissement. ■

LES RÔLES DES NOYAUX GRIS CENTRAUX

Ainsi que nous l'avons indiqué, les noyaux gris centraux et le cervelet déterminent en partie les mouvements du corps par leur action sur les neurones moteurs supérieurs. Le noyau caudé et le putamen, deux des noyaux gris centraux, reçoivent des influx nerveux d'une partie de la substantia nigra – dite *pars compacta* à cause de sa densité neuronique élevée – et des aires sensitives, motrices et associatives du cortex cérébral. Les messages émis par ces deux noyaux gris centraux partent en direction du troisième noyau gris central, le globus pallidus, et d'une autre partie de la substantia nigra – dite *pars reticulata* à cause des axones qui la traversent et qui lui donnent l'aspect des mailles d'un filet. À leur tour, le globus pallidus et la pars reticulata renvoient des signaux (rétroaction) au cortex cérébral par l'intermédiaire du thalamus. (La figure 14.13b illustre ces parties des noyaux gris centraux.) Cette boucle – qui mène du cortex aux noyaux gris centraux, puis au thalamus, puis de nouveau au cortex – semble jouer un rôle dans l'amorce et dans l'achèvement des mouvements. Les neurones du putamen génèrent des influx nerveux juste avant que les mouvements corporels ne s'amorcent, et ceux du noyau caudé en émettent juste avant les mouvements oculaires.

Les noyaux gris centraux suppriment en outre les mouvements indésirables par leur effet inhibiteur qu'ils ont sur le thalamus et le colliculus supérieur et ils influent sur le tonus musculaire. Le globus pallidus envoie à la formation réticulaire des influx nerveux qui réduisent le tonus musculaire. Les lésions ou la destruction de certaines connexions des noyaux gris centraux entraînent une augmentation généralisée du tonus musculaire.

En plus de leurs fonctions motrices, les noyaux gris centraux interviennent dans plusieurs dimensions de la fonction corticale, y compris les fonctions sensorielle, limbique, cognitive et linguistique.

LES LÉSIONS DES NOYAUX GRIS CENTRAUX

Les lésions des noyaux gris centraux provoquent des mouvements corporels anormaux et incontrôlables (par exemple, des petits cercles rapides de l'index contre le pouce) souvent accompagnés de rigidité musculaire et de tremblements au repos. Ainsi, la maladie de Parkinson correspond à une détérioration des noyaux gris centraux (voir p. 606).

La **chorée de Huntington** est un trouble héréditaire caractérisé par une dégénérescence du putamen et du noyau caudé avec déperdition des neurones qui libèrent normalement de l'acide gamma-aminobutyrique (GABA, *gamma aminobutyric acid*) ou de l'acétylcholine. Cette maladie, dite aussi «danse de Saint-Guy», se caractérise par la chorée (*khoreia* : danse) – mouvements rapides et désordonnés qui se déclenchent de manière involontaire et sans but – et par une détérioration mentale progressive. Ses symptômes n'apparaissent généralement pas avant l'âge de 30 ou 40 ans. La mort survient de 10 à 20 ans après l'apparition des premiers symptômes. ■

LA MODULATION DES MOUVEMENTS PAR LE CERVELET

En plus de maintenir la posture et l'équilibre, le cervelet intervient dans l'apprentissage et la production d'actions rapides, coordonnées et très précises, par exemple frapper une balle de golf, parler et nager. Il accomplit les quatre fonctions suivantes (figure 16.9) :

1 Le cervelet *supervise les intentions de mouvements* grâce aux influx nerveux qu'il reçoit des aires motrices du cortex cérébral et des noyaux gris centraux par l'intermédiaire des noyaux du pont (traits rouges).

2 Il *supervise les mouvements en cours* grâce aux messages qu'il reçoit des propriocepteurs des articulations et des muscles (traits bleus). Ces influx nerveux se propagent dans les faisceaux spinocérébelleux ventraux et dorsaux. Le cervelet reçoit également des influx nerveux des yeux et de l'appareil vestibulaire, dans l'oreille interne.

3 Il *compare l'information sensorielle* (mouvements en cours) *avec les commandes motrices originelles* (les intentions de mouvements).

4 Enfin, en cas d'écart entre le mouvement en cours et le mouvement projeté, le cervelet *envoie des signaux correcteurs* (rétroaction) aux neurones moteurs supérieurs. Cette information traverse le thalamus pour atteindre les neurones moteurs supérieurs du cortex cérébral et se rend directement aux neurones moteurs supérieurs des centres moteurs du tronc cérébral (traits verts). Pendant que le mouvement se produit, le cervelet fournit continuellement des messages correctifs aux neurones moteurs supérieurs, qui rectifient le mouvement et le rendent plus fluide. À plus long terme, le cervelet contribue aussi à l'apprentissage des aptitudes motrices.

Les activités qui demandent de l'adresse, par exemple le tennis et le volley-ball, illustrent bien le rôle du cervelet dans la motricité.

FIGURE 16.9 L'information dirigée vers le cervelet et l'information émise par le cervelet.

Le cervelet coordonne les contractions des muscles squelettiques pendant l'exécution des mouvements précis et concourt au maintien de la posture et de l'équilibre.

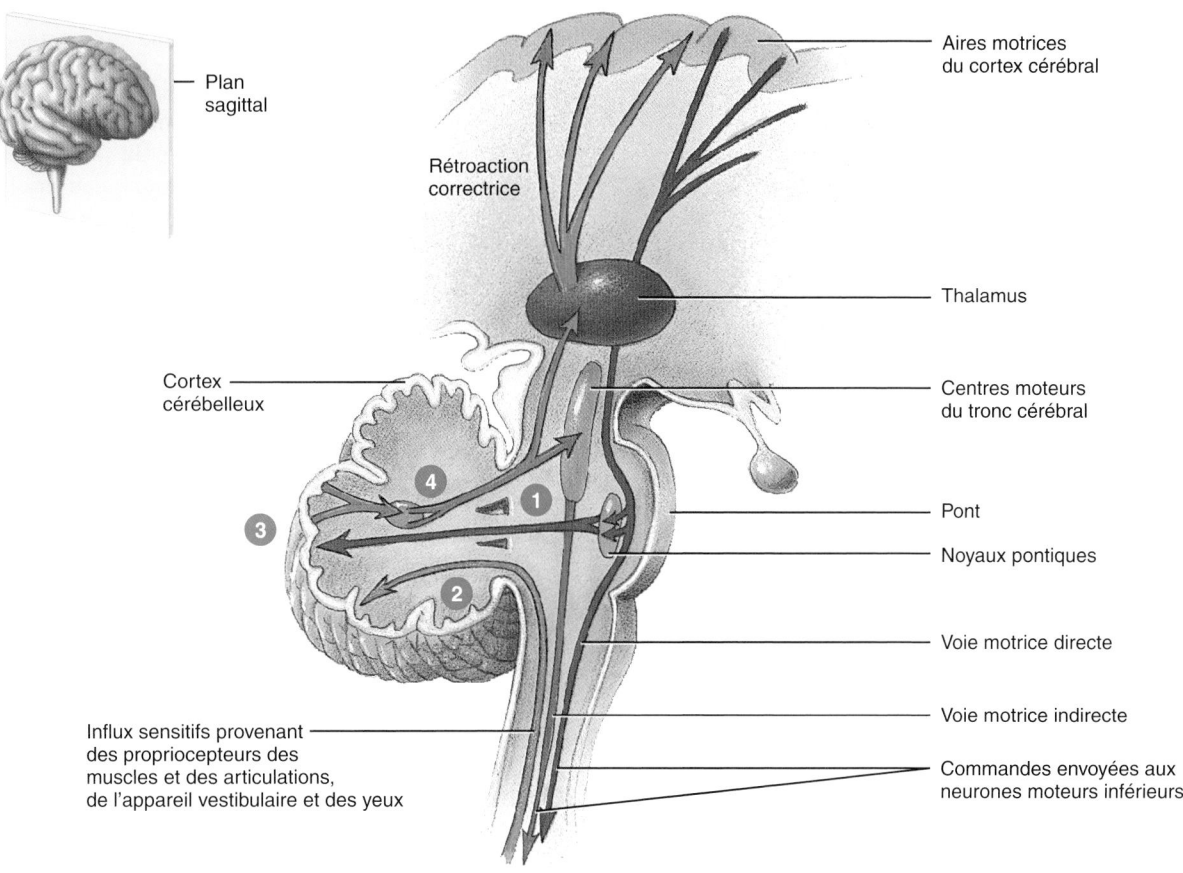

Coupe sagittale de l'encéphale et de la moelle épinière

 Quels sont les faisceaux qui transmettent au cervelet l'information provenant des propriocepteurs des muscles et des articulations?

Pour exécuter un bon service au tennis ou bloquer un smash au volley-ball, le joueur doit avancer sa raquette ou son bras sur une distance suffisante pour établir un contact solide avec la balle. Comment sait-il à quel point arrêter ce mouvement? Avant qu'il ne frappe la balle, son cervelet envoie des influx nerveux à son cortex cérébral et à ses noyaux gris centraux pour leur indiquer l'endroit où l'élan doit s'arrêter. Le cortex cérébral et les noyaux gris centraux envoient alors des commandes motrices aux muscles du côté opposé pour arrêter le mouvement.

▶ **POINT DE CONTRÔLE**

15. Décrivez le parcours d'un influx nerveux des neurones moteurs supérieurs dans le faisceau corticospinal latéral et dans le faisceau corticospinal ventral, et ce, jusqu'à la voie commune finale.

16. Quelles sont les parties du corps qui ont la représentation la plus étendue dans les aires motrices du cortex cérébral? Quelles sont celles qui ont la représentation la moins étendue?

17. Pourquoi qualifie-t-on les deux grandes voies motrices de «directe» et de «indirecte»?

18. Expliquez le rôle du cervelet dans la production des mouvements rapides, coordonnés et très précis.

LES FONCTIONS INTÉGRATIVES DU CERVEAU

▶ **OBJECTIFS**

- Comparer les fonctions intégratives du cerveau: l'état de veille et le sommeil, l'apprentissage et la mémoire.
- Décrire les quatre stades du sommeil.
- Expliquer les facteurs qui interviennent dans la mémoire.

Nous allons maintenant étudier une fonction encore relativement méconnue mais combien fascinante du cerveau: l'intégration de l'information sensorielle, c'est-à-dire son traitement – analyse, entreposage, prise des décisions définissant les réponses. Les **fonctions intégratives** comprennent différentes activités cérébrales telles que l'état de veille et le sommeil, l'apprentissage et la mémoire ainsi que les réponses émotionnelles. (Nous avons étudié le rôle du système limbique dans le comportement émotionnel au chapitre 14.)

L'ÉTAT DE VEILLE ET LE SOMMEIL

Chez l'être humain, les périodes de veille et de sommeil suivent un cycle de 24 h, le **rythme circadien** (*circa* : environ ; *dies* : jour), qui est établi par le noyau suprachiasmatique de l'hypothalamus (voir la figure 14.10). À l'état de veille, la personne est vigilante et peut réagir consciemment à différents stimulus. Son électroencéphalogramme (EEG) indique que le cortex cérébral est très actif ; il produit alors beaucoup plus d'influx nerveux que pendant la plupart des stades du sommeil.

Le rôle du système réticulaire activateur ascendant dans le réveil

Comment notre système nerveux passe-t-il du sommeil à l'état de veille ? La stimulation de certaines zones de la formation réticulaire entraîne une augmentation de l'activité du cortex, si bien qu'une partie de cette formation est appelée **système réticulaire activateur ascendant** (**SRAA**) (figure 16.10). Quand cette partie de la formation réticulaire est active, de nombreux influx nerveux montent vers des régions étendues du cortex cérébral, à la fois directement et par le thalamus, provoquant ainsi une augmentation généralisée de l'activité corticale.

Le **réveil** fait également suite à une augmentation de l'activité du SRAA : pour qu'une personne sorte du sommeil, il faut que son SRAA soit stimulé. De nombreux stimulus sensoriels peuvent produire ce résultat : des stimulus douloureux détectés par les nocicepteurs, un contact ou une pression sur la peau, un mouvement des membres, une lumière vive ou la sonnerie d'un réveille-matin. L'activation du SRAA entraîne celle du cortex cérébral et la personne se réveille. Elle entre alors dans un état de vigilance qu'on appelle la **conscience**. Ainsi qu'on le voit à la figure 16.10, le SRAA reçoit des influx nerveux des récepteurs somatiques des yeux et des oreilles, mais il n'en reçoit pas des récepteurs olfactifs, ou très peu. Par conséquent, les odeurs n'entraînent pas toujours le réveil, même quand elles sont très fortes. Les personnes qui meurent brûlées dans l'incendie de leur maison succombent en général à l'inhalation de fumée

FIGURE 16.10 Le système réticulaire activateur ascendant (SRAA) est formé de neurones dont les axones s'étendent de la formation réticulaire jusqu'au cortex cérébral à la fois directement et en passant par le thalamus.

L'élévation de l'activité du SRAA provoque le réveil.

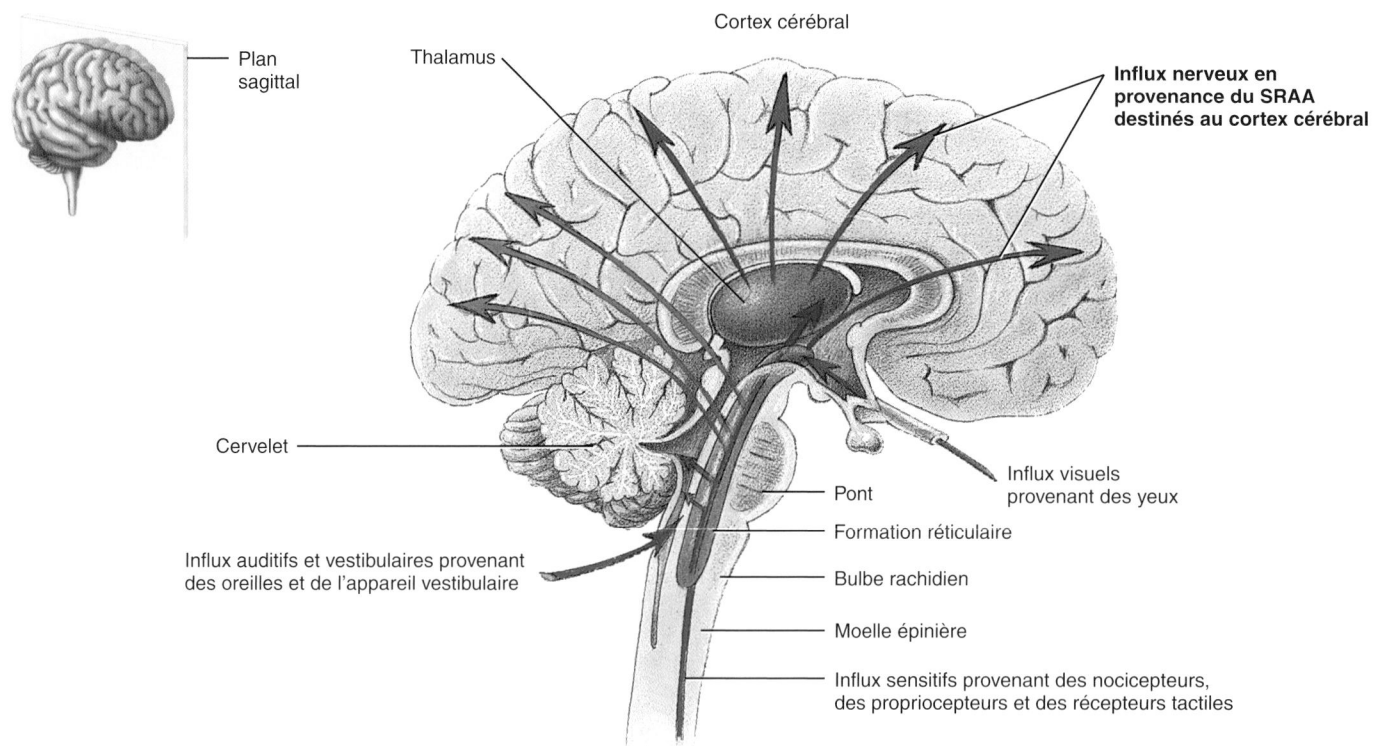

Coupe sagittale de l'encéphale et de la moelle épinière

 Pourquoi faut-il installer un détecteur de fumée à proximité de toutes les chambres à coucher ?

sans se réveiller. C'est la raison pour laquelle il faut à proximité de toutes les chambres à coucher un détecteur de fumée qui émet une alarme stridente. Pour se réveiller en cas d'incendie, les handicapés auditifs peuvent utiliser des oreillers vibrants et des systèmes de lumière clignotante.

Le sommeil

Le **sommeil** est un état de conscience altéré ou d'inconscience partielle dont on peut émerger. Le sommeil est indispensable à la vie humaine, mais ses fonctions exactes nous restent encore largement inconnues. On sait toutefois que la privation de sommeil provoque une détérioration de l'attention, de l'apprentissage et de la manière dont nous accomplissons nos activités. Le sommeil normal compte deux grandes phases : le sommeil lent et le sommeil paradoxal.

Le **sommeil lent** est aussi appelé *sommeil à ondes lentes* (SOL) ou encore *sommeil de type NREM* (*non-rapid eye movement*, « sommeil sans mouvements rapides des yeux »). Il comprend quatre stades séparés par des états intermédiaires, chacun de ces stades étant caractérisé par des tracés électroencéphalographiques distincts (figure 16.11a). Rappelons que l'EEG (voir le chapitre 14), permet d'enregistrer les ondes cérébrales engendrées par les neurones proches de la surface du cortex cérébral. Ces stades du sommeil lent sont les suivants :

1. Le *stade 1* est une période de transition entre l'état de veille et le sommeil ; il dure normalement de 1 à 7 min. Le dormeur est détendu ; ses yeux sont fermés ; ses pensées vont et viennent. Les sujets qu'on réveille pendant ce stade affirment souvent qu'ils ne dormaient pas. Dans l'EEG, les ondes alpha, présentes chez les individus éveillés mais les yeux fermés, s'atténuent et sont remplacées par des ondes de fréquence inférieure et d'amplitude légèrement supérieure.

2. Le *stade 2*, celui du *sommeil léger*, constitue la première phase du sommeil proprement dit. Le dormeur est un peu plus difficile à réveiller qu'au stade 1. Il peut rêver par bribes et, parfois, ses yeux roulent lentement d'un côté à l'autre. Les *fuseaux du sommeil* apparaissent dans l'EEG ; il s'agit de bouffées d'ondes très pointues d'une fréquence de 12 à 14 Hz et d'une durée de 1 à 2 s.

3. Le *stade 3* correspond à un sommeil relativement profond. La température corporelle et la pression artérielle baissent. Le dormeur est difficile à réveiller. Ce stade est généralement atteint 20 min environ après l'endormissement. Sur l'EEG, on voit apparaître un mélange de fuseaux du sommeil et d'ondes de grande amplitude et de faible fréquence.

4. Le *stade 4* est celui du sommeil le plus profond. Le métabolisme de l'encéphale ralentit considérablement et la température corporelle s'abaisse un peu ; cependant, la plupart des réflexes restent intacts et le tonus musculaire diminue à peine. C'est à ce stade que se produit le somnambulisme. L'EEG est caractérisé par des ondes delta de grande amplitude et de faible fréquence.

En général, le dormeur passe du stade 1 au stade 4 du sommeil lent en moins d'une heure. Une période de sommeil lent est suivie d'une période de **sommeil paradoxal** (figure 16.11b). Une nuit de sommeil de sept ou huit heures comprend de trois à cinq épisodes de sommeil paradoxal : les yeux bougent rapidement sous les

---

À mesure que le dormeur passe du stade 1 au stade 4 du sommeil lent, ses ondes cérébrales diminuent en fréquence mais augmentent en amplitude.

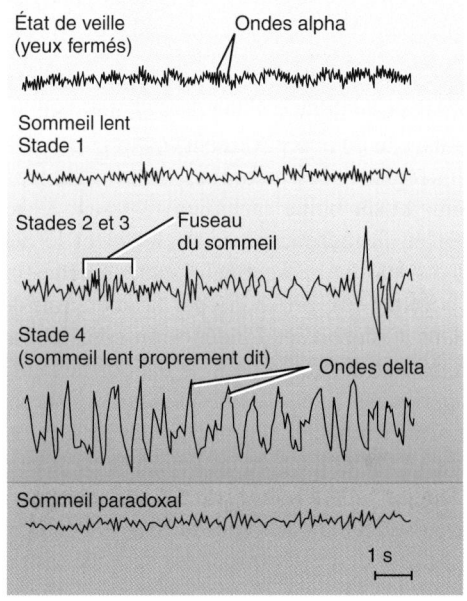

(a) Ondes EEG associées aux différents stades du sommeil

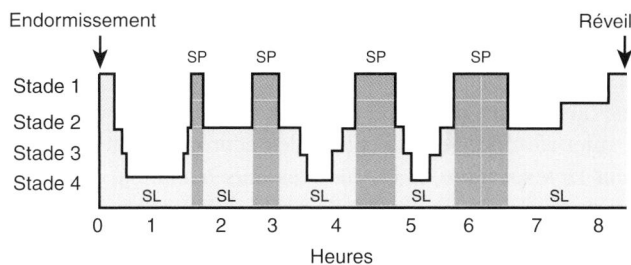

(b) Répartition du sommeil lent (SL) et du sommeil paradoxal (SP) au cours d'une nuit de sommeil

 Au cours de quelle phase du sommeil le rêve et la paralysie des muscles squelettiques se produisent-ils ?

paupières fermées, d'où l'appellation *sommeil MOR* (mouvements oculaires rapides ; en anglais, *REM* [*rapid eye movement*] *sleep*). Le dormeur peut repasser rapidement par les stades 3 et 2 du sommeil lent avant d'entrer en sommeil paradoxal. Le premier épisode de sommeil paradoxal dure de 10 à 20 min, puis fait place à un nouvel intervalle de sommeil lent.

Le sommeil lent et le sommeil paradoxal alternent toute la nuit. Les périodes de sommeil paradoxal surviennent toutes les 90 min environ et s'allongent graduellement ; la dernière dure approximativement 50 min. L'adulte passe au total de 90 à 120 min en sommeil paradoxal pendant la nuit. La durée moyenne du sommeil quotidien ainsi que la part du sommeil paradoxal dans le sommeil total diminuent avec l'âge. Ainsi, le sommeil paradoxal représente 50 % du sommeil total chez le nourrisson, 35 % chez l'enfant de deux ans et 25 % chez l'adulte. Les scientifiques n'ont pas encore élucidé la fonction du sommeil paradoxal. Toutefois, considérant la proportion importante du sommeil total qu'il représente chez le nourrisson et l'enfant, ils pensent qu'il pourrait favoriser la maturation de l'encéphale. Le sommeil paradoxal s'accompagne d'une activité neuronale intense : la consommation d'oxygène et l'afflux sanguin de l'encéphale sont plus importants pendant le sommeil paradoxal que pendant l'activité mentale ou physique intense accomplie en état de veille.

Le déclenchement des épisodes de sommeil lent et de sommeil paradoxal (ainsi que leur achèvement) est régi par des parties distinctes de l'encéphale. Les neurones de la région préoptique de l'hypothalamus et du bulbe rachidien régissent le sommeil lent. Ceux du pont et du mésencéphale déclenchent le début et la fin des épisodes du sommeil paradoxal. Les recherches indiquent que le sommeil pourrait être provoqué par la libération de substances chimiques dans l'encéphale. L'adénosine constituerait ainsi l'un des facteurs de l'endormissement. L'adénosine, qui s'accumule pendant les périodes où le système nerveux consomme beaucoup d'ATP (adénosine triphosphate), se lie à des récepteurs spécifiques (les récepteurs A1) et inhibe certains neurones cholinergiques (c'est-à-dire libérateurs d'acétylcholine) du SRAA qui interviennent dans le réveil. Par conséquent l'activité du SRAA pendant le sommeil serait faible à cause de l'effet inhibiteur de l'adénosine. La caféine du café et la théophylline du thé, des excitants bien connus, se lient aux récepteurs A1 et les bloquent, ce qui empêche l'adénosine de se lier et d'induire le sommeil.

Plusieurs modifications physiologiques se produisent pendant le sommeil. La plupart des rêves surviennent pendant le sommeil paradoxal ; le tracé de l'EEG du dormeur est alors analogue à celui d'un sujet réveillé. À l'exception des neurones moteurs qui gouvernent la respiration et les mouvements oculaires, les neurones moteurs somatiques sont généralement inhibés pendant le sommeil paradoxal. On observe donc une diminution du tonus musculaire, voire une paralysie des muscles squelettiques. Beaucoup de gens éprouvent d'ailleurs une sensation temporaire de paralysie quand on les tire du sommeil paradoxal. Quand on dort, l'activité de la partie parasympathique du SNA augmente, mais celle de la partie sympathique diminue. Par conséquent, la fréquence cardiaque et la pression artérielle baissent pendant le sommeil lent et peuvent baisser encore plus pendant le sommeil paradoxal. Toutefois, le sommeil paradoxal est surtout caractérisé par une alternance de périodes d'activités « phasiques » – où la fréquence cardiaque, la pression artérielle et le métabolisme augmentent et atteignent des niveaux aussi élevés qu'à l'état de veille – et de périodes où ces mêmes paramètres diminuent. Chez les hommes, l'activation parasympathique pendant le sommeil paradoxal entraîne parfois l'érection du pénis, même quand ses rêves ne sont pas érotiques. La présence d'érections pendant le sommeil paradoxal chez les hommes atteints d'une dysfonction érectile (l'incapacité d'atteindre l'érection à l'état de veille) révèle que le trouble est d'origine psychologique et non physique.

L'APPRENTISSAGE ET LA MÉMOIRE

Sans la mémoire, nous répéterions sans fin nos erreurs et serions incapables d'apprendre. Nous ne pourrions pas répéter nos exploits, si ce n'est par hasard. Bien qu'ils aient fait l'objet de nombreuses études, l'apprentissage et la mémoire gardent une bonne partie de leur mystère. Les scientifiques possèdent néanmoins certaines données sur l'acquisition et le stockage de l'information et ont établi que la mémoire comporte différentes catégories.

L'**apprentissage** est l'acquisition de connaissances ou d'habiletés par l'étude, l'exercice ou l'expérience. La **mémoire** est la faculté de conserver et de récupérer au besoin les connaissances acquises par l'apprentissage. Pour qu'une expérience soit mémorisée, elle doit produire dans l'encéphale des changements structurels et fonctionnels persistants qui la représentent. Cette capacité de changement induite par l'apprentissage est appelée **plasticité**. La plasticité du système nerveux nous confère notre aptitude à modifier notre comportement en fonction des stimulus provenant du milieu intérieur ou extérieur. Elle suppose des changements dans les neurones eux-mêmes – par exemple, la synthèse de différentes protéines et l'apparition de nouveaux dendrites – mais aussi dans l'augmentation des connexions synaptiques entre les neurones. Les parties de l'encéphale qui interviennent dans la mémoire sont les suivantes : les aires associatives des lobes frontal, pariétal, occipital et temporal ; certaines structures du système limbique (en particulier, l'hippocampe et le corps amygdaloïde) ; et le diencéphale. Les aires somesthésique et motrice primaires de l'encéphale possèdent aussi une certaine plasticité. Quand une partie du corps est sollicitée plus souvent ou intensivement que les autres ou sert à l'accomplissement d'une activité nouvellement apprise (par exemple, la lecture en braille), les aires corticales qui lui correspondent s'étendent peu à peu.

La mémorisation est un processus graduel. La **mémoire immédiate** est la capacité d'emmagasiner une information pendant quelques secondes. Elle nous permet de nous situer au temps présent, c'est-à-dire de savoir où nous sommes et ce que nous sommes en train de faire. La **mémoire à court terme** est la capacité d'emmagasiner l'information pendant quelques secondes à quelques minutes. C'est elle qui travaille, par exemple, quand vous regardez un numéro de téléphone dans l'annuaire, que vous traversez la pièce et que vous composez ce numéro. Si ce numéro ne possède pas une importance particulière pour vous, vous l'oubliez en quelques secondes. Les aires de l'encéphale qui interviennent dans la mémoire immédiate et dans la mémoire à court terme sont notamment l'hippocampe, les corps mamillaires et deux noyaux du thalamus (le noyau antérieur et le noyau médial). Certaines recherches indiquent que la mémoire à court terme dépendrait plus de phénomènes électriques et chimiques que de changements structuraux de l'encéphale (par exemple, la formation de nouvelles synapses).

L'information contenue dans la mémoire à court terme peut passer dans la **mémoire à long terme** et y rester pendant plusieurs jours ou plusieurs années. Ainsi, les numéros de téléphone que nous composons souvent entrent dans notre mémoire à long terme. En général, nous pouvons récupérer l'information emmagasinée dans notre mémoire à long terme chaque fois que nous en avons besoin. Le renforcement qui résulte de la récupération répétée d'un élément d'information est appelé **consolidation mnésique**. Dans la mémoire à long terme, l'information qui peut être exprimée par le langage (ou mémoire verbale) – par exemple, un numéro de téléphone – semble être emmagasinée dans des zones assez étendues du cortex cérébral. La mémoire des aptitudes motrices (ou mémoire procédurale) – par exemple, savoir effectuer une technique de désinfection ou procéder à une technique chirurgicale – loge dans les noyaux gris centraux et dans le cervelet ainsi que dans le cortex cérébral.

L'AMNÉSIE

L'**amnésie** (*amnêsia*: oubli) est l'absence de mémoire ou sa détérioration: l'amnésique est totalement ou partiellement incapable de se rappeler ce qu'il a vécu (vu, entendu, etc.). L'*amnésie antérograde* est une détérioration de la capacité à se remémorer les événements qui surviennent *après* le trauma ou la maladie à l'origine de l'affection. En d'autres termes, la personne touchée n'arrive plus à se forger des nouveaux souvenirs. L'*amnésie rétrograde* est une détérioration de la capacité à se remémorer les événements qui se sont produits *avant* le trauma ou la maladie à l'origine de l'affection: la personne touchée n'arrive plus à se rappeler le passé. ■

Bien que notre encéphale soit constamment « bombardé » d'une multitude de stimulus, nous ne prêtons attention qu'à quelques-uns d'entre eux. Les experts estiment que nous emmagasinons dans notre mémoire à long terme environ 1 % de l'information qui atteint notre conscience… et nous finissons par oublier une grande partie de ces données. La mémoire n'enregistre pas tous les détails comme le ferait un ruban magnétique. Cependant, même sans ces détails, nous pouvons généralement expliquer des idées ou des concepts avec notre propre vocabulaire et nos propres points de vue.

Plusieurs facteurs inhibiteurs de l'activité électrique de l'encéphale (par exemple, l'anesthésie, le coma, les électrochocs et l'ischémie cérébrale) perturbent la rétention de l'information nouvellement acquise mais n'altèrent par les souvenirs anciens. Les personnes atteintes d'amnésie rétrograde perdent tout souvenir des événements qui se sont produits dans la trentaine de minutes qui a précédé l'apparition de l'amnésie. Chez les amnésiques qui se rétablissent, les souvenirs les plus récents sont les derniers à revenir.

Selon une théorie sur la mémoire à court terme, les souvenirs sont produits par des réseaux réverbérants (voir la figure 12.19): un influx nerveux stimule un premier neurone, qui en stimule un deuxième, qui en stimule un troisième, et ainsi de suite. Les ramifications des deuxième et troisième neurones font synapse avec le premier, de sorte que l'influx nerveux circule à répétition dans le réseau. Une fois émis, le signal de sortie peut durer de quelques

secondes à plusieurs heures, selon la disposition des neurones dans le réseau. C'est ainsi qu'une pensée (un numéro de téléphone, pour en revenir à notre exemple) pourrait persister dans l'encéphale même après la disparition du stimulus initial (chercher le numéro dans l'annuaire). Autrement dit, la durée de rétention d'une pensée équivaut à la durée de la réverbération.

Les neurones subissent des changements anatomiques ou biochimiques quand ils sont stimulés. N'importe lequel des événements de la transmission synaptique pourrait être à l'origine de l'amélioration de la communication entre les neurones. Par exemple, il pourrait s'agir d'une augmentation du nombre de molécules réceptrices dans la membrane plasmique postsynaptique ou encore d'un ralentissement de l'élimination d'un neurotransmetteur. De plus, les photomicrographies électroniques de neurones présentant une activité intense et prolongée révèlent une prolifération des terminaisons axonales présynaptiques et un grossissement des boutons terminaux dans les neurones présynaptiques, ainsi qu'une augmentation du nombre des ramifications dendritiques dans les neurones postsynaptiques. Par ailleurs, les boutons terminaux synaptiques se multiplient avec l'âge. Cette évolution pourrait s'expliquer par le fait que les neurones sont sollicités à répétition au fil des ans; en effet, nous savons que l'inactivité des neurones entraîne des changements contraires. Chez les animaux qui ont perdu la vue, par exemple, l'aire visuelle du cortex cérébral s'amincit.

Selon les chercheurs, la **potentialisation à long terme** déterminerait certaines des dimensions de la mémoire. Dans des synapses de l'hippocampe, la transmission s'améliore (potentialisation) pendant des heures ou des semaines après une brève période de stimulation à haute fréquence. Le neurotransmetteur libéré dans ces synapses est le glutamate, qui agit sur les récepteurs du NMDA* dans les neurones postsynaptiques. Dans certains cas, l'induction de la potentialisation à long terme dépend de la libération de monoxyde d'azote (NO) par les neurones postsynaptiques qui ont été activés par le glutamate. Le NO diffuse dans les neurones présynaptiques et y déclenche la potentialisation à long terme.

▶ POINT DE CONTRÔLE

19. Expliquez les rapports entre le sommeil et l'état de veille, d'une part, et le système réticulaire activateur ascendant (SRAA), d'autre part.

20. Quels sont les quatre stades du sommeil lent? Qu'est-ce qui distingue le sommeil lent du sommeil paradoxal?

21. Qu'est-ce que la mémoire? Quels sont les trois types de mémoire? Qu'est-ce que la consolidation mnésique?

22. Qu'est-ce que la potentialisation à long terme?

---

* Ces récepteurs du glutamate sont nommés d'après la substance dont on se sert pour les détecter, le *N*-méthyle D-aspartate.

DÉSÉQUILIBRES HOMÉOSTATIQUES

La maladie de Parkinson

La **maladie de Parkinson** se caractérise par une destruction des neurones des noyaux gris centraux. Parce que la maladie apparaît le plus souvent vers l'âge de 60 ans, la dégénérescence des neurones des noyaux gris centraux a longtemps paru la cause la plus plausible. Mais l'origine des cas déclarés chez des personnes plus jeunes pose manifestement problème. Des chercheurs pensent aujourd'hui que des toxines environnementales pourraient être en cause, par exemple des pesticides, des herbicides, du monoxyde de carbone ou encore des virus, notamment le virus de l'influenza de type A. Une exposition de courte durée à ces agents – viraux ou environnementaux – entraînerait la destruction locale (lésion) d'une certaine quantité de neurones, alors que d'autres ne seraient que blessés. La mort lente et progressive des neurones blessés au moment de l'exposition expliquerait la nature évolutive de la maladie dans le temps.

Sur le plan biologique, on sait que les signes et symptômes de la maladie sont associés à la perte des neurones qui s'étendent de la substantia nigra jusqu'au putamen et au noyau caudé pour y libérer de la dopamine, un neurotransmetteur. Le noyau caudé des noyaux gris centraux contient aussi des neurones qui libèrent de l'acétylcholine (ACh), un autre neurotransmetteur. La diminution de la concentration de dopamine ne change rien à la concentration d'ACh. Toutefois, les chercheurs pensent que c'est le déséquilibre entre ces deux neurotransmetteurs – l'insuffisance de dopamine et l'excès d'ACh – qui provoquerait la plupart des symptômes.

Dans la maladie de Parkinson, les contractions involontaires des muscles squelettiques entravent les mouvements volontaires. Par exemple, les muscles du membre supérieur se contractent et se relâchent en alternance, provoquant le **tremblement** de la main qui constitue le symptôme le plus fréquent de la maladie.

La maladie de Parkinson se manifeste également par un ralentissement des mouvements, la **bradykinésie** (*bradus*: lent): à mesure que leur maladie progresse, les personnes atteintes ont de plus en plus de difficulté à accomplir des activités courantes telles que se raser, couper leurs aliments et boutonner leurs vêtements. La bradykinésie s'accompagne d'**hypokinésie** (*hupo*: au-dessous), c'est-à-dire une diminution de l'amplitude des mouvements. Par exemple, le patient écrit de plus en plus petit et forme ses lettres de plus en plus mal ; à terme, son écriture manuscrite devient illisible. La maladie affecte souvent la marche ; le pas raccourcit et devient traînant, et le balancement des bras s'atténue. Même la parole peut devenir difficile. Cette affection peut aussi provoquer une augmentation marquée du tonus musculaire et, par conséquent, une rigidité des parties touchées du corps. Celle des muscles faciaux retire toute expression au visage et lui donne l'apparence d'un masque: yeux écarquillés ; regard fixe ; bouche entrouverte dont s'écoule parfois un filet de salive.

Le traitement de la maladie de Parkinson vise à augmenter la concentration de dopamine et à diminuer la concentration d'ACh. La prise de dopamine par voie orale est cependant inutile, car ce neurotransmetteur ne traverse pas la barrière hémato-encéphalique. Un médicament élaboré dans les années 1960, la lévodopa (L-dopa) soulage partiellement les symptômes mais ne ralentit pas l'évolution de la maladie. Ce précurseur de la dopamine devient en effet impuissant à mesure que la destruction des neurones cérébraux progresse. La sélégiline (Déprényl^MD), un médicament qui inhibe la monoamine oxydase (l'une des enzymes qui dégrade les catécholamines, y compris la dopamine), ralentit la progression de la maladie de Parkinson et peut être administrée en association avec la lévodopa. Les anticholinergiques, par exemple la benzotropine et la trihexyphénidyle, peuvent être utilisés pour bloquer les effets de l'ACh à certaines synapses qui relient les neurones des noyaux gris centraux et pour restaurer ainsi l'équilibre entre l'ACh et la dopamine. Les anticholinergiques réduisent sensiblement plusieurs symptômes de la maladie de Parkinson: tremblements, rigidité, écoulement salivaire hors de la bouche.

Les chirurgiens essayent depuis plus de dix ans de traiter les cas les plus graves en implantant du tissu nerveux fœtal riche en dopamine dans les noyaux gris centraux du patient, le plus souvent dans le putamen. Toutefois, peu de patients ont pu expérimenter cette technique puisque les tissus nerveux sont prélevés chez des fœtus avortés. La recherche porte maintenant sur la transplantation de cellules souches adultes. Une autre technique chirurgicale, la *pallidectomie*, améliore l'état de certains patients ; elle consiste à détruire une partie du globus pallidus qui engendre les tremblements et la rigidité musculaire. Enfin, certains patients sont traités par *stimulation cérébrale profonde*, intervention chirurgicale qui consiste à insérer des électrodes dans le noyau subthalamique. Les courants électriques émis par les électrodes atténuent de nombreux symptômes de la maladie de Parkinson.

TERMES MÉDICAUX

Acupuncture (*acus*: aiguille ; *punctura*: piqûre) Introduction et manipulation d'aiguilles fines (laser, ultrasons, électricité) en des points précis de l'enveloppe extérieure du corps en vue de soulager la douleur et de traiter différentes affections. L'insertion des aiguilles pourrait provoquer la libération de neurotransmetteurs, par exemple les endorphines – analgésiques qui inhiberaient les voies de propagation des influx douloureux.

Apnée du sommeil (*a-*: sans ; *pneuma*: souffle) Trouble caractérisé par des interruptions répétées de la respiration d'une durée d'au moins 10 s pendant le sommeil. Les épisodes d'apnée surviennent généralement à la suite d'un affaissement des voies respiratoires dû à une diminution du tonus des muscles du pharynx.

Coma État d'inconscience caractérisé par une absence complète ou presque de réactions aux stimulus. En coma *léger*, le patient peut réagir à certains stimulus, par exemple un bruit, le toucher ou la lumière, et bouger ses yeux, tousser ou même murmurer. En coma *profond*, le patient ne répond à aucun stimulus et ne bouge absolument pas. Les causes du coma sont notamment les suivantes : blessure à la tête ; arrêt cardiaque ; accident vasculaire cérébral ; tumeur au cerveau ; infection (encéphalite ou méningite) ; convulsions ; intoxication par l'alcool ; surdose de drogue ; trouble pulmonaire sérieux (bronchopneumopathie chronique obstructive, œdème pulmonaire, embolie pulmonaire) ; inhalation massive de monoxyde de carbone ; insuffisance hépatique ou rénale ; hypoglycémie, hyperglycémie, hyponatrémie, hypernatrémie (taux anormalement faible ou élevé de sucre ou de sodium dans le sang) ; hypothermie ou hyperthermie (température corporelle anormalement faible ou élevée). Si les dommages au cerveau sont mineurs ou réversibles, le patient peut sortir du coma avec toutes ses fonctions physiques et mentales intactes ; s'ils sont majeurs ou irréversibles, il est rare que le patient récupère pleinement.

Infirmité motrice cérébrale (IMC) Trouble moteur entraînant une perte du contrôle et de la coordination musculaires. L'infirmité motrice cérébrale est causée par une lésion des aires motrices de l'encéphale pendant le développement fœtal, la naissance ou la petite enfance. L'exposition du fœtus à des rayonnements, une privation temporaire d'oxygène à la naissance ou l'hydrocéphalie dans les premiers mois de la vie pourraient également provoquer l'IMC. Ce trouble touche la motricité sans toutefois altérer la sensibilité.

Insomnie (*in*: sans; *somnus*: sommeil) Difficulté à s'endormir et à rester endormi.

Narcolepsie (*narkê*: engourdissement; *lêpsis*: attaque) Trouble qui se caractérise par la non-inhibition du sommeil paradoxal pendant les périodes de veille et se manifeste par des accès irrésistibles de sommeil d'une durée d'environ 15 min pendant la journée.

Seuil de la douleur Le stimulus douloureux minimal qui est perceptible en tant que douleur par une personne donnée. Le seuil de la douleur est le même chez tous les êtres humains.

Synesthésie (*sun*: avec, réunion; *aisthêsis*: sensation) Trouble caractérisé par le fait que des sensations de deux modalités ou plus s'accompagnent systématiquement l'une l'autre. Dans certains cas, le stimulus est perçu comme appartenant à une autre modalité; par exemple, un son produit une sensation de couleur. Dans d'autres cas, la stimulation d'une partie du corps est ressentie comme provenant d'une autre région.

Tolérance à la douleur Le stimulus douloureux maximal qu'une personne peut tolérer. La tolérance à la douleur varie d'une personne à l'autre.

RÉSUMÉ

LA SENSIBILITÉ (P. 582)

1. La sensation est la détection d'un stimulus externe ou interne.

2. La nature d'une sensation et le type de réaction qu'elle suscite varient selon la destination des influx nerveux sensitifs dans le SNC.

3. Chaque type de sensations constitue une modalité sensorielle; en général, un neurone sensitif donné véhicule l'information relative à une seule modalité (sélectivité).

4. La somesthésie englobe la sensibilité somatique (toucher, pression, vibration, chaleur, froid, douleur, démangeaison, chatouillement et proprioception) et la sensibilité viscérale. Les organes des sens fournissent les informations relatives aux modalités de l'odorat, du goût, de la vision, de l'ouïe et de l'équilibre.

5. En général, quatre conditions doivent être réunies pour qu'une sensation se forme: la stimulation, la transduction, la production de potentiels d'action, ou influx nerveux, et l'intégration.

6. Les récepteurs de la somesthésie sont des terminaisons nerveuses libres ou capsulées; les récepteurs sensoriels situés dans les organes de la vision, de l'ouïe, de l'équilibre et du goût sont formés par des cellules spécialisées.

7. Les récepteurs sensoriels réagissent aux stimulus par la production de potentiels gradués qui peuvent être soit des potentiels récepteurs, soit des potentiels générateurs.

8. Les potentiels générateurs qui atteignent le seuil d'excitation produisent un ou plusieurs potentiels d'action, ou influx nerveux, dans le neurone sensitif de premier ordre; les potentiels récepteurs entraînent l'exocytose de vésicules synaptiques et la libération de molécules de neurotransmetteur.

9. Le tableau 16.1 résume les classifications des récepteurs sensoriels.

10. L'adaptation est la diminution de la sensibilité qui résulte d'une stimulation prolongée. On distingue les récepteurs à adaptation rapide et les récepteurs à adaptation lente.

LA SOMESTHÉSIE (P. 585)

1. Les sensations somatiques comprennent les sensations tactiles (toucher, pression, vibration, démangeaison et chatouillement), les sensations thermiques (chaleur et froid), la douleur et la proprioception.

2. Les récepteurs du toucher, de la température et de la douleur sont situés dans la peau, dans le fascia superficiel (couche sous-cutanée) et dans les muqueuses de la bouche, du vagin et de l'anus.

3. Les récepteurs de la proprioception (position et mouvements des parties du corps) sont situés dans les muscles, les tendons, les articulations et l'oreille interne.

4. Les récepteurs du toucher sont: a) les plexus de la racine des poils (ou récepteurs des follicules pileux) et les corpuscules tactiles capsulés (ou corpuscules de Meissner), qui s'adaptent rapidement; et b) les mécanorécepteurs cutanés de type I (ou corpuscules tactiles non capsulés), qui s'adaptent lentement. Les mécanorécepteurs cutanés de type II (ou corpuscules de Ruffini) sont sensibles à l'étirement et s'adaptent lentement. Les récepteurs de la pression sont les corpuscules tactiles capsulés, les mécanorécepteurs cutanés de type I et les corpuscules lamelleux (ou corpuscules de Pacini). Les récepteurs de la vibration sont les corpuscules tactiles capsulés et les corpuscules lamelleux. Les récepteurs de la démangeaison sont les terminaisons nerveuses libres; ceux du chatouillement sont les terminaisons nerveuses libres et les corpuscules lamelleux.

5. Les thermorécepteurs sont des terminaisons nerveuses libres. Les récepteurs du froid sont situés dans la couche basale de l'épiderme; les récepteurs de la chaleur sont situés dans le derme.

6. Les nocicepteurs (récepteurs de la douleur) sont des terminaisons nerveuses libres présentes dans presque tous les tissus de l'organisme.

7. Les influx nerveux de la douleur rapide se propagent dans des fibres A myélinisées de diamètre moyen. Les influx nerveux de la douleur lente se propagent dans des fibres C amyélinisées de petit diamètre.

8. Les propriocepteurs sont les fuseaux neuromusculaires, les fuseaux neurotendineux, les récepteurs kinesthésiques des articulations et les cellules sensorielles ciliées de l'oreille interne.

9. Le tableau 16.2 résume les types de récepteurs somatiques et les sensations qu'ils produisent.

LES VOIES SOMATIQUES SENSITIVES (P. 592)

1. Les voies somatiques sensitives qui relient les récepteurs sensoriels somatiques au cortex cérébral sont formées de trios de neurones: un de premier ordre, un de deuxième ordre et un de troisième ordre.

2. Les collatérales (ramifications) des axones des neurones sensitifs acheminent les signaux simultanément au cervelet et à la formation réticulaire, dans le tronc cérébral.

3. Les influx sensitifs somatiques qui entrent dans la moelle épinière montent jusqu'au cortex cérébral par deux voies ascendantes : la voie du cordon dorsal et du lemnisque médial et la voie spinothalamique (ou voie antérolatérale).

4. La voie du cordon dorsal et du lemnisque médial achemine les influx nerveux relatifs au toucher fin, à la stéréognosie, à la proprioception et aux sensations vibratoires.

5. Le faisceau spinothalamique latéral achemine les influx nerveux des sensations thermiques et douloureuses. Le faisceau spinothalamique ventral achemine les influx nerveux du chatouillement, de la démangeaison, du toucher grossier et de la pression.

6. Les voies qui mènent au cervelet sont les faisceaux spinocérébelleux ventral et dorsal, qui transmettent les influx nerveux de la détection subconsciente de la position des muscles et des articulations dans le tronc et les membres inférieurs.

7. Le tableau 16.3 présente les caractéristiques des voies ascendantes.

8. Les influx sensoriels somatiques provenant des différentes parties du corps parviennent à des régions bien précises de l'aire somesthésique primaire (gyrus postcentral) du cortex cérébral. La disposition topographique de la sensibilité des différentes régions du corps est représentée dans l'aire somesthésique primaire du cortex cérébral par une carte somatotopique.

LES VOIES SOMATIQUES MOTRICES (P. 596)

1. L'aire motrice primaire (gyrus précentral) du cortex est le principal centre de commande pour la planification et l'amorce des mouvements volontaires. La disposition topographique de la motricité des différentes régions du corps est représentée dans l'aire motrice primaire du cortex cérébral par une carte somatotopique.

2. Tous les signaux excitateurs et inhibiteurs qui régissent les mouvements convergent vers des neurones moteurs inférieurs, qui forment la voie commune finale.

3. Désignés collectivement sous le terme de voies somatiques motrices, les neurones de quatre réseaux neuronaux fournissent de l'information aux neurones moteurs inférieurs et contribuent ainsi au contrôle des mouvements ; ce sont les neurones intercalaires, les neurones moteurs supérieurs, les neurones des noyaux gris centraux et les neurones du cervelet (ou neurones cérébelleux).

4. Les neurones intercalaires sont des interneurones situés près des corps cellulaires des neurones moteurs inférieurs, dans le tronc cérébral et la moelle épinière ; ils reçoivent des influx nerveux en provenance des récepteurs somatiques sensoriels. Ils contribuent à la coordination des activités rythmiques dans certains groupes bien précis de muscles.

5. Les axones des neurones moteurs supérieurs s'étendent de l'encéphale jusqu'aux neurones moteurs inférieurs par l'intermédiaire des voies descendantes directe et indirecte. La voie motrice directe (ou voie principale ou encore pyramidale) comprend les faisceaux corticospinaux latéral et ventral ainsi que le faisceau corticobulbaire ; les neurones moteurs supérieurs de la voie directe proviennent du cortex cérébral et jouent un rôle essentiel dans la planification, l'amorce et l'organisation des séquences des mouvements volontaires. La voie motrice indirecte (ou voie secondaire ou extrapyramidale) relie différents centres moteurs du tronc cérébral à la moelle épinière ; les neurones moteurs supérieurs de la voie indirecte proviennent du tronc cérébral ; ils régissent le tonus musculaire, contrôlent les muscles posturaux et contribuent au maintien de l'équilibre et de la position de la tête et du reste du corps.

6. Les neurones des noyaux gris centraux transmettent des influx aux neurones moteurs supérieurs et contribuent ainsi aux mouvements.

Ils contribuent à l'amorce et à l'achèvement des mouvements, à la suppression des mouvements indésirables et au maintien d'un tonus musculaire normal.

7. Le cervelet intervient dans l'apprentissage et l'exécution des mouvements précis, rapides et coordonnés. Il contribue également au maintien de la posture et de l'équilibre.

8. Le tableau 16.4 résume les caractéristiques des voies somatiques motrices.

LES FONCTIONS INTÉGRATIVES DU CERVEAU (P. 601)

1. Le sommeil et l'état de veille sont des fonctions intégratives régies par le noyau suprachiasmatique et le système réticulaire activateur ascendant (SRAA).

2. Le sommeil lent comprend quatre stades associés à des tracés électroencéphalographiques caractéristiques.

3. La plupart des rêves surviennent pendant le sommeil paradoxal.

4. La mémoire est la faculté d'emmagasiner et de récupérer de l'information ; elle repose sur la plasticité de l'encéphale, c'est-à-dire la capacité des neurones de subir des changements anatomiques ou biochimiques quand ils sont stimulés, et ce, de façon durable. On distingue trois types de mémoire : la mémoire immédiate, la mémoire à court terme et la mémoire à long terme.

AUTOÉVALUATION

Vous trouverez les réponses à ces questions à l'appendice D.

COMPLÉTEZ LES PHRASES SUIVANTES.

1. La _____ est l'enregistrement conscient ou subconscient de stimulus internes ou externes ; la _____ est la détection et l'interprétation consciente de l'information sensorielle reçue.

2. Le terme _____ désigne le passage des axones de l'autre côté de la ligne médiane de l'encéphale ou de la moelle épinière.

INDIQUEZ SI LES ÉNONCÉS SUIVANTS SONT VRAIS OU FAUX.

3. Le toucher, la pression et la douleur sont des sensations tactiles.

4. Le réveil suppose une augmentation de l'activité dans le système réticulaire activateur ascendant (SRAA).

CHOISISSEZ LA BONNE RÉPONSE.

5. Une infirmière touche un patient dans le bas du dos avec la pointe fine d'un crayon, mais le patient ne sent pas le contact. Lesquels de ces facteurs pourraient expliquer cette absence de sensations ? 1) Le stimulus est en dehors du champ récepteur. 2) Le potentiel générateur n'atteint pas le seuil d'excitation. 3) L'aire somesthésique du cortex cérébral est endommagée. 4) L'infirmière stimule un propriocepteur. 5) L'infirmière stimule un récepteur à adaptation lente. a) 1, 3 et 5 ; b) 3, 4 et 5 ; c) 1, 2 et 3 ; d) 2, 3 et 4 ; e) 1 seulement.

6. Lequel des énoncés suivants est *faux* ? a) Les neurones moteurs supérieurs acheminent les influx nerveux depuis le SNC jusqu'aux myocytes squelettiques. b) Les corps cellulaires des neurones moteurs inférieurs se trouvent dans le tronc cérébral et dans la moelle épinière. c) Les neurones intercalaires reçoivent des influx nerveux en

provenance des récepteurs sensoriels somatiques et contribuent à la coordination des activités rythmiques dans certains groupes bien précis de muscles. d) Les noyaux gris centraux et le cervelet déterminent en partie l'activité des neurones moteurs supérieurs. e) Le cervelet contribue à évaluer l'écart entre les mouvements planifiés et les mouvements en cours et, par le fait même, à la coordination des mouvements et au maintien de la posture et de l'équilibre.

7. Lesquels des énoncés suivants sont *vrais*? 1) La douleur lente est provoquée par la propagation d'influx nerveux dans des fibres A myélinisées. 2) La douleur viscérale est causée par la stimulation de nocicepteurs cutanés. 3) La douleur projetée est ressentie dans une région du corps éloignée de l'organe touché. 4) Les nocicepteurs s'adaptent lentement. 5) Tous les tissus du corps humain sans exception contiennent des nocicepteurs. a) 1, 3, 4 et 5; b) 2, 3 et 5; c) 1 et 5; d) 3 et 4; e) 3, 4 et 5.

8. Pourquoi est-il impossible d'entendre avec les yeux? a) L'ouïe est une sensation somesthésique alors que la vision exige l'intervention d'un organe des sens spécialisé. b) Les neurones sensitifs de la vision acheminent uniquement les influx se rapportant à la modalité visuelle. c) Les influx de l'audition sont acheminés jusqu'à l'aire somesthésique du cortex cérébral. d) Les récepteurs de l'audition sont sélectifs, alors que ceux de la vision ne le sont pas. e) Les récepteurs de l'audition produisent des potentiels générateurs, alors que ceux de la vision produisent des potentiels récepteurs.

9. Lequel des énoncés suivants est *faux*? a) Les neurones sensitifs de premier ordre acheminent les influx nerveux des récepteurs sensoriels somatiques jusqu'au tronc cérébral ou jusqu'à la moelle épinière. b) Les neurones de deuxième ordre acheminent les influx nerveux de la moelle épinière et du tronc cérébral jusqu'au thalamus. c) Les neurones de troisième ordre s'étendent jusque dans l'aire somesthésique primaire du cortex cérébral, où se forme la perception consciente des sensations. d) Les voies ascendantes qui mènent au cervelet sont les suivantes: la voie du cordon dorsal et du lemnisque médial et la voie spinothalamique. e) Les axones des neurones de deuxième ordre traversent la ligne médiane (décussation) dans la moelle épinière ou dans le tronc cérébral avant de monter jusqu'au thalamus.

10. Laquelle des fonctions suivantes *n'appartient pas* au cervelet? a) détection des intentions de mouvements, b) supervision des mouvements en cours, c) comparaison des mouvements en cours avec les mouvements qui étaient projetés, d) émission de signaux correcteurs, e) aiguillage des influx sensitifs vers les effecteurs.

11. Que se passe-t-il pendant le sommeil paradoxal? 1) L'activité neuronale est élevée dans le pont et dans le mésencéphale. 2) La plupart des neurones moteurs somatiques sont inhibés. 3) La plupart des rêves se produisent à ce stade. 4) Certains dormeurs sont somnambules. 5) La fréquence cardiaque et la pression artérielle restent stables. a) 1, 2, 4 et 5; b) 2, 3 et 5; c) 1, 2, 3, 4 et 5; d) 2, 3 et 4; e) 1, 2 et 3.

12. Lequel des énoncés suivants est *faux*? a) Les potentiels gradués produits par les récepteurs du toucher, de la pression, de l'étirement, de la vibration, de la douleur, de la proprioception et de l'odorat sont des potentiels générateurs. b) Les potentiels gradués produits par les récepteurs de la vision, de l'ouïe, de l'équilibre et du goût sont des potentiels récepteurs. c) Les potentiels générateurs qui atteignent le seuil d'excitation produisent un ou plusieurs influx nerveux dans le neurone de premier ordre. d) Les potentiels récepteurs produisent un influx nerveux dans le neurone de deuxième ordre. e) L'amplitude des potentiels générateurs et des potentiels récepteurs dépend de l'intensité du stimulus.

13. Associez les éléments suivants:

_____ a) région du gyrus précentral qui constitue le principal centre de commande du cortex cérébral pour l'amorce des mouvements volontaires

_____ b) voie qui achemine du cortex cérébral à la moelle épinière les influx nerveux à l'origine des mouvements volontaires précis

_____ c) contient les axones des neurones moteurs qui régissent les mouvements précis des mains et des pieds

_____ d) comprend les faisceaux rubrospinal, tectospinal, vestibulospinal, réticulospinal latéral et réticulospinal médial

_____ e) contiennent des neurones qui contribuent à l'amorce et à l'achèvement des mouvements; peuvent supprimer les mouvements indésirables et établissent un niveau normal de tonus musculaire.

_____ f) achemine les influx nerveux de la douleur, de la température, du chatouillement, de la démangeaison, du toucher grossier et de la pression

_____ g) le principal trajet qu'emprunte l'information proprioceptive pour se rendre au cervelet; joue un rôle essentiel dans le maintien de la posture, l'équilibre et la coordination des mouvements précis

_____ h) se compose d'axones de neurones de premier ordre; comprend le faisceau gracile et le faisceau cunéiforme

_____ i) contient des neurones moteurs qui coordonnent les mouvements du squelette axial

_____ j) contient des axones qui transmettent les influx nerveux à l'origine des mouvements volontaires précis des yeux, de la langue et du cou ainsi que les influx nerveux destinés aux muscles de la mastication, de l'expression du visage et de la parole

_____ k) transmet au cortex cérébral les influx nerveux du toucher fin, de la stéréognosie, de la proprioception, de la discrimination du poids et de la vibration

1) cordon dorsal
2) voie spinothalamique
3) voie spino-cérébelleuse
4) faisceau corticospinal latéral
5) faisceau corticospinal ventral
6) faisceau corticobulbaire
7) voie motrice indirecte
8) voie motrice directe
9) aire motrice primaire
10) noyaux gris centraux
11) voie du cordon dorsal et du lemnisque médial

14. Associez les éléments suivants (une même réponse peut servir plus d'une fois):

_____ a) récepteurs situés dans les muscles, les tendons, les articulations et l'oreille interne

_____ b) récepteurs situés dans les vaisseaux sanguins, les viscères, les muscles et le système nerveux

_____ c) récepteurs qui détectent les variations de la température

_____ d) récepteurs qui détectent la lumière atteignant la rétine

_____ e) récepteurs situés à la surface du corps

_____ f) dendrites dénudés qui acheminent les sensations de douleur, chaleur et froid, chatouillement et démangeaison ainsi que certaines sensations tactiles

_____ g) récepteurs qui fournissent de l'information sur la position du corps, la tension musculaire ainsi que la position et l'activité des articulations

_____ h) récepteurs qui mesurent la pression osmotique des liquides de l'organisme

_____ i) récepteurs qui détectent les substances chimiques dans la bouche, le nez et les liquides de l'organisme

_____ j) récepteurs qui détectent la pression mécanique et l'étirement

_____ k) récepteurs qui réagissent aux stimulus intenses produits par les lésions thermiques, mécaniques ou chimiques des tissus

_____ l) dendrites enveloppés dans une capsule de tissu conjonctif

1) extérocepteurs
2) intérocepteurs
3) propriocepteurs
4) mécanorécepteurs
5) thermorécepteurs
6) nocicepteurs
7) photorécepteurs
8) chimiorécepteurs
9) terminaisons nerveuses libres
10) terminaisons nerveuses capsulées
11) osmorécepteurs

15. Associez les éléments suivants:

_____ a) groupes spécialisés de myocytes disséminés parmi les myocytes squelettiques ordinaires et disposés parallèlement à eux; détectent les variations de la longueur des muscles squelettiques

_____ b) informent le SNC des variations de la tension musculaire

_____ c) terminaisons nerveuses libres qui sont très nombreuses dans le corps humain et qui servent de récepteurs de la douleur

_____ d) récepteurs tactiles entourés de tissu conjonctif et situés dans les papilles du derme; présents dans la peau glabre, sur le bout de la langue ainsi que dans la peau des paupières et des lèvres

_____ e) corpuscules qui détectent la pression

_____ f) récepteurs tactiles capsulés; sensibles surtout à l'étirement produit par les mouvements des doigts et des membres

_____ g) situés dans la couche basale de l'épiderme et activés par des tempétatures comprises entre 10 et 40 °C

_____ h) situés dans le derme et activés par des tempétatures comprises entre 32 et 48 °C

_____ i) situés à l'intérieur des capsules articulaires des articulations synoviales et autour de ces capsules; sensibles à la pression ainsi qu'à l'accélération et à la décélération des articulations

_____ j) récepteurs tactiles non capsulés contribuant au toucher fin, en particulier dans la discrimination statique des formes

1) corpuscules tactiles capsulés
2) mécanorécepteurs cutanés de type I
3) mécanorécepteurs cutanés de type II
4) corpuscules lamelleux
5) récepteurs du froid
6) récepteurs de la chaleur
7) nocicepteurs
8) fuseaux neurotendineux
9) récepteurs kinesthésiques des articulations
10) fuseaux neuromusculaires

QUESTIONS À COURT DÉVELOPPEMENT

Vous trouverez les réponses à ces questions à l'appendice D.

1. En embarquant sur le voilier, Johanne sent l'odeur caractéristique de la marée et perçoit le mouvement de l'eau sous ses pieds. Elle devient vite indifférente aux odeurs marines mais, hélas, pas au roulis. Quels types de récepteurs interviennent dans l'odorat? Lesquels interviennent dans la détection du mouvement? Pourquoi les sensations olfactives de Johanne s'atténuent-elles alors que les sensations de roulis persistent?

2. Monique plonge sa main gauche dans une baignoire remplie d'eau à 43 °C pour déterminer si elle peut y entrer sans inconvénient. Par quel trajet la sensation de chaleur se propage-t-elle de sa main gauche jusqu'à l'aire somesthésique de son cortex cérébral? (Indiquez les diverses structures empruntées durant le trajet de l'influx nerveux.)

3. Martin a du mal à dormir depuis quelque temps. La nuit dernière, sa mère l'a surpris en plein épisode de somnambulisme: encore endormi, Martin marchait dans le couloir; elle l'a doucement reconduit à son lit. Quand son réveil a sonné le lendemain matin, Martin n'avait aucun souvenir de sa promenade nocturne mais il a raconté à sa mère qu'il avait beaucoup rêvé. Quels stades du sommeil Martin a-t-il traversés pendant sa nuit? Quel est le mécanisme neurologique qui l'a réveillé au petit matin?

RÉPONSES AUX QUESTIONS DES FIGURES

16.1 Les cellules spécialisées sont liées à la vision, à l'ouïe, au goût et à l'équilibre.

16.2 La stimulation de terminaisons nerveuses libres peut provoquer, selon le cas, de la douleur, des sensations thermiques, le chatouillement et la démangeaison.

16.3 La région de douleur projetée la plus étendue du corps humain est celle des reins.

16.4 Les fuseaux neuromusculaires sont activés par l'étirement de la partie centrale de leurs myocytes intrafusoriaux.

16.5 Les lésions du faisceau spinothalamique latéral droit peuvent entraîner une perte des sensations douloureuses et thermiques du côté gauche du corps.

16.6 La représentation de la main est plus étendue dans l'aire motrice que dans l'aire somesthésique primaire, ce qui montre que la motricité de la main est plus développée que sa sensibilité.

16.7 Les neurones moteurs supérieurs provenant du cortex cérébral interviennent dans la planification, l'amorce et l'organisation des séquences des mouvements volontaires. Les neurones moteurs supérieurs provenant du tronc cérébral régissent le tonus musculaire, contrôlent les muscles posturaux et participent au maintien de l'équilibre et de la position de la tête et du reste du corps.

16.8 Ce sont les faisceaux corticobulbaire et rubrospinal qui acheminent les influx nerveux à l'origine des mouvements volontaires précis (tableau 16.4).

16.9 Ce sont les faisceaux spinocérébelleux ventral et dorsal qui transmettent au cervelet l'information provenant des propriocepteurs des muscles et des articulations.

16.10 Les sensations olfactives ne stimulent pas le système réticulaire activateur ascendant (SRAA). Les détecteurs de fumée signalent la présence de fumée par une sonnerie forte qui réveille les dormeurs: les influx auditifs, eux, stimulent le SRAA.

16.11 Le rêve et la paralysie des muscles squelettiques se produisent pendant le sommeil paradoxal.

LES SENS

LES SENS ET L'HOMÉOSTASIE

Les organes des sens renferment des récepteurs spécialisés qui nous permettent de sentir, de goûter, de voir, d'entendre et de garder l'équilibre. L'information qui arrive au système nerveux central en provenance de ces récepteurs sensoriels contribue à l'homéostasie.

Nous avons vu au chapitre 16 que la somesthésie englobe la sensibilité somatique (sensations tactiles, thermiques, douloureuses et proprioceptives) et la sensibilité viscérale, que les récepteurs somesthésiques sont dispersés dans l'ensemble de l'organisme et que leur structure est relativement simple. Les récepteurs sensoriels spécifiques de l'odorat, du goût, de la vision, de l'ouïe et de l'équilibre sont anatomiquement distincts et concentrés en des endroits précis de la tête. Ils sont généralement enchâssés dans du tissu épithélial à l'intérieur d'organes des sens complexes, tels les yeux et les oreilles. Les voies neuronales associées aux organes des sens sont également plus complexes que celles qui sont associées à la somesthésie.

Dans ce chapitre, nous étudierons la structure et les fonctions des organes des sens ainsi que les voies qui les relient au système nerveux central. La branche de la médecine qui étudie les yeux et les troubles oculaires est l'**ophtalmologie** (*ophtalmos* : œil ; *logos* : discours). Les autres organes des sens sont pour la plupart la spécialité de l'**oto-rhinolaryngologie** (*ôtos* : oreille ; *rhinos* : nez ; *larynx* : gorge), qui traite des oreilles, du nez et de la gorge, ainsi que des affections qui les touchent.

L'ODORAT

OBJECTIFS

- Nommer les récepteurs olfactifs et décrire leur fonctionnement.
- Énumérer les principaux phénomènes qui caractérisent la physiologie de l'odorat.
- Décrire la voie olfactive.

L'odorat et le goût sont des sens chimiques ; en effet, les sensations olfactives et gustatives naissent de l'interaction de molécules avec des chimiorécepteurs, soient les récepteurs de l'odorat et du goût. Parce que les influx olfactifs et gustatifs atteignent le système limbique en plus des régions corticales supérieures, les odeurs et les saveurs peuvent susciter des réactions émotionnelles intenses ou faire surgir une kyrielle de souvenirs.

L'ANATOMIE DES RÉCEPTEURS OLFACTIFS

Le nez contient de 10 à 100 millions de récepteurs consacrés à l'**odorat**, ou **olfaction** (*olfactus* : odorat), situés dans l'**épithélium de la région olfactive**, ou épithélium olfactif. Cet épithélium a une superficie totale de 5 cm^2 et il se trouve dans la partie supérieure des cavités nasales ; il recouvre la face inférieure de la lame criblée de l'ethmoïde et s'étend le long du cornet nasal supérieur (figure 17.1a). Il est formé de trois types de cellules épithéliales : des cellules olfactives, des cellules de soutien et des cellules basales (figure 17.1b).

Les **cellules olfactives** – les récepteurs sensoriels – sont les *neurones sensitifs de premier ordre* de la voie olfactive ; ce sont des neurones bipolaires dont l'extrémité dénudée est un dendrite en forme d'ampoule, et dont l'axone se prolonge à travers la lame criblée de l'ethmoïde et se termine dans le bulbe olfactif. La transduction des stimulus olfactifs a lieu dans les **cils olfactifs** que porte le dendrite. (Rappelons que la *transduction* est la conversion de l'énergie d'un stimulus en un potentiel gradué dans un récepteur sensoriel.) Les substances chimiques qui ont une odeur, et peuvent donc stimuler les cils olfactifs, sont appelées **substances odorantes**. Notez que, pour qu'une molécule soit « odorante », il faut qu'elle soit volatile, c'est-à-dire qu'elle pénètre dans le nez à l'état gazeux, et qu'elle soit soluble dans le mucus qui recouvre l'épithélium olfactif. Les cellules olfactives réagissent à la stimulation chimique d'une molécule odorante en produisant un potentiel générateur, ce qui déclenche finalement la réponse olfactive.

Les **cellules de soutien** sont des cellules épithéliales prismatiques de la muqueuse nasale. Elles assurent le soutien physique des cellules olfactives, leur fournissent des nutriments et leur confèrent une isolation électrique ; de plus, elles concourent à la détoxication des substances chimiques qui entrent en contact avec l'épithélium de la région olfactive. Les **cellules basales** sont des cellules souches situées entre les bases des cellules de soutien. Elles se divisent continuellement pour remplacer les cellules olfactives, qui vivent seulement un mois environ. Il s'agit là d'un phénomène remarquable, car les cellules olfactives sont des neurones et, comme vous le savez, les neurones matures ne se renouvellent généralement pas.

Le tissu conjonctif qui soutient l'épithélium de la région olfactive renferme des **glandes olfactives** ; ces glandes sécrètent un mucus que des conduits déversent à la surface de l'épithélium. Ce mucus humidifie la surface de l'épithélium et dissout les substances odorantes, ce qui rend possible la transduction. Les cellules de soutien et les glandes olfactives sont innervées par des branches du nerf facial (VII), qui peuvent être stimulées par certaines substances chimiques. Les influx nerveux qui se propagent dans le nerf facial stimulent à leur tour les glandes lacrymales et les glandes de la muqueuse nasale. C'est la raison pour laquelle nous avons les yeux qui larmoient et le nez qui coule après avoir inhalé des substances comme le poivre et les vapeurs d'ammoniac.

LA PHYSIOLOGIE DE L'ODORAT

Les experts ont maintes fois tenté d'identifier et de classer les odeurs « primaires ». Les données génétiques actuelles indiquent qu'il en existe vraisemblablement des centaines. Si nous sommes capables de discerner quelque 10 000 odeurs, c'est probablement grâce à l'activité cérébrale amorcée par la stimulation de différentes combinaisons de cellules olfactives.

Les cellules olfactives réagissent aux molécules odorantes de la même manière que la plupart des récepteurs sensoriels réagissent à leurs stimulus spécifiques. Dans un premier temps, des molécules odorantes se lient aux récepteurs présents sur la membrane des cils olfactifs, ce qui entraîne l'ouverture des canaux ioniques à Na$^+$ spécifiques ; un potentiel gradué dépolarisant, appelé *potentiel générateur*, naît alors et déclenche un ou plusieurs influx nerveux qui se propagent dans l'axone de la cellule olfactive. Dans certains cas, une molécule odorante se lie à un récepteur lui-même associé à des protéines de la membrane plasmique appelées *protéines G* (voir la figure 18.4). Ces dernières activent un second messager, l'adénylate cyclase – une enzyme –, situé à l'intérieur des cellules olfactives. Il s'ensuit l'enchaînement d'événements suivant : ouverture des canaux à sodium (Na$^+$) → entrée de Na$^+$ → potentiel générateur dépolarisant → création d'un influx nerveux qui se propage le long de l'axone de la cellule olfactive.

LE SEUIL D'EXCITATION ET L'ADAPTATION DES CELLULES OLFACTIVES

Comme les autres récepteurs sensoriels, les cellules olfactives présentent un seuil d'excitation bas : elles détectent dans l'air la présence d'un très petit nombre de molécules de certaines substances. Par exemple, elles peuvent reconnaître le méthylmercaptan, un gaz qui sent le chou pourri, dans une concentration aussi faible que 1/25 000 000 000 mg/mL d'air. (Le gaz naturel – utilisé pour la cuisson et le chauffage – étant inodore mais mortel et explosif, on y ajoute une petite quantité de méthylmercaptan pour faciliter la détection des fuites.)

Les cellules olfactives s'adaptent rapidement aux odeurs, c'est-à-dire qu'elles y deviennent vite insensibles. L'adaptation atteint environ 50 % des cellules olfactives dans la première seconde suivant la stimulation, puis le rythme ralentit considérablement. Néanmoins, l'insensibilité à certaines odeurs très prononcées est complète au bout d'une minute environ. Il semble que cette diminution de la sensibilité repose sur un processus d'adaptation ayant lieu également dans le système nerveux central.

FIGURE 17.1 L'emplacement et la structure de l'épithélium de la région olfactive et des récepteurs olfactifs.
(a) Emplacement de l'épithélium de la région olfactive dans la cavité nasale droite. (b) Anatomie des cellules olfactives, soit des neurones bipolaires de premier ordre dont les axones passent à travers la lame criblée de l'ethmoïde et se terminent dans le bulbe olfactif. (La figure 14.18 montre la trajectoire du nerf crânien olfactif (I) jusqu'à l'encéphale.)

🗝️ L'épithélium de la région olfactive est formé de cellules olfactives, de cellules de soutien et de cellules basales.

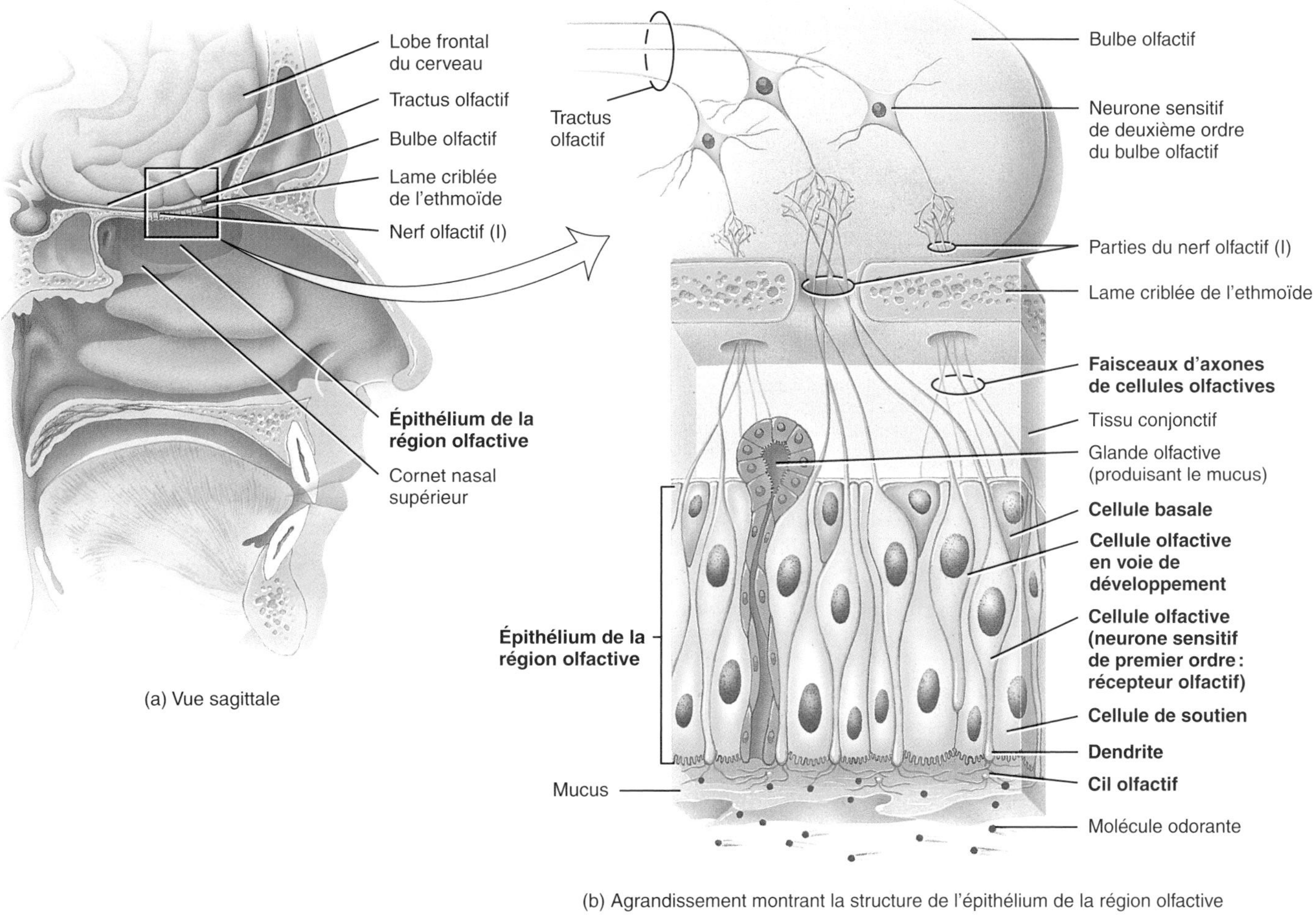

Lobe frontal du cerveau

Tractus olfactif

Bulbe olfactif

Lame criblée de l'ethmoïde

Nerf olfactif (I)

Tractus olfactif

Bulbe olfactif

Neurone sensitif de deuxième ordre du bulbe olfactif

Parties du nerf olfactif (I)

Lame criblée de l'ethmoïde

Faisceaux d'axones de cellules olfactives

Tissu conjonctif

Glande olfactive (produisant le mucus)

Épithélium de la région olfactive

Cornet nasal supérieur

Épithélium de la région olfactive

Cellule basale

Cellule olfactive en voie de développement

Cellule olfactive (neurone sensitif de premier ordre : récepteur olfactif)

Cellule de soutien

Dendrite

Cil olfactif

Molécule odorante

Mucus

(a) Vue sagittale

(b) Agrandissement montrant la structure de l'épithélium de la région olfactive

 Quelle partie de la cellule olfactive détecte les molécules odorantes?

LA VOIE OLFACTIVE

Les fins axones amyélinisés des cellules olfactives forment de chaque côté du nez une vingtaine de faisceaux qui passent chacun au travers d'un foramen de la lame criblée de l'ethmoïde (figure 17.1b). Ces faisceaux d'axones constituent les **nerfs olfactifs (I)** droit et gauche. Chacun de ces nerfs chemine jusqu'à l'encéphale dans une masse de substance grise appelée **bulbe olfactif**. Les deux bulbes olfactifs sont situés en dessous des lobes frontaux du cerveau et à côté du processus osseux de l'ethmoïde, la crista galli (voir la figure 14.18). À l'intérieur des bulbes olfactifs, les axones des cellules olfactives – neurones de premier ordre – font synapse avec les dendrites et les corps cellulaires des neurones de deuxième ordre de la voie olfactive.

Les axones des neurones du bulbe olfactif s'étendent vers l'arrière et forment le **tractus olfactif**, ou bandelette olfactive

(figure 17.1a). Certains axones du tractus olfactif atteignent l'aire olfactive primaire (aire ㉘), située sur la face inférieure et médiale du lobe temporal et considérée comme le siège de la perception consciente des odeurs. D'autres axones du tractus olfactif s'étendent jusqu'au système limbique et à l'hypothalamus ; ces connexions sont responsables des réponses émotionnelles aux odeurs et des réminiscences qui leur sont associées. Par exemple, l'odeur d'un parfum peut allumer votre libido, le fumet d'un aliment qui vous a déjà rendu malade peut vous donner la nausée et l'arôme d'un petit gâteau peut vous rappeler des souvenirs d'enfance.

De l'aire olfactive primaire, la voie olfactive se prolonge jusqu'au lobe frontal, directement et indirectement en passant par le thalamus. L'aire orbitofrontale (qui correspond à l'aire ⑪ de la figure 14.15) joue un rôle important dans la détermination des odeurs. Les patients qui ont subi une lésion de cette aire ont de la difficulté à reconnaître les odeurs. La tomographie par émission de positrons (TEP) donne à penser qu'il existe un certain degré de latéralisation hémisphérique pour l'odorat. En effet, l'aire orbitofrontale de l'hémisphère *droit* est plus active que celle de l'hémisphère gauche durant le traitement olfactif.

L'HYPOSMIE

Bon nombre de femmes ont un sens de l'odorat plus aiguisé que la majorité des hommes, surtout durant la période d'ovulation. L'usage du tabac réduit considérablement le sens de l'odorat à court terme et peut causer des dommages persistants aux cellules olfactives. Le vieillissement entraîne aussi la dégradation du sens de l'odorat. L'**hyposmie** (*hypo* : sous ; *osmê* : odeur), c'est-à-dire la diminution de la capacité de sentir, touche la moitié des personnes de plus de 65 ans et 75 % des personnes de plus de 80 ans. Elle peut être attribuable également à des changements neurologiques dus, par exemple, à un traumatisme crânien, à la maladie d'Alzheimer ou à la maladie de Parkinson, à la consommation de médicaments tels que les antihistaminiques, les analgésiques et les stéroïdes, ou encore aux effets nocifs de l'usage du tabac. ■

▶ **POINT DE CONTRÔLE**

1. Quel est le rôle des cellules basales dans l'olfaction ?

2. Décrivez la série d'événements qui se déroule à compter de la liaison d'une molécule odorante à un cil olfactif jusqu'à l'arrivée d'un influx nerveux dans l'aire orbitofrontale du cortex cérébral.

LE GOÛT

> **OBJECTIFS**

- Nommer les récepteurs gustatifs et décrire leur fonctionnement.
- Énumérer les principaux phénomènes qui caractérisent la physiologie du goût.
- Décrire la voie gustative.

Le **goût** (du latin *gustus*) est, tout comme l'odorat, un sens chimique. Il est cependant beaucoup plus simple que l'odorat dans la mesure où les récepteurs gustatifs ne sont sensibles qu'à cinq saveurs élémentaires : l'*acide*, le *sucré*, l'*amer*, le *salé* et l'*umami*. Le terme *umami* signifie « savoureux et charnu », et cette saveur a été identifiée récemment par des scientifiques japonais. On pense qu'elle est perçue par des récepteurs du goût qui sont stimulés par le glutamate de sodium, une substance naturellement présente dans de nombreux aliments et utilisée comme agent de sapidité. Toutes les autres saveurs, par exemple celles du chocolat, du poivre et du café, sont une combinaison des cinq saveurs élémentaires, accompagnée de sensations olfactives et tactiles (le toucher). Les odeurs des aliments peuvent en effet passer de la bouche aux cavités nasales et y stimuler les cellules olfactives. L'odorat étant beaucoup plus sensible que le goût, une concentration donnée d'une substance peut le stimuler des milliers de fois plus fortement que le goût. Une personne enrhumée ou souffrant d'une allergie qui se plaint de ne rien goûter présente une perturbation non pas du goût mais de l'odorat.

L'ANATOMIE DES CALICULES GUSTATIFS ET DES PAPILLES

Les récepteurs gustatifs sont situés dans les calicules gustatifs (figure 17.2). La plupart des quelque 10 000 calicules gustatifs que possède un jeune adulte se trouvent sur la langue et les autres sont disséminés sur le palais mou (la partie postérieure du toit de la bouche), le pharynx et l'épiglotte (le cartilage qui ferme le larynx à la manière d'un couvercle). Le nombre de calicules gustatifs diminue avec le temps. Un **calicule gustatif**, ou bourgeon du goût, est une structure ovale formée de trois types de cellules épithéliales : des cellules de soutien, des cellules gustatives et des cellules basales (figure 17.2c). Dans chaque calicule, des **cellules de soutien** entourent une cinquantaine de **cellules gustatives**, des *cellules spécialisées* qui interviennent dans le processus par lequel les stimulus gustatifs sont convertis en potentiels récepteurs (voir la figure 16.1c). Une seule longue microvillosité, appelée **poil gustatif**, émerge de chaque cellule gustative ; en passant par une ouverture du calicule gustatif appelée **pore gustatif**, elle atteint la surface de l'épithélium. Les **cellules basales**, situées à la périphérie du calicule gustatif, près de la couche de tissu conjonctif, se transforment en cellules de soutien, qui se transforment à leur tour en cellules gustatives ayant une durée de vie d'environ 10 jours. La base des cellules gustatives fait synapse avec les dendrites des neurones de premier ordre qui constituent le premier segment de la voie gustative. Ces dendrites se ramifient abondamment et entrent en contact avec un grand nombre de cellules gustatives dans plusieurs calicules gustatifs.

Les calicules gustatifs siègent dans des éminences de la langue, les **papilles**, qui donnent à la face supérieure de la langue sa texture rugueuse (figure 17.2a, b). Trois types de papilles contiennent des calicules gustatifs.

1. Environ 12 très grandes **papilles caliciformes** (en forme de calice) circulaires sont disposées en forme de V inversé sur la partie postérieure de la langue. Chacune de ces papilles renferme de 100 à 300 calicules gustatifs.

2. Les **papilles fongiformes** ont, comme leur nom l'indique, la forme de champignons ; ce sont de petites élévations disséminées sur toute la surface de la langue et contenant chacune environ cinq calicules gustatifs.

3. Les **papilles foliées** (en forme de feuille) sont situées sur les bords latéraux de la langue, mais la majorité de leurs calicules gustatifs dégénèrent durant la petite enfance.

En outre, la surface entière de la langue porte des **papilles filiformes**, qui sont de longues structures pointues contenant des cellules gustatives mais pas de calicules gustatifs. Elles accroissent le frottement entre la langue et la nourriture, facilitant ainsi le travail de la langue qui déplace la nourriture dans la cavité orale.

LA PHYSIOLOGIE DU GOÛT

Les substances chimiques qui stimulent les cellules gustatives sont appelées **substances sapides**. Une fois dissoute dans la salive, une telle substance entre en contact avec la membrane plasmique des poils gustatifs, là où s'effectue la transduction des stimulus gustatifs. Il en résulte un potentiel gradué dépolarisant, appelé *potentiel récepteur*, qui stimule, dans les cellules gustatives, l'exocytose des vésicules

FIGURE 17.2 L'emplacement et la structure d'un calicule gustatif et des récepteurs gustatifs. (a) Emplacement des papilles sur la langue. (b) Détails des papilles. (c) Structure d'un calicule gustatif, composé de cellules gustatives qui font synapse avec des neurones de premier ordre (sensitifs). (La figure 14.22 montre les trajectoires des trois nerfs crâniens [VII, IX et X] contenant les axones des neurones de premier ordre de la voie gustative qui innervent les calicules gustatifs.)

 Les cellules gustatives sont situées dans les calicules gustatifs.

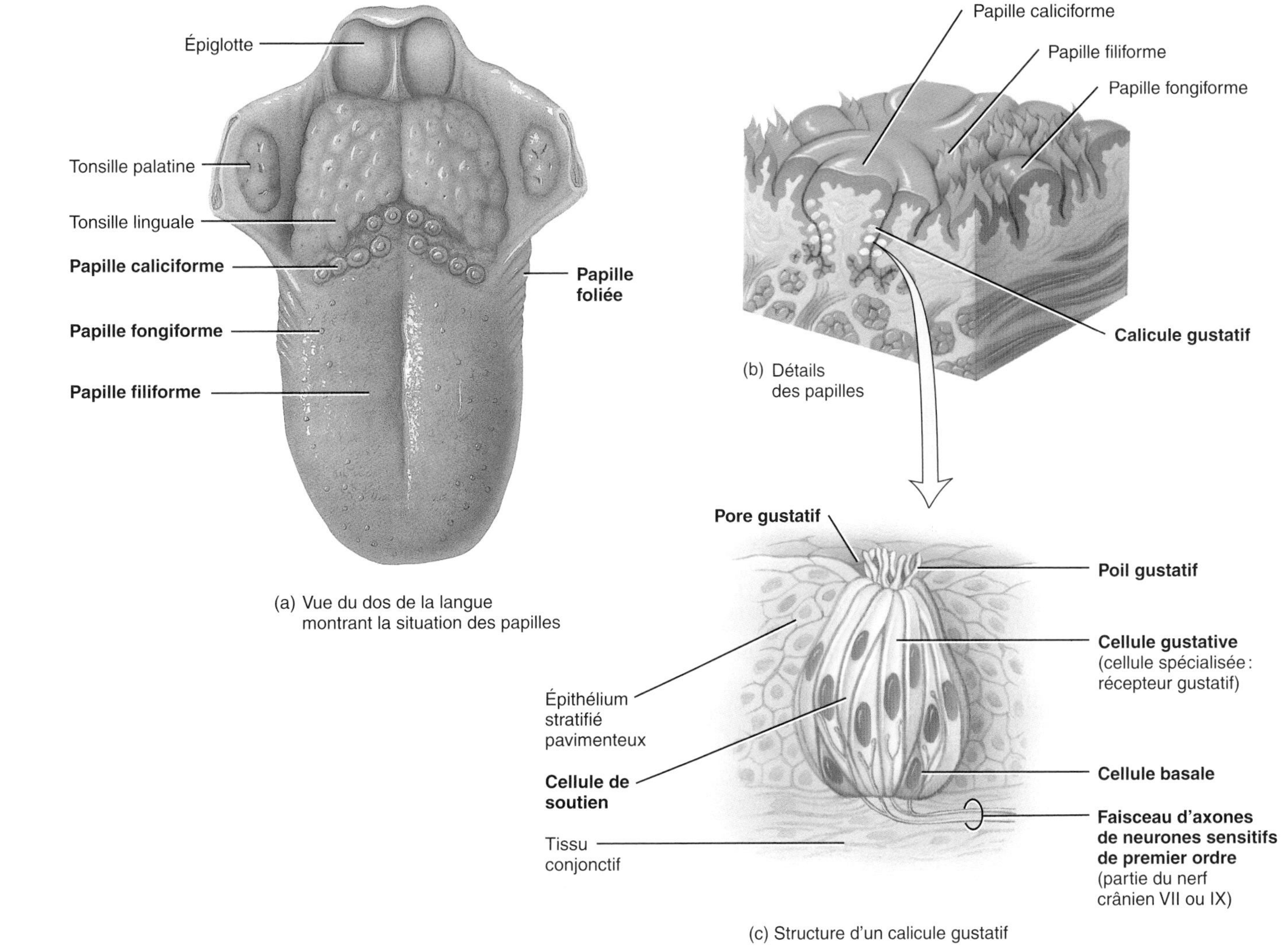

Épiglotte

Tonsille palatine

Tonsille linguale

Papille caliciforme

Papille fongiforme

Papille filiforme

Papille foliée

(a) Vue du dos de la langue montrant la situation des papilles

Papille caliciforme

Papille filiforme

Papille fongiforme

Calicule gustatif

(b) Détails des papilles

Pore gustatif

Poil gustatif

Cellule gustative (cellule spécialisée : récepteur gustatif)

Épithélium stratifié pavimenteux

Cellule de soutien

Tissu conjonctif

Cellule basale

Faisceau d'axones de neurones sensitifs de premier ordre (partie du nerf crânien VII ou IX)

(c) Structure d'un calicule gustatif

Q Quel est le rôle des cellules de soutien dans les calicules gustatifs ?

synaptiques. Les molécules de neurotransmetteur libérées diffusent dans la fente synaptique et déclenchent un ou plusieurs influx nerveux dans le neurone de premier ordre qui fait synapse avec une cellule gustative. (Notez que les substances sapides déclenchent un « potentiel récepteur » dans une cellule gustative, qui fait synapse avec un neurone de premier ordre ; quant aux substances odorantes, elles déclenchent un « potentiel générateur » dans une cellule olfactive, qui est elle-même un neurone de premier ordre [voir la figure 16.1].)

Le mode de production du potentiel récepteur varie en fonction de la nature de la substance sapide : soit la substance sapide pénètre dans la cellule gustative, soit elle n'y pénètre pas. Par exemple,

dans le cas d'un aliment salé qui contient des molécules de chlorure de sodium (NaCl), les ions sodium (Na$^+$) pénètrent dans les cellules gustatives en passant à travers les canaux à Na$^+$ de la membrane plasmique. L'accumulation d'ions Na$^+$ dans les cellules gustatives entraîne une dépolarisation, d'où l'ouverture de canaux à Ca^{2+}. L'entrée d'ions Ca^{2+} y déclenche à son tour l'exocytose des vésicules synaptiques et la libération de neurotransmetteur. De même, les ions hydrogène (H$^+$) contenus dans les substances amères pénètrent dans les cellules gustatives en passant à travers les canaux à H$^+$. Ils influent de plus sur l'ouverture et la fermeture de divers autres types de canaux ioniques. Il en résulte également dans ce cas une dépolarisation, qui provoque finalement la libération de neurotransmetteur.

D'autres molécules sapides, qui stimulent les récepteurs du sucré, de l'amer, de l'acide et de l'umami, ne pénètrent pas dans les cellules gustatives; elles se lient plutôt à des récepteurs, situés sur la membrane plasmique, qui sont associés à des protéines G. Ces dernières activent alors différentes substances chimiques appelées *seconds messagers* et situées à l'intérieur des cellules gustatives. La façon dont ces messagers provoquent la dépolarisation varie en fonction de leur nature, mais le résultat est le même dans tous les cas : un neurotransmetteur est libéré.

Si toutes les substances sapides entraînent la libération de neurotransmetteur par de nombreuses cellules gustatives, alors pourquoi tous les aliments n'ont-ils pas le même goût? On pense que cela dépend de la provenance des influx nerveux dans les groupes de neurones de premier ordre de la voie gustative. L'activation de différents groupes produirait des saveurs distinctes. De plus, même si chaque cellule gustative est sensible à plusieurs des cinq saveurs élémentaires, elle réagit davantage à certaines saveurs.

LE SEUIL D'EXCITATION ET L'ADAPTATION DES CELLULES GUSTATIVES

Le seuil d'excitation des cellules gustatives varie selon les saveurs élémentaires; le seuil d'excitation pour les substances amères – telle la quinine – est le plus bas de tous. De nombreuses substances toxiques ayant un goût amer, cette grande sensibilité a probablement une fonction protectrice. Le seuil d'excitation pour les substances acides – tel le citron –, mesuré à l'aide de l'acide chlorhydrique, est un peu plus élevé. Les seuils d'excitation pour le salé et le sucré, mesurés respectivement à l'aide du chlorure de sodium et du saccharose, sont à peu près identiques et plus élevés que les seuils d'excitation pour l'amer et l'acide.

L'adaptation complète à une saveur donnée peut survenir au bout de une à cinq minutes de stimulation continuelle. L'adaptation gustative repose sur des changements qui se produisent dans les cellules gustatives, les cellules olfactives et les neurones de la voie gustative dans le SNC.

LA VOIE GUSTATIVE

Trois nerfs crâniens contiennent les axones des neurones de premier ordre de la voie gustative qui innervent les calicules gustatifs (voir la figure 14.22). Le nerf facial (VII) innerve les calicules des deux tiers antérieurs de la langue, le nerf glossopharyngien (IX), ceux du tiers postérieur de la langue et le nerf vague (X), ceux de la gorge et de l'épiglotte. À partir des calicules gustatifs, les potentiels d'action se propagent dans ces nerfs crâniens jusqu'au bulbe rachidien. De là, quelques axones porteurs de signaux gustatifs s'étendent jusque dans le système limbique et l'hypothalamus, tandis que d'autres se rendent au thalamus. Les signaux gustatifs vont ensuite du thalamus jusqu'à l'aire gustative primaire, dans le lobe pariétal du cortex cérébral (aire ㊸ dans la figure 14.15), où a lieu la perception consciente des sensations gustatives.

L'AVERSION GUSTATIVE

C'est probablement parce que des axones s'étendent jusque dans le système limbique et l'hypothalamus qu'il existe un lien

étroit entre le goût et des émotions agréables ou désagréables. Les aliments sucrés suscitent des réactions de plaisir, tandis que les aliments amers provoquent des expressions de dégoût même chez les nouveaunés. Ce phénomène est à la base de l'**aversion gustative**, due à ce que les animaux et les humains apprennent rapidement à éviter une substance qui provoque des troubles du tube digestif. Cet apprentissage contribue à accroître la survie. Cependant, les médicaments et les radiations utilisés pour lutter contre le cancer causent fréquemment des nausées et d'autres troubles du tube digestif, quels que soient les aliments que le patient consomme. Certains patients perdent donc l'appétit parce qu'ils développent une aversion pour la majorité des aliments. ∎

▶ **POINT DE CONTRÔLE**

3. Quelles sont les différences structurales et fonctionnelles entre les cellules olfactives et les cellules gustatives?

4. Décrivez la série d'événements qui se déroule depuis le contact entre une substance sapide et la salive jusqu'à l'arrivée d'un influx nerveux dans l'aire gustative primaire du cortex cérébral.

5. Comparez la voie olfactive et la voie gustative.

LA VISION

OBJECTIFS

- Énumérer et décrire les structures annexes de l'œil et les éléments structuraux du globe oculaire.
- Expliquer la formation des images en décrivant la réfraction, l'accommodation et la constriction de la pupille.
- Nommer les photorécepteurs et décrire leur fonctionnement.
- Énumérer les principaux phénomènes qui caractérisent la physiologie de la vision.
- Décrire la voie visuelle.

La vision joue un rôle extrêmement important dans la survie des humains. Les yeux contiennent plus de la moitié des récepteurs sensoriels du corps, et une grande partie du cortex cérébral est réservée au traitement de l'information visuelle. Dans cette section, nous allons étudier les structures annexes de l'œil, le globe oculaire lui-même, la formation des images, la physiologie de la vision ainsi que la voie visuelle, depuis l'œil jusqu'à l'encéphale.

LES STRUCTURES ANNEXES DE L'ŒIL

Les **structures annexes** de l'œil sont les paupières, les cils, le sourcil, l'appareil lacrymal et les muscles extrinsèques du globe oculaire.

Les paupières

Les **paupières** supérieure et inférieure recouvrent l'œil pendant le sommeil, le protègent contre la lumière excessive et les corps étrangers et répandent des sécrétions lubrifiantes sur le globe oculaire (figure 17.3). La paupière supérieure est plus mobile que la paupière inférieure et, dans sa partie supérieure, elle renferme le **muscle**

FIGURE 17.3 L'anatomie de surface de l'œil droit.

 La fente palpébrale est l'espace qui sépare la paupière supérieure et la paupière inférieure ; elle laisse apparaître le globe oculaire.

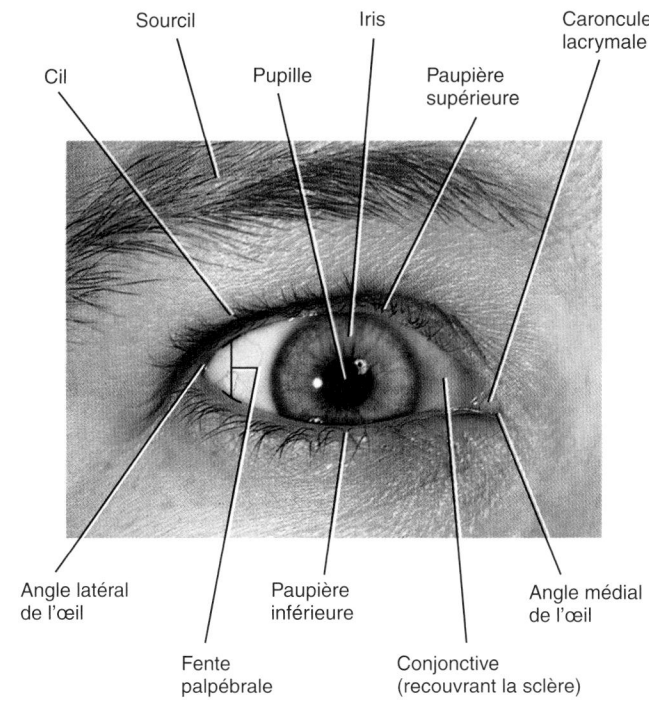

Sourcil   Iris   Caroncule lacrymale

Cil   Pupille   Paupière supérieure

Angle latéral de l'œil   Paupière inférieure   Angle médial de l'œil

Fente palpébrale   Conjonctive (recouvrant la sclère)

Q Laquelle des structures photographiées ici est unie au revêtement intérieur des paupières ?

élévateur de la paupière supérieure. Il arrive qu'on éprouve des *secousses musculaires* désagréables de la paupière, soit un tremblement involontaire semblable à celui qui se produit parfois dans les muscles de la main, de l'avant-bras, de la jambe ou du pied. Généralement, ces secousses sont bénignes et ne durent que quelques secondes. Elles sont souvent associées au stress et à la fatigue. L'espace qui sépare la paupière supérieure de la paupière inférieure et laisse apparaître le globe oculaire est appelé **fente palpébrale**. Cette dernière forme deux angles : l'**angle latéral de l'œil**, près de l'os temporal, et l'**angle médial de l'œil**, plus ouvert, près de l'os du nez. L'angle médial de l'œil porte une petite éminence rougeâtre, la **caroncule lacrymale**, qui contient des glandes sébacées et sudoripares. La substance blanche qui s'accumule parfois dans l'angle médial de l'œil provient de ces glandes.

De l'extérieur vers l'intérieur, chaque paupière comprend l'épiderme, le derme, le tissu sous-cutané, les myocytes du muscle orbiculaire de l'œil, le tarse, les glandes tarsales et la conjonctive (figure 17.4a). Le **tarse** est un épais feuillet de tissu conjonctif (fibrocartilage) qui soutient la paupière et lui donne sa forme. Il contient une rangée de longues glandes sébacées modifiées, les **glandes tarsales**, ou glandes de Meibomius. Ces glandes sécrètent un liquide qui empêche les paupières d'adhérer l'une à l'autre. L'infection des glandes tarsales cause l'apparition sur les paupières d'un kyste appelé **chalazion** (*khalaza* : grêlon). La **conjonctive** est

une mince muqueuse protectrice, composée d'un épithélium stratifié prismatique contenant de nombreuses cellules caliciformes et soutenu par un tissu conjonctif aréolaire. Elle tapisse la face interne des paupières (**conjonctive palpébrale**) et se replie sur la surface du globe oculaire (**conjonctive bulbaire**), où elle recouvre la sclère (le « blanc » de l'œil) mais non la cornée, c'est-à-dire la région transparente qui forme la face antérieure externe du globe oculaire. Nous examinerons la sclère et la cornée plus en détail un peu plus loin. Une irritation ou une infection locales entraînent la dilatation et la congestion des vaisseaux sanguins de la conjonctive bulbaire ; les yeux paraissent alors injectés de sang.

Les cils et le sourcil

Les **cils**, qui bordent les deux paupières, et le **sourcil**, qui décrit un arc au-dessus de la paupière supérieure, protègent le globe oculaire contre les corps étrangers, les gouttes de sueur et les rayons directs du soleil. Des glandes sébacées situées à la base des follicules des cils, les **glandes ciliaires**, libèrent une substance lubrifiante dans les follicules. L'infection de ces glandes entraîne la formation d'un **orgelet**.

L'appareil lacrymal

L'**appareil lacrymal** (*lacrima* : larme) est un groupe de structures qui produisent et drainent la **sécrétion lacrymale**, ou les **larmes**. Les larmes sont sécrétées par la **glande lacrymale**, située au-dessus du bord latéral de l'orbite de l'œil et qui a la taille et la forme d'une amande. Elles s'écoulent dans 6 à 12 **ductules excréteurs de la glande lacrymale**, qui s'ouvrent sur la partie supérieure de la conjonctive (figure 17.4b). De là, les larmes traversent en diagonale la face antérieure du globe oculaire et pénètrent dans deux petits orifices appelés **points lacrymaux**. Elles passent ensuite dans les **canalicules lacrymaux**, qui débouchent dans le **sac lacrymal**, et elles entrent dans le **conduit lacrymonasal**. Ce conduit déverse les larmes dans la cavité nasale, juste au-dessous du cornet nasal inférieur. L'inflammation du sac lacrymal porte le nom de **dacryocystite** (*dacryon* : larme ; *ite* : inflammation) ; il s'agit le plus souvent d'une infection bactérienne qui bloque le conduit lacrymonasal.

La glande lacrymale est innervée par des axones parasympathiques du nerf facial (VII) (voir la figure 14.22). La sécrétion lacrymale produite par cette glande est une solution aqueuse contenant des sels, un peu de mucus et du **lysozyme**, une enzyme bactéricide. Cette solution aqueuse protège, nettoie, lubrifie et humidifie le globe oculaire. Après avoir été libérée, la sécrétion lacrymale se répand sur la surface du globe oculaire en direction du nez grâce au clignement des paupières. Chaque glande lacrymale sécrète environ 1 mL de larmes par jour.

En temps normal, les larmes sont éliminées au fur et à mesure qu'elles sont produites : soit elles s'évaporent, soit elles passent dans les canalicules lacrymaux puis dans la cavité nasale. Cependant, les substances irritantes qui entrent en contact avec la conjonctive stimulent les glandes lacrymales ; celles-ci produisent alors un excès de sécrétion et les larmes s'accumulent. Le larmoiement est un mécanisme protecteur, car les larmes diluent et entraînent la substance irritante. Le larmoiement peut aussi accompagner une

FIGURE 17.4 Les structures annexes de l'œil.

Les structures annexes de l'œil sont les paupières, les cils, le sourcil, l'appareil lacrymal et les muscles extrinsèques du globe oculaire.

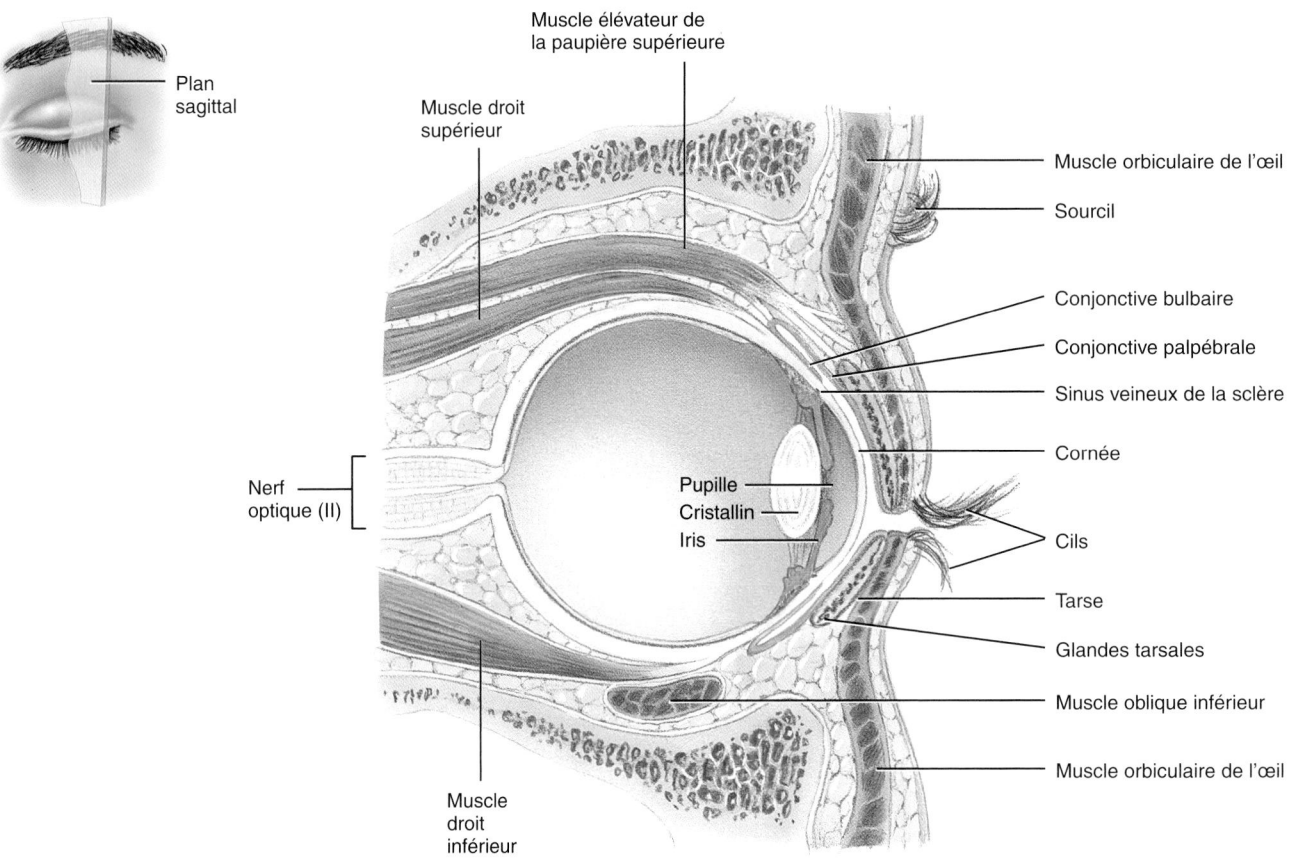

(a) Coupe sagittale de l'œil et de ses structures annexes

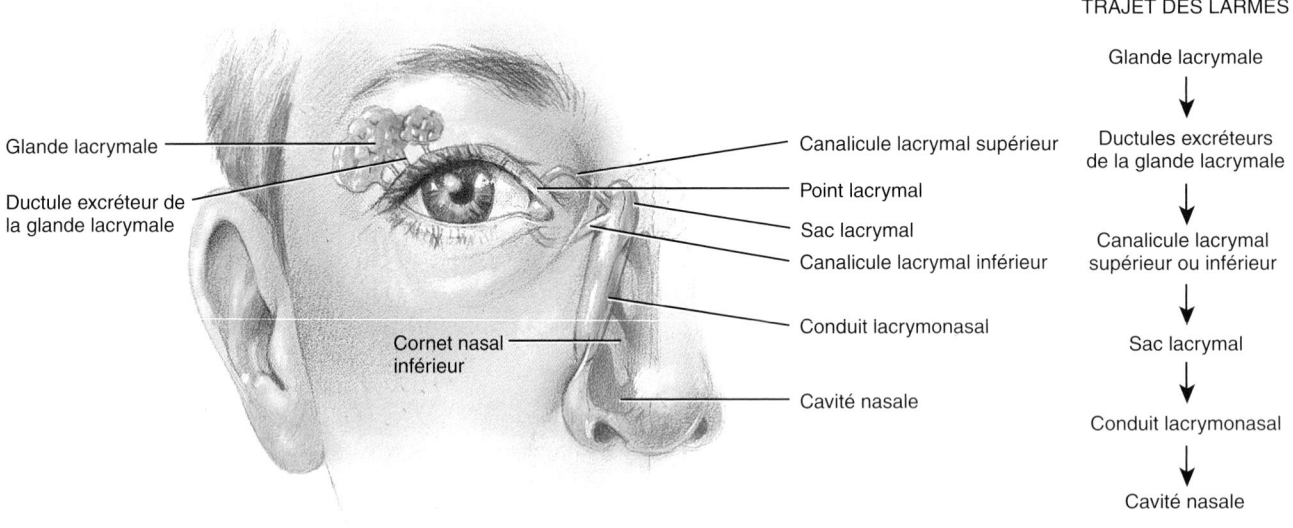

(b) Vue antérieure de l'appareil lacrymal

Qu'est-ce que la sécrétion lacrymale et quelles sont ses fonctions?

inflammation de la muqueuse nasale – causée par un rhume, par exemple – qui obstrue les conduits lacrymonasaux et entrave le drainage des larmes. L'être humain est le seul animal à pouvoir exprimer une émotion joyeuse ou triste en pleurant. Stimulées par la partie parasympathique du système nerveux autonome, les glandes lacrymales sécrètent un excès de larmes qui débordent alors des paupières et peuvent même remplir la cavité nasale. C'est pourquoi le fait de pleurer provoque souvent un écoulement nasal.

Les muscles extrinsèques du globe oculaire

Les muscles extrinsèques du globe oculaire, au nombre de six, rendent possibles les mouvements du globe oculaire. Il s'agit des **muscles droit supérieur, droit inférieur, droit latéral, droit médial, oblique supérieur** et **oblique inférieur** (figures 17.4a et 17.5). Ces muscles sont innervés par les nerfs crâniens III, IV et VI (voir la figure 14.20). En règle générale, les unités motrices de ces muscles sont de petite taille. Certains neurones moteurs innervent seulement deux ou trois myocytes – proportion qui n'est égalée que dans le larynx –, ce qui assure des mouvements souples, précis et rapides. Comme l'indique l'exposé 11.2, les muscles extrinsèques du globe oculaire permettent à l'œil de se déplacer vers l'extérieur, l'intérieur, le haut et le bas. Pour que nous puissions regarder vers la droite, par exemple, il faut que se produisent simultanément une contraction du muscle droit latéral de l'œil droit et du muscle droit médial de l'œil gauche ainsi qu'un relâchement du muscle droit latéral de l'œil gauche et du muscle droit médial de l'œil droit. Les muscles obliques assurent la stabilité du globe oculaire. Les mouvements des yeux sont coordonnés et synchronisés par des réseaux neuronaux situés dans le tronc cérébral et le cervelet.

L'ANATOMIE DU GLOBE OCULAIRE

Le **globe oculaire** a un diamètre d'environ 2,5 cm chez l'adulte. Seul le sixième antérieur de sa surface est apparent ; le reste est enchâssé et caché dans l'orbite. Sur le plan anatomique, la paroi du globe oculaire comprend trois épaisseurs : la tunique fibreuse, la tunique vasculaire et la rétine.

La tunique fibreuse

La **tunique fibreuse** est l'enveloppe superficielle avasculaire du globe oculaire ; elle est constituée de la cornée, à l'avant, et de la sclère, à l'arrière (figure 17.5). La **cornée**, qui est transparente, recouvre l'iris, lui-même coloré. Grâce à sa forme incurvée, elle contribue à focaliser la lumière sur la rétine. Son feuillet externe est composé d'un épithélium stratifié pavimenteux non kératinisé ; son feuillet intermédiaire, de fibres collagènes et de fibroblastes ; et son feuillet interne, d'un épithélium simple pavimenteux. La disposition particulière des fibres collagènes confère sa transparence à la cornée. Étant donné que la partie centrale de la cornée reçoit de l'oxygène de l'air ambiant, les lentilles cornéennes que l'on porte durant de longues périodes doivent être perméables afin que l'oxygène puisse passer à travers. La présence de nombreux leucocytes dans son feuillet intermédiaire confère à la cornée une bonne protection contre les infections. La **sclère** (*sklêros* : dur) est une couche de tissu conjonctif dense composée principalement de fibres collagènes et de fibroblastes. S'étendant sur tout le globe oculaire, sauf la cornée, la sclère lui donne sa forme et sa rigidité

et en protège les structures internes. D'un blanc nacré chez l'adulte – d'où son appellation courante de «blanc» de l'œil –, elle est bleutée chez l'enfant et jaunâtre chez les personnes âgées. À la jonction de la sclère et de la cornée se trouve une ouverture, le **sinus veineux de la sclère**, ou canal de Schlemm. Un liquide appelé *humeur aqueuse* s'écoule dans ce sinus (figure 17.5).

La tunique vasculaire

Le **tunique vasculaire**, également appelée **uvée**, est l'enveloppe moyenne du globe oculaire ; elle comprend trois parties : la choroïde, le corps ciliaire et l'iris (figure 17.5). La **choroïde** constitue la partie postérieure de la tunique vasculaire ; fortement vascularisée, elle tapisse la majeure partie de la face interne de la sclère. Ses nombreux vaisseaux sanguins fournissent des nutriments à la face postérieure de la rétine. La choroïde renferme également des mélanocytes qui produisent la mélanine, pigment qui donne à la tunique sa couleur brun foncé. La mélanine absorbe les rayons lumineux diffus, empêchant ainsi la réflexion et la diffusion de la lumière à l'intérieur du globe oculaire, ce qui assure une bonne définition et la clarté de l'image projetée sur la rétine par la cornée et le cristallin. Les personnes albinos sont entièrement dépourvues de mélanine, et cela vaut également pour leurs yeux. Elles ont donc souvent besoin de porter des lunettes de soleil même à l'intérieur, car elles perçoivent toute lumière modérément intense comme un vif éblouissement à cause du phénomène de diffusion.

Dans la partie antérieure de la tunique vasculaire, la choroïde forme le **corps ciliaire**, qui s'étend de l'**ora serrata** – soit le bord antérieur denté de la rétine – jusqu'à un point situé juste à l'arrière de la jonction entre la sclère et la cornée. Tout comme la choroïde, le corps ciliaire semble brun foncé parce qu'il contient des mélanocytes qui produisent de la mélanine. Il comprend les procès ciliaires et le muscle ciliaire. Les **procès ciliaires** sont des saillies ou replis de la face interne du corps ciliaire ; ils renferment des capillaires qui sécrètent l'humeur aqueuse. En prolongement des procès ciliaires, les fibres zonulaires du **ligament suspenseur du cristallin** sont rattachées au cristallin. Le **muscle ciliaire** est un anneau de myocytes lisses dont la contraction et le relâchement modifient la rigidité des fibres zonulaires, ce qui influe sur la forme du cristallin, lui permettant de s'adapter à une vision rapprochée ou éloignée.

L'**iris** – la partie colorée du globe oculaire – a la forme d'un beignet aplati. Il est suspendu entre la cornée et le cristallin et rattaché au bord extérieur des procès ciliaires. Il est composé de mélanocytes et de myocytes lisses disposés en cercle ou en rayons. C'est la quantité de mélanine dans l'iris qui détermine la couleur de l'œil. Celui-ci semble brun ou noir si l'iris renferme une grande quantité de mélanine, et il paraît bleu si la concentration de mélanine est très faible, et vert si la concentration est modérée.

L'une des principales fonctions de l'iris est de moduler la quantité de lumière qui entre dans le globe oculaire par la **pupille**, l'ouverture centrale de l'iris. La pupille paraît noire parce que, si on regarde à travers le cristallin, on aperçoit la partie postérieure de l'œil (choroïde et rétine) fortement pigmentée. Cependant, si on dirige une lumière vive sur la pupille, la lumière réfléchie est rouge à cause de la présence de vaisseaux sanguins à la surface de la rétine. C'est pour cette raison que les yeux des gens semblent rouges sur une photographie (phénomène de l'œil rouge) lorsqu'une lumière vive est dirigée vers leurs pupilles. Le diamètre de la pupille est régi par des réflexes autonomes et dépend de l'intensité de la lumière (figure 17.6). Lorsque la lumière est abondante, des axones parasympathiques du nerf oculomoteur (III) provoquent la contraction du **muscle sphincter de la pupille** (ou muscle circulaire), et le diamètre de la pupille diminue (constriction). Par contre, lorsque la lumière est faible, des axones sympathiques entraînent la contrac-

tion du **muscle dilatateur de la pupille** (ou muscle radial), et le diamètre de la pupille augmente (dilatation).

La rétine

L'enveloppe interne du globe oculaire, la **rétine**, tapisse les trois quarts postérieurs du globe oculaire et constitue l'amorce de la voie visuelle (figure 17.5). L'*ophtalmoscope* (*ophtalmos* : œil ; *skopein* : examiner) est un instrument servant à éclairer et à examiner l'œil à travers la pupille ; il fournit une image agrandie de la rétine et

FIGURE 17.5 L'anatomie du globe oculaire.

La paroi du globe oculaire comprend trois enveloppes : la tunique fibreuse, la tunique vasculaire et la rétine.

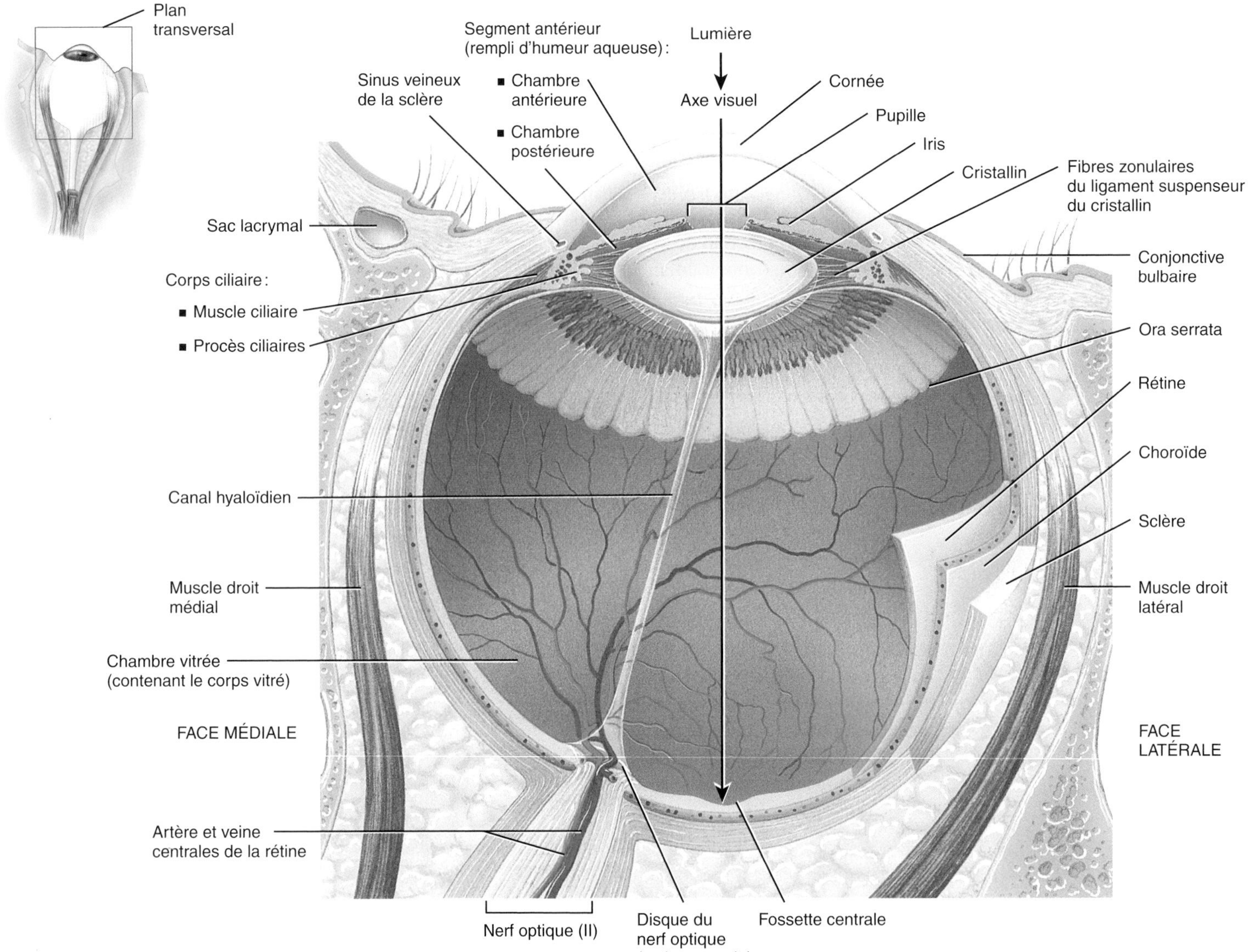

Vue supérieure du globe oculaire droit en coupe transversale

Quels sont les éléments constitutifs de la tunique fibreuse et de la tunique vasculaire ?

FIGURE 17.6 Les réactions de la pupille à différentes intensités lumineuses.

 La contraction du muscle sphincter de la pupille entraîne la constriction de la pupille ; la contraction du muscle dilatateur de la pupille entraîne la dilatation de la pupille.

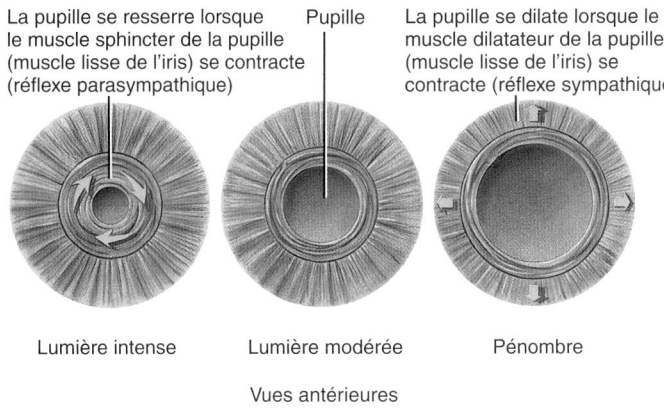

La pupille se resserre lorsque le muscle sphincter de la pupille (muscle lisse de l'iris) se contracte (réflexe parasympathique)

Pupille

La pupille se dilate lorsque le muscle dilatateur de la pupille (muscle lisse de l'iris) se contracte (réflexe sympathique)

Lumière intense   Lumière modérée   Pénombre

Vues antérieures

Q Quelle partie du système nerveux autonome entraîne la constriction de la pupille ? Laquelle en entraîne la dilatation ?

FIGURE 17.7 Une rétine normale vue à travers un ophtalmoscope.
On peut examiner directement les vaisseaux sanguins de la rétine et tenter d'y déceler des changements pathologiques.

 Le disque du nerf optique est le point où le nerf optique sort du globe oculaire. La fossette centrale est le point où l'acuité visuelle est optimale.

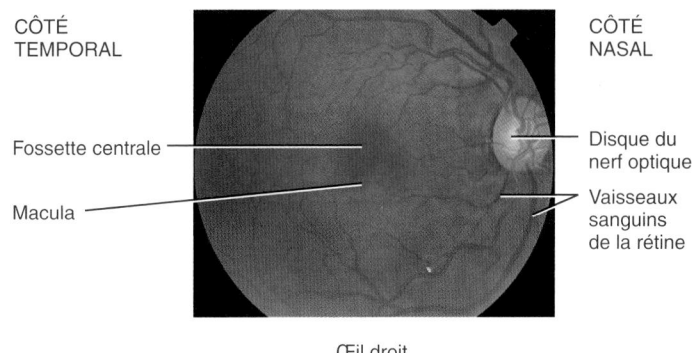

CÔTÉ TEMPORAL

CÔTÉ NASAL

Fossette centrale

Macula

Disque du nerf optique

Vaisseaux sanguins de la rétine

Œil droit

Q Quelles sont les maladies dont on peut déceler les signes à l'aide d'un ophtalmoscope ?

de ses vaisseaux sanguins, de même que du nerf optique (II) (figure 17.7). La surface de la rétine est le seul endroit du corps humain où l'on peut examiner les vaisseaux sanguins directement et y rechercher des changements pathologiques, notamment ceux qui sont associés à l'hypertension, au diabète sucré, à la cataracte et à la dégénérescence maculaire liée à l'âge (DMLA). Il est possible d'observer plusieurs points de repère anatomiques de la rétine au moyen de l'ophtalmoscope. Le **disque du nerf optique** est le point où le nerf optique sort du globe oculaire. L'**artère centrale de la rétine**, une branche de l'artère ophtalmique, et la **veine centrale de la rétine** passent ensemble dans le nerf optique (figure 17.5). L'artère centrale de la rétine émet des ramifications qui nourrissent la face antérieure de la rétine ; la veine centrale de la rétine draine le sang provenant de la rétine à travers le disque du nerf optique. On peut également observer la macula et la fossette centrale, qui seront décrites un peu plus loin.

La rétine est formée d'une partie pigmentaire et d'une partie nerveuse. La **partie pigmentaire de la rétine** est un feuillet de cellules épithéliales situé entre la choroïde et la partie nerveuse de la rétine. La mélanine présente dans la rétine absorbe, tout comme la mélanine de la choroïde, la lumière diffuse. La **partie nerveuse de la rétine** traite les données visuelles avant de transmettre des influx nerveux aux axones du nerf optique. Ses trois couches de neurones – les **photorécepteurs**, les **neurones bipolaires** et les **cellules ganglionnaires** – sont séparées par les *couches plexiformes externe* et *interne* de la rétine, où s'établissent les synapses (figure 17.8). Notez que la lumière traverse la couche de cellules ganglionnaires et la couche de neurones bipolaires avant d'atteindre la couche de photorécepteurs. La couche de neurones bipolaires de la rétine comprend deux autres types de cellules, soit les **cellules horizontales** et les **cellules amacrines**. Ces cellules

forment des réseaux neuronaux, dirigés latéralement, qui modifient les signaux transmis des photorécepteurs aux neurones bipolaires puis aux cellules ganglionnaires. Parce que ces cellules traitent (intégration) les influx nerveux, on considère que la rétine fait en quelque sorte partie du SNC.

LE DÉCOLLEMENT DE LA RÉTINE

Le **décollement de la rétine** peut être attribuable à un traumatisme, causé par exemple par un coup porté à la tête, à diverses affections de l'œil ou à une dégénérescence associée au vieillissement. Il s'agit d'une séparation de la partie nerveuse et de l'épithélium pigmentaire de la rétine. Du liquide s'accumule entre ces deux couches, ce qui entraîne un gonflement vers l'extérieur de la rétine, qui est flexible. Il s'ensuit une distorsion de la vue et une cécité dans le champ de vision correspondant. On peut suturer la rétine en effectuant une intervention chirurgicale au laser ou par cryocautérisation (application locale d'une substance extrêmement froide), et il faut la rattacher le plus rapidement possible si on veut éviter qu'il ne se produise des dommages permanents. ■

Les photorécepteurs sont des *cellules spécialisées* qui interviennent au début du processus par lequel les rayons lumineux sont convertis en potentiels récepteurs (voir la figure 16.1c). Il en existe deux types : les bâtonnets et les cônes. La rétine renferme environ 6 millions de cônes et 120 millions de bâtonnets. Les **bâtonnets** permettent de voir dans la pénombre, au clair de lune par exemple. Parce qu'ils ne détectent pas la couleur, nous ne distinguons que des nuances de gris quand l'illumination est faible. Une lumière plus intense stimule les **cônes**, responsables de la vision des couleurs. La rétine renferme trois types de cônes : 1) les *cônes bleus*, sensibles à la lumière bleue ; 2) les *cônes verts*, sensibles à la lumière verte ; et 3) les *cônes rouges*, sensibles à la lumière rouge. La vision des couleurs résulte de la stimulation de diverses combinaisons de cônes

FIGURE 17.8 La structure microscopique de la rétine et les photorécepteurs. La flèche bleue pointant vers le bas, à gauche, indique la direction des influx qui traversent la partie nerveuse de la rétine. Les influx nerveux naissent dans les cellules ganglionnaires et se propagent dans le nerf optique (II) formé par leurs axones. (La figure 14.19 montre la trajectoire du nerf optique jusqu'à l'encéphale.)

 Dans la rétine, les signaux visuels passent des photorécepteurs aux neurones bipolaires puis aux cellules ganglionnaires.

Partie pigmentaire de la rétine

Bâtonnet

Cône

Couche de photorécepteurs

Choroïde

Couche plexiforme externe

Cellule horizontale

Neurone bipolaire

Cellule amacrine

Couche de neurones bipolaires

Couche plexiforme interne

Couche de cellules ganglionnaires

Cellule ganglionnaire

Axones du nerf optique (II)

Vaisseau sanguin de la rétine

Trajet de la lumière dans la rétine

Direction du traitement des signaux visuels

Propagation des influx nerveux dans les axones du nerf optique (II), en direction du disque du nerf optique

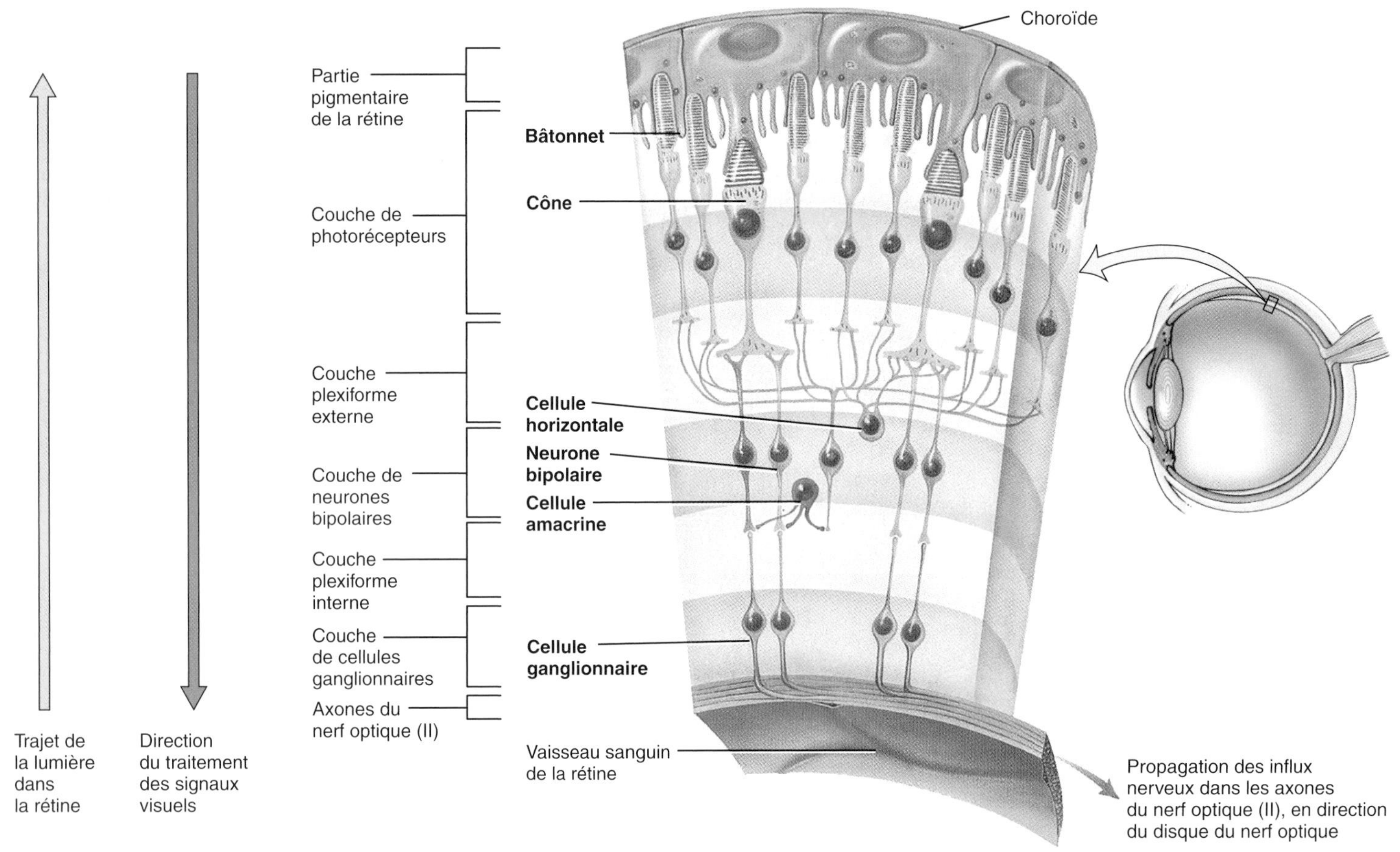

Q Quels sont les deux types de photorécepteurs et quelles sont leurs fonctions respectives ?

des trois types. La plupart des expériences visuelles nécessitent l'intervention du système des cônes ; leur destruction cause la cécité pratique (la personne atteinte est considérée comme aveugle sur le plan juridique). Par ailleurs, si une personne perd la vision qui dépend des bâtonnets, elle a principalement de la difficulté à voir dans la pénombre, et devrait donc s'abstenir de conduire la nuit.

À partir des photorécepteurs, l'information traverse la couche plexiforme externe, la couche de neurones bipolaires et la couche plexiforme interne, puis elle atteint les cellules ganglionnaires. Les axones de ces cellules cheminent vers l'arrière en direction du disque du nerf optique et forment le nerf optique (II) à leur sortie du globe oculaire. Le disque du nerf optique est aussi appelé **tache aveugle**, car il ne contient ni bâtonnets ni cônes et ne peut capter les images qui l'atteignent. Cette lacune de notre vision passe inaperçue en temps ordinaire, mais il est facile d'en démontrer l'existence. Couvrez votre œil gauche et fixez la croix qui apparaît

ci-dessous. Approchez ou éloignez le livre de votre œil. Le carré disparaîtra lorsque son image atteindra votre tache aveugle.

La **macula**, aussi appelée *macula lutea* ou encore *tache jaune* (*macula* : tache ; *lutea* : jaune), est située exactement au centre de la partie postérieure de la rétine, dans l'axe visuel. La **fossette centrale**, ou *fovea centralis* (figures 17.5 et 17.7), une petite dépression au centre de la macula, contient seulement des cônes. Ces derniers ne sont pas recouverts par les couches de neurones bipolaires et de cellules ganglionnaires qui diffusent quelque peu la lumière. Par conséquent, la fossette centrale est le point où l'**acuité visuelle**, ou **résolution**, atteint son maximum. Si vous remuez la tête et les yeux quand vous regardez un objet (ou pour lire chacun des mots de cette phrase), c'est principalement pour en diriger l'image sur votre fossette centrale. Les bâtonnets sont absents de la fossette centrale mais très abondants en périphérie de la rétine. Parce que les bâtonnets sont plus sensibles que les cônes, on voit mieux les objets peu lumineux (par exemple, une étoile de faible luminosité) si on les regarde de côté plutôt que directement.

LA DÉGÉNÉRESCENCE MACULAIRE LIÉE À L'ÂGE

La **dégénérescence maculaire liée à l'âge** (**DMLA**), ou simplement *dégénérescence maculaire*, est une affection dégénérative de la rétine que l'on observe chez les personnes de 50 ans et plus. Les anomalies touchent la région de la macula, où l'acuité visuelle est normalement maximale. Les premiers symptômes comprennent une vision floue et une distorsion au centre du champ visuel. Dans la forme atrophique (aussi appelée *forme sèche*), la vision centrale diminue graduellement parce que la partie pigmentaire de la rétine s'atrophie et dégénère. Il n'existe pas de traitement efficace. Dans environ 10 % des cas, la forme atrophique évolue vers la dégénérescence maculaire disciforme (aussi appelée *forme humide*), caractérisée par la formation de vaisseaux sanguins dans la choroïde et un écoulement de plasma ou de sang sous la rétine. On peut ralentir la perte de la vision en utilisant la photocoagulation au laser pour détruire les vaisseaux sanguins qui fuient.

Les patients chez qui la maladie a atteint un stade avancé jouissent encore de la vision périphérique mais ils ont perdu la capacité de voir ce qui se trouve directement devant eux. Ainsi, ils n'arrivent pas à distinguer les traits d'une personne se trouvant devant eux et ne peuvent donc pas la reconnaître. La DMLA est la principale cause de cécité chez les personnes de plus de 75 ans ; elle est 2,5 fois plus fréquente chez les personnes qui fument au moins un paquet de cigarettes par jour que chez les non-fumeurs. Selon l'organisme AMD Alliance International, qui œuvre dans la prévention de la DMLA, de 25 à 30 millions de personnes souffrent de dégénérescence maculaire à l'échelle mondiale. En raison du vieillissement de la population, ce chiffre pourrait tripler au cours des 25 prochaines années. ■

Le cristallin

Le **cristallin** est situé à l'arrière de la pupille et de l'iris, dans la cavité du globe oculaire (figure 17.5). Avasculaire et parfaitement transparent en temps normal, il est composé de protéines, appelées **cristallines**, disposées comme les couches d'un oignon. Il est enveloppé dans une capsule de tissu conjonctif transparente et maintenu en place, à la verticale dans le globe oculaire, par les fibres zonulaires du ligament suspenseur du cristallin ; les fibres zonulaires encerclent le cristallin et sont reliées aux procès ciliaires. Le cristallin contribue à la focalisation des images sur la rétine, et donc à la clarté de la vision.

L'intérieur du globe oculaire

Le cristallin divise le globe oculaire en un segment antérieur et un segment postérieur. Le **segment antérieur** (l'espace situé à l'avant du cristallin) comprend la **chambre antérieure**, entre la cornée et l'iris, et la **chambre postérieure**, située derrière l'iris et devant le cristallin et les fibres zonulaires (figure 17.9). Les deux chambres du segment antérieur sont remplies d'**humeur aqueuse** (*aqua* : eau), liquide aqueux qui nourrit le cristallin et la cornée et dont la composition est similaire à celle du liquide cérébrospinal. L'humeur aqueuse exsude continuellement des capillaires des procès ciliaires ; elle s'écoule dans la chambre postérieure, puis passe entre l'iris et le cristallin, traverse la pupille et entre dans la chambre antérieure. De là, elle coule dans le sinus veineux de la sclère puis entre dans le sang. Normalement, l'humeur aqueuse se renouvelle complètement toutes les 90 min environ (les flèches de la figure 17.9 indiquent le trajet de sa circulation).

Le **segment postérieur** du globe oculaire, plus grand que le segment antérieur, est aussi appelé **chambre vitrée** ; il s'étend entre le cristallin et la rétine. La chambre vitrée contient le **corps vitré**, substance gélatineuse qui retient la rétine contre la choroïde ; la rétine constitue ainsi une surface lisse, appropriée à la réception d'images claires. Contrairement à l'humeur aqueuse, le corps vitré ne se renouvelle pas ; il se forme une fois pour toutes pendant le développement embryonnaire. Il contient des phagocytes qui éliminent les débris pour que rien n'obstrue la vision. Il peut arriver que des accumulations de débris projettent une ombre sur la rétine et fassent apparaître des taches qui vont et viennent dans le champ visuel. Ce phénomène s'observe le plus souvent chez des personnes âgées ; il est généralement sans conséquence et ne nécessite pas de traitement. Le **canal hyaloïdien** est un étroit passage qui parcourt le corps vitré du disque du nerf optique jusqu'à la face postérieure du cristallin. Il est occupé par l'artère hyaloïdienne chez le fœtus (figure 17.23d).

La pression qui existe dans l'œil, appelée **pression intraoculaire**, est due principalement à l'humeur aqueuse et, dans une moindre mesure, au corps vitré ; elle s'établit normalement à environ 16 mmHg (millimètres de mercure). Elle maintient la forme du globe oculaire et l'empêche de s'affaisser. Une blessure punctiforme du globe oculaire peut entraîner la perte de l'humeur aqueuse et du corps vitré, ce qui provoque une diminution de la pression intraoculaire, le détachement de la rétine et, dans certains cas, la cécité.

Le tableau 17.1 résume les structures associées au globe oculaire.

LA FORMATION DES IMAGES

À certains égards, l'œil est semblable à un appareil photo. Ses éléments optiques focalisent l'image d'un objet sur une « pellicule » photosensible (la rétine) tout en assurant une « exposition » appropriée (en ne laissant pénétrer que la quantité de lumière requise). Pour comprendre la manière dont l'œil forme des images claires sur la rétine, il faut étudier trois processus : 1) la réfraction, ou déviation, de la lumière par la cornée et le cristallin ; 2) l'accommodation, c'est-à-dire le changement de forme du cristallin ; et 3) la constriction, ou resserrement, de la pupille.

La réfraction des rayons lumineux

Les rayons lumineux qui passent d'un milieu transparent (comme l'air) à un autre milieu transparent de densité différente (comme l'eau) dévient à la surface de séparation des deux milieux. Cette déviation est appelée **réfraction** (figure 17.10a). Les rayons lumineux qui pénètrent dans l'œil sont réfractés sur les deux faces de la cornée puis les deux faces du cristallin, de sorte qu'ils se concentrent précisément sur la rétine.

Les images qui se forment sur la rétine sont inversées de haut en bas et de gauche à droite (figure 17.10b, c) ; autrement dit, la lumière provenant du côté droit d'un objet atteint le côté gauche

Le cristallin sépare la chambre postérieure, dans le segment antérieur, de la chambre vitrée.

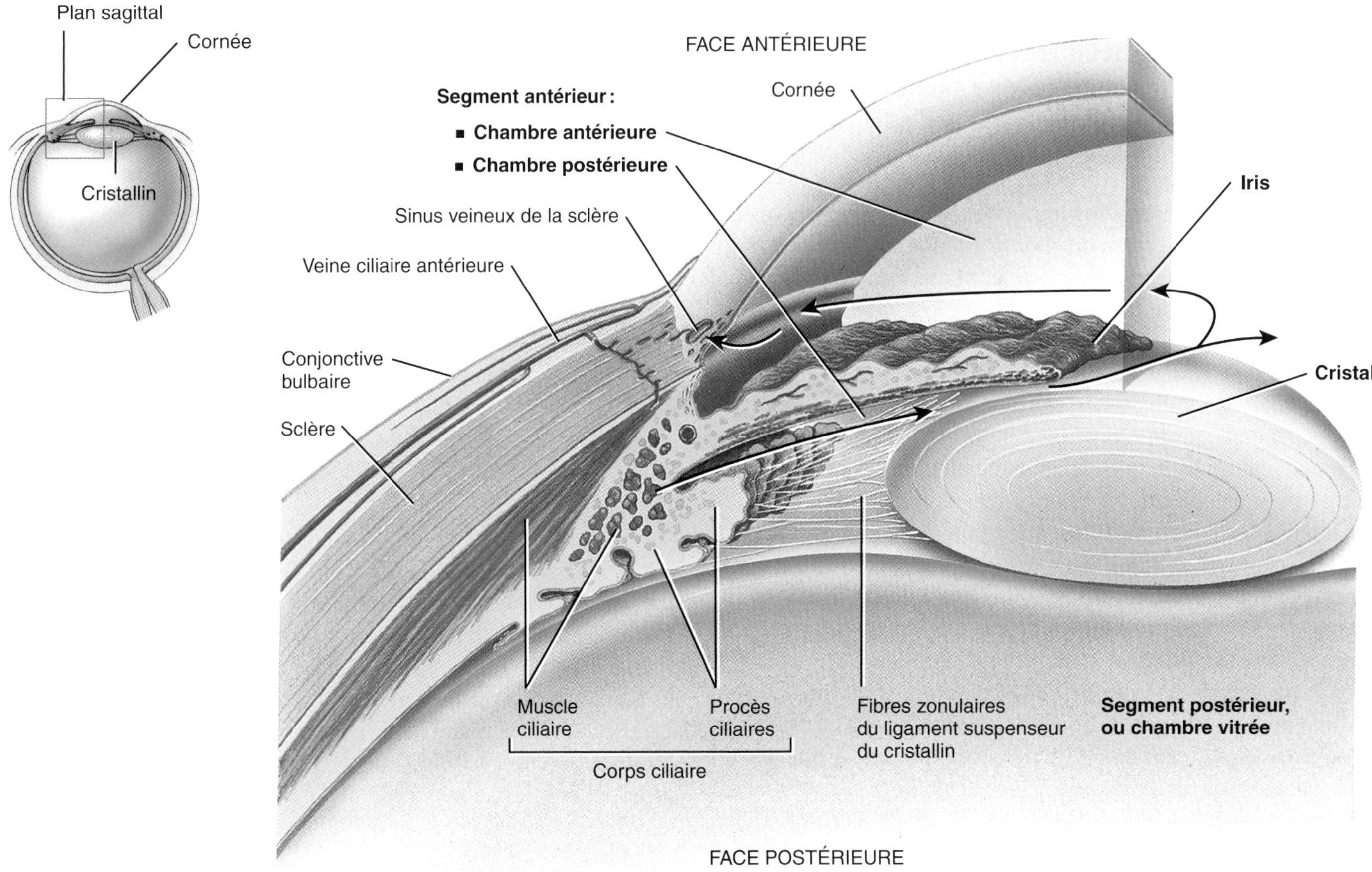

Plan sagittal

Cornée

Cristallin

FACE ANTÉRIEURE

Cornée

Segment antérieur :
- **Chambre antérieure**
- **Chambre postérieure**

Sinus veineux de la sclère

Veine ciliaire antérieure

Conjonctive bulbaire

Sclère

Iris

Cristallin

Muscle ciliaire

Procès ciliaires

Corps ciliaire

Fibres zonulaires du ligament suspenseur du cristallin

Segment postérieur, ou chambre vitrée

FACE POSTÉRIEURE

Où l'humeur aqueuse est-elle produite ? Quel trajet suit-elle ? Par où sort-elle du globe oculaire ?

de la rétine et vice versa. Si nous ne voyons pas le monde sens dessus dessous, c'est parce que notre cerveau «apprend» dès les premiers mois de la vie à faire la conversion. Quand nous commençons à tendre les mains vers les objets pour les saisir, il enregistre les images captées et les associe à la véritable orientation des objets.

La cornée assure environ 75 % de la réfraction dans l'œil. Le cristallin est responsable des 25 % restants de la puissance de focalisation et il ajuste le foyer à la vision rapprochée ou éloignée. Les rayons réfléchis par un objet situé à au moins 6 m de l'observateur sont presque parallèles (figure 17.10b). Le cristallin doit les dévier juste ce qu'il faut pour qu'ils se focalisent précisément sur la fossette centrale, là où la vision est la plus nette. Par contre, les rayons lumineux réfléchis par les objets situés à moins de 6 m de l'observateur sont divergents (figure 17.10c); ils doivent donc être déviés davantage pour se focaliser sur la rétine. C'est le processus appelé *accommodation* qui assure cette réfraction supplémentaire.

L'accommodation et le punctum proximum

Une surface qui, comme celle d'une balle, est arrondie vers l'extérieur est dite *convexe*. Une lentille convexe fait converger les rayons lumineux qui l'atteignent, de sorte qu'ils finissent par se croiser. À l'inverse, une surface arrondie vers l'intérieur, comme le dedans d'une balle creuse, est dite *concave*. Une lentille concave fait diverger les rayons lumineux, c'est-à-dire les fait s'éloigner les uns des autres. Le cristallin possède deux faces convexes (antérieure et postérieure), et son pouvoir de réfraction est d'autant plus grand que sa courbure est prononcée. Lorsque l'œil fixe un objet rapproché, le cristallin bombe et son pouvoir de réfraction augmente. L'augmentation de la courbure du cristallin associée à la vision rapprochée est appelée **accommodation** (figure 17.10c). Le **punctum proximum** est le point le plus rapproché que l'œil peut distinguer nettement avec une accommodation maximale. Il est situé à environ 10 cm de l'œil chez le jeune adulte.

TABLEAU 17.1 RÉSUMÉ DES STRUCTURES DU GLOBE OCULAIRE

STRUCTURE	FONCTION
Tunique fibreuse 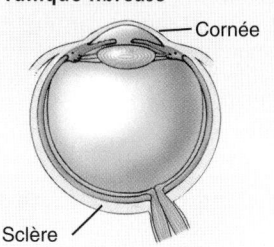	*Cornée:* Laisse entrer la lumière et la réfracte tout à la fois. *Sclère:* Donne sa forme au globe oculaire et en protège les parties internes.
Tunique vasculaire 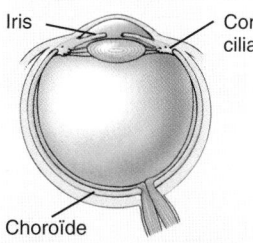	*Iris:* Régit la quantité de lumière qui pénètre dans le globe oculaire. *Corps ciliaire:* Sécrète l'humeur aqueuse et modifie la forme du cristallin pour la vision rapprochée ou la vision éloignée (accommodation). *Choroïde:* Contient des vaisseaux sanguins et absorbe la lumière diffusée.
Rétine 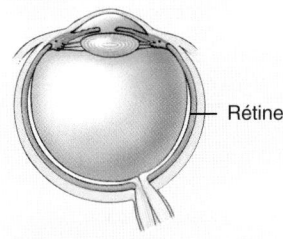	Reçoit la lumière et convertit l'énergie lumineuse en potentiels récepteurs puis en influx nerveux. L'information parvient à l'encéphale par l'intermédiaire des axones des cellules ganglionnaires, qui forment le nerf optique (II).
Cristallin 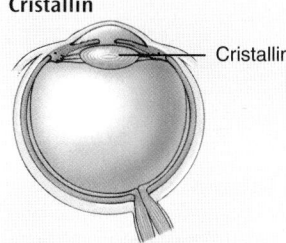	Réfracte la lumière grâce à sa capacité d'accommodation.
Segment antérieur 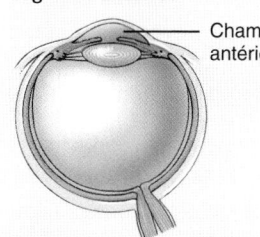	Comprend la chambre antérieure et la chambre postérieure (non indiquée ici); contient l'humeur aqueuse, liquide qui contribue à maintenir la forme du globe oculaire et qui fournit de l'oxygène et des nutriments au cristallin et à la cornée.
Segment postérieur 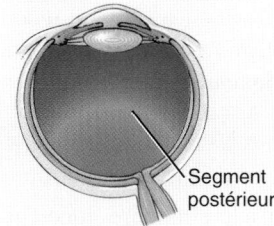	Contient le corps vitré, substance qui contribue à maintenir la forme du globe oculaire et qui garde la rétine accolée à la choroïde. Également appelé *chambre vitrée.*

FIGURE 17.10 La réfraction des rayons lumineux.
(a) La réfraction est la déviation que subissent les rayons lumineux à la surface de séparation de deux milieux transparents de densités différentes. (b) La cornée et le cristallin réfractent les rayons lumineux réfléchis par des objets éloignés de manière que l'image se focalise sur la rétine. (c) Dans l'accommodation, la courbure du cristallin s'accentue, ce qui augmente la réfraction de la lumière.

🔑 Les images qui se forment sur la rétine sont inversées de haut en bas et de gauche à droite.

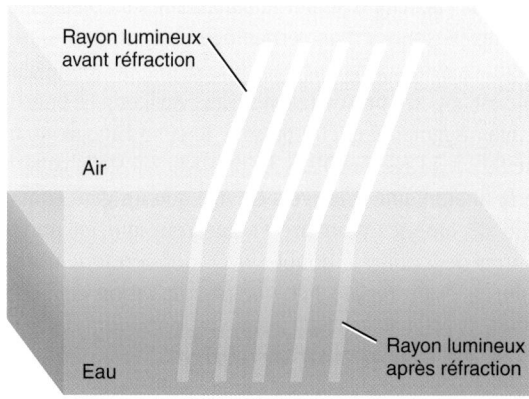

(a) Réfraction des rayons lumineux

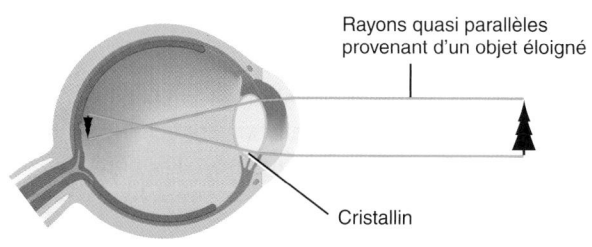

(b) Vision éloignée

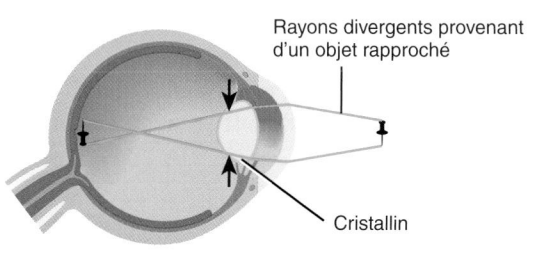

(c) Accommodation

 Quels événements se succèdent pendant l'accommodation?

Comment se déroule l'accommodation? Lorsqu'on regarde un objet éloigné, le muscle ciliaire du corps ciliaire est relâché et le cristallin est relativement plat parce qu'il est étiré dans tous les sens par les fibres zonulaires, qui sont alors tendues. Au contraire, lorsqu'on regarde un objet rapproché, le muscle ciliaire se contracte, ce qui tire les procès ciliaires et la choroïde vers l'avant, en direction du cristallin. Ce mouvement relâche la tension exercée sur le cristallin et les fibres zonulaires. Le cristallin s'arrondit (sa courbure s'accentue) alors puisqu'il est élastique, ce qui accroît son pouvoir de réfraction, de sorte que les rayons lumineux convergent davantage. Les axones parasympathiques du nerf oculomoteur (III) innervent le muscle ciliaire du corps ciliaire et, par conséquent, assurent le processus d'accommodation.

LA PRESBYTIE

Avec le temps, le cristallin perd de son élasticité et, par le fait même, sa capacité d'accommodation sur les objets rapprochés. C'est pourquoi les personnes d'un certain âge sont incapables de lire un texte à une distance aussi courte que peut le faire une personne plus jeune. Cette anomalie est appelée **presbytie** (*presbytês* : vieillard). Le punctum proximum peut avoir augmenté et être passé à 20 cm à l'âge de 40 ans, et il peut atteindre 80 cm à l'âge de 60 ans. La presbytie s'installe généralement au milieu de la quarantaine. C'est vers cet âge que les gens commencent à avoir besoin de lunettes pour lire et que ceux qui en portent déjà doivent se munir de lentilles à double foyer, qui permettent de faire le point tant pour la vision rapprochée que pour la vision éloignée. ■

Les défauts de réfraction oculaire

Dans l'**œil emmétrope**, c'est-à-dire l'œil normal, la réfraction est suffisante pour que les rayons lumineux provenant d'un objet situé à 6 m de distance forment une image claire sur la rétine. Nombre de gens, cependant, présentent des défauts de la réfraction oculaire. L'un d'entre eux, la **myopie**, apparaît lorsque le globe oculaire est trop long relativement à la puissance de focalisation de la cornée et du cristallin, ou quand le cristallin est plus épais qu'il ne l'est normalement, de sorte que l'image converge en avant de la rétine. Les personnes myopes voient clairement les objets rapprochés, mais non les objets éloignés. Dans les cas d'**hypermétropie**, la longueur du globe oculaire est faible relativement à la puissance de focalisation de la cornée et du cristallin, ou bien le cristallin est plus mince qu'il ne l'est normalement, de sorte que l'image converge derrière la rétine. Les personnes hypermétropes voient clairement les objets éloignés, mais non les objets rapprochés. Ces anomalies et les moyens de les corriger sont présentés à la figure 17.11. L'**astigmatisme**, par ailleurs, correspond à une courbure irrégulière soit de la cornée, soit du cristallin. Il se traduit par une vision brouillée ou déformée.

On peut corriger la plupart des défauts de la vision au moyen de lunettes, de lentilles cornéennes ou par une intervention chirurgicale. Une lentille cornéenne flotte sur une mince couche de larmes recouvrant la cornée ; la face antérieure de la lentille corrige le défaut de la vision, tandis que la face postérieure épouse la courbure de la cornée. Le Lasik est une technique utilisée pour remodeler la cornée de manière à corriger de façon permanente les anomalies de la réfraction.

LE LASIK

La chirurgie réfractive visant à corriger la courbure de la cornée dans les cas de myopie, de presbytie et d'astigmatisme est une solution de remplacement au port de lunettes ou de lentilles cornéennes, qui gagne toujours en popularité. La forme la plus courante de chirurgie réfractive est le Lasik (*laser-assisted in situ keratomileusis*). Après avoir déposé quelques gouttes d'analgésique sur l'œil, on incise partiellement

FIGURE 17.11 Les défauts de réfraction et les corrections.
(a) Œil emmétrope (normal). (b) Dans un œil myope, l'image se forme à l'avant de la rétine. La myopie peut être due à une élongation du globe oculaire ou à un épaississement du cristallin. (c) On corrige la myopie au moyen d'une lentille concave qui fait diverger les rayons lumineux avant leur entrée dans l'œil, de manière que l'image se forme précisément sur la rétine. (d) Dans un œil hypermétrope, l'image se forme à l'arrière de la rétine. L'hypermétropie est causée par une diminution de la longueur du globe oculaire ou un amincissement du cristallin. (e) On corrige l'hypermétropie à l'aide d'une lentille convexe qui fait converger les rayons lumineux avant leur entrée dans l'œil de manière que l'image se forme sur la rétine.

Les personnes myopes ne voient clairement que les objets rapprochés ; les personnes hypermétropes ne voient clairement que les objets éloignés.

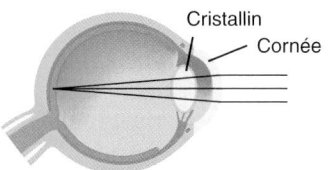

(a) Œil emmétrope (normal)

(b) Œil myope sans correction   (c) Œil myope avec correction

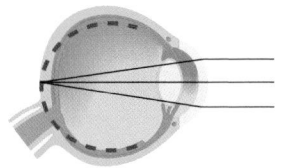

(d) Œil hypermétrope sans correction   (e) Œil hypermétrope avec correction

 Qu'est-ce que la presbytie ?

une fine lamelle circulaire de tissu au centre de la cornée. On soulève la lamelle, puis on sculpte la couche sous-jacente de la cornée à l'aide d'un laser, en remodelant une couche microscopique à la fois. L'emploi d'un ordinateur permet au chirurgien de faire une ablation très précise de couches de la cornée. Lorsque le remodelage est terminé, il repositionne la lamelle sur la zone traitée. On recouvre l'œil d'une surface protectrice pendant 24 h et la lamelle adhère de nouveau très rapidement au reste de la cornée. ■

La constriction de la pupille

Le muscle sphincter de la pupille, ou muscle circulaire, joue également un rôle dans la formation d'images claires sur la rétine.

Nous avons vu que la **constriction de la pupille** est le rétrécissement du diamètre de l'orifice par lequel la lumière pénètre dans l'œil et qu'elle est due à la contraction du muscle sphincter de la pupille. Il s'agit d'un réflexe autonome qui survient en même temps que l'accommodation et empêche les rayons lumineux d'entrer dans l'œil par la périphérie du cristallin. Sans ce réflexe, les rayons ne se concentreraient pas sur la rétine et les images formées seraient floues. Rappelons que la pupille se resserre aussi quand la lumière est vive (figure 17.6).

LA CONVERGENCE

De nombreux animaux, tels le cheval et la chèvre, ont les yeux sur les côtés de la tête et voient, par conséquent, un ensemble d'objets avec leur œil gauche et un ensemble tout à fait différent avec leur œil droit. Chez l'être humain, en revanche, les deux yeux sont dirigés vers un seul ensemble d'objets – caractéristique appelée **vision binoculaire**. Cet attribut de notre système visuel permet la perception du relief des objets et une vision stéréoscopique.

Dans la vision binoculaire, les rayons lumineux provenant d'un objet atteignent des points correspondants sur les deux rétines. Lorsque nous regardons un objet éloigné situé droit devant nous, les rayons lumineux parviennent directement aux deux pupilles et dévient vers des points équivalents des deux rétines. Si nous nous approchons de l'objet, nos yeux doivent se tourner vers l'intérieur pour que les rayons lumineux atteignent des points correspondants sur les deux rétines. On appelle **convergence** le mouvement vers l'intérieur qui permet aux deux globes oculaires de se fixer sur l'objet regardé, comme lorsqu'on suit des yeux un crayon que l'on rapproche de soi. Plus l'objet est proche, plus le degré de convergence requis pour maintenir la vision binoculaire est élevé. C'est l'action coordonnée des muscles extrinsèques du globe oculaire qui assure la convergence.

LA PHYSIOLOGIE DE LA VISION

Les photorécepteurs et les photopigments

Les photorécepteurs ont reçu les appellations de « bâtonnets » et de « cônes » à cause de l'apparence de leur *segment externe* respectif, c'est-à-dire leur extrémité distale voisine de la partie pigmentaire de la rétine (figure 17.12). Ainsi, le segment externe des bâtonnets est cylindrique, alors que celui des cônes est plutôt conique. C'est dans la membrane plasmique du segment externe que se produit la transduction de l'énergie lumineuse en potentiel récepteur. La membrane plasmique des cônes est plissée, alors que celle des bâtonnets forme des disques superposés dont le nombre se situe autour de 1 000.

Le segment externe des photorécepteurs se renouvelle à un rythme extrêmement rapide. De un à trois nouveaux disques s'ajoutent toutes les heures à la base du segment externe des bâtonnets, tandis que les disques usés se détachent du sommet et sont phagocytés par les cellules de la partie pigmentaire de la rétine. Le *segment interne* contient le noyau de la cellule, le complexe golgien et de nombreuses mitochondries. L'extrémité proximale des photorécepteurs forme des boutons terminaux remplis de vésicules synaptiques.

La première étape de la transduction de l'énergie lumineuse en potentiel récepteur est l'absorption de la lumière par un **photopigment**, une protéine colorée présente dans la membrane plasmique

FIGURE 17.12 La structure des photorécepteurs : les cônes et les bâtonnets. Le segment interne contient la machinerie métabolique nécessaire à la synthèse des photopigments et à la production d'ATP. Les photopigments sont enchâssés dans les disques ou les plis que forme la membrane plasmique du segment externe. Les nouveaux disques (dans les bâtonnets) et les nouveaux plis (dans les cônes) se forment à la base du segment externe. Les cellules de la partie pigmentaire de la rétine phagocytent les plis et les disques usés qui se détachent de l'extrémité distale du segment externe.

La transduction de l'énergie lumineuse en potentiels récepteurs se produit dans le segment externe des bâtonnets et des cônes.

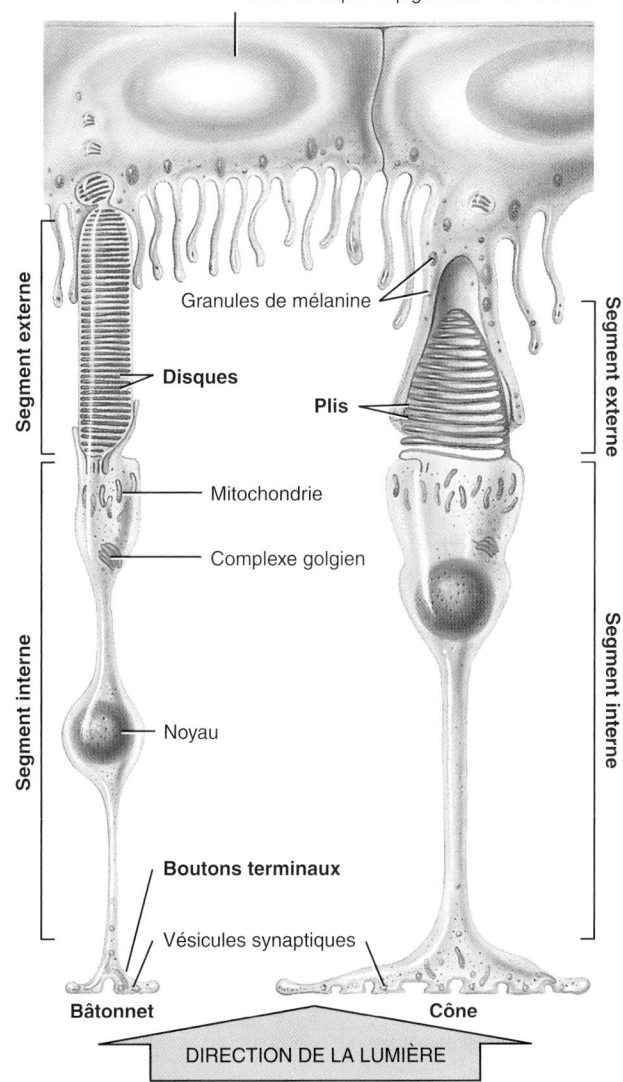

 Sur le plan fonctionnel, quelles sont les ressemblances entre les bâtonnets et les cônes ?

du segment externe des photorécepteurs, qui subit certains changements structuraux lorsqu'elle absorbe la lumière. Les bâtonnets contiennent un seul photopigment, la *rhodopsine*, alors qu'il y en a trois dans les cônes, chaque type de cône ayant un photopigment différent (voir plus loin). La vision en couleur résulte de l'activation des différents photopigments des cônes, chacun étant activé par des longueurs d'onde de couleurs différentes.

Tous les photopigments associés à la vision comprennent deux parties : un dérivé de la vitamine A appelé *rétinal* et une glycoprotéine appelée *opsine*. Le **rétinal** est la partie qui absorbe la lumière dans tous les photopigments. Comme les autres dérivés de la vitamine A, il se forme à partir des caroténoïdes, pigments végétaux qui donnent aux carottes leur couleur orangée. C'est la raison pour laquelle un apport adéquat de légumes riches en caroténoïdes, par exemple les carottes, les épinards, le brocoli et les courges jaunes, ou encore d'aliments riches en vitamine A, par exemple le foie, est essentiel à une bonne vision.

Il existe quatre types d'**opsines** dans la rétine humaine. L'opsine présente dans les bâtonnets est appelée **rhodopsine** (*rhodhon* : rose ; *opsis* : vue). Les trois autres sont présentes dans les cônes et en déterminent le type. De légères variations dans la séquence des acides aminés des diverses opsines permettent aux bâtonnets et aux cônes d'absorber différentes couleurs (longueurs d'onde) de la lumière. La rhodopsine absorbe surtout les couleurs allant du bleu au vert, tandis que les opsines des cônes absorbent le bleu, le vert ou les couleurs allant du jaune au rouge.

La phototransduction commence donc lorsqu'un photopigment absorbe la lumière. Le photopigment subit alors des changements structuraux, ce qui déclenche la série d'événements suivante et aboutit à la production d'un potentiel récepteur (figure 17.13) :

1. Dans l'obscurité, le rétinal a une forme courbe, appelée *cis*-rétinal, qui s'imbrique dans l'opsine du photopigment. Quand le *cis*-rétinal absorbe un photon (l'unité fondamentale de la lumière), il se redresse et prend la forme *trans*-rétinal. Cette transformation, appelée **isomérisation**, est la première étape de la phototransduction. Ensuite, plusieurs intermédiaires chimiques instables se forment et disparaissent. Ces changements chimiques aboutissent à la production d'un potentiel récepteur (figure 17.14).

2. Le *trans*-rétinal se sépare complètement de l'opsine en 1 min environ. Le produit final étant incolore, cette partie du cycle est appelée **décoloration** du photopigment.

3. Une enzyme nommée **rétinal isomérase** reconvertit le *trans*-rétinal en *cis*-rétinal.

4. Le *cis*-rétinal peut alors se lier à l'opsine pour reformer un photopigment. La nouvelle synthèse du photopigment porte le nom de **régénération**.

La partie pigmentaire de la rétine adjacente aux photorécepteurs garde en réserve une grande quantité de vitamine A et contribue à la régénération dans les bâtonnets. La régénération de la rhodopsine ralentit radicalement si la partie pigmentaire se détache de la rétine. Les photopigments des cônes se régénèrent beaucoup plus rapidement que la rhodopsine des bâtonnets et dépendent moins de la partie pigmentaire. Après une décoloration complète, il faut 5 min pour que se régénère la moitié de la rhodopsine mais 90 s seulement pour que se régénère la moitié des photopigments des cônes. La régénération complète de la rhodopsine décolorée met de 30 à 40 min.

L'adaptation à la lumière et à l'obscurité

L'**adaptation à la lumière** se produit lorsqu'on passe de l'obscurité à la clarté, quand on sort d'un tunnel par exemple. En quelques

FIGURE 17.13 Le cycle de décoloration et de régénération du photopigment. Les flèches bleues indiquent les étapes de la décoloration et les flèches noires, celles de la régénération.

Le rétinal, un dérivé de la vitamine A, est la partie qui absorbe la lumière dans tous les photopigments.

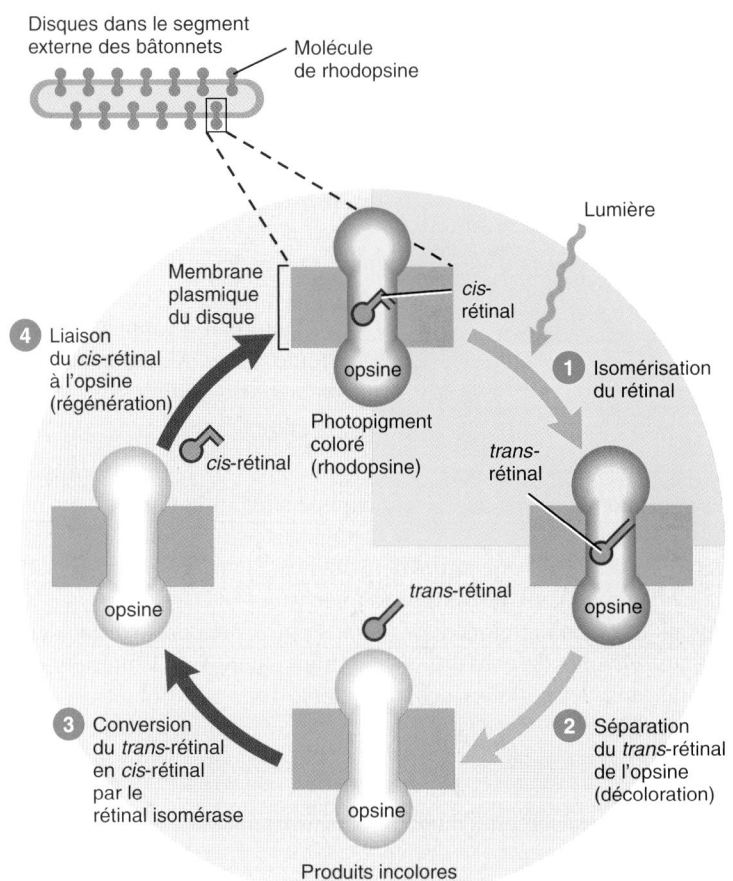

 Comment appelle-t-on la conversion du *cis*-rétinal en *trans*-rétinal ?

secondes, le système visuel s'adapte au milieu plus clair en réduisant sa sensibilité. L'**adaptation à l'obscurité**, d'un autre côté, se produit lorsqu'on passe d'un milieu bien éclairé à un milieu sombre, quand on entre dans un cinéma par exemple. La sensibilité du système visuel augmente alors lentement sur un intervalle de quelques minutes. Les variations de la sensibilité pendant l'adaptation à la lumière et à l'obscurité dépendent en grande partie (mais pas seulement) de la vitesse de la décoloration et de la régénération des photopigments des bâtonnets et des cônes.

La décoloration du photopigment augmente à mesure que la lumière s'intensifie. Il est à noter que des molécules de photopigments se régénèrent pendant que d'autres se décolorent. En pleine lumière, cependant, la régénération de la rhodopsine ne parvient pas à compenser la décoloration, de sorte que les bâtonnets ne contribuent pas beaucoup à la vision diurne. Les pigments des cônes, en revanche, se régénèrent assez rapidement pour qu'il subsiste toujours une partie de leur forme *cis* même sous un éclairage très intense.

Si l'intensité lumineuse diminue tout d'un coup, la sensibilité s'atténue rapidement au début, puis de plus en plus lentement. Dans l'obscurité totale, la régénération complète des photopigments des cônes se produit au cours des huit premières minutes de l'adaptation. Pendant ce laps de temps, un éclat de lumière liminaire (à peine perceptible) paraît coloré. La rhodopsine se régénère plus lentement, et la sensibilité visuelle augmente jusqu'à ce qu'il soit possible de détecter un unique photon. On peut alors apercevoir une lumière très faible, mais les éclats liminaires semblent blanc gris, quelle que soit leur couleur réelle. Sous de très faibles intensités lumineuses, à la lumière des étoiles par exemple, on ne voit que des teintes de gris parce que seuls les bâtonnets sont actifs.

La libération du neurotransmetteur par les photorécepteurs

Nous avons vu que l'absorption de la lumière et l'isomérisation du rétinal déclenchent, dans le segment externe des photorécepteurs, des modifications chimiques qui mènent à la production d'un potentiel récepteur. Pour comprendre la manière dont naît le potentiel récepteur, il faut d'abord étudier le fonctionnement des récepteurs en l'absence de lumière. Dans l'obscurité, les ions sodium (Na^+) pénètrent dans le segment externe des photorécepteurs par des canaux à Na^+ sensibles à un ligand (figure 17.14a). Le ligand qui maintient ces canaux ouverts est le **guanosine monophosphate cyclique** (**GMPc**). L'afflux de Na^+, appelé *courant d'obscurité*, dépolarise partiellement le photorécepteur. Le potentiel de membrane du photorécepteur s'établit alors à –30 mV, une valeur beaucoup plus près de zéro que celle du potentiel de membrane typique du neurone à l'état de repos (–70 mV). Cette dépolarisation partielle déclenche une libération continuelle de neurotransmetteur au niveau des boutons terminaux. Le neurotransmetteur présent dans les bâtonnets (et peut-être aussi dans les cônes) est le glutamate, un acide aminé. Le glutamate est inhibiteur dans les synapses entre les bâtonnets et certains neurones bipolaires ; il y déclenche des potentiels postsynaptiques inhibiteurs (PPSI) qui hyperpolarisent les neurones bipolaires et les empêchent d'envoyer des signaux aux cellules ganglionnaires.

Lorsque la lumière atteint la rétine et que le *cis*-rétinal subit une isomérisation, des enzymes s'activent et se mettent à dégrader le GMPc. Par conséquent, certains canaux à Na^+ sensibles au GMPc se ferment, l'afflux de Na^+ diminue et le potentiel de membrane devient plus négatif, approchant les –70 mV (figure 17.14b). Cette série d'événements produit un potentiel récepteur hyperpolarisant qui freine la libération de glutamate. La lumière faible engendre des potentiels récepteurs faibles et brefs qui diminuent la libération de glutamate ; la lumière intense, au contraire, produit des potentiels récepteurs forts et prolongés qui mettent fin à la libération de glutamate. Donc, la lumière stimule les neurones bipolaires qui font synapse avec les bâtonnets en stoppant la libération d'un neurotransmetteur inhibiteur ! Les neurones bipolaires activés stimulent par la suite les cellules ganglionnaires pour créer un potentiel d'action dans leur axone.

FIGURE 17.14 Le fonctionnement des bâtonnets.

La lumière engendre dans les photorécepteurs un potentiel récepteur hyperpolarisant qui diminue la libération d'un neurotransmetteur inhibiteur (le glutamate).

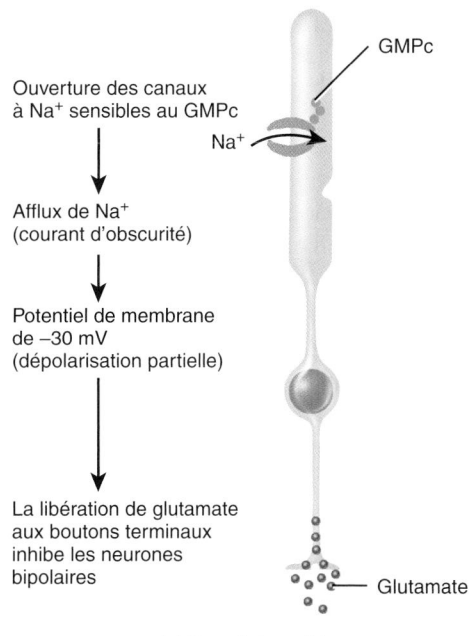

Ouverture des canaux à Na^+ sensibles au GMPc

GMPc

Na^+

Afflux de Na^+ (courant d'obscurité)

Potentiel de membrane de –30 mV (dépolarisation partielle)

La libération de glutamate aux boutons terminaux inhibe les neurones bipolaires

Glutamate

(a) Dans l'obscurité

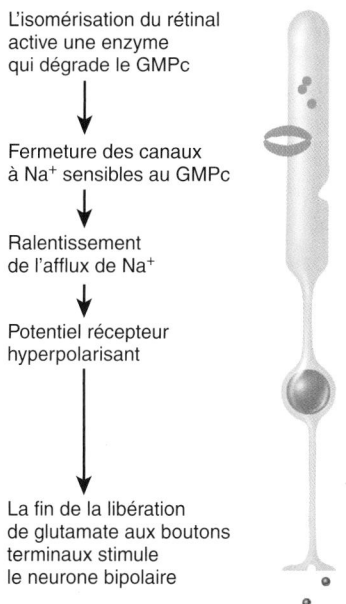

L'isomérisation du rétinal active une enzyme qui dégrade le GMPc

Fermeture des canaux à Na^+ sensibles au GMPc

Ralentissement de l'afflux de Na^+

Potentiel récepteur hyperpolarisant

La fin de la libération de glutamate aux boutons terminaux stimule le neurone bipolaire

(b) En présence de lumière

Quelle est la fonction du GMPc dans les photorécepteurs ?

L'ACHROMATOPSIE ET LA CÉCITÉ NOCTURNE

La plupart des formes d'**achromatopsie** – c'est-à-dire l'incapacité héréditaire de distinguer certaines couleurs – sont attribuables à l'absence ou à un nombre insuffisant de l'un des trois types de cônes. La forme la plus courante est le *daltonisme*, soit l'absence de cônes rouges ou verts, ce qui rend impossible la distinction entre le rouge et le vert. Une carence prolongée en vitamine A, qui entraîne une diminution sous la normale de rhodopsine, peut causer la **cécité nocturne**, ou héméralopie, qui est l'incapacité à voir clairement dans la pénombre. ■

LA VOIE VISUELLE

Après avoir subi un traitement poussé dans la rétine, et plus précisément dans les synapses entre les divers types de neurones (cellules horizontales, neurones bipolaires, cellules amacrines ; figure 17.8), l'information visuelle emprunte les axones des cellules ganglionnaires pour parvenir à l'encéphale. À la sortie du globe oculaire, ces axones forment le **nerf optique (II)**.

Le traitement de l'information visuelle dans la rétine

Dans la rétine, certains éléments de l'information visuelle sont accentués, tandis que d'autres sont éliminés. L'information provenant de plusieurs cellules peut soit converger vers un plus petit nombre de neurones postsynaptiques, soit diverger vers un plus grand nombre de neurones postsynaptiques. Dans l'ensemble, la convergence prédomine puisque seulement 1 million de cellules ganglionnaires reçoivent l'information émise par les quelque 126 millions de photorécepteurs de l'œil humain.

Une fois engendrés dans le segment externe des bâtonnets et des cônes, les potentiels récepteurs se propagent dans les segments internes jusqu'aux boutons terminaux. Les molécules de neurotransmetteur libérées par les bâtonnets et les cônes produisent des potentiels gradués locaux à la fois dans les neurones bipolaires et dans les cellules horizontales. Dans la couche plexiforme externe, de 6 à 600 bâtonnets font synapse avec un même neurone bipolaire, tandis que, la plupart du temps, un seul cône fait synapse avec un neurone bipolaire. La convergence des bâtonnets en accroît la photosensibilité mais brouille légèrement l'image perçue. D'un autre côté, la correspondance univoque entre les cônes et les neurones bipolaires réduit la sensibilité mais favorise la clarté des images. La stimulation des bâtonnets par la lumière a un effet excitateur sur les neurones bipolaires, tandis que les neurones bipolaires associés aux cônes peuvent être soit excités, soit inhibés par l'apparition d'une lumière.

Les cellules horizontales transmettent des signaux inhibiteurs aux neurones bipolaires situés dans la région adjacente aux bâtonnets et aux cônes excités. Cette inhibition latérale accentue les contrastes entre les régions de la rétine fortement stimulées et les régions voisines qui le sont plus faiblement. En outre, les cellules horizontales facilitent la différenciation des couleurs. Les cellules amacrines, excitées par les neurones bipolaires, font synapse avec les cellules ganglionnaires et leur signalent les variations de l'illumination de la rétine. Lorsque les cellules ganglionnaires reçoivent des signaux excitateurs des neurones bipolaires ou des cellules amacrines, elles se dépolarisent et produisent des potentiels d'action, ou influx nerveux, qui se propagent dans leurs axones. Les axones des cellules ganglionnaires poursuivent leur course jusqu'au disque du nerf optique, soit le point où le nerf optique (II) sort du globe oculaire.

La voie visuelle dans l'encéphale et les champs visuels

Tous les axones du nerf optique passent par le **chiasma optique** (*khiasma* : croisement) ; certains axones traversent la ligne médiane, tandis que d'autres demeurent du même côté (figure 17.15a, b). Une fois qu'ils ont traversé le chiasma optique, les axones – qui font désormais partie du **tractus optique** – entrent dans l'encéphale et se terminent dans le corps géniculé latéral du thalamus. Ils y font synapse avec des neurones dont les axones constituent la **radiation optique**, qui s'étend jusque dans l'aire visuelle primaire, dans le lobe occipital du cortex cérébral (aire 17 dans la figure 14.15). C'est le début de la perception visuelle.

La portion d'espace que capte un œil correspond à son **champ visuel**. Nous avons déjà souligné que les champs visuels se chevauchent considérablement chez l'être humain, puisque les yeux sont situés à l'avant de la tête (figure 17.15b). C'est la grande zone de superposition des champs visuels, appelée **champ visuel binoculaire**, qui permet la vision binoculaire. Le champ visuel de chaque œil est divisé en deux régions : la **moitié nasale**, ou moitié centrale, et la **moitié temporale**, ou moitié périphérique (figure 17.15c, d). Les rayons lumineux provenant d'un objet situé dans la moitié nasale du champ visuel d'un œil atteignent la moitié temporale de la rétine ; les rayons lumineux provenant d'un objet situé dans la moitié temporale du champ visuel d'un œil atteignent la moitié nasale de la rétine. En outre, l'information visuelle provenant de la moitié *droite* de chaque champ visuel est acheminée au côté *gauche* de l'encéphale, tandis que l'information visuelle provenant de la moitié *gauche* de chaque champ visuel est transmise au côté *droit* de l'encéphale. Le processus se déroule comme suit (figure 17.15c, d) :

1. Les axones de toutes les cellules ganglionnaires de la rétine d'un œil sortent du globe oculaire par le disque du nerf optique et forment le nerf optique de ce côté.
2. Au chiasma optique, les axones issus de la moitié temporale de chaque rétine ne traversent pas la ligne médiane mais se rendent directement au corps géniculé latéral du thalamus sans changer de côté.
3. Par contre, les axones issus de la moitié nasale de chaque rétine traversent la ligne médiane et se rendent au côté opposé du thalamus.

FIGURE 17.15 La voie visuelle. (a) La dissection partielle de l'encéphale révèle les radiations optiques (axones s'étendant du thalamus au lobe occipital). (b) Les deux yeux peuvent voir un objet situé dans le champ de vision binoculaire. En (c) et en (d), notez que l'information provenant du côté droit du champ visuel de chaque œil parvient au côté gauche de l'encéphale, tandis que l'information provenant du côté gauche du champ visuel de chaque œil parvient au côté droit de l'encéphale.

Les axones des cellules ganglionnaires de la moitié temporale de la rétine s'étendent jusqu'au thalamus sans changer de côté ; les axones des cellules ganglionnaires de la moitié nasale de la rétine traversent la ligne médiane avant d'atteindre le thalamus.

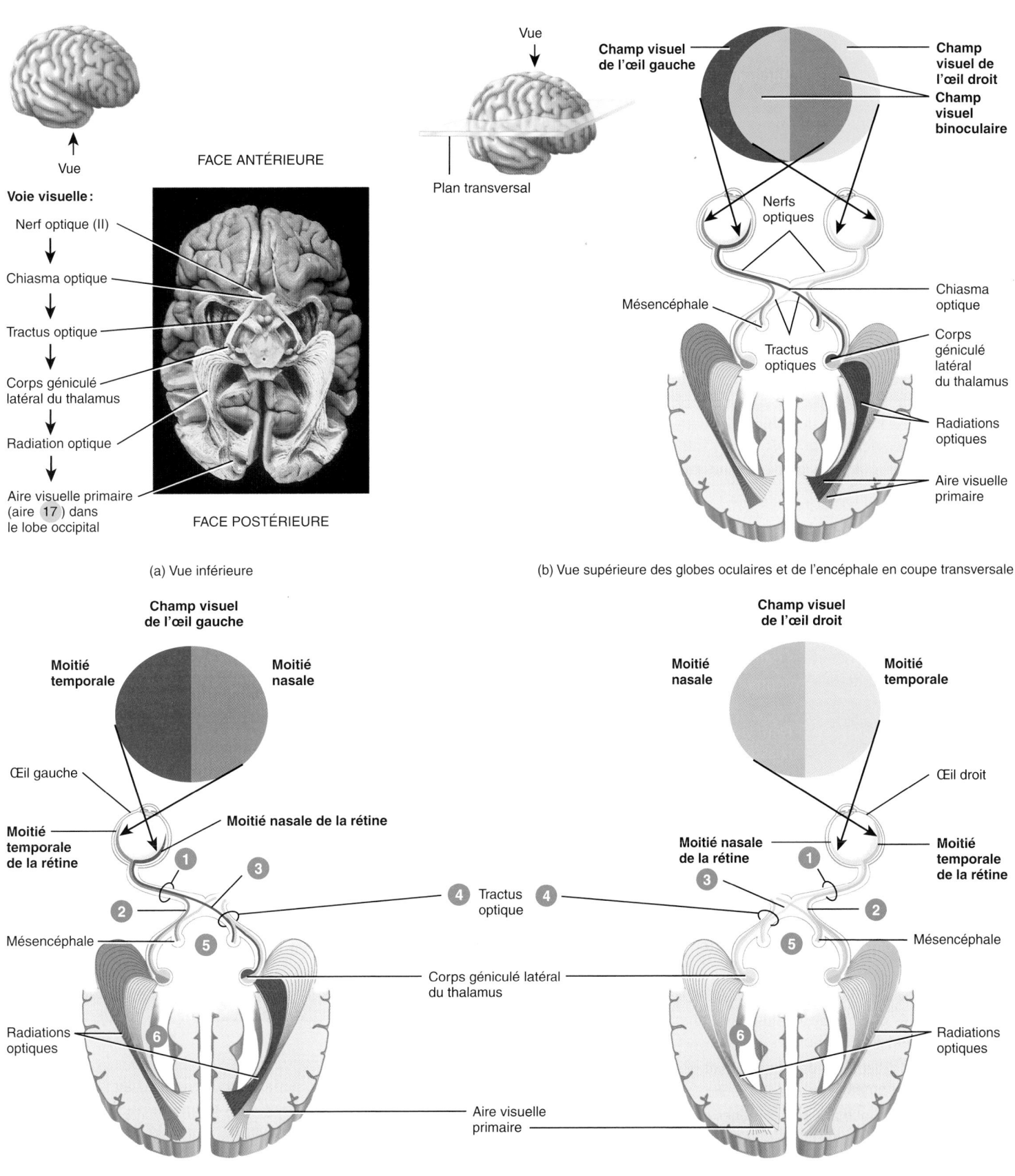

FACE ANTÉRIEURE

Vue

Voie visuelle :

Nerf optique (II)
↓
Chiasma optique
↓
Tractus optique
↓
Corps géniculé latéral du thalamus
↓
Radiation optique
↓
Aire visuelle primaire (aire 17) dans le lobe occipital

FACE POSTÉRIEURE

(a) Vue inférieure

Vue

Plan transversal

Champ visuel de l'œil gauche

Champ visuel de l'œil droit

Champ visuel binoculaire

Nerfs optiques

Chiasma optique

Mésencéphale

Tractus optiques

Corps géniculé latéral du thalamus

Radiations optiques

Aire visuelle primaire

(b) Vue supérieure des globes oculaires et de l'encéphale en coupe transversale

Champ visuel de l'œil gauche

Moitié temporale

Moitié nasale

Œil gauche

Moitié temporale de la rétine

Moitié nasale de la rétine

Mésencéphale

4 Tractus optique

Radiations optiques

Corps géniculé latéral du thalamus

Aire visuelle primaire

(c) Œil gauche et ses voies

Champ visuel de l'œil droit

Moitié nasale

Moitié temporale

Œil droit

Moitié nasale de la rétine

Moitié temporale de la rétine

Mésencéphale

Radiations optiques

(d) Œil droit et ses voies

Q Quelle moitié de la rétine atteignent les rayons lumineux provenant d'un objet situé dans la moitié temporale du champ visuel ?

④ Chaque tractus optique (formé d'axones croisés et non croisés) s'étend du chiasma optique au thalamus sans changer de côté.

⑤ Les axones des cellules ganglionnaires émettent des collatérales qui s'étendent jusqu'au mésencéphale, où elles s'intègrent à des réseaux neuronaux qui régissent la constriction des pupilles sous l'effet de la lumière ainsi que la coordination des mouvements de la tête et des yeux ; ces collatérales se rendent aussi au noyau suprachiasmatique de l'hypothalamus, qui établit les habitudes de sommeil et les autres rythmes circadiens associés à l'alternance des périodes de clarté et d'obscurité.

⑥ Les axones des neurones thalamiques forment les radiations optiques qui s'étendent du thalamus jusqu'à l'aire visuelle primaire du cortex cérébral sans changer de côté.

Nous venons de décrire la voie visuelle comme s'il s'agissait d'un unique système de traitement. Or, les experts pensent qu'au moins trois systèmes distincts ayant chacun une fonction propre traitent les signaux visuels dans le cortex cérébral. L'un traite l'information relative à la forme des objets, un autre traite l'information relative à leur couleur et le troisième, l'information relative aux mouvements, aux positions et à l'organisation spatiale.

▶ **POINT DE CONTRÔLE**

6. Quelle est la fonction de l'appareil lacrymal ?

7. Quels types de cellules constituent la partie nerveuse de la rétine et sa partie pigmentaire ?

8. Comment les photopigments réagissent-ils à la lumière ? Comment se régénèrent-ils dans l'obscurité ?

9. Comment les potentiels récepteurs prennent-ils naissance dans les photorécepteurs ?

10. Décrivez le trajet, jusqu'à l'aire visuelle primaire du cortex cérébral, des influx nerveux associés à un objet situé dans la moitié nasale du champ visuel de l'œil gauche.

L'OUÏE ET L'ÉQUILIBRE

OBJECTIFS

- Décrire l'anatomie des structures des trois principales régions de l'oreille.
- Nommer les récepteurs de l'ouïe et décrire leur fonctionnement.
- Énumérer les principaux phénomènes qui caractérisent la physiologie de l'audition.
- Nommer les récepteurs de l'équilibre et décrire leur fonctionnement.
- Énumérer les principaux phénomènes qui caractérisent la physiologie de l'équilibre statique et de l'équilibre dynamique.
- Décrire la voie auditive et la voie de l'équilibre.

L'oreille est une merveille d'ingénierie. En effet, ses récepteurs sensoriels peuvent convertir en signaux électriques des vibrations sonores dont l'amplitude est aussi faible que le diamètre d'un atome d'or (soit 0,3 nm), et ce, 1 000 fois plus rapidement que les photorécepteurs ne réagissent à la lumière. Outre les récepteurs auditifs, l'oreille renferme les récepteurs de l'équilibre.

L'ANATOMIE DE L'OREILLE

L'oreille se divise en trois grandes régions : l'oreille externe, qui capte les ondes sonores et les dirige vers l'intérieur ; l'oreille moyenne, qui achemine les vibrations à la fenêtre du vestibule ; et l'oreille interne, qui abrite les récepteurs de l'ouïe (ou de l'audition) et de l'équilibre.

L'oreille externe

L'**oreille externe** comprend l'auricule, le méat acoustique externe et le tympan (figure 17.16). L'**auricule**, ou pavillon de l'oreille, est la partie saillante en forme de coquille ; il est formé de cartilage élastique recouvert de peau. Son bord est appelé **hélix** et sa partie inférieure, **lobule**. Il est rattaché à la tête par des ligaments et des muscles. Le **méat acoustique externe**, ou conduit auditif externe, est un tube courbé d'environ 2,5 cm de long ; creusé dans l'os temporal, il s'étend du pavillon au tympan. Le **tympan**, ou membrane du tympan (*tympanum* : tambourin), est une mince cloison semi-transparente qui sépare le méat acoustique externe et l'oreille moyenne. Il est recouvert d'épiderme et tapissé d'un épithélium simple cubique. Entre les couches de l'épithélium se trouve un tissu conjonctif composé de fibres collagènes, de fibres élastiques et de fibroblastes. On appelle **perforation du tympan** une déchirure de la membrane du tympan. Elle peut être due à la pression exercée en utilisant un coton-tige, à un traumatisme ou à une infection de l'oreille moyenne, et elle guérit généralement en un mois. Il est possible d'examiner directement le tympan au moyen d'un **otoscope** (*ôtos* : oreille ; *skopein* : examiner) – instrument d'observation qui éclaire et grossit le méat acoustique externe et le tympan.

Près de son ouverture, le méat acoustique externe contient quelques poils et des glandes sudoripares spécialisées appelées **glandes cérumineuses** qui sécrètent le **cérumen** (couramment appelé *cire*). L'action conjuguée des poils et du cérumen s'opposent à l'entrée de poussière et de corps étrangers dans l'oreille. Normalement, le cérumen sèche et tombe hors du méat acoustique externe. S'il est produit en grande quantité, cependant, le cérumen peut former un bouchon qui nuit à l'audition. Le traitement habituel en cas de présence d'un **bouchon de cérumen** consiste à procéder pédiodiquement à un lavage d'oreille ou à ôter le cérumen au moyen d'une curette mousse, cette opération devant être faite par un membre du personnel médical.

L'oreille moyenne

L'**oreille moyenne** est une petite cavité remplie d'air ; tapissée d'un épithélium, elle est creusée dans l'os temporal (figure 17.17). Elle est séparée de l'oreille externe par le tympan et de l'oreille interne par une mince cloison osseuse percée de deux petites ouvertures recouvertes d'une membrane, soit la fenêtre du vestibule et la fenêtre de la cochlée. L'oreille moyenne contient les trois plus petits os du corps humain, les **osselets de l'ouïe**, qui sont rattachés à sa paroi par des ligaments et reliés par des articulations synoviales. Ces os, dont le nom en évoque la forme, sont le malléus,

FIGURE 17.16 La structure de l'oreille.

L'oreille se divise en trois régions principales : l'oreille externe, l'oreille moyenne et l'oreille interne.

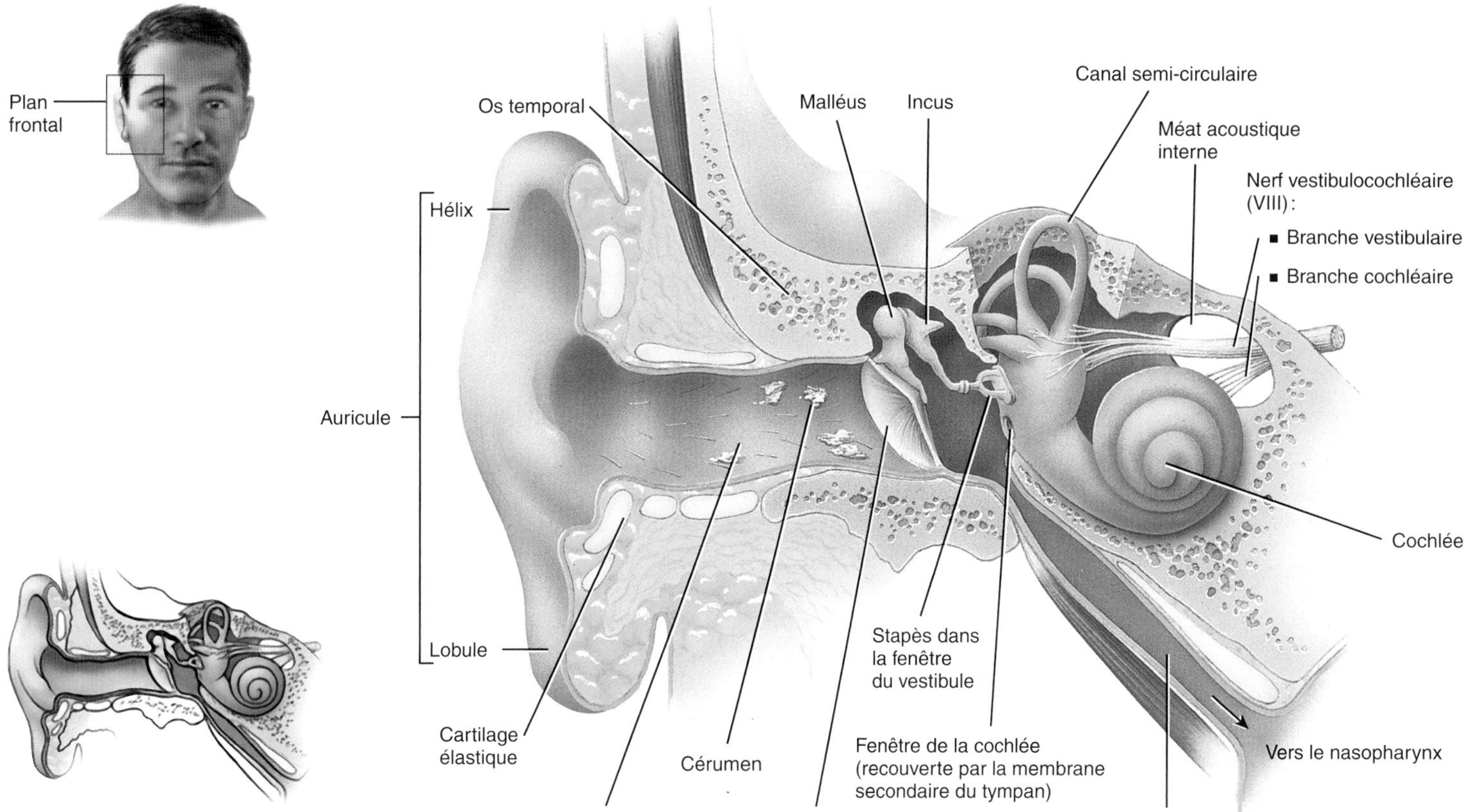

Plan frontal

Os temporal

Malléus

Incus

Canal semi-circulaire

Méat acoustique interne

Nerf vestibulocochléaire (VIII) :
- Branche vestibulaire
- Branche cochléaire

Hélix

Auricule

Cochlée

Lobule

Stapès dans la fenêtre du vestibule

Cartilage élastique

Cérumen

Fenêtre de la cochlée (recouverte par la membrane secondaire du tympan)

Vers le nasopharynx

□ Oreille externe
■ Oreille moyenne
■ Oreille interne

Méat acoustique externe

Tympan

Trompe auditive

Coupe frontale à travers le côté droit du crâne révélant les trois principales régions de l'oreille

 À quelle structure de l'oreille externe le malléus est-il rattaché ?

l'incus et le stapès, communément appelés *marteau*, *enclume* et *étrier*, respectivement. Le « manche » du **malléus** est attaché à la face interne du tympan et sa tête s'articule avec le corps de l'incus. L'**incus**, l'osselet du milieu, s'articule avec la tête du stapès. La base du **stapès** s'ajuste dans la **fenêtre du vestibule**, ou fenêtre ovale. Juste au-dessous de la fenêtre du vestibule se trouve une autre ouverture, la **fenêtre de la cochlée**, ou fenêtre ronde, qui est recouverte par une membrane appelée **membrane secondaire du tympan**.

En plus des ligaments, deux minuscules muscles squelettiques sont attachés aux osselets (figure 17.17). Le **muscle tenseur du tympan**, innervé par le nerf mandibulaire (une branche du nerf crânien V, le nerf trijumeau), tend le tympan et en limite les mouvements pour prévenir les lésions de l'oreille interne que peuvent causer les bruits forts. Le **muscle stapédien**, innervé par le nerf facial (VII), est le plus petit de tous les muscles squelettiques. Il atténue les fortes vibrations du stapès dues aux bruits forts et, de ce fait, protège la fenêtre du vestibule, mais il diminue la sensibilité auditive. C'est pour cette raison que la paralysie du muscle stapédien entraîne l'**hyperacousie**, c'est-à-dire une exagération de la sensibilité auditive. Le muscle tenseur du tympan et le muscle stapédien se contractent en une fraction de seconde, si bien qu'ils protègent l'oreille interne contre les bruits forts prolongés mais non contre les bruits secs comme la détonation d'une arme à feu.

La paroi antérieure de l'oreille moyenne comporte une ouverture qui mène directement dans la **trompe auditive**, ou trompe d'Eustache. Constituée d'os et de cartilage hyalin, la trompe auditive relie l'oreille moyenne au nasopharynx (partie supérieure de la gorge). L'extrémité médiale (pharyngienne) de la trompe auditive est normalement fermée ; elle s'ouvre pendant la déglutition et le bâillement pour laisser l'air entrer dans l'oreille moyenne ou en sortir jusqu'à ce que la pression y soit égale à la pression atmosphérique. Nous avons tous senti nos oreilles « se déboucher » au moment où les pressions s'équilibrent ; le tympan vibre alors librement sous l'effet des ondes sonores. Un déséquilibre peut provoquer une douleur intense, une diminution de la sensibilité auditive, des bourdonnements d'oreille et des vertiges. La trompe auditive est malheureusement un passage par lequel les agents pathogènes en provenance du nez et de la gorge peuvent atteindre

FIGURE 17.17 L'oreille moyenne droite contenant les osselets de l'ouïe.

Les noms courants du malléus, de l'incus et du stapès sont respectivement le marteau, l'enclume et l'étrier.

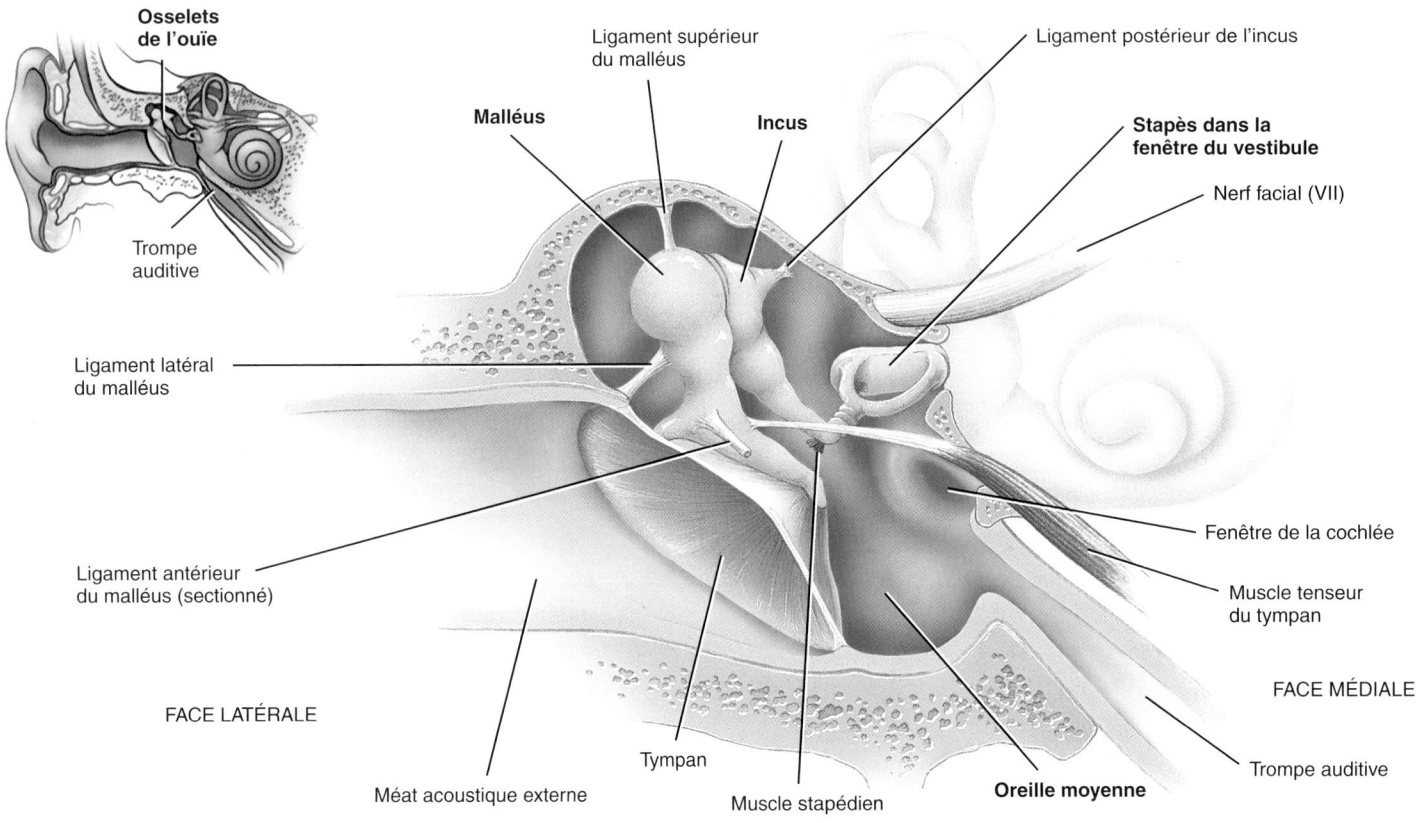

Coupe frontale révélant la situation des osselets de l'ouïe

Quelles structures séparent l'oreille moyenne de l'oreille interne?

l'oreille moyenne et y causer le type le plus fréquent d'infections de l'oreille (voir l'**otite moyenne** dans la section *Déséquilibres homéostatiques*).

L'oreille interne

L'**oreille interne** est aussi appelée **labyrinthe** à cause de ses canaux tortueux (figure 17.18). Sur le plan structural, elle comprend deux parties: un labyrinthe osseux et, à l'intérieur de celui-ci, un labyrinthe membraneux. Le **labyrinthe osseux** est une série de cavités creusées dans l'os temporal et réparties en trois régions: 1) les canaux semi-circulaires et 2) le vestibule, qui abritent les récepteurs de l'équilibre, et 3) la cochlée, qui abrite les récepteurs de l'ouïe. Le labyrinthe osseux est tapissé de périoste et rempli de **périlymphe**. Semblable au liquide cérébrospinal au point de vue chimique, la périlymphe entoure le **labyrinthe membraneux**, série de sacs et de tubes qui épouse la forme du labyrinthe osseux dans lequel elle est contenue. Le labyrinthe membraneux est tapissé d'un épithélium et rempli d'**endolymphe**. Ce liquide présente une concentration d'ions K⁺ exceptionnellement élevée pour un liquide interstitiel;

les ions potassium interviennent dans la production des influx nerveux auditifs (que nous décrirons plus loin).

Le **vestibule** est la partie centrale, de forme ovale, du labyrinthe osseux. Dans le vestibule, le labyrinthe membraneux contient deux sacs, l'**utricule** (*utriculus*: outre) et le **saccule** (*sacculus*: petit sac), reliés par un petit conduit. Au-dessus et à l'arrière du vestibule s'étendent les trois **canaux semi-circulaires** osseux (antérieur, postérieur et latéral), disposés approximativement à angle droit les uns par rapport aux autres. Les canaux semi-circulaires antérieur et postérieur sont orientés verticalement, tandis que le canal semi-circulaire latéral est orienté horizontalement. À l'extrémité de chaque canal semi-circulaire se trouve un renflement appelé **ampoule** (*ampulla*: fiole). Les parties du labyrinthe membraneux situées à l'intérieur des canaux semi-circulaires osseux sont appelées **conduits semi-circulaires**. Ces structures communiquent avec l'utricule du vestibule.

La branche vestibulaire du nerf crânien VIII (nerf vestibulocochléaire) comprend le *nerf ampullaire*, le *nerf utriculaire* et le *nerf*

FIGURE 17.18 L'oreille interne droite. La structure externe représentée en beige fait partie du labyrinthe osseux (vestibule et canaux semi-circulaires); la structure interne représentée en rose fait partie du labyrinthe membraneux (saccule, utricule et conduits semi-circulaires).

Le labyrinthe osseux est rempli de périlymphe et le labyrinthe membraneux, d'endolymphe.

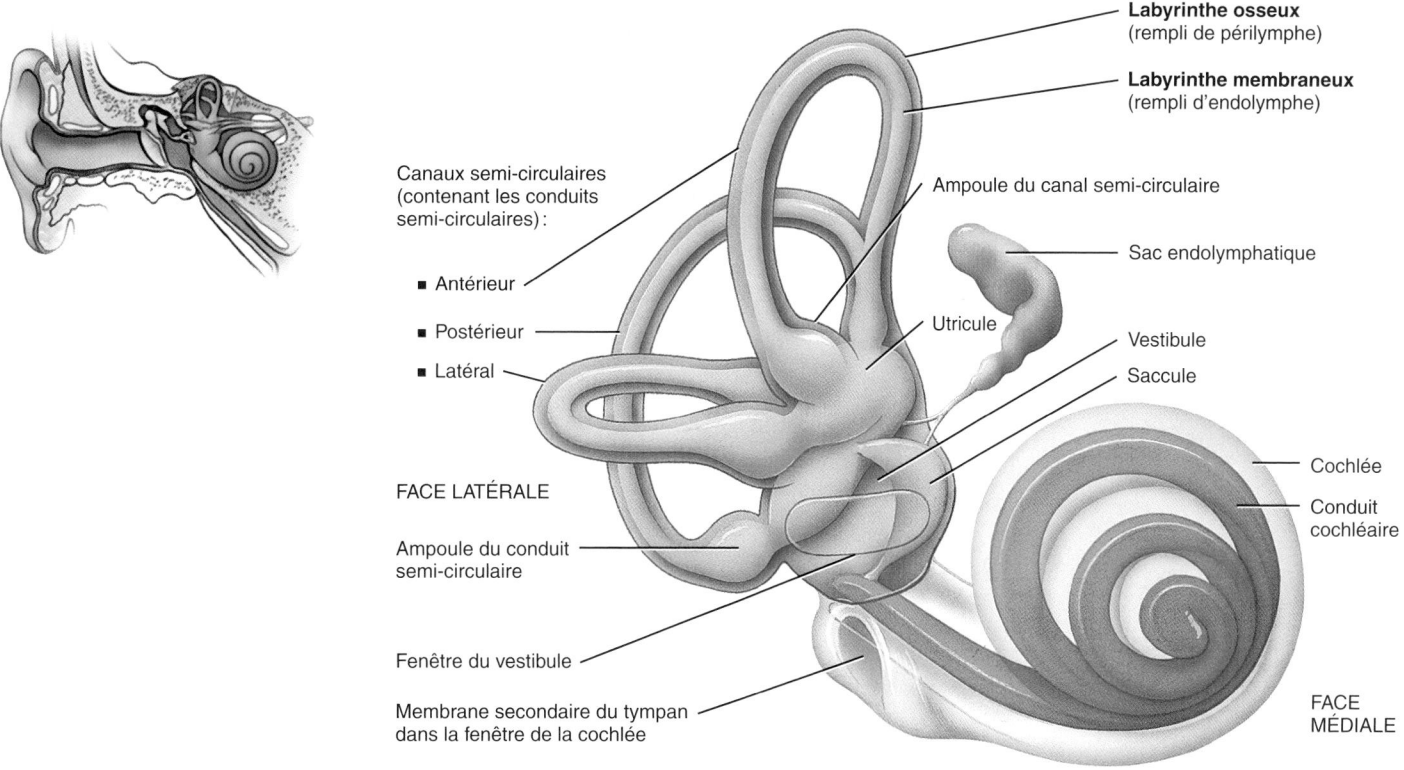

Canaux semi-circulaires (contenant les conduits semi-circulaires):

- Antérieur
- Postérieur
- Latéral

FACE LATÉRALE

Ampoule du conduit semi-circulaire

Fenêtre du vestibule

Membrane secondaire du tympan dans la fenêtre de la cochlée

Labyrinthe osseux (rempli de périlymphe)

Labyrinthe membraneux (rempli d'endolymphe)

Ampoule du canal semi-circulaire

Sac endolymphatique

Utricule

Vestibule

Saccule

Cochlée

Conduit cochléaire

FACE MÉDIALE

 Comment appelle-t-on les deux vésicules situées dans le labyrinthe membraneux du vestibule?

sacculaire. Ces nerfs comportent à la fois des neurones sensitifs de premier ordre et des neurones moteurs, qui font synapse avec les récepteurs de l'équilibre. Les neurones sensitifs de premier ordre acheminent l'information sensorielle émise par les récepteurs. Leurs corps cellulaires sont situés dans les **ganglions vestibulaires** (figure 17.19b). Quant aux neurones moteurs, ils transmettent des signaux de rétroaction aux récepteurs pour, semble-t-il, moduler leur sensibilité.

La **cochlée** (*cochlea*: escargot) est un canal osseux, en forme de spirale (figure 17.19a), situé à l'avant du vestibule. Semblable à une coquille d'escargot, elle décrit presque trois tours autour d'un axe osseux passant par son centre et appelé **modiolus** (figure 17.19b). Les coupes réalisées à travers la cochlée révèlent qu'elle est divisée en trois cavités: le conduit cochléaire, la rampe vestibulaire et la rampe tympanique (figure 17.19a-c). Le **conduit cochléaire** est un prolongement du labyrinthe membraneux qui s'avance dans la cochlée et est rempli d'endolymphe. La cavité qui surmonte le conduit cochléaire est la **rampe vestibulaire**, qui se termine à la fenêtre du vestibule; la cavité du dessous est la **rampe tympanique**, qui se termine à la fenêtre de la cochlée. La rampe vestibulaire et la rampe tympanique font toutes deux partie du labyrinthe osseux de la cochlée et sont donc remplies de périlymphe; elles sont complètement séparées, sauf pour ce qui est d'une ouverture située

au sommet de la cochlée et appelée **hélicotrème** (figure 17.19b). La cochlée jouxte la paroi du vestibule, dans laquelle s'ouvre la rampe vestibulaire. La périlymphe du vestibule s'unit à celle de la rampe vestibulaire.

Le conduit cochléaire est séparé de la rampe vestibulaire par la **paroi vestibulaire du conduit cochléaire**, et de la rampe tympanique par la **lame basilaire de la cochlée**. Celle-ci porte l'**organe spiral**, ou organe de Corti (figure 17.19c, d). L'organe spiral est un feuillet enroulé de cellules épithéliales qui comprend des **cellules de soutien** et environ 16 000 **cellules sensorielles ciliées**, lesquelles constituent les récepteurs proprement dits de l'ouïe. Les cellules sensorielles ciliées sont les cellules spécialisées qui convertissent les stimulus auditifs en potentiels récepteurs. Elles se divisent en deux groupes: les *cellules sensorielles ciliées internes*, disposées en un seul rang, et les *cellules sensorielles ciliées externes*, disposées en trois rangs. L'extrémité apicale de chaque cellule sensorielle ciliée porte de 30 à 100 *stéréocils*, qui s'étendent jusque dans l'endolymphe du conduit cochléaire. Les stéréocils sont en réalité de longues et fines microvillosités de hauteur croissante disposées en plusieurs rangées.

À leur extrémité basale, les cellules sensorielles ciliées internes et externes font synapse avec des neurones sensitifs de premier

FIGURE 17.19 Les canaux semi-circulaires, le vestibule et la cochlée de l'oreille droite. Notez que la cochlée décrit presque trois tours complets. L'emplacement et la structure de l'organe spiral et des récepteurs auditifs sont illustrés en b, c et d. (La figure 14.23 montre la trajectoire du nerf vestibulocochléaire jusqu'à l'encéphale.)

Les trois cavités de la cochlée sont la rampe vestibulaire, la rampe tympanique et le conduit cochléaire.

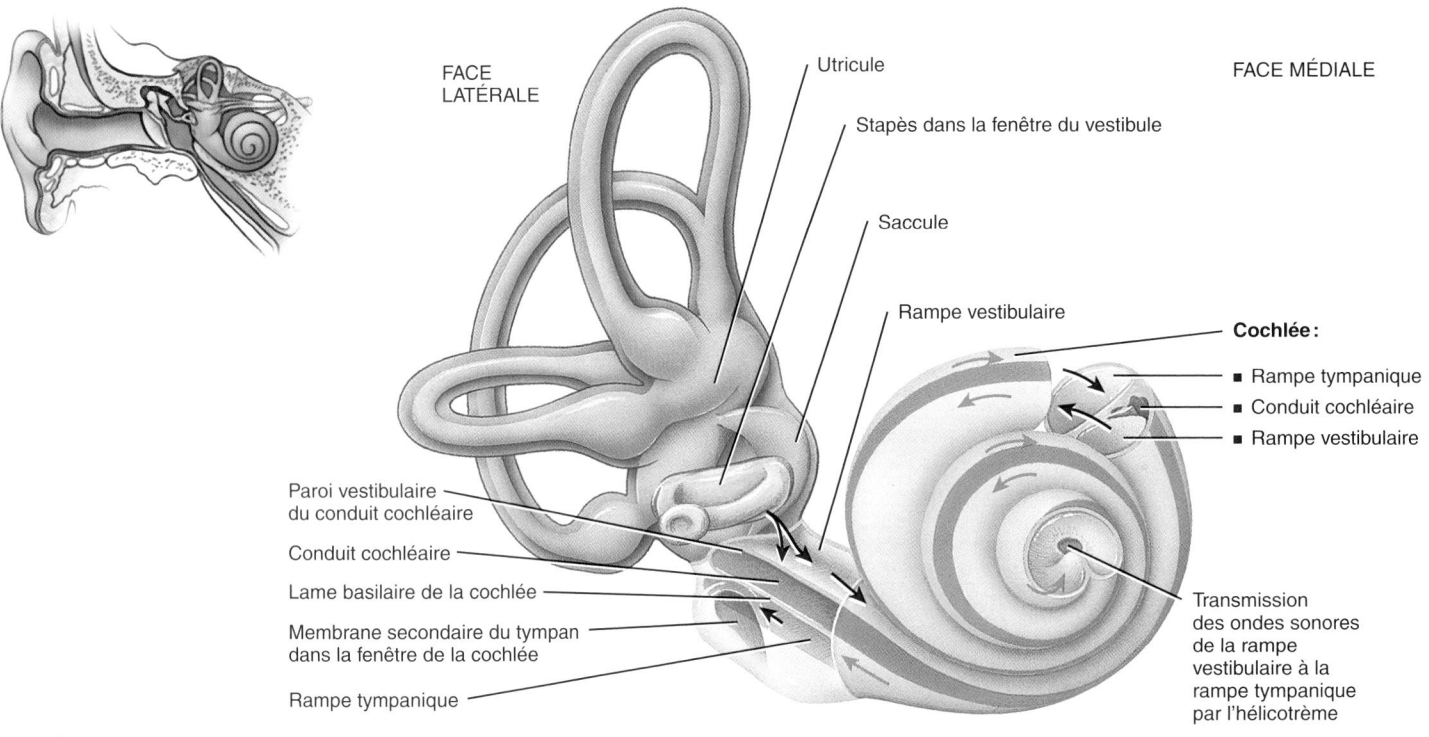

FACE LATÉRALE

FACE MÉDIALE

Utricule

Stapès dans la fenêtre du vestibule

Saccule

Rampe vestibulaire

Cochlée :
- Rampe tympanique
- Conduit cochléaire
- Rampe vestibulaire

Paroi vestibulaire du conduit cochléaire

Conduit cochléaire

Lame basilaire de la cochlée

Membrane secondaire du tympan dans la fenêtre de la cochlée

Rampe tympanique

Transmission des ondes sonores de la rampe vestibulaire à la rampe tympanique par l'hélicotrème

(a) Coupes à travers la cochlée

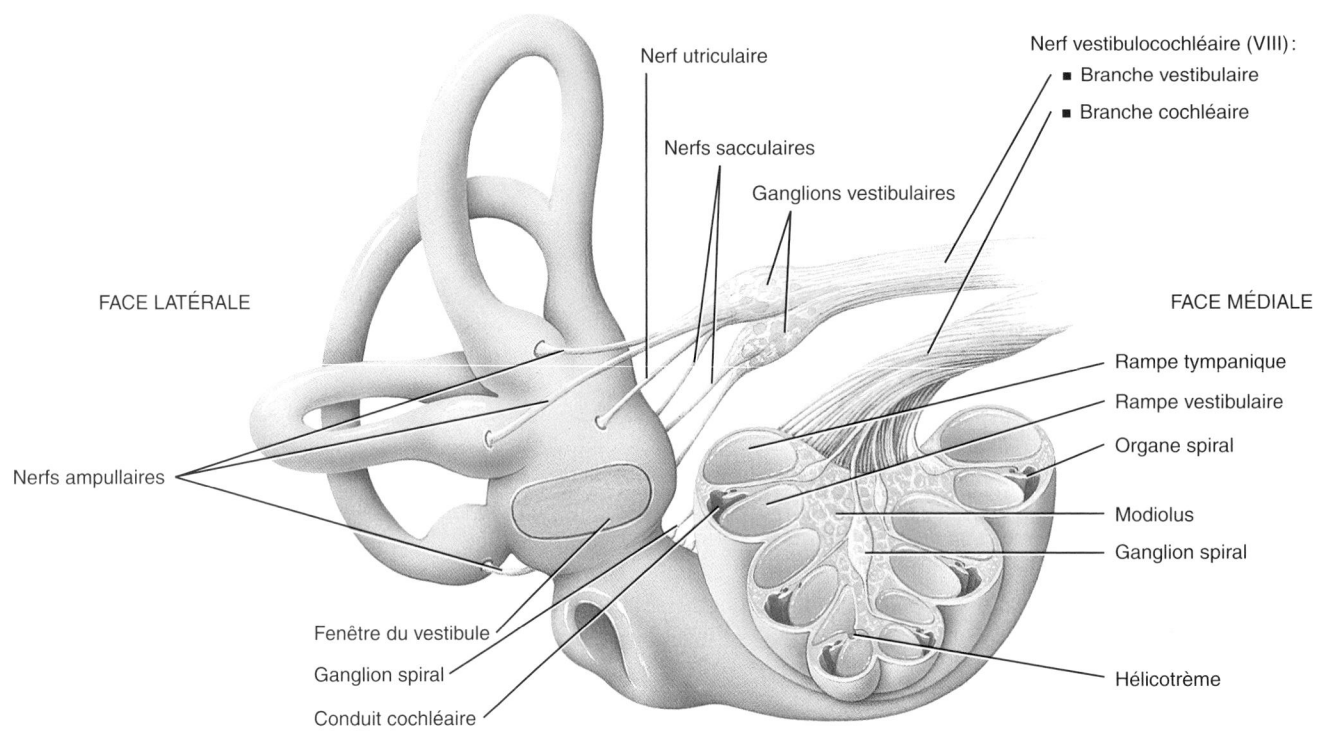

Nerf utriculaire

Nerfs sacculaires

Ganglions vestibulaires

Nerf vestibulocochléaire (VIII) :
- Branche vestibulaire
- Branche cochléaire

FACE LATÉRALE

FACE MÉDIALE

Rampe tympanique

Rampe vestibulaire

Organe spiral

Modiolus

Ganglion spiral

Nerfs ampullaires

Fenêtre du vestibule

Ganglion spiral

Conduit cochléaire

Hélicotrème

(b) Nerf vestibulocochléaire (VIII)

FIGURE 17.19 Les canaux semi-circulaires, le vestibule et la cochlée de l'oreille droite *(suite).*

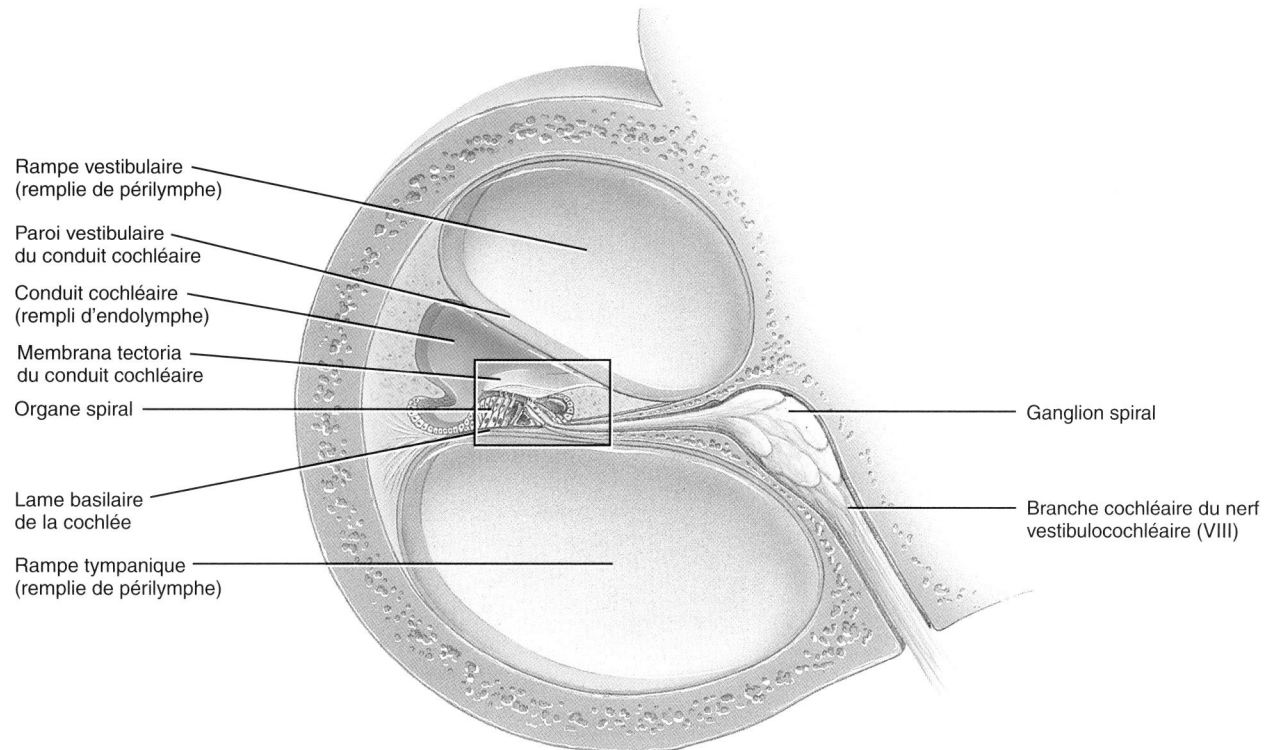

Rampe vestibulaire
(remplie de périlymphe)

Paroi vestibulaire
du conduit cochléaire

Conduit cochléaire
(rempli d'endolymphe)

Membrana tectoria
du conduit cochléaire

Organe spiral

Lame basilaire
de la cochlée

Rampe tympanique
(remplie de périlymphe)

Ganglion spiral

Branche cochléaire du nerf
vestibulocochléaire (VIII)

(c) Coupe à travers une spire de la cochlée

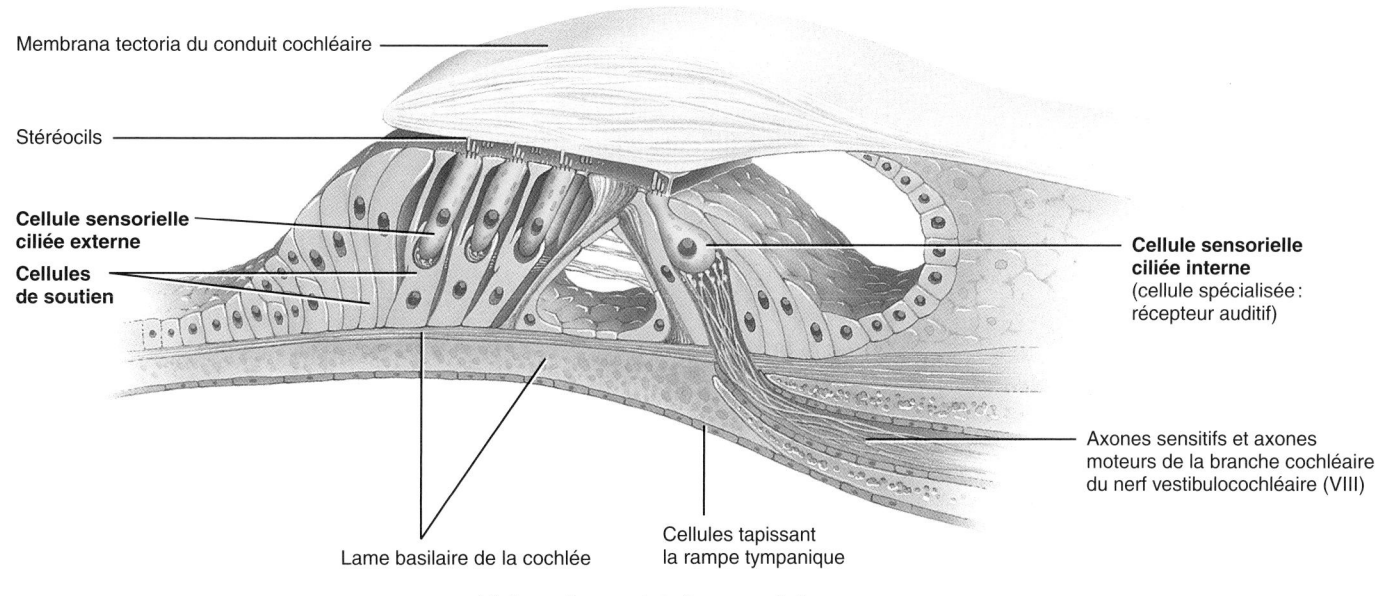

Membrana tectoria du conduit cochléaire

Stéréocils

**Cellule sensorielle
ciliée externe**

**Cellules
de soutien**

**Cellule sensorielle
ciliée interne**
(cellule spécialisée :
récepteur auditif)

Axones sensitifs et axones
moteurs de la branche cochléaire
du nerf vestibulocochléaire (VIII)

Cellules tapissant
la rampe tympanique

Lame basilaire de la cochlée

(d) Agrandissement de l'organe spiral

Q Quelles sont les trois subdivisions du labyrinthe osseux ?

ordre et avec des neurones moteurs de la branche cochléaire du nerf crânien VIII (nerf vestibulocochléaire). Les corps cellulaires des neurones sensitifs sont situés dans le **ganglion spiral** (figure 17.19b, c). Bien que trois fois moins nombreuses que les cellules sensorielles ciliées externes, les cellules sensorielles ciliées internes font

synapse avec la plupart (de 90 à 95 %) des neurones sensitifs de premier ordre de la branche cochléaire qui transmettent l'information auditive à l'encéphale. Quant aux cellules sensorielles ciliées externes, elles font synapse avec 90 % des neurones moteurs de la branche cochléaire. Du tronc cérébral, ces neurones moteurs transmettent des signaux de rétroaction aux cellules sensorielles ciliées externes pour, semble-t-il, modifier ou adapter la réponse des cellules sensorielles ciliées internes aux ondes sonores. La **membrana tectoria** du conduit cochléaire (*tectum*: toit) est une membrane gélatineuse flexible qui recouvre les cellules sensorielles ciliées de l'organe spiral (figure 17.19d).

LA NATURE DES ONDES SONORES

Si on veut comprendre la physiologie de l'audition, il faut d'abord acquérir quelques connaissances sur ce qui en est à la base, soit les ondes sonores. Les **ondes sonores** sont une alternance de zones de haute pression et de zones de basse pression qui se déplacent dans une même direction à travers un milieu (l'air, par exemple). Elles partent d'un objet vibrant comme les ronds dans l'eau partant d'un caillou qu'on a lancé dans un étang. La *fréquence* d'une vibration sonore détermine la *hauteur* du son: plus la fréquence d'une vibration est élevée, plus le son est aigu. L'oreille humaine entend les sons émis par les sources qui vibrent à des fréquences de 20 à 20 000 Hz (1 Hz = 1 cycle par seconde); à l'intérieur de ce spectre, elle est surtout sensible aux fréquences de 500 à 5 000 Hz. La fréquence des sons de la parole s'établit entre 100 et 3 000 Hz; celle du contre-ut d'une soprano est de 1 048 Hz et celle du bruit d'un avion à réaction qui vole à quelques kilomètres de distance, se situe entre 20 et 100 Hz.

L'*amplitude* (taille) d'une onde sonore détermine l'*intensité* du son; plus l'amplitude est grande, plus le son est fort. L'intensité sonore se mesure en **décibels** (**dB**). Chaque augmentation de 1 dB représente un décuplement de l'intensité sonore. Le seuil auditif (l'intensité sonore minimale qu'un jeune adulte moyen peut distinguer) est fixé à 0 dB pour un son de 1 000 Hz. Le bruissement des feuilles atteint 15 dB, des paroles murmurées 30 dB, la conversation normale 60 dB, le bruit d'un aspirateur 75 dB, le cri 80 dB et le son d'une motocyclette ou d'un marteau-piqueur 90 dB. Pour une oreille normale, le bruit devient gênant à environ 120 dB et douloureux à 140 dB.

LES LÉSIONS DES CELLULES SENSORIELLES CILIÉES CAUSÉES PAR DES BRUITS FORTS

L'exposition à de la musique forte ou au bruit de différents moteurs (avion à réaction, motocyclette, tondeuse à gazon, aspirateur, etc.) endommage les cellules sensorielles ciliées de la cochlée. Comme une exposition prolongée au bruit entraîne une perte auditive, les travailleurs doivent porter des protecteurs d'oreilles lorsqu'ils évoluent dans un milieu où le niveau sonore excède 90 dB. La musique rock amplifiée et même les sons émis par des casques bon marché peuvent facilement dépasser 110 dB. L'exposition continue à des bruits intenses est l'une des causes de la **surdité** partielle ou totale. Plus les bruits sont forts, plus la perte auditive est rapide. La surdité commence le plus souvent par une perte de sensibilité aux sons aigus. Si les gens assis à côté de vous dans l'autobus peuvent entendre la musique que vous écoutez à l'aide d'un casque d'écoute, l'intensité sonore atteint un niveau nocif pour vous. Les pertes auditives sont progressives et passent généralement inaperçues jusqu'à ce que la personne atteinte commence à avoir du mal à suivre une conversation. Le port de bouchons protecteurs qui réduisent l'intensité sonore de 30 dB lorsqu'on évolue dans un milieu bruyant aide à conserver la sensibilité auditive. ■

LA PHYSIOLOGIE DE L'AUDITION

L'audition est l'aboutissement des événements suivants (figure 17.20):

1 L'auricule dirige les ondes sonores dans le méat acoustique externe.

2 Lorsque des ondes sonores frappent le tympan, l'alternance des zones de haute pression et de basse pression de l'air fait vibrer le tympan. L'amplitude de ses mouvements, très faible, dépend de l'intensité et de la fréquence des ondes sonores. Il vibre lentement sous l'action de sons de basse fréquence (graves) et rapidement sous l'action de sons de haute fréquence (aigus).

3 La partie centrale du tympan transmet ses vibrations au malléus, qui les transmet ensuite à l'incus, lequel les transmet à son tour au stapès.

4 Le stapès transmet ses vibrations à la fenêtre du vestibule, qui vibre environ 20 fois plus vigoureusement que le tympan parce que les osselets transmettent de façon efficace les petites vibrations disséminées sur une grande surface (tympan), si bien qu'elles se transforment en fortes vibrations rassemblées sur une petite surface (fenêtre du vestibule).

5 Les vibrations de la fenêtre du vestibule déclenchent des mouvements ondulatoires dans la périlymphe de la cochlée. En effet, la fenêtre du vestibule pousse sur la périlymphe de la rampe vestibulaire en bombant vers l'intérieur.

6 Les mouvements ondulatoires de la périlymphe se transmettent de la rampe vestibulaire à la rampe tympanique puis à la fenêtre de la cochlée, qui bombe alors dans l'oreille moyenne (voir **9** dans la figure).

7 En déformant les parois de la rampe vestibulaire et de la rampe tympanique, les mouvements ondulatoires de la périlymphe font vibrer la paroi vestibulaire du conduit cochléaire; ils se transmettent ainsi à l'endolymphe contenue dans le conduit cochléaire.

8 Les mouvements ondulatoires de l'endolymphe font vibrer la lame basilaire de la cochlée, ce qui déplace les cellules sensorielles ciliées de l'organe spiral contre la membrana tectoria. Le fléchissement des stéréocils produit des potentiels récepteurs qui engendrent finalement des potentiels d'action, ou influx nerveux.

Selon leur fréquence, les ondes sonores font vibrer certaines régions de la lame basilaire de la cochlée plus fortement que les autres. Autrement dit, chaque section de la lame basilaire est «accordée» avec une fréquence particulière. La partie de la lame basilaire située à la base de la cochlée (partie la plus proche de la fenêtre du vestibule) est étroite et rigide; elle présente des vibrations maximales sous l'action de sons de haute fréquence (aigus) voisins des 20 000 Hz. La partie de la lame basilaire située vers le sommet de la cochlée, près de l'hélicotrème, est large et flexible; ses vibrations atteignent un point culminant sous l'action de sons de basse fréquence (graves) voisins des 20 Hz. Nous avons déjà souligné que l'intensité des sons est déterminée par l'amplitude des ondes sonores. Les ondes sonores de grande amplitude font vibrer la lame basilaire davantage, de sorte que la fréquence des influx nerveux vers le cortex cérébral augmente. Il semble en outre que les sons intenses stimulent un plus grand nombre de cellules sensorielles ciliées.

FIGURE 17.20 Le déroulement de la stimulation des récepteurs de l'ouïe dans l'oreille droite. Les chiffres correspondent aux événements décrits dans le corps du texte. La cochlée a été déroulée afin de mieux représenter la transmission des ondes sonores ainsi que les déformations qu'elles impriment à la paroi vestibulaire du conduit cochléaire et à la lame basilaire de la cochlée.

 La fonction des cellules sensorielles ciliées de l'organe spiral est de convertir (transduction) les vibrations mécaniques (stimulus) en signaux électriques (potentiels récepteurs).

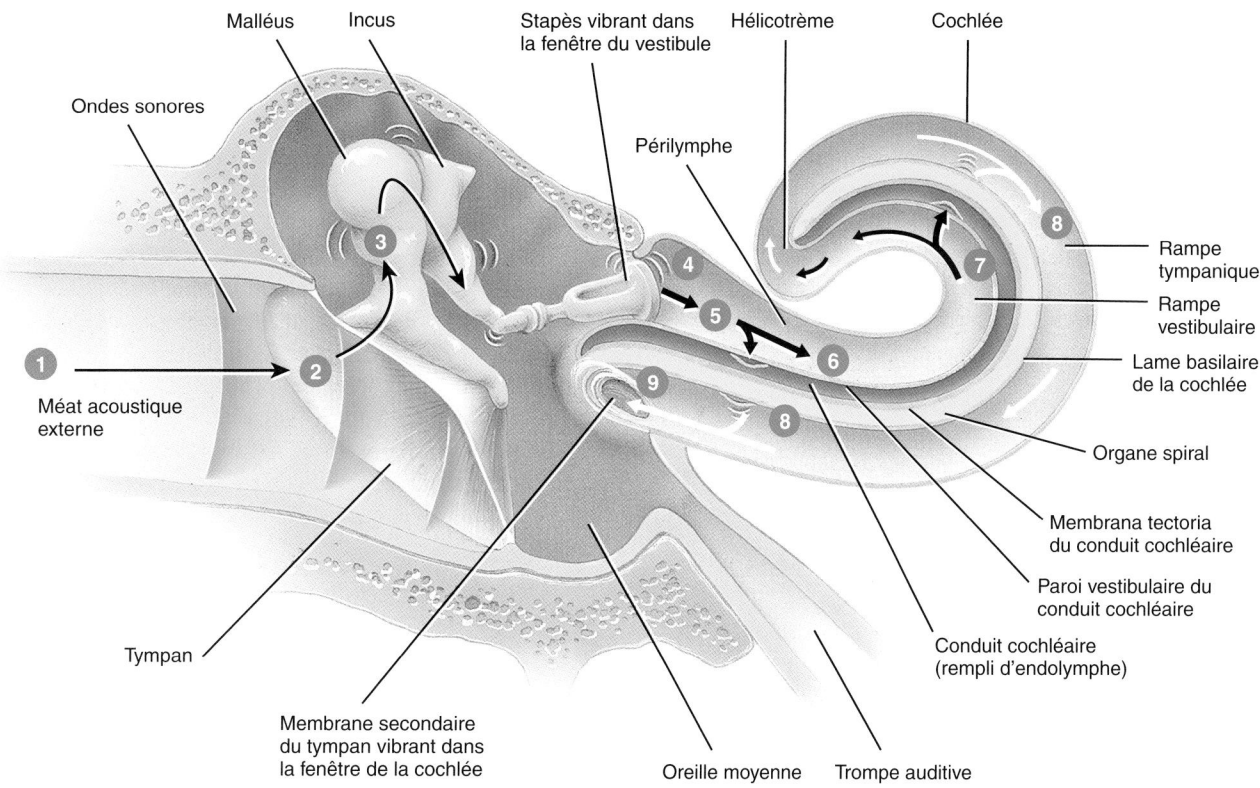

Q Quelle partie de la lame basilaire de la cochlée vibre le plus vigoureusement sous l'effet des sons de haute fréquence (aigus)?

Les cellules sensorielles ciliées convertissent les vibrations mécaniques en signaux électriques. Lorsque la lame basilaire vibre, les stéréocils situés au sommet des cellules sensorielles ciliées remuent d'avant en arrière et les uns contre les autres. Une protéine relie l'extrémité de chaque stéréocil à un canal ionique mécanosensible – appelé **canal de transduction** – dans le stéréocil voisin, de taille supérieure. Lorsque les stéréocils plient en direction du plus grand d'entre eux, les *liens apicaux* formés par la protéine tirent sur les canaux de transduction et les ouvrent. Les cations présents dans l'endolymphe, en majorité des ions K^+, pénètrent alors dans le cytosol de la cellule sensorielle ciliée. Ils y produisent un potentiel récepteur dépolarisant ; la dépolarisation se propage rapidement le long de la membrane plasmique et entraîne l'ouverture de canaux à Ca^{2+} sensibles au voltage situés dans la base des cellules sensorielles ciliées. L'entrée d'ions Ca^{2+} déclenche l'exocytose de vésicules synaptiques contenant un neurotransmetteur, du glutamate probablement. À mesure que le neurotransmetteur est libéré, la fréquence des potentiels d'action, ou influx nerveux, augmente dans les neurones sensitifs de premier ordre qui font synapse avec la base des cellules sensorielles ciliées. Le fléchissement des stéréocils dans la direction opposée entraîne la fermeture des canaux de

transduction, suscite une repolarisation – voire une hyperpolarisation – et ralentit la libération de neurotransmetteur. Par conséquent, la fréquence des influx nerveux diminue dans les neurones sensitifs.

Non seulement la cochlée détecte-t-elle les sons, mais elle a aussi l'étonnante capacité d'en produire. On peut capter ces sons habituellement inaudibles, appelés **oto-émissions**, au moyen d'un microphone sensible placé près du tympan. Ils sont attribuables aux vibrations des cellules sensorielles externes causées par les ondes sonores et les signaux des neurones moteurs. En effet, les cellules sensorielles ciliées externes raccourcissent et allongent rapidement au fil de leurs dépolarisations et repolarisations. Il semble que ce comportement vibratoire modifie la rigidité de la membrana tectoria et accentue le déplacement de la lame basilaire, ce qui amplifierait les réponses des cellules sensorielles ciliées internes. Ces vibrations des cellules sensorielles ciliées externes déclenchent simultanément une onde qui retourne vers le stapès et sort de l'oreille sous forme d'oto-émission. La détection de ces sons produits par l'oreille interne constitue un moyen de dépistage rapide, peu coûteux et non effractif des anomalies de l'audition chez les nouveau-nés : chez ceux qui souffrent de surdité, on n'observe aucune oto-émission, ou alors on capte seulement des oto-émissions de très faible intensité.

LA VOIE AUDITIVE

Les neurones sensitifs de premier ordre de la branche cochléaire du nerf vestibulocochléaire (VIII) aboutissent dans les noyaux cochléaires du bulbe rachidien, où ils font synapse sans avoir traversé la ligne médiane. De là, les axones qui transmettent les influx auditifs s'étendent des deux côtés jusqu'aux noyaux olivaires supérieurs dans le pont. Les influx nerveux provenant des deux oreilles n'atteignent pas les noyaux olivaires tout à fait au même moment, et ce léger écart nous permet de localiser la source des sons. À partir des noyaux cochléaires et des noyaux olivaires, les axones montent jusqu'au colliculus inférieur, dans le mésencéphale, puis jusqu'au corps géniculé médial du thalamus. Ils parviennent enfin à l'aire auditive primaire située dans le gyrus temporal supérieur du cortex cérébral (aires ④ et ④ dans la figure 14.15). Comme un certain nombre d'axones traversent la ligne médiane dans le bulbe rachidien tandis que d'autres demeurent du même côté, chaque aire auditive primaire reçoit des influx nerveux des deux oreilles.

LES IMPLANTS COCHLÉAIRES

Les **implants cochléaires** sont des dispositifs qui convertissent les sons en signaux électroniques que l'encéphale peut interpréter. Ils sont utiles dans les cas de surdité causée par des lésions des cellules sensorielles ciliées de la cochlée. Les composants externes d'un implant cochléaire comprennent : 1) un *microphone*, qui s'enroule autour de l'oreille et capte les ondes sonores ; 2) un *microprocesseur*, porté, par exemple, dans une poche de chemise, qui convertit les ondes sonores en signaux électriques ; et 3) un *transmetteur*, porté derrière l'oreille, qui reçoit les signaux du microprocesseur et les transmet à un récepteur interne. Les composants internes d'un implant cochléaire sont : 1) le *récepteur interne*, qui transmet les signaux à 2) des *électrodes* implantées dans la cochlée, qui déclenchent des influx nerveux dans les neurones sensitifs de la branche cochléaire du nerf vestibulocochléaire (VIII). Ces influx nerveux produits artificiellement se propagent vers l'encéphale par les voies normales. Les porteurs d'implants cochléaires n'entendent pas aussi bien que les sujets dotés d'une ouïe normale, mais ils perçoivent le rythme et l'intensité des sons, le caractère de certains bruits, tels ceux des téléphones et des voitures, ainsi que la hauteur de la voix et la cadence des paroles. Certains entendent même si bien qu'ils sont capables de se servir du téléphone. ■

LA PHYSIOLOGIE DE L'ÉQUILIBRE

L'**équilibre** est un sens double. Il comprend d'une part l'**équilibre statique**, c'est-à-dire la capacité de maintenir la posture du corps en réponse à des changements d'orientation du corps (surtout de la tête) relativement à la force gravitationnelle, et d'autre part l'**équilibre dynamique**, c'est-à-dire la capacité de maintenir la position du corps (surtout de la tête) en dépit de mouvements soudains de rotation, d'accélération et de décélération. L'**appareil vestibulaire** – l'ensemble des organes récepteurs de l'équilibre – est formé du saccule et de l'utricule – deux sacs membraneux contenus dans le vestibule –, et des conduits semi-circulaires membraneux contenus dans les canaux semi-circulaires (figure 17.18).

Le saccule et l'utricule

Les parois du saccule et de l'utricule présentent un épaississement appelé **macule** (figure 17.21). Perpendiculaires l'une à l'autre, les deux macules contiennent les récepteurs de l'équilibre statique ; elles fournissent l'information sensorielle relative à la position de la tête dans l'espace et sont essentielles au maintien de la posture et de l'équilibre. Sous certains aspects, les macules jouent aussi un rôle dans l'équilibre dynamique ; elles détectent l'accélération et la décélération linéaires, et sont donc responsables des sensations que l'on éprouve dans un ascenseur ou dans une voiture qui accélère ou ralentit subitement.

Les deux macules comprennent deux types de cellules épithéliales : des **cellules sensorielles ciliées**, qui constituent les récepteurs sensoriels, et des **cellules de soutien**. Les cellules sensorielles ciliées sont des *cellules spécialisées* qui convertissent les stimulus en potentiels récepteurs. Elles sont dotées d'au moins 70 *stéréocils* (qui sont en fait des microvillosités) et d'un *kinocil*, véritable cil fermement ancré qui dépasse les plus longs stéréocils. Comme dans la cochlée, les stéréocils sont reliés par des liens apicaux. Dispersées entre les cellules sensorielles ciliées, des cellules de soutien prismatiques sécrètent probablement l'épaisse couche glycoprotéique de consistance gélatineuse, appelée **membrane des statoconies**, qui repose sur les cellules sensorielles ciliées. La membrane des statoconies est entièrement recouverte d'une couche de cristaux denses de carbonate de calcium, les **statoconies** (*statos* : stable ; *konis* : poussière), ou otolithes (figure 17.21a et c).

Parce qu'elle est située au-dessus de la macula, quand on penche la tête vers l'avant, la membrane des statoconies (de même que les statoconies) glisse vers l'avant à cause de la force gravitationnelle et elle entraîne les cils des cellules sensorielles ciliées dans la même direction (figure 17.21b). Mais si on est assis, la tête droite, dans une voiture qui se déplace brusquement vers l'avant, l'inertie fait glisser la membrane des statoconies vers l'arrière ; la membrane tire sur les cils et les courbe dans la direction opposée à celle du mouvement. Les liens apicaux s'étirent et ouvrent les canaux de transduction, ce qui produit des potentiels récepteurs dépolarisants. Un fléchissement des cils en sens inverse ferme les canaux de transduction et entraîne une repolarisation.

La vitesse à laquelle les cellules sensorielles ciliées libèrent leur neurotransmetteur varie au fil des dépolarisations et des repolarisations. Les cellules sensorielles ciliées font synapse avec des neurones sensitifs de premier ordre dans la branche vestibulaire du nerf vestibulocochléaire (VIII) (figures 17.19b et 17.21a). La fréquence des influx nerveux engendrés par ces neurones dépend de la quantité de neurotransmetteur libérée. Les cellules sensorielles ciliées et les neurones sensitifs font aussi synapse avec des neurones moteurs qui modulent leur sensibilité.

Les conduits semi-circulaires

Les trois conduits semi-circulaires, avec le saccule et l'utricule, contribuent à l'équilibre dynamique. Ils sont orientés dans les trois plans de l'espace, à angle droit les uns par rapport aux autres (figure 17.22). Les conduits semi-circulaires antérieur et postérieur sont verticaux, tandis que le conduit semi-circulaire latéral est horizontal (figure 17.18). Leur disposition permet la détection des mouvements rotatoires d'accélération et de décélération. L'**ampoule** – la partie dilatée de chaque conduit – renferme une petite éminence, la **crête ampullaire**, qui contient les récepteurs de l'équilibre

FIGURE 17.21 L'emplacement et la structure d'une macule et des récepteurs sensoriels de l'équilibre de l'oreille droite. Les cellules sensorielles ciliées font synapse avec des neurones de premier ordre (représentés en bleu) et des neurones moteurs (représentés en rouge).

🔑 Le mouvement des stéréocils déclenche des potentiels récepteurs dépolarisants.

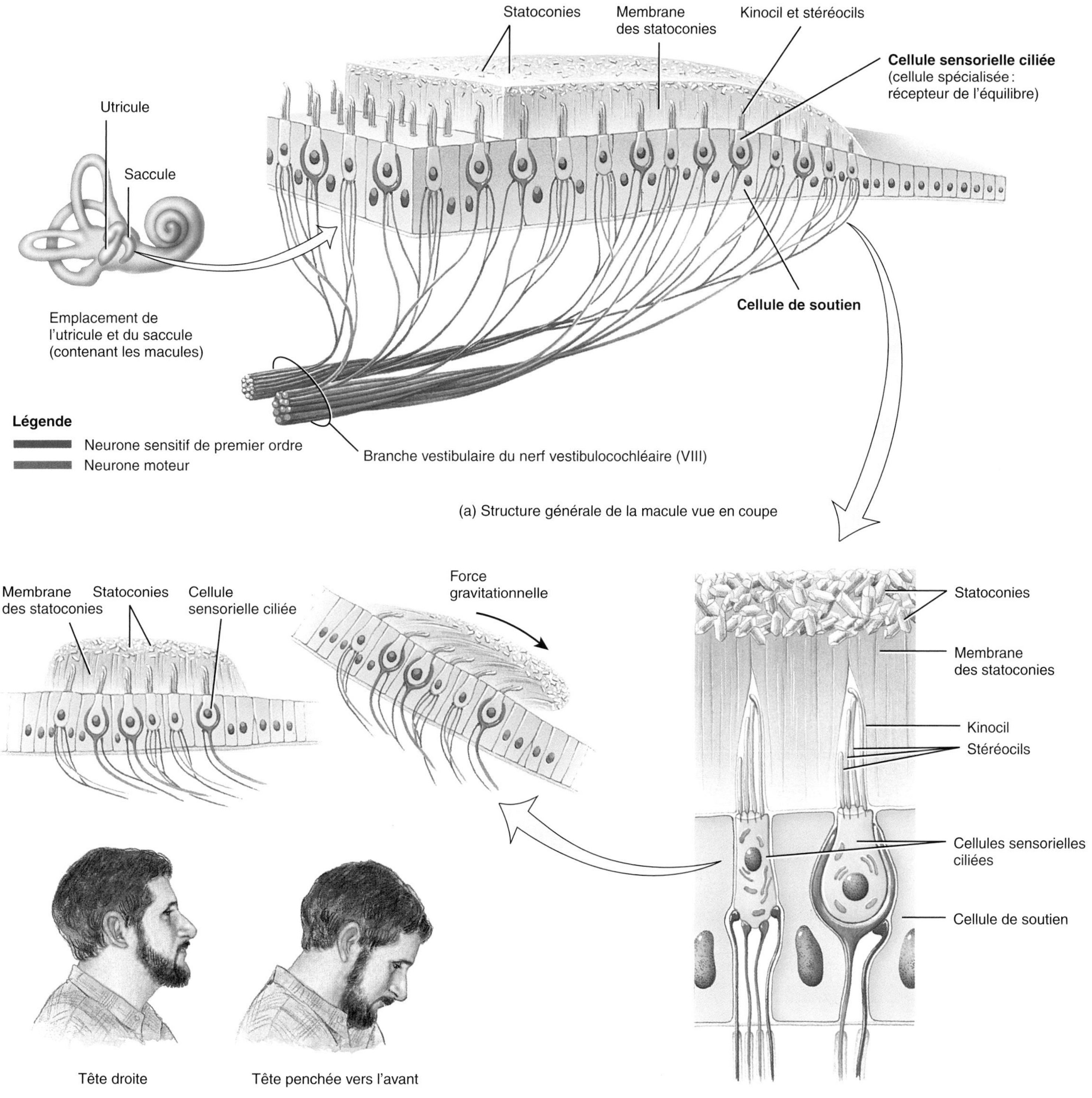

Statoconies

Membrane des statoconies

Kinocil et stéréocils

Cellule sensorielle ciliée (cellule spécialisée : récepteur de l'équilibre)

Utricule

Saccule

Cellule de soutien

Emplacement de l'utricule et du saccule (contenant les macules)

Légende

▬ Neurone sensitif de premier ordre

▬ Neurone moteur

Branche vestibulaire du nerf vestibulocochléaire (VIII)

(a) Structure générale de la macule vue en coupe

Membrane des statoconies | Statoconies | Cellule sensorielle ciliée

Force gravitationnelle

Statoconies

Membrane des statoconies

Kinocil

Stéréocils

Cellules sensorielles ciliées

Cellule de soutien

Tête droite

Tête penchée vers l'avant

(c) Position d'une macule lorsque la tête est droite (à gauche) et lorsqu'elle est penchée vers l'avant (à droite)

(b) Détails de deux cellules sensorielles ciliées

 À quel équilibre les macules sont-elles associées?

FIGURE 17.22 L'emplacement et la structure d'une crête ampullaire et des récepteurs sensoriels de l'équilibre dynamique de l'oreille droite. Les cellules sensorielles ciliées font synapse avec des neurones de premier ordre (représentés en bleu) et avec des neurones moteurs (représentés en rouge). Le nerf ampullaire est une ramification de la branche vestibulaire du nerf vestibulocochléaire (VIII).

La position des conduits semi-circulaires permet la détection des mouvements rotatoires.

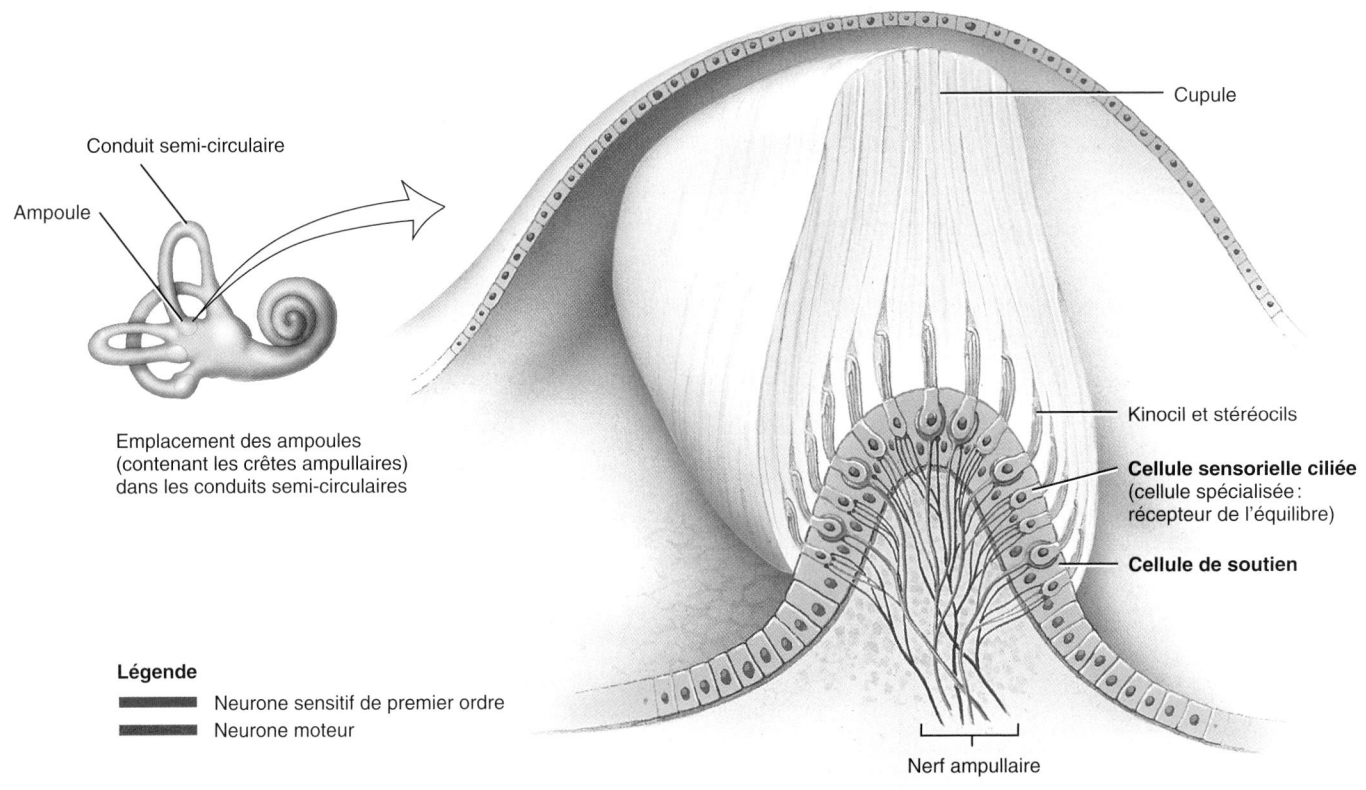

Conduit semi-circulaire

Ampoule

Emplacement des ampoules
(contenant les crêtes ampullaires)
dans les conduits semi-circulaires

Légende

Neurone sensitif de premier ordre
Neurone moteur

Cupule

Kinocil et stéréocils

Cellule sensorielle ciliée
(cellule spécialisée :
récepteur de l'équilibre)

Cellule de soutien

Nerf ampullaire

(a) Détails d'une crête ampullaire

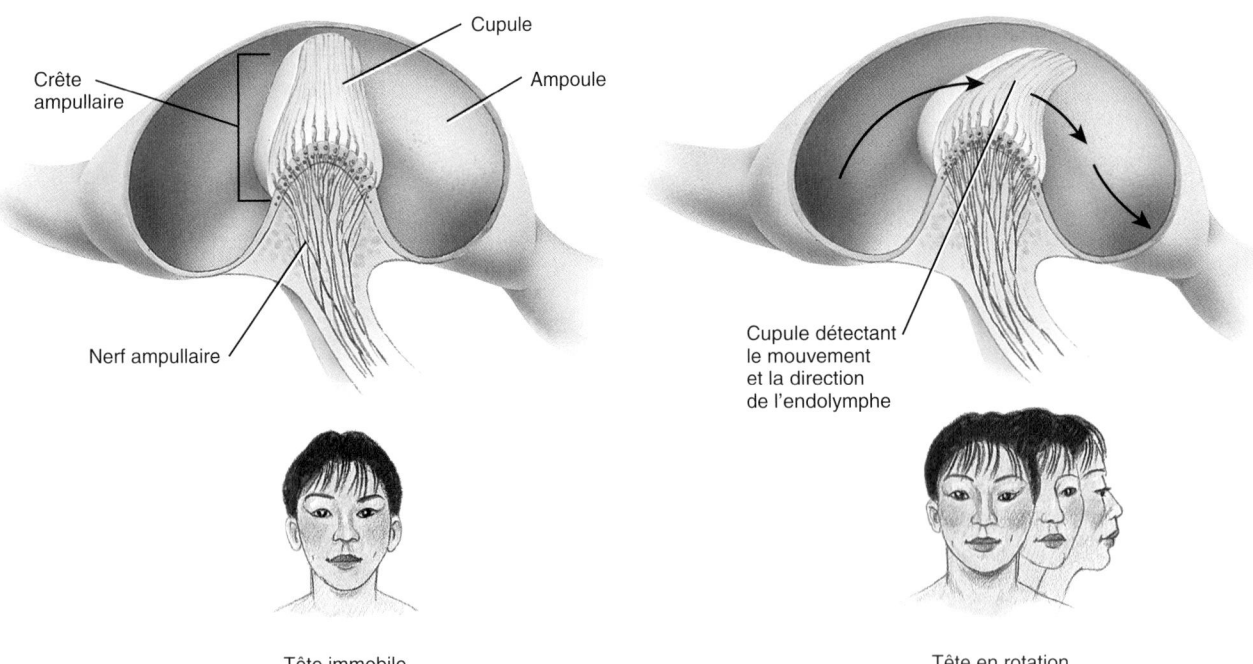

Cupule

Crête
ampullaire

Ampoule

Nerf ampullaire

Cupule détectant
le mouvement
et la direction
de l'endolymphe

Tête immobile

Tête en rotation

(b) Position de la cupule lorsque la tête est immobile (à gauche)
et lorsqu'elle est en rotation (à droite)

 À quel type d'équilibre les conduits
semi-circulaires sont-ils associés ?

dynamique. La crête ampullaire est formée d'un groupe de **cellules sensorielles ciliées** – qui constituent les récepteurs sensoriels – et de **cellules de soutien**. Comme celles de l'organe spiral et de la macule, les cellules sensorielles ciliées de la crête ampullaire sont des *cellules spécialisées* qui convertissent les stimulus en potentiels récepteurs. La crête ampullaire est recouverte d'une masse gélatineuse appelée **cupule**. Les conduits semi-circulaires et les cellules sensorielles ciliées se déplacent en même temps que la tête car ils sont fixés. Cependant, l'endolymphe contenue dans l'ampoule reste un moment immobile. Le mouvement des cellules sensorielles ciliées l'entraîne et les cils se courbent. Le fléchissement des cils produit des potentiels récepteurs dans les cellules sensorielles ciliées, qui libèrent alors des molécules de neurotransmetteur au niveau des synapses avec les neurones sensitifs de premier ordre ; des potentiels d'action, ou influx nerveux, se propagent ensuite dans les axones des neurones sensitifs de premier ordre de la branche vestibulaire du nerf vestibulocochléaire (VIII).

LES VOIES DE L'ÉQUILIBRE

La plupart des axones de la branche vestibulaire du nerf vestibulocochléaire (VIII) entrent dans le tronc cérébral et aboutissent aux noyaux vestibulaires, dans le bulbe rachidien et le pont. Les autres pénètrent dans le cervelet par le pédoncule cérébelleux inférieur (voir la figure 14.7a). Les noyaux vestibulaires et le cervelet sont unis par des voies sensitives et motrices.

Des axones issus de tous les noyaux vestibulaires s'étendent jusqu'aux noyaux des nerfs oculomoteur (III), trochléaire (IV) et abducens (VI) – soit les nerfs crâniens qui régissent les mouvements des yeux ; certains axones vont des noyaux vestibulaires jusqu'au noyau du nerf accessoire (XI), qui concourt à la régulation des mouvements de la tête et du cou. En outre, les axones issus du noyau vestibulaire latéral forment le faisceau vestibulospinal ; celui-ci achemine les influx nerveux vers les muscles squelettiques qui régissent le tonus musculaire en réponse aux mouvements de la tête.

Diverses voies entre les noyaux vestibulaires, le cervelet et le cerveau donnent au cervelet un rôle prépondérant dans le maintien de l'équilibre. Le cervelet reçoit sans cesse de l'information sensorielle de l'utricule, du saccule et des conduits semi-circulaires. Il analyse cette information et envoie aux aires motrices du cerveau des influx nerveux destinés à corriger les commandes motrices qu'elles émettent. Cette rétroaction permet d'ajuster les influx nerveux envoyés à certains muscles squelettiques de manière à maintenir l'équilibre.

Le tableau 17.2 résume les structures associées à l'audition et à l'équilibre.

▶ **POINT DE CONTRÔLE**

11. Comment les sons se transmettent-ils de l'auricule à l'organe spiral ?

12. Comment les cellules sensorielles ciliées de la cochlée et de l'appareil vestibulaire convertissent-elles des vibrations mécaniques en influx nerveux ?

13. Quel est le trajet des influx auditifs de la cochlée jusqu'au cortex cérébral ?

14. Comparez la fonction des macules dans l'équilibre statique avec celle des crêtes ampullaires dans l'équilibre dynamique.

15. À quoi sert l'information vestibulaire envoyée au cervelet ?

16. Décrivez les voies de l'équilibre.

RÉGIONS DE L'OREILLE ET PRINCIPALES STRUCTURES	FONCTIONS
TABLEAU 17.2 RÉSUMÉ DES STRUCTURES DE L'OREILLE	

TABLEAU 17.2 RÉSUMÉ DES STRUCTURES DE L'OREILLE

RÉGIONS DE L'OREILLE ET PRINCIPALES STRUCTURES	FONCTIONS
Oreille externe 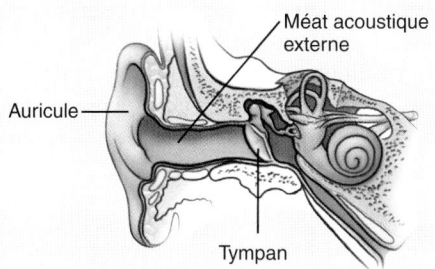	*Auricule :* Capte les ondes sonores.
	Méat acoustique externe : Dirige les ondes sonores vers le tympan.
	Tympan : Vibre sous l'action des ondes sonores et transmet ses vibrations au malléus.
Oreille moyenne 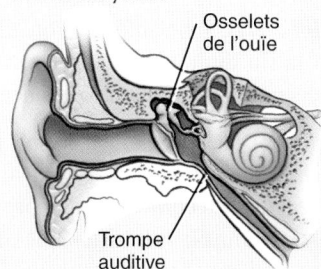	*Osselets de l'ouïe :* Amplifient les vibrations du tympan et les transmettent à la fenêtre du vestibule.
	Trompe auditive : Équilibre la pression de l'air de part et d'autre du tympan.

TABLEAU 17.2 RÉSUMÉ DES STRUCTURES DE L'OREILLE *(suite)*

RÉGIONS DE L'OREILLE ET PRINCIPALES STRUCTURES	FONCTIONS

Oreille interne

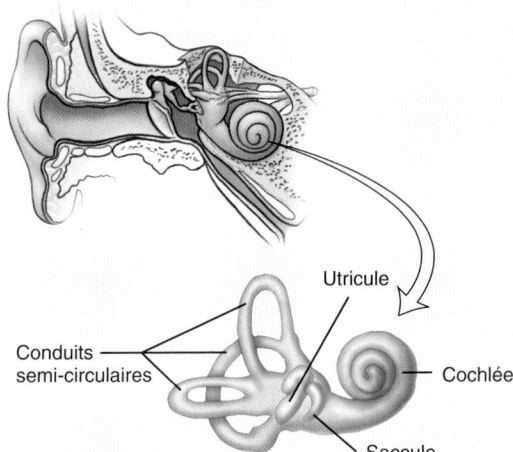

Utricule

Conduits semi-circulaires

Cochlée

Saccule

Cochlée: Contient des liquides, des conduits et des membranes qui transmettent les vibrations à l'organe spiral, c'est-à-dire l'organe de l'ouïe; les cellules sensorielles ciliées de l'organe spiral produisent des potentiels récepteurs qui engendrent des influx nerveux dans la branche cochléaire du nerf vestibulocochléaire (VIII).

Appareil vestibulaire: Comprend les conduits semi-circulaires, l'utricule et le saccule, qui produisent des influx nerveux qui se propagent dans la branche vestibulaire du nerf vestibulocochléaire (VIII).

Conduits semi-circulaires: Contiennent les crêtes ampullaires, qui renferment les cellules sensorielles ciliées associées à l'équilibre dynamique.

Utricule: Contient une macule, qui renferme les cellules sensorielles ciliées associées à l'équilibre statique et dynamique.

Saccule: Contient une macule, qui renferme les cellules sensorielles ciliées associées à l'équilibre statique et dynamique.

LE DÉVELOPPEMENT EMBRYONNAIRE DE L'ŒIL ET DE L'OREILLE

▶ OBJECTIF

• Décrire le développement embryonnaire de l'œil et de l'oreille.

Au cours de la quatrième semaine suivant la fécondation, des paires de bourgeons apparaissent à la surface de l'embryon et forment les **arcs pharyngiens**, ou arcs brachiaux, qui se développent de chaque côté des futures régions de la tête et du cou. Entre les arcs pharyngiens, se trouvent des sillons appelés **fentes pharyngiennes** (figure 17.23a). Parallèlement au développement des arcs pharyngiens et des fentes pharyngiennes, quatre paires distinctes de **poches pharyngiennes** se forment à l'intérieur de l'embryon (figure 17.24a). Les poches pharyngiennes constituent les bourgeons en forme de ballon tapissés d'endoderme du pharynx primitif. Ensemble, les arcs pharyngiens, les fentes pharyngiennes et les poches pharyngiennes donnent naissance aux structures de la tête et du cou. Le premier signe visible de la formation de l'oreille est un épaississement de l'ectoderme, appelé **placode otique** (future oreille interne). Les yeux sont mis en évidence par un épaississement de l'ectoderme appelé **placode cristallinienne**.

L'ŒIL

L'œil commence à se développer 22 jours environ après la fécondation. De chaque côté du prosencéphale, l'**ectoderme** superficiel bombe de manière à former deux évaginations peu profondes appelées **gouttières optiques** (figure 17.23b). En quelques jours, tandis que le tube neural se ferme, les gouttières optiques s'élargissent et croissent en direction de l'ectoderme superficiel; elles prennent alors le nom de **vésicules optiques** (figure 17.23c). Quand ces vésicules atteignent l'ectoderme superficiel, celui-ci forme en s'épaississant les **placodes cristalliniennes** (figure 17.23d). De plus, la partie distale des vésicules optiques forme en s'invaginant les **cupules optiques**, qui demeurent reliées au prosencéphale par des structures étroites et creuses appelées **pédicules optiques** (figure 17.23e).

La placode cristallinienne s'invagine à son tour, formant ainsi la vésicule cristallinienne, située dans la cupule optique. C'est la vésicule cristalliniennne qui finira par donner naissance au *cristallin*. L'artère hyaloïdienne apporte le sang au cristallin en formation (et à la rétine); elle arrive jusqu'à l'ébauche de l'œil en passant par une fente dans la face inférieure de la cupule optique et du pédicule optique, appelée **fissure choroïdienne**. Au cours du développement du cristallin, une partie de l'artère hyaloïdienne qui passe dans la chambre vitrée dégénère, tandis que le reste de l'artère forme l'*artère centrale de la rétine*.

Le feuillet interne de la cupule optique est à l'origine de la *partie nerveuse* de la de la rétine; le feuillet externe forme la *partie pigmentaire* de la rétine. Les axones de la partie nerveuse en croissance se rendent à l'encéphale en passant par le pédicule optique, qui se transforme ainsi en *nerf optique (II)*. La myélinisation du nerf optique ne commence que vers la fin de la vie fœtale et elle se termine aux environs de la dixième semaine suivant la naissance.

La partie antérieure de la cupule optique donne naissance à l'éphithélium du *corps ciliaire*, à l'*iris* et aux *muscles sphincter de la pupille* et *dilatateur de la pupille*. Le tissu conjonctif du corps ciliaire, le *muscle ciliaire* et les *fibres zonulaires* du ligament du cristallin sont issus du **mésenchyme**, qui entoure la partie antérieure de la cupule optique.

Le mésenchyme entourant la cupule optique et le pédicule optique forme en se différenciant une tunique interne, qui donne naissance à la *choroïde*, et une tunique externe, qui est à l'origine de la *sclère* et d'une partie de la *cornée*. Le reste de la cornée provient de l'ectoderme superficiel.

La *chambre antérieure* est issue d'une cavité qui se forme dans le mésenchyme situé entre l'iris et la cornée, alors que la *chambre postérieure* provient d'une cavité qui se forme dans le mésenchyme situé entre l'iris et le cristallin.

Une partie du mésenchyme entourant l'œil en formation pénètre dans la cupule optique par la fissure choroïde. Elle occupe l'espace entre le cristallin et la rétine, et forme en se différenciant un délicat réseau de fibres. Les interstices entre les fibres sont envahis ultérieurement par une substance gélatineuse à l'origine du *corps vitré,* qui se trouve dans la chambre vitrée.

FIGURE 17.23 Le développement de l'œil.

L'œil commence à se développer 22 jours environ après la fécondation, à partir de l'ectoderme du prosencéphale.

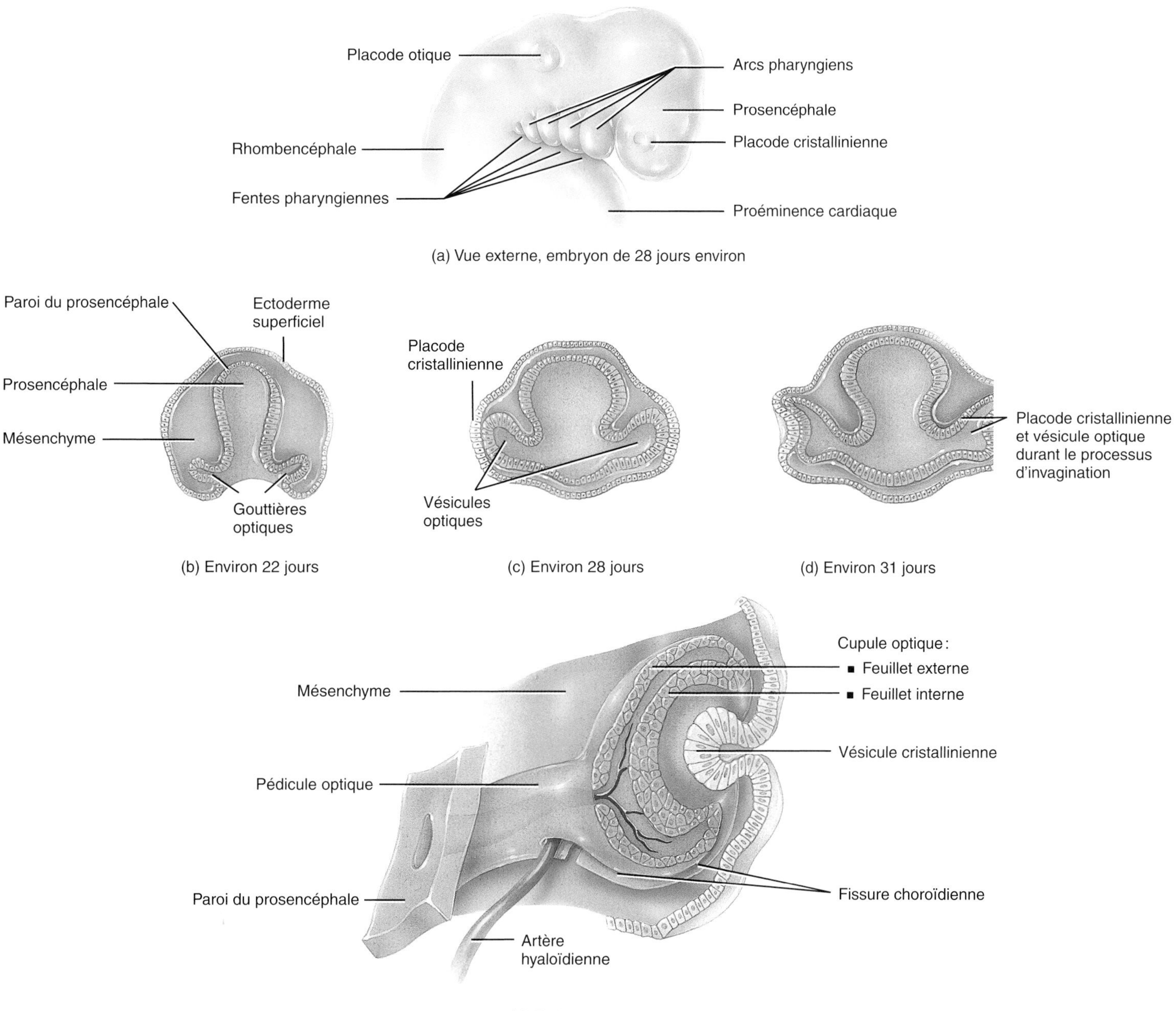

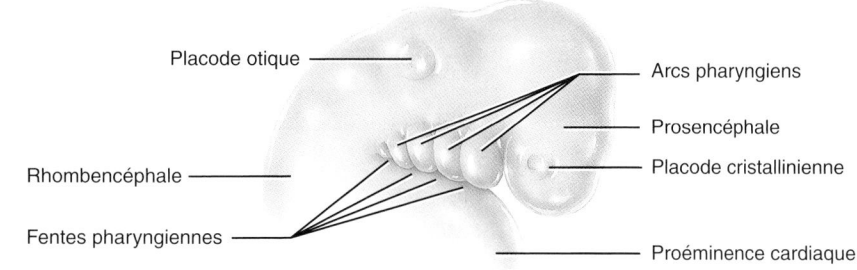

Placode otique

Arcs pharyngiens

Rhombencéphale

Prosencéphale

Placode cristallinienne

Fentes pharyngiennes

Proéminence cardiaque

(a) Vue externe, embryon de 28 jours environ

Paroi du prosencéphale

Ectoderme superficiel

Prosencéphale

Mésenchyme

Gouttières optiques

(b) Environ 22 jours

Placode cristallinienne

Vésicules optiques

(c) Environ 28 jours

Placode cristallinienne et vésicule optique durant le processus d'invagination

(d) Environ 31 jours

Mésenchyme

Cupule optique :
- Feuillet externe
- Feuillet interne

Vésicule cristallinienne

Pédicule optique

Paroi du prosencéphale

Artère hyaloïdienne

Fissure choroïdienne

(e) Environ 32 jours

De quelle structure sont issues les parties pigmentaire et nerveuse de la rétine?

Les *paupières* sont issues de l'ectoderme superficiel et du mésenchyme. Les paupières supérieure et inférieure se forment pour fusionner vers la 8ᵉ semaine du développement et rester soudées jusqu'à la 26ᵉ semaine environ.

L'OREILLE

L'*oreille interne* est la première partie de l'oreille à se développer. Sa formation commence 22 jours environ après la fécondation ; un épaississement de l'ectoderme superficiel forme les **placodes otiques** (figures 17.23a et 17.24b), qui apparaissent de chaque côté du rhombencéphale. Les placodes otiques s'invaginent rapidement (figure 17.24c), donnant ainsi naissance aux **saccules otiques** (figure 17.24d). Ces derniers se détachent par pincement de l'ectoderme superficiel pour former les **vésicules otiques** (figure 17.24e). Vers la fin de la période de développement, ces vésicules donnent naissance aux structures associées au *labyrinthe membraneux* de l'oreille interne. Le mésenchyme entourant les vésicules otiques produit le cartilage qui, en s'ossifiant, forme par la suite l'os associé au *labyrinthe osseux* de l'oreille interne.

L'*oreille moyenne* est issue de la première **poche pharyngienne**, une excroissance du pharynx primitif tapissée d'endoderme (figure 17.24a). Nous traiterons en détail des poches pharyngiennes

FIGURE 17.24 Le développement de l'oreille.

 L'oreille interne est la première partie de l'oreille à se développer, 22 jours environ après la fécondation, sous la forme d'un épaississement de l'ectoderme superficiel.

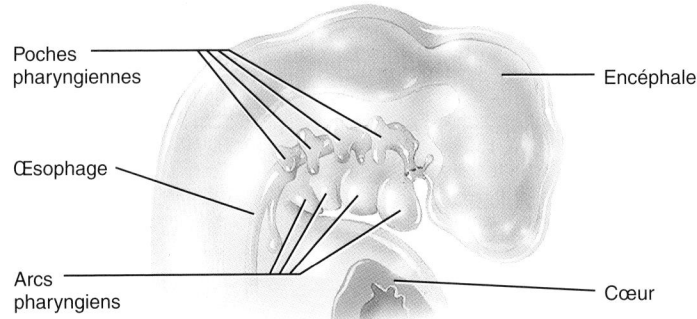

(a) Section sagittale, embryon d'environ 28 jours

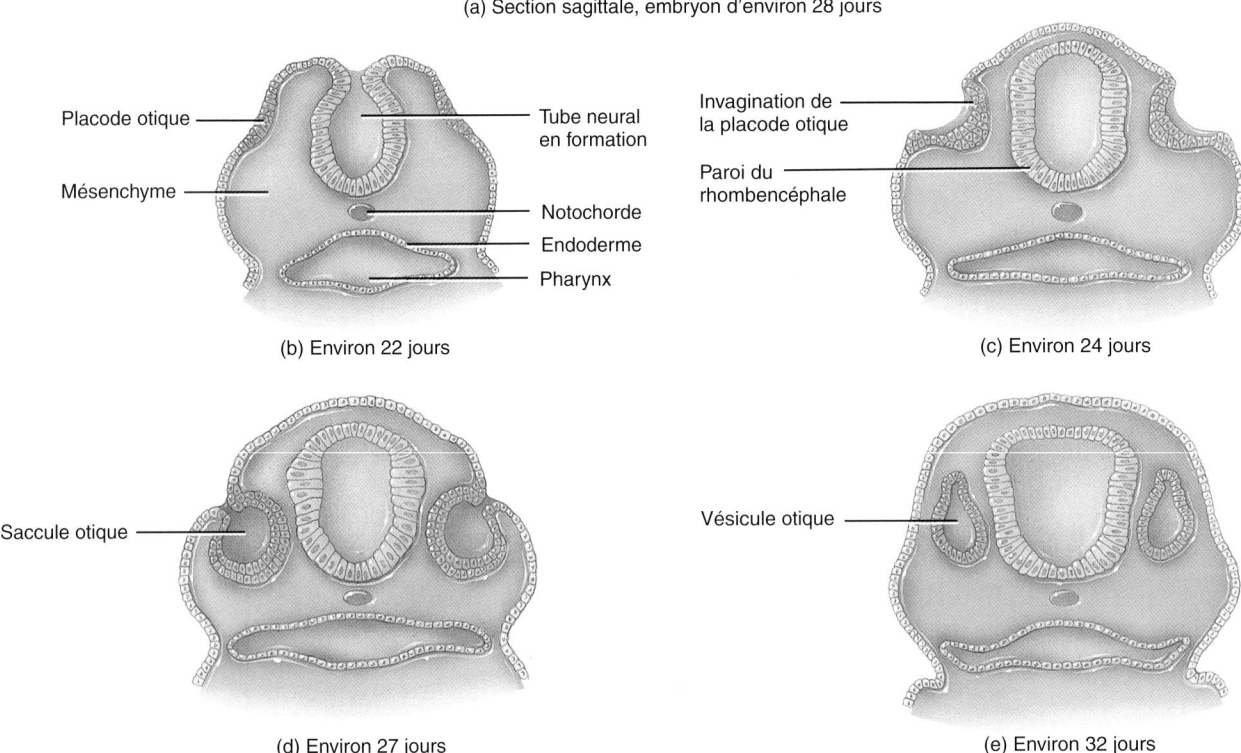

(b) Environ 22 jours

(c) Environ 24 jours

(d) Environ 27 jours

(e) Environ 32 jours

 Quelle est l'origine de chacune des trois parties de l'oreille ?

au chapitre 29. Les *osselets de l'ouïe* proviennent des première et deuxième poches pharyngiennes.

L'*oreille externe* est issue de la **première fente pharyngienne**, tapissée d'endoderme et située entre les première et deuxième poches pharyngiennes (figure 17.24a). Nous traiterons en détail des fentes pharyngiennes au chapitre 29.

▶ **POINT DE CONTRÔLE**

17. En quoi l'œil et l'oreille se distinguent-ils quant à leur origine ?

LE VIEILLISSEMENT DES ORGANES DES SENS

OBJECTIF

- Décrire les changements de l'œil et de l'oreille qui sont associés à l'âge.

La majorité des gens n'éprouvent aucun trouble affectant les sens de l'odorat et de la gustation avant l'âge de 50 ans environ. Par la suite, on observe une perte graduelle des cellules olfactives et des cellules gustatives, de même qu'un ralentissement du rythme de remplacement de cellules.

Plusieurs changements associés à l'âge se produisent dans l'œil. Nous avons déjà souligné que le cristallin perd en partie son élasticité et qu'il ne peut donc plus changer aussi facilement de forme, d'où l'apparition de la presbytie (voir p. 628). La formation de cataractes (opacité du cristallin) est également associée au vieillissement (voir ci-dessous). Chez les personnes très âgées, la sclère (« blanc » de l'œil) s'épaissit, devient plus rigide et prend une couleur jaunâtre ou brunâtre à cause de l'exposition aux rayonnements ultraviolets, au vent et à la poussière durant de nombreuses années. On observe aussi parfois des taches de pigment disséminées dans la sclère, surtout chez les individus ayant la peau foncée. L'iris pâlit ou sa pigmentation devient irrégulière. Les muscles responsables de la régulation du diamètre de la pupille s'affaiblissent avec l'âge, de sorte que la pupille devient plus petite, qu'elle réagit plus lentement à la lumière et qu'elle se dilate plus lentement dans l'obscurité. C'est pour ces raisons que les personnes âgées affirment que les objets leur semblent moins brillants, que leurs yeux sont susceptibles de s'adapter plus lentement lorsqu'elles sortent à l'extérieur, et qu'elles éprouvent des difficultés quand elles passent rapidement d'un milieu où l'éclairage est intense à un milieu où la luminosité est beaucoup plus faible. La fréquence de certaines maladies de la rétine augmente en raison du vieillissement ; c'est le cas notamment de la dégénérescence maculaire liée à l'âge (voir p. 625) et du décollement de la rétine (voir p. 623). Le glaucome (voir ci-dessous), une affection de l'œil qui touche surtout les personnes âgées, est causé par l'accumulation d'humeur aqueuse dans la chambre antérieure de l'œil. La production de larmes et le nombre de cellules épithéliales de la conjonctive sont susceptibles de diminuer avec l'âge, ce qui entraîne une sécheresse de l'œil. Les paupières perdent également de leur élasticité, d'où l'apparition de poches et de rides. La quantité de graisse autour de l'orbite diminue dans certains cas, d'où un affaissement du globe oculaire dans l'orbite. Enfin, l'acuité de la vision et la perception de la profondeur et des couleurs diminuent avec l'âge, alors que la présence de « corps flottants » augmente.

Vers l'âge de 60 ans, environ 25 % des individus éprouvent une baisse significative de l'acuité auditive, surtout en ce qui concerne les sons aigus. La perte graduelle de l'audition touchant les deux oreilles et liée au vieillissement s'appelle **presbyacousie** (*presbytês* : vieillard ; *akouein* : entendre). Elle est parfois associée à des lésions ou à la perte de cellules sensorielles ciliées de l'organe spiral, ou encore à la dégénérescence de composantes de la voie auditive. La présence d'acouphènes (tintement ou bourdonnement d'oreille) et les troubles du maintien de l'équilibre d'origine vestibulaire sont également plus fréquents chez les personnes âgées.

▶ **POINT DE CONTRÔLE**

18. Quels changements au niveau de l'œil et de l'oreille sont liés au processus de vieillissement, et comment ces changements surviennent-ils ?

DÉSÉQUILIBRES HOMÉOSTATIQUES

La cataracte

Une **cataracte** est une opacité du cristallin consécutive à des modifications structurales de ses protéines constituantes. Considérée comme une cause commune de la perte de vision, la cataracte est souvent associée au vieillissement, mais elle peut aussi résulter d'un traumatisme, d'une exposition excessive aux rayonnements ultraviolets, de la prise de certains médicaments (de l'usage prolongé de stéroïdes notamment), ou encore de complications d'autres maladies (comme le diabète). Le tabagisme, en outre, prédispose à la cataracte. La cataracte peut causer la cécité, mais il est possible de la traiter au moyen de l'excision chirurgicale du cristallin atteint et de l'implantation d'un cristallin artificiel.

Le glaucome

Le **glaucome** est une cause très fréquente de cécité aux États-Unis ; il touche environ 2 % des personnes de plus de 40 ans. Cette affection consiste en une augmentation anormale de la pression intraoculaire due à l'accumulation d'humeur aqueuse dans la chambre antérieure. Le liquide pousse le cristallin dans le corps vitré et exerce une pression sur les neurones de la rétine. La pression persistante entraîne une légère atteinte visuelle qui évolue jusqu'à une destruction irréversible des neurones de la rétine, des lésions du nerf optique et la cécité. Le glaucome risque de provoquer des dommages étendus avant d'être diagnostiqué, car il est indolore – jusqu'à ce qu'apparaisse une pression trop grande dans l'œil (qui est douloureuse) – et l'œil intact compense largement la faiblesse de l'autre. Comme cette affection est associée au vieillissement, on recommande aux personnes d'âge mûr de se prêter régulièrement à une mesure de la pression intraoculaire. Outre l'âge, les facteurs de risque du glaucome sont la race (les Noirs y sont particulièrement prédisposés), les antécédents familiaux ainsi que les antécédents de lésions ou de troubles oculaires.

La surdité

La **surdité** se définit comme une perte auditive importante ou totale. La **surdité de perception** est causée soit par une atteinte des cellules sensorielles ciliées de la cochlée, soit par une lésion de la branche cochléaire du nerf vestibulocochléaire (VIII). Elle peut être consécutive à l'athérosclérose, qui réduit l'apport de sang aux oreilles, à une exposition prolongée à des bruits forts, qui détruit les cellules sensorielles ciliées de l'organe spiral, ou à des médicaments comme l'aspirine et la streptomycine. La **surdité de transmission** est causée par une entrave des mécanismes de l'oreille externe ou moyenne qui transmettent les sons à la cochlée. Elle peut résulter de l'otospongiose (ou otosclérose : accumulation de tissu osseux autour de la fenêtre du vestibule), de la formation d'un bouchon de cérumen ou d'une blessure du tympan. La surdité de transmission est aussi associée à l'épaississement du tympan et au raidissement des articulations des osselets de l'ouïe, deux conséquences du vieillissement. On utilise notamment l'*épreuve de Weber* pour différencier les surdités de perception et de transmission. On le réalise en plaçant un diapason au milieu du front. Les personnes ayant une ouïe normale perçoivent le son avec la même intensité dans les deux oreilles. Si l'individu perçoivent le son plus fortement dans l'oreille atteinte, il souffre probablement d'une surdité de transmission ; s'il perçoit le son plus fortement avec l'oreille saine, il s'agit probablement d'une surdité de perception.

Le syndrome de Ménière

Le **syndrome de Ménière** est causé par une déformation du labyrinthe membraneux due à une accumulation excessive d'endolymphe. Il se manifeste principalement par des vertiges mais aussi par des pertes auditives intermittentes (résultant de la déformation de la lame basilaire de la cochlée) et par d'importants acouphènes (bourdonnements). Il peut entraîner une surdité presque totale en quelques années.

L'otite moyenne

L'**otite moyenne** est une infection aiguë de l'oreille moyenne causée généralement par des bactéries et associée à une infection du nez et de la gorge. Elle se manifeste par des douleurs, des malaises, de la fièvre ainsi qu'un rougissement et une saillie du tympan. Celui-ci risque d'ailleurs de se rompre faute d'un traitement rapide (qui peut consister en un drainage du pus qui s'est accumulé dans l'oreille moyenne). La plupart des cas d'otite moyenne sont causés par des bactéries qui passent du nasopharynx à la trompe auditive. Les enfants sont plus prédisposés que les adultes à l'otite moyenne, car leurs trompes auditives sont presque horizontales, ce qui entrave le drainage. Dans les cas d'otite moyenne chronique, on pratique fréquemment une intervention chirurgicale appelée **tympanotomie**, qui consiste à insérer un petit tube dans le tympan de manière à créer un passage pour le drainage du liquide présent dans l'oreille moyenne.

TERMES MÉDICAUX

Acouphène (*akouein* : entendre ; *phainein* : paraître) Tintement ou bourdonnement d'oreille.

Agueusie (*a* : sans ; *gueusis* : goût) Perte du sens du goût.

Amblyopie (*amblys* : affaibli ; *ôps* : vue) Diminution de l'acuité visuelle dans un œil par ailleurs sain, causée par un déséquilibre musculaire qui entrave la coordination des deux yeux ; on utilise parfois l'expression « œil paresseux ».

Anosmie (*anosmos* : inodore) Perte complète de l'odorat.

Barotraumatisme (*baros* : pesanteur) Atteinte de l'oreille moyenne ou douleur dans cette région attribuables aux variations de pression ambiante. Cette affection survient lorsque la pression ambiante est plus élevée que la pression sur la face interne de la membrane tympanique ; cela se produit notamment lors de la descente d'un avion ou la plongée en profondeur. Le fait de déglutir ou de pincer le nez et d'expirer la bouche fermée provoque habituellement l'ouverture de trompe auditive, ce qui permet l'entrée d'air dans l'oreille moyenne de manière que les pressions soient égales de part et d'autre de la membrane tympanique.

Blépharite (*blepharon* : paupière ; *ite* : inflammation) Inflammation du bord libre de la paupière.

Conjonctivite Inflammation de la conjonctive. Elle peut être attribuable à des bactéries comme des pneumocoques, des staphylocoques ou *Hæmophilus influenzæ* ; le cas échéant, elle est très contagieuse et atteint surtout les enfants. Elle peut aussi être causée par des substances irritantes telles que la poussière, la fumée et les polluants atmosphériques, auquel cas elle n'est pas contagieuse.

Érosion cornéenne Égratignure de la surface de la cornée causée, par exemple, par une poussière ou une lentille cornéenne endommagée. Les symptômes comprennent la douleur, la rougeur, le larmoiement, une vision floue, la sensibilité à la lumière vive et de fréquents clignemens des paupières.

Exotropie (*exô* : hors de ; *tropos* : tour, direction) Déviation d'un œil vers l'extérieur. Aussi appelée *strabisme divergent*.

Kératite (*keras* : cornée) Inflammation ou infection de la cornée.

Kératoplastie (*plassein* : former) Remplacement, après excision, d'une cornée défectueuse par une cornée de diamètre semblable prélevée sur un donneur. C'est la transplantation la plus fréquente et c'est également celle pour laquelle le taux de réussite est le plus élevé. Étant donné que la cornée est avasculaire, les anticorps présents dans le sang qui pourraient provoquer un rejet ne pénètrent pas dans le tissu greffé, de sorte que le taux de rejet est très faible. Pour pallier la pénurie de donneurs, on a mis au point des cornées artificielles en plastique qui permettent de résoudre en partie ce problème. Aussi appelée *greffe de cornée*.

Mal des transports Vomissements, pouvant être précédés de pâleur, d'agitation, de nausées, de faiblesse, de vertiges et d'une sensation de malaise général, qui sont causés par une stimulation excessive des canaux semi-circulaires. Ces troubles surviennent pendant un mouvement, par exemple au cours de déplacements en voiture, en bateau, en train ou en avion. Il y a habituellement une atténuation des symptômes dès que le mouvement cesse. On peut prendre avant le départ un médicament disponible en vente libre, tel que la méclizine (Bonamine^MD) ou le dimenhydrinate (Dramamine^MD). On peut aussi appliquer, avant le début des symptômes, un timbre transdermique (Transderm-V^MD) délivré sur ordonnance, qui contient de la scopolamine.

Mydriase Dilatation anormale de la pupille.

Myosis Constriction exagérée de la pupille.

Nystagmus (*nystazein* : secouer la tête) Mouvement rythmique involontaire des globes oculaires, qui serait causé par une maladie du système nerveux central. Le nystagmus est associé aux états qui causent le vertige.

Otalgie (*otos* : oreille ; *algos* : douleur) Mal d'oreille.

Photophobie (*phôtos* : lumière ; *phobos* : crainte) Sensibilité excessive des yeux à la lumière.

Ptosis (*ptôsis*: chute) Abaissement ou chute permanente de la paupière supérieure.

Rétinoblastome (*blastos*: bourgeon; *ome*: tumeur) Tumeur qui se développe à partir de cellules immatures de la rétine; elle représente 2% de tous les cancers chez l'enfant.

Rétinopathie diabétique (*pathos*: maladie) Maladie dégénérative de la rétine liée au diabète sucré, caractérisée par des dommages aux vaisseaux sanguins de la rétine ou par la formation de nouveaux vaisseaux qui nuisent à la vision.

Scotome (*skotos*: obscur) Tache aveugle ou aire du champ visuel où la vision est réduite.

Strabisme (*strabos*: qui louche) Défaut de parallélisme des globes oculaires qui rend impossible la coordination des yeux fixant un objet. L'œil touché dévie vers l'intérieur ou l'extérieur par rapport à l'œil normal, d'où la vision dédoublée (diplopie). Le strabisme peut résulter d'un traumatisme physique, de lésions vasculaires ou de tumeurs sur les muscles extrinsèques de l'œil ou sur les nerfs oculomoteur (III), trochléaire (IV) ou abducens (VI).

Tonomètre (*tonos*: tension; *metron*: mesure) Instrument servant à mesurer la pression et, en particulier, la pression intraoculaire.

Trachome (*trachys*: raboteux) Forme grave de conjonctivite. Causé par *Chlamydia trachomatis*, une bactérie, le trachome est la principale cause de cécité dans le monde. Il se caractérise par une prolifération du tissu sous-conjonctival et une pénétration des vaisseaux sanguins dans la cornée; l'opacification de la cornée finit par entraîner la cécité.

Vertige Impression de tourner sur soi-même ou de voir les objets environnants tourner autour de soi. Cette sensation s'accompagne fréquemment de nausées et parfois de vomissements. Le vertige peut être causé par l'arthrite du cou ou une infection de l'appareil vestibulaire.

RÉSUMÉ

L'ODORAT (P. 614)

1. Les récepteurs de l'odorat sont les cellules olfactives; ce sont des neurones bipolaires de premier ordre situés dans l'épithélium de la région olfactive, où l'on rencontre également les glandes olfactives qui sécrètent un mucus ayant la propriété de dissoudre les substances odorantes.

2. Les cellules olfactives portent des cils olfactifs; des substances odorantes dissoutes dans le mucus stimulent des récepteurs situés sur la membrane de ces cils ou se lient à des protéines G situées dans la membrane des cils.

3. Les stimulus olfactifs déclenchent des potentiels générateurs qui produisent un ou plusieurs influx nerveux.

4. Le seuil d'excitation des cellules olfactives est bas et leur adaptation, rapide.

5. Les axones des cellules olfactives forment les nerfs olfactifs (I). Outre les nerfs olfactifs, la voie olfactive comprend les bulbes olfactifs, les tractus olfactifs, le système limbique ainsi que les aires sensitives et associatives des lobes temporaux et frontaux du cortex cérébral.

LE GOÛT (P. 616)

1. Les récepteurs du goût sont les cellules gustatives situées dans les calicules gustatifs. Ce sont des cellules spécialisées dont la stimulation déclenche des potentiels récepteurs.

2. Des substances chimiques dissoutes dans la salive, appelées *substances sapides*, stimulent les cellules gustatives en passant par des canaux ioniques de la membrane plasmique ou en se liant à des protéines G situées dans la membrane.

3. Les potentiels récepteurs produits dans les cellules gustatives entraînent la libération d'un neurotransmetteur qui peut engendrer des influx nerveux dans des neurones sensitifs de premier ordre avec lesquels ces cellules gustatives font synapse.

4. Le seuil d'excitation des cellules gustatives varie selon les saveurs et leur adaptation est rapide.

5. Les cellules gustatives engendrent des influx nerveux dans les nerfs crâniens VII, IX et X. Ces signaux passent ensuite dans le bulbe rachidien et le thalamus avant de parvenir au lobe pariétal du cortex cérébral. Quelques influx gustatifs passent par le système limbique et l'hypothalamus.

LA VISION (P. 618)

1. Les structures annexes de l'œil sont le sourcil, les paupières, les cils, l'appareil lacrymal et les muscles extrinsèques du globe oculaire.

2. L'appareil lacrymal est formé des structures qui produisent et drainent les larmes.

3. La paroi du globe oculaire est composée de trois enveloppes: 1) la tunique fibreuse, formée de la sclère et de la cornée; 2) la tunique vasculaire, formée de la choroïde, du corps ciliaire et de l'iris; et 3) la rétine.

4. La rétine est constituée d'une partie pigmentaire et d'une partie nerveuse, cette dernière étant formée de la couche des photorécepteurs, de la couche des neurones bipolaires, de la couche des cellules ganglionnaires, des cellules horizontales et des cellules amacrines.

5. Le segment antérieur de l'œil contient l'humeur aqueuse; le segment postérieur, ou chambre vitrée, contient le corps vitré.

6. La cornée et le cristallin réfractent les rayons lumineux qui entrent dans l'œil et forment une image inversée sur la fossette centrale de la rétine.

7. Pour la vision rapprochée, le cristallin bombe (accommodation) et la pupille se resserre pour empêcher les rayons lumineux d'entrer dans l'œil par la périphérie du cristallin.

8. Le punctum proximum est le point le plus rapproché que l'œil peut distinguer avec une accommodation maximale.

9. La convergence est un mouvement vers l'intérieur des globes oculaires destiné à les fixer tous deux sur l'objet examiné.

10. Les bâtonnets et les cônes sont des photorécepteurs, des cellules spécialisées dont la stimulation déclenche des potentiels récepteurs.

11. La première étape de la vision est l'absorption de lumière par les photopigments des bâtonnets et des cônes (photorécepteurs) et l'isomérisation du *cis*-rétinal. Les potentiels récepteurs produits par les bâtonnets et les cônes diminuent la libération d'un neurotransmetteur inhibiteur, ce qui engendre des potentiels gradués dans les neurones bipolaires et les cellules horizontales.

12. Les cellules horizontales transmettent des influx inhibiteurs aux neurones bipolaires; les neurones bipolaires ou les cellules amacrines transmettent des influx excitateurs aux cellules ganglionnaires, qui se dépolarisent et produisent des influx nerveux.

13. À partir des cellules ganglionnaires, les influx nerveux passent par le nerf optique (II), le chiasma optique, le tractus optique et le thalamus. De là, ils se rendent au lobe occipital du cortex cérébral. Les axones des cellules ganglionnaires émettent des collatérales qui s'étendent jusque dans le mésencéphale et l'hypothalamus.

L'OUÏE ET L'ÉQUILIBRE (P. 634)

1. L'oreille externe comprend l'auricule, le méat acoustique externe et le tympan.

2. L'oreille moyenne comprend la trompe auditive, les osselets de l'ouïe, la fenêtre du vestibule et la fenêtre de la cochlée.

3. L'oreille interne comprend le labyrinthe osseux et le labyrinthe membraneux. Elle renferme l'organe spiral. Ce dernier contient des cellules sensorielles ciliées – les récepteurs de l'ouïe – et des cellules de soutien. Les cellules sensorielles ciliées sont des cellules spécialisées dont la stimulation déclenche des potentiels récepteurs.

4. Après être entrées dans le méat acoustique externe, les ondes sonores se transmettent successivement au tympan, aux osselets de l'ouïe, à la fenêtre du vestibule, à la périlymphe, à la paroi vestibulaire du conduit cochléaire et à la rampe tympanique. Ensuite, elles augmentent la pression dans l'endolymphe, font vibrer la lame basilaire de la cochlée et stimulent les cils des cellules sensorielles ciliées de l'organe spiral.

5. Les cellules sensorielles ciliées convertissent les vibrations mécaniques en potentiels récepteurs. Ceux-ci entraînent la libération d'un neurotransmetteur qui déclenche des potentiels d'action, ou influx nerveux, lesquels se propagent dans les axones des neurones sensitifs de premier ordre.

6. Les axones des neurones sensitifs de premier ordre de la branche cochléaire du nerf vestibulocochléaire (VIII) se terminent dans le bulbe rachidien. Les influx auditifs passent ensuite dans le colliculus inférieur et le thalamus avant d'atteindre le lobe temporal du cortex cérébral.

7. L'équilibre statique est la capacité de maintenir la posture du corps en réponse à des changements d'orientation du corps relativement à la force gravitationnelle. Les macules de l'utricule et du saccule contiennent des cellules sensorielles ciliées – les récepteurs de l'équilibre – et des cellules de soutien.

8. L'équilibre dynamique est la capacité de maintenir la position du corps en dépit des mouvements soudains de rotation, d'accélération et de décélération. Les crêtes ampullaires situées dans les conduits semi-circulaires contiennent des cellules sensorielles ciliées – les récepteurs de l'équilibre – et des cellules de soutien.

9. Les cellules sensorielles ciliées de l'équilibre (statique et dynamique) convertissent les fléchissements des cils en potentiels récepteurs.

10. La plupart des axones des neurones sensitifs de premier ordre de la branche vestibulaire du nerf vestibulocochléaire (VIII) entrent dans le tronc cérébral et se terminent dans le bulbe rachidien et le pont; les autres entrent dans le cervelet.

LE DÉVELOPPEMENT EMBRYONNAIRE DE L'ŒIL ET DE L'OREILLE (P. 646)

1. L'œil commence à se développer 22 jours environ après la fécondation, à partir de l'ectoderme superficiel – un œil de chaque côté du prosencéphale.

2. L'oreille commence à se développer 22 jours environ après la fécondation, sous la forme d'un épaississement de l'ectoderme – une oreille de chaque côté du rhombencéphale. On observe, dans l'ordre chronologique, la formation de l'oreille interne, de l'oreille moyenne, puis de l'oreille externe.

LE VIEILLISSEMENT DES ORGANES DES SENS (P. 649)

1. La majorité des gens n'éprouvent aucune difficulté liée aux sens de l'odorat et du goût avant l'âge de 50 ans environ.

2. Parmi les changements de l'œil associés au vieillissement, on note la presbytie, la cataracte, la difficulté d'adaptation aux variations d'intensité de la lumière, la dégénérescence maculaire, le glaucome, la sécheresse de l'œil et la diminution de l'acuité visuelle.

3. Une diminution de l'acuité auditive survient avec l'âge et la fréquence des acouphènes est plus élevée chez les personnes âgées.

AUTOÉVALUATION

Vous trouverez les réponses à ces questions à l'appendice D.

COMPLÉTEZ LES PHRASES SUIVANTES.

1. Les cinq saveurs élémentaires sont _____, _____, _____, _____ et _____.

2. L'équilibre _____ est la capacité de maintenir la posture du corps en réponse à des changements d'orientation du corps relativement à la force gravitationnelle; l'équilibre _____ est la capacité de maintenir la position du corps en dépit de mouvements soudains de rotation, d'accélération et de décélération.

INDIQUEZ SI LES ÉNONCÉS SUIVANTS SONT VRAIS OU FAUX.

3. Parmi tous les axones des neurones sensitifs des organes des sens, ceux qui acheminent les influx olfactifs et gustatifs sont les seuls à atteindre à la fois le cortex et le système limbique.

4. On appelle *convergence* la capacité à modifier la courbure du cristallin pour s'adapter à la vision rapprochée.

CHOISISSEZ LA BONNE RÉPONSE.

5. Lesquels des énoncés suivants sont *vrais* ? 1) La transduction des stimulus olfactifs a lieu dans les cils olfactifs. 2) Le bulbe olfactif transmet des influx nerveux directement au lobe temporal du cortex cérébral. 3) Les axones des cellules olfactives passent à travers le foramen de la lame criblée de l'ethmoïde. 4) Les nerfs olfactifs sont constitués de faisceaux d'axones qui se terminent dans le tractus olfactif. 5) À l'intérieur du bulbe olfactif, les neurones de premier ordre font synapse avec les neurones de deuxième ordre. a) 1, 2 et 4 ; b) 2, 3, 4 et 5 ; c) 1, 2, 3, 4 et 5 ; d) 1, 3 et 5 ; e) 1, 2, 3 et 5.

6. Lequel des énoncés suivants est *faux* ? a) Les cellules olfactives produisent un potentiel récepteur en réponse à la stimulation chimique d'une molécule odorante. b) Les cellules basales souches produisent continuellement de nouvelles cellules olfactives. c) L'adaptation aux odeurs s'accomplit rapidement et se déroule à la fois dans les récepteurs olfactifs et dans le SNC. d) Le mucus produit par les glandes olfactives sert à humidifier l'épithélium de la région olfactive et à dissoudre les substances odorantes. e) L'aire orbitofrontale joue un rôle important dans la détermination et la distinction des odeurs.

7. Lequel des énoncés suivants est *faux* ? a) Le goût est un sens chimique. b) Les récepteurs des sensations gustatives sont situés dans les calicules gustatifs répartis sur la langue, le palais mou, le pharynx et l'épiglotte. c) Les poils gustatifs sont le siège de la transduction des stimulus gustatifs. d) Le seuil d'excitation des cellules gustatives est plus élevé pour l'amer que pour les autres saveurs. e) Les cellules gustatives mettent de une à cinq minutes pour s'adapter complètement à une saveur.

8. Lesquels des éléments suivants sont essentiels à la formation d'une image nette sur la rétine dans la vision rapprochée ? 1) l'accroissement de la courbure du cristallin, 2) la contraction du muscle ciliaire, 3) la divergence des globes oculaires, 4) la réfraction de la lumière aux faces antérieure et postérieure de la cornée, 5) la constriction de la pupille, provoquée par la contraction des muscles extrinsèques de l'œil. a) 1, 2, 3, 4 et 5 ; b) 1, 2 et 4 ; c) 1, 2, 3 et 4 ; d) 2, 4 et 5 ; e) 2, 3 et 4.

9. Laquelle des associations suivantes est *erronée* ? a) papilles fongiformes : disséminées sur toute la surface de la langue, b) papilles filiformes : contiennent les calicules gustatifs durant l'enfance, c) papilles caliciformes : contiennent chacune de 100 à 300 calicules gustatifs, d) papilles foliées : situées dans des sillons sur les bords latéraux de la langue, e) papilles fongiformes : renferment chacune environ cinq calicules gustatifs.

10. Ordonner les structures suivantes selon l'ordre d'intervention dans la voie visuelle. a) tractus optique, b) cellules ganglionnaires, c) cornée, d) cristallin, e) neurones bipolaires, f) nerf optique, g) aire visuelle primaire du cortex cérébral, h) corps vitré, i) chiasma optique, j) humeur aqueuse, k) pupille, l) photorécepteurs, m) thalamus.

11. Lequel des énoncés suivants est *faux* ? a) Le rétinal est la partie des photopigments qui absorbe la lumière. b) Les bâtonnets contiennent un seul photopigment, soit la rhodopsine, tandis que trois photopigments sont associés aux cônes. c) Le rétinal est un dérivé de la vitamine C. d) La vision des couleurs est attribuable au fait que, selon sa longueur d'onde (couleur), la lumière active de façon sélective différents photopigments présents dans les cônes. e) La décoloration et la régénération des photopigments est à l'origine de la majeure partie des variations (mais pas de toutes les variations) de la sensibilité pendant l'adaptation à la lumière et l'adaptation à l'obscurité.

12. Laquelle des énumérations suivantes correspond véritablement au trajet des ondes sonores dans l'oreille ? a) méat acoustique externe, tympan, osselets de l'ouïe, fenêtre du vestibule, cochlée et organe spiral ; b) tympan, méat acoustique externe, osselets de l'ouïe, cochlée et organe spiral, fenêtre de la cochlée ; c) osselets de l'ouïe, tympan, cochlée et organe spiral, fenêtre de la cochlée, fenêtre du vestibule, méat acoustique externe ; d) auricule, tympan, fenêtre de la cochlée, cochlée et organe spiral, fenêtre du vestibule ; e) méat acoustique externe, tympan, osselets de l'ouïe, méat acoustique interne, organe spiral, fenêtre du vestibule.

13. Associez les éléments suivants :

_____ a) abritent l'œil de la lumière durant le sommeil ; étalent une sécrétion lubrifiante sur le globe oculaire

_____ b) produit et draine les larmes

_____ c) décrit un arc au-dessus du globe oculaire et le protège contre les corps étrangers, les gouttes de sueur et les rayons directs du soleil

_____ d) déplacent le globe oculaire vers l'intérieur, l'extérieur, le haut et le bas

_____ e) épais repli de tissu conjonctif (fibrocartilage) qui donne sa forme à la paupière et la soutient

_____ f) glandes sébacées modifiées dont les sécrétions empêchent les paupières d'adhérer l'une à l'autre

_____ g) bordent les paupières et protègent le globe oculaire contre les corps étrangers, les gouttes de sueur et les rayons directs du soleil

_____ h) mince muqueuse protectrice qui tapisse la face interne des paupières et se prolonge sur la face antérieure du globe oculaire, où elle recouvre la sclère

1) paupières
2) glandes tarsales
3) conjonctive
4) cils
5) appareil lacrymal
6) muscles extrinsèques du globe oculaire
7) sourcil
8) tarse

14. Associez les éléments suivants:

_____ a) tapisse une grande partie de la face interne de la sclère et fournit des nutriments à la face postérieure de la rétine

_____ b) partie colorée du globe oculaire qui régit la quantité de lumière qui y pénètre

_____ c) enveloppe interne du globe oculaire; premier élément de la voie visuelle; contient les bâtonnets et les cônes

_____ d) structure biconvexe transparente qui focalise avec précision les rayons lumineux pour fournir des images claires

_____ e) partie transparente du globe oculaire qui recouvre l'iris et contribue à focaliser la lumière

_____ f) anneau de myocytes lisses qui modifie la forme du cristallin pour la vision rapprochée et la vision éloignée

_____ g) point où le nerf optique sort du globe oculaire; tache aveugle

_____ h) liquide contenu dans le segment antérieur du globe oculaire; nourrit le cristallin et la cornée, et contribue à maintenir la forme du globe oculaire

_____ i) trou situé au centre de l'iris

_____ j) substance gélatineuse contenue dans la chambre vitrée; empêche le globe oculaire de s'affaisser et maintient la rétine contre les parties internes du globe oculaire

_____ k) blanc de l'œil; donne sa forme au globe oculaire, lui confère de la rigidité et en protège les parties internes

_____ l) enveloppe superficielle avasculaire du globe oculaire, constituée de la cornée et de la sclère

_____ m) petite dépression au centre de la macula qui contient uniquement des cônes; point où l'acuité visuelle est maximale

_____ n) contiennent des capillaires qui sécrètent l'humeur aqueuse

_____ o) enveloppe moyenne, vascularisée, du globe oculaire comprenant la choroïde, le corps ciliaire et l'iris

1) cornée
2) sclère
3) choroïde
4) procès ciliaires
5) muscle ciliaire
6) iris
7) pupille
8) tunique vasculaire
9) rétine
10) disque du nerf optique
11) tunique fibreuse
12) fossette centrale
13) humeur aqueuse
14) cristallin
15) corps vitré

15. Associez les éléments suivants:

_____ a) sépare le méat acoustique externe de l'oreille moyenne

_____ b) partie centrale de forme ovale du labyrinthe osseux; contient l'utricule et le saccule

_____ c) récepteur de l'équilibre statique; intervient aussi dans certains aspects de l'équilibre dynamique; composée de cellules sensorielles ciliées et de cellules de soutien

_____ d) comprend des cellules sensorielles ciliées qui convertissent les stimulus auditifs en potentiels récepteurs

_____ e) malléus, incus et stapès

_____ f) conduit qui relie l'oreille moyenne au nasopharynx et sert à équilibrer les pressions

_____ g) contient l'organe spiral

_____ h) liquide contenu dans le labyrinthe membraneux; les mouvements ondulatoires de ce liquide font vibrer la lame basilaire

_____ i) organes récepteurs de l'équilibre: saccule, utricule et conduits semi-circulaires

_____ j) renflement des canaux semi-circulaires; contient les structures jouant un rôle dans l'équilibre dynamique

_____ k) ouverture située entre l'oreille moyenne et l'oreille interne, et entourée par la membrane secondaire du tympan

_____ l) partie saillante formée de cartilage élastique et recouverte de peau, qui sert à capter les ondes sonores

_____ m) liquide contenu dans le labyrinthe osseux; le bombement de la fenêtre du vestibule y déclenche des mouvements ondulatoires

_____ n) ouverture située entre l'oreille moyenne et l'oreille interne; reçoit la base du stapès

1) auricule
2) tympan
3) osselets de l'ouïe
4) appareil vestibulaire
5) ampoule
6) cochlée
7) périlymphe
8) fenêtre du vestibule
9) fenêtre de la cochlée
10) trompe auditive
11) vestibule
12) endolymphe
13) organe spiral
14) macule

Vous trouverez les réponses à ces questions à l'appendice D.

1. Mario a subi une lésion du nerf facial. Quels effets cela aura-t-il sur ses sens?

2. L'infirmière apporte son dîner à tante Géraldine, une femme de quatre-vingts ans en mauvaise santé. La patiente avale quelques bouchées, puis elle dit qu'elle n'a pas faim et qu'à l'hôpital la nourriture n'a jamais bon goût. L'infirmière lui donne un menu pour qu'elle choisisse ce qu'elle mangera au petit déjeuner. Géraldine se plaint de ne pouvoir lire le menu et demande à l'infirmière de lui en faire la lecture. Quand cette dernière commence à lire, Géraldine lui demande de parler plus fort et d'éteindre ce qui émet un bourdonnement. Quelles connaissances de l'infirmière concernant le vieillissement et les sens peuvent l'aider à ne pas perdre patience avec tante Géraldine?

3. Vous aidez votre voisine à mettre des gouttes dans les yeux de sa fille de six ans. Celle-ci affirme: «Ce médicament a mauvais goût.» Quelle explication donnez-vous à votre voisine quant à la capacité de sa fille à «goûter» le médicament?

RÉPONSES AUX QUESTIONS DES FIGURES

17.1 Les cils olfactifs détectent les molécules odorantes.

17.2 Les cellules de soutien dans les calicules gustatifs finissent par se transformer en cellules gustatives.

17.3 La conjonctive est unie au revêtement interne des paupières.

17.4 La sécrétion lacrymale est une solution aqueuse contenant des sels, un peu de mucus et du lysozyme; elle protège, nettoie, lubrifie et hydrate le globe oculaire.

17.5 La tunique fibreuse comprend la cornée et la sclère; la tunique vasculaire comprend la choroïde, le corps ciliaire et l'iris.

17.6 La partie parasympathique du SNA provoque la constriction de la pupille, tandis que la partie sympathique entraîne sa dilatation.

17.7 L'examen à l'ophtalmoscope peut révéler des signes de l'hypertension, du diabète sucré, de la cataracte et de la dégénérescence maculaire liée à l'âge.

17.8 Les deux types de photorécepteurs sont les bâtonnets et les cônes. Les bâtonnets sont à l'origine de la vision en noir et blanc ou en nuances de gris dans la pénombre, tandis que les cônes sont à l'origine de l'acuité visuelle et de la vision des couleurs en présence de lumière vive.

17.9 Après avoir été sécrétée par les procès ciliaires, l'humeur aqueuse s'écoule dans la chambre postérieure, passe entre l'iris et le cristallin, traverse la pupille et entre dans la chambre antérieure; elle sort du globe oculaire par le sinus veineux de la sclère.

17.10 Pendant l'accommodation, le muscle ciliaire se contracte, ce qui entraîne le relâchement des fibres zonulaires du ligament du cristallin. La courbure du cristallin s'accentue (convexité), ce qui entraîne un accroissement de son pouvoir de réfraction.

17.11 La presbytie est la perte d'élasticité du cristallin associée au vieillissement.

17.12 Les bâtonnets et les cônes convertissent l'énergie lumineuse en potentiels récepteurs, portent un photopigment dans la membrane des plis ou des disques de leur segment externe, et libèrent un neurotransmetteur dans leurs synapses avec les neurones bipolaires et les cellules horizontales.

17.13 La conversion du *cis*-rétinal en *trans*-rétinal est appelée *isomérisation*.

17.14 Le GMPc est le ligand qui ouvre les canaux à Na^+ dans les photorécepteurs, ce qui provoque un afflux de Na^+ appelé *courant d'obscurité*.

17.15 Les rayons lumineux provenant d'un objet situé dans la moitié temporale du champ visuel atteignent la moitié nasale de la rétine.

17.16 Le malléus de l'oreille moyenne est rattaché à la face interne du tympan, qui fait partie de l'oreille externe.

17.17 La fenêtre du vestibule et la fenêtre de la cochlée séparent l'oreille moyenne de l'oreille interne.

17.18 Les deux vésicules situées dans le labyrinthe membraneux du vestibule sont le saccule et l'utricule.

17.19 Les trois subdivisions du labyrinthe osseux sont les canaux semi-circulaires, le vestibule et la cochlée.

17.20 La partie de la lame basilaire située près de la fenêtre du vestibule et de la fenêtre de la cochlée est celle qui vibre le plus vigoureusement sous l'action des sons de haute fréquence.

17.21 Les macules sont associées principalement à l'équilibre statique; elles fournissent des informations sensorielles concernant la position de la tête dans l'espace.

17.22 Les conduits semi-circulaires sont associés principalement à l'équilibre dynamique.

17.23 La cupule optique constitue les parties nerveuse et pigmentaire de la rétine.

17.24 L'oreille interne est issue de l'ectoderme superficiel; l'oreille moyenne, d'une poche pharyngienne; et l'oreille externe, d'une fente pharyngienne.

CHAPITRE 18

LE SYSTÈME ENDOCRINIEN

LE SYSTÈME ENDOCRINIEN ET L'HOMÉOSTASIE

Les hormones circulantes et les hormones locales du système endocrinien contribuent à l'homéostasie en régulant l'activité et la croissance de cellules cibles de l'organisme. Les hormones régissent aussi le métabolisme.

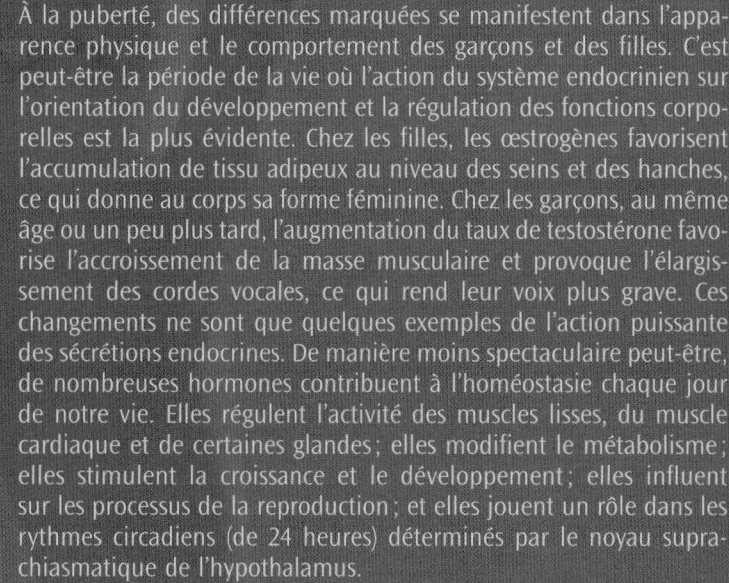

À la puberté, des différences marquées se manifestent dans l'apparence physique et le comportement des garçons et des filles. C'est peut-être la période de la vie où l'action du système endocrinien sur l'orientation du développement et la régulation des fonctions corporelles est la plus évidente. Chez les filles, les œstrogènes favorisent l'accumulation de tissu adipeux au niveau des seins et des hanches, ce qui donne au corps sa forme féminine. Chez les garçons, au même âge ou un peu plus tard, l'augmentation du taux de testostérone favorise l'accroissement de la masse musculaire et provoque l'élargissement des cordes vocales, ce qui rend leur voix plus grave. Ces changements ne sont que quelques exemples de l'action puissante des sécrétions endocrines. De manière moins spectaculaire peut-être, de nombreuses hormones contribuent à l'homéostasie chaque jour de notre vie. Elles régulent l'activité des muscles lisses, du muscle cardiaque et de certaines glandes ; elles modifient le métabolisme ; elles stimulent la croissance et le développement ; elles influent sur les processus de la reproduction ; et elles jouent un rôle dans les rythmes circadiens (de 24 heures) déterminés par le noyau suprachiasmatique de l'hypothalamus.

COMPARAISON DES MÉCANISMES DE RÉGULATION DES SYSTÈMES NERVEUX ET ENDOCRINIEN

OBJECTIF

• Comparer les mécanismes de régulation des fonctions corporelles par le système nerveux et par le système endocrinien.

Les systèmes nerveux et endocrinien assurent ensemble la communication entre les cellules et la coordination des fonctions de tous les systèmes du corps. Nous avons vu que le système nerveux dirige les activités de l'organisme au moyen d'influx nerveux transmis le long des axones des neurones, et que ces influx déclenchent, dans les boutons synaptiques, la libération de molécules de messagers chimiques appelés *neurotransmetteurs* (ce processus est illustré à la figure 12.17). Ainsi, l'envoi d'informations par des récepteurs sensitifs vers le système nerveux central déclenche une commande motrice vers des effecteurs pour moduler leur activité en fonction des besoins de l'organisme. Le système endocrinien régit lui aussi les activités de l'organisme en communiquant avec les effecteurs à l'aide de messagers chimiques appelés *hormones*. Les mécanismes de régulation des deux systèmes sont toutefois très différents.

Une **hormone** (*hormân* : exciter) est un messager chimique qui, libéré dans une partie du corps, régule l'activité des cellules de diverses autres parties de l'organisme. La plupart des hormones pénètrent dans le liquide interstitiel, puis dans la circulation sanguine. Le sang distribue les hormones à presque toutes les cellules du corps. Les neurotransmetteurs et les hormones agissent, les uns comme les autres, en se liant à des récepteurs situés sur la membrane ou à l'intérieur des cellules cibles. Plusieurs messagers chimiques jouent à la fois le rôle de neurotransmetteur et le rôle d'hormone. Citons l'exemple de la noradrénaline, libérée en tant que neurotransmetteur par les neurones sympathiques postganglionnaires et en tant qu'hormone par les cellules de la médullosurrénale.

La communication entre le système endocrinien et ses effecteurs est plus lente que la réaction du système nerveux, tout comme la communication par courrier postal est plus lente qu'une communication par téléphone. Certaines hormones agissent en quelques secondes, mais la plupart mettent au moins quelques minutes à provoquer une réaction. Les effets de l'activation du système nerveux sont généralement de plus courte durée que ceux du système endocrinien, parce que les neurotransmetteurs sortent plus rapidement de la fente synaptique que les hormones, de la circulation sanguine. Le système nerveux agit sur des muscles et des glandes donnés. Le système endocrinien a une portée beaucoup plus large ; il contribue à la régulation de presque tous les types de cellules du corps.

Vous aurez maintes fois l'occasion de constater que les systèmes nerveux et endocrinien fonctionnent conjointement à la manière d'un supersystème intégré. Par exemple, certaines parties du système nerveux stimulent ou inhibent la libération d'hormones par le système endocrinien.

Le tableau 18.1 présente en parallèle les caractéristiques du système nerveux et du système endocrinien. Dans le présent chapitre, nous centrerons notre attention sur les principales glandes endocrines et les tissus qui produisent des hormones, et nous examinerons la façon dont leurs hormones régissent les activités de l'organisme.

▶ POINT DE CONTRÔLE

1. Énumérez les similarités et les différences entre les systèmes nerveux et endocrinien en ce qui a trait à la régulation de l'homéostasie.

TABLEAU 18.1 COMPARAISON DES MÉCANISMES DE RÉGULATION DES SYSTÈMES NERVEUX ET ENDOCRINIEN

CARACTÉRISTIQUE	SYSTÈME NERVEUX	SYSTÈME ENDOCRINIEN
Molécules de messagers chimiques	Neurotransmetteurs libérés localement en réponse aux influx nerveux.	Hormones transportées par le sang vers les tissus du corps.
Lieu d'action du messager chimique	Près du lieu de libération, à une synapse ; liaison à des récepteurs dans la membrane postsynaptique.	Généralement loin du lieu de libération ; liaison à des récepteurs situés sur les cellules cibles ou à l'intérieur de celles-ci.
Nature des cellules cibles	Myocytes (lisses, cardiaques et squelettiques), cellules des glandes, autres neurones.	Presque toutes les cellules du corps.
Délai de réaction	En général, quelques millisecondes (millièmes de seconde).	De quelques secondes à plusieurs heures, voire plusieurs jours.
Durée de l'effet	En général, plutôt brève (quelques millisecondes).	En général, assez longue (de quelques secondes à plusieurs jours).

LES GLANDES ENDOCRINES

• Distinguer les glandes exocrines des glandes endocrines.

Nous avons vu au chapitre 4 qu'il y a deux sortes de glandes dans le corps : les glandes exocrines et les glandes endocrines. Les **glandes exocrines** (*exô* : dehors) sécrètent leurs produits dans des conduits qui les déversent dans des cavités de l'organisme ou dans la lumière de certains organes, ou bien à la surface externe du corps. Elles comprennent les glandes sudoripares (sueur), sébacées (sébum) et muqueuses, ainsi que les glandes du système digestif. Les **glandes endocrines** (*endon* : en dedans) sécrètent leurs produits

(des hormones) dans le liquide interstitiel entourant les cellules sécrétrices plutôt que dans des conduits. Les sécrétions diffusent ensuite dans des vaisseaux capillaires, et le sang les transporte jusqu'à des cellules cibles disséminées dans l'organisme. Étant donné que, pour la plupart des hormones, la quantité requise est très faible, leur taux dans la circulation sanguine est peu élevé.

Les glandes endocrines sont l'hypophyse, la glande thyroïde, les glandes parathyroïdes, les glandes surrénales et la glande pinéale (figure 18.1). En outre, plusieurs organes et tissus contiennent des cellules qui sécrètent des hormones, même s'ils ne sont pas considérés exclusivement comme des glandes endocrines. C'est le cas de l'hypothalamus, du thymus, du pancréas, des ovaires, des testicules, des reins, de l'estomac, du foie, de l'intestin grêle, de la peau, du cœur, du tissu adipeux et du placenta. Les glandes

FIGURE 18.1 L'emplacement de la majorité des glandes endocrines. D'autres organes contenant des cellules endocrines ainsi que des structures associées sont aussi représentés.

Les glandes endocrines sécrètent des hormones qui sont transportées par le sang vers les tissus cibles.

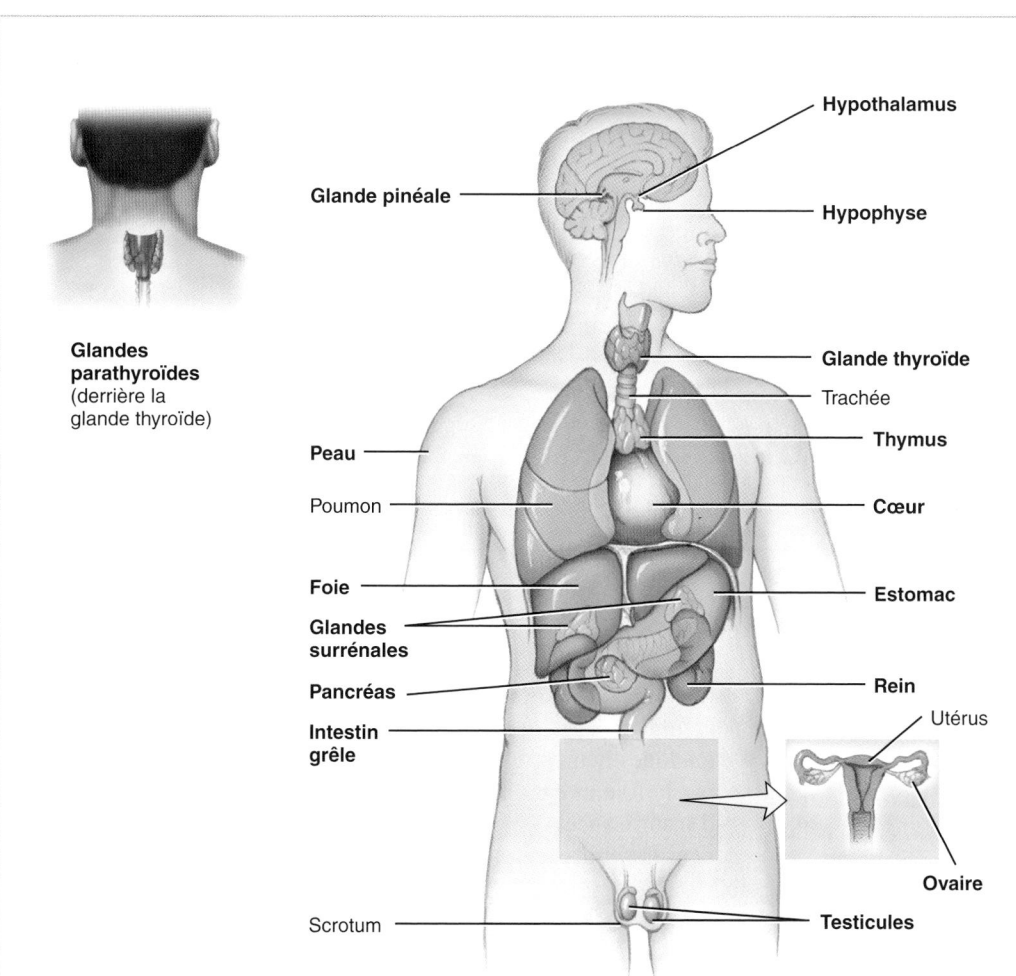

Fonctions des hormones

1. Contribuent à réguler :
   • la composition chimique et le volume du milieu intérieur (liquide interstitiel) ;
   • le métabolisme et l'équilibre énergétique ;
   • la contraction des myocytes lisses et des myocytes cardiaques ;
   • les sécrétions des glandes ;
   • certaines activités du système immunitaire.
2. Régissent la croissance et le développement.
3. Régulent le fonctionnement du système génital.
4. Contribuent à l'instauration des rythmes circadiens.

 Quelle est la principale différence entre les glandes endocrines et les glandes exocrines ?

endocrines et les cellules qui sécrètent des hormones constituent le **système endocrinien**. L'**endocrinologie** (*krinein* : sécréter ; *logos* : discours) est l'étude de la structure et du fonctionnement des glandes endocrines ; c'est aussi la branche de la médecine qui se spécialise dans le diagnostic et le traitement des troubles du système endocrinien.

▶ **POINT DE CONTRÔLE**

2. Nommez trois organes ou tissus qui ne sont pas considérés exclusivement comme des glandes endocrines, mais qui comportent des cellules sécrétant des hormones.

L'ACTIVITÉ HORMONALE

OBJECTIFS

- Décrire l'interaction des hormones avec les récepteurs des cellules cibles.
- Comparer les deux groupes chimiques d'hormones selon leur solubilité.

LE RÔLE DES RÉCEPTEURS HORMONAUX

Bien qu'elles soient transportées par le sang vers toutes les parties du corps, les hormones agissent uniquement sur des cellules cibles spécifiques. À l'instar des neurotransmetteurs, elles influent sur leurs cibles en se liant chimiquement à des **récepteurs** spécifiques qui sont des protéines ou des glycoprotéines. Seules les cellules cibles d'une hormone donnée possèdent les récepteurs susceptibles de la reconnaître et de s'y lier (voir le concept de la géométrie moléculaire au chapitre 2). Par exemple, la thyrotrophine (TSH) – une hormone hypophysaire – se lie à des récepteurs des cellules de la glande thyroïde, mais elle ne se lie pas aux cellules des ovaires parce que ces dernières n'ont pas de récepteurs de la thyrotrophine.

À l'instar des autres protéines de la cellule, les récepteurs sont synthétisés et dégradés continuellement. En général, une cellule cible possède de 2 000 à 100 000 récepteurs pour une hormone donnée. Le nombre de récepteurs présents à la surface d'une cellule cible peut varier selon les circonstances, par exemple en cas d'excès d'hormones ; cette réaction est appelée **régulation négative**. Ainsi, quand certaines cellules des testicules sont exposées à une forte concentration d'hormone lutéinisante (LH) – une hormone hypophysaire –, le nombre de récepteurs de LH décroît. La régulation négative a comme effet de *réduire la sensibilité* des cellules cibles à l'hormone en cause. À l'opposé, si la quantité d'une hormone est insuffisante, le nombre de récepteurs peut augmenter. Ce phénomène, appelé **régulation positive**, *augmente la sensibilité* des cellules cibles à une hormone.

LE BLOCAGE DES RÉCEPTEURS HORMONAUX

Certains produits pharmaceutiques sont des hormones synthétiques qui *bloquent les récepteurs* d'hormones naturelles. Par exemple, le RU486 (mifépristone), qu'on utilise pour provoquer un avortement, se lie aux récepteurs de la progestérone (une hormone sexuelle femelle) et empêche cette dernière d'exercer son action, qui serait dans ce cas de préparer la tunique interne de l'utérus pour l'implantation. Quand on administre le RU486 à une femme enceinte, les conditions utérines nécessaires à la nutrition de l'embryon ne sont pas maintenues ; l'embryon cesse de se développer et il est expulsé en même temps que le revêtement utérin. Cet exemple illustre un principe important d'endocrinologie : si quoi que ce soit empêche une hormone de se lier à son récepteur, elle ne peut pas accomplir ses fonctions normales. ■

LES HORMONES CIRCULANTES ET LES HORMONES LOCALES

La plupart des hormones sont des **hormones circulantes**, ou endocrines, c'est-à-dire qu'elles passent des cellules sécrétrices qui les produisent au liquide interstitiel, puis pénètrent dans le sang (figure 18.2a). D'autres hormones, appelées **hormones locales**, agissent localement, sur les cellules mêmes qui les produisent ou sur des cellules avoisinantes, sans entrer d'abord dans le sang (figure 18.2b). Les hormones locales qui influent sur les cellules voisines sont appelées **hormones paracrines** (*para* : à côté de) et celles qui ont pour cible la cellule même qui les a sécrétées sont appelées **hormones autocrines** (*autos* : soi-même). L'interleukine 2 (IL-2) est un exemple d'hormone locale, libérée par les lymphocytes T auxiliaires – un type de leucocytes – au cours de réactions immunitaires (voir le chapitre 22). Elle a une action aussi bien paracrine qu'autocrine : d'une part elle favorise l'activation de cellules avoisinantes faisant aussi partie du système immunitaire – effet paracrine –, d'autre part elle stimule la prolifération de la cellule qui l'a libérée – effet autocrine. Cette double action se traduit par la création d'autres lymphocytes T auxiliaires capables de sécréter encore plus d'interleukine 2, d'où le renforcement de la réaction immunitaire. Le monoxyde d'azote (NO) est un autre exemple d'hormone locale. Libéré par les cellules endothéliales qui tapissent les vaisseaux sanguins, ce gaz provoque le relâchement des myocytes lisses des vaisseaux avoisinants, ce qui entraîne une vasodilatation (augmentation du diamètre des vaisseaux sanguins). Les effets d'une telle dilatation vont d'une baisse de la pression artérielle à l'érection du pénis. Le sildénafil – médicament vendu sous le nom de Viagra^MD – accroît les effets du monoxyde d'azote dans le pénis.

En général, les hormones locales sont rapidement inactivées, tandis que les hormones circulantes peuvent rester dans le sang et continuer à exercer leur action pendant quelques minutes, voire quelques heures. Les hormones circulantes sont ensuite inactivées par le foie et excrétées par les reins. Chez une personne souffrant d'insuffisance rénale ou hépatique, le taux d'hormones dans le sang peut devenir excessivement élevé.

LA CLASSIFICATION CHIMIQUE DES HORMONES

Du point de vue chimique, on divise les hormones en deux grandes classes selon qu'elles sont solubles dans les lipides ou dans l'eau. Cette classification est aussi utile du point de vue fonctionnel, car les deux groupes d'hormones n'exercent pas leur action de la même manière.

Les hormones circulantes sont transportées par le sang jusqu'aux cellules cibles éloignées sur lesquelles elles agissent ; les hormones paracrines agissent sur des cellules voisines et les hormones autocrines, sur les cellules mêmes qui les produisent.

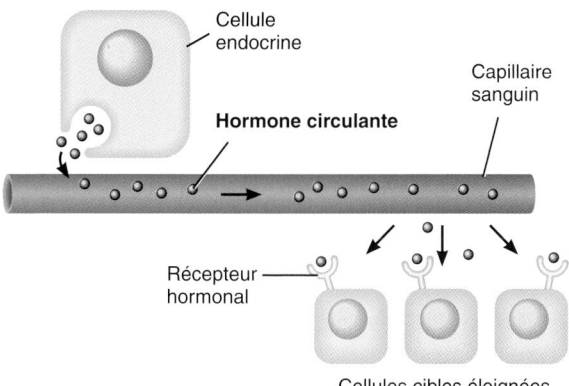

(a) Hormones circulantes

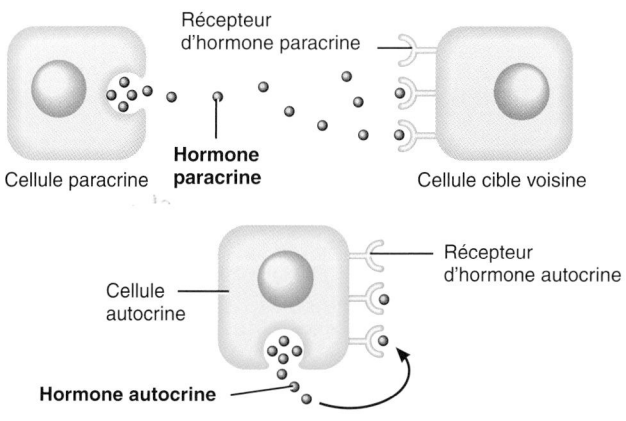

(b) Hormones locales (paracrines et autocrines)

Dans l'estomac, la sécrétion d'acide chlorhydrique par les cellules pariétales est stimulée, entre autres facteurs, par la libération d'histamine par les mastocytes avoisinants. Dans ce cas, l'histamine est-elle une hormone autocrine ou paracrine ?

Les hormones liposolubles

Les hormones liposolubles comprennent les hormones stéroïdes, les hormones thyroïdiennes et le monoxyde d'azote.

1. Les **hormones stéroïdes** sont dérivées du cholestérol (voir la figure 2.19a). Elles ont chacune un caractère unique, attribuable à la présence de groupements fonctionnels particuliers fixés en des endroits distincts sur les quatre anneaux formant le noyau de la molécule. Ces petites différences donnent lieu à une grande diversité de fonctions.

2. Deux **hormones thyroïdiennes** (T_3 et T_4) sont synthétisées par la fixation d'iode à la tyrosine, un acide aminé. Le noyau benzénique de la tyrosine ainsi que les atomes d'iode rendent la T_3 et la T_4 très solubles dans les lipides.

3. Le **monoxyde d'azote** (**NO**), un gaz, est à la fois une hormone et un neurotransmetteur. Sa synthèse est catalysée par une enzyme, la NO synthase.

Les hormones hydrosolubles

Les hormones hydrosolubles comprennent les hormones aminées, les hormones peptidiques et les hormones protéiques, de même que les eicosanoïdes.

1. Les **hormones aminées** sont synthétisées par décarboxylation (élimination d'une molécule de CO_2) et d'autres types de modifications d'acides aminés. Elles sont dites aminées parce qu'elles conservent un groupement amine (—NH_3^+). Les catécholamines – adrénaline, noradrénaline et dopamine – sont synthétisées par modification de la tyrosine. L'histamine est synthétisée par les mastocytes et les thrombocytes (ou plaquettes) à partir de l'histidine, un autre acide aminé. La sérotonine et la mélatonine sont dérivées du tryptophane.

2. Les **hormones peptidiques** et les **hormones protéiques** sont des polymères d'acides aminés. Une hormone peptidique est constituée de chaînes comprenant de 3 à 49 acides aminés. Une hormone protéique comporte de 50 à 200 acides aminés. La vasopressine, ou hormone antidiurétique, et l'ocytocine sont des hormones peptidiques ; l'hormone de croissance et l'insuline sont des hormones protéiques. Plusieurs hormones protéiques, par exemple la thyrotrophine (TSH), comportent des glucides et sont donc des **hormones glycoprotéiques**.

3. Les **eicosanoïdes** (*eikosan* : vingt ; *oïde* : semblable à) sont dérivés de l'acide arachidonique, un acide gras comportant 20 atomes de carbone. On en distingue deux types principaux : les **prostaglandines** et les **leucotriènes**. Les eicosanoïdes sont d'importantes hormones à action locale qui peuvent aussi devenir des hormones circulantes.

Le tableau 18.2 résume les classes d'hormones liposolubles et d'hormones hydrosolubles, et présente une vue d'ensemble des principales hormones et de leur lieu de sécrétion.

LE TRANSPORT DES HORMONES DANS LE SANG

Le plasma sanguin est un milieu aqueux ; la plupart des molécules d'hormones hydrosolubles y circulent librement (sans être liées à d'autres molécules), mais la majorité des molécules d'hormones liposolubles se lient à des **protéines de transport**. Ces dernières sont synthétisées par des cellules du foie et remplissent trois fonctions :

1. Elles rendent les hormones liposolubles temporairement solubles dans l'eau, ce qui accroît leur solubilité dans le sang.

2. Elles retardent l'entrée des petites molécules hormonales dans l'appareil de filtration du rein, ce qui en ralentit l'excrétion dans l'urine.

3. Elles constituent une réserve d'hormones d'appoint, déjà présentes dans la circulation sanguine.

En général, de 0,1 à 10 % des molécules d'une hormone liposoluble en circulation dans le sang ne sont pas liées à des protéines de transport. C'est cette **fraction libre** qui diffuse à travers la paroi des capillaires sanguins, se lie aux récepteurs et déclenche des réactions. À mesure que les molécules libres quittent le sang et se

TABLEAU 18.2 RÉSUMÉ DES HORMONES REGROUPÉES PAR CLASSES CHIMIQUES

CLASSE CHIMIQUE	HORMONES	LIEU DE SÉCRÉTION
HORMONES LIPOSOLUBLES		
Hormones stéroïdes Aldostérone	Aldostérone, cortisol et androgènes	Cortex surrénal
	Calcitriol	Reins
	Testostérone	Testicules
	Œstrogènes et progestérone	Ovaires
Hormones thyroïdiennes Triiodothyronine (T_3)	T_3 (triiodothyronine) et T_4 (thyroxine)	Glande thyroïde (cellules folliculaires)
Gaz	Monoxyde d'azote (NO)	Cellules endothéliales tapissant les vaisseaux sanguins
HORMONES HYDROSOLUBLES		
Amines Noradrénaline	Adrénaline et noradrénaline (catécholamines)	Médullosurrénale
	Mélatonine	Glande pinéale
	Histamine	Mastocytes du tissu conjonctif
	Sérotonine	Thrombocytes dans le sang
Peptides et protéines Ocytocine	Toutes les hormones de libération et d'inhibition de l'hypothalamus	Hypothalamus
	Ocytocine, hormone antidiurétique	Neurohypophyse
	Hormone de croissance, thyrotrophine, corticotrophine, hormone folliculostimulante, hormone lutéinisante, prolactine, hormone mélanotrope	Adénohypophyse
	Insuline, glucagon, somatostatine, polypeptide pancréatique	Pancréas
	Parathormone	Glandes parathyroïdes
	Calcitonine	Glande thyroïde (cellules parafolliculaires)
	Gastrine, sécrétine, cholécystokinine, GIP (peptide insulinotropique glucodépendant)	Estomac et intestin grêle (cellules endocrines du tube digestif)
	Érythropoïétine	Reins
	Leptine	Tissu adipeux
Eicosanoïdes Une leucotriène (LTB_4)	Prostaglandines, leucotriènes	Toutes les cellules sauf les érythrocytes

lient à leurs récepteurs, les protéines de transport en libèrent de nouvelles qui reconstituent la fraction libre.

L'ADMINISTRATION D'HORMONES

Les hormones stéroïdes aussi bien que les hormones thyroïdiennes sont efficaces si on les administre oralement. Elles ne se dégradent pas durant la digestion et traversent facilement la muqueuse de l'intestin parce qu'elles sont liposolubles. Par contre, les hormones peptidiques et protéiques, telle l'insuline, ne sont pas efficaces si on les administre oralement parce que les enzymes digestives les détruisent en rompant leurs liaisons peptidiques. C'est pourquoi les personnes ayant besoin d'insuline doivent se l'administrer sous forme d'injection. ■

3. Qu'est-ce qui distingue la régulation positive et la régulation négative?

4. Nommez les classes chimiques d'hormones et donnez-en des exemples.

5. Comment les hormones sont-elles transportées dans le sang?

LES MÉCANISMES DE L'ACTION HORMONALE

OBJECTIF

• Décrire les deux principaux mécanismes de l'action hormonale.

La réponse hormonale dépend à la fois de l'hormone et de la cellule cible. Selon leur origine, les cellules cibles peuvent réagir de différentes façons à une même hormone. Par exemple, l'insuline stimule la synthèse de glycogène dans les hépatocytes (cellules du foie), mais favorise celle de triacylglycérols dans les adipocytes.

La réponse à une hormone n'est pas toujours la synthèse de nouvelles molécules, comme dans le cas de l'insuline. Ce peut être un changement de la perméabilité de la membrane plasmique, le transport d'une substance à travers la membrane de la cellule cible dans un sens ou dans l'autre, la modification de la vitesse de réactions métaboliques spécifiques ou encore la contraction d'un muscle lisse ou du muscle cardiaque. Ces divers effets sont en partie possibles parce qu'une même hormone peut déclencher plusieurs réponses cellulaires différentes. Cependant, l'hormone doit tout d'abord «annoncer sa présence» à la cellule cible en se liant aux récepteurs que porte cette dernière. Les récepteurs d'une hormone liposoluble se trouvent à l'intérieur de la cellule cible, alors que ceux d'une hormone hydrosoluble se trouvent dans la membrane plasmique.

L'ACTION DES HORMONES LIPOSOLUBLES

Les hormones liposolubles, y compris les hormones stéroïdes et thyroïdiennes, se lient à des récepteurs situés à l'intérieur des cellules cibles. Leur mécanisme d'action est le suivant (figure 18.3):

① Une molécule libre d'hormone liposoluble diffuse du sang dans une cellule en passant à travers le liquide interstitiel et la bicouche lipidique de la membrane plasmique.

② S'il s'agit d'une cellule cible, l'hormone se lie à un récepteur situé dans le cytosol ou le noyau, et l'active. Le complexe hormone-récepteur activé modifie alors l'expression génique: il stimule ou inhibe des gènes spécifiques de l'ADN du noyau.

③ La transcription de l'ADN mène à la formation d'un ARN messager (ARNm) qui quitte le noyau pour entrer dans le cytosol, où il dicte la synthèse de nouvelles protéines, en général une enzyme, sur les ribosomes.

④ Les nouvelles protéines modifient l'activité de la cellule et déclenchent la réponse physiologique propre à l'hormone.

FIGURE 18.3 Le mode d'action des hormones liposolubles, par exemple les hormones stéroïdes et thyroïdiennes.

Les hormones liposolubles se lient à des récepteurs situés à l'intérieur des cellules cibles.

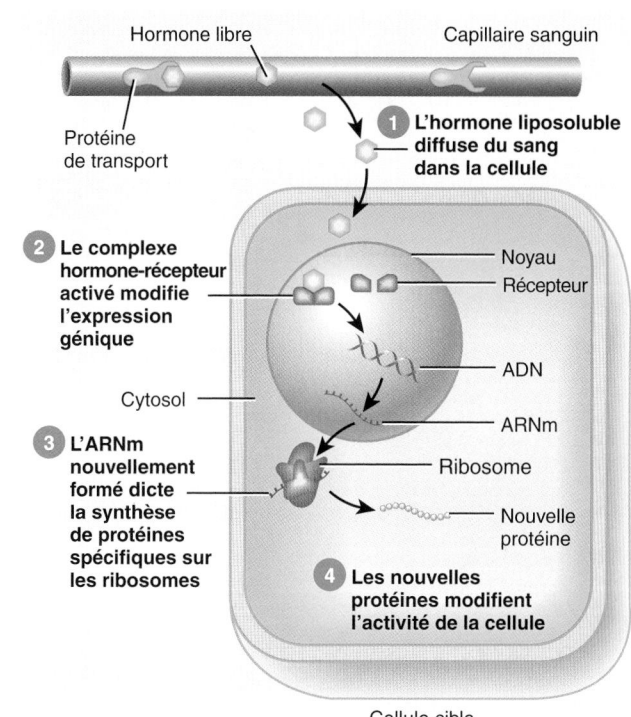

 Quelle est l'action du complexe hormone-récepteur activé?

L'ACTION DES HORMONES HYDROSOLUBLES

Les hormones aminées, peptidiques et protéiques ainsi que les eicosanoïdes ne sont pas liposolubles, si bien qu'ils ne diffusent pas à travers la bicouche lipidique de la membrane plasmique pour se lier à des récepteurs intracellulaires. Les hormones hydrosolubles se lient plutôt à des récepteurs qui font saillie à la surface des cellules cibles; ces récepteurs sont des protéines intrinsèques transmembranaires de la membrane plasmique (voir la figure 3.2). Lorsqu'une hormone hydrosoluble se lie à son récepteur situé à la surface externe de la membrane plasmique, elle joue le rôle de **premier messager**. Puis le premier messager (c'est-à-dire l'hormone) déclenche la production d'un **second messager** à l'intérieur de la cellule, où ont lieu les réponses hormonales spécifiques. L'**AMP cyclique** (**AMPc**) joue fréquemment le rôle de second messager. Les neurotransmetteurs, les neuropeptides et plusieurs mécanismes de transduction sensorielle (par exemple, celui de la vision; voir la figure 17.13) agissent aussi par l'intermédiaire de seconds messagers.

En général, le mécanisme d'action des hormones hydrosolubles est le suivant (figure 18.4):

① L'hormone hydrosoluble (le premier messager) diffuse du sang, à travers le liquide interstitiel, et se lie à son récepteur situé

FIGURE 18.4 Le mode d'action des hormones hydrosolubles (hormones aminées, peptidiques et protéiques, et eicosanoïdes).

Les hormones hydrosolubles se lient à des récepteurs intégrés à la membrane plasmique des cellules cibles.

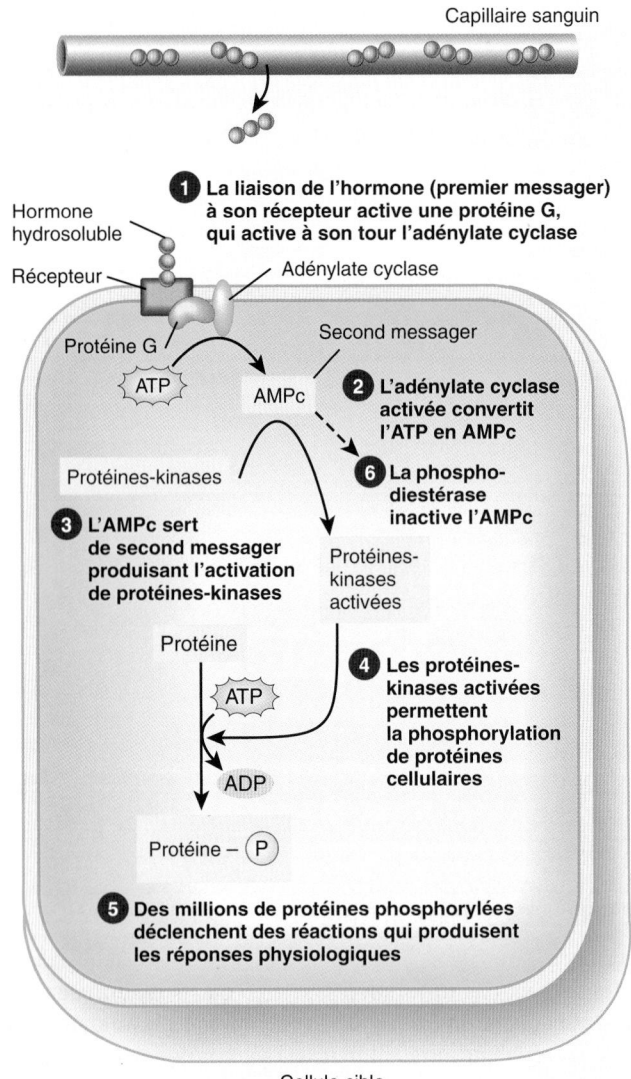

Capillaire sanguin

1 La liaison de l'hormone (premier messager) à son récepteur active une protéine G, qui active à son tour l'adénylate cyclase

Hormone hydrosoluble

Récepteur

Adénylate cyclase

Protéine G

Second messager

ATP

AMPc

2 L'adénylate cyclase activée convertit l'ATP en AMPc

Protéines-kinases

6 La phosphodiestérase inactive l'AMPc

3 L'AMPc sert de second messager produisant l'activation de protéines-kinases

Protéines-kinases activées

Protéine

ATP

4 Les protéines-kinases activées permettent la phosphorylation de protéines cellulaires

ADP

Protéine – P

5 Des millions de protéines phosphorylées déclenchent des réactions qui produisent les réponses physiologiques

Cellule cible

 Pourquoi dit-on de l'AMP cyclique qu'il est le «second messager»?

sur la face externe de la membrane plasmique de la cellule cible. Le complexe hormone-récepteur active une protéine membranaire appelée **protéine G**, qui active à son tour l'**adénylate cyclase**.

2 L'adénylate cyclase convertit l'ATP en AMP cyclique. Parce que le site actif de l'enzyme est situé sur la face interne de la membrane plasmique, la réaction a lieu dans le cytosol de la cellule.

3 L'AMP cyclique (second messager) active une ou plusieurs protéines-kinases, qui sont libres dans le cytosol ou bien liées

à la membrane plasmique. Une **protéine-kinase** est une enzyme qui effectue la phosphorylation de protéines cellulaires (telles les enzymes), c'est-à-dire qu'elle leur ajoute un groupement phosphate. L'ATP fournit ce groupement phosphate en se transformant en ADP.

4 Les protéines-kinases activées catalysent alors la phosphorylation d'une ou de plusieurs autres protéines cellulaires. La phosphorylation fonctionne un peu comme un commutateur, activant certaines enzymes et en inactivant d'autres.

5 Les nombreuses protéines ayant fait l'objet d'une phosphorylation catalysent à leur tour des réactions cellulaires qui déclenchent des réponses physiologiques. Les protéines-kinases diffèrent selon les cellules cibles et même selon les organites présents dans une cellule cible donnée. Par exemple, une protéine-kinase peut déclencher la synthèse de glycogène, une autre la dégradation de triacylglycérols, une troisième la synthèse de protéines, et ainsi de suite. Comme nous l'avons souligné à l'étape **4**, la phosphorylation par une protéine-kinase peut aussi inhiber certaines protéines. Ainsi, certaines des kinases qui sont relâchées quand l'adrénaline se lie à des hépatocytes, inactivent une enzyme essentielle à la synthèse du glycogène – forme sous laquelle les hépatocytes emmagasinent le glucose.

6 Après un court laps de temps, une enzyme appelée **phosphodiestérase** inactive l'AMP cyclique. La réponse cellulaire cesse alors, sauf si de nouvelles molécules d'hormone continuent de se lier à leurs récepteurs situés dans la membrane plasmique.

La liaison d'une hormone à son récepteur active un grand nombre de molécules de protéine G, qui activent à leur tour des molécules d'adénylate cyclase (étape **1**). Si elles ne sont pas stimulées de nouveau par la liaison d'autres molécules d'hormone à des récepteurs, les protéines G se désactivent petit à petit, ce qui réduit l'activité de l'adénylate cyclase et contribue à mettre fin à la réponse hormonale. On rencontre des protéines G dans la plupart des systèmes d'activation par seconds messagers.

L'AMP cyclique et d'autres seconds messagers modifient le fonctionnement d'une cellule de façon particulière. Par exemple, une augmentation de la quantité d'AMP cyclique amène les adipocytes à dégrader les triacylglycérols et à libérer plus rapidement les acides gras, et c'est aussi l'AMPc qui stimule la sécrétion d'hormone thyroïdienne par les cellules de la glande thyroïde. L'action physiologique de plusieurs hormones s'exerce donc, en partie du moins, grâce à l'*accroissement* de la synthèse d'AMP cyclique. C'est le cas notamment de l'hormone antidiurétique (ADH), de la thyrotrophine (TSH), de la corticotrophine (ACTH), du glucagon, de l'adrénaline et des hormones de libération de l'hypothalamus. Par contre, la liaison de diverses autres hormones à leurs récepteurs entraîne une *diminution* du taux d'AMP cyclique; c'est le cas notamment de la somatostatine (GHIH).

Il existe d'autres seconds messagers, dont les ions calcium (Ca^{2+}), le GMP cyclique (guanosine monophosphate cyclique, un nucléotide cyclique semblable à l'AMP cyclique), l'inositol triphosphate (IP_3) et le diacylglycérol (DAG). Le monoxyde d'azote, une hormone liposoluble, agit à l'intérieur des myocytes lisses en activant la guanylyl cyclase. Cette enzyme catalyse à son tour la conversion de la guanosine triphosphate (GTP) en GMP cyclique, qui amène les ions Ca^{2+} à pénétrer dans les zones de stockage des myocytes lisses. La diminution de la concentration d'ions Ca^{2+} dans le cytosol provoque alors le relâchement musculaire. Une hormone donnée peut donc utiliser des seconds messagers distincts dans différentes cellules cibles.

Les hormones qui se lient à des récepteurs de la membrane plasmique peuvent agir à très faible concentration parce qu'elles déclenchent une cascade, ou réaction en chaîne, qui, d'étape en étape, multiplie ou amplifie l'effet initial. Par exemple, la liaison d'une seule molécule d'adrénaline à son récepteur sur un hépatocyte peut activer une centaine de protéines G, qui activent chacune une molécule d'adénylate cyclase. Si chacune de ces molécules d'adénylate cyclase produit seulement 1 000 AMP cycliques, alors 100 000 de ces seconds messagers sont libérés dans la cellule. Chaque AMP cyclique active une protéine-kinase qui peut à son tour agir sur des centaines ou des milliers de molécules de son substrat spécifique. Certaines kinases stimulent par phosphorylation une enzyme essentielle à la dégradation du glycogène. C'est ainsi que la liaison d'une seule molécule d'adrénaline à son récepteur aboutit à la dégradation de millions de molécules de glycogène en monomères de glucose à l'intérieur de l'hépatocyte activé. Lors d'une période d'hypoglycémie, par exemple, le foie contribue à maintenir pendant un certain temps une glycémie normale en sécrétant dans le sang des molécules de glucose qui proviennent de ses réserves de glycogène.

LA TOXINE DU CHOLÉRA ET LES PROTÉINES G

La toxine produite par la bactérie du choléra (*Vibrio choleræ*) est mortelle. Elle cause des diarrhées si abondantes qu'une personne infectée peut mourir rapidement par déshydratation. La toxine du choléra modifie les protéines G des cellules épithéliales de l'intestin de telle sorte que celles-ci sont figées dans un état d'activation permanent, ce qui fait monter en flèche la concentration d'AMP cyclique intracellulaire. L'AMP cyclique a plusieurs effets dans ces cellules, dont celui de stimuler une pompe qui expulse par transport actif les ions chlorure (Cl^-) des cellules vers la lumière intestinale; l'eau suit les ions Cl^- par osmose, et les ions sodium (Na^+), chargés positivement, accompagnent les ions Cl^-, chargés négativement. La toxine du choléra provoque ainsi la perte d'une énorme quantité de Na^+, de Cl^- et d'eau dans les matières fécales. Le traitement consiste à combler les pertes liquidiennes et électrolytiques – par voie intraveineuse ou par voie orale (réhydratation orale) – et à administrer de la tétracycline, un antibiotique. ■

LES INTERACTIONS HORMONALES

La capacité de réaction, ou de réponse, d'une cellule cible à une hormone dépend de: 1) la concentration de l'hormone; 2) la quantité de récepteurs spécifiques de la cellule; et 3) l'influence exercée par d'autres hormones. L'intensité de la réaction de la cellule cible est d'autant plus grande que le taux d'hormone est plus élevé ou que le nombre de récepteurs est plus important (régulation positive). En outre, l'action de certaines hormones sur la cellule cible nécessite l'exposition simultanée ou récente à une seconde hormone. On dit alors que cette dernière a un **effet permissif**. Par exemple, l'adrénaline seule cause une faible augmentation de la

lipolyse (dégradation des triacylglycérols), mais en présence de petites quantités d'hormones thyroïdiennes (T_3 et T_4), elle stimule la lipolyse de façon beaucoup plus efficace. Dans certains cas, l'hormone permissive accroît le nombre de récepteurs de la seconde hormone; dans d'autres cas, elle facilite la synthèse d'une enzyme essentielle à la manifestation des effets de la seconde hormone.

Quand l'effet de deux hormones agissant conjointement est plus intense ou de plus grande portée que les effets des mêmes hormones agissant seules, on dit que ces hormones ont un **effet synergique**. Par exemple, le développement normal des ovocytes dans les ovaires nécessite à la fois la sécrétion d'hormone folliculo-stimulante (FSH) par l'adénohypophyse et celle d'œstrogènes par les ovaires. L'action d'une seule de ces deux hormones n'est pas suffisante.

Quand une hormone s'oppose à l'action de l'autre, on dit qu'elles ont des **effets antagonistes**. L'insuline et le glucagon, qui stimulent respectivement la synthèse et la dégradation du glycogène par les hépatocytes, en sont un exemple.

▶ **POINT DE CONTRÔLE**

6. Quels facteurs déterminent la capacité de réaction d'une cellule cible à une hormone?

7. Faites la distinction entre effets permissifs, effets synergiques et effets antagonistes.

LA RÉGULATION DE LA SÉCRÉTION HORMONALE

OBJECTIF

- Décrire les mécanismes de régulation de la sécrétion d'hormones.

La plupart des hormones sont libérées par brèves décharges entre lesquelles il n'y a que peu ou pas de sécrétion. Si une glande endocrine est stimulée, les décharges deviennent plus fréquentes et la concentration sanguine des hormones produites par la glande augmente. En l'absence de stimulation, le taux d'hormone dans le sang diminue. La régulation de la sécrétion évite que la production de n'importe quelle hormone soit excessive ou insuffisante.

La sécrétion d'une hormone est régie par trois types de stimulus: 1) des fluctuations des composantes chimiques du sang telles que des ions (Na^+, Ca^{2+}, etc.) et des nutriments (glucose, acides aminés, acides gras, etc.); 2) des signaux du système nerveux; et 3) d'autres hormones. Dans le cas des composantes chimiques du sang, par exemple, la concentration sanguine de Ca^{2+} régule directement la sécrétion de parathormone par les glandes parathyroïdes (figure 18.14). Dans le cas des signaux du système nerveux, et en période de stress par exemple, des influx nerveux en provenance de la partie sympathique du SNA aboutissent directement dans la médullosurrénale, qui régule la libération de catécholamines – dont l'adrénaline – dans le sang (figure 18.20, réaction d'alarme). Enfin, dans le cas d'un stimulus hormonal, la corticolibérine, par exemple, est une hormone libérée par l'hypothalamus ; elle stimule la libération de corticotrophine par l'adénohypophyse, et la corticotrophine stimule à son tour la libération de cortisol par le cortex surrénal (figure 18.17). La plupart des mécanismes de régulation hormonale fonctionnent par rétro-inhibition (voir la figure 1.3), un mécanisme de régulation qui ajuste la valeur du facteur contrôlé dans le sens inverse de la modification de départ. Toutefois, quelques-uns des mécanismes de régulation hormonale sont fondés sur la rétroactivation (voir la figure 1.4). Ainsi, durant l'accouchement, l'ocytocine, une hormone, stimule les contractions utérines, qui stimulent à leur tour la libération d'une plus grande quantité d'ocytocine ; il s'agit là d'un exemple de rétroactivation.

Les troubles du système endocrinien sont souvent liés soit à l'**hyposécrétion** (*hypo* : au-dessous), c'est-à-dire à une libération insuffisante d'hormone, soit à l'**hypersécrétion** (*hyper* : au-delà), c'est-à-dire à une libération excessive d'hormone. Dans la plupart des cas, il s'agit d'une mauvaise régulation de la sécrétion, mais dans certains cas, les récepteurs hormonaux sont défectueux ou en trop petit nombre. Nous décrirons quelques troubles endocriniens dans la section sur les déséquilibres homéostatiques.

Maintenant que vous avez une connaissance générale du rôle des hormones dans le système endocrinien, nous allons examiner les différentes glandes endocrines et les hormones qu'elles sécrètent.

▶ **POINT DE CONTRÔLE**

8. Quels sont les trois types de signaux qui régulent la sécrétion d'hormones ?

L'HYPOTHALAMUS ET L'HYPOPHYSE

> **OBJECTIFS**

- Décrire les relations structurales et fonctionnelles entre l'hypothalamus et l'hypophyse.
- Décrire la situation anatomique, l'histologie, les hormones et les fonctions de l'adénohypophyse et de la neurohypophyse.

L'**hypophyse** a longtemps été considérée comme la glande endocrine « maîtresse » parce qu'elle sécrète plusieurs hormones qui régissent l'activité d'autres glandes endocrines. Nous savons maintenant que l'hypophyse obéit elle-même à un maître : l'**hypothalamus**. En effet, c'est dans cette petite région de l'encéphale, située sous le thalamus, que s'effectue la plus importante jonction entre le système nerveux et le système endocrinien. L'hypothalamus reçoit des signaux du système limbique, du cortex cérébral, du thalamus et de la formation réticulaire, de même que des signaux sensoriels des viscères et de la rétine. C'est pourquoi les émotions, la douleur ou le stress causent des fluctuations de l'activité de l'hypothalamus. Ce dernier régit à son tour le système nerveux autonome et régule la température du corps, la faim, la soif, le comportement sexuel et les réactions de défense, telles la peur et la colère.

L'hypothalamus est non seulement un centre de régulation important du système nerveux, mais aussi une glande endocrine

essentielle. Au moins neuf hormones différentes y sont synthétisées. L'hypophyse en sécrète sept autres. Ces 16 hormones jouent conjointement un rôle majeur dans la régulation de presque tous les aspects de la croissance, du développement, du métabolisme et de l'homéostasie.

L'hypophyse est une structure en forme de pois qui a un diamètre de 1 à 1,5 cm. Elle est située dans la fosse hypophysaire de la selle turcique de l'os sphénoïde et est reliée à l'hypothalamus par une tige, l'**infundibulum** (« entonnoir » ; figure 18.5). Elle se divise en deux parties anatomiquement et fonctionnellement distinctes. L'**adénohypophyse**, ou lobe antérieur de l'hypophyse, constitue environ 75 % de la masse totale de la glande. Chez l'adulte, elle comprend deux parties : la partie distale (ou *pars distalis*), qui est la plus grande, et la partie tubérale (ou *pars tuberalis*), qui forme une gaine entourant l'infudibulum. La **neurohypophyse**, ou lobe postérieur de l'hypophyse, comprend aussi deux parties : la partie nerveuse (ou *pars nervosa*), de nature bulbaire et la plus grande, et l'infudibulum. La neurohypophyse, contrairement à l'adénohypophyse, ne synthétise pas d'hormones ; elle contient les axones et les terminaisons axonales de plus de 10 000 neurones, dont les corps cellulaires sont situés dans les noyaux supraoptique et paraventriculaire de l'hypothalamus (voir la figure 14.10). Les terminaisons axonales dans la neurohypophyse sont associées à des gliocytes spécialisés appelés **pituicytes**, qui joueraient un rôle de soutien semblable à celui des astrocytes (voir le chapitre 12).

L'hypophyse comprend une troisième région appelée **lobe intermédiaire** (ou *pars intermedia*) qui s'atrophie durant le développement fœtal, si bien qu'elle ne forme plus un lobe distinct chez l'adulte (figure 18.21b). Toutefois, certaines de ses cellules migrent vers les parties adjacentes de l'adénohypophyse, où elles persistent.

L'ADÉNOHYPOPHYSE

L'**adénohypophyse** (*adên* : glande ; *hypophusis* : croissance en dessous) sécrète des hormones qui régulent une large gamme d'activités de l'organisme, de la croissance à la reproduction. Leur libération est stimulée par les **hormones de libération** et freinée par les **hormones d'inhibition** de l'hypothalamus. Les hormones hypothalamiques constituent donc un lien important entre le système nerveux et le système endocrinien.

Le système porte hypothalamohypophysaire

Les hormones hypothalamiques atteignent l'adénohypophyse par un système porte. La plupart du temps, le sang quitte le cœur par une artère, passe par un capillaire sanguin à l'intérieur d'un organe et revient au cœur par une veine (voir la figure 4.8). Dans un *système porte*, il passe d'un réseau de capillaires irriguant un organe à une veine porte, puis à un second réseau de capillaires irriguant un autre organe, et ce, sans passer par le cœur. Le nom d'un tel système indique la position des deux réseaux ou uniquement celle du second réseau. Ainsi, dans le **système porte hypothalamohypophysaire**, le sang passe des capillaires de l'hypothalamus dans les veines portes, qui le transportent vers les capillaires de l'hypophyse.

Les **artères hypophysaires supérieures**, qui sont des branches des carotides internes, apportent le sang à l'hypothalamus (figure 18.5a). À la jonction de l'éminence médiane de

FIGURE 18.5 L'hypothalamus, l'hypophyse et leur vascularisation. La figure 18.5b indique que les hormones de libération et d'inhibition synthétisées par les cellules neurosécrétrices de l'hypothalamus sont transportées dans les axones jusqu'aux terminaisons axonales, où elles sont libérées par les boutons terminaux. Les hormones diffusent dans le plexus capillaire primaire du système porte hypothalamohypophysaire et sont transportées par les veines portes hypophysaires jusqu'au plexus capillaire secondaire pour être distribuées aux cellules cibles de l'adénohypophyse.

Les hormones hypothalamiques constituent un lien important entre le système nerveux et le système endocrinien.

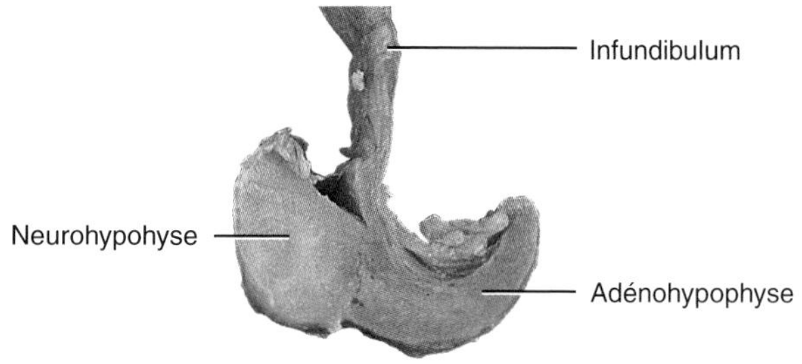

Infundibulum

Neurohypophyse

Adénohypophyse

Coupe sagittale de l'hypophyse

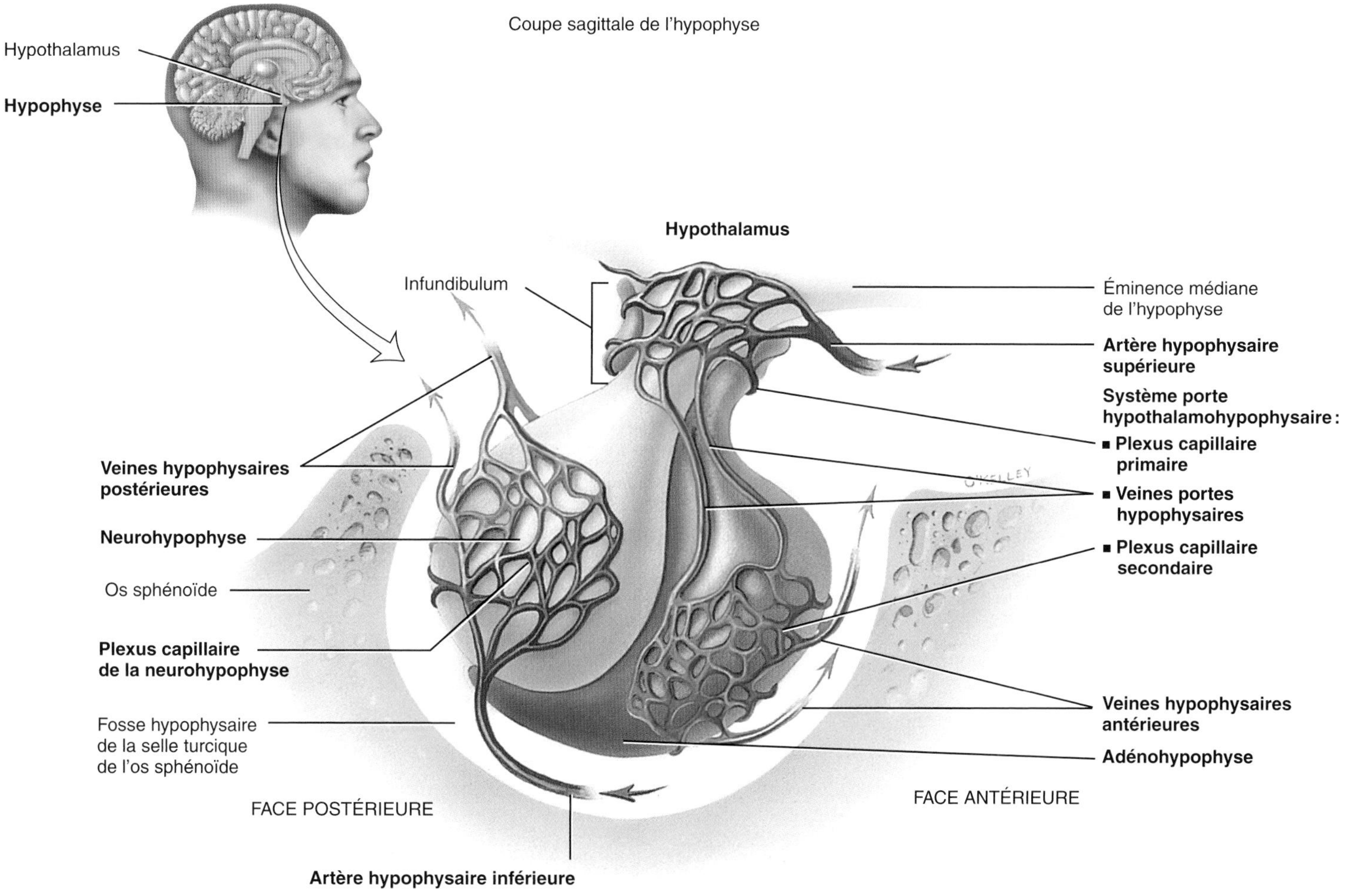

Hypothalamus

Hypophyse

Hypothalamus

Infundibulum

Éminence médiane de l'hypophyse

Artère hypophysaire supérieure

Système porte hypothalamohypophysaire :

Veines hypophysaires postérieures

■ **Plexus capillaire primaire**

Neurohypophyse

■ **Veines portes hypophysaires**

Os sphénoïde

■ **Plexus capillaire secondaire**

Plexus capillaire de la neurohypophyse

Fosse hypophysaire de la selle turcique de l'os sphénoïde

Veines hypophysaires antérieures

Adénohypophyse

FACE POSTÉRIEURE

FACE ANTÉRIEURE

Artère hypophysaire inférieure

(a) Relation anatomique entre l'hypothalamus et l'hypophyse, et leur vascularisation

▶▶▶

FIGURE 18.5 L'hypothalamus, l'hypophyse et leur vascularisation *(suite)*.

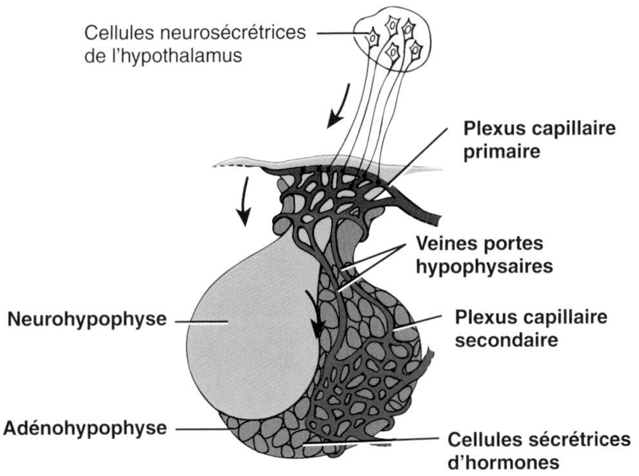

Cellules neurosécrétrices de l'hypothalamus

Plexus capillaire primaire

Veines portes hypophysaires

Neurohypophyse

Plexus capillaire secondaire

Adénohypophyse

Cellules sécrétrices d'hormones

(b) Relation fonctionnelle entre l'hypothalamus et l'adénohypophyse

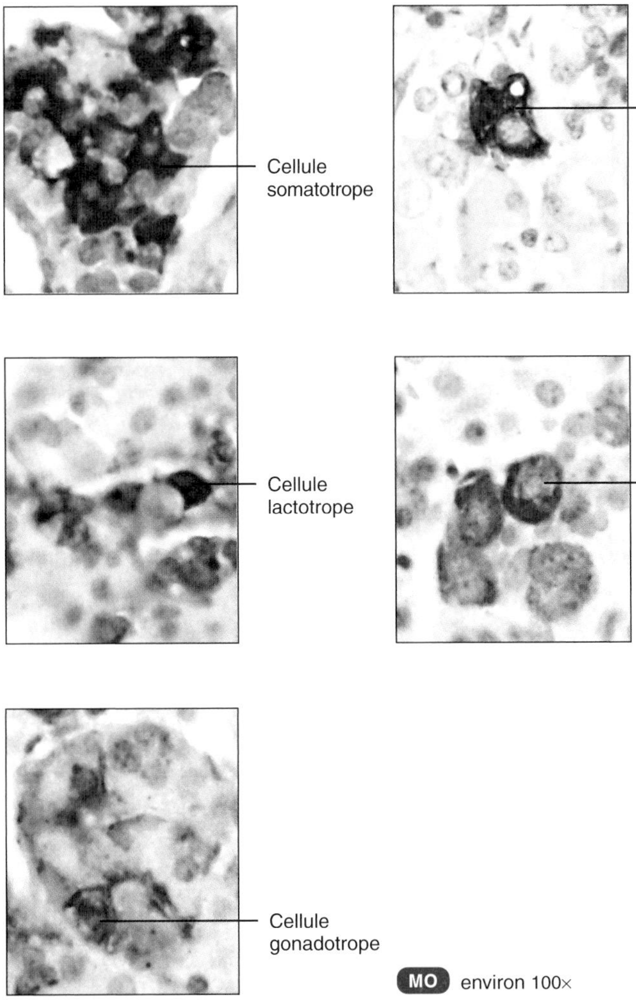

Cellule somatotrope

Cellule thyrotrope

Cellule lactotrope

Cellule corticotrope

Cellule gonadotrope

MO environ 100×

(c) Photomicrographies montrant différents types de cellules sécrétrices de l'adénohypophyse

 Q Quelle est l'importance des veines portes hypophysaires sur le plan fonctionnel?

l'hypothalamus et de l'infundibulum, ces artères se divisent en un réseau de capillaires appelé **plexus capillaire primaire du système porte hypothalamohypophysaire**. Le sang provenant du plexus capillaire primaire passe dans les **veines portes hypophysaires**, qui longent la face externe de l'infudibulum. Dans l'adénohypophyse, les veines portes hypophysaires se divisent à nouveau pour former un autre réseau de capillaires, soit le **plexus capillaire secondaire du système porte hypothalamohypophysaire**.

Près de l'éminence médiane et au-dessus du chiasma optique se trouvent des groupes de neurones spécialisés, appelés **cellules neurosécrétrices**; leurs axones s'étendent jusqu'au plexus capillaire primaire du système porte hypothalamohypophysaire (figure 18.5b). Les corps cellulaires des cellules neurosécrétrices de l'hypothalamus synthétisent les hormones de libération et d'inhibition hypothalamiques et les emmagasinent dans des vésicules, qui se rendent ensuite aux terminaisons des axones par transport axonal.

Par ailleurs, sous l'action de stimulus, les cellules neurosécrétrices génèrent des influx nerveux qui parviennent aux terminaisons axonales et entraînent la libération du contenu « hormonal » des vésicules par exocytose. Les hormones hypothalamiques diffusent dans l'espace séparant les cellules neurosécrétrices des capillaires, puis elles pénètrent dans le plexus capillaire primaire du système porte hypothalamohypophysaire. Elles sont ensuite transportées rapidement par le sang dans les veines portes vers le plexus capillaire secondaire. Cette voie directe permet aux hormones hypothalamiques d'agir immédiatement sur les cellules sécrétrices de l'adénohypophyse, avant que les hormones ne soient diluées ou détruites dans la circulation sanguine systémique. Les hormones sécrétées par les cellules de l'adénohypophyse entrent dans le plexus capillaire secondaire, dont le contenu passe dans les veines hypophysaires antérieures, puis dans la circulation systémique (figure 18.5a). Les différentes hormones de l'adénohypophyse sont ensuite acheminées vers les tissus cibles de l'organisme.

Les types de cellules de l'adénohypophyse

Cinq types de cellules de l'adénohypophyse sécrètent sept hormones ; ce sont les cellules somatotropes, thyrotropes, gonadotropes, lactotropes et corticotropes (figure 18.5c et tableau 18.3) :

1. Les **cellules somatotropes** sécrètent l'**hormone de croissance** (**hGH**, *human growth hormone*), aussi appelée **somatotrophine** (*sôma* : corps ; *trophê* : nourriture), qui provoque à son tour la sécrétion des **somatomédines** par plusieurs tissus. Ces dernières sont des hormones qui stimulent la croissance générale du corps et régulent certains aspects du métabolisme.

2. Les **cellules thyrotropes** sécrètent la **thyrotrophine** (**TSH**, *thyroid-stimulating hormone* ; *thyro* : thyroïde), qui régit les sécrétions et les autres activités de la glande thyroïde.

3. Les **cellules gonadotropes** (*gonê* : semence) sécrètent deux hormones, l'**hormone folliculostimulante** (**FSH**, *follicle-stimulating hormone*) et l'**hormone lutéinisante** (**LH**, *luteinizing hormone*). La FSH et la LH agissent toutes deux sur les gonades : elles stimulent la sécrétion d'œstrogènes et de progestérone, et la maturation des ovocytes dans les ovaires ; elles activent la production de spermatozoïdes et la sécrétion de testostérone dans les testicules.

4. Les **cellules lactotropes** (*lac* : lait) sécrètent la **prolactine** (**PRL**), qui déclenche la production de lait dans les glandes mammaires.

5. Les **cellules corticotropes** sécrètent la **corticotrophine** (**ACTH**, *adrenocorticotropic hormone* ; *cortex* : écorce), qui stimule la sécrétion de glucocorticoïdes, dont le cortisol, par le cortex surrénal. Certaines cellules corticotropes, qui sont des vestiges du lobe intermédiaire, sécrètent également l'**hormone mélanotrope** (**MSH**, *melanocyte-stimulating hormone*).

Les hormones qui influent sur une autre glande endocrine sont appelées **stimulines**, ou trophines. Plusieurs hormones de l'adénohypophyse sont des stimulines. Les deux **gonadotrophines**, soit l'hormone folliculostimulante et l'hormone lutéinisante, régulent les fonctions des gonades (ovaires et testicules). La thyrotrophine stimule la glande thyroïde ; la corticotrophine agit sur le cortex surrénal.

La régulation des sécrétions de l'adénohypophyse

Pour bien comprendre le mécanisme de régulation de la sécrétion des hormones de l'adénohypophyse, il faut le situer dans le cadre général du mécanisme de régulation illustré à la figure 1.2. En ce qui concerne l'adénohypophyse, le centre de régulation est en fait constitué à la fois de l'hypothalamus et de l'adénohypophyse, d'où l'appellation *centre de régulation hypothalamohypophysaire* ; son fonctionnement diffère quelque peu selon les hormones sécrétées.

Le mécanisme général de régulation des sécrétions hormonales de l'adénohypophyse est le suivant (figure 18.6) :

❶ Un changement quelconque de l'environnement interne ou externe (stimulus) entraîne ❷ la modification (augmentation ou diminution) de la valeur du ou des facteurs contrôlés (déséquilibre). ❸ₐ Des récepteurs captent la ou les modifications de la valeur du facteur contrôlé et transmettent l'information sous forme d'influx

nerveux vers l'hypothalamus. ❸ᵦ Des influx nerveux venant du système limbique, du cortex cérébral, du thalamus ou de la formation réticulaire peuvent atteindre directement l'hypothalamus. ❹ Dans l'hypothalamus (centre de régulation), les cellules neurosécrétrices produisent des influx nerveux qui se propagent le long des axones jusqu'aux boutons terminaux, entraînant ainsi l'exocytose des vésicules qui libèrent, selon le cas, une hormone de libération ou une hormone d'inhibition dans la circulation du système porte hypothalamohypophysaire. L'hormone hypothalamique atteint rapidement l'adénohypophyse (autre centre de régulation) pour y exercer son effet. La stimulation de l'adénohypophyse par une hormone hypothalamique de libération provoque la synthèse et la libération d'une hormone hypophysaire dans la circulation systémique.

À ce stade-ci du mécanisme, deux situations sont possibles pour la suite des événements : ❺ₐ l'hormone hypophysaire agit sur un premier effecteur, lui-même une glande endocrine, qui libère à son tour une hormone (messager chimique), laquelle agira sur des effecteurs secondaires pour en modifier l'activité cellulaire ; et/ou ❺ᵦ l'hormone hypophysaire agit directement sur différents tissus effecteurs de l'organisme en modifiant leur activité cellulaire. ❻ Dans les deux cas, la réponse des effecteurs vise à modifier la valeur du ou des facteurs contrôlés dans le sens contraire du déséquilibre de départ. La sécrétion des hormones de l'adénohypophyse est contrôlée par un mécanisme de rétro-inhibition qui s'exerce à la fois au niveau hypophysaire et au niveau hypothalamique. Ainsi, l'augmentation de la concentration sanguine de l'hormone libérée par une glande endocrine cible (effecteur) ❼ₐ inhibe les cellules sécrétrices de l'adénohypophyse et ❼ᵦ inhibe également les cellules neurosécrétrices de l'hypothalamus ; cette double rétro-inibition se traduit par une diminution de la sécrétion hypophysaire. De plus, ❼ᵧ la nouvelle valeur du ou des facteurs contrôlés est captée par les récepteurs qui influent sur l'activité des cellules neurosécrétrices de l'hypothalamus. Si la réaction des effecteurs a permis de ramener la valeur du facteur contrôlé dans les limites normales, les cellules neurosécrétrices de l'hypothalamus cessent de libérer leur hormone. Sinon, elles continuent jusqu'à ce que l'équilibre soit rétabli.

En résumé, la sécrétion des hormones de l'adénohypophyse est soumise à deux types de régulation. Premièrement, les cellules neurosécrétrices de l'hypothalamus sécrètent cinq hormones de libération, qui stimulent la sécrétion des hormones de l'adénohypophyse, et deux hormones d'inhibition, qui ont un effet contraire (tableau 18.3). Deuxièmement, les hormones libérées par les glandes endocrines cibles exercent une rétro-inhibition qui réduit les sécrétions de trois types de cellules de l'adénohypophyse. Grâce à cette rétro-inhibition, les sécrétions des cellules thyrotropes, gonadotropes et corticotropes diminuent quand la concentration sanguine des hormones de leurs glandes cibles augmente. Par exemple, la corticotrophine (ACTH) stimule la sécrétion de glucocorticoïdes – principalement de cortisol – par le cortex surrénal. En retour, une concentration sanguine élevée de cortisol entraîne une réduction de la sécrétion et de corticotrophine et de corticolibérine (CRH), par rétro-inhibition des cellules corticotropes de l'adénohypophyse et des cellules neurosécrétrices de l'hypothalamus.

FIGURE 18.6 La régulation par rétro-inhibition de l'activité des cellules neurosécrétrices de l'hypothalamus et des cellules de l'adénohypophyse.

La sécrétion d'une hormone d'inhibition par les cellules neurosécrétrices de l'hypothalamus entraîne la réduction de l'activité des cellules sécrétrices de l'adénohypophyse, soit l'effet contraire de celui d'une hormone de libération.

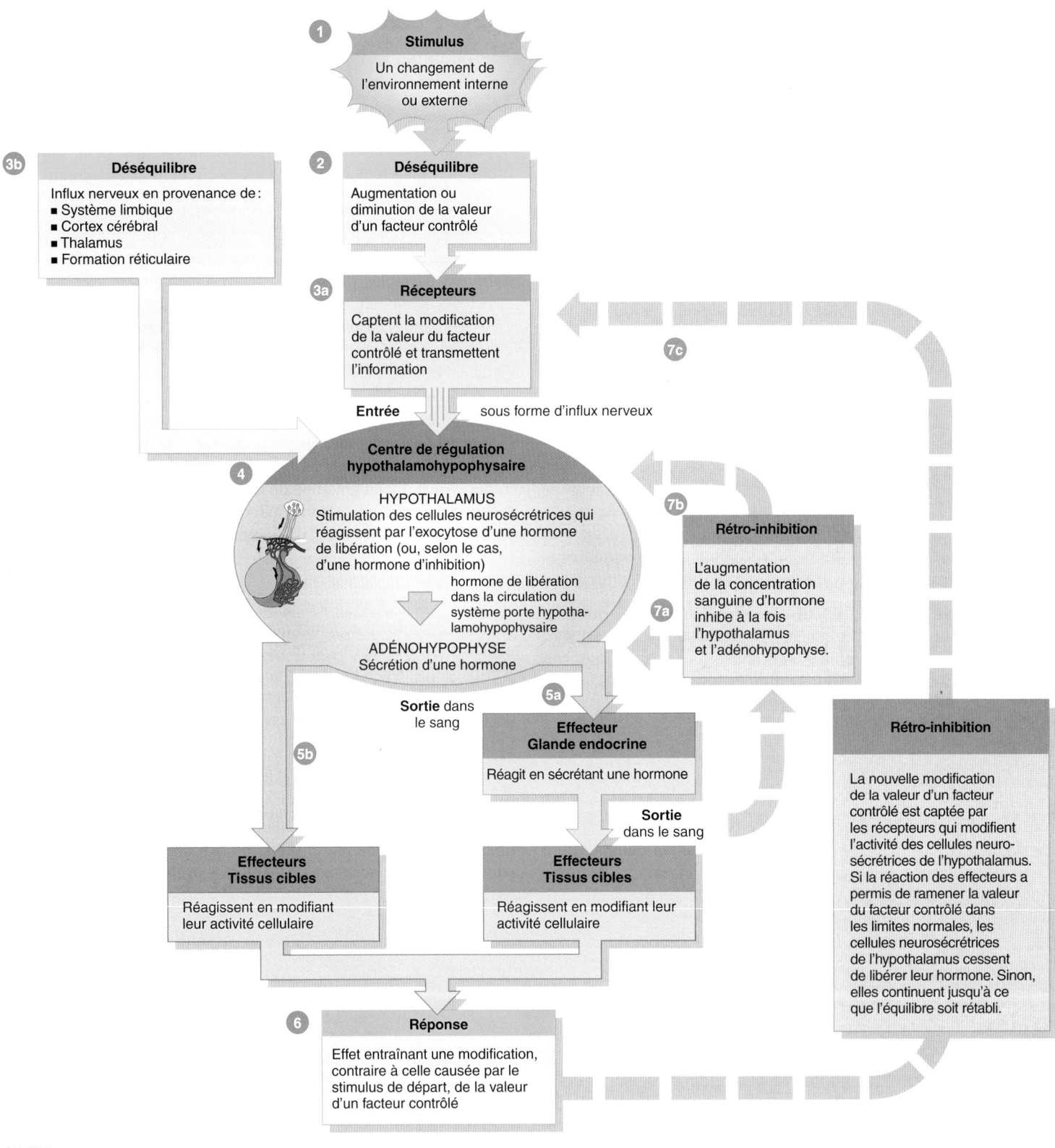

Décrivez le mécanisme de rétroaction qui contrôle la sécrétion des hormones de l'adénohypophyse?

L'hormone de croissance et les somatomédines

Les cellules somatotropes sont les cellules les plus nombreuses de l'adénohypophyse, et l'hormone de croissance (hGH) est l'hormone la plus abondante sécrétée par cette glande. La principale fonction de l'hormone de croissance consiste à favoriser la synthèse et la sécrétion de petites hormones protéiques appelées **somatomédines** (**IGF**, *insulinlike growth factors*), ou **facteurs de croissance analogues à l'insuline**. En réponse à l'hormone de croissance hypophysaire, des cellules du foie, des muscles squelettiques, des cartilages, des os et d'autres tissus sécrètent des IGF, qui peuvent soit passer dans la circulation sanguine à partir du foie, soit agir localement dans d'autres tissus de façon autocrine ou paracrine. Les IGF provoquent la croissance et la prolifération des cellules en amenant les cellules à absorber plus d'acides aminés et en accélérant la synthèse de protéines. En outre, elles ralentissent la dégradation des protéines et l'utilisation d'acides aminés pour la production d'ATP. Par le truchement de ces effets des IGF, l'hormone de croissance augmente le rythme de croissance du squelette et des muscles squelettiques pendant l'enfance et l'adolescence. Chez l'adulte, l'hormone de croissance et les IGF contribuent au maintien des masses musculaire et osseuse, et favorisent la cicatrisation et la réparation des tissus.

Les IGF stimulent également la lipolyse dans le tissu adipeux, d'où une utilisation accrue des acides gras ainsi libérés pour la production d'ATP par les cellules de l'organisme. En plus d'agir sur le métabolisme des protéines et des lipides, l'hormone de croissance et les IGF influent sur le métabolisme des glucides en faisant diminuer la captation cellulaire du glucose et, par conséquent, son utilisation par les cellules pour la production d'ATP. Cette action conserve le glucose quand il est rare afin que les neurones puissent continuer de l'utiliser pour produire de l'ATP. Les IGF et l'hormone de croissance stimuleraient également la libération de glucose dans le sang par les hépatocytes.

À intervalles de quelques heures, et en particulier durant le sommeil, des décharges d'hormone de croissance provenant des cellules somatotropes de l'adénohypophyse entrent dans la circulation sanguine. Cette activité sécrétoire est régie principalement par deux hormones hypothalamiques : 1) la somatocrinine (GHRH, *growth hormone-releasing hormone*), qui stimule la sécrétion de l'hormone de croissance, et la somatostatine (GHIH, *growth hormone inhibiting-hormone*), qui l'inhibe.

La glycémie est l'un des plus importants régulateurs de la sécrétion de GHRH (figure 18.7) et de GHIH :

❶ Un changement de l'environnement interne ou externe, par exemple dû à un jeûne (stimulus), entraîne ❷ une baisse du taux de glucose sanguin, appelée **hypoglycémie** (déséquilibre). ❸ Des récepteurs hypothalamiques captent cette baisse du glucose sanguin et stimulent l'hypothalamus. ❹ À la suite de la stimulation, des cellules neurosécrétrices hypothalamiques (centre de régulation) produisent des influx nerveux qui se propagent le long des axones jusqu'aux boutons terminaux, entraînant ainsi l'exocytose de vésicules qui libèrent la somatocrinine (GHRH). La GHRH passe dans la circulation du système porte hypothalamohypophysaire et est transportée jusqu'à l'adénohypophyse (centre de régulation),

où elle stimule la sécrétion de l'hormone de croissance (hGH) par les cellules somatotropes ; l'hormone de croissance est libérée dans la circulation sanguine systémique. ❺ₐ L'hormone de croissance active la sécrétion de somatomédines par des cellules du foie, des muscles squelettiques, du cartilage, des os et d'autres tissus (effecteurs). ❺ᵦ Ensemble, l'hormone de croissance et les somatomédines stimulent les hépatocytes (effecteurs), qui accélèrent la dégradation du glycogène en molécules de glucose (glycogénolyse) et, par conséquent, la libération de ces dernières dans la circulation sanguine. ❻ Il s'ensuit une augmentation de la glycémie (réponse), qui tend alors vers sa valeur normale (environ 5,0 mmol/L). ❼ Par un mécanisme de rétro-inhibition, la nouvelle valeur de la glycémie est captée par les récepteurs. Si la réaction des hépatocytes a permis de ramener la valeur de la glycémie dans les limites normales, les cellules neurosécrétrices de l'hypothalamus cessent de libérer la GHRH. Sinon, elles continuent jusqu'à ce que l'équilibre soit rétabli.

À l'inverse, par exemple à la suite d'un repas très riche, le taux de glucose sanguin s'élève : c'est l'**hyperglycémie**, qui stimule la sécrétion de GHIH par l'hypothalamus (tout en inhibant la sécrétion de GHRH). La GHIH gagne l'adénohypophyse par le système porte et inhibe la sécrétion d'hormone de croissance par les cellules somatotropes. Une faible concentration circulante d'hormone de croissance et des IGF freine la dégradation du glycogène dans le foie, d'où un ralentissement de la libération de glucose dans le sang. La glycémie diminue et revient à la normale. Si la concentration sanguine de glucose devient anormalement basse (hypoglycémie), la libération de GHIH est inhibée.

Parmi les autres stimulus qui favorisent la sécrétion d'hormone de croissance, on compte la diminution des acides gras et l'augmentation des acides aminés dans le sang ; le sommeil profond (stades 3 et 4 du sommeil lent) ; l'activité accrue de la partie sympathique du système nerveux autonome, causée par exemple par le stress ou l'exercice physique vigoureux ; et d'autres hormones, tels le glucagon, les œstrogènes, le cortisol et l'insuline. Les facteurs qui inhibent la sécrétion de l'hormone de croissance sont l'augmentation du taux d'acides gras et la diminution du taux d'acides aminés dans le sang ; le sommeil paradoxal ; la carence affective ; l'obésité ; un faible taux d'hormones thyroïdiennes ; et l'hormone de croissance elle-même (par rétro-inhibition). Des déséquilibres dans la fonction endocrinienne peuvent conduire à l'hyposécrétion ou à l'hypersécrétion de l'hormone de croissance. Par exemple, le nanisme hypophysaire chez l'enfant s'explique par une hyposécrétion de cette hormone, alors que le gigantisme chez l'enfant et l'acromégalie chez l'adulte s'expliquent par une hypersécrétion.

L'EFFET DIABÉTOGÈNE DE L'HORMONE DE CROISSANCE

L'hyperglycémie est l'un des symptômes d'un excès d'hormone de croissance. L'hyperglycémie persistante provoque la sécrétion continuelle d'insuline par le pancréas. Si elle dure des semaines ou des mois, cette stimulation à outrance peut entraîner l'« épuisement » des cellules bêta, c'est-à-dire compromettre sérieusement leur capacité de synthétiser et de sécréter l'insuline. La sécrétion excessive d'hormone de croissance est donc susceptible d'avoir un **effet diabétogène**, c'est-à-dire qu'elle cause le diabète sucré (insuffisance d'insuline). ∎

FIGURE 18.7 La régulation de la sécrétion de l'hormone de croissance (hGH) et des somatomédines (IGF).

La sécrétion de l'hormone de croissance (hGH) est stimulée par la somatocrinine (GHRH) et inhibée par la somatostatine (GHIH).

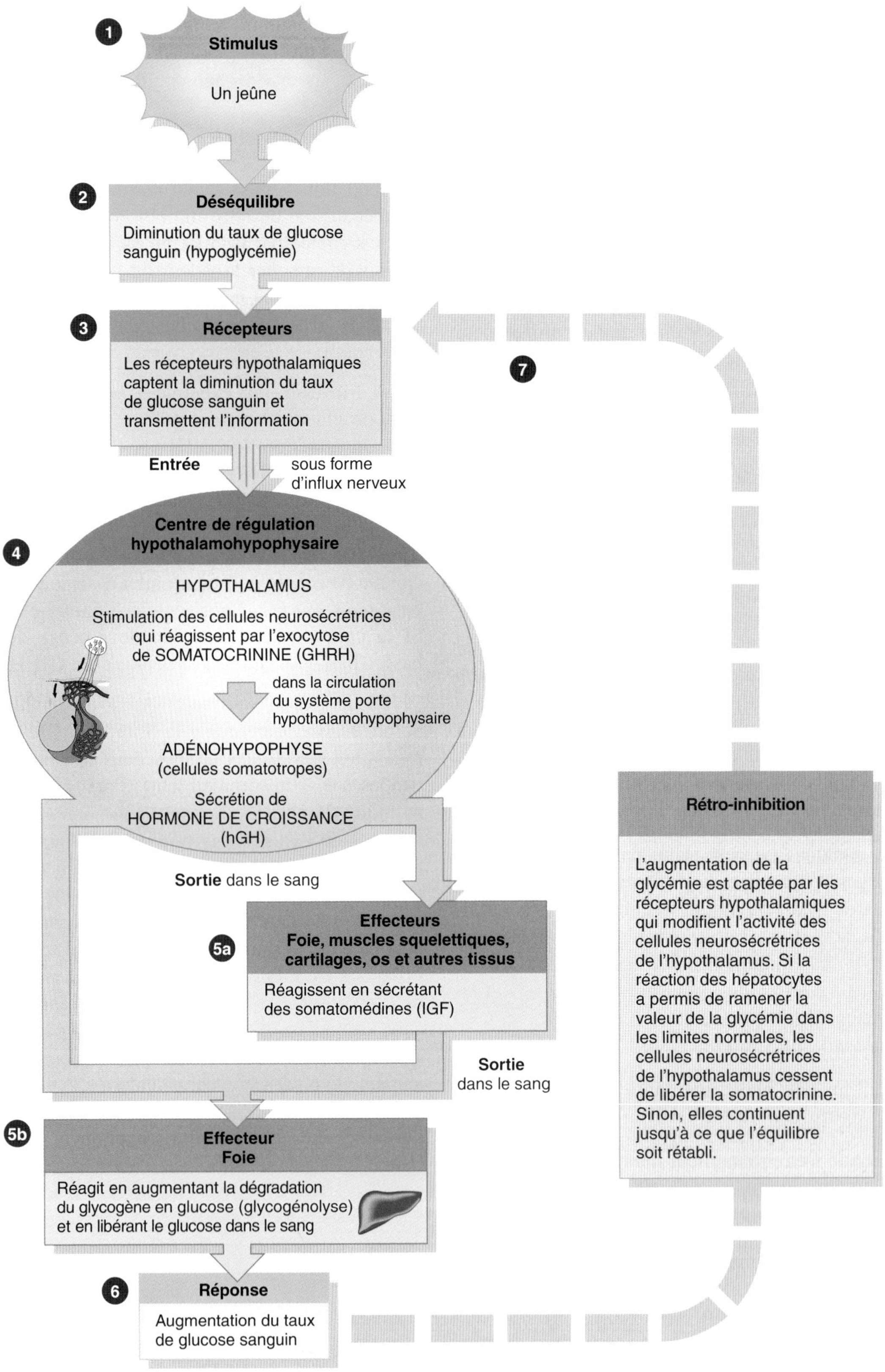

1
Stimulus
Un jeûne
2
Déséquilibre
Diminution du taux de glucose sanguin (hypoglycémie)
3
Récepteurs
Les récepteurs hypothalamiques captent la diminution du taux de glucose sanguin et transmettent l'information
Entrée
sous forme d'influx nerveux
4
Centre de régulation hypothalamohypophysaire
HYPOTHALAMUS
Stimulation des cellules neurosécrétrices qui réagissent par l'exocytose de SOMATOCRININE (GHRH)
dans la circulation du système porte hypothalamohypophysaire
ADÉNOHYPOPHYSE (cellules somatotropes)
Sécrétion de HORMONE DE CROISSANCE (hGH)
Sortie dans le sang
5a
Effecteurs
Foie, muscles squelettiques, cartilages, os et autres tissus
Réagissent en sécrétant des somatomédines (IGF)
Sortie dans le sang
5b
Effecteur
Foie
Réagit en augmentant la dégradation du glycogène en glucose (glycogénolyse) et en libérant le glucose dans le sang
6
Réponse
Augmentation du taux de glucose sanguin
7
Rétro-inhibition
L'augmentation de la glycémie est captée par les récepteurs hypothalamiques qui modifient l'activité des cellules neurosécrétrices de l'hypothalamus. Si la réaction des hépatocytes a permis de ramener la valeur de la glycémie dans les limites normales, les cellules neurosécrétrices de l'hypothalamus cessent de libérer la somatocrinine. Sinon, elles continuent jusqu'à ce que l'équilibre soit rétabli.

Q Si une personne a une tumeur de l'hypophyse qui sécrète une grande quantité d'hGH et qu'elle ne répond pas à la régulation de la GHRH ou de la GHIH, sera-t-elle plus susceptible de présenter une hyperglycémie ou une hypoglycémie?

La thyrotrophine

Les cellules thyrotropes sécrètent la thyrotrophine (TSH, *thyroid-stimulating hormone*), ou hormone thyréotrope, qui stimule la synthèse et la sécrétion des deux hormones produites par la glande thyroïde, la triiodothyronine (T_3) et la thyroxine (T_4). La thyréolibérine (TRH, *thyrotropin-releasing hormone*), produite par l'hypothalamus, régit la sécrétion de TSH. La libération de TRH dépend, quant à elle, du taux de T_3 et de T_4 dans le sang ; en effet, un taux élevé de T_3 et de T_4 inhibe la sécrétion de TRH (mécanisme de rétro-inhibition). Il n'existe pas d'hormone hypothalamique inhibitrice de la TSH, dont la libération sera expliquée plus loin dans le présent chapitre (figure 18.12).

L'hormone folliculostimulante

Chez la femme, les ovaires sont la cible de l'hormone folliculostimulante (FSH), qui déclenche tous les mois le développement de plusieurs follicules ovariques, soit des structures en forme de sac constituées de cellules sécrétrices disposées autour d'un ovocyte en formation. La FSH stimule également la sécrétion d'œstrogènes (hormones sexuelles femelles) par les cellules folliculaires. Chez l'homme, la FSH stimule la production de spermatozoïdes dans les testicules. La gonadolibérine (GnRH, *gonadotropin-releasing hormone*), produite par l'hypothalamus, active la libération de FSH. La libération de GnRH et de FSH est réprimée par un mécanisme de rétro-inhibition dont sont responsables les œstrogènes chez la femme et la testostérone (principale hormone sexuelle mâle) chez l'homme. Il n'existe pas d'hormone inhibitrice des gonadotrophines.

L'hormone lutéinisante

Chez la femme, l'hormone lutéinisante (LH) déclenche l'**ovulation**, c'est-à-dire la libération par l'ovaire d'un ovocyte de deuxième ordre (futur ovule). La LH stimule aussi la formation du corps jaune (structure créée à la suite de l'ovulation) dans l'ovaire et la sécrétion de progestérone (autre hormone sexuelle femelle) par ce même corps jaune. En outre, la FSH et la LH stimulent conjointement la sécrétion d'œstrogènes par les cellules de l'ovaire. Les œstrogènes et la progestérone préparent l'utérus pour l'implantation d'un ovule fécondé et contribuent aussi à préparer les glandes mammaires pour la sécrétion du lait. Chez l'homme, la LH et la FSH agissent sur les testicules : la FSH stimule la production des spermatozoïdes et la LH stimule la sécrétion de testostérone. La sécrétion de LH, comme celle de FSH, est régie par la gonadolibérine (GnRH).

La prolactine

La prolactine (PRL), avec le concours d'autres hormones, déclenche et entretient la sécrétion de lait par les glandes mammaires. À elle seule, elle produit peu d'effet. Les glandes mammaires doivent d'abord être sensibilisées par les œstrogènes, la progestérone, les glucocorticoïdes, l'hormone de croissance, la thyroxine et l'insuline, qui ont des effets «permissifs», pour que la PRL provoque la sécrétion de lait. L'éjection du lait des glandes mammaires dépend de l'ocytocine, une hormone libérée par la neurohypophyse. Ensemble, la sécrétion et l'éjection du lait constituent la *lactation*.

L'hypothalamus sécrète à la fois des hormones de libération et des hormones d'inhibition qui agissent sur la sécrétion de prolactine. Le facteur inhibiteur de la prolactine (PIH, *prolactin-inhibiting hormone*), soit la dopamine, inhibe la libération de cette hormone par l'adénohypophyse. Quand les taux d'œstrogènes et de progestérone tombent, juste avant les menstruations, la sécrétion de la PIH diminue et la concentration sanguine de prolactine augmente, mais pas suffisamment pour provoquer la production de lait. La sensibilité des seins éprouvée peu avant les menstruations résulterait de cette élévation du taux de prolactine. Quand un nouveau cycle menstruel s'amorce et que la concentration d'œstrogènes augmente, la sécrétion de PIH reprend et celle de prolactine s'estompe. La concentration de prolactine augmente durant la grossesse sous l'influence de l'hormone de libération de la prolactine (PRH, *prolactin-releasing hormone*), produite par l'hypothalamus. La succion du nourrisson lors de l'allaitement fait diminuer la sécrétion de PIH par l'hypothalamus.

Le rôle de la prolactine chez l'homme n'est pas connu, mais son hypersécrétion entraîne des difficultés d'érection (ou l'impuissance, c'est-à-dire l'incapacité d'avoir une érection du pénis). Chez la femme, l'hypersécrétion de la prolactine cause la galactorrhée (lactation intempestive) et l'aménorrhée (absence du cycle menstruel).

La corticotrophine

Les cellules corticotropes sécrètent surtout de la corticotrophine (ACTH), ou hormone corticotrope, qui régit la production et la sécrétion de cortisol et d'autres glucocorticoïdes par le cortex (couche externe) des glandes surrénales. La corticolibérine (CRH), produite par l'hypothalamus, stimule la sécrétion d'ACTH par les cellules corticotropes. Les stimulus liés au stress, tels l'hypoglycémie ou un traumatisme physique, ainsi que l'interleukine 1, substance produite par les macrophagocytes, activent également la libération d'ACTH. Les glucocorticoïdes répriment par rétro-inhibition la libération de CRH et d'ACTH.

L'hormone mélanotrope

L'hormone mélanotrope (MSH) fait augmenter la pigmentation de la peau chez les amphibiens en stimulant la dispersion des granules de mélanine dans les mélanocytes. On ne connaît pas exactement son rôle chez l'humain ; toutefois, la présence de récepteurs de la MSH dans l'encéphale semble indiquer que cette hormone influe sur l'activité cérébrale. La quantité de MSH circulante est faible chez l'humain, mais l'administration continue de cette hormone pendant plusieurs jours rend la peau plus foncée. Un taux excessif de corticolibérine (CRH) stimule la libération de MSH, alors que la dopamine l'inhibe.

Les tableaux 18.3 et 18.4 présentent un résumé des hormones de l'adénohypophyse.

LA NEUROHYPOPHYSE

Bien qu'elle ne *synthétise* pas d'hormones, la **neurohypophyse** en *emmagasine* et en *libère* deux. Nous avons souligné plus haut qu'elle est composée de pituicytes (cellules de soutien) et des terminaisons axonales de cellules neurosécrétrices de l'hypothalamus. Les corps cellulaires des cellules neurosécrétrices sont situés dans les noyaux paraventriculaire et supraoptique de l'hypothalamus ; leurs axones forment le **faisceau hypothalamohypophysaire**, qui

TABLEAU 18.3 LES HORMONES DE L'ADÉNOHYPOPHYSE ET LA RÉGULATION DE LA SÉCRÉTION

HORMONE	SÉCRÉTÉE PAR	HORMONES HYPOTHALAMIQUES DE LIBÉRATION (STIMULATION DE LA SÉCRÉTION)	HORMONES HYPOTHALAMIQUES D'INHIBITION (SUPPRESSION DE LA SÉCRÉTION)
Hormone de croissance (hGH), ou somatotrophine	Cellules somatotropes	Somatocrinine (GHRH)	Somatostatine (GHIH)
Thyrotrophine (TSH)	Cellules thyrotropes	Thyréolibérine (TRH)	Somatostatine (GHIH)
Hormone folliculostimulante (FSH)	Cellules gonadotropes	Gonadolibérine (GnRH)	—
Hormone lutéinisante (LH)	Cellules gonadotropes	Gonadolibérine (GnRH)	—
Prolactine (PRL)	Cellules lactotropes	Hormone de libération de la prolactine (PRH) ; TRH	Facteur inhibiteur de la prolactine (PIH), qui est la dopamine
Corticotrophine (ACTH)	Cellules corticotropes	Corticolibérine (CRH)	—
Hormone mélanotrope (MSH)	Cellules corticotropes	Corticolibérine (CRH)	Dopamine

TABLEAU 18.4 RÉSUMÉ DES PRINCIPAUX EFFETS DES HORMONES DE L'ADÉNOHYPOPHYSE

HORMONE		TISSUS CIBLES	PRINCIPAUX EFFETS
Hormone de croissance (hGH), ou somatotrophine		Foie, muscles, cartilages, os et autres tissus	Stimule la synthèse et la sécrétion de somatomédines (IGF) par des cellules du foie, des muscles, des cartilages, des os et d'autres tissus ; avec les IGF, favorise la synthèse des protéines ; la croissance et la prolifération des cellules ; la formation accrue de cartilage, d'os et de muscles ; la réparation des tissus ; la lipolyse et l'élévation de la glycémie ; la mise en réserve de glucose pour les neurones.
Thyrotrophine (TSH), ou hormone thyréotrope		Glande thyroïde	Stimule la synthèse et la sécrétion d'hormones thyroïdiennes par la glande thyroïde.
Hormone folliculostimulante (FSH)		Ovaires Testicules	Chez la femme, déclenche le développement d'ovocytes et la sécrétion d'œstrogènes par les ovaires. Chez l'homme, stimule la production de spermatozoïdes dans les testicules.
Hormone lutéinisante (LH)		Ovaires Testicules	Chez la femme, stimule la sécrétion d'œstrogènes et de progestérone, l'ovulation et la formation du corps jaune. Chez l'homme, stimule la production de testostérone par les testicules.
Prolactine (PRL)		Glandes mammaires	Conjointement avec d'autres hormones, rend possible la sécrétion de lait par les glandes mammaires.
Corticotrophine (ACTH), ou hormone corticotrope		Cortex surrénal	Stimule la sécrétion de glucocorticoïdes (principalement le cortisol) par le cortex surrénal.
Hormone mélanotrope (MSH)		Encéphale	Rôle exact inconnu chez l'humain, mais influerait sur l'activité cérébrale ; une quantité excessive rend la peau plus foncée.

a son origine dans l'hypothalamus, et leurs terminaisons axonales se terminent à proximité de capillaires sanguins dans la neurohypophyse (figure 18.8). Le noyau paraventriculaire synthétise l'**ocytocine** (*ôkutokos*: qui procure un accouchement rapide), une hormone, et le noyau supraoptique produit l'**hormone antidiurétique** (**ADH**, *antidiuretic hormone*; *anti*: contre; *diourêtikos*: qui fait uriner), aussi appelée *vasopressine* (*vas*: vaisseau; *pressio*: presser).

Après leur production dans le corps cellulaire des cellules neurosécrétrices, l'ocytocine et l'hormone antidiurétique sont emmagasinées dans des vésicules de sécrétion qui sont acheminées par transport axonal rapide vers les boutons terminaux des terminaisons axonales dans la neurohypophyse. Les hormones y demeurent jusqu'à ce que des influx nerveux déclenchent l'exocytose des vésicules de sécrétion, libérant ainsi les hormones dans la circulation sanguine.

L'irrigation sanguine de la neurohypophyse est assurée par les **artères hypophysaires inférieures**, qui sont des ramifications des artères carotides internes. Le sang des artères hypophysaires inférieures se jette dans le **plexus capillaire de la neurohypophyse** – réseau dense de capillaires fenestrés où sont déversées l'ocytocine et l'hormone antidiurétique. De là, les hormones passent dans les **veines hypophysaires postérieures** pour atteindre les cellules cibles dans d'autres tissus de l'organisme (figures 18.5 et 18.8b).

L'ocytocine

Pendant et après l'accouchement, l'ocytocine agit sur deux organes cibles: l'utérus et les glandes mammaires. Durant l'accouchement, l'ocytocine renforce la contraction des myocytes lisses de la paroi utérine; après l'accouchement, elle stimule l'éjection du lait des glandes mammaires en réponse au stimulus mécanique que constitue la succion du nourrisson. On sait peu de choses du rôle de l'ocytocine chez l'homme et chez la femme qui n'est pas enceinte. Des expériences réalisées sur des animaux suggèrent que son action se situe au niveau du cerveau et qu'elle prédispose les parents à s'occuper de leurs petits. On croit qu'elle est également en partie responsable du plaisir éprouvé durant et après les relations sexuelles.

LE RÔLE DE L'OCYTOCINE LORS DE L'ACCOUCHEMENT

Bien avant qu'on ne découvre l'ocytine, les sages femmes avaient l'habitude de faire téter le premier-né de jumeaux pour accélérer la naissance du second. On sait maintenant pourquoi cette pratique était utile: la succion stimule la libération d'ocytocine. Même après la naissance d'un seul enfant, l'allaitement facilite l'expulsion du placenta et contribue à redonner à l'utérus ses dimensions initiales. On administre fréquemment de l'ocytocine synthétique (Pitocin^{MD}) pour amorcer le travail ou augmenter le tonus de l'utérus et contrôler l'hémorragie immédiatement après l'accouchement. ∎

L'hormone antidiurétique

Comme son nom l'indique, un **antidiurétique** (*anti*: contre; *diourêtikos*: qui fait uriner) est une substance qui réduit la production d'urine. Sous l'action de l'hormone antidiurétique (ADH), les reins retournent plus d'eau dans la circulation sanguine, ce qui diminue le volume d'urine. La consommation d'alcool provoque souvent des mictions fréquentes et abondantes parce que cette substance

inhibe la sécrétion d'ADH. L'ADH réduit aussi la perte d'eau par transpiration et cause la constriction des artérioles, ce qui entraîne une élévation de la pression sanguine. En l'absence d'ADH, par exemple dans un cas pathologique de diabète insipide, le volume urinaire est plus que décuplé: il passe de la valeur normale de 1 ou 2 L à environ 20 L par jour. L'autre nom de cette hormone – vasopressine – reflète cet effet sur la pression sanguine.

La quantité d'ADH sécrétée varie selon le volume et la pression osmotique du sang. La figure 18.9 illustre la régulation de la sécrétion et les effets de l'ADH lors d'une diminution de la quantité d'eau dans le sang, ce qui modifie le facteur contrôlé de la pression osmotique sanguine:

1 Un changement de l'environnement interne ou externe, tels une diarrhée, des vomissements ou une transpiration excessive (stimulus), cause une perte importante d'eau dans l'organisme, qui entraîne **2** une augmentation de la pression osmotique sanguine (déséquilibre). **3** Les **osmorécepteurs** hypothalamiques (récepteurs) captent directement les variations de la pression osmotique sanguine. **4** Quand les cellules neurosécrétrices de l'hypothalamus (centre de régulation) sont excitées par les osmorécepteurs, elles produisent des influx nerveux qui se propagent le long des axones jusqu'aux boutons terminaux situés dans la neurohypophyse. Ces influx nerveux causent la libération par exocytose de l'hormone antidiurétique (ADH) contenue dans les vésicules synaptiques. L'ADH diffuse alors dans les capillaires sanguins de la neurohypophyse, puis dans les veines hypophysaires postérieures. **5** L'ADH est transportée par le sang vers ses tissus cibles – entre autres, les reins et les glandes sudoripares (effecteurs) – pour modifier l'activité de leurs cellules. Les reins réagissent en réabsorbant plus d'eau dans le sang, ce qui diminue la perte d'eau dans l'urine. L'activité sécrétoire des glandes sudoripares décroît, ce qui réduit la perte d'eau par transpiration cutanée. La baisse de production d'urine et de la transpiration permettent de conserver une certaine quantité d'eau dans le sang. **6** La diminution des pertes d'eau dans le sang permet de diminuer la pression osmotique (réponse). **7** La nouvelle valeur (diminuée) de la pression osmotique est captée par les osmorécepteurs, qui diminuent alors les influx nerveux vers les cellules neurosécrétrices de l'hypothalamus. Si la réaction des reins et celle des glandes sudoripares a permis de ramener la valeur de la pression osmotique dans les limites normales, les cellules neurosécrétrices de l'hypothalamus réduisent ou cessent leur sécrétion d'ADH. Sinon, elles continuent leur activité jusqu'à ce que l'équilibre soit rétabli.

Dans les situations où la perte d'eau est importante, le volume sanguin diminue, ce qui cause une baisse de la pression artérielle (autre déséquilibre). Les récepteurs qui sont alors stimulés transmettent l'information à l'hypothalamus, qui secrète l'ADH en grande quantité. Comme nous l'avons mentionné, les muscles lisses de la paroi des artérioles (effecteurs) se contractent en réponse à la concentration élevée d'ADH, ce qui entraîne la constriction de ces vaisseaux sanguins (diminution de leur lumière) et une élévation de la pression artérielle. L'action seule de l'ADH ne suffit généralement pas pour rétablir l'équilibre du volume sanguin et de la pression artérielle. En effet, celui-ci ne serait alors rétabli qu'aux dépens des cellules. C'est pourquoi un apport extérieur d'eau est nécessaire (autres effecteurs), comme nous le verrons au chapitre 27.

FIGURE 18.8 Les relations anatomique et fonctionnelle entre l'hypothalamus et la neurohypophyse, et la vascularisation de la neurohypophyse. Les axones des cellules neurosécrétrices de l'hypothalamus forment le faisceau hypothalamohypophysaire, qui s'étend des noyaux paraventriculaire et supraoptique jusqu'à la neurohypophyse. Les molécules d'hormones synthétisées dans le corps cellulaire des cellules neurosécrétrices de l'hypothalamus sont emmagasinées dans des vésicules de sécrétion qui se rendent dans les boutons terminaux des terminaisons axonales. Des influx nerveux déclenchent l'exocytose des vésicules et libèrent ainsi les hormones dans la circulation sanguine du plexus capillaire de la neurohypophyse.

L'ocytocine et l'hormone antidiurétique sont synthétisées dans l'hypothalamus et libérées dans le plexus capillaire de la neurohypophyse.

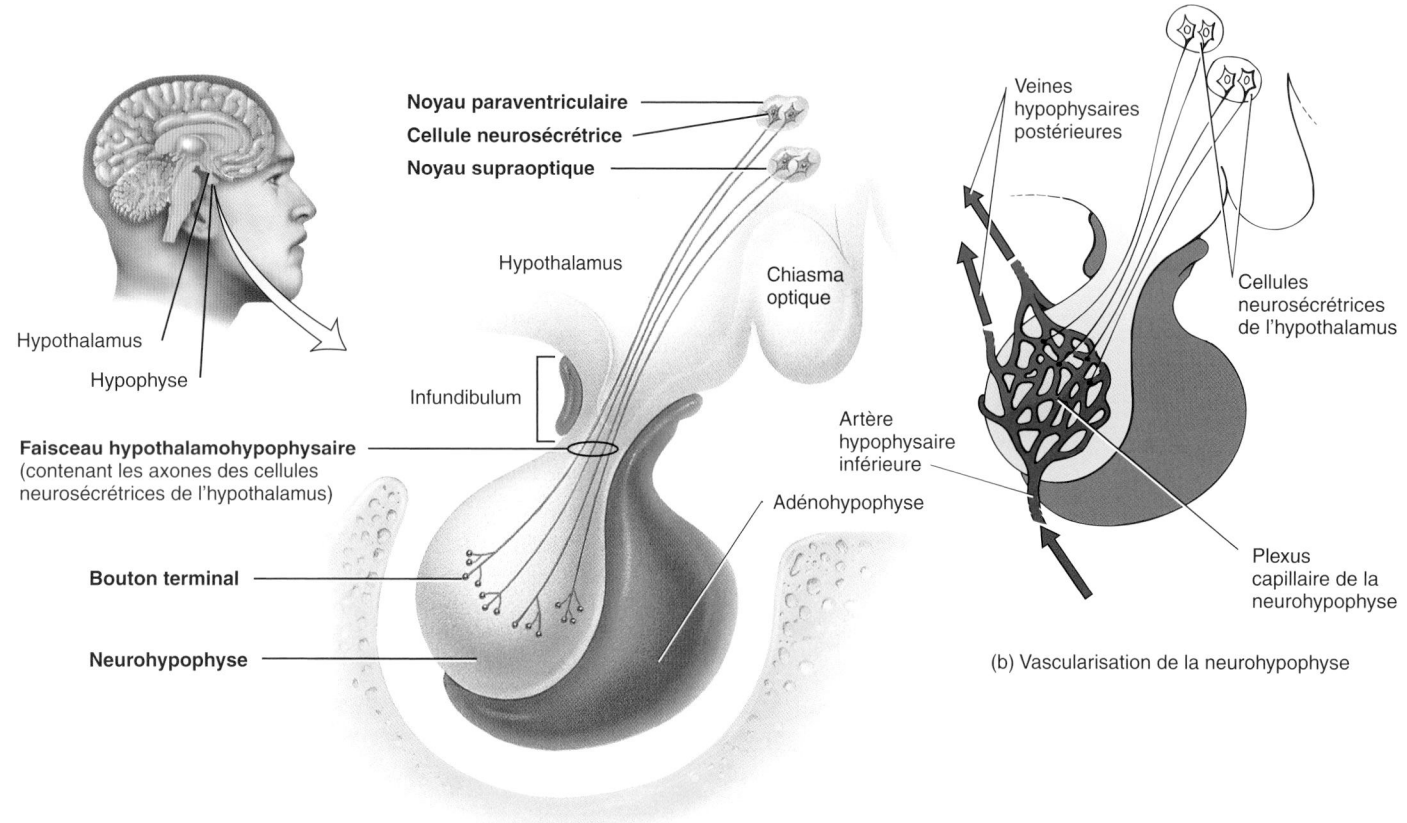

(a) Relations anatomique et fonctionnelle entre l'hypothalamus et la neurohypophyse

(b) Vascularisation de la neurohypophyse

 En quoi les veines portes hypophysaires et le faisceau hypothalamohypophysaire se ressemblent-ils sur le plan fonctionnel ? Qu'est-ce qui les distingue sur le plan structural ?

La sécrétion d'ADH peut aussi varier en réaction à d'autres facteurs. Ainsi, la douleur, le stress, les traumatismes, l'anxiété, l'acétylcholine, la nicotine et des médicaments tels la morphine, les tranquillisants et certains anesthésiques stimulent la sécrétion d'ADH. La déshydratation due à la consommation d'alcool, dont il a déjà été question, peut causer la soif et les maux de tête caractéristiques de la « gueule de bois ». Une hyposécrétion d'ADH ou le mauvais fonctionnement des récepteurs d'ADH causent le diabète insipide.

Le tableau 18.5 présente les hormones de la neurohypophyse, la régulation de leur sécrétion et leurs principaux effets.

▶ **POINT DE CONTRÔLE**

9. Pourquoi dit-on que l'hypophyse est en réalité deux glandes ?

10. Comment les hormones de libération et d'inhibition de l'hypothalamus influent-elles sur les sécrétions de l'adénohypophyse ?

11. Décrivez la structure et l'importance du faisceau hypothalamohypophysaire.

12. Expliquez les changements qu'on observera dans la concentration sanguine de T_3/T_4, TSH et TRH d'un animal de laboratoire qui a subi une thyroïdectomie (ablation totale de la glande thyroïde).

FIGURE 18.9 La régulation de la sécrétion de l'hormone antidiurétique (ADH).

L'ADH a pour fonction de retenir l'eau dans l'organisme et d'augmenter la pression artérielle.

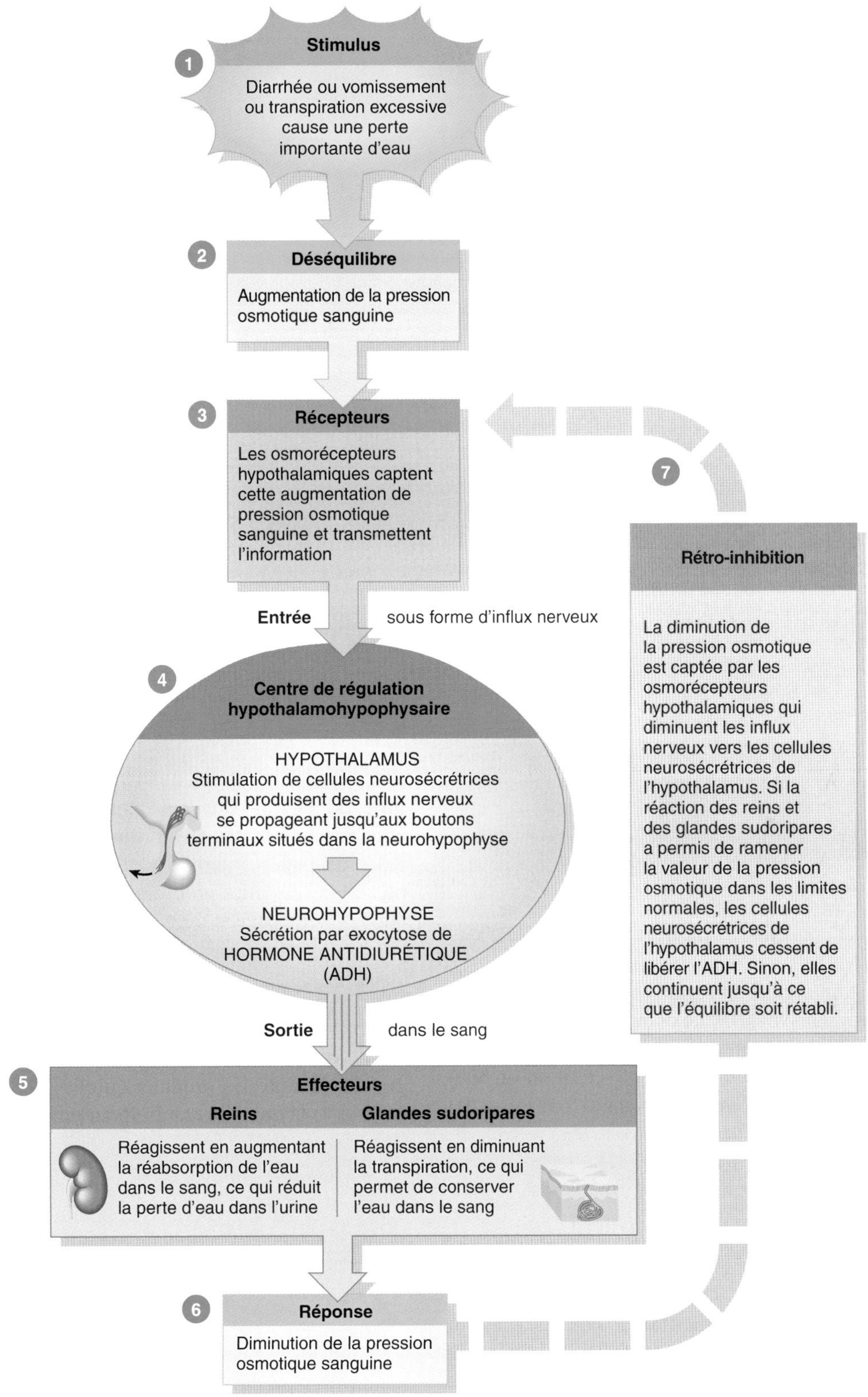

1
Stimulus
Diarrhée ou vomissement ou transpiration excessive cause une perte importante d'eau
2
Déséquilibre
Augmentation de la pression osmotique sanguine
3
Récepteurs
Les osmorécepteurs hypothalamiques captent cette augmentation de pression osmotique sanguine et transmettent l'information
Entrée
sous forme d'influx nerveux
4
Centre de régulation hypothalamohypophysaire
HYPOTHALAMUS
Stimulation de cellules neurosécrétrices qui produisent des influx nerveux se propageant jusqu'aux boutons terminaux situés dans la neurohypophyse
NEUROHYPOPHYSE
Sécrétion par exocytose de HORMONE ANTIDIURÉTIQUE (ADH)
Sortie
dans le sang
5
Effecteurs
Reins
Réagissent en augmentant la réabsorption de l'eau dans le sang, ce qui réduit la perte d'eau dans l'urine
Glandes sudoripares
Réagissent en diminuant la transpiration, ce qui permet de conserver l'eau dans le sang
6
Réponse
Diminution de la pression osmotique sanguine
7
Rétro-inhibition
La diminution de la pression osmotique est captée par les osmorécepteurs hypothalamiques qui diminuent les influx nerveux vers les cellules neurosécrétrices de l'hypothalamus. Si la réaction des reins et des glandes sudoripares a permis de ramener la valeur de la pression osmotique dans les limites normales, les cellules neurosécrétrices de l'hypothalamus cessent de libérer l'ADH. Sinon, elles continuent jusqu'à ce que l'équilibre soit rétabli.

Q Quand on boit un litre d'eau, quel effet cela a-t-il sur la pression osmotique du sang et la concentration sanguine d'ADH ?

TABLEAU 18.5 RÉSUMÉ DES HORMONES DE LA NEUROHYPOPHYSE

HORMONES ET TISSUS CIBLES	RÉGULATION DE LA SÉCRÉTION	PRINCIPAUX EFFETS
Ocytocine 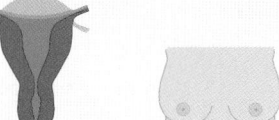 Utérus Glandes mammaires	Les cellules neurosécrétrices de l'hypothalamus sécrètent l'ocytocine et la libèrent en réponse à la stimulation par des influx nerveux générés lors de la distension de l'utérus et lors de la stimulation des mamelons (rétroactivation).	Stimule la contraction des myocytes lisses de l'utérus durant l'accouchement ; stimule la contraction des cellules myoépithéliales des glandes mammaires causant l'éjection de lait.
Hormone antidiurétique (ADH), ou vasopressine 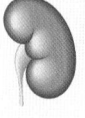 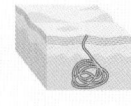 Reins Glandes sudoripares 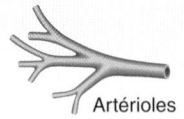 Artérioles	Les cellules neurosécrétrices de l'hypothalamus libèrent l'ADH en réponse à la stimulation par des influx nerveux générés lors de l'élévation de la pression osmotique sanguine, d'une déshydratation, de la perte de volume sanguin, de douleur ou de stress ; une faible pression osmotique sanguine, un volume sanguin élevé et l'alcool inhibent la sécrétion d'ADH.	Conserve l'eau du corps en diminuant le volume d'urine ; réduit la perte d'eau par transpiration ; élève la pression artérielle par vasoconstriction des artérioles.

LA GLANDE THYROÏDE

> **OBJECTIF**
>
> - Décrire l'emplacement, l'histologie, les hormones et les fonctions de la glande thyroïde.

La **glande thyroïde** est un organe en forme de papillon, situé juste au-dessous du larynx (organe vocal). Elle comprend des **lobes latéraux** gauche et droit, qui se trouvent de part et d'autre de la trachée et sont reliés par l'**isthme** (*isthmion* : partie rétrécie d'un organe), lequel repose devant la face antérieure de la trachée (figure 18.10a). Un petit lobe pyramidal prolonge parfois l'isthme vers le haut. La glande a normalement une masse d'environ 30 g. Richement vascularisée, elle reçoit de 80 à 120 mL de sang par minute.

La glande thyroïde est constituée en grande partie de **follicules thyroïdiens**, qui sont des structures microscopiques en forme de sac sphérique (figure 18.10b). La paroi de ces structures est composée principalement de **cellules folliculaires** dont la majorité donnent sur la lumière (cavité interne) du follicule, lui-même entouré d'une **membrane basale**. Quand elles sont inactives, les cellules folliculaires sont plutôt pavimenteuses, mais sous l'influence de la TSH, elles deviennent cubiques, parfois presque prismatiques, et se mettent à sécréter activement. Elles produisent deux hormones : la **thyroxine**, aussi appelée **tétra-iodothyronine**, ou T_4,

parce qu'elle contient quatre atomes d'iode, et la **triiodothyronine**, ou T_3, qui porte trois atomes d'iode. La T_3 et la T_4 sont aussi appelées **hormones thyroïdiennes**. On rencontre entre les follicules un petit nombre de cellules, les **cellules parafolliculaires**, ou cellules C ; elles produisent la **calcitonine**, hormone qui contribue à l'homéostasie du calcium.

LA FORMATION, LE STOCKAGE ET LA LIBÉRATION DES HORMONES THYROÏDIENNES

La thyroïde est la seule glande endocrine qui emmagasine en grande quantité les produits qu'elle sécrète – elle a normalement en réserve la quantité requise pour environ 100 jours. La synthèse et la sécrétion de T_3 et de T_4 se déroulent comme suit (figure 18.11) :

1. **La capture d'ions iodure.** Les cellules folliculaires de la glande thyroïde captent les ions iodure (I^-) dans le sang et les font passer dans le cytosol par transport actif. Ainsi, la glande thyroïde contient normalement la plupart des ions iodure de l'organisme.

2. **La synthèse de la thyroglobuline.** Tout en captant les ions I^-, les cellules folliculaires synthétisent la **thyroglobuline (TGB)**. Cette hormone est une glycoprotéine de masse moléculaire élevée, produite dans le réticulum endoplasmique rugueux, modifiée dans le complexe golgien et emmagasinée dans des vésicules de sécrétion (voir la figure 3.19). Ces dernières subissent ensuite une exocytose lors de laquelle la TGB est libérée dans la lumière des follicules.

FIGURE 18.10 L'emplacement, la vascularisation et l'histologie de la glande thyroïde.

Les hormones thyroïdiennes régulent : 1) l'utilisation de l'oxygène et l'activité du métabolisme basal ; 2) le métabolisme cellulaire ; et 3) la croissance et le développement.

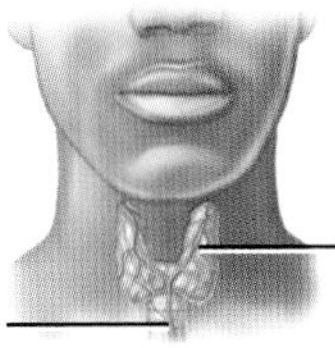

Glande thyroïde

Trachée

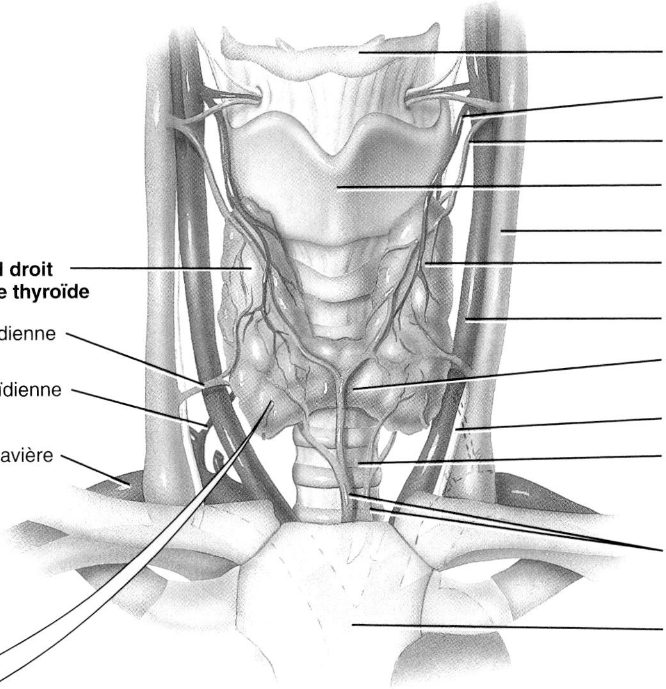

Lobe latéral droit de la glande thyroïde

Veine thyroïdienne moyenne

Artère thyroïdienne inférieure

Artère subclavière

Os hyoïde

Artère thyroïdienne supérieure

Veine thyroïdienne supérieure

Cartilage thyroïde du larynx

Veine jugulaire interne

Lobe gauche de la glande thyroïde

Artère carotide commune

Isthme de la glande thyroïde

Nerf vague (X)

Trachée

Veines thyroïdiennes inférieures

Sternum

(a) Vue antérieure de la glande thyroïde

Cellule parafolliculaire

Membrane basale

Cellule folliculaire

Follicule thyroïdien

Thyroglobuline (TGB)

MO 500×

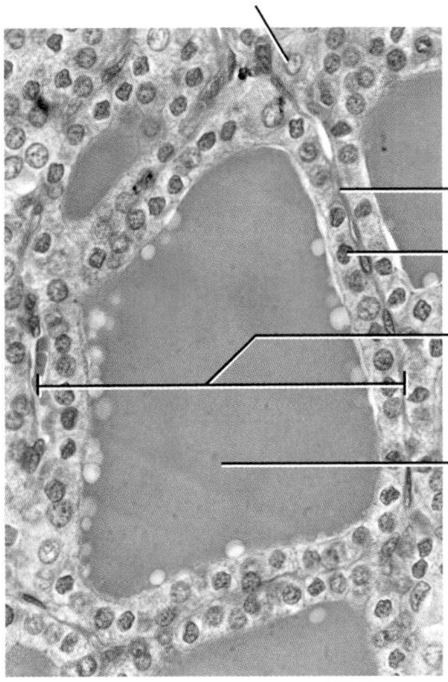

(b) Photomicrographie montrant quelques follicules thyroïdiens

Lobe latéral droit

Isthme

Lobe latéral gauche

(c) Vue antérieure de la glande thyroïde

Quelles cellules sécrètent la T_3 et la T_4 ? Lesquelles sécrètent la calcitonine ? Lesquelles de ces hormones sont aussi appelées *hormones thyroïdiennes* ?

❸ *L'oxydation des ions iodure.* Certains acides aminés de la TGB sont des tyrosines qui seront iodées ultérieurement. Toutefois, les ions iodure, chargés négativement, ne peuvent se lier aux tyrosines avant d'avoir été oxydés (c'est-à-dire avant d'avoir perdu des électrons) et transformés ainsi en iode : $2\ I^- \rightarrow I_2$. Au moment de leur oxydation, les ions iodure entrent dans la lumière des follicules en passant à travers la membrane de la cellule folliculaire.

❹ *L'iodation des tyrosines.* Lors de sa formation, l'iode moléculaire (I_2) réagit avec les tyrosines qui font partie des molécules de thyroglobuline. La liaison d'un atome d'iode donne la monoiodotyrosine (T_1), et une seconde iodation donne la diiodotyrosine (T_2). La TGB à laquelle sont fixés des atomes d'iode est une substance visqueuse, appelée **colloïde**, qui s'accumule et est emmagasinée dans la lumière des follicules thyroïdiens.

⑤ **Le couplage de la T_1 et de la T_2.** Lors de la dernière étape de la synthèse des hormones thyroïdiennes, deux molécules de T_2 se joignent pour former la T_4, ou une T_1 s'unit à une T_2 pour donner une molécule de T_3.

⑥ **La pinocytose et la digestion du colloïde.** Des gouttelettes de colloïde reviennent par pinocytose dans les cellules folliculaires, où elles fusionnent avec des lysosomes. Des enzymes digestives contenues dans les lysosomes dégradent la TGB, ce qui entraîne la séparation des molécules de T_3 et de T_4.

⑦ **La sécrétion des hormones thyroïdiennes.** Parce qu'elles sont liposolubles, la T_3 et la T_4 diffusent à travers la membrane plasmique et entrent dans le liquide interstitiel, puis dans le sang. La T_4 est normalement sécrétée en bien plus grande quantité que la T_3, mais cette dernière est beaucoup plus puissante. Cependant, lorsque la T_4 entre dans une cellule somatique, elle est en bonne partie convertie en T_3 par perte d'un atome d'iode.

⑧ **Le transport dans le sang.** Plus de 99 % des molécules de T_3 et de T_4 s'unissent à des protéines de transport dans le sang, et principalement à la **globuline liant la thyroxine** (**TBG**, *thyroxin-binding globulin*).

LES EFFETS DES HORMONES THYROÏDIENNES

Étant donné que la majorité des cellules du corps possèdent des récepteurs pour les hormones thyroïdiennes, l'action de la T_3 et de la T_4 s'exerce dans tout l'organisme.

1. Les hormones thyroïdiennes accélèrent le **métabolisme basal**, c'est-à-dire le taux de consommation d'oxygène dans des conditions normales (chez l'individu éveillé, au repos et à jeun), en stimulant l'utilisation de l'oxygène cellulaire pour la production d'ATP. Lorsque le métabolisme basal croît, le métabolisme cellulaire des glucides, des lipides et des protéines augmente.

2. Un deuxième effet important des hormones thyroïdiennes est de stimuler la synthèse de l'enzyme Na⁺-K⁺ ATPase qui fait fonctionner les pompes à sodium-potassium ; ces pompes utilisent une grande quantité d'ATP pour expulser continuellement des ions sodium (Na⁺) du cytosol dans le liquide extracellulaire et pour faire passer des ions potassium (K⁺) du liquide extracellulaire dans le cytosol. Lorsque les cellules produisent et consomment plus d'ATP, elles libèrent plus de chaleur et la température corporelle s'élève. Ce phénomène est appelé **effet calorigène**. Les hormones thyroïdiennes jouent donc un rôle important dans le maintien de la température normale du corps. Les mammifères normaux survivent à des températures sous le point de congélation, mais ceux qui ont subi l'ablation de la glande thyroïde ne le peuvent pas.

3. Les hormones thyroïdiennes régulent le métabolisme en augmentant l'utilisation du glucose et des acides gras pour la production d'ATP et en stimulant la synthèse des protéines. Elles font aussi augmenter la lipolyse et l'excrétion de cholestérol, ce qui entraîne une diminution du taux de cholestérol dans le sang.

4. Les hormones thyroïdiennes renforcent certains effets des catécholamines (noradrénaline et adrénaline) parce qu'elles exercent une régulation positive sur le nombre de récepteurs bêta (β). C'est pourquoi on compte parmi les symptômes de l'*hyperthyroïdie*

FIGURE 18.11 Les étapes de la synthèse et de la sécrétion des hormones thyroïdiennes.

Les hormones thyroïdiennes sont synthétisées à partir de la tyrosine par fixation d'atomes d'iode à cet acide aminé.

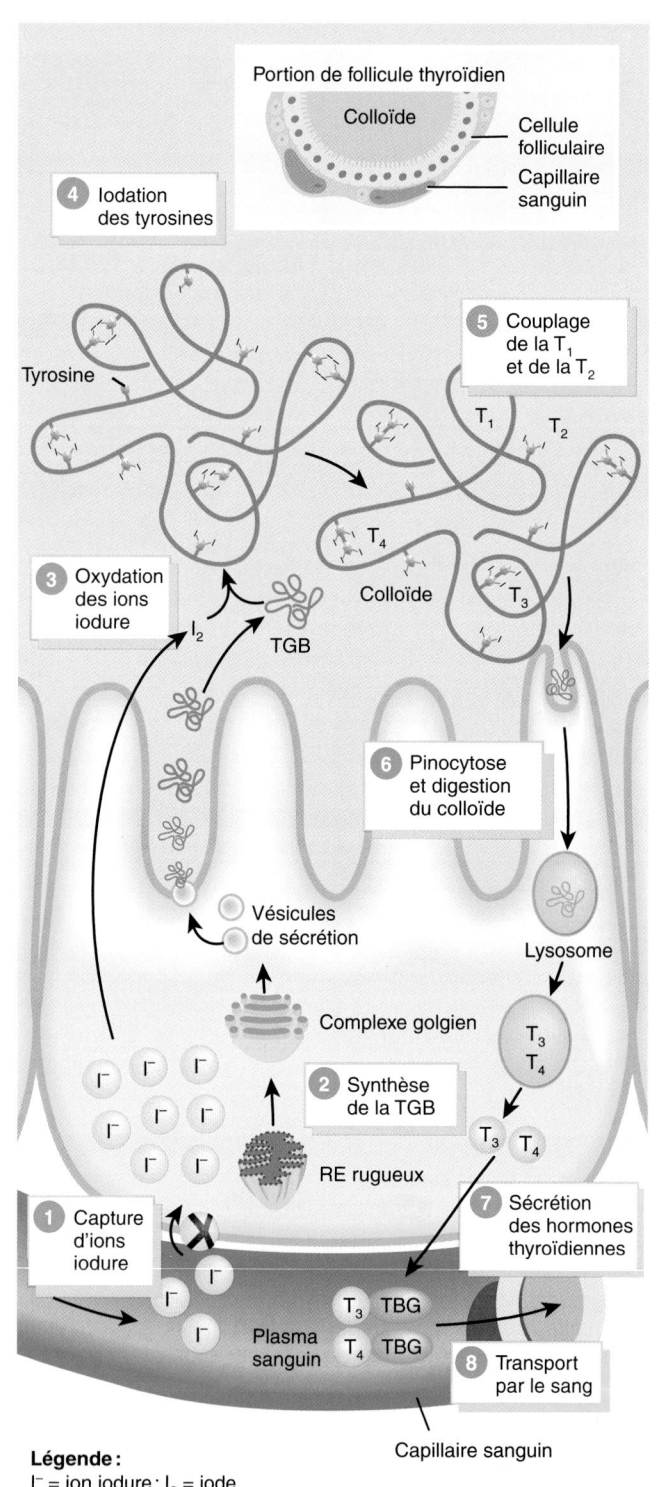

Légende :
I⁻ = ion iodure ; I₂ = iode
TGB = thyroglobuline
TBG = globuline liant la thyroxine

Q Sous quelle forme les hormones thyroïdiennes sont-elles emmagasinées ?

l'accélération de la fréquence cardiaque, l'augmentation de la force de contraction du cœur et, par conséquent, l'élévation de la pression artérielle.

5. Conjointement avec l'hormone de croissance et l'insuline, les hormones thyroïdiennes accélèrent la croissance, et en particulier celle des systèmes nerveux et squelettique. C'est pourquoi un déficit en hormones thyroïdiennes, ou *hypothyroïdie*, durant le développement fœtal ou l'enfance entraîne une arriération mentale grave et un retard dans la croissance des os (crétinisme thyroïdien).

LA RÉGULATION DE LA SÉCRÉTION DES HORMONES THYROÏDIENNES

La thyréolibérine (TRH, *thyrotropin releasing hormone*) de l'hypothalamus et la thyrotrophine (TSH) de l'adénohypophyse stimulent la synthèse et la libération des hormones thyroïdiennes (T_3 et T_4), comme l'indique la figure 18.12 :

❶ Un changement dans l'environnement externe (stimulus) cause un accroissement des besoins énergétiques, par exemple lors d'une situation de froid prolongé, et entraîne ❷ une diminution de la température du sang (déséquilibre). ❸ Des thermorécepteurs captent la modification de la valeur du facteur contrôlé et stimulent l'hypothalamus. ❹ À la suite de la stimulation, les cellules neurosécrétrices de l'hypothalamus (centre de régulation) produisent des influx nerveux qui se propagent le long des axones jusqu'aux boutons terminaux, entraînant ainsi l'exocytose de vésicules qui libèrent la thyréolibérine (TRH). La TRH passe dans la circulation du système porte hypothalamohypophysaire et est transportée à l'adénohypophyse (centre de régulation), où elle stimule la sécrétion de la thyrotrophine (TSH) par les cellules thyrotropes ; la TSH est libérée dans la circulation sanguine systémique. ❺ La TSH atteint la glande endocrine cible, la thyroïde, et exerce une action stimulante sur presque tous les aspects de l'activité des cellules folliculaires (effecteurs), y compris leur croissance, la capture d'ions iodure ainsi que la synthèse et la sécrétion des hormones thyroïdiennes T_3 et T_4 dans la circulation sanguine (étapes ❶, ❷ et ❼ dans la figure 18.11). Les hormones T_3 et T_4 agissent sur presque toutes les cellules somatiques (effecteurs) pour en modifier l'activité cellulaire. Elles ont entre autres effets l'accélération du métabolisme basal par l'augmentation de l'utilisation de l'oxygène cellulaire et l'augmentation de la consommation cellulaire de glucose et d'acides gras pour la production d'ATP, qui s'accompagne d'une libération accrue de chaleur (effet calorigène). ❻ Par suite de l'augmentation du métabolisme cellulaire, la température du sang s'élève (réponse). L'augmentation des concentrations de T_3 et de T_4 dans le sang diminue, par un mécanisme de rétro-inhibition, ❼ₐ la sécrétion de TSH par l'adénohypophyse et ❼ᵦ la sécrétion de TRH par l'hypothalamus. De plus, ❼꜀ la nouvelle valeur de la température du sang est captée par les récepteurs, qui diminuent alors les influx nerveux vers les cellules neurosécrétrices de l'hypothalamus. Si les réactions des effecteurs ont permis de ramener la valeur de la température sanguine dans les limites normales, les cellules neurosécrétrices de l'hypothalamus cessent de libérer la TRH. Sinon, elles continuent leur activité jusqu'à ce que l'équilibre soit rétabli.

Les hormones T_3 et T_4 peuvent aussi stimuler la synthèse de la Na^+-K^+ ATPase, stimuler la lipolyse et la synthèse des protéines, accroître certains effets des catécholamines et réguler le développement et la croissance des tissus nerveux et des os.

Certaines conditions provoquant une augmentation de la consommation d'ATP – l'hypoglycémie, la haute altitude et la grossesse – accroissent également la sécrétion d'hormones thyroïdiennes.

LA CALCITONINE

L'hormone produite par les **cellules parafolliculaires** de la glande thyroïde (figure 18.10b) est la **calcitonine** dont l'effet est de réduire la concentration des ions Ca^{2+}. Sa sécrétion est régulée par un système de rétro-inhibition (figure 18.14).

La glande thyroïde agit ici à la fois comme récepteur et comme centre de régulation. Ainsi, elle capte l'élévation de la concentration sanguine du calcium et déclenche la sécrétion de calcitonine par ses cellules parafolliculaires. La calcitonine libérée dans le sang réduit la quantité de calcium et de phosphates dans le sang en inhibant la résorption osseuse (dégradation de la matrice extracellulaire des os) par les ostéoclastes et en accélérant l'intégration de ces substances dans la matrice extracellulaire des os. Comme on peut le constater, la calcémie agit directement sur la sécrétion de la calcitonine par rétro-inhibition sur la glande thyroïde, et ce, sans passer par l'hypophyse. La miacalcine, un extrait de calcitonine provenant du saumon et dix fois plus puissant que la calcitonine humaine, est employée comme médicament pour traiter l'ostéoporose.

Le tableau 18.6 résume les hormones produites par la glande thyroïde, la régulation de leur sécrétion et leurs principaux effets.

▶ **POINT DE CONTRÔLE**

13. Comment les hormones thyroïdiennes sont-elles synthétisées, stockées et sécrétées ?

14. Comment s'effectue la régulation de la sécrétion de T_3 et de T_4 ?

15. Quels sont les effets physiologiques des hormones thyroïdiennes ? de la calcitonine ?

LES GLANDES PARATHYROÏDES

> **OBJECTIF**

• Décrire l'emplacement, l'histologie, l'hormone et les fonctions des glandes parathyroïdes.

Les **glandes parathyroïdes** (*para* : à côté de) sont de petites masses de tissu sphériques, d'environ 40 mg, partiellement enfoncées dans la face postérieure des lobes latéraux de la glande thyroïde. Habituellement, deux glandes parathyroïdes, une supérieure et une inférieure, sont attachées à chaque lobe latéral de la glande thyroïde (figure 18.13a) ; il y a donc quatre glandes parathyroïdes en tout.

FIGURE 18.12 La régulation de la sécrétion des hormones thyroïdiennes.

TRH = thyréolibérine, TSH = thyrotrophine, T_3 = triiodothyronine et T_4 = thyroxine.

La TSH stimule la libération des hormones thyroïdiennes (T_3 et T_4) par la glande thyroïde.

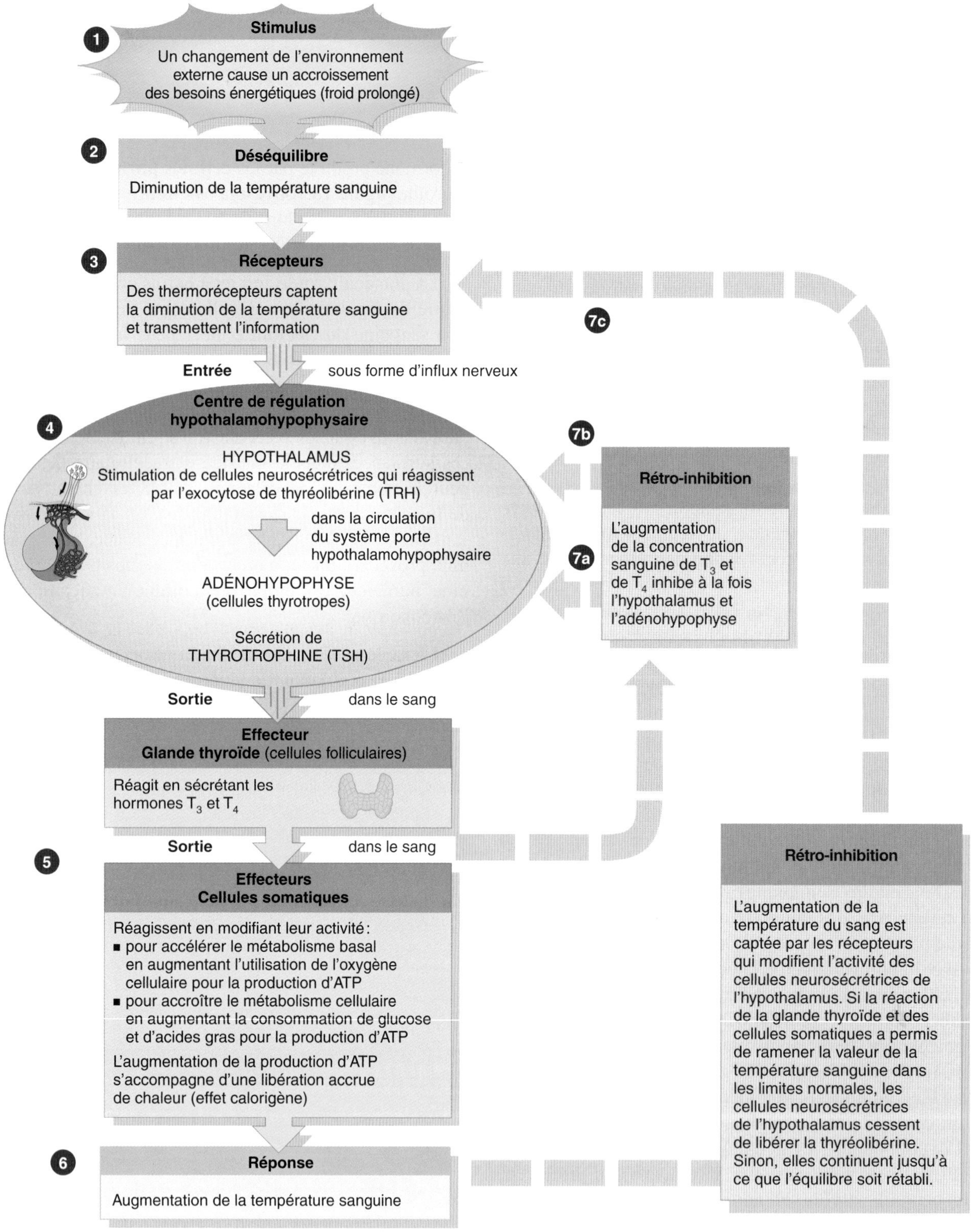

1 Stimulus

Un changement de l'environnement externe cause un accroissement des besoins énergétiques (froid prolongé)

2 Déséquilibre

Diminution de la température sanguine

3 Récepteurs

Des thermorécepteurs captent la diminution de la température sanguine et transmettent l'information

Entrée sous forme d'influx nerveux

7c

4 Centre de régulation hypothalamohypophysaire

HYPOTHALAMUS
Stimulation de cellules neurosécrétrices qui réagissent par l'exocytose de thyréolibérine (TRH)

dans la circulation du système porte hypothalamohypophysaire

ADÉNOHYPOPHYSE
(cellules thyrotropes)

Sécrétion de
THYROTROPHINE (TSH)

7b

7a Rétro-inhibition

L'augmentation de la concentration sanguine de T_3 et de T_4 inhibe à la fois l'hypothalamus et l'adénohypophyse

Sortie dans le sang

Effecteur
Glande thyroïde (cellules folliculaires)

Réagit en sécrétant les hormones T_3 et T_4

Sortie dans le sang

5 Effecteurs
Cellules somatiques

Réagissent en modifiant leur activité :
■ pour accélérer le métabolisme basal en augmentant l'utilisation de l'oxygène cellulaire pour la production d'ATP
■ pour accroître le métabolisme cellulaire en augmentant la consommation de glucose et d'acides gras pour la production d'ATP

L'augmentation de la production d'ATP s'accompagne d'une libération accrue de chaleur (effet calorigène)

Rétro-inhibition

L'augmentation de la température du sang est captée par les récepteurs qui modifient l'activité des cellules neurosécrétrices de l'hypothalamus. Si la réaction de la glande thyroïde et des cellules somatiques a permis de ramener la valeur de la température sanguine dans les limites normales, les cellules neurosécrétrices de l'hypothalamus cessent de libérer la thyréolibérine. Sinon, elles continuent jusqu'à ce que l'équilibre soit rétabli.

6 Réponse

Augmentation de la température sanguine

Comment une carence alimentaire en iode mène-t-elle au goitre, c'est-à-dire à une hypertrophie de la glande thyroïde ?

TABLEAU 18.6 RÉSUMÉ DES HORMONES DE LA GLANDE THYROÏDE

HORMONE	RÉGULATION DE LA SÉCRÉTION	PRINCIPAUX EFFETS
T_3 (triiodothyronine) et T_4 (thyroxine), ou **hormones thyroïdiennes** des cellules folliculaires 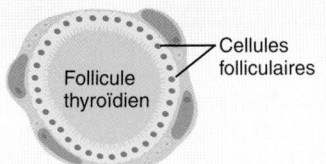	La sécrétion de T_3/T_4 augmente sous l'action de la thyréolibérine (TRH), qui stimule la libération de thyrotrophine (TSH) en réponse à un ralentissement du métabolisme cellulaire, au froid, à la grossesse et à la haute altitude, et en réponse à la diminution de la concentration d'hormones thyroïdiennes. La sécrétion de TRH et de TSH est inhibée par une concentration élevée d'hormones thyroïdiennes ; celle de T_3/T_4 est réprimée par une forte concentration d'iode.	Stimulent le métabolisme basal : • augmentent la consommation d'oxygène ; • augmentent l'utilisation du glucose et des acides gras pour la production d'ATP ; • augmentent la température corporelle (effet calorigène) ; • accroissent certains effets des catécholamines (adrénaline et noradrénaline) ; • augmentent la lipolyse et l'excrétion de cholestérol ; • stimulent la synthèse des protéines ; • stimulent la synthèse de Na^+-K^+ ATPase ; • favorisent la croissance du tissu nerveux ; • favorisent le développement des os et des muscles et le développement de l'organisme.
Calcitonine des cellules parafolliculaires 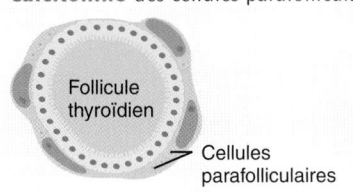	Une concentration élevée de Ca^{2+} dans le sang stimule la sécrétion de calcitonine ; une faible concentration de Ca^{2+} en inhibe la sécrétion.	Abaisse la concentration sanguine en ions calcium et phosphate en inhibant la résorption osseuse par les ostéoclastes et en accélérant leur incorporation dans la matrice osseuse.

Au microscope, on distingue deux types de cellules épithéliales dans les glandes parathyroïdes (figure 18.13b, c). Les plus nombreuses, appelées **cellules principales**, produisent la **parathormone** (**PTH**, *parathyroid hormone*), ou **hormone parathyroïdienne**. On ne connaît pas la fonction de l'autre type de cellules, appelées *cellules oxyphiles*.

LA PARATHORMONE

La parathormone est le principal régulateur de la concentration sanguine d'ions calcium (Ca^{2+}), d'ions magnésium (Mg^{2+}) et d'ions phosphate (HPO_4^{2-}). Elle a comme effet spécifique d'augmenter le nombre d'ostéoclastes et d'en stimuler l'activité. Il en résulte un accroissement de la *résorption* osseuse, qui libère des ions Ca^{2+} et des ions HPO_4^{2-} dans le sang. La PTH agit également sur les reins : premièrement, elle ralentit le rythme d'élimination dans l'urine des ions Ca^{2+} et Mg^{2+} présents dans le sang ; deuxièmement, elle accroît l'élimination dans l'urine des ions HPO_4^{2-} sanguins. Parce que la quantité d'ions HPO_4^{2-} excrétée dans l'urine est plus importante que celle qui est extraite des os, la PTH fait diminuer la concentration sanguine de HPO_4^{2-}. Au total, la PTH fait augmenter les concentrations sanguines des ions Ca^{2+} et Mg^{2+} et diminuer celle des ions HPO_4^{2-}. Un troisième effet de la PTH sur les reins consiste à stimuler la formation du **calcitriol**, hormone qui est la forme active de la vitamine D. Le calcitriol, aussi appelé *1,25-dihydroxycholécalciférol* ou encore *vitamine D$_3$*, augmente la vitesse d'*absorption* des ions Ca^{2+}, HPO_4^{2-} et Mg^{2+} par le tube digestif et leur passage dans le sang.

À l'instar de la glande thyroïde – qui régule la sécrétion de calcitonine par ses cellules parafolliculaires –, les glandes parathyroïdes agissent à la fois comme récepteur et comme centre de régulation. Ainsi, elles captent la baisse de la concentration sanguine du calcium, ce qui stimule la sécrétion d'une plus grande quantité de PTH par ses cellules principales. La parathormone libérée dans le sang exerce ensuite ses différents effets sur les cellules des os, des reins et du tube digestif (effecteurs) pour augmenter la calcémie.

La calcémie agit directement par rétro-inhibition sur la sécrétion de la calcitonine et de la parathormone, sans passer par l'hypophyse. La figure 18.14 illustre le double mécanisme de rétro-inhibition qui fait intervenir à la fois la glande thyroïde et les glandes parathyroïdes :

1. Une concentration sanguine d'ions Ca^{2+} plus élevée que la normale (déséquilibre) incite les cellules parafolliculaires de la glande thyroïde (centre de régulation) à libérer une plus grande quantité de calcitonine.

2. La calcitonine agit sur les os en inhibant la résorption osseuse par les ostéoclastes et en augmentant l'intégration des substances dans la matrice extracellulaire des os, ce qui entraîne une diminution de la concentration sanguine d'ions Ca^{2+}.

3. Une concentration sanguine de Ca^{2+} plus faible que la normale incite les cellules principales des glandes parathyroïdes à libérer une plus grande quantité de PTH.

4. La PTH agit sur les os en stimulant la résorption de la matrice extracellulaire des os par les ostéoclastes, et provoque ainsi la libération d'ions Ca^{2+} dans le sang, et elle agit sur les reins en

FIGURE 18.13 **L'emplacement, la vascularisation et l'histologie des glandes parathyroïdes.**

Les glandes parathyroïdes – on en compte normalement quatre – s'enfoncent dans la face postérieure de la glande thyroïde.

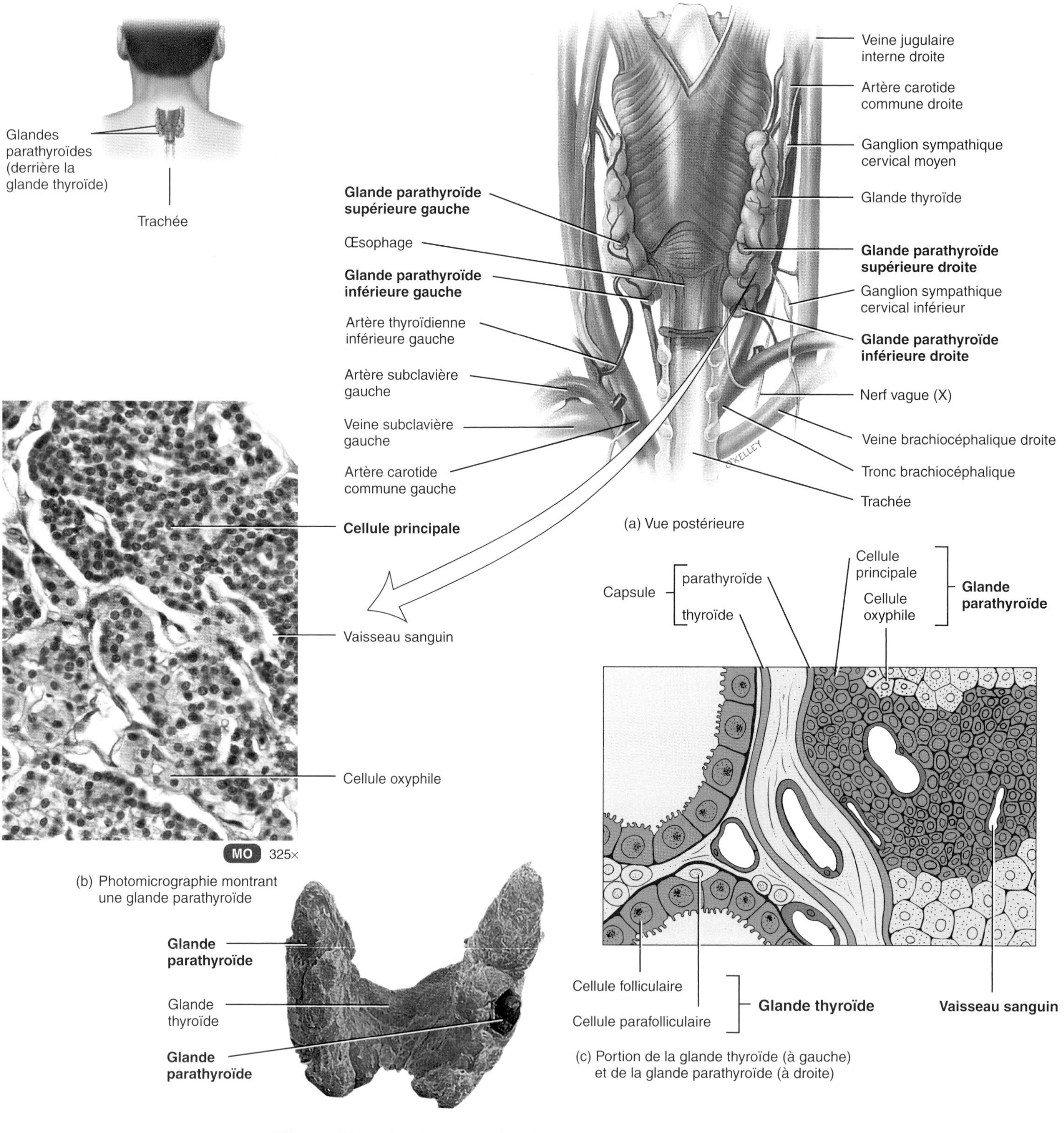

Glandes
parathyroïdes
(derrière la
glande thyroïde)

Trachée

Glande parathyroïde
supérieure gauche

Œsophage

**Glande parathyroïde
inférieure gauche**

Artère thyroïdienne
inférieure gauche

Artère subclavière
gauche

Veine subclavière
gauche

Artère carotide
commune gauche

Cellule principale

Vaisseau sanguin

Cellule oxyphile

MO 325×

(b) Photomicrographie montrant
une glande parathyroïde

Veine jugulaire
interne droite

Artère carotide
commune droite

Ganglion sympathique
cervical moyen

Glande thyroïde

**Glande parathyroïde
supérieure droite**

Ganglion sympathique
cervical inférieur

**Glande parathyroïde
inférieure droite**

Nerf vague (X)

Veine brachiocéphalique droite

Tronc brachiocéphalique

Trachée

(a) Vue postérieure

Capsule parathyroïde
thyroïde

Cellule
principale

Cellule
oxyphile

**Glande
parathyroïde**

Cellule folliculaire

Cellule parafolliculaire

Glande thyroïde

Vaisseau sanguin

(c) Portion de la glande thyroïde (à gauche)
et de la glande parathyroïde (à droite)

**Glande
parathyroïde**

Glande
thyroïde

**Glande
parathyroïde**

(d) Vue postérieure des glandes parathyroïdes

Q Quelles sont les sécrétions : 1) des cellules parafolliculaires de la glande thyroïde
et 2) des cellules principales des glandes parathyroïdes ?

FIGURE 18.14 Les rôles de la calcitonine (flèches vertes), de la parathormone (flèches bleues) et du calcitriol (flèches orangées) dans l'homéostasie du calcium.

En ce qui concerne la régulation de la calcémie, la calcitonine et la parathormone (PTH) sont des antagonistes.

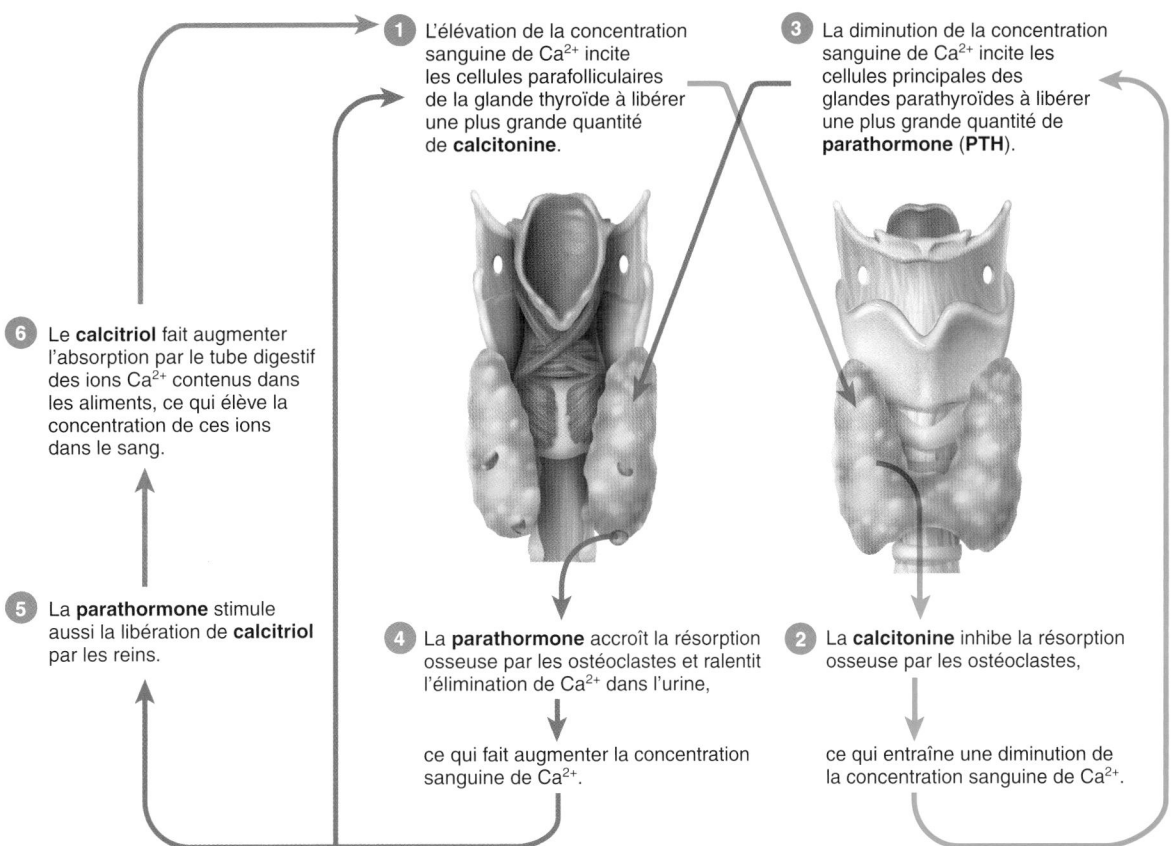

① L'élévation de la concentration sanguine de Ca²⁺ incite les cellules parafolliculaires de la glande thyroïde à libérer une plus grande quantité de **calcitonine**.

③ La diminution de la concentration sanguine de Ca²⁺ incite les cellules principales des glandes parathyroïdes à libérer une plus grande quantité de **parathormone (PTH)**.

⑥ Le **calcitriol** fait augmenter l'absorption par le tube digestif des ions Ca²⁺ contenus dans les aliments, ce qui élève la concentration de ces ions dans le sang.

⑤ La **parathormone** stimule aussi la libération de **calcitriol** par les reins.

④ La **parathormone** accroît la résorption osseuse par les ostéoclastes et ralentit l'élimination de Ca²⁺ dans l'urine,

ce qui fait augmenter la concentration sanguine de Ca²⁺.

② La **calcitonine** inhibe la résorption osseuse par les ostéoclastes,

ce qui entraîne une diminution de la concentration sanguine de Ca²⁺.

Q Quels sont les principaux tissus cibles de la parathormone, de la calcitonine et du calcitriol ?

ralentissant l'élimination d'ions Ca²⁺ dans l'urine, ce qui a comme effet conjugué d'accroître la concentration sanguine de ces ions.

⑤ La PTH incite les reins à synthétiser du calcitriol, qui est la forme active de la vitamine D.

⑥ Le calcitriol favorise l'absorption par le tube digestif des ions Ca²⁺ contenus dans les aliments, ce qui contribue à élever la concentration de ces ions dans le sang.

Le tableau 18.7 résume la régulation de la sécrétion de parathormone, de même que ses principaux effets.

TABLEAU 18.7 RÉSUMÉ DE L'HORMONE DE LA GLANDE PARATHYROÏDE		
HORMONE ET SOURCE	**RÉGULATION DE LA SÉCRÉTION**	**PRINCIPAUX EFFETS**
Parathormone (PTH) provenant des cellules principales Cellule principale 	La diminution de la calcémie stimule la sécrétion. L'augmentation de la calcémie inhibe la sécrétion.	Stimule la résorption osseuse par les ostéoclastes ; fait augmenter la réabsorption de Ca²⁺ et l'excrétion de HPO₄²⁻ par les reins ; stimule la formation de calcitriol (forme active de la vitamine D), ce qui accélère l'absorption des ions Ca²⁺ et Mg²⁺ contenus dans les aliments. Au total, fait augmenter la concentration sanguine de Ca²⁺ et de Mg²⁺ et fait diminuer celle de HPO₄²⁻.

16. Comment s'effectue la régulation de la sécrétion de parathormone ?

17. Quelles ressemblances y a-t-il entre les effets de la PTH et ceux du calcitriol ? Quelles différences présentent-ils ?

LES GLANDES SURRÉNALES

> **OBJECTIF**

- Décrire l'emplacement, l'histologie, les hormones et les fonctions des glandes surrénales.

Les deux **glandes surrénales**, qui coiffent chacune un rein (figure 18.15a), ont la forme d'une pyramide aplatie ; tout comme les reins, elles sont situées dans l'espace rétropéritonéal. Chez l'adulte, chaque glande surrénale mesure de 3 à 5 cm de hauteur et de 2 à 3 cm de largeur, et a un peu moins de 1 cm d'épaisseur. Elle pèse de 3,5 à 5 g, ce qui représente la moitié seulement de sa masse à la naissance. Durant le développement embryonnaire, les glandes surrénales se différencient en deux régions distinctes sur les plans structural et fonctionnel : un grand **cortex surrénal** (ou *corticosurrénale*) situé en périphérie, qui constitue de 80 à 90 % de la glande, et une petite **médulla surrénale** (ou *médullosurrénale*), située au centre (figure 18.15b). Chaque glande est recouverte d'une capsule de tissu conjonctif. À l'instar de la glande thyroïde, les glandes surrénales sont richement vascularisées.

Le cortex surrénal produit des hormones stéroïdes essentielles à la vie. La perte totale des hormones corticosurrénales mène à la mort par déshydratation et déséquilibre électrolytique, en quelques jours ou au plus une semaine, sauf si on commence sans tarder un traitement hormonal substitutif. La médulla surrénale produit trois hormones appartenant à la catégorie des catécholamines : la noradrénaline, l'adrénaline et une petite quantité de dopamine.

LE CORTEX SURRÉNAL

Le cortex surrénal est divisé en trois couches, ou zones, qui sécrètent des hormones distinctes (figure 18.15d). La couche externe, située immédiatement sous la capsule de tissu conjonctif, est appelée **zone glomérulée** (*glomerulus* : petite boule). Ses cellules, serrées les unes contre les autres en amas sphériques et en

FIGURE 18.15 L'emplacement, la vascularisation et l'histologie des glandes surrénales.

🔑 Le cortex surrénal sécrète des hormones stéroïdes essentielles à la vie ; la médulla surrénale sécrète la noradrénaline et l'adrénaline.

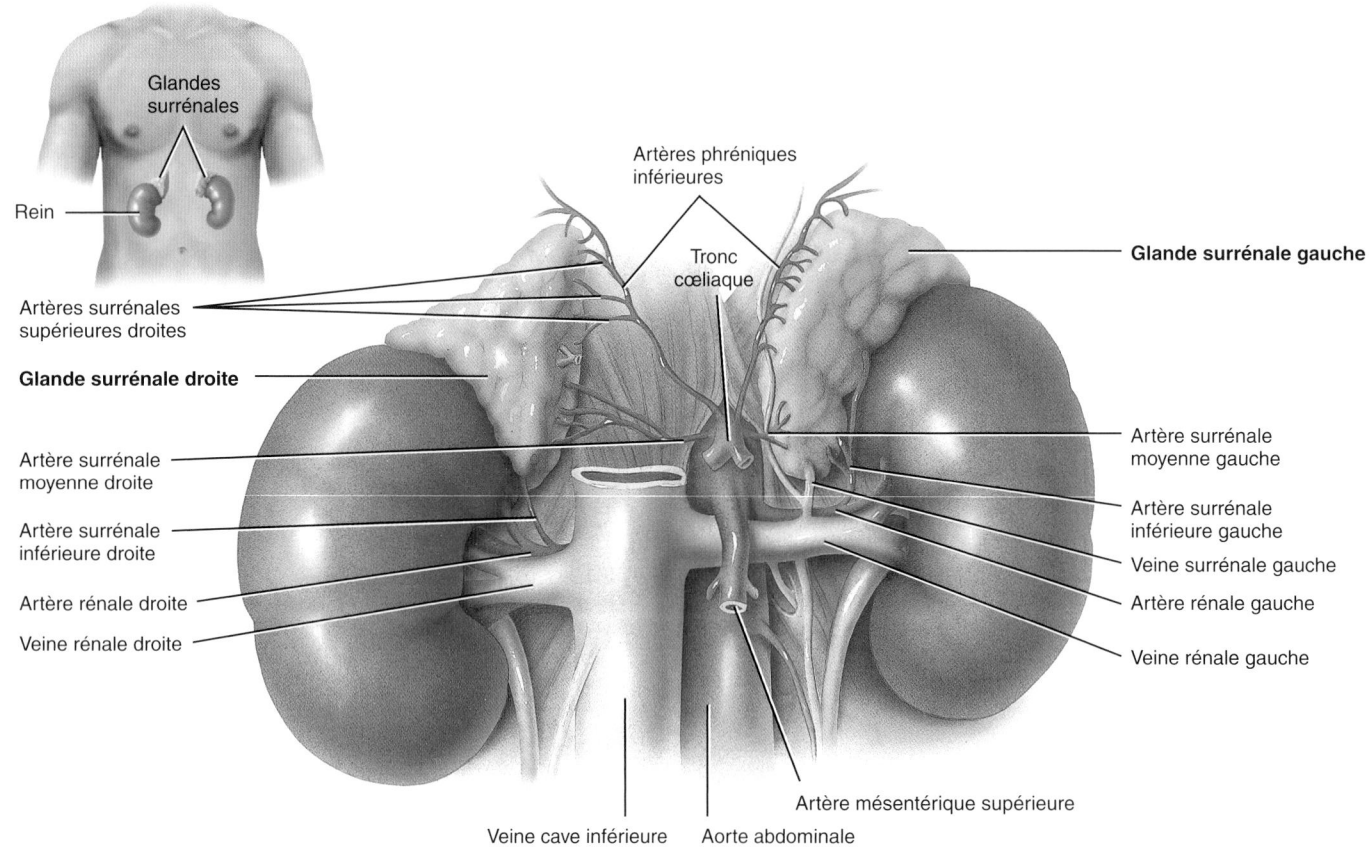

(a) Vue antérieure

colonnes arquées, sécrètent des hormones nommées **minéralocorticoïdes** parce qu'elles influent sur l'homéostasie de certains minéraux, tels le sodium et le potassium. La couche du milieu, appelée **zone fasciculée** (*fasciculus* : petit paquet), est la plus large des trois couches et est constituée de cellules qui forment de longs cordons droits. Ces cellules sécrètent surtout des **glucocorticoïdes**, hormones ainsi nommées parce qu'elles influent sur l'homéostasie du glucose. Les cellules de la couche interne, appelée **zone réticulée** (*reticulum* : petit filet), forment des cordons ramifiés. Elles synthétisent de petites quantités d'**androgènes** (*andros* : homme) faibles – hormones stéroïdes à effets « masculinisants ».

Les minéralocorticoïdes

L'**aldostérone** est le principal minéralocorticoïde. Elle régule l'homéostasie de deux types d'ions minéraux, soit les ions sodium (Na^+) et les ions potassium (K^+), et elle contribue à la régulation de la pression et du volume sanguins. Elle favorise également l'excrétion des ions H^+ dans l'urine ; cette évacuation d'acides contribue à prévenir l'acidose (pH sanguin inférieur à 7,35), dont il sera question au chapitre 27.

Le **système rénine-angiotensine-aldostérone** régule la sécrétion d'aldostérone (figure 18.16) :

① Les stimulus qui déclenchent le système rénine-angiotensine-aldostérone sont, entre autres, la déshydratation, la carence en Na^+ et l'hémorragie.

② Ces conditions causent une diminution du volume sanguin.

③ La diminution du volume sanguin entraîne une baisse de la pression artérielle.

④ La diminution de la pression artérielle stimule la sécrétion d'une enzyme, la **rénine**, par certaines cellules des reins appelées cellules juxtaglomérulaires.

⑤ La concentration de rénine dans le sang augmente.

⑥ La rénine convertit l'**angiotensinogène**, une protéine plasmatique produite par le foie, en **angiotensine I**.

⑦ Le sang, dont la concentration d'angiotensine I a augmenté, circule dans l'organisme.

⑧ Le sang qui circule dans les capillaires, en particulier dans ceux des poumons, permet à une enzyme appelée **enzyme de conversion de l'angiotensine** (ACE) de transformer l'angiotensine I en une hormone, l'**angiotensine II**.

⑨ La concentration sanguine d'angiotensine II augmente.

⑩ L'angiotensine II stimule la sécrétion d'aldostérone par le cortex surrénal.

FIGURE 18.15 L'emplacement, la vascularisation et l'histologie des glandes surrénales *(suite).*

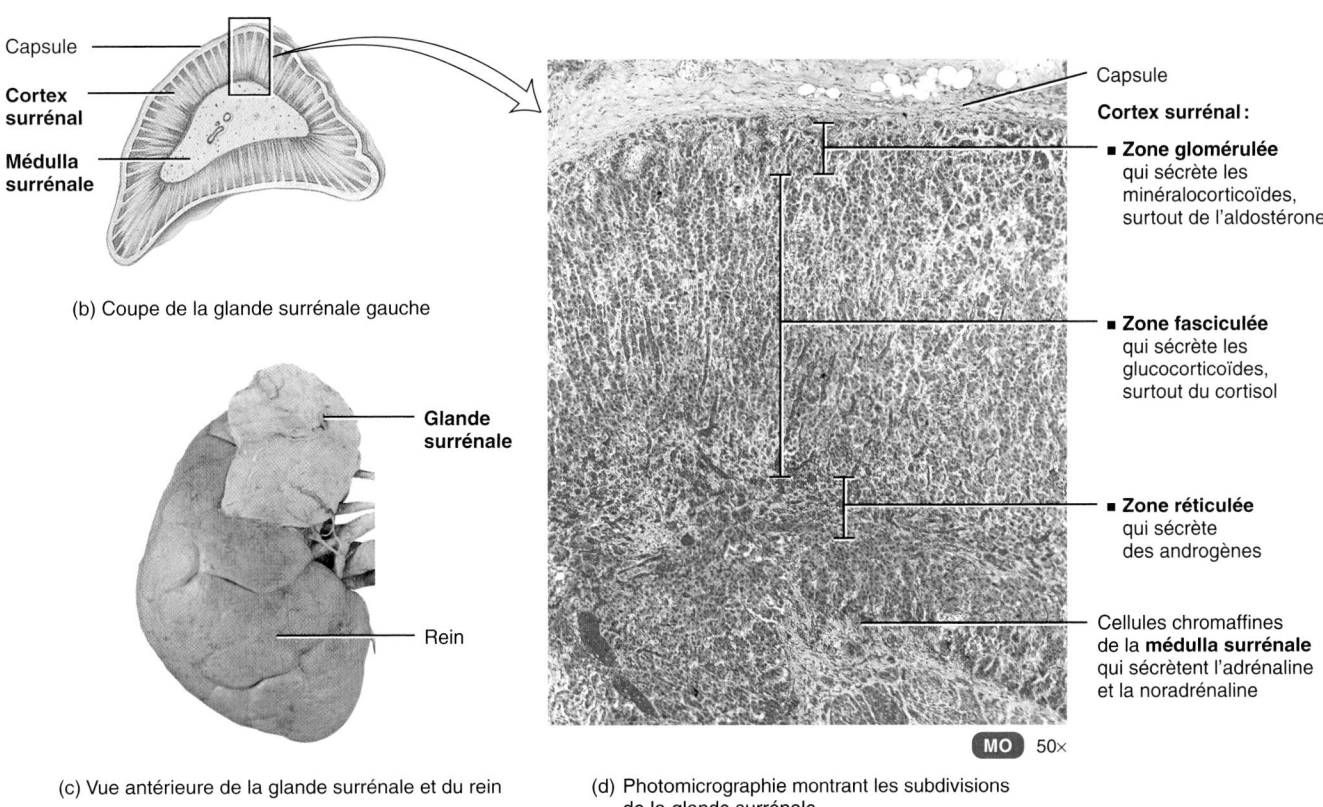

(b) Coupe de la glande surrénale gauche

Capsule
Cortex surrénal
Médulla surrénale

Glande surrénale
Rein

(c) Vue antérieure de la glande surrénale et du rein

Capsule

Cortex surrénal :
■ **Zone glomérulée** qui sécrète les minéralocorticoïdes, surtout de l'aldostérone
■ **Zone fasciculée** qui sécrète les glucocorticoïdes, surtout du cortisol
■ **Zone réticulée** qui sécrète des androgènes
Cellules chromaffines de la **médulla surrénale** qui sécrètent l'adrénaline et la noradrénaline

MO 50×

(d) Photomicrographie montrant les subdivisions de la glande surrénale

 Quel est l'emplacement des glandes surrénales par rapport aux reins ?

FIGURE 18.16 La régulation de la sécrétion d'aldostérone par le système rénine-angiotensine-adolstérone (SRAA).

 L'aldostérone contribue à la régulation du volume sanguin, de la pression artérielle et de la concentration de Na⁺, K⁺ et H⁺ dans le sang.

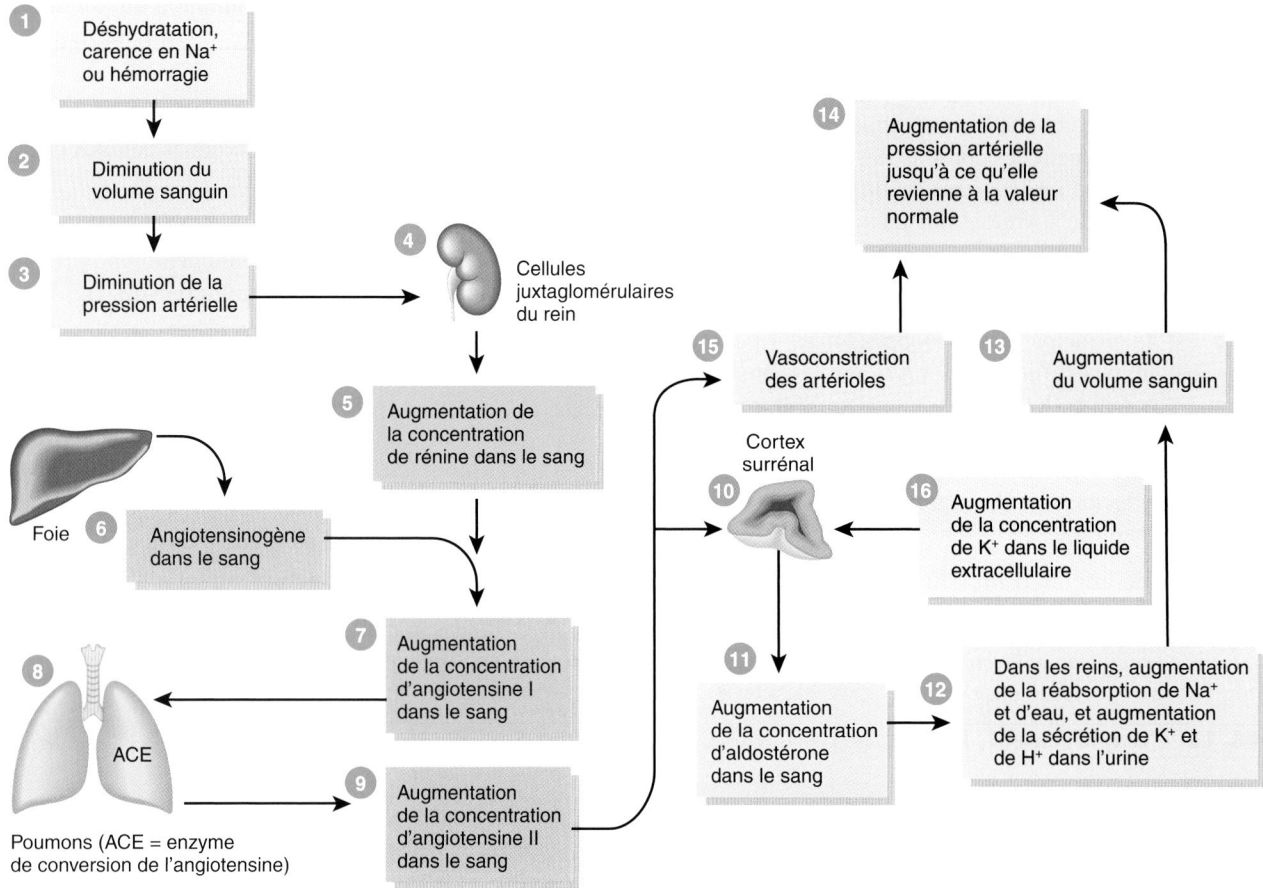

L'angiotensine II fait augmenter la pression artérielle de deux façons. Quelles sont-elles et quels sont les tissus cibles dans chaque cas?

11 Le sang, dont la concentration d'aldostérone a augmenté, passe dans les reins.

12 Dans les reins, l'aldostérone augmente la réabsorption de Na⁺ et d'eau – qui suit par osmose –, de sorte que la quantité excrétée dans l'urine est plus faible. L'aldostérone stimule également l'excrétion, par les reins, d'une plus grande quantité d'ions K⁺ et d'ions H⁺ dans l'urine.

13 La réabsorption d'eau par les reins étant accrue, le volume sanguin augmente.

14 Avec l'augmentation du volume sanguin, la pression artérielle revient à la normale.

15 L'angiotensine II stimule aussi la contraction des myocytes lisses des parois des artérioles. La vasoconstriction des artérioles qui en résulte fait également augmenter la pression artérielle et contribue à la faire revenir à la normale.

16 Outre l'angiotensine II, l'augmentation de la concentration de K⁺ dans le sang (ou dans le liquide interstitiel) constitue un second stimulant de la sécrétion d'aldostérone. La diminution de la concentration sanguine de K⁺ a l'effet contraire.

Les glucocorticoïdes

Les glucocorticoïdes sont fortement impliqués dans la régulation du métabolisme énergétique de la plus grande partie des cellules de l'organisme. D'une part, en effet, ils leur permettent de s'ajuster aux périodes d'alternance des phases d'absorption de nourriture (repas) et des phases de jeûne (entre les repas); d'autre part, ils jouent un rôle majeur dans la résistance au stress. Les glucocorticoïdes comprennent le **cortisol** (ou **hydrocortisone**), la **corticostérone** et la **cortisone**. De ces trois hormones sécrétées par la zone fasciculée, le cortisol est le plus abondant et on lui attribue environ 95 % de l'activité des glucocorticoïdes.

La sécrétion des glucocorticoïdes est régulée par un mécanisme de rétro-inhibition hypothalamohypophysaire classique (figure 18.17). Par exemple, ❶ lorsque, dans une phase de jeûne (stimulus), ❷ les taux sanguins de glucose, d'acides aminés et d'acides gras diminuent (déséquilibres), ❸ des récepteurs captent les modifications de la valeur de ces facteurs contrôlés et produisent des influx nerveux, lesquels stimulent les cellules neurosécrétrices de l'hypothalamus. ❹ Une fois stimulées, les cellules neurosécrétrices

FIGURE 18.17 La régulation de la sécrétion des glucocorticoïdes. CRH = corticolibérine ; ACTH = corticotrophine.

L'élévation de la concentration de corticolibérine et la diminution de celle des glucocorticoïdes (cortisol) favorisent la libération d'ACTH, qui stimule la sécrétion de glucocorticoïdes par le cortex surrénal.

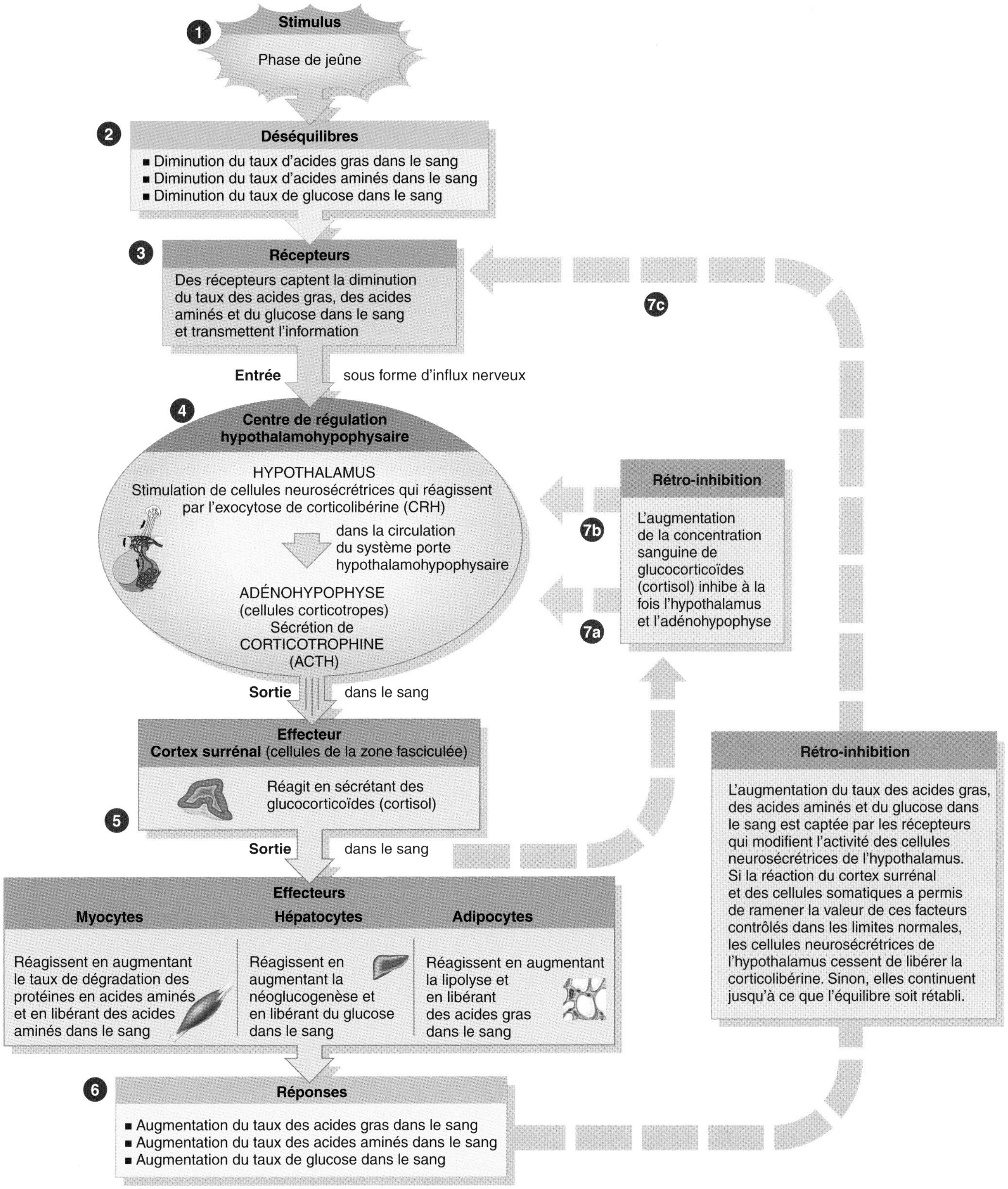

① Stimulus

Phase de jeûne

② Déséquilibres

- Diminution du taux d'acides gras dans le sang
- Diminution du taux d'acides aminés dans le sang
- Diminution du taux de glucose dans le sang

③ Récepteurs

Des récepteurs captent la diminution du taux des acides gras, des acides aminés et du glucose dans le sang et transmettent l'information

Entrée sous forme d'influx nerveux

④ Centre de régulation hypothalamohypophysaire

HYPOTHALAMUS
Stimulation de cellules neurosécrétrices qui réagissent par l'exocytose de corticolibérine (CRH)

dans la circulation du système porte hypothalamohypophysaire

ADÉNOHYPOPHYSE
(cellules corticotropes)
Sécrétion de
CORTICOTROPHINE
(ACTH)

Sortie dans le sang

7c

Rétro-inhibition

7b

7a

L'augmentation de la concentration sanguine de glucocorticoïdes (cortisol) inhibe à la fois l'hypothalamus et l'adénohypophyse

⑤ Effecteur
Cortex surrénal (cellules de la zone fasciculée)

Réagit en sécrétant des glucocorticoïdes (cortisol)

Sortie dans le sang

Effecteurs

Myocytes	Hépatocytes	Adipocytes
Réagissent en augmentant le taux de dégradation des protéines en acides aminés et en libérant des acides aminés dans le sang	Réagissent en augmentant la néoglucogenèse et en libérant du glucose dans le sang	Réagissent en augmentant la lipolyse et en libérant des acides gras dans le sang

Rétro-inhibition

L'augmentation du taux des acides gras, des acides aminés et du glucose dans le sang est captée par les récepteurs qui modifient l'activité des cellules neurosécrétrices de l'hypothalamus. Si la réaction du cortex surrénal et des cellules somatiques a permis de ramener la valeur de ces facteurs contrôlés dans les limites normales, les cellules neurosécrétrices de l'hypothalamus cessent de libérer la corticolibérine. Sinon, elles continuent jusqu'à ce que l'équilibre soit rétabli.

⑥ Réponses

- Augmentation du taux des acides gras dans le sang
- Augmentation du taux des acides aminés dans le sang
- Augmentation du taux de glucose dans le sang

 Chez un patient qui a subi une greffe du cœur et qui prend de la prednisone (un glucocorticoïde) pour combattre le rejet de l'organe transplanté, les concentrations sanguines d'ACTH et de corticolibérine seront-elles élevées ou basses ? Expliquez votre réponse.

de l'hypothalamus (centre de régulation) produisent des influx nerveux qui se propagent dans les axones jusqu'aux boutons terminaux et provoquent l'exocytose de la **corticolibérine (CRH,** *corticotropin releasing hormone*) dans la circulation du système porte hypothalamohypophysaire. L'action de la CRH est à l'origine de la libération de corticotrophine (ACTH) par les cellules corticotropes de l'adénohypophyse (centre de régulation). ❺ L'ACTH est transportée par le sang jusqu'au cortex surrénal (effecteur), où elle stimule la sécrétion de glucocorticoïdes, particulièrement du cortisol, par les cellules de la zone fasciculée. Les glucocorticoïdes sont alors transportés par le sang jusqu'à leurs cellules somatiques cibles (effecteurs), où ils modifient leur activité cellulaire. ❻ Ainsi, les taux d'acides aminés, de glucose et d'acides gras dans le sang augmentent (réponse). ❼**a** L'augmentation de la concentration sanguine de glucocorticoïdes (cortisol) inhibe directement, par un mécanisme de rétro-inhibition, la sécrétion d'ACTH par l'adénohypophyse et ❼**b** la sécrétion de CRH par l'hypothalamus. De plus, ❼**c** les nouvelles modifications de la valeur des taux d'acides gras, d'acides aminés et de glucose dans le sang sont captées par les récepteurs, qui diminuent les influx nerveux vers les cellules neurosécrétrices de l'hypothalamus. Si la réaction des effecteurs a permis de ramener la valeur de ces facteurs contrôlés dans les limites normales, les cellules neurosécrétrices de l'hypothalamus cessent de libérer la CRH. Sinon, elles continuent jusqu'à ce que l'équilibre soit rétabli.

Les glucocorticoïdes ont les effets suivants sur leurs effecteurs (les trois premiers sont illustrés dans la figure 18.17):

1. *La dégradation des protéines.* Les glucocorticoïdes accélèrent la dégradation (catabolisme) des protéines – surtout dans les myocytes – et, par conséquent, font augmenter la libération d'acides aminés dans la circulation sanguine. Ces derniers peuvent être utilisés par les cellules somatiques pour la synthèse de nouvelles protéines ou la production d'ATP.

2. *La formation de glucose.* Stimulés par les glucocorticoïdes, les hépatocytes font augmenter la glycémie en convertissant certains acides aminés ou le lactate (acide lactique) en glucose, que les neurones ou d'autres cellules peuvent alors utiliser pour la production d'ATP. Cette conversion en glucose d'une substance qui n'est ni du glycogène, ni un autre monosaccharide est appelée **néoglucogenèse**.

3. *La lipolyse.* Les glucocorticoïdes stimulent également la **lipolyse**, c'est-à-dire la dégradation des triacylglycérols et la libération dans le sang d'acides gras contenus dans les adipocytes; ces acides gras peuvent servir à la production d'ATP par les cellules somatiques.

4. *La résistance au stress.* Les glucocorticoïdes favorisent la résistance au stress de plusieurs façons. Le glucose additionnel fourni par les hépatocytes constitue pour les tissus une source d'ATP disponible pour combattre une gamme d'agents stressants, par exemple l'exercice physique intense, le jeûne, la peur, les températures extrêmes, la haute altitude, les hémorragies, les infections, les interventions chirurgicales, les traumatismes et les maladies. Parce qu'ils rendent les vaisseaux sanguins plus sensibles à des hormones qui causent la vasoconstriction, les glucocorticoïdes font augmenter la pression artérielle. Cet effet est avantageux lorsqu'il se produit une perte de sang importante qui fait chuter la pression artérielle. Toutefois, l'avantage peut se transformer en danger lorsque la vasoconstriction persiste trop longtemps et cause ainsi l'ischémie (circulation ralentie) dans les organes touchés. Nous examinerons à la fin du chapitre le mécanisme de réaction de l'hypothalamus en réponse à divers stress physiques et émotionnels.

5. *Des effets anti-inflammatoires.* Les glucocorticoïdes inhibent les leucocytes qui jouent un rôle dans la réaction inflammatoire. Malheureusement, ils retardent aussi la réparation des tissus conjonctifs et ralentissent de ce fait la cicatrisation. Bien qu'à des doses élevées ils puissent causer de graves perturbations mentales, ils sont très utiles pour le traitement des maladies inflammatoires chroniques, par exemple la polyarthrite rhumatoïde.

6. *Un affaiblissement de la réponse immunitaire.* À fortes doses, les glucocorticoïdes répriment la réponse immunitaire. C'est pourquoi on les administre aux personnes ayant subi une transplantation d'organe, afin de retarder le rejet des tissus par le système immunitaire.

Les androgènes

Chez l'homme et chez la femme, le cortex surrénal sécrète de petites quantités d'androgènes faibles. Le principal androgène sécrété par la glande surrénale est la **déhydroépiandrostérone (DHA)** qui intervient dans la fabrication des hormones sexuelles mâles et femelles (testostérone, progestérone et œstrogènes). Après la puberté chez l'homme, les androgènes sont produits en plus grande quantité par les testicules. Ainsi, la quantité d'androgènes sécrétée par les glandes surrénales est généralement si faible que ses effets sont négligeables. En revanche, chez la femme, les androgènes des glandes surrénales jouent un rôle important : ils contribuent au maintien de la libido (pulsions sexuelles) et sont convertis en œstrogènes (stéroïdes sexuels féminisants) par d'autres tissus de l'organisme. Après la ménopause, quand la sécrétion d'œstrogènes par les ovaires cesse, tous les œstrogènes proviennent de la conversion d'androgènes surrénaliens. Ces derniers stimulent aussi la croissance des poils axillaires et pubiens chez les garçons et les filles, et ils contribuent à l'accélération de la croissance qui précède la puberté. La régulation de la sécrétion des androgènes surrénaliens n'est pas complètement élucidée. Toutefois, on sait que la principale hormone qui stimule leur sécrétion est l'ACTH.

L'HYPERPLASIE SURRÉNALE CONGÉNITALE

L'**hyperplasie surrénale congénitale** est une affection génétique caractérisée par un déficit d'une ou de plusieurs enzymes essentielles à la synthèse du cortisol. Le faible taux de cortisol entraîne une augmentation de la sécrétion d'ACTH par l'adénohypophyse en raison de l'absence du mécanisme de rétro-inhibition. L'ACTH stimule à son tour la croissance et l'activité sécrétoire du cortex surrénal. Il en résulte une augmentation de volume des deux glandes surrénales. Toutefois, certaines étapes de la synthèse du cortisol sont bloquées, d'où une accumulation de molécules de précurseurs, dont certaines sont des androgènes faibles susceptibles d'être transformés en testostérone. Il en résulte le **virilisme**, ou masculinisation. Chez les individus de sexe féminin, les caractéristiques viriles comprennent la croissance de la barbe, l'apparition d'un ton beaucoup plus grave de la voix, une distribution masculine de la pilosité, une hypertrophie du clitoris qui peut alors avoir l'aspect d'un pénis, l'atrophie des seins et un développement de la musculature qui donne au corps une apparence masculine. Chez les garçons prépubères, le syndrome s'accompagne des mêmes phénomènes que chez les filles, mais il cause en outre le développement précoce des organes sexuels mâles et l'apparition de la libido. Chez les hommes adultes, les effets virilisants de la maladie sont habituellement complètement occultés par les effets masculinants normaux de la testostérone sécrétée par les testicules. L'hyperplasie surrénale congénitale est donc souvent difficile à diagnostiquer chez les hommes adultes. Le traitement comprend l'administration de cortisol, qui inhibe la sécrétion d'ACTH et réduit ainsi la production d'androgènes surrénaliens. ■

LA MÉDULLA SURRÉNALE

La partie interne de la glande surrénale, appelée **médulla surrénale**, est en réalité un ganglion modifié du tronc sympathique du système nerveux autonome (SNA). La médulla surrénale se forme à partir du même tissu embryonnaire que tous les autres ganglions du tronc sympathique, mais ses cellules (neurones), dépourvues d'axones, constituent des amas autour des gros vaisseaux sanguins. Au lieu de libérer un neurotransmetteur, elles sécrètent des hormones. Ces cellules endocrines, appelées **cellules chromaffines** (*khrôma* : couleur ; *affinis* : ami de ; figure 18.15d), sont innervées par des neurones préganglionnaires du nerf splanchique de la partie sympathique du système nerveux autonome (SNA) (voir la figure 15.2). Comme le SNA agit directement sur les cellules chromaffines, la libération d'hormones s'effectue très rapidement.

Les deux principales hormones synthétisées par la médulla surrénale sont l'**adrénaline** et la **noradrénaline**. Le cortisol sécrété par le cortex surrénal entraîne la synthèse de l'enzyme nécessaire à la transformation de la noradrénaline en adrénaline. Étant donné que le cortex surrénal entoure la médulla surrénale, la concentration sanguine de cortisol dans cette dernière est passablement élevée. Ainsi, environ 80 % des cellules de la médulla surrénale sécrètent de l'adrénaline. Les 20 % de cellules restantes sécrètent de la noradrénaline parce qu'elles ne disposent pas de l'enzyme indispensable à la conversion. Contrairement aux hormones du cortex surrénal, les hormones de la médulla surrénale ne sont pas essentielles puisqu'elles ne font qu'intensifier les réactions sympathiques dans d'autres parties du corps.

Dans les situations stressantes et lors d'exercices physiques intenses, des influx provenant de l'hypothalamus stimulent les neurones sympathiques préganglionnaires, qui libèrent un neurotransmetteur, l'acétylcholine (ACh) (voir la figure 15.1). L'ACh stimule à son tour la sécrétion d'adrénaline et de noradrénaline par les cellules chromaffines de la médulla surrénale. Ces deux hormones intensifient considérablement la réaction d'alarme. En augmentant le rythme cardiaque et la force de contraction, elles font augmenter le débit cardiaque, ce qui élève la pression artérielle. De plus, elles accroissent le débit sanguin vers le cœur, le foie, les muscles squelettiques et le tissu adipeux ; elles dilatent les voies respiratoires ; et elles élèvent la concentration sanguine de glucose (par la conversion du glycogène en glucose dans le foie) et d'acides gras (figure 18.20). Toutes ces réactions ont pour effet de donner à l'organisme les conditions optimales pour combattre le stress.

Le tableau 18.8 résume les hormones produites par les glandes surrénales, de même que la régulation de leur sécrétion et leurs principaux effets.

TABLEAU 18.8 RÉSUMÉ DES HORMONES DES GLANDES SURRÉNALES

HORMONES ET SOURCE	RÉGULATION DE LA SÉCRÉTION	PRINCIPAUX EFFETS
HORMONES DU CORTEX SURRÉNAL		
Minéralocorticoïdes (surtout l'**aldostérone**) des cellules de la zone glomérulée	L'augmentation des concentrations sanguines de K+ et d'angiotensine II stimule la sécrétion.	Augmentent la concentration sanguine de Na+ et d'eau et diminuent celle de K+ ; augmentent le volume sanguin et la pression artérielle.
Glucocorticoïdes (surtout le **cortisol**) des cellules de la zone fasciculée	L'ACTH stimule la libération ; la corticolibérine (CRH) favorise la sécrétion d'ACTH en réponse au stress et à la diminution de la concentration sanguine de glucocorticoïdes.	Stimulent la néoglucogenèse et la glycémie ; accélèrent la dégradation des protéines (sauf dans le foie) ; stimulent la lipolyse et la mobilisation des lipides ; améliorent la résistance au stress ; diminuent l'inflammation ; répriment la réponse immunitaire.
Androgènes (surtout la **déhydroépiandrostérone**, ou **DHA**) des cellules de la zone réticulée	L'ACTH stimule la sécrétion.	Contribuent à l'apparition des poils axillaires et pubiens chez les deux sexes ; chez la femme, sont associés à la libido et constituent une source d'œstrogènes après la ménopause.
Cortex surrénal		
HORMONES DE LA MÉDULLA SURRÉNALE		
Adrénaline et **noradrénaline** des cellules chromaffines	Les neurones sympathiques préganglionnaires libèrent de l'acétylcholine, qui stimule la sécrétion.	Amplifient les effets de la partie sympathique du système nerveux autonome (SNA) durant le stress.
Médulla surrénale		

18. Comparez le cortex surrénal et la médulla surrénale en ce qui concerne leur emplacement et leur histologie.

19. Comment s'effectue la régulation de la sécrétion des hormones du cortex surrénal ?

20. Décrivez la relation qui existe entre la médulla surrénale et le système nerveux autonome.

LES ÎLOTS PANCRÉATIQUES

> **OBJECTIF**

- Décrire l'emplacement, l'histologie, les hormones et les fonctions du pancréas endocrinien.

Le **pancréas** (*pan* : tout ; *kreas* : chair) est une glande à la fois endocrine et exocrine. Nous examinons la fonction endocrine dans le présent chapitre et nous étudierons la fonction exocrine au chapitre 24, qui traite du système digestif. Le pancréas est un organe plat qui a une longueur de 12,5 à 15 cm. Il est situé dans la courbe du duodénum, qui est la première partie de l'intestin, et comprend une tête, un corps et une queue (figure 18.18a). Environ 99 % des cellules pancréatiques forment des amas appelés **acinus** ; ces cellules acineuses (ou alvéolaires) produisent les enzymes digestives, qui sont acheminées par un réseau de conduits vers l'intestin grêle. Disséminés parmi les acinus exocrines se trouvent de un à deux millions de petits amas de cellules endocrines appelés **îlots pancréatiques**, ou îlots de Langerhans (figure 18.18b, c). De nombreux capillaires sanguins irriguent les parties exocrine et endocrine du pancréas.

LES CELLULES DES ÎLOTS PANCRÉATIQUES

Chaque îlot pancréatique comprend quatre types de cellules endocrines :

1. Les **cellules alpha**, qui constituent environ 17 % des cellules des îlots et sécrètent le **glucagon**.

2. Les **cellules bêta**, qui constituent environ 70 % des cellules des îlots et sécrètent l'**insuline**.

3. Les **cellules delta**, qui constituent environ 7 % des cellules des îlots et sécrètent la **somatostatine** (hormone identique à celle de l'hypothalamus)

4. Les **cellules PP** constituent le reste des cellules des îlots et sécrètent le **polypeptide pancréatique**.

Les interactions des quatre hormones pancréatiques sont complexes et on ne les a pas entièrement élucidées. On sait toutefois que le glucagon fait augmenter la glycémie, alors que l'insuline la fait diminuer. La somatostatine exerce une action paracrine qui inhibe la libération à la fois d'insuline et de glucagon par les cellules alpha et bêta avoisinantes. Il se pourrait aussi qu'elle agisse comme une hormone circulante et ralentisse ainsi l'absorption des aliments par le tube digestif. Le polypeptide pancréatique inhibe la sécrétion de somatostatine, les contractions de la vésicule biliaire et la sécrétion d'enzymes digestives par le pancréas.

LA RÉGULATION DE LA SÉCRÉTION DU GLUCAGON ET DE L'INSULINE

La principale action du glucagon est d'augmenter la glycémie quand elle descend sous la normale. À l'inverse, l'insuline fait diminuer la glycémie quand elle est trop élevée. La concentration de glucose dans le sang régule directement – sans passer par le centre de régulation hypothalamohypophysaire – la sécrétion du glucagon et de l'insuline par un mécanisme de rétro-inhibition (figure 18.19) :

1 Une faible concentration sanguine de glucose (hypoglycémie) stimule la libération de glucagon par les cellules alpha des îlots pancréatiques.

2 Le glucagon agit sur les hépatocytes, qui accélèrent alors la conversion du glycogène en glucose (glycogénolyse) et favorisent la formation de glucose à partir de l'acide lactique et de certains acides aminés (néoglucogenèse).

3 En conséquence, les hépatocytes libèrent du glucose dans le sang à un rythme accéléré, et la glycémie augmente.

4 Si la concentration de glucose dans le sang devient trop élevée (hyperglycémie), elle inhibe la libération de glucagon par un mécanisme de rétro-inhibition.

5 L'hyperglycémie stimule la sécrétion d'insuline par les cellules bêta des îlots pancréatiques.

6 L'insuline agit sur diverses cellules de l'organisme : elle accélère le mécanisme de diffusion facilitée qui fait entrer le glucose dans les cellules, en particulier dans les myocytes squelettiques ; elle accélère la conversion du glucose en glycogène (glycogenèse) ; elle augmente l'absorption des acides aminés par les cellules et stimule la synthèse des protéines ; elle accélère la synthèse des acides gras (lipogenèse) ; elle ralentit la conversion de glycogène en glucose (glycogénolyse) ; et elle ralentit la formation de glucose à partir d'acide lactique et d'acides gras (néoglucogenèse).

7 Il en résulte une diminution de la glycémie.

8 Si la concentration de glucose dans le sang descend sous la normale, la libération d'insuline cesse (rétro-inhibition) et la libération de glucagon est stimulée.

Bien que l'augmentation de la glycémie soit le plus important régulateur de l'insuline et du glucagon, plusieurs hormones et neurotransmetteurs contribuent également à la libération de ces deux hormones. Ainsi, le glucagon stimule directement la libération d'insuline ; l'insuline a un effet opposé : elle inhibe la sécrétion de glucagon. Lorsque la glycémie baisse et que la sécrétion d'insuline diminue, l'action inhibitrice de l'insuline ne s'exerce plus sur les cellules alpha du pancréas, de sorte que ces dernières sécrètent une plus grande quantité de glucagon. L'hormone de croissance (hGH) et la corticotrophine (ACTH) stimulent indirectement la sécrétion d'insuline en faisant augmenter la glycémie.

La sécrétion d'insuline est également stimulée par :

- l'acétylcholine, neurotransmetteur libéré par les terminaisons axonales des neurones parasympathiques du nerf vague qui innervent les îlots pancréatiques ;

FIGURE 18.18 L'emplacement, la vascularisation et l'histologie du pancréas.

Les hormones pancréatiques ont pour fonction la régulation de la glycémie.

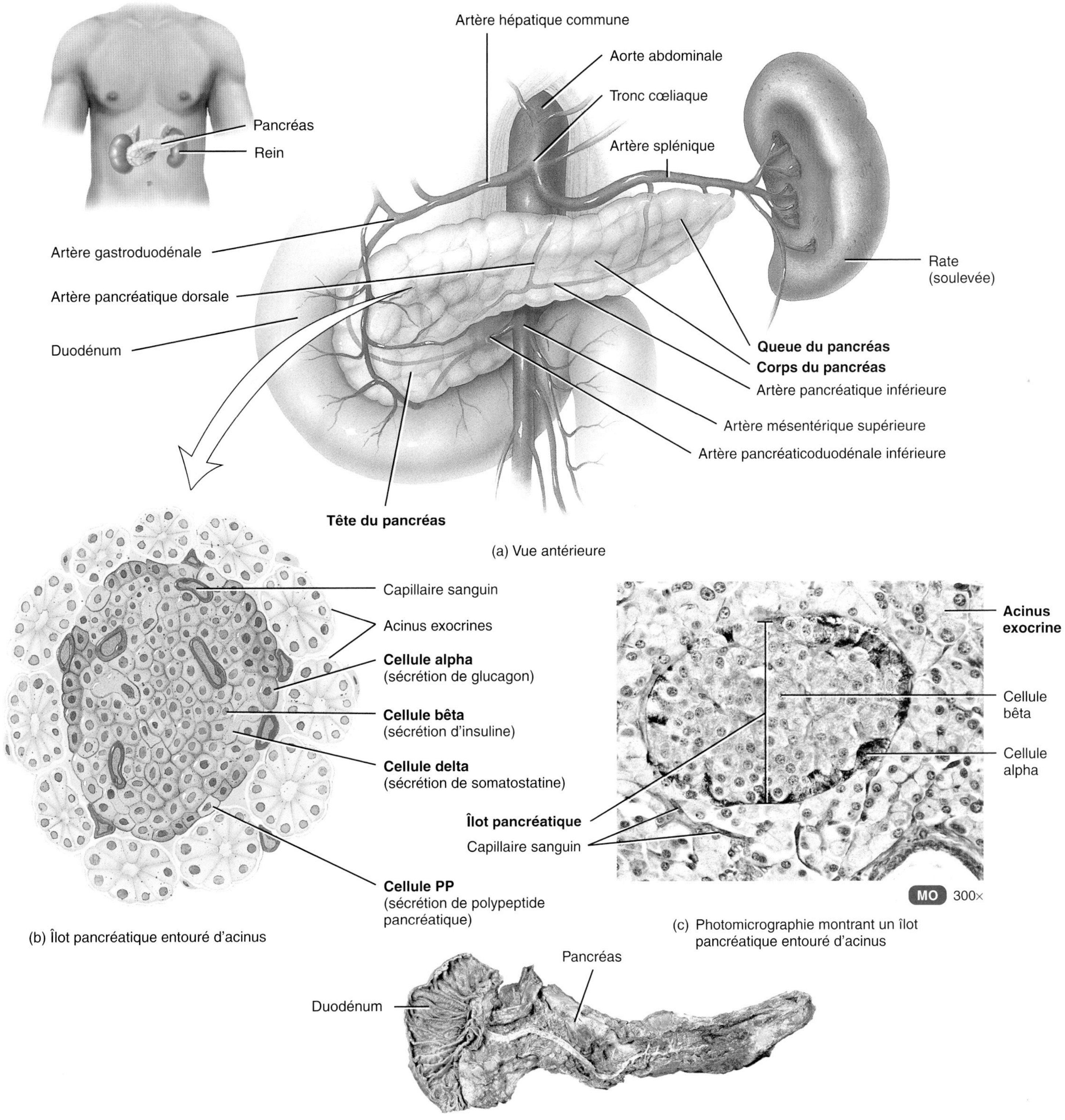

Artère hépatique commune

Aorte abdominale

Tronc cœliaque

Artère splénique

Pancréas

Rein

Artère gastroduodénale

Artère pancréatique dorsale

Duodénum

Rate (soulevée)

Queue du pancréas
Corps du pancréas
Artère pancréatique inférieure

Artère mésentérique supérieure

Artère pancréaticoduodénale inférieure

Tête du pancréas

(a) Vue antérieure

Capillaire sanguin

Acinus exocrines

Cellule alpha
(sécrétion de glucagon)

Cellule bêta
(sécrétion d'insuline)

Cellule delta
(sécrétion de somatostatine)

Îlot pancréatique

Capillaire sanguin

Cellule PP
(sécrétion de polypeptide pancréatique)

(b) Îlot pancréatique entouré d'acinus

Acinus exocrine

Cellule bêta

Cellule alpha

MO 300×

(c) Photomicrographie montrant un îlot pancréatique entouré d'acinus

Pancréas

Duodénum

(d) Vue antérieure du pancréas

Q Le pancréas est-il une glande exocrine ou une glande endocrine?

FIGURE 18.19 La régulation par rétro-inhibition de la sécrétion du glucagon (flèches violettes) et de l'insuline (flèches orangées) par les cellules des îlots pancréatiques.

 La diminution de la glycémie stimule la libération de glucagon, alors que son élévation stimule la sécrétion d'insuline.

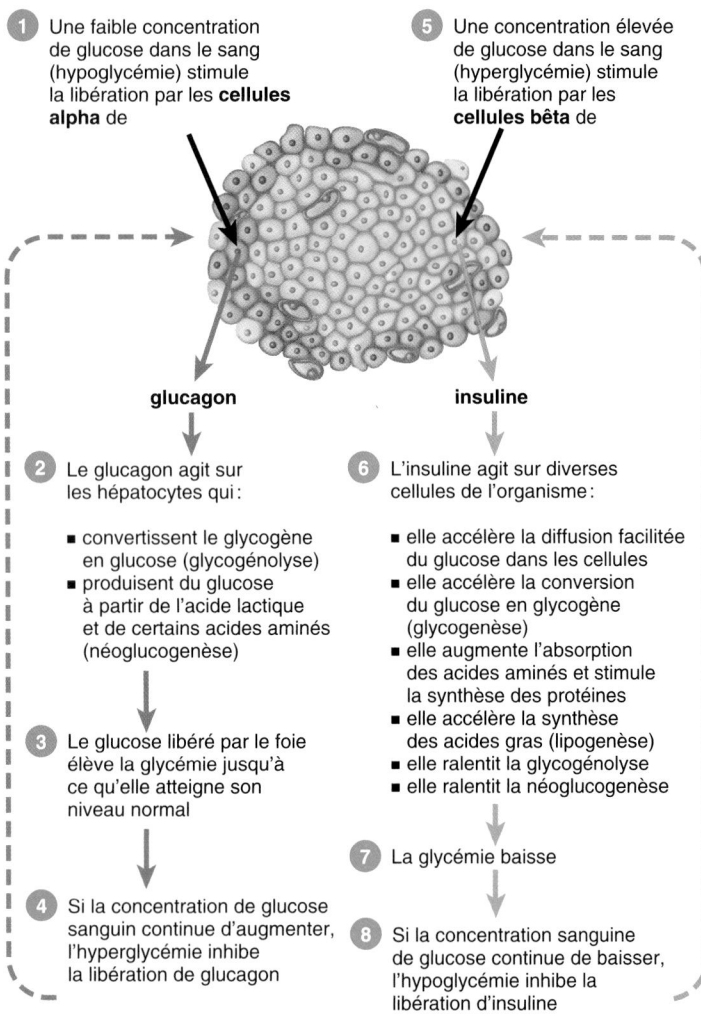

1 Une faible concentration de glucose dans le sang (hypoglycémie) stimule la libération par les **cellules alpha** de

5 Une concentration élevée de glucose dans le sang (hyperglycémie) stimule la libération par les **cellules bêta** de

glucagon

insuline

2 Le glucagon agit sur les hépatocytes qui :

- convertissent le glycogène en glucose (glycogénolyse)
- produisent du glucose à partir de l'acide lactique et de certains acides aminés (néoglucogenèse)

6 L'insuline agit sur diverses cellules de l'organisme :

- elle accélère la diffusion facilitée du glucose dans les cellules
- elle accélère la conversion du glucose en glycogène (glycogenèse)
- elle augmente l'absorption des acides aminés et stimule la synthèse des protéines
- elle accélère la synthèse des acides gras (lipogenèse)
- elle ralentit la glycogénolyse
- elle ralentit la néoglucogenèse

3 Le glucose libéré par le foie élève la glycémie jusqu'à ce qu'elle atteigne son niveau normal

7 La glycémie baisse

4 Si la concentration de glucose sanguin continue d'augmenter, l'hyperglycémie inhibe la libération de glucagon

8 Si la concentration sanguine de glucose continue de baisser, l'hypoglycémie inhibe la libération d'insuline

Q La glycogénolyse fait-elle augmenter ou diminuer la glycémie ?

- l'arginine et la leucine, acides aminés dont la concentration sanguine augmente après l'ingestion d'aliments contenant des protéines ;
- le peptide insulinotrophique glucodépendant (GIP, *glucose-dependent insulinotropic peptide*), hormone libérée par les cellules endocrines de l'intestin grêle en réponse à la présence de glucose dans le tube digestif.

Ainsi, la digestion et l'absorption d'aliments contenant à la fois des glucides et des protéines stimulent vigoureusement la libération d'insuline.

La sécrétion de glucagon est également stimulée par :

- une activité accrue de la partie sympathique du SNA, par exemple lors d'un exercice physique ;
- une élévation de la quantité d'acides aminés dans le sang si la glycémie est basse, ce qui se produit parfois après un repas surtout composé de protéines.

Le tableau 18.9 résume les hormones produites par le pancréas, de même que la régulation de leur sécrétion et leurs principaux effets.

▶ **POINT DE CONTRÔLE**

21. Comment s'effectue la régulation des concentrations sanguines de glucagon et d'insuline ?

22. Comparez les effets de l'exercice physique et d'un repas riche en glucides et en protéines sur la sécrétion d'insuline et de glucagon.

LES OVAIRES ET LES TESTICULES

> **OBJECTIF**
>
> - Décrire l'emplacement, les hormones et les fonctions des gonades de l'homme et de la femme.

Les **gonades** sont les organes qui produisent les gamètes, soit les spermatozoïdes chez l'homme et les ovocytes chez la femme. En plus de leur fonction dans la reproduction, elles sécrètent des hormones. Les **ovaires**, qui sont deux organes de forme ovale situés dans la cavité pelvienne de la femme, produisent plusieurs hormones stéroïdes, dont deux **œstrogènes** (l'œstradiol et l'œstrone) et la **progestérone**. Avec la FSH et la LH de l'adénohypophyse, ces hormones sexuelles femelles assurent la régulation du cycle menstruel, le maintien de la grossesse et la préparation des glandes mammaires pour la lactation. Elles stimulent aussi le développement des seins et l'élargissement des hanches à la puberté, et contribuent au maintien de ces caractères sexuels secondaires de la femme. Les ovaires produisent également l'**inhibine**, hormone protéique qui s'oppose à la sécrétion de l'hormone folliculostimulante (FSH). Pendant la grossesse, les ovaires et le placenta produisent une hormone peptidique appelée **relaxine**, qui accroît la flexibilité de la symphyse pubienne durant cette période et favorise la dilatation du col de l'utérus durant le travail et l'accouchement. Ces effets facilitent le passage du bébé en élargissant le canal génital.

Les gonades mâles, appelées **testicules**, sont des glandes ovales situées dans le scrotum. La principale hormone qu'elles produisent et sécrètent est la **testostérone**, un androgène, ou hormone sexuelle mâle. La testostérone régit la production des spermatozoïdes, et stimule l'apparition et le maintien des caractères sexuels secondaires masculins, tels que la barbe et la profondeur de la voix. Les testicules produisent aussi de l'inhibine, qui s'oppose à la sécrétion de la FSH.

TABLEAU 18.9 RÉSUMÉ DES HORMONES PRODUITES PAR LES ÎLOTS PANCRÉATIQUES

HORMONE ET SOURCE	RÉGULATION DE LA SÉCRÉTION	PRINCIPAUX EFFETS
Glucagon provenant des cellules alpha des îlots pancréatiques 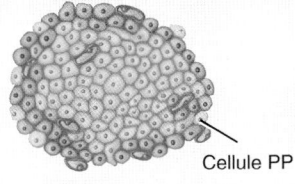 Cellule alpha	L'hypoglycémie, l'exercice physique et des repas surtout composés de protéines stimulent la sécrétion; la somatostatine et l'insuline l'inhibent.	Augmente la glycémie: • en accélérant la dégradation du glycogène en glucose dans le foie (glycogénolyse); • en transformant d'autres nutriments en glucose dans le foie (néoglucogenèse); • en favorisant la libération du glucose dans le sang.
Insuline provenant des cellules bêta des îlots pancréatiques Cellule bêta	L'hyperglycémie, l'acétylcholine (libérée par les axones parasympathiques du nerf vague), l'arginine et la leucine (deux acides aminés), le GIP, le glucagon, l'hGH et l'ACTH stimulent la sécrétion; la somatostatine l'inhibe.	Abaisse la glycémie: • en accélérant le transport membranaire du glucose (diffusion facilitée) dans les cellules; • en augmentant le taux de transformation du glucose en glycogène (glycogenèse); • en diminuant la glycogénolyse et la néoglucogenèse; • en augmentant la lipogenèse; • en stimulant la synthèse des protéines.
Somatostatine provenant des cellules delta des îlots pancréatiques Cellule delta	Le polypeptide pancréatique inhibe la sécrétion.	Inhibe la sécrétion d'insuline et de glucagon; ralentit l'absorption de nutriments dans le tube digestif.
Polypeptide pancréatique provenant des cellules PP des îlots pancréatiques Cellule PP	L'ingestion d'aliments protéinés, le jeûne, l'exercice physique et l'hypoglycémie aiguë stimulent la sécrétion; la somatostatine et l'hyperglycémie l'inhibent.	Inhibe la sécrétion de somatostatine, les contractions de la vésicule biliaire et la sécrétion des enzymes digestives du pancréas.

Nous présenterons la structure détaillée des ovaires et des testicules ainsi que le rôle spécifique des hormones sexuelles au chapitre 28.

Le tableau 18.10 résume les hormones produites par les ovaires et les testicules, de même que leurs principaux effets.

▶ **POINT DE CONTRÔLE**

23. Expliquez pourquoi les ovaires et les testicules sont considérés à la fois comme des glandes endocrines et comme des organes de la reproduction.

LA GLANDE PINÉALE

> **OBJECTIF**

• Décrire l'emplacement, l'histologie, l'hormone et les fonctions de la glande pinéale.

La **glande pinéale** (*pinea*: pomme de pin), ou épiphyse, est une petite glande endocrine suspendue au toit du troisième ventricule dans le plan médian de l'encéphale (figure 18.1). Elle fait partie de l'épithalamus et est située entre les deux colliculus supérieurs; elle pèse de 0,1 à 0,2 g. Cette glande, que recouvre une capsule

TABLEAU 18.10 RÉSUMÉ DES HORMONES DES OVAIRES ET DES TESTICULES

HORMONES	PRINCIPAUX EFFETS
HORMONES OVARIENNES	
Œstrogènes et progestérone  Ovaire	Avec les gonadotrophines de l'adénohypophyse, assurent : • la régulation des cycles du système génital de la femme et celle de l'ovogenèse ; • le maintien de la grossesse ; • la préparation des glandes mammaires pour la lactation ; • la stimulation du développement et du maintien des caractères sexuels secondaires féminins.
Relaxine	Accroît la flexibilité de la symphyse pubienne durant la grossesse ; favorise la dilatation du col de l'utérus durant le travail et l'accouchement.
Inhibine	Inhibe la sécrétion de FSH par l'adénohypophyse.
HORMONES TESTICULAIRES	
Testostérone Testicule	Avec les gonadotrophines de l'adénohypophyse, assure : • la stimulation de la descente des testicules avant la naissance ; • la régulation de la spermatogenèse ; • la stimulation du développement et du maintien des caractères sexuels secondaires masculins.
Inhibine	Inhibe la sécrétion de FSH par l'adénohypophyse.

formée par la pie-mère, est constituée de masses de gliocytes et de cellules sécrétrices appelées **pinéalocytes**.

Bien que l'on connaisse depuis des années de nombreux détails de l'anatomie de la glande pinéale, son rôle physiologique reste obscur. On sait toutefois qu'elle sécrète la **mélatonine** – hormone aminée dérivée de la sérotonine – qui est libérée en plus grande quantité dans l'obscurité que sous un soleil intense. Des axones postganglionnaires sympathiques issus du ganglion cervical supérieur se rendent à la glande pinéale et font synapse avec les pinéalocytes. Dans l'obscurité, la noradrénaline libérée par les axones sympathiques stimule la synthèse et la sécrétion de mélatonine, ce qui peut entraîner la somnolence.

La mélatonine contribuerait à régler l'horloge biologique du corps qui est régie par le noyau suprachiasmatique de l'hypothalamus. Durant le sommeil, la concentration plasmatique de mélatonine augmente par un facteur de dix, et elle revient à un bas niveau avant le réveil. La mélatonine est aussi un antioxydant puissant qui pourrait offrir une certaine protection contre les effets dommageables des radicaux libres de l'oxygène.

Chez certains animaux, la mélatonine inhibe les fonctions reproductrices, sauf durant le rut. Toutefois, on ne sait pas si elle influe sur les fonctions reproductrices des humains. Le taux de mélatonine est plus élevé chez les enfants ; il baisse avec les années jusqu'à l'âge adulte, mais on n'a pas établi de corrélation entre la diminution de la sécrétion de mélatonine, le début de la puberté

et la maturation sexuelle. De petites doses de mélatonine administrées par voie orale peuvent entraîner le sommeil et rétablir le rythme circadien, ce qui peut être utile pour les personnes âgées qui souffrent d'un déficit en mélatonine ; cependant, ce type d'administration n'aurait pas d'effets chez les personnes dont le taux de mélatonine est normal et qui doivent travailler en rotation, tantôt le jour, tantôt la nuit. Par ailleurs, compte tenu que cette hormone cause l'atrophie des gonades chez plusieurs espèces animales, la possibilité qu'elle ait des effets indésirables sur la reproduction humaine doit être examinée avant qu'on en recommande l'utilisation pour rétablir le rythme circadien.

LES TROUBLES AFFECTIFS SAISONNIERS ET LE DÉCALAGE HORAIRE

Les **troubles affectifs saisonniers** affectent certaines personnes durant les mois d'hiver, lorsque les journées sont courtes. On croit que ces troubles sont causés, entre autres raisons, par une surproduction de mélatonine. Une partie des gens touchés tirent des bénéfices de la thérapie par éclairage intense en spectre continu, qui consiste à exposer le sujet à une source de lumière artificielle aussi intense que le soleil pendant des séances répétées de plusieurs heures chacune. Une exposition à une lumière vive d'une durée de trois à six heures semble aussi accélérer le rétablissement des voyageurs incommodés par le décalage horaire. ■

▶ **POINT DE CONTRÔLE**

24. Quel lien existe-t-il entre la mélatonine et le sommeil ?

LE THYMUS

Le **thymus** est situé derrière le sternum, entre les poumons. Nous examinerons en détail sa structure et ses fonctions au chapitre 22, où nous traiterons du système lymphatique et de l'immunité. Les hormones produites par le thymus sont la **thymosine**, le **facteur humoral thymique** (**THF**, *thymic humoral factor*), le **facteur thymique** (**TF**, *thymic factor*) et la **thymopoïétine**. Elles favorisent la maturation des lymphocytes T – type de leucocytes qui détruit les microorganismes et les substances étrangères – et retardent peut-être le vieillissement.

LES AUTRES TISSUS ET ORGANES ENDOCRINES, LES EICOSANOÏDES ET LES FACTEURS DE CROISSANCE

> **OBJECTIFS**

- Nommer les hormones sécrétées par des cellules de tissus ou d'organes qui ne sont pas des glandes endocrines, et en décrire les fonctions.
- Décrire les effets des eicosanoïdes et des facteurs de croissance.

LES HORMONES PRODUITES PAR DIVERS TISSUS ET ORGANES ENDOCRINES

Nous avons vu en début de chapitre que des organes qui ne sont pas habituellement classés parmi les glandes endocrines renferment des cellules ayant une fonction endocrine et sécrétant des hormones. Il a déjà été question dans le présent chapitre de plusieurs de ces organes, dont l'hypothalamus, le thymus, le pancréas, les ovaires et les testicules. Le tableau 18.11 fournit une vue d'ensemble de ces organes et tissus, de même que des hormones qu'ils sécrètent et des effets de celles-ci.

TABLEAU 18.11 RÉSUMÉ DES HORMONES PRODUITES PAR LES ORGANES ET TISSUS QUI CONTIENNENT DES CELLULES ENDOCRINES SANS ÊTRE DES GLANDES ENDOCRINES	
HORMONE	**PRINCIPAUX EFFETS**
VOIES GASTRO-INTESTINALES	
Gastrine	Stimule la sécrétion de suc gastrique et augmente la motilité de l'estomac.
Peptide insulinotrophique glucodépendant (GIP)	Stimule la libération d'insuline par les cellules bêta du pancréas.
Sécrétine	Stimule la sécrétion de suc pancréatique et de bile.
Cholécystokinine (CCK)	Stimule la sécrétion de suc pancréatique ; régule la libération de bile par la vésicule biliaire ; fait naître la sensation de satiété après les repas.
PLACENTA	
Gonadotrophine chorionique (hCG)	Stimule le corps jaune dans l'ovaire pour qu'il continue à produire les œstrogènes et la progestérone nécessaires au maintien de la grossesse.
Œstrogènes et progestérone	Maintiennent la grossesse ; jouent un rôle dans la préparation des glandes mammaires pour la sécrétion de lait.
Hormone chorionique somatomammotrope (hCS)	Stimule le développement des glandes mammaires pour la lactation.
REINS	
Rénine	Prend part à une série de réactions qui font augmenter la pression artérielle en provoquant la vasoconstriction et la sécrétion d'aldostérone.
Érythropoïétine	Accélère la production d'érythrocytes.
Calcitriol* (forme active de la vitamine D)	Facilite l'absorption du calcium et du phosphore provenant des aliments.
CŒUR	
Facteur natriurétique auriculaire (ANP)	Diminue la pression artérielle.
TISSU ADIPEUX	
Leptine	Supprime l'appétit et accroît peut-être les effets de la FSH et de la LH.

* La synthèse commence dans la peau, se poursuit dans le foie et s'achève dans les reins.

LES EICOSANOÏDES

Deux familles d'eicosanoïdes – les **prostaglandines** et les **leucotriènes** – sont présentes dans presque toutes les cellules du corps, à l'exception des érythrocytes. Ces substances agissent comme des hormones locales (paracrines ou autocrines) en réaction à des stimulus chimiques ou mécaniques. Elles sont synthétisées à partir d'un acide gras de 20 carbones appelé **acide arachidonique**, qui est prélevé à même les phospholipides membranaires. Des réactions enzymatiques produisent ensuite les prostaglandines et les leucotriènes. Le **thromboxane** est une prostaglandine modifiée qui cause la constriction des vaisseaux sanguins et favorise l'activation des thrombocytes. Les eicosanoïdes sont présents dans le sang en quantité infime, et ils n'y demeurent que peu de temps parce qu'ils sont inactivés rapidement.

Pour agir, les eicosanoïdes se lient à des récepteurs sur la membrane plasmique des cellules cibles, et ils stimulent ou inhibent la synthèse de seconds messagers tels que l'AMP cyclique. Les leucotriènes stimulent le chimiotactisme (propriété d'être attiré par une substance chimique) des leucocytes et sont des médiateurs de l'inflammation. Les prostaglandines modifient la contraction des muscles lisses, la sécrétion des glandes, la circulation sanguine, les processus de reproduction, les fonctions des thrombocytes, la respiration, la transmission des influx nerveux, le métabolisme des lipides et la réponse immunitaire. Elles favorisent également l'inflammation et la fièvre et intensifient la douleur.

LES ANTI-INFLAMMATOIRES NON STÉROÏDIENS

En 1971, des scientifiques ont fait la lumière sur une question qui les préoccupait depuis longtemps : celle du mode d'action de l'aspirine. Cette substance et d'autres **anti-inflammatoires non stéroïdiens** (**AINS**) apparentés, tel l'ibuprofène (Motrin[MD]), inhibent une enzyme clé de la synthèse des prostaglandines sans influer sur la synthèse des leucotriènes. On utilise ces médicaments pour traiter un large éventail de troubles inflammatoires, de la polyarthrite rhumatoïde à l'épicondylite des joueurs de tennis. L'efficacité des anti-inflammatoires non stéroïdiens pour réduire la fièvre, la douleur et l'inflammation indique que les prostaglandines ont un rôle à jouer dans ces affections. ∎

LES FACTEURS DE CROISSANCE

Nous avons décrit plusieurs hormones – somatomédine, thymosine, insuline, hormones thyroïdiennes, hormone de croissance et prolactine – qui stimulent la croissance et la division des cellules. Il faut ajouter à cette liste plusieurs hormones découvertes plus récemment qui jouent un rôle important dans le développement, la croissance et la réparation des tissus. Elles portent le nom de **facteurs de croissance**. Ce sont des substances *mitogènes*, c'est-à-dire qu'elles permettent la croissance en stimulant la division cellulaire. Nombre d'entre elles sont des hormones locales soit autocrines, soit paracrines.

Le tableau 18.12 résume six facteurs de croissance importants, de même que leurs sources et leurs effets.

TABLEAU 18.12 RÉSUMÉ DE QUELQUES FACTEURS DE CROISSANCE

FACTEUR DE CROISSANCE	SÉCRÉTION	PRINCIPAUX EFFETS
Facteur de croissance épidermique (EGF, *epidermal growth factor*)	Produit dans les glandes submandibulaires (salivaires).	Stimule la prolifération des cellules épithéliales, des fibroblastes, des neurones et des astrocytes ; inhibe la sécrétion de suc gastrique par l'estomac ; inhibe certaines cellules cancéreuses.
Facteur de croissance dérivé des plaquettes (PDGF, *platelet-derived growth factor*)	Produit dans les thrombocytes (ou plaquettes).	Stimule la prolifération des gliocytes, des myocytes lisses et des fibroblastes ; semble jouer un rôle dans la cicatrisation ; contribue peut-être au développement de l'athérosclérose.
Facteur de croissance des fibroblastes (FGF, *fibroblast growth factor*)	Produit dans l'encéphale et dans l'hypophyse.	Stimule la prolifération d'un grand nombre de cellules dérivées du mésoderme embryonnaire (fibroblastes, cellules du cortex surrénal, myocytes lisses, chondrocytes et cellules endothéliales) ; stimule la formation de nouveaux vaisseaux sanguins (angiogenèse).
Facteur neurotrophique (NGF, *nerve growth factor*)	Produit dans les glandes submandibulaires (salivaires) et l'hippocampe du cerveau.	Stimule la croissance des ganglions durant la vie embryonnaire ; maintient le système nerveux sympathique ; stimule l'hypertrophie et la différenciation des neurones.
Facteurs d'angiogenèse tumorale (TAF, *tumor angiogenesis factors*)	Produits par les cellules normales et les cellules tumorales.	Stimulent la croissance de nouveaux capillaires sanguins ; stimulent la régénération des organes et la cicatrisation.
Facteurs de croissance transformants (TGF, *transforming growth factors*)	Produits par diverses cellules sous deux formes distinctes, le TGF-α et le TGF-β.	Les effets du TGF-α sont semblables à ceux du facteur de croissance épidermique. Le TGF-β inhibe la prolifération de nombreux types de cellules.

▶ **POINT DE CONTRÔLE**

25. Nommez les hormones sécrétées par les voies gastro-intestinales, le placenta, les reins, la peau, le tissu adipeux et le cœur.

26. Nommez quelques fonctions des prostaglandines, des leucotriènes et des facteurs de croissance.

LE STRESS

> **OBJECTIF**
>
> • Décrire la façon dont l'organisme réagit au stress.

Il est impossible d'éliminer totalement le stress de notre vie quotidienne. Certains stress, appelés **eustress**, ou stress normaux, nous préparent à affronter des situations précises et sont par conséquent utiles. D'autres sont des formes de **détresse** et sont nocifs. Tout stimulus qui produit une réponse au stress est appelé **facteur de stress**. Ce peut être presque n'importe quel agent qui perturbe l'organisme : la chaleur ou le froid, un poison présent dans le milieu, une toxine libérée par des bactéries, une hémorragie abondante causée par une blessure ou une intervention chirurgicale, ou encore un choc émotionnel. Les facteurs de stress peuvent être agréables ou désagréables. Un facteur de stress peut être agréable pour une personne et désagréable pour une autre, et même, dans un contexte différent, être désagréable ou bien agréable pour une même personne.

Tout facteur de stress entraîne des modifications dans la valeur d'un ou de plusieurs facteurs contrôlés. C'est pourquoi les méca-nismes d'homéostasie du corps humain *tentent* de neutraliser les effets du facteur de stress. Lorsqu'ils fonctionnent adéquatement, le milieu intérieur se maintient dans des limites physiologiques normales. Toutefois, si les modifications apportées par le ou les facteurs de stress sont extrêmes, inhabituelles ou de longue durée, les mécanismes normaux peuvent s'avérer insuffisants. En 1936, Hans Selye, un pionnier de la recherche sur le stress, a démontré qu'une large gamme de conditions stressantes et d'agents nocifs déclenchent la même séquence de changements physiques. Cette suite de changements, appelée **réponse au stress** ou **syndrome général d'adaptation**, est principalement régie par l'hypothalamus. Elle comporte trois stades : 1) la réaction initiale d'alarme ; 2) une réaction de résistance, plus lente ; et 3) l'épuisement.

LA RÉACTION D'ALARME

La **réaction d'alarme**, ou **réaction de lutte ou de fuite**, est déclenchée par des influx nerveux envoyés par l'hypothalamus à des centres nerveux sympathiques de la moelle épinière (SNA). De là, les influx nerveux sont transmis à plusieurs effecteurs viscéraux, et notamment à la médulla surrénale, par des nerfs sympathiques. La médullosurrénale libère de l'adrénaline et de la noradrénaline, deux hormones qui soutiennent et prolongent les réponses au stress des effecteurs viscéraux. La réaction d'alarme a pour fonction de mobiliser rapidement les ressources de l'organisme – en particulier en faisant augmenter la glycémie et la pression artérielle – pour une activité physique immédiate (figure 18.20a). Ainsi, la réaction d'alarme s'accompagne d'un afflux de glucose et d'oxygène aux organes qui contribuent le plus à éviter le danger : l'encéphale, qui met l'organisme sur un pied d'alerte ; les muscles squelettiques, qui doivent être prêts à repousser l'attaquant ou à fuir ; et le cœur, qui doit pomper vigoureusement pour envoyer assez de sang à

FIGURE 18.20 Les réponses aux facteurs de stress dans le syndrome général d'adaptation. Les flèches rouges (réponses hormonales) et les flèches vertes (réponses nerveuses), en (a), indiquent les effets immédiats de la réaction d'alarme (lutte ou fuite); les flèches noires, en (b), indiquent les effets prolongés du stade de résistance.

Les facteurs de stress stimulent l'hypothalamus qui déclenche le syndrome général d'adaptation en produisant les réactions d'alarme et de résistance.

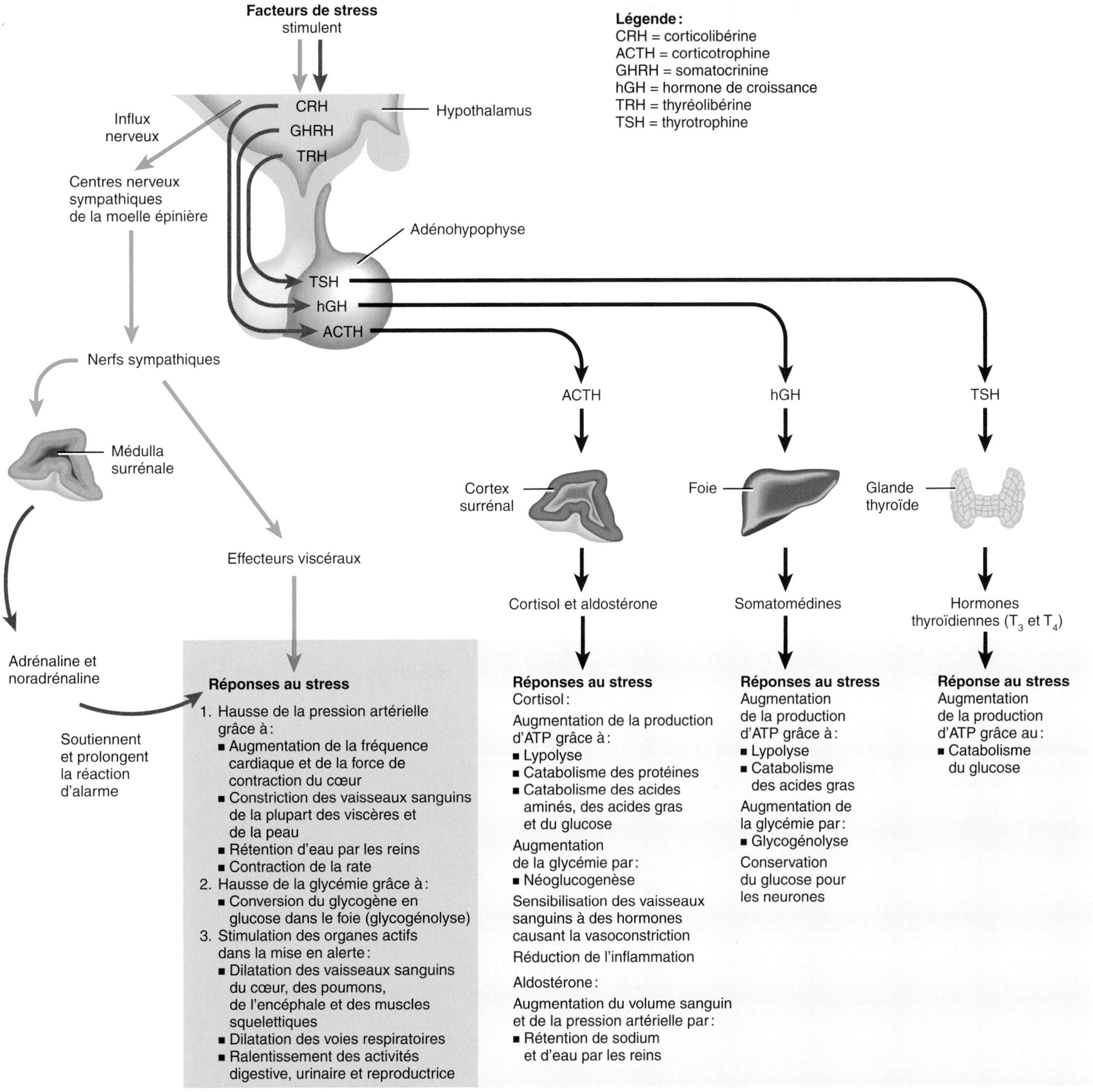

Facteurs de stress
stimulent

Légende:
CRH = corticolibérine
ACTH = corticotrophine
GHRH = somatocrinine
hGH = hormone de croissance
TRH = thyréolibérine
TSH = thyrotrophine

Influx nerveux

CRH
GHRH
TRH
— Hypothalamus

Centres nerveux sympathiques de la moelle épinière

Adénohypophyse

TSH
hGH
ACTH

Nerfs sympathiques

ACTH   hGH   TSH

Médulla surrénale

Cortex surrénal

Foie

Glande thyroïde

Effecteurs viscéraux

Cortisol et aldostérone

Somatomédines

Hormones thyroïdiennes (T$_3$ et T$_4$)

Adrénaline et noradrénaline

Soutiennent et prolongent la réaction d'alarme

Réponses au stress
1. Hausse de la pression artérielle grâce à:
   ■ Augmentation de la fréquence cardiaque et de la force de contraction du cœur
   ■ Constriction des vaisseaux sanguins de la plupart des viscères et de la peau
   ■ Rétention d'eau par les reins
   ■ Contraction de la rate
2. Hausse de la glycémie grâce à:
   ■ Conversion du glycogène en glucose dans le foie (glycogénolyse)
3. Stimulation des organes actifs dans la mise en alerte:
   ■ Dilatation des vaisseaux sanguins du cœur, des poumons, de l'encéphale et des muscles squelettiques
   ■ Dilatation des voies respiratoires
   ■ Ralentissement des activités digestive, urinaire et reproductrice

Réponses au stress
Cortisol:
Augmentation de la production d'ATP grâce à:
■ Lypolyse
■ Catabolisme des protéines
■ Catabolisme des acides aminés, des acides gras et du glucose
Augmentation de la glycémie par:
■ Néoglucogenèse
Sensibilisation des vaisseaux sanguins à des hormones causant la vasoconstriction
Réduction de l'inflammation

Aldostérone:
Augmentation du volume sanguin et de la pression artérielle par:
■ Rétention de sodium et d'eau par les reins

Réponses au stress
Augmentation de la production d'ATP grâce à:
■ Lypolyse
■ Catabolisme des acides gras
Augmentation de la glycémie par:
■ Glycogénolyse
Conservation du glucose pour les neurones

Réponse au stress
Augmentation de la production d'ATP grâce au:
■ Catabolisme du glucose

(a) Réaction d'alarme (lutte ou fuite)

(b) Stade de résistance

Quelle est la différence fondamentale entre la réponse au stress et l'homéostasie?

l'encéphale, aux poumons et aux muscles. Lors de la réaction d'alarme, les fonctions non essentielles de l'organisme, telles les activités digestive, urinaire ou reproductrice, sont inhibées. La réduction de l'afflux de sang aux reins stimule la libération de rénine, qui met en marche le système rénine-angiotensine-aldostérone (figure 18.16). De plus, l'aldostérone incite les reins à retenir les ions Na$^+$, ce qui provoque la rétention d'eau et une élévation de la pression artérielle. La rétention d'eau contribue de plus à maintenir le volume des liquides de l'organisme lors d'une perte importante de sang.

LE STADE DE RÉSISTANCE

Le deuxième stade de la réponse au stress est le **stade de résistance** (figure 18.20b). Alors que la réaction d'alarme est de courte durée et est amorcée par des influx nerveux provenant de l'hypothalamus, le stade de résistance est déclenché principalement par des hormones de libération de l'hypothalamus et il dure plus longtemps. Les hormones hypothalamiques en jeu sont la corticolibérine (CRH), la somatocrinine (GHRH) et la thyréolibérine (TRH) :

- La CRH agit sur l'adénohypophyse, qui sécrète alors plus d'ACTH, laquelle stimule la sécrétion de cortisol par le cortex surrénal. Le cortisol stimule alors la dégradation des triacylglycérols en acides gras (lipolyse), le catabolisme des protéines en acides aminés, et la conversion des acides aminés et des acides gras en glucose (néoglucogenèse) par les hépatocytes. La néoglucogenèse contribue ainsi à l'augmentation de la glycémie. Tous les tissus de l'organisme peuvent utiliser le glucose, les acides gras et les acides aminés ainsi produits pour former de l'ATP ou réparer les cellules endommagées. Le cortisol réduit également l'inflammation.

- La GHRH stimule la sécrétion de l'hormone de croissance (hGH) par l'adénohypophyse. L'hGH, en agissant par l'intermédiaire des somatomédines, stimule la lipolyse et la dégradation des acides gras pour la production d'ATP ; elle favorise l'augmentation de la glycémie en stimulant la dégradation du glycogène en glucose (glycogénolyse) dans le foie. Le glucose ainsi obtenu est réservé aux neurones.

- La TRH stimule la sécrétion de thyrotrophine (TSH) par l'adénohypophyse. La TSH favorise la sécrétion d'hormones thyroïdiennes, qui stimulent quant à elles l'utilisation de glucose pour la production d'ATP.

L'action conjointe de l'hGH et de la TSH fournit une quantité additionnelle d'ATP à toutes les cellules de l'organisme qui sont actives sur le plan métabolique. Le stade de résistance aide ainsi l'organisme à continuer sa lutte contre les facteurs de stress longtemps après la fin de la réaction d'alarme. En général, ce stade permet de surmonter un épisode de stress, de sorte que l'organisme revient à son état normal. Il arrive toutefois que les facteurs de stress persistent et affectent l'organisme sur une longue période. La lutte contre les facteurs de stress peut alors se solder par un échec, et l'organisme entre dans une phase d'épuisement.

LE STADE D'ÉPUISEMENT

Si les ressources de l'organisme baissent au point où elles ne suffisent plus à soutenir le stade de résistance, le corps entre dans un stade d'épuisement. Une exposition prolongée à des concentrations élevées de cortisol ou d'autres hormones lors du stade de résistance entraîne une perte de masse musculaire, la suppression du système immunitaire, l'ulcération des voies gastro-intestinales et la défaillance des cellules bêta du pancréas. De plus, des altérations pathologiques peuvent survenir si le stade de résistance persiste même après que les facteurs de stress ont disparu.

LE STRESS ET LA MALADIE

Bien que son rôle exact dans la maladie chez l'humain soit inconnu, il est clair que le stress peut occasionner certaines affections en inhibant temporairement des éléments du système immunitaire. Les troubles liés au stress comprennent la gastrite, la rectocolite hémorragique, le côlon irritable, l'hypertension, l'asthme, la polyarthrite rhumatoïde, la migraine, l'anxiété et la dépression. Les personnes stressées courent un risque accru de souffrir d'une maladie chronique ou de mourir prématurément.

L'interleukine 1, une substance sécrétée par les phagocytes du système immunitaire, constitue un lien important entre le stress et l'immunité. L'un de ses effets est de stimuler la sécrétion de corticotrophine (ACTH), qui stimule à son tour la production de cortisol. Non seulement ce dernier augmente la résistance au stress et à l'inflammation, mais il inhibe aussi la production d'interleukine 1. En somme, le système immunitaire déclenche la réponse au stress, et le cortisol produit inhibe alors l'un des médiateurs du système immunitaire. Ce système de rétro-inhibition freine la réponse immunitaire une fois sa tâche accomplie. En raison de ces effets, les personnes « stressées » ayant un taux sanguin élevé de cortisol peuvent devenir plus susceptibles aux infections microbiennes. C'est pourquoi les receveurs d'organes auxquels on administre du cortisol et d'autres glucocorticoïdes, comme immunosuppresseurs pour diminuer les risques de rejet, sont souvent plus sujets aux infections.

L'ÉTAT DE STRESS POST-TRAUMATIQUE

L'**état de stress post-traumatique** est un trouble anxieux susceptible d'apparaître chez un individu qui a vécu un événement stressant sur le plan physique ou psychologique, en a été témoin ou en a eu connaissance. La cause immédiate de cet état semble être les facteurs de stress spécifiques associés à l'événement. Ces derniers comprennent les actes de terrorisme, les prises d'otages, l'emprisonnement, le service militaire, les accidents graves, la torture, les sévices sexuels ou physiques, les crimes violents, les fusillades à l'école, les massacres et les catastrophes naturelles. Les symptômes incluent : la reviviscence de l'événement traumatique qui s'exprime par des cauchemars ou des retours en arrière ; l'évitement de toute activité, de toute personne, de tout lieu et de tout événement associés aux facteurs de stress ; la perte d'intérêt et le manque de motivation ; des difficultés de concentration ; l'irritabilité ; et l'insomnie. Le traitement comprend l'administration de médicaments antidépresseurs, psychorégulateurs, anxiolytiques ou antipsychotiques. ■

▶ **POINT DE CONTRÔLE**

27. Quel est le rôle central de l'hypothalamus durant le stress ?

28. Décrivez brièvement les réponses du corps durant la réaction d'alarme, le stade de résistance et le stade d'épuisement.

29. Quel lien existe-t-il entre le stress et l'immunité ?

LE DÉVELOPPEMENT EMBRYONNAIRE DU SYSTÈME ENDOCRINIEN

OBJECTIF

- Décrire le développement des glandes endocrines.

Le développement du système endocrinien n'est pas aussi localisé que celui d'autres systèmes parce que, comme nous l'avons vu, les glandes endocrines sont disséminées dans tout l'organisme.

Environ trois semaines après la fécondation, l'*hypophyse* commence à se développer à partir de deux régions distinctes de l'**ectoderme**. La *neurohypophyse*, ou lobe postérieur de l'hypophyse, est dérivée d'une excroissance de l'ectoderme appelée **bourgeon neu-** rohypophysaire, qui est située sur le plancher de l'hypothalamus (figure 18.21). L'*infundibulum*, qui est aussi une excroissance du bourgeon neurohypophysaire, relie la neurohypophyse à l'hypothalamus. L'*adénohypophyse*, ou lobe antérieur de l'hypophyse, est issue d'une excroissance de l'ectoderme du palais appelée **poche hypophysaire**, ou poche de Rathke. Cette poche se développe en direction du bourgeon neurohypophysaire et perd à la longue ses connexions avec la cavité buccale.

La *glande thyroïde* se développe au cours de la quatrième semaine sous la forme d'une excroissance médioventrale de l'**endoderme**, appelée **diverticule thyroïdien**, qui est issue du plancher du pharynx au niveau de la deuxième paire de poches branchiales (figure 18.21a). L'excroissance s'agrandit vers le bas et se différencie pour donner les lobes latéraux gauche et droit ainsi que l'isthme de la glande.

FIGURE 18.21 Le développement du système endocrinien.

Les glandes endocrines sont issues des trois feuillets embryonnaires primitifs : l'ectoderme, le mésoderme et l'endoderme.

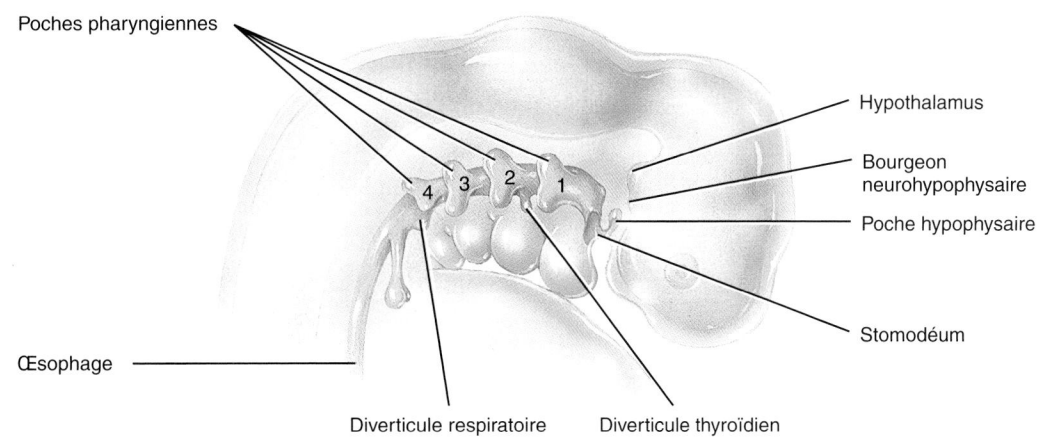

(a) Situation du bourgeon neurohypophysaire, de la poche hypophysaire, du diverticule thyroïdien et des poches branchiales chez un embryon de 28 jours

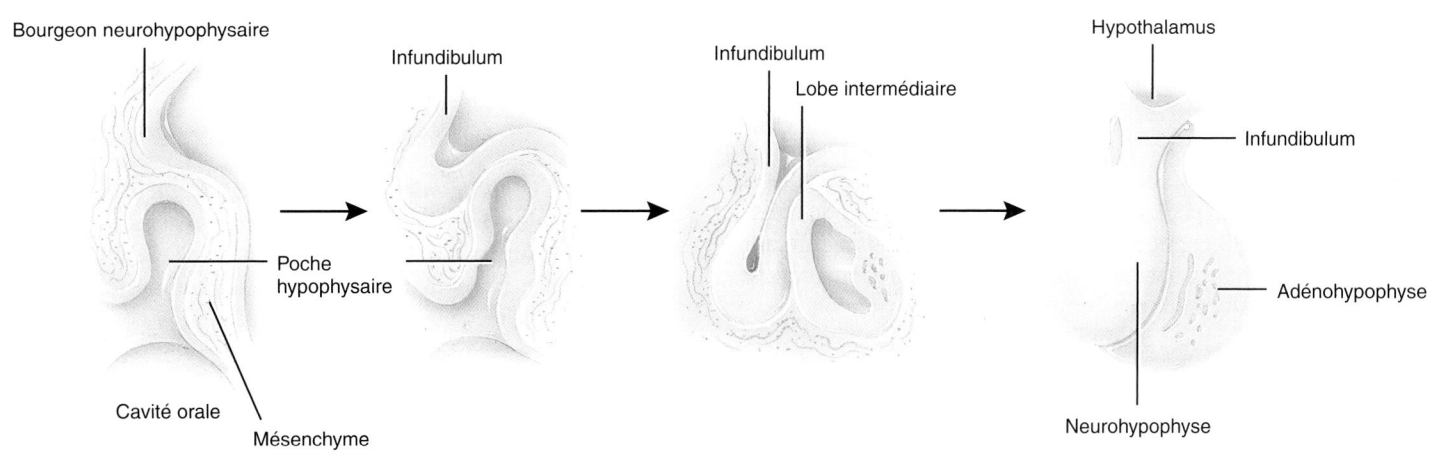

(b) Développement de l'hypophyse de la 5ᵉ à la 16ᵉ semaine

Quelles sont les deux glandes endocrines qui proviennent de la fusion de deux tissus ayant des origines embryonnaires distinctes ?

Les *glandes parathyroïdes* se développent durant la quatrième semaine, à partir de l'**endoderme**, sous la forme d'excroissances des troisième et quatrième **poches pharyngiennes**, qui contribuent à l'élaboration des structures de la tête et du cou.

Le cortex et la médulla des glandes surrénales se forment au cours de la cinquième semaine et ont des origines embryonnaires totalement différentes. Le *cortex surrénal* est dérivé de la même partie du **mésoderme** qui donne naissance aux gonades. Les tissus endocrines qui sécrètent les hormones stéroïdes sont également issus du mésoderme. La *médulla surrénale* est issue de l'**ectoderme** et dérive de cellules de la **crête neurale** qui migrent au pôle supérieur du rein. Nous avons vu que la crête neurale donne aussi naissance aux ganglions sympathiques et à d'autres structures du système nerveux (voir la figure 14.28b).

Le *pancréas* se développe de la cinquième à la septième semaine à partir de deux excroissances de l'**endoderme** dérivées de l'**endoblaste** du duodénum : les bourgeons pancréatiques dorsal et ventral. Ces deux excroissances finissent par fusionner pour former le pancréas. Nous examinerons l'origine des ovaires et des testicules dans le chapitre portant sur le système génital.

La *glande pinéale* apparaît durant la septième semaine sous la forme d'une excroissance située entre le thalamus et les commissures du mésencéphale et provenant de l'**ectoderme** associé au **diencéphale** (voir la figure 14.29).

Le *thymus* se forme au cours de la cinquième semaine à partir de l'**endoderme** de la troisième poche pharyngienne.

▶ **POINT DE CONTRÔLE**

30. Comparez l'origine du cortex surrénal et celle de la médullosurrénale.

LE VIEILLISSEMENT DU SYSTÈME ENDOCRINIEN

> **OBJECTIF**

- Décrire les effets du vieillissement sur le système endocrinien.

Certaines glandes endocrines rétrécissent avec l'âge, mais leur fonctionnement n'est pas nécessairement compromis pour autant. En ce qui concerne l'hypophyse, la production d'hormone de croissance diminue, ce qui explique en partie l'atrophie musculaire qui accompagne le vieillissement. La glande thyroïde produit souvent moins d'hormones thyroïdiennes, d'où un ralentissement du métabolisme énergétique, une accumulation de graisses et le fait que l'hypothyroïdisme s'observe plus fréquemment chez les personnes âgées. Étant donné que la rétro-inhibition diminue (à cause de la baisse de concentration des hormones thyroïdiennes), la concentration de thyrotrophine augmente (figure 18.12).

La concentration sanguine de parathormone (PTH) augmente elle aussi avec l'âge, peut-être à cause d'un apport alimentaire insuffisant de calcium. Au cours d'une étude effectuée auprès de femmes âgées à qui on a administré quotidiennement un supplément en calcium de 2400 mg, on a observé que leur concentration sanguine de PTH était aussi basse que celles de femmes beaucoup plus jeunes. Les concentrations de calcitriol et de calcitonine diminuent toutes deux chez les personnes âgées. L'effet combiné de l'élévation de la concentration de PTH et de la baisse de la concentration de calcitonine aggravent la perte de masse osseuse liée à l'âge, qui mène à l'ostéoporose et accroît le risque de fracture (figure 18.14).

Avec l'âge, les glandes surrénales contiennent de plus en plus de tissu fibreux et produisent moins de cortisol et d'aldostérone. La synthèse d'adrénaline et de noradrénaline demeure cependant normale. Le pancréas libère l'insuline plus lentement et la sensibilité des récepteurs au glucose diminue. C'est pourquoi la glycémie chez les personnes âgées augmente plus rapidement et revient à la normale plus lentement que chez les jeunes.

Le thymus atteint sa taille maximale au cours de la petite enfance. Après la puberté, il diminue de volume et le tissu thymique est remplacé par du tissu adipeux et du tissu conjonctif lâche. Chez les adultes âgés, il est passablement atrophié. Il continue néanmoins de produire des lymphocytes T, nécessaires à la réponse immunitaire.

Les ovaires connaissent une diminution de volume radicale avec le temps et cessent de réagir aux gonadotrophines. Il en résulte une diminution de la libération d'œstrogènes qui amène certains troubles, par exemple l'ostéoporose, une cholestérolémie élevée et l'athérosclérose. Les concentrations de FSH et de LH sont élevées à cause de la diminution de la rétro-inhibition exercée par les œstrogènes. Bien que la production de testostérone par les testicules diminue au cours des années, les effets de ce déclin ne se manifestent pas avant un âge très avancé, et beaucoup d'hommes produisent tard dans leur vie des spermatozoïdes actifs en quantité normale.

▶ **POINT DE CONTRÔLE**

31. Quelle hormone joue un rôle dans l'atrophie musculaire qui accompagne le vieillissement ?

* * *

La section *Point de mire sur l'homéostasie : le système endocrinien* illustre les diverses manières dont le système endocrinien contribue à l'homéostasie des autres systèmes de l'organisme. Dans le chapitre 19, nous aborderons l'étude du système cardiovasculaire en commençant par la description de la composition et des fonctions du sang.

Tous les systèmes de l'organisme		Conjointement avec le système nerveux, les hormones circulantes et locales du système endocrinien régulent l'activité et la croissance des cellules cibles dans tout l'organisme ; plusieurs hormones régulent le métabolisme, l'absorption de glucose et les molécules utilisées par les cellules somatiques pour la production d'ATP.
Système tégumentaire	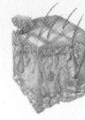	Les androgènes stimulent la croissance des poils axillaires et pubiens et l'activation des glandes sébacées ; un excès d'hormone mélanotrope (MSH) donne à la peau une couleur plus foncée.
Système squelettique		L'hormone de croissance (hGH) et les somatomédines (IGF) stimulent la croissance des os ; les œstrogènes entraînent la soudure des plaques épiphysaires à la fin de la puberté et contribuent au maintien de la masse osseuse chez les adultes ; la parathormone (PTH) et la calcitonine régulent les concentrations de calcium et d'autres minéraux dans la matrice osseuse et le sang ; les hormones thyroïdiennes sont essentielles au développement normal et à la croissance des os.
Système musculaire		L'adrénaline et la noradrénaline contribuent à augmenter l'apport sanguin aux muscles durant l'exercice ; la PTH maintient une concentration d'ions Ca^{2+} appropriée pour la contraction musculaire ; le glucagon, l'insuline et d'autres hormones régulent le métabolisme dans les myocytes ; l'hGH, les IGF et les hormones thyroïdiennes contribuent au maintien de la masse musculaire.
Système nerveux	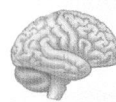	Plusieurs hormones – en particulier les hormones thyroïdiennes, l'insuline et l'hormone de croissance – influent sur la croissance et le développement du système nerveux ; la PTH maintient une concentration d'ions Ca^{2+} appropriée pour la création et la transmission des influx nerveux.
Système cardiovasculaire	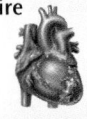	L'érythropoïétine favorise la formation d'érythocytes ; l'aldostérone et l'hormone antidiurétique (ADH) font augmenter le volume sanguin ; l'adrénaline et la noradrénaline font augmenter le rythme cardiaque et la force de contraction ; plusieurs hormones élèvent la pression artérielle durant l'exercice et lors d'autres stress.
Système lymphatique et immunité		Les glucocorticoïdes, par exemple le cortisol, réduisent les réactions inflammatoires et immunitaires ; les hormones produites par le thymus favorisent la maturation des lymphocytes T (un type de leucocytes).
Système respiratoire		L'adrénaline et la noradrénaline dilatent les voies respiratoires durant l'exercice et lors d'autres stress ; l'érythropoïétine régule la quantité d'oxygène transportée par le sang en régissant le nombre d'érythrocytes.
Système digestif	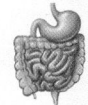	L'adrénaline et la noradrénaline réduisent l'activité du système digestif ; la gastrine, la cholécystokinine, la sécrétine et le GIP contribuent à la régulation de la digestion ; le calcitriol favorise l'absorption du calcium alimentaire ; la leptine supprime l'appétit.
Système urinaire	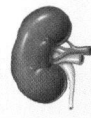	L'ADH, l'aldostérone et le facteur natriurétique auriculaire (ANP) régulent la perte d'eau et d'ions dans l'urine et régissent ainsi le volume sanguin et la concentration sanguine d'ions.
Systèmes génitaux	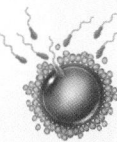	Les hormones de libération et les hormones d'inhibition de l'hypothalamus, l'hormone folliculostimulante (FSH) et l'hormone lutéinisante (LH) régulent la formation, la croissance et les activités de sécrétion des gonades (ovaires et testicules) ; les œstrogènes et la testostérone contribuent à la formation des ovocytes, des spermatozoïdes et du liquide séminal, et stimulent le développement des caractères sexuels secondaires ; la prolactine favorise la sécrétion de lait par les glandes mammaires ; l'ocytocine provoque la contraction de l'utérus et l'éjection de lait par les glandes mammaires.

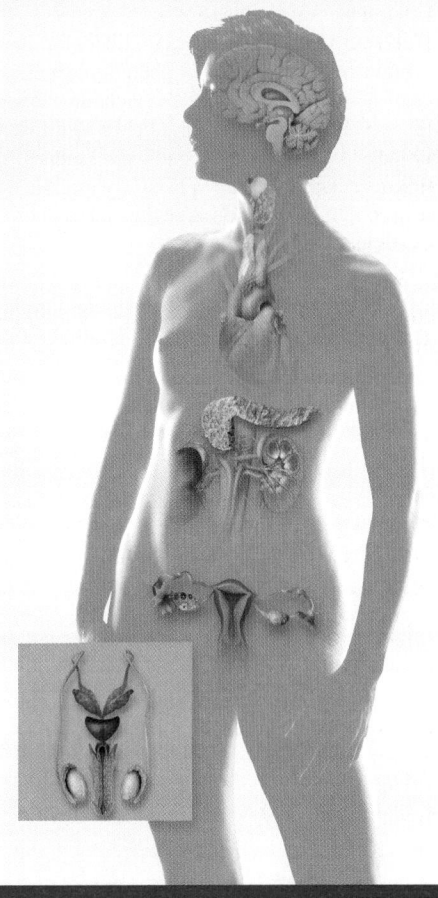

Le système endocrinien

DÉSÉQUILIBRES HOMÉOSTATIQUES

Les troubles du système endocrinien sont souvent attribuables soit à l'**hyposécrétion** (*hypo* : au-dessous) – libération insuffisante –, soit à l'**hypersécrétion** (*hyper* : au-delà) – libération excessive – d'une hormone donnée. Dans d'autres cas, le problème vient du mauvais fonctionnement des récepteurs d'une hormone, d'un nombre insuffisant de récepteurs ou d'anomalies des systèmes de seconds messagers. Parce que les hormones sont transportées par le sang vers des tissus cibles disséminés dans l'organisme, les problèmes liés à un dérèglement endocrinien peuvent avoir des ramifications étendues.

Les troubles de l'hypophyse

Le nanisme hypophysaire, le gigantisme et l'acromégalie

Plusieurs troubles de l'adénohypophyse sont liés à l'hormone de croissance (hGH). L'hyposécrétion de cette hormone durant les années de croissance ralentit le développement des os, si bien que les plaques épiphysaires se soudent avant que la taille normale soit atteinte. Cette anomalie est appelée **nanisme hypophysaire**. La croissance d'autres organes est aussi compromise et les proportions du corps sont celles d'un enfant. Le traitement consiste à administrer de l'hormone de croissance durant l'enfance avant la soudure des plaques épiphysaires.

L'hypersécrétion d'hGH durant l'enfance mène au **gigantisme**, qui se caractérise par un allongement anormal des os longs. Les personnes atteintes sont plus grandes que la moyenne, mais leurs proportions corporelles sont à peu près normales. On voit dans la figure 18.22a deux jumeaux identiques, dont l'un souffre de gigantisme à cause de la présence d'une tumeur de l'hypophyse. L'hypersécrétion d'hGH à l'âge adulte est appelée **acromégalie**. Les os longs ne peuvent plus s'allonger parce que les plaques épiphysaires sont soudées, mais les os des mains, des pieds et de la mâchoire s'épaississent et d'autres tissus augmentent de volume. Les paupières, les lèvres, la langue et le nez s'élargissent également, et la peau s'épaissit et forme des rides profondes, en particulier sur le front et la plante des pieds (figure 18.22b).

FIGURE 18.22 Divers troubles du système endocrinien.

Les troubles du système endocrinien sont souvent dus à l'hyposécrétion ou à l'hypersécrétion d'une hormone.

(a) Un homme de 22 ans atteint de gigantisme hypophysaire en compagnie de son jumeau identique

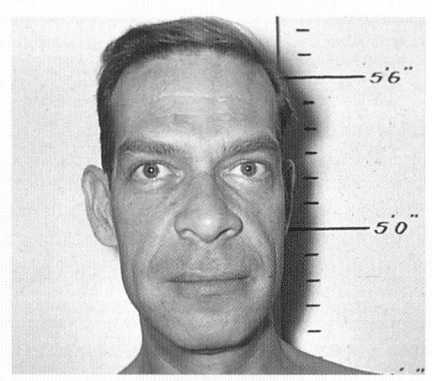

(b) Cas d'acromégalie (excès d'hormone de croissance à l'âge adulte)

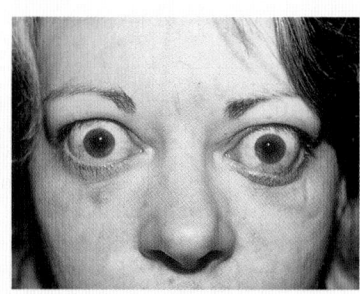

(c) Exophtalmie (excès d'hormones thyroïdiennes causant, par exemple, la maladie de Basedow)

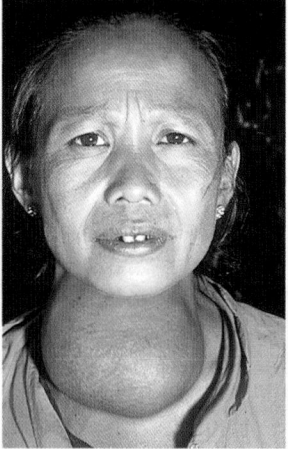

(d) Goitre (augmentation de volume de la glande thyroïde)

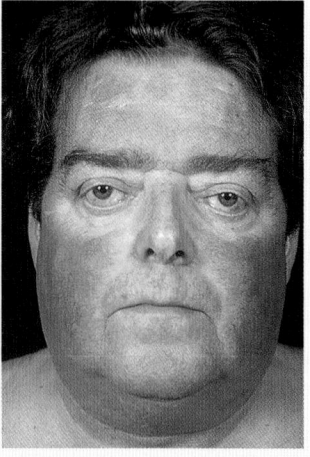

(e) Maladie de Cushing (excès de glucocorticoïdes)

 Q Quel déséquilibre endocrinien est causé par des anticorps qui imitent l'action de la TSH ?

Le diabète insipide

Parmi les anomalies liées à un dérèglement de la neurohypophyse, la plus fréquente est le **diabète insipide** (*diabêtês*: qui traverse), qui est dû soit à un mauvais fonctionnement des récepteurs de l'hormone antidiurétique (ADH), soit à l'incapacité de sécréter cette hormone. Le *diabète insipide neurogène* (d'origine nerveuse) résulte d'une hyposécrétion d'ADH, habituellement causée par une tumeur au cerveau, un traumatisme crânien ou une intervention chirurgicale qui endommage la neurohypophyse ou l'hypothalamus. Dans le *diabète insipide néphrogène* (d'origine rénale), les reins ne réagissent pas à l'ADH. Les récepteurs hormonaux ne fonctionnent pas ou bien les reins sont endommagés. Un des symptômes communs aux deux formes de la maladie est l'excrétion d'importants volumes d'urine, ayant pour conséquence la déshydratation et la soif. L'incontinence urinaire nocturne est fréquente chez les enfants atteints. En raison de la grande quantité d'eau perdue dans l'urine, une personne qui souffre de diabète insipide peut mourir déshydratée si elle est privée d'eau durant une journée seulement.

On traite le diabète insipide neurogène par hormonothérapie substitutive, et ce traitement doit en général se poursuivre tout au long de la vie. L'administration d'analogues d'ADH, soit par injection sous-cutanée, soit par vaporisation nasale, s'avère efficace. Le traitement du diabète insipide néphrogène est plus complexe et dépend de la nature du dysfonctionnement rénal. Une réduction de la consommation de sel et, paradoxalement, l'utilisation de certains diurétiques sont bénéfiques.

Les troubles de la glande thyroïde

Les troubles de la glande thyroïde touchent tous les grands systèmes de l'organisme et font partie des affections endocriniennes les plus courantes. L'**hypothyroïdie congénitale**, c'est-à-dire l'hyposécrétion d'hormones thyroïdiennes présente dès la naissance, a des conséquences néfastes très graves si elle n'est pas traitée rapidement. Autrefois appelée *crétinisme*, cette affection entraîne une arriération mentale grave et freine la croissance des os. À la naissance, le bébé semble normal parce que les hormones thyroïdiennes maternelles, qui sont liposolubles, traversent le placenta durant la grossesse, de sorte que le fœtus se développe normalement. Dans la plupart des pays occidentaux, les ministères de la Santé exigent une analyse de la fonction thyroïdienne chez tous les nouveaunés. Si on observe des signes d'hypothyroïdie congénitale, on doit administrer des hormones thyroïdiennes peu de temps après la naissance et poursuivre le traitement la vie durant.

Chez l'adulte, l'hypothyroïdie se traduit par le **myxœdème**, qui est cinq fois plus fréquent chez les femmes que chez les hommes. Un des signes distinctifs de ce trouble est l'œdème (accumulation de liquide interstitiel) qui fait enfler les tissus faciaux et donne au visage une apparence bouffie. Les personnes atteintes de myxœdème ont le pouls lent et une température corporelle basse; elles sont plus sensibles au froid, ont la peau et les cheveux secs, souffrent de faiblesse musculaire et de léthargie, et ont tendance à l'embonpoint. Le cerveau ayant déjà atteint sa maturité, il n'y a pas d'arriération mentale, mais l'esprit peut être moins alerte. L'administration orale d'hormones thyroïdiennes atténue les symptômes.

La forme la plus courante d'hyperthyroïdie est la **maladie de Basedow**, ou maladie de Graves, qui est de sept à dix fois plus fréquente chez les femmes que chez les hommes, et apparaît habituellement avant l'âge de 40 ans. Il s'agit d'une affection de nature auto-immune caractérisée par la production d'anticorps qui imitent l'action de la thyrotrophine (TSH). Ces anticorps stimulent continuellement la glande thyroïde, qui croît et produit des hormones thyroïdiennes. Un des principaux signes est une thyroïde hypertrophiée qui peut atteindre deux ou trois fois sa taille normale. Les personnes qui souffrent de la maladie de Basedow ont souvent une forme particulière d'œdème derrière les yeux qui occasionne une

exophtalmie, c'est-à-dire une saillie des globes oculaires (figure 18.22c). Les traitements comprennent l'ablation totale ou partielle de la glande thyroïde (thyroïdectomie), l'utilisation d'iode radioactif (^{131}I) pour effectuer la destruction sélective du tissu thyroïdien et l'administration de médicaments antithyroïdiens pour bloquer la synthèse des hormones thyroïdiennes.

Le **goitre** (*guttur*: gorge) est simplement une augmentation du volume de la glande thyroïde. Il peut aussi bien être associé à l'hyperthyroïdie qu'à l'hypothyroïdie, ou encore à l'**euthyroïdie** (*eu*: bien), c'est-à-dire la sécrétion normale d'hormones thyroïdiennes. Dans certaines régions du monde, l'apport d'iode dans l'alimentation est insuffisant; par conséquent, le taux d'hormones thyroïdiennes dans le sang reste faible et stimule la sécrétion de TSH, ce qui fait augmenter le volume de la glande thyroïde (figure 18.22d).

Les troubles des glandes parathyroïdes

L'**hypoparathyroïdie**, soit l'insuffisance de parathormone, amène une déficience en ions Ca^{2+} dans le sang. Il en résulte une dépolarisation des neurones et des myocytes, qui se mettent à produire des potentiels d'action spontanés. Ce dysfonctionnement entraîne des tics, des spasmes et une **tétanie** (contraction soutenue) des muscles squelettiques. La principale cause de l'hypoparathyroïdie est une lésion accidentelle des glandes parathyroïdes ou de leurs vaisseaux sanguins lors d'une thyroïdectomie.

L'**hyperparathyroïdie**, soit un taux anormalement élevé de parathormone, est habituellement causée par une tumeur d'une glande parathyroïde. Elle entraîne une résorption exagérée de la matrice osseuse, ce qui fait augmenter les concentrations d'ions calcium et d'ions phosphate dans le sang et rend les os moins durs, de sorte qu'ils se fracturent plus facilement. Une concentration élevée de calcium dans le sang favorise la formation de calculs rénaux. On observe également de la fatigue, des modifications de la personnalité et de la léthargie chez les personnes atteintes d'hyperparathyroïdie.

Les troubles des glandes surrénales
La maladie de Cushing

L'hypersécrétion de cortisol par le cortex surrénal provoque la **maladie de Cushing** (figure 18.22e). Les causes peuvent être une tumeur de la glande surrénale qui sécrète du cortisol ou bien une tumeur située ailleurs qui sécrète de la corticotrophine (ACTH), laquelle entraîne à son tour une libération excessive de cortisol. L'affection se caractérise par la dégradation des protéines musculaires et la redistribution des graisses dans le corps. Les bras et les jambes sont grêles et contrastent avec le faciès lunaire, la formation de la «bosse de bison» à la nuque et un abdomen tombant. La peau du visage est rouge et celle de l'abdomen présente des vergetures. La personne atteinte est aussi sujette aux ecchymoses et les plaies cicatrisent mal. Le taux élevé de cortisol cause l'hyperglycémie, l'ostéoporose, la faiblesse, l'hypertension, une susceptibilité accrue aux infections, une diminution de la résistance au stress et des sautes d'humeur. Les sujets qui suivent des traitements prolongés aux glucocorticoïdes – pour prévenir le rejet d'un organe transplanté, par exemple – peuvent finir par présenter une apparence cushingoïde.

La maladie d'Addison

L'hyposécrétion de glucocorticoïdes et d'aldostérone provoque la **maladie d'Addison**. Dans la majorité des cas, il s'agit d'une affection auto-immune produisant des anticorps qui causent la destruction du cortex surrénal ou bloquent la liaison de l'ACTH à ses récepteurs. Il est possible que certains agents pathogènes – telle la bactérie responsable de la tuberculose – déclenchent aussi la destruction du cortex surrénal. Les symptômes, qui en général ne se manifestent pas avant que 90 % du cortex soit détruit, comprennent la léthargie mentale, l'anorexie, la nausée et des vomissements, la perte pondérale, l'hypoglycémie et la faiblesse musculaire. La perte d'aldostérone se traduit par une élévation du taux de potassium et une diminution du taux de sodium dans le sang, un abaissement de la pression artérielle, la déshydratation, une réduction du débit cardiaque, des arythmies et parfois même un arrêt cardiaque. On constate également une pigmentation excessive des muqueuses et de la peau, que l'on attribue souvent à tort à une exposition au soleil. Ce fut le cas du président John F. Kennedy : seules quelques personnes savaient avant sa mort qu'il souffrait de la maladie d'Addison. Le traitement consiste à remplacer les glucocorticoïdes et les minéralocorticoïdes et à augmenter l'apport alimentaire de sodium.

Les phéochromocytomes

Les **phéochromocytomes** (*phaios* : brun ; *khrôma* : couleur ; *kytos* : cellule) sont des tumeurs, habituellement bénignes, des cellules chromaffines de la médullosurrénale. Ils causent l'hypersécrétion d'adrénaline et de noradrénaline, ce qui entraîne une forme de réaction d'alarme qui se prolonge : fréquence cardiaque élevée, pression artérielle élevée, concentration élevée de glucose dans le sang et l'urine, accélération du métabolisme basal, rougeur au visage, nervosité, transpiration et ralentissement de la motilité gastro-intestinale. Le traitement consiste à procéder à l'ablation chirurgicale de la tumeur.

Les troubles des îlots pancréatiques

Le trouble endocrinien le plus courant est le **diabète**, qui est dû à l'incapacité de produire ou d'utiliser l'insuline. Comme l'insuline n'est pas disponible pour le transport du glucose vers les cellules, la glycémie est élevée et le glucose « s'échappe » dans l'urine (glycosurie). Les signes distinctifs du diabète sont les trois « poly » : la *polyurie*, une production excessive d'urine due à l'incapacité des reins à réabsorber l'eau, la *polydipsie*, une soif intense, et la *polyphagie*, une consommation excessive d'aliments.

Des facteurs aussi bien génétiques qu'environnementaux jouent un rôle dans l'apparition des deux formes de diabète, le type 1 et le type 2, mais on n'en connaît pas encore exactement les mécanismes. Dans le **diabète de type I**, le taux d'insuline est faible parce que le système immunitaire détruit les cellules bêta du pancréas. Cette forme de diabète est aussi appelée **diabète insulinodépendant** parce qu'il faut avoir recours à des injections régulières d'insuline pour prévenir la mort. En général, le diabète insulinodépendant se manifeste chez des personnes de moins de 20 ans, mais celles-ci sont atteintes pour la vie. Lorsque les symptômes se manifestent, de 80 à 90 % des cellules bêta des îlots pancréatiques ont déjà été détruites. Le diabète de type I est plus fréquent dans le nord de l'Europe, notamment en Finlande, où près de 1 % de la population est atteinte de la maladie dès l'âge de 15 ans. Aux États-Unis, cette affection est de 1,5 à 2,0 fois plus fréquente chez les personnes de race blanche que chez les Afro-Américains ou les personnes d'origine asiatique.

Le métabolisme cellulaire d'une personne atteinte du diabète de type I et qui n'est pas soignée est semblable à celui de quelqu'un qui meurt de faim. Comme il n'y a pas d'insuline pour faciliter l'entrée du glucose dans les cellules, la plupart des cellules utilisent les acides gras pour produire de l'ATP. Les triacylglycérols emmagasinés dans le tissu adipeux sont catabolisés pour produire des acides gras et du glycérol. Les sous-produits de la dégradation des acides gras – acides organiques appelés *cétones*, ou *corps cétoniques* – s'accumulent, ce qui fait baisser le pH du sang ; cet état, appelé **acidocétose**, peut entraîner la mort si la personne n'est pas traitée rapidement.

La dégradation des réserves de triacylglycérols cause aussi une perte pondérale. Le transport des lipides dans le sang, à partir des lieux de stockage vers les cellules, occasionne le dépôt de particules lipidiques sur les parois des vaisseaux sanguins, qui mène à l'athérosclérose et à une multitude de troubles cardiovasculaires, y compris l'insuffisance circulatoire cérébrale, la cardiopathie ischémique, des maladies vasculaires périphériques et la gangrène. Une des principales complications du diabète est la cécité causée soit par des cataractes (excès de glucose fixé aux protéines du cristallin, qui s'opacifie), soit par des lésions aux vaisseaux sanguins de la rétine. Des lésions semblables aux vaisseaux sanguins des reins peuvent sérieusement compromettre la fonction rénale.

Le traitement du diabète de type I comprend l'autosurveillance de la glycémie (jusqu'à sept fois par jour), des repas constitués de 45 à 50 % de glucides et de moins de 30 % de graisses, pris à des heures régulières, de l'exercice, et des injections périodiques d'insuline (jusqu'à trois fois par jour). Il existe sur le marché plusieurs sortes de pompes implantables qui permettent de s'administrer de l'insuline sans avoir à faire d'injections. Mais, comme ces dispositifs ne sont pas munis d'un appareil de mesure de la glycémie fiable, ceux qui les utilisent doivent surveiller leur taux sanguin de glucose pour déterminer la dose dont ils ont besoin. Il est également possible d'effectuer une greffe du pancréas, mais la personne doit alors prendre des médicaments immunosuppresseurs toute sa vie. On étudie une autre approche prometteuse, qui consiste à transplanter des îlots pancréatiques isolés placés dans des tubes semi-perméables ; le tube laisse passer, dans les deux sens, le glucose et l'insuline, mais les cellules du système immunitaire – qui risqueraient d'endommager les cellules des îlots – ne peuvent pas y pénétrer.

Le **diabète de type II**, aussi appelé **diabète non insulinodépendant**, est beaucoup plus répandu que le diabète de type I. Il constitue plus de 90 % des cas de diabète. Il atteint le plus souvent des personnes obèses de plus de 35 ans. Toutefois, le nombre d'enfants et d'adolescents souffrant de la maladie est en hausse. Les symptômes sont bénins et l'hyperglycémie peut souvent être traitée par un régime approprié, de l'exercice et une perte pondérale. Parfois, un médicament antidiabétique comme le *glibenclamide* (Diaβeta^MD) est administré pour stimuler la sécrétion d'insuline par les cellules bêta du pancréas. Bien que certains diabétiques de type II aient besoin d'insuline, beaucoup en ont une quantité suffisante (voire un surplus) dans le sang. Dans ce cas, la maladie apparaît non pas à cause d'une insuffisance d'insuline, mais parce que les cellules cibles cessent de répondre par suite de la régulation négative de leurs récepteurs hormonaux.

L'**hyperinsulinisme** est le plus souvent la conséquence de l'injection de doses excessives d'insuline par un diabétique. Le symptôme principal est l'**hypoglycémie**, c'est-à-dire une faible concentration de glucose dans le sang, qui survient parce que l'excès d'insuline stimule une trop forte absorption de glucose par de nombreuses cellules du corps. L'hypoglycémie stimule la sécrétion d'adrénaline, de glucagon et d'hormone de croissance, qui entraînent l'anxiété, la transpiration, des tremblements, une accélération de la fréquence cardiaque, la faim et la faiblesse. Quand la glycémie baisse, les cellules du cerveau sont privées de l'apport constant de glucose dont elles ont besoin pour bien fonctionner. L'hypoglycémie grave provoque la désorientation mentale, des convulsions, l'inconscience et l'état de choc. Le choc dû à une surdose d'insuline est appelé **coma hypoglycémique** et peut entraîner une mort rapide si la glycémie normale n'est pas rétablie. Du point de vue clinique, qu'elle souffre d'hyperglycémie ou d'hypoglycémie, une personne diabétique présente des symptômes très semblables : des modifications sur le plan mental, le coma, des crises d'épilepsie, etc. Il est important de déterminer rapidement et correctement la cause des symptômes sous-jacents et de les traiter adéquatement.

TERMES MÉDICAUX

Gynécomastie (*gunê*: femme; *mastos*: mamelle) Développement exagéré des glandes mammaires chez l'homme. Il arrive qu'une tumeur de la glande surrénale sécrète suffisamment d'œstrogènes pour provoquer cette affection.

Hirsutisme (*hirstutus*: velu) Présence sur le corps et le visage d'une quantité exagérée de poils distribués selon le modèle mâle, surtout chez la femme. La cause est parfois une production excessive d'androgènes due à une tumeur ou à l'absorption d'un médicament.

Thyrotoxicose Hyperthyroïdie grave pouvant même entraîner la mort. Elle se caractérise par l'élévation de la température corporelle, de la fréquence cardiaque et de la pression artérielle, des symptômes gastro-intestinaux (douleur à l'abdomen, vomissements, diarrhée), de l'agitation, des tremblements, de la confusion, des crises d'épilepsie et parfois le coma.

Tumeur virilisante Tumeur de la glande surrénale qui libère une quantité excessive d'androgènes et cause ainsi une virilisation (ou masculinisation) chez la femme. Il arrive que des cellules d'une tumeur de la glande surrénale libèrent une quantité d'œstrogènes suffisante pour provoquer la gynécomastie chez l'homme. On parle alors de **tumeur féminisante**.

RÉSUMÉ

INTRODUCTION (P. 657)

1. Les hormones régulent l'activité des muscles lisses, du muscle cardiaque et de certaines glandes; elles agissent sur le métabolisme; elles stimulent la croissance et le développement; elles influent sur les processus de la reproduction; et elles jouent un rôle dans les rythmes circadiens (quotidiens).

COMPARAISON DES MÉCANISMES DE RÉGULATION DES SYSTÈMES NERVEUX ET ENDOCRINIEN (P. 658)

1. Le système nerveux régit l'homéostasie par l'intermédiaire d'influx nerveux et de neurotransmetteurs, qui agissent localement et rapidement. Le système endocrinien se sert d'hormones, qui agissent plus lentement dans des parties éloignées du corps. (Voir le tableau 18.1.)

2. Le système nerveux régit les neurones, les myocytes et les cellules glandulaires; le système endocrinien régit presque toutes les cellules du corps.

LES GLANDES ENDOCRINES (P. 659)

1. Les glandes exocrines (glandes sudoripares, sébacées et muqueuses, et celles du système digestif) sécrètent leurs produits dans des conduits qui les déversent dans des cavités de l'organisme ou à la surface externe du corps. Les glandes endocrines sécrètent des hormones dans le liquide interstitiel, puis ces hormones diffusent dans le sang.

2. Le système endocrinien comprend les glandes endocrines (l'hypophyse, la glande thyroïde, les glandes parathyroïdes, les glandes surrénales et la glande pinéale) et d'autres tissus qui sécrètent des hormones (hypothalamus, thymus, pancréas, ovaires, testicules, reins, estomac, foie, intestin grêle, peau, cœur, tissu adipeux et placenta).

L'ACTIVITÉ HORMONALE (P. 660)

1. Les hormones exercent leur action seulement sur des cellules cibles spécifiques possédant des récepteurs qui les reconnaissent (s'y lient). Le nombre de récepteurs hormonaux peut diminuer (régulation négative) ou augmenter (régulation positive).

2. Les hormones circulantes entrent dans la circulation sanguine; les hormones locales (paracrines ou autocrines) agissent localement, sur les cellules avoisinantes ou sur les cellules qui les ont produites.

3. Du point de vue chimique, les hormones sont soit liposolubles (hormones stéroïdes, hormones thyroïdiennes et monoxyde d'azote), soit hydrosolubles (hormones aminées; hormones peptidiques, protéiques et glycoprotéiques; eicosanoïdes). (Voir le tableau 18.2.)

4. Les hormones hydrosolubles circulent «librement» (c'est-à-dire qu'elles ne sont pas liées à des protéines plasmatiques) dans le plasma sanguin, qui constitue un milieu aqueux; la plupart des hormones liposolubles se fixent à des protéines de transport synthétisées par le foie.

LES MÉCANISMES DE L'ACTION HORMONALE (P. 663)

1. Les hormones liposolubles (stéroïdes et thyroïdiennes) agissent sur le fonctionnement des cellules en modifiant l'expression génique.

2. Les hormones hydrosolubles modifient le fonctionnement des cellules en activant des récepteurs de la membrane plasmique qui déclenchent la production d'un second messager, lequel active à son tour des enzymes à l'intérieur de la cellule.

3. Il y a trois types d'interactions hormonales: l'effet permissif, l'effet synergique et l'effet antagoniste.

LA RÉGULATION DE LA SÉCRÉTION HORMONALE (P. 665)

1. La sécrétion hormonale est régie par des signaux provenant du système nerveux, par des changements dans la composition chimique du sang et par l'interaction d'autres hormones.

2. Dans la plupart des cas, la régulation des sécrétions hormonales est assurée par des mécanismes de rétro-inhibition.

L'HYPOTHALAMUS ET L'HYPOPHYSE (P. 666)

1. L'hypothalamus constitue le lien d'intégration le plus important entre le système nerveux et le système endocrinien.

2. L'hypothalamus et l'hypophyse régulent presque tous les aspects de la croissance, du développement, du métabolisme et de l'homéostasie.

3. L'hypophyse est située dans la fosse hypophysaire. Elle comprend deux lobes, l'adénohypophyse (lobe antérieur) et la neurohypophyse (lobe postérieur). Le lobe intermédiaire est une troisième région de l'hypophyse qui s'atrophie durant le développement fœtal, si bien qu'elle ne forme plus un lobe distinct chez l'adulte.

4. La sécrétion des hormones de l'adénohypophyse est stimulée par les hormones de libération et freinée par les hormones d'inhibition de l'hypothalamus.

5. L'irrigation sanguine de l'adénohypophyse est assurée par les artères hypophysaires supérieures. Les hormones de libération et d'inhibition de l'hypothalamus rejoignent l'adénohypophyse par le système porte hypothalamohypophysaire, qui comprend le plexus capillaire primaire, les veines portes hypophysaires et le plexus capillaire secondaire.

6. L'adénohypophyse est composée de cellules endocrines somatotropes qui produisent l'hormone de croissance (hGH); de cellules lactotropes qui produisent la prolactine (PRL); de cellules corticotropes qui sécrètent la corticotrophine (ACTH) et l'hormone mélanotrope (MSH); de cellules thyrotropes qui sécrètent la thyrotrophine (TSH); ainsi que de cellules gonadotropes qui synthétisent l'hormone folliculostimulante (FSH) et l'hormone lutéinisante (LH). (Voir les tableaux 18.3 et 18.4.)

7. L'hormone de croissance (hGH) stimule l'accroissement de la taille du corps par l'intermédiaire des somatomédines (IGF). La sécrétion d'hGH est inhibée par la somatostatine (GHIH) et stimulée par la somatocrinine (GHRH).

8. La TSH régule l'activité de la glande thyroïde. Sa sécrétion est stimulée par la thyréolibérine (TRH) et freinée par la somatostatine (GHIH).

9. La FSH et la LH régulent l'activité des gonades – ovaires et testicules – et leur sécrétion est régie par la gonadolibérine (GnRH).

10. La prolactine (PRL) contribue à déclencher la sécrétion du lait. Le facteur inhibiteur de la prolactine (PIH) réprime la sécrétion de cette hormone, alors que l'hormone de libération de la prolactine (PRH) et la TRH la stimulent.

11. L'ACTH régule l'activité du cortex surrénal. Sa sécrétion est régie par la corticolibérine (CRH).

12. La dopamine inhibe la sécrétion de MSH.

13. La neurohypophyse renferme des terminaisons axonales de cellules neurosécrétrices dont les corps cellulaires se trouvent dans l'hypothalamus.

14. Les hormones produites par l'hypothalamus et emmagasinées dans la neurohypophyse sont l'ocytocine et l'hormone antidiurétique (ADH). La première stimule les contractions utérines et l'éjection du lait des glandes mammaires. La seconde stimule la réabsorption de l'eau par les reins, freine l'activité des glandes sudoripares et entraîne la constriction des artérioles. (Voir le tableau 18.5.)

15. La sécrétion de l'ocytocine est stimulée par la distension de l'utérus et la succion du nourrisson durant l'allaitement; la sécrétion de l'ADH est régie par la pression osmotique du sang et le volume sanguin.

LA GLANDE THYROÏDE (P. 678)

1. La glande thyroïde est située sous le larynx.

2. Elle est formée de follicules thyroïdiens composés de cellules folliculaires, qui sécrètent les hormones thyroïdiennes – soit la thyroxine (T_4) et la triiodothyronine (T_3). Elle comprend aussi des cellules parafolliculaires qui sécrètent la calcitonine.

3. Les hormones thyroïdiennes sont synthétisées à partir d'iode et de tyrosine contenue dans la thyroglobuline (TGB). Elles sont transportées dans le sang par des protéines plasmatiques, surtout la globuline liant la thyroxine (TBG), auxquelles elles sont liées.

4. La sécrétion des hormones thyroïdiennes est régie par la TRH de l'hypothalamus et la thyrotrophine (TSH) de l'adénohypophyse.

5. Les hormones thyroïdiennes régulent l'utilisation d'oxygène, le rythme du métabolisme basal, le métabolisme cellulaire des glucides, des lipides et des protéines, de même que la croissance et le développement des systèmes nerveux et musculosquelettique.

6. La calcitonine peut abaisser la concentration sanguine des ions calcium (Ca^{2+}) et favoriser leur incorporation dans la matrice osseuse. La sécrétion de la calcitonine est régie par le taux sanguin de Ca^{2+}. (Voir le tableau 18.6.)

LES GLANDES PARATHYROÏDES (P. 681)

1. Les glandes parathyroïdes sont fixées à la face postérieure des lobes latéraux de la glande thyroïde. Elles se composent de cellules principales et de cellules oxyphiles.

2. La parathormone (PTH) assure l'homéostasie des ions calcium, magnésium et phosphate en augmentant la concentration sanguine de calcium et de magnésium, et en diminuant celle du phosphate. Sa sécrétion est régulée par le taux sanguin de Ca^{2+}. (Voir le tableau 18.7.)

LES GLANDES SURRÉNALES (P. 686)

1. Les glandes surrénales sont situées au-dessus des reins. Elles sont formées d'une partie externe, le cortex surrénal, et d'une partie interne, la médulla surrénale.

2. Le cortex surrénal est constitué d'une zone glomérulée, d'une zone fasciculée et d'une zone réticulée; la médulla surrénale comprend des cellules endocrines médullaires (cellules chromaffines); les deux régions sont richement vascularisées.

3. Les sécrétions du cortex surrénal sont les minéralocorticoïdes, les glucocorticoïdes et les androgènes.

4. Les minéralocorticoïdes (principalement l'aldostérone) augmentent la réabsorption du sodium et de l'eau et diminuent celle du potassium. Leur sécrétion est régie par le système rénine-angiotensine-aldostérone (SRAA) et la concentration sanguine de K^+.

5. Les glucocorticoïdes (principalement le cortisol) favorisent la dégradation des protéines, la néoglucogenèse et la lipolyse; ils aident à résister au stress et exercent une action anti-inflammatoire. Leur sécrétion est régie par l'ACTH.

6. Les androgènes sécrétés par le cortex surrénal stimulent la croissance des poils axillaires et pubiens, contribuent à l'accélération de la croissance qui précède la puberté et favorisent la libido.

7. Les sécrétions de la médulla surrénale sont l'adrénaline et la noradrénaline, dont les effets sont semblables à ceux des réponses sympathiques. Elles sont libérées en réponse au stress. (Voir le tableau 18.8.)

LES ÎLOTS PANCRÉATIQUES (P. 692)

1. Le pancréas est situé dans la courbe du duodénum; il assure des fonctions aussi bien endocrines qu'exocrines.

2. La portion endocrine est formée d'îlots pancréatiques (ou îlots de Langerhans), composés de quatre types de cellules : les cellules alpha, bêta, delta et PP.

3. Les cellules alpha sécrètent le glucagon ; les cellules bêta, l'insuline ; les cellules delta, la somatostatine ; et les cellules PP, le polypeptide pancréatique.

4. Le glucagon fait augmenter la glycémie et l'insuline la fait baisser. La sécrétion de ces deux hormones est régulée par la glycémie. (Voir le tableau 18.9.)

LES OVAIRES ET LES TESTICULES (P. 694)

1. Les ovaires sont situés dans la cavité pelvienne ; ils produisent les œstrogènes, la progestérone et l'inhibine. Ces hormones sexuelles régissent le développement et le maintien des caractères sexuels secondaires féminins, des cycles ovariens, de la grossesse, de la lactation et des fonctions reproductrices normales. (Voir le tableau 18.10.)

2. Les testicules reposent dans le scrotum ; ils produisent la testostérone et l'inhibine. Ces hormones sexuelles régissent le développement et le maintien des caractères sexuels secondaires masculins et des fonctions reproductrices normales. (Voir le tableau 18.10.)

LA GLANDE PINÉALE (P. 695)

1. La glande pinéale est suspendue au toit du troisième ventricule de l'encéphale. Elle est composée de cellules sécrétrices appelées *pinéalocytes*, de gliocytes et de terminaisons d'axones postganglionnaires sympathiques.

2. La glande pinéale sécrète la mélatonine, qui contribue à régler l'horloge biologique (régie par le noyau suprachiasmatique). Durant le sommeil, la concentration plasmatique de la mélatonine augmente.

LE THYMUS (P. 696)

1. Le thymus sécrète plusieurs hormones liées à l'immunité.

2. La thymosine, le facteur humoral thymique (THF), le facteur thymique (TF) et la thymopoïétine contribuent à la maturation des lymphocytes T.

LES AUTRES TISSUS ET ORGANES ENDOCRINES, LES EICOSANOÏDES ET LES FACTEURS DE CROISSANCE (P. 696)

1. Il existe des tissus endocrines en dehors des organes normalement considérés comme des glandes endocrines. Ces tissus, qui sécrètent des hormones, se trouvent notamment dans les voies gastro-intestinales, le placenta, les reins, la peau et le cœur. (Voir le tableau 18.11.)

2. Les prostaglandines et les leucotriènes sont des eicosanoïdes qui agissent en tant qu'hormones locales dans la plupart des tissus du corps.

3. Les facteurs de croissance sont des hormones locales qui stimulent la croissance et la division cellulaires. (Voir la figure 18.12.)

LE STRESS (P. 698)

1. Les stress utiles sont appelés eustress ; les stress nocifs sont des formes de détresse.

2. S'il est extrême, le stress déclenche le syndrome général d'adaptation, ou réponse au stress, qui comporte trois stades : la réaction d'alarme, le stade de résistance et le stade d'épuisement.

3. Les stimulus qui déclenchent la réaction de stress sont appelés *facteurs de stress* ; ils comprennent, entre autres, les opérations chirurgicales, les poisons, les infections, la fièvre et les chocs émotionnels.

4. La réaction d'alarme est déclenchée par des influx nerveux de l'hypothalamus qui ont pour cible les effecteurs de la partie sympathique du système nerveux autonome et la médulla surrénale. Cette réaction active rapidement la circulation sanguine et la production d'ATP, et freine les activités non essentielles.

5. Le stade de résistance est déclenché par des hormones de libération sécrétées par l'hypothalamus, dont les plus importantes sont la CRH, la TRH et la GHRH. Le stade de résistance dure longtemps. Il accélère les réactions de dégradation qui fournissent de l'ATP et favorise l'élévation de la pression artérielle pour contrecarrer le stress.

6. L'épuisement résulte de la déplétion des ressources de l'organisme durant le stade de la résistance.

7. Le stress semble déclencher certaines maladies en inhibant le système immunitaire. L'interleukine 1, produite par les phagocytes, constitue un lien important entre le stress et l'immunité. Elle stimule la sécrétion d'ACTH.

LE DÉVELOPPEMENT EMBRYONNAIRE DU SYSTÈME ENDOCRINIEN (P. 701)

1. Le développement du système endocrinien n'est pas aussi localisé que celui d'autres systèmes parce que les glandes endocrines se forment dans différentes parties de l'embryon.

2. L'hypophyse, la médullosurrénale et la glande pinéale se forment à partir de l'ectoderme. Le cortex surrénal se forme à partir du mésoderme. La glande thyroïde, les glandes parathyroïdes, le pancréas et le thymus se forment à partir de l'endoderme.

LE VIEILLISSEMENT DU SYSTÈME ENDOCRINIEN (P. 702)

1. Bien que certaines glandes endocrines rétrécissent avec l'âge, leur fonctionnement n'est pas nécessairement compromis pour autant.

2. La production d'hormone de croissance, d'hormones thyroïdiennes, de cortisol, d'aldostérone et d'œstrogènes diminue avec l'âge.

3. Avec l'âge, les concentrations sanguines de TSH, de LH, de FSH et de PTH augmentent.

4. Le pancréas libère de l'insuline plus lentement avec l'âge, et la sensibilité des récepteurs au glucose diminue.

5. La taille du thymus commence à diminuer après la puberté, et le tissu thymique est remplacé par du tissu adipeux et du tissu conjonctif aréolaire.

AUTOÉVALUATION

Vous trouverez les réponses à ces questions à l'appendice D.

COMPLÉTEZ LES PHRASES SUIVANTES.

1. Les trois stades de la réponse au stress, ou syndrome général d'adaptation, sont, dans l'ordre où ils se manifestent, _____, _____ et _____.

2. Agissant lui-même comme une glande endocrine, l'_____ constitue le lien d'intégration le plus important entre le système nerveux et le système endocrinien, et joue un rôle dans la réponse au stress.

3. La régulation négative rend une cellule cible _____ sensible à une hormone, tandis que la régulation positive rend une cellule cible _____ sensible à une hormone.

INDIQUEZ SI LES ÉNONCÉS SUIVANTS SONT VRAIS OU FAUX.

4. Si les effets combinés de deux ou plusieurs hormones sont plus importants que la somme des effets des mêmes hormones agissant séparément, on dit alors que ces hormones ont un effet synergique.

5. Selon le mécanisme d'action hormonale qui fonctionne par l'activation directe d'un gène, l'hormone pénètre dans la cellule cible et se lie à un récepteur intracellulaire. Le complexe hormone-récepteur activé modifie l'expression génique pour produire la protéine qui entraîne les réponses physiologiques caractéristiques de l'hormone.

CHOISISSEZ LA BONNE RÉPONSE.

6. Parmi les comparaisons suivantes, lesquelles sont *vraies*? 1) Les influx nerveux produisent leurs effets rapidement; les hormones agissent en général plus lentement. 2) Les effets du système nerveux sont brefs; ceux du système endocrinien durent plus longtemps. 3) Le système nerveux régit l'homéostasie au moyen de messagers chimiques appelés *neurotransmetteurs*; le système endocrinien le fait au moyen de messagers chimiques appelés *hormones*. 4) Le système nerveux peut stimuler ou inhiber la libération d'hormones; certaines hormones sont libérées par des neurones en tant que neurotransmetteurs. 5) Contrairement aux neurotransmetteurs, les hormones doivent se lier à des récepteurs situés à la surface ou à l'intérieur de cellules cibles pour exercer leur action. a) 1, 2, 3, 4 et 5; b) 1, 2, 3 et 4; c) 2, 3, 4 et 5; d) 2, 4 et 5; e) 1, 4 et 5.

7. L'insuline et la thyroxine arrivent au même instant à un organe, et seule la seconde agit sur l'organe. Pourquoi? a) La thyroxine est une hormone liposoluble, mais pas l'insuline. b) Les cellules cibles de l'organe sont soumises à une régulation positive pour la thyroxine. c) La thyroxine est une hormone locale et l'insuline est une hormone circulante. d) La thyroxine inhibe l'action de l'insuline. e) Les cellules de l'organe possèdent des récepteurs pour la thyroxine, mais pas pour l'insuline.

8. Laquelle des catégories suivantes n'est *pas* une classe d'hormones hydrosolubles? a) les hormones peptidiques, b) les hormones aminées, c) les eicosanoïdes, d) les hormones stéroïdes, e) les hormones protéiques.

9. Placer en ordre chronologique les étapes suivantes de l'action d'une hormone hydrosoluble sur sa cellule cible. 1) L'adénylate cyclase est activée et joue le rôle de catalyseur dans la conversion de l'ATP en AMP cyclique. 2) Les enzymes catalysent des réactions qui produisent une réponse physiologique attribuée à l'hormone. 3) L'hormone se lie à un récepteur membranaire. 4) Les protéines-kinases activées catalysent la phosphorylation de protéines cellulaires. 5) Le complexe hormone-récepteur active des protéines G. 6) L'AMP cyclique active des protéines-kinases. a) 3, 5, 1, 6, 4, 2; b) 3, 1, 5, 6, 4, 2; c) 5, 1, 4, 2, 3, 6; d) 3, 4, 5, 1, 6, 2; e) 6, 3, 5, 1, 4, 2.

10. Les hormones: 1) régulent généralement leur sécrétion au moyen de mécanismes de rétro-inhibition, 2) agissent uniquement sur des cellules cibles situées loin des cellules sécrétrices qui les produisent, 3) doivent se lier à des protéines de transport pour entrer dans la circulation sanguine, 4) peuvent produire des effets importants dans les cellules cibles même si elles sont libérées en faible concentration, à cause du phénomène d'amplification, 5) peuvent régir la réactivité du tissu cible en régulant le nombre de leurs récepteurs. a) 1, 2 et 3; b) 1, 2, 4 et 5; c) 2, 3 et 4; d) 2, 3, 4 et 5; e) 1, 4 et 5.

11. L'hypophyse: 1) est située dans la lame criblée de l'os ethmoïde, 2) est reliée à l'hypothalamus par l'infudibulum, 3) comprend un lobe postérieur qui renferme les terminaisons axonales de cellules neurosécrétrices de l'hypothalamus, 4) produit des hormones de libération et des hormones d'inhibition, 5) est reliée à l'hypothalamus par un réseau de vaisseaux sanguins appelé *système porte hypothalamohypophysaire*. a) 1, 2 et 4; b) 2, 3, 4 et 5; c) 2, 3 et 5; d) 1, 2, 3, 4 et 5; e) 2, 4 et 5.

12. La classe d'hormones produites par les glandes surrénales qui favorisent la résistance au stress, ont des effets anti-inflammatoires et facilitent le métabolisme normal pour assurer une quantité suffisante d'ATP sont appelées: a) glucocorticoïdes, b) minéralocorticoïdes, c) androgènes, d) catécholamines, e) gonadocorticoïdes.

13. Associez les éléments suivants :

_____ a) augmente la concentration sanguine de Ca^{2+}
_____ b) augmente la glycémie
_____ c) diminue la concentration sanguine de Ca^{2+}
_____ d) abaisse la glycémie
_____ e) déclenche et entretient la sécrétion du lait par les glandes mammaires
_____ f) régule le rythme circadien
_____ g) stimule la production d'hormones sexuelles; déclenche l'ovulation
_____ h) intensifie la réaction d'alarme
_____ i) régule le métabolisme et la résistance au stress
_____ j) contribue au maintien de l'équilibre hydrique et électrolytique
_____ k) inhibe la libération de la FSH
_____ l) stimule la croissance des poils axillaires et pubiens
_____ m) stimule la maturation des lymphocytes T
_____ n) régule l'utilisation de l'oxygène et l'activité du métabolisme basal, le métabolisme cellulaire ainsi que la croissance et le développement
_____ o) stimule, en situation de stress, la lipolyse et le catabolisme des acides gras, et retarde l'utilisation du glucose pour la production d'ATP en le réservant aux neurones
_____ p) inhibe la perte d'eau par les reins
_____ q) stimule la formation d'ovocytes et de spermatozoïdes
_____ r) intensifie les contractions utérines durant le travail; stimule l'éjection de lait
_____ s) stimule et inhibe la sécrétion d'hormones par l'adénohypophyse
_____ t) augmente la pigmentation de la peau si elle est présente en quantité excessive
_____ u) stimule la synthèse et la libération de T_3 et de T_4
_____ v) hormones locales qui jouent un rôle dans l'inflammation, la contraction des muscles lisses et la circulation sanguine

1) insuline
2) glucagon
3) inhibine
4) hormone folliculostimulante (FSH)
5) hormone lutéinisante (LH)
6) thyroxine T_4 et triiodothyronine T_3
7) calcitonine
8) parathormone
9) hormone mélanotrope
10) ocytocine
11) hormone antidiurétique
12) prolactine
13) hormone de croissance
14) hormones de régulation de l'hypothalamus
15) aldostérone
16) thyrotrophine (TSH)
17) androgène
18) adrénaline et noradrénaline
19) prostaglandines
20) mélatonine
21) thymosine
22) cortisol

14. Associez les cellules sécrétrices suivantes aux hormones qu'elles libèrent :

_____ a) ACTH et MSH
_____ b) TSH
_____ c) glucagon
_____ d) PTH
_____ e) glucocorticoïdes
_____ f) calcitonine
_____ g) insuline
_____ h) androgènes
_____ i) progestérone
_____ j) FSH et LH
_____ k) adrénaline et noradrénaline
_____ l) hGH
_____ m) testostérone
_____ n) minéralocorticoïdes
_____ o) thyroxine et triiodothyronine
_____ p) PRL

1) cellules bêta des îlots pancréatiques
2) cellules alpha des îlots pancréatiques
3) cellules folliculaires de la glande thyroïde
4) cellules parafolliculaires de la glande thyroïde
5) testicules
6) ovaires
7) cellules somatotropes
8) cellules thyrotropes
9) cellules gonadotropes
10) cellules corticotropes
11) cellules lactotropes
12) cellules principales des glandes parathyroïdes
13) cellules chromaffines de la médulla surrénale
14) cellules de la zone glomérulée du cortex surrénal
15) cellules de la zone fasciculée du cortex surrénal
16) cellules de la zone réticulée du cortex surrénal

15. Associez chaque affection endocrinienne au trouble qui en est responsable :

_____ a) hyposécrétion d'insuline ou régulation négative des récepteurs de l'insuline

_____ b) hypersécrétion d'hGH avant la soudure des plaques épiphysaires

_____ c) hyposécrétion d'hormone thyroïdienne, présente dès la naissance

_____ d) hypersécrétion de glucocorticoïdes

_____ e) hyposécrétion d'hGH avant la soudure des plaques épiphysaires

_____ f) hypersécrétion d'adrénaline et de noradrénaline

_____ g) hypersécrétion d'hGH après la soudure des plaques épiphysaires

_____ h) hyposécrétion de glucocorticoïdes et d'aldostérone

_____ i) hyposécrétion d'ADH

_____ j) hypersécrétion de mélatonine

_____ k) hyposécrétion d'hormones thyroïdiennes chez l'adulte

_____ l) hyperthyroïdie d'origine auto-immune

1) gigantisme
2) acromégalie
3) nanisme hypophysaire
4) diabète insipide
5) myxœdème
6) maladie de Basedow
7) maladie de Cushing
8) troubles affectifs saisonniers
9) maladie d'Addison
10) phéochromocytome
11) hypothyroïdie congénitale
12) diabète sucré

QUESTIONS À COURT DÉVELOPPEMENT

Vous trouverez les réponses à ces questions à l'appendice D.

1. Anne-Marie déteste la photo de sa nouvelle carte d'étudiante. Ses cheveux paraissent secs, on voit qu'elle a pris du poids et son cou semble s'être épaissi. On dirait même qu'il y a un renflement en forme de papillon étalé sur sa gorge, sous le menton. Anne-Marie se sent aussi très fatiguée et intellectuellement moins alerte que d'habitude, mais elle se dit que ce doit être la même chose pour tous les étudiants d'anatomie et de physiologie de première année. Devrait-elle consulter un médecin ou se contenter de porter des cols roulés ?

2. Anne-Marie (dont on a décrit les problèmes dans la question n° 1) se rend à la clinique, et on lui fait une prise de sang. L'analyse montre que son taux de T_4 et de TSH est faible. On lui administre plus tard un test de stimulation à la TSH au cours duquel on mesure à plusieurs reprises son taux de T_4. On observe que, après l'injection de TSH, le taux de T_4 a augmenté. Les problèmes d'Anne-Marie sont-ils causés par son adénohypophyse ou sa glande thyroïde ? Comment en êtes-vous arrivé à cette conclusion ?

3. M. Hernandez consulte son médecin parce qu'il est continuellement assoiffé et doit se rendre maintes fois aux toilettes, jour et nuit, pour soulager sa vessie. Le médecin lui prescrit des analyses de sang et d'urine pour vérifier la présence de glucose et de cétones, et tous les examens sont négatifs. À la lumière de ces résultats, quel diagnostic le médecin a-t-il posé et par quelle(s) glande(s) ou quel(s) organe(s) les problèmes sont-ils causés ?

RÉPONSES AUX QUESTIONS DES FIGURES

18.1 Les sécrétions des glandes endocrines diffusent dans le liquide interstitiel, puis dans le sang ; celles des glandes exocrines se déversent dans des conduits qui mènent à des cavités de l'organisme ou bien à la surface du corps.

18.2 Dans l'estomac, l'histamine est une hormone paracrine parce qu'elle agit sur les cellules pariétales avoisinantes, sans entrer dans la circulation sanguine.

18.3 Le complexe hormone-récepteur activé modifie l'expression génique en activant et en désactivant alternativement des gènes spécifiques de l'ADN.

18.4 L'AMP cyclique est appelé *second messager* parce qu'il traduit le signal de l'hormone hydrosoluble, ou premier messager, en une réponse cellulaire.

18.5 Les veines portes hypophysaires transportent le sang de l'éminence médiane de l'hypothalamus, où les hormones de libération et d'inhibition hypothalamiques sont sécrétées, vers l'adénohypophyse, où elles exercent leur action.

18.6 Un mécanisme de rétro-inhibition. L'augmentation de la concentration sanguine de l'hormone libérée par une glande endocrine cible (effecteur) inhibe les cellules sécrétrices de l'adénohypophyse, ce qui diminue la libération de l'hormone hypophysaire donnée et inhibe les cellules neurosécrétrices de l'hypothalamus. De plus, la nouvelle valeur du facteur contrôlé – modifiée à la suite de la réponse des effecteurs – influe sur l'activité des cellules neurosécrétrices de l'hypothalamus. Si la réaction des effecteurs a permis de ramener la valeur du facteur contrôlé dans les limites normales, les cellules neurosécrétrices de l'hypothalamus cessent de libérer leur hormone. Sinon, elles continuent leur activité jusqu'à ce que l'équilibre soit rétabli.

18.7 L'excès d'hGH cause l'hyperglycémie.

18.8 Sur le plan fonctionnel, le faisceau hypothalamohypophysaire et les veines portes hypophysaires transportent les hormones hypothalamiques à l'hypophyse. Sur le plan structural, le faisceau est composé d'axones qui s'étendent de l'hypothalamus jusqu'à la neurohypophyse, alors que les veines portes sont des vaisseaux sanguins qui vont de l'hypothalamus jusqu'à l'adénohypophyse.

18.9 L'absorption d'un litre d'eau dans les intestins ferait baisser la pression osmotique du plasma sanguin, ce qui inhiberait la sécrétion d'ADH et ferait diminuer sa concentration sanguine.

18.10 Les cellules folliculaires sécrètent la T_3 et la T_4, aussi appelées *hormones thyroïdiennes*. Les cellules parafolliculaires sécrètent la calcitonine.

18.11 Les hormones thyroïdiennes sont stockées sous forme de thyroglobuline.

18.12 Carence alimentaire en iode → diminution de la production de T_3 et de T_4 → augmentation de la libération de TSH → croissance (hypertrophie) de la glande thyroïde → goitre.

18.13 Les cellules parafolliculaires de la glande thyroïde sécrètent la calcitonine ; les cellules principales des glandes parathyroïdes sécrètent la parathormone.

18.14 Les tissus cibles de la parathormone sont les os et les reins ; ceux de la calcitonine sont les os ; ceux du calcitriol sont le tube digestif.

18.15 Les glandes surrénales sont situées au-dessus des reins dans l'espace rétropéritonéal.

18.16 L'angiotensine II stimule la contraction des myocytes lisses des artérioles et cause ainsi leur vasoconstriction. Elle stimule également la sécrétion de l'aldostérone (par les cellules de la zone glomérulée du cortex surrénal), qui, par son action sur les reins, favorise la conservation d'eau et augmente le volume sanguin. Ainsi, la vasoconstriction périphérique couplée à l'augmentation du volume sanguin favorise une hausse de la pression sanguine.

18.17 Le receveur de greffe qui prend de la prednisone aura de faibles concentrations sanguines d'ACTH et de CRH en raison de la rétro-inhibition de l'adénohypophyse et de l'hypothalamus exercée par le taux élevé de prednisone dans le sang.

18.18 Le pancréas est à la fois une glande endocrine et une glande exocrine.

18.19 La glycogénolyse est la conversion de glycogène en glucose; elle fait donc augmenter la glycémie.

18.20 L'homéostasie maintient la valeur des facteurs contrôlés dans l'état d'équilibre typique d'un milieu intérieur normal; la réponse au stress modifie le réglage de la valeur des facteurs contrôlés pour permettre à l'organisme de faire face aux facteurs de stress.

18.21 L'hypophyse et les glandes surrénales comprennent des tissus ayant deux origines embryonnaires.

18.22 La maladie de Basedow s'accompagne de la production d'anticorps qui imitent l'action de la TSH.

SYSTÈME CARDIOVASCULAIRE : LE SANG

LE SANG ET L'HOMÉOSTASIE

Le sang participe à l'homéostasie en assurant le transport de l'oxygène, du dioxyde de carbone, des nutriments et des hormones entre les cellules de l'organisme. Il contribue à la régulation du pH et de la température corporelle, et protège l'organisme contre la maladie en faisant appel à la phagocytose et à différentes réactions immunitaires.

Le **système cardiovasculaire** (*kardia* : cœur ; *vasculum* : vaisseau) se divise en trois composantes liées entre elles : le sang, le cœur et les vaisseaux sanguins. Dans le présent chapitre, nous étudierons le sang, et dans les deux suivants, le cœur et les vaisseaux sanguins. Le sang transporte diverses substances ; il contribue aussi à la régulation de plusieurs processus biologiques et à la protection contre la maladie. Bien qu'il ait toujours la même origine, la même composition et remplisse les mêmes fonctions, le sang est aussi particulier à une personne donnée que le sont sa peau, ses os ou ses cheveux. Les professionnels de la santé étudient et analysent régulièrement ses particularités en procédant à diverses épreuves sanguines en vue de déterminer la cause des maladies. La discipline scientifique consacrée à l'étude du sang, des tissus hématopoïétiques et des maladies du sang est appelée **hématologie** (*haima* : sang ; *logos* : discours).

LES FONCTIONS ET LES PROPRIÉTÉS DU SANG

OBJECTIFS

- Décrire les fonctions du sang.
- Décrire les caractéristiques physiques et les principaux composants du sang.

Dans un organisme multicellulaire, la plupart des cellules ne peuvent pas se déplacer pour s'approvisionner en oxygène et en nutriments, pour éliminer le dioxyde de carbone produit lors de la fabrication d'ATP, ou encore pour éliminer les autres déchets métaboliques. Deux liquides assurent cette fonction à leur place : le sang et le liquide interstitiel. Le **sang** est un tissu conjonctif composé d'une matrice extracellulaire liquide, appelée *plasma sanguin*, qui contient des cellules et des fragments de cellules en suspension, ainsi que de nombreuses substances en solution. Quant au **liquide interstitiel**, il baigne toutes les cellules de l'organisme (voir la figure 27.1). L'oxygène inspiré dans les poumons et les nutriments provenant du tube digestif sont acheminés par le sang jusqu'aux cellules. L'oxygène et les nutriments diffusent ensuite du sang vers le liquide interstitiel et atteignent les cellules de l'organisme. Le dioxyde de carbone et les autres déchets cellulaires circulent en direction inverse, c'est-à-dire des cellules de l'organisme au sang, en passant par le liquide interstitiel. Le sang transporte ensuite ces déchets vers divers organes – les poumons, les reins et la peau – qui se chargent de les éliminer.

LES FONCTIONS DU SANG

Le **sang**, qui est un tissu conjonctif liquide, assure trois grandes fonctions :

1. *Le transport.* Comme nous venons de le voir, le sang apporte l'oxygène des poumons jusqu'aux cellules de l'organisme et ramène le dioxyde de carbone des cellules jusqu'aux poumons où il est exhalé. Il achemine les nutriments provenant du tube digestif jusqu'aux cellules de l'organisme et transporte les hormones des glandes endocrines vers d'autres cellules. Le sang se charge également de la diffusion de la chaleur et de l'élimination des déchets provenant de divers organes.

2. *La régulation.* La circulation du sang participe à l'homéostasie de tous les liquides corporels. Le sang maintient le pH au moyen de tampons. Il participe également à la régulation de la température corporelle par différents moyens. L'eau qu'il contient absorbe la chaleur et exerce un effet rafraîchissant ; de plus, en variant son débit à travers la peau, le sang peut rejeter l'excédent de chaleur accumulée dans l'organisme. Par ailleurs, la pression osmotique du sang modifie la teneur en eau des cellules en faisant interagir les ions et les protéines en solution. Ainsi, une pression osmotique sanguine trop élevée entraînera la déshydratation des cellules, alors qu'une pression osmotique sanguine trop basse provoquera la sortie d'eau vers le liquide interstitiel et l'apparition d'un œdème.

3. *La protection.* La coagulation protège le système cardiovasculaire contre les hémorragies accompagnant une blessure. De plus, les leucocytes protègent des maladies en effectuant la phagocytose. Le sang contient aussi d'autres protéines, les anticorps, les interférons et le complément, qui contribuent à la protection de l'organisme contre les maladies de diverses manières.

LES CARACTÉRISTIQUES PHYSIQUES DU SANG

Le sang est plus dense et plus visqueux que l'eau, ce qui explique qu'il soit légèrement collant. La température du sang est d'environ 38 °C, soit environ 1 °C de plus que la température corporelle prise par voie buccale ou rectale. Le sang est légèrement alcalin : son pH varie entre 7,35 et 7,45. Il représente environ 20 % du liquide extracellulaire, ou 8 % du poids total du corps. Chez un adulte de taille moyenne, le volume sanguin est de 5 à 6 L pour un homme et de 4 à 5 L pour une femme. Diverses hormones, régulées par des mécanismes de rétro-inhibition, contribuent à stabiliser le volume sanguin et la pression osmotique. Ces mécanismes font notamment intervenir l'aldostérone, l'hormone antidiurétique (ADH) et le facteur natriurétique auriculaire, trois substances qui régissent la quantité d'eau excrétée dans l'urine (voir le chapitre 18).

LES PRÉLÈVEMENTS SANGUINS

Il existe diverses méthodes pour effectuer des **prélèvements sanguins** à des fins d'analyse. La plus courante est la **ponction veineuse**, qui consiste à prélever le sang d'une veine en y insérant une aiguille munie d'un tube collecteur contenant diverses substances. On applique d'abord un garrot sur le bras, au-dessus du point de ponction, pour que le sang s'accumule dans la veine. Cette augmentation du volume sanguin fait gonfler la veine. On demande également au patient d'ouvrir et de fermer le poing, ce qui fait davantage ressortir la veine et facilite la ponction veineuse. La veine médiale cubitale, située sur la face antérieure du coude, sert souvent de point de ponction (voir la figure 21.25b). La **piqûre du doigt** ou **du talon** est une autre méthode de prélèvement sanguin dont se servent couramment les diabétiques qui doivent mesurer quotidiennement leur glycémie ou que l'on utilise pour prélever du sang chez les nourrissons et les enfants. Une **ponction artérielle** consiste à prélever du sang d'une artère ; cette analyse permet de déterminer la concentration en oxygène du sang oxygéné. ■

LES COMPOSANTS DU SANG

Le sang total est constitué de deux composants : 1) le plasma sanguin, une matrice extracellulaire aqueuse contenant des substances dissoutes ; et 2) les éléments figurés, comprenant des cellules et des fragments de cellules. Si on centrifuge un échantillon de sang dans une éprouvette de verre, les cellules se déposent au fond de l'éprouvette tandis que le plasma, qui est plus léger, forme une couche à la surface (figure 19.1a). Le sang contient environ 45 % d'éléments figurés et 55 % de plasma sanguin. Normalement, plus de 99 % des éléments figurés sont des **érythrocytes**, ou globules rouges. Les **leucocytes**, ou globules blancs, qui sont pâles ou incolores, et les **thrombocytes**, ou plaquettes, occupent moins de 1 % du volume sanguin total. Comme les leucocytes et les thrombocytes sont moins denses que les érythrocytes et plus denses que le plasma,

FIGURE 19.1 **Les composants du sang chez un adulte normal.**

Le sang est un tissu conjonctif composé de plasma (portion liquide) et d'éléments figurés (érythrocytes, leucocytes et thrombocytes).

FONCTIONS DU SANG

1. Transport de l'oxygène, du dioxyde de carbone, des nutriments, des hormones, des déchets et de la chaleur.

2. Régulation du pH, de la température corporelle et de la teneur en eau des cellules.

3. Protection contre les pertes de sang par le biais de la coagulation, et contre les maladies grâce aux leucocytes et aux anticorps.

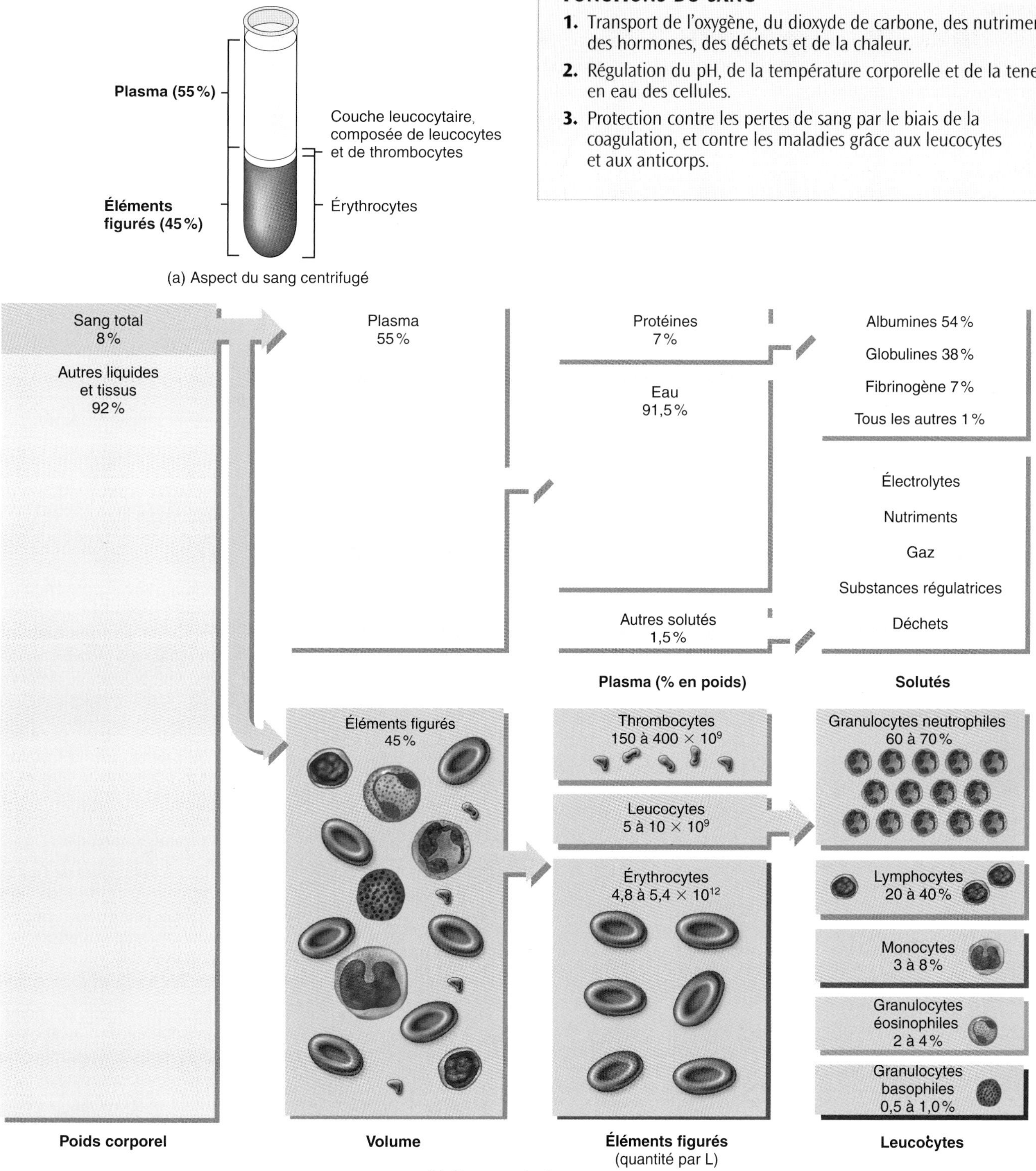

Plasma (55 %)

Couche leucocytaire, composée de leucocytes et de thrombocytes

Érythrocytes

Éléments figurés (45 %)

(a) Aspect du sang centrifugé

Sang total
8 %

Autres liquides et tissus
92 %

Plasma
55 %

Protéines
7 %

Albumines 54 %

Globulines 38 %

Fibrinogène 7 %

Tous les autres 1 %

Eau
91,5 %

Électrolytes

Nutriments

Gaz

Substances régulatrices

Autres solutés
1,5 %

Déchets

Plasma (% en poids)

Solutés

Éléments figurés
45 %

Thrombocytes
150 à 400 × 10⁹

Granulocytes neutrophiles
60 à 70 %

Leucocytes
5 à 10 × 10⁹

Érythrocytes
4,8 à 5,4 × 10¹²

Lymphocytes
20 à 40 %

Monocytes
3 à 8 %

Granulocytes éosinophiles
2 à 4 %

Granulocytes basophiles
0,5 à 1,0 %

Poids corporel

Volume

Éléments figurés
(quantité par L)

Leucocytes

(b) Composants du sang

Q Quel est le volume approximatif du sang dans votre corps? (*Indice*: chaque litre de sang pèse un kilogramme.)

ils forment une couche très mince, appelée **couche leucocytaire**, entre les érythrocytes et le plasma. La figure 19.1b décrit la composition du plasma sanguin et donne la proportion des différents types d'éléments figurés dans le sang.

Le plasma

Si on enlève les éléments figurés du sang, il reste un liquide de couleur jaunâtre appelé **plasma sanguin**, ou simplement **plasma**. Le plasma sanguin contient environ 91,5 % d'eau et 8,5 % de solutés, dont la plupart (7 % en poids) sont des protéines. Certaines protéines du plasma sanguin sont également présentes ailleurs dans l'organisme, mais celles qui sont confinées dans le sang sont appelées **protéines plasmatiques**. Elles participent, entre autres fonctions, au maintien d'une pression osmotique sanguine adéquate pour l'échange de liquides à travers les parois des capillaires (voir le chapitre 21).

Les hépatocytes (cellules du foie) synthétisent la majorité des protéines plasmatiques, qui comprennent les **albumines** (54 % des protéines plasmatiques), les **globulines** (38 %) et le **fibrinogène** (7 %). Les fonctions de ces protéines sont décrites au tableau 19.1. Certaines cellules sanguines jouent un rôle essentiel à l'occasion de réponses immunitaires. Elles deviennent des cellules qui produisent des gammaglobulines, une variété importante de globulines appelées **anticorps**, ou **immunoglobulines**. Ces anticorps sont produits à la suite d'un contact de l'organisme avec divers corps étrangers (antigènes), comme des bactéries et des virus. Chaque anticorps forme une liaison spécifique avec l'antigène qui est responsable de sa production, ce qui inactive l'antigène. D'autres globulines, les alpha et bêtaglobulines, transportent certaines molécules et certains ions contenus dans le sang, comme les lipides ou le fer. Le fibrinogène intervient dans le processus de la coagulation (figure 19.11).

Les autres solutés présents dans le plasma sont des électrolytes (ions), des nutriments, des substances régulatrices, telles que les enzymes et les hormones, ainsi que des gaz et des déchets cellulaires comme l'urée, l'acide urique, la créatinine, l'ammoniaque et la bilirubine.

Le tableau 19.1 décrit la composition chimique du plasma.

Les éléments figurés

Les **éléments figurés** du sang se divisent en trois principaux groupes : les érythrocytes, les leucocytes et les thrombocytes (figure 19.2). Les érythrocytes et les leucocytes sont des cellules entières, tandis que les thrombocytes sont des fragments de cellules. Les érythrocytes et les thrombocytes exercent des fonctions limitées, tandis que les leucocytes assurent diverses tâches spécialisées. Ils existent sous diverses formes cellulaires – lymphocytes, monocytes, granulocytes neutrophiles, granulocytes éosinophiles et granulocytes basophiles – que l'on peut distinguer au microscope (figure 19.7). Les rôles de chaque type de leucocytes seront abordés plus loin dans ce chapitre.

Le pourcentage du volume sanguin total occupé par les érythrocytes est appelé **hématocrite**. Par exemple, un hématocrite de 40 signifie que les érythrocytes représentent 40 % du volume sanguin. L'hématocrite normal d'une femme adulte varie entre 38 et

TABLEAU 19.1 LA COMPOSITION DU PLASMA SANGUIN	
CONSTITUANT	**DESCRIPTION**
EAU (91,5 %)	Portion liquide du sang. Milieu de dissolution et de suspension des composants du sang ; absorbe, transporte et libère de la chaleur.
PROTÉINES PLASMATIQUES (7,0 %)	Exercent la pression osmotique, qui contribue au maintien de l'équilibre hydrique entre le sang et les tissus. Régissent le volume sanguin.
Albumines	Protéines plasmatiques les plus petites et les plus nombreuses ; produites par le foie. Assurent le transport de plusieurs hormones stéroïdes et des acides gras.
Globulines	Produites par le foie et les cellules plasmatiques, qui sont issues des lymphocytes B. Les alphaglobulines et les bêtaglobulines transportent le fer, les lipides et les vitamines liposolubles. Les immunoglobulines, aussi appelées *anticorps*, combattent les virus et les bactéries.
Fibrinogène	Produit par le foie. Joue un rôle essentiel dans la coagulation du sang.
AUTRES SOLUTÉS (1,5 %)	
Électrolytes	Sels inorganiques. Comprennent les ions à charge positive (cations) Na^+, K^+, Ca^{2+} et Mg^{2+} ; les ions à charge négative (anions) Cl^-, HPO_4^{2-}, SO_4^{2-} et HCO_3^-. Les électrolytes contribuent au maintien de la pression osmotique et jouent un rôle déterminant dans le fonctionnement des cellules.
Nutriments	Produits de la digestion qui passent dans le sang pour être distribués à toutes les cellules de l'organisme. Comprennent les acides aminés (constituants des protéines), le glucose (provenant des glucides complexes), les acides gras et le glycérol (produits de la dégradation des triacylglycérols), les vitamines et les minéraux.
Gaz	Comprennent l'oxygène (O_2), le dioxyde de carbone (CO_2) et l'azote (N_2). Alors qu'une plus grande quantité d'oxygène est associée à l'hémoglobine dans les érythrocytes, une plus grande quantité de dioxyde de carbone est dissoute dans le plasma. L'azote est présent mais on ne le lui connaît aucune fonction dans l'organisme.
Substances régulatrices	Les enzymes, produites par les cellules de l'organisme, catalysent les réactions chimiques. Les hormones, synthétisées par les glandes endocrines, assurent la régulation du métabolisme, de la croissance et du développement. Les vitamines sont des cofacteurs participant aux réactions enzymatiques.
Déchets cellulaires	La plupart des déchets cellulaires sont des produits de dégradation du métabolisme des protéines et sont transportés par le sang vers les organes chargés de leur excrétion. Ils comprennent notamment l'urée, l'acide urique, la créatine, la créatinine, la bilirubine et l'ammoniaque.

46 (42 en moyenne) et celui d'un homme adulte, entre 40 et 54 (47 en moyenne). La testostérone, une hormone présente en concentration beaucoup plus élevée chez l'homme que chez la

FIGURE 19.2 Photomicrographie des éléments figurés du sang prise au microscope électronique à balayage.

Les éléments figurés du sang sont les érythrocytes, les leucocytes et les thrombocytes.

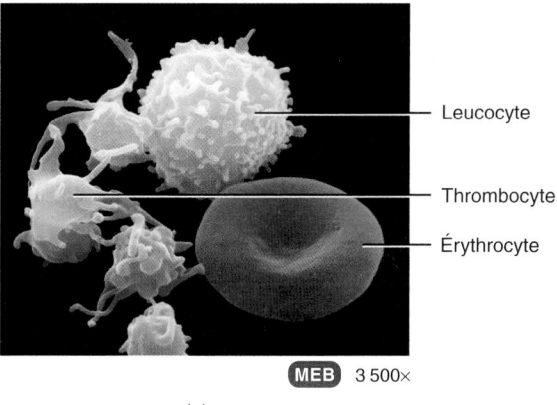

- Leucocyte
- Thrombocyte
- Érythrocyte

MEB 3 500×

(a)

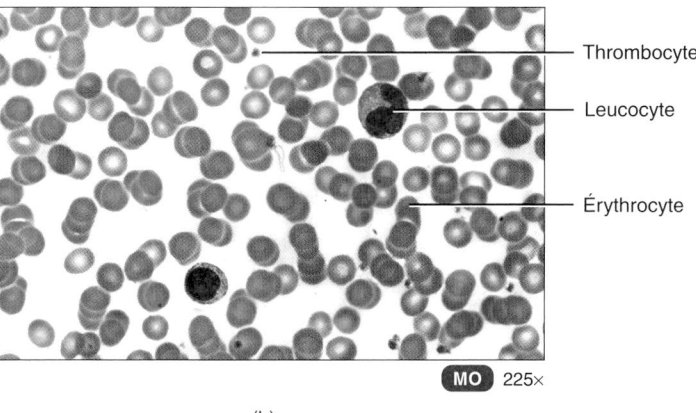

- Thrombocyte
- Leucocyte
- Érythrocyte

MO 225×

(b)

 Lesquels des éléments figurés du sang sont des fragments de cellules ?

femme, stimule la synthèse par les reins d'une autre hormone, l'érythropoïétine, qui déclenche la production des érythrocytes. Ainsi, la testostérone contribue à élever l'hématocrite chez l'homme. Chez la femme en âge de procréer, une valeur d'hématocrite plus basse peut être causée par une perte excessive de sang pendant la menstruation. Une baisse importante de l'hématocrite est un signe d'*anémie* – nombre anormalement bas d'érythrocytes. Dans la *polycythémie*, le pourcentage d'érythrocytes est anormalement élevé et l'hématocrite peut atteindre 65 ou plus. L'augmentation du nombre d'érythrocytes rend le sang plus visqueux, ce qui augmente la résistance ; le cœur a ainsi plus de difficulté à le pomper. L'augmentation de la viscosité contribue également à l'élévation de la pression artérielle et à l'accroissement du risque d'accident vasculaire cérébral. La polycythémie est parfois causée par une augmentation démesurée de la production d'érythrocytes, une hypoxie des tissus, une déshydratation ou le dopage sanguin pratiqué par les athlètes.

▶ **POINT DE CONTRÔLE**

1. Quelles sont les différences et les similitudes entre le plasma sanguin et le liquide interstitiel ?
2. Quelles substances le sang transporte-t-il ?
3. Combien de kilogrammes de sang votre corps contient-il ?
4. De quelle manière le volume de plasma sanguin de votre organisme se compare-t-il au volume de liquide d'une bouteille de boisson gazeuse de 2 L ?
5. Énumérez les éléments figurés du plasma sanguin et leurs rôles.
6. Que signifie un hématocrite inférieur ou supérieur à la normale ?

LA FORMATION DES CELLULES SANGUINES

OBJECTIF

- Expliquer l'origine des cellules sanguines.

Bien que la durée de vie de certains lymphocytes atteigne plusieurs années, celle de la plupart des éléments figurés du sang est de l'ordre de quelques heures, quelques jours ou quelques semaines. C'est pourquoi l'organisme doit les remplacer continuellement. Des mécanismes de rétro-inhibition régissent le nombre total d'érythrocytes et de thrombocytes dans la circulation sanguine afin que leur nombre demeure stable. En revanche, le nombre des divers types de leucocytes dépend de la présence d'agents pathogènes et d'autres antigènes étrangers qui stimulent leur production.

Le processus de formation des éléments figurés du sang porte le nom d'**hématopoïèse** (*poïein* : faire). Avant la naissance, l'hématopoïèse se déroule d'abord dans la vésicule vitelline (sac vitellin) de l'embryon, puis dans le foie, la rate, le thymus et les nœuds lymphatiques du fœtus. La moelle osseuse rouge devient le principal site de l'hématopoïèse au cours des trois derniers mois de développement intra-utérin, et demeure la plus grande source de cellules sanguines après la naissance et tout au long de la vie.

La **moelle osseuse rouge**, un tissu conjonctif extrêmement vascularisé, se trouve dans les espaces microscopiques situés entre les trabécules du tissu des os spongieux. Elle est surtout présente dans les os du squelette axial, les ceintures scapulaire et pelvienne et les épiphyses proximales de l'humérus et du fémur. Entre 0,05 et 0,1 % des cellules de la moelle osseuse rouge sont des **cellules souches hématopoïétiques pluripotentes**, ou *hémocytoblastes*, dérivées du mésenchyme. Ces cellules ont la capacité de se différencier en lignées cellulaires (figure 19.3). Chez les nouveau-nés, toute la moelle osseuse est rouge ; elle produit donc activement des cellules sanguines. À mesure que l'enfant grandit, puis quand il devient adulte, le taux de formation des cellules sanguines diminue progressivement ; la moelle osseuse rouge contenue dans le canal médullaire des os longs devient inactive et elle est remplacée par de la moelle osseuse jaune, composée surtout de cellules graisseuses. Dans certaines circonstances, après un saignement

FIGURE 19.3 L'origine, le développement et la structure des cellules sanguines. Certaines générations de lignées cellulaires ne sont pas représentées.

🔑 La production des cellules sanguines, ou hématopoïèse, se déroule uniquement dans la moelle osseuse rouge après la naissance.

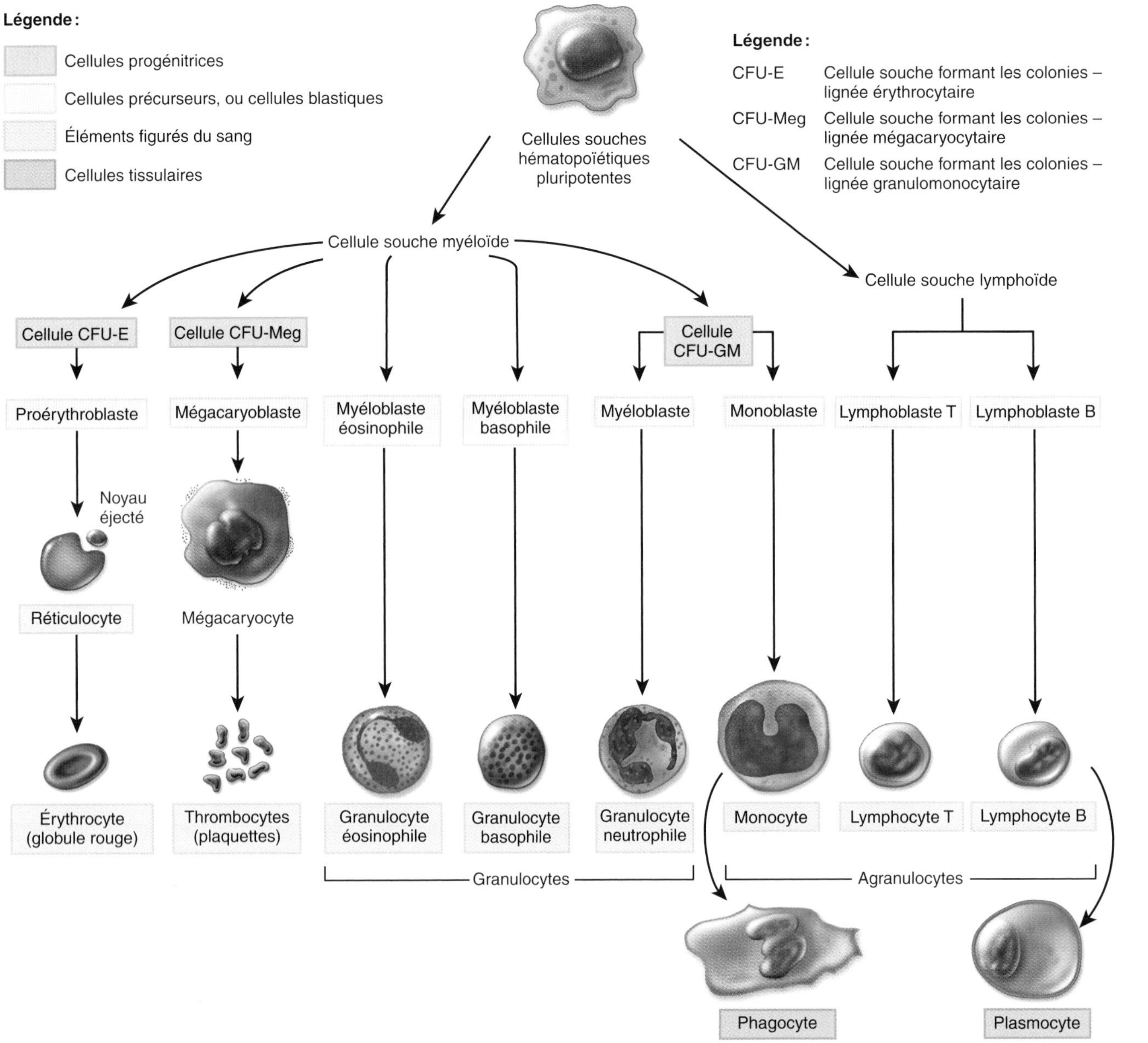

Légende :

- Cellules progénitrices
- Cellules précurseurs, ou cellules blastiques
- Éléments figurés du sang
- Cellules tissulaires

Légende :

CFU-E   Cellule souche formant les colonies – lignée érythrocytaire

CFU-Meg   Cellule souche formant les colonies – lignée mégacaryocytaire

CFU-GM   Cellule souche formant les colonies – lignée granulomonocytaire

Cellules souches hématopoïétiques pluripotentes

Cellule souche myéloïde

Cellule souche lymphoïde

Cellule CFU-E	Cellule CFU-Meg			Cellule CFU-GM			
Proérythroblaste	Mégacaryoblaste	Myéloblaste éosinophile	Myéloblaste basophile	Myéloblaste	Monoblaste	Lymphoblaste T	Lymphoblaste B

Noyau éjecté

Réticulocyte

Mégacaryocyte

| Érythrocyte (globule rouge) | Thrombocytes (plaquettes) | Granulocyte éosinophile | Granulocyte basophile | Granulocyte neutrophile | Monocyte | Lymphocyte T | Lymphocyte B |

— Granulocytes —

— Agranulocytes —

Phagocyte

Plasmocyte

Q À partir de quelles cellules du tissu conjonctif les cellules souches hématopoïétiques pluripotentes se forment-elles ?

important, par exemple, la moelle osseuse jaune peut redevenir de la moelle osseuse rouge par suite du passage de cette dernière dans la moelle osseuse jaune et par la diffusion de cellules souches pluripotentes.

L'EXAMEN DE LA MOELLE OSSEUSE

Il est parfois nécessaire de prélever un échantillon de moelle osseuse rouge pour diagnostiquer certaines hémopathies, comme la leucémie, le myélome multiple et l'anémie grave. L'**examen**

de la moelle osseuse, ou *myélogramme*, se fait au moyen d'une *aspiration de moelle osseuse* (prélèvement d'une petite quantité de moelle osseuse rouge au moyen d'une seringue munie d'une aiguille fine) ou d'une *biopsie de la moelle osseuse* (retrait d'un morceau intact de moelle osseuse rouge au moyen d'une aiguille plus grosse).

Les deux types d'échantillons sont généralement prélevés au niveau de la crête iliaque de la hanche, mais le sternum constitue un autre site de prélèvement. Chez le jeune enfant, les échantillons de moelle osseuse rouge sont prélevés d'une vertèbre ou du tibia. L'échantillon de tissu ou de cellules est ensuite envoyé dans un laboratoire de pathologie pour être analysé. Plus précisément, les techniciens de laboratoire recherchent la présence de cellules néoplasiques (cancéreuses) ou d'autres cellules malades afin de faciliter le diagnostic. ∎

Les cellules souches de la moelle osseuse rouge se reproduisent, prolifèrent et se différencient pour former les cellules qui donnent naissance aux cellules sanguines, aux phagocytes, aux cellules réticulaires, aux mastocytes et aux adipocytes. Certaines cellules souches deviennent également des ostéoblastes, des chondroblastes et des myocytes, des cellules qui participeront à la formation de tissu osseux, cartilagineux ou musculaire servant à remplacer d'autres tissus ou des organes. Les cellules réticulaires produisent des fibres réticulées, qui forment le stroma, c'est-à-dire le tissu de base qui soutient les cellules de la moelle osseuse rouge. Quand les cellules sanguines sont formées dans la moelle osseuse rouge, elles entrent dans la circulation sanguine par les *sinusoïdes* (ou *sinus*), des capillaires élargis qui entourent les cellules et les fibres de la moelle osseuse rouge. À l'exception des lymphocytes, les éléments figurés ne se divisent pas après avoir quitté la moelle osseuse rouge.

Afin de former des cellules sanguines, les cellules souches hématopoïétiques pluripotentes de la moelle osseuse rouge donnent naissance à deux autres types de cellules souches, les *cellules souches myéloïdes* et les *cellules souches lymphoïdes*. Les cellules souches myéloïdes se forment d'abord dans la moelle osseuse rouge et produisent les érythrocytes, les thrombocytes, les granulocytes éosinophiles, les granulocytes basophiles, les granulocytes neutrophiles et les monocytes. Les cellules souches lymphoïdes naissent aussi dans la moelle osseuse rouge, mais elles poursuivent leur développement dans les tissus lymphatiques ; elles produisent ensuite les lymphocytes T et B. Bien que chaque cellule souche possède un marqueur de cellule distinctif dans sa membrane plasmique, toutes les cellules souches sont histologiquement identiques et ressemblent aux lymphocytes.

Durant l'hématopoïèse, certaines cellules souches myéloïdes se différencient en **cellules progénitrices**. D'autres cellules souches myéloïdes et lymphoïdes se transforment directement en cellules précurseurs (décrites plus loin). Les cellules progénitrices, dont la capacité de se renouveler est limitée, contribueront à la formation des éléments spécifiques du sang. Les cellules progénitrices comprennent les *cellules souches formant les colonies* (ou *cellules CFU, colony-forming units*). Le nom de chaque cellule CFU est suivi d'une abréviation désignant l'élément mature qu'elle produira dans le sang. Les cellules CFU-E produisent des érythrocytes, les cellules CFU-Meg produisent des mégacaryocytes, sources des thrombocytes, et les cellules CFU-GM produisent des granulocytes (en particulier, des granulocytes neutrophiles) et des monocytes (figure 19.3). Comme les cellules souches, les cellules progénitrices ressemblent aux lymphocytes et ne peuvent être distinguées les unes des autres uniquement par leur aspect microscopique.

La génération ou lignée de cellules suivante est composée des **cellules précurseurs**, aussi appelées *cellules blastiques*. Elles se développent par le biais de plusieurs mitoses (divisions cellulaires) pour former les éléments figurés du sang. Par exemple, les mégacaryoblastes se différencient en mégacaryocytes ; les monoblastes, en monocytes ; et les myéloblastes éosinophiles, en granulocytes éosi-nophiles. Les cellules précurseurs possèdent des caractéristiques histologiques distinctives.

Plusieurs hormones, appelées **facteurs de croissance hématopoïétiques**, stimulent la différenciation et la prolifération de certaines cellules progénitrices. L'**érythropoïétine**, aussi connue par son acronyme d'EPO, est principalement produite par les cellules rénales situées entre les tubules rénaux (cellules interstitielles péritubulaires). L'EPO augmente le nombre de cellules précurseurs des érythrocytes. En cas d'insuffisance rénale, la libération d'érythropoïétine ralentit et la production des érythrocytes est déficiente. La **thrombopoïétine (TPO)**, produite par le foie, stimule la formation des thrombocytes par les mégacaryocytes. Plusieurs cytokines régissent le développement des diverses cellules sanguines. Les **cytokines** sont de petites glycoprotéines généralement produites par des cellules comme celles de la moelle osseuse rouge, les leucocytes, les phagocytes, les fibroblastes et les cellules endothéliales. Elles jouent habituellement le rôle d'hormones locales (autocrines ou paracrines ; voir le chapitre 18). Les cytokines stimulent la prolifération des cellules progénitrices dans la moelle osseuse rouge et assurent la régulation des activités des cellules participant à des mécanismes de défense non spécifiques (comme les phagocytes) et à des réactions immunitaires spécifiques (comme les lymphocytes B et T). Deux grandes familles de cytokines stimulent la formation des leucocytes : les **facteurs stimulateurs de colonies** et les **interleukines**.

⌖ L'USAGE DES FACTEURS DE CROISSANCE HÉMATOPOÏÉTIQUES À DES FINS MÉDICALES

Les facteurs de croissance hématopoïétiques, que l'on peut reproduire grâce à la technologie de recombinaison de l'ADN, offrent des possibilités de traitement aux personnes dont la capacité naturelle à former des érythrocytes est affaiblie ou perturbée. La forme synthétique de l'érythropoïétine (époétine alpha) combat très efficacement la diminution de l'érythropoïèse qui accompagne les maladies rénales en phase terminale. L'administration de facteurs stimulateurs des colonies de granulocytes et de phagocytes permet de stimuler la production de leucocytes chez les personnes cancéreuses qui suivent une chimiothérapie dite « antimitotique ». En effet, ce traitement détruit les cellules de la moelle osseuse rouge en même temps que les cellules cancéreuses, car ces deux types de cellules subissent une mitose. (Rappelons que les leucocytes protègent contre la maladie.) La thrombopoïétine est également prometteuse puisqu'elle contribue, durant la chimiothérapie, à prévenir la diminution des thrombocytes, nécessaires à la coagulation. Les facteurs stimulateurs de colonies et la thrombopoïétine améliorent également le sort des personnes qui ont subi une greffe de la moelle osseuse. Par ailleurs, les facteurs de croissance hématopoïétiques servent à traiter la thrombopénie chez les nouveau-nés, d'autres troubles de la coagulation et divers types d'anémie. Les recherches sur l'utilisation de ces médicaments se poursuivent et les résultats semblent prometteurs. ∎

▶ POINT DE CONTRÔLE

7. Lequel des facteurs de croissance hématopoïétiques régit la différenciation et la prolifération de cellules CFU-E ? la formation des thrombocytes par les mégacaryocytes ?

8. Décrivez la formation des thrombocytes à partir des cellules souches pluripotentes, en incluant le rôle des hormones.

LES ÉRYTHROCYTES

- Décrire la structure, les fonctions, le cycle de vie et la formation des érythrocytes.

Les **érythrocytes** (*eruthros*: rouge; *kutos*: cellule), ou globules rouges, contiennent l'**hémoglobine**, une protéine qui assure le transport de l'oxygène. L'hémoglobine est aussi un pigment, qui donne au sang total sa couleur rouge. Un homme adulte en bonne santé possède environ $5,4 \times 10^{12}$ érythrocytes par litre (L) de sang et une femme adulte en bonne santé, $4,8 \times 10^{12}$. Pour que le nombre d'érythrocytes demeure constant, de nouvelles cellules matures doivent entrer dans la circulation sanguine au rythme stupéfiant d'au moins 2 millions par seconde. Ce rythme est nécessaire pour compenser le taux élevé de destruction des érythrocytes.

L'ANATOMIE DES ÉRYTHROCYTES

Les érythrocytes ont une forme de disque biconcave et mesurent entre 7 et 8 μm de diamètre (figures 19.2a et 19.4a). La structure des érythrocytes matures est simple. Leur membrane plasmique est à la fois résistante et flexible, ce qui leur permet de se comprimer sans se rompre pour circuler dans les étroits capillaires. Comme nous le verrons un peu plus loin, certains glycolipides de la membrane plasmique des érythrocytes sont des antigènes qui déterminent les divers groupes sanguins, comme ceux des systèmes ABO et Rh. Les érythrocytes sont dépourvus de noyau et d'autres organites. Ils ne peuvent donc ni se reproduire, ni exercer d'activités méta-

boliques complexes. Le cytosol des érythrocytes contient des molécules d'hémoglobine, qui ont été synthétisées durant la production des érythrocytes, avant qu'ils ne perdent leur noyau. Ces molécules représentent environ 33 % du poids de la cellule.

LA PHYSIOLOGIE DES ÉRYTHROCYTES

Les érythrocytes sont des cellules particulièrement bien adaptées pour le transport de l'oxygène. Puisque les érythrocytes matures n'ont pas de noyau, tout leur espace interne est disponible pour le transport de l'oxygène. Comme les érythrocytes n'ont pas de mitochondries et produisent de l'ATP par des mécanismes anaérobies (sans oxygène), ils ne consomment pas l'oxygène qu'ils transportent. Par ailleurs, leur forme même facilite leur fonction. En effet, un disque biconcave présente une surface beaucoup plus grande qu'une sphère ou un cube, par exemple. La surface pour la diffusion des molécules de gaz, à l'intérieur et à l'extérieur de l'érythrocyte, est donc plus grande.

Chaque érythrocyte contient environ 280 millions de molécules d'hémoglobine. Une molécule d'hémoglobine est formée d'une protéine appelée **globine**, composée de quatre chaînes polypeptidiques (deux alpha et deux bêta); un pigment non protéique en forme d'anneau, appelé **hème** (figure 19.4b), est fixé à chacune des quatre chaînes. Au centre de l'anneau formé par l'hème se trouve un ion fer (Fe^{2+}) qui peut se combiner de façon réversible à une molécule d'oxygène (figure 19.4c), ce qui permet à chaque molécule d'hémoglobine de transporter quatre molécules d'oxygène. Chaque molécule d'oxygène captée dans les poumons est fixée à un ion fer. À mesure que le sang parcourt les capillaires des tissus,

FIGURE 19.4 La forme d'un érythrocyte et d'une molécule d'hémoglobine, et la structure d'un groupement hème.

Dans (b), chacune des quatre chaînes polypeptidiques (en bleu) d'une molécule d'hémoglobine contient un groupement hème (en jaune), lequel renferme un ion Fe^{2+} (en rouge).

Chacun des ions Fe^{2+} du groupement hème fixe une molécule d'oxygène pour son transport par l'hémoglobine.

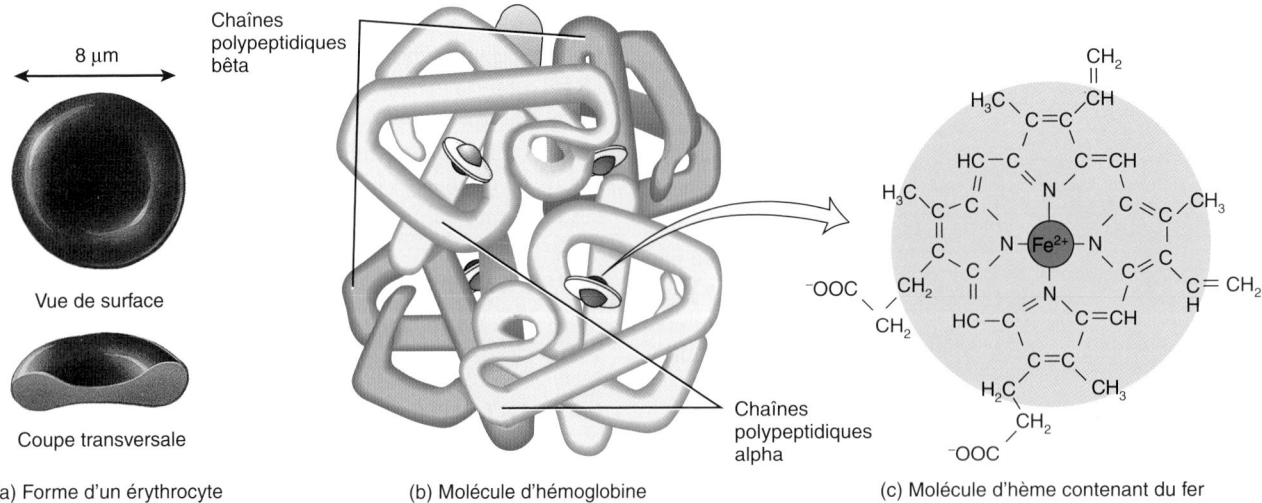

(a) Forme d'un érythrocyte   (b) Molécule d'hémoglobine   (c) Molécule d'hème contenant du fer

Q Combien de molécules d'O_2 une molécule d'hémoglobine peut-elle transporter?

la réaction fer-oxygène s'inverse. L'hémoglobine libère l'oxygène, qui diffuse d'abord dans le liquide interstitiel puis dans les cellules.

L'hémoglobine transporte également environ 23 % du dioxyde de carbone total, déchet produit par le métabolisme. Le sang circulant dans les capillaires des tissus capte le dioxyde de carbone, dont une partie se combine à des acides aminés contenus dans la globine de l'hémoglobine. Lorsque le sang pénètre dans les poumons, l'hémoglobine relâche le dioxyde de carbone et celui-ci est expiré.

À part le rôle essentiel qu'elle joue dans le transport de l'oxygène et du dioxyde de carbone, l'hémoglobine participe également à la régulation du débit sanguin et de la pression artérielle. Le **monoxyde d'azote (NO)**, une hormone gazeuse produite par les cellules endothéliales qui tapissent les vaisseaux sanguins, se fixe à l'hémoglobine. Dans certaines circonstances, l'hémoglobine libère du NO, ce qui provoque une *vasodilatation*, c'est-à-dire une augmentation du diamètre des vaisseaux sanguins consécutive à la détente des muscles lisses de leurs parois. La vasodilatation améliore le débit sanguin et l'oxygénation de cellules voisines du site de libération du NO.

Le cycle de vie des érythrocytes

Les érythrocytes ne vivent que 120 jours environ. Leur membrane plasmique s'use à force de traverser les capillaires. Dépourvus de noyau et d'autres organites, les érythrocytes ne peuvent pas synthétiser de nouveaux composants pour remplacer ceux qui sont endommagés. Leur membrane plasmique se fragilise avec le temps et les cellules peuvent éclater, surtout lorsqu'elles empruntent les étroits canaux de la rate. Les érythrocytes usés sont retirés de la circulation sanguine et détruits par des phagocytes fixes de la rate et du foie. Leurs produits de dégradation sont recyclés de la manière suivante (figure 19.5) :

1. Les macrophagocytes de la rate, du foie ou de la moelle osseuse rouge ingèrent puis dégradent les érythrocytes usés et éclatés.

2. L'hémoglobine est scindée en globine et en hème.

3. La globine (protéine) est dégradée en acides aminés, qui peuvent servir à la synthèse de nouvelles protéines.

4. Le fer est libéré par l'hème sous la forme de Fe^{3+} qui s'associe à une protéine plasmatique, la **transferrine** (*trans* : au-delà de), un transporteur de l'ion Fe^{3+} dans la circulation sanguine.

FIGURE 19.5 La formation et la destruction des érythrocytes, et le recyclage des composants de l'hémoglobine.
Après avoir quitté la moelle osseuse rouge, les érythrocytes restent dans la circulation pendant environ 120 jours. Ils sont alors retirés de la circulation sanguine par les phagocytes de la rate.

La vitesse de formation des érythrocytes par la moelle osseuse rouge équivaut à la vitesse de destruction des érythrocytes par les phagocytes.

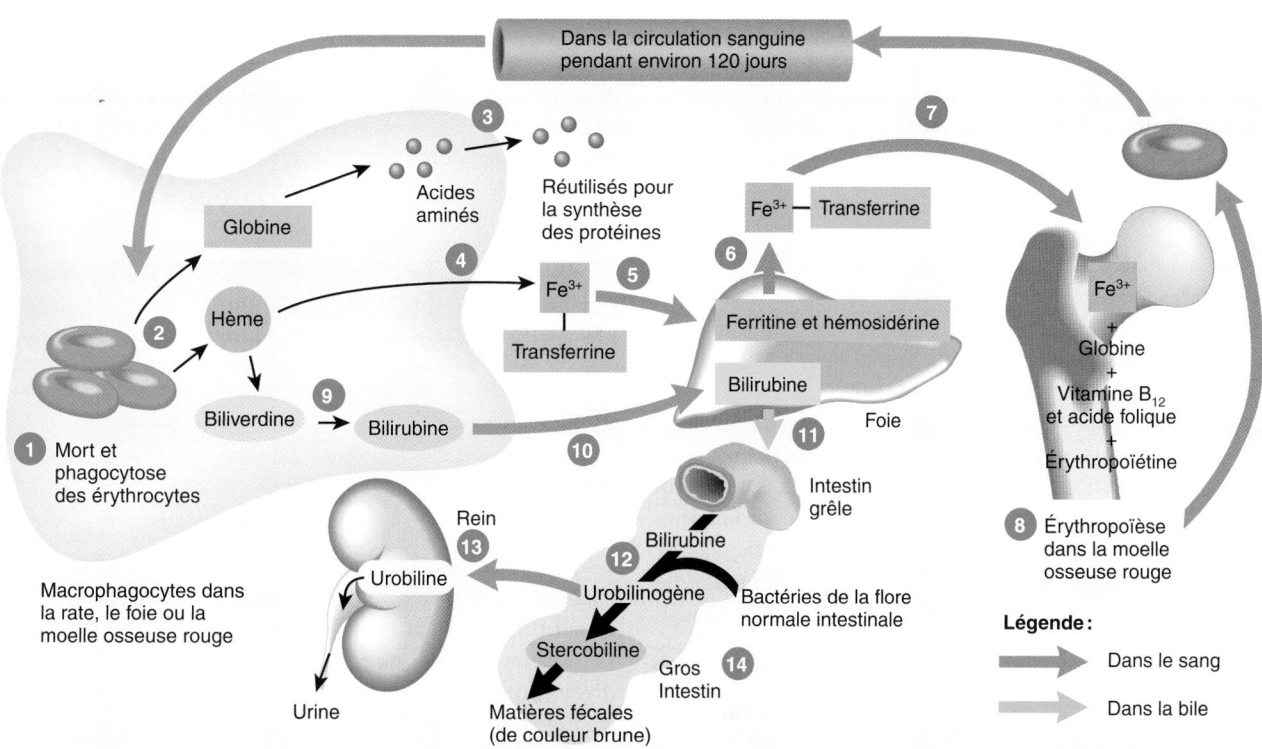

Quelle est la fonction de la transferrine ?

⑤ Dans les myocytes, les hépatocytes et les macrophagocytes de la rate et du foie, le Fe^{3+} se détache de la transferrine et se fixe à des protéines de stockage du fer dans les cellules, la **ferritine** et l'**hémosidérine**.

⑥ Lorsqu'il est libéré d'un site de stockage ou absorbé à partir du tube digestif, le Fe^{3+} se lie de nouveau à la transferrine.

⑦ Le complexe Fe^{3+} – transferrine est ensuite acheminé vers la moelle osseuse rouge, où des cellules précurseurs des érythrocytes l'absorbent au moyen de l'endocytose par récepteurs interposés pour l'utiliser dans la synthèse de l'hémoglobine (voir la figure 3.10). Le fer entre dans la composition de l'hème d'une molécule d'hémoglobine, et les acides aminés entrent dans la composition de la globine. Deux vitamines du groupe B, la vitamine B_{12} et l'acide folique, sont également nécessaires à la synthèse de l'hémoglobine.

⑧ L'érythropoïèse dans la moelle osseuse rouge produit des érythrocytes, qui entrent ensuite dans la circulation sanguine.

⑨ Lorsque l'hème est débarrassé de son fer, la portion restante est convertie en **biliverdine**, un pigment vert, puis en **bilirubine**, un pigment jaune orange.

⑩ La bilirubine entre dans le sang, qui l'achemine jusqu'au foie.

⑪ Dans le foie, la bilirubine est libérée par les hépatocytes dans la bile, qui passe alors dans l'intestin grêle, puis dans le gros intestin.

⑫ Dans le gros intestin, des bactéries convertissent la bilirubine en **urobilinogène**.

⑬ Une partie de l'urobilinogène est réabsorbée dans le sang, convertie en un pigment jaune appelé **urobiline**, et excrétée dans l'urine.

⑭ La majeure partie de l'urobilinogène est excrétée dans les matières fécales sous la forme d'un pigment brun appelé **stercobiline**, qui donne aux matières fécales leur couleur caractéristique.

LA SURCHARGE EN FER ET LA LÉSION DES TISSUS

Comme les atomes de fer libres (Fe^{2+} et Fe^{3+}) endommagent les molécules des cellules ou du sang auxquelles ils se lient, la transferrine et la ferritine jouent le rôle d'escorte protectrice pendant le transport et le stockage des atomes de fer. C'est pourquoi le plasma ne contient pratiquement pas de fer libre. En outre, seule une faible quantité de fer présente à l'intérieur des cellules de l'organisme peut servir à la synthèse des molécules contenant du fer, comme les pigments de cytochromes nécessaires pour la production d'ATP dans les mitochondries (voir la figure 25.9). En cas de **surcharge en fer**, la quantité de fer présente dans l'organisme augmente. Comme il n'y a pas de mécanisme pour éliminer l'excédent de fer, toute situation qui accroît l'absorption intestinale de fer alimentaire risque de causer une surcharge en fer. Si les ions fer saturent les molécules de transferrine et de ferritine, la concentration en fer libre augmente. Une surcharge en fer a souvent les conséquences suivantes: maladie du foie, du cœur, des îlots pancréatiques et des gonades. Une surcharge en fer favorise la prolifération de bactéries qui dépendent du fer. Ces microbes ne sont généralement pas pathogènes, mais ils se multiplient rapidement et peuvent avoir un effet létal en peu de temps en présence d'ions fer libres. ■

L'érythropoïèse: la production des érythrocytes

La formation des érythrocytes est appelée **érythropoïèse**. Elle commence dans la moelle osseuse rouge par une cellule précurseur appelée **proérythroblaste** (figure 19.3). Le proérythroblaste se divise plusieurs fois et engendre des cellules qui se mettent à synthétiser de l'hémoglobine. À la fin du processus, une cellule presque entièrement développée expulse son noyau. Cette cellule prend le nom de **réticulocyte**. L'absence de noyau cause l'affaissement de la cellule, ce qui donne aux érythrocytes leur forme biconcave caractéristique. Les réticulocytes conservent les mitochondries, les ribosomes et le réticulum endoplasmique. Ils passent de la moelle osseuse rouge à la circulation sanguine en se faufilant entre les cellules endothéliales des capillaires sanguins. Ils se convertissent habituellement en **érythrocytes** matures un ou deux jours après avoir quitté la moelle osseuse rouge.

Normalement, les vitesses de formation et de destruction des érythrocytes sont à peu près les mêmes. Si la capacité du sang à transporter l'oxygène diminue parce que l'érythropoïèse est plus lente que la destruction des érythrocytes, un mécanisme de rétroinhibition se déclenche pour accélérer l'érythropoïèse. Ce mécanisme est illustré à la figure 19.6.

❶ Différents changements du milieu interne ou externe, par exemple la haute altitude (où l'air contient moins d'oxygène), des troubles respiratoires, des troubles circulatoires réduisant le débit sanguin vers les tissus, un état d'anémie (affection dont les causes sont multiples et comprennent une carence en fer), une carence en certains acides aminés et une carence en vitamine B_{12} peuvent entraîner ❷ un état d'**hypoxie** (déséquilibre), soit une diminution de l'apport d'oxygène sanguin vers les tissus dans un temps donné.

❸ et ❹ Quelle qu'en soit la cause, l'hypoxie, ou le faible taux d'oxygène sanguin, est détectée par des cellules rénales, qui agissent à la fois comme récepteurs et comme centre endocrinien de régulation et qui réagissent en sécrétant une quantité plus élevée d'érythropoïétine. Cette hormone est transportée par le sang vers la moelle osseuse rouge.

❺ Stimulées par l'érythropoïétine, les cellules de la moelle osseuse rouge (effecteur) accélèrent la conversion des proérythroblastes en réticulocytes et leur libération dans le sang.

Après un ou deux jours, les réticulocytes deviennent des érythrocytes matures. ❻ À mesure que le nombre d'érythrocytes en circulation augmente, une plus grande quantité d'oxygène peut être acheminée aux tissus de l'organisme (réponse).

❼ L'augmentation du taux d'oxygène sanguin est détectée par les cellules rénales réceptrices. Si la réaction de la moelle osseuse rouge a permis d'augmenter le nombre d'érythrocytes et ainsi rétablir la concentration d'oxygène dans les limites normales, l'équilibre est atteint et les cellules rénales freinent leur sécrétion d'érythropoïétine dans le sang. Sinon, l'érythropoïétine continue d'être sécrétée jusqu'à ce que l'équilibre soit rétabli.

L'anémie chez les bébés prématurés, un trouble fréquent, s'explique en partie par une production inadéquate d'érythropoïétine. Durant les premières semaines de vie, la majeure partie de l'érythropoïétine est produite par le foie, et non par les reins.

FIGURE 19.6 La régulation par rétro-inhibition de l'érythropoïèse (production des érythrocytes). La faible teneur en oxygène de l'air en haute altitude, l'anémie et les troubles circulatoires peuvent réduire l'apport en oxygène vers les tissus de l'organisme.

Le principal stimulus de l'érythropoïèse est l'hypoxie, ou la diminution du taux d'oxygène dans le sang.

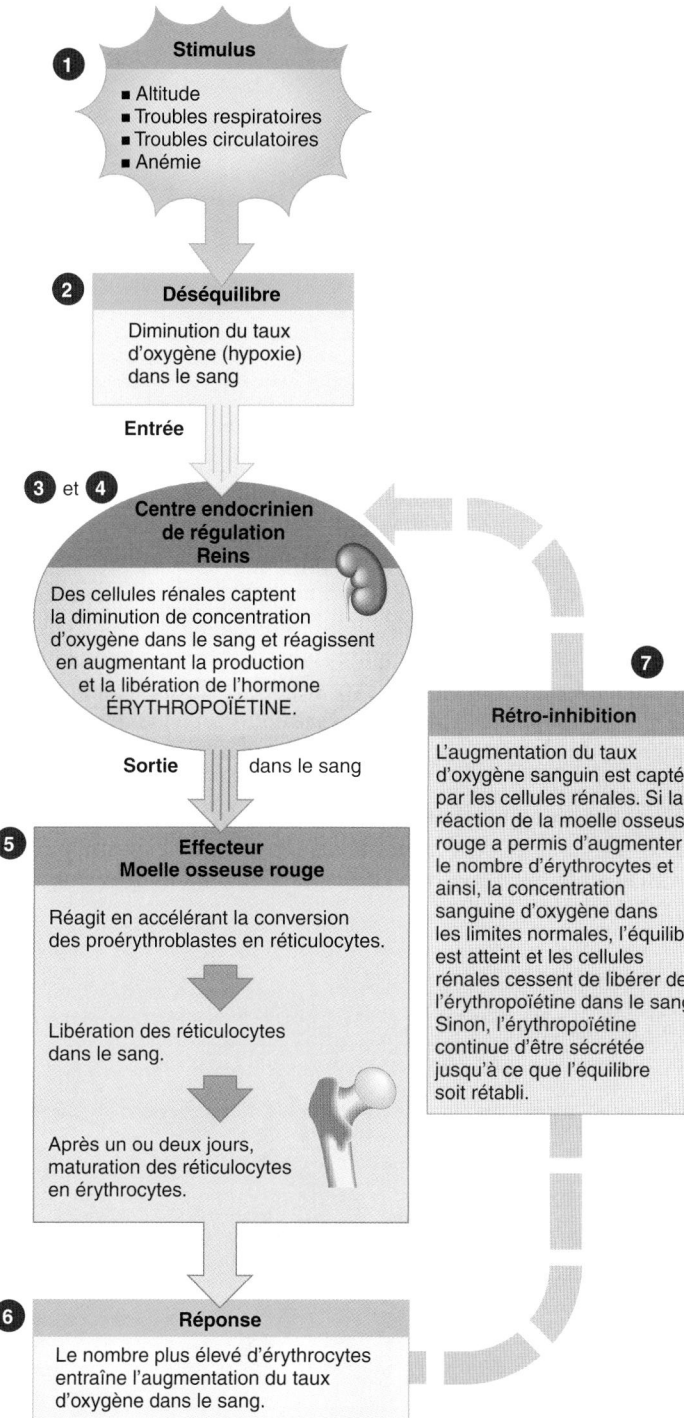

① **Stimulus**
- Altitude
- Troubles respiratoires
- Troubles circulatoires
- Anémie

② **Déséquilibre**
Diminution du taux d'oxygène (hypoxie) dans le sang

Entrée

③ et **④** **Centre endocrinien de régulation Reins**
Des cellules rénales captent la diminution de concentration d'oxygène dans le sang et réagissent en augmentant la production et la libération de l'hormone ÉRYTHROPOÏÉTINE.

Sortie dans le sang

⑤ **Effecteur Moelle osseuse rouge**
Réagit en accélérant la conversion des proérythroblastes en réticulocytes.

Libération des réticulocytes dans le sang.

Après un ou deux jours, maturation des réticulocytes en érythrocytes.

⑦ **Rétro-inhibition**
L'augmentation du taux d'oxygène sanguin est captée par les cellules rénales. Si la réaction de la moelle osseuse rouge a permis d'augmenter le nombre d'érythrocytes et ainsi, la concentration sanguine d'oxygène dans les limites normales, l'équilibre est atteint et les cellules rénales cessent de libérer de l'érythropoïétine dans le sang. Sinon, l'érythropoïétine continue d'être sécrétée jusqu'à ce que l'équilibre soit rétabli.

⑥ **Réponse**
Le nombre plus élevé d'érythrocytes entraîne l'augmentation du taux d'oxygène dans le sang.

 Quel changement subirait votre hématocrite si vous déménagiez d'une ville au bord de la mer dans un village situé en haute altitude? Par quel mécanisme ce changement se produirait-il?

Puisque le foie est moins sensible que les reins à l'hypoxie, la stimulation de la production d'érythropoïétine est moins efficace chez les nourrissons que chez les adultes.

LA NUMÉRATION DES RÉTICULOCYTES

 La vitesse de l'érythropoïèse se mesure par une épreuve appelée **numération des réticulocytes**. Normalement, un peu moins de 1% des érythrocytes les plus anciens sont remplacés par de nouveaux réticulocytes chaque jour. Il faut ensuite un ou deux jours aux nouveaux venus pour se débarrasser complètement de leur réticulum endoplasmique et devenir des érythrocytes matures. Les réticulocytes constituent donc de 0,5 à 1,5% environ de tous les érythrocytes dans un échantillon de sang normal. Un compte de réticulocytes bas chez une personne anémique reflète parfois un manque d'érythropoïétine ou l'incapacité de la moelle osseuse rouge à réagir à l'érythropoïétine en raison d'une carence nutritionnelle ou d'une leucémie. Par ailleurs, un compte élevé peut indiquer que la moelle osseuse rouge réagit bien à une perte de sang antérieure ou à une supplémentation en fer visant à corriger une carence en ce nutriment. Il peut également signifier qu'un athlète consomme illégalement de l'époétine alfa. ■

▶ POINT DE CONTRÔLE

9. Décrivez la taille, l'aspect microscopique et les fonctions des érythrocytes.

10. Expliquez comment l'hémoglobine est recyclée.

11. Définissez l'érythropoïèse et établissez le lien entre ce processus et l'hématocrite. Quels sont les facteurs qui accélèrent et ralentissent l'érythropoïèse?

LES LEUCOCYTES

> **OBJECTIF**
> - Décrire la structure, les fonctions et la formation des leucocytes.

LA TYPOLOGIE DES LEUCOCYTES

Les **leucocytes** (*leukos*: blanc), ou globules blancs, possèdent un noyau, mais ne contiennent pas d'hémoglobine, ce qui les différencie des érythrocytes (figure 19.7). Parmi les leucocytes, on distingue les granulocytes et les agranulocytes. Les premiers contiennent des vésicules cytoplasmiques remplies de substances chimiques, appelées *granulations*, visibles à la coloration. Les *granulocytes* comprennent les granulocytes neutrophiles, les granulocytes éosinophiles et les granulocytes basophiles. Les *agranulocytes* comprennent les lymphocytes et les monocytes. Comme le montre la figure 19.3, les monocytes et les granulocytes sont issus d'une cellule souche myéloïde, et les lymphocytes sont issus d'une cellule souche lymphoïde.

Les granulocytes

À la coloration, chacun des trois types de granulocytes prend une teinte caractéristique et présente des granulations visibles au microscope optique. Les granulations volumineuses de taille uniforme des **granulocytes éosinophiles** prennent une couleur rouge orangé au contact de colorants acides (figure 19.7a). Habituellement, les granulations ne recouvrent pas complètement le noyau, qui se divise la plupart du temps en deux lobes unis par une bande plus ou moins large de chromatine. Les **granulocytes basophiles** présentent des granulations rondes de taille variable qui prennent une couleur violette au contact de colorants basiques (figure 19.7b). Ces granulations dissimulent le noyau à deux lobes. Les granulations des **granulocytes neutrophiles** sont plus petites, réparties uniformément et de couleur lilas (figure 19.7c). Le noyau peut contenir de deux à cinq lobes unis par des bandes très minces de chromatine. À mesure que les cellules vieillissent, le nombre de lobes nucléaires augmente. Étant donné que les granulocytes neutrophiles âgés ont plusieurs lobes de forme différente, ils sont souvent appelés *leucocytes polynucléaires* ou *leucocytes polymorphonucléaires*. Les granulocytes neutrophiles plus jeunes sont appelés *granulocytes neutrophiles à noyau encoché*. Leur noyau présente plutôt l'aspect d'un bâtonnet.

Les agranulocytes

Bien que les agranulocytes possèdent des granulations cytoplasmiques, celles-ci ne sont pas visibles au microscope optique à cause de leur petite taille et de leur faible réaction à la coloration.

Le noyau d'un **lymphocyte** est rond ou légèrement dentelé et s'assombrit à la coloration. Le cytoplasme prend une teinte bleu ciel et forme un anneau autour du noyau. Plus la cellule est grande, plus le cytoplasme est visible. La taille des lymphocytes varie selon leur diamètre cellulaire. Les petits lymphocytes ont un diamètre de 6 à 9 μm et les gros lymphocytes, un diamètre de 10 à 14 μm (figure 19.7d). (Bien que la taille des lymphocytes ne semble pas changer leurs caractéristiques fonctionnelles, cette distinction demeure cliniquement utile, car un nombre élevé de gros lymphocytes permet d'établir un diagnostic d'infection virale aiguë ou de maladie auto-immune.)

Les **monocytes** ont un diamètre de 12 à 20 μm (figure 19.7e). Leur noyau a habituellement la forme d'un haricot ou d'un fer à cheval, et leur cytoplasme, de couleur bleu-gris, ressemble à de l'écume. Leur couleur et leur apparence s'expliquent par la présence de très petites *granulations azurophiles*, que sont les lysosomes. Les monocytes migrent dans les tissus, grossissent et se différencient en **macrophagocytes** (« gros mangeurs »). Les **macrophagocytes fixes** résident dans un tissu en particulier. Les macrophagocytes alvéolaires des poumons, les macrophagocytes de la rate ou les macrophagocytes intraépidermiques de la peau en sont des exemples. Les **macrophagocytes libres** circulent dans les différents tissus et se rassemblent aux sièges d'infection ou d'inflammation.

Les leucocytes et toutes les autres cellules nucléées de l'organisme possèdent des protéines appelées **antigènes majeurs d'histocompatibilité**. Ces molécules protéiques, issues de leur membrane plasmique, font saillie dans le liquide extracellulaire. Ces « marqueurs cellulaires » sont uniques à chaque personne (sauf chez les vrais jumeaux). Bien que les érythrocytes possèdent des antigènes du groupe sanguin, ils sont dépourvus d'antigènes majeurs d'histocompatibilité.

LES FONCTIONS DES LEUCOCYTES

Dans un corps sain, certains leucocytes, en particulier les lymphocytes, ont une durée de vie de plusieurs mois, voire plusieurs années, mais la plupart ne vivent que quelques jours. Au cours d'une période d'infection, les leucocytes phagocytaires ne vivent parfois que quelques heures. Les leucocytes sont 700 fois moins nombreux que les érythrocytes (de 5 à 10×10^9 cellules environ par litre de sang). La **leucocytose**, c'est-à-dire une augmentation du nombre des leucocytes au-dessus de 10×10^9/L, est une réaction de défense normale contre certains stimulus tels que des microorganismes, un exercice physique intense, une anesthésie ou une chirurgie. Un taux anormalement bas de leucocytes (au-dessous de 5×10^9/L) est appelé **leucopénie**. Cette situation n'est jamais un indice favorable et peut avoir été causée par une exposition à des rayonnements, un choc ou certains agents chimiothérapeutiques.

FIGURE 19.7 La typologie des leucocytes.

Les leucocytes se distinguent par la forme de leur noyau et les propriétés de coloration de leurs granulations cytoplasmiques.

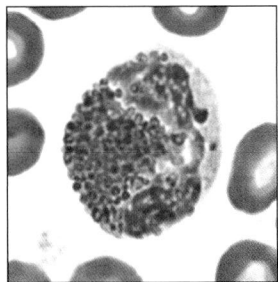 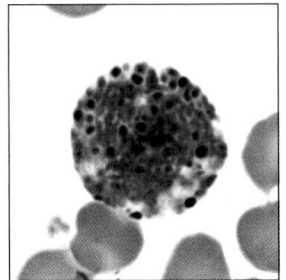 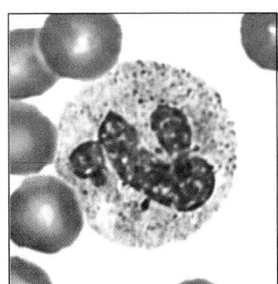 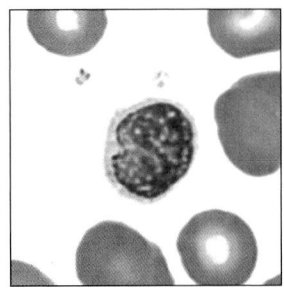 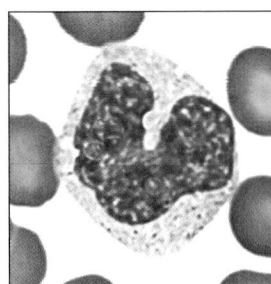

Toutes les photos, **MO** 1 600×

(a) Granulocyte éosinophile   (b) Granulocyte basophile   (c) Granulocyte neutrophile   (d) Lymphocyte   (e) Monocyte

Quels leucocytes sont des granulocytes ? Pourquoi sont-ils appelés *granulocytes* ?

La peau et les muqueuses de l'organisme sont constamment exposées à des microorganismes et à leurs toxines. Certains de ces microorganismes peuvent pénétrer dans les tissus et causer une maladie infectieuse. Une fois que les agents pathogènes ont envahi l'organisme, la fonction générale des leucocytes est de les combattre par phagocytose ou par diverses réactions immunitaires. Pour mener ce combat, les leucocytes quittent en grand nombre la circulation sanguine et se rassemblent aux sièges de l'invasion pathogène ou de l'inflammation. Les granulocytes neutrophiles et les monocytes qui sortent de la circulation sanguine pour combattre une lésion ou une infection n'y retournent jamais. Pour leur part, les lymphocytes reviennent toujours dans la circulation : ils passent du sang au liquide lymphatique (décrit au chapitre 22) en empruntant les espaces interstitiels des tissus, puis retournent dans le sang. Seulement 2 % de la population totale de lymphocytes circulent dans le sang à tout moment ; le reste se trouve dans le liquide lymphatique et dans divers organes comme la peau, les poumons, les nœuds lymphatiques et la rate.

L'organisme mobilise son armée de leucocytes sur les lieux d'une lésion enflammée causée, par exemple, par une blessure ou des microorganismes. Ce faisant, les leucocytes circulants doivent traverser des capillaires pour atteindre les cellules endommagées. Les leucocytes quittent la circulation sanguine par le processus de migration suivant : dans le périmètre de la région lésée, ❶ ils roulent d'abord le long de l'endothélium (le revêtement intérieur des capillaires) et ❷ s'y accrochent : cette étape d'adhérence s'appelle *margination*. Après s'être agrippés à l'endothélium, les leucocytes ❸ se faufilent entre les cellules endothéliales et traversent les capillaires : c'est l'étape de la **diapédèse** (figure 19.8). Les signaux qui stimulent le roulement et la margination varient selon le type de leucocytes. Des **molécules d'adhérence cellulaire** aident les leucocytes à se fixer à l'endothélium. Par exemple, les cellules endothéliales possèdent des molécules d'adhérence, appelées *sélectines*, qui réagissent aux lésions ou à l'inflammation dans leur voisinage immédiat. Les sélectines adhèrent aux glucides de la surface membranaire des granulocytes neutrophiles, ce qui ralentit la progression de ces derniers et les fait rouler le long de l'endothélium. À la surface des granulocytes neutrophiles, d'autres molécules d'adhérence, les *intégrines*, facilitent la diapédèse en liant les granulocytes à l'endothélium, ce qui les aide à traverser la paroi des vaisseaux sanguins pour se rendre au liquide interstitiel entourant le tissu atteint.

Au siège d'une infection, les granulocytes neutrophiles et les macrophagocytes issus des monocytes interviennent dans la **phagocytose** en ingérant des microorganismes. Les *macrophagocytes fixes* dans les différents tissus se mettent à l'œuvre dès la pénétration d'agents pathogènes afin d'en limiter la dissémination dans les tissus voisins de la lésion. Pour leur venir en aide, plusieurs substances chimiques libérées par les microorganismes et les tissus enflammés attirent les phagocytes du sang par un phénomène appelé **chimiotactisme positif**. Les substances qui déclenchent le chimiotactisme positif comprennent les toxines produites par des microorganismes, les kinines, qui sont des messagers chimiques sécrétés par des tissus endommagés, et certains facteurs stimulateurs de colonies. Ces facteurs accroissent également l'activité phagocytaire des granulocytes neutrophiles et des macrophagocytes.

FIGURE 19.8 La migration des leucocytes.

Des molécules d'adhérence cellulaire (sélectines et intégrines) participent à la diapédèse des leucocytes de la circulation sanguine jusqu'au liquide interstitiel.

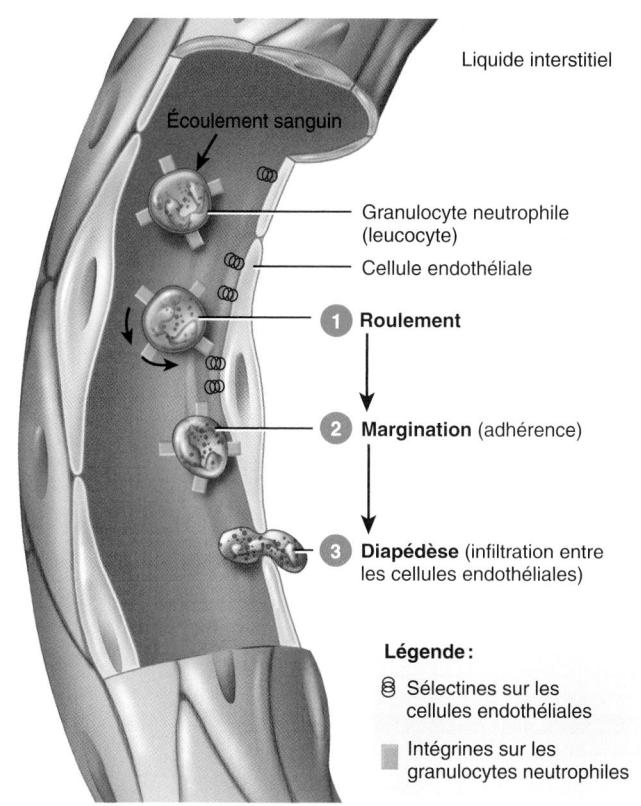

Liquide interstitiel

Écoulement sanguin

Granulocyte neutrophile (leucocyte)

Cellule endothéliale

❶ **Roulement**

❷ **Margination** (adhérence)

❸ **Diapédèse** (infiltration entre les cellules endothéliales)

Légende :

🎇 Sélectines sur les cellules endothéliales

▪ Intégrines sur les granulocytes neutrophiles

 Qu'est-ce qui distingue le déplacement des lymphocytes dans l'organisme de celui des autres leucocytes ?

De tous les leucocytes en circulation, les *granulocytes neutrophiles* sont ceux qui réagissent le plus rapidement à l'agression des tissus par des microorganismes, telles les bactéries. Attirés par chimiotactisme positif, les leucocytes quittent les capillaires par diapédèse puis migrent vers les microorganismes agresseurs. Une fois captés par phagocytose (voir la figure 3.11), les agents pathogènes se trouvent englobés dans des petites vésicules appelées *phagosomes*. La membrane de ces phagosomes fusionne avec celle de vésicules *digestives*. Ces vésicules, par exemple les lysosomes et les peroxysomes, contiennent plusieurs substances chimiques capables de détruire l'agent pathogène. Ces substances comprennent une enzyme, appelée **lysozyme**, qui détruit certaines bactéries, et de **puissants oxydants** tels que l'anion superoxyde (O_2^-), le peroxyde d'hydrogène (H_2O_2) et l'anion hypochlorite (OCl^-), qui s'apparente à l'eau de Javel. À l'intérieur des granulocytes neutrophiles, on trouve également des vésicules contenant des **défensines**, protéines qui opposent leurs diverses propriétés antibiotiques aux bactéries et aux mycètes (anciennement appelés *champignons*). Une fois les vésicules contenant des défensines fusionnées à des phagosomes remplis de microorganismes, ces dernières forment des « lances » de peptides qui criblent de trous les membranes des microorganismes pour les vider de leur contenu cellulaire et les détruire.

Les monocytes du sang mettent plus de temps que les granulocytes neutrophiles à atteindre le siège d'infection, mais ils arrivent en plus grand nombre et détruisent plus de microorganismes. Une fois sur place, ils grossissent et se différencient en *macrophagocytes libres* qui nettoient les débris cellulaires et les microorganismes résiduels d'une infection par phagocytose.

Au siège d'une inflammation, les granulocytes basophiles sortent des capillaires, pénètrent dans les tissus et libèrent des granulations qui contiennent de l'héparine, un anticoagulant, de l'histamine et de la sérotonine, des substances qui intensifient la réponse inflammatoire. Le rôle des granulocytes basophiles est semblable à celui des mastocytes, des cellules de tissu conjonctif qui proviennent des cellules souches pluripotentes de la moelle osseuse rouge, car ces dernières libèrent également des substances participant à l'inflammation, comme l'héparine, l'histamine et les protéases. Les mastocytes sont présents dans l'ensemble de l'organisme, surtout dans le tissu conjonctif de la peau et des muqueuses des voies respiratoires et intestinales. Comme l'explique leur rôle dans l'inflammation, les granulocytes basophiles sont très actifs au cours des réactions d'hypersensibilité, ou réactions allergiques, telles que l'asthme ou l'allergie au beurre d'arachide.

Les granulocytes éosinophiles du sang quittent les capillaires et entrent dans le liquide interstitiel des tissus. On pense qu'ils libèrent des enzymes, telle l'histaminase, pour combattre les effets de l'histamine et d'autres substances participant à l'inflammation au cours de réactions allergiques. Les granulocytes éosinophiles phagocytent aussi les complexes antigène-anticorps et combattent efficacement certains vers parasites. Un nombre élevé de granulocytes éosinophiles indique souvent une réaction allergique ou une infection parasitaire.

Les lymphocytes sont les principaux soldats des batailles que mène le système immunitaire (voir le chapitre 22). Les trois principaux types de lymphocytes sont les lymphocytes B, les lymphocytes T et les cellules tueuses naturelles. Les lymphocytes B sont particulièrement efficaces quand il s'agit de détruire des bactéries et de désactiver leurs toxines. Les lymphocytes T luttent contre les cellules infectées par des virus, contre les mycètes et certaines bactéries, et contre les cellules cancéreuses; les lymphocytes T sont également responsables des réactions transfusionnelles, des allergies telles les allergies de contact et du rejet des organes greffés. Les réactions immunitaires spécifiques qui font intervenir les lymphocytes B et T contribuent à combattre l'infection et à protéger l'organisme contre certaines maladies. Les cellules tueuses naturelles s'attaquent à une grande variété de microorganismes infectieux et à certaines cellules tumorales qui se développent spontanément.

Comme nous l'avons déjà vu, l'augmentation du nombre de leucocytes circulants est habituellement le signe d'une inflammation ou d'une infection. Le médecin peut demander une **formule leucocytaire**, une épreuve consistant à dénombrer chacun des cinq types de leucocytes. On se sert de cette épreuve pour détecter une infection ou une inflammation, pour déterminer les effets d'une possible intoxication chimique ou médicamenteuse, pour surveiller des troubles sanguins (une leucémie, par exemple) et les effets d'une chimiothérapie, ou encore pour détecter des réactions allergiques et des infections parasitaires. Puisque chaque type de leu-

cocyte joue un rôle différent, le fait de connaître le *pourcentage* de chacun dans le sang aide à porter un diagnostic. Le tableau 19.2 décrit les effets d'un nombre élevé et faible de leucocytes.

▶ **POINT DE CONTRÔLE**

12. Expliquez l'importance de la diapédèse, du chimiotactisme positif et de la phagocytose dans la lutte contre les invasions bactériennes.

13. Quelle est la différence entre la leucocytose et la leucopénie?

14. Qu'est-ce qu'une formule leucocytaire?

15. Quelles sont les fonctions des granulocytes, des macrophagocytes, des lymphocytes B, des lymphocytes T et des cellules tueuse naturelles?

LES THROMBOCYTES

> **OBJECTIF**

• Décrire la structure, la fonction et l'origine des thrombocytes.

Les cellules souches hématopoïétiques pluripotentes engendrent non seulement les cellules immatures qui deviennent les érythrocytes et les leucocytes, mais elles se différencient également en cellules qui produisent des **thrombocytes**, ou plaquettes. Sous l'effet d'une hormone, la **thrombopoïétine**, les cellules souches myéloïdes

TABLEAU 19.2 LA SIGNIFICATION D'UNE NUMÉRATION ÉLEVÉE ET FAIBLE DE LEUCOCYTES

TYPE DE LEUCOCYTES	UN NOMBRE ÉLEVÉ PEUT SIGNIFIER	UN NOMBRE FAIBLE PEUT SIGNIFIER
Granulocytes neutrophiles	Infection bactérienne, brûlures, stress, inflammation.	Exposition à des rayonnements, intoxication médicamenteuse, carence en vitamine B_{12}, lupus érythémateux disséminé.
Lymphocytes	Infections virales, certaines leucémies.	Maladie prolongée, antibiothérapie, immunosuppression, corticothérapie.
Monocytes	Infections virales ou fongiques, tuberculose, certaines leucémies, autres maladies chroniques.	Insuffisance de la moelle osseuse rouge, corticothérapie.
Granulocytes éosinophiles	Réactions allergiques, infections parasitaires, maladies auto-immunes.	Intoxication médicamenteuse, stress.
Granulocytes basophiles	Réactions allergiques, leucémies, cancers, hypothyroïdie.	Grossesse, ovulation, stress, hyperthyroïdie.

se transforment en cellules progénitrices (CFU-Meg) qui, à leur tour, deviennent des cellules précurseurs appelés *mégacaryoblastes* (figure 19.3). Les mégacaryoblastes se transforment en mégacaryocytes, énormes cellules qui éclatent en 2 000 à 3 000 fragments. Chaque fragment recouvert d'une portion de membrane cellulaire constitue un thrombocyte. Les thrombocytes se détachent des mégacaryocytes dans la moelle osseuse rouge et entrent dans la circulation sanguine. Chaque litre de sang contient de 150 à 400 $\times$ 10^9 thrombocytes. De forme discoïde, chaque thrombocyte a un diamètre de 2 à 4 µm et possède de nombreuses granulations, mais aucun noyau.

Les thrombocytes arrêtent l'écoulement du sang hors des vaisseaux sanguins endommagés en formant le **clou** plaquettaire. Leurs granulations contiennent également des substances chimiques qui, une fois libérées, favorisent la coagulation. Les thrombocytes ne circulent normalement que de cinq à neuf jours. Des macrophagocytes fixes de la rate et du foie se chargent ensuite de les éliminer.

Le tableau 19.3 présente un résumé des éléments figurés du sang.

LA FORMULE SANGUINE

La **formule sanguine**, ou **hémogramme complet**, est une épreuve très fiable qui permet de dépister l'anémie et diverses infections. Elle comprend habituellement une numération des érythrocytes, des leucocytes et des thrombocytes par litre de sang total, un hématocrite et une formule leucocytaire. La quantité d'hémoglobine en millimoles par litre de sang est également déterminée. Les concentrations normales d'hémoglobine sont de 8,7 à 12,4 mmol/L de sang chez l'enfant, de 7,5 à 10,0 mmol/L de sang chez la femme adulte, et de 8,4 à 11,2 mmol/L de sang chez l'homme adulte. ■

▶ POINT DE CONTRÔLE

16. Comparez les érythrocytes, les leucocytes et les thrombocytes en fonction de leur taille, de leur concentration par L de sang et de leur durée de vie.

LA GREFFE DE CELLULES SOUCHES PROVENANT DE LA MOELLE OSSEUSE ROUGE OU DU SANG OMBILICAL

▶ OBJECTIF

- Expliquer l'importance des greffes de moelle osseuse rouge et de cellules souches.

Une **greffe de moelle osseuse rouge** consiste à remplacer la moelle osseuse rouge anormale ou cancéreuse par de la moelle osseuse rouge saine afin de rétablir le nombre de cellules à sa valeur normale. Chez les personnes atteintes de cancer ou de certaines maladies génétiques, on détruit toute la moelle osseuse rouge anormale par une intense chimiothérapie et par une radiothérapie de l'ensemble du corps juste avant la greffe. Ces traitements tuent les cellules cancéreuses ou anormales, mais ils suppriment également

le système immunitaire du patient, et ce, dans le but de diminuer les risques de rejet de la greffe.

La moelle osseuse rouge saine utilisée pour la greffe peut être prélevée sur un donneur histocompatible ou sur le patient lui-même, quand la maladie dont il est atteint est inactive, comme pendant une période de rémission. La moelle d'un donneur est généralement prélevée, sous anesthésie générale, au niveau de la crête iliaque de la hanche au moyen d'une seringue ; elle est ensuite injectée dans une veine du receveur, un peu comme pour une transfusion sanguine. La moelle injectée migre vers les canaux de moelle osseuse rouge du receveur, et les cellules souches de la moelle se multiplient. Quand l'intervention se déroule bien, la moelle osseuse rouge du receveur est entièrement remplacée par de la moelle saine dépourvue de cellules cancéreuses.

La greffe de moelle osseuse rouge permet de traiter les affections suivantes : anémie aplastique, certains types de leucémie, immunodéficience combinée sévère, maladie de Hodgkin, lymphome non hodgkinien, myélome multiple, thalassémie, drépanocytose, cancer du sein, cancer de l'ovaire, cancer des testicules et anémie hémolytique. Elle comporte toutefois des inconvénients. En effet, comme les leucocytes du receveur sont totalement détruits par la chimiothérapie et la radiothérapie, celui-ci est très sensible aux infections. (La moelle osseuse rouge greffée met de deux à trois semaines pour produire un nombre suffisant de leucocytes et assurer une protection contre l'infection.) De plus, lorsque la compatibilité tissulaire n'est pas optimale, la moelle osseuse rouge greffée peut produire des lymphocytes T (leucocytes) qui attaquent les tissus du receveur, réaction appelée *réaction du greffon contre l'hôte*. Par ailleurs, les lymphocytes T du receveur qui ont survécu à la chimiothérapie et à la radiothérapie peuvent s'attaquer aux cellules greffées. Le fait que le receveur doive prendre des immunosuppresseurs toute sa vie est un autre inconvénient. Ces médicaments diminuent l'activité du système immunitaire ; ils augmentent donc le risque d'infection. Les immunosuppresseurs ont également des effets secondaires : fièvre, douleurs musculaires, céphalées, nausées, fatigue, dépression, hypertension et lésion des reins et du foie.

Des progrès récents permettent maintenant d'obtenir des cellules souches pour effectuer une **greffe de sang ombilical**. Le cordon ombilical relie la mère à l'embryon (et plus tard au fœtus). Il est possible de prélever au moyen d'une seringue, puis de congeler, des cellules souches du cordon ombilical peu de temps après la naissance. Les cellules souches prélevées du cordon ombilical présentent de nombreux avantages par rapport à celles provenant de la moelle osseuse rouge :

1. Elles sont faciles à obtenir une fois la permission des parents obtenue.

2. Elles sont plus abondantes que les cellules souches de la moelle osseuse rouge.

3. Elles sont moins susceptibles de provoquer une réaction du greffon contre l'hôte. La correspondance entre le donneur et le receveur n'a donc pas besoin d'être aussi précise que dans le cas d'une greffe de moelle osseuse rouge. Le nombre de donneurs est alors beaucoup plus grand.

TABLEAU 19.3 RÉSUMÉ DES ÉLÉMENTS FIGURÉS DU SANG

NOM ET ASPECT	CONCENTRATION*	CARACTÉRISTIQUES**	FONCTIONS
ÉRYTHROCYTES	3,9 à 5,6 × 10¹²/L chez la femme ; 4,5 à 6,5 × 10¹²/L chez l'homme.	Diamètre de 7 à 8 μm ; disques biconcaves anucléés ; durée de vie d'environ 120 jours.	Transport par l'hémoglobine des érythrocytes de la majeure partie de l'oxygène et d'une partie du dioxyde de carbone dans le sang.
LEUCOCYTES	5 à 10 × 10⁹/L	La plupart ne vivent que de quelques heures à quelques jours†.	Lutte contre les agents pathogènes et autres substances étrangères qui envahissent l'organisme.
Granulocytes			
Granulocytes neutrophiles	2,5 à 7,5 × 10⁹/L	Diamètre de 10 à 12 μm ; noyau de 2 à 5 lobes unis par de minces bandes de chromatine ; cytoplasme contenant des granulations lilas très fines.	Phagocytose : destruction des bactéries par le lysozyme, les défensines et de puissants oxydants comme l'anion superoxyde, le peroxyde d'hydrogène et l'anion hypochlorite.
Granulocytes éosinophiles	0,1 à 0,4 × 10⁹/L	Diamètre de 10 à 12 μm ; noyau de 2 lobes généralement reliés par une large bande de chromatine ; grandes granulations rouge orangé remplissant le cytoplasme.	Lutte contre les effets de l'histamine lors des réactions allergiques ; phagocytose des complexes antigène-anticorps et destruction de certains vers parasitaires.
Granulocytes basophiles	0,02 à 0,1 × 10⁹/L	Diamètre de 8 à 10 μm ; noyau à 2 lobes ; grosses granulations cytoplasmiques violettes.	Libération d'héparine, d'histamine et de sérotonine lors de la réaction inflammatoire ; intensifie la réaction inflammatoire globale lors de réactions allergiques.
Agranulocytes			
Monocytes	0,1 à 0,8 × 10⁹/L	Diamètre de 12 à 20 μm ; noyau en forme de haricot ou de fer à cheval ; cytoplasme gris-bleu d'aspect écumeux.	Phagocytose (après leur conversion en macrophagocytes fixes ou libres).
Lymphocytes (lymphocytes T et B et cellules tueuses naturelles)	1 à 4 × 10⁹/L	Petits lymphocytes : diamètre de 6 à 9 μm ; gros lymphocytes : diamètre de 10 à 14 μm ; noyau rond ou légèrement dentelé ; cytoplasme formant un anneau d'apparence bleu ciel autour du noyau ; plus la cellule est grosse, plus le cytoplasme est visible.	Médiation des réponses immunitaires spécifiques comprenant les réactions antigène-anticorps. Les lymphocytes B se transforment en plasmocytes, qui sécrètent des anticorps. Les lymphocytes T attaquent les cellules infectées par des virus, les cellules cancéreuses et les cellules des tissus greffés. Les cellules tueuses naturelles détruisent une grande variété de microorganismes infectieux et certaines cellules tumorales spontanées.
THROMBOCYTES OU PLAQUETTES	150 à 400 × 10⁹/L	Fragments cellulaires d'un diamètre de 2 à 4 μm ; ne vivent que de 5 à 9 jours ; contiennent de nombreuses granulations, mais aucun noyau.	Formation du clou plaquettaire lors de l'hémostase ; libération de substances chimiques qui favorisent le spasme vasculaire et la coagulation.

* Ces valeurs de référence varient légèrement selon les laboratoires d'analyse.

** Couleur obtenue à la coloration de Wright.

† Certains lymphocytes, comme les cellules mémoire T et B, peuvent vivre plusieurs années, une fois qu'ils sont formés.

4. Elles risquent moins de transmettre des infections.

5. Elles peuvent être conservées indéfiniment dans des banques de sang ombilical.

▶ **POINT DE CONTRÔLE**

17. Comparez la greffe de moelle osseuse rouge et la greffe de sang ombilical.

L'HÉMOSTASE

OBJECTIFS

• Décrire les mécanismes qui interviennent dans l'hémostase.

• Énumérer les étapes de la coagulation et expliquer les facteurs qui favorisent et inhibent ce processus.

L'**hémostase**, qu'il ne faut pas confondre avec l'homéostasie, est une séquence de réactions qui arrêtent le saignement. Lorsque des vaisseaux sanguins sont endommagés ou rompus, la réponse hémostatique doit être rapide, localisée à la région lésée et soigneusement maîtrisée pour être efficace. Trois mécanismes entrent en jeu pour réduire la perte de sang : 1) le spasme vasculaire ; 2) la formation du clou plaquettaire ; et 3) la coagulation, ou formation d'un caillot. Lorsqu'elle se déroule bien, l'hémostase prévient l'**hémorragie** (*rhagê* : rupture), ou perte importante de sang hors des vaisseaux. Les mécanismes hémostatiques peuvent prévenir l'hémorragie dans les petits vaisseaux sanguins, mais une hémorragie massive dans les gros vaisseaux sanguins nécessite habituellement une intervention médicale.

LE SPASME VASCULAIRE

Lorsque les artères ou les artérioles sont endommagées, les muscles lisses disposés en cercle dans leur paroi se contractent immédiatement, causant une vasoconstriction. Ce phénomène, appelé **spasme vasculaire**, réduit le saignement pendant plusieurs minutes, parfois plusieurs heures, ce qui donne le temps aux autres mécanismes hémostatiques d'entrer en action. Le spasme vasculaire serait amplifié par des lésions aux muscles lisses, les substances libérées par les thrombocytes actifs et les réflexes déclenchés par les récepteurs de la douleur.

LA FORMATION DU CLOU PLAQUETTAIRE

Même si les thrombocytes ne sont que de petits fragments cellulaires, ils contiennent une quantité impressionnante de substances chimiques. Leurs nombreuses granulations contiennent des facteurs de coagulation, de l'ADP, de l'ATP, du Ca^{2+} et de la sérotonine. Ces facteurs comprennent également des enzymes qui produisent du thromboxane A_2, une prostaglandine ; le *facteur stabilisant de la fibrine*, qui rend le caillot plus résistant ; des lysosomes ; quelques mitochondries et du glycogène. Par ailleurs, des mécanismes membranaires captent et emmagasinent le calcium et ouvrent des canaux pour la libération du contenu des granulations. Les thrombocytes

contiennent également le **facteur de croissance dérivé des plaquettes** (PDGF, *platelet-derived growth factor*), une hormone qui peut stimuler la prolifération de cellules endothéliales vasculaires, de myocytes lisses vasculaires et de fibroblastes qui participent à la réparation des parois vasculaires endommagées.

La formation du clou plaquettaire inclut les étapes suivantes (figure 19.9) :

❶ Les thrombocytes entrent en contact avec certaines parties du vaisseau sanguin lésé, par exemple avec les fibres collagènes du tissu conjonctif situé sous les cellules endothéliales endommagées, et s'y fixent. Cette première étape, appelée **adhésion plaquettaire**, est facilitée par une protéine plasmatique (le facteur Willebrand) sécrétée par les cellules endothéliales et les thrombocytes.

❷ L'adhésion déclenche l'activation des thrombocytes, de sorte que leurs caractéristiques changent considérablement. Ils émettent de nombreux prolongements grâce auxquels ils se touchent et interagissent, puis ils commencent à libérer le contenu de leurs granulations. Cette phase est appelée **réaction de libération plaquettaire**. L'ADP (adénosine diphosphate) et le thromboxane A_2 libérés jouent un rôle crucial dans l'activation des thrombocytes avoisinants. La sérotonine et le thromboxane A_2 agissent comme vasoconstricteurs qui provoquent et maintiennent la contraction des muscles lisses vasculaires (spasme vasculaire) en vue d'empêcher le sang de s'échapper du vaisseau endommagé.

❸ Par suite de la libération de l'ADP, les autres thrombocytes se trouvant dans la région de la lésion deviennent collants. Les thrombocytes nouvellement recrutés et activés adhèrent donc mieux aux thrombocytes déjà activés. Ce rassemblement de thrombocytes est appelé **agrégation plaquettaire**. L'accumulation et l'union d'un grand nombre de thrombocytes forment bientôt une masse, le **clou plaquettaire**.

Le clou plaquettaire agit très efficacement pour empêcher la perte de sang hors des petits vaisseaux. Au début, il est tissé de façon lâche, mais il se resserre grâce aux filaments de fibrine qui seront formés pendant la coagulation (figure 19.10). Le clou plaquettaire peut arrêter complètement le saignement si la lésion vasculaire est assez petite.

LA COAGULATION

Normalement, le sang reste liquide tant qu'il demeure dans les vaisseaux. Cependant, dès qu'un vaisseau se rompt, le sang épaissit et forme une masse gélatineuse qui se sépare ensuite du liquide. Ce liquide jaunâtre, appelé **sérum**, est en fait du plasma sanguin sans les protéines de coagulation. La masse gélatineuse, appelée **caillot**, est constituée d'un réseau de fibres formé d'une protéine insoluble, la fibrine, dans lequel les éléments figurés du sang sont emprisonnés (figure 19.10).

Le processus de formation de la masse gélatineuse, appelé **coagulation** ou encore **formation du caillot**, comporte une série de réactions chimiques qui aboutissent à la formation de filaments de fibrine. La coagulation fait intervenir plusieurs substances

FIGURE 19.9 La formation du clou plaquettaire.

 Un clou plaquettaire peut arrêter complètement le saignement d'un vaisseau sanguin si la lésion est assez petite.

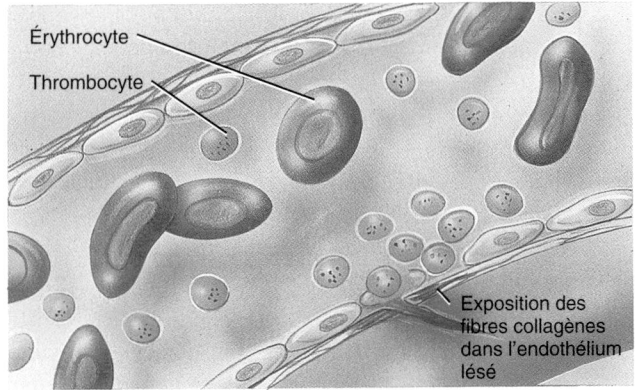

Érythrocyte

Thrombocyte

Exposition des fibres collagènes dans l'endothélium lésé

1 **Adhésion plaquettaire**

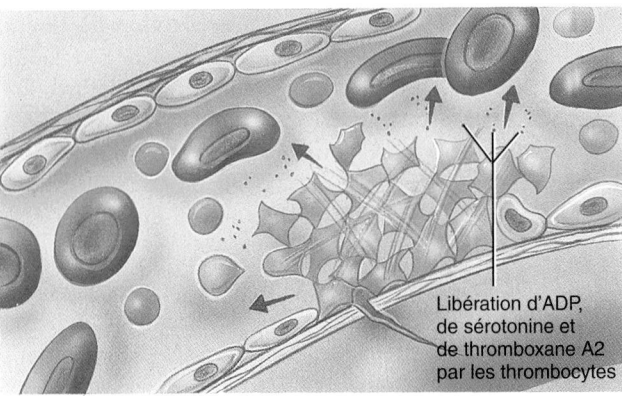

Libération d'ADP, de sérotonine et de thromboxane A2 par les thrombocytes

2 **Réaction de libération plaquettaire**

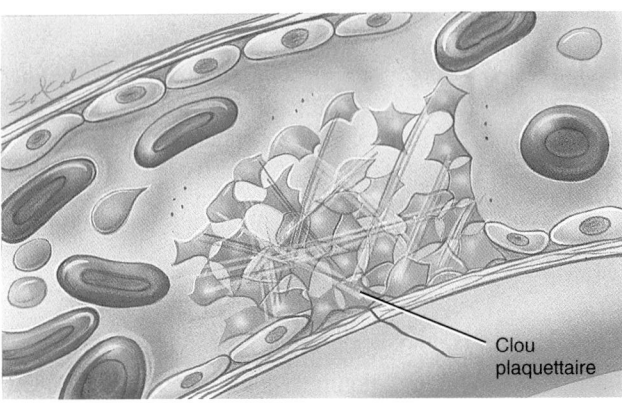

Clou plaquettaire

3 **Agrégation plaquettaire**

 Outre la formation du clou plaquettaire, quels sont les deux mécanismes qui contribuent à l'hémostase?

FIGURE 19.10 La formation d'un caillot. Remarquez les thrombocytes et les érythrocytes emprisonnés dans des filaments de fibrine.

Un caillot est une masse gélatineuse qui contient les éléments figurés du sang emprisonnés dans des filaments de fibrine.

Thrombocyte

Filaments de fibrine

MEB 900×

(a) Première étape

MEB 900×

(b) Étape intermédiaire

MEB 900×

(c) Dernière étape

Érythrocyte

Filaments de fibrine

MEB 1 600×

(d) Photomicrographies montrant des érythrocytes emprisonnés dans des filaments de fibrine

 Qu'est-ce que le sérum?

appelées **facteurs de coagulation**. Ces facteurs comprennent des ions calcium (Ca^{2+}), plusieurs enzymes inactives qui sont synthétisées par les hépatocytes et libérées dans la circulation sanguine, et diverses molécules associées aux thrombocytes ou libérées par les tissus endommagés. De nombreux facteurs de coagulation sont désignés par des chiffres romains, qui indiquent l'ordre de leur découverte et non l'ordre dans lequel ils interviennent au cours de la coagulation.

La coagulation constitue une séquence complexe, mais définie, de réactions en cascade dans lesquelles chaque facteur de coagulation active de nombreuses molécules du facteur suivant. Finalement, il se forme une grande quantité de fibrine, une protéine insoluble. Si le sang coagule trop facilement, il y a risque de **thrombose**, c'est-à-dire formation d'un caillot dans un vaisseau sanguin intact. S'il coagule trop lentement, une hémorragie peut survenir.

Les trois principales étapes de la coagulation sont les suivantes (figure 19.11):

❶ Deux séries de réactions différentes initiées lors d'une lésion vasculaire, appelées *voie extrinsèque* (figure 19.11a) et *voie intrinsèque* (figure 19.11b), permettent la formation de la prothrombinase. Une fois la prothrombinase formée, la séquence de réactions pour les deux étapes suivantes est la même pour la voie intrinsèque et pour la voie extrinsèque. C'est pourquoi on parle de *voie commune* pour ces deux étapes.

❷ La prothrombinase convertit la prothrombine (protéine plasmatique formée par le foie) en une enzyme, la thrombine.

❸ La thrombine convertit le fibrinogène soluble (une autre protéine plasmatique formée par le foie) en fibrine insoluble, une protéine filamenteuse qui forme les filaments du caillot.

La voie extrinsèque

La **voie extrinsèque** du processus de coagulation comporte moins d'étapes que la voie intrinsèque et se déroule rapidement; en cas de traumatisme grave, elle s'active en quelques secondes seulement. Elle est dite *extrinsèque* parce qu'elle fait intervenir des cellules appartenant aux tissus endommagés et donc situées *à l'extérieur* des vaisseaux sanguins. Ces cellules libèrent une protéine, appelée **facteur tissulaire** ou **thromboplastine tissulaire**, qui passe dans le sang et déclenche la formation de la prothrombinase. Le facteur tissulaire est un mélange complexe de lipoprotéines et de phospholipides libérés de la surface des cellules des tissus endommagés. En présence de Ca^{2+}, le facteur tissulaire amorce dans le sang une séquence de réactions qui active le facteur de coagulation X (figure 19.11a). Lorsque le facteur X est activé, il se combine au facteur V en présence de Ca^{2+} pour former une enzyme active, la *prothrombinase*.

La voie intrinsèque

La **voie intrinsèque** du processus de coagulation est plus complexe que la voie extrinsèque et se déroule plus lentement, habituellement en plusieurs minutes. Elle est ainsi nommée parce que ses activateurs sont soit en contact direct avec le sang, soit présents *à l'intérieur* du sang, et peuvent agir sans qu'il y ait de tissu endommagé à l'extérieur des vaisseaux. Si les cellules endothéliales deviennent rugueuses ou sont lésées, le sang peut entrer en contact avec les fibres collagènes dans le tissu conjonctif entourant l'endothélium du vaisseau sanguin. De plus, les lésions des cellules endothéliales endommagent les thrombocytes, qui libèrent alors des phospholipides. Le contact avec des fibres collagènes active le facteur de coagulation XII (figure 19.11b), lequel amorce une cascade de réactions qui finit par activer le facteur de coagulation X. Les phospholipides des thrombocytes et le Ca^{2+} peuvent également participer à l'activation du facteur X. Lorsqu'il est activé, le facteur X se lie au facteur V pour former, exactement comme dans la voie extrinsèque, une enzyme active, la *prothrombinase*.

FIGURE 19.11 La cascade de réactions lors de la coagulation.

Pendant la coagulation du sang, chaque facteur de coagulation active en cascade le facteur suivant. Cette chaîne de réactions fait intervenir des mécanismes de rétroactivation.

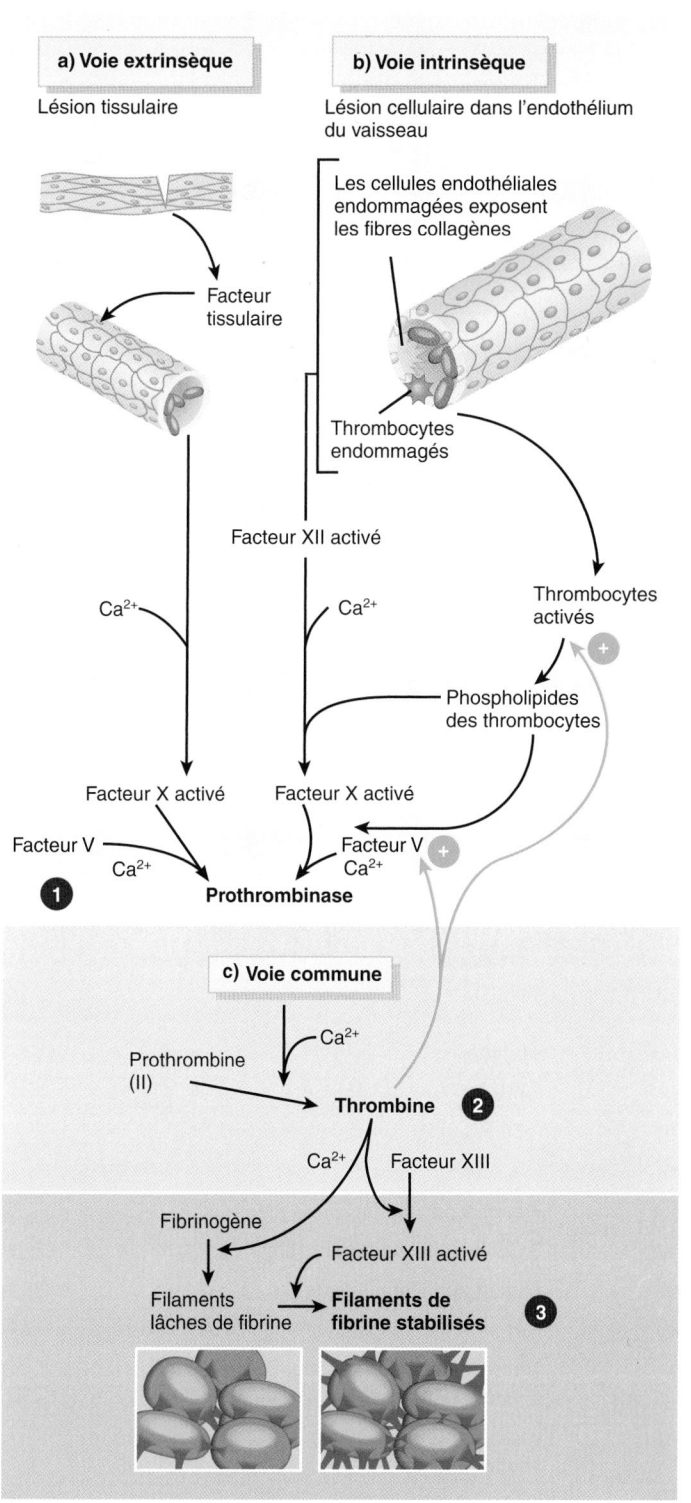

 Quel est le résultat de la première étape du processus de coagulation?

La voie commune

Lorsque la prothrombinase est formée, la voie commune s'amorce. Dans la deuxième étape du processus de coagulation (figure 19.11c), la prothrombinase et le Ca^{2+} catalysent la conversion de la prothrombine en thrombine. Dans la troisième étape, la thrombine, en présence de Ca^{2+}, convertit le fibrinogène, qui est soluble, en filaments lâches de fibrine, qui est insoluble. La thrombine active également le facteur XIII (facteur stabilisant de la fibrine), qui renforce et stabilise les filaments de fibrine pour former un caillot robuste. Le plasma contient du facteur XIII, qui est aussi libéré par les thrombocytes emprisonnés dans le caillot.

La thrombine intervient dans deux mécanismes de rétroactivation (flèches vertes dans la figure 19.11). Dans le premier, auquel participe également le facteur V, la thrombine accélère la formation de la prothrombinase. La prothrombinase accélère à son tour la production d'une plus grande quantité de thrombine, et ainsi de suite. Dans le deuxième mécanisme, la thrombine active les thrombocytes, ce qui renforce leur agrégation et stimule la libération de phospholipides.

La rétraction du caillot

Le caillot formé obture la lésion du vaisseau sanguin et arrête le saignement. La **rétraction du caillot** correspond à la consolidation, ou resserrement, du réseau de fibrine. Les filaments de fibrine fixés aux surfaces endommagées du vaisseau sanguin se contractent graduellement sous l'effet de la traction exercée par les thrombocytes. À mesure que le caillot se rétracte, il rapproche les lèvres de la lésion vasculaire, ce qui prévient toute aggravation de la situation. Durant la rétraction, une petite quantité de sérum peut s'échapper entre les filaments de fibrine, mais les éléments figurés du sang restent en place. Pour que la rétraction se produise normalement, le caillot doit contenir un nombre suffisant de thrombocytes pour libérer le facteur XIII et d'autres facteurs de coagulation qui renforcent et stabilisent le caillot. La réparation permanente du vaisseau sanguin peut alors débuter. Les fibroblastes forment du tissu conjonctif au siège de la lésion et de nouvelles cellules endothéliales réparent l'endothélium du vaisseau.

LE RÔLE DE LA VITAMINE K DANS LA COAGULATION

Un apport adéquat de vitamine K est nécessaire à la coagulation normale. Bien que la vitamine K ne participe pas directement à la formation du caillot, elle intervient dans la synthèse de quatre facteurs de coagulation. Normalement produite par les bactéries de la flore normale présentes dans le gros intestin, la vitamine K est une vitamine liposoluble qui traverse la paroi de l'intestin et passe dans le sang seulement si l'absorption des lipides est normale. Les personnes atteintes de troubles qui ralentissent l'absorption des lipides (une libération inadéquate de bile dans l'intestin grêle, par exemple) ont souvent des saignements non contrôlés découlant d'une carence en vitamine K.

Le tableau 19.4 présente les facteurs de coagulation et décrit leur origine et leurs voies d'activation.

LES MÉCANISMES DE RÉGULATION DE L'HÉMOSTASE

Plusieurs fois par jour, de petits caillots se forment dans des régions légèrement rugueuses ou sur une plaque d'athérosclérose qui se

TABLEAU 19.4 LES FACTEURS DE COAGULATION			
NUMÉRO*	NOM(S)	ORIGINE	VOIE(S) D'ACTIVATION
I	Fibrinogène	Foie	Commune
II	Prothrombine	Foie	Commune
III	Facteur tissulaire (thromboplastine)	Tissus endommagés et thrombocytes activés	Extrinsèque
IV	Ions calcium (Ca^{2+})	Alimentation, os et thrombocytes	Toutes
V	Proaccélérine, ou facteur labile	Foie et thrombocytes	Extrinsèque et intrinsèque
VII	Proconvertine, ou facteur stable	Foie	Extrinsèque
VIII	Facteur antihémophilique A	Foie	Intrinsèque
IX	Facteur antihémophilique B, ou facteur Christmas	Foie	Intrinsèque
X	Thrombokinase, ou facteur Stuart, ou facteur Stuart-Prower-Delia	Foie	Extrinsèque et intrinsèque
XI	Facteur antihémophilique C, ou facteur prothromboplastique plasmatique, ou facteur Rosenthal	Foie	Intrinsèque
XII	Facteur antihémophilique D, ou facteur Hageman	Foie	Intrinsèque
XIII	Facteur de stabilisation de la fibrine (FSF)	Foie et thrombocytes	Commune

* Il n'y a pas de facteur VI. La prothrombinase (activateur de la prothrombine) est un complexe composé des facteurs V et X activés.

développe à l'intérieur d'un vaisseau sanguin. Comme la coagulation fait appel à des mécanismes d'amplification et de rétroactivation, les caillots ont tendance à grossir, ce qui risque de perturber l'écoulement sanguin dans les vaisseaux sains. Le **système fibrinolytique** dissout les petits caillots indésirables, de même que les caillots qui subsistent après la réparation d'une lésion. On appelle **fibrinolyse** ce processus de dissolution des caillots. Lorsqu'un caillot se forme, une enzyme plasmatique inactive, appelée **plasminogène**, est emprisonnée à l'intérieur du caillot. Les tissus de l'organisme et le sang contiennent des substances capables d'activer le plasminogène pour qu'il se transforme en **plasmine**, ou fibrinolysine, une enzyme plasmatique active. On compte parmi ces substances la thrombine, le facteur XII activé et l'activateur tissulaire du plasminogène (tPA), qui est synthétisé dans les cellules endothéliales de la plupart des tissus et libéré dans le sang. La plasmine peut dissoudre le caillot en dégradant des filaments de fibrine et en inactivant diverses substances, comme le fibrinogène, la prothrombine et les facteurs V et XII.

Bien que la thrombine ait un effet de rétroactivation sur la coagulation, la formation des caillots demeure normalement localisée autour de la lésion. Un caillot ne s'étend jamais au-delà du siège d'une lésion jusque dans la circulation systémique, notamment parce que la fibrine absorbe la thrombine dans le caillot. De plus, en se dispersant dans le sang, certains facteurs de coagulation ne présentent plus une concentration assez élevée pour disséminer les caillots.

Plusieurs autres mécanismes régissent la coagulation. Par exemple, les cellules endothéliales et les leucocytes produisent une prostaglandine, la **prostacycline**, qui s'oppose à l'activité du thromboxane A_2. La prostacycline est un puissant inhibiteur de l'adhésion et de la libération des thrombocytes.

Par ailleurs, le sang contient plusieurs substances qui retardent, suppriment ou préviennent la coagulation, appelées **anticoagulants**. Elles comprennent l'**antithrombine**, qui bloque l'action de plusieurs facteurs, y compris les facteurs XII, X et II (prothrombine). L'**héparine**, un anticoagulant produit par les mastocytes et les granulocytes basophiles, se combine à l'antithrombine et la rend plus apte à bloquer la thrombine. Un autre anticoagulant, la **protéine C activée**, inactive les deux principaux facteurs de coagulation que l'antithrombine ne bloque pas, et stimule les activateurs du plasminogène. Les bébés qui n'ont pas la capacité de produire la protéine C activée en raison d'une mutation génétique meurent généralement avant l'âge de un an en raison de la coagulation intravasculaire de leur sang.

LES ANTICOAGULANTS

Les patients qui présentent des risques élevés de formation de caillots sanguins peuvent prendre des anticoagulants, comme l'héparine et la warfarine. L'héparine est souvent administrée durant l'hémodialyse et les chirurgies à cœur ouvert. La **warfarine** (Coumadin^MD) est un antagoniste de la vitamine K qui bloque la synthèse de quatre facteurs de coagulation (II, VII, IX et X). La warfarine agit plus lentement que l'héparine. Pour prévenir la coagulation du sang des donneurs, les banques de sang et les laboratoires ajoutent souvent une substance qui élimine les ions Ca^{2+}, notamment de l'acide éthylènediaminetétracétique (EDTA) et du citrate-phosphate-dextrose (CPD). ∎

LA COAGULATION INTRAVASCULAIRE

Malgré la vigilance des mécanismes anticoagulants et fibrinolytiques, il arrive que certains caillots se forment à l'intérieur du système cardiovasculaire. Ces caillots se forment parfois à la surface endothéliale d'un vaisseau sanguin devenue rugueuse par suite de l'athérosclérose, d'un traumatisme ou d'une infection. Ces troubles induisent l'adhésion des thrombocytes. Des caillots intravasculaires se forment aussi lorsque l'écoulement sanguin est trop lent (stase), ce qui donne aux facteurs de coagulation le temps de s'accumuler localement en concentrations assez élevées pour amorcer le processus de coagulation. La coagulation dans un vaisseau sanguin intact (habituellement une veine) est appelée **thrombose** (*thrombôsis* : coagulation). Le caillot, appelé **thrombus**, se dissout parfois spontanément. Si toutefois il demeure intact, il risque de se déloger et d'être entraîné dans la circulation sanguine : il devient alors un **embole** (*embolê* : action de jeter dans). Tout comme les caillots sanguins, les bulles d'air, les graisses venant d'os fracturés et les débris emportés par la circulation sont des emboles. Un embole qui se détache de la paroi d'une artère peut se loger dans une artère de diamètre plus petit située en aval et bloquer l'écoulement sanguin vers un organe vital. Lorsqu'un embole se détache de la paroi d'une veine, il peut atteindre le cœur puis les artérioles des poumons et causer une **embolie pulmonaire**.

L'ASPIRINE ET LES AGENTS THROMBOLYTIQUES

Chez les patients atteints de troubles cardiaques et vasculaires, l'hémostase peut s'enclencher même si aucun vaisseau sanguin n'est endommagé. À faibles doses, l'**aspirine** inhibe la vasoconstriction et l'agrégation plaquettaire en bloquant la synthèse du thromboxane A2. Elle réduit aussi les risques de formation d'un thrombus. C'est pourquoi elle diminue les risques d'accident ischémique transitoire (AIT), d'accident vasculaire cérébral (AVC), d'infarctus du myocarde et de blocage des artères périphériques.

Les **agents thrombolytiques** sont des substances chimiques qui sont injectées pour dissoudre les caillots de sang qui se sont formés et rétablir la circulation. Ils activent de manière directe ou indirecte le plasminogène. Le premier agent thrombolytique, qui a été approuvé en 1982 pour la dissolution de caillots dans les artères coronaires du cœur, est la **streptokinase**, une substance produite par des streptocoques, un type de bactéries. Une version transgénique de l'**activateur tissulaire du plasminogène** (tPA) humain est également utilisée pour traiter les crises cardiaques et les accidents vasculaires cérébraux causés par des caillots. ∎

▶ **POINT DE CONTRÔLE**

18. Définissez l'hémostase.

19. Expliquez les mécanismes intervenant dans le spasme vasculaire et la formation du clou plaquettaire.

20. Qu'est-ce qui distingue la voie extrinsèque et la voie intrinsèque de la coagulation ?

21. Qu'est-ce que la fibrinolyse ? Pourquoi le sang forme-t-il rarement un caillot à l'intérieur des vaisseaux sanguins ?

22. Définissez les termes suivants : anticoagulant, thrombus, embole et agent thrombolytique.

LES SYSTÈMES ET LES GROUPES SANGUINS

OBJECTIFS

- Expliquer les différences entre les systèmes sanguins ABO et Rh.
- Expliquer pourquoi il est si important d'effectuer une épreuve de compatibilité croisée avant chaque transfusion.

La surface des érythrocytes contient une variété génétiquement déterminée de glycoprotéines et de glycolipides qui peuvent jouer le rôle d'**antigènes**. (Les antigènes des érythrocytes sont des *isoantigènes*, c'est-à-dire des antigènes susceptibles de provoquer la formation d'anticorps spécifiques lorsqu'ils sont introduits dans l'organisme d'un individu de la même espèce.) Appelés **agglutinogènes**, ces antigènes forment des combinaisons caractéristiques propres à chaque type d'érythrocytes. La présence ou l'absence des divers antigènes permet de classer le sang en différents **systèmes sanguins**. Chaque système sanguin comprend au moins deux **groupes sanguins**. On dénombre au moins 24 systèmes sanguins et plus de 100 antigènes détectables sur la surface des érythrocytes. Nous décrivons ici les deux principaux systèmes sanguins, les systèmes ABO et Rh, mais il en existe d'autres, comme les systèmes Lewis, Kell, Kidd et Duffy. L'incidence des groupes du système ABO varie selon les populations, comme l'indique le tableau 19.5.

LE SYSTÈME ABO

Le **système ABO** est fondé sur l'existence de deux antigènes glycolipidiques appelés A et B (figure 19.12). Chez les individus du **groupe A**, les érythrocytes possèdent *uniquement l'antigène A* et chez les individus du **groupe B**, ils possèdent *uniquement l'antigène B*. Le groupe **AB** est caractérisé par la présence *à la fois des antigènes A et des antigènes B*, et le **groupe O**, par *l'absence d'antigènes A et d'antigènes B*.

Outre les antigènes présents sur les érythrocytes, le plasma sanguin contient habituellement des **anticorps**, appelés **agglutinines**, qui réagissent avec les antigènes A ou les antigènes B lorsqu'ils sont mélangés. Les **anticorps anti-A** réagissent avec l'antigène A et les **anticorps anti-B**, avec l'antigène B. Les anticorps présents dans chacun des quatre groupes sanguins sont illustrés à la figure 19.12. Habituellement vous avez dans votre plasma sanguin des anticorps pour tous les antigènes que vos érythrocytes ne possèdent pas, de telle sorte qu'aucun anticorps ne réagit avec les antigènes de vos érythrocytes. Par exemple, si votre sang est du groupe B, vos érythrocytes contiennent des antigènes B et votre plasma sanguin contient des anticorps anti-A. Bien que les agglutinines apparaissent dans le sang quelques mois après la naissance, on s'explique encore mal leur présence. Ils se forment peut-être en présence de bactéries qui résident normalement dans le tube digestif et qui présentent des antigènes semblables. Puisque les anticorps sont de grands anticorps de type IgM (voir le tableau 22.3) qui ne traversent pas le placenta, l'incompatibilité ABO entre une mère et son fœtus cause rarement des problèmes.

LES TRANSFUSIONS

Malgré les différences entre les antigènes qui déterminent les divers systèmes sanguins, le sang est le tissu humain qu'il est le plus facile de partager. La **transfusion** permet de sauver des milliers de vies chaque année. Elle consiste à injecter du sang total, ou bien certains composants sanguins (érythrocytes seulement ou plasma seulement), dans la circulation sanguine ou directement dans la moelle osseuse rouge. Cette procédure sert habituellement à combattre l'anémie, à augmenter le volume sanguin (après une hémorragie importante, par exemple) ou à renforcer le système immunitaire. Cependant, les composants naturels de la membrane plasmique des érythrocytes d'une personne peuvent déclencher des réactions antigène-anticorps dangereuses chez le receveur d'une transfusion. Lors d'une transfusion incompatible, les anticorps dans le plasma du receveur se lient aux antigènes des érythrocytes du donneur, ce qui cause l'**agglutination** des érythrocytes. L'agglutination est une réaction antigène-anticorps qui provoque des liaisons entre les érythrocytes. (L'agglutination est un processus différent de la coagulation.) Ces complexes antigène-anticorps activent alors des protéines plasmatiques du système du complément. Ces molécules provoquent pour ainsi dire des fuites dans la membrane plasmique des érythrocytes transfusés, ce qui entraîne l'**hémolyse** (éclatement) des érythrocytes et la libération d'hémoglobine dans le plasma sanguin. Cette hémoglobine peut alors causer des dommages aux reins en bouchant les membranes assurant la filtration. Bien que ce soit rare, il est possible que les virus qui causent le SIDA et l'hépatite B et C soient transmis par transfusion de produits du sang contaminés.

Prenons l'exemple d'une personne du groupe sanguin A qui reçoit une transfusion de sang d'un donneur du groupe B. Le sang du receveur (groupe A) contient des antigènes A sur ses érythrocytes et des anticorps anti-B dans son plasma. Le sang du donneur (groupe B) contient des antigènes B et des anticorps anti-A. Lors de la transfusion, deux scénarios sont possibles. Premièrement, les anticorps anti-B dans le plasma du receveur peuvent se lier aux antigènes B des érythrocytes du donneur, ce qui provoque leur agglutination et leur hémolyse. Deuxièmement, les anticorps anti-A dans le plasma du donneur peuvent se lier aux antigènes A des érythrocytes du receveur. Cette réaction est cependant moins grave,

TABLEAU 19.5 LES GROUPES SANGUINS AUX ÉTATS-UNIS ET AU CANADA					
POPULATION	**GROUPE SANGUIN (POURCENTAGE)**				
ÉTATS-UNIS	**O**	**A**	**B**	**AB**	**RH+**
Origine européenne	45	40	11	4	85
Afro-Américains	49	27	20	4	95
Origine coréenne	32	28	30	10	100
Origine japonaise	31	38	21	10	100
Origine chinoise	42	27	25	6	100
Autochtones	79	16	4	1	100
CANADA	46	42	9	3	85

Les anticorps dans votre plasma ne réagissent pas avec les antigènes situés sur vos érythrocytes.

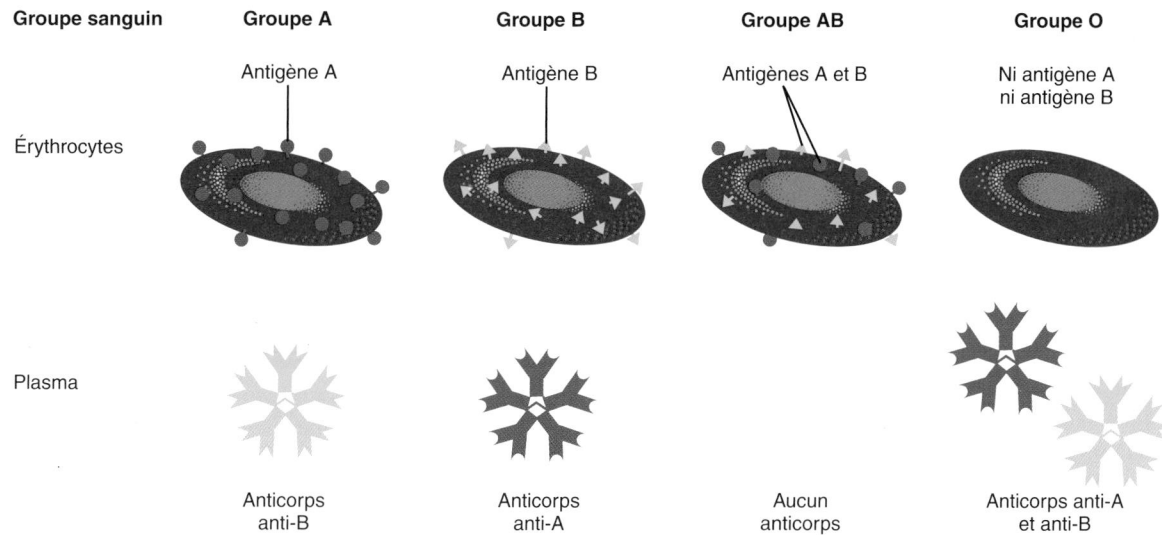

Groupe sanguin	Groupe A	Groupe B	Groupe AB	Groupe O
Érythrocytes	Antigène A	Antigène B	Antigènes A et B	Ni antigène A ni antigène B
Plasma	Anticorps anti-B	Anticorps anti-A	Aucun anticorps	Anticorps anti-A et anti-B

Q Quels anticorps trouve-t-on habituellement dans le sang du groupe O?

puisque les anticorps anti-A du donneur sont si dilués dans le plasma du receveur qu'ils ne provoquent aucune agglutination ni hémolyse significative des érythrocytes du receveur. Ainsi, lors d'une transfusion sanguine, retenons qu'il faut éviter que le sang du receveur agglutine celui du donneur.

Les interactions des quatre groupes sanguins du système ABO sont résumées au tableau 19.6.

Les personnes du groupe sanguin AB n'ont pas d'anticorps anti-A ou anti-B dans leur plasma. On les appelle parfois « receveurs universels », car théoriquement, elles peuvent recevoir le sang de donneurs de tous les groupes sanguins du système sanguin ABO. Elles n'ont pas d'anticorps pouvant agglutiner les antigènes A et B des érythrocytes transfusés (tableau 19.6). Les personnes du groupe

sanguin O n'ont pas d'antigènes A ni d'antigènes B sur leurs érythrocytes et sont parfois appelées « donneurs universels », car, théoriquement, elles peuvent donner du sang à des personnes de tous les groupes sanguins du système ABO. Cependant, les personnes du groupe sanguin O ne peuvent recevoir de sang que du groupe O (tableau 19.6). Dans les faits, les désignations *receveur universel* et *donneur universel* sont trompeuses et peuvent être dangereuses. Le sang contient des antigènes et des anticorps autres que ceux du système ABO qui peuvent entraîner des problèmes de transfusion. C'est pourquoi il importe d'effectuer une épreuve de compatibilité croisée ou un dépistage des anticorps avant chaque transfusion. Chez près de 80 % de la population, les antigènes solubles du système ABO sont présents dans la salive et d'autres liquides de l'organisme, ce qui permet de déterminer le groupe sanguin dans un échantillon de salive.

LE SYSTÈME Rh

L'antigène du **système Rh** a été découvert dans le sang d'un singe *Rhesus*, d'où le nom du système. Les allèles de trois gènes peuvent coder pour l'antigène Rh. Dans le groupe sanguin Rh⁺ (Rh positif), les érythrocytes contiennent des antigènes Rh tandis que dans le groupe sanguin Rh⁻ (Rh négatif), ils n'en contiennent pas. L'incidence des groupes Rh⁺ et Rh⁻ dans diverses populations est donnée au tableau 19.5. Normalement, le plasma ne contient pas d'anticorps anti-Rh. Cependant, si une personne du groupe sanguin Rh⁻ reçoit une première fois une transfusion de sang Rh⁺, son système immunitaire fabriquera des anticorps anti-Rh qui demeureront dans le sang. Si une autre transfusion de sang du groupe Rh⁺ est administrée plus tard, les anticorps anti-Rh formés provoqueront l'agglutination et l'hémolyse des érythrocytes dans le sang transfusé, et une réaction grave pourra s'ensuivre.

TABLEAU 19.6 RÉSUMÉ DES INTERACTIONS ENTRE LES GROUPES SANGUINS DU SYSTÈME ABO				
	GROUPE SANGUIN			
CARACTÉRISTIQUE	**A**	**B**	**AB**	**O**
Agglutinogène (antigène) sur les érythrocytes	A	B	A et B	Ni A ni B
Agglutinine (anticorps) dans le plasma	Anti-B	Anti-A	Ni anti-A ni anti-B	Anti-A et anti-B
Groupes sanguins compatibles (aucune hémolyse)	A, O	B, O	A, B, AB, O	O
Groupes sanguins incompatibles (hémolyse)	B, AB	A, AB	—	A, B, AB

LA MALADIE HÉMOLYTIQUE DU NOUVEAU-NÉ

La **maladie hémolytique du nouveau-né**, qui survient pendant la grossesse, est le trouble d'incompatibilité Rh le plus courant (figure 19.13). Normalement, le sang de la mère et celui du fœtus n'entrent pas en contact direct pendant la grossesse. Cependant, si une petite quantité de sang Rh⁺ du fœtus traverse le placenta et entre dans la circulation de la mère Rh⁻, celle-ci fabriquera des anticorps anti-Rh. Puisque ce passage de sang fœtal survient le plus souvent au moment de l'accouchement, les premiers-nés ne sont habituellement pas affectés. Lors d'une deuxième grossesse toutefois, les anticorps anti-Rh de la mère pourront traverser le placenta et entrer dans la circulation du fœtus. Si le sang du fœtus est du groupe Rh⁻, il n'y a pas de problème, car le sang Rh⁻ ne possède pas d'antigène Rh. Cependant, s'il est du groupe Rh⁺, l'incompatibilité entre les deux sangs peut provoquer l'agglutination et l'hémolyse du sang fœtal.

On peut prévenir la maladie hémolytique du nouveau-né en administrant une injection d'anticorps anti-Rh appelés *gammaglobulines anti-Rh* (RhoGAM^MD). Toutes les femmes dont le groupe sanguin est Rh négatif devraient recevoir une injection de RhoGAM peu après chaque accouchement, fausse couche ou avortement. Ces anticorps se combinent rapidement aux érythrocytes Rh⁺ fœtaux qui se sont introduits dans la circulation sanguine maternelle et les inactivent avant que le système immunitaire de la mère ne produise ses propres anticorps anti-Rh en réaction à l'antigène étranger. ■

LA DÉTERMINATION DU GROUPE SANGUIN ET L'ÉPREUVE DE COMPATIBILITÉ CROISÉE

Pour éviter les incompatibilités lors de transfusions, les techniciens de laboratoire déterminent le groupe sanguin du receveur puis le comparent avec celui du donneur potentiel, ou bien ils procèdent à un test de dépistage des anticorps. Lors de la détermination des groupes sanguins du système ABO, on mélange des gouttes de sang à divers *antisérums*, c'est-à-dire des solutions commerciales qui contiennent des anticorps (figure 19.14). Une goutte de sang est

FIGURE 19.14 La détermination des groupes sanguins du système ABO

Lors de la détermination des groupes sanguins du système ABO, le sang est mélangé à du sérum anti-A et à du sérum anti-B.

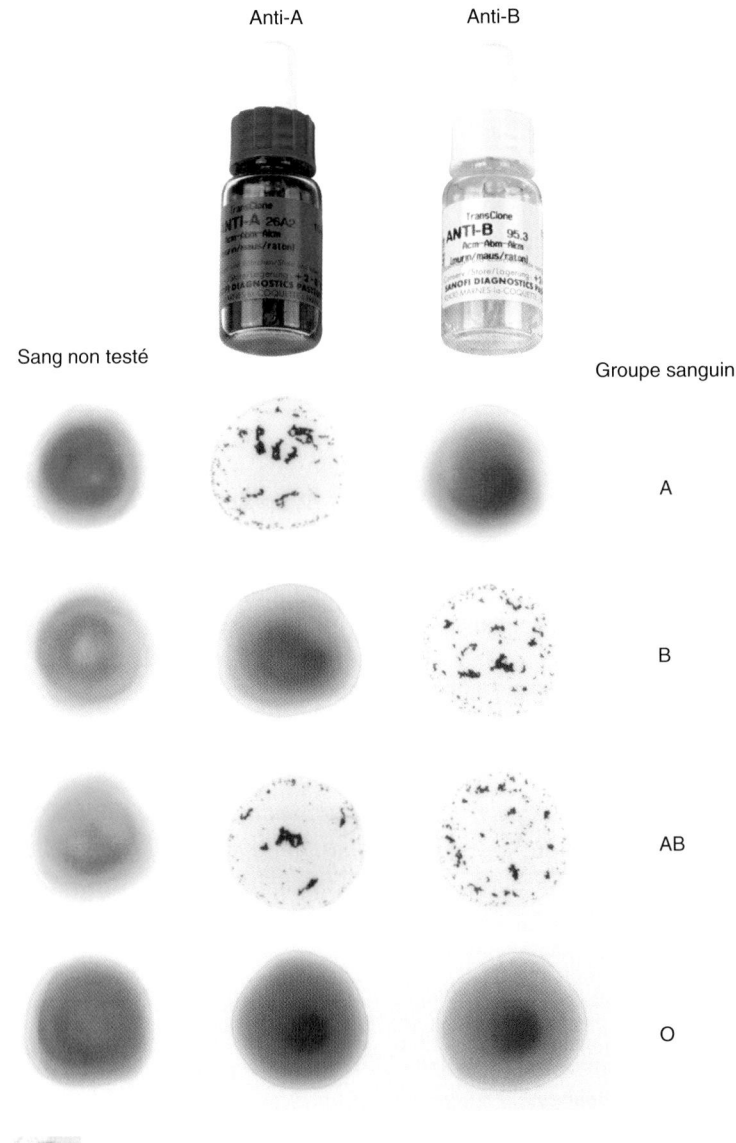

FIGURE 19.13 Le développement de la maladie hémolytique du nouveau-né. (a) À la naissance, une petite quantité de sang fœtal traverse habituellement le placenta et entre dans la circulation de la mère. Un problème se pose si le groupe sanguin de la mère est Rh⁻ et celui du bébé, Rh⁺ (le bébé ayant hérité de son père un allèle codant pour un des antigènes Rh). (b) Lorsqu'il est exposé à l'antigène Rh, le système immunitaire de la mère réagit en produisant des anticorps anti-Rh. (c) Lors d'une grossesse subséquente, les anticorps maternels traversent le placenta et entrent dans la circulation fœtale. Si le groupe sanguin du fœtus est Rh⁺, une réaction antigène-anticorps survient qui provoque l'agglutination et l'hémolyse de ses érythrocytes. C'est ainsi que se déclenche la maladie hémolytique du nouveau-né.

La maladie hémolytique du nouveau-né survient lorsque les anticorps anti-Rh de la mère traversent le placenta et provoquent l'hémolyse des érythrocytes du fœtus.

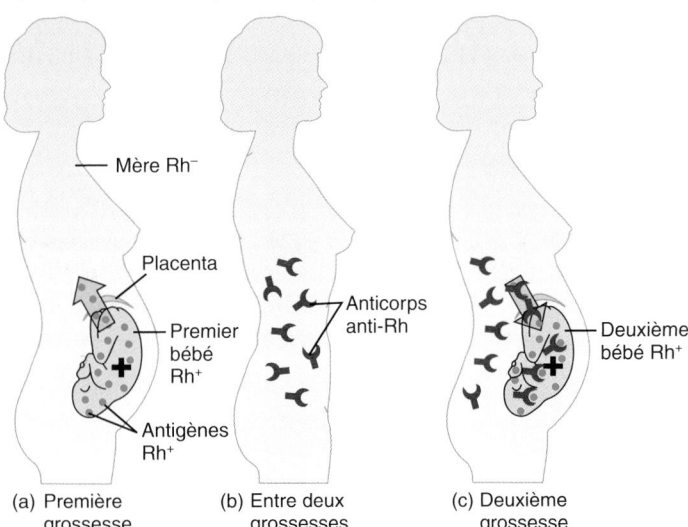

(a) Première grossesse   (b) Entre deux grossesses   (c) Deuxième grossesse

Q Pourquoi est-il peu probable qu'un premier-né soit atteint de la maladie hémolytique du nouveau-né?

Q Qu'est-ce que l'agglutination?

mélangée à un sérum anti-A dont les anticorps anti-A agglutineront les érythrocytes possédant des antigènes A. Une autre goutte est mélangée à un sérum anti-B dont les anticorps anti-B agglutineront les érythrocytes possédant des antigènes B. Si les érythrocytes s'agglutinent seulement lorsqu'ils sont mélangés à du sérum anti-A, la réaction d'agglutination démontre la présence d'antigènes A sur les érythrocytes et on en déduit alors que le groupe sanguin est A. S'ils s'agglutinent uniquement en présence du sérum anti-B, on applique le même raisonnement et on en déduit que le groupe sanguin est B. Si les deux gouttes s'agglutinent, le sang est du groupe AB, et si aucune ne s'agglutine, le sang est du groupe O.

Pour déterminer le facteur Rh, on mélange une goutte de sang à un antisérum dont les anticorps agglutineront les érythrocytes possédant des antigènes Rh. S'il y a agglutination des érythrocytes, le sang est du groupe Rh$^+$; s'il n'y a pas d'agglutination, il est du groupe Rh$^-$.

Après avoir déterminé le groupe sanguin du receveur, on choisit du sang du même groupe sanguin et du même facteur Rh pour la transfusion. Dans l'**épreuve de compatibilité croisée**, les érythrocytes du donneur éventuel sont mélangés au sérum du receveur. Si aucune agglutination ne se produit, cela signifie que le receveur ne possède aucun anticorps susceptible d'attaquer les érythrocytes du donneur. Dans le **test de dépistage des anticorps**, le sérum du receveur est mélangé à une collection d'échantillons témoins d'érythrocytes, dont on sait qu'ils possèdent des antigènes qui causent des réactions hémolytiques, afin de détecter la présence d'anticorps.

▶ **POINT DE CONTRÔLE**

23. Quelles précautions faut-il prendre avant de procéder à une transfusion sanguine?

24. Expliquez ce qu'est l'hémolyse et pourquoi elle peut se produire après une transfusion de sang non compatible.

25. Expliquez les causes de la maladie hémolytique du nouveau-né.

DÉSÉQUILIBRES HOMÉOSTATIQUES

L'anémie

L'**anémie** est attribuable à une réduction de la capacité du sang à transporter l'oxygène en quantité suffisante. Il existe plusieurs types d'anémies, mais toutes se caractérisent par une diminution du nombre d'érythrocytes ou de la teneur en hémoglobine du sang. La personne atteinte est fatiguée et tolère mal le froid parce que son sang ne transporte pas assez d'oxygène aux cellules pour la production d'ATP et de chaleur. Sa peau est pâle, car l'hémoglobine, qui colore en rouge le sang circulant dans les vaisseaux sanguins de la peau, est présente en moins grande quantité. Les types d'anémies les plus importants et leurs causes sont les suivants:

- L'**anémie ferriprive** est la forme la plus courante d'anémie. Elle est causée par un défaut de l'absorption du fer, une déperdition excessive de fer, une augmentation des besoins en fer ou un apport insuffisant en fer. Les femmes y sont plus exposées parce qu'elles perdent du fer dans le sang menstruel et elles ont besoin d'un apport supplémentaire pour le fœtus pendant la grossesse. Les pertes de fer par le tube digestif, caractéristiques dans les cas de tumeur maligne ou d'ulcère, favorisent également ce type d'anémie.

- L'**anémie pernicieuse** résulte d'une hématopoïèse déficiente par suite d'une incapacité de l'estomac à produire le facteur intrinsèque, qui est nécessaire à l'absorption de la vitamine B$_{12}$ dans l'intestin grêle.

- L'**anémie mégaloblastique** est causée par un apport insuffisant en vitamine B$_{12}$ ou en acide folique. Dans ce cas, la moelle osseuse rouge produit de gros érythrocytes anormaux (mégaloblastes). Cette forme d'anémie peut également être associée à la prise de médicaments qui altèrent la sécrétion gastrique ou qui servent à traiter le cancer.

- L'**anémie hémorragique** est causée par une perte excessive d'érythrocytes à la suite de saignements provoqués par d'importantes blessures, des ulcères d'estomac ou des menstruations particulièrement abondantes.

- L'**anémie hémolytique** est causée par la rupture prématurée des membranes plasmiques des érythrocytes. L'hémoglobine se répand dans le plasma et peut endommager les unités de filtration (glomérules) des reins. Ce trouble peut résulter d'une déficience congénitale, telle qu'une anomalie des enzymes des érythrocytes, ou d'une invasion d'agents externes, tels que des parasites, des toxines ou des anticorps provenant de sang transfusé incompatible.

- La **thalassémie** regroupe les anémies hémolytiques congénitales associées à une synthèse anormale de l'hémoglobine. Les érythrocytes sont petits (microcytiques), pâles (hypochromiques) et de courte vie. La thalassémie touche surtout les populations habitant le littoral de la Méditerranée.

- L'**anémie aplastique** résulte de la destruction de la moelle osseuse rouge. Elle est causée par des toxines, les rayonnements gamma et certains médicaments qui inhibent les enzymes nécessaires à l'hématopoïèse.

La drépanocytose

Dans la **drépanocytose**, ou **anémie à érythrocytes falciformes**, les érythrocytes contiennent une forme anormale d'hémoglobine appelée *hémoglobine S* (HbS). Lorsque l'hémoglobine S cède de l'oxygène au liquide interstitiel, elle forme des tiges longues et rigides qui donnent aux érythrocytes la forme d'une faucille, d'où le nom de la maladie (figure 19.15). Ces cellules anormales se rompent facilement. Bien que l'érythropoïèse soit stimulée par la perte de cellules, elle n'est pas aussi rapide que l'hémolyse. Les personnes atteintes de drépanocytose souffrent toujours d'un certain degré d'anémie et d'une jaunisse légère; elles ressentent parfois des douleurs osseuses ou articulaires, de la dyspnée, de la tachycardie, des douleurs abdominales, de la fièvre et de la fatigue en raison des lésions causées aux tissus par la reconstitution prolongée de la réserve en oxygène (dette d'oxygène). Toute activité qui réduit la quantité d'oxygène dans le sang, comme un effort intense, peut produire une **crise de drépanocytose** ▶

(aggravation de l'anémie, douleur à l'abdomen et dans les os longs des membres, fièvre et dyspnée).

La drépanocytose est une maladie héréditaire. Les porteurs de deux gènes provoquant la falciformation sont atteints d'une anémie grave, tandis que ceux qui ne possèdent qu'un gène défectueux peuvent être atteints de troubles mineurs. C'est surtout dans les populations des régions où le paludisme est répandu ou chez leurs descendants que l'on observe les gènes de la falciformation. Ces régions comprennent certains pays européens bordant la Méditerranée, l'Afrique subsaharienne et l'Asie tropicale. Le gène responsable de la falciformation des érythrocytes perturbe également la perméabilité des membranes plasmiques des cellules difformes, ce qui provoque la fuite d'ions potassium. Cette baisse du taux de potassium tue les parasites du paludisme qui infectent les érythrocytes falciformes. C'est ce qui explique qu'une personne possédant un gène normal et un gène de la drépanocytose résiste mieux au paludisme, et que les porteurs d'un seul gène de la drépanocytose ont de meilleures chances de survie. Cette situation illustre bien la sélection naturelle de gènes défectueux chez certaines populations.

Le traitement de la drépanocytose consiste à administrer des analgésiques pour soulager la douleur, des liquides pour maintenir l'hydratation, de l'oxygène pour réduire la dette possible d'oxygène, des antibiotiques pour combattre les infections et des transfusions sanguines. Les personnes atteintes de drépanocytose possèdent une hémoglobine fœtale (HbF) normale ; cette forme d'hémoglobine légèrement différente est prédominante à la naissance et peut subsister en petites quantités par la suite. Chez certains patients, une substance médicamenteuse appelée *hydroxyurée* favo-

rise la transcription du gène HbF normal, augmente le taux d'HbF et diminue les risques de falciformation des érythrocytes. Malheureusement, ce médicament a des effets toxiques pour la moelle osseuse rouge et son utilisation à long terme est controversée.

L'hémophilie

L'**hémophilie** (*philos* : ami) est une anomalie héréditaire de la coagulation, qui se caractérise par des saignements spontanés ou survenant à la suite d'une blessure légère. Il s'agit de la plus ancienne anomalie héréditaire de la coagulation connue ; car les premières descriptions de la maladie remontent au deuxième siècle de notre ère. L'hémophilie touche plus souvent les hommes et est souvent qualifiée de «maladie des rois» parce que de nombreux descendants de la reine Victoria, par l'intermédiaire d'un de ses fils, étaient atteints de cette maladie. Chaque type d'hémophilie est associé au déficit d'un facteur de coagulation précis et peut entraîner des saignements de gravité variée allant de légers à abondants. Les symptômes de l'hémophilie sont des hémorragies sous-cutanées et intramusculaires spontanées ou post-traumatiques, des saignements de nez, du sang dans l'urine et des hémorragies dans les articulations qui provoquent de la douleur et endommagent les tissus. Le traitement consiste à administrer des transfusions de plasma frais ou de concentrés du facteur déficitaire en vue de diminuer les saignements. L'hémophilie peut également être traitée par un médicament, la desmopressine (DDAVP), qui provoque une hausse des concentrations des facteurs de coagulation.

La leucémie

Le terme **leucémie** (*leuco* : blanc) définit un groupe de cancers de la moelle osseuse rouge caractérisés par une production anarchique de leucocytes anormaux. L'accumulation de leucocytes cancéreux dans la moelle osseuse rouge altère la production d'érythrocytes, de leucocytes et de thrombocytes. À mesure que la capacité du sang à transporter l'oxygène diminue, le risque d'infection augmente, et la coagulation ne se fait pas normalement. Dans la plupart des leucémies, les leucocytes cancéreux s'étendent aux nœuds lymphatiques, au foie et à la rate, provoquant leur grossissement. Quoique plus nombreux, ces leucocytes sont souvent anormaux et leur efficacité immunitaire en est réduite. Toutes les leucémies se manifestent par les mêmes symptômes que ceux de l'anémie (fatigue, intolérance au froid, peau pâle). Elles se caractérisent également par une perte pondérale, de la fièvre, des sueurs nocturnes, des saignements excessifs et des infections récurrentes.

En règle générale, une leucémie est soit aiguë (les symptômes se manifestent rapidement), soit chronique (les symptômes mettent des années à se manifester). Les adultes peuvent être atteints des deux types, mais les enfants souffrent généralement de la forme aiguë.

La cause de la plupart des leucémies demeure inconnue. Toutefois, certains facteurs de risque ont été identifiés. Il s'agit de la radiothérapie et de la chimiothérapie visant à traiter d'autres cancers, d'anomalies génétiques (comme le syndrome de Down), de facteurs environnementaux (tabagisme et exposition au benzène) et de microorganismes, comme le virus humain T-lymphotrope de type 1 (HTLV-1, *human T cell leukemia-lymphoma virus-1*) et le virus Epstein-Barr.

La leucémie peut être traitée par la chimiothérapie, la radiothérapie, la greffe de cellules souches, l'interféron, les anticorps et les transfusions sanguines.

FIGURE 19.15 Les érythrocytes d'une personne atteinte de drépanocytose.

 Les érythrocytes d'une personne atteinte de drépanocytose contiennent une forme anormale d'hémoglobine, appelée HbS.

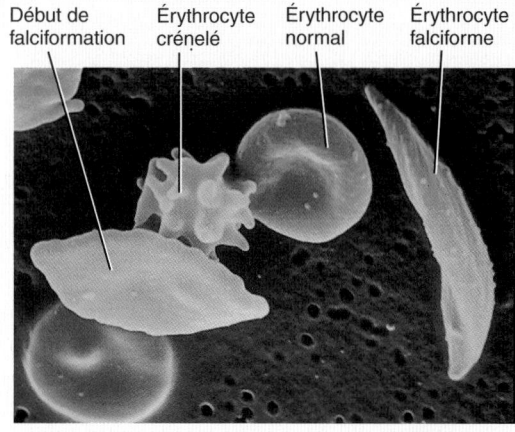

Début de falciformation — Érythrocyte crénelé — Érythrocyte normal — Érythrocyte falciforme

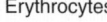 MEB 3 310×

Érythrocytes

Q Quels sont les symptômes de la drépanocytose?

TERMES MÉDICAUX

Autotransfusion préopératoire Prélèvement de sang qui sera destiné au donneur lui-même ; le prélèvement peut se faire jusqu'à six semaines avant une intervention chirurgicale. Également appelée *pré-don*, cette procédure élimine le risque d'incompatibilité et de transmission de maladie par le sang.

Banque de sang Centre où l'on prélève et entrepose du sang qui sera ensuite transfusé au donneur ou à un receveur. Étant donné que les banques de sang assument différentes autres fonctions, telles que les travaux de référence en immunohématologie, la formation médicale continue, l'entreposage de certains tissus ou les consultations cliniques, les banques de sang peuvent être considérées comme des centres médicaux associés aux transfusions sanguines.

Cyanose (*kuanos* : bleu sombre) Coloration légèrement bleutée ou violette de la peau, visible surtout sur le lit des ongles et les muqueuses. La cyanose est causée par une augmentation de la teneur en hémoglobine réduite (hémoglobine non oxygénée) du sang.

Gammaglobulines Solution d'immunoglobulines du sang composée d'anticorps qui réagissent avec des agents pathogènes spécifiques, comme les virus. Elle est préparée par l'injection d'un virus donné dans des animaux. Du sang de ces animaux est prélevé une fois que les anticorps se sont accumulés. Les anticorps sont alors isolés, puis ils sont injectés à un humain pour lui assurer une immunité à court terme.

Hémochromatose (*khrôma* : couleur) Trouble du métabolisme du fer, caractérisé par une absorption excessive du fer ingéré et une surcharge en fer dans les tissus (surtout ceux du foie, du cœur, de l'hypophyse, des gonades et du pancréas), qui donne à la peau une couleur bronzée et provoque une cirrhose, le diabète et des anomalies osseuses et articulaires.

Hémodilution normovolémique aiguë Procédure consistant à prélever du sang avant une intervention chirurgicale et à le remplacer par une solution dépourvue de cellules afin de maintenir le volume sanguin nécessaire à une circulation adéquate. À la fin de l'intervention, lorsque les saignements ont cessé, le sang prélevé est réinjecté dans l'organisme.

Hémorragie Perte d'une grande quantité de sang ; une hémorragie peut être interne (des vaisseaux sanguins aux tissus) ou externe (des vaisseaux sanguins à la surface de l'organisme).

Ictère Jaunissement anormal de la sclère des yeux, de la peau et des muqueuses causé par un excès de bilirubine (pigment jaune orange) dans le sang. Les trois principaux types d'ictères sont l'*ictère préhépatique*, causé par une production excessive de bilirubine ; l'*ictère hépatique*, dû à un traitement anormal de la bilirubine par le foie, secondaire à une maladie hépatique congénitale, une cirrhose (formation de tissu cicatriciel) du foie ou une hépatite (inflammation du foie) ; et l'*ictère extrahépatique*, lorsque l'évacuation de la bile est bloquée par des calculs biliaires ou un cancer des intestins ou du pancréas. Couramment appelé *jaunisse*.

Sang total Sang contenant tous les éléments figurés, du plasma et des solutés de plasma en concentrations naturelles.

Septicémie (*sêpein* : pourrir) Invasion du sang par des toxines ou des bactéries pathogènes ; également appelée *empoisonnement du sang*.

Thrombopénie (*penia* : pauvreté) Diminution importante du nombre des thrombocytes se traduisant par des saignements des capillaires.

Veinotomie Ouverture d'une veine dans le but de prélever du sang. Le terme **phlébotomie** est synonyme, mais les cliniciens l'utilisent plutôt pour désigner les saignées thérapeutiques pratiquées, par exemple, pour abaisser la viscosité du sang chez un patient atteint de polycythémie.

RÉSUMÉ

INTRODUCTION (P. 715)

1. Le système cardiovasculaire comprend le sang, le cœur et les vaisseaux sanguins.

2. Le sang est un tissu conjonctif composé d'une portion liquide, le plasma, et d'une portion d'éléments figurés comprenant des cellules et des fragments de cellules.

LES FONCTIONS ET LES PROPRIÉTÉS DU SANG (P. 716)

1. Le sang transporte de l'oxygène, du dioxyde de carbone, des nutriments, des hormones et des déchets.

2. Il contribue au maintien du pH, de la température corporelle et de la teneur en eau des cellules.

3. La coagulation protège le système cardiovasculaire. Certains leucocytes phagocytaires et des protéines plasmatiques (anticorps) spécialisées combattent les toxines et les microorganismes.

4. Le sang est plus visqueux que l'eau ; sa température est de 38 °C et son pH varie entre 7,35 et 7,45.

5. Le sang constitue environ 8 % du poids total du corps, et son volume est de 4 à 6 L chez l'adulte.

6. Le sang est formé à 55 % de plasma et à 45 % d'éléments figurés.

7. L'hématocrite est le pourcentage du volume sanguin total occupé par les érythrocytes.

8. Le plasma est composé à 91,5 % d'eau et à 8,5 % de solutés. Les principaux solutés sont les protéines (albumines, globulines, fibrinogène), les nutriments, les vitamines, les hormones, les gaz respiratoires, les électrolytes et les déchets.

9. Les éléments figurés du sang sont les érythrocytes (ou globules rouges), les leucocytes (ou globules blancs) et les thrombocytes (ou plaquettes).

LA FORMATION DES CELLULES SANGUINES (P. 719)

1. L'hématopoïèse est le processus de formation des cellules sanguines débutant avec les cellules souches hématopoïétiques pluripotentes dans la moelle osseuse rouge.

2. Les cellules souches myéloïdes donnent naissance aux érythrocytes, aux thrombocytes, aux granulocytes et aux monocytes. Les cellules souches lymphoïdes engendrent les lymphocytes B et T.

3. Plusieurs facteurs de croissance hématopoïétiques stimulent la différenciation et la prolifération des diverses cellules sanguines.

LES ÉRYTHROCYTES (P. 722)

1. Les érythrocytes matures sont des disques biconcaves dépourvus de noyau (anucléés) qui contiennent l'hémoglobine.

2. La fonction de l'hémoglobine des érythrocytes est de transporter l'oxygène et un peu de dioxyde de carbone.

3. Les érythrocytes ne vivent que 120 jours environ. Un homme adulte en bonne santé en possède environ $5,4 \times 10^{12}$/L de sang et une femme adulte en bonne santé, environ $4,8 \times 10^{12}$/L de sang.

4. Après la phagocytose des érythrocytes usés par des macrophagocytes, l'hémoglobine est recyclée.

5. La formation des érythrocytes, appelée *érythropoïèse*, s'effectue dans la moelle osseuse rouge adulte de certains os. L'hypoxie stimule la libération d'érythropoïétine par les reins. L'érythropoïétine stimule la production par la moelle osseuse rouge des réticulocytes, qui sont libérés dans le sang et qui deviennent des érythrocytes un ou deux jours plus tard.

6. La numération des réticulocytes est une épreuve diagnostique qui indique la vitesse de l'érythropoïèse.

LES LEUCOCYTES (P. 725)

1. Les leucocytes sont des cellules nucléées. Ils se divisent en deux groupes : les granulocytes (granulocytes neutrophiles, granulocytes éosinophiles et granulocytes basophiles) et les agranulocytes (lymphocytes et monocytes).

2. La fonction générale des leucocytes est de combattre l'inflammation et l'infection. Les granulocytes neutrophiles et les macrophagocytes (issus des monocytes) mènent ce combat par la phagocytose.

3. Les granulocytes éosinophiles combattent les effets de l'histamine dans les réactions allergiques, phagocytent les complexes antigène-anticorps et s'attaquent aux vers parasitaires ; les granulocytes basophiles libèrent de l'héparine, de l'histamine et de la sérotonine lors de la réaction inflammatoire ; ils intensifient également l'inflammation lors des réactions allergiques.

4. En présence de substances étrangères appelées *antigènes*, les lymphocytes B se différencient en plasmocytes producteurs d'anticorps. Les anticorps se fixent aux antigènes et les neutralisent. Les lymphocytes T détruisent directement les agents étrangers. Ces réactions combattent l'infection et confèrent l'immunité à l'organisme. Les cellules tueuses naturelles s'attaquent aux micro-organismes infectieux et aux cellules tumorales.

5. À l'exception des lymphocytes, dont la durée de vie peut atteindre plusieurs années, les leucocytes ne vivent habituellement que quelques heures ou quelques jours. Le sang normal contient de 5 à 10×10^9 leucocytes par litre.

LES THROMBOCYTES (P. 728)

1. Les thrombocytes (ou plaquettes) sont des fragments de cellules dérivées des mégacaryocytes. Le sang normal contient de 150 à 400×10^9 thrombocytes par litre.

2. Ils arrêtent l'écoulement du sang hors des vaisseaux sanguins endommagés en formant le clou plaquettaire.

LA GREFFE DE CELLULES SOUCHES PROVENANT DE LA MOELLE OSSEUSE ROUGE OU DU SANG OMBILICAL (P. 729)

1. Une greffe de moelle osseuse rouge consiste à prélever dans la crête iliaque de la moelle osseuse rouge qui servira de source de cellules souches.

2. Dans le cas d'une greffe de sang ombilical, des cellules souches provenant du placenta sont prélevées du cordon ombilical.

3. Les greffes de sang ombilical comportent de nombreux avantages par rapport aux greffes de moelle osseuse rouge.

L'HÉMOSTASE (P. 731)

1. L'hémostase est une séquence de réactions qui arrêtent le saignement.

2. Elle comprend le spasme vasculaire, la formation du clou plaquettaire et la coagulation.

3. Dans le spasme vasculaire, les muscles lisses de la paroi d'un vaisseau sanguin se contractent, ce qui ralentit la perte de sang.

4. Dans la formation du clou plaquettaire, l'adhésion puis l'agrégation des thrombocytes arrêtent le saignement.

5. Un caillot est un réseau de fibres fait d'une protéine insoluble (fibrine) dans lequel les éléments figurés du sang sont emprisonnés.

6. Les substances chimiques qui participent à la coagulation sont appelées *facteurs de coagulation*.

7. La coagulation comporte une cascade de réactions que l'on peut diviser en trois étapes : formation de la prothrombinase, conversion de la prothrombine en thrombine et conversion du fibrinogène soluble en fibrine insoluble.

8. La coagulation est déclenchée par l'interaction des voies extrinsèque et intrinsèque. Les deux voies convergent vers la formation de la prothrombinase. Les phases suivantes font partie de la voie commune.

9. La vitamine K est nécessaire à la coagulation normale. L'étape qui suit la coagulation est la rétraction (resserrement) du caillot, suivie par sa fibrinolyse (dissolution).

10. La coagulation dans un vaisseau sanguin intact est appelée *thrombose*. Un thrombus qui quitte son siège d'origine est un embole.

LES SYSTÈMES ET LES GROUPES SANGUINS (P. 736)

1. Les systèmes sanguins ABO et Rh sont génétiquement déterminés et reposent sur les réactions entre antigènes et anticorps.

2. Dans le système ABO, la présence ou l'absence d'antigènes A et d'antigènes B sur la surface des érythrocytes détermine le groupe sanguin.

3. Dans le système Rh, la présence d'antigènes Rh sur les érythrocytes détermine le groupe sanguin Rh+ ; l'absence de ces antigènes détermine le groupe Rh−.

4. La maladie hémolytique du nouveau-né peut survenir lorsqu'une mère du groupe sanguin Rh− est enceinte d'un bébé du groupe sanguin Rh+.

5. Avant une transfusion de sang, on détermine le groupe sanguin du receveur, puis on effectue une épreuve de compatibilité croisée avec le sang du donneur potentiel, ou bien on procède à un dépistage des anticorps.

Vous trouverez les réponses à ces questions à l'appendice D.

COMPLÉTEZ LES PHRASES SUIVANTES.

1. Le plasma sans les protéines de coagulation est appelé _____.

2. La _____ correspond à la consolidation, ou resserrement, du caillot de fibrine qui facilite le rapprochement des lèvres de la lésion vasculaire.

INDIQUEZ SI LES ÉNONCÉS SUIVANTS SONT VRAIS OU FAUX.

3. L'hémoglobine joue un rôle dans le transport de l'oxygène et du dioxyde de carbone et dans la régulation de la pression artérielle.

4. Les leucocytes les plus nombreux dans la formule leucocytaire d'un adulte en santé sont les granulocytes neutrophiles.

CHOISISSEZ LA BONNE RÉPONSE.

5. Lesquels des éléments suivants ne sont pas nécessaires à la formation d'un caillot? 1) la vitamine K, 2) le calcium, 3) la prostacycline, 4) la plasmine, 5) le fibrinogène. a) 1, 2 et 5; b) 3, 4 et 5; c) 4 et 5; d) 1, 2 et 3; e) 3 et 4.

6. Replacez les étapes de l'hémostase dans le bon ordre: 1) conversion du fibrinogène en fibrine, 2) conversion de la prothrombine en thrombine, 3) adhésion et agrégation des plaquettes sur le vaisseau endommagé, 4) formation de la prothrombinase par la voie extrinsèque ou intrinsèque, 5) réduction de l'écoulement sanguin par le spasme vasculaire. a) 5, 3, 4, 2, 1; b) 5, 4, 3, 1, 2; c) 3, 5, 4, 2, 1; d) 5, 3, 2, 1, 4; e) 5, 3, 2, 4, 1.

7. Lesquels des énoncés suivants expliquent pourquoi les érythrocytes sont particulièrement bien adaptés au transport de l'oxygène? 1) Les érythrocytes contiennent de l'hémoglobine. 2) Les érythrocytes sont dépourvus de noyau. 3) Les érythrocytes possèdent de nombreuses mitochondries et produisent donc de l'ATP par des mécanismes aérobies. 4) La forme biconcave des érythrocytes offre une plus grande surface pour la diffusion des molécules de gaz. 5) Les érythrocytes peuvent transporter jusqu'à quatre molécules d'oxygène par molécule d'hémoglobine. a) 1, 2, 3 et 5; b) 1, 2, 4 et 5; c) 2, 3, 4 et 5; d) 1, 3 et 5; e) 2, 4 et 5.

8. Lesquels des énoncés suivants sont vrais? 1) Les leucocytes sortent de la circulation sanguine par diapédèse. 2) Des molécules d'adhérence cellulaire aident les leucocytes à se fixer à l'endothélium, ce qui favorise la diapédèse. 3) Les granulocytes neutrophiles et les macrophagocytes issus des monocytes participent à la phagocytose. 4) Le terme chimiotactisme positif désigne l'attraction de phagocytes pour les microorganismes et le tissu enflammé. 5) La leucopénie correspond à une augmentation du nombre de leucocytes lors d'une infection. a) 1, 2, 4 et 5; b) 2, 3, 4 et 5; c) 1, 2, 3 et 4; d) 1, 3 et 5; e) 1, 2 et 4.

9. Duquel (desquels) des groupes sanguins suivants une personne du groupe A Rh négatif peut-elle recevoir une transfusion de sang? 1) A positif, 2) B négatif, 3) AB négatif, 4) O négatif, 5) A négatif. a) 1 seulement; b) 3 seulement; c) 4 seulement; d) 4 et 5; e) 1 et 5.

10. Une personne dont le groupe sanguin est B positif reçoit une transfusion de sang AB positif. Que se produira-t-il? a) Les anticorps du receveur réagiront avec les érythrocytes du donneur. b) Les antigènes du donneur détruiront les anticorps du receveur. c) Les anticorps du donneur réagiront et détruiront les érythrocytes du receveur. d) Le groupe sanguin du receveur passera de positif à négatif. e) Ces groupes sanguins sont compatibles et la transfusion sera réussie.

11. Qu'advient-il du fer (Fe^{3+}) qui est libéré pendant la destruction des érythrocytes endommagés? a) Il est utilisé dans la synthèse des protéines. b) Il est acheminé vers le foie où il est intégré à la bile. c) Il est converti en urobiline et excrété dans l'urine. d) Il se lie à la transferrine et est acheminé à la moelle osseuse pour être utilisé dans la synthèse de l'hémoglobine. e) Il est utilisé par les bactéries intestinales pour convertir la bilirubine en urobilinogène.

12. Lequel des facteurs suivants ne causerait pas une augmentation de l'érythropoïétine? a) l'anémie, b) la haute altitude, c) une hémorragie, d) un don de sang, e) la polycythémie.

13. Associez les éléments suivants :

_____ a) contiennent l'hémoglobine et participent au transport des gaz

_____ b) fragments de cellules emprisonnés par une portion de la membrane cellulaire des mégacaryocytes

_____ c) formes individuelles des cellules progénitrices ; nommées en fonction des éléments matures du sang qu'elles produisent

_____ d) leucocytes au noyau en forme de haricot ; capables de phagocytose

_____ e) monocytes du sang qui se rassemblent dans les tissus aux sièges d'infection ou d'inflammation

_____ f) existent sous forme de cellules B, de cellules T et de cellules tueuses naturelles

_____ g) donnent naissance aux érythrocytes, aux monocytes, aux granulocytes neutrophiles, aux granulocytes éosinophiles, aux granulocytes basophiles et aux thrombocytes

_____ h) combattent les effets de l'histamine et d'autres médiateurs de l'inflammation lors d'une réaction allergique ; phagocytent également les complexes antigène-anticorps

_____ i) réagissent à la destruction des tissus par des bactéries ; libèrent du lysozyme, de puissants oxydants et des défensines

_____ j) granulocytes neutrophiles âgés possédant plusieurs lobes nucléaires de formes différentes

_____ k) libérés par la moelle osseuse rouge, deviennent des érythrocytes matures

_____ l) donnent naissance aux lymphocytes

_____ m) cellules qui ne peuvent plus se renouveler ; ne peuvent donner naissance qu'à des éléments figurés précis du sang

_____ n) hormone qui stimule la formation des thrombocytes

_____ o) monocytes qui quittent le sang pour se loger dans un tissu en particulier, comme les macrophagocytes alvéolaires des poumons

_____ p) interviennent dans les réactions inflammatoires et allergiques, ainsi que dans les réactions d'hypersensibilité

_____ q) stimulent la formation des leucocytes

_____ r) cellules qui engendrent tous les éléments figurés du sang ; dérivées du mésenchyme

_____ s) hormone qui augmente le nombre de cellules précurseurs des érythrocytes

1) granulocytes neutrophiles
2) lymphocytes
3) monocytes
4) granulocytes éosinophiles
5) granulocytes basophiles
6) cellules souches pluripotentes
7) cellules souches formant les colonies
8) érythrocytes
9) réticulocytes
10) leucocytes polynucléaires
11) cellules souches myéloïdes
12) cellules souches lymphoïdes
13) cellules progénitrices
14) thrombocytes
15) macrophagocytes fixes
16) macrophagocytes libres
17) érythropoïétine
18) thrombopoïétine
19) cytokines

14. Associez les éléments suivants :

_____ a) protéine tissulaire issue de cellules situées à l'extérieur des vaisseaux sanguins qui pénètre dans le sang et déclenche la formation de la prothrombine

_____ b) anticoagulant

_____ c) hormone des thrombocytes qui stimule la réparation de la paroi des vaisseaux sanguins lésés

_____ d) sa formation est déclenchée soit par la voie extrinsèque, soit par la voie intrinsèque, soit par les deux ; catalyseur de la conversion de la prothrombine en thrombine

_____ e) glycoprotéines et glycolipides à la surface des érythrocytes qui peuvent jouer le rôle d'antigènes

_____ f) forme les filaments d'un caillot ; produit à partir du fibrinogène

_____ g) peut dissoudre un caillot en digérant des filaments de fibrine

_____ h) sert de catalyseur pour la formation de la fibrine ; formé à partir de la prothrombine

1) prothrombinase
2) thrombine
3) fibrine
4) thromboplastine ou facteur tissulaire
5) plasmine
6) héparine
7) agglutinogènes
8) facteur de croissance des thrombocytes

15. Associez les éléments suivants :

_____ a) pourcentage du volume sanguin total occupé par les érythrocytes

_____ b) pourcentage de chaque type de leucocytes

_____ c) comprend une numération des érythrocytes, des leucocytes et des thrombocytes par litre de sang total, un hématocrite et une formule leucocytaire

_____ d) mesure la vitesse de l'érythropoïèse

_____ e) prélèvement de sang dans une veine à l'aide d'une seringue et d'un tube collecteur

_____ f) prélèvement d'une petite quantité de moelle osseuse rouge au moyen d'une seringue munie d'une aiguille fine

_____ g) retrait d'un morceau intact de moelle osseuse rouge à l'aide d'une grosse aiguille

1) numération des réticulocytes
2) biopsie de la moelle osseuse
3) ponction veineuse
4) hématocrite
5) aspiration de moelle osseuse
6) formule sanguine
7) formule leucocytaire

Vous trouverez les réponses à ces questions à l'appendice D.

1. Sophie a récemment pris des antibiotiques à large spectre pour traiter une infection urinaire récurrente. En tranchant des légumes, elle se coupe un doigt et éprouve de la difficulté à arrêter le saignement. Quel rôle les antibiotiques ont-ils joué dans son saignement?

2. Mme Grégoire souffre d'insuffisance rénale. Une analyse sanguine récente indique un hématocrite de 22. Pourquoi son hématocrite est-il bas? Que peut-elle prendre pour augmenter son hématocrite?

3. Thomas a une hépatite qui altère le fonctionnement de son foie. Quels symptômes devrait-il présenter en se basant sur le rôle du foie en relation avec le sang?

RÉPONSES AUX QUESTIONS DES FIGURES

19.1 Le volume sanguin est d'environ 5 à 6 L chez l'homme et de 4 à 5 L chez la femme. Il constitue environ 8 % du poids du corps. Par exemple, une personne de 70 kg a un volume sanguin d'environ 5,6 L (70 kg × 8 % × 1 L/kg).

19.2 Les thrombocytes sont des fragments de cellules.

19.3 Les cellules souches pluripotentes se forment à partir du mésenchyme.

19.4 Une molécule d'hémoglobine peut transporter un maximum de quatre molécules d'O_2, une liée à chaque groupement hème.

19.5 La transferrine est une protéine plasmatique qui transporte le fer (Fe^{3+}) dans le sang.

19.6 L'hématocrite augmenterait en haute altitude. La concentration plus faible d'oxygène dans l'air entraîne un état d'hypoxie (diminution de la quantité d'oxygène distribuée aux tissus par le sang), stimule les reins à sécréter une plus grande quantité d'érythropoïétine qui stimule à son tour la moelle osseuse rouge à augmenter la production d'érythrocytes. La valeur de l'hématocrite augmente parce que le nombre d'érythrocytes dans le sang augmente.

19.7 Granulocytes neutrophiles, éosinophiles et basophiles. Ils sont appelés *granulocytes* parce qu'ils possèdent tous des granulations cytoplasmiques qui sont visibles à la coloration au microscope optique.

19.8 Les lymphocytes recirculent entre le sang et les tissus. Après avoir quitté le sang, les autres leucocytes demeurent dans les tissus jusqu'à leur mort.

19.9 Outre la formation du clou plaquettaire, le spasme vasculaire et la coagulation (formation du caillot) contribuent à l'hémostase.

19.10 Le sérum est du plasma sanguin sans protéines de coagulation.

19.11 Le résultat de la première étape de la coagulation est la formation de la prothrombinase.

19.12 Le sang du groupe O contient habituellement des anticorps anti-A et des anticorps anti-B.

19.13 Lorsque la mère produit des anticorps anti-Rh, cela se fait habituellement après la naissance du bébé, si bien que le premier-né n'en est nullement affecté.

19.14 L'agglutination correspond à la formation de liaisons antigènes-anticorps entre les érythrocytes.

19.15 Les symptômes de la drépanocytose sont notamment l'anémie, une légère jaunisse, des douleurs articulaires, de la dyspnée, de la tachycardie, des douleurs abdominales, de la fièvre et de la fatigue.

SYSTÈME CARDIOVASCULAIRE : LE CŒUR

LE CŒUR ET L'HOMÉOSTASIE

Le cœur pompe le sang des vaisseaux sanguins vers tous les tissus de l'organisme.

Comme nous l'avons vu au chapitre précédent, le **système cardiovasculaire** comprend le sang, le cœur et les vaisseaux sanguins. Nous avons également étudié la composition et les fonctions du sang. Nous allons maintenant aborder le cœur, cette pompe qui permet au sang de circuler dans l'organisme. Le sang doit être constamment propulsé dans les vaisseaux sanguins pour qu'il puisse atteindre les cellules et échanger des substances avec elles. Pour ce faire, le cœur bat environ 100 000 fois par jour, ce qui représente 35 millions de battements par année. Même pendant que nous dormons, notre cœur pompe chaque minute un volume de sang équivalant à 30 fois son poids (5 litres), soit plus de 1 000 litres par jour et 10 millions de litres par année. Comme nous ne faisons pas que dormir et que notre cœur travaille plus vigoureusement lorsque nous sommes actifs, le volume de sang réel que le cœur pompe chaque jour est bien plus élevé. L'étude scientifique du cœur normal et des maladies associées à cet organe est appelée **cardiologie** (*kardia* : cœur ; *logos* : discours). Le présent chapitre explore la structure du cœur et les propriétés uniques qui lui permettent de fonctionner sans relâche pendant toute une vie.

L'ANATOMIE DU CŒUR

OBJECTIFS

- Situer le cœur.
- Décrire la structure du péricarde et de la paroi du cœur.
- Examiner l'anatomie externe et interne des cavités du cœur.

L'EMPLACEMENT DU CŒUR

Le cœur est relativement petit, mais extrêmement fort. Il n'est pas plus gros qu'un poing fermé, mais de forme différente ; il mesure environ 12 cm de longueur, 9 cm de largeur à son point le plus large et 6 cm d'épaisseur. Son poids moyen est de 250 g chez la femme adulte et de 300 g chez l'homme adulte. Le cœur repose sur le diaphragme, près du centre de la cavité thoracique, une région appelée **médiastin**. Le médiastin s'étend du sternum jusqu'à la colonne vertébrale, entre les poumons, et du cou jusqu'au diaphragme (figure 20.1a et voir la figure 1.10a.) Les deux tiers environ de la masse du cœur se trouvent à gauche du plan médian du corps (figure 20.1b). Vous pouvez imaginer que le cœur est un cône couché sur le côté. L'**apex du cœur** est pointu et orienté vers l'avant, le bas et la gauche. La **base du cœur** est élargie et pointe vers l'arrière, le haut et la droite.

En plus de l'apex et de la base, le cœur possède également des faces et des bords distincts. La **face sternocostale du cœur**, ou face antérieure, se situe derrière le sternum et les côtes. La **face diaphragmatique du cœur**, ou face inférieure, s'appuie surtout sur le diaphragme et couvre la région entre l'apex et le bord droit (figure 20.1b). Le **bord droit du cœur** fait face au poumon droit et s'étend de la face diaphragmatique à la base. Le **bord gauche du cœur** fait face au poumon gauche et s'étend de la base à l'apex.

LA RÉANIMATION CARDIORESPIRATOIRE

Comme le cœur se trouve entre deux structures rigides, la colonne vertébrale et le sternum (figure 20.1a), toute pression externe (compression) exercée sur le thorax peut forcer le sang à sortir du cœur pour entrer dans la circulation systémique. Il est possible de sauver la vie des personnes dont le cœur cesse soudainement de battre grâce à la **réanimation cardiorespiratoire**, qui consiste à appliquer de la manière appropriée des compressions cardiaques. Combinée à une ventilation artificielle des poumons par le bouche-à-bouche, cette technique permet de maintenir la circulation du sang oxygéné jusqu'à ce que le cœur recommence à battre.

Dans une étude menée en 2000 à Seattle, des chercheurs ont découvert que la compression du thorax pratiquée seule est tout aussi efficace, sinon plus, que la réanimation cardiorespiratoire associée à une ventilation artificielle. Il s'agit là d'une bonne nouvelle parce que les répartiteurs des services d'urgence arrivent plus facilement à donner à un passant effrayé et sans connaissances médicales des directives seulement sur la manière d'effectuer des compressions du thorax. Comme les gens craignent de plus en plus d'attraper des maladies contagieuses comme l'hépatite, le VIH et la tuberculose, ils préfèrent de plus en plus souvent effectuer des compressions du thorax plutôt qu'une intervention qui demande de pratiquer le bouche-à-bouche. ■

LE PÉRICARDE

Le revêtement qui entoure et protège le cœur s'appelle **péricarde** (*peri* : autour). Il maintient le cœur en place dans le médiastin, tout en lui accordant une liberté de mouvement suffisante pour réaliser de rapides et vigoureuses contractions. Le péricarde se divise en deux couches : le péricarde fibreux et le péricarde séreux (figure 20.2a). Le **péricarde fibreux** est une enveloppe externe constituée de tissu conjonctif dense, irrégulier, robuste et inélastique. Il ressemble à un sac qui s'appuie sur le diaphragme et y adhère. Son extrémité ouverte fusionne avec le tissu conjonctif des vaisseaux sanguins qui entrent dans le cœur et en sortent. Le péricarde fibreux prévient l'étirement excessif du cœur, protège cet organe et l'amarre au médiastin.

En dessous du péricarde fibreux se trouve le **péricarde séreux**, une membrane plus mince et délicate, formée de deux feuillets qui recouvrent le cœur (figure 20.2a). Son enveloppe externe, appelée **feuillet pariétal du péricarde séreux**, fusionne avec le péricarde fibreux, tandis que son enveloppe interne, appelée **feuillet viscéral du péricarde séreux** ou encore **épicarde** (*epi* : sur), constitue l'une des couches de la paroi du cœur et adhère fermement à sa surface. Les feuillets pariétal et viscéral sont séparés par une mince pellicule de liquide appelée **sérosité péricardique**. Sécrété par les cellules du péricarde, ce liquide réduit la friction entre les feuillets du péricarde séreux lorsque le cœur est en mouvement. On appelle **cavité péricardique** l'espace qui contient ces quelques millilitres de liquide.

LA PÉRICARDITE

L'inflammation du péricarde est appelée **péricardite**. Sa forme la plus courante, la *péricardite aiguë*, survient de manière subite. Elle n'a pas de cause connue dans la plupart des cas, mais elle est parfois associée à une infection virale. En raison de l'irritation du péricarde, des douleurs thoraciques peuvent s'étendre de l'épaule gauche jusqu'au bout du bras (c'est pourquoi on la confond parfois avec une crise cardiaque) ; de plus, l'auscultation au stéthoscope permet d'entendre un frottement péricardique. Ce bruit résulte du frottement ou du craquement du feuillet viscéral du péricarde séreux sur le feuillet pariétal du péricarde séreux. La péricardite aiguë dure habituellement environ une semaine et se traite avec des médicaments qui réduisent l'inflammation et la douleur, comme l'ibuprofen ou l'aspirine.

La *péricardite chronique* survient de manière graduelle et dure longtemps. Dans certains cas, il se produit une accumulation de sérosité péricardique. Si l'accumulation est importante, la situation est potentiellement mortelle puisque le liquide comprime le cœur. Cette compression est appelée **tamponnade cardiaque**. La compression diminue le remplissage ventriculaire, réduit le débit cardiaque ; le retour veineux vers le cœur décline, la pression artérielle baisse et la respiration devient difficile. La plupart des causes de la péricardite chronique accompagnée d'une tamponnade cardiaque sont inconnues, mais on les associe à des affections comme le cancer et la tuberculose. Le traitement consiste à drainer l'excès de liquide au moyen d'une aiguille passée dans la cavité du péricarde. ■

LES TUNIQUES DE LA PAROI DU CŒUR

La paroi du cœur comprend trois tuniques (figure 20.2a), soit, de l'extérieur vers l'intérieur, l'épicarde, le myocarde et l'endocarde.

Le cœur est situé dans le médiastin ; les deux tiers de sa masse se trouvent à gauche du plan médian du corps.

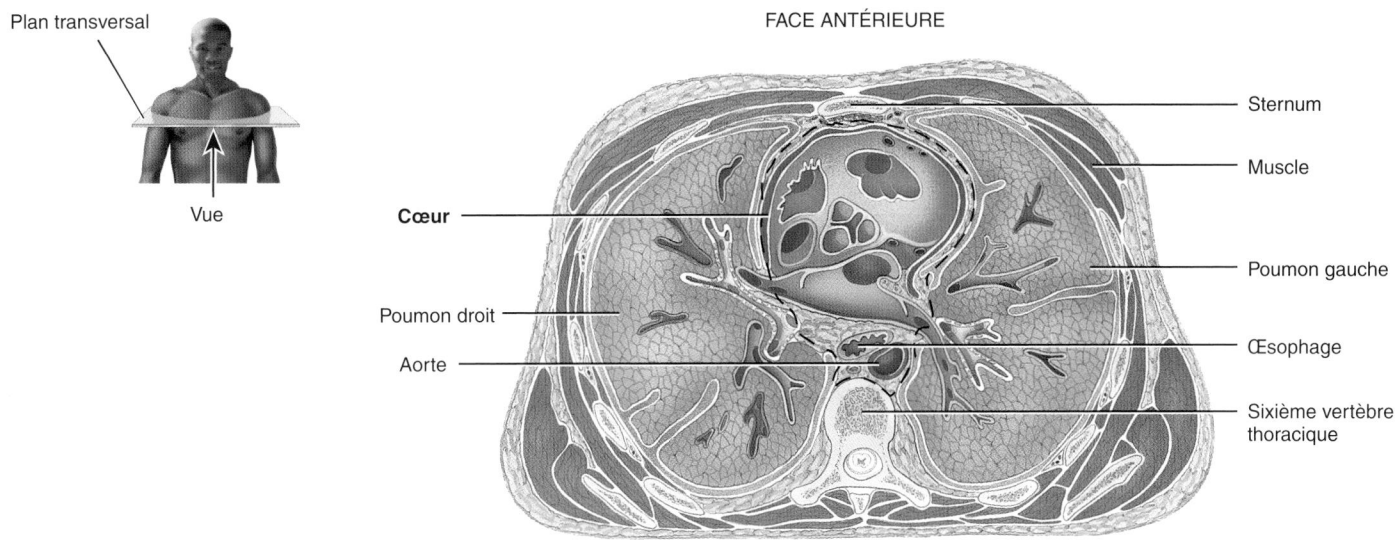

(a) Vue inférieure de la coupe transversale de la cavité thoracique montrant le cœur dans le médiastin

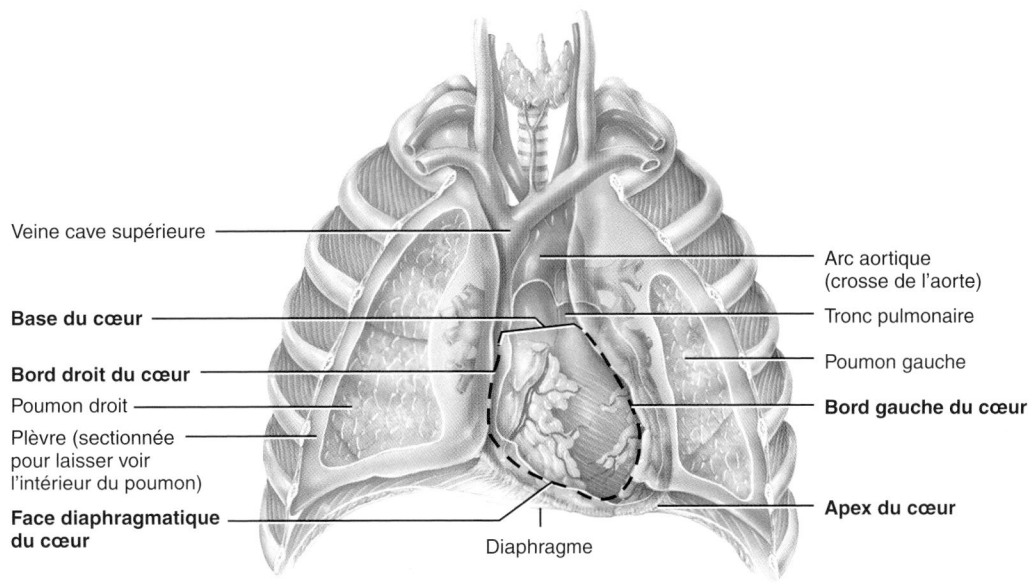

(b) Vue antérieure du cœur dans le médiastin

Q Qu'est-ce que le médiastin ?

Comme nous l'avons déjà mentionné, l'**épicarde**, également appelé *feuillet viscéral du péricarde séreux*, est la tunique externe de la paroi. Mince et transparente, cette tunique est composée de mésothélium et d'un tissu conjonctif délicat qui rend la texture de la face externe du cœur lisse et glissante. Le **myocarde** (*mus* : muscle) est le tissu musculaire cardiaque ; il constitue l'essentiel de la masse du cœur et est responsable de l'action de pompage assurée par le cœur. Bien qu'il soit strié comme les muscles sque-

lettiques, le muscle cardiaque est involontaire comme les muscles lisses. Ses myocytes sont disposés en faisceaux qui décrivent une spirale en diagonale autour du cœur (figure 20.2c). L'**endocarde** (*endon* : en dedans) est un endothélium fin recouvrant une mince couche de tissu conjonctif. Il constitue un revêtement lisse pour les cavités du cœur et recouvre les valves cardiaques. L'endocarde est en continuité avec l'endothélium des gros vaisseaux sanguins rattachés au cœur.

FIGURE 20.2 Le péricarde et la paroi du cœur.

Le péricarde est un sac formé de deux enveloppes : le péricarde fibreux et le péricarde séreux, lui-même formé de deux feuillets séparés par une cavité remplie de sérosité. Le péricarde entoure, protège et maintient le cœur en place.

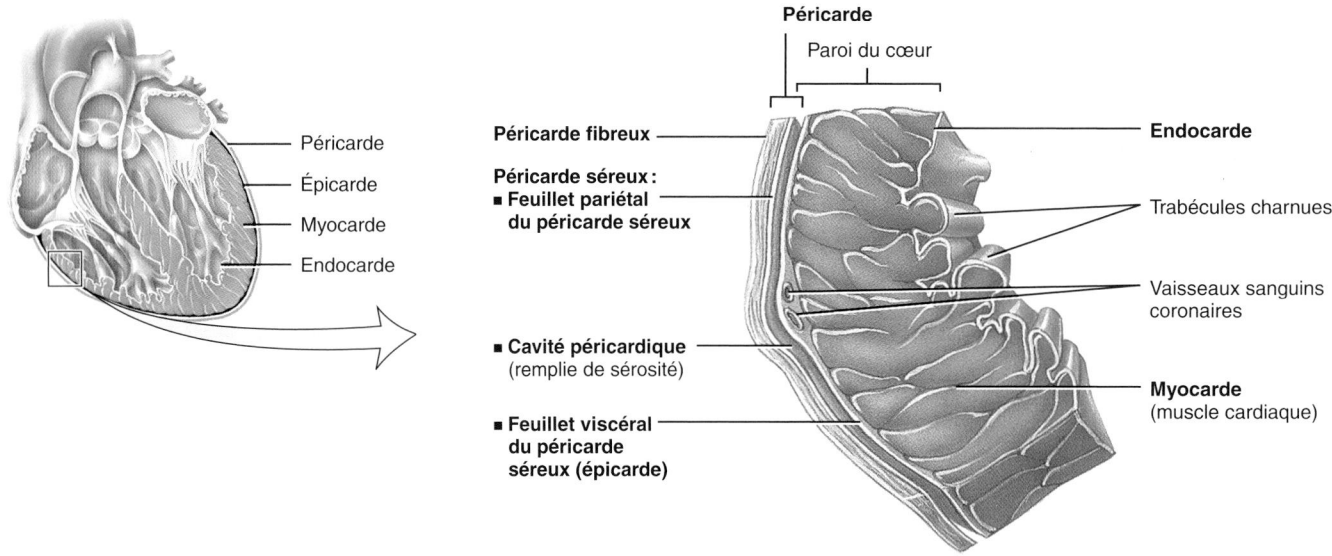

Péricarde
Épicarde
Myocarde
Endocarde

Péricarde
Paroi du cœur

Péricarde fibreux — — Endocarde

Péricarde séreux :
■ Feuillet pariétal du péricarde séreux — — Trabécules charnues

— Vaisseaux sanguins coronaires

■ Cavité péricardique (remplie de sérosité) — — Myocarde (muscle cardiaque)

■ Feuillet viscéral du péricarde séreux (épicarde)

(a) Partie du péricarde et de la paroi du ventricule droit montrant les divisions du péricarde et les tuniques de la paroi du cœur

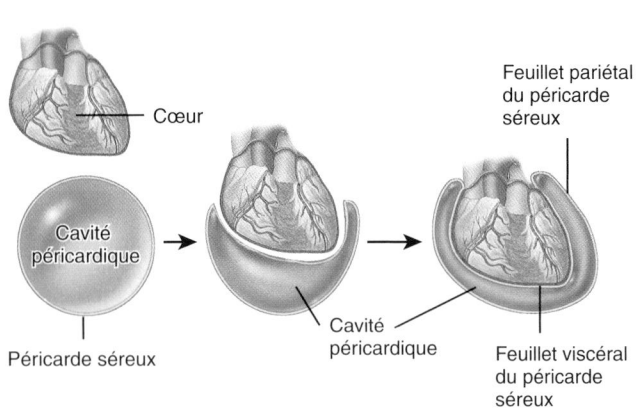

Cœur

Cavité péricardique

Feuillet pariétal du péricarde séreux

Cavité péricardique

Feuillet viscéral du péricarde séreux

Péricarde séreux

(b) Représentation simplifiée de la relation entre le péricarde séreux et le cœur

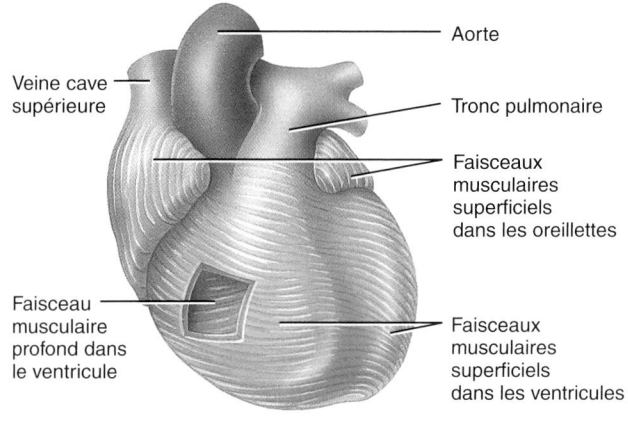

Aorte

Veine cave supérieure

Tronc pulmonaire

Faisceaux musculaires superficiels dans les oreillettes

Faisceau musculaire profond dans le ventricule

Faisceaux musculaires superficiels dans les ventricules

(c) Faisceaux musculaires cardiaques du myocarde

Quelle tunique fait partie à la fois du péricarde et de la paroi du cœur ?

LA MYOCARDITE ET L'ENDOCARDITE

L'inflammation du myocarde, appelée **myocardite**, est généralement une complication consécutive à une infection virale, à une fièvre rhumatismale, à une irradiation, à une exposition à des produits chimiques ou à la consommation de certains médicaments. La myocardite est souvent asymptomatique. Quand des symptômes surviennent, ils se manifestent sous forme de fièvre, de fatigue, de douleurs abdominales diffuses, d'un rythme cardiaque irrégulier ou rapide, de douleurs articulaires et d'essoufflement. Les symptômes sont généralement légers et disparaissent au bout de deux semaines. Les formes les plus graves peuvent provoquer une insuffisance cardiaque et causer la mort. Le traitement consiste à éviter les exercices énergiques, à adopter un régime à faible teneur en sodium, à passer régulièrement des électrocardiogrammes et à soigner l'insuffisance cardiaque. L'**endocardite** est une inflammation de l'endocarde, qui touche habituellement les valves du cœur. La plupart des cas d'endocardite sont d'origine bactérienne. Les signes et les symptômes de l'endocardite sont la fièvre, un souffle cardiaque, un rythme cardiaque irrégulier ou rapide, la fatigue, la perte de l'appétit, des sueurs nocturnes et des frissons. On traite l'endocardite bactérienne par l'administration d'antibiotiques par voie intraveineuse. ■

LES CAVITÉS CARDIAQUES

Le cœur possède quatre cavités : deux **oreillettes**, ou **atriums du cœur** (*atrium* : cour intérieure), dans sa partie supérieure et deux **ventricules** (*ventriculus* : petit ventre) dans sa partie inférieure. Sur la face antérieure de chaque oreillette se trouve un appendice ridé en forme de poche appelé **auricule** (*auricula* : oreille) parce qu'il ressemble à l'oreille d'un chien (figure 20.3). L'auricule augmente légèrement la capacité de l'oreillette pour lui permettre de contenir un plus grand volume de sang. La surface du cœur comporte également une série de rainures, appelées **sillons**, qui accueillent les vaisseaux sanguins coronaires et contiennent une quantité plus ou moins grande de graisse. Chaque sillon marque la limite externe entre deux cavités du cœur. Le profond **sillon coronaire** (*corona* : objet courbe) encercle la plus grande partie du cœur et marque la frontière entre les oreillettes et les ventricules. Le **sillon interventriculaire antérieur** est une rainure peu profonde longeant la face sternocostale du cœur ; il marque la frontière entre les ventricules droit et gauche. Ce sillon se prolonge sur la face diaphragmatique du cœur, où il devient le **sillon interventriculaire postérieur**, qui sépare les ventricules sur la face postérieure du cœur (figure 20.3c).

L'oreillette droite

L'**oreillette droite** reçoit le sang de trois veines : la *veine cave supérieure*, la *veine cave inférieure* et le *sinus coronaire*. La veine cave supérieure ramène le sang de la tête et des membres supérieurs ; la veine cave inférieure, celui du tronc et des membres inférieurs ; quant au sinus coronaire, il transporte le sang provenant du cœur (figure 20.4a). Les parois internes antérieure et postérieure de l'oreillette droite sont très différentes. La paroi postérieure est lisse ; la paroi antérieure est rugueuse, car elle présente des saillies musculaires, les **muscles pectinés** (*pecten* : peigne), qui s'étendent jusqu'à l'auricule (figure 20.4b). Une cloison mince, appelée **septum interauriculaire** (*septum* : cloison) sépare les oreillettes droite et gauche. Ce septum se distingue par une dépression, appelée **fosse ovale**. Cette dépression constitue un vestige du *foramen ovale*, un orifice situé dans le septum interauriculaire du cœur fœtal qui se ferme normalement peu après la naissance (voir la figure 21.30). Le sang passe de l'oreillette droite au ventricule droit en traversant la **valve auriculoventriculaire droite**, aussi appelée **valve tricuspide** (*tri* : trois ; *cuspis* : pointe) parce qu'elle comprend trois cuspides (lames membraneuses) (figure 20.4a). Les valves du cœur sont composées de tissu conjonctif dense recouvert d'endocarde.

Le ventricule droit

Le **ventricule droit** forme la majeure partie de la face sternocostale du cœur. Des saillies constituées de faisceaux soulevés de myocytes cardiaques, appelées **trabécules charnues** (*trabecula* : petite poutre ; figure 20.2a), se trouvent sur ses parois internes. Une partie de ces trabécules jouent un rôle dans le système de conduction du cœur que nous aborderons plus loin dans le présent chapitre.

FIGURE 20.3 La structure du cœur : anatomie de surface. Dans le présent ouvrage, les vaisseaux sanguins qui transportent le sang riche en oxygène (rouge clair) sont représentés en rouge et ceux qui transportent le sang désoxygéné (rouge foncé) sont représentés en bleu.

Les sillons sont des rainures qui accueillent les vaisseaux sanguins et contiennent de la graisse ; ils marquent les limites entre les diverses cavités cardiaques.

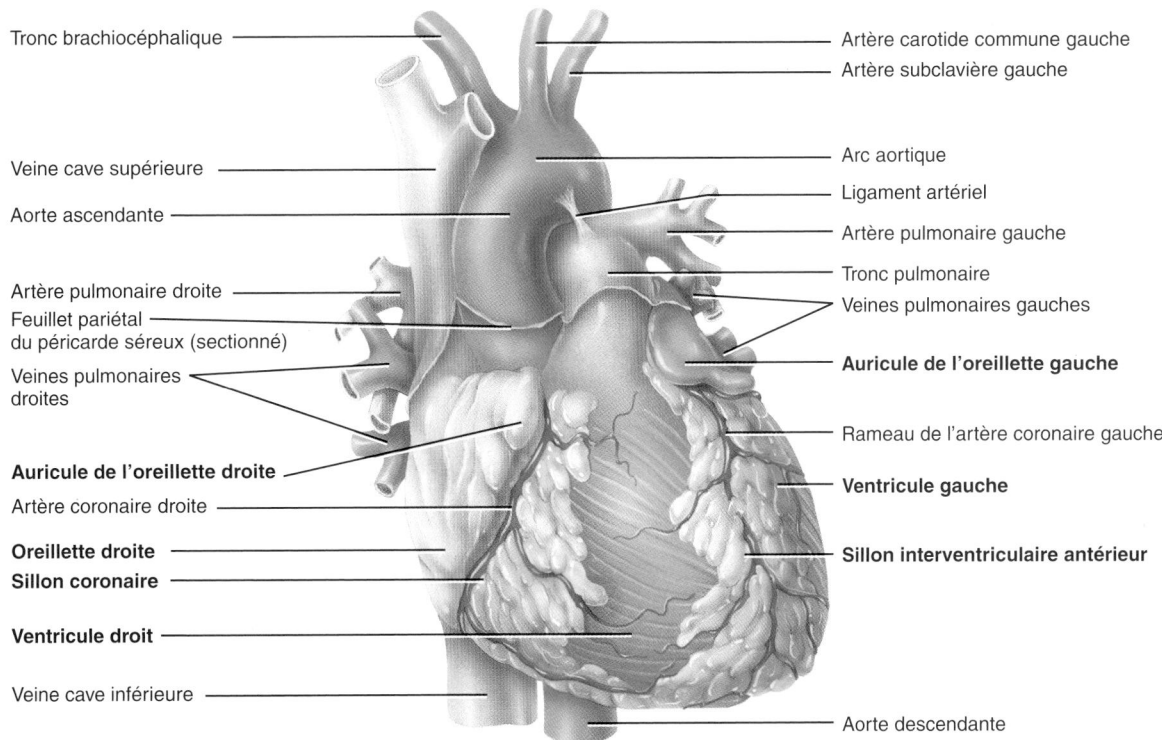

Tronc brachiocéphalique
Veine cave supérieure
Aorte ascendante
Artère pulmonaire droite
Feuillet pariétal du péricarde séreux (sectionné)
Veines pulmonaires droites
Auricule de l'oreillette droite
Artère coronaire droite
Oreillette droite
Sillon coronaire
Ventricule droit
Veine cave inférieure

Artère carotide commune gauche
Artère subclavière gauche
Arc aortique
Ligament artériel
Artère pulmonaire gauche
Tronc pulmonaire
Veines pulmonaires gauches
Auricule de l'oreillette gauche
Rameau de l'artère coronaire gauche
Ventricule gauche
Sillon interventriculaire antérieur
Aorte descendante

(a) Vue antérieure externe montrant l'anatomie de surface du cœur

FIGURE 20.3 La structure du cœur: anatomie de surface *(suite).*

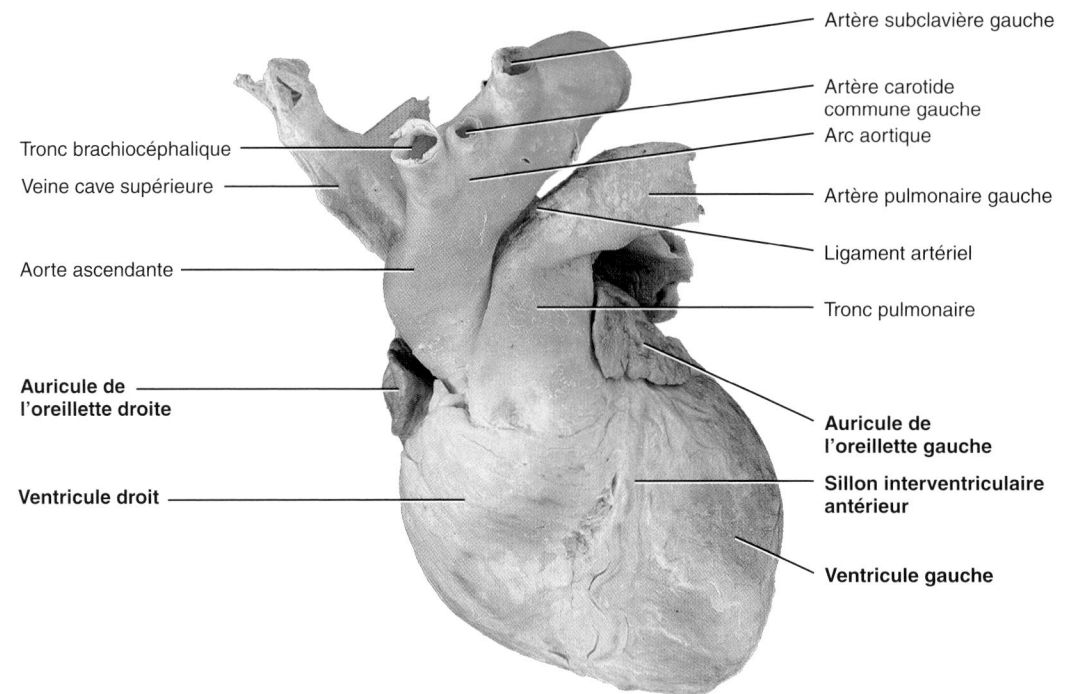

Artère subclavière gauche

Artère carotide commune gauche

Arc aortique

Tronc brachiocéphalique

Veine cave supérieure

Artère pulmonaire gauche

Ligament artériel

Aorte ascendante

Tronc pulmonaire

Auricule de l'oreillette droite

Auricule de l'oreillette gauche

Ventricule droit

Sillon interventriculaire antérieur

Ventricule gauche

(b) Vue antérieure externe montrant l'anatomie de surface du cœur

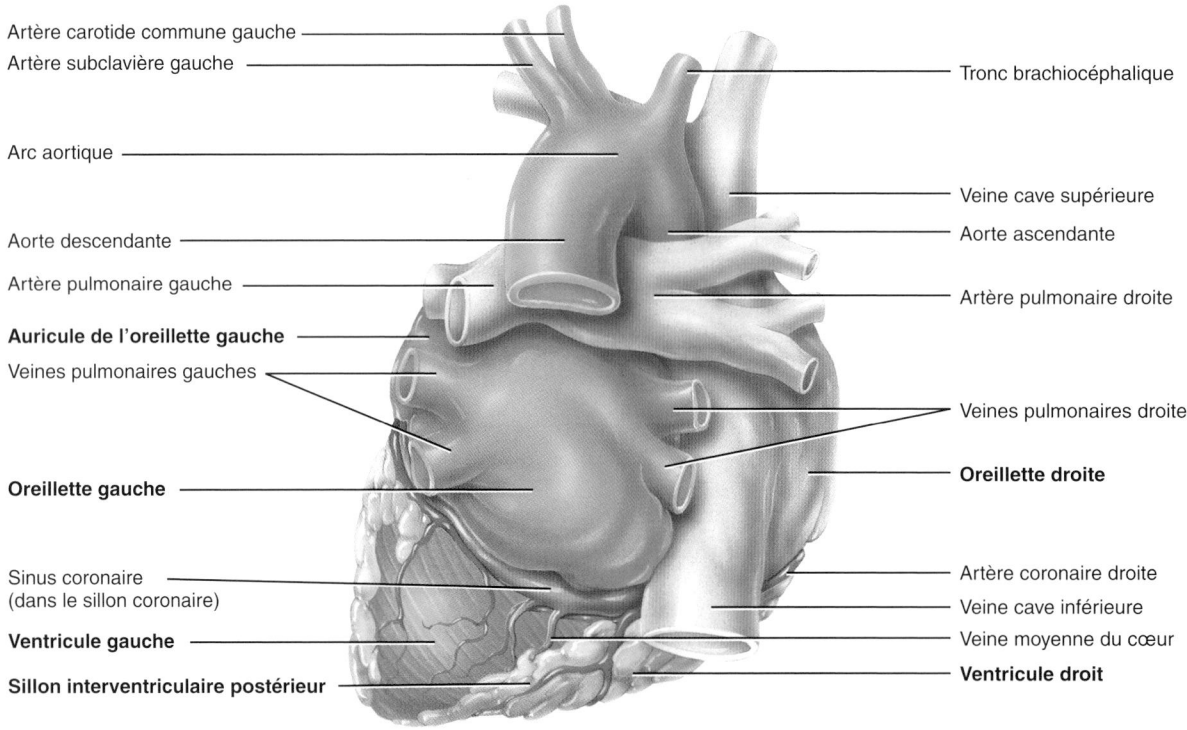

Artère carotide commune gauche

Artère subclavière gauche

Tronc brachiocéphalique

Arc aortique

Veine cave supérieure

Aorte descendante

Aorte ascendante

Artère pulmonaire gauche

Artère pulmonaire droite

Auricule de l'oreillette gauche

Veines pulmonaires gauches

Veines pulmonaires droites

Oreillette gauche

Oreillette droite

Sinus coronaire (dans le sillon coronaire)

Artère coronaire droite

Veine cave inférieure

Ventricule gauche

Veine moyenne du cœur

Sillon interventriculaire postérieur

Ventricule droit

(c) Vue postérieure externe montrant l'anatomie de surface du cœur

 Quelles sont les cavités cardiaques délimitées par le sillon coronaire?

FIGURE 20.4 La structure du cœur : anatomie interne.

Le sang accède à l'oreillette droite par la veine cave supérieure, la veine cave inférieure et le sinus coronaire ; il entre dans l'oreillette gauche par les quatre veines pulmonaires.

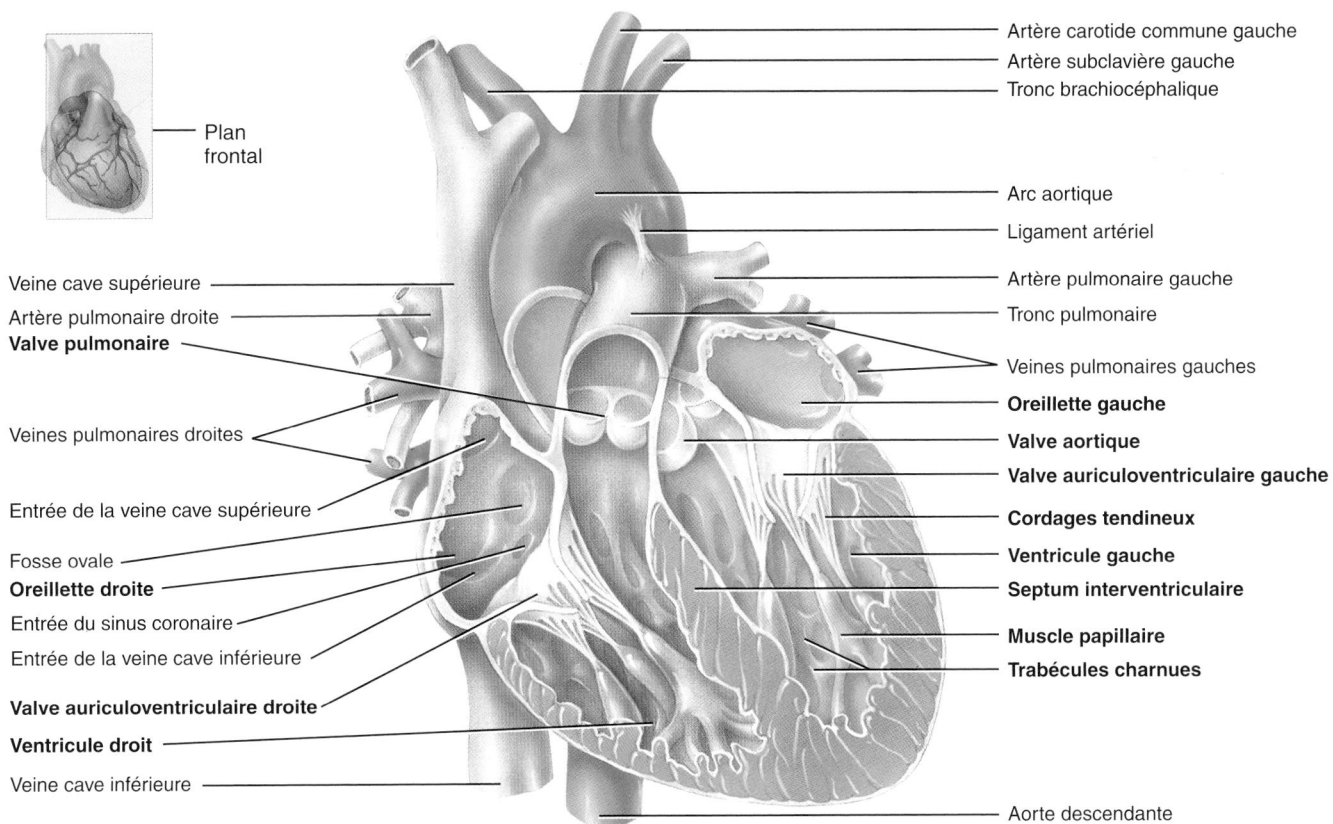

Plan frontal

Veine cave supérieure

Artère pulmonaire droite

Valve pulmonaire

Veines pulmonaires droites

Entrée de la veine cave supérieure

Fosse ovale

Oreillette droite

Entrée du sinus coronaire

Entrée de la veine cave inférieure

Valve auriculoventriculaire droite

Ventricule droit

Veine cave inférieure

Artère carotide commune gauche

Artère subclavière gauche

Tronc brachiocéphalique

Arc aortique

Ligament artériel

Artère pulmonaire gauche

Tronc pulmonaire

Veines pulmonaires gauches

Oreillette gauche

Valve aortique

Valve auriculoventriculaire gauche

Cordages tendineux

Ventricule gauche

Septum interventriculaire

Muscle papillaire

Trabécules charnues

Aorte descendante

(a) Vue antérieure d'une coupe frontale montrant l'anatomie interne du cœur

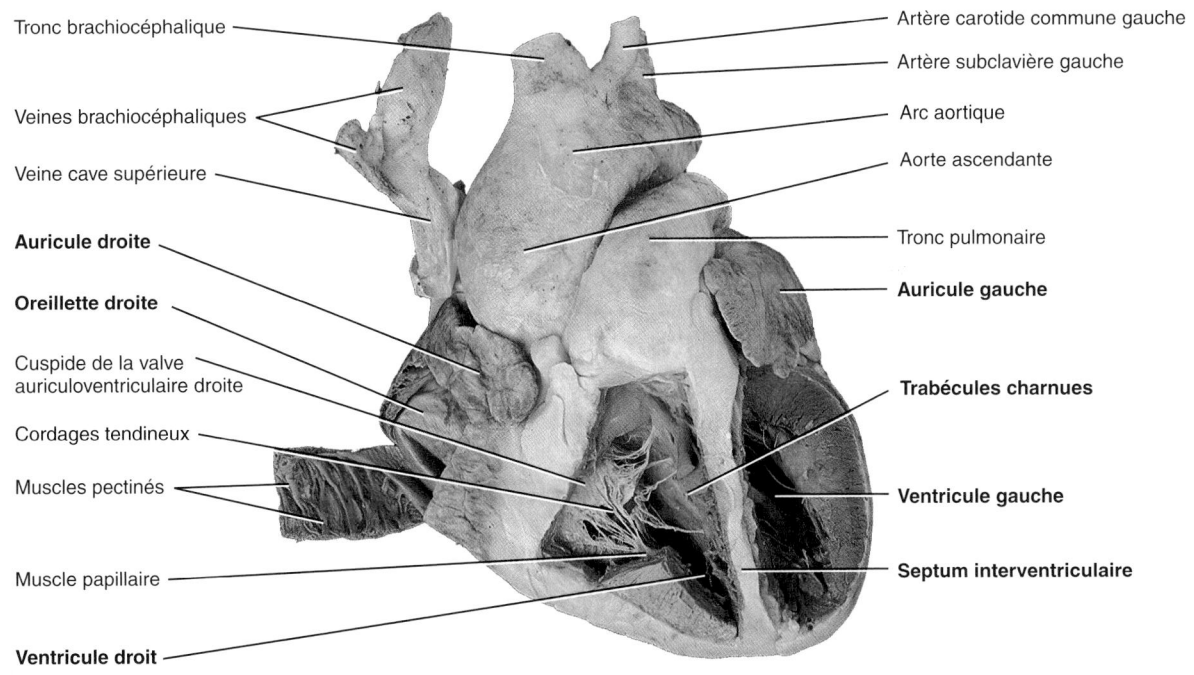

Tronc brachiocéphalique

Veines brachiocéphaliques

Veine cave supérieure

Auricule droite

Oreillette droite

Cuspide de la valve auriculoventriculaire droite

Cordages tendineux

Muscles pectinés

Muscle papillaire

Ventricule droit

Artère carotide commune gauche

Artère subclavière gauche

Arc aortique

Aorte ascendante

Tronc pulmonaire

Auricule gauche

Trabécules charnues

Ventricule gauche

Septum interventriculaire

(b) Vue antérieure d'une coupe partielle montrant l'anatomie interne du cœur

FIGURE 20.4 La structure du cœur : anatomie interne *(suite)*.

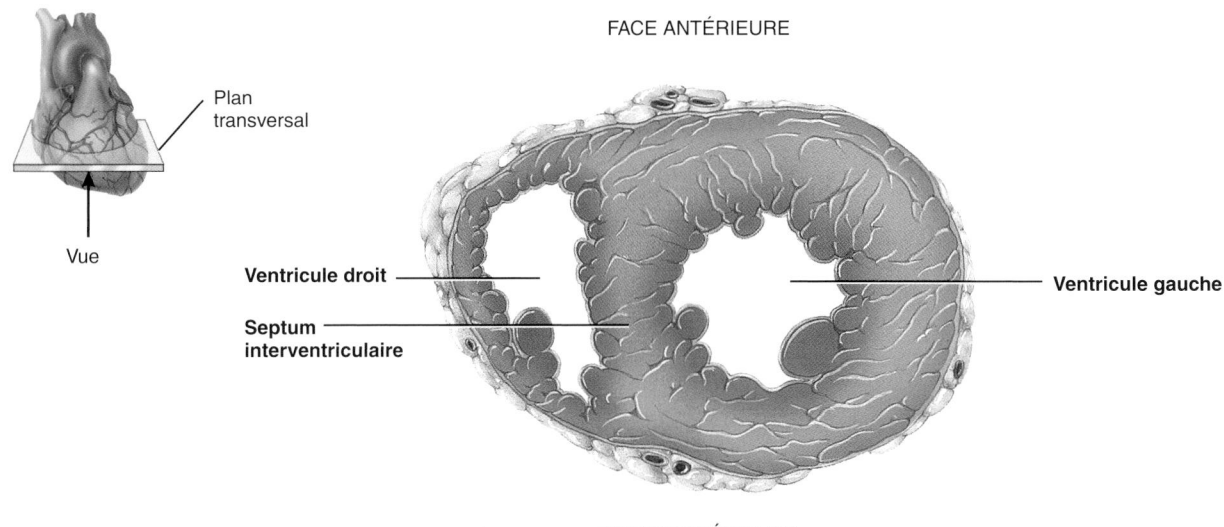

FACE ANTÉRIEURE

Plan transversal

Vue

Ventricule droit

Septum interventriculaire

Ventricule gauche

FACE POSTÉRIEURE

(c) Vue inférieure d'une coupe transversale du cœur montrant les différentes épaisseurs des parois ventriculaires

 Quelle est la relation entre l'épaisseur du myocarde et la fonction des cavités cardiaques ?

Les cuspides de la valve auriculoventriculaire droite sont reliées aux **cordages tendineux**, des cordes semblables à des tendons, reliés à leur tour à des trabécules charnues de forme conique appelées **muscles papillaires** (*papilla* : bout du sein). Le ventricule droit est séparé du ventricule gauche par une cloison appelée **septum interventriculaire**. Le sang sort du ventricule droit et passe par la **valve pulmonaire**, aussi appelée valve du tronc pulmonaire, pour atteindre le *tronc pulmonaire*, une grosse artère, qui se divise en *artères pulmonaires* droite et gauche.

L'oreillette gauche

L'**oreillette gauche** forme la plus grande partie de la base du cœur. Elle recueille des poumons le sang acheminé par les quatre *veines pulmonaires*. À l'instar de l'oreillette droite, sa partie interne postérieure est tapissée d'une paroi lisse. Puisque les muscles pectinés ne sont présents que dans l'auricule de l'oreillette gauche, la paroi antérieure de l'oreillette gauche est également lisse. Le sang passe de l'oreillette gauche au ventricule gauche en empruntant la **valve auriculoventriculaire gauche**, aussi appelée **valve mitrale** ou **bicuspide**, qui comprend deux cuspides, comme son nom l'indique. L'adjectif *mitral* évoque la ressemblance de la valve bicuspide à la mitre d'un évêque, qui a deux côtés.

Le ventricule gauche

Le **ventricule gauche** forme l'apex du cœur (figure 20.1b). Comme le ventricule droit, il contient des trabécules charnues et des cordages tendineux qui relient les cuspides de la valve auriculoventriculaire gauche aux muscles papillaires. Le sang éjecté du ventricule gauche passe par la **valve aortique** pour atteindre l'*aorte ascendante* (*aortê*, de *aerein* : porter vers le haut, parce qu'on a longtemps

pensé que l'aorte maintenait le cœur suspendu). Une partie du sang de l'aorte s'écoule dans les *artères coronaires*, qui émergent de l'aorte ascendante et transportent le sang jusqu'à la paroi du cœur. Le reste du sang passe par l'*arc aortique* (ou crosse de l'aorte) et l'*aorte descendante* (*aorte thoracique* et *aorte abdominale*). Les ramifications de l'arc aortique et de l'aorte descendante distribuent le sang dans le reste de l'organisme.

Durant la vie intra-utérine, un vaisseau sanguin temporaire, appelé *conduit artériel*, dévie le sang du tronc pulmonaire jusque dans l'aorte. C'est pourquoi une petite quantité de sang seulement pénètre dans les poumons non fonctionnels du fœtus (voir la figure 21.30). Le conduit artériel se ferme normalement peu de temps après la naissance et laisse un vestige, le **ligament artériel**, qui relie l'arc aortique au tronc pulmonaire (figure 20.4a).

L'ÉPAISSEUR ET LA FONCTION DU MYOCARDE

L'épaisseur du myocarde des quatre cavités cardiaques varie selon l'effort de pompage qu'elles doivent fournir. Les oreillettes ont des parois minces, car elles acheminent le sang vers les ventricules adjacents ; les ventricules ont des parois plus épaisses, car ils pompent le sang sur de plus grandes distances (figure 20.4a). Bien que les ventricules droit et gauche agissent comme deux pompes autonomes qui éjectent simultanément des volumes équivalents de sang, le ventricule droit fournit beaucoup moins d'effort. En effet, ce ventricule pompe le sang à une pression inférieure vers les poumons, qui sont situés à proximité et n'opposent qu'une faible résistance. Le ventricule gauche pompe le sang à une pression supérieure sur une grande distance pour approvisionner toutes les autres régions du corps, qui opposent une résistance plus élevée à l'écoulement sanguin.

Le ventricule gauche travaille donc plus fort que le ventricule droit pour maintenir le même débit sanguin. L'anatomie des deux ventricules confirme cette différence fonctionnelle : la paroi musculaire du ventricule gauche est considérablement plus épaisse que celle du ventricule droit (figure 20.4c). Remarquez également que le périmètre de la lumière (espace intérieur) du ventricule gauche est circulaire, tandis que celui du ventricule droit épouse la forme d'un croissant.

LE SQUELETTE FIBREUX DU CŒUR

La paroi du cœur ne se compose pas uniquement de tissu musculaire cardiaque ; elle contient également du tissu conjonctif dense qui forme le **squelette fibreux du cœur** (figure 20.5). Le squelette fibreux est surtout constitué de quatre anneaux fusionnés de tissu conjonctif dense qui entourent les valves du cœur et se joignent au septum interventriculaire. En plus de former les assises auxquelles sont fixées les valves du cœur, le squelette fibreux prévient l'étirement des valves par le sang qui les traverse. Il sert de point d'insertion aux faisceaux musculaires cardiaques et joue le rôle d'isolant électrique entre les oreillettes et les ventricules.

▶ **POINT DE CONTRÔLE**

1. Définissez chacune des particularités externes suivantes du cœur : auricule, sillon coronaire, sillon interventriculaire antérieur et sillon interventriculaire postérieur.

2. Décrivez la structure du péricarde et les tuniques de la paroi du cœur.

3. Quelles sont les caractéristiques internes de chaque cavité du cœur ?

4. Quels vaisseaux sanguins acheminent le sang aux oreillettes droite et gauche ?

5. Établissez le lien entre l'épaisseur de la paroi de chaque cavité du cœur et ses fonctions.

6. De quel type de tissu est formé le squelette fibreux du cœur ? Quelles sont les fonctions de ce tissu ?

LES VALVES CARDIAQUES ET LA CIRCULATION SANGUINE

> **OBJECTIFS**

- Décrire la structure et les fonctions des valves cardiaques.
- Décrire le chemin parcouru par le sang dans les cavités du cœur et dans les circulations systémique et pulmonaire.
- Expliquer la circulation coronarienne.

Chaque cavité du cœur qui se contracte éjecte un certain volume de sang dans un ventricule ou dans une artère émergeant du cœur. Les valves s'ouvrent et se ferment au gré des *changements de pression* produits par la contraction et la relaxation du cœur. Chacune des quatre valves cardiaques force le sang à circuler dans une seule direction, puisqu'elle s'ouvre pour le laisser passer et se ferme ensuite pour l'empêcher de refluer.

LE FONCTIONNEMENT DES VALVES AURICULOVENTRICULAIRES

La **valve auriculoventriculaire droite** (ou valve tricuspide) et la **valve auriculoventriculaire gauche** (ou valve mitrale ou bicuspide) sont situées à la jonction d'une oreillette et d'un ventricule, d'où leur nom. Les valves auriculoventriculaires s'ouvrent lorsque la pression à l'intérieur des oreillettes dépasse la pression dans les

FIGURE 20.5 Le squelette fibreux du cœur. Les éléments du squelette fibreux sont indiqués en caractères gras.

○━┓ Quatre anneaux fibreux fusionnés soutiennent les quatre valves du cœur.

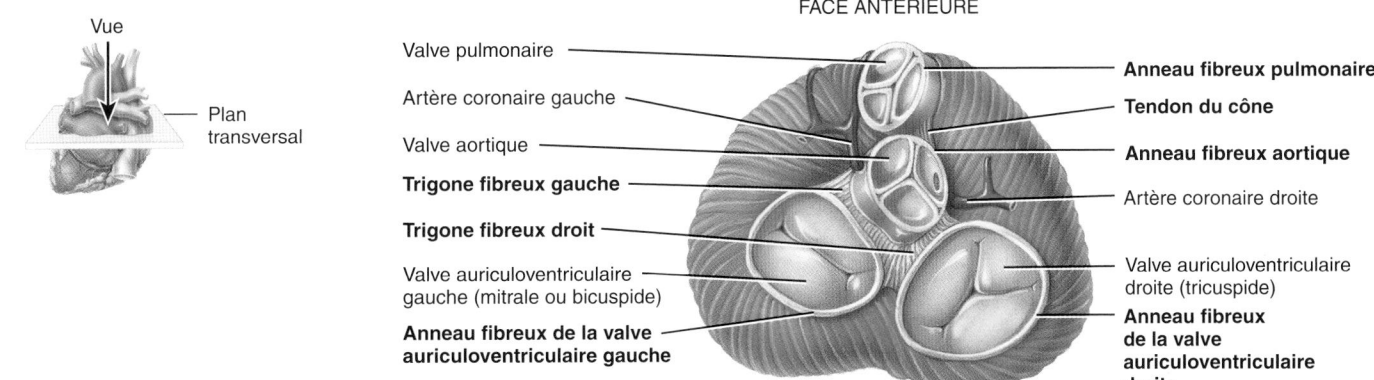

FACE ANTÉRIEURE

Vue
Plan transversal

Valve pulmonaire
Artère coronaire gauche
Valve aortique
Trigone fibreux gauche
Trigone fibreux droit
Valve auriculoventriculaire gauche (mitrale ou bicuspide)
Anneau fibreux de la valve auriculoventriculaire gauche

Anneau fibreux pulmonaire
Tendon du cône
Anneau fibreux aortique
Artère coronaire droite
Valve auriculoventriculaire droite (tricuspide)
Anneau fibreux de la valve auriculoventriculaire droite

FACE POSTÉRIEURE
Vue supérieure et postérieure (oreillettes retirées)

 Quels sont les deux rôles que joue le squelette fibreux dans le fonctionnement des valves cardiaques ?

ventricules. À ce moment, les extrémités pointues de leurs cuspides font saillie dans le ventricule, les muscles papillaires et les cordages tendineux sont relâchés et le sang s'écoule des oreillettes vers les ventricules (figure 20.6a, c). Lorsque les ventricules se contractent, la pression du sang refoule les cuspides vers le haut jusqu'à ce que leurs bords se joignent et en ferment l'ouverture (figure 20.6b, d). Au même moment, les muscles papillaires se contractent et tirent sur les cordages tendineux, qui se tendent et empêchent l'éversion des cuspides (ouverture dans l'oreillette) causée par la pression ventriculaire élevée. Si les valves auriculo-ventriculaires ou les cordages tendineux subissent des lésions, le sang peut refluer dans les oreillettes lorsque les ventricules se contractent.

LE FONCTIONNEMENT DE LA VALVE AORTIQUE ET DE LA VALVE PULMONAIRE

La valve aortique et la valve pulmonaire sont appelées **valves semi-lunaires**, car elles comprennent trois valvules en forme de demi-lune (figure 20.6c). Chaque valvule est reliée à la paroi de l'artère par son bord externe convexe. Les valves semi-lunaires permettent l'éjection du sang hors du cœur vers les artères mais empêchent son retour dans les ventricules. Les bords libres des valvules pénètrent dans la lumière de l'artère. Lorsque les ventricules se contractent, la pression à l'intérieur des cavités augmente. Les valves aortique et pulmonaire s'ouvrent lorsque la pression dans les ventricules dépasse la pression dans les artères, ce qui permet l'éjection du sang hors des ventricules jusque dans le tronc pulmonaire et l'aorte (figure 20.6d). Lorsque les ventricules se relâchent – la pression intraventriculaire devient alors inférieure à la pression dans le tronc pulmonaire et l'aorte –, le sang amorce un retour vers le cœur et s'accumule dans les valvules des valves aortique et pulmonaire, qui se ferment alors complètement empêchant ainsi le sang de refluer dans les ventricules (figure 20.6c).

Il peut être étonnant de constater qu'aucune valve ne protège la jonction entre la veine cave et l'oreillette droite et celle entre les veines pulmonaires et l'oreillette gauche. Lorsque les oreillettes se contractent, une petite quantité de sang provenant des oreillettes reflue en fait dans ces vaisseaux. Toutefois, le reflux est réduit par un mécanisme différent : lorsque les muscles des oreillettes se contractent, ils compriment et écrasent pratiquement les points d'accès aux veines.

LES ANOMALIES DES VALVES DU CŒUR

Lorsque les valves du cœur fonctionnent normalement, elles s'ouvrent et se referment complètement au moment approprié. Il arrive cependant que ces structures présentent diverses anomalies. La première est la **sténose** (*stenos* : étroit), marquée par un rétrécissement de l'ouverture d'une valve du cœur qui limite le débit sanguin. La seconde est l'**insuffisance**, qui résulte de l'incapacité d'une valve à se fermer entièrement. Dans les deux cas, le reflux de sang occasionné par la fermeture incomplète de la valve peut s'accompagner d'un léger bruit audible à l'auscultation, appelé souffle. Dans les cas de **sténose mitrale**, on observe un rétrécissement de la valve auriculoventriculaire gauche par suite de la formation de tissu cicatriciel ou d'une malformation congénitale. L'une des causes de l'**insuffisance mitrale**, marquée par un reflux sanguin du ventricule gauche à l'oreillette gauche, est le **prolapsus valvulaire mitral**. Dans ce cas, une des cuspides de la valve auriculoventriculaire gauche,

ou les deux, font saillie dans l'oreillette gauche pendant la contraction ventriculaire. Le prolapsus valvulaire mitral est l'une des anomalies des valves du cœur les plus fréquentes ; il touche environ 30 % de la population. Il survient plus souvent chez la femme que chez l'homme et n'est pas toujours grave. La **sténose aortique** se caractérise par un rétrécissement de la valve aortique et l'**insuffisance aortique**, par un reflux sanguin de l'aorte dans le ventricule gauche.

Certaines maladies infectieuses endommagent ou détruisent les valves du cœur, comme on peut l'observer dans le **rhumatisme articulaire aigu**. Au cours de cette inflammation systémique aiguë généralement consécutive à une angine streptococcique, l'organisme produit une réaction immunitaire destinée à détruire l'agent infectieux. Mais les anticorps produits en réaction à sa présence s'attaquent aux tissus conjonctifs des articulations, des valves du cœur et d'autres organes, et provoquent leur inflammation. Bien que toute la paroi du cœur puisse être affaiblie, le rhumatisme articulaire aigu touche le plus souvent la valve auriculoventriculaire gauche (ou mitrale) ainsi que les valves aortique et pulmonaire. ■

LES CIRCULATIONS SYSTÉMIQUE ET PULMONAIRE

Dans la circulation postnatale (après la naissance), le cœur pompe, à chaque battement, le sang vers deux circuits fermés : la **circulation systémique** et la **circulation pulmonaire**. Ces deux circuits s'enchaînent : ce qui sort de l'un entre dans l'autre, comme quand on relie deux tuyaux d'arrosage (voir la figure 21.17). Le côté gauche du cœur est la pompe de la circulation systémique ; il reçoit le sang rouge clair, riche en oxygène, qui sort des poumons. Le ventricule gauche éjecte le sang dans l'*aorte* (figure 20.7). De cette artère, le sang s'écoule dans des *artères systémiques* de plus en plus petites, qui l'acheminent vers tous les organes du corps (voir la figure 4.8), sauf les alvéoles pulmonaires, qui sont irriguées par la circulation pulmonaire. Dans les tissus, les artères systémiques se subdivisent en *artérioles* de diamètre plus petit qui se jettent enfin dans les nombreux lits des *capillaires systémiques*. L'échange de nutriments et de gaz, par lequel le sang se débarrasse de son oxygène (O_2) et absorbe le dioxyde de carbone (CO_2), se fait à travers les minces parois des capillaires. À la sortie des lits capillaires, le sang entre dans une *veinule systémique*. Les veinules transportent le sang délesté de son oxygène vers les tissus et fusionnent pour former les *veines systémiques*, des vaisseaux plus gros qui se réunissent pour former finalement les veines caves supérieure et inférieure qui ramènent le sang dans l'oreillette droite.

Le côté droit du cœur est la pompe de la circulation pulmonaire. Il reçoit le sang désoxygéné rouge foncé de la circulation systémique. En sortant du ventricule droit, le sang passe dans le *tronc pulmonaire*, puis dans les deux *artères pulmonaires* qui lui font suite, pour enfin atteindre les poumons droit et gauche. Dans les capillaires pulmonaires, le sang se débarrasse du dioxyde de carbone, qui sera expiré, et absorbe l'oxygène inhalé. Le sang fraîchement oxygéné emprunte ensuite les veines pulmonaires et revient dans l'oreillette gauche.

LA CIRCULATION CORONARIENNE

Les nutriments présents dans le sang qui circule dans les cavités du cœur ne peuvent pas diffuser assez rapidement pour alimenter

FIGURE 20.6 Les réactions des valves à l'action de pompage du cœur.

Les valves du cœur empêchent le reflux du sang.

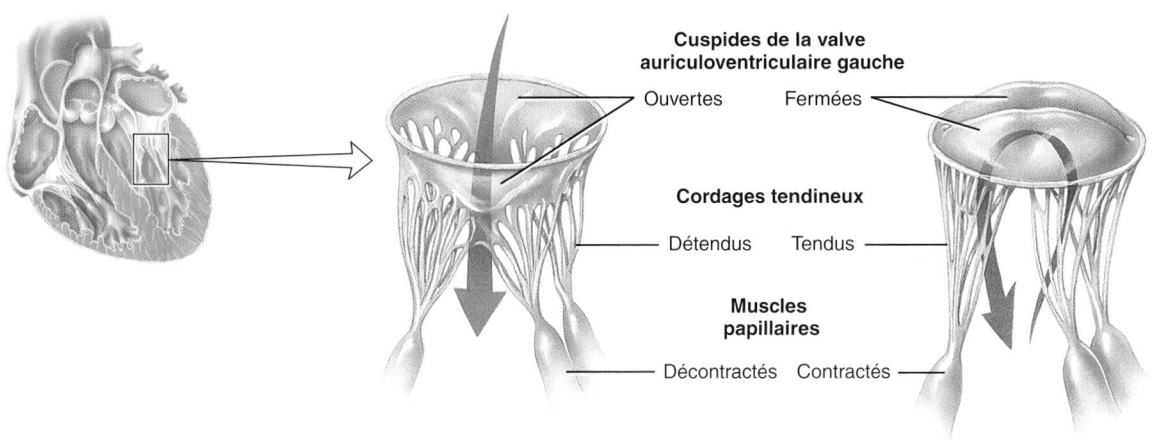

Cuspides de la valve auriculoventriculaire gauche — Ouvertes / Fermées

Cordages tendineux — Détendus / Tendus

Muscles papillaires — Décontractés / Contractés

(a) Valve auriculoventriculaire gauche ouverte

(b) Valve auriculoventriculaire gauche fermée

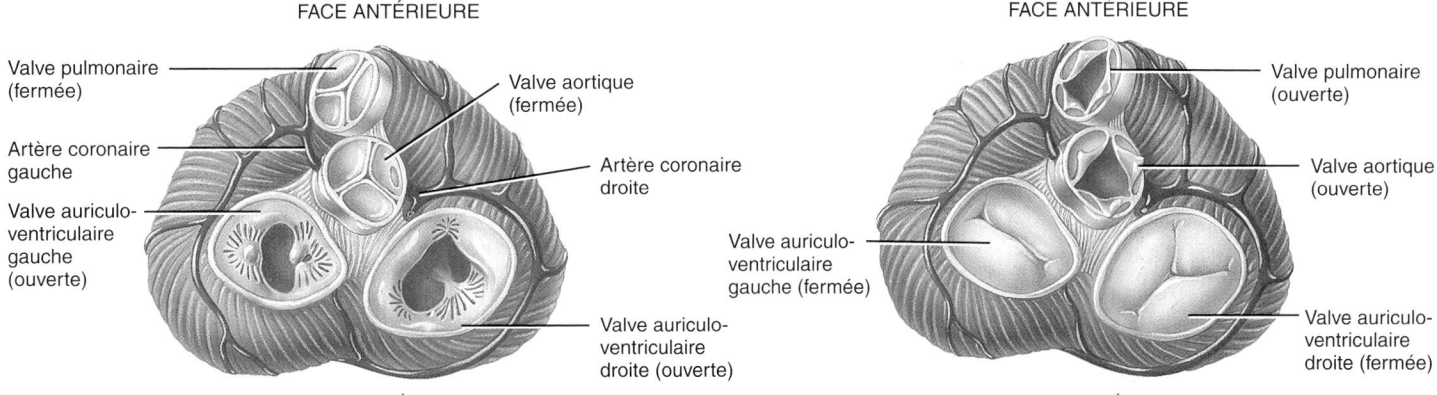

FACE ANTÉRIEURE

Valve pulmonaire (fermée)

Artère coronaire gauche

Valve auriculo-ventriculaire gauche (ouverte)

Valve aortique (fermée)

Artère coronaire droite

Valve auriculoventriculaire droite (ouverte)

FACE POSTÉRIEURE

(c) Vue supérieure (oreillettes retirées) : valves pulmonaire et aortique fermées, valves auriculoventriculaires droite et gauche ouvertes.

FACE ANTÉRIEURE

Valve pulmonaire (ouverte)

Valve aortique (ouverte)

Valve auriculo-ventriculaire gauche (fermée)

Valve auriculoventriculaire droite (fermée)

FACE POSTÉRIEURE

(d) Vue supérieure (oreillettes retirées) : valves pulmonaire et aortique ouvertes, valves auriculoventriculaires droite et gauche fermées.

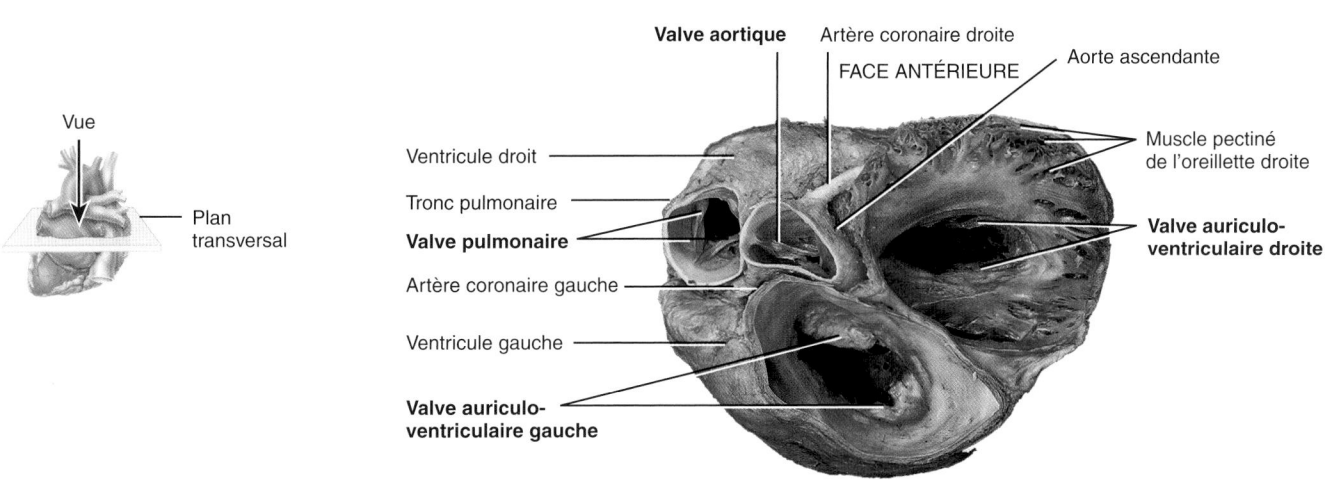

Vue

Plan transversal

Valve aortique   Artère coronaire droite   Aorte ascendante

FACE ANTÉRIEURE

Ventricule droit

Tronc pulmonaire

Valve pulmonaire

Artère coronaire gauche

Ventricule gauche

Valve auriculo-ventriculaire gauche

Muscle pectiné de l'oreillette droite

Valve auriculo-ventriculaire droite

FACE POSTÉRIEURE

(e) Vue supérieure (oreillettes retirées) des valves pulmonaire et aortique et des valves auriculoventriculaires

De quelle façon les muscles papillaires empêchent-ils l'éversion des cuspides des valves auriculoventriculaires dans les oreillettes ?

FIGURE 20.7 Les circulations systémique et pulmonaire.

 Le côté gauche du cœur pompe le sang oxygéné dans la circulation systémique, qui l'achemine vers tous les tissus de l'organisme, sauf les alvéoles pulmonaires. Le côté droit du cœur pompe le sang désoxygéné dans la circulation pulmonaire, qui le transporte vers les alvéoles pulmonaires.

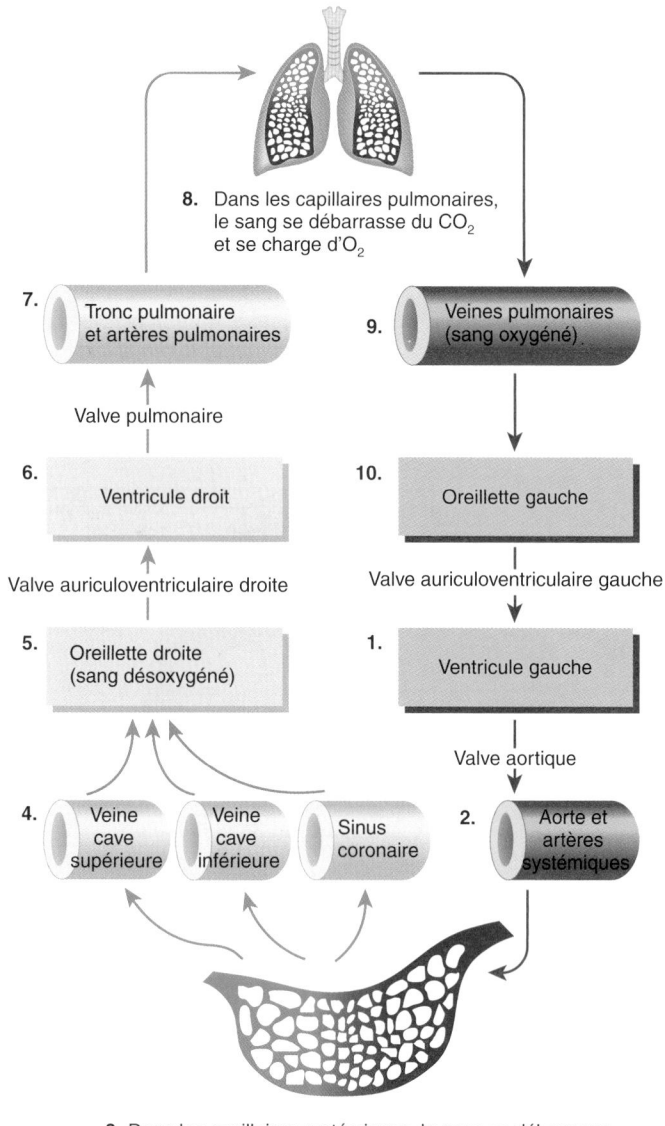

Diagramme de la circulation sanguine

À quels numéros correspond la circulation pulmonaire ? Auxquels correspond la circulation systémique ?

toutes les couches de cellules qui forment la paroi du cœur. C'est pourquoi le myocarde possède son propre réseau de vaisseaux sanguins, appelé **circulation coronarienne**. Les **artères coronaires**, issues de l'aorte ascendante, encerclent le cœur telle une couronne posée sur la tête (figure 20.8a). Lorsqu'il se contracte, le cœur reçoit peu de sang par les artères coronaires parce qu'elles sont maintenues fermées. Cependant, lorsqu'il se relâche, la pression sanguine

élevée dans l'aorte propulse le sang dans les artères coronaires, puis dans les capillaires ; les **veines du cœur** recueillent ensuite le sang et l'acheminent vers le sinus coronaire (figure 20.8b).

Les artères coronaires

Les artères coronaires droite et gauche émergent de l'aorte ascendante et fournissent au myocarde du sang oxygéné (figure 20.8a).

L'**artère coronaire gauche** passe en dessous de l'auricule gauche et se divise en deux rameaux, ou branches :

- Le **rameau interventriculaire antérieur**, ou *artère interventriculaire antérieure (AIA)*, suit le sillon interventriculaire antérieur et procure du sang oxygéné aux parois des deux ventricules.
- Le **rameau circonflexe de l'artère coronaire gauche** suit le sillon coronaire et dessert les parois du ventricule et de l'oreillette gauches.

L'**artère coronaire droite** alimente les rameaux auriculaires vers l'oreillette droite. Elle se prolonge en dessous de l'auricule droite et se divise en deux rameaux, ou branches :

- Le **rameau interventriculaire postérieur** suit le sillon interventriculaire postérieur et irrigue de sang oxygéné les parois des ventricules.
- Le **rameau marginal droit** suit le sillon coronaire et transporte du sang oxygéné vers le myocarde du ventricule droit.

La plupart des parties du corps sont irriguées par les ramifications de plusieurs artères habituellement liées les unes aux autres. Ces liaisons, appelées **anastomoses**, offrent au sang des voies de circulation secondaires qui lui permettent d'atteindre un organe ou un tissu en particulier en empruntant plusieurs chemins. Dans le myocarde, de nombreuses anastomoses unissent les rameaux d'une même artère coronaire ou des rameaux issus de chacune des deux artères coronaires. Le sang artériel peut ainsi circuler dans les anastomoses lorsque l'une des voies principales est obstruée. Le muscle cardiaque peut donc rester suffisamment oxygéné, même si l'une des artères coronaires est partiellement bloquée.

Les veines du cœur

Après avoir traversé les artères de la circulation coronarienne, le sang passe dans les capillaires. Il fournit alors au muscle cardiaque de l'oxygène et des nutriments, puis il se charge du dioxyde de carbone et des déchets et passe finalement dans les veines. La plus grande partie du sang désoxygéné provenant du myocarde s'écoule ensuite dans un vaste *sinus vasculaire* du sillon coronaire sur la face postérieure du cœur, appelé **sinus coronaire** (figure 20.8b). (Un *sinus vasculaire* est une veine à paroi mince qui n'a pas de muscle lisse pour changer son diamètre.) Le sang désoxygéné du sinus coronaire se jette dans l'oreillette droite. Les principaux tributaires du sinus coronaire sont les suivants :

- La **grande veine du cœur** dans le sillon interventriculaire antérieur draine les régions du cœur irriguées par l'artère coronaire gauche (ventricules gauche et droit et oreillette gauche).
- La **veine moyenne du cœur** dans le sillon interventriculaire postérieur draine les régions irriguées par le rameau interventriculaire postérieur de l'artère coronaire droite (ventricules gauche et droit).

FIGURE 20.8 La circulation coronarienne. Les vues antérieures en (a) et (b) présentent le cœur en transparence pour permettre de mieux visualiser les vaisseaux sanguins sur sa face postérieure.

Les artères coronaires droite et gauche alimentent le myocarde, ou muscle cardiaque ; les veines du cœur recueillent le sang du cœur et l'acheminent vers le sinus coronaire.

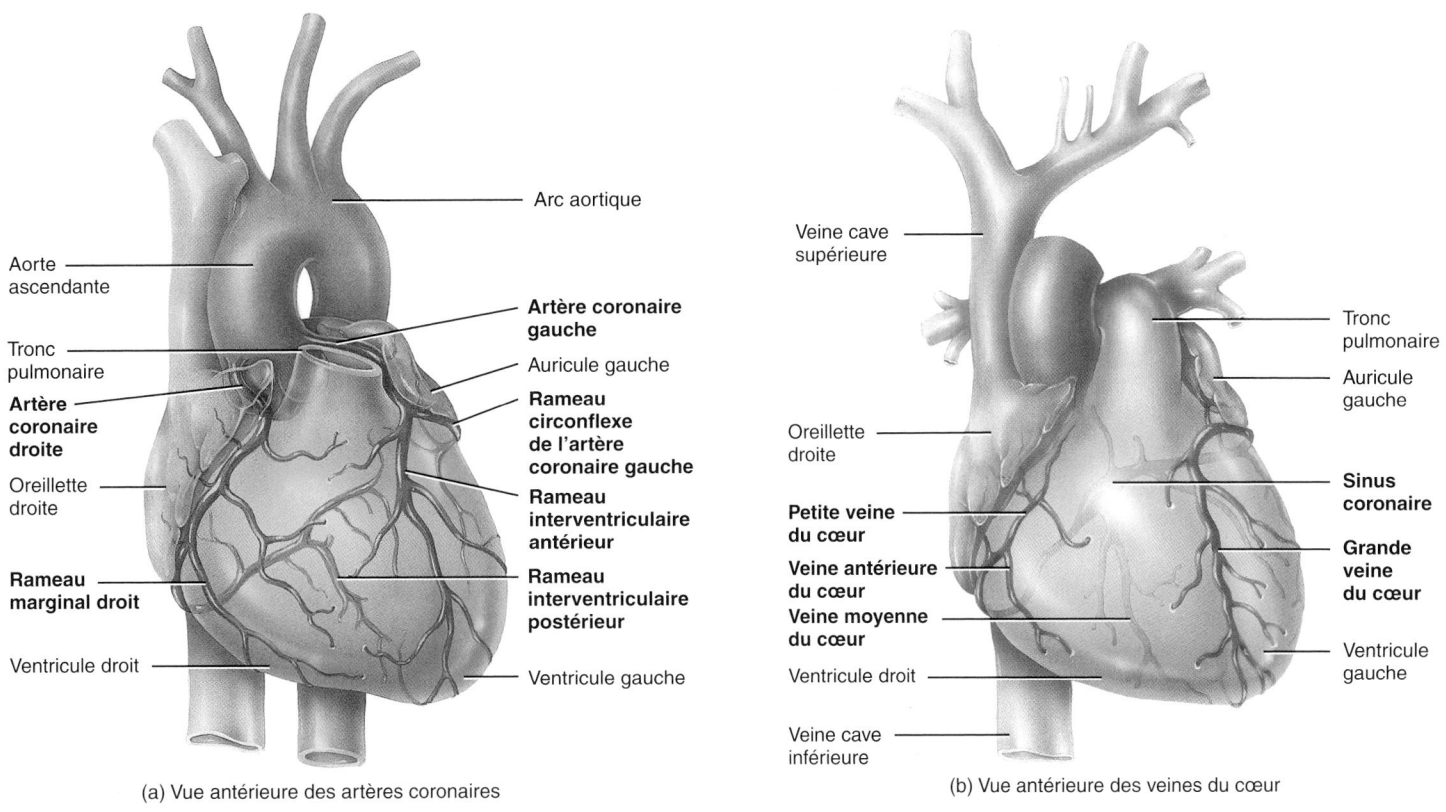

(a) Vue antérieure des artères coronaires

Arc aortique

Aorte ascendante

Tronc pulmonaire

Artère coronaire droite

Oreillette droite

Rameau marginal droit

Ventricule droit

Artère coronaire gauche

Auricule gauche

Rameau circonflexe de l'artère coronaire gauche

Rameau interventriculaire antérieur

Rameau interventriculaire postérieur

Ventricule gauche

(b) Vue antérieure des veines du cœur

Veine cave supérieure

Oreillette droite

Petite veine du cœur

Veine antérieure du cœur

Veine moyenne du cœur

Ventricule droit

Veine cave inférieure

Tronc pulmonaire

Auricule gauche

Sinus coronaire

Grande veine du cœur

Ventricule gauche

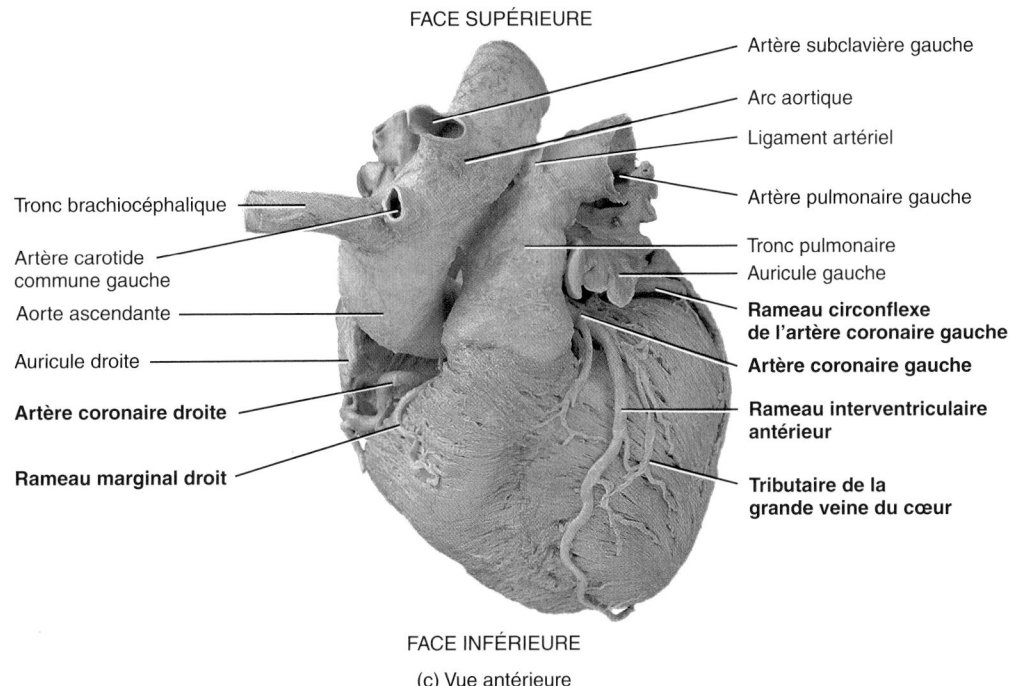

FACE SUPÉRIEURE

Tronc brachiocéphalique

Artère carotide commune gauche

Aorte ascendante

Auricule droite

Artère coronaire droite

Rameau marginal droit

Artère subclavière gauche

Arc aortique

Ligament artériel

Artère pulmonaire gauche

Tronc pulmonaire

Auricule gauche

Rameau circonflexe de l'artère coronaire gauche

Artère coronaire gauche

Rameau interventriculaire antérieur

Tributaire de la grande veine du cœur

FACE INFÉRIEURE

(c) Vue antérieure

Quel vaisseau sanguin coronaire fournit du sang oxygéné à l'oreillette et au ventricule gauches ?

- La **petite veine du cœur** dans le sillon coronaire draine l'oreillette et le ventricule droits.
- Les **veines antérieures du cœur** drainent le ventricule droit et s'ouvrent directement dans l'oreillette droite.

Lorsqu'une artère coronaire est bloquée, la zone du myocarde irriguée par cette artère manque d'oxygène. Quand la circulation sanguine se rétablit dans cette zone et que le sang recommence à perfuser les tissus, il arrive que la **reperfusion** aggrave les lésions qui affectent déjà le myocarde. Cet effet étonnant est causé par la formation de **radicaux libres** provenant de l'oxygène réintroduit dans les tissus. Comme nous l'avons vu au chapitre 2, les radicaux libres sont des molécules chargées électriquement qui comportent un électron non apparié (voir la figure 2.3b.) Ces molécules instables hautement réactives provoquent des réactions en chaîne qui entraînent des lésions et la mort des myocytes cardiaques. Pour contrer les effets des radicaux libres de l'oxygène, les cellules de l'organisme produisent des enzymes, comme la *superoxyde dismutase* et la *catalase*, qui convertissent les radicaux libres en substances moins réactives. De plus, des nutriments comme la vitamine E, la vitamine C, le bêta-carotène, le zinc et le sélénium agissent comme antioxydants en éliminant les radicaux libres de l'oxygène. On tente actuellement de mettre au point des médicaments destinés à réduire les lésions de reperfusion consécutives à une crise cardiaque ou à un accident vasculaire cérébral.

L'ISCHÉMIE ET L'INFARCTUS DU MYOCARDE

L'obstruction partielle de l'écoulement sanguin dans les artères coronaires cause généralement une **ischémie myocardique** (*iskhaimos* : qui arrête le sang), c'est-à-dire une diminution de l'apport sanguin au myocarde. L'**hypoxie** (réduction de l'apport d'oxygène) qui s'ensuit affaiblit les cellules sans toutefois les détruire. L'**angine de poitrine** (*angina* : angoisse), qui accompagne souvent l'ischémie myocardique, se manifeste par une douleur aiguë et intense. La personne qui en souffre éprouve la sensation d'avoir la poitrine serrée ou écrasée comme si elle était coincée dans un étau. La douleur se projette souvent dans le cou, le menton ou le long du bras gauche, jusqu'au coude. Une crise d'ischémie ne produisant aucune douleur, appelée **ischémie myocardique silencieuse**, est particulièrement dangereuse, car la douleur constitue un avertissement de l'imminence d'une crise cardiaque.

L'obstruction complète de l'écoulement sanguin dans une artère coronaire risque de provoquer un **infarctus du myocarde**, couramment appelé *crise cardiaque*. Le mot *infarctus* signifie la nécrose d'un tissu, c'est-à-dire la mort des cellules par suite de l'interruption de l'irrigation sanguine. Le tissu cardiaque situé en aval de l'obstruction est détruit et remplacé par du tissu cicatriciel non contractile. De ce fait, le muscle cardiaque perd une partie de sa force. Selon l'étendue de l'obstruction et de la région atteinte, l'infarctus peut perturber le système de conduction du cœur et causer la mort en déclenchant une fibrillation ventriculaire. Les traitements de l'infarctus du myocarde vont de l'injection d'agents thrombolytiques (pour dissoudre les caillots), comme la streptokinase ou le tPA, à la prise d'héparine (un anticoagulant), à l'angioplastie percutanée transluminale ou au pontage aortocoronarien (figure 20.21). Fort heureusement, le muscle cardiaque peut encore fonctionner chez une personne au repos même s'il ne reçoit que de 10 à 15 % de l'apport sanguin normal. De plus, un cœur qui a subi un infarctus peut continuer de fonctionner correctement grâce aux nombreuses anastomoses qui parcourent le tissu cardiaque. ∎

▶ **POINT DE CONTRÔLE**

7. Qu'est-ce qui provoque l'ouverture et la fermeture des valves cardiaques? Quelles structures de soutien assurent le bon fonctionnement des valves?

8. Énumérez, dans l'ordre, les cavités du cœur, les valves cardiaques et les vaisseaux sanguins qu'une goutte de sang traverse à partir de l'oreillette droite jusqu'à l'aorte.

9. Quelles artères alimentent de sang oxygéné le myocarde des ventricules gauche et droit?

LE MUSCLE CARDIAQUE ET LE SYSTÈME DE CONDUCTION DU CŒUR

OBJECTIFS

- Décrire les caractéristiques structurales et fonctionnelles du tissu musculaire cardiaque et du système de conduction du cœur.
- Décrire le déclenchement d'un potentiel d'action cardiaque dans les myocytes contractiles du cœur.
- Décrire l'activité électrique d'un électrocardiogramme normal (ECG).

L'HISTOLOGIE DU TISSU MUSCULAIRE CARDIAQUE

Comparativement aux myocytes squelettiques (voir la figure 10.2), les myocytes cardiaques sont plus courts et ils sont moins circulaires en coupe transversale (figure 20.9). Par ailleurs, chaque myocyte cardiaque émet des ramifications, ce qui lui donne la forme d'un escalier (voir le tableau 4.5b.) Un myocyte cardiaque typique mesure entre 50 et 100 µm de long et possède un diamètre d'environ 14 µm. Habituellement, il compte un noyau central, mais il arrive qu'il y en ait deux. Ses extrémités sont unies à celles des myocytes voisins par des digitations transverses irrégulières appelées **disques intercalaires**. Ces disques contiennent des **desmosomes** (voir la figure 4.1c), qui maintiennent les myocytes ensemble, et des **jonctions communicantes**, qui permettent aux potentiels d'action musculaires de se propager d'un myocyte à un autre.

Les mitochondries sont plus grosses et plus nombreuses dans les myocytes cardiaques que dans les myocytes squelettiques. Dans un myocyte cardiaque, ces organites occupent jusqu'à 25 % de l'espace cytosolique contre 2 % seulement dans un myocyte squelettique. Les deux types de myocytes présentent des bandes, des zones et des lignes Z similaires, et leurs filaments d'actine et de myosine sont disposés de la même façon. Les tubules transverses du myocyte cardiaque sont plus larges, mais moins abondants que ceux du myocyte squelettique. Il n'y a qu'un tubule transverse par sarcomère, et ce tubule – une invagination du sarcolemme (membrane plasmique) – pénètre dans le myocyte au niveau de la ligne Z. Le réticulum sarcoplasmique des myocytes cardiaques est légèrement plus petit que celui des myocytes squelettiques et il est dépourvu des larges citernes terminales propres à ces derniers ; c'est pourquoi la réserve intracellulaire de Ca^{2+} des myocytes cardiaques est limitée.

FIGURE 20.9 L'histologie du muscle cardiaque.

Les myocytes cardiaques sont reliés aux myocytes voisins par des disques intercalaires qui contiennent des desmosomes et des jonctions communicantes.

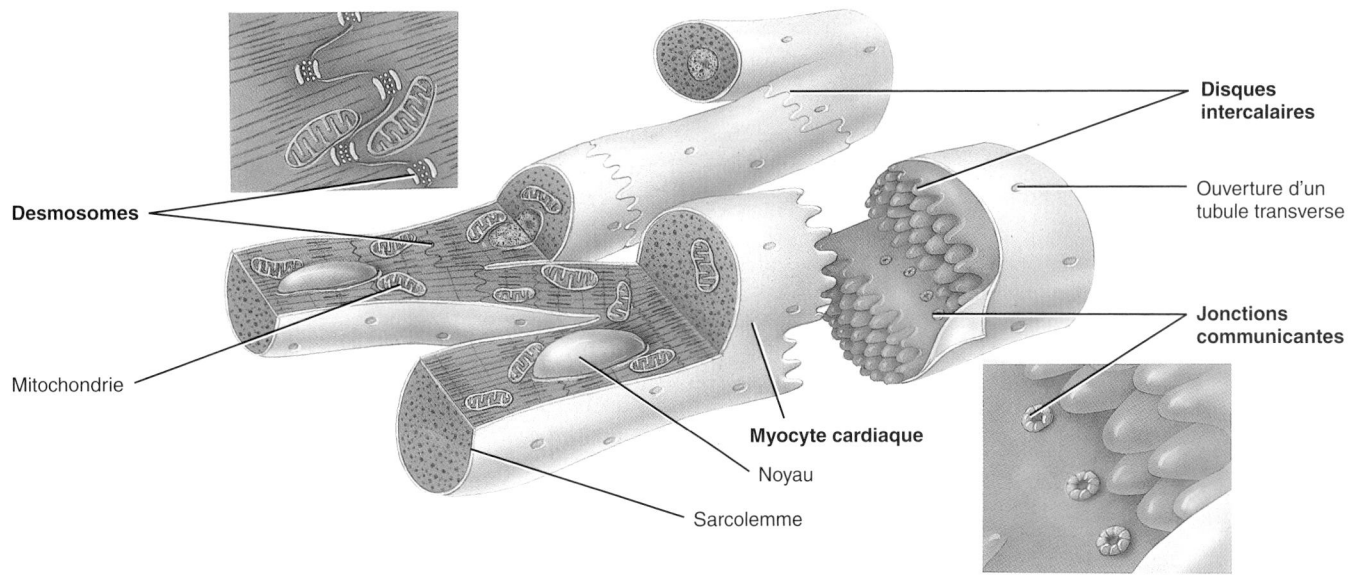

(a) Myocytes cardiaques

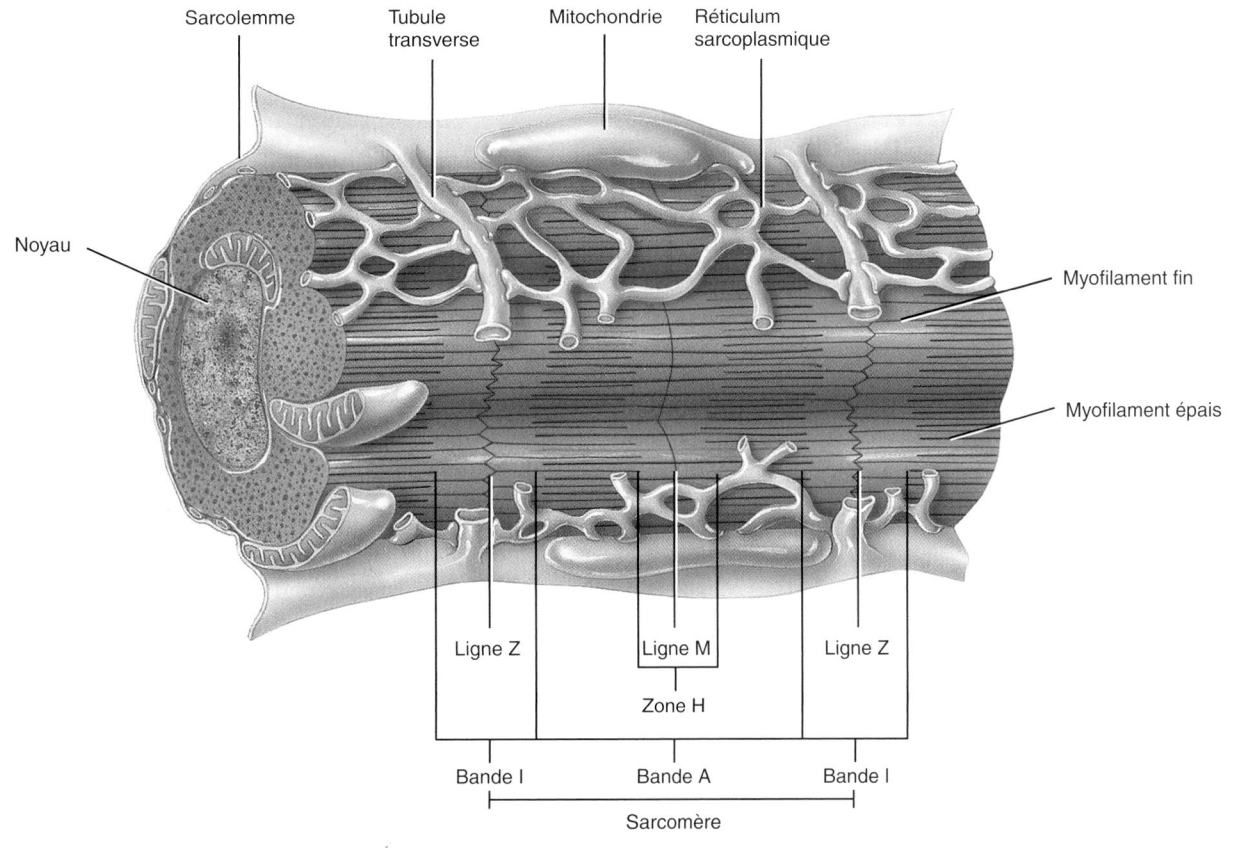

(b) Détails d'un myocyte cardiaque

Q Quelles sont les fonctions des disques intercalaires dans les myocytes cardiaques?

LA RÉGÉNÉRATION DES CELLULES CARDIAQUES

Comme nous l'avons indiqué précédemment dans le présent chapitre, le cœur d'une personne qui a survécu à une crise cardiaque contient des régions dont le tissu musculaire a subi des lésions. Habituellement, les myocytes lésés sont progressivement remplacés par du tissu cicatriciel fibreux non contractile. L'absence de cellules souches dans le muscle cardiaque et l'absence de mitose des myocytes cardiaques adultes expliqueraient l'incapacité du cœur à réparer les lésions consécutives à un infarctus. Toutefois, une étude récente menée par des chercheurs américains et italiens sur des greffés du cœur a mis en évidence un important processus de remplacement des cellules cardiaques. Au cours de cette étude, qui portait sur des hommes ayant reçu un cœur de femme, les chercheurs ont découvert des cellules cardiaques contenant un chromosome Y. (Toutes les cellules femelles, sauf les gamètes, ont deux chromosomes X et n'ont pas de chromosome Y.) Ainsi, quelques années après la greffe, ces chercheurs constataient que 7% à 16% des cellules cardiaques des tissus transplantés, notamment les myocytes cardiaques et les cellules endothéliales des artérioles et des capillaires coronaires, avaient été remplacées par des cellules du receveur, puisque celles-ci contenaient un chromosome Y. Cette étude a également révélé la présence de cellules présentant certaines caractéristiques des cellules souches, tant dans les cœurs greffés que dans les cœurs témoins. De toute évidence, les cellules souches peuvent migrer du sang au cœur et se différencier en cellules endothéliales ou en myocytes fonctionnels. Il faut espérer que les chercheurs trouveront le moyen de stimuler la régénération des cellules cardiaques afin de traiter les personnes souffrant d'insuffisance cardiaque ou de cardiopathie (maladie du cœur). ■

LES CELLULES CARDIONECTRICES: LE SYSTÈME DE CONDUCTION DU CŒUR

L'activité électrique propre et rythmique du cœur lui permet de battre sans interruption tout au long de notre vie. Elle est stimulée par un réseau de myocytes cardiaques spécialisés et auto-excitateurs, les **cellules cardionectrices**. Ces myocytes génèrent une suite de potentiels d'action qui déclenchent les contractions du cœur. Ainsi, grâce aux cellules cardionectrices, le cœur prélevé en vue d'une greffe continuera de battre, même si tous ses nerfs ont été sectionnés. (Remarque: les chirurgiens ne tentent pas de relier les nerfs cardiaques au cours d'une greffe de cœur. C'est pourquoi on dit que les chirurgiens cardiaques sont meilleurs plombiers qu'électriciens.)

Chez l'embryon, environ 1% des myocytes cardiaques deviennent des cellules cardionectrices; ces myocytes spécialisés assurent deux fonctions importantes.

1. Ils jouent le rôle d'un **centre rythmogène** (de l'anglais *pacemaker*) ou **centre d'automatisme**, qui établit le rythme de l'excitation électrique produisant les contractions du cœur.

2. Ils forment le **système de conduction du cœur**, qui assure la propagation de chaque cycle d'excitation cardiaque à travers le cœur. Le système de conduction stimule la contraction coordonnée du myocarde de chacune des cavités cardiaques et confère à la pompe cardiaque son efficacité.

Les potentiels d'action cardiaques se propagent dans le système de conduction dans l'ordre suivant (figure 20.10a):

❶ Normalement, l'excitation cardiaque commence dans le **nœud sinusal**, petit amas de cellules cardionectrices situé dans la paroi de l'oreillette droite, juste en dessous de l'entrée de la veine cave supérieure. Les cellules du nœud sinusal n'ont pas de potentiel de repos stable. Elles se dépolarisent plutôt lentement et à répétition jusqu'à un certain seuil. Cette dépolarisation spontanée et graduelle est appelée **potentiel entraîneur** (de l'anglais *pacemaker potential*). Quand le potentiel entraîneur atteint le seuil d'excitation, il déclenche un potentiel d'action (figure 20.10b); c'est pourquoi on dit que le potentiel entraîneur assure l'*automatisme* du nœud sinusal, c'est-à-dire sa capacité d'engendrer spontanément des excitations rythmiques. Chaque potentiel d'action du nœud sinusal se propage alors dans les deux oreillettes par les jonctions communicantes des disques intercalaires de leurs myocytes. À la suite d'un potentiel d'action, les oreillettes se contractent.

❷ En se propageant le long des myocytes dans les oreillettes, le potentiel d'action atteint le **nœud auriculoventriculaire**, situé dans le septum interauriculaire, juste devant l'entrée du sinus coronaire (figure 20.10a).

❸ Du nœud auriculoventriculaire, le potentiel d'action rejoint le **faisceau auriculoventriculaire**, ou faisceau de His. Ce faisceau, constitué de myocytes spécialisés dans la conduction électrique, est le seul endroit où le potentiel d'action peut se propager des oreillettes aux ventricules. (Le squelette fibreux du cœur isole électriquement les oreillettes et les ventricules les uns des autres.)

❹ Après s'être propagé le long du faisceau auriculoventriculaire, le potentiel d'action pénètre dans les **branches droite** et **gauche du faisceau auriculoventriculaire**. Les branches du faisceau parcourent le septum interventriculaire jusqu'à l'apex du cœur.

❺ Enfin, les **myocytes de conduction cardiaques** ou fibres de Purkinje, de grand diamètre, transmettent rapidement le potentiel d'action de l'apex du cœur vers le haut et le reste du myocarde des ventricules. Ensuite, les ventricules se contractent, poussant le sang vers le haut en direction des valves auriculoventriculaires.

À elles seules, les cellules cardionectrices du nœud sinusal produisent des potentiels d'action toutes les 0,6 s, soit 100 fois par minute, ce qui est plus rapide que les potentiels d'action produits par toutes les autres cellules cardionectrices. Comme les potentiels d'action du nœud sinusal se propagent par le système de conduction et stimulent d'autres régions avant qu'elles puissent générer un potentiel d'action à leur propre rythme, qui est plus lent, le nœud sinusal agit comme le centre rythmogène naturel du cœur. Par conséquent, le rythme sinusal établi par le nœud sinusal constitue le rythme normal de base des battements cardiaques. Les influx nerveux provenant du système nerveux autonome et des hormones à diffusion hématogène (comme l'adrénaline) *modifient le moment et la force* de chaque battement cardiaque, mais ils *ne donnent pas le rythme fondamental*. Par exemple, chez une personne au repos, l'acétylcholine libérée par la partie parasympathique du système nerveux autonome ralentit la stimulation du nœud sinusal à environ 75 potentiels d'action par minute, soit un battement toutes les 0,8 s (figure 20.10b).

FIGURE 20.10 Le système de conduction du cœur. Les cellules cardionectrices dans le nœud sinusal, qui est situé dans la paroi de l'oreillette droite (a), jouent le rôle de centre rythmogène car elles génèrent des potentiels d'action (b) qui provoquent la contraction des cavités cardiaques.

Le système de conduction fait en sorte que les cavités cardiaques se contractent de façon coordonnée.

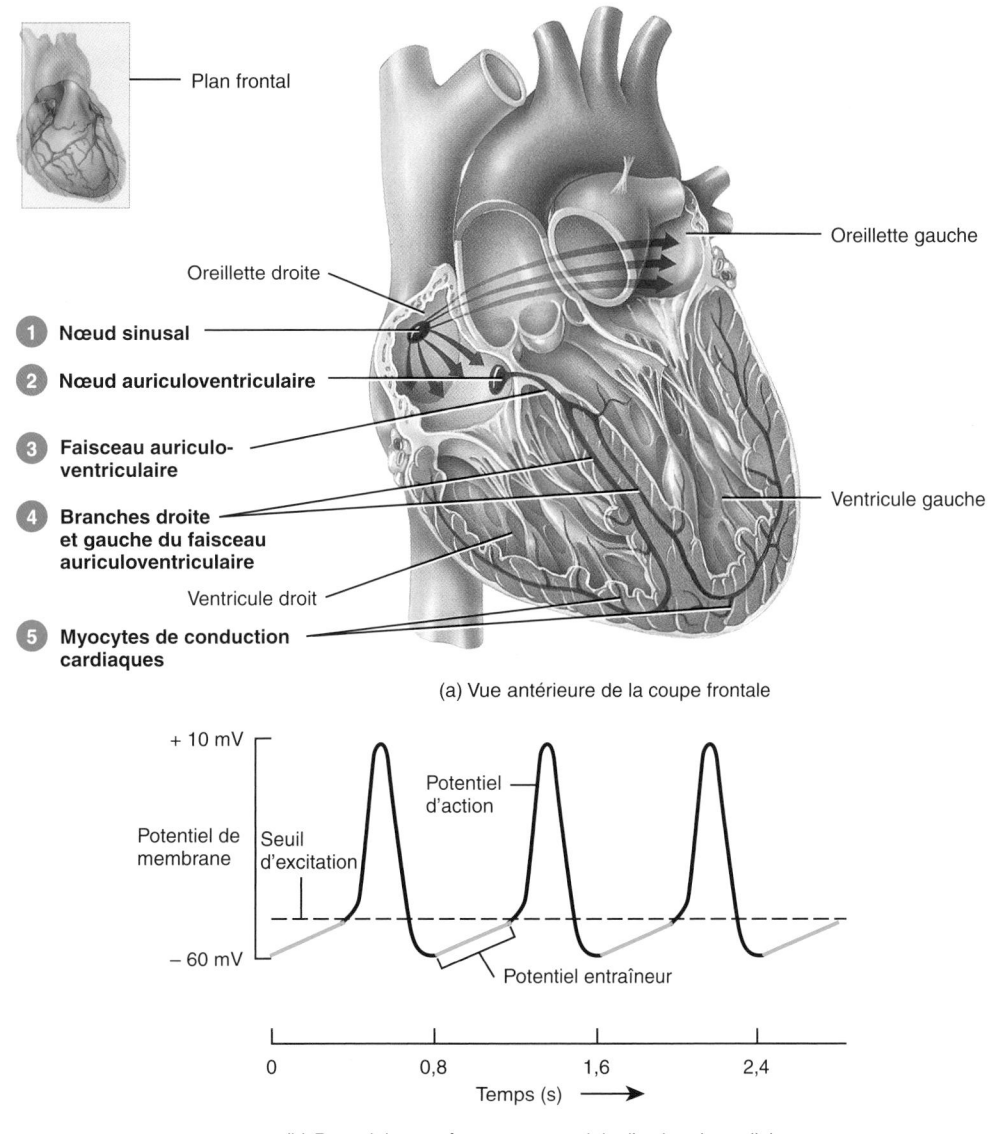

Plan frontal

Oreillette gauche

Oreillette droite

1 **Nœud sinusal**

2 **Nœud auriculoventriculaire**

3 **Faisceau auriculo-ventriculaire**

4 **Branches droite et gauche du faisceau auriculoventriculaire**

Ventricule gauche

Ventricule droit

5 **Myocytes de conduction cardiaques**

(a) Vue antérieure de la coupe frontale

+ 10 mV

Potentiel d'action

Potentiel de membrane

Seuil d'excitation

− 60 mV

Potentiel entraîneur

0   0,8   1,6   2,4

Temps (s)

(b) Potentiels entraîneurs et potentiels d'action des cellules cardionectrices du nœud sinusal

Q Quel élément du système de conduction fournit le seul lien électrique entre les oreillettes et les ventricules?

LE STIMULATEUR CARDIAQUE

En cas de maladie ou de lésion du nœud sinusal, le nœud auriculoventriculaire peut prendre le relais et jouer le rôle de centre rythmogène. Mais comme il est moins rapide, il ne produit pas plus de 40 à 60 dépolarisations spontanées par minute, ce qui donne une fréquence cardiaque de base de l'ordre de 40 à 60 battements par minute. Lorsque les deux nœuds cessent de fonctionner, la fréquence cardiaque peut être maintenue par les cellules cardionectrices des ventricules, le faisceau auriculoventriculaire, une branche de ce faisceau ou les myocytes de conduction cardiaques. Toutefois, la fréquence de dépolarisation de ces cellules est tellement lente (de 20 à 35 battements par minute) que l'irrigation du cerveau est insuffisante. Il faut alors rétablir la fréquence cardiaque et la stabiliser en implantant, par voie chirurgicale, un **stimulateur cardiaque**. Ce dispositif, composé d'une pile et d'un générateur d'influx, est généralement implanté sous la peau juste en dessous de la clavicule. Le stimulateur cardiaque est relié à un ou deux fils de connexion souples qui passent par la veine cave supérieure, puis dans l'oreillette et le ventricule droits. De nombreux nouveaux modèles de stimulateurs cardiaques *s'adaptent au niveau d'activité* de la personne et augmentent automatiquement la fréquence cardiaque durant un effort. ■

LE POTENTIEL D'ACTION CARDIAQUE ET LA CONTRACTION DES MYOCYTES CONTRACTILES

Le potentiel d'action cardiaque produit par le nœud sinusal circule dans le système de conduction et se propage pour stimuler les myocytes cardiaques « actifs » des oreillettes et des ventricules, appelés **myocytes contractiles**. Dans un myocyte contractile, le potentiel d'action cardiaque survient de la façon suivante (figure 20.11) :

❶ **La dépolarisation.** Contrairement aux cellules cardionectrices, les myocytes contractiles ont un potentiel de membrane au repos stable à environ –90 mV. Lorsque le potentiel d'action des myocytes avoisinants amène un myocyte contractile à son seuil d'excitation, ses **canaux rapides à sodium (Na⁺) sensibles au voltage** s'ouvrent. On dit de ces canaux qu'ils sont *rapides* parce qu'ils s'ouvrent très rapidement en réponse à une dépolarisation atteignant un certain seuil. L'ouverture de ces canaux permet l'entrée de Na⁺ parce que le cytosol des myocytes contractiles porte une charge électrique plus négative que le liquide interstitiel et que la concentration de Na⁺ est plus grande dans le liquide interstitiel. L'entrée de Na⁺ suit un gradient électrochimique qui produit une **dépolarisation rapide**. En quelques millisecondes seulement, les canaux à sodium rapides sont neutralisés et l'entrée de Na⁺ diminue.

❷ **Le plateau.** La phase suivante d'un potentiel d'action cardiaque dans un myocyte contractile est appelée **plateau**, une période au cours de laquelle la dépolarisation est maintenue. Elle est causée en partie par l'ouverture des **canaux lents à calcium (Ca²⁺) sensibles au voltage** dans le sarcolemme. Lorsque ces canaux s'ouvrent, des ions calcium passent du liquide interstitiel (où la concentration de Ca²⁺ est plus élevée) au cytosol. Cette entrée de Ca²⁺ provoque la sortie d'encore plus de Ca²⁺ du réticulum sarcoplasmique vers le cytosol par des canaux à calcium de la membrane du réticulum sarcoplasmique. L'augmentation de la concentration de Ca²⁺ dans le cytosol finit par déclencher une contraction. Différents types de **canaux à potassium (K⁺) sensibles au voltage** sont également présents dans le sarcolemme d'un myocyte contractile. Juste avant le début de la phase de plateau, certains de ces canaux à K⁺ s'ouvrent, ce qui permet aux ions K⁺ (en plus grande concentration dans le cytosol du myocyte) de sortir du myocyte contractile. Ainsi, la dépolarisation se maintient pendant la phase de plateau parce que l'entrée de Ca²⁺ compense de justesse la sortie de K⁺. Le plateau dure environ 0,25 s et le potentiel de membrane du myocyte contractile se rapproche de 0 mV. Comparativement, la dépolarisation dans un neurone ou un myocyte squelettique, nettement plus brève, ne dure qu'environ 0,001 s (1 ms) parce qu'il n'y a pas de plateau.

❸ **La repolarisation.** Le rétablissement du potentiel de membrane au repos durant la phase de **repolarisation** d'un potentiel d'action cardiaque ressemble à ce qui se produit dans les autres cellules excitables. Après un certain temps (qui est particulièrement long dans le myocyte cardiaque), d'autres canaux à K⁺ sensibles au voltage s'ouvrent simultanément au moment où se ferment les canaux à Ca²⁺ du sarcolemme et du réticulum sarcoplasmique. Avec la sortie de K⁺ et le retour des ions Ca²⁺ vers le réticulum sarcoplasmique, le potentiel de membrane au repos reprend sa valeur négative (–90 mV).

FIGURE 20.11 Le potentiel d'action cardiaque dans un myocyte contractile ventriculaire. Le potentiel de membrane au repos est d'environ – 90 mV.

⚷ Une longue période réfractaire empêche le tétanos de se produire dans les myocytes contractiles.

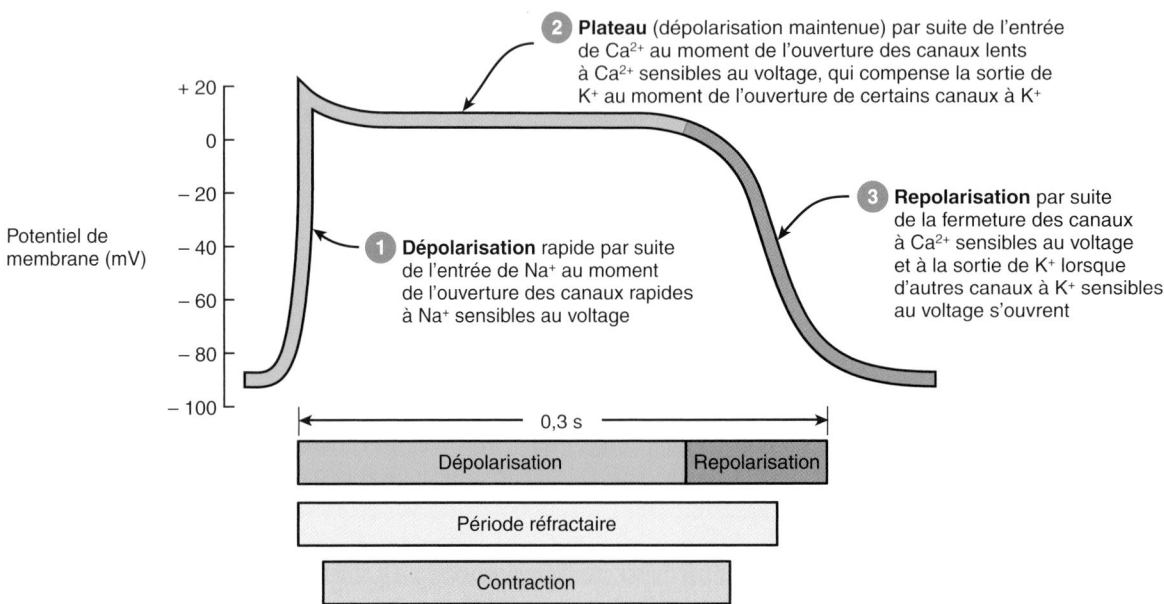

Potentiel de membrane (mV)

❷ **Plateau** (dépolarisation maintenue) par suite de l'entrée de Ca²⁺ au moment de l'ouverture des canaux lents à Ca²⁺ sensibles au voltage, qui compense la sortie de K⁺ au moment de l'ouverture de certains canaux à K⁺

❶ **Dépolarisation** rapide par suite de l'entrée de Na⁺ au moment de l'ouverture des canaux rapides à Na⁺ sensibles au voltage

❸ **Repolarisation** par suite de la fermeture des canaux à Ca²⁺ sensibles au voltage et à la sortie de K⁺ lorsque d'autres canaux à K⁺ sensibles au voltage s'ouvrent

0,3 s

| Dépolarisation | Repolarisation |

Période réfractaire

Contraction

 Les durées d'un potentiel d'action dans un myocyte contractile ventriculaire et dans un myocyte squelettique sont-elles les mêmes ?

La contraction se déroule de la même façon dans les muscles cardiaques et squelettiques (voir la figure 10.8). L'activité électrique (potentiel d'action) provoque une réponse mécanique (contraction) après un court décalage. Lorsque la concentration des ions Ca^{2+} augmente à l'intérieur du myocyte contractile, des ions Ca^{2+} se lient à une protéine régulatrice, la troponine, ce qui permet aux filaments d'actine et de myosine de glisser les uns contre les autres et fait monter la tension. Les substances qui affectent le mouvement des ions Ca^{2+} dans les canaux lents à Ca^{2+} déterminent la force des contractions cardiaques. L'adrénaline, par exemple, augmente la force contractile en stimulant l'entrée de Ca^{2+} dans le cytosol.

Dans les muscles, la **période réfractaire** est l'intervalle pendant lequel une deuxième contraction ne peut être déclenchée. La période réfractaire d'un myocyte cardiaque est plus longue que la contraction elle-même (figure 20.11). Par conséquent, il ne peut y avoir de nouvelle contraction tant que la relaxation n'est pas bien engagée. C'est pourquoi le muscle cardiaque n'est pas exposé au tétanos (contraction permanente), contrairement au muscle squelettique. L'avantage est évident puisqu'on sait que la fonction de pompage des ventricules dépend de l'alternance de la contraction (pendant laquelle ils éjectent le sang) et de la relaxation (pendant laquelle ils se remplissent de nouveau). Si le tétanos survenait dans le muscle cardiaque, l'écoulement du sang cesserait.

LA PRODUCTION D'ATP DANS LE MYOCYTE CARDIAQUE

Contrairement au myocyte squelettique, le myocyte cardiaque produit une faible portion de l'ATP dont il a besoin par respiration cellulaire anaérobie (voir la figure 10.12). Il fait appel presque exclusivement à la respiration cellulaire aérobie effectuée par ses nombreuses mitochondries. L'oxygène nécessaire diffuse du sang apporté par la circulation coronaire; il est ensuite emmagasiné dans la myoglobine à l'intérieur des myocytes cardiaques, puis il est libéré selon les besoins. La production d'ATP par les mitochondries des myocytes cardiaques fait appel à différents combustibles. Chez une personne au repos, l'ATP formé dans ces cellules provient principalement de l'oxydation des acides gras (60%) et du glucose (35%) et, dans une moindre proportion, de l'acide lactique, des acides aminés et des corps cétoniques. Pendant une activité physique, les myocytes cardiaques utilisent une plus grande quantité d'acide lactique. Celui-ci provient des myocytes des muscles squelettiques qui se contractent activement.

À l'instar du myocyte squelettique, le myocyte cardiaque élabore une certaine quantité d'ATP à partir de la créatine phosphate. L'un des signes indiquant qu'un infarctus du myocarde s'est produit est la présence dans le sang de créatine kinase (CK). Cette enzyme catalyse le transfert d'un groupement phosphate de la créatine phosphate à l'ADP pour produire l'ATP. Normalement, la créatine kinase et d'autres enzymes demeurent à l'intérieur des cellules. Mais la créatine kinase est libérée dans le sang quand des myocytes squelettiques ou cardiaques sont lésés ou agonisent.

L'ÉLECTROCARDIOGRAMME

La propagation du potentiel d'action dans le cœur génère des courants électriques que l'on peut détecter à la surface du corps. On appelle **électrocardiogramme** (ECG; *gramma*: dessin) le tracé des changements électriques enregistrés, qui rend compte de tous les potentiels d'action produits par les myocytes cardiaques à chaque battement. L'instrument qui sert à enregistrer ces changements est un **électrocardiographe**.

La procédure clinique consiste à placer des électrodes sur les bras et les jambes (électrodes périphériques) et à six endroits sur la poitrine (électrodes précordiales). L'électrocardiographe amplifie les signaux électriques du cœur et donne 12 tracés correspondant aux diverses combinaisons d'électrodes placées sur les membres et la poitrine. Chaque électrode enregistre une activité électrique légèrement différente des autres en raison de sa position relative par rapport au cœur. En comparant les tracés obtenus entre eux et avec des tracés normaux, il est possible de déterminer: 1) si le trajet de conduction est anormal; 2) si le cœur est hypertrophié; 3) si certaines régions sont endommagées; et 4) la cause des douleurs thoraciques.

Sur un tracé typique, trois ondes faciles à reconnaître accompagnent chaque battement du cœur (figure 20.12). La première est l'**onde P**, une légère dérivation ascendante sur l'ECG. Elle correspond à la phase de **dépolarisation auriculaire**, qui commence dans le nœud sinusal par l'intermédiaire des myocytes contractiles des deux oreillettes; la phase de dépolarisation auriculaire survient

FIGURE 20.12 L'électrocardiogramme, ou ECG (dérivation II), normal. Onde P = dépolarisation auriculaire; complexe QRS = début de la dépolarisation ventriculaire; onde T = repolarisation ventriculaire.

L'électrocardiogramme est un tracé de l'activité électrique associée à chaque battement cardiaque.

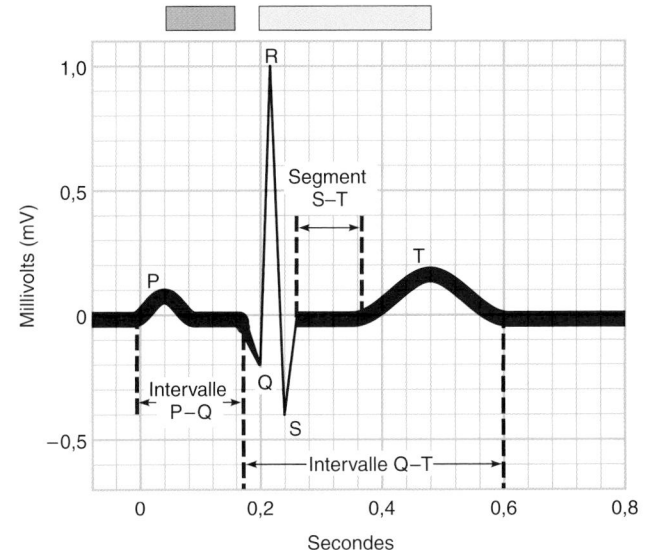

Légende:

▮ Contraction auriculaire

▯ Contraction ventriculaire

 Que signifie une onde Q élargie?

juste avant la contraction auriculaire. La deuxième onde, appelée **complexe QRS**, forme d'abord une dérivation descendante ; elle remonte ensuite pour former un grand triangle pointu avant de redescendre de nouveau. Le complexe QRS correspond à une **rapide dépolarisation ventriculaire**, pendant laquelle le potentiel d'action se propage dans les myocytes contractiles des ventricules ; la phase de dépolarisation ventriculaire précède la contraction ventriculaire. L'onde créée par la repolarisation auriculaire est masquée par le complexe QRS. La troisième onde est une dérivation ascendante en forme de dôme appelée **onde T**. Elle correspond à la **repolarisation ventriculaire**, qui survient juste avant la relaxation ventriculaire. L'onde T est plus petite et plus large que le complexe QRS, car la repolarisation se déroule plus lentement que la dépolarisation. Pendant la phase de plateau de la dépolarisation constante, le tracé de l'ECG est plat.

La lecture d'un électrocardiogramme permet de déceler un certain nombre d'anomalies marquées par des modifications des ondes et des intervalles. Par exemple, une onde P plus haute témoigne de l'hypertrophie d'une oreillette ; une onde Q élargie peut être le signe d'un possible infarctus du myocarde, tandis qu'une onde R élargie révèle des ventricules hypertrophiés. L'onde T est aplatie lorsque le muscle cardiaque n'est pas suffisamment oxygéné, comme dans le cas d'une coronaropathie. Une onde T plus élevée peut être un signe d'hyperkaliémie (augmentation de la concentration sanguine de potassium).

L'analyse d'un électrocardiogramme comprend également la mesure du temps qui s'écoule entre les ondes, appelé **intervalle**, ou **segment**. Par exemple, l'**intervalle P-Q** correspond au temps qui s'écoule du début de l'onde P au début du complexe QRS. Il représente le temps de conduction entre le début de l'excitation auriculaire et le début de l'excitation ventriculaire. Autrement dit, l'intervalle P-Q est le temps qu'il faut à un potentiel d'action pour traverser les oreillettes, le nœud auriculoventriculaire et le reste des myocytes du système de conduction. Lorsque le potentiel d'action doit faire un détour pour contourner du tissu cicatriciel formé en raison d'une coronaropathie ou d'un rhumatisme articulaire aigu, l'intervalle P-Q s'allonge.

Le **segment S-T** va de la fin de l'onde S au début de l'onde T ; il représente la phase de dépolarisation des myocytes contractiles ventriculaires durant le plateau du potentiel d'action. Le segment S-T s'élève (au-dessus de la valeur initiale de base) lors d'un infarctus aigu du myocarde et il s'abaisse (en deçà de la valeur initiale de base) lorsque le muscle cardiaque manque d'oxygène. L'**intervalle Q-T** s'étend du début du complexe QRS à la fin de l'onde T. Il correspond au temps écoulé entre le début de la dépolarisation ventriculaire et la fin de la repolarisation ventriculaire. Un intervalle Q-T allongé peut indiquer des lésions du myocarde, une ischémie myocardique (diminution du débit sanguin) ou des anomalies du système de conduction.

Il peut être utile d'évaluer la réponse du cœur au stress de l'activité physique (électrocardiogramme d'effort). Bien que des artères coronariennes rétrécies puissent transporter suffisamment de sang oxygéné chez une personne au repos, elles seront incapables de combler les besoins accrus en oxygène du cœur durant un effort intense. L'électrocardiogramme révélera cette incapacité.

Des anomalies du rythme cardiaque et du débit sanguin vers le cœur surviennent parfois à l'improviste et de manière transitoire. Quand une personne souffre de ce genre de problèmes, on peut lui faire passer un **électrocardiogramme ambulatoire continu**. Durant cet examen, l'électrocardiogramme est enregistré en continu pendant 24 heures au moyen d'un appareil portatif fonctionnant à piles (moniteur Holter). Des électrodes fixées à la poitrine sont reliées à un moniteur qui enregistre l'information sur l'activité cardiaque. Les données sont récupérées et analysées plus tard par le personnel médical.

LA RELATION ENTRE LES ONDES ECG ET LA SYSTOLE AURICULAIRE ET VENTRICULAIRE

Comme nous l'avons vu, les oreillettes et les ventricules se dépolarisent, puis se contractent à différents moments parce que le système de conduction achemine les potentiels d'action cardiaques par des voies précises. Le terme **systole** (*sustolê* : contraction) désigne une phase caractérisée par un phénomène mécanique, la contraction, laquelle est toujours précédée par un phénomène électrique, la dépolarisation. Le terme **diastole** (*diastolê* : séparation), désigne une phase caractérisée par un phénomène mécanique, la relaxation, qui est toujours précédée d'un phénomène électrique, la repolarisation. Les ondes ECG permettent de prédire le synchronisme de la systole et de la diastole des oreillettes et des ventricules. À une fréquence cardiaque de 75 battements la minute, le synchronisme des événements est le suivant (figure 20.13) :

1. Le nœud sinusal produit un potentiel d'action cardiaque (dépolarisation), qui se propage à travers le myocarde des oreillettes jusqu'au nœud auriculoventriculaire en environ 0,03 s. À mesure que les myocytes contractiles des oreillettes se dépolarisent, l'onde P apparaît à l'électrocardiogramme.

2. Après le début de l'onde P, les oreillettes se contractent : c'est la systole auriculaire. La propagation du potentiel d'action ralentit dans le nœud auriculoventriculaire car les myocytes qui s'y trouvent ont un diamètre beaucoup plus petit et possèdent moins de jonctions communicantes. (Pensez à la circulation automobile qui ralentit lorsqu'une route à quatre voies passe à une voie en raison de travaux.) Le potentiel d'action accuse un retard de 0,1 s, ce qui donne aux oreillettes le temps de se contracter, augmentant ainsi le volume de sang dans les ventricules avant le début de leur contraction.

3. Le potentiel d'action reprend sa vitesse de propagation rapide dès qu'il atteint le faisceau auriculoventriculaire. Environ 0,2 s après le début de l'onde P, il s'est propagé jusqu'aux branches du faisceau, aux myocytes de conduction cardiaques et à l'ensemble du myocarde ventriculaire. La dépolarisation progresse vers le septum, remonte de l'apex et ressort à la surface de l'endocarde, ce qui produit le complexe QRS. La repolarisation auriculaire se produit en même temps, mais elle n'est habituellement pas apparente à l'ECG, car elle se trouve masquée par le large complexe QRS.

4. La contraction des myocytes contractiles des ventricules commence tout de suite après la formation du complexe QRS et se poursuit pendant le segment S-T : c'est la systole ventriculaire. À mesure que la contraction se déplace de l'apex vers la base

FIGURE 20.13 Le synchronisme et le cheminement de la dépolarisation et de la repolarisation dans le système de conduction et le myocarde. La dépolarisation est indiquée en vert et la repolarisation, en rouge.

La dépolarisation cause la contraction des myocytes cardiaques et la repolarisation provoque leur relaxation.

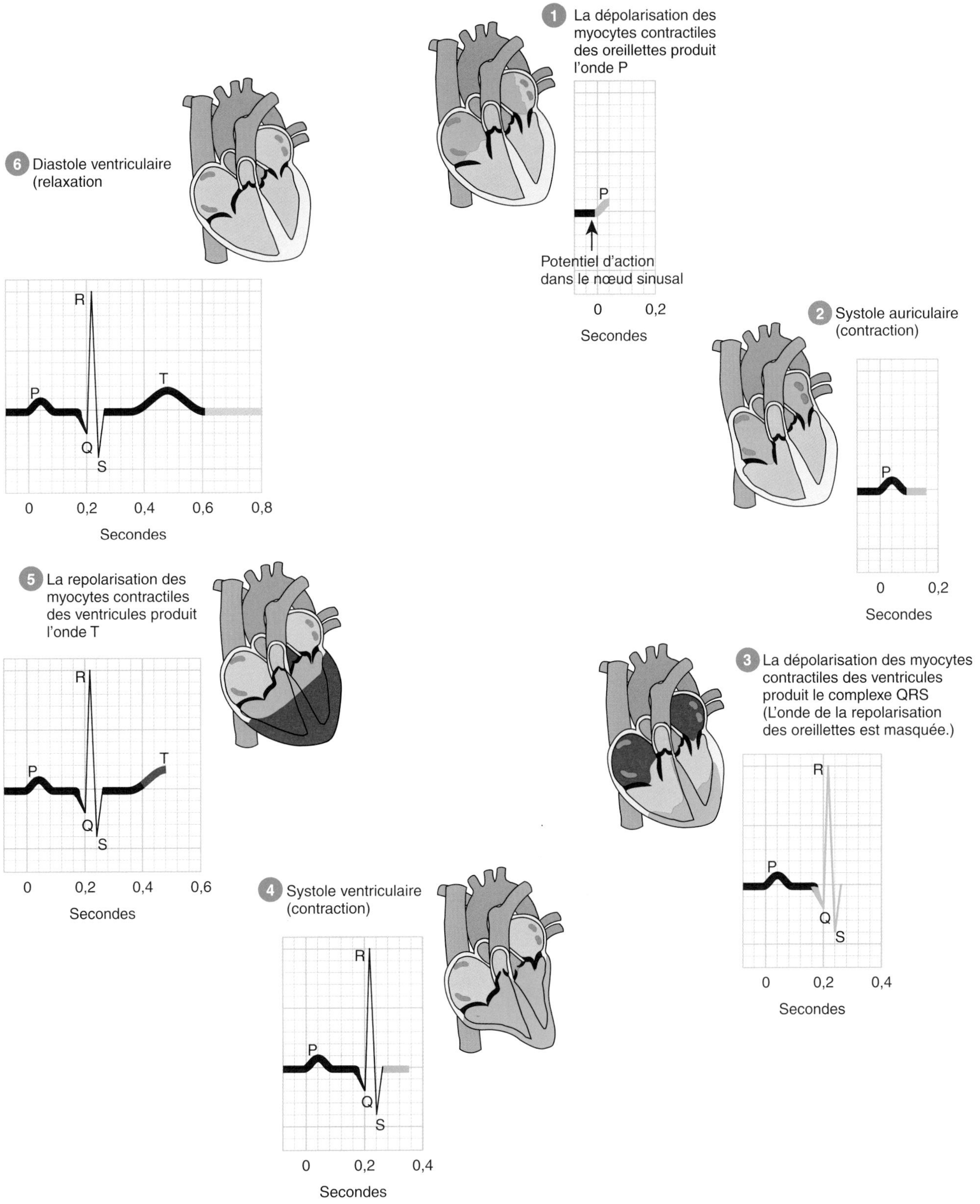

1 La dépolarisation des myocytes contractiles des oreillettes produit l'onde P

P

Potentiel d'action dans le nœud sinusal

0   0,2
Secondes

6 Diastole ventriculaire (relaxation

R

P   T

Q
S

0   0,2   0,4   0,6   0,8
Secondes

2 Systole auriculaire (contraction)

P

0   0,2
Secondes

5 La repolarisation des myocytes contractiles des ventricules produit l'onde T

R

P   T

Q
S

0   0,2   0,4   0,6
Secondes

3 La dépolarisation des myocytes contractiles des ventricules produit le complexe QRS (L'onde de la repolarisation des oreillettes est masquée.)

R

P

Q
S

0   0,2   0,4
Secondes

4 Systole ventriculaire (contraction)

R

P

Q
S

0   0,2   0,4
Secondes

 À quel endroit du système de conduction les potentiels d'action cardiaques se déplacent-t-ils le plus lentement?

du cœur, le sang est repoussé contre les valves aortique et pulmonaire. Comme la repolarisation auriculaire s'est produite en même temps que la dépolarisation ventriculaire, la diastole auriculaire survient donc pendant la systole ventriculaire.

⑤ La repolarisation des myocytes contractiles des ventricules commence dans l'apex et s'étend à l'ensemble du myocarde ventriculaire, ce qui donne naissance à l'onde T sur l'ECG, environ 0,4 s après le début de l'onde P.

⑥ Peu de temps après le début de l'onde T, les ventricules entrent en relaxation (diastole ventriculaire). Au bout de 0,6 s, la repolarisation ventriculaire est complète et les myocytes contractiles des ventricules sont détendus.

Pendant la 0,2 s suivante, les myocytes contractiles des oreillettes comme ceux des ventricules sont relâchés, ce qui correspond à une période de repos complet du cœur. Au bout de 0,8 s, l'onde P réapparaît sur l'ECG, les oreillettes commencent à se contracter, entamant un nouveau cycle.

Comme vous venez de le voir, les événements qui composent le cycle cardiaque se répètent inlassablement tout au long de la vie. Nous verrons maintenant comment les changements de pression associés à la relaxation et à la contraction des cavités du cœur permettent à ce dernier de se remplir de sang puis de l'éjecter dans l'aorte et le tronc pulmonaire.

▶ POINT DE CONTRÔLE

10. Comparez la structure et les fonctions des myocytes contractiles et des myocytes squelettiques.

11. Quelles sont les différences et les ressemblances entre les cellules cardionectrices et les myocytes contractiles?

12. Décrivez les trois phases d'un potentiel d'action dans les myocytes contractiles ventriculaires.

13. Expliquez l'utilité d'un électrocardiogramme dans le diagnostic d'un trouble cardiaque.

14. Décrivez la relation entre les ondes, les intervalles et les segments d'un électrocardiogramme et la contraction (systole) et la relaxation (diastole) des oreillettes et des ventricules.

LE CYCLE CARDIAQUE

> OBJECTIFS

- Décrire les changements de pression et de volume qui surviennent au cours d'un cycle cardiaque.
- Expliquer le synchronisme entre les bruits cardiaques, les ondes de l'ECG et les changements de pression pendant la systole et la diastole.

Le **cycle cardiaque** inclut tous les événements associés à un battement cardiaque. Ainsi, chaque cycle cardiaque comprend la systole et la diastole des deux oreillettes, suivies de la systole et de la diastole des deux ventricules.

LES CHANGEMENTS DE PRESSION ET DE VOLUME PENDANT LE CYCLE CARDIAQUE

À chaque cycle cardiaque, ou battement, les oreillettes et les ventricules se contractent et se relâchent alternativement, de sorte que le sang est propulsé des régions où la pression est élevée vers celles où elle est basse. Chaque fois qu'une cavité du cœur se contracte, la pression du sang à l'intérieur de cette cavité augmente. La figure 20.14 montre la relation entre les signaux électriques du cœur (ECG) et les changements de pression auriculaire, de pression ventriculaire, de pression aortique et de volume ventriculaire qui se produisent pendant le cycle cardiaque. Les pressions données dans cette figure correspondent au côté gauche du cœur. Les pressions sont beaucoup plus faibles du côté droit du cœur, car le sang ne se rend qu'aux poumons situés à proximité. Cependant, chaque ventricule, de même que chaque cavité du cœur, expulse le même volume de sang au cours d'un battement cardiaque. À une fréquence cardiaque de 75 battements/min, un cycle cardiaque dure environ 0,8 s. Pour étudier et relier les événements qui surviennent pendant un cycle cardiaque, nous commencerons par aborder la systole auriculaire. Au cours de cette étude, souvenez-vous que le phénomène électrique précède toujours le phénomène mécanique de la contraction.

La systole auriculaire

Pendant la **systole auriculaire**, qui dure environ 0,1 s, les oreillettes se contractent, tandis que les ventricules se relâchent.

❶ La dépolarisation du nœud sinusal provoque la dépolarisation des oreillettes, représentée par l'onde P sur l'électrocardiogramme.

❷ La dépolarisation des oreillettes cause la systole auriculaire. En se contractant, les oreillettes exercent une pression sur le sang qu'elles contiennent, le propulsant dans les ventricules à travers les valves auriculoventriculaires ouvertes.

❸ La systole auriculaire ajoute 25 mL de sang additionnel au volume déjà présent dans chaque ventricule (environ 105 mL). La fin de la systole auriculaire correspond également à la fin de la diastole ventriculaire (relaxation). Ainsi, à la fin de la période de relaxation (diastole), chaque ventricule contient environ 130 mL de sang; ce volume constitue le **volume télédiastolique** (**VTD**).

❹ Le complexe QRS de l'électrocardiogramme marque le début de la dépolarisation ventriculaire.

La systole ventriculaire

Pendant la **systole ventriculaire**, qui dure environ 0,3 s, les ventricules se contractent; en même temps se produit la **diastole auriculaire** durant laquelle les oreillettes se relâchent.

❺ La dépolarisation des ventricules cause la systole ventriculaire. Quand la systole ventriculaire commence, la pression augmente à l'intérieur des ventricules et le sang est propulsé contre les valves auriculoventriculaires, ce qui provoque leur fermeture. Pendant environ 0,05 s, les valves aortique, pulmonaire et auriculoventriculaires sont fermées. Cette période est appelée **contraction isovolumétrique**. Durant cet intervalle, les myocytes cardiaques se contractent et exercent une force, mais n'ont pas commencé à raccourcir. La contraction musculaire est donc

FIGURE 20.14 Le cycle cardiaque. (a) Électrocardiogramme. (b) Changements de la pression auriculaire gauche (ligne verte), de la pression ventriculaire gauche (ligne bleue) et de la pression aortique (ligne rouge) coïncidant avec l'ouverture et la fermeture des valves cardiaques. (c) Bruits du cœur. (d) Changements du volume ventriculaire gauche. (e) Phases du cycle cardiaque.

Le cycle cardiaque inclut tous les événements associés à un battement cardiaque.

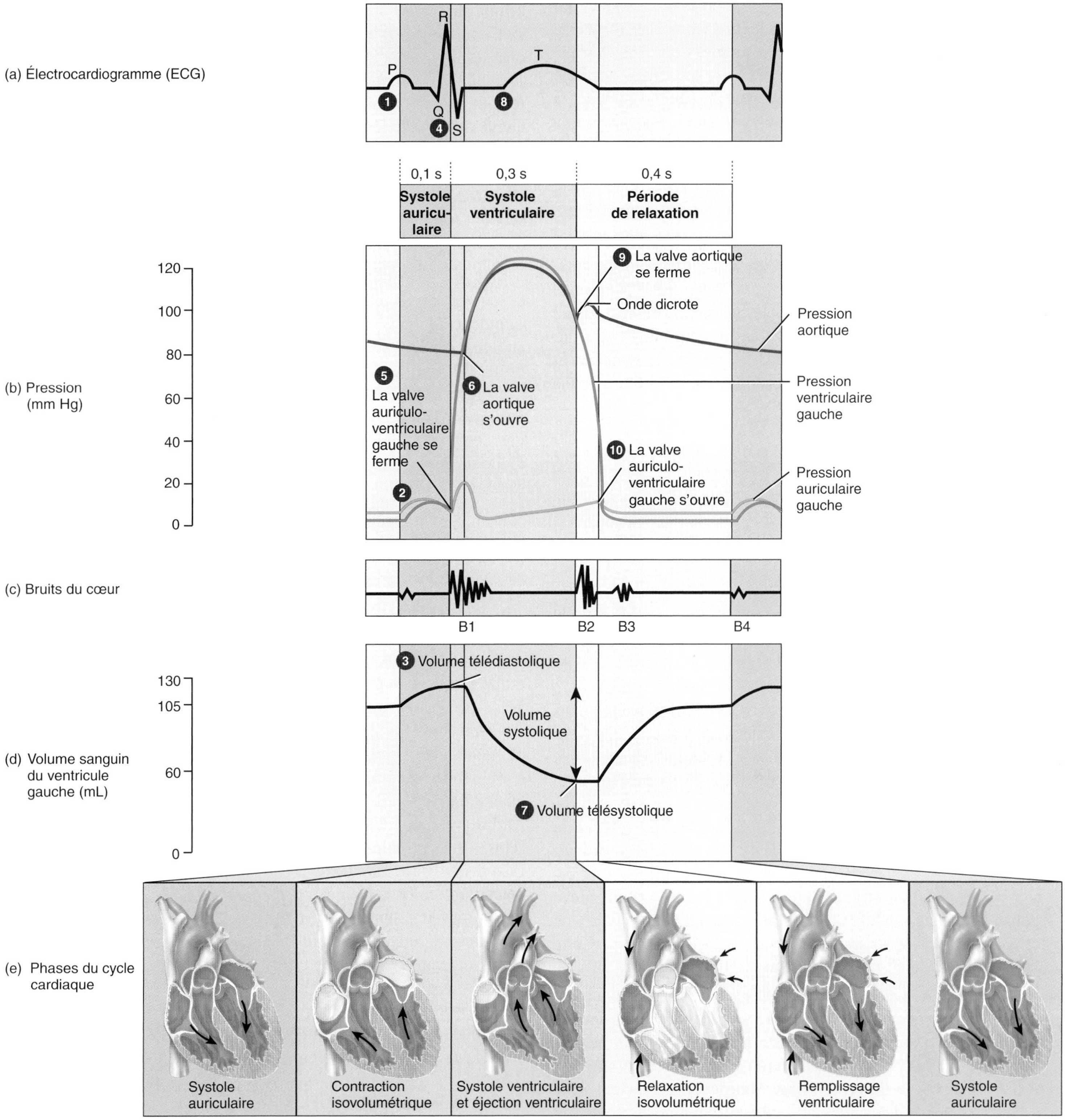

(a) Électrocardiogramme (ECG)

0,1 s	0,3 s	0,4 s
Systole auriculaire	Systole ventriculaire	Période de relaxation

(b) Pression (mm Hg)

9 La valve aortique se ferme

Onde dicrote

Pression aortique

5 La valve auriculo-ventriculaire gauche se ferme

6 La valve aortique s'ouvre

Pression ventriculaire gauche

10 La valve auriculo-ventriculaire gauche s'ouvre

Pression auriculaire gauche

(c) Bruits du cœur

B1   B2   B3   B4

(d) Volume sanguin du ventricule gauche (mL)

3 Volume télédiastolique

Volume systolique

7 Volume télésystolique

(e) Phases du cycle cardiaque

| Systole auriculaire | Contraction isovolumétrique | Systole ventriculaire et éjection ventriculaire | Relaxation isovolumétrique | Remplissage ventriculaire | Systole auriculaire |

Chez une personne au repos, quelle quantité de sang demeure dans chaque ventricule à la fin de la diastole ventriculaire? Comment appelle-t-on ce volume?

isométrique (de même longueur). De plus, puisque les quatre valves sont fermées, le volume ventriculaire reste le même (isovolumétrique).

6 La contraction ventriculaire continue cause une brusque augmentation de la pression à l'intérieur des cavités. Lorsque la pression ventriculaire gauche dépasse la pression aortique, qui est d'environ 80 millimètres de mercure (mm Hg) et que la pression ventriculaire droite dépasse la pression dans le tronc pulmonaire, qui est d'environ 20 mm Hg, les valves aortique et pulmonaire s'ouvrent. À ce moment, le sang commence à être éjecté du cœur. La période pendant laquelle les valves aortique et pulmonaire sont ouvertes est appelée **phase d'éjection ventriculaire** et dure environ 0,25 s. La pression dans le ventricule gauche monte jusqu'à environ 120 mm Hg, tandis que la pression dans le ventricule droit atteint environ 25 à 30 mm Hg.

7 Le ventricule gauche éjecte environ 70 mL de sang dans l'aorte ; pendant ce temps, le ventricule droit propulse le même volume de sang dans le tronc pulmonaire. Le volume de sang qui reste dans un ventricule à la fin de la systole, environ 60 mL, est appelé **volume télésystolique (VTS)**. Le **volume systolique (VS)**, qui est le volume de sang éjecté de chaque ventricule pendant un battement cardiaque, équivaut au volume télédiastolique moins le volume télésystolique : VS = VTD – VTS. Au repos, le volume systolique est d'environ 130 mL – 60 mL = 70 mL.

8 L'onde T de l'électrocardiogramme marque le début de la repolarisation ventriculaire.

La période de relaxation

Pendant la **période de relaxation**, qui dure environ 0,4 s, les oreillettes et les ventricules sont détendus. La phase de relaxation est d'autant plus courte que le cœur bat vite, mais la durée de la systole auriculaire et de la systole ventriculaire diminue très peu.

9 La repolarisation des ventricules provoque la **diastole ventriculaire**. Pendant que les ventricules se relâchent, la pression à l'intérieur de ces cavités diminue et le sang qui se trouve dans l'aorte et le tronc pulmonaire commence à refluer vers les ventricules où la pression est moins élevée. Le sang qui reflue ainsi se retrouve emprisonné dans les valvules, ce qui provoque la fermeture des valves aortique et pulmonaire. La valve aortique se ferme à une pression d'environ 100 mm Hg. Le rebond du sang contre les valvules fermées de la valve aortique produit l'**onde dicrote** sur la courbe de la pression aortique. La fermeture des valves aortique et pulmonaire est suivie d'une brève pause pendant laquelle le volume sanguin ventriculaire ne change pas puisque toutes les valves sont fermées. Cette période est appelée **relaxation isovolumétrique**.

10 Pendant que les ventricules continuent de se relâcher, la pression chute rapidement. Quand la pression ventriculaire devient inférieure à la pression auriculaire, les valves auriculoventriculaires s'ouvrent et le **remplissage ventriculaire** commence. La majeure partie du remplissage ventriculaire survient juste après l'ouverture des valves auriculoventriculaires. Le sang qui s'est accumulé dans les oreillettes relâchées pendant la systole ventriculaire afflue maintenant vers les ventricules. À la fin de la période de relaxation, les ventricules sont environ aux trois

quarts pleins. L'onde P apparaît sur l'électrocardiogramme, ce qui indique le début d'un autre cycle cardiaque.

LES BRUITS DU CŒUR

L'**auscultation** (*auscultare* : écouter) est l'action d'écouter les bruits qui se produisent à l'intérieur de l'organisme, habituellement au moyen d'un stéthoscope. Les bruits des battements cardiaques sont principalement causés par la turbulence du sang au moment de la fermeture des valves. Quand le sang s'écoule lentement, il ne produit aucun bruit. Comparez le bruit que fait une chute ou une rivière d'eaux vives au silence d'une rivière qui s'écoule lentement. Chaque cycle cardiaque est marqué par l'émission de quatre **bruits du cœur**. Toutefois, dans un cœur normal, seuls les deux premiers bruits (B1 et B2) sont audibles au stéthoscope. La figure 20.14c montre les événements du cycle cardiaque auxquels correspondent les bruits du cœur.

Le premier bruit du cœur (B1) est un bruit résonant, plus fort et légèrement plus long que le deuxième bruit. Il est créé par la turbulence du sang pendant la fermeture des valves auriculoventriculaires, peu après le début de la systole ventriculaire. Le deuxième bruit (B2) est sec, plus court et moins fort que le premier. Il est causé par la turbulence du sang lors de la fermeture des valves aortique et pulmonaire, au début de la diastole ventriculaire. Bien que ces bruits soient associés à la fermeture de valves, il est plus facile de les entendre à la surface du thorax, en des endroits légèrement décalés du site réel des valves sous-jacentes (figure 20.15). Le troisième bruit du cœur (B3) correspond à la turbulence du sang pendant la phase de remplissage ventriculaire rapide et le quatrième bruit (B4) coïncide avec la phase de systole auriculaire. Toutefois, ces deux derniers bruits du cœur sont normalement inaudibles.

LES SOUFFLES CARDIAQUES

Les bruits du cœur fournissent de précieux renseignements sur le fonctionnement mécanique du cœur. Un **souffle cardiaque** est un bruit anormal (crépitations, bruit strident ou gargouillis) entendu avant, pendant ou après les bruits normaux du cœur, ou masquant ces derniers. Chez les enfants, les souffles cardiaques sont très fréquents et ne traduisent généralement pas un trouble important. Les souffles sont le plus souvent découverts chez les enfants de deux à quatre ans. On qualifie alors d'*innocents* ou de *fonctionnels* ces souffles qui disparaissent parfois avec l'âge. Chez l'adulte, certains souffles observés sont « innocents », mais la plupart d'entre eux indiquent une atteinte valvulaire. Quand une valve cardiaque présente un rétrécissement (sténose), on entend un souffle cardiaque pendant que la valve devrait être complètement ouverte, alors qu'elle ne l'est pas. Par exemple, en cas de sténose mitrale, un souffle cardiaque est perçu pendant la période de relaxation, entre le deuxième bruit et le prochain B1. Par contre, l'insuffisance d'une valve cardiaque produit un souffle qui s'entend quand la valve devrait être complètement fermée, mais qu'elle ne l'est pas. Ainsi, un souffle causé par une insuffisance mitrale survient pendant la systole ventriculaire, soit entre le premier et le deuxième bruit du cœur. ■

▶ **POINT DE CONTRÔLE**

15. Pourquoi la pression dans le ventricule gauche doit-elle être supérieure à celle de l'aorte pendant la phase d'éjection ventriculaire ?

FIGURE 20.15 Les bruits du cœur. La situation des valves (en violet) et les points d'auscultation (en rouge) des bruits du cœur.

 L'auscultation est l'action d'écouter les bruits qui se produisent à l'intérieur du corps, habituellement au moyen d'un stéthoscope.

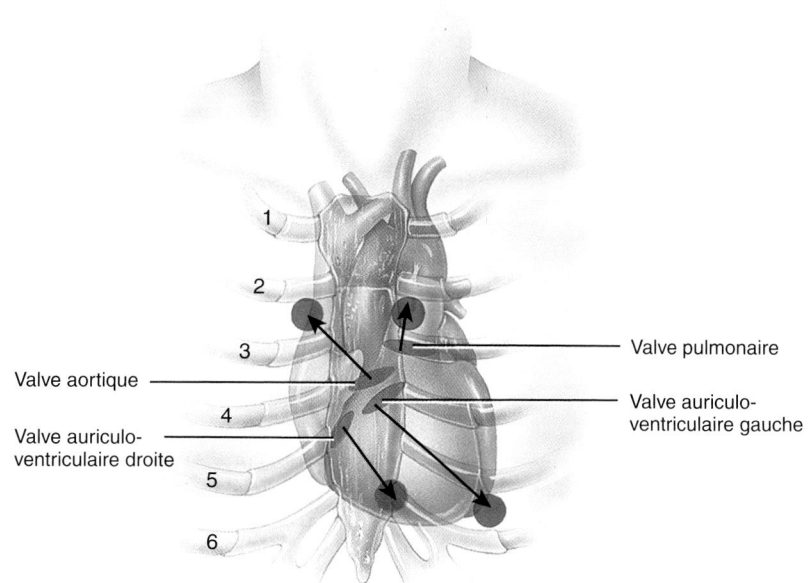

Valve aortique

Valve auriculo-ventriculaire droite

Valve pulmonaire

Valve auriculo-ventriculaire gauche

Vue antérieure de la situation des valves cardiaques et des points d'auscultation

Q Quel bruit du cœur est causé par la turbulence du sang pendant la fermeture des valves auriculoventriculaires?

16. À quel moment y a-t-il plus de sang qui circule par les artères coronaires: pendant la diastole ventriculaire ou pendant la systole ventriculaire? Expliquez pourquoi.

17. Pendant laquelle des deux périodes du cycle cardiaque les myocytes cardiaques présentent-ils des contractions isométriques?

18. Expliquez la provenance des quatre bruits normaux du cœur. Lesquels sont habituellement audibles au stéthoscope?

LE DÉBIT CARDIAQUE

> **OBJECTIFS**

- Définir le débit cardiaque.
- Décrire les facteurs qui ont une incidence sur la régulation du volume systolique.
- Expliquer les facteurs qui influent sur la régulation de la fréquence cardiaque.

Bien que le cœur soit doté de cellules cardionectrices qui lui permettent de battre de façon autonome, son fonctionnement est régi par divers événements se produisant dans le reste de l'organisme. Toutes les cellules de l'organisme ont besoin de recevoir une certaine quantité de sang oxygéné chaque minute pour demeurer vivantes et saines. Lorsqu'elles sont métaboliquement actives,

durant un effort par exemple, le sang doit leur fournir plus d'oxygène. Au repos, les besoins métaboliques des cellules diminuent, de même que la charge de travail du cœur.

Le **débit cardiaque** (**DC**) est le volume de sang éjecté du ventricule gauche (ou du ventricule droit) dans l'aorte (ou le tronc pulmonaire) en une minute. Il équivaut au **volume systolique** (**VS**), qui est le volume de sang éjecté des ventricules à chaque contraction, multiplié par la **fréquence cardiaque** (**FC**), c'est-à-dire le nombre de battements cardiaques par minute:

$$\underset{\text{(mL/min)}}{DC} = \underset{\text{(mL/battement)}}{VS} \times \underset{\text{(battements/min)}}{FC}$$

Chez un homme adulte au repos, le volume systolique est en moyenne de 70 mL/battement et la fréquence cardiaque, d'environ 75 battements/min. Le débit cardiaque moyen est donc le suivant:

$$
\begin{aligned}
DC &= 70 \text{ mL/battement} \times 75 \text{ battements/min} \\
&= 5\,250 \text{ mL/min} \\
&= 5,25 \text{ L/min}
\end{aligned}
$$

Ce volume se rapproche du volume sanguin total, qui est d'environ 5 L chez un homme adulte en bonne santé. Cela signifie que chaque minute, la totalité du sang passe dans les circulations pulmonaire et systémique. Les facteurs qui augmentent le volume systolique ou la fréquence cardiaque élèvent normalement le débit cardiaque. Ainsi, pendant une activité physique modérée, le volume systolique peut atteindre 100 mL/battement et la fréquence cardiaque, 100 battements/min. Le débit cardiaque est alors de 10 L/min. Pendant un effort physique intense (mais non maximal), la fréquence cardiaque peut atteindre 150 battements/min et le volume systolique, 130 mL/battement, ce qui donne un débit cardiaque de 19,5 L/min.

La différence entre le débit cardiaque maximal et le débit cardiaque au repos est appelée **réserve cardiaque**. En moyenne, la réserve cardiaque est de quatre à cinq fois plus élevée que le débit cardiaque au repos ; chez les meilleurs athlètes d'endurance, elle peut être jusqu'à sept ou huit fois plus élevée que le débit cardiaque au repos. La réserve cardiaque des personnes atteintes d'une cardiopathie grave est réduite, voire nulle, ce qui les empêche d'accomplir les tâches les plus simples de la vie quotidienne.

Comme le débit cardiaque (DC) s'obtient en multipliant la valeur du volume systolique (VS) par la valeur de la fréquence cardiaque (FC), tout changement dans les valeurs de ces deux composantes entraînera une modification de la valeur du débit cardiaque. Les différents facteurs intervenant dans la régulation du volume systolique et de la fréquence cardiaque sont représentés plus loin à la figure 20.17.

LA RÉGULATION DU VOLUME SYSTOLIQUE

Un cœur sain expulse la totalité du sang qui a pénétré dans ses cavités durant la diastole. En d'autres termes, plus la quantité de sang qui revient dans le cœur pendant la diastole est grande, plus la quantité de sang éjecté pendant la systole suivante sera grande. Au repos, le volume systolique équivaut à environ 50 ou 60 % du volume télédiastolique, car, après chaque contraction, les ventricules contiennent encore de 40 à 50 % du sang qu'ils renfermaient (volume télésystolique). Trois facteurs régissent le volume systolique et assurent l'expulsion d'un volume de sang égal des ventricules gauche et droit : 1) la **précharge**, qui est le degré d'étirement du cœur avant qu'il se contracte ; 2) la **contractilité**, qui est la force de contraction de chaque myocyte ventriculaire ; et 3) la **postcharge**, qui est la pression s'opposant à l'ouverture des valves aortique et pulmonaire et qui doit être dépassée afin que le sang puisse être éjecté des ventricules (figure 20.17b).

La précharge : effet de l'étirement

Une plus grande précharge (étirement) sur les myocytes cardiaques avant une contraction augmente la force de cette contraction. On peut comparer la précharge à l'étirement d'un élastique. Plus l'élastique est étiré, plus il se détend avec force. À l'intérieur des limites physiologiques, plus le cœur se remplit pendant la diastole, plus la force de contraction sera grande pendant la systole. Ce rapport est connu sous le nom de **loi de Starling**. La précharge est proportionnelle au volume de sang qui entre dans les ventricules à la fin de la diastole, ou volume télédiastolique (VTD). Normalement, la contraction qui s'ensuit est d'autant plus forte que le VTD est élevé.

Les deux principaux facteurs qui déterminent le VTD sont : 1) la durée de la diastole ventriculaire ; et 2) le **retour veineux**, c'est-à-dire le volume de sang qui revient dans le ventricule droit. Lorsque la fréquence cardiaque augmente, la durée de la diastole est plus courte. Plus le temps de remplissage est court, plus le VTD

est petit ; les ventricules se contractent parfois avant d'être adéquatement remplis. Réciproquement, l'augmentation du retour veineux entraîne l'accroissement du volume de sang qui entre dans les ventricules et, par le fait même, l'accroissement du VTD. Nous verrons dans le prochain chapitre comment différents facteurs affectent le débit cardiaque en agissant sur le retour veineux.

Lorsque la fréquence cardiaque dépasse 160 battements/min, le volume systolique diminue, car le temps de remplissage est trop court pour permettre aux ventricules de se remplir complètement. À une fréquence cardiaque aussi rapide, le VTD est moins élevé, de même que la précharge. Par contre, chez les personnes qui présentent une fréquence cardiaque lente au repos, le volume systolique au repos est grand, car le temps de remplissage est plus long et la précharge, plus élevée.

Selon la loi de Starling, le débit sanguin des ventricules droit et gauche est toujours égal, si bien qu'un volume sanguin égal passe dans les circulations systémique et pulmonaire. Si, par exemple, le côté gauche du cœur expulse un peu plus de sang que le côté droit, le volume de sang qui revient dans le ventricule droit (retour veineux) augmente. Et lorsque le VTD augmente, le ventricule droit se contracte plus vigoureusement pendant le battement suivant, ce qui rétablit l'équilibre entre les deux côtés.

La contractilité

Le deuxième facteur qui agit sur le volume systolique est la **contractilité** du myocarde, c'est-à-dire sa force de contraction après n'importe quelle précharge. Les substances qui font augmenter la contractilité sont des **agents inotropes positifs** et celles qui la font diminuer, des **agents inotropes négatifs**. Donc, lorsque la précharge est constante, le volume systolique augmente en présence d'un agent inotrope positif. Les agents inotropes positifs favorisent souvent l'afflux de Ca^{2+} durant les potentiels d'action cardiaques, ce qui augmente la force de la contraction subséquente. La stimulation de la partie sympathique du système nerveux autonome (SNA), des hormones comme l'adrénaline et la noradrénaline, une augmentation de la concentration de Ca^{2+} dans le liquide interstitiel et la digitaline, un médicament, produisent des effets inotropes positifs. Par contre, l'inhibition de la partie sympathique du SNA, l'anoxie, l'acidose, certains anesthésiques et l'augmentation de la concentration de K^+ dans le liquide interstitiel ont des effets inotropes négatifs. Certains *inhibiteurs des canaux calciques* exercent également un effet inotrope négatif car ils réduisent l'entrée de Ca^{2+}, ce qui diminue la force des battements cardiaques.

La postcharge

Le cœur commence à éjecter du sang lorsque la pression dans le ventricule droit dépasse la pression dans le tronc pulmonaire (qui est d'environ 20 mm Hg), et lorsque la pression dans le ventricule gauche dépasse la pression dans l'aorte (qui est d'environ 80 mm Hg). À ce moment, la pression plus élevée dans les ventricules pousse le sang contre les valves aortique et pulmonaire qui s'ouvrent. La pression qui s'oppose alors à l'ouverture d'une de ces deux valves est appelée **postcharge**. Toute augmentation de la postcharge diminue le volume systolique, donc la quantité de sang qui reste dans les ventricules (volume télésystolique, VTS) à la fin de la systole augmente. Les facteurs qui peuvent augmenter la postcharge comprennent l'hypertension (pression artérielle élevée) et le rétrécissement des artères par l'athérosclérose.

L'INSUFFISANCE CARDIAQUE

L'**insuffisance cardiaque** est une défaillance de la pompe cardiaque aux origines multiples. Elle peut être causée par une coronaropathie ou par certaines anomalies congénitales ; on l'observe également chez les personnes souffrant d'hypertension prolongée (par suite de l'augmentation de la postcharge) ou de troubles valvulaires. Enfin, l'insuffisance cardiaque touche les personnes qui ont subi un infarctus du myocarde (zones de tissu cardiaque nécrosé lors d'une précédente crise cardiaque). À mesure que la pompe cardiaque perd de son efficacité, une plus grande quantité de sang demeure dans les ventricules à la fin de chaque cycle cardiaque, ce qui entraîne l'augmentation graduelle du volume télédiastolique (précharge). Au début, l'augmentation de la précharge peut accroître la force de la contraction (loi de Starling), mais, à la longue, le cœur s'étire et ses contractions sont de moins en moins puissantes. Il en résulte une boucle de rétroactivation potentiellement mortelle, car l'efficacité amoindrie de la pompe cardiaque conduit à une diminution de sa capacité de pompage.

Souvent, un côté du cœur faiblit avant l'autre. Si le ventricule gauche est atteint en premier, il ne peut plus éjecter tout le sang qu'il reçoit. Le volume résiduel reflue donc dans l'oreillette gauche, puis vers les veines et le réseau capillaire pulmonaire. Il en résulte une sortie d'eau vers le milieu interstitiel, ce qui cause l'*œdème pulmonaire*. Sans traitement, l'accumulation de liquide dans les poumons peut conduire à la suffocation. Si le ventricule droit est atteint en premier, le sang reflue dans les veines de la circulation systémique. Il peut s'ensuivre un *œdème des membres inférieurs*, qui est souvent plus apparent dans les pieds et les chevilles. ■

LA RÉGULATION DE LA FRÉQUENCE CARDIAQUE

Nous avons vu que le débit cardiaque est fonction de la fréquence cardiaque et du volume systolique. La fréquence cardiaque doit constamment s'adapter pour permettre la régulation à court terme du débit cardiaque et de la pression artérielle. Le nœud sinusal déclenche la contraction et, s'il était laissé à lui-même, il établirait une fréquence cardiaque constante de 100 battements/min. Cependant, les tissus ont besoin d'un apport sanguin adapté à chaque situation dans laquelle ils se trouvent. Pendant l'exercice physique, par exemple, le débit cardiaque augmente pour que les tissus sollicités reçoivent des quantités accrues d'oxygène et de nutriments. Le volume systolique peut diminuer en présence d'une lésion du myocarde ventriculaire ou d'une hémorragie qui réduit le volume sanguin. Des mécanismes homéostatiques interviennent alors pour maintenir un débit cardiaque suffisant en augmentant la fréquence cardiaque et la contractilité du cœur. Parmi les nombreux facteurs qui contribuent à la régulation de la fréquence cardiaque, les plus importants sont le système nerveux autonome et les hormones libérées par la médulla surrénale (adrénaline et noradrénaline).

La régulation de la fréquence cardiaque par le système nerveux autonome

La régulation de la fréquence cardiaque par le système nerveux commence dans le **centre cardiovasculaire** du bulbe rachidien

(figure 20.17c). Cette région de l'encéphale reçoit les influx de divers récepteurs sensoriels et de centres nerveux supérieurs comme le système limbique, l'hypothalamus et le cortex cérébral. La réponse du centre cardiovasculaire consiste à augmenter ou à diminuer la fréquence des influx nerveux en faisant intervenir les parties sympathique et parasympathique du système nerveux autonome (figure 20.16).

Avant même le début de l'activité physique, particulièrement s'il s'agit d'une compétition, il arrive que la fréquence cardiaque augmente. Cette hausse anticipée provient du système limbique, qui transmet des influx nerveux au centre cardiovasculaire du bulbe rachidien. Lorsque l'activité physique commence, les **propriocepteurs** qui surveillent la position des membres et des muscles envoient plus fréquemment des influx nerveux au centre cardiovasculaire. Les propriocepteurs participent dans une large mesure à l'augmentation rapide de la fréquence cardiaque au début d'une activité physique. D'autres récepteurs sensoriels stimulent le centre cardiovasculaire, notamment les **chimiorécepteurs**, qui détectent les modifications chimiques dans le sang causées par le changement d'activité cellulaire, et les **barorécepteurs**, qui surveillent l'étirement des principales artères et veines du corps causé par la pression du sang qui les parcourt. Les importants barorécepteurs de l'arc aortique et des artères carotides (voir la figure 21.13) détectent les changements de pression artérielle et relaient cette information au centre cardiovasculaire. Le rôle des barorécepteurs dans la régulation de la pression artérielle sera expliqué en détail au chapitre 21. Nous nous attarderons ici à l'innervation du cœur par les parties sympathique et parasympathique du système nerveux autonome.

Les neurones sympathiques s'étendent du bulbe rachidien jusqu'à la moelle épinière. Issus de la région thoracique de la moelle épinière, les **nerfs cardiaques** de la partie sympathique du système nerveux autonome innervent le nœud sinusal, le nœud auriculoventriculaire et la majeure partie du myocarde (voir la figure 15.2). Les influx acheminés par les nerfs cardiaques stimulent la libération de noradrénaline, qui se lie aux récepteurs bêta$_1$-adrénergiques des myocytes cardiaques. Cette interaction exerce deux effets distincts : 1) dans les cellules cardionectrices des nœuds sinusal et auriculoventriculaire, la noradrénaline accélère la dépolarisation spontanée pour générer des potentiels d'action plus rapidement et augmenter la fréquence cardiaque ; 2) dans les myocytes contractiles des oreillettes et des ventricules, la noradrénaline augmente l'entrée de Ca^{2+} par les canaux lents à calcium sensibles au voltage, ce qui accroît leur contractilité et le volume de sang éjecté pendant la systole. Lorsque l'augmentation de la fréquence cardiaque est modérée, le volume systolique ne diminue pas, car la contractilité accrue compense la baisse de la précharge. Cependant, lorsque la stimulation sympathique est maximale, la fréquence cardiaque peut atteindre 200 battements/min chez une personne âgée de 20 ans. À une telle fréquence, le volume systolique est plus faible qu'au repos, car le temps de remplissage est très court. La fréquence cardiaque maximale diminue avec l'âge ; pour la calculer, il suffit de soustraire l'âge d'une personne du nombre 220.

Les influx nerveux parasympathiques atteignent le cœur en empruntant les **nerfs vagues** (nerfs crâniens X) droit et gauche.

FIGURE 20.16 La régulation cardiaque par le système nerveux autonome.

Le centre cardiovasculaire du bulbe rachidien régit à la fois les nerfs sympathiques et les nerfs parasympathiques qui innervent le cœur.

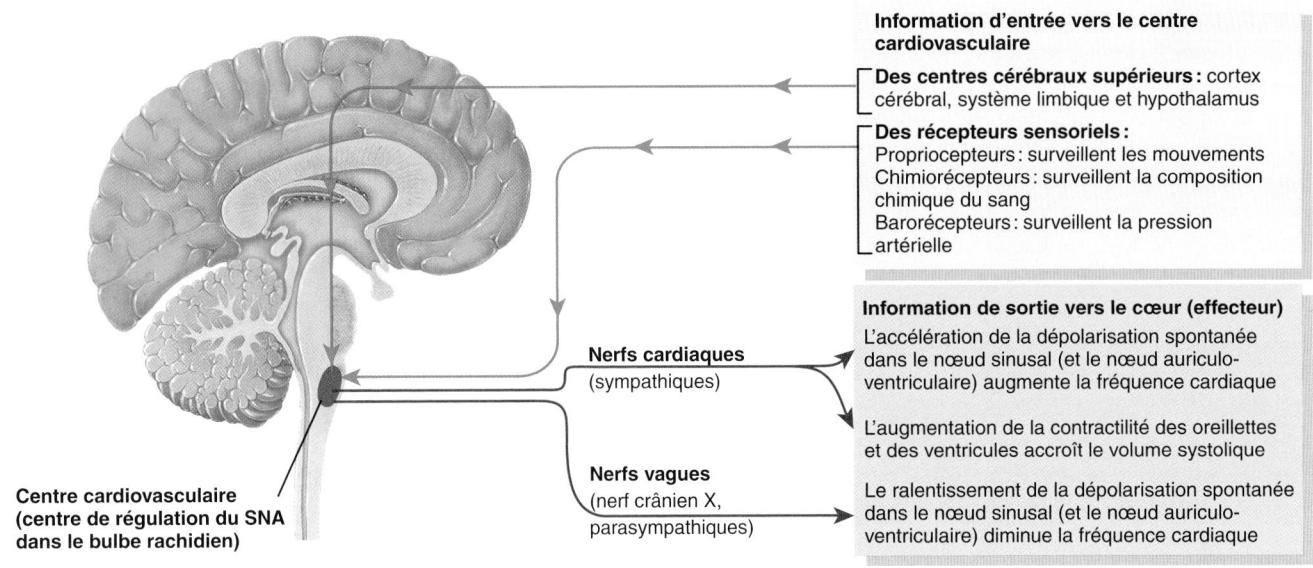

Information d'entrée vers le centre cardiovasculaire

Des centres cérébraux supérieurs : cortex cérébral, système limbique et hypothalamus

Des récepteurs sensoriels :
Propriocepteurs : surveillent les mouvements
Chimiorécepteurs : surveillent la composition chimique du sang
Barorécepteurs : surveillent la pression artérielle

Information de sortie vers le cœur (effecteur)
L'accélération de la dépolarisation spontanée dans le nœud sinusal (et le nœud auriculo-ventriculaire) augmente la fréquence cardiaque

L'augmentation de la contractilité des oreillettes et des ventricules accroît le volume systolique

Le ralentissement de la dépolarisation spontanée dans le nœud sinusal (et le nœud auriculo-ventriculaire) diminue la fréquence cardiaque

Nerfs cardiaques (sympathiques)

Nerfs vagues (nerf crânien X, parasympathiques)

Centre cardiovasculaire (centre de régulation du SNA dans le bulbe rachidien)

Quelle région du cœur est innervée par la partie sympathique du système nerveux autonome, mais non par sa partie parasympathique ?

Les axones des nerfs vagues se terminent dans le nœud sinusal, le nœud auriculoventriculaire et le myocarde auriculaire (voir la figure 15.3). Ces axones libèrent de l'acétylcholine, qui réduit la fréquence cardiaque en ralentissant la dépolarisation spontanée dans les cellules cardionectrices. Comme un petit nombre seulement d'axones vagals innervent les myocytes ventriculaires, les changements touchant l'activité parasympathique ont peu d'effet, voire aucun, sur la contractilité des ventricules.

L'équilibre entre la stimulation sympathique et la stimulation parasympathique du cœur varie constamment. Au repos, la stimulation parasympathique domine. La fréquence cardiaque au repos, qui est d'environ 75 battements/min, est habituellement plus faible que le rythme du nœud sinusal (90 à 100 battements/min). En présence d'une stimulation maximale de la partie parasympathique, la fréquence cardiaque peut ralentir jusqu'à 20 ou 30 battements/min ; le cœur peut même cesser de battre momentanément.

La régulation chimique de la fréquence cardiaque

Certaines substances chimiques influent à la fois sur la physiologie du muscle cardiaque et sur la fréquence cardiaque. Par exemple, l'hypoxie (baisse du taux d'oxygène), l'acidose (pH bas) et l'alcalose (pH élevé) diminuent l'activité cardiaque. Plusieurs hormones et un certain nombre de cations exercent des effets marqués sur le cœur :

1. **Les hormones.** L'adrénaline et la noradrénaline (libérées par la médulla surrénale) augmentent l'efficacité de la pompe cardiaque. Ces hormones agissent en effet sur les myocytes cardiaques de la même façon que la noradrénaline libérée par les nerfs cardiaques : elles augmentent à la fois la fréquence cardiaque et la contractilité. L'exercice, le stress et l'excitation amènent la

médulla surrénale à libérer une plus grande quantité d'hormones. Les hormones thyroïdiennes accroissent également la contractilité du cœur et la fréquence cardiaque. Un des signes de l'hyperthyroïdie (sécrétion anormalement élevée d'hormones thyroïdiennes) est la **tachycardie**, c'est-à-dire l'augmentation de la fréquence cardiaque au repos.

2. **Les cations.** Puisque les différences entre les concentrations intracellulaires et extracellulaires de plusieurs cations (Na^+ et K^+, par exemple) sont essentielles à la production de potentiels d'action dans tous les myocytes et neurones, les déséquilibres ioniques nuisent rapidement à l'efficacité de la pompe cardiaque. Les concentrations relatives de trois cations en particulier, le K^+, le Ca^{2+} et le Na^+, influent considérablement sur la fonction cardiaque. Les concentrations sanguines élevées de K^+ ou de Na^+ diminuent la fréquence cardiaque et la contractilité. L'excès de Na^+ bloque l'entrée de Ca^{2+} pendant les potentiels d'action cardiaques, ce qui diminue la force des contractions, tandis que l'excès de K^+ bloque la production des potentiels d'action. Une augmentation modérée des concentrations interstitielles (et donc intracellulaires) de Ca^{2+} augmente la fréquence cardiaque et renforce les battements cardiaques.

Les autres facteurs de la régulation de la fréquence cardiaque

L'âge, le sexe, la forme physique et la température corporelle ont aussi une influence sur la fréquence cardiaque au repos. Un nouveau-né présente normalement une fréquence cardiaque au repos supérieure à 120 battements/min, mais cette valeur diminue graduellement tout au long de la vie. Chez les femmes adultes, la fréquence cardiaque au repos est souvent légèrement plus élevée que celle des hommes, bien que l'exercice physique pratiqué régulièrement contribue à diminuer cette valeur chez les deux sexes. Une personne en bonne forme physique peut même présenter une **bradycardie**, c'est-à-dire une fréquence cardiaque au repos inférieure à 50 battements/min. La bradycardie est un effet bénéfique de l'entraînement axé sur l'endurance, car un cœur qui bat lentement est plus efficace qu'un cœur qui bat rapidement.

L'élévation de la température corporelle, qui accompagne la fièvre ou un effort physique intense par exemple, accélère la production de potentiels d'action par le nœud sinusal, ce qui augmente la fréquence cardiaque. Inversement, la diminution de la température corporelle réduit la fréquence cardiaque et la force des contractions.

Durant la correction chirurgicale de certaines anomalies cardiaques, on ralentit la fréquence cardiaque en induisant une **hypothermie**, c'est-à-dire une baisse délibérée de la température corporelle centrale. L'hypothermie ralentit le métabolisme, ce qui réduit les besoins en oxygène des tissus et permet au cœur et au cerveau de survivre aux courtes interruptions ou diminutions du débit sanguin qui peuvent survenir pendant l'intervention.

La figure 20.17 résume les facteurs susceptibles d'accroître le volume systolique et la fréquence cardiaque et, par conséquent, le débit cardiaque.

▶ POINT DE CONTRÔLE

19. Comment calcule-t-on le débit cardiaque?

20. Définissez le volume systolique et expliquez les facteurs qui le régissent.

21. Qu'est-ce que la loi de Starling? En quoi est-elle importante?

22. Définissez la réserve cardiaque. Comment l'entraînement physique la modifie-t-il?

23. Expliquez comment les parties sympathique et parasympathique du système nerveux autonome ajustent la fréquence cardiaque.

LES EFFETS DE L'EXERCICE SUR LE CŒUR

▶ OBJECTIF

• Expliquer le lien entre l'exercice physique et le cœur.

Quelle que soit notre forme physique, il n'y a pas d'âge pour chercher à l'améliorer en faisant de l'exercice. Certains types d'exercices favorisent plus que d'autres le bon fonctionnement du système cardiovasculaire. Les **exercices aérobiques**, comprenant toutes les activités qui sollicitent les grands muscles du corps pendant au moins 20 minutes, augmentent le débit cardiaque et accélèrent le métabolisme. Pour améliorer notablement le fonctionnement du système cardiovasculaire, on recommande une fréquence de trois à cinq séances d'exercice par semaine. La marche rapide, la course, la bicyclette, le ski de fond et la natation sont des exemples d'activités aérobiques.

Tout effort soutenu augmente les besoins en oxygène des muscles. Ces besoins sont comblés dans la mesure où le débit cardiaque est adéquat et que le système respiratoire fonctionne bien. Chez une personne en bonne santé, le débit cardiaque maximal augmente au bout de plusieurs semaines d'entraînement, ce qui accroît la vitesse maximale de distribution de l'oxygène aux tissus. L'apport d'oxygène est également plus grand, car de nouveaux réseaux capillaires apparaissent dans les muscles squelettiques en réponse à cet entraînement continu.

Durant un effort intense, le débit cardiaque d'un athlète bien entraîné peut être deux fois plus élevé que celui d'une personne sédentaire, en partie parce que l'entraînement provoque une hypertrophie du cœur. Bien que le cœur de cet athlète soit plus gros, son débit cardiaque *au repos* reste sensiblement le même que celui d'une personne sédentaire en bonne santé, car le volume systolique est plus élevé alors que la fréquence cardiaque est plus faible. La fréquence cardiaque au repos d'un athlète bien entraîné n'est souvent que de 40 à 60 battements/min (*bradycardie au repos*). La pratique régulière d'un exercice physique favorise également la diminution de la pression artérielle, soulage l'anxiété et la dépression, contribue au contrôle du poids corporel et augmente la capacité de l'organisme à dissoudre les caillots en stimulant l'activité fibrinolytique.

LE TRAITEMENT DES CŒURS DÉFAILLANTS

L'insuffisance cardiaque entraîne une diminution de la capacité à faire de l'exercice, voire celle de se déplacer. Il est toutefois possible de traiter l'insuffisance cardiaque par divers procédés chirurgicaux et plusieurs dispositifs médicaux. Ainsi, chez certains patients, une augmentation d'à peine 10% du volume de sang éjecté des ventricules peut leur éviter d'être alités et leur permettre de s'adonner à des activités modérées. De nos jours, les **greffes du cœur** sont courantes et donnent de bons résultats, mais il y a peu de donneurs. À ce propos, en 1999, la Société canadienne de cardiologie soulignait que le nombre de patients en attente d'une greffe cardiaque avait augmenté de 21%, mais que, au cours de cette période, le nombre de donneurs avait augmenté d'à peine 6%. Il s'ensuit que la liste d'attente est trop longue pour 25% des patients qui ne peuvent recevoir un nouveau cœur assez rapidement pour rester en vie. On peut également recourir à des **dispositifs mécaniques d'assistance cardiaque** et à divers procédés chirurgicaux pour améliorer la fonction cardiaque sans exiger un remplacement d'organe. Le tableau 20.1 présente certains de ces traitements.

Par ailleurs, les scientifiques poursuivent leurs travaux en vue d'élaborer et d'améliorer les **cœurs artificiels**, c'est-à-dire des dispositifs mécaniques qui prennent totalement en charge les fonctions d'un cœur naturel. Pendant les années 1980, de nombreux patients ont reçu un Jarvik-7, un cœur artificiel qui comportait une source d'énergie externe servant à alimenter une pompe interne au moyen d'air comprimé. En 1990, la Food and Drug Administration des États-Unis a interdit l'utilisation de ce dispositif en raison de problèmes persistants de coagulation sanguine, car les tubes insérés dans la poitrine entraînaient des accidents vasculaires cérébraux et causaient des infections. Plus de dix plus tard, en juillet 2001, une première personne a reçu un cœur artificiel entièrement implantable appelé *cœur artificiel implantable de remplacement AbioCor*. Composé de titane, de plastique et de résine époxyde, le cœur AbioCor pèse un peu moins de 1 kg; il est alimenté par un système externe de piles qu'il n'est pas nécessaire de relier au cœur artificiel par

FIGURE 20.17 Les facteurs qui augmentent le débit cardiaque.

🔑 Le débit cardiaque équivaut au volume systolique multiplié par la fréquence cardiaque.

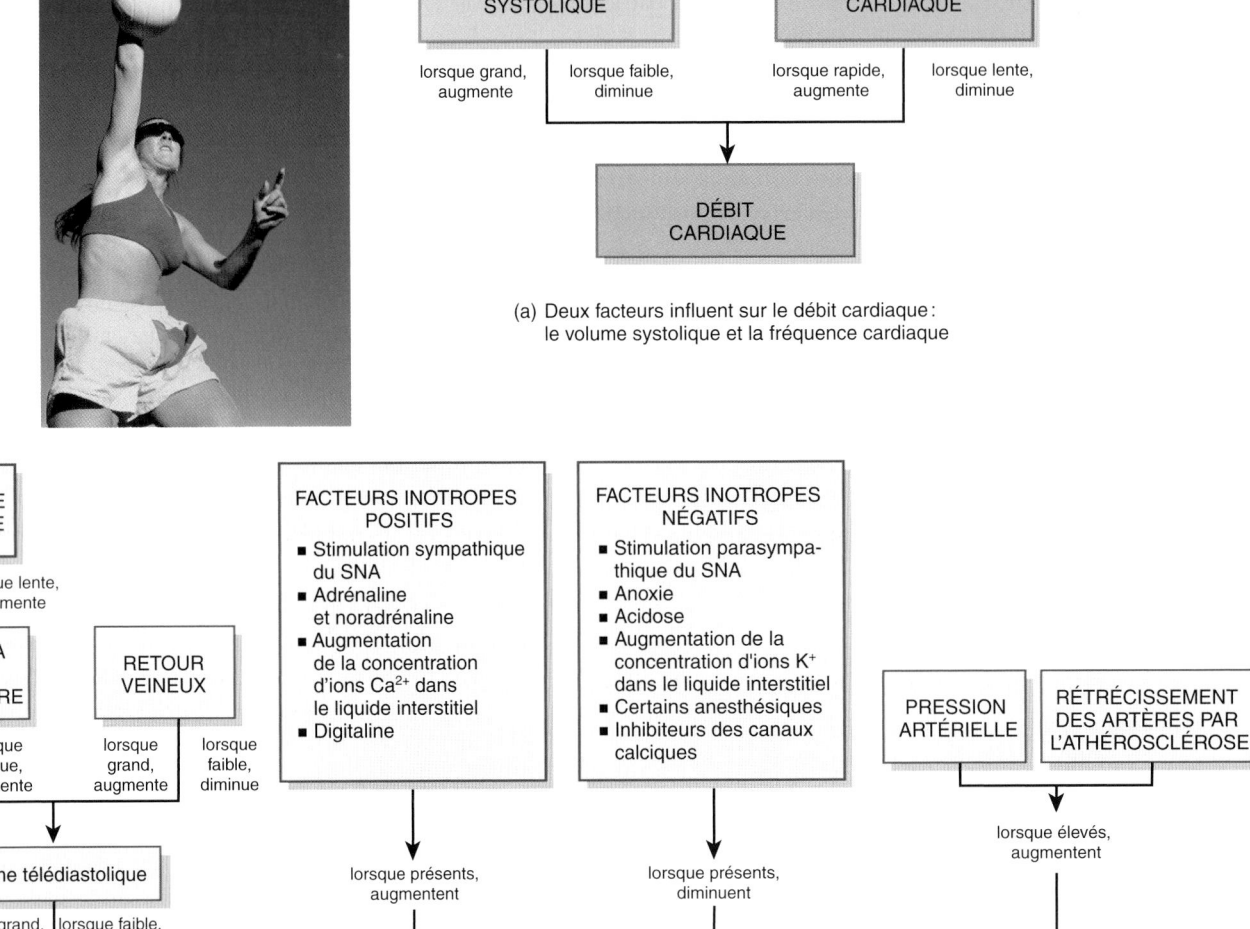

(a) Deux facteurs influent sur le débit cardiaque :
le volume systolique et la fréquence cardiaque

(b) Trois facteurs régissent le volume systolique : la précharge, la contractilité et la postcharge

des fils pénétrant dans la peau. Ce dispositif pompe en alternance le sang du côté gauche puis du côté droit du cœur. Comme il n'est pas nécessaire de faire une incision permanente dans la poitrine, le risque d'infection est nettement plus faible qu'avec le Jarvik-7. Au moment de l'implantation, le pronostic du premier receveur était d'un peu plus d'un mois, car il souffrait d'insuffisance cardiaque congestive, d'une néphropathie et du diabète. Après la greffe, il a vécu 151 jours (soit presque cinq mois) et il s'est rétabli suffisamment pour donner quelques entrevues et faire un voyage de pêche. Son décès est imputable à une hémor-

ragie interne et à l'insuffisance d'un organe sans rapport avec le cœur AbioCor. Depuis juillet 2001, de nombreux autres patients dans le monde ont reçu un cœur AbioCor ; son utilisation est encore suivie de près par la communauté scientifique et médicale. ■

▶ POINT DE CONTRÔLE

24. Nommez quelques bienfaits de l'exercice physique régulier sur le système cardiovasculaire.

FIGURE 20.17 Les facteurs qui augmentent le débit cardiaque *(suite).*

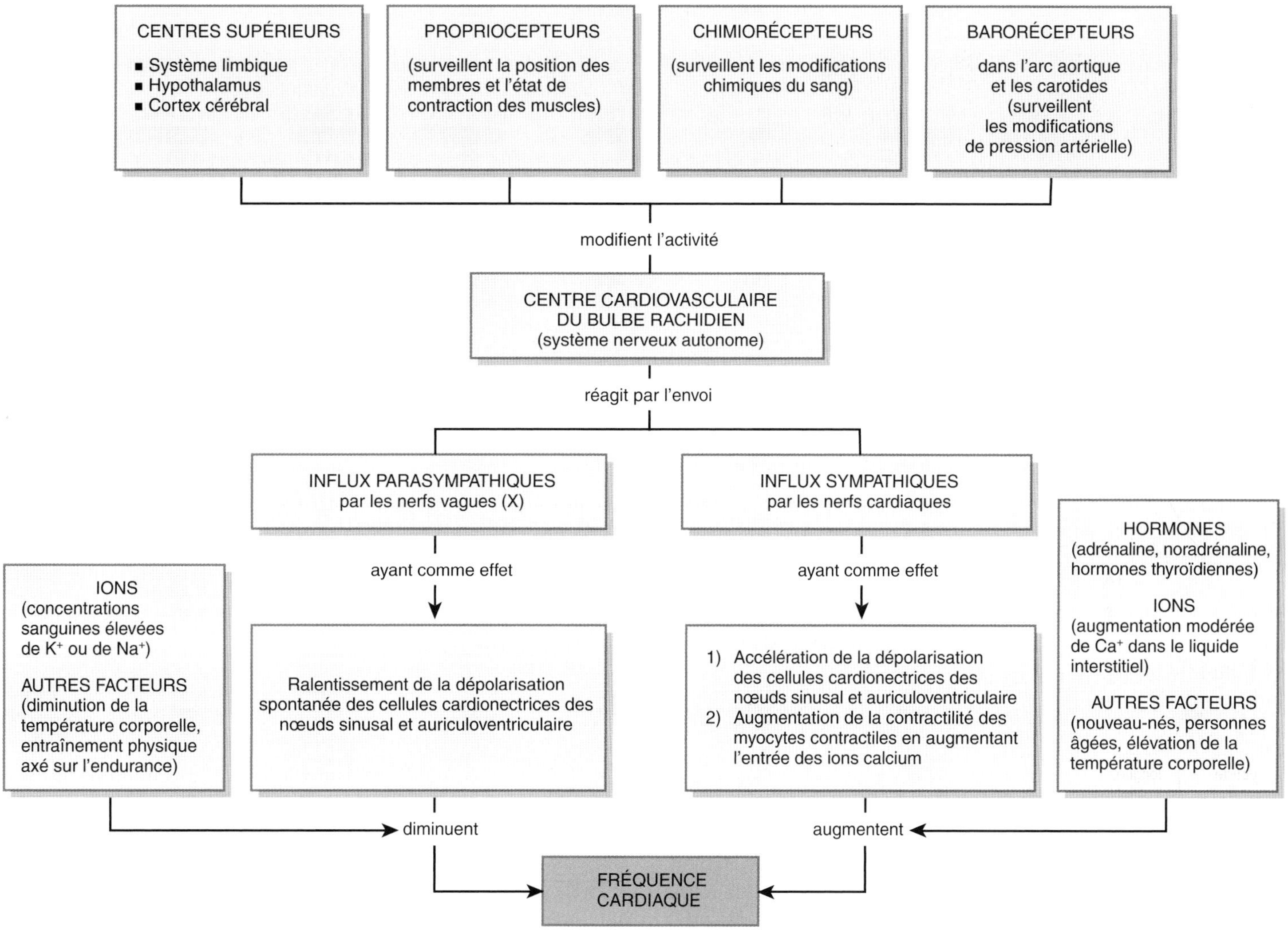

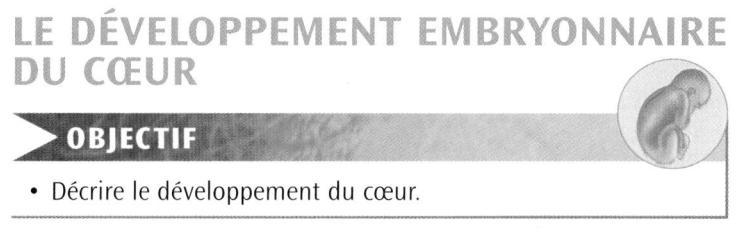

(c) Différents facteurs interviennent dans la régulation de la fréquence cardiaque

 Pendant l'exercice physique, la contraction des muscles squelettiques favorise un retour veineux plus rapide vers le cœur. Cela a-t-il pour effet d'augmenter ou de diminuer le volume systolique ?

LE DÉVELOPPEMENT EMBRYONNAIRE DU CŒUR

OBJECTIF

• Décrire le développement du cœur.

Pour des parents qui attendent un enfant, le fait d'entendre les battements du cœur du fœtus est un moment exaltant, mais ces bruits représentent aussi un important outil diagnostique. Chez l'embryon, le système cardiovasculaire est l'un des premiers à se former et le cœur est le premier organe qui se met à fonctionner. Ce développement précoce est essentiel en raison des besoins d'oxygénation, d'alimentation et d'élimination de l'embryon dont la croissance est très rapide. Comme nous le verrons bientôt, le développement du cœur est un processus complexe dont l'interruption risque de provoquer des troubles cardiaques congénitaux (présents à la naissance). Ces troubles sont à l'origine de près de la moitié de tous les décès causés par des anomalies congénitales.

Dérivé du **mésoderme**, le *cœur* commence à se former au cours du 18e ou 19e jour de gestation. Dans l'extrémité qui deviendra la tête de l'embryon, le cœur se forme à partir d'un groupe de cellules du mésoderme appelé **région cardiogénique** ou aire cardiogénique (*cardio* : cœur ; *gène* : origine) (figure 20.18a). En réponse à des signaux provenant de l'endoderme sous-jacent, le mésoderme de la région cardiogénique forme une paire de brins allongés appelés **cordons angioblastiques**. Peu de temps après, un centre creux se forme dans ces cordons qui deviennent des **tubes endocardiques latéraux** (figure 20.18b). À la suite du repli latéral de l'embryon,

DISPOSITIF OU PROCÉDÉ	DESCRIPTION
Sonde à ballonnet intra-aortique	Un ballonnet en polyuréthanne de 40 mL fixé à un cathéter est inséré dans une artère de l'aine et poussé jusqu'à l'aorte thoracique. Une pompe externe emplit le ballonnet de gaz au début de la diastole ventriculaire. À mesure que le ballonnet se gonfle, il pousse le sang vers l'arrière, en direction du cœur, pour améliorer le débit sanguin coronarien, ainsi que vers l'avant, en direction des tissus périphériques. On dégonfle ensuite rapidement le ballonnet juste avant la systole ventriculaire suivante, ce qui aide le ventricule gauche à éjecter le sang. Puisque le ballonnet est gonflé entre chaque battement cardiaque, cette technique est également appelée *contrepulsion aortique*.
Hémopompe	Semblable à une pompe à hélice, l'hémopompe est insérée dans une artère de l'aine et acheminée jusqu'au ventricule gauche. Là, les lames de la pompe tournent à environ 25 000 tours par minute pour faire sortir le sang du ventricule et le pousser dans l'aorte.
Dispositif d'assistance ventriculaire gauche	Implanté dans l'abdomen, ce dispositif entièrement portatif est alimenté par un bloc-piles placé dans un étui porté sur l'épaule. Relié au ventricule gauche affaibli du patient, il l'aide à pomper le sang vers l'aorte. La vitesse de pompage s'ajuste automatiquement durant un effort physique.
Cardiomyoplastie	On prélève sur le patient une grande portion de tissu musculaire squelettique (muscle grand dorsal gauche) en la détachant partiellement du tissu conjonctif auquel elle est rattachée et on l'enroule autour du cœur, en laissant intacts les vaisseaux et les nerfs. Un stimulateur cardiaque est implanté pour stimuler les neurones moteurs du muscle squelettique, qui produisent une contraction synchrone avec certains battements cardiaques de 10 à 20 fois par minute.
Dispositif d'assistance musculosquelettique	Une portion de muscle squelettique prélevée sur le patient sert à fabriquer un sac qui, inséré entre le cœur et l'aorte, assistera le cœur. Un stimulateur cardiaque stimule les neurones moteurs du muscle, qui déclenchent les contractions.

les deux tubes endocardiques s'approchent l'un de l'autre et, 21 jours après la fécondation, ils fusionnent en un seul tube, appelé **tube cardiaque primitif** (figure 20.18c).

Au 22ᵉ jour, le tube cardiaque primitif se divise en cinq régions et commence à pomper du sang. De la queue jusqu'à l'extrémité qui deviendra la tête (et dans le sens de la circulation du sang), il s'agit des régions suivantes : 1) le **sinus veineux**, 2) l'**oreillette primitive**, 3) le **ventricule primitif**, 4) le **bulbe primitif du cœur**, et 5) le **tronc artériel**. Le sinus veineux reçoit d'abord le sang de tous les vaisseaux de l'embryon ; les contractions du cœur commencent dans cette région et atteignent dans l'ordre les autres régions. Ainsi, à ce stade, le cœur est composé d'un ensemble de régions non appariées. Le développement des différentes régions se déroule comme suit :

1. Le sinus veineux devient une partie de l'*oreillette droite*, du *sinus coronaire* et du *nœud sinusal*.

2. L'oreillette primitive devient une partie de l'*oreillette droite* et de l'*oreillette gauche*.

3. Le ventricule primitif devient le *ventricule gauche*.

4. Le bulbe primitif du cœur devient le *ventricule droit*.

5. Le tronc artériel devient l'*aorte ascendante* et le *tronc pulmonaire*.

Au 23ᵉ jour, le tube cardiaque primitif commence à s'allonger. Comme le bulbe primitif du cœur et le ventricule primitif croissent plus rapidement que les autres parties du tube et que l'oreillette primitive et le sinus veineux sont emprisonnés dans le péricarde, le tube forme une boucle et se replie. Au début, le cœur primitif prend la forme d'un U, puis celle d'un S (figure 20.18e). Ces mouvements, qui prennent fin au 28ᵉ jour, permettent aux oreillettes et aux ventricules du cœur en formation de se réorienter et de prendre la position définitive qu'ils occuperont chez un adulte. La suite du développement du cœur est marquée par la reconstruction des cavi-

tés et par la formation des septums et des valves qui composent un cœur à quatre cavités.

Au bout de 28 jours environ, le mésoderme de la paroi interne du cœur épaissit et des **replis endocardiques** se forment (figure 20.19). Ces replis se dirigent l'un vers l'autre, puis ils se réunissent pour former la cloison qui divise le **canal auriculoventriculaire** (région se trouvant entre les oreillettes et les ventricules) en deux canaux auriculoventriculaires gauche et droit plus petits. De plus, le *septum interauriculaire* commence sa croissance vers les replis endocardiques récemment fusionnés. Finalement, le septum interauriculaire et les replis endocardiques s'unissent, ne laissant persister que deux ouvertures : le **foramen ovale**, près du plancher de l'oreillette droite, et le **foramen secundum**, près de la voûte de l'oreillette gauche. Le septum interauriculaire sépare la région auriculaire en une *oreillette droite* et une *oreillette gauche*. Avant la naissance, le foramen ovale permet à la majeure partie du sang qui entre dans l'oreillette droite de passer directement dans l'oreillette gauche. Après la naissance, cet orifice se referme spontanément pour former le septum interauriculaire complet. Il laisse une dépression appelée *fosse ovale* (figure 20.19). La formation du *septum interventriculaire* divise la région ventriculaire en un *ventricule droit* et un *ventricule gauche*. À la fin de la cinquième semaine, la division du canal auriculoventriculaire, de la région auriculaire et de la région ventriculaire est pratiquement terminée. Les *valves auriculoventriculaires* se forment entre la cinquième et la huitième semaine. Quant aux *valves aortique et pulmonaire*, elles se développent entre la cinquième et la neuvième semaine.

▶ **POINT DE CONTRÔLE**

25. Pourquoi le système cardiovasculaire est-il l'un des premiers à se développer ?

26. À partir de quel tissu le cœur se forme-t-il ?

FIGURE 20.18 Le développement embryonnaire du cœur. Les flèches à l'intérieur des illustrations indiquent la direction de la circulation sanguine.

 Le cœur commence à se former à partir d'un groupe de cellules du mésoderme, appelé *région cardiogénique*, pendant la troisième semaine suivant la fécondation.

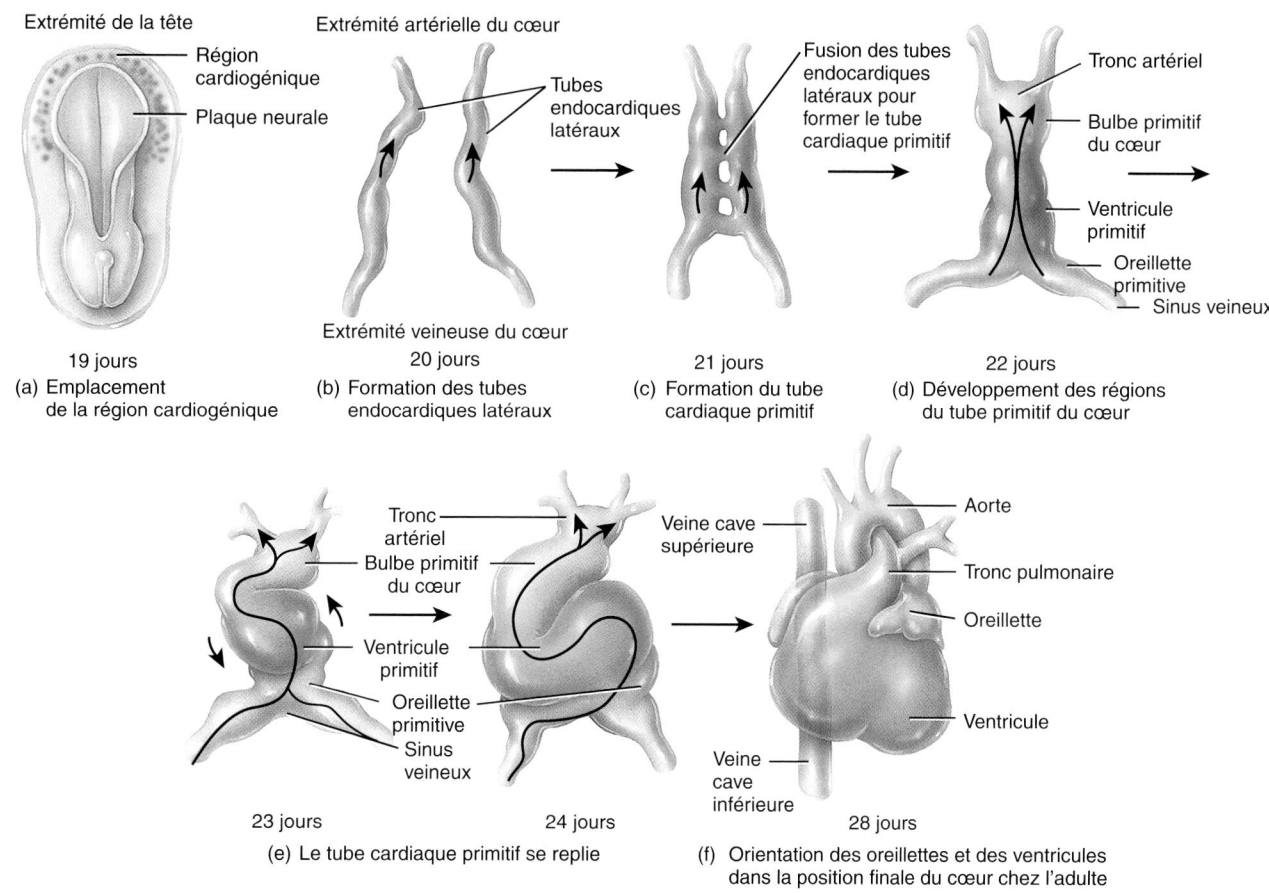

19 jours
(a) Emplacement de la région cardiogénique

20 jours
(b) Formation des tubes endocardiques latéraux

21 jours
(c) Formation du tube cardiaque primitif

22 jours
(d) Développement des régions du tube primitif du cœur

23 jours
(e) Le tube cardiaque primitif se replie

24 jours

28 jours
(f) Orientation des oreillettes et des ventricules dans la position finale du cœur chez l'adulte

Q À quel stade du développement embryonnaire le tube cardiaque primitif commence-t-il à se contracter?

FIGURE 20.19 La division du cœur en quatre cavités.

 La division du cœur commence environ 28 jours après la fécondation.

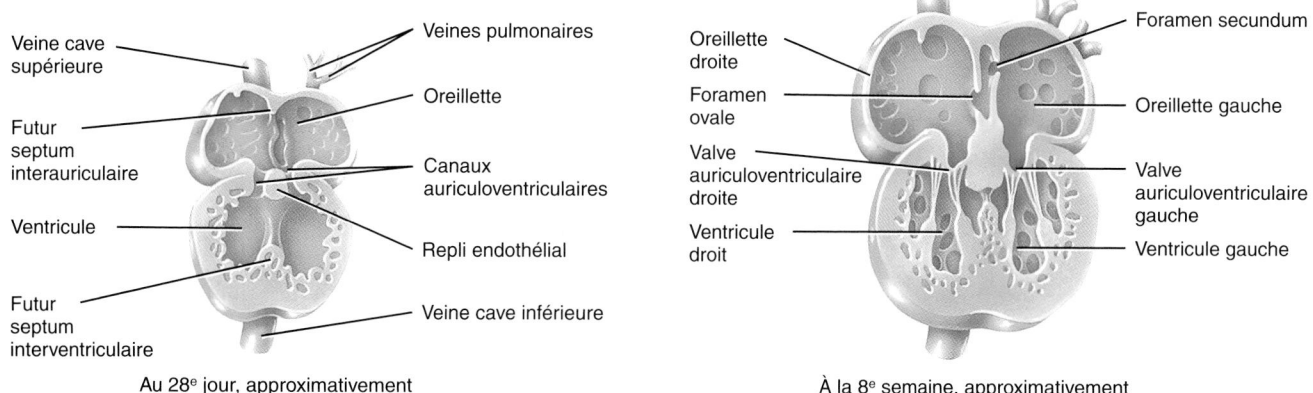

Au 28e jour, approximativement

À la 8e semaine, approximativement

Q À quel moment la division du cœur est-elle achevée?

DÉSÉQUILIBRES HOMÉOSTATIQUES

La coronaropathie

La **coronaropathie** est une maladie grave, qui représente la principale cause de mortalité au Canada. Elle est en effet responsable de plus de 50 % de tous les décès d'origine cardiovasculaire. Une coronaropathie découle de l'accumulation de plaques d'athérosclérose (décrites ci-dessous) dans les artères coronaires, ce qui entraîne une diminution du débit sanguin vers le myocarde. Certaines personnes ne présentent aucun signe ou symptôme, d'autres souffrent d'une angine de poitrine, d'autres encore sont victimes d'un infarctus du myocarde.

Les facteurs de risque de la coronaropathie

La combinaison de différents facteurs de risque rend certaines personnes plus vulnérables que d'autres à la coronaropathie. On qualifie de *facteurs de risque* les caractéristiques, les symptômes ou les signes que présente une personne en bonne santé et qui augmentent statistiquement le risque d'être atteinte d'une maladie. Dans le cas de la coronaropathie, ces facteurs comprennent le tabagisme, l'hypertension artérielle, le diabète, l'hypercholestérolémie, l'obésité, la personnalité de «type A» – marquée par un comportement compétitif, perfectionniste, pressé, impatient et colérique –, la sédentarité et des antécédents familiaux de coronaropathie. Il est possible de combattre la plupart de ces facteurs de risque de la coronaropathie en changeant de régime alimentaire, en adoptant de nouvelles habitudes de vie, ou encore en prenant des médicaments. Par contre, d'autres facteurs de risque ne peuvent pas être modifiés, par exemple l'hérédité (antécédents familiaux de coronaropathie à un jeune âge), l'âge et le sexe. Ainsi, bien que la coronaropathie atteigne plus souvent les hommes adultes que les femmes adultes, les risques sont identiques pour les deux sexes après l'âge de 70 ans. Le tabagisme est indéniablement le principal facteur de risque de toutes les coronaropathies, car il double le risque de morbidité et de mortalité.

Le développement des plaques d'athérosclérose

La description suivante porte sur les artères coronaires, mais elle pourrait tout aussi bien convenir aux autres artères de l'organisme. L'épaississement et la perte d'élasticité de la paroi des artères sont les deux principales caractéristiques des maladies regroupées sous le nom d'**artériosclérose** (*sklêros*: dur). L'**athérosclérose** est une maladie évolutive caractérisée par la formation de lésions appelées **plaques d'athérosclérose** sur la paroi des artères de grande et moyenne dimension (figure 20.20).

Pour comprendre comment les plaques d'athérosclérose se forment, vous devez connaître le rôle de molécules produites par le foie et l'intestin grêle, appelées **lipoprotéines**. Ces particules sphériques sont composées d'un centre contenant des triacylglycérols et d'autres lipides recouvert d'une couche externe de protéines, de phospholipides et de cholestérol. Comme la plupart des lipides, le cholestérol ne se dissout pas dans l'eau. Il ne peut donc être transporté par le sang sans avoir été préalablement rendu soluble dans l'eau. Or, le cholestérol acquiert cette propriété lorsqu'il se combine aux lipoprotéines. Les deux principaux types de lipoprotéines sont les **lipoprotéines de basse densité (LDL)** et les **lipoprotéines de haute densité (HDL)**. Les lipoprotéines de basse densité transportent le cholestérol du foie aux cellules de l'organisme où il est utilisé dans la réparation des membranes cellulaires, ainsi que dans la production des hormones stéroïdes et des sels biliaires. Toutefois, la présence d'une trop grande quantité de LDL favorise l'athérosclérose. C'est pourquoi ce cholestérol est appelé «mauvais cholestérol». Les lipoprotéines de haute densité, par contre, éliminent l'excédent de cholestérol de l'organisme et le transportent au foie où il sera excrété dans la bile. Étant donné que les HDL diminuent la concentration de cholestérol dans le sang, on les appelle communément «bon cholestérol». En fait, il est souhaitable que la concentration de LDL soit basse et la concentration de HDL, élevée.

On a récemment découvert que l'inflammation, qui est une réaction de défense de l'organisme contre des lésions des tissus, joue un rôle clé dans la formation de plaques d'athérosclérose. En réaction à une lésion tissulaire, les vaisseaux sanguins se dilatent et leur perméabilité augmente; de plus, on observe la production d'un grand nombre de phagocytes, notamment des macrophagocytes. La formation de plaques d'athérosclérose commence quand le LDL en excès transporté par le sang se dépose et s'accumule dans l'endothélium d'une artère enflammée, quand les lipides et les protéines des LDL subissent une oxydation et quand les protéines se lient également aux sucres. Les cellules de l'endothélium et des muscles lisses de l'artère réagissent en sécrétant des substances qui attirent les

FIGURE 20.20 Photomicrographie d'une coupe transversale d'une artère normale (a) et d'une artère partiellement obstruée par une plaque d'athérosclérose (b).

L'inflammation joue un rôle clé dans la formation des plaques d'athérosclérose.

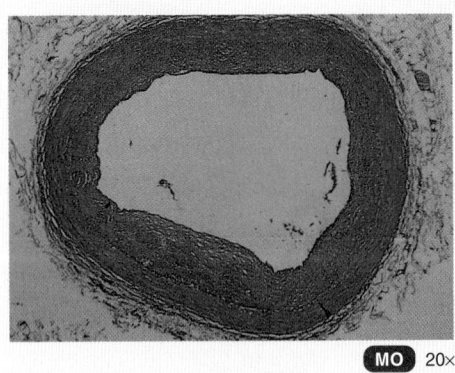
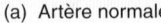

(a) Artère normale

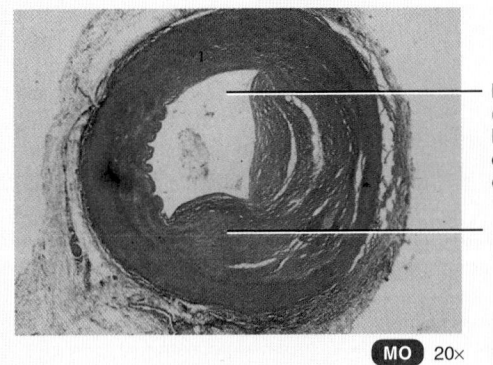

Lumière (espace dans lequel le sang circule) partiellement obstruée

Plaque d'athérosclérose

(b) Artère obstruée

Quel est le rôle des HDL dans la formation d'une plaque d'athérosclérose?

monocytes du sang et les convertissent en macrophagocytes. Ces derniers ingèrent un si grand nombre de particules de LDL oxydées qu'ils prennent une apparence mousseuse quand on les observe au microscope (d'où leur nom de **cellules spumeuses**). Les lymphocytes T suivent les monocytes dans la tunique interne de l'artère où ils libèrent des substances chimiques qui intensifient la réaction inflammatoire. En s'associant, les cellules spumeuses, les macrophagocytes et les lymphocytes T forment un filet de graisse qui constitue le début d'une plaque d'athérosclérose.

Les macrophagocytes sécrètent des substances chimiques qui stimulent la migration des myocytes lisses de la tunique moyenne d'une artère vers le dessus de la plaque d'athérosclérose. Ces myocytes recouvrent donc la plaque et l'isolent de la circulation sanguine, si bien que le sang peut passer dans l'artère assez facilement, parfois même pendant des dizaines d'années. Peu de crises cardiaques surviennent quand la plaque d'une artère coronaire s'étend à la circulation sanguine et limite le débit sanguin. La plupart se produisent plutôt lorsque les cellules qui recouvrent la plaque se brisent et s'ouvrent en réaction aux substances chimiques produites par les cellules spumeuses. De plus, les lymphocytes T incitent les cellules spumeuses à produire de la thromboplastine tissulaire, une substance chimique qui constitue le point de départ d'une chaîne de réactions conduisant à la formation d'un caillot sanguin. Si un caillot suffisamment volumineux se forme dans une artère coronaire, il risque de ralentir considérablement la circulation sanguine, voire de l'arrêter, provoquant alors une crise cardiaque.

Au cours des dernières années, on a établi qu'un certain nombre de nouveaux facteurs de risque (tous modifiables) constituaient d'autres prédicteurs importants de la coronaropathie. C'est le cas des protéines C-réactives, de la lipoprotéine A, du fibrinogène et de l'homocystéine. Les **protéines C-réactives (CRP)** sont des protéines produites par le foie ou présentes dans le sang sous une forme inactive et qui sont activées pendant le processus inflammatoire. Les CRP peuvent jouer un rôle direct dans l'évolution de l'athérosclérose en stimulant le captage des LDL par les macrophagocytes. La **lipoprotéine A**, une particule semblable aux lipoprotéines de basse densité, qui se lie aux cellules endothéliales, aux macrophagocytes et aux thrombocytes, pourrait favoriser la prolifération des myocytes lisses et inhiber la dissolution des caillots sanguins. Le **fibrinogène**, une glycoprotéine qui participe à la coagulation du sang, peut aider à réguler la prolifération cellulaire, la vasoconstriction et l'agrégation plaquettaire. L'**homocystéine** est un acide aminé qui cause parfois des lésions aux vaisseaux sanguins en favorisant l'agrégation plaquettaire et la prolifération des myocytes lisses.

Le diagnostic de la coronaropathie

De nombreuses techniques permettent de diagnostiquer une coronaropathie. Le choix du procédé dépend généralement des signes et des symptômes que manifeste une personne.

L'électrocardiogramme au repos est le principal examen utilisé pour diagnostiquer une coronaropathie, mais les médecins font également appel à l'**électrocardiogramme d'effort**. Dans un *électrocardiogramme d'effort induit par l'exercice*, le fonctionnement du cœur est évalué en soumettant le patient à un effort physique à l'aide d'un tapis roulant, d'une bicyclette fixe ou d'exercices des bras. Pendant cet examen, le tracé de l'électrocardiogramme est contrôlé continuellement et la pression artérielle est mesurée régulièrement. La personne qui ne peut faire d'exercice en raison d'une affection comme l'arthrite peut passer un *électrocardiogramme d'effort induit sans exercice (par des médicaments)*. Elle reçoit alors une injection d'un médicament qui stimule le cœur comme si elle faisait de l'exercice. Durant ces deux types d'électrocardiogrammes d'effort, il est possible de faire appel à la **scintigraphie par balayage** pour évaluer le débit sanguin dans le muscle cardiaque.

Dans le diagnostic d'une coronaropathie, les médecins utilisent également l'**échocardiographie**, une technique qui utilise les ultrasons pour produire une image de l'intérieur du cœur. L'échocardiographie permet de voir le cœur en mouvement et d'obtenir un certain nombre de renseignements : dimensions, forme et fonctions des cavités du cœur ; volume et vélocité du sang pompé par le cœur ; état des valves du cœur ; présence d'anomalies congénitales ; anomalies du péricarde, par exemple. La **tomographie électronique assistée par ordinateur** est une technique assez récente pour l'évaluation d'une coronaropathie qui permet de déceler des dépôts de calcium dans les artères coronaires. Ces dépôts de calcium sont des indicateurs de l'athérosclérose.

Le **cathétérisme cardiaque** est une méthode effractive permettant de visualiser les cavités, les valves et les gros vaisseaux du cœur afin de diagnostiquer et de traiter des affections qui ne sont pas liées à des anomalies des artères coronaires. On utilise également le cathétérisme pour procéder à diverses épreuves : évaluer le débit cardiaque, mesurer la pression et l'écoulement du sang dans le cœur et les gros vaisseaux sanguins ; localiser avec précision les anomalies septales et valvulaires ; et faire des prélèvements de tissu et de sang. La technique consiste à insérer un **cathéter**, c'est-à-dire un tube de plastique, long, souple et opaque aux rayons X, dans une veine périphérique (pour visualiser le *cœur droit*) ou dans une artère périphérique (pour visualiser le *cœur gauche*), tout en surveillant son déplacement au moyen d'un fluoroscope (observation aux rayons X).

L'**angiographie coronaire** (*aggeion* : vaisseau ; *graphia* : écrire), une autre méthode effractive, sert à obtenir de l'information sur les artères coronaires. La procédure consiste à insérer un cathéter dans une artère de l'aine ou du poignet et à l'acheminer vers le cœur sous contrôle radioscopique, puis dans les artères coronaires. Une fois que le cathéter est en place, on injecte un liquide opaque aux rayons X dans les artères coronaires. Les radiographies des artères, appelées *angiogrammes*, sont affichées en temps réel sur un moniteur et l'information est enregistrée sur une cassette ou un disque. L'angiographie coronaire sert à visualiser les artères coronaires et à injecter des médicaments thrombolytiques, comme la streptokinase ou l'activateur tissulaire du plasminogène (tPA), dans une artère coronaire afin de dissoudre le caillot qui l'obstrue.

Le traitement de la coronaropathie

Le traitement de la coronaropathie fait appel à différents procédés comprenant les **médicaments** (antihypertenseurs, nitroglycérine, agents bêtabloquants, hypocholestérolémiants et agents thrombolytiques) et diverses interventions chirurgicales et non chirurgicales visant à augmenter l'apport sanguin vers le cœur.

Le **pontage aortocoronarien** est une intervention chirurgicale au cours de laquelle on greffe sur une artère coronaire un vaisseau sanguin prélevé sur une autre partie du corps pour que le sang contourne une région bloquée. Un morceau du vaisseau greffé est suturé entre l'aorte et la portion non bloquée de l'artère coronaire atteinte (figure 20.21a).

L'**angioplastie percutanée transluminale** (*aggeion* : vaisseau ; *plassein* : façonner ; *per* : à travers ; *cutis* : peau ; *trans* : par-delà ; *lumen* : lumière) est une intervention non chirurgicale qui sert à traiter une coronaropathie. On insère une sonde à ballonnet dans l'artère d'un bras ou d'une jambe et on la glisse lentement vers une artère coronaire (figure 20.21b). Pendant qu'on injecte un produit de contraste, on prend des angiogrammes (radiographies des vaisseaux sanguins) pour localiser les plaques d'athérosclérose. On déplace ensuite la sonde jusqu'au siège de l'obstruction et on la gonfle d'air pour qu'elle puisse écraser la plaque contre la paroi du vaisseau sanguin. Étant donné que de 30 à 50 % des artères traitées de cette façon rétrécissent de nouveau (resténose) dans les six mois suivant l'intervention, on installe parfois un dispositif spécial appelé *tuteur*, ou

FIGURE 20.21 Les méthodes visant à rétablir la circulation du sang dans des artères coronaires obstruées.

Les options de traitement d'une coronaropathie comprennent les médicaments et diverses interventions chirurgicales et non chirurgicales.

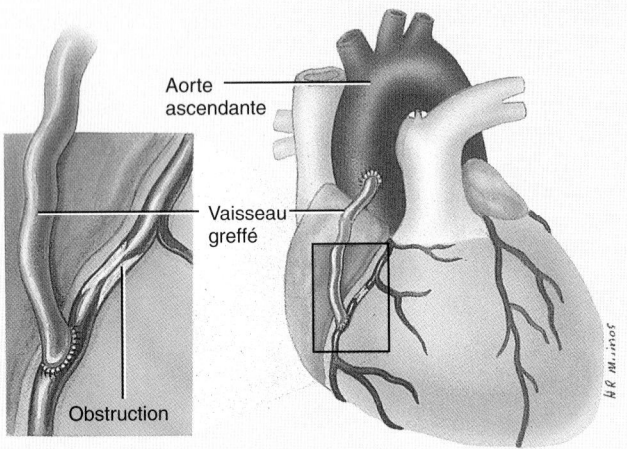

(a) Pontage aortocoronarien

Aorte ascendante

Vaisseau greffé

Obstruction

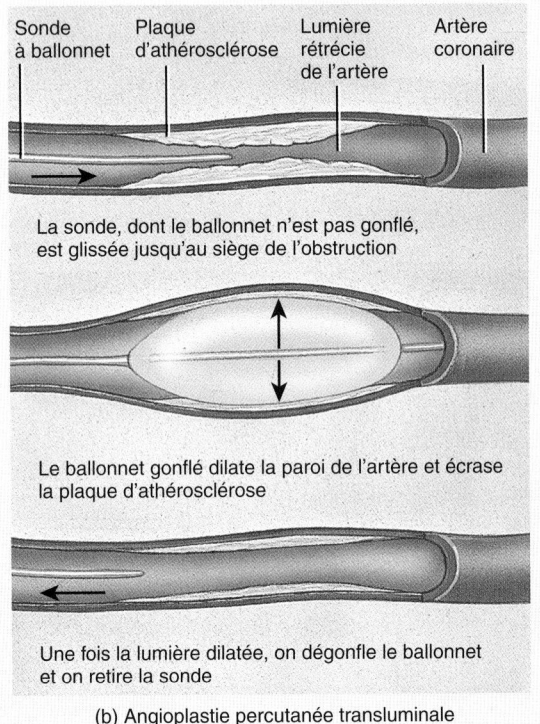

Sonde à ballonnet · Plaque d'athérosclérose · Lumière rétrécie de l'artère · Artère coronaire

La sonde, dont le ballonnet n'est pas gonflé, est glissée jusqu'au siège de l'obstruction

Le ballonnet gonflé dilate la paroi de l'artère et écrase la plaque d'athérosclérose

Une fois la lumière dilatée, on dégonfle le ballonnet et on retire la sonde

(b) Angioplastie percutanée transluminale

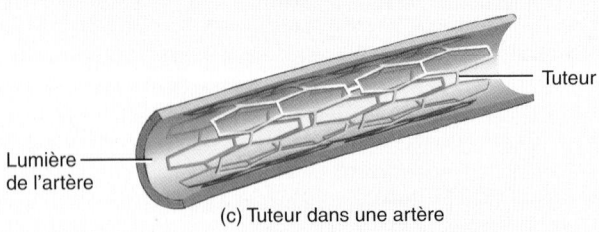

Tuteur

Lumière de l'artère

(c) Tuteur dans une artère

extenseur, au moyen d'un cathéter. Le **tuteur** est un fin tube de fil métallique destiné à maintenir ouverte en permanence la lumière de l'artère afin de permettre au sang d'y circuler (figure 20.21c, d). La resténose est parfois due à des lésions qui surviennent pendant l'intervention. En effet, l'angioplastie percutanée transluminale peut endommager la paroi d'une artère, ce qui active l'agrégation plaquettaire, la prolifération de myocytes lisses et la formation de plaques. Récemment, on a commencé à utiliser des *tuteurs médicamentés (à élution médicamenteuse)* pour empêcher la resténose. Ces tuteurs sont recouverts d'un anti-inflammatoire et d'un des nombreux médicaments antiprolifératifs (qui empêchent la prolifération des myocytes lisses de la couche moyenne d'une artère). Des études ont indiqué que l'usage des tuteurs médicamentés réduit davantage le taux de resténose que les tuteurs métalliques nus.

Un des domaines de la recherche actuelle porte sur le refroidissement de la température corporelle pendant certaines interventions comme les pontages aortocoronariens et d'autres traitements des vasculopathies. Des résultats prometteurs ont été obtenus dans l'application d'un traitement par le froid pendant un accident vasculaire cérébral. Ces conclusions sont fondées sur des observations portant sur des personnes qui avaient souffert d'hypothermie (des immersions en eau froide, par exemple) et qui s'étaient rétablies sans déficit neurologique important.

Les cardiopathies congénitales

On regroupe sous le terme de **cardiopathies congénitales** les anomalies du cœur présentes à la naissance et qui apparaissent souvent pendant la vie fœtale. Nombre de ces anomalies sont bénignes et ne sont jamais décelées. En revanche, certaines menacent la survie et doivent être traitées par des interventions chirurgicales. Les cardiopathies congénitales comprennent les pathologies suivantes (figure 20.22):

- **La coarctation de l'aorte.** Le rétrécissement d'un segment de l'aorte réduit l'apport de sang oxygéné dans l'organisme, ce qui oblige le ventricule gauche à pomper le sang plus vigoureusement et provoque

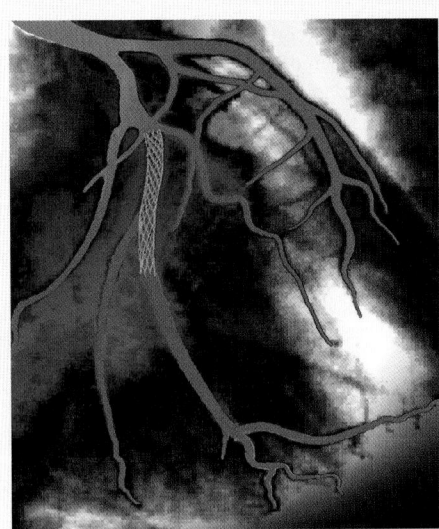

(d) Angiogramme montrant la présence d'un tuteur dans la branche circonflexe de l'artère coronaire

 Quel examen servant à diagnostiquer une coronaropathie permet de visualiser les vaisseaux sanguins coronaires?

FIGURE 20.22 Les cardiopathies congénitales.

 Les cardiopathies congénitales sont présentes à la naissance et se sont souvent développées pendant la vie fœtale.

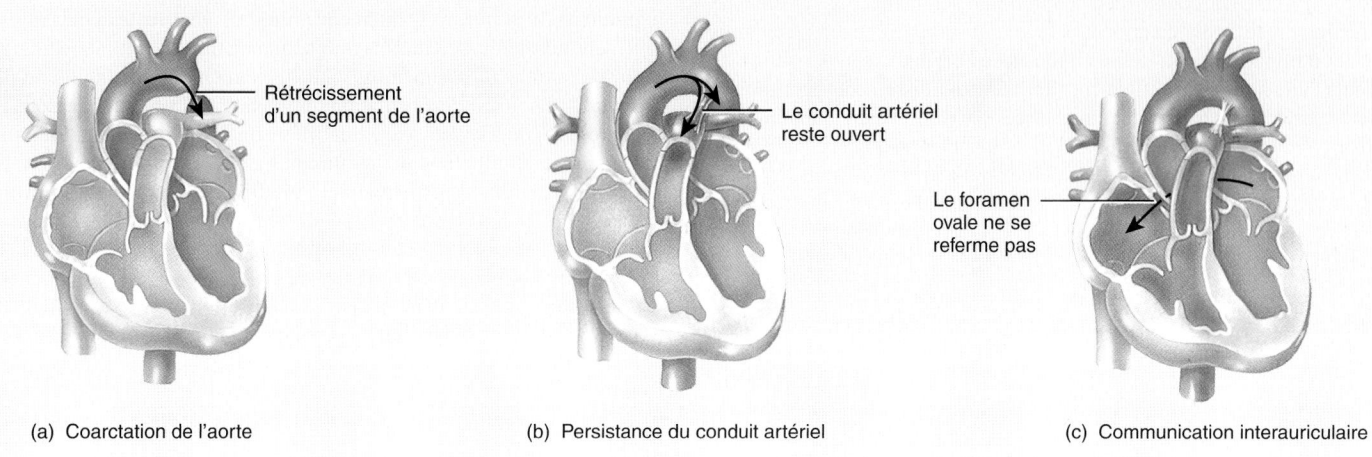

(a) Coarctation de l'aorte

(b) Persistance du conduit artériel

(c) Communication interauriculaire

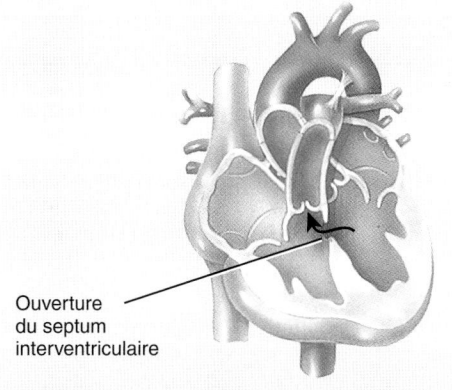
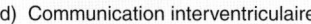

(d) Communication interventriculaire

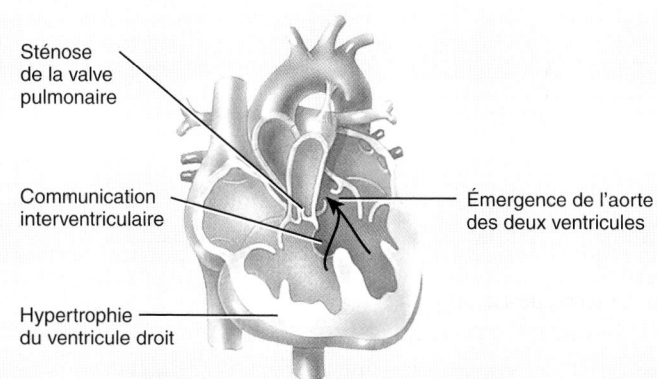

(e) Tétralogie de Fallot

Q Quelles sont les quatre malformations de la tétralogie de Fallot ?

l'hypertension artérielle. La coarctation est habituellement traitée par une intervention chirurgicale qui consiste à retirer la région obstruée. Il est parfois nécessaire de revoir, à l'âge adulte, les interventions chirurgicales effectuées pendant l'enfance. On peut également traiter la coarctation par dilatation au ballonnet, c'est-à-dire en insérant et en gonflant un dispositif dans l'aorte pour dilater le vaisseau. Un autre procédé consiste à insérer et à laisser en place un tuteur qui maintiendra le vaisseau ouvert.

- **La persistance du conduit artériel.** Chez certains bébés, le conduit artériel, un vaisseau sanguin temporaire unissant l'aorte au tronc pulmonaire, ne se ferme pas comme il le devrait après la naissance. Par conséquent, le sang aortique s'écoule dans le tronc pulmonaire, où la pression est plus faible, ce qui augmente la pression sanguine dans ce vaisseau et surcharge les deux ventricules. Dans les cas non compliqués, la fermeture du conduit peut être facilitée par la prise de médicaments. Dans les cas plus graves, une intervention chirurgicale est parfois nécessaire.

- **La malformation septale.** Il s'agit d'une ouverture du septum qui sépare l'intérieur du cœur en côtés gauche et droit. Dans la **commu-**

nication interauriculaire, le foramen ovale qui unissait les deux oreillettes du fœtus ne se ferme pas après la naissance. La **communication interventriculaire** est causée par une fermeture incomplète du septum interventriculaire. Dans ce cas, le sang oxygéné passe directement du ventricule gauche au ventricule droit, où il se mélange à du sang non oxygéné. La malformation septale est corrigée par la chirurgie.

- **La tétralogie de Fallot.** Cette affection regroupe quatre malformations congénitales : une communication interventriculaire, l'émergence de l'aorte des deux ventricules plutôt que du ventricule gauche seulement, une sténose de la valve pulmonaire et un ventricule droit hypertrophié. Il se produit alors une diminution du débit sanguin vers les poumons et un mélange du sang des deux côtés du cœur. Il en résulte une cyanose, c'est-à-dire le bleuissement de la peau, visible surtout sur le lit des ongles et les muqueuses. Ce bleuissement est occasionné par un taux élevé d'hémoglobine désoxygénée. La tétralogie de Fallot est appelée *maladie bleue des nouveau-nés*. Malgré son apparente complexité, cette affection est généralement corrigée par une intervention chirurgicale.

Les arythmies

Le **rythme sinusal** est le rythme normal des battements cardiaques établi par le nœud sinusal. On appelle **arythmie**, ou **dysrythmie**, toute irrégularité du rythme cardiaque découlant d'une anomalie du système de conduction du cœur. Le cœur peut battre de manière irrégulière, trop rapidement ou trop lentement. Les symptômes de l'arythmie sont les suivants : douleurs thoraciques, essoufflement, vertiges, étourdissements et évanouissement. Les arythmies peuvent être causées par des facteurs qui stimulent le cœur comme le stress, la caféine, l'alcool, la nicotine, la cocaïne et certains médicaments contenant de la caféine ou d'autres stimulants. L'arythmie peut également être attribuable à une anomalie congénitale, à une coronaropathie, à un infarctus du myocarde, à l'hypertension, à une insuffisance valvulaire, au rhumatisme cardiaque, à l'hyperthyroïdie et à une carence en potassium.

Les arythmies sont classées selon leur vitesse, leur rythme et leur origine. La **bradycardie** (*bradus* : lent) décrit un rythme cardiaque lent (inférieur à 50 battements par minute) ; la **tachycardie** (*takhus* : rapide) correspond à un rythme cardiaque rapide (supérieur à 100 battements par minute). Quant à la **fibrillation**, elle désigne des battements rapides et désynchronisés. Les arythmies qui prennent naissance dans les oreillettes sont appelées **arythmies auriculaires** ou **supraventriculaires** ; celles qui prennent leur origine dans les ventricules sont appelées **arythmies ventriculaires**.

- La **tachycardie supraventriculaire** se caractérise par des battements cardiaques rapides mais réguliers (160 à 200 battements par minute), qui prennent leur origine dans les oreillettes. Les crises commencent et se terminent brusquement et peuvent durer quelques minutes ou plusieurs heures. Il est parfois possible de mettre un terme à la tachycardie supraventriculaire par des manœuvres qui stimulent le nerf vague (X) et diminuent le rythme cardiaque. Ces manœuvres sont les suivantes : forcer comme pour passer une selle difficile, frotter le cou dans la région se trouvant au-dessus de la carotide pour stimuler le sinus carotidien (cette manœuvre est déconseillée pour les personnes de plus de 50 ans, car elle peut causer un accident vasculaire cérébral), ou mettre son visage dans un bol d'eau glacée. Le traitement peut également comprendre la prise d'antiarythmisants et la destruction de la voie anormale par radiofréquence.

- Un **bloc cardiaque** est un type d'arythmie consécutif à un blocage des voies électriques entre les oreillettes et les ventricules, qui ralentit la transmission des potentiels d'action. Le site de bloc cardiaque le plus fréquent est le nœud auriculoventriculaire ; on parle alors de *bloc auriculoventriculaire*. Dans un *bloc auriculoventriculaire de premier degré*, l'intervalle P-Q est prolongé, habituellement parce que la conduction par le nœud auriculoventriculaire est plus lente que la normale. Dans un *bloc auriculoventriculaire de second degré*, une partie des potentiels d'action provenant du nœud sinusal n'est pas transmise par le nœud auriculoventriculaire. Il s'ensuit une baisse du nombre de battements parce que la dépolarisation ne se rend pas toujours aux myocytes des ventricules. C'est pourquoi l'électrocardiogramme présente moins de complexes QRS que d'ondes P. Dans un *bloc auriculoventriculaire de troisième degré*, aucun potentiel d'action produit par le nœud sinusal ne franchit le nœud auriculoventriculaire. Les cellules cardionectrices des oreillettes et des ventricules donnent le rythme aux cavités inférieures et supérieures séparément. Quand le bloc auriculoventriculaire est complet, le rythme des contractions ventriculaires est inférieur à 40 battements/min.

- Un **flutter auriculaire** se manifeste par des contractions rapides et régulières des oreillettes (240 à 360 battements/min) accompagnées d'un bloc auriculoventriculaire au cours duquel certains potentiels d'action du nœud sinusal ne sont pas transmis par le nœud auriculoventriculaire.

- La **fibrillation auriculaire** est une forme courante d'arythmie, qui touche surtout les personnes âgées, caractérisée par l'absence de synchronisme des contractions des myocytes auriculaires, ce qui provoque l'arrêt complet du pompage des oreillettes. Les oreillettes peuvent produire de 300 à 600 battements/min. Les ventricules peuvent également accélérer, produisant une augmentation du rythme cardiaque (jusqu'à 160 battements/min.). Sur l'électrocardiogramme d'une personne qui souffre de fibrillation auriculaire, les ondes P ne sont pas clairement définies et le rythme des complexes QRS est irrégulier. Comme les oreillettes et les ventricules ne battent pas en même temps, le rythme cardiaque est irrégulier et la force des battements n'est pas constante. Dans un cœur ne présentant aucune autre défaillance, la fibrillation auriculaire réduit l'efficacité de la pompe cardiaque de 20 à 30 %. La complication la plus grave de la fibrillation auriculaire est l'accident vasculaire cérébral, car le sang qui stagne dans les oreillettes risque de former des caillots. Un accident vasculaire cérébral survient quand un fragment de caillot obstrue une artère qui irrigue l'encéphale.

- La **tachycardie ventriculaire** est un type d'arythmie caractérisé par un battement trop rapide des ventricules (au moins 120 battements/min). La tachycardie ventriculaire, qui prend son origine dans les ventricules, est presque toujours associée à une cardiopathie ou à un infarctus du myocarde récent et peut évoluer en une arythmie très grave appelée *fibrillation ventriculaire* (décrite plus loin). Une tachycardie ventriculaire soutenue est dangereuse parce que les ventricules ne se remplissent pas complètement et ne pompent donc pas suffisamment de sang, ce qui peut abaisser la pression sanguine et provoquer une insuffisance cardiaque.

- La **fibrillation ventriculaire** est la forme d'arythmie la plus souvent mortelle. Elle se manifeste par des contractions des myocytes ventriculaires totalement désynchronisées : les ventricules palpitent au lieu de se contracter de manière synchronisée. En conséquence, le pompage ventriculaire s'arrête et le sang n'est plus éjecté. Il se produit une insuffisance circulatoire et, sans intervention médicale immédiate, la mort survient rapidement. Pendant la fibrillation ventriculaire, les ondes P, les complexes QRS et les ondes T ne sont pas clairement définis sur l'électrocardiogramme. La cause la plus fréquente de fibrillation ventriculaire est une irrigation insuffisante du cœur causée par une coronaropathie ; c'est ce qui survient dans un infarctus du myocarde. Elle peut également être due à un choc cardiovasculaire, à une électrocution, à une noyade ou à une concentration très faible en potassium. La fibrillation ventriculaire cause une perte de conscience en quelques secondes. Si la fibrillation n'est pas traitée immédiatement, des crises épileptiques surviennent et des lésions cérébrales irréversibles se produisent au bout de cinq minutes. La mort s'ensuit rapidement. Le traitement comprend la réanimation cardiorespiratoire et la défibrillation. Dans la **défibrillation**, également appelée **cardioversion**, une puissante décharge électrique de courte durée est appliquée au cœur ; elle peut souvent arrêter la fibrillation ventriculaire. La décharge électrique est produite par un appareil appelé **défibrillateur** et appliquée au moyen de deux grosses électrodes en forme de plaques que l'on applique sur la peau du thorax. Les patients qui courent un grave risque de mourir d'un trouble du rythme cardiaque peuvent porter un **défibrillateur implantable à synchronisation automatique**, un dispositif implanté qui surveille le rythme cardiaque et émet une petite décharge électrique directement dans le cœur quand survient un trouble du rythme menaçant la survie. Des milliers de personnes dans le monde entier portent des défibrillateurs implantables. Il existe également des **défibrillateurs automatiques externes** qui fonctionnent comme les défibrillateurs implantables, sauf qu'il s'agit de dispositifs externes. De la taille d'un ordinateur portable, les défibrillateurs externes sont utilisés par les équipes d'intervention d'urgence et on en trouve de plus en plus fréquemment dans les endroits publics, comme les stades, les casinos, les aéroports, les hôtels et les centres commerciaux. La défibrillation peut également servir comme traitement d'urgence en cas d'arrêt cardiaque.

- **L'extrasystole ventriculaire** est une autre forme d'arythmie qui survient quand un *foyer ectopique*, c'est-à-dire une région du cœur différente du système de conduction, devient plus excitable que la normale et déclenche à l'occasion un potentiel d'action anormal. Une vague de

dépolarisation s'étendant vers l'extérieur du foyer ectopique, une **extrasystole ventriculaire** se produit. La contraction survient au début de la diastole avant que le nœud sinusal ne soit normalement prêt à émettre son potentiel d'action. Les extrasystoles ventriculaires peuvent être assez bénignes et être causées par un stress émotif, une consommation excessive de stimulant, comme la caféine, l'alcool ou la nicotine, ainsi que le manque de sommeil. Dans d'autres cas, l'extrasystole ventriculaire peut traduire une pathologie sous-jacente.

TERMES MÉDICAUX

Arrêt cardiaque   Terme clinique indiquant que les battements cardiaques cessent d'être efficaces. Le cœur peut être complètement arrêté ou se trouver en fibrillation ventriculaire.

Asystole   (*a-* : sans) Absence de contraction du myocarde.

Cardiomégalie   Augmentation du volume du cœur.

Cœur pulmonaire   Terme désignant l'hypertrophie du ventricule droit causée par des affections qui élèvent la pression artérielle dans la circulation pulmonaire.

Commotion cardiaque   Lésion du cœur, souvent mortelle, causée par un coup percutant porté à la poitrine pendant que les ventricules sont en cours de repolarisation.

Étude électrophysiologique   Procédure qui consiste à faire passer un cathéter muni d'une électrode dans les vaisseaux sanguins, puis à l'insérer dans le cœur. Elle permet de déterminer avec précision l'emplacement des voies de conduction électriques anormales. Les voies anormales décelées sont alors détruites par un courant produit par l'électrode : il s'agit d'une *ablation par radiofréquence*.

Fraction d'éjection   Partie du volume télédiastolique qui est éjecté au cours d'un battement cardiaque normal. La fraction d'éjection est égale au volume systolique divisé par le volume télédiastolique.

Maladie du sinus   Mauvais fonctionnement du nœud sinusal entraînant diverses perturbations de l'excitation cardiaque : déclenchement de battements cardiaques trop lent ou trop rapide, battements trop espacés

ou absence de déclenchement des battements. Les symptômes sont des vertiges, de l'essoufflement, la perte de conscience et des palpitations. La maladie du sinus est causée par une dégénérescence des cellules du nœud sinusal et elle est fréquente chez les personnes âgées. Elle peut également être associée à une coronaropathie. Le traitement comprend des médicaments pour accélérer ou ralentir le cœur et l'implantation d'un stimulateur cardiaque.

Mort cardiaque subite   Arrêt soudain de la circulation sanguine et de la respiration causé par une cardiopathie sous-jacente (ischémie, infarctus du myocarde ou arythmie).

Myocardiopathie   (*myo-* : muscle ; *patho* : maladie) Affection progressive marquée par l'altération de la structure ou de la fonction ventriculaire. Dans la myocardiopathie dilatée, la paroi des ventricules s'étire et perd de sa puissance, ce qui réduit l'action de pompage du cœur. Dans la myocardiopathie hypertrophique, les parois ventriculaires s'épaississent et l'efficacité de l'action de pompage des ventricules diminue.

Palpitation   Tressaillement du cœur, ou anomalie du rythme cardiaque dont une personne est consciente.

Réadaptation cardiaque   Programme supervisé comprenant des exercices progressifs, un soutien psychologique, des enseignements et de la formation en vue de permettre à un patient de reprendre ses activités habituelles après un infarctus du myocarde.

Tachycardie paroxystique   Brève période pendant laquelle la fréquence cardiaque est anormalement élevée. Survient et disparaît soudainement.

RÉSUMÉ

L'ANATOMIE DU CŒUR (P. 748)

1. Le cœur est situé dans le médiastin ; deux tiers environ de sa masse se trouvent à gauche du plan médian du corps.

2. Le cœur a la forme d'un cône couché sur le côté ; il présente un apex, qui se trouve à sa partie inférieure pointue, et une base, qui correspond à sa large portion supérieure.

3. Le péricarde est la membrane qui entoure et protège le cœur ; il se divise en une enveloppe externe, le péricarde fibreux, et une enveloppe interne, le péricarde séreux, lui-même composé de feuillets pariétal et viscéral.

4. Située entre les feuillets pariétal et viscéral du péricarde séreux, la cavité péricardique est un espace contenant les quelques millilitres de sérosité (liquide) péricardique qui réduisent la friction entre les deux feuillets.

5. La paroi du cœur comprend trois tuniques : l'épicarde (ou feuillet viscéral du péricarde séreux), le myocarde et l'endocarde.

6. L'épicarde est constitué de mésothélium et de tissu conjonctif, le myocarde, de tissu musculaire cardiaque, et l'endocarde, d'endothélium et de tissu conjonctif.

7. Les cavités cardiaques comportent deux cavités supérieures, les oreillettes droite et gauche, et deux cavités inférieures, les ventricules droit et gauche.

8. Les particularités externes du cœur comprennent les auricules (appendices qui, fixés à chaque oreillette, en augmentent le volume), le sillon coronaire, situé entre les oreillettes et les ventricules, et les sillons interventriculaires antérieur et postérieur, situés entre les ventricules sur les faces antérieure et postérieure du cœur, respectivement.

9. L'oreillette droite reçoit le sang de la veine cave supérieure, de la veine cave inférieure et du sinus coronaire. Elle est séparée de l'oreillette gauche par le septum interauriculaire, qui contient la

fosse ovale. Le sang sort de l'oreillette droite en traversant la valve auriculoventriculaire droite (aussi appelée *valve tricuspide*).

10. Le ventricule droit reçoit le sang de l'oreillette droite. Il est séparé du ventricule gauche par le septum interventriculaire et éjecte le sang par le biais de la valve pulmonaire dans le tronc pulmonaire.

11. Le sang oxygéné entre dans l'oreillette gauche en empruntant les veines pulmonaires et il en sort par la valve auriculoventriculaire gauche (aussi appelée *valve mitrale* ou *bicuspide*).

12. Le ventricule gauche éjecte le sang oxygéné dans l'aorte par le biais de la valve aortique.

13. L'épaisseur du myocarde des quatre cavités cardiaques varie selon la fonction de chacune d'elles. Le ventricule gauche possède la paroi la plus épaisse puisque sa charge de travail est plus grande.

14. Le squelette fibreux du cœur est formé d'un tissu conjonctif dense qui entoure et soutient les valves du cœur.

LES VALVES CARDIAQUES ET LA CIRCULATION SANGUINE (P. 755)

1. Les valves cardiaques empêchent le sang de refluer dans le cœur. Les valves auriculoventriculaires sont situées entre les oreillettes et les ventricules ; il s'agit de la valve auriculoventriculaire droite (ou tricuspide) et de la valve auriculoventriculaire gauche (ou mitrale ou encore bicuspide). Les valves semi-lunaires sont la valve aortique, située à l'entrée de l'aorte, et la valve pulmonaire, qui se trouve à l'entrée du tronc pulmonaire.

2. Le côté gauche du cœur est la pompe de la circulation systémique, qui achemine le sang vers tous les organes du corps, sauf les alvéoles pulmonaires. Le ventricule gauche éjecte le sang dans l'aorte ; le sang gagne successivement les artères systémiques, les artérioles, les capillaires, les veinules et les veines, qui le renvoient dans l'oreillette droite.

3. Le côté droit du cœur est la pompe de la circulation pulmonaire, qui achemine le sang dans les poumons. Le ventricule droit éjecte le sang dans le tronc pulmonaire. Le sang passe successivement dans les artères pulmonaires, les capillaires pulmonaires et les veines pulmonaires, qui le renvoient dans l'oreillette gauche.

4. La circulation coronarienne fait circuler le sang dans le myocarde. Les principales artères de la circulation coronaire sont les artères coronaires gauche et droite ; les principales veines sont les veines du cœur et le sinus coronaire.

LE MUSCLE CARDIAQUE ET LE SYSTÈME DE CONDUCTION DU CŒUR (P. 760)

1. Les myocytes cardiaques contiennent habituellement un seul noyau central. Comparativement aux myocytes squelettiques, les myocytes cardiaques ont des mitochondries plus grosses et plus nombreuses ; leur réticulum sarcoplasmique est dépourvu de citernes terminales et légèrement plus petit ; et leurs tubules transverses, qui sont situés au niveau des lignes Z, sont plus larges.

2. Les myocytes cardiaques sont rattachés les uns aux autres par des disques intercalaires. Les desmosomes des disques les renforcent ; les jonctions communicantes qu'ils contiennent favorisent la conduction des potentiels d'action d'un myocyte à l'autre.

3. Les cellules cardionectrices forment le système de conduction du cœur ; ce sont des myocytes cardiaques qui se dépolarisent spontanément et produisent des potentiels d'action.

4. Les composants du système de conduction sont le nœud sinusal (centre rythmogène), le nœud auriculoventriculaire, le faisceau auriculoventriculaire, les branches du faisceau auriculoventriculaire et les myocytes de conduction cardiaques.

5. Dans un myocyte contractile ventriculaire, chaque potentiel d'action comprend une dépolarisation rapide, un long plateau et une repolarisation.

6. Le tissu musculaire cardiaque présente une longue période réfractaire, qui empêche toute possibilité de tétanos.

7. Le tracé des changements électriques enregistrés durant chaque cycle cardiaque est appelé *électrocardiogramme* (ECG). L'électrocardiogramme normal comprend une onde P (dépolarisation auriculaire), un complexe QRS (début de la dépolarisation ventriculaire) et une onde T (repolarisation ventriculaire).

8. L'intervalle P-Q représente le temps de conduction entre le début de l'excitation auriculaire et le début de l'excitation ventriculaire. Le segment S-T représente la phase de dépolarisation complète des myocytes contractiles ventriculaires.

LE CYCLE CARDIAQUE (P. 768)

1. Chaque cycle cardiaque comprend la systole (contraction) et la diastole (relaxation) des deux oreillettes, suivies par la systole et la diastole des deux ventricules. Lorsque la fréquence cardiaque est de 75 battements/min, un cycle cardiaque complet dure 0,8 s (800 ms).

2. Les phases du cycle cardiaque sont : a) la systole auriculaire, b) la systole ventriculaire, et c) la période de relaxation.

3. Le premier bruit du cœur, B1 (un bruit résonant), est créé par la turbulence du sang pendant la fermeture des valves auriculoventriculaires. Le deuxième bruit du cœur, B2 (un bruit sec), est causé par la turbulence du sang pendant la fermeture des valves aortique et pulmonaire.

LE DÉBIT CARDIAQUE (P. 771)

1. Le débit cardiaque est le volume de sang que le ventricule gauche éjecte chaque minute dans l'aorte (ou le ventricule droit dans le tronc pulmonaire). On le calcule par la formule suivante : DC (mL/min) = volume systolique (VS) en mL/battement $\times$ fréquence cardiaque (FC) en battements/min.

2. Le volume systolique est le volume de sang éjecté des ventricules pendant chaque systole.

3. La réserve cardiaque est la différence entre le débit cardiaque maximal d'une personne et son débit cardiaque au repos.

4. Le volume systolique est associé à la précharge (degré d'étirement du cœur avant qu'il se contracte), à la contractilité (force de la contraction) et à la postcharge (pression qui doit être dépassée pour que le sang sorte des ventricules).

5. Selon la loi de Starling, une plus grande précharge (due à un volume télédiastolique élevé) étirant les myocytes cardiaques juste avant une contraction augmente la force de cette contraction jusqu'à ce que l'étirement devienne excessif.

6. La régulation nerveuse du système cardiovasculaire commence dans le centre cardiovasculaire du bulbe rachidien.

7. Les influx des nerfs sympathiques augmentent la fréquence cardiaque et la force de contraction ; les influx des nerfs parasympathiques diminuent la fréquence cardiaque.

8. La fréquence cardiaque est modifiée par certaines hormones (adrénaline, noradrénaline, hormones thyroïdiennes), des ions (Na^+, K^+ et Ca^{2+}), l'âge, le sexe, la forme physique et la température corporelle.

LES EFFETS DE L'EXERCICE SUR LE CŒUR (P. 775)

1. Tout exercice physique soutenu augmente les besoins en oxygène des muscles.

2. Les avantages des activités aérobiques sont l'augmentation du débit cardiaque, la diminution de la pression artérielle, le contrôle du poids corporel et l'augmentation de l'activité fibrinolytique.

LE DÉVELOPPEMENT EMBRYONNAIRE DU CŒUR (P. 777)

1. Le cœur est dérivé du mésoderme.

2. Les tubes endocardiques latéraux forme le cœur, qui se divise en quatre cavités, ainsi que les gros vaisseaux du cœur.

AUTOÉVALUATION

Vous trouverez les réponses à ces questions à l'appendice D.

COMPLÉTEZ LES PHRASES SUIVANTES.

1. La cavité du cœur dont le myocarde est le plus épais est _____.

2. La phase de contraction du cœur est appelée _____ ; la phase de relaxation du cœur est appelée _____.

INDIQUEZ SI LES ÉNONCÉS SUIVANTS SONT VRAIS OU FAUX.

3. À l'auscultation, le bruit résonant est créé par la fermeture des valves aortique et pulmonaire et le bruit sec est causé par la fermeture des valves auriculoventriculaires.

4. Le débit sanguin des ventricules droit et gauche est toujours égal, si bien qu'un volume sanguin égal passe dans les circulations systémique et pulmonaire.

CHOISISSEZ LA BONNE RÉPONSE.

5. Parmi les trajets suivants, lequel fait passer le sang dans le cœur de la circulation systémique à la circulation pulmonaire, puis de nouveau dans la circulation systémique ? a) Oreillette droite, valve auriculoventriculaire droite, ventricule droit, valve pulmonaire, oreillette gauche, valve auriculoventriculaire gauche, ventricule gauche et valve aortique. b) Oreillette gauche, valve auriculoventriculaire droite, ventricule gauche, valve pulmonaire, oreillette droite, valve auriculoventriculaire gauche, ventricule droit et valve aortique. c) Oreillette gauche, valve pulmonaire, oreillette droite, valve auriculoventriculaire droite, ventricule gauche, valve aortique, ventricule droit et valve auriculoventriculaire gauche. d) Ventricule gauche, valve auriculoventriculaire gauche, oreillette gauche, valve pulmonaire, ventricule droit, valve auriculoventriculaire droite, oreillette droite et valve aortique. e) Oreillette droite, valve auriculoventriculaire gauche, ventricule droit, valve pulmonaire, oreillette gauche, valve auriculoventriculaire droite, ventricule gauche et valve aortique.

6. Parmi les trajets suivants, lequel correspond à la conduction d'un potentiel d'action dans le cœur ? a) Nœud auriculoventriculaire, faisceau auriculoventriculaire, nœud sinusal, myocytes de conduction cardiaques et branches du faisceau. b) Nœud auriculoventriculaire, branches du faisceau, faisceau auriculoventriculaire, nœud sinusal et myocytes de conduction cardiaques. c) Nœud sinusal, nœud auriculoventriculaire, faisceau auriculoventriculaire, branches du faisceau et myocytes de conduction cardiaques. d) Nœud sinu-

sal, faisceau auriculoventriculaire, branches du faisceau, nœud auriculoventriculaire et myocytes de conduction cardiaques. e) Nœud sinusal, nœud auriculoventriculaire, myocytes de conduction cardiaques, branches du faisceau, faisceau auriculoventriculaire.

7. La frontière externe qui sépare les oreillettes et les ventricules est : a) le sillon interventriculaire antérieur, b) le septum interventriculaire, c) le septum interauriculaire, d) le sillon coronaire, e) le sillon interventriculaire postérieur.

8. Un sportif a un débit cardiaque au repos de 5 L/min et une fréquence cardiaque de 50 battements/min. Quel est son volume systolique ? a) 10 mL, b) 100 mL, c) 1 000 mL, d) 250 mL, e) L'information fournie est insuffisante pour calculer le volume systolique.

9. Parmi les énoncés suivants, lesquels sont *vrais* ? 1) La régulation de la fréquence cardiaque par le système nerveux autonome commence dans le centre cardiovasculaire du bulbe rachidien. 2) L'information provenant des propriocepteurs est un des principaux facteurs qui provoquent l'augmentation rapide de la fréquence cardiaque au début d'une activité physique. 3) Le nerf vague libère de la noradrénaline, ce qui entraîne une augmentation du rythme cardiaque. 4) Les hormones libérées par la médulla surrénale et la thyroïde peuvent entraîner l'augmentation de la fréquence cardiaque. 5) L'hypothermie augmente la fréquence cardiaque. a) 1, 2, 3 et 4 ; b) 1, 2 et 4 ; c) 2, 3, 4 et 5 ; d) 3, 5 et 6 ; e) 1, 2, 4 et 5.

10. Parmi les énoncés suivants, lesquels sont *vrais* concernant les potentiels d'action et la contraction du myocarde ? 1) La période réfractaire d'un myocyte cardiaque est très brève. 2) La liaison des ions Ca^{2+} à la troponine permet l'interaction des filaments d'actine et de myosine, ce qui provoque une contraction. 3) La repolarisation se produit quand les canaux à potassium (K^+) sensibles au voltage s'ouvrent et que les canaux à calcium se ferment. 4) L'ouverture des canaux rapides à sodium (Na^+) sensibles au voltage entraîne la dépolarisation. 5) L'ouverture des canaux lents à calcium (Ca^{2+}) sensibles au voltage produit une période de dépolarisation soutenue, appelée *plateau*. a) 1, 3 et 5 ; b) 2, 3 et 4 ; c) 2 et 5 ; d) 3, 4 et 5 ; e) 2, 3, 4 et 5.

11. Parmi les facteurs suivants, lequel ne provoque pas une augmentation du volume systolique ? a) une augmentation de la concentration de Ca^{2+} dans le liquide interstitiel, b) l'adrénaline, c) une augmentation de la concentration de K^+ dans le liquide interstitiel, d) une augmentation du retour veineux, e) une fréquence cardiaque lente au repos.

12. Associez les éléments suivants :

    _____ a) indique la repolarisation ventriculaire

    _____ b) représente la période allant du début de la dépolarisation ventriculaire à la fin de la repolarisation ventriculaire

    _____ c) représente la dépolarisation auriculaire

    _____ d) représente la période pendant laquelle les myocytes contractiles des ventricules sont complètement dépolarisés ; coïncide avec le plateau du potentiel d'action

    _____ e) représente le début de la dépolarisation ventriculaire

    _____ f) représente le temps de conduction allant du début de l'excitation auriculaire au début de l'excitation ventriculaire

    1) onde P
    2) complexe QRS
    3) onde T
    4) intervalle P-Q
    5) segment S-T
    6) intervalle Q-T

13. Associez les éléments suivants:

_____ a) principale ramification de l'aorte ascendante; passe sous l'auricule gauche

_____ b) se situe dans le sillon interventriculaire postérieur; achemine le sang oxygéné aux parois des ventricules

_____ c) se situe dans le sillon coronaire sur la face postérieure du cœur; reçoit la plus grande partie du sang désoxygéné provenant du myocarde

_____ d) se situe dans le sillon coronaire; achemine le sang oxygéné aux parois du ventricule droit

_____ e) se situe dans le sillon coronaire; draine l'oreillette et le ventricule droits

_____ f) ramification principale de l'aorte ascendante; se situe sous l'auricule droit

_____ g) se situe dans le sillon interventriculaire postérieur; draine les ventricules droit et gauche

_____ h) se situe dans le sillon interventriculaire antérieur; achemine le sang oxygéné dans les parois des deux ventricules

_____ i) se situe dans le sillon interventriculaire antérieur; draine les parois des deux ventricules et de l'oreillette gauche

_____ j) se situe dans le sillon coronaire; achemine le sang oxygéné aux parois du ventricule et de l'oreillette gauches

_____ k) draine le ventricule droit et s'ouvre directement dans l'oreillette droite

1) petite veine du cœur
2) rameau interventriculaire antérieur (artère interventriculaire antérieure)
3) veines antérieures du cœur
4) rameau interventriculaire postérieur
5) rameau marginal droit
6) rameau circonflexe
7) veine moyenne du cœur
8) artère coronaire gauche
9) artère coronaire droite
10) grande veine du cœur
11) sinus coronaire

14. Associez les éléments suivants:

_____ a) reçoit le sang oxygéné de la circulation pulmonaire

_____ b) éjecte le sang désoxygéné vers les poumons pour qu'il se charge d'oxygène

_____ c) leur contraction tire sur les cordages tendineux, qui se tendent, empêchant l'éversion des cuspides

_____ d) tissu musculaire cardiaque

_____ e) permettent aux oreillettes de contenir un plus grand volume de sang

_____ f) similaires à des tendons reliés aux cuspides des valves auriculoventriculaires le long des muscles papillaires; préviennent l'éversion des valves

_____ g) tissu conjonctif dense irrégulier, superficiel, recouvrant le cœur

_____ h) enveloppe externe du péricarde séreux; fusionné avec le péricarde fibreux

_____ i) cellules endothéliales tapissant l'intérieur du cœur; sont en continuité avec l'endothélium des vaisseaux sanguins

_____ j) pompe le sang oxygéné vers toutes les cellules de l'organisme, sauf les alvéoles pulmonaires

_____ k) empêche le reflux du sang du ventricule droit à l'oreillette droite

_____ l) reçoit le sang désoxygéné de la circulation systémique

_____ m) valve auriculoventriculaire gauche

_____ n) vestige du foramen ovale; ouverture dans le septum interauriculaire du cœur fœtal

_____ o) vaisseaux sanguins qui traversent le muscle cardiaque et irriguent les myocytes cardiaques

_____ p) rainures à la surface du cœur qui tracent la frontière externe entre les cavités cardiaques

_____ q) empêchent le sang de refluer des artères aux ventricules

_____ r) contiennent les jonctions communicantes et les desmosomes reliant les myocytes cardiaques

_____ s) paroi interne séparant les cavités du cœur

_____ t) séparent les cavités cardiaques inférieures et supérieures et empêchent le reflux du sang des ventricules aux oreillettes

_____ u) enveloppe viscérale interne du péricarde; adhère fermement à la surface du cœur

_____ v) saillies formées par les faisceaux surélevés de myocytes cardiaques

1) oreillette droite
2) ventricule droit
3) oreillette gauche
4) ventricule gauche
5) valve auriculo-ventriculaire droite
6) valve bicuspide, ou mitrale
7) cordages tendineux
8) auricules
9) muscles papillaires
10) trabécules charnues
11) péricarde fibreux
12) péricarde pariétal
13) épicarde
14) myocarde
15) endocarde
16) valves auriculo-loventriculaires
17) valves aortique et pulmonaire
18) disques intercalaires
19) sillons
20) septum
21) fosse ovale
22) circulation coronaire

15. Associez les éléments suivants:

_____ a) quantité de sang contenue dans les ventricules à la fin de la relaxation ventriculaire

_____ b) période de temps pendant laquelle les myocytes cardiaques se contractent et exercent une force sans raccourcir

_____ c) quantité de sang propulsée à chaque battement d'un ventricule

_____ d) quantité de sang restant dans les ventricules après une contraction ventriculaire

_____ e) différence entre le débit cardiaque maximal d'une personne et son débit cardiaque au repos

_____ f) période pendant laquelle les valves aortique et pulmonaire sont ouvertes et que le sang est chassé des ventricules

_____ g) période pendant laquelle les quatre valves sont fermées et que le volume sanguin dans les ventricules ne change pas

1) réserve cardiaque
2) volume systolique
3) volume télédiastolique
4) relaxation isovolumétrique
5) volume télésystolique
6) phase d'éjection ventriculaire
7) contraction isovolumétrique

QUESTIONS À COURT DÉVELOPPEMENT

Vous trouverez les réponses à ces questions à l'appendice D.

1. Adrien est récemment allé chez le dentiste pour un nettoyage et un examen. Pendant le nettoyage, ses gencives ont un peu saigné. Quelques jours plus tard, Adrien se met à faire de la fièvre, son rythme cardiaque augmente, il transpire et il a des frissons. Il voit son médecin de famille qui décèle un léger bruit cardiaque. Adrien doit prendre des antibiotiques et continuer de faire surveiller son cœur. Quel est le lien entre la visite d'Adrien chez le dentiste et sa maladie?

2. Sylvie ne fait pas beaucoup de sport et décide d'entreprendre un programme d'entraînement. Elle vous déclare qu'elle veut faire battre son cœur «aussi vite que possible» quand elle s'entraîne. Expliquez-lui pourquoi ce n'est pas vraiment une bonne idée.

3. Monsieur Paquin est un homme de 62 ans à la stature imposante, qui a un faible pour les sucreries et les aliments frits. Le seul fait de se lever pour aller chercher d'autres croustilles pendant qu'il regarde des émissions sportives à la télévision constitue pour lui un exercice suffisant. Depuis quelque temps, il éprouve des douleurs au thorax lorsqu'il monte un escalier. Son médecin lui conseille de cesser de fumer et lui demande de passer une angiographie cardiaque dans une semaine. En quoi consiste cet examen? Pourquoi le médecin l'a-t-il prescrit?

RÉPONSES AUX QUESTIONS DES FIGURES

20.1 Le médiastin est la région centrale de la cavité thoracique; il s'étend du sternum à la colonne vertébrale, entre les poumons.

20.2 Le feuillet viscéral du péricarde séreux (ou épicarde) fait partie à la fois du péricarde et de la paroi du cœur.

20.3 Le sillon coronaire sépare les oreillettes des ventricules.

20.4 Plus une cavité du cœur fournit d'efforts, plus son myocarde est épais. C'est pourquoi la paroi des ventricules est plus épaisse que celle des oreillettes, et celle du ventricule gauche plus épaisse que celle du ventricule droit.

20.5 Le squelette fibreux forme les assises auxquelles sont fixées les valves du cœur et prévient leur étirement excessif quand le sang les traverse.

20.6 En se contractant, les muscles papillaires tirent sur les cordages tendineux et empêchent ainsi l'éversion des cuspides et le reflux de sang dans les oreillettes.

20.7 Les numéros 6 (ventricule droit) à 10 (oreillette gauche) correspondent à la circulation pulmonaire, tandis que les numéros 1 (ventricule gauche) à 5 (oreillette droite) correspondent à la circulation systémique.

20.8 La branche circonflexe de l'artère coronaire gauche achemine le sang oxygéné vers l'oreillette et le ventricule gauches.

20.9 Les disques intercalaires maintiennent les myocytes cardiaques ensemble et permettent aux potentiels d'action de se propager d'un myocyte à l'autre.

20.10 Le seul lien électrique entre les oreillettes et les ventricules est le faisceau auriculoventriculaire.

20.11 Un potentiel d'action cardiaque dure beaucoup plus longtemps dans les myocytes contractiles d'un ventricule (0,3 s) que dans les myocytes squelettiques (de 0,001 à 0,002 s).

20.12 Une onde Q élargie peut indiquer un infarctus du myocarde (ou crise cardiaque).

20.13 Les potentiels d'action se propagent plus lentement par le nœud auriculoventriculaire.

20.14 Chez une personne au repos, la quantité de sang qui se trouve dans chaque ventricule à la fin de la diastole ventriculaire (volume télédiastolique) est d'environ 130 mL.

20.15 Le premier bruit du cœur (B1) est associé à la fermeture des valves auriculoventriculaires.

20.16 Le myocarde ventriculaire est innervé par la partie sympathique seulement du système nerveux autonome.

20.17 L'action de pompage des muscles squelettiques augmente le volume systolique en élevant le volume télédiastolique et la précharge.

20.18 Le cœur commence à se contracter vers le 22e jour de gestation.

20.19 La division du cœur est achevée à la fin de la cinquième semaine.

20.20 Les lipoprotéines à haute densité (HDL) éliminent l'excès de cholestérol de l'organisme et le transportent au foie d'où il est excrété.

20.21 Une angiographie coronaire permet de visualiser de nombreux vaisseaux sanguins.

20.22 La tétralogie de Fallot comprend une communication interventriculaire, l'émergence de l'aorte des deux ventricules, une sténose de la valve pulmonaire et une hypertrophie du ventricule droit.

SYSTÈME CARDIOVASCULAIRE : LES VAISSEAUX SANGUINS ET L'HÉMODYNAMIQUE

LES VAISSEAUX SANGUINS, L'HÉMODYNAMIQUE ET L'HOMÉOSTASIE

Les vaisseaux sanguins contribuent à l'homéostasie, car ils forment les structures chargées d'acheminer le sang depuis le cœur, de le ramener jusqu'à lui et d'assurer les échanges de nutriments et de déchets entre les tissus. En outre, ces vaisseaux jouent un rôle capital dans l'ajustement de la vitesse et du volume de la circulation sanguine.

Le système cardiovasculaire contribue à l'homéostasie des autres systèmes corporels en assurant les fonctions de transport et de distribution du sang dans toutes les régions de l'organisme. Par le sang, les tissus reçoivent les substances nécessaires à leurs activités, par exemple de l'oxygène, des nutriments et des hormones, et ils sont débarrassés de leurs déchets. Les structures qui assurent ces tâches essentielles sont les vaisseaux sanguins : ils forment un système fermé de tubes qui emportent le sang provenant du cœur, l'acheminent vers les différents tissus du corps, puis le ramènent au cœur. Le côté gauche du cœur pompe le sang par un réseau de 100 000 km de vaisseaux sanguins. Son côté droit envoie le sang dans les poumons, lui permettant ainsi de se charger d'oxygène et d'éliminer le dioxyde de carbone. Aux chapitres 19 et 20, nous avons étudié la composition et les fonctions du sang ainsi que la structure et la fonction du cœur. Dans le présent chapitre, nous examinerons dans un premier temps la structure et les fonctions des différents types de vaisseaux sanguins. Nous étudierons ensuite l'**hémodynamique** (*haima* : sang ; *dunamis* : force), c'est-à-dire les forces qui font circuler le sang dans le corps. Enfin, nous analyserons les vaisseaux qui constituent les principales voies de la circulation sanguine.

LA STRUCTURE ET LES FONCTIONS DES VAISSEAUX SANGUINS

> **OBJECTIFS**
>
> - Comparer la structure et la fonction des artères, des artérioles, des capillaires, des veinules et des veines.
> - Décrire les vaisseaux qu'emprunte le sang quand il va du cœur aux capillaires, puis retourne au cœur.
> - Établir la distinction entre les réservoirs de pression et les réservoirs sanguins.

On distingue cinq grands types de vaisseaux sanguins : les artères, les artérioles, les capillaires, les veinules et les veines (voir la figure 4.8). Les **artères** transportent le sang *depuis le cœur* jusqu'aux autres organes. Les grosses artères élastiques qui émergent du cœur se divisent en artères musculaires de taille moyenne qui se dirigent vers les différentes régions du corps. Ces artères moyennes se ramifient à leur tour en artères plus minces et qui se divisent elles-mêmes en vaisseaux encore plus étroits : les **artérioles**. Quand elles entrent dans un tissu, les artérioles se subdivisent en une multitude de vaisseaux minuscules, les **capillaires**, dont les fines parois permettent les échanges de substances entre le sang et les tissus. Avant de sortir d'un tissu, les capillaires se regroupent pour former de petites veines, appelées **veinules**. Celles-ci fusionnent ensuite pour constituer des vaisseaux de plus en plus larges : les veines. Les **veines** ramènent le sang des tissus *jusqu'au cœur*. Comme tous les tissus du corps humain, les vaisseaux sanguins ont besoin d'oxygène (O_2) et de nutriments. Les plus gros d'entre eux ont donc dans leurs parois un système vasculaire qui leur est propre : le **vasa vasorum** (littéralement, « vascularisation des vaisseaux »).

L'ANGIOGENÈSE ET LA MALADIE

L'**angiogenèse** (*aggeion* : vaisseau ; *genesis* : naissance, génération) est la formation de nouveaux vaisseaux sanguins. Elle occupe une place primordiale dans le développement embryonnaire et fœtal et, après la naissance, elle continue de remplir des fonctions essentielles, par exemple dans la cicatrisation des plaies, la régénération du revêtement utérin après les menstruations, la constitution du corps jaune après l'ovulation et le développement de vaisseaux sanguins autour des artères obstruées de la circulation coronarienne. Plusieurs protéines (peptides) favorisent ou inhibent l'angiogenèse.

Du point de vue clinique, l'angiogenèse est un processus crucial. En effet, les cellules des tumeurs malignes sécrètent des protéines, les *facteurs d'angiogenèse tumorale (FAT)*, qui stimulent la croissance des vaisseaux sanguins pour que les cellules tumorales reçoivent les nutriments nécessaires à leur multiplication. Les scientifiques cherchent actuellement à mettre au point des produits susceptibles d'inhiber l'angiogenèse afin de bloquer la croissance tumorale. Par ailleurs, dans la rétinopathie diabétique, l'angiogenèse peut accélérer considérablement le développement des vaisseaux sanguins responsables de la cécité. La mise au point d'inhibiteurs de l'angiogenèse contribuerait donc aussi à prévenir le déclin visuel qui accompagne souvent le diabète. ∎

LES ARTÈRES

Comme les **artères** (*aêr* : air ; *têrein* : conserver) se vident de leur sang à la mort, les Anciens qui examinaient les cadavres croyaient qu'elles ne contenaient que de l'air. La paroi des artères est constituée de trois tuniques (ou enveloppes) qui sont, de la plus profonde à la plus superficielle : 1) la tunique interne, 2) la tunique moyenne, et 3) la tunique externe (figure 21.1). La **tunique interne**, ou **intima**, est la plus profonde. Elle se compose d'un épithélium simple pavimenteux (l'*endothélium*), d'une *membrane basale* et d'une couche (ou lame) de tissu élastique, la *limitante élastique interne*. L'endothélium est formé d'une couche de cellules continue qui tapisse la face interne de tout le système cardiovasculaire (le cœur et les vaisseaux sanguins). Normalement, l'endothélium est le seul tissu qui entre en contact avec le sang. La tunique interne est la plus proche de la **lumière**, l'espace cylindrique dans lequel le sang circule. L'enveloppe intermédiaire est la **tunique moyenne**. C'est généralement la plus épaisse. Elle se compose de fibres élastiques et de tissu musculaire lisse disposé en anneaux autour de la lumière, comme une bague autour d'un doigt. La tunique moyenne possède aussi une *limitante élastique externe* faite de tissu élastique. Comme les artères contiennent beaucoup de fibres élastiques, elles présentent généralement une grande *compliance*, c'est-à-dire une grande souplesse. En d'autres termes, la paroi des artères s'étire sans se déchirer quand la pression augmente – du moins, jusqu'à un certain point. Enfin, l'enveloppe superficielle de l'artère, la **tunique externe**, se compose principalement de fibres élastiques et de fibres collagènes.

Les neurones de la partie sympathique du système nerveux autonome innervent les myocytes lisses de la tunique moyenne. En général, quand la stimulation sympathique augmente, les myocytes lisses se contractent ; la paroi du vaisseau se comprime alors et sa lumière rétrécit. Cette diminution du diamètre d'un vaisseau sanguin s'appelle **vasoconstriction**. Inversement, quand la stimulation sympathique diminue, ou en présence de certaines substances chimiques (le monoxyde d'azote, les ions H^+ ou l'acide lactique, par exemple), les myocytes lisses se relâchent et le diamètre des vaisseaux augmente : ce phénomène s'appelle **vasodilatation**. Enfin, quand une artère ou une artériole est endommagée, les myocytes proches de la lésion se contractent et provoquent un spasme vasculaire (angiospasme ou vasospasme) qui réduit l'écoulement sanguin dans le vaisseau touché et diminue l'hémorragie, du moins si le vaisseau n'est pas trop gros.

Les artères élastiques

Les artères de fort diamètre (plus de 1 cm) portent le nom d'**artères élastiques**, car leur tunique moyenne contient une forte proportion de fibres élastiques. Leur paroi est relativement mince par rapport à leur diamètre total. Leur limitante élastique interne est fenestrée et leur limitante élastique externe est mince. Les artères élastiques assurent l'importante fonction de favoriser la propulsion du sang quand les ventricules se relâchent. Lorsque le cœur se contracte, la paroi très extensible des artères élastiques s'étire sous la poussée du sang. En s'étirant, les fibres élastiques emmagasinent temporairement de l'énergie mécanique et deviennent ainsi des

FIGURE 21.1 La structure comparée des vaisseaux sanguins. Le capillaire illustré en (c) est surdimensionné par rapport aux structures représentées en (a) et (b).

Les artères transportent le sang depuis le cœur jusqu'aux tissus ; les veines ramènent le sang depuis les tissus jusqu'au cœur.

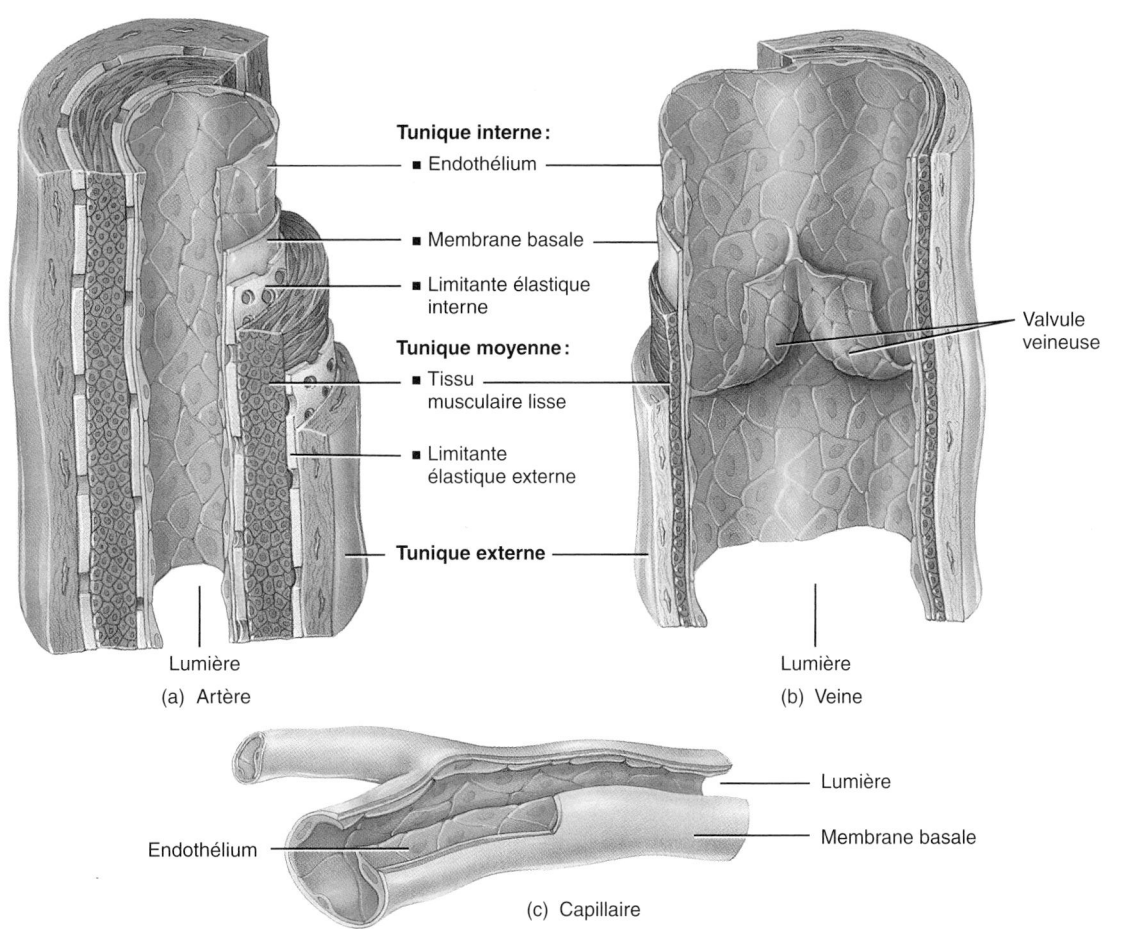

Tunique interne :
- Endothélium
- Membrane basale
- Limitante élastique interne

Tunique moyenne :
- Tissu musculaire lisse
- Limitante élastique externe

Tunique externe

Valvule veineuse

Lumière
(a) Artère

Lumière
(b) Veine

Lumière

Endothélium

Membrane basale

(c) Capillaire

►►►

réservoirs de pression (figure 21.2a). Elles reprennent ensuite leur degré d'étirement initial et convertissent l'énergie emmagasinée (potentielle) en énergie cinétique, propulsant ainsi le sang. Celui-ci continue donc à s'écouler dans les artères, même lorsque les ventricules sont relâchés (figure 21.2b). Comme elles acheminent le sang du cœur aux artères musculaires de taille moyenne, les artères élastiques s'appellent aussi *artères conductrices*. L'aorte, le tronc brachiocéphalique et les artères carotides communes, subclavières, vertébrales, pulmonaires et iliaques communes sont des artères élastiques (figure 21.18).

Les artères musculaires

Les artères de taille moyenne, dont le diamètre varie de 0,1 à 10 mm, s'appellent **artères musculaires**, car leur tunique moyenne contient plus de myocytes lisses et moins de fibres élastiques que les artères élastiques. Leur plus grande capacité de vasoconstriction et de vasodilatation permet à ces vaisseaux d'ajuster plus efficacement la vitesse de l'écoulement sanguin. De plus, l'abondance de myocytes lisses confère à la paroi des artères musculaires une certaine épaisseur. En outre, les artères de ce type possèdent une limitante élastique interne mince et bien délimitée, mais une limitante élastique externe plus diffuse. Comme elles apportent le sang

aux différentes régions du corps, les artères musculaires portent aussi le nom d'*artères distributrices*. L'artère brachiale, dans le bras, et l'artère radiale, dans l'avant-bras, sont des exemples d'artères distributrices (figure 21.18).

LES ARTÉRIOLES

Les **artérioles** sont de très petites artères, presque microscopiques. Leur diamètre varie de 10 à 100 μm. Elles apportent le sang aux capillaires (figure 21.3). Près des artères dont elles proviennent, les artérioles possèdent une tunique interne identique à celle des artères, une tunique moyenne, composée de myocytes lisses et de quelques rares fibres élastiques, et une tunique externe formée principalement de fibres élastiques et de fibres collagènes. Près des capillaires, la paroi des artérioles est plus mince. En effet, leur tunique se limite à un anneau de cellules endothéliales entourées de quelques myocytes lisses épars.

Les artérioles jouent un rôle essentiel dans la régulation de l'écoulement sanguin des artères jusque dans les capillaires, car ce sont elles qui déterminent la **résistance**, c'est-à-dire la force qui s'oppose au flux sanguin. Dans un vaisseau sanguin, la résistance résulte principalement de la friction du sang contre les parois

FIGURE 21.1 **La structure comparée des vaisseaux sanguins** *(suite)*.

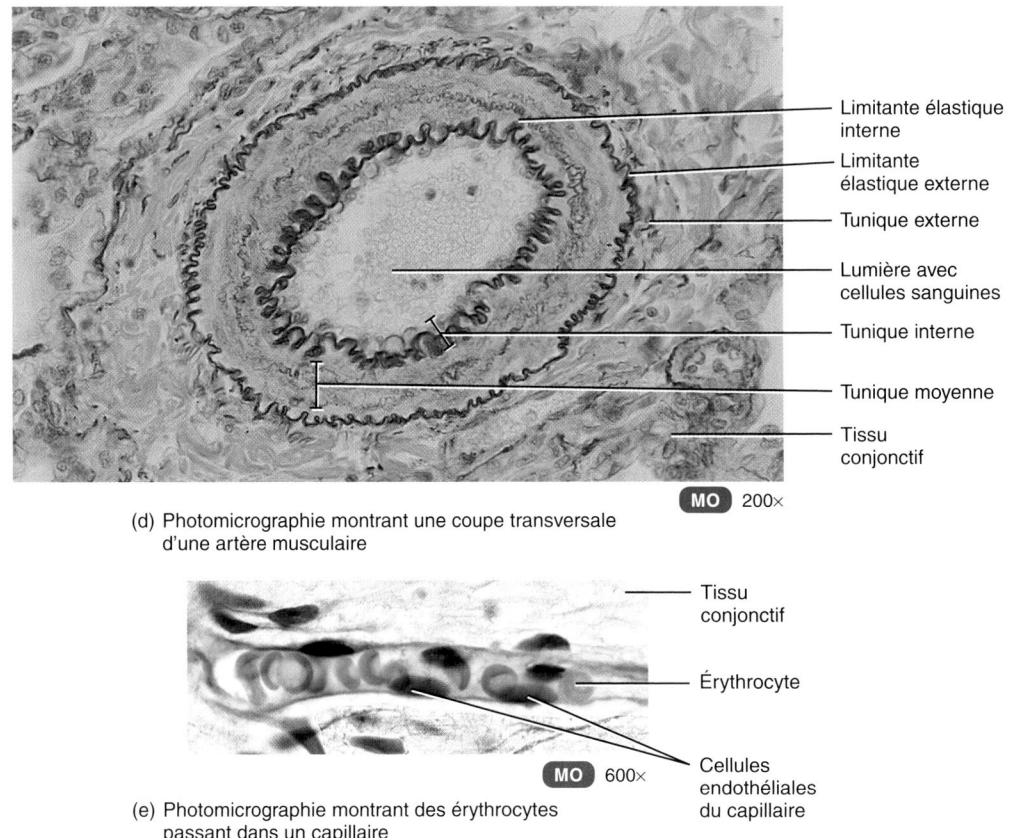

Limitante élastique interne

Limitante élastique externe

Tunique externe

Lumière avec cellules sanguines

Tunique interne

Tunique moyenne

Tissu conjonctif

MO 200×

(d) Photomicrographie montrant une coupe transversale d'une artère musculaire

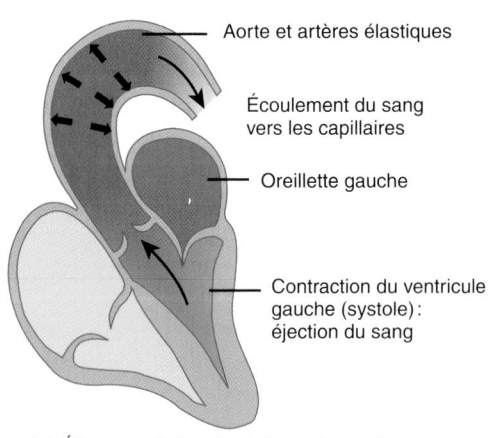

Tissu conjonctif

Érythrocyte

Cellules endothéliales du capillaire

MO 600×

(e) Photomicrographie montrant des érythrocytes passant dans un capillaire

Q De l'artère fémorale et de la veine fémorale, laquelle possède la paroi la plus épaisse ? Laquelle possède la lumière la plus large ?

FIGURE 21.2 La fonction de réservoir de pression des artères élastiques.

⊶ En reprenant leur degré d'étirement initial, les artères élastiques font circuler le sang pendant la relaxation ventriculaire (diastole).

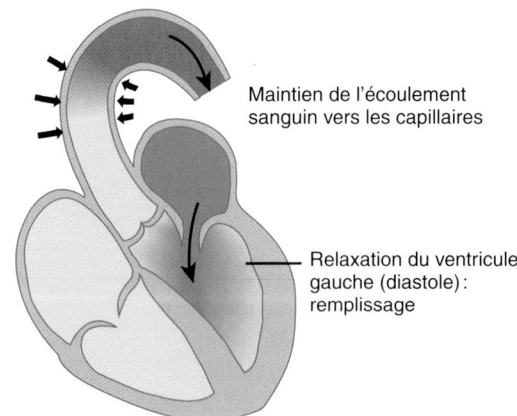

Aorte et artères élastiques

Écoulement du sang vers les capillaires

Oreillette gauche

Contraction du ventricule gauche (systole) : éjection du sang

Maintien de l'écoulement sanguin vers les capillaires

Relaxation du ventricule gauche (diastole) : remplissage

(a) Étirement de l'aorte et des autres artères élastiques pendant la contraction ventriculaire

(b) Retour à l'étirement initial de l'aorte et des autres artères élastiques pendant la relaxation ventriculaire

Q Chez les sujets souffrant d'athérosclérose, la paroi des artères élastiques perd une partie de sa compliance. Quel est l'effet de ce durcissement artériel sur la fonction de réservoir de pression des artères ?

internes du vaisseau. Plus le diamètre du vaisseau sanguin est petit, plus la friction est forte. La contraction et le relâchement des myocytes lisses de leurs parois font varier le diamètre des artérioles, ce qui les amène à jouer leur rôle « résistif ». C'est pourquoi on les qualifie de *vaisseaux résistifs*. La contraction des myocytes lisses des artérioles provoque la vasoconstriction, qui augmente la résistance vasculaire et diminue l'afflux sanguin dans les capillaires alimentés par cette artériole. Inversement, le relâchement des myocytes lisses des artérioles entraîne une vasodilatation qui abaisse la résistance vasculaire et accroît le débit sanguin dans les capillaires. Tout changement du diamètre des artérioles peut également modifier la pression artérielle : la vasoconstriction des artérioles accroît la pression artérielle et leur vasodilatation la fait baisser.

LES CAPILLAIRES

Les **capillaires** sont des vaisseaux microscopiques qui relient les artérioles aux veinules (figure 21.3). Leur diamètre varie de 4 à 10 μm. L'écoulement du sang des artérioles vers les veinules par l'intermédiaire des capillaires s'appelle **microcirculation**. Les capillaires sont présents à proximité de presque toutes les cellules du corps humain, mais leur nombre dépend de l'activité métabolique du tissu qu'ils desservent. Les tissus à métabolisme élevé, par exemple les muscles, le foie, les reins et le système nerveux, consomment plus d'oxygène et de nutriments que les autres tissus ; les réseaux de capillaires qui les traversent sont donc plus étendus. À l'inverse, les capillaires sont moins nombreux dans les tissus au métabolisme plus lent, par exemple les tendons et les ligaments. Certains tissus sont dépourvus de capillaires : c'est le cas de tous les épithéliums de revêtement (l'épiderme, par exemple), de la cornée et du cristallin de l'œil, ainsi que du cartilage.

Les capillaires s'appellent aussi *vaisseaux d'échange*, car leur fonction première consiste à assurer les échanges de nutriments et de déchets entre le sang et les cellules des tissus par l'intermédiaire du liquide interstitiel. La structure des capillaires sert admirablement bien cette fonction. En effet, leur paroi se compose d'une seule couche de cellules endothéliales et d'une membrane basale (figure 21.1e). Elle est donc dépourvue de tunique moyenne et de tunique externe, de sorte que les substances véhiculées par le sang n'ont qu'une seule couche de cellules à franchir pour atteindre le

FIGURE 21.3 Artériole, capillaires et veinule. Les sphincters précapillaires régissent le flux sanguin dans les lits capillaires.

C'est par les capillaires que s'effectuent les échanges de nutriments, de gaz et de déchets entre le sang et le liquide interstitiel.

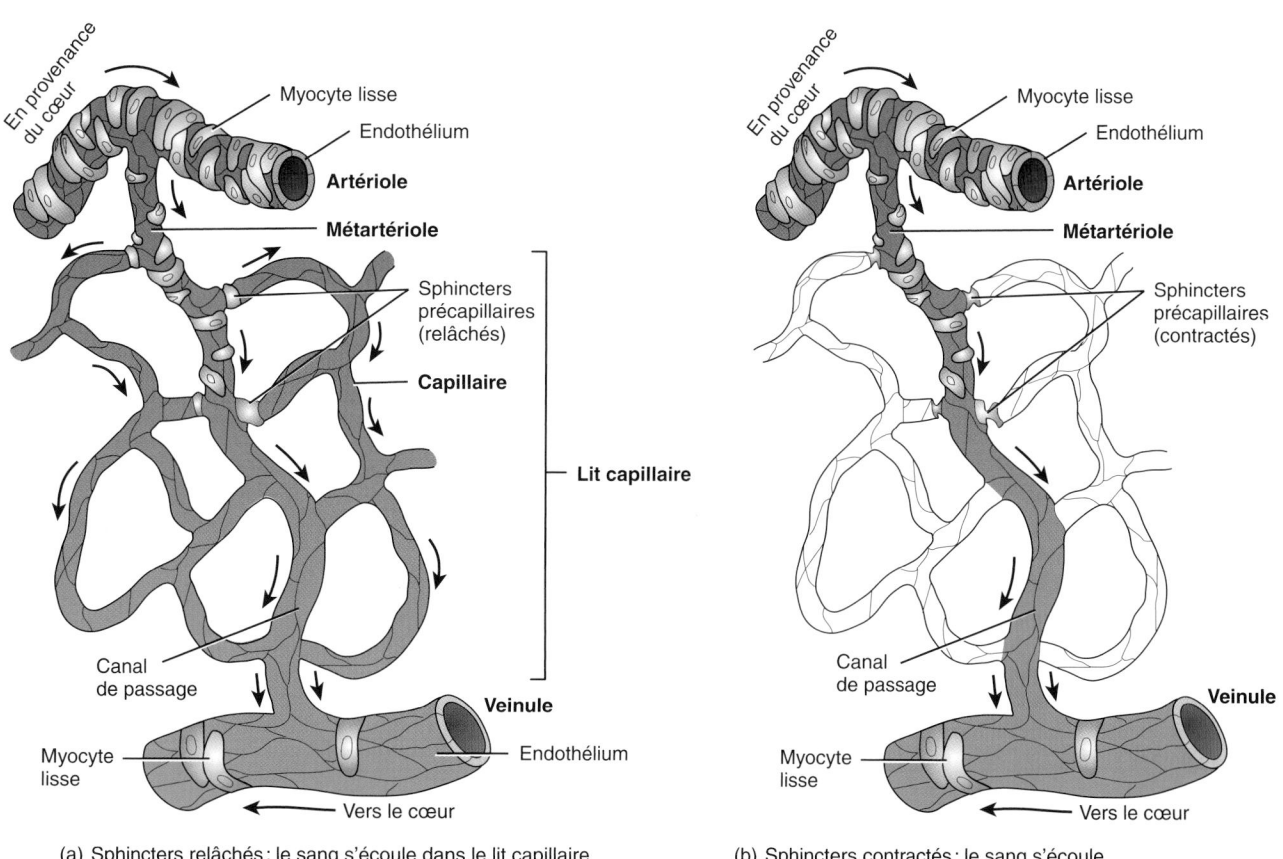

(a) Sphincters relâchés : le sang s'écoule dans le lit capillaire

(b) Sphincters contractés : le sang s'écoule dans le canal de passage

 Pourquoi les tissus dont le métabolisme est élevé possèdent-ils de vastes réseaux de capillaires ?

liquide interstitiel et les cellules des tissus. L'échange de substances s'effectue uniquement par les parois des capillaires et le début des veinules. Plus épaisses, les parois des artères, des artérioles, de la plupart des veinules ainsi que des veines forment une barrière infranchissable. Les capillaires forment de vastes réseaux de ramifications qui augmentent la surface disponible pour échanger rapidement des substances. Dans la plupart des tissus, le sang n'emprunte qu'une petite partie du réseau de capillaires quand les besoins métaboliques sont faibles. Par contre, dès qu'un tissu s'active (quand un muscle se contracte, par exemple), tout le réseau de capillaires se remplit de sang.

Les **métartérioles** (*meta*: au-delà de) sont des vaisseaux qui émergent d'une artériole et approvisionnent un réseau de 10 à 100 capillaires formant un **lit capillaire** (figure 21.3a). L'extrémité proximale de chacune des métartérioles est entourée d'une tunique lâche de myocytes lisses qui se contractent et se relâchent pour réguler le débit sanguin dans le lit capillaire. Son extrémité distale débouche dans une veinule; elle est dépourvue de myocytes lisses et s'appelle **canal de passage**. Le sang qui s'écoule dans un canal de passage contourne le lit capillaire.

À la jonction des métartérioles et des capillaires du lit capillaire se trouvent des manchons de myocytes lisses, les **sphincters précapillaires**, qui régissent l'écoulement du sang dans le lit capillaire. Quand les sphincters précapillaires sont relâchés (ouverts), le sang coule dans le lit capillaire (figure 21.3a); quand ils sont contractés (complètement ou partiellement fermés), l'écoulement sanguin dans le lit capillaire cesse ou diminue (figure 21.3b). Le sang circule donc par intermittence dans le lit capillaire, au gré des contractions et des relâchements successifs des sphincters précapillaires et des myocytes lisses des métartérioles. Ces contractions et relâchements sont des phénomènes vasomoteurs qui se produisent de 5 à 10 fois par minute. Les variations de débit sont partiellement commandées par des substances chimiques libérées par les cellules endothéliales, le monoxyde d'azote, par exemple. À tout moment, le sang ne circule en moyenne que dans 25% du lit capillaire considéré.

Il existe trois types de capillaires: les capillaires continus, les capillaires fenestrés et les sinusoïdes (figure 21.4). De nombreux capillaires appartiennent à la catégorie des **capillaires continus**: la membrane plasmique des cellules endothéliales forme un conduit qui n'est interrompu que par les **fentes intercellulaires**, des espaces qui séparent les cellules endothéliales voisines (figure 21.4a). On trouve les capillaires continus dans les muscles squelettiques et les muscles lisses, les tissus conjonctifs et les poumons.

Les **capillaires fenestrés** se caractérisent par les nombreuses **fenestrations** qui percent la membrane plasmique de leurs cellules endothéliales. Ces fenestrations sont des petits orifices dont le diamètre varie de 70 à 100 nm (figure 21.4b). On observe des capillaires fenestrés dans les reins, les villosités de l'intestin grêle, les plexus choroïdes des ventricules cérébraux et dans certaines glandes endocrines.

Les **sinusoïdes** sont plus larges et plus sinueux que les autres capillaires. Leurs cellules endothéliales possèdent parfois des fenestrations particulièrement grandes. Leur membrane basale est

FIGURE 21.4 Les types de capillaires.

Les capillaires sont des vaisseaux sanguins microscopiques qui relient les artérioles aux veinules.

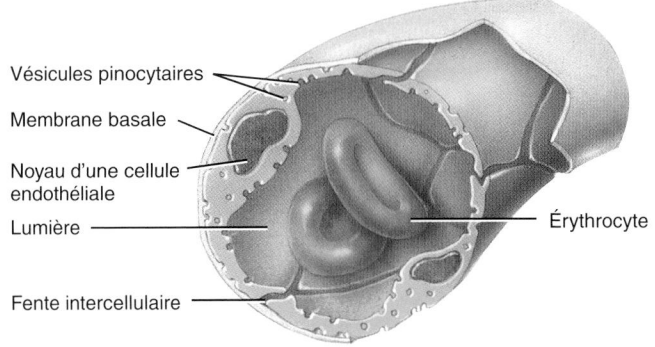

(a) Capillaire continu

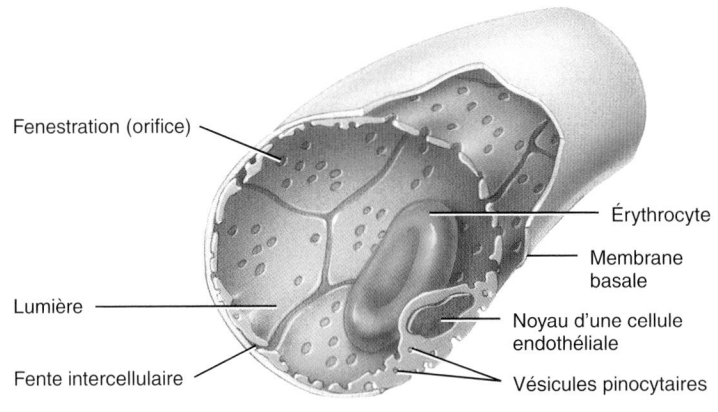

(b) Capillaire fenestré

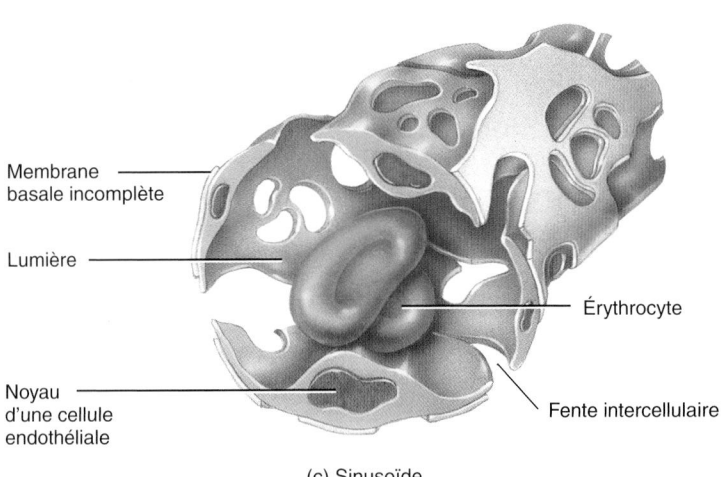

(c) Sinusoïde

 Comment les substances traversent-elles les parois des capillaires?

incomplète, voire absente ; leurs fentes intercellulaires sont très larges (figure 21.4c). On trouve les sinusoïdes dans le foie, la moelle osseuse rouge, la rate et certaines glandes endocrines.

En général, le sang passe du cœur aux artères, aux artérioles, aux capillaires, aux veinules puis aux veines, pour enfin revenir au cœur. Dans certaines parties du corps, toutefois, le sang passe d'un réseau de capillaires à un autre par une veine qu'on appelle *veine porte*. Ce type de circulation sanguine s'appelle **système porte**. Le nom des systèmes portes évoque celui de leur destination capillaire. Un système porte débouche dans la glande hypophyse (système porte hypothalamohypophysaire), un autre, dans le foie (système porte hépatique).

LES VEINULES

Les **veinules** sont de petites veines formées par la réunion de plusieurs capillaires. Leur diamètre varie de 10 à 100 μm. Les veinules recueillent le sang des capillaires et le déversent dans les veines. Les plus petites veines sont celles qui se trouvent le plus près des capillaires. Leur paroi se compose d'une tunique interne d'endothélium et d'une tunique moyenne comportant seulement quelques myocytes lisses éparpillés. Les parois des veinules les plus petites sont très poreuses, comme celle des capillaires. C'est par les veinules que de nombreux leucocytes phagocytaires quittent la circulation sanguine pour aller combattre l'inflammation et les infections dans les tissus voisins. En s'élargissant, les veinules convergent pour former les veines ; elles possèdent alors une tunique externe semblable à celle des veines (figure 21.1b).

LES VEINES

Les **veines** ont un diamètre de 0,1 mm à plus de 1 mm. Bien qu'elles soient constituées essentiellement des trois mêmes tuniques que les artères, l'épaisseur relative de chacune de ces enveloppes est différente. La tunique interne des veines est plus mince que celle des artères. Leur tunique moyenne est beaucoup plus fine et contient peu de myocytes lisses et de fibres élastiques. Leur tunique externe est la plus épaisse des trois couches de la paroi des veines et elle contient des fibres collagènes et des fibres élastiques. Contrairement aux artères, la paroi des veines ne comporte pas de limitante élastique externe ni interne (figure 21.1b). Ces dernières sont suffisamment extensibles pour s'adapter aux variations du volume et de la pression du sang qu'elles transportent ; elles ne peuvent cependant pas résister à de fortes pressions. Par ailleurs, la lumière des veines est plus grande que celle des artères comparables et les veines semblent souvent aplaties (collabées) quand on les observe en coupe.

De nombreuses veines, en particulier celles des membres, contiennent des **valvules veineuses**. Ces minces replis de la tunique interne forment des cuspides qui font saillie dans la lumière des veines et pointent vers le cœur (figure 21.5). La faible pression dans les veines cause un ralentissement du retour veineux, voire un reflux. Le rôle des valvules veineuses est de prévenir ce reflux et de favoriser le retour du sang vers le cœur.

Un **sinus veineux** est une veine qui possède une mince paroi d'endothélium dépourvue de myocytes lisses permettant de modi-

FIGURE 21.5 Les valvules veineuses.

Les valvules veineuses obligent le sang à circuler dans une seule direction : vers le cœur.

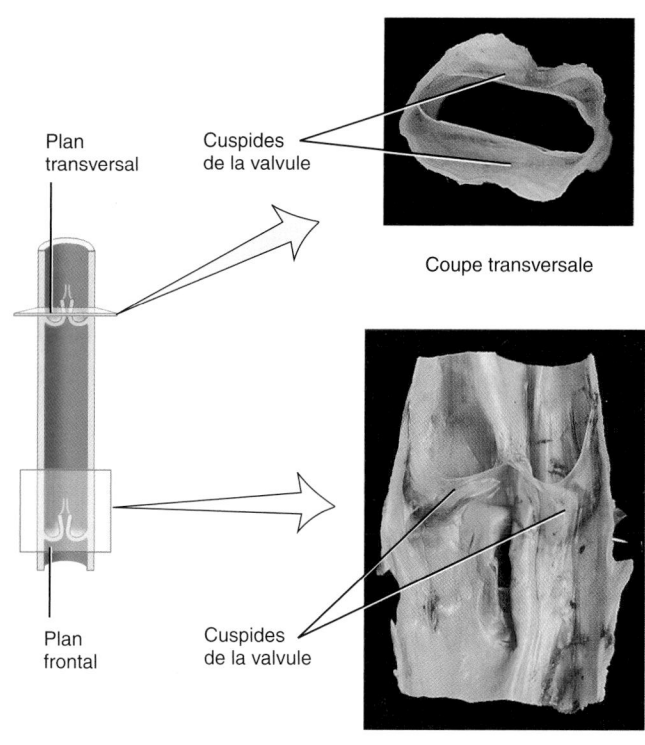

Coupe transversale

Coupe longitudinale

Photographies d'une valvule dans une veine

Q Pourquoi les valvules veineuses jouent-elles un rôle plus important dans les veines des bras et des jambes que dans celles du cou ?

fier son diamètre. Le tissu conjonctif dense qui l'entoure lui procure le soutien que les tuniques moyenne et externe fournissent aux autres types de veines. Par exemple, les sinus veineux de la dure-mère, qui sont renforcés par la dure-mère, acheminent le sang désoxygéné de l'encéphale jusqu'au cœur. Le sinus coronaire du cœur est aussi un sinus veineux (voir la figure 20.3c).

 ### LES VARICES

Quand les valvules veineuses perdent leur étanchéité, les veines se dilatent et deviennent tortueuses. On les appelle alors **varices** (*varix* : veine gonflée). Presque toutes les régions du corps sont susceptibles de présenter des varices, mais celles-ci se forment surtout au niveau de l'œsophage et des membres inférieurs (dans ce dernier cas, ce sont les veines superficielles qui sont affectées). La gravité des varices des membres inférieurs est variable ; elle va de la simple contrariété esthétique au problème médical grave. L'anomalie des valvules qui entraîne la formation des varices a plusieurs origines. Elle peut être héréditaire, résulter d'un stress mécanique (position debout prolongée ou grossesse) ou être causée par le vieillissement. Quand les valvules fuient, le sang reflue et s'accumule dans la veine. La pression occasionnée par cette accumulation dilate la veine et des liquides s'infiltrent dans les tissus environnants. La veine atteinte et le tissu voisin présentent alors de l'inflammation et deviennent sensibles au toucher. Les veines superficielles, en particulier la veine saphène, sont les plus fragiles ; les veines profondes sont moins vulnérables, car le muscle squelettique qui les entoure empêche l'étirement excessif de leur paroi. Les veines variqueuses du canal anal s'appellent *hémorroïdes*. Les varices œsophagiennes sont formées par des veines dilatées des parois de la partie inférieure de l'œsophage, parfois de la partie supérieure de l'estomac. Les varices œsophagiennes saignantes peuvent entraîner la mort ; elles résultent en général d'une maladie hépatique chronique.

Il existe plusieurs traitements pour les veines variqueuses des membres inférieurs. Les personnes dont les symptômes sont légers ou pour lesquelles les autres traitements ne sont pas recommandés peuvent porter des *collants* ou *bas à varices* (aussi appelés *bas de compression*). La *sclérothérapie* consiste à injecter dans les veines variqueuses une solution qui produit une thrombophlébite (une inflammation avec caillot sanguin). Cette inflammation superficielle et bénigne endommage ainsi la tunique interne ; en guérissant, la zone touchée forme une cicatrice qui bouche la veine. L'*oblitération endoveineuse par radiofréquence* consiste à utiliser l'énergie des radiofréquences pour chauffer les veines variqueuses et les obturer. L'*oblitération au laser* consiste à appliquer des rayons laser sur les veines variqueuses pour les fermer. Enfin, l'*éveinage* est l'ablation chirurgicale des veines touchées en les retirant au moyen d'une tige flexible. ■

LES ANASTOMOSES

La plupart des tissus du corps humain sont irrigués par plusieurs artères. L'union des branches de deux ou plusieurs artères desservant une même région s'appelle **anastomose** (*anastomôsis* : embouchure). Les anastomoses artérielles fournissent au sang des voies supplémentaires pour se rendre vers un tissu ou un organe. Grâce aux anastomoses, l'irrigation sanguine d'une région donnée se poursuit même quand l'écoulement du sang est momentanément interrompu par certains mouvements normaux qui compriment un vaisseau ou quand un vaisseau est obstrué à cause d'une maladie, d'une lésion ou d'une intervention chirurgicale. Cet « autre » chemin qu'emprunte le sang en passant par une anastomose s'appelle **circulation collatérale**. Les anastomoses relient également des veines entre elles (anastomoses veineuses), ou des artérioles et des veinules. Les artères qui ne s'anastomosent pas sont les **artères terminales**. L'obstruction d'une artère terminale interrompt l'irrigation de tout un segment d'organe et provoque sa nécrose (mort). Si nécessaire, le sang peut aussi emprunter des vaisseaux qui ne s'anastomosent pas, mais qui desservent la même région du corps.

Le tableau 21.1 résume les principales caractéristiques des différents types de vaisseaux sanguins.

LA DISTRIBUTION DU SANG

Au repos, les veines et les veinules systémiques contiennent environ 64 % du volume sanguin (figure 21.6) ; les artères et les artérioles systémiques, environ 13 % ; les capillaires systémiques, environ 7 % ; les vaisseaux sanguins pulmonaires, environ 9 % ; et le cœur, environ 7 %. Comme les veines et les veinules systémiques contiennent une grande partie du volume sanguin, elles constituent

TABLEAU 21.1 LA CARACTÉRISATION DES TYPES DE VAISSEAUX SANGUINS					
	DIAMÈTRE	**TUNIQUE INTERNE**	**TUNIQUE MOYENNE**	**TUNIQUE EXTERNE**	**FONCTION**
Artères élastiques	> 1 cm	Endothélium ; membrane basale ; limitante élastique interne fenestrée.	Myocytes lisses ; proportion plus grande de fibres élastiques ; limitante élastique externe mince.	Fibres collagènes ; fibres élastiques.	*Artères conductrices* : acheminent le sang du cœur jusqu'aux artères musculaires.
Artères musculaires	De 0,1 à 10 mm	Endothélium ; membrane basale ; limitante élastique interne mince et bien délimitée.	Proportion plus grande de myocytes lisses ; moins de fibres élastiques ; limitante élastique externe diffuse.	Fibres collagènes ; fibres élastiques.	*Artères distributrices* : dirigent le sang jusqu'aux artérioles vers les différents organes.
Artérioles (près des artères dont elles proviennent)	De 10 à 100 μm	Endothélium ; membrane basale ; limitante élastique interne.	Myocytes lisses ; très peu de fibres élastiques.	Fibres collagènes ; fibres élastiques.	*Vaisseaux de résistance,* ou résistifs : acheminent le sang jusqu'aux capillaires et contribuent à la régulation du flux sanguin.
Capillaires	De 4 à 10 μm	Endothélium ; membrane basale.	Pas de tunique moyenne.	Pas de tunique externe.	*Vaisseaux d'échange* : assurent les échanges de nutriments et de déchets entre le sang et le liquide interstitiel.
Veinules (plus près des jonctions avec les veines)	De 10 à 100 μm	Endothélium ; membrane basale.	Quelques myocytes lisses épars.	Fibres collagènes ; fibres élastiques.	Recueillent le sang provenant des capillaires et l'acheminent jusqu'aux veines.
Veines	De 0,1 mm à plus de 1 mm	Endothélium ; membrane basale ; valvules veineuses.	Peu de myocytes lisses et de fibres élastiques.	Fibres collagènes ; fibres élastiques.	Ramènent le sang au cœur avec l'aide des valvules veineuses des membres.

FIGURE 21.6 La distribution du sang dans le système cardiovasculaire au repos.

 Les veines et veinules systémiques contiennent plus de la moitié du volume sanguin total. C'est pourquoi on les appelle *réservoirs sanguins*.

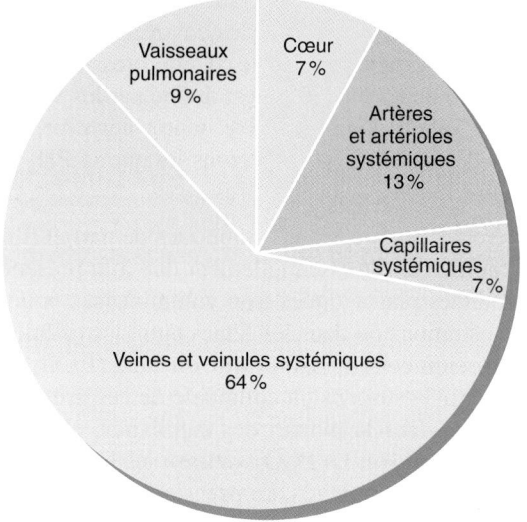

Si votre volume sanguin total est de 5 L, quel volume de sang contiennent vos veinules et vos veines en ce moment précis? Et vos capillaires?

des **réservoirs sanguins** susceptibles d'être mis à contribution rapidement en cas de besoin. Par exemple, quand l'activité musculaire augmente, le centre cardiovasculaire du bulbe rachidien transmet plus d'influx sympathiques aux veines. Il s'ensuit une *veinoconstriction* qui dérive une partie du volume sanguin depuis les réservoirs vers les muscles squelettiques nécessitant un apport sanguin supplémentaire. Un mécanisme similaire intervient en cas d'hémorragie, quand le volume et la pression du sang baissent: la veinoconstriction contribue alors à compenser la diminution de la pression artérielle. Les veines des organes abdominaux (surtout celles du foie et de la rate) et de la peau figurent parmi les principaux réservoirs sanguins du corps humain.

▶ **POINT DE CONTRÔLE**

1. Quelle est la fonction des fibres élastiques et des myocytes lisses dans la tunique moyenne des artères?

2. Quelles sont les différences structurales et fonctionnelles entre les artères élastiques et les artères musculaires?

3. Quelles sont les particularités structurales des capillaires qui permettent les échanges de substances entre le sang et les cellules?

4. Quelle est la différence entre un réservoir de pression et un réservoir sanguin? Quels sont leurs rôles respectifs?

5. Quel rapport y a-t-il entre les anastomoses et la circulation collatérale?

LES ÉCHANGES CAPILLAIRES

OBJECTIF

• Décrire les pressions qui propulsent les liquides entre les capillaires et les espaces interstitiels.

Tout le système cardiovasculaire assure le maintien de la circulation sanguine dans les capillaires afin de permettre les **échanges capillaires**, c'est-à-dire les déplacements de substances entre le sang et le liquide interstitiel. Le sang contenu dans les capillaires systémiques représente en tout temps 7% du volume sanguin total; il échange continuellement des substances avec le liquide interstitiel. Ces substances entrent dans les capillaires et en sortent par trois grands mécanismes: la diffusion, la transcytose et l'écoulement de masse.

LA DIFFUSION

La diffusion simple est le mécanisme d'échanges capillaires le plus important. Nombreuses sont les substances qui entrent dans les capillaires et en sortent par ce moyen, par exemple l'oxygène (O_2), le dioxyde de carbone (CO_2), le glucose, les acides aminés et les hormones. Comme l'oxygène et les nutriments sont normalement plus concentrés dans le sang, ils diffusent en suivant leur gradient de concentration dans le liquide interstitiel, puis dans les cellules. Le CO_2 et les autres déchets produits par les cellules étant plus concentrés dans le liquide interstitiel, ils diffusent dans le sang.

Les substances contenues dans le sang ou dans le liquide interstitiel franchissent les parois des capillaires en diffusant par les fentes intercellulaires ou les fenestrations, ou encore par les cellules endothéliales (figure 21.4). Les substances hydrosolubles, par exemple le glucose et les acides aminés, traversent les parois capillaires par les fentes intercellulaires ou les fenestrations. Les substances liposolubles, par exemple l'O_2, le CO_2 et les hormones stéroïdes, traversent les parois capillaires en franchissant directement la bicouche lipidique de la membrane plasmique des cellules endothéliales. Comme la plupart des protéines plasmatiques et les érythrocytes sont trop volumineux pour se glisser dans les fentes intercellulaires ou les fenestrations, il leur est impossible de traverser les parois des capillaires continus ou fenestrés.

Par contre, les fentes intercellulaires des sinusoïdes sont tellement larges que même les protéines et les érythrocytes réussissent à traverser les parois de ces capillaires. Ainsi, les hépatocytes (cellules du foie) synthétisent et libèrent de nombreuses protéines plasmatiques, par exemple le fibrinogène (la principale protéine de la coagulation) et l'albumine, qui diffusent ensuite dans la circulation sanguine par les sinusoïdes. Les cellules sanguines se forment dans la moelle osseuse rouge (hématopoïèse) puis rejoignent la circulation sanguine par les sinusoïdes.

Contrairement à la paroi des sinusoïdes, celle des capillaires de l'encéphale ne laisse passer que de très rares substances. De nombreuses aires de l'encéphale contiennent des capillaires continus. Dans la plupart des capillaires de l'encéphale, les cellules endothéliales sont unies par des jonctions serrées. Ainsi, les substances sont incapables d'entrer dans les capillaires ou d'en sortir : ce barrage constitue la *barrière hématoencéphalique* (voir p. 508). Dans les aires de l'encéphale dépourvues de barrière hématoencéphalique, par exemple l'hypothalamus, la glande pinéale et l'hypophyse, les échanges de substances par les capillaires sont plus aisés.

LA TRANSCYTOSE

Un très petit nombre de substances traversent les parois capillaires par **transcytose** (*trans* : par-delà ; *kutos* : cavité, cellule ; *osis* : processus). Au cours de ce processus, des substances du plasma sanguin sont emprisonnées dans de minuscules vésicules pinocytaires. Ces vésicules pénètrent d'abord dans les cellules endothéliales par endocytose, puis sortent de l'autre côté par exocytose. Ce moyen de transport est important, surtout pour les grosses molécules non liposolubles incapables de traverser les parois des capillaires autrement. Par exemple, l'insuline (une hormone formée par une petite protéine) entre dans la circulation sanguine par transcytose ; certains anticorps (également des protéines) passent de la circulation maternelle à la circulation fœtale de cette manière.

L'ÉCOULEMENT DE MASSE : LA FILTRATION ET LA RÉABSORPTION

L'**écoulement de masse** est un mécanisme passif par lequel de *grandes* quantités d'ions, de molécules ou de particules contenus dans un liquide vont ensemble dans la même direction, beaucoup plus vite que si elles se déplaçaient uniquement par diffusion. L'écoulement de masse s'effectue toujours d'une région où la pression est plus élevée vers une région où la pression est plus faible ; ce mouvement se maintient tant que subsiste la différence, ou gradient, de pression.

Alors que la diffusion assure principalement les *échanges de solutés* entre le sang et le liquide interstitiel, l'écoulement de masse intervient plutôt dans la régulation des *volumes relatifs de sang et de liquide interstitiel*. La **filtration** est le mouvement des liquides et des solutés qui, sous l'effet de la pression, *sortent* des capillaires pour *entrer* dans le milieu interstitiel. La **réabsorption** est le mouvement qui les fait *sortir* du liquide interstitiel, sous l'effet de la pression, pour *entrer* dans les capillaires.

La filtration dépend de plusieurs facteurs, mais deux d'entre eux sont déterminants : la **pression hydrostatique du sang (PH_s)**, qui est produite par l'action de pompage du cœur, et la **pression osmotique du liquide interstitiel (PO_li)**. Quant à la réabsorption, elle est surtout commandée par la **pression colloïdoosmotique du sang (PCO_s)**. La différence entre ces pressions s'appelle **pression nette de filtration (PNF)** ; elle détermine si le volume du sang et celui du liquide interstitiel restent stables ou fluctuent. En général, le volume de liquides et de solutés qui est réabsorbé est égal ou presque au volume filtré. Cet état de quasi-équilibre est le **phénomène de Starling**.

Nous allons voir maintenant comment s'équilibrent les pressions hydrostatiques et osmotiques. Dans les vaisseaux, la pression hydrostatique est celle que l'eau du plasma exerce contre les parois des vaisseaux sanguins. Comme la pression sanguine diminue à mesure que le sang progresse dans le lit capillaire, la **pression hydro-**

statique du sang** dans un capillaire (**PH_s**) est d'environ 35 millimètres de mercure (mm Hg) à l'extrémité artérielle des capillaires et d'environ 16 mm Hg à leur extrémité veineuse (figure 21.7). La PH_s « pousse » les liquides hors des capillaires pour les faire pénétrer dans le liquide interstitiel. La pression du liquide interstitiel, qui s'appelle **pression hydrostatique du liquide interstitiel (PH_li)**, s'exerce dans le sens inverse : elle « pousse » les liquides hors des espaces interstitiels pour les envoyer dans les capillaires. La PH_li est toutefois presque nulle. (Cette pression est difficile à mesurer, car le liquide interstitiel est drainé par les vaisseaux lymphatiques ; sa valeur, tantôt positive, tantôt négative, oscille toujours autour de 0.) Nous considérerons ici que la PH_li est égale à 0 mm Hg tout le long des capillaires.

La différence des pressions osmotiques de part et d'autre de la paroi des capillaires est essentiellement due à la présence dans le sang de protéines plasmatiques trop volumineuses pour se glisser dans les fenestrations ou dans les fentes entre les cellules endothéliales. La **pression colloïdoosmotique du sang (PCO_s)** est la pression générée par la suspension colloïdale de ces grosses protéines dans le plasma ; dans la plupart des capillaires, elle se situe aux alentours de 26 mm Hg. La PCO_s « attire » les liquides des espaces interstitiels dans les capillaires. La **pression osmotique du liquide interstitiel (PO_li)**, qui s'oppose à la PCO_s, « attire » les liquides hors des capillaires, vers le liquide interstitiel. Normalement, la PO_li est très faible (entre 0,1 et 5 mm Hg), car le liquide interstitiel ne contient que très peu de protéines. Les quelques protéines qui réussissent à passer du plasma au liquide interstitiel ne s'y accumulent pas, car elles gagnent la lymphe qui les ramène dans le sang. Pour les besoins de notre exposé, nous établirons la PO_li à 1 mm Hg.

Pour déterminer s'il y a entrée ou sortie de liquides dans les capillaires, il faut calculer la différence nette entre les pressions. Si les pressions qui poussent les liquides hors des capillaires sont supérieures à celles qui les y attirent, les liquides se déplacent des capillaires vers les espaces interstitiels (filtration). Inversement, si les pressions qui poussent les liquides hors des espaces interstitiels dans les capillaires sont supérieures à celles qui les attirent hors des capillaires, les liquides se déplacent des espaces interstitiels dans les capillaires (réabsorption).

La pression nette de filtration (PNF) indique la direction de l'écoulement des liquides. Elle se calcule de la façon suivante.

$$PNF = (PH_S + PO_{li}) - (PCO_S + PH_{li})$$

Pressions qui favorisent la filtration — Pressions qui favorisent la réabsorption

À l'extrémité artérielle d'un capillaire :

$$PNF = (35 + 1) \text{ mm Hg} - (26 + 0) \text{ mm Hg}$$
$$= (36 - 26) \text{ mm Hg} = 10 \text{ mm Hg}$$

Ainsi, à l'extrémité artérielle d'un capillaire, une *pression nette de sortie* de 10 mm Hg force les liquides à sortir du capillaire pour entrer dans les espaces interstitiels (filtration).

À l'extrémité veineuse d'un capillaire :

$$PNF = (16 + 1) \text{ mm Hg} - (26 + 0) \text{ mm Hg}$$
$$= (17 - 26) \text{ mm Hg} = -9 \text{ mm Hg}$$

FIGURE 21.7 La dynamique des échanges capillaires (phénomène de Starling). Le filtrat excédentaire se déverse dans les capillaires lymphatiques.

La pression hydrostatique du sang pousse les liquides hors des capillaires (filtration) et la pression colloïdoosmotique du sang les attire dans les capillaires (réabsorption).

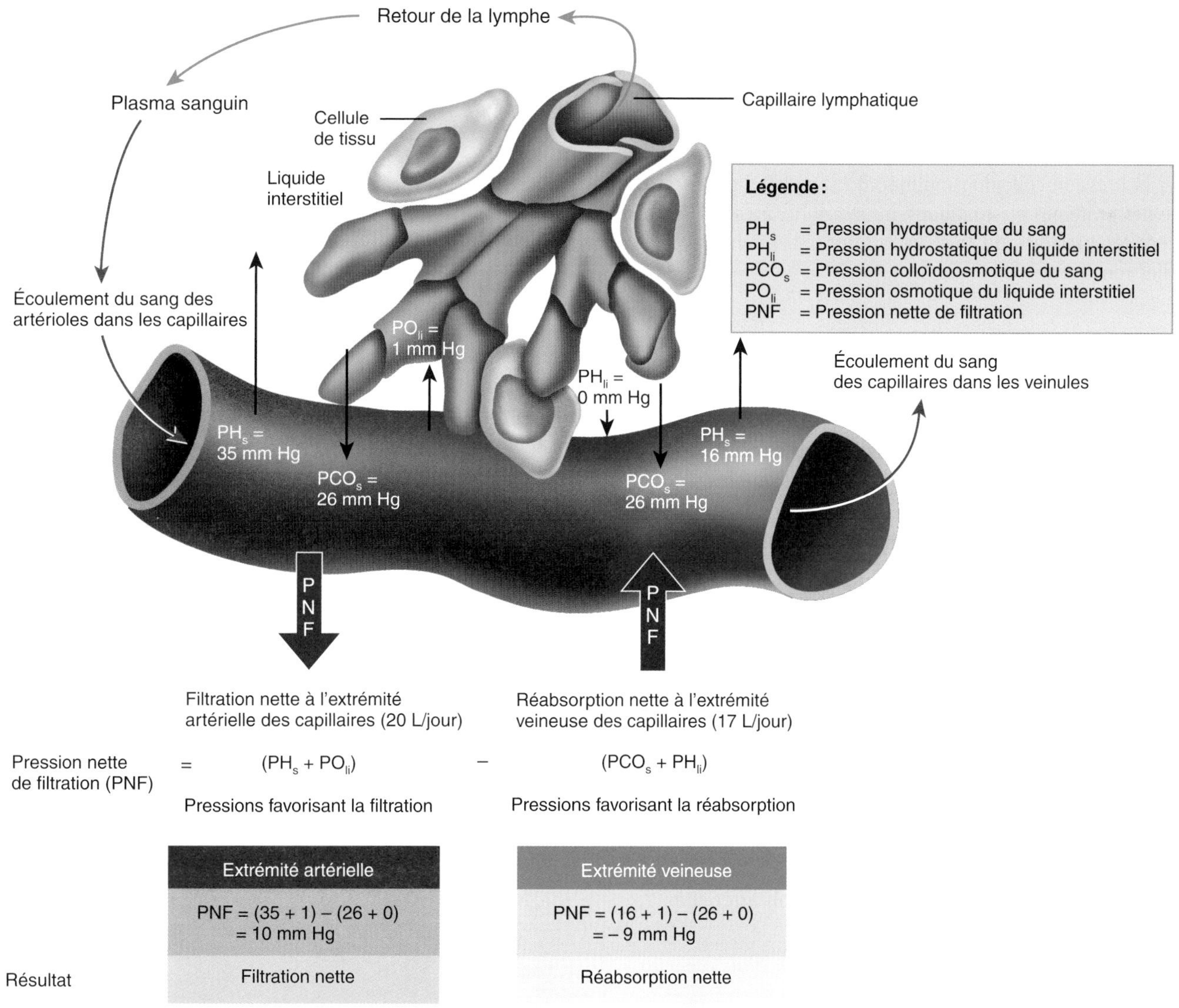

Retour de la lymphe

Plasma sanguin

Cellule de tissu

Capillaire lymphatique

Liquide interstitiel

Légende :

PH_s = Pression hydrostatique du sang
PH_{li} = Pression hydrostatique du liquide interstitiel
PCO_s = Pression colloïdoosmotique du sang
PO_{li} = Pression osmotique du liquide interstitiel
PNF = Pression nette de filtration

Écoulement du sang des artérioles dans les capillaires

PO_{li} = 1 mm Hg

PH_{li} = 0 mm Hg

PH_s = 35 mm Hg

PCO_s = 26 mm Hg

PH_s = 16 mm Hg

PCO_s = 26 mm Hg

Écoulement du sang des capillaires dans les veinules

PNF

PNF

Filtration nette à l'extrémité artérielle des capillaires (20 L/jour)

Réabsorption nette à l'extrémité veineuse des capillaires (17 L/jour)

Pression nette de filtration (PNF) $=$ $(PH_s + PO_{li})$ $-$ $(PCO_s + PH_{li})$

Pressions favorisant la filtration

Pressions favorisant la réabsorption

Extrémité artérielle	Extrémité veineuse
PNF = (35 + 1) − (26 + 0) = 10 mm Hg	PNF = (16 + 1) − (26 + 0) = − 9 mm Hg
Filtration nette	Réabsorption nette

Résultat

Les personnes qui souffrent d'insuffisance hépatique ne synthétisent pas des quantités normales de protéines plasmatiques. Quelles conséquences cette insuffisance a-t-elle sur la pression colloïdoosmotique du sang ? sur la filtration et la réabsorption capillaires ? sur l'état des tissus ?

À l'extrémité veineuse d'un capillaire, la pression est négative (− 9 mm Hg) et cette *pression nette d'entrée* force les liquides à sortir des tissus pour entrer dans le capillaire (réabsorption).

En moyenne, environ 85 % du liquide filtré (qui sort des capillaires) est réabsorbé. Le filtrat excédentaire (qui n'est pas réabsorbé) et les quelques protéines plasmatiques qui s'échappent du sang pour entrer dans le liquide interstitiel pénètrent dans les capillaires lymphatiques (voir la figure 22.2). Ces substances reviennent dans la circulation sanguine quand la lymphe se déverse à la jonction des veines jugulaire et subclavière, dans la partie supérieure du thorax (voir la figure 22.3). Chaque jour, 20 L environ de liquide sortent des capillaires par filtration pour entrer dans les tissus du corps. Sur ces 20 L, 17 sont réabsorbés et 3 entrent dans les capillaires lymphatiques. (Ces chiffres n'incluent pas les liquides filtrés durant la formation de l'urine.)

L'ŒDÈME

Quand la filtration des liquides dépasse anormalement leur réabsorption, le volume interstitiel augmente de façon anormale et provoque un **œdème**. En général, on ne peut détecter l'œdème dans les tissus tant que le volume de liquide interstitiel n'a pas dépassé de 30 % sa valeur normale. L'œdème provient soit d'une filtration excessive, soit d'une réabsorption insuffisante.

Une filtration excessive peut avoir deux causes :

- L'*augmentation de la pression sanguine dans les capillaires* amène la filtration d'une plus grande quantité de liquide contenu des capillaires ;
- L'*augmentation de la perméabilité des capillaires* permet à des protéines plasmatiques de sortir des capillaires et accroît ainsi la pression osmotique du liquide interstitiel. Cette perte d'étanchéité peut résulter de l'action de différents agents chimiques, bactériens, thermiques ou mécaniques sur les parois des capillaires.

La réabsorption insuffisante est généralement attribuable à la cause suivante :

- La *diminution de la concentration des protéines plasmatiques* fait baisser la pression colloïdoosmotique du sang. Une synthèse insuffisante des protéines plasmatiques, ou leur fuite, accompagne généralement les maladies du foie, les brûlures, la malnutrition et les maladies rénales. ■

▶ **POINT DE CONTRÔLE**

6. Comment les substances peuvent-elles entrer dans le plasma sanguin et en sortir ?

7. Comment les pressions hydrostatiques et osmotiques déterminent-elles le passage des liquides à travers les parois des capillaires ?

8. Qu'est-ce qu'un œdème ? Comment se forme-t-il ?

L'HÉMODYNAMIQUE : LES FACTEURS INFLUANT SUR LE DÉBIT SANGUIN

▶ **OBJECTIFS**

- Expliquer les facteurs qui déterminent le débit sanguin.
- Expliquer les causes des variations de la pression sanguine dans l'ensemble du système cardiovasculaire.
- Décrire les facteurs qui déterminent la pression artérielle moyenne et la résistance périphérique.
- Décrire la relation entre la section transversale d'un vaisseau sanguin et la vitesse du flux sanguin.

Le **débit sanguin** est le volume du sang qui circule dans un tissu donné au cours d'une période donnée (en mL/min). Le débit sanguin total est le débit cardiaque (DC), c'est-à-dire le volume de sang qui circule chaque minute dans les vaisseaux sanguins de la circulation systémique (ou pulmonaire). Nous avons vu au chapitre 20 que le débit cardiaque total dépend de la fréquence cardiaque et du volume systolique :

$$\text{Débit cardiaque (DC)} = \text{Fréquence cardiaque (FC)} \times \text{Volume systolique (VS)}$$

Cependant, le débit sanguin dans les voies de la circulation qui irriguent les différents tissus dépend de deux autres facteurs : 1) le *gradient de pression* qui dirige l'écoulement sanguin dans chacun des tissus ; et 2) la *résistance* à l'écoulement sanguin dans les différents vaisseaux. Le sang circule des régions où la pression est plus élevée vers celles où elle est plus basse ; ainsi, plus la diffé-rence de pression (le gradient de pression) est grande, plus le débit sanguin est élevé. Mais plus la résistance est élevée, plus le débit sanguin est faible.

LA PRESSION SANGUINE

Comme nous venons de le mentionner, le sang circule des régions où la pression est plus élevée vers celles où elle est plus basse et le débit sanguin est d'autant plus élevé que le gradient de pression est grand. La contraction des ventricules détermine la **pression sanguine (PS)**, c'est-à-dire la pression hydrostatique exercée par le sang sur les parois d'un vaisseau sanguin. C'est dans l'aorte et dans les grosses artères systémiques que la PS est la plus élevée. Chez un jeune adulte au repos, elle atteint environ 110 mm Hg à la systole (contraction ventriculaire) et tombe à environ 70 mm Hg à la diastole (relâchement). La **pression artérielle systolique** est la pression la plus forte que le sang exerce contre les parois des artères (elle est atteinte à la systole) ; la **pression artérielle diastolique** est la pression la plus faible que le sang exerce contre les parois des artères (elle est atteinte à la diastole) (figure 21.8). Quand le sang quitte l'aorte pour entrer dans la circulation systémique, sa pression diminue à mesure qu'il s'éloigne du ventricule gauche. La pression sanguine baisse pour atteindre environ 35 mm Hg quand le sang passe des artères systémiques aux artérioles systémiques puis aux capillaires, où la pression se stabilise. À l'extrémité veineuse

FIGURE 21.8 La pression sanguine dans différentes parties du système cardiovasculaire. La ligne en tireté indique la pression artérielle moyenne dans l'aorte, les artères et les artérioles.

À chaque battement cardiaque, la pression sanguine augmente et diminue dans les vaisseaux sanguins qui conduisent aux capillaires.

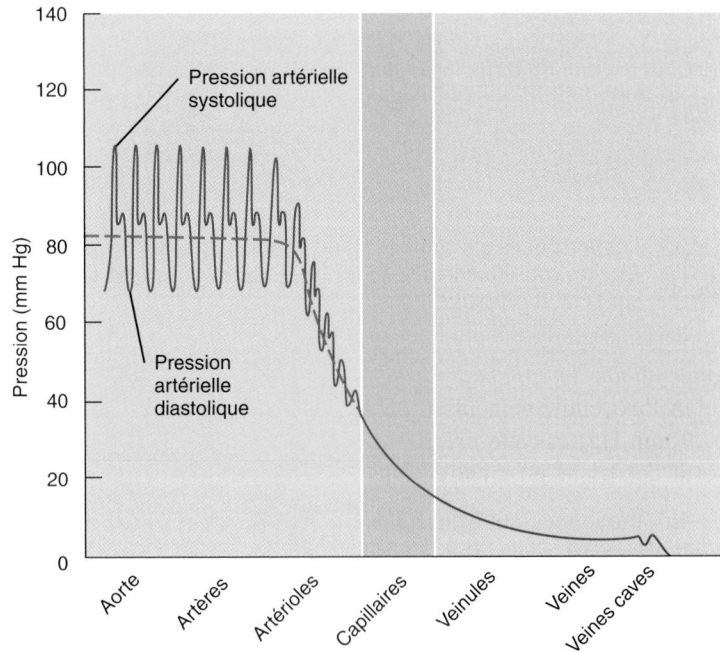

Q La pression artérielle moyenne dans l'aorte est-elle plus proche de la pression systolique ou de la pression diastolique ?

des capillaires, la pression sanguine n'est plus que d'environ 16 mm Hg. Elle baisse encore quand le sang entre dans les veinules systémiques puis dans les veines, car ce sont les vaisseaux les plus éloignés du ventricule gauche. Enfin, la pression sanguine devient nulle (0 mm Hg) quand le sang pénètre dans l'oreillette droite.

La **pression artérielle moyenne** (**PAM**) équivaut à environ un tiers de l'écart entre la pression diastolique et la pression systolique :

PAM = PS diastolique + 1/3 (PS systolique – PS diastolique).

Ainsi, chez une personne dont la pression sanguine est de 110/70 mm Hg, la PAM est d'environ 83 mm Hg : 1/3[70 + (110 – 70)].

Nous avons vu que le débit cardiaque est égal à la fréquence cardiaque multipliée par le volume systolique. Il s'obtient aussi en divisant la pression artérielle moyenne (PAM) par la résistance (R) :

DC = PAM ÷ R.

Par conséquent : PAM = DC × R. Si le débit cardiaque augmente à cause d'un accroissement du volume systolique ou de la fréquence cardiaque, la pression artérielle moyenne s'élève aussi, à condition que la résistance reste stable. De la même façon, à résistance égale, toute diminution du débit cardiaque provoque une baisse de la pression artérielle moyenne.

La pression sanguine dépend aussi du volume sanguin total dans le système cardiovasculaire. Chez l'adulte, le volume sanguin normal est d'environ 5 L. Toute diminution de ce volume, par exemple en cas d'hémorragie, fait baisser le débit sanguin artériel (la quantité de sang qui circule dans les artères chaque minute). Une diminution relativement faible du volume sanguin peut être neutralisée par les mécanismes de régulation qui interviennent dans le maintien de la pression sanguine (voir p. 806) ; cependant, toute diminution de plus de 10 % du volume sanguin total fait chuter la pression sanguine. À l'inverse, tous les phénomènes qui accroissent le volume sanguin, par exemple la rétention d'eau, provoquent une augmentation de la pression sanguine.

LA RÉSISTANCE

Comme nous l'avons mentionné plus haut, la **résistance vasculaire** représente la force qui s'oppose au débit sanguin ; elle résulte de la friction du sang contre les parois des vaisseaux sanguins. La résistance vasculaire dépend de trois facteurs : 1) le diamètre de la lumière du vaisseau sanguin ; 2) la viscosité du sang ; et 3) la longueur totale du vaisseau.

1. *Le diamètre de la lumière.* La résistance (R) est inversement proportionnelle à la quatrième puissance du diamètre (d) de la lumière du vaisseau sanguin ($R \propto 1/d^4$). Plus le diamètre de la lumière d'un vaisseau est petit, plus la résistance qu'il oppose au débit sanguin est grande. Par exemple, si le diamètre d'un vaisseau diminue de moitié, sa résistance au débit sanguin devient 16 fois plus grande*. La vasoconstriction rétrécit la lumière ; la vasodilatation l'élargit. Normalement, les fluctuations ponctuelles du débit sanguin dans un tissu sont causées par la vaso-

constriction et la vasodilatation des artérioles de ce tissu. Quand les artérioles se dilatent, la résistance baisse et la pression sanguine chute. Quand elles se contractent, la résistance augmente et la pression sanguine aussi.

2. *La viscosité du sang.* La viscosité (« l'épaisseur ») du sang dépend principalement du rapport entre le nombre des érythrocytes et le volume plasmatique et, quoique dans une moindre mesure, de la concentration de protéines dans le plasma. Plus la viscosité du sang est grande, plus la résistance est élevée. Tout phénomène qui accroît la viscosité sanguine, par exemple une déshydratation intense ou la polycythémie (un nombre anormalement élevé d'érythrocytes), entraîne donc une augmentation de la pression sanguine. Une baisse de la concentration des protéines plasmatiques, causée par un trouble hépatique ou la diminution du nombre d'érythrocytes consécutive à l'anémie, diminue la viscosité du sang et fait chuter la pression sanguine.

3. *La longueur totale du vaisseau sanguin.* La résistance au passage du sang dans un vaisseau est directement proportionnelle à sa longueur. Plus il est long, plus la résistance est grande. Les personnes obèses souffrent souvent d'hypertension (pression artérielle élevée) parce que la formation de vaisseaux sanguins supplémentaires dans les tissus adipeux augmente la longueur totale des vaisseaux sanguins de ces personnes. Chaque kilo excédentaire accroît le réseau des vaisseaux sanguins d'environ 650 km.

La **résistance périphérique** (**RP**) est l'ensemble des résistances que les vaisseaux sanguins systémiques opposent à l'écoulement du sang. Cette résistance est très faible dans les plus gros vaisseaux (artères et veines), car la plus grande partie du sang qui y circule n'entre pas en contact avec leurs parois. En revanche, les vaisseaux les plus étroits (artérioles, capillaires et veinules) sont ceux qui offrent le plus de résistance au débit sanguin. En changeant de diamètre, les artérioles jouent un rôle important dans la régulation de la résistance périphérique, donc dans la régulation de la pression sanguine et du débit sanguin dans certains tissus. Même une très légère dilatation ou constriction des artérioles modifie considérablement la résistance périphérique. Le principal centre de régulation de la résistance périphérique est le centre vasomoteur du bulbe rachidien (nous le décrirons prochainement).

LE RETOUR VEINEUX

Le **retour veineux** représente le volume de sang revenant au cœur par les veines systémiques. Il est assuré par les contractions du ventricule gauche. Bien qu'il soit faible, le gradient de pression entre les veinules (environ 16 mm Hg en moyenne) et le ventricule droit (0 mm Hg) suffit normalement à ramener le sang jusqu'au cœur. Si la pression augmente dans l'oreillette droite et dans le ventricule droit, le retour veineux diminue. Cette augmentation de la pression dans l'oreillette droite peut provenir d'une défectuosité de la valve auriculoventriculaire droite (valve tricuspide). Si celle-ci laisse le sang refluer durant la contraction des ventricules, le retour veineux diminue et le sang s'accumule du côté veineux de la circulation systémique.

En plus du cœur lui-même, deux mécanismes contribuent à « pomper » le sang des membres inférieurs pour le ramener vers le

---

* $R = 1/\left(\frac{1}{2}\right)^4 = 2^4 = 2 \times 2 \times 2 \times 2 = 16$

cœur : 1) la pompe musculaire squelettique ; et 2) la pompe respiratoire. Toutes deux fonctionnent grâce aux valvules des veines.

1. *La pompe musculaire squelettique.* La **pompe musculaire squelettique** fonctionne de la manière suivante (figure 21.9) :

❶ En position debout, au repos, la valvule veineuse de la partie de la jambe qui est la plus proche du cœur (la valvule proximale) et celle qui en est la plus éloignée (la valvule distale) sont ouvertes et le sang monte vers le cœur.

❷ Si on se dresse sur la pointe des pieds ou que l'on monte une marche, la contraction des muscles de la jambe comprime la veine, ce qui pousse le sang à travers la valvule proximale (effet d'étranglement) ; cette même poussée du sang ferme la valvule distale du segment non comprimé de la veine. Les personnes longtemps immobilisées par une blessure ou une maladie ont un retour veineux plus lent, car elles ne peuvent plus contracter les muscles des jambes. Elles s'exposent donc à des problèmes circulatoires.

FIGURE 21.9 Le fonctionnement de la pompe musculaire squelettique dans le retour veineux. ❶ Au repos, la valvule veineuse proximale et la valvule veineuse distale sont ouvertes et le sang monte vers le cœur. ❷ La contraction des muscles de la jambe pousse le sang à travers la valvule proximale et ferme la valvule distale. ❸ Quand les muscles de la jambe se relâchent, la valvule proximale se ferme et la valvule distale s'ouvre. Quand le sang qui se trouvait dans le pied pénètre dans la veine, la valvule proximale s'ouvre de nouveau.

Les contractions des muscles squelettiques produisent un effet d'étranglement qui pousse le sang veineux vers le cœur.

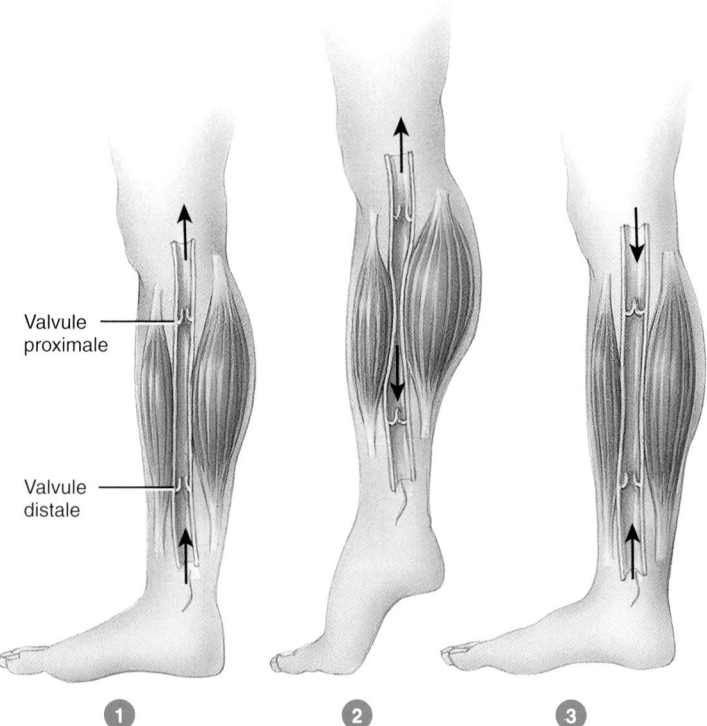

Valvule proximale

Valvule distale

❶   ❷   ❸

 À part les contractions du cœur, quels sont les mécanismes qui stimulent le retour veineux par leur action de pompage ?

❸ Immédiatement après le relâchement musculaire, la pression baisse dans la section de la veine qui était comprimée, ce qui ferme la valvule proximale. La pression sanguine étant plus élevée dans le pied que dans la jambe, la valvule distale s'ouvre et le sang du pied entre dans la veine.

2. *La pompe respiratoire.* La **pompe respiratoire** fonctionne également grâce à l'alternance des compressions et décompressions auxquelles les veines sont soumises. À l'inspiration, le diaphragme descend, ce qui entraîne à la fois la diminution de la pression dans la cavité thoracique et une augmentation de la pression dans la cavité abdominale. Il y a compression des veines abdominales et un plus grand volume de sang se déplace des veines abdominales comprimées vers les veines thoraciques non comprimées, puis vers l'oreillette droite. À l'expiration, ces pressions s'inversent et les valvules des veines empêchent le reflux du sang des veines thoraciques vers les veines abdominales.

La figure 21.10 résume les facteurs qui élèvent la pression artérielle en faisant augmenter le débit cardiaque ou la résistance périphérique.

LA VITESSE DU FLUX SANGUIN

Ainsi que nous venons de le voir, le débit sanguin est le *volume* de sang qui traverse un tissu donné au cours d'une période donnée (en mL/min). La *vitesse* du flux sanguin s'exprime en cm/s et elle est inversement proportionnelle à l'aire de la section transversale du vaisseau. C'est donc aux points où l'aire de la section transversale totale est la plus grande que le débit sanguin est le plus lent (figure 21.11). À chacune des ramifications artérielles, l'aire de la section transversale totale de toutes ses branches est supérieure à celle du vaisseau d'origine. Par conséquent, le débit sanguin diminue à mesure que le sang s'éloigne du cœur et c'est dans les capillaires qu'il est le plus lent. Inversement, quand les veinules fusionnent pour former les veines, l'aire de la section transversale totale de la veine diminue par rapport à celle des veinules d'origine et, par conséquent, le débit sanguin augmente. Chez l'adulte, l'aire de la section transversale de l'aorte n'est que de 3 à 5 cm^2 et la vitesse moyenne du sang aortique est de 40 cm/s ; dans les capillaires, l'aire de la section transversale totale est de 4 500 à 6 000 cm^2 et la vitesse du flux sanguin est inférieure à 0,1 cm/s. Dans les deux veines caves combinées, l'aire de la section transversale est d'environ 14 cm^2 et la vitesse du flux est de l'ordre de 15 cm/s. La vitesse diminue donc à mesure que le sang s'éloigne de l'aorte pour couler dans les artères, puis vers les artérioles et les capillaires ; elle augmente de nouveau quand le sang quitte les capillaires pour retourner au cœur. La lenteur relative de l'écoulement sanguin dans les capillaires facilite l'échange de substances entre le sang et le liquide interstitiel.

Le **temps de circulation** est le temps que prend une goutte de sang pour aller de l'oreillette droite à l'oreillette gauche par la circulation pulmonaire, descendre jusqu'au pied par la circulation systémique et revenir à l'oreillette droite. Au repos, le temps de circulation normal est d'environ 1 min.

FIGURE 21.10 Les facteurs responsables de l'augmentation de la pression artérielle moyenne (PAM). Les facteurs indiqués dans les cases vertes agissent sur le débit cardiaque ; ceux des cases bleues agissent sur la résistance périphérique.

L'augmentation du débit cardiaque et celle de la résistance périphérique font augmenter la pression artérielle moyenne.

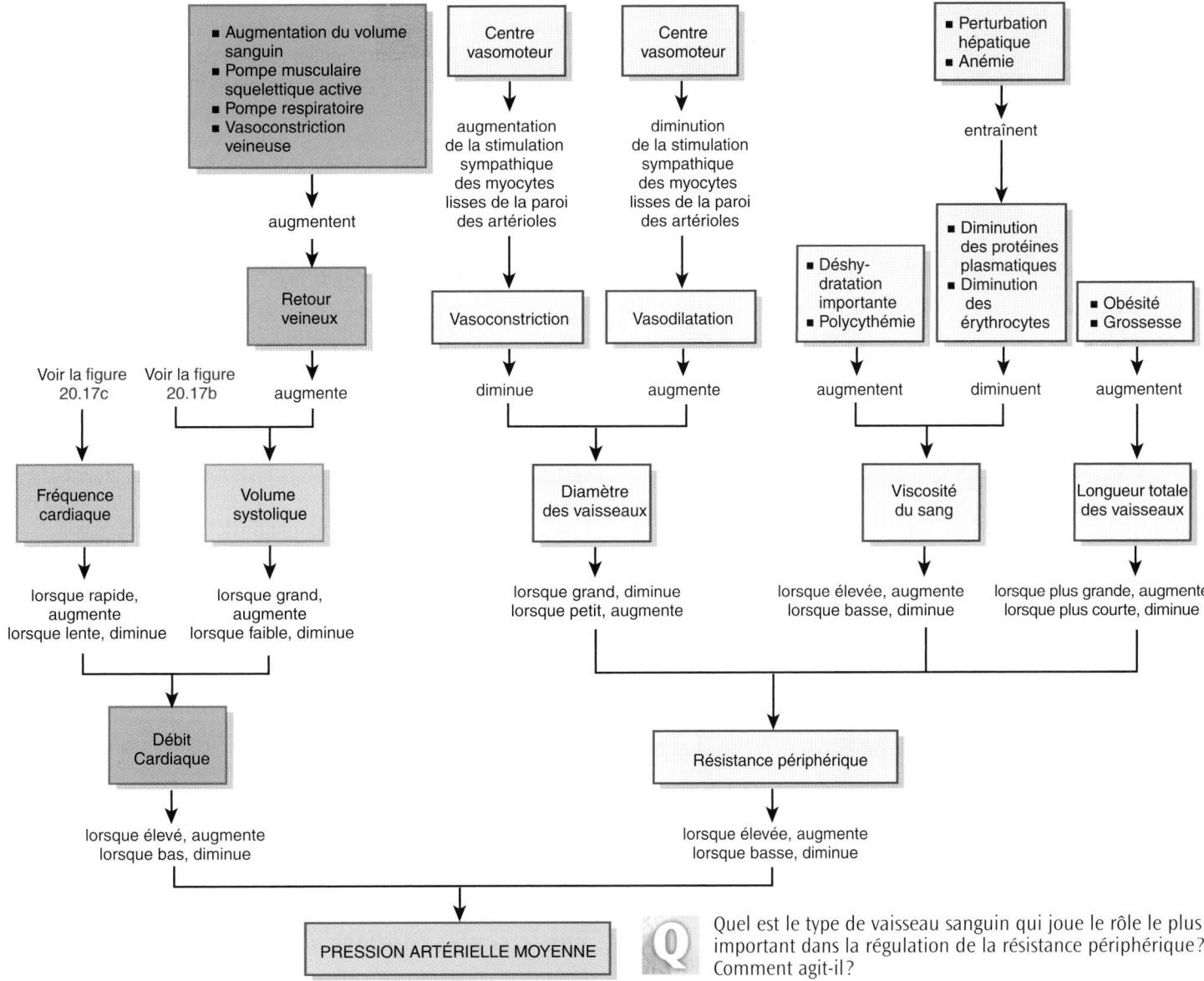

Quel est le type de vaisseau sanguin qui joue le rôle le plus important dans la régulation de la résistance périphérique ? Comment agit-il ?

LA SYNCOPE

La **syncope**, ou évanouissement, est une perte de conscience soudaine et temporaire qui n'est pas provoquée par un traumatisme crânien et qui est suivie d'une récupération spontanée. Elle est généralement causée par une ischémie cérébrale, c'est-à-dire une insuffisance du débit sanguin dans l'encéphale. La syncope peut survenir dans des circonstances très diverses.

- La *syncope vasovagale* est causée par un choc émotionnel ou une blessure (réelle, anticipée ou imaginaire) ; elle fait intervenir la stimulation parasympathique par le nerf vague (X).
- La *syncope circonstancielle* est due à une pression provoquée par l'effort de la miction, de la défécation ou d'une toux grave.
- La *syncope médicamenteuse* peut être causée par des médicaments tels que les antihypertenseurs, les diurétiques, les vasodilatateurs et les tranquillisants.

- L'*hypotension orthostatique* résulte d'une baisse excessive de la pression artérielle qui survient quand on se lève rapidement ; elle peut causer l'évanouissement. ■

▶ POINT DE CONTRÔLE

9. Expliquez comment la pression sanguine et la résistance déterminent le débit sanguin.

10. Qu'est-ce que la résistance périphérique et quels sont les facteurs qui la déterminent ?

11. Décrivez les facteurs qui contribuent au retour veineux vers le cœur.

12. Pourquoi la vitesse du flux sanguin est-elle plus élevée dans les artères et dans les veines que dans les capillaires ?

La vitesse du sang est la plus faible dans les capillaires, car c'est dans ces vaisseaux que l'aire de section transversale totale est la plus grande.

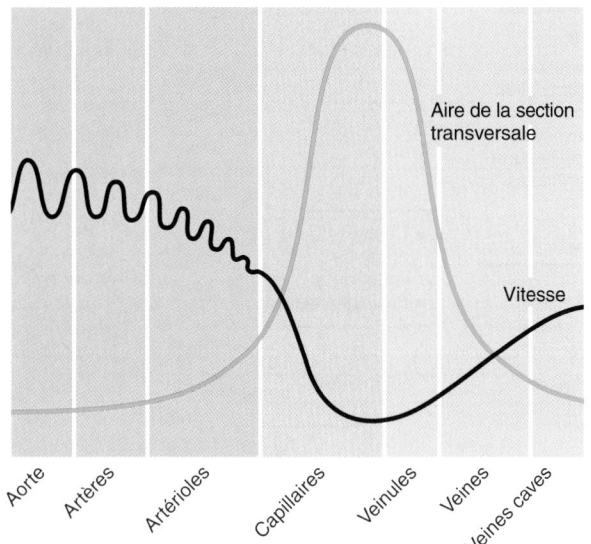

Q Dans quels vaisseaux la vitesse du flux sanguin est-elle la plus élevée?

LA RÉGULATION DE LA PRESSION ARTÉRIELLE ET DU DÉBIT SANGUIN

> **OBJECTIF**

• Décrire les mécanismes de régulation de la pression artérielle.

Plusieurs mécanismes de rétro-inhibition interreliés contrôlent la pression artérielle en agissant sur la fréquence cardiaque, le volume systolique, la résistance périphérique et le volume sanguin. Certains mécanismes ajustent rapidement la pression artérielle en fonction de changements soudains, par exemple quand la pression artérielle cérébrale baisse lors d'une sortie rapide du lit, tandis que d'autres, plus lents, assurent la régulation à long terme. Il arrive également que le débit sanguin dans les différents organes doive être ajusté. Pendant l'exercice physique, par exemple, une proportion plus élevée du volume sanguin est dirigée vers les muscles squelettiques afin d'assurer un débit plus élevé.

LE RÔLE DU CENTRE CARDIOVASCULAIRE

Nous avons décrit au chapitre 20 la manière dont le **centre cardiovasculaire** du bulbe rachidien participe à la régulation de la fréquence cardiaque et du volume systolique (voir la figure 20.16). Ce centre gouverne aussi les mécanismes de rétro-inhibition nerveux, hormonaux et locaux qui régissent la pression sanguine et

le débit sanguin dans chacun des tissus. Des groupes de neurones disséminés dans le centre cardiovasculaire contrôlent la fréquence cardiaque, la contractilité des ventricules (leur force de contraction) et le diamètre des vaisseaux sanguins. Certains neurones stimulent le cœur (centre cardioaccélérateur) tandis que d'autres l'inhibent (centre cardio-inhibiteur); d'autres encore régulent le diamètre des vaisseaux sanguins en provoquant leur vasoconstriction (centre vaso-constricteur) ou leur dilatation (centre vasodilatateur); ensemble, ces neurones constituent le centre vasomoteur. Puisque ces neurones du centre cardiovasculaire communiquent, agissent de concert et ne sont pas vraiment distincts sur le plan anatomique, nous les décrirons comme s'ils formaient un ensemble homogène.

Les informations d'entrée transmises au centre cardiovasculaire

Le centre cardiovasculaire reçoit des informations (d'entrée) des centres cérébraux supérieurs et des récepteurs sensoriels (figure 21.12). Ainsi, des influx nerveux en provenance du cortex cérébral, du système limbique et de l'hypothalamus peuvent agir sur le centre cardiovasculaire. Par exemple, avant même le début d'une course, notre fréquence cardiaque peut augmenter sous l'effet des influx nerveux transmis par le système limbique au centre cardiovasculaire. Si notre température corporelle augmente pendant la course, notre hypothalamus transmettra des influx nerveux au centre cardiovasculaire. Les vaisseaux sanguins cutanés se dilateront alors, ce qui permettra de dissiper la chaleur plus rapidement à la surface de la peau. Les trois principaux types de récepteurs sensoriels qui transmettent des influx sensitifs au centre cardiovasculaire sont les propriocepteurs, les barorécepteurs et les chimiorécepteurs. Les *propriocepteurs* surveillent les mouvements articulaires et musculaires; ils transmettent des informations au centre cardiovasculaire pendant l'activité physique et ce sont eux qui font augmenter rapidement la fréquence cardiaque au début de l'exercice. Les *barorécepteurs* surveillent les changements dans la pression artérielle et l'étirement des parois des vaisseaux sanguins. Les *chimiorécepteurs* surveillent la concentration de diverses substances chimiques dans le sang.

Les informations de sortie émises par le centre cardiovasculaire

Les informations (de sortie) émises par le centre cardiovasculaire sont acheminées par les neurones moteurs des parties sympathique et parasympathique du système nerveux autonome (figure 21.12). Les influx sympathiques empruntent les **nerfs cardiaques** pour se rendre au cœur. Tout accroissement de la stimulation sympathique fait augmenter la fréquence cardiaque et la contractilité; inversement, toute diminution de la stimulation sympathique fait baisser la fréquence cardiaque et la contractilité. Acheminée par les **nerfs vagues** (**X**), la stimulation parasympathique réduit la fréquence cardiaque. La régulation du cœur résulte donc des influences opposées des parties sympathique (stimulation) et parasympathique (inhibition) du système nerveux autonome (SNA).

Le centre cardiovasculaire transmet continuellement des influx aux myocytes lisses de la paroi des vaisseaux sanguins par les neurones sympathiques formant les **nerfs vasomoteurs**. Ces neurones sympathiques (préganglionnaires) sortent de la moelle épinière par

FIGURE 21.12 L'emplacement et la fonction du centre cardiovasculaire du bulbe rachidien. Le centre cardiovasculaire reçoit des informations (d'entrée) des centres cérébraux supérieurs, des propriocepteurs, des barorécepteurs et des chimiorécepteurs. Il transmet ensuite des informations (de sortie) aux parties sympathique et parasympathique du système nerveux autonome (SNA).

Le centre cardiovasculaire est le principal siège de la régulation nerveuse du cœur et des vaisseaux sanguins.

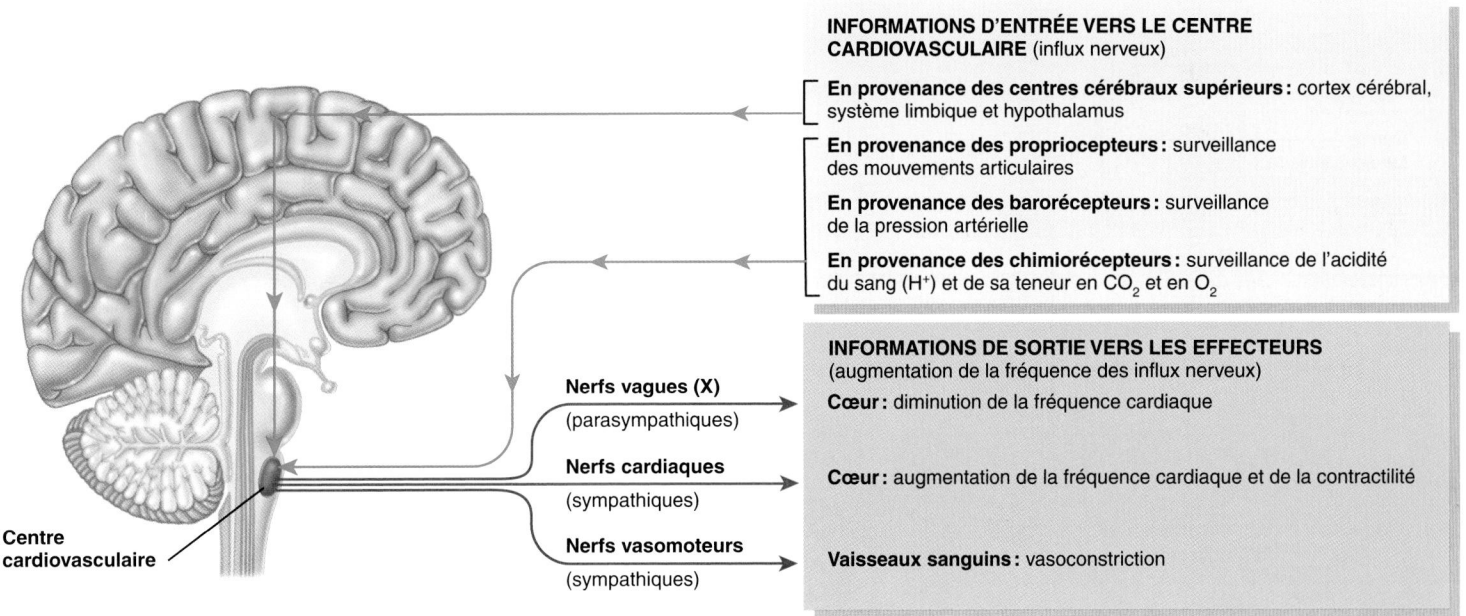

INFORMATIONS D'ENTRÉE VERS LE CENTRE CARDIOVASCULAIRE (influx nerveux)

En provenance des centres cérébraux supérieurs : cortex cérébral, système limbique et hypothalamus

En provenance des propriocepteurs : surveillance des mouvements articulaires

En provenance des barorécepteurs : surveillance de la pression artérielle

En provenance des chimiorécepteurs : surveillance de l'acidité du sang (H^+) et de sa teneur en CO_2 et en O_2

INFORMATIONS DE SORTIE VERS LES EFFECTEURS (augmentation de la fréquence des influx nerveux)

Cœur : diminution de la fréquence cardiaque

Cœur : augmentation de la fréquence cardiaque et de la contractilité

Vaisseaux sanguins : vasoconstriction

Nerfs vagues (X) (parasympathiques)

Nerfs cardiaques (sympathiques)

Nerfs vasomoteurs (sympathiques)

Centre cardiovasculaire

 Quels types de tissus effecteurs le centre cardiovasculaire régit-il ?

tous les nerfs thoraciques et par le premier ou les deux premiers nerfs lombaires ; ils entrent ensuite dans les ganglions du tronc sympathique (voir la figure 15.2). De là, les influx se propagent le long des neurones sympathiques (postganglionnaires) qui innervent les vaisseaux sanguins des viscères et des régions périphériques. L'aire vasomotrice du centre cardiovasculaire émet continuellement des influx par ces mêmes voies sympathiques vers toutes les artérioles du corps, mais surtout celles de la peau et des viscères abdominaux. Par conséquent, les artérioles sont toujours soumises à une certaine contraction ou vasoconstriction ; ce **tonus vasomoteur** établit la résistance périphérique au repos. La stimulation sympathique de la plupart des veines provoque une constriction qui fait sortir le sang des réservoirs veineux et augmente la pression sanguine. Ainsi, la régulation du diamètre des vaisseaux sanguins est assurée principalement par la partie sympathique du SNA.

LA RÉGULATION NERVEUSE DE LA PRESSION ARTÉRIELLE

Le système nerveux régule la pression artérielle par des boucles de rétro-inhibition dans lesquelles interviennent deux types de réflexes : 1) les réflexes des barorécepteurs ; et 2) les réflexes des chimiorécepteurs.

Les réflexes des barorécepteurs

Les **barorécepteurs** sont des récepteurs sensoriels qui détectent les variations de pression artérielle. Ils se trouvent dans l'aorte, les

artères carotides internes (les artères du cou qui assurent l'approvisionnement sanguin de l'encéphale) et autres grandes artères du cou et de la poitrine. Les barorécepteurs contribuent à réguler la pression artérielle en envoyant des influx nerveux au centre cardiovasculaire. Les deux principaux **réflexes des barorécepteurs** sont le réflexe sinucarotidien et le réflexe aortique.

Les barorécepteurs de la paroi des sinus carotidiens déclenchent le **réflexe sinucarotidien**, qui participe à la régulation de la pression artérielle dans l'encéphale. Les **sinus carotidiens** sont de petites dilatations des artères carotides internes droite et gauche situées juste au-dessus du point d'émergence de ces artères hors de l'artère carotide commune (figure 21.13). La pression artérielle étire la paroi des sinus carotidiens, ce qui stimule les barorécepteurs. Les influx nerveux se propagent depuis les barorécepteurs des sinus carotidiens jusqu'au centre cardiovasculaire du bulbe rachidien par des axones sensitifs des **nerfs glossopharyngiens (IX)** (voir la figure 14.24). Les barorécepteurs situés dans la paroi de l'aorte ascendante et de l'arc aortique déclenchent le **réflexe aortique**, qui régit la pression artérielle systémique. Les influx nerveux des barorécepteurs aortiques atteignent le centre cardiovasculaire par des axones sensitifs des **nerfs vagues (X)** (voir la figure 14.25.) La réponse motrice du centre cardiovasculaire est dirigée vers deux effecteurs, le cœur et les myocytes lisses de la paroi des vaisseaux périphériques (figure 21.12).

❶ Prenons l'exemple d'une perte de volume sanguin consécutive à une hémorragie (stimulus). Comme l'illustre la figure 21.14,

FIGURE 21.13 L'innervation du système nerveux autonome du cœur et les réflexes des barorécepteurs qui contribuent à la régulation de la pression artérielle.

Les barorécepteurs sont des neurones sensibles aux changements de pression ; ils mesurent l'étirement de la paroi artérielle.

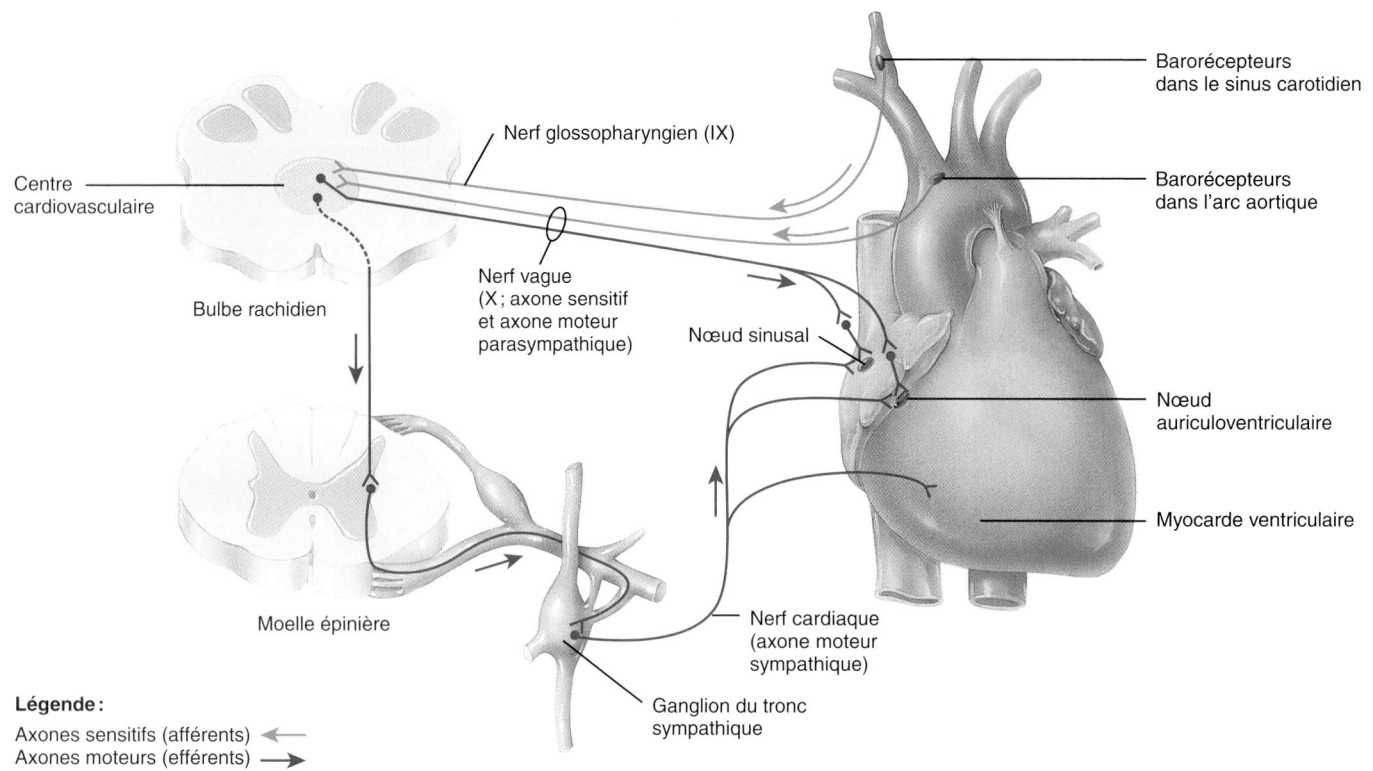

Légende :
Axones sensitifs (afférents) ⟵
Axones moteurs (efférents) ⟶

 Quels nerfs crâniens acheminent les influx nerveux depuis les barorécepteurs des sinus carotidiens et de l'arc aortique jusqu'au centre cardiovasculaire ?

❷ cette hémorragie fait chuter la pression artérielle (déséquilibre) ; ❸ la paroi des sinus carotidiens et de l'arc aortique s'étire moins, de sorte que les barorécepteurs (récepteurs) émettent moins d'influx nerveux vers le centre cardiovasculaire (centre nerveux de régulation). ❹ Ce centre réagit en diminuant la stimulation parasympathique du cœur (effecteur) par les axones moteurs des nerfs vagues et en augmentant la stimulation sympathique du cœur par les axones moteurs des nerfs cardiaques. ❺ⓐ L'effet combiné de ces actions entraîne un accroissement de la fréquence cardiaque et de la force de contraction du cœur, donc une augmentation du débit cardiaque. En outre ❹, le centre cardiovasculaire augmente la stimulation sympathique dans les axones moteurs des nerfs vasomoteurs vers les myocytes lisses de la paroi des vaisseaux périphériques (effecteurs) ; ❺ⓐ il en résulte une vasoconstriction qui renforce la résistance périphérique. ❸ Les barorécepteurs envoient également moins d'influx vers l'hypothalamus (centre nerveux de régulation). ❹ Celui-ci réagit en augmentant la stimulation sympathique vers la médulla surrénale (effecteur endocrinien). ❺ⓐ L'augmentation de la stimulation sympathique accroît la sécrétion de l'adrénaline et de la noradrénaline dans le sang. En agissant sur le cœur et les myocytes lisses de la paroi des vaisseaux périphériques (effecteurs), ces deux hormones soutiennent la réaction nerveuse du

centre cardiovasculaire. ❻ Finalement, l'augmentation du débit cardiaque et l'accroissement de la résistance périphérique font tous deux augmenter la pression artérielle systémique (réponse). ❼ L'augmentation de la valeur de la pression artérielle est à nouveau captée par les barorécepteurs, qui transmettent cette information au centre cardiovasculaire et à l'hypothalamus. Si la réaction des effecteurs a ramené la valeur de la pression artérielle dans les limites normales, les centres de régulation cessent d'envoyer des signaux à leurs effecteurs respectifs. Sinon, ils continuent jusqu'à ce que l'équilibre soit rétabli.

Inversement, les barorécepteurs émettent leurs influx nerveux plus fréquemment quand ils détectent une augmentation de la pression artérielle (déséquilibre). Ce stimulus entraîne une réaction du centre cardiovasculaire (centre nerveux de régulation) qui a pour effet d'augmenter la stimulation parasympathique et de diminuer la stimulation sympathique vers le cœur (effecteur). Il s'ensuit une baisse de la fréquence cardiaque et de la force de contraction du cœur, diminuant ainsi le débit cardiaque. En outre, le centre cardiovasculaire émet moins d'influx sympathiques par les nerfs vasomoteurs vers les myocytes lisses de la paroi des vaisseaux périphériques (effecteurs). La vasodilatation qui en résulte réduit la résistance périphérique. La diminution du débit cardiaque et la réduction de

FIGURE 21.14 La régulation rétro-inhibitrice de la pression artérielle par les réflexes des barorécepteurs.

Quand la pression artérielle baisse, la fréquence cardiaque et la résistance périphérique augmentent.

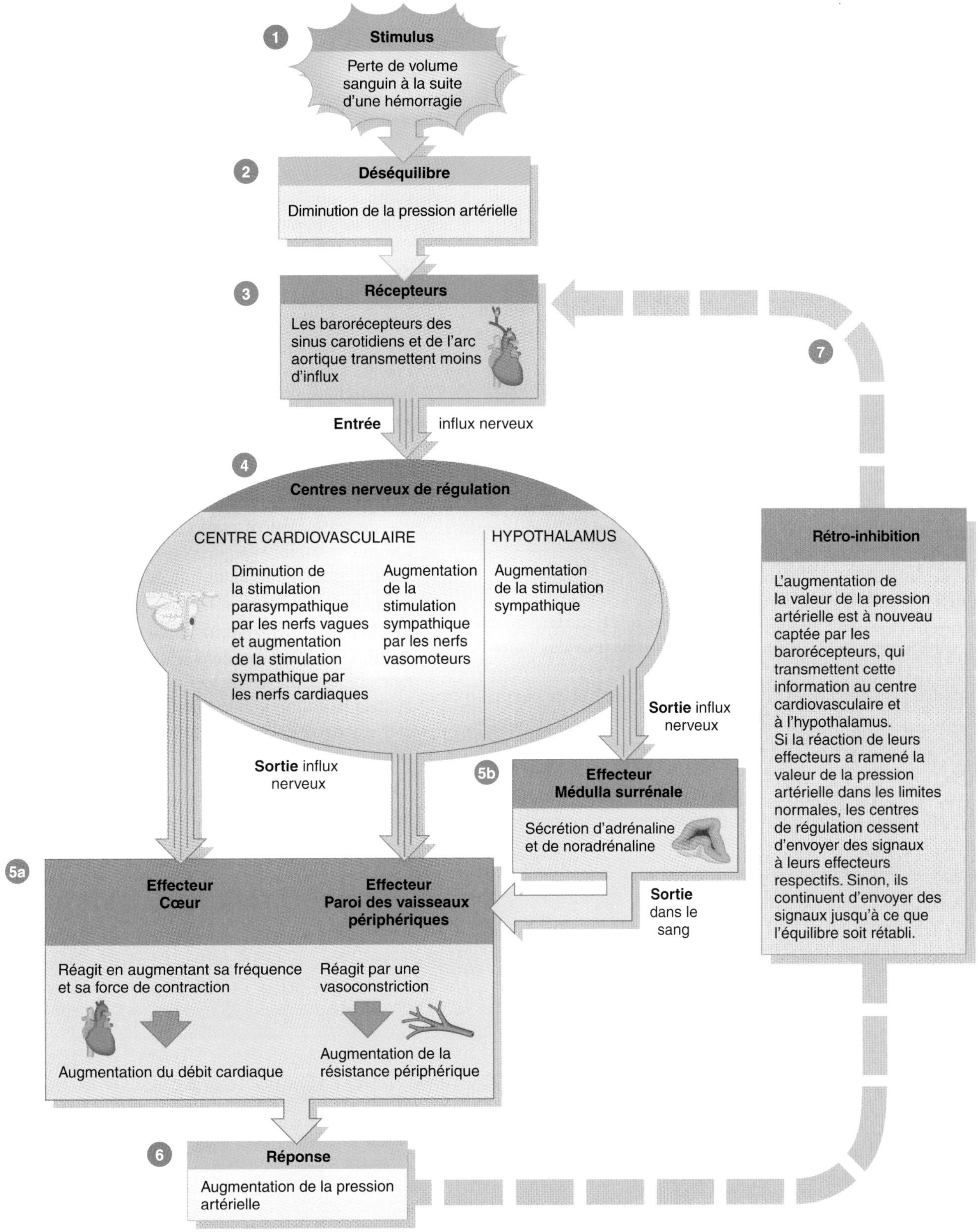

1 Stimulus

Perte de volume sanguin à la suite d'une hémorragie

2 Déséquilibre

Diminution de la pression artérielle

3 Récepteurs

Les barorécepteurs des sinus carotidiens et de l'arc aortique transmettent moins d'influx

Entrée influx nerveux

4 Centres nerveux de régulation

CENTRE CARDIOVASCULAIRE

Diminution de la stimulation parasympathique par les nerfs vagues et augmentation de la stimulation sympathique par les nerfs cardiaques

Augmentation de la stimulation sympathique par les nerfs vasomoteurs

HYPOTHALAMUS

Augmentation de la stimulation sympathique

Sortie influx nerveux

Sortie influx nerveux

5b Effecteur Médulla surrénale

Sécrétion d'adrénaline et de noradrénaline

Sortie dans le sang

5a Effecteur Cœur

Réagit en augmentant sa fréquence et sa force de contraction

Augmentation du débit cardiaque

Effecteur Paroi des vaisseaux périphériques

Réagit par une vasoconstriction

Augmentation de la résistance périphérique

7 Rétro-inhibition

L'augmentation de la valeur de la pression artérielle est à nouveau captée par les barorécepteurs, qui transmettent cette information au centre cardiovasculaire et à l'hypothalamus. Si la réaction de leurs effecteurs a ramené la valeur de la pression artérielle dans les limites normales, les centres de régulation cessent d'envoyer des signaux à leurs effecteurs respectifs. Sinon, ils continuent d'envoyer des signaux jusqu'à ce que l'équilibre soit rétabli.

6 Réponse

Augmentation de la pression artérielle

Q Cette boucle de rétro-inhibition représente-t-elle les changements qui se produisent dans notre corps quand nous nous allongeons ou plutôt quand nous nous levons?

la résistance périphérique font toutes deux baisser la pression artérielle systémique, ce qui favorise le retour à l'homéostasie car la pression artérielle redevient normale.

Quand une personne allongée se lève rapidement, la pression artérielle et le débit sanguin diminuent dans sa tête et dans le haut de son corps. Les réflexes des barorécepteurs contrebalancent toutefois très vite cette baisse de pression. Il arrive cependant qu'ils interviennent plus lentement que la normale, surtout chez les personnes âgées. Un changement de position trop rapide risque de provoquer une syncope si l'apport sanguin au cerveau est insuffisant.

LE MASSAGE DU SINUS CAROTIDIEN ET LA SYNCOPE SINUCAROTIDIENNE

Le sinus carotidien étant situé près de la face antérieure du cou, il est possible de stimuler ses barorécepteurs par des pressions sur le cou. Les médecins effectuent parfois un **massage du sinus carotidien**, qui consiste à masser délicatement le cou au-dessus du sinus carotidien pour faire baisser la fréquence cardiaque chez les patients atteints de tachycardie supraventriculaire paroxystique, un trouble qui prend naissance dans les oreillettes. L'étirement ou la compression du sinus carotidien (à cause d'une hyperextension de la tête, d'un col trop serré, du port de charges lourdes sur les épaules, etc.) peut également abaisser la fréquence cardiaque et provoquer une **syncope sinucarotidienne**, c'est-à-dire un évanouissement causé par une stimulation inadéquate des barorécepteurs du sinus carotidien. ■

Les réflexes des chimiorécepteurs

Les **chimiorécepteurs** sont des récepteurs sensoriels qui surveillent la composition chimique du sang. Ils se trouvent près des barorécepteurs du sinus carotidien et de l'arc aortique, dans de petites structures qui portent le nom de **glomus carotidiens** et de **corpuscules aortiques**, respectivement (voir la figure 14.25). Ces chimiorécepteurs détectent les variations de la concentration d'O_2, de CO_2 et d'ions H^+ dans le sang. L'*hypoxie* (baisse d'O_2), l'*acidose* (augmentation de la concentration d'ions H^+) et l'*hypercapnie* (excès de CO_2) stimulent les chimiorécepteurs pour qu'ils transmettent des influx au centre cardiovasculaire. Celui-ci augmente alors la stimulation sympathique vers les artérioles et les veines, déclenche une vasoconstriction et augmente la pression artérielle. Ces chimiorécepteurs transmettent également des influx au centre respiratoire du tronc cérébral quand il devient nécessaire d'ajuster la fréquence respiratoire.

LA RÉGULATION HORMONALE DE LA PRESSION ARTÉRIELLE

Ainsi que nous l'avons vu au chapitre 18, plusieurs hormones contribuent à la régulation du débit sanguin et de la pression artérielle en modifiant le débit cardiaque, la résistance périphérique ou le volume sanguin total.

1. *Le système rénine-angiotensine-aldostérone.* Quand le volume sanguin baisse ou que l'afflux sanguin vers les reins diminue, les cellules juxtaglomérulaires des reins libèrent une plus grande quantité de **rénine** dans la circulation sanguine. Tour à tour, la rénine et l'enzyme de conversion de l'angiotensine (ACE) agissent sur leurs substrats pour produire une hormone active, l'**angiotensine II**, qui fait augmenter la pression artérielle par deux mécanismes. D'une part, l'angiotensine II est un puissant vasoconstricteur qui élève la pression artérielle en augmentant la résistance périphérique ; d'autre part, elle stimule le cortex des surrénales qui augmente la sécrétion d'**aldostérone**, une hormone qui favorise la réabsorption rénale des ions sodium (Na^+) et de l'eau. Cette augmentation de la réabsorption de l'eau accroît le volume sanguin total, ce qui élève la pression artérielle (voir la figure 18.16).

2. *L'adrénaline et la noradrénaline.* En réponse à la stimulation sympathique, la médulla surrénale libère de l'adrénaline et de la noradrénaline. Ces hormones augmentent la fréquence et la force des contractions cardiaques, accroissant ainsi le débit cardiaque. Elles provoquent aussi la vasoconstriction des artérioles et des veines dans la peau et les viscères abdominaux, ainsi que la vasodilatation des artérioles dans le muscle cardiaque et les muscles squelettiques. Il en résulte une augmentation de l'afflux sanguin vers les muscles pendant les activités physiques (voir la figure 18.20).

3. *L'hormone antidiurétique (ADH).* L'hormone antidiurétique est produite par l'hypothalamus et libérée par la neurohypophyse pour diminuer la diurèse. Normalement, cette hormone a peu d'influence sur la valeur de la pression sanguine. Toutefois, en cas de forte déshydratation ou de baisse du volume sanguin, l'hormone antidiurétique provoque notamment, une vasoconstriction, qui fait augmenter la pression sanguine. C'est la raison pour laquelle l'ADH est aussi appelée **vasopressine**.

4. *Le facteur natriurétique auriculaire (ANP).* Libéré par des cellules se trouvant dans les oreillettes du cœur, le facteur natriurétique auriculaire – une hormone peptidique – stimule la vasodilatation généralisée et favorise l'excrétion de sodium et d'eau dans l'urine, ce qui réduit le volume sanguin et abaisse la pression artérielle.

Le tableau 21.2 résume les mécanismes de la régulation hormonale de la pression artérielle.

L'AUTORÉGULATION DE LA PRESSION ARTÉRIELLE

Différents changements locaux peuvent réguler la vasomotricité dans chacun des lits capillaires. Quand les vasodilatateurs provoquent la dilatation locale des artérioles et le relâchement des sphincters précapillaires, le débit sanguin augmente dans les réseaux capillaires et fait ainsi augmenter la concentration d'O_2. Les vasoconstricteurs déclenchent l'effet inverse. La capacité d'un tissu à ajuster automatiquement son débit sanguin pour combler ses besoins métaboliques et énergétiques s'appelle **autorégulation**. Dans certains tissus, tels le muscle cardiaque et les muscles squelettiques, l'activité physique peut multiplier par dix les besoins en O_2 et en nutriments ainsi que la quantité de déchets à éliminer. L'autorégulation contribue alors largement à l'augmentation du débit sanguin dans les tissus sollicités. Elle régit en outre le débit sanguin régional dans l'encéphale ; en effet, la distribution du sang dans les diverses régions de l'encéphale varie considérablement selon l'activité physique ou

TABLEAU 21.2 LA RÉGULATION HORMONALE DE LA PRESSION ARTÉRIELLE

FACTEUR INFLUANT SUR LA PRESSION ARTÉRIELLE	HORMONE	EFFET SUR LA PRESSION ARTÉRIELLE
DÉBIT CARDIAQUE		
Augmentation de la fréquence cardiaque et de la contractilité du cœur	Noradrénaline Adrénaline	Augmentation
RÉSISTANCE PÉRIPHÉRIQUE		
Vasoconstriction	Angiotensine II	Augmentation
	Hormone antidiurétique (vasopressine)	
	Noradrénaline*	
	Adrénaline*	
Vasodilatation	Facteur natriurétique auriculaire	Diminution
	Adrénaline**	
	Monoxyde d'azote	
VOLUME SANGUIN		
Augmentation du volume sanguin	Aldostérone	Augmentation
	Hormone antidiurétique	
Diminution du volume sanguin	Facteur natriurétique auriculaire	Diminution

* Agit sur les récepteurs α_1 des artérioles de l'abdomen et de la peau.

** Agit sur les récepteurs β_2 des artérioles du muscle cardiaque et des muscles squelettiques ; l'effet vasodilatateur de la noradrénaline est nettement moins élevé que celui de l'adrénaline.

mentale en cours. Durant une conversation, par exemple, le débit sanguin augmente dans les aires motrices du langage chez la personne qui parle et dans les aires auditives chez celle qui écoute.

Deux grands types de stimulus déclenchent les mécanismes d'autorégulation du débit sanguin : 1) les changements physiques ; et 2) les vasodilatateurs et les vasoconstricteurs chimiques.

1. *Les changements physiques.* La chaleur favorise la vasodilatation, tandis que le froid entraîne la vasoconstriction. Par ailleurs, les myocytes lisses des parois des artérioles sont dotés d'une capacité de **réponse myogène**, c'est-à-dire qu'ils se contractent plus vigoureusement après s'être étirés et qu'ils se relâchent quand l'étirement diminue. Par exemple, si le débit sanguin dans une artériole diminue, l'étirement de la paroi de cette artériole baisse et, par conséquent, les myocytes lisses se relâchent, entraînant une vasodilatation qui augmente le débit sanguin.

2. *Les vasodilatateurs et les vasoconstricteurs chimiques.* Plusieurs types de cellules, y compris les leucocytes, les thrombocytes, les myocytes lisses, les macrophagocytes et les cellules endothéliales, libèrent une grande variété de substances chi-

miques *vasoactives* qui modifient le diamètre des vaisseaux sanguins. Les ions K^+ et H^+, l'acide lactique (ou lactate) et l'adénosine (de l'ATP) comptent au nombre des vasodilatateurs libérés par les cellules métaboliquement actives des tissus. Le monoxyde d'azote (NO) synthétisé par les cellules endothéliales est un autre vasodilatateur important. Enfin, les lésions et l'inflammation des tissus stimulent la libération de kinines et d'histamine, qui sont également des vasodilatateurs. Les vasoconstricteurs sont notamment la thromboxane A_2, les radicaux superoxydes, la sérotonine (produite par les thrombocytes) et les endothélines (sécrétées par les cellules endothéliales).

Les circulations pulmonaire et systémique se distinguent, notamment par leur réaction autorégulatrice aux changements de concentration d'O_2. Dans la circulation systémique, la diminution de la concentration d'O_2 provoque la *dilatation* des vaisseaux sanguins. Cette vasodilatation a pour effet d'augmenter l'afflux de sang oxygéné, ce qui favorise le rétablissement de la concentration normale d'oxygène. Inversement, dans la circulation pulmonaire, la diminution de la concentration d'O_2 entraîne la constriction des vaisseaux sanguins. Cette réaction oblige le sang à contourner en grande partie les alvéoles pulmonaires dans les régions mal ventilées et fait affluer la plus grande partie du sang vers les zones mieux ventilées des poumons.

▶ **POINT DE CONTRÔLE**

13. Quelles sont les principales informations d'entrée et de sortie que le centre cardiovasculaire reçoit et émet ?

14. Expliquez le fonctionnement du réflexe sinucarotidien et du réflexe aortique.

15. Quel est le rôle des chimiorécepteurs dans la régulation de la pression artérielle ?

16. Comment les hormones participent-elles à la régulation de la pression artérielle ?

17. Qu'est-ce que l'autorégulation ? En quoi diffère-t-elle dans la circulation systémique et dans la circulation pulmonaire ?

L'ÉVALUATION DE LA CIRCULATION

▸ **OBJECTIF**

- Définir le pouls ainsi que les pressions systolique, diastolique et différentielle.

LE POULS

L'alternance de la dilatation et de la rétraction des artères élastiques après chacune des systoles du ventricule gauche génère une onde de pression qui se transmet à toutes les artères : le **pouls**. C'est dans les artères les plus proches du cœur que les pulsations du pouls sont les plus fortes. Le pouls s'affaiblit ensuite dans les artérioles et disparaît complètement dans les capillaires. On peut le sentir en palpant n'importe quelle artère qui se trouve près de la peau et qui peut être comprimée contre un os ou autre structure rigide. Le tableau 21.3 décrit les points de compression les plus couramment utilisés.

TABLEAU 21.3 LES POINTS DE COMPRESSION POUR PALPER LE POULS

Vaisseau	Emplacement	Vaisseau	Emplacement
Artère temporale superficielle	Sur le côté de l'orbite oculaire.	**Artère fémorale**	En dessous du ligament inguinal.
Artère faciale	Mandibule (mâchoire inférieure), au même niveau que les commissures des lèvres.	**Artère poplitée**	Derrière le genou.
Artère carotide commune	Le long du larynx.	**Artère radiale**	Partie distale du poignet.
Artère brachiale	Face médiale du muscle biceps brachial.	**Artère dorsale du pied**	Sur le cou-de-pied.

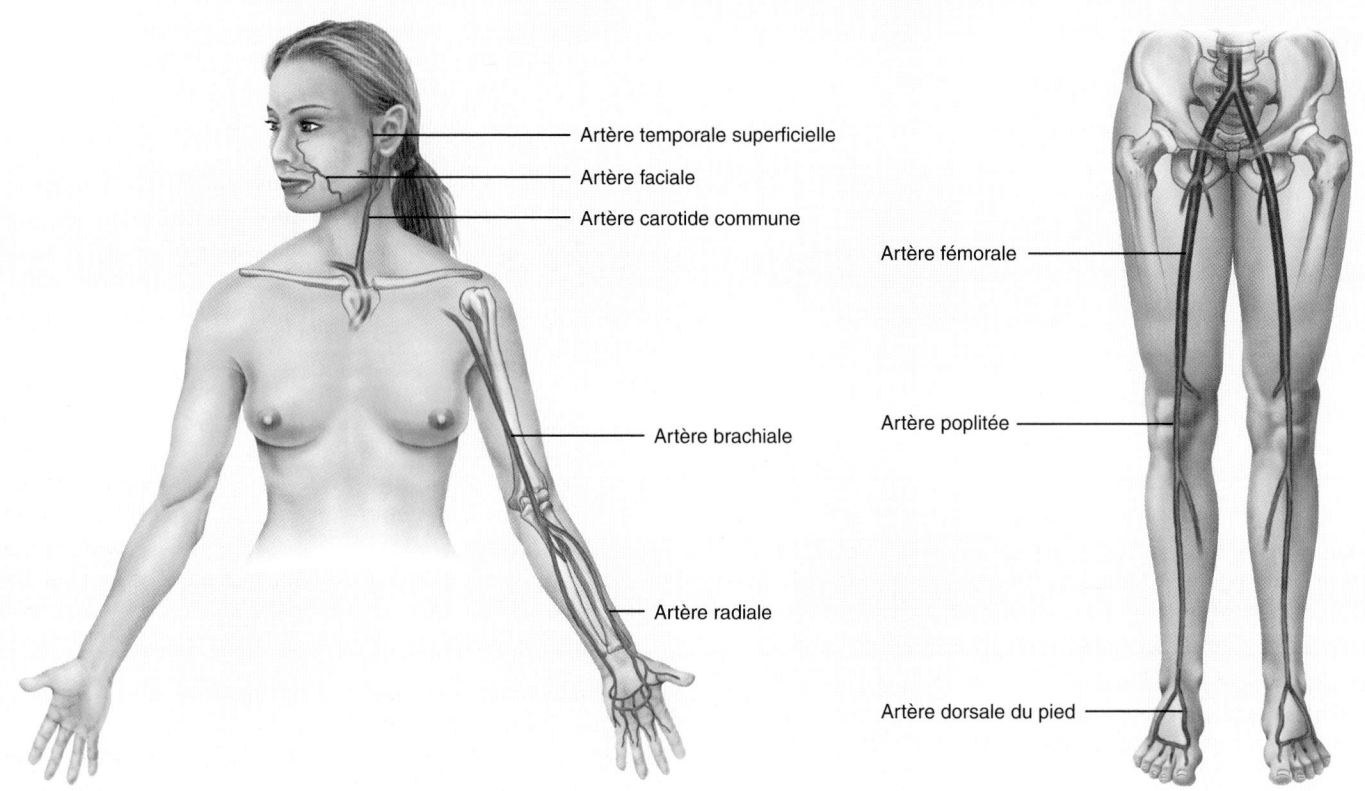

Normalement, la fréquence du pouls est semblable à la fréquence cardiaque, soit environ 70 à 80 battements par minute au repos. La **tachycardie** (*takhus*: rapide) désigne une fréquence cardiaque ou un pouls au repos supérieur à 100 battements/min. La **bradycardie** (*bradus*: lent) se caractérise par une fréquence cardiaque ou un pouls au repos inférieur à 50 battements/min. La plupart des athlètes d'endurance présentent une bradycardie.

LA MESURE DE LA PRESSION ARTÉRIELLE

Dans le contexte clinique, le terme **pression artérielle** désigne généralement la pression qui s'exerce contre l'intérieur des parois artérielles. La pression mesurée est celle que génère le ventricule gauche durant la systole et celle qui persiste dans les artères quand le ventricule est en diastole. On mesure généralement la pression artérielle dans l'artère brachiale du bras gauche (tableau 21.3). On utilise pour ce faire un **sphygmomanomètre** (*sphugmos*: pulsation; *manomètre*: appareil servant à mesurer la pression). Cet appareil se compose de deux éléments: un brassard en caoutchouc relié à une poire, également en caoutchouc, qui sert à gonfler le brassard; et un dispositif qui mesure la pression dans le brassard. Le bras du patient étant posé sur une table à peu près au même niveau que le cœur, on enroule le brassard autour du bras nu. On le gonfle ensuite en pressant la poire jusqu'à ce que l'artère brachiale soit comprimée et que le flux sanguin s'arrête, soit à environ 30 mm Hg au-dessus de la pression systolique habituelle. La

FIGURE 21.15 La relation entre les variations de la pression artérielle et la pression dans le brassard.

Quand le brassard se dégonfle, les premiers bruits audibles sont ceux de la pression systolique ; à la pression diastolique, les bruits s'affaiblissent soudainement jusqu'à devenir inaudibles.

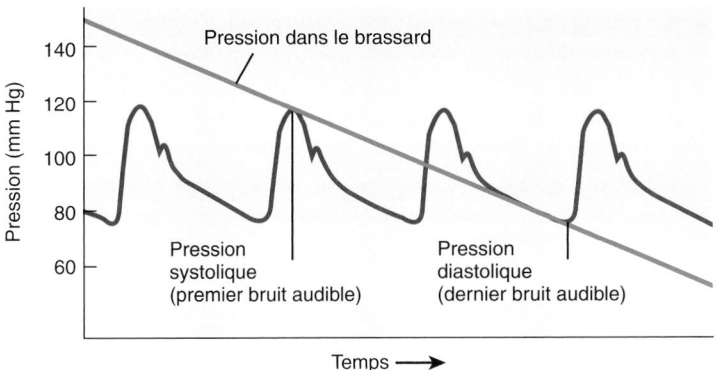

Quelles pressions diastolique, systolique et différentielle correspondent à une pression artérielle de « 142 sur 95 » ? Cet état est-il une hypertension selon la définition qui en est donnée à la page 859 ?

technicienne (infirmière) glisse un stéthoscope sous le brassard, sur l'artère brachiale, puis elle dégonfle lentement le brassard. Quand il est suffisamment dégonflé pour que l'artère puisse s'ouvrir, un jet de sang y passe et produit un premier bruit audible au stéthoscope. Ce son correspond à la **pression systolique** ; il indique la force que le sang exerce sur les parois artérielles juste après la contraction ventriculaire (figure 21.15). Alors que le brassard continue de se dégonfler, les bruits s'affaiblissent brusquement, à un point tel qu'ils deviennent inaudibles au stéthoscope. Ce niveau sonore le plus faible correspond à la **pression diastolique**, la force exercée par le sang qui reste dans les artères pendant la relaxation ventriculaire. Les sons que l'on entend quand on prend la pression artérielle d'un patient s'appellent **bruits de Korotkoff**.

La pression artérielle systolique normale d'un jeune homme adulte est légèrement inférieure à 120 mm Hg et sa pression diastolique, légèrement inférieure à 80 mm Hg. Ainsi, une pression de « 110 sur 70 » (on écrit « 110/70 ») se situe dans les normales. Pour une jeune femme adulte, ces valeurs sont inférieures de 8 à 10 mm Hg aux normales masculines. Les personnes qui font de l'exercice régulièrement et qui sont en bonne forme physique ont souvent des pressions plus basses. Une pression artérielle légèrement inférieure à 120/80 peut donc être interprétée comme un signe de bonne santé et de forme physique.

La différence entre la pression systolique et la pression diastolique s'appelle **pression différentielle**. Elle se situe normalement aux environs de 40 mm Hg et traduit l'état du système cardiovasculaire. Par exemple, l'athérosclérose et la persistance du conduit artériel (chez le nouveau-né) augmentent considérablement la pres-

sion différentielle. Le rapport normal entre la pression systolique, la pression diastolique et la pression différentielle est d'environ 3:2:1 (pour 120/80/40).

▶ **POINT DE CONTRÔLE**

18. En quels points du corps peut-on palper le pouls ?

19. Définissez la tachycardie et la bradycardie.

20. Comment mesure-t-on les pressions systolique et diastolique avec un sphygmomanomètre ?

LE CHOC ET L'HOMÉOSTASIE

OBJECTIFS

- Définir le choc et décrire les quatre types de chocs.
- Présenter les mécanismes de rétro-inhibition qui se déclenchent dans le corps en cas de choc.

Le **choc** est une défaillance du système cardiovasculaire caractérisée par une réduction brutale de l'irrigation sanguine incapable d'apporter aux cellules l'oxygène et les nutriments dont elles ont besoin pour combler leurs besoins métaboliques. Les causes du choc sont nombreuses, mais toutes se caractérisent par un débit sanguin inadéquat dans les tissus. Quand l'oxygène vient à manquer, les cellules se mettent à produire l'ATP de manière anaérobie (plutôt qu'aérobie) et l'acide lactique s'accumule dans les liquides corporels. Si le choc persiste, l'acide lactique endommage les cellules et les organes. Il peut même causer la mort cellulaire si un traitement adéquat n'est pas mis en œuvre rapidement.

LES TYPES DE CHOCS

On distingue quatre types de chocs : 1) le **choc hypovolémique** (*hupo* : au-dessous ; *volémie* : volume sanguin total) est causé par une diminution du volume sanguin ; 2) le **choc cardiogénique** est dû à une défaillance cardiaque ; 3) le **choc d'origine vasculaire** est causé par une vasodilatation déficiente ; et 4) le **choc par obstruction** est provoqué par un blocage de l'écoulement sanguin.

1. *Le choc hypovolémique.* Le choc hypovolémique est souvent dû à une hémorragie aiguë (soudaine) d'origine externe (un traumatisme, par exemple) ou interne (la rupture d'un anévrisme de l'aorte, par exemple). La perte liquidienne résultant d'une sudation excessive, d'une diarrhée ou de vomissements est aussi à l'origine du choc hypovolémique. Le diabète et d'autres maladies induisent des pertes excessives de liquide par la miction. Le choc hypovolémique résulte parfois d'un apport liquidien insuffisant. Quelle qu'en soit la cause, la diminution du volume des liquides corporels ralentit le retour veineux vers le cœur, ce qui réduit le taux de remplissage du cœur (volume télédiastolique), le volume systolique et le débit cardiaque et entraîne ultimement une chute de la pression artérielle.

2. *Le choc cardiogénique.* Le choc cardiogénique est causé par une incapacité du cœur à pomper correctement le sang, généralement après un infarctus du myocarde (ou crise cardiaque).

Il existe plusieurs autres causes possibles du choc cardiogénique, dont l'effet final est la chute de pression artérielle. Ce sont la perfusion insuffisante du cœur (ischémie), les anomalies des valves cardiaques une précharge ou une postcharge excessive ; la contractilité inadéquate des myocytes cardiaques et les arythmies.

3. **Le choc d'origine vasculaire.** La diminution de la résistance périphérique entraîne parfois une chute de la pression artérielle et un choc, même si le volume sanguin et le débit cardiaque restent normaux. Plusieurs troubles entraînent une dilatation inadéquate des artérioles ou des veinules. Le *choc anaphylactique* résulte d'une réaction allergique grave (causée par une piqûre d'abeille, par exemple) qui libère de l'histamine et d'autres médiateurs induisant la vasodilatation. Le *choc neurogénique* est la conséquence d'une vasodilatation causée par un traumatisme crânien qui entrave le fonctionnement du centre cardiovasculaire du bulbe rachidien. Le *choc septique* est causé par des toxines bactériennes au pouvoir vasodilatateur. Rappelez-vous que le choc septique constitue la principale cause de décès dans les unités de soins intensifs des centres hospitaliers nord-américains.

4. **Le choc par obstruction.** Le choc par obstruction survient à la suite d'un blocage de l'écoulement sanguin. Sa cause la plus fréquente est l'embolie pulmonaire : un caillot de sang bloque un vaisseau sanguin des poumons, ce qui réduit la circulation sanguine vers les cellules.

LES RÉPONSES HOMÉOSTATIQUES AU CHOC

En réponse au choc, l'organisme met en œuvre des mécanismes de rétro-inhibition qui visent à ramener le débit cardiaque et la pression artérielle à la normale. Si le choc est modéré, la compensation par des mécanismes homéostatiques évite les dommages sérieux. Ainsi, chez une personne en bonne santé par ailleurs, les mécanismes compensatoires peuvent maintenir le débit sanguin et la pression artérielle à des niveaux adéquats, même si le volume sanguin total diminue de 10 % à la suite d'une hémorragie aiguë.

La figure 21.16 illustre certains mécanismes de rétro-inhibition qui interviennent en cas de choc hypovolémique consécutif, par exemple, à une hémorragie (stimulus). Dans ce cas, le volume sanguin diminue, entraînant une chute de la pression artérielle (déséquilibre) que détectent les barorécepteurs des sinus carotidiens et de l'arc aortique (récepteurs). Ils réagissent en ralentissant la transmission de leurs influx nerveux vers les centres de régulation nerveux et endocrinien qui déclenchent les réponses susceptibles de rétablir la pression artérielle à des valeurs normales. Ces mécanismes sont au nombre de quatre.

1. **L'activation du système rénine-angiotensine-aldostérone.** La diminution de la pression artérielle entraîne un ralentissement du débit sanguin rénal. Ce signal stimule la sécrétion de rénine par les reins (centre de régulation endocrinien), ce qui active le système rénine-angiotensine-aldostérone (voir la figure 18.16). Rappelez-vous que l'angiotensine II est un puissant vasoconstricteur des vaisseaux périphériques (effecteurs) qui accroît la sécrétion de l'aldostérone par le cortex surrénal. Quant à l'aldostérone, il s'agit d'une hormone qui augmente la réab-sorption des Na^+ et de l'eau par les reins (effecteurs). L'augmentation de la résistance périphérique et le maintien, voire l'augmentation, du volume sanguin résiduel favorisent l'élévation de la pression artérielle (réponse). Cliniquement, ce mécanisme compensatoire peut se manifester par une diminution des mictions et une peau pâle.

2. **La sécrétion de l'hormone antidiurétique.** Quand la pression artérielle diminue, l'hypothalamus (centre nerveux de régulation) stimule la neurohypophyse afin d'accroître la sécrétion d'hormone antidiurétique (ADH) (voir la figure 18.9). L'ADH augmente la réabsorption de l'eau par les reins (effecteurs). De plus, elle agit sur les glandes sudoripares, afin de réduire la sudation. Ces deux réactions combinées permettent de maintenir le volume sanguin résiduel, voire de l'élever. L'ADH provoque aussi une vasoconstriction des myocytes lisses de la paroi des vaisseaux (effecteurs), ce qui entraîne l'accroissement de la résistance périphérique. La conservation de l'eau et l'augmentation de la résistance périphérique favorisent l'élévation de la pression artérielle (réponse). Cliniquement, ce mécanisme compensatoire s'accompagne généralement d'une diminution des mictions et d'une peau pâle et froide (voir la figure 18.9).

3. **L'activation de la partie sympathique du système nerveux autonome.** Quand la pression artérielle diminue, le centre cardiovasculaire (centre nerveux de régulation) du bulbe rachidien réagit en renforçant la stimulation sympathique vers les vaisseaux périphériques et le cœur (effecteurs). Il s'ensuit une vasoconstriction marquée des artérioles et des veines de la peau, des reins et d'autres viscères abdominaux. (L'encéphale et le cœur ne sont pas touchés par cette réaction.) La constriction des artérioles augmente la résistance périphérique tandis que celle des veines favorise le retour veineux. La stimulation sympathique augmente également la fréquence cardiaque et la contractilité du cœur. Ces réactions compensatoires, qui mettent en jeu le cœur, le retour veineux et les vaisseaux périphériques, contribuent à faire remonter la pression artérielle (réponse). Quand la pression artérielle diminue, l'hypothalamus (centre de régulation nerveux) réagit en amplifiant la stimulation sympathique vers les médullas surrénales (effecteurs) qui produisent plus d'adrénaline et de noradrénaline. Ces hormones accentuent les effets sympathiques du SNA ; par conséquent, elles intensifient la vasoconstriction des vaisseaux périphériques (effecteurs), augmentent la fréquence cardiaque et la contractilité du cœur (effecteur) et, ultimement, entraînent une élévation de la pression artérielle (réponse). Cliniquement, ces mécanismes compensatoires se manifestent par de la tachycardie, une peau pâle et froide, une réduction des mictions, des nausées et, dans les cas les plus graves, par de l'agitation et un coma. Ces manifestations neurologiques surviennent quand le débit sanguin ne permet pas une irrigation suffisante de l'encéphale.

4. **La libération des vasodilatateurs locaux.** Toutes ces réactions compensatoires devraient permettre aux différentes cellules de l'organisme de recevoir le sang nécessaire à leur fonctionnement. Toutefois, les cellules qui ne reçoivent pas assez d'oxygène libèrent localement des vasodilatateurs en réponse à l'*hypoxie* (du potassium, des ions H^+, de l'acide lactique, de l'adénosine et du monoxyde d'azote, par exemple). Ces agents augmentent

FIGURE 21.16 Les mécanismes de rétro-inhibition pouvant ramener la pression artérielle à la normale en cas de choc hypovolémique.

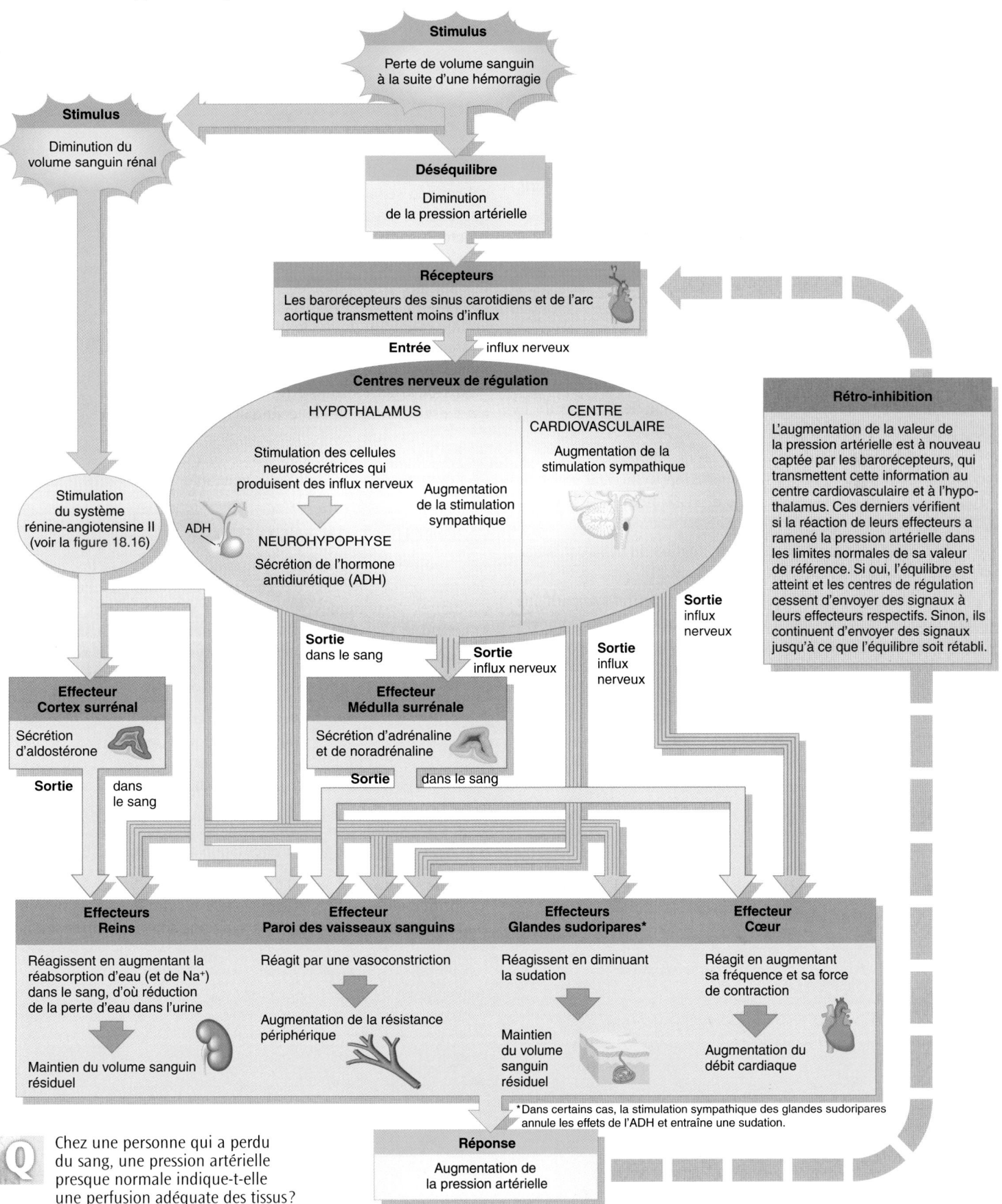

Stimulus
Perte de volume sanguin à la suite d'une hémorragie

Stimulus
Diminution du volume sanguin rénal

Déséquilibre
Diminution de la pression artérielle

Récepteurs
Les barorécepteurs des sinus carotidiens et de l'arc aortique transmettent moins d'influx

Entrée influx nerveux

Centres nerveux de régulation

HYPOTHALAMUS

Stimulation des cellules neurosécrétrices qui produisent des influx nerveux

Augmentation de la stimulation sympathique

CENTRE CARDIOVASCULAIRE

Augmentation de la stimulation sympathique

ADH

NEUROHYPOPHYSE
Sécrétion de l'hormone antidiurétique (ADH)

Stimulation du système rénine-angiotensine II (voir la figure 18.16)

Rétro-inhibition
L'augmentation de la valeur de la pression artérielle est à nouveau captée par les barorécepteurs, qui transmettent cette information au centre cardiovasculaire et à l'hypothalamus. Ces derniers vérifient si la réaction de leurs effecteurs a ramené la pression artérielle dans les limites normales de sa valeur de référence. Si oui, l'équilibre est atteint et les centres de régulation cessent d'envoyer des signaux à leurs effecteurs respectifs. Sinon, ils continuent d'envoyer des signaux jusqu'à ce que l'équilibre soit rétabli.

Sortie dans le sang

Sortie influx nerveux

Sortie influx nerveux

Sortie influx nerveux

Effecteur Cortex surrénal
Sécrétion d'aldostérone

Sortie dans le sang

Effecteur Médulla surrénale
Sécrétion d'adrénaline et de noradrénaline

Sortie dans le sang

Effecteurs Reins
Réagissent en augmentant la réabsorption d'eau (et de Na$^+$) dans le sang, d'où réduction de la perte d'eau dans l'urine

Maintien du volume sanguin résiduel

Effecteur Paroi des vaisseaux sanguins
Réagit par une vasoconstriction

Augmentation de la résistance périphérique

Effecteurs Glandes sudoripares*
Réagissent en diminuant la sudation

Maintien du volume sanguin résiduel

Effecteur Cœur
Réagit en augmentant sa fréquence et sa force de contraction

Augmentation du débit cardiaque

*Dans certains cas, la stimulation sympathique des glandes sudoripares annule les effets de l'ADH et entraîne une sudation.

Réponse
Augmentation de la pression artérielle

Q Chez une personne qui a perdu du sang, une pression artérielle presque normale indique-t-elle une perfusion adéquate des tissus?

le diamètre des artérioles et provoquent le relâchement des sphinc-ters précapillaires. La vasodilatation augmente le débit sanguin local et permet de rétablir une concentration normale d'oxygène dans cette région du corps. Cependant, la vasodilatation peut aussi avoir un effet néfaste : en diminuant la résistance périphérique, elle risque de faire baisser la pression artérielle. Quand le volume sanguin diminue de plus de 10 à 20 % ou que le cœur n'arrive pas à élever suffisamment la pression artérielle, les mécanismes compensatoires ne réussissent pas à maintenir un flux sanguin adéquat dans les tissus. Le choc devient alors extrêmement grave, voire mortel, car les cellules endommagées commencent à mourir.

LES SIGNES ET LES SYMPTÔMES DU CHOC

Les signes et les symptômes du choc varient selon la gravité de la situation. D'une manière générale, on peut toutefois les prévoir à la lumière des réponses déclenchées par les mécanismes de rétro-inhibition mis en œuvre pour rétablir l'homéostasie. Voici une liste des principaux signes et symptômes du choc, incluant certaines manifestations que nous avons mentionnées plus haut :

- Une pression systolique inférieure à 90 mm Hg (signe de la chute de pression artérielle) ;
- Une fréquence cardiaque rapide au repos, marquant la réponse compensatoire résultant de la stimulation sympathique et de l'augmentation des concentrations d'adrénaline et de noradré-naline dans le sang ;
- Un pouls faible et rapide reflétant la réduction du débit cardiaque et l'accélération de la fréquence cardiaque.
- Une peau froide et pâle induite par la constriction sympathique des vaisseaux sanguins cutanés et traduisant la réponse compen-satoire. Toutefois, la stimulation sympathique peut contrer l'effet de l'ADH sur les glandes sudoripares et faire apparaître de la sueur sur la peau, ce qui lui donne un aspect moite.
- Une réduction de la formation d'urine et des mictions résultant de la réponse compensatoire caractérisée par l'augmentation des concentrations d'aldostérone et d'hormone antidiurétique (ADH) ;
- La soif causée par la perte de liquide extracellulaire ;
- Des nausées provoquées par un débit sanguin insuffisant dans le système digestif par suite de la vasoconstriction sympathique.
- Une altération de l'état mental dans les cas graves, par suite d'un apport insuffisant d'oxygène vers l'encéphale.
- Une acidose du sang (pH bas) provoquée par l'accumulation d'acide lactique.

▶ **POINT DE CONTRÔLE**

21. Quels symptômes du choc hypovolémique accompagnent les pertes liquidiennes corporelles ? Lesquels sont attribuables aux mécanismes de rétro-inhibition qui interviennent pour maintenir la pression artérielle et le débit sanguin ?

22. Décrivez les différents types de chocs et leurs causes respectives.

LES VOIES DE LA CIRCULATION

OBJECTIF

- Décrire et comparer les principales voies de la circulation du sang à travers les différentes parties du corps.

Les vaisseaux sanguins sont organisés en **voies de la circulation** qui acheminent le sang aux différents organes (figure 21.17). Ces voies sont parallèles : en général, une partie du débit cardiaque est acheminée séparément vers chacun des tissus du corps, de sorte que chaque organe reçoit son propre approvisionnement en sang fraîchement oxygéné. Les deux principales voies de la circulation sont la circulation systémique et la circulation pulmonaire. Elles présentent deux différences majeures. Premièrement, le sang de la circulation pulmonaire n'a pas à parcourir une distance aussi grande que celui de la circulation systémique. Deuxièmement, les artères pulmonaires ont un diamètre plus grand et des parois plus minces que les artères systémiques ; de plus, elles contiennent moins de tissu élastique. La résistance au débit sanguin pulmo-naire est donc très faible, ce qui signifie que la circulation du sang dans les poumons exige moins de pression. La pression systolique maximale dans le ventricule droit correspond à 20 % de celle que l'on observe dans le ventricule gauche.

LA CIRCULATION SYSTÉMIQUE

La **circulation systémique** comprend les artères et les artérioles, qui transportent le sang oxygéné du ventricule gauche jusqu'aux capillaires systémiques, ainsi que les veinules et les veines, qui ramènent le sang désoxygéné à l'oreillette droite. Le sang qui sort de l'aorte et circule dans les artères systémiques est rouge vif. Il perd une partie de son oxygène et se charge de dioxyde de car-bone en traversant les capillaires, ce qui lui donne une teinte rouge foncé. Toutes les artères systémiques émergent de l'**aorte**. Constituant la dernière partie de ce trajet systémique, toutes les veines de la circulation systémique se jettent dans la **veine cave supérieure**, la **veine cave inférieure** ou le **sinus coronaire**, qui débouchent à leur tour dans l'oreillette droite. Émergeant de l'aorte thoracique, les artères bronchiques, qui apportent les nutriments aux poumons, font également partie de la circulation systémique.

Les exposés 21.1 à 21.12 et les figures 21.18 à 21.27 décrivent les principales artères et veines de la circulation systémique. Dans les exposés, les vaisseaux sanguins sont regroupés selon les régions du corps qu'ils desservent. La figure 21.18a donne une vue d'ensemble des principales artères et la figure 21.23, une vue d'ensemble des principales veines. Quand vous étudierez les vais-seaux sanguins dans les différents exposés, revenez régulièrement à ces deux figures générales pour situer ces vaisseaux par rapport aux autres régions du corps.

Suite du texte à la page 851

FIGURE 21.17 Les voies de la circulation.

Les flèches noires représentent la circulation systémique (qui est décrite dans les exposés 21.3 à 21.12) ; les courtes flèches orangées représentent la circulation pulmonaire (elle est illustrée en détail à la figure 21.29) ; enfin, les flèches rouges représentent le système porte hépatique (qui est illustré d'une manière détaillée à la figure 21.28). Reportez-vous aussi à la figure 20.8, qui illustre la circulation coronarienne, et à la figure 21.30, qui présente la circulation fœtale.

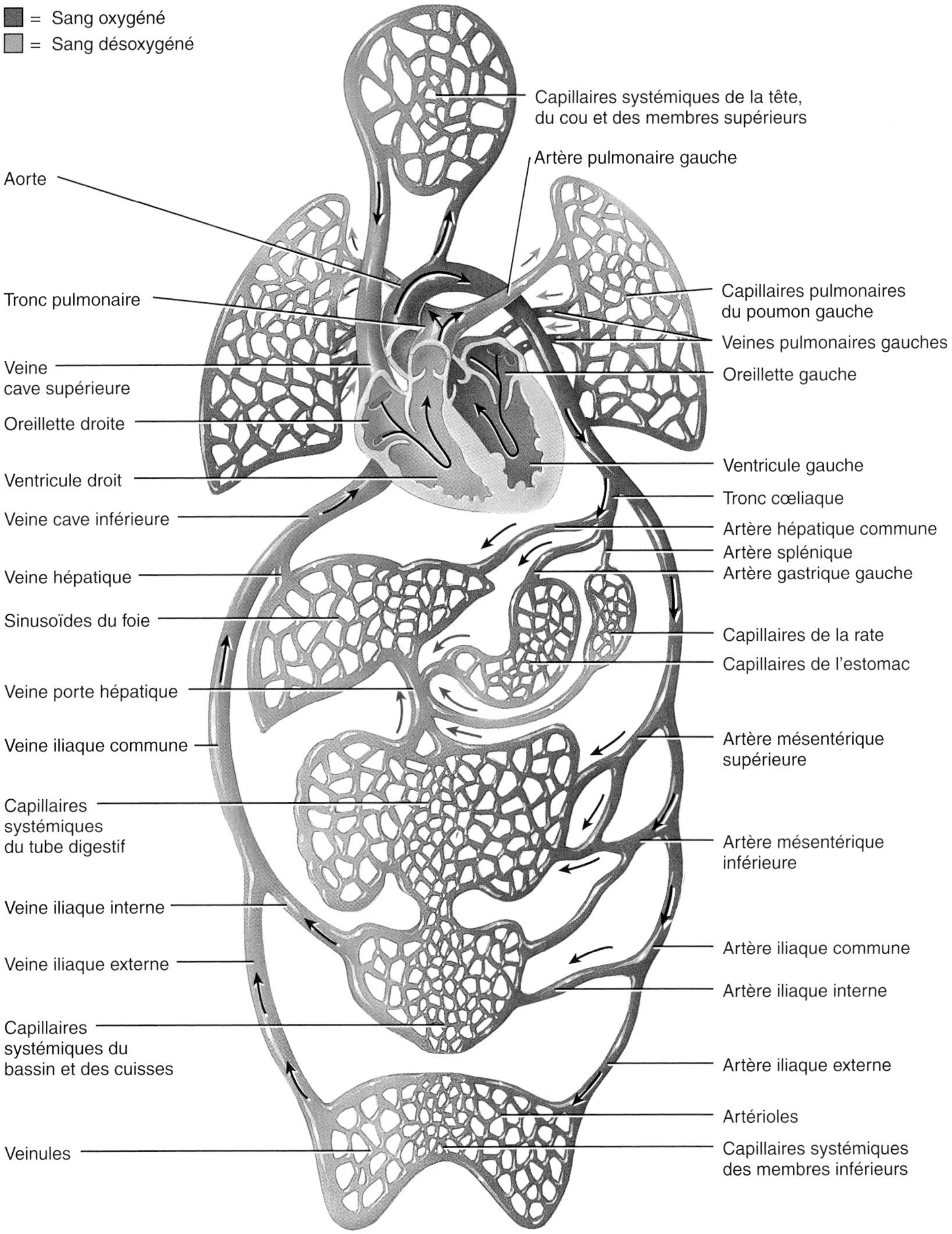

■ = Sang oxygéné
□ = Sang désoxygéné

Capillaires systémiques de la tête, du cou et des membres supérieurs

Artère pulmonaire gauche

Aorte

Capillaires pulmonaires du poumon gauche

Tronc pulmonaire

Veines pulmonaires gauches

Oreillette gauche

Veine cave supérieure

Oreillette droite

Ventricule gauche

Ventricule droit

Tronc cœliaque

Veine cave inférieure

Artère hépatique commune

Artère splénique

Veine hépatique

Artère gastrique gauche

Sinusoïdes du foie

Capillaires de la rate

Capillaires de l'estomac

Veine porte hépatique

Veine iliaque commune

Artère mésentérique supérieure

Capillaires systémiques du tube digestif

Artère mésentérique inférieure

Veine iliaque interne

Artère iliaque commune

Veine iliaque externe

Artère iliaque interne

Capillaires systémiques du bassin et des cuisses

Artère iliaque externe

Artérioles

Veinules

Capillaires systémiques des membres inférieurs

Quelles sont les deux principales voies de la circulation ?

> **OBJECTIFS**

- Décrire les quatre sections principales de l'aorte.
- Indiquer l'emplacement des principales ramifications artérielles émanant de chacune des sections.

Avec un diamètre de 2 à 3 cm, l'**aorte** (*aortê*, de *aerein* : porter vers le haut) est la plus grosse des artères du corps humain. Ses quatre sections principales sont l'aorte ascendante, l'arc aortique, l'aorte thoracique et l'aorte abdominale. L'**aorte ascendante**, qui prend naissance au niveau de la valve aortique émerge du ventricule gauche, derrière le tronc pulmonaire. À l'origine de l'aorte se trouve la valve aortique (voir la figure 20.4a). De l'aorte ascendante partent les deux artères coronaires qui irriguent le myocarde. L'aorte tourne ensuite vers la gauche pour former l'**arc aortique**, qui descend jusqu'au disque intervertébral séparant les quatrième et cinquième vertèbres thoraciques. La partie de l'aorte qui se trouve entre l'arc aortique et le diaphragme s'appelle **aorte thoracique**. Un peu plus bas, elle se rapproche des corps vertébraux et traverse le diaphragme par le hiatus aortique et pénètre dans l'abdomen ; elle prend alors le nom d'**aorte abdominale**. Enfin, à la hauteur de la quatrième vertèbre lombaire, elle se divise en deux **artères iliaques communes** qui acheminent le sang vers les membres inférieurs. Chaque section de l'aorte émet des artères qui se divisent en ramifications distributrices conduisant aux organes. Elles se ramifient alors en artérioles, puis en capillaires qui irriguent les tissus systémiques (tous les tissus, sauf les alvéoles pulmonaires).

▶ **POINT DE CONTRÔLE**

Quelles sont les grandes régions irriguées par chacune des quatre sections principales de l'aorte ?

SECTION ET RAMIFICATIONS	RÉGION IRRIGUÉE
Aorte ascendante	
Artères coronaires droite et gauche	Cœur.
Arc aortique	
Tronc brachiocéphalique	
Artère carotide commune droite	Côté droit de la tête et du cou.
Artère subclavière droite	Membre supérieur droit.
Artère carotide commune gauche	Côté gauche de la tête et du cou.
Artère subclavière gauche	Membre supérieur gauche.
Aorte thoracique	
Branches péricardiques	Péricarde.
Branches bronchiques	Bronches.
Branches œsophagiennes de l'aorte thoracique	Œsophage.
Branches médiastinales	Structures du médiastin.
Artères intercostales postérieures	Muscles intercostaux et thoraciques.
Artères subcostales	La même que les artères intercostales postérieures.
Artères phréniques supérieures	Faces postérieure et supérieure du diaphragme.
Aorte abdominale	
Artères phréniques inférieures	Face inférieure du diaphragme.
Tronc cœliaque	
Artère hépatique commune	Foie.
Artère gastrique gauche	Estomac et œsophage.
Artère splénique	Rate, pancréas, estomac.
Artère mésentérique supérieure	Intestin grêle, cæcum, côlons ascendant et transverse, pancréas.
Artères surrénales	Glandes surrénales.
Artères rénales	Reins.
Artères testiculaires ou ovariques	
Artères testiculaires	Testicules (chez l'homme).
Artères ovariques	Ovaires (chez la femme).
Artère mésentérique inférieure	Côlons transverse, descendant et sigmoïde ; rectum.
Artères iliaques communes	
Artères iliaques externes	Membres inférieurs.
Artères iliaques internes	Utérus (chez la femme), prostate (chez l'homme), muscles fessiers et vessie.

FIGURE 21.18 L'aorte et ses principales ramifications.

Toutes les artères systémiques émergent de l'aorte.

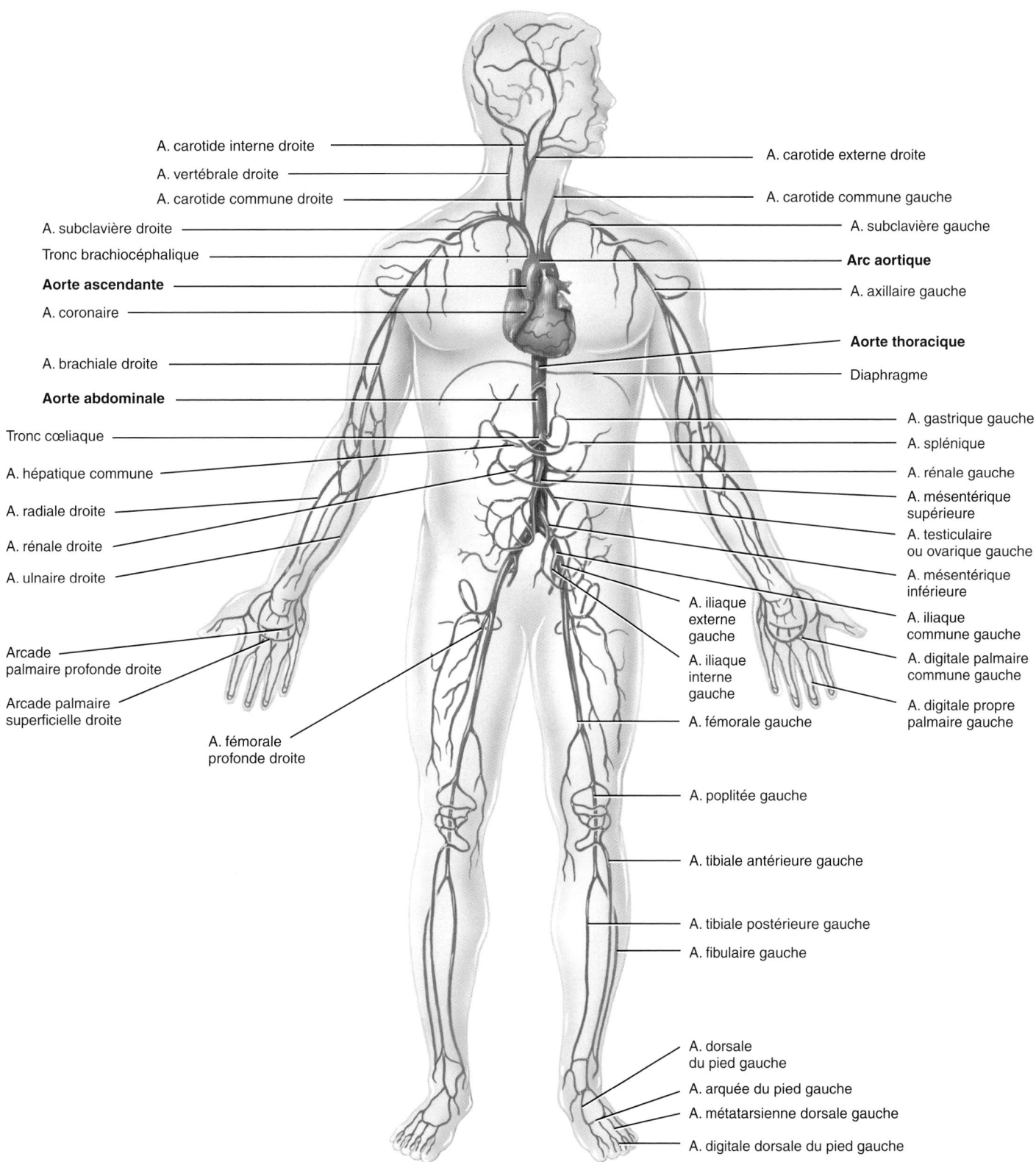

A. carotide interne droite

A. vertébrale droite

A. carotide commune droite

A. subclavière droite

Tronc brachiocéphalique

Aorte ascendante

A. coronaire

A. brachiale droite

Aorte abdominale

Tronc cœliaque

A. hépatique commune

A. radiale droite

A. rénale droite

A. ulnaire droite

Arcade palmaire profonde droite

Arcade palmaire superficielle droite

A. fémorale profonde droite

A. carotide externe droite

A. carotide commune gauche

A. subclavière gauche

Arc aortique

A. axillaire gauche

Aorte thoracique

Diaphragme

A. gastrique gauche

A. splénique

A. rénale gauche

A. mésentérique supérieure

A. testiculaire ou ovarique gauche

A. mésentérique inférieure

A. iliaque commune gauche

A. digitale palmaire commune gauche

A. digitale propre palmaire gauche

A. iliaque externe gauche

A. iliaque interne gauche

A. fémorale gauche

A. poplitée gauche

A. tibiale antérieure gauche

A. tibiale postérieure gauche

A. fibulaire gauche

A. dorsale du pied gauche

A. arquée du pied gauche

A. métatarsienne dorsale gauche

A. digitale dorsale du pied gauche

(a) Vue antérieure générale des principales ramifications de l'aorte

EXPOSÉ 21.1 L'aorte et ses ramifications (figure 21.18) *(suite)*

FIGURE 21.18 L'aorte et ses principales ramifications *(suite).*

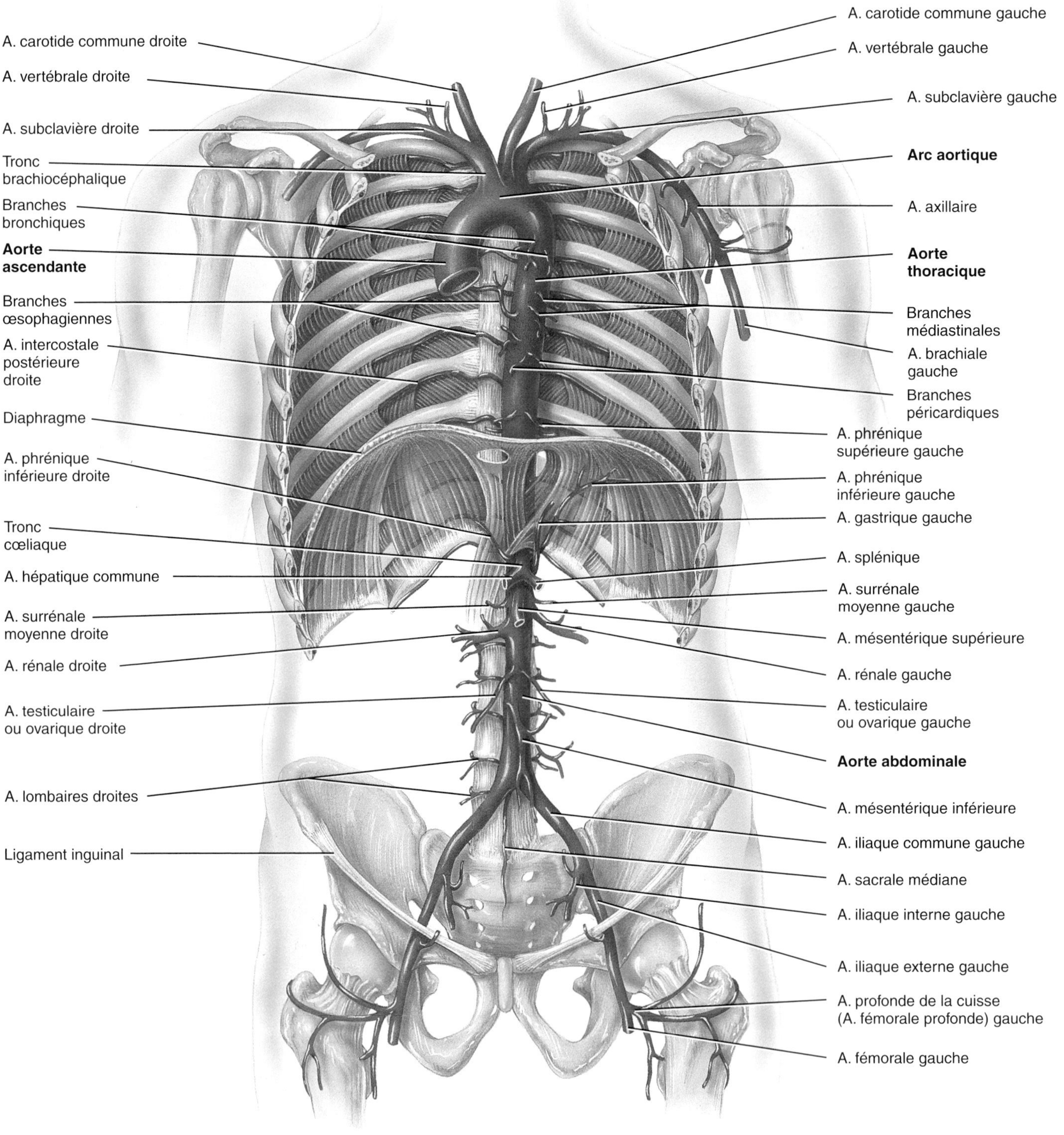

A. carotide commune droite
A. vertébrale droite
A. subclavière droite
Tronc brachiocéphalique
Branches bronchiques
Aorte ascendante
Branches œsophagiennes
A. intercostale postérieure droite
Diaphragme
A. phrénique inférieure droite
Tronc cœliaque
A. hépatique commune
A. surrénale moyenne droite
A. rénale droite
A. testiculaire ou ovarique droite
A. lombaires droites
Ligament inguinal
A. carotide commune gauche
A. vertébrale gauche
A. subclavière gauche
Arc aortique
A. axillaire
Aorte thoracique
Branches médiastinales
A. brachiale gauche
Branches péricardiques
A. phrénique supérieure gauche
A. phrénique inférieure gauche
A. gastrique gauche
A. splénique
A. surrénale moyenne gauche
A. mésentérique supérieure
A. rénale gauche
A. testiculaire ou ovarique gauche
Aorte abdominale
A. mésentérique inférieure
A. iliaque commune gauche
A. sacrale médiane
A. iliaque interne gauche
A. iliaque externe gauche
A. profonde de la cuisse (A. fémorale profonde) gauche
A. fémorale gauche

(b) Vue antérieure détaillée des principales ramifications de l'aorte

Q Quelles sont les quatre sections de l'aorte?

• Décrire les deux ramifications principales de l'aorte ascendante.

L'**aorte ascendante** mesure environ 5 cm de long. Commençant après la valve aortique, elle se dirige vers le haut, légèrement vers l'avant et vers la droite. Elle se termine à la hauteur de l'angle sternal, où elle devient l'arc aortique. L'aorte ascendante commence derrière le tronc pulmonaire et l'auricule droite, et devant l'artère pulmonaire droite. À son origine, elle présente trois dilatations formant les *sinus de l'aorte*. Deux d'entre eux, le sinus droit et le sinus gauche, donnent naissance à l'artère coronaire droite et à l'artère coronaire gauche, respectivement.

Les **artères coronaires** (*corona*: couronne) droite et gauche émergent de l'aorte ascendante juste au-dessus de la valve aortique (voir la figure 20.8a.) Elles forment un anneau autour du cœur et émettent des ramifications qui irriguent le myocarde auriculaire et ventriculaire. Le **rameau interventriculaire postérieur** (*inter*: entre) de l'artère coronaire droite irrigue les deux ventricules, et le **rameau marginal droit** dessert le ventricule droit. Le **rameau interventriculaire antérieur** de l'artère coronaire gauche irrigue les deux ventricules; le **rameau circonflexe de l'artère coronaire gauche** (*circum*: autour; *flexus*: courbé) dessert l'oreillette et le ventricule gauches.

▶ **POINT DE CONTRÔLE**

Quelles ramifications des artères coronaires irriguent le ventricule gauche? Pourquoi le ventricule gauche est-il si richement irrigué?

SCHÉMA D'IRRIGATION

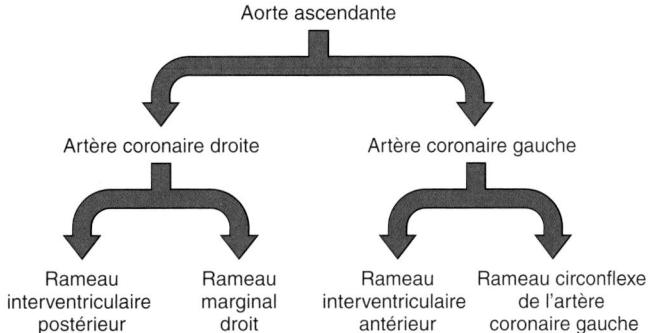

CHAPITRE 21 — SYSTÈME CARDIOVASCULAIRE: LES VAISSEAUX SANGUINS ET L'HÉMODYNAMIQUE **821**

► **OBJECTIF**

• Décrire les trois principales artères issues de l'arc aortique.

Mesurant 4 à 5 cm de long, l'**arc aortique** constitue le prolongement de l'aorte ascendante. Il émerge du péricarde, derrière le sternum, à la hauteur de l'angle sternal. L'arc est d'abord orienté vers le haut, l'arrière et la gauche, puis il descend pour se terminer au niveau du disque intervertébral séparant les quatrième et cinquième vertèbres thoraciques ; il

devient alors l'aorte thoracique. Trois grandes artères émergent sur le dessus de l'arc aortique : le tronc brachiocéphalique, l'artère carotide commune gauche et l'artère subclavière gauche. Le **tronc brachiocéphalique** (*brachium* : bras ; *kephalê* : tête) est la première et la plus grosse des ramifications de l'arc aortique. Ce vaisseau monte en tournant légèrement vers la droite, puis il se divise à l'articulation sternoclaviculaire droite pour former l'artère subclavière droite et l'artère carotide commune droite. La deuxième ramification de l'arc aortique s'appelle **artère carotide commune gauche**, qui se divise elle-même en branches portant le

RAMIFICATION	DESCRIPTION ET RÉGION IRRIGUÉE
Tronc brachiocéphalique	Le **tronc brachiocéphalique** se divise pour former l'artère subclavière droite et l'artère carotide commune droite (figure 21.19a).
Artère subclavière droite	L'**artère subclavière droite** s'étend du tronc brachiocéphalique jusqu'à la première côte, puis entre dans l'aisselle. Elle dessert l'encéphale et la moelle épinière, le cou, l'épaule, la paroi et les viscères thoraciques, ainsi que les muscles de la scapula.
Artère thoracique interne (ou **artère mammaire**)	L'**artère thoracique interne** part de la première partie de l'artère subclavière et descend derrière les cartilages costaux des six côtes supérieures. Elle se termine au sixième espace intercostal. Elle irrigue la paroi thoracique antérieure et les structures médiastinales. Dans les greffes de pontage artériel coronarien, quand un seul vaisseau est obstrué, on utilise l'artère thoracique interne (en général, la gauche) pour former le « pont ». Le point d'attache supérieur de l'artère reste fixé à l'artère subclavière ; l'extrémité sectionnée est raccordée à l'artère coronaire en un point distal par rapport à l'obstruction (c'est-à-dire en aval du blocage). Le point d'attache inférieur de l'artère thoracique interne est ligaturé. Il est préférable de se servir de greffons artériels plutôt que de greffons veineux, car les artères supportent mieux la pression exercée par le sang qui circule dans les artères coronaires ; de plus, elles risquent moins de se boucher ultérieurement.
Artère vertébrale droite	Avant d'entrer dans l'aisselle, l'artère subclavière droite donne naissance à une grosse branche, l'**artère vertébrale droite**, qui se dirige vers l'encéphale (figure 21.19b). L'artère vertébrale droite traverse les foramens des processus transverses de la sixième à la première vertèbre cervicale, entre dans le crâne par le foramen magnum puis atteint la face inférieure de l'encéphale. Elle s'unit alors à l'artère vertébrale gauche pour former l'**artère basilaire**. L'artère vertébrale irrigue la partie postérieure de l'encéphale. L'artère basilaire longe la ligne médiane de la face antérieure du tronc cérébral. Elle donne naissance à plusieurs ramifications (**artères cérébrales postérieures** et **artères cérébelleuses**) qui irriguent le cervelet, le pont et l'oreille interne.
Artère axillaire (*axilla* : aisselle)	Dans l'aisselle, le prolongement de l'artère subclavière droite prend le nom d'**artère axillaire**. (Remarquez que l'artère subclavière droite, qui passe sous la clavicule, est un bon exemple de la convention selon laquelle un vaisseau porte des noms différents selon les régions qu'il traverse.) L'artère axillaire dessert l'épaule, les muscles du thorax et de la scapula ainsi que l'humérus.
Artère brachiale (*brachium* : bras)	L'**artère brachiale** est le prolongement de l'artère axillaire dans le bras. Elle est le principal vaisseau irriguant le bras. Son parcours superficiel la rend facile à palper sur toute sa longueur. Elle commence au niveau du tendon du muscle grand rond et se termine juste sous le pli du coude. L'artère brachiale longe d'abord la face interne de l'humérus. Puis, en descendant, elle s'incurve graduellement vers l'extérieur et traverse la fosse cubitale, une dépression triangulaire située à l'avant du coude. (On peut aisément y palper le pouls brachial et entendre les bruits de la mesure de la pression artérielle.) Arrivée en dessous du pli du coude, l'artère brachiale se divise pour former l'artère radiale et l'artère ulnaire. C'est aussi au niveau de l'artère brachiale que l'on mesure habituellement la pression artérielle. Le point de l'artère brachiale à comprimer en priorité pour arrêter les hémorragies se trouve vers le milieu du bras.
Artère radiale (*radius* : un os du bras)	L'**artère radiale** est la plus petite des ramifications de l'artère brachiale, dont elle constitue le prolongement direct. Elle court le long de la face externe (radiale) de l'avant-bras puis entre dans le poignet et la main, qu'elle irrigue. Dans le poignet, l'artère radiale est en contact avec l'extrémité distale du radius, en un point couvert uniquement de fascia et de peau. L'artère radiale étant superficielle à cet endroit, c'est souvent là qu'on mesure le pouls radial.
Artère ulnaire (*ulna* : avant-bras)	L'**artère ulnaire**, la plus grosse des ramifications de l'artère brachiale, longe la face interne (ulnaire) de l'avant-bras puis entre dans le poignet et la main, qu'elle irrigue. Dans la paume, les ramifications des artères radiale et ulnaire s'anastomosent pour former l'arcade palmaire superficielle et l'arcade palmaire profonde.

même nom que ceux de l'artère carotide commune droite. La troisième et dernière ramification de l'arc aortique, l'**artère subclavière gauche**, achemine le sang vers l'artère vertébrale gauche et les vaisseaux du membre supérieur gauche. Les artères qui émergent de l'artère subclavière gauche ont la même distribution et portent des noms correspondant à celles qui sont issues de l'artère subclavière droite. Le tableau ci-dessous présente les principales artères naissant du tronc brachiocéphalique.

▶ **POINT DE CONTRÔLE**

Quelles sont les grandes régions irriguées par les artères qui émergent de l'arc aortique?

RAMIFICATION	DESCRIPTION ET RÉGION IRRIGUÉE
Arcade palmaire superficielle (*palma* : paume)	L'**arcade palmaire superficielle** comprend principalement l'artère ulnaire, mais aussi une branche de l'artère radiale. Elle couvre les tendons longs fléchisseurs des doigts et traverse la paume à la base des métacarpiens. Elle émet les **artères digitales communes palmaires**, qui irriguent la paume. Chacune d'elles se divise en une paire d'**artères digitales propres palmaires**, qui irriguent les doigts.
Arcade palmaire profonde	L'**arcade palmaire profonde** comprend principalement l'artère radiale, mais aussi une branche de l'artère ulnaire. Elle se trouve en dessous des tendons longs fléchisseurs des doigts et traverse la paume juste en dessous de la base des métacarpiens. L'arcade palmaire profonde donne naissance aux **artères métacarpiennes palmaires**, qui irriguent la paume et s'anastomosent avec les artères digitales palmaires communes de l'arcade palmaire superficielle.
Artère carotide commune droite	L'**artère carotide commune droite** commence à la bifurcation (division en deux branches) du tronc brachiocéphalique, derrière l'articulation sternoclaviculaire droite, puis monte dans le cou pour irriguer les structures de la tête (figure 21.19b). Au bord supérieur du larynx, elle se divise en artère carotide interne droite et artère carotide externe droite. Le pouls peut être mesuré à l'artère carotide commune, sur le côté du larynx. Le pouls carotidien est particulièrement facile à prendre quand on fait de l'exercice physique ou quand on pratique la réanimation cardiorespiratoire.
Artère carotide externe	L'**artère carotide externe** commence au bord supérieur du larynx et se termine près de l'articulation temporomandibulaire de la glande parotide, où elle se divise en deux branches : l'artère temporale superficielle et l'artère maxillaire. On peut palper le pouls carotidien au niveau de l'artère carotide externe, juste devant le muscle sternocléidomastoïdien, au bord supérieur du larynx. L'artère carotide externe irrigue surtout des structures se trouvant à l'extérieur du crâne.
Artère carotide interne	L'**artère carotide interne** n'émet aucune ramification dans le cou. Elle irrigue des structures situées à l'intérieur du crâne. Elle pénètre dans la cavité crânienne par le foramen carotidien de l'os temporal. Ce vaisseau irrigue le globe oculaire et les autres structures orbitaires, l'oreille, la majeure partie des hémisphères cérébraux, l'hypophyse et la partie externe du nez. Ses branches terminales sont l'**artère cérébrale antérieure**, qui irrigue la plus grande partie de la face interne des hémisphères cérébraux et les masses profondes de substances grise du cerveau, et l'**artère cérébrale moyenne**, qui dessert la plus grande partie des faces externes des hémisphères cérébraux (figure 21.19c).
	À l'intérieur du crâne, les anastomoses des artères carotides internes gauche et droite avec l'artère basilaire forment à la base de l'encéphale, près de la selle turcique, un réseau de vaisseaux sanguins appelé **cercle artériel du cerveau**, ou **polygone de Willis**. De ce cercle (figure 21.19c) émergent des artères qui irriguent la quasi-totalité de l'encéphale. Le cercle artériel du cerveau est formé essentiellement par l'union des **artères cérébrales antérieures** (branches des artères carotides internes) et des **artères cérébrales postérieures** (branches de l'artère basilaire). Les artères cérébrales postérieures irriguent la face inférolatérale du lobe temporal et les faces latérales et internes du lobe occipital du cerveau, les masses profondes de substance grise dans le cerveau, ainsi que le mésencéphale. Elles sont unies aux artères carotides internes par les **artères communicantes postérieures**. Les artères cérébrales antérieures sont reliées par l'**artère communicante antérieure**. Les **artères carotides internes** font également partie du cercle artériel du cerveau. Les fonctions de ce cercle consistent à équilibrer la pression artérielle dans l'encéphale et à offrir au sang un accès supplémentaire à l'encéphale en cas de lésion d'une ou de plusieurs artères.
Artère carotide commune gauche	Voir la description dans l'introduction de cet exposé.
Artère subclavière gauche	Voir la description dans l'introduction de cet exposé.

▶

SCHÉMA D'IRRIGATION

Arc aortique

├── Tronc brachiocéphalique
│   ├── A. subclavière droite
│   │   ├── A. thoracique interne
│   │   ├── A. axillaire droite
│   │   │   └── A. brachiale droite
│   │   │   ├── A. radiale droite
│   │   │   └── A. ulnaire droite
│   │   │   ├── Arcade palmaire superficielle droite
│   │   │   │   └── A. digitale commune palmaire droite
│   │   │   │   └── A. digitale propre palmaire droit
│   │   │   └── Arcade palmaire profonde droite
│   │   │   └── A. métacarpienne palmaire droite
│   │   └── A. vertébrale droite
│   └── A. carotide commune droite
│   ├── A. carotide externe droite
│   └── A. carotide interne droite
│   ├── A. cérébrale antérieure droite
│   └── A. cérébrale moyenne droite
├── A. carotide commune gauche
│   ├── A. carotide interne gauche
│   │   ├── A. cérébrale antérieure gauche
│   │   └── A. cérébrale moyenne gauche
│   └── A. carotide externe gauche
└── A. subclavière gauche
    ├── A. vertébrale gauche
    └── A. axillaire gauche (donne les mêmes branches que l'artère axillaire droite, mais dans leur nom, l'adjectif « droite » est remplacé par « gauche »)

A. vertébrale droite + A. vertébrale gauche
└── A. basilaire
    ├── A. cérébrale postérieure droite
    └── A. cérébrale postérieure gauche

FIGURE 21.19 L'arc aortique et ses ramifications. Les artères qui constituent le cercle artériel du cerveau (polygone de Willis) sont représentées en (c).

L'arc aortique se termine à la hauteur du disque intervertébral qui sépare les quatrième et cinquième vertèbres thoraciques.

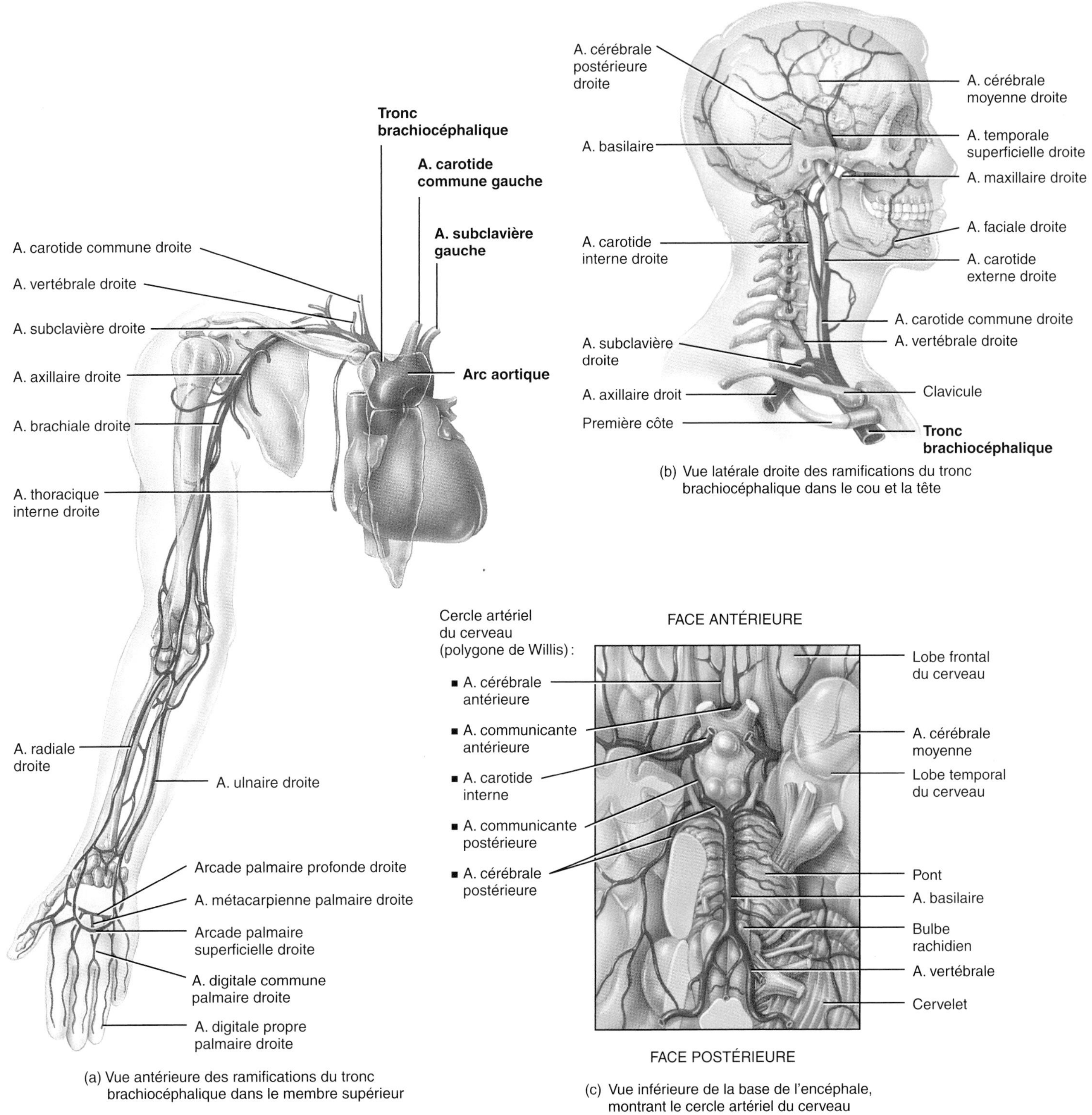

Tronc brachiocéphalique

A. carotide commune gauche

A. subclavière gauche

A. carotide commune droite

A. vertébrale droite

A. subclavière droite

A. axillaire droite

A. brachiale droite

A. thoracique interne droite

Arc aortique

A. radiale droite

A. ulnaire droite

Arcade palmaire profonde droite

A. métacarpienne palmaire droite

Arcade palmaire superficielle droite

A. digitale commune palmaire droite

A. digitale propre palmaire droite

(a) Vue antérieure des ramifications du tronc brachiocéphalique dans le membre supérieur

A. cérébrale postérieure droite

A. cérébrale moyenne droite

A. basilaire

A. temporale superficielle droite

A. maxillaire droite

A. carotide interne droite

A. faciale droite

A. carotide externe droite

A. carotide commune droite

A. vertébrale droite

A. subclavière droite

A. axillaire droit

Clavicule

Première côte

Tronc brachiocéphalique

(b) Vue latérale droite des ramifications du tronc brachiocéphalique dans le cou et la tête

Cercle artériel du cerveau (polygone de Willis) :

- A. cérébrale antérieure
- A. communicante antérieure
- A. carotide interne
- A. communicante postérieure
- A. cérébrale postérieure

FACE ANTÉRIEURE

Lobe frontal du cerveau

A. cérébrale moyenne

Lobe temporal du cerveau

Pont

A. basilaire

Bulbe rachidien

A. vertébrale

Cervelet

FACE POSTÉRIEURE

(c) Vue inférieure de la base de l'encéphale, montrant le cercle artériel du cerveau

 Quelles sont les trois ramifications principales de l'arc aortique, classées selon leur ordre d'origine ?

> **OBJECTIF**

• Décrire les branches viscérales et pariétales de l'aorte thoracique.

L'**aorte thoracique** mesure environ 20 cm de long et fait suite à l'arc aortique. Elle naît à la hauteur du disque intervertébral qui sépare les quatrième et cinquième vertèbres thoraciques, à gauche de la colonne vertébrale. En descendant, elle se rapproche du plan médian du corps pour passer dans un orifice du diaphragme (l'hiatus aortique). Cet orifice s'ouvre devant la colonne vertébrale, à la hauteur du disque intervertébral séparant la douzième vertèbre thoracique et la première vertèbre lombaire.

Sur son chemin, l'aorte thoracique émet de nombreuses petites artères, les **branches viscérales** (qui irriguent les viscères) et les **branches pariétales** (qui desservent les structures des parois du corps).

▶ **POINT DE CONTRÔLE**

Quelles grandes régions sont irriguées par les branches viscérales et pariétales de l'aorte thoracique?

RAMIFICATION	DESCRIPTION ET RÉGION IRRIGUÉE
Branches viscérales	
Branches péricardiques (*peri*: autour; *kardia*: cœur)	Deux ou trois minuscules **branches péricardiques** irriguent le péricarde.
Branches bronchiques	Trois **branches bronchiques**, ou artères bronchiques, une à droite et deux à gauche, desservent les bronches, les plèvres, les nœuds lymphatiques bronchiques et l'œsophage. (La branche bronchique droite naît de la troisième artère intercostale postérieure droite, et les deux branches bronchiques gauches naissent de l'aorte thoracique.)
Branches œsophagiennes (*oisô*: qui porte; *phagein*: ce qu'on mange)	Quatre à cinq **branches œsophagiennes** irriguent l'œsophage.
Branches médiastinales	De nombreuses petites **branches médiastinales** irriguent les structures du médiastin.
Branches pariétales	
Artères intercostales postérieures (*inter*: entre; *costa*: côte)	Neuf paires d'**artères intercostales postérieures** irriguent les muscles intercostaux, grand pectoral et petit pectoral, et dentelé antérieur; le fascia superficiel (couche sous-cutanée) et la peau qui la recouvre; les glandes mammaires; les vertèbres, les méninges et la moelle épinière.
Artères subcostales	Les **artères subcostales** gauche et droite ont la même distribution que les artères intercostales postérieures.
Artères phréniques supérieures (*phrên*: diaphragme)	Les petites **artères phréniques supérieures** irriguent les faces supérieure et postérieure du diaphragme.

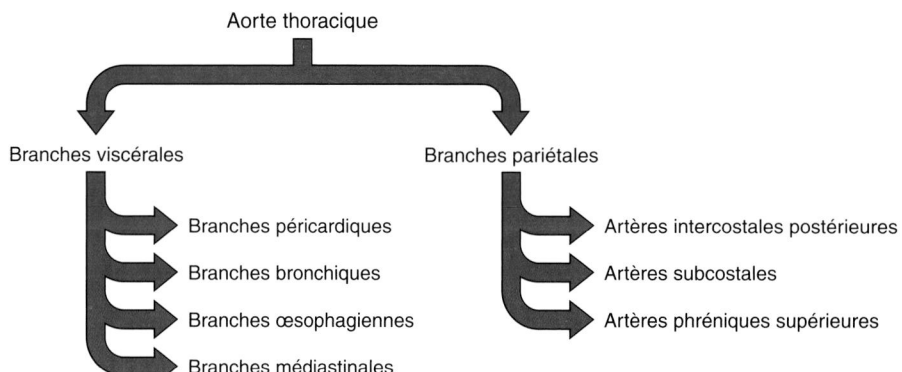

SCHÉMA D'IRRIGATION

L'aorte thoracique prolonge l'aorte ascendante.

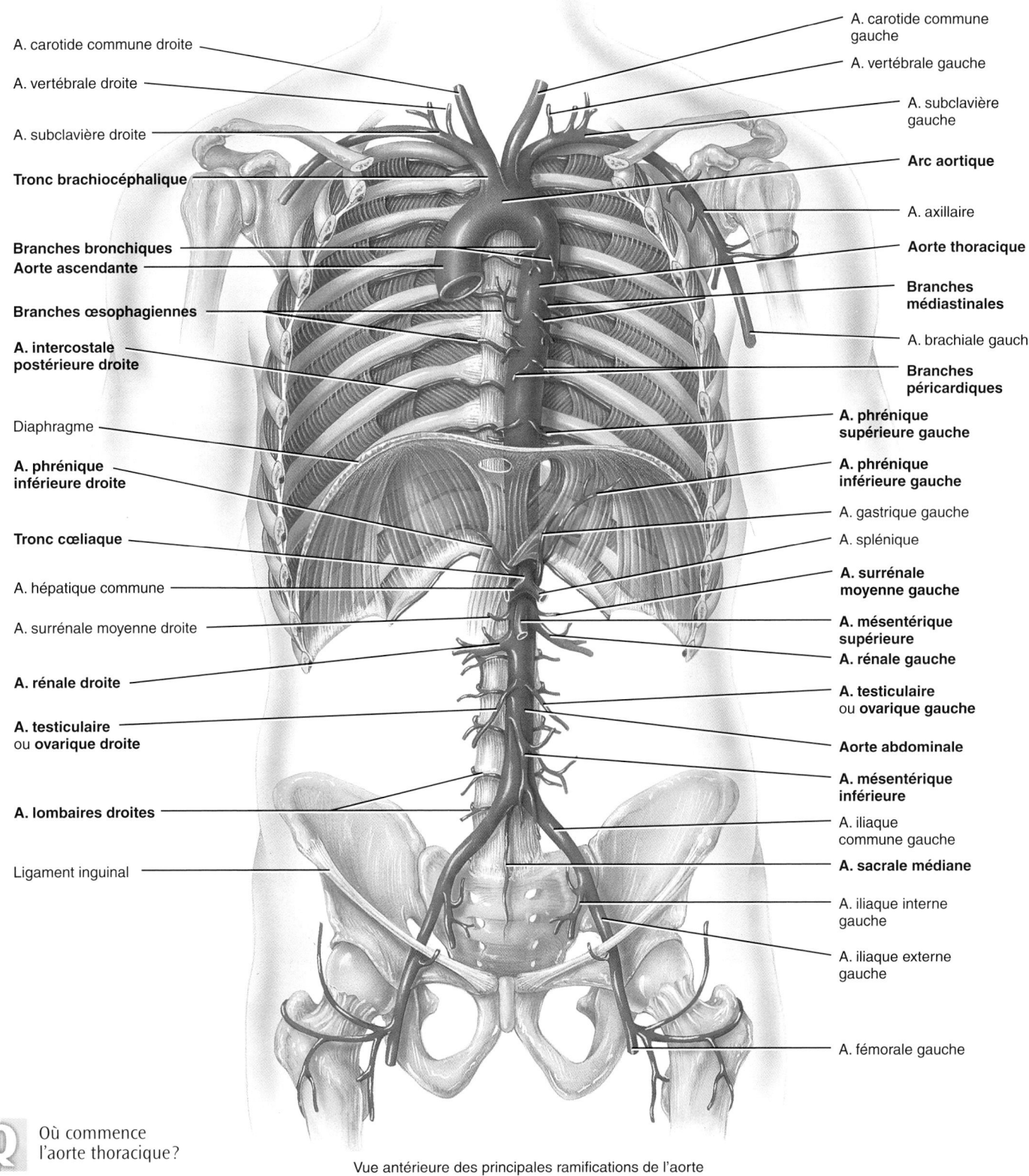

A. carotide commune droite

A. vertébrale droite

A. subclavière droite

Tronc brachiocéphalique

Branches bronchiques
Aorte ascendante

Branches œsophagiennes

**A. intercostale
postérieure droite**

Diaphragme

**A. phrénique
inférieure droite**

Tronc cœliaque

A. hépatique commune

A. surrénale moyenne droite

A. rénale droite

A. testiculaire
ou **ovarique droite**

A. lombaires droites

Ligament inguinal

A. carotide commune
gauche

A. vertébrale gauche

A. subclavière
gauche

Arc aortique

A. axillaire

Aorte thoracique

**Branches
médiastinales**

A. brachiale gauche

**Branches
péricardiques**

**A. phrénique
supérieure gauche**

**A. phrénique
inférieure gauche**

A. gastrique gauche

A. splénique

**A. surrénale
moyenne gauche**

**A. mésentérique
supérieure**

A. rénale gauche

A. testiculaire
ou **ovarique gauche**

Aorte abdominale

**A. mésentérique
inférieure**

A. iliaque
commune gauche

A. sacrale médiane

A. iliaque interne
gauche

A. iliaque externe
gauche

A. fémorale gauche

Où commence
l'aorte thoracique ?

Vue antérieure des principales ramifications de l'aorte

> **OBJECTIF**

• Décrire les branches viscérales et pariétales de l'aorte abdominale.

L'**aorte abdominale** est le prolongement de l'aorte thoracique. Elle commence au niveau de l'hiatus aortique du diaphragme et se termine approximativement à la hauteur de la quatrième vertèbre lombaire, où elle se divise en deux branches, les artères iliaques communes droite et gauche. L'aorte abdominale est située devant la colonne vertébrale.

Comme l'aorte thoracique, l'aorte abdominale émet des branches viscérales et pariétales. Les branches viscérales impaires naissent de la face antérieure de l'aorte pour donner le **tronc cœliaque** et les **artères mésentériques supérieure et inférieure** (figure 21.20). Les branches viscérales paires émanent des faces latérales de l'aorte et donnent les **artères surrénales**, **rénales** et **testiculaires** ou **ovariques**. L'aorte abdominale possède une seule branche pariétale impaire, l'**artère sacrale médiane**. Les branches pariétales paires émergent des faces postérolatérales de l'aorte ; ce sont les **artères phréniques inférieures** et **lombaires**.

▶ **POINT DE CONTRÔLE**

Quelles sont les branches viscérales et pariétales paires et impaires de l'aorte abdominale ? Quelles régions irriguent-elles ?

SCHÉMA D'IRRIGATION

Aorte abdominale

Branches viscérales
1. Tronc cœliaque

- A. gastrique gauche
- A. splénique
  - A. pancréatique
  - A. gastroépiploïque gauche
  - A. gastrique courte
- A. hépatique commune
  - A. hépatique propre
  - A. gastrique droite
  - A. gastro-duodénale

2. A. mésentérique supérieure
- A. pancréatico-duodénale inférieure
- A. jéjunales et a. iléales
- A. iléocolique
- A. colique droite
- A. colique moyenne

3. A. surrénales

4. A. rénales

5. A. testiculaires ou ovariques

6. A. mésentérique inférieure
- A. colique gauche
- A. sigmoïdiennes
- A. rectale supérieure

Branches pariétales
1. A. phréniques inférieures
2. A. lombaires
3. A. sacrale médiane

RAMIFICATION	DESCRIPTION ET RÉGION IRRIGUÉE

Branches viscérales impaires

Tronc cœliaque

Le **tronc cœliaque** est la première branche viscérale émise par l'aorte en dessous du diaphragme, à la hauteur de la douzième vertèbre thoracique (figure 21.21a). Il se divise presque immédiatement en trois branches : les artères gastrique gauche, splénique et hépatique commune (figure 21.21a).

1. L'**artère gastrique gauche** (*gastêr* : estomac) est la plus petite de ces trois branches. Elle monte vers la gauche en direction de l'œsophage, puis tourne pour suivre la petite courbure de l'estomac. Elle irrigue l'estomac et l'œsophage.
2. L'**artère splénique** (*splên* : rate) est la plus grosse branche du tronc cœliaque. Elle émerge du côté gauche du tronc cœliaque en aval de l'artère gastrique gauche, puis longe à l'horizontale le pancréas vers la gauche. Elle donne naissance à trois artères avant d'atteindre la rate :
   - L'**artère pancréatique**, qui irrigue le pancréas ;
   - L'**artère gastroépiploïque gauche** (*omentum* : épiploon), qui irrigue l'estomac et le grand omentum ;
   - L'**artère gastrique courte**, qui irrigue l'estomac.
3. L'**artère hépatique commune** (*hêpar* : foie) a une longueur comprise entre celle de l'artère gastrique gauche et celle de l'artère splénique. Contrairement aux deux autres branches du tronc cœliaque, elle émerge du côté droit du corps. Elle émet trois branches :
   - L'**artère hépatique propre**, qui irrigue le foie, la vésicule biliaire et l'estomac ;
   - L'**artère gastrique droite**, qui irrigue l'estomac ;
   - L'**artère gastroduodénale**, qui irrigue l'estomac, le duodénum de l'intestin grêle, le pancréas et le grand omentum.

Artère mésentérique supérieure
(*mesos* : au milieu ; *enteron* : intestin)

L'**artère mésentérique supérieure** (figure 21.21b) émerge de la face antérieure de l'aorte abdominale, environ 1 cm en dessous du tronc cœliaque, à la hauteur de la première vertèbre lombaire. Elle descend vers l'avant, entre les feuillets du mésentère (la partie du péritoine qui fixe l'intestin grêle à la paroi abdominale postérieure). Elle s'anastomose abondamment et émet cinq branches :

1. L'**artère pancréaticoduodénale inférieure** irrigue le pancréas et le duodénum.
2. Les **artères jéjunales** et les **artères iléales** irriguent le jéjunum et l'iléum de l'intestin grêle, respectivement.
3. L'**artère iléocolique** irrigue l'iléum et le côlon ascendant du gros intestin.
4. L'**artère colique droite** irrigue le côlon ascendant.
5. L'**artère colique moyenne** irrigue le côlon transverse du gros intestin.

Artère mésentérique inférieure

L'**artère mésentérique inférieure** (figure 21.21c) émerge de la face antérieure de l'aorte abdominale, à la hauteur de la troisième vertèbre lombaire, puis descend à gauche de l'aorte. Elle s'anastomose abondamment et donne trois branches :

1. L'**artère colique gauche** irrigue le côlon transverse et le côlon descendant.
2. Les **artères sigmoïdiennes** irriguent le côlon descendant et le côlon sigmoïde.
3. L'**artère rectale supérieure** irrigue le rectum, qui fait suite au côlon.

Branches viscérales paires

Artères surrénales

Les glandes surrénales sont irriguées par trois paires d'**artères surrénales** (supérieures, moyennes et inférieures). Toutefois, seules les artères surrénales moyennes émanent directement de l'aorte abdominale (figure 21.20). Les artères surrénales moyennes naissent à la hauteur de la première vertèbre lombaire, au même niveau que les artères rénales ou au-dessus d'elles. Les artères surrénales supérieures naissent de l'artère phrénique inférieure ; les artères surrénales inférieures sont issues des artères rénales.

Artères rénales

Généralement, les **artères rénales** droite et gauche émergent des faces latérales de l'aorte abdominale, au bord supérieur de la deuxième vertèbre lombaire, environ 1 cm en dessous de l'artère mésentérique supérieure (figure 21.20). L'artère rénale droite, qui est plus longue que la gauche, émerge un peu plus bas que sa jumelle et passe derrière la veine rénale droite et la veine cave inférieure. L'artère rénale gauche se trouve derrière la veine rénale gauche ; la veine mésentérique inférieure la croise. Les artères rénales acheminent le sang dans les reins, les glandes surrénales et les uretères. Nous décrirons leur distribution dans les reins, au chapitre 26.

Artères testiculaires ou ovariques

Les **artères testiculaires** ou **ovariques** émergent de l'aorte abdominale à la hauteur de la deuxième vertèbre lombaire, juste en dessous des artères rénales (figure 21.20). Chez l'homme, les **artères testiculaires** traversent les canaux inguinaux et irriguent les testicules, les épididymes et les uretères. Chez la femme, les **artères ovariques**, bien plus courtes que les artères testiculaires, irriguent les ovaires, les trompes utérines et les uretères.

Branche pariétale impaire

Artère sacrale médiane
(*sacral* : qui se rapporte au sacrum)

L'**artère sacrale médiane** émerge de la face postérieure de l'aorte abdominale, à 1 cm environ au-dessus de la bifurcation de l'aorte qui donne naissance aux artères iliaques communes droite et gauche (figure 21.20). L'artère sacrale médiane irrigue le sacrum et le coccyx.

Branches pariétales paires

Artères phréniques inférieures
(*phrên* : diaphragme)

Les **artères phréniques inférieures** sont les deux premières branches (paires) de l'aorte abdominale. Elles naissent juste au-dessus de l'origine du tronc cœliaque (figure 21.20). (Elles peuvent aussi émerger des artères rénales.) Les artères phréniques inférieures alimentent la face inférieure du diaphragme et les glandes surrénales.

Artères lombaires
(*lumbes* : reins)

Les quatre paires d'**artères lombaires** naissent de la face postérolatérale de l'aorte abdominale (figure 21.20). Elles irriguent les vertèbres lombaires, la moelle épinière et ses méninges, ainsi que les muscles et la peau de la région lombaire du dos.

FIGURE 21.21 L'aorte abdominale et ses principales ramifications.

L'aorte abdominale prolonge l'aorte thoracique.

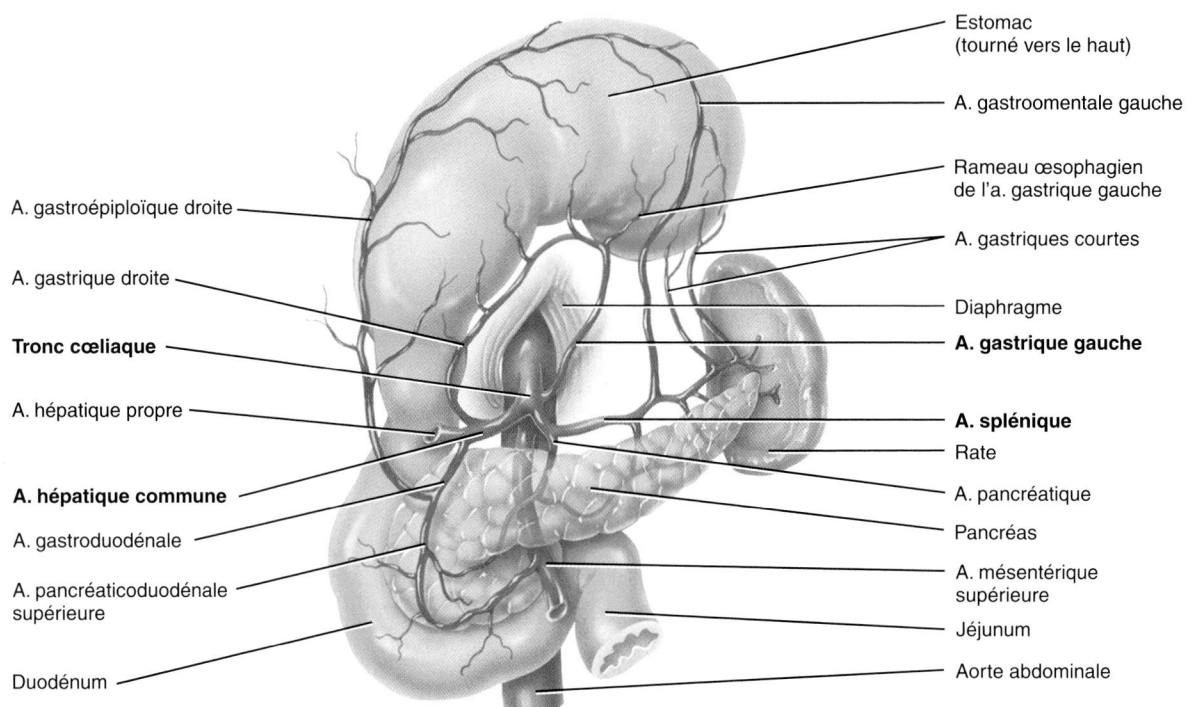

(a) Vue antérieure du tronc cœliaque et de ses ramifications

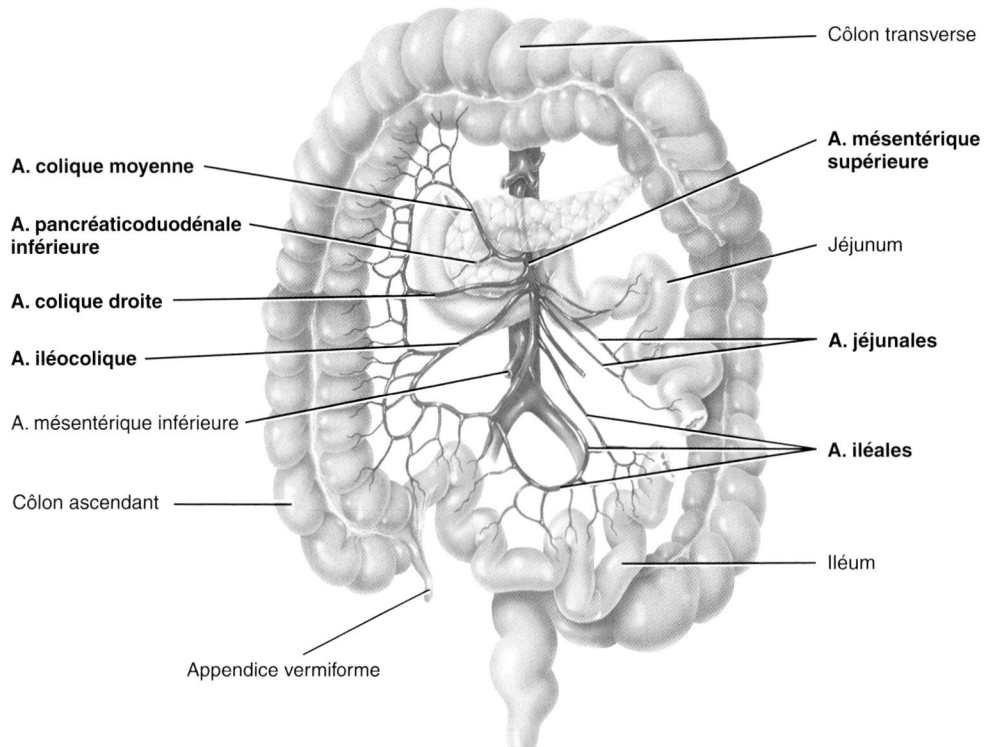

(b) Vue antérieure de l'artère mésentérique supérieure et de ses ramifications

FIGURE 21.21 L'aorte abdominale et ses principales ramifications *(suite).*

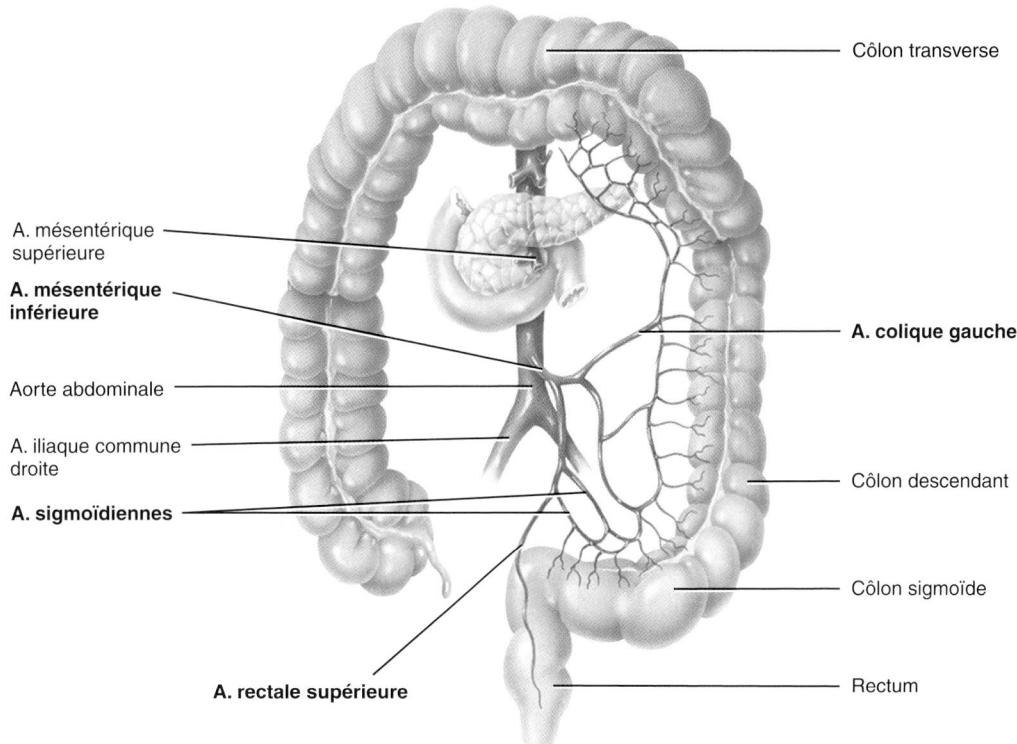

Côlon transverse

A. mésentérique supérieure

A. mésentérique inférieure

Aorte abdominale

A. iliaque commune droite

A. sigmoïdiennes

A. colique gauche

Côlon descendant

Côlon sigmoïde

Rectum

A. rectale supérieure

(c) Vue antérieure de l'artère mésentérique inférieure et de ses ramifications

 Où commence l'aorte abdominale?

• Décrire les deux principales branches des artères iliaques communes.

L'aorte abdominale se termine en se divisant pour former les **artères iliaques communes** droite et gauche. Ces artères se divisent à leur tour en **artères iliaques internes** et **externes**. Les artères iliaques externes deviennent les **artères fémorales** dans les cuisses, puis les **artères poplitées** derrière le genou et enfin, les **artères tibiales antérieure** et **postérieure** dans les jambes.

▶ **POINT DE CONTRÔLE**

Quelles sont les régions irriguées par les artères iliaques internes et externes ?

SCHÉMA D'IRRIGATION

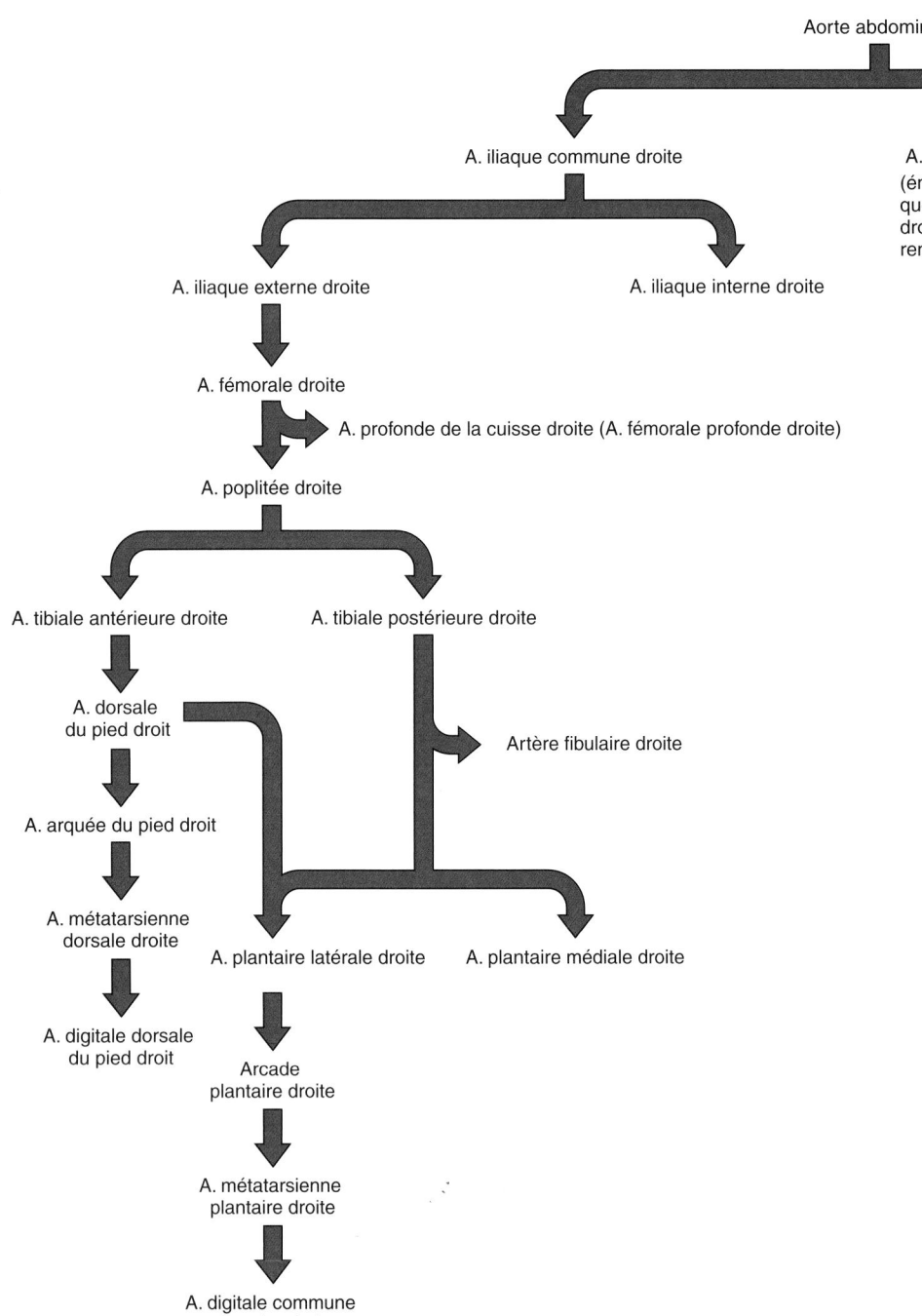

832 QUATRIÈME PARTIE — LE MAINTIEN DU FONCTIONNEMENT DU CORPS HUMAIN

RAMIFICATION	DESCRIPTION ET RÉGION IRRIGUÉE
Artères iliaques communes (*ilia*: flancs)	L'aorte abdominale se divise, à peu près à la hauteur de la quatrième vertèbre lombaire, en **artères iliaques communes** droite et gauche, qui constituent ses branches terminales. Celles-ci s'étendent sur 5 cm environ avant de donner naissance à deux autres branches : les artères iliaques interne et externe. Les artères iliaques communes irriguent le bassin, les organes génitaux externes et les membres inférieurs.
Artères iliaques internes	Les **artères iliaques internes** sont les principales artères du bassin. Elles naissent à la bifurcation des artères iliaques communes, devant l'articulation sacro-iliaque, à la hauteur du disque intervertébral lombosacral. Elles descendent ensuite selon un axe postéromédial vers le bassin, dans lequel elles se divisent en troncs antérieur et postérieur. Les artères iliaques internes irriguent le bassin, les fesses, les organes génitaux externes et les cuisses.
Artères iliaques externes	Les **artères iliaques externes** sont plus grosses que les artères iliaques internes. Comme elles, toutefois, elles naissent à la bifurcation des artères iliaques communes. Elles descendent ensuite le long du bord interne des muscles grands psoas ceinturant l'ouverture supérieure du bassin, passent derrière la portion centrale des ligaments inguinaux et deviennent alors les artères fémorales. Les artères iliaques externes desservent les membres inférieurs. Plus précisément, leurs branches irriguent les muscles de la paroi abdominale antérieure, le muscle crémaster chez l'homme et le ligament rond de l'utérus chez la femme, ainsi que les membres inférieurs.
Artères fémorales (*femur*: cuisse)	Les **artères fémorales** descendent le long des faces antéromédiales des cuisses jusqu'à la limite entre le tiers moyen et le tiers inférieur des cuisses. Elles traversent ensuite un orifice dans le tendon du muscle grand adducteur et deviennent les artères poplitées quand elles sortent derrière les fémurs. On peut prendre le pouls à l'artère fémorale, juste en dessous du ligament inguinal. Nous avons vu au chapitre 11 que les artères fémorales, ainsi que les veines fémorales, les nerfs fémoraux et les nœuds lymphatiques inguinaux profonds, se trouvent dans le *triangle fémoral* (*ou triangle de Scarpa*, voir la figure 11.20a.) Les artères fémorales desservent la paroi inférieure de l'abdomen, les aines, les organes génitaux externes et les muscles de la cuisse. L'**artère profonde de la cuisse** (ou **artère fémorale profonde**) constitue l'une des principales branches de l'artère fémorale ; elle irrigue la plupart des muscles de la cuisse : le quadriceps fémoral, les adducteurs et les muscles de la loge postérieure de la cuisse. Rappelons que le cathétérisme cardiaque consiste à insérer une sonde dans un vaisseau sanguin, puis à la faire progresser jusqu'aux vaisseaux principaux pour se diriger vers la chambre du cœur que l'on désire examiner. Ces cathéters sont souvent munis à leur extrémité d'un dispositif de mesure ou d'un autre instrument. Pour atteindre le côté gauche du cœur, la sonde est insérée dans l'artère fémorale et passe dans l'aorte pour rejoindre les artères coronaires ou le ventricule gauche.
Artères poplitées (*poples*: jarret)	Les **artères poplitées** prolongent les artères fémorales dans la fosse poplitée (dépression de la face postérieure du genou). Elles descendent vers le bord inférieur des muscles poplités, où elles se divisent en artères tibiales antérieure et postérieure. Un pouls est perceptible dans les artères poplitées. En plus d'irriguer le muscle grand adducteur, les muscles de la loge postérieure de la cuisse et la peau de la face postérieure des jambes, les branches des artères poplitées desservent les muscles gastrocnémien, soléaire et plantaire du mollet, l'articulation du genou, le fémur, la patella (rotule) et la fibula.
Artères tibiales antérieures	Les **artères tibiales antérieures** descendent à partir de la bifurcation des artères poplitées. Plus petites que les artères tibiales postérieures, elles traversent les muscles de la loge antérieure de la jambe, puis la membrane interosseuse qui relie le tibia et la fibula, du côté externe du tibia. Les artères tibiales antérieures irriguent les articulations du genou, les muscles de la loge antérieure de la jambe, la peau de la face antérieure de la jambe et les articulations de la cheville. Elles deviennent les **artères dorsales du pied** dans les chevilles. Le pouls mesuré à cette artère permet d'évaluer le système vasculaire périphérique. Les artères dorsales du pied desservent les muscles, la peau et les articulations de la face dorsale du pied. Sur le dos du pied, à la hauteur de l'os cunéiforme médial, elles donnent naissance à des ramifications transverses, les **artères arquées du pied**. Celles-ci se déploient vers le côté externe, au-dessus de la base des métatarsiens. Les artères arquées du pied donnent les **artères métatarsiennes dorsales**, qui irriguent le pied. Les artères métatarsiennes dorsales se terminent en se divisant pour former les **artères digitales dorsales du pied**, qui irriguent les orteils.
Artères tibiales postérieures	Les **artères tibiales postérieures** sont le prolongement direct des artères poplitées et descendent à partir de leur bifurcation. Elles longent les muscles de la loge postérieure de la jambe, passent derrière la malléole médiale du tibia et se terminent en se divisant en artères plantaires médiale et latérale. Les artères tibiales postérieures desservent les muscles, les os et les articulations de la jambe et du pied. Les **artères fibulaires** constituent d'importantes ramifications des artères tibiales postérieures ; elles irriguent les muscles fibulaire, soléaire, tibial postérieur et fléchisseur de l'hallux, ainsi que la fibula, le tarse et la face externe du talon. Les artères tibiales postérieures se divisent en artères plantaires médiale et latérale derrière le rétinaculum des fléchisseurs, sur la face interne du pied. Les **artères plantaires médiales** irriguent les muscles abducteurs de l'hallux et court fléchisseur des orteils, ainsi que les orteils. Les **artères plantaires latérales** s'unissent à une branche des artères dorsales du pied pour former l'**arcade plantaire**. Celle-ci naît à la base du cinquième métatarsien et traverse les métacarpiens vers la ligne médiale. En traversant le pied, l'arcade plantaire émet les **artères métatarsiennes plantaires**, qui irriguent les pieds. Les artères métatarsiennes plantaires se terminent en se divisant en **artères digitales communes plantaires**, qui irriguent les orteils.

▶

FIGURE 21.22 Les artères du bassin et du membre inférieur droit.

Les artères iliaques internes acheminent la majeure partie du sang destiné aux viscères du bassin et à leur paroi.

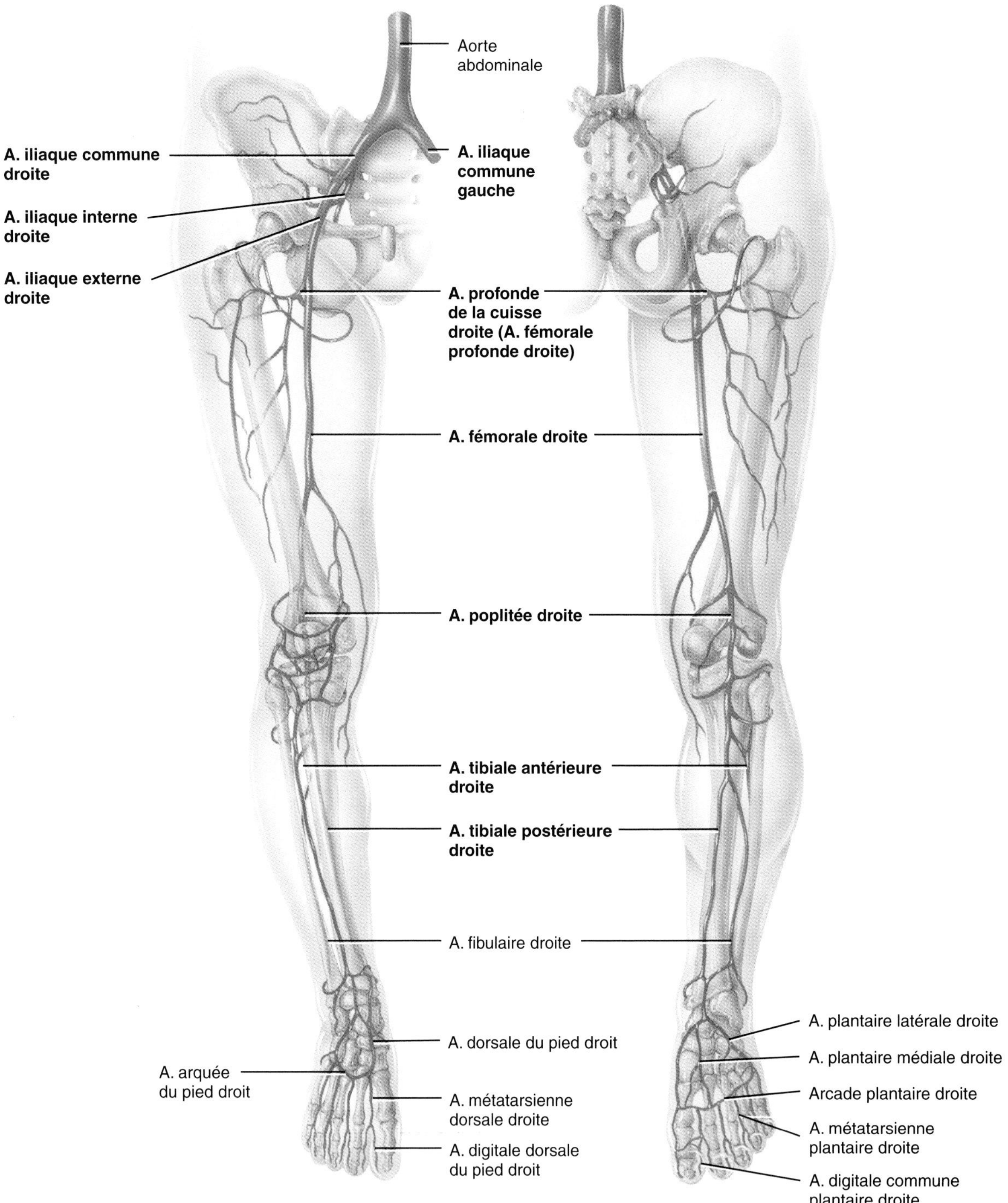

Aorte
abdominale

A. iliaque commune
droite

A. iliaque
commune
gauche

A. iliaque interne
droite

A. iliaque externe
droite

A. profonde
de la cuisse
droite (A. fémorale
profonde droite)

A. fémorale droite

A. poplitée droite

A. tibiale antérieure
droite

A. tibiale postérieure
droite

A. fibulaire droite

A. dorsale du pied droit

A. arquée
du pied droit

A. métatarsienne
dorsale droite

A. digitale dorsale
du pied droit

A. plantaire latérale droite

A. plantaire médiale droite

Arcade plantaire droite

A. métatarsienne
plantaire droite

A. digitale commune
plantaire droite

(a) Vue antérieure

(b) Vue postérieure

Où l'aorte abdominale se divise-t-elle en artères iliaques communes?

OBJECTIF

- Décrire les trois veines systémiques qui ramènent le sang désoxygéné au cœur.

Ainsi que nous l'avons vu, les artères acheminent le sang vers les différentes parties du corps, alors que les veines drainent ces mêmes régions pour ramener le sang au cœur. Contrairement aux artères, qui cheminent dans les tissus profonds, les veines sont soit superficielles, soit profondes. Les veines superficielles sont apparentes, car elles se trouvent juste en dessous de la peau. Le corps humain ne contenant pas d'artères superficielles importantes, les noms des veines superficielles ne correspondent pas à ceux des artères. En milieu clinique, les veines superficielles sont utilisées pour prélever du sang et pratiquer des injections. La plupart des veines profondes cheminent parallèlement aux artères et portent des noms correspondants. Les artères empruntent souvent des chemins clairement définis, contrairement aux veines, qui sont plus difficiles à suivre. En effet, elles forment des réseaux irréguliers dans lesquels de nombreux tributaires fusionnent pour former des veines de gros diamètre. Une seule artère systémique, l'aorte, emporte le sang oxygéné hors du cœur (ventricule gauche). Par contre, trois veines systémiques ramènent le sang désoxygéné au cœur (oreillette droite) : le **sinus coronaire**, la **veine cave supérieure** et la **veine cave inférieure**. Le sinus coronaire reçoit le sang des veines cardiaques ; la veine cave supérieure reçoit celui des autres veines se trouvant au-dessus du diaphragme, sauf celles des alvéoles pulmonaires. Quant à la veine cave inférieure, elle transporte le sang des veines se trouvant en dessous du diaphragme.

▶ **POINT DE CONTRÔLE**

Quels sont les trois tributaires du sinus coronaire ?

VEINE	DESCRIPTION ET RÉGION DRAINÉE
Sinus coronaire (*corona* : couronne)	Le **sinus coronaire** est la principale veine du cœur ; il recueille presque tout le sang veineux du myocarde. Situé dans le sillon coronaire, il débouche dans l'oreillette droite, entre l'entrée de la veine cave inférieure et la valve auriculoventriculaire droite. Il forme un large canal dans lequel débouchent trois veines. À son extrémité gauche, il reçoit la **grande veine du cœur** (dans le sillon interventriculaire antérieur) et à son extrémité droite, la **veine moyenne du cœur** (dans le sillon interventriculaire postérieur) ainsi que la **petite veine du cœur**. Plusieurs **veines antérieures du cœur** se jettent directement dans l'oreillette droite.
Veine cave supérieure	La **veine cave supérieure**, qui mesure environ 7,5 cm de long et 2 cm de diamètre, débouche dans la partie supérieure de l'oreillette droite. Elle naît de la jonction des veines brachiocéphaliques droite et gauche, derrière le premier cartilage costal droit, et se termine à la hauteur du troisième cartilage costal droit, où elle pénètre dans l'oreillette droite. La veine cave supérieure draine la tête, le cou, le thorax et les membres supérieurs.
Veine cave inférieure	Avec un diamètre d'environ 3,5 cm, la **veine cave inférieure** est la plus grosse veine du corps humain. Elle naît de la jonction des veines iliaques communes, devant la cinquième vertèbre lombaire ; monte derrière le péritoine, à droite du plan médian du corps ; traverse le diaphragme par le foramen de la veine cave, à la hauteur de la huitième vertèbre thoracique ; puis entre dans la partie inférieure de l'oreillette droite. La veine cave inférieure draine l'abdomen, le bassin et les membres inférieurs. Aux derniers stades de la grossesse, elle est souvent comprimée par l'utérus qui grossit, ce qui cause de l'œdème dans les chevilles et les pieds, ainsi que des varices temporaires.

FIGURE 21.23 Les veines principales.

Le sang désoxygéné revient au cœur par les veines caves supérieure et inférieure et par le sinus coronaire.

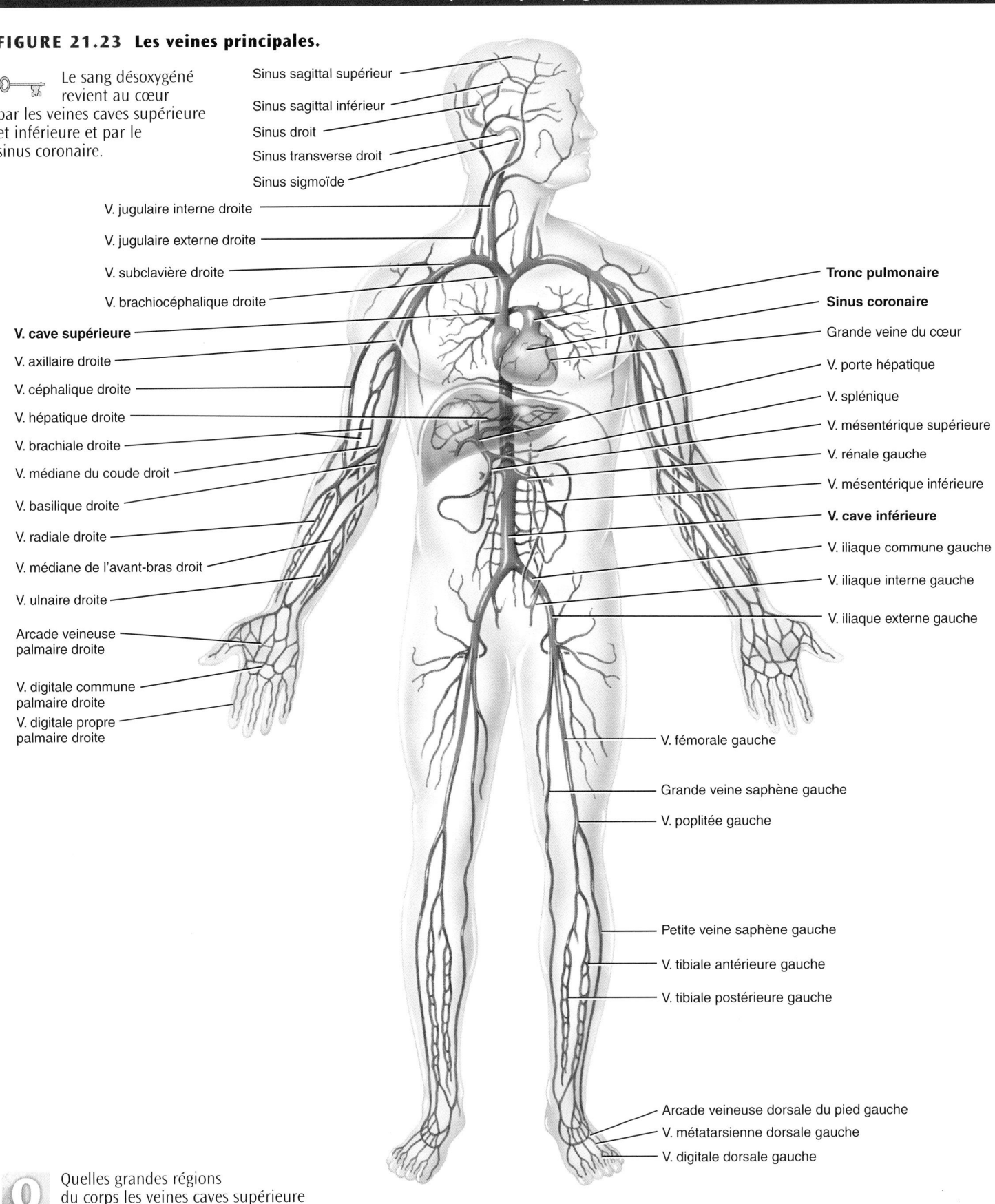

Sinus sagittal supérieur
Sinus sagittal inférieur
Sinus droit
Sinus transverse droit
Sinus sigmoïde

V. jugulaire interne droite
V. jugulaire externe droite
V. subclavière droite
V. brachiocéphalique droite
V. cave supérieure
V. axillaire droite
V. céphalique droite
V. hépatique droite
V. brachiale droite
V. médiane du coude droit
V. basilique droite
V. radiale droite
V. médiane de l'avant-bras droit
V. ulnaire droite
Arcade veineuse palmaire droite
V. digitale commune palmaire droite
V. digitale propre palmaire droite

Tronc pulmonaire
Sinus coronaire
Grande veine du cœur
V. porte hépatique
V. splénique
V. mésentérique supérieure
V. rénale gauche
V. mésentérique inférieure
V. cave inférieure
V. iliaque commune gauche
V. iliaque interne gauche
V. iliaque externe gauche

V. fémorale gauche
Grande veine saphène gauche
V. poplitée gauche

Petite veine saphène gauche
V. tibiale antérieure gauche
V. tibiale postérieure gauche

Arcade veineuse dorsale du pied gauche
V. métatarsienne dorsale gauche
V. digitale dorsale gauche

Vue antérieure générale des principales veines

Quelles grandes régions du corps les veines caves supérieure et inférieure drainent-elles?

OBJECTIF

• Décrire les trois principales veines qui drainent la tête.

▶ POINT DE CONTRÔLE

Quelles grandes régions du corps les veines jugulaires internes, jugulaires externes et vertébrales drainent-elles?

La majeure partie du sang provenant de la tête retourne au cœur par trois paires de veines : les **veines jugulaires internes**, **jugulaires externes** et **vertébrales**. Dans l'encéphale, toutes les veines débouchent dans les sinus de la dure-mère, puis dans les veines jugulaires internes. Les **sinus de la dure-mère** sont des canaux veineux tapissés d'endothélium et situés entre les feuillets de la dure-mère.

VEINE	DESCRIPTION ET RÉGION DRAINÉE
Veines jugulaires internes (*jugulum* : gorge)	Le sang qui s'écoule des sinus de la dure-mère dans les veines jugulaires internes suit le trajet décrit ci-après (figure 21.24). Le **sinus sagittal supérieur** (*sagitta* : flèche) naît à l'os frontal, où il reçoit une veine de chacune des cavités nasales, puis passe derrière l'os occipital. Sur son trajet, il recueille le sang des faces supérieure, interne (médiale) et externe (latérale) des hémisphères cérébraux, des méninges et des os du crâne. Ensuite, il s'incurve en général vers la droite et se draine dans le sinus transverse droit.
	Beaucoup plus petit que le sinus sagittal supérieur, le **sinus sagittal inférieur** naît derrière l'attache de la faux du cerveau ; il reçoit la grande veine cérébrale et devient alors le sinus droit. La grande veine cérébrale draine les parties les plus profondes de l'encéphale. Sur son trajet, le sinus sagittal inférieur reçoit également les tributaires des faces supérieure et interne des hémisphères cérébraux.
	Le **sinus droit** chemine dans la tente du cervelet ; il est formé par l'union du sinus sagittal inférieur et de la grande veine cérébrale. Le sinus droit recueille également le sang provenant du cervelet et débouche en général dans le sinus transverse gauche.
	Les **sinus transverses** naissent près de l'os occipital, passent sur le côté et l'avant, puis deviennent les sinus sigmoïdes, près de l'os temporal. Les sinus transverses drainent les hémisphères cérébraux, le cervelet et les os du crâne.
	Les **sinus sigmoïdes** (*sigma* : S ; *eidês* : en forme de) longent l'os temporal. Ils traversent le foramen jugulaire et se terminent dans les veines jugulaires internes. Les sinus sigmoïdes drainent les sinus transverses.
	Les **sinus caverneux** se trouvent de part et d'autre de l'os sphénoïde. Ils reçoivent le sang provenant des veines ophtalmiques des orbites ainsi que des veines cérébrales des hémisphères cérébraux. Ils débouchent dans les sinus transverses et les veines jugulaires internes. Les sinus caverneux ont un caractère singulier : ils livrent le passage à des nerfs et à un gros vaisseau sanguin qui se rendent aux orbites et à la face. Les nerfs oculomoteur (III) et trochléaire (IV), les nerfs ophtalmique et maxillaire (deux branches du nerf trijumeau – V) ainsi que les artères carotides internes traversent les sinus caverneux.
	Les **veines jugulaires internes** droite et gauche descendent de part et d'autre du cou, longeant le bord externe des artères carotides internes et communes. Elles s'unissent aux veines subclavières derrière les clavicules, à la hauteur des articulations sternoclaviculaires, pour former les veines brachiocéphaliques (*brachium* : bras ; *kephalê* : tête) droite et gauche. De là, le sang s'écoule dans la veine cave supérieure. Les veines jugulaires internes drainent les structures de l'encéphale (par les sinus de la dure-mère), la face et le cou.
Veines jugulaires externes	Les **veines jugulaires externes** droite et gauche naissent dans les glandes parotides, près de l'angle de la mandibule. Ces veines superficielles descendent dans le cou en traversant les muscles sternocléidomastoïdiens. Elles se terminent en face du centre de la clavicule, où elles débouchent dans les veines subclavières. Les veines jugulaires externes drainent des structures à l'extérieur du crâne, par exemple le cuir chevelu et les régions superficielle et profonde de la face. Elles font saillie sur le côté du cou quand la pression veineuse augmente, par exemple en cas de toux forte, d'effort soutenu ou d'insuffisance cardiaque.
Veines vertébrales	Les **veines vertébrales** droite et gauche naissent en dessous des condyles occipitaux. Elles descendent par les foramens transversaires des six premières vertèbres cervicales puis émergent du foramen de la sixième vertèbre cervicale pour entrer dans les veines brachiocéphaliques à la base du cou. Les veines vertébrales drainent des structures profondes du cou, par exemple les vertèbres cervicales, la moelle épinière cervicale et certains muscles du cou.

▶

SCHÉMA DE DRAINAGE

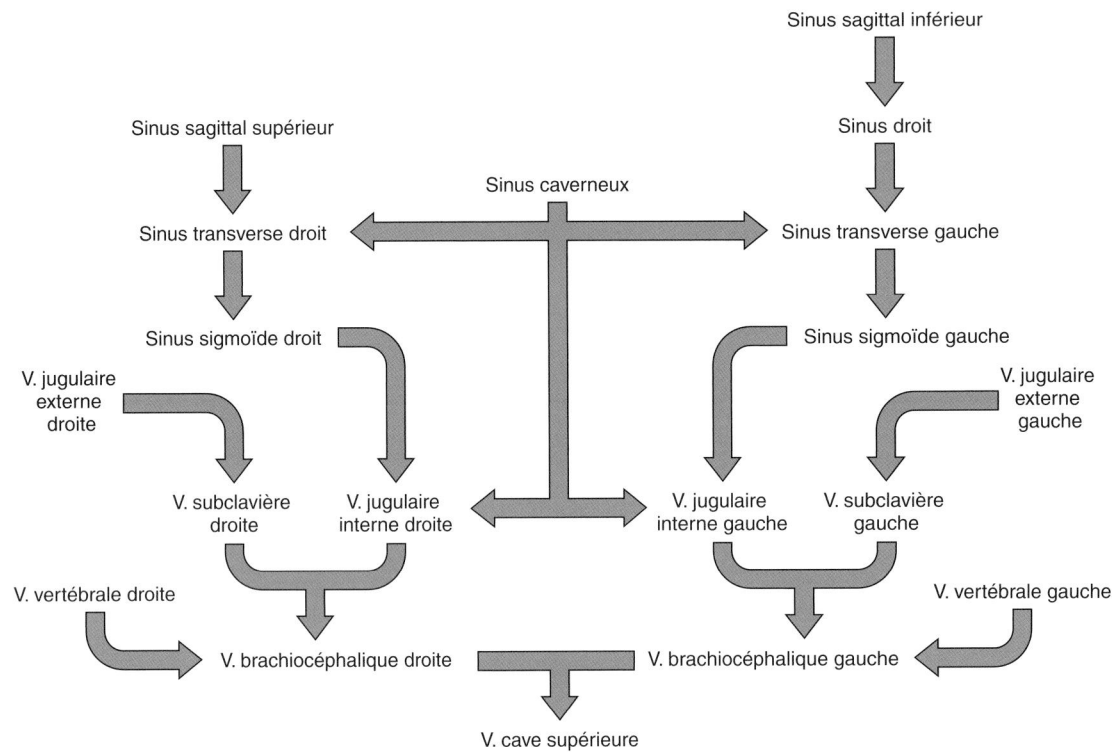

FIGURE 21.24 Les veines principales de la tête et du cou.

 Le sang provenant de la tête et du cou se déverse dans les veines jugulaires internes, jugulaires externes et vertébrales.

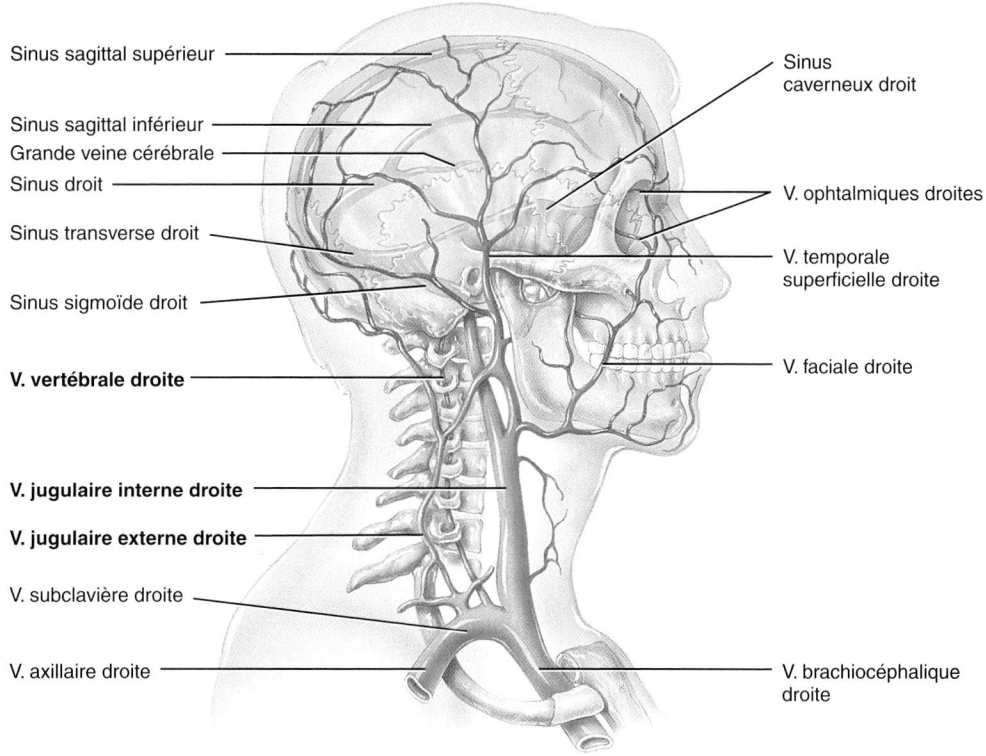

Sinus sagittal supérieur

Sinus sagittal inférieur
Grande veine cérébrale
Sinus droit

Sinus transverse droit

Sinus sigmoïde droit

V. vertébrale droite

V. jugulaire interne droite

V. jugulaire externe droite

V. subclavière droite

V. axillaire droite

Sinus
caverneux droit

V. ophtalmiques droites

V. temporale
superficielle droite

V. faciale droite

V. brachiocéphalique
droite

Vue latérale droite

Dans quelles veines du cou tout le sang veineux de l'encéphale se déverse-t-il ?

OBJECTIF

- Décrire les principales veines qui drainent les membres supérieurs.

Le sang des membres supérieurs retourne au cœur par des veines superficielles et profondes. Les **veines superficielles** se trouvent juste en dessous de la peau et sont donc très souvent visibles. Elles s'anastomosent abondamment les unes avec les autres ainsi qu'avec les veines profondes ; elles ne cheminent pas parallèlement aux artères. Plus grosses que les veines profondes, les veines superficielles ramènent au cœur la majeure partie du sang des membres supérieurs. Les **veines profondes** se trouvent dans les structures profondes du corps. Elles accompagnent souvent des artères et portent le même nom qu'elles. Toutes les veines possèdent des valvules, mais les veines profondes en contiennent plus que les veines superficielles.

▶ **POINT DE CONTRÔLE**

Où naissent les veines céphaliques, basiliques, médianes de l'avant-bras, radiales et ulnaires ?

VEINE	DESCRIPTION ET RÉGION DRAINÉE
Veines superficielles	
Veines céphaliques (*kephalê* : tête)	Les veines céphaliques et basiliques sont les principales veines superficielles qui drainent les membres supérieurs. Elles naissent dans la main et acheminent le sang depuis les veines superficielles plus petites jusqu'aux veines axillaires. Les **veines céphaliques** naissent sur la face latérale des **arcades veineuses dorsales de la main**, des réseaux veineux qui se déploient sur le dos de la main et sont formés par les **veines métacarpiennes dorsales** (figure 21.25a). Ces veines drainent les **veines digitales dorsales**, qui courent de part et d'autre des doigts. Une fois qu'elles se sont formées à partir des réseaux veineux dorsaux des mains, les veines céphaliques décrivent un arc vers le côté radial de l'avant-bras pour atteindre sa face antérieure, puis montent dans le bras par sa face antérolatérale. Les veines céphaliques se terminent à leur point de jonction avec les veines axillaires, juste en dessous des clavicules. Les **veines céphaliques accessoires** naissent soit d'un plexus veineux sur le dos des avant-bras, soit des faces internes (médiales) des réseaux veineux dorsaux des mains ; elles s'unissent aux veines céphaliques juste en dessous du coude. Les veines céphaliques drainent la face externe (latérale) des membres supérieurs.
Veines basiliques (*basilikê* : royal ; primordial)	Les **veines basiliques** naissent sur la face interne des réseaux veineux dorsaux des mains et montent le long de la face postéromédiale de l'avant-bras et de la face antéromédiale du bras (figure 21.25b). Elles drainent les faces internes des membres supérieurs. Sur la face antérieure du coude, les veines basiliques communiquent avec les veines céphaliques par les **veines médianes du coude**, qui drainent l'avant-bras. C'est généralement dans la veine médiane du coude que l'on administre les injections et les transfusions, et que l'on prélève le sang. Après leur jonction avec les veines médianes du coude, les veines basiliques continuent de monter jusqu'au milieu du bras. Elles pénètrent alors profondément dans les tissus et poursuivent leur route le long des artères brachiales pour se joindre finalement aux veines brachiales. En fusionnant dans les aisselles, les veines basiliques et brachiales forment les veines axillaires.
Veines médianes de l'avant-bras	Les **veines médianes de l'avant-bras** naissent dans les **plexus veineux palmaires**, des réseaux veineux se trouvant dans la paume de la main. Les plexus drainent les **veines digitales palmaires** (dans les doigts). Les veines médianes de l'avant-bras montent sur la face antérieure de l'avant-bras puis s'unissent aux veines basiliques ou médianes du coude, parfois les deux. Elles drainent les paumes et les avant-bras.
Veines profondes	
Veines radiales (*radius* : l'un des os du bras)	Les **veines radiales** sont paires. Elles naissent dans les **arcades veineuses palmaires profondes** (figure 21.25c), qui drainent les **veines métacarpiennes palmaires** (de la paume). Les veines radiales drainent la face externe des avant-bras et longent les artères radiales. Juste en dessous de l'articulation du coude, elles s'unissent aux veines ulnaires pour former les veines brachiales.
Veines ulnaires (*ulna* : avant-bras)	Plus grosses que les veines radiales, les **veines ulnaires** sont paires et naissent dans les **arcades veineuses palmaires superficielles**, qui drainent les **veines digitales communes palmaires** et les **veines digitales propres palmaires** (dans les doigts). Les veines ulnaires drainent la face interne des avant-bras, longent les artères ulnaires et s'unissent aux veines radiales pour former les veines brachiales.
Veines brachiales (*brachium* : bras)	Les **veines brachiales** sont paires. Elles accompagnent les artères brachiales. Elles drainent les avant-bras, les articulations du coude, les bras et les humérus. Elles montent jusqu'aux veines basiliques, auxquelles elles s'unissent pour former les veines axillaires.
Veines axillaires (*axilla* : aisselle)	Les **veines axillaires** montent vers le bord externe des premières côtes, où elles deviennent les veines subclavières. Elles reçoivent des tributaires qui correspondent aux branches des artères axillaires. Les veines axillaires drainent les bras, les aisselles et la paroi supérolatérale du thorax.
Veines subclavières (*sub* : sous ; *clavicula* : petite clé)	Les **veines subclavières** sont des prolongements des veines axillaires qui se terminent à l'extrémité sternale de la clavicule, où elles s'unissent aux veines jugulaires internes pour former les veines brachiocéphaliques. Les veines subclavières drainent les bras, le cou et la paroi thoracique. Le conduit thoracique du système lymphatique déverse la lymphe au point de jonction de la veine subclavière gauche et de la veine jugulaire interne gauche. Le conduit lymphatique droit déverse la lymphe au point de jonction de la veine subclavière droite et de la veine jugulaire interne droite (voir la figure 22.3a). C'est généralement dans la veine subclavière droite que sont insérés les *cathéters centraux* pour administrer des nutriments et des médicaments au patient et pour mesurer sa pression veineuse.

SCHÉMA DE DRAINAGE

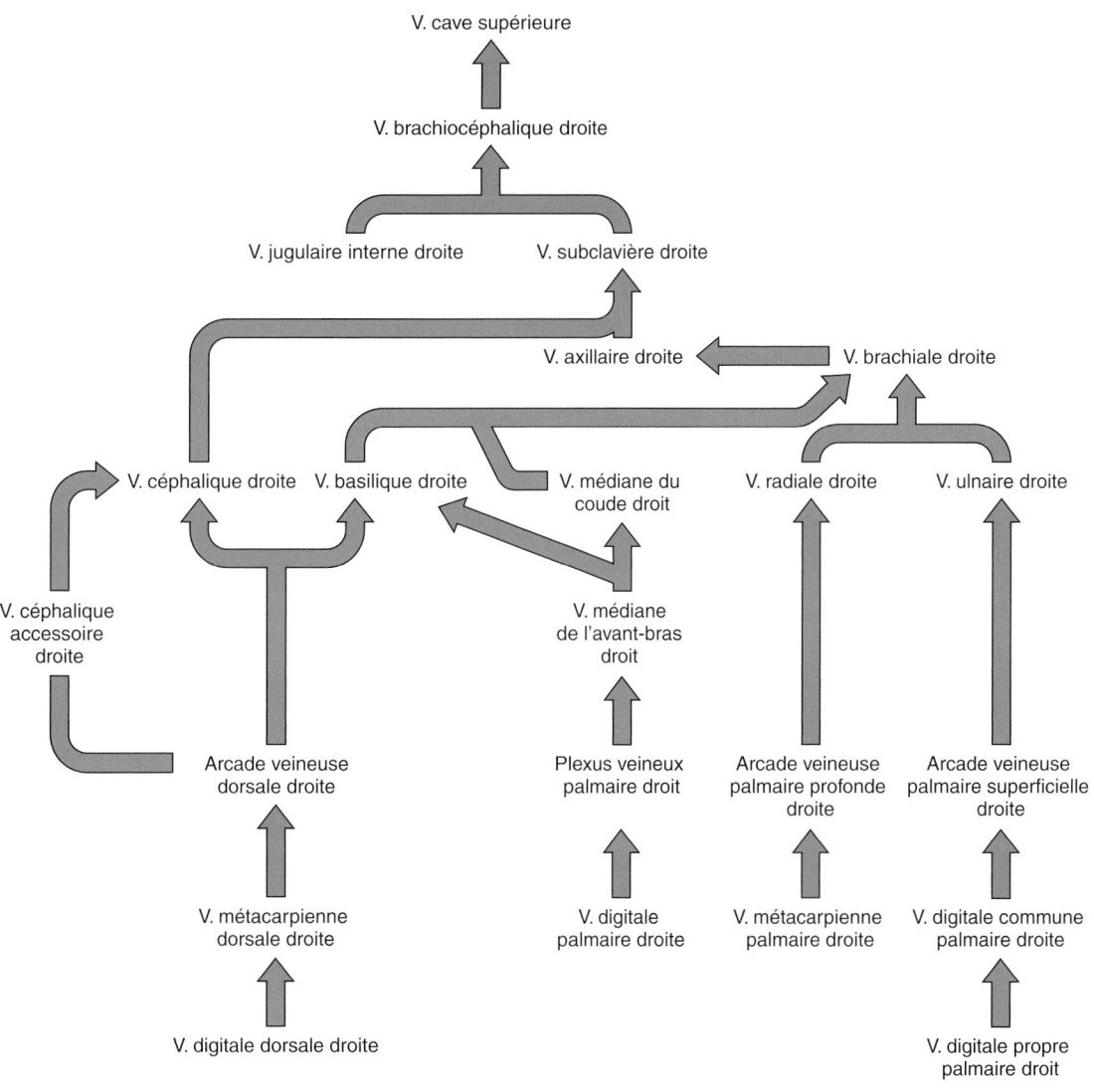

V. cave supérieure

V. brachiocéphalique droite

V. jugulaire interne droite   V. subclavière droite

V. axillaire droite   V. brachiale droite

V. céphalique droite   V. basilique droite   V. médiane du coude droit   V. radiale droite   V. ulnaire droite

V. céphalique accessoire droite

V. médiane de l'avant-bras droit

Arcade veineuse dorsale droite   Plexus veineux palmaire droit   Arcade veineuse palmaire profonde droite   Arcade veineuse palmaire superficielle droite

V. métacarpienne dorsale droite   V. digitale palmaire droite   V. métacarpienne palmaire droite   V. digitale commune palmaire droite

V. digitale dorsale droite   V. digitale propre palmaire droit

FIGURE 21.25 Les veines principales du membre supérieur droit.

En général, les veines profondes longent les artères qui portent le même nom qu'elles.

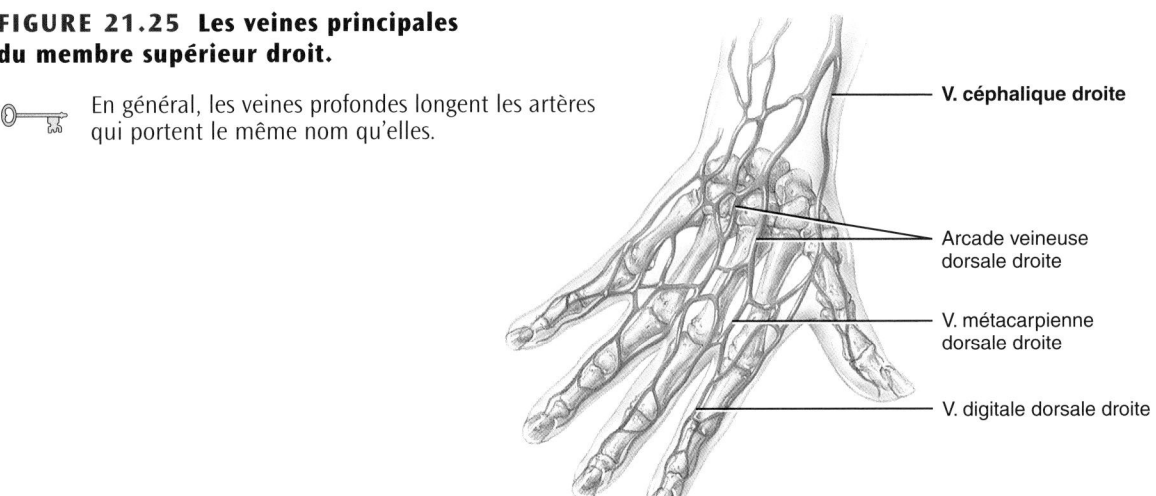

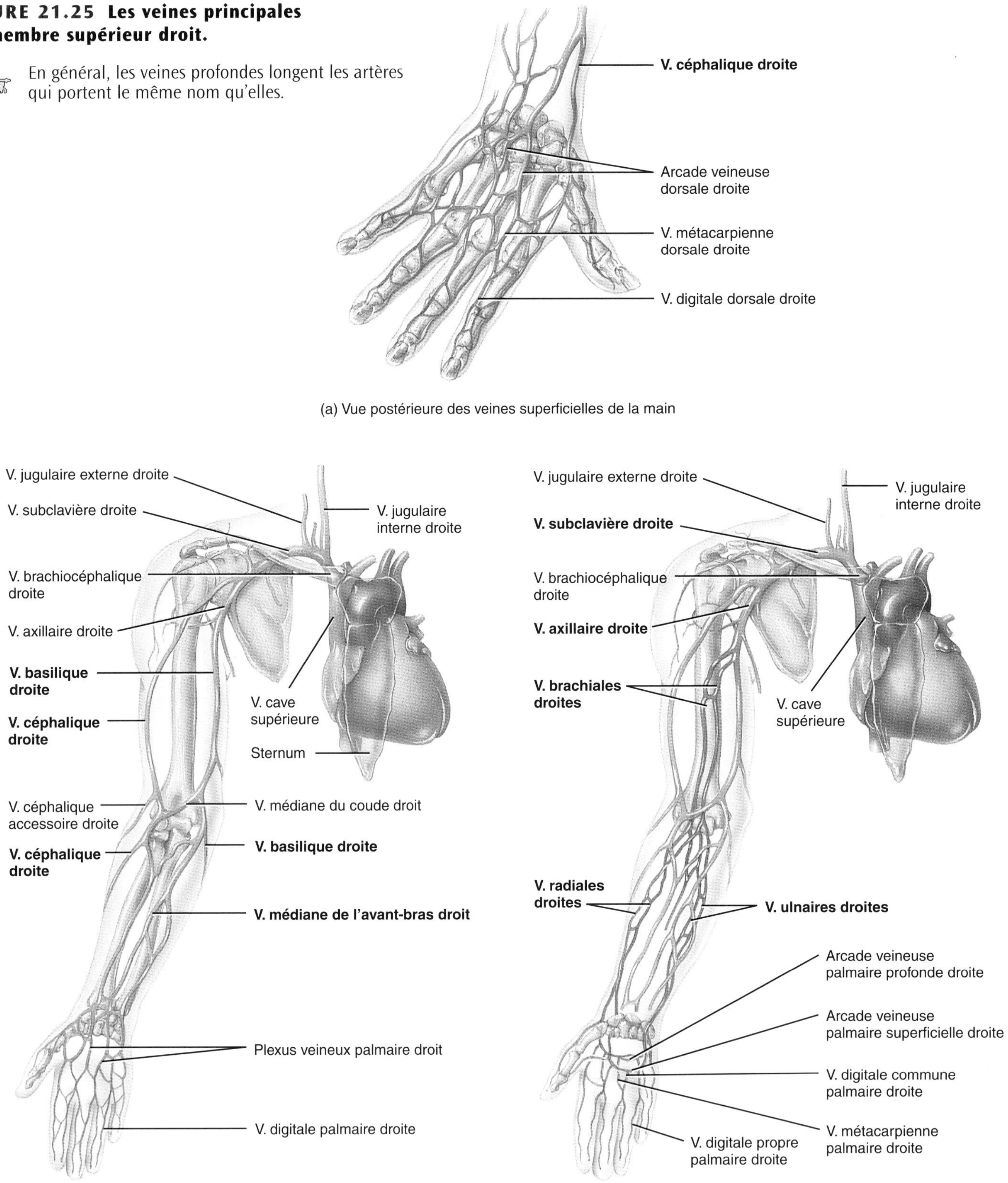

V. céphalique droite

Arcade veineuse dorsale droite

V. métacarpienne dorsale droite

V. digitale dorsale droite

(a) Vue postérieure des veines superficielles de la main

V. jugulaire externe droite
V. subclavière droite
V. jugulaire interne droite
V. brachiocéphalique droite
V. axillaire droite
V. basilique droite
V. céphalique droite
V. cave supérieure
Sternum
V. céphalique accessoire droite
V. médiane du coude droit
V. céphalique droite
V. basilique droite
V. médiane de l'avant-bras droit
Plexus veineux palmaire droit
V. digitale palmaire droite

(b) Vue antérieure des veines superficielles

V. jugulaire externe droite
V. subclavière droite
V. jugulaire interne droite
V. brachiocéphalique droite
V. axillaire droite
V. brachiales droites
V. cave supérieure
V. radiales droites
V. ulnaires droites
Arcade veineuse palmaire profonde droite
Arcade veineuse palmaire superficielle droite
V. digitale commune palmaire droite
V. métacarpienne palmaire droite
V. digitale propre palmaire droite

(c) Vue antérieure des veines profondes

 Habituellement, dans quelle veine du membre supérieur prélève-t-on le sang?

OBJECTIF

• Décrire les composantes du réseau azygos de veines.

Bien que les veines brachiocéphaliques drainent certaines parties du thorax, le sang provenant de la plupart des structures de cette région emprunte le **réseau azygos**, un réseau de veines situé de part et d'autre de la colonne vertébrale. Ce système se compose de trois veines : les **veines** **azygos**, **hémiazygos** et **hémiazygos accessoire**. Toutes trois diffèrent considérablement dans leurs origines, leurs trajectoires, leurs tributaires, leurs anastomoses et leurs aboutissements. Cependant, elles débouchent toutes dans la veine cave supérieure.

▶ **POINT DE CONTRÔLE**

Quel rapport y a-t-il entre le réseau azygos et la veine cave inférieure ?

SCHÉMA DE DRAINAGE

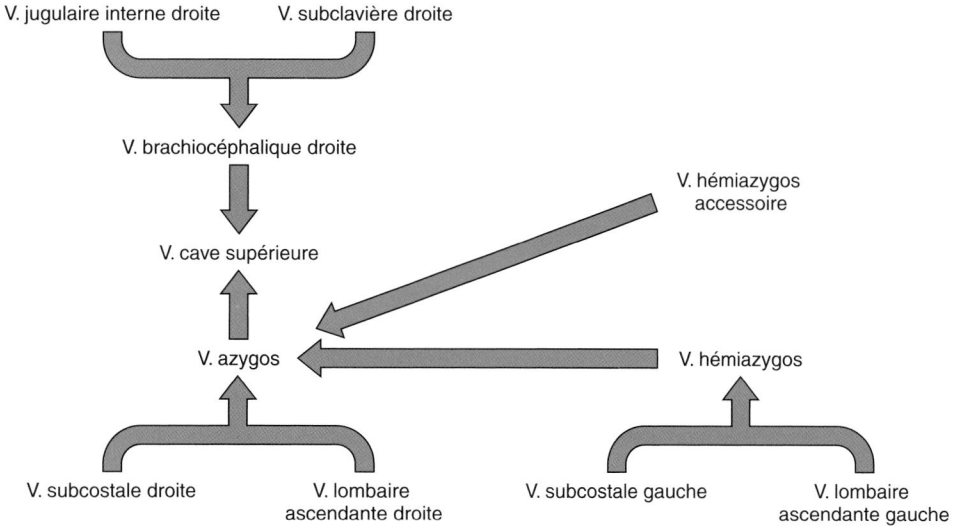

CHAPITRE 21 — SYSTÈME CARDIOVASCULAIRE : LES VAISSEAUX SANGUINS ET L'HÉMODYNAMIQUE **843**

VEINE	DESCRIPTION ET RÉGION DRAINÉE
Veine brachiocéphalique (*brachium* : bras ; *kephalê* : tête)	Formées par l'union des veines subclavières et jugulaires internes, les **veines brachiocéphaliques** droite et gauche drainent la tête, le cou, les membres supérieurs, les glandes mammaires et la partie supérieure du thorax. Elles s'unissent pour former la veine cave supérieure. Comme la veine cave supérieure longe la ligne médiane du corps sur sa droite, la veine brachiocéphalique gauche est plus longue que la droite. La veine brachiocéphalique droite est située devant le tronc brachiocéphalique et sur sa droite. La veine brachiocéphalique gauche se trouve devant le tronc brachiocéphalique, l'artère carotide commune gauche et l'artère subclavière gauche, la trachée ainsi que le nerf vague gauche (X) et le nerf phrénique gauche.
Réseau azygos (*azugos* : non accouplé)	En plus de recueillir le sang provenant du thorax et de la paroi abdominale, le **réseau azygos** peut constituer une voie de contournement pour la veine cave inférieure qui draine le bas du corps. Plusieurs petites veines relient directement le réseau azygos à la veine cave inférieure. Les grosses veines qui drainent les membres inférieurs et l'abdomen débouchent dans le réseau azygos. En cas d'obstruction de la veine cave inférieure ou de la veine porte hépatique, le réseau azygos peut acheminer le sang venant du bas du corps jusqu'à la veine cave supérieure.
Veine azygos	La **veine azygos** se trouve devant la colonne vertébrale, légèrement à droite de la ligne médiane du corps. Elle commence généralement à la jonction des veines lombaire ascendante et subcostale droites, près du diaphragme. À la hauteur de la quatrième vertèbre thoracique, elle s'incurve au-dessus de la racine du poumon droit pour se terminer dans la veine cave supérieure. En général, la veine azygos draine le côté droit de la paroi thoracique, des viscères thoraciques et de la paroi abdominale. Plus précisément, elle reçoit le sang de la plupart des **veines œsophagiennes**, **médiastinales**, **péricardiques** et **bronchiques droites** ainsi que des **veines hémiazygos** et **hémiazygos accessoire**.
Veine hémiazygos (*hêmi* : à moitié)	La **veine hémiazygos** est située en avant de la colonne vertébrale, légèrement à gauche de la ligne médiane du corps. Elle commence à la jonction des veines lombaire ascendante et subcostale gauches. Elle se termine en s'unissant à la veine azygos, à proximité de la neuvième vertèbre thoracique. En général, la veine hémiazygos draine le côté gauche de la paroi thoracique, des viscères thoraciques et de la paroi abdominale. Plus précisément, elle recueille le sang des neuvième à onzième **veines intercostales postérieures**, des **veines œsophagiennes** et **médiastinales gauches** et, parfois, de la **veine hémiazygos accessoire**.
Veine hémiazygos accessoire	La **veine hémiazygos accessoire** est également située en avant de la colonne vertébrale et à gauche de la ligne médiane du corps. Elle naît à la hauteur du quatrième ou cinquième espace intercostal et descend de la cinquième à la huitième vertèbre thoracique, ou se termine dans la veine hémiazygos. Elle s'unit à la veine azygos approximativement à la hauteur de la huitième vertèbre thoracique. La veine hémiazygos accessoire draine le côté gauche de la paroi thoracique. Elle recueille le sang des quatrième à huitième **veines intercostales postérieures** (les trois premières veines intercostales postérieures se jettent dans la veine brachiocéphalique gauche), ainsi que le sang des **veines bronchiques** et **médiastinales gauches**.

FIGURE 21.26 Les veines principales du thorax, de l'abdomen et du bassin.

Le réseau veineux azygos draine la plupart des structures thoraciques.

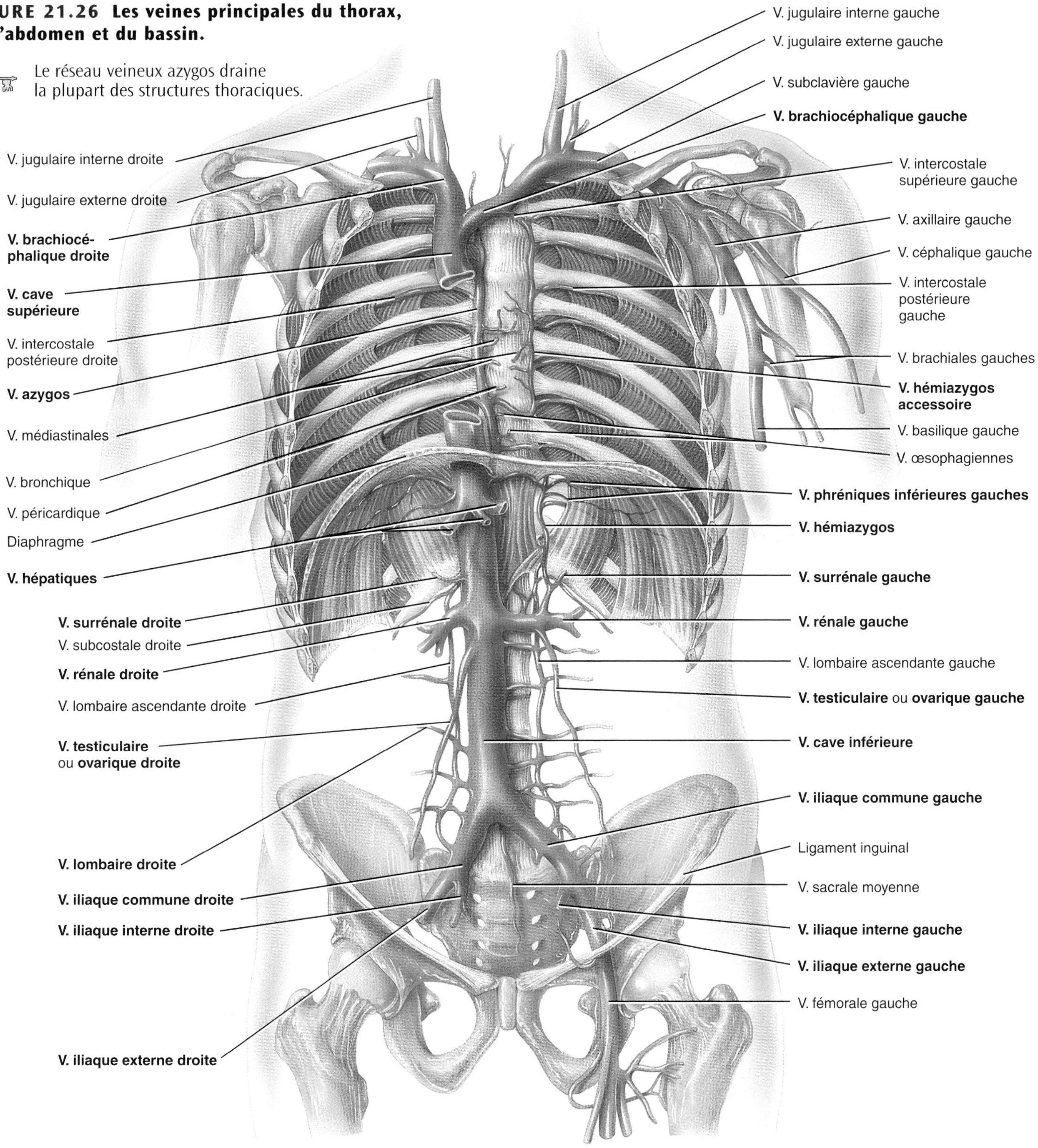

V. jugulaire interne droite

V. jugulaire externe droite

V. brachiocé-phalique droite

V. cave supérieure

V. intercostale postérieure droite

V. azygos

V. médiastinales

V. bronchique

V. péricardique

Diaphragme

V. hépatiques

V. surrénale droite

V. subcostale droite

V. rénale droite

V. lombaire ascendante droite

V. testiculaire ou **ovarique droite**

V. lombaire droite

V. iliaque commune droite

V. iliaque interne droite

V. iliaque externe droite

V. jugulaire interne gauche

V. jugulaire externe gauche

V. subclavière gauche

V. brachiocéphalique gauche

V. intercostale supérieure gauche

V. axillaire gauche

V. céphalique gauche

V. intercostale postérieure gauche

V. brachiales gauches

V. hémiazygos accessoire

V. basilique gauche

V. œsophagiennes

V. phréniques inférieures gauches

V. hémiazygos

V. surrénale gauche

V. rénale gauche

V. lombaire ascendante gauche

V. testiculaire ou **ovarique gauche**

V. cave inférieure

V. iliaque commune gauche

Ligament inguinal

V. sacrale moyenne

V. iliaque interne gauche

V. iliaque externe gauche

V. fémorale gauche

Vue antérieure

 Quelle est la veine qui ramène au cœur le sang des viscères abdominopelviens?

- Décrire les principales veines qui drainent l'abdomen et le bassin.

Le sang des viscères abdominopelviens et de la paroi abdominale retourne au cœur par la veine cave inférieure. De nombreuses petites veines débouchent dans ce vaisseau ; la plupart d'entre elles acheminent le sang provenant des branches pariétales de l'aorte abdominale et leurs noms correspondent à ceux des artères.

La veine cave inférieure ne recueille pas directement de sang veineux du tube digestif, de la rate, du pancréas et de la vésicule biliaire. En effet, ces organes déversent leur sang dans une veine commune, la **veine porte hépatique**, qui le transporte jusqu'au foie. La veine porte hépatique est formée par l'union des veines mésentérique supérieure et splénique (figure 21.28). Cette voie spéciale d'écoulement du sang veineux s'appelle **système porte hépatique**. Nous le décrirons plus loin. Après avoir été traité dans le foie, le sang s'écoule dans les veines hépatiques, qui se jettent dans la veine cave inférieure.

▶ **POINT DE CONTRÔLE**

Quelles structures sont drainées par les veines lombaires, testiculaires ou ovariques, rénales, surrénales, phréniques inférieures et hépatiques ?

VEINE	DESCRIPTION ET RÉGION DRAINÉE
Veine cave inférieure	La **veine cave inférieure** est formée par l'union des deux veines iliaques communes, qui drainent les membres inférieurs, le bassin et l'abdomen. Elle monte dans l'abdomen et le thorax jusqu'à l'oreillette droite.
Veines iliaques communes (*ilia* : flancs)	Les **veines iliaques communes** sont formées par l'union des veines iliaques internes et externes devant l'articulation sacro-iliaque. Elles constituent le prolongement distal de la veine cave inférieure et bifurquent en ce point pour former les veines iliaques communes gauche et droite. La veine iliaque commune droite est bien plus courte, mais aussi plus verticale, que la gauche. En général, les veines iliaques communes drainent le bassin, les organes génitaux externes et les membres inférieurs.
Veines iliaques internes	Les **veines iliaques internes** naissent près de la partie supérieure de la grande incisure ischiatique et longent la face interne des artères auxquelles elles correspondent. En général, elles drainent les cuisses, les fesses, les organes génitaux externes et le bassin.
Veines iliaques externes	Les **veines iliaques externes** naissent au niveau des ligaments inguinaux et prolongent les veines fémorales. Elles se terminent devant l'articulation sacro-iliaque, où elles s'unissent aux veines iliaques internes pour former les veines iliaques communes. Les veines iliaques externes drainent les membres inférieurs, le muscle crémaster (chez l'homme) et la paroi abdominale.
Veines lombaires (*lumbes* : reins)	Des **veines lombaires** parallèles (en général, quatre de chaque côté) drainent les deux côtés de la paroi abdominale postérieure, du canal vertébral, de la moelle épinière et des méninges spinales. Les veines lombaires cheminent à l'horizontale le long des artères lombaires. Elles forment des angles droits avec les **veines lombaires ascendantes**, qui constituent le point d'origine de la veine azygos ou hémiazygos correspondante. Les veines lombaires déversent une partie de leur sang dans les veines lombaires ascendantes, et le reste dans la veine cave inférieure.
Veines testiculaires ou ovariques	Les **veines testiculaires** ou **ovariques** montent avec leurs artères correspondantes le long de la paroi abdominale postérieure. Chez l'homme, les **veines testiculaires** drainent les testicules. La veine testiculaire gauche se jette dans la veine rénale gauche ; et la veine testiculaire droite, dans la veine cave inférieure. Chez la femme, les **veines ovariques** drainent les ovaires. La veine ovarique gauche se jette dans la veine rénale gauche ; et la veine ovarique droite, dans la veine cave inférieure.
Veines rénales (*rên* : rein)	Les **veines rénales** sont grosses. Elles sont situées devant les artères rénales. La veine rénale gauche est plus longue que la droite et elle passe devant l'aorte abdominale. Elle reçoit le sang de la veine testiculaire (ou de la veine ovarique) gauche, de la veine phrénique inférieure gauche et aussi, en général, de la veine surrénale gauche. La veine rénale droite débouche dans la veine cave inférieure, derrière le duodénum. Les veines rénales drainent les reins.
Veines surrénales	Les **veines surrénales** drainent les glandes surrénales. La veine surrénale gauche se jette dans la veine rénale gauche ; et la veine surrénale droite, dans la veine cave inférieure.
Veines phréniques inférieures (*phrên* : diaphragme)	Les **veines phréniques inférieures** drainent le diaphragme. La veine phrénique inférieure gauche émet en général un tributaire vers la veine surrénale gauche (qui se jette dans la veine rénale gauche), et un autre tributaire vers la veine cave inférieure. La veine phrénique inférieure droite se jette dans la veine cave inférieure.
Veines hépatiques (*hêpar* : foie)	Les **veines hépatiques** drainent le foie.

SCHÉMA DE DRAINAGE

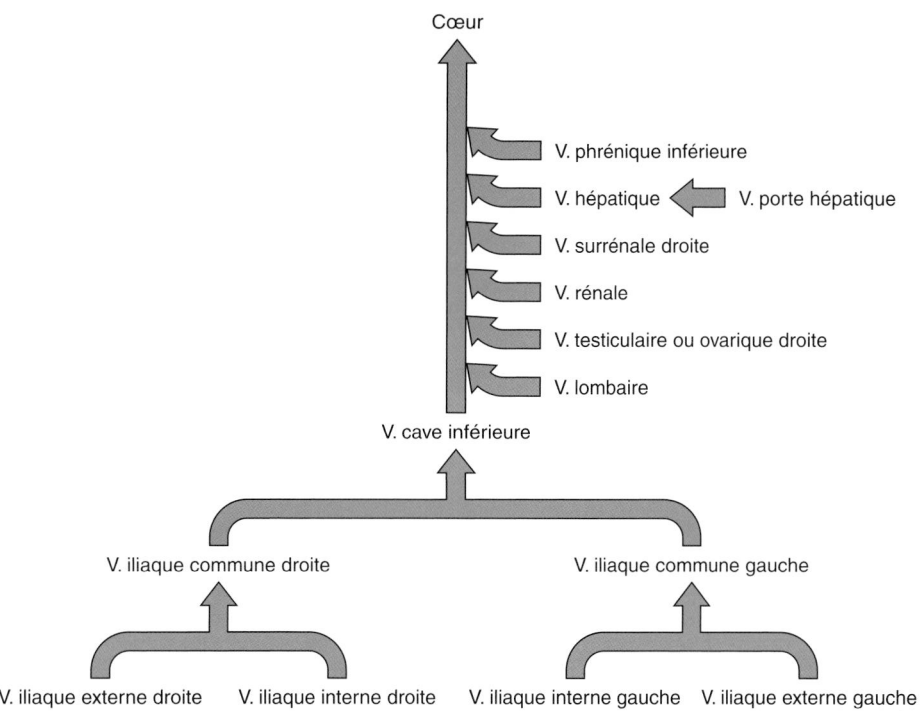

OBJECTIF

• Décrire les principales veines superficielles et profondes qui drainent les membres inférieurs.

Comme les membres supérieurs, les membres inférieurs sont drainés par des **veines superficielles** et par des veines **profondes**. Tout au long de leur parcours, les veines superficielles s'anastomosent souvent les unes avec les autres et avec des veines profondes. La plupart des veines profondes portent le même nom que les artères auxquelles elles correspondent. Toutes les veines des membres inférieurs possèdent des valvules, plus nombreuses que dans les veines des membres supérieurs.

▶ **POINT DE CONTRÔLE**

Pourquoi les grandes veines saphènes sont-elles importantes du point de vue clinique?

SCHÉMA DE DRAINAGE

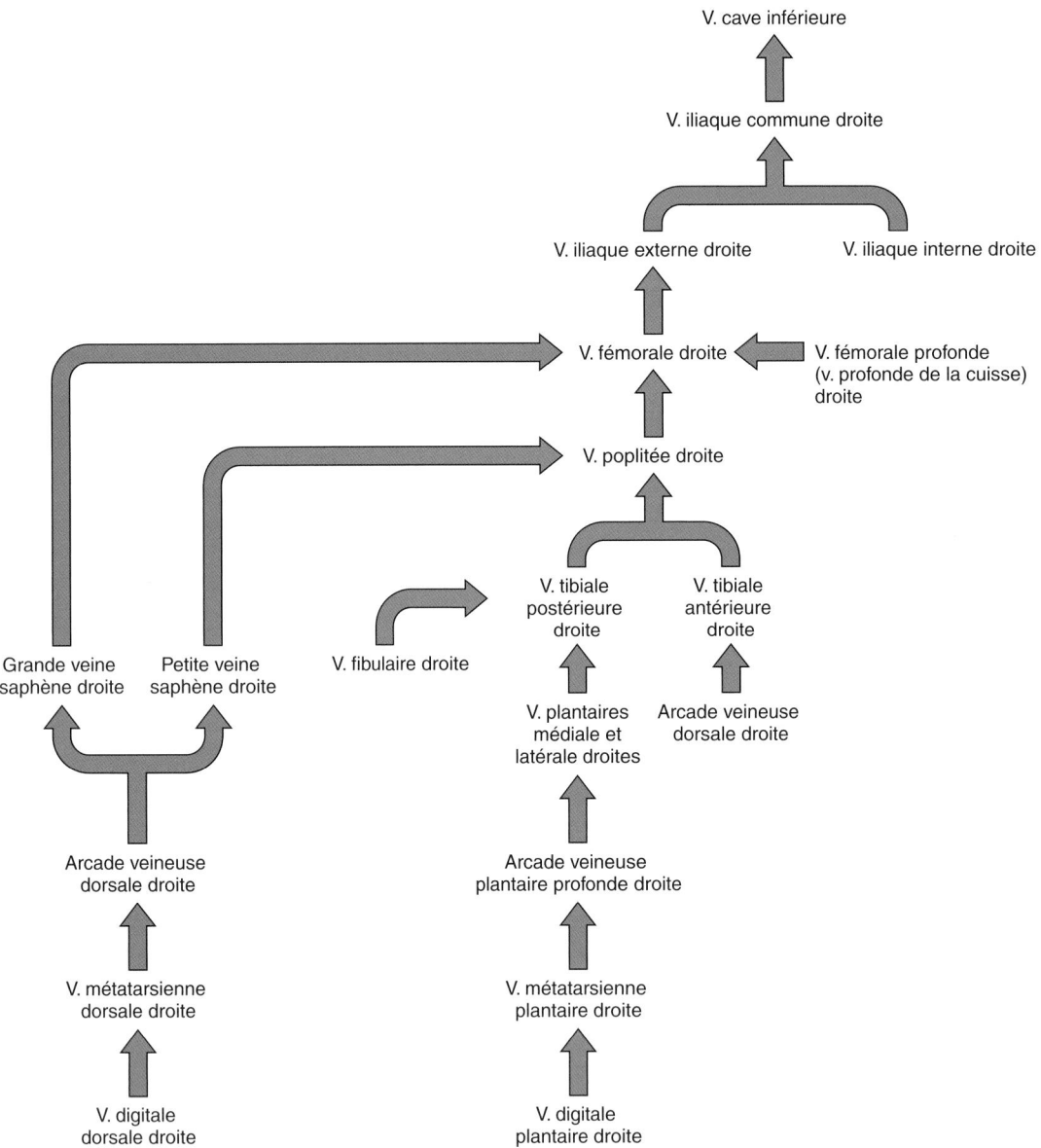

VEINE	DESCRIPTION ET RÉGION DRAINÉE

Veines superficielles

Grandes veines saphènes
(*saphènes* : apparent)

Les **grandes veines saphènes** sont les veines les plus longues du corps. Elles montent du pied jusqu'à l'aine en traversant le fascia superficiel (couche sous-cutanée). Elles naissent à l'extrémité interne des arcades veineuses dorsales du pied. Les **arcades veineuses dorsales du pied** sont des réseaux veineux qui se déploient sur le dos du pied. Elles sont formées par les **veines digitales dorsales**, qui recueillent le sang des orteils, puis s'unissent deux par deux pour former les **veines métatarsiennes dorsales**, qui sont parallèles aux métatarsiens. Près du pied, les veines métatarsiennes dorsales s'unissent pour former les arcades veineuses dorsales du pied. Les grandes veines saphènes passent devant la malléole médiale du tibia ; elles montent ensuite le long de la face interne de la jambe et de la cuisse, juste en dessous de la peau. Elles reçoivent des tributaires des tissus superficiels et communiquent aussi avec des veines profondes. Les grandes veines saphènes se jettent dans les veines fémorales à l'aine. Elles drainent principalement la face interne de la jambe et de la cuisse, l'aine, les organes génitaux externes et la paroi abdominale.

Les grandes veines saphènes possèdent de 10 à 20 valvules réparties sur toute leur longueur, mais elles sont plus nombreuses dans la jambe que dans la cuisse. Ces veines sont plus sujettes aux varices que les autres veines des membres inférieurs, car elles supportent une longue colonne de sang sans que les muscles squelettiques leur procurent beaucoup de soutien.

Les grandes veines saphènes sont souvent utilisées pour l'administration prolongée de liquides par voie intraveineuse, surtout chez les très jeunes enfants et les patients en état de choc dont les veines sont collabées. En cas de pontage artériel coronarien, s'il s'avère nécessaire de greffer plusieurs vaisseaux sanguins, des tronçons de grande veine saphène peuvent faire office de greffons, conjointement à une ou plusieurs artères. Une fois la grande veine saphène retirée et découpée, ses tronçons servent à contourner le blocage. Les greffons veineux sont retournés afin que leurs valvules n'obstruent pas l'écoulement du sang.

Petites veines saphènes

Les **petites veines saphènes** naissent sur la face externe des arcades veineuses dorsales du pied. Elles passent derrière la malléole latérale de la fibula et montent plus profondément sous la peau le long de la face postérieure de la jambe. Elles se jettent dans les veines poplitées de la fosse poplitée, derrière le genou. Les petites veines saphènes possèdent chacune de 9 à 12 valvules. Elles drainent le pied et la face postérieure de la jambe. Elles communiquent parfois avec les grandes veines saphènes à l'extrémité proximale de la cuisse.

Veines profondes

Veines tibiales postérieures

Les **veines digitales plantaires** de la face plantaire des orteils s'unissent pour former les **veines métatarsiennes plantaires**, qui sont parallèles aux métatarsiens. Ces veines métatarsiennes plantaires s'unissent pour former les **arcades veineuses plantaires profondes**. Chacune de ces arcades émet les **veines plantaires médiale** et **latérale**.

Derrière la malléole médiale du tibia, les veines plantaires médiale et latérale forment les **veines tibiales postérieures**, des structures paires parfois réunies en un seul vaisseau. Les veines tibiales postérieures accompagnent l'artère tibiale postérieure dans la jambe. Elles montent en dessous des muscles de la face postérieure de la jambe et drainent le pied et les muscles de la loge postérieure. Aux deux tiers de leur parcours ascendant dans la jambe, les veines tibiales postérieures reçoivent le sang des **veines fibulaires**, qui drainent les muscles externes et postérieurs de la jambe. Les veines tibiales postérieures rejoignent les veines tibiales antérieures juste en dessous de la fosse poplitée pour former les veines poplitées.

Veines tibiales antérieures

Les **veines tibiales antérieures** sont des structures paires qui naissent dans l'arcade veineuse dorsale du pied et accompagnent l'artère tibiale antérieure. Elles montent dans la membrane interosseuse entre le tibia et la fibula, puis s'unissent aux veines tibiales postérieures pour former la veine poplitée. Les veines tibiales antérieures drainent la cheville, le genou, l'articulation tibiofibulaire, ainsi que la partie antérieure de la jambe.

Veines poplitées (*poples* : jarret)

Les **veines poplitées** sont formées par l'union des veines tibiales antérieures et postérieures. Elles recueillent également le sang des petites veines saphènes et des tributaires qui correspondent aux branches de l'artère poplitée. Les veines poplitées drainent le genou ainsi que la peau, les muscles et les os de certaines parties du mollet et de la cuisse qui entourent le genou.

Veines fémorales

Les **veines fémorales** accompagnent les artères fémorales et constituent le prolongement des veines poplitées juste au-dessus du genou. Elles montent jusqu'à la face postérieure des cuisses et drainent les muscles des cuisses, des fémurs, des organes génitaux externes et des nœuds lymphatiques superficiels. Les tributaires les plus importants des veines fémorales sont les **veines profondes de la cuisse** (**veines fémorales profondes**). Juste avant d'entrer dans la paroi abdominale, les veines fémorales recueillent le sang des veines fémorales profondes et des grandes veines saphènes. Les veines résultant de cette union pénètrent dans la cavité pelvienne, où elles deviennent les **veines iliaques externes**. La procédure à mettre en œuvre pour prélever du sang ou mesurer la pression du côté droit du cœur consiste à insérer un cathéter dans la veine fémorale au point où elle traverse le triangle fémoral (ou triangle de Scarpa). Le cathéter chemine dans les veines iliaques commune et externe et dans la veine cave inférieure pour atteindre l'oreillette droite.

▶

FIGURE 21.27 Les veines principales du bassin et des membres inférieurs.

En général, les veines profondes portent le même nom que les artères qu'elles accompagnent.

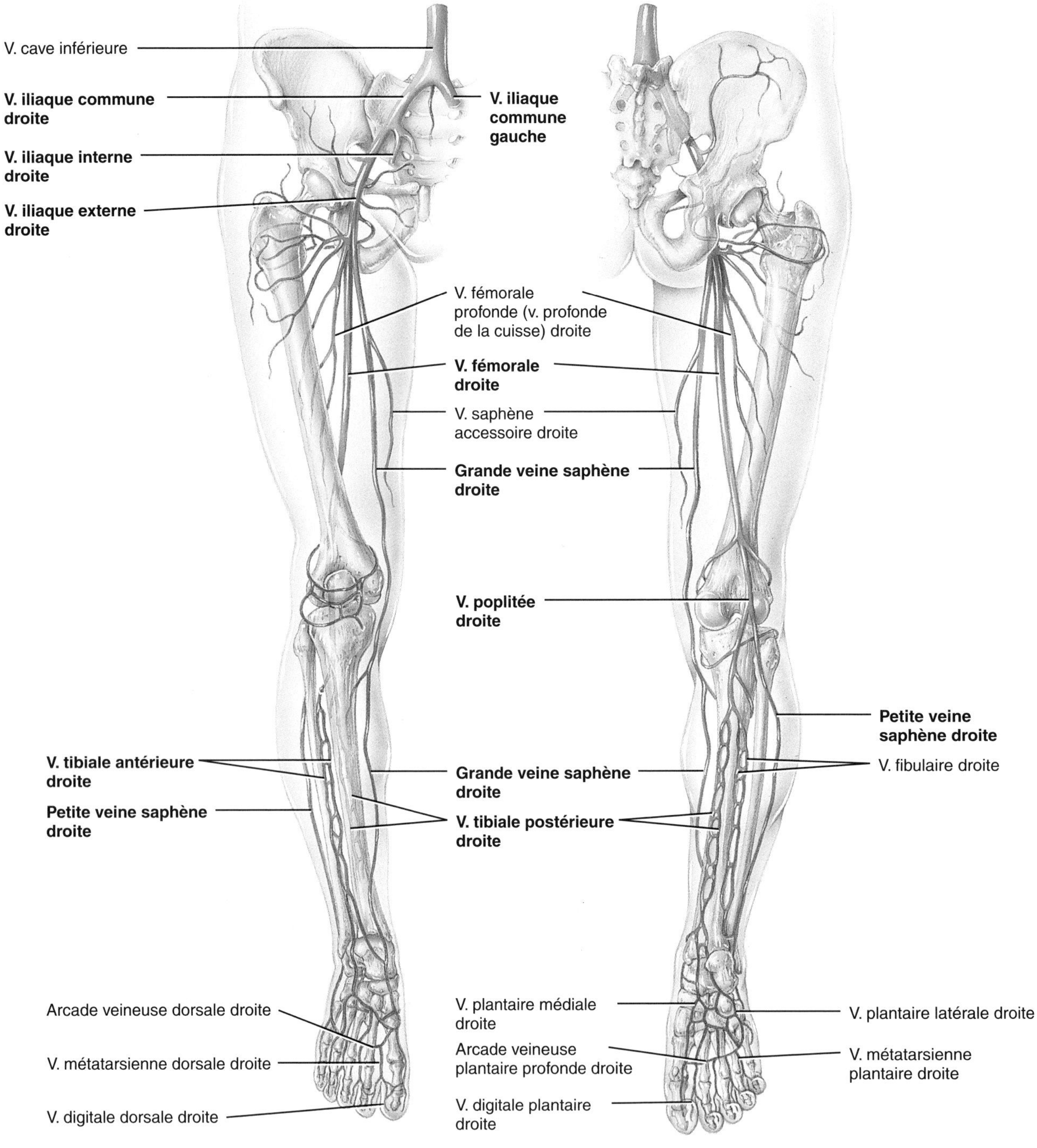

V. cave inférieure

V. iliaque commune droite

V. iliaque interne droite

V. iliaque externe droite

V. iliaque commune gauche

V. fémorale profonde (v. profonde de la cuisse) droite

V. fémorale droite

V. saphène accessoire droite

Grande veine saphène droite

V. poplitée droite

Petite veine saphène droite

V. tibiale antérieure droite

Petite veine saphène droite

V. fibulaire droite

Grande veine saphène droite

V. tibiale postérieure droite

Arcade veineuse dorsale droite

V. métatarsienne dorsale droite

V. digitale dorsale droite

V. plantaire médiale droite

Arcade veineuse plantaire profonde droite

V. digitale plantaire droite

V. plantaire latérale droite

V. métatarsienne plantaire droite

(a) Vue antérieure

(b) Vue postérieure

Quelles sont les veines superficielles du membre inférieur?

LE SYSTÈME PORTE HÉPATIQUE

OBJECTIF

- Identifier les vaisseaux sanguins du système porte hépatique et décrire le trajet de celui-ci.

Le **système porte hépatique** détourne vers le foie le sang veineux provenant de la rate et des organes du système digestif avant de le retourner au cœur (figure 21.28a). Un *système porte* est une veine qui achemine du sang d'un réseau de capillaires à un autre. La **veine porte hépatique** (*hêpar* : foie) reçoit le sang des capillaires des organes du système digestif et de la rate et l'achemine jusqu'aux sinusoïdes du foie (figure 21.28b). Après les repas, le sang du système porte hépatique est riche en nutriments absorbés par le tube digestif. Le foie conserve une partie de ces nutriments et transforme les autres avant qu'ils ne gagnent la circulation systémique. Par exemple, le foie convertit le glucose en glycogène et l'emmagasine, ce qui explique la baisse de la glycémie (le taux de glucose dans le sang) rapidement après les repas. Par ailleurs, le foie détoxifie les substances nocives provenant du tube digestif, l'alcool par exemple, et détruit les bactéries par phagocytose.

La veine porte hépatique est formée par l'union de la veine mésentérique supérieure et de la veine splénique. La **veine mésentérique supérieure** draine l'intestin grêle et certaines parties du

FIGURE 21.28 Le système porte hépatique. La figure 21.18b illustre le flux sanguin dans le foie, y compris la circulation artérielle. Comme toujours, les flèches bleues représentent le sang désoxygéné et les flèches rouges, le sang oxygéné.

Le système porte hépatique apporte au foie le sang veineux provenant de la rate et des organes du système digestif.

Labels de la figure :
- V. hépatique
- V. cave inférieure
- Estomac
- V. porte hépatique
- Rate
- V. gastrique courte
- V. gastrique gauche
- Pancréas (derrière l'estomac)
- Foie
- V. splénique
- V. pancréatique
- V. cystique
- V. gastroomentale gauche
- V. gastrique droite
- Vésicule biliaire
- Duodénum
- V. pancréaticoduodénale
- V. gastroomentale droite
- Pancréas
- Côlon transverse
- V. coliques gauches
- V. coliques droites
- V. mésentérique supérieure
- Côlon ascendant
- V. colique moyenne
- V. mésentérique inférieure
- V. jéjunales et iléales
- Côlon descendant
- V. iléocolique
- V. sigmoïdienne
- Cæcum
- Iléum
- Côlon sigmoïde
- Appendice vermiforme
- V. rectales supérieures
- Rectum

Légende :
- Sang drainé dans la veine mésentérique supérieure
- Sang drainé dans la veine splénique
- Sang drainé dans la veine mésentérique inférieure

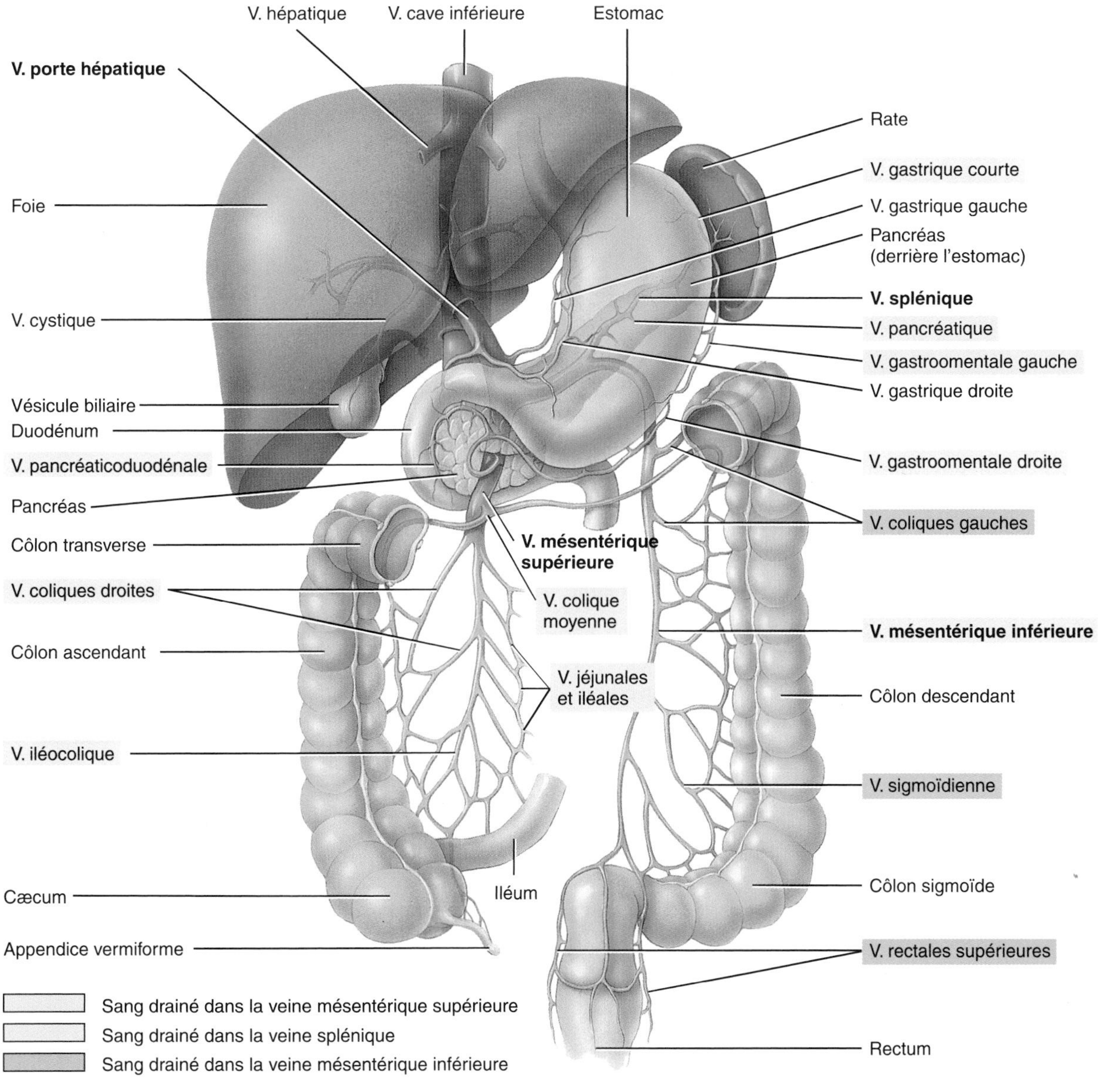

(a) Vue antérieure des veines qui débouchent dans la veine porte hépatique

FIGURE 21.28 Le système porte hépatique *(suite).*

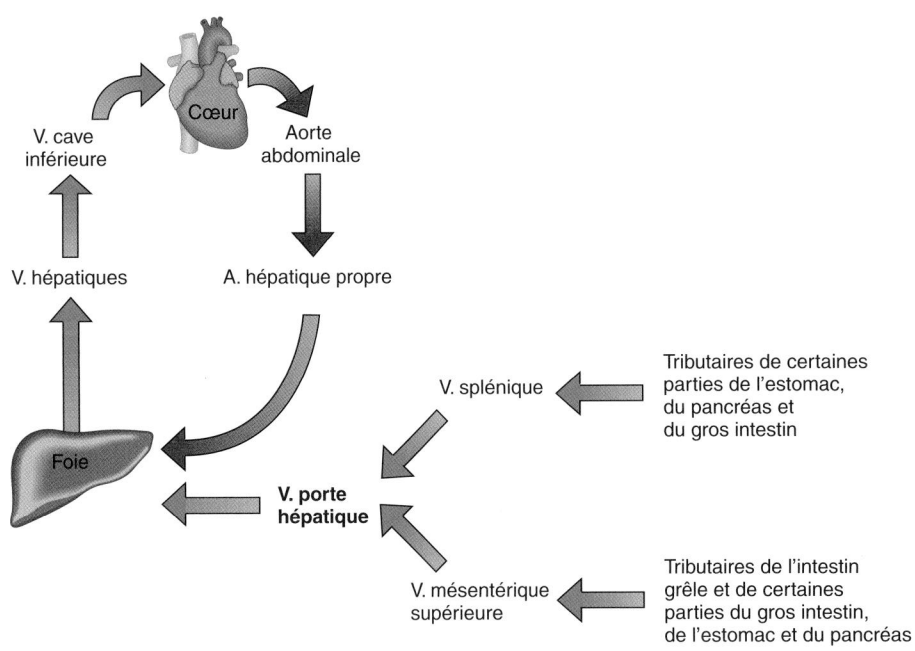

(b) Diagramme représentant les principaux vaisseaux sanguins du système porte hépatique – circulation artérielle et drainage veineux du foie

 Quelles veines drainent le foie?

gros intestin, de l'estomac et du pancréas. Cette veine reçoit le sang des *veines jéjunales, iléales, iléocolique, coliques droites, colique moyenne, pancréaticoduodénale* et *gastroomentale droite.* La **veine splénique** draine l'estomac, le pancréas et certaines parties du gros intestin par les *veines gastrique courte, gastroomentale gauche, pancréatique* et *mésentérique inférieure.* La veine mésentérique inférieure, qui débouche dans la veine splénique, draine certaines parties du gros intestin par les *veines rectales supérieures, sigmoïdiennes* et *coliques gauches.* Les *veines gastriques droite* et *gauche,* qui communiquent directement avec la veine porte hépatique, drainent l'estomac. La *veine cystique,* qui débouche aussi dans la veine porte hépatique, reçoit le sang de la vésicule biliaire.

Le foie reçoit simultanément du sang désoxygéné riche en nutriments par la veine porte hépatique et du sang oxygéné par l'artère hépatique, une ramification du tronc cœliaque. Par conséquent, le sang oxygéné et le sang désoxygéné se mêlent dans les sinusoïdes. Tout ce sang quitte les sinusoïdes du foie par les **veines hépatiques,** qui se jettent dans la veine cave inférieure.

ramène le sang oxygéné des alvéoles jusqu'à l'oreillette gauche (figure 21.29). Le **tronc pulmonaire** émerge du ventricule droit puis monte vers l'arrière et la gauche. Il se divise ensuite en deux branches: l'**artère pulmonaire droite,** qui irrigue le poumon droit, et l'**artère pulmonaire gauche,** qui irrigue le poumon gauche. Les artères pulmonaires sont les seules artères du corps humain qui transportent du sang désoxygéné après la naissance. Quand elles entrent dans les poumons, leurs branches se divisent et se ramifient jusqu'à ce qu'elles forment des capillaires autour des alvéoles pulmonaires. Le dioxyde de carbone passe du sang dans les alvéoles pulmonaires, avant d'être expiré. L'oxygène inspiré dans les poumons entre dans le sang. Les capillaires pulmonaires s'unissent pour former d'abord des veinules puis les **veines pulmonaires.** Il y a quatre veines pulmonaires; deux proviennent du poumon droit et deux, du poumon gauche. Ces veines transportent le sang oxygéné jusqu'à l'oreillette gauche. Après la naissance, les veines pulmonaires sont les seules veines du corps humain qui transportent du sang oxygéné. Les contractions du ventricule gauche éjectent ensuite le sang oxygéné dans la circulation systémique.

LA CIRCULATION PULMONAIRE

> **OBJECTIF**

- Identifier les vaisseaux sanguins de la circulation pulmonaire et décrire le trajet de celle-ci.

La **circulation pulmonaire** transporte le sang désoxygéné du ventricule droit aux alvéoles pulmonaires (dans les poumons) et

LA CIRCULATION FŒTALE

> **OBJECTIF**

- Identifier les vaisseaux sanguins de la circulation fœtale et décrire le trajet de celle-ci.

La **circulation fœtale** désigne la circulation du sang chez le fœtus. Cette fonction fait intervenir des structures particulières qui

FIGURE 21.29 La circulation pulmonaire.

La circulation pulmonaire achemine le sang désoxygéné du ventricule droit aux poumons et ramène le sang oxygéné des poumons à l'oreillette gauche.

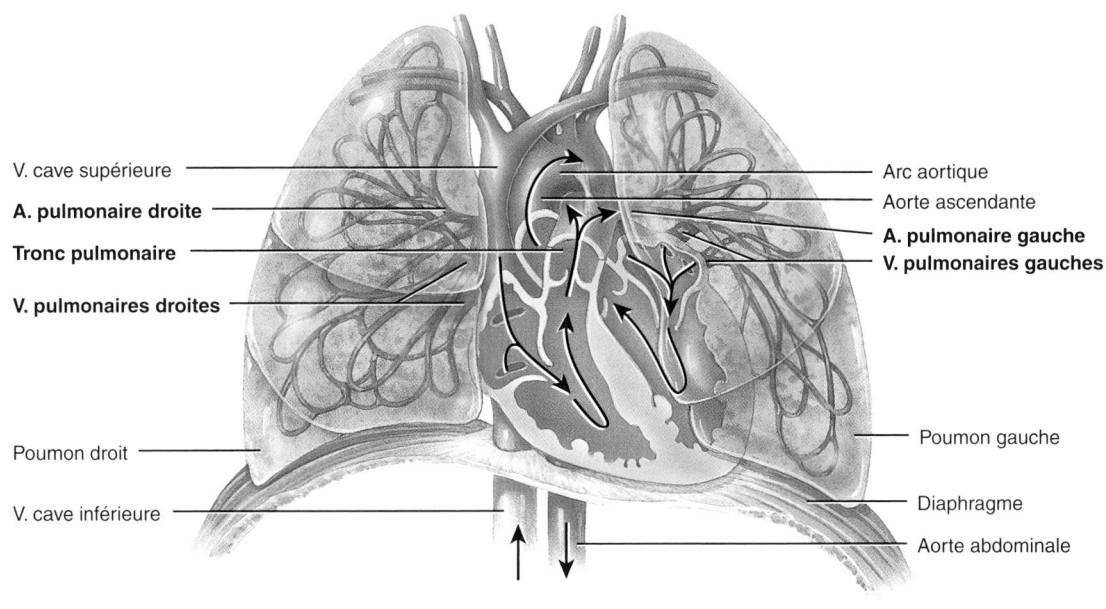

V. cave supérieure

A. pulmonaire droite

Tronc pulmonaire

V. pulmonaires droites

Arc aortique

Aorte ascendante

A. pulmonaire gauche

V. pulmonaires gauches

Poumon droit

V. cave inférieure

Poumon gauche

Diaphragme

Aorte abdominale

(a) Vue antérieure

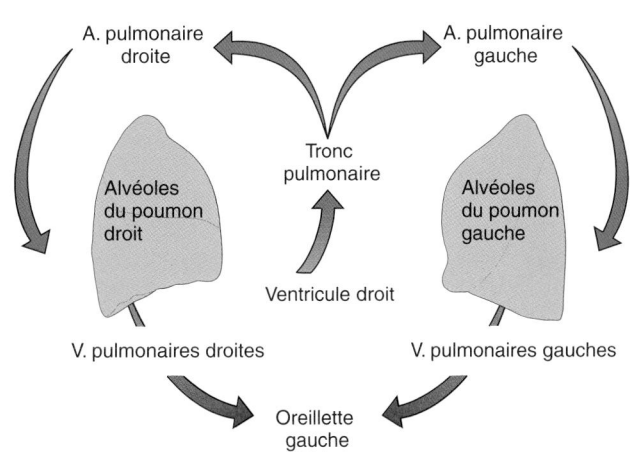

A. pulmonaire droite

A. pulmonaire gauche

Tronc pulmonaire

Alvéoles du poumon droit

Alvéoles du poumon gauche

Ventricule droit

V. pulmonaires droites

V. pulmonaires gauches

Oreillette gauche

(b) Diagramme de la circulation pulmonaire

Quelles sont les seules artères qui transportent du sang désoxygéné après la naissance?

permettent au fœtus en développement d'échanger des substances avec sa mère (figure 21.30). En effet, le sang maternel fournit au fœtus l'oxygène et les nutriments dont il a besoin et emporte le dioxyde de carbone et les déchets. La circulation fœtale diffère donc considérablement de la circulation sanguine postnatale, car les poumons, les reins et les organes du système digestif ne commencent à fonctionner qu'après la naissance.

Les échanges de substances entre la circulation du fœtus et celle de la mère s'effectuent par l'intermédiaire du **placenta**, formé dans l'utérus de la mère et relié à l'ombilic du fœtus par le **cordon** **ombilical**. Le placenta communique avec le système cardiovasculaire de la mère par les nombreux petits vaisseaux sanguins qui émergent de la paroi utérine. Le cordon ombilical contient des vaisseaux sanguins qui se ramifient pour former des capillaires dans le placenta. Les déchets du sang fœtal diffusent hors de ces capillaires vers des espaces du placenta remplis de sang maternel (les espaces intervilleux), puis atteignent les veines de l'utérus (voir la figure 29.11a). Les nutriments circulent en sens inverse: ils se déplacent des vaisseaux sanguins maternels vers les espaces intervilleux, puis vers les capillaires fœtaux. En principe, le sang de la

FIGURE 21.30 La circulation fœtale et les changements à la naissance. Les cases jaunes entre les parties (a) et (b) décrivent la transformation de certaines structures fœtales après le déclenchement de la circulation postnatale.

Les poumons et les organes du système digestif commencent à fonctionner à la naissance.

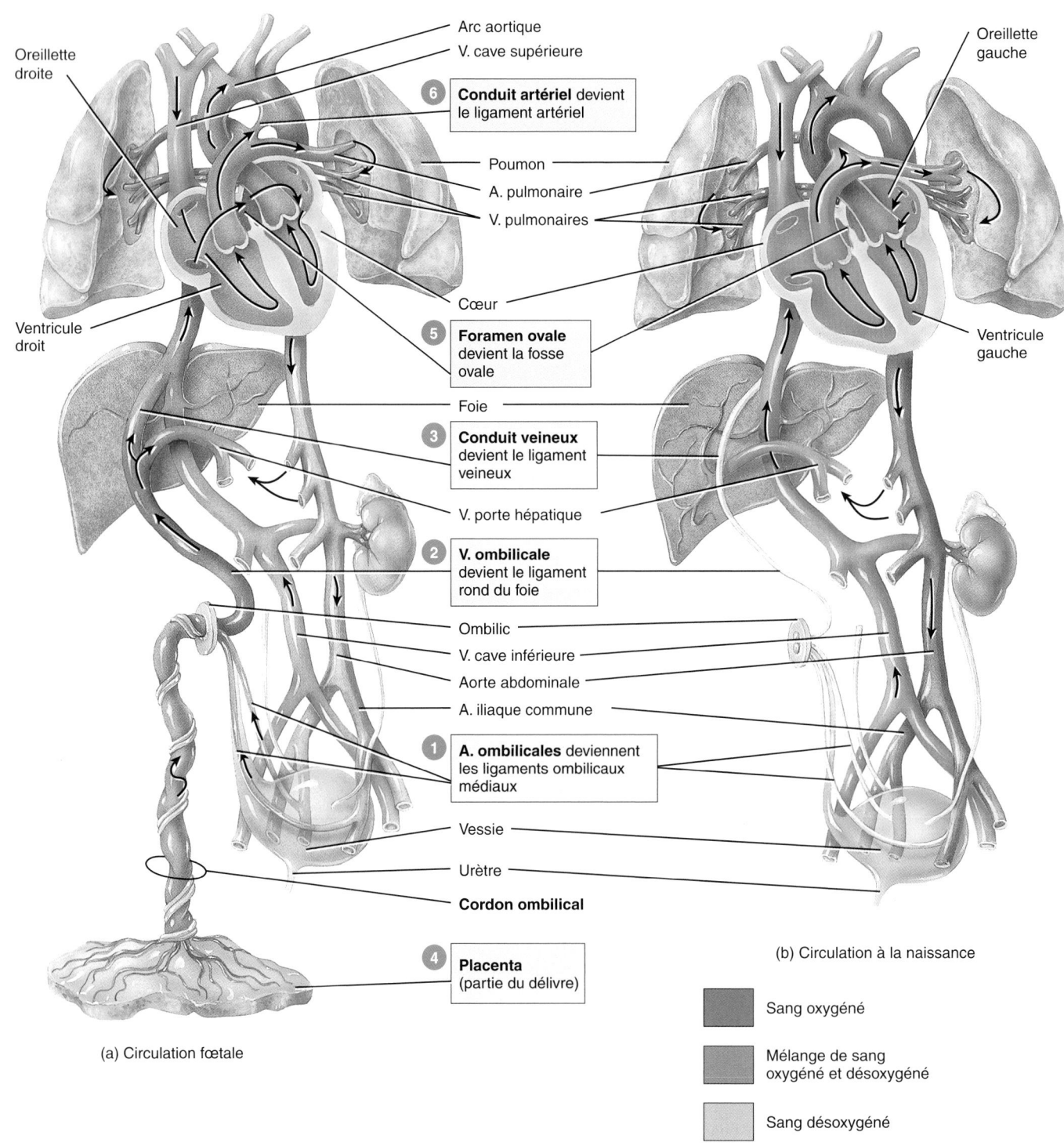

Oreillette droite

Arc aortique

V. cave supérieure

Oreillette gauche

6 **Conduit artériel** devient le ligament artériel

Poumon

A. pulmonaire

V. pulmonaires

Cœur

5 **Foramen ovale** devient la fosse ovale

Ventricule droit

Ventricule gauche

Foie

3 **Conduit veineux** devient le ligament veineux

V. porte hépatique

2 **V. ombilicale** devient le ligament rond du foie

Ombilic

V. cave inférieure

Aorte abdominale

A. iliaque commune

1 **A. ombilicales** deviennent les ligaments ombilicaux médiaux

Vessie

Urètre

Cordon ombilical

4 **Placenta** (partie du délivre)

(a) Circulation fœtale

(b) Circulation à la naissance

Sang oxygéné

Mélange de sang oxygéné et désoxygéné

Sang désoxygéné

mère n'entre jamais en contact directement avec celui du fœtus, car tous les échanges s'effectuent par diffusion à travers les parois des capillaires.

Le sang passe du fœtus au placenta par les deux **artères ombilicales** (figure 21.30a, c). Ces rameaux des artères iliaques internes se trouvent à l'intérieur du cordon ombilical. Dans le placenta, le sang fœtal capte de l'oxygène et des nutriments et se débarrasse de son dioxyde de carbone et de ses déchets. Le sang oxygéné sort ensuite du placenta par une seule **veine ombilicale** qui monte vers le foie du fœtus, où elle se divise en deux branches. Une partie du sang s'écoule dans la branche qui communique avec la veine

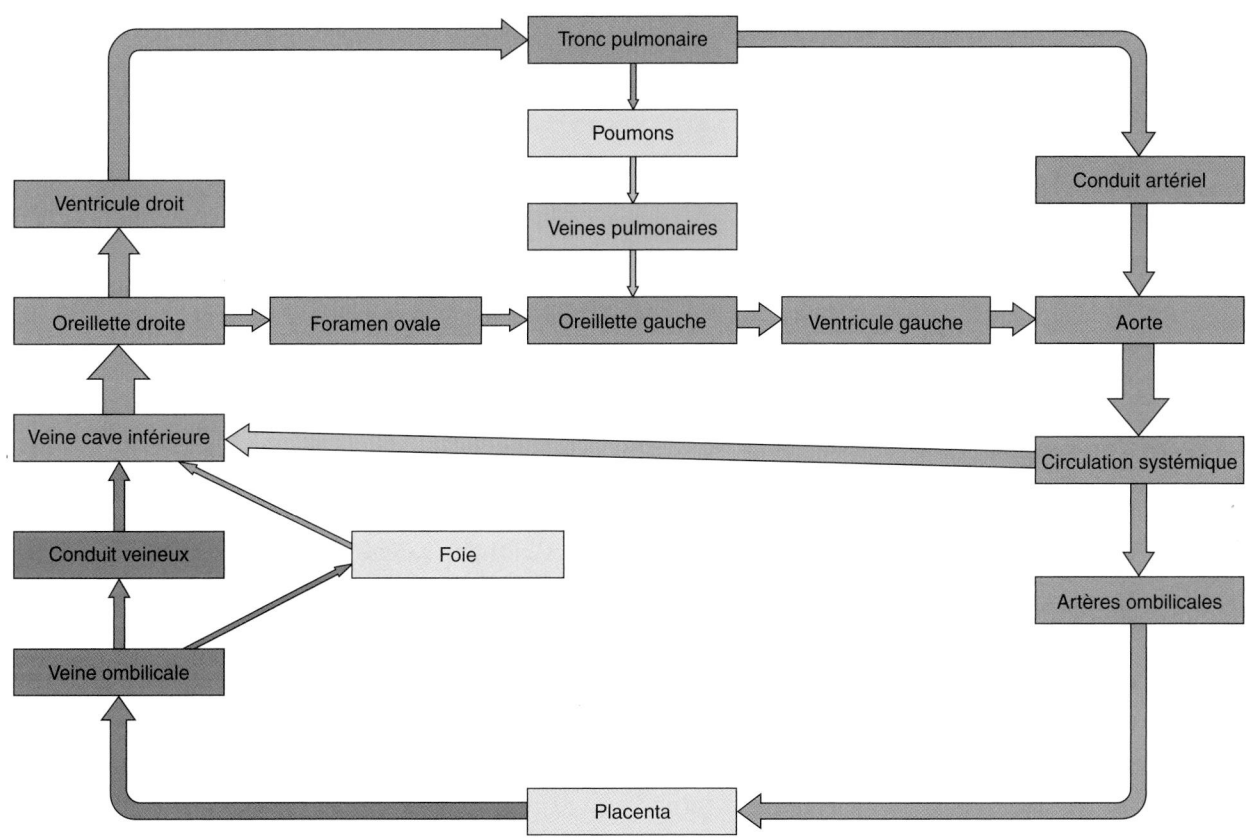

(c) Diagramme de la circulation fœtale

 Dans quelle structure s'effectuent les échanges de substances entre la mère et le fœtus?

porte hépatique et entre dans le foie; cependant, la plus grande partie s'écoule dans la deuxième branche, le **conduit veineux**, qui débouche dans la veine cave inférieure.

Le sang désoxygéné provenant des régions inférieures du corps du fœtus se mélange au sang oxygéné provenant du conduit veineux dans la veine cave inférieure. Ce sang mélangé pénètre ensuite dans l'oreillette droite. Quant au sang désoxygéné qui revient des régions supérieures du corps du fœtus, il entre dans la veine cave supérieure, puis dans l'oreillette droite.

Contrairement à ce qui se passe après la naissance, la majeure partie du sang fœtal ne circule pas du ventricule droit aux poumons, car il existe une communication entre les oreillettes droite et gauche, appelée **foramen ovale**. La majeure partie du sang qui entre dans l'oreillette droite s'écoule par cet orifice pour atteindre l'oreillette gauche et retourner directement dans la circulation systémique. Le sang qui arrive jusqu'au ventricule droit est pompé dans le tronc pulmonaire. Toutefois, seule une quantité infime pénètre dans les poumons du fœtus, qui ne sont pas encore fonctionnels. L'essentiel de ce sang se dirige plutôt vers le **conduit artériel**, un vaisseau qui relie le tronc pulmonaire directement à l'aorte. Le sang de l'aorte est acheminé vers tous les tissus fœtaux

par la circulation systémique. Quand les artères iliaques communes se divisent en artères iliaques externes et internes, une partie du sang passe dans les artères iliaques internes, puis dans les artères ombilicales, avant de revenir dans le placenta pour effectuer de nouveaux échanges.

Après la naissance, quand les fonctions pulmonaire, rénale et digestive démarrent, le système vasculaire subit les changements suivants (figure 21.30b).

1 Quand le cordon ombilical est ligaturé, le sang cesse de circuler dans les artères ombilicales, qui se remplissent alors de tissu conjonctif; leurs parties distales deviennent des cordons fibreux, les **ligaments ombilicaux médiaux**. Les artères cessent de fonctionner quelques minutes après la naissance, mais leur fermeture complète peut prendre de 2 à 3 mois.

2 La veine ombilicale se collabe (s'affaisse) et devient le **ligament rond du foie**, une structure qui relie l'ombilic au foie.

3 Le conduit veineux se collabe également et devient le **ligament veineux**, un cordon fibreux sur la face inférieure du foie.

4 Le placenta est expulsé (le placenta et les membranes forment le **délivre**).

⑤ Normalement, le foramen ovale se ferme peu après la naissance et devient alors la **fosse ovale**, une dépression dans le septum interauriculaire. Quand le nouveau-né prend sa première inspiration, ses poumons se dilatent et le sang commence à y circuler. Le sang qui sort des poumons vers le cœur fait augmenter la pression dans l'oreillette gauche. Cette pression ferme le foramen ovale en poussant sur la valvule qui le sépare du septum interauriculaire. La fermeture permanente du foramen ovale nécessite environ un an.

⑥ Le conduit artériel se ferme par vasoconstriction presque immédiatement après la naissance et devient alors le **ligament artériel**. Sa fermeture anatomique complète prend de un à trois mois.

▶ **POINT DE CONTRÔLE**

23. Représentez par un diagramme le système porte hépatique. Pourquoi cette voie est-elle importante ?

24. Représentez par un diagramme le trajet de la circulation pulmonaire.

25. Décrivez l'anatomie et la physiologie de la circulation fœtale. Indiquez la fonction des artères ombilicales, de la veine ombilicale, du conduit veineux, du foramen ovale et du conduit artériel.

LE DÉVELOPPEMENT EMBRYONNAIRE DES VAISSEAUX SANGUINS ET DU SANG

OBJECTIF

• Décrire le développement des vaisseaux sanguins et du sang.

La formation des cellules sanguines et des vaisseaux sanguins commence hors de l'embryon dès le quinzième ou le seizième jour dans le **mésoderme** de la paroi du sac vitellin (ou vésicule vitelline), dans le chorion et le pédicule embryonnaire (futur cordon ombilical). Environ deux jours plus tard, des vaisseaux sanguins commencent à se développer dans l'embryon. La formation du système cardiovasculaire est très précoce, car l'ovocyte fécondé et le sac vitellin contiennent peu de vitellus. Comme l'embryon se développe rapidement pendant la troisième semaine, il a besoin de son propre système cardiovasculaire pour recevoir les nutriments nécessaires et se débarrasser de ses déchets.

Les vaisseaux sanguins et les cellules sanguines dérivent de la même cellule précurseur du mésoderme : l'**hémangioblaste** (*haima* : sang ; *blastos* : germe). Une fois produits, les hémangioblastes constituent les **îlots sanguins**, des amas mésodermiques isolés et des cordons de cellules qui parcourent le disque embryonnaire (figure 21.31 et voir la figure 29.7c). Chacun des îlots produit des angioblastes (les cellules qui produisent les vaisseaux sanguins) et des hémocytoblastes (des cellules souches hématopoïétiques pluripotentes qui produisent des cellules sanguines).

Les *vaisseaux sanguins* se forment à partir des **angioblastes**, qui proviennent eux-mêmes des hémangioblastes (figure 21.31). Les angioblastes se transforment ensuite en cellules endothéliales aplaties ; des espaces se forment bientôt dans les îlots et deviennent les lumières des vaisseaux sanguins. Certains angioblastes entourant immédiatement ces espaces deviennent l'*endothélium des vaisseaux sanguins*. Les angioblastes qui entourent l'endothélium forment les *tuniques* (interne, moyenne et externe) des gros vaisseaux sanguins. En se développant et en fusionnant, les îlots sanguins constituent progressivement un vaste réseau de vaisseaux sanguins qui alimentent l'ensemble de l'embryon. Par ramifications successives, les vaisseaux sanguins qui se trouvent à l'extérieur de l'embryon finissent par se raccorder à ceux de l'intérieur, reliant l'embryon au placenta.

FIGURE 21.31 Le développement des vaisseaux sanguins et des cellules sanguines à partir des îlots sanguins.

Le développement des vaisseaux sanguins dans l'embryon commence vers le quinzième ou le seizième jour.

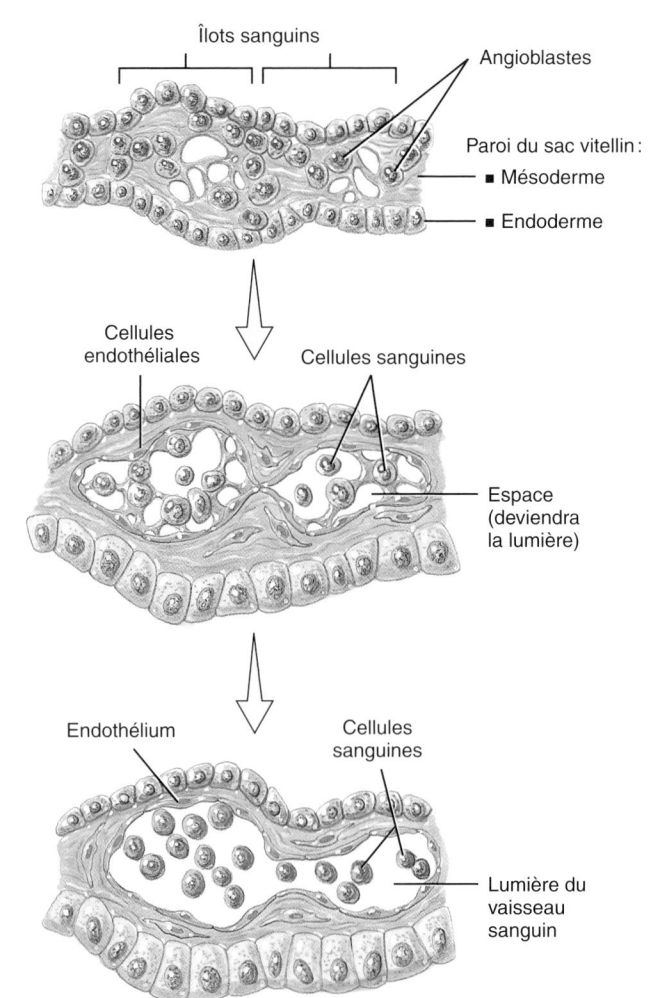

 De quelle couche de la cellule germinale les vaisseaux sanguins et le sang proviennent-ils ?

Les *cellules sanguines* naissent des cellules souches hématopoïétiques pluripotentes (qui proviennent elles-mêmes des hémangioblastes) situées dans les parois des vaisseaux sanguins du sac vitellin, du chorion et de l'allantoïde environ trois semaines après la fécondation. La formation du sang dans l'embryon lui-même commence vers la cinquième semaine dans le foie et vers la douzième semaine dans la rate, la moelle osseuse rouge et le thymus.

▶ **POINT DE CONTRÔLE**

26. Où se forment les cellules sanguines à l'extérieur de l'embryon ? à l'intérieur de l'embryon ?

LE VIEILLISSEMENT DU SYSTÈME CARDIOVASCULAIRE

> **OBJECTIF**

- Expliquer les effets du vieillissement sur le système cardiovasculaire.

À mesure que nous vieillissons, notre système cardiovasculaire subit plusieurs changements qui en affectent le fonctionnement. À titre d'exemple, mentionnons la diminution de la compliance de l'aorte (c'est-à-dire une perte d'élasticité, d'extensibilité), le rétrécissement des myocytes cardiaques, l'affaiblissement progressif du muscle cardiaque, la diminution du débit cardiaque, la baisse de la fréquence cardiaque maximale ou l'augmentation de la pression systolique. Par ailleurs, le taux de cholestérol sanguin total et le taux de lipoprotéines de basse densité (LDL) augmentent généralement avec l'âge, tandis que le taux de lipoprotéines de haute densité (HDL) tend à diminuer. Le vieillissement s'accompagne aussi d'une augmentation de l'incidence des coronaropathies. Ces troubles coronariens constituent la principale cause de maladies cardiaques et de décès chez les personnes âgées des pays industrialisés. L'insuffisance cardiaque congestive regroupe un ensemble de symptômes qui accompagnent les déficiences de la pompe cardiaque ; elle est également assez fréquente chez les personnes âgées. Les changements qui touchent les vaisseaux sanguins irriguant l'encéphale, par exemple l'athérosclérose, diminuent le débit sanguin cérébral et peuvent ainsi provoquer un dysfonctionnement des cellules cérébrales, voire leur mort. À 80 ans, le débit sanguin cérébral est inférieur de 20 % à ce qu'il était à 30 ans ; le débit sanguin rénal est inférieur de 50 %.

▶ **POINT DE CONTRÔLE**

27. Quelles sont les conséquences du vieillissement sur le cœur ?

La section *Point de mire sur l'homéostasie : le système cardiovasculaire* résume les contributions du sang, du cœur et des vaisseaux sanguins à l'homéostasie des autres systèmes corporels.

Tous les systèmes de l'organisme

Par son action de pompage, le cœur alimente les tissus en sang: il leur procure l'oxygène et les nutriments nécessaires et les débarrasse de leurs déchets par échanges capillaires. Le sang qui circule maintient la température des tissus à un niveau approprié.

Système tégumentaire

Le sang apporte des facteurs de coagulation et des leucocytes. Ces derniers contribuent au maintien de l'homéostasie en cas de lésion cutanée. De plus, ils participent à la réparation de la peau endommagée. Les modifications du flux sanguin cutané ajustent le taux de déperdition thermique qui se produit par la peau, participant ainsi à la régulation de la température corporelle. Le sang qui circule dans la peau lui donne généralement une teinte rosée.

Système squelettique

Le sang fournit des ions calcium et phosphate, indispensables à la formation de la matrice extracellulaire des os. Il transporte également des hormones qui régissent la construction et la dégradation de la matrice extracellulaire des os, ainsi que l'érythropoïétine, qui stimule la production des érythrocytes par la moelle osseuse rouge.

Système musculaire

La circulation du sang induite par l'exercice musculaire fait baisser la température corporelle et élimine l'acide lactique.

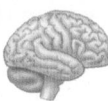

Système nerveux

Les cellules endothéliales des plexus choroïdes des ventricules de l'encéphale interviennent dans la fabrication du liquide cérébrospinal et dans la barrière hématoencéphalique.

Système endocrinien

Le sang achemine la plupart des hormones jusqu'aux tissus auxquels elles sont destinées. Les cellules auriculaires du cœur sécrètent le facteur natriurétique auriculaire (*ANP, atrial natriuretic peptide*).

Système lymphatique et immunité

Le sang transporte les lymphocytes, les anticorps et les phagocytes qui assurent la fonction immunitaire. La lymphe provient du surplus de liquide interstitiel qui filtre hors du plasma sanguin à cause de la pression sanguine générée par le cœur.

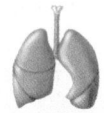

Système respiratoire

Le sang transporte l'oxygène depuis les poumons jusqu'aux tissus corporels. Il emporte également le dioxyde de carbone jusqu'aux poumons pour qu'il soit exhalé.

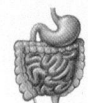

Système digestif

Le sang apporte au foie l'eau et les nutriments qui viennent d'être absorbés. Il achemine aussi les hormones qui favorisent la digestion.

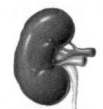

Système urinaire

Le cœur et les vaisseaux sanguins fournissent aux reins 20% du débit cardiaque au repos. Les reins filtrent le sang, réabsorbent les substances nécessaires et excrètent les substances inutiles sous forme d'urine.

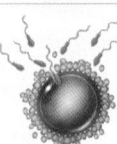

Systèmes génitaux

La vasodilatation des artérioles du pénis et du clitoris déclenche l'érection pendant les rapports sexuels. Le sang transporte les hormones qui régissent la fonction reproductrice.

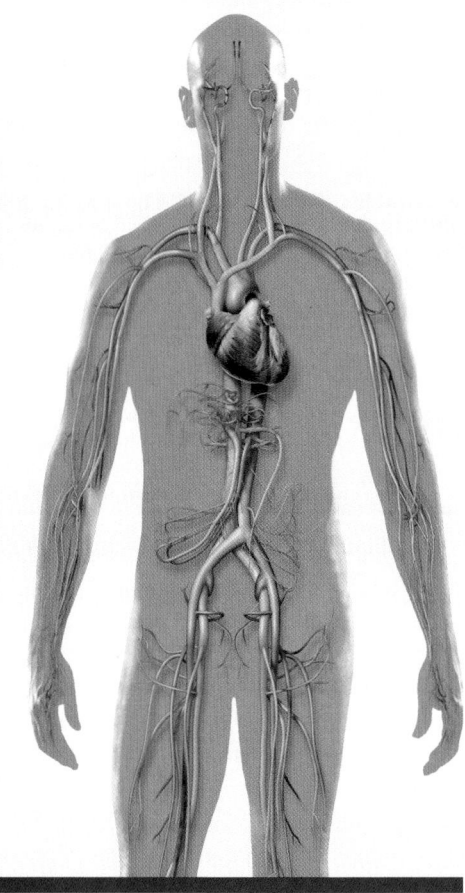

Le système cardiovasculaire

DÉSÉQUILIBRES HOMÉOSTATIQUES

L'hypertension

L'**hypertension** est une maladie caractérisée par une élévation anormale et persistante de la pression artérielle. Elle affecte le plus souvent le cœur et les vaisseaux sanguins ; elle constitue une cause majeure d'insuffisance cardiaque, de maladie rénale et d'accident vasculaire cérébral. En mai 2003, des études cliniques ont établi une corrélation entre des niveaux d'hypertension jusque-là considérés comme acceptables et une élévation du risque de maladie cardiovasculaire. À la lumière de ces études, le *Joint National Committee on Prevention, Detection, Evaluation, and Treatment of High Blood Pressure* (Comité national conjoint sur la prévention, le dépistage, l'évaluation et le traitement de l'hypertension artérielle) a donc émis de nouvelles directives concernant l'hypertension. Elles sont résumées ci-dessous.

Catégorie	Pression systolique (en mm Hg)	Pression diastolique (en mm Hg)
Normale	< 120 *et*	< 80
Préhypertension	120-139 *ou*	80-89
Hypertension, stade 1	140-159 *ou*	90-99
Hypertension, stade 2	> 160 *ou*	> 100

Selon ces nouvelles directives, les niveaux de pression artérielle jusqu'ici considérés comme optimaux se situent maintenant dans les normales ; de nombreuses personnes qui étaient dans les normales ou normales élevées sont maintenant considérées comme préhypertendues. Les paramètres de l'hypertension de stade 1 n'ont pas changé ; les possibilités de traitement étant les mêmes pour les anciens stades 2 et 3, les paramètres de l'hypertension de stade 2 ont été élargis pour englober ces deux anciennes catégories.

La typologie et les causes de l'hypertension

De 90 à 95 % des hypertendus font de l'**hypertension essentielle** ; en d'autres mots, leur pression artérielle est constamment supérieure aux valeurs normales, mais sans qu'il soit possible d'en trouver une cause claire. Les 5 à 10 % restants font de l'**hypertension secondaire**, une hypertension dont la cause est connue. Plusieurs facteurs provoquent l'hypertension secondaire.

- L'*obstruction du débit sanguin rénal* et les troubles qui endommagent le tissu rénal peuvent entraîner une hypersécrétion de rénine par les reins. Quand elle passe dans le sang, la rénine entraîne une élévation de la concentration d'angiotensine II qui provoque une vasoconstriction, donc, une augmentation de la résistance périphérique.
- L'*hypersécrétion d'aldostérone* (causée par une tumeur du cortex surrénal, par exemple) stimule de manière excessive la réabsorption du sodium et de l'eau par les reins, ce qui augmente le volume de liquide dans le sang.
- L'*hypersécrétion d'adrénaline et de noradrénaline* par un **phéochromocytome** (une tumeur de la médulla surrénale) augmente la fréquence cardiaque, la contractilité du cœur et la résistance périphérique.

Les conséquences de l'hypertension non traitée

L'hypertension est insidieuse, c'est pourquoi on la qualifie de « tueur silencieux ». Elle peut en effet causer d'importants dommages aux vaisseaux sanguins, au cœur, au cerveau et aux reins avant de se manifester par une douleur ou d'autres symptômes. Ce « tueur silencieux » constitue un facteur de risque majeur pour la première et la troisième cause de décès que sont la crise cardiaque et l'accident vasculaire cérébral, respectivement. Dans les vaisseaux sanguins, l'hypertension provoque un épaississement

de la tunique moyenne, accélère la progression de l'athérosclérose et des coronaropathies, et elle augmente la résistance périphérique. Dans le cœur, elle accroît la postcharge, ce qui force les ventricules à fournir un effort plus soutenu pour éjecter le sang.

En réponse à la surcharge de travail provoquée par un entraînement sportif vigoureux et régulier, le myocarde s'hypertrophie, notamment au niveau de la paroi du ventricule gauche ; cette réponse normale permet au cœur de s'ajuster à l'augmentation du débit cardiaque. Toutefois, l'accroissement de la postcharge peut entraîner une hypertrophie du myocarde, qui s'accompagne de lésions musculaires et de fibrose (une accumulation de fibres collagènes entre les myocytes). Le ventricule gauche se dilate alors et s'affaiblit. Les artères de l'encéphale étant souvent moins bien protégées par les tissus environnants que les grandes artères des autres régions du corps, l'hypertension peut, à la longue, provoquer leur rupture, entraînant alors un accident vasculaire cérébral. L'hypertension endommage aussi les artérioles des reins dont la paroi s'épaissit. La lumière des vaisseaux diminue et il s'ensuit une réduction de l'afflux sanguin vers les reins. Ceux-ci sécrètent alors plus de rénine, ce qui fait encore augmenter la pression artérielle.

Les modifications des habitudes de vie permettant de réduire l'hypertension

Plusieurs types de médicaments atténuent l'hypertension artérielle. Nous les décrirons un peu plus loin, après avoir présenté certaines modifications des habitudes de vie qui s'avèrent également efficaces.

- *La perte de poids.* En dehors des médicaments, le meilleur traitement de l'hypertension est la perte de poids. Chez les hypertendus obèses, perdre quelques kilogrammes seulement réduit généralement la pression artérielle.
- *La réduction de la consommation d'alcool.* La réduction de la consommation d'alcool abaisse le risque de maladie coronarienne, surtout chez les hommes de plus de 45 ans et les femmes de plus de 55 ans. Les maximums recommandés s'établissent à 350 mL de bière par jour pour les femmes et à 700 mL pour les hommes.
- *L'exercice.* L'amélioration de la forme physique par la pratique d'une activité modérée (la marche rapide, par exemple) plusieurs fois par semaine, à raison de 30 à 45 min chaque fois, peut diminuer la pression systolique d'environ 10 mm Hg.
- *La réduction de la consommation de sodium (sel).* Près de la moitié des hypertendus sont extrêmement sensibles au sel qu'ils consomment : un régime alimentaire riche en sel favorise leur hypertension, alors qu'un régime pauvre en sel la diminue.
- *Le maintien de l'apport recommandé en potassium, en calcium et en magnésium.* Un régime alimentaire riche en potassium, calcium et magnésium contribue à réduire les risques d'hypertension.
- *L'abandon du tabagisme.* Le tabac est très nocif pour le cœur et peut aggraver les dommages causés par l'hypertension, car il favorise la vasoconstriction.
- *La diminution du stress.* Différentes techniques de méditation et de rétroaction biologique (*biofeedback*) peuvent contribuer à abaisser la pression sanguine. Elles diminueraient la libération quotidienne d'adrénaline et de noradrénaline par la médulla surrénale.

Les médicaments antihypertenseurs

Les médicaments associant plusieurs mécanismes d'action s'avèrent particulièrement efficaces dans la réduction de l'hypertension. De nombreux patients réagissent bien aux *diurétiques*, qui stimulent l'élimination d'eau et de sel dans l'urine. La réduction du volume sanguin s'accompagne d'une diminution de la pression artérielle. Les *inhibiteurs de l'enzyme de conversion* bloquent la formation d'angiotensine II ; ils favorisent ainsi la vasodilatation et réduisent la sécrétion d'aldostérone. Les *bêtabloquants* inhibent la sécrétion de rénine et atténuent la fréquence et la contractilité du cœur, ce qui fait baisser la pression sanguine. Les *vasodilatateurs* relâchent le muscle lisse des parois artérielles, ce qui provoque la vasodilatation et diminue la pression artérielle par l'abaissement de la résistance périphé-

rique. Les *inhibiteurs des canaux calciques* sont des vasodilatateurs efficaces qui ralentissent l'entrée du calcium dans les myocytes lisses des vaisseaux sanguins. En freinant l'entrée du calcium dans les cellules cardionectrices et dans les myocytes contractiles, ces médicaments font baisser la fréquence cardiaque et diminuent la force des contractions du myocarde, ce qui allège la charge de travail du cœur.

TERMES MÉDICAUX

Anévrisme Portion amincie et affaiblie d'une paroi artérielle ou veineuse qui fait saillie et forme un renflement. L'anévrisme est souvent causé par l'athérosclérose, la syphilis, les anomalies congénitales des vaisseaux sanguins ou par un traumatisme. S'il n'est pas traité, l'anévrisme grossit ; la paroi du vaisseau sanguin devient alors si mince qu'elle éclate, déclenchant une hémorragie massive qui peut s'accompagner d'un choc et d'une douleur intense et provoquer un accident vasculaire cérébral, voire la mort. Il existe un traitement chirurgical, qui consiste à retirer la portion affaiblie du vaisseau sanguin pour la remplacer par un greffon de matière synthétique.

Angiographie fémorale Technique d'imagerie consistant à injecter dans l'artère fémorale un produit de contraste qui gagne ensuite les autres artères du membre inférieur, puis à prendre des radiographies en un ou plusieurs points du corps. Cette technique aide à diagnostiquer les rétrécissements et les blocages des artères dans les membres inférieurs.

Aortographie Examen radiographique de l'aorte et de ses principales ramifications après l'injection d'un produit de contraste opaque aux rayons X.

Claudication Douleur et irrégularité de la démarche causée par une mauvaise circulation du sang dans les membres ; aussi appelée *boiterie*.

Échographie Doppler Technique d'imagerie utilisée couramment pour mesurer le flux sanguin. Quand le capteur de pression est placé sur la peau, l'image qui apparaît à l'écran montre la position exacte des blocages ainsi que leur gravité.

Endartériectomie de la carotide Résection d'une plaque athérosclérotique de l'artère carotide visant à rétablir le débit sanguin cérébral.

Hypertension réactionnelle («hypertension à la blouse blanche») Syndrome touchant des personnes normotendues qui, dans un environnement clinique, deviennent si nerveuses que leur pression artérielle augmente.

Hypotension Pression artérielle inférieure à la normale.

Hypotension orthostatique (*orthos*: droit ; *statos*: debout) Baisse marquée de la pression artérielle systémique survenant lors du passage de la position couchée à la position assise ou debout. Elle trahit généralement la présence d'une maladie. Elle peut être causée par une perte liquidienne excessive, certains médicaments ou par des facteurs cardiovasculaires ou neurogènes.

Normotendu(e) Se dit d'une personne dont la pression artérielle est normale.

Occlusion Fermeture ou obstruction de la lumière d'une structure, par exemple un vaisseau sanguin. La présence d'une plaque d'athérosclérose dans une artère provoque une occlusion.

Phlébite (*phlebos*: veine) Inflammation d'une veine, souvent dans la jambe.

Ponction veineuse Ponction effectuée dans une veine pour prélever du sang à des fins d'analyse ou pour injecter une solution, par exemple un antibiotique. La procédure est souvent pratiquée dans la veine médiane du coude.

Thrombectomie (*thrombos*: caillot) Ablation chirurgicale d'un caillot logé dans un vaisseau sanguin.

Thrombophlébite Inflammation d'une veine qui s'accompagne de la formation d'un caillot ; la thrombophlébite superficielle touche les veines se trouvant juste sous la peau, en particulier dans le mollet.

Thrombose veineuse profonde Présence d'un thrombus (caillot de sang) dans une veine profonde des membres inférieurs. Cette thrombose peut provoquer : 1) une embolie pulmonaire (si le thrombus se déloge et entre dans les artères pulmonaires) ; et 2) un syndrome postphlébitique caractérisé par l'œdème, la douleur et des altérations cutanées résultant de la destruction des valvules veineuses.

RÉSUMÉ

LA STRUCTURE ET LES FONCTIONS DES VAISSEAUX SANGUINS (P. 792)

1. Les artères transportent le sang du cœur jusqu'aux tissus. La paroi d'une artère comprend une tunique interne, une tunique moyenne (qui confère à l'artère son élasticité et sa force de contraction) et une tunique externe.

2. Les artères qui possèdent le plus grand diamètre s'appellent *artères élastiques* (ou artères conductrices) et les artères de taille moyenne s'appellent *artères musculaires* (ou artères distributrices).

3. Nombreuses sont les artères qui s'anastomosent entre elles, c'est-à-dire qui unissent leurs branches distales. Le chemin que le sang parcourt en passant par une anastomose s'appelle *circulation collatérale*. Les artères qui ne s'anastomosent pas sont dites «artères terminales».

4. Une artériole est une petite artère qui apporte le sang aux capillaires.

5. Par la vasoconstriction et la vasodilatation, les artérioles jouent un rôle essentiel dans la régulation du débit sanguin depuis les artères jusqu'aux capillaires, mais aussi dans l'ajustement de la pression artérielle.

6. Les capillaires sont des vaisseaux sanguins microscopiques dans lesquels le sang et les cellules des tissus échangent des substances.

Certains capillaires sont continus ; d'autres sont fenestrés ; d'autres encore sont des sinusoïdes.

7. Les capillaires se ramifient pour former un vaste réseau qui alimente les tissus (lit capillaire). Ce réseau augmente la surface de distribution des substances échangées et accroît la vitesse de ces échanges.

8. Les sphincters précapillaires règlent l'écoulement du sang dans les capillaires.

9. Les sinusoïdes du foie sont des vaisseaux sanguins microscopiques.

10. Les veinules sont des petits vaisseaux qui prolongent les capillaires ; elles s'unissent pour former les veines.

11. Comme les artères, les veines sont formées de trois tuniques ; toutefois, leurs tuniques interne et moyenne sont plus minces. La lumière des veines est plus grande que celles des artères comparables.

12. Les veines possèdent des valvules qui empêchent le sang de refluer.

13. Dans les membres inférieurs en particulier, les valvules veineuses relâchées peuvent causer des varices.

14. Le sinus veineux est une veine dont la paroi est très mince.

15. Les veines systémiques forment des réservoirs sanguins, car elles recueillent une grande partie du volume sanguin. Si nécessaire, une partie du sang qu'elles contiennent peut être dérivée par veinoconstriction vers les régions qui ont besoin d'un surcroît d'irrigation.

16. Les principaux réservoirs sanguins sont les veines des organes abdominaux (foie et rate) et de la peau.

LES ÉCHANGES CAPILLAIRES (P. 799)

1. Trois mécanismes assurent les échanges de substances dans les capillaires : la diffusion, la transcytose ou l'écoulement de masse.

2. L'eau et les solutés (sauf les protéines) traversent les parois des capillaires sous l'effet des pressions hydrostatiques et osmotiques.

3. Le phénomène de Starling est le quasi-équilibre qui se maintient entre la filtration et la réabsorption dans les capillaires.

4. L'œdème est une augmentation anormale du volume du liquide interstitiel.

L'HÉMODYNAMIQUE : LES FACTEURS INFLUANT SUR LE DÉBIT SANGUIN (P. 802)

1. La vitesse du flux sanguin est inversement proportionnelle à l'aire de la section transversale des vaisseaux sanguins. Elle est minimale dans les vaisseaux dont l'aire de la section transversale est maximale.

2. La vitesse du flux sanguin diminue à mesure que le sang s'éloigne de l'aorte pour aller vers les artères, puis les capillaires. Elle augmente dans les veinules et les veines.

3. Le débit sanguin dépend de la pression artérielle et de la résistance périphérique.

4. Le sang circule des régions où la pression est plus élevée vers celles où la pression est plus faible. Cependant, plus la résistance périphérique est élevée, plus le débit sanguin est faible.

5. Le débit cardiaque est égal à la pression artérielle moyenne divisée par la résistance totale (DC = PAM ÷ R).

6. La pression sanguine est la pression que le sang exerce sur les parois d'un vaisseau sanguin.

7. La pression artérielle est fonction du débit cardiaque, du volume sanguin, de la viscosité du sang, de la résistance et de l'élasticité des artères.

8. La pression sanguine diminue dès que le sang quitte l'aorte pour entrer dans la circulation systémique. Quand il pénètre dans le ventricule droit, elle est devenue nulle (0 mm Hg).

9. La résistance est fonction du diamètre des vaisseaux sanguins, de la viscosité du sang et de la longueur totale des vaisseaux sanguins.

10. Le retour veineux dépend du gradient de pression entre les veinules et le ventricule droit.

11. Plusieurs facteurs influent sur le retour du sang dans le cœur, notamment la contraction des muscles squelettiques, la présence de valvules des veines (en particulier celles des membres) et les changements de pression provoqués par la respiration.

LA RÉGULATION DE LA PRESSION ARTÉRIELLE ET DU DÉBIT SANGUIN (P. 806)

1. Le centre cardiovasculaire est constitué par un groupe de neurones (centre nerveux de régulation) situé dans le bulbe rachidien. Il commande la fréquence cardiaque, la contractilité du cœur et le diamètre des vaisseaux sanguins.

2. Le centre cardiovasculaire reçoit des informations (informations d'entrée) des centres cérébraux supérieurs et des récepteurs sensoriels (barorécepteurs et chimiorécepteurs).

3. Les informations émises (informations de sortie) par le centre cardiovasculaire empruntent des axones sympathiques et parasympathiques. Les influx sympathiques acheminés par les nerfs cardiaques augmentent la fréquence cardiaque et la contractilité du cœur. Les influx parasympathiques acheminés par les nerfs vagues diminuent la fréquence cardiaque.

4. Les barorécepteurs surveillent la pression artérielle ; les chimiorécepteurs surveillent la concentration sanguine d'oxygène, de dioxyde de carbone et d'ions hydrogène. Le réflexe sinucarotidien contribue à la régulation de la pression artérielle dans l'encéphale. Le réflexe aortique régit la pression artérielle systémique.

5. Les hormones qui régulent la pression artérielle sont l'adrénaline, la noradrénaline, l'hormone antidiurétique (ADH), l'angiotensine II et le facteur natriurétique auriculaire.

6. On appelle *autorégulation* la capacité d'un tissu à ajuster localement et automatiquement le débit sanguin pour combler ses besoins.

7. La concentration d'oxygène dans le sang est le principal stimulus de l'autorégulation.

L'ÉVALUATION DE LA CIRCULATION (P. 811)

1. Le pouls est l'onde de pression créée par l'alternance expansion/rétractation des artères élastiques à chaque battement de cœur. On le prend sur n'importe quelle artère superficielle qui peut s'appuyer sur une structure rigide.

2. La fréquence normale du pouls (fréquence cardiaque) au repos se situe entre 70 et 80 battements/min.

3. La pression artérielle est la pression que le sang exerce sur la paroi d'une artère quand le ventricule gauche est en systole, puis en diastole. On la mesure au moyen d'un sphygmomanomètre.

4. La pression systolique est la pression artérielle maximale que le sang atteint durant la contraction ventriculaire. La pression diastolique est la pression artérielle lors de la relaxation ventriculaire. La pression artérielle normale est de l'ordre de 120/80 mm Hg.

5. La pression différentielle représente l'écart entre la pression systolique et la pression diastolique. Normalement, elle est d'environ 40 mm Hg.

LE CHOC ET L'HOMÉOSTASIE (P. 813)

1. Le choc est une défaillance du système cardiovasculaire, qui ne fournit plus suffisamment d'oxygène et de nutriments aux cellules pour combler leurs besoins métaboliques.

2. On distingue quatre types de chocs : le choc hypovolémique, le choc cardiogénique, le choc d'origine vasculaire et le choc par obstruction.

3. Les signes et symptômes du choc sont notamment les suivants : pression systolique inférieure à 90 mm Hg ; fréquence cardiaque rapide au repos ; pouls faible et rapide ; peau moite, froide et pâle ; transpiration excessive ; hypotension ; altération de l'état mental ; diminution de la formation d'urine ; soif ; acidose.

LES VOIES DE LA CIRCULATION (P. 816)

1. Après la naissance, les deux principales voies de la circulation sont la circulation systémique et la circulation pulmonaire.

2. La circulation coronarienne et le système porte hépatique sont des subdivisions de la circulation systémique.

3. La circulation systémique transporte le sang oxygéné depuis le ventricule gauche jusque dans l'aorte, puis dans toutes les régions du corps, y compris certains tissus pulmonaires, *mais pas* les alvéoles pulmonaires. Enfin, elle ramène le sang désoxygéné dans l'oreillette droite.

4. L'aorte compte quatre parties : l'aorte ascendante, l'arc aortique, l'aorte thoracique et l'aorte abdominale. Chacune de ces sections émet des artères dont les ramifications irriguent l'ensemble du corps.

5. Le sang revient au cœur par les veines systémiques. Toutes les veines de la circulation systémique débouchent dans la veine cave supérieure, dans la veine cave inférieure ou dans le sinus coronaire, qui vont jusqu'à l'oreillette droite.

6. Les exposés 21.1 à 21.12 décrivent les principaux vaisseaux de la circulation systémique.

7. Le système porte hépatique dirige vers la veine porte hépatique du foie une partie du sang veineux provenant de la rate et des organes du système digestif. Ce sang retourne ensuite au cœur. Le système porte hépatique permet au foie d'utiliser les nutriments et de détoxifier les substances nocives présentes dans le sang.

8. La circulation pulmonaire transporte le sang désoxygéné depuis le ventricule droit jusqu'aux alvéoles pulmonaires et ramène le sang oxygéné depuis les alvéoles jusqu'à l'oreillette gauche.

9. La circulation fœtale assure les échanges de substances entre le fœtus et la mère par l'intermédiaire du placenta.

10. Le fœtus obtient son oxygène et ses nutriments par diffusion du sang maternel. Il élimine son dioxyde de carbone et ses déchets dans le sang maternel. À la naissance, quand les fonctions pulmonaire, digestive et hépatique s'enclenchent, les structures particulières de la circulation fœtale deviennent inutiles et disparaissent.

LE DÉVELOPPEMENT EMBRYONNAIRE DES VAISSEAUX SANGUINS ET DU SANG (P. 856)

1. Les vaisseaux sanguins se forment à partir du mésenchyme (hémangioblastes → îlots sanguins → angioblastes).

2. Les cellules sanguines se développent aussi à partir du mésenchyme (hémangioblastes → îlots sanguins → hémocytoblastes).

3. Environ trois semaines après la fécondation, les cellules sanguines commencent à se former à partir des hémocytoblastes (cellules souches hématopoïétiques pluripotentes) – qui proviennent elles-mêmes des hémangioblastes – dans les parois des vaisseaux sanguins du sac vitellin, du chorion et de l'allantoïde. Dans l'embryon, la formation du sang commence vers la cinquième semaine dans le foie et vers la douzième semaine dans la rate, la moelle osseuse rouge et le thymus.

LE VIEILLISSEMENT DU SYSTÈME CARDIOVASCULAIRE (P. 857)

1. Le vieillissement du système cardiovasculaire s'accompagne notamment des changements suivants : la perte de compliance (c'est-à-dire la perte d'élasticité, d'extensibilité) des vaisseaux sanguins ; le rétrécissement des myocytes cardiaques ; la réduction du débit cardiaque ; et l'augmentation de la pression artérielle systolique.

2. L'incidence des coronaropathies, de l'insuffisance cardiaque congestive et de l'athérosclérose augmente avec l'âge.

AUTOÉVALUATION

Vous trouverez les réponses à ces questions à l'appendice D.

COMPLÉTEZ LES PHRASES SUIVANTES.

1. Le réflexe _____ contribue au maintien d'une pression artérielle normale dans l'encéphale ; le réflexe _____ régit la pression artérielle systémique.

2. En plus de la pression résultant des contractions du ventricule gauche, deux mécanismes favorisent le retour veineux : _____ et _____. Toutes deux fonctionnent grâce aux valvules qui se trouvent dans les veines.

INDIQUEZ SI LES ÉNONCÉS SUIVANTS SONT VRAIS OU FAUX.

3. Les barorécepteurs et les chimiorécepteurs sont situés dans l'aorte et dans les artères carotides.

4. Le mécanisme d'échanges capillaires le plus important est la diffusion simple.

CHOISISSEZ LA BONNE RÉPONSE.

5. Lesquels de ces énoncés sont *faux* ? 1) Les artères musculaires s'appellent également *artères conductrices*. 2) Les capillaires jouent un rôle déterminant dans la régulation de la résistance. 3) Les sphincters précapillaires régissent l'écoulement du sang dans les capillaires. 4) La lumière des artères est plus large que celle des veines comparables. 5) Les artères élastiques participent à la propulsion du sang. 6) La tunique moyenne des artères est plus épaisse que celle des veines. a) 2, 3 et 6 ; b) 1, 2 et 4 ; c) 1, 2, 4 et 6 ; d) 3, 4 et 5 ; e) 1, 2, 3 et 4.

6. Lesquels de ces énoncés *s'appliquent* aux échanges capillaires? 1) Les grosses molécules non liposolubles traversent les parois des capillaires par transcytose. 2) La pression hydrostatique du sang stimule la réabsorption des liquides dans les capillaires. 3) Si les pressions qui régissent la filtration sont supérieures à celles qui régissent la réabsorption, les liquides sortent des capillaires pour entrer dans les espaces interstitiels. 4) Quand la pression nette de filtration est négative, elle provoque une réabsorption des liquides depuis les espaces interstitiels vers les capillaires. 5) L'écart de pression osmotique de part et d'autre des parois des capillaires est attribuable essentiellement aux érythrocytes. a) 1, 3 et 4; b) 1, 2, 3, 4 et 5; c) 1, 2, 3 et 4; d) 3 et 4; e) 2, 4 et 5.

7. Lesquels de ces facteurs *n'augmentent pas* la résistance vasculaire? 1) la vasodilatation, 2) la polycythémie, 3) l'obésité, 4) la déshydratation sévère, 5) l'anémie. a) 1 et 2; b) 1, 3 et 4; c) 1 et 5; d) 1, 4 et 5; e) 1 seulement.

8. Lesquels de ces facteurs stimulent les échanges capillaires? 1) la lenteur relative de l'écoulement sanguin dans les capillaires, 2) une petite aire de la section transversale, 3) la minceur des parois capillaires, 4) la pompe respiratoire, 5) les nombreuses ramifications qui augmentent la surface totale. a) 1, 2, 3, 4 et 5; b) 1, 2, 3 et 5; c) 1 et 3; d) 3 et 5; e) 1, 3 et 5.

9. Lesquels de ces facteurs influent sur la résistance périphérique? 1) la viscosité du sang, 2) la longueur totale des vaisseaux sanguins, 3) la taille de la lumière, 4) le type de vaisseau sanguin, 5) la concentration d'oxygène dans le sang. a) 1, 2 et 3; b) 2, 3 et 4; c) 3, 4 et 5; d) 1, 3 et 5; e) 2, 4 et 5.

10. Lesquels de ces facteurs contribuent à la régulation de la pression artérielle et à celle du flux sanguin local? 1) les réflexes des barorécepteurs et des chimiorécepteurs, 2) les hormones, 3) l'autorégulation, 4) la concentration en ions hydrogène (H^+) du sang, 5) la concentration d'oxygène dans le sang. a) 1, 2 et 4; b) 2, 4 et 5; c) 1, 4 et 5; d) 1, 2, 3, 4 et 5; e) 3, 4 et 5.

11. Pour chacun des phénomènes ou substances énoncés ci-après, indiquez s'il favorise la vasoconstriction (inscrivez «C») ou la vasodilatation (inscrivez «D»): a) le facteur natriurétique auriculaire (ANP), b) l'hormone antidiurétique (ADH), c) une baisse de la température corporelle, d) l'acide lactique, e) l'histamine, f) l'hypoxie, g) l'hypercapnie, h) l'angiotensine II, i) le monoxyde d'azote, j) une diminution des influx sympathiques, k) l'acidose.

12. Associez les éléments suivants:

_____ a) pression produite par l'action de pompage du cœur; pousse les liquides hors des capillaires

_____ b) pression générée par les protéines se trouvant dans le liquide interstitiel; tire les liquides hors des capillaires.

_____ c) équilibre entre deux pressions; détermine si le volume du sang et celui du liquide interstitiel restent stables ou fluctuent.

_____ d) force engendrée par les protéines plasmatiques; tire le liquide des espaces interstitiels dans les capillaires.

_____ e) pression produite par le liquide contenu dans les espaces interstitiels; repousse les liquides dans les capillaires.

1) pression nette de filtration

2) pression hydrostatique du sang

3) pression hydrostatique du liquide interstitiel

4) pression colloïdoosmotique du sang

5) pression osmotique du liquide interstitiel

13. Associez les éléments suivants:

_____ a) irrigue le rein

_____ b) draine l'intestin grêle, certaines parties du gros intestin, l'estomac et le pancréas

_____ c) principale source d'irrigation sanguine du bras; sert très souvent à mesurer la pression artérielle

_____ d) irriguent les membres inférieurs

_____ e) drainent le sang oxygéné hors des poumons et l'acheminent vers l'oreillette gauche

_____ f) irrigue l'estomac, le foie et le pancréas

_____ g) irriguent l'encéphale

_____ h) irrigue le gros intestin

_____ i) drainent la tête

_____ j) détourne vers le foie une partie du sang veineux de la rate et des organes du système digestif avant que ce sang ne retourne au cœur

_____ k) draine la plus grande partie du thorax et de la paroi abdominale; se jette dans la veine cave supérieure

_____ l) élément de la circulation veineuse de la jambe; vaisseau utilisé pour les pontages coronariens

_____ m) achemine le sang désoxygéné depuis le ventricule droit jusqu'aux poumons

1) veine mésentérique supérieure

2) artère mésentérique inférieure

3) veines pulmonaires

4) artère brachiale

5) système porte hépatique

6) artères carotides

7) veines jugulaires

8) tronc cœliaque

9) artères iliaques communes

10) veines azygos

11) artère rénale

12) grande veine saphène

13) artères pulmonaires

14. Associez les éléments suivants :

_____ a) onde de pression transmise à toutes les artères et créée par l'alternance de l'expansion et de la dilatation des artères élastiques après chaque systole du ventricule gauche

_____ b) pression artérielle minimale, pendant la relaxation ventriculaire

_____ c) fréquence au repos des battements cardiaques ou du pouls anormalement faible

_____ d) débit cardiaque inadéquat provoquant une insuffisance du système cardiovasculaire ; celui-ci ne peut plus fournir suffisamment d'oxygène et de nutriments aux cellules des tissus pour combler leurs besoins métaboliques

_____ e) augmentation anormale de la fréquence au repos des battements cardiaques ou du pouls

_____ f) pression artérielle maximale après la contraction ventriculaire

1) choc
2) pouls
3) tachycardie
4) bradycardie
5) pression sanguine systolique
6) pression sanguine diastolique

15. Associez les éléments suivants (une même réponse peut servir plus d'une fois) :

_____ a) ramène le sang oxygéné du placenta jusqu'au foie du fœtus

_____ b) orifice qui s'ouvre dans le septum et sépare les deux oreillettes

_____ c) devient le ligament veineux à la naissance

_____ d) acheminent le sang du fœtus au placenta

_____ e) contourne les poumons non fonctionnels ; devient le ligament artériel à la naissance

_____ f) deviennent les ligaments ombilicaux médiaux à la naissance

_____ g) apporte le sang oxygéné dans la veine cave inférieure

_____ h) devient le ligament rond du foie à la naissance

_____ i) devient la fosse ovale à la naissance

1) conduit veineux
2) conduit artériel
3) foramen ovale
4) artères ombilicales
5) veine ombilicale

QUESTIONS À COURT DÉVELOPPEMENT

Vous trouverez les réponses à ces questions à l'appendice D.

1. Le bébé de Kim Sung est né avec un trou dans les compartiments supérieurs de son cœur. Devrait-elle s'en inquiéter ?

2. Blessé par une arme à feu, Michael vient d'être admis à l'urgence. Il présente les symptômes suivants : forte hémorragie ; pression systolique de 40 mm Hg ; pouls faible de 200 battements/min ; peau froide, pâle et moite. Michael ne produit pas d'urine, mais réclame à boire. Il souffre de confusion mentale et a du mal à s'orienter. Quel est le diagnostic que suggèrent ces manifestations ? Quels sont les mécanismes qui causent l'apparition de ses symptômes ?

3. Travaillant à une chaîne de montage, Martine doit rester debout sur un sol de béton dix heures par jour. Depuis quelque temps, ses chevilles sont enflées en fin de journée et elle a mal aux mollets. À votre avis, quel est le problème de Martine ? Comment pourrait-elle le résoudre ?

RÉPONSES AUX QUESTIONS DES FIGURES

21.1 L'artère fémorale possède la paroi la plus épaisse, mais la veine fémorale a la lumière la plus large.

21.2 Chez les sujets souffrant d'athérosclérose, le durcissement des artères élastiques entraîne la perte d'une partie de leur compliance et, par conséquent, celles-ci emmagasinent moins d'énergie à la systole ; le cœur doit donc fournir un effort plus grand pour maintenir le même débit sanguin.

21.3 Les tissus dont le métabolisme est élevé consomment de l'oxygène et produisent des déchets plus rapidement que les tissus inactifs. Ils ont donc besoin de réseaux de capillaires plus étendus, compte tenu du fait que les échanges entre le sang et les cellules s'effectuent au niveau des capillaires.

21.4 Les substances traversent les parois des capillaires par les fentes intercellulaires et les fenestrations, par transcytose dans les vésicules pinocytaires et par diffusion à travers les membranes plasmiques des cellules endothéliales.

21.5 Les valvules veineuses jouent un rôle plus crucial dans les veines des bras et des jambes que dans celles du cou. En effet, quand on se tient debout, la gravitation provoque une accumulation de sang dans les veines des membres, mais elle favorise l'écoulement du sang des veines en empêchant le reflux du sang à mesure que le sang s'écoule vers l'oreillette droite après chaque battement de cœur.

21.6 Le volume sanguin dans les veinules et les veines est d'environ 64 % de 5 L, soit 3,2 L ; dans les capillaires, il est d'environ 7 % de 5 L, soit 350 mL.

21.7 Chez les personnes dont le taux de protéines plasmatiques est inférieur à la normale, la pression colloïdoosmotique du sang, donc la réabsorption capillaire, est aussi inférieure à la normale, ce qui produit un œdème (accumulation de liquide dans le milieu interstitiel).

21.8 La pression artérielle moyenne dans l'aorte est plus proche de la pression diastolique que de la pression systolique.

21.9 La pompe musculaire squelettique et la pompe respiratoire stimulent le retour veineux.

21.10 Ce sont les artérioles qui, par leur vasodilatation et leur vasoconstriction, jouent le rôle le plus important dans la régulation de la résistance périphérique.

21.11 C'est dans l'aorte et les artères que la vitesse du flux sanguin est la plus élevée.

21.12 Les effecteurs régis par le centre cardiovasculaire sont le muscle cardiaque et les myocytes lisses dans les parois des vaisseaux sanguins.

21.13 Pour atteindre le centre cardiovasculaire, les influx des barorécepteurs des sinus carotidiens empruntent les nerfs glossopharyngiens (IX), et les influx des barorécepteurs de l'arc aortique empruntent les nerfs vagues (X).

21.14 Elle représente les changements qui surviennent dans notre organisme quand nous nous levons, car la gravitation favorise alors l'accumulation de sang dans les veines des jambes, ce qui diminue la pression artérielle dans le haut du corps.

21.15 Pression diastolique = 95 mm Hg; pression systolique = 142 mm Hg; pression différentielle = 47 mm Hg. Cette personne est au stade 1 de l'hypertension, car sa pression systolique est supérieure à 140 mm Hg et sa pression diastolique, supérieure à 90 mm Hg.

21.16 Chez une personne qui a perdu du sang, une pression artérielle presque normale n'indique pas nécessairement que ses tissus reçoivent un flux sanguin adéquat. Le maintien de la pression artérielle dans des limites normales est généralement dû à l'intervention de mécanismes de compensation, telle l'augmentation de la vasoconstriction périphérique. Si la résistance périphérique a beaucoup augmenté, la perfusion des tissus périphériques et même des viscères peut être inadéquate.

21.17 Les deux principales voies de la circulation sont la circulation systémique et la circulation pulmonaire.

21.18 Les quatre sections de l'aorte sont l'aorte ascendante, l'arc aortique, l'aorte thoracique et l'aorte abdominale.

21.19 Les trois ramifications principales de l'arc aortique sont, selon leur ordre d'origine : le tronc brachiocéphalique, l'artère carotide commune gauche et l'artère subclavière gauche.

21.20 L'aorte thoracique commence à la hauteur du disque intervertébral séparant T4 et T5.

21.21 L'aorte abdominale commence au hiatus aortique du diaphragme.

21.22 L'aorte abdominale se divise en artères iliaques communes à peu près à la hauteur de L4.

21.23 La veine cave supérieure draine les régions qui se trouvent au-dessus du diaphragme, et la veine cave inférieure, celles qui se trouvent en dessous.

21.24 Tout le sang veineux provenant de l'encéphale se déverse dans les veines jugulaires internes.

21.25 C'est en général dans la veine médiane du coude que l'on prélève le sang.

21.26 La veine cave inférieure ramène au cœur le sang des viscères abdominopelviens.

21.27 Les veines superficielles du membre inférieur sont : l'arcade veineuse dorsale, ainsi que la grande et la petite veine saphène.

21.28 Ce sont les veines hépatiques qui drainent le foie.

21.29 Les artères pulmonaires sont les seules artères qui transportent le sang désoxygéné après la naissance.

21.30 Les échanges de substances entre la mère et le fœtus s'effectuent dans le placenta.

21.31 Les vaisseaux sanguins et le sang proviennent du mésoderme.

LE SYSTÈME LYMPHATIQUE ET L'IMMUNITÉ

LE SYSTÈME LYMPHATIQUE, LA RÉSISTANCE À LA MALADIE ET L'HOMÉOSTASIE

Le système lymphatique contribue à l'homéostasie en favorisant l'écoulement du liquide interstitiel et en fournissant les mécanismes qui permettent à l'organisme de se défendre contre la maladie.

Pour maintenir l'homéostasie, l'organisme doit continuellement combattre des agents nocifs provenant de l'intérieur et de l'extérieur. Même s'ils sont constamment exposés à divers **agents pathogènes**, notamment les microorganismes comme les bactéries et les virus responsables des infections, la plupart des gens restent en bonne santé. La surface du corps subit également des coupures et des coups; elle est exposée aux rayons ultraviolets du soleil, à des toxines chimiques et à des brûlures légères, mais elle résiste à ces agressions grâce à divers moyens de défense. L'immunité, ou **résistance**, est la capacité de l'organisme à combattre les lésions et la maladie par des mécanismes de défense. Inversement, la vulnérabilité ou l'absence de résistance porte le nom de **susceptibilité**.

Les deux principaux types de résistance à la maladie sont: 1) l'immunité innée, ou immunité non spécifique; et 2) l'immunité adaptative, ou immunité spécifique. L'**immunité innée**, ou **immunité non spécifique**, est présente à la naissance. Elle comprend des mécanismes de défense qui assurent une protection *immédiate* mais *générale* contre un large éventail d'agents pathogènes. Sa première ligne de défense est constituée par les barrières physique et chimique de la peau et des muqueuses. Par exemple, dans l'estomac, l'acidité du suc gastrique tue un grand nombre de bactéries ingérées avec les aliments. La seconde ligne de défense est assurée par des protéines antimicrobiennes, par des phagocytes, par des cellules tueuses naturelles, par l'inflammation et, enfin, par la fièvre. L'**immunité adaptative** ou **immunité spécifique**, s'établit à la suite d'un contact avec un envahisseur *précis*. Elle est plus lente à s'installer que l'immunité innée et passe par l'activation de lymphocytes spécifiques capables de combattre des envahisseurs déterminés.

L'immunité adaptative (et certains aspects de l'immunité innée) est assurée par le système lymphatique. Étroitement lié au système cardiovasculaire, ce système participe également à l'absorption des lipides avec le système digestif. Le présent chapitre décrit les mécanismes qui mettent en place les défenses contre les envahisseurs et favorisent la réparation des tissus endommagés.

LA STRUCTURE ET LES FONCTIONS DU SYSTÈME LYMPHATIQUE

> **OBJECTIFS**
>
> - Nommer les structures et les principales fonctions du système lymphatique.
> - Décrire l'organisation des vaisseaux lymphatiques.
> - Décrire la formation et l'écoulement de la lymphe.
> - Comparer la structure et les fonctions des tissus lymphatiques et des organes lymphatiques primaires et secondaires.

Le **système lymphatique** est constitué d'un liquide appelé *lymphe*, de vaisseaux lymphatiques qui transportent la lymphe, de plusieurs structures et organes qui contiennent du tissu lymphatique ainsi que de la moelle osseuse rouge dans laquelle se développent les cellules souches à l'origine des divers types de cellules sanguines, notamment les lymphocytes (figure 22.1). Le système lymphatique permet l'écoulement des liquides organiques et aide à protéger l'organisme contre les agents qui causent la maladie. Comme nous le verrons plus loin, la plupart des composants du plasma sanguin traversent les parois des capillaires sanguins pour former le liquide interstitiel. La **lymphe** (*lympha* : eau) est le nom qu'on donne au liquide interstitiel une fois qu'il est entré dans les vaisseaux lymphatiques. La différence la plus importante entre le liquide interstitiel et la lymphe est leur situation : le liquide interstitiel se trouve entre les cellules, tandis que la lymphe circule dans les vaisseaux et les tissus lymphatiques.

Le **tissu lymphatique** est un tissu conjonctif réticulaire spécialisé, qui contient un grand nombre de lymphocytes (voir le tableau 4.4C). Au chapitre 19, nous avons vu que les lymphocytes sont des leucocytes agranulaires (voir la figure 19.7). Deux types de lymphocytes participent aux réponses immunitaires : les lymphocytes B et les lymphocytes T.

LES FONCTIONS DU SYSTÈME LYMPHATIQUE

Le système lymphatique assure trois grandes fonctions :

1. *Drainer le surplus de liquide interstitiel.* Les vaisseaux lymphatiques drainent les tissus, récupèrent l'excès de liquide interstitiel et le retournent au sang.

2. *Transporter les lipides alimentaires.* Les vaisseaux lymphatiques transportent jusque dans le sang les vitamines liposolubles (A, D, E et K) et les lipides absorbés dans le tube digestif.

3. *Assurer les réponses immunitaires.* Le tissu lymphatique est à l'origine de réponses très spécifiques destinées à faire échec à des microorganismes particuliers ou à des cellules anormales. Les lymphocytes T et B, aidés des macrophagocytes, reconnaissent les cellules étrangères, les microorganismes, les toxines et les cellules cancéreuses. Ils y réagissent de deux façons : 1) dans les réponses immunitaires à médiation cellulaire, les lymphocytes T détruisent les envahisseurs en les faisant éclater ou en libérant des substances cytotoxiques (qui tuent les cellules) ; 2) dans les réponses immunitaires humorales, les lymphocytes B se différencient en plasmocytes qui protègent l'organisme contre la maladie en sécrétant des anticorps, des composés protéiques qui se lient aux substances étrangères (antigènes) de façon spécifique et causent leur destruction.

LES VAISSEAUX LYMPHATIQUES ET LA CIRCULATION DE LA LYMPHE

Les vaisseaux lymphatiques prennent naissance dans les capillaires lymphatiques. Ces minuscules vaisseaux, situés dans les espaces intercellulaires, sont fermés aux extrémités (figure 22.2). Tout comme les capillaires sanguins convergent pour former des veinules et des veines, les capillaires lymphatiques se joignent pour donner naissance aux vaisseaux lymphatiques (figure 22.1). Par leur structure, ces vaisseaux ressemblent aux veines, bien que leurs parois soient plus minces et leurs valvules, plus nombreuses. En plusieurs points situés le long des vaisseaux lymphatiques, la lymphe traverse des nœuds lymphatiques, des organes en forme de haricot, recouverts d'une capsule et contenant des amas de lymphocytes B et T. Sous la peau, les vaisseaux lymphatiques traversent le fascia superficiel, ou couche sous-cutanée, et suivent généralement le même chemin que les veines ; dans les viscères, ils accompagnent plutôt les artères autour desquelles ils forment des plexus (réseaux). Les tissus qui ne comportent pas de capillaires lymphatiques sont les tissus avasculaires (comme le cartilage, l'épiderme et la cornée de l'œil), le système nerveux central, certaines parties de la rate et la moelle osseuse rouge.

Les capillaires lymphatiques

Le diamètre des capillaires lymphatiques est légèrement plus grand que celui des capillaires sanguins. Leur structure unique permet au liquide interstitiel d'y entrer, mais non d'en sortir. Comme le montre la figure 22.2b, les extrémités des cellules endothéliales qui forment les parois des capillaires lymphatiques se chevauchent. Quand la pression est plus élevée dans le liquide interstitiel que dans la lymphe, les cellules s'entrouvrent, comme le ferait une porte battante à sens unique, et le liquide interstitiel pénètre dans le capillaire lymphatique. Quand la pression est plus élevée à l'intérieur du capillaire lymphatique, les cellules se serrent les unes contre les autres, si bien que la lymphe ne peut pas refluer dans le compartiment interstitiel. La pression diminue à mesure que la lymphe s'écoule dans les capillaires lymphatiques. Des *filaments d'union*, fixés aux capillaires lymphatiques, contiennent des fibres élastiques. Ils s'étendent depuis les capillaires lymphatiques et relient les cellules endothéliales lymphatiques aux tissus avoisinants. Quand le liquide interstitiel s'accumule et fait enfler les tissus, une traction s'exerce sur les filaments d'union. Sous l'effet de cette traction, les cellules s'écartent davantage les unes des autres, ce qui favorise l'écoulement de liquide vers l'intérieur des capillaires lymphatiques.

Dans l'intestin grêle, des capillaires lymphatiques spécialisés appelés **vaisseaux chylifères** transportent les lipides alimentaires vers les vaisseaux lymphatiques, lesquels les déversent dans le sang. La présence de ces lipides confère un aspect laiteux à la lymphe qui draine l'intestin grêle. La lymphe de cette région est appelée **chyle** (*khulos* : suc). Ailleurs, la lymphe est un liquide clair de couleur jaune pâle.

FIGURE 22.1 Les structures du système lymphatique.

Le système lymphatique comprend la lymphe, les vaisseaux lymphatiques, les tissus lymphatiques et la moelle osseuse rouge.

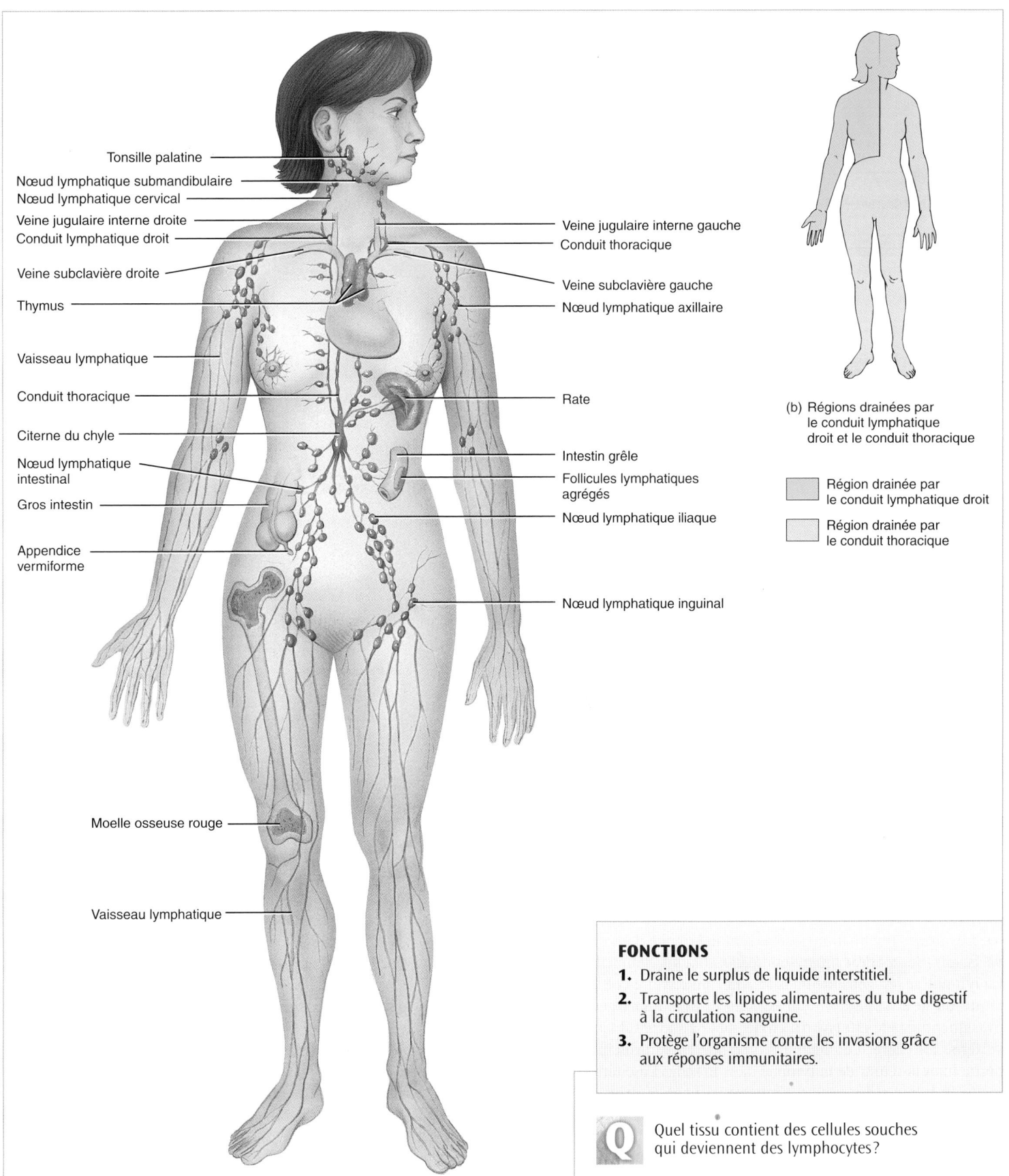

Tonsille palatine

Nœud lymphatique submandibulaire

Nœud lymphatique cervical

Veine jugulaire interne droite

Conduit lymphatique droit

Veine subclavière droite

Thymus

Vaisseau lymphatique

Conduit thoracique

Citerne du chyle

Nœud lymphatique intestinal

Gros intestin

Appendice vermiforme

Moelle osseuse rouge

Vaisseau lymphatique

Veine jugulaire interne gauche

Conduit thoracique

Veine subclavière gauche

Nœud lymphatique axillaire

Rate

Intestin grêle

Follicules lymphatiques agrégés

Nœud lymphatique iliaque

Nœud lymphatique inguinal

(b) Régions drainées par le conduit lymphatique droit et le conduit thoracique

Région drainée par le conduit lymphatique droit

Région drainée par le conduit thoracique

FONCTIONS

1. Draine le surplus de liquide interstiel.

2. Transporte les lipides alimentaires du tube digestif à la circulation sanguine.

3. Protège l'organisme contre les invasions grâce aux réponses immunitaires.

Q Quel tissu contient des cellules souches qui deviennent des lymphocytes?

(a) Vue antérieure des principaux éléments du système lymphatique

FIGURE 22.2 Les capillaires lymphatiques.

 Les capillaires lymphatiques se trouvent partout dans le corps sauf dans les tissus avasculaires, le système nerveux central, certaines parties de la rate et la moelle osseuse rouge.

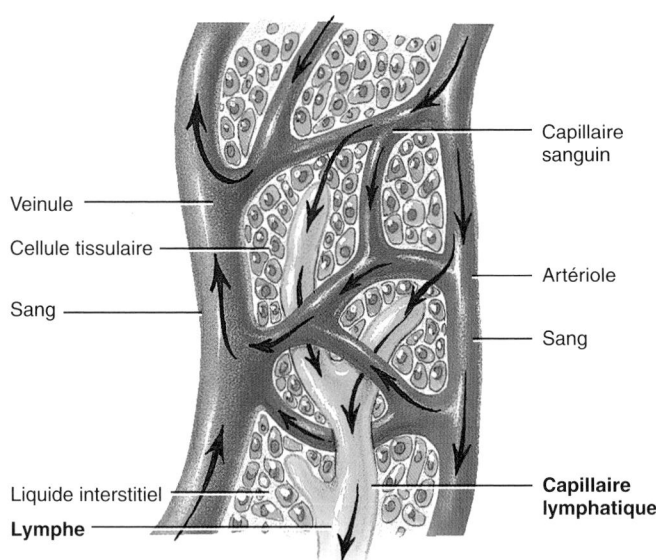

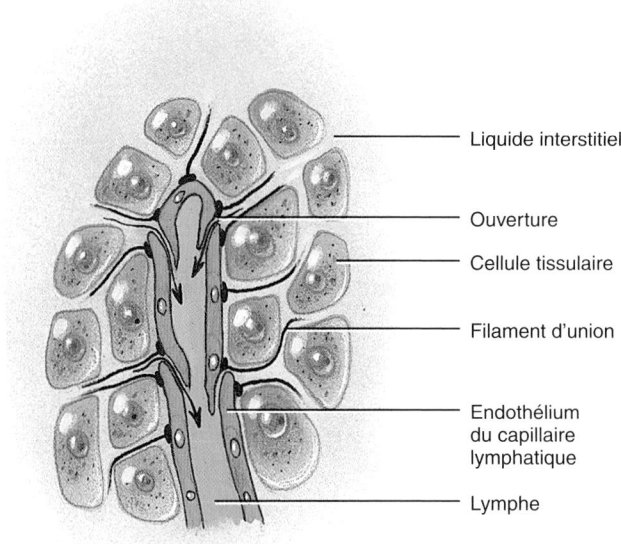

(a) Relations entre les capillaires lymphatiques, les cellules tissulaires et les capillaires sanguins

(b) Détails d'un capillaire lymphatique

Q La lymphe ressemble-t-elle plus au plasma sanguin ou au liquide interstitiel? Pourquoi?

Les troncs et les conduits lymphatiques

Comme nous venons de le souligner, la lymphe des capillaires lymphatiques s'écoule dans les vaisseaux lymphatiques puis à travers les nœuds lymphatiques. À mesure que les vaisseaux lymphatiques quittent les nœuds d'une région donnée du corps, ils se joignent pour former les **troncs lymphatiques**. Les troncs lymphatiques principaux sont le tronc intestinal et les troncs lombaires, bronchomédiastinaux, subclaviers et jugulaires (figure 22.3). Le **tronc intestinal** draine l'estomac, les intestins, le pancréas, la rate et une partie du foie. Les **troncs lombaires** drainent les membres inférieurs, la paroi pelvienne et les viscères pelviens, les reins, les glandes surrénales et la paroi abdominale. Les **troncs bronchomédiastinaux** drainent la paroi thoracique, les poumons et le cœur. Les **troncs subclaviers** drainent les membres supérieurs. Les **troncs jugulaires** drainent la tête et le cou.

Les troncs lymphatiques déversent la lymphe dans deux grands vaisseaux, le conduit thoracique et le conduit lymphatique droit. La lymphe se jette ensuite dans le sang veineux. Le **conduit thoracique** mesure de 38 à 45 cm de long et prend naissance dans un évasement appelé **citerne du chyle**, situé à l'avant de la deuxième vertèbre lombaire. Le conduit thoracique est le principal vaisseau permettant le retour de la lymphe dans le sang. La citerne du chyle reçoit la lymphe des troncs lombaires gauche et droit et du tronc intestinal. Dans le cou, le conduit thoracique reçoit aussi la lymphe des troncs jugulaire, subclavier et bronchomédiastinal gauches. Il draine ainsi le côté gauche de la tête, du cou et du thorax, le

membre supérieur gauche et toutes les autres parties du corps situées sous les côtes (figure 22.1b). Il déverse ensuite la lymphe dans le sang veineux à la jonction des veines jugulaire interne et subclavière gauches.

Le **conduit lymphatique droit** (figure 22.3) mesure environ 1,2 cm de long. Il reçoit la lymphe des troncs jugulaire, subclavier et bronchomédiastinal droits, c'est-à-dire de la partie supérieure droite du corps (figure 22.1b). Du conduit lymphatique droit, la lymphe se déverse dans le sang veineux à la jonction des veines jugulaire interne et subclavière droites.

La formation et l'écoulement de la lymphe

La plupart des composants du plasma sanguin traversent librement les parois des capillaires pour former le liquide interstitiel. Toutefois, le liquide sort des capillaires sanguins en plus grande quantité qu'il n'y retourne par réabsorption (voir la figure 21.7). L'excès – environ 3 L par jour – passe dans les vaisseaux lymphatiques et devient la lymphe. Étant donné que la plupart des protéines plasmatiques sont trop grosses pour quitter les vaisseaux sanguins, le liquide interstitiel en contient très peu. Il se trouve que celles qui s'échappent du plasma ne peuvent pas retourner dans le sang par diffusion parce que le gradient de concentration s'oppose à ce mouvement (par suite de la concentration élevée de protéines à l'intérieur des capillaires sanguins et de la faible concentration à l'extérieur). Toutefois, les protéines peuvent facilement passer dans la lymphe et entrer dans les capillaires lymphatiques

FIGURE 22.3 L'écoulement de la lymphe des troncs lymphatiques dans les conduits thoracique et lymphatique droit.

Toute la lymphe retourne à la circulation sanguine par les conduits thoracique et lymphatique droit.

Veine jugulaire interne droite

Tronc jugulaire droit

Tronc subclavier droit

Conduit lymphatique droit

Veine subclavière droite

Veine brachiocéphalique droite

Tronc bronchomédiastinal droit

Veine cave supérieure

Côte

Muscle intercostal

Veine azygos

Citerne du chyle

Tronc lombaire droit

Veine cave inférieure

Œsophage

Trachée

Veine jugulaire interne gauche

Tronc jugulaire gauche

Tronc subclavier gauche

Conduit thoracique

Veine brachiocéphalique gauche

Veine subclavière gauche

Première côte

Tronc bronchomédiastinal gauche

Veine hémiazygos accessoire

Conduit thoracique

Veine hémiazygos

Tronc lombaire gauche

Tronc intestinal

(a) Vue antérieure générale

Tronc jugulaire droit

Conduit lymphatique droit

Tronc subclavier droit

Tronc jugulaire gauche

Tronc subclavier gauche

Conduit thoracique

Tronc bronchomédiastinal droit

Tronc bronchomédiastinal gauche

(b) Vue antérieure : agrandissement

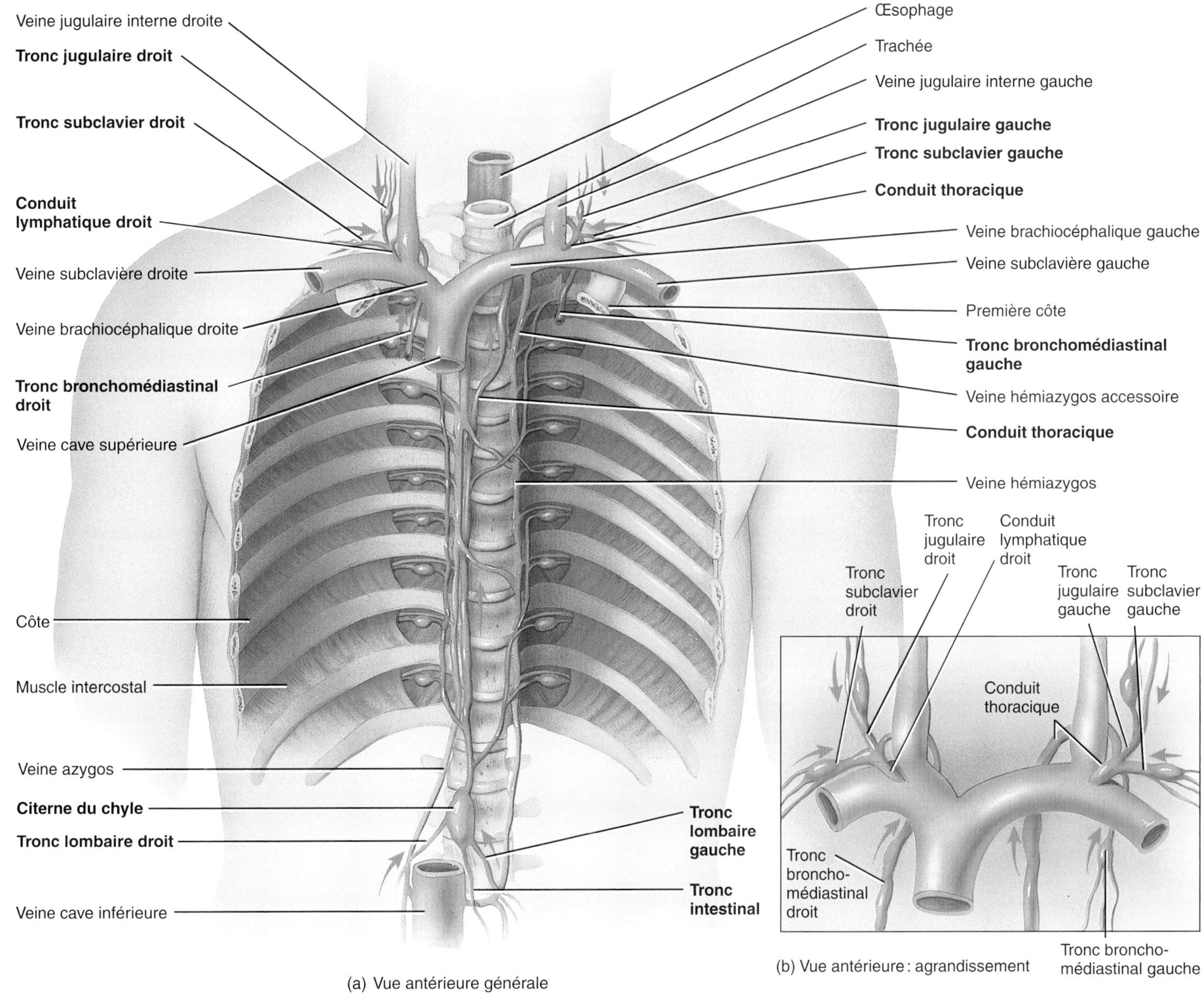

Quels vaisseaux lymphatiques se jettent dans la citerne du chyle?
Quel conduit reçoit la lymphe de la citerne du chyle?

plus perméables. En conséquence, une des fonctions importantes des vaisseaux lymphatiques consiste à retourner ces protéines plasmatiques dans la circulation sanguine.

Les vaisseaux lymphatiques sont munis de valvules à sens unique, semblables à celles des veines et remplissant la même fonction, c'est-à-dire empêcher le reflux de la lymphe. Comme nous l'avons vu, la lymphe drainée par les conduits thoracique et lymphatique droit aboutit dans le sang veineux à la jonction des veines subclavière et jugulaire interne (figure 22.3). Ainsi, le liquide s'écoule de la façon suivante : capillaires sanguins (sang) → espaces

interstitiels (liquide interstitiel) → capillaires lymphatiques (lymphe) → vaisseaux lymphatiques (lymphe) → conduits lymphatiques (lymphe) → jonction des veines subclavière et jugulaire interne (sang). Ce parcours, ainsi que la relation entre les systèmes lymphatique et cardiovasculaire, sont illustrés à la figure 22.4.

Les deux mêmes pompes qui facilitent le retour veineux vers le cœur assurent l'écoulement de la lymphe des espaces interstitiels jusqu'aux veines subclavière et jugulaire interne.

1. *La pompe musculaire squelettique.* L'action intermittente des contractions musculaires squelettiques (voir la figure 21.9)

FIGURE 22.4 Représentation schématique de la relation entre le système lymphatique et le système cardiovasculaire.
Les flèches indiquent la direction de l'écoulement de la lymphe et du sang.

 Le liquide qui s'écoule passe par les structures suivantes : capillaires sanguins (sang) → espaces interstitiels (liquide interstitiel) → capillaires lymphatiques (lymphe) → vaisseaux lymphatiques (lymphe) → conduits lymphatiques (lymphe) → jonction des veines jugulaire interne et subclavière (sang).

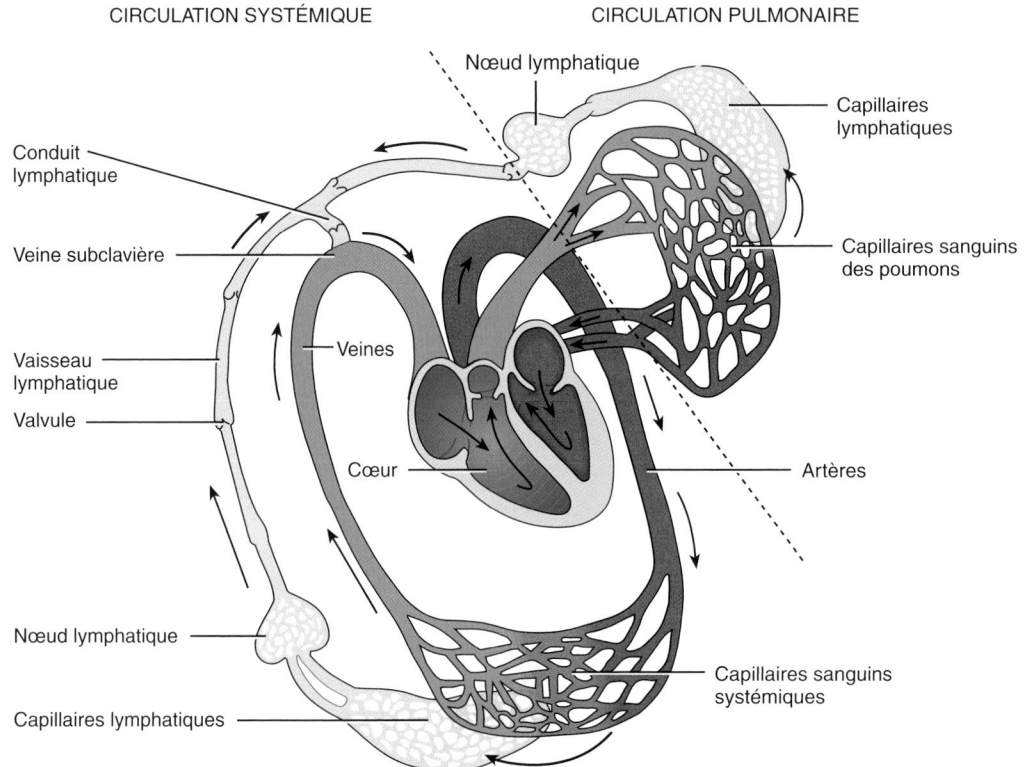

Q L'inspiration facilite-t-elle l'écoulement de la lymphe ou s'y oppose-t-elle?

comprime les vaisseaux lymphatiques (et les veines) et, un peu comme le ferait une trayeuse, propulse la lymphe vers la jonction des veines jugulaire interne et subclavière.

2. **La pompe respiratoire.** Les changements de pression qui se produisent pendant l'inspiration participent également à l'écoulement de la lymphe. Celle-ci s'écoule de la région abdominale vers la région thoracique, c'est-à-dire de l'endroit où la pression dans les vaisseaux lymphatiques est plus élevée, vers l'endroit où elle est plus basse. Quand la pression abdominale chute durant l'expiration, les valvules empêchent le reflux de la lymphe. De plus, lorsqu'un vaisseau lymphatique est distendu, les muscles lisses de ses parois se contractent et font avancer la lymphe d'un segment du vaisseau vers le suivant.

LES ORGANES ET LES TISSUS LYMPHATIQUES

Les organes et les tissus du système lymphatique sont disséminés dans tout le corps. On les classe en deux groupes selon leur fonction. Les **organes lymphatiques primaires** constituent le lieu de division des cellules souches et d'acquisition de l'**immunocompétence**, c'est-à-dire la capacité de produire une réponse immuni-

taire. Les organes lymphatiques primaires sont la moelle osseuse rouge (dans les os plats et l'épiphyse des os longs chez les adultes) et le thymus. Les cellules souches hématopoïétiques pluripotentes de la moelle osseuse rouge donnent naissance aux lymphocytes B matures immunocompétents. Elles donnent également naissance aux lymphocytes pré-T qui migrent vers le thymus où ils deviennent immunocompétents. Les **tissus** et les **organes lymphatiques secondaires** sont le siège de la plupart des réponses immunitaires. Ces organes comprennent les nœuds lymphatiques, la rate et les follicules (nodules) lymphatiques. Le thymus, les nœuds lymphatiques et la rate sont considérés comme des organes parce qu'ils sont limités par une capsule de tissu conjonctif; en revanche, les follicules lymphatiques ne le sont pas, car ils sont dépourvus de capsule.

Le thymus

Le **thymus** est un organe bilobé situé dans le médiastin, entre le sternum et l'aorte (figure 22.5a). Une couche de tissu conjonctif enveloppe les deux lobes du thymus et les maintient ensemble, mais chaque lobe est lui-même enfermé dans une **capsule** de tissu conjonctif. Des prolongements de la capsule, appelés **trabécules**

FIGURE 22.5 Le thymus.

Le thymus est un organe bilobé qui atteint sa taille maximale à la puberté et s'atrophie par la suite avec l'âge.

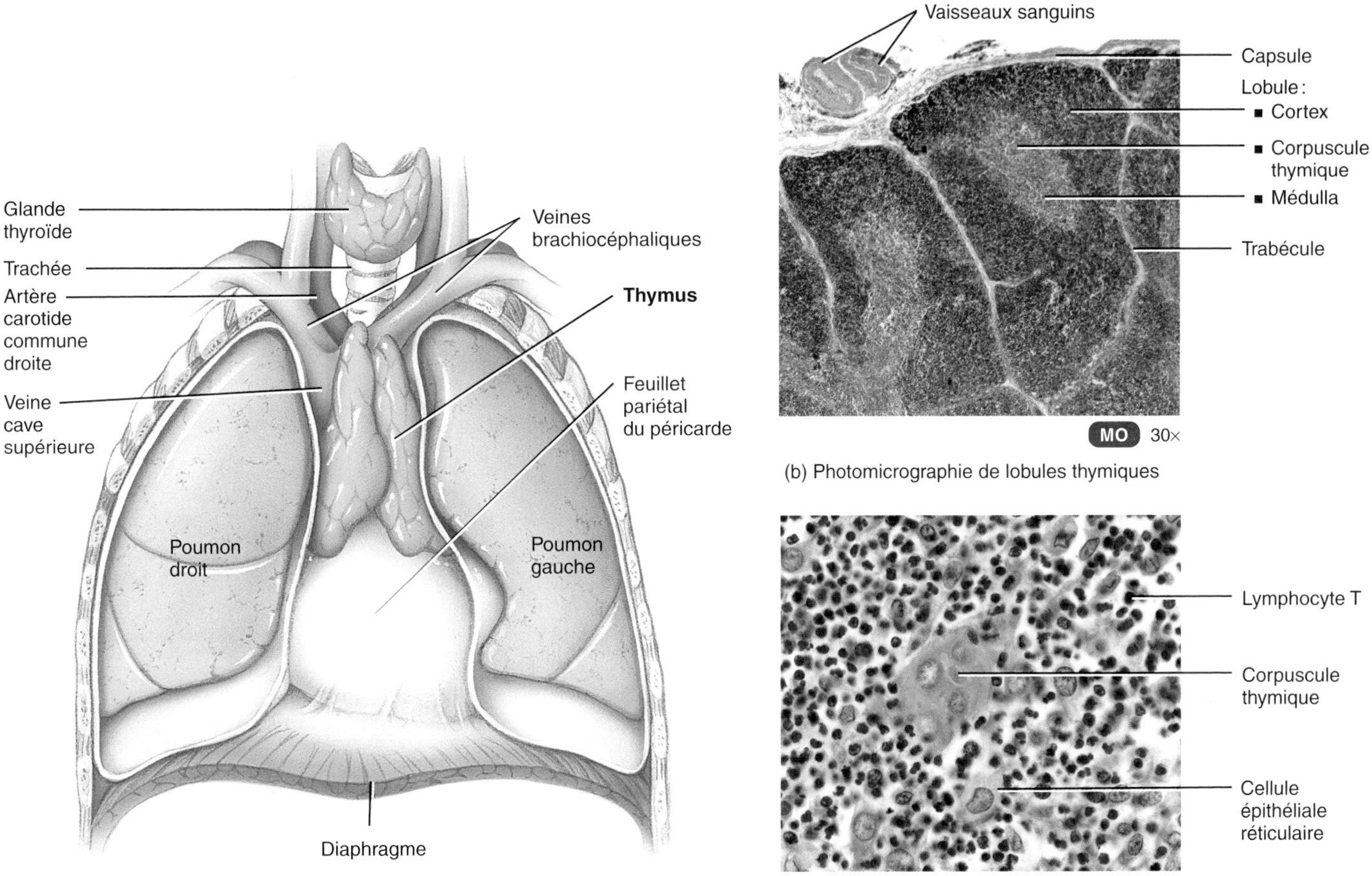

Vaisseaux sanguins

Capsule

Lobule :
- Cortex
- Corpuscule thymique
- Médulla

Trabécule

(b) Photomicrographie de lobules thymiques MO 30×

Glande thyroïde

Trachée

Artère carotide commune droite

Veine cave supérieure

Veines brachiocéphaliques

Thymus

Feuillet pariétal du péricarde

Poumon droit

Poumon gauche

Diaphragme

(a) Le thymus à l'adolescence

Lymphocyte T

Corpuscule thymique

Cellule épithéliale réticulaire

MO 385×

(c) Photomicrographie de la médulla du thymus

 Quels sont les lymphocytes qui arrivent à maturité dans le thymus?

(trabécule : *petite poutre*), pénètrent dans l'organe et divisent les lobes en **lobules** (figure 22.5b).

Chaque lobule du thymus comprend un cortex périphérique, qui prend une teinte foncée à la coloration, et une médulla centrale, d'aspect plus pâle à la coloration (figure 22.5b). Le **cortex** contient un grand nombre de lymphocytes T, ou thymocytes, de cellules dendritiques, de cellules épithéliales réticulaires, encore appelées *épithélioréticulocytes*, et de macrophagocytes dispersés. Les lymphocytes T immatures, ou lymphocytes pré-T, migrent de la moelle osseuse rouge vers le cortex du thymus où ils prolifèrent et poursuivent leur maturation. Les **cellules dendritiques** (*dendron* : arbre), qui doivent leur nom à leurs longues ramifications ressemblant aux dendrites des neurones, facilitent le processus de maturation. Comme nous le verrons plus loin, les cellules dendritiques d'autres parties du corps, comme les nœuds lymphatiques, jouent un autre rôle clé dans les réponses immunitaires. Chaque **cellule épithéliale réticulaire** du cortex est entourée de plusieurs longues fibres qui servent de structures à des amas de lympho-

cytes T. Ces cellules épithéliales sécrètent des hormones thymiques qui semblent faciliter la maturation des lymphocytes T. Sous l'influence de ces hormones, les lymphocytes pré-T deviennent *immunocompétents* au cours d'un processus appelé *sélection positive*. Durant ce processus, les lymphocytes T acquièrent la capacité de distinguer ce qui appartient à l'organisme (le soi) de ce qui ne lui appartient pas (le non-soi) (figure 22.20). À l'issue de cette sélection positive, seulement 2 % des lymphocytes T en formation survivent dans le cortex et participeront à la réponse immunitaire. Malgré cette faible proportion, la population de lymphocytes T produite est tellement diversifiée que tout agent étranger entrant en contact avec l'organisme sera reconnu par un lymphocyte T qui lui est spécifique. Les autres lymphocytes T meurent par apoptose (mort cellulaire programmée). Cette destruction cellulaire a pour but d'éliminer le risque d'une attaque immunitaire dirigée contre les propres cellules de l'organisme. Les **macrophagocytes** du thymus participent à l'élimination des débris de cellules mortes. Les lymphocytes T qui survivent entrent dans la médulla.

La **médulla** contient des lymphocytes T, des cellules épithéliales, des cellules dendritiques et des macrophagocytes très dispersés et plus matures (figure 22.5c). Certaines cellules épithéliales forment des couches concentriques de cellules aplaties qui se dégradent et se remplissent de granules de kératohyaline et de kératine. Ces amas sont appelés **corpuscules thymiques**, ou corpuscules de Hassall. Le rôle de ces corpuscules est mal connu, mais il se peut qu'ils servent de lieux de destruction des lymphocytes T dans la médulla. Les lymphocytes T qui quittent le thymus dans le sang migrent vers les nœuds lymphatiques, la rate et les autres tissus lymphatiques où ils colonisent des parties de ces organes et de ces tissus.

Chez les nourrissons, le thymus est un organe volumineux, qui pèse environ 70 g. Après la puberté, le tissu thymique est progressivement remplacé par du tissu conjonctif lâche et du tissu adipeux. À l'âge adulte, la glande s'atrophie considérablement et ne pèse plus parfois que 3 g au cours de la vieillesse. Avant que le thymus ne s'atrophie, il alimente en lymphocytes T les organes et les tissus lymphatiques secondaires. Toutefois, l'atrophie du thymus n'étant pas totale, certains lymphocytes T continuent de proliférer dans le thymus tout au long de la vie.

Les nœuds lymphatiques

On appelle **nœuds lymphatiques** les quelque 600 petits organes en forme de haricot répartis le long des vaisseaux lymphatiques. Ils sont disséminés dans l'ensemble de l'organisme, dans les tissus superficiels et plus profonds, et sont généralement regroupés pour former des amas (figure 22.1). D'importants groupes de nœuds lymphatiques sont présents près des glandes mammaires, ainsi que dans les régions de l'aisselle et de l'aine.

Les nœuds lymphatiques mesurent de 1 à 25 mm de long. Comme le thymus, ils sont recouverts d'une **capsule** composée de tissu conjonctif dense qui émet des prolongements à l'intérieur du nœud (figure 22.6). Ces projections de la capsule, appelées *trabécules*, divisent le nœud en compartiments, lui assurent un soutien et offrent une voie d'entrée aux vaisseaux sanguins. Dans la capsule se trouve un réseau de fibres réticulaires et de fibroblastes (cellules productrices de fibres) qui servent aussi à soutenir la structure du nœud. La capsule, les trabécules, les fibres réticulaires et les fibroblastes constituent le *stroma* (tissu conjonctif de soutien), ou charpente, du nœud lymphatique.

Le *parenchyme* constitue la partie fonctionnelle du nœud lymphatique. Il comprend deux régions spécialisées : le cortex, en surface, et la médulla, au centre. Le cortex est lui-même divisé en régions externe et interne. Le **cortex externe** contient des **follicules lymphatiques** composés de lymphocytes B agrégés. Un follicule lymphatique principalement composé de lymphocytes B est appelé *follicule lymphatique primaire*. Toutefois, la plupart des follicules lymphatiques du cortex externe sont des *follicules lymphatiques secondaires* (figure 22.6). Ceux-ci se forment à la suite d'une stimulation antigénique des lymphocytes B et servent d'emplacements pour la formation des plasmocytes et des lymphocytes B mémoires. Le centre d'un follicule lymphatique secondaire contient un *centre germinatif*, qui se reconnaît par la teinte pâle qu'il prend à la coloration. Les centres germinatifs abritent des

lymphocytes B, des cellules dendritiques folliculaires (un type particulier de cellule dendritique) et des macrophagocytes. Lors d'une stimulation antigénique, les cellules dendritiques folliculaires « présentent » un antigène à des lymphocytes B. (Ce processus sera expliqué plus loin.) Le lymphocyte B qui reconnaît l'antigène s'active puis se multiplie par mitoses successives. Les nombreux lymphocytes B issus de cette multiplication se transforment ensuite en plasmocytes produisant des anticorps ou en lymphocytes B mémoires. Ces derniers demeurent vivants après une première réponse immunitaire et se souviennent d'avoir rencontré un antigène donné. Les lymphocytes B qui ne se développent pas normalement subissent l'apoptose (mort cellulaire programmée) et sont détruits par les macrophagocytes. La région d'un follicule lymphatique secondaire qui entoure le centre germinatif est composée d'une forte concentration de lymphocytes B qui se sont éloignés de leur lieu de naissance dans le follicule.

Le **cortex interne** ne contient pas de follicules lymphatiques. Il renferme surtout des lymphocytes T et des cellules dendritiques qui arrivent dans un nœud lymphatique en provenance d'autres tissus. Les cellules dendritiques présentent les antigènes aux lymphocytes T, ce qui déclenche leur multiplication. Les lymphocytes T nouvellement formés migrent alors du nœud lymphatique aux régions de l'organisme qui présentent une activité antigénique, comme cela se produit dans un tissu infecté, par exemple.

La **médulla** du nœud lymphatique contient des lymphocytes B, des plasmocytes produisant des anticorps qui ont migré hors du cortex dans la médulla, ainsi que des macrophagocytes. Toutes ces cellules sont comprises dans un réseau de fibres et de cellules réticulaires formant ainsi des **cordons médullaires**.

Comme nous venons de le voir, la lymphe traverse le nœud dans un sens seulement (figure 22.6a). Elle entre par les **vaisseaux lymphatiques afférents** (*afferre* : apporter), qui pénètrent la surface convexe du nœud lymphatique à plusieurs endroits. Les vaisseaux afférents contiennent des valvules qui s'ouvrent vers le centre du nœud, acheminant la lymphe vers l'*intérieur*. Là, elle entre dans des **sinus**, formés par un ensemble de canaux irréguliers contenant des fibres réticulaires ramifiées, des lymphocytes et des macrophagocytes. La lymphe arrivant par les vaisseaux lymphatiques afférents passe d'abord dans le **sinus sous-capsulaire** situé immédiatement sous la capsule. De là, elle s'écoule dans les **sinus trabéculaires**, qui traversent le cortex parallèlement aux trabécules. Elle gagne ensuite les **sinus médullaires**, qui s'étendent dans la médulla. Les sinus médullaires sont drainés par un ou deux **vaisseaux lymphatiques efférents** (*efferre* : porter hors). Plus larges et moins nombreux que les vaisseaux afférents, ces conduits contiennent des valvules qui s'ouvrent vers la sortie du nœud lymphatique, si bien que la lymphe, les anticorps sécrétés par les plasmocytes et les lymphocytes T sont dirigés vers l'*extérieur* et quittent les nœuds lymphatiques. Les vaisseaux lymphatiques efférents émergent d'une légère dépression, appelée **hile**, située sur le côté du nœud. Les vaisseaux sanguins pénètrent aussi dans le nœud et en sortent par le hile.

Les nœuds lymphatiques jouent un rôle de filtre. Quand la lymphe entre dans le nœud, les substances étrangères sont emprisonnées dans les fibres réticulaires des sinus. Les macrophagocytes

FIGURE 22.6 La structure d'un nœud lymphatique. Les flèches indiquent la direction de l'écoulement de la lymphe.

Les nœuds lymphatiques sont présents dans tout le corps, mais sont généralement regroupés.

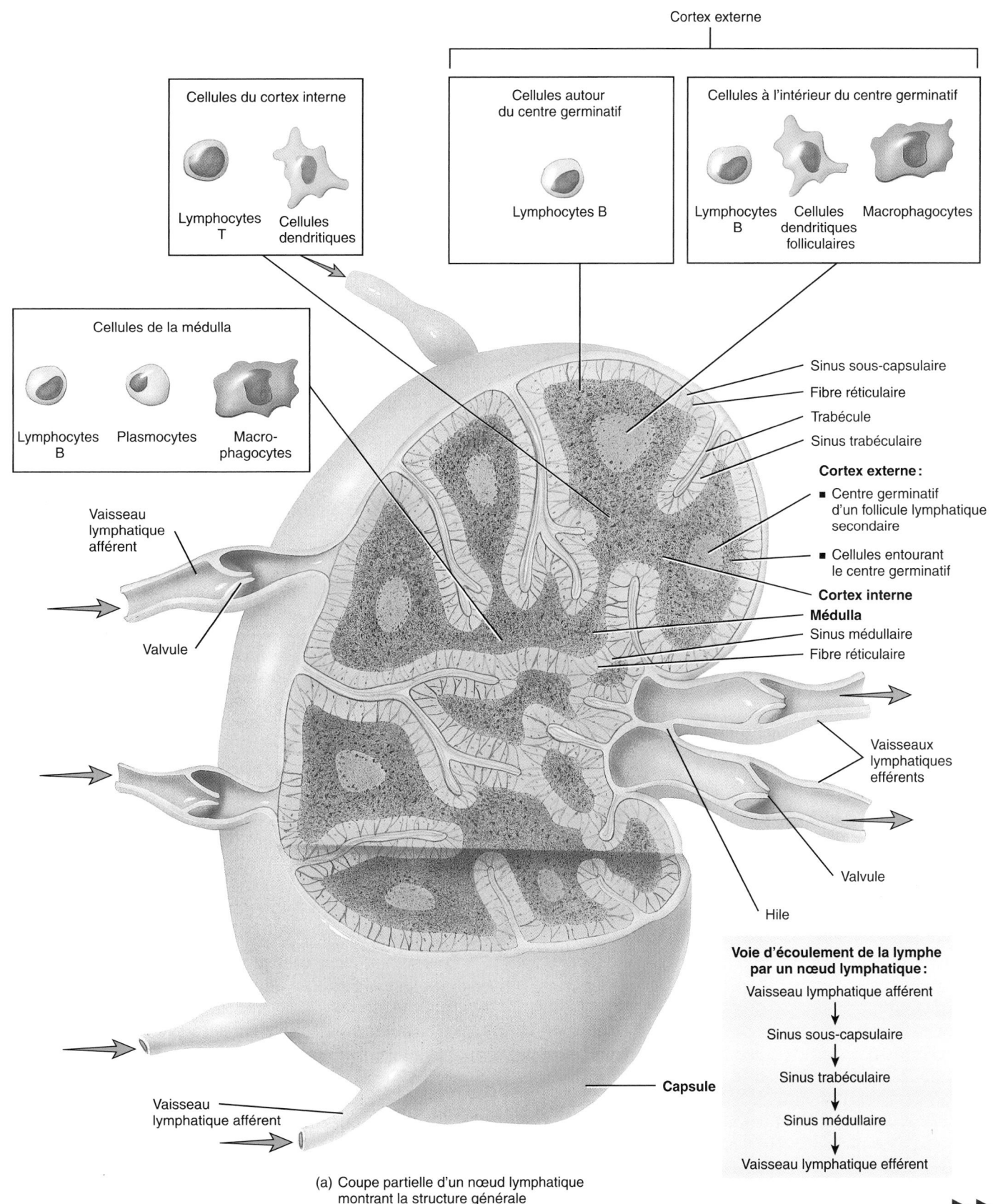

Cortex externe

Cellules du cortex interne

Lymphocytes T   Cellules dendritiques

Cellules autour du centre germinatif

Lymphocytes B

Cellules à l'intérieur du centre germinatif

Lymphocytes B   Cellules dendritiques folliculaires   Macrophagocytes

Cellules de la médulla

Lymphocytes B   Plasmocytes   Macro-phagocytes

Vaisseau lymphatique afférent

Valvule

Vaisseau lymphatique afférent

Sinus sous-capsulaire
Fibre réticulaire
Trabécule
Sinus trabéculaire

Cortex externe :
■ Centre germinatif d'un follicule lymphatique secondaire
■ Cellules entourant le centre germinatif
Cortex interne
Médulla
Sinus médullaire
Fibre réticulaire

Vaisseaux lymphatiques efférents

Valvule

Hile

Capsule

Voie d'écoulement de la lymphe par un nœud lymphatique :

Vaisseau lymphatique afférent
↓
Sinus sous-capsulaire
↓
Sinus trabéculaire
↓
Sinus médullaire
↓
Vaisseau lymphatique efférent

(a) Coupe partielle d'un nœud lymphatique montrant la structure générale

▶▶▶

FIGURE 22.6 **La structure d'un nœud lymphatique** *(suite).*

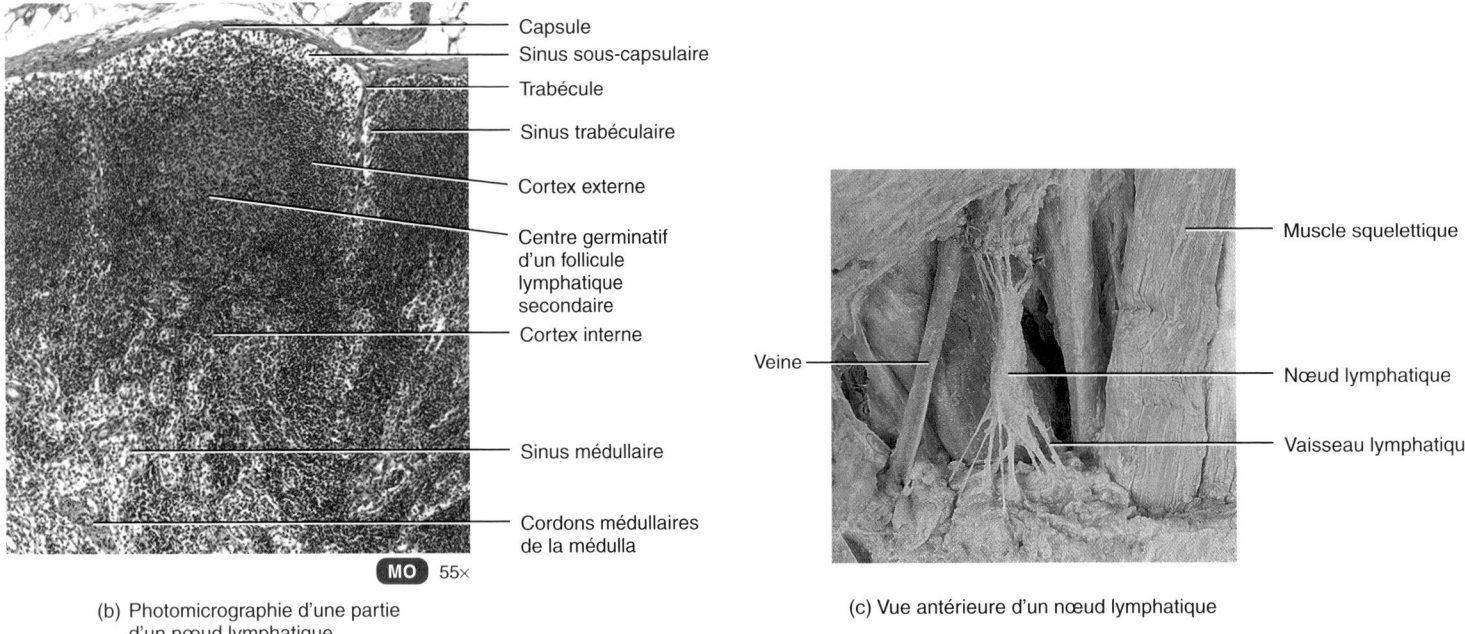

Capsule
Sinus sous-capsulaire
Trabécule
Sinus trabéculaire
Cortex externe
Centre germinatif d'un follicule lymphatique secondaire
Cortex interne
Sinus médullaire
Cordons médullaires de la médulla

MO 55×

(b) Photomicrographie d'une partie d'un nœud lymphatique

Muscle squelettique
Veine
Nœud lymphatique
Vaisseau lymphatique

(c) Vue antérieure d'un nœud lymphatique

Qu'arrive-t-il aux substances étrangères transportées dans la lymphe, qui entrent dans un nœud lymphatique?

en détruisent alors une partie par phagocytose et les lymphocytes en éliminent d'autres en faisant appel à diverses réponses immunitaires. La lymphe filtrée quitte le nœud par l'autre extrémité.

LES MÉTASTASES PAR LA VOIE DU SYSTÈME LYMPHATIQUE

Une **métastase** (*metastasis*: changement de place) est la propagation d'une maladie d'une partie du corps à une autre, qui peut survenir par l'intermédiaire des vaisseaux lymphatiques. Toutes les tumeurs malignes finissent par produire des métastases. Les cellules cancéreuses sont transportées soit par le sang, soit par la lymphe, et créent de nouvelles tumeurs là où elles se fixent. Quand une métastase se forme par l'intermédiaire de vaisseaux lymphatiques, on peut prévoir l'emplacement de foyers tumoraux secondaires selon la direction de l'écoulement de la lymphe en provenance de la tumeur primitive. Les nœuds lymphatiques cancéreux sont enflés, fermes, dépourvus de sensibilité et attachés à des structures sous-jacentes. Au contraire, la plupart des nœuds lymphatiques qui sont enflés par suite d'une infection sont souples, mobiles au toucher et douloureux. ■

La rate

La **rate** est un organe ovale qui mesure environ 12 cm de long, ce qui en fait la masse de tissu lymphatique la plus volumineuse du corps (figure 22.7a). Elle est située dans la région hypochondriaque gauche, entre l'estomac et le diaphragme. La face supérieure de la rate, qui est lisse et convexe, épouse la face concave du diaphragme. Les organes avoisinants créent des renfoncements dans la face viscérale de la rate, soit l'*empreinte gastrique* (estomac), l'*empreinte rénale* (rein gauche) et l'*empreinte colique* (courbe colique gauche). Comme les nœuds lymphatiques, la rate possède

un hile par lequel passent l'artère splénique, la veine splénique et les vaisseaux lymphatiques efférents.

La rate est entourée par une capsule de tissu conjonctif dense, laquelle est recouverte par une séreuse, le péritoine viscéral. Des trabécules prolongent la capsule vers l'intérieur de l'organe. La capsule, les trabécules, les fibres réticulaires et les fibroblastes constituent le stroma de la rate; le parenchyme comprend deux tissus fonctionnels appelés *pulpe blanche* et *pulpe rouge* (figure 22.7b). La **pulpe blanche** est formée de tissu lymphatique, contenant surtout des lymphocytes et des macrophagocytes disposés autour de ramifications de l'artère splénique appelées **artères centrales**. La **pulpe rouge** est formée de **sinus veineux** remplis de sang et de régions de tissu splénique appelées **cordons spléniques**, ou cordons de Billroth. Ces structures renferment des érythrocytes, des macrophagocytes, des lymphocytes, des plasmocytes et des granulocytes. La pulpe rouge est traversée de veines avec lesquelles elle est en étroit rapport.

Le sang qui entre dans la rate par l'artère splénique pénètre dans les artères centrales de la pulpe blanche. Dans ce tissu, les lymphocytes B et T s'acquittent de leurs fonctions immunitaires, un peu comme dans les nœuds lymphatiques. C'est là que les macrophagocytes détruisent par phagocytose les agents pathogènes transportés par le sang. Dans la pulpe rouge, la rate accomplit trois fonctions touchant les cellules sanguines: 1) élimination par les macrophagocytes des cellules sanguines et des thrombocytes éclatés, usés ou défectueux; 2) emmagasinage des thrombocytes (la rate contient jusqu'au tiers des réserves de l'organisme); et 3) production de cellules sanguines (hématopoïèse) pendant le développement fœtal.

FIGURE 22.7 La structure de la rate.

La rate est la masse de tissu lymphatique la plus volumineuse du corps. (La figure 22.1 montre la forme et l'emplacement de la rate dans le corps humain.)

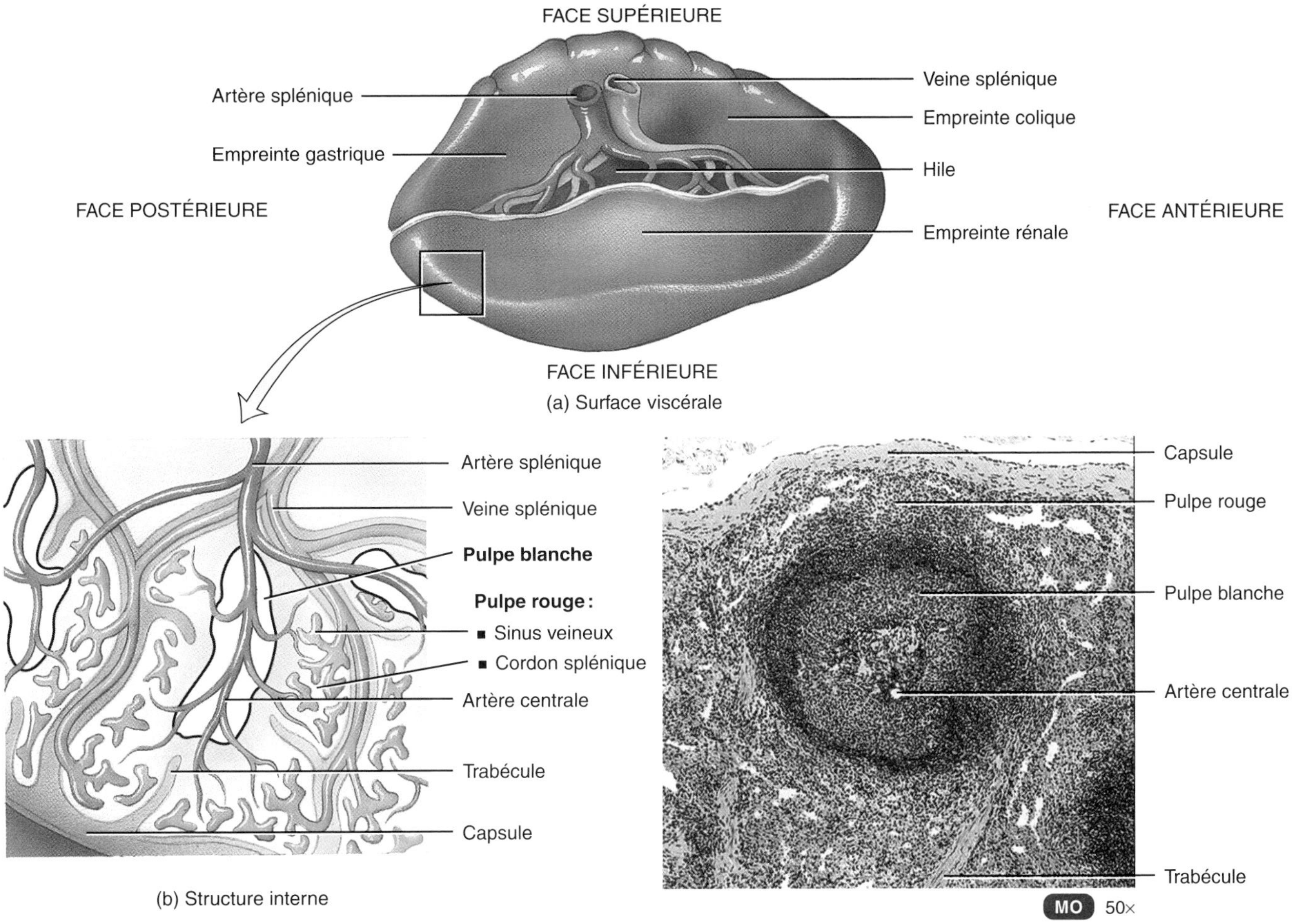

FACE SUPÉRIEURE

Artère splénique
Empreinte gastrique
FACE POSTÉRIEURE

Veine splénique
Empreinte colique
Hile
Empreinte rénale
FACE ANTÉRIEURE

FACE INFÉRIEURE

(a) Surface viscérale

Artère splénique
Veine splénique
Pulpe blanche
Pulpe rouge :
  ■ Sinus veineux
  ■ Cordon splénique
Artère centrale
Trabécule
Capsule

(b) Structure interne

Capsule
Pulpe rouge
Pulpe blanche
Artère centrale
Trabécule

MO 50×

(c) Photomicrographie d'une partie de la rate

Quelles sont les principales fonctions de la rate après la naissance?

LA RUPTURE DE LA RATE

La rate est l'organe le plus souvent endommagé quand surviennent des traumatismes abdominaux. Un coup puissant frappant la partie inférieure du thorax ou la partie supérieure de l'abdomen peut fracturer les côtes qui protègent la rate. Un tel coup risque de provoquer la **rupture de la rate**, causer une grave hémorragie et entraîner un état de choc par suite d'une forte chute de la pression artérielle. L'ablation immédiate de la rate, appelée **splénectomie**, s'impose pour arrêter l'hémorragie et sauver le patient. Chez les adultes, cette intervention chirurgicale pose habituellement peu de problèmes parce que d'autres structures, en particulier la moelle osseuse rouge et le foie, peuvent prendre en charge une partie des fonctions normalement accomplies par la rate. Il n'en est pas de même chez les enfants et les adolescents, chez qui la splénectomie diminue l'efficacité des fonctions immunitaires. La perte des fonctions de filtration et de phagocytose de la rate accroît les risques de **septicémie** (infection du sang). Pour réduire ce risque, ces personnes doivent se soumettre à une antibiothérapie prophylactique (à titre préventif) avant une intervention effractive. ■

Les follicules lymphatiques

Les **follicules lymphatiques** (ou nodules) sont des amas de tissu lymphatique de forme ovoïde dépourvus de capsule conjonctive. Comme ces formations sont dispersées dans le chorion (tissu conjonctif) des muqueuses tapissant le tube digestif, les conduits des systèmes urinaire et génital ainsi que les conduits aériens du système respiratoire, la masse totale des ces tissus lymphoïdes porte le nom de **tissu lymphoïde associé aux muqueuses** (**MALT**, *mucosa-associated lymphoid tissue*).

Bien que de nombreux follicules ou nodules lymphatiques soient petits et isolés, certains forment des agrégats étendus et multiples dans des endroits particuliers du corps, notamment les tonsilles (amygdales) de la région buccopharyngienne et les follicules lymphatiques agrégés, ou plaques de Peyer, dans l'iléum de l'intestin grêle. On trouve également des amas de follicules lymphatiques dans l'appendice vermiforme. Notons que cinq **tonsilles (amygdales)** forment habituellement un anneau à la jonction de la cavité orale et de l'oropharynx, de même qu'à la jonction des cavités nasales et du nasopharynx (voir la figure 23.2b). Les tonsilles occupent donc une position stratégique pour participer aux réponses immunitaires dirigées contre les substances étrangères inhalées ou ingérées. L'unique **tonsille pharyngienne** est enchâssée dans la paroi postérieure du nasopharynx. Les deux **tonsilles palatines** reposent de part et d'autre de la région postérieure de la cavité orale ; ce sont celles qui sont habituellement enlevées au cours d'une tonsillectomie (amygdalectomie). Il est parfois nécessaire de procéder aussi à l'ablation des deux **tonsilles linguales** situées à la base de la langue.

▶ **POINT DE CONTRÔLE**

1. En quoi le liquide interstitiel et la lymphe se ressemblent-ils ? En quoi diffèrent-ils ?

2. Quelles différences structurales distinguent les vaisseaux lymphatiques et les veines ?

3. Représentez à l'aide d'un schéma la relation entre le système lymphatique et le système cardiovasculaire.

4. Quel est le rôle du thymus dans l'immunité ?

5. Quelles sont les fonctions des nœuds lymphatiques, de la rate et des tonsilles (amygdales) ?

LE DÉVELOPPEMENT EMBRYONNAIRE DU TISSU LYMPHATIQUE

OBJECTIF

- Décrire le développement du tissu lymphatique.

Le tissu lymphatique commence à se former vers la fin de la cinquième semaine de gestation. Les *vaisseaux lymphatiques* naissent des **sacs lymphatiques** qui sont issus des veines en voie de formation, lesquelles dérivent du **mésoderme**.

Les premiers sacs lymphatiques qui apparaissent sont la paire de **sacs lymphatiques jugulaires**, situés à la jonction des veines jugulaire interne et subclavière (figure 22.8). À partir de ces sacs lymphatiques jugulaires, des plexus de capillaires lymphatiques s'étendent au thorax, aux membres supérieurs, au cou et à la tête. Certains plexus s'agrandissent et forment des vaisseaux lymphatiques dans leurs régions respectives. Chaque sac lymphatique jugulaire conserve au moins un lien avec sa veine jugulaire. Celui de gauche devient la partie supérieure du conduit thoracique (le conduit lymphatique gauche).

Le sac lymphatique qui apparaît ensuite est le **sac lymphatique rétropéritonéal**, à la racine du mésentère de l'intestin. Il se forme à partir de la veine cave primitive et des veines mésonéphrotiques (du rein embryonnaire). Des plexus capillaires et des vaisseaux lymphatiques s'étendent du sac lymphatique rétropéritonéal vers les viscères abdominaux et le diaphragme. Des liens s'établissent entre ce sac et la citerne du chyle, et ceux qui le reliaient aux veines avoisinantes disparaissent.

FIGURE 22.8 Le développement du système lymphatique.

Le tissu lymphatique dérive du mésoderme.

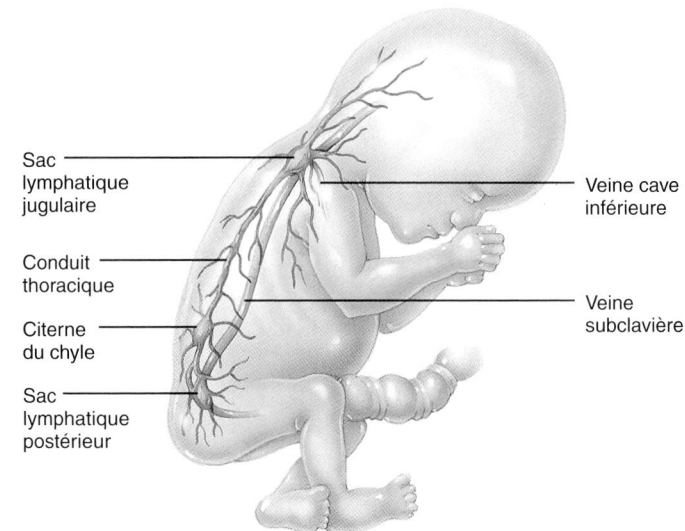

Sac lymphatique jugulaire

Conduit thoracique

Citerne du chyle

Sac lymphatique postérieur

Veine cave inférieure

Veine subclavière

 À quel moment le tissu lymphatique commence-t-il à se développer ?

Pendant que le sac lymphatique rétropéritonéal se développe, un autre sac lymphatique, la **citerne du chyle**, commence à se former sous le diaphragme, contre la paroi abdominale postérieure. Elle donne naissance à la partie inférieure du *conduit thoracique* et à la *citerne du chyle* du conduit thoracique. Comme le sac lymphatique rétropéritonéal, la citerne du chyle perd ses liens avec les veines situées à proximité.

Les derniers sacs lymphatiques, soit la paire de **sacs lymphatiques postérieurs**, sont issus des veines iliaques. Les sacs lymphatiques postérieurs donnent naissance aux plexus capillaires et aux vaisseaux lymphatiques de la paroi abdominale, de la région pelvienne et des membres inférieurs. Ils se joignent à la citerne du chyle et perdent leurs liens avec les veines adjacentes.

À l'exception de la partie antérieure du sac qui donne naissance à la citerne du chyle, tous les sacs lymphatiques sont envahis par des **cellules mésenchymateuses** et se transforment en groupes de *nœuds lymphatiques*.

La *rate* se développe à partir de **cellules mésenchymateuses** entre les feuillets du mésentère dorsal commun de l'estomac. Le *thymus* est issu d'une excroissance de la **troisième poche pharyngienne** (voir la figure 29.13b).

▶ **POINT DE CONTRÔLE**

6. Nommez les quatre sacs lymphatiques qui donnent naissance aux vaisseaux lymphatiques.

L'IMMUNITÉ INNÉE OU IMMUNITÉ NON SPÉCIFIQUE

OBJECTIF

• Décrire les mécanismes de l'immunité innée ou immunité non spécifique.

Plusieurs mécanismes contribuent à l'immunité innée, aussi appelée *immunité non spécifique*, mais tous partagent deux propriétés : ils sont présents à la naissance et ils offrent une protection immédiate contre un large éventail d'agents pathogènes et de substances étrangères. Généralement, les mécanismes de protection de l'immunité non spécifique fonctionnent toujours de la même façon, quel que soit l'intrus, et comprennent deux lignes de défense. La première est formée par les barrières physiques et chimiques superficielles que constituent la peau et les muqueuses ; la seconde repose sur l'intervention de plusieurs défenses non spécifiques internes qui incluent notamment les protéines antimicrobiennes, les cellules tueuses naturelles, les phagocytes, la réaction inflammatoire et la fièvre.

LA PREMIÈRE LIGNE DE DÉFENSE : LA PEAU ET LES MUQUEUSES

La peau et les muqueuses intactes représentent la première ligne de défense de l'organisme contre les agents pathogènes. Elles forment des barrières mécaniques, aussi qualifiées de physiques, et des barrières chimiques qui s'opposent à l'entrée des agents pathogènes et des substances étrangères, contribuant ainsi à prévenir la maladie. L'efficacité de la barrière mécanique découle à la fois de l'organisation tissulaire de la peau et des muqueuses et de l'action de nettoyage qui se déroule sur ces revêtements ; l'efficacité de la barrière chimique résulte essentiellement de l'action germicide de certaines sécrétions cutanées et muqueuses.

Les facteurs physiques

Le revêtement épithélial de la peau, l'**épiderme**, avec ses multiples couches superposées de cellules kératinisées, tassées les unes contre les autres grâce aux jonctions serrées, constitue un obstacle mécanique très efficace contre les microorganismes (voir la figure 5.1). Les cellules kératinisées de la couche cornée forme de véritables petites écailles protectrices. De plus, la desquamation périodique des cellules épidermiques contribue à éliminer les microorganismes présents à la surface de la peau. Le renouvellement constant des cellules épidermiques de la couche basale assure toutefois le maintien de l'épaisseur normale de la barrière constituée par l'épiderme. Les bactéries pénètrent rarement la surface intacte d'un épiderme sain. Mais si cette surface présente une brèche, par suite de coupures, de brûlures ou de piqûres, les agents pathogènes risquent alors de s'introduire dans l'épiderme et d'envahir les tissus sous-jacents, ou encore de pénétrer dans la circulation sanguine pour aller s'établir ailleurs dans l'organisme.

Le revêtement épithélial des **muqueuses** qui tapissent les cavités corporelles fait aussi obstacle à l'entrée de nombreux microorganismes. Toutefois, les cellules épithéliales non kératinisées des muqueuses offrent une protection moins efficace que celle de la peau. Les muqueuses sécrètent un liquide appelé **mucus**, qui lubrifie et humecte la surface des cavités. Légèrement visqueux, le mucus emprisonne bon nombre de microorganismes et de substances étrangères. La muqueuse du nez possède des poils enduits de mucus, les **vibrisses**, qui filtrent l'air inspiré et captent les microorganismes, les poussières et certaines particules polluantes. La muqueuse des voies respiratoires supérieures contient des **cils**, qui sont des prolongements microscopiques filiformes de la surface des cellules épithéliales. Le mouvement ondulatoire des cils propulse vers la gorge les poussières et les microorganismes qui ont été aspirés et se trouvent emprisonnés dans le mucus : il s'agit d'un mécanisme d'une remarquable efficacité appelé *escalier mucociliaire*, que l'on pourrait comparer à un tapis roulant refoulant les microorganismes vers la sortie. La toux et les éternuements accélèrent l'expulsion du mucus et des agents pathogènes qu'il contient à l'extérieur du corps. Par ailleurs, le fait d'avaler le mucus emporte les agents pathogènes dans l'estomac où ils sont détruits par le suc gastrique.

D'autres liquides produits par divers organes participent également à la protection mécanique procurée par le revêtement épithélial de la peau et des muqueuses. L'**appareil lacrymal** (voir la figure 17.4) produit des larmes en réponse aux substances irritantes qui s'introduisent dans l'œil et les évacue. Le clignement des yeux étale les larmes sur la surface du globe oculaire et le lavage continuel qu'elles assurent contribue à éliminer un certain nombre de microorganismes et à empêcher les autres de se fixer à l'œil. La **salive**, produite par les glandes salivaires, nettoie la surface des dents et des muqueuses de la bouche et les débarrasse des microorganismes, un peu comme les larmes le font dans les yeux. La déglutition de la salive diminue la colonisation de la bouche par les microorganismes.

En s'écoulant, la **sueur** emprisonne et emporte les microorganismes qui se déposent à la surface de la peau. L'**évacuation de l'urine** nettoie l'urètre et retarde la colonisation microbienne du système urinaire. De même, les **sécrétions vaginales** évacuent les microorganismes du corps de la femme. La **défécation** et le **vomissement** permettent également d'expulser les microorganismes. Par exemple, en réponse à des toxines microbiennes, les muscles lisses de la partie inférieure du tube digestif se contractent vigoureusement ; la diarrhée qui s'ensuit élimine rapidement un grand nombre de microorganismes.

Les facteurs chimiques

Certains facteurs chimiques contribuent également à la grande résistance de la peau et des muqueuses vis-à-vis des invasions microbiennes. Les glandes sébacées de la peau sécrètent une substance huileuse, le **sébum**, qui forme un enduit protecteur à la surface de la peau. Les acides gras non saturés du sébum inhibent la croissance de certains mycètes (champignons) et de plusieurs bactéries pathogènes. Par ailleurs, la sécrétion d'acides gras et d'acide lactique par la peau contribue à maintenir l'acidité de ce revêtement (pH de 3 à 5). Le **suc gastrique**, produit par les glandes de l'estomac, est un mélange d'acide chlorhydrique, d'enzymes et de mucus. Sa grande acidité (pH de 1,2 à 3,0) détruit de nombreuses bactéries et la plupart de leurs toxines. Les **sécrétions vaginales** sont aussi légèrement acides, ce qui prévient la prolifération de certaines bactéries.

La plupart des sécrétions exocrines de l'organisme contiennent du **lysozyme**, une enzyme qui détruit certaines bactéries en endommageant leur paroi cellulaire. On trouve du lysozyme dans les larmes, la salive, la sueur, les sécrétions nasales, les sécrétions vaginales, le sperme et le lait maternel.

À ces facteurs physiques et chimiques de la première ligne de défense s'ajoute l'action de la flore microbienne normale qui réside en permanence à la surface de la peau et de certaines parties des muqueuses. La présence de la flore « amie » normale exerce un *effet barrière* qui s'oppose à l'implantation de microorganismes « ennemis ».

LA SECONDE LIGNE DE DÉFENSE : LES DÉFENSES NON SPÉCIFIQUES INTERNES

Quand des agents pathogènes arrivent à franchir les barrières physiques et chimiques de la peau et des muqueuses, ils se heurtent à une seconde ligne de défense. Les défenses non spécifiques internes mettent en œuvre des protéines antimicrobiennes internes, l'attaque des cellules tueuses naturelles et la digestion par les phagocytes, ainsi que des mécanismes comme la réaction inflammatoire et la fièvre.

Les protéines antimicrobiennes internes

Le sang et le liquide interstitiel contiennent trois principaux types de **protéines antimicrobiennes** qui détruisent les microorganismes ou qui inhibent leur multiplication : le complément, les interférons et les transferrines.

1. *Le complément.* Le **système du complément** est formé d'un groupe de protéines normalement inactives présentes dans le plasma sanguin et sur les membranes plasmiques. Quand elles sont activées, ces protéines se comportent comme des « compléments » au cours de certaines réactions immunitaires ; elles peuvent même amplifier ces réactions (figure 22.18). Le système du complément provoque la cytolyse (éclatement) des microorganismes, favorise la phagocytose et contribue à la réaction inflammatoire.

2. *Les interférons.* Les lymphocytes, les macrophagocytes et les fibroblastes infectés par des virus produisent des protéines antivirales appelées **interférons**. Une fois libérés par des cellules infectées par des virus, les interférons diffusent vers les cellules saines situées à proximité. En se liant à des récepteurs membranaires, les interférons déclenchent dans la cellule la synthèse de protéines antivirales qui perturbent la réplication de ces agents infectieux. Bien que les interférons n'empêchent pas les virus d'adhérer aux cellules hôtes voisines et d'y pénétrer, ils en bloquent la réplication. Or, les virus causent des maladies seulement s'ils peuvent se répliquer dans les cellules de l'organisme. Les trois types d'interférons sont l'interféron alpha, l'interféron bêta et l'interféron gamma. Les interférons constituent un mécanisme de défense important contre un grand nombre de virus, habituellement contre ceux qui causent des infections aiguës ou de courte durée, comme le rhume. L'activité des inter-

férons ne se limite pas toutefois à empêcher la réplication virale. Par exemple, les interférons alpha et bêta activent les cellules tueuses naturelles, inhibent la croissance cellulaire et empêchent la formation de certaines tumeurs. L'interféron gamma stimule vigoureusement la phagocytose par les granulocytes neutrophiles et les macrophagocytes, active les cellules tueuses naturelles et, enfin, amplifie les réponses immunitaires humorales et les réponses immunitaires à médiation cellulaire (tableau 22.2).

3. *Les transferrines.* Des protéines plasmatiques (globulines) qui captent le fer, appelées **transferrines**, inhibent la prolifération de certaines bactéries en réduisant la quantité de fer disponible dont elles ont besoin pour se multiplier.

Les cellules tueuses naturelles et les phagocytes

Les cellules tueuses naturelles. Quand des microorganismes arrivent à traverser la peau et les muqueuses et réussissent à survivre à l'action des protéines antimicrobiennes dans le sang, ils se heurtent à la seconde ligne de défense que forment les cellules tueuses naturelles et les phagocytes. De 5 à 10 % des lymphocytes dans la circulation sanguine sont des **cellules tueuses naturelles** (**NK**, *natural killer*). Également présentes dans la rate, les nœuds lymphatiques et la moelle osseuse rouge, les cellules NK sont dépourvues des molécules membranaires caractéristiques qui confèrent leur spécificité aux lymphocytes B et T. Elles sont donc capables de tuer un large éventail d'organismes infectieux ainsi que certaines cellules cancéreuses. Elles attaquent les cellules portant sur leur membrane plasmique certaines protéines anormales ou inhabituelles.

Les cellules NK se lient d'abord à une cellule cible, une cellule humaine infectée, par exemple. Cette liaison déclenche chez les cellules NK la libération de granules contenant des substances toxiques. Certaines de ces granules contiennent une protéine, appelée **perforine**, qui s'insère dans la membrane plasmique de la cellule cible et y creuse des canaux (perforations). Ces canaux permettent au liquide extracellulaire de pénétrer dans la cellule cible, ce qui la fait éclater. Ce processus porte le nom de **cytolyse** (*kuto* : cellule ; *lusis* : dissolution). D'autres granules produits par les cellules NK libèrent des **granzymes**, des enzymes qui provoquent l'apoptose, c'est-à-dire l'autodestruction de la cellule cible. Ce type d'attaque tue les cellules infectées, mais pas les microorganismes qu'elles contiennent ; les microorganismes libérés, intacts ou non, peuvent être détruits ensuite par phagocytose.

Les phagocytes. Les **phagocytes** (*phagein* : manger ; *kutos* : cellule) sont des cellules spécialisées dans la **phagocytose** (*ôsis* : processus), c'est-à-dire l'ingestion de microorganismes ou d'autres particules, comme les débris cellulaires (voir la figure 3.11). Les deux principaux types de phagocytes sont les **granulocytes neutrophiles** et les **macrophagocytes**. Des macrophagocytes issus de monocytes, appelés **macrophagocytes fixes**, montent la garde en permanence dans des tissus particuliers en bonne santé. On compte parmi ces cellules spécialisées les *macrophagocytes intraépidermiques* (ou cellules de Langerhans), les *histiocytes* (macrophagocytes provenant du tissu conjonctif), les *cellules réticuloendothéliales étoilées* (ou cellules de Kupffer) dans le foie, les *macrophagocytes alvéolaires* (ou cellules à poussière) dans les poumons, les *microgliocytes* dans le système nerveux et les *macrophagocytes tissulaires* dans la rate, les nœuds lymphatiques et la moelle osseuse rouge. Quand une infection survient, les granulocytes neutrophiles sont les premiers à migrer vers la région infectée. Par la suite, des monocytes quittent la circulation sanguine en grand nombre. Au cours de leur migration, ces cellules grossissent et se transforment en macrophagocytes actifs, appelés **macrophagocytes libres**. Ces derniers poursuivent alors l'activité phagocytaire pour débarrasser les tissus des microorganismes qui les infectent. En plus de constituer un mécanisme de défense non spécifique, la phagocytose joue un rôle primordial dans l'immunité (résistance spécifique), comme nous le verrons plus loin dans le présent chapitre.

La phagocytose se déroule en plusieurs étapes : le chimiotactisme, l'adhérence, l'ingestion, la digestion et la destruction (figure 22.9) :

1 *Le chimiotactisme.* La phagocytose commence par le **chimiotactisme positif** (*tactus* : tact), c'est-à-dire par l'attraction des phagocytes vers l'emplacement d'une lésion sous l'influence de substances chimiques. Ces substances sont émises par les microorganismes, par les leucocytes et par les cellules tissulaires endommagées, ou résultent de l'activation de certaines protéines du complément. Comme nous l'avons déjà souligné au chapitre 19, les granulocytes neutrophiles et les monocytes migrent vers les tissus lésés par diapédèse (voir la figure 19.8). Une fois sur les lieux, la phagocytose proprement dite se déclenche (voir aussi la figure 3.11).

2 *L'adhérence.* L'arrimage d'un phagocyte à un microorganisme ou à un corps étranger quelconque est appelé **adhérence**. La liaison des protéines du complément à l'agent pathogène envahisseur améliore l'adhérence.

3 *L'ingestion.* Après l'adhérence, la membrane plasmique du phagocyte émet des prolongements, appelés **pseudopodes**, qui englobent le microorganisme par un processus appelé **ingestion**. Quand les pseudopodes se touchent, ils fusionnent, enfermant ainsi le microorganisme dans une vésicule appelée **phagosome**.

4 *La digestion.* Le phagosome entre dans le cytoplasme et fusionne avec des lysosomes pour constituer une structure plus volumineuse appelée **phagolysosome**. Le lysosome contient le lysozyme, qui dégrade la paroi microbienne, et des enzymes digestives, qui dégradent les glucides, les protéines, les lipides et les acides nucléiques. Le phagocyte produit aussi des oxydants mortels tels que l'anion superoxyde (O_2^-), l'anion hypochlorite (OCl^-) et l'eau oxygénée (H_2O_2) au cours d'un processus appelé **explosion oxydative**.

5 *La destruction.* L'attaque chimique déclenchée par le lysozyme, les enzymes digestives et les oxydants contenus dans le phagolysosome tue rapidement de nombreux types de microorganismes. Tout matériel qui ne peut pas être dégradé est retenu dans des structures appelées **corps résiduels**.

LES SUBTERFUGES MICROBIENS CONTRE LA PHAGOCYTOSE

Certains microorganismes, comme la bactérie *Streptococcus pneumoniæ*, un des agents responsables de la pneumonie, possèdent des structures extracellulaires appelées *capsules* qui empêchent les microorgansimes d'adhérer efficacement aux phagocytes. Il arrive aussi que

FIGURE 22.9 La phagocytose d'un microorganisme.

Les principaux types de phagocytes sont les granulocytes neutrophiles et les macrophagocytes. (Consultez les figures 3.11 et 19.3.)

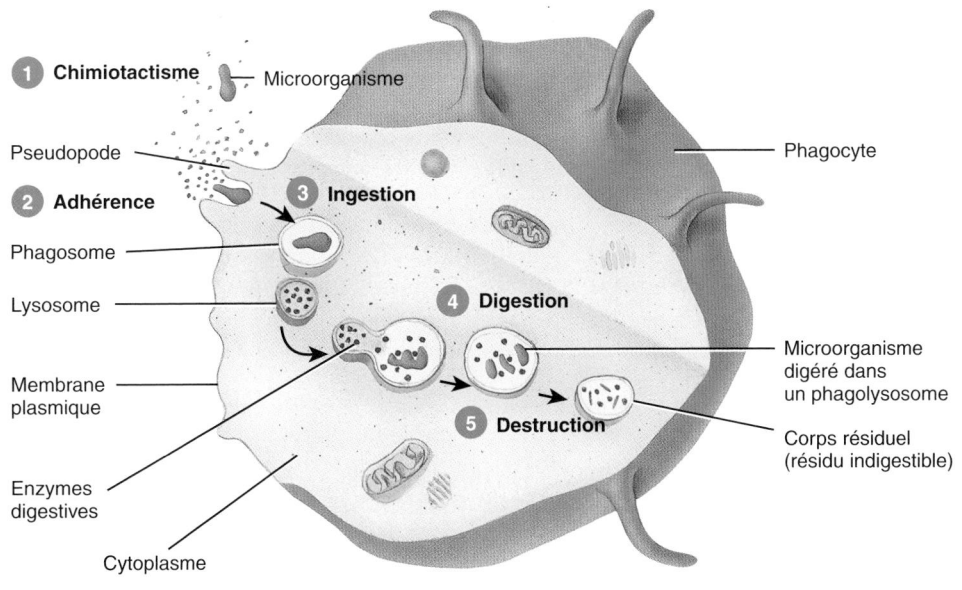

(a) Étapes de la phagocytose

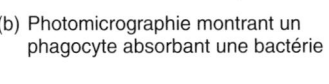

(b) Photomicrographie montrant un phagocyte absorbant une bactérie

 Quelles substances chimiques ont pour fonction de détruire les microorganismes phagocytés ?

d'autres microorganismes soient ingérés, mais non détruits. C'est ce qui se passe avec *Shigella flexneri*, par exemple, une bactérie responsable d'intoxications alimentaires. Dans ce cas, ce sont plutôt les phagocytes qui risquent d'être tués par les enzymes bactériennes. En effet, les enzymes de *Shigella flexneri* causent la lyse des phagolysosomes, qui libèrent dans le cytoplasme les enzymes lysosomiales qu'ils contenaient. Ces enzymes s'attaquent alors aux constituants cellulaires des phagocytes et les tuent. D'autres microorganismes encore, tel le bacille de la tuberculose (*Mycobacterium tuberculosis*), se protègent de l'action des enzymes lysosomiales en inhibant la fusion des phagosomes et des lysosomes. Il semble que ces bactéries puissent même utiliser les substances chimiques de leur paroi cellulaire pour contrer les effets des oxydants mortels produits par les phagocytes. La multiplication des microorganismes dans les phagosomes qui s'ensuit peut finir par détruire le phagocyte. ■

La réaction inflammatoire

La **réaction inflammatoire** est une réaction de défense non spécifique de l'organisme déclenchée en réponse à une lésion tissulaire. Cette réaction peut être causée par des agents pathogènes, des excoriations, des irritations causées par des substances chimiques, des malformations ou des anomalies des cellules et une température extrême. Les quatre signes caractéristiques et symptômes de la réaction inflammatoire sont la **rougeur**, la **chaleur**, la **tuméfaction** et la **douleur**. Cette réaction peut aussi causer une **perte fonctionnelle** dans la région touchée (par exemple, une incapacité à déceler des sensations), selon l'étendue de la lésion et l'endroit où elle se trouve. La réaction inflammatoire est une tentative de circonscrire les microorganismes, les toxines et les substances étrangères aux environs de la lésion, d'empêcher leur propagation vers d'autres tissus et de préparer le site pour la réparation tissulaire en vue de rétablir l'homéostasie des tissus.

La réaction inflammatoire étant un des mécanismes de résistance non spécifique de l'organisme, la réponse d'un tissu à une coupure, par exemple, est semblable à celle que suscitent une brûlure, l'exposition à des rayonnements, ou encore une invasion virale ou bactérienne. Diverses substances chimiques déversées dans la lésion se comporteront comme des messagers chimiques chimiotactiques et stimuleront la moelle osseuse rouge à produire des leucocytes phagocytaires en grand nombre et à les déverser dans le sang. C'est pourquoi la *leucocytose*, ou augmentation du nombre de leucocytes dans le sang, est un signe qui accompagne la réaction inflammatoire.

Dans tous les cas, la réaction inflammatoire se déroule en trois étapes principales : 1) la vasodilatation et l'augmentation de la perméabilité des vaisseaux sanguins ; 2) la migration (qui inclut les étapes de margination et de diapédèse) des phagocytes du sang vers le liquide interstitiel ; et 3) la phagocytose et la réparation tissulaire (figure 22.10).

❶ La vasodilatation et l'augmentation de la perméabilité des vaisseaux sanguins. Immédiatement après l'apparition d'une lésion tissulaire, les vaisseaux sanguins montrent deux changements importants : la **vasodilatation** des artérioles (augmentation du diamètre) et l'**augmentation de la perméabilité** des capillaires. L'augmentation de la perméabilité signifie que les substances normalement retenues dans la circulation sanguine peuvent désormais

FIGURE 22.10 La réaction inflammatoire.

 Les trois étapes de l'inflammation sont : 1) la vasodilatation et l'augmentation de la perméabilité des vaisseaux sanguins ; 2) la migration des phagocytes ; et 3) la phagocytose et la réparation tissulaire.

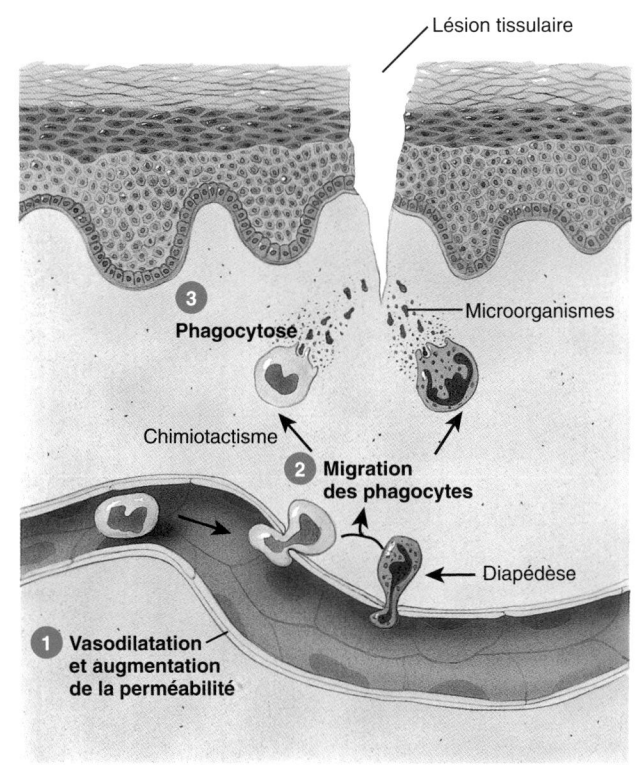

Les phagocytes migrent du sang vers la lésion

Q Quelles sont les causes de chacun des signes et symptômes de la réaction inflammatoire suivants : rougeur, chaleur, tuméfaction et douleur ?

traverser les parois des vaisseaux sanguins. La vasodilatation permet à une plus grande quantité de sang d'atteindre la région lésée. Quant à l'augmentation de la perméabilité, elle permet aux protéines protectrices, comme les anticorps et les facteurs de coagulation, de sortir du sang pour atteindre la région lésée. L'augmentation du débit sanguin contribue aussi à emporter les toxines microbiennes et les cellules mortes loin de la lésion.

Au nombre des substances qui participent à la vasodilatation, à l'augmentation de la perméabilité et aux autres aspects de la réaction inflammatoire, on compte :

- *L'histamine.* En réponse à une lésion, il y a libération d'histamine par les mastocytes présents dans le tissu conjonctif et par les granulocytes basophiles et les thrombocytes du sang. Les granulocytes neutrophiles et les macrophagocytes libres attirés par la lésion stimulent aussi la libération d'histamine, qui entraîne la vasodilatation et l'augmentation de la perméabilité des vaisseaux sanguins.

- **Les kinines.** Ce sont des polypeptides, formés dans le sang à partir de précurseurs inactifs appelés *kininogènes*, qui déclenchent la vasodilatation, augmentent la perméabilité des vaisseaux et jouent le rôle d'agents chimiotactiques pour les phagocytes. La bradykinine en est un exemple.

- **Les prostaglandines (PG).** Ces lipides, en particulier les prostaglandines du type E, sont libérés par les cellules endommagées et amplifient les effets de l'histamine et des kinines. Les prostaglandines stimulent peut-être également la diapédèse des phagocytes à travers les parois capillaires.

- **Les leucotriènes.** Les leucotriènes, produits par les granulocytes basophiles et les mastocytes, renforcent la perméabilité des vaisseaux sanguins et jouent un rôle dans l'adhérence des phagocytes aux agents pathogènes. Ce sont également des agents chimiotactiques qui attirent les phagocytes.

- **Le complément.** Divers composants du système du complément stimulent la libération d'histamine, attirent les granulocytes neutrophiles par chimiotactisme et favorisent la phagocytose. Certains composants peuvent aussi détruire des bactéries.

La dilatation des artérioles et l'augmentation de la perméabilité des capillaires produisent trois des symptômes de l'inflammation : la chaleur, la rougeur (érythème) et l'œdème (tuméfaction). La grande quantité de sang qui s'accumule dans la région de la lésion est à l'origine à la fois de la chaleur et de la rougeur. La température locale augmente légèrement et cause une accélération des réactions métaboliques et la libération de chaleur supplémentaire. L'œdème résulte de l'augmentation de la perméabilité des vaisseaux sanguins qui permet un plus grand écoulement de liquide de la circulation sanguine vers les espaces tissulaires.

La douleur est le principal signe de la réaction inflammatoire. Elle provient de la lésion de neurones ou de la libération de produits toxiques par les microorganismes. Les kinines influent sur certaines terminaisons nerveuses et engendrent une grande part de la douleur qui accompagne l'inflammation. Quant aux prostaglandines, elles intensifient et prolongent la douleur. Celle-ci peut aussi découler de l'augmentation de la pression causée par l'œdème.

La plus grande perméabilité des capillaires permet les fuites de facteurs de coagulation dans les tissus. La série de réactions en cascade se déclenche et aboutit à la transformation du fibrinogène en un réseau épais et insoluble de fibrine qui circonscrit et emprisonne les microorganismes envahisseurs, et les empêche de se disséminer (voir les figures 19.9 et 19.11).

2 **La migration des phagocytes.** Dans l'heure qui suit le déclenchement du processus inflammatoire, les phagocytes arrivent sur les lieux de la lésion. Pendant qu'une plus grande quantité de sang afflue dans la région endommagée (vasodilatation), les granulocytes neutrophiles commencent à rouler le long de la face interne de l'endothélium (revêtement) des vaisseaux sanguins et à y adhérer. Ensuite, ils traversent la paroi des vaisseaux sanguins pour atteindre la région de la lésion. Ces étapes de la migration, appelées *roulement*, *margination* et *diapédèse*, dépendent du chimiotactisme (voir la figure 19.8). Une fois dans la lésion, les granulocytes neutrophiles tentent de détruire les microorganismes envahisseurs

par phagocytose. Un flot continu de granulocytes neutrophiles est assuré par la production de nouveaux leucocytes et leur libération dans la circulation par la moelle osseuse (leucocytose).

Les granulocytes neutrophiles prédominent au début de la réaction inflammatoire, mais ils meurent rapidement. Pendant que la réaction inflammatoire se poursuit, les monocytes remplacent les granulocytes neutrophiles dans la région infectée. Quand ils pénètrent dans le tissu, les monocytes grossissent et se transforment en macrophagocytes libres. Ces derniers augmentent l'activité phagocytaire des macrophagocytes fixes déjà présents. Comme leur nom l'indique, ce sont des phagocytes beaucoup plus puissants que les granulocytes neutrophiles. Ils sont suffisamment gros pour englober les fragments de tissus endommagés, les granulocytes neutrophiles usés et les microorganismes envahisseurs.

3 **La phagocytose et la réparation tissulaire.** Comme nous venons de le souligner, l'activité phagocytaire contribue grandement au nettoyage de la lésion en débarrassant la zone enflammée des débris cellulaires, des cellules usées et des microorganismes. Après quelques jours, il se forme un amas de phagocytes et de microorganismes morts ainsi que de tissus endommagés. Cet agrégat de cellules mortes et de liquide est appelé **pus**. La formation de pus a lieu dans la plupart des réactions inflammatoires et se poursuit habituellement jusqu'à ce que l'infection se résorbe. À l'occasion, le pus se rend à la surface du corps ou s'écoule dans une cavité, où il se disperse. Il arrive aussi que le pus demeure même après la fin de l'infection. Dans ce cas, il est détruit et absorbé peu à peu au cours des jours qui suivent. Dans tous les cas, la réparation tissulaire ne peut se dérouler normalement que si la lésion est préalablement nettoyée de la présence des microorganismes envahisseurs. Finalement, le processus de cicatrisation, qui varie selon que les lésions sont superficielles ou profondes, permettra la reconstruction de la barrière physique (voir la figure 5.6).

LES ABCÈS ET LES ULCÈRES

Quand le pus ne peut pas s'échapper d'une région enflammée, il se forme un **abcès**, c'est-à-dire une accumulation excessive de pus dans un espace restreint. Les boutons et les furoncles, ou clous, en sont des exemples communs. Quand la couche superficielle d'un organe ou d'un tissu enflammés se détache, la lésion ouverte qui s'ensuit est appelée **ulcère**. Les personnes qui n'ont pas une bonne circulation sanguine – les diabétiques atteints d'athérosclérose avancée, par exemple – sont prédisposées à la formation d'ulcères dans les tissus des jambes. Ces ulcères de stase se forment parce que les tissus ne reçoivent pas suffisamment d'oxygène et de nutriments, ce qui les rend très vulnérables aux blessures ou aux infections, même légères. ■

La fièvre

La **fièvre** est une température corporelle qui s'élève au-dessus de la normale par suite d'une modification du réglage du thermostat hypothalamique. La fièvre, qui peut être causée par une sécrétion excessive d'hormones thyroïdiennes, une tumeur ou une réaction à un vaccin, est l'une des manifestations cliniques importantes de la défense non spécifique de l'organisme durant la réaction inflammatoire et les infections. Ainsi, quand les macrophagocytes ingèrent certaines bactéries, ils se mettent à sécréter de l'interleukine 1, une substance qui provoque ultimement la fièvre. Cette substance, qualifiée de pyrogène (*pur*: feu; *genos*: origine), se rend à l'hypothalamus par la circulation sanguine et stimule les neurones du noyau préoptique, qui sécrètent alors des prostaglandines. Sous l'action des prostaglandines, la valeur de référence (37 °C) de la température du centre thermorégulateur se modifie à la hausse et les mécanismes réflexes de la thermorégulation entrent en jeu pour élever la température centrale en conséquence.

Supposons que la valeur de référence de la température du centre thermorégulateur se règle à 39 °C sous l'influence des substances pyrogènes. Les mécanismes de la thermogenèse (vasoconstriction, accélération du métabolisme, frissons) fonctionnent alors à plein régime. En conséquence, même si la température centrale s'élève au-dessus de la normale – par exemple, à 38 °C –, la peau reste froide et l'individu grelotte, car la valeur de la température est sous sa valeur de référence. Cet état, marqué par une sensation de froid et accompagné de frisson, est le signe incontestable d'une augmentation de la température centrale. Au bout de quelques heures, la température centrale atteint la valeur fixée par le centre thermorégulateur et le frisson disparaît. Mais l'organisme continue de maintenir la température à 39 °C. Quand les pyrogènes disparaissent, la valeur de référence de la température du centre thermorégulateur revient à la normale, c'est-à-dire à 37 °C. La température centrale étant élevée au début de cette phase, les mécanismes de la thermolyse (vasodilatation et transpiration) entrent en jeu pour la faire diminuer. La peau devient chaude et il y a sudation. Cette phase porte le nom de *crise*; elle indique que la température centrale redescend.

Une élévation de la température centrale au-dessus de 44 à 46 °C est mortelle, mais jusqu'à un certain point, la fièvre est bénéfique. En effet, l'élévation de la température renforce l'action de l'interféron et stimule la phagocytose par les macrophagocytes, en plus de faire obstacle à la réplication de certains agents pathogènes. Comme la fièvre augmente la fréquence cardiaque, les leucocytes, qui combattent les infections, se rendent plus rapidement là où leur présence est requise. De plus, la production des anticorps et la prolifération des lymphocytes T s'accélèrent. Par ailleurs, la chaleur accroît la vitesse des réactions chimiques; dès lors, la réparation des cellules de l'organisme peut s'effectuer plus vite pendant la maladie.

Le tableau 22.1 présente un résumé des éléments de l'immunité innée ou immunité non spécifique.

▶ **POINT DE CONTRÔLE**

7. Quels facteurs physiques et chimiques de la peau et des muqueuses protègent l'organisme contre la maladie?

8. Quelles sont les défenses non spécifiques internes auxquelles se heurtent les microorganismes qui réussissent à franchir la peau et les muqueuses?

9. Quelles sont les ressemblances et les différences entre l'activité des cellules tueuses naturelles et celle des phagocytes?

10. Quels sont les principaux signes et symptômes de la réaction inflammatoire, et quelles sont les étapes de son déroulement?

11. Comment la fièvre apparaît-elle, lors d'une infection bactérienne par exemple?

L'IMMUNITÉ ADAPTATIVE OU IMMUNITÉ SPÉCIFIQUE

▶ **OBJECTIFS**

- Définir l'immunité adaptative ou immunité spécifique et décrire l'origine des lymphocytes T et B.
- Expliquer la relation entre les antigènes et les anticorps.
- Comparer les fonctions de l'immunité à médiation cellulaire à celles de l'immunité humorale.

La capacité de l'organisme à se défendre contre des agents envahisseurs spécifiques tels que les bactéries, les toxines, les virus, les mycètes, les parasites et les tissus étrangers est appelée **immunité adaptative** ou **immunité spécifique**. Les substances qui sont reconnues comme étrangères et qui provoquent une réponse immunitaire sont appelées **antigènes** (**Ag**). Deux propriétés distinguent l'immunité des défenses non spécifiques: 1) la réaction *spécifique* à des molécules étrangères définies (antigènes), ce qui suppose le pouvoir de distinguer les molécules du soi et celles du non-soi; et 2) la *mémoire* de la plupart des antigènes déjà rencontrés, qui fait en sorte qu'une nouvelle exposition à ces antigènes déclenche une réponse plus rapide et vigoureuse. La science qui s'intéresse aux réponses de l'organisme aux stimulus des antigènes est appelée **immunologie** (*immunitas*: exemption de charge; *logos*: science). Le **système immunitaire** comprend les cellules, les tissus et les organes à l'origine des réponses immunitaires.

LA MATURATION DES LYMPHOCYTES T ET DES LYMPHOCYTES B

Les cellules dites **immunocompétentes**, c'est-à-dire qui peuvent donner naissance à des réponses immunitaires quand elles sont stimulées adéquatement, sont des lymphocytes appelés *lymphocytes B* et *lymphocytes T*. Le processus qui conduit à la formation des deux types de lymphocytes B et T immunocompétents est illustré à la figure 22.11:

❶ **La naissance et la maturation des lymphocytes B et des lymphocytes pré-T.** Des lymphocytes B et pré-T se forment à partir de cellules souches hématopoïétiques pluripotentes contenues dans la moelle osseuse rouge, un tissu lymphatique primaire (voir la figure 19.3). Les lymphocytes B se développent et maturent dans la moelle osseuse rouge; ils sont produits par division cellulaire durant toute la vie de l'organisme. Les lymphocytes T quittent la moelle osseuse rouge sous forme de lymphocytes pré-T et parviennent jusqu'au thymus, un autre organe lymphatique primaire, où ils atteignent leur maturité. La majorité des lymphocytes T sont formés avant la puberté, mais la maturation se poursuit tout au long de la vie.

Avant que les lymphocytes T quittent le thymus ou que les lymphocytes B sortent de la moelle osseuse rouge, ils commencent à produire plusieurs protéines caractéristiques qui s'insèrent dans leurs membranes plasmiques. Certaines de ces protéines sont des **récepteurs d'antigènes**, c'est-à-dire des molécules capables de reconnaître un antigène spécifique (figure 22.11). À leur sortie du thymus, les lymphocytes T sont soit des T CD4, soit des T CD8, ce qui signifie

TABLEAU 22.1   L'IMMUNITÉ INNÉE OU IMMUNITÉ NON SPÉCIFIQUE

ÉLÉMENT	FONCTIONS
Première ligne de défense : peau et muqueuses	
Facteurs physiques	
Épiderme	Oppose une barrière physique à la pénétration des microorganismes.
Muqueuses	Empêchent l'accès à de nombreux microorganismes, mais ne sont pas aussi efficaces que la peau intacte.
Mucus	Emprisonne les microorganismes dans les voies respiratoires et le tube digestif.
Vibrisses	Filtrent les microorganismes et la poussière dans le nez.
Cils	Aidés du mucus, emprisonnent et évacuent les microorganismes et la poussière des voies respiratoires supérieures.
Larmes	Diluent et emportent avec elles les microorganismes et les substances irritantes.
Salive	Enlève les microorganismes de la surface des dents et des muqueuses de la bouche.
Sueur	Emprisonne et emporte les microorganismes qui se déposent à la surface de la peau.
Urine	Chasse les microorganismes de l'urètre.
Défécation et vomissement	Expulsent les microorganismes de l'organisme.
Facteurs chimiques	
Sébum	Forme un film protecteur acide sur la peau, qui empêche la croissance de nombreux microorganismes.
Lysozyme	Détruit les bactéries. La sueur, les larmes, la salive, les sécrétions nasales, les sécrétions vaginales, le sperme et d'autres liquides tissulaires contiennent du lysozyme.
Suc gastrique	Détruit les bactéries et la plupart des toxines dans l'estomac.
Sécrétions vaginales	Entravent la croissance des bactéries exposées à l'acidité des sécrétions ; expulsent les microorganismes hors du vagin.
Seconde ligne de défense : défenses internes	
Protéines antimicrobiennes	
Interférons	Protègent les cellules saines de l'hôte contre l'infection virale.
Système du complément	Cause la cytolyse des microorganismes, favorise la phagocytose et contribue à la réaction inflammatoire.
Transferrines	Inhibent la croissance de certaines bactéries en réduisant la quantité de fer disponible.
Cellules tueuses naturelles (NK)	Tuent des cellules cibles infectées en libérant des granules qui contiennent de la perforine et des granzymes. Les phagocytes tuent ensuite les microorganismes libérés. Les cellules tueuses naturelles sont aussi capables de tuer certaines cellules cancéreuses.
Phagocytes	Englobent et digèrent les particules de matière étrangère, par exemple des microorganismes.
Inflammation	Circonscrit et détruit les microorganismes, et enclenche la réparation tissulaire.
Fièvre	Amplifie les effets des interférons, inhibe la prolifération de certains microorganismes et accélère les réactions de l'organisme qui facilitent la guérison.

que, en plus des récepteurs d'antigènes, leur membrane plasmique contient soit une protéine appelée *CD4*, soit une protéine appelée *CD8*. La présence des récepteurs antigéniques sur la membrane plasmique des lymphocytes B et T et celle des protéines CD4 et CD8 sur les lymphocytes T correspondent à l'acquisition de leur **immunocompétence**. Nous verrons plus loin dans le présent chapitre que ces deux types de lymphocytes T ont des fonctions très différentes.

❷ La migration des lymphocytes B et T vers les tissus et organes lymphatiques secondaires. La moelle osseuse rouge et le thymus libèrent dans la circulation sanguine les lymphocytes B et T immunocompétents. Ils rejoignent alors les tissus et les organes lymphatiques secondaires périphériques que forment les nœuds lymphatiques, la rate et les nombreux follicules lymphatiques constituant le MALT. La stimulation antigénique des lymphocytes B et T, ou leur activation, se fait dans ces organes lymphatiques secondaires (figure 22.11).

LES TYPES DE RÉPONSES IMMUNITAIRES

❸ La stimulation antigénique et les réponses immunitaires. L'immunité comprend deux types de réponses étroitement liées, toutes deux déclenchées par les antigènes (figure 22.11). La **réponse immunitaire à médiation cellulaire** se caractérise par la prolifération de lymphocytes T CD8 qui deviennent des lymphocytes T cytotoxiques capables d'attaquer directement l'antigène envahisseur. Dans la **réponse immunitaire humorale**, les lymphocytes B se transforment en plasmocytes qui synthétisent et sécrètent des protéines spécifiques appelées **anticorps**, ou **immunoglobulines**.

FIGURE 22.11 Le développement des lymphocytes B et des lymphocytes T. Les lymphocytes B et les lymphocytes pré-T naissent et maturent dans les tissus et organes lymphatiques primaires (moelle osseuse rouge et thymus); les lymphocytes B et T immunocompétents migrent ensuite vers les tissus et organes lymphatiques secondaires (nœuds lymphatiques, rate et follicules lymphatiques) où se produit la stimulation antigénique.

Les deux types de réponses immunitaires sont la réponse immunitaire à médiation cellulaire et la réponse immunitaire humorale.

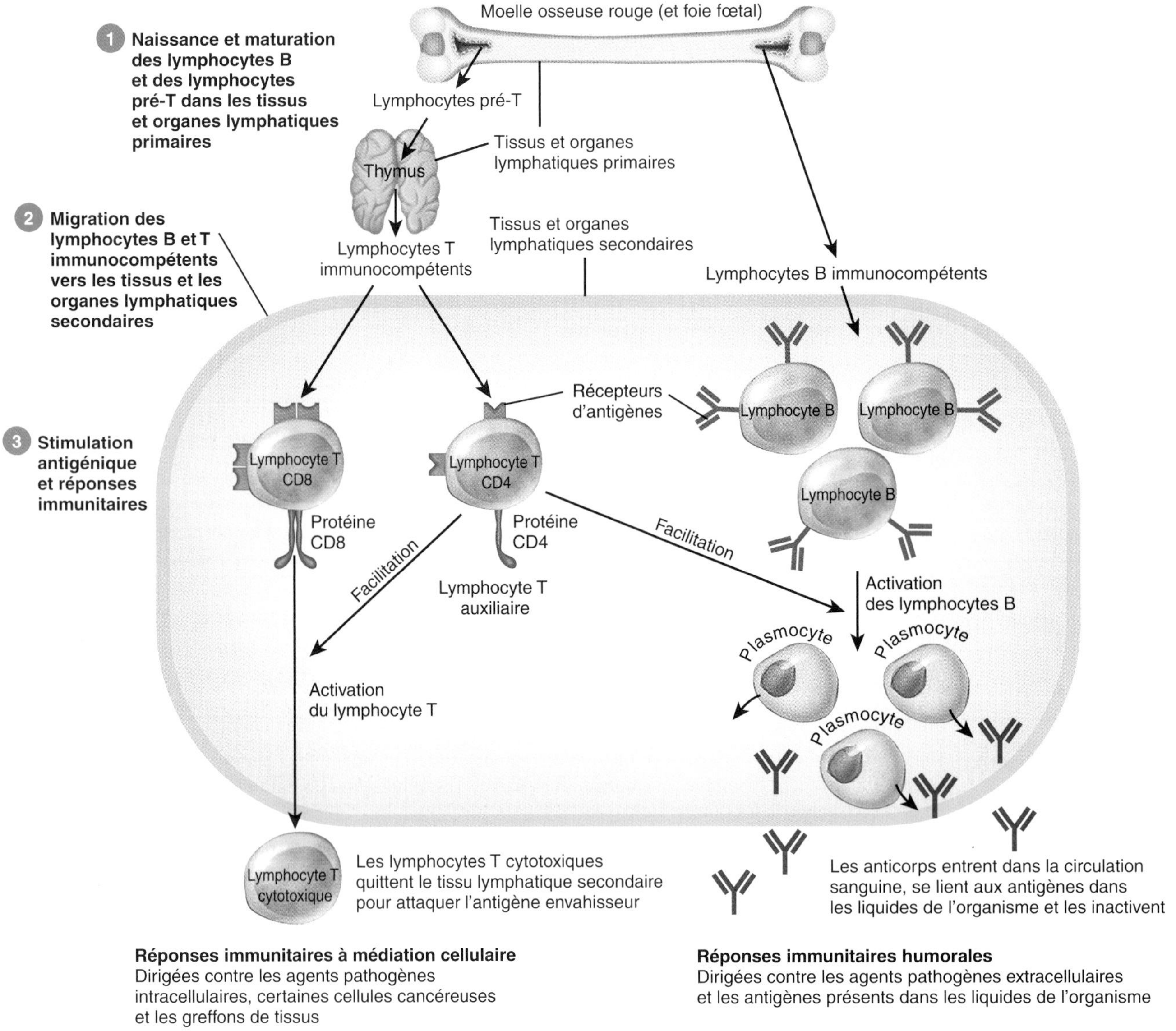

Moelle osseuse rouge (et foie fœtal)

1 Naissance et maturation des lymphocytes B et des lymphocytes pré-T dans les tissus et organes lymphatiques primaires

Lymphocytes pré-T

Thymus

Tissus et organes lymphatiques primaires

2 Migration des lymphocytes B et T immunocompétents vers les tissus et les organes lymphatiques secondaires

Lymphocytes T immunocompétents

Tissus et organes lymphatiques secondaires

Lymphocytes B immunocompétents

3 Stimulation antigénique et réponses immunitaires

Récepteurs d'antigènes

Lymphocyte B   Lymphocyte B

Lymphocyte T CD8

Lymphocyte T CD4

Lymphocyte B

Protéine CD8

Facilitation

Protéine CD4

Facilitation

Lymphocyte T auxiliaire

Activation des lymphocytes B

Activation du lymphocyte T

Plasmocyte   Plasmocyte

Plasmocyte

Lymphocyte T cytotoxique

Les lymphocytes T cytotoxiques quittent le tissu lymphatique secondaire pour attaquer l'antigène envahisseur

Les anticorps entrent dans la circulation sanguine, se lient aux antigènes dans les liquides de l'organisme et les inactivent

Réponses immunitaires à médiation cellulaire
Dirigées contre les agents pathogènes intracellulaires, certaines cellules cancéreuses et les greffons de tissus

Réponses immunitaires humorales
Dirigées contre les agents pathogènes extracellulaires et les antigènes présents dans les liquides de l'organisme

 Quel type de lymphocytes T participent à la fois aux réponses immunitaires à médiation cellulaire et aux réponses immunitaires humorales?

Un anticorps donné peut se lier à un antigène spécifique et l'inactiver. La plupart des lymphocytes T CD4 deviennent des lymphocytes T auxiliaires qui «facilitent» aussi bien la réponse immunitaire à médiation cellulaire que la réponse immunitaire humorale.

L'immunité à médiation cellulaire est particulièrement efficace contre: 1) les agents pathogènes intracellulaires, qui résident à l'intérieur des cellules, et dont font partie les virus, certaines bactéries et certains mycètes; 2) certaines cellules cancéreuses; et 3) les greffes de tissus étrangers. C'est ainsi que dans l'immunité à médiation cellulaire, des cellules attaquent toujours d'autres cellules. L'immunité humorale est surtout dirigée contre: 1) les antigènes présents dans les liquides de l'organisme; et 2) les agents pathogènes extracellulaires, comme les bactéries et les mycètes, qui se trouvent à l'extérieur des cellules. En fonction de son emplacement, un agent pathogène donné peut déclencher les deux types de réponses immunitaires.

LES ANTIGÈNES ET LES RÉCEPTEURS D'ANTIGÈNES

Les antigènes possèdent deux caractéristiques importantes : l'immunogénicité et la réactivité. L'**immunogénicité** (*geneia* : production) est la capacité de provoquer une réponse immunitaire en stimulant la production d'anticorps spécifiques ou bien la prolifération de lymphocytesT spécifiques, ou encore les deux. Le terme *antigène* décrit sa fonction qui consiste à engendrer des *anticorps*. La **réactivité** est la capacité de l'antigène à réagir spécifiquement avec les anticorps ou les cellules immunocompétentes qu'il a activés. Les immunologistes définissent les antigènes comme des substances dotées de réactivité. Les substances qui possèdent à la fois l'immunogénicité et la réactivité sont considérées comme des **antigènes complets**. Toutefois, le terme *antigène* indique couramment à la fois l'immunogénicité et la réactivité, et c'est dans ce sens que nous l'employons.

Un antigène peut être un microorganisme entier ou une de ses parties. Les composants chimiques des structures bactériennes telles que les flagelles, les capsules et les parois sont antigéniques ; les toxines des microorganismes le sont aussi. Il en est de même des composants des virus, des mycètes et des vers parasites. Il existe également des antigènes non microbiens comme les substances chimiques du pollen, le blanc d'œuf, les cellules sanguines incompatibles et les greffes de tissus ou d'organes. L'énorme diversité d'antigènes dans l'environnement constitue autant de possibilités de provoquer des réponses immunitaires. Habituellement, seules certaines petites parties d'une grosse molécule d'antigène servent à déclencher les réponses immunitaires. Ces petites parties sont appelées **épitopes** ou *déterminants antigéniques* (figure 22.12). La plupart des antigènes possèdent de nombreux épitopes, dont chacun engendre la production d'un anticorps spécifique ou active un lymphocyte T spécifique.

FIGURE 22.12 Les épitopes (ou déterminants antigéniques). Un antigène peut être un microorganisme entier ou une de ses parties. La plupart des antigènes ont plusieurs épitopes qui stimulent la production de divers anticorps ou l'activation de divers lymphocytes T.

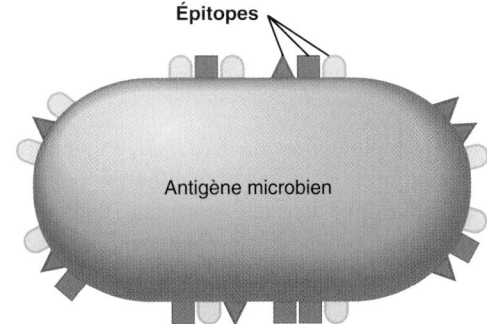

Quelle est la différence entre un épitope et un haptène ?

Les antigènes qui échappent aux défenses non spécifiques aboutissent habituellement dans le tissu lymphatique en empruntant l'une des trois voies suivantes : 1) la plupart des antigènes qui entrent dans la circulation sanguine (par une ouverture dans un vaisseau sanguin endommagé, par exemple) sont capturés quand ils passent dans la rate ; 2) les antigènes qui pénètrent la peau passent dans les vaisseaux lymphatiques et se logent dans les nœuds lymphatiques ; 3) les antigènes qui pénètrent les muqueuses restent enfermés dans le tissu lymphoïde associé aux muqueuses (MALT).

La nature chimique des antigènes

Les antigènes sont de grosses molécules complexes, la plupart du temps de nature protéique. Toutefois, les acides nucléiques, les lipoprotéines, les glycoprotéines et certains gros polysaccharides peuvent aussi agir comme des antigènes. Les lymphocytes T répondent seulement aux antigènes composés de protéines ; les lymphocytes B réagissent aux antigènes constitués de protéines, de certains lipides, de glucides et d'acides nucléiques. Les microorganismes indésirables, tels les bactéries ou leurs toxines, les virus, les mycètes et les vers parasites, portent généralement des antigènes complets. Ces antigènes déclenchent une réponse immunitaire qui protège l'organisme infecté. Des antigènes complets non microbiens tels le pollen et les poussières inhalées – donc inactifs sur le plan pathogène – déclenchent une réponse immunitaire chez les personnes hypersensibles ; toutefois, cette réaction mène à un état d'allergie. Les antigènes complets ont généralement des poids moléculaires élevés, de 10 000 daltons ou plus. Cependant, les grosses molécules formées par la répétition de sous-unités simples – par exemple, la cellulose et la plupart des plastiques – ne sont habituellement pas antigéniques. C'est pourquoi on peut utiliser les matières plastiques dans les valvules cardiaques ou les articulations artificielles.

Une substance de petite taille qui est dotée de réactivité, mais non d'immunogénicité, est appelée **haptène** (*haptein* : attacher). Un haptène ne peut induire une réponse immunitaire que s'il est attaché à une molécule porteuse de plus grande taille. C'est le cas de la petite toxine lipidique du sumac vénéneux qui déclenche une réponse immunitaire après s'être liée à une protéine de l'organisme. De même, certains médicaments comme la pénicilline peuvent se combiner à des protéines de l'organisme pour former des complexes immunogènes. Ce type de réponse immunitaire provoquée par un haptène est à l'origine de réactions allergiques à divers médicaments et à certaines substances de l'environnement.

En règle générale, les antigènes sont des substances étrangères ; ils ne font pas partie des tissus de l'organisme. Toutefois, il arrive que le système immunitaire soit incapable de distinguer l'« ami » (soi) de l'« ennemi » (non-soi). Il en résulte un trouble auto-immun au cours duquel des molécules ou des cellules du soi sont attaquées comme si elles étaient étrangères.

La diversité des récepteurs d'antigènes

Le système immunitaire humain possède une propriété étonnante : il est capable de reconnaître au moins un milliard (10^9) d'épitopes différents et de s'y lier. Avant même qu'un antigène donné entre dans l'organisme, il est attendu par des lymphocytes T et B susceptibles de reconnaître l'intrus et d'y réagir. Certaines cellules du système immunitaire sont même en mesure de reconnaître des molécules artificielles qui n'existent pas dans la nature. La capacité de reconnaître tous ces épitopes tient à la diversité non moins vaste de récepteurs d'antigènes. Étant donné que la cellule humaine ne contient que 35 000 gènes environ, comment est-il possible de produire un milliard ou plus de récepteurs d'antigènes différents ?

La réponse à cette énigme s'est avérée simple sur le plan conceptuel. En fait, la diversité des récepteurs d'antigènes des lymphocytes B, comme celle des récepteurs des lymphocytes T, résulte de la permutation et du réarrangement de segments de gènes dont il existe quelques centaines de variantes. Ce processus est appelé **recombinaison somatique**. Les segments de gènes sont assemblés de façon à donner des combinaisons différentes pendant que les lymphocytes se développent à partir des cellules souches dans la moelle osseuse rouge et le thymus. Une situation analogue serait de battre un jeu de 52 cartes et d'en tirer trois cartes. Si on répète l'opération de nombreuses fois, on peut obtenir bien plus que 52 séries différentes de trois cartes. La recombinaison somatique fait donc en sorte que chaque lymphocyte B ou T porte une série unique de segments de gènes qui code pour son récepteur d'antigène unique. Après la transcription et la traduction, les molécules des récepteurs sont insérées dans la membrane plasmique.

LES ANTIGÈNES DU COMPLEXE MAJEUR D'HISTOCOMPATIBILITÉ

On trouve des « antigènes du soi » sur la membrane plasmique des cellules de l'organisme. Ce sont les **antigènes du complexe majeur d'histocompatibilité** (**CMH**). Ces glycoprotéines transmembranaires sont aussi appelées *antigènes associés aux leucocytes humains* (*HLA, human leukocyte antigen*) parce qu'on les a identifiées d'abord sur les leucocytes. Chaque individu possède un ensemble unique d'antigènes du CMH, sauf les jumeaux homozygotes (ou vrais jumeaux). Des milliers et, dans certains cas, plusieurs centaines de milliers de molécules du CMH marquent la surface de chaque cellule de l'organisme, sauf les érythrocytes. Bien que ces molécules soient à l'origine du rejet des tissus transplantés d'une personne à une autre, leur fonction normale est d'aider les lymphocytes T à reconnaître les antigènes qui sont étrangers, c'est-à-dire les antigènes du non-soi, ce qui constitue un préalable important à toute réponse immunitaire.

Il existe deux types d'antigènes du complexe majeur d'histocompatibilité, que l'on qualifie d'antigènes de classe I ou de classe II. Les molécules du CMH de classe I (CMH-I) font partie de la membrane plasmique de toutes les cellules nucléées de l'organisme. Les érythrocytes, dépourvus de noyau, ne possèdent pas de CMH-I. Les molécules du CMH de classe II (CMH-II) se trouvent uniquement à la surface des cellules présentatrices d'antigènes (voir ci-dessous).

LES VOIES DU TRAITEMENT DES ANTIGÈNES

Pour qu'une réponse immunitaire ait lieu, les lymphocytes B et T doivent reconnaître la présence d'un antigène étranger. Les lymphocytes B peuvent reconnaître les antigènes dans la lymphe, le liquide interstitiel et le plasma sanguin, et s'y lier. Les lymphocytes T ne peuvent reconnaître que des fragments de protéines antigéniques qui sont traités et présentés d'une certaine manière. Au cours du **traitement de l'antigène**, les protéines antigéniques sont dégradées en fragments peptidiques qui s'associent aux molécules du CMH. Par la suite, le complexe antigène-CMH s'insère dans la membrane plasmique d'une cellule. Cette insertion est appelée **présentation de l'antigène**. Quand un fragment peptidique vient d'une *protéine du soi*, les lymphocytes T ne tiennent pas compte du complexe antigène-CMH. Toutefois, si le fragment peptidique provient d'une *protéine étrangère*, les lymphocytes T reconnaissent le complexe comme un intrus et la réponse immunitaire est déclenchée. Le traitement et la présentation de l'antigène se produisent de deux manières, selon que l'antigène est exogène ou endogène.

Le traitement des antigènes exogènes

Les antigènes étrangers qui sont présents dans les liquides à l'*extérieur* des cellules sont appelés **antigènes exogènes**. Ils comprennent les intrus, tels les bactéries et les toxines bactériennes, les mycètes, les vers parasites, le pollen et les poussières inhalées, de même que les virus qui ne se sont pas encore introduits à l'intérieur des cellules de l'organisme. Le traitement et la présentation des antigènes exogènes sont assurés par une classe spéciale de cellules appelées **cellules présentatrices d'antigènes** (**CPA**). Les CPA comprennent les cellules dendritiques, les macrophagocytes et les lymphocytes B. Les CPA sont placées à des endroits stratégiques, c'est-à-dire là où les antigènes risquent de traverser les défenses non spécifiques et de s'introduire dans l'organisme. Ces endroits sont l'épiderme et le derme (les macrophagocytes intraépidermiques sont un type de cellules dendritiques), les muqueuses qui tapissent le tube digestif et les voies des systèmes respiratoire, urinaire et génital, et enfin les nœuds lymphatiques. Après avoir traité et présenté un antigène, les CPA migrent des tissus vers les nœuds lymphatiques en empruntant les vaisseaux lymphatiques.

Les étapes du traitement et de la présentation d'un antigène exogène par une cellule présentatrice d'antigènes sont les suivantes (figure 22.13) :

1 *L'ingestion de l'antigène.* Les cellules présentatrices d'antigènes englobent les antigènes par phagocytose ou par endocytose. L'ingestion peut s'effectuer dans presque toutes les parties de l'organisme où les envahisseurs, tels les microorganismes, ont pénétré les défenses non spécifiques.

2 *La digestion de l'antigène et la formation de fragments peptidiques.* Dans les phagosomes ou dans les endosomes, les enzymes protéolytiques scindent les gros antigènes en courts fragments peptidiques.

3 *La synthèse des molécules du CMH-II.* Pendant ce temps, la cellule présentatrice d'antigènes synthétise des molécules du CMH-II qu'elle stocke dans des vésicules. Par la suite, ces molécules se fixent sur la face interne de la membrane vésiculaire.

4 *La fusion des vésicules.* Les vésicules – phagosomes ou endosomes – contenant les fragments peptidiques de l'antigène fusionnent avec celles qui renferment les molécules du CMH-II.

Sauf chez les jumeaux homozygotes, chaque individu possède un ensemble unique de molécules du complexe majeur d'histocompatibilité (CMH). Ces molécules aident les lymphocytes T à reconnaître les substances étrangères.

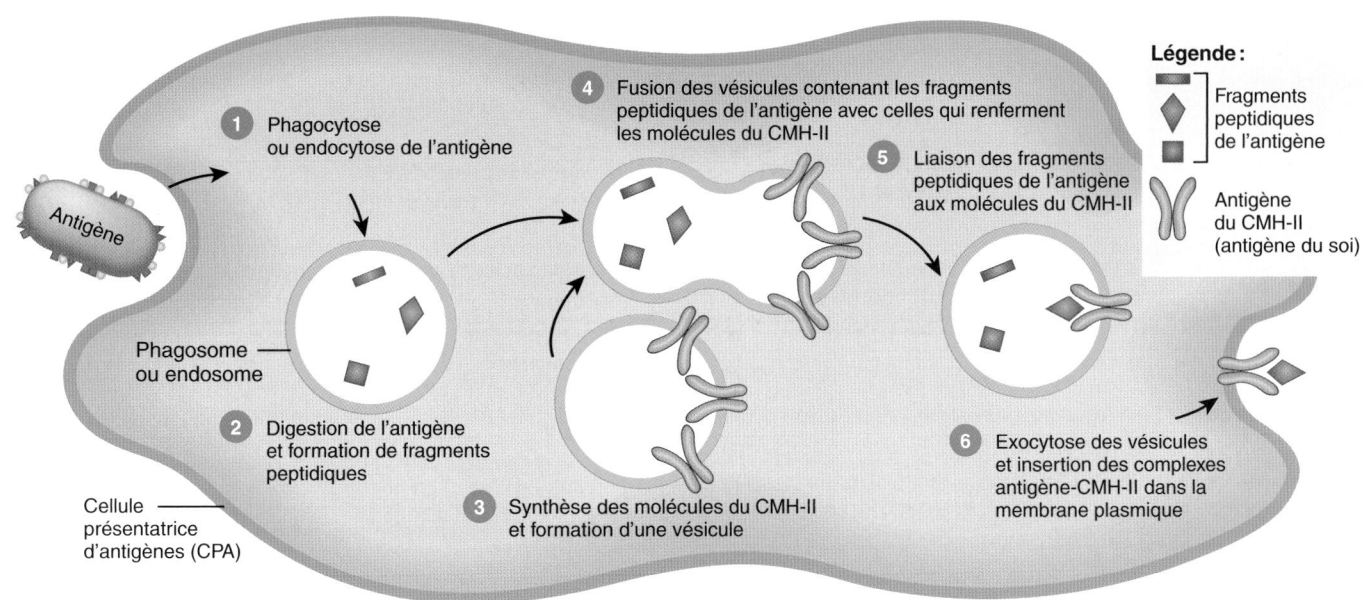

Les CPA présentent les antigènes exogènes associés à des molécules du CMH-II

 Quels types de cellules peuvent jouer le rôle de CPA, et où les trouve-t-on dans l'organisme ?

⑤ La liaison des fragments peptidiques aux molécules du CMH-II. Après la fusion des deux types de vésicules, les fragments peptidiques de l'antigène se lient aux molécules du CMH-II.

⑥ L'insertion du complexe antigène-CMH-II dans la membrane plasmique. La vésicule de fusion qui contient les complexes antigène-CMH-II s'engage sur la voie de l'exocytose. C'est ainsi que les complexes antigène-CMH-II sont insérés dans la membrane plasmique.

Après le traitement de l'antigène, la cellule présentatrice migre vers le tissu lymphatique où elle présente les fragments antigéniques aux lymphocytes T. Quelques-uns de ces lymphocytes possèdent des récepteurs compatibles dont la forme permet de reconnaître le complexe constitué du fragment antigénique et du CMH-II. Ce contact avec le récepteur joue le rôle d'un signal qui entraîne le déclenchement d'une réponse immunitaire soit humorale, soit à médiation cellulaire. La présentation d'un antigène exogène associé à des molécules du CMH-II par les cellules présentatrices d'antigènes informe les lymphocytes T que des intrus sont présents dans l'organisme et déclenche le branle-bas de combat.

Le traitement des antigènes endogènes

Les antigènes étrangers synthétisés à l'intérieur des cellules de l'organisme portent le nom d'*antigènes endogènes*. Ce sont, par exemple, des protéines virales produites par suite de l'infection d'une cellule par un virus qui s'approprie sa machinerie métabolique, ou encore des protéines anormales synthétisées par des cellules can-

céreuses. Les fragments d'antigènes endogènes s'associent aux molécules du complexe majeur d'histocompatibilité de classe I dans les cellules infectées. Ces complexes endogènes composés de fragments antigéniques et de molécules du CMH-I se rendent alors à la membrane plasmique où ils sont présentés à la surface de la cellule. La plupart des cellules de l'organisme peuvent traiter et présenter les antigènes endogènes. L'exposition d'un antigène endogène lié à une molécule du CMH-I indique qu'une cellule a été infectée et qu'elle a besoin d'aide.

LES CYTOKINES

Les **cytokines** sont de petites hormones protéiques qui stimulent ou inhibent de nombreuses fonctions cellulaires normales, telles que la croissance et la différenciation cellulaires. Les lymphocytes et les cellules présentatrices d'antigènes sécrètent des cytokines, à l'instar des fibroblastes, des cellules endothéliales, des monocytes, des hépatocytes et des cellules rénales. Certaines cytokines stimulent la prolifération de cellules progénitrices hématopoïétiques dans la moelle osseuse rouge (voir la figure 19.3). D'autres régissent l'activité de cellules qui participent aux défenses non spécifiques ou aux réponses immunitaires. Le tableau 22.2 présente plus de détails à ce sujet.

LA THÉRAPIE PAR CYTOKINES

La **thérapie par cytokines** consiste à utiliser des cytokines pour le traitement de certaines maladies. Les interférons ont été les premières cytokines dont on a pu démontrer la relative efficacité dans

CYTOKINE	ORIGINE ET FONCTIONS
Interleukine 1 (IL-1)	Produite par les monocytes et les macrophagocytes; favorise la prolifération des lymphocytes T auxiliaires; cause la fièvre en agissant sur l'hypothalamus.
Interleukine 2 (IL-2) (Facteur de croissance des lymphocytes T)	Sécrétée par les lymphocytes T auxiliaires; agent de costimulation de la prolifération des lymphocytes T auxiliaires, des lymphocytes T cytotoxiques et des lymphocytes B; active les cellules tueuses naturelles.
Interleukine 4 (IL-4) (Facteur de stimulation des lymphocytes B)	Produite par les lymphocytes T auxiliaires activés; agent de costimulation des lymphocytes B; stimule la sécrétion d'anticorps IgE par les plasmocytes (tableau 22.3); favorise la croissance des lymphocytes T.
Interleukine 5 (IL-5)	Produit par certains lymphocytes T CD4 activés et les mastocytes activés; agent de costimulation des lymphocytes B; stimule la sécrétion d'anticorps IgA par les plasmocytes.
Facteur nécrosant des tumeurs (TNF)	Produit surtout par les macrophagocytes; favorise le rassemblement des granulocytes neutrophiles et des macrophagocytes dans les sièges d'inflammation et stimule leur potentiel destructeur à l'égard des microorganismes; stimule la production d'IL-1 par les macrophagocytes; induit la synthèse de facteurs stimulant la formation de colonies par les cellules endothéliales et les fibroblastes; exerce une action protectrice semblable à celle des interférons contre les virus; joue le rôle de pyrogène endogène causant la fièvre.
Facteur de croissance transformant bêta (TGF-β)	Sécrété par les lymphocytes T et les macrophagocytes; produit certains effets positifs, mais il pourrait jouer un rôle important dans la suppression de la réponse immunitaire; inhibe la prolifération des lymphocytes T et l'activation des macrophagocytes.
Interféron gamma	Sécrété par les lymphocytes T auxiliaires et cytotoxiques et par les cellules tueuses naturelles; stimule vigoureusement la phagocytose par les granulocytes neutrophiles et les macrophagocytes; active les cellules tueuses naturelles; amplifie les réponses immunitaires humorales et les réponses immunitaires à médiation cellulaire.
Interférons alpha et bêta	Produits par les cellules infectées par des virus pour inhiber la réplication virale dans les cellules non infectées; produits par les macrophagocytes stimulés par les antigènes pour activer la croissance des lymphocytes T; activent les cellules tueuses naturelles, inhibent la croissance cellulaire et empêchent la formation de certaines tumeurs.
Lymphotoxine (LT)	Sécrétée par les lymphocytes T cytotoxiques; détruit les cellules cibles infectées en activant les enzymes qui causent la fragmentation de l'ADN.
Perforine	Sécrétée par les lymphocytes T cytotoxiques et les cellules tueuses naturelles; perfore la membrane plasmique des cellules cibles infectées, causant la cytolyse.
Facteur d'inhibition de la migration des macrophages	Produit par les lymphocytes T; empêche les macrophagocytes de quitter le siège d'une infection.
Granzymes	Sécrétés par les lymphocytes T cytotoxiques et les cellules tueuses naturelles; cause l'apoptose des cellules cibles infectées.
Granulysine	Sécrétée par les lymphocytes T cytotoxiques; perfore la membrane plasmique des microorganismes, ce qui les tue.

le traitement de certains cancers humains. L'interféron alpha (Intron A) est approuvé au Canada et aux États-Unis pour le traitement du sarcome de Kaposi, un cancer fréquent chez les personnes infectées par le VIH, le virus responsable du sida. L'interféron alpha est également approuvé pour le traitement de l'herpès génital (qui est causé par l'herpèsvirus), des hépatites à virus B et C, ainsi que de la leucémie à tricholeucocytes. Une forme d'interféron bêta (le Betaseron^MD) ralentit la progression de la sclérose en plaques et diminue la fréquence et l'intensité des crises causées par cette maladie. Parmi les interleukines, la plus utilisée dans la lutte contre le cancer est l'interleukine 2. Bien que le traitement entraîne la régression de la tumeur chez certains patients, ce médicament peut aussi s'avérer très toxique. Ses effets secondaires fâcheux comprennent des accès de fièvre élevée, une faiblesse extrême, une respiration difficile causée par l'œdème pulmonaire et l'hypotension menant à l'état de choc. ■

▶ **POINT DE CONTRÔLE**

12. Qu'est-ce que l'immunocompétence et quelles sont les cellules de l'organisme qui possèdent cette propriété?

13. Quelles sont les fonctions des «antigènes du soi» du complexe majeur d'histocompatibilité de classe I, d'une part, et du complexe majeur d'histocompatibilité de classe II, d'autre part?

14. Comment les antigènes se rendent-ils dans le tissu lymphatique?

15. Comment les cellules présentatrices d'antigènes traitent-elles les antigènes exogènes?

16. Qu'est-ce qu'une cytokine, d'où provient-elle et comment fonctionne-t-elle?

LA RÉPONSE IMMUNITAIRE
À MÉDIATION CELLULAIRE

La réponse immunitaire à médiation cellulaire, tout comme la réponse immunitaire humorale, commence par l'*activation* d'un petit nombre de lymphocytes T qui ont été exposés à un antigène spécifique. Une fois *activé*, chaque lymphocyte T passe par des étapes de *prolifération* et de *différenciation* et devient un *clone* de **cellules effectrices**, c'est-à-dire une population de cellules identiques qui reconnaissent le même antigène et s'acquittent d'un aspect de l'attaque immunitaire. Ce processus qui inclut les étapes d'activation, de prolifération et de différenciation d'un lymphocyte spécifique en un clone de cellules effectrices porte le nom de **sélection clonale**. Enfin, la réponse immunitaire aboutit à l'*élimination* de l'intrus.

L'ACTIVATION, LA PROLIFÉRATION ET LA DIFFÉRENCIATION DES LYMPHOCYTES T

En règle générale, la plupart des lymphocytes T sont inactifs. Comme nous l'avons vu précédemment, les récepteurs d'antigènes sont situés sur la membrane plasmique ; les récepteurs situés sur les lymphocytes T s'appellent **récepteurs d'antigènes des lymphocytes T** (*TCR, T cell receptor*). Ils reconnaissent des fragments spécifiques d'antigènes étrangers qui leur sont présentés sous forme de complexes antigène-CMH auxquels ils se lient. Il y a des millions de lymphocytes T différents et chaque lymphocyte T possède ses propres récepteurs assurant la reconnaissance d'un complexe antigène-CMH spécifique. Quand un antigène pénètre dans l'organisme, quelques lymphocytes T seulement portent les récepteurs susceptibles de le reconnaître et de s'y lier. La reconnaissance de l'antigène suppose également que d'autres protéines se trouvent à la surface des lymphocytes T. Il s'agit des protéines CD4 et CD8, qui interagissent avec les antigènes du CMH et facilitent la formation du complexe TCR-CMH. C'est pourquoi on les appelle *corécepteurs*. La reconnaissance de l'antigène par un TCR contenant des protéines CD4 et CD8 est le *premier signal* qui met le lymphocyte T sur la voie de l'activation.

Un lymphocyte T n'est activé que s'il se lie à un antigène étranger et qu'il reçoit en même temps un *second signal* ; ce processus est appelé **costimulation**. On connaît plus de 20 agents de costimulation. Certains sont des cytokines, telle l'**interleukine 2**. D'autres sont des paires de molécules membranaires formées par le contact entre une molécule située à la surface du lymphocyte T et une molécule située à la surface de la cellule présentatrice d'antigènes, et qui permettent aux deux cellules d'adhérer l'une à l'autre pendant un certain temps.

On peut comparer la nécessité de recourir à deux signaux au démarrage et à la mise en marche d'une voiture. Quand on entre la bonne clé (antigène) dans le contact (TCR) et qu'on la tourne, la voiture démarre (reconnaissance de l'antigène spécifique), mais elle n'avance que si on embraye (costimulation). La costimulation est nécessaire pour éviter qu'une réponse immunitaire ne se déclenche accidentellement. Les différents signaux de costimulation influent sur les lymphocytes T activés de différentes manières, de la même façon que d'embrayer en marche arrière produit un autre effet que de passer en première. Du reste, la reconnaissance (liaison de l'antigène au récepteur) sans costimulation amène un *état d'inactivité* prolongé appelé **anergie**, qui touche aussi bien les lymphocytes T que les lymphocytes B. L'anergie, c'est un peu comme laisser une voiture dont le moteur tourne au point mort jusqu'à ce qu'elle manque d'essence.

L'**activation** correspond à l'état du lymphocyte T qui a reçu ces deux signaux (reconnaissance de l'antigène et costimulation). Un lymphocyte T activé se met alors à grossir et commence une phase de **prolifération** par mitoses successives ; ensuite, les milliers de lymphocytes ainsi obtenus amorcent une phase de **différenciation** (formation de cellules plus spécialisées). Il en résulte un **clone**, c'est-à-dire une population de cellules identiques qui reconnaissent le même antigène spécifique. Avant la première exposition à un antigène donné, il est possible qu'une poignée seulement de lymphocytes T soit en mesure de le reconnaître, mais après le déclenchement d'une réponse immunitaire, il y en a des milliers. L'activation, la prolifération et la différenciation des lymphocytes T ont lieu dans les tissus et organes lymphatiques secondaires. La tuméfaction des tonsilles ou des nœuds lymphatiques de votre cou que vous avez remarquée la dernière fois que vous avez eu mal à la gorge est probablement imputable à la prolifération de lymphocytes engagés dans une réponse immunitaire.

LES TYPES DE LYMPHOCYTES T

Les trois principaux types de lymphocytes T différenciés sont les lymphocytes T auxiliaires, les lymphocytes T cytotoxiques et les lymphocytes T mémoires.

Les lymphocytes T auxiliaires

La plupart des lymphocytes T qui portent le marqueur CD4 deviennent des **lymphocytes T auxiliaires**, **lymphocytes TCD4** ou, simplement, **lymphocytes T4**. Les lymphocytes T auxiliaires non activés (au repos) reconnaissent des fragments d'antigènes exogènes associés aux molécules du complexe majeur d'histocompatibilité de classe II (CMH-II) à la surface d'une CPA. Cette cellule présentatrice est généralement un macrophagocyte ayant traité des antigènes. Rappelons que les macrophagocytes sont les cellules qui ingèrent puis digèrent les microorganismes sur les lieux d'une lésion enflammée. À l'issue de la phagocytose (figure 22.13), les antigènes microbiens sont traités et présentés à la surface de la membrane plasmique des macrophagocytes sous la forme d'un complexe antigène-CMH-II. En plus de constituer un mécanisme de défense non spécifique, la phagocytose joue donc un rôle primordial dans l'immunité spécifique (figure 22.10).

Avec l'aide de la protéine CD4, le lymphocyte T auxiliaire et la CPA interagissent (reconnaissance de l'antigène par le récepteur, ou TCR, du lymphocyte), la costimulation se produit, ce qui conduit à l'activation du lymphocyte T auxiliaire (figure 22.14a). Quelques heures après la costimulation, les lymphocytes T auxiliaires activés se mettent à proliférer, à se différencier puis à sécréter diverses cytokines (tableau 22.2). Selon la sous-population à laquelle ils appartiennent, ils se spécialisent dans la production de cytokines particulières. L'interleukine 2 (IL-2) est une des cytokines les plus importantes produites par les lymphocytes T auxiliaires. Elle est nécessaire à presque toutes les réponses immunitaires et constitue le principal stimulateur de la prolifération des lymphocytes T. Elle peut servir d'agent de costimulation pour les lymphocytes T auxiliaires ou les lymphocytes T cytotoxiques. De plus, elle amplifie l'activation et la prolifération des lymphocytes T, des lymphocytes B et des cellules tueuses naturelles.

FIGURE 22.14 L'activation (reconnaissance de l'antigène et costimulation), la prolifération et la différenciation des lymphocytes T.

La liaison de la protéine CD4 au CMH-II et de la protéine CD8 au CMH-I contribue à stabiliser l'interaction de l'antigène et du TCR de façon à faciliter la reconnaissance de l'antigène par le lymphocyte T.

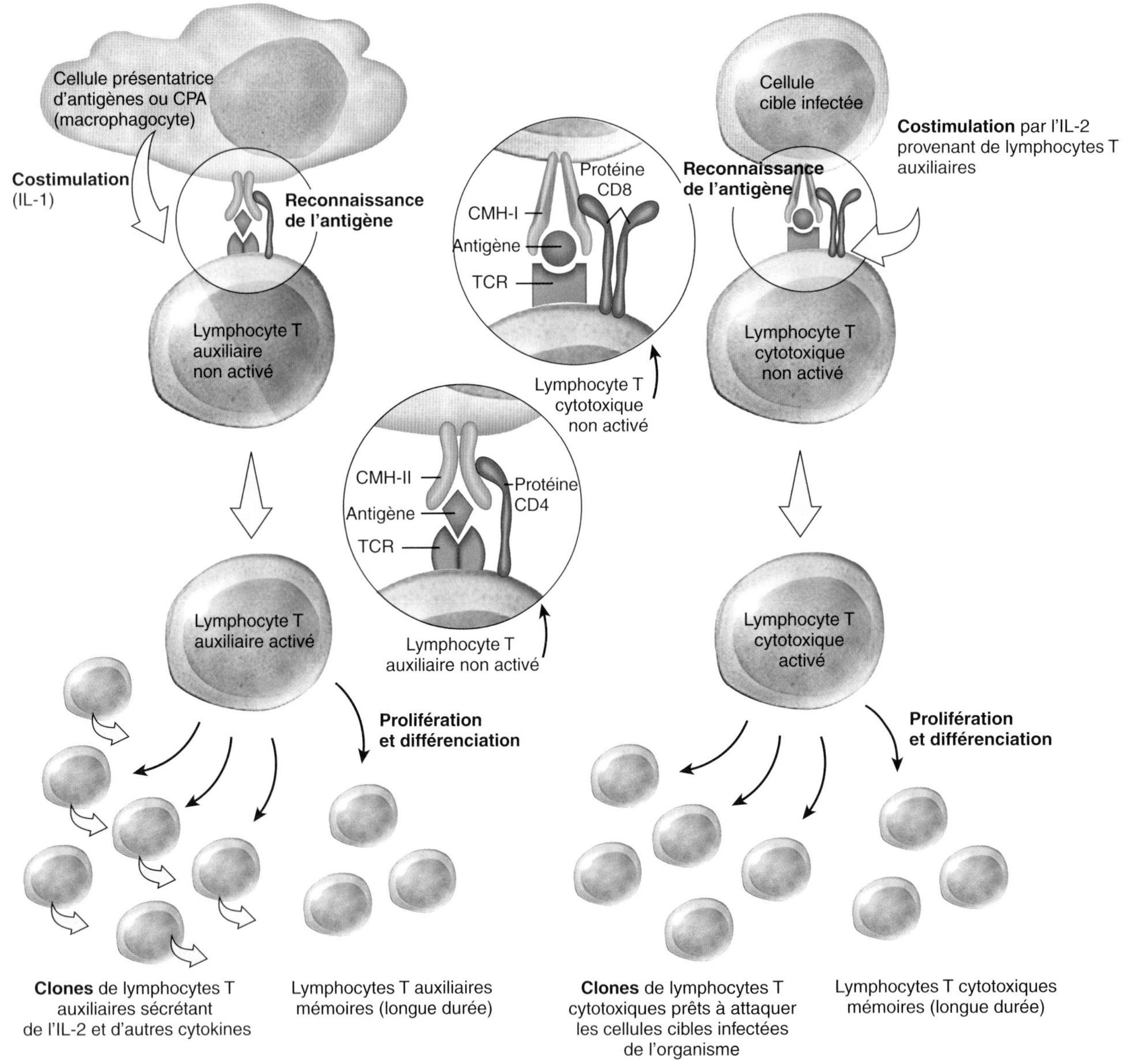

(a) Lymphocytes T auxiliaires (T CD4)

(b) Lymphocytes T cytotoxiques (T CD8)

Quels sont les deux signaux qui entraînent l'activation d'un lymphocyte T ?

Certains effets de l'interleukine 2 constituent de bons exemples d'un mécanisme de rétroactivation bénéfique. Nous avons mentionné qu'un lymphocyte T auxiliaire activé se met à sécréter de l'IL-2, laquelle se lie de façon autocrine aux récepteurs d'IL-2 sur la membrane plasmique de la cellule qui l'a produite. Un des effets qui s'ensuit est la stimulation de la division cellulaire, d'où la prolifération encore plus intense des lymphocytes T. Au fur et à mesure que les lymphocytes T auxiliaires prolifèrent, la rétroactivation s'accroît parce que les cellules sécrètent de plus en plus d'IL-2, ce qui entraîne la poursuite de la division cellulaire. L'IL-2 peut aussi agir de façon paracrine en se liant aux récepteurs d'IL-2 des lymphocytes T auxiliaires, des lymphocytes T cytotoxiques et des lymphocytes B qui se trouvent à proximité. Si une de ces cellules s'est déjà liée à un antigène, l'IL-2 sert d'agent de costimulation et les active.

Les lymphocytes T cytotoxiques

Les lymphocytes T porteurs de protéines CD8 deviennent des **lymphocytes T cytotoxiques**, **lymphocytes TCD8** ou, simplement, **lymphocytes T8**. Les lymphocytes T cytotoxiques reconnaissent les antigènes étrangers combinés à des molécules du complexe majeur d'histocompatibilité de classe I (CMH-I) à la surface : 1) des cellules cibles de l'organisme infectées par des microorganismes ; 2) de certaines cellules tumorales ; et 3) des cellules de greffons (figure 22.14b). Pendant la reconnaissance, le TCR et la protéine CD8 doivent rester combinés au CMH-I. Après la reconnaissance de l'antigène, la costimulation se produit. Pour être activés, les lymphocytes T cytotoxiques doivent recevoir un signal de costimulation sous forme d'interleukine 2 ou d'une autre cytokine produite par des lymphocytes T auxiliaires.

Rappelons que les lymphocytes T auxiliaires sont activés par l'antigène associé à des molécules du CMH-II. Ainsi, l'*activation optimale* des lymphocytes T cytotoxiques requiert la présentation de l'antigène associé aussi bien aux molécules du CMH-I qu'à celles du CMH-II.

Les lymphocytes T mémoires

On appelle **lymphocytes T mémoires** les lymphocytes T provenant d'un clone qui a proliféré et participé à une réponse immunitaire à médiation cellulaire. Si, plus tard, un agent pathogène porteur du même antigène étranger envahit à nouveau l'organisme, des milliers de lymphocytes mémoires sont prêts à déclencher une réaction, qui sera beaucoup plus rapide que celle qui a marqué la première invasion. La deuxième réponse est habituellement si prompte et vigoureuse que les agents pathogènes sont détruits avant même que se manifestent les signes et symptômes de la maladie.

L'ÉLIMINATION DES ENVAHISSEURS

Les lymphocytes T cytotoxiques sont les soldats qui partent au front pour combattre les envahisseurs étrangers dans les réponses immunitaires à médiation cellulaire. Ils quittent le tissu lymphatique et les organes lymphatiques secondaires et migrent pour trouver et détruire les cellules cibles infectées, les cellules cancéreuses et les cellules d'un greffon (figure 22.15). Les lymphocytes T cytotoxiques activés reconnaissent les cellules cibles et s'y attachent. C'est alors qu'ils portent un « coup fatal » aux cellules cibles.

Les lymphocytes T cytotoxiques activés détruisent les cellules cibles infectées de l'organisme un peu de la même manière que les cellules tueuses naturelles. Les lymphocytes T cytotoxiques possèdent toutefois des récepteurs pour un seul microorganisme particulier, ils ne peuvent donc détruire que les cellules de l'organisme infectées par *un* type particulier de microorganisme, contrairement aux cellules tueuses naturelles qui peuvent éliminer une grande variété de cellules infectées par des microorganismes. Les lymphocytes T cytotoxiques utilisent deux mécanismes principaux pour détruire les cellules cibles infectées.

1. Au moyen des récepteurs se trouvant à leur surface, les lymphocytes T cytotoxiques activés reconnaissent les cellules cibles infectées portant des antigènes microbiens à leur surface (complexe antigène-CMH-I) et s'y lient. Ces lymphocytes libèrent ensuite des **granzymes**, des enzymes qui digèrent les protéines et déclenchent l'apoptose (figure 22.15a). Une fois que la cellule infectée est détruite, les microorganismes libérés sont capturés et détruits par des phagocytes.

2. Par ailleurs, les lymphocytes T cytotoxiques activés se lient aux cellules infectées de l'organisme et libèrent deux protéines contenues dans leurs granules : la perforine et la granulysine. La **perforine** s'insère dans la membrane plasmique de la cellule cible et y perce des trous (figure 22.15b). Ainsi, le liquide extracellulaire pénètre dans la cellule cible et provoque la cytolyse, c'est-à-dire l'éclatement de la cellule. D'autres granules des lymphocytes T cytotoxiques libèrent de la **granulysine** qui entre par les perforations et détruit les microorganismes en perçant leur paroi et leur membrane plasmique.

Les lymphocytes T cytotoxiques peuvent également détruire les cellules cibles infectées en libérant de la *lymphotoxine*, une molécule toxique qui active des enzymes dans la cellule cible. Ces enzymes causent la fragmentation de l'ADN de la cellule cible, qui meurt. De plus, les lymphocytes T cytotoxiques sécrètent de l'*interféron gamma*, qui attire et active les phagocytes, ainsi qu'un *facteur d'inhibition de la migration des macrophagocytes*, qui empêche la migration des phagocytes hors du site de l'infection. Après s'être détaché d'une cellule cible, un lymphocyte T cytotoxique peut trouver et détruire une autre cellule cible.

LA SURVEILLANCE IMMUNITAIRE

Quand une cellule devient cancéreuse, sa membrane porte souvent de nouveaux constituants appelés **antigènes tumoraux**, que l'on ne trouve jamais à la surface de cellules normales, ou alors très rarement. Si le système immunitaire reconnaît un antigène tumoral comme faisant partie du non-soi, il peut détruire les cellules cancéreuses qui exhibent cet antigène. Ce type de réponse immunitaire, appelée **surveillance immunitaire**, est effectué par les lymphocytes T cytotoxiques, les macrophagocytes et les cellules tueuses naturelles. La surveillance immunitaire est surtout efficace pour éliminer les cellules tumorales causées par des virus cancérogènes. C'est pourquoi, chez les receveurs de transplantation qui prennent des médicaments immunosuppresseurs pour prévenir le rejet du greffon par exemple, la fréquence de la plupart des cancers n'est pas plus élevée que la normale, sauf dans le cas des cancers associés à des virus.

FIGURE 22.15 L'activité des lymphocytes T cytotoxiques (suite de la figure 22.14b). Après avoir porté le «coup fatal» à une cellule infectée, le lymphocyte T cytotoxique peut s'en dégager et attaquer une autre cellule cible ayant le même antigène.

Les lymphocytes T cytotoxiques sécrètent des granzymes qui déclenchent l'apoptose et de la perforine qui provoque la cytolyse des cellules cibles infectées.

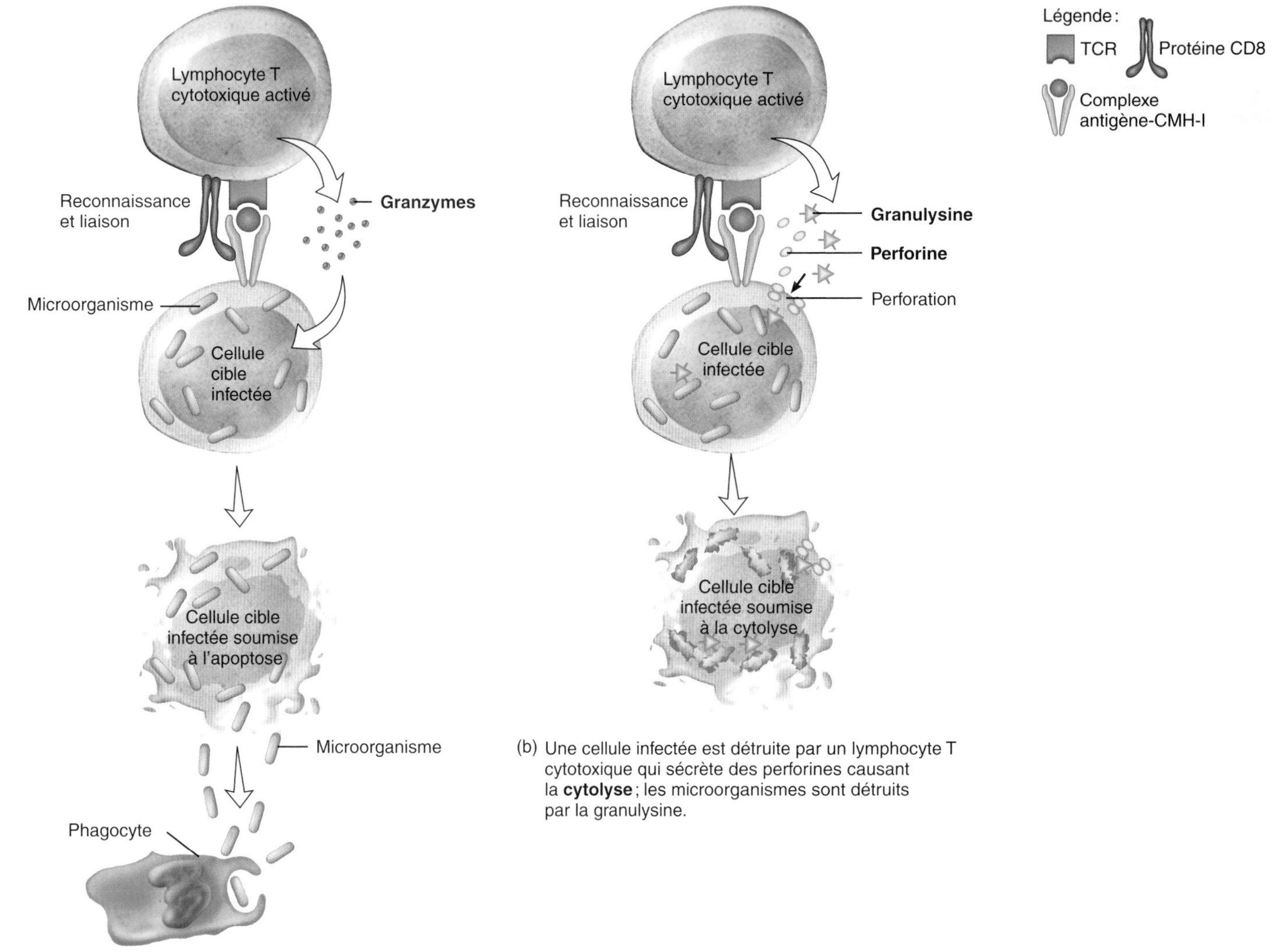

Légende:
- TCR
- Protéine CD8
- Complexe antigène-CMH-I

Lymphocyte T cytotoxique activé

Reconnaissance et liaison

Granzymes

Microorganisme

Cellule cible infectée

Cellule cible infectée soumise à l'apoptose

Microorganisme

Phagocyte

(a) Une cellule infectée est détruite par un lymphocyte T cytotoxique qui sécrète des granzymes causant l'**apoptose**; les microorganismes libérés sont détruits par un phagocyte.

Lymphocyte T cytotoxique activé

Reconnaissance et liaison

Granulysine

Perforine

Perforation

Cellule cible infectée

Cellule cible infectée soumise à la cytolyse

(b) Une cellule infectée est détruite par un lymphocyte T cytotoxique qui sécrète des perforines causant la **cytolyse**; les microorganismes sont détruits par la granulysine.

 En plus des cellules infectées par des microorganismes, quels autres types de cellules cibles les lymphocytes T cytotoxiques attaquent-ils?

LE REJET D'UN GREFFON ET LE TYPAGE TISSULAIRE

La **greffe d'organe** consiste à remplacer un organe endommagé ou malade, tels le cœur, le foie, un rein, les poumons ou le pancréas, par un organe qui a été prélevé sur une autre personne. En général, le système immunitaire reconnaît comme étrangères les protéines cellulaires de l'organe transplanté et déclenche contre elles à la fois une réponse humorale et une réponse à médiation cellulaire. Ce phénomène est appelé **rejet du greffon**.

La réussite de la transplantation d'un organe ou d'un tissu dépend de l'**histocompatibilité**, c'est-à-dire de la compatibilité entre les tissus du donneur et ceux du receveur. Plus les antigènes du complexe majeur d'histocompatibilité sont proches, plus l'histocompatibilité est grande et plus faible sera la probabilité de rejet du greffon. Le **typage tissulaire** (**test d'histocompatibilité**) est fait avant toute greffe d'organe. Un registre national informatisé aide les médecins à choisir les receveurs les plus compatibles et ceux qui ont le plus besoin d'une greffe quand des organes sont disponibles.

On réduit le risque de rejet en administrant aux receveurs d'organes des immunosuppresseurs tels que la *cyclosporine*, dérivée d'un mycète. Ce médicament inhibe la sécrétion d'interleukine 2 par les lymphocytes T auxiliaires, mais influe très peu sur les lymphocytes B. Il diminue donc le risque de rejet sans compromettre la résistance à certaines maladies. ■

► POINT DE CONTRÔLE

17. Quelles sont les fonctions des lymphocytes T auxiliaires, cytotoxiques et mémoires?

18. Comment les lymphocytes T cytotoxiques détruisent-ils les cellules cibles infectées?

19. Quelle est l'utilité de la surveillance immunitaire?

LA RÉPONSE IMMUNITAIRE HUMORALE

> ### OBJECTIFS

- Décrire les étapes de la réponse immunitaire humorale.
- Énumérer les caractéristiques chimiques et l'action des anticorps.
- Expliquer comment fonctionne le système du complément.
- Expliquer la différence entre une réaction primaire et une réaction secondaire à l'infection.

L'organisme contient non seulement des millions de lymphocytes T différents, mais aussi des millions de lymphocytes B, également différents et capables chacun de répondre à un antigène spécifique. Les lymphocytes B ne se déplacent pas, contrairement aux lymphocytes T cytotoxiques, qui sortent du tissu lymphatique pour débusquer et détruire les antigènes étrangers. La mise en présence d'un antigène étranger déclenche l'activation des lymphocytes B spécifiques situés dans les nœuds lymphatiques, la rate ou le tissu lymphatique associé aux muqueuses (MALT). L'activation des lymphocytes B spécifiques conduit à leur prolifération, puis à leur différenciation en plasmocytes sécrétant des anticorps spécifiques qui seront déversés dans la circulation sanguine. Les plasmocytes restent fixes dans les tissus lymphatiques, alors que les anticorps sont transportés par la lymphe et le sang vers le siège de l'invasion.

L'ACTIVATION, LA PROLIFÉRATION ET LA DIFFÉRENCIATION DES LYMPHOCYTES B

Au cours de leur maturation dans la moelle osseuse rouge, les lymphocytes B ont acquis des récepteurs membranaires appelés **récepteurs d'antigènes des lymphocytes B** (**BCR**, *B-cell receptor*). Ces protéines transmembranaires intégrales sont semblables du point de vue chimique aux anticorps qui seront sécrétés plus tard par les plasmocytes.

Lorsqu'un lymphocyte B est exposé à un antigène microbien, la reconnaissance se fait par la liaison de l'antigène à un **récepteur d'antigènes des lymphocytes B** (**BCR**) (figure 22.16). L'activation peut être *directe*, par reconnaissance des antigènes non traités circulant dans le sang, dans la lymphe ou dans le liquide interstitiel, ou *indirecte*, après traitement de l'antigène, un processus qui assure une activation beaucoup plus intense. Le traitement d'un antigène dans un lymphocyte B se produit de la façon suivante: l'antigène pénètre dans le lymphocyte B par un processus d'endocytose. Une fois à l'intérieur du lymphocyte B, l'antigène

FIGURE 22.16 L'activation (reconnaissance de l'antigène et costimulation), la prolifération et la différenciation des lymphocytes B en plasmocytes et en lymphocytes mémoires. En réalité, les plasmocytes sont beaucoup plus gros que les lymphocytes B.

 Les plasmocytes sécrètent des anticorps.

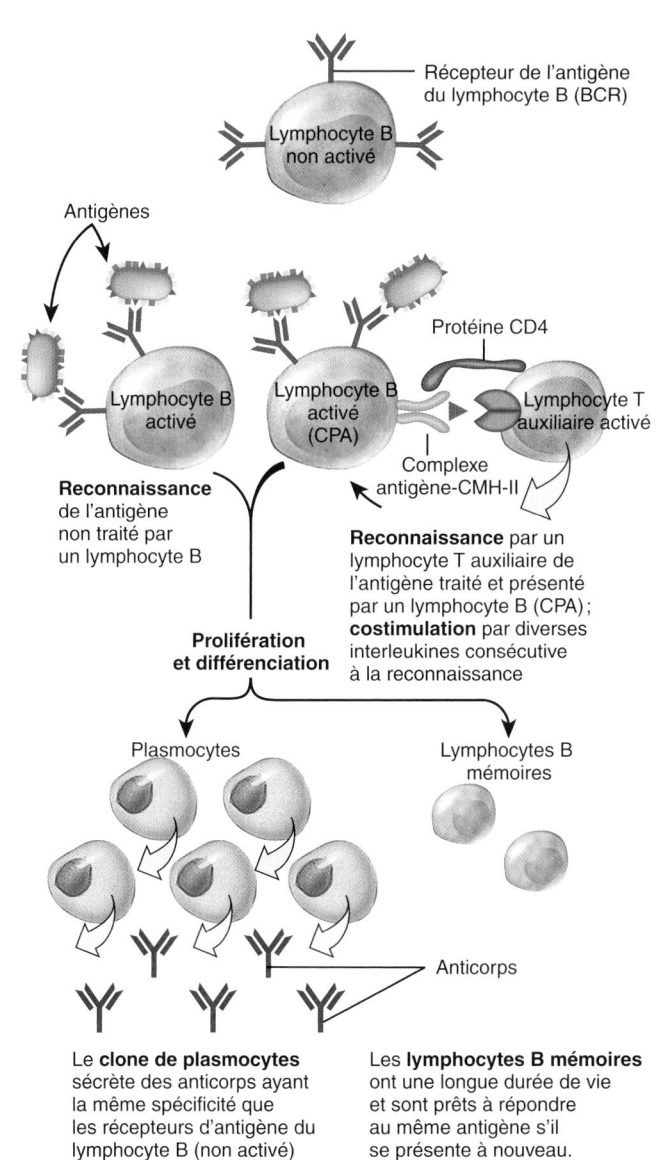

Q Combien de sortes d'anticorps seront sécrétés par le clone de plasmocytes représenté ci-dessus?

est dégradé en fragments peptidiques qui sont combinés aux antigènes du soi représentés par le CMH-II. Ces complexes antigènes-CMH-II sont ensuite exposés sur la membrane plasmique du lymphocyte B. Le lymphocyte B exhibant un complexe antigène-CMH-II à sa surface membranaire devient donc une cellule présentatrice d'antigènes, ou CPA.

Des lymphocytes T auxiliaires reconnaissent le complexe antigène-CMH-II et donnent le signal de costimulation nécessaire à la prolifération et à la différenciation du clone de lymphocytes B en plasmocytes. Les lymphocytes T auxiliaires produisent de l'interleukine 2 et d'autres cytokines qui jouent le rôle d'agents de costimulation et activent les lymphocytes B. L'interleukine 4 et l'interleukine 6, également produites par les lymphocytes T auxiliaires, amplifient aussi la prolifération des lymphocytes B, leur différenciation en plasmocytes, ainsi que la sécrétion d'anticorps par les plasmocytes.

Après leur activation, certains lymphocytes B activés grossissent, se divisent et se différencient en un clone de **plasmocytes** dont la fonction est de sécréter des anticorps. Quelques jours après l'exposition du lymphocyte B à un antigène, chacun des plasmocytes sécrète des centaines de millions d'anticorps chaque jour pendant quatre ou cinq jours, puis il meurt. La plupart des anticorps sont transportés par la lymphe et le sang pour atteindre le siège de l'invasion. Certains lymphocytes B activés ne se différencient pas en plasmocytes, mais deviennent des **lymphocytes B mémoires** qui seront prêts à réagir plus vite et plus vigoureusement si le même antigène se présente de nouveau.

La diversité des antigènes stimule les différents lymphocytes B à se transformer en plasmocytes et en lymphocytes B mémoires correspondants. Tous les plasmocytes d'un clone sécrètent un seul type d'anticorps. Cet anticorps est identique au récepteur d'antigène (BCR) présenté par le lymphocyte B qui, à l'origine, a réagi avec l'antigène. Un antigène donné n'active que les lymphocytes B prédestinés (par la combinaison de segments de gènes qu'il porte en lui) à sécréter les anticorps spécifiques de cet antigène. Les anticorps provenant d'un clone de plasmocytes entrent dans la circulation sanguine et forment des complexes antigène-anticorps avec les antigènes qui sont à l'origine de leur production.

LES ANTICORPS

Un **anticorps** se lie de façon spécifique à l'épitope de l'antigène qui a déclenché sa production. La structure de l'anticorps épouse celle de l'antigène un peu comme une serrure laisse entrer une clé. En théorie, les plasmocytes pourraient produire autant d'anticorps différents qu'il y a de récepteurs d'antigènes des lymphocytes B parce que les mêmes segments de gènes recombinés codent à la fois pour les récepteurs d'antigènes sur les lymphocytes B et pour les anticorps qui seront sécrétés ensuite par les plasmocytes.

La structure des anticorps

Les anticorps appartiennent à un groupe de glycoprotéines appelées *globulines*; c'est pourquoi ils portent aussi le nom d'**immunoglobulines (Ig)**. La plupart des anticorps contiennent quatre chaînes polypeptidiques (figure 22.17). Deux des chaînes sont identiques et sont appelées **chaînes lourdes (H,** *heavy*); elles sont formées d'environ 450 acides aminés. De courtes chaînes glucidiques sont fixées à chacune des chaînes polypeptidiques. Les deux autres chaînes polypeptidiques, identiques elles aussi, sont appelées **chaînes légères (L,** *light*) et contiennent environ 220 acides aminés chacune. Un pont disulfure (S-S) relie chaque chaîne légère à une chaîne lourde. Deux autres ponts disulfure joignent les deux chaînes lourdes en leur milieu; cette partie de l'anticorps est dotée d'une grande flexibilité et est appelée **région charnière**. Comme les « bras » de l'anticorps ont une certaine mobilité que leur confère

la souplesse de la région charnière, la molécule peut prendre la forme d'un T (figure 22.17a) ou d'un Y (figure 22.17b). Sous la région charnière, des parties des deux chaînes lourdes forment le **pied** du Y.

Chaque chaîne H, de même que chaque chaîne L, comprend deux régions distinctes : la région variable et la région constante. La **région variable (V)** des chaînes H et L est située au bout de chacun des deux bras de l'anticorps et constitue le **site de fixation à l'antigène**. Cette région, qui est différente pour chaque type d'anticorps, est la partie de la molécule qui reconnaît un antigène particulier et s'y attache spécifiquement. Étant donné que la plupart des anticorps possèdent deux sites de fixation à l'antigène, on dit qu'ils sont bivalents. La flexibilité de la charnière permet à l'anticorps de se lier simultanément à deux épitopes situés à une certaine distance l'un de l'autre, par exemple à la surface d'un microorganisme.

L'autre partie des chaînes H et L, appelée **région constante (C)**, est à peu près la même pour tous les anticorps de la même classe et détermine le type de réaction antigène-anticorps qui aura lieu. Cependant, la région constante de la chaîne lourde diffère d'une classe d'anticorps à l'autre et sa structure permet de distinguer cinq classes d'immunoglobulines, nommées IgG, IgA, IgM, IgD et IgE. Chaque classe est caractérisée par une structure chimique distincte et un rôle biologique particulier. Comme les IgM sont les premières à se manifester et qu'elles ont une durée de vie assez courte, leur présence indique une infection récente. Chez un malade, l'agent pathogène peut être révélé par la présence d'un taux élevé d'IgM spécifiques d'un organisme particulier. La résistance du fœtus et du nouveau-né à l'infection provient surtout des IgG maternelles qui traversent le placenta avant la naissance, et des IgA du lait maternel après la naissance. Le tableau 22.3 présente un résumé des structures et des fonctions des cinq classes d'anticorps.

Les rôles des anticorps

Les cinq classes d'immunoglobulines remplissent des fonctions quelque peu distinctes, mais toutes ont pour effet de contrer les antigènes d'une certaine manière. Les rôles des anticorps sont les suivants :

- *La neutralisation de l'antigène.* La réaction antigène-anticorps bloque ou neutralise certaines toxines bactériennes et empêche la fixation de certains virus sur les cellules de l'organisme.

- *L'immobilisation des bactéries.* Si des anticorps se lient aux antigènes des flagelles de bactéries mobiles, la réaction antigène-anticorps peut enlever leur mobilité aux microorganismes et ainsi limiter leur dissémination dans les tissus avoisinants.

- *L'agglutination et la précipitation des antigènes.* Comme les anticorps ont au moins deux sites de fixation à l'antigène, la réaction antigène-anticorps peut entraîner la réticulation des agents pathogènes et causer leur agglutination (formation d'amas). Les phagocytes absorbent les microorganismes agglutinés plus facilement. De même, lorsqu'ils forment ainsi des liaisons transversales avec les anticorps, les antigènes solubles peuvent être amenés à précipiter et à former des agrégats plus accessibles aux phagocytes.

FIGURE 22.17 La structure chimique d'un anticorps de la classe des immunoglobulines G (IgG). Chaque molécule contient quatre chaînes polypeptidiques (deux lourdes et deux légères) et une petite chaîne glucidique fixée à chaque chaîne lourde. En (a), chaque sphère représente un acide aminé. En (b), V_L = région variable de la chaîne légère, C_L = région constante de la chaîne légère, V_H = région variable de la chaîne lourde et C_H = région constante de la chaîne lourde.

Un anticorps se lie seulement à l'épitope de l'antigène qui a déclenché sa production.

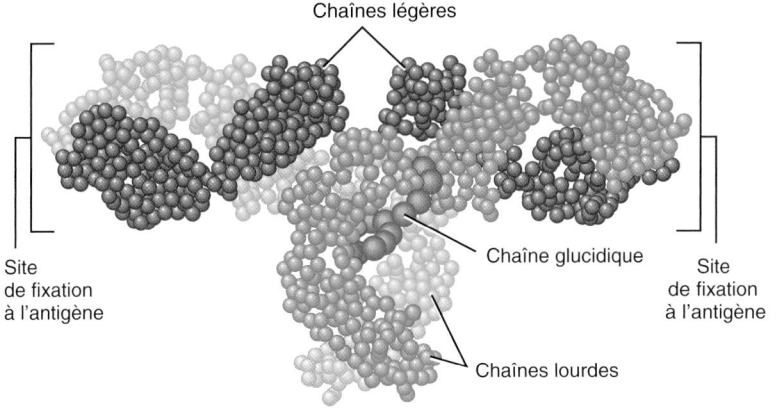

(a) Modèle de la molécule d'IgG

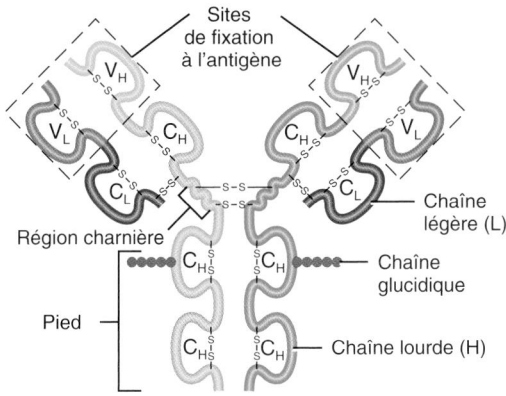

(b) Schéma des chaînes lourdes et légères d'une IgG

Quelle est la fonction des régions variables d'une molécule d'anticorps?

(c) Représentation graphique simplifiée d'une molécule d'anticorps de type IgG

TABLEAU 22.3 LES CLASSES D'IMMUNOGLOBULINES (IG)

NOM ET STRUCTURE		CARACTÉRISTIQUES ET FONCTIONS
IgG		La plus abondante; constitue environ 80 % des anticorps dans le sang; se trouve dans le sang, la lymphe et les intestins; monomère (une unité). Protège contre les bactéries et les virus en potentialisant la phagocytose, en neutralisant les toxines et en déclenchant le système du complément. C'est la seule classe d'anticorps qui traverse le placenta de la mère vers le fœtus, auquel elle confère une protection immunitaire importante qui persiste chez le nouveau-né.
IgA		Se trouve surtout dans les sécrétions comme la sueur, les larmes, la salive, le mucus, le lait maternel et les sécrétions gastro-intestinales. Présente en moindre quantité dans le sang et la lymphe. Constitue de 10 à 15% des anticorps dans le sang; se présente sous forme de monomère ou de dimère (deux unités). Sa concentration diminue durant le stress, ce qui réduit la résistance à l'infection. Procure aux muqueuses une protection locale contre les bactéries et les virus.
IgM	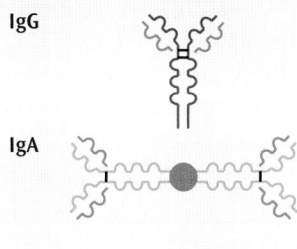	Représente de 5 à 10% des anticorps dans le sang; se trouve également dans la lymphe. Se présente sous forme de pentamère (cinq unités); première classe d'anticorps sécrétée par les plasmocytes après une première exposition à un antigène. Active le système du complément et cause l'agglutination et la lyse des microorganismes. Présente aussi sous forme de monomère à la surface des lymphocytes B, où elle sert de récepteur d'antigènes. Dans le plasma sanguin, les anticorps anti-A et anti-B, qui se lient respectivement aux antigènes A et aux antigènes B du système des groupes sanguins ABO lors d'une transfusion sanguine incompatible, sont des IgM (voir la figure 19.12).
IgD		Se trouve principalement à la surface des lymphocytes B, où elle sert de récepteur d'antigènes; se présente sous forme de monomère; joue un rôle dans l'activation des lymphocytes B. Constitue environ 0,2 % des anticorps dans le sang.
IgE		Constitue moins de 0,1 % des anticorps dans le sang; se présente sous forme de monomère; située sur les mastocytes et les granulocytes basophiles. Joue un rôle dans les réactions allergiques et d'hypersensibilité; procure une certaine protection contre les vers parasites.

- **L'activation du complément.** Les complexes antigène-anticorps déclenchent la voie classique du système du complément (voir plus loin).
- **La potentialisation de la phagocytose.** Le pied d'un anticorps joue le rôle de signal qui attire les phagocytes une fois que les antigènes se sont liés à la région variable de l'anticorps. Les anticorps augmentent l'activité des phagocytes en causant l'agglutination et la précipitation des antigènes, en activant le complément et en enrobant les microorganismes de telle sorte qu'ils se prêtent mieux à la phagocytose.

LES ANTICORPS MONOCLONAUX

Il est possible de récolter dans le sang d'un individu les anticorps produits en réaction contre un antigène donné. Toutefois, puisqu'un antigène possède différents épitopes, plusieurs clones de plasmocytes participent à la production de ces différents anticorps, qui forment un éventail de molécules différentes dirigées contre l'antigène. Si on parvenait à isoler un plasmocyte particulier et à le faire proliférer pour qu'il produise un clone de plasmocytes identiques, on pourrait obtenir une grande quantité d'anticorps également identiques. Malheureusement, il est difficile de cultiver les lymphocytes et les plasmocytes. Toutefois, les scientifiques ont contourné cette difficulté en fusionnant des lymphocytes B avec des cellules tumorales qui se cultivent facilement et prolifèrent indéfiniment. La lignée de cellules hybrides ainsi obtenue est appelée un **hybridome**. Les hybridomes sont une source durable d'anticorps purs, identiques et abondants, qu'on appelle **anticorps monoclonaux** parce qu'ils proviennent d'un clone unique de cellules identiques. En clinique, on les utilise par exemple pour mesurer la concentration de médicaments dans le sang des patients. On a également recours aux anticorps monoclonaux pour établir le diagnostic dans les cas d'angine streptococcique, de grossesse, d'allergies et d'affections telles que l'hépatite, la rage et certaines maladies sexuellement transmissibles. On les utilise aussi pour détecter les cancers débutants et évaluer l'étendue des métastases. Ces anticorps pourraient même être utiles pour préparer des vaccins visant à contrer la réaction de rejet associée aux greffes, traiter des maladies auto-immunes et peut-être enrayer le sida. ■

Le rôle du système du complément dans l'immunité

Le **système du complément** est un moyen de défense constitué de plus de 30 protéines produites par le foie et circulant dans le plasma sanguin et à l'intérieur des tissus de l'organisme. Ensemble, les protéines du complément détruisent les microorganismes en déclenchant la phagocytose, la cytolyse et l'inflammation; elles réduisent également la gravité des lésions dont les tissus de l'organisme sont la cible.

La plupart des protéines du complément sont désignées par une lettre majuscule, le C, et numérotées de 1 à 9 selon l'ordre dans lequel elles ont été découvertes. Les protéines du complément C1 à C9 sont inactives et ne deviennent actives seulement lorsqu'elles sont divisées en fragments actifs par des enzymes; ces fragments sont désignés par les lettres minuscules *a* et *b*. Par exemple, la protéine du complément inactive C3 se fractionne en deux fragments actifs C3a et C3b. Les fragments actifs mènent les actions destructrices des protéines du complément C1 à C9. D'autres protéines du complément sont appelées *facteurs B, D* et *P* (properdine).

Les protéines du complément agissent en cascade : une réaction en déclenche une autre, qui à son tour en déclenche une autre, et ainsi de suite. Après chaque réaction successive, une plus grande quantité de produit est formée, ce qui amplifie considérablement l'effet cumulatif.

La protéine C3 joue un rôle central dans le système du complément; elle peut être activée par trois voies différentes : 1) La **voie classique** est amorcée par la liaison des anticorps aux antigènes microbiens, liaison qui forme des complexes à la surface des microorganismes. La protéine C1 se lie à la partie anticorps des complexes et s'active; C1 active les protéines C2 et C4, qui activent à leur tour la protéine C3. 2) La **voie alterne** ne fait pas appel aux anticorps. Elle est déclenchée par l'interaction de complexes de lipopolysaccharides à la surface de la paroi de microorganismes et des facteurs du complément appelés *B, D* et *P*. Cette interaction active la protéine C3. 3) Dans la **voie des lectines**, les macrophagocytes qui digèrent les microorganismes libèrent des substances chimiques qui provoquent la production par le foie de protéines appelées **lectines**. Les lectines se lient aux glucides à la surface des microorganismes, ce qui finit par provoquer l'activation de la protéine C3.

Comme nous venons de le constater, l'activation de la protéine C3 peut se faire par trois voies. Une fois activée, cette protéine C3 provoque une réaction en cascade qui enclenche la phagocytose, la cytolyse et la réaction inflammatoire. Cette réaction d'activation se déroule de la façon suivante (figure 22.18) :

1. L'activation de la protéine C3 entraîne sa fragmentation en protéines C3a et C3b. De nombreuses protéines C3 sont ainsi fragmentées.

2. Les fragments C3b adhèrent à la surface d'un microorganisme et l'enrobent par un processus appelé *opsonisation*. Des récepteurs membranaires présents sur les phagocytes se lient aux fragments C3b. L'opsonisation renforce donc la **phagocytose** (potentialisation) en favorisant la liaison d'un phagocyte à un microorganisme.

3. Le fragment C3b déclenche également une chaîne de réactions qui provoquent finalement la cytolyse. D'abord, le C3b fragmente la protéine C5. Le fragment C5b se lie alors à la protéine C6 et les deux se fixent à la membrane plasmique d'un microorganisme envahisseur. Par la suite, les protéines C7 et C8 et diverses molécules C9 se joignent aux autres protéines du complément et s'assemblent pour former un complexe enzymatique appelé **complexe d'attaque membranaire** (**MAC**, *membrane attack complex*). Ce complexe forme un canal, qui s'insère dans la membrane plasmique du microorganisme.

4. Le complexe d'attaque membranaire perfore la membrane plasmique, ce qui provoque la **cytolyse**, soit l'éclatement des cellules microbiennes par suite de l'entrée du liquide extracellulaire.

5. Les fragments C3a et C5a se fixent aux mastocytes et causent la libération d'histamine, ce qui augmente la perméabilité des vaisseaux sanguins pendant la **réaction inflammatoire**. Le fragment C5a attire également les phagocytes au siège de l'inflammation (chimiotactisme).

Lorsqu'elles sont activées, les protéines du complément potentialisent la phagocytose, la cytolyse et la réaction inflammatoire.

Activation de la protéine C3 par:

la voie classique   la voie alterne   la voie des lectines

C3

①

② C3b   C3a

Microorganisme «opsonisé»

C5

③ C5b   C5a   **⑤**

C6

Histamine

Mastocyte

Microorganisme

C7

C8

C9

Phagocytose:
Potentialisation de la phagocytose quand les fragments C3b enrobent un microorganisme (opsonisation)

Réaction inflammatoire:
Augmentation de la perméabilité des vaisseaux sanguins et attraction des phagocytes par chimiotactisme

④

C5b   C6   C7   C8   C9

Canal

Membrane plasmique d'un microorganisme

Formation d'un canal par le complexe d'attaque membranaire (MAC)

Cytolyse:
Éclatement d'un microorganisme après la pénétration du liquide extracellulaire par le canal formé par le complexe d'attaque membranaire C5-C9

Quelle voie d'activation du complément est liée aux anticorps? Pourquoi?

Une fois leur action accomplie, les fragments C3a et C3b sont dégradés. De cette manière, leur activité cesse rapidement afin de réduire les lésions causées aux cellules de l'organisme.

LA MÉMOIRE IMMUNITAIRE

Une des propriétés de la réponse immunitaire est de conserver la mémoire des antigènes spécifiques qui ont suscité cette réponse dans le passé. La mémoire immunitaire provient de la présence d'anticorps qui restent dans l'organisme et de lymphocytes à très longue durée de vie, qui sont issus de la prolifération et de la différenciation de lymphocytes B et T activés par les antigènes.

Les réponses immunitaires, qu'elles soient humorales ou à médiation cellulaire, sont beaucoup plus rapides et intenses après une nouvelle exposition à un antigène qu'elles ne le sont la première fois. Au départ, seules quelques cellules possèdent la spécificité nécessaire pour réagir et il faut parfois plusieurs jours, généralement de 7 à 12, pour que la réponse immunitaire atteigne son intensité maximale. Au cours de la première réaction à l'antigène, l'organisme se constitue une réserve de milliers de lymphocytes mémoires qui peuvent se diviser et se différencier en plasmocytes ou en lymphocytes T cytotoxiques, et ce, quelques heures seulement après que le même antigène leur a été présenté de nouveau.

On peut mesurer la réponse immunitaire par la concentration des anticorps dans le sérum, appelée *titre des anticorps*. Après une première exposition à un antigène, il n'y a pas d'anticorps pendant une période de plusieurs jours. Puis, on assiste à une augmentation lente du titre des anticorps, d'abord des IgM puis des IgG ; enfin, on constate un déclin graduel du titre (figure 22.19). C'est la **réaction primaire**.

Les lymphocytes mémoires peuvent séjourner dans l'organisme pendant des décennies. Chaque nouvelle exposition au même antigène entraîne la prolifération rapide de ces cellules. Le titre des anticorps après ces expositions répétées est beaucoup plus élevé qu'au moment de la réaction primaire et comprend surtout des IgG. Cette réponse accélérée et amplifiée est appelée **réaction secondaire**. Les anticorps produits au cours d'une réaction secondaire possèdent une affinité encore plus grande avec l'antigène que ceux qui sont produits lors de la réaction primaire. En conséquence, ils l'éliminent encore plus efficacement.

Les réactions primaire et secondaire ont lieu durant les infections microbiennes. Quand un individu se remet d'une infection sans l'aide de médicaments antimicrobiens, c'est habituellement grâce à la réaction primaire. Si, plus tard, il est infecté par le même microorganisme, la réaction secondaire peut être assez rapide pour détruire les intrus avant que les signes et les symptômes de l'infection aient le temps de se manifester.

La mémoire immunitaire est à la base de l'immunisation par vaccination contre certaines maladies (la poliomyélite, par exemple). Les vaccins contiennent des microorganismes entiers **atténués** (vivants, mais affaiblis), des microorganismes inactivés (tués), ou encore des fragments de microorganismes. Quand on reçoit un vaccin, les lymphocytes B et T spécifiques sont activés. Si, par la suite, l'agent pathogène vivant vient à infecter l'organisme, celui-ci déclenche une réaction secondaire. Le tableau 22.4 résume les divers types d'expositions à des antigènes qui assurent l'immunité acquise naturellement et artificiellement. Qu'elle soit **naturelle** – après une exposition à un microorganisme– ou **artificielle** – à la suite d'une intervention médicale–, l'immunité peut être **active** – par production de lymphocytes par l'organisme lui-même– ou **passive** – par transfert de l'immunité à l'organisme qui ne la développe pas lui-même.

▶ **POINT DE CONTRÔLE**

20. Quelles sont les différences entre les cinq classes d'anticorps sur le plan de la structure et des fonctions ?

21. Quelles sont les similitudes et les différences entre la réponse immunitaire humorale et la réponse immunitaire à médiation cellulaire.

FIGURE 22.19 La production d'anticorps au cours de la réaction primaire (après la première exposition) et de la réaction secondaire (après la deuxième exposition) à un antigène.

La mémoire immunitaire rend possible l'immunisation par la vaccination.

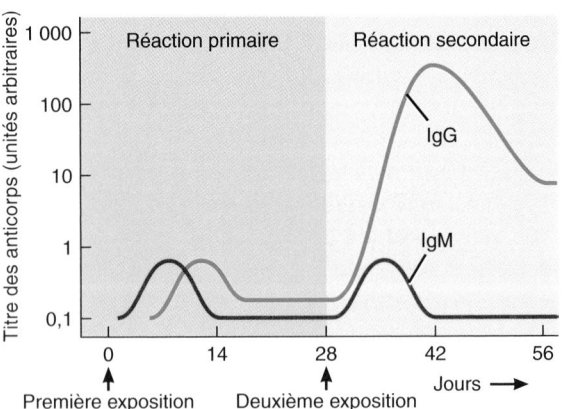

D'après le graphique ci-dessus, dans quelle proportion la quantité d'IgG dans la circulation sanguine a-t-elle augmenté au cours de la réaction secondaire par rapport à la réaction primaire ? (*Indice* : Chaque marque sur l'axe du titre des anticorps représente une augmentation par un facteur de 10 fois.)

TABLEAU 22.4 LES TYPES D'IMMUNITÉ	
TYPE D'IMMUNITÉ	**MODE D'ACQUISITION**
Immunité active acquise naturellement	Après une exposition naturelle à un microorganisme, la reconnaissance de l'antigène par les lymphocytes B et T spécifiques et leur costimulation amène la formation de plasmocytes qui sécrètent des anticorps, de lymphocytes T cytotoxiques et de lymphocytes mémoires B et T.
Immunité passive acquise naturellement	Transfert d'IgG de la mère au fœtus à travers le placenta ou d'IgA de la mère au nourrisson dans le lait maternel.
Immunité active acquise artificiellement	Les antigènes introduits dans l'organisme par suite de la vaccination stimulent des réponses immunitaires humorale et à médiation cellulaire qui induisent la production de lymphocytes mémoires. Les antigènes sont traités au préalable pour qu'ils soient immunogènes, mais non pathogènes, c'est-à-dire qu'ils déclenchent une réponse immunitaire sans causer de maladie.
Immunité passive acquise artificiellement	Injection intraveineuse d'immunoglobulines (anticorps).

22. Comment le système du complément augmente-t-il la réponse immunitaire humorale?

23. Quelles sont les différences entre une réponse primaire et une réponse secondaire à un antigène?

LA RECONNAISSANCE DU SOI ET LA TOLÉRANCE DU SOI

> **OBJECTIF**
>
> • Décrire l'établissement de la reconnaissance du soi et la tolérance du soi.

Pour bien remplir leurs fonctions, les lymphocytes T d'un individu doivent posséder deux caractéristiques: 1) ils doivent *reconnaître* les protéines du complexe majeur d'histocompatibilité (CMH) de l'organisme auquel ils appartiennent, un processus appelé **reconnaissance du soi**; et 2) ils doivent être *insensibles* aux fragments peptidiques des protéines de l'organisme, état nommé **tolérance du soi** (figure 22.20). Les lymphocytes B présentent aussi une tolérance du soi. La perte de tolérance du soi est à l'origine de certaines maladies auto-immunes (voir p. 908).

Pendant leur séjour dans le thymus, les lymphocytes pré-T acquièrent la capacité de reconnaissance du soi grâce à la **sélection positive** (figure 22.20a). Au cours de ce processus, certains lymphocytes pré-T produisent des récepteurs d'antigènes des lymphocytes T qui interagissent avec les protéines du soi représentées par le CMH sur les cellules épithéliales du cortex thymique. À l'issue de cette interaction, les lymphocytes T sont en mesure de reconnaître la portion CMH d'un complexe antigène-CMH. Ce sont ces cellules qui survivent. Les autres lymphocytes pré-T qui n'arrivent pas à interagir avec les cellules épithéliales du thymus sont incapables de reconnaître les protéines du soi représentées par le CMH. Ces cellules subissent la mort par apoptose.

Le développement de la tolérance du soi s'effectue par un processus d'élimination appelé **sélection négative**. Au cours de ce processus, les lymphocytes T ayant survécu à la première sélection positive interagissent avec les cellules dendritiques situées à la jonction du cortex et de la médulla du thymus. Les lymphocytes T dont les récepteurs reconnaissent les fragments peptidiques du soi ou d'autres antigènes du soi (figure 22.20a) sont détruits ou inactivés. Les lymphocytes T qui survivent à cette sélection ne répondent pas aux antigènes du soi, les fragments des molécules qui sont normalement présentes dans l'organisme. La sélection négative s'effectue de deux façons: par délétion et par anergie. Dans le cas de la **délétion**, les lymphocytes T qui réagissent au soi meurent par apoptose; quant à l'**anergie**, elle rend ces lymphocytes insensibles à la stimulation antigénique sans pour autant les tuer. Dans le thymus, de 1% à 5% seulement des lymphocytes pré-T reçoivent les signaux qui leur permettent d'éviter l'apoptose durant les deux sélections, positive et négative, et sont alors appelés à devenir des lymphocytes T immunocompétents.

Après leur sortie du thymus, il est encore possible pour les lymphocytes T de rencontrer un antigène du soi qui n'est pas fami-lière. Dans ce cas, ils peuvent devenir anergiques s'il n'y a pas de costimulation (figure 22.20b). La délétion des lymphocytes T qui réagissent aux antigènes du soi est également possible après qu'ils ont quitté le thymus.

Les lymphocytes B acquièrent aussi la tolérance par délétion et anergie (figure 22.20c). Leur développement dans la moelle osseuse s'accompagne de la destruction des lymphocytes B portant des récepteurs qui reconnaissent les antigènes du soi communs (tels que les protéines du CMH ou les antigènes des groupes sanguins). Toutefois, après leur libération dans la circulation sanguine, il semble que l'anergie soit le principal mécanisme permettant d'éviter les réponses aux protéines du soi. Quand les lymphocytes B rencontrent des antigènes étrangers (non-soi) et qu'ils reçoivent aussi le signal de costimulation, ils s'activent, prolifèrent et se différencient en un clone de plasmocytes. Toutefois, quand les lymphocytes B rencontrent des antigènes du non-soi qu'ils ne peuvent traiter pour devenir des cellules présentatrices d'antigènes, l'indispensable signal de costimulation est souvent absent. Dans ce cas, le lymphocyte B est activé plus faiblement et risque de devenir anergique (inactivé) au lieu de s'activer.

Le tableau 22.5 présente un résumé de l'activité des cellules qui participent à la réponse immunitaire.

L'IMMUNOLOGIE DU CANCER

Même si le système immunitaire réagit à la présence de cellules cancéreuses, l'immunité ne procure généralement pas une protection suffisante pour vaincre le cancer, comme en témoigne le grand nombre de décès que l'on impute chaque année à cette maladie. Au cours des 25 dernières années, de nombreuses études ont porté sur l'*immunologie du cancer*, c'est-à-dire sur les moyens d'utiliser les réponses immunitaires pour déceler, surveiller et traiter plusieurs cancers. Par exemple, certaines tumeurs du côlon libèrent un *antigène carcinoembryonnaire* (ACE) dans le sang; de même, les cellules du cancer de la prostate libèrent un *antigène prostatique spécifique (PSA)*. La détection de ces antigènes dans le sang ne permet pas d'établir un diagnostic définitif de cancer, car on détecte ces deux antigènes au cours d'autres affections non cancéreuses. Toutefois, une forte concentration sérique d'antigènes associés au cancer indique souvent la présence d'une tumeur maligne.

Les chercheurs ne savent pas encore comment stimuler le système immunitaire afin d'induire des attaques vigoureuses contre les cellules cancéreuses. Ils ont essayé de nombreuses techniques, mais sans grand succès. Une des méthodes employées consiste à prélever dans le sang du patient des lymphocytes inactifs et à les mettre en culture avec de l'interleukine 2. Les *cellules tueuses activées par des lymphokines (LAK, lymphokine-activated killer)* produites sont réinjectées dans le sang du patient. Bien que les cellules LAK aient produit des résultats exceptionnels dans quelques cas, la plupart des patients connaissent des complications graves. Une autre méthode consiste à prélever des lymphocytes d'un petit échantillon d'une tumeur obtenu par biopsie et à les mettre en culture avec l'interleukine 2. Après avoir proliféré dans la culture, les *lymphocytes associés aux tumeurs* produits sont réinjectés au patient. Environ le quart des patients atteints d'un mélanome malin ou d'un hyperné-phrome et ayant subi un traitement aux lymphocytes associés aux tumeurs ont vu leur état s'améliorer nettement. Les nombreuses études en cours nous donnent des raisons d'espérer que les méthodes basées sur l'immunité permettront un jour de guérir le cancer. ■

FIGURE 22.20 Le développement de la reconnaissance du soi et de la tolérance du soi. CMH = complexe majeur d'histocompatibilité ; TCR = récepteurs d'antigènes des lymphocytes T.

La sélection positive permet la reconnaissance des protéines du soi représentées par le CMH ; la sélection négative assure la tolérance du soi des peptides et d'autres antigènes du soi.

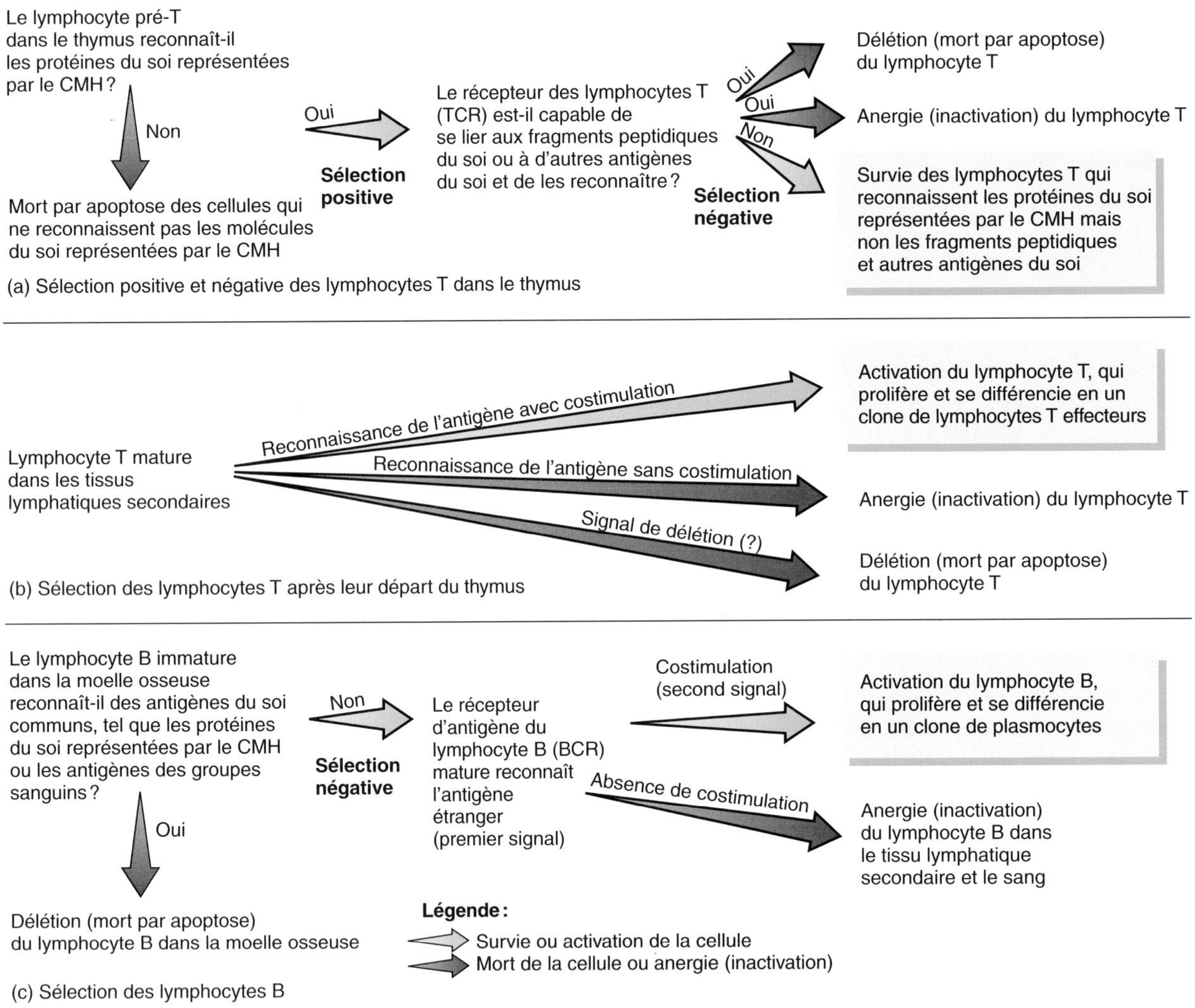

Le lymphocyte pré-T dans le thymus reconnaît-il les protéines du soi représentées par le CMH ?

Non → Mort par apoptose des cellules qui ne reconnaissent pas les molécules du soi représentées par le CMH

Oui → **Sélection positive** → Le récepteur des lymphocytes T (TCR) est-il capable de se lier aux fragments peptidiques du soi ou à d'autres antigènes du soi et de les reconnaître ? **Sélection négative**

Oui → Délétion (mort par apoptose) du lymphocyte T

Oui → Anergie (inactivation) du lymphocyte T

Non → Survie des lymphocytes T qui reconnaissent les protéines du soi représentées par le CMH mais non les fragments peptidiques et autres antigènes du soi

(a) Sélection positive et négative des lymphocytes T dans le thymus

Lymphocyte T mature dans les tissus lymphatiques secondaires

Reconnaissance de l'antigène avec costimulation → Activation du lymphocyte T, qui prolifère et se différencie en un clone de lymphocytes T effecteurs

Reconnaissance de l'antigène sans costimulation → Anergie (inactivation) du lymphocyte T

Signal de délétion (?) → Délétion (mort par apoptose) du lymphocyte T

(b) Sélection des lymphocytes T après leur départ du thymus

Le lymphocyte B immature dans la moelle osseuse reconnaît-il des antigènes du soi communs, tel que les protéines du soi représentées par le CMH ou les antigènes des groupes sanguins ?

Non → **Sélection négative** → Le récepteur d'antigène du lymphocyte B (BCR) mature reconnaît l'antigène étranger (premier signal)

Costimulation (second signal) → Activation du lymphocyte B, qui prolifère et se différencie en un clone de plasmocytes

Absence de costimulation → Anergie (inactivation) du lymphocyte B dans le tissu lymphatique secondaire et le sang

Oui → Délétion (mort par apoptose) du lymphocyte B dans la moelle osseuse

Légende :
⇨ Survie ou activation de la cellule
⇨ Mort de la cellule ou anergie (inactivation)

(c) Sélection des lymphocytes B

 Quelle est la différence entre la délétion et l'anergie ?

▶ **POINT DE CONTRÔLE**

24. Que se passe-t-il pendant la sélection positive, la sélection négative et l'anergie ?

LE STRESS ET L'IMMUNITÉ

OBJECTIF

• Décrire les effets du stress sur l'immunité.

La branche de la **psychoneuroimmunité** traite des voies de communication qui relient les systèmes nerveux, endocrinien et immunitaire. Les recherches dans ce domaine semblent confirmer ce que l'on observe depuis longtemps : nos pensées, nos sentiments, notre humeur et nos croyances influent sur notre santé et l'évolution de la maladie. Par exemple, le cortisol, une hormone sécrétée par la corticosurrénale en association avec une réponse au stress, inhibe l'activité du système immunitaire.

Si vous voulez observer la relation entre le style de vie et la fonction immunitaire, visitez un campus universitaire. À mesure que le semestre progresse et que la charge de travail augmente, on remarque de plus en plus d'étudiants dans les salles d'attente des services de santé. Quand le travail et le stress s'accumulent, on change souvent nos saines habitudes de vie pour des comportements nuisibles. De nombreuses personnes fument ou consomment plus d'alcool quand elles sont stressées. Or, ces deux habitudes altèrent le bon fonctionnement du système immunitaire. Soumis à

CELLULE	
CELLULES PRÉSENTATRICES D'ANTIGÈNES (CPA)	
Macrophagocyte	Assure la phagocytose,
	Traite les antigènes étrangers et les présente aux lymphocytes T.
	Sécrète l'interleukine 1, qui stimule la sécrétion d'interleukine 2 par les lymphocytes T auxiliaires et entraîne la prolifération des lymphocytes B. Sécrète les interférons qui stimulent la croissance des lymphocytes T.
Cellule dendritique	Traite les antigènes et les présente aux lymphocytes T et B.
	Se trouve dans les muqueuses, la peau et les nœuds lymphatiques.
Lymphocyte B	Traite les antigènes et les présente aux lymphocytes T auxiliaires.
LYMPHOCYTES	
Lymphocyte T cytotoxique	Tue les cellules cibles hôtes en libérant différents produits antimicrobiens et des substances immunostimulantes. Les granzymes provoquent l'apoptose ; la perforine forme des canaux entraînant la cytolyse ; la granulysine détruit les microorganismes ; la lymphotoxine détruit l'ADN de la cellule cible ; l'interféron gamma attire les macrophagocytes et renforce leur activité phagocytaire ; le facteur d'inhibition de la migration des macrophagocytes s'oppose à leur départ du site de l'infection.
Lymphocyte T auxiliaire	Collabore avec les lymphocytes B afin d'amplifier la production d'anticorps par les plasmocytes.
	Sécrète l'interleukine 2, qui stimule la prolifération des lymphocytes T et B.
	Sécrète peut-être l'interféron gamma et le facteur nécrosant des tumeurs (TNF), qui stimulent la réaction inflammatoire.
Lymphocyte T mémoire	Issu de la différenciation d'un lymphocyte T qui reste en attente dans le tissu lymphatique après une réponse immunitaire primaire.
	Reconnaît l'antigène de l'intrus d'origine, y répond rapidement et vigoureusement, et ce, des années après la première exposition.
Lymphocyte B	Se différencie en plasmocyte qui produit des anticorps.
Plasmocyte	Issu de la différenciation d'un lymphocyte B qui produit et sécrète des anticorps.
Lymphocyte B mémoire	Issu de la différenciation d'un lymphocyte B qui demeure après une réponse immunitaire primaire.
	Répond rapidement et vigoureusement à un antigène donné dans le cas où ce dernier s'introduirait à nouveau dans l'organisme.

un stress, les gens ont tendance à moins bien manger et à faire moins d'exercice, bien que ces deux habitudes renforcent l'immunité.

Les personnes qui résistent aux effets néfastes du stress sur la santé présentent plus souvent que les autres plusieurs caractéristiques particulières. Elles ont le sentiment de maîtriser leur avenir, elles font preuve d'engagement envers leur travail ; elles expriment des attentes de résultats généralement positifs pour elles et manifestent le sentiment d'être soutenues par leur entourage. Pour augmenter sa résistance au stress, il est conseillé de garder une attitude positive, s'engager dans son travail et établir de bonnes relations avec les autres.

La relaxation et un sommeil réparateur sont particulièrement importants pour assurer le fonctionnement du système immunitaire. Quand vos journées semblent trop courtes, vous pouvez avoir tendance à réduire vos heures de sommeil. Même si à court terme ces heures de sommeil deviennent des heures de travail productives, à long terme, vous prendrez encore plus de retard, surtout si la maladie vous empêche de travailler pendant quelques jours, diminue votre concentration ou freine votre créativité.

Même si vous dormez huit heures chaque nuit, n'oubliez pas que le stress peut causer de l'insomnie. Si vous n'arrivez pas à dormir, vous devriez améliorer vos stratégies de gestion du stress et de relaxation. Laissez vos problèmes de côté avant d'aller au lit !

▶ **POINT DE CONTRÔLE**

25. Dans votre vie, avez-vous déjà observé un lien entre le stress et la maladie ?

LE VIEILLISSEMENT DU SYSTÈME IMMUNITAIRE

OBJECTIF

• Décrire les effets du vieillissement sur le système immunitaire.

Chez la plupart des personnes d'un âge avancé, on constate une plus forte prédisposition à toutes sortes d'infections et de tumeurs malignes. Elles répondent aux vaccins avec moins d'intensité et elles tendent à produire une plus grande quantité d'auto-anticorps (anticorps dirigés contre les molécules de leur propre organisme). De plus, le système immunitaire commence à fonctionner au ralenti. Par exemple, les lymphocytes T réagissent moins bien aux antigènes et ils sont mobilisés en moins grand nombre lors d'une infection. Ce phénomène résulte peut-être de l'atrophie du thymus en raison du vieillissement ou d'une diminution de la production d'hormones thymiques. Comme la population des lymphocytes T décroît avec l'âge, la réactivité des lymphocytes B s'atténue aussi. En conséquence, les concentrations d'anticorps n'augmentent pas aussi rapidement en réponse à l'action d'un antigène, ce qui rend les individus plus vulnérables à diverses infections. C'est pour cette raison capitale qu'on encourage les personnes âgées à se faire vacciner contre la grippe chaque année.

▶ **POINT DE CONTRÔLE**

26. Quel est l'effet du vieillissement sur les lymphocytes T?

* * *

Afin de bien comprendre les nombreux aspects de la contribution du système immunitaire à l'homéostasie des autres systèmes de l'organisme, consultez la section *Point de mire sur l'homéostasie : le système lymphatique et l'immunité.*

Ensuite, au chapitre 23, nous verrons la structure et le fonctionnement du système respiratoire et l'influence du système nerveux sur la régulation de la respiration. Plus particulièrement, nous aborderons les échanges gazeux effectués par le système respiratoire : inhalation d'oxygène et expulsion de dioxyde de carbone. Le système cardiovasculaire facilite les échanges gazeux en transportant le sang contenant ces gaz entre les poumons et les cellules des tissus.

SYSTÈMES DE L'ORGANISME	CONTRIBUTION DU SYSTÈME LYMPHATIQUE ET DE L'IMMUNITÉ
Tous les systèmes de l'organisme 	Les lymphocytes B, les anticorps et les lymphocytes T protègent tous les systèmes de l'organisme contre une attaque provenant d'envahisseurs étrangers nocifs (agents pathogènes), de cellules étrangères et de cellules cancéreuses.
Système tégumentaire 	Les vaisseaux lymphatiques drainent l'excès de liquide interstitiel et les fuites de protéines plasmatiques du derme de la peau. Les cellules du système immunitaire (macrophagocytes intraépidermiques) de la peau protègent cette dernière. Le tissu lymphatique sécrète des anticorps IgA dans la sueur.
Système squelettique 	Les vaisseaux lymphatiques drainent l'excès de liquide interstitiel et les fuites de protéines plasmiques du tissu conjonctif entourant les os.
Système musculaire 	Les vaisseaux lymphatiques drainent l'excès de liquide interstitiel et les fuites de protéines plasmatiques des muscles.
Système endocrinien 	L'écoulement de la lymphe favorise la distribution de certaines hormones et cytokines. Les vaisseaux lymphatiques drainent l'excès de liquide interstitiel et les fuites de protéines plasmatiques des glandes endocrines.
Système cardiovasculaire 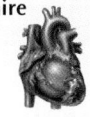	La lymphe retourne dans le sang veineux l'excès de liquide filtré des capillaires sanguins et les fuites de protéines plasmatiques, ce qui permet de maintenir le volume sanguin et par conséquent, la pression artérielle.
Système respiratoire 	Les tonsilles, les macrophagocytes alvéolaires et le tissu lymphoïde associé aux muqueuses (MALT) aident à protéger les poumons contre les agents pathogènes. Les vaisseaux lymphatiques drainent l'excès de liquide interstitiel des poumons.
Système digestif 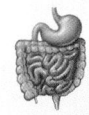	Les tonsilles et le tissu lymphoïde associé aux muqueuses (MALT) défendent l'organisme contre les toxines et les agents pathogènes présents dans le tube digestif. La salive et les sécrétions gastro-intestinales contiennent des IgA. Les vaisseaux lymphatiques absorbent les lipides alimentaires et les vitamines liposolubles de l'intestin grêle et les acheminent dans le sang. Les vaisseaux lymphatiques drainent l'excès de liquide interstitiel et les fuites de protéines plasmatiques des organes du système digestif.
Système urinaire 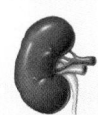	Les vaisseaux lymphatiques drainent l'excès de liquide interstitiel et les fuites de protéines plasmatiques des organes du système urinaire. Le tissu lymphoïde associé aux muqueuses (MALT) défend l'organisme contre les toxines et les agents pathogènes qui pénètrent dans l'organisme par l'urètre.
Systèmes génitaux 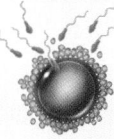	Les vaisseaux lymphatiques drainent l'excès de liquide interstitiel et les fuites de protéines plasmatiques des organes du système génital. Le tissu lymphoïde associé aux muqueuses (MALT) défend l'organisme contre les toxines et les agents pathogènes qui pénètrent dans l'organisme par le vagin et le pénis. Chez la femme, le sperme déposé dans le vagin n'est pas attaqué comme le serait un envahisseur étranger en raison de l'inhibition des réponses immunitaires. Les anticorps IgG peuvent traverser le placenta pour assurer la protection d'un fœtus en développement. Le tissu lymphatique sécrète des anticorps IgA dans le lait maternel.

POINT DE MIRE SUR L'HOMÉOSTASIE

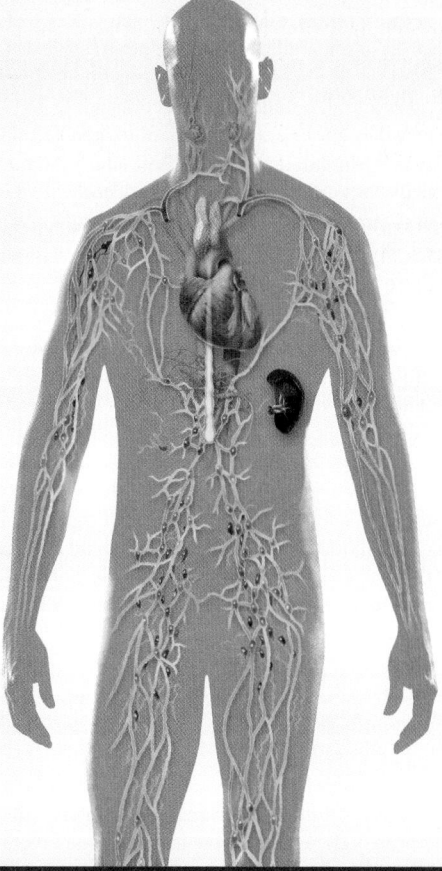

Le système lymphatique et l'immunité

DÉSÉQUILIBRES HOMÉOSTATIQUES

Le sida : le syndrome d'immunodéficience acquise

Lorsqu'une personne est atteinte du **syndrome d'immunodéficience acquise** (**sida**), elle est affectée par toutes sortes d'infections opportunistes qui résultent de la destruction progressive de certaines cellules du système immunitaire par le **virus de l'immunodéficience humaine** (**VIH**). Le sida est le dernier stade de l'infection par le VIH. Une personne infectée par le VIH peut être asymptomatique pendant de nombreuses années, même si le virus attaque sans relâche son système immunitaire. Au cours des deux décennies qui ont suivi la découverte des cinq premiers cas en 1981, le sida a causé la mort de 22 millions de personnes. Dans le monde entier, de 35 à 40 millions de personnes sont actuellement infectées par le VIH.

La transmission du VIH

Le VIH se transmet d'un individu à l'autre, principalement au cours de pratiques ou d'actions qui donnent lieu à des échanges de sang et de certains liquides de l'organisme dans lesquels se trouve le virus. Le VIH est transmis par l'intermédiaire du sperme ou des sécrétions durant les relations sexuelles anales, vaginales ou orales non protégées (sans préservatif). Il est aussi transmis par échange direct de sang, comme chez les toxicomanes qui partagent leurs seringues ou les professionnels de la santé qui se piquent parfois accidentellement en manipulant des seringues contaminées. Le VIH peut être également transmis par une mère infectée à son nourrisson à la naissance ou pendant l'allaitement.

Il est possible de réduire considérablement le risque de transmettre ou de contracter le VIH durant le coït vaginal ou anal – bien qu'on ne puisse pas l'éliminer entièrement – par l'emploi de préservatifs en latex. Les programmes de santé publique visant à encourager les usagers de drogue par voie intraveineuse à ne pas partager leurs seringues se sont avérés efficaces pour freiner l'augmentation des infections dans cette population. De plus, l'administration de certains médicaments aux femmes enceintes infectées par le VIH a permis de réduire grandement la transmission du virus à leurs bébés.

Le VIH est un virus très fragile ; il ne survit pas longtemps hors de l'organisme humain. Il n'est pas transmis par les piqûres d'insectes. Il est impossible d'être infecté au cours d'un simple contact physique avec une personne porteuse du VIH, par exemple en la serrant dans ses bras ou en vivant sous le même toit. On peut éliminer le virus des articles de soins personnels et des instruments médicaux en les exposant à la chaleur (57 °C pendant 10 minutes) ou en les nettoyant avec des désinfectants courants tels que l'eau oxygénée (peroxyde), l'alcool à friction, l'eau de Javel ou les nettoyants germicides. Laver la vaisselle et les vêtements à la machine suffisent aussi à tuer le VIH.

Le VIH : structure et infection

Le VIH est composé d'un centre d'acide ribonucléique (ARN) recouvert d'une couche de protéines (capside). Le VIH est un **rétrovirus**, car ce virus a la capacité de transcrire son génome d'ARN en ADN viral par l'action enzymatique de la transcriptase inverse afin de s'intégrer à l'ADN de la cellule hôte. La capside du VIH est recouverte d'une enveloppe composée d'une bicouche lipidique dans laquelle sont enchâssées des glycoprotéines (figure 22.21).

Un virus est incapable de se répliquer tant qu'il se trouve à l'extérieur d'une cellule hôte vivante. Toutefois, quand il infecte une cellule et y pénètre, il utilise les enzymes et les ribosomes de la cellule hôte pour fabriquer des milliers de copies du virus. Ces derniers finissent par quitter la cellule et en infecter d'autres. L'infection d'une cellule hôte par le VIH s'amorce par la liaison des glycoprotéines du VIH aux récepteurs de la

FIGURE 22.21 Le virus de l'immunodéficience humaine (VIH), agent pathogène du sida.

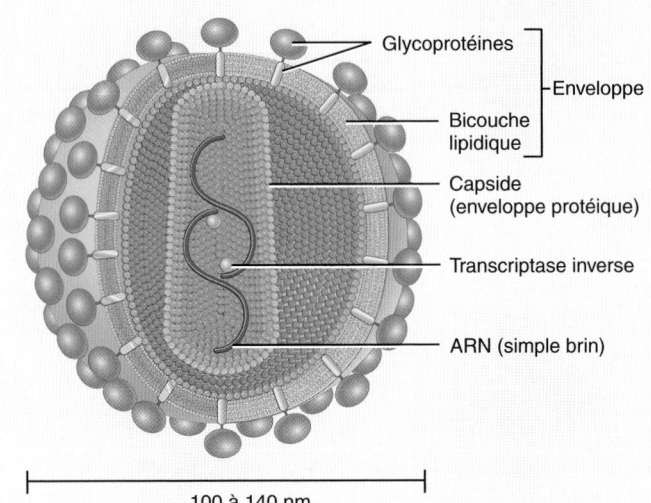

Le VIH se transmet principalement au cours de pratiques qui donnent lieu à des échanges de fluides contaminés de l'organisme.

- Glycoprotéines
- Enveloppe
- Bicouche lipidique
- Capside (enveloppe protéique)
- Transcriptase inverse
- ARN (simple brin)

100 à 140 nm

Quelles cellules du système immunitaire sont attaquées par le VIH ?

membrane plasmique. Cette étape correspond à l'adsorption du virus sur la cellule hôte. Une des glycoprotéines, nommée *GP120*, permet au virus de s'arrimer aux molécules CD4 des lymphocytes T, des macrophagocytes et des cellules dendritiques. De plus, le VIH doit se lier en même temps à un corécepteur situé dans la membrane plasmique de la cellule hôte – une molécule appelée *CCR5* sur les cellules présentatrices d'antigènes et une autre appelée *CXCR4* sur les lymphocytes T – avant de pouvoir entrer dans la cellule. Une autre glycoprotéine, la GP41, facilite la fusion des bicouches lipidiques du virus et de la cellule hôte.

Une fois adsorbé, le virus pénètre dans le cytoplasme de la cellule hôte par un processus d'endocytose mettant en jeu plusieurs récepteurs. Après s'être introduit dans une cellule hôte, le VIH perd sa capside (décapsidation). Une enzyme virale, la **transcriptase inverse**, parcourt alors le brin d'ARN viral et le transcrit en ADN, qui s'intègre ensuite à l'ADN cellulaire. C'est ainsi que l'ADN viral se réplique en même temps que l'ADN de la cellule hôte au cours de la division cellulaire normale. En outre, l'ADN viral peut donner le signal à la cellule infectée de se mettre à produire des millions de copies d'ARN viral et d'assembler de nouvelles capsides protéiques pour les recouvrir. Les nouvelles particules de VIH quittent la cellule par bourgeonnement de la membrane plasmique et circulent dans le sang à la recherche de nouvelles cellules à infecter.

Le VIH porte atteinte surtout aux lymphocytes T auxiliaires, et ce, de plusieurs façons. Chaque jour, la production de nouvelles particules virales peut atteindre les 10 milliards de copies, voire plus. Le bourgeonnement des virus à la surface d'une cellule infectée se poursuit avec une telle rapidité qu'il finit par entraîner la cytolyse. De plus, les défenses de l'organisme attaquent les cellules infectées et les tuent sans toutefois détruire tous les virus qu'elles contiennent. Chez la plupart des individus infectés par le VIH, l'organisme est en mesure de remplacer les lymphocytes T auxiliaires infectés à peu près au rythme de leur destruction. Ce processus se poursuit pendant des années, mais la capacité de l'organisme à remplacer les lymphocytes T auxiliaires s'épuise peu à peu; entraînant une diminution progressive du nombre de ces lymphocytes dans la circulation sanguine.

Les signes, les symptômes et le diagnostic de l'infection par le VIH

Peu de temps après avoir été infectées par le VIH, la plupart des personnes sont atteintes d'une brève maladie qui ressemble à la grippe. Les signes et les symptômes communs sont la fièvre, la fatigue, des éruptions, des maux de tête, des douleurs aux articulations, un mal de gorge et des nœuds lymphatiques enflés. Près de 50 % des personnes infectées présentent également des sueurs nocturnes. Au bout de trois ou quatre semaines seulement, les plasmocytes se mettent à sécréter des anticorps contre le VIH. Ces anticorps peuvent être décelés dans le plasma sanguin et constituent ainsi un moyen de dépistage du VIH. Lorsqu'un test de dépistage révèle qu'un individu est porteur du VIH, cela signifie en général qu'il possède des anticorps contre les antigènes du VIH dans son sang : on dit qu'il est séropositif.

L'évolution de la maladie vers le sida

Au bout d'un laps de temps variant entre 2 et 10 ans, le VIH a détruit un si grand nombre de lymphocytes T auxiliaires que la plupart des personnes infectées commencent à éprouver des symptômes d'immunodéficience. Ces personnes ont souvent des nœuds lymphatiques enflés et souffrent de fatigue persistante, d'une perte pondérale involontaire, de sueurs nocturnes, d'éruptions cutanées et de diarrhées, et elles présentent diverses lésions de la bouche et des gencives. En outre, le virus peut commencer à infecter des neurones dans le cerveau, affectant ainsi la mémoire et produisant des troubles visuels.

Au fur et à mesure que le système immunitaire décline, les personnes infectées par le VIH deviennent la proie de diverses *infections opportunistes*. Ces maladies sont causées par des microorganismes qui sont normalement inoffensifs, mais qui se mettent à proliférer en raison du déficit immunitaire. Le diagnostic de sida est porté quand le nombre de lymphocytes T auxiliaires tombe à moins de 200 cellules par microlitre de sang ou quand les infections opportunistes se manifestent. Au fil du temps, ce sont ces infections opportunistes qui finissent par causer la mort.

Le traitement de l'infection par le VIH

À l'heure actuelle, l'infection par le VIH est incurable. Des vaccins conçus pour empêcher les personnes infectées de contracter de nouvelles infections par le VIH et pour réduire la charge virale (nombre de copies de l'ARN du VIH dans un microlitre de plasma sanguin) en sont aux essais cliniques. Pendant ce temps, deux catégories de médicaments permettent de prolonger la vie de nombreuses personnes infectées par le VIH :

1. Les **inhibiteurs de la transcriptase inverse** s'opposent à l'action de l'enzyme utilisée par le virus pour transcrire son ARN en ADN. Ils comprennent la zidovudine (ZDV, auparavant appelée *AZT*), la didanosine (ddI) et la stavudine (d4T). En 2000, le médicament Trizivir^MD a été approuvé pour le traitement de l'infection au VIH ; il combine trois inhibiteurs de la transcriptase inverse en un seul comprimé.

2. Les **inhibiteurs de la protéase** s'opposent à l'action de la protéase, une enzyme virale qui découpe des protéines en pièces destinées à l'assemblage de la capside des particules de VIH en cours de production. Le nelfinavir, le saquinavir, le ritonavir et l'indinavir font partie des inhibiteurs de la protéase.

Depuis 1996, la plupart des médecins qui traitent des personnes infectées par le VIH ont adopté le *traitement antirétroviral hautement actif (TAHA)*, qui combine deux inhibiteurs de la transcriptase inverse ayant des modes d'action différents et un inhibiteur de la protéase. La plupart des individus infectés par le VIH qui reçoivent un TAHA connaissent une réduction radicale de leur charge virale et une augmentation du nombre de lymphocytes T auxiliaires dans leur sang. En plus de retarder l'évolution de l'infection par le VIH vers le sida, le TAHA permet à beaucoup de sidéens de connaître une rémission des infections opportunistes, voire leur disparition, et un retour apparent à la santé. Malheureusement, ce traitement est très coûteux (plus de 10 000 $ US par an), le rythme de la posologie est épuisant et certains malades tolèrent mal les effets secondaires toxiques des médicaments. Même si le VIH peut pratiquement disparaître du sang grâce à un traitement médicamenteux (une analyse sanguine peut donc donner un résultat négatif pour le VIH), le virus se cache généralement dans divers tissus lymphatiques. Dans ce cas, la personne infectée peut encore transmettre le virus à une autre personne.

Les réactions allergiques

Une personne qui présente une réaction démesurée à une substance que la plupart des gens tolèrent est dite **hypersensible**, ou **allergique**. La réaction allergique entraîne toujours certaines lésions tissulaires. Les antigènes qui provoquent des réactions allergiques sont appelés **allergènes**. On compte parmi les allergènes courants certains aliments (lait, arachides, fruits de mer, œufs), des antibiotiques (pénicilline, tétracycline), des vaccins (coqueluche, typhoïde), des venins (abeille, guêpe, serpent), des cosmétiques, certaines molécules produites par des plantes (tel le sumac vénéneux), le pollen, la poussière, les levures, des colorants iodés utilisés en radiologie, et même des microorganismes.

On distingue quatre grands types de réactions d'hypersensibilité : le type I (anaphylactique), le type II (cytotoxique), le type III (à complexes immuns) et le type IV (à médiation cellulaire). Les trois premiers sont des réponses immunitaires humorales qui mettent en jeu les anticorps ; le dernier est une réponse immunitaire à médiation cellulaire.

Les **réactions de type I**, ou **réactions anaphylactiques**, sont les plus communes et surviennent dans les minutes qui suivent l'exposition à un allergène auquel une personne a été préalablement sensibilisée. En réponse à une première exposition à plusieurs allergènes, certaines personnes produisent des anticorps IgE. Ces anticorps possèdent la propriété de se fixer à la surface des mastocytes et des granulocytes basophiles. Quand le même allergène est à nouveau introduit dans l'organisme, il se lie aux IgE déjà en place. Cette réaction déclenche chez les mastocytes et les granulocytes basophiles la libération d'histamine, de prostaglandines, de leucotriènes et de kinines. Ensemble, ces médiateurs causent la vasodilatation et font augmenter la perméabilité des capillaires sanguins, la contraction des muscles lisses dans les voies respiratoires des poumons et la sécrétion de mucus. La personne allergique peut alors connaître des réactions inflammatoires, éprouver de la difficulté à respirer par suite de la constriction de ses voies respiratoires et souffrir d'écoulement nasal résultant d'une sécrétion excessive de mucus. Le **choc anaphylactique** survient parfois chez les sujets très sensibles lorsqu'ils reçoivent un médicament déclencheur ou qu'ils se font piquer par une guêpe. Dans ce cas, la respiration sifflante et le souffle court qui résulte de la constriction des voies respiratoires s'accompagnent généralement d'un état de choc (chute de la pression artérielle) causé par la vasodilatation et la perte de liquide venant du sang. Il est urgent de traiter cet état potentiellement mortel au moyen d'une injection d'adrénaline pour dilater les voies respiratoires et renforcer les battements du cœur.

Les **réactions de type II**, ou **réactions cytotoxiques**, sont causées par des anticorps (IgG ou IgM) dirigés contre des antigènes des cellules sanguines (érythrocytes, lymphocytes ou thrombocytes) ou contre des cellules tissulaires. La réaction des anticorps et des antigènes amène habituellement l'activation du complément. Les réactions de type II, qui peuvent être déclenchées lors de transfusions sanguines incompatibles, endommagent les cellules par la cytolyse qui s'ensuit.

Les **réactions de type III**, ou **réactions à complexes immuns**, sont déclenchées par des antigènes, des anticorps (IgA ou IgM) et le complément. Dans certaines situations, le rapport entre les quantités d'antigènes et d'anticorps est tel que les complexes immuns formés sont assez petits pour échapper à la phagocytose. Par contre, ils restent emprisonnés dans la membrane basale sous l'endothélium des vaisseaux sanguins où ils activent le complément et causent l'inflammation. Les affections qui en résultent comprennent la glomérulonéphrite et la polyarthrite rhumatoïde.

Les **réactions de type IV**, ou **réactions à médiation cellulaire** ou encore **hypersensibilités retardées**, se manifestent habituellement de 12 à 72 heures après l'exposition à un allergène. Ces réactions surviennent quand un allergène est traité et exposé à la surface des cellules présentatrices d'antigènes (tels les macrophagocytes intraépidermiques) qui migrent vers les nœuds lymphatiques et présentent l'allergène aux lymphocytes T. Ces derniers se mettent alors à proliférer, et un certain nombre de ces nouveaux lymphocytes T retournent au point d'entrée de l'allergène dans le corps. Ils se mettent à produire de l'interféron gamma, qui active les macrophagocytes, et le facteur nécrosant des tumeurs, qui induit une réaction inflammatoire. Les bactéries intracellulaires, telles que *Mycobacterium tuberculosis* (ou bacille de Koch), ainsi que certains haptènes, comme la toxine du sumac vénéneux, déclenchent ce type de réponse immunitaire à médiation cellulaire. Le test cutané pour le dépistage de la tuberculose est une réaction d'hypersensibilité retardée.

Les maladies auto-immunes

Dans une **maladie auto-immune** ou **auto-immunité**, le système immunitaire ne manifeste pas de tolérance au soi et attaque les tissus de l'organisme. Les maladies auto-immunes se manifestent habituellement dans la petite enfance et sont fréquentes, touchant environ 5 % des adultes en Amérique du Nord et en Europe. Les femmes en sont deux fois plus souvent atteintes que les hommes. Comme nous l'avons vu, les lymphocytes B et les lymphocytes T qui réagissent aux cellules du soi sont normalement supprimés ou subissent l'anergie pendant la sélection négative (figure 22.20). Il semble que ce processus ne soit pas d'une efficacité absolue. Sous l'influence de déclencheurs environnementaux inconnus et de certains gènes qui rendent certaines personnes plus vulnérables, la tolérance du soi s'altère, ce qui entraîne l'activation de clones de lymphocytes T et B réagissant aux cellules du soi. Ces cellules génèrent ensuite des réponses immunitaires à médiation cellulaire ou des réponses immunitaires humorales dirigées contre ces antigènes du soi.

Divers mécanismes produisent différentes maladies auto-immunes. Certaines entraînent la production d'**autoanticorps**, des anticorps qui se lient aux antigènes du soi et les stimulent ou les bloquent. Par exemple, des autoanticorps qui imitent la thyréostimuline (TSH) sont présents dans la maladie de Graves et stimulent la sécrétion d'hormones thyroïdiennes, ce qui provoque l'hyperthyroïdie. De même, les autoanticorps qui se lient aux récepteurs de l'acétylcholine et les inhibent causent la faiblesse musculaire caractérisant la myasthénie grave. D'autres maladies auto-immunes provoquent l'activation de lymphocytes T cytotoxiques qui détruisent certaines cellules de l'organisme. C'est le cas, par exemple, du diabète sucré de type 1, dans lequel les lymphocytes T attaquent les cellules bêta du pancréas qui produisent l'insuline. Il en est de même de la sclérose en plaques, dans laquelle les lymphocytes T endommagent la gaine de myéline entourant les axones des neurones. La mauvaise activation des lymphocytes T auxiliaires ou la production excessive d'interféron gamma se produit également dans certaines maladies auto-immunes. La polyarthrite rhumatoïde, le lupus érythémateux disséminé, la fièvre rhumatismale, l'anémie pernicieuse et l'anémie hémolytique, la maladie d'Addison, la thyroïdite de Hashimoto et la colite ulcéreuse en sont d'autres exemples.

Le traitement des diverses formes des maladies auto-immunes comporte l'ablation du thymus (thymectomie), des injections d'interféron bêta, la prise de médicaments immunosuppresseurs et la plasmaphérèse, qui consiste à filtrer le plasma sanguin pour en retirer les anticorps et les complexes antigène-anticorps.

La mononucléose infectieuse

La **mononucléose infectieuse** ou « mono » est une maladie contagieuse causée par le *virus Epstein-Barr*. Elle atteint surtout les enfants et les jeunes adultes, et frappe trois fois plus souvent les femmes que les hommes. La plupart du temps, le virus pénètre dans l'organisme lors d'un contact oral intime comme le baiser, c'est pourquoi on l'appelle couramment « la maladie du baiser ». Il se multiplie alors dans le tissu lymphatique avant de gagner le sang où il infecte les lymphocytes B, ses cellules hôtes privilégiées, dans lesquelles il continue de se multiplier. En raison de cette infection, les lymphocytes B grossissent et présentent une apparence anormale, si bien qu'ils ressemblent à des monocytes, d'où le terme de **mononucléose**. Les signes et les symptômes comprennent une leucocytose avec un taux de lymphocytes anormalement élevé, de la fatigue, des céphalées, des étourdissements, des maux de gorge, des nœuds lymphatiques enflés et douloureux, ainsi que de la fièvre. Il n'y a pas de traitement curatif pour la mononucléose infectieuse, mais en général elle disparaît spontanément en quelques semaines.

Les lymphomes

Les **lymphomes** (*lympha-* : eau ; *-oma* : tumeur) sont des cancers des organes lymphatiques, plus particulièrement des nœuds lymphatiques. La plupart n'ont pas de cause connue. Les deux principaux types de lymphomes sont la maladie de Hodgkin et le lymphome non hodgkinien.

La **maladie de Hodgkin** se caractérise par une tuméfaction indolore et insensible d'au moins un nœud lymphatique, le plus souvent dans le cou, le thorax et les aisselles. Quand des métastases sont présentes, la fièvre, les suées nocturnes, une perte pondérale et des douleurs osseuses surviennent aussi. La maladie de Hodgkin touche principalement des personnes de 15 à 35 ans et celles de plus de 60 ans, et elle est plus fréquente chez les hommes. Quand elle est diagnostiquée rapidement, le taux de guérison est de 90 % à 95 %.

Le **lymphome non hodgkinien**, plus courant que la maladie de Hodgkin, touche tous les groupes d'âge, son incidence augmentant avec l'âge pour atteindre un sommet entre 45 et 70 ans. Le lymphome non hodgkinien peut se manifester au début comme la maladie de Hodgkin, mais elle s'accompagne également d'une hypertrophie de la rate, d'anémie et de malaise généralisé. Près de la moitié des personnes atteintes en guérissent ou connaissent de longues périodes de rémission. Les possibilités de traitement des deux maladies comprennent la radiothérapie, la chimiothérapie et la greffe de moelle osseuse rouge.

Le lupus érythémateux disséminé

Le **lupus érythémateux disséminé**, ou tout simplement **lupus**, (*lupus* : loup) est une maladie inflammatoire auto-immune chronique qui touche tous les systèmes de l'organisme. Le lupus est caractérisé par l'alternance de périodes de crise et de rémission ; les symptômes sont légers ou menacent la vie de la personne. Le lupus se manifeste habituellement entre l'âge de 15 et 44 ans, et il est de 10 à 15 fois plus fréquent chez les femmes que chez les hommes. Il est également deux ou trois fois plus courant chez les Afro-Américains, les Hispano-Américains, les Américains d'origine asiatique et les Amérindiens que chez les Américains d'origine européenne. Bien que l'on ne connaisse pas la cause du lupus érythémateux disséminé, il est acquis que le déclenchement de la maladie dépend de facteurs génétiques prédisposants et de plusieurs facteurs environnementaux (infections, antibiotiques, rayons ultraviolets, stress et hormones). Les hormones sexuelles influeraient également sur l'évolution du lupus. Cette maladie touche souvent des femmes dont le taux d'androgènes est extrêmement bas.

Les signes et les symptômes du lupus érythémateux disséminé comprennent des douleurs articulaires, des douleurs musculaires, des douleurs thoraciques ressenties durant les inspirations profondes, des céphalées, la pâleur ou l'aspect violacé des doigts et des orteils. Par ailleurs, les reins fonctionnent mal, la numération des cellules sanguines est basse; les malades souffrent également d'un dysfonctionnement nerveux ou cérébral, de fièvre légère, de fatigue, de perte pondérale, d'aphtes, d'œdème des jambes ou autour des yeux. Ils présentent également une tuméfaction des nœuds lymphatiques et de la rate, une photosensibilité et perdent rapidement de grandes quantités de cheveux. Parfois, une éruption apparaît sur l'arête du nez et les joues formant des plaques caractéristiques appelées *placard en papillon*. On trouvait que l'apparence érodée de certaines lésions cutanées associées au lupus ressemblait aux blessures infligées par la morsure d'un loup, d'où le nom de lupus.

Sur le plan immunologique, le lupus présente deux caractéristiques: une activation excessive des lymphocytes B et la production inappropriée d'anticorps contre l'ADN (anticorps anti-ADN) et d'autres composantes du noyau cellulaire comme les histones, un type de protéines. On pense que les agents qui déclenchent l'activation des lymphocytes B comprennent divers médicaments et substances chimiques, des antigènes viraux et bactériens et l'exposition au soleil. La présence de complexes d'autoanticorps anormaux et de leurs antigènes dans la circulation sanguine cause des lésions aux tissus de l'ensemble de l'organisme. Des lésions des reins surviennent quand les complexes restent emprisonnés dans la membrane basale des capillaires glomérulaires rénaux, ce qui empêche la filtration du sang. L'insuffisance rénale est la cause de décès la plus courante.

Le lupus ne se guérit pas, mais un traitement médicamenteux permet d'atténuer les symptômes, de diminuer l'inflammation et de prévenir les crises. Les médicaments les plus souvent utilisés sont les analgésiques (anti-inflammatoires non stéroïdiens comme l'aspirine et l'ibuprofène), les antipaludiques (hydroxychloroquine) et les corticostéroïdes (prednisone et hydrocortisone).

TERMES MÉDICAUX

Adénite (*aden*: glande; *ite*: inflammation) Affection caractérisée par des nœuds lymphatiques enflés, douloureux et enflammés à la suite d'une infection.

Allogreffe (*allos*: autre) Greffe entre individus génétiquement distincts, mais de la même espèce. Les greffes de peau où le donneur et le receveur sont différents ainsi que les transfusions sanguines sont des allogreffes.

Autogreffe (*autos*: soi-même) Transplantation de tissu d'une partie du corps à une autre chez le même individu (par exemple, les greffes de peau dans les cas de brûlures ou de chirurgie plastique).

Gammaglobuline Suspension d'immunoglobulines du sang composée d'anticorps qui réagissent à un agent pathogène spécifique. Sa préparation consiste à injecter l'agent pathogène chez des animaux, à leur prélever le sang après qu'ils ont produit des anticorps, à isoler ces anticorps et à les injecter chez un humain pour lui conférer l'immunité à court terme.

Hypersplénie (*huper*: au-dessus) Activité anormale de la rate causée par une tuméfaction de la rate et associée à un taux anormalement élevé de destruction des cellules sanguines normales.

Immunodéficience combinée grave Maladie héréditaire rare caractérisée par l'absence ou l'inactivité des lymphocytes B et des lymphocytes T. Les chercheurs ont maintenant identifié des mutations de différents gènes responsables de certains types de cette maladie. Dans certains cas, une perfusion de moelle osseuse rouge provenant d'un frère ou d'une sœur ayant des antigènes du CMH similaires peut fournir les cellules souches normales qui donnent naissance à des lymphocytes B et T normaux. Le patient est parfois complètement guéri. Toutefois, moins de 30% des personnes atteintes ont un frère ou une sœur compatible pouvant servir de donneur.

Lymphadénopathie (*lympha*: eau; *pathos*: ce qu'on éprouve) Nœuds lymphatiques enflés et parfois douloureux en réaction à l'infection.

Lymphangite (*ite*: inflammation) Inflammation des vaisseaux lymphatiques.

Lymphœdème (*oidein*: enfler) Accumulation de lymphe dans les vaisseaux lymphatiques qui produit une tuméfaction indolore d'un membre.

Splénomégalie (*splên*: rate; *megalê*: grand) Augmentation du volume de la rate.

Syndrome de fatigue chronique Trouble qui atteint généralement les jeunes adultes et en particulier les femmes, caractérisé par: 1) une fatigue extrême qui diminue l'activité normale pendant au moins 6 mois; et 2) l'absence d'autres maladies connues (cancer, infections, toxicomanie, toxicité ou troubles psychiatriques) dont les symptômes sont semblables.

Tonsillectomie (*ectomê*: ablation) Ablation d'une ou des tonsilles. Également appelée *amygdalectomie* (ablation des amygdales).

Xénogreffe (*xenos*: étranger) Transplantation entre animaux d'espèces différentes. On utilise des xénogreffes de tissu porcin (porc) ou bovin (bœuf) chez l'humain comme pansement physiologique dans les cas de brûlures graves. On utilise également des valves cardiaques de porc et des cœurs de babouin.

RÉSUMÉ

INTRODUCTION (P. 867)

1. La capacité de repousser la maladie est appelée *résistance* ou *immunité*. L'absence de résistance est appelée *susceptibilité*.

2. L'immunité innée ou immunité non spécifique repose sur la mise en œuvre d'un grand nombre de réponses contre un large éventail d'agents pathogènes; l'immunité adaptative ou immunité spécifique met en œuvre l'activation de lymphocytes spécifiques en vue de combattre une substance étrangère particulière.

LA STRUCTURE ET LES FONCTIONS DU SYSTÈME LYMPHATIQUE (P. 868)

1. Le système lymphatique est à l'origine des réponses immunitaires ; il comprend la lymphe, les vaisseaux lymphatiques ainsi que les structures et organes qui contiennent du tissu lymphatique (tissu réticulaire spécialisé renfermant un grand nombre de lymphocytes).

2. Le système lymphatique a pour fonctions de drainer le liquide interstitiel, de transporter les lipides alimentaires et de protéger l'organisme contre les envahisseurs au moyen des réponses immunitaires.

3. Les vaisseaux lymphatiques prennent naissance dans les capillaires lymphatiques. Ces derniers sont des tubes fermés aux extrémités et situés dans les espaces intercellulaires.

4. Le liquide interstitiel s'écoule dans les capillaires lymphatiques, où il forme la lymphe.

5. Les capillaires lymphatiques se joignent pour former des vaisseaux plus grands, appelés *vaisseaux lymphatiques*, qui transportent la lymphe et lui font traverser les nœuds lymphatiques.

6. La lymphe s'écoule des capillaires lymphatiques vers les vaisseaux lymphatiques, puis elle passe dans les troncs lymphatiques et le conduit thoracique (ou dans le conduit lymphatique droit) ; elle se jette enfin dans les veines subclavières.

7. La lymphe se déplace vers le cœur sous l'action des contractions des muscles squelettiques (pompe musculaire) et des mouvements de la respiration (pompe respiratoire). L'écoulement est facilité par les valvules des vaisseaux lymphatiques.

8. Les organes lymphatiques primaires sont la moelle osseuse rouge et le thymus. Les organes lymphatiques secondaires sont les nœuds lymphatiques, la rate et les follicules lymphatiques.

9. Le thymus est situé entre le sternum et les grands vaisseaux sanguins au-dessus du cœur. Il est le siège de la maturation des lymphocytes T.

10. Les nœuds lymphatiques sont des structures ovoïdes recouvertes d'une capsule, situées le long des vaisseaux lymphatiques.

11. La lymphe pénètre dans les nœuds lymphatiques par les vaisseaux lymphatiques afférents. Elle est filtrée dans les nœuds et les quitte par les vaisseaux lymphatiques efférents.

12. C'est dans les nœuds lymphatiques qu'a lieu la prolifération des plasmocytes et des lymphocytes T.

13. La rate est la masse de tissu lymphatique la plus volumineuse de l'organisme. Les lymphocytes B y prolifèrent et se différencient en plasmocytes. Cet organe est aussi un lieu de phagocytose de bactéries et des érythrocytes usés.

14. Les follicules lymphatiques sont disséminés dans la muqueuse du tube digestif et dans les systèmes respiratoire, urinaire et génital. Ce tissu lymphatique dispersé porte globalement le nom de *tissu lymphoïde associé aux muqueuses* (MALT).

LE DÉVELOPPEMENT EMBRYONNAIRE DU TISSU LYMPHATIQUE (P. 878)

1. Les vaisseaux lymphatiques naissent des sacs lymphatiques, eux-mêmes issus des veines en voie de formation. Ils dérivent donc du mésoderme.

2. Les nœuds lymphatiques sont issus des sacs lymphatiques qui sont envahis par des cellules mésenchymateuses.

L'IMMUNITÉ INNÉE OU IMMUNITÉ NON SPÉCIFIQUE (P. 879)

1. Les mécanismes de l'immunité innée ou non spécifique comprennent une première ligne de facteurs physiques (mécaniques) et de facteurs chimiques, et une seconde ligne faisant appel à des protéines antimicrobiennes, aux cellules tueuses naturelles, aux phagocytes, à la réaction inflammatoire et à la fièvre.

2. La peau et les muqueuses constituent la première ligne de défense contre l'entrée des agents pathogènes. La présence de la flore microbienne normale contribue aussi à la première ligne de défense.

3. Les protéines antimicrobiennes comprennent les interférons, le système du complément et les transferrines.

4. Les cellules tueuses naturelles et les phagocytes attaquent et tuent les agents pathogènes et les cellules défectueuses de l'organisme.

5. La réaction inflammatoire participe à l'élimination des microorganismes, des toxines et des substances étrangères présents dans une lésion et prépare l'endroit endommagé pour la réparation tissulaire.

6. La fièvre amplifie les effets antiviraux des interférons, inhibe la croissance de certains microorganismes et accélère les réactions de l'organisme qui favorisent la guérison.

7. Le tableau 22.1 présente un résumé des éléments de l'immunité innée ou non spécifique.

L'IMMUNITÉ ADAPTATIVE OU IMMUNITÉ SPÉCIFIQUE (P. 884)

1. L'immunité adaptative ou immunité spécifique comprend la production de lymphocytes ou d'anticorps spécifiques dirigés contre des antigènes spécifiques.

2. Les lymphocytes B et pré-T dérivent de cellules souches situées dans la moelle osseuse rouge.

3. Les lymphocytes T achèvent leur maturation et acquièrent l'immunocompétence dans le thymus.

4. Dans les réponses immunitaires à médiation cellulaire, les lymphocytes T cytotoxiques attaquent directement l'antigène envahisseur ; dans les réponses immunitaires humorales, les plasmocytes sécrètent des anticorps.

5. Les antigènes sont des substances chimiques que le système immunitaire reconnaît comme étrangères. Un antigène complet possède deux caractéristiques : la réactivité et l'immunogénicité.

6. La très grande diversité des récepteurs d'antigènes est rendue possible par la recombinaison somatique.

7. Les « antigènes du soi », appelés *antigènes du complexe majeur d'histocompatibilité (CMH)*, sont particuliers à chaque personne. Toutes les cellules de l'organisme, sauf les érythrocytes, portent des molécules du CMH-I sur leur membrane cellulaire ; certaines cellules – les CPA – ont aussi des molécules du CMH-II.

8. Certaines cellules, appelées *cellules présentatrices d'antigènes (CPA)*, qui comprennent les macrophagocytes, les lymphocytes B et les cellules dendritiques, sont en mesure d'effectuer le traitement des antigènes.

9. Les antigènes exogènes (formés à l'extérieur de l'organisme) sont présentés aux lymphocytes T après avoir été associés à des molécules du CMH-II ; les antigènes endogènes (formés à l'intérieur d'une cellule de l'organisme) sont présentés après avoir été associés à des molécules du CMH-I.

10. Les cytokines sont de petites hormones protéiques qui peuvent stimuler ou inhiber de nombreuses fonctions cellulaires normales comme la croissance et la différenciation. D'autres cytokines régulent les réponses immunitaires (tableau 22.2).

LA RÉPONSE IMMUNITAIRE À MÉDIATION CELLULAIRE (P. 891)

1. Dans une réponse immunitaire à médiation cellulaire, il y a reconnaissance d'un antigène et costimulation d'un lymphocyte T spécifique. Ce processus conduit à l'activation et à la prolifération du lymphocyte qui se différencie en un clone de cellules effectrices, lesquelles assurent l'élimination de l'antigène.

2. Les récepteurs d'antigènes des lymphocytes T (TCR) reconnaissent des fragments d'antigènes associés à des molécules du CMH à la surface des cellules de l'organisme.

3. La prolifération des lymphocytes T requiert un signal de costimulation provenant soit d'une cytokine telle que l'interleukine 2, soit d'une paire de molécules de la membrane plasmique.

4. Il existe plusieurs sous-populations de lymphocytes T, dont les lymphocytes T auxiliaires qui portent la protéine CD4, à leur surface ; les lymphocytes T cytotoxiques, qui portent la protéine CD8 ; et les lymphocytes T mémoires.

5. Les lymphocytes T CD4, ou lymphocytes T auxiliaires, reconnaissent les fragments d'antigènes associés à des molécules du CMH-II et sécrètent plusieurs cytokines, dont la plus importante est l'interleukine 2. L'IL-2 joue le rôle d'agent de costimulation pour les lymphocytes T cytotoxiques, les lymphocytes B et d'autres lymphocytes T auxiliaires.

6. Les lymphocytes T CD8, ou lymphocytes cytotoxiques, reconnaissent les fragments d'antigènes associés aux molécules du CMH-I.

7. Les lymphocytes T cytotoxiques éliminent les intrus : 1) en sécrétant des granzymes, qui provoquent l'apoptose de la cellule cible (les phagocytes tuent ensuite les microorganismes) ; et 2) en sécrétant la perforine, qui cause la cytolyse, et la granulysine, qui détruit les microorganismes.

8. Les lymphocytes T mémoires demeurent dans l'organisme après une réponse immunitaire à médiation cellulaire et sont en mesure de déclencher une réponse plus rapide quand un agent pathogène portant le même antigène étranger tente d'envahir l'organisme de nouveau.

9. Les lymphocytes T cytotoxiques, les macrophagocytes et les cellules tueuses naturelles assurent la surveillance immunitaire. Ils reconnaissent et détruisent les cellules cancéreuses qui présentent des antigènes tumoraux.

LA RÉPONSE IMMUNITAIRE HUMORALE (P. 895)

1. Les lymphocytes B peuvent réagir aux antigènes non traités, mais leur réponse est plus vigoureuse quand ils les traitent ; les lymphocytes B deviennent alors des CPA. L'interleukine 2 et d'autres cytokines sécrétées par les lymphocytes T auxiliaires servent de signaux de costimulation entraînant la prolifération des lymphocytes B.

2. Un lymphocyte B activé prolifère, se différencie et produit un clone de plasmocytes dont la fonction est de produire des anticorps.

3. Un anticorps est une protéine qui se lie de façon spécifique à l'antigène qui a déclenché sa production.

4. Les anticorps sont formés de chaînes lourdes et de chaînes légères, et présentent des régions variables et des régions constantes.

5. On regroupe les anticorps, selon leur structure et leurs propriétés chimiques, en cinq grandes classes (IgG, IgA, IgM, IgD et IgE) ayant chacune un rôle biologique spécifique.

6. Les fonctions des anticorps comprennent la neutralisation des antigènes, l'immobilisation des bactéries, l'agglutination et la précipitation des antigènes, l'activation du système du complément et la potentialisation de la phagocytose.

7. Le système du complément est un groupe de protéines qui servent de complément aux réponses immunitaires et qui participent à l'élimination des antigènes de l'organisme.

8. L'immunisation contre certains microorganismes est possible parce que des lymphocytes B mémoires et des lymphocytes T mémoires demeurent dans l'organisme après une réaction primaire à l'égard d'un antigène. La réaction secondaire assure la protection de l'organisme si le même microorganisme l'envahit de nouveau.

LA RECONNAISSANCE DU SOI ET LA TOLÉRANCE DU SOI (P. 901)

1. Les lymphocytes T sont soumis à la fois à la sélection positive, afin de reconnaître les protéines du soi représentées par le CMH (reconnaissance du soi), et à la sélection négative, pour éviter qu'ils réagissent aux autres protéines du soi (tolérance du soi). La sélection négative comprend la délétion et l'anergie.

2. Les lymphocytes B acquièrent la tolérance par délétion et anergie.

LE STRESS ET L'IMMUNITÉ (P. 902)

1. La psychoneuroimmunité traite des voies de communication qui relient les systèmes nerveux, endocrinien et immunitaire. Les pensées, les sentiments, l'humeur et les croyances influent sur la santé et l'évolution de la maladie.

2. Soumis à un stress, les gens ont tendance à moins bien manger et à faire moins d'exercice, bien que ces deux habitudes renforcent l'immunité.

LE VIEILLISSEMENT DU SYSTÈME IMMUNITAIRE (P. 903)

1. Avec l'âge, les individus sont moins résistants aux infections et aux tumeurs malignes, répondent moins bien aux vaccins et produisent une plus grande quantité d'auto-anticorps.

2. Les réponses immunitaires sont également moins vigoureuses avec l'âge.

AUTOÉVALUATION

Vous trouverez les réponses à ces questions à l'appendice D.

COMPLÉTEZ LES PHRASES SUIVANTES.

1. La première ligne de défense non spécifique contre les agents pathogènes est constituée de _____ et de _____ ; la seconde ligne de défense non spécifique est constituée de _____, de _____ et de _____.

2. Les substances qui sont reconnues comme étrangères et qui provoquent une réponse immunitaire sont des _____.

INDIQUEZ SI LES ÉNONCÉS SUIVANTS SONT VRAIS OU FAUX.

3. La capacité de l'organisme à repousser les lésions et la maladie grâce aux défenses est l'immunité, ou résistance ; la vulnérabilité à la maladie porte le nom de susceptibilité.

4. Les lymphocytes T d'une personne doivent être en mesure de reconnaître les molécules du CMH de cette personne, processus appelé *reconnaissance du soi*, mais ne pas réagir aux fragments peptidiques de ses propres protéines, état appelé *tolérance du soi*.

CHOISISSEZ LA BONNE RÉPONSE.

5. Établissez la séquence de l'écoulement des liquides d'un vaisseau sanguin à un autre par le système lymphatique : 1) vaisseaux lymphatiques, 2) capillaires sanguins, 3) veines subclavières, 4) capillaires lymphatiques, 5) espaces interstitiels, 6) artères, 7) conduits lymphatiques. a) 2, 5, 4, 1, 7, 6, 3 ; b) 3, 6, 2, 4, 5, 1, 7 ; c) 6, 2, 5, 4, 1, 7, 3 ; d) 6, 2, 5, 4, 7, 1, 3 ; e) 2, 5, 4, 7, 1, 3, 6.

6. Lesquels des énoncés suivants décrivent les nœuds lymphatiques ? 1) La lymphe entre dans les nœuds par les vaisseaux lymphatiques efférents et les quitte par les vaisseaux lymphatiques afférents. 2) Le cortex externe est composé de follicules lymphatiques qui contiennent des lymphocytes B et qui servent d'emplacements pour la formation des plasmocytes et des lymphocytes B mémoires. 3) Le cortex interne contient des follicules lymphatiques composés de lymphocytes T matures. 4) Les fibres réticulaires des sinus des nœuds lymphatiques emprisonnent les substances étrangères dans la lymphe. 5) Les sinus des nœuds lymphatiques sont appelés *pulpe rouge*. a) 1, 2, 3 et 4 ; b) 2, 4 et 5 ; c) 1, 2, 3, 4 et 5 ; d) 2 et 4 ; e) 1, 2 et 4.

7. Lesquels des énoncés suivants sont *exacts* ? 1) Les vaisseaux lymphatiques se trouvent partout dans le corps, sauf dans les tissus avasculaires, le SNC, des parties de la rate et la moelle osseuse rouge. 2) Le liquide interstitiel peut pénétrer dans les capillaires lymphatiques mais ne peut s'en échapper. 3) Les filaments d'union relient les cellules endothéliales lymphatiques aux tissus environnants. 4) Les vaisseaux lymphatiques reçoivent librement tous les composants du sang, y compris les éléments figurés. 5) Les conduits lymphatiques sont reliés directement aux vaisseaux sanguins par l'intermédiaire des veines subclavières. a) 2, 3, 4 et 5 ; b) 1, 2, 3 et 4 ; c) 2, 3 et 4 ; d) 1, 2, 4 et 5 ; e) 1, 2, 3 et 5.

8. Parmi les éléments suivants, lesquels sont des facteurs physiques qui participent à la lutte contre les agents pathogènes et la maladie ? 1) les jonctions serrées des cellules épidermiques, 2) le mucus des muqueuses, 3) la salive, 4) les interférons, 5) le complément. a) 1, 3 et 4 ; b) 2, 4 et 5 ; c) 1, 4 et 5 ; d) 1, 2 et 3 ; e) 1, 2 et 4.

9. Parmi les éléments suivants, lesquels sont des fonctions des anticorps ? 1) neutralisation des antigènes, 2) immobilisation des bactéries, 3) agglutination et précipitation des antigènes, 4) activation du complément, 5) potentialisation de la phagocytose. a) 1, 3 et 4 ; b) 2, 4 et 5 ; c) 1, 2, 3 et 4 ; d) 1, 2, 3 et 5 ; e) 1, 2, 3, 4 et 5.

10. Lesquels des énoncés suivants sont *vrais* ? 1) Les vaisseaux lymphatiques ressemblent aux artères. 2) La composition de la lymphe est très semblable à celle du liquide interstitiel. 3) Les vaisseaux chylifères sont des capillaires lymphatiques spécialisés qui assurent le transport des lipides alimentaires. 4) La lymphe est un liquide normalement laiteux jaune pâle. 5) Le conduit thoracique draine la lymphe du côté supérieur droit du corps. 6) L'écoulement de la lymphe est maintenu par les contractions des muscles squelettiques, des valvules à sens unique et les mouvements de la respiration. a) 1, 2, 5 et 6 ; b) 2, 3 et 6 ; c) 2, 3, 4 et 6 ; d) 2, 4 et 6 ; e) 3, 5 et 6.

11. Placez les étapes de la phagocytose dans l'ordre où elles se produisent : 1) formation d'un phagolysosome, 2) adhérence à un microorganisme, 3) destruction d'un microorganisme, 4) ingestion en vue de la formation du phagosome, 5) attraction d'un phagocyte par chimiotactisme. a) 2, 5, 4, 1, 3 ; b) 4, 5, 2, 1, 3 ; c) 5, 2, 4, 1, 3 ; d) 5, 4, 2, 3, 1 ; e) 2, 5, 1, 4, 3.

12. Classez dans l'ordre les étapes d'une réponse immunitaire (intense) à médiation humorale vis-à-vis d'un antigène exogène (par exemple, un microorganisme) : a) sécrétion de cytokines comme l'interleukine 2 par le lymphocyte T auxiliaire, b) transformation du lymphocyte B en une CPA après le traitement de l'antigène, c) élimination des microorganismes par les anticorps spécifiques qui potentialisent l'activité des phagocytes contre les microorganismes agglutinés, d) costimulation et activation du lymphocyte B spécifique, e) pénétration de l'antigène exogène dans un lymphocyte B spécifique par un processus d'endocytose, f) reconnaissance des fragments de l'antigène associés aux molécules du CMH-II sur la membrane plasmique du lymphocyte B par les récepteurs d'un lymphocyte T auxiliaire, g) prolifération et différenciation du lymphocyte B spécifique et production d'un clone de lymphocytes B, h) dégradation de l'antigène en fragments peptidiques qui sont combinés aux antigènes du soi, le CMH-II, i) production d'une population de plasmocytes qui sécrètent des anticorps et les libèrent dans la circulation sanguine.

13. Associez les éléments suivants :

_____ a) structures en forme de haricot recouvertes d'une capsule, situées le long des vaisseaux lymphatiques ; contiennent des lymphocytes T et B, des macrophagocytes et des cellules dendritiques folliculaires ; filtrent la lymphe

_____ b) produit les lymphocytes pré-T et les lymphocytes B ; se trouve dans les os plats et les épiphyses des os longs

_____ c) amas de follicules lymphatiques participant aux réponses immunitaires contre les substances étrangères inhalées ou ingérées

_____ d) la masse de tissu lymphatique la plus volumineuse de l'organisme, composée de pulpe rouge et de pulpe blanche

_____ e) organe où s'effectue la maturation des lymphocytes T

_____ f) follicules lymphatiques associés aux muqueuses du tube digestif et aux voies des systèmes urinaire, génitaux et respiratoire

_____ g) amas de lymphocytes qui ne possèdent pas de capsule

1) moelle osseuse rouge
2) thymus
3) nœuds lymphatiques
4) rate
5) tissu lymphoïde associé aux muqueuses
6) follicules lymphatiques
7) tonsilles

14. Associez les éléments suivants :

_____ a) reconnaissent les antigènes étrangers associés aux molécules du CMH-I sur les cellules de l'organisme infectées par des microorganismes, sur certaines cellules tumorales et sur les cellules d'un greffon ; présentent des protéines CD8

_____ b) sont prêts à reconnaître un antigène qui a été repoussé dans le passé et qui tente de s'introduire à nouveau dans l'organisme

_____ c) se différencient en plasmocytes qui sécrètent des anticorps spécifiques

_____ d) font le traitement et la présentation d'antigènes exogènes ; comprennent les macrophagocytes, les lymphocytes B et les cellules dendritiques

_____ e) sécrètent des cytokines qui servent de signaux de costimulation ; présentent des protéines CD4

_____ f) ingèrent les microorganismes et les particules étrangères ; comprennent les granulocytes neutrophiles et les macrophagocytes

_____ g) lymphocytes ayant la capacité de tuer un large éventail de microorganismes ainsi que les cellules de certaines tumeurs spontanées ; ces cellules sont dépourvues de récepteurs d'antigènes

1) lymphocytes T auxiliaires
2) lymphocytes T cytotoxiques
3) lymphocytes T et B mémoires
4) lymphocytes B
5) cellules tueuses naturelles
6) phagocytes
7) cellules présentatrices d'antigènes

15. Associez les éléments suivants (une même réponse peut servir plus d'une fois) :

_____ a) participent à l'inflammation, à l'opsonisation et à la cytolyse

_____ b) stimulent la libération d'histamine, attirent les granulocytes neutrophiles par chimiotactisme, favorisent la phagocytose et détruisent les bactéries

_____ c) glycoprotéines qui marquent la surface de toutes les cellules de l'organisme sauf les érythrocytes ; permettent de distinguer le soi du non-soi

_____ d) antigènes étrangers présents dans les liquides à l'extérieur des cellules

_____ e) antigènes étrangers synthétisés à l'intérieur des cellules de l'organisme

_____ f) petites hormones protéiques qui stimulent ou inhibent un grand nombre de fonctions cellulaires normales ; servent de signaux de costimulation des lymphocytes B et T

_____ g) substance dotée de réactivité mais non d'immunogénicité

_____ h) cause la vasodilatation et augmente la perméabilité des vaisseaux sanguins ; se trouve dans les mastocytes du tissu conjonctif ainsi que dans les granulocytes basophiles et les thrombocytes sanguins

_____ i) polypeptides formés dans le sang ; causent la vasodilatation et augmentent la perméabilité des vaisseaux sanguins ; servent d'agents chimiotactiques pour les phagocytes

_____ j) libérées par les cellules endommagées ; amplifient les effets de l'histamine et des kinines

_____ k) petits fragments d'antigènes qui déclenchent les réponses immunitaires

_____ l) libérés par les cellules infectées ; perturbent la réplication des virus dans les cellules hôtes

_____ m) substances chimiques libérées par les cellules tueuses naturelles et les lymphocytes T cytotoxiques qui peuvent causer l'apoptose des cellules cibles

_____ n) glycoprotéines formées de quatre chaînes polypeptidiques, dont deux identiques et deux variables qui contiennent le siège de la liaison aux antigènes

_____ o) libérée par les granulocytes basophiles et les mastocytes ; participe au chimiotactisme, à l'adhérence et à l'augmentation de la perméabilité des vaisseaux sanguins

1) antigènes exogènes
2) antigènes endogènes
3) interférons
4) haptène
5) cytokines
6) granzymes
7) histamine
8) antigènes du complexe majeur d'histocompatibilité (CMH)
9) kinines
10) leucotriènes
11) anticorps
12) protéines du complément
13) épitopes
14) prostaglandines

Vous trouverez les réponses à ces questions à l'appendice D.

1. Amélie observe sa mère en train de se faire vacciner contre la grippe. «Pourquoi as-tu besoin d'une piqûre, puisque tu n'es pas malade?» demande-t-elle. «Parce que je ne veux pas tomber malade», lui répond sa mère. Expliquez comment la vaccination prévient la grippe.

2. En raison d'un cancer du sein, Mme Lafrance a subi une mastectomie radicale droite qui consiste en l'ablation du sein droit et du muscle sous-jacent ainsi que des nœuds et des vaisseaux lymphatiques axillaires droits. Le bras droit de Mme Lafrance est maintenant très tuméfié. Pourquoi le chirurgien a-t-il enlevé le tissu lymphatique et le sein de cette dame? Pourquoi son bras droit est-il tuméfié?

3. La petite sœur de Théo a les oreillons. Théo ne se rappelle pas s'il les a déjà eus, mais il se sent légèrement fiévreux. De quelle manière le médecin pourra-t-il déterminer si Théo a attrapé les oreillons ou s'il les a déjà eus?

RÉPONSES AUX QUESTIONS DES FIGURES

22.1 La moelle osseuse rouge contient des cellules souches qui deviennent des lymphocytes.

22.2 La lymphe ressemble plus au liquide interstitiel qu'au plasma parce que la quantité de protéines qu'elle contient est faible.

22.3 Les troncs lombaires gauche et droit et le tronc intestinal se jettent dans la citerne du chyle, qui est drainée par le conduit thoracique.

22.4 L'inspiration favorise l'écoulement de la lymphe des vaisseaux lymphatiques abdominaux vers la région thoracique parce que, au cours de l'inspiration, la pression dans les vaisseaux de la région thoracique est inférieure à celle de la région abdominale.

22.5 Les lymphocytes T arrivent à maturité dans le thymus.

22.6 Les substances étrangères qui entrent dans un nœud lymphatique par la lymphe peuvent être phagocytées par les macrophagocytes ou attaquées par les lymphocytes B ou T au cours d'une réponse immunitaire.

22.7 La pulpe blanche de la rate assure des fonctions immunitaires grâce aux lymphocytes B et T; la pulpe rouge assure trois fonctions liées aux cellules sanguines: élimination par les macrophagocytes des cellules sanguines et des thrombocytes usés, emmagasinage des thrombocytes et production de cellules sanguines pendant le développement fœtal.

22.8 Le tissu lymphatique commence à se développer vers la fin de la cinquième semaine de gestation.

22.9 Les microorganismes ingérés peuvent être tués par le lysozyme, des enzymes digestives et des oxydants au cours de la phagocytose.

22.10 La rougeur est due à l'augmentation du débit sanguin par suite de la vasodilatation; la chaleur résulte de l'accroissement du débit sanguin et de l'accélération locale des réactions métaboliques; la tuméfaction résulte du liquide qui s'échappe des capillaires par suite de l'augmentation de leur perméabilité; la douleur résulte de lésions aux fibres nerveuses, de l'irritation causée par les toxines microbiennes, de l'action des kinines et des prostaglandines, ainsi que de la pression causée par l'œdème.

22.11 Les lymphocytes T auxiliaires participent à la fois aux réponses immunitaires à médiation cellulaire et aux réponses immunitaires humorales.

22.12 Un épitope est un petit fragment immunogène d'un antigène complexe; un haptène est une petite molécule qui ne devient immunogène que lorsqu'elle est liée à une protéine de l'organisme.

22.13 Les CPA comprennent les macrophagocytes, qui se trouvent dans de nombreux tissus de l'organisme, les lymphocytes B présents dans le sang et le tissu lymphatique, ainsi que les cellules dendritiques dans les muqueuses et la peau.

22.14 Le premier signal de l'activation d'un lymphocyte T est la reconnaissance de l'antigène qui s'effectue grâce à la liaison de l'antigène au récepteur d'antigènes présent sur le lymphocyte T (TCR); le second signal vient d'un agent de costimulation tel qu'une cytokine ou une paire de molécules membranaires.

22.15 Les lymphocytes T cytotoxiques attaquent certaines cellules tumorales et les cellules des greffons, en plus des cellules infectées par les microorganismes.

22.16 Un clone de plasmocytes ne sécrète qu'une seule sorte d'anticorps.

22.17 Les régions variables reconnaissent un antigène spécifique et s'y lient; elles constituent les sites de fixation aux antigènes.

22.18 La voie classique d'activation du complément est celle qui est liée aux anticorps parce que la protéine C1 se lie à la partie anticorps des complexes antigènes-anticorps formés à la surface des microorganismes. C1 active alors les protéines C2 et C4, qui activent à leur tour la protéine C3, laquelle joue un rôle central dans le système du complément.

22.19 Au maximum de la sécrétion, l'organisme produit environ 1 000 fois plus d'IgG lors de la réaction secondaire que lors de la réaction primaire.

22.20 Lorsqu'il y a délétion, les lymphocytes T ou B qui réagissent au soi meurent; dans le cas de l'anergie, les lymphocytes T ou B sont vivants, mais ils ne répondent pas à la stimulation par l'antigène.

22.21 Le VIH attaque les lymphocytes T auxiliaires.

LE SYSTÈME RESPIRATOIRE

LE SYSTÈME RESPIRATOIRE ET L'HOMÉOSTASIE

Le système respiratoire participe à l'homéostasie en assurant les échanges d'oxygène et de dioxyde de carbone. Ces échanges se déroulent entre l'air atmosphérique, le sang et les cellules des tissus. De plus, le système respiratoire participe à la régulation du pH des liquides organiques.

Les cellules du corps ont continuellement besoin d'oxygène* (O_2), un gaz indispensable au déroulement des réactions métaboliques au cours desquelles les molécules de nutriments sont dégradées pour produire l'énergie qui sera emmagasinée dans l'ATP. Au cours de ces réactions, du dioxyde de carbone (CO_2) est libéré. Or, ce gaz doit être éliminé rapidement et efficacement, car l'excès de CO_2 cause de l'acidité susceptible d'être toxique pour les cellules. Les systèmes cardio-vasculaire et respiratoire assurent conjointement l'approvisionnement en O_2 et l'élimination du CO_2. Le système respiratoire accomplit les échanges gazeux – absorption de l'O_2 et élimination de CO_2 – alors que le système cardiovasculaire transporte le sang contenant les gaz entre les poumons et les cellules de l'organisme. La défaillance de l'un ou l'autre des deux systèmes perturbe l'homéostasie et cause rapidement la mort des cellules par suite du manque d'oxygène et de l'accumulation de déchets. En plus d'assurer les échanges gazeux, le système respiratoire participe à la régulation du pH sanguin, contient des récepteurs qui jouent un rôle dans l'olfaction, filtre l'air inspiré, produit les sons et rejette une certaine quantité d'eau et de chaleur dans l'air expiré.

* O_2 : molécule d'oxygène ou dioxygène.

L'ANATOMIE DU SYSTÈME RESPIRATOIRE

OBJECTIFS

- Décrire l'anatomie et l'histologie du nez, du pharynx, du larynx, de la trachée, des bronches et des poumons.
- Nommer les fonctions de chacune des structures du système respiratoire.

Le **système respiratoire** comprend le nez, le pharynx (gorge), le larynx, la trachée, les bronches et les poumons (figure 23.1). On peut classer ces composantes en fonction de critères structuraux ou fonctionnels. Sur le plan *structural*, le système respiratoire est constitué de deux parties : 1) le **système respiratoire supérieur**, formé du nez, du pharynx et des structures associées ; et 2) le **système respiratoire inférieur**, formé du larynx, de la trachée, des bronches et des poumons. Sur le plan *fonctionnel*, le système respiratoire est également constitué de deux parties : 1) la **zone de conduction**, formée d'une série de cavités et de conduits reliés les uns aux autres et situés soit à l'intérieur ou à l'extérieur des poumons – le nez, le pharynx, le larynx, la trachée, les bronches, les bronchioles et les bronchioles terminales –, qui filtrent, réchauffent et humidifient l'air et l'acheminent dans les poumons ; et 2) la **zone respiratoire**, formée de tissus à l'intérieur des poumons où s'effectuent les échanges gazeux – les bronchioles respiratoires, les conduits alvéolaires, les sacs alvéolaires et les alvéoles pulmonaires. Ces dernières structures constituent les unités structurales et fonctionnelles des poumons et sont le principal lieu des échanges gazeux entre l'air et le sang.

La branche de la médecine qui porte sur le diagnostic et le traitement des maladies de l'oreille, du nez et de la gorge est appelée **otorhinolaryngologie** (*oto-* : oreille ; *rhino-* : nez ; *laruggo-* : gosier ; *logos* : discours). Le **pneumologue** est le spécialiste du diagnostic et du traitement des maladies des poumons.

LE NEZ

Le **nez** se divise en une partie externe et une partie interne. Le **nez externe** est constitué d'une charpente de tissu osseux et de cartilage hyalin, recouverte de muscles et de peau, et tapissée d'une muqueuse. La charpente osseuse comprend l'os frontal, les os nasaux et les maxillaires (figure 23.2a). La charpente cartilagineuse comprend le **cartilage septal du nez**, qui forme la partie antérieure du septum nasal, les **cartilages nasaux latéraux** sous les os nasaux et les **cartilages alaires**, qui constituent une partie des parois des narines. La charpente cartilagineuse est formée de cartilage hyalin souple, ce qui lui confère une certaine flexibilité. Les deux ouvertures sous le nez externe sont appelées **narines**. La figure 23.3 montre l'anatomie de surface du nez.

Les structures situées à l'intérieur du nez externe ont trois fonctions : 1) réchauffer, humidifier et filtrer l'air qui entre ; 2) détecter les stimulus olfactifs ; et 3) modifier les vibrations de la voix, parce que les narines constituent de grandes cavités de résonance. Le terme *résonance* désigne le prolongement, l'amplification ou la modification d'un son par la vibration qui le caractérise.

LA RHINOPLASTIE

La **rhinoplastie** (*plassein* : façonner) est une opération chirurgicale qui vise à modifier la structure du nez externe. Bien qu'elle soit souvent pratiquée pour des raisons esthétiques, elle sert parfois à réparer un nez fracturé ou à corriger une déviation du septum nasal. Elle s'effectue sous anesthésie à la fois locale et générale. À l'aide d'instruments qu'on fait passer par les narines, on remodèle le cartilage nasal, on brise et on replace les os du nez de manière à obtenir la forme voulue. On maintient le nez en position pendant la cicatrisation au moyen d'un méchage et d'une attelle internes. ■

Le **nez interne** est une grande cavité de la face antérieure du crâne située sous les os nasaux et au-dessus de la bouche. Sa paroi contient du tissu musculaire et elle est tapissée d'une muqueuse. À l'avant, le nez interne se joint au nez externe et, à l'arrière, il communique avec le pharynx par deux ouvertures appelées **choanes** (figure 23.2b). Des conduits reliés aux sinus paranasaux et les conduits lacrymonasaux s'ouvrent aussi dans le nez interne. Nous avons vu au chapitre 7 que les sinus paranasaux sont des cavités appariées dans des os du crâne et de la face, et tapissées de muqueuses qui se joignent à la muqueuse de la cavité nasale. Ce sont les os frontal, sphénoïdal, ethmoïdal et maxillaire du crâne qui contiennent les sinus paranasaux (voir la figure 7.13). En plus de produire du mucus, ces derniers servent de cavités de résonance pour les sons de la parole ou du chant. Les parois latérales du nez interne sont formées par l'os ethmoïde, les maxillaires, les os lacrymaux, les os palatins et les cornets nasaux inférieurs (voir les figures 7.4 et 7.5) ; l'os ethmoïde forme aussi la paroi supérieure du nez. Le plancher du nez interne est formé principalement des os palatins et des processus palatins des maxillaires qui, ensemble, constituent le palais osseux.

Chacun des espaces à l'intérieur du nez interne est appelé **cavité nasale**. La partie antérieure de la cavité nasale, juste à l'intérieur des narines, est le **vestibule**, qui est entouré de cartilage ; la partie supérieure de la cavité nasale est limitée par des os. Une cloison verticale, le **septum nasal**, sépare les cavités nasales, gauche et droite. La partie antérieure du septum est constituée principalement de cartilage hyalin ; le reste est formé par le vomer, la lame perpendiculaire de l'ethmoïde, les maxillaires et les os palatins (voir la figure 7.11).

Quand l'air pénètre dans les narines, il passe d'abord par le vestibule. La peau qui tapisse ce dernier contient des poils rugueux qui filtrent les grosses particules de poussière. La paroi latérale (du côté du septum nasal) de chaque cavité nasale présente des projections osseuses recourbées qui forment trois «étagères» appelées respectivement *cornets nasaux supérieur, moyen* et *inférieur*. Les cornets délimitent dans chaque cavité nasale une série de sillons ou couloirs : les **méats** (*meatus* : passage) **nasaux supérieur, moyen** et **inférieur**. Une muqueuse tapisse chaque cavité nasale et ses cornets et méats. L'alternance de cornets et de méats augmente la surface de la muqueuse du nez interne, ce qui favorise le contact des particules de l'air avec le mucus et prévient la déshydratation en emprisonnant les gouttelettes d'eau au cours de l'expiration.

En passant dans le nez, l'air est réchauffé, filtré et humidifié, et c'est à ce moment qu'a lieu le processus d'olfaction. Les récepteurs olfactifs sont situés dans **l'épithélium de la région olfactive**,

FIGURE 23.1 Les structures du système respiratoire.

Le système respiratoire supérieur comprend le nez, le pharynx et les structures associées ; le système respiratoire inférieur comprend le larynx, la trachée, les bronches et les poumons.

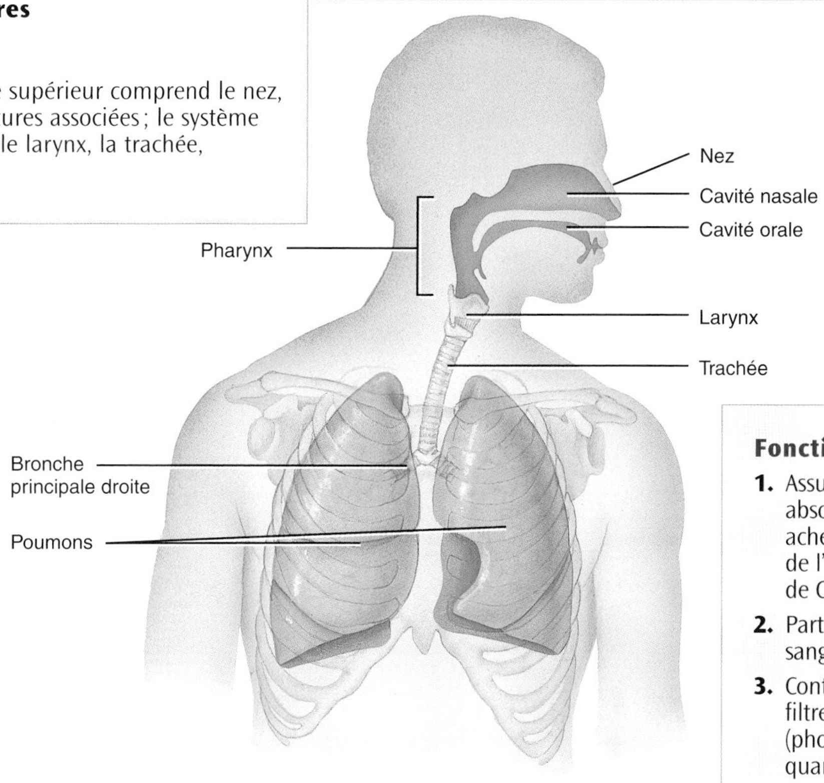

Nez

Cavité nasale

Cavité orale

Pharynx

Larynx

Trachée

Bronche principale droite

Poumons

Fonctions

1. Assure les échanges gazeux : absorption d'O_2 qui sera acheminé vers les cellules de l'organisme et élimination de CO_2 produit par les cellules.

2. Participe à la régulation du pH sanguin.

3. Contient les récepteurs olfactifs, filtre l'air inspiré, produit des sons (phonation) et élimine de petites quantités d'eau et de chaleur.

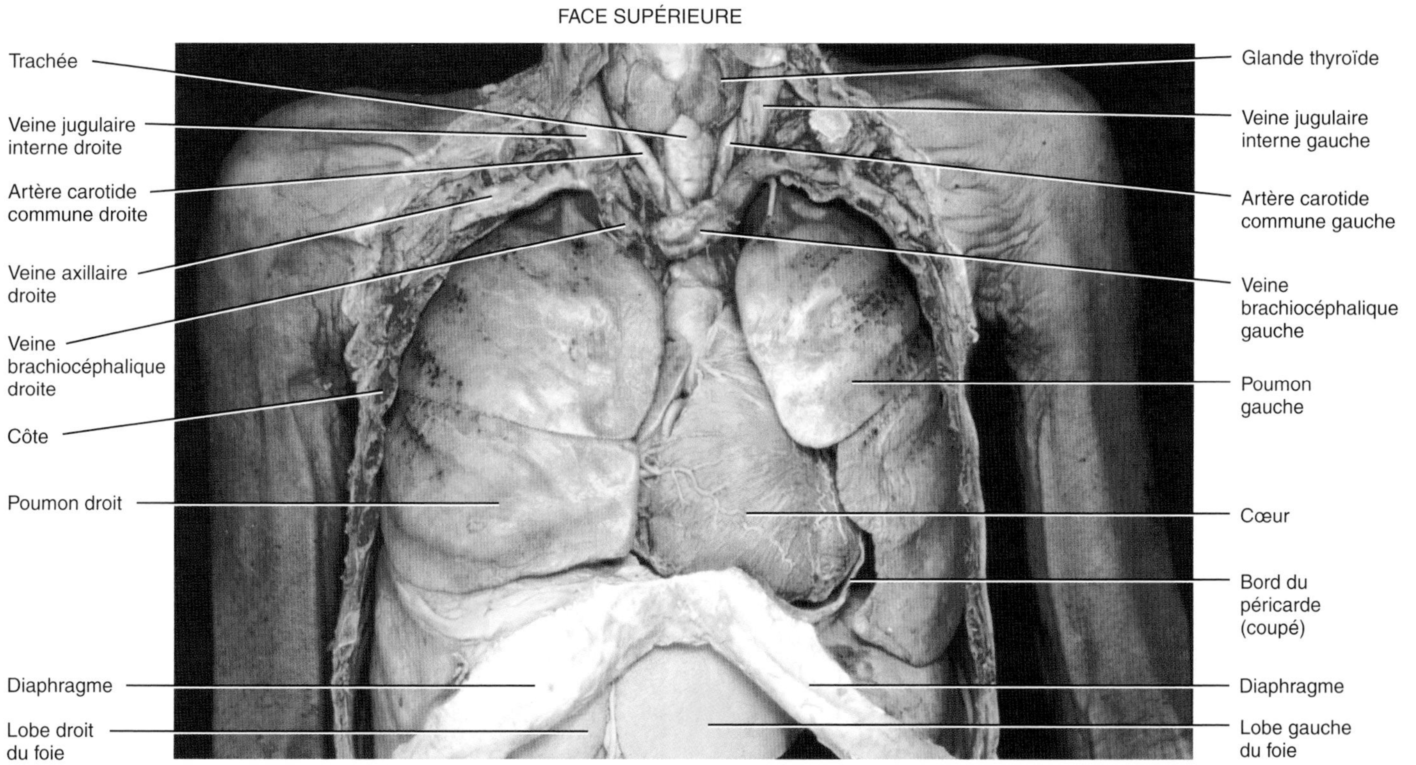

(a) Vue antérieure des organes de la respiration

FACE SUPÉRIEURE

Trachée

Veine jugulaire interne droite

Artère carotide commune droite

Veine axillaire droite

Veine brachiocéphalique droite

Côte

Poumon droit

Diaphragme

Lobe droit du foie

Glande thyroïde

Veine jugulaire interne gauche

Artère carotide commune gauche

Veine brachiocéphalique gauche

Poumon gauche

Cœur

Bord du péricarde (coupé)

Diaphragme

Lobe gauche du foie

(b) Vue antérieure des poumons après résection de la paroi thoracique antérolatérale et de la plèvre pariétale

Quelles structures font partie de la zone de conduction du système respiratoire ?

FIGURE 23.2 Les structures respiratoires de la tête et du cou.

En passant dans le nez, l'air est réchauffé, filtré et humidifié, et le processus d'olfaction a lieu.

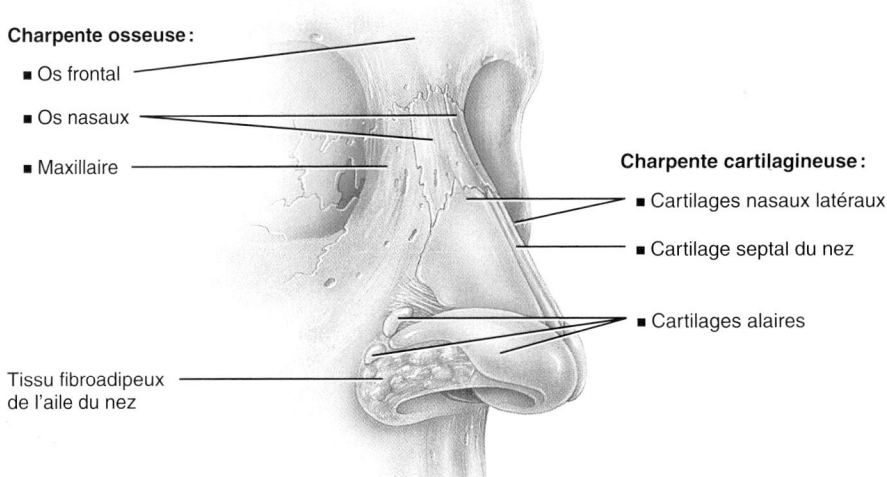

Charpente osseuse :
- Os frontal
- Os nasaux
- Maxillaire

Charpente cartilagineuse :
- Cartilages nasaux latéraux
- Cartilage septal du nez
- Cartilages alaires

Tissu fibroadipeux de l'aile du nez

(a) Vue antérolatérale de la partie externe du nez montrant les charpentes osseuse et cartilagineuse

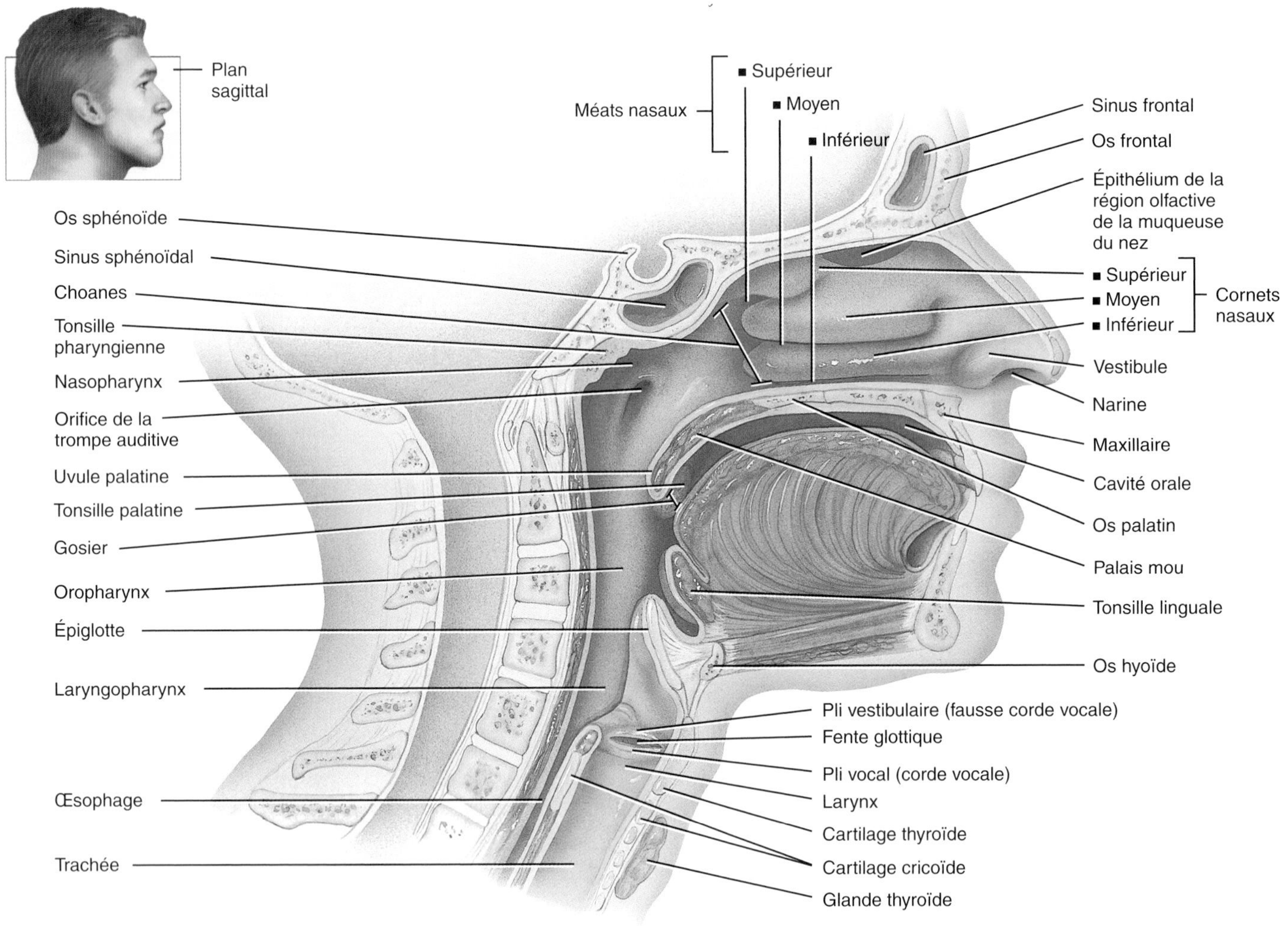

Plan sagittal

Méats nasaux
- Supérieur
- Moyen
- Inférieur

Sinus frontal
Os frontal
Épithélium de la région olfactive de la muqueuse du nez

Cornets nasaux
- Supérieur
- Moyen
- Inférieur

Vestibule
Narine
Maxillaire
Cavité orale
Os palatin
Palais mou
Tonsille linguale
Os hyoïde

Os sphénoïde
Sinus sphénoïdal
Choanes
Tonsille pharyngienne
Nasopharynx
Orifice de la trompe auditive
Uvule palatine
Tonsille palatine
Gosier
Oropharynx
Épiglotte
Laryngopharynx
Œsophage
Trachée

Pli vestibulaire (fausse corde vocale)
Fente glottique
Pli vocal (corde vocale)
Larynx
Cartilage thyroïde
Cartilage cricoïde
Glande thyroïde

(b) Coupe sagittale du côté gauche de la tête et du cou montrant la situation des structures respiratoires

Q Quel parcours effectue l'air qui passe par le nez ?

FIGURE 23.3 L'anatomie de surface du nez.

Le nez externe possède une charpente cartilagineuse et osseuse.

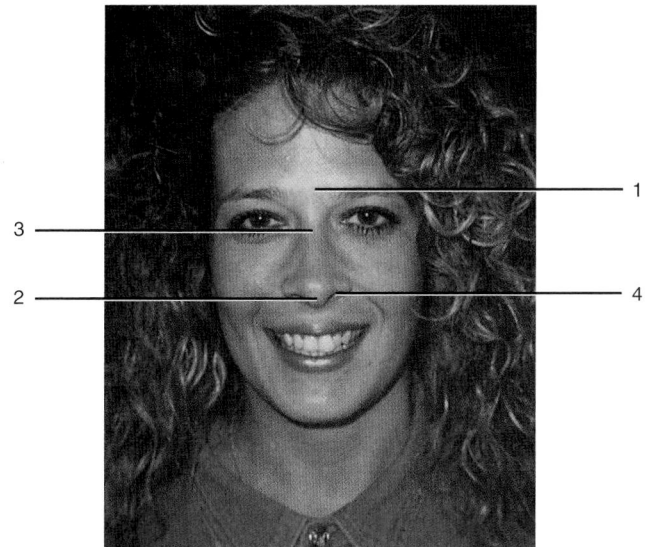

Vue antérieure

1. **Racine :** Point d'attache supérieur du nez à l'os frontal
2. **Pointe du nez :** Extrémité du nez
3. **Arête :** Charpente osseuse du nez formée par les os nasaux
4. **Narine :** Ouverture de la cavité nasale vers l'extérieur

 Quelle partie du nez s'attache à l'os frontal ?

soit une région de la muqueuse qui tapisse les cornets nasaux supérieurs et le septum adjacent. Au-dessous de cette région, la muqueuse contient des capillaires et un épithélium pseudostratifié prismatique cilié comportant de nombreuses cellules caliciformes. En tourbillonnant autour des cornets et dans les méats, l'air inspiré est réchauffé par le sang qui circule dans les nombreux capillaires. Le mucus sécrété par les cellules caliciformes humidifie l'air et emprisonne les particules de poussière. Le liquide qui s'écoule des conduits lacrymonasaux et, parfois, les sécrétions des sinus paranasaux contribuent également à humidifier l'air inspiré. Les cils déplacent le mucus et les particules de poussière emprisonnées vers le pharynx, d'où ils peuvent être avalés ou crachés, ce qui débarrasse les voies respiratoires.

▶ POINT DE CONTRÔLE

1. Quelles sont les fonctions communes des systèmes respiratoire et cardiovasculaire ?
2. Quelles caractéristiques générales sur les plans structural et fonctionnel distinguent les systèmes respiratoires supérieur et inférieur ? Lesquelles sont identiques ?
3. Comparer le nez externe et le nez interne du point de vue de leur structure et de leurs fonctions.

LE PHARYNX

Le **pharynx** est un tube en forme d'entonnoir, d'environ 13 cm de longueur, qui prend naissance au niveau des choanes et s'étend jusqu'à la hauteur du cartilage cricoïde, soit le cartilage du larynx situé le plus bas (figure 23.4). Le pharynx se trouve juste derrière les cavités orale et nasales, au-dessus du larynx et immédiatement devant les vertèbres cervicales. Sa paroi est composée de muscles squelettiques et tapissée d'une muqueuse. Le pharynx sert de passage pour l'air et les aliments, constitue une caisse de résonance pour la phonation et abrite les tonsilles (ou amygdales), qui participent aux réactions immunitaires contre les envahisseurs étrangers.

On peut diviser le pharynx en trois régions anatomiques : 1) le nasopharynx, 2) l'oropharynx, et 3) le laryngopharynx (schéma dans le coin inférieur gauche de la figure 23.4). La musculature de l'ensemble du pharynx est disposée en deux couches : une couche externe circulaire et une couche interne longitudinale.

La partie supérieure du pharynx, appelée **nasopharynx**, se trouve derrière les cavités nasales et s'étend jusqu'au palais mou. Sa paroi comporte cinq ouvertures : les deux choanes, les deux orifices qui mènent dans les trompes auditives (ou pharyngotympaniques, communément appelées trompes d'Eustache) et l'ouverture qui donne sur l'oropharynx. La paroi postérieure porte également la **tonsille pharyngienne**. Le nasopharynx reçoit par les choanes l'air provenant des cavités nasales ainsi que du mucus chargé de particules. Il est tapissé d'épithélium pseudostratifié prismatique cilié, et les cils poussent le mucus vers la région inférieure du pharynx. Le nasopharynx échange aussi de petites quantités d'air avec les trompes auditives de façon à équilibrer la pression de l'air entre le pharynx et l'oreille moyenne.

La partie intermédiaire du pharynx, appelée **oropharynx**, est située derrière la cavité orale et s'étend vers le bas, du palais mou jusqu'à la hauteur de l'os hyoïde. Elle ne possède qu'une ouverture, le **gosier**, qui communique avec la bouche. Cette région du pharynx remplit à la fois des fonctions respiratoire et digestive parce qu'elle constitue un passage commun pour l'air et les aliments solides et liquides. Elle résiste à l'action abrasive des aliments grâce à son épithélium stratifié pavimenteux non kératinisé. L'oropharynx abrite deux paires de tonsilles, les **tonsilles palatines** et **linguales**.

La partie inférieure du pharynx, qui porte le nom de **laryngopharynx**, prend naissance à la hauteur de l'os hyoïde et s'étend jusqu'au cartilage cricoïde du larynx. Il s'ouvre à l'arrière sur l'œsophage et à l'avant sur le larynx. Comme l'oropharynx, c'est une voie à double fonction, respiratoire et digestive, tapissée d'épithélium stratifié pavimenteux non kératinisé.

LE LARYNX

Le **larynx** est un court passage reliant le laryngopharynx à la trachée. Il est situé sur la ligne médiane du cou, devant l'œsophage et les quatrième, cinquième et sixième vertèbres cervicales (C4 à C6).

La paroi du larynx est constituée de neuf cartilages (figure 23.5), dont trois sont impairs et trois sont pairs. Les cartilages impairs sont le cartilage thyroïde, l'épiglotte et le cartilage cricoïde. Les

FIGURE 23.4 Le pharynx.

Les trois régions du pharynx sont : 1) le nasopharynx, 2) l'oropharynx, et 3) le laryngopharynx.

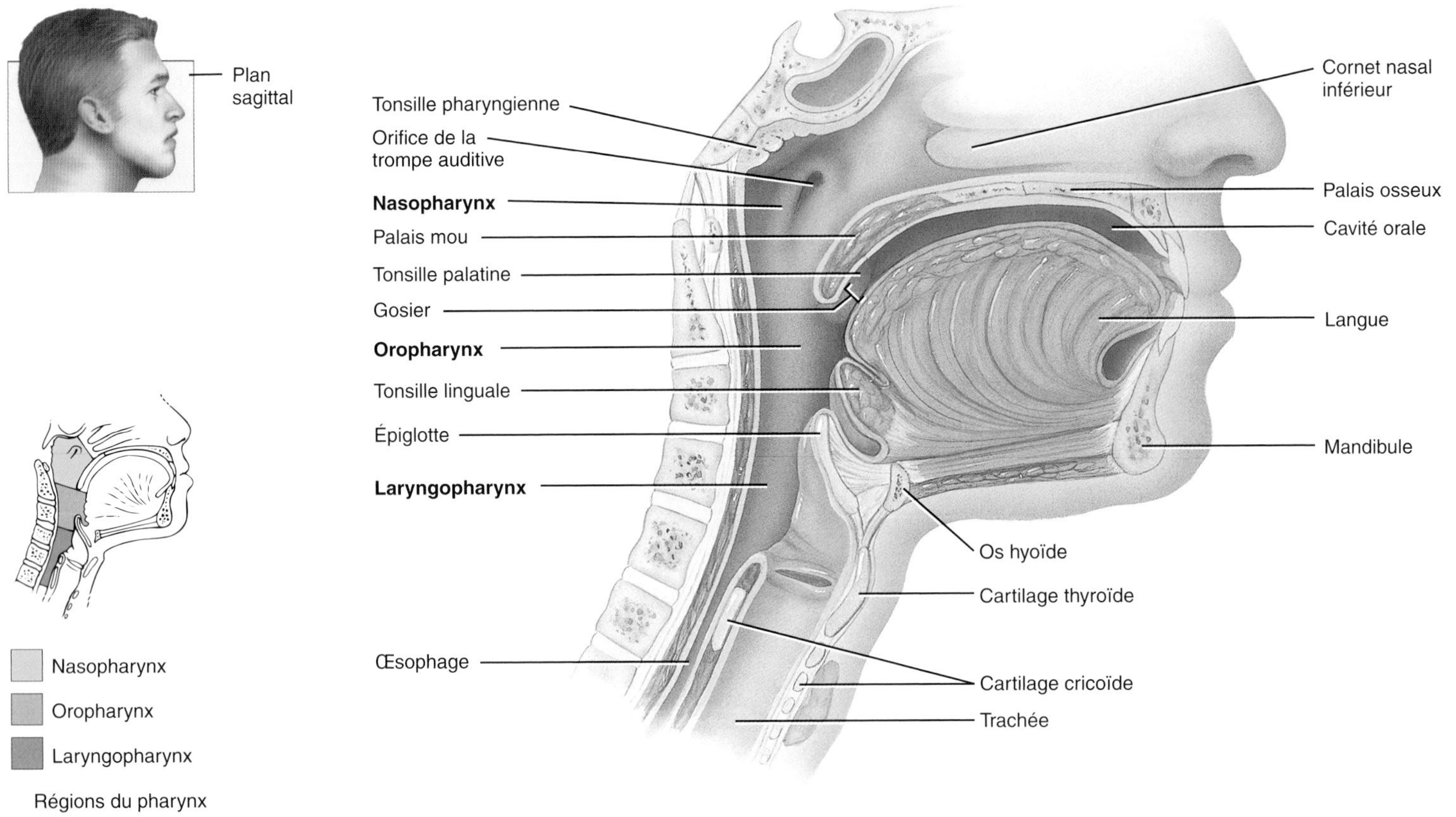

Plan sagittal

Tonsille pharyngienne

Orifice de la trompe auditive

Nasopharynx

Palais mou

Tonsille palatine

Gosier

Oropharynx

Tonsille linguale

Épiglotte

Laryngopharynx

Œsophage

Cornet nasal inférieur

Palais osseux

Cavité orale

Langue

Mandibule

Os hyoïde

Cartilage thyroïde

Cartilage cricoïde

Trachée

Nasopharynx

Oropharynx

Laryngopharynx

Régions du pharynx

Coupe sagittale montrant les régions du pharynx

Quelles sont les limites supérieure et inférieure du pharynx ?

cartilages pairs sont les cartilages aryténoïdes, cunéiformes et corniculés. Les cartilages aryténoïdes sont les plus importants des cartilages pairs, parce qu'ils influent sur la position et la tension des plis vocaux, ou cordes vocales. Les muscles extrinsèques du larynx relient les cartilages à d'autres structures de la gorge ; les muscles intrinsèques relient les cartilages entre eux.

Le **cartilage thyroïde**, ou pomme d'Adam, comprend deux lames de cartilage hyalin soudées qui constituent la paroi antérieure du larynx et donnent à celui-ci une forme triangulaire. Il est présent chez les deux sexes, mais il est généralement plus développé chez les hommes à cause de l'influence des hormones sexuelles mâles sur sa croissance pendant la puberté. Le ligament qui relie le cartilage thyroïde à l'os hyoïde est appelé **membrane thyrohyoïdienne**.

L'**épiglotte** (*epi-* : sur ; *glôtta* : langue) est un gros cartilage élastique, en forme de feuille, recouvert d'épithélium (figures 23.4 et 23.5b). La « tige » de l'épiglotte, c'est-à-dire la partie inférieure effilée, s'attache au bord antérieur du cartilage thyroïde et de l'os hyoïde, alors que la partie supérieure, plus large, soit « la feuille proprement dite », est libre de s'ouvrir et de se fermer comme une

trappe. Pendant la respiration, la partie supérieure de l'épiglotte est relevée et l'ouverture du larynx permet le passage de l'air inspiré. Pendant la déglutition, le pharynx et le larynx se soulèvent. En s'élevant, le pharynx s'élargit pour recevoir les aliments solides ou liquides. L'élévation du larynx fait descendre l'épiglotte, qui se referme alors sur la glotte comme un couvercle. La **glotte** est constituée d'une paire de plis de la muqueuse, soit les plis vocaux du larynx, et de l'espace compris entre eux, appelé **fente glottique**. La fermeture du larynx durant la déglutition achemine les aliments et les liquides vers l'œsophage et les empêche de pénétrer dans les voies respiratoires situées plus bas. Quand de petites particules de poussière, de fumée, de nourriture ou de liquide passent dans le larynx, elles déclenchent le réflexe de la toux, qui expulse ces corps étrangers.

Le **cartilage cricoïde** (*krikos* : anneau) est un anneau de cartilage hyalin qui forme la paroi inférieure du larynx. Il est attaché au premier anneau de cartilage de la trachée par le **ligament cricotrachéal** et il est relié au cartilage thyroïde par le **ligament cricothyroïdien**. Il sert de repère lorsqu'il faut ouvrir une voie aérienne d'urgence (trachéotomie ; voir p. 924).

FIGURE 23.5 Le larynx.

Le larynx est constitué de neuf cartilages.

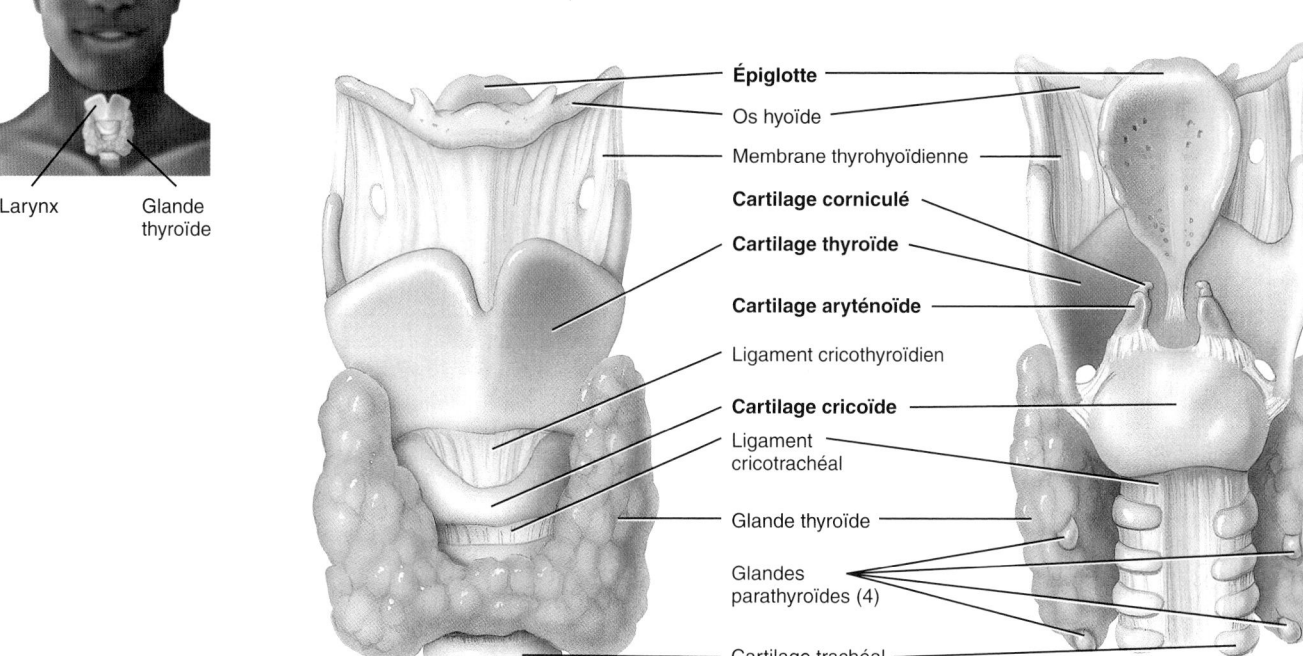

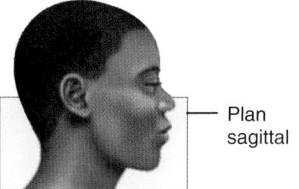

Larynx   Glande thyroïde

Épiglotte
Os hyoïde
Membrane thyrohyoïdienne
Cartilage corniculé
Cartilage thyroïde
Cartilage aryténoïde
Ligament cricothyroïdien
Cartilage cricoïde
Ligament cricotrachéal
Glande thyroïde
Glandes parathyroïdes (4)
Cartilage trachéal

(a) Vue antérieure

(b) Vue postérieure

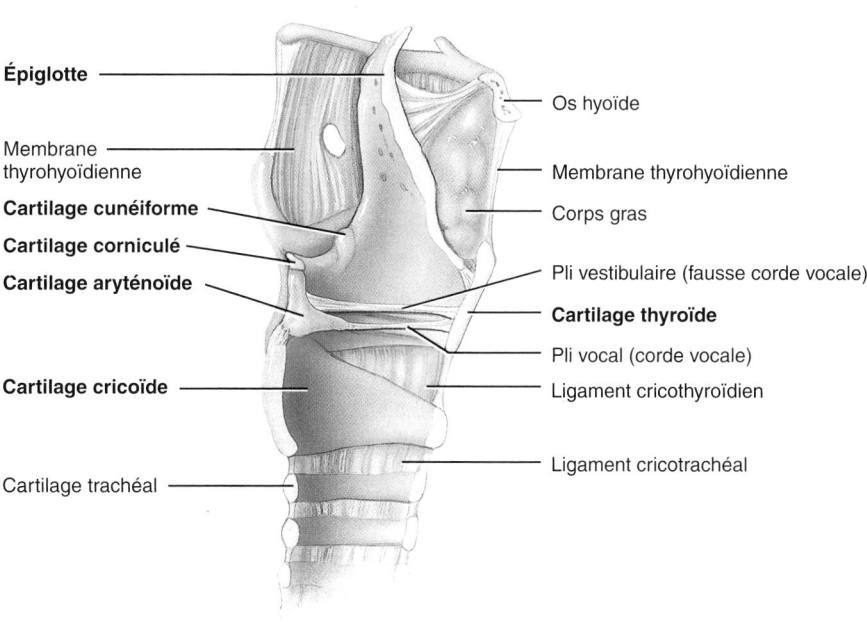

Plan sagittal

Épiglotte
Membrane thyrohyoïdienne
Cartilage cunéiforme
Cartilage corniculé
Cartilage aryténoïde
Cartilage cricoïde
Cartilage trachéal

Os hyoïde
Membrane thyrohyoïdienne
Corps gras
Pli vestibulaire (fausse corde vocale)
Cartilage thyroïde
Pli vocal (corde vocale)
Ligament cricothyroïdien
Ligament cricotrachéal

(c) Coupe sagittale

Comment l'épiglotte prévient-elle l'aspiration d'aliments solides ou liquides ?

La paire de **cartilages aryténoïdes** (*arutaina*: aiguière) est formée de deux structures triangulaires composées principalement de cartilage hyalin. Les cartilages aryténoïdes sont situés sur le bord supérieur et postérieur du cartilage cricoïde. Ils sont reliés aux plis vocaux et aux muscles pharyngiens intrinsèques. Ces derniers s'appuient sur les cartilages aryténoïdes lorsqu'ils se contractent et actionnent les plis vocaux pour produire des sons.

La paire de **cartilages corniculés** (*corniculum*: petite corne) est constituée de deux structures en forme de cornes, comme leur nom l'indique, composées de cartilage élastique et situées chacune au sommet d'un cartilage aryténoïde. Les cartilages corniculés servent de soutien à l'épiglotte.

La paire de **cartilages cunéiformes** (*cuneus*: coin) est située devant les cartilages corniculés. Ces structures ressemblant à la tête d'un bâton de golf sont constituées de cartilage élastique. Elles soutiennent les plis vocaux et les côtés de l'épiglotte.

Au-dessus des plis vocaux, le larynx est tapissé d'un épithélium stratifié pavimenteux non kératinisé. Au-dessous des plis vocaux, il est recouvert d'un épithélium pseudostratifié prismatique cilié, constitué de cellules prismatiques ciliées, de cellules caliciformes et de cellules basales. Le mucus produit par les cellules caliciformes aide à capter les particules qui ont réussi à traverser les voies respiratoires supérieures. Alors que les cils des voies respiratoires supérieures déplacent le mucus et les particules emprisonnées vers le *bas* en direction du pharynx, les cils des voies respiratoires inférieures les repoussent vers le *haut* en direction du pharynx.

LES STRUCTURES DE LA PHONATION

La muqueuse du larynx forme deux paires de plis (figure 23.5c): la paire supérieure porte le nom de **plis vestibulaires**, ou fausses cordes vocales, tandis que la paire inférieure est qualifiée de **plis vocaux**, ou **cordes vocales**. L'espace entre les plis vestibulaires est appelé **fente vestibulaire**. Le **ventricule du larynx** est formé par une dilatation latérale de la partie centrale de la cavité du larynx, située sous les plis vestibulaires et au-dessus des plis vocaux (figure 23.2b).

Le rapprochement des plis vestibulaires permet à la personne de retenir son souffle malgré la pression exercée par la cavité thoracique, comme si elle faisait un effort pour soulever un objet lourd. Sous la muqueuse des plis vocaux, dont l'épithélium est du type stratifié pavimenteux non kératinisé, se trouvent des bandes de ligaments élastiques tendues entre les éléments de cartilage rigide comme les cordes d'une guitare. Les muscles intrinsèques du larynx sont reliés à la fois au cartilage rigide et aux plis vocaux. Quand ces muscles se contractent, ils tendent davantage les ligaments élastiques, ce qui tire les plis vocaux vers le centre du larynx et provoque ainsi un rétrécissement de la fente glottique. Si de l'air est envoyé contre les plis vocaux, ceux-ci se mettent à vibrer et produisent des sons (phonation), et créent des ondes sonores dans la colonne d'air qui occupe le pharynx, le nez et la bouche. Plus la pression de l'air est grande, plus le son est fort.

Quand les muscles intrinsèques du larynx se contractent, ils tirent sur les cartilages aryténoïdes et les font ainsi pivoter. Par exemple, la contraction des muscles cricoaryténoïdiens postérieurs éloigne les plis vocaux l'un de l'autre (abduction), ce qui provoque

l'ouverture de la fente glottique (figure 23.6a). À l'inverse, la contraction des muscles cricoaryténoïdiens latéraux rapproche les plis vocaux l'un de l'autre (adduction) et ferme ainsi la fente glottique (figure 23.6b). D'autres muscles intrinsèques peuvent agir sur les plis vocaux pour les allonger (et soumettre à une tension) ou pour les raccourcir (et les détendre).

La tension des plis vocaux détermine la hauteur des sons produits, laquelle est liée à sa fréquence (le nombre de vibrations par unité de temps). Si les plis vocaux sont tendus par l'action des muscles, ils vibrent rapidement et produisent des sons aigus. Si la tension musculaire s'exerçant sur les plis vocaux diminue, ceux-ci vibrent plus lentement et les sons produits sont plus graves. À cause de l'influence des androgènes (hormones sexuelles mâles), les plis vocaux sont habituellement plus épais et plus longs chez les hommes que chez les femmes. Ils vibrent donc plus lentement et le registre de la voix masculine est généralement plus grave que celui de la voix féminine.

Les sons proviennent de la vibration des plis vocaux, mais il faut la participation d'autres structures pour les convertir en paroles reconnaissables. Le pharynx, la bouche, les cavités nasales et les sinus paranasaux, en jouant le rôle de caisses de résonance, donnent à la voix sa qualité humaine et son individualité. Nous produisons les voyelles en contractant et en relâchant les muscles de la paroi du pharynx. Les muscles du visage, de la langue et des lèvres nous aident à articuler les mots.

Le chuchotement s'obtient en fermant partiellement la fente glottique de manière à n'en laisser ouverte que la partie postérieure. Les plis vocaux ne vibrent pas lorsqu'on chuchote, si bien qu'on n'émet ni sons aigus, ni sons graves. Néanmoins, il est possible de prononcer des paroles intelligibles en changeant la forme de la cavité orale. Les variations de volume de cette dernière en modifient la résonance et permettent de moduler l'air qui est projeté vers les lèvres de façon à simuler les voyelles.

LA LARYNGITE ET LE CANCER DU LARYNX

La **laryngite** est l'infection du larynx. La plupart du temps, elle est provoquée par une infection respiratoire ou par un irritant, telle la fumée de cigarette. L'inflammation des plis vocaux rend la voix enrouée ou entraîne une extinction de voix. En effet, cette inflammation rend difficile la contraction des plis vocaux ou s'accompagne d'une enflure qui empêche les plis de vibrer librement. Bon nombre de fumeurs endurcis sont constamment enroués à cause des dommages résultant de l'inflammation chronique des plis vocaux. Le **cancer du larynx**, qui atteint presque uniquement les fumeurs, se caractérise par l'enrouement de la voix, des douleurs à la déglutition ou une douleur irradiant vers une oreille. Le traitement fait appel à la radiothérapie ou à la chirurgie, parfois aux deux méthodes. ■

LA TRACHÉE

La **trachée** (*trakheia artêria*: conduit respiratoire raboteux) est un conduit d'air tubulaire d'environ 12 cm de long et 2,5 cm de diamètre. Elle est située devant l'œsophage (figure 23.7) et s'étend du larynx jusqu'au bord supérieur de la cinquième vertèbre thoracique (T5), où elle se divise pour former les bronches principales droite et gauche (figure 23.8).

FIGURE 23.6 Le mouvement des plis vocaux.

La glotte est constituée d'une paire de plis de la muqueuse du larynx (les plis vocaux) et de l'espace qui les sépare (la fente glottique).

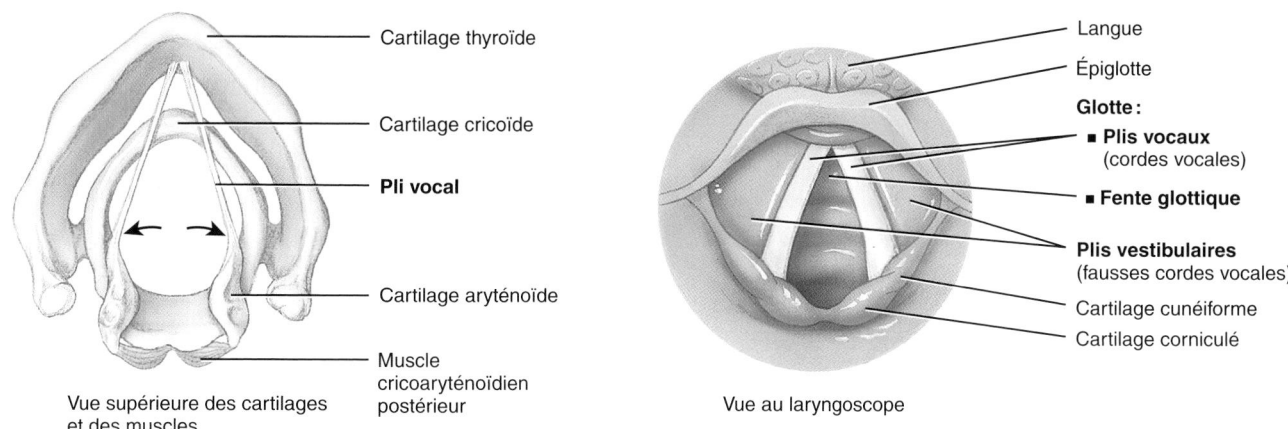

Cartilage thyroïde

Cartilage cricoïde

Pli vocal

Cartilage aryténoïde

Muscle cricoaryténoïdien postérieur

Vue supérieure des cartilages et des muscles

Langue

Épiglotte

Glotte:
- **Plis vocaux** (cordes vocales)
- **Fente glottique**

Plis vestibulaires (fausses cordes vocales)

Cartilage cunéiforme

Cartilage corniculé

Vue au laryngoscope

(a) Mouvement de séparation des plis vocaux (abduction)

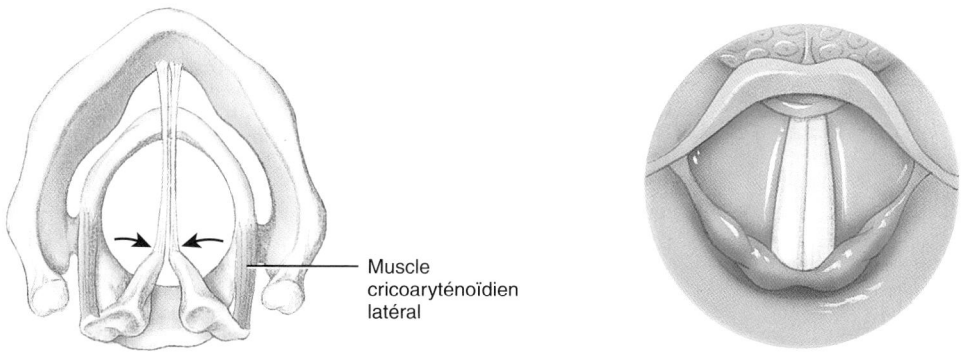

Muscle cricoaryténoïdien latéral

(b) Mouvement de rapprochement des plis vocaux (adduction)

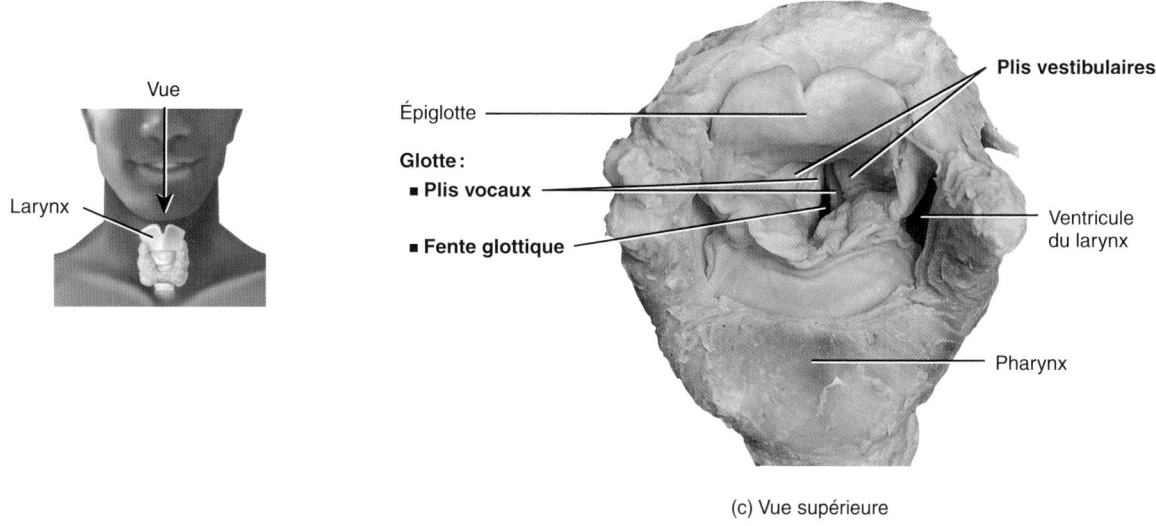

Vue

Larynx

Épiglotte

Glotte:
- **Plis vocaux**
- **Fente glottique**

Plis vestibulaires

Ventricule du larynx

Pharynx

(c) Vue supérieure

Quelle est la principale fonction des plis vocaux?

FIGURE 23.7 La situation de la trachée par rapport à l'œsophage.

La trachée est située devant l'œsophage et s'étend du larynx jusqu'au bord supérieur de la cinquième vertèbre thoracique.

FACE POSTÉRIEURE

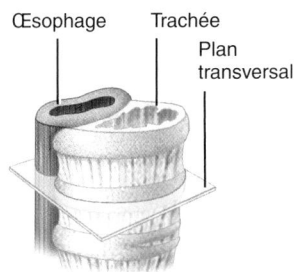

Œsophage   Trachée
            Plan
            transversal

Lumière de l'œsophage

Muscle trachéal

Lumière de la trachée

Cartilage trachéal (hyalin)

MO 2,6×

FACE ANTÉRIEURE

Photomicrographie d'une coupe transversale de la trachée et de l'œsophage

Quel est l'avantage de l'absence de cartilage entre la trachée et l'œsophage?

La paroi de la trachée comprend quatre couches. Ce sont, de l'intérieur vers l'extérieur: 1) une muqueuse, 2) une sous-muqueuse, 3) du cartilage hyalin, et 4) une adventice (composée de tissu conjonctif lâche). La muqueuse de la trachée comprend un épithélium pseudostratifié prismatique cilié recouvrant un chorion qui contient des fibres élastiques et réticulaires. L'épithélium pseudostratifié prismatique cilié est constitué de cellules prismatiques ciliées et de cellules caliciformes qui se rendent jusqu'à la lumière, ainsi que de cellules basales enfouies (voir le tableau 4.1E). Cet épithélium procure la même protection contre les particules inhalées que la muqueuse qui tapisse les cavités nasales et le larynx. La sous-muqueuse est composée de tissu conjonctif lâche contenant des glandes séromuqueuses et leurs conduits.

On compte de 16 à 20 anneaux incomplets de cartilage hyalin, empilés comme autant de lettres C placées à l'horizontale. On peut les palper, à travers la peau, sous le larynx. L'ouverture des anneaux en C est tournée vers l'œsophage (figure 23.7), ce qui permet une légère distension de ce conduit dans la trachée durant la déglutition. Des myocytes lisses transverses, qui forment le **muscle trachéal**, et du tissu conjonctif élastique stabilisent les extrémités libres des anneaux de cartilage. Ces derniers servent de soutien semi-rigide à la paroi trachéale et l'empêchent ainsi de s'affaisser (surtout durant l'inspiration) et de bloquer le passage de l'air. L'adventice est composée de tissu conjonctif lâche qui relie la trachée aux tissus environnants. Notez que l'organisation anatomique de la trachée la fait ressembler au tuyau d'un aspirateur à la fois souple et flexible, mais assez rigide pour conserver la forme tubulaire du tuyau. La même analogie permet également de comprendre que les caractéristiques structurales de la trachée lui permettent de suivre les flexions du cou sans affecter le déplacement de l'air.

LA TRACHÉOTOMIE ET L'INTUBATION

Plusieurs états pathologiques peuvent causer l'obstruction de la trachée et entraver ainsi le passage de l'air. Par exemple, il arrive que les anneaux de cartilage soutenant la trachée s'écrasent par suite d'un coup à la poitrine; une forte inflammation peut faire enfler la muqueuse au point d'obstruer les voies respiratoires; des vomissures ou un corps étranger peuvent être aspirés; enfin une tumeur cancéreuse fait parfois saillie dans la trachée. On emploie deux méthodes pour rétablir la respiration quand la trachée est obstruée. Si l'obstruction se trouve au-dessus du larynx, on effectue une **trachéotomie** (-*tomie*: couper), une opération au cours de laquelle on pratique une ouverture dans la trachée. Cette intervention, aussi appelée *trachéostomie*, consiste à faire d'abord une incision dans la peau, puis une courte incision longitudinale dans la trachée, sous le cartilage cricoïde. Le patient respire ensuite au moyen d'une canule trachéale en métal ou en plastique insérée dans l'incision. La seconde méthode est l'**intubation**, qui consiste à introduire une canule dans la bouche ou le nez, que l'on pousse ensuite dans le larynx et la trachée. La canule est assez rigide pour déplacer toute obstruction molle et la lumière du conduit permet le passage de l'air. Si du mucus s'est accumulé dans la trachée, la canule permet de l'aspirer. ∎

L'arbre bronchique commence à la trachée et prend fin dans les bronchioles terminales.

Ramifications de l'arbre bronchique

Trachée
↓
Bronches principales
↓
Bronches lobaires
↓
Bronches segmentaires
↓
Bronchioles
↓
Bronchioles terminales

Larynx

Trachée

Plèvre viscérale

Plèvre pariétale

Cavité pleurale

Bronche lobaire droite

Bronche principale droite

Bronche segmentaire droite

Bronchiole droite

Bronchiole terminale droite

Carina de la trachée

Bronche principale gauche

Bronche lobaire gauche

Bronche segmentaire gauche

Bronchiole gauche

Bronchiole terminale gauche

Diaphragme

Vue antérieure

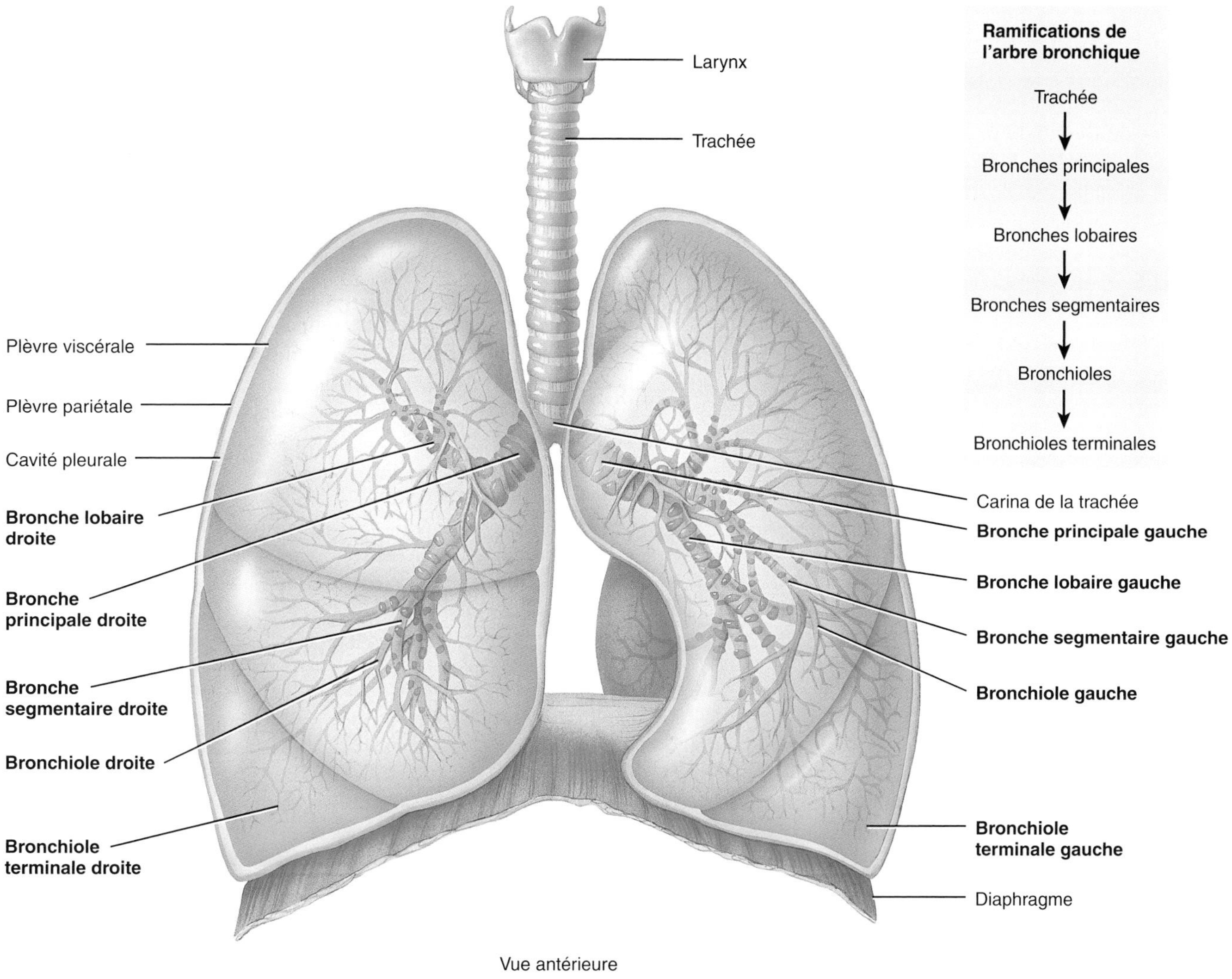

Combien de lobes et de bronches lobaires y a-t-il dans chaque poumon ?

LES BRONCHES

À la hauteur du bord supérieur de la cinquième vertèbre thoracique, la trachée se divise en une **bronche principale droite**, qui pénètre dans le poumon droit, et une **bronche principale gauche**, qui pénètre dans le poumon gauche (figure 23.8). La bronche principale droite se rapproche davantage de la verticale et elle est plus courte et plus large que la gauche. Un objet aspiré risque donc davantage de pénétrer et de se loger dans la bronche principale droite que dans la gauche. Comme la trachée, les bronches principales contiennent des anneaux incomplets de cartilage et sont tapissées d'épithélium pseudostratifié prismatique cilié.

Au point où la trachée bifurque et se divise en bronches principales droite et gauche se trouve une crête intérieure, appelée **carina** (« coquille de noix »). Cette protubérance est formée par

une saillie du dernier cartilage trachéal orientée vers l'arrière et légèrement vers le bas. La muqueuse de la carina est l'un des points les plus sensibles du larynx et de la trachée pour le déclenchement du réflexe de la toux. L'élargissement et la déformation de la carina constituent un signe inquiétant, car ils indiquent habituellement la présence d'un carcinome des nœuds lymphatiques dans la région où la trachée se divise.

À l'entrée des poumons, les bronches principales se divisent en bronches plus petites, les **bronches lobaires**, à raison d'une bronche par lobe. (Le poumon droit a trois lobes et le gauche en a deux.) En se ramifiant à leur tour, les bronches lobaires forment des bronches encore plus petites, les **bronches segmentaires**, qui se divisent elles-mêmes en **bronchioles**. Quant aux bronchioles, elles se ramifient à plusieurs reprises et les plus petites se divisent en conduits encore plus étroits formant les **bronchioles terminales**. Toutes ces ramifications à partir de la trachée ressemblent à un arbre inversé, souvent nommé **arbre bronchique**.

Au fur et à mesure que s'étendent les ramifications de l'arbre bronchique, on peut noter plusieurs changements sur le plan structural.

1. La structure de l'épithélium de la muqueuse change à mesure que l'on progresse dans l'arbre bronchique. Les bronches principales, les bronches lobaires et les bronches segmentaires sont recouvertes d'un épithélium pseudostratifié prismatique cilié ; dans les grosses bronchioles, l'épithélium devient simple prismatique cilié et renferme des cellules caliciformes ; dans les bronchioles plus petites, il est principalement simple cubique cilié et dépourvu de cellules caliciformes dans les bronchioles plus petites, et principalement simple cubique non cilié dans les bronchioles terminales. (Dans les endroits tapissés d'épithélium cubique non cilié, les particules aspirées sont éliminées par des macrophagocytes.)

2. Les anneaux incomplets de cartilage des bronches principales sont remplacés graduellement par des plaques de cartilage qui disparaissent elles-mêmes dans les bronchioles distales.

3. Au fur et à mesure que la quantité de cartilage diminue, la quantité de tissu musculaire lisse augmente dans les conduits. Des bandes de myocytes lisses s'enroulent en spirale autour de la lumière. Toutefois, comme il n'y a pas de cartilage pour assurer le soutien de ces conduits, il arrive que des spasmes musculaires bloquent les voies respiratoires. Cette obstruction, qui se produit lors d'une crise d'asthme, peut être mortelle.

En résumé, on constate que les cellules ciliées et le mucus disparaissent à mesure que les bronches se ramifient et que leur calibre diminue, d'une part, et que le cartilage présent est graduellement remplacé par des myocytes lisses dans les petites ramifications, comme les bronchioles, d'autre part.

Durant l'exercice physique, il y a accroissement de l'activité de la partie sympathique du SNA et la médulla surrénale libère de l'adrénaline et de la noradrénaline. Ces deux phénomènes entraînent le relâchement du tissu musculaire lisse de la paroi des bronchioles et, par conséquent, la bronchodilatation des voies respiratoires. Il en résulte une amélioration de la ventilation pulmonaire parce que l'air atteint les alvéoles plus rapidement. La partie parasympathique du SNA et les médiateurs des réactions allergiques, telle l'histamine, causent la contraction du tissu musculaire lisse de la paroi des bronchioles et entraînent la bronchoconstriction des bronchioles distales.

▶ **POINT DE CONTRÔLE**

4. Énumérez les fonctions respiratoires de chacune des trois régions anatomiques du pharynx.

5. Expliquez le fonctionnement du larynx au cours de la respiration et de la phonation.

6. Décrivez la situation, la structure et la fonction de la trachée.

7. Décrivez la structure de l'arbre bronchique.

LES POUMONS

Les deux **poumons** sont des organes de forme conique situés dans la cavité thoracique. Ils sont séparés par le cœur et d'autres structures du médiastin, lequel divise la cavité thoracique en deux compartiments distincts sur le plan anatomique. Ainsi, si l'un des poumons s'affaisse par suite d'un traumatisme, l'autre peut rester dilaté. Deux feuillets de séreuse, qui forment ensemble la **plèvre** (*pleura* : côté), enveloppent et protègent chaque poumon. Le feuillet superficiel, appelé **plèvre pariétale**, tapisse la paroi de la cavité thoracique, tandis que le feuillet interne, la **plèvre viscérale**, recouvre les poumons eux-mêmes (figure 23.9). Entre la plèvre viscérale et la plèvre pariétale se trouve un mince espace, la **cavité pleurale**, qui contient une petite quantité de lubrifiant liquide sécrété par la séreuse. La **sérosité pleurale** (ou liquide pleural) réduit la friction entre les deux feuillets de la séreuse et leur permet de glisser facilement l'un sur l'autre pendant la respiration. La sérosité pleurale est aussi responsable de l'adhérence des deux feuillets, tout comme une pellicule d'eau maintient deux lames de verre collées, un phénomène appelé *tension superficielle*. Compte tenu de son rôle important, la quantité de liquide dans la cavité pleurale demeure constante grâce à un pompage du liquide vers les vaisseaux lymphatiques.

Chaque poumon est entouré de sa propre cavité pleurale. L'inflammation de la plèvre, appelée **pleurésie**, peut causer une certaine douleur dans les premiers temps en raison de la friction entre le feuillet pariétal et le feuillet viscéral. Si l'inflammation persiste, le drainage lymphatique est insuffisant et la cavité pleurale se remplit de liquide : c'est l'**épanchement pleural**.

🩺 LE PNEUMOTHORAX ET L'HÉMOTHORAX

Il arrive que la cavité pleurale se remplisse d'air (**pneumothorax** ; *pneumôn-* : poumon), de sang (**hémothorax**) ou de pus. La présence d'air, qui s'introduit le plus souvent lors d'une opération chirurgicale au thorax ou par une plaie causée par une arme blanche ou une arme à feu, peut provoquer l'affaissement des poumons. Ce type d'affaissement, qui touche plutôt une partie d'un poumon que le poumon tout entier, est appelé **atélectasie** (*atelês* : incomplet ; *ektasis* : expansion). Le traitement vise à éliminer l'air (ou le sang) de la cavité pleurale afin de permettre la réexpansion du poumon. Un petit pneumothorax peut se résorber spontanément, mais il est souvent nécessaire d'introduire un drain thoracique pour faciliter l'élimination du fluide. ■

Les poumons s'étendent du diaphragme jusqu'aux clavicules, qu'ils dépassent légèrement, et s'appuient contre les côtes à l'avant et à l'arrière (figure 23.10a). La partie élargie au bas du poumon, appelée **base du poumon**, est concave et épouse la région convexe du diaphragme. La partie étroite, au sommet, est l'**apex du poumon**. La face du poumon qui repose contre les côtes, la **face costale**, épouse la courbure des côtes. La **face médiale** (ou médiastinale) de chaque poumon présente une région, le **hile**, par laquelle entrent et sortent les bronches, les vaisseaux sanguins pulmonaires, les vaisseaux lymphatiques et les nerfs (figure 23.10d-e). Ces structures sont retenues par la plèvre et du tissu conjonctif, et constituent la **racine du poumon**. La face médiale du poumon gauche présente également une échancrure, l'**incisure cardiaque**, dans laquelle repose le cœur. En raison de l'espace occupé par le cœur, le volume

FIGURE 23.9 La relation entre la plèvre et les poumons. La flèche dans le schéma de gauche indique l'orientation de la coupe des poumons (vue inférieure).

 La plèvre pariétale tapisse la cavité thoracique ; la plèvre viscérale recouvre les poumons.

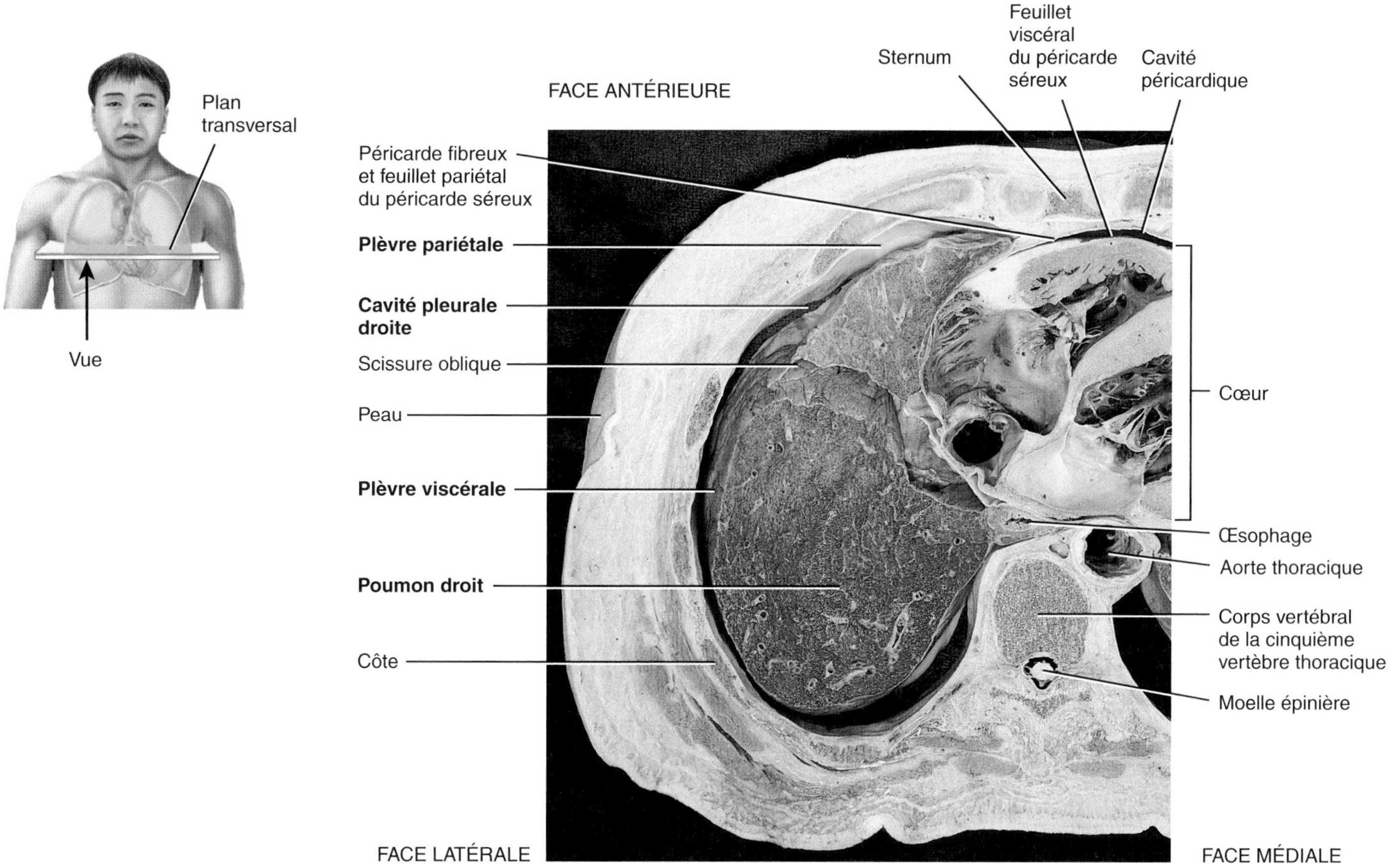

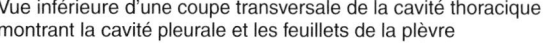

FACE ANTÉRIEURE

Plan transversal

Vue

Péricarde fibreux et feuillet pariétal du péricarde séreux

Plèvre pariétale

Cavité pleurale droite

Scissure oblique

Peau

Plèvre viscérale

Poumon droit

Côte

Sternum

Feuillet viscéral du péricarde séreux

Cavité péricardique

Cœur

Œsophage

Aorte thoracique

Corps vertébral de la cinquième vertèbre thoracique

Moelle épinière

FACE LATÉRALE

FACE MÉDIALE

Vue inférieure d'une coupe transversale de la cavité thoracique montrant la cavité pleurale et les feuillets de la plèvre

Q De quel type de membrane la plèvre est-elle composée ?

du poumon gauche est inférieur d'environ 10 % à celui du poumon droit. Bien que ce dernier soit plus large et plus épais, il est un peu plus court que le poumon gauche, car le diaphragme est surélevé du côté droit par le foie, situé juste en dessous.

Les poumons occupent presque entièrement le thorax (figure 23.10a). L'apex se trouve au-dessus du tiers médial des clavicules ; c'est la seule région qui peut être palpée. Les faces antérieure, latérale et postérieure sont appuyées contre les côtes. La base s'étend du sixième cartilage costal, à l'avant, jusqu'au processus épineux de la dixième vertèbre thoracique, à l'arrière. La plèvre s'étale, sur environ 5 cm sous la base du poumon, du sixième cartilage costal à l'avant jusqu'à la douzième côte à l'arrière. Les poumons ne remplissent donc pas complètement la cavité pleurale dans cette région, ce qui permet de retirer tout excès de liquide de la cavité, sans endommager le tissu du poumon, en insérant une aiguille dans le septième espace intercostal, sur la face postérieure ; cette procédure est appelée **thoracocentèse** (*kentêsis* : piqûre). On

fait glisser l'aiguille le long du bord supérieur de la côte inférieure afin de ne pas léser les nerfs intercostaux et les vaisseaux sanguins. Si on insérait l'aiguille en dessous du septième espace intercostal, elle risquerait de perforer le diaphragme.

Les lobes, les scissures et les lobules

Chaque poumon est divisé en lobes par une ou deux scissures (figure 23.10b-e). Les deux poumons présentent une **scissure oblique**, qui s'étend vers le bas et l'avant ; de plus, le poumon droit présente une **scissure horizontale**. La scissure oblique du poumon gauche sépare le **lobe supérieur** du **lobe inférieur**. Dans le poumon droit, la portion supérieure de la scissure oblique sépare le lobe supérieur du lobe inférieur, alors que la portion inférieure sépare le lobe inférieur du **lobe moyen**. La scissure horizontale sépare le lobe supérieur du lobe moyen.

Chaque lobe reçoit sa propre bronche lobaire. Ainsi, la bronche principale droite donne naissance à trois bronches lobaires appelées

FIGURE 23.10 L'anatomie de surface des poumons.

La scissure oblique divise le poumon gauche en deux lobes. Les scissures oblique et horizontale divisent le poumon droit en trois lobes.

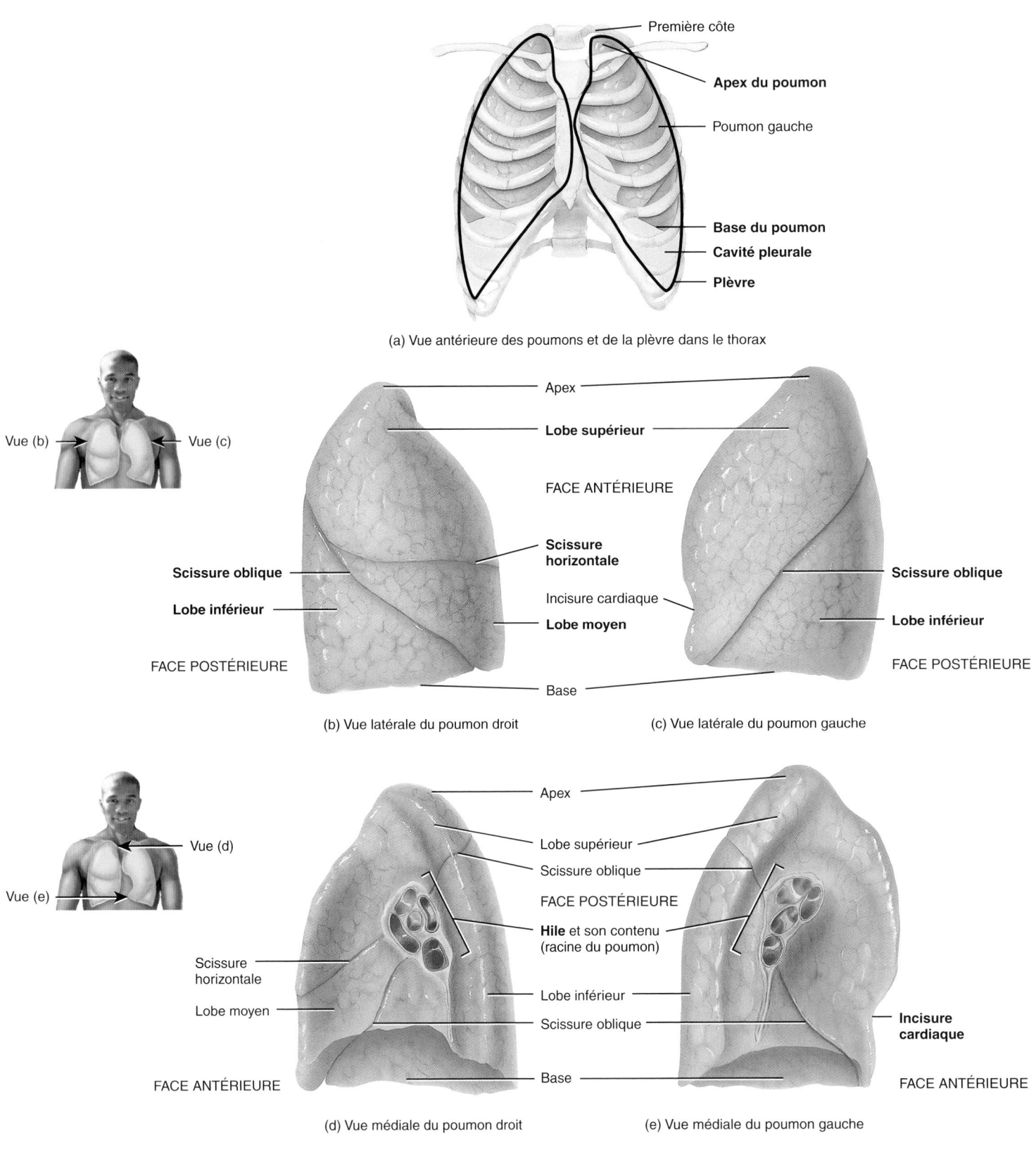

(a) Vue antérieure des poumons et de la plèvre dans le thorax

Vue (b)   Vue (c)

(b) Vue latérale du poumon droit   (c) Vue latérale du poumon gauche

Vue (d)

Vue (e)

(d) Vue médiale du poumon droit   (e) Vue médiale du poumon gauche

Pourquoi les poumons gauche et droit sont-ils de dimensions et de formes légèrement différentes ?

bronches lobaires supérieure, **moyenne** et **inférieure**, et la bronche principale gauche donne naissance aux **bronches lobaires supérieure** et **inférieure**. À l'intérieur des poumons, les bronches lobaires se divisent en **bronches segmentaires**, qui sont constantes par leur origine et leur distribution – il y a dix bronches segmentaires dans chaque poumon. Le segment de tissu pulmonaire ventilé par chacune de ces bronches est appelé **segment bronchopulmonaire**. On peut traiter les troubles bronchiques et pulmonaires (tels les tumeurs et les abcès) localisés dans un segment bronchopulmonaire par une ablation chirurgicale sans endommager le tissu pulmonaire environnant.

Chaque segment bronchopulmonaire est constitué d'un grand nombre de petits compartiments appelés **lobules**, dont chacun est enveloppé de tissu conjonctif élastique et contient un vaisseau lymphatique, une artériole, une veinule et une bronchiole terminale (figure 23.11a). Les bronchioles terminales se subdivisent en ramifications microscopiques appelées **bronchioles respiratoires** (figure 23.11b). Au fur et à mesure que les bronchioles respira-

toires s'enfoncent plus profondément dans les poumons, l'épithélium qui les tapisse se modifie : de simple cubique il devient simple pavimenteux. Les bronchioles respiratoires se subdivisent à leur tour en plusieurs (de 2 à 11) **conduits alvéolaires**. Les voies repiratoires entre la trachée et les conduits alvéolaires se ramifient environ 25 fois ; une première fois entre la trachée et les bronches principales, une deuxième fois entre les bronches principales et les bronches lobaires, et ainsi de suite jusqu'aux conduits alvéolaires.

Les alvéoles pulmonaires

Tout autour des conduits alvéolaires se trouvent un grand nombre d'alvéoles et de sacs alvéolaires. Une **alvéole pulmonaire** est une petite cavité sphérique recouverte d'un épithélium simple pavimenteux et soutenue par une mince membrane basale élastique ; un **sac alvéolaire** est constitué de deux ou plusieurs alvéoles ayant une ouverture commune (figure 23.11a, b). Les parois des alvéoles comprennent un épithélium composé de deux types de cellules épithéliales alvéolaires (figure 23.12). Les **pneumocytes de type I**, ou

---

FIGURE 23.11 L'anatomie microscopique d'un lobule pulmonaire.

 Les sacs alvéolaires sont constitués de deux ou plusieurs alvéoles ayant une ouverture commune. L'artériole pulmonaire (en bleu) achemine du sang désoxygéné vers les alvéoles pulmonaires et la veinule pulmonaire (en rouge) transporte du sang oxygéné vers l'oreillette gauche.

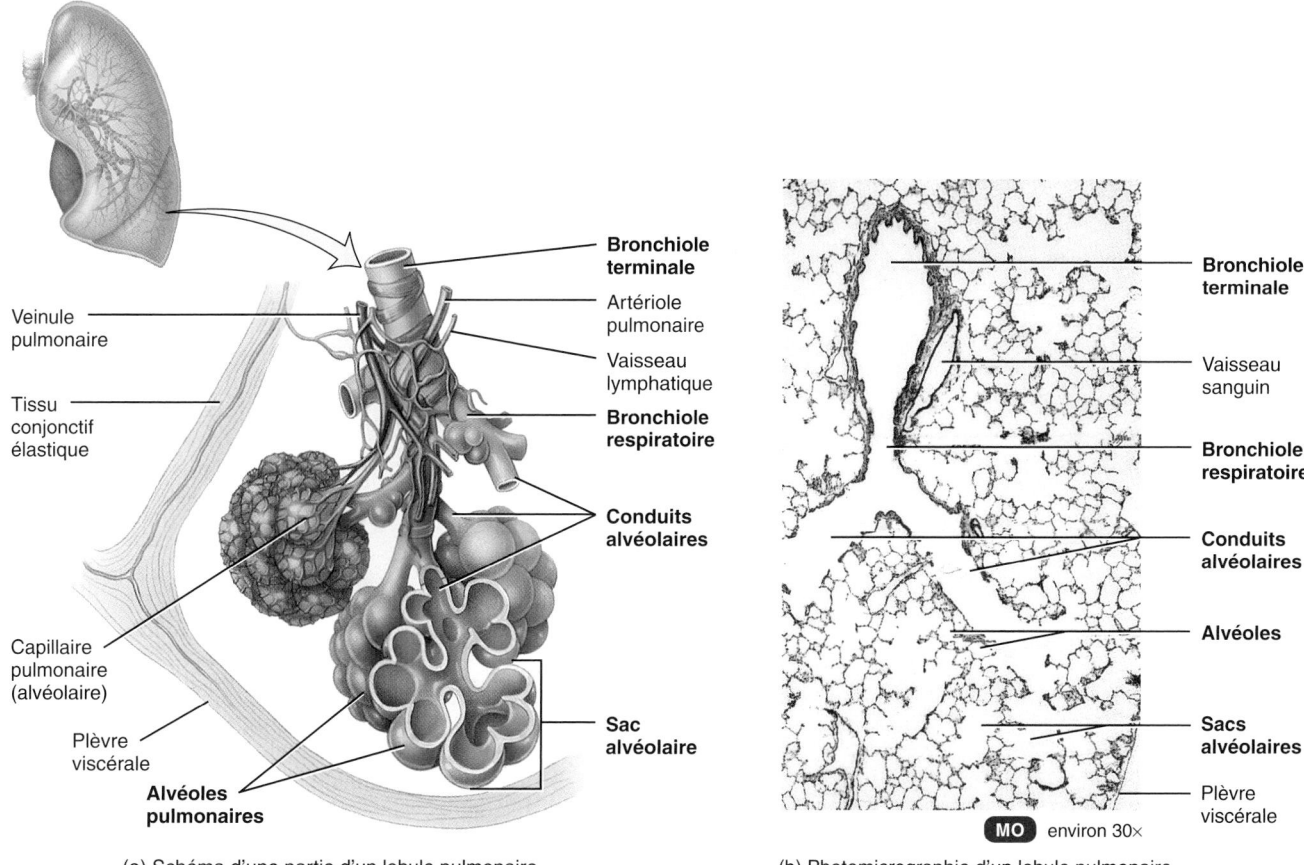

(a) Schéma d'une partie d'un lobule pulmonaire

(b) Photomicrographie d'un lobule pulmonaire

 De quels types de cellules la paroi d'une l'alvéole pulmonaire est-elle composée ?

épithéliocytes respiratoires, les plus nombreux, sont des cellules épithéliales simples pavimenteuses qui couvrent presque uniformément la paroi alvéolaire, et entre lesquelles s'intercalent des **pneumocytes de type II**, aussi appelés pneumocytes granuleux, beaucoup moins abondants. Les pneumocytes de type I sont des cellules minces dans lesquelles s'effectuent la plupart des échanges gazeux. Les pneumocytes de type II sont des cellules épithéliales cubiques ou arrondies dont les surfaces libres sont recouvertes de microvillosités. Ils sécrètent le liquide alvéolaire, qui humidifie la surface des cellules en contact avec l'air. Ce liquide contient le **surfactant**, un mélange complexe de phospholipides et de lipoprotéines, qui diminue la tension superficielle du liquide alvéolaire

et rend ainsi les alvéoles moins susceptibles de s'affaisser. (Nous reviendrons plus loin sur ce point.)

Associés à l'épithélium alvéolaire, les **macrophagocytes alvéolaires**, ou cellules à poussière, sont des macrophagocytes fixes, issus de monocytes sanguins, qui éliminent les particules de poussière fines et d'autres débris de l'espace alvéolaire. On trouve également des fibroblastes qui produisent des fibres réticulaires et élastiques. La couche de pneumocytes de type I repose sur une membrane basale élastique. À la surface externe des alvéoles, l'artériole et la veinule lobulaires se ramifient pour former un réseau de capillaires sanguins (figure 23.11a) constitués d'une seule couche de cellules endothéliales et d'une membrane basale.

FIGURE 23.12 La structure et la fonction d'une alvéole pulmonaire. La membrane alvéolocapillaire comprend quatre couches : un épithélium alvéolaire composé de pneumocytes de type I et de pneumocytes de type II, une membrane basale épithéliale, une membrane basale capillaire et un endothélium capillaire.

🔑 L'échange des gaz respiratoires s'effectue par diffusion à travers la membrane alvéolocapillaire.

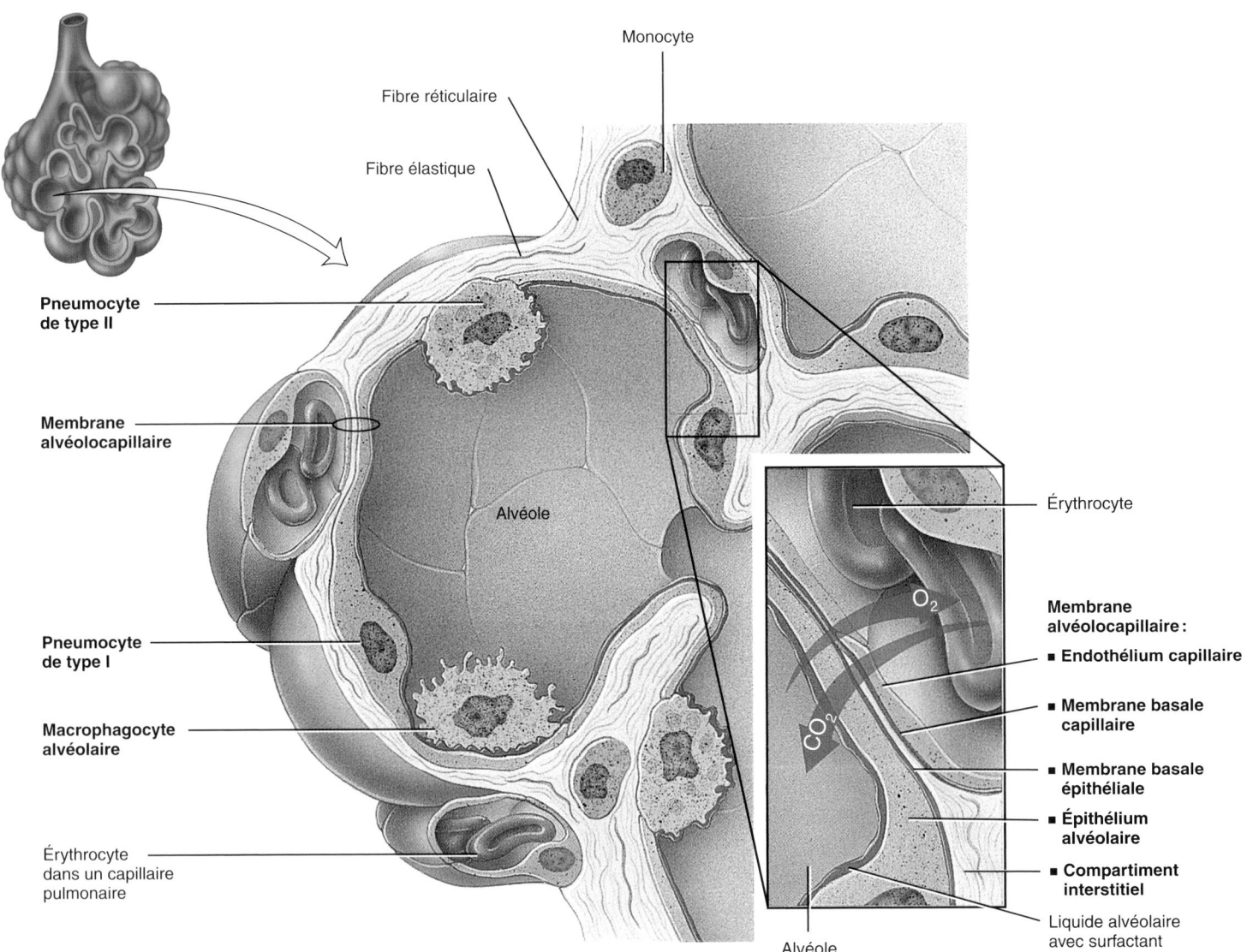

(a) Coupe d'une alvéole pulmonaire montrant les cellules qui la composent

(b) Détails de l'anatomie de la membrane alvéolocapillaire

FIGURE 23.12 La structure et la fonction d'une alvéole pulmonaire *(suite)*.

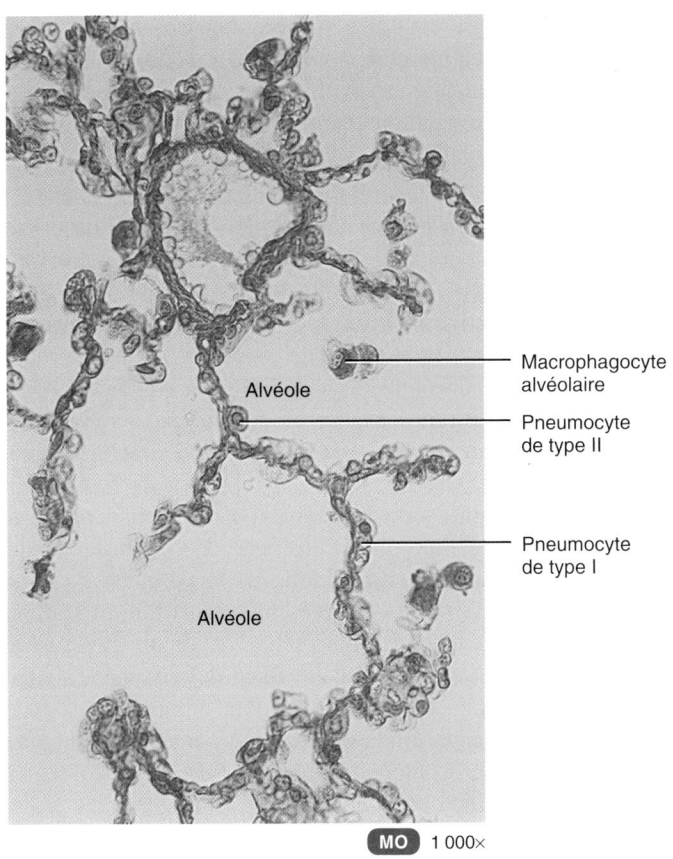

Alvéole

Macrophagocyte alvéolaire

Pneumocyte de type II

Pneumocyte de type I

Alvéole

MO 1 000×

(c) Photomicrographie montrant des détails de plusieurs alvéoles

 Quelle est l'épaisseur de la membrane alvéolocapillaire ?

L'échange d'O_2 et de CO_2 entre les espaces aériens des poumons et le sang s'effectue par diffusion à travers les parois alvéolaires et capillaires dont l'ensemble forme la **membrane alvéolocapillaire**. Cette dernière comprend quatre couches (figure 23.12b) :

1. l'**épithélium alvéolaire** composé de pneumocytes de type I et de pneumocytes de type II ; des macrophagocytes alvéolaires y sont associés ;

2. une **membrane basale épithéliale** sous-jacente à l'épithélium alvéolaire ;

3. une **membrane basale capillaire**, souvent soudée à la membrane basale épithéliale ;

4. l'**endothélium capillaire**.

Bien qu'elle comprenne plusieurs couches, la membrane alvéolocapillaire est très mince : son épaisseur est de 0,5 μm seulement, soit environ le seizième du diamètre d'un érythrocyte. La minceur de la paroi permet la diffusion rapide des gaz. Par ailleurs, on estime que les poumons contiennent 300 millions d'alvéoles, ce qui représente une énorme superficie de 70 m² – environ l'aire d'un court de racquetball – pour les échanges gazeux.

La vascularisation des poumons

Les poumons reçoivent du sang par deux ensembles d'artères : les artères pulmonaires et les artères bronchiques de l'aorte thoracique. En sortant du ventricule cardiaque droit, le sang désoxygéné passe par le tronc pulmonaire, qui se divise en deux : l'artère pulmonaire gauche pénètre dans le poumon gauche et l'artère pulmonaire droite pénètre dans le poumon droit. (Les artères pulmonaires sont les seules artères de l'organisme qui transportent du sang désoxygéné.) Le retour du sang oxygéné au cœur s'effectue par les quatre veines pulmonaires, qui se jettent dans l'oreillette gauche (voir la figure 21.29).

Phénomène unique dans la circulation sanguine, l'hypoxie (faible taux d'O_2) localisée provoque la constriction des vaisseaux sanguins pulmonaires. Dans tous les autres tissus de l'organisme, l'hypoxie entraîne la dilatation des vaisseaux sanguins de manière à augmenter le débit sanguin. Dans les poumons, la vasoconstriction causée par l'hypoxie détourne le sang pulmonaire des régions mal ventilées vers celles qui sont mieux ventilées. On appelle ce phénomène **relation ventilation-perfusion** parce que la perfusion (circulation du sang) dans une région donnée des poumons correspond à l'importance de la ventilation (circulation de l'air) des alvéoles de cette même région.

Le sang oxygéné arrive dans les poumons par les artères bronchiques de l'aorte thoracique. Son rôle principal est de perfuser les parois des bronches et des bronchioles. Il existe des ponts entre les branches des artères bronchiques et celles des artères pulmonaires, si bien que la majeure partie du sang retourne au cœur par les veines pulmonaires. Toutefois, une certaine quantité de sang passe dans les veines bronchiques, puis dans les veines du réseau azygos, et retourne à l'oreillette droite du cœur par la veine cave supérieure.

▶ **POINT DE CONTRÔLE**

8. Où sont situés les poumons ? Distinguez la plèvre pariétale de la plèvre viscérale.

9. Définissez chacune des parties suivantes du poumon : base, apex, face costale, face médiale, hile, racine, incisure cardiaque, lobe et lobule.

10. Qu'est-ce qu'un segment bronchopulmonaire ?

11. Décrivez l'histologie et la fonction de la membrane alvéolocapillaire.

LA VENTILATION PULMONAIRE

OBJECTIF

• Décrire les mécanismes de l'inspiration et de l'expiration.

Le mécanisme des échanges gazeux dans l'organisme, appelé **respiration**, s'effectue en trois grandes étapes :

1. La **ventilation pulmonaire** (*pulmo* : poumon) est un mécanisme comprenant l'inspiration (entrée) d'air atmosphérique dans

les alvéoles des poumons et l'expiration (sortie) de l'air contenu dans celles-ci.

2. La **respiration externe** (ou pulmonaire) est l'ensemble des échanges gazeux à travers la membrane alvéolocapillaire, entre les alvéoles pulmonaires et le sang des capillaires pulmonaires. Au cours de ce processus, le sang des capillaires pulmonaires s'enrichit en O_2 et perd du CO_2.

3. La **respiration interne** (ou tissulaire) est l'ensemble des échanges gazeux entre le sang dans les capillaires systémiques et les cellules des tissus. Au cours de cette étape, le sang s'appauvrit en O_2 et s'enrichit en CO_2. À l'intérieur des cellules, les réactions métaboliques qui consomment de l'O_2 et libèrent du CO_2 lors de la production d'ATP sont appelées *respiration cellulaire* (voir le chapitre 25).

Dans le processus de ventilation pulmonaire, l'air circule entre l'atmosphère et les alvéoles des poumons parce que des différences de pression sont créées, dans un sens puis dans l'autre, par la contraction et le relâchement des muscles de la respiration. La vitesse d'écoulement de l'air et l'effort nécessaire pour respirer dépendent aussi de la tension superficielle alvéolaire, de la compliance pulmonaire et de la résistance des voies respiratoires.

LES VARIATIONS DE PRESSION AU COURS DE LA VENTILATION PULMONAIRE

L'air inspiré gonfle-t-il les poumons ou les poumons en expansion aspirent-ils l'air ? En fait, l'air pénètre dans les poumons quand la pression de l'air à l'intérieur des poumons est inférieure à la pression atmosphérique, et il en ressort quand la pression à l'intérieur des poumons est supérieure à la pression atmosphérique, ces variations de pression interne étant induites par le changement de volume des poumons. Pour répondre à la question, disons que l'air pénètre dans les poumons quand ceux-ci prennent de l'expansion, c'est-à-dire lorsque la pression interne est plus faible. La ventilation est donc un mécanisme qui ressemble à celui d'un soufflet et non pas, comme on pourrait se l'imaginer, à celui d'un ballon que l'on gonfle en y introduisant de l'air.

La mécanique de la ventilation pulmonaire fait intervenir un jeu de pressions : 1) la pression atmosphérique ; 2) la pression intraalvéolaire ; et 3) la pression intrapleurale.

1. *La pression atmosphérique* (ou P_{atm}) est la pression de l'air (un mélange de gaz) en un point donné de l'atmosphère terrestre. On la mesure habituellement au niveau de la mer, où elle est d'environ 760 millimètres de mercure (mm Hg). Cette pression peut aussi s'exprimer par d'autres unités : sa valeur est alors de 1 atmosphère (ou 1 atm) ou de 101,3 kilopascals (kPa). (Le kilopascal est l'unité de mesure de pression dans le SI mais, dans ce chapitre, nous conserverons les mm Hg en raison de son emploi encore fréquent en milieu clinique et de l'utilisation courante de baromètres à colonne de mercure). La pression atmosphérique intervient dans la mécanique ventilatoire parce qu'anatomiquement, les poumons communiquent directement avec l'air ambiant inspiré. Mesurée dans l'environnement, la valeur de cette pression demeure constante, celle-ci dépendant de la région où l'on vit (au niveau de la mer ou en altitude, par exemple).

2. *La pression intraalvéolaire* (ou P_{alv}, ou pression intrapulmonaire) est la pression de l'air contenu dans les alvéoles pulmonaires. Au repos, juste avant chaque inspiration, la pression intraalvéolaire est égale à la pression atmosphérique, soit 760 millimètres de mercure (mm Hg). La valeur de la pression intraalvéolaire change selon la phase de la ventilation : elle baisse durant l'inspiration et monte durant l'expiration.

3. *La pression intrapleurale* (ou pression intrathoracique) est la pression du liquide mesurée dans la cavité pleurale, entre les deux feuillets de la plèvre. La pression intrapleurale est toujours négative, autrement dit inférieure à la pression intraalvéolaire. Au repos, immédiatement avant l'inspiration, elle lui est inférieure d'environ 4 mm Hg. Elle se situe donc aux alentours de 756 mm Hg lorsque les pressions atmosphérique et intraalvéolaire sont toutes deux de 760 mm Hg (figure 23.15). À l'inspiration, durant l'expansion du thorax, le volume de la cavité pleurale augmente aussi, ce qui fait baisser la pression intrapleurale à environ 754 mm Hg. Un jeu de forces thoraciques fait en sorte que la pression intrapleurale prend une valeur négative. D'une part, l'élasticité des poumons couplée à l'effet de la tension superficielle de la pellicule de liquide dans les alvéoles (points discutés plus loin) fait en sorte que les poumons ont tendance à se rétracter, ce qui favorise leur affaissement ; d'autre part, à cette force de rétraction, s'oppose la capacité normale de la cage thoracique à prendre de l'expansion et à entraîner la dilatation des poumons ou leur augmentation de volume. L'interaction de ces différentes forces crée une pression intrapleurale négative.

Le maintien de la pression intrapleurale négative est primordial. En effet, c'est la différence entre les pressions intraalvéolaire (760 mm Hg) et intrapleurale (756 mm Hg), soit la *pression transpulmonaire*, qui permet aux alvéoles de rester légèrement dilatées au repos, autrement dit qu'elles ne s'affaissent pas. De plus, l'adhérence de la plèvre pariétale (collée à la paroi de la cavité thoracique) à la plèvre viscérale (collée aux poumons) permet aux poumons de suivre l'expansion de la cavité thoracique et de se dilater durant l'inspiration. La grande force d'adhérence entre les deux plèvres est maintenue parce que la pression intrapleurale demeure négative – elle passe de 756 à 754 mm Hg – et que le contact de leurs surfaces humides crée une tension superficielle qui rend leur séparation difficile.

Les deux phases de la mécanique ventilatoire sont l'inspiration et l'expiration. Rappelons le principe physique qui veut qu'un gaz circule d'une région où la pression est forte vers une région où la pression est plus faible.

L'inspiration

L'action par laquelle l'air entre dans les poumons est appelée **inspiration** ou *inhalation*. Pour que l'air pénètre dans les poumons, la pression intraalvéolaire doit être inférieure à la pression atmosphérique, une condition que l'on obtient en augmentant le volume des poumons. Pour comprendre cette condition, étudions la loi de Boyle-Mariotte qui établit la relation existant entre la pression et le volume d'un gaz.

La pression d'un gaz dans un récipient fermé est inversement proportionnelle au volume du contenant. Si on augmente la taille d'un récipient fermé, la pression du gaz qu'il contient diminue. Si, au contraire, on diminue la taille du récipient, la pression à l'intérieur augmente. On peut démontrer cette proportionnalité inverse entre le volume et la pression, appelée **loi de Boyle-Mariotte**, de la façon suivante (figure 23.13). Supposons qu'on place un gaz dans un cylindre fermé muni d'un piston mobile et d'un manomètre, et que la pression initiale créée par les molécules gazeuses qui entrent en collision avec la paroi du contenant soit de 1 atm. Si on appuie sur le piston, le gaz est comprimé, de sorte qu'il occupe un volume plus petit, si bien que le même nombre de molécules de gaz entrent en collision avec une plus petite surface. Le manomètre indique que la pression double quand le volume du gaz diminue de moitié. Autrement dit, le même nombre de molécules produisent une pression deux fois plus grande si leur volume est deux fois plus petit. Si, au contraire, on tire le piston pour augmenter le volume du cylindre, la pression diminue. Ainsi, on peut observer qu'il existe un rapport inverse entre la pression et le volume d'un gaz.

Les différences de pression causées par les changements de volume des poumons forcent l'air à y entrer quand on inspire et à en sortir quand on expire. Pour que l'inspiration ait lieu, les poumons doivent se dilater, ce qui augmente leur volume et y fait baisser la pression sous la valeur de la pression atmosphérique. L'écoulement de l'air inspiré suit le gradient des pressions là où la pression atmosphérique est plus élevée que la pression intraalvéolaire.

L'inspiration normale fait intervenir cinq étapes (figure 23.16a) : ❶ La contraction des principaux muscles inspiratoires ; ❷ l'augmentation du volume de la cavité thoracique et la baisse de la pression intrapleurale ; ❸ la dilatation des poumons et l'augmentation du volume intraalvéolaire ; ❹ la diminution de la pression intraalvéolaire ; ❺ l'écoulement de l'air dans le sens du gradient (entrée).

Les principaux muscles inspiratoires sont le diaphragme et les muscles intercostaux externes (figure 23.14). Le muscle inspiratoire le plus important est le diaphragme, un muscle squelettique en forme de dôme qui constitue le plancher de la cavité thoracique. Le diaphragme est innervé par des axones du nerf phrénique, qui émerge de la moelle épinière à la hauteur des troisième, quatrième et cinquième vertèbres cervicales. Lorsqu'il se contracte, le diaphragme s'aplatit, de sorte que le dôme s'abaisse normalement d'environ 1 cm. Ce mouvement augmente la dimension de la cavité thoracique dans le sens de la hauteur et, par le fait même, en accroît le volume. Les autres muscles inspiratoires importants sont les muscles intercostaux externes. En se contractant, ils soulèvent les côtes et élèvent la cage thoracique, ce qui fait augmenter les dimensions de la cavité thoracique suivant les axes antéropostérieur et transversal. Quand le diaphragme et les muscles intercostaux externes se contractent, provoquant de ce fait une augmentation des dimensions de la cavité thoracique, la plèvre pariétale, qui la tapisse, est tirée vers l'extérieur dans toutes les directions et elle entraîne avec elle la plèvre viscérale, qui y adhère fermement. Le volume de la cavité pleurale s'accroît alors, ce qui fait baisser la pression intrapleurale à 754 mm Hg. La traction des plèvres vers l'extérieur oblige les poumons à se dilater et force du même coup l'augmentation du volume intraalvéolaire.

Quand le volume intraalvéolaire (des poumons) augmente de cette façon, la pression intraalvéolaire baisse de 1 à 3 mm Hg, de sorte qu'il s'établit une différence (gradient) de pression entre l'atmosphère (760 mm Hg) et les alvéoles (758 mm Hg). Comme l'air s'écoule toujours d'une région de haute pression vers une région de basse pression, cette légère différence de pression suffit pour faire pénétrer environ 500 mL d'air dans les poumons. L'air continue d'entrer tant que les pressions sont inégales. Durant une inspiration normale, la contraction du diaphragme permet de faire entrer environ 75 % de l'air dans les poumons. Une grossesse avancée, l'obésité ou le port de vêtements comprimant l'abdomen empêchent parfois l'abaissement complet du diaphragme, ce qui réduit l'efficacité de l'inspiration. La contraction des muscles intercostaux externes fait entrer les 25 % restant. Lorsque le gradient de pression tombe à 0, l'écoulement de l'air cesse.

Lors d'une inspiration profonde ou forcée, les muscles inspiratoires accessoires participent également à l'accroissement des dimensions de la cavité thoracique (figure 23.14a). Ces muscles doivent leur nom au fait qu'ils ne jouent aucun rôle, ou alors seulement un rôle minime, durant une inspiration normale au repos. Toutefois, durant l'exercice ou lors d'une inspiration forcée, ils se contractent vigoureusement. Les muscles inspiratoires accessoires comprennent les muscles sternocléidomastoïdiens, qui soulèvent le sternum ; les muscles scalènes, qui soulèvent les deux côtes supérieures ; et les muscles petits pectoraux, qui soulèvent les troisième, quatrième et cinquième côtes. Lors d'une inspiration forcée, le diaphragme peut s'abaisser de 10 cm, provoquant alors une différence de pression de 100 mm Hg, ce qui permet de faire pénétrer de 2 à 3 L d'air dans les poumons.

Étant donné que l'inspiration normale au repos aussi bien que l'inspiration durant l'exercice ou l'inspiration forcée nécessitent des contractions musculaires, on dit que l'inspiration est un processus *actif*.

FIGURE 23.13 La loi de Boyle-Mariotte.

Le volume d'un gaz est inversement proportionnel à la pression qu'il exerce.

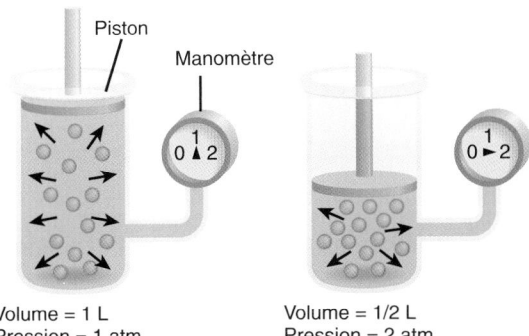

Volume = 1 L
Pression = 1 atm

Volume = 1/2 L
Pression = 2 atm

 Si le volume diminue de 1 L à 1/4 L, quelle est la variation de la pression ?

FIGURE 23.14 Les muscles de l'inspiration et de l'expiration et leur action. Le muscle petit pectoral n'est pas représenté ci-dessous, mais il l'est dans la figure 11.14a.

 Durant l'inspiration profonde ou forcée, les muscles inspiratoires accessoires (muscles sternocléidomastoïdiens, scalènes et petits pectoraux) sont sollicités.

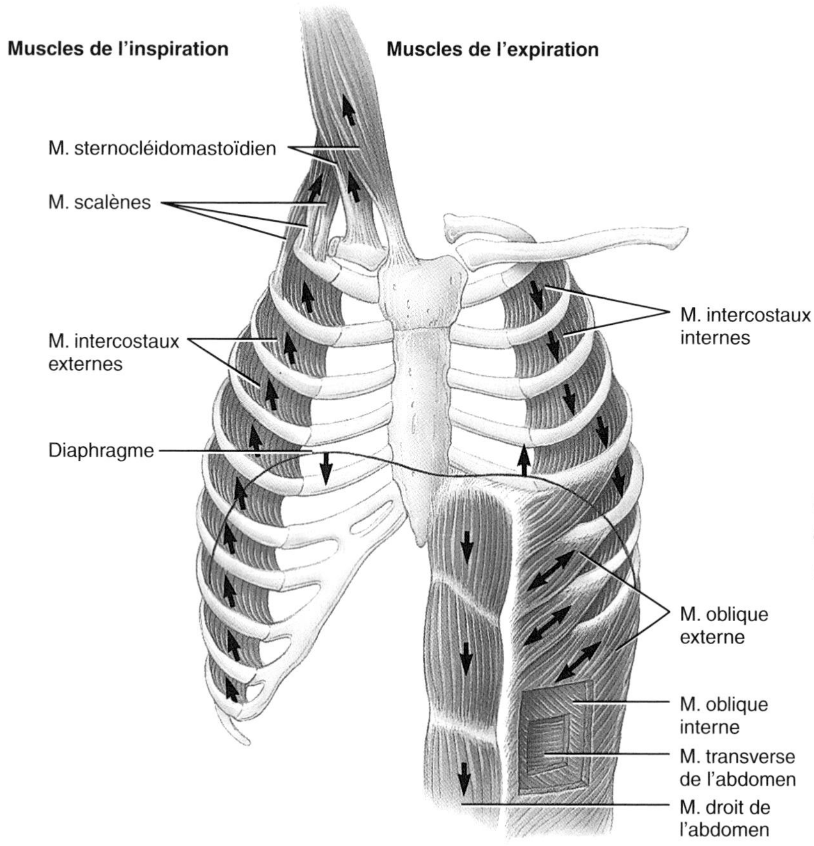

Muscles de l'inspiration　　　　**Muscles de l'expiration**

M. sternocléidomastoïdien

M. scalènes

M. intercostaux externes

Diaphragme

M. intercostaux internes

M. oblique externe

M. oblique interne

M. transverse de l'abdomen

M. droit de l'abdomen

Position du sternum :
- Durant l'expiration
- Durant l'inspiration

Position du diaphragme :
- Durant l'expiration
- Durant l'inspiration

(a) Muscles inspiratoires et leur action (à gauche), muscles expiratoires et leur action (à droite)

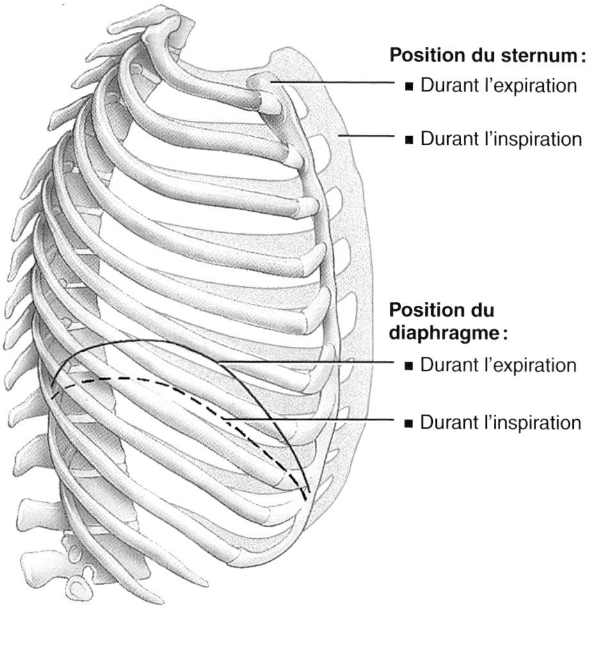

(b) Variations des dimensions de la cavité thoracique durant l'inspiration et l'expiration

(c) Durant l'inspiration, les côtes se déplacent vers le haut et vers l'extérieur comme l'anse d'un seau

 En ce moment, quel est le principal muscle qui assure votre respiration ?

La figure 23.16a résume les événements qui se déroulent durant l'inspiration.

L'expiration

L'expulsion de l'air des poumons, appelée **expiration**, est aussi due à un gradient de pression, mais, dans ce cas, le gradient est inversé : la pression intraalvéolaire est supérieure à la pression atmosphérique. Contrairement à l'inspiration, l'expiration calme et normale est un *processus passif* parce qu'elle ne nécessite aucune contraction musculaire. Elle est plutôt le résultat de la **rétraction élastique** de la paroi de la cage thoracique et des poumons, qui ont naturellement tendance à reprendre leur forme après avoir été étirés. Deux forces dirigées vers l'intérieur contribuent à la rétraction élastique : la rétraction des fibres élastiques qui ont été étirées

FIGURE 23.15 Les variations de pression liées à la ventilation pulmonaire. Durant l'inspiration, le diaphragme se contracte, la cavité thoracique s'agrandit, les poumons s'étirent vers l'extérieur et la pression intraalvéolaire diminue. Durant l'expiration, le diaphragme se relâche, la cavité thoracique s'abaisse, les poumons se rétractent et la pression intraalvéolaire augmente, de sorte que l'air est expulsé des poumons.

 L'air pénètre dans les poumons quand la pression intraalvéolaire est inférieure à la pression atmosphérique, et il en sort quand la pression intraalvéolaire est plus élevée que la pression atmosphérique.

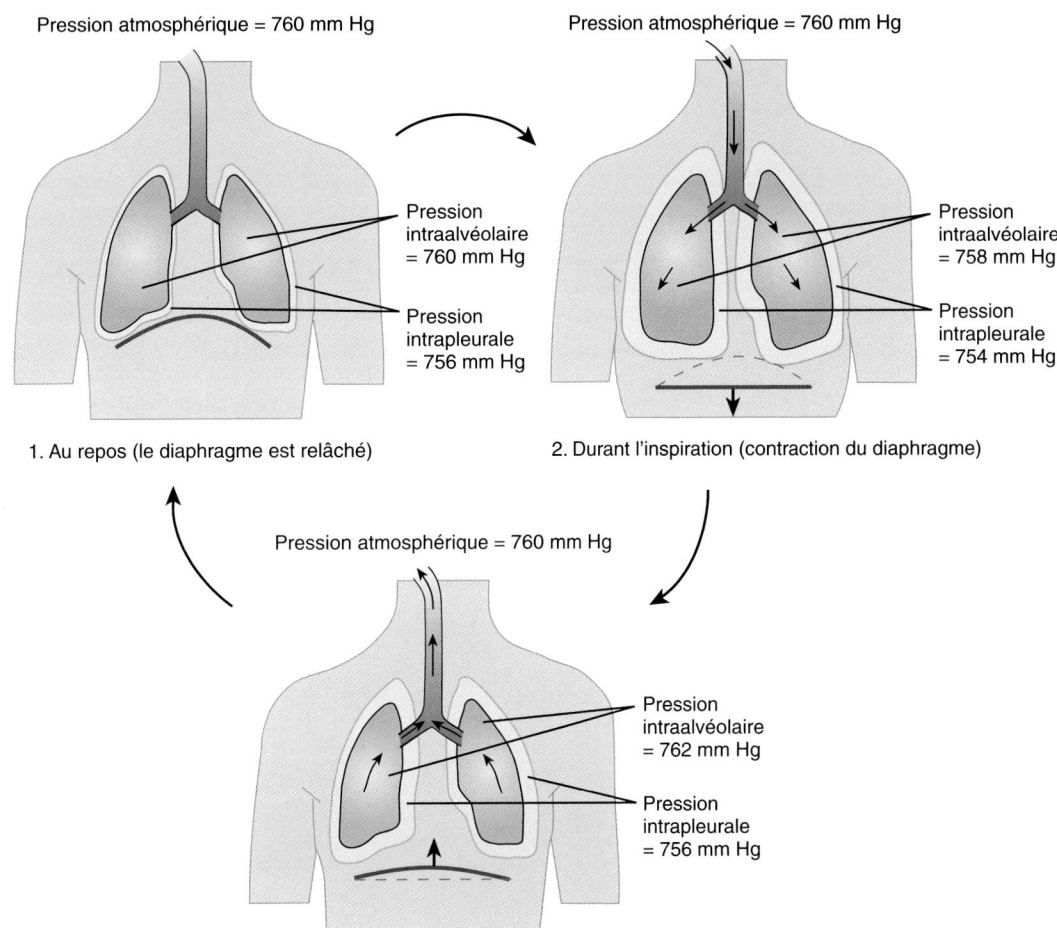

Pression atmosphérique = 760 mm Hg

Pression intraalvéolaire = 760 mm Hg

Pression intrapleurale = 756 mm Hg

1. Au repos (le diaphragme est relâché)

Pression atmosphérique = 760 mm Hg

Pression intraalvéolaire = 758 mm Hg

Pression intrapleurale = 754 mm Hg

2. Durant l'inspiration (contraction du diaphragme)

Pression atmosphérique = 760 mm Hg

Pression intraalvéolaire = 762 mm Hg

Pression intrapleurale = 756 mm Hg

3. Durant l'expiration (relâchement du diaphragme)

Q De quelle façon la pression intrapleurale varie-t-elle durant la respiration calme et normale?

durant l'inspiration et la traction vers l'intérieur exercée par la tension superficielle de la pellicule de liquide alvéolaire (surfactant).

L'expiration normale fait intervenir cinq étapes qui se déroulent dans le sens inverse de celles de l'inspiration (figure 23.16b): ❶ Le relâchement des muscles inspiratoires; ❷ la diminution du volume de la cavité thoracique et l'élévation de la pression intrapleurale à 756 mm Hg; ❸ la rétraction des poumons et la diminution du volume intraalvéolaire; ❹ l'augmentation de la pression intraalvéolaire; ❺ l'écoulement de l'air dans le sens du gradient de pression (sortie).

L'expiration commence quand les muscles inspiratoires se relâchent. Lorsque le diaphragme se détend, sa partie en forme de dôme reprend sa position initiale et se déplace vers le haut à cause de son élasticité, et quand les muscles intercostaux externes se relâ-

chent, les côtes s'abaissent et la cage thoracique descend. Ces mouvements réduisent les dimensions de la cavité thoracique, ce qui fait diminuer son volume et entraîne du même coup la rétraction passive des poumons qui adhèrent fermement à la cavité thoracique par les plèvres pariétale et viscérale. La traction des plèvres vers l'intérieur diminue le volume de la cavité pleurale, ce qui fait remonter la pression intrapleurale à 756 mm Hg. De plus, la rétraction des poumons fait diminuer leur volume et, par conséquent, fait augmenter la pression intraalvéolaire, jusqu'à environ 762 mm Hg, créant ainsi un gradient de pression. L'air s'écoule alors de la région de haute pression, soit des alvéoles (762 mm Hg), vers la région de plus basse pression, c'est-à-dire l'atmosphère (760 mm Hg) (figure 23.15).

L'expiration devient un processus actif seulement durant l'**expiration forcée**, par exemple quand on joue d'un instrument à vent ou qu'on fait de l'exercice. C'est à ce moment que se contractent les muscles de l'expiration – les muscles abdominaux et les muscles intercostaux internes (figure 23.14a). La contraction des muscles abdominaux abaisse les côtes inférieures et comprime les viscères abdominaux, ce qui pousse le diaphragme vers le haut, réduisant encore plus le volume de la cavité thoracique. La contraction des muscles intercostaux internes, dont l'orientation est inférieure et postérieure, tire les côtes vers le bas, contribuant également à la diminution du volume de la cavité thoracique. Cette réduction supplémentaire se traduit par une diminution plus importante du volume des poumons. Il s'ensuit une augmentation de la pression intraalvéolaire et, par conséquent, un gradient de pression plus grand. Un volume supplémentaire d'air peut ainsi être expulsé lors d'une expiration forcée.

La figure 23.16b résume les événements qui se déroulent durant l'expiration.

LES AUTRES FACTEURS INFLUANT SUR LA VENTILATION PULMONAIRE

Nous venons de voir que les différences de pression sont responsables des mouvements de l'air durant l'inspiration et l'expiration. Cependant, trois autres facteurs influent sur la vitesse de l'écou-lement de l'air et la facilité avec laquelle s'effectue la ventilation pulmonaire. Ce sont la tension superficielle du liquide alvéolaire, la compliance pulmonaire et la résistance des conduits aériens.

La tension superficielle du liquide alvéolaire

Comme nous l'avons mentionné plus haut, une mince couche de liquide recouvre la face de la lumière des alvéoles et exerce une force appelée **tension superficielle**. Toute interface *air-eau* présente une tension de surface parce que les molécules d'eau, étant polaires, sont attirées les unes vers les autres plus fortement qu'elles ne le sont vers les molécules gazeuses de l'air. Quand un liquide enveloppe une masse d'air sphérique, comme dans une alvéole ou une bulle de savon, la tension superficielle produit une force dirigée vers l'intérieur. Les bulles de savon « éclatent » parce qu'elles s'affaissent sous l'action de la tension superficielle. Dans les poumons, à cause de l'action de la tension superficielle, les alvéoles prennent le plus petit diamètre possible. À chaque inspiration, la traction exercée par la cavité thoracique sur les poumons doit vaincre la tension superficielle pour que les poumons puissent se dilater. De plus, la rétraction élastique des poumons, qui réduit la taille des alvéoles durant l'expiration, est attribuable aux deux tiers à la tension superficielle.

Le surfactant (qui est un mélange de phospholipides et de lipo-protéines) présent dans le liquide alvéolaire abaisse sa tension

FIGURE 23.16 Résumé des événements qui se déroulent durant l'inspiration et l'expiration.

L'inspiration et l'expiration sont causées par des variations de la pression intraalvéolaire. La pression atmosphérique est d'environ 760 mm Hg au niveau de la mer.

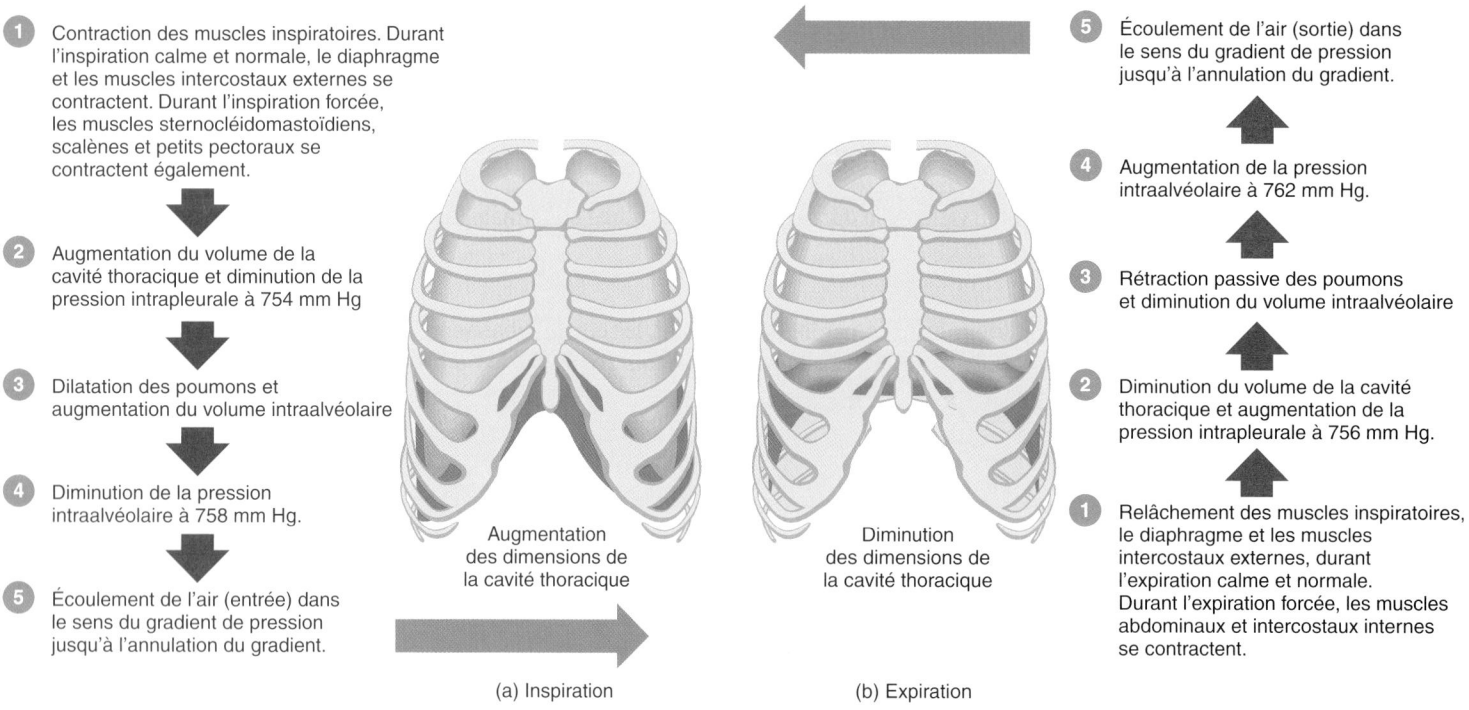

1. Contraction des muscles inspiratoires. Durant l'inspiration calme et normale, le diaphragme et les muscles intercostaux externes se contractent. Durant l'inspiration forcée, les muscles sternocléidomastoïdiens, scalènes et petits pectoraux se contractent également.

2. Augmentation du volume de la cavité thoracique et diminution de la pression intrapleurale à 754 mm Hg

3. Dilatation des poumons et augmentation du volume intraalvéolaire

4. Diminution de la pression intraalvéolaire à 758 mm Hg.

5. Écoulement de l'air (entrée) dans le sens du gradient de pression jusqu'à l'annulation du gradient.

Augmentation des dimensions de la cavité thoracique

(a) Inspiration

5. Écoulement de l'air (sortie) dans le sens du gradient de pression jusqu'à l'annulation du gradient.

4. Augmentation de la pression intraalvéolaire à 762 mm Hg.

3. Rétraction passive des poumons et diminution du volume intraalvéolaire

2. Diminution du volume de la cavité thoracique et augmentation de la pression intrapleurale à 756 mm Hg.

1. Relâchement des muscles inspiratoires, le diaphragme et les muscles intercostaux externes, durant l'expiration calme et normale. Durant l'expiration forcée, les muscles abdominaux et intercostaux internes se contractent.

Diminution des dimensions de la cavité thoracique

(b) Expiration

Q Quelle est la pression atmosphérique normale au niveau de la mer?

superficielle sous celle de l'eau pure. Le manque de surfactant chez les prématurés entraîne la *détresse respiratoire du nouveau-né*; dans ce cas, la tension superficielle du liquide alvéolaire est très élevée, si bien que beaucoup d'alvéoles s'affaissent à la fin de chaque expiration. De grands efforts sont alors nécessaires pour ouvrir les alvéoles au cours de l'inspiration suivante.

LE SYNDROME DE DÉTRESSE RESPIRATOIRE DU NOUVEAU-NÉ

On appelle **syndrome de détresse respiratoire du nouveau-né (SDR)** un trouble respiratoire qu'on observe chez les nouveau-nés dont les alvéoles ne peuvent rester ouvertes en raison d'un manque de surfactant. Or, ce dernier réduit la tension superficielle et sa présence est essentielle pour prévenir l'affaissement des alvéoles durant l'expiration. Plus un nouveau-né est prématuré, plus il risque de souffrir de SDR. En outre, cette affection est plus fréquente chez les enfants dont la mère est diabétique et chez les bébés de sexe masculin. Le SDR se manifeste par une respiration laborieuse et irrégulière, un battement des ailes du nez durant l'inspiration, un geignement expiratoire et, parfois, une cyanose (coloration bleue de la peau). Le diagnostic de SDR repose sur ces signes et symptômes et les résultats de radiographies thoraciques et d'une analyse sanguine. Un nourrisson présentant un SDR léger peut avoir seulement besoin d'un apport supplémentaire d'oxygène administré à l'aide d'une tente à oxygène ou d'un cathéter inséré dans le nez. Si le SDR est plus grave, on peut administrer l'oxygène par ventilation spontanée en pression positive continue (VSPPC), au moyen d'un spéculum nasal ou d'un masque facial. Dans les cas graves, on peut en plus administrer du surfactant directement dans les poumons. ■

La compliance pulmonaire

La compliance se définit comme la capacité d'une structure d'être étirée. Plus la compliance d'une structure est élevée, plus elle s'étire facilement. En d'autres mots, si la **compliance pulmonaire** est élevée, les poumons et la paroi thoracique se dilatent facilement; si elle est faible, leur distension se heurte à une résistance. Par analogie, on pourrait dire que la compliance d'un ballon mince et facile à gonfler est élevée, alors que celle d'un ballon épais et peu extensible, qui se gonfle au prix d'un gros effort, est faible. Dans les poumons, deux principaux facteurs influent sur la compliance: l'élasticité et la tension superficielle. Normalement, les poumons ont une compliance élevée et se dilatent sans effort parce que les fibres élastiques du tissu pulmonaire s'étirent facilement et que le surfactant du liquide alvéolaire réduit la tension superficielle.

La diminution de la compliance est un trait commun des affections pulmonaires qui:

1) entraînent la formation de tissu cicatriciel contenant moins de fibres élastiques (par exemple, la tuberculose);
2) s'opposent à l'expansion des alvéoles par suite de l'accumulation de liquide dans le compartiment interstitiel entre les alvéoles et les capillaires pulmonaires (l'œdème pulmonaire, par exemple);
3) causent un déficit en surfactant, ce qui a pour effet d'augmenter la tension superficielle (dans le cas du syndrome de détresse respiratoire du nouveau-né, par exemple);
4) d'une manière quelconque, rendent difficile la distension des poumons (par exemple, la paralysie des muscles intercostaux).

Plus la compliance est faible, plus la respiration exige des efforts. L'emphysème pulmonaire, qui survient fréquemment chez les fumeurs, est un exemple d'affection qui provoque une diminution de la compliance pulmonaire par suite de la destruction des fibres élastiques des parois alvéolaires.

La résistance des conduits aériens

Comme pour l'écoulement du sang dans les vaisseaux sanguins, la vitesse d'écoulement de l'air (débit d'air) dans les conduits aériens dépend à la fois d'une différence de pression et de la résistance: l'écoulement de l'air est égale à la différence entre la pression dans les alvéoles et la pression atmosphérique, divisée par la résistance. L'écoulement de l'air est donc directement proportionnel à la différence de pression et inversement proportionnelle à la résistance. En d'autres termes, plus la différence de pression est élevée et plus l'air s'écoule rapidement dans les conduits aériens. Inversement, plus la résistance est élevée, et plus l'écoulement est lent. Les parois des conduits aériens, en particulier celles des bronchioles, opposent une certaine résistance à l'écoulement normal de l'air qui entre dans les poumons ou en sort. Lors de la distension des poumons pendant l'inspiration, les bronchioles s'élargissent parce que leurs parois sont tirées vers l'extérieur dans toutes les directions. Les conduits aériens dont le diamètre est plus grand offrent moins de résistance. Durant l'expiration, la résistance augmente au fur et à mesure que le diamètre des bronchioles diminue. Le diamètre des conduits aériens dépend aussi du degré de contraction ou de relâchement du tissu musculaire lisse de leurs parois. Des signaux provenant de la partie sympathique du système nerveux autonome entraînent le relâchement musculaire, qui cause à son tour la bronchodilatation et une diminution de la résistance.

Une augmentation de la résistance accompagne les affections qui causent l'obstruction ou le rétrécissement des conduits aériens, ou qui créent des obstacles dans ces conduits. Il faut alors que la différence de pression soit plus élevée pour maintenir un même débit d'air. Le symptôme distinctif de l'asthme et de la bronchopneumopathie chronique obstructive – emphysème pulmonaire ou bronchite chronique – est l'augmentation de la résistance des conduits aériens par suite de leur obstruction ou de leur affaissement.

LES TYPES DE RESPIRATION ET LES MOUVEMENTS D'AIR NON RESPIRATOIRES

La respiration calme normale est appelée **eupnée** (*eu-*: bien; *pnein*: respirer). Ce terme désigne à la fois la respiration superficielle, la respiration profonde ou une combinaison des deux. La respiration superficielle (ou de la poitrine), appelée **respiration costale**, consiste en un mouvement de la poitrine vers le haut et l'extérieur qui résulte de la contraction des muscles intercostaux externes. La respiration profonde (ou abdominale), appelée **respiration diaphragmatique**, consiste en un mouvement de l'abdomen vers l'extérieur par suite de la contraction et de l'abaissement du diaphragme.

Le système respiratoire permet aussi aux humains d'exprimer des émotions, par exemple par le rire, les soupirs et les sanglots. Par ailleurs, on peut utiliser les mouvements d'air pour expulser des substances étrangères des voies respiratoires inférieures, notamment

TABLEAU 23.1 LES MOUVEMENTS D'AIR NON RESPIRATOIRES	
MOUVEMENT	**DESCRIPTION**
Toux	Inspiration longue et profonde suivie de la fermeture complète de la fente glottique, amenant une expiration forte qui ouvre abruptement la fente et souffle l'air à travers les voies respiratoires supérieures. Le stimulus à l'origine de ce réflexe peut être un corps étranger logé dans le larynx, la trachée ou l'épiglotte.
Éternuement	Contraction spasmodique des muscles de l'expiration qui expulse l'air avec force à travers le nez et la bouche. Le stimulus peut être une irritation de la muqueuse nasale.
Soupir	Inspiration longue et profonde suivie immédiatement d'une expiration plus courte, mais forte.
Bâillement	Inspiration profonde par la bouche grande ouverte, produisant un abaissement exagéré de la mandibule. Le stimulus peut être la somnolence ou le bâillement d'une autre personne, mais on n'en connaît pas la cause précise.
Sanglot	Série d'inspirations convulsives suivies d'une unique expiration prolongée. La fente glottique se referme plus tôt que d'habitude après chaque inspiration, si bien qu'une petite quantité d'air seulement pénètre dans les poumons à chaque inspiration.
Pleurs	Inspiration suivie d'un grand nombre de courtes expirations convulsives durant lesquelles la fente glottique reste ouverte et les plis vocaux vibrent ; les pleurs s'accompagnent d'expressions faciales caractéristiques et de larmes.
Rire	Essentiellement les mêmes mouvements que ceux des pleurs, mais leur rythme et les expressions faciales sont habituellement différents. Il est parfois impossible de distinguer le rire des pleurs.
Hoquet	Contraction spasmodique du diaphragme, suivie de la fermeture spasmodique de la fente glottique, qui produit un bruit sec à l'inspiration. Le stimulus est habituellement une irritation des terminaisons des nerfs sensitifs du tube digestif.
Manœuvre de Valsalva	Expiration forcée, la fente glottique fermée, comme lorsqu'on force en déféquant.

en éternuant et en toussant. Les mouvements d'air sont aussi modulés au cours des vocalisations liées à la parole ou au chant. Certains mouvements d'air non respiratoires qui expriment des émotions ou qui dégagent les voies respiratoires sont décrits dans le tableau 23.1. Tous ces mouvements sont des réflexes, mais on peut aussi en provoquer quelques-uns volontairement.

▶ POINT DE CONTRÔLE

12. Qu'est-ce qui distingue fondamentalement la ventilation pulmonaire, la respiration externe et la respiration interne ?

13. Comparez les étapes des processus d'inspiration et d'expiration durant la ventilation calme et la ventilation forcée.

14. Décrivez comment la tension superficielle alvéolaire, la compliance et la résistance des conduits aériens influent sur la ventilation pulmonaire.

15. Définissez les divers types de mouvements d'air non respiratoires.

LES VOLUMES ET LES CAPACITÉS RESPIRATOIRES

> **OBJECTIFS**

- Expliquer la différence entre volume courant, volume de réserve inspiratoire, volume de réserve expiratoire et volume résiduel.
- Faire la distinction entre capacité inspiratoire, capacité résiduelle fonctionnelle, capacité vitale et capacité pulmonaire totale.

Au repos, un adulte en bonne santé respire en moyenne 12 fois par minute, et chaque inspiration et expiration déplace environ 500 mL d'air. Le volume d'une respiration est appelé **volume courant** (V_T, *tidal volume*). À l'aide de ce volume courant, il est possible de mesurer la **ventilation-minute** (**VM**), qui correspond au volume total d'air inspiré et expiré chaque minute, et que l'on obtient en multipliant la fréquence respiratoire par le volume courant :

$$VM = 12 \text{ respirations/min} \times 500 \text{ mL/respiration}$$
$$= 6\,000 \text{ mL/min} = 6 \text{ L/min}$$

Une ventilation-minute inférieure à la normale indique habituellement un dysfonctionnement pulmonaire. On utilise généralement un appareil appelé **spiromètre** (*spirare* : respirer ; *metrum* : mesure) pour mesurer la fréquence respiratoire et le volume d'air échangé durant la respiration. Les résultats sont inscrits sur un **spirogramme**. L'inspiration est représentée par une déflexion vers le haut et l'expiration, par une déflexion vers le bas ; l'enregistrement s'effectue la plupart du temps de droite à gauche (figure 23.17).

Le volume courant varie considérablement d'une personne à une autre et, chez la même personne, d'un moment à un autre. Chez l'adulte moyen, environ 70 % du volume courant (350 mL) atteint effectivement la zone respiratoire – bronchioles respiratoires, conduits alvéolaires, sacs alvéolaires et alvéoles pulmonaires – et participe à la respiration externe ; les 30 % restants (150 mL) sont retenus dans la zone de conduction, c'est-à-dire le nez, le pharynx, le larynx, la trachée, les bronches, les bronchioles et les bronchioles terminales. Cette seconde zone porte le nom d'**espace mort anatomique**. (En règle générale, le volume, en millilitres, de l'espace mort anatomique d'une personne est à peu près égal à 2 mL/kilo) Le volume d'air mesuré par la ventilation-minute n'est donc pas entièrement utilisé pour les échanges gazeux, puisqu'il en reste une partie dans l'espace mort anatomique. La **ventilation alvéolaire** est le volume d'air par minute qui atteint effectivement la zone respiratoire. Il faut donc soustraire le volume de l'espace mort au volume courant pour calculer la ventilation alvéolaire. Ainsi, dans l'exemple donné ci-dessus, la ventilation alvéolaire est calculée de la façon suivante :

FIGURE 23.17 Le spirogramme des volumes et des capacités respiratoires. On indique les valeurs moyennes chez un homme et une femme adultes en bonne santé, les valeurs pour celle-ci apparaissant entre parenthèses. Il est à noter qu'un spirogramme se lit de droite (début de l'enregistrement) à gauche, (fin de l'enregistrement).

Les capacités respiratoires s'obtiennent en additionnant divers volumes respiratoires.

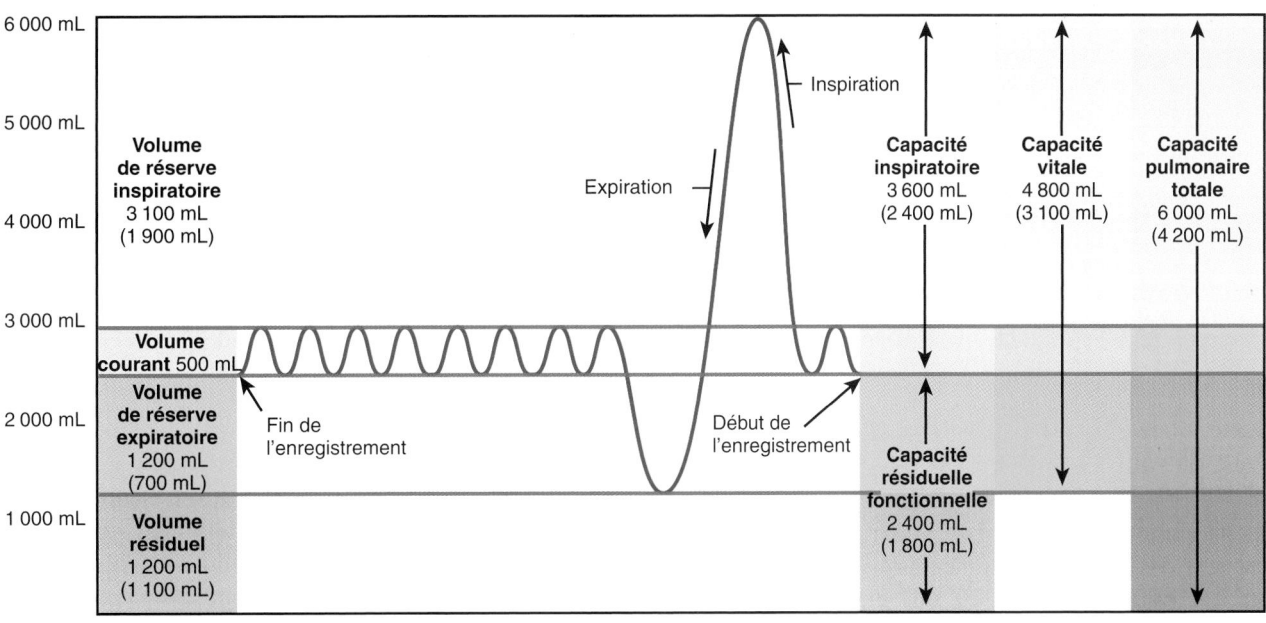

 Si vous inspirez le plus profondément possible, puis expirez tout l'air que vous pouvez, quelle capacité respiratoire mettez-vous en évidence?

$$VA = (500 - 150)mL \times 12 \text{ respirations/min}$$
$$= 4\,200 \text{ mL/min} = 4,2 \text{ L/min}$$

L'utilisation d'un tuba lorsqu'on fait de la plongée en apnée augmente le volume de l'espace mort. Pour obtenir la même ventilation alvéolaire, il faut soit augmenter le volume courant en intensifiant l'action du diaphragme et des muscles intercostaux lors de l'inspiration, soit augmenter la fréquence respiratoire. C'est ce qui explique la sensation d'une inspiration plus difficile que ressentent la plupart des personnes qui pratiquent cette activité.

Il est possible d'établir d'autres volumes respiratoires à partir de la respiration forcée. En général, ces volumes sont plus grands chez les hommes, les individus de grande taille et les jeunes adultes, et ils sont plus petits chez les femmes, les individus de petite taille et les personnes âgées. On peut diagnostiquer divers troubles respiratoires en comparant les valeurs obtenues pour une personne avec les valeurs normales établies pour son sexe, sa taille et son âge. Nous donnons ici les valeurs moyennes pour les jeunes adultes.

En inspirant très profondément, on peut inhaler un volume d'air bien supérieur à 500 mL. Ce volume supplémentaire d'air inspiré, appelé **volume de réserve inspiratoire**, est en moyenne d'environ 3 100 mL chez un homme adulte, et d'environ 1 900 mL chez une femme adulte (figure 23.17). Par ailleurs, on inspirera encore plus d'air si l'inspiration suit immédiatement une expiration forcée. Si on inspire normalement pour ensuite expirer le plus fort

possible, on doit pouvoir expulser une bonne quantité d'air en plus des 500 mL du volume courant. Cette quantité additionnelle, qui est de 1 200 mL chez l'homme et de 700 mL chez la femme, est appelée **volume de réserve expiratoire**. Un autre volume important est le **volume expiratoire maximum-seconde**, ou **VEMS$_1$**, c'est-à-dire le volume d'air qu'il est possible d'expulser des poumons en une seconde, avec un effort maximal, après une inspiration maximale. En général, les maladies pulmonaires obstructives chroniques (MPOC) réduisent beaucoup le VEMS$_1$, car elles accroissent la résistance des conduits aériens.

Même après l'expulsion du volume de réserve expiratoire, il reste une quantité considérable d'air dans les poumons parce que la pression intrapleurale négative (sous-atmosphérique) maintient les alvéoles légèrement gonflées et qu'il reste aussi de l'air dans les conduits aériens qui ne s'affaissent normalement jamais. Ce volume, qu'on ne peut pas mesurer par spirométrie, appelé **volume résiduel**, est approximativement de 1 200 mL chez l'homme et de 1 100 mL chez la femme. Imaginez un matelas gonflable que vous voulez ranger dans son emballage d'origine après l'avoir utilisé puis dégonflé. Malgré tous les efforts que vous ferez, vous ne réussirez pas à retirer l'air complètement. L'air emprisonné dans le matelas correspond à l'air résiduel des poumons.

Si on ouvre la cavité thoracique, la pression intrapleurale s'élève jusqu'à ce qu'elle égale la pression atmosphérique et provoque alors l'expulsion d'une partie du volume résiduel. L'air qui reste, est appelé **volume minimal**. Ce volume constitue un outil médical et légal pour établir si un bébé est mort avant ou après la naissance. On démontre la présence d'un volume minimal en plaçant un morceau de poumon dans l'eau et en voyant s'il flotte : comme les poumons d'un fœtus ne contiennent pas d'air, ceux d'un enfant mort-né ne flottent pas.

Une autre façon d'analyser l'efficacité des poumons est de mesurer les *capacités respiratoires* en additionnant différents volumes respiratoires (figure 23.17).

- La **capacité inspiratoire** est la somme du volume courant et du volume de réserve inspiratoire (chez l'homme, 500 mL + 3 100 mL = 3600 mL et, chez la femme, 500 mL + 1 900 mL = 2 400 mL).
- La **capacité résiduelle fonctionnelle** est la somme du volume résiduel et du volume de réserve expiratoire (chez l'homme, 1 200 mL + 1 200 mL = 2 400 mL et, chez la femme, 1 100 mL + 700 mL = 1 800 mL).
- La **capacité vitale** représente la somme du volume de réserve inspiratoire, du volume courant et du volume de réserve expiratoire (4 800 mL chez l'homme et 3 100 mL chez la femme).
- La **capacité pulmonaire totale** se définit comme la somme de la capacité vitale et du volume résiduel (chez l'homme, 4 800 mL + 1 200 mL = 6 000 mL et, chez la femme, 3 100 mL + 1 100 mL = 4 200 mL).

▶ **POINT DE CONTRÔLE**

16. Qu'est-ce qu'un spiromètre ?

17. Faites la distinction entre volume respiratoire et capacité respiratoire.

18. Comment calcule-t-on la ventilation-minute ?

19. Définissez la ventilation alvéolaire et le VEMS$_1$.

LES ÉCHANGES D'OXYGÈNE ET DE DIOXYDE DE CARBONE

OBJECTIFS

- Expliquer la loi de Dalton et la loi de Henry.
- Décrire les échanges d'oxygène et de dioxyde de carbone dans les respirations externe et interne.

Les échanges d'oxygène (O_2) et de dioxyde de carbone (CO_2) entre l'air alvéolaire et le sang pulmonaire s'effectuent par diffusion passive, ces gaz étant à la fois hydrosolubles et liposolubles. Cet échange est régi par le comportement des gaz que décrivent les lois de Dalton et de Henry. La loi de Dalton est importante pour comprendre comment les gaz se déplacent par diffusion des zones où leur pression est élevée vers celles où elle est plus basse, alors que la loi de Henry permet d'expliquer la relation qui existe entre la solubilité d'un gaz et sa diffusion.

LES LOIS DES GAZ : LA LOI DE DALTON ET LA LOI DE HENRY

Selon la **loi de Dalton**, dans un mélange de gaz, chaque gaz exerce sa propre pression comme si les autres gaz n'étaient pas présents. La pression d'un gaz donné d'un mélange est appelée *pression partielle* de ce gaz. Elle est représentée par la notation P_x, où l'indice correspond à la formule chimique du gaz. On calcule la pression totale du mélange en additionnant toutes les pressions partielles. L'air atmosphérique est un mélange gazeux composé d'azote (N_2), d'oxygène (O_2), de vapeur d'eau (H_2O) et de dioxyde de carbone (CO_2), plus d'autres gaz en petites quantités. La pression atmosphérique est donc la somme des pressions de tous ces gaz :

$$\text{Pression atmosphérique (760 mm Hg)} = P_{N_2} + P_{O_2} + P_{H_2O} + P_{CO_2} + P_{\text{autres gaz}}$$

On détermine la pression partielle exercée par chaque constituant du mélange en multipliant le pourcentage du gaz dans le mélange par la pression totale de ce dernier. L'air atmosphérique contient 78,6 % d'azote, 20,9 % d'oxygène, 0,04 % de dioxyde de carbone ; les autres gaz représentent 0,06 %. L'air contient aussi une quantité variable de vapeur d'eau, soit environ 0,4 % par temps frais et sec. Ainsi, les pressions partielles des gaz dans l'air inspiré sont les suivantes :

$$
\begin{array}{lll}
P_{N_2} & 0,786 \times 760 \text{ mm Hg} = & 597,4 \text{ mm Hg} \\
P_{O_2} & 0,209 \times 760 \text{ mm Hg} = & 158,8 \text{ mm Hg} \\
P_{H_2O} & 0,004 \times 760 \text{ mm Hg} = & 3,0 \text{ mm Hg} \\
P_{CO_2} & 0,0004 \times 760 \text{ mm Hg} = & 0,3 \text{ mm Hg} \\
P_{\text{autres gaz}} & 0,0006 \times 760 \text{ mm Hg} = & \underline{0,5 \text{ mm Hg}} \\
& \text{Total} = & 760,0 \text{ mm Hg}
\end{array}
$$

Ces pressions partielles sont importantes parce qu'elles déterminent les déplacements d'O_2 et de CO_2 entre l'atmosphère et les poumons, entre les poumons et le sang, et entre le sang et les cellules de l'organisme. Chaque gaz d'un mélange diffuse à travers une membrane perméable dans le sens de son gradient de pression, c'est-à-dire de la région où sa pression partielle est la plus élevée vers la région où elle est plus faible. La vitesse de diffusion est d'autant plus grande que la différence de pression partielle, ou le gradient, est élevée. Chaque gaz se comporte comme s'il n'y avait pas d'autres gaz dans le mélange et diffuse à la vitesse que lui impose sa propre pression partielle.

Lorsque l'on compare l'air intraalvéolaire à l'air inhalé, on constate qu'il contient moins d'O_2 (13,6 % comparativement à 20,9 %) et plus de CO_2 (5,2 % comparativement à 0,04 %). Deux raisons expliquent cette différence. Premièrement, l'air inhalé se mélange à l'air restant dans les poumons à la fin de la dernière expiration, et provenant du volume résiduel, du volume de réserve expiratoire et du volume de l'espace mort, qui contiennent tous de l'air plus riche en CO_2 et plus pauvres en O_2. Deuxièmement, au cours de l'inspiration, l'air s'humidifie en entrant en contact avec les muqueuses. Lorsque la teneur en eau de l'air augmente, sa concentration en O_2 diminue. Inversement, l'air exhalé contient plus d'O_2 que l'air intraalvéolaire (16 % comparativement à 13,6 %) et moins de CO_2 (4,5 % comparativement à 5,2 %) parce que l'air exhalé contient aussi de l'air provenant de l'espace mort anatomique et n'ayant donc pas participé à l'échange gazeux. L'air exhalé est en fait un mélange d'air intraalvéolaire et d'air inhalé se trouvant dans l'espace mort anatomique.

Selon la **loi de Henry**, la quantité d'un gaz qui se dissout dans un liquide est proportionnelle à sa pression partielle et à son coefficient de solubilité. La capacité d'un gaz à se maintenir en solution dans un liquide organique est d'autant plus grande que sa pression partielle et son coefficient de solubilité dans l'eau sont élevés. Autrement dit, plus la pression partielle exercée par un gaz sur un liquide est importante et plus son coefficient de solubilité est élevé, plus grande est la quantité de gaz qui reste en solution. Le plasma contient beaucoup plus de CO_2 que d'O_2 dissous, car le coefficient de solubilité du CO_2 est 24 fois supérieur à celui de l'O_2.

Diverses situations de la vie quotidienne mettent en évidence la loi de Henry. Par exemple, vous avez sans doute remarqué que les bouteilles de boisson gazeuse produisent un sifflement quand on les débouche et que des bulles montent ensuite à la surface pendant un certain temps après l'ouverture de la bouteille. Le gaz dissous dans ces boissons gazéifiées est du CO_2. Comme l'embouteillage et le capsulage se font sous haute pression, le CO_2 reste dissous tant que la bouteille est fermée. Dès que vous la décapsulez, la pression tombe et le gaz s'échappe de la solution sous forme de bulles.

La loi de Henry explique deux phénomènes causés par un changement de la solubilité de l'azote dans les liquides organiques. Même si l'air que nous respirons contient environ 79 % d'azote, à la connaissance générale, ce gaz n'a aucun effet sur les fonctions de l'organisme, et seulement une faible quantité se dissout dans le plasma sanguin parce que son coefficient de solubilité est faible à la pression au niveau de la mer. Si la pression totale de l'air augmente, la pression partielle de chacun de ses constituants augmente aussi. Lorsqu'un plongeur autonome respire de l'air sous une pression élevée, l'azote contenu dans le mélange peut avoir des effets nocifs graves. Étant donné que la pression partielle de ce gaz contenu dans l'air comprimé (de la bouteille de plongée) est plus élevée que dans l'air à la pression au niveau de la mer, il se dissoudra plus d'azote dans le plasma sanguin et le liquide interstitiel. De plus, lors d'une plongée, la colonne d'eau située au-dessus du plongeur exerce une pression sur son corps. L'unité de mesure de cette pression est le *bar*, qui correspond à la force exercée par un kilogramme sur une surface de un centimètre carré. Au niveau de la mer, l'air exerce une pression de 1,013 bar et une colonne d'eau de 10 mètres exerce une pression de 1 bar*. Ainsi, plus le plongeur descend profondément, plus la pression que l'eau exerce sur son corps est grande. Il se crée alors une condition hyperbare (à 30 mètres, le plongeur subit une pression de 3 bars). De ce fait, le sang contient plus de gaz dissous. Une quantité considérable d'azote se dissout alors dans le plasma sanguin et diffuse vers les tissus, qui deviennent sursaturés. Cette quantité excessive d'azote dissous risque de provoquer des étourdissements et d'autres symptômes semblables à ceux d'une intoxication par l'alcool. On appelle cette affection **narcose à l'azote** ou ivresse des profondeurs.

---

* Un bar est presque l'équivalent de une atmosphère (atm) ;
  1 atm = 760 mm Hg.

La sursaturation des tissus et la désaturation sont toutes deux fonction du temps. Si un plongeur remonte lentement à la surface, l'azote dissous repasse lentement sous sa forme gazeuse et il est éliminé lors de l'expiration. Par contre, si le plongeur remonte rapidement, l'azote repasse trop vite à sa forme gazeuse et il forme des bulles dans le sang et les tissus, ce qui provoque la **maladie par décompression** (ou mal des caissons). Les effets de cette affection résultent de la pénétration de bulles dans les tissus nerveux. Ils peuvent être légers ou graves selon le nombre de bulles qui se forment. Les symptômes comprennent des douleurs articulaires, surtout dans les bras et les jambes, le vertige, l'essoufflement, une très grande fatigue, la paralysie et la perte de conscience.

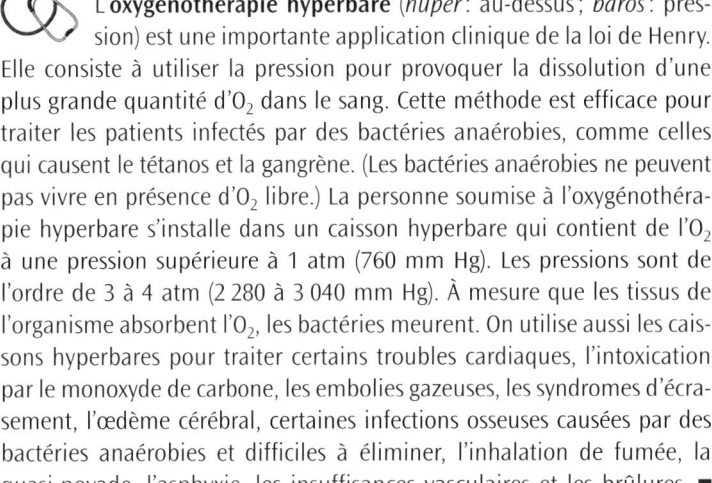

L'OXYGÉNOTHÉRAPIE HYPERBARE

L'**oxygénothérapie hyperbare** (*huper* : au-dessus ; *baros* : pression) est une importante application clinique de la loi de Henry. Elle consiste à utiliser la pression pour provoquer la dissolution d'une plus grande quantité d'O_2 dans le sang. Cette méthode est efficace pour traiter les patients infectés par des bactéries anaérobies, comme celles qui causent le tétanos et la gangrène. (Les bactéries anaérobies ne peuvent pas vivre en présence d'O_2 libre.) La personne soumise à l'oxygénothérapie hyperbare s'installe dans un caisson hyperbare qui contient de l'O_2 à une pression supérieure à 1 atm (760 mm Hg). Les pressions sont de l'ordre de 3 à 4 atm (2 280 à 3 040 mm Hg). À mesure que les tissus de l'organisme absorbent l'O_2, les bactéries meurent. On utilise aussi les caissons hyperbares pour traiter certains troubles cardiaques, l'intoxication par le monoxyde de carbone, les embolies gazeuses, les syndromes d'écrasement, l'œdème cérébral, certaines infections osseuses causées par des bactéries anaérobies et difficiles à éliminer, l'inhalation de fumée, la quasi-noyade, l'asphyxie, les insuffisances vasculaires et les brûlures. ∎

LES RESPIRATIONS EXTERNE ET INTERNE

On appelle **respiration externe**, ou **échange gazeux pulmonaire**, la diffusion d'O_2 de l'air dans les alvéoles pulmonaires vers le sang dans les capillaires pulmonaires et la diffusion de CO_2 en sens inverse (figure 23.18a). La respiration externe dans les poumons convertit le **sang désoxygéné** (ayant perdu une partie de son O_2) provenant du côté droit du cœur en **sang oxygéné** (saturé d'O_2), qui retourne au côté gauche du cœur (voir la figure 21.29). Alors qu'il circule dans les capillaires pulmonaires, le sang absorbe de l'O_2 de l'air intraalvéolaire et y rejette du CO_2. Bien que ce processus soit couramment qualifié d'« échange » gazeux, chaque gaz diffuse de façon indépendante depuis la région où sa pression partielle est élevée vers la région où elle est plus basse.

Comme l'indique la figure 23.18a, l'O_2 diffuse de l'air intraalvéolaire, où sa pression partielle est de 105 mm Hg, vers le sang circulant dans les capillaires pulmonaires, où la P_{O_2} est de seulement 40 mm Hg chez une personne au repos. Après une période d'exercice, la P_{O_2} est encore plus basse parce que les myocytes squelettiques qui se contractent utilisent plus d'O_2. La diffusion se poursuit jusqu'à ce que la P_{O_2} du sang dans les capillaires pulmonaires atteigne la valeur de la P_{O_2} de l'air intraalvéolaire, soit 105 mm Hg. Puisque le sang qui quitte les capillaires près des espaces alvéolaires se mélange à un petit volume de sang ayant circulé dans la zone de conduction du système respiratoire, où il n'y a pas d'échange gazeux, il s'ensuit que la P_{O_2} du sang dans

FIGURE 23.18 La variation des pressions partielles (en mm Hg) de l'oxygène (O₂) et du dioxyde de carbone (CO₂) durant la respiration externe et la respiration interne.

Les gaz diffusent des régions où leur pression partielle est plus élevée vers celles où elle est plus basse.

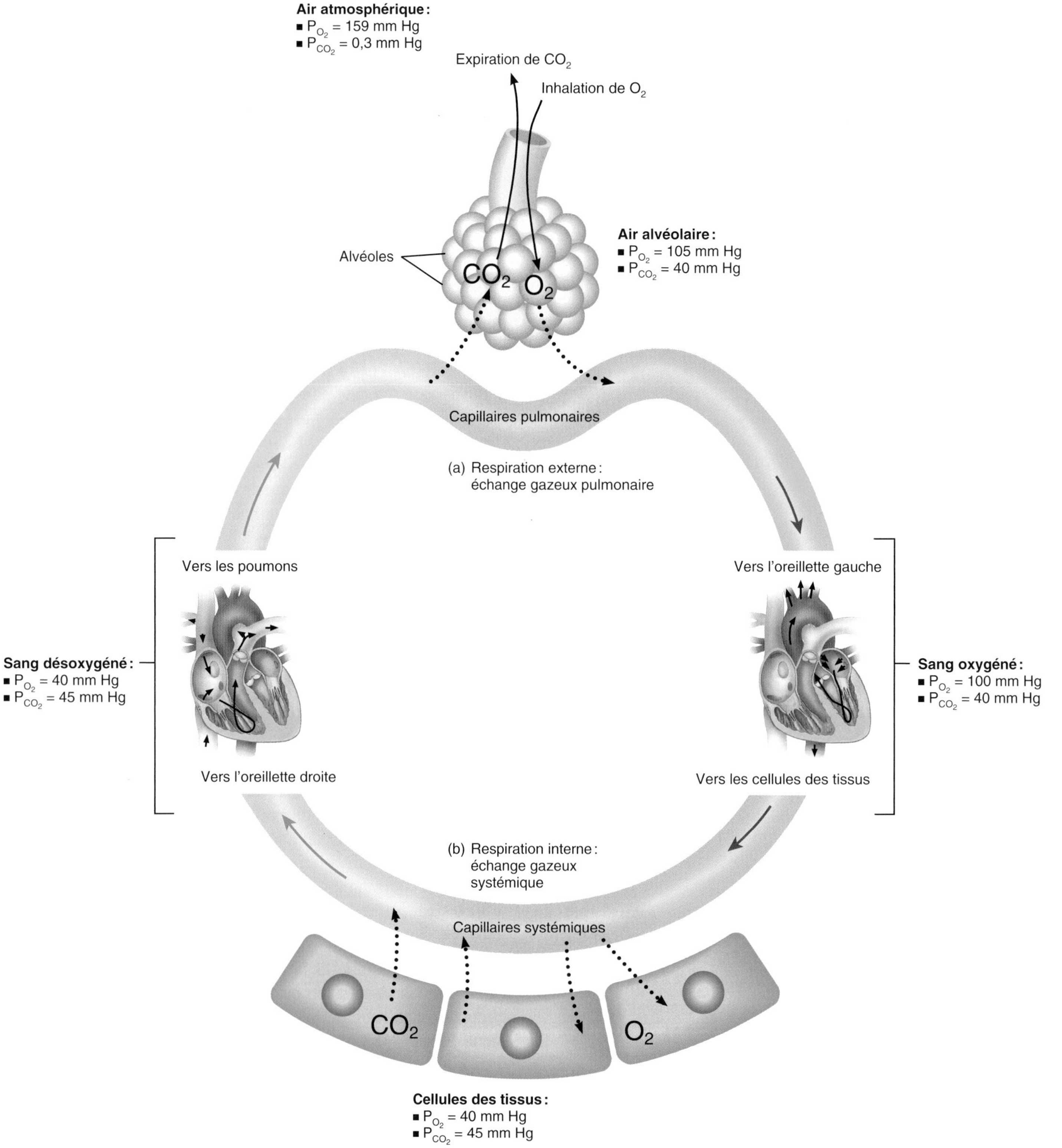

Air atmosphérique:
- P_{O_2} = 159 mm Hg
- P_{CO_2} = 0,3 mm Hg

Expiration de CO_2

Inhalation de O_2

Alvéoles

Air alvéolaire:
- P_{O_2} = 105 mm Hg
- P_{CO_2} = 40 mm Hg

CO_2 O_2

Capillaires pulmonaires

(a) Respiration externe : échange gazeux pulmonaire

Vers les poumons

Vers l'oreillette gauche

Sang désoxygéné:
- P_{O_2} = 40 mm Hg
- P_{CO_2} = 45 mm Hg

Sang oxygéné:
- P_{O_2} = 100 mm Hg
- P_{CO_2} = 40 mm Hg

Vers l'oreillette droite

Vers les cellules des tissus

(b) Respiration interne : échange gazeux systémique

Capillaires systémiques

CO_2 O_2

Cellules des tissus:
- P_{O_2} = 40 mm Hg
- P_{CO_2} = 45 mm Hg

Q Qu'est-ce qui fait en sorte que l'oxygène quitte les alvéoles pour pénétrer dans les capillaires pulmonaires, et sort des capillaires systémiques pour entrer dans les cellules des tissus?

les veines pulmonaires est légèrement inférieure à celle du sang dans les capillaires pulmonaires : sa valeur est de 100 mm Hg environ.

Pendant que l'O_2 diffuse de l'air alvéolaire vers le sang désoxygéné, le CO_2 diffuse en sens inverse. La P_{CO_2} du sang désoxygéné est de 45 mm Hg chez un individu au repos, alors que celle de l'air alvéolaire est de 40 mm Hg. En raison de cette différence, le dioxyde de carbone diffuse du sang désoxygéné vers les alvéoles jusqu'à ce que la P_{CO_2} du sang tombe à 40 mm Hg. L'expiration maintient la P_{CO_2} alvéolaire à cette valeur. Le sang oxygéné qui retourne au côté gauche du cœur par les veines pulmonaires a donc une P_{CO_2} de 40 mm Hg.

Il y a un très grand nombre de capillaires à proximité des alvéoles pulmonaires et le sang y circule assez lentement pour se saturer en O_2. Lors d'un exercice vigoureux, le débit cardiaque s'accroît et la vitesse du sang augmente, tant dans la circulation systémique que pulmonaire. Même si le sang reste moins longtemps dans les capillaires pulmonaires, la P_{O_2} du sang dans les veines pulmonaires s'élève normalement jusqu'à 100 mg Hg. Ce n'est cependant pas le cas chez un individu atteint d'une maladie caractérisée par une réduction de la vitesse de diffusion des gaz, car l'équilibre ne se fait pas nécessairement tout à fait entre le sang et l'air alvéolaire, surtout durant l'exercice. On observe alors que la P_{O_2} du sang artériel diminue et sa P_{CO_2} augmente dans la circulation systémique.

Le ventricule gauche pompe le sang oxygéné dans l'aorte, à travers les artères et les capillaires systémiques, jusqu'aux cellules des tissus. On appelle **respiration interne**, ou **échange gazeux systémique**, l'échange d'O_2 et de CO_2 entre les capillaires systémiques et les cellules des tissus (figure 23.18b). Lorsque l'O_2 sort du sang circulant, le sang oxygéné se transforme en sang désoxygéné. Contrairement à la respiration externe, qui a lieu exclusivement à l'intérieur des poumons, la respiration interne se produit dans des tissus disséminés dans l'organisme.

La P_{O_2} du sang pompé dans les capillaires systémiques est plus élevée (100 mm Hg) que celle des cellules des tissus (40 mm Hg chez un individu au repos) parce que les cellules utilisent continuellement de l'O_2 pour produire de l'ATP. En raison de cette différence de pression, l'oxygène diffuse des capillaires vers les cellules des tissus, de sorte que la P_{O_2} du sang n'est plus que de 40 mm Hg lorsque celui-ci sort des capillaires systémiques.

Pendant que l'O_2 diffuse des capillaires systémiques vers les cellules des tissus, le CO_2 diffuse en sens inverse. Étant donné que ces cellules produisent constamment du CO_2, leur P_{CO_2} (45 mm Hg chez un individu au repos) est supérieure à celle du sang dans les capillaires systémiques (40 mm Hg). C'est pourquoi le CO_2 diffuse des cellules des tissus vers les capillaires systémiques, en passant par le liquide interstitiel, jusqu'à ce que la P_{CO_2} dans le sang atteigne 45 mm Hg. Le sang désoxygéné retourne alors au cœur (oreillette droite) et il est pompé dans les poumons pour amorcer un nouveau cycle de respiration externe.

Chez une personne au repos, les cellules des tissus n'ont besoin en moyenne que de 25 % de l'O_2 disponible dans le sang oxygéné ; en effet, contrairement à ce qu'indique son appellation, le sang désoxygéné contient encore 75 % de l'oxygène qu'il transporte.

Durant l'exercice, une plus grande quantité d'O_2 diffuse du sang vers les cellules métaboliquement actives, tels les myocytes squelettiques qui se contractent. Les cellules actives utilisent davantage d'O_2 pour la production d'ATP, de sorte que la teneur en O_2 du sang désoxygéné tombe sous les 75 %. Le corps humain est ainsi doté d'une réserve d'oxygène qui lui permet de satisfaire des besoins accrus.

La *vitesse* des échanges gazeux pulmonaire et systémique dépend de plusieurs facteurs.

- ***Les différences de pressions partielles des gaz.*** La vitesse de diffusion est d'autant plus élevée que les différences de P_{O_2} et de P_{CO_2} entre l'air alvéolaire et le sang pulmonaire sont grandes ; la diffusion ralentit quand les différences s'amenuisent.

  Durant l'exercice, les différences de P_{O_2} et de P_{CO_2} entre l'air alvéolaire et le sang pulmonaire augmentent ; l'accroissement des différences de pressions partielles provoque une accélération de la diffusion des gaz, favorisant l'entrée d'oxygène et la sortie de dioxyde de carbone. Quand on s'élève en altitude, la pression atmosphérique totale diminue, et avec elle la pression partielle d'O_2, qui passe de 159 mm Hg au niveau de la mer à 110 mm Hg à 3 050 m, et à 73 mm Hg à 6 100 m. Bien que l'O_2 représente toujours 20,9 % du total, la P_{O_2} de l'air inspiré diminue à mesure que l'altitude augmente. La P_{O_2} alvéolaire diminue proportionnellement, de sorte que l'O_2 diffuse plus lentement dans le sang. Les symptômes habituels du **mal d'altitude** – souffle court, maux de tête, fatigue, insomnie, nausées et étourdissements – sont causés par la diminution de la quantité d'O_2 dans le sang.

  Les pressions partielles de l'O_2 et du CO_2 dans l'air alvéolaire dépendent également de la vitesse d'écoulement de l'air aspiré et rejeté par les poumons. Certains médicaments (la morphine, par exemple) ralentissent la ventilation, et réduisent ainsi la quantité d'O_2 et de CO_2 disponible pour les échanges entre l'air alvéolaire et le sang.

- ***La surface disponible pour les échanges gazeux.*** Nous avons vu plus haut que les alvéoles occupent une superficie considérable (environ 70 m²). De plus, le nombre de capillaires qui entoure chaque alvéole est tellement grand qu'à tout moment, on estime qu'un volume de sang atteignant 900 mL participe à l'échange gazeux. Toute affection pulmonaire qui diminue la superficie fonctionnelle de la membrane alvéolocapillaire ralentit la vitesse de la respiration externe. Dans le cas de l'emphysème pulmonaire (voir p. 960), par exemple, les parois alvéolaires se désintègrent, ce qui réduit la surface d'échange de la membrane en deçà de la normale, de sorte que la vitesse de l'échange gazeux pulmonaire diminue.

- ***La distance de diffusion.*** Étant donné que la membrane alvéolocapillaire est très mince (figure 23.12), la vitesse de diffusion est élevée. De plus, les capillaires sont si étroits que les érythrocytes doivent s'y engager à la file indienne, ce qui réduit la distance de diffusion entre l'air des alvéoles et l'hémoglobine dans les érythrocytes. L'accumulation de liquide interstitiel entre les alvéoles, comme dans le cas de l'œdème pulmonaire (voir p. 961), diminue la vitesse des échanges gazeux parce qu'elle augmente la distance de diffusion.

- **La masse moléculaire des gaz et la solubilité.** Du fait que la masse moléculaire de l'O_2 est plus faible que celle du CO_2, on pourrait supposer que la vitesse de diffusion de l'O_2 à travers la membrane alvéolocapillaire est 1,2 fois plus grande. Toutefois, la solubilité du CO_2 dans la portion liquide de la membrane alvéolocapillaire est environ 24 fois plus élevée que celle de l'O_2. Compte tenu de ces deux facteurs, la diffusion nette du CO_2 vers l'extérieur est 20 fois plus rapide que la diffusion nette de l'O_2 vers l'intérieur. En conséquence, quand la diffusion est plus lente que la normale, par exemple dans les cas d'emphysème ou d'œdème pulmonaires, l'insuffisance d'O_2 (hypoxie) se manifeste habituellement avant que la rétention de CO_2 (hypercapnie) devienne inquiétante.

▶ **POINT DE CONTRÔLE**

20. Faites la distinction entre les lois de Dalton et de Henry, et nommez une application pratique de chacune.

21. De quelle façon la pression partielle de l'oxygène (P_{O_2}) varie-t-elle en fonction de l'altitude?

22. Quelle est la trajectoire de la diffusion de l'oxygène et du dioxyde de carbone durant la respiration externe et la respiration interne?

23. Quels facteurs influent sur la vitesse de diffusion de l'oxygène et du dioxyde de carbone lors des échanges gazeux pulmonaires?

LE TRANSPORT DE L'OXYGÈNE ET DU DIOXYDE DE CARBONE

> **OBJECTIF**
>
> - Expliquer comment l'oxygène et le dioxyde de carbone sont transportés par le sang.

Nous avons vu que le sang transporte des gaz entre les poumons et les tissus de l'organisme. Quand l'O_2 et le CO_2 entrent dans le sang, il se produit des réactions chimiques qui facilitent le transport des gaz et les échanges gazeux.

LE TRANSPORT DE L'OXYGÈNE

Chez une personne à l'état normal de repos, dans 100 mL de sang oxygéné, on trouve l'équivalent de 20 mL d'O_2 gazeux transporté sous forme d'O_2 dissous et d'O_2 **lié à l'hémoglobine**. Comme l'oxygène est peu soluble dans l'eau, environ 1,5 % de l'O_2 inhalé se dissout dans le plasma sanguin, constitué principalement d'eau. En fait, la quasi-totalité de l'O_2 sanguin – 98,5 % – est liée à l'hémoglobine contenue dans les érythrocytes (figure 23.19). Selon les pourcentages donnés ci-dessus, l'oxygène dissous dans le plasma représente 0,3 mL et l'oxygène lié à l'hémoglobine, 19,7 mL.

La partie hémique de l'hémoglobine renferme quatre atomes de fer, dont chacun est susceptible de fixer une molécule d'O_2 (voir la figure 19.4b, c). L'oxygène et l'hémoglobine se combinent, par une réaction facilement réversible, pour former de l'**oxyhémoglobine** (HbO$_2$):

$$\text{Hb} + \text{O}_2 \underset{\text{Dissociation d'O}_2}{\overset{\text{Liaison d'O}_2}{\rightleftarrows}} \text{HbO}_2$$

Hémoglobine réduite (désoxyhémoglobine)   Oxygène   Oxyhémoglobine

Puisque les érythrocytes emprisonnent 98,5 % de l'O_2, seul l'O_2 dissous dans le plasma (1,5 %) peut diffuser des capillaires tissulaires vers les cellules des tissus. Il est donc important de comprendre les facteurs qui favorisent la liaison de l'O_2 à l'hémoglobine et sa dissociation (séparation) de l'hémoglobine.

La relation entre l'hémoglobine et la pression partielle de l'oxygène

Parmi les facteurs qui déterminent la quantité d'O_2 qui se lie à l'hémoglobine, le plus important est la P_{O_2} sanguine. Plus la P_{O_2} sanguine est élevée, plus l'**affinité** de l'hémoglobine pour l'oxygène est forte, ce qui revient à dire que la force avec laquelle l'hémoglobine se lie à l'oxygène est d'autant plus grande que la P_{O_2} sanguine est élevée. Quand toute l'hémoglobine réduite (Hb) est convertie en oxyhémoglobine (HbO$_2$), on dit que l'hémoglobine est **pleinement saturée**; si l'hémoglobine est constituée d'un mélange de Hb et de HbO$_2$, elle est **partiellement saturée**. Le **pourcentage de saturation de l'hémoglobine** exprime la saturation moyenne de l'hémoglobine en oxygène. Par exemple, si toutes les molécules d'hémoglobine sont liées à 2 molécules d'O_2, alors l'hémoglobine est saturée à 50 % parce que chaque Hb peut se lier à un maximum de 4 molécules d'O_2.

La courbe de dissociation de l'oxyhémoglobine de la figure 23.20 illustre la relation entre le pourcentage de saturation de l'hémoglobine et la P_{O_2} sanguine. Il est à noter que si la P_{O_2} sanguine est élevée, l'hémoglobine se lie à de grandes quantités d'O_2 et la saturation atteint pratiquement 100 %. Quand la P_{O_2} sanguine est faible, l'hémoglobine n'est que partiellement saturée. Autrement dit, le nombre de molécules d'O_2 qui se lient à l'hémoglobine augmente en même temps que s'élève la P_{O_2} sanguine jusqu'à ce que toutes les molécules d'hémoglobine disponibles soient saturées. Ainsi, dans les capillaires pulmonaires, où la P_{O_2} est élevée, une grande quantité d'O_2 se lie à l'hémoglobine. Dans les capillaires tissulaires, où la P_{O_2} est plus faible, l'hémoglobine ne retient pas autant d'O_2, et l'O_2 dissous est alors déchargé par diffusion dans les cellules des tissus (figure 23.19b). Il est aussi à noter que l'hémoglobine reste saturée d'O_2 à 75 % quand la P_{O_2} sanguine est de 40 mm Hg, ce qui correspond à la P_{O_2} moyenne des cellules des tissus d'un individu au repos. C'est sur cette observation que nous nous sommes fondés pour dire plus haut que seulement 25 % de l'O_2 disponible est libéré de l'hémoglobine et passe dans les cellules de l'organisme au repos.

Quand la P_{O_2} sanguine se situe entre 60 et 100 mm Hg, l'hémoglobine est saturée d'O_2 à 90 % ou plus (figure 23.20). Ainsi, le sang se charge presque complètement d'O_2 dans les poumons, même quand la P_{O_2} de l'air alvéolaire n'est que de 60 mm Hg. La courbe Hb–P_{O_2} explique pourquoi un individu peut encore bien fonctionner, même quand il vit à haute altitude, ou encore quand

La plus grande partie de l'O_2 est transportée par l'hémoglobine, sous forme d'oxyhémoglobine (HbO_2), dans les érythrocytes ; la plus grande partie du CO_2 est transportée dans le plasma sanguin sous forme d'ions bicarbonate (HCO_3^-).

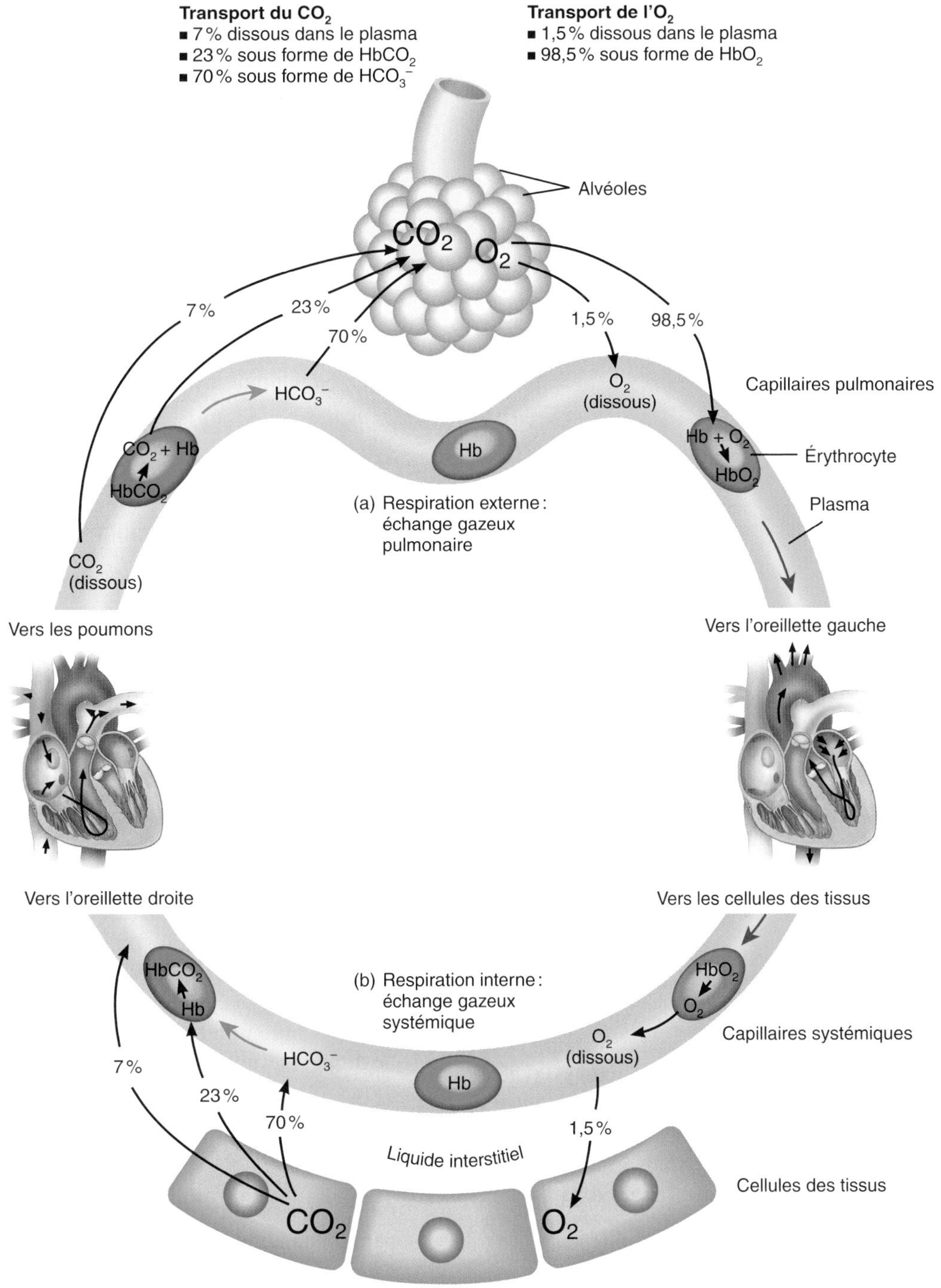

Transport du CO_2
- 7 % dissous dans le plasma
- 23 % sous forme de $HbCO_2$
- 70 % sous forme de HCO_3^-

Transport de l'O_2
- 1,5 % dissous dans le plasma
- 98,5 % sous forme de HbO_2

Alvéoles

CO_2 O_2

7 % 23 % 1,5 % 98,5 %

70 %

Capillaires pulmonaires

HCO_3^-

O_2 (dissous)

$Hb + O_2$

$CO_2 + Hb$

$HbCO_2$

HbO_2 Érythrocyte

Hb

(a) Respiration externe : échange gazeux pulmonaire

Plasma

CO_2 (dissous)

Vers les poumons

Vers l'oreillette gauche

Vers l'oreillette droite

Vers les cellules des tissus

$HbCO_2$

Hb

(b) Respiration interne : échange gazeux systémique

HbO_2 O_2

7 % HCO_3^-

23 %

70 %

Hb

O_2 (dissous)

Capillaires systémiques

1,5 %

Liquide interstitiel

CO_2

O_2

Cellules des tissus

Q Quel est le principal facteur qui détermine la quantité d'O_2 qui se lie à l'hémoglobine ?

il souffre de certaines maladies cardiaques ou pulmonaires, alors que la P_{O_2} sanguine peut tomber à 60 mm Hg. En examinant le graphique on constate aussi que, à une P_{O_2} de 40 mm Hg, donc à une pression beaucoup plus faible, l'hémoglobine est encore satu-rée d'O_2 à 75 %. Par contre, à 20 mm Hg, la saturation de l'hémo-globine en oxygène tombe à 35 %. Entre 40 et 20 mm Hg, de grandes quantités d'O_2 se dissocient de l'hémoglobine en réponse à de faibles diminutions de la P_{O_2}. Dans les tissus actifs, comme

FIGURE 23.20 La courbe de dissociation de l'oxyhémoglobine montrant la relation entre le degré de saturation de l'hémoglobine et la P_{O_2} sanguine à la température corporelle normale.

La quantité d'O_2 qui se combine avec l'hémoglobine augmente avec l'élévation de la P_{O_2} sanguine.

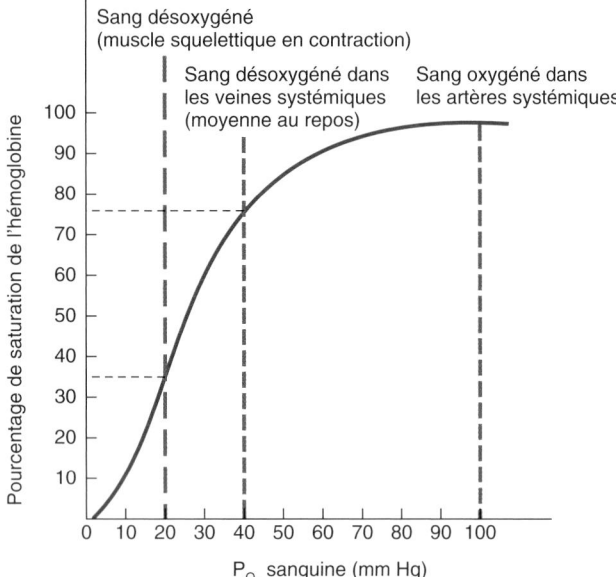

Quel point de la courbe représente le sang qui se trouve en ce moment dans vos veines pulmonaires ? Quel point le représenterait si vous étiez en train de faire du jogging ?

un muscle en cours de contraction, la P_{O_2} peut baisser bien au-dessous de 40 mm Hg. Un grand pourcentage d'O_2 se dissocie alors de l'hémoglobine et devient disponible pour les tissus dont le métabolisme est élevé.

Les autres facteurs influant sur l'affinité de l'hémoglobine pour l'oxygène

Bien que le pourcentage de saturation de l'hémoglobine par l'O_2 soit déterminé principalement par la P_{O_2} sanguine, plusieurs autres facteurs influent sur l'affinité de l'hémoglobine pour l'oxygène, notamment la P_{CO_2} sanguine, le pH, la température corporelle et la concentration en 2,3-diphosphoglycérate. En fait, ces facteurs peuvent déplacer toute la courbe soit vers la gauche (plus grande affinité), soit vers la droite (plus faible affinité). Cette variation de l'affinité de l'hémoglobine pour l'O_2 montre encore une fois comment les mécanismes de l'homéostasie adaptent l'activité de l'organisme aux besoins métaboliques des cellules. La raison d'être de chacun de ces mécanismes devient claire si on se souvient que les cellules métaboliquement actives consomment l'O_2 et produisent des acides, du CO_2 et de la chaleur qu'il faut éliminer.

Les quatre facteurs suivants influent sur l'affinité de l'hémoglobine pour l'O_2 :

1. **La pression partielle du dioxyde de carbone.** La P_{CO_2} sanguine est relativement plus élevée dans le sang des capillaires systémiques en raison de la diffusion du CO_2 provenant des cellules

métaboliquement actives (figure 23.18). Plus la quantité de CO_2 dissoute s'élève dans le plasma, plus la P_{CO_2} augmente. Cette augmentation de la P_{CO_2} entraîne la diminution de l'affinité de l'hémoglobine pour l'oxygène, de sorte que l'hémoglobine libère de l'O_2 plus facilement. L'oxygène devient alors disponible en plus grande quantité pour les tissus qui en ont besoin. Par conséquent, quand la P_{CO_2} croît, la courbe de dissociation de l'oxyhémoglobine se déplace en entier vers la droite, de telle sorte que pour toute P_{O_2} donnée, l'Hb est moins saturée d'O_2 (figure 23.21a). À l'inverse, dans les capillaires pulmonaires, la P_{CO_2} diminue, de telle sorte que l'affinité de l'hémoglobine pour l'O_2 augmente et déplace la courbe de dissociation de l'oxyhémoglobine vers la gauche.

2. **L'acidité (pH).** La P_{CO_2} et le pH sont des facteurs reliés parce que l'abaissement du pH sanguin (acidité) est une conséquence de l'élévation de la P_{CO_2}. Quand du CO_2 entre dans le sang, il est en grande partie converti temporairement en acide carbonique (H_2CO_3), au cours d'une réaction catalysée par une enzyme des érythrocytes appelée *anhydrase carbonique (AC)* :

$$CO_2 + H_2O \underset{}{\overset{AC}{\rightleftharpoons}} H_2CO_3 \rightleftharpoons H^+ + HCO_3^-$$

Dioxyde de carbone   Eau   Acide carbonique   Ion hydrogène   Ion bicarbonate

L'acide carbonique (H_2CO_3) ainsi formé dans les érythrocytes se dissocie en ions hydrogène (H^+) et en ions bicarbonate (HCO_3^-). Au fur et à mesure que la concentration d'ions H^+ augmente, l'acidité du sang (acidose) s'accroît – et la valeur du pH diminue. Durant l'exercice, l'acide lactique – un sous-produit du métabolisme anaérobie des muscles – fait aussi diminuer le pH sanguin. Les tissus métaboliquement actifs produisent un certain nombre de produits acides, donc des ions H^+, qui diffusent dans le plasma sanguin. En se fixant à l'hémoglobine, les ions H^+ en modifient légèrement la structure et réduisent son affinité pour l'O_2, ce qui facilite la dissociation de l'O_2 (figure 23.21b). Autrement dit, l'augmentation de l'acidité favorise la libération d'une plus grande quantité d'oxygène dans les capillaires systémiques pour satisfaire les besoins des cellules des tissus. Ainsi, quand le pH sanguin diminue, la courbe de dissociation de l'oxyhémoglobine se déplace en entier vers la droite, de telle sorte que pour toute P_{O_2} donnée, l'Hb est moins saturée d'O_2. Ce changement, appelé **effet Bohr**, fonctionne dans les deux sens : l'élévation du pH augmente l'affinité de l'hémoglobine pour l'O_2 et déplace la courbe de dissociation de l'oxyhémoglobine vers la gauche, ce qui augmente la saturation de l'hémoglobine. L'effet Bohr s'explique par le fait que l'hémoglobine sert de tampon pour les ions hydrogène (décrit plus loin).

3. **La température.** Dans certaines limites, la quantité d'O_2 libérée par l'hémoglobine augmente avec la température (figure 23.22). La chaleur est un sous-produit des réactions métaboliques de toutes les cellules, et celle qui est libérée par la contraction des myocytes tend à élever la température corporelle. Les cellules métaboliquement actives ont besoin d'une plus grande quantité d'O_2 et libèrent davantage d'acides et de chaleur. À leur tour, les acides et la chaleur favorisent la libération d'O_2 de l'oxyhémoglobine. La fièvre produit un effet semblable. À l'inverse,

FIGURE 23.21 Les courbes de dissociation de l'oxyhémoglobine illustrant la relation, à la température corporelle normale, entre le degré de saturation de l'hémoglobine, d'une part, et (a) la P_{CO_2} sanguine et (b) le pH sanguin, d'autre part. Ces relations sont illustrées par les lignes pointillées.

 Quand la P_{CO_2} augmente ou que le pH diminue, l'affinité de l'hémoglobine pour l'O_2 décroît. Ainsi, l'O_2 se combine en plus petite quantité avec l'hémoglobine et devient plus disponible pour les tissus. À l'inverse, quand la P_{CO_2} diminue ou que le pH augmente, l'O_2 se combine plus fortement à l'hémoglobine si bien que les tissus ne disposent que d'une petite quantité d'O_2.

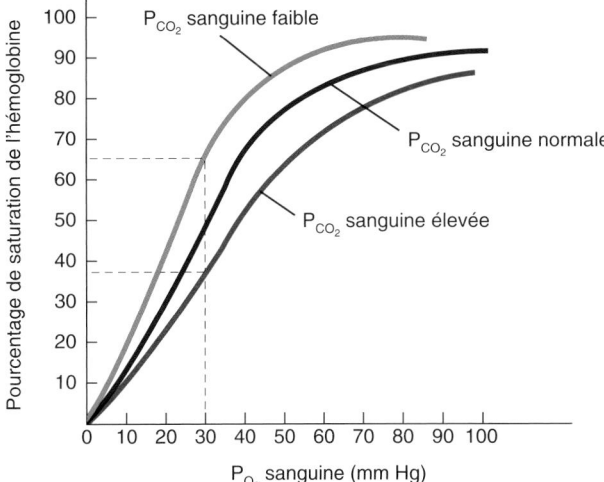

(a) Effet de la P_{CO_2} sur l'affinité de l'hémoglobine pour l'oxygène

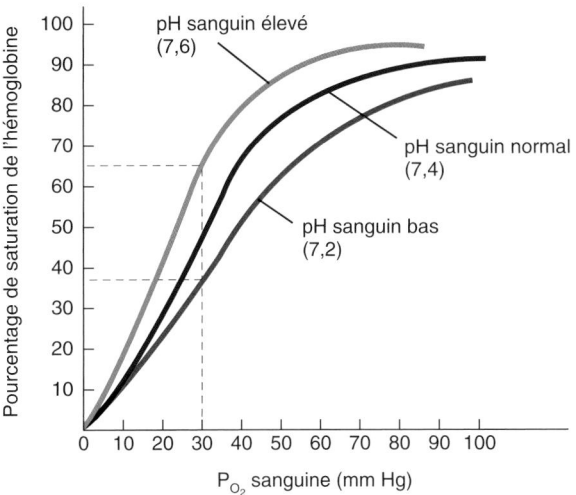

(b) Effet du pH sanguin sur l'affinité de l'hémoglobine pour l'oxygène

 L'affinité de l'hémoglobine pour l'O_2 est-elle plus élevée ou plus faible quand on fait de l'exercice que quand on est assis? Quel est l'avantage de cette variation pour l'organisme?

l'hypothermie (abaissement de la température corporelle), ralentit le métabolisme cellulaire, et diminue le besoin en O_2; une plus grande quantité d'O_2 reste donc liée à l'hémoglobine (déplacement de la courbe de saturation vers la gauche).

FIGURE 23.22 Les courbes de dissociation de l'oxyhémoglobine montrant les effets de la variation de la température.

 L'affinité de l'hémoglobine pour l'O_2 diminue à mesure que la température augmente.

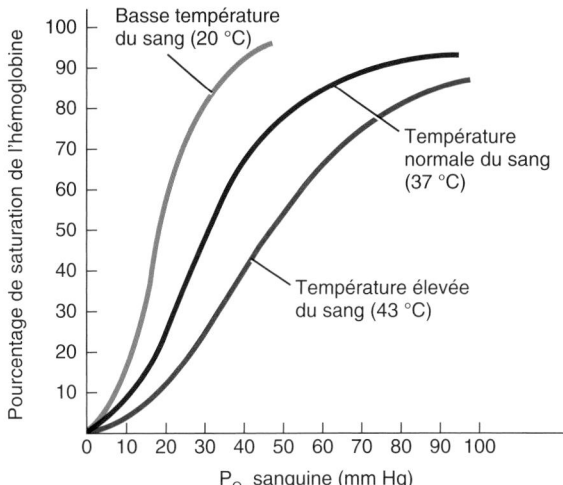

Q La disponibilité de l'O_2 pour les cellules des tissus augmente-t-elle ou diminue-t-elle chez une personne qui fait de la fièvre? Pourquoi?

4. *Le 2,3-DPG.* Les érythrocytes contiennent une substance appelée **2,3-diphosphoglycérate** (**2,3-DPG**) qui réduit l'affinité de l'hémoglobine pour l'O_2 et favorise ainsi la libération d'O_2. Le 2,3-DPG se forme dans les érythrocytes quand ils dégradent le glucose pour produire de l'ATP par un processus appelé *glycolyse*. Lorsque le 2,3-DPG se combine avec l'hémoglobine en se liant aux groupements amine terminaux des deux chaînes de globine bêta, la liaison de l'hémoglobine à l'O_2 est plus faible aux sites des groupements hème. Plus le taux de 2,3-DPG est élevé, plus l'O_2 se dissocie de l'hémoglobine. Certaines hormones, telles la thyroxine, l'hormone de croissance, l'adrénaline, la noradrénaline et la testostérone, stimulent la formation de 2,3-DPG. La concentration de 2,3-DPG est également plus élevée chez les personnes qui vivent en haute altitude.

Comme on peut maintenant le constater, l'oxyhémoglobine qui circule dans les capillaires systémiques irriguant les tissus métaboliquement actifs est exposée à des conditions entraînant l'augmentation de la P_{CO_2} sanguine, du pH et de la température corporelle. Toutes ces modifications diminuent l'affinité de l'hémoglobine pour l'oxygène. C'est ce qui permet de comprendre pourquoi l'hémoglobine libère dans ces tissus plus d'oxygène qu'elle ne le ferait sous l'effet de la seule présence d'une baisse de la P_{O_2} sanguine.

L'affinité des hémoglobines fœtale et adulte pour l'oxygène

L'**hémoglobine fœtale** (**HbF**) diffère de l'**hémoglobine adulte** (**HbA**) par sa structure et son affinité pour l'O_2. L'HbF a une plus grande affinité pour l'O_2 parce qu'elle se lie moins fortement au

2,3-DPG. Ainsi, quand la P_{O_2} sanguine est faible, l'HbF peut transporter jusqu'à 30 % de plus d'O_2 que l'HbA maternelle (figure 23.23). Lorsque le sang maternel entre dans le placenta, le transfert de l'O_2 au sang fœtal s'effectue facilement. Cette différence d'affinité entre l'HbA et l'HbF est très importante parce que la saturation du sang maternel en O_2 est relativement faible dans le placenta, si bien que le fœtus risquerait de souffrir d'hypoxie si son hémoglobine ne possédait pas une plus grande affinité pour l'O_2.

L'OXYCARBONISME

Le monoxyde de carbone (CO) est un gaz incolore et inodore contenu dans les gaz d'échappement des automobiles, dans les émanations des appareils de chauffage au gaz, ainsi que dans la fumée de tabac. C'est un des sous-produits de la combustion des matières contenant du carbone, tels le charbon, le gaz naturel et le bois. Le monoxyde de carbone se combine avec le groupement hème de l'hémoglobine, tout comme l'O_2, mais beaucoup plus fortement, car la force de la liaison du monoxyde de carbone à l'hémoglobine est plus de 200 fois supérieure à celle de l'O_2. Ainsi, à une concentration de 0,1 % seulement ($P_{CO} = 0,5$ mm Hg), le monoxyde de carbone se combine avec la moitié des molécules d'hémoglobine disponibles et la capacité du sang à transporter l'oxygène se trouve réduite de 50 %. Un taux élevé de monoxyde de carbone dans le sang cause une intoxication, appelée **oxycarbonisme**, dont un des signes est un changement de la coloration des lèvres et de la muqueuse buccale, qui deviennent écarlates (soit la couleur de l'hémoglobine à laquelle est lié du monoxyde de carbone). Cette forme d'intoxication est mortelle si on n'intervient pas rapidement. Il est toutefois possible de sauver les victimes en leur administrant de l'O_2 pur, qui accélère la dissociation du monoxyde de carbone et de l'hémoglobine. ∎

FIGURE 23.23 Les courbes de dissociation des oxyhémoglobines fœtale et maternelle.

L'hémoglobine fœtale a une plus grande affinité pour l'O_2 que l'hémoglobine adulte.

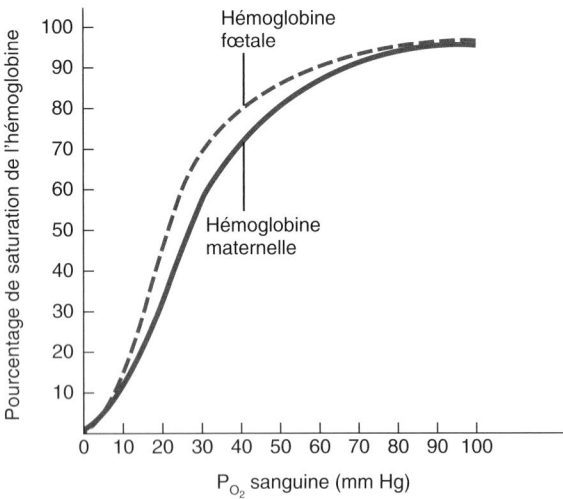

La P_{O_2} du sang placentaire est d'environ 40 mm Hg. Quels sont les pourcentages de saturation des hémoglobines fœtale et maternelle à cette P_{O_2} ?

LE TRANSPORT DU DIOXYDE DE CARBONE

Chez une personne à l'état normal de repos, un volume de 100 mL de sang désoxygéné contient l'équivalent de 53 mL de CO_2 gazeux, qui est transporté dans le sang sous trois formes principales (figure 23.19) :

1. **Le CO_2 dissous.** Un petit pourcentage du dioxyde de carbone – environ 7 % – est dissous dans le plasma. À son arrivée dans les poumons, il diffuse dans l'air alvéolaire et est expiré.

2. **Les composés carbaminés.** Un pourcentage un peu plus élevé de dioxyde de carbone, soit environ 23 %, se combine avec les groupements amine des acides aminés et des protéines du sang pour former des **composés carbaminés**. Comme l'hémoglobine contenue dans les érythrocytes est la protéine la plus abondante dans le sang, la plus grande partie du CO_2 transporté de cette façon est liée à l'hémoglobine. Les sites de liaison du CO_2 les plus importants sont les acides aminés terminaux des deux chaînes de globine alpha et des deux chaînes de globine bêta. On appelle **carbhémoglobine** ou carbaminohémoglobine (**HbCO$_2$**) l'hémoglobine qui se lie au CO_2 selon l'équation :

$$\underset{\text{Hémoglobine}}{\text{Hb}} + \underset{\text{Dioxyde de carbone}}{\text{CO}_2} \rightleftharpoons \underset{\text{Carbhémoglobine}}{\text{HbCO}_2}$$

La formation de carbhémoglobine est largement influencée par la P_{CO_2} sanguine. Par exemple, dans les capillaires tissulaires, la P_{CO_2} est relativement élevée, ce qui favorise la synthèse de carbhémoglobine. Mais dans les capillaires pulmonaires, où la P_{CO_2} est relativement faible, le CO_2 se dissocie facilement de la globine et passe dans les alvéoles par diffusion.

3. **Les ions bicarbonate.** La plus grande partie du CO_2 – environ 70 % – est transportée dans le plasma sous forme d'**ions bicarbonate (HCO_3^-)**. Après avoir diffusé dans les capillaires systémiques et pénétré dans les érythrocytes, le CO_2 réagit avec l'eau en présence de l'anhydrase carbonique (AC), une enzyme, et forme ainsi de l'acide carbonique, qui se dissocie en ions H+ et en ions HCO_3^-.

$$\underset{\substack{\text{Dioxyde} \\ \text{de carbone}}}{\text{CO}_2} + \underset{\text{Eau}}{\text{H}_2\text{O}} \overset{AC}{\rightleftharpoons} \underset{\substack{\text{Acide} \\ \text{carbonique}}}{\text{H}_2\text{CO}_3} \rightleftharpoons \underset{\substack{\text{Ion} \\ \text{hydrogène}}}{\text{H}^+} + \underset{\substack{\text{Ion} \\ \text{bicarbonate}}}{\text{HCO}_3^-}$$

Donc, au fur et à mesure que le sang absorbe du CO_2, des ions HCO_3^- s'accumulent à l'intérieur des érythrocytes. Certains de ces ions s'échappent vers le plasma, suivant leur gradient de concentration. En échange, des ions chlorure (Cl⁻) se déplacent du plasma vers les érythrocytes. Cet échange d'ions négatifs, qui maintient l'équilibre électrique entre le plasma et le cytosol des érythrocytes, est appelé **phénomène de Hamburger** (figure 23.24b). Ces réactions ont pour effet net de débarrasser les cellules des tissus de leur CO_2 et de transporter celui-ci dans le plasma sous forme d'ions HCO_3^-. Quand le sang passe dans les capillaires pulmonaires, les réactions se déroulent en sens inverse, de sorte que le CO_2 est expiré dans l'air ambiant.

La quantité de CO_2 que le sang peut transporter est fonction du pourcentage de saturation de l'hémoglobine en oxygène. Moins il y a d'oxyhémoglobine (HbO$_2$), plus le sang peut transporter de CO_2. Cette relation, qui porte le nom d'**effet Haldane**, est liée à deux caractéristiques de la désoxyhémoglobine : 1) la désoxyhémoglobine se lie mieux au CO_2 que l'HbO_2 et peut, de ce fait, en transporter davantage ; 2) la désoxyhémoglobine est un meilleur tampon d'ions H^+ que l'HbO_2. En conséquence, elle absorbe les ions H^+ en solution et favorise la conversion du CO_2 en HCO_3^- au moyen de la réaction catalysée par l'anhydrase carbonique. Pour ces raisons, Hb et HHb sont deux abréviations pour la désoxyhémoglobine.

RÉSUMÉ DES ÉCHANGES GAZEUX ET DU TRANSPORT DES GAZ DANS LES POUMONS ET LES TISSUS

Le sang désoxygéné qui retourne aux capillaires pulmonaires (figure 23.24a) contient du CO_2 dissous dans le plasma, et à l'intérieur des érythrocytes, du CO_2 combiné à la globine sous forme

FIGURE 23.24 Résumé des réactions chimiques ayant lieu durant les échanges gazeux.

L'hémoglobine des érythrocytes transporte de l'O_2, du CO_2 et des ions H^+.

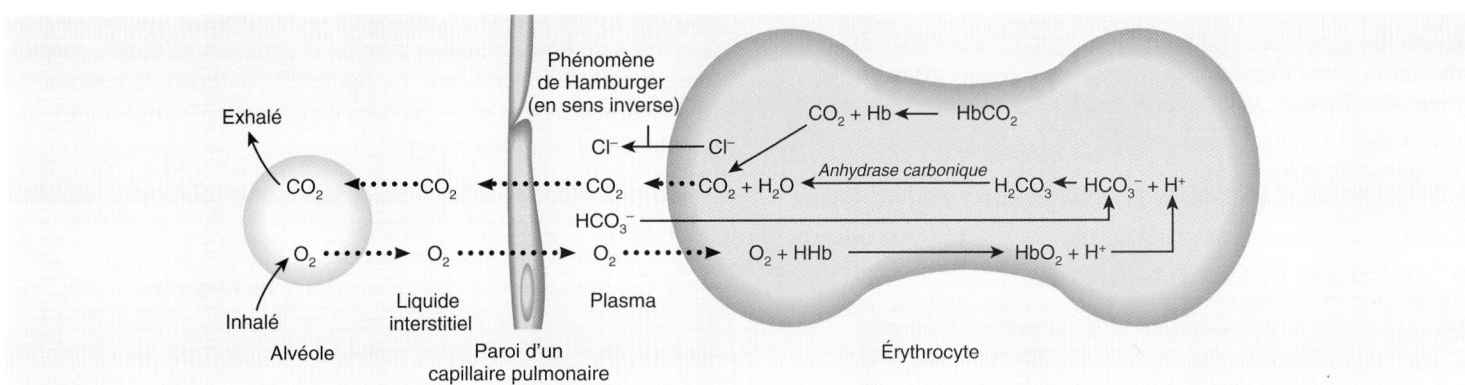

Au niveau des poumons :

- La carbhémoglobine des érythrocytes se trouvant dans les capillaires pulmonaires sous forme de $HbCO_2$ libère le CO_2 ; l'hémoglobine (Hb) libérée est alors disponible pour se lier à l'O_2 de l'air alvéolaire, ce qui donne **CO_2 + Hb ← $HbCO_2$**.
- L'O_2 alvéolaire se lie à l'hémoglobine, présente sous forme d'Hb ou d'HHb, et produit de l'oxyhémoglobine (HbO_2) ; la liaison de l'O_2 et de l'HHb libère des ions hydrogène (H^+), ce qui donne **O_2 + HHb → HbO_2 + H^+**.
- Les ions bicarbonate (HCO_3^-) dans les érythrocytes se lient aux ions hydrogène (H^+) libérés et forment de l'acide carbonique (H_2CO_3). Ce dernier se dissocie en eau (H_2O) et en CO_2, qui diffuse du plasma vers l'air alvéolaire, ce qui donne **CO_2 + H_2O ← H_2CO_3 ← HCO_3^- + H^+**.
- Les ions HCO_3^- perdus sont remplacés par d'autres HCO_3^- qui diffusent du plasma vers les érythrocytes.
- Afin de maintenir l'équilibre électrolytique, pour chaque ion bicarbonate (HCO_3^-) qui entre dans les érythrocytes, un ion chlorure (Cl^-) en sort (phénomène de Hamburger en sens inverse).

(a) Échanges d'O_2 et de CO_2 dans les capillaires pulmonaires (respiration externe)

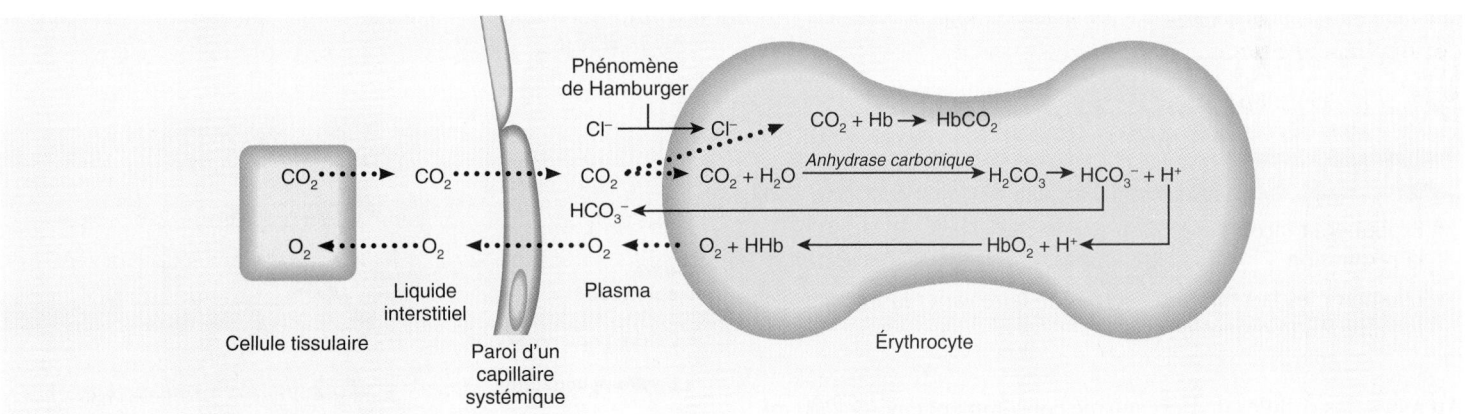

Au niveau des tissus :

- Le CO_2 sort par diffusion des cellules des tissus qui le produisent ; il diffuse dans le plasma puis entre dans les érythrocytes, où il se lie à l'hémoglobine (Hb), pour former de la carbhémoglobine ($HbCO_2$), ce qui donne **CO_2 + Hb → $HbCO_2$**.
- En se combinant avec l'eau, d'autres molécules de CO_2 forment de l'acide carbonique (H_2CO_3) qui se dissocie en ions bicarbonate (HCO_3^-) et en ions hydrogène (H^+), ce qui donne **CO_2 + H_2O → H_2CO_3 → HCO_3^- + H^+**.
- L'augmentation des ions hydrogène (H^+) et la P_{CO_2} élevée accroissent la dissociation de l'oxyhémoglobine (HbO_2) et la libération d'O_2 ; l'hémoglobine (Hb) libérée tamponne les ions hydrogène (H^+) et forme de l'hémoglobine réduite (HHb) (effet Bohr), ce qui donne **O_2 + HHb ← HbO_2 + H^+**.
- Afin de maintenir l'équilibre électrolytique, pour chaque ion bicarbonate (HCO_3^-) qui sort des érythrocytes, un ion chlorure (Cl^-) y entre (phénomène de Hamburger).

(b) Échanges d'O_2 et de CO_2 dans les capillaires systémiques (respiration interne)

 Selon vous, doit-on s'attendre à ce que la concentration de HCO_3^- soit plus élevée dans le plasma provenant d'une artère systémique ou d'une veine systémique ?

de carbhémoglobine ($HbCO_2$) et du CO_2 incorporé dans les ions HCO_3^-. Les érythrocytes ont aussi absorbé des ions H^+, dont certains sont liés à l'hémoglobine (HHb), qui les tamponne. Lorsque le sang circule dans les capillaires pulmonaires, les molécules de CO_2 dissoutes dans le plasma et celles qui se dissocient de la globine diffusent dans l'air alvéolaire et sont expirées. En même temps, l'O_2 inspiré diffuse de l'air alvéolaire vers les érythrocytes et se fixe à l'hémoglobine de manière à former de l'oxyhémoglobine (HbO_2). Le dioxyde de carbone dans les ions HCO_3^- est aussi libéré quand H^+ se combine avec HCO_3^- dans les érythrocytes pour former du H_2CO_3, lequel se dissocie en CO_2, expiré, et en H_2O. Au fur et à mesure que la concentration de HCO_3^- diminue dans les érythrocytes des capillaires pulmonaires, les ions HCO_3^- du plasma pénètrent par diffusion dans les érythrocytes en échange d'ions Cl^-. En bref, le sang oxygéné qui quitte les poumons contient plus d'O_2 et moins de CO_2 et d'ions H^+. Dans les capillaires systémiques, lorsque les cellules utilisent de l'O_2 et produisent du CO_2, les réactions chimiques inverses ont lieu (figure 23.24b).

▶ **POINT DE CONTRÔLE**

24. Chez une personne au repos, en moyenne, combien de molécules d'O_2 sont fixées à chaque molécule d'hémoglobine dans le sang d'une artère pulmonaire? dans celui d'une veine pulmonaire?

25. Décrivez la relation entre l'hémoglobine et la P_{O_2} sanguine. Expliquez comment la température, les ions H^+, la P_{CO_2} sanguine et le 2,3–DPG influent sur l'affinité de l'Hb pour l'O_2.

26. Expliquez pourquoi l'hémoglobine libère plus d'oxygène quand le sang circule dans les capillaires de tissus métaboliquement actifs, comme les muscles squelettiques durant l'exercice physique, que lorsqu'il circule dans des tissus au repos.

LA RÉGULATION DE LA RESPIRATION

> **OBJECTIFS**

- Expliquer la façon dont le système nerveux régule la respiration.
- Énumérer les facteurs susceptibles de faire varier la fréquence et l'amplitude respiratoires.

Au repos, les cellules de l'organisme consomment environ 200 mL d'O_2 par minute. Toutefois, chez un adulte moyen en bonne santé effectuant un exercice intense, la consommation peut être de 15 à 20 fois plus élevée, voire 30 fois chez les athlètes d'élite entraînés pratiquant des sports d'endurance. Plusieurs mécanismes homéostatiques contribuent à ajuster l'effort respiratoire aux exigences métaboliques.

LE CENTRE RESPIRATOIRE

Le volume du thorax change sous l'action des muscles de la respiration, qui se contractent lorsqu'ils reçoivent des influx nerveux

provenant de centres de l'encéphale et se relâchent en l'absence d'influx nerveux. La région qui envoie ces influx nerveux est constituée d'amas de neurones situés de chaque côté du bulbe rachidien et du pont dans le tronc cérébral. Cette région, appelée **centre respiratoire**, comprend des neurones très dispersés qui se répartissent sur le plan fonctionnel en trois régions : 1) le centre bulbaire de la rythmicité dans le bulbe rachidien ; 2) le centre pneumotaxique dans le pont ; et 3) le centre apneustique, également dans le pont (figure 23.25).

Le centre bulbaire de la rythmicité

La fonction du **centre bulbaire de la rythmicité** consiste à régir le rythme de base de la respiration ; il comprend une aire inspiratoire et une aire expiratoire. La figure 23.26 illustre la relation qui existe entre ces deux aires pendant la respiration calme et normale, et pendant la respiration forcée.

Dans la respiration calme, l'inspiration dure environ deux secondes et l'expiration, environ trois secondes. Le rythme de base de la respiration est déterminé par des influx nerveux moteurs (efférents) qui prennent naissance dans l'**aire inspiratoire**. Lorsqu'elle est active, l'aire inspiratoire produit spontanément des influx nerveux pendant environ deux secondes (figure 23.26a). Ces influx nerveux se propagent aux muscles intercostaux externes par les nerfs intercostaux et au diaphragme par les nerfs phréniques. Quand ces influx atteignent les muscles, ceux-ci se contractent et

FIGURE 23.25 La situation des régions du centre respiratoire.

⊙━🔑 Le centre respiratoire se compose de neurones situés dans le centre bulbaire de la rythmicité du bulbe rachidien et dans les centres pneumotaxique et apneustique du pont.

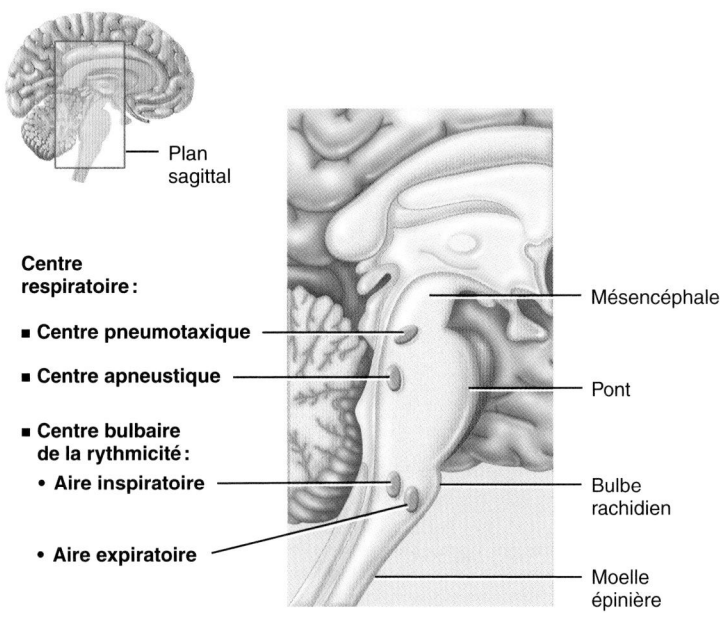

Plan sagittal

Centre respiratoire :
- Centre pneumotaxique
- Centre apneustique
- Centre bulbaire de la rythmicité :
  - Aire inspiratoire
  - Aire expiratoire

Mésencéphale

Pont

Bulbe rachidien

Moelle épinière

Coupe sagittale du tronc cérébral

 Dans quelle région se trouvent les neurones qui sont tour à tour actifs et inactifs, suivant un cycle ininterrompu?

FIGURE 23.26 Les rôles du centre bulbaire de la rythmicité dans la régulation (a) du rythme de base de la respiration et (b) de la respiration forcée.

Durant la respiration normale, au repos, l'aire expiratoire est inactive; durant la respiration forcée, l'aire inspiratoire active l'aire expiratoire.

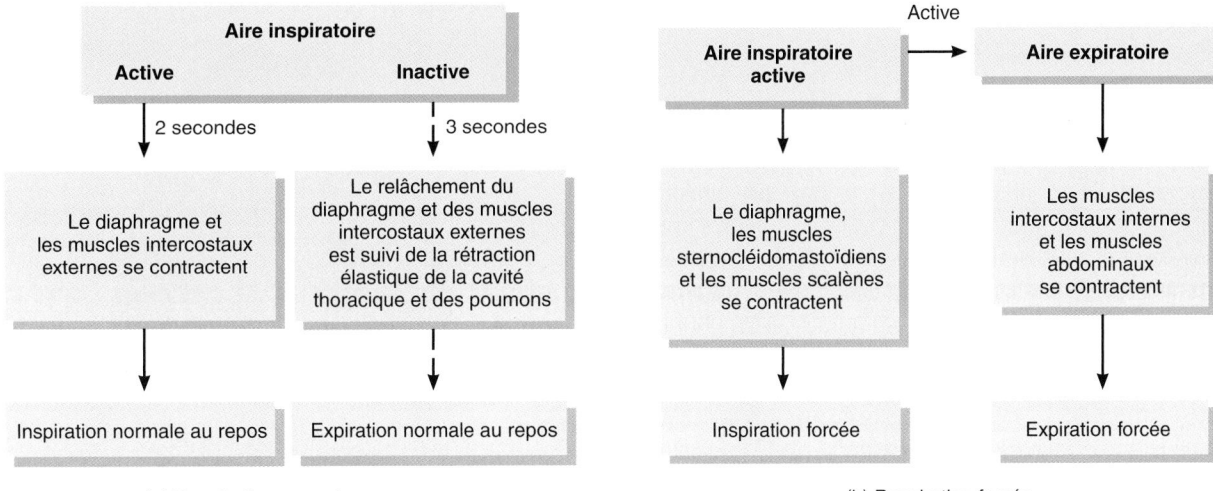

(a) Respiration normale au repos

(b) Respiration forcée

 Quels nerfs transmettent les influx du centre respiratoire au diaphragme?

l'inspiration a lieu (figure 23.16a). Même quand toutes les connexions entre les nerfs afférents et l'aire inspiratoire sont sectionnées ou bloquées, les neurones de cette région continuent à émettre spontanément les influx rythmiques qui déclenchent l'inspiration. Au bout de ces deux secondes, l'aire inspiratoire devient inactive et les influx nerveux cessent. Ne recevant aucun influx nerveux, le diaphragme et les muscles intercostaux externes se relâchent pendant environ trois secondes, ce qui permet la rétraction élastique passive des poumons et de la paroi thoracique (figure 23.16b). Ensuite, le cycle recommence.

Les neurones de l'**aire expiratoire** sont inactifs durant la respiration au repos. Par contre, durant la respiration forcée, les influx nerveux émis par l'aire inspiratoire activent l'aire expiratoire (figure 23.26b), qui émet des influx nerveux responsables de la contraction des muscles intercostaux internes et des muscles abdominaux. Les dimensions de la cavité thoracique diminuent et l'expiration forcée survient.

Le centre pneumotaxique

C'est le centre de rythmicité bulbaire qui régit le rythme de base de la respiration, mais d'autres régions du tronc cérébral participent à la coordination de la transition entre l'inspiration et l'expiration. L'une d'elles est le **centre pneumotaxique** (*pneumôn*: poumon; *taxis*: arrangement), qui est situé dans la partie supérieure du pont (figure 23.25) et transmet des influx inhibiteurs à l'aire inspiratoire. Le principal effet de ces influx nerveux est de contribuer à freiner l'aire inspiratoire avant que les poumons ne se gonflent trop; autrement dit, ces influx limitent la durée de l'inspiration. Quand le centre pneumotaxique devient plus actif, la fréquence respiratoire augmente puisque la durée de chaque cycle inspiration-expiration diminue.

Le centre apneustique

La coordination de la transition entre l'inspiration et l'expiration dépend également d'une région du tronc cérébral appelée **centre apneustique**, qui est située dans la partie inférieure du pont (figure 23.25). Ce centre active l'aire inspiratoire par des influx excitateurs qui prolongent l'inspiration. Il en résulte une inspiration longue et profonde. Quand le centre pneumotaxique est actif, il l'emporte sur les signaux provenant du centre apneustique.

LA RÉGULATION DU CENTRE RESPIRATOIRE

Le rythme de base de la respiration établi et coordonné par l'aire inspiratoire peut être modifié en réponse à des influx provenant d'autres régions de l'encéphale ou de récepteurs du système nerveux périphérique, et à d'autres facteurs.

Les influences corticales sur la respiration

Le cortex cérébral étant relié au centre respiratoire, nous pouvons volontairement modifier notre manière de respirer. Nous pouvons même refuser carrément de respirer pour un court laps de temps. Le contrôle volontaire joue un rôle protecteur parce qu'il permet d'empêcher l'entrée d'eau ou de gaz irritants dans les poumons. Cependant, la capacité de bloquer la respiration est limitée par l'accumulation de CO_2 et d'ions H^+ dans l'organisme. Quand la P_{CO_2} et la concentration d'ions H^+ atteignent un certain seuil, l'aire inspiratoire est stimulée vigoureusement, des influx nerveux parcourent les nerfs phréniques et intercostaux jusqu'aux muscles inspiratoires et la respiration reprend, qu'on le veuille ou non. Il est impossible pour un jeune enfant de se suicider en retenant volontairement son souffle, bien que plusieurs aient essayé d'obtenir ce qu'ils voulaient par ce moyen. Même si on retient son souffle jusqu'à l'évanouissement, la respiration reprend quand on perd connaissance. Des influx nerveux de l'hypothalamus et du système limbique exercent aussi une action sur le centre respiratoire et permettent à des stimulus émotifs de modifier la respiration, notamment lorsqu'on rit ou qu'on pleure.

La régulation de la respiration par les chimiorécepteurs

Certains stimulus chimiques modulent la fréquence et l'amplitude respiratoires. Le système respiratoire a pour fonction de maintenir des concentrations adéquates de CO_2 et d'O_2, et il est très sensible aux variations de la concentration de ces gaz dans les liquides organiques. Nous avons vu au chapitre 21 que les **chimiorécepteurs** sont des récepteurs sensoriels capables de réagir à des variations de concentration de certaines substances chimiques. Des chimiorécepteurs situés à deux endroits sont ainsi sensibles aux concentrations de CO_2, de H^+ et d'O_2 et transmettent l'information au centre respiratoire (figure 23.27). Les **chimiorécepteurs centraux** se trouvent dans le bulbe rachidien et à proximité, dans le système nerveux *central*. Ils réagissent aux variations de la concentration en ions H^+ ou de la P_{CO_2}, ou des deux, dans le liquide cérébrospinal. Les **chimiorécepteurs périphériques** sont situés dans les **corpuscules aortiques**, des petits amas de cellules logés dans la paroi de l'arc aortique et dans les **glomus carotidiens**. Ces glomus sont des nodules ovales situés dans les parois des artères carotides communes gauche et droite, à leur point de ramification en artère carotide interne et artère carotide externe. Notons que les chimiorécepteurs aortiques sont situés près des barorécepteurs aortiques et les chimiorécepteurs des glomus carotidiens, près des barorécepteurs de la paroi des sinus carotidiens. Nous avons également vu au chapitre 21 que les barorécepteurs sont des récepteurs sensoriels qui surveillent la pression artérielle. Les chimiorécepteurs périphériques font partie du système nerveux *périphérique* et sont sensibles aux variations de la P_{O_2} et de la P_{CO_2} sanguine et de la concentration en ions H^+ dans le sang. Les axones des neurones sensitifs qui émergent des corpuscules aortiques font partie du nerf vague (X), tandis que ceux des glomus carotidiens appartiennent aux nerfs glossopharyngiens droit et gauche (IX).

Étant liposoluble, le CO_2 diffuse facilement dans les récepteurs. À l'intérieur des cellules de ces récepteurs, en présence d'anhydrase carbonique, le CO_2 se combine avec l'eau (H_2O) pour former de l'acide carbonique (H_2CO_3), lequel se dissocie rapidement en H^+ et HCO_3^-. Ainsi, toute augmentation de la concentration sanguine de CO_2 entraîne une élévation de la concentration en ions H^+ dans les récepteurs et, inversement, toute diminution du taux de CO_2 amène une réduction du taux des ions H^+.

Normalement, la P_{CO_2} dans le sang artériel est de 40 mm Hg. S'il y a **hypercapnie**, un état caractérisé par une augmentation, même faible, de la P_{CO_2}, l'augmentation résultant de la concentration des ions H^+ dans le liquide cérébrospinal stimule les chimiorécepteurs centraux qui réagissent alors vigoureusement; le centre inspiratoire commande par conséquent une augmentation de la ventilation. Les chimiorécepteurs périphériques sont aussi stimulés à la fois par la P_{CO_2} élevée et par l'augmentation de la concentration d'ions H^+. De plus, ils réagissent aux déficits en O_2, contrairement

FIGURE 23.27 La localisation des chimiorécepteurs périphériques.

Les chimiorécepteurs sont des récepteurs sensoriels qui réagissent à la variation de la concentration de certaines substances chimiques présentes dans l'organisme.

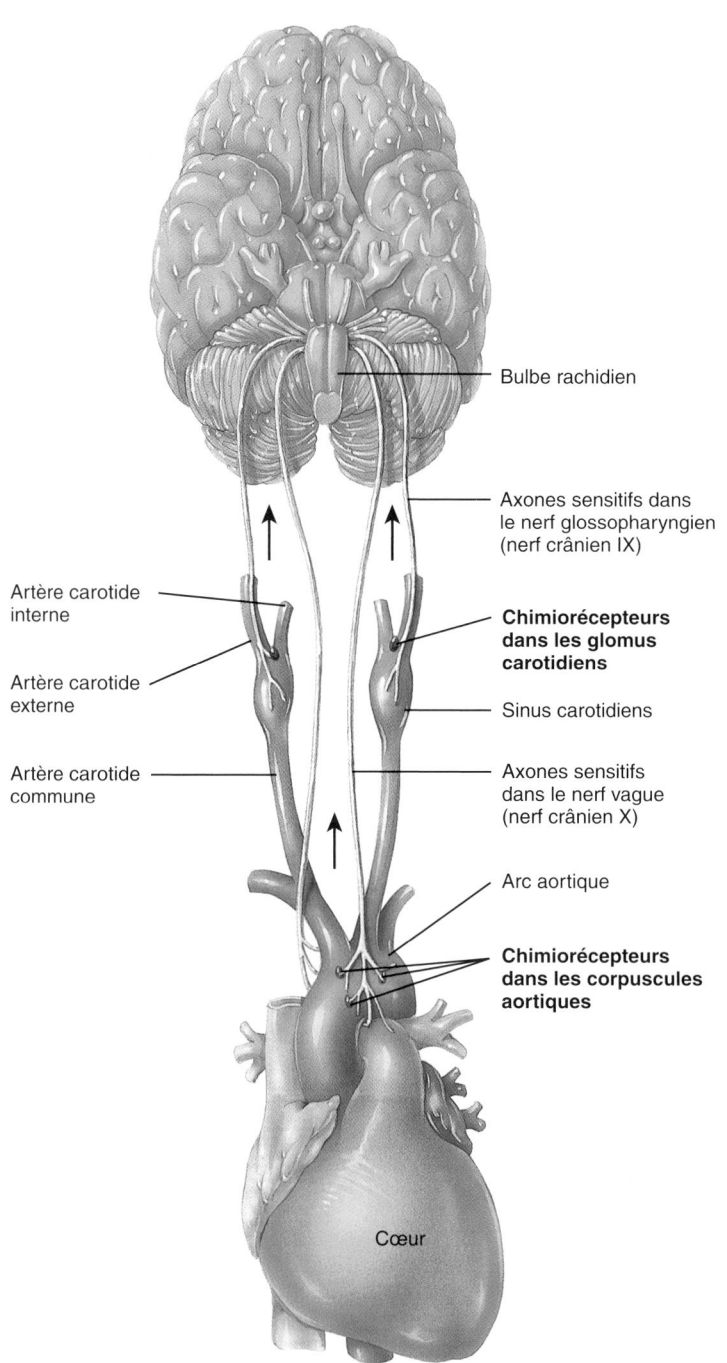

Bulbe rachidien

Axones sensitifs dans le nerf glossopharyngien (nerf crânien IX)

Artère carotide interne

Chimiorécepteurs dans les glomus carotidiens

Artère carotide externe

Sinus carotidiens

Artère carotide commune

Axones sensitifs dans le nerf vague (nerf crânien X)

Arc aortique

Chimiorécepteurs dans les corpuscules aortiques

Cœur

 Quelles substances chimiques stimulent les chimiorécepteurs périphériques?

aux chimiorécepteurs centraux. Toutefois, si l'on observe la courbe de dissociation de l'hémoglobine en fonction de la P_{O_2} (figure 23.20), on constate que la capacité de transport de l'oxygène par le sang n'est pas réellement réduite tant que la P_{O_2} artérielle se situe entre

60 et 100 mm Hg. En fait, une augmentation de la ventilation n'ajouterait pas beaucoup d'oxygène dans le sang. C'est pourquoi, à l'intérieur de ces limites, les chimiorécepteurs ne réagissent pas et la ventilation ne subit pas de modifications. Les cas d'anémie modérée ou d'intoxication au monoxyde de carbone illustrent cette observation : il n'y a pas d'accélération de la ventilation, car les chimiorécepteurs périphériques ne sont pas stimulés. Dans ces deux situations (mais pour des raisons différentes), la quantité d'oxygène dissous dans le sang n'est pas affectée et la P_{O_2} demeure normale, et ce, malgré le manque d'hémoglobine pour le transport de l'oxygène. Les chimiorécepteurs périphériques réagissent aux variations de la P_{O_2} lorsque la P_{O_2} artérielle passe sous les 60 mm Hg – aux environs de 50 mm Hg –, ce qui entraîne une hyperventilation réflexe importante. On rencontre des P_{O_2} artérielles inférieures à 60 mm Hg chez les gens vivant en altitude et chez les personnes souffrant de maladies pulmonaires obstructives chroniques. Dans ces situations où le déficit en O_2 est modéré, les chimiorécepteurs réagissent vigoureusement à toute variation de la P_{O_2} artérielle. Par contre, un important déficit en O_2 – une P_{O_2} artérielle inférieure à 50 mm Hg – entraîne une réduction de l'activité des chimiorécepteurs centraux et de l'aire inspiratoire, qui ne répondent plus adéquatement aux signaux qui leur parviennent et émettent moins d'influx nerveux aux muscles inspiratoires. À mesure que la fréquence respiratoire diminue, ou en cas d'un arrêt respiratoire, la P_{O_2} baisse sans cesse, ce qui amorce un cycle de rétroactivation dont l'issue risque d'être fatale.

Les chimiorécepteurs participent à un système de rétro-inhibition qui régule les concentrations sanguines de CO_2, d'O_2 et d'ions H^+ ; la figure 23.28 illustre les différentes étapes du processus de régulation de la respiration. ❶ Quand une situation perturbe l'homéostasie, par exemple lors d'un exercice physique en montagne (stimulus), ❷ les valeurs de la P_{CO_2} et de la concentration d'ions H^+ augmentent, tandis que la valeur de la P_{O_2} diminue (déséquilibre) ; ❸ les signaux émis par les chimiorécepteurs centraux, sensibles aux variations de la P_{CO_2} et de la concentration des ions H^+ dans le liquide cérébrospinal, et les signaux émis par les chimiorécepteurs périphériques, sensibles aux variations de la P_{CO_2} sanguine, de la concentration sanguine des ions H^+ et de la P_{O_2} sanguine, causent une montée en flèche de ❹ l'activité de l'aire inspiratoire du bulbe rachidien (centre nerveux de régulation). Il faut toutefois comprendre que la P_{CO_2} (surtout par la modification de la concentration des ions H^+) constitue le principal stimulus des chimiorécepteurs. L'aire inspiratoire bulbaire transmet alors des signaux excitateurs ❺ vers les muscles intervenant dans la respiration (effecteurs). La stimulation accrue des muscles squelettiques de la respiration entraîne l'augmentation de la fréquence et de l'amplitude de la respiration. De plus, la stimulation sympathique des muscles lisses des bronches entraîne leur relâchement, d'où l'effet bronchodilatateur permettant une plus grande entrée d'air. La respiration rapide et profonde, appelée **hyperventilation**, permet l'inspiration d'une plus grande quantité d'O_2 et l'expiration d'une plus grande quantité de CO_2. ❻ Il s'ensuit une diminution de la P_{CO_2} et de la concentration sanguine des ions H^+ et une augmentation de la P_{O_2} (réponses). ❼ Les valeurs de la P_{O_2}, de la P_{CO_2} et de la concentration des ions H^+ sont à nouveaux captées par les chimiorécepteurs centraux et périphériques, qui transmettent les

nouvelles informations à l'aire inspiratoire du bulbe rachidien. Ce centre de régulation vérifie si la réaction des muscles respiratoires a ramené les valeurs dans les limites normales. Si oui, l'équilibre est atteint et l'aire inspiratoire du bulbe rachidien diminue ses influx vers les muscles respiratoires. Sinon, il continue d'envoyer ses influx au même rythme jusqu'à ce que l'équilibre soit atteint.

Si la P_{CO_2} artérielle tombe en dessous de 40 mm Hg – provoquant un état appelé **hypocapnie** –, les chimiorécepteurs centraux et périphériques ne sont pas stimulés ; ils n'envoient donc pas d'influx stimulateurs à l'aire inspiratoire. Par conséquent, cette dernière établit d'elle-même un rythme modéré jusqu'à ce que le CO_2 s'accumule et que la P_{CO_2} remonte à 40 mm Hg. L'aire inspiratoire est stimulée plus fortement si la P_{CO_2} s'élève au-dessus de la normale que si la P_{O_2} descend sous la normale. Ainsi, les personnes qui pratiquent l'hyperventilation et se mettent en état d'hypocapnie peuvent retenir leur souffle beaucoup plus longtemps qu'on peut habituellement le faire. On encourageait autrefois les nageurs à utiliser cette technique juste avant de plonger pour une compétition, mais c'est une pratique risquée parce que la concentration d'O_2 peut diminuer dangereusement et causer l'évanouissement avant que la P_{CO_2} remonte assez pour stimuler l'inspiration. Une personne qui s'évanouit sur la terre ferme peut subir quelques ecchymoses, mais celle qui perd connaissance dans l'eau risque de se noyer.

L'HYPOXIE

L'**hypoxie** (*hupo* : au-dessous) est un déficit en O_2 dans les tissus. On reconnaît quatre types d'hypoxie qui sont classés selon leur origine :

1. L'**hypoxie hypoxique** résulte d'une faible P_{O_2} dans le sang artériel qui est causée par la haute altitude, l'obstruction des voies respiratoires ou la présence de liquide dans les poumons. Comme la P_{O_2} est faible, les chimiorécepteurs réagissent afin de modifier la ventilation proportionnellement.

2. Dans l'**hypoxie des anémies**, il n'y a pas assez d'hémoglobine fonctionnelle dans le sang, ce qui réduit le transport d'O_2 aux cellules des tissus. Cette forme d'hypoxie peut se manifester à la suite d'une hémorragie ou d'une anémie, ou encore si l'hémoglobine ne parvient pas à transporter sa charge normale d'O_2, par exemple lors d'une intoxication par le monoxyde de carbone. Toutefois, la P_{O_2} étant normale, il n'y a pas de modification de la ventilation.

3. Dans l'**hypoxie ischémique**, la circulation sanguine dans un tissu est réduite au point que ce dernier ne reçoit pas assez d'O_2, même si la P_{O_2} et le taux d'oxyhémoglobine sont normaux. La P_{O_2} étant normale, il n'y a pas de modification de ventilation.

4. Dans l'**hypoxie histotoxique**, le sang apporte assez d'O_2 aux tissus, mais ceux-ci sont incapables de l'utiliser correctement en raison de la présence d'un agent toxique. Cet état peut être dû à l'intoxication par le cyanure, qui bloque l'action d'une enzyme nécessaire à l'utilisation de l'O_2 au cours de la synthèse de l'ATP. La P_{O_2} étant normale, il n'y a pas de modification de ventilation. ■

La stimulation de la respiration par les propriocepteurs

Dès que l'on commence à faire de l'exercice, la fréquence et l'amplitude respiratoires augmentent, avant même qu'apparaissent les variations de la P_{O_2}, de la P_{CO_2} ou de la concentration en ions H^+.

FIGURE 23.28 La régulation par rétro-inhibition de la respiration en réponse aux variations de P_{CO_2}, de P_{O_2} et de pH (concentration des ions H^+) sanguins.

L'augmentation de la PC_{O_2} du sang artériel stimule le centre inspiratoire.

1 Stimulus

Un stimulus perturbe l'homéostasie, par exemple lors d'un exercice physique modéré

2 Déséquilibre

- Augmentation de la P_{CO_2} du sang artériel entraînant une augmentation de la concentration des ions H^+
- Diminution de la P_{O_2}

3 Récepteurs

Chimiorécepteurs centraux du bulbe rachidien

Captent l'augmentation de la P_{CO_2} et de la concentration des ions H^+ dans le liquide cérébrospinal et transmettent l'information

Chimiorécepteurs périphériques des corpuscules aortiques et des glomus carotidiens

Captent l'augmentation de la P_{CO_2} sanguine et de la concentration sanguine des ions H^+ et la diminution de la P_{O_2} sanguine et transmettent l'information

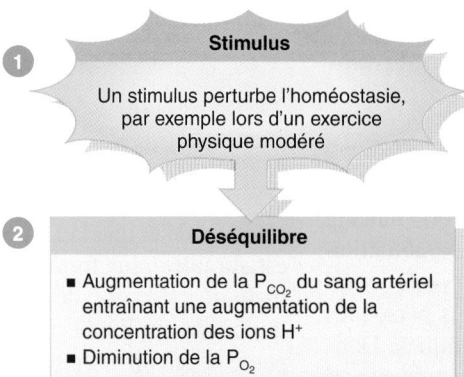

Entrée   Influx nerveux

4 Centre de régulation
Aire inspiratoire du bulbe rachidien

Interprète les informations des chimiorécepteurs et transmet des signaux excitateurs

Sortie   Influx nerveux

5 Effecteurs

Muscles squelettiques de la respiration

Stimulation des contractions musculaires qui cause une augmentation de la fréquence et de l'amplitude de la respiration (hyperventilation)

Muscles lisses des bronches

Relâchement musculaire qui cause la bronchodilatation

- Augmentation de l'élimination de CO_2 par l'expiration
- Augmentation de l'entrée d'O_2 par l'inspiration

6 Réponse

- Diminution de la P_{CO_2}, entraînant une diminution de la concentration des ions H^+
- Augmentation de la P_{O_2}

7 Rétro-inhibition

La diminution des valeurs de la P_{CO_2} et de la concentration des ions H^+ dans le sang ainsi que l'augmentation de la P_{O_2} sont à nouveau détectées par les chimiorécepteurs centraux et périphériques, qui transmettent ces informations à l'aire inspiratoire du bulbe rachidien. Ce dernier vérifie si la réaction des muscles squelettiques de la ventilation et si les muscles lisses des bronches ont permis de ramener la P_{CO_2}, la concentration des ions H^+ et la P_{O_2} dans les limites de leurs valeurs normales. Si oui, l'aire inspiratoire du bulbe rachidien diminue ses influx vers les effecteurs musculaires. Sinon, il continue d'envoyer ses influx jusqu'à ce que l'équilibre soit atteint.

 Quelle est la P_{CO_2} normale du sang artériel?

Le principal stimulus à l'origine de ces changements rapides de l'effort respiratoire provient des propriocepteurs, qui régissent le mouvement des articulations et des muscles. Les influx nerveux des propriocepteurs stimulent l'aire inspiratoire du bulbe rachidien. En même temps, l'aire inspiratoire reçoit des influx excitateurs provenant de certaines collatérales (ramifications) d'axones des neurones moteurs supérieurs qui prennent naissance dans l'aire motrice primaire (gyrus précentral).

Le réflexe de distension pulmonaire

Des récepteurs sensibles à l'étirement, semblables à ceux des vaisseaux sanguins, sont situés dans les parois des bronches et des bronchioles ; on les appelle **barorécepteurs**. En réponse à leur étirement lors du gonflement excessif des poumons, le nerf vague (X) envoie des influx nerveux à l'aire inspiratoire et au centre apneustique. Ces influx inhibent directement l'aire inspiratoire et le centre apneustique ne peut plus activer l'aire inspiratoire. L'expiration est alors déclenchée. Au fur et à mesure que l'air est expulsé, les poumons se rétractent et les barorécepteurs cessent d'être stimulés. Ainsi, l'aire inspiratoire et le centre apneustique ne sont plus inhibés et une nouvelle inspiration s'amorce. Ce réflexe, appelé **réflexe de distension pulmonaire** (ou réflexe de Hering-Breuer), est avant tout un mécanisme de protection qui prévient la distension excessive des poumons et il ne joue pas un rôle clé dans la régulation normale de la respiration.

Les autres facteurs influant sur la respiration

Les facteurs suivants influent également sur la régulation de la respiration.

- **La stimulation du système limbique.** L'anxiété ou l'anticipation d'une activité peut stimuler le système limbique. Ce dernier envoie alors un signal excitateur à l'aire inspiratoire qui fait augmenter la fréquence et l'amplitude respiratoires.
- **La température.** L'augmentation de la température corporelle qui résulte, par exemple, d'un accès de fièvre ou d'un exercice physique vigoureux accélère la fréquence respiratoire ; inversement, une diminution de la température corporelle ralentit la fréquence respiratoire. Une exposition soudaine au froid (comme lorsqu'on plonge dans l'eau froide) cause une **apnée** (*a* : sans ; *pnein* : souffle), ou arrêt de la respiration, temporaire.
- **La douleur.** Une douleur vive et soudaine cause une brève apnée, mais une douleur somatique prolongée fait augmenter la fréquence respiratoire. La douleur viscérale peut ralentir la respiration.
- **L'étirement du sphincter de l'anus.** Cette action fait augmenter la fréquence respiratoire. On l'utilise parfois pour stimuler la respiration chez un nouveau-né ou chez une personne qui a cessé de respirer.
- **L'irritation des voies respiratoires.** L'irritation physique ou chimique du pharynx ou du larynx provoque un arrêt immédiat de la respiration suivi d'un accès de toux ou d'éternuements.
- **La pression artérielle.** Les barorécepteurs carotidiens et aortiques qui détectent les variations de la pression artérielle jouent aussi un rôle modeste dans la respiration. L'élévation soudaine de la pression artérielle fait diminuer la fréquence respiratoire, alors qu'une baisse de la pression artérielle la fait augmenter.

Le tableau 23.2 présente un résumé des facteurs qui influent sur la fréquence et l'amplitude respiratoires.

▶ **POINT DE CONTRÔLE**

27. Comment le centre bulbaire de la rythmicité régule-t-il la respiration ?

28. Quel est le rôle des centres apneustique et pneumotaxique dans la régulation de la respiration ?

29. Expliquez comment chacun des éléments suivants modifie la respiration : le cortex cérébral, les concentrations de CO_2 et de O_2, les propriocepteurs, le réflexe de distension pulmonaire, la variation de la température, la douleur et l'irritation des voies respiratoires.

TABLEAU 23.2 RÉSUMÉ DE LA RÉGULATION DE LA FRÉQUENCE ET DE L'AMPLITUDE RESPIRATOIRES	
FACTEURS QUI FONT AUGMENTER LA FRÉQUENCE ET L'AMPLITUDE RESPIRATOIRES	**FACTEURS QUI FONT DIMINUER LA FRÉQUENCE ET L'AMPLITUDE RESPIRATOIRES**
Hyperventilation volontaire régie par le cortex cérébral et par l'anticipation d'une activité consécutive à la stimulation par le système limbique.	Hypoventilation volontaire régie par le cortex cérébral.
Augmentation de la P_{CO_2} dans le sang artériel au-dessus de 40 mm Hg (ce qui entraîne une augmentation du taux d'ions H^+), détectée par les chimiorécepteurs périphériques et centraux.	Diminution de la P_{CO_2} dans le sang artériel au-dessous de 40 mm Hg (ce qui entraîne une diminution de la concentration d'ions H^+), détectée par les chimiorécepteurs centraux et périphériques.
Diminution de la P_{O_2} du sang artériel en deçà de 60 mm Hg.	Diminution de la P_{O_2} du sang artériel au-dessous de 50 mm Hg.
Accroissement de l'activité des propriocepteurs.	Réduction de l'activité des propriocepteurs.
Élévation de la température corporelle.	Une diminution de la température corporelle entraîne une réduction de la fréquence respiratoire et une exposition soudaine au froid cause l'apnée.
Douleur prolongée.	Douleur vive causant l'apnée.
Baisse de la pression artérielle détectée par les barorécepteurs.	Augmentation de la pression artérielle détectée par les barorécepteurs.
Étirement du sphincter de l'anus.	Irritation du pharynx ou du larynx, par un contact physique ou un stimulus chimique, causant une brève apnée suivie de toux ou d'éternuements.

LES EFFETS DE L'EXERCICE SUR LE SYSTÈME RESPIRATOIRE

> **OBJECTIF**

- Décrire les effets de l'exercice sur le système respiratoire.

Durant l'exercice, les systèmes respiratoire et cardiovasculaire s'adaptent à l'intensité et à la durée de l'effort déployé. Les effets de l'exercice sur le cœur sont traités au chapitre 20; nous examinons ici l'influence de l'exercice sur le système respiratoire.

Rappelons que le cœur envoie la même quantité de sang aux poumons qu'au reste du corps. Ainsi, quand le débit cardiaque augmente, l'apport sanguin aux poumons, appelé **perfusion pulmonaire**, augmente également. De plus, la **capacité de diffusion des poumons pour l'oxygène**, qui est une mesure de la vitesse à laquelle l'O_2 diffuse de l'air alvéolaire vers le sang, peut tripler quand l'exercice est poussé au maximum parce qu'un plus grand nombre de capillaires pulmonaires sont perfusés au maximum. Il en résulte une augmentation de l'aire de la surface disponible pour la diffusion d'O_2 dans les capillaires pulmonaires.

Quand les muscles se contractent durant l'exercice, ils consomment beaucoup d'O_2 et produisent de grandes quantités de CO_2. Si l'exercice est vigoureux, la consommation d'O_2 et la ventilation pulmonaire augmentent de façon spectaculaire. Au début de l'exercice, il y a une augmentation soudaine de la ventilation pulmonaire, suivie d'un accroissement plus graduel. Si l'exercice est modéré, c'est surtout l'amplitude respiratoire qui augmente plutôt que la fréquence des respirations. Si l'exercice est plus intense, la fréquence respiratoire s'accroît également.

L'augmentation soudaine de la ventilation au début de l'exercice est causée par des changements d'ordre nerveux, qui envoient des influx excitateurs à l'aire inspiratoire du bulbe rachidien. Ces changements comprennent: 1) l'anticipation de l'activité, qui stimule le système limbique; 2) des influx sensitifs provenant des propriocepteurs des muscles, des tendons et des articulations; et 3) des influx moteurs provenant de l'aire motrice primaire (gyrus précentral). L'augmentation plus graduelle de la ventilation qui accompagne l'exercice modéré est causée par des changements *chimiques* et *physiques* dans la circulation sanguine. Ce sont notamment: 1) une légère diminution de la P_{O_2}, consécutive à l'augmentation de la consommation d'O_2; 2) une légère augmentation de la P_{CO_2}, due à l'accroissement de la production de CO_2 par les myocytes qui se contractent; et 3) une élévation de la température, qui résulte de la libération de plus en plus de chaleur à mesure que la consommation d'O_2 s'accroît. Par ailleurs, durant l'exercice intense, les ions HCO_3^- tamponnent les ions H^+ libérés par l'acide lactique au cours d'une réaction qui dégage du CO_2, lequel fait augmenter encore davantage la P_{CO_2}.

À la fin d'une période d'exercice, une diminution soudaine de la ventilation pulmonaire est suivie par une baisse plus graduelle jusqu'à l'état de repos. La diminution initiale est le fait surtout de modifications de facteurs nerveux qui accompagnent le ralentisse-ment ou la cessation du mouvement, alors que la phase graduelle est le reflet du retour progressif de la composition chimique du sang et de la température à leurs niveaux normaux à l'état de repos.

LES EFFETS DE L'USAGE DU TABAC SUR L'EFFICACITÉ RESPIRATOIRE

Même lors d'un exercice modéré, les personnes qui fument peuvent «avoir le souffle court» parce que plusieurs facteurs agissent négativement sur l'efficacité respiratoire: 1) la nicotine cause la constriction des bronchioles terminales, ce qui nuit à l'écoulement de l'air qui entre dans les poumons et en sort; 2) le monoxyde de carbone présent dans la fumée de cigarette se lie à l'hémoglobine et réduit sa capacité à transporter l'oxygène; 3) certains agents irritants dans la fumée stimulent la sécrétion de mucus dans l'arbre bronchique et causent l'œdème de la muqueuse de revêtement. Ces deux réactions ont pour effet d'entraver l'écoulement de l'air dans les poumons; 4) les agents irritants dans la fumée inhibent aussi le mouvement des cils de la muqueuse des voies respiratoires et peuvent même les détruire. L'excès de mucus et les corps étrangers ne sont pas éliminés facilement, ce qui rend la respiration encore plus difficile; 5) à la longue, le tabagisme entraîne la destruction des fibres élastiques des poumons et constitue la cause première d'emphysème pulmonaire. Ces altérations amènent l'affaissement des petites bronchioles et l'emprisonnement d'air dans les alvéoles à la fin de l'expiration; les échanges gazeux sont alors moins efficaces. ■

> **POINT DE CONTRÔLE**

30. Quels sont les effets de l'exercice sur l'aire inspiratoire?

LE DÉVELOPPEMENT EMBRYONNAIRE DU SYSTÈME RESPIRATOIRE

> **OBJECTIF**

- Décrire le développement du système respiratoire.

Le développement de la bouche et du pharynx sera décrit au chapitre 24. Nous décrivons ici sur le développement des autres structures du système respiratoire dont il a été question plus haut.

Vers la quatrième semaine du développement embryonnaire, le système respiratoire commence à se former à partir d'une excroissance ventrale de l'endoderme de l'intestin antérieur (précurseur de certains organes du système digestif) juste derrière le pharynx. Cette excroissance en forme de quille est appelée **diverticule respiratoire** ou bourgeon pulmonaire (figure 23.29). L'**endoderme** qui tapisse le diverticule respiratoire donne naissance à l'épithélium et aux glandes trachéales, bronchiales et alvéolaires. Le **mésoderme** entourant le diverticule respiratoire donne naissance au tissu conjonctif, au cartilage et au muscle lisse de ces structures.

La muqueuse épithéliale du *larynx* est issue de l'**endoderme** du diverticule respiratoire; les cartilages et les muscles dérivent des **quatrième** et **sixième arcs pharyngiens**, qui sont des renflements de la surface de l'embryon (voir la figure 29.13).

FIGURE 23.29 Le développement des tubes de l'arbre bronchique et des poumons.

 Le système respiratoire est issu de l'endoderme et du mésoderme.

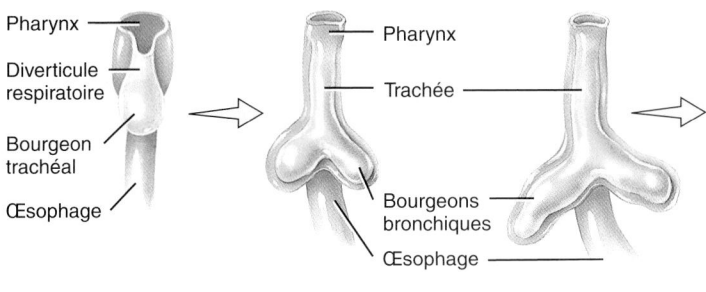

4ᵉ semaine

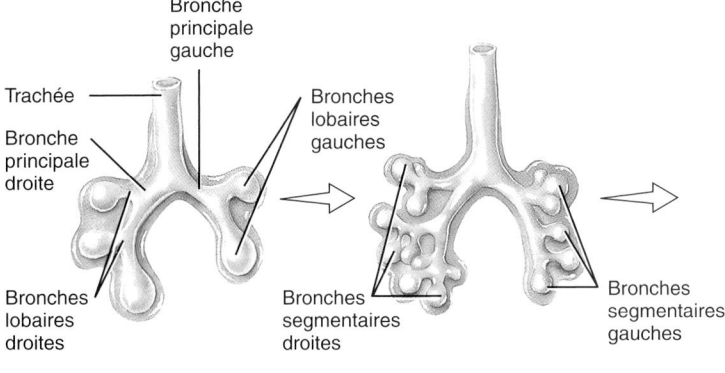

5ᵉ semaine   6ᵉ semaine

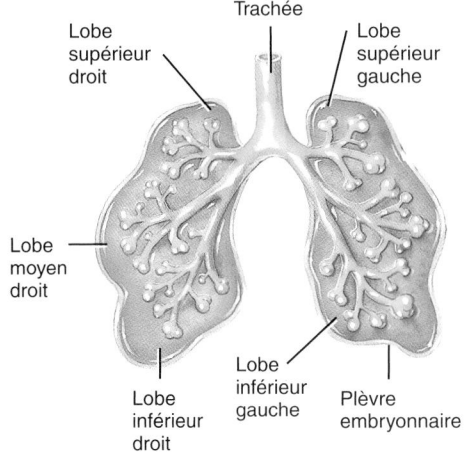

8ᵉ semaine

Q Quand le système respiratoire commence-t-il à se former chez l'embryon?

À mesure que le diverticule respiratoire s'allonge, son extrémité distale s'élargit jusqu'à former le **bourgeon trachéal**. Peu de temps après avoir donné naissance à la *trachée*, ce bourgeon se divise en **bourgeons bronchiques**, qui se ramifient à plusieurs reprises et se développent avec les *bronches*. À 24 semaines, les bronches se sont ramifiées 17 fois, successivement, jusqu'à former les bronchioles respiratoires.

De la 6ᵉ à la 16ᵉ semaine, tous les principaux éléments des *poumons* se mettent en place, sauf ceux qui participent aux échanges gazeux, c'est-à-dire les bronchioles respiratoires, les conduits alvéolaires et les alvéoles. Étant donné qu'à ce stade, la respiration est impossible, les fœtus qui naissent durant cette période ne peuvent survivre.

De la 16ᵉ à la 26ᵉ semaine, les tissus pulmonaires se vascularisent abondamment, et les bronchioles respiratoires, les conduits alvéolaires et des alvéoles primitives apparaissent. Un fœtus né vers la fin de cette période peut survivre s'il reçoit des soins intensifs, mais la mortalité est élevée par suite de l'immaturité du système respiratoire et de plusieurs autres systèmes.

De la 26ᵉ semaine à la naissance, il se forme de nombreuses autres alvéoles primitives, constituées de pneumocytes (cellules alvéolaires) de type I (le principal site des échanges gazeux) et de pneumocytes de type II qui produisent du surfactant. De plus, les capillaires sanguins entrent étroitement en contact avec les alvéoles primitives. Nous avons vu que le surfactant joue un rôle essentiel en abaissant la tension superficielle du liquide alvéolaire, ce qui réduit le risque que les alvéoles ne s'affaissent durant l'expiration. La production de surfactant commence à la 20ᵉ semaine, mais elle est très limitée. Ce n'est qu'entre les 26ᵉ et 28ᵉ semaines qu'il est produit en quantité suffisante pour permettre la survie d'un enfant prématuré. Les nouveau-nés dont l'âge ne dépasse pas 26 à 28 semaines de gestation présentent un risque élevé de souffrir du syndrome de détresse respiratoire (SDR), caractérisé par l'affaissement des alvéoles durant l'expiration, ce qui nécessite leur gonflement durant l'inspiration.

Aux environs de la 30ᵉ semaine, des alvéoles matures commencent à apparaître. Toutefois, on estime qu'il s'en forme environ de 20 à 70 millions avant la naissance; la formation des alvéoles se poursuit au cours des 8 premières années de l'enfance. À maturité, les poumons contiennent quelques 300 à 400 millions d'alvéoles.

Au cours de leur développement, les poumons acquièrent leurs *enveloppes pleurales*. La *plèvre viscérale* et la *plèvre pariétale* sont issues du **mésoderme**. L'espace entre ces deux feuillets est la *cavité pleurale*.

Au cours du développement, les mouvements respiratoires du fœtus provoquent l'aspiration dans les poumons de liquide composé d'un mélange de liquide amniotique, de mucus provenant des glandes des bronches et de surfactant. À la naissance, les poumons sont généralement à demi remplis de liquide. Lorsque le nouveau-né commence à respirer, la plus grande partie de ce liquide est rapidement absorbé par les capillaires sanguins et lymphatiques, et une petite quantité est expulsée par le nez et la bouche durant l'accouchement.

▶ **POINT DE CONTRÔLE**

31. Quelles structures se développent à partir des bourgeons bronchiques?

LE VIEILLISSEMENT DU SYSTÈME RESPIRATOIRE

> **OBJECTIF**
>
> • Décrire les effets du vieillissement sur le système respiratoire.

Les conduits aériens et les tissus du système respiratoire, y compris les alvéoles pulmonaires, perdent de leur élasticité et deviennent plus rigides avec l'âge. La paroi thoracique devient, elle aussi, plus rigide. Il en résulte une diminution de la capacité pulmonaire. En fait, à 70 ans, la capacité vitale (soit la quantité maximale d'air qu'on peut expirer après une inspiration maximale) peut avoir diminué de 35 %. On observe en outre une diminution de la concentration sanguine d'O_2 et une réduction de l'activité des macrophagocytes alvéolaires et des cils de l'épithélium qui tapisse les voies respiratoires. En raison de tous ces facteurs liés au vieillissement, les personnes âgées sont plus sujettes à la pneumonie, à la bronchite, à l'emphysème et aux autres maladies pulmonaires. Les changements structuraux et fonctionnels consécutifs au vieillissement qui touchent les poumons peuvent aussi expliquer en partie le fait qu'une personne âgée a plus de difficulté à effectuer des exercices vigoureux, telle la course.

▶ POINT DE CONTRÔLE

32. Pourquoi la capacité pulmonaire diminue-t-elle avec l'âge ?

* * *

Pour bien vous rendre compte que le système respiratoire participe de nombreuses façons à l'homéostasie des autres systèmes de l'organisme, lisez la section *Point de mire sur l'homéostasie : le système respiratoire*. Nous verrons ensuite, au chapitre 24, comment le système digestif permet aux cellules du corps d'avoir accès aux nutriments dont elles ont besoin afin d'utiliser l'oxygène fourni par le système respiratoire pour la production d'ATP.

Tous les systèmes de l'organisme  Fournit l'oxygène à toutes les cellules des tissus et en élimine le dioxyde de carbone ; participe à la régulation du pH des liquides organiques par l'expiration de dioxyde de carbone.

Système musculaire  L'augmentation de la fréquence et de l'amplitude respiratoires permet aux muscles squelettiques de maintenir une activité accrue durant l'exercice.

Système nerveux 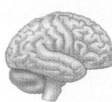 Le nez contient des récepteurs olfactifs. Les vibrations de l'air qui s'écoule à travers les cordes vocales produisent les sons de la phonation (langage).

Système endocrinien  L'enzyme de conversion de l'angiotensine (ACE) présente dans les poumons sert de catalyseur lors de la conversion de l'angiotensine I en une hormone : l'angiotensine II.

Système cardiovasculaire  Durant l'inspiration, la pompe respiratoire facilite le retour du sang veineux au cœur.

Système lymphatique et immunité  Les cils présents dans le nez, les cils et le mucus dans la trachée, les bronches et les petites voies respiratoires, de même que les macrophagocytes alvéolaires, jouent un rôle non spécifique dans la résistance à la maladie. Le pharynx renferme du tissu lymphatique (les tonsilles) et la muqueuse des voies respiratoires contient des follicules lymphatiques (MALT). La pompe respiratoire favorise l'écoulement de la lymphe (durant l'inspiration).

Système digestif 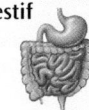 La contraction forcée des muscles respiratoires facilite la défécation.

Système urinaire 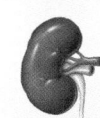 Les systèmes respiratoire et urinaire régulent conjointement le pH des liquides de l'organisme.

Systèmes génitaux 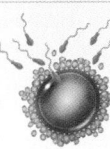 L'accroissement de la fréquence et de l'amplitude respiratoires facilite l'activité durant les relations sexuelles. La respiration interne fournit au fœtus l'oxygène dont il a besoin.

Le système respiratoire

DÉSÉQUILIBRES HOMÉOSTATIQUES

L'asthme

L'**asthme** (*asthma* : essoufflement) est un trouble des voies respiratoires caractérisé par une inflammation chronique, une hypersensibilité à divers stimulus et par une obstruction des voies respiratoires. L'asthme est partiellement réversible, soit spontanément, soit par traitement. Selon une enquête sur la santé dans la collectivité canadienne (ESCC) réalisée en 2001, l'asthme touchait 2,2 millions de personnes, soit 8,5 % des Canadiens de 12 ans et plus. Les taux d'asthme sont à la hausse – particulièrement chez les femmes adultes. Au Québec plus de 700 000 personnes souffrent d'asthme, dont 300 000 enfants. Depuis les années 1980, le nombre d'asthmatiques a triplé. Les voies respiratoires peuvent être obstruées par des spasmes des muscles lisses des parois des petites bronches et des bronchioles, par un œdème de la muqueuse, par une augmentation de la sécrétion de mucus ou par des lésions de l'épithélium.

Les personnes souffrant d'asthme réagissent souvent à de faibles concentrations d'agents qui ne produisent pas de symptômes chez les personnes normales. Parfois, la crise est déclenchée par un allergène comme le pollen, les acariens, les moisissures ou un aliment particulier. D'autres causes communes sont les bouleversements émotifs, l'aspirine, les sulfites (des agents de conservation utilisés dans le vin et la bière et pour conserver les légumes dans les buffets de crudités), l'exercice physique et l'inhalation d'air froid ou de fumée de cigarette. Au début de la réaction (phase aiguë), les spasmes des muscles lisses s'accompagnent d'une sécrétion excessive de mucus qui peut obstruer les bronches et les bronchioles et exacerber la crise. La phase tardive (chronique) de la réaction est caractérisée par l'inflammation, la fibrose, l'œdème et la nécrose (mort) des cellules épithéliales des bronches. Une multitude de médiateurs chimiques entrent en jeu, dont les leucotriènes, les prostaglandines, la thromboxane, le facteur d'activation des thrombocytes et l'histamine.

Les symptômes comprennent une respiration difficile, parfois sifflante, de la toux, une oppression thoracique, la tachycardie, la fatigue, la peau moite et de l'anxiété. On traite les crises aiguës en faisant inhaler un agoniste β_2-adrénergique (albutérol), qui favorise le relâchement des muscles lisses des bronchioles et ouvre les voies respiratoires. Toutefois, à long terme, on vise à calmer l'inflammation sous-jacente. Les anti-inflammatoires les plus souvent utilisés sont les corticostéroïdes (glucocorticoïdes) en aérosol, le cromoglycate disodique (Intal[MD]) et les inhibiteurs des leucotriènes (Accolate[MD]).

La bronchopneumopathie chronique obstructive

Le terme **bronchopneumopathie chronique obstructive (BPCO)** désigne plusieurs types de maladies respiratoires caractérisées par une obstruction chronique et récurrente qui fait obstacle à l'écoulement de l'air et augmente la résistance des conduits aériens. Les principaux types de BPCO sont l'emphysème pulmonaire et la bronchite chronique. Dans la plupart des cas, on peut prévenir ces maladies, car leur cause principale est le tabagisme actif ou passif. Parmi les autres causes, on compte la pollution de l'air, les infections pulmonaires, l'exposition à des poussières et des gaz dans le milieu de travail, ainsi que des facteurs héréditaires. Puisque, en moyenne, les hommes ont été exposés à la fumée de cigarette pendant plus d'années que les femmes, ils sont sujets à la BPCO deux fois plus souvent qu'elles. Néanmoins, l'incidence de la BPCO chez les femmes est six fois plus élevée qu'il y a 50 ans, ce qui reflète l'augmentation du tabagisme chez ces dernières.

L'emphysème pulmonaire

L'**emphysème pulmonaire** (*emphusêma* : gonflement) est une maladie caractérisée par la destruction des parois alvéolaires, ce qui amène la formation d'espaces aériens plus grands que la normale où l'air reste emprisonné durant l'expiration. À cause de la réduction de la superficie disponible pour les échanges gazeux, la membrane alvéolocapillaire endommagée ne permet plus une aussi bonne diffusion de l'O_2. Le taux sanguin d'O_2 est un peu moins élevé et tout exercice, même léger, qui fait augmenter les besoins des cellules en O_2 laisse la personne à bout de souffle. À mesure que le nombre de parois alvéolaires endommagées augmente, la rétraction élastique des poumons diminue en raison de la perte de fibres élastiques. Il en résulte une augmentation de la quantité d'air emprisonné dans les poumons à la fin de l'expiration. Au bout de plusieurs années, l'accroissement de l'effort inspiratoire fait augmenter les dimensions de la cage thoracique, donnant ce qu'on appelle le « thorax en tonneau ».

L'emphysème pulmonaire est généralement causé par une irritation constante sur une longue période ; la fumée de cigarette, l'air pollué et les poussières industrielles inhalées au travail sont les agents irritants les plus courants. Les sacs alvéolaires peuvent aussi être détruits par suite d'un déséquilibre entre des enzymes. Le traitement consiste à cesser de fumer, à éliminer du milieu les autres agents irritants, à pratiquer de l'exercice physique sous surveillance médicale et à faire des exercices respiratoires. On peut aussi recourir aux bronchodilatateurs et à l'oxygénothérapie.

La bronchite chronique

La **bronchite chronique** est un trouble caractérisé par une sécrétion excessive de mucus dans les bronches et une toux productive (avec expectoration) qui dure au moins trois mois par année pendant deux années consécutives. Le tabagisme est la cause principale de la bronchite chronique. Les agents irritants inhalés produisent une inflammation chronique accompagnée d'une augmentation de la taille et du nombre des glandes muqueuses et des cellules caliciformes dans l'épithélium des voies respiratoires. Le mucus épais et surabondant obstrue les voies respiratoires et entrave le fonctionnement des cils. Ainsi, les agents pathogènes inhalés s'introduisent dans les sécrétions et se multiplient rapidement. En plus de la toux productive, les symptômes de la bronchite chronique sont l'essoufflement, la respiration sifflante, la cyanose et l'hypertension artérielle pulmonaire. Le traitement est semblable à celui de l'emphysème pulmonaire.

Le cancer du poumon

En 2005, au Canada, on estime que 22 200 personnes ont appris qu'elles avaient un cancer du poumon et que 19 000 d'entre elles en mourront. Au cours de sa vie, 1 femme sur 17 risque d'avoir un cancer du poumon et 1 sur 20 en mourra. Chez les hommes, ce risque est de 1 sur 11 et la probabilité qu'il en meure est de 1 sur 12. Pour 55 % des patients, chez qui on diagnostique un cancer du poumon, la maladie a habituellement atteint un stade avancé et s'accompagne de métastases (propagation de cellules cancéreuses dans l'organisme). Parmi les autres, 25 % présentent une atteinte des nœuds lymphatiques régionaux. La plupart des individus atteints d'un cancer du poumon meurent dans l'année qui suit le diagnostic ; au total, le taux de survie est de 10 à 15 % seulement. Le tabagisme est la principale cause de cancer du poumon. Environ 85 % des cas sont reliés à cette pratique et la maladie est de 10 à 30 fois plus courante chez les fumeurs que chez les non-fumeurs. L'exposition à la fumée secondaire, est aussi associée au cancer du poumon et aux maladies cardiaques. Les rayonnements ionisants et les agents irritants inhalés, tels que l'amiante et le radon, sont d'autres causes du cancer du poumon. L'emphysème pulmonaire prédispose souvent au cancer du poumon.

Le type de cancer du poumon le plus fréquent, le **cancer bronchopulmonaire**, prend naissance dans l'épithélium des bronches. Les tumeurs sont nommées d'après leur site d'origine. Par exemple, les *adénocarcinomes* se développent dans les régions périphériques des poumons à partir de glandes bronchiales et de pneumocytes (cellules alvéolaires). Les *épithéliomas épidermoïdes bronchiques* se forment à partir de l'épithélium des grosses bronches. Quant aux *épithéliomas à petites cellules* (ou épithéliomas à cellules en grains d'avoine) du poumon, ils se développent à partir des cellules épithéliales des bronches principales près du hile du poumon et s'étendent souvent très tôt au médiastin. Selon le type de cancer bronchopulmonaire, les tumeurs peuvent être agressives, invasives et produire des métastases généralisées dans l'organisme. Ce sont, au départ, des lésions épithéliales qui croissent jusqu'à former des masses qui obstruent les bronches ou envahissent le tissu pulmonaire adjacent. Leurs métastases envahissent les nœuds lymphatiques, l'encéphale, les os, le foie et d'autres organes.

Les symptômes du cancer du poumon dépendent de l'endroit où la tumeur est située. Ils peuvent comprendre une toux chronique, des expectorations contenant du sang, une respiration sifflante, l'essoufflement, des douleurs thoraciques, une voix rauque, de la difficulté à avaler, la perte de poids, l'anorexie, la fatigue, des douleurs aux os, de la confusion, des troubles de l'équilibre, des maux de tête, l'anémie, une thrombocytopénie et la jaunisse.

On traite cette maladie par l'ablation partielle ou totale du poumon atteint (pneumonectomie), la radiothérapie et la chimiothérapie.

La pneumonie

La **pneumonie** est une infection ou une inflammation des alvéoles pulmonaires. Quand certains microorganismes pénètrent dans les poumons des personnes vulnérables, ils libèrent des toxines, stimulent l'inflammation et induisent des réponses immunitaires aux effets secondaires nocifs. Les toxines et la réponse immunitaire endommagent les alvéoles et la muqueuse des bronches; par suite de l'inflammation et de l'œdème, les alvéoles se remplissent de liquide, ce qui perturbe la ventilation et les échanges gazeux.

La cause de pneumonie la plus fréquente est un pneumocoque, la bactérie *Streptococcus pneumoniæ*, mais d'autres microorganismes peuvent aussi provoquer la pneumonie. Les individus les plus sujets à cette maladie sont les personnes âgées, les nourrissons, les individus atteints de déficit immunitaire (ceux qui sont atteints du sida ou d'un cancer, et ceux qui prennent des immunosuppresseurs), les fumeurs et les individus qui souffrent d'une pneumopathie obstructive. La plupart du temps, la pneumonie est précédée d'une infection des voies respiratoires supérieures, qui est souvent d'origine virale. Les principaux symptômes sont la fièvre, des frissons, une toux sèche ou productive, des malaises, des douleurs thoraciques, et parfois de la dyspnée (difficulté à respirer) et une hémoptysie (expectorations contenant du sang).

Le traitement peut comprendre l'administration d'antibiotiques, l'utilisation de bronchodilatateurs, l'oxygénothérapie, une augmentation de l'ingestion de liquides ainsi que la physiothérapie thoracique (percussion, vibration et drainage postural).

La tuberculose

La bactérie *Mycobacterium tuberculosis* est responsable d'une maladie infectieuse contagieuse, appelée **tuberculose**, qui atteint le plus souvent les poumons et la plèvre, mais qui peut aussi toucher d'autres tissus et organes. Après avoir pénétré dans les poumons, les bactéries se multiplient et causent une inflammation qui attire les granulocytes neutrophiles et les macrophagocytes. Ces cellules englobent les bactéries pour les empêcher de se répandre. Si le système immunitaire n'est pas affaibli, les bactéries restent inactives tout au long de la vie, mais un déficit immunitaire peut leur donner l'occasion de s'échapper dans le sang et la lymphe pour aller infecter d'autres organes. Chez nombre de patients, les symptômes – fatigue, perte pondérale, léthargie, anorexie, faible fièvre, sueurs nocturnes,

toux, dyspnée, douleurs thoraciques et hémoptysie – ne se manifestent qu'à un stade avancé de la maladie.

Au Canada, en 2000, on a signalé 1 694 nouveaux cas de tuberculose active et de rechute (5,5 pour 100 000). Le plus grand nombre de cas a été enregistré chez les personnes de 25 à 34 ans, soit 18 % de l'ensemble. On attribue principalement cette augmentation à la propagation du virus de l'immunodéficience humaine (VIH). Les personnes infectées par le VIH sont beaucoup plus sujettes à la tuberculose parce que leur système immunitaire est affaibli. Parmi les autres facteurs liés à l'augmentation du nombre de cas de tuberculose, on note le nombre grandissant de sans-abri, la recrudescence de la toxicomanie, ainsi que la croissance du nombre d'immigrants venant de pays où la prévalence de la tuberculose est élevée. L'incidence de la tuberculose continue d'être la plus élevée chez les personnes nées à l'étranger. En 2000, ces dernières représentaient 18 % de la population canadienne alors qu'elles comptaient pour 65 % de tous les cas de tuberculose signalés au Canada. L'aggravation des conditions de logement chez les plus démunis ainsi que la transmission aérogène de la tuberculose dans les prisons et les structures d'accueil pour les sans-abri sont également des facteurs importants. Par ailleurs, on a récemment observé des flambées de tuberculose par des souches de *Mycobacterium tuberculosis* multirésistantes qui se développent parce que les patients ne prennent pas tous les antibiotiques et les autres médicaments prescrits dans le schéma posologique qui leur est prescrit. On traite la tuberculose principalement par l'administration d'isoniazide.

Le coryza et la grippe

Des centaines de virus sont à l'origine du **coryza**, couramment appelé **rhume**, mais le groupe des *rhinovirus* cause environ 40 % de tous les rhumes chez les adultes. Les symptômes habituels sont les éternuements, des sécrétions nasales abondantes, une toux sèche et de la congestion. Ordinairement, le rhume n'est pas accompagné de fièvre, mais des complications surviennent parfois. Elles comprennent alors la sinusite, l'asthme, la bronchite, l'otite et la laryngite. Des recherches récentes font état d'une association entre le stress émotif et le rhume : plus le stress est intense, plus la fréquence et la durée des rhumes augmentent.

La **grippe** est causée par un autre virus, l'*influenzavirus*. Les symptômes comprennent le frisson, de la fièvre (généralement supérieure à 39 °C), des maux de tête et des douleurs musculaires. La grippe peut s'aggraver au point de mettre en danger la vie de l'individu atteint et elle peut évoluer vers la pneumonie. Il est important de lever les confusions : la grippe est une maladie respiratoire et non un trouble du tube digestif. Plusieurs personnes affirment avoir la grippe, alors qu'elles souffrent en réalité d'un problème digestif.

L'œdème pulmonaire

L'**œdème pulmonaire** est une accumulation anormale de liquide dans les espaces intercellulaires et les alvéoles des poumons. Il est généralement causé par une augmentation de la perméabilité des capillaires pulmonaires (origine pulmonaire) ou une élévation de la pression dans les capillaires pulmonaires (origine cardiaque); cette dernière cause peut coïncider avec une insuffisance cardiaque congestive. Outre la dyspnée, qui est le symptôme le plus fréquent, l'œdème s'accompagne également d'une respiration sifflante, de tachypnée (fréquence respiratoire élevée), d'agitation, d'une sensation de suffoquer, de cyanose, de pâleur, de diaphorèse (transpiration profuse) et d'hypertension artérielle pulmonaire. Le traitement consiste à administrer de l'oxygène, des médicaments qui dilatent les bronchioles et font baisser la pression artérielle, des diurétiques pour favoriser l'élimination de l'excès de liquide et des médicaments qui rétablissent l'équilibre acidobasique. On peut procéder à l'aspiration du liquide accumulé dans les voies respiratoires et recourir à la ventilation artificielle. On a récemment observé que l'utilisation d'un anorexigène, le Redux^{MD}, (un médicament contenant du dexfenfluramine) déclencherait des crises d'œdème pulmonaire.

La fibrose kystique du pancréas

La **fibrose kystique du pancréas**, ou **mucoviscidose**, est une maladie héréditaire des épithéliums sécrétoires qui atteint les voies respiratoires, le foie, le pancréas, l'intestin grêle et les glandes sudoripares. C'est la maladie héréditaire mortelle la plus répandue chez les individus de race blanche. Au Canada, 1 bébé sur 3 600 serait atteint de fibrose kystique. Cette maladie est causée par une mutation touchant un gène responsable de la synthèse d'une protéine de transport présente à la surface d'un grand nombre de cellules épithéliales et assurant le passage des ions chlorure à travers la membrane plasmique. Le dysfonctionnement des glandes sudoripares se traduit par une surabondance de chlorure de sodium (sel) dans la sueur et la mesure de cet excès de chlorure est un indice utilisé pour diagnostiquer la fibrose kystique. La mutation perturbe aussi le fonctionnement de plusieurs organes en entraînant la sécrétion d'un mucus épais qui obstrue les conduits et ne s'écoule pas facilement. L'accumulation de ces sécrétions amène de l'inflammation et le remplacement des cellules endommagées par du tissu conjonctif, ce qui aggrave l'obstruction des conduits. L'encombrement et l'infection des conduits aériens rendent la respiration difficile et aboutissent à la destruction des tissus des poumons. La plupart des décès liés à la fibrose kystique sont attribuables à des maladies pulmonaires. L'obstruction des conduits biliaires dans le foie gêne la digestion et perturbe la fonction hépatique. L'obstruction des conduits pancréatiques empêche les enzymes digestives de se rendre à l'intestin grêle. Comme le suc pancréatique contient la principale enzyme nécessaire à la digestion des lipides, les malades n'absorbent pas les graisses ni les vitamines liposolubles. Ils souffrent donc de carence en vitamines A, D et K. Quant au système génital, l'obstruction du conduit déférent entraîne la stérilité chez l'homme ; la formation de bouchons muqueux denses dans le vagin limite l'accès des spermatozoïdes à l'utérus et peut provoquer la stérilité féminine.

Les enfants qui souffrent de fibrose kystique reçoivent des extraits de pancréas et de fortes doses de vitamines A, D et K. Le régime alimentaire recommandé est riche en calories, en sel, en graisses et en protéines, et comprend des suppléments vitaminiques. L'un des traitements les plus récents de la fibrose kystique est la transplantation cœur-poumons.

Les maladies liées à l'amiante

Les **maladies liées à l'amiante** sont des troubles respiratoires graves qui résultent de l'inhalation de poussières d'amiante, survenue des décennies plus tôt. Lorsque les fibres inhalées pénètrent dans les tissus pulmonaires, les leucocytes essaient de les détruire par phagocytose. Mais ce sont plutôt les fibres qui détruisent les leucocytes, entraînant des cicatrices du tissu pulmonaire. Les maladies liées à l'amiante comprennent l'**amiantose** ou asbestose (cicatrisation étendue de tissu pulmonaire), l'**épaississement diffus de la plèvre** et le **mésothéliome pleural ou péritonéal** (cancer de la plèvre ou, plus rarement, du péritoine).

La mort subite du nourrisson

La **mort subite du nourrisson (MSN)** est le décès subit, tout à fait imprévisible, d'un nourrisson ou d'un jeune enfant apparemment en bonne santé, durant son sommeil. Cette maladie survient rarement avant l'âge de deux semaines ou après l'âge de six mois, et le pic de fréquence se situe entre le deuxième et le quatrième mois de la vie. La fréquence augmente chez les nourrissons nés prématurément, les garçons, les bébés ayant un faible poids à la naissance, les enfants de mères héroïnomanes ou qui ont fumé au cours de la grossesse. On observe également une fréquence plus élevée de ce syndrome chez les bébés qu'on a dû réanimer après un arrêt respiratoire, chez ceux qui ont souffert d'une infection des voies respiratoires supérieures, et ceux dont un frère ou une sœur a été victime de la MSN. Les enfants des Afro-Américains et des Autochtones présentent aussi un risque élevé. La cause exacte de la MSN est inconnue, mais elle est vraisemblablement liée à une dysfonction des mécanismes de régulation de la respiration ou à une concentration sanguine en oxygène anormalement basse. Il est également possible que la MSN soit liée à l'hypoxie durant le sommeil, alors que le bébé dort en décubitus ventral (allongé sur le ventre). Il risque alors d'inspirer l'air qu'il vient d'expirer et qui est resté emprisonné dans une dépression du matelas. On recommande donc de coucher les jeunes enfants sur le dos jusqu'à l'âge de six mois.

Le syndrome respiratoire aigu sévère

Le **syndrome respiratoire aigu sévère (SRAS)** est un exemple de *maladie infectieuse émergente*, c'est-à-dire une maladie d'apparition récente ou qui se présente sous une forme différente. L'encéphalite à virus du Nil occidental, la maladie de la vache folle (encéphalopathie spongiforme bovine, ou ESB) et le sida sont d'autres exemples de maladies émergentes. Le SRAS est d'abord apparu dans le sud de la Chine, à la fin de 2002, puis le virus s'est répandu partout dans le monde. Il s'agit d'une maladie respiratoire causée par un nouveau coronavirus qui s'attaque au tissu pulmonaire. Les symptômes comprennent de la fièvre, un malaise général, des douleurs musculaires, une toux sèche, de la difficulté à respirer, des frissons, des maux de tête et des diarrhées. Environ 10 à 20 % des personnes atteintes ont besoin de ventilation mécanique et, dans certains cas, l'issue est fatale. La maladie se transmet principalement par contact direct, d'un individu à un autre. Il n'existe pas de traitement efficace ; le taux de décès varie entre 5 et 10 %, il est particulièrement élevé chez les personnes âgées et celles qui souffrent d'autres problèmes médicaux.

TERMES MÉDICAUX

Apnée du sommeil (*a* : sans ; *pnein* : respirer) Trouble survenant durant le sommeil et caractérisé par des interruptions répétées de la respiration pendant au moins 10 secondes. La cause la plus fréquente est un affaissement des voies respiratoires causé par un manque de tonus des muscles du pharynx.

Asphyxie (*asphuxia* : arrêt du pouls) Carence en oxygène résultant d'une insuffisance d'oxygène dans l'air ou d'une entrave à la ventilation pulmonaire, à la respiration externe ou à la respiration interne.

Aspiration Introduction dans l'arbre bronchique d'une substance étrangère telle que de l'eau, de la nourriture ou un corps étranger. Ce terme sert également à décrire les procédés servant à tirer une substance vers l'intérieur ou l'extérieur par succion.

Bronchectasie (*ektasis* : dilatation) Dilatation chronique des bronches ou des bronchioles résultant de l'endommagement de leurs parois, par exemple à la suite d'une infection respiratoire.

Bronchographie Technique d'imagerie permettant de visualiser l'arbre bronchique par radiographie. Après avoir fait inhaler au patient un produit de contraste opaque aux rayons X au moyen d'un cathéter intratrachéal, on prend des radiographies du thorax dans diverses positions et le cliché obtenu, ou **bronchogramme**, donne une image de l'arbre bronchique.

Bronchoscopie Examen visuel des bronches au moyen d'un **bronchoscope**, un instrument tubulaire flexible, muni d'une source lumineuse, que l'on introduit dans les bronches en passant par la bouche (ou le nez), le larynx et la trachée. L'examinateur peut observer l'intérieur de la trachée et des bronches et pratiquer une biopsie d'une tumeur, éliminer des voies respiratoires un objet ou des sécrétions qui les obstruent, prélever un échantillon pour le mettre en culture ou faire un frottis en vue d'un examen microscopique, arrêter une hémorragie ou administrer un médicament.

Dyspnée (*dus*: difficulté) Respiration difficile ou douloureuse.

Épistaxis Perte de sang par le nez consécutive à un traumatisme, une infection, une allergie, une tumeur maligne ou des troubles de la coagulation. On peut l'arrêter par cautérisation au nitrate d'argent, électrocautérisation ou méchage. Aussi appelée *saignement de nez*.

Expectoration Mucus et autres fluides provenant des voies respiratoires et qui sont expectorés, c'est-à-dire expulsés par la toux.

Hypoventilation Respiration lente et superficielle.

Infection streptococcique de la gorge Inflammation du pharynx causée par la bactérie *Streptococcus pyogenes*. L'infection peut s'étendre aux tonsilles et à l'oreille moyenne.

Insuffisance respiratoire Trouble caractérisé par l'incapacité du système respiratoire à fournir assez d'O_2 pour entretenir le métabolisme ou à éliminer assez de CO_2 pour prévenir l'acidose respiratoire (pH du liquide interstitiel inférieur à la normale).

Manœuvre de Heimlich Technique de premiers soins utilisée pour dégager les voies respiratoires obstruées par un objet. Cette manœuvre consiste à exercer une poussée brusque vers le haut entre le nombril et le rebord costal, de façon à provoquer l'élévation soudaine du diaphragme et l'expulsion rapide et vigoureuse de l'air contenu dans les poumons. Cette action force l'air à sortir de la trachée et permet l'éjection de l'objet responsable de l'obstruction. On emploie aussi la manœuvre de Heimlich pour expulser l'eau des poumons de personnes qui ont failli se noyer, avant d'entreprendre la réanimation.

Râles Bruits que l'on entend parfois dans les poumons, et qui ressemblent à des gargouillements. Le râle est aux poumons ce que le souffle est au cœur, et il en existe divers types. Certains sont causés par la présence d'une forme ou d'une quantité anormales de liquide ou de mucus dans les bronches ou les alvéoles, d'autres encore, par une bronchoconstriction qui crée de la turbulence dans l'air en mouvement.

Respirateur Appareil muni d'un masque qui couvre le nez et la bouche, ou branché directement à une sonde endotrachéale ou à une canule à trachéotomie. Le respirateur sert à faciliter ou à assurer la ventilation, ou à administrer des médicaments en aérosol dans les voies respiratoires.

Respiration de Cheyne-Stokes Cycle de ventilation irrégulière commençant par des respirations superficielles qui augmentent en fréquence et en amplitude, puis diminuent et cessent complètement pendant 15 à 20 secondes. La respiration de Cheyne-Stokes est normale chez les nourrissons; on l'observe aussi souvent juste avant la mort chez les personnes souffrant d'une maladie pulmonaire, cérébrale, cardiaque ou rénale.

Rhinite (*rhinos*: nez) Inflammation, chronique ou aiguë, de la muqueuse nasale causée par un virus, une bactérie ou un irritant. La production excessive de mucus provoque un écoulement nasal, une congestion nasale et un écoulement postnasal.

Sifflement Son aigu, rappelant un sifflement ou un grincement, accompagnant la respiration et attribuable à une obstruction partielle des voies respiratoires.

Tachypnée (*takhus*: rapide) Rythme rapide de la respiration.

Ventilation mécanique Utilisation d'un dispositif à contrôle de débit automatique (ventilateur ou respirateur) pour aider une personne à respirer. On insère une extrémité d'un tube en plastique dans la bouche ou le nez, puis on fixe l'autre extrémité à l'appareil, qui pousse de l'air dans les poumons. L'expiration est passive et a lieu par la seule rétraction élastique des poumons.

RÉSUMÉ

L'ANATOMIE DU SYSTÈME RESPIRATOIRE (P. 916)

1. Le système respiratoire comprend le nez, le pharynx, le larynx, la trachée, les bronches et les poumons. Avec le système cardiovasculaire, il a pour fonction de fournir l'oxygène (O_2) et d'éliminer le dioxyde de carbone (CO_2) du sang.

2. La partie externe du nez est constituée de cartilage et de peau, et elle est tapissée d'une muqueuse. Les ouvertures vers l'extérieur sont appelées *narines*.

3. La partie interne du nez communique avec les sinus paranasaux et le nasopharynx par les choanes.

4. Les cavités nasales sont divisées par un septum. La partie antérieure des cavités est appelée *vestibule*. Le nez réchauffe, humidifie et filtre l'air, et il joue un rôle dans l'olfaction et la phonation.

5. Le pharynx est un tube musculaire tapissé d'une muqueuse. Les régions anatomiques du pharynx sont le nasopharynx, l'oropharynx et le laryngopharynx.

6. Le nasopharynx assure une fonction respiratoire. L'oropharynx et le laryngopharynx assurent des fonctions digestive et respiratoire.

7. Le larynx est un passage qui relie le pharynx à la trachée. Il comprend: le cartilage thyroïde, ou pomme d'Adam; l'épiglotte, qui empêche la nourriture d'entrer dans le larynx; le cartilage cricoïde, qui relie le larynx à la trachée; et les cartilages pairs aryténoïdes, corniculés et cunéiformes.

8. Le larynx contient les plis vocaux, qui produisent des sons quand ils vibrent. Selon qu'ils sont tendus ou relâchés, les plis vocaux produisent des sons aigus ou graves.

9. La trachée s'étend du larynx aux bronches principales. Elle est composée d'anneaux de cartilage en forme de C et de tissu musculaire lisse, et elle est tapissée d'un épithélium pseudostratifié prismatique cilié.

10. L'arbre bronchique est constitué de la trachée, des bronches principales, lobaires et segmentaires, des bronchioles et des bronchioles terminales. Les parois des bronches contiennent des anneaux de cartilage et celles des bronchioles contiennent des plaques de cartilage, dont la taille va en diminuant, ainsi que des myocytes lisses, dont le nombre augmente progressivement.

11. Les poumons sont des organes pairs situés dans la cavité thoracique et complètement enveloppés par la plèvre. La plèvre pariétale est le feuillet superficiel qui tapisse la cavité thoracique ; la plèvre viscérale est le feuillet interne qui recouvre les poumons.

12. Le poumon droit possède trois lobes, séparés par deux scissures ; le poumon gauche possède deux lobes, séparés par une scissure et une échancrure appelée *incisure cardiaque*.

13. Les bronches lobaires donnent naissance à des ramifications appelées *bronches segmentaires*, qui alimentent des segments de tissu pulmonaire appelés *segments bronchopulmonaires*.

14. Chaque segment bronchopulmonaire est constitué de lobules, qui contiennent des vaisseaux lymphatiques, des artérioles, des veinules, des bronchioles terminales, des bronchioles respiratoires, des conduits alvéolaires, des sacs alvéolaires et des alvéoles pulmonaires.

15. Les parois alvéolaires sont composées de pneumocytes de type I, de pneumocytes de type II et de macrophagocytes alvéolaires qui leur sont associés.

16. Les échanges gazeux s'effectuent à travers la membrane alvéolocapillaire.

LA VENTILATION PULMONAIRE (P. 931)

1. La ventilation pulmonaire comprend l'inspiration et l'expiration.

2. La circulation de l'air dans les poumons dépend de variations de pression qui obéissent en partie à la loi de Boyle-Mariotte, selon laquelle le volume d'un gaz est inversement proportionnel à sa pression quand la température est constante.

3. L'inspiration a lieu quand la pression intraalvéolaire est inférieure à la pression atmosphérique. La contraction du diaphragme et des muscles intercostaux externes augmente les dimensions du thorax, ce qui augmente le volume de la cavité thoracique et abaisse la pression intrapleurale ; les poumons se dilatent, ce qui fait baisser la pression intraalvéolaire, si bien que l'air se déplace de l'atmosphère aux poumons suivant le gradient de pression.

4. L'inspiration forcée fait également appel aux muscles inspiratoires accessoires (muscles sternocléidomastoïdiens, scalènes et petits pectoraux).

5. L'expiration a lieu quand la pression intraalvéolaire est supérieure à la pression atmosphérique. Le relâchement du diaphragme et des muscles intercostaux externes amène la rétraction élastique de la cavité thoracique et des poumons, ce qui fait augmenter la pression intrapleurale ; le volume des poumons diminue et la pression intraalvéolaire augmente, si bien que l'air se déplace des poumons vers l'atmosphère suivant le gradient de pression.

6. L'expiration forcée nécessite la contraction des muscles intercostaux internes et des muscles abdominaux.

7. Le surfactant diminue la tension superficielle exercée par le liquide alvéolaire.

8. La compliance est la facilité avec laquelle les poumons et la cavité thoracique prennent de l'expansion.

9. Les parois des conduits aériens offrent une certaine résistance à la respiration.

10. La respiration calme normale est appelée *eupnée*. La respiration costale et la respiration diaphragmatique sont d'autres types de respiration. Les mouvements d'air non respiratoires, tels la toux, l'éternuement, le soupir, le bâillement, les sanglots, les pleurs, le rire et le hoquet, servent à exprimer des émotions et à dégager les voies respiratoires (tableau 23.1).

LES VOLUMES ET LES CAPACITÉS RESPIRATOIRES (P. 938)

1. Les volumes d'air déplacés durant la respiration et la fréquence respiratoires se mesurent à l'aide d'un spiromètre.

2. Les volumes respiratoires mesurés par spirométrie comprennent le volume courant, la ventilation-minute, la ventilation alvéolaire, le volume de réserve inspiratoire, le volume de réserve expiratoire et le volume expiratoire maximum-seconde. Les autres volumes respiratoires sont l'espace mort anatomique, le volume résiduel et le volume minimal.

3. Les capacités respiratoires, qu'on obtient en faisant la somme de deux ou plusieurs volumes, sont les capacités inspiratoire, résiduelle fonctionnelle, vitale et pulmonaire totale.

LES ÉCHANGES D'OXYGÈNE ET DE DIOXYDE DE CARBONE (P. 940)

1. La pression partielle d'un gaz est la pression exercée par ce gaz dans un mélange gazeux. Elle est représentée par la notation P_x, où l'indice est la formule chimique du gaz.

2. Selon la loi de Dalton, chaque gaz d'un mélange gazeux exerce sa propre pression comme si les autres gaz n'étaient pas là.

3. Selon la loi de Henry, la quantité de gaz dissoute dans un liquide est proportionnelle à la pression partielle de ce gaz et à son coefficient de solubilité (à condition que la température reste constante).

4. Dans les respirations interne et externe, l'O_2 et le CO_2 diffusent des régions où leur pression partielle est élevée vers celles où elle est plus basse.

5. On appelle *respiration externe*, ou *échange gazeux pulmonaire*, l'échange de gaz entre les alvéoles et les capillaires pulmonaires. Elle dépend des différences de pressions partielles, de la surface disponible pour les échanges gazeux, d'une petite distance de diffusion à travers la membrane alvéolocapillaire et de la vitesse de l'écoulement de l'air qui entre dans les poumons et en sort.

6. On appelle *respiration interne*, ou *échange gazeux systémique*, l'échange de gaz entre les capillaires sanguins systémiques et les cellules des tissus.

LE TRANSPORT DE L'OXYGÈNE ET DU DIOXYDE DE CARBONE (P. 944)

1. Pour 100 mL de sang oxygéné, 1,5 % de l'O_2 est dissous dans le plasma et 98,5 % sont liés à l'hémoglobine avec laquelle ils forment l'oxyhémoglobine (HbO_2).

2. L'association de l'O_2 et de l'hémoglobine est fonction de la P_{O_2}, de la P_{CO_2}, de l'acidité (pH), de la température et du 2,3-diphosphoglycérate (2,3-DPG).

3. L'hémoglobine fœtale diffère de l'hémoglobine adulte par sa structure et sa plus grande affinité pour l'O_2.

4. Dans 100 mL de sang désoxygéné, on trouve 7 % du CO_2 dissous dans le plasma, 23 % combinés à l'hémoglobine sous forme de carbhémoglobine ($HbCO_2$) et 70 % convertis en ions bicarbonate (HCO_3^-).

5. Dans un milieu acide, l'affinité de l'hémoglobine pour l'O_2 diminue, si bien que les deux molécules se dissocient plus facilement (effet Bohr).

6. En présence d'O_2, l'hémoglobine capte moins de CO_2 (effet Haldane).

LA RÉGULATION DE LA RESPIRATION (P. 950)

1. Le centre respiratoire comprend le centre bulbaire de la rythmicité, le centre pneumotaxique et le centre apneustique situés dans le pont.

2. L'aire inspiratoire détermine le rythme de base de la respiration.

3. Les centres pneumotaxique et apneustique coordonnent la transition entre l'inspiration et l'expiration.

4. Plusieurs facteurs influent sur la respiration, dont des influences corticales, les stimulations du système limbique, le réflexe de distension pulmonaire, des stimulus chimiques tels que les taux d'O_2, de CO_2 et d'ions H^+, les influx des propriocepteurs, les variations de la pression sanguine, la température, la douleur et l'irritation des voies respiratoires (tableau 23.2).

LES EFFETS DE L'EXERCICE SUR LE SYSTÈME RESPIRATOIRE (P. 956)

1. La fréquence et l'amplitude respiratoires varient selon l'intensité et la durée de l'exercice.

2. L'exercice s'accompagne d'une augmentation de la perfusion pulmonaire et de la capacité de diffusion des poumons pour l'oxygène.

3. L'augmentation soudaine de la ventilation au début de l'exercice est causée par des changements d'ordre nerveux qui produisent des influx excitateurs transmis à l'aire inspiratoire du bulbe rachidien. L'augmentation plus graduelle de la ventilation qui accompagne l'exercice modéré est causée par des changements chimiques et physiques dans la circulation sanguine.

LE DÉVELOPPEMENT EMBRYONNAIRE DU SYSTÈME RESPIRATOIRE (P. 956)

1. Le système respiratoire commence à se former à partir d'une excroissance de l'endoderme appelée *diverticule respiratoire*.

2. Le muscle lisse, le cartilage et le tissu conjonctif des voies bronchiques ainsi que les feuillets de la plèvre dérivent du mésoderme.

LE VIEILLISSEMENT DU SYSTÈME RESPIRATOIRE (P. 958)

1. Le vieillissement entraîne une diminution de la capacité vitale et de la concentration sanguine d'O_2, et une réduction de l'activité des macrophages alvéolaires.

2. Les personnes âgées sont plus sujettes à la pneumonie, à l'emphysème pulmonaire, à la bronchite et aux autres maladies pulmonaires.

AUTOÉVALUATION

Vous trouverez les réponses à ces questions à l'appendice D.

COMPLÉTEZ LES PHRASES SUIVANTES.

1. L'oxygène dans le sang est transporté principalement sous forme _____ ; le dioxyde de carbone est transporté surtout sous forme de _____, de _____ et de _____.

2. L'équation de la réaction chimique qui permet le transport de dioxyde de carbone par le sang sous forme d'ions bicarbonate est : _____.

INDIQUEZ SI LES ÉNONCÉS SUIVANTS SONT VRAIS OU FAUX.

3. Les trois grandes étapes de la respiration sont la ventilation pulmonaire, la respiration externe et la respiration cellulaire.

4. L'entrée d'air dans les poumons n'est possible que si la pression de l'air intraalvéolaire est inférieure à la pression atmosphérique ; l'expiration se produit seulement si la pression de l'air intraalvéolaire est supérieure à la pression atmosphérique.

CHOISISSEZ LA BONNE RÉPONSE.

5. Quels changements d'ordre structural observe-t-on quand on se déplace des bronches principales aux bronchioles terminales dans l'arbre bronchique ? 1) La muqueuse est d'abord constituée d'épithélium prismatique cilié pseudostratifié, puis d'épithélium cubique simple non cilié. 2) Le nombre de cellules caliciformes augmente. 3) La quantité de myocytes lisses augmente. 4) Le nombre d'anneaux de cartilage incomplets diminue. 5) Le nombre de ramifications diminue. a) 1, 2, 3, 4 et 5 ; b) 2, 3 et 4 ; c) 1, 3 et 4 ; d) 1, 3, 4 et 5 ; e) 1, 2, 3 et 4.

6. Lequel des groupes de facteurs suivants facilite le plus la dissociation de l'oxygène de l'hémoglobine ? 1) une faible P_{O_2}, 2) une augmentation de la concentration sanguine en ions H^+, 3) l'hypercapnie, 4) l'hypothermie, 5) un faible taux de 2,3-DPG (2,3-diphosphoglycérate). a) 1 et 2 ; b) 2, 3 et 4 ; c) 1, 2, 3 et 5 ; d) 1, 3 et 5 ; e) 1, 2 et 3.

7. Lesquels des énoncés suivants sont *exacts* ? 1) L'expiration normale, au cours de la respiration calme, est un processus actif exigeant une forte contraction musculaire. 2) L'expiration passive est assurée par la rétraction élastique de la cavité thoracique et des poumons. 3) L'écoulement de l'air durant la respiration résulte d'un gradient de pression entre les poumons et l'air atmosphérique. 4) Lors de la respiration normale, juste avant l'inspiration, la pression entre les deux feuillets de la plèvre (ou pression intrapleurale) est toujours sous-atmosphérique. 5) La tension superficielle du liquide alvéolaire facilite l'inspiration. a) 1, 2 et 3 ; b) 2, 3 et 4 ; c) 3, 4 et 5 ; d) 1, 3 et 5 ; e) 2, 3 et 5.

8. Parmi les facteurs suivants, lesquels influent sur l'efficacité de la respiration externe ? 1) les différences des pressions partielles des gaz, 2) l'aire de la surface disponible pour les échanges gazeux, 3) la distance de diffusion, 4) la solubilité et la masse moléculaire des gaz, 5) la présence de 2,3-diphosphoglycérate (2,3-DPG). a) 1, 2 et 3 ; b) 2, 4 et 5 ; c) 1, 2, 4 et 5 ; d) 1, 2, 3 et 4 ; e) 2, 3, 4 et 5.

9. Le facteur déterminant le plus important du pourcentage de saturation de l'hémoglobine en oxygène est : a) la pression partielle de l'oxygène, b) l'acidité, c) la pression partielle du dioxyde de carbone, d) la température, e) le 2,3-DPG.

10. Parmi les énoncés suivants, lesquels sont *vrais* ? 1) Une augmentation de la P_{CO_2} et de la concentration en ions H^+, et une diminution du taux de O_2 stimulent les chimiorécepteurs périphériques et centraux. 2) La fréquence respiratoire augmente au début d'une période d'exercice parce que les propriocepteurs envoient des signaux à l'aire inspiratoire. 3) La stimulation des barocepteurs des poumons active l'aire expiratoire. 4) La stimulation du système limbique peut stimuler l'activité de l'aire inspiratoire. 5) Une douleur intense et soudaine provoque une courte apnée, alors qu'une douleur somatique prolongée fait augmenter la fréquence respiratoire. 6) La fréquence respiratoire augmente en cas de fièvre. a) 1, 2, 3 et 6 ; b) 1, 4 et 5 ; c) 1, 2, 4, 5 et 6 ; d) 2, 3, 4, 5 et 6 ; e) 2, 4, 5 et 6.

11. Placez les étapes de l'inspiration normale en ordre : a) diminution de la pression intrapleurale à 754 mm Hg, b) augmentation du volume de la cavité thoracique et de la cavité pleurale, c) écoulement de l'air d'une région de haute pression vers une région de basse pression, d) traction de la plèvre vers l'extérieur entraînant une dilatation des poumons, e) stimulation des principaux muscles inspiratoires par les nerfs phrénique et intercostaux, f) baisse de la pression intraalvéolaire à 758 mm Hg, g) contraction du diaphragme et des muscles intercostaux externes.

12. Associez les éléments suivants :

_____ a) sert de passage pour l'air et les aliments, constitue une caisse de résonance pour les sons du langage et abrite les tonsilles

_____ b) siège de la respiration externe

_____ c) relie le laryngopharynx à la trachée ; contient les plis vocaux

_____ d) séreuse qui enveloppe les poumons

_____ e) réchauffe, humidifie et filtre l'air ; reçoit les stimulus olfactifs ; sert de caisse de résonance pour les sons

_____ f) épithélium simple pavimenteux qui tapisse de façon continue la paroi des alvéoles ; site des échanges gazeux

_____ g) forme la paroi antérieure du larynx

_____ h) passage tubulaire pour l'air, reliant le larynx aux bronches

_____ i) sécrètent le liquide alvéolaire et le surfactant

_____ j) forme la paroi inférieure du larynx ; point de repère lors d'une trachéotomie

_____ k) empêche les aliments et les liquides d'entrer dans les voies respiratoires

_____ l) voies respiratoires qui pénètrent dans les poumons

_____ m) lame recouverte d'une muqueuse sensible ; son irritation déclenche le réflexe de la toux

1) nez
2) pharynx
3) larynx
4) épiglotte
5) trachée
6) bronches
7) carina
8) cartilage cricoïde
9) plèvre
10) cartilage thyroïde
11) alvéoles
12) pneumocytes de type I
13) pneumocytes de type II

13. Associez les éléments suivants :

_____ a) déficit en oxygène dans les tissus

_____ b) pression partielle du dioxyde de carbone supérieure à la normale

_____ c) respiration calme normale

_____ d) respiration profonde, abdominale

_____ e) facilité avec laquelle les poumons et la paroi thoracique se dilatent

_____ f) vasoconstriction résultant de l'hypoxie et servant à rediriger le sang d'une zone mal ventilée des poumons vers une zone mieux ventilée

_____ g) arrêt temporaire de la respiration

_____ h) respiration rapide et profonde

_____ i) respiration superficielle, mouvements de la poitrine vers le haut et l'extérieur

1) eupnée
2) apnée
3) hyperventilation
4) respiration costale
5) respiration diaphragmatique
6) compliance
7) hypoxie
8) hypercapnie
9) relation ventilation-perfusion

14. Associez les éléments suivants :

_____ a) volume total d'air inspiré et expiré chaque minute

_____ b) volume courant + volume de réserve inspiratoire + volume de réserve expiratoire

_____ c) quantité d'air inhalée en plus du volume courant au cours d'une inspiration très profonde

_____ d) volume résiduel + volume de réserve expiratoire

_____ e) quantité d'air restant dans les poumons après l'expulsion du volume de réserve expiratoire

_____ f) volume courant + volume de réserve inspiratoire

_____ g) capacité vitale + volume résiduel

_____ h) volume d'une respiration

_____ i) quantité d'air exhalée lors d'une expiration forcée

_____ j) constitue un outil médical et légal pour déterminer si un bébé est mort-né ou s'il est décédé après la naissance

1) volume courant
2) volume résiduel
3) ventilation-minute
4) volume de réserve expiratoire
5) volume de réserve inspiratoire
6) volume minimal
7) capacité inspiratoire
8) capacité vitale
9) capacité résiduelle fonctionnelle
10) capacité pulmonaire totale

15. Associez les éléments suivants :

_____ a) prévient la distension
excessive des poumons

_____ b) la capacité du sang à
transporter du dioxyde
de carbone est d'autant
plus grande que le taux
d'oxyhémoglobine est faible

_____ c) régit le rythme de base
de la respiration

_____ d) active durant l'inspiration
normale ; envoie des influx
nerveux aux muscles
intercostaux externes
et au diaphragme

_____ e) active l'aire inspiratoire
par des influx excitateurs qui
prolongent aussi l'inspiration

_____ f) au fur et à mesure que l'acidité
augmente, l'affinité de
l'hémoglobine pour l'oxygène
décroît, ce qui facilite la
dissociation de ces molécules ;
déplace la courbe de
dissociation de l'oxygène
vers la droite

_____ g) active durant l'expiration forcée

_____ h) dans un contenant fermé,
la pression d'un gaz est
inversement proportionnelle
au volume du récipient

_____ i) transmet des influx inhibiteurs
à l'aire inspiratoire pour en
freiner l'activité avant que
les poumons ne se gonflent trop

_____ j) la quantité de gaz qui se
dissout dans un liquide est
proportionnelle à la pression
partielle et au coefficient
de solubilité du gaz

_____ k) se rapporte à la pression
partielle d'un gaz dans un
mélange de gaz, où chaque
gaz exerce une pression comme
si les autres gaz n'étaient
pas présents

1) effet Bohr
2) loi de Dalton
3) centre bulbaire
   de la rythmicité
4) aire inspiratoire
5) aire expiratoire
6) centre apneustique
7) centre
   pneumotaxique
8) loi de Henry
9) réflexe de
   distension
   pulmonaire
10) loi de Boyle
11) effet Haldane

Vous trouverez les réponses à ces questions à l'appendice D.

QUESTIONS À COURT DÉVELOPPEMENT

1. Ariane adore chanter, mais elle a le rhume actuellement ; son nez coule abondamment et elle a un mal de gorge qui affecte sa capacité de chanter et de parler. Quelles structures sont atteintes et comment le rhume les modifie-t-il ?

2. Madame Brown a fumé pendant des années et elle éprouve actuellement de la difficulté à respirer. Elle vient d'apprendre qu'elle souffrait d'emphysème pulmonaire. Décrivez les modifications structurales caractéristiques que l'on peut s'attendre à observer dans le système respiratoire de Mme Brown. Comment ces changements structuraux affectent-ils l'écoulement de l'air et les échanges gazeux ?

3. Au retour d'une soirée, François, un gamin de trois ans, actionne le démarreur à distance de l'automobile stationnée dans le garage de la maison sans que ses parents s'en aperçoivent. Le lendemain matin, on les retrouve morts tous les trois. Qu'est-il arrivé à François et à ses parents ?

RÉPONSES AUX QUESTIONS DES FIGURES

23.1 La zone de conduction du système respiratoire comprend le nez, le pharynx, le larynx, la trachée, les bronches et les bronchioles (à l'exception des bronchioles respiratoires).

23.2 L'air passe successivement par les narines, les vestibules, les cavités nasales et les choanes.

23.3 La racine du nez est le point d'attache du nez à l'os frontal.

23.4 La limite supérieure du pharynx est formée par les choanes ; la limite inférieure est le cartilage cricoïde, soit le cartilage du larynx situé le plus bas.

23.5 Au moment de la déglutition, l'épiglotte se referme sur la fente glottique, qui est la voie d'accès à la trachée, afin d'éviter que des aliments ou des liquides soient aspirés dans les poumons.

23.6 La principale fonction des plis vocaux est de produire les sons de la voix.

23.7 Étant donné que les tissus qui séparent la trachée de l'œsophage sont souples, l'œsophage peut s'élargir et comprimer l'arrière de la trachée durant la déglutition.

23.8 Le poumon gauche possède deux lobes et deux bronches lobaires ; le poumon droit possède trois lobes et trois bronches lobaires.

23.9 La plèvre est une séreuse.

23.10 Étant donné que les deux tiers du cœur sont situés à gauche de la ligne médiane du corps, le poumon gauche contient une incisure dans laquelle le cœur vient se loger. Le poumon droit est plus court que le gauche parce que le diaphragme est plus haut du côté droit, ce qui laisse de la place pour le foie.

23.11 La paroi d'une alvéole pulmonaire est composée de pneumocytes de type I, de pneumocytes de type II et des macrophagocytes alvéolaires qui leur sont associés.

23.12 La membrane alvéolocapillaire mesure en moyenne 0,5 μm d'épaisseur.

23.13 La pression augmente à 4 atm.

23.14 Si vous êtes au repos, en train de lire, votre diaphragme assure environ 75 % de l'inspiration.

23.15 Au début de l'inspiration, la pression intrapleurale est d'environ 756 mm Hg. Sous l'effet de la contraction du diaphragme, elle tombe à environ 754 mm Hg, car le volume de la cavité pleurale (espace entre les deux feuillets de la plèvre) augmente. Quand le diaphragme se relâche, le volume de la cavité pleurale diminue et la pression remonte à 756 mm Hg.

23.16 La pression atmosphérique normale au niveau de la mer est de 760 mm Hg.

23.17 En inspirant le plus profondément possible, puis en expirant le maximum d'air possible, on met en évidence la capacité vitale.

23.18 Aux deux endroits, dans les capillaires pulmonaires et systémiques, la différence de P_{O_2} sanguine favorise la diffusion de l'oxygène.

23.19 La P_{O_2} est le facteur déterminant le plus important de la quantité d'O_2 qui se lie à l'hémoglobine.

23.20 Dans les deux cas, l'hémoglobine dans les veines pulmonaires est pleinement saturée en O_2, ce qui est représenté par un point situé dans la partie supérieure droite de la courbe.

23.21 Comme les muscles squelettiques actifs produisent de l'acide lactique (ou lactate) et du CO_2, le pH sanguin diminue légèrement et la P_{CO_2} augmente quand on fait de l'exercice. Il en résulte une diminution de l'affinité de l'hémoglobine pour l'O_2, ce qui libère de l'O_2 pour les muscles en pleine activité. Quand on est assis, les muscles squelettiques sont moins actifs et, par conséquent, une moins grande quantité d'oxygène est libérée par l'hémoglobine. Le taux de libération de l'O_2 dépend donc des besoins métaboliques des cellules.

23.22 La disponibilité de l'O_2 augmente quand on a de la fièvre parce que l'affinité de l'hémoglobine pour l'O_2 diminue à mesure que la température s'élève.

23.23 L'Hb fœtale est saturée à 80 % en O_2, alors que l'Hb maternelle est saturée à environ 70 % à une P_{O_2} de 40 mm Hg.

23.24 Le sang prélevé de la veine aura une concentration de HCO_3^- plus élevée.

23.25 L'aire inspiratoire du bulbe rachidien contient les neurones autorythmiques qui sont alternativement actifs et inactifs, de façon cyclique.

23.26 Les nerfs phréniques innervent le diaphragme.

23.27 Les chimiorécepteurs périphériques réagissent aux variations de la concentration sanguine en oxygène, en dioxyde de carbone et en ions H^+.

23.28 La P_{CO_2} normale du sang artériel est de 40 mm Hg.

23.29 Le système respiratoire commence à se développer vers la 4e semaine du développement embryonnaire.

LE SYSTÈME DIGESTIF

LE SYSTÈME DIGESTIF ET L'HOMÉOSTASIE

Le système digestif contribue à l'homéostasie en désintégrant les aliments pour qu'ils puissent être absorbés et utilisés par les cellules. De plus, il absorbe l'eau, les vitamines et les minéraux, et il élimine les déchets du corps.

Les aliments contiennent une grande diversité de nutriments indispensables à l'élaboration de nouveaux tissus et à la réparation des tissus endommagés. La nourriture est également vitale parce qu'elle constitue notre seule source d'énergie chimique. Toutefois, la plupart des aliments que nous consommons sont faits de molécules trop grosses pour être utilisées telles quelles par les cellules. Ils doivent donc être dégradés en molécules suffisamment petites pour traverser la membrane plasmique des cellules ; ce processus est la **digestion**. Les organes qui désintègrent les aliments forment le **système digestif**.

La branche de la médecine qui porte sur la structure et les fonctions de l'estomac et des intestins, ainsi que sur le diagnostic et le traitement des maladies touchant ces organes, porte le nom de **gastroentérologie** (*gastêr* : estomac ; *enteron* : intestin ; *logos* : discours). La branche de la médecine qui s'intéresse au diagnostic et au traitement des troubles du rectum et de l'anus est la **proctologie** (*prôktos* : anus).

LE SYSTÈME DIGESTIF : VUE D'ENSEMBLE

Le système digestif (figure 24.1) comprend deux groupes d'organes : le tube digestif et les organes digestifs annexes. Le **tube digestif**, ou canal alimentaire, est un conduit qui s'étend sans interruption de la bouche à l'anus. Ses organes sont les suivants : la bouche, la majeure partie du pharynx, l'œsophage, l'estomac, l'intestin grêle et le gros intestin. Il mesure environ 9 m de long après la mort mais il est beaucoup plus court chez les personnes vivantes, car les muscles de ses parois possèdent une certaine tonicité (une tension constante). Les **organes digestifs annexes** sont les dents, la langue, les glandes salivaires, le foie, la vésicule biliaire et le pancréas. Les dents contribuent au découpage en morceaux des aliments et la langue facilite la mastication et la déglutition. Les autres organes digestifs annexes ne sont jamais en contact direct avec la nourriture. Ils produisent ou emmagasinent des sécrétions qui se déversent dans le tube digestif par des conduits et qui contribuent à la dégradation chimique des aliments.

Le système digestif accomplit six grandes fonctions :

1. **L'ingestion.** Ce processus consiste à prendre les aliments solides et liquides dans la bouche (manger).

2. **La sécrétion.** Chaque jour, les cellules de la paroi du tube digestif et des organes digestifs annexes sécrètent au total environ 7 L d'eau, d'acide, de tampons et d'enzymes dans la lumière (l'espace intérieur) du tube digestif.

3. **Le brassage et la propulsion.** L'alternance des contractions et des relâchements des muscles lisses de la paroi du tube digestif mélange les aliments et les sécrétions et les fait avancer sur toute sa longueur, jusqu'à l'anus. Cette propriété de brassage/propulsion du tube digestif est appelée **motilité**.

4. **La digestion.** Des processus mécaniques et chimiques réduisent les aliments ingérés en petites molécules. Durant la **digestion mécanique**, les dents découpent et broient la nourriture avant qu'elle soit avalée ; ensuite, les muscles lisses de l'estomac et de l'intestin grêle la pétrissent. C'est ainsi que les molécules des aliments sont dissoutes et bien mélangées aux enzymes digestives. Durant la **digestion chimique**, les grosses molécules de glucides, de lipides, de protéines et d'acides nucléiques de la nourriture sont fractionnées par hydrolyse en molécules plus petites (voir la figure 2.21). Les enzymes digestives produites par les glandes salivaires, la langue, l'estomac, le pancréas et l'intestin grêle catalysent ces réactions cataboliques. Quelques substances contenues dans la nourriture peuvent être absorbées sans digestion chimique, par exemple les vitamines, les ions, le cholestérol et l'eau.

5. **L'absorption.** L'**absorption** est le processus par lequel les ions, les produits de la digestion et les liquides ingérés et sécrétés pénètrent dans les cellules épithéliales qui tapissent la lumière du tube digestif. Les substances absorbées passent dans le sang ou la lymphe et sont acheminées aux cellules de toutes les régions du corps.

6. **La défécation.** Les déchets, les substances indigestibles, les bactéries, les cellules qui se détachent de la muqueuse du tube digestif, ainsi que les matières digérées qui n'ont pas été absorbées pendant qu'elles cheminaient dans le tube digestif, quittent le corps par l'anus. Ce processus est appelé **défécation**. Les matières éliminées sont les **fèces**.

▶ **POINT DE CONTRÔLE**

1. Quels sont les organes du système digestif qui font partie du tube digestif ? Quels sont ceux qui appartiennent à la catégorie des organes digestifs annexes ?

2. Quels sont les organes du système digestif qui sont en contact avec la nourriture ? Nommez quelques-unes de leurs fonctions digestives.

3. Dans les aliments, quelles sortes de molécules sont soumises à la digestion chimique ? Lesquelles ne le sont pas ?

LES COUCHES TISSULAIRES DU TUBE DIGESTIF

De la partie inférieure de l'œsophage jusqu'au canal anal, la paroi du tube digestif possède une structure uniforme composée de quatre couches de tissus qui sont, de l'intérieur vers l'extérieur, la muqueuse, la sous-muqueuse, la musculeuse et la séreuse (figure 24.2).

LA MUQUEUSE

La lumière du tube digestif est tapissée d'une **muqueuse** qui est formée de trois couches : 1) un épithélium en contact direct avec le contenu du tube digestif ; 2) une couche sous-jacente de tissu conjonctif (le chorion) ; et 3) une couche mince de muscle lisse (la muscularis mucosæ).

1. L'**épithélium** de la bouche, du pharynx, de l'œsophage et du canal anal est principalement de type stratifié pavimenteux non kératinisé et joue un rôle protecteur. Un épithélium simple prismatique tapisse l'estomac et les intestins, et assure des fonctions de sécrétion et d'absorption. Les jonctions serrées qui relient étroitement les cellules épithéliales simples prismatiques préviennent les fuites entre les cellules. Les cellules épithéliales du tube digestif se renouvellent rapidement ; elles meurent et sont remplacées par de nouvelles cellules tous les cinq à sept jours. Parmi les cellules épithéliales se trouvent des cellules exocrines qui sécrètent du mucus et des liquides dans la lumière du tube digestif, ainsi que plusieurs types de cellules endocrines, appelées collectivement **cellules entéroendocrines**, qui sécrètent des hormones dans la circulation sanguine.

FIGURE 24.1 Les organes du système digestif.

 Les organes du tube digestif sont la bouche, le pharynx, l'œsophage, l'estomac, l'intestin grêle et le gros intestin.
Les organes digestifs annexes sont les dents, la langue, les glandes salivaires, le foie, la vésicule biliaire et le pancréas.

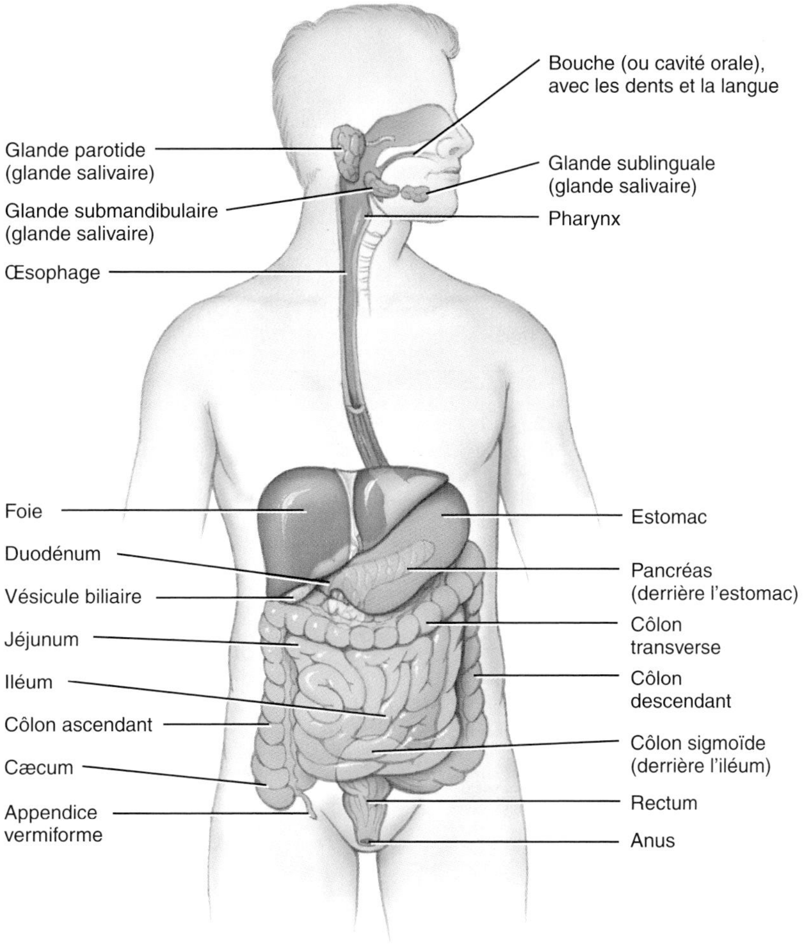

Bouche (ou cavité orale), avec les dents et la langue

Glande parotide (glande salivaire)

Glande submandibulaire (glande salivaire)

Œsophage

Glande sublinguale (glande salivaire)

Pharynx

Foie

Duodénum

Vésicule biliaire

Jéjunum

Iléum

Côlon ascendant

Cæcum

Appendice vermiforme

Estomac

Pancréas (derrière l'estomac)

Côlon transverse

Côlon descendant

Côlon sigmoïde (derrière l'iléum)

Rectum

Anus

Vue latérale droite de la tête et du cou et vue antérieure du tronc

Fonctions

1. Ingestion : action de prendre la nourriture dans la bouche.

2. Sécrétion : libération d'eau, d'acide, de tampons et d'enzymes dans la lumière du tube digestif.

3. Brassage et progression : mélange et propulsion des aliments dans le tube digestif.

4. Digestion : dégradation mécanique et chimique de la nourriture.

5. Absorption : passage des molécules digérées du tube digestif dans le sang et la lymphe.

6. Défécation : élimination des fèces du tube digestif.

Q Quelles sont les structures du système digestif qui sécrètent des enzymes digestives ?

2. Le **chorion** est fait de tissu conjonctif aréolaire ; il contient de nombreux vaisseaux sanguins et lymphatiques, qui sont les voies par lesquelles les nutriments absorbés dans le tube digestif atteignent les autres tissus du corps. Cette couche soutient l'épithélium et le fixe à la muscularis mucosæ (voir ci-dessous). Le chorion contient également la plupart des cellules du **tissu lymphoïde associé aux muqueuses** (**MALT**, *mucosa-associated lymphoid tissue*). Ces follicules lymphatiques importants contiennent des cellules du système immunitaire qui protègent l'organisme contre les maladies, en particulier les maladies infectieuses (voir le chapitre 22). Le MALT est présent sur toute la longueur du tube digestif, en particulier dans les tonsilles (ou amygdales), l'intestin grêle, l'appendice vermiforme et le gros intestin.

3. Une mince couche de myocytes lisses constitue la **muscularis mucosæ**. Elle fronce la muqueuse de l'estomac et de l'intestin grêle, formant ainsi de nombreux petits replis qui augmentent la surface utilisable pour la digestion et l'absorption. Les mouvements de la muscularis mucosæ permettent à toutes les cellules absorbantes de l'épithélium d'être exposées au contenu du tube digestif.

LA SOUS-MUQUEUSE

La **sous-muqueuse** est composée d'un tissu conjonctif aréolaire qui fixe la muqueuse à la musculeuse. Elle compte de nombreux vaisseaux sanguins et lymphatiques qui reçoivent les molécules d'aliments absorbées. Elle contient aussi un vaste réseau de

FIGURE 24.2 Les couches tissulaires du tube digestif. Cette structure de base affiche certaines variantes dans l'œsophage (figure 24.9), l'estomac (figure 24.12), l'intestin grêle (figure 24.18) et le gros intestin (figure 24.23).

 Les quatre couches tissulaires du tube digestif sont, de l'intérieur vers l'extérieur, la muqueuse, la sous-muqueuse, la musculeuse et la séreuse.

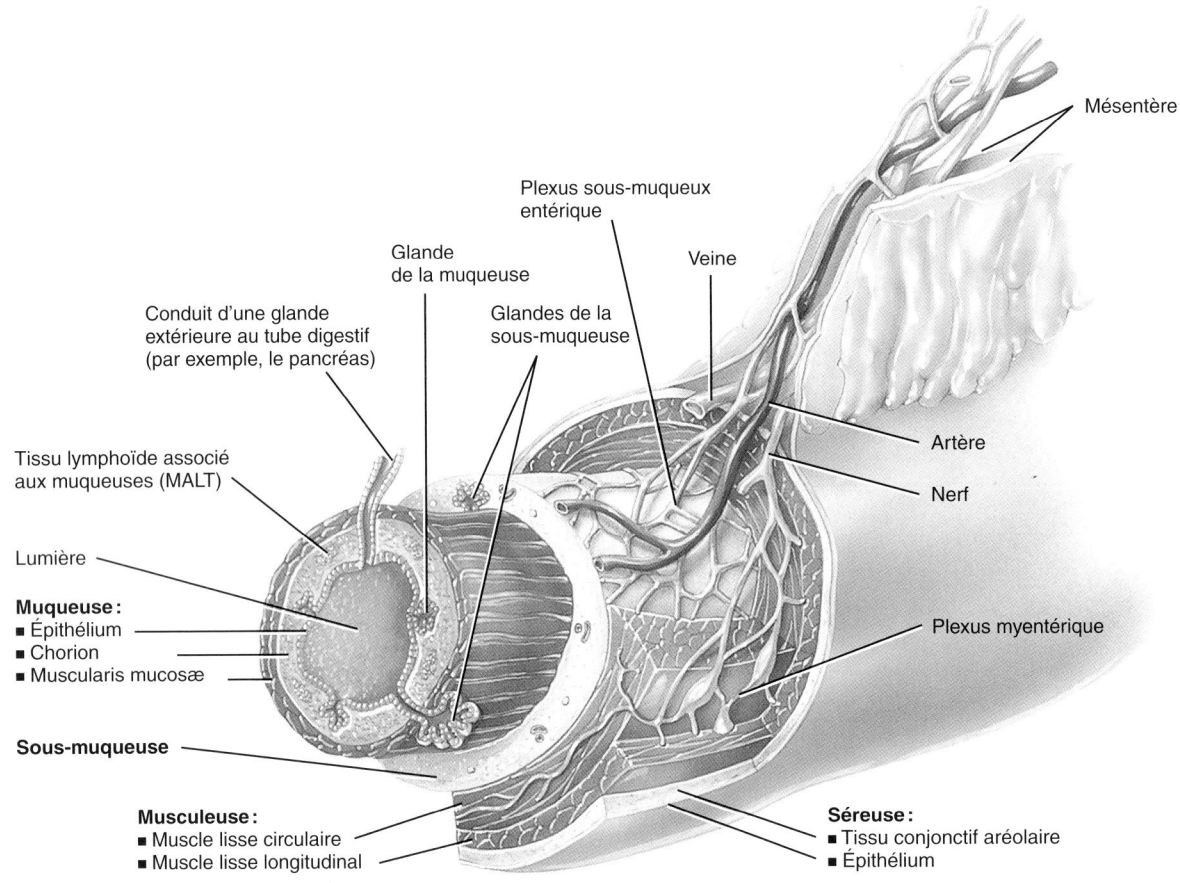

Quelles sont les fonctions du chorion?

neurones qui constituent le *plexus sous-muqueux entérique* (que nous décrirons plus loin). La sous-muqueuse peut également contenir des glandes et du tissu lymphatique.

LA MUSCULEUSE

La **musculeuse** de la bouche, du pharynx et des parties supérieure et moyenne de l'œsophage contient du *tissu musculaire squelettique* qui permet la déglutition volontaire. Également composé de myocytes squelettiques, le sphincter externe de l'anus permet le contrôle volontaire de la défécation. Ailleurs, la musculeuse du tube digestif est faite de *tissu musculaire lisse* qui forme généralement deux couches: une couche interne circulaire et une couche externe longitudinale. Les contractions involontaires des muscles lisses contribuent à la fragmentation des aliments, les mélangent aux sécrétions digestives et les font avancer dans le tube digestif. Entre les couches de la musculeuse se trouve un deuxième plexus de neurones, le *plexus myentérique* (que nous décrirons plus loin).

LA SÉREUSE

Les parties du tube digestif qui sont suspendues dans la cavité abdominopelvienne sont couvertes d'une couche superficielle, la **séreuse**. La séreuse se compose de tissu conjonctif aréolaire et d'épithélium simple pavimenteux (le mésothélium). On l'appelle aussi *péritoine viscéral*, car elle forme une partie du péritoine (que nous examinerons en détail sous peu). L'œsophage ne possède pas de séreuse, mais une épaisseur unique de tissu conjonctif aréolaire qui forme sa couche superficielle et porte le nom d'*adventice*.

▶ **POINT DE CONTRÔLE**

4. Dans quelles parties du tube digestif la musculeuse se compose-t-elle de tissu musculaire squelettique? Les contractions de ce tissu musculaire squelettique sont-elles volontaires ou involontaires?

5. Comment s'appellent les quatre couches qui forment la paroi du tube digestif? Quelles sont leurs fonctions?

L'INNERVATION DU TUBE DIGESTIF

OBJECTIF

• Décrire la structure d'innervation du tube digestif.

Le tube digestif est régi par un réseau intrinsèque de nerfs, appelé *système nerveux entérique* (SNE), et par un réseau extrinsèque de nerfs qui font partie du système nerveux autonome (SNA).

LE SYSTÈME NERVEUX ENTÉRIQUE

C'est au chapitre 12 que nous avons commencé à étudier le **système nerveux entérique** (**SNE**), qui constitue en quelques sorte le « cerveau de l'intestin » (voir la figure 12.2). Il comprend environ 100 millions de neurones qui vont de l'œsophage jusqu'à l'anus. Les neurones du SNE sont regroupés en deux plexus : le plexus myentérique et le plexus sous-muqueux entérique (figure 24.2). Le **plexus myentérique** (*mus* : muscle), ou plexus d'Auerbach, est situé entre la couche longitudinale et la couche circulaire de muscle lisse de la musculeuse. Le **plexus sous-muqueux entérique**, ou plexus de Meissner, est situé dans la sous-muqueuse. Ces plexus du SNE sont formés de neurones sensitifs, d'interneurones et de neurones moteurs (figure 24.3). Parce que ses neurones moteurs innervent les myocytes lisses des couches circulaire et longitudinale de la musculeuse, le plexus myentérique régit principalement

FIGURE 24.3 L'organisation du système nerveux entérique.

Le système nerveux entérique (SNE) se compose de neurones regroupés en deux plexus : le plexus myentérique et le plexus sous-muqueux entérique.

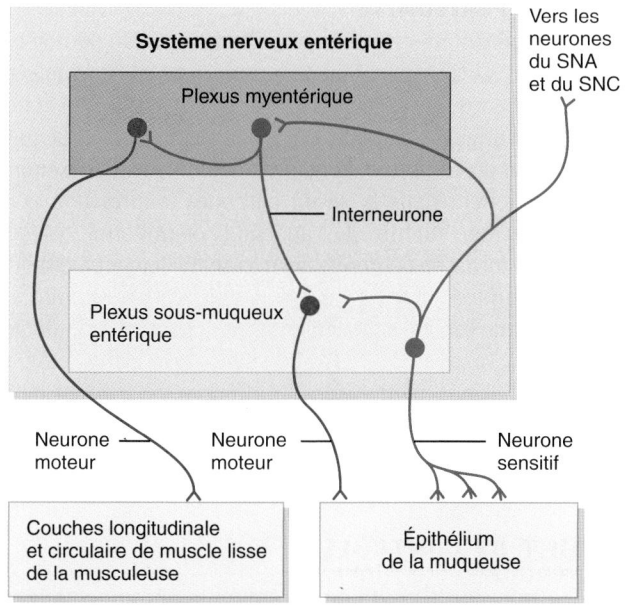

 Quelles sont les fonctions du plexus myentérique et celles du plexus sous-muqueux entérique du système nerveux entérique ?

la motilité (le mouvement) du tube digestif, en particulier la fréquence et la force des contractions de la musculeuse. Les neurones moteurs du plexus sous-muqueux entérique innervent les cellules sécrétrices de l'épithélium de la muqueuse et régissent ainsi les sécrétions des organes du tube digestif. Les interneurones du SNE relient entre eux les neurones du plexus myentérique et ceux du plexus sous-muqueux entérique. Les neurones sensitifs du SNE innervent l'épithélium de la muqueuse. Certains de ces neurones sensitifs font office de *chimiorécepteurs* – récepteurs qui sont activés par certaines substances chimiques contenues dans les aliments se trouvant dans la lumière d'un organe du tube digestif. D'autres neurones sensitifs jouent le rôle de *mécanorécepteurs* – récepteurs qui sont activés quand la nourriture distend (étire) les parois d'un organe du tube digestif.

LE SYSTÈME NERVEUX AUTONOME

Bien qu'ils puissent fonctionner de manière isolée, les neurones du SNE sont régis dans certains cas par les neurones du système nerveux autonome. Les axones des neurones parasympathiques des nerfs vagues (nerfs crâniens X) (voir les figures 14.25 et 15.3) innervent toutes les régions du tube digestif – sauf la dernière moitié du gros intestin, qui est innervée par des axones parasympathiques provenant de la moelle épinière sacrale. Les neurones parasympathiques qui vont jusqu'au tube digestif forment des connexions nerveuses avec le SNE. Les neurones préganglionnaires parasympathiques des nerfs vagues et des nerfs splanchniques pelviens font synapse avec des neurones postganglionnaires parasympathiques situés dans le plexus myentérique et dans le plexus sous-muqueux entérique. Certains des neurones postganglionnaires parasympathiques font ensuite synapse avec des neurones du SNE ; d'autres innervent directement des myocytes lisses et des glandes de la paroi du tube digestif. En général, la stimulation des neurones parasympathiques qui desservent le tube digestif entraîne une élévation de l'activité des neurones du SNE et, donc, une augmentation des sécrétions du tube digestif et de sa motilité.

Les nerfs sympathiques qui acheminent les influx moteurs jusqu'au tube digestif proviennent des régions thoracique et lombaire supérieure de la moelle épinière (voir la figure 15.2). Comme les nerfs parasympathiques, ces nerfs sympathiques forment des connexions nerveuses avec le SNE. Les neurones postganglionnaires sympathiques font synapse avec des neurones se trouvant dans le plexus myentérique et dans le plexus sous-muqueux entérique. En général, la stimulation des nerfs sympathiques qui desservent le tube digestif inhibe les neurones du SNE et entraîne donc une diminution des sécrétions du tube digestif et de sa motilité. Différentes émotions – par exemple la colère, la peur et l'anxiété – peuvent ralentir la digestion, car elles stimulent les nerfs sympathiques qui acheminent les influx jusqu'au tube digestif.

LES VOIES RÉFLEXES GASTRO-INTESTINALES

De nombreux neurones du SNE font partie des *voies réflexes gastro-intestinales*, qui régissent les sécrétions et la motilité du tube digestif en réponse aux *stimulus* se manifestant dans la lumière du tube digestif. En général, la composante initiale d'une voie réflexe gastro-intestinale se compose de *récepteurs sensoriels* – par exemple, des chimiorécepteurs ou des mécanorécepteurs – qui sont reliés à des neurones sensitifs du SNE (figure 24.3). Les axones de ces *neurones sensitifs* peuvent faire synapse avec d'autres neurones du SNE, du SNC ou du SNA, informant ainsi ces différentes régions sur la nature du contenu du tube digestif et sur le degré de distension (d'étirement) de ses parois. Les *neurones moteurs* du SNE, du SNC ou du SNA activent alors ou inhibent les *effecteurs* – qui sont les glandes et les muscles lisses du tube digestif –, modifiant ainsi les sécrétions et la motilité de ce dernier.

▶ **POINT DE CONTRÔLE**

6. Comment les parties sympathique et parasympathique du système nerveux autonome régulent-elles le système nerveux entérique?

7. Qu'est-ce qu'une voie réflexe gastro-intestinale?

LE PÉRITOINE

> **OBJECTIF**

- Décrire le péritoine et ses replis.

Le **péritoine** (*peri*: autour) est la plus grande séreuse du corps humain. Il se compose d'une couche d'épithélium simple pavimenteux (le mésothélium) soutenue par une couche sous-jacente de tissu conjonctif aréolaire. Le péritoine compte deux parties: le **péritoine pariétal**, qui tapisse la paroi de la cavité abdominopelvienne, et le **péritoine viscéral**, qui enveloppe quelques-uns des organes de la cavité et forme leur séreuse (figure 24.4a). L'espace étroit qui sépare la partie pariétale et la partie viscérale du péritoine est appelée **cavité péritonéale**; cette cavité est remplie de liquide péritonéal, ou sérosité. Certaines maladies peuvent causer une distension de la cavité péritonéale par suite de l'accumulation de plusieurs litres de liquide; cet état est nommé **ascite**.

Nous verrons un peu plus loin que certains organes sont fixés à la paroi abdominale postérieure et sont recouverts par le péritoine sur leur face antérieure seulement. Ces organes, qui comprennent les reins et le pancréas, sont dits **rétropéritonéaux** (*retro*: en arrière).

Contrairement au péricarde et à la plèvre, qui moulent le cœur et les poumons, le péritoine forme de grands replis qui s'insèrent entre les viscères. Ces plis péritonéaux retiennent les organes les uns contre les autres et les fixent aux parois de la cavité abdominale. Ils contiennent des vaisseaux sanguins et lymphatiques ainsi que des nerfs qui desservent les organes abdominaux. Il y a cinq grands plis péritonéaux: le grand omentum, le ligament falciforme du foie, le petit omentum, le mésentère et le mésocôlon.

1. Le **grand omentum** (*omentum*: peau grasse), ou épiploon, est le plus grand des replis péritonéaux. Il retombe sur le côlon transverse et les anses de l'intestin grêle comme un «tablier graisseux» (figure 24.4a, d). Étant constitué d'une lame double repliée sur elle-même, il compte au total quatre couches. À par-

tir de ses points d'attache situés le long de l'estomac et du duodénum, le grand omentum s'étend vers le bas en passant devant l'intestin grêle, puis il tourne et remonte pour se fixer au côlon transverse. Il contient normalement une grande quantité de tissu adipeux, dont le volume peut encore augmenter considérablement en cas de prise de poids et former alors la «bedaine» que l'on observe chez certaines personnes en surcharge pondérale. Le grand omentum contient aussi de nombreux nœuds lymphatiques fournissant à l'organisme des phagocytes et des plasmocytes producteurs d'anticorps qui contribuent à combattre et à endiguer les infections du tube digestif.

2. Le **ligament falciforme du foie** (*falx*: faucille) fixe le foie à la paroi abdominale antérieure et au diaphragme (figures 24.4b et 24.14). Le foie est le seul organe digestif du corps humain qui est attaché à la paroi abdominale antérieure.

3. Le **petit omentum** se compose de deux replis de la séreuse de l'estomac et du duodénum, et suspend ces deux organes au foie (figure 24.4a, c). Il contient quelques nœuds lymphatiques.

4. Le **mésentère** (*mesos*: au milieu) a une forme d'éventail et rattache l'intestin grêle à la paroi abdominale postérieure (figure 24.4a, d). Il part de la paroi abdominale postérieure, enveloppe l'intestin grêle puis revient à son point de départ en formant une structure à deux couches entre lesquelles se trouvent des vaisseaux sanguins et lymphatiques ainsi que des nœuds lymphatiques.

5. Le **mésocôlon** fixe le gros intestin à la paroi abdominale postérieure (figure 24.4a). Il contient aussi des vaisseaux sanguins et lymphatiques qui desservent les intestins. Ensemble, le mésentère et le mésocôlon maintiennent les intestins en place tout en leur permettant de bouger assez librement sous l'action des contractions musculaires qui brassent et font avancer le contenu de la lumière dans le tube digestif.

LA PÉRITONITE

La **péritonite** est une inflammation aiguë du péritoine souvent due à la contamination par des microorganismes infectieux qui s'introduisent dans le péritoine par une plaie dans la paroi abdominale, qu'elle soit d'origine accidentelle ou chirurgicale, ou à la suite de la perforation ou de la rupture d'organes abdominaux. Par exemple, si des bactéries pénètrent dans la cavité péritonéale après une perforation intestinale ou une rupture de l'appendice vermiforme, elles peuvent entraîner une forme de péritonite aiguë potentiellement mortelle. Le frottement des surfaces péritonéales enflammées les unes contre les autres peut causer une forme moins grave (mais tout de même douloureuse) de péritonite. La péritonite est particulièrement dangereuse pour les patients sous dialyse péritonéale – procédure qui permet de filtrer le sang par le péritoine quand les reins ne fonctionnent pas normalement (voir p. 1107). ■

▶ **POINT DE CONTRÔLE**

8. Où se trouvent le péritoine viscéral et le péritoine pariétal?

9. Décrivez les points d'attache et les fonctions du mésentère, du mésocôlon, du ligament falciforme du foie, du petit omentum et du grand omentum.

FIGURE 24.4 L'emplacement des replis péritonéaux, les uns par rapport aux autres et par rapport aux organes du système digestif. En (a), la taille de la cavité péritonéale a été exagérée pour en faciliter l'étude.

Le péritoine est la plus grande séreuse du corps.

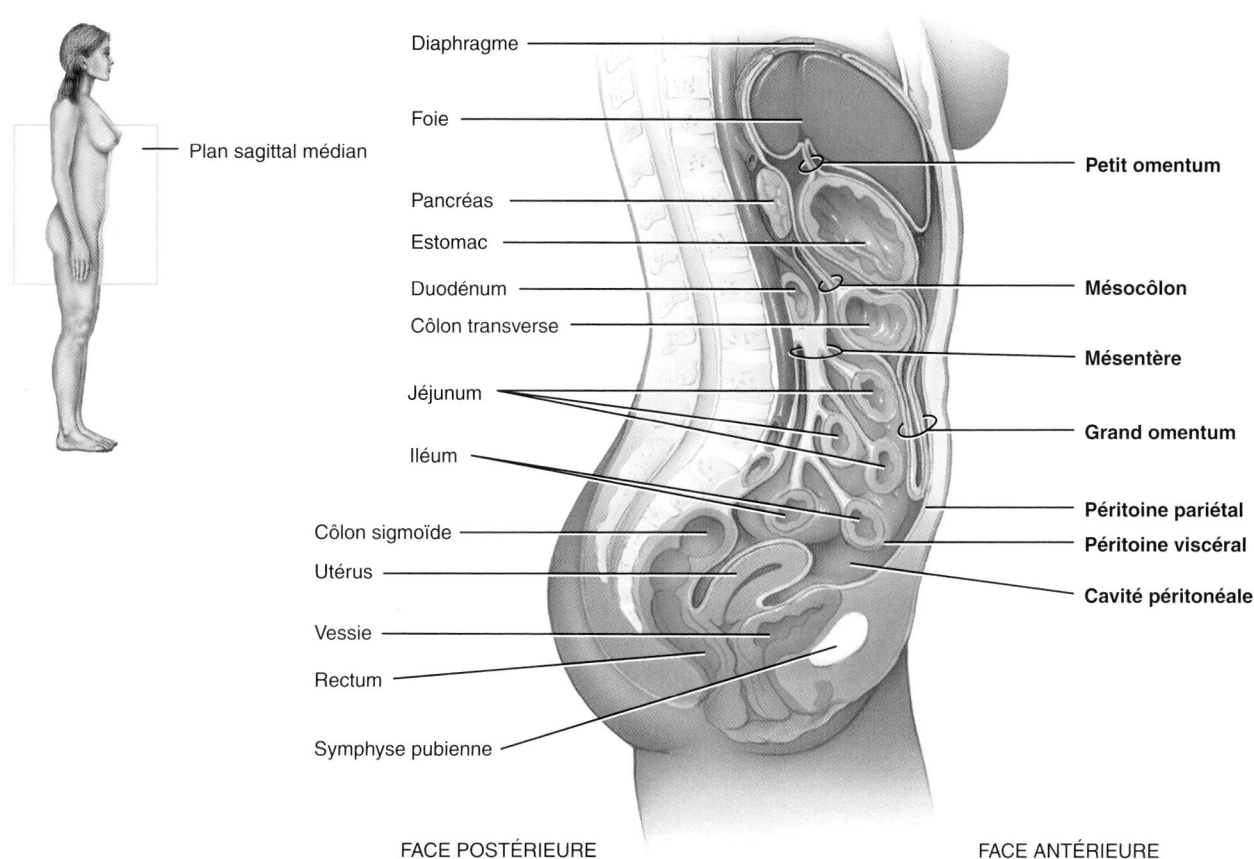

Plan sagittal médian

Diaphragme

Foie

Petit omentum

Pancréas

Estomac

Mésocôlon

Duodénum

Côlon transverse

Mésentère

Jéjunum

Grand omentum

Iléum

Péritoine pariétal

Côlon sigmoïde

Péritoine viscéral

Utérus

Cavité péritonéale

Vessie

Rectum

Symphyse pubienne

FACE POSTÉRIEURE

FACE ANTÉRIEURE

(a) Coupe sagittale médiane montrant les replis péritonéaux

LA BOUCHE

OBJECTIFS

- Situer les glandes salivaires et décrire les fonctions de leurs sécrétions.
- Décrire la structure et les fonctions de la langue.
- Nommer les parties d'une dent typique, et comparer la denture déciduale et la denture permanente.
- Décrire les processus qui contribuent à la digestion mécanique et à la digestion chimique, et qui se déroulent dans la bouche.

La **bouche**, aussi appelée **cavité orale** ou **buccale**, comprend les joues, les lèvres, le palais mou et le palais osseux, et la langue (figure 24.5). Les **joues** forment les parois latérales de la cavité orale. Elles sont couvertes à l'extérieur de peau et, à l'intérieur, d'une muqueuse faite d'un épithélium stratifié pavimenteux non kératinisé. La peau et la muqueuse des joues sont séparées par les muscles buccinateurs et par du tissu conjonctif. La partie antérieure des joues se termine aux lèvres.

Les **lèvres** sont des replis de chair qui entourent l'ouverture de la bouche. Recouvertes de peau à l'extérieur et d'une muqueuse à l'intérieur, elles renferment le muscle orbiculaire de la bouche. La face interne de chacune des lèvres est attachée à la gencive correspondante par un repli médian de la muqueuse, le **frein de la lèvre**. Durant la mastication, les contractions des muscles buccinateurs des joues et du muscle orbiculaire de la bouche retiennent la nourriture entre les dents du haut et du bas. Ces muscles interviennent aussi dans l'élocution.

Le **vestibule** de la bouche est un espace délimité extérieurement par les joues et les lèvres, et intérieurement par les gencives et les dents. La **cavité propre de la bouche** s'étend des gencives et des dents jusqu'au **gosier** – qui est l'ouverture séparant la cavité orale et le pharynx (la gorge).

Le **palais osseux** est la partie antérieure du toit de la bouche. Il se compose des maxillaires et des os palatins. Recouvert d'une muqueuse, il constitue une cloison osseuse entre la cavité orale et les cavités nasales. Le **palais mou** est la partie postérieure du toit de la bouche. Tapissé d'une muqueuse, il forme une voûte musculaire séparant l'oropharynx du nasopharynx.

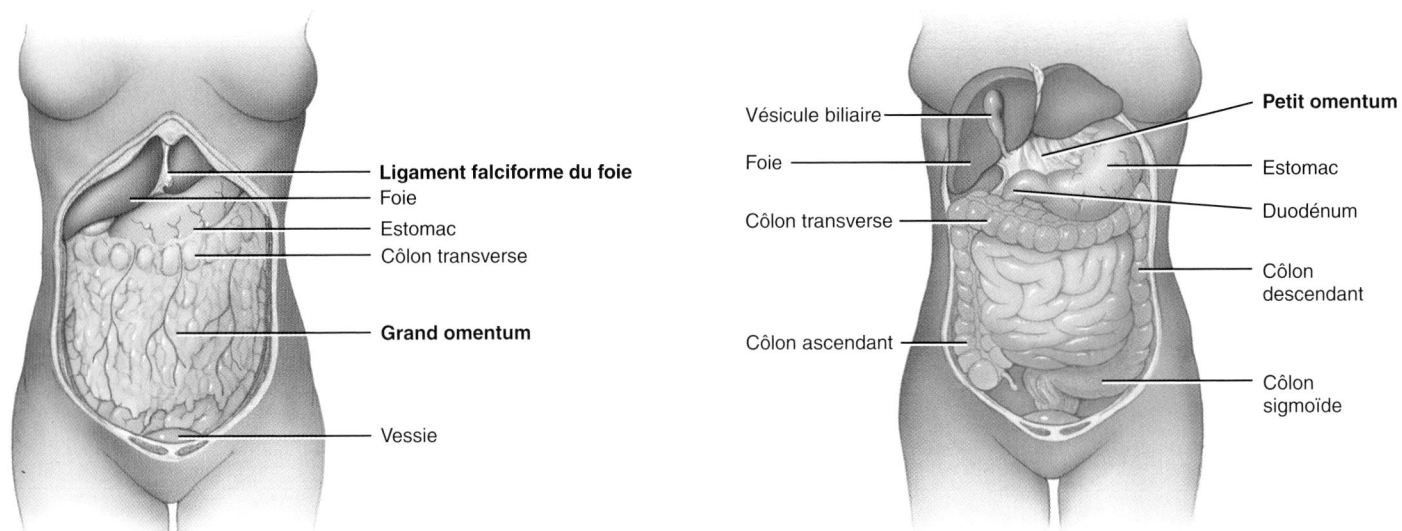

(b) Vue antérieure

(c) Petit omentum, vue antérieure
(foie et vésicule biliaire soulevés)

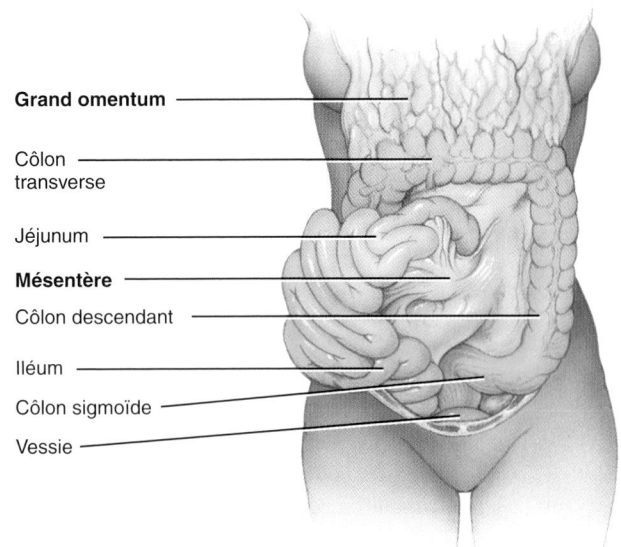

(d) Vue antérieure (grand omentum soulevé
et intestin grêle poussé sur le côté droit)

 Quel est le repli péritonéal qui fixe l'intestin grêle à la paroi abdominale postérieure?

Un prolongement musculaire conique est suspendu au bord libre du palais mou: l'**uvule** (*uvula*: petit raisin), communément appelée *luette*. Durant la déglutition, le palais mou et l'uvule sont tirés vers le haut, de sorte qu'ils ferment le nasopharynx et empêchent la nourriture ou les boissons de pénétrer dans les cavités nasales. De part et d'autre de la base de l'uvule, deux replis musculaires longent le palais mou vers le bas: à l'avant, l'**arc palatoglosse** s'étend de chaque côté jusqu'à la base de la langue; à l'arrière, l'**arc palatopharyngien** rejoint la paroi latérale du pharynx. Les tonsilles palatines se trouvent entre ces arcs; les tonsilles linguales sont à la base de la langue. Au bord postérieur du palais mou, la bouche s'ouvre sur l'oropharynx par le gosier (figure 24.5).

FIGURE 24.5 Les structures de la bouche (ou cavité orale).

La cavité propre de la bouche comprend les joues, le palais osseux et le palais mou ainsi que la langue.

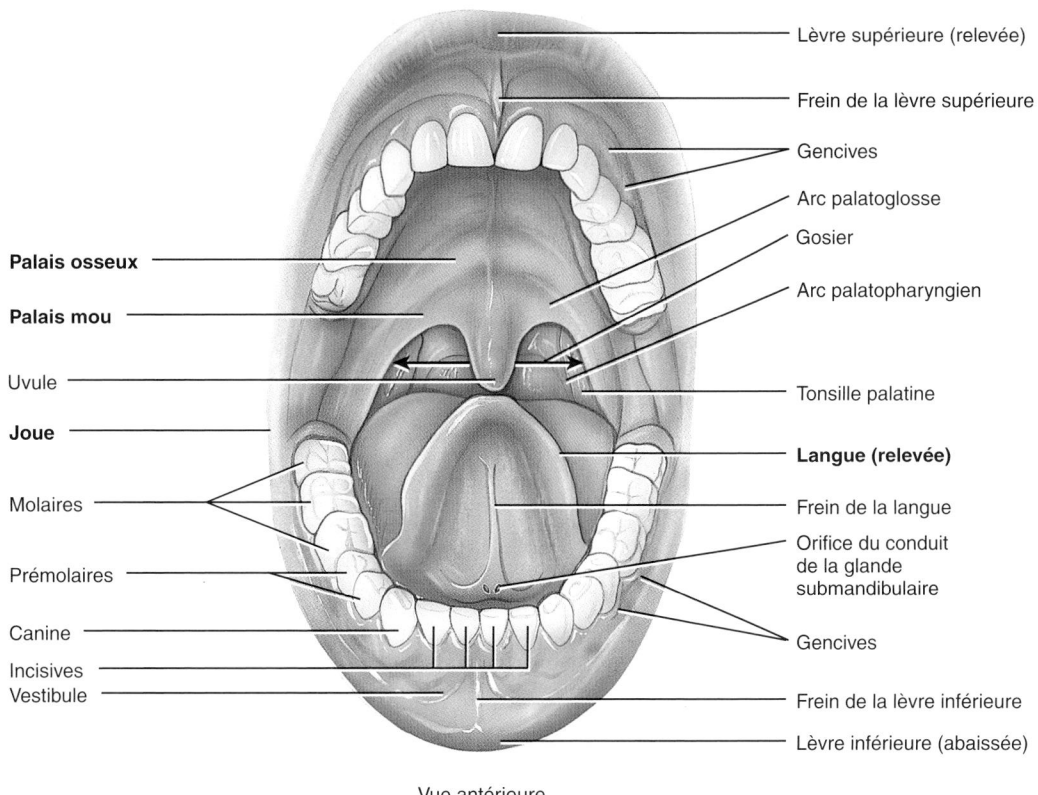

Vue antérieure

Quelle est la fonction de l'uvule?

LES GLANDES SALIVAIRES

Une **glande salivaire** est une glande exocrine dont la fonction est de libérer dans la cavité orale une sécrétion appelée *salive*. En temps ordinaire, les glandes salivaires sécrètent juste assez de salive pour humecter la muqueuse buccale et pharyngienne et nettoyer la bouche et les dents. Toutefois, en présence de nourriture dans la bouche, la sécrétion de salive augmente pour lubrifier les aliments, les dissoudre et amorcer leur dégradation chimique.

La muqueuse de la bouche et de la langue contient de nombreuses petites glandes salivaires qui débouchent directement dans la cavité orale ou indirectement, par de courts conduits. On distingue les *glandes labiales*, les *glandes buccales* et les *glandes palatines* dans les lèvres, les joues et le palais, respectivement, et les *glandes linguales* dans la langue. Chacune de ces glandes contribue à la production de salive.

Cependant, la plus grande partie de la salive est sécrétée par les **glandes salivaires majeures**, qui sont situées au-delà de la muqueuse buccale. Du point de vue histologique, une glande salivaire est de type *multicellulaire* (voir la figure 4.4), c'est-à-dire qu'elle est formée de petits amas de cellules épithéliales glandulaires appelés **acinus** (ou alvéoles), qui constituent les unités sécré-

trices, et d'un conduit sécréteur, par lequel s'écoule la salive dans la cavité orale.

Il y a trois paires de glandes salivaires majeures: les glandes parotides, les glandes submandibulaires et les glandes sublinguales (figure 24.6a). Les **glandes parotides** (*para*: à côté de; *otos*: oreille) sont situées en avant et au-dessous des oreilles, entre la peau et le muscle masséter. Chacune d'elles sécrète de la salive dans la cavité orale par le **conduit parotidien**, qui traverse le muscle buccinateur et s'ouvre sur le vestibule au niveau de la deuxième molaire supérieure. Les **glandes submandibulaires** sont dans le plancher de la bouche et, plus précisément, du côté médial inférieur du corps de la mandibule. Les **conduits submandibulaires**, qui les drainent, passent sous la muqueuse de chaque côté de la ligne médiane du plancher buccal et débouchent dans la cavité propre de la bouche à côté du frein de la langue. Les **glandes sublinguales** sont situées au-dessus des glandes submandibulaires. Les **conduits sublinguaux mineurs**, qui les drainent, s'ouvrent dans le plancher de la cavité propre de la bouche.

La composition et les fonctions de la salive

Du point de vue chimique, la **salive** se compose d'eau à 99,5% et de solutés à 0,5%. Parmi les solutés figurent des électrolytes, dont

FIGURE 24.6 Les glandes salivaires majeures – les glandes parotides, les glandes submandibulaires et les glandes sublinguales. Ainsi qu'on le voit dans la photomicrographie (b), les glandes submandibulaires se composent surtout d'acinus séreux (les unités sécrétrices du liquide séreux) et de quelques acinus muqueux (les unités sécrétrices du mucus). Les glandes parotides sont formées seulement d'acinus séreux et les glandes sublinguales, surtout d'acinus muqueux et de quelques acinus séreux.

La salive lubrifie les aliments, les dissout, et amorce la dégradation chimique des glucides et des lipides.

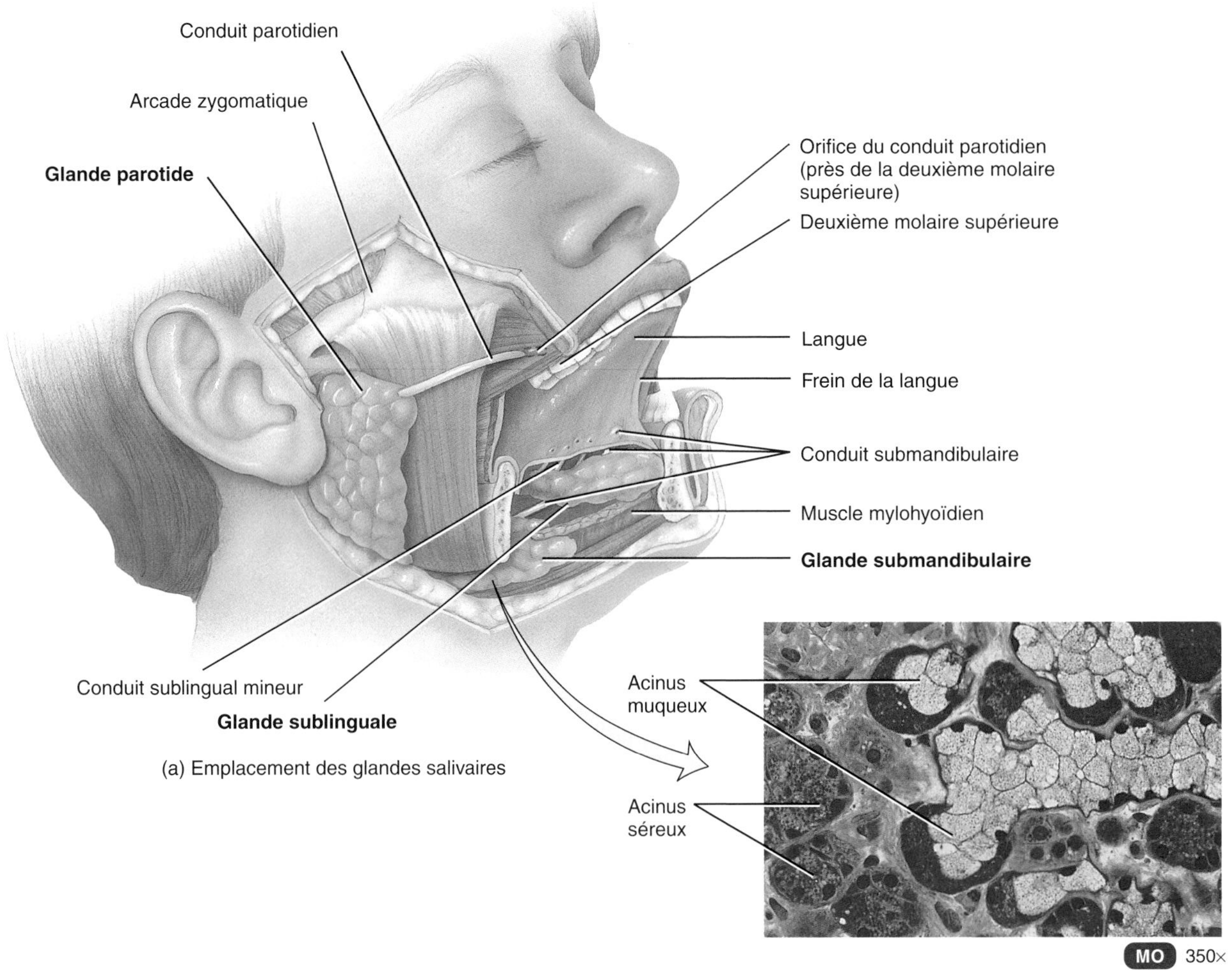

Conduit parotidien

Arcade zygomatique

Glande parotide

Orifice du conduit parotidien
(près de la deuxième molaire
supérieure)

Deuxième molaire supérieure

Langue

Frein de la langue

Conduit submandibulaire

Muscle mylohyoïdien

Glande submandibulaire

Conduit sublingual mineur

Glande sublinguale

(a) Emplacement des glandes salivaires

Acinus
muqueux

Acinus
séreux

MO 350×

(b) Photomicrographie d'une glande submandibulaire

 Quelle est la fonction des ions chlorure dans la salive?

les ions sodium, potassium, chlorure, bicarbonate et phosphate. Il y a également des gaz dissous ainsi que différentes substances organiques, notamment de l'urée et de l'acide urique, du mucus, des immunoglobulines A, du lysozyme (une enzyme bactériolytique) et de l'amylase salivaire (une enzyme digestive qui agit sur l'amidon).

Les glandes salivaires ne produisent pas toutes des sécrétions identiques. Les glandes parotides sécrètent un liquide séreux contenant de l'amylase salivaire. Parce que les glandes submandibulaires renferment des cellules semblables à celles des glandes parotides, avec quelques cellules muqueuses, elles sécrètent un liquide qui contient de l'amylase mais qui est rendu plus visqueux par le mucus. Les glandes sublinguales renferment surtout des cellules muqueuses,

si bien qu'elles sécrètent un liquide beaucoup plus épais ne produisant qu'une petite quantité d'amylase salivaire.

L'eau de la salive procure un milieu dans lequel la nourriture peut se dissoudre pour permettre la gustation (par les récepteurs gustatifs) et amorcer le processus des réactions digestives. Les ions chlorure de la salive activent l'amylase salivaire, enzyme qui entame la dégradation de l'amidon. Les ions bicarbonate et phosphate tamponnent les aliments acides qui entrent dans la bouche, si bien que la salive n'est que légèrement acide (pH normal variant de 6,35 à 7,00; le pH optimal de l'amylase salivaire est de 6,8). Comme les glandes sudoripares de la peau, les glandes salivaires contribuent à débarrasser le corps de ses déchets métaboliques, ce qui explique la présence d'urée et d'acide urique dans la salive. Le mucus lubrifie la nourriture, ce qui permet de la déplacer dans la bouche, de la rouler en boule et de l'avaler plus facilement. Les immunoglobulines A (IgA) empêchent les bactéries de se fixer à l'épithélium, si bien qu'elles ne peuvent pas le pénétrer, et le lysozyme tue les bactéries. Cependant, ces substances ne sont pas présentes en quantité suffisante pour éliminer toutes les bactéries buccales.

La salivation

La sécrétion de la salive, ou **salivation**, est un processus régi par le système nerveux autonome. La quantité de salive sécrétée quotidiennement varie beaucoup, mais elle est en moyenne de 1 000 à 1 500 mL. Normalement, la stimulation parasympathique entraîne la sécrétion continuelle d'une quantité modérée de salive qui maintient les muqueuses humides et facilite l'élocution en lubrifiant la langue et les lèvres. La salive est ensuite avalée et contribue alors à humidifier l'œsophage. La plupart des composantes de la salive finissent par être réabsorbées, ce qui réduit les pertes liquidiennes. La stimulation sympathique, qui domine dans les moments de stress, cause l'assèchement de la bouche. En cas de déshydratation du corps, les glandes salivaires cessent de sécréter de la salive pour conserver l'eau; la bouche devient sèche, ce qui attise la sensation de soif. L'ingestion de liquide permet alors non seulement de rétablir l'équilibre hydrique du corps, mais aussi d'humecter la bouche.

La régulation nerveuse du processus de la salivation suit le modèle présenté au chapitre 1 (voir la figure 1.3). Le contact (sensation tactile) et le goût des aliments constituent de puissants stimulants des glandes salivaires. Certaines molécules dans les aliments stimulent les chimiorécepteurs des calicules gustatifs, ou bourgeons du goût, de la langue. Ces récepteurs du goût envoient des influx sensitifs aux deux noyaux salivaires se trouvant dans le tronc cérébral (centre de régulation), les **noyaux salivaires inférieur** et **supérieur**. Les influx moteurs qui se propagent par les axones parasympathiques des nerfs faciaux (VII) et glossopharyngiens (IX) stimulent les glandes salivaires (effecteurs), qui augmentent alors la sécrétion de salive (réponse). Après la déglutition, cette abondante sécrétion persiste pendant un certain temps, ce qui nettoie la bouche et dilue les agents irritants chimiques restants et les neutralise – la sauce piquante, par exemple! L'odeur, la vue, l'idée de la nourriture, ainsi que les sons qui y sont reliés, peuvent aussi stimuler la sécrétion de salive (voir plus loin la description de la phase céphalique de la digestion).

LES OREILLONS

Bien que toutes les glandes salivaires puissent être la cible d'une infection nasopharyngienne, le virus des oreillons (*Myxovirus*) s'attaque typiquement aux cellules des glandes parotides. Les **oreillons** sont une inflammation et une tuméfaction des glandes parotides accompagnées d'une fièvre modérée, de malaises dans tout le corps et d'une forte douleur dans la gorge, surtout lorsque le malade avale des aliments surs ou des jus de fruits acides. La tuméfaction, qui se situe juste devant la branche de la mandibule, peut toucher un seul côté du visage ou les deux. Chez les sujets masculins, quand la maladie survient après la puberté, elle provoque une inflammation des testicules dans environ 30% des cas. Il est rare toutefois qu'elle entraîne la stérilité, car cette compli-

cation ne touche en général qu'un seul testicule. Chez les sujets féminins, elle peut causer une inflammation des ovaires. L'incidence de la maladie a considérablement diminué depuis que le vaccin contre les oreillons a été mis sur le marché, en 1967. ■

LA LANGUE

La **langue** est un organe digestif annexe composé d'un tissu musculaire squelettique recouvert d'une muqueuse. Avec ses muscles connexes, elle forme le plancher de la cavité orale. Elle est séparée en deux moitiés latérales symétriques par un septum médian qui la traverse sur toute sa longueur. Sa base est reliée à l'os hyoïde, au processus styloïde de l'os temporal et à la mandibule. Chacune des deux moitiés de la langue comporte un ensemble identique de muscles extrinsèques et intrinsèques.

Les **muscles extrinsèques** de la langue, dont les origines sont à l'extérieur de la langue (sur des os avoisinants) et les insertions, sur du tissu conjonctif dans la langue, comprennent les muscles hyoglosse, génioglosse et styloglosse (voir la figure 11.7). Les muscles extrinsèques permettent de bouger la langue d'un côté à l'autre et d'avant en arrière pour diriger les aliments durant la mastication, les modeler en une masse arrondie et les pousser vers l'arrière de la bouche pour la déglutition. Ils forment également le plancher de la bouche et maintiennent la langue en position. Les **muscles intrinsèques** ont leurs points d'origine et d'insertion dans le tissu conjonctif de la langue elle-même. Ils changent la forme et la taille de la langue pour permettre l'élocution et la déglutition. Ils comprennent les muscles longitudinal supérieur, longitudinal inférieur, transverse de la langue et vertical de la langue. Le **frein de la langue**, un repli de la muqueuse situé sur la ligne médiane du dessous de la langue, est fixé au plancher de la bouche et restreint le mouvement de la langue vers l'arrière (figures 24.5 et 24.6). Les personnes dont le frein de la langue est anormalement court ou rigide – état appelé **ankyloglossie** – éprouvent de la difficulté à parler; on dit qu'elles ont la « langue liée ».

Le dos (la face supérieure) et les côtés de la langue sont couverts de **papilles** (« bout du sein »), prolongements du chorion qui sont couverts d'épithélium kératinisé (voir la figure 17.2a). De nombreuses papilles contiennent des calicules gustatifs, soit les récepteurs de la gustation (goût). Certaines n'en contiennent pas, mais possèdent des récepteurs tactiles et augmentent la friction entre les aliments et la langue, facilitant ainsi le déplacement de la nourriture dans la cavité orale. (Nous avons décrit au chapitre 17 les différents types de calicules gustatifs.) Les **glandes linguales** du chorion de la langue sécrètent du mucus ainsi qu'un liquide séreux contenant de la **lipase linguale**, enzyme qui contribue à la dégradation des triacylglycérols.

LES DENTS

Les **dents** (figure 24.7) sont des organes digestifs annexes enchâssés dans les alvéoles des processus alvéolaires de la mandibule et des maxillaires. Les processus alvéolaires sont recouverts par les **gencives**, qui pénètrent légèrement dans chaque alvéole. Le **desmodonte**, ou ligament parodontal (*odontos* : dent), est un tissu

FIGURE 24.7 La dent et ses structures environnantes (structure type).

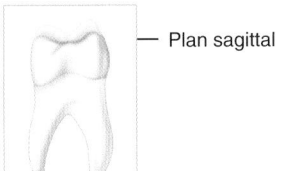 Les dents sont ancrées dans les alvéoles des processus alvéolaires des maxillaires et de la mandibule.

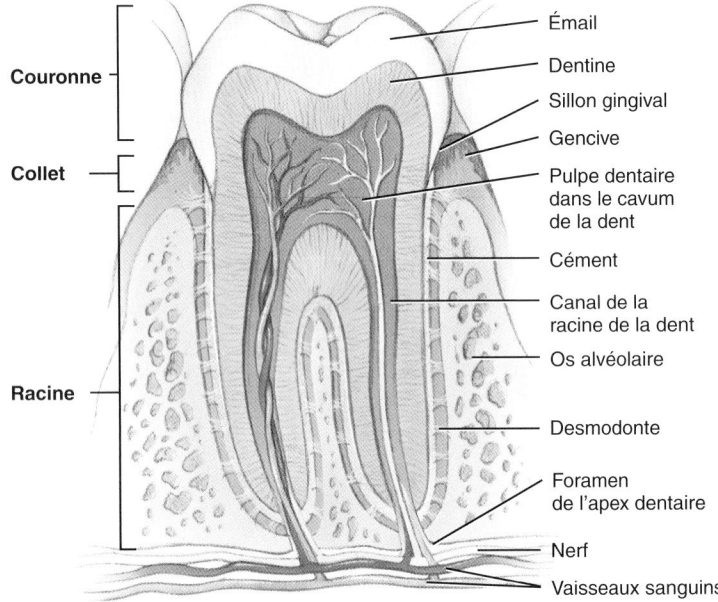

Plan sagittal

Couronne

Collet

Racine

Émail
Dentine
Sillon gingival
Gencive
Pulpe dentaire dans le cavum de la dent
Cément
Canal de la racine de la dent
Os alvéolaire
Desmodonte
Foramen de l'apex dentaire
Nerf
Vaisseaux sanguins

Coupe sagittale d'une molaire de la mandibule (molaire inférieure)

 Quel type de tissu constitue la majeure partie de la dent?

conjonctif fibreux dense qui tapisse l'intérieur des alvéoles et fixe la dent aux parois de l'alvéole.

La plupart des dents comptent trois grandes régions extérieures: la couronne, la racine et le collet de la dent. La **couronne** est la partie visible qui s'élève au-dessus de la gencive. La **racine** est la partie qui s'implante dans l'alvéole; chaque dent possède de une à trois racines. Le **collet de la dent** est le rétrécissement situé à la jonction de la couronne et de la racine, près du bord gingival.

À l'intérieur, la **dentine** constitue la majeure partie de la dent. La dentine est un tissu conjonctif calcifié qui donne à la dent sa forme générale et sa rigidité. Elle est plus dure que les os, car elle contient plus de sels de calcium (70 % de sa masse sèche).

La dentine de la couronne est recouverte d'**émail**, qui est composé principalement de phosphate de calcium et de carbonate de calcium. Comme la dentine, l'émail est plus dur que les os, car il contient plus de sels de calcium (environ 95 % de sa masse sèche).

En fait, l'émail est la substance la plus dure du corps. Il protège les dents de l'usure causée par la mastication et forme une barrière contre les acides qui pourraient facilement dissoudre la dentine. La dentine de la racine est couverte de **cément** – une autre substance semblable au tissu osseux – qui fixe la racine au desmodonte.

La dentine de chacune des dents renferme un espace comportant une partie renflée, le **cavum de la dent**, qui se trouve dans la couronne. Il est rempli de **pulpe dentaire** – tissu conjonctif contenant des vaisseaux sanguins, des nerfs et des vaisseaux lymphatiques. Le cavum se prolonge dans chaque racine par un étroit canal, le **canal de la racine de la dent** (ou **canal radiculaire**), qui présente à sa base une petite ouverture appelée **foramen de l'apex dentaire**. C'est par cette ouverture que passent les vaisseaux sanguins, les vaisseaux lymphatiques et les nerfs.

LE TRAITEMENT RADICULAIRE
Le **traitement radiculaire**, ou traitement de canal, est une procédure en plusieurs étapes visant à retirer toute la pulpe dentaire du cavum et des racines des dents très abîmées. Elle consiste à perforer la dent, à vider le canal de la racine de la dent, puis à l'irriguer pour en retirer toutes les bactéries. Il faut ensuite le remplir d'un produit médicamenteux et le sceller hermétiquement. La couronne endommagée peut alors être réparée. ■

La branche de la médecine dentaire qui a pour objet la prévention, le diagnostic et le traitement des maladies de la pulpe, de la racine, du desmodonte et de l'os alvéolaire est l'**endodontie** (*endon*: en dedans). L'**orthodontie** (*orthos*: droit) vise la prévention et la correction des anomalies dans l'alignement des dents; la **parodontie** est la branche de la dentisterie qui traite les affections des tissus immédiatement adjacents aux dents, par exemple les gingivites (inflammation des gencives).

Les humains ont deux **dentures**, c'est-à-dire deux séries de dents: une déciduale et une permanente. La première, la denture primaire, est formée des **dents déciduales** (*deciduus*: qui tombe), aussi appelées dents de lait ou encore dents temporaires. Ces dents commencent à faire éruption vers l'âge de 6 mois et continuent d'apparaître, à raison d'une paire environ tous les mois, jusqu'à ce que les 20 dents aient poussé (figure 24.8a). Les incisives (les dents les plus proches de la ligne médiane) ont un tranchant biseauté comme une lame et sont adaptées pour couper la nourriture. Selon leur position, on distingue les **incisives centrales** et les **incisives latérales**. À côté des incisives, vers l'arrière, se trouvent les **canines**, qui se terminent en pointe (la *cuspide*) et servent à déchiqueter la nourriture. Les incisives et les canines possèdent une seule racine chacune. Derrière les incisives se trouvent les **premières** et **deuxièmes molaires**, qui possèdent quatre cuspides. Les molaires maxillaires (c'est-à-dire supérieures) ont trois racines; les molaires mandibulaires (inférieures) en ont deux. Ces dents servent à écraser et à broyer la nourriture pour faciliter sa déglutition.

Toutes les dents déciduales tombent – généralement entre 6 et 12 ans – et sont remplacées par les **dents permanentes** (figure 24.8b). La denture permanente comprend 32 dents qui font éruption entre l'âge de 6 ans et l'âge adulte. Sa structure est identique à celle de la denture primaire, à l'exception des dents indiquées ci-après. Les

FIGURE 24.8 Les dentures et l'âge approximatif de l'éruption des dents (indiqué entre parenthèses). La lettre (pour les dents déciduales) ou le nombre (pour les dents permanentes) ne correspond pas à l'âge d'éruption mais sert uniquement à désigner la dent. Les dents déciduales commencent à sortir à l'âge de 6 mois et continuent d'apparaître à raison d'une paire environ par mois, jusqu'à ce que les 20 dents aient poussé.

 La denture déciduale complète compte 20 dents et la permanente, 32.

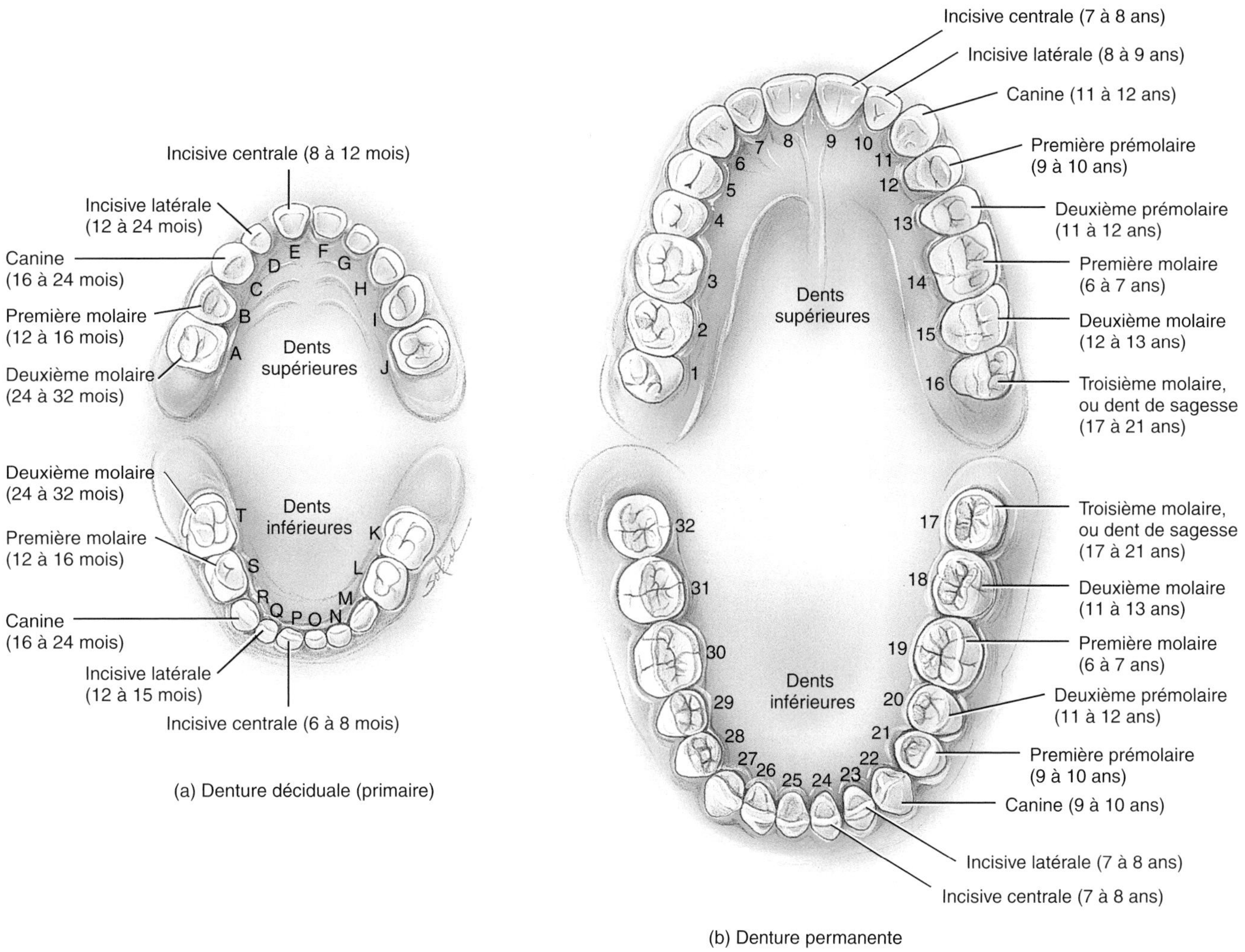

Incisive centrale (8 à 12 mois)
Incisive latérale (12 à 24 mois)
Canine (16 à 24 mois)
Première molaire (12 à 16 mois)
Deuxième molaire (24 à 32 mois)

Dents supérieures

Deuxième molaire (24 à 32 mois)
Première molaire (12 à 16 mois)
Canine (16 à 24 mois)
Incisive latérale (12 à 15 mois)
Incisive centrale (6 à 8 mois)

Dents inférieures

(a) Denture déciduale (primaire)

Incisive centrale (7 à 8 ans)
Incisive latérale (8 à 9 ans)
Canine (11 à 12 ans)
Première prémolaire (9 à 10 ans)
Deuxième prémolaire (11 à 12 ans)
Première molaire (6 à 7 ans)
Deuxième molaire (12 à 13 ans)
Troisième molaire, ou dent de sagesse (17 à 21 ans)

Dents supérieures

Troisième molaire, ou dent de sagesse (17 à 21 ans)
Deuxième molaire (11 à 13 ans)
Première molaire (6 à 7 ans)
Deuxième prémolaire (11 à 12 ans)
Première prémolaire (9 à 10 ans)
Canine (9 à 10 ans)
Incisive latérale (7 à 8 ans)
Incisive centrale (7 à 8 ans)

Dents inférieures

(b) Denture permanente

Q Quelles sont les dents permanentes qui ne remplacent aucune dent déciduale?

molaires déciduales sont remplacées par les **premières** et **deuxièmes prémolaires** (ou dents bicuspides), qui possèdent deux cuspides et une seule racine (sauf les premières prémolaires supérieures, qui ont deux racines) et servent à écraser et à broyer. Les molaires permanentes qui font éruption derrière les prémolaires ne remplacent pas de dents déciduales; elles apparaissent au fur et à mesure que la mâchoire grandit et leur fait de la place – les **premières molaires** sont en place à l'âge de 6 ans; les **deuxièmes molaires**, à l'âge de 12 ans; et les **troisièmes molaires** (ou dents de sagesse), après 17 ans.

Il arrive souvent que l'espace derrière les deuxièmes molaires ne soit pas assez grand pour permettre l'éruption des troisièmes, qui restent alors enfouies dans l'os alvéolaire et sont dites « incluses ».

Elles exercent souvent une pression douloureuse et doivent alors être extraites par une opération chirurgicale. Chez certains individus, les troisièmes molaires restent très petites ou ne se forment pas du tout.

LA DIGESTION MÉCANIQUE ET LA DIGESTION CHIMIQUE DANS LA BOUCHE

La digestion mécanique qui se fait dans la bouche résulte de la **mastication**, au cours de laquelle la nourriture est remuée par la langue, broyée par les dents et mélangée à la salive. Les aliments sont ainsi transformés en une masse molle, souple et facile à avaler, appelée **bol alimentaire** (*bôlos*: motte de terre). Les molécules de nourriture commencent à se dissoudre dans l'eau de la salive ; il s'agit d'une étape importante, car les enzymes ne peuvent réagir avec ces molécules que dans un milieu liquide.

La digestion chimique dans la bouche s'effectue essentiellement par deux enzymes : l'amylase salivaire et la lipase linguale. Sécrétée par les glandes salivaires, l'**amylase salivaire** amorce la dégradation de l'amidon. Les glucides alimentaires sont soit des monosaccharides et des disaccharides, soit des polysaccharides complexes (par exemple, l'amidon) (voir le tableau 2.6). La plupart des glucides que nous consommons se trouvent sous forme d'amidon, mais seuls les monosaccharides peuvent passer dans le sang. Par conséquent, les disaccharides et l'amidon ingérés doivent être réduits à l'état de monosaccharides pour être absorbés. La fonction de l'amylase salivaire est d'amorcer la digestion de l'amidon en le brisant en molécules plus petites, par exemple en maltose (un disaccharide), en maltotriose (un trisaccharide) ou en courts polymères du glucose appelés *alpha-dextrines*. Même si nous avalons souvent trop vite pour que tout l'amidon de nos aliments soit fragmenté dans la bouche, l'amylase salivaire contenue dans le bol alimentaire continue d'agir sur l'amidon pendant environ une heure, après quoi elle est inactivée par les acides de l'estomac. La salive contient également de la **lipase linguale**, qui est sécrétée par les glandes linguales. Cette enzyme commence à agir après la déglutition, car elle s'active dans le milieu acide de l'estomac. Elle fragmente les triacylglycérols alimentaires en acides gras et en diacylglycérols. Un diacylglycérol est une molécule de glycérol attachée à deux molécules d'acides gras.

Le tableau 24.1 résume les processus digestifs qui se déroulent dans la bouche.

▶ **POINT DE CONTRÔLE**

10. Quelles sont les structures qui forment la bouche (ou cavité orale) ?

11. Comment les glandes salivaires majeures se distinguent-elles selon leur emplacement ?

12. Comment s'effectue la régulation nerveuse de la sécrétion salivaire ?

13. Quelles sont les fonctions des incisives, des canines, des prémolaires et des molaires, respectivement ?

LE PHARYNX

> **OBJECTIF**

• Situer le pharynx et décrire sa fonction.

Les aliments passent de la bouche au **pharynx** (*pharugx* : gorge) au moment de la déglutition. Le pharynx est un tube en forme d'entonnoir qui va des choanes jusqu'à l'œsophage (vers l'arrière) et jusqu'au larynx (vers l'avant) (voir la figure 23.4). Il se compose de muscles squelettiques et il est tapissé d'une muqueuse. Il compte trois parties : le nasopharynx, l'oropharynx et le laryngopharynx. La fonction du nasopharynx est purement respiratoire.

TABLEAU 24.1 RÉSUMÉ DES PROCESSUS DIGESTIFS QUI SE DÉROULENT DANS LA BOUCHE		
STRUCTURE	**PROCESSUS**	**RÉSULTAT**
Joues et **lèvres**	Gardent la nourriture entre les dents durant la mastication.	La nourriture est broyée uniformément.
Glandes salivaires	Sécrètent la salive.	Le revêtement intérieur de la bouche et du pharynx reste humide et lubrifié. La salive ramollit les aliments, les humecte et les dissout ; elle nettoie la bouche et les dents. L'amylase salivaire fragmente l'amidon en particules plus petites.
Langue		
Muscles extrinsèques	Déplacent la langue de gauche à droite et d'avant en arrière.	La nourriture est remuée pour la mastication, modelée en bol alimentaire et dirigée à l'arrière pour la déglutition.
Muscles intrinsèques	Modifient la forme de la langue.	Ces mouvements permettent la déglutition (et aussi l'élocution).
Calicules gustatifs	Servent de récepteurs de la gustation (goût) et détectent la présence de nourriture dans la bouche.	La sécrétion de la salive est stimulée par des influx nerveux sensitifs qui proviennent des calicules gustatifs (récepteurs), passent par les noyaux salivaires du tronc cérébral (centre de régulation) et sont acheminés jusqu'aux glandes salivaires (effecteurs).
Glandes linguales	Sécrètent la lipase linguale.	L'enzyme devient active dans l'estomac, où elle contribue à la dégradation des triacylglycérols en acides gras et en diacylglycérols.
Dents	Contribuent à la mastication ; elles coupent, déchiquettent et broient les aliments.	Les aliments solides sont réduits en petites particules pour faciliter la déglutition.

Par contre, l'oropharynx et le laryngopharynx assurent des fonctions digestives aussi bien que respiratoires. Ils reçoivent la nourriture de la bouche ; et leurs contractions musculaires contribuent à la propulser dans l'œsophage, puis dans l'estomac.

▶ **POINT DE CONTRÔLE**

14. Quels sont les deux systèmes d'organes dont le pharynx fait partie ?

L'ŒSOPHAGE

• Décrire l'emplacement de l'œsophage, son anatomie, son histologie et ses fonctions.

L'**œsophage** («qui porte ce qu'on mange») est un tube musculaire souple d'environ 25 cm de long qui se trouve derrière la trachée. Il prend naissance sur le bord inférieur du laryngopharynx, traverse le médiastin devant la colonne vertébrale, puis le diaphragme par une ouverture appelée **hiatus œsophagien**, et débouche enfin dans la partie supérieure de l'estomac (figure 24.1). Il arrive qu'une partie de l'estomac fasse saillie au-dessus du diaphragme, à travers le hiatus œsophagien, pour former une **hernie hiatale** (voir p. 1021).

L'HISTOLOGIE DE L'ŒSOPHAGE

La **muqueuse** de l'œsophage se compose d'un épithélium stratifié pavimenteux non kératinisé, d'un chorion (tissu conjonctif aréolaire) et d'une muscularis mucosæ (muscle lisse) (figure 24.9). Près de l'estomac, la muqueuse de l'œsophage contient aussi des glandes muqueuses. L'épithélium stratifié pavimenteux des lèvres, de la bouche, de la langue, de l'oropharynx, du laryngopharynx et de l'œsophage fournit une bonne protection contre l'abrasion qui pourrait être causée par les particules de nourriture mastiquées, mélangées aux sécrétions puis avalées. La **sous-muqueuse** est faite de tissu conjonctif aréolaire, de vaisseaux sanguins et de glandes muqueuses. La **musculeuse** du tiers supérieur de l'œsophage se compose de myocytes squelettiques ; celle du tiers intermédiaire, de myocytes squelettiques et lisses ; et celle du tiers inférieur, de myocytes lisses. La musculeuse s'épaissit légèrement à chacune des extrémités de l'œsophage et forme deux sphincters : le **sphincter œsophagien supérieur**, qui se compose de myocytes squelettiques, et le **sphincter œsophagien inférieur**, qui se compose de myocytes lisses. Le sphincter œsophagien supérieur régit le passage de la nourriture du pharynx à l'œsophage ; le sphincter œsophagien inférieur régit le passage de la nourriture de l'œsophage à l'estomac. La couche superficielle de l'œsophage est appelée **adventice**, plutôt que séreuse, parce que le tissu conjonctif aréolaire qui la compose n'est pas recouvert de mésothélium et que son tissu conjonctif fusionne avec les structures avoisinantes du médiastin, qu'elle traverse. L'adventice relie l'œsophage aux structures voisines.

LA PHYSIOLOGIE DE L'ŒSOPHAGE

L'œsophage sécrète du mucus et achemine la nourriture jusqu'à l'estomac. Il ne produit pas d'enzymes digestives et, par conséquent, ne remplit pas de fonction digestive chimique. Il n'est pas non plus un lieu d'absorption.

▶ **POINT DE CONTRÔLE**

15. Situez l'œsophage. Décrivez son histologie et sa fonction dans la digestion.

16. Expliquez les fonctions des sphincters œsophagiens supérieur et inférieur.

FIGURE 24.9 L'histologie de l'œsophage. Le tableau 4.1F présente un plus fort grossissement d'un épithélium stratifié pavimenteux non kératinisé.

 L'œsophage sécrète du mucus et achemine la nourriture jusqu'à l'estomac.

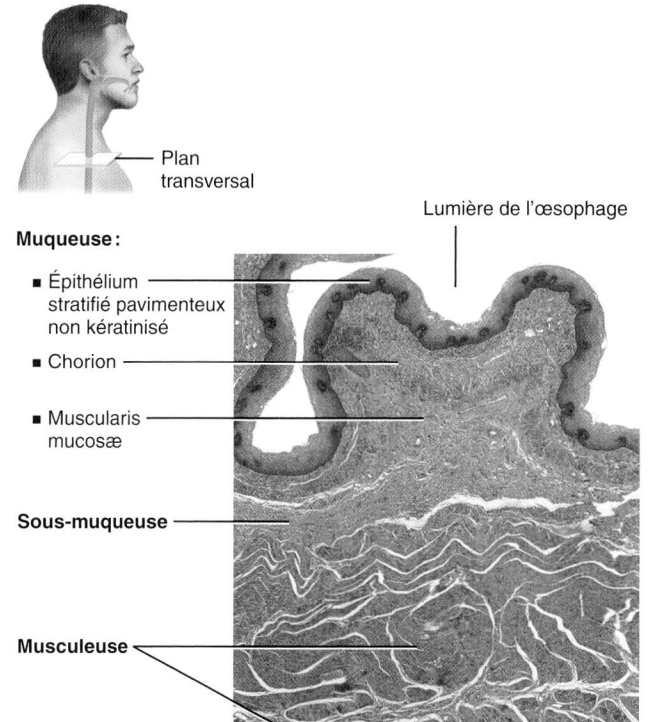

Photomicrographie d'une section transversale de la paroi de l'œsophage

 Dans quelles couches de l'œsophage se trouvent les glandes qui sécrètent le mucus lubrifiant ?

LES ÉTAPES DE LA DÉGLUTITION

> OBJECTIF

• Décrire les trois phases de la déglutition.

Le passage de la nourriture de la bouche à l'estomac s'effectue par la **déglutition**, c'est-à-dire l'action d'avaler (figure 24.10). La déglutition est facilitée par la sécrétion de salive et de mucus. Elle fait intervenir la bouche, le pharynx et l'œsophage et s'effectue en trois temps : 1) le temps buccal, qui se définit par le passage volontaire du bol alimentaire dans l'oropharynx ; 2) le temps pharyngien, qui correspond au passage involontaire du bol alimentaire à travers le pharynx jusque dans l'œsophage ; et 3) le temps œsophagien, qui est le passage involontaire du bol alimentaire le long de l'œsophage, jusqu'à l'estomac.

FIGURE 24.10 La déglutition. Après le temps buccal et durant le temps pharyngien de la déglutition (b), la langue s'élève et s'appuie contre le palais; le nasopharynx se referme; le larynx s'élève; l'épiglotte bloque l'accès au larynx; enfin, le bol alimentaire passe dans l'œsophage. Durant le temps oesophagien de la déglutition (c), le péristaltisme pousse le bol alimentaire à travers l'œsophage jusqu'à ce qu'il arrive dans l'estomac.

La déglutition est un mécanisme qui achemine la nourriture de la bouche à l'estomac.

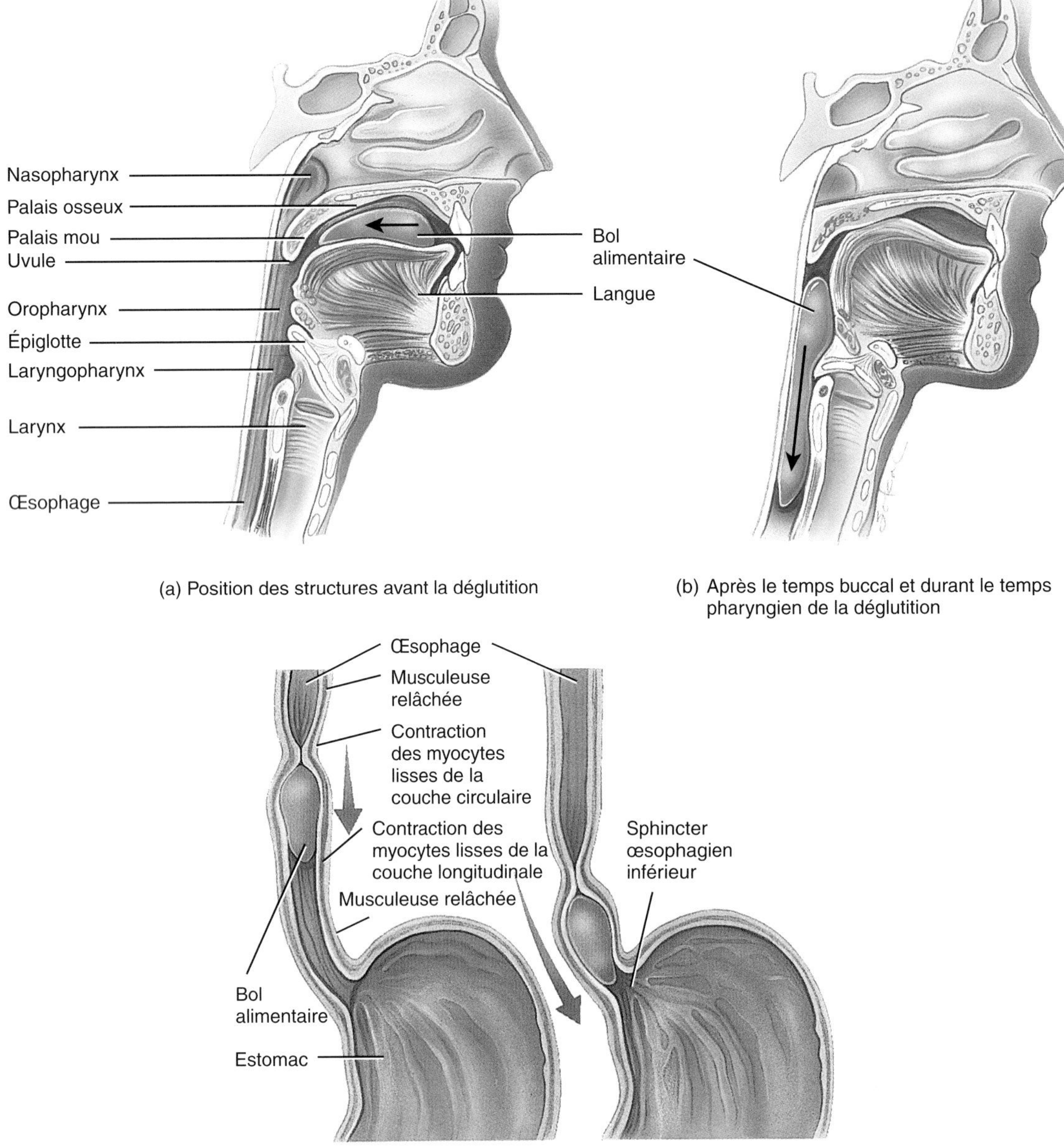

Nasopharynx
Palais osseux
Palais mou
Uvule
Oropharynx
Épiglotte
Laryngopharynx
Larynx
Œsophage

Bol alimentaire
Langue

(a) Position des structures avant la déglutition

(b) Après le temps buccal et durant le temps pharyngien de la déglutition

Œsophage
Musculeuse relâchée
Contraction des myocytes lisses de la couche circulaire
Contraction des myocytes lisses de la couche longitudinale
Musculeuse relâchée
Bol alimentaire
Estomac

Sphincter œsophagien inférieur

(c) Vue antérieure du péristaltisme dans l'œsophage durant le temps œsophagien de la déglutition (coupe frontale)

La déglutition est-elle volontaire ou involontaire?

La déglutition commence quand le bol alimentaire est poussé vers l'arrière de la cavité buccale et dans l'oropharynx par le mouvement de la langue qui est dirigé vers le haut et vers l'arrière, contre le palais; cette étape, qui est volontaire, constitue le **temps buccal de la déglutition**. Avec le passage du bol alimentaire dans l'oropharynx s'amorce le **temps pharyngien de la déglutition**, qui est involontaire (figure 24.10b). Le bol alimentaire stimule des récepteurs qui se trouvent dans l'oropharynx et envoient des influx sensitifs au **centre de la déglutition**, situé dans le bulbe rachidien et dans la portion inférieure du pont du tronc cérébral. Les influx moteurs qui en repartent parviennent aux muscles du palais mou et de l'uvule. La contraction de ces derniers soulève le palais mou et l'uvule; le nasopharynx se ferme, ce qui évite que les aliments solides et liquides entrent dans la cavité nasale. En outre, des influx moteurs parviennent aux muscles qui élèvent le larynx ; l'épiglotte est ainsi entraînée vers l'arrière et le bas et bouche l'entrée du larynx, ce qui empêche le bol alimentaire d'entrer dans les autres parties des voies respiratoires. Le bol alimentaire traverse l'oropharynx et le laryngopharynx. Dès que le sphincter œsophagien supérieur se relâche, le bol alimentaire pénètre dans l'œsophage.

Le **temps œsophagien de la déglutition** commence quand le bol alimentaire entre dans l'œsophage et que les récepteurs qui s'y trouvent sont stimulés. Des influx nerveux sensitifs parviennent au bulbe rachidien, qui envoie des influx moteurs vers la musculeuse de la paroi de l'œsophage. La réponse se caractérise par le **péristaltisme** (*stalsis* : contraction) – alternance de contractions et de relâchements coordonnés des couches circulaire et longitudinale de la musculeuse qui fait avancer le bol alimentaire (figure 24.10c). (Le péristaltisme s'observe aussi dans d'autres structures tubulaires, notamment d'autres parties du tube digestif, les uretères, les conduits biliaires et les trompes utérines.) Dans la section de l'œsophage située juste au-dessus du bol alimentaire, les myocytes lisses de la couche circulaire se contractent et rapprochent ainsi les parois de l'œsophage, obligeant alors le bol alimentaire à avancer vers l'estomac. Pendant ce temps, les myocytes lisses de la couche longitudinale qui se trouvent au-dessous du bol alimentaire se contractent aussi, ce qui raccourcit cette section en écartant ses parois pour qu'elle puisse plus facilement recevoir le bol alimentaire. Les contractions reprennent plus bas en un mouvement ondulatoire qui pousse la nourriture vers l'estomac. Quand le bol alimentaire arrive au bout de l'œsophage, le sphincter œsophagien inférieur se relâche et les aliments peuvent alors entrer dans l'estomac. Le mucus qui est sécrété par les glandes œsophagiennes lubrifie le bol alimentaire et diminue la friction. La nourriture solide ou semi-solide met de 4 à 8 s pour passer de la bouche à l'estomac ; les aliments très mous et les liquides passent en 1 s environ.

Le tableau 24.2 résume les processus digestifs qui se déroulent dans le pharynx et l'œsophage.

TABLEAU 24.2 RÉSUMÉ DES PROCESSUS DIGESTIFS QUI SE DÉROULENT DANS LE PHARYNX ET L'ŒSOPHAGE

STRUCTURE	PROCESSUS	RÉSULTAT
Pharynx	Temps pharyngien de la déglutition.	Le bol alimentaire passe de l'oropharynx au laryngopharynx, pour entrer ensuite dans l'œsophage. Les voies respiratoires sont fermées.
Œsophage	Relâchement du sphincter œsophagien supérieur.	Le bol alimentaire passe du laryngopharynx à l'œsophage.
	Temps œsophagien de la déglutition (péristaltisme).	Le bol alimentaire est poussé dans l'œsophage.
	Relâchement du sphincter œsophagien inférieur.	Le bol alimentaire peut entrer dans l'estomac.
	Sécrétion de mucus.	Lubrification de l'œsophage pour faciliter le passage du bol alimentaire.

LE REFLUX GASTRO-ŒSOPHAGIEN

Si le sphincter œsophagien inférieur ne se referme pas bien après que le bol alimentaire a pénétré dans l'estomac, une partie du contenu gastrique peut refluer dans la portion inférieure de l'œsophage. Cette affection est appelée **reflux gastro-œsophagien**. L'acide chlorhydrique (HCl) provenant de l'estomac peut irriter la paroi œsophagienne et provoquer une sensation de brûlure appelée **pyrosis**, ou plus couramment « brûlures d'estomac ». (Bien qu'elles soient ressenties près du cœur, ces douleurs ne sont pas le signe d'un dérèglement cardiaque.) La consommation d'alcool et le tabagisme peuvent entraîner le relâchement du sphincter et aggraver le problème. Pour faire disparaître les symptômes du reflux gastro-œsophagien, il suffit en général de supprimer les aliments qui stimulent fortement la sécrétion d'acide dans l'estomac : café, chocolat, tomates, aliments gras, jus d'orange, menthe poivrée ou verte et oignons. On peut aussi réduire l'acidité gastrique en prenant des inhibiteurs des récepteurs H_2 (récepteurs de l'histamine de type 2) vendus sans ordonnance, par exemple de l'oméprazole (Losec^{MD}), du pantoprazole (Pantoloc^{MD}), de la cimétidine (Tagamet^{MD}) ou de la famotidine (Pepcid^{MD}), de 30 à 60 min avant le repas. Il est possible de neutraliser l'acide déjà sécrété à l'aide d'antiacides tels que Tums^{MD} ou Maalox^{MD}. Pour diminuer le risque que les symptômes se manifestent, les personnes touchées peuvent consommer des quantités plus petites de nourriture et éviter de s'étendre immédiatement après le repas. Le reflux gastro-œsophagien accompagne parfois le cancer de l'œsophage. ■

▶ **POINT DE CONTRÔLE**

17. Qu'est-ce que la déglutition ?

18. Que se passe-t-il pendant les temps buccal et pharyngien de la déglutition ?

19. Est-ce que le péristaltisme « pousse » ou « tire » la nourriture dans le tube digestif ?

L'ESTOMAC

> **OBJECTIFS**

- Situer l'estomac et décrire son anatomie, son histologie et ses fonctions.
- Décrire les processus qui contribuent à la digestion mécanique et à la digestion chimique qui se déroulent dans l'estomac.

L'**estomac** est un renflement du tube digestif en forme de J ; il est situé directement sous le diaphragme dans les régions épigastrique, ombilicale et hypochondriaque gauche de l'abdomen (voir la figure 1.12a). Il relie l'œsophage au duodénum, qui est la première partie de l'intestin grêle (figure 24.11). Comme les aliments peuvent être avalés beaucoup plus rapidement que les intestins ne peuvent les digérer et les absorber, une des fonctions de l'estomac est précisément de former un réservoir où la nourriture peut être retenue et malaxée. À intervalles appropriés après l'ingestion des aliments, l'estomac pousse une petite quantité de nourriture dans la première partie de l'intestin grêle. La position et la taille de l'estomac changent constamment ; le diaphragme l'abaisse à chaque inspiration et le tire vers le haut à chaque expiration. Vide, l'estomac fait à peu près la taille d'une grosse saucisse. Il constitue toutefois la partie la plus extensible du tube digestif et peut recevoir une quantité considérable de nourriture. La digestion de l'amidon se poursuit dans l'estomac ; celle des protéines et des triacylglycérols y commence ; le bol alimentaire encore partiellement solide y est transformé en liquide et certaines substances y sont absorbées.

L'ANATOMIE DE L'ESTOMAC

L'estomac comprend quatre grandes régions : le cardia, le fundus, le corps et le pylore (figure 24.11). Le **cardia** entoure l'orifice supérieur de l'estomac. La partie arrondie qui se situe à gauche et au-dessus du cardia est le **fundus**. Au-dessous de ce dernier se trouve la partie centrale et la plus volumineuse de l'estomac, le **corps de l'estomac**. La région de l'estomac qui fait la jonction avec le duodénum est le **pylore** (*pylê* : porte ; *ourôs* : gardien). Elle comprend deux parties : l'**antre pylorique**, qui est relié au corps de l'estomac, et le **canal pylorique**, qui mène au duodénum. Quand l'estomac est vide, sa muqueuse forme de grands replis, appelés **plis gastriques**, qu'on peut observer à l'œil nu. Le pylore communique avec le duodénum par le **sphincter pylorique**. Le bord médial, concave, de l'estomac s'appelle la **petite courbure** et son bord latéral, convexe, la **grande courbure**.

LE PYLOROSPASME ET LA STÉNOSE PYLORIQUE

Les nourrissons peuvent présenter deux anomalies du sphincter pylorique. Dans les cas de **pylorospasme**, les myocytes du sphincter ne se relâchent pas normalement, ce qui empêche la nourriture de passer facilement de l'estomac à l'intestin grêle. En conséquence, l'estomac devient surchargé et le nourrisson vomit souvent pour se soulager. Le pylorospasme se traite au moyen de médicaments qui détendent les myocytes du sphincter pylorique. La **sténose pylorique** est un rétrécissement du sphincter pylorique. Pour la corriger, l'intervention chirurgicale s'impose. Le symptôme principal est le vomissement en jet, c'est-à-dire la projection en gerbe, à une certaine distance, de vomissure liquide. ■

L'HISTOLOGIE DE L'ESTOMAC

À quelques particularités près, la paroi de l'estomac comprend les mêmes quatre grandes couches tissulaires que les autres régions du tube digestif. La surface de la **muqueuse** est une couche de cellules épithéliales simples prismatiques appelées **cellules à mucus superficielles** (figure 24.12b). En dessous de cette couche superficielle, toujours dans la muqueuse, se trouvent un **chorion** (fait de tissu conjonctif aréolaire) et une **muscularis mucosæ** (faite de muscle lisse) (figure 24.12b). Les cellules épithéliales s'invaginent dans le chorion, où elles forment des colonnes de cellules sécrétrices appelées **glandes gastriques** qui débouchent sur un grand nombre de dépressions étroites, les **cryptes de l'estomac**. Les sécrétions de plusieurs glandes gastriques se déversent dans chacune des cryptes, puis dans la lumière de l'estomac.

Les glandes gastriques contiennent trois types de *cellules exocrines* dont les sécrétions se jettent dans la lumière de l'estomac : les cellules à mucus du collet, les cellules principales et les cellules pariétales. Les cellules à mucus superficielles et les **cellules à mucus du collet** sécrètent du mucus (figure 24.12b). Les **cellules pariétales** produisent le facteur intrinsèque (nécessaire à l'absorption de la vitamine B_{12}) et de l'acide chlorhydrique. Les **cellules principales** sécrètent du pepsinogène et de la lipase gastrique. Ensemble, les sécrétions des cellules à mucus, des cellules principales et des cellules pariétales forment le **suc gastrique**, dont le volume atteint de 2 000 à 3 000 mL par jour. De plus, les glandes gastriques comprennent des cellules entéroendocrines, les **cellules G**, qui se trouvent surtout dans l'antre pylorique et qui sécrètent la gastrine dans la circulation sanguine. Nous verrons plus loin que cette hormone influe sur plusieurs aspects de l'activité gastrique.

Trois autres couches sous-tendent la muqueuse. La **sous-muqueuse** de l'estomac se compose de tissu conjonctif aréolaire. Contrairement à la musculeuse de l'intestin grêle et du gros intestin, qui compte deux couches de muscle lisse, la **musculeuse** de l'estomac en possède trois : une couche longitudinale externe, une couche circulaire moyenne et une couche oblique interne. La couche oblique est en grande partie restreinte au corps de l'estomac. La **séreuse** se compose d'épithélium simple pavimenteux (le mésothélium) et de tissu conjonctif aréolaire ; la portion de la séreuse qui recouvre l'estomac fait partie du péritoine viscéral. Du côté de la petite courbure, le péritoine viscéral s'étend vers le haut jusqu'au foie et porte alors le nom de *petit omentum* (figure 24.4c). Du côté de la grande courbure, il se prolonge vers le bas pour former le grand omentum qui recouvre les intestins (figure 24.4a).

LA DIGESTION MÉCANIQUE ET LA DIGESTION CHIMIQUE DANS L'ESTOMAC

Quelques minutes après l'arrivée du bol alimentaire (stimulus) dans l'estomac, des contractions péristaltiques de faible amplitude, les **ondes de brassage**, parcourent la musculeuse de l'estomac (effecteur) toutes les 15 à 25 s. Ces ondes favorisent la macération de la nourriture, la mélangent aux sécrétions des glandes gastriques et la réduisent en une bouillie, le **chyme** (*khumos* : humeur) (réponse). On observe peu d'ondes de brassage dans le fundus, qui sert surtout de réservoir pour la nourriture. Au fur et à mesure que la digestion se poursuit, des ondes plus vigoureuses se forment dans le corps de l'estomac et vont en s'intensifiant jusqu'au pylore. En général, le sphincter pylorique reste presque entièrement fermé, mais pas tout à fait. Quand le chyme arrive au pylore, chacune des ondes en propulse environ 3 mL dans le duodénum par le sphincter pylorique. Ce phénomène est appelé **évacuation gastrique**. La plus grande partie du chyme est refoulée dans le corps de l'estomac, où elle continue d'être remuée. L'onde suivante pousse de nouveau le chyme et en propulse encore quelques millilitres dans le duodénum. C'est à ce va-et-vient du contenu gastrique qu'est attribuable l'essentiel de la digestion mécanique des aliments dans l'estomac.

La nourriture peut rester dans le fundus près d'une heure sans se mélanger au suc gastrique. Pendant ce temps, la digestion chimique de l'amidon par l'amylase salivaire se poursuit. Toutefois, le malaxage ne tarde pas à réunir le chyme et le suc gastrique acide, inhibant alors l'amylase salivaire et activant la lipase linguale, qui commence à dégrader les triacylglycérols en acides gras et en diacylglycérols.

FIGURE 24.11 L'anatomie interne et externe de l'estomac.

Les quatre régions de l'estomac sont le cardia, le fundus, le corps et le pylore.

Œsophage

Sphincter
œsophagien
inférieur

Cardia

**Corps
de l'estomac**

Petite
courbure

Pylore

Fundus

Séreuse

Musculeuse :

- Couche
  longitudinale

- Couche
  circulaire

- Couche
  oblique

Grande courbure

Duodénum

Sphincter
pylorique

**Canal
pylorique**

Plis gastriques

Antre pylorique

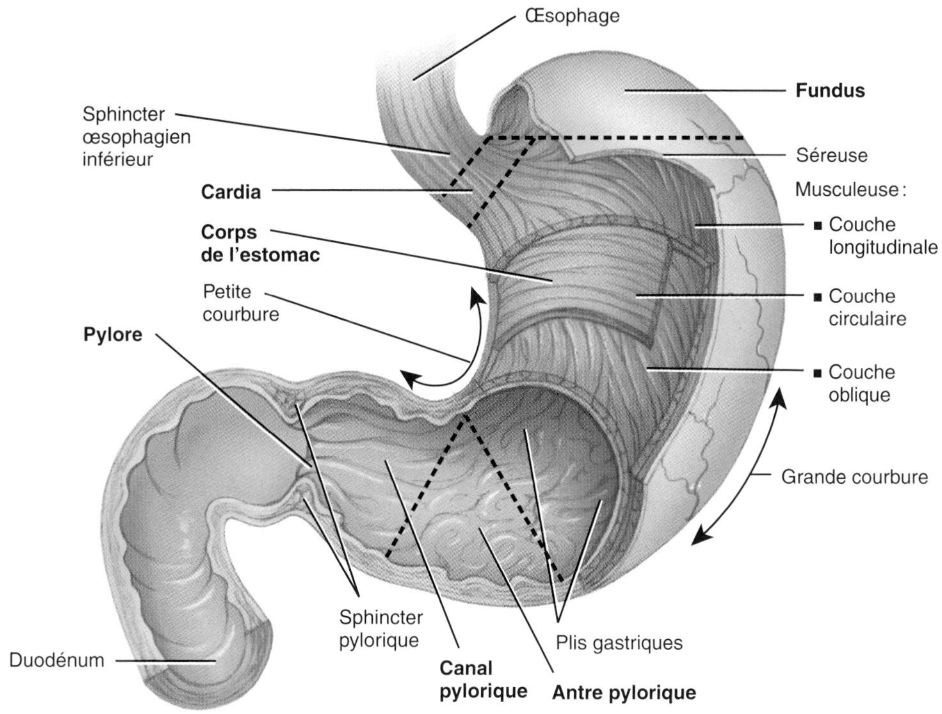

(a) Vue antérieure des régions de l'estomac

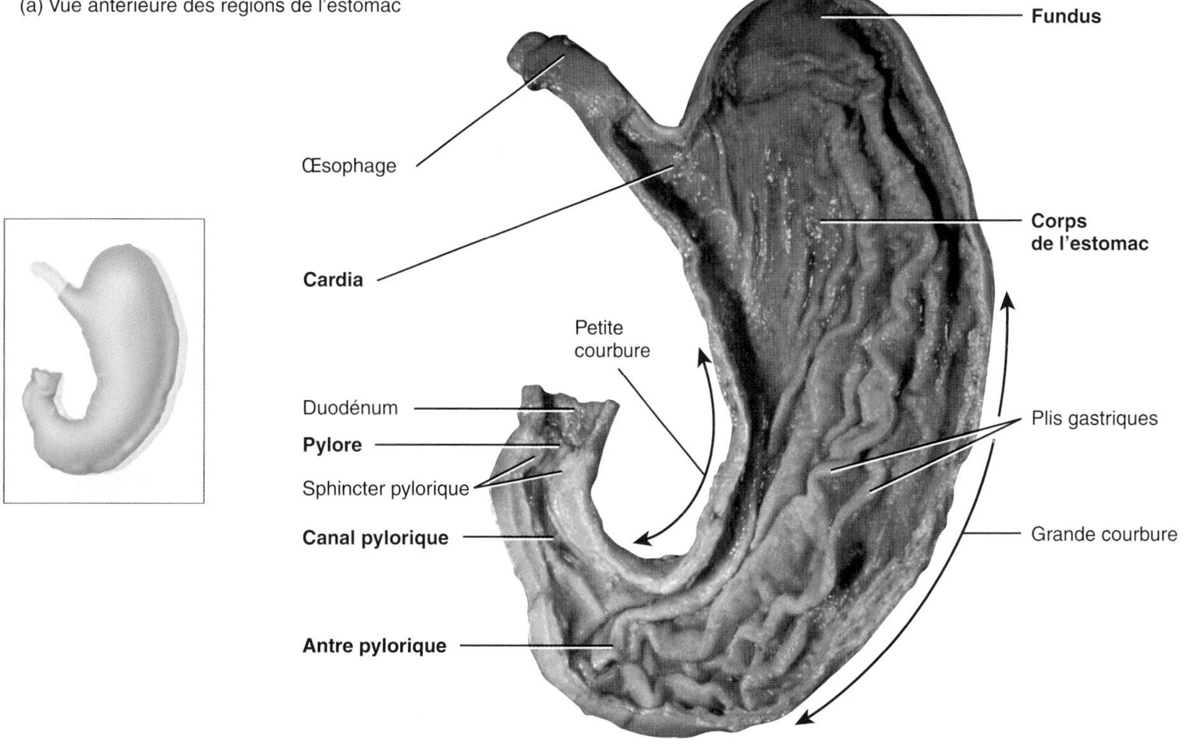

Fonctions de l'estomac

1. Mélange la salive, la nourriture et le suc gastrique pour former le chyme.

2. Sert de réservoir pour la nourriture avant son passage dans l'intestin grêle.

3. Sécrète le suc gastrique contenant du HCl (qui dénature les protéines, convertit le pepsinogène en pepsine, active la lipase linguale et tue les bactéries), de la pepsine (qui amorce la digestion des protéines), de la lipase gastrique (qui contribue à la digestion des triacylglycérols) et le facteur intrinsèque (qui facilite l'absorption de la vitamine B_{12}).

4. Sécrète la gastrine (hormone) dans le sang.

Œsophage

Cardia

Petite
courbure

Duodénum

Pylore

Sphincter pylorique

Canal pylorique

Antre pylorique

Fundus

**Corps
de l'estomac**

Plis gastriques

Grande courbure

(b) Vue antérieure de l'estomac (anatomie interne)

 L'estomac présente-t-il encore des plis gastriques au terme d'un très gros repas ?

FIGURE 24.12 L'histologie de l'estomac.

Le suc gastrique est l'ensemble des sécrétions des cellules à mucus, des cellules pariétales et des cellules principales.

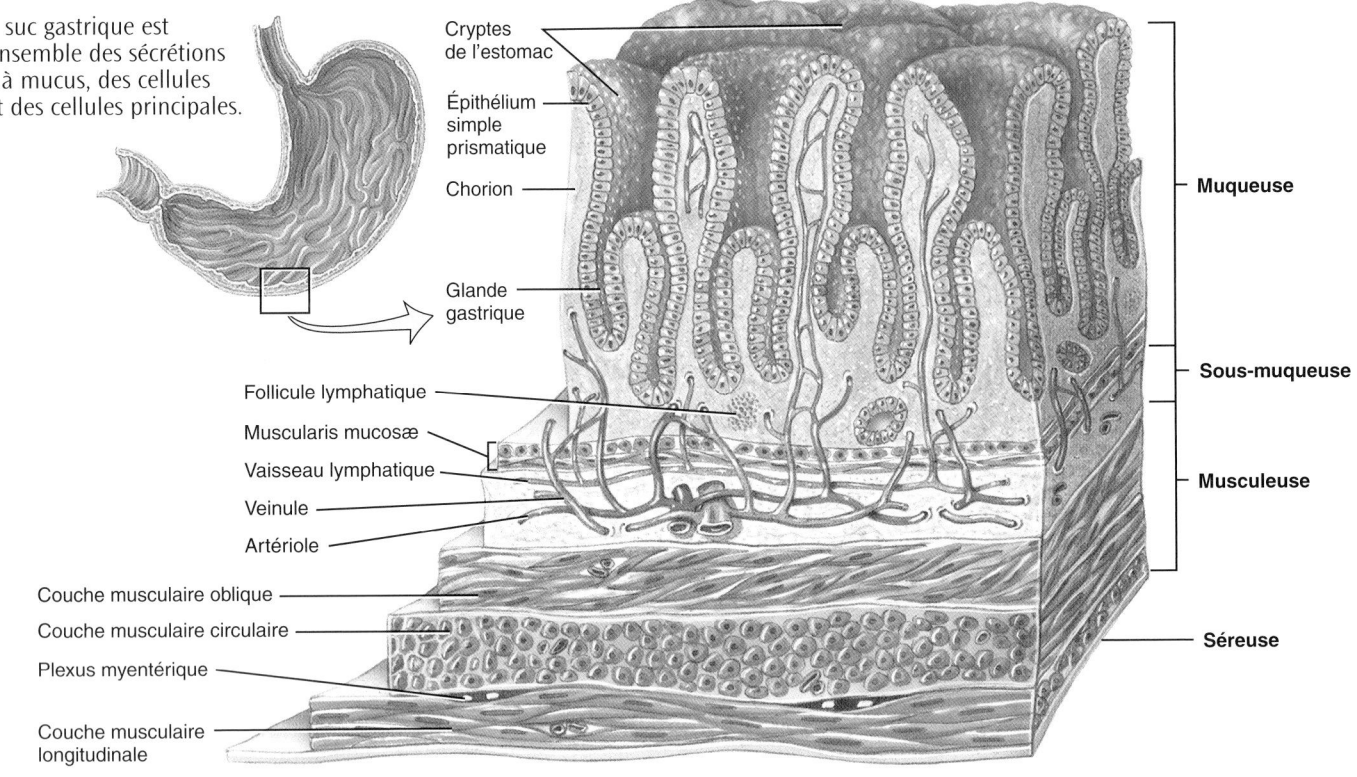

Lumière de l'estomac

Cryptes de l'estomac

Épithélium simple prismatique

Chorion

Glande gastrique

Follicule lymphatique

Muscularis mucosæ

Vaisseau lymphatique

Veinule

Artériole

Couche musculaire oblique

Couche musculaire circulaire

Plexus myentérique

Couche musculaire longitudinale

Muqueuse

Sous-muqueuse

Musculeuse

Séreuse

(a) Vue tridimensionnelle des couches de l'estomac

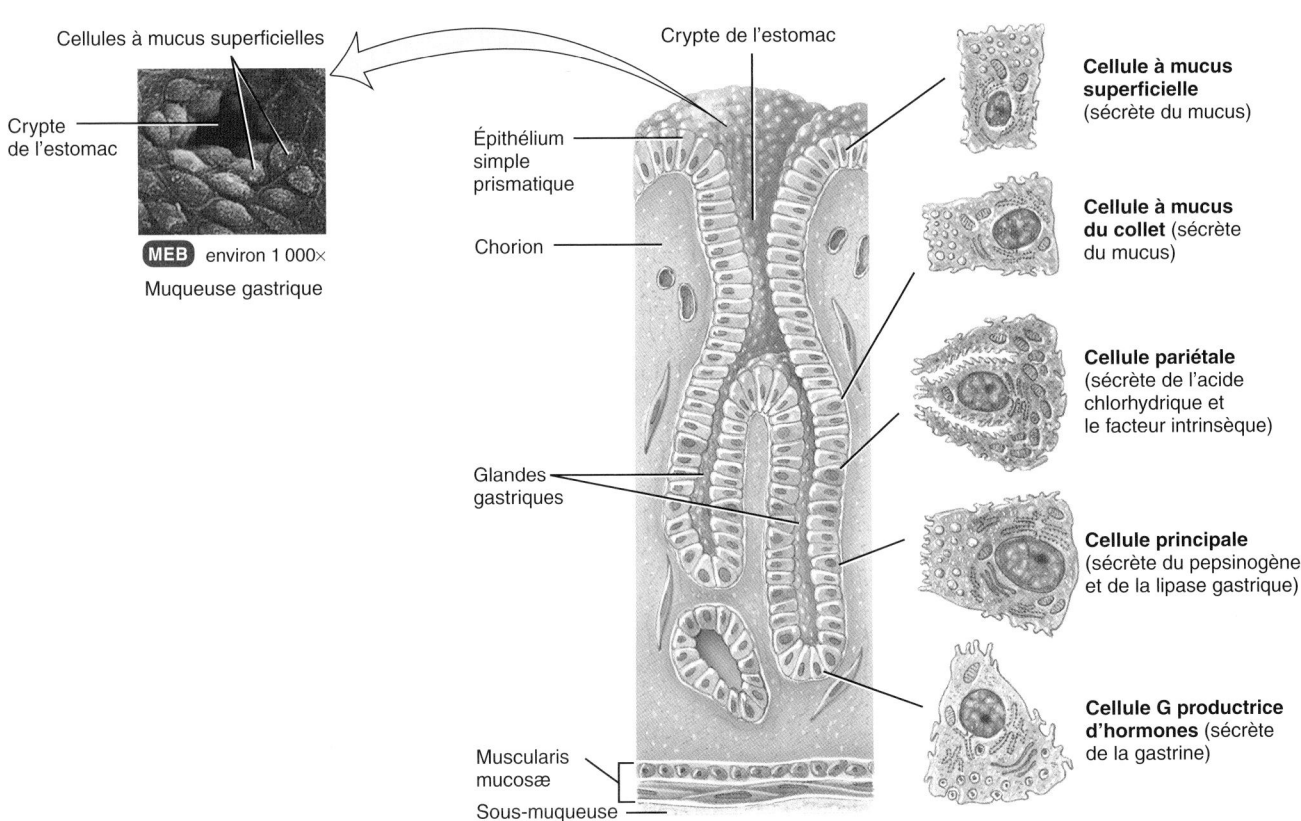

Cellules à mucus superficielles

Crypte de l'estomac

MEB environ 1 000×

Muqueuse gastrique

Crypte de l'estomac

Épithélium simple prismatique

Chorion

Glandes gastriques

Muscularis mucosæ

Sous-muqueuse

Cellule à mucus superficielle (sécrète du mucus)

Cellule à mucus du collet (sécrète du mucus)

Cellule pariétale (sécrète de l'acide chlorhydrique et le facteur intrinsèque)

Cellule principale (sécrète du pepsinogène et de la lipase gastrique)

Cellule G productrice d'hormones (sécrète de la gastrine)

(b) Vue transversale de la muqueuse gastrique, avec ses glandes gastriques et les types de cellules qui la composent

FIGURE 24.12 L'histologie de l'estomac *(suite)*.

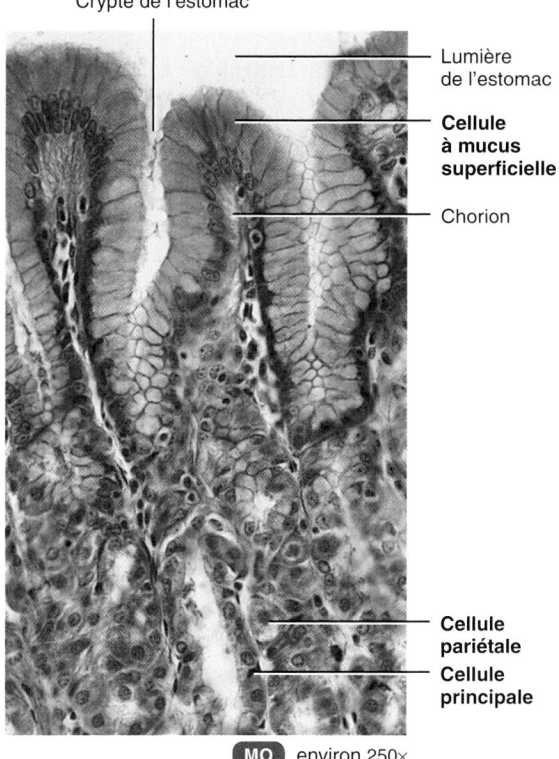

Crypte de l'estomac

Lumière de l'estomac

Cellule à mucus superficielle

Chorion

Cellule pariétale

Cellule principale

 environ 250×

(c) Photomicrographie de la muqueuse du fundus

Q Où est sécrété le HCl ?
Quelles sont ses fonctions ?

FIGURE 24.13 La sécrétion du HCl (acide chlorhydrique) par les cellules pariétales de l'estomac.

Les pompes à protons actionnées par l'ATP sécrètent les ions H⁺ ; les ions Cl⁻ diffusent pour entrer dans la lumière de l'estomac par des canaux à Cl⁻.

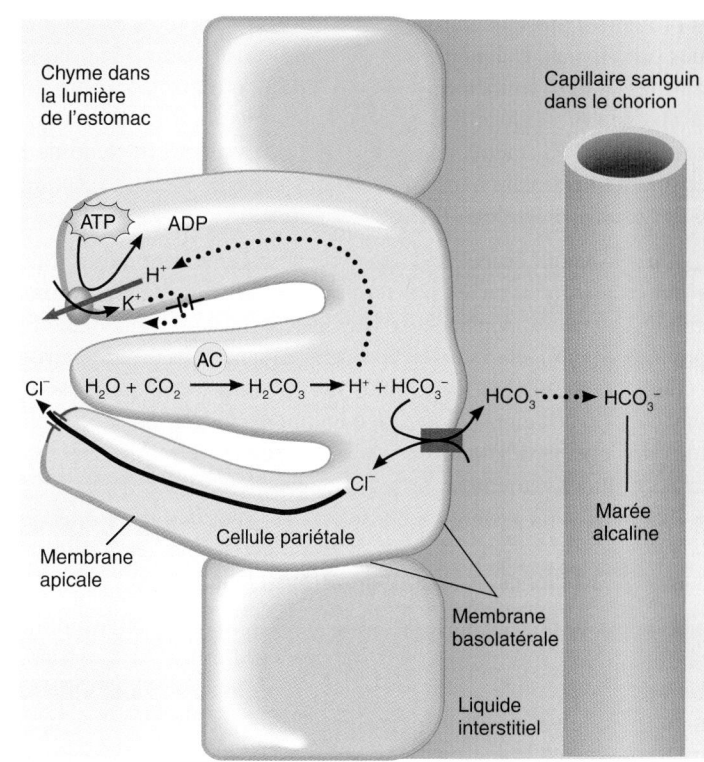

Légende :

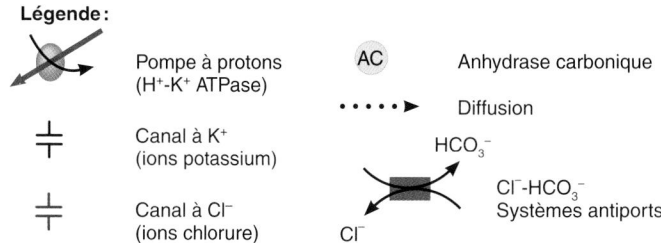

Pompe à protons (H⁺-K⁺ ATPase)

Canal à K⁺ (ions potassium)

Canal à Cl⁻ (ions chlorure)

AC Anhydrase carbonique

Diffusion

Cl^--HCO_3^- Systèmes antiports

Q À partir de quelle molécule se forment les ions hydrogène sécrétés dans le suc gastrique ?

Bien que les cellules pariétales sécrètent des ions hydrogène (H^+) et des ions chlorure (Cl^-) séparément dans la lumière de l'estomac, l'effet net est la sécrétion d'acide chlorhydrique (HCl). Les **pompes à protons** actionnées par la H^+-K^+ ATPase font passer les ions H^+ dans la lumière par transport actif tout en faisant entrer les ions potassium (K^+) dans les cellules (figure 24.13). Simultanément, les ions Cl^- et K^+ sortent des cellules par diffusion pour entrer dans la lumière par des canaux de la membrane apicale. L'*anhydrase carbonique* – enzyme particulièrement abondante dans les cellules pariétales – catalyse la formation de l'acide carbonique (H_2CO_3) à partir de l'eau (H_2O) et du dioxyde de carbone (CO_2). La dissociation graduelle de l'acide carbonique produit des ions H^+ pour la pompe à protons mais génère aussi des ions bicarbonate (HCO_3^-). À mesure qu'ils s'accumulent dans le cytosol, les ions HCO_3^- sortent des cellules pariétales tandis que des ions Cl^- y entrent par des systèmes antiports Cl^--HCO_3^- se trouvant dans la membrane basolatérale, près du chorion. Les ions HCO_3^- diffusent dans les capillaires sanguins avoisinants. Une « marée alcaline » d'ions bicarbonate déferle ainsi dans la circulation sanguine après les repas. Elle est parfois suffisamment forte pour faire augmenter légèrement le pH sanguin et rendre l'urine plus alcaline.

Plusieurs stimulus peuvent faire augmenter la sécrétion de l'HCl par les cellules pariétales : l'acétylcholine libérée par les neurones parasympathiques ; la gastrine sécrétée par les cellules G ; et l'histamine, qui est une substance paracrine libérée par les mastocytes du chorion voisin. Sous l'effet de l'acétylcholine (ACh) et de la gastrine, les cellules pariétales sécrètent plus d'HCl en présence d'histamine. En d'autres termes, l'histamine accroît l'efficacité de l'acétylcholine et de la gastrine par effet synergique. La membrane plasmique des cellules pariétales contient des récepteurs pour ces trois substances. Sur les cellules pariétales, les récepteurs de l'histamine sont les récepteurs H_2 ; ils déclenchent des réponses bien différentes de celles des récepteurs H_1, qui interviennent dans les réactions allergiques.

Très acide, le milieu stomacal tue de nombreux microorganismes dans la nourriture. L'HCl dénature partiellement les protéines de la nourriture (les déplie) et stimule la sécrétion d'hormones qui favorisent l'écoulement de la bile et du suc pancréatique. C'est aussi dans l'estomac que s'amorce la digestion enzymatique des protéines. La **pepsine** est la seule enzyme protéolytique (qui digère les protéines) présente dans l'estomac; elle est sécrétée par les cellules principales. Cette enzyme brise certaines liaisons peptidiques entre les acides aminés qui composent les protéines, si bien que les chaînes protéiques formées de nombreux acides aminés sont dégradées en fragments peptidiques plus courts. L'efficacité de la pepsine est maximale dans le milieu très acide de l'estomac (un pH de 2); un pH plus élevé l'inactive.

Qu'est-ce qui empêche la pepsine de digérer les protéines des cellules gastriques en même temps que celles de la nourriture? Premièrement, la pepsine est sécrétée sous une forme inactive appelée *pepsinogène*; sous cette forme, elle ne peut pas digérer les protéines des cellules principales qui la produisent. Le pepsinogène est converti en pepsine active uniquement au contact de molécules de pepsine déjà activées ou de l'acide chlorhydrique sécrété par les cellules pariétales. Deuxièmement, les cellules épithéliales de l'estomac sont protégées contre le suc gastrique par un mucus alcalin d'une épaisseur de 1 à 3 mm, sécrété par les cellules à mucus superficielles et les cellules à mucus du collet.

L'estomac produit une autre enzyme, la **lipase gastrique**, qui fragmente les triacylglycérols à chaînes courtes des matières grasses (par exemple, celles du lait) et les réduit en acides gras et en monoacylglycérols. Un monoacylglycérol est formé d'une molécule de glycérol liée à une molécule d'acide gras. La lipase gastrique, qui joue un rôle mineur dans l'estomac adulte, fonctionne de manière optimale à un pH de 5 à 6. Plus importante que la lipase linguale et la lipase gastrique, la lipase pancréatique est une enzyme sécrétée par le pancréas dans l'intestin grêle.

Seule une petite quantité de nutriments est absorbée dans l'estomac, car ses cellules épithéliales sont imperméables à la plupart des matières. Toutefois, ses cellules à mucus absorbent un peu d'eau, d'ions et d'acides gras à chaîne courte ainsi que certains médicaments (en particulier l'aspirine) et l'alcool.

L'estomac a fini de vider son contenu dans le duodénum dans les 2 à 4 h suivant le repas. Les aliments riches en glucides sont ceux qui restent le moins longtemps dans l'estomac. Les aliments riches en protéines y restent plus longtemps. C'est après un repas gras contenant de grandes quantités de triacylglycérols que l'évacuation est la plus lente.

Le tableau 24.3 résume les processus digestifs qui se déroulent dans l'estomac.

LE VOMISSEMENT

Le **vomissement** est l'expulsion, avec force, du contenu du tube digestif supérieur (l'estomac et parfois le duodénum) par la bouche. Les stimulus les plus puissants du vomissement sont l'irritation et la distension de l'estomac, mais il peut être provoqué aussi par la vue de choses désagréables, l'anesthésie générale, les étourdissements et certains médicaments tels que la morphine et les dérivés de la digitaline. Des influx nerveux sensitifs sont transmis au centre du vomissement (centre de régulation) dans le bulbe rachidien; les influx moteurs qui en repartent se propagent jusqu'aux organes du tube digestif supérieur, au diaphragme et aux muscles abdominaux (effecteurs). Le vomissement fait intervenir une compression de l'estomac entre le diaphragme et les muscles abdominaux, et l'expulsion de son contenu par l'ouverture des sphincters œsophagiens (réponses). Quand ils se prolongent, les vomissements peuvent avoir des conséquences graves, surtout pour les nourrissons et les personnes âgées; la perte de suc gastrique acide peut en effet entraîner une alcalose métabolique (élévation du pH sanguin au-dessus de la normale). Les vomissements répétés peuvent aussi entraîner la déshydratation et causer des lésions de l'œsophage et des dents. ■

▶ **POINT DE CONTRÔLE**

20. Comparez l'épithélium de l'œsophage avec celui de l'estomac. En quoi chacune de ces structures est-elle adaptée à la fonction de l'organe qu'elle recouvre?

21. À quoi servent les plis gastriques, les cellules à mucus superficielles, les cellules à mucus du collet, les cellules principales, les cellules pariétales et les cellules G de l'estomac?

22. À quoi sert la pepsine? Pourquoi est-elle sécrétée sous une forme inactive?

23. Quelles sont les fonctions de la lipase gastrique et de la lipase linguale dans l'estomac?

LE PANCRÉAS

> **OBJECTIF**

• Situer le pancréas et décrire son anatomie, son histologie et ses fonctions.

De l'estomac, le chyme passe à l'intestin grêle. Puisque la digestion chimique dans cet organe dépend du fonctionnement du pancréas, du foie et de la vésicule biliaire, nous étudierons d'abord l'activité de ces organes digestifs annexes, ainsi que leur incidence sur la digestion qui s'effectue dans l'intestin grêle.

L'ANATOMIE DU PANCRÉAS

Le **pancréas** (*pan*: tout; *kreas*: chair) est une glande rétropéritonéale de 12 à 15 cm de long et de 2,5 cm d'épaisseur. Il est situé derrière la grande courbure de l'estomac et comprend une tête, un corps et une queue. Il est en général relié au duodénum par deux conduits (figure 24.14a). La **tête** est la partie renflée de l'organe, près de la courbe du duodénum. Au-dessus de la tête et sur sa gauche se trouvent le **corps** (au milieu), puis la **queue**, qui va en rétrécissant.

Les sécrétions pancréatiques sont produites par les cellules exocrines et sécrétées dans de petits conduits qui finissent par fusionner pour former deux grands conduits: le conduit pancréatique et le conduit pancréatique accessoire. Ceux-ci acheminent les sécrétions jusque dans l'intestin grêle. Le **conduit pancréatique**, ou canal de Wirsung, est le plus gros de ces deux conduits. Chez la plupart des gens, le conduit pancréatique fusionne avec le conduit cholédoque en provenance du foie et de la vésicule biliaire pour

TABLEAU 24.3 RÉSUMÉ DES PROCESSUS DIGESTIFS QUI SE DÉROULENT DANS L'ESTOMAC

STRUCTURE	PROCESSUS	RÉSULTAT
MUQUEUSE		
Cellules principales	Sécrètent du pepsinogène.	La forme activée du pepsinogène – la pepsine – brise les protéines pour former des peptides.
	Sécrètent de la lipase gastrique.	La lipase gastrique fragmente les triacylglycérols en acides gras et en monoacylglycérols.
Cellules pariétales	Sécrètent de l'acide chlorhydrique.	L'acide tue les microorganismes dans la nourriture; dénature partiellement les protéines; convertit le pepsinogène en pepsine; et active la lipase linguale.
	Sécrètent le facteur intrinsèque.	Le facteur intrinsèque est indispensable à l'absorption de la vitamine B_{12}, qui intervient dans la production des érythrocytes (érythropoïèse).
Cellules à mucus superficielles et **cellules à mucus du collet**	Sécrètent du mucus.	Cette sécrétion forme une barrière protectrice qui évite que la paroi de l'estomac soit digérée.
	Absorption.	Un peu d'eau, d'ions et d'acides gras à chaîne courte ainsi que certains médicaments entrent dans la circulation sanguine.
Cellules G	Sécrètent de la gastrine.	La gastrine stimule les cellules pariétales, qui sécrètent du HCl, et les cellules principales, qui sécrètent du pepsinogène; elle cause aussi la contraction du sphincter œsophagien inférieur, augmente la motilité gastrique et provoque le relâchement du sphincter pylorique.
MUSCULEUSE	Ondes de brassage.	Les ondes favorisent la macération de la nourriture et la mélangent au suc gastrique pour former le chyme.
	Péristaltisme.	Ce mouvement pousse le chyme à travers le sphincter pylorique.
SPHINCTER PYLORIQUE	S'ouvre pour permettre le passage du chyme dans le duodénum.	Le sphincter régule le passage du chyme de l'estomac au duodénum et prévient le reflux du chyme du duodénum à l'estomac.

former l'**ampoule hépatopancréatique**, ou ampoule de Vater, qui débouche dans le duodénum. L'ouverture de l'ampoule est située au sommet d'une élévation de la muqueuse duodénale appelée **papille duodénale majeure**. Celle-ci se trouve à environ 10 cm en dessous du sphincter pylorique de l'estomac. Le passage du suc pancréatique et de la bile de l'ampoule hépatopancréatique à l'intestin grêle est régi par une masse de myocytes lisses nommée **sphincter de l'ampoule hépatopancréatique**, ou sphincter d'Oddi. Le plus petit des deux grands conduits pancréatiques – le **conduit pancréatique accessoire**, ou canal de Santorini –, va du pancréas au duodénum, dans lequel il déverse son contenu environ 2,5 cm au-dessus de l'ampoule hépatopancréatique.

L'HISTOLOGIE DU PANCRÉAS

Le pancréas est formé de petits amas de cellules épithéliales glandulaires. Environ 99 % de ces amas, appelés *acinus*, constituent la partie *exocrine* de l'organe (voir la figure 18.18b, c). Les cellules des acinus (cellules acineuses) sécrètent un mélange de liquide et d'enzymes digestives, le **suc pancréatique**. Les autres amas de cellules (1 %) sont appelés **îlots pancréatiques**, ou îlots de Langerhans, et forment la partie *endocrine* du pancréas. Les cellules de ces îlots sécrètent des hormones: le glucagon, l'insuline, la somatostatine et le polypeptide pancréatique. Les fonctions de ces hormones sont examinées au chapitre 18.

LA COMPOSITION ET LES FONCTIONS DU SUC PANCRÉATIQUE

Chaque jour, notre pancréas produit de 1 200 à 1 500 mL de suc pancréatique – liquide incolore composé surtout d'eau, de quelques sels, de bicarbonate de sodium et de plusieurs enzymes. Le bicarbonate de sodium donne au suc pancréatique un pH légèrement alcalin (de 7,1 à 8,2) qui tamponne le suc gastrique acide du chyme, inactive la pepsine provenant de l'estomac, et établit un pH approprié à l'action des enzymes digestives dans l'intestin grêle. Les enzymes du suc pancréatique sont notamment les suivantes: l'**amylase pancréatique**, qui digère l'amidon; la **trypsine**, la **chymotrypsine**, la **carboxypeptidase** et l'**élastase**, qui s'attaquent aux protéines; la **lipase pancréatique**, la principale enzyme de digestion des triacylglycérols chez l'adulte; et la **ribonucléase** et la **désoxyribonucléase**, qui catalysent la dégradation des acides nucléiques.

À l'instar de la pepsine, qui est sécrétée dans l'estomac sous forme de pepsinogène inactif, les enzymes protéolytiques (qui digèrent les protéines) pancréatiques sont produites sous une forme inactive, ce qui évite qu'elles digèrent les cellules du pancréas lui-même. Ainsi, la trypsine est sécrétée sous une forme inactive, le **trypsinogène**. Les cellules acineuses du pancréas sécrètent aussi une protéine appelée **inhibiteur de la trypsine**, qui se lie aux molécules de trypsine formées accidentellement dans le pancréas ou dans le suc pancréatique et bloque leur activité enzymatique.

FIGURE 24.14 L'emplacement du pancréas par rapport au foie, à la vésicule biliaire et au duodénum. L'agrandissement à droite montre la jonction du conduit cholédoque et du conduit pancréatique qui forment l'ampoule hépatopancréatique et le débouché de cette ampoule dans le duodénum.

Les enzymes pancréatiques catalysent la digestion de l'amidon (polysaccharides), des protéines, des triacylglycérols et des acides nucléiques.

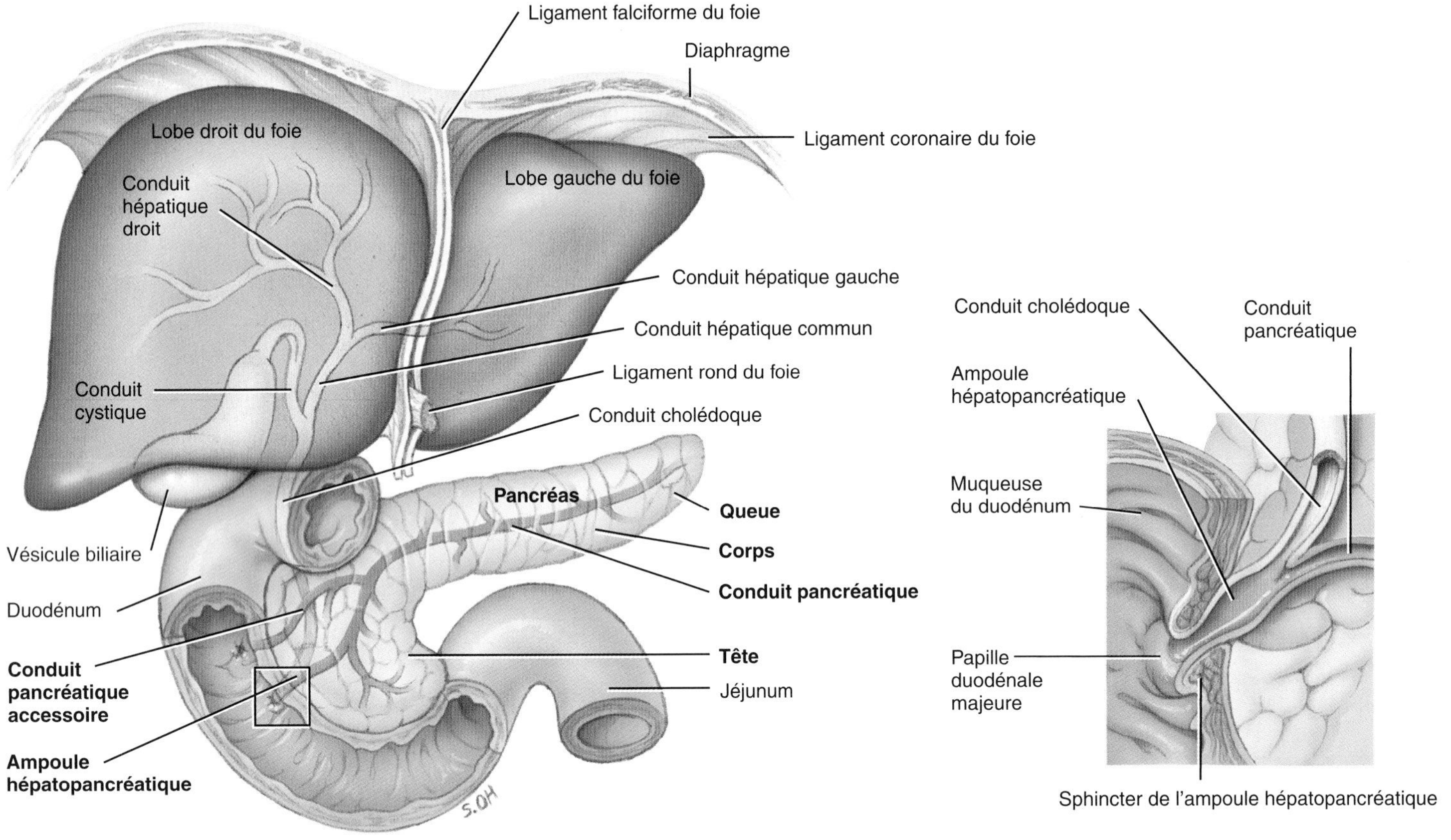

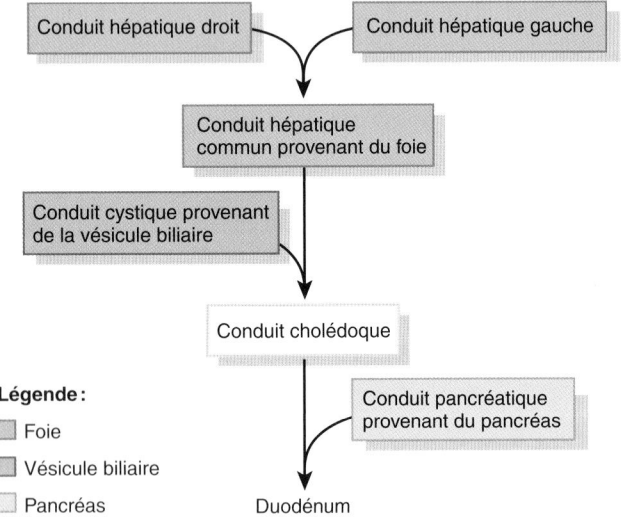

(a) Vue antérieure

(b) Détails de l'ampoule hépatopancréatique

(c) Conduits acheminant jusqu'au duodénum la bile du foie et de la vésicule biliaire ainsi que le suc pancréatique

Q Quel type de liquide trouve-t-on dans le conduit pancréatique? dans le conduit cholédoque? dans l'ampoule hépatopancréatique?

Quand le trypsinogène atteint la lumière de l'intestin grêle, il entre en contact avec une enzyme d'activation de la bordure en brosse, l'**entérokinase**, qui supprime une partie de la molécule du trypsinogène pour former la trypsine. Celle-ci agit alors sur les précurseurs inactifs – **chymotrypsinogène**, **procarboxypeptidase** et **proélastase** – pour donner la chymotrypsine, la carboxypeptidase et l'élastase, respectivement.

LA PANCRÉATITE ET LE CANCER DU PANCRÉAS

Souvent associée à l'abus d'alcool ou à une lithiase biliaire chronique, l'inflammation du pancréas est appelée **pancréatite**. Dans le cas plus grave de **pancréatite aiguë**, qui est liée à une très grande consommation d'alcool ou à une obstruction des voies biliaires, les cellules du pancréas peuvent libérer de la trypsine plutôt que du trypsinogène ou produire une quantité insuffisante d'inhibiteur de la trypsine, si bien que le pancréas est exposé à l'autodigestion. Les patients atteints de pancréatite aiguë réagissent généralement bien au traitement, mais les rechutes sont fréquentes. La pancréatite est idiopathique chez certains sujets, c'est-à-dire que sa cause reste inconnue. Sinon, la pancréatite peut être due à la fibrose kystique du pancréas (ou mucoviscidose), à l'hypercalcémie (concentration anormalement élevée de calcium dans le sang), à l'hyperlipidémie ou l'hypertriglycéridémie (concentration anormalement élevée de gras dans le sang), à certains médicaments ou à une affection auto-immune. Toutefois, l'alcoolisme explique environ 70% des cas de pancréatite chez l'adulte. Les premiers épisodes se déclenchent souvent entre 30 et 40 ans.

Le **cancer du pancréas** touche d'ordinaire les gens de plus de 50 ans, et plus souvent les hommes que les femmes. En général, ses symptômes restent peu manifestes tant que la maladie n'a pas atteint un stade avancé; dans la plupart des cas, elle s'est déjà disséminée par métastases dans d'autres régions du corps, par exemple les nœuds lymphatiques, le foie ou les poumons. La maladie est presque toujours mortelle. Les scientifiques constatent une corrélation entre la consommation excessive d'aliments gras ou d'alcool, certains facteurs génétiques, le tabac, la pancréatite chronique, d'une part, et le cancer du pancréas, d'autre part. ■

▶ **POINT DE CONTRÔLE**

24. Décrivez le réseau des conduits qui relient le pancréas au duodénum.

25. Que sont les acinus pancréatiques? Comparez leurs fonctions avec celles des îlots pancréatiques.

26. Quelles sont les fonctions digestives des constituants du suc pancréatique?

LE FOIE ET LA VÉSICULE BILIAIRE

OBJECTIF

• Situer le foie et la vésicule biliaire et décrire leur anatomie, leur histologie et leurs fonctions.

Le **foie** est la glande la plus lourde de l'organisme. Il pèse environ 1,4 kg chez l'adulte moyen et constitue par sa dimension le deuxième organe du corps après la peau. Il est situé sous le diaphragme et occupe la majeure partie de la région hypochondriaque droite et une partie de la région épigastrique de la cavité abdominopelvienne (voir la figure 1.12a).

La **vésicule biliaire** est un sac en forme de poire située dans une dépression de la face postérieure du foie. Mesurant de 7 à 10 cm de long, elle est généralement suspendue au bord antéro-inférieur du foie (figure 24.14a).

L'ANATOMIE DU FOIE ET DE LA VÉSICULE BILIAIRE

Le foie est presque entièrement recouvert par le péritoine viscéral. Il est en outre complètement enveloppé d'une couche de tissu conjonctif dense irrégulier se trouvant sous le péritoine. Il est divisé en deux lobes principaux – le **lobe droit**, qui est le plus grand, et le **lobe gauche** – par le **ligament falciforme**, un repli du péritoine (figure 24.14a). À cause de sa morphologie interne (principalement la distribution des vaisseaux sanguins), beaucoup d'anatomistes considèrent que le lobe droit comprend un **lobe carré** inférieur et un **lobe caudé** postérieur. En fait, il est plus approprié de considérer que ces lobes font partie du lobe gauche. Le ligament falciforme s'étend de la face inférieure du diaphragme jusqu'à la face supérieure du foie entre les deux lobes principaux. Il aide à suspendre le foie dans la cavité abdominale. Le long du bord libre du ligament falciforme se trouve le **ligament rond du foie**, un vestige de la veine ombilicale du fœtus (voir la figure 21.30a, b); ce cordon fibreux s'étend du foie au nombril. Les **ligaments coronaires** droit et gauche sont des prolongements étroits du péritoine pariétal qui suspendent le foie au diaphragme.

Les trois parties de la vésicule biliaire sont le **fundus**, qui est la portion large de l'organe et dépasse du bord inférieur du foie; le **corps**, c'est-à-dire la région centrale; et le **col**, où la vésicule se rétrécit. Le corps et le col sont orientés vers le haut.

L'HISTOLOGIE DU FOIE ET DE LA VÉSICULE BILIAIRE

Les lobes du foie sont faits de nombreuses unités fonctionnelles, les **lobules** (figure 24.15). Ce sont en général des structures hexagonales (à six côtés) constituées de cellules épithéliales spécialisées, les **hépatocytes** (*hêpatos*: foie; *kutos*: cellule). Ceux-ci forment des plaques irrégulières, ramifiées, reliées les unes aux autres et disposées autour d'une **veine centrale**. Les lobules hépatiques possèdent en outre des capillaires hautement perméables, les **sinusoïdes**, où le sang circule. Ces sinusoïdes contiennent des phagocytes fixes, les **cellules réticuloendothéliales étoilées** (ou cellules de Kupffer), qui détruisent les leucocytes et les érythrocytes usés, les bactéries et autres substances étrangères qui se trouvent dans le sang veineux provenant du tube digestif.

Sécrétée par les hépatocytes, la bile entre dans les **canalicules biliaires** (*canaliculus*: petit canal), canaux intercellulaires étroits débouchant dans un réseau de petits *conduits collecteurs* (figure 24.15a). Ces derniers déversent la bile dans les **conduits biliaires**, à la périphérie des lobules. Les conduits biliaires fusionnent et finissent par former les **conduits hépatiques droit** et **gauche**, qui s'unissent à leur tour et forment le **conduit hépatique commun** en sortant du foie (figure 24.14). Le conduit hépatique commun se joint en aval au **conduit cystique** (*kustis*: vessie) de la vésicule biliaire pour former le **conduit cholédoque**.

La muqueuse de la vésicule biliaire est constituée d'un épithélium simple prismatique formant des plis semblables à ceux de l'estomac. La paroi de la vésicule biliaire ne possède pas de sousmuqueuse. Sa couche musculaire moyenne est formée de myocytes lisses qui, en se contractant, expulsent le contenu de la vésicule dans le **conduit cystique**. La couche externe de la vésicule biliaire est le péritoine viscéral. La fonction de la vésicule biliaire consiste à entreposer et à concentrer la bile produite par le foie (jusqu'à dix fois) jusqu'à ce qu'elle soit requise dans l'intestin grêle. Au cours du processus de concentration, la muqueuse de la vésicule absorbe de l'eau et des ions.

L'ICTÈRE

L'ictère, ou jaunisse, se manifeste par une coloration jaunâtre de la sclère (blanc de l'œil), de la peau et des muqueuses qui est due à l'accumulation de bilirubine, une substance jaune. La bilirubine se forme à partir du fractionnement de l'hème (pigment des érythrocytes

FIGURE 24.15 L'histologie d'un lobule, l'unité fonctionnelle du foie.

Un lobule se compose d'hépatocytes disposés autour d'une veine centrale.

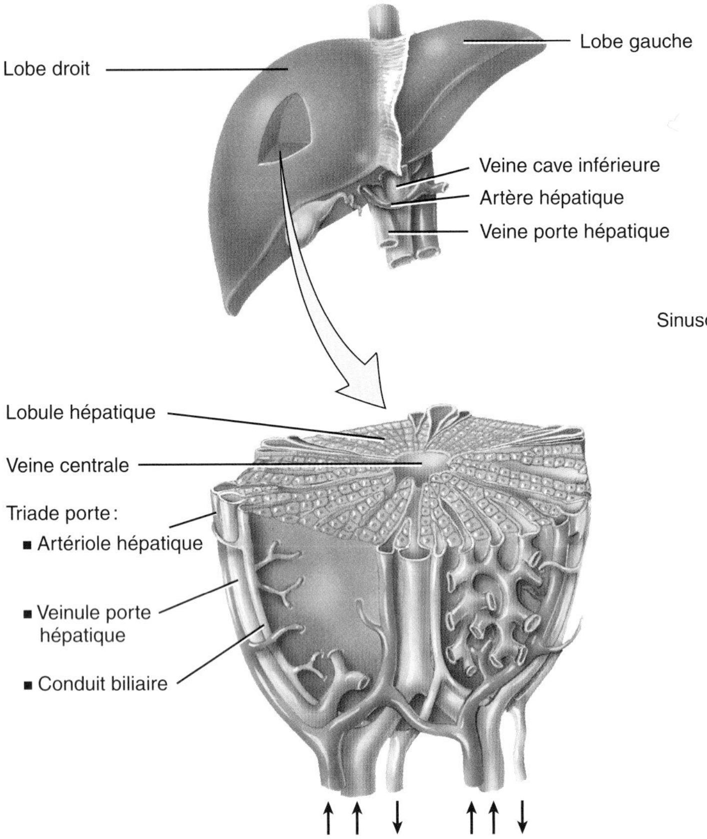

Lobe droit

Lobe gauche

Veine cave inférieure
Artère hépatique
Veine porte hépatique

Tissu conjonctif

Triade porte:
■ Veinule porte hépatique

■ Artériole hépatique

■ Conduit biliaire

Veine centrale

Hépatocytes

Sinusoïdes

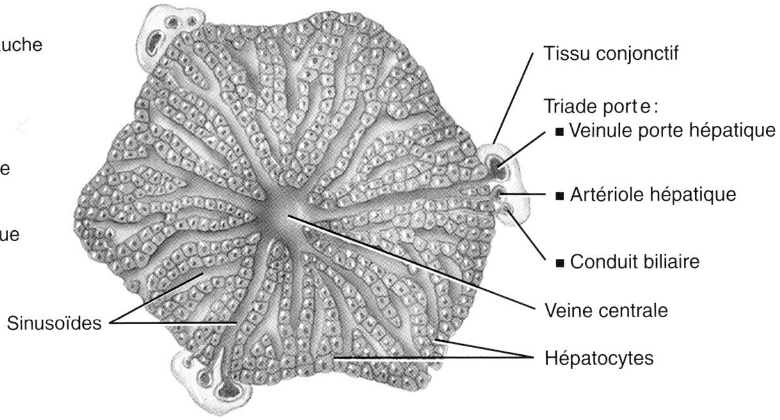

(b) Vue détaillée d'un lobule hépatique

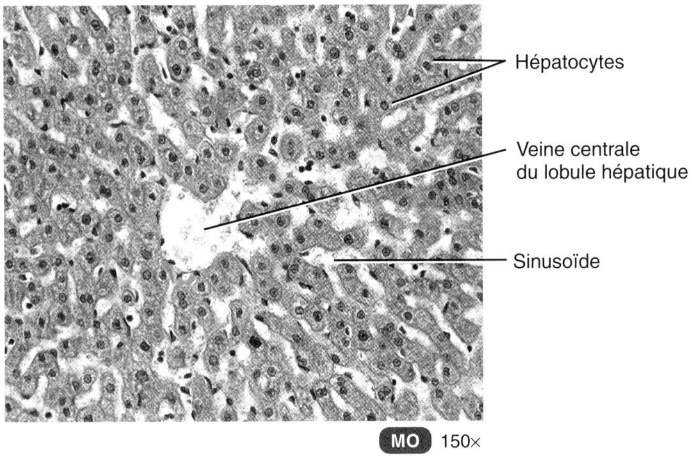

Lobule hépatique

Veine centrale

Triade porte:
■ Artériole hépatique

■ Veinule porte hépatique

■ Conduit biliaire

(a) Vue d'ensemble d'un lobule hépatique

Hépatocytes

Veine centrale du lobule hépatique

Sinusoïde

MO 150×

(c) Photomicrographie d'une partie d'un lobule hépatique

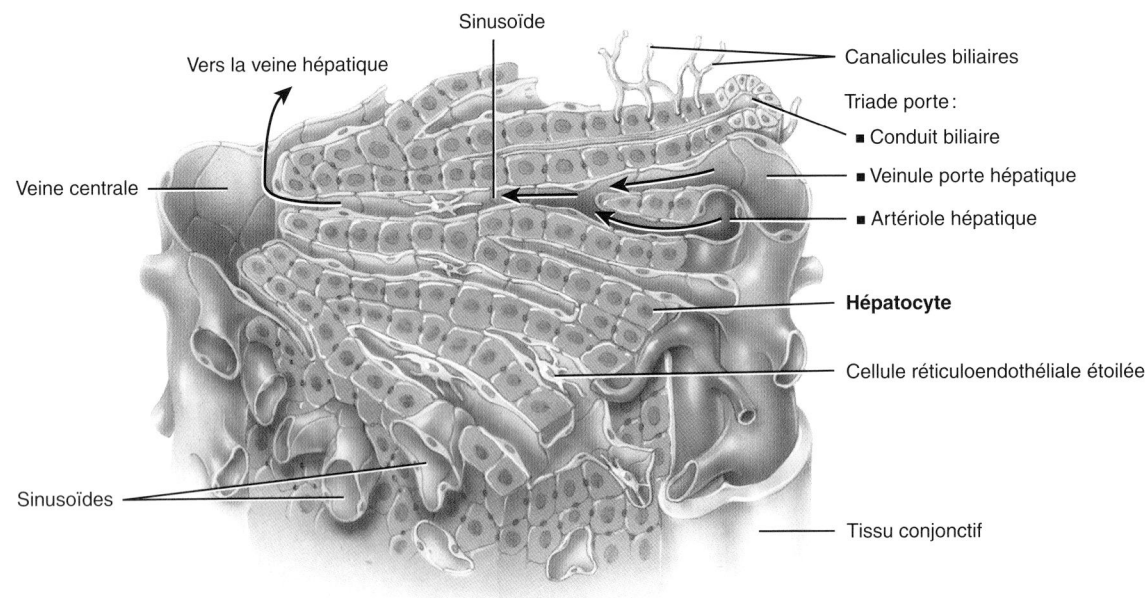

Sinusoïde

Vers la veine hépatique

Canalicules biliaires

Triade porte:
■ Conduit biliaire

■ Veinule porte hépatique

■ Artériole hépatique

Hépatocyte

Cellule réticuloendothéliale étoilée

Veine centrale

Sinusoïdes

Tissu conjonctif

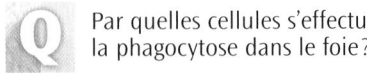

Par quelles cellules s'effectue la phagocytose dans le foie?

(d) Vue détaillée d'une partie d'un lobule hépatique

usés). Elle est ensuite acheminée jusqu'au foie, où elle est traitée puis excrétée dans la bile. On distingue trois grands types d'ictères : 1) l'*ictère préhépatique*, qui est causé par une production excessive de bilirubine ; 2) l'*ictère hépatique*, qui est dû à une maladie hépatique congénitale, une cirrhose du foie ou une hépatite ; 3) l'*ictère extrahépatique*, qui est attribuable à un blocage de l'évacuation de la bile par des calculs biliaires ou par un cancer des intestins ou du pancréas.

Comme le foie des nouveau-nés ne fonctionne pas encore parfaitement dans les premières semaines de la vie, nombreux sont les bébés qui présentent une forme atténuée de l'ictère, l'*ictère néonatal*, ou *ictère physiologique* (communément appelé «jaunisse du nouveau-né»). Cette affection disparaît quand le foie se met à mieux fonctionner. On la traite généralement en exposant l'enfant à la lumière bleue, qui convertit la bilirubine en diverses substances que les reins peuvent excréter. ■

LA VASCULARISATION DU FOIE

Le foie est irrigué par deux sources (figure 24.16). Il reçoit de l'artère hépatique du sang oxygéné et de la veine porte hépatique, du sang désoxygéné contenant des nutriments nouvellement absorbés, des substances médicamenteuses et parfois des microorganismes et des toxines en provenance du tube digestif (voir la figure 21.28). Les ramifications de l'artère hépatique et ceux de la veine porte hépatique acheminent le sang aux sinusoïdes du foie, où l'oxygène, la plupart des nutriments et certains produits toxiques sont absorbés par les hépatocytes. Les substances fabriquées par les hépatocytes et les nutriments dont les autres cellules ont besoin sont retournés dans le sang par sécrétion. Ce sang est ensuite recueilli par les veines centrales et finit par passer dans une veine hépatique. Parce que le sang qui provient du tube digestif traverse le foie par le système porte hépatique, le foie est souvent touché par les métastases des cancers qui prennent naissance dans le tube digestif. En général, on rencontre aux coins des lobules hépatiques une **triade porte** (figure 24.15) constituée d'une veinule porte (ramification de la veine porte), d'une artériole hépatique (ramification de l'artère hépatique) et d'un conduit biliaire, qui traversent le foie parallèlement les uns aux autres.

LA COMPOSITION ET LE RÔLE DE LA BILE

Chaque jour, les hépatocytes sécrètent de 800 à 1 000 mL de **bile**, un liquide jaune, brunâtre ou vert olive dont le pH se situe entre 7,6 et 8,6. La bile se compose surtout d'eau, de sels biliaires, de cholestérol, de lécithine (un phospholipide), de pigments biliaires et de plusieurs ions.

Le principal pigment de la bile est la **bilirubine**. La phagocytose des érythrocytes usés libère du fer, de la globine et de la bilirubine (qui est dérivée de l'hème) (voir la figure 19.5). Le fer et la globine sont recyclés ; la bilirubine est sécrétée dans la bile et finit par être dégradée dans l'intestin. La **stercobiline**, l'un des produits ainsi obtenus, donne aux fèces leur couleur brune normale.

La bile est à la fois un produit d'excrétion et une sécrétion digestive. Les sels biliaires sont formés de sels de sodium et de sels de potassium d'acides biliaires (surtout l'acide chénodésoxycholique et l'acide cholique). Ils interviennent dans l'**émulsification**, c'est-à-dire la fragmentation des gros globules de lipides pour former une suspension de petits globules lipidiques. Ces petits globules possèdent une très grande surface qui permet à la lipase pancréatique de digérer les triacylglycérols plus rapidement. Les sels biliaires favorisent également l'absorption des lipides une fois qu'ils ont été digérés.

Bien qu'ils libèrent continuellement de la bile, les hépatocytes en augmentent la production et la sécrétion quand le sang de la veine porte contient plus d'acides biliaires. Ainsi, pendant que la digestion et l'absorption s'effectuent dans l'intestin grêle, la libération de bile augmente. Entre les repas, après que la plus grande partie de l'absorption est terminée, la bile s'écoule dans la vésicule biliaire où elle est emmagasinée, car le sphincter de l'ampoule hépatopancréatique (figure 24.14) bloque l'accès au duodénum.

LES CALCULS BILIAIRES

Si la bile ne contient pas assez de sels biliaires ou de lécithine, ou si elle contient trop de cholestérol, celui-ci peut cristalliser et former des **calculs biliaires**. Selon leur taille et leur nombre, ces concrétions peuvent entraîner une obstruction minime, intermittente ou complète des conduits et perturber l'écoulement de la bile de la vésicule biliaire au duodénum. Plusieurs types de traitements sont envisageables : administration de médicaments pour dissoudre les calculs

FIGURE 24.16 La circulation sanguine dans le foie : l'origine du sang, son cheminement dans l'organe et son retour jusqu'au cœur.

Le foie reçoit du sang oxygéné par l'artère hépatique et du sang désoxygéné riche en nutriments par la veine porte hépatique.

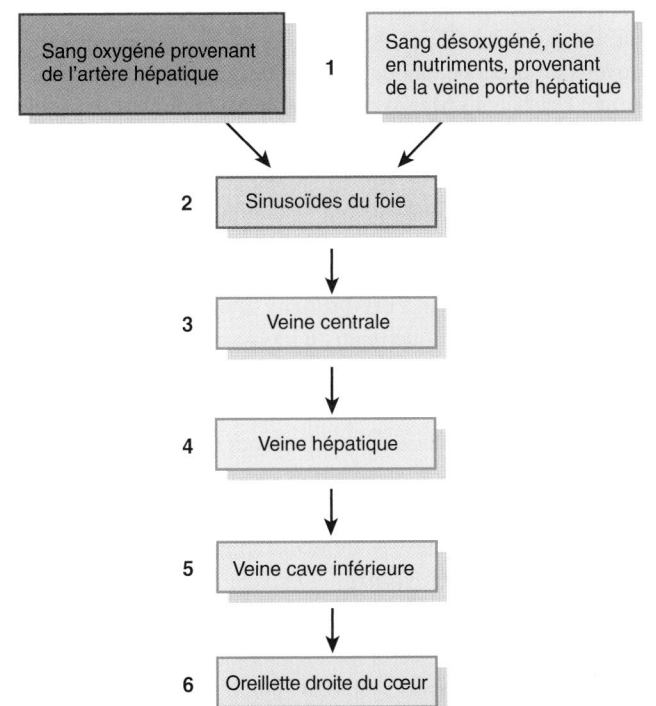

 Dans les quelques heures qui suivent le repas, quels changements observe-t-on dans la composition chimique du sang qui a circulé dans les sinusoïdes du foie ?

biliaires ; lithotritie (thérapie par ondes de choc) ; et chirurgie. Pour les patients chez lesquels cette lithiase (formation de dépôts minéraux) est récurrente, ou pour lesquels les médicaments ou la lithotritie sont contre-indiqués, la *cholécystectomie* (ablation de la vésicule biliaire et de son contenu) s'impose. ■

LES FONCTIONS DU FOIE

Le foie sécrète la bile qui est indispensable à l'absorption des lipides alimentaires. Mais il accomplit aussi de nombreuses autres fonctions vitales :

- *Le métabolisme des glucides.* Les hépatocytes jouent un rôle particulièrement important dans le maintien de la glycémie normale. Quand le taux de glucose est bas, le foie peut transformer le glycogène en glucose qu'il libère dans la circulation sanguine. Il peut aussi convertir en glucose certains acides aminés et l'acide lactique, ainsi que d'autres sucres comme le fructose et le galactose. Quand le taux de glucose est élevé, par exemple juste après le repas, le foie convertit le glucose en glycogène et en triacylglycérols qu'il met en réserve.

- *Le métabolisme des lipides.* Les hépatocytes emmagasinent une partie des triacylglycérols ; métabolisent les acides gras pour produire de l'ATP ; synthétisent les lipoprotéines, qui assurent le transport aller-retour des acides gras, des triacylglycérols et du cholestérol entre le foie et les cellules de l'organisme ; synthétisent le cholestérol et l'utilisent pour produire les sels biliaires.

- *Le métabolisme des protéines.* Les hépatocytes *désaminent* les acides aminés – c'est-à-dire qu'ils en retirent le groupement amine, NH_2. Ainsi, les acides aminés peuvent servir à produire l'ATP ou être transformés en glucides ou en lipides. L'ammoniac (NH_3) produit par cette réaction est toxique et doit être converti en urée, beaucoup moins toxique, qui est excrétée dans l'urine. Les hépatocytes synthétisent aussi la plupart des protéines plasmatiques, par exemple les globulines alpha et bêta, l'albumine, la prothrombine et le fibrinogène.

- *Le traitement des substances toxiques, des médicaments et des hormones.* Le foie peut détoxiquer différentes substances telles que l'alcool et excréter des médicaments dans la bile, par exemple la pénicilline, l'érythromycine et les sulfamides. Il peut aussi modifier chimiquement ou excréter les hormones thyroïdiennes et les hormones stéroïdes (œstrogènes, aldostérone, etc.).

- *L'excrétion de la bilirubine.* Nous avons vu que la bilirubine (qui est dérivée de l'hème des érythrocytes usés) est extraite du sang par le foie puis sécrétée dans la bile. La majeure partie de la bilirubine contenue dans la bile est métabolisée dans l'intestin grêle par des bactéries, puis éliminée dans les fèces.

- *La synthèse des sels biliaires.* Les sels biliaires contenus dans la bile sont mis à contribution dans l'intestin grêle pour l'émulsification et l'absorption des lipides.

- *Le stockage.* En plus d'emmagasiner le glycogène, le foie est l'un des principaux sites de stockage de certaines vitamines (A, B_{12}, D, E et K) et de certains minéraux (fer et cuivre). Les hépatocytes libèrent ces substances à mesure qu'elles sont requises dans d'autres parties du corps.

- *La phagocytose.* Les cellules réticuloendothéliales étoilées du foie phagocytent les érythrocytes et les leucocytes usés ainsi que certaines bactéries.

- *L'activation de la vitamine D.* Les cellules de la peau, du foie et des reins contribuent à la synthèse de la vitamine D sous sa forme active.

Nous étudierons plus en détail au chapitre 25 les fonctions du foie se rapportant au métabolisme.

▶ **POINT DE CONTRÔLE**

27. Dessinez un lobule hépatique en indiquant ses différents éléments.

28. Décrivez les voies par lesquelles le sang arrive au foie, le traverse et en ressort.

29. Comment le foie et la vésicule biliaire sont-ils reliés au duodénum ?

30. Comment la bile qui se forme dans le foie est-elle collectée et acheminée à la vésicule biliaire pour y être entreposée ?

31. Quelle est la fonction de la bile ?

L'INTESTIN GRÊLE

▶ **OBJECTIFS**

- Situer l'intestin grêle et décrire son anatomie, son histologie et ses fonctions.
- Décrire les processus qui contribuent à la digestion mécanique et à la digestion chimique qui se déroulent dans l'intestin grêle.

Les principales étapes de la digestion et de l'absorption se déroulent dans un long tube, l'**intestin grêle**. Sa structure est d'ailleurs particulièrement bien adaptée à ces fonctions. Sa longueur procure une grande surface pour la digestion et l'absorption ; elle est en outre augmentée par des plis circulaires, des villosités et des microvillosités. L'intestin grêle commence au sphincter pylorique de l'estomac, serpente dans la partie centrale et inférieure de la cavité abdominale et débouche dans le gros intestin. Il mesure en moyenne 2,5 cm de diamètre et environ 3 m de long chez une personne vivante (6,5 m après la mort à cause de la perte de tonus des muscles lisses).

L'ANATOMIE DE L'INTESTIN GRÊLE

L'intestin grêle comprend trois segments (figure 24.17). Le **duodénum**, qui est le plus court des trois, est rétropéritonéal. Il va du sphincter pylorique de l'estomac jusqu'au jéjunum et mesure environ 25 cm de long. Le mot latin *duodenum* signifie « douze » et il se rapporte à la longueur de ce segment, qui équivaut à peu près à la largeur de 12 doigts. Le **jéjunum** mesure environ 1 m de long et aboutit à l'iléum. Le mot latin *jejunum* signifie « à jeun » ; en

FIGURE 24.17 L'anatomie de l'intestin grêle. (a) L'intestin grêle comprend le duodénum, le jéjunum et l'iléum. (b) Les plis circulaires augmentent la surface de l'intestin grêle pour faciliter la digestion et l'absorption.

La majeure partie de la digestion et de l'absorption s'effectue dans l'intestin grêle.

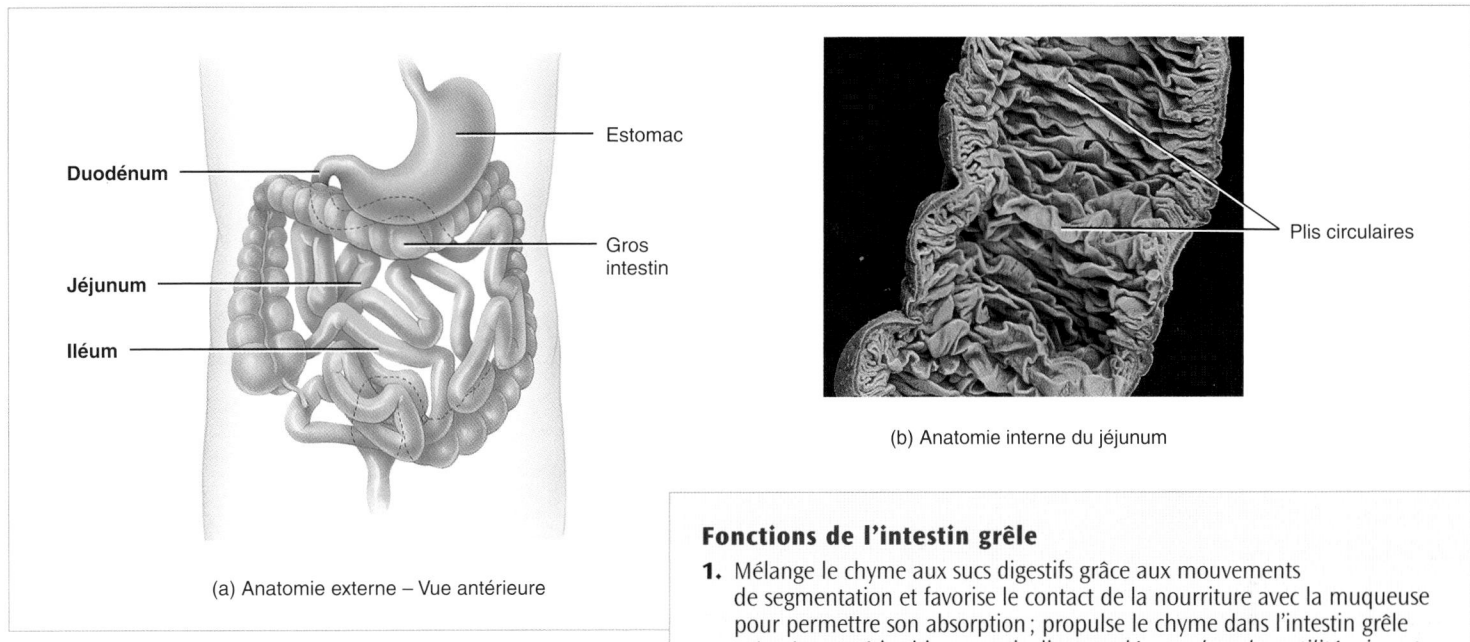

(a) Anatomie externe – Vue antérieure

(b) Anatomie interne du jéjunum

 Quel est le plus long segment de l'intestin grêle?

Fonctions de l'intestin grêle

1. Mélange le chyme aux sucs digestifs grâce aux mouvements de segmentation et favorise le contact de la nourriture avec la muqueuse pour permettre son absorption; propulse le chyme dans l'intestin grêle grâce à son péristaltisme particulier appelé *complexe de motilité migrante.*

2. Achève la digestion des glucides, des protéines et des lipides; accomplit toute la digestion des acides nucléiques.

3. Absorbe environ 90% des nutriments et de l'eau qui traversent le système digestif.

effet, cette partie du tube digestif est vide après la mort. Le dernier segment de l'intestin grêle, l'**iléum** (*eilein*: enrouler), est le plus long. Il mesure environ 2 m et s'abouche au gros intestin par la **valve iléocæcale**.

L'HISTOLOGIE DE L'INTESTIN GRÊLE

La paroi de l'intestin grêle possède les quatre couches de tissu communes à la plupart des sections du tube digestif: muqueuse, sousmuqueuse, musculeuse et séreuse (figure 24.18a).

La **muqueuse** se compose d'une couche d'épithélium, d'un chorion, et d'une muscularis mucosæ. L'épithélium de la muqueuse de l'intestin grêle est de type simple prismatique et contient de nombreux types de cellules (figure 24.18b). Ainsi, les **cellules absorbantes**, ou entérocytes, de l'épithélium digèrent et absorbent les nutriments contenus dans le chyme de l'intestin grêle. Quant aux **cellules caliciformes**, elles sécrètent du mucus. La muqueuse de l'intestin grêle présente de nombreuses crevasses profondes tapissées d'épithélium glandulaire dont les cellules forment les **glandes intestinales de l'intestin grêle**, ou cryptes de Lieberkühn, et sécrètent le suc intestinal (nous y reviendrons plus loin). En plus des cellules absorbantes et des cellules caliciformes, les glandes intestinales de l'intestin grêle contiennent des cellules à granules

acidophiles et des cellules entéroendocrines. Les **cellules à granules acidophiles**, ou cellules de Paneth, sécrètent le lysozyme (une enzyme bactéricide) et sont capables de phagocytose. Elles pourraient jouer un rôle dans la régulation de la population microbienne de l'intestin grêle. On rencontre également dans les glandes intestinales de l'intestin grêle trois types de cellules entéroendocrines: les **cellules S**, les **cellules CCK**, les **cellules K**. Elles sécrètent des hormones: la **sécrétine**, la **cholécystokinine** (**CCK**) et le **peptide insulinotrophique glucodépendant**, respectivement.

Le chorion de la muqueuse de l'intestin grêle contient du tissu conjonctif aréolaire et beaucoup de tissu lymphoïde associé aux muqueuses (MALT). C'est dans la partie distale de l'iléum que les **follicules lymphatiques solitaires** sont les plus nombreux (figure 24.19c). On rencontre également dans l'iléum des **follicules lymphatiques agrégés**, ou plaques de Peyer, qui sont des amas de follicules lymphatiques. La muscularis mucosæ de la muqueuse de l'intestin grêle est faite de muscle lisse.

La **sous-muqueuse** du duodénum possède des **glandes duodénales**, ou glandes de Brunner (figure 24.19a), qui sécrètent un mucus alcalin contribuant à neutraliser l'acide gastrique dans le chyme. Il arrive que le tissu lymphatique du chorion traverse la muscularis mucosæ pour entrer dans la sous-muqueuse.

FIGURE 24.18 L'histologie de l'intestin grêle.

Les plis circulaires, les villosités et les microvillosités augmentent la surface de l'intestin grêle pour la digestion et l'absorption.

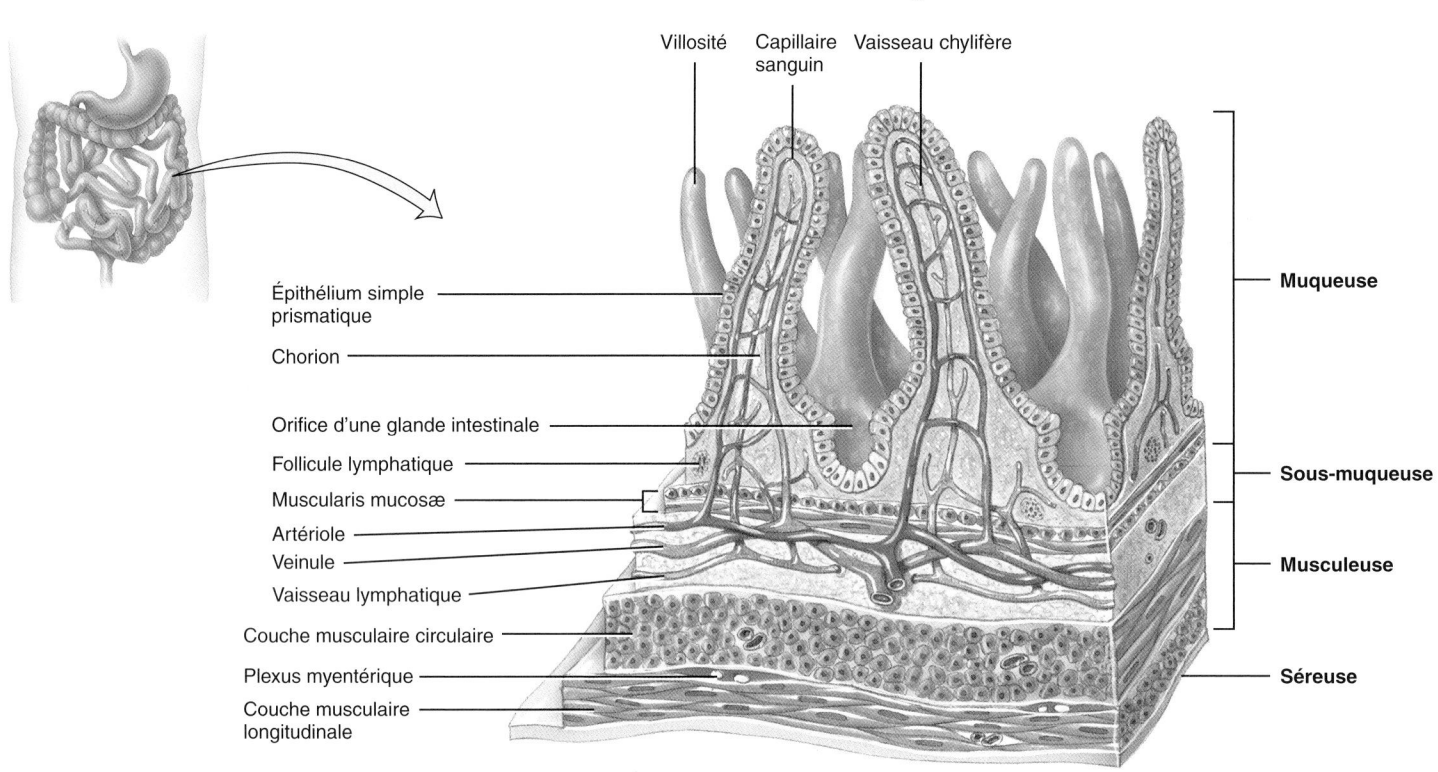

Lumière de l'intestin grêle

Villosité Capillaire sanguin Vaisseau chylifère

Muqueuse

Sous-muqueuse

Musculeuse

Séreuse

Épithélium simple prismatique

Chorion

Orifice d'une glande intestinale

Follicule lymphatique

Muscularis mucosæ

Artériole

Veinule

Vaisseau lymphatique

Couche musculaire circulaire

Plexus myentérique

Couche musculaire longitudinale

(a) Vue tridimensionnelle des couches de l'intestin grêle, avec les villosités

La **musculeuse** de l'intestin grêle se compose de deux couches de muscle lisse : une couche externe, longitudinale et plus mince et une couche interne, circulaire et plus épaisse. La **séreuse** (c'est-à-dire le péritoine viscéral) enveloppe complètement l'intestin grêle, à l'exception d'une grande part du duodénum.

Ainsi que nous l'avons mentionné, la paroi de l'intestin grêle possède les quatre couches de tissu communes à la plupart des sections du tube digestif. Toutefois, certaines particularités structurelles propres à l'intestin grêle favorisent les processus de la digestion et de l'absorption ; il s'agit des plis circulaires, des villosités et microvillosités. Les **plis circulaires** sont des crêtes permanentes de la muqueuse et de la sous-muqueuse (figure 24.17b). Hauts d'environ 10 mm, ces plis circulaires commencent près de la partie proximale du duodénum et se terminent vers le milieu de l'iléum. Certains parcourent toute la circonférence de l'intestin grêle ; d'autres en font partiellement le tour. Ils augmentent la surface de la paroi et forcent le chyme à se déplacer dans l'intestin grêle en spirale plutôt qu'en ligne droite, favorisant ainsi doublement l'absorption.

L'intestin grêle contient également des **villosités** (*villus* : poil), soit des saillies digitiformes de la muqueuse qui mesurent de 0,5 à 1 mm de long (figure 24.18a). Les villosités sont nombreuses (de 20 à 40 par millimètre carré), ce qui augmente considérablement la surface de l'épithélium utilisable pour la digestion et l'absorption et confère à la muqueuse intestinale une apparence duveteuse. Chaque villosité se compose de chorion recouvert d'épithélium. Dans le tissu conjonctif du chorion sont enchâssés une artériole, une veinule, un réseau de capillaires sanguins et un **vaisseau chylifère** (*khulos* : suc ; *fere* : porter), qui est un capillaire lymphatique. Les nutriments absorbés par les cellules épithéliales qui recouvrent les villosités traversent la paroi d'un capillaire ou d'un vaisseau chylifère pour entrer dans le sang ou dans la lymphe, respectivement.

En plus des plis circulaires et des villosités, l'intestin grêle possède des **microvillosités** (*mikros* : petit), qui sont des prolongements très fins de la membrane apicale (libre) des cellules absorbantes. Les microvillosités sont des prolongements cylindriques qui mesurent 1 μm de long, sont recouverts de membrane et contiennent chacune un faisceau de 20 à 30 filaments d'actine. On ne distingue pas les microvillosités séparément au microscope optique, car elles sont trop petites. On voit par contre une bordure floue, la **bordure en brosse**, qui s'avance dans la lumière de l'intestin grêle (figure 24.19d). Les scientifiques estiment que chaque millimètre carré d'intestin grêle compte 200 millions de microvillosités. Comme ces structures augmentent considérablement la surface de la membrane plasmique, elles permettent aux nutriments digérés de diffuser plus rapidement dans les cellules absorbantes. La bordure en brosse contient en outre plusieurs enzymes ayant des fonctions digestives (voir plus loin).

FIGURE 24.18 L'histologie de l'intestin grêle *(suite).*

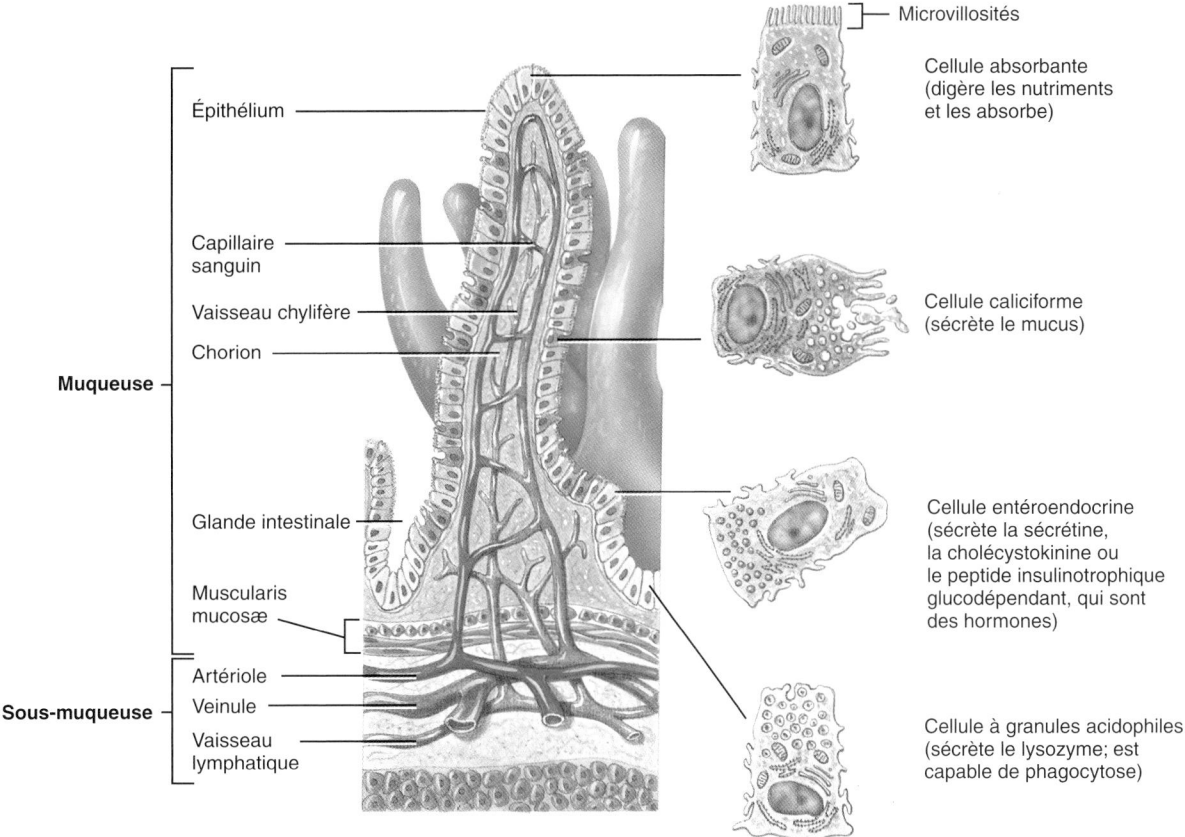

(b) Agrandissement d'une villosité montrant le vaisseau chylifère, les capillaires, une glande intestinale et les types de cellules de la muqueuse

 À quoi servent les capillaires sanguins et le vaisseau chylifère situés au centre des villosités?

LES RÔLES DU SUC INTESTINAL ET DES ENZYMES DE LA BORDURE EN BROSSE

Le corps humain sécrète chaque jour de 1 à 2 L de **suc intestinal** – un liquide jaune translucide légèrement alcalin (un pH de 7,6) contenant de l'eau et du mucus. Ensemble, les sucs pancréatique et intestinal forment un milieu liquide qui favorise l'absorption des substances du chyme dans l'intestin grêle. Les cellules absorbantes de l'intestin grêle synthétisent plusieurs enzymes digestives, les **enzymes de la bordure en brosse**, qu'elles insèrent dans la membrane plasmique des microvillosités. Ainsi, la digestion enzymatique s'effectue en partie à la surface des cellules absorbantes qui tapissent les villosités – et non exclusivement dans la lumière, comme c'est le cas dans les autres régions du tube digestif. Parmi les enzymes de la bordure en brosse figurent quatre enzymes qui catalysent la digestion des glucides (l'alpha-dextrinase, la maltase, la sucrase et la lactase); des enzymes pour la digestion des protéines (des peptidases, en l'occurrence l'aminopeptidase et la dipeptidase); et deux types d'enzymes qui digèrent les nucléotides (les nucléosidases et les phosphatases). Par ailleurs, quand les cellules absorbantes qui se détachent de la paroi (desquamation) passent dans la lumière de l'intestin grêle, elles se désagrègent et libèrent des enzymes qui contribuent à la digestion des nutriments dans le chyme.

LA DIGESTION MÉCANIQUE DANS L'INTESTIN GRÊLE

Les deux types de mouvements qui se produisent dans l'intestin grêle – la segmentation et un type de péristaltisme appelé *complexe de motilité migrante* – sont régis principalement par le plexus myentérique. La **segmentation** est une contraction de brassage localisée qui se déroule dans les régions de l'intestin distendues par un gros volume de chyme. Elle mélange le chyme aux sucs digestifs et met les particules d'aliments de plus en plus simplifiées en contact avec la muqueuse pour qu'elles y soient absorbées. Elle ne pousse pas le contenu de l'intestin pour le faire avancer. La segmentation commence par la contraction des myocytes lisses de la couche circulaire dans une certaine partie de l'intestin grêle, ce qui divise celui-ci en segments. Ensuite, les myocytes qui encerclent le milieu de chacun des segments se

FIGURE 24.19 L'histologie du duodénum et de l'iléum.

Les microvillosités de l'intestin grêle contiennent plusieurs enzymes de la bordure en brosse qui contribuent à la digestion des nutriments.

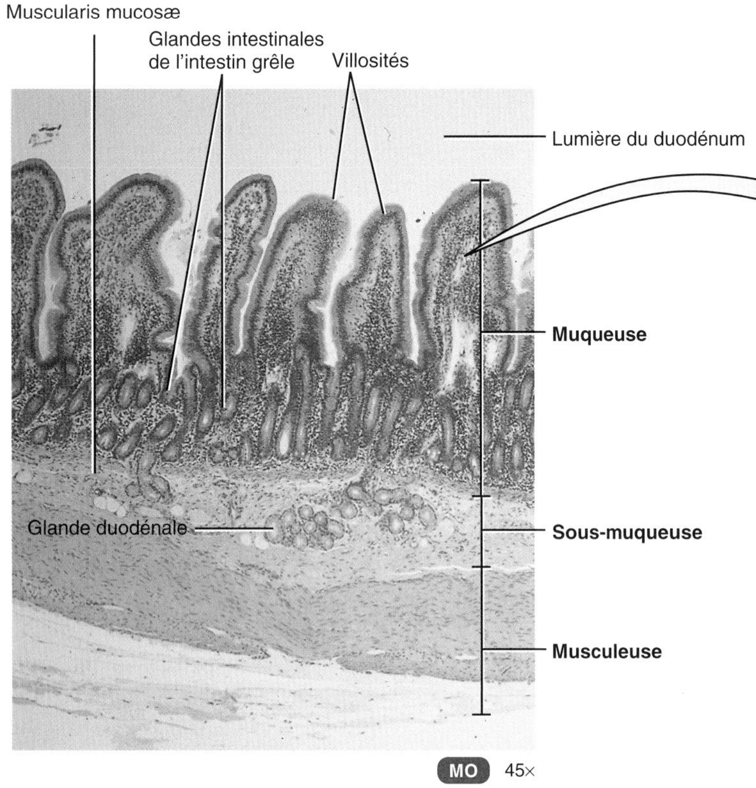

Muscularis mucosæ

Glandes intestinales de l'intestin grêle — Villosités

Lumière du duodénum

Muqueuse

Glande duodénale

Sous-muqueuse

Musculeuse

MO 45×

(a) Photomicrographie de la paroi du duodénum

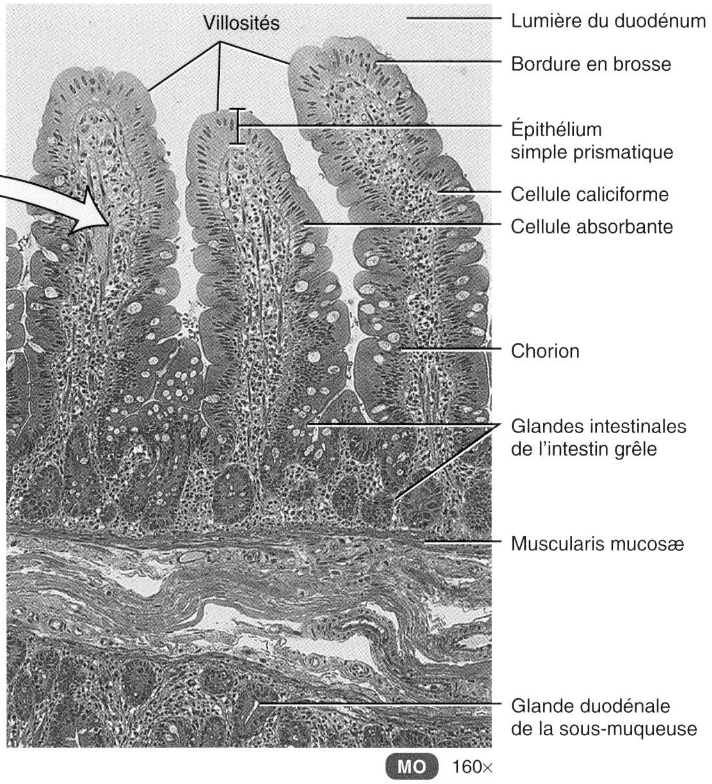

Villosités — Lumière du duodénum

Bordure en brosse

Épithélium simple prismatique

Cellule caliciforme

Cellule absorbante

Chorion

Glandes intestinales de l'intestin grêle

Muscularis mucosæ

Glande duodénale de la sous-muqueuse

MO 160×

(b) Photomicrographie de trois villosités du duodénum

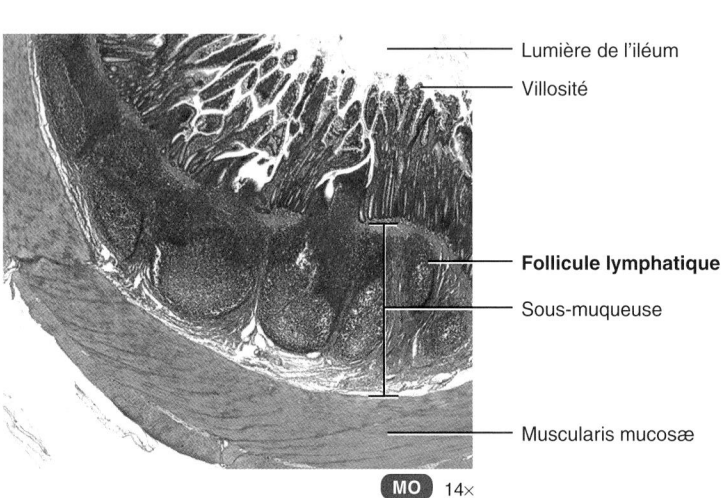

Lumière de l'iléum

Villosité

Follicule lymphatique

Sous-muqueuse

Muscularis mucosæ

MO 14×

(c) Photomicrographie de follicules lymphatiques de l'iléum

Microvillosités

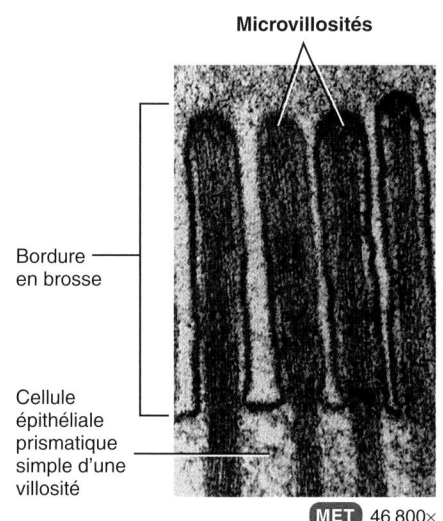

Bordure en brosse

Cellule épithéliale prismatique simple d'une villosité

MET 46 800×

(d) Photomicrographie de microvillosités du duodénum

 Q Quelle est la fonction du liquide sécrété par les glandes duodénales?

contractent à leur tour et divisent à nouveau chacun des segments. Enfin, les myocytes qui s'étaient contractés en premier se relâchent et chacun des petits segments se joint au petit segment adjacent pour reformer un grand segment. La répétition de cette séquence imprime au chyme un mouvement de va-et-vient. C'est dans le duodénum que la segmentation est la plus rapide : environ 12 séquences par minute. Elle ralentit progressivement et finit par atteindre environ 8 séquences par minute dans l'iléum. Ce mouvement ressemble à celui d'une compression que l'on exercerait tour à tour sur le milieu et sur les extrémités d'un tube de dentifrice fermé.

Quand un repas a été absorbé presque entièrement, ce qui atténue la distension de la paroi de l'intestin grêle, la segmentation cesse et le péristaltisme commence. Le type de péristaltisme qui s'exerce dans l'intestin grêle porte le nom de **complexe de motilité migrante** (CMM). Ce mouvement prend naissance dans la partie inférieure de l'estomac et pousse le chyme dans l'intestin grêle sur une petite distance, puis se dissipe. Le CMM se propage lentement le long de l'intestin grêle et atteint l'extrémité de l'iléum 90 à 120 min plus tard. Ensuite, un autre CMM s'amorce dans l'estomac. Au total, le chyme reste ainsi de 3 à 5 h dans l'intestin grêle.

LA DIGESTION CHIMIQUE DANS L'INTESTIN GRÊLE

Dans la bouche, l'amylase salivaire convertit l'amidon (un polysaccharide) en maltose (un disaccharide), en maltotriose (un trisaccharide) et en alpha-dextrines (fragments d'amidon ramifiés, à chaînes courtes, composés de cinq à dix unités de glucose). Dans l'estomac, la pepsine convertit les protéines en peptides (courts fragments de protéines), et les lipases gastrique et linguale transforment quelques triacylglycérols en acides gras, diacylglycérols et monoacylglycérols. Ainsi, le chyme qui entre dans l'intestin grêle contient des glucides, des protéines et des lipides, tous partiellement digérés. La digestion complète des glucides, des protéines, des lipides et des acides nucléiques exige l'action combinée du suc pancréatique, de la bile et du suc intestinal dans l'intestin grêle.

La digestion des glucides

Même si son action peut se poursuivre un certain temps dans l'estomac, l'**amylase salivaire** est inactivée puis détruite par le pH acide de cet organe. Par conséquent, seule une petite partie de l'amidon a été transformée quand le chyme quitte l'estomac. L'amidon qui n'est pas encore dégradé en maltose, maltotriose et alpha-dextrines est dégradé par l'**amylase pancréatique** – enzyme du suc pancréatique qui exerce son action dans l'intestin grêle. L'amylase pancréatique agit sur le glycogène et l'amidon, mais elle est sans effet sur le parcours digestif d'un autre polysaccharide, la *cellulose* – fibre végétale indigestible communément désignée sous le nom de « fibre alimentaire ». Après que l'amylase (salivaire ou pancréatique) a réduit l'amidon en petits fragments, une enzyme de la bordure en brosse – l'**alpha-dextrinase** – s'attaque aux alpha-dextrines ainsi obtenues et leur enlève le glucose, unité par unité.

Les molécules ingérées de sucrose, de lactose et de maltose (tous trois des disaccharides) ne sont pas modifiées avant d'atteindre l'intestin grêle. Trois enzymes de la bordure en brosse fragmentent ces disaccharides en monosaccharides : la **sucrase** réduit le sucrose

en une molécule de glucose et une molécule de fructose ; la **lactase** décompose le lactose en une molécule de glucose et une molécule de galactose ; la **maltase** scinde le maltose et le maltotriose en deux ou trois molécules de glucose, respectivement. Puisque le système digestif peut absorber les monosaccharides, la digestion des glucides prend fin quand les processus digestifs ont abouti à l'obtention de ces petites molécules, c'est-à-dire de glucose, de fructose et de galactose.

L'INTOLÉRANCE AU LACTOSE

Chez certaines personnes, les cellules de la muqueuse de l'intestin grêle ne produisent pas assez de lactase, qui est une enzyme essentielle à la digestion du lactose. Il en résulte une affection appelée **intolérance au lactose**. La présence de lactose non digéré dans le chyme cause une rétention de liquides dans les fèces, et la fermentation bactérienne du lactose non digéré produit des gaz. Les symptômes de l'intolérance au lactose sont la diarrhée, les gaz, les ballonnements et les crampes abdominales consécutives à la consommation de lait ou d'autres produits laitiers. Ils peuvent être relativement mineurs ou, au contraire, assez graves pour nécessiter des soins médicaux. L'intolérance au lactose est souvent diagnostiquée au moyen du *test respiratoire à l'hydrogène*, ou *test de l'hydrogène expiré*. Chez les personnes qui ne souffrent pas d'intolérance au lactose, l'expiration contient très peu d'hydrogène. Par contre, la fermentation bactérienne du lactose non digéré qui s'effectue dans le côlon produit des quantités assez importantes d'hydrogène. Ce gaz est absorbé dans les intestins puis acheminé par la circulation sanguine jusqu'aux poumons, où il est expiré. Les personnes atteintes d'intolérance au lactose peuvent prendre des suppléments alimentaires pour mieux digérer le lait et d'autres produits laitiers. ■

La digestion des protéines

Nous avons vu que la digestion des protéines commence dans l'estomac, où la **pepsine** les morcèle en peptides. Les enzymes du suc pancréatique (**trypsine**, **chymotrypsine**, **carboxypeptidase** et **élastase**) continuent de réduire les protéines en peptides. Si toutes ces enzymes convertissent des protéines entières en peptides, elles ne s'attaquent pas toutes aux liaisons peptidiques des mêmes acides aminés. La trypsine, la chymotrypsine et l'élastase brisent la liaison peptidique entre un acide aminé spécifique et son voisin ; la carboxypeptidase libère l'acide aminé terminal situé à l'extrémité carboxylique du peptide. La digestion des protéines est menée à terme par deux **peptidases** de la bordure en brosse, l'aminopeptidase et la dipeptidase. L'**aminopeptidase** libère l'acide aminé terminal situé à l'extrémité aminée du peptide. La **dipeptidase** décompose les dipeptides (deux acides aminés réunis par une liaison peptidique) en acides aminés simples. (Voir la figure 2.22 pour un rappel de la structure des protéines.)

La digestion des lipides

Les lipides les plus abondants des aliments sont les triacylglycérols ; ils sont constitués d'une molécule de glycérol liée à trois molécules d'acides gras (voir la figure 2.17 pour un rappel de la structure des triacylglycérols). Les enzymes qui hydrolysent les triacylglycérols et les phosphoglycérolipides sont les **lipases**. Rappelons que trois types de lipases contribuent à la digestion des lipides : la **lipase linguale**, la **lipase gastrique** et la **lipase pancréatique**. Bien que les lipides soient partiellement digérés dans l'estomac par la lipase linguale et la lipase gastrique, l'essentiel de leur dégradation intervient dans l'intestin grêle, sous l'action de la lipase pancréatique, qui fragmente les triacylglycérols en acides gras et en monoacylglycérols. Les acides gras ainsi formés peuvent être à chaîne courte (moins de 10 à 12 atomes de carbone) ou à chaîne longue.

Pour qu'un gros globule de lipides contenant des triacylglycérols soit digéré dans l'intestin grêle, il faut d'abord qu'il soit émulsifié ; l'**émulsification** consiste à fragmenter un gros globule de lipides en petits globules lipidiques. Ainsi que nous l'avons vu, la bile contient des sels biliaires, des sels de sodium et de sels de potassium d'acides biliaires (surtout l'acide chénodésoxycholique et l'acide cholique). Les sels biliaires sont **amphipathiques** : chacun d'eux possède une région hydrophobe (non polaire) et une région hydrophile (polaire). Ce caractère amphipathique leur permet d'émulsifier les gros globules de lipides. La région hydrophobe des sels biliaires interagit avec les gros globules de lipides tandis que leur région hydrophile interagit avec le chyme intestinal, qui est aqueux. Ainsi, les gros globules lipidiques sont fractionnés en petits globules lipidiques mesurant chacun environ 1 μm de diamètre. Ces petits globules lipidiques formés par émulsification agrandissent la surface d'action de la lipase pancréatique, qui devient ainsi plus efficace.

La digestion des acides nucléiques

Le suc pancréatique contient deux nucléases : la **ribonucléase**, qui digère l'ARN, et la **désoxyribonucléase**, qui digère l'ADN. Les nucléotides produits par l'action de ces deux nucléases sont eux-mêmes digérés par des enzymes de la bordure en brosse – les **nucléosidases** et les **phosphatases** – pour former des pentoses, des phosphates et des bases azotées qui sont finalement absorbés par transport actif (voir la figure 2.24 pour un rappel de la structure de l'ADN).

Le tableau 24.4 résume les sources, les substrats et les produits des enzymes digestives.

L'ABSORPTION DANS L'INTESTIN GRÊLE

Tous les processus mécaniques et chimiques de la digestion qui se déroulent dans le tube digestif – de la bouche à l'intestin grêle –, visent à donner aux aliments une forme qui leur permette de traverser les cellules épithéliales absorbantes de la muqueuse et de passer dans les vaisseaux sanguins et lymphatiques sous-jacents. C'est ainsi que les glucides sont transformés en monosaccharides (glucose, fructose et galactose) ; les protéines, en acides aminés simples, dipeptides et tripeptides ; et les triacylglycérols, en acides gras, glycérol et monoacylglycérols. Le passage de ces nutriments du tube digestif au sang ou à la lymphe est appelé **absorption**.

L'absorption s'effectue par diffusion simple, diffusion facilitée, osmose et transport actif (voir le tableau 3.1 pour un rappel des mécanismes de transport membranaire). Environ 90 % de l'absorption des nutriments a lieu dans l'intestin grêle ; le reste se produit dans l'estomac et le gros intestin. Les substances qui ne sont pas digérées et absorbées dans l'intestin grêle passent dans le gros intestin.

L'absorption des monosaccharides

Tous les glucides sont absorbés sous forme de monosaccharides. L'intestin grêle possède une capacité considérable d'absorption des monosaccharides ; on l'estime à 120 g par heure. Par conséquent, tous les glucides alimentaires qui sont digérés normalement sont absorbés, ne laissant dans les fèces que la cellulose et les fibres, qui sont indigestibles. Les monosaccharides quittent la lumière de l'intestin et traversent la membrane apicale par *diffusion facilitée* ou par *transport actif*. Le fructose, un monosaccharide qu'on trouve dans les fruits, est transporté par *diffusion facilitée*. Le glucose et le galactose passent dans les cellules absorbantes des villosités par *transport actif secondaire* lié au Na^+ (figure 24.20a). Le transporteur possède des sites de liaison pour une molécule de glucose et deux ions sodium, et aucune substance n'est transportée tant que les trois sites ne sont pas occupés. Le galactose et le glucose utilisent le même transporteur et sont ainsi en compétition l'un avec l'autre. (Comme le Na^+ et le glucose ou le galactose se déplacent dans la même direction, il s'agit d'un système *symport*.) Ensuite, les monosaccharides quittent les cellules absorbantes par *diffusion facilitée* à travers la membrane basolatérale et pénètrent dans les capillaires sanguins des villosités (figure 24.20b).

L'absorption des acides aminés, des dipeptides et des tripeptides

La plupart des protéines sont absorbées sous forme d'acides aminés par des processus de *transport actif* qui se déroulent surtout dans le duodénum et le jéjunum. Environ la moitié des acides aminés absorbés provient de la nourriture ; l'autre moitié vient du corps lui-même – de protéines qui font partie des sucs digestifs et de cellules mortes qui se détachent de la muqueuse. Normalement, de 95 à 98 % de ces protéines présentes dans l'intestin grêle sont digérées et absorbées. Différents transporteurs prennent en charge les différents types d'acides aminés. Certains acides aminés pénètrent dans les cellules absorbantes des villosités par des mécanismes de transport actif secondaire lié au Na^+ semblables à ceux du transporteur de glucose. D'autres acides aminés traversent seuls la membrane plasmique par transport actif. Au moins un système symport achemine les dipeptides et les tripeptides en même temps que des ions H^+ ; ensuite, ces peptides sont hydrolysés en leurs acides aminés constitutifs dans les cellules absorbantes. Les acides aminés quittent les cellules absorbantes par diffusion et pénètrent dans les capillaires sanguins des villosités (figure 24.20a, b). Les monosaccharides et les acides aminés sont transportés dans le sang jusqu'au foie par le système porte hépatique. S'ils ne sont pas retenus par les hépatocytes, ils passent dans la circulation générale.

L'absorption des lipides

Tous les lipides alimentaires sont absorbés par *diffusion simple*. Les adultes absorbent environ 95 % des lipides présents dans leur intestin grêle ; parce qu'ils produisent moins de bile, les nouveau-nés n'absorbent qu'environ 85 % des lipides. Après émulsification et digestion, les triacylglycérols sont décomposés essentiellement en monoacylglycérols et en acides gras, qui peuvent être à chaîne courte ou à chaîne longue. Même si les acides gras à chaîne courte sont hydrophobes, leur très petite taille leur permet de se dissoudre

TABLEAU 24.4 RÉSUMÉ DES ENZYMES DIGESTIVES

ENZYME	SOURCE	SUBSTRATS	PRODUITS
SALIVE			
Amylase salivaire	Glandes salivaires	Amidon (polysaccharides)	Maltose (disaccharide), maltotriose (trisaccharide) et alpha-dextrines
Lipase linguale	Glandes linguales	Triacylglycérols (huiles et graisses) et autres lipides	Acides gras et diacylglycérols
SUC GASTRIQUE			
Pepsine (activée par d'autres molécules de pepsine et l'acide chlorhydrique à partir du pepsinogène)	Cellules principales de l'estomac	Protéines	Peptides
Lipase gastrique	Cellules principales de l'estomac	Triacylglycérols (huiles et graisses)	Acides gras et monoacylglycérols
SUC PANCRÉATIQUE			
Amylase pancréatique	Cellules acineuses du pancréas	Amidon (polysaccharides)	Maltose (disaccharide), maltotriose (trisaccharide) et alpha-dextrines
Trypsine (activée par l'entérokinase à partir du trypsinogène)	Cellules acineuses du pancréas	Protéines	Peptides
Chymotrypsine (activée par la trypsine à partir du chymotrypsinogène)	Cellules acineuses du pancréas	Protéines	Peptides
Élastase (activée par la trypsine à partir de la proélastase)	Cellules acineuses du pancréas	Protéines	Peptides
Carboxypeptidase (activée par la trypsine à partir de la procarboxypeptidase)	Cellules acineuses du pancréas	Acide aminé à l'extrémité carboxylique des peptides	Acides aminés et peptides
Lipase pancréatique	Cellules acineuses du pancréas	Triacylglycérols (huiles et graisses) émulsifiés par les sels biliaires	Acides gras et monoacylglycérols
Nucléases			
Ribonucléase	Cellules acineuses du pancréas	Acide ribonucléique	Nucléotides
Désoxyribonucléase	Cellules acineuses du pancréas	Acide désoxyribonucléique	Nucléotides
ENZYMES DE LA BORDURE EN BROSSE			
Alpha-dextrinase	Cellules absorbantes de l'intestin grêle	Alpha-dextrines	Glucose
Maltase	Cellules absorbantes de l'intestin grêle	Maltose	Glucose
Sucrase	Cellules absorbantes de l'intestin grêle	Sucrose	Glucose et fructose
Lactase	Cellules absorbantes de l'intestin grêle	Lactose	Glucose et galactose
Entérokinase	Cellules absorbantes de l'intestin grêle	Trypsinogène	Trypsine
Peptidases			
Aminopeptidase	Cellules absorbantes de l'intestin grêle	Acide aminé à l'extrémité aminée des peptides	Acides aminés et peptides
Dipeptidase	Cellules absorbantes de l'intestin grêle	Dipeptides	Acides aminés
Nucléosidases et **phosphatases**	Cellules absorbantes de l'intestin grêle	Nucléotides	Bases azotées, pentoses et phosphates

dans le chyme intestinal, qui est aqueux ; ils traversent la paroi des cellules absorbantes par diffusion simple et empruntent le même chemin que les monosaccharides et les acides aminés pour se rendre dans les capillaires sanguins des villosités (figure 24.20a). Quant aux acides gras à chaîne longue et aux monoacylglycérols, ce sont de grosses molécules hydrophobes ; ils ont du mal à se maintenir en suspension dans le milieu aqueux du chyme intestinal. En plus de favoriser l'émulsification, les sels biliaires contribuent aussi à accroître la solubilité de ces acides gras à chaîne longue et de ces monoacylglycérols en les entourant pour former des sphères minuscules, les **micelles** (*mica* : parcelle) qui ont de 2 à 10 nm de diamètre et comprennent de 20 à 50 molécules de sels biliaires (figure 24.20a). Les micelles se forment en raison du caractère amphipathique des sels biliaires : la région hydrophobe des sels biliaires interagit avec les acides gras à chaîne longue et les monoacylglycérols ; et leur région hydrophile, avec le chyme intestinal, qui est aqueux. Une fois formées, les micelles quittent la lumière de l'intestin grêle pour se nicher dans la bordure en brosse des cellules absorbantes. À ce stade, les acides gras à chaîne longue et les monoacylglycérols diffusent hors des micelles pour entrer dans les cellules absorbantes, laissant les micelles dans le chyme. Les micelles accomplissent continuellement cette fonction de transport en passant de la bordure en brosse au chyme présent dans la lumière de l'intestin pour emporter d'autres acides gras à chaîne longue et d'autres monoacylglycérols. Les micelles solubilisent aussi d'autres grosses molécules hydrophobes qui pourraient se trouver dans le chyme intestinal, par exemple les vitamines liposolubles (A, D, E et K) et le cholestérol. Elles favorisent ainsi leur absorption. Ces molécules de vitamines liposolubles et de cholestérol sont enfermées dans les micelles avec les acides gras à chaîne longue et les monoacylglycérols.

Une fois à l'intérieur des cellules absorbantes, les acides gras à chaîne longue et les monoacylglycérols se combinent de nouveau pour former des triacylglycérols. Ceux-ci s'agglomèrent en globules avec des molécules de phosphoglycérolipides et de cholestérol et se couvrent d'une enveloppe protéique. Ces grosses masses sphériques d'environ 80 nm de diamètre portent le nom de **chylomicrons**. Ils quittent les cellules absorbantes par exocytose. Ils ne peuvent pas pénétrer dans les capillaires sanguins, dont les pores des parois sont trop petits pour eux. Les chylomicrons peuvent par contre entrer dans les vaisseaux chylifères, dont les pores sont beaucoup plus gros que ceux des capillaires sanguins. À partir des vaisseaux chylifères, ils sont acheminés par les vaisseaux lymphatiques jusqu'au conduit thoracique. De là, ils passent dans la circulation sanguine par la veine subclavière gauche (figure 24.20b). La couche protéique hydrophile qui entoure les chylomicrons leur permet de rester en suspension dans le sang et les empêche de s'agglutiner.

Dans les 10 minutes qui suivent leur absorption, environ la moitié des chylomicrons ont déjà quitté le sang en passant dans les capillaires sanguins du foie et du tissu adipeux. Ce retrait s'effectue par une enzyme attachée à la surface apicale des cellules endothéliales des capillaires, la **lipoprotéine lipase**, qui dégrade les triacylglycérols des chylomicrons et des autres lipoprotéines en acides gras et en glycérol. Les acides gras passent par diffusion dans les hépatocytes et les adipocytes, et se combinent avec le glycérol lors de la resynthèse des triacylglycérols. Deux ou trois heures après le repas, il ne reste que très peu de chylomicrons dans le sang.

Après avoir contribué à l'émulsification et à l'absorption des lipides, de 90 à 95 % des sels biliaires sont réabsorbés par transport actif dans le segment final de l'intestin grêle (l'iléum), puis le sang les retournent au foie par le système porte hépatique pour qu'ils soient recyclés. Ainsi, les sels biliaires sont sécrétés par les hépatocytes dans la bile, réabsorbés dans l'iléum et sécrétés à nouveau dans la bile ; ce circuit est le **cycle entérohépatique**. Un déficit en sels biliaires dû à l'obstruction des conduits biliaires ou à l'ablation de la vésicule biliaire compromet l'absorption lipidique et peut entraîner une perte de 40 % des lipides alimentaires dans les fèces. Or, quand les lipides ne sont pas bien absorbés, les vitamines liposolubles – A, D, E et K – ne le sont pas non plus.

L'absorption des électrolytes

Une grande partie des électrolytes absorbés dans l'intestin grêle proviennent des sécrétions gastro-intestinales. Certains d'entre eux viennent des aliments solides et liquides ingérés. Ainsi que nous l'avons vu, les électrolytes sont des composés qui se dissocient en ions dans l'eau et qui conduisent l'électricité. Après avoir pénétré dans les cellules absorbantes par diffusion et transport actif secondaire, les ions sodium en sont expulsés par transport actif par les pompes à sodium (Na^+–K^+ ATPase) de la membrane basolatérale. Par conséquent, la plupart des ions sodium (Na^+) des sécrétions gastro-intestinales sont récupérés dans le sang au lieu de se perdre dans les fèces. Les ions bicarbonate, chlorure, iodure et nitrate, dont la charge est négative, peuvent suivre le Na^+ par des mécanismes de transport passif ou être transportés par des mécanismes actifs. Les ions calcium sont absorbés par un processus de transport actif stimulé par le calcitriol. D'autres électrolytes, par exemple le fer ionique et les ions potassium, magnésium et phosphate, sont également absorbés par des mécanismes de transport actif.

L'absorption des vitamines

Ainsi que nous venons de le voir, les vitamines liposolubles A, D, E et K sont enfermées dans les micelles avec les lipides alimentaires et sont absorbées par diffusion simple. La plupart des vitamines hydrosolubles telles que la majorité des vitamines B et la vitamine C, sont également absorbées par diffusion simple. Toutefois, la vitamine B_{12} se combine avec le facteur intrinsèque qui est produit par les cellules pariétales de l'estomac ; le complexe est absorbé dans l'iléum par un mécanisme de transport actif.

L'absorption de l'eau

Les liquides qui entrent dans l'intestin grêle (environ 9,3 L chaque jour) proviennent de l'ingestion de liquides (environ 2,3 L) et des sécrétions gastro-intestinales (environ 7,0 L). La figure 24.21 illustre les volumes de liquides ingérés, sécrétés, absorbés et excrétés par le tube digestif. L'intestin grêle absorbe environ 8,3 L de liquide ; le reste passe dans le gros intestin, où il est absorbé presque en totalité (environ 0,9 L). Le corps excrète seulement 0,1 L (100 mL) d'eau par jour dans les fèces. La majeure partie des liquides est excrétée par le système urinaire.

FIGURE 24.20 L'absorption des nutriments digérés dans l'intestin grêle. Pour simplifier le schéma, tous les aliments digérés sont représentés dans la lumière de l'intestin grêle ; rappelez-vous cependant que certains nutriments sont digérés par les enzymes de la bordure en brosse.

Les acides gras à chaîne longue et les monoacylglycérols sont absorbés dans les vaisseaux chylifères ; les autres produits de la digestion pénètrent dans les capillaires sanguins.

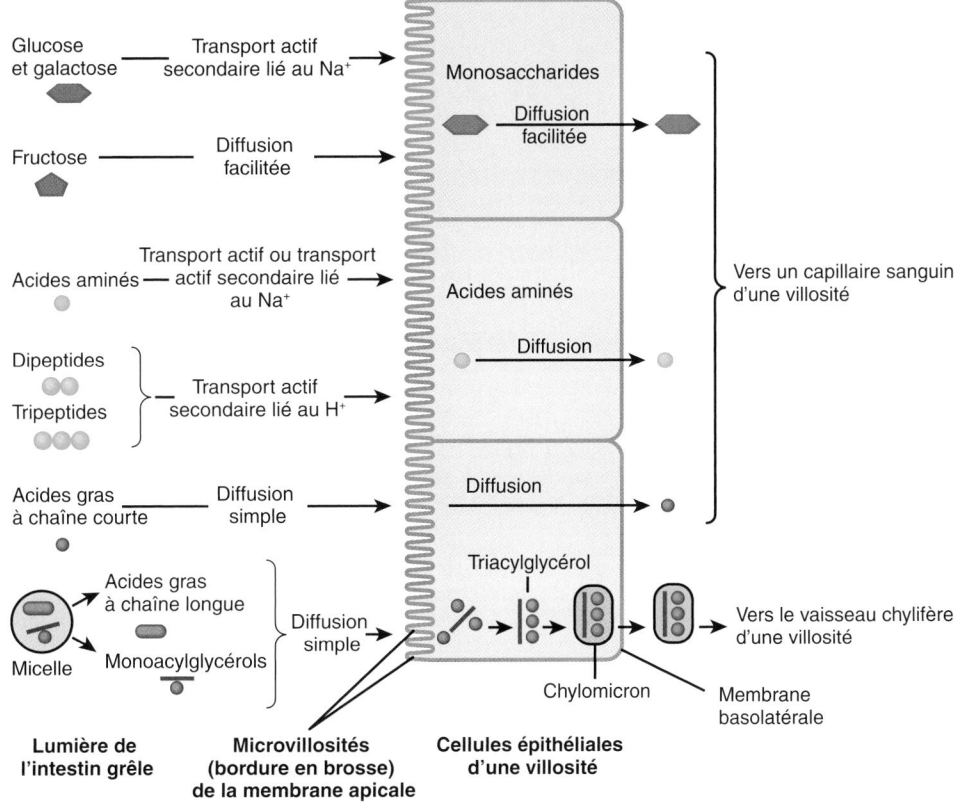

(a) Mécanismes de transport membranaire par lesquels les nutriments traversent les cellules épithéliales absorbantes des villosités

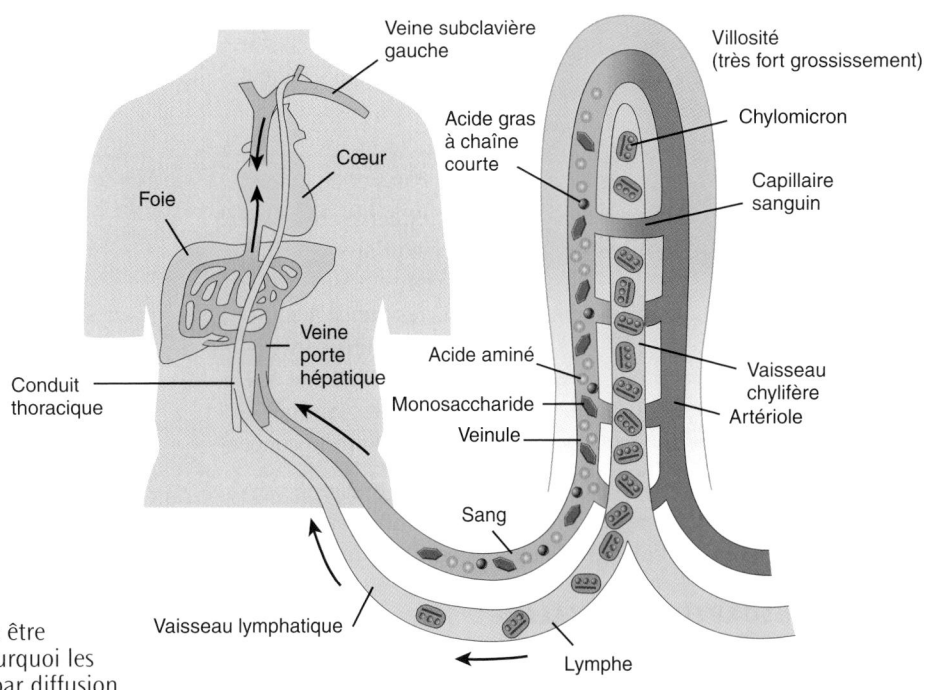

 Les molécules des monoacylglycérols peuvent être plus grosses que celles des acides aminés. Pourquoi les monoacylglycérols peuvent-ils être absorbés par diffusion simple, alors que les acides aminés ne le peuvent pas ?

(b) Transport des nutriments absorbés dans le sang et la lymphe

FIGURE 24.21 Les volumes des liquides ingérés, sécrétés, absorbés et excrétés quotidiennement dans le tube digestif.

L'absorption de l'eau dans le tube digestif s'effectue entièrement par osmose.

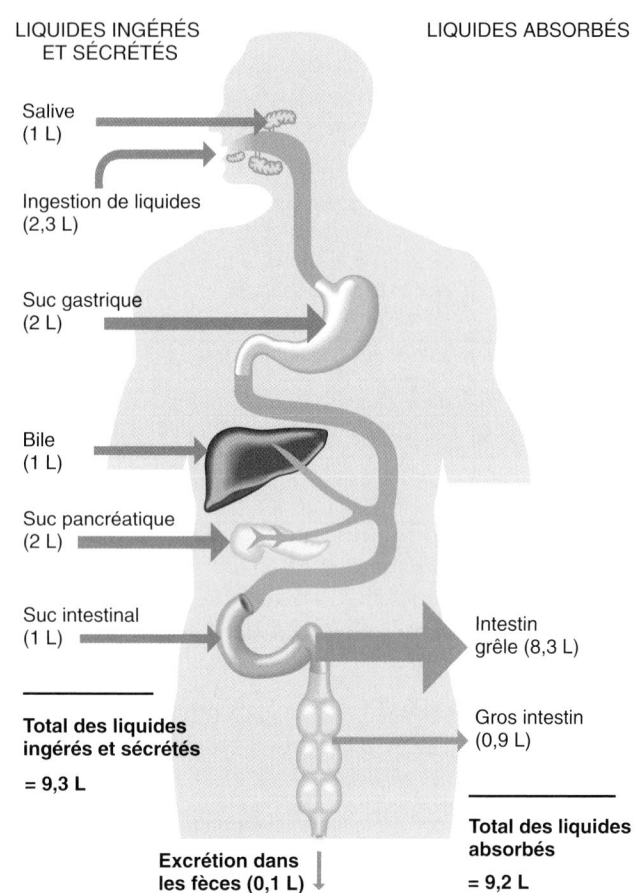

LIQUIDES INGÉRÉS ET SÉCRÉTÉS

LIQUIDES ABSORBÉS

Salive (1 L)

Ingestion de liquides (2,3 L)

Suc gastrique (2 L)

Bile (1 L)

Suc pancréatique (2 L)

Suc intestinal (1 L)

Intestin grêle (8,3 L)

Gros intestin (0,9 L)

Total des liquides ingérés et sécrétés

= 9,3 L

Excrétion dans les fèces (0,1 L) ↓

Total des liquides absorbés

= 9,2 L

Bilan hydrique dans le tube digestif

Q Quels sont les deux organes du système digestif qui sécrètent le plus de liquide ?

L'absorption de l'eau dans le tube digestif s'effectue entièrement par *osmose* depuis la lumière des intestins jusqu'aux capillaires sanguins, en passant par les cellules absorbantes. Comme l'eau peut traverser la muqueuse intestinale dans les deux sens, son absorption dépend de celle des électrolytes et des nutriments pour maintenir l'équilibre osmotique entre le sang et l'intestin grêle. Les électrolytes, les monosaccharides et les acides aminés qui passent dans le sang établissent pour l'eau un gradient de concentration qui favorise son absorption par osmose.

Le tableau 24.5 résume les processus digestifs qui se déroulent dans le pancréas, le foie, la vésicule biliaire et l'intestin grêle.

L'ABSORPTION DE L'ALCOOL

Les effets enivrants et invalidants de l'alcool dépendent de sa concentration dans le sang. Parce que l'alcool est liposoluble, son absorption commence dans l'estomac. Toutefois, la superficie

TABLEAU 24.5 RÉSUMÉ DES PROCESSUS DIGESTIFS QUI SE DÉROULENT DANS LE PANCRÉAS, LE FOIE, LA VÉSICULE BILIAIRE ET L'INTESTIN GRÊLE

STRUCTURE	FONCTIONS
Pancréas	Sécrète le suc pancréatique dans le duodénum par le conduit pancréatique (voir la liste des enzymes pancréatiques et de leurs fonctions au tableau 24.4).
Foie	Produit la bile (sels biliaires) indispensable à l'émulsification et à l'absorption des lipides.
Vésicule biliaire	Emmagasine, concentre et libère la bile dans le duodénum par le conduit cholédoque.
Intestin grêle	Principal site de la digestion et de l'absorption des nutriments et de l'eau dans le tube digestif.
Muqueuse/ sous-muqueuse	
Glandes intestinales de l'intestin grêle	Sécrètent le suc intestinal.
Glandes duodénales	Sécrètent un liquide alcalin qui tamponne les acides gastriques, ainsi que du mucus protecteur et lubrifiant.
Microvillosités	Prolongements microscopiques des cellules épithéliales absorbantes, recouverts de membrane ; contiennent les enzymes de la bordure en brosse (liste au tableau 24.4) et augmentent la surface de digestion et d'absorption.
Villosités	Prolongements digitiformes de la muqueuse par lesquels s'effectue l'absorption des aliments digérés et qui augmentent la surface de digestion et d'absorption.
Plis circulaires	Plis de la muqueuse et de la sous-muqueuse qui augmentent la surface de digestion et d'absorption.
Musculeuse	
Segmentation	Alternance de contractions des myocytes lisses de la couche circulaire, qui produisent une segmentation répétée des parties de l'intestin grêle ; mélange le chyme aux sucs digestifs et met la nourriture en contact avec la muqueuse pour permettre son absorption.
Complexe de motilité migrante (CMM)	Type de péristaltisme constitué d'ondes de contraction et de relâchement des myocytes lisses des couches longitudinale et circulaire, qui se propagent sur toute la longueur de l'intestin grêle ; fait avancer le chyme vers la valve iléocæcale.

d'absorption étant beaucoup plus grande dans l'intestin grêle que dans l'estomac, l'alcool est absorbé beaucoup plus rapidement quand il atteint le duodénum. Par conséquent, plus l'alcool reste longtemps dans l'estomac, plus l'élévation de l'alcoolémie est lente. Comme les acides gras du chyme ralentissent l'évacuation gastrique, le taux d'alcool dans le sang augmente plus lentement quand on mange des aliments riches en lipides en même temps qu'on boit de l'alcool – par exemple pizza, hamburger, croustilles, etc. De plus, l'alcool déshydrogénase, une enzyme des cellules de la muqueuse gastrique, transforme une partie de l'alcool en acétaldéhyde, qui n'est pas enivrant. Quand l'évacuation gastrique est plus lente, une plus grande proportion de l'alcool est absorbée et convertie en acétaldéhyde dans l'estomac, de sorte qu'il en passe moins dans le sang. À consommation égale, les femmes affichent généralement une alcoolémie plus élevée que les hommes de même taille (et, par conséquent, elles sont plus ivres), car l'activité de l'alcool déshydrogénase gastrique peut être jusqu'à 60 % plus faible chez elles que chez eux. Cette enzyme gastrique est aussi moins présente chez certains hommes asiatiques. ■

▶ POINT DE CONTRÔLE

32. Indiquez les segments de l'intestin grêle et précisez leurs fonctions.

33. En quoi la muqueuse et la sous-muqueuse de l'intestin grêle sont-elles bien adaptées à la digestion et à l'absorption ?

34. Décrivez les mouvements qui se produisent dans l'intestin grêle.

35. Expliquez les fonctions de l'amylase pancréatique, de l'aminopeptidase, de la lipase gastrique et de la désoxyribonucléase.

36. Indiquez les différences entre la digestion et l'absorption. Comment les produits de la digestion des glucides, des protéines et des lipides sont-ils absorbés ?

37. Par quelles voies les nutriments absorbés atteignent-ils le foie ?

38. Décrivez l'absorption des électrolytes, des vitamines et de l'eau par l'intestin grêle.

LE GROS INTESTIN

OBJECTIF

- Décrire l'anatomie du gros intestin, son histologie et ses fonctions.

Le gros intestin constitue la partie terminale du tube digestif. Ses principales fonctions consistent à achever l'absorption, à produire certaines vitamines, à former les fèces et à les expulser du corps.

L'ANATOMIE DU GROS INTESTIN

Le **gros intestin** mesure environ 1,5 m de long et 6,5 cm de diamètre. S'étendant de l'iléum à l'anus, il est attaché à la paroi abdominale postérieure par son **mésocôlon**, qui est formé d'un double feuillet de péritoine. Sur le plan structural, les quatre principaux segments du gros intestin sont le cæcum, le côlon, le rectum et le canal anal (figure 24.22a).

L'ouverture par laquelle l'iléum communique avec le gros intestin est protégée par un repli de la muqueuse, la **valve iléocæcale**, qui permet au contenu de l'intestin grêle de passer dans le gros intestin. Suspendu sous cette valve se trouve le **cæcum**, une petite poche d'environ 6 cm de long. Le cæcum se prolonge par un tube sinueux d'environ 8 cm de long, l'**appendice vermiforme** (*appen-*

dix : addition ; *vermis* : ver). Dérivé de la face postérieure du mésentère de l'iléum terminal, le **mésoappendice** entoure l'appendice vermiforme.

Le cæcum s'ouvre sur un long tube appelé **côlon**, qui se divise en quatre parties : ascendante, transverse, descendante et sigmoïde. Les segments ascendant et descendant sont rétropéritonéaux ; les segments transverse et sigmoïde ne le sont pas. Comme son nom l'indique, le **côlon ascendant** monte du côté droit de l'abdomen jusqu'à la face inférieure du foie, où il tourne abruptement sur la gauche pour former l'**angle colique droit**. La partie du côlon qui traverse l'abdomen jusqu'au côté gauche est appelé **côlon transverse**. De ce côté, il dessine ensuite un angle sous l'extrémité inférieure de la rate, nommé **angle colique gauche**. Il devient ensuite le **côlon descendant**, qui descend jusqu'à la crête iliaque. Le **côlon sigmoïde** (*sigma* : S) prend naissance près de la crête iliaque gauche, se poursuit vers l'intérieur jusqu'à la ligne médiane et se termine au rectum, à peu près à la hauteur de la troisième vertèbre sacrale.

Le **rectum** constitue le segment terminal du tube digestif. Il mesure 20 cm et est situé devant le sacrum et le coccyx. Ses deux ou trois derniers centimètres forment le **canal anal** (figure 24.22b). La muqueuse du canal anal forme des replis longitudinaux, appelés **colonnes anales**, qui sont parcourus par un réseau d'artères et de veines. L'ouverture du canal anal sur l'extérieur, l'**anus**, est protégée par le **sphincter interne de l'anus**, qui se compose de myocytes lisses (involontaires), et le **sphincter externe de l'anus**, qui se compose de myocytes squelettiques (volontaires). Normalement, ces sphincters tiennent l'anus fermé en permanence, sauf durant l'évacuation des fèces.

◎ L'APPENDICITE

L'**appendicite** est une inflammation de l'appendice vermiforme. Elle survient généralement à la suite d'une obstruction de la lumière de l'appendice par le chyme, un corps étranger, un carcinome du cæcum, une sténose ou un entortillement de l'organe. Elle se caractérise par une forte fièvre, une leucocytose (taux de leucocytes) élevée et un taux de granulocytes neutrophiles supérieur à 75 %. L'infection qui en résulte peut provoquer de l'œdème ainsi qu'une ischémie, et peut causer la gangrène et la rupture de l'organe dans les 24 h. En général, l'appendicite se manifeste par une douleur irradiant dans la région ombilicale de l'abdomen, suivie d'une anorexie (perte d'appétit), de nausées et de vomissements. Au bout de quelques heures, la douleur se localise dans le quadrant inférieur droit de l'abdomen. Elle est continuelle, sourde ou intense ; la toux, les éternuements ou les mouvements du corps l'exacerbent. Il est préférable de pratiquer immédiatement l'appendicectomie (ablation de l'appendice), car il vaut mieux opérer que risquer la rupture, la péritonite et la gangrène. Cette intervention chirurgicale était autrefois majeure ; aujourd'hui, elle se pratique le plus souvent par laparoscopie. ■

L'HISTOLOGIE DU GROS INTESTIN

La paroi du gros intestin possède les quatre couches de tissu communes à la plupart des sections du tube digestif : muqueuse, sous-muqueuse, musculeuse et séreuse. De plus, le gros intestin présente des structures qui lui sont uniques : les bandelettes du côlon, les haustrations et les appendices épiploïques.

FIGURE 24.22 L'anatomie du gros intestin.

Les quatre segments du gros intestin sont le cæcum, le côlon, le rectum et le canal anal.

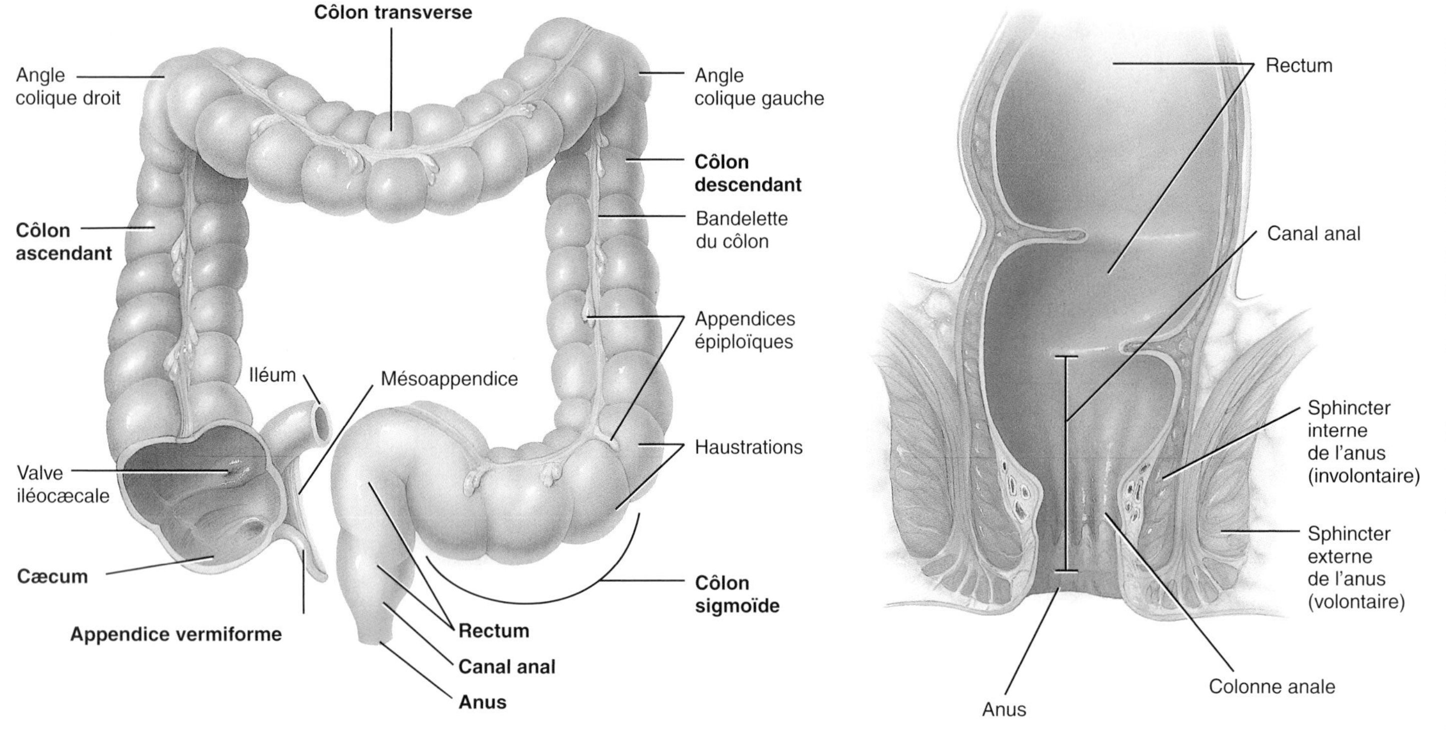

Côlon transverse

Angle colique droit

Angle colique gauche

Côlon descendant

Bandelette du côlon

Côlon ascendant

Appendices épiploïques

Iléum

Mésoappendice

Valve iléocæcale

Haustrations

Cæcum

Côlon sigmoïde

Appendice vermiforme

Rectum

Canal anal

Anus

(a) Vue antérieure du gros intestin, avec ses principaux segments

Rectum

Canal anal

Sphincter interne de l'anus (involontaire)

Sphincter externe de l'anus (volontaire)

Colonne anale

Anus

(b) Coupe frontale du canal anal

Quelles sont les parties rétropéritonéales du côlon?

Fonctions du gros intestin

1. Pousse le contenu du côlon jusque dans le rectum grâce aux contractions haustrales, au péristaltisme et aux mouvements de masse.

2. Absorbe un peu d'eau, des ions et des vitamines.

3. Forme les fèces.

4. Assure la défécation (évacuation des fèces contenues dans le rectum).

5. Les bactéries du gros intestin transforment les protéines en acides aminés, décomposent les acides aminés et produisent certaines vitamines B ainsi que la vitamine K.

La **muqueuse** se compose d'un épithélium simple prismatique, d'un chorion (tissu conjonctif aréolaire) et d'une muscularis mucosæ (muscle lisse) (figure 24.23a). L'épithélium contient surtout des cellules absorbantes et des cellules caliciformes (figure 24.23b, c). Les cellules absorbantes ont pour fonction première d'absorber l'eau; les cellules caliciformes sécrètent du mucus lubrifiant qui facilite le passage des matières dans le côlon. Ces deux types de cellules sont situés dans de longues glandes tubuleuses rectilignes qui traversent toute l'épaisseur de la muqueuse. Le chorion de la muqueuse contient par ailleurs des follicules lymphatiques solitaires qui peuvent traverser la muscularis mucosæ pour entrer dans la sous-muqueuse. Par rapport à celle de l'intestin grêle, la muqueuse du gros intestin présente moins d'adaptations structurelles qui augmentent sa surface. Ainsi, elle ne possède ni plis circulaires, ni villosités. Par contre, ses cellules absorbantes sont hérissées de microvillosités. Par conséquent, l'absorption est plus importante dans l'intestin grêle que dans le gros intestin.

La **sous-muqueuse** du gros intestin est faite de tissu conjonctif aréolaire. La **musculeuse** est constituée de deux couches de muscle lisse: une couche externe longitudinale et une couche

interne circulaire. Contrairement à ce qui se passe dans les autres régions du tube digestif, des segments de muscle de la couche longitudinale de la musculeuse s'épaississent pour former trois bandes bien visibles, les **bandelettes du côlon**, qui parcourent le gros intestin sur presque toute sa longueur (figure 24.22a). Ces bandelettes sont séparées par des régions de la paroi où la couche longitudinale de muscle lisse est mince, voire absente. Les contractions toniques des bandelettes froncent le côlon pour former une enfilade de poches, les **haustrations** («en forme de sac»), qui lui donnent un aspect bosselé. Une couche simple circulaire de myocytes lisses s'étend entre les bandelettes.

FIGURE 24.23 L'histologie du gros intestin.

Formées de cellules épithéliales simples prismatiques et de cellules caliciformes, les glandes intestinales du gros intestin traversent toute l'épaisseur de la muqueuse.

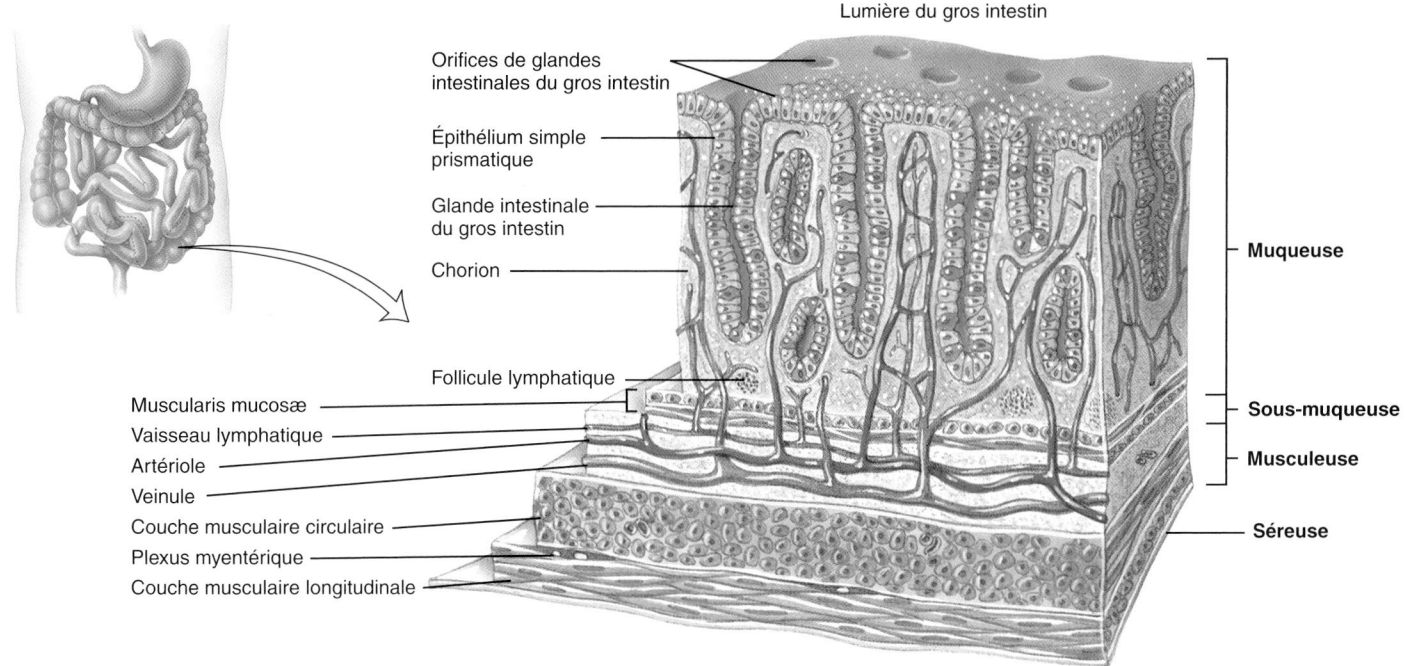

Lumière du gros intestin

Orifices de glandes intestinales du gros intestin

Épithélium simple prismatique

Glande intestinale du gros intestin

Chorion

Muqueuse

Follicule lymphatique

Muscularis mucosæ

Vaisseau lymphatique

Artériole

Veinule

Couche musculaire circulaire

Plexus myentérique

Couche musculaire longitudinale

Sous-muqueuse

Musculeuse

Séreuse

(a) Vue tridimensionnelle des couches du gros intestin

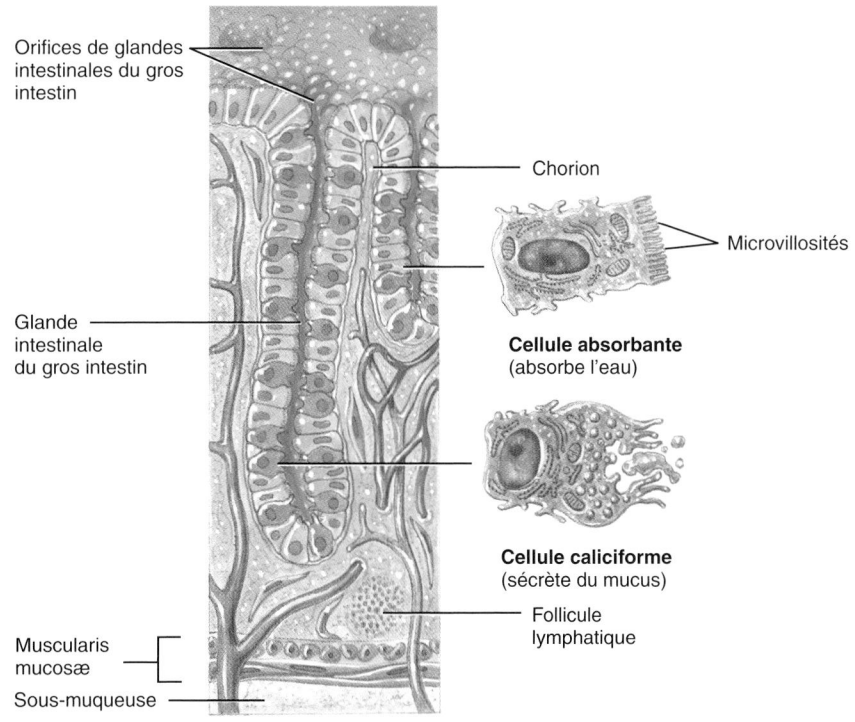

Orifices de glandes intestinales du gros intestin

Chorion

Microvillosités

Glande intestinale du gros intestin

Cellule absorbante (absorbe l'eau)

Cellule caliciforme (sécrète du mucus)

Follicule lymphatique

Muscularis mucosæ

Sous-muqueuse

(b) Vue en coupe des glandes intestinales du gros intestin et types de cellules qui les composent

FIGURE 24.23 **L'histologie du gros intestin** *(suite)*.

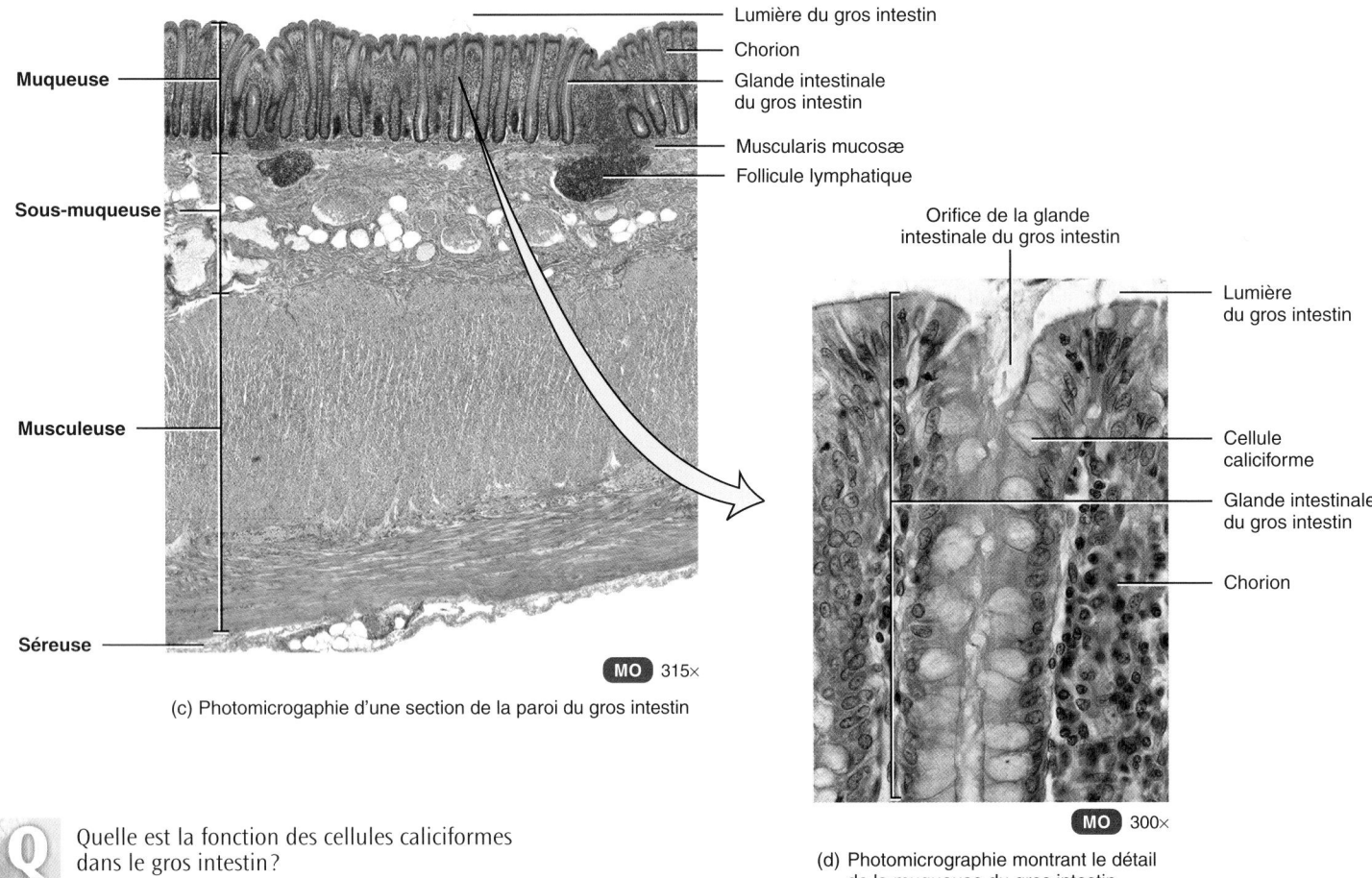

Muqueuse

Sous-muqueuse

Musculeuse

Séreuse

Lumière du gros intestin

Chorion

Glande intestinale
du gros intestin

Muscularis mucosæ

Follicule lymphatique

MO 315×

(c) Photomicrogaphie d'une section de la paroi du gros intestin

Orifice de la glande
intestinale du gros intestin

Lumière
du gros intestin

Cellule
caliciforme

Glande intestinale
du gros intestin

Chorion

MO 300×

(d) Photomicrographie montrant le détail
de la muqueuse du gros intestin

Q Quelle est la fonction des cellules caliciformes dans le gros intestin?

La **séreuse** du gros intestin fait partie du péritoine viscéral. De petits sacs de péritoine viscéral remplis de graisse sont fixés aux bandelettes du côlon; ce sont les **appendices épiploïques**.

LES POLYPES DU CÔLON

Les **polypes du côlon**, ou polypes coliques, sont des excroissances généralement bénignes et à développement lent qui se forment sur la muqueuse du gros intestin. Ils sont le plus souvent asymptomatiques. Quand des symptômes se manifestent, ce sont notamment les suivants: diarrhée; présence de sang dans les fèces; et écoulement de mucus par l'anus. Certains polypes pouvant devenir cancéreux, ils sont retirés par voie endoscopique ou par une intervention chirurgicale traditionnelle. ■

LA DIGESTION MÉCANIQUE DANS LE GROS INTESTIN

Le passage du chyme de l'iléum au cæcum est régi par l'action de la valve iléocæcale. Normalement, cette valve est partiellement fermée si bien que le chyme passe lentement dans le cæcum. Immédiatement après un repas, le **réflexe gastro-iléal** intensifie le péristaltisme de l'iléum et pousse le chyme qui s'y trouve dans le cæcum. La gastrine (une hormone) provoque par ailleurs le relâ-chement de la valve. Quand le cæcum est distendu, la contraction de la valve iléocæcale est plus prononcée.

Les mouvements du côlon commencent dès que les matières franchissent la valve iléocæcale. Comme le chyme se déplace dans l'intestin grêle à une vitesse à peu près constante, le temps qu'il faut pour qu'un repas traverse l'ensemble du côlon dépend de la vitesse de l'évacuation gastrique. La nourriture qui franchit la valve iléocæcale remplit le cæcum et s'accumule dans le côlon ascendant.

Les **contractions haustrales** sont des mouvements caractéristiques du gros intestin. Durant ce processus, les haustrations restent relâchées mais se distendent à mesure qu'elles se remplissent. À partir d'un certain seuil d'étirement, leurs parois se contractent et propulsent ainsi le contenu d'une haustration à la suivante. Le gros intestin est également doué de **péristaltisme**, mais sa fréquence péristaltique est moins élevée (de 3 à 12 contractions par minute) que celle des segments plus proximaux du tube digestif. Enfin, le dernier type de mouvements est appelé **mouvements de masse**. Il s'agit d'une onde péristaltique puissante qui prend naissance à peu près au milieu du côlon transverse et en pousse rapidement le contenu dans le rectum. Comme c'est la présence de nourriture dans l'estomac qui déclenche le **réflexe gastrocolique** dans le côlon, les mouvements de masse se produisent généralement trois ou quatre fois par jour, pendant le repas ou tout de suite après.

LA DIGESTION CHIMIQUE DANS LE GROS INTESTIN

La dernière étape de la digestion a lieu dans le côlon, sous l'effet des bactéries de la flore normale présentes dans la lumière du côlon. Les glandes intestinales du gros intestin sécrètent du mucus, mais pas d'enzymes. Le chyme est préparé pour l'élimination par l'action des bactéries qui font fermenter les glucides restants et dégagent de l'hydrogène, du dioxyde de carbone et du méthane. Ces gaz contribuent à la formation de flatuosités (ou gaz) dans le côlon. En quantité excessive, ils produisent de la *flatulence*. Les bactéries transforment aussi les protéines restantes en acides aminés qu'elles décomposent en substances plus simples : indole, scatole, sulfure d'hydrogène et acides gras. Une partie de l'indole et du scatole est éliminée dans les fèces et contribue à leur donner leur odeur ; le reste est absorbé et transporté jusqu'au foie, où ces composés sont convertis en substances moins toxiques qui sont excrétées dans l'urine. Les bactéries décomposent aussi la bilirubine en pigments plus simples (notamment, la stercobiline) qui donnent aux fèces leur couleur brune. Parmi les produits bactériens qui sont absorbés dans le côlon figurent plusieurs vitamines nécessaires au métabolisme, y compris certaines vitamines B et la vitamine K.

L'ABSORPTION ET LA FORMATION DES FÈCES DANS LE GROS INTESTIN

Après être resté dans le gros intestin de 3 à 10 h, le chyme est devenu solide ou semi-solide à cause de l'absorption de l'eau ; il forme alors les **fèces**. Du point de vue chimique, les fèces se composent d'eau, de sels inorganiques, de cellules épithéliales qui se sont détachées de la muqueuse du tube digestif, de bactéries, de produits de la décomposition bactérienne, de matières digérées qui n'ont pas été absorbées et de matières indigestibles contenues dans la nourriture.

Même si 90 % de l'absorption d'eau se fait dans l'intestin grêle, le gros intestin en absorbe suffisamment pour être considéré comme un organe important dans le maintien de l'équilibre hydrique de l'organisme. Il reçoit de 0,5 à 1,0 L d'eau, qu'il absorbe par osmose – sauf quelque 100 à 200 mL. Il absorbe aussi des ions (dont le sodium et le chlorure) et des vitamines.

L'HÉMORRAGIE OCCULTE

L'**hémorragie occulte** est un écoulement sanguin qui reste invisible, indécelable pour l'œil humain. Les hémorragies occultes ont un intérêt diagnostic en ceci qu'elles interviennent dans le dépistage du cancer colorectal (cancer du côlon et du rectum). Les traces sanguines sont généralement détectées dans les fèces ou l'urine. On trouve maintenant dans le commerce des trousses permettant de détecter chez soi les hémorragies occultes. Les tests fécaux contiennent des réactifs qui changent de couleur quand on les dépose sur des fèces contenant du sang. Les tests urinaires se composent de bandelettes imprégnées de réactifs à tremper dans l'urine. ∎

LE RÉFLEXE DE DÉFÉCATION

Les mouvements péristaltiques de masse poussent les matières fécales du côlon sigmoïde dans le rectum. La distension de la paroi rectale stimule alors des mécanorécepteurs, dont l'action déclenche le **réflexe de défécation** qui vide le rectum. Ce réflexe compte plusieurs étapes. À la suite de l'étirement de la paroi rectale (stimulus), les récepteurs font parvenir des influx nerveux sensitifs à la moelle épinière sacrale (centre de régulation). Des influx moteurs quittent la moelle par les nerfs parasympathiques qui innervent le côlon descendant, le côlon sigmoïde, le rectum et l'anus (effecteurs). Ils entraînent la contraction des muscles longitudinaux rectaux, ce qui raccourcit le rectum et augmente la pression à l'intérieur (réponse involontaire). Cette pression, les contractions volontaires du diaphragme et des muscles de l'abdomen ainsi que la stimulation parasympathique ouvrent le sphincter interne de l'anus.

Les mouvements du sphincter anal externe sont volontaires. Son relâchement (volontaire) déclenche la défécation, c'est-à-dire l'expulsion des fèces par l'anus. À l'inverse, sa constriction (volontaire) peut retarder la défécation. Les contractions volontaires du diaphragme et des muscles abdominaux facilitent la défécation en faisant augmenter la pression dans l'abdomen, ce qui comprime vers l'intérieur les parois du côlon sigmoïde et du rectum. Quand la défécation est reportée, les fèces sont refoulées dans le côlon sigmoïde jusqu'à ce qu'une nouvelle vague de mouvements de masse stimule les mécanorécepteurs et fasse resurgir l'envie de déféquer. Chez les nourrissons, la maîtrise du sphincter externe de l'anus n'étant pas encore acquise, le rectum se vide automatiquement sous l'impulsion du réflexe de défécation.

Le nombre des défécations dans une période donnée dépend de plusieurs facteurs, notamment le régime alimentaire, l'état de santé et le niveau de stress. Les normales varient de deux ou trois défécations par jour à trois ou quatre par semaine.

La **diarrhée** (*dia* : de divers côtés ; *rhein* : s'écouler) est une augmentation de la fréquence, du volume et du contenu hydrique des fèces causée par un accroissement de la motilité de l'intestin et une diminution de l'absorption intestinale. Quand le chyme passe trop rapidement dans l'intestin grêle et que les fèces traversent trop vite le gros intestin, l'absorption est insuffisante, faute de temps. Les diarrhées fréquentes peuvent entraîner la déshydratation ainsi qu'un déséquilibre électrolytique. L'accélération excessive de la motilité peut s'expliquer par une intolérance au lactose, le stress ou la présence de microorganismes qui irritent la muqueuse gastro-intestinale.

La **constipation** (*cum* : avec ; *stipare* : serrer) se caractérise par une défécation peu fréquente ou difficile s'expliquant par une diminution de la motilité des intestins. Comme elles restent longtemps dans le côlon et que l'absorption d'eau se poursuit pendant tout ce temps, les fèces s'assèchent et durcissent. Plusieurs facteurs peuvent causer la constipation : mauvaises habitudes (par exemple, retarder la défécation) ; spasmes du côlon ; insuffisance des fibres dans l'alimentation ; une ingestion liquidienne trop faible ; manque d'exercice ; stress émotif ; et certains médicaments. Elle se traite souvent au moyen de laxatifs doux qui provoquent la défécation, par exemple le lait de magnésie. Toutefois, de nombreux médecins considèrent que les laxatifs créent une dépendance, et préconisent des moyens présentant moins de risques pour la santé : consommer plus de fibres, faire plus d'exercice, boire plus de liquides, etc.

Le tableau 24.6 résume les processus digestifs qui se déroulent dans le gros intestin. Le tableau 24.7 récapitule les fonctions de tous les organes du système digestif.

LES FIBRES ALIMENTAIRES

Les **fibres alimentaires** sont constituées de glucides végétaux indigestibles – telles la cellulose, la lignine et la pectine – qui se trouvent dans les fruits, les légumes, les céréales et les haricots. Les **fibres insolubles** (qui ne se dissolvent pas dans l'eau) comprennent les parties ligneuses ou structurales des plantes, par exemple la peau des fruits et des légumes ou l'enveloppe de son qui recouvre les grains de blé et de maïs. Ces fibres traversent le tube digestif sans subir de modification ou presque, mais accélèrent le déplacement des matières auxquelles elles sont mélangées. Les **fibres solubles** (qui se dissolvent dans l'eau) forment un gel qui ralentit le passage des matières dans le tube digestif. Elles sont abondantes dans les haricots, l'avoine, l'orge, le brocoli, les pruneaux, les pommes et les agrumes.

Les personnes qui choisissent un régime alimentaire riche en fibres pourraient diminuer plusieurs facteurs de risque pour la santé : obésité, diabète, athérosclérose, calculs biliaires, hémorroïdes, diverticulite, appendicite, cancer colorectal. Les fibres solubles pourraient en outre faire baisser le taux de cholestérol sanguin. Normalement, le foie transforme le cholestérol en sels biliaires qui sont ensuite libérés dans l'intestin grêle pour favoriser la digestion des lipides. Ensuite, les sels biliaires sont réabsorbés par l'intestin grêle et renvoyés vers le foie pour y être recyclés. En se liant aux sels biliaires, les fibres solubles ralentissent leur réabsorption et obligent le foie à produire d'autres sels biliaires pour remplacer ceux qui sont expulsés dans les fèces. Comme le foie utilise du cholestérol pour ce faire, la cholestérolémie baisse. ∎

▶ POINT DE CONTRÔLE

39. Quels sont les principaux segments du gros intestin ?

40. En quoi la musculeuse du gros intestin diffère-t-elle de celle des autres parties du tube digestif ? Qu'est-ce qu'une haustration ?

41. Décrivez les mouvements mécaniques qui se produisent dans le gros intestin.

42. Qu'est-ce que la défécation ? Comment se produit-elle ?

43. Quelles sont les processus qui se déroulent dans le gros intestin et qui transforment son contenu en fèces ?

LA RÉGULATION DE LA DIGESTION

OBJECTIFS

- Décrire les trois phases de la régulation de la digestion.
- Décrire les principales hormones qui régissent les processus digestifs.

Les mécanismes de régulation de la digestion se regroupent en trois étapes qui se chevauchent : la phase céphalique, la phase gastrique et la phase intestinale. À chacune des trois phases correspondent les éléments du modèle de régulation présenté au chapitre 1, à savoir : stimulus, récepteurs, influx nerveux sensitifs (entrée), centre de régulation, influx nerveux moteurs (sortie), effecteurs et réponses. Nous détaillons le mécanisme de régulation à la phase gastrique.

LA PHASE CÉPHALIQUE

Pendant la **phase céphalique** de la digestion, l'odeur, la vue, l'idée de la nourriture ou le goût des premières bouchées constituent de puissants stimulus qui activent des centres nerveux du cortex cérébral, de l'hypothalamus et du tronc cérébral. Des influx nerveux moteurs quittent ensuite le tronc cérébral par les axones parasympathiques des nerfs faciaux (VII), glossopharyngiens (IX) et vagues (X) (figure 24.25 ; voir les figures 14.22 et 14.24). Les nerfs faciaux et glossopharyngiens stimulent les glandes salivaires pour qu'elles sécrètent de la salive ; les nerfs vagues stimulent les glandes gastriques pour qu'elles sécrètent du suc gastrique. La fonction de la phase céphalique de la digestion est donc de préparer la bouche et l'estomac à recevoir et traiter les aliments qui seront ingérés.

TABLEAU 24.6	RÉSUMÉ DES PROCESSUS DIGESTIFS QUI SE DÉROULENT DANS LE GROS INTESTIN	
STRUCTURE	**PROCESSUS**	**FONCTIONS**
Lumière	Activité bactérienne.	Dégrade les glucides, les protéines et les acides aminés non digérés en produits pouvant être excrétés dans les fèces ou absorbés et détoxiqués par le foie ; synthétise certaines vitamines B et la vitamine K.
Muqueuse	Sécrétion de mucus.	Lubrifie le côlon et protège la muqueuse.
	Absorption.	L'absorption d'eau augmente la consistance des fèces et contribue au maintien de l'équilibre hydrique ; absorbe des solutés, notamment des ions et des vitamines.
Musculeuse	Contractions haustrales.	Déplace le contenu intestinal d'une haustration à l'autre par des contractions musculaires.
	Péristaltisme.	Déplace le contenu intestinal sur toute la longueur du côlon par des contractions des muscles lisses des couches circulaire et longitudinale.
	Mouvements de masse.	Pousse avec force le contenu intestinal dans le côlon sigmoïde et le rectum.
	Réflexe de défécation.	Élimine les fèces par des contractions du côlon sigmoïde et du rectum

TABLEAU 24.7 RÉSUMÉ DES FONCTIONS DES ORGANES DU SYSTÈME DIGESTIF

ORGANE	FONCTIONS
Bouche	Les lèvres et les joues gardent la nourriture entre les dents durant la mastication ; les glandes buccales qui tapissent la bouche sécrètent de la salive. (Voir ci-dessous dans ce tableau les fonctions plus particulières de la langue, des glandes salivaires et des dents.)
Langue	Les muscles de la langue déplacent la nourriture pour faciliter la mastication, la moulent pour former le bol alimentaire et la dirigent pour la déglutition ; les papilles gustatives dispersées à la surface de la langue détectent le goût des aliments et certaines sensations tactiles ; les glandes linguales sécrètent la lipase linguale, qui contribue à la digestion des triacylglycérols.
Glandes salivaires	Sécrètent la salive, qui ramollit les aliments, les humecte et les dissout, et nettoie la bouche et les dents ; l'amylase salivaire amorce la digestion chimique des amidons.
Dents	Coupent, déchiquètent et broient les aliments pendant la mastication pour les réduire en petites particules pouvant être avalées.
Pharynx	Reçoit le bol alimentaire de la cavité buccale et le fait passer dans l'œsophage.
Œsophage	Reçoit le bol alimentaire du pharynx et le fait passer dans l'estomac. Pour ce faire, le sphincter œsophagien supérieur doit être relâché et l'œsophage doit sécréter du mucus.
Estomac	Produit des ondes de brassage qui favorisent la macération de la nourriture, la mélangent aux sécrétions des glandes gastriques (le suc gastrique) et la réduisent en chyme. L'HCl, contenu dans le suc gastrique, dénature les protéines alimentaires et convertit le pepsinogène en pepsine active, qui dédrade chimiquement les protéines ; l'HCl tue de nombreux microorganismes se trouvant dans la nourriture. La lipase linguale activée par l'HCl et la lipase gastrique contribuent à la digestion des triacylglycérols. Le facteur intrinsèque facilite l'absorption de la vitamine B_{12}. L'estomac sert aussi de réservoir pour la nourriture avant de la libérer dans l'intestin grêle.
Pancréas	Le suc pancréatique tamponne le suc gastrique acide se trouvant dans le chyme (établissant ainsi un pH approprié pour la digestion dans l'intestin grêle) ; inactive la pepsine provenant de l'estomac ; et contient des enzymes qui digèrent les glucides, les protéines, les triacylglycérols et les acides nucléiques.
Foie	Sécrète la bile, qui contient les sels biliaires indispensables à l'émulsification et à l'absorption des lipides dans l'intestin grêle.
Vésicule biliaire	Emmagasine et concentre la bile ; la libère dans l'intestin grêle.
Intestin grêle	La segmentation mélange le chyme aux sucs digestifs ; le complexe de motilité migrante (CMM) pousse le chyme vers la valve iléocæcale. Les sécrétions digestives de l'intestin grêle, du pancréas et du foie achèvent la digestion des glucides, des protéines, des lipides et des acides nucléiques. Les plis circulaires, les villosités et les microvillosités augmentent la surface d'absorption ; l'intestin grêle absorbe environ 90 % des nutriments et de l'eau qui traversent le système digestif.
Gros intestin	Les contractions haustrales, le péristaltisme et les mouvements de masse poussent le contenu du côlon jusque dans le rectum. Les bactéries du gros intestin produisent certaines vitamines B ainsi que la vitamine K. Le gros intestin absorbe de l'eau, des ions et des vitamines ; il assure la défécation.

LA PHASE GASTRIQUE

La **phase gastrique** de la digestion commence dès que la nourriture arrive dans l'estomac. Elle est régie par des mécanismes nerveux et hormonaux qui favorisent la sécrétion et la motilité gastriques. Le mécanisme de la régulation nerveuse de la phase gastrique est illustré à la figure 24.24.

- *La régulation nerveuse.* ❶ L'arrivée de la nourriture, solide ou liquide, est le stimulus qui déclenche la phase gastrique. ❷ Tous les aliments distendent la paroi de l'estomac alors que le pH du contenu stomacal augmente parce que des protéines arrivent dans l'estomac et tamponnent l'acidité gastrique (déséquilibres). ❸ La distension de la paroi et l'augmentation du pH de l'estomac activent respectivement des mécanorécepteurs et des chimiorécepteurs intégrés dans la paroi gastrique ; une boucle de rétro-inhibition par voie nerveuse se met en branle. ❹ Partant des mécanorécepteurs et des chimiorécepteurs, les influx nerveux sensitifs se propagent localement jusqu'au plexus sous-muqueux et au plexus myentérique (centre de régulation du SNE) (rappelons que les plexus du SNE sont formés de neurones sensitifs, d'interneurones et de neurones moteurs ; figure 24.3) ; des influx sensitifs parviennent aussi au tronc cérébral, où ils activent des neurones parasympathiques du SNA. ❺ Les influx nerveux moteurs en provenance du plexus sous-muqueux entérique stimulent la sécrétion de suc gastrique par les cellules des glandes gastriques (effecteurs). Les influx nerveux moteurs en provenance du plexus myentérique déclenchent les ondes péristaltiques dans les couches de myocytes lisses de la musculeuse (effecteurs) et continuent de stimuler (par des interneurones) la sécrétion de suc gastrique par les glandes gastriques. L'activité nerveuse déployée par les neurones du SNE est soutenue par des influx nerveux en provenance du SNA (centre de régulation).

FIGURE 24.24 La régulation nerveuse par rétro-inhibition du pH du suc gastrique et de la motilité de l'estomac durant la phase gastrique de la digestion.

Les aliments qui entrent dans l'estomac stimulent la sécrétion de suc gastrique et déclenchent de puissantes vagues péristaltiques.

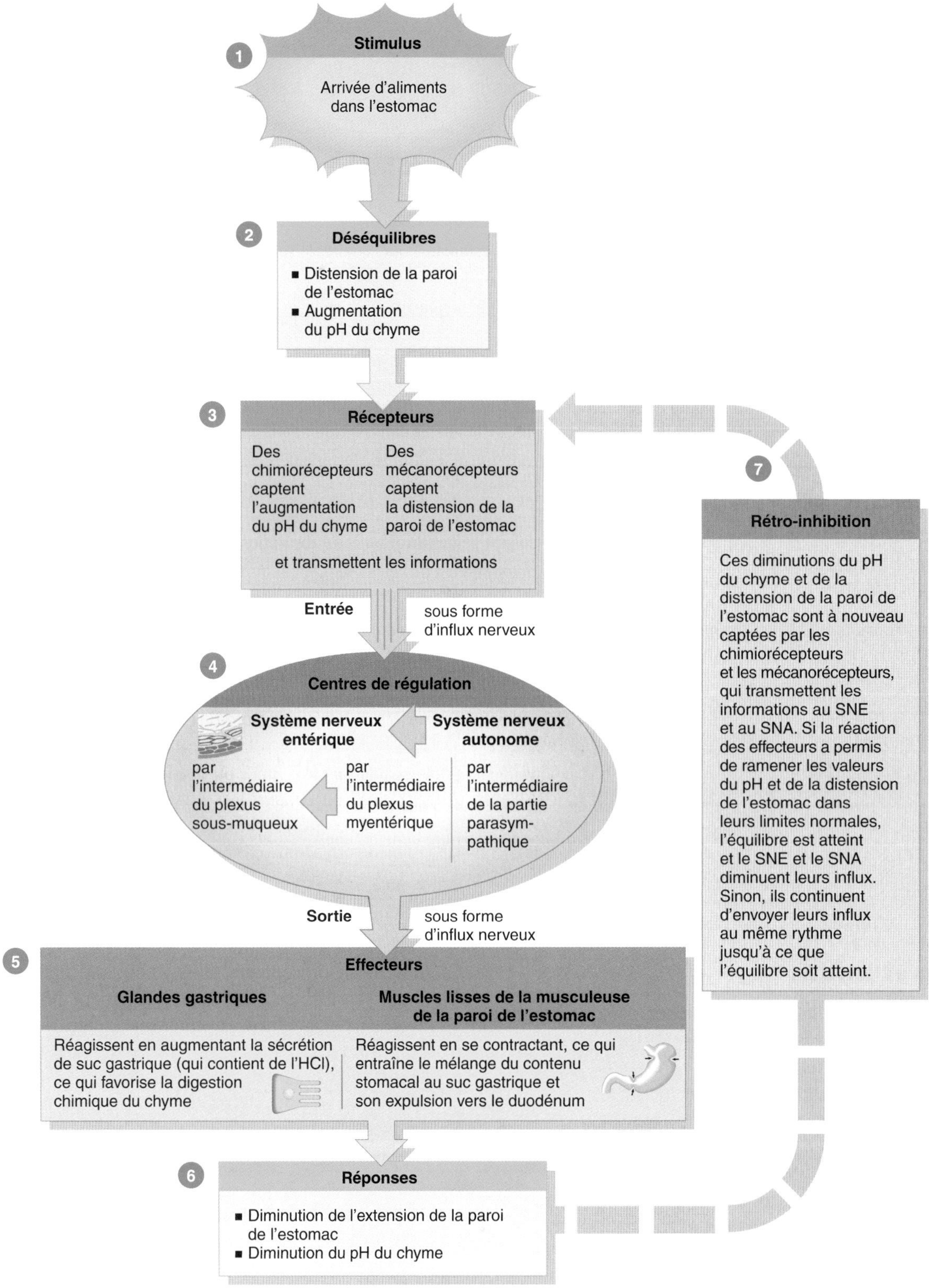

1 Stimulus

Arrivée d'aliments dans l'estomac

2 Déséquilibres

- Distension de la paroi de l'estomac
- Augmentation du pH du chyme

3 Récepteurs

Des chimiorécepteurs captent l'augmentation du pH du chyme

Des mécanorécepteurs captent la distension de la paroi de l'estomac

et transmettent les informations

Entrée sous forme d'influx nerveux

4 Centres de régulation

Système nerveux entérique

Système nerveux autonome

par l'intermédiaire du plexus sous-muqueux

par l'intermédiaire du plexus myentérique

par l'intermédiaire de la partie parasym-pathique

Sortie sous forme d'influx nerveux

5 Effecteurs

Glandes gastriques

Muscles lisses de la musculeuse de la paroi de l'estomac

Réagissent en augmentant la sécrétion de suc gastrique (qui contient de l'HCl), ce qui favorise la digestion chimique du chyme

Réagissent en se contractant, ce qui entraîne le mélange du contenu stomacal au suc gastrique et son expulsion vers le duodénum

6 Réponses

- Diminution de l'extension de la paroi de l'estomac
- Diminution du pH du chyme

7 Rétro-inhibition

Ces diminutions du pH du chyme et de la distension de la paroi de l'estomac sont à nouveau captées par les chimiorécepteurs et les mécanorécepteurs, qui transmettent les informations au SNE et au SNA. Si la réaction des effecteurs a permis de ramener les valeurs du pH et de la distension de l'estomac dans leurs limites normales, l'équilibre est atteint et le SNE et le SNA diminuent leurs influx. Sinon, ils continuent d'envoyer leurs influx au même rythme jusqu'à ce que l'équilibre soit atteint.

Pourquoi les aliments entraînent-ils d'abord une élévation du pH du suc gastrique?

Ainsi, les neurones parasympathiques qui vont jusqu'à l'estomac forment des connexions nerveuses avec les neurones des plexus du SNE, alors que d'autres innervent directement les myocytes lisses et les cellules des glandes de la paroi de l'estomac. La stimulation parasympathique entraîne une élévation de l'activité des neurones du SNE et, donc, une augmentation des sécrétions de l'estomac et de sa motilité. Les ondes péristaltiques mélangent la nourriture au suc gastrique; une fois devenues assez fréquentes et puissantes, elles propulsent une petite quantité de chyme dans le duodénum: c'est l'évacuation gastrique. ⑥ Quand le pH du chyme dans l'estomac baisse (devient plus acide) et que les parois de l'estomac deviennent moins distendues (réponses) parce qu'une partie du chyme est passée dans l'intestin grêle, ⑦ les chimiorécepteurs et les mécanorécepteurs captent les nouvelles valeurs et transmettent les informations aux centres de régulation du SNE et du SNA qui, à leur tour, diminuent leurs influx nerveux, ce qui entraîne une réduction, voire l'arrêt, de la sécrétion gastrique.

- *La régulation hormonale.* Durant la phase gastrique de la digestion, les sécrétions de l'estomac sont également régies par la **gastrine**, qui est une hormone. La **gastrine** est libérée par les **cellules G** des glandes gastriques en réponse à plusieurs stimulus: distension des parois de l'estomac par le chyme; présence de protéines partiellement digérées dans le chyme; pH élevé du chyme, car l'estomac contient de la nourriture; présence de caféine dans le chyme gastrique; et libération d'acétylcholine par les neurones parasympathiques. Dès qu'elle est libérée, la gastrine entre dans la circulation sanguine et parcourt tout le corps pour atteindre finalement ses organes cibles (effecteurs), dans le système digestif. La gastrine stimule les glandes gastriques pour qu'elles sécrètent du suc gastrique en abondance. Elle intensifie par ailleurs la constriction du sphincter œsophagien inférieur afin de prévenir le reflux du chyme acide dans l'œsophage; elle accroît la motilité de l'estomac et relâche le sphincter pylorique, ce qui accélère l'évacuation gastrique. La sécrétion de la gastrine est inhibée quand le pH du suc gastrique devient inférieur à 2,0; elle est stimulée quand le pH augmente. Ce mécanisme de rétro-inhibition permet de maintenir un pH optimal pour l'activité de la pepsine, la destruction des microorganismes et la dénaturation des protéines dans l'estomac.

LA PHASE INTESTINALE

La **phase intestinale** de la digestion commence quand la nourriture entre dans l'intestin grêle. Contrairement aux réflexes des phases céphalique et gastrique, qui stimulent la sécrétion et la motilité de l'estomac, les réflexes de la phase intestinale ont des effets inhibiteurs: ils ralentissent l'évacuation du chyme hors de l'estomac et évitent ainsi que le duodénum reçoive plus de chyme qu'il n'en peut traiter. De plus, les réactions qui se produisent pendant la phase intestinale permettent que la digestion de la nourriture qui a atteint l'intestin grêle se poursuive. La phase intestinale de la digestion est régie par des mécanismes nerveux et hormonaux.

- *La régulation nerveuse.* La distension du duodénum par le chyme déclenche le **réflexe entérogastrique**. Les mécanorécepteurs des parois du duodénum envoient des influx nerveux au bulbe rachidien, où ils inhibent la stimulation parasympathique

et stimulent les nerfs sympathiques qui vont à l'estomac. Par conséquent, la motilité gastrique est inhibée mais la constriction du sphincter pylorique s'intensifie, ce qui ralentit l'évacuation gastrique.

- *La régulation hormonale.* Du point de vue hormonal, la phase intestinale de la digestion est régie essentiellement par deux hormones qui sont sécrétées par des cellules entéroendocrines de l'intestin grêle: la cholécystokinine et la sécrétine. Les **cellules CCK** des glandes intestinales de l'intestin grêle produisent la **cholécystokinine (CCK)** en réponse à la présence dans le chyme d'acides aminés provenant des protéines partiellement digérées et d'acides gras provenant des triacylglycérols partiellement digérés. La CCK a plusieurs effets majeurs qui favorisent la digestion dans l'intestin grêle. Ainsi, elle stimule la sécrétion du suc pancréatique, riche en enzymes digestives. Elle provoque également la contraction de la vésicule biliaire, ce qui expulse la bile entreposée dans la vésicule biliaire pour l'envoyer dans le conduit cystique, puis dans le conduit cholédoque. De plus, la CCK provoque le relâchement du sphincter de l'ampoule hépatopancréatique, ce qui permet au suc pancréatique et à la bile de s'écouler dans le duodénum. En plus de ces effets importants, la CCK ralentit l'évacuation gastrique en stimulant la constriction du sphincter pylorique, favorise la croissance normale et le maintien du pancréas et renforce les effets de la sécrétine. Enfin, la CCK produit la satiété (la sensation d'être rassasié) en agissant sur l'hypothalamus (dans l'encéphale).

Le chyme acide qui entre dans le duodénum stimule la libération de **sécrétine** par les **cellules S** se trouvant dans les glandes intestinales de l'intestin grêle. La sécrétine stimule l'écoulement de la bile et du suc pancréatique riches en ions bicarbonate (HCO_3^-) pour tamponner le chyme acide qui entre dans le duodénum de l'intestin grêle. En plus de cet effet majeur, la sécrétine inhibe la sécrétion du suc gastrique; favorise la croissance normale et le maintien du pancréas; et renforce les effet de la CCK. Globalement, la sécrétine a un effet tampon sur l'acide du chyme qui arrive dans le duodénum et ralentit la sécrétion d'acides dans l'estomac.

LES AUTRES HORMONES DU SYSTÈME DIGESTIF

En plus de la gastrine, de la CCK et de la sécrétine, au moins dix autres hormones gastro-intestinales sont sécrétées par le tube digestif. Ce sont notamment la *motiline*, la *substance P* et la *bombésine*, qui stimulent la motilité des intestins; le *polypeptide intestinal vasoactif* (*VIP, vasoactive intestinal polypeptide*), qui stimule la libération d'ions et d'eau par les intestins et inhibe la sécrétion d'acide gastrique; le *peptide de libération de la gastrine*, qui, comme son nom l'indique, augmente la libération de gastrine dans le sang; et la *somatostatine*, qui inhibe la libération de la gastrine. Les scientifiques pensent que certaines de ces hormones exerceraient une action locale (paracrine), alors que les autres sont sécrétées dans le sang ou même dans la lumière du tube digestif. Le rôle physiologique des hormones gastro-intestinales n'est pas encore complètement connu et fait l'objet de recherches.

Le tableau 24.8 résume les caractéristiques des principales hormones qui régissent la digestion.

TABLEAU 24.8 LES PRINCIPALES HORMONES RÉGISSANT LA DIGESTION

HORMONE	STIMULUS ET SITE DE LA SÉCRÉTION	ACTIONS
Gastrine	La distension de l'estomac, la présence de protéines partiellement digérées et de caféine dans l'estomac, ainsi que le pH élevé du chyme gastrique, stimulent la sécrétion de gastrine par les cellules G (des cellules entéroendocrines) qui se trouvent principalement dans la muqueuse de l'antre pylorique de l'estomac.	*Effets majeurs:* Favorise la sécrétion du suc gastrique; fait augmenter la motilité gastrique; stimule la croissance de la muqueuse de l'estomac. *Effets mineurs:* Provoque la constriction du sphincter œsophagien inférieur; entraîne le relâchement du sphincter pylorique.
Sécrétine	Le chyme acide (teneur élevée en H$^+$) qui entre dans l'intestin grêle stimule la sécrétion de sécrétine par les cellules S (des cellules entéroendocrines) de la muqueuse du duodénum.	*Effets majeurs:* Stimule la sécrétion de suc pancréatique et de bile à teneur élevée en HCO$_3^-$ (ions bicarbonate). *Effets mineurs:* Inhibe la sécrétion du suc gastrique; favorise la croissance normale et le maintien du pancréas; renforce les effets de la CCK.
Cholécystokinine (CCK)	Les protéines partiellement digérées (acides aminés), les triacylglycérols et les acides gras qui entrent dans l'intestin grêle stimulent la sécrétion de la CCK par les cellules CCK (des cellules entéroendocrines) de la muqueuse de l'intestin grêle; la CCK est aussi libérée dans l'encéphale.	*Effets majeurs:* Stimule la sécrétion de suc pancréatique riche en enzymes digestives; provoque l'éjection de la bile de la vésicule biliaire et l'ouverture du sphincter de l'ampoule hépatopancréatique; produit la satiété (sensation d'être rassasié). *Effets mineurs:* Inhibe l'évacuation gastrique; favorise la croissance normale et le maintien du pancréas; renforce les effets de la sécrétine.

▶ **POINT DE CONTRÔLE**

44. Quelle est la fonction de la phase céphalique de la digestion?

45. Quel est le rôle de la gastrine dans la phase gastrique de la digestion?

46. Décrivez les étapes qui composent le réflexe entérogastrique.

47. Quels sont les rôles de la CCK et de la sécrétine dans la phase intestinale de la digestion?

LE DÉVELOPPEMENT EMBRYONNAIRE DU SYSTÈME DIGESTIF

> **OBJECTIF**

- Décrire le développement embryonnaire du système digestif.

Dans la quatrième semaine du développement embryonnaire, les cellules de l'**endoderme** forment une cavité, l'**intestin primitif**, qui donnera plus tard le tube digestif (voir la figure 29.12b). Peu après, le mésoderme se forme et se sépare en deux couches – somatique et splanchnique – (voir la figure 29.9d). Le mésoderme splanchnique s'associe à l'endoderme de l'intestin primitif, ce qui procure à ce dernier une paroi double. La **couche endodermique** donne naissance à l'*épithélium de revêtement* et aux *glandes* de la majeure partie du tube digestif; la **couche mésodermique** produit les *muscles lisses* et le *tissu conjonctif* du tube digestif.

L'intestin primitif s'allonge graduellement et se différencie en trois segments qui sont, de l'avant vers l'arrière, le **proentéron**, ou intestin antérieur de l'embryon; le **mésentéron**, ou intestin moyen de l'embryon; et le **métentéron**, ou intestin postérieur de l'embryon (voir la figure 29.12c). Jusqu'à la cinquième semaine de la gestation, le mésentéron s'ouvre sur le sac vitellin; ensuite, le sac vitellin se contracte et se sépare du mésentéron, dont la paroi se referme. Dans la région du proentéron apparaît une dépression de l'ectoderme, le **stomodéum** (voir la figure 29.12d), qui deviendra la *cavité orale*. La **membrane buccopharyngienne** est une dépression de l'ectoderme et de l'endoderme fusionnés qui se trouve à la surface de l'embryon et sépare le proentéron du stomodéum. Elle se rompt dans la quatrième semaine de la gestation, permettant ainsi au proentéron de communiquer avec l'extérieur de l'embryon par la cavité orale. Une autre dépression ectodermique, le **proctodéum**, se forme dans le métentéron et deviendra l'*anus* (voir la figure 29.12d). La **membrane cloacale** se compose d'ectoderme et d'endoderme fusionnés et sépare le métentéron du proctodéum. Elle se rompt dans la septième semaine de la gestation, et permet ainsi au métentéron de communiquer avec l'extérieur de l'embryon par l'anus. Le tube digestif se présente alors comme un canal continu allant de la bouche à l'anus.

Le proentéron devient le *pharynx*, l'*œsophage*, l'*estomac* et une *partie du duodénum*. Le mésentéron forme le *reste du duodénum*, le *jéjunum*, l'*iléum* et des *segments du gros intestin* (cæcum, appendice vermiforme, côlon ascendant et la majeure partie du côlon transverse). Le métentéron donne naissance au *reste du gros intestin* (sauf une partie du canal anal qui dérive du proctodéum).

Au fil du développement, l'endoderme forme en différents points du proentéron des bourgeons creux qui plongent dans le mésoderme et qui deviennent ultérieurement les *glandes salivaires*, le *foie*, la *vésicule biliaire* et le *pancréas*. Chacun de ces organes reste relié au tube digestif par des conduits.

48. Quelles sont les structures qui se développent à partir du proentéron, du mésentéron et du métentéron?

LE VIEILLISSEMENT DU SYSTÈME DIGESTIF

> **OBJECTIF**

• Décrire les effets du vieillissement sur le système digestif.

Les changements généraux qui touchent le système digestif avec l'âge sont notamment les suivants: ralentissement des mécanismes de sécrétion, diminution de la motilité des organes digestifs, perte de tonus et de force du tissu musculaire et des structures qui le soutiennent, altération de la rétroaction neurosensorielle qui régit la libération des enzymes et des hormones, atténuation des réactions à la douleur et aux sensations internes. Dans la partie supérieure du tube digestif, les changements les plus courants sont les suivants: diminution de la sensibilité aux irritations et aux lésions de la bouche, affaiblissement des sensations gustatives, maladies desmodontales, troubles de la déglutition, hernie hiatale, gastrite et ulcère gastroduodénal. Les changements qui peuvent se produire dans l'intestin grêle sont les suivants: ulcère duodénal, malabsorption, et perturbations de la digestion. D'autres troubles deviennent plus fréquents avec l'âge: appendicite, affections de la vésicule biliaire, ictère, cirrhose et pancréatite aiguë. Parmi les changements qui touchent le gros intestin figurent la constipation, les hémorroïdes et la diverticulite. Les cancers du côlon ou du rectum sont assez répandus.

► **POINT DE CONTRÔLE**

49. Quels sont les effets généraux du vieillissement sur le système digestif?

* * *

Maintenant que nous avons étudié le système digestif, vous êtes mieux en mesure de comprendre ses nombreux effets sur l'équilibre homéostatique des autres systèmes de l'organisme. La section *Point de mire sur l'homéostasie: le système digestif* résume ces effets. Au chapitre suivant (chapitre 25), nous verrons comment les nutriments absorbés par le tube digestif contribuent aux réactions métaboliques dans les tissus du corps humain.

Tous les systèmes de l'organisme 	Le système digestif dégrade les aliments en plus petites molécules et fournit ainsi les nutriments pour qu'ils puissent être absorbés par les cellules, qui s'en servent pour produire l'ATP et former les tissus. Il absorbe aussi l'eau, les minéraux et les vitamines, tout aussi indispensables à la croissance et au maintien du fonctionnement des tissus. Il élimine les déchets tissulaires par les fèces.	
Système tégumentaire 	L'intestin grêle absorbe la vitamine D, à partir de laquelle la peau et les reins fabriquent le calcitriol (une hormone). Les calories alimentaires excédentaires sont entreposées sous forme de triacylglycérols dans les cellules adipeuses du derme et de la couche sous-cutanée.	
Système squelettique 	L'intestin grêle absorbe les sels de calcium et de phosphore nécessaires à la formation de la matrice extracellulaire des os.	
Système musculaire 	Le foie peut transformer en glucose l'acide lactique qui est produit par les muscles pendant l'exercice physique.	
Système nerveux 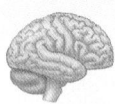	La néoglucogenèse (la synthèse de molécules de glucose à partir de molécules non glucidiques) dans le foie ainsi que la digestion et l'absorption des glucides d'origine alimentaire fournissent aux neurones le glucose dont ils ont besoin pour fabriquer l'ATP.	
Système endocrinien 	Les cellules de la muqueuse de l'estomac et de l'intestin grêle libèrent des hormones qui régissent les processus digestifs. Le foie produit de l'angiotensinogène, et retire de la circulation sanguine certaines hormones, ce qui les inactive. Les îlots pancréatiques libèrent de l'insuline et du glucagon.	
Système cardiovasculaire 	Le tube digestif absorbe de l'eau (qui contribue au maintien du volume sanguin) et du fer (nécessaire à la synthèse de l'hémoglobine dans les érythrocytes). La bilirubine provenant de la dégradation de l'hémoglobine est excrétée en partie dans les fèces. Le foie synthétise la plupart des protéines plasmatiques.	**Le système digestif**
Système lymphatique et immunité 	L'acidité du suc gastrique détruit les bactéries et la plupart des toxines dans l'estomac.	
Système respiratoire 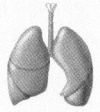	La pression que les organes abdominaux exercent sur le diaphragme aide à expulser l'air rapidement durant l'expiration forcée.	
Système urinaire 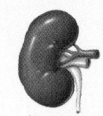	L'absorption d'eau par le tube digestif fournit le liquide indispensable pour excréter les déchets dans l'urine.	
Systèmes génitaux 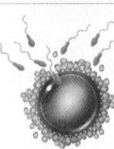	La digestion et l'absorption fournissent les nutriments nécessaires (notamment, des graisses) au développement normal des structures reproductives, à la fabrication des gamètes (ovocytes et spermatozoïdes), à la croissance ainsi qu'au développement du fœtus pendant la grossesse.	

DÉSÉQUILIBRES HOMÉOSTATIQUES

Les caries dentaires

Les **caries dentaires** se caractérisent par une déminéralisation progressive (ou ramollissement) de l'émail et de la dentine. Si elles ne sont pas traitées, des microorganismes peuvent envahir la pulpe, déclencher une inflammation et une infection, puis entraîner la mort de la pulpe et causer un abcès de l'os alvéolaire qui entoure l'apex de la racine. À ce stade, la dent touchée doit faire l'objet d'un traitement radiculaire.

Les caries dentaires se forment quand des bactéries agissant sur les sucres produisent des acides qui déminéralisent l'émail. Le **dextran**, un polysaccharide collant dérivé du sucrose, fait adhérer les bactéries aux dents. Les amas de cellules bactériennes, de dextran et d'autres débris qui se fixent aux dents forment la **plaque dentaire**. La salive ne peut plus atteindre la surface de la dent pour neutraliser l'acide parce que la plaque la recouvre. En se brossant les dents immédiatement après avoir mangé, on élimine la plaque des surfaces plates avant que les bactéries ne puissent y produire des acides. Les dentistes recommandent aussi d'enlever la plaque entre les dents tous les jours avec de la soie dentaire.

Les maladies parodontales

Les **maladies parodontales** regroupent divers troubles se caractérisant par l'inflammation et la dégénérescence des gencives, de l'os alvéolaire, du desmodonte et du cément. L'une d'elles, la **pyorrhée**, se manifeste d'abord par la tuméfaction et l'inflammation des tissus mous et par les saignements des gencives. Si elle n'est pas traitée, les tissus mous peuvent se détériorer et l'os alvéolaire peut se résorber. Les dents deviennent alors mobiles et les gencives reculent (récession gingivale). Les maladies parodontales sont souvent attribuables à une hygiène buccale déficiente, à des irritants locaux (par exemple des bactéries, de la nourriture enclavée entre les dents et la fumée de cigarette), ou à une mauvaise occlusion.

La maladie ulcéreuse gastroduodénale

Un **ulcère** est une lésion en forme de cratère dans une membrane. Ceux qui prennent naissance dans les régions du tube digestif exposées au suc gastrique acide sont appelés **ulcères gastroduodénaux**. Leur complication la plus courante est l'hémorragie ; si elle est importante, elle peut entraîner l'anémie. Dans les cas aigus, les ulcères gastroduodénaux peuvent provoquer l'état de choc et la mort. On distingue trois causes de la maladie ulcéreuse gastroduodénale : 1) la bactérie *Helicobacter pylori* ; 2) les anti-inflammatoires non stéroïdiens (AINS), par exemple l'aspirine ; et 3) l'hypersécrétion de HCl, par exemple dans le syndrome de Zollinger-Ellison (qui se caractérise par une tumeur sécrétrice de gastrine généralement située dans le pancréas).

Helicobacter pylori (anciennement appelée *Campylobacter pylori*) est la cause la plus fréquente de la maladie ulcéreuse gastroduodénale. La bactérie produit une enzyme, l'uréase, qui décompose l'urée en ammoniac et en dioxyde de carbone. En même temps qu'il protège la bactérie contre l'acidité du milieu, l'ammoniac s'attaque à la couche protectrice de mucus qui tapisse l'estomac et aux cellules gastriques sous-jacentes. *H. pylori* fabrique aussi la catalase (une enzyme qui, selon nos connaissances actuelles, protégerait la bactérie contre la phagocytose par les granulocytes neutrophiles) ainsi que plusieurs protéines d'adhérence qui permettent à la bactérie de se fixer aux cellules gastriques.

Plusieurs approches thérapeutiques sont maintenant utilisées dans le traitement de la maladie ulcéreuse gastroduodénale. Le tabac, l'alcool, la caféine et les AINS doivent être évités car ils peuvent perturber les mécanismes de défense de la muqueuse, augmentant ainsi sa vulnérabilité aux effets destructeurs du HCl. Dans les cas attribuables à *H. pylori*, l'administration d'antibiotiques règle généralement le problème. Les antiacides oraux (par exemple, Tums^{MD} ou Maalox^{MD}) peuvent procurer un soulagement temporaire en tamponnant (en neutralisant) l'acide gastrique. Quand la maladie est causée par une hypersécrétion de HCl, le traitement peut consister à administrer des inhibiteurs des récepteurs H_2 ou des inhibiteurs des pompes à protons, par exemple l'oméprazole (Losec^{MD}), qui bloquent la sécrétion de H^+ par les cellules pariétales.

Les maladies inflammatoires de l'intestin

L'inflammation du tube digestif existe sous deux formes. La **maladie de Crohn** est une inflammation qui touche n'importe quelle région du tube digestif et qui peut dépasser la muqueuse pour gagner la sous-muqueuse, la musculeuse et la séreuse ; fréquemment localisée à l'intestin grêle, l'inflammation peut entraver l'absorption des nutriments, de l'eau et des sels, ce qui produit des fèces liquides parfois sanguinolentes. Cette maladie inflammatoire serait une affection auto-immune. La **colite ulcéreuse** est une inflammation de la muqueuse du côlon et du rectum qui s'accompagne généralement de saignements rectaux. Curieusement, le tabagisme augmente le risque d'apparition de la maladie de Crohn mais abaisse celui d'une colite ulcéreuse.

Le syndrome du côlon irritable

Ce syndrome touche l'ensemble du tube digestif et se caractérise par la manifestation de certains symptômes en réaction au stress (par exemple, des crampes et des douleurs abdominales) avec alternance de diarrhées et de constipation. Les fèces peuvent contenir des quantités excessives de mucus. Le syndrome se manifeste aussi par la flatulence, la nausée et la perte d'appétit. Ce trouble est également appelé **colopathie fonctionnelle** ou encore *colite spasmodique*.

La diverticulose

La **diverticulose** se caractérise par la formation de **diverticules** – évaginations de la paroi du côlon – dans des régions où la musculeuse est affaiblie et, dans certains cas, enflammée. Très souvent, les personnes atteintes de diverticulose ne présentent aucun symptôme et ne souffrent d'aucune complication. Toutefois, de 10 à 25 % d'entre elles finissent par manifester une inflammation, la **diverticulite**, qui peut s'accompagner de douleurs ; de constipation ou, au contraire, d'une augmentation de la fréquence des selles ; de nausées ; de vomissements ; et de fièvre légère. Comme les régimes pauvres en fibres favorisent l'apparition de la diverticulite, les patients qui adoptent une alimentation à haute teneur en fibres constatent une atténuation marquée de leurs symptômes. Dans les cas graves, l'ablation chirurgicale des parties touchées du côlon s'impose. La perforation d'un diverticule provoque une libération de bactéries dans la cavité abdominale et donc, dans certains cas, une péritonite.

Le cancer colorectal

Le **cancer colorectal** (cancer du côlon et du rectum) compte parmi les tumeurs malignes les plus meurtrières ; il se classe au deuxième rang après le cancer du poumon chez les hommes, et au troisième rang après les cancers du poumon et du sein chez les femmes. L'hérédité joue un rôle très important. Une prédisposition d'origine génétique intervient dans plus de la moitié des cas de cancer colorectal. La consommation d'alcool et les régimes riches en protéines et graisses animales augmentent le risque de présenter un cancer colorectal, alors qu'on attribue un rôle protecteur aux fibres alimentaires, aux rétinoïdes, au calcium et au sélénium. Les signes et symptômes du cancer colorectal sont notamment les suivants : diarrhée ; constipation ; crampes ; douleurs abdominales ; et saignements rectaux visibles ou occultes (dissimulés dans les fèces). Les **polypes** – excroissances précancéreuses de la muqueuse – accroissent également le risque de cancer colorectal. Le dépistage du cancer colorectal peut se faire par la recherche de sang dans les fèces, le toucher rectal, la sigmoïdoscopie, la coloscopie ou le lavement baryté. Les tumeurs sont éliminées par endoscopie ou chirurgie.

L'hépatite

L'**hépatite** est une inflammation du foie qui peut être provoquée par des virus, des médicaments ou des substances chimiques, y compris l'alcool. Du point de vue clinique, on distingue plusieurs types d'hépatites virales. L'**hépatite A** est causée par le virus de l'hépatite A et se transmet par contamination fécale d'objets tels que des aliments, des vêtements, des jouets ou des ustensiles de cuisine (voie fécale-orale). En général, l'hépatite A est une maladie relativement anodine qui touche les enfants et les jeunes adultes et se caractérise par la perte d'appétit, des malaises, des nausées, de la diarrhée, de la fièvre et des frissons. Elle finit par provoquer un ictère. Ce type d'hépatite ne cause pas de lésions permanentes au foie. La plupart des personnes atteintes guérissent en quatre à six semaines.

L'**hépatite B** est causée par le virus de l'hépatite B et se transmet principalement par contact sexuel ou par l'utilisation de seringues ou d'équipements de transfusion contaminés. Elle est également transmissible par la salive et les larmes. Le virus peut rester latent dans l'organisme pendant des années, voire toute la vie, mais il peut aussi entraîner une cirrhose et, dans certains cas, le cancer du foie. Les personnes qui sont porteuses du virus actif de l'hépatite B sont contagieuses. On peut prévenir l'hépatite B au moyen de vaccins produits par génie génétique (recombinaison de l'ADN), par exemple Recombivax HB^MD.

L'**hépatite C** est causée par le virus de l'hépatite C. Du point de vue clinique, elle est similaire à l'hépatite B. Elle peut entraîner la cirrhose

et, dans certains cas, le cancer du foie. Dans les pays industrialisés, les dons de sang font l'objet d'un dépistage des hépatites B et C.

L'**hépatite D** est causée par le virus de l'hépatite D et se transmet comme l'hépatite B. En fait, il faut déjà être infecté par le virus de l'hépatite B pour contracter l'hépatite D. La maladie entraîne une détérioration hépatique grave et présente un taux de mortalité plus élevé que l'infection par le virus de l'hépatite B seul.

L'**hépatite E** est causée par le virus de l'hépatite E et se transmet comme l'hépatite A. Elle n'entraîne pas de maladie chronique du foie, mais le taux de mortalité chez les femmes enceintes atteintes est très élevé.

L'anorexie mentale

L'**anorexie mentale** est un trouble chronique qui se caractérise par une perte pondérale volontaire, une perception négative de l'image du corps et des modifications physiologiques causées par la dénutrition. Les personnes souffrant d'anorexie mentale font une fixation sur le contrôle du poids et tiennent à aller à la selle tous les jours alors même que les quantités qu'elles ingèrent sont insuffisantes pour cela. Elles abusent souvent des laxatifs, ce qui aggrave leur déséquilibre hydro-électrolytique et leurs carences nutritionnelles. L'affection touche surtout les jeunes femmes célibataires, et des recherches récentes tendent à démontrer qu'elle pourrait être héréditaire. Des menstruations anormales, l'aménorrhée (absence de menstruations) et un métabolisme basal ralenti sont le reflet des effets dépresseurs de l'inanition. Les personnes touchées peuvent devenir émaciées et mourir de faim ou d'une complication de la maladie. Ce trouble s'accompagne parfois d'ostéoporose, de dépression ou d'anomalies cérébrales avec altération des fonctions mentales. Les patients peuvent être traités par psychothérapie et réorientation de leur régime alimentaire.

TERMES MÉDICAUX

Achalasie (*a* : sans ; *chalasis* : relâchement) Cette affection est causée par un dérèglement du plexus myentérique ; elle se traduit par une incapacité du sphincter œsophagien inférieur à se relâcher normalement à l'approche de la nourriture. Un repas entier peut ainsi rester bloqué dans l'œsophage et ne passer que très lentement dans l'estomac. La distension de l'œsophage provoque des douleurs dans la poitrine souvent attribuées, à tort, à un malaise cardiaque.

Aphte Ulcère douloureux de la muqueuse de la bouche qui touche les femmes plus que les hommes, et généralement entre 10 et 40 ans. Il pourrait s'agir d'une réaction auto-immune ou d'une allergie alimentaire.

Borborygme Gargouillements causés par la propulsion de gaz dans les intestins.

Boulimie (*boûs* : bœuf ; *limos* : faim) Affection qui touche surtout les femmes blanches, jeunes et célibataires de classe moyenne ; elle se caractérise par une consommation excessive de nourriture au moins deux fois par semaine, suivie d'une purgation par des vomissements volontaires, un jeûne ou un régime alimentaire très strict, un programme d'exercice physique exagérément vigoureux, ou la prise de laxatifs ou de diurétiques. La boulimie s'explique par la crainte de devenir trop gros ou par le stress, la dépression ou des perturbations physiologiques, par exemple des tumeurs de l'hypothalamus.

Cirrhose Maladie du foie qui est causée par une inflammation chronique due à une hépatite, à l'exposition à des substances chimiques détruisant les hépatocytes, à des parasites infectant le foie ou à l'alcoolisme. Elle se caractérise par une déformation du foie ou la présence de tissu cicatriciel – du tissu conjonctif fibreux ou adipeux remplaçant les hépatocytes. Les symptômes de la cirrhose sont notamment l'ictère, l'œdème dans les jambes, des hémorragies soudaines et l'accroissement de la sensibilité aux médicaments.

Colite Inflammation de la muqueuse du côlon et du rectum qui entrave l'absorption d'eau et de sels ; elle produit des fèces liquides et sanguinolentes et, dans les cas graves, la déshydratation et la déplétion électrolytique. Les spasmes de la musculeuse irritée causent des crampes. La colite serait une affection auto-immune.

Coloscopie (*skopein* : examiner, observer) Examen visuel du revêtement intérieur du côlon à l'aide d'un coloscope (long endoscope flexible de fibre optique). La coloscopie permet d'évaluer directement le stade d'évolution d'une inflammation, de détecter les polypes, les cancers ou la diverticulose, de prélever des tissus et de retirer les petits polypes. La plupart des tumeurs du gros intestin apparaissent dans le rectum.

Colostomie (*stoma* : bouche) Dérivation des fèces par une ouverture qui est pratiquée dans le côlon et qui débouche sur une stomie (abouchement artificiel fixé à l'extérieur de la paroi abdominale par une intervention chirurgicale). Cet orifice fait office d'anus et permet l'évacuation des fèces dans une poche qui se porte sur l'abdomen.

Diarrhée des voyageurs Maladie infectieuse du tube digestif qui se manifeste par des envies impérieuses d'aller à la selle, des fèces liquides, des crampes, des douleurs abdominales, des malaises, des nausées et, dans certains cas, de la fièvre et de la déshydratation. Elle est généralement causée par l'ingestion de nourriture ou d'eau contaminée par des matières fécales contenant des bactéries pathogènes (surtout *Escherichia coli*) ou, quoique plus rarement, par des virus ou des protozoaires parasites. Aussi appelée *turista*.

Dysphagie (*dys* : difficulté ; *phagein* : manger) Difficulté de déglutition causée par une inflammation, une paralysie, une obstruction ou un trauma.

Empoisonnement alimentaire Maladie soudaine causée par l'ingestion d'aliments solides ou liquides contaminés par des microorganismes infectieux (bactéries, virus ou protozoaires) ou par une toxine (poison).

La cause la plus fréquente est la toxine produite par le staphylocoque doré (*Staphylococcus aureus*), qui est une bactérie. La plupart des empoisonnements alimentaires se manifestent par de la diarrhée ou des vomissements (ou les deux), souvent accompagnés de douleurs abdominales.

Flatuosité Air (gaz) qui se trouve dans l'estomac ou l'intestin et qui est généralement expulsé par l'anus. Quand l'évacuation du gaz se fait par la bouche, elle porte le nom d'*éructation* (ou *rot*). Les flatuosités peuvent être causées par la formation de gaz lors de la dégradation des aliments dans l'estomac ou par l'ingestion d'air ou d'aliments contenant d'autres gaz, par exemple les boissons gazeuses.

Gastroentérite (*gastêr* : ventre ; estomac ; *enteron* : intestin ; *ite* : inflammation) Inflammation de la muqueuse de l'estomac et de l'intestin, en particulier l'intestin grêle. Elle est généralement causée par une infection bactérienne ou virale transmise par de l'eau ou des aliments contaminés, ou par un contact étroit avec une personne infectée. Les symptômes de la gastroentérite sont notamment les suivants : diarrhée, vomissements, fièvre, perte d'appétit, crampes et malaises abdominaux.

Gastroscopie (*skopein* : examiner, observer) Examen endoscopique de l'estomac qui se pratique au moyen d'une sonde lumineuse et qui permet de voir l'intérieur de l'organe pour évaluer directement le stade d'évolution d'un ulcère, d'une tumeur ou d'une inflammation, ou l'origine d'un saignement.

Halitose (*halitus* : vapeur) Odeur désagréable exhalée par la bouche. Couramment appelée *mauvaise haleine*.

Hémorroïdes (*haima* : sang ; *rhein* : couler) Veines rectales supérieures variqueuses (gonflées et enflammées). Le terme s'emploie surtout au pluriel. Les hémorroïdes se forment quand des veines sont soumises à une forte pression et que le sang les engorge. Si la pression se maintient assez longuement, les parois des veines s'étirent. En général, les hémorroïdes se manifestent d'abord par un suintement sanguin, un saignement ou une démangeaison. La distension des veines favorise également la formation de caillots qui aggravent la tuméfaction et la douleur. Les hémorroïdes peuvent être causées par la constipation, elle-même parfois attribuable à un régime alimentaire trop pauvre en fibres. Par ailleurs, les poussées répétées lors de la défécation comprime le sang vers le bas, dans les veines rectales, et augmente ainsi la pression qui s'exerce sur leurs parois. À terme, elles peuvent causer des hémorroïdes.

Hernie Saillie partielle ou totale d'un organe par une ouverture dans une membrane ou dans la paroi d'une cavité, en général la cavité abdominale. La *hernie hiatale* (une variété de hernie diaphragmatique) est la saillie d'une partie de l'estomac dans la cavité thoracique par l'hiatus œsophagien, qui se trouve dans le diaphragme. La *hernie inguinale* est la saillie du sac herniaire dans l'ouverture inguinale ; à un stade avancé, elle peut contenir une partie de l'intestin et, chez l'homme, elle déborde parfois dans le scrotum, où elle peut entraîner l'étranglement de la partie herniée.

Malabsorption Terme désignant plusieurs perturbations se caractérisant toutes par une insuffisance de l'absorption des nutriments par l'organisme. La malabsorption peut être due à une défaillance des processus de dégradation des aliments pendant la digestion (à cause d'anomalies touchant les enzymes ou les sucs digestifs), à des lésions dans le revêtement de l'intestin grêle (à cause d'une intervention chirurgicale, d'une infection, de médicaments tels que la néomycine ou de l'alcool), ou à des troubles de la motilité intestinale. Ses symptômes sont notamment les suivants : diarrhée, perte de poids, faiblesse, carences vitaminiques et déminéralisation osseuse.

Malocclusion (*malus* : mauvais ; *occlusio* : fermeture) Manque d'ajustement entre les dents des maxillaires (dents du haut) et celles de la mandibule (dents du bas).

Nausée (*nausea* : mal de mer) Malaise caractérisé par la perte d'appétit et l'envie de vomir. Ses causes sont notamment les suivantes : irritation localisée du tube digestif, maladie systémique, lésion ou maladie de l'encéphale, épuisement, consommation de certains médicaments et surdose de drogue.

Pyrosis Sensation de brûlure qui est perçue dans la partie supérieure de l'abdomen et se propage dans la poitrine ; elle est attribuable à une irritation de la muqueuse de l'œsophage par l'acide chlorhydrique contenu dans l'estomac. Ce symptôme est causé par le fait que le sphincter œsophagien inférieur ne se referme pas bien, de sorte qu'une partie du contenu stomacal reflue dans la partie inférieure de l'œsophage. La douleur est parfois très intense, mais elle ne trahit pas un problème cardiaque, même si elle est perçue dans la région du cœur. Couramment appelé *brûlures* (ou *aigreur*) *d'estomac*.

RÉSUMÉ

INTRODUCTION (P. 969)

1. La digestion est la dégradation des grosses molécules de nourriture (aliments) en molécules plus petites (nutriments).

2. Les organes qui accomplissent la digestion forment le système digestif et se répartissent généralement en deux grands groupes : le tube digestif et les organes digestifs annexes.

3. Le tube digestif est un conduit qui s'étend sans interruption de la bouche à l'anus.

4. Les organes digestifs annexes sont les dents, la langue, les glandes salivaires, le foie, la vésicule biliaire et le pancréas.

LE SYSTÈME DIGESTIF : VUE D'ENSEMBLE (P. 970)

1. La digestion comprend six processus de base : l'ingestion, la sécrétion, le brassage et la propulsion, la digestion mécanique et la digestion chimique, l'absorption ainsi que la défécation.

2. La digestion mécanique comprend la mastication et les mouvements du tube digestif qui facilitent la digestion chimique.

3. La digestion chimique est une suite de réactions d'hydrolyse qui dégradent les grosses molécules de glucides, de lipides, de protéines et d'acides nucléiques alimentaires pour les réduire en molécules plus petites (nutriments) et, donc, utilisables par les cellules de l'organisme.

LES COUCHES TISSULAIRES DU TUBE DIGESTIF (P. 970)

1. La paroi du tube digestif possède dans la plupart de ses segments une structure formée de quatre couches de tissus qui sont, de l'intérieur vers l'extérieur, la muqueuse, la sous-muqueuse, la musculeuse et la séreuse.

2. Enfouies dans le chorion de la muqueuse se trouvent de grandes plaques de tissu lymphatique appelé *tissu lymphoïde associé aux muqueuses* (MALT, *mucosa-associated lymphoid tissue*).

L'INNERVATION DU TUBE DIGESTIF (P. 973)

1. Le tube digestif est régi par un réseau intrinsèque de nerfs, appelé *système nerveux entérique* (SNE), et par un réseau extrinsèque de nerfs qui font partie du système nerveux autonome (SNA).

2. Le SNE se compose de neurones regroupés en deux plexus: le plexus myentérique et le plexus sous-muqueux entérique.

3. Le plexus myentérique est situé entre la couche circulaire de muscle lisse et la couche longitudinale de muscle lisse de la musculeuse. Il régit la motilité du tube digestif.

4. Le plexus sous-muqueux entérique est situé dans la sous-muqueuse. Il régit les sécrétions du tube digestif.

5. Le SNE peut être considéré comme un système nerveux à part entière ou comme une composante du SNA.

6. Les axones moteurs parasympathiques des nerfs vagues (X) et des nerfs splanchniques pelviens stimulent l'activité des neurones du SNE et font donc augmenter les sécrétions du tube digestif et sa motilité.

7. Les axones moteurs sympathiques provenant des régions thoracique et lombaire supérieure de la moelle épinière inhibent l'activité des neurones du SNE et font donc baisser les sécrétions du tube digestif et sa motilité.

LE PÉRITOINE (P. 974)

1. Le péritoine est la plus grande des séreuses du corps humain. Il tapisse les parois de la cavité abdominale et recouvre certains organes de l'abdomen.

2. Les replis du péritoine sont le mésentère, le mésocôlon, le ligament falciforme du foie, le petit omentum et le grand omentum.

LA BOUCHE (P. 975)

1. La bouche se compose des joues, des lèvres, du palais osseux et du palais mou, ainsi que de la langue.

2. Le vestibule de la bouche est un espace délimité extérieurement par les joues et les lèvres, et intérieurement par les gencives et les dents.

3. La cavité propre de la bouche s'étend du vestibule jusqu'au gosier.

4. Avec ses muscles connexes, la langue forme le plancher de la cavité buccale. Elle se compose de muscle squelettique recouvert d'une muqueuse.

5. La face supérieure et les côtés de la langue sont couverts de papilles dont certaines contiennent des calicules gustatifs.

6. La plus grande partie de la salive est sécrétée par les glandes salivaires majeures, qui se trouvent à l'extérieur de la bouche et déversent leurs sécrétions dans des conduits débouchant dans la cavité buccale.

7. Le corps humain possède trois paires de glandes salivaires majeures: les glandes parotides, les glandes submandibulaires et les glandes sublinguales.

8. La salive humidifie (eau) et lubrifie (mucus) les aliments, et amorce la digestion chimique des glucides.

9. La sécrétion de la salive, ou salivation, est régie par le système nerveux.

10. Les dents font saillie dans la bouche et sont adaptées à la digestion mécanique.

11. Typiquement, la dent est formée de trois régions principales: la couronne, la racine et le collet de la dent.

12. Les dents se composent principalement de dentine; la couronne est recouverte d'émail, la substance la plus dure du corps.

13. L'être humain développe deux dentures au fil de sa vie. La première est formée des dents déciduales et la seconde, des dents permanentes.

14. La mastication mélange les aliments à la salive et les transforme en une masse molle et souple, le bol alimentaire.

15. L'amylase salivaire amorce la digestion de l'amidon; la lipase linguale – activée seulement dans l'estomac – contribue à la dégradation des triacylglycérols.

LE PHARYNX (P. 982)

1. Le pharynx est un tube en forme d'entonnoir qui va des choanes jusqu'à l'œsophage (vers l'arrière) et jusqu'au larynx (vers l'avant).

2. Le pharynx assure des fonctions digestives et respiratoires.

L'ŒSOPHAGE (P. 983)

1. L'œsophage est un tube musculaire souple qui relie le pharynx à l'estomac.

2. Il comprend un sphincter œsophagien supérieur et un sphincter œsophagien inférieur.

LES ÉTAPES DE LA DÉGLUTITION (P. 983)

1. La déglutition (l'action d'avaler) achemine le bol alimentaire de la bouche à l'estomac en passant par l'œsophage.

2. Elle s'effectue en trois étapes: le temps buccal (volontaire), le temps pharyngien (involontaire) et le temps œsophagien (involontaire).

L'ESTOMAC (P. 985)

1. L'estomac relie l'œsophage au duodénum.

2. Les principales régions anatomiques de l'estomac sont le cardia, le fundus, le corps et le pylore.

3. L'estomac présente plusieurs structures qui l'aident à accomplir sa tâche de digestion: les plis gastriques; les glandes qui produisent le mucus, l'acide chlorhydrique, le pepsinogène (qui est converti en pepsine active), la lipase gastrique et le facteur intrinsèque; et la musculeuse, qui est formée de trois couches de muscles lisses.

4. Les ondes de brassage assurent la digestion mécanique.

5. La digestion chimique se ramène pour l'essentiel à la conversion des protéines en peptides sous l'action de la pepsine.

6. La paroi gastrique est imperméable à la plupart des substances et, par conséquent, peu sont absorbées.

7. Parmi les substances que l'estomac peut absorber figurent notamment l'eau, certains ions, les médicaments et l'alcool.

LE PANCRÉAS (P. 990)

1. Le pancréas se compose d'une tête, d'un corps et d'une queue. Il est relié au duodénum par le conduit pancréatique et le conduit pancréatique accessoire.

2. Les îlots pancréatiques (ou îlots de Langerhans) sont des structures endocrines qui sécrètent des hormones. Les acinus sont des structures exocrines qui sécrètent le suc pancréatique.

3. Le suc pancréatique contient des enzymes qui digèrent l'amidon (amylase pancréatique), les protéines (trypsine, chymotrypsine, carboxypeptidase, élastase), les triacylglycérols (lipase pancréatique) et les acides nucléiques (ribonucléase et désoxyribonucléase).

LE FOIE ET LA VÉSICULE BILIAIRE (P. 993)

1. Le foie est formé d'un lobe gauche et d'un lobe droit. La vésicule biliaire est un sac situé dans une dépression de la face postérieure du foie. Elle emmagasine la bile et la concentre.

2. Les lobes du foie se composent de lobules contenant des hépatocytes (cellules du foie), des sinusoïdes, des cellules réticuloendothéliales étoilées (ou cellules de Kupffer) ainsi qu'une veine centrale.

3. Les hépatocytes produisent la bile. Celle-ci est transportée par un réseau de conduits jusqu'à la vésicule biliaire, où elle est concentrée et emmagasinée temporairement.

4. Dans la digestion, la fonction de la bile consiste à émulsifier les lipides alimentaires.

5. Le foie intervient dans de nombreuses fonctions : métabolisme des glucides, des lipides et des protéines, catabolisme des médicaments et des hormones, excrétion de la bilirubine, synthèse des sels biliaires, stockage des vitamines et des minéraux, phagocytose, et activation de la vitamine D.

L'INTESTIN GRÊLE (P. 996)

1. L'intestin grêle va du sphincter pylorique jusqu'à la valve iléocæcale.

2. Il se divise en trois sections : le duodénum, le jéjunum et l'iléum.

3. Ses glandes sécrètent du liquide et du mucus. Les plis circulaires, les villosités et les microvillosités de ses parois fournissent une grande surface pour la digestion et l'absorption.

4. Les enzymes de la bordure en brosse digèrent les alpha-dextrines, le maltose, le sucrose, le lactose, les peptides et les nucléotides à la surface des cellules épithéliales de la muqueuse.

5. Les enzymes du pancréas et celles de la bordure en brosse de l'intestin transforment l'amidon en maltose, maltotriose et alpha-dextrines (amylase pancréatique), les alpha-dextrines en glucose (alpha-dextrinase), le maltose en glucose (maltase), le sucrose en glucose et fructose (sucrase), le lactose en glucose et galactose (lactase) et les protéines en peptides (trypsine, chymotrypsine, élastase). Des enzymes libèrent par ailleurs les acides aminés des extrémités carboxyliques des peptides (carboxypeptidases) ou de leurs extrémités aminées (aminopeptidases). Enfin, ce sont également des enzymes qui réduisent les dipeptides en acides aminés (dipeptidases), les triacylglycérols en acides gras et en monoacylglycérols (lipases) et les nucléotides en pentoses et en bases azotées (nucléosidases et phosphatases).

6. Dans l'intestin grêle, la digestion mécanique s'effectue par la segmentation et par le complexe de motilité migrante (type de péristaltisme).

7. L'absorption s'effectue par diffusion simple, diffusion facilitée, osmose et transport actif. Elle s'accomplit surtout dans l'intestin grêle.

8. Les monosaccharides, les acides aminés et les acides gras à chaîne courte passent dans les capillaires sanguins.

9. Les acides gras à chaîne longue et les monoacylglycérols sont absorbés à partir des micelles, se combinent de nouveau pour former des triacylglycérols et constituent des chylomicrons.

10. Les chylomicrons entrent dans la lymphe par les vaisseaux chylifères des villosités.

11. L'intestin grêle absorbe aussi des électrolytes, des vitamines et de l'eau.

LE GROS INTESTIN (P. 1007)

1. Le gros intestin va de la valve iléocæcale jusqu'à l'anus.

2. Les segments du gros intestin sont le cæcum, le côlon, le rectum et le canal anal.

3. Sa muqueuse contient de nombreuses cellules caliciformes ; sa musculeuse est faite de bandelettes du côlon et d'haustrations.

4. Dans le gros intestin, la digestion mécanique s'effectue par les contractions haustrales, le péristaltisme et les mouvements de masse.

5. La dernière étape de la digestion chimique est effectuée par les bactéries de la flore normale du gros intestin ; elle permet la dégradation des matières en particules plus petites encore, ainsi que la synthèse de certaines vitamines.

6. Le gros intestin absorbe de l'eau, des ions et des vitamines.

7. Les fèces se composent d'eau, de sels inorganiques, de cellules épithéliales, de bactéries et d'aliments non digérés.

8. La défécation est l'élimination des fèces par le rectum.

9. La défécation est un réflexe facilité par les contractions volontaires du diaphragme et des muscles de l'abdomen, et par le relâchement du sphincter externe de l'anus.

LA RÉGULATION DE LA DIGESTION (P. 1012)

1. Les processus digestifs se regroupent en trois étapes qui se recoupent : la phase céphalique, la phase gastrique et la phase intestinale.

2. Durant la phase céphalique de la digestion, les glandes salivaires sécrètent de la salive et les glandes gastriques sécrètent du suc gastrique pour préparer la bouche et l'estomac à traiter les aliments qui seront ingérés.

3. L'arrivée de la nourriture dans l'estomac déclenche la phase gastrique de la digestion, qui favorise la sécrétion du suc gastrique et la motilité gastrique.

4. Durant la phase intestinale, la nourriture est digérée dans l'intestin grêle. De plus, la sécrétion et la motilité gastrique baissent pour ralentir l'évacuation du chyme hors de l'estomac et pour éviter ainsi que l'intestin grêle reçoive plus de chyme qu'il n'en peut traiter.

5. Les différents processus qui se déploient pendant les trois étapes de la digestion sont régis par des voies nerveuses et par des hormones. Le tableau 24.8 récapitule les caractéristiques des principales hormones qui régissent la digestion.

LE DÉVELOPPEMENT EMBRYONNAIRE DU SYSTÈME DIGESTIF (P. 1016)

1. L'endoderme de l'intestin primitif forme l'épithélium ainsi que les glandes de la majeure partie du tube digestif.

2. Le mésoderme de l'intestin primitif forme les muscles lisses et le tissu conjonctif du tube digestif.

LE VIEILLISSEMENT DU SYSTÈME DIGESTIF (P. 1017)

1. Les changements généraux qui touchent le système digestif avec l'âge sont notamment les suivants : ralentissement des mécanismes de sécrétion, diminution de la motilité et perte de tonus.

2. Plusieurs changements spécifiques peuvent également se produire, par exemple : affaiblissement des sensations gustatives, pyorrhée, hernies, ulcères gastroduodénaux, constipation, hémorroïdes et diverticulose.

AUTOÉVALUATION

Vous trouverez les réponses à ces questions à l'appendice D.

COMPLÉTEZ LES PHRASES SUIVANTES.

1. Les produits finaux de la digestion chimique des glucides sont des _____. Ceux des protéines sont des _____. Ceux des lipides sont des _____ et des _____. Ceux des acides nucléiques sont des _____, des _____ et des _____.

2. Les mécanismes de l'absorption des matières dans l'intestin grêle sont les suivants : _____ ; _____ ; _____ ; _____.

INDIQUEZ SI LES ÉNONCÉS SUIVANTS SONT VRAIS OU FAUX.

3. Le palais mou, l'uvule et l'épiglotte empêchent les aliments solides et liquides d'entrer dans les voies respiratoires lors de la déglutition.

4. Le péristaltisme est l'alternance de contractions et de relâchements coordonnés de la musculeuse qui font avancer le bol alimentaire dans le tube digestif.

CHOISISSEZ LA BONNE RÉPONSE.

5. Lequel de ces termes *ne correspond pas* à la définition à laquelle il est associé ? a) digestion chimique : dégradation des molécules alimentaires en substances simples par hydrolyse, avec l'aide des enzymes digestives, b) motilité : processus mécanique qui dégrade les aliments en molécules plus petites, c) ingestion : prise des aliments solides et liquides dans la bouche, d) propulsion : avancée des aliments dans le tube digestif par les contractions de muscles lisses, e) absorption : passage d'ions, de liquides ou de petites molécules dans la lymphe ou le sang par le revêtement épithélial de la lumière du tube digestif.

6. Lesquels de ces énoncés *s'appliquent* au péritoine ? 1) Les reins et le pancréas sont rétropéritonéaux. 2) Le grand omentum est le plus grand des replis péritonéaux. 3) Le petit omentum relie le gros intestin à la paroi postérieure de l'abdomen. 4) Le ligament falciforme fixe le foie à la paroi abdominale antérieure et au diaphragme. 5) Le mésentère est attaché à l'intestin grêle. a) 1, 2, 3 et 5 ; b) 1, 2 et 5 ; c) 2 et 5 ; d) 1, 2, 4 et 5 ; e) 3, 4 et 5.

7. Quand un chirurgien incise l'intestin grêle, dans quel ordre son bistouri pénètre-t-il dans les structures suivantes ? 1) l'épithélium, 2) la sous-muqueuse, 3) la séreuse, 4) la musculeuse, 5) le chorion, 6) la muscularis mucosæ. a) 3, 4, 5, 6, 2, 1 ; b) 1, 2, 3, 4, 6, 5 ; c) 1, 5, 6, 2, 4, 3 ; d) 5, 1, 2, 6, 4, 3 ; e) 3, 4, 2, 6, 5, 1.

8. Parmi les fonctions suivantes, lesquelles incombent au foie ? 1) métabolisme des glucides, des lipides et des protéines, 2) métabolisme des acides nucléiques, 3) excrétion de la bilirubine, 4) synthèse des sels biliaires, 5) activation de la vitamine D. a) 1, 2, 3 et 5 ; b) 1, 2, 3 et 4 ; c) 1, 3, 4 et 5 ; d) 2, 3, 4 et 5 ; e) 1, 2, 4 et 5.

9. Lesquels de ces énoncés *s'appliquent* à la régulation de la sécrétion et de la motilité gastriques ? 1) La vue, l'odeur, le goût ou l'idée de la nourriture peut déclencher la phase céphalique de la digestion. 2) La phase gastrique commence dès que la nourriture pénètre dans l'intestin grêle. 3) Dès qu'ils sont activés, les mécanorécepteurs et les chimiorécepteurs de l'estomac déclenchent la production du suc gastrique et le péristaltisme. 4) Les réflexes de la phase intestinale inhibent l'activité gastrique. 5) Le réflexe entérogastrique stimule l'évacuation gastrique. a) 1, 3 et 4 ; b) 2, 4 et 5 ; c) 1, 3, 4 et 5 ; d) 1, 2 et 5 ; e) 1, 2, 3 et 4.

10. Lesquels de ces énoncés sont *vrais* ? 1) La segmentation dans l'intestin grêle contribue à propulser le chyme dans le tube digestif. 2) Le complexe de motilité migrante est un mouvement péristaltique qui se déroule dans l'intestin grêle. 3) Les plis circulaires, les villosités et les microvillosités donnent à l'intestin grêle une surface considérable pour la digestion et l'absorption. 4) Les cellules qui sécrètent du mucus dans l'intestin grêle sont les cellules à granules acidophiles. 5) Les sels biliaires sont indispensables à l'absorption des monoacylglycérols et de la plupart des acides gras à chaîne longue dans l'intestin grêle. a) 1, 2 et 3 ; b) 2, 3 et 5 ; c) 1, 2, 3, 4 et 5 ; d) 1, 3 et 5 ; e) 1, 2, 3 et 5.

11. Lesquels de ces facteurs ont une incidence sur l'expulsion des fèces hors du gros intestin ? 1) la distension de la paroi rectale, 2) le relâchement volontaire du sphincter externe de l'anus, 3) les contractions involontaires du diaphragme et des muscles abdominaux, 4) l'activité des bactéries intestinales, 5) l'activation sympathique du sphincter interne de l'anus. a) 2, 4 et 5 ; b) 1, 2 et 5 ; c) 1, 2, 3 et 5 ; d) 1 et 2 ; e) 3, 4 et 5.

12. Lequel de ces énoncés *ne s'applique pas* au foie ? a) Le conduit hépatique gauche se joint au conduit cystique de la vésicule biliaire. b) En traversant les sinusoïdes, le sang est soumis à l'action des hépatocytes et des phagocytes. c) Une fois traité, le sang retourne du foie à la circulation systémique par la veine hépatique. d) Le foie reçoit du sang oxygéné de l'artère hépatique. e) La veine porte hépatique achemine au foie le sang désoxygéné provenant du tube digestif.

13. Associez les éléments suivants :

_____ a) tube musculaire souple qui intervient dans la déglutition et dans le péristaltisme

_____ b) tube sinueux rattaché au cæcum

_____ c) organe dont la sous-muqueuse contient les glandes duodénales

_____ d) produit et sécrète la bile

_____ e) organe dont la sous-muqueuse contient des follicules lymphatiques agrégés

_____ f) accomplit l'ingestion, la mastication et la déglutition

_____ g) organe dont la fonction est de brasser la nourriture, de la faire avancer par péristaltisme, de l'entreposer et d'en effectuer la digestion chimique grâce à la pepsine (une enzyme)

_____ h) réservoir de bile

_____ i) contient des acinus qui libèrent des sucs contenant des enzymes qui interviennent dans la digestion des protéines, des glucides, des lipides et des acides nucléiques, ainsi que du bicarbonate de sodium qui tamponne l'acide gastrique

_____ j) se composent d'émail, de dentine et d'une cavité pulpaire ; servent à la mastication

_____ k) lieu de passage de la nourriture, des liquides et de l'air ; contribue à la déglutition

_____ l) forme des déchets semi-solides au moyen des contractions haustrales et du péristaltisme

_____ m) pousse les aliments vers l'arrière de la bouche pour qu'ils soient avalés ; met la nourriture en contact avec les dents

_____ n) sécrètent dans la cavité buccale un liquide qui nettoie la bouche et les dents, et qui lubrifie les aliments, les dissout et amorce la dégradation chimique de l'amidon

1) bouche
2) dents
3) glandes salivaires
4) pharynx
5) œsophage
6) langue
7) estomac
8) duodénum
9) iléum
10) côlon
11) foie
12) vésicule biliaire
13) appendice vermiforme
14) pancréas

14. Associez les éléments suivants :

_____ a) enzyme d'activation de la bordure en brosse qui retranche une partie de la molécule de trypsinogène pour former la trypsine, une enzyme protéolytique

_____ b) enzyme qui amorce la digestion des glucides dans la bouche

_____ c) principale enzyme de digestion des triacylglycérols chez l'adulte

_____ d) stimule la sécrétion du suc gastrique et l'évacuation gastrique

_____ e) enzyme sécrétée sous forme inactive par les cellules principales de l'estomac

_____ f) stimule l'écoulement du suc pancréatique riche en ions bicarbonate ; inhibe la sécrétion gastrique

_____ g) agent non enzymatique émulsifiant des lipides

_____ h) cause la contraction de la vésicule biliaire et stimule la production du suc pancréatique riche en enzymes digestives

_____ i) inhibe la libération de gastrine

_____ j) stimule la sécrétion d'ions et d'eau par les intestins et inhibe la sécrétion d'acide gastrique

_____ k) sécrétée par les glandes de la langue ; amorce la dégradation des triacylglycérols dans l'estomac

1) gastrine
2) cholécystokinine
3) sécrétine
4) entérokinase
5) pepsine
6) amylase salivaire
7) lipase pancréatique
8) lipase linguale
9) bile
10) polypeptide intestinal vasoactif
11) somatostatine

15. Associez les éléments suivants:

_____ a) ensemble de microvillosités de l'intestin grêle qui augmentent la surface d'absorption; contient aussi des enzymes digestives

_____ b) prolongements digitiformes de la muqueuse de l'intestin grêle qui augmentent sa surface de digestion et d'absorption;

_____ c) produisent l'acide chlorhydrique et le facteur intrinsèque dans l'estomac

_____ d) sécrètent du lysozyme; contribuent à la régulation de la population microbienne dans l'intestin grêle

_____ e) cellules entéroendocrines de l'estomac qui sécrètent la gastrine

_____ f) bandes de myocytes longitudinaux du gros intestin dont les contractions toniques forment les haustrations

_____ g) capillaire lymphatique servant à l'absorption des chylomicrons dans l'intestin grêle

_____ h) groupes de follicules lymphatiques dans l'intestin grêle

_____ i) régit la motilité du tube digestif et les sécrétions de ses organes

_____ j) grands replis muqueux de l'estomac

_____ k) sécrètent le pepsinogène et la lipase gastrique dans l'estomac

_____ l) crêtes permanentes de la muqueuse de l'intestin grêle qui favorisent l'absorption en augmentant sa surface et en forçant le chyme à se déplacer en spirale plutôt qu'en ligne droite

_____ m) cellules phagocytaires du foie; détruisent les leucocytes et les érythrocytes usés, les bactéries et autres corps étrangers se trouvant dans le sang en provenance du tube digestif

1) vaisseau chylifère
2) cellules pariétales
3) cellules principales
4) bordure en brosse
5) cellules réticuloendothéliales étoilées
6) plis gastriques
7) bandelettes du côlon
8) villosités
9) plis circulaires
10) cellules à granules acidophiles
11) cellules G
12) système nerveux entérique (SNE)
13) follicules lymphatiques agrégés

Vous trouverez les réponses à ces questions à l'appendice D.

1. Pourquoi ne serait-il *pas souhaitable* de supprimer complètement la sécrétion de HCl dans l'estomac?

2. Thomas a la fibrose kystique du pancréas (ou mucoviscidose), une maladie génétique qui se caractérise par la production de quantités excessives de mucus et qui touche plusieurs systèmes organiques (par exemple, respiratoire, digestif, génital). Dans le système digestif, l'excès de mucus bloque les conduits biliaires dans le foie et les conduits pancréatiques. Quelle sera l'incidence de ce blocage sur les processus digestifs de Thomas?

3. Antonio a passé la soirée dans son restaurant italien préféré. Il a mangé une salade, une généreuse assiette de spaghettis et du pain à l'ail, le tout arrosé de vin. Au dessert, Antonio s'est offert un gâteau «triple chocolat» avec une tasse de café. Pour couronner le tout, il a grillé une cigarette en dégustant un brandy. À la fin du repas, il est retourné chez lui et s'est allongé sur le divan pour regarder la télévision. Soudain, il a ressenti une douleur vive dans la poitrine. Convaincu qu'il faisait une crise cardiaque, il a appelé le 911. Antonio a appris que son cœur fonctionnait très bien, mais qu'il devait surveiller son régime alimentaire. Que lui est-il arrivé?

RÉPONSES AUX QUESTIONS DES FIGURES

24.1 Les enzymes digestives sont sécrétées par les glandes salivaires, la langue, l'estomac, le pancréas et l'intestin grêle.

24.2 Le chorion assure trois fonctions principales: 1) il contient des vaisseaux sanguins et des vaisseaux lymphatiques qui acheminent les nutriments absorbés par le tube digestif; 2) il soutient l'épithélium et le fixe à la muscularis mucosæ; 3) il contient du tissu lymphoïde associé aux muqueuses (MALT) qui protège l'organisme contre les maladies infectieuses.

24.3 Les neurones du plexus myentérique régissent la motilité du tube digestif; ceux du plexus sous-muqueux entérique régissent ses sécrétions.

24.4 C'est le mésentère qui fixe l'intestin grêle à la paroi abdominale postérieure.

24.5 L'uvule est l'une des structures qui empêchent les aliments solides et liquides de pénétrer dans la cavité nasale pendant la déglutition.

24.6 Les ions chlorure de la salive activent l'amylase salivaire, enzyme qui amorce la dégradation de l'amidon.

24.7 La majeure partie de la dent est constituée de dentine; elle est faite de tissu conjonctif.

24.8 Les premières, deuxièmes et troisièmes molaires ne remplacent aucune dent déciduale.

24.9 Les glandes qui sécrètent le mucus lubrifiant se trouvent dans la muqueuse et dans la sous-muqueuse de l'œsophage.

24.10 La déglutition est à la fois volontaire et involontaire. Elle commence par une action volontaire accomplie par des muscles squelettiques durant le temps buccal de la déglutition. Ensuite, le passage du bol alimentaire dans l'oropharynx durant le temps pharyngien de la déglutition et le déplacement du bol alimentaire de l'œsophage jusque dans l'estomac durant le temps œsophagien de la déglutition sont involontaires et s'effectuent par péristaltisme des muscles lisses.

24.11 Pendant le repas, les plis gastriques s'étirent et disparaissent à mesure que l'estomac se remplit. Au terme d'un très gros repas, par conséquent, ils ont disparu.

24.12 Le HCl est sécrété par les cellules pariétales, dans la lumière de l'estomac, et fait partie du suc gastrique. Il tue les micro-organismes présents dans la nourriture ; dénature partiellement les protéines ; fournit un milieu acide propice à la conversion du pepsinogène en pepsine active ; active la lipase linguale et favorise l'action de la lipase gastrique ; et stimule la sécrétion d'hormones qui favorisent l'écoulement de la bile et du suc pancréatique.

24.13 Les ions hydrogène sécrétés dans le suc gastrique proviennent de l'acide carbonique (H_2CO_3).

24.14 Le conduit pancréatique contient du suc pancréatique (liquide et enzymes digestives) ; le conduit cholédoque contient de la bile ; l'ampoule hépatopancréatique contient du suc pancréatique et de la bile.

24.15 La phagocytose dans le foie est accomplie par les cellules réticuloendothéliales étoilées, ou cellules de Kupffer.

24.16 Dans les quelques heures qui suivent le repas, les hépatocytes retirent les nutriments, l'O_2 et certaines substances toxiques du sang qui circule dans les sinusoïdes du foie.

24.17 Le segment le plus long de l'intestin grêle est l'iléum.

24.18 Les nutriments qui sont absorbés dans l'intestin grêle entrent dans le sang par les capillaires ou dans la lymphe par les vaisseaux chylifères.

24.19 Le liquide sécrété par les glandes duodénales (ou glandes de Brunner) est un mucus alcalin qui neutralise l'acide gastrique et protège la muqueuse du duodénum.

24.20 Les monoacylglycérols étant des molécules hydrophobes (non polaires), ils peuvent se dissoudre dans la bicouche lipidique de la membrane plasmique et, ainsi, la traverser par diffusion. Les acides aminés (molécules hydrophiles) ne peuvent traverser la bicouche lipidique que par transport actif.

24.21 Les deux organes du système digestif qui sécrètent le plus de liquide sont l'estomac et le pancréas.

24.22 Les parties rétropéritonéales du côlon sont ses segments ascendant et descendant.

24.23 Dans le gros intestin, les cellules caliciformes sécrètent le mucus qui lubrifie le contenu du côlon.

24.24 Les aliments entraînent d'abord une élévation du pH du suc gastrique à cause de l'action de tampon de certains acides aminés dans les protéines alimentaires.

LE MÉTABOLISME ET LA NUTRITION

LE MÉTABOLISME, LA NUTRITION ET L'HOMÉOSTASIE

Les réactions métaboliques participent à l'homéostasie en récupérant l'énergie chimique libérée par les nutriments consommés, qui contribuent à la croissance et à la réparation des tissus, ainsi qu'au fonctionnement normal de l'organisme.

Les plantes utilisent un pigment vert, la chlorophylle, pour capter l'énergie du soleil. Comme notre peau ne contient pas de pigment analogue, la nourriture que nous consommons est la seule source d'énergie qui nous permet de courir, de marcher et même de respirer. Grâce aux réactions métaboliques, l'organisme produit à partir de précurseurs simples beaucoup de molécules nécessaires au fonctionnement des cellules et des tissus; il doit en revanche trouver préformées dans la nourriture celles qu'il ne peut pas synthétiser, comme les acides aminés et les acides gras essentiels, les vitamines et les minéraux. Comme nous l'avons vu au chapitre 24, les glucides, les lipides et les protéines dans la nourriture sont digérés par des enzymes et transformés en molécules simples avant d'être absorbés dans le tube digestif. Les produits de la digestion qui atteignent les cellules de l'organisme sont des monosaccharides, des acides gras, du glycérol, des monoacylglycérols et des acides aminés. Certains minéraux et de nombreuses vitamines font partie de systèmes enzymatiques qui catalysent la dégradation et la synthèse des glucides, des lipides et des protéines. Les molécules de nourriture absorbées par le tube digestif, les **nutriments**, sont appelées à remplir trois grandes fonctions:

1. La plupart des nutriments servent à *procurer de l'énergie* pour entretenir les processus vitaux tels que le transport actif, la réplication de l'ADN, la synthèse des protéines, la contraction musculaire, le maintien de la température corporelle et la mitose.
2. Certains nutriments sont utilisés comme *unités constitutives* pour la synthèse de molécules structurales ou fonctionnelles plus complexes, telles les protéines musculaires, les hormones et les enzymes.
3. D'autres nutriments sont *emmagasinés pour être utilisés plus tard*. Par exemple, le glucose est stocké sous forme de glycogène dans les hépatocytes et dans les myocytes, et les acides gras sont mis en réserve sous forme de triacylglycérols dans les adipocytes (voir les figures 2.16 et 2.17).

Dans le présent chapitre, nous étudierons comment les réactions métaboliques permettent d'extraire l'énergie chimique contenue dans la nourriture. Nous verrons également la façon dont l'organisme utilise chaque groupe de nutriments pour assurer sa croissance, la réparation et la satisfaction de ses besoins énergétiques et comment il maintient l'équilibre de la chaleur et de l'énergie. Enfin, nous explorerons certains aspects de la nutrition et nous apprendrons pourquoi il est préférable de manger du poisson plutôt qu'un hamburger quand nous allons au restaurant.

LES RÉACTIONS MÉTABOLIQUES

OBJECTIFS

• Définir le métabolisme.
• Expliquer le rôle de l'ATP dans l'anabolisme et le catabolisme.

On appelle **métabolisme** (*metabolê*: changement) l'ensemble des réactions chimiques de l'organisme. Il existe deux types de réactions métaboliques : le catabolisme et l'anabolisme. L'ensemble des réactions chimiques qui dégradent les molécules organiques complexes en molécules plus simples est appelé **catabolisme** (*kata*: en bas). La plupart des réactions cataboliques (de dégradation) sont *exothermiques*; elles produisent plus d'énergie qu'elles n'en consomment, libérant l'énergie chimique contenue dans les molécules organiques. D'importantes chaînes de réactions cataboliques se déroulent au cours de la glycolyse, du cycle de Krebs et de la chaîne de transport des électrons. Nous y reviendrons plus loin dans le présent chapitre.

L'ensemble des réactions chimiques qui combinent les molécules simples et les monomères pour former les composantes structurales et fonctionnelles complexes de l'organisme est appelé **anabolisme** (*ana*: en haut). C'est au cours des réactions anaboliques (de synthèse), par exemple, que l'organisme forme des liens peptidiques entre les acides aminés durant la synthèse des protéines, incorpore des acides gras dans les phosphoglycérolipides composant la bicouche de la membrane plasmique, ou encore assemble des monomères de glucose pour former du glycogène. Les réactions anaboliques sont *endothermiques*; elles consomment plus d'énergie qu'elles n'en produisent.

Le métabolisme a pour fonction d'assurer l'équilibre énergétique entre les réactions cataboliques (de dégradation) et les réactions anaboliques (de synthèse). La molécule qui participe le plus souvent aux échanges d'énergie dans la cellule vivante est l'**ATP** (**adénosine triphosphate**), qui couple les réactions cataboliques productrices d'énergie aux réactions anaboliques consommatrices d'énergie.

La nature des réactions métaboliques qui se produisent dépend du type d'enzyme en activité dans une cellule donnée à un moment donné, voire dans un de ses compartiments. Par exemple, il arrive que des réactions cataboliques se déroulent dans les mitochondries d'une cellule pendant que des réactions anaboliques se poursuivent dans le réticulum endoplasmique.

Les molécules synthétisées par les réactions anaboliques ont une durée de vie assez brève. À de rares exceptions près, elles finissent par être dégradées et les atomes qui les composent sont récupérés pour former d'autres molécules ou sont excrétés. Le recyclage de molécules biologiques s'effectue continuellement dans les tissus vivants, plus rapidement dans certains que dans d'autres. Les cellules peuvent être remises à neuf, molécule par molécule, et les tissus reconstruits, cellule par cellule.

LE COUPLAGE DU CATABOLISME ET DE L'ANABOLISME PAR L'ATP

Les réactions chimiques des systèmes vivants doivent arriver à transférer et à gérer efficacement des quantités d'énergie d'une molécule à une autre. La molécule le plus souvent utilisée pour cette tâche est l'ATP, qui est en quelque sorte la « devise énergétique » de la cellule vivante. Comme l'argent en espèces, l'ATP est toujours disponible pour faire l'« achat » d'activités cellulaires ; elle est dépensée et gagnée sans cesse. La cellule typique possède environ un milliard de molécules d'ATP. En général, chacune d'elles ne dure qu'une minute avant d'être utilisée. Ainsi, l'ATP n'est pas un bien qu'on met de côté pour longtemps, comme l'or dans une chambre forte, mais plutôt la monnaie que l'on garde à portée de la main pour les transactions de tous les instants.

Nous avons vu au chapitre 2 que la molécule d'ATP est composée d'une molécule d'adénine, d'une molécule de ribose et de trois groupements phosphate liés les uns aux autres ; le lien chimique reliant le dernier phosphate est très riche en énergie (voir la figure 2.25). La figure 25.1 montre comment l'ATP fait le pont entre les réactions anaboliques et les réactions cataboliques. Quand le groupement phosphate terminal est retiré de l'ATP, il y a formation d'adénosine diphosphate (ADP) et d'un groupement phosphate (représenté par le symbole Ⓟ). Une partie de l'énergie libérée lors de la rupture du lien sert à alimenter les réactions anaboliques telles que la formation de glycogène à partir du glucose.

FIGURE 25.1 Le rôle de l'ATP dans le couplage des réactions anaboliques et cataboliques. Quand les molécules complexes et les polymères sont dégradés (catabolisme, à gauche), une partie de l'énergie contenue dans les liaisons chimiques est transférée pour former l'ATP et le reste est libéré sous forme de chaleur. Quand les molécules simples et les monomères sont combinés pour former des molécules complexes (anabolisme, à droite), l'ATP fournit l'énergie nécessaire à la synthèse et, là aussi, une partie de l'énergie est convertie en chaleur.

Le couplage des réactions qui libèrent de l'énergie et de celles qui en consomment se réalise par le truchement de l'ATP.

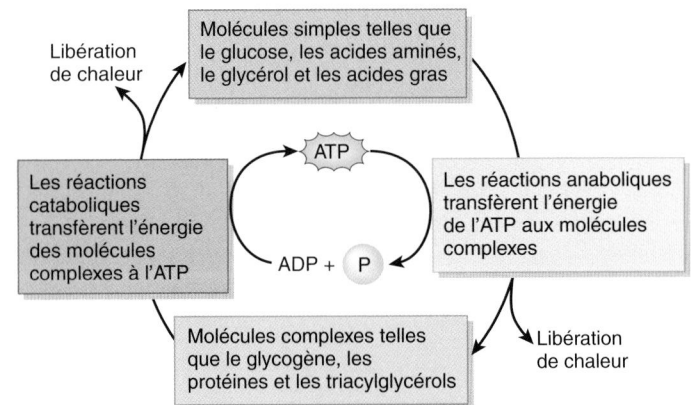

 Dans une cellule pancréatique qui produit des enzymes digestives, est-ce l'anabolisme ou le catabolisme qui prédomine ?

De plus, l'énergie contenue dans les molécules complexes libérée par les réactions cataboliques est utilisée pour combiner l'ADP avec un groupement phosphate de façon à redonner de l'ATP :

$$ADP + \textcircled{P} + énergie \longrightarrow ATP$$

Environ 40 % de l'énergie libérée par le catabolisme sert aux fonctions cellulaires ; le reste est converti en chaleur, dont une partie contribue à maintenir la température corporelle normale. La chaleur excédentaire est perdue au profit du milieu extérieur. Par comparaison avec les machines qui ne convertissent généralement que de 10 à 20 % de l'énergie en travail, l'efficacité du métabolisme corporel, qui se situe à 40 %, est impressionnante. Néanmoins, l'organisme doit continuellement absorber et traiter l'énergie de sources externes afin que les cellules puissent synthétiser assez d'ATP pour entretenir la vie.

▶ **POINT DE CONTRÔLE**

1. Qu'est-ce que le métabolisme ? Indiquez la différence entre l'anabolisme et le catabolisme, et donnez des exemples de ces deux phénomènes.

2. Comment l'ATP couple-t-elle l'anabolisme et le catabolisme ?

LE TRANSFERT D'ÉNERGIE

OBJECTIFS

- Décrire les réactions d'oxydoréduction.
- Expliquer le rôle de l'ATP dans le métabolisme.

Diverses réactions cataboliques transfèrent de l'énergie aux liaisons phosphate « riches en énergie » de l'ATP. Bien que la quantité d'énergie contenue dans ces liaisons ne soit pas exceptionnellement grande, elle peut être libérée rapidement et facilement. Avant d'examiner les voies métaboliques, nous devons comprendre comment ce transfert d'énergie se produit. Les deux aspects importants du transfert d'énergie sont les réactions d'oxydoréduction et les mécanismes de production d'ATP.

LES RÉACTIONS D'OXYDORÉDUCTION

L'**oxydation** consiste à *retirer des électrons* d'un atome ou d'une molécule ; il en résulte une *diminution* de l'énergie potentielle de l'atome ou de la molécule. Comme la plupart des réactions d'oxydation biologiques entraînent une perte d'atomes d'hydrogène, on les appelle *réactions de déshydrogénation*. La conversion de l'acide lactique en acide pyruvique est un exemple de réaction d'oxydation :

Acide lactique → Oxydation / Retrait de 2H (H⁺ + H⁻) → Acide pyruvique

Dans la réaction précédente, 2H (H⁺ + H⁻) signifie que deux atomes d'hydrogène neutres (2H) sont équivalents à un ion hydrogène (H^+) plus un ion hydrure (H^-).

La **réduction** est le contraire de l'oxydation ; elle consiste à *ajouter des électrons* à une molécule. La réduction amène une *augmentation* de l'énergie potentielle de la molécule. Les molécules contenant beaucoup d'atomes d'hydrogène sont riches en énergie et hautement réduites. La conversion de l'acide pyruvique en acide lactique est un exemple de réaction de réduction :

Acide pyruvique → Réduction / Ajout de 2H (H⁺ + H⁻) → Acide lactique

Quand une substance est oxydée, les atomes d'hydrogène libérés ne demeurent pas libres dans la cellule, mais sont immédiatement transférés à un autre composé par des coenzymes. Les cellules animales utilisent couramment deux coenzymes pour le transport des atomes d'hydrogène : le **nicotinamide adénine dinucléotide** (**NAD⁺**), un dérivé de la niacine – une vitamine du groupe B –, et la **flavine adénine dinucléotide** (**FAD**), un dérivé de la vitamine B_2 (riboflavine). Les états oxydé et réduit du NAD⁺ et de la FAD sont représentés de la façon suivante :

$$NAD^+ \underset{- 2H (H^+ + H^-)}{\overset{+ 2H (H^+ + H^-)}{\rightleftharpoons}} NADH + H^+$$

Oxydé   Réduit

$$FAD \underset{- 2H (H^+ + H^-)}{\overset{+ 2H (H^+ + H^-)}{\rightleftharpoons}} FADH_2$$

Oxydée   Réduite

Quand le NAD⁺ est réduit en NADH + H⁺, le NAD⁺ gagne un ion hydrure (H^-), ce qui neutralise sa charge, et l'ion H⁺ est libéré dans la solution environnante. Quand il est oxydé en NAD⁺, le NADH perd un ion hydrure, ce qui se traduit par un atome d'hydrogène de moins et une charge positive de plus. La FAD est réduite en $FADH_2$ quand elle gagne un ion hydrogène et un ion hydrure, et la $FADH_2$ est oxydée en FAD lorsqu'elle perd ces deux ions.

Les réactions d'oxydation et de réduction sont toujours couplées ; chaque fois qu'une substance est oxydée, une autre est simultanément réduite. C'est pourquoi on qualifie ces réactions couplées de **réactions d'oxydoréduction**, ou réactions redox. Par exemple, quand l'acide lactique est *oxydé* pour former de l'acide pyruvique, les deux atomes d'hydrogène qui sont retirés au cours de la réaction servent à *réduire* le NAD⁺. On peut illustrer le couplage de la réaction redox en écrivant celle-ci de la façon suivante :

Acide lactique (Réduit) — NAD⁺ (Oxydé)
Acide pyruvique (Oxydé) — NADH + H⁺ (Réduit)

Il est important de retenir, à propos des réactions d'oxydoréduction, que l'oxydation est habituellement une réaction exothermique (qui libère de l'énergie). Les cellules utilisent des réactions biochimiques à étapes multiples pour libérer l'énergie contenue dans des composés riches en énergie et hautement réduits (avec beaucoup d'atomes d'hydrogène), au profit de composés moins riches en énergie et fortement oxydés (avec beaucoup d'atomes d'oxygène ou de liaisons multiples). Par exemple, quand une cellule oxyde une molécule de glucose ($C_6H_{12}O_6$), l'énergie de la molécule de glucose est libérée par étapes; si l'énergie était libérée d'un seul coup, elle serait si abondante que les cellules subiraient de graves dommages. À la fin, une partie de l'énergie est captée par transfert à l'ATP, qui devient alors une source d'énergie pour alimenter les réactions cellulaires qui en ont besoin. Les composés qui contiennent un grand nombre d'atomes d'hydrogène, par exemple le glucose, renferment plus d'énergie potentielle chimique que les composés oxydés. C'est pourquoi le glucose est un nutriment précieux et qu'il constitue le combustible le plus utilisé normalement par les cellules.

LES MÉCANISMES DE PRODUCTION DE L'ATP

Une partie de l'énergie libérée lors des réactions d'oxydation est captée dans la cellule par la formation d'ATP. En bref, un groupement phosphate (Ⓟ) est ajouté à l'ADP, moyennant un supplément d'énergie, pour former de l'ATP. Les deux liaisons phosphate riches en énergie qui peuvent être utilisées pour effectuer des transferts d'énergie sont représentées par le symbole ~ :

Adénosine – Ⓟ ~ Ⓟ + Ⓟ + énergie ⟶
    ADP

        Adénosine – Ⓟ ~ Ⓟ ~ Ⓟ
        ATP

La liaison phosphate riche en énergie qui attache le troisième groupement phosphate renferme l'énergie contenue dans cette réaction. L'addition d'un groupement phosphate à une molécule, appelée **phosphorylation**, augmente son énergie potentielle. Les organismes utilisent trois mécanismes de phosphorylation pour produire de l'ATP :

1. La **phosphorylation au niveau du substrat** engendre de l'ATP en transférant un groupement phosphate riche en énergie d'un composé métabolique intermédiaire phosphorylé – ou substrat – directement à l'ADP. Dans les cellules humaines, ce processus a lieu dans le cytosol.

2. La **phosphorylation oxydative** retire des électrons des composés organiques, les fait passer par une suite d'accepteurs d'électrons qui forment la **chaîne de transport des électrons** avant de les transférer à des molécules d'oxygène (O_2). Ce processus se déroule dans la membrane interne des mitochondries de la cellule.

3. La **photophosphorylation** n'a lieu que dans les cellules végétales qui contiennent de la chlorophylle ou dans certaines bactéries pourvues d'autres pigments qui absorbent la lumière.

▶ POINT DE CONTRÔLE

3. Quelle est la différence entre l'ion hydrure et l'ion hydrogène? Quel est le rôle de ces deux ions dans les réactions redox?

4. Décrivez les trois façons de produire de l'ATP.

LE MÉTABOLISME DES GLUCIDES

▶ OBJECTIF

• Décrire le sort, le métabolisme et les fonctions des glucides.

Comme nous l'avons vu au chapitre 24, lors de la digestion des glucides alimentaires, les polysaccharides et les disaccharides sont hydrolysés pour former trois monosaccharides : le glucose (environ 80 %), le fructose et le galactose. (Au cours de son passage dans les cellules épithéliales intestinales, une partie du fructose est convertie en glucose.) Les hépatocytes convertissent la majeure partie de ce qui reste de fructose et presque tout le galactose en glucose. Ainsi, décrire le métabolisme des glucides, c'est en réalité parler de celui du glucose. En raison des mécanismes de rétro-inhibition qui maintiennent la glycémie à environ 5 mmol/L de plasma, le sang en circulation contient normalement de 2 à 3 g de glucose.

LE SORT DU GLUCOSE

Comme le glucose constitue la matière première préférée de l'organisme pour la synthèse de l'ATP, l'usage qui en est fait dépend des besoins des cellules de l'organisme, qui comprennent notamment :

• *La production d'ATP.* Dans les cellules de l'organisme qui ont un besoin immédiat d'énergie, le glucose est oxydé pour donner de l'ATP. Sinon, le glucose est dirigé vers d'autres voies métaboliques.

• *La synthèse d'acides aminés.* Les cellules de l'organisme utilisent parfois le glucose pour produire plusieurs acides aminés, qui peuvent ensuite être incorporés dans des protéines.

• *La synthèse du glycogène.* Les hépatocytes et les myocytes effectuent la **glycogenèse** (*glukus* : doux ; *genesis* : génération), par laquelle des centaines de monomères de glucose sont combinés pour former du glycogène, un polysaccharide. La capacité totale de stockage du glycogène est d'environ 125 g dans le foie et de 375 g dans les muscles squelettiques. Les réserves hépatiques fourniront du glucose à l'ensemble des cellules en cas d'hypoglycémie, alors que les réserves musculaires seront utilisées sur place par les myocytes actifs.

• *La synthèse de triacylglycérols.* S'il n'y a plus de place pour stocker le glycogène, les hépatocytes sont en mesure de transformer le glucose excédentaire en glycérol et en acides gras. Ces composés peuvent ensuite être utilisés pour la **lipogenèse**, c'est-à-dire la synthèse des triacylglycérols, qui seront emmagasinés dans le tissu adipeux, dont la capacité de stockage est pratiquement illimitée.

L'ENTRÉE DU GLUCOSE DANS LES CELLULES

Avant qu'il puisse être utilisé par les cellules, le glucose doit d'abord traverser la membrane plasmique et pénétrer dans le cytosol. L'absorption du glucose dans le tube digestif (et les tubules rénaux) s'effectue par transport actif secondaire (symporteur Na^+–glucose). Son déplacement vers l'intérieur de la plupart des autres cellules de l'organisme a lieu par le truchement des molécules GluT, une famille de transporteurs membranaires qui permettent au glucose d'entrer dans les cellules par diffusion facilitée. Un taux élevé d'insuline augmente l'insertion d'un type de GluT, le GluT4, dans la membrane plasmique de la plupart des cellules de l'organisme et, de ce fait, accroît le taux de diffusion facilitée du glucose vers le cytoplasme des cellules. L'insuline est donc un facteur hypoglycémiant, c'est-à-dire qu'elle fait diminuer la glycémie. Dans les neurones et les hépatocytes cependant, un autre type de GluT est toujours présent dans la membrane plasmique, si bien que la voie est toujours libre pour l'entrée du glucose dans ces cellules ; autrement dit, l'entrée du glucose dans ces deux types de cellules ne dépend pas de l'insuline. Aussitôt entré dans la cellule, le glucose est phosphorylé. Comme les molécules GluT sont spécifiques du glucose et qu'elles ne sont pas en mesure de transporter le glucose phosphorylé, cette réaction emprisonne le glucose dans la cellule. Par ailleurs, le glucose phosphorylé n'étant pas osmotique, cette transformation réduit les déplacements d'eau vers l'intérieur de la cellule qui accompagneraient ceux du glucose.

LE CATABOLISME DU GLUCOSE

L'oxydation du glucose pour produire de l'ATP porte aussi le nom de **respiration cellulaire** et comprend quatre groupes de réactions : la glycolyse, la formation d'acétyl coenzyme A, le cycle de Krebs et la chaîne de transport des électrons (figure 25.2).

❶ La *glycolyse* est une suite de réactions au cours desquelles une molécule de glucose est oxydée pour produire deux molécules d'acide pyruvique. Ces réactions engendrent aussi deux molécules d'ATP et deux NADH + H$^+$ porteurs d'énergie. Puisque la glycolyse s'effectue sans oxygène, elle constitue une façon anaérobie (sans oxygène) d'obtenir de l'ATP. C'est pourquoi on lui donne le nom de **respiration cellulaire anaérobie** (*a-* : pas ; *aêr-* : air ; *-bios* : vie).

❷ La *formation d'acétyl coenzyme A* est une étape de transition qui prépare l'acide pyruvique pour son entrée dans le cycle de Krebs. Cette étape produit aussi du NADH + H$^+$ porteur d'énergie et du dioxyde de carbone (CO_2).

FIGURE 25.2 Vue d'ensemble de la respiration cellulaire (oxydation du glucose). Cette figure est reprise de différentes façons à quelques endroits dans le chapitre pour montrer comment certaines réactions s'inscrivent dans le processus plus large de la respiration cellulaire.

L'oxydation du glucose comprend la glycolyse, la formation d'acétyl coenzyme A, le cycle de Krebs et la chaîne de transport des électrons.

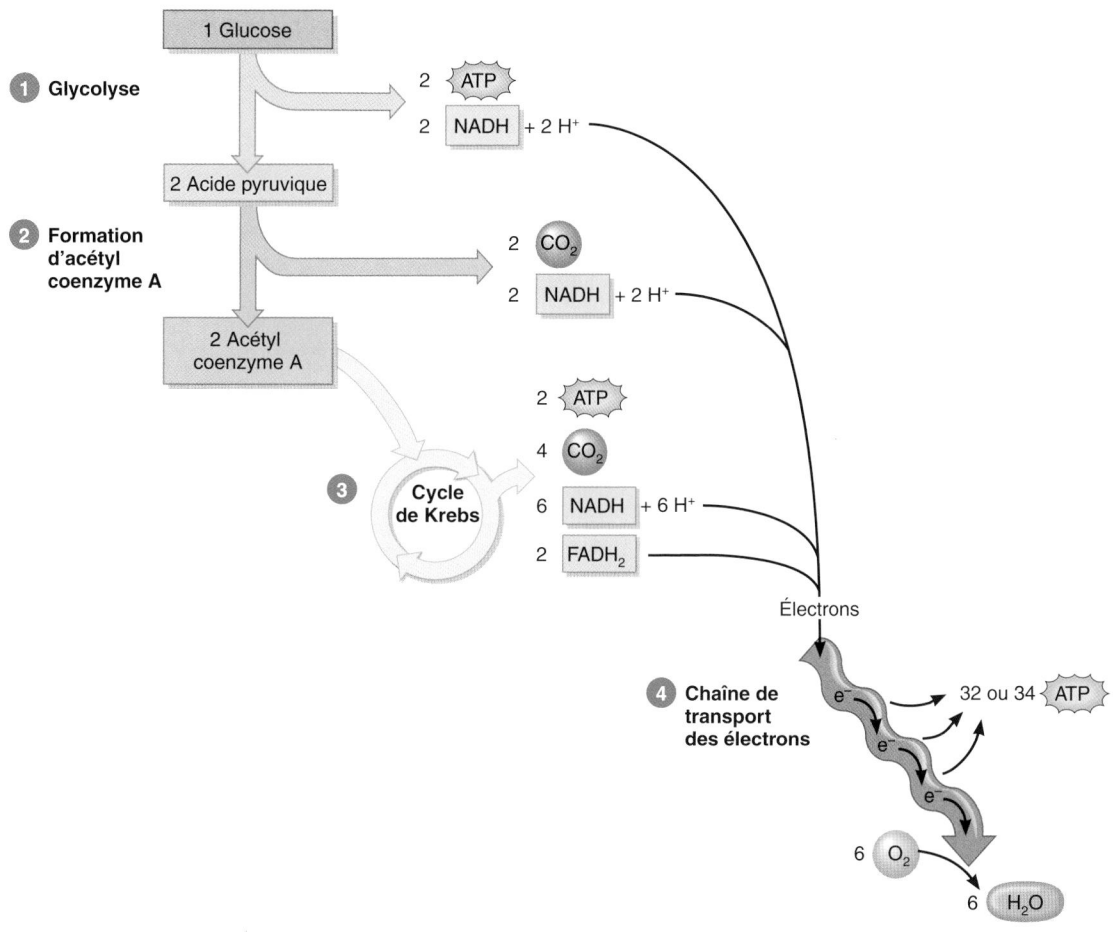

 Lequel des quatre processus montrés ci-dessus est aussi appelé *respiration cellulaire anaérobie* ?

❸ Les réactions du *cycle de Krebs* oxydent l'acétyl coenzyme A et produisent du CO_2, de l'ATP, du NADH + H⁺ et de la FADH₂ porteurs d'énergie.

❹ Les réactions de la *chaîne de transport des électrons* oxydent le NADH + H⁺ et la FADH₂ et transfèrent leurs électrons à une série de transporteurs d'électrons. Au cours de ces réactions, plusieurs molécules d'ATP sont formées après récupération de l'énergie libérée durant les différentes oxydations. Ensemble, le cycle de Krebs et la chaîne de transport des électrons nécessitent de l'oxygène pour produire de l'ATP. On leur donne le nom de **respiration cellulaire aérobie**.

La glycolyse

Pendant la **glycolyse** (*lusis*: dissolution), des réactions chimiques divisent une molécule de glucose à six carbones en deux molécules d'acide pyruvique à trois carbones (figure 25.3). Bien que la glycolyse utilise deux molécules d'ATP, elle en produit quatre pour un gain net de deux molécules d'ATP pour chaque molécule de glucose oxydée.

La figure 25.4 présente les 10 réactions qui composent la glycolyse. Dans la première moitié du processus (réactions ❶ à ❺), une petite quantité d'énergie sous la forme d'ATP est investie et le glucose (une molécule à 6 atomes de carbone) est divisé en deux molécules de 3-phosphoglycéraldéhyde (molécule à trois carbones). La *phosphofructokinase*, l'enzyme qui catalyse l'étape ❸, est l'élément clé de la régulation de la glycolyse. L'activité de cette enzyme est grande quand la concentration d'ADP est élevée; il y a alors production rapide d'ATP. En revanche, lorsque les besoins énergétiques de la cellule diminuent, l'activité de la phosphofructokinase ralentit et la majeure partie du glucose ne s'engage pas dans la voie de la glycolyse. Il entre plutôt dans d'autres voies métaboliques pour être transformé en acides aminés, en acides gras, en glycérol ou pour être converti en glycogène et mis en réserve. Dans la seconde partie du processus (réactions ❻ à ❿), les deux molécules de 3-phosphoglycéraldéhyde sont transformées en deux molécules d'acide pyruvique, puis il y a production d'ATP.

FIGURE 25.3 La respiration cellulaire commence avec la glycolyse.

🗝️ Pendant la glycolyse, chaque molécule de glucose est convertie en deux molécules d'acide pyruvique.

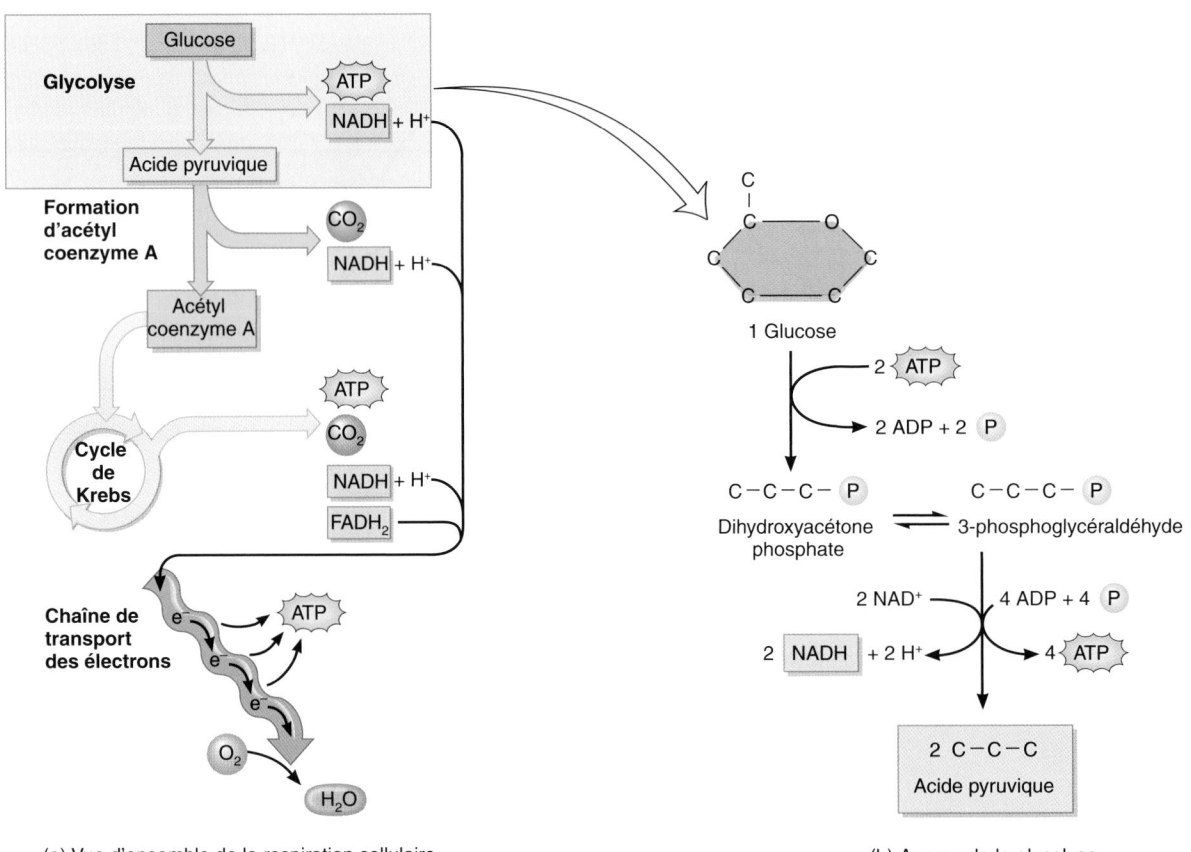

(a) Vue d'ensemble de la respiration cellulaire

(b) Aperçu de la glycolyse

 Pour chaque molécule de glucose transformée par la glycolyse, combien de molécules d'ATP sont produites?

FIGURE 25.4 Les dix réactions de la glycolyse. ❶ Le glucose subit la phosphorylation au moyen d'un groupement phosphate provenant d'une molécule d'ATP pour former le glucose 6-phosphate. ❷ Le glucose 6-phosphate est converti en fructose 6-phosphate. ❸ Une deuxième molécule d'ATP est utilisée pour ajouter un deuxième groupement phosphate au fructose 6-phosphate pour former le fructose 1,6-diphosphate. Cette réaction est catalysée par la phosphofructokinase. ❹ et ❺ Le fructose 1,6-diphosphate se scinde en deux molécules à trois carbones, le 3-phosphoglycéraldéhyde (3-PG) et le dihydroxyacétone phosphate, qui possèdent chacune un groupement phosphate. Ces deux molécules sont interconverties par une isomérase, mais seul le 3-PG est utilisé comme substrat par l'enzyme de l'étape suivante. ❻ Chaque 3-PG subit alors une oxydation. Ainsi, deux molécules de NAD⁺ acceptent deux paires d'électrons et d'ions hydrogène provenant des deux molécules de 3-PG pour former deux molécules de NADH. De nombreuses cellules de l'organisme utilisent les deux NADH obtenus ici pour produire quatre ATP dans la chaîne de transport des électrons. Les hépatocytes, les cellules rénales et les myocytes cardiaques peuvent tirer six ATP des deux NADH. Un deuxième groupement phosphate se lie au 3-PG pour former l'acide 1,3-disphosphoglycérique (DPG). ❼ à ❿ Ces réactions produisent quatre molécules d'ATP et deux d'acide pyruvique (pyruvate*).

🔑 Le bilan de la glycolyse est un gain net de deux ATP, deux NADH et deux H⁺.

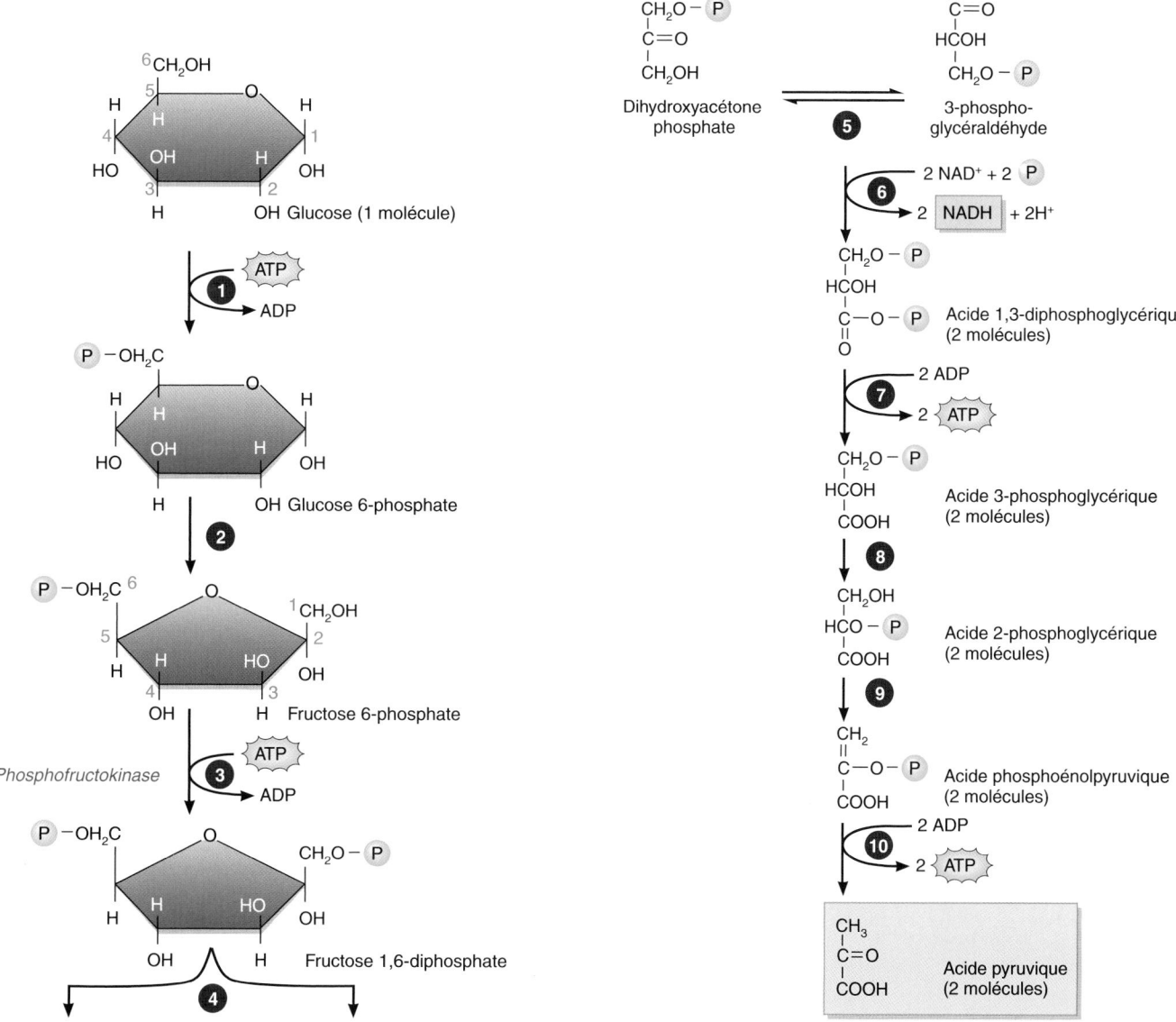

Q Pourquoi l'enzyme qui catalyse l'étape 3 est-elle appelée *kinase*?

---

* Les groupements carboxyle (–COOH) des intermédiaires de la glycolyse et du cycle de Krebs (cycle de l'acide citrique) sont pour la plupart ionisés en –COO⁻ au pH des liquides corporels. Le terme «acide», avec le suffixe *-ique* dans le mot qui suit, indique la forme non ionisée, alors que le suffixe *-ate* s'emploie pour la forme ionisée. Bien que les noms en *-ate* soient plus corrects, nous retiendrons la nomenclature avec le mot «acide» parce qu'elle est plus familière.

Le sort de l'acide pyruvique

Le sort de l'acide pyruvique produit lors de la glycolyse dépend de l'oxygène disponible (figure 25.5). S'il y a pénurie d'oxygène (conditions anaérobies) – par exemple, dans les myocytes squelettiques durant un exercice vigoureux –, l'acide pyruvique passe par une voie métabolique anaérobie où il est réduit par l'addition de deux atomes d'hydrogène pour former de l'acide lactique (lactate) :

$$2 \text{ Acide pyruvique} \longrightarrow 2 \text{ Acide lactique}$$
$$+ 2 \text{ NADH} + 2 \text{ H}^+ \qquad\qquad + 2 \text{ NAD}^+$$

Oxydé   Réduit

Cette réaction régénère le NAD$^+$ qui a servi à l'oxydation du 3-phosphoglycéraldéhyde (étape ❻ de la figure 25.4) et permet ainsi à la glycolyse de se poursuivre. Au fur et à mesure de sa production, l'acide lactique quitte rapidement la cellule par diffusion et pénètre dans le sang. Les hépatocytes le retirent du sang et le reconvertissent en acide pyruvique. Rappelons que l'accumulation d'acide lactique dans les myocytes est l'un des facteurs qui contribuent à la fatigue musculaire.

Quand il y a beaucoup d'oxygène (conditions aérobies), la plupart des cellules convertissent l'acide pyruvique en acétyl coenzyme A. Cette molécule fait le pont entre la glycolyse, qui a lieu dans le cytosol, et le cycle de Krebs, qui se déroule dans la matrice des mitochondries. L'acide pyruvique pénètre dans la matrice à l'aide d'un transporteur protéique spécial. Comme ils n'ont pas de mitochondries, les érythrocytes ne peuvent produire de l'ATP que par glycolyse.

La formation de l'acétyl coenzyme A

Chaque étape de l'oxydation du glucose nécessite une enzyme spécifique et fait souvent appel à une coenzyme. La coenzyme utilisée à cette étape-ci de la respiration cellulaire est la **coenzyme A** (**CoA**), qui est dérivée de l'acide pantothénique, une vitamine B. Durant l'étape de transition entre la glycolyse et le cycle de Krebs, l'acide pyruvique est préparé pour son entrée dans le cycle. La *pyruvate déshydrogénase*, une enzyme présente uniquement dans la matrice mitochondriale, convertit l'acide pyruvique en un fragment à deux carbones, appelé **groupement acétyle**, par l'élimination d'une molécule de dioxyde de carbone (figure 25.5). Ce type de réaction chimique au cours de laquelle une substance perd une molécule de CO_2 porte le nom de **décarboxylation**. La formation du groupement acétyle est la première réaction de la respiration cellulaire qui dégage du CO_2. Au cours de cette réaction, il y a également oxydation de l'acide pyruvique ; chaque molécule perd deux atomes d'hydrogène, l'un sous forme d'ion hydrure (H^-) et l'autre sous forme d'ion hydrogène (H^+). La coenzyme NAD$^+$ est réduite en recevant le H^- de l'acide pyruvique ; le H^+ est libéré dans la matrice mitochondriale. La réduction du NAD$^+$ en NADH + H$^+$ est représentée dans la figure 25.5 par la flèche courbée qui se joint à celle de la réaction pour ensuite s'en dégager. Rappelons que l'oxydation d'une molécule de glucose produit deux molécules d'acide pyruvique, si bien qu'à cette étape-ci, pour chaque molécule de glucose, il y a perte de deux molécules de dioxyde de carbone et production de deux NADH + H$^+$. Le groupement acétyle se lie à la coenzyme A pour produire une molécule appelée **acétyl coenzyme A** (**acétyl CoA**).

FIGURE 25.5 Le sort de l'acide pyruvique.

Quand il y a beaucoup d'oxygène, l'acide pyruvique entre dans les mitochondries, est converti en acétyl coenzyme A et passe dans le cycle de Krebs (voie aérobie). Quand l'oxygène est rare, la majeure partie de l'acide pyruvique est convertie en acide lactique par une voie anaérobie.

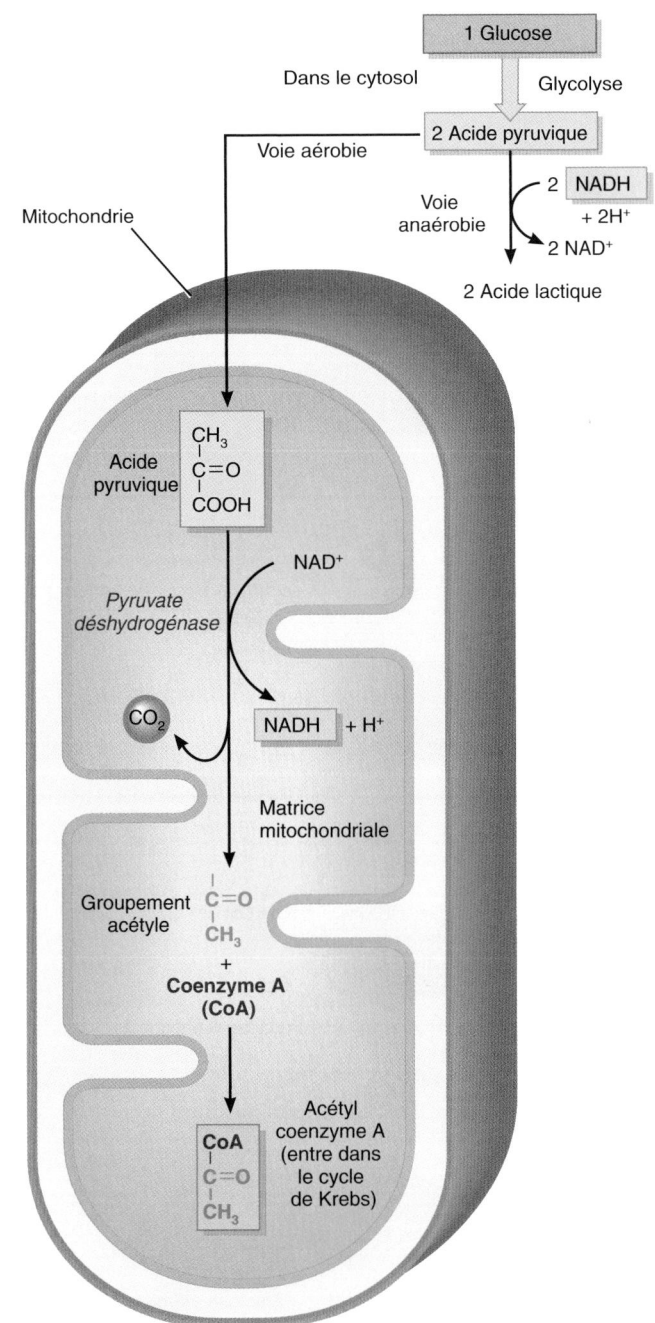

 Dans quelle partie de la cellule a lieu la glycolyse ?

Le cycle de Krebs

Dès que l'acide pyruvique a été décarboxylé et que le groupement acétyle restant s'est fixé à la CoA, le composé ainsi produit (acétyl CoA) est prêt à entrer dans le cycle de Krebs (figure 25.6). Le

cycle de Krebs – nommé en l'honneur du biochimiste Hans Krebs, qui a décrit ces réactions dans les années 1930 – est aussi connu sous l'appellation de **cycle de l'acide citrique**, parce que ce composé est le premier à être formé quand un groupement acétyle entre dans le cycle. Ces réactions se déroulent dans la matrice mitochondriale et constituent une suite de réactions d'oxydoréduction et de décarboxylation, qui libèrent du dioxyde de carbone. Dans le cycle de Krebs, les réactions d'oxydoréduction transfèrent l'énergie chimique, sous forme d'électrons, à deux coenzymes – le NAD^+ et la FAD. Les dérivés de l'acide pyruvique sont oxydés et les coenzymes sont réduites. De plus, une des étapes produit de l'ATP. La figure 25.7 décrit chaque réaction du cycle de Krebs

Les coenzymes réduites ($NADH$ et $FADH_2$) sont les produits les plus importants du cycle de Krebs parce qu'elles contiennent l'énergie qui était emmagasinée à l'origine dans le glucose, puis dans l'acide pyruvique. En somme, pour chaque molécule d'acétyl CoA qui entre dans le cycle de Krebs, il y a production de trois $NADH$, de trois H^+ et d'une $FADH_2$ au cours des réactions d'oxydoréduction, et une molécule d'ATP est obtenue par phosphorylation au niveau du substrat (figure 25.6). Dans la chaîne de transport des électrons, les trois $NADH$ + trois H^+ donneront neuf molécules d'ATP, et la $FADH_2$ en formera deux. Ainsi, chaque « tour » complet du cycle de Krebs produit 12 molécules d'ATP. Puisque le glucose fournit deux molécules d'acétyl CoA, son catabolisme par le cycle de Krebs et la chaîne de transport des électrons produit 24 molécules d'ATP par molécule de glucose.

Il y a libération de CO_2 quand l'acide pyruvique est converti en acétyl CoA et au cours des deux réactions de décarboxylation du cycle de Krebs (figure 25.6). Mais, puisque la molécule de glucose donne deux molécules d'acide pyruvique, six molécules de CO_2 au total sont libérées pour chaque molécule de glucose métabolisée par cette voie. Les molécules de CO_2 quittent les

FIGURE 25.6 Après la formation de l'acétyl coenzyme A, l'étape suivante de la respiration cellulaire est le cycle de Krebs.

Les réactions du cycle de Krebs se produisent dans la matrice des mitochondries.

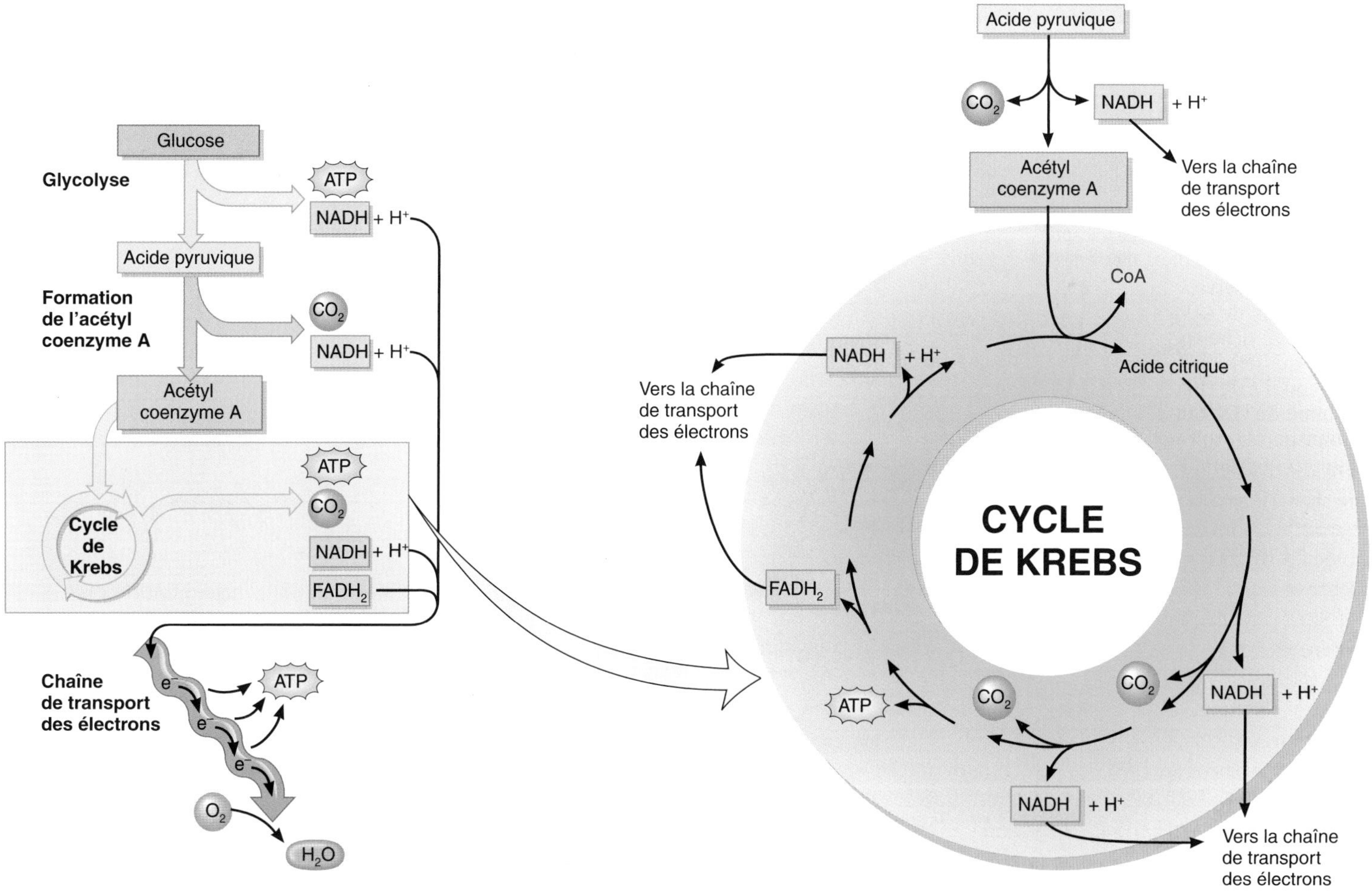

(a) Vue d'ensemble de la respiration cellulaire

(b) Aperçu du cycle de Krebs

 À quelle étape de la respiration cellulaire le dioxyde de carbone est-il perdu ? Qu'arrive-t-il à ce gaz ?

FIGURE 25.7 Les huit réactions du cycle de Krebs. ① *L'entrée du groupement acétyle.* La liaison chimique qui unit le groupement acétyle à la coenzyme A (CoA) se brise et le groupement acétyle à deux carbones se lie à une molécule d'acide oxaloacétique à quatre carbones pour former une molécule à six carbones appelée *acide citrique*. La CoA est libérée et peut se combiner avec un autre groupement acétyle provenant de l'acide pyruvique et recommencer le processus. ② *L'isomérisation.* L'acide citrique est converti par isomérisation en acide isocitrique, dont la formule moléculaire est la même que celle de l'acide citrique. Toutefois, notez que le groupement hydroxyle (–OH) est maintenant lié à un autre carbone. ③ *La décarboxylation oxydative.* L'acide isocitrique est oxydé et perd une molécule de CO_2 pour former une molécule d'acide α-cétoglutarique. Le H^- de l'oxydation est transmis au NAD^+, qui est réduit en $NADH + H^+$. ④ *La décarboxylation oxydative.* L'acide α-cétoglutarique est oxydé, perd une molécule de CO_2 et se lie à la CoA pour former une molécule de succinyl CoA. ⑤ *La phosphorylation au niveau du substrat.* La CoA est déplacée par un groupement phosphate, puis ce dernier est transféré à la guanosine diphosphate (GDP) pour former de la guanosine triphosphate (GTP). La GTP peut par la suite donner un groupement phosphate à l'ADP et le transformer en ATP. ⑥ *La déshydrogénation.* L'acide succinique est oxydé pour donner de l'acide fumarique lorsque deux de ses atomes d'hydrogène sont transférés à la flavine adénine dinucléotide (FAD), coenzyme dont la réduction produit de la $FADH_2$.
⑦ *L'hydratation.* L'acide fumarique est converti en acide malique par l'addition d'une molécule d'eau. ⑧ *La déshydrogénation.* À l'étape finale du cycle, l'acide malique est oxydé pour former de nouveau de l'acide oxaloacétique. Deux atomes d'hydrogène sont retirés et l'un d'eux est transféré au NAD^+, dont la réduction produit du $NADH + H^+$. L'acide oxaloacétique régénéré peut se combiner avec une autre molécule d'acétyl CoA et relancer le cycle.

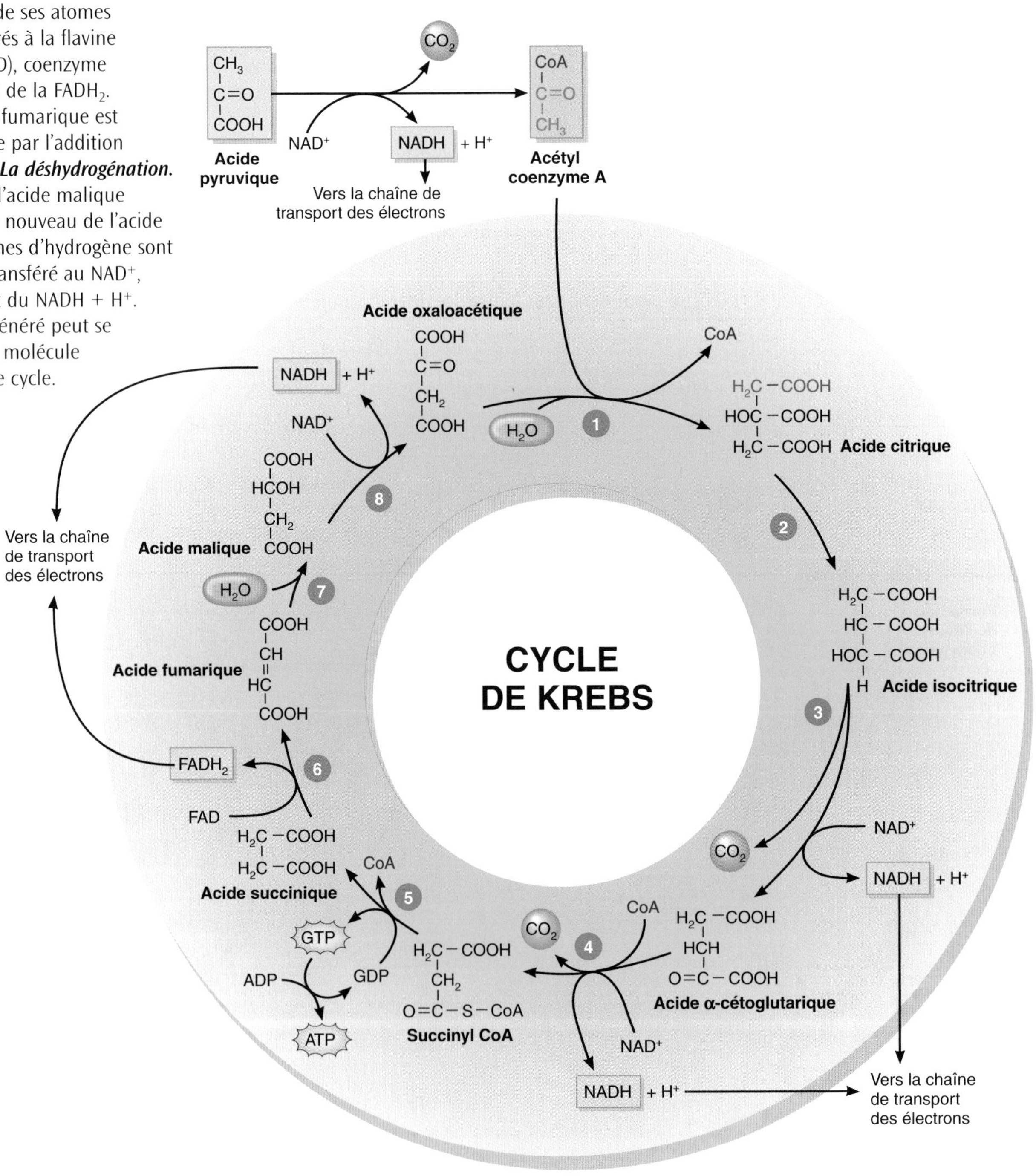

Le bilan du cycle de Krebs comprend trois éléments principaux: la production de coenzymes réduites ($NADH + H^+$ et $FADH_2$), qui contiennent de l'énergie en réserve, la production de GTP, un composé riche en énergie qui sert à la formation d'ATP, et la libération de CO_2, qui est transporté jusqu'aux poumons et expiré.

CYCLE DE KREBS

Pourquoi la production de coenzymes réduites est-elle importante dans le cycle de Krebs?

mitochondries, traversent le cytosol par diffusion jusqu'à la membrane plasmique et entrent dans la circulation sanguine, également par diffusion. Enfin, le CO_2 est transporté par le sang jusqu'aux poumons, où il est expiré.

La chaîne de transport des électrons

La **chaîne de transport des électrons** est composée d'une série de **transporteurs d'électrons** qui sont des protéines intrinsèques de la membrane mitochondriale interne (voir la figure 3.21). Cette membrane présente de nombreux replis, appelés *crêtes*, qui augmentent sa superficie et permettent à chaque mitochondrie de porter des milliers de copies de la chaîne de transport. Chacun des transporteurs de la chaîne est réduit lorsqu'il accepte des électrons, et oxydé lorsqu'il les cède. Au fur et à mesure que les électrons se déplacent le long de la chaîne, une série de réactions exothermiques libèrent de petites quantités d'énergie, dont une partie sert à former de l'ATP, le reste étant dégagé sous forme de chaleur. Dans la respiration cellulaire aérobie, le dernier accepteur d'électrons de la chaîne est l'oxygène. Puisque ce mécanisme de production d'ATP fonctionne en couplant des réactions chimiques (le passage d'électrons le long de la chaîne de transport) au pompage d'ions hydrogène, il est appelé **chimiosmose** (*chimio* : chimie ; *ôsmos* : poussée). En bref, la chimiosmose comprend les étapes suivantes (figure 25.8) :

❶ L'énergie provenant du NADH + H⁺ passe le long de la chaîne de transport des électrons et sert à pomper des ions H⁺ de la matrice de la mitochondrie vers l'espace entre les membranes

FIGURE 25.8 La chimiosmose.

Au cours de la chimiosmose, l'ATP est produite lorsque les ions hydrogène retournent par diffusion à la matrice mitochondriale.

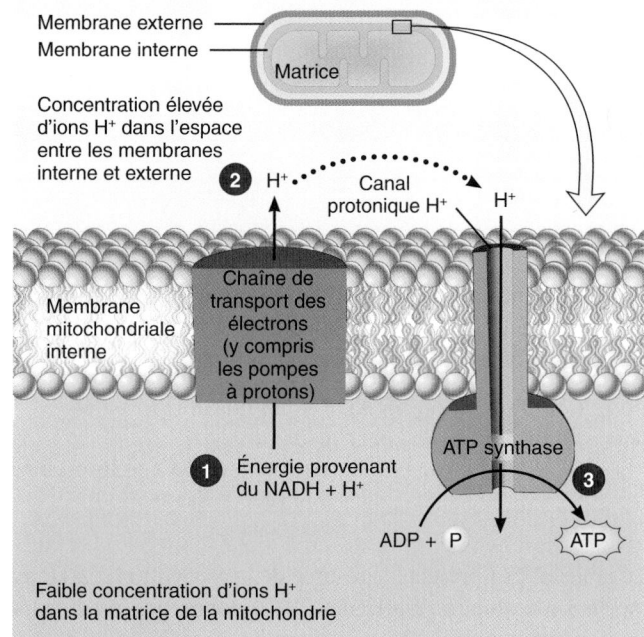

 Quelle est la source d'énergie qui alimente les pompes à protons ?

mitochondriales interne et externe. Ce mécanisme est appelé **pompe à protons** parce que les ions H⁺ sont composés d'un seul proton.

❷ Une forte concentration d'ions H⁺ s'établit entre les membranes mitochondriales interne et externe.

❸ La synthèse d'ATP a alors lieu quand les ions hydrogène reviennent dans la matrice mitochondriale en passant par un type spécifique de canal protonique situé dans la membrane interne.

Les transporteurs d'électrons Plusieurs types de molécules et d'atomes servent de transporteurs d'électrons :

- La **flavine mononucléotide** (**FMN**) est une flavoprotéine dérivée de la riboflavine (vitamine B_2).

- Les **cytochromes** sont des protéines avec un groupement porteur de fer (hème) qui peut se présenter tour à tour sous forme réduite (Fe^{2+}) ou oxydée (Fe^{3+}). Les cytochromes qui font partie de la chaîne de transport des électrons sont le cytochrome *b* (cyt *b*), le cytochrome c_1 (cyt c_1), le cytochrome *c* (cyt *c*), le cytochrome *a* (cyt *a*) et le cytochrome a_3 (cyt a_3).

- Les **centres fer-soufre** (**Fe-S**) contiennent soit deux, soit quatre atomes de fer liés à des atomes de soufre qui forment un centre de transfert d'électrons au sein d'une protéine.

- Des **atomes de cuivre** (**Cu**) liés à deux protéines de la chaîne participent également au transfert des électrons.

- La **coenzyme Q**, ou simplement **Q**, est un transporteur non protéique, de faible masse moléculaire, qui est mobile dans la bicouche lipidique de la membrane interne.

Les étapes du transport des électrons et la production chimiosmotique d'ATP Enchâssés dans la membrane mitochondriale interne, les transporteurs de la chaîne de transport des électrons sont regroupés en trois complexes, fonctionnant chacun comme une pompe à protons qui évacue les ions H⁺ de la matrice mitochondriale et contribue à créer un gradient électrochimique d'ions H⁺. Chacune des trois pompes à protons transporte des électrons et pompe des ions H⁺, comme l'indique la figure 25.9. Remarquez que l'oxygène est utilisé pour former de l'eau à l'étape ❸. Cette étape est la seule de la respiration cellulaire aérobie où il y a consommation d'oxygène. Le cyanure est un poison mortel parce qu'il se lie au complexe cytochrome oxydase et bloque cette dernière étape du transport des électrons.

Le pompage des ions H⁺ produit à la fois un gradient de concentration de protons et un gradient électrique. Le côté de la membrane mitochondriale interne, où s'accumulent les ions H⁺, devient chargé positivement par rapport à l'autre côté. Le gradient électrochimique ainsi formé possède de l'énergie potentielle, appelée *force protonique motrice*. Les canaux protoniques de la membrane mitochondriale interne permettent le retour des ions H⁺ vers l'intérieur à travers la membrane sous l'action de la force protonique motrice. Au cours de ce mouvement, les ions H⁺ produisent de l'ATP parce que les canaux protoniques possèdent aussi une enzyme appelée **ATP synthase**. Cette enzyme utilise la force protonique motrice pour synthétiser de l'ATP à partir d'ADP et de P. Ce processus de chimiosmose est à l'origine de la plus grande partie de l'ATP produite durant la respiration cellulaire.

FIGURE 25.9 L'action des trois pompes à protons et de l'ATP synthase dans la membrane mitochondriale interne.
Chaque pompe est un complexe de trois transporteurs d'électrons ou plus. ❶ La première pompe à protons est le *complexe NADH déshydrogénase*, qui contient de la flavine mononucléotide (FMN) et cinq centres Fe-S, ou plus. Le NADH + H^+ est oxydé pour former du NAD^+ et la FMN est réduite en $FMNH_2$, qui est oxydée à son tour lorsqu'elle transmet des électrons aux centres fer-soufre. La coenzyme Q, qui se déplace librement dans la membrane, transporte les électrons au complexe formant la deuxième pompe. ❷ La deuxième pompe à protons est le *complexe cytochrome b-c_1*, qui contient des cytochromes et un centre fer-soufre. Les électrons passent successivement de la coenzyme Q au cyt b, puis au Fe-S et au cyt c_1. Le transporteur d'électrons qui fait la navette entre les deuxième et troisième pompes est le cytochrome c (cyt c). ❸ La troisième pompe à protons est le *complexe cytochrome oxydase*, qui contient les cytochromes a et a_3 ainsi que deux atomes de cuivre. Les électrons passent du cyt c au Cu, au cyt a et, enfin, au cyt a_3. Le cyt a_3 transmet ses électrons à la moitié d'une molécule d'oxygène (O_2) qui devient chargée négativement et se lie à deux ions H^+ du milieu environnant pour former une molécule de H_2O.

 Au fur et à mesure que les trois pompes à protons transmettent les électrons d'un transporteur à l'autre, elles font passer en même temps des ions H^+ de la matrice à l'espace entre les membranes mitochondriales interne et externe. Pendant que les protons retournent dans la matrice mitochondriale par les canaux protoniques de l'ATP synthase, il y a production d'ATP.

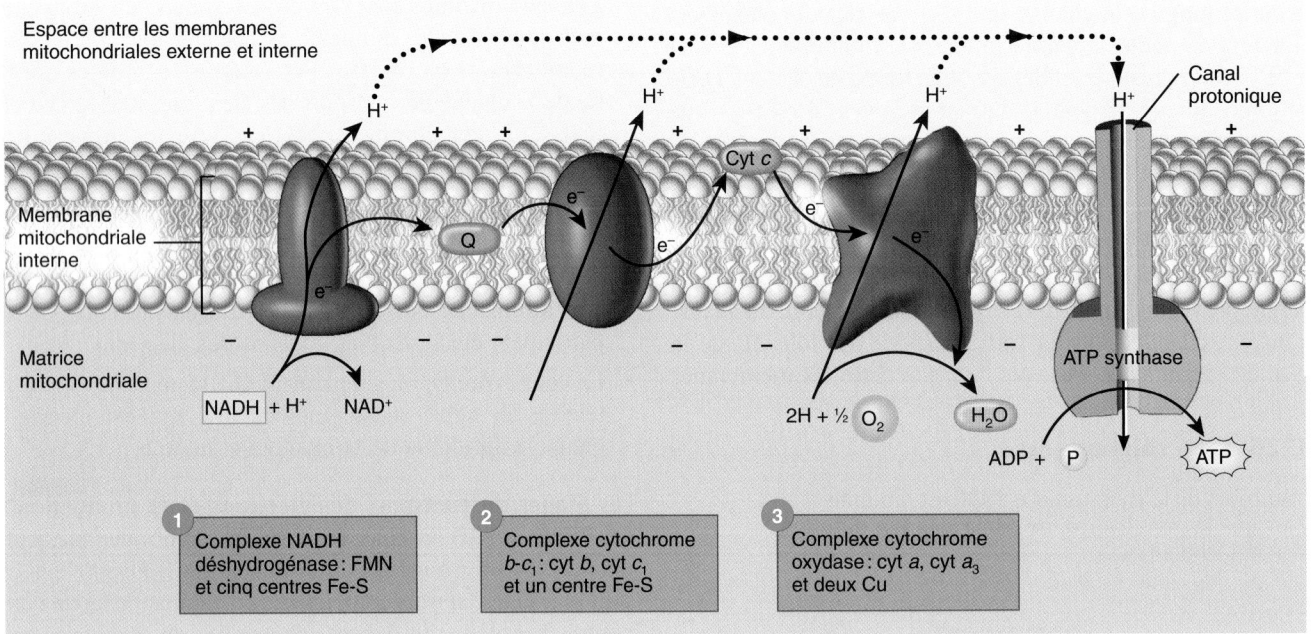

Q Où se trouve la plus forte concentration d'ions H^+?

Résumé de la respiration cellulaire

Les divers transferts d'électrons de la chaîne de transport des électrons produisent soit 32, soit 34 molécules d'ATP par molécule de glucose oxydée : 28 ou 30* à partir des 10 molécules de NADH + H^+ et 2 à partir de chacune des 2 molécules de $FADH_2$ (4 en tout). Ainsi, au cours de la respiration cellulaire, une molécule de glucose fournit 36 ou 38 molécules d'ATP. Notez que deux de ces ATP proviennent de la phosphorylation au niveau du substrat lors de la glycolyse et deux de la phosphorylation au niveau du substrat durant le cycle de Krebs. La réaction globale est la suivante :

$$C_6H_{12}O_6 + 6\ O_2 + 36\ \text{ou}\ 38\ ADP + 36\ \text{ou}\ 38\ \textcircled{P} \longrightarrow$$
Glucose   Oxygène

$$6\ CO_2 + 6\ H_2O + 36\ \text{ou}\ 38\ ATP$$
        Dioxyde   Eau
     de carbone

Le tableau 25.1 présente le résumé de la production d'ATP durant la respiration cellulaire. La figure 25.10 donne une représentation schématique des principales réactions de la respiration cellulaire. Le rendement réel de la production d'ATP peut être plus faible que les 36 ou 38 molécules d'ATP calculées par molécule de glucose. Par exemple, on ne connaît pas avec certitude le nombre exact

---

* Les deux molécules de NADH produites dans le cytosol durant la glycolyse ne peuvent pas pénétrer dans les mitochondries. Elles donnent plutôt leurs électrons à l'une des deux molécules de transfert, appelées *navette du malate* et *navette du glycérol phosphate*. Dans les cellules du foie, du rein et du cœur, l'utilisation de la navette du malate amène la synthèse de trois molécules d'ATP pour chaque molécule de NADH. Dans les autres cellules de l'organisme, comme les myocytes squelettiques et les neurones, l'utilisation de la navette du glycérol phosphate permet de synthétiser deux ATP pour chaque NADH.

SOURCE	ATP PRODUITE PAR MOLÉCULE DE GLUCOSE (PROCESSUS)
Glycolyse	
Oxydation d'une molécule de glucose en deux molécules d'acide pyruvique	2 ATP (phosphorylation au niveau du substrat)
Production de 2 NADH + H^+	4 ou 6 ATP (phosphorylation oxydative dans la chaîne de transport des électrons)
Formation de deux molécules d'acétyl coenzyme A	
2 NADH + 2 H^+	6 ATP (phosphorylation oxydative dans la chaîne de transport des électrons)
Cycle de Krebs et chaîne de transport des électrons	
Oxydation du succinyl CoA en acide succinique	2 GTP qui sont converties en 2 ATP (phosphorylation au niveau du substrat)
Production de 6 NADH + 6 H^+	18 ATP (phosphorylation oxydative dans la chaîne de transport des électrons)
Production de 2 $FADH_2$	4 ATP (phosphorylation oxydative dans la chaîne de transport des électrons)
Total :	36 ou 38 ATP par molécule de glucose (maximum théorique)

FIGURE 25.10 Résumé des principales réactions de la respiration cellulaire. CTE = chaîne de transport des électrons et chimiosmose.

À l'exception de la glycolyse qui se déroule dans le cytosol, toutes les réactions de la respiration cellulaire ont lieu à l'intérieur des mitochondries.

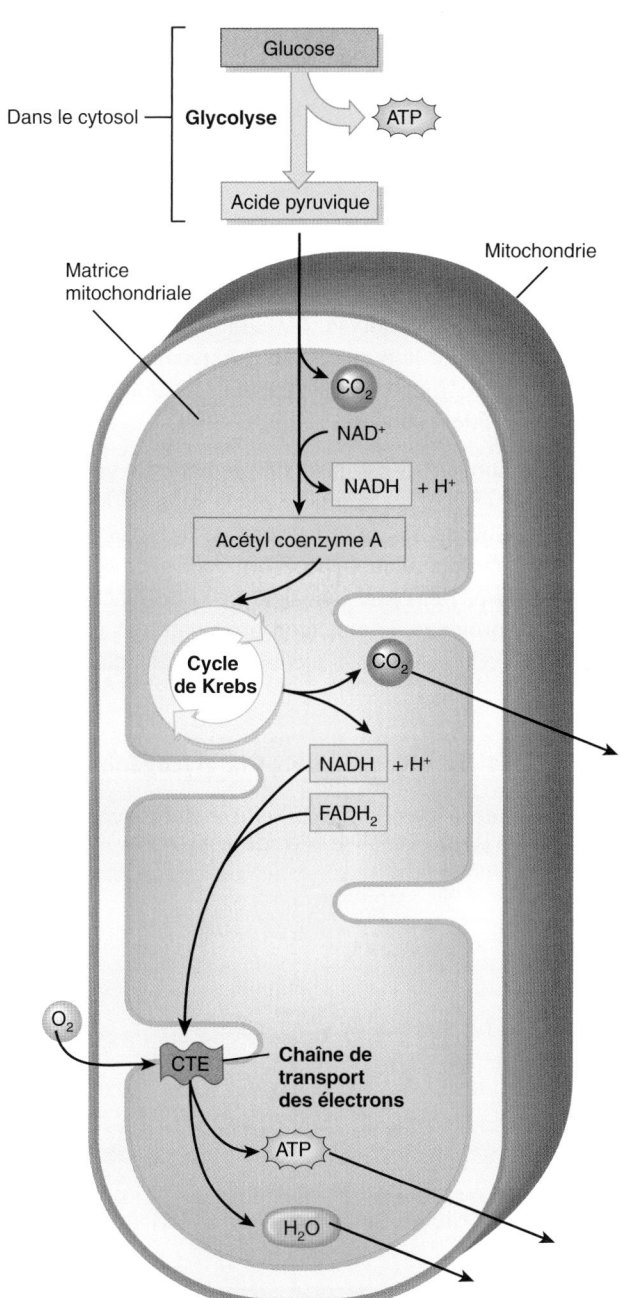

 Combien de molécules d'O_2 sont utilisées et combien de molécules de CO_2 sont produites au cours de l'oxydation complète d'une molécule de glucose ?

d'ions H^+ qui doivent être expulsés de la matrice pour produire une molécule d'ATP durant la chimiosmose. De plus, l'ATP produite dans les mitochondries doit être transportée vers le cytosol pour être utilisée ailleurs dans la cellule. L'exportation d'ATP, en échange d'ADP provenant des réactions métaboliques qui ont lieu dans le cytosol, nécessite une partie de la force protonique motrice.

La glycolyse, le cycle de Krebs et la chaîne de transport des électrons plus particulièrement, procurent toute l'ATP nécessaire à l'activité cellulaire. Comme le cycle de Krebs et la chaîne de transport des électrons sont des processus aérobies, les cellules sont incapables de poursuivre leurs activités bien longtemps quand l'oxygène est rare.

L'ANABOLISME DU GLUCOSE

Même s'il est en majeure partie catabolisé pour produire de l'ATP, le glucose participe à plusieurs réactions anaboliques, par exemple, lors de la synthèse du glycogène. De plus, d'autres réactions anaboliques permettent la formation de nouvelles molécules de glucose à partir de certains produits de dégradation des protéines et des lipides.

Le stockage du glucose : la glycogenèse

Si les molécules de glucose ne servent pas immédiatement à produire de l'ATP, elles sont combinées pour former un polysaccharide, le **glycogène**, qui constitue la seule forme de glucide emmagasiné dans l'organisme. L'insuline, une hormone sécrétée par les cellules bêta du pancréas, stimule la **glycogenèse** ou synthèse du glycogène dans les hépatocytes et les myocytes squelettiques (figure 25.11). L'organisme peut emmagasiner à peu près 500 g de glycogène, dont environ 75 % dans les myocytes squelettiques et le reste dans les hépatocytes. Au cours de la glycogenèse, le glucose est d'abord phosphorylé par l'hexokinase pour former du glucose 6-phosphate. Ce dernier est converti en glucose 1-phosphate, puis en uridine-diphosphate glucose et, enfin, en glycogène.

La libération du glucose : la glycogénolyse

Quand les activités cellulaires réclament de l'ATP, le glycogène emmagasiné dans les hépatocytes est dégradé en glucose. Il est ensuite libéré dans le sang et acheminé vers les cellules, où s'effectue son catabolisme par le processus de respiration cellulaire décrit précédemment. La division du glycogène en sous-unités de glucose est appelée **glycogénolyse**. (Attention : Ne confondez pas la *glycogénolyse*, qui est la dégradation du glycogène en glucose, et la *glycolyse*, qui regroupe les 10 réactions assurant la conversion du glucose en acide pyruvique.)

La glycogénolyse n'est pas simplement la glycogenèse à rebours (figure 25.11). La première étape consiste à détacher des molécules de glucose des ramifications de la molécule de glycogène, et ce, par phosphorylation, pour former du glucose 1-phosphate. La phosphorylase, l'enzyme qui catalyse cette réaction, est activée par deux hormones, le glucagon provenant des cellules alpha du pancréas et l'adrénaline de la médulla surrénale, qui sont libérées

FIGURE 25.11 La glycogenèse et la glycogénolyse.

La voie de la glycogenèse convertit le glucose en glycogène ; celle de la glycogénolyse dégrade le glycogène en glucose.

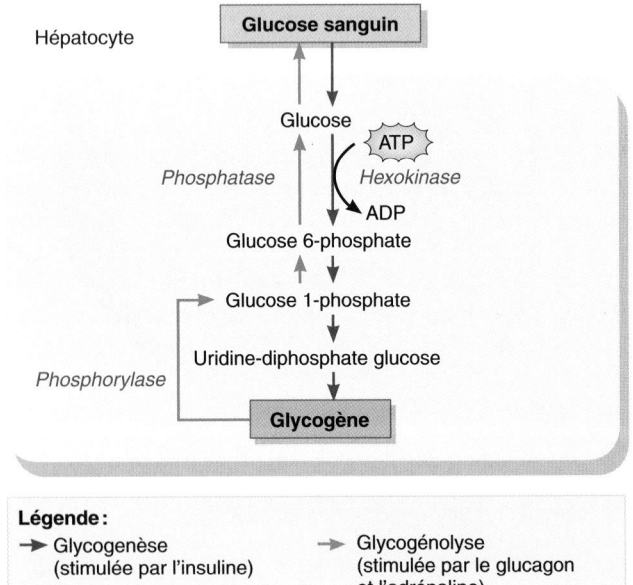

Outre les hépatocytes, quelles cellules de l'organisme sont en mesure de synthétiser le glycogène ? Pourquoi ne peuvent-elles pas libérer du glucose dans le sang ?

dans le sang en plus grande quantité dès que la glycémie s'abaisse. Le glucose 1-phosphate est ensuite converti en glucose 6-phosphate et enfin en glucose. Celui-ci quitte alors les hépatocytes par le truchement de transporteurs (GluT) de la membrane plasmique. Les molécules de glucose phosphorylé ne peuvent toutefois pas être prises en charge par les transporteurs GluT, et la *phosphatase*, l'enzyme qui transforme le glucose 6-phosphate en glucose, est absente des myocytes squelettiques. Puisque les hépatocytes contiennent de la phosphatase, le foie peut libérer dans le sang du glucose dérivé du glycogène, mais les muscles squelettiques en sont incapables. Dans les myocytes squelettiques, le glycogène est métabolisé en glucose 1-phosphate, lequel est ensuite catabolisé pour la production d'ATP par la glycolyse et le cycle de Krebs. Toutefois, l'acide lactique produit par la glycolyse dans les myocytes peut être converti en glucose dans le foie. C'est ainsi que le glycogène des muscles constitue une source indirecte de glucose sanguin.

LA SURCHARGE GLUCIDIQUE

La quantité de glycogène emmagasinée dans le foie et les muscles squelettiques varie et s'épuise parfois complètement au cours d'épreuves sportives de longue durée. Ainsi, de nombreux marathoniens et participants à des épreuves d'endurance se fixent un programme d'exercices et un régime alimentaire précis qui comprend la consommation de grandes quantités de glucides complexes, tels que pâtes et pommes de terre, dans les trois jours qui précèdent l'épreuve. Cette pratique, appelée **surcharge glucidique**, contribue à maximiser la quantité de glycogène musculaire disponible dans les muscles pour produire de l'ATP. Pour les épreuves sportives qui durent plus d'une heure, la recherche a montré que la surcharge glucidique augmente l'endurance. Cette aptitude à résister à la fatigue provient de l'accroissement de la glycogénolyse. L'organisme est alors en mesure de produire plus de glucose qu'il peut ensuite cataboliser afin de générer de l'énergie. ■

La formation de glucose à partir des protéines et des lipides : la néoglucogenèse

Lorsque les réserves de glycogène dans le foie commencent à s'épuiser, il faut manger ; sinon l'organisme se met à accroître le catabolisme des triacylglycérols (lipides) et des protéines. En fait, le catabolisme des triacylglycérols et des protéines a toujours lieu, mais la dégradation en masse de ces substances ne s'effectue que chez les individus qui jeûnent, mangent des repas très pauvres en glucides ou souffrent d'un trouble endocrinien.

Le glycérol contenu dans les triacylglycérols, l'acide lactique et certains acides aminés peuvent être convertis en glucose dans le foie (figure 25.12). On appelle **néoglucogenèse** (*neo* : nouveau) le processus assurant la production de glucose à partir de composés non glucidiques. Pour ne pas confondre cette expression avec les termes *glycogenèse* et *glycogénolyse*, il faut se rappeler que, durant la néoglucogenèse, le glucose n'est pas retransformé à partir du glycogène, mais que de *nouvelles* molécules sont produites. Environ 60 % des acides aminés de l'organisme peuvent être utilisés par la néoglucogenèse. Les acides aminés tels que l'alanine, la cystéine, la glycine, la sérine et la thréonine, ainsi que l'acide lactique sont transformés en acide pyruvique, lequel peut être converti en glucose ou entrer dans le cycle de Krebs. Le glycérol

FIGURE 25.12 La néoglucogenèse: conversion de molécules non glucidiques (acides aminés, acide lactique et glycérol) en glucose.

 Environ 60% des acides aminés de l'organisme peuvent servir à la néoglucogenèse.

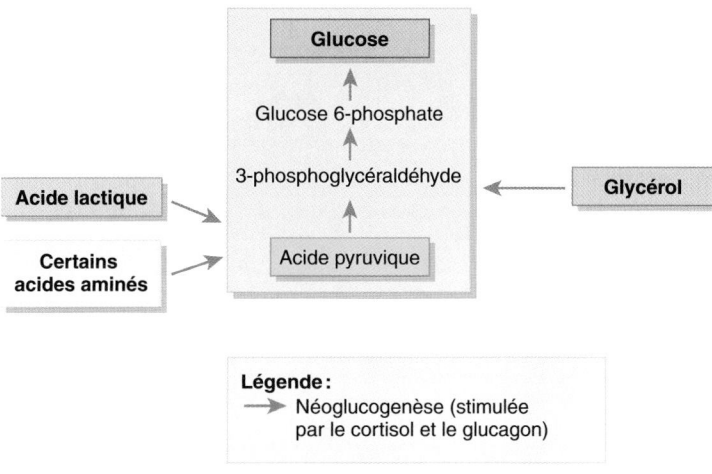

Légende:
→ Néoglucogenèse (stimulée par le cortisol et le glucagon)

Q Quelles cellules peuvent accomplir la néoglucogenèse et la glycogenèse?

peut être transformé en 3-phosphoglycéraldéhyde, qui peut former de l'acide pyruvique ou être utilisé pour la synthèse du glucose.

La néoglucogenèse est stimulée par le cortisol, principale hormone glucocorticoïde du cortex surrénal, et par le glucagon provenant du pancréas. De plus, le cortisol stimule la dégradation des protéines en acides aminés, ce qui fait augmenter les réserves d'acides aminés disponibles pour la néoglucogenèse. Les hormones thyroïdiennes (thyroxine et triiodothyronine) mobilisent également les protéines et peuvent rendre le glycérol disponible pour la néoglucogenèse en faisant appel aux triacylglycérols du tissu adipeux.

▶ **POINT DE CONTRÔLE**

5. Comment le glucose pénètre-t-il dans les cellules de l'organisme et comment en sort-il?

6. Que se passe-t-il pendant la glycolyse?

7. Décrivez la formation de l'acétyl coenzyme A.

8. Esquissez les grandes étapes et nommez les principaux produits du cycle de Krebs.

9. Expliquez ce qui se passe dans la chaîne de transport des électrons et pourquoi ce processus est appelé *chimiosmose*.

10. Quelles réactions produisent de l'ATP au cours de l'oxydation complète d'une molécule de glucose?

11. Dans quelles circonstances la glycogenèse et la glycogénolyse se produisent-elles?

12. Qu'est-ce que la néoglucogenèse et pourquoi est-elle importante?

LE MÉTABOLISME DES LIPIDES

OBJECTIFS

• Décrire les lipoprotéines qui transportent les lipides dans le sang.

• Décrire le sort, le métabolisme et les fonctions des lipides.

LE TRANSPORT DES LIPIDES PAR LES LIPOPROTÉINES

La plupart des lipides, tels les triacylglycérols, sont des molécules non polaires et, par conséquent, très hydrophobes. Autrement dit, elles ne se dissolvent pas dans l'eau. Pour qu'elles puissent être transportées dans le milieu aqueux que constitue le sang, ces molécules doivent devenir hydrosolubles. La plupart d'entre elles acquièrent cette propriété en se combinant avec des protéines produites par le foie. Les combinaisons de lipides et de protéines ainsi formées, appelées *lipoprotéines*, sont des particules sphériques constituées d'une enveloppe externe composée de molécules de protéines, de phosphoglycérolipides et de cholestérol entourant un noyau de triacylglycérols et d'autres lipides (figure 25.13). Les protéines qui font partie de cette enveloppe portent le nom d'**apoprotéines (apo)** suivi d'une lettre, A, B, C, D ou E, et parfois d'un nombre. En plus de contribuer à la solubilité des lipoprotéines dans les liquides de l'organisme, chaque apoprotéine remplit des fonctions spécifiques.

Il y a plusieurs types de lipoprotéines. Quoiqu'elles exercent des fonctions différentes, ce sont essentiellement des transporteurs: les lipoprotéines procurent en quelque sorte un service de collecte et de livraison qui achemine les divers types de lipides aux cellules qui en ont besoin, ou les retire de la circulation s'ils sont superflus. On classe et on nomme les lipoprotéines surtout selon leur densité, qui est déterminée par le rapport entre les lipides (dont la densité est faible) et les protéines (dont la densité est élevée). Des plus volumineuses et plus légères aux plus petites et plus lourdes, les quatre principales classes de lipoprotéines sont les chylomicrons, les lipoprotéines de très basse densité (VLDL), les lipoprotéines de basse densité (LDL) et les lipoprotéines de haute densité (HDL).

Les **chylomicrons**, qui sont formés dans les cellules épithéliales de la muqueuse de l'intestin grêle, transportent des lipides *exogènes* (alimentaires) vers les tissus adipeux où ils sont emmagasinés (voir la figure 24.20b). Ils comprennent 1 ou 2% de protéines, 85% de triacylglycérols, 7% de phosphoglycérolipides et 6 ou 7% de cholestérol. Ils portent aussi une petite quantité de vitamines liposolubles. Les chylomicrons pénètrent dans les vaisseaux chylifères des villosités intestinales et sont transportés par la lymphe jusqu'au sang veineux, puis dans la circulation sanguine systémique. Leur présence confère au plasma sanguin une apparence laiteuse, mais ils ne passent que quelques minutes dans le sang. Lorsqu'ils circulent dans les capillaires du tissu adipeux, une de leurs apoprotéines, l'**apo C-2**, active la *lipoprotéine lipase endothéliale*, une enzyme qui retire les acides gras des triacylglycérols contenus dans les chylomicrons. Les acides gras libres sont alors absorbés par les myocytes, qui s'en servent pour produire de l'ATP, et par les adipocytes, qui les transforment à nouveau en triacylglycérols et les emmagasinent sur place. Les hépatocytes retirent les résidus des chylomicrons du sang au moyen de l'endocytose par récepteurs interposés ; l'**apo E**, une autre apoprotéine des chylomicrons, sert alors de protéine d'amarrage.

Les **lipoprotéines de très basse densité** (**VLDL**, *very low-density lipoproteins*), qui sont formées dans les hépatocytes, contiennent des lipides *endogènes*, c'est-à-dire produits dans l'organisme. Les VLDL comprennent environ 10% de protéines, 50% de triacylglycérols, 20% de phosphoglycérolipides et 20% de cholestérol. Elles transportent les triacylglycérols synthétisés dans les hépatocytes vers les adipocytes, où ils sont emmagasinés. Comme les chylomicrons, les VLDL perdent leurs triacylglycérols quand leur apo C-2 active la lipoprotéine lipase endothéliale, et les acides gras libérés pénètrent dans les adipocytes, qui les emmagasinent, et dans les myocytes qui les dégradent pour produire de l'ATP. Pendant qu'elles déposent une partie de leurs triacylglycérols dans les adipocytes, les VLDL sont converties en LDL.

Les **lipoprotéines de basse densité** (**LDL**, *low-density lipoproteins*) contiennent 25% de protéines, 5% de triacylglycérols, 20% de phosphoglycérolipides et 50% de cholestérol. Elles transportent environ 75% du cholestérol total dans le sang et le distribuent aux cellules partout dans le corps. Le cholestérol sert à la réparation des membranes cellulaires et à la synthèse des hormones stéroïdes et des sels biliaires. Les LDL contiennent une seule apoprotéine, l'**apo B100**, qui est une protéine d'amarrage. Cette protéine se lie aux récepteurs de LDL de la membrane plasmique des cellules de l'organisme, permettant l'endocytose des LDL par récepteurs interposés. Dès qu'elles ont passé la membrane plasmique, les LDL sont dégradées et le cholestérol libéré est utilisé pour répondre aux besoins cellulaires. Quand la cellule a reçu assez de cholestérol pour poursuivre ses activités, un mécanisme de rétro-inhibition bloque la synthèse de nouveaux récepteurs de LDL.

Lorsqu'elles sont présentes en trop grand nombre, les LDL déposent du cholestérol à l'intérieur et autour des myocytes lisses des artères, où il se forme des plaques d'athérosclérose qui augmentent le risque de coronaropathie. C'est pourquoi le cholestérol des LDL est qualifié de « mauvais » cholestérol. Chez les personnes qui ne produisent pas assez de récepteurs de LDL, les cellules retirent moins efficacement les LDL du sang. Elles ont donc un taux de LDL plasmatiques supérieur à la normale et courent plus de risques de présenter des plaques d'athérosclérose. Par ailleurs, les personnes qui ont un régime alimentaire riche en lipides produisent plus de VLDL, ce qui élève le taux de LDL et favorise aussi la formation des plaques d'athérosclérose.

Les **lipoprotéines de haute densité** (**HDL**, *high-density lipoproteins*) contiennent de 40 à 45% de protéines, de 5 à 10% de triacylglycérols, 30% de phosphoglycérolipides et 20% de cholestérol. Les HDL retirent l'excédent de cholestérol des cellules et du sang et le transportent jusqu'au foie, où il est éliminé. Puisque ces lipoprotéines préviennent l'accumulation du cholestérol dans le sang, un taux élevé de HDL est associé à un risque plus faible de maladie coronarienne. C'est pourquoi le cholestérol des HDL est qualifié de « bon » cholestérol.

FIGURE 25.13 Une lipoprotéine. Celle qui est représentée ici est une VLDL.

Un feuillet simple de phosphoglycérolipides, de cholestérol et de protéines amphiphiles enveloppe un noyau de lipides non polaires.

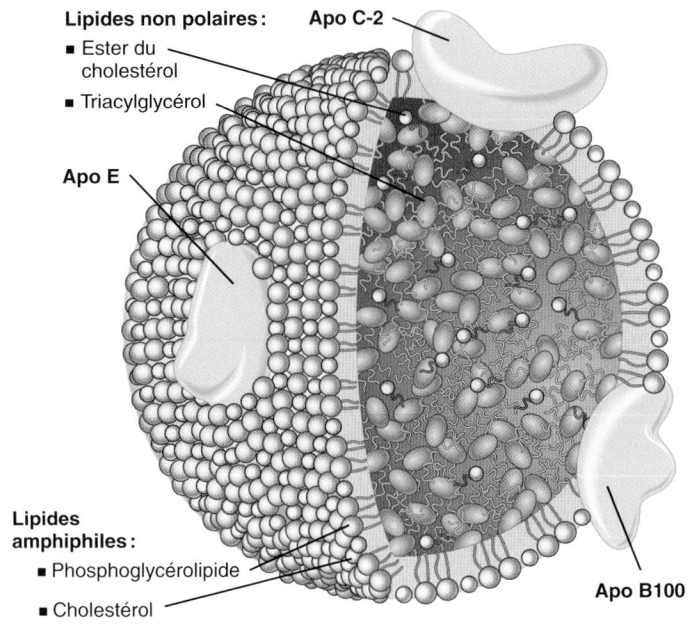

 Quel type de lipoprotéine transporte le cholestérol jusqu'aux cellules de l'organisme ?

LES SOURCES ET LA SIGNIFICATION DU CHOLESTÉROL DANS LE SANG

Il y a deux sources de cholestérol. Une certaine quantité provient des aliments (œufs, produits laitiers, abats, bœuf, porc et charcuteries), mais la majeure partie est synthétisée par les hépatocytes. Les aliments gras qui ne contiennent aucune trace de cholestérol (par exemple, les croustilles) peuvent quand même entraîner une élévation spectaculaire de la cholestérolémie, et ce, de deux façons. Premièrement, l'ingestion d'une grande quantité de lipides alimentaires stimule la réabsorption dans le sang de la bile avec son cholestérol, ce qui réduit la perte de cholestérol dans les fèces. Deuxièmement, quand les graisses saturées sont dégradées dans l'organisme, les hépatocytes utilisent une partie des produits obtenus pour synthétiser du cholestérol.

Lorsqu'on fait un bilan lipidique, on mesure habituellement le cholestérol total (CT), le cholestérol des HDL et les triacylglycérols (VLDL). On calcule ensuite le cholestérol des LDL au moyen de la formule suivante :

Cholestérol des LDL = CT – Cholestérol des HDL – (triacylglycérols/5)

On exprime les valeurs de cholestérol en mmol/L. Chez les adultes, on considère souhaitable que le cholestérol total soit inférieur à 5,2 mmol/L, le cholestérol des LDL à moins de 3,4 mmol/L et le cholestérol des HDL supérieur à 0,9 mmol/L. Normalement, les triacylglycérols se situent à moins de 2,8 mmol/L.

L'augmentation du taux sanguin de cholestérol total s'accompagne d'un accroissement du risque de maladie coronarienne. Lorsque la cholestérolémie dépasse 5,2 mmol/L, le risque de crise cardiaque double en proportion avec chaque augmentation de 1,3 mmol/L. On considère que des taux de cholestérol total entre 5,2 et 6,2 mmol/L et de LDL entre 3,4 et 4,1 mmol/L correspondent à la limite supérieure. La cholestérolémie est considérée comme élevée si ces valeurs dépassent 6,2 mmol/L et 4,1 mmol/L, respectivement. Le rapport entre le cholestérol total et le cholestérol des HDL est un indicateur du risque d'apparition de troubles coronariens. Par exemple, une personne dont le cholestérol total est de 4,68 mmol/L et les HDL de 1,56 mmol/L a un quotient de risque égal à 3. Les quotients supérieurs à 4 sont à éviter ; plus les valeurs sont élevées, plus le risque de présenter une maladie coronarienne est grand.

Les traitements proposés pour réduire la cholestérolémie sont l'exercice, un régime approprié et des médicaments. L'activité physique régulière, de niveau aérobique ou presque, augmente le taux de HDL. Le régime alimentaire doit être modifié pour réduire la consommation totale de graisses, plus particulièrement des graisses saturées, et celle du cholestérol. Les médicaments utilisés pour traiter l'hypercholestérolémie sont la cholestyramine (Questran^MD) et le colestipol (Colestid^MD), qui favorisent l'excrétion de la bile dans les fèces ; et un groupe de médicaments dont font partie l'atorvastatine (Lipitor^MD), la lovastatine (Mevacor^MD) et la simvastatine (Zocor^MD), qui agissent en bloquant une enzyme clé de la synthèse du cholestérol, l'HMG-CoA réductase.

LE SORT DES LIPIDES

Comme les glucides, les lipides peuvent être oxydés pour produire de l'ATP. Si l'organisme n'a pas besoin immédiatement des lipides à cette fin, ils sont mis en réserve dans le tissu adipeux, qui se trouve partout dans le corps et dans le foie. Quelques lipides sont utilisés comme molécules structurales ou pour la synthèse d'autres substances essentielles. C'est le cas des phosphoglycérolipides, qui sont des constituants de la membrane plasmique ; des lipoprotéines, qui servent au transport du cholestérol dans l'organisme ; de la thromboplastine, qui est nécessaire à la coagulation du sang ; et des gaines de myéline, qui accélèrent la conduction des influx nerveux. Deux **acides gras essentiels** ne peuvent être produits par l'organisme, il s'agit de l'acide linoléique et de l'acide linolénique, que l'on trouve dans les huiles végétales et les légumes verts à feuilles. Reportez-vous au tableau 2.7 pour revoir les diverses fonctions des lipides dans l'organisme.

LE STOCKAGE DES TRIACYLGLYCÉROLS

Une des principales fonctions du tissu adipeux consiste à retirer les triacylglycérols des chylomicrons et des VLDL et à les emmagasiner jusqu'à ce que d'autres tissus de l'organisme en aient besoin pour produire de l'ATP. Les triacylglycérols emmagasinés dans le tissu adipeux constituent 98 % des réserves d'énergie de l'organisme. Ils sont plus faciles à stocker que le glycogène, notamment parce qu'ils sont hydrophobes et n'exercent pas de pression osmotique sur les membranes des cellules. Le tissu adipeux sert aussi à isoler et à protéger les diverses parties de l'organisme. Les

adipocytes du fascia superficiel (hypoderme) contiennent environ 50 % des triacylglycérols en réserve. D'autres tissus adipeux se partagent le reste – environ 12 % autour des reins, de 10 à 15 % dans les omentums, 15 % dans la région des organes génitaux, de 5 à 8 % entre les muscles et 5 % derrière les yeux, dans les sillons du cœur et sur la face externe du gros intestin. Les triacylglycérols du tissu adipeux sont continuellement dégradés et resynthétisés. Ainsi, les molécules qui sont emmagasinées aujourd'hui dans le tissu adipeux ne sont pas les mêmes que celles qui s'y trouvaient le mois dernier parce qu'elles sont sans cesse tirées des réserves, transportées dans le sang et déposées à nouveau dans d'autres cellules du tissu adipeux.

LE CATABOLISME DES LIPIDES : LA LIPOLYSE

Avant de pouvoir oxyder les acides gras pour produire de l'ATP, les muscles, le foie et le tissu adipeux doivent d'abord scinder les triacylglycérols en glycérol et en acides gras. Ce processus, appelé **lipolyse**, est catalysé par des enzymes appelées *lipases*. L'adrénaline et la noradrénaline amplifient la dégradation des triacylglycérols en acides gras et en glycérol. Ces hormones sont libérées quand la stimulation sympathique augmente, comme c'est le cas, par exemple, durant l'exercice. Le cortisol, les hormones thyroïdiennes et les somatomédines sont également des hormones lipolytiques. Par contre, l'insuline inhibe la lipolyse.

Le catabolisme du glycérol et des acides gras produits par la lipolyse s'effectue par des voies différentes (figure 25.14). Le glycérol est converti par de nombreuses cellules de l'organisme en 3-phosphoglycéraldéhyde, un composé qui se forme aussi durant le catabolisme du glucose. Si les réserves d'ATP de la cellule sont élevées, le 3-phosphoglycéraldéhyde est converti en glucose – il s'agit là d'un exemple de néoglucogenèse. En revanche, si les réserves d'ATP de la cellule sont basses, le 3-phosphoglycéraldéhyde passe dans la voie catabolique qui mène à la formation d'acide pyruvique.

Le catabolisme des acides gras est différent et produit plus d'ATP. La première étape de ce processus est une série de réactions, dont l'ensemble porte le nom de **β-oxydation**, qui se déroule dans la matrice des mitochondries. Des enzymes retirent deux atomes de carbone à la fois de la longue chaîne de carbone qui compose un acide gras et les fixent à la coenzyme A pour former de l'acétyl CoA. Ensuite, l'acétyl CoA entre dans le cycle de Krebs (figure 25.14). Un acide gras à 16 atomes de carbone comme l'acide palmitique produit théoriquement un gain net de 129 molécules d'ATP à l'issue de son oxydation complète par les voies de la β-oxydation, du cycle de Krebs et de la chaîne de transport des électrons.

Au cours du catabolisme normal des acides gras, les hépatocytes peuvent condenser deux molécules d'acétyl CoA pour former de l'**acide acétylacétique**. Cette réaction libère la coenzyme A, une molécule volumineuse, incapable de quitter la cellule par diffusion. Une partie de l'acide acétylacétique est convertie en **acide β-hydroxybutyrique** et en **acétone**. La formation de ces trois substances, regroupées sous l'appellation de **corps cétoniques**, porte le nom de **cétogenèse** (figure 25.14). Comme les corps cétoniques traversent librement la membrane plasmique, ils quittent les hépatocytes et entrent dans la circulation sanguine.

FIGURE 25.14 Les voies du métabolisme des lipides. Le glycérol peut être converti en 3-phosphoglycéraldéhyde. Celui-ci est alors transformé en glucose ou entre dans le cycle de Krebs pour être oxydé. Les acides gras passent par la β-oxydation et entrent dans le cycle de Krebs par l'intermédiaire de l'acétyl coenzyme A. La synthèse de lipides à partir du glucose ou des acides aminés est appelée *lipogenèse*.

Le catabolisme du glycérol et des acides gras s'effectue par des voies différentes.

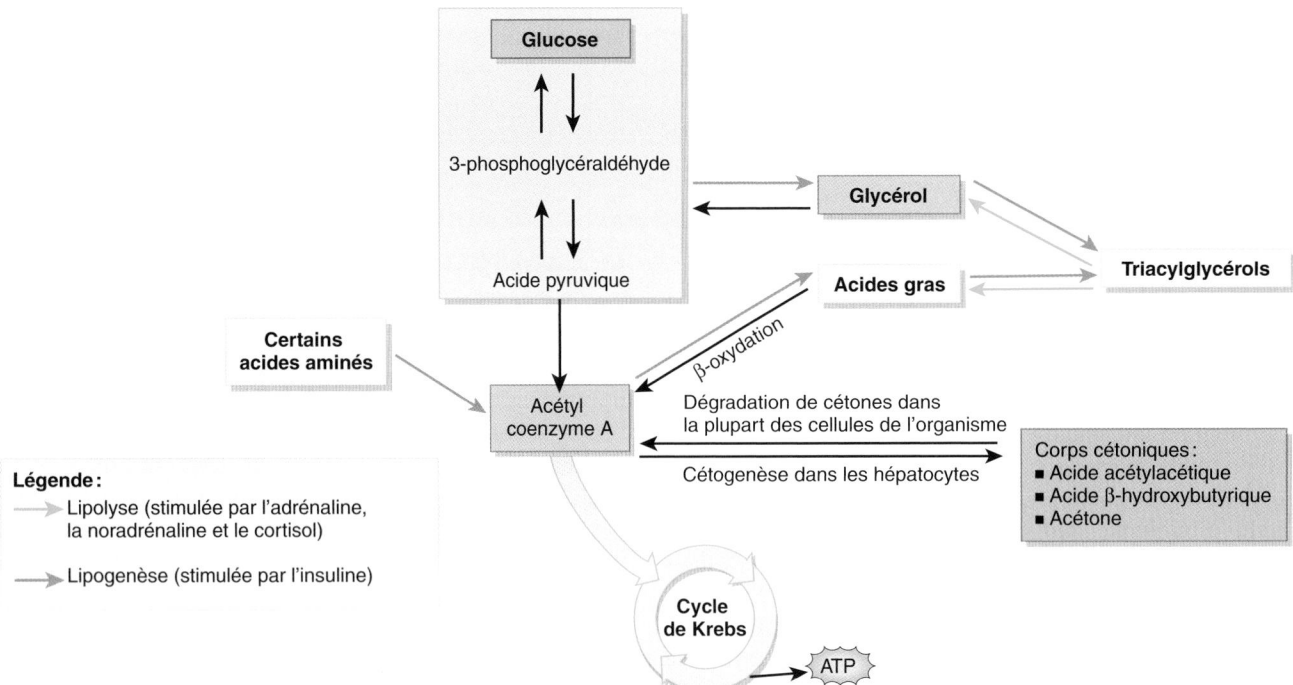

Quels types de cellules peuvent effectuer la lipogenèse, la β-oxydation et la lipolyse ?
Quel type de cellules peut effectuer la cétogenèse ?

D'autres cellules absorbent l'acide acétylacétique et lient ses quatre carbones à deux molécules de coenzyme A pour former deux molécules d'acétyl CoA. Ces dernières peuvent alors entrer dans le cycle de Krebs pour être oxydées. Le muscle cardiaque et le cortex (partie externe) du rein utilisent l'acide acétylacétique de préférence au glucose pour produire de l'ATP. Les hépatocytes, qui synthétisent l'acide acétylacétique, ne peuvent pas l'utiliser pour produire de l'ATP parce qu'ils n'ont pas l'enzyme qui rétablit la liaison avec la coenzyme A.

L'ANABOLISME DES LIPIDES : LA LIPOGENÈSE

Les hépatocytes et les adipocytes peuvent synthétiser des lipides à partir du glucose ou d'acides aminés en faisant appel à la **lipogenèse** (figure 25.14), qui est stimulée par l'insuline. La lipogenèse a lieu lorsqu'un individu consomme plus d'énergie sous forme d'aliments qu'il n'en faut pour satisfaire ses besoins en ATP. Les glucides, les protéines et les lipides alimentaires excédentaires connaissent tous le même sort – ils sont transformés en triacylglycérols ; c'est pourquoi manger trop de *sucreries* fait *engraisser*. Certains acides aminés peuvent être soumis aux réactions suivantes : acides aminés → acétyl CoA → acides gras → triacylglycérols.

La conversion du glucose en lipides se produit de deux manières : 1) glucose → 3-phosphoglycéraldéhyde → glycérol, et 2) glucose → 3-phosphoglycéraldéhyde → acétyl CoA → acides gras. Certaines réactions anaboliques transforment le glycérol et les acides gras précédemment formés en triacylglycérols, qui seront emmagasinés, ou en d'autres lipides tels que les lipoprotéines, les phosphoglycérolipides et le cholestérol.

LA CÉTOSE

Normalement, le taux de corps cétoniques dans le sang est très faible parce que les tissus utilisent ces composés pour produire de l'ATP au fur et à mesure que les hépatocytes les libèrent dans la circulation sanguine après avoir dégradé les acides gras. Toutefois, lorsque la β-oxydation est très intense, la production de corps cétoniques dépasse la capacité d'absorption et d'utilisation des cellules. Cette situation s'observe généralement à la suite d'un repas riche en triacylglycérols ou durant le jeûne ou la famine, parce qu'il y a peu de glucides pour alimenter le catabolisme énergétique. La β-oxydation excessive se produit aussi chez les personnes atteintes de diabète non traité ou mal équilibré, et ce, pour deux raisons : 1) comme les cellules ne reçoivent pas assez de glucose, les triacylglycérols sont utilisés pour produire de l'ATP ; et 2) comme l'insuline inhibe normalement la lipolyse, l'insuffisance d'insuline accélère la lipolyse. Quand la concentration des corps cétoniques dans le sang dépasse la normale – cet état est appelé **cétose** –, les corps cétoniques, qui sont pour la plupart des acides, doivent être tamponnés. Une trop grande accumulation de corps cétoniques entraîne une diminution de la concentration des tampons tels que les ions bicarbonate, et le pH sanguin baisse. C'est ainsi qu'une cétose extrême ou prolongée risque de déclencher une **acidose** (par **acidocétose**), un pH sanguin anormalement bas. Il arrive que cette diminution du pH sanguin cause à son tour une dépression du système nerveux central, qui occasionne de la désorientation, le coma, voire la mort si la personne n'est pas traitée. Quand un diabétique souffre d'un déficit insulinique grave, un des signes suggestifs de son état est l'odeur sucrée de son haleine causée par l'acétone, un des corps cétoniques. ∎

▶ **POINT DE CONTRÔLE**

13. Quelles sont les fonctions des apoprotéines dans les lipoprotéines ?

14. Quelles particules de lipoprotéines contiennent le « bon » et le « mauvais » cholestérol et pourquoi utilise-t-on ces qualificatifs ?

15. Où sont emmagasinés les triacylglycérols dans l'organisme ?

16. Décrivez les principales étapes du catabolisme du glycérol et des acides gras.

17. Que sont les corps cétoniques ? Qu'est-ce que la cétose ?

18. Définissez la lipogenèse et expliquez-en l'importance.

LE MÉTABOLISME DES PROTÉINES

OBJECTIF

• Décrire le sort, le métabolisme et les fonctions des protéines.

Durant la digestion, les protéines sont dégradées en acides aminés. Contrairement aux glucides et aux triacylglycérols, qui sont emmagasinés, les protéines ne sont pas mises en réserve pour des besoins futurs. Les acides aminés sont plutôt oxydés pour produire de l'ATP ou utilisés pour synthétiser de nouvelles protéines qui serviront à la croissance ou à la réparation des tissus. Les acides aminés alimentaires en excédent ne sont pas excrétés dans l'urine ou les fèces, mais plutôt convertis en glucose (néoglucogenèse) ou en triacylglycérols (lipogenèse).

LE SORT DES PROTÉINES

Les acides aminés pénètrent dans les cellules de l'organisme par transport actif et ce processus est stimulé par les somatomédines (facteurs de croissance analogues à l'insuline, IGF) et l'insuline. Presque aussitôt après leur digestion et leur absorption, les acides aminés sont réincorporés dans des protéines. De nombreuses protéines servent d'enzymes ; d'autres servent au transport (hémoglobine) ou forment des anticorps, des facteurs de coagulation (fibrinogène), des hormones (insuline) ou des éléments contractiles dans les myocytes (actine et myosine). Plusieurs protéines servent de composantes structurales du corps (collagène, élastine et kératine). Reportez-vous au tableau 2.8 pour revoir les diverses fonctions des protéines dans l'organisme.

LE CATABOLISME DES PROTÉINES

Le catabolisme des protéines, stimulé surtout par le cortisol du cortex surrénal, est un processus incessant dans l'organisme. Les protéines des cellules usées (telles que les érythrocytes) sont dégradées en acides aminés (voir la figure 19.5). Certains acides aminés sont convertis en d'autres acides aminés, les liaisons peptidiques se reforment et de nouvelles protéines sont synthétisées dans le processus courant de recyclage. Les hépatocytes convertissent une partie des acides aminés en acides gras, en corps cétoniques ou en glucose. Des cellules de tout l'organisme oxydent une petite quantité d'acides aminés pour former de l'ATP par le cycle de Krebs et la chaîne de transport des électrons. Toutefois, avant d'être oxydés, les acides aminés doivent d'abord être convertis en molécules qui interviennent dans le cycle de Krebs ou qui peuvent y entrer, comme l'acétyl CoA (figure 25.15). Avant que les acides aminés puissent entrer dans le cycle de Krebs, leur groupement amine (NH_2) doit d'abord être retiré, par un processus appelé **désamination**. La désamination survient dans les hépatocytes et produit de l'ammoniac (NH_3). Par la suite, les hépatocytes convertissent l'ammoniac hautement toxique en urée, une substance pratiquement sans danger qui est excrétée dans l'urine. La conversion des acides aminés en glucose (néoglucogenèse) est présentée à la figure 25.12 ; celle des acides aminés en acides gras (lipogenèse) ou en corps cétoniques (cétogenèse), à la figure 25.14.

L'ANABOLISME DES PROTÉINES

L'anabolisme des protéines passe par la formation de liaisons peptidiques entre les acides aminés pour créer de nouvelles protéines. Ce processus se déroule sur les ribosomes dans presque toutes les cellules de l'organisme, sous la direction de l'ADN et de l'ARN cellulaires (voir la figure 3.37). Les somatomédines, les hormones thyroïdiennes (T_3 et T_4), l'insuline, les œstrogènes et la testostérone stimulent la synthèse des protéines. Ces dernières font partie des principales composantes de la plupart des structures cellulaires, si bien qu'il est particulièrement important d'en consommer suffisamment durant les années de croissance, pendant la grossesse et quand les tissus ont été endommagés par la maladie ou un traumatisme. Une consommation adéquate de protéines procure à nos cellules tous les acides aminés nécessaires à la synthèse des protéines. Mais une fois que l'apport protéique alimentaire est adéquat, la consommation de quantités supplémentaires de protéines n'entraîne pas automatiquement une augmentation de la masse musculaire ou osseuse. Il faut que ce régime alimentaire riche en protéines soit accompagné de séances régulières d'exercices de mise en charge (par exemple, soulever des poids et haltères).

Des 20 acides aminés de l'organisme humain, 10 sont des **acides aminés essentiels** – ils doivent faire partie de l'alimentation parce que l'organisme n'est pas en mesure de les synthétiser (du moins, pas en quantité suffisante). C'est pourquoi il est *essentiel* de les inclure dans notre régime alimentaire. Les humains sont incapables de fabriquer huit acides aminés (isoleucine, leucine, lysine, méthionine, phénylalanine, thréonine, tryptophane et valine) et ne peuvent en élaborer deux en quantité suffisante (arginine et histidine), en particulier durant l'enfance. Une **protéine complète** contient tous les acides aminés essentiels en quantité suffisante. Le bœuf, le poisson, la volaille, les œufs et le lait sont des exemples d'aliments qui contiennent des protéines complètes. Une **protéine incomplète** ne contient pas tous les acides aminés essentiels. Il s'agit, par exemple, des légumes verts à feuilles, des légumineuses (haricots et pois) et des céréales. Même si les aliments végétaux ne contiennent pas tous les acides aminés essentiels, les personnes végétariennes réussissent à combler leurs besoins en effectuant des combinaisons alimentaires. Ainsi, la plupart des céréales sont déficientes en lysine, mais en combinant plusieurs types d'aliments (blé et pois chiches, maïs et haricots rouges, riz et lentilles, pain et fromage, par exemple) les habitants des différentes régions du monde obtiennent un mélange protéique dans lequel il ne manque aucun acide aminé essentiel. Les cellules de l'organisme peuvent synthétiser les **acides aminés non essentiels** par un processus appelé **transamination**, soit le transfert d'un groupement amine d'un acide aminé à l'acide pyruvique ou à un acide du cycle de Krebs. Lorsque les cellules disposent des acides aminés essentiels et non essentiels appropriés, la synthèse des protéines se poursuit rapidement.

LA PHÉNYLCÉTONURIE

La **phénylcétonurie** est une anomalie héréditaire du métabolisme des protéines caractérisée par un taux sanguin élevé d'un acide aminé particulier, la phénylalanine. Chez la plupart des enfants atteints de cette maladie, une mutation affecte le gène codant pour la phénylalanine hydroxylase. Cette altération empêche l'organisme de produire en quantité suffisante cette enzyme, nécessaire à la conversion de la phénylalanine en tyrosine, un acide aminé qui peut entrer dans le cycle de Krebs (figure 25.15). La déficience en phénylalanine hydroxylase perturbe le métabolisme normal de la phénylalanine. Lorsque celle-ci n'est pas utilisée pour la synthèse protéique, elle s'accumule dans le sang et est transformée en d'autres catabolites dont l'accumulation exerce des effets toxiques, surtout sur le système nerveux. Si elle n'est pas soignée, cette maladie cause des vomissements, des éruptions, des crises d'épilepsie, des troubles de croissance et une arriération mentale profonde. Aujourd'hui, les nouveau-nés subissent des tests systématiques de dépistage de la phénylcétonurie, ce qui permet de prévenir l'arriération mentale en imposant à l'enfant un régime fournissant seulement la quantité de phénylalanine nécessaire à sa croissance. Les sujets atteints risquent quand même d'éprouver des troubles d'apprentissage. Comme l'aspartame, un édulcorant de synthèse, contient de la phénylalanine, les enfants atteints de phénylcétonurie doivent éviter d'en consommer. ■

▶ POINT DE CONTRÔLE

19. Qu'est-ce que la désamination et pourquoi se produit-elle?

20. Quels sont les sorts possibles des acides aminés provenant du catabolisme des protéines?

21. Qu'est-ce qui distingue les acides aminés essentiels des acides aminés non essentiels?

LES MOLÉCULES CLÉS AU CARREFOUR DES VOIES MÉTABOLIQUES

▶ OBJECTIF

- Nommer les molécules clés du métabolisme, décrire les réactions auxquelles elles participent et les produits qu'elles créent.

Une cellule se compose de plusieurs milliers de molécules différentes, mais trois d'entre elles – le glucose 6-phosphate, l'acide pyruvique et l'acétyl coenzyme A – accomplissent des fonctions clés dans le métabolisme (figure 25.16). Situées au carrefour d'importantes voies métaboliques, comme nous le verrons bientôt, ces molécules sont le point de départ de réactions métaboliques différentes dont le déroulement dépend de l'état nutritionnel et du niveau d'activité de l'organisme. Les réactions ❶ à ❼ de la figure 25.16 se déroulent dans le cytosol, alors que les réactions ❽ à ❾ ont lieu à l'intérieur des mitochondries, et la réaction ❿, dans le réticulum endoplasmique lisse. Prenez note que certaines étapes numérotées sont indiquées plus d'une fois.

LE RÔLE DU GLUCOSE 6-PHOSPHATE

Peu après son entrée dans la cellule, le glucose est converti par une kinase en **glucose 6-phosphate**. Ce dernier peut s'engager dans une des quatre voies suivantes (figure 25.16):

❶ *La synthèse du glycogène.* Quand le glucose se trouve en abondance dans la circulation sanguine, comme c'est le cas juste après un repas, une importante quantité de glucose 6-phosphate sert à la synthèse du glycogène, le seul glucide de réserve chez les animaux. La dégradation ultérieure du glycogène en glucose 6-phosphate s'effectue par une suite légèrement différente de réactions. La synthèse et la dégradation du glycogène ont lieu surtout dans les myocytes squelettiques et les hépatocytes.

❷ *La libération de glucose dans la circulation sanguine.* Si l'enzyme glucose 6-phosphatase est présente et active, le glucose 6-phosphate peut être déphosphorylé en glucose. Une fois débarrassé du groupement phosphate, le glucose est en mesure de quitter la cellule et d'entrer dans la circulation sanguine. Les hépatocytes sont les principales cellules en mesure de libérer du glucose dans le sang de cette façon.

❸ *La synthèse d'acides nucléiques.* Le glucose 6-phosphate est la molécule utilisée par les cellules de l'organisme comme précurseur du ribose 5-phosphate, un sucre à cinq carbones qui sert à la synthèse de l'ARN (acide ribonucléique) et de l'ADN (acide désoxyribonucléique). La même suite de réactions est aussi à l'origine du NADPH, une molécule qui donne un ion hydrogène et un électron au cours de certaines réactions de réduction, comme la synthèse des acides gras et des hormones stéroïdes.

❹ *La glycolyse.* Une certaine quantité d'ATP est produite de façon anaérobie par la glycolyse. Au cours de cette dernière, le glucose 6-phosphate est converti en acide pyruvique, une autre molécule clé du métabolisme. La plupart des cellules de l'organisme effectuent la glycolyse.

FIGURE 25.15 Les divers points d'entrée des acides aminés (représentés sur fond jaune) dans le cycle de Krebs en vue de leur oxydation.

Avant que s'amorce leur catabolisme, les acides aminés doivent être convertis en diverses substances qui peuvent entrer dans le cycle de Krebs.

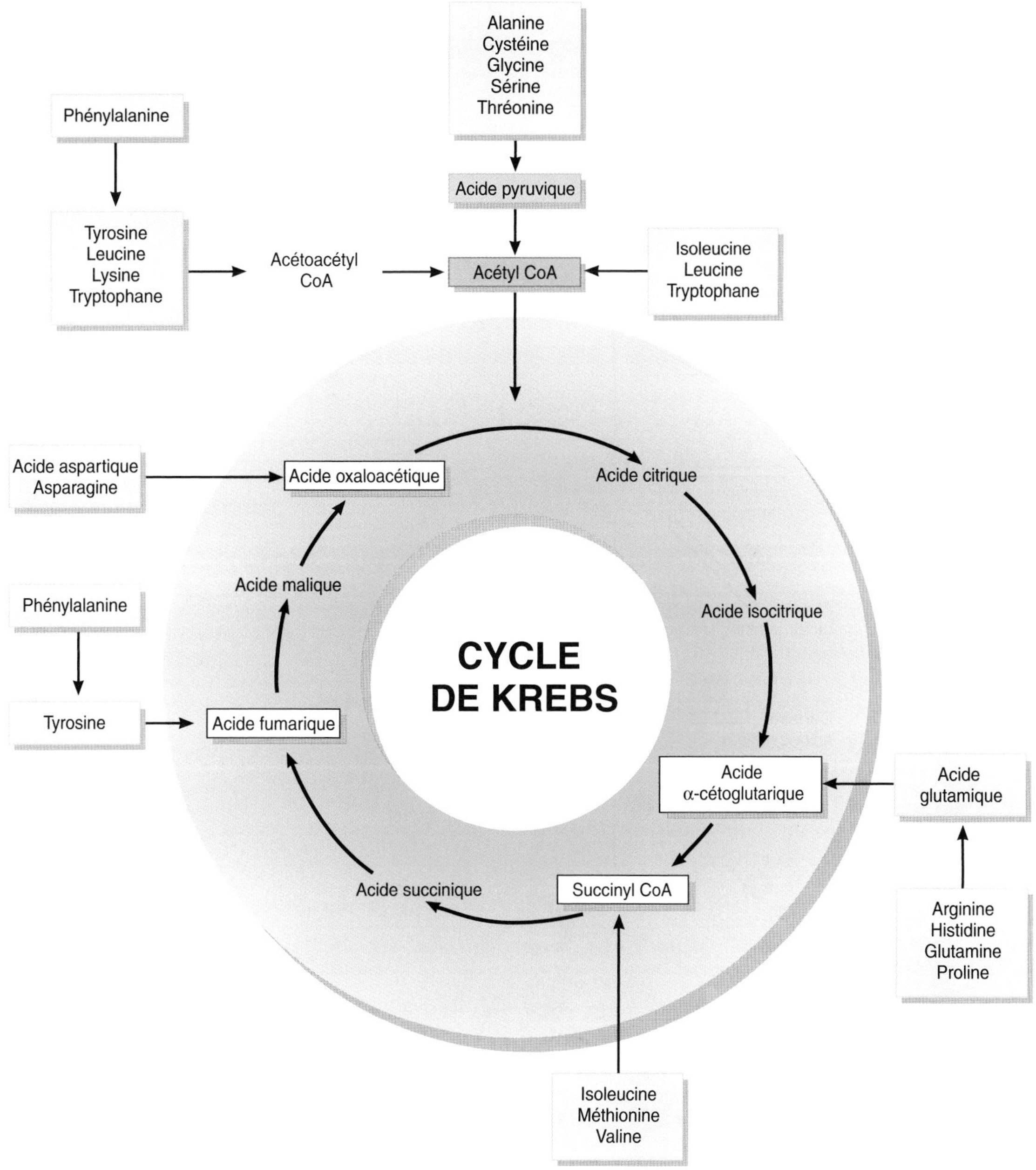

Q Quel est le groupement que doivent perdre les acides aminés avant d'entrer dans le cycle de Krebs, et comment s'appelle ce processus?

LE RÔLE DE L'ACIDE PYRUVIQUE

Quand une molécule de glucose, avec ses six carbones, est soumise à la glycolyse, elle donne naissance à deux molécules d'**acide pyruvique**, ayant chacune trois carbones. L'acide pyruvique, comme le glucose 6-phosphate, se situe aussi à un carrefour de voies métaboliques. S'il y a assez d'oxygène, les réactions aérobies (consommatrices d'oxygène) de la respiration cellulaire peuvent avoir lieu; s'il y a peu d'oxygène, ce sont les réactions anaérobies qui se déroulent (figure 25.16):

5 ***La production d'acide lactique.*** Quand il y a peu d'oxygène dans un tissu (condition anaérobie), comme c'est le cas dans les muscles squelettiques ou le muscle cardiaque qui se contractent

FIGURE 25.16 Résumé des rôles des molécules clés dans les voies métaboliques. Les flèches doubles indiquent que les réactions représentées peuvent se produire dans un sens ou dans l'autre, si les enzymes nécessaires sont présentes et si les conditions sont favorables ; les flèches simples représentent des étapes irréversibles.

Trois molécules – glucose 6-phosphate, acide pyruvique et acétyl coenzyme A – se trouvent au carrefour d'importantes voies métaboliques. Elles peuvent subir différentes réactions dépendant de l'état nutritionnel et du niveau d'activité de l'organisme.

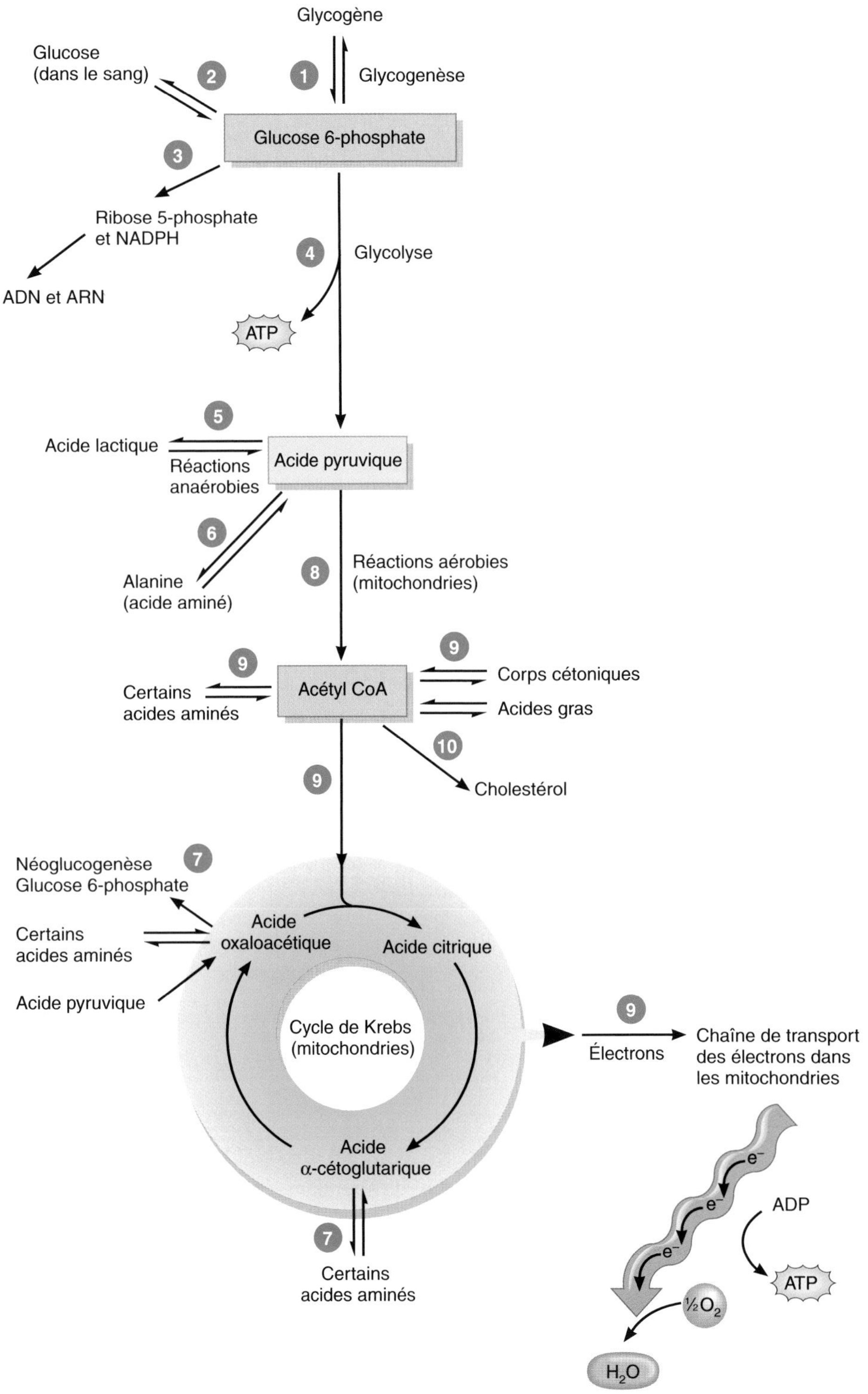

Glycogène

Glucose (dans le sang)

2

1 Glycogenèse

Glucose 6-phosphate

3

Ribose 5-phosphate et NADPH

ADN et ARN

4 Glycolyse

ATP

5

Acide lactique

Réactions anaérobies

Acide pyruvique

6

Alanine (acide aminé)

8 Réactions aérobies (mitochondries)

9

9

Certains acides aminés

Acétyl CoA

Corps cétoniques

Acides gras

10

Cholestérol

9

Néoglucogenèse Glucose 6-phosphate **7**

Certains acides aminés

Acide oxaloacétique

Acide citrique

Acide pyruvique

Cycle de Krebs (mitochondries)

9

Électrons

Chaîne de transport des électrons dans les mitochondries

Acide α-cétoglutarique

7

Certains acides aminés

e⁻

e⁻

e⁻

ADP

ATP

½O₂

H₂O

Quelle substance est la porte d'entrée du cycle de Krebs pour les molécules qui sont oxydées en vue de produire de l'ATP ?

vigoureusement, une certaine quantité d'acide pyruvique est transformée en acide lactique. Ce dernier passe alors dans la circulation sanguine par diffusion et, de là, dans les hépatocytes, qui le reconvertissent en acide pyruvique.

6 *La production d'alanine.* L'acide pyruvique est un des ponts entre le métabolisme des glucides et celui des protéines. Grâce à la transamination, un groupement amine ($-NH_2$) peut soit être ajouté à l'acide pyruvique pour produire de l'alanine, un acide aminé, soit être retiré de l'alanine pour donner de l'acide pyruvique.

7 *La néoglucogenèse.* L'acide pyruvique et certains acides aminés peuvent être convertis en acide oxaloacétique (ou en acide α-cétoglutarique converti en acide oxaloacétique), un des intermédiaires du cycle de Krebs, qui, à son tour, peut servir à la formation de glucose 6-phosphate. Cette suite de réactions de néoglucogenèse contourne certaines réactions à sens unique de la glycolyse.

LE RÔLE DE L'ACÉTYL COENZYME A

8 Quand la quantité d'ATP dans la cellule est faible, mais que l'oxygène est abondant (condition aérobie), la plus grande partie de l'acide pyruvique est canalisée vers les réactions productrices d'ATP – le cycle de Krebs et la chaîne de transport des électrons – par conversion en **acétyl coenzyme A**.

9 *L'entrée dans le cycle de Krebs.* L'acétyl CoA est le véhicule grâce auquel les groupements acétyle, avec leurs deux carbones, font leur entrée dans le cycle de Krebs. Les réactions oxydatives qui s'y déroulent convertissent l'acétyl CoA en CO_2 et produisent les coenzymes réduites (NADH et $FADH_2$) qui transfèrent les électrons dans la chaîne de transport des électrons. À leur tour, les réactions oxydatives de la chaîne de transport des électrons produisent de l'ATP. La plupart des molécules de combustible qui sont oxydées pour produire de l'ATP – glucose, acides gras et corps cétoniques et certains acides aminés– sont d'abord converties en acétyl CoA.

10 *La synthèse de lipides.* L'acétyl CoA peut aussi servir à la synthèse de certains lipides, y compris des acides gras, des corps cétoniques et du cholestérol. Puisque l'acide pyruvique peut être converti en acétyl CoA, les glucides peuvent être transformés en triacylglycérols. C'est par cette voie métabolique que les glucides excédentaires sont stockés sous forme de graisses. Toutefois, les mammifères, y compris les humains, sont incapables de reconvertir l'acétyl CoA en acide pyruvique, si bien que les acides gras ne peuvent pas servir à la production de glucose ou d'autres molécules de glucides.

Le tableau 25.2 résume le métabolisme des glucides, des lipides et des protéines.

▶ **POINT DE CONTRÔLE**

22. Quels sont les sorts possibles du glucose 6-phosphate, de l'acide pyruvique et de l'acétyl coenzyme A dans une cellule?

LES ADAPTATIONS MÉTABOLIQUES

OBJECTIF

- Comparer le métabolisme de l'état postprandial avec celui de l'état de jeûne.

La régulation des réactions métaboliques dépend à la fois des conditions chimiques à l'intérieur des cellules, telles les concentrations d'ATP et d'oxygène, et de signaux provenant des systèmes nerveux et endocrinien. Certains aspects du métabolisme dépendent du laps de temps écoulé depuis le dernier repas. Dans l'**état postprandial** (*prandium*: repas), c'est-à-dire durant la phase d'absorption qui fait suite à la digestion, les nutriments ingérés entrent dans la circulation sanguine et le glucose est facilement disponible pour la production d'ATP. Dans l'**état de jeûne** (entre les repas), il n'y a plus d'absorption de nutriments par le tube digestif et l'énergie nécessaire doit provenir de combustibles déjà présents dans l'organisme. En général, il faut environ quatre heures pour absorber un repas complètement. Une personne qui mange trois repas par jour est dans l'état postprandial environ 12 h par jour. Si elle ne prend pas de collations entre les repas, les 12 h qui restent – habituellement la fin de la matinée et de l'après-midi, ainsi que la majeure partie de la nuit – se passent en état de jeûne.

Puisque, dans l'état de jeûne, le système nerveux et les érythrocytes continuent de dépendre du glucose pour la production d'ATP, il est essentiel que la glycémie demeure stable durant cette période. Les hormones sont les principaux régulateurs du métabolisme dans les deux états. Les effets de l'insuline dominent dans l'état postprandial; plusieurs autres hormones régulent le métabolisme dans l'état de jeûne. Au cours d'un jeûne prolongé ou d'une famine, de nombreuses cellules utilisent les corps cétoniques pour produire de l'ATP, comme l'explique la rubrique intitulée *La cétose* à la page 1046.

LE MÉTABOLISME DURANT L'ÉTAT POSTPRANDIAL

Peu après un repas, les nutriments commencent à entrer dans le sang. Rappelons que les nutriments, issus des aliments ingérés, atteignent la circulation sanguine surtout sous forme de glucose, d'acides aminés et de triacylglycérols (dans les chylomicrons). Deux signes métaboliques importants caractérisent l'état postprandial: l'oxydation du glucose pour la production d'ATP, qui a lieu dans la plupart des cellules de l'organisme, et le stockage des molécules de combustible excédentaires en vue des périodes de jeûne entre les repas, qui s'effectue principalement dans les hépatocytes, les adipocytes et les myocytes squelettiques.

Les réactions durant l'état postprandial

Les réactions suivantes sont celles qui dominent durant l'état postprandial (figure 25.17). Notez que certaines étapes peuvent être indiquées à plusieurs endroits:

1 Environ 50% du glucose absorbé à la suite d'un repas typique est oxydé par les cellules de l'organisme pour produire de l'ATP par la glycolyse, le cycle de Krebs et la chaîne de transport des électrons.

TABLEAU 25.2 RÉSUMÉ DU MÉTABOLISME

PROCESSUS	COMMENTAIRES
GLUCIDES	
Catabolisme du glucose	L'oxydation complète du glucose (respiration cellulaire) est la principale source d'ATP de la cellule et comprend la *glycolyse*, le *cycle de Krebs* et la *chaîne de transport des électrons*. L'oxydation complète de 1 molécule de glucose produit au maximum 36 ou 38 molécules d'ATP.
Glycolyse	La conversion du glucose en acide pyruvique produit une certaine quantité d'ATP. Les réactions ne nécessitent pas d'oxygène (*respiration cellulaire anaérobie*).
Cycle de Krebs	Le cycle est formé d'une suite de réactions d'oxydoréduction au cours desquelles des coenzymes (NAD$^+$ et FAD) se lient à des ions hydrogène et hydrure provenant d'acides organiques oxydés. Il y a production d'une certaine quantité d'ATP. Les sous-produits sont le CO_2 et l'H_2O. Les réactions sont aérobies.
Chaîne de transport des électrons	Le troisième ensemble de réactions dans le catabolisme du glucose est aussi une suite de réactions d'oxydoréduction au cours desquelles des électrons passent d'un transporteur à l'autre et entraînent la production de la plus grande partie de l'ATP. Les réactions nécessitent de l'oxygène (*respiration cellulaire aérobie*).
Anabolisme du glucose	Le glucose qui n'est pas immédiatement nécessaire pour la production d'ATP peut être converti en glycogène (*glycogenèse*) pour être mis en réserve. Le glycogène peut être reconverti en glucose (*glycogénolyse*). La conversion d'acides aminés, de glycérol et d'acide lactique en glucose est appelée *néoglucogenèse*.
LIPIDES	
Catabolisme des triacylglycérols	Les triacylglycérols sont scindés en glycérol et en acides gras. Le glycérol peut être converti en glucose (*néoglucogenèse*) ou catabolisé par la glycolyse. Les acides gras sont catabolisés par β-*oxydation* en acétyl coenzyme A. Ce dernier entre dans le *cycle de Krebs* pour la production d'ATP ou se trouve converti en corps cétoniques (*cétogenèse*).
Anabolisme des triacylglycérols	La synthèse des triacylglycérols à partir du glucose et des acides gras est appelée *lipogenèse*. Les triacylglycérols sont emmagasinés dans le tissu adipeux.
PROTÉINES	
Catabolisme des protéines	Les acides aminés sont oxydés dans le *cycle de Krebs* après *désamination*. L'ammoniac produit par la désamination est converti en urée par le foie, libéré dans la circulation et excrété dans l'urine. Les acides aminés peuvent être convertis en glucose (*néoglucogenèse*), en acides gras ou en corps cétoniques.
Anabolisme des protéines	La synthèse des protéines est dirigée par l'ADN et s'effectue grâce à l'ARN et aux ribosomes des cellules.

❷ La majeure partie du glucose qui entre dans les hépatocytes est convertie en glycogène. Une petite quantité peut servir à la synthèse d'acides gras et de 3-phosphoglycéraldéhyde.

❸ Le foie stocke certains des acides gras et des triacylglycérols qu'il synthétise, mais les hépatocytes incorporent la plupart de ces lipides dans des VLDL qui les transportent jusqu'au tissu adipeux, où ils sont emmagasinés.

❹ Les adipocytes captent aussi une part du glucose laissé par le foie et le convertissent en triacylglycérols qui seront emmagasinés. En somme, environ 40 % du glucose provenant d'un repas est converti en triacylglycérols et environ 10 % est entreposé sous forme de glycogène dans les muscles squelettiques et les hépatocytes ; le reste sert à produire de l'ATP.

❺ La plupart des lipides alimentaires contenus dans les chylomicrons circulant dans le sang (surtout des triacylglycérols et des acides gras) sont emmagasinés dans le tissu adipeux ; une petite partie seulement participe à des réactions de synthèse. Les adipocytes récupèrent les lipides des chylomicrons, des VLDL et ceux de leurs propres réactions de synthèse.

❻ De nombreux acides aminés alimentaires qui entrent dans les hépatocytes sont désaminés pour former des acides céto-

niques. Ces composés peuvent soit entrer dans le cycle de Krebs pour produire de l'ATP, soit servir à la synthèse de glucose ou d'acides gras.

❼ Certains acides aminés qui entrent dans les hépatocytes servent à la synthèse de protéines (par exemple, les protéines plasmatiques).

❽ Les acides aminés qui restent dans la circulation sanguine sont utilisés par d'autres cellules de l'organisme (comme les myocytes) pour la synthèse de protéines ou de molécules régulatrices, telles les hormones ou les enzymes.

La régulation du métabolisme durant l'état postprandial

Peu après un repas, le peptide insulinotrophique glucodépendant (GIP) ainsi que l'élévation de la concentration sanguine du glucose et de certains acides aminés stimulent les cellules bêta du pancréas qui libèrent l'insuline. En général, l'insuline stimule l'activité des enzymes nécessaires à l'anabolisme et à la synthèse des molécules destinées aux réserves ; en même temps, elle réduit l'activité des enzymes nécessaires aux réactions cataboliques (ou de dégradation). L'insuline favorise l'entrée du glucose et des acides aminés dans les cellules de plusieurs tissus ; elle stimule la phosphorylation du

FIGURE 25.17 Les principales voies métaboliques de l'état postprandial.

Durant l'état postprandial, la plupart des cellules de l'organisme produisent de l'ATP par oxydation du glucose en CO_2 et en H_2O.

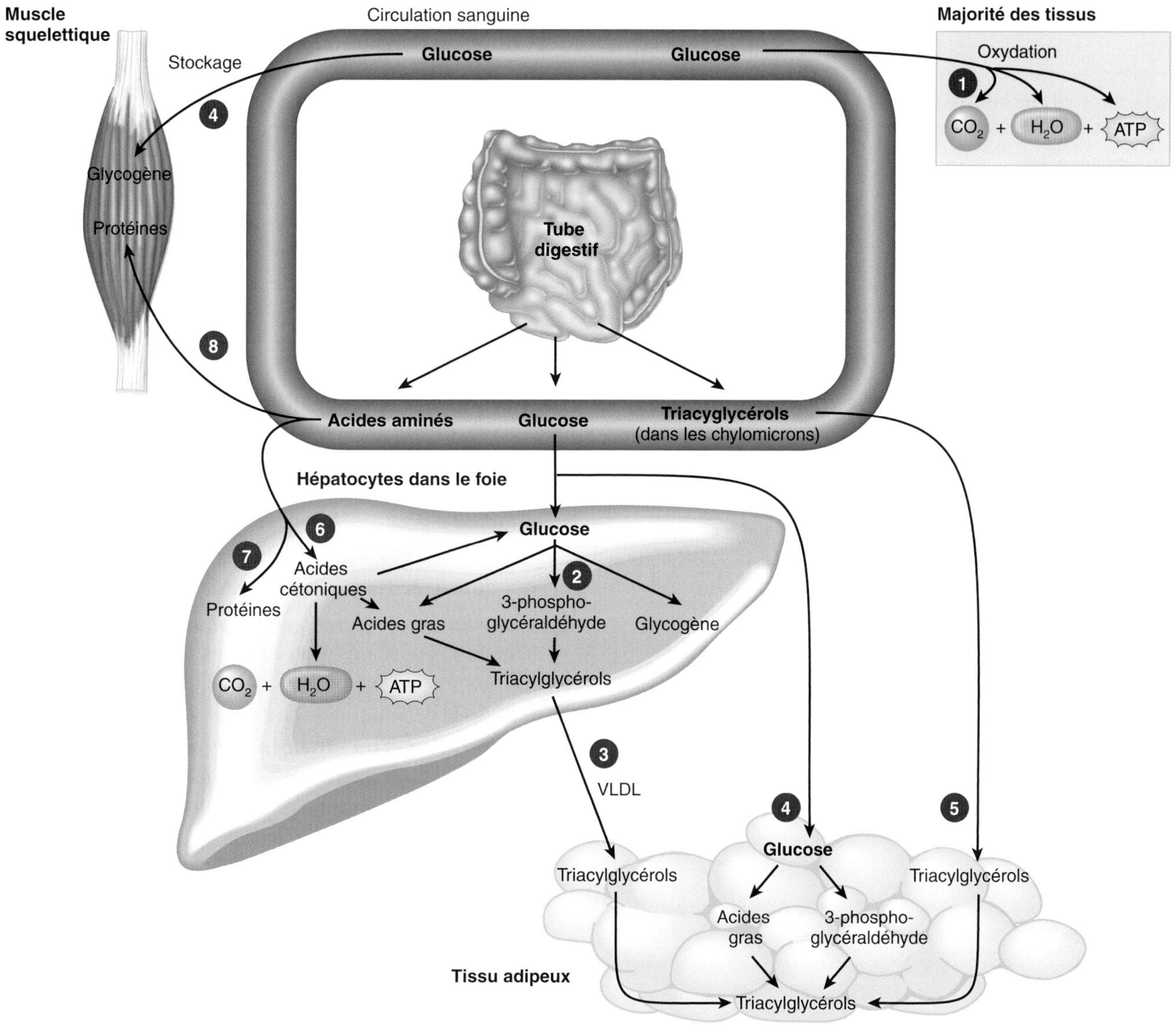

Les réactions représentées ci-dessus sont-elles surtout anaboliques ou cataboliques ?

glucose dans les hépatocytes et la conversion du glucose 6-phosphate en glycogène aussi bien dans les hépatocytes que dans les myocytes. Elle active la synthèse des triacylglycérols dans le foie et le tissu adipeux, et celle des protéines dans tout l'organisme. Les somatomédines et les hormones thyroïdiennes (T_3 et T_4) favorisent aussi la synthèse des protéines. Le tableau 25.3 résume la régulation hormonale du métabolisme durant l'état postprandial.

LE MÉTABOLISME DURANT L'ÉTAT DE JEÛNE

Quatre heures environ après le dernier repas, l'absorption des nutriments dans l'intestin grêle est presque terminée ; la glycémie commence à baisser parce que le glucose continue de quitter la circulation sanguine pour entrer dans les cellules, alors que le tube digestif n'en fournit plus. C'est ainsi que la principale tâche métabolique de l'état de jeûne consiste à maintenir la glycémie à son niveau normal, soit entre 3,9 et 6,1 mmol/L. L'homéostasie de la glycémie est particulièrement importante pour le système nerveux et les érythrocytes, parce que :

- le principal combustible utilisé par le système nerveux pour produire de l'ATP est le glucose, puisque les acides gras ne peuvent pas franchir la barrière hématoencéphalique ;

- les érythrocytes obtiennent toute leur ATP de la glycolyse du glucose, car, étant dépourvus de mitochondries, ils n'ont pas accès au cycle de Krebs et à la chaîne de transport des électrons.

TABLEAU 25.3 LA RÉGULATION HORMONALE DU MÉTABOLISME DURANT L'ÉTAT POSTPRANDIAL

PROCESSUS	CIBLES	PRINCIPALES HORMONES STIMULATRICES
Diffusion facilitée du glucose dans les cellules	La plupart des cellules	Insuline*
Transport actif des acides aminés dans les cellules	La plupart des cellules	Insuline
Glycogenèse (synthèse du glycogène)	Hépatocytes et myocytes	Insuline
Synthèse des protéines	Toutes les cellules de l'organisme	Insuline, hormones thyroïdiennes et somatomédines
Lipogenèse (synthèse des triacylglycérols)	Adipocytes et hépatocytes	Insuline

* La diffusion facilitée du glucose dans les hépatocytes et les neurones est assurée en permanence et ne dépend pas de l'insuline.

Les réactions durant l'état de jeûne

Durant l'état de jeûne, la *production de glucose* et la *conservation du glucose* contribuent à stabiliser la glycémie. Les hépatocytes produisent des molécules de glucose et les exportent dans le sang, tandis que d'autres cellules de l'organisme produisent de l'ATP à partir de combustibles de rechange afin de conserver le glucose qui se raréfie. Les principales réactions de l'état de jeûne qui produisent du glucose sont les suivantes (figure 25.18). Notez que certaines étapes peuvent apparaître à plusieurs endroits :

❶ *La glycogénolyse dans le foie.* Durant le jeûne, une des principales sources de glucose sanguin est le glycogène du foie, qui constitue une réserve de glucose d'environ quatre heures. Cette réserve est prioritairement allouée aux cellules du système nerveux dont le glucose est le principal combustible. Ainsi, le foie procède continuellement à la dégradation (glycogénolyse) et à la synthèse (glycogenèse) du glycogène pour répondre aux besoins.

❷ *La lipolyse.* Le glycérol, provenant de la dégradation des triacylglycérols (lipolyse) dans le tissu adipeux, sert aussi à former du glucose.

❸ *La néoglucogenèse à partir de l'acide lactique.* Durant l'exercice, le tissu musculaire squelettique dégrade le glycogène qu'il a précédemment mis en réserve (voir l'étape ❾) et produit un peu d'ATP de façon anaérobie par glycolyse. Une partie de l'acide pyruvique ainsi obtenu est convertie en acétyl CoA ; une autre partie est transformée en acide lactique, qui diffuse dans le sang. Le foie peut utiliser l'acide lactique pour produire du glucose par néoglucogenèse, avant de le libérer dans le sang.

❹ *La néoglucogenèse à partir d'acides aminés.* La dégradation d'une quantité modeste de protéines dans le tissu musculaire

squelettique et les autres tissus libère d'énormes quantités d'acides aminés, qui peuvent alors être convertis en corps cétoniques puis en glucose par néoglucogenèse dans le foie.

Malgré tous les moyens de production du glucose mis à la disposition de l'organisme, celui-ci ne peut entretenir la glycémie bien longtemps sans faire intervenir d'autres changements métaboliques. Il est donc nécessaire de déclencher une adaptation majeure durant l'état de jeûne pour obtenir de l'ATP tout en conservant le glucose. Voici les réactions qui produisent de l'ATP sans faire appel au glucose :

❺ *L'oxydation des acides gras.* Les acides gras libérés par la lipolyse des triacylglycérols provenant des adipocytes (voir l'étape ❷) ne peuvent pas servir à la production de glucose parce que l'organisme ne dispose pas de l'enzyme permettant de transformer facilement l'acétyl CoA en acide pyruvique. Mais la plupart des cellules (cardiaques, musculaires et autres) peuvent oxyder directement les acides gras, les canaliser vers le cycle de Krebs sous forme d'acétyl CoA et produire de l'ATP par la chaîne de transport des électrons.

❻ *L'oxydation de l'acide lactique.* Le muscle cardiaque peut produire de l'ATP de façon aérobie à partir de l'acide lactique.

❼ *L'oxydation des acides aminés.* Les hépatocytes peuvent oxyder directement les acides aminés pour produire de l'ATP.

❽ *L'oxydation des corps cétoniques.* Les hépatocytes convertissent aussi les acides gras en corps cétoniques, qui peuvent être utilisés par le cœur, les reins et d'autres tissus pour la production d'ATP.

❾ *La dégradation du glycogène des muscles.* Les myocytes squelettiques transforment le glycogène en glucose 6-phosphate, qui est soumis à la glycolyse et procure de l'ATP pour la contraction musculaire.

La régulation du métabolisme durant l'état de jeûne

Durant l'état de jeûne, le métabolisme est soumis aussi bien à la régulation d'hormones qu'à la régulation de la partie sympathique du système nerveux autonome (SNA). Les hormones intervenant durant l'état de jeûne sont parfois nommées *hormones anti-insuliniques* (effets hyperglycémiants) parce qu'elles s'opposent à l'action de l'insuline (effet hypoglycémiant) durant l'état postprandial. Avec la baisse de la glycémie, la sécrétion d'insuline décroît et la libération des hormones anti-insuliniques augmente.

Quand le taux sanguin de glucose se met à diminuer, la sécrétion du glucagon par les cellules alpha du pancréas s'accélère, et celle de l'insuline par les cellules bêta ralentit. Le principal tissu cible du glucagon est le foie et son effet le plus important est d'accroître la libération du glucose dans la circulation sanguine par suite de la néoglucogenèse et de la glycogénolyse.

L'hypoglycémie active aussi la partie sympathique du SNA. Des neurones de l'hypothalamus, sensibles au glucose, réagissent à la diminution de son taux sanguin et augmentent l'activité sympathique. En conséquence, les terminaisons nerveuses sympathiques libèrent un neurotransmetteur, la noradrénaline, et la médulla surrénale libère dans le sang deux hormones, l'adrénaline

FIGURE 25.18 Les principales voies métaboliques de l'état de jeûne.

La principale fonction des réactions de l'état de jeûne est de maintenir la glycémie à sa valeur normale.

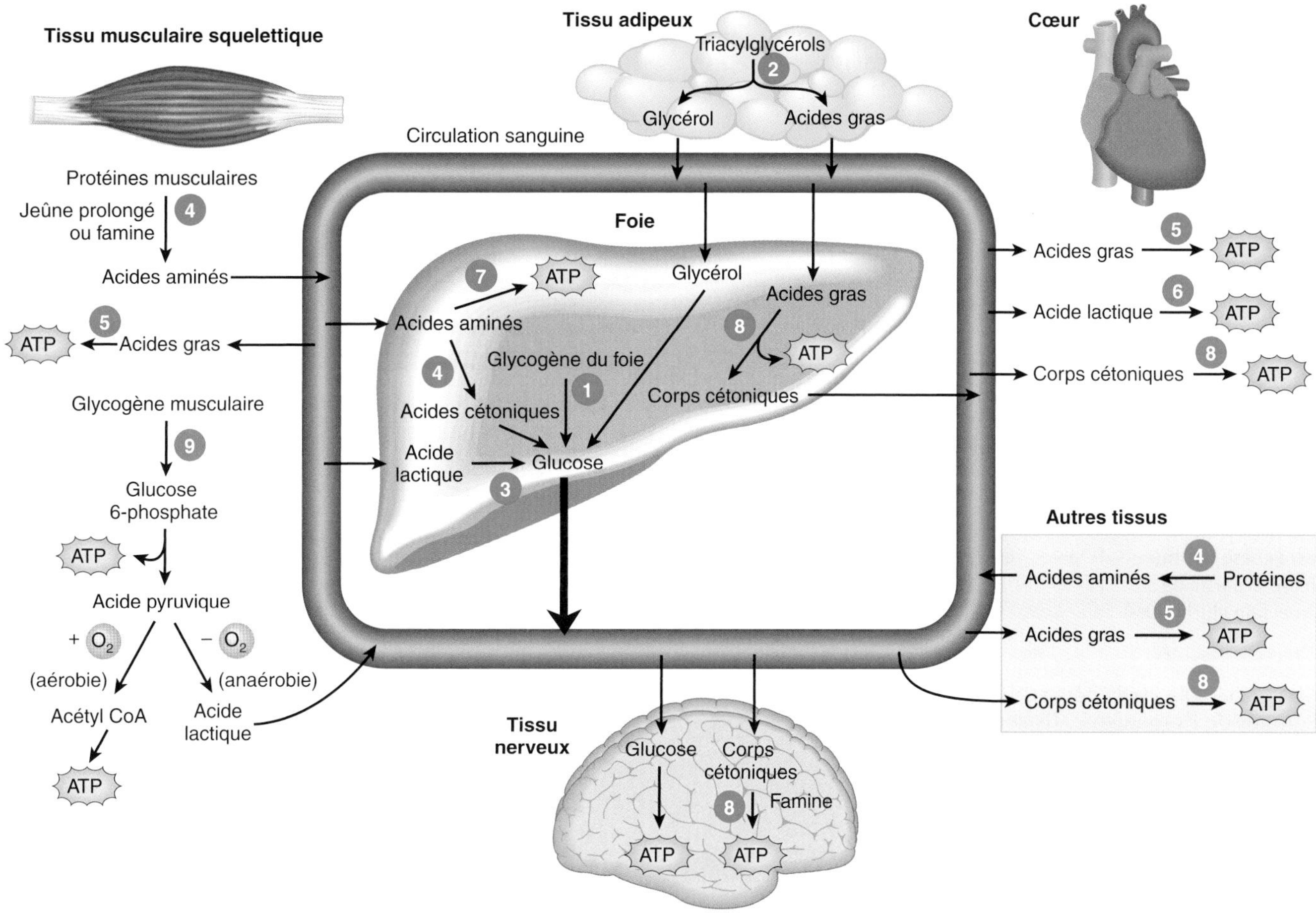

Tissu musculaire squelettique

Protéines musculaires

Jeûne prolongé ou famine ④

Acides aminés

⑤ ATP ← Acides gras

Glycogène musculaire

⑨

Glucose 6-phosphate

ATP

Acide pyruvique

+ O₂ (aérobie) / − O₂ (anaérobie)

Acétyl CoA / Acide lactique

ATP

Tissu adipeux

Triacylglycérols ②

Glycérol / Acides gras

Circulation sanguine

Cœur

Acides gras → ⑤ ATP

Acide lactique → ⑥ ATP

Corps cétoniques → ⑧ ATP

Foie

⑦ ATP / Glycérol / Acides gras ⑧ ATP

Acides aminés

④ Glycogène du foie ①

Acides cétoniques / Corps cétoniques

Acide lactique ③ Glucose

Autres tissus

Acides aminés ← ④ Protéines

Acides gras → ⑤ ATP

Corps cétoniques → ⑧ ATP

Tissu nerveux

Glucose / Corps cétoniques ⑧ Famine

ATP / ATP

Q Quels processus augmentent directement la glycémie durant l'état de jeûne, et dans quels types de cellules chacun d'eux se déroule-t-il?

et la noradrénaline – deux catécholamines. Comme le glucagon, l'adrénaline stimule la dégradation du glycogène. L'adrénaline et la noradrénaline sont toutes deux de puissants stimulateurs de la lipolyse. Sous l'action de ces catécholamines, le taux sanguin de glucose et d'acides gras libres augmente. En conséquence, les muscles consomment plus d'acides gras pour produire de l'ATP et il y a plus de glucose disponible pour le système nerveux. Le tableau 25.4 résume la régulation hormonale du métabolisme durant l'état de jeûne.

LE MÉTABOLISME DURANT LE JEÛNE PROLONGÉ ET LA FAMINE

On entend par **jeûne prolongé** l'absence de prise de nourriture pendant de nombreuses heures ou quelques jours, et par **famine**, des semaines ou des mois de privation durant lesquels l'apport alimentaire est insuffisant. On peut survivre sans nourriture pendant deux mois ou plus si l'on boit assez d'eau pour prévenir la déshydratation. Bien que les réserves de glycogène s'épuisent en quelques heures après le début d'un jeûne, le catabolisme des triacylglycérols emmagasinés dans les adipocytes et des protéines structurales

– en particulier celles du tissu musculaire – peut procurer de l'énergie pendant plusieurs semaines. La quantité de tissu adipeux du corps détermine la durée de vie possible sans nourriture.

Durant le jeûne prolongé et la famine, le tissu nerveux et les érythrocytes continuent d'utiliser le glucose pour la production d'ATP. Il y a une provision disponible d'acides aminés pour alimenter la néoglucogenèse parce que la diminution du taux d'insuline et l'augmentation du taux du cortisol ralentissent la synthèse des protéines et favorisent leur catabolisme. La plupart des cellules de l'organisme, surtout les myocytes squelettiques très riches en protéines, peuvent se passer d'une quantité importante de ces molécules sans que cela compromette leur performance. Durant les premiers jours de jeûne, le catabolisme des protéines dépasse leur synthèse d'environ 75 g par jour, car une partie des «vieux» acides aminés sont désaminés et servent à la néoglucogenèse en l'absence de «nouveaux» acides aminés (provenant des aliments).

Au deuxième jour de jeûne, la glycémie s'est stabilisée à environ 3,6 mmol/L, en même temps que le taux d'acides gras dans le plasma a quadruplé. La lipolyse des triacylglycérols dans le tissu adipeux libère des acides gras et du glycérol, qui sert à la

TABLEAU 25.4 LA RÉGULATION HORMONALE DU MÉTABOLISME DURANT L'ÉTAT DE JEÛNE

PROCESSUS	CIBLES	PRINCIPALES HORMONES STIMULATRICES
Glycogénolyse (dégradation du glycogène)	Hépatocytes et myocytes squelettiques	Glucagon et adrénaline
Lipolyse (dégradation des triacylglycérols)	Adipocytes	Adrénaline, noradrénaline, cortisol, somatomédines, hormones thyroïdiennes et autres
Dégradation des protéines	La plupart des cellules de l'organisme, mais plus particulièrement les myocytes squelettiques	Cortisol
Néoglucogenèse (synthèse de glucose à partir de substances non glucidiques)	Hépatocytes et cellules du cortex rénal	Glucagon et cortisol

néoglucogenèse. Les acides gras diffusent dans les myocytes et les autres cellules de l'organisme. Ils servent alors à produire de l'acétyl CoA. Celui-ci entre dans le cycle de Krebs et contribue à synthétiser de l'ATP au cours des réactions d'oxydation qui se déroulent dans le cycle de Krebs et la chaîne de transport des électrons.

Le changement métabolique le plus spectaculaire engendré par le jeûne prolongé et la famine est l'augmentation de la formation de corps cétoniques par les hépatocytes. Durant le jeûne, une petite quantité de glucose seulement est soumise à la glycolyse pour donner de l'acide pyruvique, qui peut alors être converti en acide oxaloacétique. L'acétyl CoA entre dans le cycle de Krebs en se combinant avec l'acide oxaloacétique (figure 25.16); quand cet acide s'est raréfié par le jeûne prolongé, une partie seulement de l'acétyl CoA disponible entre dans le cycle de Krebs. Le reste sert à la cétogenèse, principalement dans le foie. Ainsi, la production de corps cétoniques s'accélère au fur et à mesure qu'augmente le catabolisme des acides gras. Étant liposolubles, les corps cétoniques diffusent à travers les membranes plasmiques et la barrière hématoencéphalique. Ils peuvent donc servir de combustible de rechange pour la production d'ATP, surtout par les myocytes squelettiques et cardiaques, ainsi que par les neurones. Normalement, il n'y a qu'une quantité infime de corps cétoniques dans le sang (0,01 mmol/L); par conséquent, ceux-ci constituent une source d'énergie négligeable. Mais après deux jours de jeûne, le taux de cétones est de 100 à 300 fois plus élevé et procure environ le tiers du combustible utilisé par l'encéphale pour la production d'ATP. Au bout de 40 jours de famine, les cétones fournissent environ les deux tiers de l'énergie nécessaire à l'encéphale. En fait, la présence des cétones réduit la consommation de glucose pour la production d'ATP, ce qui diminue la nécessité de la néoglucogenèse et ralentit le catabolisme des protéines musculaires jusqu'à environ 20 g par jour dans le stade avancé du jeûne.

▶ POINT DE CONTRÔLE

23. Quel est le rôle des hormones suivantes dans la régulation du métabolisme: insuline, glucagon, adrénaline, somatomédines, thyroxine, cortisol, œstrogènes et testostérone?

24. Pourquoi la cétogenèse est-elle plus importante durant le jeûne prolongé ou la famine que durant l'alternance des états postprandial et de jeûne de courte durée?

LA CHALEUR ET L'ÉQUILIBRE ÉNERGÉTIQUE

OBJECTIFS

- Définir le métabolisme basal et expliquer quelques-uns des facteurs qui l'influencent.
- Décrire les facteurs qui influent sur la production de chaleur par l'organisme.
- Expliquer comment la température corporelle normale est maintenue par des mécanismes de rétro-inhibition mettant en jeu le centre thermorégulateur de l'hypothalamus.

L'organisme produit plus ou moins de chaleur selon la vitesse des réactions métaboliques. Comme l'homéostasie de la température corporelle ne peut être maintenue que si la vitesse à laquelle la chaleur du corps se perd égale la vitesse à laquelle elle est produite par le métabolisme, il est important de comprendre comment la chaleur est perdue, acquise ou conservée. La **chaleur** est une forme d'énergie qui se mesure en tant que **température** et qu'on a longtemps exprimée en unités appelées calories. Une **calorie (cal)** correspond à la quantité d'énergie nécessaire pour élever la température de 1 g d'eau de 1 °C. Comme cette unité est relativement petite, on lui a préféré la **kilocalorie (kcal ou Cal)** pour mesurer la vitesse du métabolisme de l'organisme et exprimer le contenu énergétique des aliments. Une kilocalorie égale 1 000 calories. Ainsi, lorsqu'on dit que tel aliment contient 500 calories, on veut dire, en fait, qu'il renferme 500 kilocalories. Une autre unité d'énergie et de chaleur, le **joule**, remplace la calorie dans le système international d'unités. Le joule est la quantité d'énergie correspondant au travail produit par une force de 1 newton se déplaçant sur une distance de 1 mètre dans la direction de la force. On utilise le **kilojoule (kJ)**, qui équivaut à 1 000 joules, pour exprimer le contenu énergétique des réactions chimiques ou des aliments. Une kilocalorie égale 4,18 kilojoules.

LA VITESSE DU MÉTABOLISME

On appelle **vitesse du métabolisme** la vitesse globale à laquelle l'énergie est consommée par les réactions métaboliques. Comme nous l'avons déjà vu, une partie de cette énergie sert à la production d'ATP et une autre est dégagée sous forme de chaleur. Puisque de nombreux facteurs influent sur la vitesse du métabolisme, on la mesure dans des conditions normalisées, le corps au repos et à jeun, dans ce qu'on appelle l'**état basal**. La mesure ainsi obtenue est le **métabolisme basal**. Le plus souvent, on détermine le métabolisme basal en mesurant la quantité d'oxygène utilisée par kilojoule ou kilocalorie de nourriture métabolisée. Quand l'organisme consomme 1 L d'oxygène pour oxyder un mélange alimentaire typique de triacylglycérols, de glucides et de protéines, environ 20 kJ d'énergie (4,8 Cal) sont libérés. Le métabolisme basal est de 5 000 à 7 500 kJ/jour (1 200 à 1 800 Cal/jour) chez les adultes, ou environ 100 kJ/kg (24 Cal/kg) de masse corporelle chez l'homme et 92 kJ/kg (22 Cal/kg) chez la femme. L'énergie supplémentaire nécessaire à l'activité quotidienne, telles la digestion et la marche, varie de 2 100 kJ (500 Cal) chez une petite personne relativement sédentaire jusqu'à plus de 12 500 kJ (3 000 Cal) chez un individu qui s'entraîne pour des compétitions de niveau olympique ou pour l'escalade en montagne.

LE MAINTIEN DE LA TEMPÉRATURE CORPORELLE

Malgré les grandes fluctuations de la température extérieure, les mécanismes homéostatiques réussissent à maintenir la température interne du corps dans des limites normales. Si la vitesse à laquelle l'organisme produit de la chaleur est égale à la vitesse à laquelle la chaleur se dissipe, la température centrale reste constante à environ 37 °C. La **température centrale** est la température des structures corporelles situées en profondeur, sous la peau et le fascia superficiel (hypoderme). La **température de surface** est la température de la peau et du fascia superficiel. La température de surface peut être inférieure de 1 à 6 °C par rapport à la température centrale, selon les conditions ambiantes. Une température centrale trop élevée cause la mort en dénaturant les protéines de l'organisme ; si elle est trop basse, elle entraîne des arythmies cardiaques qui sont également mortelles.

La production de chaleur

La production de chaleur par l'organisme est proportionnelle à la vitesse du métabolisme. Plusieurs facteurs influent sur la vitesse du métabolisme et, de ce fait, sur la vitesse de production de la chaleur :

- *L'exercice.* Durant un exercice intense, la vitesse du métabolisme peut atteindre jusqu'à 15 fois celle du métabolisme basal. Chez les athlètes bien entraînés, cette vitesse peut être multipliée par 20.
- *Les hormones.* Les hormones thyroïdiennes (thyroxine et triiodothyronine) sont les principaux régulateurs du métabolisme basal, qui augmente au fur et à mesure que s'élève leur taux sanguin. Toutefois, la réaction aux variations du taux d'hormones thyroïdiennes est lente et peut mettre plusieurs jours. Les hormones thyroïdiennes font augmenter le métabolisme basal, en partie en stimulant la respiration cellulaire aérobie. Quand les cellules consomment plus d'oxygène pour produire de l'ATP, la quantité de chaleur dégagée augmente et la température corporelle s'élève. D'autres hormones produisent un effet mineur sur le métabolisme basal. La testostérone, l'insuline et l'hormone de croissance peuvent faire augmenter la vitesse du métabolisme de 5 à 15 %.
- *Le système nerveux.* Durant les périodes d'exercice ou de stress, la partie sympathique du système nerveux autonome est stimulée. Elle libère de la noradrénaline par ses neurones postganglionnaires et stimule la libération d'adrénaline et de noradrénaline

par la médulla surrénale. Ces deux hormones accélèrent le métabolisme des cellules de l'organisme.

- *La température corporelle.* Plus la température corporelle est élevée, plus la vitesse du métabolisme est rapide. Pour une élévation de la température centrale de 1 °C, la vitesse des réactions biochimiques augmente d'environ 10 %. Chez une personne qui fait de la fièvre, la vitesse du métabolisme peut donc s'accroître considérablement.
- *L'ingestion de nourriture.* L'ingestion de nourriture fait augmenter la vitesse du métabolisme de 10 à 20 %, en raison du « coût énergétique » associé à la digestion, à l'absorption et au stockage des nutriments. Cet effet, appelé *thermogenèse d'origine alimentaire*, est plus intense après un repas riche en protéines, et beaucoup moins marqué quand on consomme des glucides et des lipides.
- *L'âge.* La vitesse du métabolisme d'un enfant, compte tenu de sa taille, est environ le double de celle d'une personne âgée en raison de la vitesse élevée des réactions liées à la croissance.
- *Autres facteurs.* Parmi les autres facteurs qui influent sur la vitesse du métabolisme, on compte le sexe (moins élevée chez les femmes, sauf durant la grossesse et la lactation), le climat (moins élevée dans les régions tropicales), le sommeil (moins élevée) et la malnutrition (moins élevée).

Les mécanismes d'échange de chaleur

Le maintien de la température corporelle normale est lié à la capacité de dissiper la chaleur dans l'environnement au même rythme qu'elle est produite par les réactions métaboliques. Le transfert de la chaleur du corps au milieu ambiant s'effectue par quatre moyens : la conduction, la convection, le rayonnement et l'évaporation.

1. La **conduction** est l'échange de chaleur qui a lieu entre les molécules de deux substances qui sont en contact direct. Au repos, environ 3 % de la chaleur corporelle est perdue par conduction vers des matières solides qui sont en contact avec le corps, telles que les meubles, les vêtements et les bijoux. On peut aussi recevoir de la chaleur par conduction – en prenant un bain chaud, par exemple. Comme l'eau conduit la chaleur 20 fois plus efficacement que l'air, la perte ou le gain de chaleur par conduction est beaucoup plus important quand le corps est immergé dans l'eau froide ou chaude.

2. La **convection** est le transfert de chaleur obtenu par le mouvement d'un fluide (un gaz ou un liquide) entre des zones de températures différentes. La rencontre de l'air ou de l'eau avec le corps entraîne un transfert de chaleur à la fois par conduction et par convection. Quand l'air frais entre en contact avec le corps, il se réchauffe ; de ce fait, il devient moins dense et crée un courant de convection ascendant qui l'emporte. Plus l'air se déplace rapidement – par exemple, sous l'action de la brise ou d'un ventilateur –, plus la vitesse de convection est grande. Au repos, environ 15 % de la chaleur corporelle est dissipée dans l'air par conduction et convection.

3. Le **rayonnement** est le transfert de chaleur sous forme de rayons infrarouges entre un objet plus chaud et un autre plus froid sans contact direct. Le corps perd de la chaleur en émettant plus

d'ondes infrarouges qu'il n'en reçoit des objets qui sont plus froids. Si les objets environnants sont plus chauds que le corps, ce dernier absorbe plus de chaleur qu'il n'en perd par rayonnement. Dans une pièce à 21 °C, le rayonnement compte pour environ 60 % de la perte de chaleur d'une personne au repos.

4. L'**évaporation** est la conversion d'un liquide en vapeur. Chaque millilitre d'eau qui s'évapore emporte une grande quantité de chaleur – environ 2,40 kJ/mL (0,58 Cal/mL). En général, au repos, environ 22 % de la perte de chaleur se fait par l'évaporation d'à peu près 700 mL d'eau par jour – 300 mL dans l'air expiré et 400 mL depuis la surface de la peau. Puisque nous ne sommes pas conscients habituellement de cette perte d'eau par la peau et les muqueuses de la bouche et des voies respiratoires, elle porte le nom de **perte insensible d'eau**. La vitesse d'évaporation est inversement proportionnelle à l'humidité relative, c'est-à-dire au rapport entre la quantité réelle de vapeur d'eau dans l'air et la quantité maximale que l'air peut contenir à une température donnée. Plus l'humidité relative est élevée, plus la vitesse d'évaporation est faible. À 100 % d'humidité, on gagne autant de chaleur par condensation de l'eau à la surface de la peau qu'on en perd par évaporation. L'évaporation est le principal mécanisme par lequel on évite la surchauffe pendant l'exercice. Dans des conditions extrêmes, le corps peut produire un maximum d'environ 3 L de sueur par heure et perdre ainsi plus de 7 100 kJ (1 700 kcal) en chaleur si toute la sueur s'évapore. (*Remarque* : Contrairement à celle qui s'évapore, la sueur qui tombe du corps en gouttes dissipe très peu de chaleur.)

Le centre thermorégulateur de l'hypothalamus

Le centre de régulation qui joue le rôle de thermostat dans l'organisme est constitué d'un groupe de neurones de la région antérieure de l'hypothalamus, appelé **noyau préoptique** (voir la figure 14.10). Cette région reçoit les influx émis par des thermorécepteurs situés dans la peau et les muqueuses, et dans l'hypothalamus lui-même. Les neurones du noyau préoptique produisent des influx nerveux plus fréquemment quand la température du sang augmente et moins fréquemment quand elle diminue.

Les influx nerveux issus du noyau préoptique se propagent vers deux autres régions de l'hypothalamus appelées **centre de la thermolyse** et **centre de la thermogenèse**. Lorsqu'ils sont stimulés par le noyau préoptique, ces centres déclenchent une série de réactions qui font respectivement baisser et augmenter la température corporelle.

La thermorégulation

Si la température centrale change par suite d'une modification de l'environnement interne ou externe, une réaction générale est déclenchée dans le but de favoriser la conservation ou la perte de la chaleur et d'en faire augmenter ou diminuer la production. Elle met en jeu plusieurs boucles de rétro-inhibition qui ramènent la température centrale à sa valeur normale. Ces mécanismes régulateurs font intervenir des thermorécepteurs périphériques situés au niveau de la peau, qui captent la température à la surface du corps, ainsi que des thermorécepteurs centraux, qui captent la température du sang et de l'intérieur de l'organisme.

La figure 25.19 illustre l'exemple suivant : ❶ une exposition au froid (stimulus) entraîne ❷ la diminution de la température de la peau et de la température centrale (déséquilibres) et déclenche ❸ l'émission par les thermorécepteurs périphériques et centraux d'influx nerveux en direction ❹ du noyau préoptique, lequel émet à son tour des influx nerveux vers le centre de la thermogenèse et vers des cellules neurosécrétrices de l'hypothalamus (centres de régulation). Le centre de la thermogenèse de l'hypothalamus réagit en émettant des influx nerveux vers différents effecteurs. Quant aux cellules neurosécrétrices, elles libèrent la thyréolibérine (TRH) par exocytose dans la circulation du système porte hypothalamo-hypophysaire. La TRH stimule à son tour la libération dans le sang de la thyrotrophine (TSH) par les cellules thyrotropes de l'adéno-hypophyse (voir le chapitre 19). ❺ Les influx nerveux de l'hypothalamus et la TSH activent alors plusieurs effecteurs.

Chaque effecteur réagit de façon à faire ❻ monter la température centrale jusqu'à la valeur normale (réponse) :

- Les influx nerveux qui atteignent la médulla surrénale par les nerfs sympathiques du SNA stimulent la libération d'adrénaline et de noradrénaline dans le sang. Ces hormones accélèrent le métabolisme cellulaire, ce qui provoque une augmentation de la production de chaleur.

- Les influx nerveux du centre de la thermogenèse stimulent les nerfs sympathiques qui causent la constriction des vaisseaux sanguins de la peau. Cette vasoconstriction diminue le débit circulatoire du sang chaud et, de ce fait, le transfert de chaleur des viscères vers la peau. Le ralentissement de la perte de chaleur permet à la température centrale de remonter grâce à la chaleur qui continue d'être produite par les réactions métaboliques.

- Le centre de la thermogenèse stimule les régions de l'encéphale qui, par l'intermédiaire du système nerveux somatique, augmentent le tonus musculaire et, par conséquent, la production de chaleur. Quand le tonus s'élève dans un muscle (l'agoniste), les petites contractions étirent les fuseaux neuromusculaires de l'antagoniste et déclenchent un réflexe d'étirement. La contraction qui en résulte dans l'antagoniste étire les fuseaux neuromusculaires de l'agoniste, lequel réagit alors par un réflexe d'étirement. La répétition de ce cycle déclenche un **frisson**, une réaction musculaire qui accroît considérablement la production de chaleur. Durant la réaction maximale du frisson, la production de chaleur corporelle peut atteindre jusqu'à quatre fois celle du métabolisme basal en quelques minutes seulement.

- La glande thyroïde réagit à la TSH en libérant plus d'hormones thyroïdiennes dans le sang. Au fur et à mesure de l'augmentation de la concentration d'hormones thyroïdiennes (T_3 et T_4), une lente accélération du métabolisme se produit, qui fait monter la température corporelle.

Par contre, si la température centrale du corps s'élève au-dessus de la normale, on observe le déclenchement d'une boucle de rétro-inhibition opposée à celle de la figure 25.19. C'est alors au tour du centre de la thermolyse de l'hypothalamus d'entrer en action afin d'inhiber le centre de la thermogenèse. Les influx nerveux du centre de la thermolyse causent la dilatation des vaisseaux sanguins de la peau. La peau se réchauffe et la chaleur excédentaire se dissipe dans le milieu ambiant par rayonnement et conduction.

La température centrale est celle des structures du corps situées profondément sous la peau et l'hypoderme ; la température de surface est celle de la peau et de l'hypoderme.

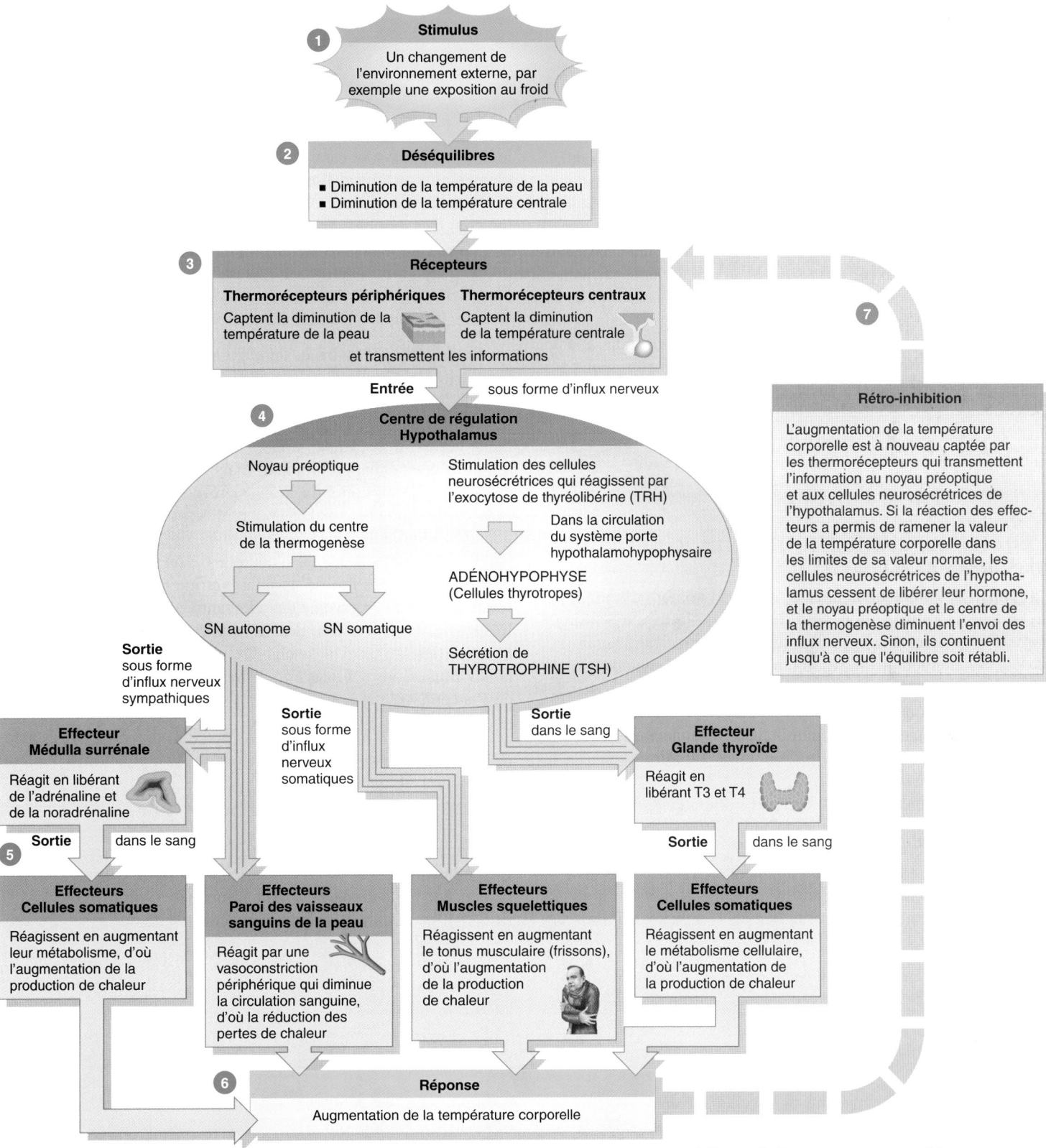

Q Quels facteurs peuvent accélérer le métabolisme et, partant, la production de chaleur ?

En même temps, le sang qui circule au centre du corps, où la température est plus élevée, est dirigé vers la peau, qui est plus froide. Par ailleurs, la vitesse du métabolisme cellulaire diminue et il n'y a pas de frisson. La température élevée du sang cause l'activation hypothalamique des nerfs sympathiques, qui stimulent à leur tour les glandes sudoripares de la peau. Au fur et à mesure que l'eau de la sueur s'évapore, la peau se rafraîchit. Toutes ces réactions s'opposent aux effets thermogènes et contribuent à ramener la température corporelle à la normale.

L'HYPOTHERMIE

L'**hypothermie** est l'abaissement de la température centrale du corps jusqu'à 35 °C ou moins. Les causes de cet état comprennent l'exposition à un froid intense (immersion dans l'eau glacée), les troubles du métabolisme (hypoglycémie, insuffisance surrénale ou hypothyroïdisme), les drogues et les médicaments (alcool, antidépresseurs, sédatifs ou tranquillisants), les brûlures et la malnutrition. L'hypothermie est caractérisée par les signes suivants, qui se manifestent au fur et à mesure que la température centrale chute : sensation de froid, frisson, confusion, vasoconstriction, rigidité musculaire, bradycardie, acidose, hypoventilation, hypotension, abolition des mouvements spontanés, coma et mort (habituellement causée par une arythmie cardiaque). Chez les personnes âgées, les mécanismes métaboliques de protection contre le froid sont affaiblis et la perception du froid est atténuée. Ces personnes courent donc davantage le risque d'être victimes d'hypothermie. ∎

L'ÉQUILIBRE ÉNERGÉTIQUE ET LA RÉGULATION DE L'APPORT ALIMENTAIRE

La plupart des animaux adultes et un grand nombre d'hommes et de femmes maintiennent un **équilibre énergétique**, c'est-à-dire la correspondance exacte entre l'apport énergétique (alimentaire) et la dépense énergétique au fil du temps. Quand le contenu énergétique de la nourriture est égal à l'énergie dépensée par toutes les cellules de l'organisme, le poids corporel reste constant (sauf s'il y a gain ou perte d'eau). De nombreuses personnes maintiennent cette stabilité pondérale malgré de grandes variations dans l'activité et l'ingestion de nourriture d'un jour à l'autre. Toutefois, dans les sociétés les mieux nanties, une partie importante de la population est obèse. L'accès facile à des aliments savoureux et hypercaloriques combiné à un style de vie sédentaire favorise la surcharge pondérale. Or, cet état augmente le risque de souffrir ou de mourir de divers troubles cardiovasculaires et métaboliques tels que l'hypertension, les varices, le diabète, l'arthrite, certains cancers et des affections de la vésicule biliaire.

L'apport énergétique ne dépend que de la quantité d'aliments ingérés (et absorbés), mais trois éléments contribuent à la dépense énergétique totale.

1. Le métabolisme basal compte pour environ 60 % de l'énergie dépensée.

2. L'activité physique constitue habituellement de 30 % à 35 % de la dépense énergétique, mais ce pourcentage peut être plus bas chez les personnes sédentaires. Cette partie de la dépense énergétique provient des exercices volontaires, comme la marche, mais aussi de l'**activité thermogénique du non-exercice** (**NEAT**, *nonexercise activity thermogenesis*) qui représente les coûts énergétiques associés au maintien du tonus musculaire, de la posture en position assise ou debout et des mouvements involontaires d'agitation.

3. La **thermogenèse alimentaire**, c'est-à-dire la chaleur produite pendant la digestion, l'absorption et le stockage des aliments, constitue de 5 % à 10 % de la dépense énergétique totale.

Le tissu adipeux constitue le principal lieu de stockage de l'énergie chimique de l'organisme. Quand la consommation d'énergie dépasse l'apport énergétique, les triacylglycérols stockés dans le tissu adipeux sont catabolisés afin de produire de l'énergie supplémentaire, et quand l'apport énergétique excède la dépense en énergie, les triacylglycérols sont emmagasinés. Au fil du temps, la quantité de triacylglycérols emmagasinés correspond à l'excédent de l'apport sur la dépense énergétique. Même une légère différence produit une accumulation. Un gain de 9 kg entre les âges de 25 et 55 ans ne représente qu'un infime déséquilibre, soit environ un écart de 0,3 % entre l'apport alimentaire et la dépense énergétique.

En fait, des mécanismes de rétro-inhibition assurent la régulation de l'apport énergétique de même que celle de la dépense énergétique. Mais l'organisme ne possède pas de récepteurs sensoriels qui réagissent aux changements de poids ou de taille. Alors, comment arrive-t-il à réguler l'apport alimentaire ? La réponse à cette question nous échappe toujours, mais des progrès importants ont été accomplis au cours de la dernière décennie dans la compréhension de la régulation de l'apport alimentaire. Il semble, en fait, que cette régulation dépende de nombreux facteurs. Elle reposerait sur des signaux provenant des neurones et du système endocrinien, et sur la concentration de certains nutriments dans le sang. Elle ferait également intervenir des éléments psychologiques tels que le stress et la dépression, des signaux provenant du tube digestif et de certains organes des sens. De plus, elle mettrait en jeu certaines connexions neurales entre l'hypothalamus et d'autres parties de l'encéphale.

Au cœur de l'hypothalamus se trouvent des noyaux (groupes de neurones) qui jouent des rôles clés dans la régulation de l'apport alimentaire. Même si ces neurones reçoivent des signaux indiquant la faim ou la satiété, ils ne sont pas organisés en centres précis de la faim et de la satiété, comme on le croyait auparavant. La **satiété** est la sensation éprouvée quand on est rassasié. Deux régions de l'hypothalamus, le *noyau arqué* et le *noyau paraventriculaire*, participent à la régulation de l'apport alimentaire (voir la figure 14.10). En 1994, les résultats des premières études effectuées sur des souris ont révélé qu'une mutation d'un gène particulier, appelé *obèse*, causait une suralimentation et une obésité grave. Le produit de ce gène est une hormone, la **leptine**. Tant chez les humains que chez les souris, la leptine aide à réduire l'**adiposité**, ou masse adipeuse totale. La leptine est produite et sécrétée par les adipocytes en fonction de l'adiposité : plus la quantité de triacylglycérols emmagasinés est grande, plus la quantité de leptine sécrétée dans la circulation sanguine augmente. La leptine agit sur l'hypothalamus en inhibant les circuits qui stimulent l'alimentation tout en activant les circuits qui augmentent la dépense énergétique. L'insuline, une autre hormone, a un effet similaire, mais moindre. La leptine et l'insuline peuvent franchir la barrière hématoencéphalique.

Quand les concentrations de leptine et d'insuline sont basses, les neurones reliant le noyau arqué au noyau paraventriculaire libèrent un neurotransmetteur appelé **neuropeptide Y**, qui stimule l'ingestion d'aliments. D'autres neurones qui passent du noyau arqué au noyau paraventriculaire libèrent un autre neurotransmetteur, la **mélanocortine**, qui est semblable à la mélanostimuline. La leptine stimule la libération de mélanocortine, qui inhibe également la faim. La leptine, le neuropeptide Y et la mélanocortine sont des hormones clés qui envoient des signaux permettant la régulation de l'équilibre énergétique, mais d'autres hormones et neurotransmetteurs y contribuent également. Notre compréhension des circuits cérébraux en cause est encore nettement insuffisante. D'autres régions de l'hypothalamus, en plus des noyaux du tronc cérébral, du système limbique et du cortex cérébral, y participent également.

La régulation de l'apport énergétique est nécessaire au maintien de l'équilibre énergétique. La plupart des variations de l'apport alimentaire sont causées par des changements dans l'importance des repas plutôt que dans leur nombre. De nombreuses études ont démontré la présence de signaux de satiété. Sous forme de changements chimiques ou neuronaux, ces signaux contribuent à indiquer à une personne qu'elle est rassasiée et qu'elle doit arrêter de manger. Par exemple, l'élévation du glucose sanguin qui se produit après un repas diminue l'appétit. Plusieurs hormones, comme le glucagon, la cholécystokinine, les œstrogènes et l'adrénaline (agissant par la voie des récepteurs bêta), indiquent aussi à l'individu de cesser de manger et d'augmenter sa dépense énergétique. L'apport alimentaire est également régi par la distension du tube digestif, en particulier celle de l'estomac et du duodénum. Les hormones qui font augmenter l'appétit et diminuer la dépense énergétique comprennent la somatocrinine (GHRH), les substances androgènes, les glucocorticoïdes, l'adrénaline agissant par la voie des récepteurs alpha et la progestérone.

L'ALIMENTATION COMPULSIVE

En plus de nous permettre de vivre, l'alimentation remplit de multiples fonctions psychologiques, sociales et culturelles. Nous mangeons lorsque nous sommes heureux, tristes, en colère, etc. L'**alimentation compulsive** est le fait de manger en réponse à une stimulation émotive comme le stress, l'ennui ou la fatigue. L'alimentation compulsive est tellement courante que, dans certaines limites, elle est considérée comme parfaitement normale. Qui ne s'est pas un jour ou l'autre jeté sur le réfrigérateur après une dure journée? Les problèmes commencent quand l'alimentation compulsive devient tellement importante qu'elle altère la santé. Les problèmes de santé physique comprennent l'obésité et les troubles qui y sont associés, comme l'hypertension et les cardiopathies. Les problèmes de santé mentale se manifestent par une mauvaise estime de soi, une incapacité à faire face au stress et, dans les cas graves, à des troubles de l'alimentation comme l'anorexie nerveuse, la boulimie et l'obésité.

L'alimentation réconforte et console, atténue la douleur et nourrit un cœur en peine. Elle peut également servir de « correction » biochimique. Les personnes qui s'alimentent de manière compulsive mangent généralement trop de glucides (sucreries et féculents), ce qui peut contribuer à une élévation de la concentration de sérotonine dans le cerveau et entraîner un sentiment de relaxation. Les aliments deviennent alors une automédication quand une personne ressent des émotions négatives. ■

▶ **POINT DE CONTRÔLE**

25. Définissez le kilojoule (kJ). Quand emploie-t-on cette unité?

26. Distinguez entre la température centrale et la température de surface.

27. Par quels moyens une personne peut-elle dissiper de la chaleur dans le milieu ambiant ou, au contraire, gagner de la chaleur aux dépens de ce dernier? Comment est-il possible de perdre de la chaleur sur une plage ensoleillée quand la température atteint 40 °C et l'humidité, 85%?

28. Que signifie l'expression *équilibre énergétique*?

29. Comment s'effectue la régulation de l'apport alimentaire?

LA NUTRITION

OBJECTIFS

- Indiquer comment choisir les aliments en vue de maintenir un régime sain.
- Comparer les minéraux et les vitamines quant à leurs sources, leurs fonctions et leur importance dans le métabolisme.

Les nutriments sont les substances chimiques obtenues par la digestion des aliments que les cellules de l'organisme utilisent pour assurer leur croissance, leur entretien et leur réparation. Les six principaux types de nutriments sont les nutriments issus de la digestion des glucides, des lipides et des protéines alimentaires, l'eau, les vitamines et les minéraux. Le nutriment qu'il faut consommer en plus grande quantité que les autres est l'eau – environ 2 à 3 litres par jour. L'eau est le composé le plus abondant du corps; elle constitue le milieu dans lequel se déroulent la plupart des réactions métaboliques et elle participe elle-même à certaines de ces réactions (par exemple, les réactions d'hydrolyse). Reportez-vous au chapitre 2, aux pages 41 et 42 pour revoir les rôles importants de l'eau dans l'organisme. Trois nutriments organiques – provenant des glucides, des lipides et des protéines alimentaires – procurent l'énergie nécessaire aux réactions métaboliques et servent d'éléments constitutifs dans la composition des structures du corps. Certains minéraux et de nombreuses vitamines font partie des systèmes enzymatiques qui catalysent les réactions métaboliques. Les *nutriments essentiels* sont des molécules spécifiques que le corps est incapable de produire en quantité suffisante pour répondre à ses besoins et qu'il doit, par conséquent, trouver préformées dans les aliments. Certains acides aminés, certains acides gras, les vitamines et les minéraux sont des nutriments essentiels.

Nous décrivons ci-dessous quelques principes d'une alimentation saine ainsi que le rôle des minéraux et des vitamines dans le métabolisme.

LES PRINCIPES D'UNE ALIMENTATION SAINE

Chaque gramme de protéines ou de glucides dans les aliments fournit à l'organisme environ 16,72 kJ (4 kcal) alors qu'un gramme de lipides fournit environ 38 kJ (9 kcal). Les besoins énergétiques journaliers varient selon les personnes et selon l'activité pratiquée. Ainsi, la plupart des femmes et des personnes âgées ont besoin d'environ 6 700 kJ (1 600 kcal); les enfants, les jeunes filles, les femmes actives et la plupart des hommes, d'environ 9 200 kJ (2 200 kcal); et les jeunes garçons et les hommes actifs, d'environ 11 700 kJ (2 800 kcal).

Nous ne savons pas avec certitude quels sont les meilleurs types de glucides, de lipides et de protéines à consommer ni quelles en sont les quantités optimales. Il existe dans le monde une grande diversité de populations avec des régimes alimentaires très différents, mais adaptés à leurs modes de vie particuliers.

Au Canada, les recommandations pour une meilleure santé globale sont les suivantes:

- Savourer une variété d'aliments provenant des quatre groupes alimentaires selon les quantités recommandées chaque jour;
- Boire de l'eau pour étancher sa soif;
- Consommer une petite quantité (de 30 à 45 mL) de lipides insaturés chaque jour et limiter la consommation de lipides saturés et *trans*; limiter la consommation d'aliments et de boissons riches en sucre et en sel ainsi que la consommation d'alcool.
- Être actif, c'est-à-dire accumuler de 30 à 60 minutes d'activités physiques modérées par jour pour un adulte ou 90 minutes pour un enfant ou un jeune.

Pour aider les gens à adopter un régime équilibré en vitamines, minéraux, glucides, lipides et protéines, Santé Canada a publié, en février 2007, *Bien manger avec le Guide alimentaire canadien*, qui met l'accent sur la diversité des besoins de chacun. À partir des quatre grands groupes d'aliments à consommer chaque jour et qui sont représentés sous forme d'arc-en-ciel (figure 25.20), le Guide alimentaire propose un certain nombre de portions qui sont fonction de l'âge, de la taille, du sexe et du niveau d'activité de la personne. Dans le groupe Légumes et fruits, il est conseillé de consommer au moins un légume vert foncé et un légume orange chaque jour, de choisir des légumes et des fruits préparés avec peu ou pas de matières grasses, de sucre ou de sel, et de les consommer de préférence aux jus. Dans le groupe Produits céréaliers – pain, céréales, riz et pâtes –, il est conseillé de consommer au moins la moitié des portions de produits céréaliers sous forme de grains entiers et de choisir parmi les produits céréaliers ceux qui sont les plus faibles en lipides, en sucre ou en sel. Dans le groupe Produits laitiers – lait, yogourt et fromage –, il est conseillé de boire chaque jour du lait écrémé ou du lait à 1% ou 2% de matières grasses ou de choisir des substituts du lait plus faibles en matières grasses. Enfin, dans le groupe Viandes et substituts – viandes, volailles, poissons, œufs, haricots secs, etc. –, il est conseillé de consommer des viandes maigres ou des substituts, comme les légumineuses et le tofu, préparés avec peu ou pas de matières grasses ou de sel, et de manger au moins deux portions de poisson chaque semaine. On suggère de consommer avec modération les aliments et les boissons riches en calories, en lipides, en sucre ou en sel de même que les boissons alcoolisées.

Le Guide alimentaire insiste pour que les Canadiens limitent l'apport énergétique venant des lipides, particulièrement celui venant des graisses saturées, comme le beurre et la margarine dure, et de limiter la consommation de lipides *trans*. En effet, l'athérosclérose et la maladie coronarienne sont répandues dans les populations où l'on consomme de grandes quantités de graisses saturées et de cholestérol. En comparaison, dans les populations du pourtour méditerranéen, le risque de maladie coronarienne est faible, même si les matières grasses fournissent jusqu'à 40% de l'énergie consommée: l'huile d'olive qui y est la principale source de lipides est riche en acides gras mono-insaturés et ne contient pas de cholestérol. De même, l'huile de colza, l'huile d'arachide, les avocats et les noix ne contiennent pas de cholestérol et sont riches en acides gras mono-insaturés.

LES MINÉRAUX

Les **minéraux** sont des éléments inorganiques naturellement présents dans la croûte terrestre. Dans l'organisme, ils sont combinés les uns avec les autres ou avec des composés organiques, ou encore sous forme d'ions en solution. Les minéraux constituent environ 4% de la masse totale du corps et sont surtout concentrés dans le squelette. Les minéraux dont la fonction est connue dans l'organisme sont le calcium, le phosphore, le potassium, le soufre, le sodium, le chlore, le magnésium, le fer, l'iode, le manganèse, le cuivre, le cobalt, le zinc, le fluor, le sélénium et le chrome. Le tableau 25.5 présente les fonctions vitales de certains minéraux. Notez que l'organisme utilise généralement les minéraux sous leur forme ionisée. Certains d'entre eux, comme le chlore, sont toxiques, voire mortels, s'ils sont ingérés sous forme non ionisée. D'autres minéraux, comme l'aluminium, le bore, le silicium et le molybdène sont présents dans l'organisme, mais leurs fonctions demeurent inconnues. Un régime alimentaire normal contient les quantités appropriées de potassium, de sodium, de chlorure et de magnésium. On doit s'assurer de manger des aliments qui contiennent suffisamment de calcium, de phosphore, de fer et d'iode. Les quantités excédentaires de la plupart des minéraux sont excrétées dans l'urine et les fèces.

Le calcium et le phosphore font partie de la matrice osseuse. Cependant, comme les minéraux ne s'assemblent pas en composés à longues chaînes, ils constituent de piètres matériaux pour construire des structures complexes. Un des principaux rôles des minéraux est de participer à la régulation des réactions enzymatiques. Le calcium, le fer, le magnésium et le manganèse entrent dans la composition de certaines coenzymes. Le magnésium sert aussi de catalyseur dans la conversion de l'ADP en ATP. Le sodium et le phosphore agissent dans les systèmes tampons, ce qui contribue au maintien du pH des liquides organiques. Le sodium participe aussi à la régulation de l'osmose de l'eau et, avec d'autres ions, à la production des influx nerveux.

LES VITAMINES

Les nutriments organiques qui sont nécessaires en petite quantité pour maintenir la croissance et le métabolisme normal portent le nom de **vitamines**. Contrairement aux glucides, aux lipides et aux protéines, les vitamines ne procurent pas d'énergie et ne jouent pas de rôle structural dans l'organisme. La plupart des vitamines dont les fonctions sont connues servent de coenzymes.

FIGURE 25.20 L'arc-en-ciel du Guide alimentaire canadien. Le nombre de portions le moins élevé correspond à un régime alimentaire de 5 500 kJ (1 800 Cal/jour) par jour, alors que le plus élevé équivaut à un régime de 13 375 kJ (3 200 Cal/jour) par jour. Adapté de *Bien manger avec le Guide alimentaire canadien*, Santé Canada, 2007. Reproduit avec la permission du Ministre des Travaux publics et Services gouvernementaux Canada, 2007.

Les couleurs de l'arc-en-ciel indiquent les quatre grands groupes alimentaires.

Quels aliments représentés ci-dessus contiennent du cholestérol et la plupart des acides gras saturés que nous consommons?

La majorité des vitamines ne peuvent pas être synthétisées par l'organisme et doivent être ingérées avec les aliments. Certaines, telle la vitamine K, sont produites par des bactéries dans le tube digestif et, par la suite, absorbées. L'organisme peut assembler certaines vitamines si les matières premières, appelées **provitamines**, sont fournies. Par exemple, la vitamine A est produite par l'organisme à partir d'une provitamine, le β-carotène, qui est présente dans les légumes jaunes, comme les carottes, ainsi que les légumes à feuilles vert foncé tels que les épinards. Aucun aliment ne contient à lui seul toutes les vitamines nécessaires au métabolisme normal – c'est là une des raisons d'adopter un régime varié.

On classe les vitamines en deux grands groupes : les vitamines liposolubles et les vitamines hydrosolubles. Les **vitamines liposolubles**, vitamines A, D, E et K, sont absorbées en même temps que les autres lipides alimentaires dans l'intestin grêle et transportées avec eux dans les chylomicrons. Elles ne peuvent pas être absorbées en quantité suffisante si elles ne sont pas accompagnées d'autres lipides. Les vitamines liposolubles peuvent être emmagasinées dans les cellules, en particulier dans les hépatocytes. Les **vitamines hydrosolubles**, entre autres de nombreuses vitamines B et la vitamine C, se dissolvent dans les liquides de l'organisme. Les excédents de ces vitamines ne sont pas mis en réserve mais sont excrétés dans l'urine.

En plus de leurs autres fonctions, trois vitamines – C, E et β-carotène (une provitamine) – sont aussi appelées **vitamines antioxydantes** parce qu'elles inactivent les radicaux libres de l'oxygène. Rappelons que les radicaux libres sont des ions ou des molécules très réactifs ayant un électron non apparié dans leur niveau énergétique le plus externe (voir la figure 2.3). Les radicaux libres endommagent les membranes cellulaires, l'ADN et d'autres structures cellulaires. Ils contribuent également à la formation des plaques d'athérosclérose qui rétrécissent les artères. Certains radicaux libres sont produits naturellement dans l'organisme ; d'autres dérivent d'agents nocifs provenant de l'environnement, tels la fumée de tabac et les rayonnements. On croit que les vitamines antioxydantes jouent un rôle dans la protection contre certains types de cancers, la réduction de la formation de plaques d'athérosclérose, le ralentissement de certains effets du vieillissement et la diminution du risque de formation de cataracte touchant le cristallin de l'œil. Le tableau 25.6 donne la liste des principales vitamines, leurs sources, leurs fonctions et les troubles que leur carence peut occasionner.

LES SUPPLÉMENTS VITAMINIQUES ET MINÉRAUX
La plupart des nutritionnistes conseillent de suivre un régime alimentaire équilibré composé d'aliments variés plutôt que de consommer des suppléments vitaminiques et minéraux, sauf dans certaines circonstances particulières. Par exemple, on recommande souvent les suppléments suivants : le fer pour les femmes qui ont un écoulement menstruel excessif ; le fer et le calcium pour celles qui sont enceintes ou qui allaitent ; l'acide folique (folate) pour toutes les femmes susceptibles de devenir enceintes, afin de réduire le risque de malformations du tube neural chez le fœtus ; le calcium pour la plupart des adultes, parce qu'ils ne reçoivent pas la quantité recommandée dans leur alimentation ; et la vitamine B_{12} pour les personnes strictement végétariennes, qui ne mangent pas de viande. Étant donné que la plupart des Nord-Américains n'obtiennent pas dans leur nourriture la quantité élevée de vitamines antioxydantes qui est censée avoir des effets bénéfiques, certains experts recommandent de prendre des suppléments des vitamines C et E. Toutefois, la quantité n'est pas synonyme de qualité ; les doses massives de vitamines ou de minéraux peuvent être très nocives. ■

L'**hypervitaminose** (*huper* : au-dessus, au-delà) traduit un apport alimentaire en vitamines qui dépasse la capacité de l'organisme à les utiliser, les emmagasiner et les excréter. Comme les vitamines hydrosolubles ne sont pas stockées dans l'organisme, elles causent très rarement des troubles liés à l'hypervitaminose, contrairement aux vitamines liposolubles, qui sont emmagasinées dans l'organisme et dont la consommation excessive risque de causer des problèmes. Par exemple, un apport excessif en vitamine A peut entraîner la somnolence, une faiblesse généralisée, de l'irritabilité, des céphalées, des vomissements, la sécheresse et la desquamation de la peau, une chute partielle des cheveux, des douleurs articulaires, une tuméfaction du foie et de la rate, le coma, voire la mort. Un apport excédentaire de vitamine D peut provoquer une perte d'appétit, des nausées, des vomissements, une soif excessive, une faiblesse généralisée, de l'irritabilité, de l'hypertension et des lésions aux reins ou leur mauvais fonctionnement. L'**hypovitaminose** (*hupo* : au-dessous, en deçà) ou carence vitaminique est décrite dans le tableau 25.6 pour diverses vitamines.

▶ POINT DE CONTRÔLE

30. Qu'est-ce qu'un nutriment ?

31. Décrivez l'arc-en-ciel du Guide alimentaire canadien et donnez des exemples représentatifs de chacun des groupes d'aliments.

32. Qu'est-ce qu'un minéral ? Décrivez brièvement les fonctions des minéraux suivants : calcium, phosphore, potassium, soufre, sodium, chlorure, magnésium, fer, iode, cuivre, zinc, fluor, manganèse, cobalt, chrome et sélénium.

33. Définissez une vitamine. Expliquez comment on obtient les vitamines. Faites une distinction entre les vitamines liposolubles et les vitamines hydrosolubles.

34. Pour chacune des vitamines suivantes, indiquez la principale fonction et l'effet ou les effets d'une carence : A, D, E, K, B_1, B_2, niacine, B_6, B_{12}, acide pantothénique, acide folique, biotine et C.

TABLEAU 25.5 LES MINÉRAUX VITAUX POUR L'ORGANISME

MINÉRAUX	COMMENTAIRES	IMPORTANCE
Calcium	Le minéral le plus abondant de l'organisme. Il se présente combiné avec le phosphate. Environ 99% du calcium se trouve emmagasiné dans les os et les dents. Le taux sanguin de Ca^{2+} est régi par la parathormone (PTH). Le calcitriol favorise l'absorption du calcium alimentaire. L'excédent est excrété dans les fèces et l'urine. On le trouve dans le lait, les jaunes d'œufs, les crustacés et les légumes verts à feuilles.	Formation des os et des dents, coagulation du sang, activité normale des myocytes et des neurones, endocytose et exocytose, motilité cellulaire, mouvement des chromosomes avant la division cellulaire, métabolisme du glycogène, synthèse et libération de neurotransmetteurs et d'hormones.
Phosphore	Environ 80% du phosphore se trouve dans les os et les dents sous forme de sels de phosphate. Le taux sanguin de phosphate est régi par la parathormone (PTH). L'excédent de phosphore est excrété dans l'urine; une petite quantité est éliminée dans les fèces. On le trouve dans les produits laitiers, la viande, le poisson, la volaille et les noix.	Formation des os et des dents. Les phosphates ($H_2PO_4^-$, HPO_4^{2-} et PO_4^{3-}) constituent un des principaux systèmes tampons du sang. Le phosphore joue un rôle important dans la contraction musculaire et l'activité nerveuse. Constituant de nombreuses enzymes. Participe au transfert d'énergie (ATP). Constituant de l'ADN et de l'ARN.
Potassium	Principal cation (K^+) du liquide intracellulaire. L'excédent est excrété dans l'urine. Présent dans la plupart des aliments (viande, poisson, volaille, fruits et noix).	Nécessaire à la génération et à la conduction du potentiel d'action dans les neurones et les myocytes.
Soufre	L'élément constituant de beaucoup de protéines (comme l'insuline et le sulfate de chrondroïtine), de transporteurs d'électrons dans la chaîne de transport des électrons et de certaines vitamines (thiamine et biotine). Il est excrété dans l'urine. On le trouve dans le bœuf, le foie, l'agneau, le poisson, la volaille, les œufs, le fromage et les haricots.	En tant que constituant d'hormones et de vitamines, il participe à la régulation de diverses activités du corps. Nécessaire à la production d'ATP par la chaîne de transport des électrons.
Sodium	Le cation (Na^+) le plus abondant du liquide extracellulaire; une certaine quantité se trouve dans les os. Il est excrété dans l'urine et la sueur. La consommation normale de NaCl (sel de table) procure amplement la quantité nécessaire.	Influe fortement sur la distribution de l'eau par le truchement de l'osmose. Fait partie du système tampon bicarbonate. Participe à la conduction du potentiel d'action dans les neurones et les myocytes.
Chlorure	Principal anion (Cl^-) du liquide extracellulaire. L'excédent est excrété dans l'urine. On le trouve dans le sel de table (NaCl), la sauce soya et les aliments transformés.	Joue un rôle dans l'équilibre acidobasique du sang, l'équilibre hydrique et la formation d'HCl dans l'estomac.
Magnésium	Cation important (Mg^{2+}) du liquide intracellulaire. Il est excrété dans l'urine et les fèces. On le trouve dans de nombreux aliments, tels les légumes verts à feuilles, les fruits de mer et les céréales complètes.	Nécessaire au fonctionnement normal des myocytes et des neurones. Participe à la formation des os. Constituant de nombreuses coenzymes.
Fer	Environ 66% du fer se trouve dans l'hémoglobine du sang. Les pertes normales de fer résultent de la chute des cheveux, de l'élimination des cellules épithéliales et muqueuses usées, de son élimination dans la sueur, l'urine, les fèces, la bile et dans le sang des menstruations. On le trouve dans la viande, le foie, les crustacés, les jaunes d'œufs, les haricots, les légumineuses, les fruits secs, les noix et les céréales.	Se lie de façon réversible à l'O_2 dans l'hémoglobine. Constituant des cytochromes de la chaîne de transport des électrons.
Iode	Constituant essentiel des hormones thyroïdiennes. Il est excrété dans l'urine. On le trouve dans les fruits de mer, le sel iodé et les légumes cultivés dans des sols riches en iode.	Essentiel à la glande thyroïde pour la synthèse des hormones thyroïdiennes, qui régulent la vitesse du métabolisme.
Manganèse	Une petite quantité est emmagasinée dans le foie et la rate. La majeure partie est excrétée dans les fèces. On le trouve dans les céréales complètes, les noix, les légumes feuillus et le thé.	Active plusieurs enzymes. Nécessaire à la synthèse de l'hémoglobine, à la formation de l'urée, à la croissance, à la reproduction, à la lactation, à la formation des os. Est peut-être aussi nécessaire à la production et à la libération d'insuline.
Cuivre	Une petite quantité est emmagasinée dans le foie et la rate. La majeure partie est excrétée dans les fèces. On le trouve notamment dans les œufs, la farine de blé entier, les haricots, les betteraves, le foie, le poisson, les épinards et les asperges.	Nécessaire, avec le fer, à la synthèse de l'hémoglobine. Constituant de coenzymes de la chaîne de transport des électrons et d'une enzyme essentielle à la formation de la mélanine.
Cobalt	Constituant de la vitamine B_{12}. On le trouve dans les viandes, le lait, le foie, les rognons, les huîtres et les palourdes.	En tant que constituant de la vitamine B_{12}, nécessaire à l'érythropoïèse.
Zinc	Constituant important de certaines enzymes. On le trouve dans de nombreux aliments, en particulier les viandes, les céréales complètes, les noix, les légumineuses et les huîtres.	En tant que constituant de l'anhydrase carbonique, important pour le métabolisme du dioxyde de carbone. Nécessaire à la croissance normale et à la cicatrisation, à la sensibilité gustative normale et à l'appétit, et à la production normale de spermatozoïdes chez l'homme. En tant que constituant des peptidases, participe à la digestion des protéines.
Fluor	Constituant des os, des dents et d'autres tissus. On le trouve dans l'eau fluorée, les dentifrices et certains suppléments de minéraux.	Semble améliorer la structure des dents et prévenir la carie dentaire.
Sélénium	Constituant important de certaines enzymes. Se trouve dans les fruits de mer, la viande, le poulet, les tomates, les jaunes d'œufs, le lait, les champignons et l'ail, ainsi que les céréales cultivées dans des sols riches en sélénium.	Nécessaire à la synthèse des hormones thyroïdiennes, à la motilité des spermatozoïdes et au bon fonctionnement du système immunitaire. Agit également comme antioxydant. Prévient les cassures chromosomiques. Joue peut-être un rôle dans la prévention de certaines anomalies congénitales, des fausses couches, du cancer de la prostate et des coronaropathies.
Chrome	Se trouve sous forme très concentrée dans la levure de bière. Il est aussi présent dans le vin et certaines bières.	Nécessaire à l'activité normale de l'insuline dans le métabolisme des glucides et des lipides.

TABLEAU 25.6 LES PRINCIPALES VITAMINES

VITAMINES	COMMENTAIRES ET SOURCES	FONCTIONS	SYMPTÔMES ET TROUBLES DE CARENCE
Liposolubles	Toutes ces vitamines nécessitent des sels biliaires et des lipides alimentaires pour être bien absorbées.		
A	Formée à partir d'une provitamine, le β-carotène (et d'autres provitamines), dans le tube digestif. Emmagasinée dans le foie. Le carotène et les autres provitamines se trouvent, entre autres sources, dans les légumes orange ou jaunes et les légumes verts; la vitamine A déjà formée se trouve dans le foie et le lait.	Maintient la santé générale et l'intégrité des cellules épithéliales. Le β-carotène est un antioxydant qui inactive les radicaux libres.	Atrophie et kératinisation de l'épithélium, entraînant l'assèchement de la peau et des cheveux; incidence accrue d'infections des oreilles, des sinus et des voies respiratoires, urinaires et du tube digestif; impossibilité de gagner du poids; assèchement de la cornée et formation de lésions cutanées.
		Essentielle à la formation des photopigments, molécules sensibles à la lumière dans les photorécepteurs de la rétine.	**Cécité nocturne**, ou troubles d'adaptation à l'obscurité.
		Favorise la croissance des os et des dents, apparemment en participant à la régulation de l'activité des ostéoblastes et des ostéoclastes.	Développement retardé ou anormal des os et des dents.
D	Les rayons du soleil convertissent le 7-déhydrocholestérol dans la peau en cholécalciférol (vitamine D_3). Une enzyme du foie convertit ensuite le cholécalciférol en 25-hydroxycholécalciférol. Une deuxième enzyme rénale convertit le 25-hydroxycholécalciférol en calcitriol (1,25-dihydroxycalciférol), qui est la forme active de la vitamine D. Excrétée surtout par l'intermédiaire de la bile. On la trouve dans les huiles de foie de poisson, les jaunes d'œufs et le lait enrichi.	Essentielle à l'absorption du calcium et du phosphore provenant du tube digestif. Assure avec la parathormone (PTH) le maintien de l'homéostasie du Ca^{2+}.	L'utilisation déficiente du calcium par les os entraîne le **rachitisme** chez les enfants et l'**ostéomalacie** chez les adultes. Risque de perte de tonus musculaire.
E (tocophérols)	Emmagasinée dans le foie, le tissu adipeux et les muscles. On la trouve dans les noix fraîches et le germe de blé, les huiles de certaines graines et les légumes verts à feuilles.	Inhibe le catabolisme de certains acides gras qui participent à la formation des structures cellulaires, en particulier des membranes. Joue un rôle dans la formation de l'ADN, de l'ARN et des érythrocytes. On croit qu'elle favorise la cicatrisation, qu'elle contribue à maintenir les structures et les fonctions normales du système nerveux et qu'elle réduit la formation de tissus cicatriciels. Elle contribuerait également à protéger le foie des substances toxiques telles que le tétrachlorure de carbone. Son pouvoir antioxydant lui permet d'inactiver les radicaux libres.	Peut causer l'oxydation des graisses mono-insaturées et entraîner des anomalies structurales et fonctionnelles des mitochondries, des lysosomes et des membranes plasmiques. L'anémie hémolytique est une des conséquences possibles.
K	Produite par des bactéries intestinales. Emmagasinée dans le foie et la rate. On la trouve dans les épinards, le chou-fleur, le chou et le foie.	Coenzyme essentielle à la synthèse par le foie de plusieurs facteurs de coagulation, dont la prothrombine.	Le ralentissement du temps de coagulation entraîne des saignements excessifs.
Hydrosolubles	Ces vitamines sont dissoutes dans les liquides de l'organisme. La plupart ne sont pas emmagasinées. L'excédent est éliminé dans l'urine.		
B_1 (thiamine)	Rapidement détruite par la chaleur. On la trouve dans les produits céréaliers complets, les œufs, le porc, les noix, le foie et la levure.	Coenzyme associée à un grand nombre d'enzymes différentes qui scindent les liaisons entre les atomes de carbone et qui participent au métabolisme des glucides en catalysant la transformation de l'acide pyruvique en CO_2 et en H_2O. Essentielle à la synthèse de l'acétylcholine.	Le métabolisme défectueux des glucides entraîne l'accumulation d'acide pyruvique et d'acide lactique, et une production insuffisante d'ATP pour les myocytes et les neurones. La carence amène: 1) le **béribéri** – paralysie partielle des muscles lisses du tube digestif, causant des troubles digestifs; la paralysie des muscles squelettiques; l'atrophie des membres; 2) la **polynévrite** – due à la dégénérescence de la gaine de myéline; l'altération des réflexes, la détérioration du sens du toucher, l'arrêt de croissance chez l'enfant et la perte d'appétit.

Hydrosolubles
(suite)

VITAMINES	COMMENTAIRES ET SOURCES	FONCTIONS	SYMPTÔMES ET TROUBLES DE CARENCE
B₂ (riboflavine)	Une petite quantité provient des bactéries du tube digestif. On la trouve dans la levure, le foie, le bœuf, le veau, l'agneau, les œufs, les produits céréaliers complets, les asperges, les pois, les betteraves et les arachides.	Constituant de certaines coenzymes (par exemple, la FAD et le FMN) du métabolisme des glucides et des protéines, en particulier dans les cellules de l'œil, du tégument, de la muqueuse intestinale et du sang	La carence peut entraîner une mauvaise utilisation de l'oxygène aboutissant à une vision embrouillée, des cataractes et des ulcérations de la cornée. Aussi, dermatite et fendillement de la peau, lésions de la muqueuse intestinale et apparition d'un type d'anémie.
Niacine (nicotinamide)	Dérivée du tryptophane, un acide aminé. On la trouve dans la levure, la viande, le foie, le poisson, les produits céréaliers complets, les pois, les haricots et les noix.	Constituant essentiel du NAD et du NADP, qui sont des coenzymes des réactions d'oxydoréduction. Dans le métabolisme des lipides, elle inhibe la production du cholestérol et participe à la dégradation des triacylglycérols.	La principale maladie est la **pellagre**, qui est caractérisée par la dermatite, la diarrhée et des troubles psychologiques.
B₆ (pyridoxine)	Synthétisée par les bactéries du tube digestif. Emmagasinée dans le foie, les muscles, l'encéphale. On la trouve aussi dans le saumon, la levure, les tomates, le maïs jaune, les épinards, les produits céréaliers complets, le foie et le yogourt.	Coenzyme essentielle au métabolisme normal des acides aminés. Participe à la production des anticorps circulants. Sert peut-être de coenzyme dans le métabolisme des triacylglycérols.	Le symptôme le plus courant est la dermatite des yeux, du nez et de la bouche. Les autres symptômes sont les retards de croissance et la nausée.
B₁₂ (cyanoco-balamine)	Seule vitamine B qui ne se trouve pas dans les légumes; seule vitamine contenant du cobalt. Son absorption dans le tube digestif dépend du facteur intrinsèque sécrété par la muqueuse gastrique. On la trouve dans le foie, les rognons, le lait, les œufs, le fromage et la viande.	Coenzyme nécessaire à la formation des érythrocytes et de la méthionine (un acide aminé), à l'entrée de certains acides aminés dans le cycle de Krebs et à la production de la choline (qui sert à la synthèse de l'acétylcholine).	Anémie pernicieuse, anomalies neuropsychiatriques (ataxie, perte de mémoire, faiblesse, troubles de la personnalité et de l'humeur, ainsi que sensations anormales) et altération de l'activité des ostéoblastes.
Acide pantothénique	Une certaine quantité est produite par les bactéries du tube digestif. Emmagasiné principalement dans le foie et les reins. On le trouve aussi dans les rognons, le foie, la levure, les légumes verts et les céréales.	Constituant de la coenzyme A qui est essentielle au transfert du groupement acétyle de l'acide pyruvique au cycle de Krebs, à la conversion des lipides et des acides aminés en glucose et à la synthèse du cholestérol et des hormones stéroïdes.	Fatigue, spasmes musculaires, production insuffisante d'hormones stéroïdes surrénales, vomissements et insomnie.
Acide folique (folate, folacine)	Synthétisé par les bactéries du tube digestif. On le trouve également dans les légumes verts à feuilles, les brocolis, les asperges, le pain, les haricots secs et les agrumes.	Constituant des systèmes enzymatiques effectuant la synthèse des produits azotés qui font partie de l'ADN et de l'ARN. Essentielle à la production normale des érythrocytes et des leucocytes.	Production d'érythrocytes plus gros que la normale (anémie macrocytaire). Risque accru d'anomalies du tube neural chez les bébés nés de mères carencées en acide folique.
Biotine	Synthétisée par les bactéries du tube digestif. On la trouve dans la levure, le foie, les jaunes d'œufs, les rognons.	Coenzyme essentielle à la conversion de l'acide pyruvique en acide oxaloacétique et à la synthèse des acides gras et des purines.	Dépression nerveuse, douleur musculaire, dermatite, fatigue, nausée.
C (acide ascorbique)	Rapidement détruite par la chaleur. Emmagasinée en partie dans le tissu glandulaire et le plasma. On la trouve dans les agrumes, les tomates et les légumes verts.	Facilite la synthèse des protéines, dont la mise en place du collagène dans la formation du tissu conjonctif. En tant que coenzyme, elle peut se combiner avec les poisons et les neutraliser jusqu'à leur excrétion. Facilite l'action des anticorps et la cicatrisation. Antioxydant.	Scorbut; anémie; plusieurs symptômes liés à des anomalies de la formation du collagène: par exemple, gencives enflées et sensibles, déchaussement des dents (avec détérioration des processus alvéolaires), mauvaise cicatrisation, saignements (parois des vaisseaux fragilisées par suite de la dégénérescence du tissu conjonctif) et retard de croissance.

DÉSÉQUILIBRES HOMÉOSTATIQUES

La fièvre

La **fièvre** est une élévation de la température centrale commandée par le centre thermorégulateur de l'hypothalamus qui règle le « thermostat » du corps à une valeur plus élevée. La plupart du temps, elle est causée par une infection virale ou bactérienne (ou des toxines bactériennes) ; elle peut aussi être causée par l'ovulation, une sécrétion excessive d'hormones thyroïdiennes, une tumeur ou une réaction à un vaccin. Quand les macrophagocytes ingèrent certaines bactéries, ils se mettent à sécréter une substance qui donne la fièvre, appelée **pyrogène** (*pur* : feu ; *genos* : origine). L'interleukine 1 est un pyrogène. Elle se rend à l'hypothalamus par la circulation sanguine et stimule les neurones du noyau préoptique, qui sécrètent alors des prostaglandines. Sous l'action des prostaglandines, la valeur de référence de la température du centre thermorégulateur se modifie à la hausse et les mécanismes réflexes de la thermorégulation – tels les frissons – entrent en jeu pour élever la température centrale en conséquence. Les *antipyrétiques* sont des substances qui soulagent ou réduisent la fièvre ; ce sont, par exemple, l'aspirine, l'acétaminophène (Tylenol^MD) et l'ibuprofène (Advil^MD), qui font tous baisser la fièvre en inhibant la synthèse des prostaglandines (voir au chapitre 22 la section traitant de la fièvre, pour plus de détails).

L'obésité

L'**obésité** est une accumulation excessive de tissus adipeux. Un individu est considéré comme obèse lorsque son poids corporel dépasse de plus de 20 % une certaine norme souhaitable. L'obésité touche un tiers de la population adulte des États-Unis. Selon Statistique Canada, elle affecte 13,5 % des Québécoises et 14,2 % des Québécois de 18 ans et plus et, pour l'ensemble du Canada, le taux de prévalence de l'obésité a plus que doublé au cours des deux dernières décennies. (Un athlète peut être en *excès pondéral* s'il a une quantité de tissu musculaire plus élevée que la normale sans pour autant être obèse.) Même l'obésité modérée est dangereuse pour la santé ; elle constitue un facteur de risque dans les maladies cardiovasculaires, l'hypertension, les maladies pulmonaires, le diabète non insulinodépendant, l'arthrite, certains cancers (sein, utérus et côlon), les varices et les maladies de la vésicule biliaire.

Dans quelques cas, l'obésité peut être consécutive à un traumatisme ou à une tumeur des centres de régulation de l'apport alimentaire situés dans l'hypothalamus. La plupart du temps, l'obésité n'a pas de cause spécifique. Les facteurs qui favorisent son apparition comprennent l'hérédité, les habitudes alimentaires acquises durant l'enfance, les excès alimentaires pour soulager la tension ainsi que les coutumes sociales. Des recherches indiquent que certaines personnes obèses dépensent moins d'énergie durant la digestion et l'absorption d'un repas, ce qui produit un effet moindre de thermogenèse alimentaire. De plus, les obèses qui perdent du poids ont besoin d'environ 15 % de moins d'énergie pour maintenir un poids corporel normal que les personnes qui n'ont jamais été obèses. Il est intéressant de souligner que les personnes qui prennent facilement du poids quand elles ingèrent délibérément trop de calories présentent une activité thermogénique du non-exercice (provoquée notamment par l'agitation) moindre que celles qui résistent au gain pondéral dans les mêmes conditions. Bien que les résultats des études effectuées chez les animaux montrent que la leptine inhibe l'appétit et produise la satiété, il ne semble pas que la plupart des personnes obèses manquent de cette hormone.

La plupart des calories excédentaires du régime alimentaire sont converties en triacylglycérols et emmagasinées dans les adipocytes. Au début, les adipocytes grossissent, mais quand ils atteignent leur taille maximale, ils se divisent. Ainsi, il se produit une prolifération des adipocytes dans les cas d'obésité grave. Une enzyme, la lipoprotéine lipase endothéliale, assure la régulation du stockage des triacylglycérols. Cette enzyme est très active dans la graisse abdominale, mais moins sur les hanches. L'accumulation de graisse sur l'abdomen est associée à une concentration plus élevée du cholestérol dans le sang et à d'autres facteurs de risque de cardiopathie, car les adipocytes de cette région semblent plus actifs sur le plan métabolique.

Le traitement de l'obésité est difficile, car la majorité des gens qui arrivent à perdre du poids le reprennent dans les deux ans qui suivent. Cependant, même une légère perte de poids a des conséquences positives sur la santé. Les traitements de l'obésité comprennent des programmes de modification du comportement, des régimes très pauvres en calories, des médicaments et la chirurgie. Les programmes de modification du comportement, qui sont offerts dans de nombreux centres hospitaliers, visent à changer les habitudes alimentaires et à accroître l'activité physique. Le programme nutritionnel comprend un régime pour le cœur riche en légumes variés, mais faible en gras, surtout en graisses saturées. Un programme d'exercice type suggère une promenade de 30 minutes, de cinq à sept jours par semaine. La pratique régulière d'exercices physiques permet de perdre du poids et de ne pas le reprendre. Les régimes très pauvres en calories que l'on trouve dans les mélanges liquides vendus dans le commerce contiennent de 1 600 à 3 200 kJ/jour (400 à 800 kcal/jour). Ce régime est habituellement prescrit pendant 12 semaines, sous étroite surveillance médicale. Deux médicaments aident au traitement de l'obésité. La sibutramine est un coupe-faim qui agit en inhibant la réabsorption de la sérotonine et de la noradrénaline dans les régions du cerveau qui commandent le comportement alimentaire. L'orlistat agit en inhibant la libération de lipases dans la lumière du tube digestif. La diminution de l'activité des lipases entraîne une réduction de l'absorption des triacylglycérols. Pour les personnes atteintes d'obésité grave qui n'ont pas obtenu de résultats avec les autres traitements, on peut envisager une intervention chirurgicale. Les deux interventions les plus courantes – le pontage gastrique et la gastroplastie – permettent de réduire considérablement la taille de l'estomac afin qu'il ne puisse plus contenir qu'une petite quantité de nourriture.

TERMES MÉDICAUX

Coup de chaleur (ou insolation) Trouble grave, souvent mortel, causé par l'exposition à une forte chaleur, en particulier quand l'humidité relative est élevée, un facteur qui entrave la perte de chaleur du corps. Le débit sanguin vers la peau diminue, la transpiration cesse presque complètement et la température centrale monte en flèche, car le centre thermorégulateur de l'hypothalamus cesse de fonctionner. La température corporelle peut atteindre 43 °C. Le traitement, qui doit être entrepris au plus vite, consiste à refroidir le corps en immergeant la personne dans l'eau froide et en administrant des liquides et des électrolytes.

Crampes de chaleur Crampes survenant à la suite d'une transpiration abondante. La perte de sel dans la sueur cause des contractions douloureuses des muscles, en particulier les muscles qui ont servi durant un travail. Ces crampes ne se manifestent qu'après coup, quand la personne se repose, et elles disparaissent habituellement avec l'ingestion de liquides salés.

Épuisement dû à la chaleur État de fatigue extrême marqué par une température centrale généralement normale, ou un peu au-dessous de la normale, et par la fraîcheur et l'humidité de la peau par suite d'une transpiration profuse. La sudation abondante entraîne une perte de liquides et d'électrolytes, en particulier de sel (NaCl). La perte de sel cause des crampes, des étourdissements, des vomissements et des évanouissements ; la perte liquidienne peut entraîner une chute de la pression artérielle. On recommande le repos complet, la réhydratation et un rééquilibrage électrolytique.

Kwashiorkor Affection caractérisée par un apport protéique insuffisant en dépit d'un apport énergétique normal ou presque. Les principaux signes de cette affection sont l'œdème abdominal, l'hypertrophie du foie, l'hypotension, la bradycardie, l'hypothermie et, parfois, l'arriération mentale. Le kwashiorkor est fréquent chez les enfants africains qui se nourrissent surtout de farine de maïs, riche en zéine, une protéine dépourvue de tryptophane et de lysine. Ces deux acides aminés essentiels sont utilisés pour la croissance et la réparation tissulaire.

Malnutrition Déséquilibre de l'apport énergétique total ou de l'apport excessif ou insuffisant de certains nutriments spécifiques.

Marasme Type de dénutrition protéique et énergétique résultant d'un apport inadéquat en protéines et en énergie. Il est caractérisé par un retard de croissance, un petit poids, l'atrophie musculaire, l'émaciation, la peau sèche et les cheveux fins, secs et ternes.

RÉSUMÉ

INTRODUCTION (P. 1029)

1. La nourriture que nous consommons est la seule source d'énergie que nous puissions transformer en travail biologique. Elle procure aussi les substances essentielles que l'organisme est incapable de synthétiser.

2. La plupart des molécules de nourriture absorbées par le tube digestif sont utilisées soit comme sources d'énergie pour les processus vitaux, soit comme unités constitutives pour la synthèse de molécules complexes, soit comme réserves pour répondre à des besoins futurs.

LES RÉACTIONS MÉTABOLIQUES (P. 1030)

1. Le métabolisme est l'ensemble des réactions chimiques de l'organisme. Il y a deux types de métabolisme : le catabolisme et l'anabolisme.

2. Le catabolisme comprend les réactions chimiques assurant la dégradation des composés organiques complexes en composés plus simples. Dans l'ensemble, les réactions cataboliques sont exothermiques ; elles produisent plus d'énergie qu'elles n'en consomment.

3. L'anabolisme comprend les réactions chimiques qui combinent les molécules simples en molécules complexes pour former les composantes structurales et fonctionnelles de l'organisme. Dans l'ensemble, les réactions anaboliques sont endothermiques ; elles consomment plus d'énergie qu'elles n'en produisent.

4. Le couplage de l'anabolisme et du catabolisme s'effectue au moyen de l'ATP.

LE TRANSFERT D'ÉNERGIE (P. 1031)

1. L'oxydation consiste à retirer des électrons d'une substance, tandis que la réduction en ajoute. Les molécules réduites sont riches en énergie.

2. Le nicotinamide adénine dinucléotide (NAD^+) et la flavine adénine dinucléotide (FAD) sont deux coenzymes qui servent à transporter des atomes d'hydrogène durant les réactions couplées d'oxydoréduction.

3. L'ATP peut être produite par phosphorylation au niveau du substrat, phosphorylation oxydative et photophosphorylation.

LE MÉTABOLISME DES GLUCIDES (P. 1032)

1. Durant la digestion, les polysaccharides et les disaccharides sont hydrolysés pour former trois monosaccharides : le glucose (envi-ron 80 %), le fructose et le galactose ; les deux derniers sont ensuite convertis en glucose.

2. Une partie du glucose est oxydée par les cellules pour fournir de l'ATP. Le glucose peut aussi servir à la synthèse d'acides aminés, de glycogène et de triacylglycérols.

3. Le glucose entre dans la plupart des cellules par diffusion facilitée au moyen de transporteurs de glucose (GluT) et il est phosphorylé pour former du glucose 6-phosphate. Dans les muscles, ce processus est stimulé par l'insuline. La voie est toujours « ouverte » pour l'entrée du glucose dans les neurones et les hépatocytes.

4. La respiration cellulaire, c'est-à-dire l'oxydation complète du glucose en CO_2 et H_2O, comprend la glycolyse, le cycle de Krebs et la chaîne de transport des électrons.

5. La glycolyse est la dégradation du glucose pour former deux molécules d'acide pyruvique ; il y a gain net de deux molécules d'ATP.

6. Quand l'oxygène est rare, l'acide pyruvique est réduit en acide lactique ; dans des conditions aérobies, l'acide pyruvique entre dans le cycle de Krebs.

7. La préparation de l'acide pyruvique pour son entrée dans le cycle de Krebs comprend sa conversion en un groupement acétyle à deux carbones, suivie de l'addition de la coenzyme A pour former l'acétyl coenzyme A.

8. Le cycle de Krebs comprend la décarboxylation, l'oxydation et la réduction de divers acides organiques.

9. Chaque molécule d'acide pyruvique qui est convertie en acétyl coenzyme A et qui entre par la suite dans le cycle de Krebs produit trois molécules de CO_2, quatre molécules de NADH et quatre ions H^+, une molécule de $FADH_2$ et une molécule d'ATP.

10. L'énergie qui se trouvait emmagasinée à l'origine dans le glucose, puis dans l'acide pyruvique, est transférée principalement aux coenzymes réduites NADH et $FADH_2$.

11. La chaîne de transport des électrons comprend une suite de réactions d'oxydoréduction au cours desquelles l'énergie du NADH et de la $FADH_2$ est libérée et transférée à l'ATP.

12. Les transporteurs d'électrons comprennent la FMN, les cytochromes, les centres fer-soufre, les atomes de cuivre et la coenzyme Q.

13. La chaîne de transport des électrons produit un maximum de 32 ou 34 molécules d'ATP et 6 molécules d'H_2O.

14. Le tableau 25.1 présente le résumé de la production d'ATP durant la respiration cellulaire. On peut représenter l'oxydation complète du glucose de la façon suivante :

$$C_6H_{12}O_6 + 6\ O_2 + 36\ \text{ou}\ 38\ ADP + 36\ \text{ou}\ 38$$
$$6\ CO_2 + 6\ H_2O + 36\ \text{ou}\ 38\ ATP$$

15. La conversion du glucose en glycogène en vue de le stocker dans le foie et les muscles squelettiques est appelée *glycogenèse*. Elle est stimulée par l'insuline.

16. La conversion du glycogène en glucose est appelée *glycogénolyse*. Elle se produit entre les repas, sous l'action du glucagon et de l'adrénaline.

17. La néoglucogenèse est la conversion de molécules non glucidiques en glucose. Elle est stimulée par le cortisol et le glucagon.

LE MÉTABOLISME DES LIPIDES (P. 1043)

1. Les lipoprotéines transportent les lipides dans la circulation sanguine. On distingue quatre grandes catégories de lipoprotéines : 1) les chylomicrons, qui transportent les lipides alimentaires jusqu'au tissu adipeux ; 2) les lipoprotéines de très basse densité (VLDL), qui transportent les triacylglycérols du foie jusqu'au tissu adipeux ; 3) les lipoprotéines de basse densité (LDL), qui font parvenir le cholestérol aux cellules de l'organisme ; et 4) les lipoprotéines de haute densité (HDL), qui retirent le cholestérol excédentaire des cellules de l'organisme et le transportent jusqu'au foie en vue de son élimination.

2. Le cholestérol dans le sang provient de deux sources : la nourriture et la synthèse dans le foie.

3. Les lipides peuvent être oxydés pour produire de l'ATP ou emmagasinés sous forme de triacylglycérols dans le tissu adipeux, surtout dans le fascia superficiel (hypoderme).

4. Quelques lipides sont utilisés comme molécules structurales ou pour la synthèse de molécules essentielles.

5. Le tissu adipeux contient des lipases qui catalysent le dépôt des triacylglycérols provenant des chylomicrons et hydrolysent les triacylglycérols en acides gras et en glycérol.

6. Au cours de la lipolyse, les triacylglycérols sont scindés en acides gras et en glycérol, et libérés par le tissu adipeux sous l'action de l'adrénaline, de la noradrénaline, du cortisol, des hormones thyroïdiennes et des somatomédines.

7. Le glycérol peut être converti en glucose après avoir été converti en 3-phosphoglycéraldéhyde.

8. Lors de la β-oxydation des acides gras, les atomes de carbone sont retirés deux à deux des chaînes d'acides gras. Les molécules d'acétyl coenzyme A produites par ces réactions entrent dans le cycle de Krebs.

9. La conversion du glucose ou des acides aminés en lipides est appelée *lipogenèse* ; elle est stimulée par l'insuline.

LE MÉTABOLISME DES PROTÉINES (P. 1047)

1. Au cours de la digestion, les protéines sont hydrolysées en acides aminés, qui entrent dans le foie par la veine porte hépatique.

2. Les acides aminés, sous l'action des somatomédines et de l'insuline, entrent dans les cellules de l'organisme par transport actif.

3. Dans les cellules, les acides aminés sont soit incorporés dans les protéines pour devenir des enzymes, des hormones, des éléments structuraux et ainsi de suite, soit emmagasinés sous forme de graisse ou de glycogène, soit utilisés comme source d'énergie.

4. Pour être catabolisés, les acides aminés doivent être désaminés et convertis en substances qui peuvent entrer dans le cycle de Krebs. Cette désamination produit l'ammoniac (NH_3), un produit hautement toxique pour l'organisme. Les hépatocytes transforment cet ammoniac en urée non toxique qui est alors éliminée par les reins.

5. Les acides aminés peuvent aussi être convertis en glucose, en acides gras et en corps cétoniques.

6. La synthèse des protéines est stimulée par les somatomédines, les hormones thyroïdiennes, l'insuline, les œstrogènes et la testostérone.

7. Le tableau 25.2 résume le métabolisme des glucides, des lipides et des protéines.

LES MOLÉCULES CLÉS AU CARREFOUR DES VOIES MÉTABOLIQUES (P. 1048)

1. Trois molécules jouent un rôle clé dans le métabolisme : le glucose 6-phosphate, l'acide pyruvique et l'acétyl coenzyme A.

2. Le glucose 6-phosphate peut être converti en glucose, en glycogène, en ribose 5-phosphate, en NADPH et en acide pyruvique.

3. Quand l'ATP est rare et l'oxygène abondant, l'acide pyruvique est converti en acétyl coenzyme A ; quand l'oxygène est rare, l'acide pyruvique est transformé en acide lactique. L'acide pyruvique est un pont entre le métabolisme des glucides et celui des protéines.

4. L'acétyl coenzyme A est la molécule qui entre dans le cycle de Krebs ; il sert également à la synthèse des acides gras, des corps cétoniques et du cholestérol.

LES ADAPTATIONS MÉTABOLIQUES (P. 1051)

1. Durant l'état postprandial, les nutriments entrent dans le sang et la lymphe depuis le tube digestif.

2. Durant l'état postprandial, une partie du glucose sanguin est oxydée pour former de l'ATP ; l'autre partie, est transportée jusqu'au foie, où elle est convertie en glycogène et en triacylglycérols. La plupart des triacylglycérols sont emmagasinés dans le tissu adipeux. Les acides aminés qui entrent dans les hépatocytes sont convertis en glucides, en lipides et en protéines. Le tableau 25.3 résume la régulation hormonale du métabolisme durant l'état postprandial.

3. Durant l'état de jeûne, l'absorption intestinale est terminée et les besoins en ATP sont satisfaits par les nutriments présents dans l'organisme. L'organisme met en œuvre des mécanismes destinés à maintenir la glycémie à sa valeur normale. Ces mécanismes consistent à obtenir du glucose à partir du glycogène mis en réserve dans le foie et les muscles squelettiques, et à partir du glycérol et des acides aminés. L'oxydation d'acides gras, de corps cétoniques et d'acides aminés produit de l'ATP. Le tableau 25.4 résume la régulation hormonale du métabolisme durant l'état de jeûne.

4. Le jeûne prolongé se définit comme l'absence de nourriture pendant quelques jours, et la famine, comme un apport alimentaire inadéquat durant des semaines, voire des mois. Durant le jeûne prolongé et la famine, l'organisme fait de plus en plus appel aux acides gras et aux corps cétoniques pour produire de l'ATP.

LA CHALEUR ET L'ÉQUILIBRE ÉNERGÉTIQUE (P. 1056)

1. La mesure de la vitesse du métabolisme à l'état basal est appelée *métabolisme basal*.

2. Le joule est la quantité d'énergie correspondant au travail d'une force de 1 newton se déplaçant sur une distance de 1 mètre. Un kilojoule (kJ) équivaut à 1 000 joules. Une kilocalorie égale 4,18 kilojoules.

3. La température centrale normale se maintient parce qu'un état d'équilibre délicat s'établit entre les mécanismes de production et les mécanismes de dissipation de la chaleur.

4. La vitesse du métabolisme est influencée par l'exercice, les hormones, le système nerveux, la température du corps, l'ingestion de nourriture, l'âge, le sexe, le climat, le sommeil et la malnutrition.

5. Les mécanismes de transfert de la chaleur sont la conduction, la convection, le rayonnement et l'évaporation. La conduction est le transfert de chaleur entre deux substances ou objets qui sont en contact direct. La convection est le transfert de chaleur effectué par un liquide ou un gaz qui se déplace entre des zones de températures différentes. Le rayonnement est le transfert de chaleur d'un objet plus chaud vers un objet plus froid sans contact physique entre eux. L'évaporation est la conversion d'un liquide en vapeur ; le corps perd de la chaleur au cours de ce processus.

6. Le centre thermorégulateur de l'hypothalamus se trouve dans le noyau préoptique.

7. Trois réactions permettent à l'organisme de produire, de conserver ou de retenir la chaleur quand la température centrale baisse : 1) l'augmentation du métabolisme cellulaire à la suite de la libération d'adrénaline, de noradrénaline et d'hormones thyroïdiennes ; 2) la vasoconstriction périphérique ; et 3) le frisson.

8. Les réactions qui accélèrent la perte de chaleur quand la température centrale s'élève comprennent la vasodilatation, le ralentissement du métabolisme et l'évaporation de la sueur.

9. Deux noyaux de l'hypothalamus, le noyau arqué et le noyau paraventriculaire, jouent un rôle dans la régulation de l'apport alimentaire. Une hormone libérée par les adipocytes, la leptine, inhibe la production de neuropeptide Y par le noyau arqué, ce qui diminue l'apport alimentaire. La mélanocortine produit le même effet.

LA NUTRITION (P. 1061)

1. Les nutriments comprennent l'eau, les glucides, les lipides, les protéines, les minéraux et les vitamines.

2. La plupart des adolescents et des adultes doivent consommer de 6 700 à 11 700 kJ (1 600 à 2 800 kcal) par jour.

3. Selon les experts de la nutrition, de 50 à 60 % de l'énergie alimentaire devrait provenir des glucides, 30 % ou moins des lipides et de 12 à 15 % des protéines, mais les quantités optimales de ces nutriments peuvent varier.

4. L'arc-en-ciel du Guide alimentaire canadien indique combien de portions des quatre grands groupes d'aliments une personne devrait consommer chaque jour pour obtenir l'énergie et la variété de nutriments nécessaires à sa santé.

5. Les minéraux dont les fonctions essentielles sont reconnues sont le calcium, le phosphore, le potassium, le soufre, le sodium, le chlorure, le magnésium, le fer, l'iode, le manganèse, le cobalt, le cuivre, le zinc, le fluor, le sélénium et le chrome. Leurs fonctions sont résumées dans le tableau 25.5.

6. Les vitamines sont des nutriments organiques qui maintiennent la croissance et le métabolisme normal. Nombre d'entre elles accomplissent leurs fonctions dans des systèmes enzymatiques.

7. Les vitamines liposolubles sont absorbées avec les lipides ; elles comprennent les vitamines A, D, E et K. Les vitamines hydrosolubles comprennent les vitamines du groupe B et la vitamine C.

8. Les fonctions et les troubles de carence des principales vitamines sont résumés dans le tableau 25.6.

AUTOÉVALUATION

Vous trouverez les réponses à ces questions à l'appendice D.

COMPLÉTEZ LES PHRASES SUIVANTES.

1. Le centre thermorégulateur et le centre de régulation de l'apport alimentaire sont situés dans l'_____, lui-même faisant partie de l'encéphale.

2. Les trois molécules clés du métabolisme sont _____, _____, et _____.

INDIQUEZ SI LES ÉNONCÉS SUIVANTS SONT VRAIS OU FAUX.

3. Les aliments que nous mangeons fournissent de l'énergie aux processus vitaux, servent d'éléments constitutifs aux réactions de synthèse ou sont emmagasinés pour des besoins futurs.

4. Les vitamines A, B, D et K sont liposolubles.

CHOISISSEZ LA BONNE RÉPONSE.

5. Le NAD+ et la FAD : 1) sont tous les deux des dérivés des vitamines B, 2) servent à transporter les atomes d'hydrogène libérés pendant les réactions d'oxydation, 3) deviennent du NADH⁻ et de la FADH₂ dans leur état réduit, 4) jouent le rôle de coenzymes dans le cycle de Krebs, 5) sont les derniers accepteurs d'électrons de la chaîne de transport d'électrons. a) 1, 2, 3, 4 et 5 ; b) 2, 3 et 4 ; c) 2 et 4 ; d) 1, 2 et 3 ; e) 1, 2, 3 et 4.

6. Pendant la glycolyse : 1) une molécule de glucose à six carbones est fragmentée en deux molécules d'acide pyruvique à trois carbones, 2) il se produit un gain net de deux molécules d'ATP, 3) deux molécules de NADH sont oxydées, 4) une concentration moyennement élevée d'oxygène est nécessaire, 5) l'activité de la phosphofructokinase détermine la vitesse des réactions chimiques. a) 1, 2 et 3 ; b) 1 et 2 ; c) 1, 2 et 5 ; d) 2, 3, 4 et 5 ; e) 1, 2, 3, 4 et 5.

7. Si le glucose n'est pas immédiatement utilisé pour la production d'ATP, il peut servir à : 1) la synthèse de vitamines, 2) la synthèse d'acides aminés, 3) la néoglucogenèse, 4) la glycogenèse, 5) la lipogenèse. a) 1, 3 et 5 ; b) 2, 4 et 5 ; c) 2, 3, 4 et 5 ; d) 1, 2 et 3 ; e) 2 et 5.

8. Laquelle des séquences suivantes représente, dans l'ordre, les étapes de l'oxydation du glucose pour produire de l'ATP ? a) chaîne de transport des électrons, cycle de Krebs, glycolyse, formation d'acétyl CoA, b) cycle de Krebs, formation d'acétyl CoA, chaîne de transport des électrons, glycolyse, c) glycolyse, chaîne de transport des électrons, cycle de Krebs, formation d'acétyl CoA, d) glycolyse, formation d'acétyl CoA, cycle de Krebs, chaîne de transport des électrons, e) formation d'acétyl CoA, cycle de Krebs, glycolyse, chaîne de transport des électrons.

9. Lequel des processus suivants ne devrait pas se produire pendant un jeûne prolongé ou une famine ? a) diminution de la concentration d'acides gras dans le plasma, b) augmentation de la formation de corps cétoniques, c) lipolyse, d) augmentation de l'utilisation de cétones pour la production d'ATP dans l'encéphale, e) déplétion du glycogène.

10. Quand la température centrale s'élève au-dessus de la normale, lesquels des processus suivants devraient se produire pour réduire la température corporelle ? 1) dilatation des vaisseaux de la peau, 2) augmentation du rayonnement et de la conduction de chaleur vers l'environnement, 3) augmentation du métabolisme, 4) évaporation de sueur, 5) augmentation de la sécrétion d'hormones thyroïdiennes. a) 3, 4 et 5 ; b) 1, 2 et 4 ; c) 1, 2 et 5 ; d) 1, 2, 3, 4 et 5 ; e) 1, 2, 4 et 5.

11. Pendant lesquels des événements suivants le métabolisme augmente-t-il ? 1) sommeil, 2) après un repas, 3) augmentation de la sécrétion d'hormones thyroïdiennes, 4) stimulation du système nerveux parasympathique, 5) fièvre. a) 3 et 4 ; b) 1, 3 et 5 ; c) 2 et 3 ; d) 2, 3 et 4 ; e) 2, 3 et 5.

12. Parmi les réactions suivantes, lesquelles sont des réactions de l'état postprandial ? 1) respiration cellulaire aérobie, 2) glycogenèse, 3) glycogénolyse, 4) néoglucogenèse à partir de l'acide lactique, 5) lipolyse. a) 1 et 2 ; b) 2 et 3 ; c) 3 et 4 ; d) 4 et 5 ; e) 1 et 5.

13. Associez les hormones suivantes aux réactions dont elles assurent la régulation (une même réponse peut servir plus d'une fois ; certaines réactions sont associées à plus d'une réponse) :

_____ a) néoglucogenèse
_____ b) glycogenèse
_____ c) glycogénolyse
_____ d) lipolyse
_____ e) lipogenèse
_____ f) catabolisme des protéines
_____ g) anabolisme des protéines

1) insuline
2) cortisol
3) glucagon
4) hormones thyroïdiennes
5) adrénaline
6) somatomédines

14. Associez les éléments suivants :

_____ a) transportent le cholestérol vers les cellules de l'organisme, où il est utilisé pour la réparation des membranes et la synthèse des hormones stéroïdes et des sels biliaires
_____ b) retirent le cholestérol excédentaire des cellules de l'organisme et le transportent jusqu'au foie en vue de son élimination
_____ c) nutriments organiques nécessaires en petite quantité pour la croissance et le métabolisme normal
_____ d) molécule qui fournit l'énergie aux cellules de l'organisme
_____ e) nutriments dont les molécules peuvent être oxydées pour produire de l'ATP ou stockées dans le tissu adipeux
_____ f) transportent des lipides endogènes aux adipocytes en vue de leur stockage
_____ g) matière première préférée de l'organisme pour la synthèse de l'ATP
_____ h) substances composées d'acides aminés ; principales molécules de régulation de l'organisme
_____ i) acide acétylacétique, acide β-hydroxybutyrique et acétone
_____ j) hormone sécrétée par les adipocytes qui permet de réduire la masse adipeuse totale
_____ k) neurotransmetteur qui stimule l'apport alimentaire
_____ l) substances inorganiques qui accomplissent beaucoup de fonctions vitales dans l'organisme
_____ m) transporteurs d'électrons de la chaîne de transport des électrons

1) leptine
2) minéraux
3) glucose
4) lipides
5) protéines
6) neuropeptide Y
7) cytochromes
8) corps cétoniques
9) lipoprotéines de basse densité
10) ATP
11) vitamines
12) lipoprotéines de haute densité
13) lipoprotéines de très basse densité

15. Associez les éléments suivants :

_____ a) le mécanisme de production d'ATP qui lie des réactions chimiques au pompage d'ions hydrogène
_____ b) la perte d'électrons par un atome ou une molécule ayant pour conséquence une diminution d'énergie
_____ c) le transfert d'un groupement amine d'un acide aminé à une substance telle que l'acide pyruvique
_____ d) la formation de glucose à partir de substances non glucidiques
_____ e) l'ensemble des réactions chimiques de l'organisme
_____ f) l'oxydation du glucose pour produire de l'ATP
_____ g) la dégradation d'un triacylglycérol en glycérol et en acides gras
_____ h) la synthèse de lipides
_____ i) l'ajout d'électrons à une molécule ayant pour conséquence une augmentation de son contenu énergétique
_____ j) la formation de corps cétoniques
_____ k) la dégradation du glycogène en glucose
_____ l) des réactions chimiques exothermiques qui réduisent les molécules organiques complexes en substances plus simples
_____ m) la vitesse globale à laquelle les réactions métaboliques utilisent l'énergie
_____ n) la dégradation du glucose en deux molécules d'acide pyruvique
_____ o) la perte d'une molécule de CO_2
_____ p) les réactions chimiques endothermiques qui combinent des molécules simples avec des monomères pour former des substances plus complexes
_____ q) l'addition d'un groupement phosphate à une molécule
_____ r) la perte du groupement amine par un acide aminé
_____ s) la perte de deux atomes de carbone à la fois par un acide gras
_____ t) la conversion du glucose en glycogène

1) métabolisme
2) catabolisme
3) β-oxydation
4) lipolyse
5) phosphorylation
6) glycolyse
7) respiration cellulaire
8) transamination
9) anabolisme
10) lipogenèse
11) glycogénolyse
12) glycogenèse
13) vitesse du métabolisme
14) cétogenèse
15) oxydation
16) réduction
17) chimiosmose
18) désamination
19) néoglucogenèse
20) décarboxylation

Vous trouverez les réponses à ces questions à l'appendice D.

1. Le cadavre d'une femme a été trouvé dans sa salle à manger. Sa mort semble suspecte. Les résultats des analyses de laboratoire menées pour l'enquête médicale révèlent la présence de cyanure dans son sang. De quelle manière le cyanure a-t-il causé la mort de cette femme?

2. À la suite d'un examen physique récent, les résultats des analyses sanguines de M. Ferland, qui est âgé de 55 ans, sont les suivants: cholestérol total = 7,8 mmol/L; LDL = 4,5 mmol/L; HDL = 0,5 mmol/L. Expliquez ces résultats à M. Ferland et faites-lui part des changements qu'il doit apporter à son mode de vie, le cas échéant. Pourquoi ces changements sont-ils importants?

3. Sarah s'est inscrite à un programme de perte de poids. Dans le cadre de ce programme, elle doit fournir régulièrement des échantillons d'urine pour vérifier la présence de cétones. Elle est allée à la clinique aujourd'hui pour passer son analyse d'urine et une infirmière lui a dit qu'elle trichait et qu'elle ne suivait pas son régime. Comment l'infirmière a-t-elle pu savoir que Sarah ne suivait pas son régime?

RÉPONSES AUX QUESTIONS DES FIGURES

25.1 Dans les cellules acineuses du pancréas, l'anabolisme prédomine parce que leur principale activité est la synthèse de molécules complexes (enzymes digestives).

25.2 La glycolyse est aussi appelée *respiration cellulaire anaérobie*.

25.3 Les réactions de la glycolyse consomment deux molécules d'ATP, mais produisent quatre molécules d'ATP, pour un gain net de deux molécules.

25.4 Les kinases sont des enzymes qui assurent la phosphorylation (ajout d'un groupement phosphate) de leur substrat.

25.5 La glycolyse a lieu dans le cytosol.

25.6 Du CO_2 est perdu pendant la production de l'acétyl coenzyme A et pendant le cycle de Krebs. Il quitte les mitochondries, diffuse dans le cytosol, quitte la cellule puis entre dans la circulation sanguine par diffusion, avant d'être transporté vers les poumons par le sang, puis expiré.

25.7 La production de coenzymes réduites est importante dans le cycle de Krebs parce que ces molécules riches en énergie rendent possible la formation d'ATP dans la chaîne de transport des électrons.

25.8 La source d'énergie qui alimente les pompes à protons est formée des électrons provenant du $NADH + H^+$.

25.9 La concentration d'ions H^+ la plus forte se trouve dans l'espace entre les membranes interne et externe de la mitochondrie.

25.10 Au cours de l'oxydation complète d'une molécule de glucose, six molécules d'O_2 sont utilisées et six molécules de CO_2 sont produites.

25.11 Les myocytes squelettiques peuvent synthétiser du glycogène, mais ils ne peuvent pas libérer le glucose dans le sang parce qu'ils n'ont pas l'enzyme requise, soit la phosphatase, pour retirer un groupement phosphate au glucose.

25.12 Les hépatocytes peuvent accomplir la néoglucogenèse et la glycogenèse.

25.13 Les LDL transportent le cholestérol aux cellules de l'organisme.

25.14 Les hépatocytes et les adipocytes peuvent effectuer la lipogenèse, la β-oxydation et la lipolyse. Les hépatocytes accomplissent la cétogenèse.

25.15 Avant qu'un acide aminé puisse entrer dans le cycle de Krebs, il doit perdre son groupement amine par désamination.

25.16 L'acétyl coenzyme A est la porte d'entrée du cycle de Krebs pour les molécules qui sont oxydées pour produire de l'ATP

25.17 Les réactions de l'état postprandial sont surtout anaboliques.

25.18 Les processus qui élèvent directement la glycémie durant l'état de jeûne comprennent la lipolyse (dans les adipocytes et les hépatocytes), la néoglucogenèse (dans les hépatocytes) et la glycogénolyse (dans les hépatocytes).

25.19 L'exercice, la partie sympathique du système nerveux autonome, des hormones (adrénaline, noradrénaline, thyroxine, testostérone, hormone de croissance), l'élévation de la température corporelle et l'ingestion de nourriture font augmenter la vitesse du métabolisme, ce qui accroît la température corporelle.

25.20 Les aliments qui contiennent le cholestérol et la plupart des acides gras saturés que nous consommons sont les fromages, les viandes grasses, les œufs et les produits laitiers gras tels que la crème et le beurre.

LE SYSTÈME URINAIRE

LE SYSTÈME URINAIRE ET L'HOMÉOSTASIE

Le système urinaire contribue à l'homéostasie en stabilisant la composition, le pH et le volume du sang, en agissant sur la pression artérielle, en maintenant l'osmolarité sanguine, en éliminant les déchets et les substances étrangères et, enfin, en produisant des hormones.

Le **système urinaire** comprend deux reins, deux uretères, une vessie et un urètre (**figure 26.1**). Une fois que les reins ont filtré le plasma sanguin, ils renvoient la majeure partie de l'eau et des solutés dans la circulation sanguine ; l'eau et les solutés qui restent constituent l'**urine**. Celle-ci s'écoule dans les uretères avant d'être emmagasinée dans la vessie jusqu'à ce qu'elle soit expulsée du corps par l'urètre. La **néphrologie** (*néphros* : rein ; *logos* : discours) est l'étude scientifique de l'anatomie, de la physiologie et de la pathologie du rein. La branche de la médecine qui traite du système urinaire des hommes et des femmes, ainsi que des organes génitaux masculins, est appelée **urologie** (*oûron* : urine), et un spécialiste de cette discipline est un **urologue**.

LES FONCTIONS DU REIN : VUE D'ENSEMBLE

> ### OBJECTIF
>
> • Établir la liste des fonctions du rein.

Ce sont les reins qui assurent les principales fonctions du système urinaire, car les autres parties sont avant tout des conduits et des lieux de stockage. Voici quelques fonctions du rein :

• *La régulation de la composition ionique du sang.* Les reins participent à la régulation de la concentration sanguine de plusieurs ions, dont les plus importants sont les ions sodium (Na^+), potassium (K^+), calcium (Ca^{2+}), chlorure (Cl^-) et phosphate (HPO_4^{2-}).

• *La régulation du pH sanguin.* Les reins excrètent dans l'urine des quantités variables d'ions hydrogène (H^+) et retiennent les ions bicarbonate (HCO_3^-). Ces derniers exercent un important effet tampon sur les ions H^+ présents dans le sang. Ces deux fonctions contribuent à la régulation du pH sanguin.

• *La régulation du volume sanguin.* En conservant ou en éliminant l'eau contenue dans l'urine, les reins ajustent le volume sanguin. Une augmentation de celui-ci provoque une élévation de la pression artérielle, alors qu'une diminution la fait baisser.

• *La régulation de la pression artérielle.* Les reins contribuent aussi à la régulation de la pression artérielle en sécrétant la rénine, une enzyme qui active le système rénine-angiotensine-aldostérone (voir la figure 18.16). Une augmentation de la sécrétion de rénine a pour effet d'élever la pression artérielle.

FIGURE 26.1 Les organes du système urinaire chez la femme.

L'urine formée par les reins passe d'abord dans les uretères, puis elle est emmagasinée dans la vessie et traverse enfin l'urètre, par lequel elle est éliminée du corps.

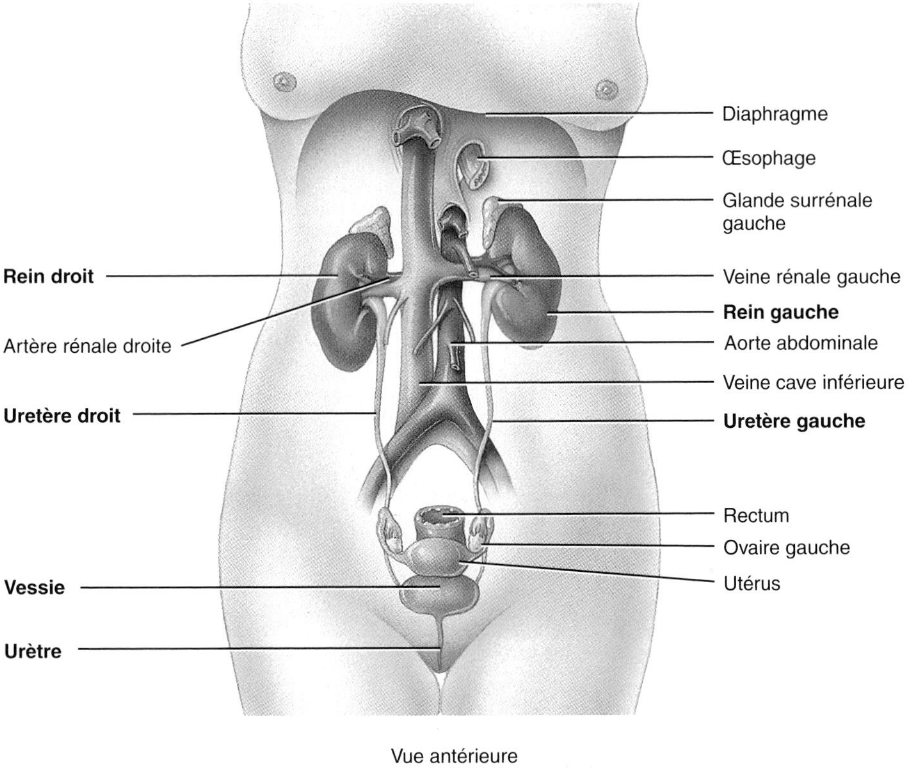

Fonctions du système urinaire

1. Les reins règlent le volume, la composition et le PH du sang, contribuent à la régulation de la pression artérielle, synthétisent du glucose, libèrent l'érythropoïétine, participent à la synthèse de la vitamine D et évacuent des débris dans l'urine.

2. Les uretères transportent l'urine des reins jusqu'à la vessie.

3. La vessie emmagasine l'urine.

4. L'urètre évacue l'urine du corps.

Vue antérieure

Q Quels sont les organes du système urinaire ?

- *Le maintien de l'osmolarité sanguine.* En réglant séparément la perte d'eau et celle des solutés dans l'urine, les reins maintiennent l'osmolarité du sang à un niveau relativement stable, soit près de 300 milliosmoles par litre (mOsm/L)*.
- *La libération d'hormones.* Les reins libèrent deux hormones : le *calcitriol*, qui est la forme active de la vitamine D, contribue à la régulation du calcium sanguin (voir la figure 18.14) et l'*érythropoïétine* stimule la production des érythrocytes (voir la figure 19.5).
- *La régulation de la glycémie.* Tout comme le foie, les reins peuvent utiliser la glutamine, un acide aminé, pour la *néoglucogenèse*, c'est-à-dire la synthèse de nouvelles molécules de glucose. Ils libèrent ensuite le glucose dans le sang de manière à maintenir la glycémie à un taux normal.
- *L'excrétion des déchets et des substances étrangères.* Grâce à la formation d'urine, les reins participent à l'excrétion des **déchets**, c'est-à-dire des substances qui n'ont aucune fonction utile dans l'organisme. Certains déchets excrétés dans l'urine proviennent de réactions métaboliques. C'est le cas de l'ammoniac et de l'urée produits par la désamination des acides aminés, de la bilirubine provenant du catabolisme de l'hémoglobine, de la créatinine résultant de la dégradation de la créatine phosphate dans les myocytes et de l'acide urique issu du catabolisme des acides nucléiques. D'autres déchets excrétés dans l'urine sont des substances étrangères telles que des drogues, des médicaments et des toxines environnementales.

▶ **POINT DE CONTRÔLE**

1. Qu'entend-on par déchets et comment les reins contribuent-ils à en débarrasser l'organisme ?

L'ANATOMIE ET L'HISTOLOGIE DES REINS

> **OBJECTIFS**

- Décrire les traits anatomiques externes et internes des reins, sur le plan macroscopique.
- Montrer le parcours du sang qui circule dans les reins.
- Décrire la structure des corpuscules et des tubules rénaux.

Les **reins** sont des organes pairs rougeâtres en forme de haricot, situés juste au-dessus de la taille entre le péritoine et la paroi pos-

---

* L'**osmolarité** d'une solution est la mesure du nombre total de particules dissoutes par litre de solution. Les particules peuvent être des molécules, des ions ou un mélange des deux. On calcule l'osmolarité en multipliant la molarité par le nombre de particules par molécule, une fois cette dernière dissoute. L'*osmolalité* est une notion voisine : il s'agit du nombre de particules de soluté par *kilogramme* d'eau. Comme il est plus facile de mesurer le volume d'une solution que de déterminer la masse d'eau qu'elle contient, on utilise plus souvent l'osmolarité que l'osmolalité. La plupart des liquides de l'organisme et des solutions employées en clinique sont dilués, si bien qu'il y a moins de 1% de différence entre les deux mesures.

térieure de l'abdomen. Comme ils se trouvent derrière le péritoine tapissant la cavité abdominale, on dit qu'ils sont **rétropéritonéaux** (*retro* : en arrière) (figure 26.2). Les reins occupent un espace entre la dernière vertèbre thoracique et la troisième vertèbre lombaire. Ainsi, ils sont partiellement protégés par les onzième et douzième paires de côtes. Le rein droit est légèrement plus bas que le gauche (figure 26.1) parce que le foie occupe un grand espace du côté droit, au-dessus du rein.

L'ANATOMIE EXTERNE DU REIN

Chez l'adulte, le rein normal mesure de 10 à 12 cm de long, de 5 à 7 cm de large et 3 cm d'épaisseur – il a donc à peu près la taille d'un pain de savon – et sa masse est de 135 à 150 g. Le bord concave et médial de chaque rein fait face à la colonne vertébrale (figure 26.1). Près du centre du bord concave du rein, se trouve une échancrure verticale profonde, appelée **hile rénal** (figure 26.3), par laquelle l'uretère, tout comme les vaisseaux sanguins et lymphatiques et les nerfs, quitte le rein.

Trois couches de tissus enveloppent chaque rein (figure 26.2). La couche profonde, nommée **capsule fibreuse**, est un feuillet lisse et transparent de tissu conjonctif dense et irrégulier, situé dans le prolongement de la couche externe de l'uretère. Elle sert de protection contre les traumatismes et contribue à maintenir la forme du rein. La couche intermédiaire, appelée **capsule adipeuse**, est une masse de tissu adipeux qui entoure la capsule fibreuse. Elle protège aussi le rein contre les traumatismes et le tient fermement en place dans la cavité abdominale. La couche superficielle, nommée **fascia rénal**, est aussi une fine couche de tissu conjonctif dense irrégulier, qui attache le rein aux structures avoisinantes et à la paroi abdominale. Sur la face antérieure du rein, le fascia rénal se trouve derrière le péritoine.

LA NÉPHROPTOSE (REIN FLOTTANT)

On appelle **néphroptose** (*ptosis* : chute), ou **rein flottant**, une descente du rein. Autrement dit, le rein se déplace vers le bas, hors de sa position normale, parce qu'il n'est pas solidement tenu en place par les organes adjacents ou par son enveloppe de graisse. La néphroptose survient principalement chez les personnes très maigres qui présentent une déficience de la capsule adipeuse ou du fascia rénal. Cette anomalie est dangereuse, car l'uretère peut subir une torsion qui risque de bloquer le flot d'urine. En refluant, celle-ci exerce une pression sur le rein, ce qui endommage les tissus. La torsion de l'uretère cause en outre d'intenses douleurs. La néphroptose est très fréquente : on estime qu'une personne sur quatre environ souffre d'une faiblesse plus ou moins marquée des attaches fibreuses qui tiennent le rein en place ; elle touche 10 fois plus de femmes que d'hommes. Étant donné le moment de la vie où ce trouble fait son apparition, il est très facile de le distinguer des anomalies congénitales. ■

L'ANATOMIE INTERNE DU REIN

Une coupe frontale du rein révèle deux régions distinctes : une zone superficielle rougeâtre, à texture lisse, appelée **cortex rénal** (*cortex* : écorce) et une zone profonde, brun rougeâtre, appelée **médulla rénale** (*medulla* : moelle) (figure 26.3). La médulla est constituée

FIGURE 26.2 La situation et les enveloppes des reins.

Les reins sont entourés d'une capsule fibreuse, d'une capsule adipeuse et du fascia rénal.

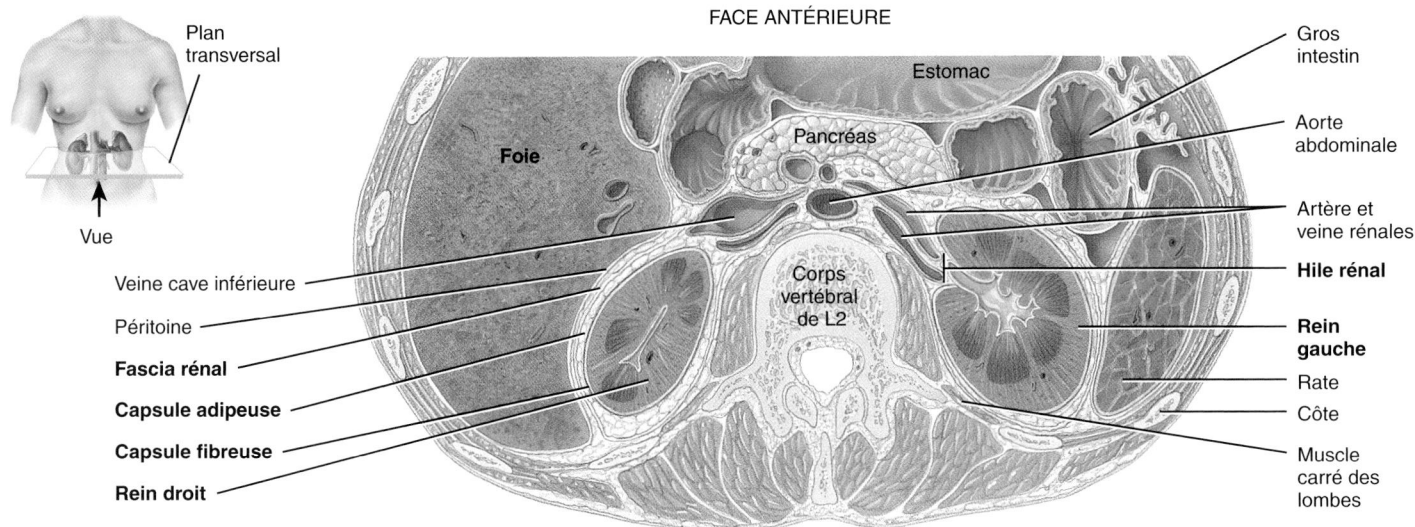

FACE ANTÉRIEURE

Plan transversal

Vue

Estomac

Pancréas

Foie

Gros intestin

Aorte abdominale

Artère et veine rénales

Hile rénal

Veine cave inférieure

Péritoine

Fascia rénal

Capsule adipeuse

Capsule fibreuse

Rein droit

Corps vertébral de L2

Rein gauche

Rate

Côte

Muscle carré des lombes

FACE POSTÉRIEURE

a) Vue inférieure d'une coupe transversale de l'abdomen (L2)

FACE SUPÉRIEURE

Plan sagittal

Poumon

Foie

Diaphragme

Glande surrénale

12e côte

Péritoine

Rein droit

Fascia rénal

Capsule adipeuse

Capsule fibreuse

Muscle carré des lombes

Gros intestin

Os iliaque

FACE POSTÉRIEURE

FACE ANTÉRIEURE

b) Coupe sagittale du rein droit

Q Pourquoi dit-on que les reins sont rétropéritonéaux?

FIGURE 26.3 L'anatomie interne du rein.

Les deux principales régions du parenchyme rénal sont le cortex et les pyramides de la médulla rénale.

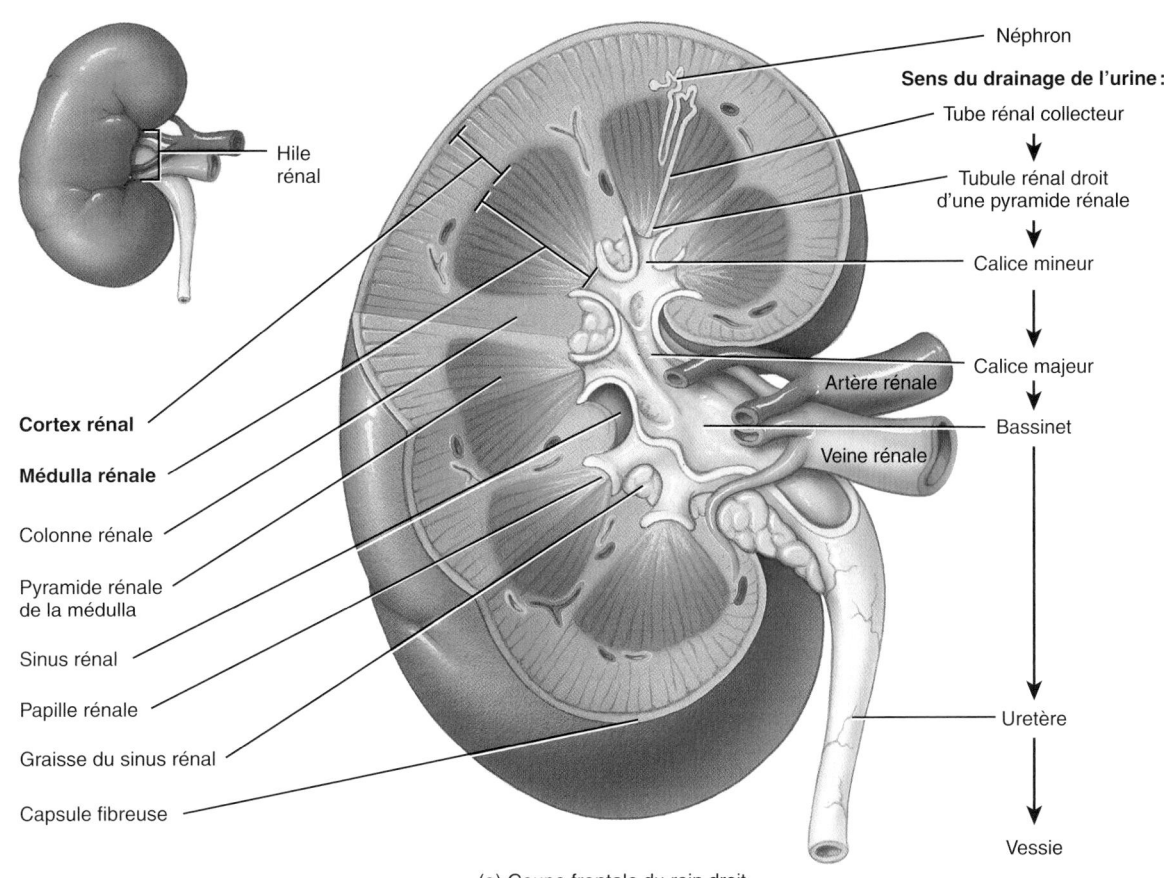

Néphron

Sens du drainage de l'urine :

Tube rénal collecteur

Tubule rénal droit
d'une pyramide rénale

Calice mineur

Calice majeur

Artère rénale

Bassinet

Veine rénale

Hile
rénal

Cortex rénal

Médulla rénale

Colonne rénale

Pyramide rénale
de la médulla

Sinus rénal

Papille rénale

Graisse du sinus rénal

Capsule fibreuse

Uretère

Vessie

(a) Coupe frontale du rein droit

FACE SUPÉRIEURE

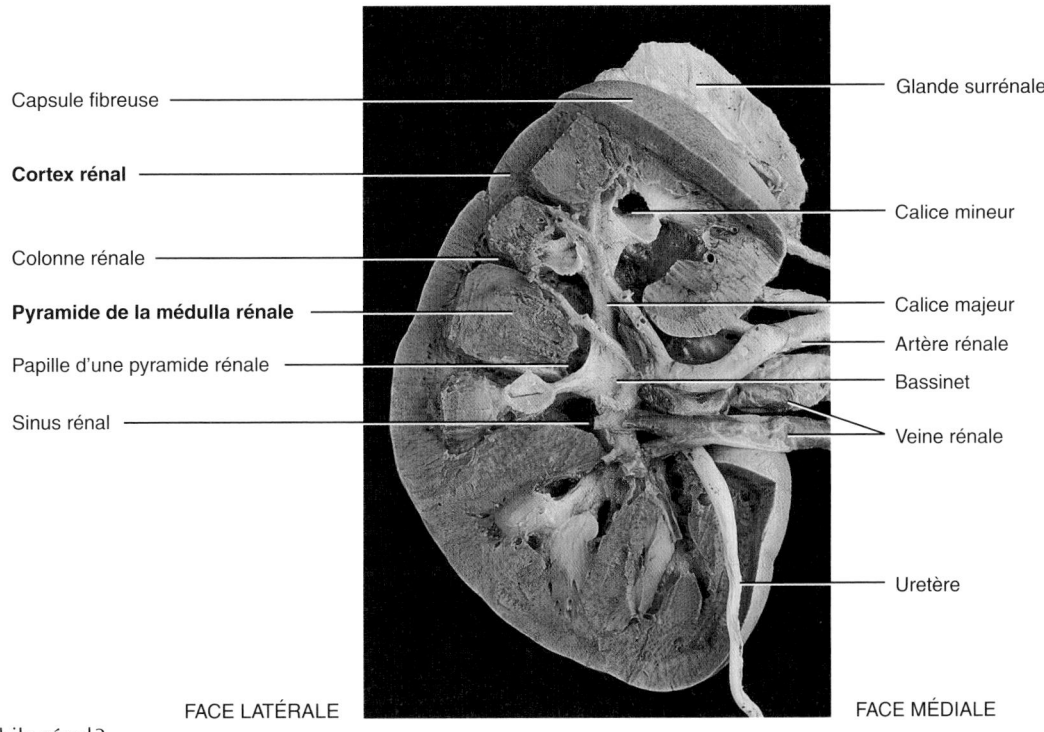

Capsule fibreuse

Cortex rénal

Colonne rénale

Pyramide de la médulla rénale

Papille d'une pyramide rénale

Sinus rénal

Glande surrénale

Calice mineur

Calice majeur

Artère rénale

Bassinet

Veine rénale

Uretère

FACE LATÉRALE

FACE MÉDIALE

(b) Coupe frontale du rein droit

 Quelles structures passent par le hile rénal ?

de 8 à 18 **pyramides rénales** de forme conique. La base (extrémité élargie) de chaque pyramide fait face au cortex rénal et le sommet (extrémité plus étroite), appelé **papille rénale**, est orienté vers le hile rénal. Le cortex rénal est la zone de texture lisse qui s'étend de la capsule fibreuse jusqu'à la base des pyramides rénales et se prolonge dans les interstices entre ces dernières. Il se divise en une *zone corticale*, externe, et une *zone juxtamédullaire*, interne. Les prolongements du cortex situés entre les pyramides sont appelés **colonnes rénales**. Chaque pyramide rénale forme avec la portion du cortex rénal qui la recouvre et la moitié de chacune des colonnes rénales adjacentes un **lobe rénal**.

Ensemble, le cortex rénal et les pyramides rénales de la médulla constituent le **parenchyme** (la partie fonctionnelle) du rein. Les unités fonctionnelles du rein, soit environ 1 million de structures microscopiques appelées **néphrons**, se trouvent dans le parenchyme. L'urine produite par les néphrons se jette dans des conduits plus larges, les **tubules rénaux droits** qui traversent les papilles rénales des pyramides et débouchent sur des structures en forme de coupe appelées **calices rénaux mineurs** et **majeurs**. Chaque rein possède de 8 à 18 calices mineurs et 2 ou 3 calices majeurs. Chacun des calices mineurs reçoit l'urine des tubules droits qui passent dans une papille rénale et la déverse dans un calice majeur. De là, l'urine se jette dans une grande cavité unique appelée **bassinet**, ou *pelvis rénal* (*pelvis* : bassin), et s'écoule dans l'uretère pour se rendre jusqu'à la vessie.

Le hile s'élargit à l'intérieur du rein pour former une cavité appelée **sinus rénal**, qui contient une partie du bassinet, les calices et des ramifications des nerfs et des vaisseaux sanguins rénaux. Du tissu adipeux contribue à stabiliser ces structures dans le sinus rénal.

LA VASCULARISATION ET L'INNERVATION DU REIN

Puisque les reins débarrassent le sang de ses déchets et assurent la régulation de son volume et de sa composition ionique, il n'est pas étonnant qu'ils soient très bien vascularisés. Ils constituent moins de 0,5 % de la masse corporelle totale, mais ils reçoivent de 20 à 25 % du débit cardiaque au repos par les **artères rénales** droite et gauche (figure 26.4). Chez l'adulte, le **débit sanguin rénal** est d'environ 1 200 mL par minute.

Dans le rein, l'artère rénale se divise en plusieurs **artères segmentaires**, qui irriguent différents segments ou aires du rein. De chaque artère segmentaire sont issues plusieurs ramifications qui pénètrent dans le parenchyme et traversent les colonnes rénales entre les pyramides rénales : ce sont les **artères interlobaires**. À la base des pyramides rénales, les artères interlobaires décrivent un arc entre la médulla et le cortex ; à cet endroit, elles sont appelées **artères arquées**. La subdivision des artères arquées donne naissance à une série d'**artères interlobulaires**, qui doivent leur nom au fait qu'elles passent entre les lobules rénaux. Ces artères pénètrent dans le cortex rénal et se ramifient en **artérioles glomérulaires afférentes** (*afferre* : apporter).

Chaque néphron reçoit une artériole glomérulaire afférente, qui se divise en un réseau de capillaires enchevêtrés de forme sphérique, appelé **glomérule** (*glomerulus* : petite boule). Ensuite, les

capillaires glomérulaires se joignent pour former une **artériole glomérulaire efférente** (*efferre* : porter hors) qui draine le sang du glomérule. Les capillaires glomérulaires sont uniques, car ils sont situés entre deux artérioles, plutôt qu'entre une artériole et une veinule (voir la figure 4.8). Étant donné que ce sont des réseaux capillaires et qu'ils jouent un rôle important dans la formation de l'urine, on considère que les glomérules font partie à la fois du système cardiovasculaire et du système urinaire.

Les artérioles efférentes se ramifient pour former les **capillaires péritubulaires** (*peri* : autour de), qui entourent les parties tubulaires du néphron dans le cortex rénal. Certaines artérioles efférentes se prolongent en de longs vaisseaux en forme de boucle, les **artérioles droites** et les **veinules droites** (aussi nommées collectivement **vasa recta**), qui irriguent les parties tubulaires du néphron dans la médulla rénale (figure 26.5b).

Les capillaires péritubulaires finissent par converger pour former les **veinules péritubulaires**, puis les **veines interlobulaires**, qui reçoivent aussi le sang des veinules droites. Le sang s'écoule ensuite dans les **veines arquées**, puis se déverse dans les **veines interlobaires** qui serpentent entre les pyramides rénales. Le sang veineux quitte le rein au niveau du hile rénal par une unique **veine rénale** qui se déverse dans la veine cave inférieure.

La plupart des nerfs du rein sont issus du *ganglion cœliaque* et passent par le *plexus rénal* pour entrer dans le rein avec l'artère rénale. Tous ces nerfs appartiennent à la partie sympathique du système nerveux autonome. La plupart sont des nerfs vasomoteurs qui règlent le débit sanguin dans le rein en provoquant la vasodilatation ou la vasoconstriction des artérioles rénales.

LA GREFFE DE REIN

On appelle **greffe de rein** la transplantation d'un rein d'un donneur à un receveur, dont les reins ne fonctionnent plus. Au cours de l'intervention, on place le rein du donneur dans le bassin du receveur après avoir fait une incision dans l'abdomen. On relie l'artère et la veine rénales du rein transplanté respectivement à l'artère et à la veine rénales du receveur. On raccorde ensuite l'uretère du rein transplanté à la vessie. Au cours d'une greffe de rein, le patient reçoit seulement un rein puisque cela suffit à assurer la fonction rénale de façon satisfaisante. On laisse habituellement en place les reins malades, qui fonctionnent mal. Comme dans n'importe quel cas de greffe, le receveur de l'organe transplanté doit surveiller sa vie durant tout signe d'infection ou de rejet, et il devra toujours prendre des médicaments immunodépresseurs pour éviter le rejet de l'organe « étranger ». ■

LE NÉPHRON

Les parties du néphron

Le néphron est l'unité fonctionnelle du rein et, à ce titre, il accomplit trois grandes tâches : il filtre le sang, il retourne dans le sang les substances utiles afin qu'elles restent dans l'organisme et il en retire les substances dont l'organisme n'a pas besoin. Ainsi, le néphron maintient l'équilibre de la composition sanguine et produit l'urine. Le néphron est constitué de deux parties (figure 26.5) : le **corpuscule rénal** (*corpusculum* : atome), où s'effectue la filtration du plasma, et le **tubule rénal**, dans lequel passe le liquide

FIGURE 26.4 La vascularisation du rein.

Les artères rénales apportent aux reins de 20 à 25% du débit cardiaque au repos.

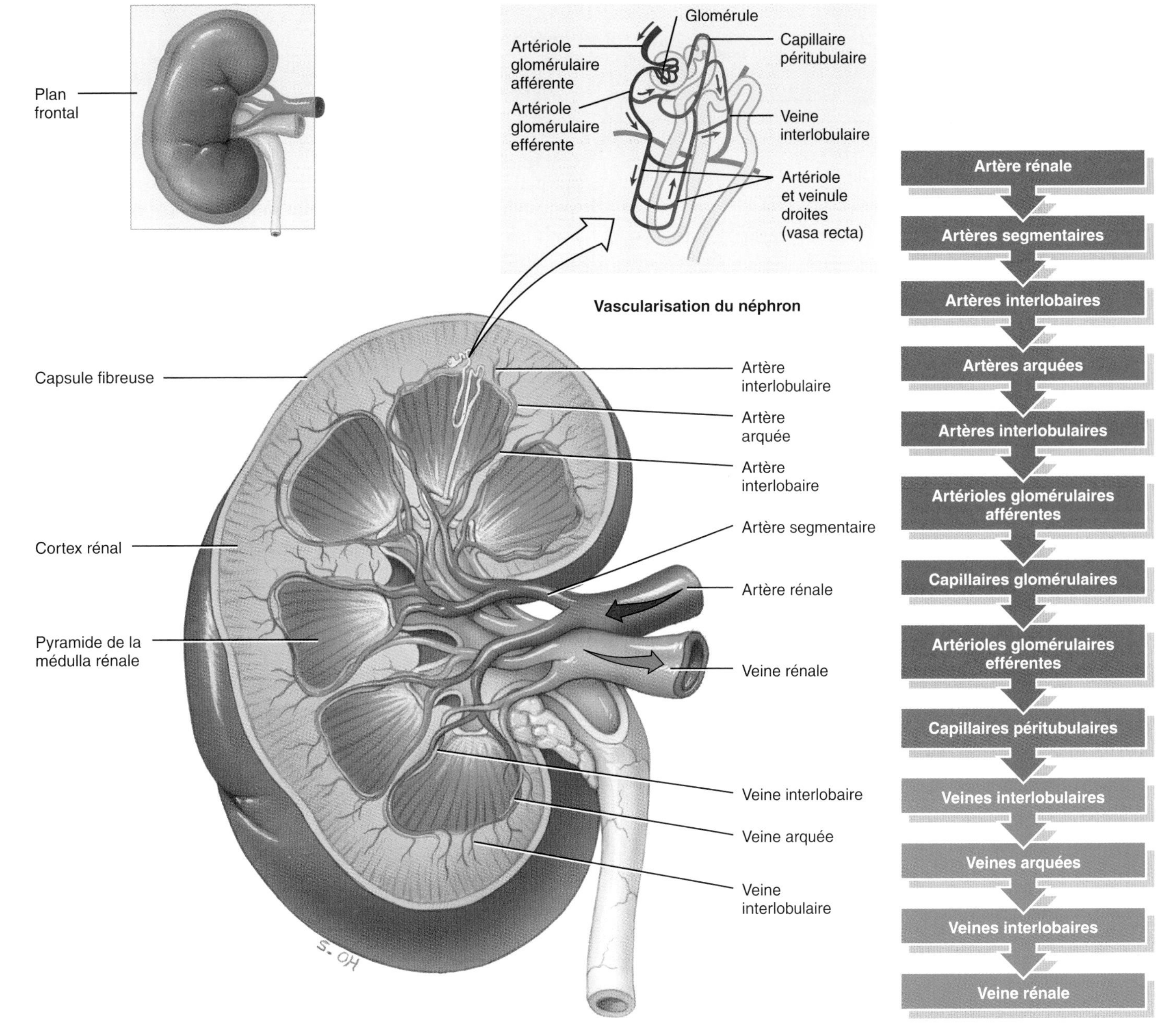

Plan frontal

Glomérule

Artériole glomérulaire afférente

Artériole glomérulaire efférente

Capillaire péritubulaire

Veine interlobulaire

Artériole et veinule droites (vasa recta)

Vascularisation du néphron

Capsule fibreuse

Cortex rénal

Pyramide de la médulla rénale

Artère interlobulaire

Artère arquée

Artère interlobaire

Artère segmentaire

Artère rénale

Veine rénale

Veine interlobaire

Veine arquée

Veine interlobulaire

S. OH

(a) Coupe frontale du rein droit

| Artère rénale |
| Artères segmentaires |
| Artères interlobaires |
| Artères arquées |
| Artères interlobulaires |
| Artérioles glomérulaires afférentes |
| Capillaires glomérulaires |
| Artérioles glomérulaires efférentes |
| Capillaires péritubulaires |
| Veines interlobulaires |
| Veines arquées |
| Veines interlobaires |
| Veine rénale |

(b) Sens de la circulation sanguine dans le rein

 Quel volume de sang pénètre chaque minute dans les artères rénales?

filtré. Le corpuscule rénal comprend deux parties: le **glomérule** (un réseau de capillaires) et la **capsule glomérulaire** (ou capsule de Bowman), qui ressemble à une coupe à double paroi enveloppant les capillaires glomérulaires. Le plasma est filtré dans la capsule glomérulaire, puis le filtrat passe dans le tubule rénal, qui comprend trois grandes sections. Dans l'ordre qui correspond au sens de l'écoulement du liquide, ce sont: 1) le **tubule contourné proximal**, 2) l'**anse du néphron** (ou anse de Henlé), et 3) le **tubule contourné distal**. Le terme *proximal* se rapporte à la partie du tubule reliée à la capsule glomérulaire et le terme *distal*, à la partie qui en est éloignée. Le mot *contourné* indique que le tubule n'est pas droit, mais en forme de serpentin. Le corpuscule rénal et

Le néphron est l'unité fonctionnelle du rein.

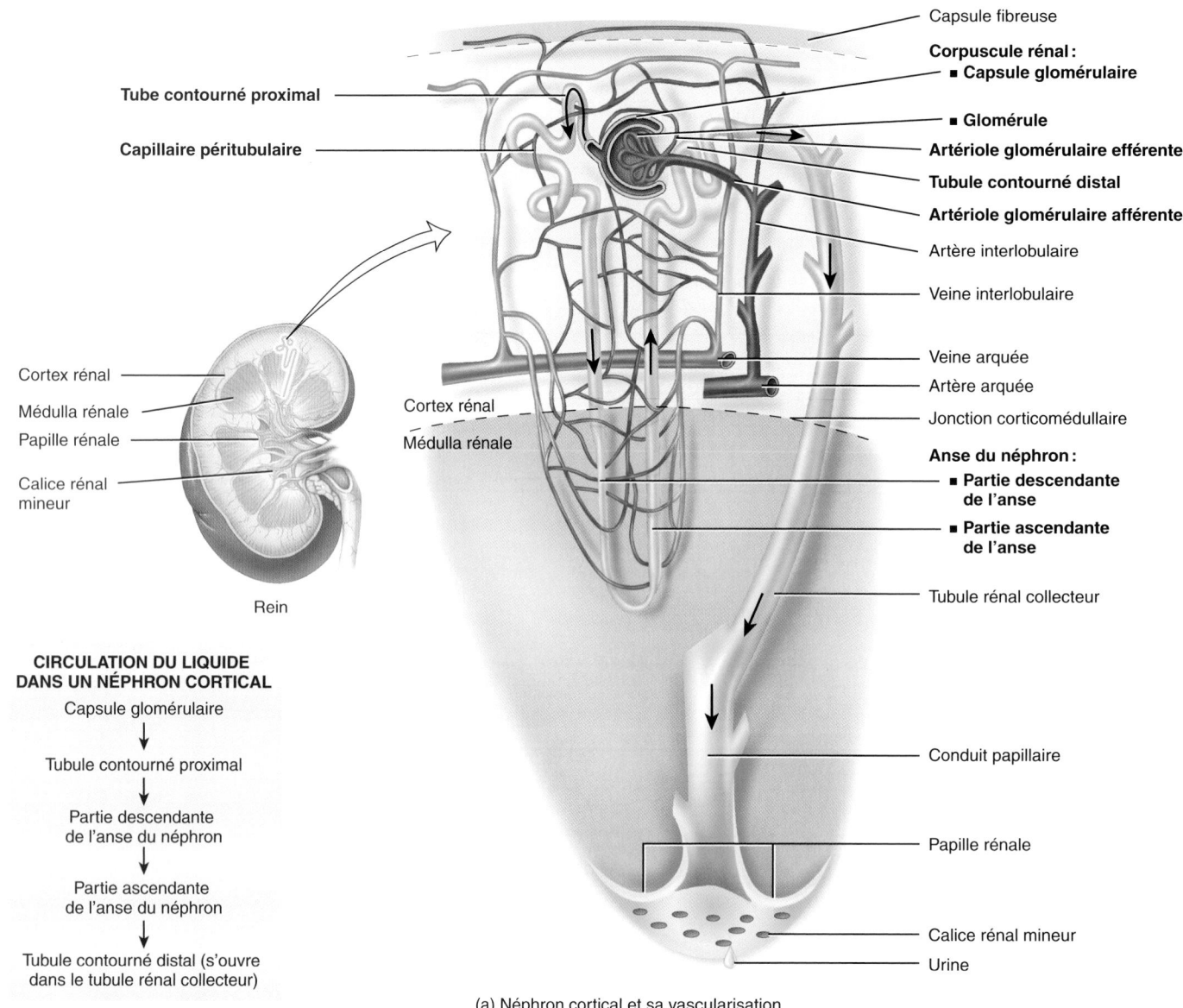

CIRCULATION DU LIQUIDE
DANS UN NÉPHRON CORTICAL

Capsule glomérulaire
↓
Tubule contourné proximal
↓
Partie descendante
de l'anse du néphron
↓
Partie ascendante
de l'anse du néphron
↓
Tubule contourné distal (s'ouvre
dans le tubule rénal collecteur)

(a) Néphron cortical et sa vascularisation

les deux tubules contournés sont situés dans le cortex rénal, alors que l'anse du néphron plonge dans la médulla rénale, fait un virage en épingle à cheveux et revient dans le cortex.

Les tubules contournés distaux de plusieurs néphrons se déversent dans un même tubule droit plus large, le **tubule rénal collecteur**. Les tubules rénaux collecteurs s'unissent ensuite et convergent vers quelques centaines de gros tubules rénaux droits, les **conduits papillaires**, qui se jettent dans les calices mineurs. Les tubules rénaux collecteurs et les conduits papillaires s'étendent du cortex rénal jusqu'au bassinet en passant par la médulla. Ainsi, bien que le rein possède environ 1 million de néphrons, le nombre de ses tubules rénaux collecteurs est beaucoup plus petit, et celui de ses conduits papillaires l'est encore davantage.

L'anse du néphron relie le tubule contourné proximal au tubule contourné distal. La première partie de l'anse pénètre dans la médulla rénale, où elle prend le nom de **partie descendante de l'anse** (figure 26.5). L'anse fait alors un virage en épingle à cheveux et retourne au cortex rénal : elle porte alors le nom de **partie ascendante de l'anse**. De 80 à 85 % des néphrons sont des **néphrons corticaux**. Leur corpuscule rénal est situé dans la partie externe du cortex rénal, et ils ont des anses *courtes* qui se trouvent surtout dans le cortex et ne pénètrent que dans la région superficielle de la médulla rénale (figure 26.5a). Les anses courtes sont vascularisées par des capillaires péritubulaires dérivés d'artérioles glomérulaires efférentes. Les 15 à 20 % de néphrons qui restent sont appelés **néphrons juxtamédullaires** (*juxta* : près de). Leur corpuscule rénal

FIGURE 26.5 La structure des néphrons (en doré) et des vaisseaux sanguins associés *(suite).*

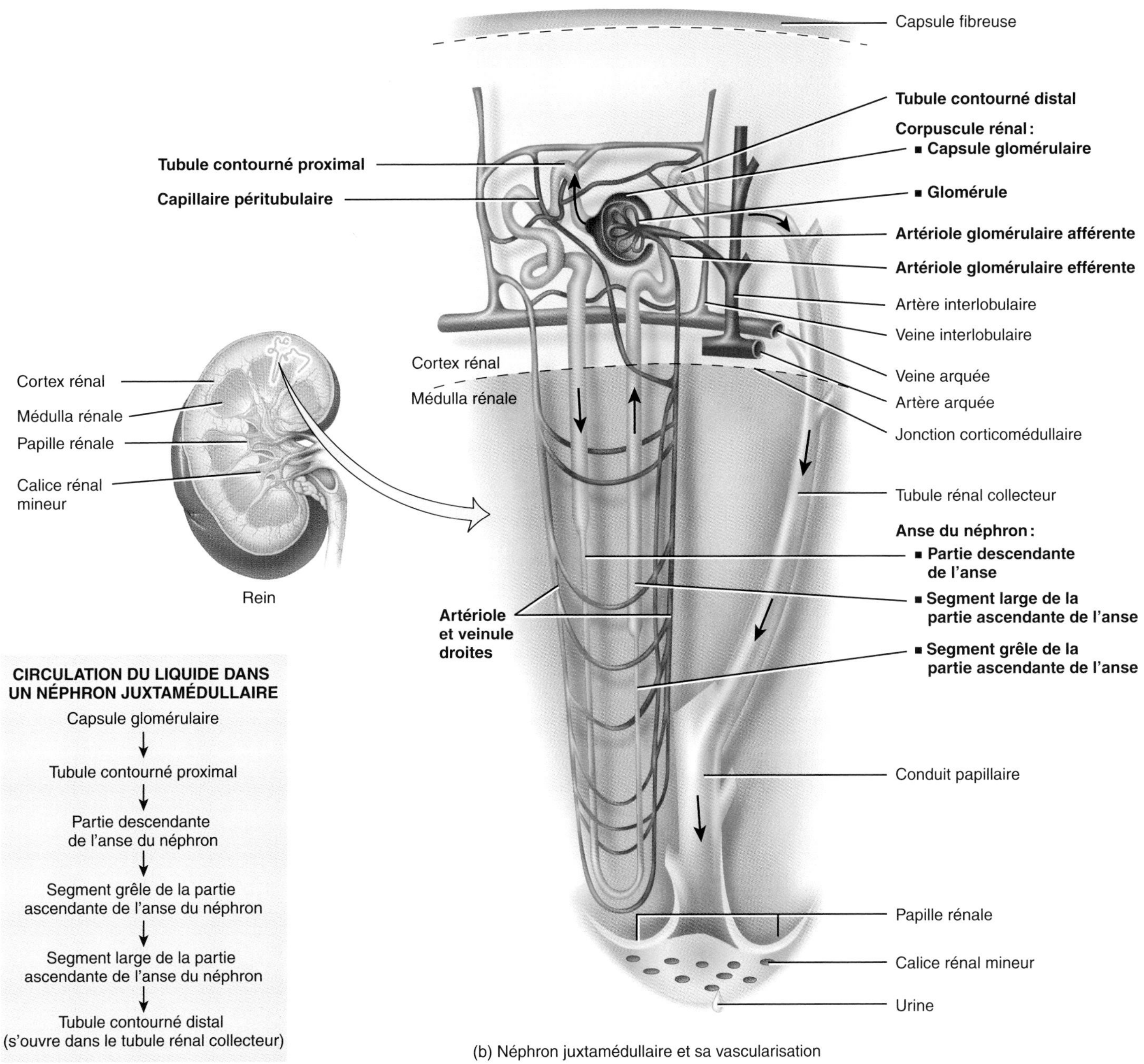

Capsule fibreuse

Tubule contourné proximal

Capillaire péritubulaire

Tubule contourné distal

Corpuscule rénal :
- Capsule glomérulaire
- Glomérule

Artériole glomérulaire afférente

Artériole glomérulaire efférente

Artère interlobulaire

Veine interlobulaire

Veine arquée

Artère arquée

Jonction corticomédullaire

Cortex rénal

Médulla rénale

Papille rénale

Calice rénal mineur

Cortex rénal

Médulla rénale

Rein

Tubule rénal collecteur

Anse du néphron :
- Partie descendante de l'anse
- Segment large de la partie ascendante de l'anse
- Segment grêle de la partie ascendante de l'anse

Artériole et veinule droites

Conduit papillaire

Papille rénale

Calice rénal mineur

Urine

CIRCULATION DU LIQUIDE DANS UN NÉPHRON JUXTAMÉDULLAIRE

Capsule glomérulaire
↓
Tubule contourné proximal
↓
Partie descendante de l'anse du néphron
↓
Segment grêle de la partie ascendante de l'anse du néphron
↓
Segment large de la partie ascendante de l'anse du néphron
↓
Tubule contourné distal (s'ouvre dans le tubule rénal collecteur)

(b) Néphron juxtamédullaire et sa vascularisation

 Quelles sont les principales différences entre le néphron cortical et le néphron juxtamédullaire ?

est situé bien à l'intérieur du cortex, près de la médulla, et ils ont une anse *longue* qui plonge au plus profond de la médulla (figure 26.5b). Les anses longues sont vascularisées par les capillaires péritubulaires et par les artérioles et veinules droites dérivées des artérioles glomérulaires efférentes. De plus, la partie ascendante de l'anse du néphron juxtamédullaire est elle-même composée de deux segments : le **segment grêle de la partie ascendante**, suivi du **segment large de la partie ascendante** (figure 26.5b). Le diamètre de la lumière du premier segment est identique à celui des

autres zones du tubule rénal, mais l'épithélium y est plus mince. Les néphrons à anses longues permettent au rein d'excréter de l'urine très diluée ou très concentrée, selon le cas.

L'histologie du néphron et du tubule rénal collecteur

La paroi de la capsule glomérulaire et des tubules qui y sont rattachés est formée, d'un bout à l'autre, d'une seule couche de cellules épithéliales. Toutefois, chaque partie de cet ensemble possède des caractéristiques histologiques propres qui reflètent ses fonctions particulières. Dans l'ordre de l'écoulement du liquide, nous décrirons la capsule glomérulaire, le tubule rénal et le tubule rénal collecteur.

La capsule glomérulaire La capsule glomérulaire (de Bowman) comprend un feuillet viscéral et un feuillet pariétal (figure 26.6a).

Le feuillet viscéral est composé d'un épithélium simple pavimenteux formé de cellules modifiées appelées **podocytes** (*podos* : pied ; *kutos* : cellule). Ces cellules possèdent de nombreux prolongements en forme de pied (pédicelles) qui s'enroulent autour de la couche unique de cellules endothéliales des capillaires glomérulaires et forment la paroi interne de la capsule. Le feuillet pariétal

FIGURE 26.6 L'histologie du corpuscule rénal.

Le corpuscule rénal est constitué d'une capsule glomérulaire (de Bowman) et d'un glomérule.

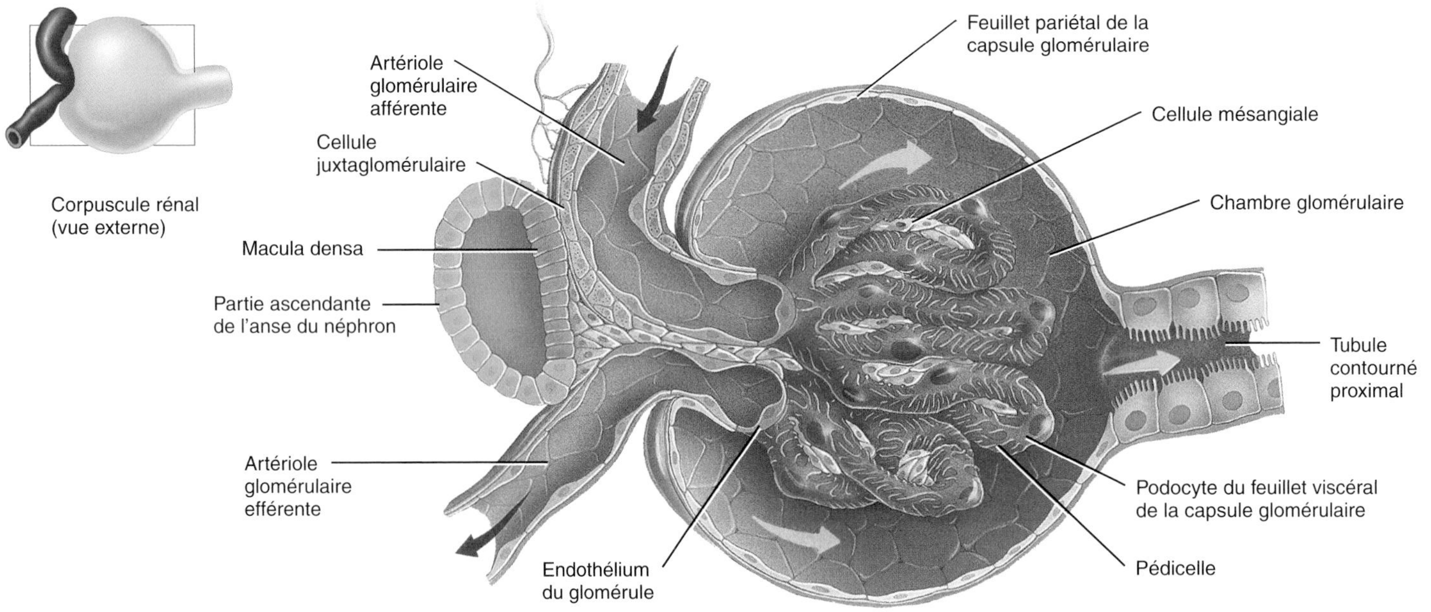

Corpuscule rénal (vue externe)

Artériole glomérulaire afférente

Cellule juxtaglomérulaire

Macula densa

Partie ascendante de l'anse du néphron

Artériole glomérulaire efférente

Endothélium du glomérule

Feuillet pariétal de la capsule glomérulaire

Cellule mésangiale

Chambre glomérulaire

Tubule contourné proximal

Podocyte du feuillet viscéral de la capsule glomérulaire

Pédicelle

(a) Corpuscule rénal (vue interne)

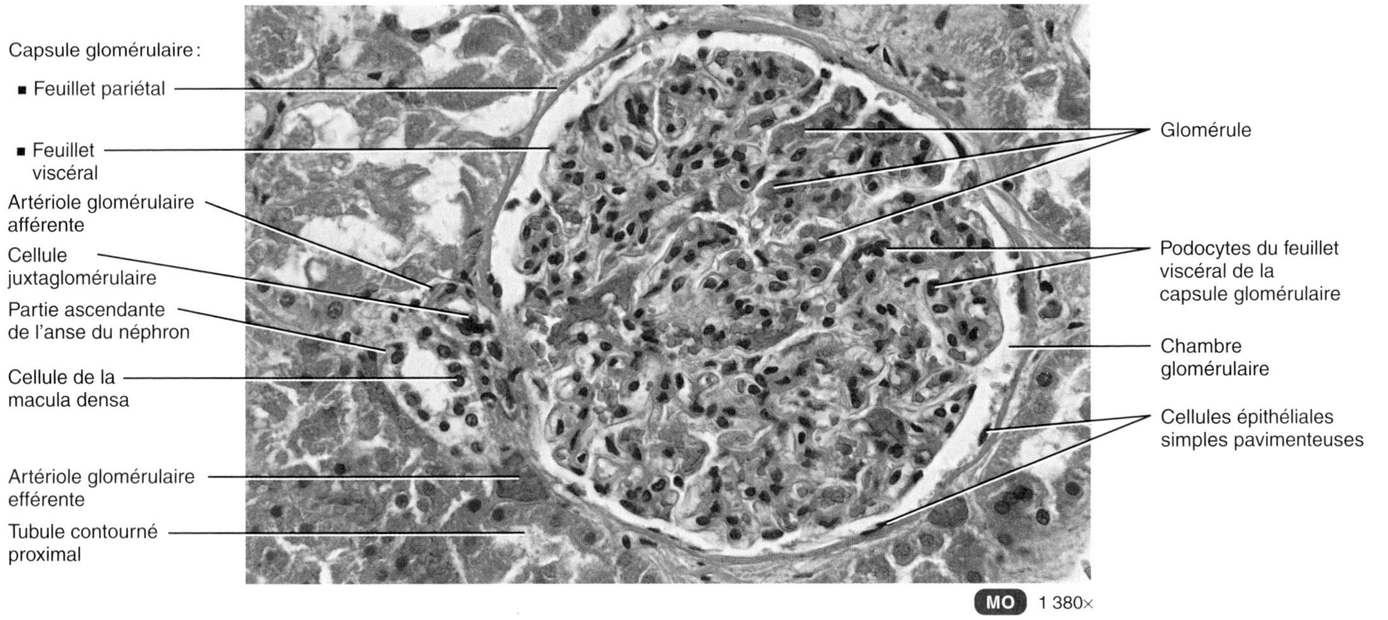

Capsule glomérulaire :
- Feuillet pariétal
- Feuillet viscéral

Artériole glomérulaire afférente

Cellule juxtaglomérulaire

Partie ascendante de l'anse du néphron

Cellule de la macula densa

Artériole glomérulaire efférente

Tubule contourné proximal

Glomérule

Podocytes du feuillet viscéral de la capsule glomérulaire

Chambre glomérulaire

Cellules épithéliales simples pavimenteuses

MO 1 380×

(b) Photomicrographie d'un corpuscule rénal

La photomicrographie en (b) représente-t-elle une coupe du cortex ou une coupe de la médulla rénale ? Comment le savez-vous ?

de la capsule glomérulaire est composé d'un épithélium simple pavimenteux et constitue la paroi externe de la capsule. Le liquide filtré en provenance des capillaires glomérulaires pénètre dans la **chambre glomérulaire**, c'est-à-dire dans l'espace délimité par les deux feuillets de la capsule glomérulaire. On peut se représenter le glomérule comme un ballon mou (la capsule glomérulaire) dans lequel on a enfoncé un poing. Celui-ci pousse la paroi externe devant lui en direction de la paroi interne, formant une enveloppe composée de deux couches de ballon (les feuillets viscéral et pariétal) séparées par un espace (la chambre glomérulaire).

Le tubule rénal et le tubule rénal collecteur Le tableau 26.1 présente les types de cellules qui forment la paroi du tubule rénal et celle du tubule rénal collecteur. Dans le tubule contourné proximal, les cellules forment un épithélium simple cubique qui porte sur la face apicale (donnant sur la lumière) une bordure en brosse proéminente. Les microvillosités de la bordure en brosse, comme celles de l'intestin grêle, augmentent la surface disponible pour la réabsorption et la sécrétion. La partie descendante de l'anse du néphron et le début de la partie ascendante de l'anse (segment grêle de la partie ascendante) sont formés d'un épithélium simple pavi-

menteux. (Rappelons que les néphrons corticaux, qui possèdent des anses courtes, n'ont pas de segment grêle de la partie ascendante.) Le segment large de la partie ascendante de l'anse du néphron est composé d'un épithélium simple aux cellules cubiques ou aux cellules prismatiques basses.

Le dernier segment de la partie ascendante de l'anse est en contact avec l'artériole glomérulaire afférente qui dessert le corpuscule rénal du même néphron (figure 26.6a). Comme les cellules composant le tubule dans cette région sont prismatiques et entassées, elles sont nommées **macula densa** (*macula* : tache ; *densa* : épaisse). Le long de la macula densa, la paroi de l'artériole glomérulaire afférente (et parfois de l'artériole glomérulaire efférente) contient des myocytes lisses modifiés appelés **cellules juxtaglomérulaires**. Avec la macula densa, elles constituent l'**appareil juxtaglomérulaire** qui, comme nous le verrons plus loin, participe à la régulation de la pression artérielle dans les reins. Le tubule contourné distal (TCD) prend naissance un peu en aval de la macula densa. Dans la majeure partie du TCD, les cellules forment un épithélium simple cubique et ne présentent que quelques microvillosités. Dans la portion terminale du TCD jusque dans le tubule rénal collecteur, on trouve deux types de cellules : la plupart sont des

TABLEAU 26.1	LES CARACTÉRISTIQUES HISTOLOGIQUES DU TUBULE RÉNAL ET DU TUBULE RÉNAL COLLECTEUR
RÉGION ET HISTOLOGIE	**DESCRIPTION**
Tubule contourné proximal (TCP)	Cellules épithéliales simples cubiques dont les microvillosités forment une bordure en brosse proéminente.
Anse du néphron : partie descendante et segment grêle de la partie ascendante	Cellules épithéliales simples pavimenteuses.
Anse du néphron : segment large de la partie ascendante	Cellules épithéliales simples cubiques ou prismatiques basses.
Majeure partie du tubule contourné distal (TCD)	Cellules épithéliales simples cubiques.
Portion terminale du TCD et totalité du tubule rénal collecteur (TC)	Épithélium simple cubique composé de cellules principales et de cellules intercalaires.

Microvillosités · Mitochondrie · Surface apicale · Cellule intercalaire · Cellule principale

cellules principales qui possèdent des récepteurs à la fois pour l'hormone antidiurétique (ADH) et l'aldostérone, deux hormones qui assurent la régulation de leurs fonctions. Les autres cellules, moins nombreuses, sont des **cellules intercalaires** qui participent au maintien de l'équilibre du pH sanguin. Les tubules rénaux collecteurs se jettent dans les gros conduits papillaires qui sont tapissés d'un épithélium simple prismatique.

Le nombre de néphrons est déterminé à la naissance et il est définitif. Toute augmentation de la taille du rein est attribuable uniquement à la croissance des néphrons eux-mêmes. Si ces derniers sont endommagés ou malades, il ne s'en forme pas de nouveaux. En général, les signes d'un dysfonctionnement ne se manifestent que si la fonction rénale diminue à moins de 25 % de la normale, parce que les néphrons encore fonctionnels s'adaptent à l'augmentation de la charge. Par exemple, l'ablation d'un rein entraîne l'hypertrophie (augmentation de volume) de l'autre, qui finit par filtrer le sang avec une efficacité équivalant à 80 % de celle de deux reins normaux.

▶ **POINT DE CONTRÔLE**

2. Pourquoi dit-on des reins qu'ils sont rétropéritonéaux?

3. Quelles sont les principales parties d'un néphron?

4. Quelles sont les différences structurales entre le néphron cortical et le néphron juxtamédullaire?

5. Indiquez où se trouve l'appareil juxtaglomérulaire et décrivez sa structure.

LA PHYSIOLOGIE RÉNALE : VUE D'ENSEMBLE

OBJECTIF

• Nommer les trois principales fonctions du néphron et du tubule rénal collecteur, et indiquer où chacune s'accomplit.

Pour produire l'urine, le néphron et le tubule rénal collecteur accomplissent trois processus rénaux de base, soit la filtration glomérulaire, la réabsorption tubulaire et la sécrétion tubulaire (figure 26.7) :

1 *La filtration glomérulaire.* Au cours de la première étape de la production de l'urine, une partie de l'eau et la plupart des solutés du plasma quittent la circulation sanguine en traversant la paroi des capillaires glomérulaires pour former le filtrat glomérulaire qui s'engage dans la capsule glomérulaire, puis coule dans le tubule rénal.

2 *La réabsorption tubulaire.* Lorsque le filtrat s'écoule dans le tubule rénal et le tubule rénal collecteur, environ 99 % de l'eau et un grand nombre de solutés utiles sont réabsorbés par les cellules des tubules et regagnent le sang qui circule dans les capillaires péritubulaires et les artérioles et veinules droites. Notez que le terme *réabsorption* désigne le retour de substances à la circulation sanguine, alors que le terme *absorption* désigne l'entrée de nouvelles substances dans l'organisme, comme cela se produit dans le tube digestif.

FIGURE 26.7 Schéma du rapport entre la structure du néphron et ses trois fonctions de base : la filtration glomérulaire, la réabsorption tubulaire et la sécrétion tubulaire. Les substances excrétées restent dans l'urine et finissent par être éliminées. Pour toute substance S, le taux d'excrétion de S égale le taux de filtration de S moins le taux de réabsorption de S, plus le taux de sécrétion de S.

La filtration glomérulaire a lieu dans le corpuscule rénal, alors que la réabsorption tubulaire et la sécrétion tubulaire s'accomplissent sur toute la longueur du tubule rénal et du tubule rénal collecteur.

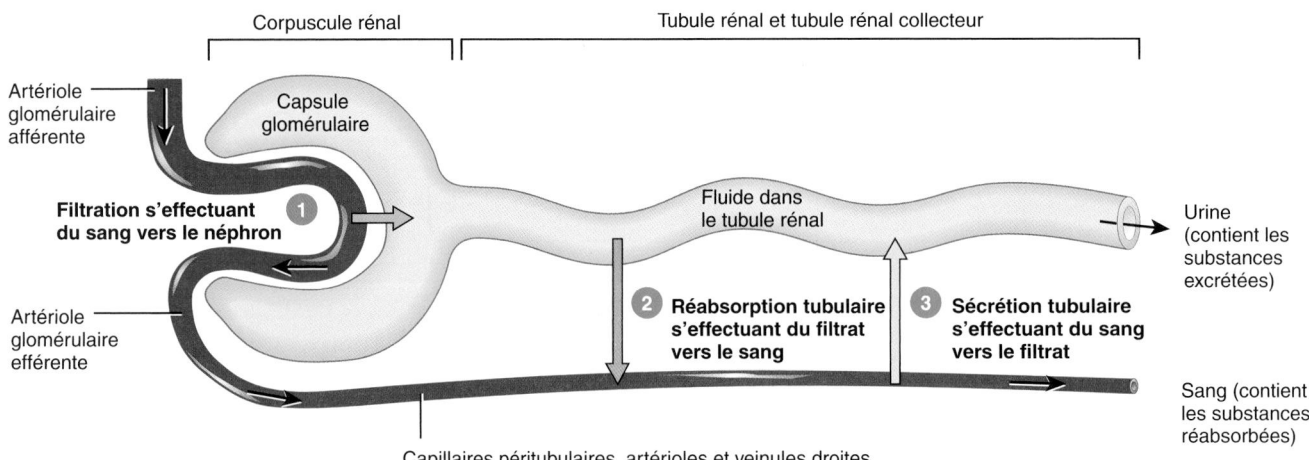

Quand les cellules des tubules rénaux sécrètent de la pénicilline, le médicament est-il ajouté à la circulation sanguine ou en est-il retiré?

❸ *La sécrétion tubulaire.* Au fur et à mesure que le liquide passe dans le tubule rénal et le tubule rénal collecteur, les cellules de ces conduits y sécrètent des substances additionnelles, tels des déchets, des médicaments et des ions excédentaires. Notez que la sécrétion tubulaire *retire* des éléments du sang ; dans les autres cas de sécrétion, comme la sécrétion d'hormones, les cellules libèrent une substance dans le liquide interstitiel et le sang.

Les solutés du liquide qui se déverse dans le bassinet restent dans l'urine et sont excrétés. Le taux d'excrétion urinaire d'un soluté est égal à son taux de filtration glomérulaire, plus son taux de sécrétion, moins son taux de réabsorption.

Grâce à la filtration, à la réabsorption et à la sécrétion, les néphrons participent au maintien de l'homéostasie du volume et de la composition du sang. La situation est en quelque sorte analogue à celle d'un centre de recyclage : les camions des éboueurs déversent les déchets dans une trémie qui achemine les petits détritus vers un convoyeur (filtration glomérulaire du plasma). Pendant que les rebuts se déplacent sur le tapis roulant, des travailleurs retirent les articles utiles, tels les canettes en aluminium, les plastiques et les contenants en verre (réabsorption). D'autres travailleurs déposent sur le convoyeur des déchets additionnels laissés au centre ainsi que les plus gros articles (sécrétion). À l'extrémité du tapis roulant, ce qui reste tombe dans un camion qui le transporte au site d'enfouissement (excrétion des déchets dans l'urine).

LA FILTRATION GLOMÉRULAIRE

> ### OBJECTIFS
>
> - Décrire la membrane de filtration.
> - Étudier les types de pression qui s'exercent sur le glomérule et expliquer comment ils favorisent la filtration ou s'y opposent.

Le liquide qui pénètre dans la chambre glomérulaire est appelé **filtrat glomérulaire**. La fraction du plasma qui quitte les artérioles glomérulaires afférentes des reins pour former le filtrat glomérulaire est la **fraction filtrée**. En général, la fraction filtrée est de 0,16 à 0,20 (de 16 à 20 %), mais cette valeur varie considérablement, chez les individus sains comme chez les malades. En moyenne, le volume quotidien de filtrat glomérulaire chez l'adulte est de 150 L chez les femmes et de 180 L chez les hommes. Toutefois, plus de 99 % du filtrat glomérulaire retourne à la circulation sanguine par réabsorption tubulaire, si bien que le rein n'excrète quotidiennement que de 1 à 2 L d'urine.

LA MEMBRANE DE FILTRATION

Ensemble, les cellules endothéliales des capillaires glomérulaires et les podocytes, qui entourent complètement les capillaires, forment une barrière poreuse appelée **membrane de filtration**, ou membrane endothéliocapillaire. Cette disposition en forme de sandwich permet le passage de l'eau et des petits solutés mais retient la plupart des protéines plasmatiques, de même que les érythrocytes, les leucocytes et les thrombocytes. Les substances extraites du sang par filtration traversent trois barrières : une cellule endothéliale glomérulaire, la membrane basale et une fente de filtration formée par un podocyte (figure 26.8) :

❶ Les cellules endothéliales des capillaires glomérulaires sont assez poreuses, car elles possèdent de grandes **fenestrations** (pores) qui mesurent de 70 à 100 nm (0,07 à 0,1 μm) de diamètre. La taille de ces ouvertures permet à tous les solutés du plasma sanguin de quitter les capillaires glomérulaires, mais s'oppose au passage des érythrocytes, des leucocytes et des thrombocytes. Parmi les capillaires glomérulaires et dans le sillon entre les artérioles glomérulaires afférentes et efférentes se trouvent des **cellules mésangiales** (*mesos* : au milieu ; *aggeion* : vaisseau) (figure 26.6a). Ces cellules contractiles participent à la régulation de la filtration glomérulaire.

❷ La **membrane basale**, qui est une couche de matière acellulaire située entre l'endothélium et les podocytes, est constituée de minuscules fibres collagènes et de protéoglycanes enchâssées dans une matrice de glycoprotéines. Elle s'oppose au passage des grosses protéines plasmatiques.

❸ Le pourtour de chaque podocyte présente des milliers de prolongements en forme de pied appelés **pédicelles** (*podos* : pied) qui s'enroulent autour des capillaires glomérulaires. Les espaces entre les pédicelles sont les **fentes de filtration**. Une membrane mince, le **diaphragme**, recouvre chaque fente de filtration ; elle permet le passage de molécules dont le diamètre est de moins de 6 à 7 nm (0,006 ou 0,007 μm), dont l'eau, le glucose, les vitamines, les acides aminés, les plus petites protéines plasmatiques, l'ammoniac, l'urée et les ions. Moins de 1 % de l'albumine, la protéine plasmatique la plus abondante, passe à travers le diaphragme puisque, avec un diamètre de 7,1 nm, elle est légèrement trop grosse.

Le principe de la *filtration* – l'utilisation de la pression pour forcer des liquides et des solutés à traverser une membrane – est le même dans les capillaires glomérulaires que dans les autres capillaires de l'organisme (voir le phénomène de Starling, figure 21.7). Cependant, le volume de liquide filtré par le corpuscule rénal est beaucoup plus grand que celui qui traverse les autres capillaires, et ce, pour trois raisons : 1) les capillaires glomérulaires sont longs ; 2) le filtre est mince et poreux ; et 3) la pression sanguine dans les capillaires est élevée.

1. ***Étant longs et nombreux***, les capillaires glomérulaires présentent une grande surface. La proportion de cette surface disponible pour la filtration dépend des cellules mésangiales. Quand ces cellules contractiles sont relâchées, la superficie est maximale et la filtration glomérulaire est très élevée ; quand elles se contractent, la superficie disponible diminue et la filtration glomérulaire ralentit.

2. ***La membrane de filtration est mince et poreuse.*** Bien qu'elle soit constituée de trois couches, son épaisseur n'est que de 0,1 μm. De plus, les capillaires glomérulaires sont environ 50 fois plus perméables que les capillaires de la plupart des autres tissus, en raison surtout de leurs grandes fenestrations.

3. ***La pression sanguine dans les capillaires glomérulaires est élevée.*** Le diamètre de l'artériole glomérulaire efférente étant

FIGURE 26.8 La membrane de filtration. En (a), la taille des fenestrations endothéliales et des diaphragmes des fentes de filtration est exagérée pour mettre ces structures en relief.

🔑 Durant la filtration glomérulaire, l'eau et les solutés passent du plasma sanguin à la chambre glomérulaire.

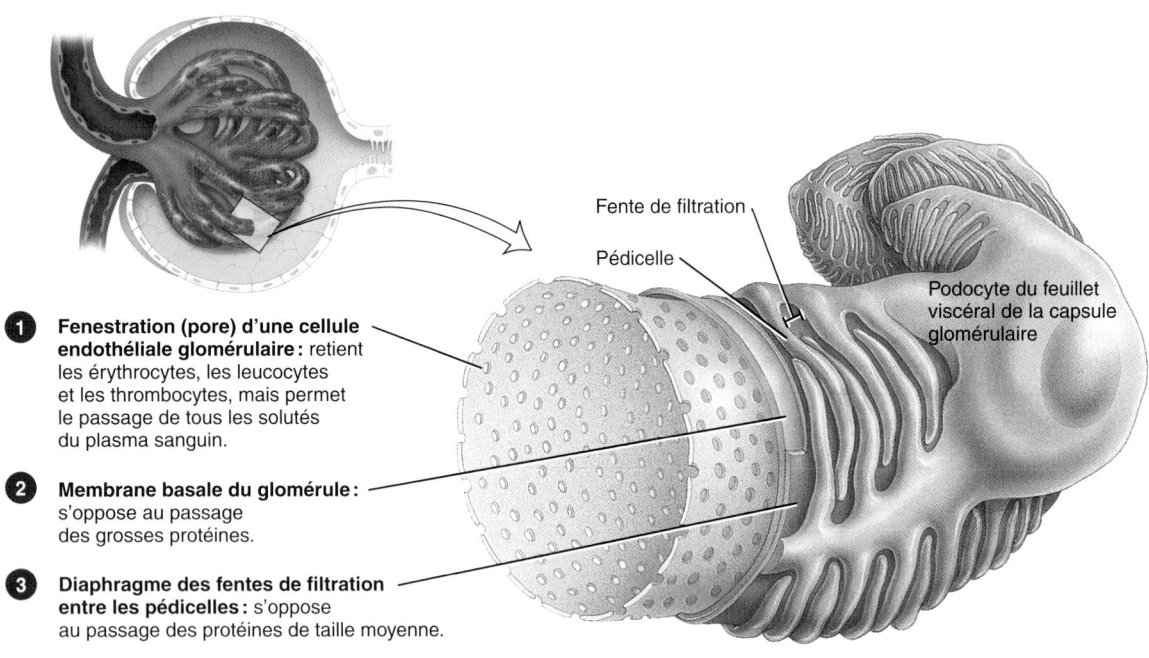

1 **Fenestration (pore) d'une cellule endothéliale glomérulaire :** retient les érythrocytes, les leucocytes et les thrombocytes, mais permet le passage de tous les solutés du plasma sanguin.

2 **Membrane basale du glomérule :** s'oppose au passage des grosses protéines.

3 **Diaphragme des fentes de filtration entre les pédicelles :** s'oppose au passage des protéines de taille moyenne.

Fente de filtration

Pédicelle

Podocyte du feuillet viscéral de la capsule glomérulaire

(a) Détails de la membrane de filtration

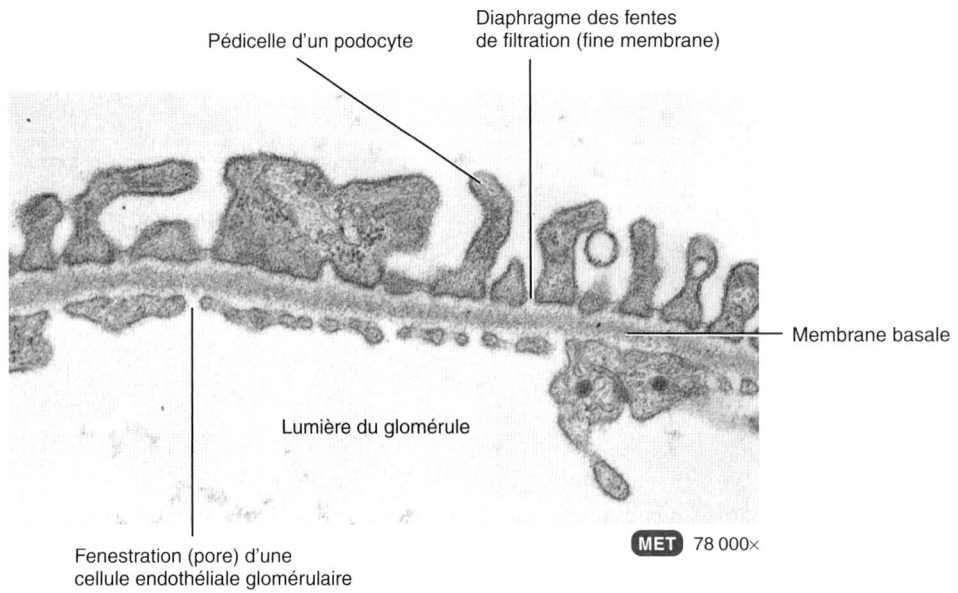

Pédicelle d'un podocyte

Diaphragme des fentes de filtration (fine membrane)

Membrane basale

Lumière du glomérule

Fenestration (pore) d'une cellule endothéliale glomérulaire

MET 78 000×

(b) Photomicrographie d'une membrane de filtration

❓ Quelle partie de la membrane de filtration empêche les érythrocytes de pénétrer dans la chambre glomérulaire ?

inférieur à celui de l'artériole glomérulaire afférente (figure 26.9), la résistance à l'écoulement du sang dans le glomérule est élevée. La pression sanguine dans les capillaires glomérulaires est donc considérablement plus grande que dans tous les autres capillaires de l'organisme.

LA PRESSION NETTE DE FILTRATION

La filtration glomérulaire est tributaire de trois grandes pressions : l'une *favorise* la filtration et les deux autres s'y *opposent* (figure 26.9).

1 La **pression hydrostatique glomérulaire** (PH_G) est la pression du sang (artériel) qui s'exerce contre la paroi des capillaires

FIGURE 26.9 Les pressions responsables de la filtration glomérulaire. Ensemble, ces pressions déterminent la pression nette de filtration (PNF).

 La pression hydrostatique glomérulaire favorise la filtration, alors que la pression hydrostatique capsulaire et la pression colloïdoosmotique glomérulaire s'y opposent.

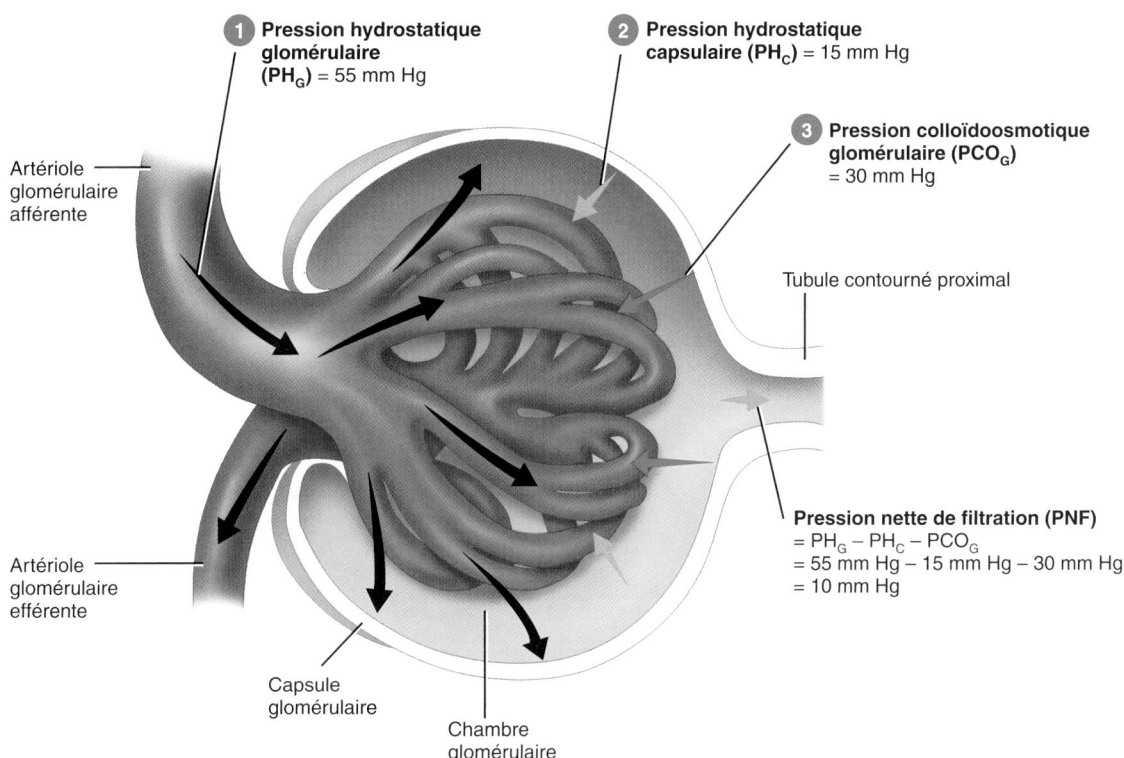

1. **Pression hydrostatique glomérulaire (PH$_G$)** = 55 mm Hg

2. **Pression hydrostatique capsulaire (PH$_C$)** = 15 mm Hg

3. **Pression colloïdoosmotique glomérulaire (PCO$_G$)** = 30 mm Hg

Artériole glomérulaire afférente

Tubule contourné proximal

Artériole glomérulaire efférente

Pression nette de filtration (PNF)
= PH$_G$ – PH$_C$ – PCO$_G$
= 55 mm Hg – 15 mm Hg – 30 mm Hg
= 10 mm Hg

Capsule glomérulaire

Chambre glomérulaire

 Supposons qu'une tumeur comprime l'uretère droit et l'obstrue. Quel en serait l'effet sur la PH$_C$ et, partant, sur la PNF dans le rein droit? Le rein gauche serait-il aussi touché?

glomérulaires. Sa valeur est généralement d'environ 55 mm Hg. Elle favorise la filtration en forçant l'eau et les solutés du plasma sanguin à travers la membrane de filtration.

2. La **pression hydrostatique capsulaire** (PH$_C$) est la pression hydrostatique exercée contre la membrane de filtration par le liquide qui se trouve dans la chambre glomérulaire et le tubule rénal. Elle s'oppose à la filtration et représente une « force de reflux » d'environ 15 mm Hg.

3. La **pression colloïdoosmotique glomérulaire** (PCO$_G$) est la pression engendrée par les protéines à propriétés osmotiques présentes dans le plasma, telles que l'albumine, les globulines et le fibrinogène. Ces protéines plasmatiques « retiennent » en quelque sorte l'eau dans le sang et s'opposent donc à la filtration. La PCO$_G$ moyenne dans les capillaires glomérulaires est de 30 mm Hg.

On détermine la **pression nette de filtration (PNF)**, soit la pression totale qui favorise la filtration, de la façon suivante :

Pression nette de filtration (PNF) = PH$_G$ – PH$_C$ – PCO$_G$.

On calcule la PNF normale en attribuant aux pressions les valeurs données ci-dessus :

PNF = 55 mm Hg – 15 mm Hg – 30 mm Hg
= 10 mm Hg

Ainsi, une pression de seulement 10 mm Hg assure la filtration d'une quantité normale de plasma (moins les protéines plasmatiques), du glomérule vers la chambre glomérulaire.

LA PERTE DE PROTÉINES PLASMATIQUES DANS L'URINE CAUSE L'ŒDÈME

Certaines maladies du rein lèsent les capillaires glomérulaires, qui deviennent perméables au point de laisser entrer les protéines plasmatiques dans le filtrat glomérulaire. Ce liquide exerce alors une pression colloïdoosmotique qui a pour effet d'extraire de l'eau du sang. Il s'ensuit une augmentation de la PNF, et la filtration d'une plus grande quantité de liquide. En même temps, la fuite des protéines plasmatiques vers l'urine entraîne la diminution de la pression colloïdoosmotique sanguine. Étant donné que la quantité de liquide qui passe par filtration des capillaires sanguins vers les tissus situés un peu partout dans l'organisme est supérieure à celle qui retourne dans les capillaires par réabsorption, le volume sanguin diminue et le volume du liquide interstitiel augmente. Donc, l'élimination de protéines plasmatiques dans l'urine cause l'*œdème*, c'est-à-dire un accroissement anormal du volume du liquide interstitiel. ■

LE DÉBIT DE FILTRATION GLOMÉRULAIRE

La quantité de filtrat produit chaque minute dans tous les corpuscules rénaux des deux reins est appelée **débit de filtration** glomérulaire (DFG). Chez l'adulte, le DFG est en moyenne de 125 mL/min chez l'homme et de 105 mL/min chez la femme. L'équilibre des liquides organiques exige que les reins maintiennent un DFG relativement stable. S'il est trop élevé, des substances essentielles risquent de passer tellement vite dans le tubule rénal qu'elles ne seront pas complètement réabsorbées ; elles seront alors éliminées dans l'urine. Si le DFG est trop faible, presque tout le filtrat peut être réabsorbé et une partie des déchets ne sera pas excrétée adéquatement.

Le débit de filtration glomérulaire dépend directement des pressions qui composent la pression nette de filtration : toute variation de cette dernière influe sur le DFG. Par exemple, une hémorragie importante réduit la pression artérielle moyenne et diminue la pression hydrostatique glomérulaire. La filtration cesse si cette dernière chute à 45 mm Hg parce que les pressions opposées totalisent 45 mm Hg (PH_C [15 mm Hg] + PCO_G [30 mm Hg]). Chose étonnante, quand la pression artérielle systémique s'élève au-dessus de la normale, la pression nette de filtration et le DFG augmentent très peu. Le DFG est presque constant lorsque la pression artérielle moyenne prend n'importe quelle valeur entre 80 et 180 mm Hg.

La stabilité de ce débit est rendue possible grâce à des mécanismes de régulation du débit de filtration glomérulaire. Ces mécanismes fonctionnent principalement de deux façons : 1) en réglant le débit sanguin à l'entrée et à la sortie du glomérule ; et 2) en modifiant la surface de contact des capillaires glomérulaires disponible pour la filtration. Le DFG augmente quand le débit sanguin dans les capillaires glomérulaires s'accroît. La régulation du débit sanguin glomérulaire s'effectue par une action coordonnée qui ajuste le diamètre à la fois des artérioles glomérulaires afférentes et efférentes. Par exemple, la constriction de l'artériole afférente réduit le débit sanguin dans le glomérule, alors que sa dilatation l'augmente. Trois mécanismes régissent le DFG : l'autorégulation rénale, la régulation nerveuse et la régulation hormonale.

L'autorégulation rénale du DFG

Les reins eux-mêmes contribuent à maintenir le débit sanguin rénal et le débit de filtration glomérulaire à un niveau constant, malgré les fluctuations quotidiennes normales de la pression artérielle, comme celles qui surviennent durant l'exercice. Qualifiée d'**autorégulation rénale**, cette fonction comprend deux mécanismes : le mécanisme myogène et la rétroaction tubuloglomérulaire. Ensemble, ces deux mécanismes maintiennent le DFG presque constant, et ce, sur un large intervalle de pressions artérielles systémiques.

Le **mécanisme myogène** (*mus* : muscle ; *genos* : origine) entre en jeu quand un étirement provoque la contraction de myocytes lisses dans la paroi des artérioles glomérulaires afférentes. Lorsque la pression artérielle s'élève, le DFG augmente parce que le débit sanguin rénal s'accroît aussi. Par contre, l'élévation de la pression artérielle étire les parois des artérioles glomérulaires afférentes. En réaction, les myocytes lisses présents dans les parois des artérioles afférentes se contractent, ce qui rétrécit la lumière des artérioles. Il s'ensuit une diminution du débit sanguin rénal, ce qui ramène le DFG à son niveau initial. À l'inverse, quand la pression artérielle baisse, les myocytes lisses sont moins étirés et se relâchent. Les artérioles afférentes se dilatent, le débit sanguin rénal augmente

et le DFG en fait autant. Le mécanisme myogène ramène le débit sanguin rénal et le DFG à leur niveau normal dans les secondes qui suivent une variation de la pression artérielle.

La **rétroaction tubuloglomérulaire**, le deuxième mécanisme contribuant à l'autorégulation rénale, est ainsi appelée parce qu'une partie du tubule rénal – la macula densa – exerce une rétroaction sur le glomérule. Nous avons souligné plus haut que le dernier segment de la partie ascendante de l'anse est en contact avec l'artériole glomérulaire afférente qui dessert le corpuscule rénal du même néphron et que les cellules composant le tubule dans cette région sont appelées *macula densa*. Le long de la macula densa, la paroi de l'artériole glomérulaire afférente (et parfois celle de l'artériole glomérulaire efférente) contient les cellules juxtaglomérulaires, lesquelles, avec la macula densa, constituent l'appareil juxtaglomérulaire (AJG) qui participe à la régulation de la pression artérielle dans les reins.

La figure 26.10 illustre le mécanisme de la rétroaction tubuloglomérulaire (rétro-inhibition). ❶ Ainsi, lorsque la pression artérielle systémique est élevée (stimulus), ❷ le débit de filtration glomérulaire (DFG) augmente au-dessus de la normale (déséquilibre) et le liquide filtré s'écoule plus rapidement dans le tubule rénal. En conséquence, le tubule contourné proximal et l'anse du néphron ont moins de temps pour réabsorber les ions Na^+ et Cl^- et l'eau. ❸ et ❹ On suppose que les cellules de la macula densa (centre de régulation local) détectent l'accroissement de l'arrivée d'ions Na^+ et Cl^- et d'eau, et qu'elles inhibent la libération de monoxyde d'azote (NO) par des cellules de l'appareil juxtaglomérulaire. ❺ Comme le NO exerce une action vasodilatatrice, une baisse de son taux entraîne une vasoconstriction des artérioles glomérulaires afférentes par suite de la contraction des cellules juxtaglomérulaires, qui sont en fait des myocytes lisses modifiés de la paroi des artérioles glomérulaires afférentes (effecteurs). ❻ Il s'ensuit une diminution du débit sanguin dans les capillaires glomérulaires et, par conséquent, une réduction du DFG (réponse). ❼ Lorsque le DFG revient à la valeur normale, l'inhibition de la libération de NO est levée.

Si la pression artérielle chute, de sorte que le DFG est inférieur à la normale, c'est la réaction inverse qui se produit, bien qu'à un moindre degré. La rétroaction tubuloglomérulaire agit plus lentement que le mécanisme myogénique.

La régulation nerveuse du DFG

Comme la plupart des vaisseaux sanguins du corps, ceux des reins sont innervés par des axones de la partie sympathique du SNA qui libèrent de la noradrénaline. Celle-ci cause la vasoconstriction en activant les récepteurs α_1, qui sont particulièrement abondants dans les myocytes lisses des artérioles glomérulaires afférentes. Au repos, la stimulation sympathique est relativement faible, les artérioles afférentes et efférentes sont dilatées et le DFG est régi surtout par l'autorégulation rénale. Lorsqu'elles sont soumises à une stimulation sympathique modérée, les artérioles glomérulaires afférentes et efférentes entrent en vasoconstriction avec la même intensité. De ce fait, le débit sanguin à l'entrée et à la sortie du glomérule est restreint dans la même mesure et le DFG diminue très peu. Toutefois, si la stimulation sympathique s'intensifie, comme c'est le cas durant l'exercice ou une hémorragie, la vasoconstriction des

FIGURE 26.10 La rétroaction tubuloglomérulaire.

Des cellules de la macula densa de l'appareil juxtaglomérulaire (AJG) contribuent par rétro-inhibition à la régulation du débit de filtration glomérulaire.

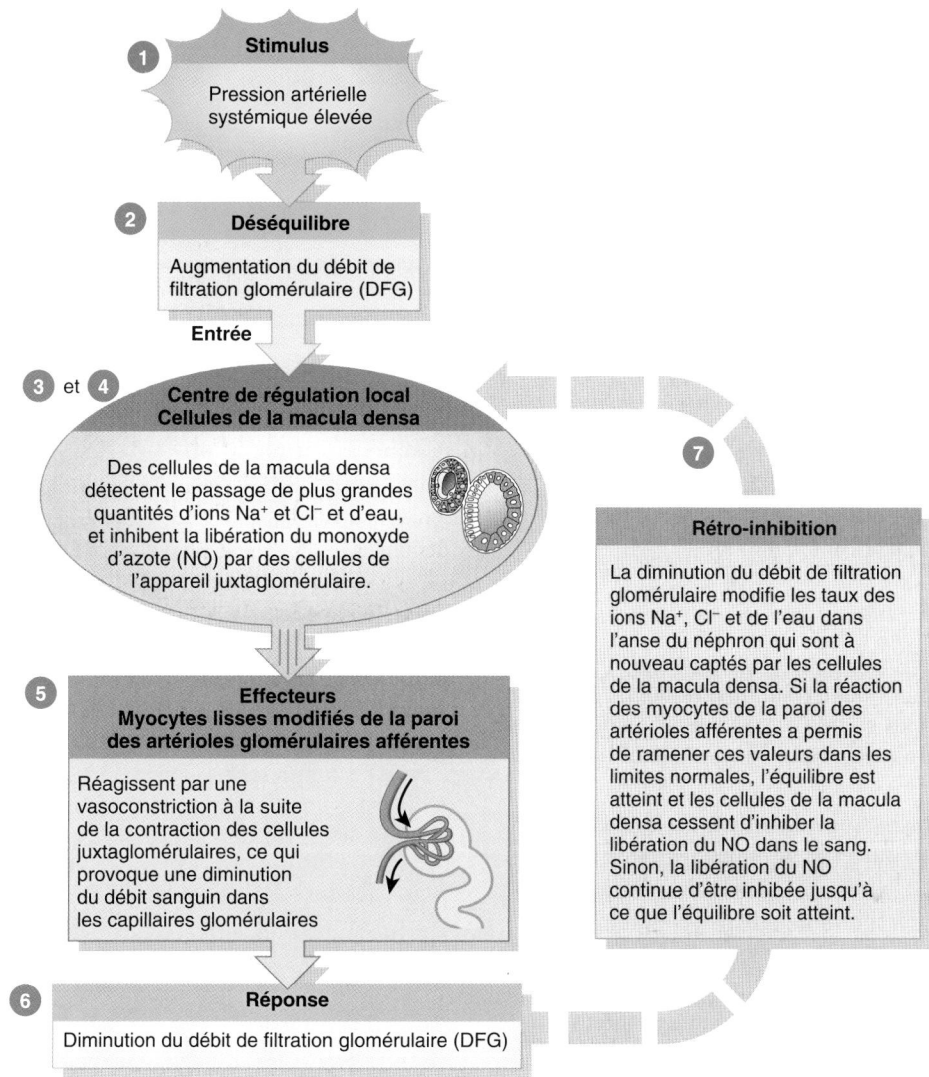

Q Pourquoi qualifie-t-on le processus illustré d'autorégulation ?

artérioles afférentes est plus marquée. Il en résulte une importante diminution du débit sanguin dans les capillaires glomérulaires et une chute du DFG. Cette réduction du débit sanguin rénal a deux conséquences : 1) elle réduit la production d'urine, ce qui contribue à conserver le volume sanguin ; et 2) elle permet d'augmenter le débit sanguin dans les autres tissus du corps.

La stimulation sympathique provoque aussi la libération de la rénine par les cellules juxtaglomérulaires ; cette hormone accélère la production d'une autre hormone, l'angiotensine II (voir la figure 18.16).

La régulation hormonale du DFG

Deux hormones participent à la régulation du DFG : l'angiotensine II, qui le diminue, et le facteur natriurétique auriculaire, qui

l'augmente. L'**angiotensine II** est un vasoconstricteur très puissant qui agit à la fois sur les artérioles glomérulaires afférentes et sur les artérioles glomérulaires efférentes. Il réduit ainsi le débit sanguin rénal et, partant, le DFG.

Le **facteur natriurétique auriculaire** est sécrété par des cellules qui se trouvent dans les oreillettes du cœur. L'étirement de la paroi, à la suite d'une augmentation du volume sanguin, par exemple, stimule la sécrétion du facteur natriurétique auriculaire. Sous l'action de cette hormone, les cellules mésangiales glomérulaires se relâchent, ce qui augmente la superficie des capillaires disponible pour la filtration et, du fait même, accroît le débit de filtration glomérulaire.

Le tableau 26.2 résume la régulation du débit de filtration glomérulaire.

TABLEAU 26.2 LA RÉGULATION DU DÉBIT DE FILTRATION GLOMÉRULAIRE (DFG)

TYPE DE RÉGULATION	PRINCIPAL STIMULUS	MÉCANISME ET CIBLE	EFFET SUR LE DFG
Autorégulation rénale			
Mécanisme myogène	Étirement des myocytes lisses dans les parois des artérioles glomérulaires afférentes à la suite d'une augmentation de la pression artérielle.	Les myocytes lisses étirés se contractent et rétrécissent la lumière des artérioles glomérulaires afférentes.	Diminution
Rétroaction tubuloglomérulaire	Accélération du débit de Na^+, de Cl^- et de l'eau au niveau de la macula densa en raison d'une élévation de la pression artérielle systémique.	La réduction de la libération de monoxyde d'azote (NO) par les cellules de l'appareil juxtaglomérulaire provoque la constriction des artérioles glomérulaires afférentes.	Diminution
Régulation nerveuse	Augmentation de l'activité des nerfs sympathiques rénaux qui entraîne la libération de noradrénaline.	La constriction des artérioles glomérulaires afférentes par l'activation des récepteurs α_1 et l'augmentation de la libération de rénine.	Diminution
Régulation hormonale			
Angiotensine II	Diminution du volume sanguin ou de la pression artérielle qui stimule la production d'angiotensine II.	La constriction des artérioles glomérulaires afférentes et efférentes.	Diminution
Facteur natriurétique auriculaire	Étirement des oreillettes du cœur qui stimule la sécrétion du facteur natriurétique auriculaire.	Le relâchement des cellules mésangiales du glomérule augmente la surface de contact des capillaires disponible pour la filtration.	Augmentation

▶ **POINT DE CONTRÔLE**

6. Si la vitesse d'excrétion urinaire d'un médicament, tel la pénicilline, est plus grande que sa vitesse de filtration dans le glomérule, par quelle autre voie le médicament passe-t-il dans l'urine?

7. Quelle est, sur le plan chimique, la différence la plus importante entre le plasma et le filtrat glomérulaire?

8. Pourquoi la filtration dans les capillaires glomérulaires est-elle beaucoup plus importante que dans les autres capillaires du corps.

9. Écrivez l'équation qui permet de calculer la pression nette de filtration (PNF) et expliquez la signification de chaque terme.

10. Expliquez comment s'effectue la régulation du débit de filtration glomérulaire.

LA RÉABSORPTION ET LA SÉCRÉTION TUBULAIRES

> **OBJECTIFS**

- Décrire les voies et les mécanismes de la réabsorption et de la sécrétion tubulaires.
- Décrire comment les divers segments du tubule rénal et du tubule rénal collecteur réabsorbent l'eau et les solutés.
- Décrire comment les divers segments du tubule rénal et du tubule rénal collecteur sécrètent les solutés dans l'urine.

LES PRINCIPES DE LA RÉABSORPTION ET DE LA SÉCRÉTION TUBULAIRES

Le débit de filtration glomérulaire normal est si élevé que le volume de liquide qui entre dans les tubules contournés proximaux en une demi-heure est supérieur au volume total du plasma. Une partie de ce liquide doit évidemment retourner dans la circulation sanguine d'une façon ou d'une autre. La *réabsorption tubulaire* – le retour à la circulation sanguine de la majeure partie de l'eau filtrée et de nombreux solutés – constitue la deuxième fonction fondamentale du néphron et du tubule rénal collecteur. Normalement, environ 99 % de l'eau filtrée est réabsorbée. La réabsorption est surtout réalisée par les cellules épithéliales du tubule contourné proximal, mais aussi, dans une moindre mesure, par les cellules épithéliales sur toute la longueur du tubule rénal et du tubule rénal collecteur. Les solutés réabsorbés tant par des mécanismes actifs que par des mécanismes passifs comprennent le glucose, les acides aminés, l'urée et des ions tels que le sodium (Na^+), le potassium (K^+), le calcium (Ca^{2+}), le chlorure (Cl^-), le bicarbonate (HCO^{3-}) et le phosphate (HPO_4^{2-}). Après le passage du liquide dans le tubule contourné proximal, les cellules situées en aval ajustent avec précision les processus de réabsorption de façon à maintenir l'équilibre homéostatique de l'eau et de certains ions. La plupart des petites protéines et des peptides qui traversent le filtre sont également réabsorbés, en général par pinocytose. Pour apprécier toute l'ampleur de la réabsorption tubulaire, consultez le tableau 26.3 et comparez les quantités de substances qui sont filtrées, réabsorbées et excrétées dans l'urine.

La troisième fonction des néphrons et des tubules collecteurs est la *sécrétion tubulaire*, c'est-à-dire le transfert dans le fluide tubulaire de substances présentes dans le sang et les cellules des tubules. Les substances sécrétées sont, entre autres, les ions hydrogène (H^+), potassium (K^+) et ammonium (NH_4^+), la créatinine et certains médicaments, dont la pénicilline. La sécrétion tubulaire remplit deux fonctions importantes: 1) la sécrétion des ions H^+ contribue à équilibrer le pH sanguin; et 2) la sécrétion des autres substances est un moyen de les éliminer de l'organisme.

SUBSTANCES	QUANTITÉ FILTRÉE* (PASSANT DANS LA CAPSULE GLOMÉRULAIRE, PAR JOUR)	QUANTITÉ RÉABSORBÉE (RETOURNÉE À LA CIRCULATION, PAR JOUR)	URINE EXCRÉTÉE (PAR JOUR)
Eau	180 L	178 à 179 L	1 à 2 L
Protéines	2 g	1,9 g	0,1 g
Ions sodium (Na$^+$)	25 185 mmol	25 000 mmol	174 mmol
Ions chlorure (Cl$^-$)	18 000 mmol	17 850 mmol	175 mmol
Ions bicarbonate (HCO$_3^-$)	4 500 mmol	4 500 mmol	2 mmol
Glucose	900 mmol	900 mmol	0 mmol
Urée	900 mmol	450 mmol	450 mmol**
Ions potassium (K$^+$)	770 mmol	770 mmol	50 mmol***
Acide urique	50 mmol	45 mmol	4,8 mmol
Créatinine	14 mmol	0 mmol	14 mmol

* Pour un DFG de 180 L par jour.

** En plus d'être filtrée et réabsorbée, l'urée est sécrétée.

*** La presque totalité du K$^+$ filtré est réabsorbée dans les tubules contournés et l'anse du néphron. Une quantité variable de K$^+$ est sécrétée par les cellules principales dans le tubule rénal collecteur.

Les voies de réabsorption

Une substance qui quitte le liquide dans la lumière d'un tubule peut être réabsorbée dans un capillaire péritubulaire par deux voies. Elle peut passer soit *entre* des cellules tubulaires adjacentes, soit *à travers* une cellule du tubule (figure 26.11). Dans le tubule rénal, les cellules sont retenues les unes aux autres par des jonctions serrées qui les ceinturent, un peu à la manière des anneaux de plastique qui retiennent les paquets de canettes de boisson gazeuse. La **membrane apicale** (le dessus des canettes) est en contact avec le fluide tubulaire, et la **membrane basolatérale** (le fond et le côté des canettes) baigne dans le liquide interstitiel qui se trouve sur les côtés et à la base de la cellule.

Les jonctions serrées n'isolent pas complètement le liquide interstitiel du liquide de la lumière des tubules. En effet, une certaine quantité de liquide passe *entre* les cellules par un processus passif appelé **réabsorption paracellulaire** (*para* : à côté de). Dans certaines parties du tubule rénal, on croit que la voie paracellulaire assurerait la réabsorption de près de 50 % de certains ions et de l'eau qu'ils entraîneraient par osmose. Dans le cas de la **réabsorption transcellulaire** (*trans* : par-delà), une substance qui se trouve dans le fluide de la lumière tubulaire doit franchir la membrane apicale de la cellule du tubule, traverser le cytosol et passer à travers la membrane basolatérale pour enfin atteindre le liquide interstitiel.

Les mécanismes de transport

Le déplacement d'une substance donnée à travers les cellules rénales se fait, de manière spécifique, dans une seule direction, soit hors du fluide tubulaire, soit vers ce dernier. Il n'est donc pas

FIGURE 26.11 Les voies de réabsorption : réabsorption paracellulaire et réabsorption transcellulaire.

Dans la réabsorption paracellulaire, l'eau et les solutés du fluide tubulaire retournent à la circulation sanguine en passant entre les cellules des tubules. Dans la réabsorption transcellulaire, les solutés et l'eau du fluide tubulaire regagnent la circulation sanguine en traversant les cellules des tubules.

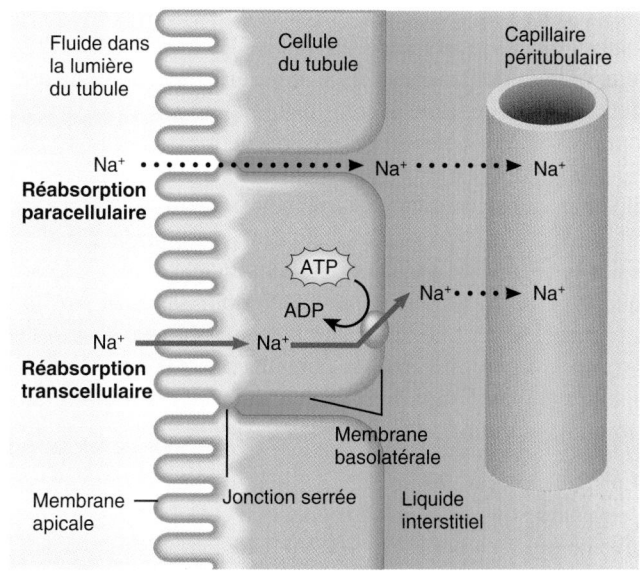

Légende :

•••••▶ Diffusion

⟶ Transport actif

Pompe à sodium-potassium (Na$^+$-K$^+$ ATPase)

 Quelle est la principale fonction des jonctions serrées entre les cellules des tubules ?

étonnant que les membranes apicale et basolatérale possèdent des protéines de transport différentes. Par ailleurs, les jonctions serrées forment une barrière qui prévient le mélange des protéines dans les compartiments des deux membranes.

La réabsorption de Na⁺ par les tubules rénaux est particulièrement importante parce que les filtres glomérulaires laissent passer un grand nombre d'ions sodium. Comme les autres cellules de l'organisme, les cellules tapissant les tubules rénaux ont une faible concentration de Na⁺ dans leur cytosol en raison de l'activité des pompes à sodium-potassium (Na⁺-K⁺ ATPase). Ces dernières sont situées dans la membrane basolatérale et elles évacuent le Na⁺ des cellules des tubules rénaux vers le liquide interstitiel (figure 26.11). À cause de l'absence de pompes à sodium-potassium dans la membrane apicale, le déplacement de Na⁺ s'effectue nécessairement à sens unique. La plupart des ions sodium qui traversent la membrane apicale sont donc rejetés par les pompes dans le liquide interstitiel à la base et sur le côté des cellules. La quantité d'ATP utilisée par les pompes à sodium-potassium dans les tubules rénaux correspond à près de 6 % de la consommation totale d'ATP au repos. Ce pourcentage peut paraître peu élevé, mais il représente à peu près la même quantité d'énergie que le diaphragme utilise lorsqu'il se contracte durant la respiration calme.

Nous avons noté au chapitre 3 que le transport de substances à travers une membrane peut être soit actif, soit passif. Rappelons que, dans le **transport actif primaire**, l'énergie produite par l'hydrolyse de l'ATP actionne une « pompe » qui déplace une substance à travers une membrane ; la pompe à sodium-potassium constitue un exemple de transport actif primaire. Dans le **transport actif secondaire**, c'est l'énergie emmagasinée dans le gradient électrochimique d'un ion, plutôt que l'hydrolyse de l'ATP, qui propulse une substance à travers une membrane. Le transport actif secondaire couple le déplacement d'un ion qui « descend » suivant son gradient électrochimique à celui d'une autre substance qui, elle, « monte » à contre-courant de son gradient électrochimique. Les *symporteurs* sont des protéines membranaires qui déplacent deux ou plusieurs substances dans un même sens à travers la membrane, alors que les *antiporteurs* déplacent deux ou plusieurs substances dans des sens opposés à travers la membrane. La vitesse à laquelle chaque type de transporteur peut accomplir sa tâche est limitée, tout comme un escalier mécanique peut déplacer d'un étage à l'autre un nombre maximal de personnes par heure. Cette limite s'appelle **transport maximal (T_m)** et se mesure en milligrammes par minute (mg/min).

La réabsorption des solutés est à l'origine de la réabsorption de l'eau parce que celle-ci ne regagne la circulation sanguine que passivement par osmose. Environ 90 % de la réabsorption de l'eau filtrée par les reins s'effectue en même temps que la réabsorption de solutés tels les ions Na⁺ et Cl⁻ et les molécules de glucose. Ce phénomène s'appelle **réabsorption obligatoire de l'eau** parce que celle-ci est forcée de suivre les solutés qui retournent à la circulation sanguine. Ce type de réabsorption de l'eau a lieu dans le tubule contourné proximal et la partie descendante de l'anse parce que ces segments du néphron sont toujours perméables à l'eau. La réabsorption des 10 % d'eau qui restent, soit de 10 à 20 L au total par jour, s'appelle **réabsorption facultative de l'eau**, le mot *facultatif* signifiant « capable de s'adapter à un besoin ». La réabsorption facultative de l'eau s'effectue surtout dans le tubule rénal collecteur et elle est régie par l'hormone antidiurétique (ADH).

LA GLYCOSURIE

Quand la concentration plasmatique du glucose dépasse 11,12 mmol/L (valeur normale : de 3,9 à 6,1 mmol/L), les symporteurs du rein ne parviennent pas à réabsorber tout le glucose contenu dans le filtrat glomérulaire. En conséquence, une partie du glucose demeure dans l'urine et occasionne ce qu'on appelle la **glycosurie**, un état souvent associé au diabète. Chez les personnes diabétiques, il arrive que la glycémie s'élève bien au-dessus de la normale, car l'activité de l'insuline est déficiente. La glycosurie résulte également de mutations rares des gènes responsables de la fabrication des symporteurs rénaux Na⁺-glucose qui entraînent une diminution considérable du T_m. Dans ce cas, du glucose apparaît dans l'urine même si la glycémie est normale. Un taux excessif de glucose dans le filtrat glomérulaire inhibe la réabsorption de l'eau par les tubules rénaux, ce qui fait augmenter le débit urinaire (polyurie) et diminuer le volume sanguin, et provoque la déshydratation. ■

Ayant établi les principes du transport rénal, nous pouvons suivre le trajet du filtrat dans le tubule contourné proximal, l'anse du néphron, le tubule contourné distal et le tubule rénal collecteur, et examiner où et comment des substances données sont réabsorbées et sécrétées. Le filtrat devient le *fluide tubulaire* dès qu'il pénètre dans le tubule contourné proximal. En raison de la réabsorption et de la sécrétion, la composition de ce fluide change au fur et à mesure qu'il s'écoule dans le tubule rénal et le tubule rénal collecteur, et le liquide qui sort finalement des tubules rénaux droits dans le bassinet est l'*urine*.

LA RÉABSORPTION ET LA SÉCRÉTION DANS LE TUBULE CONTOURNÉ PROXIMAL

La réabsorption de la majeure partie des solutés et de l'eau à partir du filtrat a lieu dans les tubules contournés proximaux et la plupart des processus d'absorption font appel au Na⁺. Cet ion est transporté dans le tubule contourné proximal par des mécanismes de symport et d'antiport. Normalement, le glucose, les acides aminés, l'acide lactique, les vitamines hydrosolubles et les autres nutriments filtrés ne sont pas éliminés dans l'urine. En fait, ils sont complètement réabsorbés dans la première moitié du tubule contourné proximal (TCP) par divers types de **symporteurs Na⁺** situés dans la membrane apicale. La figure 26.12 illustre le fonctionnement de l'un de ces symporteurs, soit le symporteur Na⁺-glucose dans la membrane apicale d'une cellule du TCP. Deux ions Na⁺ et une molécule de glucose se fixent à la protéine du symporteur, qui les fait passer du fluide tubulaire dans la cellule du tubule. Les molécules de glucose quittent ensuite la membrane basolatérale par diffusion facilitée et gagnent un capillaire péritubulaire par diffusion simple. D'autres symporteurs Na⁺ dans le TCP récupèrent les ions HPO_4^{2-} (phosphate) et SO_4^{2-} (sulfate) filtrés, tous les acides aminés et l'acide lactique de façon similaire.

Au cours d'un autre processus de transport actif secondaire, les **antiporteurs Na⁺-H⁺** font entrer des ions Na⁺ filtrés dans une cellule du TCP en leur permettant de suivre leur gradient de concentration, précisément au moment où les ions H⁺ passent du

FIGURE 26.12 La réabsorption du glucose par un symporteur Na⁺-glucose dans les cellules du tubule contourné proximal (TCP).

 Normalement, tout le glucose filtré est réabsorbé dans le TCP.

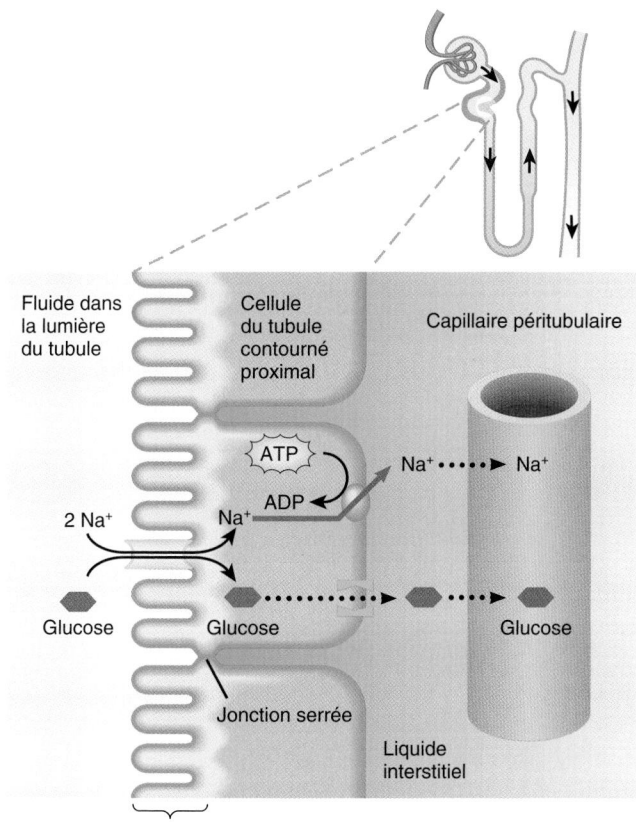

Légende :

Symporteur Na⁺-glucose

Transporteur pour la diffusion facilitée du glucose

•••••► Diffusion

Pompe à sodium-potassium

Q Comment le glucose filtré pénètre-t-il dans la cellule du TCP et comment la quitte-t-il ?

FIGURE 26.13 Les fonctions des antiporteurs Na⁺-H⁺ dans les cellules du tubule contourné proximal.

a) Réabsorption des ions sodium (Na⁺) et sécrétion des ions hydrogène (H⁺) par transport actif secondaire à travers la membrane apicale ; b) réabsorption des ions bicarbonate (HCO_3^-) par diffusion facilitée à travers la membrane basolatérale. CO_2 = dioxyde de carbone ; H_2CO_3 = acide carbonique ; AC = anhydrase carbonique.

 Les antiporteurs Na⁺-H⁺ favorisent la réabsorption transcellulaire des ions Na⁺ et HCO_3^- ainsi que de l'eau dans le tubule contourné proximal.

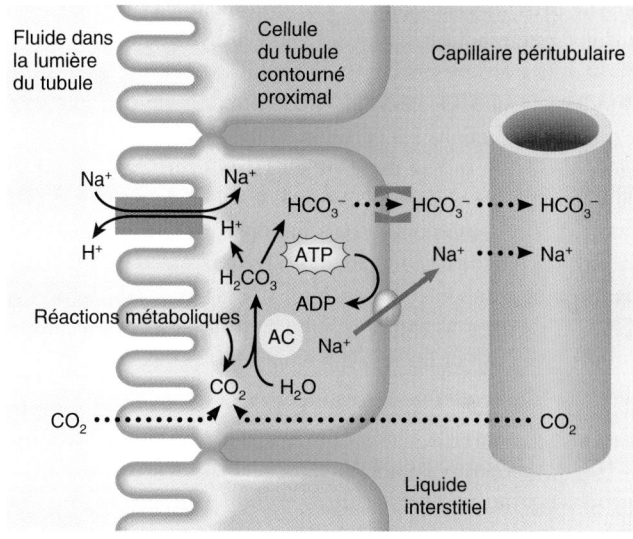

(a) Réabsorption des ions Na⁺ et sécrétion des ions H⁺

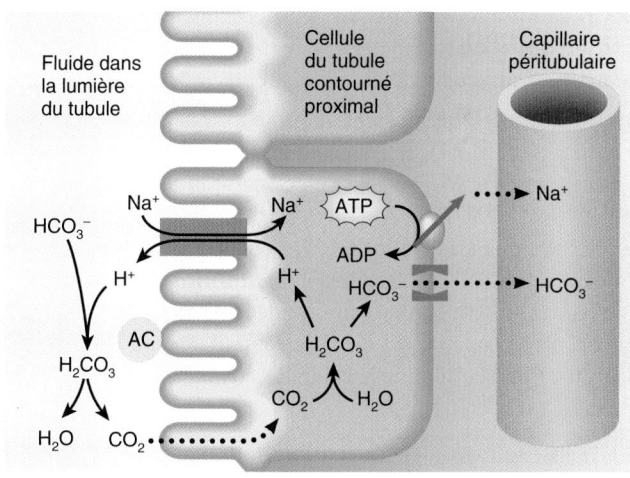

(b) Réabsorption des ions HCO_3^-

Légende :

Antiporteur Na⁺-H⁺

Transporteur pour la diffusion facilitée des ions HCO_3^-

•••••► Diffusion

Pompe à sodium-potassium

Q En (a), quelle étape du déplacement des ions Na⁺ est favorisée par le gradient de concentration ?

---

cytosol de la cellule dans la lumière du tubule (figure 26.13a), de sorte que les ions Na⁺ sont réabsorbés dans le sang et les ions H⁺ sont sécrétés dans le fluide tubulaire.

Les cellules du TCP produisent continuellement les ions H⁺ nécessaires au fonctionnement des antiporteurs de la façon suivante. Du dioxyde de carbone (CO_2) diffuse du sang péritubulaire ou du fluide tubulaire, ou bien il est produit au sein des cellules par des réactions métaboliques. Comme dans le cas des érythrocytes (voir la figure 23.24), l'enzyme *anhydrase carbonique* (AC) catalyse l'association du CO_2 avec l'eau (H_2O) qui forme de l'acide carbonique (H_2CO_3), ce dernier se dissociant par la suite en H^+ et HCO_3^- :

$$\text{CO}_2 + \text{H}_2\text{O} \xrightarrow{\substack{\textit{Anhydrase} \\ \textit{carbonique}}} \text{H}_2\text{CO}_3 \longrightarrow \text{H}^+ + \text{HCO}_3^-$$

Ce même mécanisme assure la réabsorption de 80 à 90% des ions bicarbonate filtrés, tout en permettant de constituer des réserves d'un tampon important dans l'organisme. La figure 26.13b illustre la réabsorption du HCO_3^- dans le tubule contourné proximal. Après avoir été sécrétés dans le fluide de la lumière du tubule contourné proximal, les ions H^+ se combinent avec les ions HCO_3^- du filtrat. Cette réaction, catalysée par l'anhydrase carbonique présente dans la bordure en brosse, produit du H_2CO_3, qui se dissocie rapidement en CO_2 et en H_2O. Le dioxyde de carbone pénètre alors par diffusion dans les cellules du tubule et se lie à l'H_2O pour former du H_2CO_3, qui se dissocie en H^+ et en HCO_3^-. Quand leur concentration s'élève dans le cytosol, les ions HCO_3^- se lient à un transporteur de la membrane basolatérale qui leur permet de quitter la cellule par diffusion facilitée. Ils passent dans le sang par diffusion, en compagnie d'ions Na^+. C'est ainsi que, pour chaque ion H^+ sécrété dans le fluide tubulaire du tubule contourné proximal, un ion HCO_3^- et un ion Na^+ sont réabsorbés dans le sang du capillaire péritubulaire.

En plus d'assurer la réabsorption des ions sodium, les symporteurs Na^+ et les antiporteurs Na^+-H^+ favorisent l'osmose de l'eau et la réabsorption passive d'autres solutés (figure 26.14). Ils permettent normalement la réabsorption de 100% de la plupart des solutés organiques dans le filtrat, dont le glucose et les acides aminés, de 80 à 90% des ions HCO_3^-, de 65% de l'eau et des ions Na^+ et K^+, de 50% des ions Cl^- et d'une quantité variable d'ions Ca^{2+}, Mg^{2+} et HPO_4^{2-}.

Au fur et à mesure que l'eau quitte le fluide tubulaire, la concentration des solutés qui restent dans le filtrat augmente. Dans la deuxième moitié du TCP, l'urée et les ions Cl^-, K^+, Ca^{2+} et Mg^{2+} sont poussés par leurs gradients électrochimiques à passer par diffusion passive dans les capillaires péritubulaires, tant par la voie paracellulaire que transcellulaire. De ces ions, le Cl^- est celui dont la concentration est la plus élevée. La diffusion d'anions Cl^- par la voie paracellulaire confère au liquide interstitiel une charge électrique négative par rapport au fluide tubulaire, ce qui favorise la réabsorption paracellulaire passive des cations filtrés, et en particulier de K^+, Ca^{2+} et Mg^{2+}.

La réabsorption de chaque soluté fait augmenter l'osmolarité, d'abord au sein de la cellule tubulaire, puis dans le liquide interstitiel et, finalement, dans le sang. L'eau se déplace donc rapidement, à la fois par voie paracellulaire et par voie transcellulaire, du fluide tubulaire aux capillaires péritubulaires, ce qui rétablit l'équilibre osmotique (figure 26.14). Autrement dit, la réabsorption des solutés crée un gradient osmotique qui permet la réabsorption de l'eau par osmose. Les cellules de la paroi du tubule contourné proximal et de la partie descendante de l'anse du néphron sont particulièrement perméables à l'eau parce qu'elles renferment de nombreuses molécules d'*aquaporine-1*. Cette protéine membranaire constitue un canal pour l'eau, qui accélère considérablement l'écoulement de l'eau à travers les membranes apicale et basolatérale.

FIGURE 26.14 La réabsorption passive des ions Cl^-, K^+, Ca^{2+} et Mg^{2+}, de l'urée et de l'eau dans la deuxième moitié du tubule contourné proximal.

Les gradients électrochimiques favorisent la réabsorption passive des solutés par les voies paracellulaire et transcellulaire.

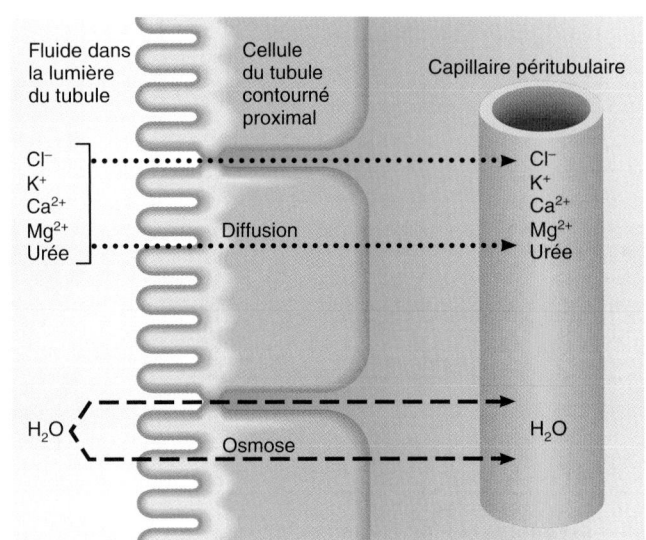

 Par quel mécanisme l'eau du fluide tubulaire est-elle réabsorbée?

L'ammoniac (NH_3) est un déchet toxique provenant de la désamination (perte d'un groupement amine) de divers acides aminés. Cette réaction se produit surtout dans les hépatocytes, qui convertissent une grande partie de l'ammoniac en urée, un composé moins toxique. Une très petite quantité de ces déchets azotés sont éliminés par la sueur, et c'est l'urine qui en excrète la majeure partie. L'urée et l'ammoniac contenus dans le sang passent dans le filtrat glomérulaire et sont sécrétés dans le fluide tubulaire par les cellules du tubule contourné proximal.

Les cellules du tubule contourné proximal produisent elles-mêmes de l'ammoniac (NH_3) par désamination de la glutamine, un acide aminé, au cours d'une réaction qui produit aussi du HCO_3^-. Les molécules de NH_3 se lient rapidement à des ions H^+ pour former des ions ammonium (NH_4^+), qui peuvent prendre la place des ions H^+ dans les antiporteurs Na^+-H^+ de la membrane apicale et passer ainsi dans le fluide tubulaire. Les ions HCO_3^- formés au cours de la réaction traversent la membrane basolatérale et gagnent la circulation sanguine par diffusion, ce qui fait augmenter la quantité de tampons dans le plasma.

LA RÉABSORPTION DANS L'ANSE DU NÉPHRON

Comme l'ensemble des tubules contournés proximaux réabsorbe environ 65% de l'eau filtrée (soit approximativement 80 mL/min), le fluide entre dans l'anse du néphron à une vitesse de 40 à 45 mL/min. La composition chimique du fluide tubulaire est alors passablement différente de celle du filtrat glomérulaire parce que le glucose, les acides aminés et les autres nutriments ne s'y trouvent plus. Toutefois, l'osmolarité du fluide tubulaire est encore proche de celle du sang, puisque la réabsorption de l'eau par osmose suit de près celle des solutés sur toute la longueur du tubule contourné proximal.

L'anse du néphron réabsorbe de 20 à 30 % des ions Na$^+$, K$^+$ et Ca^{2+}, de 10 à 20 % des ions HCO$_3^-$, 35 % des ions Cl$^-$ et 15 % de l'eau dans le filtrat. Pour la première fois, la réabsorption de l'eau par osmose n'est *pas* automatiquement couplée à la réabsorption des solutés filtrés, car une partie de l'anse du néphron (partie ascendante) est relativement imperméable à l'eau. Ainsi, l'anse du néphron rend possible une régulation *indépendante* du *volume* et de l'*osmolarité* des liquides organiques.

La membrane apicale des cellules du segment large de la partie ascendante de l'anse du néphron contient des **symporteurs Na$^+$-K$^+$-2Cl$^-$** qui récupèrent simultanément un ion Na$^+$, un ion K$^+$ et deux ions Cl$^-$ du fluide dans la lumière du tubule (figure 26.15). Les ions Na$^+$ passent ensuite par transport actif dans le liquide interstitiel à la base et sur les côtés des cellules et gagnent les artérioles et les veinules droites (vasa recta) par diffusion passive. Les ions Cl$^-$ franchissent la membrane basolatérale en empruntant des canaux de fuite. Comme la membrane apicale abrite un grand nombre de ces canaux de fuite à K$^+$, la plupart des ions K$^+$ transportés dans les cellules par les symporteurs retournent dans le fluide tubulaire en suivant leur gradient de concentration. Par conséquent, le principal effet des symporteurs Na$^+$-K$^+$-2Cl$^-$ est d'assurer la réabsorption des ions Na$^+$ et Cl$^-$.

Le retour au fluide tubulaire, par les canaux de fuite de la membrane apicale, des ions K$^+$ (portant une charge positive) confère au liquide interstitiel et au sang une charge nette négative par rapport au fluide dans la partie ascendante de l'anse du néphron. Cette charge négative favorise la réabsorption des cations (ions positifs) – Na$^+$, K$^+$, Ca^{2+} et Mg^{2+} – par la voie paracellulaire.

Bien que 15 % environ de l'eau filtrée soit réabsorbée dans la partie *descendante* de l'anse du néphron, il n'y a pas de réabsorption d'eau, ou très peu, dans la partie *ascendante* parce que la membrane apicale des cellules de cette région est pratiquement imperméable à l'eau. Comme les ions sont réabsorbés mais non les molécules d'eau, l'osmolarité du fluide tubulaire décroît au fur et à mesure de sa progression dans la partie ascendante.

LA RÉABSORPTION DANS LE TUBULE CONTOURNÉ DISTAL

Le fluide pénètre dans le tubule contourné distal (TCD) à une vitesse d'environ 25 mL/min parce que 80 % de l'eau filtrée (100 mL/min) a déjà été réabsorbée. Au fur et à mesure que le liquide s'écoule dans le TCD, la réabsorption des ions Na$^+$ et Cl$^-$ se poursuit grâce aux **symporteurs Na$^+$-Cl$^-$** situés dans la membrane apicale des cellules. Les pompes à sodium-potassium et les canaux de fuite à Cl$^-$ dans la membrane basolatérale permettent alors la réabsorption des ions Na$^+$ et Cl$^-$ par les capillaires péritubulaires. Le TCD est également la principale cible de la parathormone qui y stimule la réabsorption des ions Ca^{2+}. Dans l'ensemble, les cellules du TCD réabsorbent de 10 à 15 % de l'eau filtrée.

FIGURE 26.15 Le symporteur Na$^+$-K$^+$-2Cl$^-$ dans le segment large de la partie ascendante de l'anse du néphron.

 Les cellules du segment large de la partie ascendante de l'anse possèdent des symporteurs qui réabsorbent simultanément un ion Na$^+$, un ion K$^+$ et deux ions Cl$^-$.

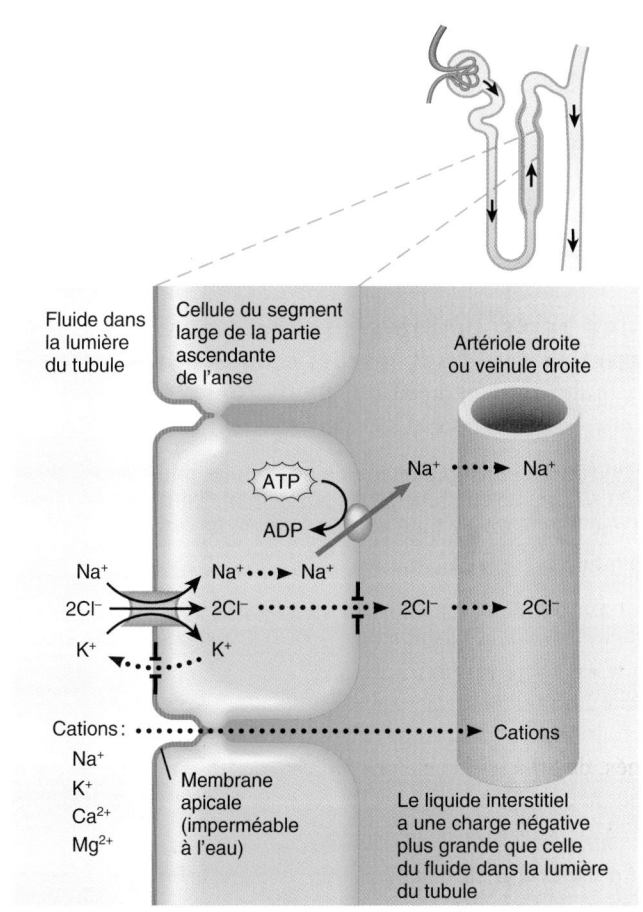

Légende :

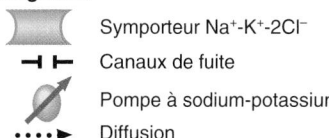	Symporteur Na$^+$-K$^+$-2Cl$^-$
─┤├─	Canaux de fuite
⊘	Pompe à sodium-potassium
••••▶	Diffusion

Q Pourquoi le principal effet des symporteurs Na$^+$-K$^+$-2Cl$^-$ est-il la réabsorption des ions Na$^+$ et Cl$^-$ seulement ? La réabsorption des ions s'accompagne-t-elle d'une réabsorption d'eau dans cette région du néphron ?

LA RÉABSORPTION ET LA SÉCRÉTION DANS LE TUBULE RÉNAL COLLECTEUR

Quand le fluide arrive à l'extrémité du tubule contourné distal, de 90 à 95 % des solutés filtrés et de l'eau sont déjà revenus dans la circulation sanguine. Rappelons qu'il y a deux types de cellules – principales et intercalaires – à l'extrémité du tubule contourné distal et sur toute la longueur du tubule rénal collecteur. Les cellules principales réabsorbent des ions Na$^+$ et sécrètent des ions K$^+$, alors que les cellules intercalaires réabsorbent les ions K$^+$ et HCO$_3^-$, et sécrètent des ions H$^+$. Les mécanismes de la réabsorption des ions HCO$_3^-$ et de la sécrétion des ions H⁺ par les cellules intercalaires seront étudiés au chapitre 27, dans la section des équilibres acidobasiques.

Contrairement à ce qui se passe dans les segments précédents du néphron, les ions Na⁺ traversent la membrane apicale des cellules principales par des canaux de fuite à Na⁺ plutôt que par des symporteurs ou des antiporteurs (figure 26.16). La concentration des ions Na⁺ dans le cytosol demeure faible, comme ailleurs, parce que les pompes à sodium-potassium expulsent les ions par transport actif à travers la membrane basolatérale. Ensuite, les ions Na⁺ gagnent les capillaires péritubulaires par diffusion passive.

Normalement, la plupart des ions K⁺ du filtrat retournent à la circulation sanguine par réabsorption paracellulaire et transcellulaire dans le tubule contourné proximal et l'anse du néphron.

FIGURE 26.16 La réabsorption des ions Na⁺ et la sécrétion des ions K⁺ par les cellules principales dans le dernier segment du tubule contourné distal et dans le tubule rénal collecteur.

Dans la membrane apicale des cellules principales, les canaux de fuite à Na⁺ permettent l'entrée des ions Na⁺, alors que les canaux de fuite à K⁺ permettent la sortie des ions K⁺ dans le fluide tubulaire.

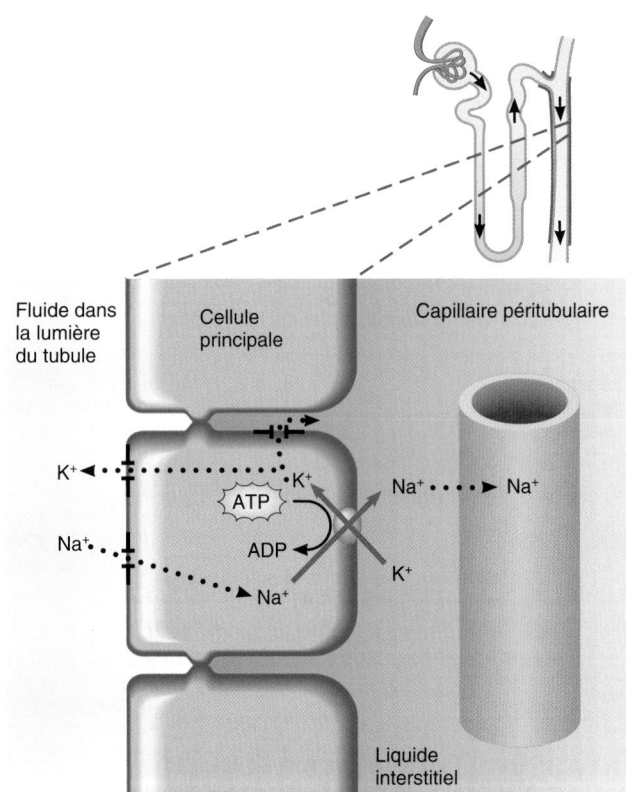

Légende :

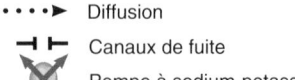 Diffusion

Canaux de fuite

Pompe à sodium-potassium

 Quelle hormone stimule la réabsorption et la sécrétion par les cellules principales et par quel mécanisme exerce-t-elle son action ?

Pour maintenir la teneur des liquides organiques en ions K⁺ à un niveau stable et compenser les variations de l'apport alimentaire en potassium, les cellules principales sécrètent une quantité variable d'ions K⁺ (figure 26.16). Comme les pompes à sodium-potassium basolatérales approvisionnent continuellement les cellules principales en K⁺, la concentration intracellulaire de cet ion demeure élevée. Les canaux de fuite à K⁺ sont présents à la fois dans la membrane apicale et dans la membrane basolatérale. Par conséquent, une partie des ions K⁺ diffusent, en suivant leur gradient de concentration, dans le fluide tubulaire où ils sont très peu concentrés. Ce mécanisme de sécrétion est responsable de l'excrétion de la plupart des ions K⁺ présents dans l'urine.

LA RÉGULATION HORMONALE DE LA RÉABSORPTION ET DE LA SÉCRÉTION TUBULAIRES

Quatre hormones influent sur la réabsorption de l'eau et des ions Na⁺ et Cl⁻ ainsi que sur la sécrétion des ions K⁺ par les tubules rénaux. Les plus importants régulateurs hormonaux de la réabsorption et de la sécrétion des électrolytes sont l'angiotensine II et l'aldostérone. La réabsorption de l'eau est régie principalement par l'hormone antidiurétique. Le facteur natriurétique auriculaire joue un rôle mineur en inhibant la réabsorption des électrolytes et de l'eau.

Le système rénine-angiotensine-aldostérone

Quand la pression artérielle et le volume sanguin diminuent, les parois des artérioles glomérulaires afférentes sont moins étirées et les cellules juxtaglomérulaires sécrètent de la **rénine** dans le sang. La stimulation sympathique provoque aussi directement la libération de cette enzyme par les cellules juxtaglomérulaires. La rénine modifie la structure moléculaire de l'*angiotensinogène* plasmatique, qui est synthétisé par les hépatocytes, en lui retranchant un peptide de 10 acides aminés appelé *angiotensine I*. L'*enzyme de conversion de l'angiotensine* (ACE) retranche deux autres acides aminés de cette dernière et la convertit ainsi en **angiotensine II**, qui est la forme active de l'hormone (voir la figure 18.16).

L'angiotensine II influe sur la physiologie rénale principalement de trois façons :

1. Elle ralentit le débit de filtration glomérulaire en causant la vasoconstriction des artérioles glomérulaires afférentes.

2. Elle augmente la réabsorption des ions Na⁺ et Cl⁻ et celle de l'eau dans le tubule contourné proximal en stimulant l'activité des antiporteurs Na⁺-H⁺.

3. Elle stimule la libération d'**aldostérone** par le cortex surrénal. Cette hormone fait augmenter la réabsorption des ions Na⁺ et Cl⁻, de même que la sécrétion d'ions K⁺, par les cellules principales des tubules rénaux collecteurs. En raison de l'accroissement de la réabsorption des ions Na⁺ et Cl⁻, il y a également accroissement de la réabsorption d'eau par osmose, ce qui accroît le volume sanguin. En fait, l'aldostérone exerce son action sur les cellules principales en augmentant l'activité des pompes à sodium-potassium et en augmentant le nombre et l'activité des canaux de fuite pour les ions Na⁺. L'augmentation du taux d'angiotensine II et d'ions K⁺ dans le plasma provoque la libération d'aldostérone par le cortex surrénal.

L'hormone antidiurétique

L'**hormone antidiurétique** (ADH), ou **vasopressine**, est libérée par la neurohypophyse. Elle régule la réabsorption facultative de l'eau en augmentant la perméabilité à cette substance des cellules principales dans le dernier segment du tubule contourné distal et sur toute la longueur du tubule rénal collecteur. En l'absence d'ADH, la membrane apicale des cellules principales est très peu perméable à l'eau. Ces cellules renferment de petites vésicules qui contiennent un grand nombre de canaux pour l'eau appelés **aquaporines-2***. En provoquant l'exocytose de ces vésicules, l'ADH stimule l'insertion des aquaporines-2 dans la membrane apicale. En conséquence, la perméabilité à l'eau de la membrane apicale des cellules principales augmente et les molécules d'eau passent plus rapidement du fluide tubulaire à l'intérieur des cellules. Comme la membrane basolatérale est toujours relativement perméable à l'eau, cette dernière parvient rapidement au sang. Quand la concentration d'ADH est maximale, par exemple en cas de déshydratation grave, les reins produisent seulement de 400 à 500 mL d'urine très concentrée par jour ; si le taux d'ADH diminue, les aquaporines-2 sont retirées de la membrane apicale par endocytose et un plus grand volume d'urine diluée est alors excrété.

La régulation de la réabsorption facultative de l'eau s'effectue par un mécanisme de rétro-inhibition mettant en jeu l'ADH (figure 26.17 ; voir aussi les figures 18.8 et 18.9). ❷ Quand l'osmolarité ou la pression osmotique du plasma et du liquide interstitiel augmente (déséquilibre) – c'est-à-dire quand la concentration en eau décroît – ne serait-ce que de 1 %, ❶ comme dans des cas de vomissements, de diarrhée ou de transpiration excessive (stimulus), ❸ les osmorécepteurs de l'hypothalamus détectent cette augmentation de la pression osmotique. ❹ Les cellules neurosécrétrices de l'hypothalamus (centre de régulation) transmettent alors des influx nerveux par leurs axones dont les boutons terminaux sont situés dans la neurohypophyse. Ces derniers libèrent par exocytose de l'ADH supplémentaire dans le sang. ❺ Sous l'effet de l'ADH, les cellules principales du dernier segment du tubule contourné distal et du tubule rénal collecteur (effecteurs) deviennent plus perméables à l'eau. Au fur et à mesure que la réabsorption facultative de l'eau augmente (ce qui réduit la perte d'eau dans l'urine), ❻ l'osmolarité du plasma diminue (réponse). ❼ Lorsque l'osmolarité du plasma et du liquide interstitiel revient à la normale, les osmorécepteurs hypothalamiques cessent de stimuler les cellules neurosécrétrices de l'hypothalamus, qui à leur tour cessent de libérer de l'ADH.

La réduction du volume sanguin, qui se produit par exemple en cas d'hémorragie, constitue un autre stimulus puissant pour la sécrétion d'ADH. Les personnes dont l'activité de l'ADH est déficitaire – trouble appelé *diabète insipide* – peuvent excréter jusqu'à 20 L d'urine très diluée par jour.

Le facteur natriurétique auriculaire

Une forte augmentation du volume sanguin provoque la libération par le cœur du facteur natriurétique auriculaire. L'importance du rôle de ce facteur natriurétique dans la régulation de la fonction

---

* Le canal à eau mentionné plus tôt – l'aquaporine-1 – n'est pas soumis à l'action de l'ADH.

---

tubulaire normale reste à préciser, mais on sait qu'il peut inhiber la réabsorption des ions Na^+ et de l'eau dans le tubule contourné proximal et le tubule rénal collecteur, et qu'il inhibe la sécrétion de l'aldostérone et de l'ADH. Ces effets augmentent l'excrétion des ions Na^+ dans l'urine (natrurie) et, par conséquent, entraînent une diminution de la réabsorption de l'eau par osmose, d'où l'augmentation de la production d'urine (diurèse), ce qui fait diminuer le volume sanguin et la pression artérielle.

Le tableau 26.4 résume la régulation hormonale de la réabsorption et de la sécrétion tubulaires.

▶ **POINT DE CONTRÔLE**

11. Faites un schéma illustrant la réabsorption des substances par les voies transcellulaire et paracellulaire. Indiquez les membranes apicale et basolatérale. Où sont situées les pompes à sodium-potassium ?

12. Décrivez cinq mécanismes de réabsorption des ions Na^+ : deux intervenant dans le tube contourné proximal, un dans l'anse du néphron, un dans le tube contourné distal et un dans le tubule rénal collecteur. Quels autres solutés sont réabsorbés ou sécrétés avec le Na^+ dans chaque cas ?

13. Tracez un graphique représentant les pourcentages d'eau et de Na^+ du filtrat qui sont réabsorbés dans le tubule contourné proximal, l'anse du néphron, le tubule contourné distal et le tubule rénal collecteur. Indiquez, s'il y a lieu, les hormones qui régissent la réabsorption dans chaque segment.

LA PRODUCTION D'URINE DILUÉE ET D'URINE CONCENTRÉE

▶ **OBJECTIF**

- Décrire comment le tubule rénal et les tubules rénaux collecteurs produisent l'urine diluée et l'urine concentrée.

Bien que la consommation de liquide varie énormément chez un individu, le volume total des liquides organiques demeure normalement stable. Cette stabilité dépend en grande partie de la capacité des reins à réguler le passage de l'eau dans l'urine. Le rein normal produit un volume important d'urine diluée quand l'apport hydrique est grand, et fournit un petit volume d'urine concentrée en cas d'apport faible ou de pertes liquidiennes élevées. Le taux d'ADH dans le sang est le facteur qui détermine si l'urine formée sera diluée ou concentrée. En l'absence d'ADH, l'urine est très diluée, alors qu'un taux élevé d'ADH favorise la réabsorption d'une plus grande quantité d'eau dans le sang, ce qui donne une urine concentrée.

LA FORMATION D'URINE DILUÉE

Le rapport entre l'eau et les particules de solutés est le même dans le filtrat glomérulaire que dans le sang ; l'osmolarité y est d'environ 300 mOsm/L. (Retenez que l'*osmolarité* d'une solution est la mesure du nombre total de particules dissoutes par litre de solution.) Nous avons déjà indiqué que le fluide à la sortie du tubule

FIGURE 26.17 La régulation par rétro-inhibition de la réabsorption facultative de l'eau régie par l'ADH.

La majeure partie de la réabsorption de l'eau (90 %) est obligatoire ; 10 % de la réabsorption est facultative.

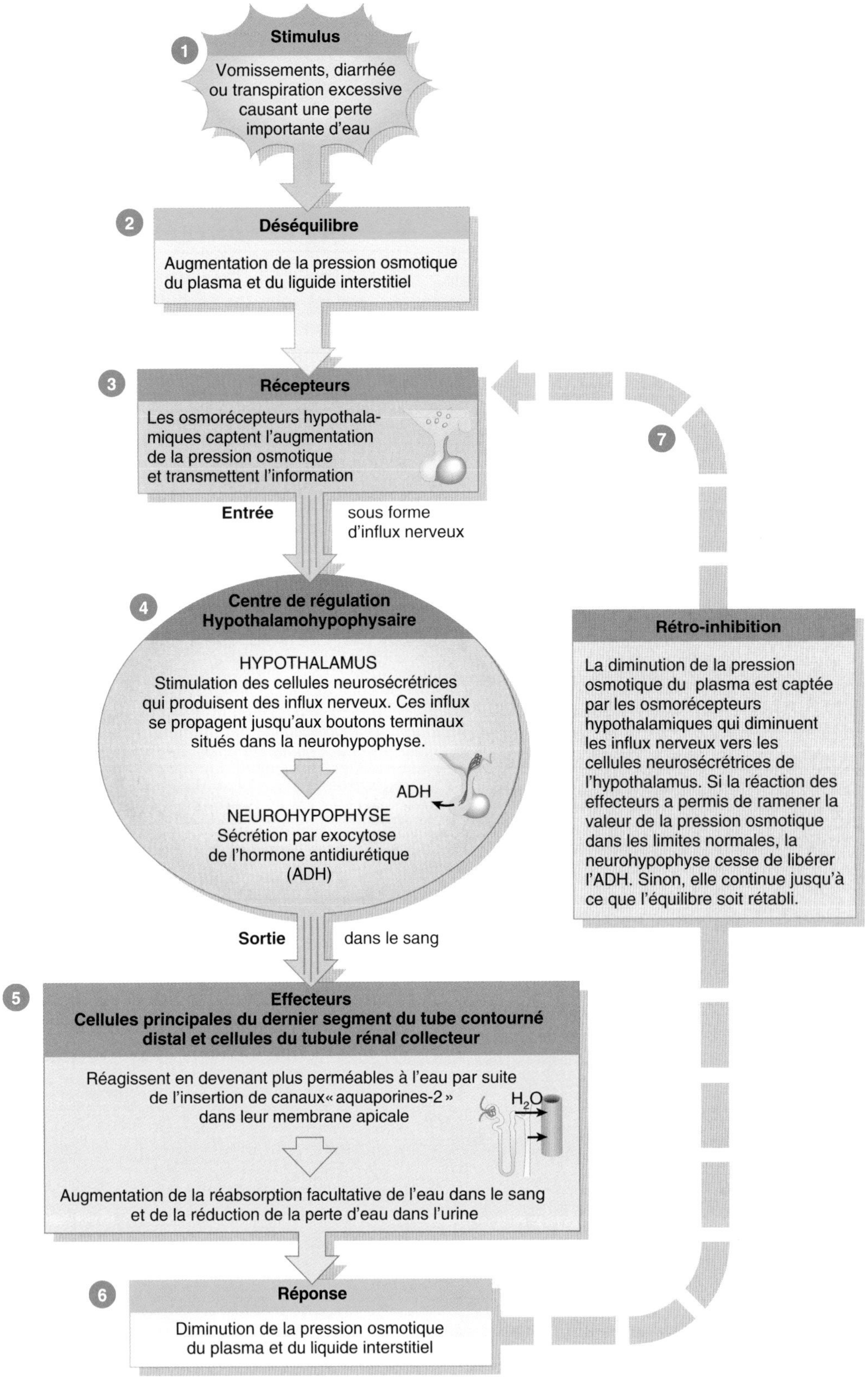

1 Stimulus

Vomissements, diarrhée ou transpiration excessive causant une perte importante d'eau

2 Déséquilibre

Augmentation de la pression osmotique du plasma et du liquide interstitiel

3 Récepteurs

Les osmorécepteurs hypothalamiques captent l'augmentation de la pression osmotique et transmettent l'information

Entrée sous forme d'influx nerveux

4 Centre de régulation Hypothalamohypophysaire

HYPOTHALAMUS
Stimulation des cellules neurosécrétrices qui produisent des influx nerveux. Ces influx se propagent jusqu'aux boutons terminaux situés dans la neurohypophyse.

ADH

NEUROHYPOPHYSE
Sécrétion par exocytose de l'hormone antidiurétique (ADH)

Sortie dans le sang

7 Rétro-inhibition

La diminution de la pression osmotique du plasma est captée par les osmorécepteurs hypothalamiques qui diminuent les influx nerveux vers les cellules neurosécrétrices de l'hypothalamus. Si la réaction des effecteurs a permis de ramener la valeur de la pression osmotique dans les limites normales, la neurohypophyse cesse de libérer l'ADH. Sinon, elle continue jusqu'à ce que l'équilibre soit rétabli.

5 Effecteurs
Cellules principales du dernier segment du tube contourné distal et cellules du tubule rénal collecteur

Réagissent en devenant plus perméables à l'eau par suite de l'insertion de canaux « aquaporines-2 » dans leur membrane apicale

H_2O

Augmentation de la réabsorption facultative de l'eau dans le sang et de la réduction de la perte d'eau dans l'urine

6 Réponse

Diminution de la pression osmotique du plasma et du liquide interstitiel

En plus de l'ADH, quelles hormones contribuent à la régulation de la réabsorption de l'eau ?

HORMONE	PRINCIPAUX STIMULUS À L'ORIGINE DE LA LIBÉRATION	MÉCANISME ET CIBLE	EFFETS
Angiotensine II	La diminution de la pression artérielle ou du volume sanguin stimule la production d'angiotensine II par l'action de la rénine.	Stimule l'activité des antiporteurs Na$^+$-H$^+$ dans les cellules du tubule contourné proximal.	Augmente la réabsorption des ions Na$^+$, de Cl$^-$ d'autres solutés et de l'eau, ce qui accroît le volume sanguin.
Aldostérone	L'augmentation du taux d'angiotensine II et d'ions K$^+$ dans le plasma provoque la libération d'aldostérone par le cortex surrénal.	Augmente l'activité des pompes à sodium-potassium dans la membrane basolatérale et des canaux de fuite à Na$^+$ dans la membrane apicale des cellules principales du tubule rénal collecteur.	Augmente la sécrétion des ions K$^+$ et la réabsorption des ions Na$^+$ et Cl$^-$; augmente la réabsorption de l'eau, ce qui accroît le volume sanguin.
Hormone antidiurétique (ADH) ou vasopressine	L'augmentation de l'osmolarité du plasma et du liquide interstitiel ou la diminution du volume sanguin provoque la libération d'ADH par la neurohypophyse.	Stimule l'insertion de canaux pour l'eau (aquaporines-2) dans la membrane apicale des cellules principales de l'extrémité du tubule distal et sur toute la longueur du tubule rénal collecteur.	Augmente la réabsorption facultative de l'eau, ce qui diminue l'osmolarité des liquides organiques et, par conséquent, accroît le volume sanguin.
Facteur natriurétique auriculaire	L'étirement de la paroi des oreillettes du cœur stimule la sécrétion du facteur natriurétique auriculaire.	Inhibe la réabsorption des ions Na$^+$ et de l'eau dans le tubule proximal et le tubule rénal collecteur; inhibe aussi la sécrétion d'aldostérone et d'ADH.	Augmente l'excrétion des ions Na$^+$ dans l'urine (natrurie); augmente la production d'urine (diurèse), ce qui diminue le volume sanguin.

contourné proximal et le plasma sont isotoniques. (La réabsorption de l'eau par osmose suivant de près celle des solutés sur toute la longueur du tubule contourné proximal.) Lors de la formation d'urine *diluée* (figure 26.18), l'osmolarité du fluide dans la lumière du tubule *augmente* pendant qu'il s'écoule dans la partie descendante de l'anse du néphron, *diminue* quand il passe dans la partie ascendante de l'anse et continue de *diminuer* dans le reste du néphron et le tubule rénal collecteur. Ces variations de l'osmolarité sont le fait des conditions suivantes le long du parcours du fluide tubulaire :

1. Étant donné que l'osmolarité du liquide interstitiel de la médulla rénale augmente progressivement de la région de la médulla externe (en surface) vers la région de la médulla interne (profonde), la réabsorption de l'eau par osmose s'intensifie au fur et à mesure que le fluide tubulaire progresse le long de la partie descendante vers le fond de l'anse. (Nous expliquons brièvement ci-dessous la source de ce gradient osmotique médullaire.) En conséquence, le fluide qui reste dans la lumière du tubule est de plus en plus concentré.

2. Les cellules de la paroi du segment large de la partie ascendante de l'anse possèdent des symporteurs qui réabsorbent par transport actif les ions Na$^+$, K$^+$ et Cl$^-$ contenus dans le fluide tubulaire (figure 26.15). Ces ions passent donc du fluide tubulaire au liquide interstitiel en traversant les cellules du segment large de la partie ascendante. Enfin, certains d'entre eux atteignent par diffusion le sang dans les artérioles et les veinules droites (vasa recta).

3. Bien que des solutés soient réabsorbés dans le segment large de la partie ascendante, la perméabilité à l'eau dans cette région du néphron est toujours assez faible, si bien que l'eau ne suit pas par osmose. Comme les solutés – mais non les molécules d'eau – quittent le fluide tubulaire, l'osmolarité de ce dernier chute à environ 150 mOsm/L. Le fluide qui pénètre dans le tubule contourné distal est donc plus dilué que le plasma.

4. Pendant que le fluide poursuit son chemin dans le tubule contourné distal, d'autres solutés, mais seulement quelques molécules d'eau, sont réabsorbés, les cellules de ce tubule n'étant ni très perméables à l'eau et ni régies par l'ADH.

5. Enfin, puisque les cellules principales des tubules rénaux collecteurs sont imperméables à l'eau quand la concentration d'ADH est très faible, le fluide tubulaire devient de plus en plus dilué à mesure qu'il s'écoule dans ces tubules. Lorsqu'il atteint le bassinet, la concentration du fluide tubulaire peut ne pas dépasser 65 à 70 mOsm/L, ce qui est alors quatre fois plus dilué que le plasma sanguin ou le filtrat glomérulaire.

LA FORMATION D'URINE CONCENTRÉE

Quand l'apport hydrique est faible ou que les pertes liquidiennes sont élevées (par exemple, quand on transpire beaucoup), les reins doivent conserver l'eau, tout en continuant d'éliminer les déchets et les ions excédentaires. Sous l'influence de l'ADH, les reins produisent un petit volume d'urine très concentrée. Il arrive que cette urine soit quatre fois plus concentrée (jusqu'à 1 200 mOsm/L) que le plasma sanguin ou le filtrat glomérulaire (300 mOsm/L).

Cette propriété qu'a l'ADH de permettre l'excrétion d'urine concentrée dépend de la présence d'un **gradient osmotique** des solutés dans le liquide interstitiel de la médulla rénale. Il est à noter

FIGURE 26.18 La formation d'urine diluée. Les nombres représentent l'osmolarité en milliosmoles par litre (mOsm/L). Les traits gras en brun dans la partie ascendante de l'anse du néphron et le tubule contourné distal indiquent que ces régions sont imperméables à l'eau ; les traits gras en bleu marquent l'extrémité du tubule contourné distal et le tubule rénal collecteur, tous deux imperméables à l'eau en l'absence d'ADH ; le fond bleu pâle autour du néphron représente le liquide interstitiel. Quand il n'y a pas d'ADH, l'osmolarité de l'urine peut baisser jusqu'à 65 mOsm/L.

 Quand le taux d'ADH est faible, l'urine est diluée et son osmolarité est inférieure à celle du sang.

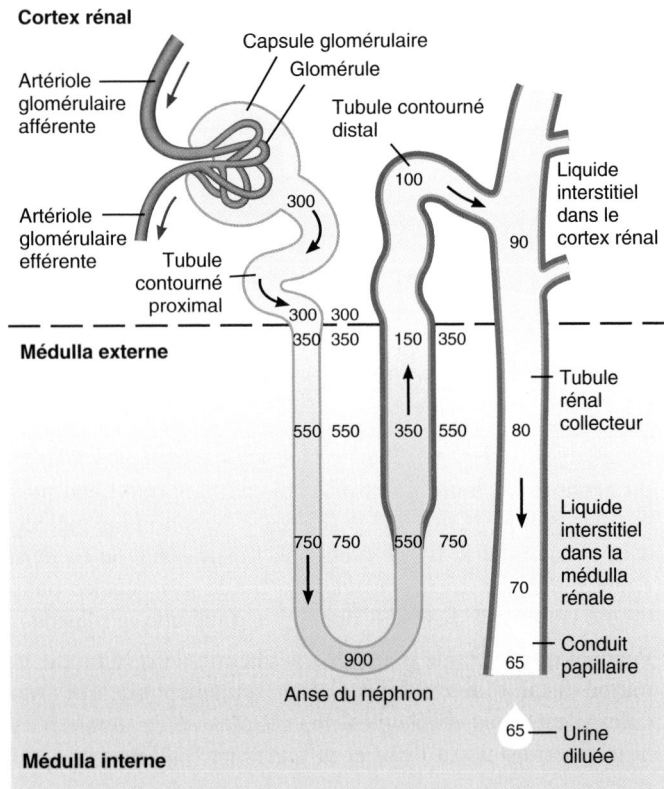

Quelles parties du tubule rénal et du tubule rénal collecteur réabsorbent plus de solutés que d'eau, de sorte qu'elles produisent de l'urine diluée ?

que, dans la figure 26.19, la concentration des solutés dans le liquide interstitiel du rein passe d'environ 300 mOsm/L dans le cortex à environ 1 200 mOsm/L dans les profondeurs de la médulla rénale, établissant ainsi un gradient osmotique de près de 900 mOsm/L. Les trois principaux solutés qui contribuent à créer cette osmolarité élevée sont les ions Na⁺ et Cl⁻, ainsi que l'urée. Deux facteurs importants participent à l'établissement et au maintien du gradient osmotique : 1) les différences de perméabilité aux solutés et à l'eau, et les écarts de réabsorption de ces substances dans les divers segments des anses longues du néphron et dans les tubules rénaux collecteurs ; et 2) l'écoulement à contre-courant (dans des directions opposées) du fluide des anses qui se trouve dans les parties descendantes et ascendantes rapprochées.

La production d'urine concentrée s'effectue de la façon suivante (figure 26.19) :

1 ***Dans les néphrons juxtamédullaires (à anses longues), les symporteurs des cellules du segment large de la partie ascendante établissent le gradient osmotique de la médulla rénale.*** Dans le segment large de la partie ascendante de l'anse du néphron, des symporteurs Na⁺-K⁺-2Cl⁻ réabsorbent activement les ions Na⁺ et Cl⁻ du fluide tubulaire (figure 29.19a). Cependant, l'eau n'est pas réabsorbée parce que les cellules sont imperméables à cette molécule. Il s'ensuit que la concentration des ions réabsorbés augmente progressivement dans le liquide interstitiel de la médulla externe. Il semble que les cellules du segment grêle de la partie ascendante de l'anse du néphron participeraient aussi à la formation du gradient osmotique de la médulla interne. Les ions qui pénètrent dans les artérioles droites par diffusion sont emportés dans les profondeurs de la médullaire interne par la circulation sanguine (figure 26.19b). Toutefois, comme le débit sanguin dans ces artérioles est faible, les solutés ont le temps de diffuser entre le fluide tubulaire, le liquide interstitiel et le sang à tous les niveaux de la médulla. Ainsi, le fluide dans la partie descendante, le liquide interstitiel et le plasma atteignent la même osmolarité, permettant le maintien du gradient médullaire.

2 ***Les cellules des tubules rénaux collecteurs réabsorbent plus d'eau et d'urée.*** À mesure que le fluide tubulaire se déplace dans les tubules rénaux collecteurs, il passe à proximité d'une médulla dont l'osmolarité est supérieure et qui, de ce fait, exerce une attraction sur l'eau de ce fluide.

Quand l'ADH augmente la perméabilité à l'eau des cellules principales, l'eau quitte rapidement par osmose le fluide du tubule rénal collecteur, passe par le liquide interstitiel de la médulla interne et gagne les artérioles et les veinules droites. En raison de cette perte d'eau, l'urée qui reste dans le fluide du tubule rénal collecteur devient de plus en plus concentrée. Les cellules des tubules rénaux collecteurs situées dans les régions profondes de la médulla étant perméables à l'urée, cette dernière passe par diffusion du fluide tubulaire au liquide interstitiel de la médulla, contribuant ainsi à hausser l'osmolarité de la médulla interne.

3 ***Le recyclage de l'urée entraîne une accumulation de cette substance dans la médulla rénale.*** Une partie de l'urée qui s'accumule dans le liquide interstitiel diffuse dans le fluide tubulaire de la partie descendante et du segment grêle de la partie ascendante des anses longues du néphron, qui sont aussi perméables à l'urée (figure 26.19a). Toutefois, quand le fluide passe dans le segment large de la partie ascendante, le tubule contourné distal et la partie corticale du tubule rénal collecteur, l'urée demeure dans la lumière parce que les cellules de ces conduits sont imperméables à cette molécule. Dans le tubule rénal collecteur, la réabsorption de l'eau se poursuit par osmose grâce à la présence d'ADH. Cette réabsorption *augmente davantage* la concentration de l'urée dans le fluide tubulaire, encore plus d'urée diffuse alors vers le liquide interstitiel de la médulla rénale interne, puis le cycle recommence. Ce transfert continuel d'urée entre les segments du tubule rénal et le liquide interstitiel de la médulla est appelé *recyclage de l'urée*. Ainsi,

FIGURE 26.19 Le mécanisme de concentration de l'urine dans les néphrons juxtamédullaires (à anses longues).
Le trait vert indique la présence de symporteurs Na^+-K^+-$2Cl^-$ qui réabsorbent ces ions simultanément dans le liquide interstitiel de la médulla rénale; cette partie du néphron est aussi relativement imperméable à l'eau et à l'urée. Toutes les concentrations sont en milliosmoles par litre (mOsm/L).

La formation d'urine concentrée dépend des concentrations élevées des solutés dans le liquide interstitiel de la médulla rénale.

Néphron juxtamédullaire et sa vascularisation

Artériole et veinule droites

Anse du néphron

Capsule glomérulaire

Glomérule

Artériole glomérulaire afférente

Tubule contourné distal

Artériole glomérulaire efférente

Tubule contourné proximal

Tubule rénal collecteur

H₂O
Na⁺Cl⁻
Circulation sanguine
Présence de symporteurs Na⁺-K⁺-2Cl⁻

Liquide interstitiel dans le cortex rénal

1 Les symporteurs dans le segment large de la partie ascendante établissent un gradient osmotique

2 Les cellules principales du tubule rénal collecteur réabsorbent plus d'eau en présence d'ADH

3 Le recyclage de l'urée entraîne une accumulation d'urée dans la médulla rénale

Urée

Na⁺Cl⁻

Na⁺Cl⁻ et urée

Liquide interstitiel dans la médulla rénale

Anse du néphron

Conduit papillaire

Urine concentrée

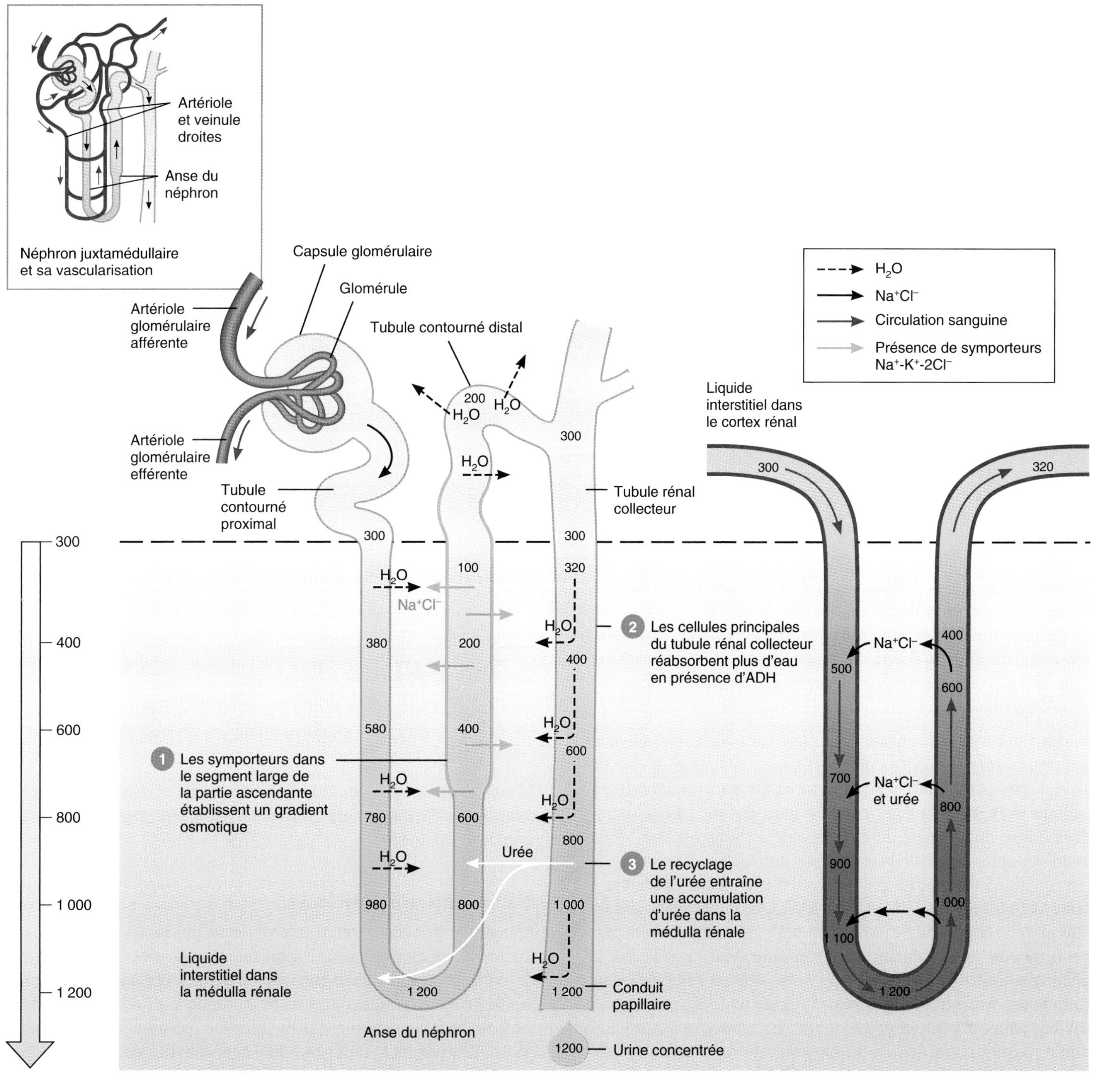

(a) Réabsorption des ions Na⁺ et Cl⁻ ainsi que de l'eau dans le néphron juxtamédullaire (à anses longues)

(b) Recyclage des sels et de l'urée dans l'artériole et la veinule droites

Quels solutés contribuent le plus à l'osmolarité élevée du liquide interstitiel dans la médulla rénale?

la réabsorption de l'eau présente dans le fluide des tubules rénaux collecteurs favorise l'accumulation d'urée dans le liquide interstitiel de la médulla rénale et cette accumulation stimule à son tour la réabsorption de l'eau. Les solutés qui restent dans la lumière sont donc très concentrés et un petit volume d'urine concentrée est excrété.

Le deuxième facteur à l'origine du gradient osmotique dans la médulla rénale est le **mécanisme à contre-courant**, dont le fonctionnement repose sur la forme en épingle à cheveux des anses longues du néphron juxtamédullaire. Remarquez dans la figure 26.19a, que la partie descendante de l'anse du néphron conduit le fluide tubulaire du cortex rénal vers la région profonde de la médulla et que la partie ascendante lui fait faire le parcours en sens inverse. Ainsi, dans des conduits parallèles rapprochés, le fluide s'écoule dans des directions contraires. On appelle ce phénomène *écoulement à contre-courant*.

La partie descendante de l'anse du néphron est très perméable à l'eau, mais imperméable aux solutés autres que l'urée. L'osmolarité du liquide interstitiel autour de la partie descendante étant plus élevée que celle du fluide tubulaire, l'eau quitte la partie descendante par osmose, ce qui fait augmenter l'osmolarité à l'intérieur du tubule. Au fur et à mesure que le fluide avance dans la partie descendante, son osmolarité continue de croître : elle peut atteindre 1 200 mOsm/L dans la partie en épingle à cheveux (partie profonde de la médulla interne) du néphron juxtamédullaire.

Nous avons déjà mentionné que la partie ascendante de l'anse est imperméable à l'eau, mais ses symporteurs réabsorbent les ions Na^+ et Cl^- qui passent alors du fluide tubulaire au liquide interstitiel de la médulla rénale, si bien que l'osmolarité du fluide décroît graduellement au fur et à mesure qu'il avance dans la partie ascendante. À la jonction de la médulla et du cortex, l'osmolarité du fluide tubulaire est redescendue à environ 100 mOsm/L. Globalement, la concentration du fluide tubulaire augmente progressivement dans la partie descendante et diminue graduellement dans la partie ascendante.

La figure 26.19b montre que l'artériole et la veinule droites sont également formées d'une partie descendante et d'une partie ascendante, parallèles l'une à l'autre et à l'anse du néphron. Tout comme le fluide tubulaire s'écoule dans des directions opposées dans l'anse du néphron, le sang circule en sens opposés dans les artérioles et les veinules droites. À son entrée dans l'artériole droite, le sang a une osmolarité d'environ 300 mOsm/L. Pendant sa descente dans la médulla rénale, où le liquide interstitiel devient de plus en plus concentré, les ions Na^+ et Cl^-, ainsi que l'urée, passent par diffusion du liquide interstitiel au sang. Mais, après l'augmentation de son osmolarité, le sang commence à remonter dans la veinule droite ; il traverse alors une région où le liquide interstitiel devient de moins en moins concentré. En conséquence, les ions et l'urée passent par diffusion du sang au liquide interstitiel, et l'eau réabsorbée diffuse du liquide interstitiel vers les veinules droites. L'osmolarité du sang qui quitte la veinule droite n'est que légèrement plus élevée que celle du sang qui entre dans l'artériole droite. Ainsi, le système composé de l'artériole et de la veinule droites fournit de l'oxygène et des nutriments à la médulla rénale sans éliminer ou réduire le gradient osmotique.

La figure 26.20 résume les processus de filtration, de réabsorption et de sécrétion dans chaque segment du néphron et du tubule rénal collecteur.

LES DIURÉTIQUES

Les diurétiques sont des substances qui ralentissent la réabsorption de l'eau par les reins et causent ainsi une *diurèse*, c'est-à-dire un débit urinaire élevé, qui réduit à son tour le volume sanguin. On prescrit fréquemment des diurétiques pour traiter l'*hypertension* (pression artérielle anormalement élevée) parce que, généralement, une diminution du volume sanguin s'accompagne d'une diminution de la pression artérielle. Parmi les diurétiques naturels, on compte la *caféine*, présente dans le café, le thé et les colas, qui inhibe la réabsorption des ions Na^+, et l'*alcool*, contenu dans la bière, le vin et les autres boissons alcoolisées, qui inhibe la sécrétion de l'ADH. La plupart des diurétiques produisent leur effet en perturbant un des mécanismes de réabsorption des ions Na^+ filtrés. Par exemple, les diurétiques de l'anse, tel le furosémide (Lasix^MD), inhibent sélectivement les symporteurs Na^+-K^+-$2Cl^-$ du segment large de la partie ascendante du néphron (figure 26.15). ∎

▶ **POINT DE CONTRÔLE**

15. Comment les symporteurs de la partie ascendante de l'anse du néphron et des cellules principales du tubule rénal collecteur contribuent-ils à la formation de l'urine concentrée ?

16. Comment l'ADH régule-t-elle la réabsorption facultative de l'eau ?

17. Qu'est-ce que le mécanisme à contre-courant ? Pourquoi est-il important ?

L'ÉVALUATION DE LA FONCTION RÉNALE

OBJECTIFS

- Définir l'examen des urines et en décrire l'importance.
- Définir la clairance rénale et en décrire l'importance.

L'évaluation de routine de la fonction rénale consiste à mesurer la quantité et la qualité de l'urine ainsi que la concentration des déchets dans le sang.

L'EXAMEN DES URINES

L'analyse du volume et des propriétés physiques, chimiques et microscopiques de l'urine, appelée **examen des urines**, fournit de nombreux renseignements sur l'état de l'organisme. Les principales caractéristiques de l'urine normale sont résumées dans le tableau 26.5. Le volume d'urine éliminé par un adulte normal est de 1 à 2 L par jour. Il dépend de l'apport hydrique, de la pression artérielle, de l'osmolarité sanguine, de l'alimentation, de la température corporelle, de la consommation de diurétiques, de l'état mental et de l'état général de santé. Par exemple, une pression artérielle sous la normale déclenche le système rénine-angiotensine-aldostérone. L'aldostérone fait augmenter la réabsorption de l'eau et des sels dans le tubule rénal et diminue le volume urinaire. Par

FIGURE 26.20 Résumé de la filtration, de la réabsorption et de la sécrétion dans le néphron et le tubule rénal collecteur.

La filtration s'effectue dans le corpuscule rénal ; la réabsorption a lieu sur toute la longueur du tubule rénal et du tubule rénal collecteur.

TUBULE CONTOURNÉ PROXIMAL

Réabsorption (dans le sang) des substances filtrées suivantes :

Eau	65 % (osmose)
Na^+	65 % (pompes à sodium-potassium, symporteurs, antiporteurs)
K^+	65 % (diffusion)
Glucose	100 % (symporteurs et diffusion facilitée)
Acides aminés	100 % (symporteurs et diffusion facilitée)
Cl^-	50 % (diffusion)
HCO_3^-	80 à 90 % (diffusion facilitée)
Urée	50 % (diffusion)
Ca^{2+}, Mg^{2+}	variable (diffusion)

Sécrétion (dans l'urine) de :

H^+	variable (antiporteurs)
NH_4^+	variable, augmente dans le cas d'acidose (antiporteurs)
Urée	variable (diffusion)
Créatinine	petite quantité

À l'extrémité du TCP, le fluide tubulaire et le sang sont encore isotoniques (300 mOsm/L).

ANSE DU NÉPHRON

Réabsorption (dans le sang) de :

Eau	15 % (osmose dans la partie descendante)
Na^+	20 à 30 % (symporteurs dans la partie ascendante)
K^+	20 à 30 % (symporteurs dans la partie ascendante)
Cl^-	35 % (symporteurs dans la partie ascendante)
HCO_3^-	10 à 20 % (diffusion facilitée)
Ca^{2+}, Mg^{2+}	variable (diffusion)

Sécrétion (dans l'urine) de :

Urée	variable (recyclage à partir du tubule rénal collecteur)

À l'extrémité de l'anse du néphron, le fluide tubulaire est hypotonique (de 100 à 150 mOsm/L).

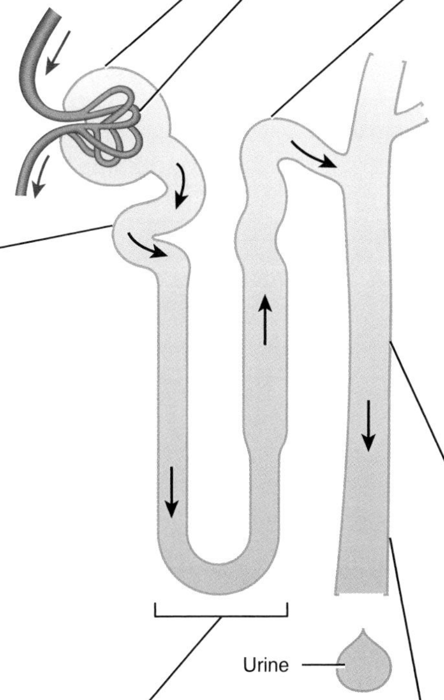

CORPUSCULE RÉNAL

Débit de filtration glomérulaire : De 105 à 125 mL/min de filtrat isotonique avec le sang

Composition du filtrat : eau et tous les solutés présents dans le sang (sauf les protéines), y compris les ions, le glucose, les acides aminés, la créatinine, l'acide urique

TUBULE CONTOURNÉ DISTAL

Réabsorption (dans le sang) de :

Eau	10 à 15 % (osmose)
Na^+	5 % (symporteurs)
Cl^-	5 % (symporteurs)
Ca^{2+}	variable (stimulée par la parathormone)

CELLULES PRINCIPALES À L'EXTRÉMITÉ DU TUBULE DISTAL ET DANS LE TUBULE RÉNAL COLLECTEUR

Réabsorption (dans le sang) de :

Eau	5 à 9 % (insertion de canaux à eau stimulée par l'ADH)
Na^+	1 à 4 % (pompes à sodium-potassium)
Urée	variable (recyclage vers l'anse du néphron)

Sécrétion (dans l'urine) de :

K^+	quantité variable déterminée par l'apport alimentaire (canaux de fuite)

Le fluide tubulaire qui quitte le tubule collecteur est dilué quand le taux d'ADH est faible, et concentré quand ce taux est élevé.

CELLULES INTERCALAIRES À L'EXTRÉMITÉ DU TUBULE DISTAL ET DANS LE TUBULE RÉNAL COLLECTEUR

Réabsorption (dans le sang) de :

HCO_3^- (nouveau)	quantité variable, selon la sécrétion d'ions H^+ (antiporteurs)
Urée	variable (recyclage vers l'anse du néphron)

Sécrétion (dans l'urine) de :

H^+	quantité variable de manière à maintenir l'équilibre acidobasique (pompes H^+)

Urine

Q Dans quelles parties du néphron et du tubule rénal collecteur la sécrétion a-t-elle lieu ?

TABLEAU 26.5 LES CARACTÉRISTIQUES DE L'URINE NORMALE

CARACTÉRISTIQUE	DESCRIPTION
Volume	De 1 à 2 L toutes les 24 h, mais varie considérablement.
Couleur	Jaune ou ambre, mais varie selon la concentration de l'urine et le régime alimentaire. La couleur est attribuable à l'urochrome (pigment produit par la dégradation de la bile) et à l'urobiline (provenant de la dégradation de l'hémoglobine). L'urine concentrée est plus foncée. L'alimentation (urine rendue rougeâtre par la consommation de betteraves), les médicaments et certaines maladies influent sur la couleur. Les calculs rénaux peuvent causer la présence de sang dans les urines.
Turbidité	Fraîchement émise, elle est transparente, mais elle devient trouble si on la laisse reposer.
Odeur	Légèrement aromatique, mais dégage une odeur d'ammoniac si on la laisse reposer. Lorsqu'ils ingèrent des asperges, certains individus ont la capacité héréditaire de former du méthylmercaptan qui donne à l'urine une odeur caractéristique. L'urine des diabétiques a une odeur fruitée à cause de la présence de corps cétoniques.
pH	Se situe entre 4,6 et 8,0; moyenne: 6,0; varie considérablement selon le régime alimentaire. Les régimes riches en protéines augmentent l'acidité; les régimes végétariens augmentent l'alcalinité.
Densité	La densité est le rapport entre la masse d'un volume donné d'une substance et la masse d'un volume égal d'eau distillée. Celle de l'urine varie de 1,001 à 1,035. Plus la concentration des solutés est élevée, plus la densité est élevée.

contre, quand l'osmolarité du sang diminue – par exemple, après la consommation d'un grand volume d'eau –, la sécrétion de l'ADH est inhibée et un plus grand volume d'urine est excrété.

Environ 95 % du volume total de l'urine est constitué d'eau; les 5 % qui restent sont des électrolytes, des solutés dérivés du métabolisme cellulaire et des substances étrangères telles que des médicaments. L'urine normale ne contient pas de protéines. Parmi les solutés normalement présents dans l'urine, on compte des électrolytes filtrés et sécrétés qui n'ont pas été réabsorbés, de l'urée (provenant de la dégradation des protéines), de la créatinine (dégradation de la créatine phosphate dans les myocytes). On y trouve également de l'acide urique (dégradation des acides nucléiques), de l'urobilinogène (dégradation de l'hémoglobine) et d'autres substances en petites quantités telles que des acides gras, des pigments, des enzymes et des hormones.

Quand la maladie perturbe le métabolisme de l'organisme ou la fonction rénale, il arrive que l'urine contienne des traces de substances qui en sont normalement absentes ou qu'elle renferme des constituants normaux en quantités inhabituelles. Le tableau 26.6 présente plusieurs constituants anormaux de l'urine qu'un examen des urines peut révéler. Les valeurs de référence pour quelques analyses d'urine et des considérations cliniques sur les écarts par rapport à la normale sont données dans l'appendice C.

LES EXAMENS SANGUINS

Deux examens sanguins fournissent des renseignements sur la fonction rénale. L'un d'eux est le test de l'**azote uréique du sang** (**BUN**, *blood urea nitrogen*). Il permet de mesurer dans le sang l'azote contenu dans l'urée qui provient du catabolisme des protéines et de la désamination des acides aminés. Quand le débit de filtration glomérulaire baisse de façon importante, comme dans les cas de maladie rénale ou d'obstruction des voies urinaires, le taux d'azote uréique du sang monte en flèche. Un des traitements possibles consiste à réduire l'apport de protéines alimentaires, ce qui fait diminuer la production d'urée.

Le deuxième test souvent utilisé pour évaluer la fonction rénale est la mesure de la **créatininémie** qui résulte du catabolisme de la créatine phosphate dans les muscles squelettiques. Normalement, la créatininémie est stable parce que la vitesse d'excrétion de la créatinine dans l'urine est égale à la vitesse à laquelle elle est libérée des muscles. Un taux de créatinine supérieur à 135 mmol/L indique habituellement un mauvais fonctionnement des reins. Les valeurs de référence pour quelques analyses sanguines figurent dans l'appendice B, où l'on décrit également quelques situations susceptibles de faire augmenter ou diminuer ces valeurs.

LA CLAIRANCE RÉNALE

L'évaluation de l'efficacité des reins à retirer une substance donnée du plasma sanguin est encore plus utile pour le diagnostic des troubles rénaux que les valeurs fournies par l'azote uréique du sang et la créatininémie. La **clairance rénale** est le volume de sang « nettoyé » ou débarrassé d'une substance par unité de temps. Elle s'exprime habituellement en *millilitres par minute*. Une clairance rénale élevée indique que l'excrétion d'une substance dans l'urine est efficace; une clairance faible est le signe d'une excrétion inefficace. Par exemple, la clairance du glucose est normalement égale à zéro parce que cette molécule n'est pas excrétée du tout; au contraire, 100 % du glucose dans le filtrat est retourné au sang par réabsorption tubulaire (tableau 26.3). Il est nécessaire de connaître la clairance d'un médicament pour établir la posologie appropriée. Si la clairance est élevée (ce qui est le cas de la pénicilline), la dose administrée doit aussi être élevée et on doit prendre le médicament plusieurs fois par jour pour maintenir une concentration thérapeutique adéquate dans le sang.

On utilise l'équation suivante pour calculer la clairance:

$$\text{Clairance rénale de la substance S} = \left(\frac{U \times V}{P} \right)$$

U et P sont les concentrations respectives de la substance dans l'urine et le plasma (exprimées dans les mêmes unités, par exemple mg/mL), et V est le débit urinaire en millilitres par minute (mL/min).

La clairance d'un soluté dépend des trois principales fonctions du néphron: la filtration glomérulaire, la réabsorption tubulaire et la sécrétion tubulaire. Si une substance passe dans le filtrat, mais n'est ni réabsorbée, ni sécrétée, alors sa clairance égale le débit de filtration glomérulaire, parce que toutes les molécules qui traversent la membrane de filtration se retrouvent dans l'urine. C'est le cas de la créatinine, à peu de choses près: elle traverse facilement le filtre,

TABLEAU 26.6 RÉSUMÉ DES CONSTITUANTS ANORMAUX DE L'URINE

CONSTITUANTS ANORMAUX	COMMENTAIRES
Albumine	Constituant normal du plasma, habituellement présent dans l'urine en très petite quantité seulement parce qu'il est trop volumineux pour passer à travers les fenestrations des capillaires. La présence excessive d'albumine dans l'urine – **albuminurie** – indique une augmentation de la perméabilité de la membrane de filtration par suite d'une blessure ou d'une maladie, d'une élévation de la pression artérielle ou d'une irritation des cellules rénales par diverses substances (toxines bactériennes, éther ou les métaux lourds, etc.).
Glucose	La présence de glucose dans l'urine est appelée **glycosurie** et constitue habituellement un signe de diabète. Elle est parfois causée par le stress, qui peut occasionner la sécrétion d'adrénaline en quantité excessive. L'adrénaline stimule la dégradation du glycogène et la libération de glucose par le foie.
Érythrocytes	La présence d'érythrocytes dans l'urine est appelée **hématurie** et indique généralement un état pathologique. Elle peut être causée par une inflammation aiguë des organes urinaires par suite d'une maladie ou d'une irritation par des calculs rénaux. Elle peut aussi être due, entre autres, à une tumeur, un traumatisme ou une maladie rénale. On doit s'assurer que l'échantillon d'urine n'est pas contaminé par du sang menstruel.
Leucocytes	La présence de leucocytes et d'autres constituants du pus dans l'urine, appelée **pyurie**, est révélatrice d'une infection du rein ou d'un autre organe urinaire.
Corps cétoniques	Une concentration élevée de corps cétoniques dans l'urine, appelée **cétonurie**, peut être un signe de diabète, d'anorexie, de dénutrition ou simplement d'une insuffisance de glucides dans l'alimentation.
Bilirubine	Quand les érythrocytes sont détruits par les macrophagocytes, la globine est séparée de l'hémoglobine et l'hème est converti en biliverdine. La majeure partie de la biliverdine est transformée en bilirubine, principal responsable de la pigmentation de la bile. Une concentration de bilirubine dans l'urine supérieure à la normale est appelée **bilirubinurie**.
Urobilinogène	La présence d'urobilinogène (produit de dégradation de la portion hème de l'hémoglobine) dans l'urine est appelée **urobilinogénurie**. Il est normal d'en déceler des traces, mais un taux élevé d'urobilinogène peut être causé par une anémie hémolytique ou pernicieuse, une hépatite infectieuse, une obstruction biliaire, une jaunisse, une cirrhose, une insuffisance cardiaque ou une mononucléose infectieuse.
Cylindres urinaires	Les **cylindres urinaires** sont de petits amas de matière qui se sont solidifiés en épousant la forme de la lumière du tubule dans lequel ils ont pris naissance. Ils sont évacués du tubule lorsque le filtrat s'accumule en amont. On nomme les cylindres d'après les cellules ou les substances qui les composent ou en fonction de leur apparence. Par exemple, il existe des cylindres leucocytaires, hématiques et épithéliaux. Ces derniers contiennent des cellules provenant des parois des tubules.
Microorganismes	Le type et le nombre de microorganismes varient selon la nature de l'infection des voies urinaires. Parmi les plus fréquentes, on trouve *E. coli*. La levure qu'on trouve le plus souvent dans l'urine est *Candida albicans*, qui cause la vaginite. Le protozoaire le plus fréquemment présent est *Trichomonas vaginalis*, qui cause la vaginite chez la femme et l'urétrite chez l'homme.

n'est pas réabsorbée et n'est que très peu sécrétée. Mesurer la clairance de la créatinine, qui est normalement de 120 à 140 mL/min, est le moyen le plus facile d'évaluer le débit de filtration glomérulaire. L'urée est un déchet qui est filtré, réabsorbé et sécrété de façon variable. Sa clairance, généralement inférieure au DGF, est d'environ 70 mL/min.

LA DIALYSE

Si les reins sont lésés par la maladie ou une blessure à tel point qu'ils ne peuvent pas fonctionner normalement, il est nécessaire de purifier artificiellement le sang par **dialyse** (*dialio* : séparation). Ce traitement consiste à séparer les gros solutés des petits par diffusion à travers une membrane à perméabilité sélective L'**hémodialyse** (*haima* : sang), consiste à débarrasser le sang du patient de ses déchets ainsi que de ses électrolytes et du liquide en excès, puis à le réintroduire dans la circulation sanguine. Le sang qui sort de l'organisme est acheminé vers un *hémodialyseur* (ou rein artificiel), à l'intérieur duquel le sang s'écoule à travers une *membrane de dialyse* dont les pores sont assez grands pour laisser diffuser les petits solutés. On pompe dans l'hémodialyseur une solution spéciale, appelée *dialysat*, dans laquelle est immergée la mem-

brane de dialyse. On choisit la composition du dialysat, de sorte qu'il maintienne un gradient de diffusion permettant d'éliminer du sang les déchets (tels l'urée, la créatinine, l'acide urique, et l'excès d'ions phosphate, potassium et sulfate) et d'y introduire des substances utiles (tels le glucose et les ions bicarbonate). Avant d'être réintroduit dans l'organisme, le sang purifié passe dans un détecteur d'embole gazeux, qui en retire l'air. On ajoute un anticoagulant (l'héparine) pour prévenir la formation de caillots dans l'hémodialyseur. Généralement, la majorité des patients qui ont recours à l'hémodialyse doivent s'astreindre à trois séances par semaines totalisant de 6 à 12 heures.

La **dialyse péritonéale**, une autre méthode de dialyse, consiste à utiliser le péritoine de la cavité abdominale comme membrane de dialyse pour la filtration du sang. Le péritoine constitue un excellent filtre en raison de son importante surface d'échange et de ses nombreux vaisseaux sanguins. On insère dans la cavité péritonéale l'extrémité d'un cathéter, tandis que l'autre est reliée à un sac rempli de dialysat. Le liquide s'écoule dans la cavité péritonéale par gravité et il y reste le temps requis pour que les déchets et l'excès d'électrolytes et de liquide diffusent dans le dialysat. Cette solution est ensuite drainée dans un sac, éliminée et remplacée par du dialysat neuf. Chaque cycle est appelé un *échange*.

La **dialyse péritonéale continue ambulatoire (DPCA)** est une variante de la dialyse péritonéale que le patient peut faire chez lui. En général, le dialysat est drainé et remplacé quatre fois durant la journée et une fois durant la nuit, pendant le sommeil. Entre les échanges, la personne est libre de se déplacer, le dialysat restant dans sa cavité péritonéale. ■

▶ **POINT DE CONTRÔLE**

18. Quelles caractéristiques l'urine normale présente-t-elle?

19. Quelles substances chimiques sont présentes dans l'urine normale?

20. Comment peut-on évaluer la fonction rénale?

21. Pourquoi les clairances rénales du glucose, de l'urée et de la créatinine sont-elles différentes? Comment chacune de ces clairances se compare-t-elle au débit de filtration glomérulaire?

LE TRANSPORT, L'ENTREPOSAGE ET L'ÉLIMINATION DE L'URINE

> **OBJECTIF**

- Décrire l'anatomie, l'histologie et la physiologie des uretères, de la vessie et de l'urètre.

L'urine provenant des tubules rénaux collecteurs passe dans les conduits papillaires, puis s'écoule dans les calices rénaux mineurs. Ces structures se joignent pour former les calices rénaux majeurs qui déversent leur contenu dans le bassinet (figure 26.3). À partir du bassinet, l'urine emprunte les uretères pour gagner la vessie. Elle est ensuite évacuée du corps par un conduit unique, l'urètre (figure 26.1).

LES URETÈRES

Les deux **uretères** transportent l'urine du bassinet des reins jusqu'à la vessie. Les contractions péristaltiques des parois musculaires des uretères poussent l'urine vers la vessie, mais la pression hydrostatique et la force de gravité y contribuent également. La fréquence des ondes péristaltiques qui se propagent du bassinet à la vessie varie de une à cinq par minute, selon la vitesse de formation de l'urine.

Les uretères mesurent de 25 à 30 cm de long. Ce sont des tubes étroits, aux parois épaisses, dont le diamètre varie entre 1 et 10 mm le long de leur parcours entre le bassinet et la vessie. Comme les reins, les uretères sont rétropéritonéaux. À la base de la vessie, ils tournent vers l'intérieur et s'abouchent à celle-ci en traversant obliquement la paroi de sa face postérieure (figure 26.21).

Il n'y a pas de valvule anatomique à l'ouverture de chaque uretère dans la vessie, mais un mécanisme très efficace fait office de valvule physiologique. Quand la vessie se remplit, la pression interne comprime les orifices obliques qui mènent aux uretères et empêche l'urine de refluer vers les reins. Si cette valvule physiologique ne fonctionne pas bien, les microorganismes risquent de remonter dans les uretères et infecter un des reins ou les deux.

Trois principales couches de tissu forment la paroi des uretères. La couche la plus profonde est une **muqueuse** composée d'un épi-thélium transitionnel (voir le tableau 4.11) et d'un **chorion** sous-jacent de tissu conjonctif aréolaire avec une quantité appréciable de fibres collagènes, de fibres élastiques et de tissu lymphatique. L'épithélium transitionnel s'étire facilement – il s'agit d'un avantage important pour un organe qui doit contenir des volumes de liquide variables. Le mucus sécrété par les cellules caliciformes empêche l'urine d'entrer en contact avec la muqueuse. Celle-ci se trouve donc protégée du fluide urinaire, dont la concentration de solutés et le pH peuvent être très différents de ceux du cytosol des cellules qui forment la paroi de l'uretère.

Sur presque toute la longueur des uretères, la couche intermédiaire, ou **musculeuse**, comprend une couche longitudinale interne et une couche circulaire externe composées de myocytes lisses. Cette disposition est l'inverse de celle du tube digestif dont la couche interne est circulaire et la couche externe, longitudinale. La musculeuse du tiers distal des uretères contient aussi une couche externe longitudinale; elle est donc longitudinale à l'intérieur, circulaire au milieu et longitudinale à l'extérieur. Le péristaltisme est sa principale fonction.

La couche superficielle des uretères est l'**adventice**, un feuillet de tissu conjonctif aréolaire contenant des vaisseaux sanguins, des vaisseaux lymphatiques et des nerfs qui desservent la musculeuse et la muqueuse. L'adventice se fond dans le tissu conjonctif environnant et maintient les uretères en place.

LA VESSIE

La **vessie** est un organe musculaire creux et extensible, situé dans la cavité pelvienne derrière la symphyse pubienne. Chez l'homme, la vessie se trouve directement devant le rectum; chez la femme, elle est devant le vagin et sous l'utérus (figure 26.23). La vessie est maintenue en place par des replis du péritoine et sa forme dépend de la quantité d'urine qu'elle contient. Quand elle est légèrement distendue à cause de l'accumulation d'urine, elle est sphérique; lorsqu'elle est vide, elle s'affaisse. Au fur et à mesure que le volume d'urine augmente, sa forme rappelle de plus en plus celle d'une poire et elle remonte dans la cavité abdominale. La capacité moyenne de la vessie est de 700 à 800 mL; elle est plus petite chez la femme parce que l'utérus se trouve juste au-dessus.

L'anatomie et l'histologie de la vessie

Dans le plancher de la vessie se trouve une petite région triangulaire appelée **trigone** («triangle») **vésical**. Les deux sommets postérieurs du trigone contiennent les **ostiums des uretères** (ouvertures par lesquelles l'urine s'écoule des uretères à la vessie) et le sommet antérieur contient l'**ostium interne de l'urètre** (ouverture par laquelle l'urine s'écoule de la vessie à l'urètre) (figure 26.21). Le trigone présente une surface lisse parce que sa muqueuse est solidement attachée à la musculeuse.

La paroi de la vessie est composée de trois principales couches de tissus. La plus profonde est la **muqueuse**, qui comprend un **épithélium transitionnel** et un **chorion** sous-jacent. Elle est semblable à celle des uretères et présente aussi des replis muqueux qui permettent la dilatation de la vessie. La couche qui enveloppe la muqueuse est la **musculeuse** intermédiaire, aussi appelée **muscle**

FIGURE 26.21 Les uretères, la vessie et l'urètre (chez la femme).

 L'urine s'accumule dans la vessie avant d'être expulsée lors de la miction.

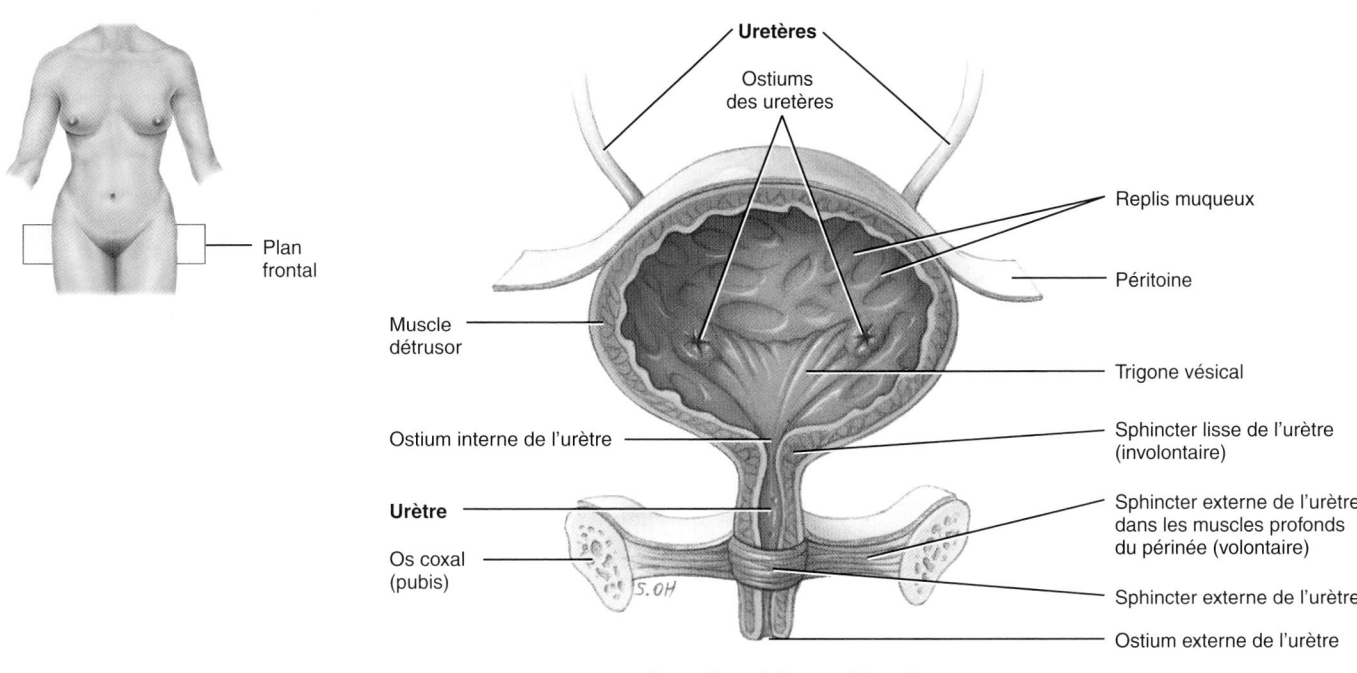

Coupe frontale (vue antérieure)

Q Comment appelle-t-on l'absence de contrôle volontaire de la miction?

détrusor (*detrudere*: pousser violemment) ou encore **muscle vésical**. La musculeuse est composée de trois couches de myocytes lisses: une couche longitudinale interne, une couche circulaire moyenne et une couche longitudinale externe. Autour de l'ostium de l'urètre, les myocytes lisses de la couche circulaire forment le **sphincter lisse de l'urètre** (muscle involontaire); au-dessous se trouve le **sphincter externe de l'urètre** (muscle volontaire), qui est composé de muscle squelettique et constitue une modification des muscles profonds du périnée (voir la figure 11.12). La couche superficielle des faces postérieure et inférieure de la vessie est l'**adventice**, un feuillet de tissu conjonctif lâche dans le prolongement de celui des uretères. À la face supérieure de la vessie se trouve la **séreuse**, une couche de péritoine viscéral.

Le réflexe de la miction

L'émission d'urine par la vessie est appelée **miction** (*mictio*, de *mingere*: uriner). La miction résulte de contractions musculaires involontaires (réflexes) et volontaires mettant à contribution la vessie, l'urètre et les muscles profonds du plancher pelvien. La miction est un processus dynamique précédé par une phase statique, ou phase de **réplétion**. Durant cette phase, l'étirement de la paroi de la vessie reste faible. L'urine remplit graduellement la vessie, mais elle n'est pas éliminée. Elle ne peut s'en échapper, car deux réflexes spinaux l'en empêchent. Le premier est un réflexe commandé par le **centre sympathique de la miction** situé dans la région thoracique inférieure ou lombaire supérieure (T11-L3) de la moelle épinière; ce réflexe assure le relâchement du muscle détrusor de la paroi

vésicale et la contraction du sphincter lisse de l'urètre. Le second réflexe est un réflexe somatique coordonné par le noyau pudendal situé dans la région S3; il assure la contraction du sphincter externe de l'urètre. La paroi de la vessie étant relâchée et les sphincters fermés, l'urine continue donc de s'accumuler dans la vessie.

La régulation nerveuse de la miction dépend de plusieurs facteurs. Elle est essentiellement de nature réflexe, mais on apprend à en contrôler volontairement le déclenchement ou l'arrêt. Nous donnerons ici une version simplifiée de cette fonction complexe en discutant des mécanismes de la régulation nerveuse du réflexe de la miction et de la miction volontaire.

Le réflexe de la miction Quand le volume de l'urine dans la vessie dépasse 200 à 400 mL (stimulus), la pression s'exerçant à l'intérieur augmente considérablement, ce qui entraîne la distension de la paroi de la vessie (déséquilibre). Des mécanorécepteurs situés dans la paroi vésicale captent cette distension et transmettent des influx nerveux sensitifs à la moelle épinière. Ces influx se propagent jusqu'au **centre parasympathique de la miction** (centre de régulation) situé dans les segments S2 et S3 de la moelle épinière sacrale et déclenchent un réflexe spinal appelé **réflexe de la miction**. Dans cet arc réflexe, les influx parasympathiques du centre de la miction se propagent jusqu'au muscle détrusor de la paroi de la vessie et au sphincter lisse de l'urètre (effecteurs). Les influx nerveux provoquent la *contraction* du muscle détrusor et le *relâchement* du sphincter lisse de l'urètre. En même temps, les influx parvenant au centre parasympathique de la miction inhibent les neurones du centre sympathique et les neurones moteurs somatiques qui innervent les myocytes squelettiques du sphincter externe de l'urètre. La miction involontaire suit la contraction du muscle détrusor et le relâchement des sphincters.

Peu de temps après la naissance, les centres spinaux parasympathique et sympathique qui contrôlent le réflexe de la miction sont eux-mêmes pris en charge et régis par un centre nerveux situé dans le tronc cérébral, le **centre pontomésencéphalique**. Ce centre est le siège de l'*automatisme* de la miction, lequel agit comme une sorte d'interrupteur « marche/arrêt » de la miction. Lorsque les mécanorécepteurs stimulés par l'étirement de la paroi de la vessie et de l'urètre envoient des influx nerveux sensitifs vers la région sacrale de la moelle épinière, ceux-ci sont transmis vers le centre pontomésencéphalique. Les influx nerveux qui quittent le centre pontomésencéphalique activent ensuite le réflexe de la miction.

La miction volontaire La miction n'est pas un mécanisme uniquement réflexe. Des centres nerveux du cortex cérébral assurent la régulation nerveuse consciente de la miction. Ce contrôle volontaire se limite toutefois à l'autorisation ou au refus de la miction (figure 26.22). ❶ Quand la vessie se remplit (stimulus) et ❷ que la paroi vésicale se distend (déséquilibre), ❸ les influx nerveux sensitifs, transmis par les mécanorécepteurs jusqu'à la moelle épinière sacrale, ❹ₐ sont projetés vers le centre pontomésencéphalique et le cortex cérébral *sensitif* (centre de régulation). Ce dernier perçoit l'information, l'interprète et fait naître la sensation consciente du besoin d'uriner, et ce, avant que le réflexe de la miction régi par le centre pontomésencéphalique se manifeste. Selon que la situation s'y prête ou non, la décision d'uriner part du cortex cérébral *moteur* (centre de régulation). Lorsque l'autorisation d'uriner est accordée ❹ᵦ, des influx nerveux moteurs « facilitateurs » sont relayés vers le centre pontomésencéphalique, lequel met l'interrupteur à « marche ». Le centre pontomésencéphalique transmet ❹꜀ alors des influx nerveux inhibiteurs vers le centre sympathique et ❹ᵈ des influx vers la région sacrale de la moelle épinière. À ce niveau, le centre parasympathique est activé, ce qui cause ❺ la contraction du muscle détrusor de la paroi vésicale (effecteur) ainsi que le relâchement du sphincter lisse de l'urètre (effecteur). Simultanément, ❹ᵈ des influx nerveux atteignent le noyau pudendal sacral, d'où partent des influx nerveux somatiques qui provoquent ❺ le relâchement du sphincter externe de l'urètre (effecteur volontaire). Ultimement, la contraction de la paroi de la vessie et le relâchement des sphincters déclenchent la miction, ce qui permet ❻ une diminution de la distension de la paroi de la vessie (réponse). ❼ Cette diminution de la tension de la paroi vésicale est captée par les mécanorécepteurs qui transmettent l'information aux différents centres d'intégration de la moelle, du tronc cérébral et du cortex. Si la miction volontaire a permis de ramener la distension de la paroi vésicale dans les limites normales, les centres de régulation diminuent leurs influx nerveux. Sinon, ils continuent jusqu'à ce que l'équilibre soit rétabli (rétro-inhibition).

Lorsqu'un individu se trouve dans l'impossibilité d'uriner, des influx nerveux « inhibiteurs » en provenance du cortex cérébral moteur sont relayés vers le centre pontomésencéphalique puis dirigés vers le centre parasympathique sacral. Le refus d'uriner résulte de l'inhibition du centre parasympathique.

Bien que l'évacuation de la vessie s'effectue par réflexe, c'est ainsi que nous apprenons, dès la petite enfance, à la déclencher et à l'arrêter volontairement. En contrôlant l'activité du sphincter externe de l'urètre et de certains muscles du plancher pelvien, le cortex cérébral peut déclencher la miction ou la retarder un certain temps. De plus, mentionnons que le thalamus, l'hypothalamus, le système limbique et d'autres centres nerveux de l'encéphale participent à la régulation nerveuse de la miction. On peut ainsi comprendre pourquoi des facteurs psychologiques tels que de fortes émotions puissent conduire à des fuites involontaires d'urine ou que la gêne puisse empêcher d'uriner en public.

LA CYSTOSCOPIE

La **cystoscopie** (*kustis* : vessie ; *skopein* : examiner) est une méthode très importante d'observation directe des muqueuses de l'urètre et de la vessie, ainsi que de la prostate chez l'homme. Elle consiste à introduire un *cystoscope* (un long tube flexible de petit diamètre muni d'un système d'éclairage) dans l'urètre afin d'examiner les structures que traverse l'instrument. Si on fixe au cystoscope les dispositifs appropriés, il est possible de prélever des tissus pour un examen plus poussé (biopsie) ou de retirer de petits calculs. La cystoscopie s'avère utile pour évaluer des troubles de la vessie, tels un cancer ou une infection. Elle permet aussi de déterminer le degré d'obstruction dans le cas d'une augmentation du volume de la prostate. ■

L'URÈTRE

L'**urètre** est un petit conduit qui prend naissance à l'ostium interne de l'urètre dans le plancher de la vessie et débouche à l'extérieur du corps. Tant chez l'homme que la femme, il constitue la partie terminale du système urinaire et le conduit par lequel le corps évacue l'urine ; chez l'homme, il sert aussi à l'émission du sperme.

Chez la femme, l'urètre est situé directement derrière la symphyse pubienne ; il descend en oblique vers l'avant et mesure 4 cm de long (figure 26.23a). L'ouverture de l'urètre sur l'extérieur, l'**ostium externe de l'urètre**, est située entre le clitoris et le vestibule du vagin (voir la figure 28.11a). La paroi de l'urètre féminin est formée d'une **muqueuse** interne et d'une **musculeuse** superficielle. La muqueuse se compose d'un **épithélium** et d'un **chorion** (tissu conjonctif aréolaire avec des fibres élastiques et un plexus veineux). La musculeuse est constituée d'une couche circulaire de myocytes lisses et elle est en continuité avec celle de la vessie. Près de cette dernière, la muqueuse contient un épithélium transitionnel qui prolonge celui de la vessie. Près de l'ostium externe de l'urètre, l'épithélium est de type stratifié pavimenteux non kératinisé. Entre ces deux régions, il est de type stratifié prismatique ou pseudostratifié prismatique.

Chez l'homme, l'urètre s'étend aussi de l'ostium interne jusqu'à l'extérieur, mais sa longueur et son parcours dans le corps diffèrent considérablement de ce qu'on observe chez la femme (figure 26.23b). L'urètre masculin traverse d'abord la prostate, puis les muscles profonds du périnée et enfin le pénis, soit un parcours d'environ 20 cm.

L'urètre masculin, qui comprend aussi une **muqueuse** interne et une **musculeuse** superficielle, se divise en trois régions anatomiques : 1) la **partie prostatique** traverse la prostate ; 2) la **partie**

La miction s'effectue par réflexe ; toutefois, nous apprenons dès la petite enfance à la déclencher et à l'arrêter volontairement.

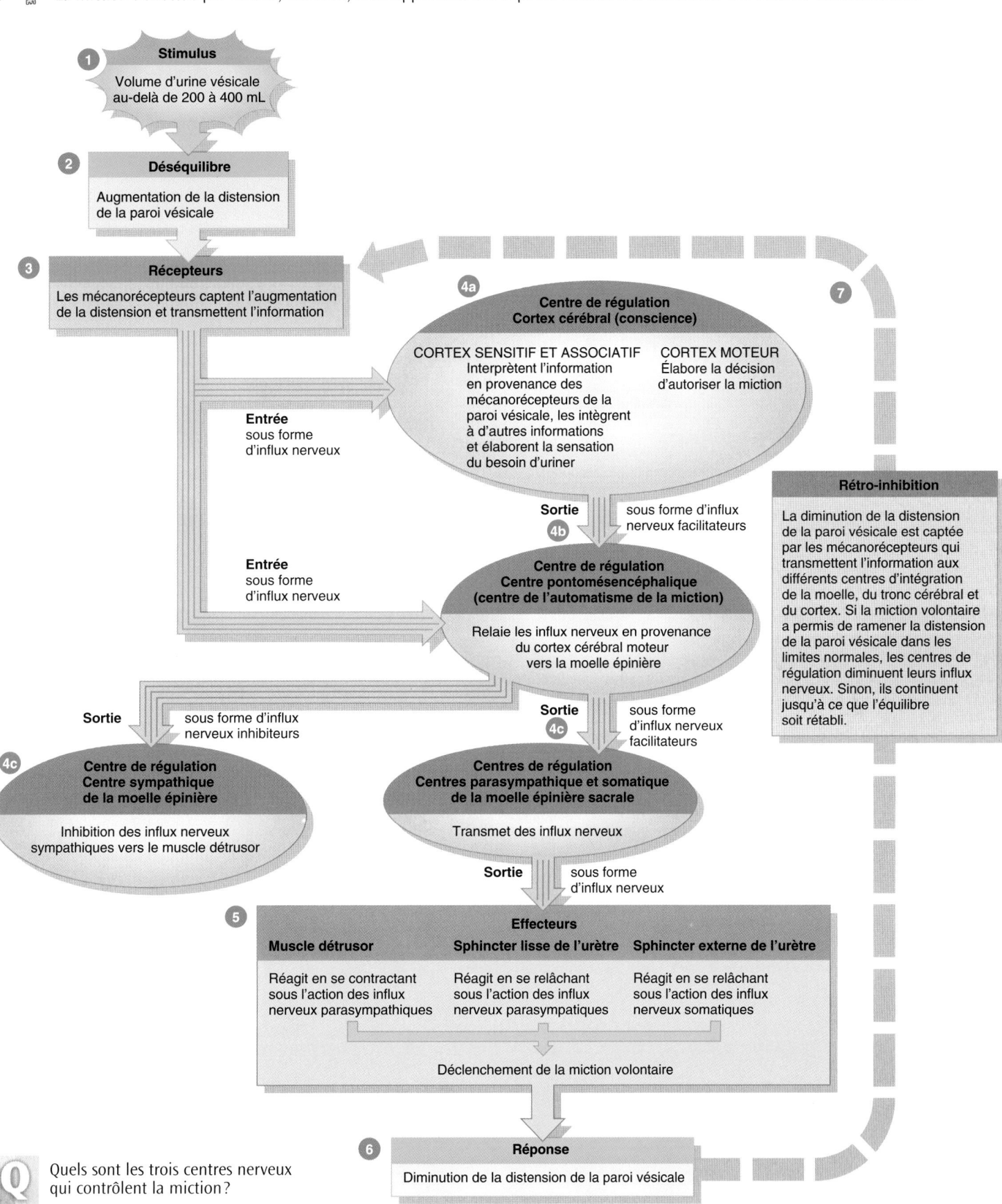

Quels sont les trois centres nerveux qui contrôlent la miction ?

FIGURE 26.23 Comparaison entre l'urètre chez la femme et chez l'homme.

 Chez la femme, la longueur de l'urètre est d'environ 4 cm, contre 20 cm environ chez l'homme.

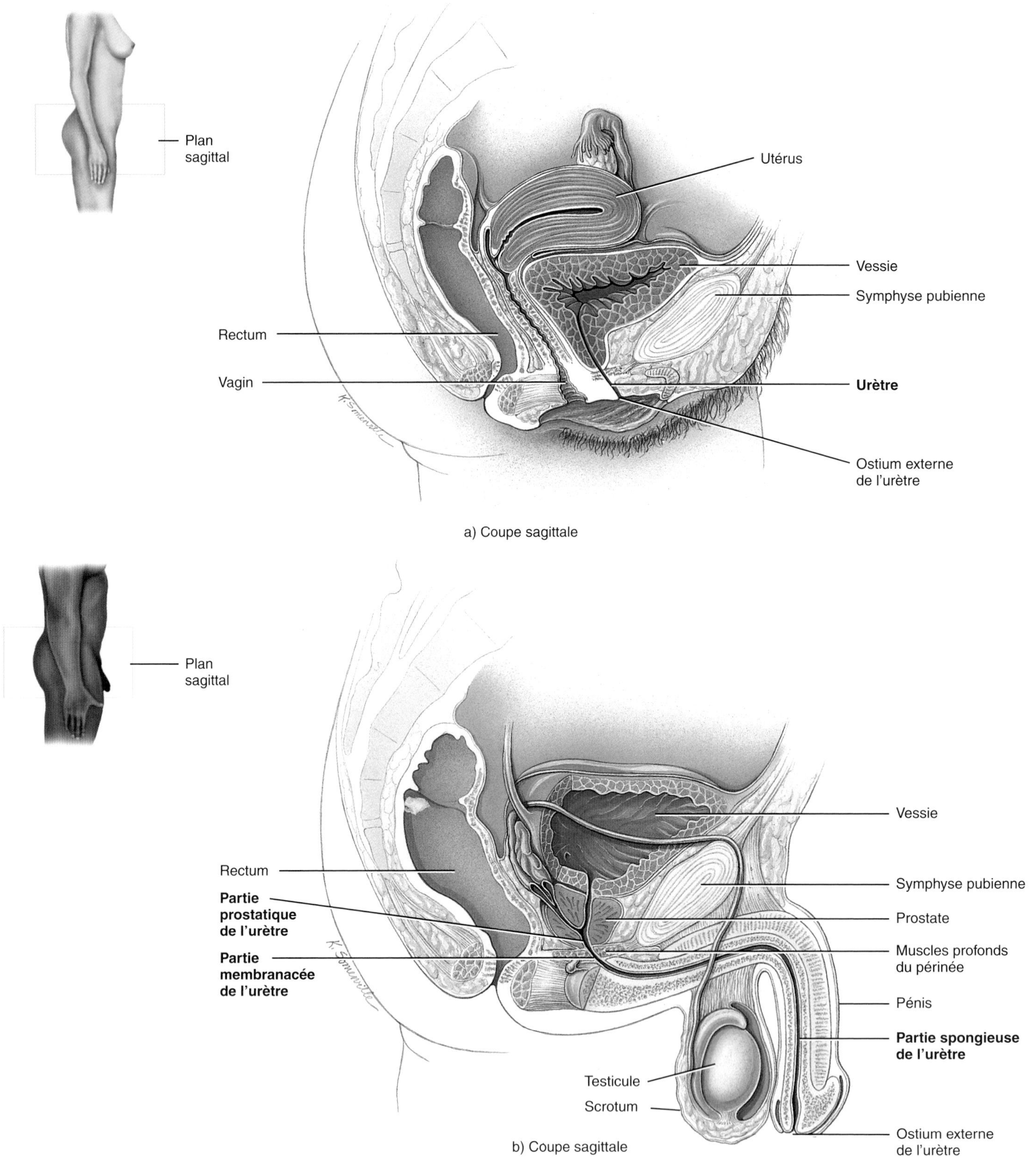

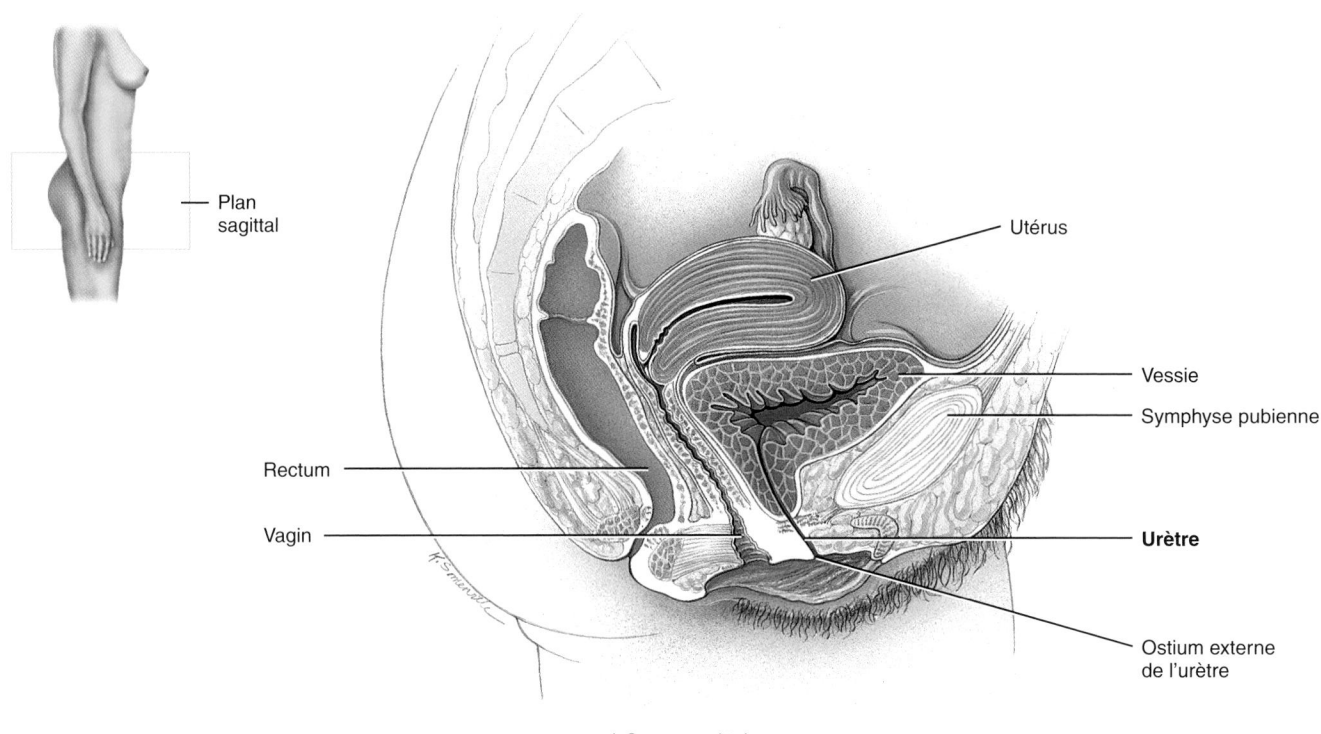

Plan sagittal

Utérus

Vessie

Symphyse pubienne

Rectum

Vagin

Urètre

Ostium externe de l'urètre

a) Coupe sagittale

Plan sagittal

Vessie

Symphyse pubienne

Rectum

Prostate

Partie prostatique de l'urètre

Muscles profonds du périnée

Partie membranacée de l'urètre

Pénis

Partie spongieuse de l'urètre

Testicule

Scrotum

Ostium externe de l'urètre

b) Coupe sagittale

Q Quelles sont les trois subdivisions de l'urètre chez l'homme?

membranacée, la plus courte des trois, traverse les muscles profonds du périnée; et 3) la **partie spongieuse**, qui est la plus longue, passe par le pénis. L'épithélium de la partie prostatique est dans le prolongement de celui de la vessie: il est de type transitionnel au départ et devient plus loin stratifié prismatique ou pseudostratifié prismatique. La muqueuse de la partie membranacée comprend un épithélium stratifié prismatique ou pseudostratifié prismatique. L'épithélium de la partie spongieuse est stratifié prismatique ou pseudostratifié prismatique, sauf près de l'ostium externe de l'urètre, où il est stratifié pavimenteux non kératinisé. Le **chorion** de l'urètre masculin est composé de tissu conjonctif aréolaire, de fibres élastiques et d'un plexus veineux.

La musculeuse de la partie prostatique est composée de myocytes lisses formant des brins surtout circulaires à la face externe du chorion; ces myocytes contribuent à former le sphincter lisse de l'urètre qui ferme la vessie. La musculeuse de la partie membranacée est constituée de myocytes squelettiques disposés en cercle qui contribuent à la formation du sphincter externe de l'urètre à la sortie de la vessie.

Plusieurs glandes et d'autres structures associées à la reproduction (qui seront décrites en détail au chapitre 28) déversent leur contenu dans l'urètre masculin. La partie prostatique reçoit des sécrétions contenant les spermatozoïdes; ces sécrétions neutralisent l'acidité dans les conduits du système génital de la femme et contribuent à la motilité et à la viabilité des spermatozoïdes. La partie spongieuse reçoit avant l'éjaculation une substance alcaline capable de neutraliser l'acidité de l'urètre et du mucus qui lubrifie le gland du pénis lors de l'excitation sexuelle.

L'INCONTINENCE URINAIRE

L'absence de contrôle volontaire de la miction est appelée **incontinence urinaire**. Chez les nourrissons et les enfants de moins de deux ou trois ans, l'incontinence est normale parce que les neurones qui mènent au sphincter externe de l'urètre ne sont pas complètement développés, si bien que la vessie se vide dès qu'elle est assez distendue pour déclencher le réflexe de la miction. L'incontinence urinaire survient aussi chez des adultes. Il en existe quatre types: l'incontinence d'effort, l'incontinence par besoin impérieux, l'incontinence par regorgement et l'incontinence fonctionnelle. L'**incontinence d'effort** est la forme la plus fréquente chez les femmes jeunes ou d'âge moyen, et représente environ 35% des cas d'incontinence observés chez les personnes âgées. Elle est attribuable à la faiblesse des muscles profonds du plancher pelvien. Tout effort physique qui entraîne une augmentation de la pression abdominale, comme la toux, l'éternuement, le rire, l'exercice, la tension, le levage d'un objet lourd, ainsi que la grossesse, provoquent des fuites urinaires. Elle survient aussi, de façon généralement temporaire, chez les hommes qui ont subi une chirurgie de la prostate. L'**incontinence par miction impérieuse** touche davantage les personnes âgées (de 60 à 70%); elle se caractérise par un besoin soudain et intense d'uriner, suivi d'une perte involontaire d'urine. Elle peut être associée à une irritation de la paroi de la vessie consécutive à une infection ou à des calculs, à un accident vasculaire cérébral, à la sclérose en plaques, à une lésion de la moelle épinière ou à l'anxiété. On appelle **incontinence par regorgement** la perte involontaire de petites quantités d'urine provoquée par une obstruction quelconque ou de faibles contractions

de la musculature de la vessie. Lorsque l'écoulement de l'urine est bloqué (par exemple, par une augmentation de volume de la prostate ou par des calculs) ou que les muscles de la vessie sont incapables de se contracter, la vessie se remplit de façon excessive. La pression intravésicale augmente jusqu'à ce que de petites quantités d'urine s'échappent goutte à goutte. Le terme **incontinence fonctionnelle** désigne la fuite d'urine résultant de l'incapacité à se rendre à une toilette à temps à cause d'un accident vasculaire cérébral, d'arthrite grave ou de la maladie d'Alzheimer. Pour choisir le traitement approprié, il est indispensable de bien diagnostiquer le type d'incontinence. Les traitements comprennent les exercices de Kegel, l'entraînement de la vessie, l'administration de médicaments, voire la chirurgie. ■

▶ **POINT DE CONTRÔLE**

22. Quelles forces contribuent à propulser l'urine du bassinet à la vessie?

23. Qu'est-ce que la miction? Décrivez le réflexe de la miction.

24. Comparez les urètres masculin et féminin quant à leur situation, leur longueur et leur histologie.

LE TRAITEMENT DES DÉCHETS AILLEURS DANS L'ORGANISME

> **OBJECTIF**

- Décrire comment les déchets de l'organisme sont traités.

Nous avons vu qu'une des nombreuses fonctions du système urinaire consiste à débarrasser l'organisme de certains types de déchets. Outre les reins, plusieurs tissus, organes et processus contribuent au confinement temporaire des déchets, à leur transport en vue de leur évacuation, au recyclage des matériaux et à l'excrétion des substances excédentaires ou toxiques. Voici quelques-uns de ces systèmes de traitement des déchets:

- *Les tampons.* Les tampons présents dans les liquides organiques fixent les ions hydrogène (H^+) excédentaires, ce qui prévient l'augmentation de l'acidité des liquides. Un tampon ressemble à une corbeille à papier en ce sens que sa capacité est limitée; il vient un moment où les ions H^+, comme les papiers dans la corbeille, doivent être éliminés de l'organisme par excrétion.

- *Le sang.* La circulation sanguine constitue un service de ramassage et de transport des déchets; elle joue un rôle semblable à celui des éboueurs et des égouts dans une ville.

- *Le foie.* Le recyclage métabolique, telle la conversion des acides aminés en glucose ou du glucose en acides gras, s'effectue principalement dans le foie. C'est là aussi que certaines substances toxiques sont transformées en substances moins toxiques, comme l'ammoniac en urée. Ces fonctions du foie sont décrites aux chapitres 24 et 25.

- *Les poumons.* À chaque expiration, les poumons excrètent du CO_2 et rejettent de la chaleur et un peu de vapeur d'eau.

- *Les glandes sudoripares.* En particulier durant l'exercice, les glandes sudoripares de la peau contribuent à éliminer la chaleur, l'eau et le CO_2 excédentaires, ainsi qu'une petite quantité de sels et d'urée.
- *Le tube digestif.* Grâce à la défécation, le tube digestif élimine les aliments solides non digérés, des déchets, du CO_2, de l'eau, des sels et de la chaleur.

▶ **POINT DE CONTRÔLE**

26. Quel rôle le foie et les poumons jouent-ils dans l'élimination des déchets ?

LE DÉVELOPPEMENT EMBRYONNAIRE DU SYSTÈME URINAIRE

OBJECTIF

- Décrire le développement du système urinaire.

Au cours de la troisième semaine du développement fœtal, une partie du mésoderme le long de la face postérieure de l'embryon, nommée **mésoderme intermédiaire**, commence à se différencier pour donner naissance aux reins. Le mésoderme intermédiaire est situé dans des élévations paires appelées **crêtes urogénitales**. Trois paires de reins s'y élaborent successivement : le pronéphros, le mésonéphros et le métanéphros (figure 26.24). Seule la dernière paire est appelée à demeurer pour former les reins fonctionnels du nouveau-né.

Le premier rein à se former, le **pronéphros** (*pro* : en avant ; *nephros* : rein), est celui des trois qui est situé le plus haut. Il est relié au **conduit pronéphrotique** qui se jette dans le **cloaque**, ou partie terminale élargie du mésentéron, où se déversent à la fois les conduits urinaires, digestifs et reproducteurs. Le pronéphros arrête son développement et commence à dégénérer pendant la quatrième semaine et disparaît complètement avant la sixième semaine. Toutefois, une partie des conduits pronéphrotiques demeure.

Le deuxième rein, le **mésonéphros** (*mesos* : au milieu), remplace le pronéphros. Il peut fonctionner comme un rein embryonnaire. La partie restante du conduit pronéphrotique, qui est reliée au mésonéphros, évolue en **conduit mésonéphrotique**. Le mésonéphros commence à dégénérer durant la sixième semaine. À la huitième semaine, il a presque disparu.

Aux environs de la cinquième semaine, une excroissance mésodermique, appelée **bourgeon urétérique**, se développe à partir de l'extrémité distale du conduit mésonéphrotique, près du cloaque. Le **métanéphros** (*meta* : après), ou rein définitif, est issu du bourgeon urétérique et du mésoderme métanéphrotique. Le bourgeon urétérique donne naissance aux *tubules rénaux collecteurs*, aux *calices*, au *bassinet* et à l'*uretère*. Le **mésoderme métanéphrotique** forme les néphrons. Dès le troisième mois, les reins fœtaux com-

mencent à excréter de l'urine dans le liquide amniotique ambiant ; en fait, la majeure partie du liquide amniotique est constituée d'urine fœtale.

Au cours du développement, le cloaque se divise en **sinus urogénital**, dans lequel les conduits urinaires et génitaux se déversent, et en *rectum*, qui se vide dans le canal anal. La *vessie* se développe à partir du sinus urogénital. Chez la femme, l'*urètre* résulte de l'allongement du petit conduit qui relie la vessie au sinus urogénital. Chez l'homme, l'urètre est considérablement plus long et plus complexe, mais il est aussi dérivé du sinus urogénital.

Bien que les reins métanéphrotiques se forment dans le bassin, ils remontent vers leur localisation définitive dans l'abdomen. Ce faisant, ils reçoivent les vaisseaux sanguins rénaux. Les vaisseaux sanguins inférieurs dégénèrent habituellement lorsque les vaisseaux supérieurs apparaissent, mais il arrive qu'ils subsistent. Ainsi, un certain nombre d'individus (environ 30 %) possèdent des vaisseaux rénaux multiples.

▶ **POINT DE CONTRÔLE**

26. Quel type de tissu embryonnaire se transforme en néphrons ?

27. Quel tissu donne naissance aux tubules collecteurs, aux calices, au bassinet et aux uretères ?

LE VIEILLISSEMENT DU SYSTÈME URINAIRE

OBJECTIF

- Décrire les effets du vieillissement sur le système urinaire.

Avec l'âge, le volume des reins diminue et ces organes filtrent moins de sang, car le débit sanguin y est plus faible. Ces changements dans les dimensions et les fonctions des reins seraient liés à une réduction progressive de l'apport sanguin ; par exemple, des vaisseaux, tels les glomérules, s'endommagent ou alors leur nombre diminue. En moyenne, la masse des deux reins, qui est de près de 300 g dans la vingtaine, est inférieure à 200 g à l'âge de 80 ans, soit une réduction du tiers environ. De même, le débit sanguin rénal et le débit de filtration diminuent de 50 % entre 40 et 70 ans. À 80 ans, près de 40 % des glomérules ne sont plus fonctionnels, de sorte que la filtration, la réabsorption et la sécrétion décroissent. Les maladies rénales, plus fréquentes avec l'âge, comprennent les inflammations rénales aiguës et chroniques et les calculs rénaux (pierres au rein). Comme la sensation de la soif diminue avec le vieillissement, les personnes âgées sont sujettes à la déshydratation. Les changements liés à l'âge que présente la vessie comprennent une réduction du volume et l'affaiblissement des muscles. Les infections du système urinaire sont aussi plus fréquentes chez les personnes âgées, de même que la polyurie (production excessive d'urine), la nycturie (mictions fréquentes la nuit), les mictions plus fréquentes, la dysurie (mictions douloureuses), la rétention d'urine ou l'incontinence, et l'hématurie (présence de sang dans les urines).

FIGURE 26.24 Le développement du système urinaire.

Trois paires de reins se forment successivement dans le mésoderme intermédiaire : le pronéphros, le mésonéphros et le métanéphros.

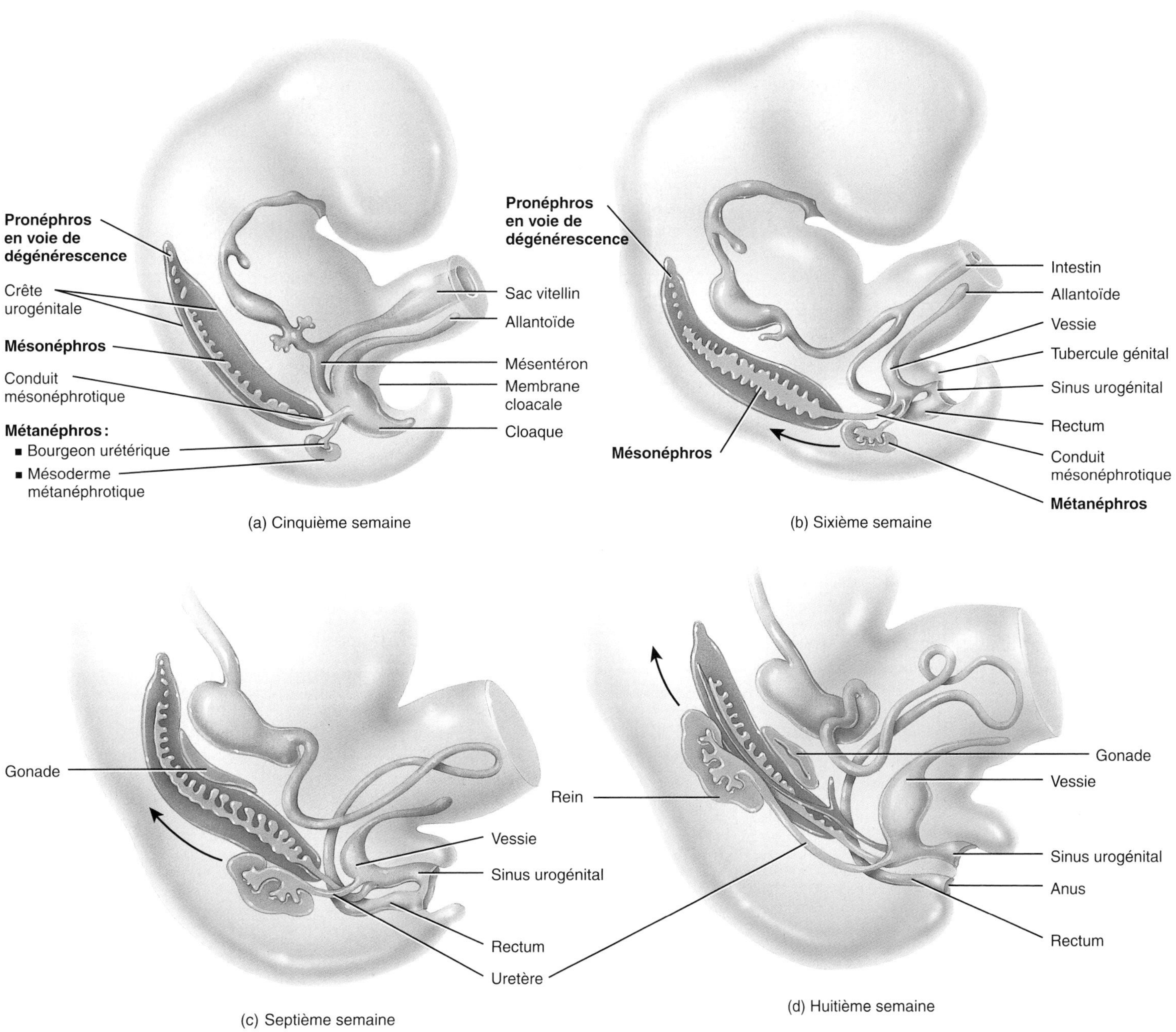

Pronéphros en voie de dégénérescence

Crête urogénitale

Mésonéphros

Conduit mésonéphrotique

Métanéphros :
- Bourgeon urétérique
- Mésoderme métanéphrotique

Sac vitellin

Allantoïde

Mésentéron

Membrane cloacale

Cloaque

(a) Cinquième semaine

Pronéphros en voie de dégénérescence

Intestin

Allantoïde

Vessie

Tubercule génital

Sinus urogénital

Rectum

Conduit mésonéphrotique

Mésonéphros

Métanéphros

(b) Sixième semaine

Gonade

Vessie

Sinus urogénital

Rectum

Uretère

(c) Septième semaine

Rein

Gonade

Vessie

Sinus urogénital

Anus

Rectum

(d) Huitième semaine

À quel moment les reins commencent-ils à se développer ?

▶ **POINT DE CONTRÔLE**

28. Dans quelle proportion la masse et la capacité de filtration du rein diminuent-elles avec l'âge ?

* * *

Pour bien comprendre comment le système urinaire contribue à l'homéostasie des autres systèmes de l'organisme, lisez la section *Point de mire sur l'homéostasie : le système urinaire*. Nous verrons ensuite, au chapitre 27, la manière dont les reins et les poumons contribuent à l'homéostasie du volume des liquides organiques, du taux des électrolytes dans les liquides organiques et à l'équilibre acidobasique.

Tous les systèmes de l'organisme

Les reins régulent le volume, la composition chimique et le pH des liquides organiques en éliminant les déchets et les substances en excès du sang, qu'ils excrètent dans l'urine ; les uretères transportent l'urine des reins à la vessie, où elle est entreposée jusqu'à son élimination par l'urètre.

Système tégumentaire

Les reins et la peau participent à la synthèse du calcitriol, qui est la forme active de la vitamine D.

Système squelettique

Les reins contribuent à ajuster la concentration sanguine des ions calcium et phosphate, indispensables à la formation de la matrice osseuse extracellulaire.

Système musculaire

Les reins contribuent à ajuster la concentration sanguine des ions calcium, indispensables à la contraction des muscles.

Système nerveux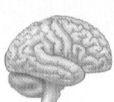

Les reins sont un des lieux de la néoglucogenèse, qui fournit du glucose pour la production d'ATP dans les neurones, surtout en période de jeûne ou d'inanition.

Système endocrinien

Les reins participent à la synthèse du calcitriol, la forme active de la vitamine D, et ils libèrent de l'érythropoïétine, l'hormone qui stimule la production des érythrocytes.

Système cardiovasculaire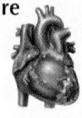

En augmentant ou en diminuant leur taux de réabsorption de l'eau filtrée tirée du sang, les reins contribuent à la régulation du volume sanguin et de la pression artérielle ; la rénine libérée par les cellules juxtaglomérulaires des reins fait augmenter la pression artérielle ; une partie de la bilirubine provenant de la dégradation de l'hémoglobine des érythrocytes est transformée en un pigment jaune (l'urobiline), qui est par la suite évacué dans l'urine.

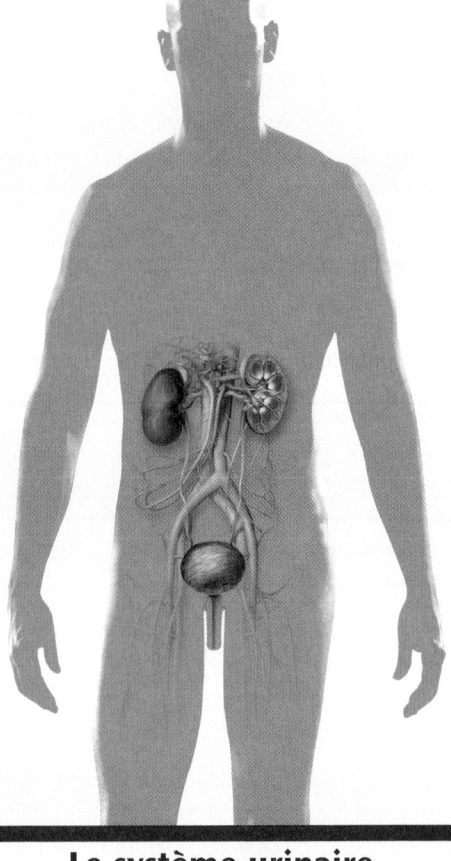

Le système urinaire

Système lymphatique et immunité

En augmentant ou en diminuant leur taux de réabsorption de l'eau filtrée tirée du sang, les reins contribuent à la régulation du volume du liquide interstitiel et de lymphe ; le flot d'urine emporte les microorganismes présents dans l'urètre.

Système respiratoire

Les reins et les poumons régulent conjointement le pH des liquides organiques.

Système digestif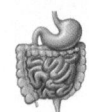

Les reins contribuent à la synthèse du calcitriol, la forme active de la vitamine D, qui est indispensable à l'absorption du calcium d'origine alimentaire.

Systèmes génitaux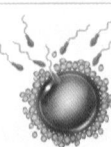

Chez l'homme, la partie de l'urètre qui traverse la prostate et le pénis constitue un passage tant pour le sperme que pour l'urine.

DÉSÉQUILIBRES HOMÉOSTATIQUES

Les calculs rénaux

Il arrive que les cristaux de sels présents dans l'urine précipitent et forment des agrégats insolubles appelés **calculs rénaux** (*calculus*: caillou) ou, communément, pierres. Ces concrétions contiennent souvent des cristaux d'oxalate de calcium, d'acide urique ou de phosphate de calcium. Les conditions qui favorisent la formation de calculs comprennent l'ingestion excessive de calcium, un apport d'eau insuffisant, une urine anormalement alcaline ou acide, et l'hyperactivité des glandes parathyroïdes. Quand un calcul se loge dans un conduit étroit, tel un uretère, la douleur peut être insupportable. La **lithotripsie** (*lithos*: pierre) par ondes de choc est une méthode de désintégration des calculs à l'aide d'ondes à haute énergie, qui évite de recourir à la chirurgie pour retirer les calculs. Après avoir localisé ceux-ci au moyen de la radiographie, on émet à l'aide d'un *lithotriteur* des ondes sonores brèves de haute intensité à travers un coussin rempli d'eau ou de gel placé sous le dos. Pendant une période de 30 à 60 min, 1 000 ondes de choc ou plus pulvérisent les calculs en fragments assez petits pour passer dans l'urine.

Les infections urinaires

L'expression **infection urinaire** désigne soit une infection d'une partie du système urinaire, soit la présence d'un grand nombre de microorganismes dans l'urine. Les infections urinaires sont plus fréquentes chez les femmes parce que leur urètre est plus court que celui des hommes. Les symptômes sont notamment des douleurs ou une sensation de brûlure à la miction, des mictions impérieuses et fréquentes, des douleurs lombaires et de l'incontinence nocturne. Les infections urinaires comprennent l'*urétrite* (inflammation de l'urètre), la *cystite* (inflammation de la vessie) et la *pyélonéphrite* (inflammation des reins). Si la pyélonéphrite devient chronique, il peut se former dans le rein du tissu cicatriciel qui nuit à son fonctionnement. Le fait de boire du jus de canneberges peut empêcher la bactérie *E. coli* de se fixer à la muqueuse de la vessie et facilite ainsi son élimination au moment de la miction.

Les maladies glomérulaires

Un certain nombre d'affections peuvent endommager les glomérules rénaux, soit directement, soit indirectement par suite d'une maladie ailleurs dans le corps. En général, c'est la membrane de filtration qui est atteinte et sa perméabilité augmente.

La **glomérulonéphrite** est une inflammation du rein qui touche les glomérules. Une des causes les plus fréquentes est une réaction allergique aux toxines produites par des streptocoques qui ont infecté peu de temps auparavant une autre partie du corps, en particulier la gorge. Les glomérules deviennent enflammés, tuméfiés et engorgés de sang au point où la membrane de filtration laisse passer les érythrocytes, les leucocytes et les protéines plasmatiques. En conséquence, l'urine contient beaucoup d'érythrocytes (hématurie) et de protéines. Les lésions des glomérules peuvent être permanentes et entraîner une insuffisance rénale chronique.

Le **syndrome néphrotique** est une affection caractérisée par une *protéinurie* élevée (protéines dans l'urine) et une *hyperlipidémie* (taux élevé de cholestérol, de phosphoglycérolipides et de triacylglycérols dans le sang). La protéinurie élevée est due à un accroissement de la perméabilité de la membrane de filtration qui permet aux protéines, et en particulier à l'albumine, de passer du sang à l'urine. La perte d'albumine entraîne l'*hypoalbuminémie* (faible concentration d'albumine dans le sang) dès que la production d'albumine par le foie cesse de compenser la perte dans les urines. Le syndrome s'accompagne souvent d'œdème, habituellement visible autour des yeux, aux chevilles, aux pieds et à l'abdomen, parce que la perte d'albumine diminue la pression osmotique dans le sang (voir le tableau 19.1). Le syndrome néphrotique est associé à plusieurs maladies glomérulaires d'origine inconnue, ainsi qu'à des troubles systémiques tels le diabète, le lupus érythémateux aigu disséminé, divers cancers et le sida.

L'insuffisance rénale

L'**insuffisance rénale** est une diminution ou un arrêt de la filtration glomérulaire. Dans le cas de l'**insuffisance rénale aiguë**, les reins cessent de fonctionner soudainement et complètement (ou presque complètement). La principale caractéristique de l'insuffisance rénale aiguë est la suppression du débit urinaire, qui se traduit habituellement par une *oligurie* (un débit urinaire quotidien de 50 mL à 250 mL) ou par une *anurie* (un débit urinaire quotidien inférieur à 50 mL). Les causes de cet état comprennent une diminution du volume sanguin (consécutif à une hémorragie, par exemple), une réduction du débit cardiaque, des lésions des tubules rénaux, la présence de calculs rénaux, l'utilisation de produits de contraste pour révéler les vaisseaux sanguins lors d'une angiographie, la prise d'anti-inflammatoires non stéroïdiens et de certains antibiotiques. L'insuffisance rénale aiguë est également fréquente chez les personnes qui souffrent d'une maladie foudroyante ou d'un traumatisme massif; dans ce cas, elle peut être reliée à une insuffisance organique plus généralisée, appelée *défaillance multiviscérale*.

L'insuffisance rénale cause de multiples problèmes. Elle occasionne notamment de l'œdème en raison de la rétention d'eau et de sels, ainsi qu'une acidose par suite de l'incapacité des reins à excréter les substances acides. Dans le sang, il se produit une élévation de la concentration d'urée par suite de la réduction de l'excrétion des déchets métaboliques et d'une augmentation de la concentration du potassium susceptible de provoquer un arrêt cardiaque. Une anémie risque d'apparaître, car les reins ne sécrètent plus assez d'érythropoïétine pour assurer une production adéquate d'érythrocytes, et une ostéomalacie risque de survenir parce que les reins ont perdu leur capacité de convertir la vitamine D en calcitriol, une substance nécessaire à l'absorption du calcium dans l'intestin grêle.

L'**insuffisance rénale chronique** résulte du déclin progressif et généralement irréversible du débit de filtration glomérulaire. Cette forme d'insuffisance peut être causée par une glomérulonéphrite chronique, une pyélonéphrite, une polykystose rénale ou une perte de tissu rénal consécutive à un traumatisme. Elle évolue en trois étapes. La première étape est marquée par la *diminution de la réserve rénale*, qui résulte de la destruction d'un grand nombre de néphrons fonctionnels (jusqu'à 75 %). Il est possible que la personne atteinte n'observe pas de signes ou ne ressente pas de symptômes parce que les néphrons encore fonctionnels compensent en augmentant de volume et en accomplissant la tâche des néphrons détruits. Avec la perte de 75 % de ses néphrons, la personne entre dans la deuxième phase, appelée *insuffisance rénale*. Cette phase est caractérisée par une diminution du débit de filtration glomérulaire et par une augmentation du taux sanguin de déchets azotés et de créatinine. De plus, les reins sont incapables de concentrer ou de diluer l'urine efficacement. La troisième étape, appelée *stade d'insuffisance rénale terminale*, commence quand environ 90 % des néphrons sont détruits. Le débit de filtration glomérulaire diminue alors jusqu'à 10 ou 15 % de la normale; il y a oligurie et la concentration sanguine de déchets azotés et de créatinine continue d'augmenter. Les personnes qui sont au stade d'insuffisance rénale terminale doivent être dialysées ou recevoir une greffe de rein.

La polykystose rénale

La **polykystose rénale** est une des maladies héréditaires les plus fréquentes. Les tubules rénaux sont criblés de centaines ou de milliers de kystes (cavités remplies de liquide). De plus, l'apoptose (mort cellulaire programmée) intempestive des cellules dans les tubules non kystiques entraîne une diminution progressive de la fonction rénale et, à plus ou moins longue échéance, l'insuffisance rénale terminale.

Les personnes qui souffrent de polykystose rénale peuvent aussi avoir des kystes dans le foie, le pancréas, la rate et les gonades. Tous ces organes peuvent être sujets à l'apoptose. Par ailleurs, ces personnes courent plus de risques de subir des anévrismes cérébraux et peuvent également présenter des anomalies des valves du cœur et des diverticules dans le côlon. En général, les symptômes ne se manifestent pas avant l'âge adulte. Les malades souffrent alors de maux de dos, d'infections urinaires et d'hypertension ; ils ont du sang dans les urines et présentent d'importantes masses dans l'abdomen. L'emploi de médicaments qui ramènent la pression artérielle à la normale, un régime alimentaire faible en protéines et en sel, et des traitements contre les infections urinaires ralentissent généralement la progression de la maladie vers l'insuffisance rénale.

Le cancer de la vessie

Chaque année, des milliers de personnes meurent d'un **cancer de la vessie**. Cette maladie frappe généralement des personnes de plus de 50 ans et elle est 3 fois plus fréquente chez les hommes que chez les femmes. Elle ne cause habituellement pas de douleur au début de son évolution, mais dans la plupart des cas, la présence de sang dans l'urine constitue l'un des premiers symptômes. Toutefois, quelques malades éprouvent de la douleur et (ou) urinent fréquemment.

Si la maladie est diagnostiquée à un stade précoce et que le patient est traité rapidement, le pronostic est favorable. Heureusement, environ 75 % des cancers de la vessie se limitent à l'épithélium de cet organe, ce qui permet de les traiter par chirurgie. Les lésions sont le plus souvent superficielles, de sorte qu'elles risquent peu de produire des métastases.

Le cancer de la vessie est fréquemment associé au contact avec un agent carcinogène. Les fumeurs ou les personnes ayant déjà fumé constituent environ la moitié des cas. Les personnes exposées à des substances chimiques entrant dans la catégorie des amines aromatiques constituent un groupe à risque. Les travailleurs des industries du cuir, des colorants, du caoutchouc et de l'aluminium, de même que les peintres, sont souvent en présence de substances de ce type.

TERMES MÉDICAUX

Azotémie (*haima* : sang) Présence d'urée ou d'autres substances azotées dans le sang.

Cystocèle (*kustis* : vessie ; *kêlê* : tumeur) Hernie de la vessie.

Dysurie (*dus-* : difficulté ; *ourêsis* : action d'uriner) Mictions douloureuses.

Énurésie (*en* : dans ; *ourein* : uriner) Miction involontaire passé l'âge auquel on devrait avoir acquis le contrôle des mictions.

Énurésie nocturne Émission d'urine durant le sommeil, incontinence nocturne. Ce trouble touche environ 15 % des enfants de cinq ans et disparaît spontanément la plupart du temps ; environ 1 % des adultes seulement en sont affligés. Cette forme d'énurésie pourrait être héréditaire, car elle est plus fréquente chez les vrais jumeaux que chez les jumeaux dizygotes, et chez les enfants dont les parents ou les frères et sœurs ont souffert d'incontinence nocturne. Les causes possibles comprennent une capacité vésicale inférieure à la normale, une surproduction d'urine la nuit ou le fait que l'incontinent ne parvient pas à s'éveiller lorsque sa vessie est pleine. Aussi appelée *nycturie*.

Hydronéphrose (*hudôr* : eau ; *néphros* : rein ; *-osis* : sert à former des noms de maladies non inflammatoires) Gonflement du rein consécutif à une dilatation du bassinet et des calices résultant d'une obstruction du flot d'urine. Peut être causée par une anomalie congénitale, un rétrécissement de l'uretère, un calcul rénal ou une hypertrophie de la prostate.

Néphropathie (*néphros* : rein ; *pathos* : ce qu'on éprouve) Désigne n'importe quelle maladie du rein. On distingue notamment les néphropathies analgésiques (causées par la consommation prolongée ou excessive de médicaments tel l'ibuprofène), le saturnisme chronique (inhalation de vapeurs de plomb, intoxication par le plomb contenu dans les peintures, d'où leur interdiction,) et les néphropathies des solvants (provoquées par l'inhalation de tétrachlorure de carbone et d'autres solvants).

Néphropathie diabétique Affection causée par le diabète et caractérisée par des lésions des glomérules. Elle entraîne la fuite de protéines dans l'urine et une réduction de la capacité du rein à éliminer l'eau et les déchets.

Polyurie (*polus* : beaucoup) Formation excessive d'urine. S'observe parfois dans les cas de diabète et de glomérulonéphrite.

Rétention urinaire Incapacité d'éliminer l'urine normalement ou complètement ; peut être consécutive à une obstruction de l'urètre ou du col de la vessie, à une contraction nerveuse de l'urètre ou à l'absence d'envie d'uriner. Chez l'homme, l'hypertrophie de la prostate peut comprimer l'urètre et causer la rétention urinaire. Si cet état se prolonge, on doit introduire un cathéter (tube de drainage de petit diamètre en caoutchouc) dans l'urètre pour évacuer l'urine.

Rétrécissement Diminution de la lumière d'un conduit ou d'un organe creux, tels l'uretère, l'urètre et toute autre structure tubulaire du corps.

Urémie État d'intoxication lié à une accumulation excessive d'urée dans le sang attribuable à une grave altération de la fonction rénale.

Urographie intraveineuse (*oûron* : urine ; *graphein* : écrire) (**UIV**) Radiographie des reins, des uretères et de la vessie après injection intraveineuse d'un produit de contraste.

RÉSUMÉ

INTRODUCTION (P. 1075)

1. Les organes du système urinaire sont les reins, les uretères, la vessie et l'urètre.

2. L'urine est constituée de l'eau et des solutés qui restent après que les reins ont filtré le sang et retourné la majeure partie de l'eau et des solutés à la circulation sanguine.

LES FONCTIONS DU REIN : VUE D'ENSEMBLE (P. 1076)

1. Les reins régulent la composition ionique du sang, son osmolarité, le volume sanguin, la pression artérielle, ainsi que le pH du sang.

2. Les reins participent aussi à la néoglucogenèse, ils libèrent le calcitriol et l'érythropoïétine ; ils excrètent aussi les déchets et les substances étrangères.

L'ANATOMIE ET L'HISTOLOGIE DES REINS (P. 1077)

1. Les reins sont des organes rétropéritonéaux, fixés à la paroi abdominale postérieure.

2. Trois couches de tissu enveloppent les reins de l'extérieur vers l'intérieur : la capsule fibreuse, la capsule adipeuse et le fascia rénal.

3. L'intérieur du rein est formé d'un cortex, d'une médulla, de pyramides, de papilles et de colonnes rénales, de calices et d'un bassinet.

4. Le sang pénètre dans le rein par l'artère rénale. Il passe, dans l'ordre, dans les artères segmentaires, interlobaires, arquées et interlobulaires, les artérioles glomérulaires afférentes, les capillaires glomérulaires, les artérioles glomérulaires efférentes, les capillaires péritubulaires, les artérioles et les veinules droites (aussi appelées collectivement *vasa recta*), et les veines interlobulaires, arquées et interlobaires. Enfin, le sang quitte le rein par la veine rénale.

5. Des nerfs vasomoteurs de la partie sympathique du système nerveux autonome innervent les vaisseaux sanguins du rein ; ils participent à la régulation du débit sanguin.

6. Le néphron est l'unité fonctionnelle du rein. Il est constitué d'un corpuscule rénal (glomérule et capsule glomérulaire) et d'un tubule rénal.

7. Le tubule rénal comprend le tubule contourné proximal, l'anse du néphron et le tubule contourné distal, qui se jette dans le tubule rénal collecteur (que se partagent plusieurs néphrons). L'anse du néphron est formée d'une partie descendante et d'une partie ascendante.

8. Le néphron cortical a une anse courte qui ne pénètre que dans la région superficielle de la médulla rénale ; le néphron juxtamédullaire a une anse longue qui s'enfonce dans la médulla presque jusqu'à la papille rénale.

9. La paroi de la capsule glomérulaire, du tubule rénal et du tubule rénal collecteur est formée, d'un bout à l'autre, d'une seule couche de cellules épithéliales. L'épithélium de chaque partie du tubule possède des caractéristiques histologiques propres. Le tableau 26.1 résume les caractéristiques histologiques du tubule rénal et du tubule rénal collecteur.

10. L'appareil juxtaglomérulaire est composé des cellules juxtaglomérulaires (myocytes modifiés de la paroi de l'artériole glomérulaire afférente) et de la macula densa de l'extrémité de la partie ascendante de l'anse du néphron.

LA PHYSIOLOGIE RÉNALE : VUE D'ENSEMBLE (P. 1086)

1. Le néphron assure trois fonctions principales : la filtration glomérulaire, la réabsorption tubulaire et la sécrétion tubulaire.

LA FILTRATION GLOMÉRULAIRE (P. 1087)

1. Le liquide qui pénètre dans la chambre glomérulaire est appelé *filtrat glomérulaire.*

2. La membrane de filtration est formée de l'endothélium glomérulaire fenestré, de la membrane basale et des fentes de filtration entre les pédicelles des podocytes.

3. La plupart des substances du plasma traversent facilement le filtre glomérulaire. Toutefois, les érythrocytes, les leucocytes et la majorité des protéines ne passent pas dans le filtrat.

4. Le filtrat glomérulaire totalise jusqu'à 180 L de liquide par jour. La quantité de fluide filtré est élevée parce que le filtre est mince et poreux, les capillaires glomérulaires sont longs et la pression sanguine dans les capillaires est élevée.

5. La pression hydrostatique glomérulaire (PH_G) favorise la filtration, alors que la pression hydrostatique capsulaire (PH_C) et la pression colloïdoosmotique glomérulaire (PCO_G) s'y opposent. La pression nette de filtration (PNF) = $PH_G - PH_C - PCO_G$. La PNF est d'environ 10 mm Hg.

6. Le débit de filtration glomérulaire (DFG) est la quantité de filtrat produit dans les deux reins par minute ; il est normalement de 105 à 125 mL/min.

7. Le débit de filtration glomérulaire dépend de l'autorégulation rénale, de la régulation nerveuse et de la régulation hormonale. Le tableau 26.2 résume la régulation du DFG.

LA RÉABSORPTION ET LA SÉCRÉTION TUBULAIRES (P. 1092)

1. La réabsorption tubulaire est un processus sélectif qui récupère des substances du fluide tubulaire et les retourne à la circulation sanguine. Les substances réabsorbées comprennent l'eau, le glucose, les acides aminés, l'urée et des ions tels les ions sodium, chlorure, potassium, bicarbonate et phosphate (tableau 26.3).

2. Certaines substances dont l'organisme n'a pas besoin ou présentes en trop grande quantité sont retirées de la circulation sanguine et évacuées dans l'urine par la sécrétion tubulaire. Ce sont notamment des ions (K^+, H^+ et NH_4^+), l'urée, la créatinine et certains médicaments.

3. La réabsorption s'effectue par les voies paracellulaire (entre les cellules des tubules rénaux) et transcellulaire (à travers les cellules des tubules rénaux).

4. La quantité maximale d'une substance qui peut être réabsorbée par unité de temps s'appelle le *transport maximal* (T_m).

5. Environ 90 % de l'eau retourne dans le sang par la réabsorption dite obligatoire. Celle-ci s'effectue par osmose et accompagne la réabsorption des solutés. Les 10 % restant constituent la réabsorption facultative de l'eau, qui varie selon les besoins de l'organisme et obéit à la régulation de l'ADH.

6. Les ions Na^+ sont réabsorbés sur toute l'étendue de la membrane basolatérale par transport actif primaire.

7. Dans le tubule contourné proximal, les ions Na^+ sont réabsorbés à travers la membrane apicale par des symporteurs Na^+-glucose et des antiporteurs Na^+-H^+ ; l'eau est réabsorbée par osmose ; les ions Cl^-, K^+, Ca^{2+} et Mg^{2+} ainsi que l'urée sont réabsorbés par diffusion passive ; le NH_3 et le NH_4^+ sont sécrétés.

8. L'anse du néphron réabsorbe de 20 à 30 % des ions Na^+, K^+, Ca^{2+} et HCO_3^-, 35 % des ions Cl^- et 15 % de l'eau du filtrat.

9. Le tubule contourné distal réabsorbe les ions sodium et chlorure au moyen de symporteurs Na^+-Cl^-.

10. Dans le tubule rénal collecteur, les cellules principales réabsorbent des ions Na^+ et sécrètent des ions K^+. Les cellules intercalaires réabsorbent des ions K^+ et HCO_3^- et sécrètent des ions H^+.

11. L'angiotensine II, l'aldostérone, l'hormone antidiurétique et le facteur natriurétique auriculaire régulent la réabsorption des solutés et de l'eau. Leurs effets sont résumés dans le tableau 26.4.

LA PRODUCTION D'URINE DILUÉE ET D'URINE CONCENTRÉE (P. 1099)

1. En l'absence d'ADH, les reins produisent de l'urine diluée ; les tubules rénaux réabsorbent plus de solutés que d'eau, ce qui augmente la quantité d'eau dans l'urine.

2. En présence d'ADH, les reins produisent de l'urine concentrée ; de grandes quantités d'eau sont réabsorbées du fluide tubulaire et passent dans le liquide interstitiel vers les capillaires, ce qui augmente la concentration des solutés dans l'urine.

3. Le mécanisme à contre-courant établit dans le liquide interstitiel de la médulla rénale un gradient osmotique, qui permet la production d'urine concentrée en présence d'ADH.

L'ÉVALUATION DE LA FONCTION RÉNALE (P. 1104)

1. L'examen des urines consiste à analyser le volume urinaire et les propriétés physiques, chimiques et microscopiques d'un échantillon d'urine. Le tableau 26.5 résume les principales caractéristiques physiques de l'urine normale.

2. Sur le plan chimique, l'urine normale contient environ 95 % d'eau et 5 % de solutés. Les solutés normalement présents comprennent notamment l'urée, la créatinine, l'acide urique, l'urobilinogène et divers ions.

3. Le tableau 26.6 présente plusieurs constituants anormaux qu'un examen des urines permet de révéler, entre autres, l'albumine, le glucose, les érythrocytes et les leucocytes, les corps cétoniques, la bilirubine, l'urobilinogène en quantité excessive, les cylindres urinaires et les microorganismes.

4. La clairance rénale est la capacité des reins à retirer une substance donnée du sang par unité de temps.

LE TRANSPORT, L'ENTREPOSAGE ET L'ÉLIMINATION DE L'URINE (P. 1108)

1. Les uretères sont rétropéritonéaux et sont constitués d'une muqueuse, d'une musculeuse et d'une adventice. Ils transportent l'urine du bassinet à la vessie, principalement par péristaltisme.

2. La vessie est située dans la cavité pelvienne, derrière la symphyse pubienne ; sa fonction est d'entreposer l'urine entre les mictions.

3. La vessie est composée d'une muqueuse dotée de replis muqueux, d'une musculeuse (muscle détrusor) et d'une adventice (séreuse sur la face supérieure).

4. Le réflexe de la miction évacue l'urine de la vessie. Ce réflexe résulte de l'action d'influx transmis par le centre réflexe de la moelle épinière sacrale (région S2-S4). Les influx parasympathiques de la région sacrale causent la contraction du muscle détrusor (vésical) et le relâchement du sphincter lisse de l'urètre. Le réflexe de la miction fait également intervenir l'inhibition des influx dans les neurones du centre sympathique (région T11-L3) et des influx dans les neurones moteurs somatiques (région S3) qui innervent le sphincter externe de l'urètre, ce qui provoque son relâchement. Le centre pontomésencéphalique régit le réflexe de la miction. Le cortex cérébral contrôle le réflexe de la miction et permet de déclencher ou d'arrêter volontairement la miction.

5. L'urètre est un conduit qui s'étend du plancher de la vessie jusqu'à l'extérieur du corps. Son anatomie et son histologie sont différentes chez l'homme et la femme. Chez les deux sexes, l'urètre sert à l'évacuation de l'urine du corps ; chez l'homme, il sert également à l'émission du sperme.

LE TRAITEMENT DES DÉCHETS AILLEURS DANS L'ORGANISME (P. 1113)

1. Outre les reins, plusieurs tissus, organes et processus contribuent au confinement temporaire des déchets, à leur transport en vue de leur évacuation, au recyclage des matériaux et à l'excrétion des substances excédentaires ou toxiques.

2. Les tampons lient les ions H^+ excédentaires ; le sang transporte les déchets ; le foie convertit les substances toxiques en substances moins toxiques ; les poumons libèrent du CO_2 ; les glandes sudoripares contribuent à dissiper la chaleur ; le tube digestif élimine les déchets solides.

LE DÉVELOPPEMENT EMBRYONNAIRE DU SYSTÈME URINAIRE (P. 1114)

1. Les reins se développent à partir du mésoderme intermédiaire.

2. Leur formation passe par les structures suivantes, dans l'ordre : le pronéphros, le mésonéphros, le métanéphros. Seul ce dernier demeure et devient le rein fonctionnel.

LE VIEILLISSEMENT DU SYSTÈME URINAIRE (P. 1114)

1. Avec l'âge, les reins diminuent du volume et, le débit sanguin étant moins élevé, ils filtrent moins de sang.

2. Les troubles les plus fréquents liés au vieillissement comprennent les infections urinaires, l'augmentation de la fréquence des mictions, la rétention d'urine ou l'incontinence et les calculs rénaux.

AUTOÉVALUATION

Vous trouverez les réponses à ces questions à l'appendice D.

COMPLÉTEZ LES PHRASES SUIVANTES.

1. Le corpuscule rénal est formé du _____ et de la _____.

2. L'évacuation de l'urine de la vessie est appelée _____.

INDIQUEZ SI LES ÉNONCÉS SUIVANTS SONT VRAIS OU FAUX.

3. À l'intérieur du rein, la zone superficielle constitue la médulla rénale.

4. Lors de la formation de l'urine diluée, l'osmolarité du fluide dans la lumière du tubule augmente quand il s'écoule dans la partie descendante de l'anse du néphron ; elle diminue quand le fluide remonte dans la partie ascendante et continue de diminuer dans le reste du néphron et le tubule rénal collecteur.

CHOISISSEZ LA BONNE RÉPONSE.

5. Lesquels des énoncés suivants sont *exacts*? 1) Le débit de filtration glomérulaire (DFG) dépend directement des pressions qui composent la pression nette de filtration. 2) L'angiotensine II et le facteur natriurétique auriculaire participent à la régulation du DFG. 3) Les mécanismes de régulation du DFG régissent le débit sanguin à l'entrée et à la sortie du glomérule, et modifient la surface de contact des capillaires glomérulaires qui est disponible pour la filtration. 4) Le DFG augmente quand le débit sanguin dans les capillaires glomérulaires diminue. 5) Normalement, le DFG augmente très peu quand la pression artérielle systémique s'élève. a) 1, 2 et 3; b) 2, 3 et 4; c) 3, 4 et 5; d) 1, 2, 3 et 5; e) 2, 3, 4, et 5.

6. Lesquelles des hormones suivantes influent sur la réabsorption de l'eau et des ions Na^+ et Cl^- et sur la sécrétion des ions K^+ par les tubules rénaux? 1) angiotensine II, 2) aldostérone, 3) ADH, 4) facteur natriurétique auriculaire, 5) hormone thyroïdienne. a) 1, 3 et 5; b) 2, 3 et 4; c) 2, 4 et 5; d) 1, 2, 4 et 5; e) 1, 2, 3 et 4.

7. Quelles caractéristiques du corpuscule rénal en augmentent la capacité de filtration? 1) aire considérable de la surface des capillaires glomérulaires, 2) membrane de filtration épaisse à perméabilité sélective, 3) pression hydrostatique capsulaire élevée, 4) haute pression dans les capillaires glomérulaires, 5) cellules mésangiales qui régulent la surface de contact disponible pour la filtration. a) 1, 2 et 3; b) 2, 4 et 5; c) 1, 4 et 5; d) 2, 3 et 4; e) 2, 3 et 5.

8. À l'aide des valeurs données, calculez la pression nette de filtration. 1) pression hydrostatique glomérulaire = 40 mm Hg, 2) pression hydrostatique capsulaire = 10 mm Hg, 3) pression colloïdoosmotique glomérulaire = 30 mm Hg. a) –20 mm Hg; b) 0 mm Hg; c) 20 mm Hg; d) 60 mm Hg; e) 80 mm Hg.

9. Le réflexe de la miction: 1) est déclenché par des mécanorécepteurs situés dans les uretères, 2) repose sur des influx nerveux parasympathiques du centre de la miction situé dans les segments S2 et S3 de la moelle épinière, 3) provoque la contraction du muscle détrusor (vésical), 4) provoque la contraction du sphincter lisse de l'urètre, 5) inhibe les neurones moteurs qui innervent le sphincter externe de l'urètre. a) 1, 2, 3, 4 et 5; b) 1, 3 et 4; c) 2, 3, 4 et 5; d) 2 et 5; e) 2, 3 et 5.

10. Lesquels des mécanismes régissent le DFG? 1) autorégulation rénale, 2) régulation nerveuse, 3) régulation hormonale, 4) régulation chimique des ions, 5) présence ou absence d'un transporteur. a) 1, 2 et 3; b) 2, 3 et 4; c) 3, 4 et 5; d) 1, 3 et 5; e) 1, 3 et 4.

11. Placez les éléments suivants dans l'ordre correspondant au parcours du sang dans les reins: a) artères segmentaires, b) artérioles et veinules droites, c) artères arquées, d) veinules péritubulaires, e) veines péritubulaires, f) veine rénale, g) artère rénale, h) artères interlobaires, i) capillaires péritubulaires, j) artérioles glomérulaires efférentes, k) veines interlobaires, l) glomérules, m) veines arquées, n) artérioles glomérulaires afférentes, o) artères interlobulaires.

12. Placez les éléments suivants dans l'ordre correspondant au parcours du filtrat depuis l'origine jusqu'à l'uretère: a) calice rénal mineur, b) partie ascendante de l'anse du néphron, c) conduit papillaire, d) tubule contourné distal, e) calice rénal majeur, f) partie descendante de l'anse du néphron, g) tubule contourné proximal, h) tubule rénal collecteur, i) bassinet.

13. Associez les éléments suivants:

_____ a) cellules situées à l'extrémité du tubule contourné distal et dans le tubule rénal collecteur; elles sont régulées par l'ADH et l'aldostérone

_____ b) réseau de capillaires situé dans la capsule glomérulaire et servant à la filtration

_____ c) unité fonctionnelle du rein

_____ d) se jette dans un tubule rénal collecteur

_____ e) ensemble formé du glomérule et de la capsule glomérulaire; là où le plasma est filtré

_____ f) feuillet viscéral de la capsule glomérulaire constitué d'un épithélium simple pavimenteux modifié

_____ g) cellules du dernier segment de la partie ascendante de l'anse du néphron qui sont en contact avec l'artériole glomérulaire afférente

_____ h) lieu de la réabsorption obligatoire de l'eau

_____ i) pores des cellules endothéliales glomérulaires qui permettent la filtration des solutés contenus dans le sang, mais ne laissent pas passer les érythrocytes, ni les leucocytes, ni les plaquettes

_____ j) peuvent sécréter des ions H^+ contre le gradient de concentration

_____ k) myocytes lisses modifiés de la paroi de l'artériole glomérulaire afférente

1) podocytes
2) glomérule
3) corpuscule rénal
4) tubule contourné proximal
5) tubule contourné distal
6) cellules juxtaglomérulaires
7) macula densa
8) cellules principales
9) cellules intercalaires
10) néphron
11) fenestrations

14. Associez les éléments suivants:

_____ a) mesure de la concentration d'azote dans le sang résultant du catabolisme et de la désamination des acides aminés
_____ b) produit du catabolisme de la créatine phosphate dans le muscle squelettique
_____ c) volume de sang débarrassé d'une substance par unité de temps
_____ d) peut être attribuable au diabète
_____ e) cristaux de sels insolubles
_____ f) indique habituellement un état pathologique
_____ g) déficience du contrôle volontaire de la miction
_____ h) peut résulter de lésions de la membrane de filtration

1) incontinence
2) calculs rénaux
3) créatinine plasmatique
4) test de l'azote uréique
5) albuminurie
6) glycosurie
7) clairance rénale
8) hématurie

15. Associez les éléments suivants:

_____ a) protéines membranaires qui servent de canaux pour l'eau
_____ b) mécanisme de transport actif secondaire qui assure la réabsorption des ions Na^+, retourne des ions HCO_3^- et de l'eau du filtrat vers les capillaires péritubulaires, et sécrète des ions H^+
_____ c) incite les cellules principales à sécréter davantage d'ions K^+ dans le fluide tubulaire et à absorber plus d'ions Na^+ et Cl^- du fluide tubulaire
_____ d) enzyme sécrétée par les cellules juxtaglomérulaires
_____ e) ralentit le débit de filtration glomérulaire; augmente le volume sanguin et la pression artérielle
_____ f) inhibe la réabsorption des ions Na^+ et de H_2O dans le tubule contourné proximal et le tubule rénal collecteur
_____ g) régule la réabsorption facultative de l'eau en augmentant la perméabilité à l'eau des cellules principales du tubule contourné distal et du tubule rénal collecteur
_____ h) réabsorbent les ions Na^+ avec divers autres solutés

1) angiotensine II
2) facteur natriurétique auriculaire
3) symporteurs Na^+
4) antiporteurs Na^+-H^+
5) aquaporines
6) aldostérone
7) ADH
8) rénine

QUESTIONS À COURT DÉVELOPPEMENT

Vous trouverez les réponses à ces questions à l'appendice D.

1. Imaginez la découverte d'une nouvelle toxine qui bloque la réabsorption par les tubules rénaux sans influer sur la filtration. Quels seront les effets à court terme de cette toxine?

2. Indiquez si les résultats des examens d'urine suivants sont de nature à susciter des inquiétudes et expliquez pourquoi: a) urine trouble jaune foncé, b) odeur d'ammoniac, c) quantité excessive d'albumine, d) présence de cylindres urinaires, e) pH de 5,5, f) hématurie.

3. Christian éprouve soudainement des douleurs lancinantes dans la région de l'aine. Il a de plus remarqué que, même s'il ingère des liquides, la quantité d'urine qu'il évacue a diminué. De quelle affection Christian pourrait-il souffrir? Quel est le traitement dans un tel cas? Quelles mesures préventives pourrait-il adopter pour éviter de souffrir de nouveau de ce trouble?

RÉPONSES AUX QUESTIONS DES FIGURES

26.1 Les reins, les uretères, la vessie et l'urètre sont les organes du système urinaire.

26.2 Les reins sont dits rétropéritonéaux parce qu'ils sont situés derrière le péritoine.

26.3 Des vaisseaux sanguins, des vaisseaux lymphatiques, des nerfs et un uretère passent par le hile rénal.

26.4 Environ 1 200 mL de sang pénètrent chaque minute dans les artères rénales.

26.5 Le glomérule du néphron cortical est situé dans la partie externe du cortex rénal; l'anse est courte et pénètre seulement dans la région superficielle de la médulla rénale. Le glomérule du néphron juxtamédullaire est situé profondément dans le cortex rénal; l'anse est longue et plonge dans la médulla rénale presque jusqu'à la papille rénale.

26.6 La coupe a été faite dans le cortex rénal parce qu'il n'y a pas de corpuscules rénaux dans la médulla.

26.7 La pénicilline sécrétée est retirée de la circulation sanguine.

26.8 Les fenestrations des cellules endothéliales (pores) des capillaires glomérulaires sont trop étroites pour laisser passer les érythrocytes.

26.9 L'obstruction de l'uretère droit fera augmenter la PHG et diminuer la PNF dans le rein droit; elle n'aura aucun effet sur le rein gauche.

26.10 *Auto* signifie « soi-même »; la rétroaction tubuloglomérulaire est un exemple d'autorégulation parce qu'elle se déroule entièrement dans le rein.

26.11 Les jonctions serrées entre les cellules des tubules forment une barrière qui empêche les protéines des transporteurs, des canaux et des pompes de diffuser entre les membranes apicale et basolatérale.

26.12 Le glucose pénètre dans la cellule du TCP par un symporteur Na^+-glucose de la membrane apicale et en sort par diffusion facilitée à travers la membrane basolatérale.

26.13 Le gradient de concentration favorise l'entrée des ions Na^+ dans la cellule du tubule par l'intermédiaire des antiporteurs Na^+-H^+ de la membrane apicale.

26.14 La réabsorption des solutés crée un gradient osmotique qui favorise la réabsorption de l'eau par osmose.

26.15 Comme la membrane apicale des cellules du segment large de la partie ascendante de l'anse du néphron possède un grand nombre de ces canaux de fuite à K^+, la plupart des ions K^+ qui sont transportés dans les cellules par les symporteurs Na^+-K^+-$2Cl^-$ retournent au fluide tubulaire en suivant leur gradient de concentration et, par conséquent, ces derniers ne sont pas réabsorbés. Il n'y a pas de réabsorption d'eau ici parce que la membrane apicale des cellules du segment large de la partie ascendante de l'anse du néphron est pratiquement imperméable à l'eau.

26.16 Dans les cellules principales, l'aldostérone active la sécrétion d'ions K^+ et la réabsorption d'ions Na^+ en augmentant l'activité des pompes à sodium-potassium et le nombre de canaux de fuite pour les ions Na^+ et K^+.

26.17 L'aldostérone et le facteur natriurétique auriculaire influent sur la réabsorption de l'eau dans les reins conjointement avec l'ADH.

26.18 Il y a production d'urine diluée lorsque le segment large de la partie ascendante de l'anse du néphron, le tubule contourné distal et le tubule rénal collecteur réabsorbent plus de solutés que d'eau.

26.19 L'osmolarité élevée du liquide interstitiel dans la médulla rénale résulte principalement de la présence des ions Na^+ et Cl^- ainsi que de l'urée.

26.20 La sécrétion a lieu dans le tubule contourné proximal, l'anse du néphron et le tubule rénal collecteur.

26.21 L'absence de contrôle volontaire de la miction est appelée *incontinence urinaire*.

26.22 Les trois centres nerveux qui contrôlent la miction sont les centres du cortex cérébral, le centre pontomésencéphalique et le centre parasympathique de la moelle épinière sacrale.

26.23 Les trois subdivisions de l'urètre chez l'homme sont la partie prostatique, la partie membranacée et la partie spongieuse.

26.24 Les reins commencent à se développer au cours de la troisième semaine de la gestation.

L'ÉQUILIBRE HYDRIQUE, ÉLECTROLYTIQUE ET ACIDOBASIQUE

L'HOMÉOSTASIE HYDRIQUE, ÉLECTROLYTIQUE ET ACIDOBASIQUE

La régulation du volume et de la composition chimique des liquides organiques, ainsi que leur distribution dans le corps et l'équilibre de leur pH, est d'une importance cruciale pour le maintien de l'homéostasie de l'organisme et la santé.

Dans le chapitre 26, nous avons vu que les reins produisent l'urine. L'une des fonctions importantes de ces organes est de participer au maintien de l'équilibre hydroélectrolytique. L'eau et les solutés dissous dans chacun des compartiments du corps constituent les **liquides organiques**. Des mécanismes de régulation assurés par les reins et d'autres organes maintiennent normalement l'homéostasie de ces liquides. Le dérèglement d'un ou plusieurs de ces mécanismes risque d'entraver sérieusement le bon fonctionnement de tous les organes du corps. Dans le présent chapitre, nous nous pencherons sur les mécanismes qui régulent le volume et la distribution des liquides organiques et nous examinerons les facteurs qui déterminent les concentrations des solutés et le pH des liquides organiques.

LES COMPARTIMENTS HYDRIQUES ET L'ÉQUILIBRE HYDRIQUE

OBJECTIFS

- Situer le liquide intracellulaire (LI) et le liquide extracellulaire (LE), et décrire les compartiments hydriques du corps.
- Décrire les sources d'eau et de solutés ainsi que les voies de leur déperdition, et en expliquer la régulation.
- Expliquer comment les liquides se déplacent d'un compartiment à l'autre.

Chez les adultes minces, les liquides organiques représentent environ 55 % et 60 % de la masse corporelle totale chez la femme et chez l'homme, respectivement (figure 27.1). Ils sont répartis en deux « compartiments » principaux : à l'intérieur des cellules et à l'extérieur. En gros, les cellules contiennent les deux tiers des liquides organiques, qui forment le **liquide intracellulaire** (**LI** ; *intra* : en dedans), ou **cytosol** ; l'autre tiers, appelé **liquide extracellulaire** (**LE** ; *extra* : en dehors), se trouve à l'extérieur des cellules et comprend tous les autres liquides organiques. Environ 80 % du LE est constitué du **liquide interstitiel** (*inter* : entre), qui occupe l'espace microscopique entre les cellules des tissus ; et 20 %, du **plasma**, c'est-à-dire la partie liquide du sang. Les autres liquides que l'on fait entrer dans la catégorie du liquide interstitiel, comprennent la lymphe dans les vaisseaux lymphatiques, le liquide cérébrospinal dans le système nerveux, le liquide synovial dans les articulations, l'humeur aqueuse et le corps vitré dans l'œil, l'endolymphe et la périlymphe dans l'oreille, et les liquides pleural, péricardique et péritonéal entre les séreuses.

Deux « barrières » séparent à la grandeur de l'organisme le liquide intracellulaire, le liquide interstitiel et le plasma.

1. La *membrane plasmique* des cellules sépare le liquide intracellulaire du liquide interstitiel environnant. Nous avons vu au chapitre 3 que cette membrane constitue une barrière à perméabilité sélective : elle laisse passer certaines substances, mais s'oppose au mouvement d'autres substances. De plus, des pompes à transport actif travaillent constamment à maintenir des concentrations différentes de certains ions dans le cytosol et le liquide interstitiel.

FIGURE 27.1 Les compartiments hydriques de l'organisme.

 Le terme « liquides organiques » désigne l'eau dans le corps et les substances qui y sont dissoutes.

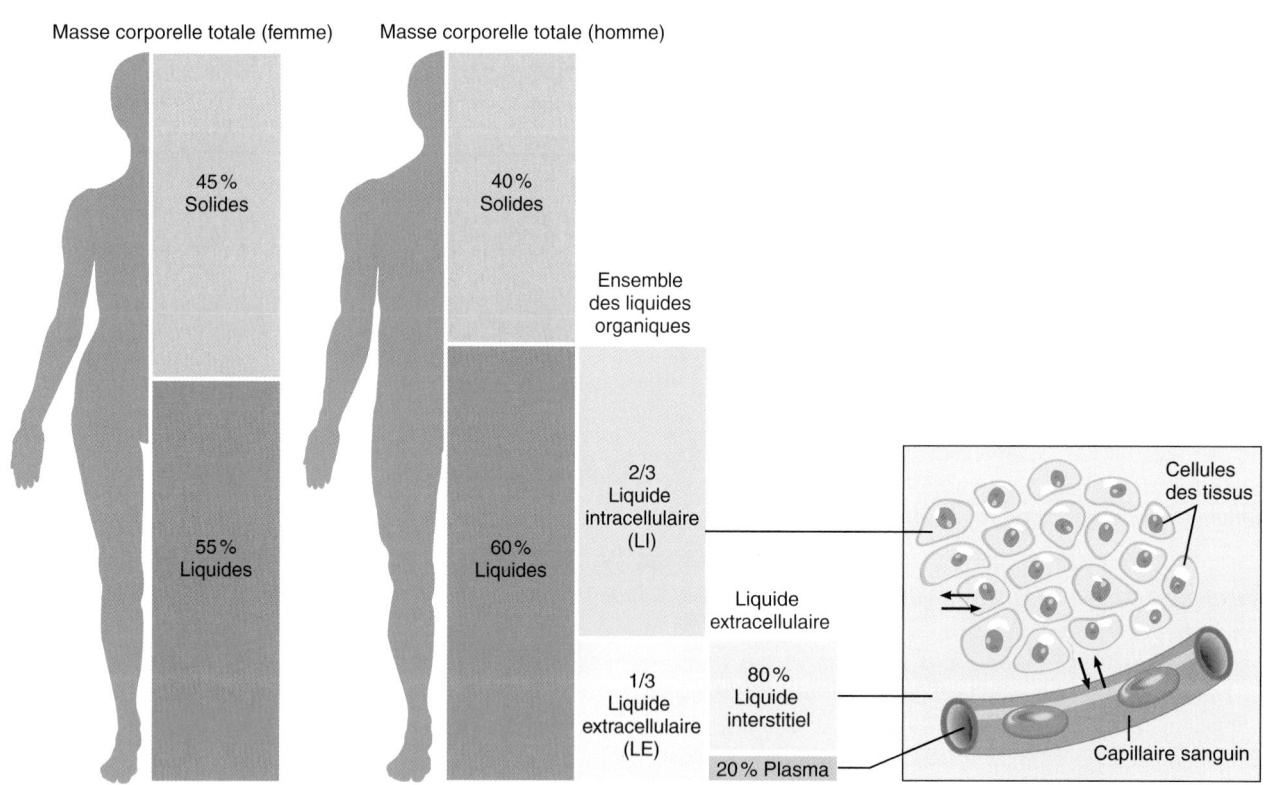

(a) Distribution des solides et des liquides dans l'organisme d'une femme et d'un homme adultes de taille moyenne et minces

(b) Échange d'eau entre les compartiments hydriques de l'organisme

Q Quel est le volume plasmatique approximatif chez un homme mince de 60 kg ? chez une femme mince de 60 kg ? (*Remarque* : Un litre de liquide organique a une masse de 1 kg.)

2. La *paroi des vaisseaux sanguins* sépare le liquide interstitiel du plasma. Ce n'est que dans les plus petits vaisseaux sanguins, les capillaires, que la paroi est assez mince et poreuse pour permettre l'échange d'eau et de solutés entre le plasma et le liquide interstitiel.

Le corps est en **équilibre hydrique** lorsqu'il possède les quantités requises d'eau et de solutés et que celles-ci sont réparties correctement entre les compartiments. L'**eau** est de loin le composant le plus abondant de l'organisme : elle représente de 45 à 75 % de la masse corporelle totale, ce pourcentage variant selon l'âge et le sexe.

Même si les processus de filtration, de réabsorption, de diffusion et d'osmose permettent un échange continuel d'eau et de solutés entre les compartiments hydriques de l'organisme (figure 27.1b), le volume de liquide dans chacun d'eux est remarquablement stable. Consultez la figure 21.7 pour revoir les pressions qui favorisent la filtration du liquide contenu dans les capillaires et sa réabsorption. Comme l'eau se déplace essentiellement par osmose entre le liquide interstitiel et le liquide intracellulaire, la concentration des solutés dans ces compartiments détermine la *direction* du mouvement de l'eau. La plupart des solutés dans les liquides organiques étant des **électrolytes**, c'est-à-dire des composés inorganiques qui se dissocient en ions, l'équilibre hydrique dépend principalement de l'équilibre électrolytique. Puisqu'il est rare qu'un individu ingère de l'eau et des électrolytes exactement dans des proportions identiques à celles des liquides organiques, la capacité des reins à excréter le surplus d'eau en produisant de l'urine diluée ou à excréter le surplus d'électrolytes en produisant de l'urine concentrée est d'une importance capitale pour le maintien de l'homéostasie.

L'APPORT ET LA DÉPERDITION HYDRIQUES

Le corps acquiert de l'eau par ingestion et par synthèse métabolique (figure 27.2). Les principales sources d'eau sont les liquides ingérés (environ 1 600 mL) et les aliments humides (environ 700 mL) absorbés dans le tube digestif, qui totalisent approximativement 2 300 mL par jour. L'autre source d'eau est l'**eau métabolique**, qui est produite dans l'organisme principalement au cours de la respiration cellulaire aérobie, quand des électrons sont acceptés par l'oxygène (voir la figure 25.2) et, dans une proportion moindre, lors des réactions de synthèse par déshydratation (voir la figure 2.15). La production d'eau métabolique est de l'ordre de 200 mL par jour, de sorte que l'apport hydrique quotidien des deux sources s'élève approximativement à 2 500 mL.

Normalement, les pertes d'eau étant égales aux apports en eau, le volume des liquides organiques demeure constant. Il y a quatre voies de déperdition hydrique (figure 27.2). Chaque jour, les reins éliminent environ 1 500 mL d'eau dans l'urine ; la peau en laisse évaporer approximativement 600 mL, soit 400 mL par perspiration insensible (sueur qui s'évapore avant qu'une sensation de moiteur soit perçue) et 200 mL par transpiration ; les poumons en exhalent environ 300 mL sous forme de vapeur d'eau ; le tube digestif en évacue à peu près 100 mL dans les fèces. Chez la femme en âge de procréer, une quantité d'eau supplémentaire quitte l'organisme avec le flux menstruel. Donc, en moyenne, la déperdition hydrique quotidienne totalise environ 2 500 mL. La quantité d'eau

FIGURE 27.2 Les sources de l'apport hydrique et les voies de la déperdition hydrique dans des conditions normales. Les valeurs représentent les volumes moyens chez l'adulte.

Normalement, la déperdition hydrique quotidienne est égale à l'apport hydrique quotidien.

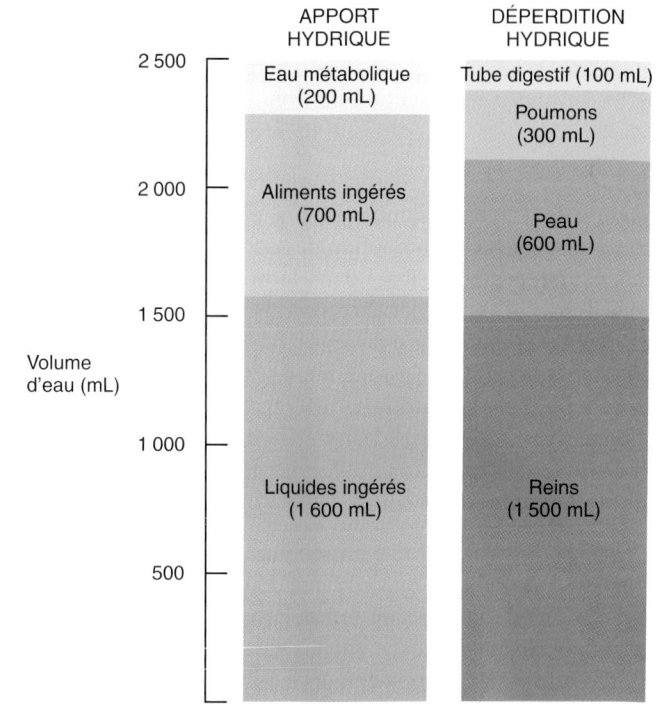

 Comment l'hyperventilation, les vomissements, la fièvre et les diurétiques influent-ils sur l'équilibre hydrique ?

perdue par une voie donnée varie considérablement selon les circonstances. Par exemple, l'eau peut ruisseler du corps sous forme de sueur durant un effort intense ; elle peut également être évacuée dans une diarrhée lors d'une infection du tube digestif.

LA RÉGULATION DE L'APPORT HYDRIQUE

Le volume d'eau métabolique formée dans l'organisme dépend uniquement de l'ampleur de la respiration cellulaire aérobie, qui traduit la quantité d'ATP requise par les cellules : ce volume est d'autant plus grand que la quantité d'ATP produite est élevée. Toutefois, la régulation de l'apport hydrique s'effectue principalement en ajustant la quantité d'eau ingérée, c'est-à-dire en buvant une plus ou moins grande quantité de liquides. Le besoin de boire est régi par une région de l'hypothalamus appelée **centre de la soif**. Quoique complexe et toujours largement méconnu, le mécanisme de la soif suit les étapes du modèle de régulation proposé au chapitre 1 (voir la figure 1.3).

Le mécanisme de la soif

Quand la déperdition d'eau dépasse l'apport hydrique, une **déshydratation** – qui se définit comme une diminution du volume des liquides organiques et une augmentation de leur c...

stimule la soif (figure 27.3). **①** Une légère déshydratation se produit quand la masse corporelle décroît de 2 % en raison d'une déperdition hydrique ; dans ce cas, la perte d'eau provoque une diminution du volume plasmatique et entraîne une augmentation de l'osmolarité du plasma. Quand l'osmolarité du plasma est supérieure à la normale, une moindre quantité d'eau circule par osmose du plasma vers le liquide interstitiel, puis vers les cellules de la bouche et celles des glandes salivaires. Il s'ensuit une diminution de la sécrétion salivaire et **②** l'assèchement de la bouche (déséquilibre). En outre, la réduction du volume plasmatique provoque une chute de la pression artérielle (déséquilibre).

③ L'élévation de l'osmolarité sanguine est captée par les osmorécepteurs de l'hypothalamus, tandis que l'assèchement de la bouche, consécutif à la diminution de sécrétion de salive, est perçu par des osmorécepteurs situés dans la bouche. Ces derniers augmentent l'envoi d'influx nerveux vers **④** le centre de la soif situé dans l'hypothalamus (centre de régulation). **3a-4a** De plus, les cellules juxtaglomérulaires du rein, sensibles à la baisse de la pression artérielle dans les artérioles afférentes, réagissent en libérant de la rénine (voir la figure 18.16). Cette enzyme entraîne l'augmentation de la concentration d'angiotensine II dans le sang qui stimule à son tour le centre de la soif.

Quand la déshydratation entraîne une diminution de 10 à 15 % de la masse corporelle en raison d'une déperdition hydrique importante, la baisse de la pression artérielle inhibe les barorécepteurs présents dans le cœur et les vaisseaux sanguins. La diminution des influx provenant des barorécepteurs contribue alors à stimuler le centre de la soif.

Toutes ces réactions ont pour effet d'accroître la sensation de soif, ce qui amène habituellement le cortex moteur à amorcer les commandes motrices nécessaires à l'ingestion de liquides. Plusieurs influx nerveux partent alors du cortex moteur **⑤** vers les muscles squelettiques (effecteurs), et la personne étanche sa soif. L'eau ingérée est absorbée par la muqueuse du tube digestif, ce qui diminue l'osmolarité plasmatique et augmente le volume plasmatique. **⑥** Dès son ingestion, l'eau humidifie la bouche et le pharynx, et son absorption entraîne l'augmentation de la pression artérielle (réponses). **⑦** Chronologiquement, la sensation de soif s'atténue rapidement. Elle survient en effet dès que l'eau humidifie la bouche, ~nc avant même que son absorption ait commencé. La rapidité ~ette rétro-inhibition vise à empêcher l'ingestion d'une trop ~ quantité de liquides, ce qui aurait pour effet inverse de ~ibrer à la baisse l'osmolarité du plasma.

~anisme de la soif associé à l'ingestion de liquide par-~ablissement du volume hydrique normal. Le résultat ~, c'est que l'apport hydrique égale la déperdition. ~rrive que la soif tarde à se manifester ou qu'il soit ~ boire. Il s'ensuit alors une déshydratation impor-~uation se manifeste souvent chez les personnes ~issons et les personnes qui souffrent de confusion ~s cas où il y a transpiration abondante ou déper-~usée par la diarrhée ou les vomissements, il est ~nencer à remplacer les liquides organiques en ~ que la soif ne se fasse sentir.

Comme nous le verrons plus loin, une augmentation de l'osmolarité des liquides organiques consécutive à une déperdition hydrique stimule non seulement le mécanisme de la soif, mais aussi la libération d'ADH.

LA RÉGULATION DE LA DÉPERDITION D'EAU ET DE SOLUTÉS

Même si la déperdition d'eau et de solutés par la sudation et par l'expiration augmente durant l'exercice, l'élimination de l'*excédent* de ces substances s'effectue principalement dans l'urine. L'ampleur de la *perte de sel (NaCl) dans l'urine* est le principal facteur qui détermine le *volume* des liquides organiques, puisque « l'eau suit les solutés » dans le processus d'osmose et que les deux solutés les plus abondants dans le liquide extracellulaire (et dans l'urine) sont les ions sodium (Na^+) et chlorure (Cl^-). De façon analogue, la *perte d'eau dans l'urine* est le principal facteur qui détermine l'*osmolarité* des liquides organiques.

Puisque la quantité de NaCl (sel) consommée quotidiennement dans les aliments varie considérablement, l'excrétion des ions Na^+ et Cl^- dans l'urine doit varier aussi afin de maintenir l'homéostasie. Des fluctuations hormonales régulent la perte de ces ions dans l'urine, et cette perte influe à son tour sur le volume sanguin. La figure 27.4 illustre les changements qui surviennent dans l'organisme à l'issue d'un repas riche en sel de table. Le modèle de régulation ci-dessous permet d'illustrer ce mécanisme complexe.

① L'augmentation de l'ingestion de NaCl, après un repas très salé par exemple, entraîne un accroissement des concentrations plasmatiques de Na^+ et de Cl^- (principaux responsables de l'osmolarité du liquide extracellulaire). L'élévation de l'osmolarité du liquide interstitiel qui en résulte cause un déplacement d'eau du liquide intracellulaire au liquide interstitiel, puis au plasma sanguin, ce qui fait augmenter le volume plasmatique. Au cours de cette série d'événements, l'augmentation du volume du plasma constitue le stimulus déclencheur du mécanisme de régulation. **②** Par la suite, l'augmentation du volume plasmatique fait monter la pression artérielle, d'une part, et force la paroi des oreillettes du cœur à s'étirer davantage (déséquilibres), d'autre part. Les trois principales hormones qui régulent l'ampleur de la réabsorption rénale d'ions Na^+ et Cl^- (et partant, la quantité éliminée dans l'urine) sont l'**angiotensine II**, l'**aldostérone** et le **facteur natriurétique auriculaire (FNA)**.

Une augmentation de la pression artérielle, tout comme celle qui survient après l'ingestion d'un ou deux grands verres de liquide et qui étire les oreillettes du cœur **③** et **④**, stimule des cellules de la paroi des oreillettes. Ces cellules réagissent alors en libérant le facteur natriurétique auriculaire (régulation endocrinienne). **⑤** Sous l'effet de cette hormone vasodilatatrice, il y a une augmentation du débit de filtration glomérulaire qui entraîne une diminution du taux de réabsorption des ions Na^+ (et Cl^-) dans les reins (effecteurs). De plus, le FNA inhibe le système rénine-angiotensine-aldostérone. Cette hormone agirait en bloquant la formation d'angiotensine II, une réaction catalysée par la rénine, et en inhibant la sécrétion d'aldostérone par le cortex des surrénales. Globalement, le FNA favorise la **natrurie**, c'est-à-dire l'excrétion urinaire d'une quantité importante

2. La *paroi des vaisseaux sanguins* sépare le liquide interstitiel du plasma. Ce n'est que dans les plus petits vaisseaux sanguins, les capillaires, que la paroi est assez mince et poreuse pour permettre l'échange d'eau et de solutés entre le plasma et le liquide interstitiel.

Le corps est en **équilibre hydrique** lorsqu'il possède les quantités requises d'eau et de solutés et que celles-ci sont réparties correctement entre les compartiments. L'**eau** est de loin le composant le plus abondant de l'organisme : elle représente de 45 à 75 % de la masse corporelle totale, ce pourcentage variant selon l'âge et le sexe.

Même si les processus de filtration, de réabsorption, de diffusion et d'osmose permettent un échange continuel d'eau et de solutés entre les compartiments hydriques de l'organisme (figure 27.1b), le volume de liquide dans chacun d'eux est remarquablement stable. Consultez la figure 21.7 pour revoir les pressions qui favorisent la filtration du liquide contenu dans les capillaires et sa réabsorption. Comme l'eau se déplace essentiellement par osmose entre le liquide interstitiel et le liquide intracellulaire, la concentration des solutés dans ces compartiments détermine la *direction* du mouvement de l'eau. La plupart des solutés dans les liquides organiques étant des **électrolytes**, c'est-à-dire des composés inorganiques qui se dissocient en ions, l'équilibre hydrique dépend principalement de l'équilibre électrolytique. Puisqu'il est rare qu'un individu ingère de l'eau et des électrolytes exactement dans des proportions identiques à celles des liquides organiques, la capacité des reins à excréter le surplus d'eau en produisant de l'urine diluée ou à excréter le surplus d'électrolytes en produisant de l'urine concentrée est d'une importance capitale pour le maintien de l'homéostasie.

L'APPORT ET LA DÉPERDITION HYDRIQUES

Le corps acquiert de l'eau par ingestion et par synthèse métabolique (figure 27.2). Les principales sources d'eau sont les liquides ingérés (environ 1 600 mL) et les aliments humides (environ 700 mL) absorbés dans le tube digestif, qui totalisent approximativement 2 300 mL par jour. L'autre source d'eau est l'**eau métabolique**, qui est produite dans l'organisme principalement au cours de la respiration cellulaire aérobie, quand des électrons sont acceptés par l'oxygène (voir la figure 25.2) et, dans une proportion moindre, lors des réactions de synthèse par déshydratation (voir la figure 2.15). La production d'eau métabolique est de l'ordre de 200 mL par jour, de sorte que l'apport hydrique quotidien des deux sources s'élève approximativement à 2 500 mL.

Normalement, les pertes d'eau étant égales aux apports en eau, le volume des liquides organiques demeure constant. Il y a quatre voies de déperdition hydrique (figure 27.2). Chaque jour, les reins éliminent environ 1 500 mL d'eau dans l'urine ; la peau en laisse évaporer approximativement 600 mL, soit 400 mL par perspiration insensible (sueur qui s'évapore avant qu'une sensation de moiteur soit perçue) et 200 mL par transpiration ; les poumons en exhalent environ 300 mL sous forme de vapeur d'eau ; le tube digestif en évacue à peu près 100 mL dans les fèces. Chez la femme en âge de procréer, une quantité d'eau supplémentaire quitte l'organisme avec le flux menstruel. Donc, en moyenne, la déperdition hydrique quotidienne totalise environ 2 500 mL. La quantité d'eau

FIGURE 27.2 Les sources de l'apport hydrique et les voies de la déperdition hydrique dans des conditions normales. Les valeurs représentent les volumes moyens chez l'adulte.

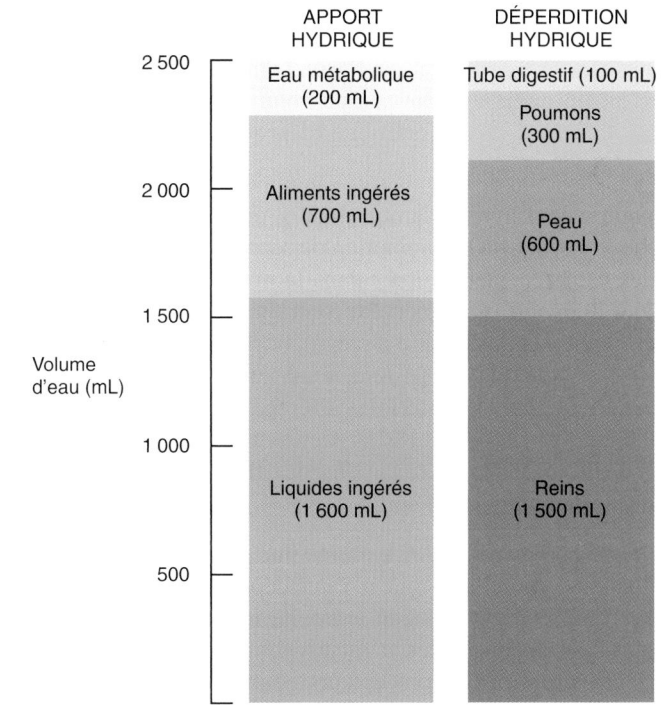

Normalement, la déperdition hydrique quotidienne est égale à l'apport hydrique quotidien.

 Comment l'hyperventilation, les vomissements, la fièvre et les diurétiques influent-ils sur l'équilibre hydrique ?

perdue par une voie donnée varie considérablement selon les circonstances. Par exemple, l'eau peut ruisseler du corps sous forme de sueur durant un effort intense ; elle peut également être évacuée dans une diarrhée lors d'une infection du tube digestif.

LA RÉGULATION DE L'APPORT HYDRIQUE

Le volume d'eau métabolique formée dans l'organisme dépend uniquement de l'ampleur de la respiration cellulaire aérobie, qui traduit la quantité d'ATP requise par les cellules : ce volume est d'autant plus grand que la quantité d'ATP produite est élevée. Toutefois, la régulation de l'apport hydrique s'effectue principalement en ajustant la quantité d'eau ingérée, c'est-à-dire en buvant une plus ou moins grande quantité de liquides. Le besoin de boire est régi par une région de l'hypothalamus appelée **centre de la soif**. Quoique complexe et toujours largement méconnu, le mécanisme de la soif suit les étapes du modèle de régulation proposé au chapitre 1 (voir la figure 1.3).

Le mécanisme de la soif

Quand la déperdition d'eau dépasse l'apport hydrique, la **déshydratation** – qui se définit comme une diminution du volume des liquides organiques et une augmentation de leur osmolarité –

stimule la soif (figure 27.3). **❶** Une légère déshydratation se produit quand la masse corporelle décroît de 2 % en raison d'une déperdition hydrique ; dans ce cas, la perte d'eau provoque une diminution du volume plasmatique et entraîne une augmentation de l'osmolarité du plasma. Quand l'osmolarité du plasma est supérieure à la normale, une moindre quantité d'eau circule par osmose du plasma vers le liquide interstitiel, puis vers les cellules de la bouche et celles des glandes salivaires. Il s'ensuit une diminution de la sécrétion salivaire et **❷** l'assèchement de la bouche (déséquilibre). En outre, la réduction du volume plasmatique provoque une chute de la pression artérielle (déséquilibre).

❸ L'élévation de l'osmolarité sanguine est captée par les osmorécepteurs de l'hypothalamus, tandis que l'assèchement de la bouche, consécutif à la diminution de sécrétion de salive, est perçu par des osmorécepteurs situés dans la bouche. Ces derniers augmentent l'envoi d'influx nerveux vers **❹** le centre de la soif situé dans l'hypothalamus (centre de régulation). **3a-4a** De plus, les cellules juxtaglomérulaires du rein, sensibles à la baisse de la pression artérielle dans les artérioles afférentes, réagissent en libérant de la rénine (voir la figure 18.16). Cette enzyme entraîne l'augmentation de la concentration d'angiotensine II dans le sang qui stimule à son tour le centre de la soif.

Quand la déshydratation entraîne une diminution de 10 à 15 % de la masse corporelle en raison d'une déperdition hydrique importante, la baisse de la pression artérielle inhibe les barorécepteurs présents dans le cœur et les vaisseaux sanguins. La diminution des influx provenant des barorécepteurs contribue alors à stimuler le centre de la soif.

Toutes ces réactions ont pour effet d'accroître la sensation de soif, ce qui amène habituellement le cortex moteur à amorcer les commandes motrices nécessaires à l'ingestion de liquides. Plusieurs influx nerveux partent alors du cortex moteur **❺** vers les muscles squelettiques (effecteurs), et la personne étanche sa soif. L'eau ingérée est absorbée par la muqueuse du tube digestif, ce qui diminue l'osmolarité plasmatique et augmente le volume plasmatique. **❻** Dès son ingestion, l'eau humidifie la bouche et le pharynx, et son absorption entraîne l'augmentation de la pression artérielle (réponses). **❼** Chronologiquement, la sensation de soif s'atténue rapidement. Elle survient en effet dès que l'eau humidifie la bouche, donc avant même que son absorption ait commencé. La rapidité de cette rétro-inhibition vise à empêcher l'ingestion d'une trop grande quantité de liquides, ce qui aurait pour effet inverse de déséquilibrer à la baisse l'osmolarité du plasma.

Le mécanisme de la soif associé à l'ingestion de liquide participe au rétablissement du volume hydrique normal. Le résultat net du cycle, c'est que l'apport hydrique égale la déperdition. Toutefois, il arrive que la soif tarde à se manifester ou qu'il soit impossible de boire. Il s'ensuit alors une déshydratation importante. Cette situation se manifeste souvent chez les personnes âgées, les nourrissons et les personnes qui souffrent de confusion mentale. Dans les cas où il y a transpiration abondante ou déperdition hydrique causée par la diarrhée ou les vomissements, il est conseillé de commencer à remplacer les liquides organiques en buvant avant même que la soif ne se fasse sentir.

Comme nous le verrons plus loin, une augmentation de l'osmolarité des liquides organiques consécutive à une déperdition hydrique stimule non seulement le mécanisme de la soif, mais aussi la libération d'ADH.

LA RÉGULATION DE LA DÉPERDITION D'EAU ET DE SOLUTÉS

Même si la déperdition d'eau et de solutés par la sudation et par l'expiration augmente durant l'exercice, l'élimination de l'*excédent* de ces substances s'effectue principalement dans l'urine. L'ampleur de la *perte de sel (NaCl) dans l'urine* est le principal facteur qui détermine le *volume* des liquides organiques, puisque « l'eau suit les solutés » dans le processus d'osmose et que les deux solutés les plus abondants dans le liquide extracellulaire (et dans l'urine) sont les ions sodium (Na^+) et chlorure (Cl^-). De façon analogue, la *perte d'eau dans l'urine* est le principal facteur qui détermine l'*osmolarité* des liquides organiques.

Puisque la quantité de NaCl (sel) consommée quotidiennement dans les aliments varie considérablement, l'excrétion des ions Na^+ et Cl^- dans l'urine doit varier aussi afin de maintenir l'homéostasie. Des fluctuations hormonales régulent la perte de ces ions dans l'urine, et cette perte influe à son tour sur le volume sanguin. La figure 27.4 illustre les changements qui surviennent dans l'organisme à l'issue d'un repas riche en sel de table. Le modèle de régulation ci-dessous permet d'illustrer ce mécanisme complexe.

❶ L'augmentation de l'ingestion de NaCl, après un repas très salé par exemple, entraîne un accroissement des concentrations plasmatiques de Na^+ et de Cl^- (principaux responsables de l'osmolarité du liquide extracellulaire). L'élévation de l'osmolarité du liquide interstitiel qui en résulte cause un déplacement d'eau du liquide intracellulaire au liquide interstitiel, puis au plasma sanguin, ce qui fait augmenter le volume plasmatique. Au cours de cette série d'événements, l'augmentation du volume du plasma constitue le stimulus déclencheur du mécanisme de régulation. **❷** Par la suite, l'augmentation du volume plasmatique fait monter la pression artérielle, d'une part, et force la paroi des oreillettes du cœur à s'étirer davantage (déséquilibres), d'autre part. Les trois principales hormones qui régulent l'ampleur de la réabsorption rénale d'ions Na^+ et Cl^- (et partant, la quantité éliminée dans l'urine) sont l'**angiotensine II**, l'**aldostérone** et le **facteur natriurétique auriculaire** (**FNA**).

Une augmentation de la pression artérielle, tout comme celle qui survient après l'ingestion d'un ou deux grands verres de liquide et qui étire les oreillettes du cœur **❸** et **❹**, stimule des cellules de la paroi des oreillettes. Ces cellules réagissent alors en libérant le facteur natriurétique auriculaire (régulation endocrinienne). **❺** Sous l'effet de cette hormone vasodilatatrice, il y a une augmentation du débit de filtration glomérulaire qui entraîne une diminution du taux de réabsorption des ions Na^+ (et Cl^-) dans les reins (effecteurs). De plus, le FNA inhibe le système rénine-angiotensine-aldostérone. Cette hormone agirait en bloquant la formation d'angiotensine II, une réaction catalysée par la rénine, et en inhibant la sécrétion d'aldostérone par le cortex des surrénales. Globalement, le FNA favorise la **natrurie**, c'est-à-dire l'excrétion urinaire d'une quantité importante

FIGURE 27.3 Les voies par lesquelles un état de déshydratation légère stimule la soif.

Il y a déshydratation quand la déperdition hydrique dépasse l'apport hydrique.

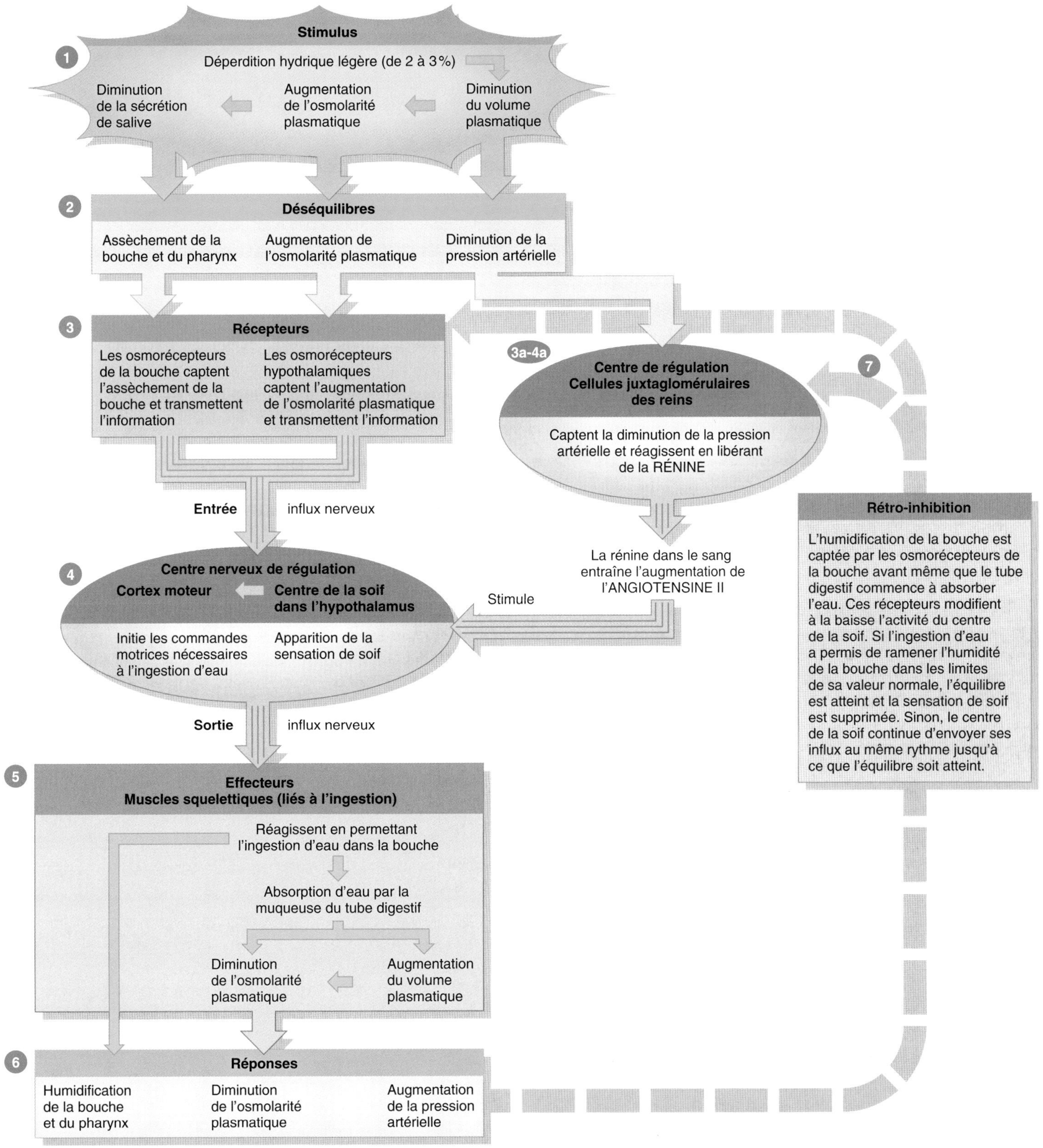

1 Stimulus

Déperdition hydrique légère (de 2 à 3%)

Diminution de la sécrétion de salive ← Augmentation de l'osmolarité plasmatique ← Diminution du volume plasmatique

2 Déséquilibres

Assèchement de la bouche et du pharynx | Augmentation de l'osmolarité plasmatique | Diminution de la pression artérielle

3 Récepteurs

Les osmorécepteurs de la bouche captent l'assèchement de la bouche et transmettent l'information | Les osmorécepteurs hypothalamiques captent l'augmentation de l'osmolarité plasmatique et transmettent l'information

3a-4a Centre de régulation Cellules juxtaglomérulaires des reins

Captent la diminution de la pression artérielle et réagissent en libérant de la RÉNINE

7

Entrée influx nerveux

4 Centre nerveux de régulation

Cortex moteur ← **Centre de la soif dans l'hypothalamus**

Initie les commandes motrices nécessaires à l'ingestion d'eau | Apparition de la sensation de soif

La rénine dans le sang entraîne l'augmentation de l'ANGIOTENSINE II

Stimule

Rétro-inhibition

L'humidification de la bouche est captée par les osmorécepteurs de la bouche avant même que le tube digestif commence à absorber l'eau. Ces récepteurs modifient à la baisse l'activité du centre de la soif. Si l'ingestion d'eau a permis de ramener l'humidité de la bouche dans les limites de sa valeur normale, l'équilibre est atteint et la sensation de soif est supprimée. Sinon, le centre de la soif continue d'envoyer ses influx au même rythme jusqu'à ce que l'équilibre soit atteint.

Sortie influx nerveux

5 Effecteurs Muscles squelettiques (liés à l'ingestion)

Réagissent en permettant l'ingestion d'eau dans la bouche

Absorption d'eau par la muqueuse du tube digestif

Diminution de l'osmolarité plasmatique ← Augmentation du volume plasmatique

6 Réponses

Humidification de la bouche et du pharynx | Diminution de l'osmolarité plasmatique | Augmentation de la pression artérielle

Q Est-ce que la régulation des voies décrites s'effectue par rétro-inhibition ou par rétroactivation? Pourquoi?

FIGURE 27.4 La régulation hormonale de la réabsorption d'ions Na⁺ et Cl⁻.

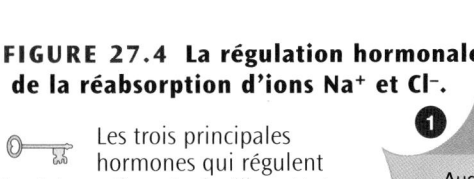 Les trois principales hormones qui régulent la réabsorption rénale d'ions Na⁺ et Cl⁻ (et partant, la quantité de ces ions éliminée dans l'urine) sont l'angiotensine II, l'aldostérone et le facteur natriurétique auriculaire.

① **Stimulus**

Augmentation de la consommation de NaCl (repas riche en sel)

Augmentation des concentrations plasmatiques de Na⁺ et de Cl⁻

Augmentation du déplacement d'eau par osmose depuis le liquide intracellulaire vers le liquide interstitiel, puis vers le plasma

Augmentation du volume plasmatique

② **Déséquilibres**

Augmentation de l'étirement de la paroi des oreillettes du cœur ← Augmentation de la pression artérielle

③ et **④** **Centre de régulation Cellules de la paroi des oreillettes**

Captent l'étirement accru des oreillettes et réagissent en libérant le FACTEUR NATRIURÉTIQUE AURICULAIRE

Entrée dans le sang

③a-④a **Centre de régulation Cellules juxtaglomérulaires des reins**

Captent l'augmentation de la pression artérielle et réagissent en diminuant la libération de la RÉNINE

Inhibition

Ralentit la formation d'angiotensine II dans le sang

⑦ **Rétro-inhibition**

Les diminutions de l'étirement de la paroi des oreillettes et de la pression artérielle sont captées respectivement par les cellules sensibles de la paroi des oreillettes et par les cellules juxtaglomérulaires des reins. Ces dernières modifient leur activité. Si la réaction des reins a permis de ramener la pression artérielle et, par conséquent, l'étirement de la paroi des oreillettes dans les limites de leurs valeurs normales, l'équilibre est atteint. Sinon, les cellules sensibles de la paroi des oreillettes et des cellules juxtaglomérulaires des reins continuent leur action jusqu'au rétablissement de l'équilibre.

⑤ **Effecteurs Reins**

Réagissent en augmentant le débit de filtration glomérulaire

Diminution de la réabsorption tubulaire des ions Na⁺ et Cl⁻

Augmentation de la déperdition d'ions Na⁺ et Cl⁻ dans l'urine (natrurie)

Augmentation de la déperdition hydrique dans l'urine par osmose

Diminution du volume plasmatique

Sortie dans le sang

⑤a **Effecteurs Cortex surrénal**

Réagit en diminuant la libération d'ALDOSTÉRONE

⑥ **Réponses**

Diminution de l'étirement de la paroi des oreillettes du cœur ← Diminution de la pression artérielle

Q Comment l'hyperaldostéronisme (sécrétion excessive d'aldostérone) cause-t-il l'œdème?

d'ions Na⁺ (et Cl⁻) suivie de l'élimination d'eau, ce qui réduit le volume plasmatique et ❻ fait baisser la pression artérielle (réponse).

3a-4a Dans la foulée, une augmentation de la pression artérielle ralentit la libération de rénine par les cellules juxtaglomérulaires du rein (régulation endocrinienne). Rappelons que, inversement, la déshydratation augmente la libération de rénine (figure 27.3). Ainsi, quand le taux de rénine baisse, la production d'angiotensine II diminue aussi. Si la concentration de l'angiotensine II passe de modérée à faible, il y a augmentation du débit de filtration glomérulaire dans les reins (effecteurs), ce qui entraîne une diminution de la réabsorption des ions Na⁺, Cl⁻ et de l'eau dans les tubules rénaux. **5a** La réduction de la production de l'angiotensine II fait également diminuer la libération d'aldostérone par le cortex des surrénales (effecteur), ce qui ralentit la réabsorption des ions Na⁺ et Cl⁻ présents dans le filtrat au niveau des tubules collecteurs ; une plus grande quantité d'ions Na⁺ et Cl⁻ demeure ainsi dans le fluide tubulaire, et ces ions sont excrétés dans l'urine.

Sur le plan de l'osmose, une plus grande excrétion d'ions Na⁺ et Cl⁻ a pour effet de d'entraîner l'augmentation de la déperdition hydrique dans l'urine, ❻ qui fait baisser le volume du plasma et, par conséquent, réduit l'étirement de la paroi des oreillettes du cœur et diminue la pression artérielle (réponses).

La principale hormone qui régule la perte d'eau est l'**hormone antidiurétique** (**ADH**) (aussi appelée **vasopressine**). L'ADH est produite par des cellules neurosécrétrices hypothalamiques dont les axones descendent de l'hypothalamus à la neurohypophyse. Lorsqu'elles sont stimulées, les cellules neurosécrétrices de l'hypothalamus envoient des influx nerveux jusqu'aux boutons terminaux situés dans la neurohypophyse. Les signaux reçus déclenchent alors la libération d'ADH dans la circulation sanguine. Une augmentation de l'osmolarité des liquides organiques stimule non seulement le mécanisme de la soif, mais aussi la libération d'ADH (voir la figure 26.17). Comme le terme « antidiurétique » l'indique, l'ADH réduit les pertes d'eau en favorisant l'insertion de canaux protéiques à eau (aquaporines-2) dans la membrane apicale des cellules principales des tubules collecteurs du rein. En conséquence, la perméabilité à l'eau de ces cellules augmente. Sous l'action de l'osmose, les molécules d'eau quittent le fluide tubulaire rénal, pénètrent dans les cellules et, de là, passent dans la circulation sanguine, ce qui a pour effet de produire un petit volume d'urine très concentrée (voir p. 1101). Par contre, l'ingestion d'eau déclenchée par le mécanisme de la soif diminue l'osmolarité du sang et du liquide interstitiel. En quelques minutes, la sécrétion d'ADH s'arrête et sa concentration sanguine tombe rapidement presque à zéro. Quand les cellules principales des tubules collecteurs ne sont plus stimulées par l'ADH, les molécules d'aquaporine-2 quittent la membrane apicale par endocytose. Au fur et à mesure que le nombre de canaux à eau décroît, la perméabilité à l'eau des cellules principales de la membrane apicale diminue et la déperdition hydrique dans l'urine augmente.

Dans certaines circonstances, d'autres facteurs que l'osmolarité du sang influent sur la sécrétion d'ADH. Une diminution importante du volume sanguin, après une hémorragie par exemple, provoque une diminution de la pression sanguine que décèlent les barorécepteurs situés dans l'oreillette gauche et les parois des

vaisseaux sanguins (arc aortique et artères carotides). Les barorécepteurs sont inhibés lorsque la pression artérielle baisse, de sorte qu'ils envoient moins d'influx nerveux vers l'hypothalamus. Les cellules neurosécrétrices de l'hypothalamus transmettent alors des influx nerveux vers la neurohypophyse, qui se met à déverser de l'ADH dans le sang. L'ADH diminue les pertes de liquides dans l'urine et, par conséquent, contribue au rétablissement de la pression artérielle.

Quand la déshydratation est importante, le débit de filtration glomérulaire diminue par suite de la chute de la pression artérielle, ce qui réduit les pertes d'eau dans l'urine. Inversement, l'ingestion d'une trop grande quantité d'eau fait augmenter la pression artérielle et, par conséquent, le débit de filtration glomérulaire, si bien que la déperdition hydrique dans l'urine s'accroît. L'hyperventilation (respiration anormalement rapide et profonde) accroît les pertes d'eau en augmentant l'expiration de la vapeur d'eau. Les vomissements et la diarrhée produisent une déperdition hydrique par le tube digestif. Enfin, la fièvre, la transpiration abondante et la destruction d'une partie importante de la peau provoquée par des brûlures entraînent des pertes excessives d'eau par la peau. Dans tous ces cas, un accroissement de la sécrétion d'ADH contribue à la conservation des liquides organiques.

Le tableau 27.1 présente brièvement les facteurs qui maintiennent l'équilibre hydrique du corps.

TABLEAU 27.1 LES FACTEURS ASSURANT LE MAINTIEN DE L'ÉQUILIBRE HYDRIQUE

FACTEUR	MÉCANISME	EFFET
Centre de la soif dans l'hypothalamus	Stimule l'envie de boire.	Apport d'eau si la soif est étanchée.
Angiotensine II	Stimule la sécrétion d'aldostérone.	Réduction de l'élimination d'eau dans l'urine.
Aldostérone	Accroît la réabsorption d'eau par osmose en favorisant la réabsorption urinaire d'ions Na⁺ et Cl⁻.	Réduction de l'élimination d'eau dans l'urine.
Facteur natriurétique auriculaire (FNA)	Favorise la natriurie, c'est-à-dire l'accroissement de l'excrétion urinaire d'ions Na⁺ (et Cl⁻), accompagnés d'eau.	Augmentation de l'élimination d'eau dans l'urine.
Hormone antidiurétique (ADH), ou vasopressine	Favorise l'insertion de canaux protéiques à eau (aquaporines-2) dans la membrane apicale des cellules principales du tubule collecteur du rein, ce qui accroît la perméabilité à l'eau de ces cellules, d'où une augmentation de la quantité d'eau réabsorbée.	Réduction de l'élimination d'eau dans l'urine

LE MOUVEMENT DE L'EAU ENTRE LES COMPARTIMENTS HYDRIQUES DE L'ORGANISME

Normalement, les liquides intracellulaire et interstitiel ont la même osmolarité, si bien que les cellules n'ont pas tendance à gonfler ni à se vider. Toutefois, une variation de l'osmolarité du liquide interstitiel peut entraîner un déséquilibre hydrique. Une augmentation de l'osmolarité du liquide interstitiel attire l'eau hors des cellules, de sorte qu'elles rapetissent légèrement ; à l'inverse, une diminution de l'osmolarité du liquide interstitiel fait gonfler les cellules. Ces fluctuations de l'osmolarité résultent la plupart du temps d'une variation de la concentration des ions Na^+.

Une diminution de l'osmolarité du liquide interstitiel, comme celle qui peut se produire après l'ingestion d'une grande quantité d'eau, inhibe habituellement la sécrétion d'ADH. S'ils fonctionnent normalement, les reins excrètent alors un volume important d'urine diluée, ce qui ramène la pression osmotique des liquides organiques à la normale. En conséquence, le gonflement des cellules est léger et bref. Mais si une personne consomme régulièrement de l'eau plus rapidement que le système urinaire ne peut l'excréter (le débit urinaire maximal est d'environ 15 mL/min) ou si les reins fonctionnent mal, il peut y avoir **intoxication par l'eau** lorsque l'excès d'eau dans l'organisme fait gonfler les cellules au point de représenter un danger pour l'organisme (figure 27.5). Supposons que les importantes quantités d'eau et de Na^+ perdus à la suite d'une grave hémorragie, d'une transpiration abondante, de fréquentes diarrhées ou de vomissements répétés sont compensés par de l'eau faible en électrolytes. Si ce liquide est ingéré rapidement et en grande quantité, il risque de diluer les liquides organiques et de faire chuter sous les valeurs normales la concentration des ions Na^+ dans le plasma, puis dans le liquide interstitiel, ce qui pourrait entraîner une hyponatrémie. Quand la concentration des ions Na^+ dans le liquide interstitiel baisse, l'osmolarité diminue aussi. Le résultat net est un déplacement d'eau par osmose depuis le liquide interstitiel vers le cytosol, ou liquide intracellulaire, ce qui entraîne le gonflement des cellules. Ainsi une hyperhydratation risque de causer un œdème cérébral et une altération de la fonction neurologique entraînant des convulsions, le coma et parfois la mort. Pour prévenir cette terrible suite d'événements dans les cas d'intenses pertes d'eau et d'électrolytes, il faut procéder à une réhydratation intraveineuse ou orale en administrant des solutions qui contiennent un peu de sel de table (NaCl).

LES LAVEMENTS ET L'ÉQUILIBRE HYDRIQUE

Le **lavement** consiste à introduire une solution dans le rectum afin de faire entrer par osmose de l'eau (et des électrolytes) dans le côlon. L'augmentation du volume stimule le péristaltisme, ce qui provoque l'évacuation des fèces. Il s'agit d'une méthode de traitement de la constipation. Mais les lavements fréquents, en particulier chez les jeunes enfants, augmentent le risque de déséquilibre hydrique et électrolytique. ■

▶ **POINT DE CONTRÔLE**

1. Quel est le volume approximatif de chacun des compartiments hydriques de l'organisme ?

2. Comment les sources d'eau et les voies de déperdition hydrique sont-elles régies ?

FIGURE 27.5 Les étapes de l'intoxication par l'eau.

 L'intoxication par l'eau est caractérisée par un excès d'eau dans l'organisme, entraînant le gonflement des cellules.

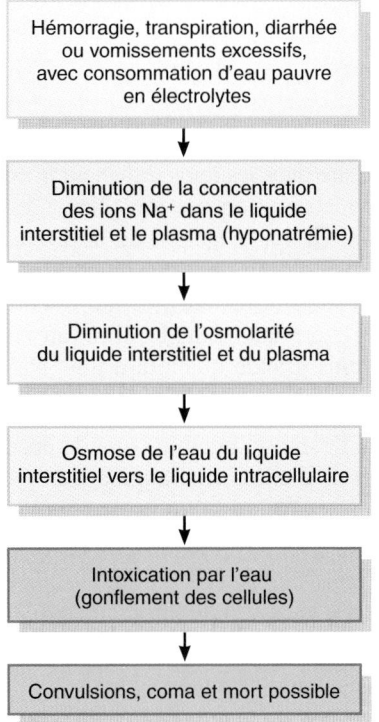

Pourquoi les solutions administrées lors d'une réhydratation orale contiennent-elles un peu de sel de table (NaCl) ?

3. Par quel mécanisme la soif contribue-t-elle à la régulation de l'apport hydrique ?

4. Comment l'angiotensine II, l'aldostérone, le facteur natriurétique auriculaire et l'hormone antidiurétique assurent-ils la régulation du volume et de l'osmolarité des liquides organiques ?

5. Quels facteurs régissent les déplacements d'eau entre le liquide interstitiel et le liquide intracellulaire ?

LES ÉLECTROLYTES DANS LES LIQUIDES ORGANIQUES

▸ **OBJECTIFS**

- Comparer la composition électrolytique des trois principaux compartiments hydriques : le plasma, le liquide interstitiel et le liquide intracellulaire.

- Examiner les fonctions des ions sodium, chlorure, potassium, bicarbonate, calcium, phosphate et magnésium, et expliquer le contrôle de leur concentration.

Les ions qui se forment lors de la dissolution et de la dissociation des électrolytes remplissent quatre grandes fonctions dans l'organisme. 1) Puisqu'ils sont pour la plupart confinés dans des compartiments hydriques particuliers et qu'ils sont plus abondants que les substances non-électrolytiques, certains ions *régissent les déplacements de l'eau par osmose entre les compartiments hydriques.* 2) Les ions *contribuent au maintien de l'équilibre acidobasique* nécessaire à l'activité cellulaire normale. 3) Les ions *créent des courants électriques,* qui permettent la production de potentiels d'action et de potentiels gradués. 4) Plusieurs ions *servent de cofacteurs* essentiels à l'activité optimale de certaines enzymes.

LES CONCENTRATIONS DES ÉLECTROLYTES DANS LES LIQUIDES ORGANIQUES

Pour comparer les charges que portent les ions dans différentes solutions, on exprime habituellement leur concentration en **millimoles/litre** (**mmol/L**). Cette unité donne la concentration de cations ou d'anions dans un volume donné de solution. Rappelons qu'une mole d'une substance représente sa masse moléculaire exprimée en grammes.

La figure 27.6 compare les concentrations des principaux électrolytes et anions protéiques dans le plasma, le liquide interstitiel et le liquide intracellulaire. La différence la plus importante entre les deux liquides extracellulaires – plasma et liquide interstitiel – tient à ce que le plasma contient un grand nombre d'anions protéiques, alors que le liquide interstitiel en renferme très peu. Comme

les parois des capillaires sont normalement presque imperméables aux protéines, quelques-unes seulement s'échappent du plasma et passent dans le liquide interstitiel. C'est cette différence de concentration des protéines qui contribue le plus à la pression osmotique exercée par le plasma. Autrement, les deux liquides sont semblables sur le plan électrolytique.

Par contre, la composition en électrolytes du liquide intracellulaire diffère considérablement de celle du liquide extracellulaire. Dans le liquide extracellulaire, le cation le plus abondant est le Na^+ et l'anion le plus abondant est le Cl^-. Dans le liquide intracellulaire, en revanche, le cation le plus abondant est le K^+ et les anions les plus abondants sont les protéines et les ions phosphate (HPO_4^{2-}). Les pompes à sodium (Na^+-K^+ ATPase), qui expulsent les ions Na^+ des cellules et y font entrer les ions K^+ par transport actif, jouent un rôle de premier plan dans le maintien de la concentration intracellulaire élevée d'ions K^+ et de la concentration extracellulaire élevée d'ions Na^+.

LE SODIUM

Ce sont les ions sodium (Na^+) qui sont les plus abondants dans le liquide extracellulaire: ils représentent environ 90 % des cations extracellulaires. La concentration plasmatique normale de Na^+ est de 136 à 148 mmol/L. Nous avons vu que les ions Na^+ jouent un

FIGURE 27.6 Les concentrations des électrolytes et des anions protéiques dans le plasma, le liquide interstitiel et le liquide intracellulaire. La hauteur de chaque colonne représente la concentration en millimoles par litre (mmol/L).

 Les électrolytes qui se trouvent dans les liquides extracellulaires sont différents de ceux que contient le liquide intracellulaire.

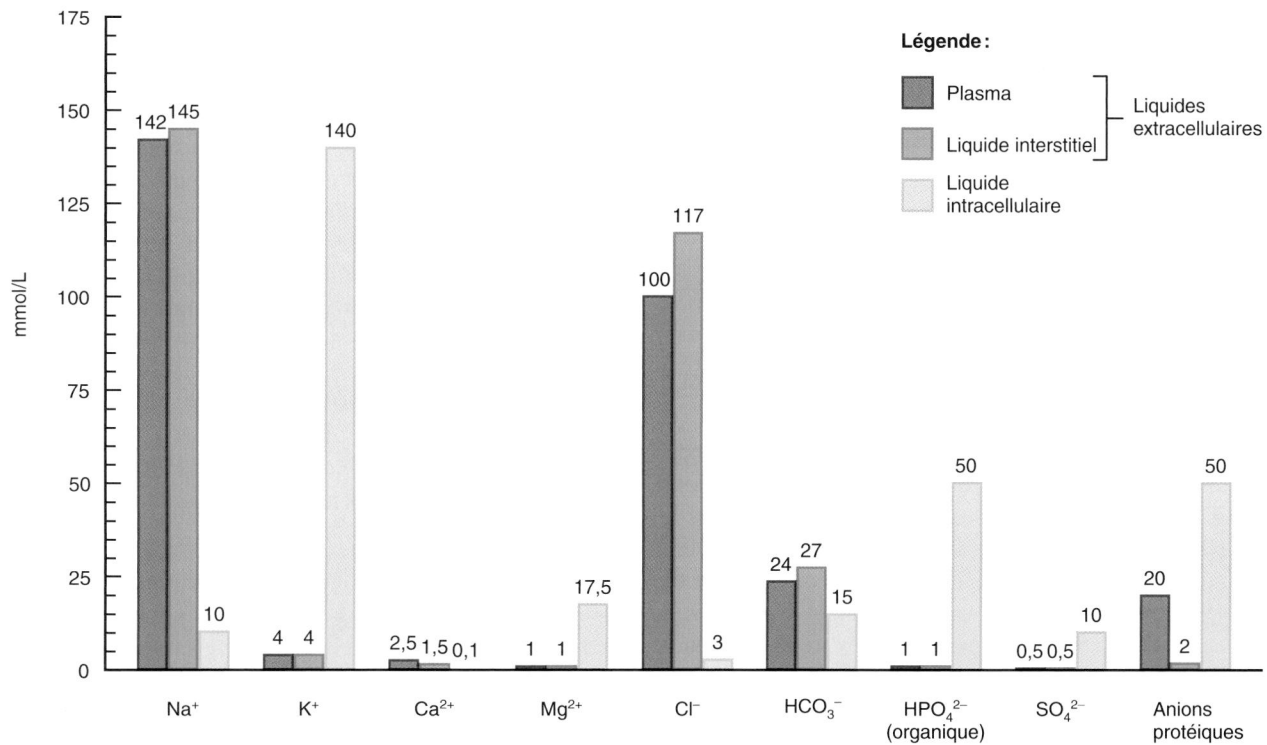

Q Quels sont le cation et les deux anions dont la concentration est la plus élevée dans les liquides extracellulaires? dans le liquide intracellulaire?

rôle clé dans l'équilibre hydrique et électrolytique parce qu'ils sont à l'origine de près de la moitié de l'osmolarité du liquide extracellulaire (142 mOsm/L sur environ 300 mOsm/L). Le passage des ions Na⁺ dans les canaux ioniques sensibles au voltage de la membrane plasmique est également nécessaire à la création et à la conduction des potentiels d'action dans les neurones et les myocytes. En Amérique du Nord, l'apport quotidien de Na⁺ dépasse souvent de beaucoup les besoins normaux de l'organisme, surtout à cause de la consommation excessive de sel de table. Les reins excrètent les ions Na⁺ excédentaires, mais ils peuvent aussi les conserver lorsqu'il y a pénurie.

Le taux de Na⁺ dans le sang est régi par l'aldostérone, l'hormone antidiurétique (ADH) et le facteur natriurétique auriculaire (FNA). L'aldostérone augmente la réabsorption rénale des ions Na⁺. La libération d'ADH cesse quand la concentration plasmatique de Na⁺ baisse sous les 135 mmol/L, un état appelé *hyponatrémie*. Cette absence d'ADH permet une plus grande excrétion d'eau dans l'urine, ce qui contribue à rétablir le taux normal d'ions Na⁺ dans le liquide extracellulaire. Le facteur natriurétique auriculaire (FNA) fait augmenter l'excrétion de Na⁺ par les reins lorsque le taux de ces ions est supérieur à la normale, entraînant un état appelé *hypernatrémie*.

LES INDICATEURS D'UN TROUBLE DE L'ÉQUILIBRE SODÉ

Quand les reins sont incapables d'excréter suffisamment d'ions sodium, comme cela survient chez les personnes souffrant d'insuffisance rénale ou d'hyperaldostéronisme (sécrétion excessive d'aldostérone), ces ions risquent de s'accumuler dans l'organisme et de retenir de l'eau. Il en résulte un accroissement du volume sanguin, une augmentation de la pression artérielle et la formation d'**œdème**, par suite de l'accumulation anormale de liquide interstitiel. À l'inverse, une perte excessive d'ions Na⁺ dans l'urine occasionne une déperdition hydrique excessive, ce qui entraîne l'**hypovolémie**, c'est-à-dire une baisse du volume sanguin sous la valeur normale. L'hypovolémie consécutive à la perte d'ions Na⁺ est le plus souvent causée par une sécrétion inadéquate d'aldostérone associée soit à une insuffisance surrénale, soit à un traitement excessif par des diurétiques. ■

LE CHLORURE

Les ions chlorure (Cl⁻) sont les anions les plus abondants dans le liquide extracellulaire. La concentration plasmatique normale de Cl⁻ est de 95 à 105 mmol/L. Ces ions se déplacent assez facilement entre les compartiments extracellulaire et intracellulaire parce que la plupart des membranes plasmiques contiennent de nombreux canaux de fuite à Cl⁻ et antiporteurs. En conséquence, les ions Cl⁻ contribuent à équilibrer les concentrations des anions dans les différents compartiments hydriques. Par exemple, dans le phénomène de Hamburger, les ions Cl⁻ passent alternativement des érythrocytes au plasma selon que le taux sanguin du dioxyde de carbone augmente ou diminue (voir la figure 23.24). Dans ce cas, l'échange des ions Cl⁻ contre des ions HCO₃⁻ assuré par des antiporteurs permet de maintenir l'équilibre des anions dans les liquides extracellulaires et le liquide intracellulaire. Les ions chlorure font aussi partie de l'acide chlorhydrique (HCl) sécrété dans le suc gastrique. L'ADH participe à la régulation du taux de Cl⁻ dans les liquides organiques parce qu'elle agit sur la perte d'eau dans l'urine. Les processus qui augmentent ou diminuent la réabsorp-tion rénale des ions sodium influent également sur celle des ions chlorure. (Nous avons vu que la réabsorption des ions Na⁺ et Cl⁻ est assurée par des symporteurs Na⁺-Cl⁻.)

LE POTASSIUM

Les ions potassium (K⁺) sont les cations les plus abondants du liquide intracellulaire (140 mmol/L). Ils jouent un rôle clé dans la création du potentiel de repos de la membrane et dans l'étape de repolarisation du potentiel d'action des neurones et des myocytes. Ils participent également au maintien du volume hydrique intracellulaire normal. Quand ils entrent dans les cellules ou en sortent, les ions K⁺ le font souvent en échange d'ions H⁺, ce qui contribue à la régulation du pH des liquides organiques.

La concentration plasmatique normale des ions K⁺ est de 3,5 à 5,0 mmol/L. Elle est régie principalement par l'aldostérone. Quand la concentration en ions K⁺ du plasma est élevée, l'aldostérone est sécrétée en plus grande quantité dans le sang. Sous l'action de cette hormone, les cellules principales des tubules collecteurs se mettent à sécréter plus d'ions K⁺, ce qui permet d'éliminer l'excès de potassium dans l'urine. Inversement, quand la concentration plasmatique des ions K⁺ est faible, la sécrétion d'aldostérone diminue, ce qui entraîne la réduction de l'excrétion urinaire des ions K⁺. Un taux plasmatique anormal de K⁺ peut être fatal en raison du rôle essentiel qu'exercent ces ions durant la phase de repolarisation des potentiels d'action. Par exemple, l'*hyperkaliémie* (concentration sanguine en ions K⁺ anormalement élevée) peut entraîner la mort à cause d'une fibrillation ventriculaire.

LE BICARBONATE

Les ions bicarbonate (HCO₃⁻) viennent au deuxième rang des anions extracellulaires les plus abondants. Leur concentration plasmatique normale est de 22 à 26 mmol/L dans le sang artériel systémique, et de 23 à 27 mmol/L dans le sang veineux systémique. La concentration des ions HCO₃⁻ augmente lorsque le sang circule dans les capillaires systémiques parce que le dioxyde de carbone libéré par les cellules métaboliquement actives se combine avec l'eau pour former de l'acide carbonique (H₂CO₃), qui se dissocie en ions H⁺ et HCO₃⁻. Inversement, quand le sang passe dans les capillaires pulmonaires, la concentration de HCO₃⁻ baisse de nouveau par suite de l'expiration du dioxyde de carbone. (La figure 23.24 illustre ces réactions.) Le liquide intracellulaire contient aussi une petite quantité d'ions HCO₃⁻. Nous avons vu que l'échange des ions Cl⁻ contre des ions HCO₃⁻ contribue à maintenir l'équilibre des anions dans le liquide extracellulaire et le liquide intracellulaire.

La régulation de la concentration sanguine des ions HCO₃⁻ est assurée principalement par les reins. Les cellules intercalaires des tubules rénaux peuvent soit former des ions HCO₃⁻ et les libérer dans la circulation quand leur concentration sanguine est faible (figure 27.8), soit excréter le surplus de HCO₃⁻ dans l'urine quand la concentration sanguine est trop élevée. Nous reviendrons sur les fluctuations de la concentration sanguine des ions HCO₃⁻ plus loin dans le présent chapitre, plus précisément dans la section sur l'équilibre acidobasique.

LE CALCIUM

Le fait qu'une énorme quantité de calcium soit emmagasinée dans les os explique que cet élément soit le minéral le plus abondant du corps. Chez l'adulte, environ 98 % du calcium se trouve dans le squelette et les dents, où il se combine avec des phosphates pour constituer un réseau cristallin de sels minéraux. Dans les liquides organiques, on trouve le calcium principalement sous forme de cation extracellulaire (Ca^{2+}). La concentration plasmatique normale d'ions Ca^{2+} libres, ou non liés, est de 1,17 à 1,3 mmol/L ; à peu près autant d'ions Ca^{2+} sont liés à diverses protéines plasmatiques. En plus de contribuer à la dureté des os et des dents, les ions Ca^{2+} jouent un rôle important dans la coagulation du sang, la libération de neurotransmetteurs, le maintien du tonus musculaire et l'excitabilité des tissus musculaire et nerveux.

La régulation de la concentration des ions Ca^{2+} dans le plasma est assurée principalement par la parathormone (PTH) et le calcitriol (1,25-dihydroxyvitamine D_3), la forme hormonale de la vitamine D (voir la figure 18.14). Une diminution du taux plasmatique de Ca^{2+} entraîne la libération d'une plus grande quantité de parathormone, qui stimule les ostéoclastes du tissu osseux à libérer du calcium (et du phosphate) contenu dans la trame osseuse. Ainsi, la parathormone augmente la *résorption* osseuse. Elle stimule de plus la *réabsorption* des ions Ca^{2+} du filtrat glomérulaire, qui retournent alors à la circulation en passant par les cellules des tubules rénaux, et elle accroît la production de calcitriol, qui favorise lui-même l'*absorption* du Ca^{2+} des aliments dans le tube digestif.

LE PHOSPHATE

Chez l'adulte, environ 85 % du phosphate se trouve sous forme de phosphate de calcium, un sel qui constitue une composante structurale des os et des dents ; les 15 % qui restent sont à l'état ionisé. Trois ions phosphate ($H_2PO_4^-$, HPO_4^{2-} et PO_4^{3-}) sont d'importants anions intracellulaires, mais au pH normal des liquides organiques, c'est l'ion HPO_4^{2-} qui prédomine. Les phosphates fournissent environ 50 mmol/L d'anions au liquide intracellulaire. L'ion HPO_4^{2-} est un tampon important des ions H^+, autant dans les liquides organiques que dans l'urine. Bien que certains soient « libres », la plupart des ions phosphate sont liés de façon covalente à des molécules organiques telles que des lipides (phosphoglycérolipides), des protéines, des glucides, des acides nucléiques (ADN et ARN) et l'adénosine triphosphate (ATP).

La concentration plasmatique normale de phosphate ionisé est seulement de 0,85 à 1,3 mmol/L. Les deux hormones qui assurent l'homéostasie du calcium – la parathormone (PTH) et le calcitriol – régulent également le taux de HPO_4^{2-} dans le plasma sanguin. La PTH stimule la résorption de la matrice osseuse par les ostéoclastes, ce qui entraîne la libération d'ions phosphate et calcium dans la circulation. Toutefois, dans les reins, la PTH inhibe la réabsorption des ions phosphate en même temps qu'elle stimule celle des ions calcium par les cellules des tubules rénaux. Ainsi, la PTH augmente l'excrétion urinaire du phosphate et en diminue le taux sanguin. Le calcitriol favorise à la fois l'absorption des phosphates et celle du calcium dans le tube digestif.

LE MAGNÉSIUM

Chez l'adulte, environ 54 % de tout le magnésium de l'organisme fait partie de la matrice osseuse, sous forme de sels de magnésium ; les 46 % qui restent se trouvent, sous forme d'ions magnésium (Mg^{2+}), dans le liquide intracellulaire (45 %) et le liquide extracellulaire (1 %). Du point de vue de l'abondance, les ions Mg^{2+} viennent au deuxième rang des cations intracellulaires (17,5 mmol/L). Sur le plan fonctionnel, l'ion Mg^{2+} est un cofacteur de certaines enzymes qui interviennent dans le métabolisme des glucides et des protéines, et de la pompe à sodium. Il joue également un rôle crucial dans l'activité neuromusculaire, la transmission synaptique et le fonctionnement du myocarde. De plus, la sécrétion de la parathormone dépend de cet ion.

Habituellement, la concentration plasmatique normale des ions Mg^{2+} ne dépasse pas les valeurs de 0,65 à 1,05 mmol/L. Plusieurs facteurs régulent le taux plasmatique des ions Mg^{2+} en modulant leur vitesse d'excrétion dans l'urine. Les reins augmentent l'excrétion urinaire du magnésium lorsqu'il y a hypercalcémie, hypermagnésémie, augmentation du volume du liquide extracellulaire, diminution de la parathormone et acidose. Dans les situations contraires, ils réduisent l'excrétion rénale de Mg^{2+}.

Le tableau 27.2 décrit les déséquilibres causés par l'insuffisance ou l'excès de quelques électrolytes.

Au nombre des personnes risquant de souffrir de déséquilibre hydroélectrolytique figurent celles qui dépendent de quelqu'un d'autre pour boire et manger, notamment les nourrissons et les jeunes enfants, ainsi que les personnes âgées ou hospitalisées. Il en est de même des individus sous perfusion intraveineuse, de ceux qui reçoivent un traitement comportant un dispositif de drainage ou de succion, ou un cathéter urinaire. Sont également à risque les personnes qui consomment des diurétiques, celles qui subissent une déperdition excessive de liquide et auxquelles il faut fournir un apport hydrique accru, ou encore qui doivent limiter leur consommation de liquides parce qu'elles souffrent de rétention hydrique. Enfin, d'autres groupes de personnes risquent également de souffrir d'un déséquilibre hydroélectrolytique : les athlètes et les membres des forces armées qui travaillent dans un milieu extrêmement chaud, les patients en phase postopératoire, les grands brûlés et ceux qui ont subi un traumatisme grave, les individus atteints d'une maladie chronique (insuffisance cardiaque congestive, diabète, bronchopneumopathie chronique obstructive, cancer), les personnes en détention et celles qui, en raison d'un état de conscience altéré, sont incapables de faire connaître leurs besoins ou de réagir à la soif.

▶ **POINT DE CONTRÔLE**

6. Quelles fonctions les électrolytes assurent-ils dans l'organisme ?

7. Nommez trois électrolytes extracellulaires et trois électrolytes intracellulaires importants, et indiquez la façon dont chacun est régulé.

TABLEAU 27.2 LES DÉSÉQUILIBRES DES ÉLECTROLYTES SANGUINS

| ÉLECTROLYTES* | CARENCES | | EXCÈS | |
	NOMS ET CAUSES	SYMPTÔMES	NOMS ET CAUSES	SYMPTÔMES
Sodium (Na⁺) 136 à 148 mmol/L	L'**hyponatrémie** peut être causée par une diminution de l'ingestion de sodium ; une augmentation de la déperdition de sodium consécutive à des vomissements, à la diarrhée, à un déficit en aldostérone ou à l'emploi de certains diurétiques ; un apport hydrique excessif.	Faiblesse musculaire ; étourdissements, céphalée et hypotension ; tachycardie et choc ; confusion mentale, stupeur et coma.	L'**hypernatrémie** peut être occasionnée par la déshydratation, la privation d'eau ou un excès de sodium dans l'alimentation ou dans une solution intraveineuse ; elle cause l'hypertonie du liquide extracellulaire, qui fait sortir l'eau des cellules au profit du liquide extracellulaire, et entraîne leur déshydratation.	Soif intense, hypertension, œdème, agitation et convulsions.
Chlorure (Cl⁻) 95 à 105 mmol/L	L'**hypochlorémie** peut être causée par des vomissements excessifs, l'hyperhydratation, un déficit en aldostérone, une insuffisance cardiaque et l'emploi de certains diurétiques, tel le furosémide (Lasix^MD).	Spasmes musculaires, alcalose métabolique, respiration superficielle, hypotension et tétanie.	L'**hyperchlorémie** peut résulter de la déshydratation causée par la déperdition hydrique ou la privation d'eau. Elle peut aussi résulter d'un apport excessif de chlorure, d'une insuffisance rénale grave, ou de l'hyperaldostéronisme, de certains types d'acidose et de l'action de certains médicaments.	Léthargie, faiblesse, acidose métabolique, et respiration rapide et profonde.
Potassium (K⁺) 3,5 à 5,0 mmol/L	L'**hypokaliémie** peut résulter d'une déperdition excessive de potassium provoquée par des vomissements ou la diarrhée ; d'une diminution de l'apport en potassium ; d'hyperaldostéronisme ; d'une maladie rénale et de l'emploi de certains diurétiques.	Fatigue musculaire, paralysie flasque, confusion mentale, augmentation du débit urinaire, respiration superficielle et altérations de l'électrocardiogramme, dont l'aplatissement de l'onde T.	L'**hyperkaliémie** peut être causée par un apport excessif de potassium, une insuffisance rénale, un déficit en aldostérone, une blessure causant l'écrasement de tissus, des brûlures profondes et étendues ou une transfusion de sang hémolysé.	Irritabilité, nausées, vomissements, diarrhée, faiblesse musculaire ; peut causer la mort en déclenchant la fibrillation ventriculaire.

* Les valeurs représentent les intervalles de concentrations plasmatiques normales chez l'adulte.

L'ÉQUILIBRE ACIDOBASIQUE

> **OBJECTIFS**
>
> - Comparer le rôle des tampons, de l'expiration du dioxyde de carbone et de l'excrétion rénale des ions H⁺ dans le maintien du pH des liquides organiques.
> - Définir les déséquilibres acidobasiques, décrire leurs effets sur l'organisme et expliquer leurs traitements.

Il ressort clairement de ce que nous avons vu jusqu'à maintenant que les divers ions jouent des rôles différents dans le maintien de l'homéostasie. Une des principales tâches de l'organisme consiste à garder la concentration des ions H⁺ (pH) à un niveau approprié dans les liquides organiques. Cette fonction est d'une importance primordiale pour que les activités cellulaires se déroulent normalement. En effet, les moindres variations du pH modifient la structure tridimensionnelle sur laquelle reposent les propriétés fonctionnelles des protéines de l'organisme. Si ces molécules changent de structure, elles risquent de ne plus pouvoir remplir leurs fonctions spécifiques. Quand l'alimentation est riche en protéines – ce qui est la norme en Amérique du Nord –, le métabolisme cellulaire produit plus d'acides que de bases et tend ainsi à acidifier le sang. (Avant de poursuivre la lecture de la présente section, il peut être utile de revoir ce qui a été dit sur les acides, les bases et le pH aux pages 43 à 45.)

Chez une personne en bonne santé, plusieurs mécanismes contribuent à maintenir le pH du sang artériel systémique entre 7,35 et 7,45. (Un pH de 7,4 correspond à une concentration d'ions H⁺ de 0,00004 mmol/L) Puisque les réactions métaboliques produisent souvent un excès considérable d'ions H⁺, l'absence d'un mécanisme d'élimination de ces ions ferait augmenter rapidement leur concentration dans les liquides organiques à un niveau létal. La survie de l'organisme passe donc par le maintien d'une concentration d'ions H⁺ dans des limites très étroites.

| ÉLECTROLYTES | CARENCES | | EXCÈS | |
	NOMS ET CAUSES	SYMPTÔMES	NOMS ET CAUSES	SYMPTÔMES
Calcium (Ca^{2+}) total = de 2,4 à 2,6 mmol/L; ionisé = de 1,17 à 1,3 mmol/L	L'**hypocalcémie** peut être causée par une augmentation de la déperdition de calcium, une diminution de l'apport en calcium, une élévation du taux de phosphate ou l'hypoparathyroïdie.	Engourdissements et picotements dans les doigts; réflexes hyperactifs, crampes musculaires, tétanie et convulsions; fractures des os; spasmes des muscles du larynx risquant d'entraîner la mort par asphyxie.	L'**hypercalcémie** peut résulter de l'hyperparathyroïdie, de certains cancers, d'un apport excessif de vitamine D et de la maladie osseuse de Paget.	Léthargie, faiblesse, anorexie, nausées, vomissements, polyurie, démangeaisons, douleurs osseuses, dépression, confusion, paresthésie, stupeur et coma.
Phosphate (HPO_4^{2-}) 0,85 à 1,3 mmol/L	L'**hypophosphatémie** peut être occasionnée par une augmentation de la déperdition urinaire, une diminution de l'absorption intestinale, ou une augmentation de l'utilisation des phosphates.	Confusion, épilepsie, coma, douleurs thoraciques et musculaires, engourdissements et picotements dans les doigts, perte de coordination, perte de mémoire et léthargie.	L'**hyperphosphatémie** se manifeste quand les reins ne parviennent pas à excréter l'excès de phosphate, par exemple dans le cas d'une insuffisance rénale; elle peut aussi résulter d'une augmentation de l'apport en phosphate ou de la destruction de cellules de l'organisme entraînant la libération de phosphate dans la circulation sanguine.	Anorexie, nausées, vomissements, faiblesse musculaire, réflexes hyperactifs, tétanie et tachycardie.
Magnésium (Mg^{2+}) 0,65 à 1,05 mmol/L	L'**hypomagnésémie** peut être causée par un apport insuffisant ou une déperdition excessive dans l'urine et les fèces; elle est aussi occasionnée par l'alcoolisme, la malnutrition, le diabète et les traitements par les diurétiques.	Faiblesse, irritabilité, tétanie, délire, convulsions, confusion, anorexie, nausées, vomissements, paresthésie et arythmies cardiaques.	L'**hypermagnésémie** est occasionnée par une insuffisance rénale ou une augmentation de l'apport en ions Mg^{2+}, par exemple dans les antiacides renfermant ces ions; elle est aussi causée par un déficit en aldostérone et l'hypothyroïdie.	Hypotension, faiblesse musculaire ou paralysie, nausées, vomissements et altérations des fonctions mentales.

Le retrait des ions H^+ des liquides organiques, suivi de leur évacuation subséquente du corps, dépend principalement des trois mécanismes suivants:

1. **Le systèmes tampons.** Les tampons entrent rapidement en action pour capter temporairement les ions H^+, retirant ainsi de la solution l'excédent des ions H^+ très réactifs. Les tampons élèvent donc le pH des liquides organiques, mais ils n'éliminent pas les ions H^+ de l'organisme.

2. **L'expiration du dioxyde de carbone.** En respirant plus vite et plus profondément, l'organisme rejette plus de dioxyde de carbone, ce qui permet de réduire le taux d'acide carbonique dans le sang en quelques minutes et de faire augmenter le pH sanguin (diminution de la concentration sanguine d'ions H^+).

3. **L'excrétion rénale des ions H^+.** L'excrétion rénale constitue le mécanisme le plus lent, mais il est le seul à permettre d'éliminer les acides autres que l'acide carbonique.

Nous allons examiner en détail chacun de ces mécanismes dans les paragraphes qui suivent.

LES ACTIONS DES SYSTÈMES TAMPONS

La plupart des systèmes tampons de l'organisme sont constitués d'un acide faible et du sel de cet acide, qui sert de base faible. Les tampons préviennent les fluctuations trop importantes et trop rapides du pH des liquides organiques en transformant instantanément les bases et les acides forts en bases et en acides faibles. Les acides forts diminuent davantage le pH que les acides faibles parce qu'ils libèrent leur hydrogène plus facilement et fournissent ainsi plus d'ions hydrogène libres. De même, les bases fortes augmentent davantage le pH que les bases faibles, parce qu'elles retirent plus facilement les ions hydrogène de la solution, ce qui laisse moins d'ions hydrogène libres. Les principaux systèmes tampons des liquides organiques sont le système tampon des protéines, le système tampon acide carbonique-bicarbonate et le système tampon des phosphates.

Le système tampon des protéines

Le **système tampon des protéines** est le tampon le plus abondant du liquide intracellulaire et du plasma. Par exemple, l'hémoglobine constitue un tampon protéique particulièrement efficace dans les érythrocytes, alors que l'albumine est le principal tampon protéique du plasma. Les protéines sont formées d'acides aminés, qui sont des molécules organiques contenant au moins un groupement carboxyle (–COOH) et au moins un groupement amine (–NH$_2$) ; ces groupements sont les composantes fonctionnelles du système tampon des protéines. Le groupement carboxyle libre à une des extrémités de la protéine se comporte comme un acide et libère un ion H$^+$ quand le pH augmente ; il se dissocie de la façon suivante :

$$NH_2-\underset{\underset{H}{|}}{\overset{\overset{R}{|}}{C}}-COOH \longrightarrow NH_2-\underset{\underset{H}{|}}{\overset{\overset{R}{|}}{C}}-COO^- + H^+$$

L'ion H$^+$ est alors en mesure de réagir avec un ion OH$^-$ en excédent dans la solution pour former de l'eau. Le groupement amine libre à l'autre extrémité de la protéine se comporte comme une base ; quand le pH baisse, il se lie à un ion H$^+$ de la façon suivante :

$$NH_2-\underset{\underset{H}{|}}{\overset{\overset{R}{|}}{C}}-COOH + H^+ \longrightarrow {}^+NH_3-\underset{\underset{H}{|}}{\overset{\overset{R}{|}}{C}}-COOH$$

Ainsi, les protéines peuvent tamponner à la fois les acides et les bases. En plus des groupements carboxyle et amine terminaux, 7 des 20 acides aminés possèdent des chaînes latérales capables de tamponner des ions H$^+$.

Nous avons déjà noté que l'hémoglobine est un tampon important des ions H$^+$ dans les érythrocytes (voir la figure 23.24). Lorsque le sang circule dans les capillaires systémiques, le dioxyde de carbone (CO$_2$) quitte les cellules des tissus et pénètre dans les érythrocytes, où il se combine avec l'eau (H$_2$O) pour former de l'acide carbonique (H$_2$CO$_3$). Ce dernier se dissocie ensuite en H$^+$ et HCO$_3^-$. Au moment où le CO$_2$ pénètre dans les érythrocytes, l'oxyhémoglobine (HbO$_2$) transfère son oxygène aux cellules des tissus. L'hémoglobine réduite (désoxyhémoglobine) fixe la plus grande partie des ions H$^+$. C'est pourquoi on la représente habituellement par le symbole HbH. Les réactions suivantes résument ces relations :

$$\underset{\text{Eau}}{H_2O} + \underset{\substack{\text{Dioxyde de carbone} \\ \text{(entrant dans les érythrocytes)}}}{CO_2} \longrightarrow \underset{\text{Acide carbonique}}{H_2CO_3}$$

$$\underset{\text{Acide carbonique}}{H_2CO_3} \longrightarrow \underset{\text{Ion hydrogène}}{H^+} + \underset{\text{Ion bicarbonate}}{HCO_3^-}$$

$$\underset{\substack{\text{Oxyhémoglobine} \\ \text{(dans les} \\ \text{érythrocytes)}}}{HbO_2} + \underset{\substack{\text{Ion hydrogène} \\ \text{(provenant de} \\ \text{l'acide carbonique)}}}{H^+} \longrightarrow \underset{\substack{\text{Hémoglobine} \\ \text{réduite}}}{HbH} + \underset{\substack{\text{Oxygène} \\ \text{destiné} \\ \text{aux cellules}}}{O_2}$$

Le système tampon acide carbonique-bicarbonate

Le **système tampon acide carbonique-bicarbonate** fait appel à l'*ion bicarbonate* (HCO$_3^-$), qui peut jouer le rôle d'une base faible, et à l'*acide carbonique* (H$_2$CO$_3$), qui peut agir comme un acide faible. Nous avons vu que HCO$_3^-$ est un anion important dans les liquides intracellulaire et extracellulaire (figure 27.6). Étant donné que les reins synthétisent, eux aussi, des ions HCO$_3^-$ et qu'ils réabsorbent ceux qui sont présents dans le filtrat, cet important tampon n'est pas excrété dans l'urine. S'il y a un excès d'ions H$^+$, les ions HCO$_3^-$ peuvent servir de base faible et retirer l'excédent comme suit :

$$\underset{\text{Ion hydrogène}}{H^+} + \underset{\substack{\text{Ion bicarbonate} \\ \text{(base faible)}}}{HCO_3^-} \longrightarrow \underset{\text{Acide carbonique}}{H_2CO_3}$$

Par la suite, l'H$_2$CO$_3$ se dissocie en eau et en dioxyde de carbone, et le CO$_2$ est expiré des poumons.

Inversement, s'il y a pénurie d'ions H$^+$, l'acide carbonique H$_2$CO$_3$ peut jouer le rôle d'un acide faible et fournir des ions H$^+$, de la façon suivante :

$$\underset{\substack{\text{Acide carbonique} \\ \text{(acide faible)}}}{H_2CO_3} \longrightarrow \underset{\text{Ion hydrogène}}{H^+} + \underset{\text{Ion bicarbonate}}{HCO_3^-}$$

Lorsque le pH est de 7,4, la concentration des ions HCO$_3^-$ est d'environ 24 mmol/L, alors que celle de l'H$_2$CO$_3$ se situe aux alentours de 1,2 mmol/L ; ainsi, les ions bicarbonate sont 20 fois plus nombreux que les molécules d'acide carbonique. Puisque le CO$_2$ et l'H$_2$O se combinent pour former de l'H$_2$CO$_3$, ce système tampon ne protège pas contre les fluctuations de pH causées par les troubles respiratoires qui causent un excès ou une pénurie de CO$_2$.

Le système tampon des phosphates

Le mécanisme du **système tampon des phosphates** est essentiellement le même que celui du système acide carbonique-bicarbonate. Les composantes du système des phosphates sont l'*ion dihydrogénophosphate* (H$_2$PO$_4^-$) et l'*ion monohydrogénophosphate* (HPO$_4^{2-}$). Rappelons que les phosphates sont les anions prépondérants dans le liquide intracellulaire et les anions minoritaires dans les liquides extracellulaires (figure 27.6). L'ion dihydrogénophosphate joue le rôle d'un acide faible. Il est en mesure de tamponner les bases fortes telles que l'ion OH$^-$, comme suit :

$$\underset{\substack{\text{Ion hydroxyle} \\ \text{(base forte)}}}{OH^-} + \underset{\substack{\text{Ion dihydrogéno-} \\ \text{phosphate} \\ \text{(acide faible)}}}{H_2PO_4^-} \longrightarrow \underset{\text{Eau}}{H_2O} + \underset{\substack{\text{Ion monohydro-} \\ \text{génophosphate} \\ \text{(base faible)}}}{HPO_4^{2-}}$$

En agissant comme une base faible, l'ion monohydrogénophosphate est en mesure de tamponner les ions H$^+$ libérés par les acides forts tels que l'acide chlorhydrique (HCl) :

$$\underset{\substack{\text{Acide chlorhydrique} \\ \text{(acide fort)}}}{HCl} + \underset{\text{Ion hydrogène}}{H^+} \longrightarrow \underset{\text{Ion chlorure}}{Cl^-}$$

$$\underset{\text{Ion hydrogène}}{H^+} + \underset{\substack{\text{Ion monohydrogéno-} \\ \text{phosphate (base faible)}}}{HPO_4^{2-}} \longrightarrow \underset{\substack{\text{Ion dihydrogéno-} \\ \text{phosphate (acide faible)}}}{H_2PO_4^-}$$

Les phosphates étant concentrés surtout dans le liquide intracellulaire, le système tampon des phosphates joue un rôle important dans la régulation du pH du cytosol. Il exerce aussi son pouvoir tampon dans les liquides extracellulaires, mais à un degré moindre, ainsi que sur les acides présents dans l'urine. Des ions $H_2PO_4^-$ se forment quand le surplus d'ions H^+ dans le fluide tubulaire rénal se combine avec les ions HPO_4^{2-} (figure 27.8). Les ions H^+ qui font alors partie des ions $H_2PO_4^-$ passent dans l'urine. Cette réaction constitue un des moyens par lesquels les reins aident à maintenir le pH sanguin en excrétant des ions H^+ dans l'urine.

L'EXPIRATION DU DIOXYDE DE CARBONE

Le simple fait de respirer joue aussi un rôle important dans le maintien du pH des liquides organiques. Une augmentation de la concentration du dioxyde de carbone (CO_2) dans ces liquides élève la concentration des ions H^+ et abaisse du même coup le pH (rend les liquides plus acides). Puisqu'on peut éliminer l'H_2CO_3 en expirant du CO_2, on l'appelle **acide volatil**. Inversement, une diminution de la concentration de CO_2 dans les liquides organiques élève le pH (rend les liquides plus alcalins). Cette interaction chimique est illustrée par les réactions réversibles suivantes :

$$CO_2 + H_2O \rightleftharpoons H_2CO_3 \rightleftharpoons H^+ + HCO_3^-$$

Dioxyde de carbone   Eau   Acide carbonique   Ion hydrogène   Ion bicarbonate

Une variation du rythme et de la profondeur de la respiration peut modifier le pH des liquides organiques en quelques minutes. L'augmentation de la ventilation fait accroître la quantité de CO_2 expiré. La réaction représentée ci-dessus s'effectue vers la gauche, la concentration des ions H^+ tombe et le pH sanguin s'élève. Quand la ventilation double, le pH augmente d'environ 0,23 unité, soit de 7,4 à 7,63. Si la ventilation est plus lente que la normale, la quantité de CO_2 expiré diminue et le pH sanguin tombe. Une réduction au quart de la vitesse normale entraîne une diminution du pH de 0,4 unité, soit de 7,4 à 7,0. Ces exemples illustrent l'énorme influence de la respiration sur le pH des liquides organiques.

Un mécanisme de rétro-inhibition régit l'interaction entre le pH des liquides organiques et la vitesse et la profondeur de la respiration (figure 27.7). Supposons, par exemple, ❶ qu'à la suite d'un dérèglement de la fonction rénale (stimulus), ❷ le sang devienne plus acide (augmentation de la concentration des ions H^+) (déséquilibre). ❸ Les chimiorécepteurs centraux du bulbe rachidien et les chimiorécepteurs périphériques des corpuscules aortiques et des glomus carotidiens (récepteurs) captent la diminution du pH. ❹ Ces récepteurs stimulent l'aire inspiratoire du bulbe rachidien (centre de régulation nerveux), ❺ qui ordonne au diaphragme et autres muscles de la respiration (effecteurs) de se contracter plus rapidement et plus vigoureusement, si bien que les poumons rejettent une plus grande quantité de CO_2. Quand la formation de H_2CO_3 et ❻ le nombre d'ions H^+ décroissent, le pH sanguin augmente (réponse). ❼ Lorsque la réaction respiratoire ramène à la normale le pH sanguin (concentration des ions H^+), l'homéostasie acidobasique est rétablie (rétro-inhibition). Si, au contraire, le dérèglement rénal provoque l'augmentation du pH du sang, le centre respiratoire est inhibé et le rythme et la profondeur de la respiration diminuent.

Le même mécanisme de rétro-inhibition entre en jeu quand le taux sanguin de CO_2 s'élève, ce qui cause une baisse du pH sanguin. La ventilation augmente, ce qui accroît l'élimination de CO_2

et abaisse la concentration d'ions H^+, de telle sorte que le pH sanguin s'élève.

Une réduction de la concentration de CO_2 dans le sang produit l'effet inverse. La respiration ralentit, de sorte que le CO_2 s'accumule dans le sang et que la concentration sanguine des ions H^+ augmente.

L'EXCRÉTION DES IONS H^+ PAR LES REINS

Les réactions métaboliques produisent des **acides non volatils**, tel l'acide sulfurique, au rythme d'environ 1 mmol d'ions H^+ par jour par kilogramme de masse corporelle. La seule façon d'éliminer tout cet acide est d'excréter des ions H^+ dans l'urine. Compte tenu de l'ampleur de ces contributions à l'équilibre acidobasique, il n'est pas étonnant qu'une insuffisance rénale puisse causer la mort rapidement.

Nous avons vu au chapitre 26 que des cellules du tubule contourné proximal et du tubule collecteur du rein sécrètent des ions hydrogène dans le fluide tubulaire. Dans le tubule contourné proximal, des antiporteurs Na^+-H^+ sécrètent des ions H^+ et réabsorbent des ions Na^+ simultanément (voir la figure 26.13). Toutefois, les cellules intercalaires du tubule collecteur jouent un rôle encore plus important dans la régulation du pH des liquides organiques. La membrane *apicale* de certaines de ces cellules renferme des pompes à protons (ATPases H^+) qui sécrètent des ions H^+ dans le fluide tubulaire (figure 27.8). Les cellules intercalaires peuvent sécréter ces ions à contre-courant d'un gradient de concentration de façon tellement efficace que l'urine peut être jusqu'à 1 000 fois plus acide (3 unités de pH) que le sang. Les ions HCO_3^- produits dans les cellules intercalaires par dissociation de H_2CO_3 franchissent la membrane basolatérale des cellules à l'aide d'**antiporteurs Cl^--HCO_3^-**, puis ils pénètrent par diffusion dans les capillaires péritubulaires (figure 27.8a). Les ions qui entrent ainsi dans la circulation sanguine sont des produits *de synthèse* (non filtrés). C'est pourquoi la teneur en HCO_3^- du sang sortant du rein par la veine rénale est susceptible d'être plus élevée que celle du sang entrant dans le rein par l'artère rénale.

Il est intéressant de noter qu'il existe un second type de cellules intercalaires qui renferment des pompes à protons dans leur membrane *basolatérale* et des antiporteurs Cl^--HCO_3^- dans leur membrane apicale. Ces cellules sécrètent des ions HCO_3^- et réabsorbent des ions H^+. Les deux types de cellules intercalaires participent donc de deux façons distinctes au maintien du pH des liquides organiques : elles excrètent l'excès d'ions H^+ lorsque le pH est inférieur à la normale, et elles rejettent l'excès d'ions HCO_3^- quand le pH est supérieur à la normale.

Une partie des ions H^+ sécrétés dans le fluide tubulaire du tubule collecteur sont tamponnés, mais non par les ions HCO_3^-, qui ont été pour la plupart filtrés et réabsorbés. Deux autres tampons se lient aux ions H^+ dans le tubule collecteur (figure 27.8b). Le premier tampon le plus abondant dans le liquide tubulaire du tubule collecteur est l'ion HPO_4^{2-} (monohydrogénophosphate) ; le second est l'ammoniac (NH_3), présent en petite quantité. Les ions H^+ se combinent aux ions HPO_4^{2-} pour former des ions $H_2PO_4^-$ (dihydrogénophosphate), et au NH_3, pour donner des ions NH_4^+ (ammonium).

FIGURE 27.7 La régulation nerveuse par rétro-inhibition du pH sanguin par le système respiratoire.

L'expiration de gaz carbonique abaisse la concentration des ions H+ dans le sang.

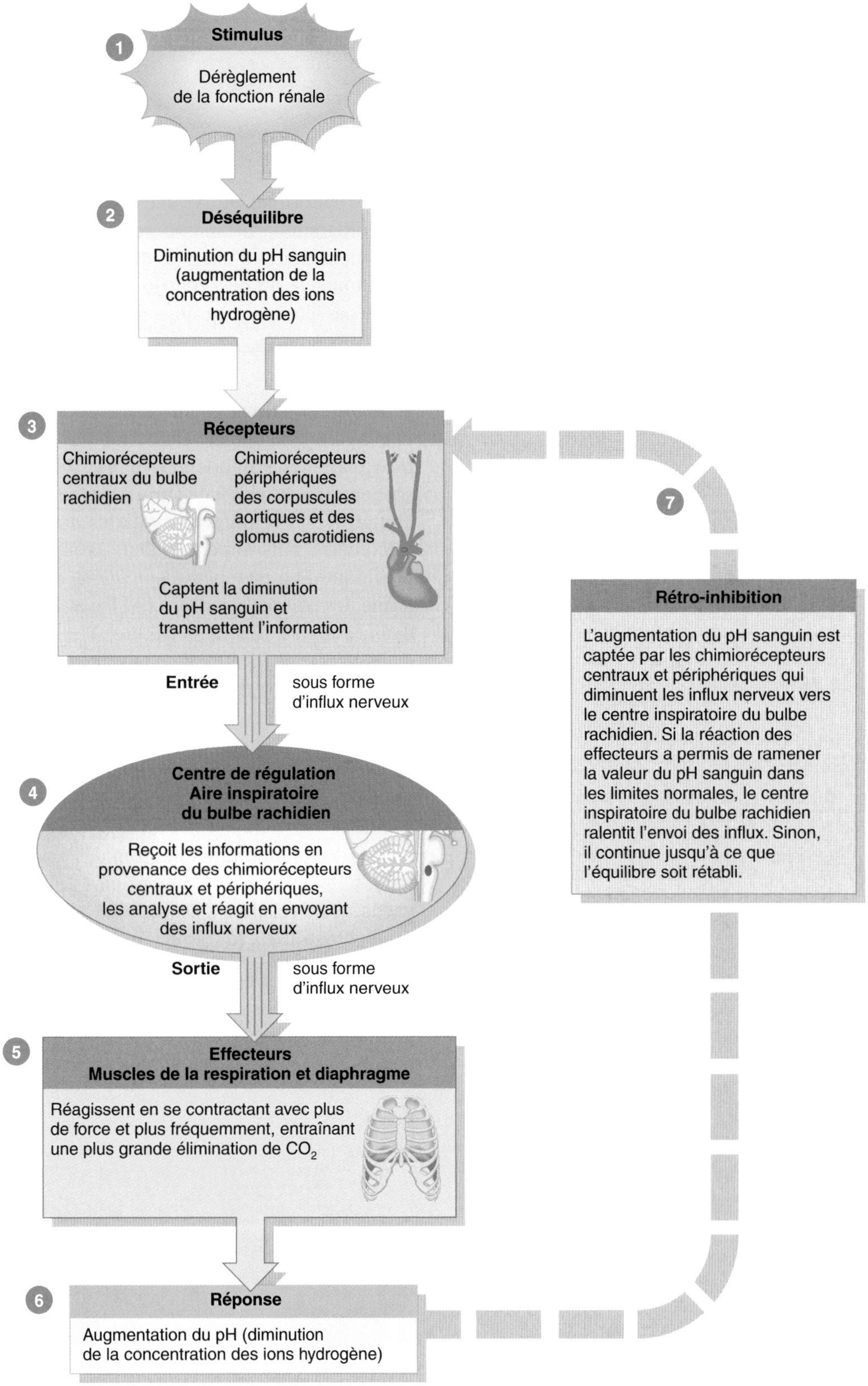

1 Stimulus

Dérèglement de la fonction rénale

2 Déséquilibre

Diminution du pH sanguin (augmentation de la concentration des ions hydrogène)

3 Récepteurs

Chimiorécepteurs centraux du bulbe rachidien

Chimiorécepteurs périphériques des corpuscules aortiques et des glomus carotidiens

Captent la diminution du pH sanguin et transmettent l'information

Entrée sous forme d'influx nerveux

4 Centre de régulation Aire inspiratoire du bulbe rachidien

Reçoit les informations en provenance des chimiorécepteurs centraux et périphériques, les analyse et réagit en envoyant des influx nerveux

Sortie sous forme d'influx nerveux

5 Effecteurs Muscles de la respiration et diaphragme

Réagissent en se contractant avec plus de force et plus fréquemment, entraînant une plus grande élimination de CO_2

7 Rétro-inhibition

L'augmentation du pH sanguin est captée par les chimiorécepteurs centraux et périphériques qui diminuent les influx nerveux vers le centre inspiratoire du bulbe rachidien. Si la réaction des effecteurs a permis de ramener la valeur du pH sanguin dans les limites normales, le centre inspiratoire du bulbe rachidien ralentit l'envoi des influx. Sinon, il continue jusqu'à ce que l'équilibre soit rétabli.

6 Réponse

Augmentation du pH (diminution de la concentration des ions hydrogène)

Si vous retenez votre souffle pendant 30 secondes, quel effet probable cela aura-t-il sur votre pH sanguin?

HCO_3^- = ion bicarbonate, CO_2 = dioxyde de carbone, H_2O = eau, H_2CO_3 = acide carbonique, Cl^- = ion chlorure, NH_3 = ammoniac, NH_4^+ = ion ammonium, HPO_4^{2-} = ion monohydrogénophosphate, $H_2PO_4^-$ = ion dihydrogénophosphate. AC = anhydrase carbonique.

L'urine peut être jusqu'à 1 000 fois plus acide que le sang à cause de l'action des pompes à protons présentes dans le tubule collecteur du rein.

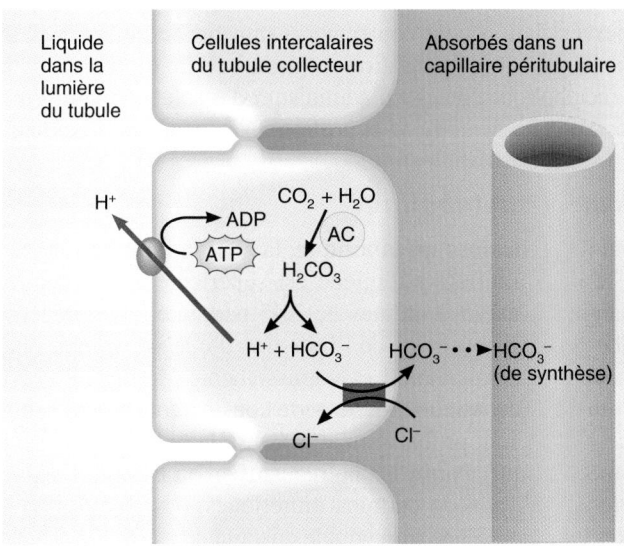

(a) Sécrétion d'ions H⁺

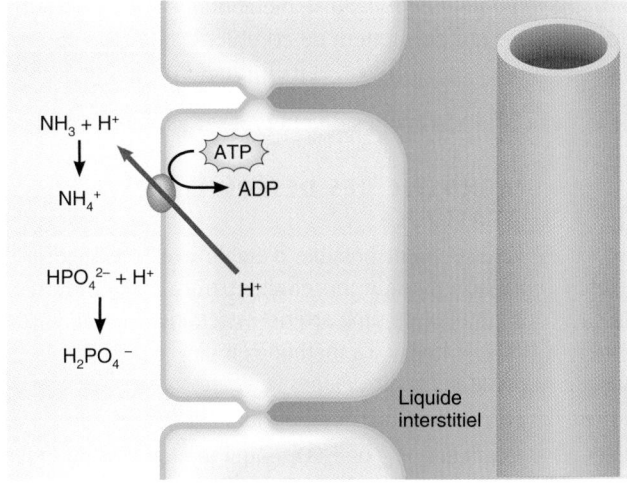

(b) Tamponnage des ions H⁺ présents dans l'urine

Légende :

 Pompe à protons (ATPase H⁺) de la membrane apicale

 Antiporteur HCO_3^--Cl^- de la membrane basolatérale

•• ► Diffusion

Q Quels seraient les effets d'une substance qui inhiberait l'activité de l'anhydrase carbonique ?

Étant donné que ces ions ne peuvent retourner par diffusion dans les cellules des tubules, ils sont excrétés dans l'urine.

Le tableau 27.3 résume les mécanismes qui maintiennent le pH des liquides organiques.

LES DÉSÉQUILIBRES ACIDOBASIQUES

Le pH normal du sang artériel systémique se situe entre 7,35 (= 45 nmol d'ions H⁺/L) et 7,45 (= 35 nmol d'ions H⁺/L). L'**acidose** (ou **acidémie**) est un état caractérisé par un pH sanguin inférieur à 7,35 ; l'**alcalose** (ou **alcalinité excessive du sang**) est caractérisée par un pH sanguin supérieur à 7,45.

Le principal effet physiologique de l'acidose est la dépression du système nerveux central consécutive à une réduction de la transmission synaptique. Si le pH artériel systémique est inférieur à 7, la dépression du système nerveux est telle que l'individu devient désorienté, tombe dans un état comateux et risque de mourir. Les patients atteints d'acidose grave meurent généralement dans le coma. Par contre, un des principaux effets physiologiques de l'alcalose est une surexcitation des systèmes nerveux central et périphérique. Les influx parcourent les neurones de façon répétitive, même en l'absence de stimulus normaux, causant de la nervosité, des spasmes musculaires, voire des convulsions et parfois la mort.

Une modification du pH sanguin qui occasionne une acidose ou une alcalose peut être corrigée par **compensation**, c'est-à-dire par une réponse physiologique induite par un déséquilibre acidobasique visant à rétablir le pH normal du sang artériel. La compensation peut être soit *complète*, si le pH revient effectivement à

TABLEAU 27.3 LES MÉCANISMES ASSURANT LA RÉGULATION DU PH DES LIQUIDES ORGANIQUES

MÉCANISMES	COMMENTAIRES
Systèmes tampons	La plupart sont constitués d'un acide faible et du sel de cet acide, qui sert de base faible. Ils préviennent les fluctuations trop brusques du pH des liquides organiques.
Protéines	Les tampons les plus abondants dans les cellules et le sang. L'hémoglobine dans les érythrocytes est un tampon efficace.
Acide carbonique-bicarbonate	Important régulateur du pH sanguin. Système tampon le plus abondant du liquide extracellulaire.
Phosphates	Système tampon important du liquide intracellulaire et de l'urine.
Expiration du CO_2	Quand l'expiration du CO_2 augmente, le pH s'élève (moins d'ions H⁺). Quand l'expiration du CO_2 diminue, le pH chute (plus d'ions H⁺).
Reins	Les tubules rénaux sécrètent des ions H⁺ dans l'urine et réabsorbent des ions HCO_3^- pour éviter leur élimination dans l'urine

la normale, soit *partielle*, si le pH artériel systémique reste inférieur à 7,35 ou supérieur à 7,45. Quand des causes métaboliques sont à l'origine du dérèglement du pH sanguin, l'hyperventilation ou l'hypoventilation peuvent contribuer à ramener le pH sanguin vers les valeurs normales. Cette forme de compensation, appelée **compensation respiratoire**, est déclenchée en quelques minutes et atteint son maximum en quelques heures. Toutefois, si les écarts du pH sanguin sont d'origine respiratoire, l'organisme met en œuvre des **compensations rénales** – modifications de la sécrétion des ions H^+ et de la réabsorption des ions HCO_3^- par les tubules rénaux – qui contribuent à rectifier la situation. La compensation rénale peut commencer en quelques minutes, mais elle n'atteint son efficacité maximale qu'au bout de plusieurs jours.

En lisant les explications ci-dessous, il ne faut pas perdre de vue que tant l'acidose respiratoire que l'alcalose respiratoire sont des troubles qui résultent de changements de la pression partielle du CO_2 (P_{CO_2}) dans le sang artériel systémique (les valeurs normales vont de 35 à 45 mm Hg). Par contre, l'acidose métabolique et l'alcalose métabolique sont des perturbations qui proviennent de variations de la concentration des ions HCO_3^- (les valeurs normales varient de 22 à 26 mmol/L dans le sang artériel systémique).

L'acidose respiratoire

Le signe distinctif de l'**acidose respiratoire** est une P_{CO_2} du sang artériel systémique supérieure à 45 mm Hg. L'expiration inadéquate du CO_2 fait diminuer le pH sanguin ; tout état qui entrave le passage de CO_2 du sang aux alvéoles des poumons et, de là, à l'atmosphère entraîne une accumulation de CO_2, d'H_2CO_3 et d'ions H^+ dans le sang. Ces états d'hypoventilation accompagnent l'emphysème, l'œdème pulmonaire, les lésions du centre respiratoire du bulbe rachidien, l'obstruction des voies respiratoires et les maladies des muscles de la respiration. Si le trouble respiratoire n'est pas trop grave, les reins peuvent contribuer à élever le pH sanguin en augmentant l'excrétion d'ions H^+ et la réabsorption d'ions HCO_3^- (compensation rénale). L'objectif du traitement de l'acidose respiratoire est d'augmenter l'expiration de CO_2, par exemple par une technique de ventilation. L'administration intraveineuse de HCO_3^- peut aussi être utile.

L'alcalose respiratoire

Lors d'une **alcalose respiratoire**, la P_{CO_2} du sang artériel baisse à moins de 35 mm Hg. Cette diminution et l'élévation du pH qui l'accompagne sont causées par une hyperventilation consécutive à un trouble qui stimule l'aire inspiratoire du bulbe rachidien. Cet état peut résulter d'un déficit d'oxygène occasionné par l'altitude ou par une maladie pulmonaire, un accident vasculaire cérébral ou un état d'anxiété grave. La compensation rénale peut ramener le pH sanguin à une valeur normale si les reins diminuent l'excrétion des ions H^+ et la réabsorption des ions HCO_3^-. Le traitement de l'alcalose respiratoire a pour but d'élever le taux de CO_2 dans l'organisme. Une méthode simple consiste à faire respirer le patient dans un sac de papier pendant un court laps de temps ; de cette façon, il inspire de l'air contenant une concentration de CO_2 supérieure à la normale.

L'acidose métabolique

Dans le cas d'une **acidose métabolique**, le taux d'ions HCO_3^- dans le sang artériel systémique diminue à moins de 22 mmol/L. Une telle réduction de cet important tampon fait diminuer le pH sanguin. Trois situations peuvent faire baisser le taux sanguin des ions HCO_3^- : 1) une déperdition d'ions HCO_3^-, par exemple à la suite d'une diarrhée grave ou d'un dysfonctionnement rénal ; 2) l'accumulation d'un acide autre que l'acide carbonique, par exemple en raison d'une cétose (voir p. 1046) ; ou 3) une défaillance des reins qui ne parviennent pas à excréter les ions H^+ provenant du métabolisme des protéines alimentaires. Si le déséquilibre n'est pas trop important, l'hyperventilation peut contribuer à ramener le pH sanguin à une valeur normale (compensation respiratoire). Le traitement de l'acidose métabolique consiste à administrer des solutions intraveineuses de bicarbonate de sodium et à éliminer la cause de l'acidose.

L'alcalose métabolique

Quand il y a **alcalose métabolique**, la concentration d'ions HCO_3^- dans le sang artériel systémique est supérieure à 26 mmol/L. Le pH sanguin s'élève au-dessus de 7,45 par suite d'une déperdition d'acide non respiratoire ou de l'ingestion d'une trop grande quantité de médicaments alcalins. Les vomissements excessifs du contenu gastrique, qui occasionnent une perte considérable d'acide chlorhydrique (HCl), sont probablement la cause la plus fréquente d'alcalose métabolique. Parmi les autres causes, on compte l'aspiration gastrique, l'emploi de certains diurétiques, des troubles endocriniens, l'ingestion d'une trop grande quantité de médicaments alcalins (antiacides) et une déshydratation grave. La compensation respiratoire par hypoventilation peut ramener le pH sanguin à une valeur normale. Le traitement de l'alcalose métabolique consiste à administrer des solutions qui permettent de combler les déficits en ions Cl^- et K^+ et en d'autres électrolytes, et à éliminer la cause de l'alcalose.

Le tableau 27.4 résume les divers types d'acidose et d'alcalose.

LE DIAGNOSTIC DES DÉSÉQUILIBRES ACIDOBASIQUES

Il est généralement possible d'établir avec précision la cause d'un déséquilibre acidobasique en étudiant trois valeurs fournies par l'analyse d'un échantillon de sang artériel systémique : le pH, la concentration d'ions HCO_3^- et la P_{CO_2}. La méthode employée pour établir le bon diagnostic comprend les quatre étapes suivantes :

1. Noter si le pH est élevé (alcalose) ou faible (acidose).

2. Déterminer la valeur – P_{CO_2} ou HCO_3^- – qui se situe hors de l'intervalle normal et qui pourrait être la cause de l'écart de pH. Par exemple, un pH élevé peut être attribuable à une P_{CO_2} faible ou à une concentration de HCO_3^- élevée.

3. Faire la déduction suivante : si la cause est une P_{CO_2} anormale, le trouble est de nature respiratoire ; si la cause est une concentration anormale de HCO_3^-, il s'agit d'un trouble métabolique.

4. Examiner la valeur qui ne correspond pas à l'écart de pH observé. Si elle est normale, il n'y a pas de compensation. Si elle ne se situe pas dans l'intervalle normal, il y a une compensation qui corrige en partie le déséquilibre du pH. ■

TABLEAU 27.4 RÉSUMÉ DE L'ACIDOSE ET DE L'ALCALOSE

TROUBLES	DÉFINITIONS	CAUSES FRÉQUENTES	MÉCANISMES DE COMPENSATION
Acidose respiratoire	Augmentation de la P_{CO_2} (supérieure à 45 mm Hg) et diminution du pH (sous 7,35) s'il n'y a pas de compensation.	Hypoventilation consécutive à l'emphysème, à l'œdème pulmonaire, à un traumatisme du centre respiratoire, à l'obstruction des voies respiratoires ou au dysfonctionnement des muscles de la respiration.	*Rénal* : augmentation de l'excrétion des ions H^+ et de la réabsorption des ions HCO_3^-. Si la compensation est complète, le pH redevient normal, mais la P_{CO_2} est élevée.
Alcalose respiratoire	Diminution de la P_{CO_2} (à moins de 35 mm Hg) et augmentation du pH (supérieur à 7,45) s'il n'y a pas de compensation.	Hyperventilation consécutive à un déficit en oxygène, à une maladie pulmonaire, à un accident vasculaire cérébral ou à une grave anxiété.	*Rénal* : diminution de l'excrétion des ions H^+ et de la réabsorption des ions HCO_3^-. Si la compensation est complète, le pH redevient normal, mais la P_{CO_2} est basse.
Acidose métabolique	Diminution des ions HCO_3^- (concentration inférieure à 22 mmol/L) et du pH (inférieur à 7,35) s'il n'y a pas de compensation.	Déperdition d'ions bicarbonate par suite de diarrhée, d'accumulation d'acide (cétose), de dysfonctionnement rénal.	*Respiratoire* : hyperventilation qui augmente la perte de CO_2. Si la compensation est complète, le pH redevient normal, mais la concentration de HCO_3^- est faible.
Alcalose métabolique	Augmentation des ions HCO_3^- (concentration supérieure à 26 mmol/L) et du pH (au-dessus de 7,45) s'il n'y a pas de compensation.	Déperdition d'acide consécutive à des vomissements, à l'aspiration gastrique ou à l'utilisation de certains diurétiques ; ingestion excessive de médicaments alcalins.	*Respiratoire* : hypoventilation qui ralentit la perte de CO_2. Si la compensation est complète, le pH redevient normal, mais la concentration de HCO_3^- est élevée.

▶ POINT DE CONTRÔLE

8. Expliquez comment chacun des systèmes tampons suivants contribue à maintenir le pH des liquides organiques : protéines, acide carbonique-bicarbonate et phosphates.

9. Définissez l'acidose et l'alcalose. Comparez l'acidose respiratoire, l'acidose métabolique, l'alcalose respiratoire et l'alcalose métabolique.

10. Quels sont les principaux effets physiologiques de l'acidose et de l'alcalose ?

LE VIEILLISSEMENT ET L'ÉQUILIBRE HYDRIQUE, ÉLECTROLYTIQUE ET ACIDOBASIQUE

▶ OBJECTIF

- Décrire les changements dans l'équilibre hydrique, électrolytique et acidobasique qui peuvent survenir avec l'âge.

Il y a des différences importantes entre l'adulte et le nouveau-né, en particulier chez le prématuré, quant à la distribution des liquides, à la régulation des équilibres hydrique, électrolytique et acidobasique. En effet, les nourrissons éprouvent plus de difficultés que les adultes dans ces domaines. Les différences sont liées aux caractéristiques suivantes :

- **La proportion et la répartition d'eau**. La masse corporelle totale du nouveau-né est composée d'environ 75 % d'eau (cette proportion peut atteindre 90 % chez le bébé prématuré), alors que chez l'adulte, cette valeur se situe entre 55 et 60 %. (Le pourcentage donné pour les adultes s'applique à partir de l'âge de deux ans.) Par ailleurs, le compartiment intracellulaire des adultes contient deux fois plus d'eau que le compartiment extracellulaire ; chez le nouveau-né prématuré, on observe le contraire. Le compartiment extracellulaire étant plus exposé aux changements que le compartiment intracellulaire, tout apport ou toute déperdition hydrique rapide a des répercussions physiologiques beaucoup plus importantes chez le nourrisson. Étant donné que le taux des échanges – apport et élimination de liquides – est environ sept fois plus rapide chez le nourrisson que chez l'adulte, les fluctuations, même minimes, de l'équilibre hydrique peuvent entraîner des anomalies graves.

- **Le métabolisme**. Le métabolisme du nourrisson est environ deux fois plus rapide que celui de l'adulte. En conséquence, la production d'acides et de déchets métaboliques est plus élevée et peut entraîner l'acidose chez le nourrisson.

- **La maturation fonctionnelle des reins**. Les reins des nouveau-nés sont environ deux fois moins efficaces que ceux de l'adulte pour concentrer l'urine. (Les reins n'atteignent leur maturité fonctionnelle que vers la fin du premier mois après la naissance.) En conséquence, les reins des nouveau-nés ne sont pas aussi efficaces que les reins adultes ni pour concentrer l'urine ni pour débarrasser l'organisme du surplus d'acide.

- **La surface corporelle**. Le rapport entre la surface corporelle du nouveau-né et son volume est environ trois fois plus grand que chez l'adulte, ce qui se traduit par une déperdition d'eau par la peau considérablement plus élevée chez le nourrisson.

- **La fréquence respiratoire**. La fréquence respiratoire élevée du nourrisson (de 30 à 80 respirations par minute) cause une plus grande déperdition d'eau par les poumons. De plus, il y a risque d'alcalose respiratoire puisqu'en étant plus rapide, la ventilation élimine plus de CO_2 et abaisse la P_{CO_2}.

- **La concentrations des ions**. Le nouveau-né a des concentrations d'ions K^+ et Cl^- plus élevées que l'adulte. Il est ainsi plus exposé à l'acidose métabolique.

Par comparaison avec les enfants et les jeunes adultes, plusieurs personnes âgées maintiennent plus difficilement leur équilibre hydrique, électrolytique et acidobasique. Avec l'âge, on observe une diminution du volume du liquide intracellulaire chez de nombreux individus. De plus, la quantité totale d'ions K+ dans leur organisme est moins grande en raison de la réduction de la masse musculaire squelettique et de l'augmentation de la masse du tissu adipeux (qui contient très peu d'eau). Le ralentissement des fonctions respiratoire et rénale qui accompagne le vieillissement peut compromettre l'équilibre acidobasique en freinant l'expiration du CO_2 et l'excrétion de l'excès d'acides dans l'urine. D'autres altérations rénales, telles la diminution du débit sanguin et du débit de filtration glomérulaire et une sensibilité amoindrie à l'hormone antidiurétique, influent de façon défavorable sur la capacité de maintenir l'équilibre hydrique et électrolytique. Par suite de la réduction du nombre et de l'efficacité des glandes sudoripares, la perspiration par la peau diminue avec l'âge. En raison de ces changements liés à l'âge, les adultes qui vieillissent sont exposés à plusieurs troubles hydriques et électrolytiques :

- La *déshydratation* et l'*hypernatrémie* résultent souvent d'un apport hydrique insuffisant ou d'une déperdition d'eau supérieure à celle du sodium dans les vomissements, les fèces ou l'urine.

- L'*hyponatrémie* peut survenir par suite d'un apport insuffisant de sodium, d'une déperdition élevée de sodium dans l'urine, les vomissements ou la diarrhée, ou d'une diminution de la capacité des reins à produire de l'urine diluée.

- L'*hypokaliémie* se manifeste souvent chez les adultes âgés qui utilisent régulièrement des laxatifs pour soulager la constipation ou qui prennent des diurétiques favorisant la déplétion des ions K+ pour traiter l'hypertension ou une cardiopathie.

- L'*acidose* peut être consécutive à une incapacité des poumons ou des reins à compenser un déséquilibre acidobasique. Elle peut survenir quand les cellules des tubules rénaux produisent moins d'ammoniac (NH_3), qui ne peut alors se combiner avec les ions H+ et être excrété dans l'urine sous forme d'ions NH_4^+; elle peut aussi être causée par une diminution de l'expiration de CO_2.

▶ **POINT DE CONTRÔLE**

11. Pourquoi les nourrissons présentent-ils davantage de troubles de l'équilibre hydrique, électrolytique et acidobasique que les adultes?

RÉSUMÉ

LES COMPARTIMENTS HYDRIQUES ET L'ÉQUILIBRE HYDRIQUE (P. 1126)

1. Les liquides organiques comprennent l'eau et les solutés qui y sont dissous.

2. Environ les deux tiers des liquides organiques se trouvent dans les cellules, où ils portent le nom de *liquide intracellulaire* (LI). L'autre tiers, appelé *liquide extracellulaire* (LE), comprend le liquide interstitiel, le plasma et la lymphe, le liquide cérébrospinal, les liquides du tube digestif, le liquide synovial, les liquides des yeux et des oreilles, les liquides pleural, péricardique et péritonéal, et le filtrat glomérulaire.

3. On entend par équilibre hydrique le fait que l'organisme renferme des quantités appropriées d'eau et de solutés et que ces substances sont réparties correctement dans les divers compartiments hydriques.

4. Une substance inorganique qui se dissocie en ions lorsqu'elle est en solution est un électrolyte.

5. L'eau est le constituant le plus abondant du corps. Selon l'âge, le sexe et la quantité de tissu adipeux dans l'organisme, elle représente de 45 à 75 % de la masse corporelle totale.

6. L'apport hydrique, de même que la déperdition hydrique, s'élève à environ 2 500 mL par jour. Les sources de l'apport hydrique sont les aliments et les liquides ingérés, ainsi que l'eau produite par la respiration cellulaire et les réactions de synthèse par déshydratation (eau métabolique). La déperdition hydrique provient de la miction, de l'évaporation à la surface de la peau par perspiration et transpiration, de l'expiration de la vapeur d'eau et de la défécation. Chez la femme, le flux menstruel constitue une voie supplémentaire de déperdition hydrique.

7. La régulation de l'apport hydrique s'effectue principalement en ajustant le volume d'eau absorbé, c'est-à-dire en buvant une plus ou moins grande quantité de liquide. Le centre de la soif dans l'hypothalamus régit le besoin de boire.

8. Même si la déperdition d'eau et de solutés dans la sueur et par l'expiration augmente durant l'exercice, l'élimination de l'excédent de ces substances dépend principalement de la régulation de leur excrétion dans l'urine. La perte des ions Na+ (et Cl−) dans l'urine est le principal facteur déterminant du volume des liquides organiques, tandis que la perte d'eau dans l'urine est le principal facteur déterminant de l'osmolarité des liquides organiques.

9. Le tableau 27.1 résume les facteurs qui régulent l'apport et la déperdition hydriques dans l'organisme.

10. L'angiotensine II et l'aldostérone réduisent la déperdition urinaire d'ions Na+ et Cl− et, de ce fait, augmentent le volume des liquides organiques. Le FNA favorise la natriurie, c'est-à-dire l'accroissement de l'excrétion urinaire des ions Na+ (et Cl−), ce qui réduit le volume sanguin.

11. La principale hormone qui régule la déperdition hydrique, donc l'osmolarité des liquides organiques, est l'hormone antidiurétique (ADH).

12. Une augmentation de l'osmolarité du liquide interstitiel attire l'eau hors des cellules et les fait rétrécir légèrement. Une diminution de l'osmolarité du liquide interstitiel fait gonfler les cellules. Les fluctuations de l'osmolarité résultent le plus souvent de changements dans la concentration des ions Na+, principal soluté du liquide interstitiel.

13. Quand une personne consomme de l'eau plus rapidement que le système urinaire ne peut l'excréter ou lorsque les reins fonctionnent mal, il peut y avoir intoxication par l'eau, c'est-à-dire que les cellules gonflent au point de mettre l'organisme en danger.

LES ÉLECTROLYTES DANS LES LIQUIDES ORGANIQUES (P. 1132)

1. Les ions formés par la dissolution des électrolytes dans les liquides organiques régissent les déplacements de l'eau par osmose entre les compartiments hydriques, contribuent au maintien de l'équilibre acidobasique et créent des courants électriques.

2. On exprime les concentrations des cations et des anions en millimoles par litre (mmol/L).

3. Le plasma, le liquide interstitiel et le liquide intracellulaire diffèrent par la nature et la quantité des ions qu'ils contiennent.

4. Les ions sodium (Na^+) sont les ions extracellulaires les plus abondants. Ils participent à la transmission des influx nerveux, à la contraction musculaire et à l'équilibre hydrique et électrolytique. Le taux de Na^+ est régi par l'aldostérone, l'hormone antidiurétique et le facteur natriurétique auriculaire.

5. Les ions chlorure (Cl^-) sont les principaux anions extracellulaires. Ils jouent un rôle dans la régulation de la pression osmotique et la formation de l'HCl du suc gastrique. Le taux de Cl^- est régi indirectement par l'hormone antidiurétique et par les processus qui augmentent ou diminuent la réabsorption rénale des ions Na^+.

6. Les ions potassium (K^+) sont les cations les plus abondants du liquide intracellulaire. Ils jouent un rôle clé dans le potentiel de repos de la membrane et le potentiel d'action des neurones et des myocytes. Ils participent au maintien du volume hydrique intracellulaire normal et à la régulation du pH. Le taux de K^+ est régi par l'aldostérone.

7. Les ions bicarbonate (HCO_3^-) viennent au deuxième rang des anions extracellulaires les plus abondants. Ils constituent le tampon le plus important du plasma.

8. Le calcium est le minéral le plus abondant de l'organisme. Les sels de calcium sont des composantes structurales des os et des dents. Les ions Ca^{2+}, qui sont principalement des cations extracellulaires, servent à la coagulation du sang, à la libération des neurotransmetteurs et aux contractions musculaires. Le taux de Ca^{2+} est régi surtout par la parathormone et le calcitriol.

9. Les ions phosphate ($H_2PO_4^-$, HPO_4^{2-} et PO_4^{3-}) sont principalement des anions intracellulaires. Les sels de phosphate sont des composantes structurales des os et des dents. Les phosphates sont aussi nécessaires à la synthèse des acides nucléiques et de l'ATP, et ils participent aux réactions tampons. Leur taux est régi par la parathormone et le calcitriol.

10. Les ions magnésium (Mg^{2+}) sont principalement des cations intracellulaires. Ils jouent le rôle de cofacteurs dans plusieurs systèmes enzymatiques.

11. Le tableau 27.2 décrit les déséquilibres causés par l'insuffisance ou l'excès de certains électrolytes importants.

L'ÉQUILIBRE ACIDOBASIQUE (P. 1136)

1. L'équilibre acidobasique de l'ensemble de l'organisme est maintenu par la régulation de la concentration des ions H^+ dans les liquides organiques et plus particulièrement dans le liquide extracellulaire.

2. Le pH normal du sang artériel systémique se situe entre 7,35 et 7,45.

3. L'équilibre du pH est maintenu par des systèmes tampons, par l'expiration du dioxyde de carbone et par l'excrétion rénale des ions H^+ et la réabsorption rénale des ions HCO_3^-.

4. Les systèmes tampons importants sont les protéines, le système acide carbonique-bicarbonate et les phosphates.

5. Une augmentation de l'expiration du dioxyde de carbone élève le pH sanguin; une diminution de l'expiration du CO_2 abaisse le pH sanguin.

6. Des antiporteurs Na^+-H^+ situés dans le tubule contourné proximal sécrètent des ions H^+ et réabsorbent simultanément des ions Na^+. Des cellules intercalaires du tubule collecteur réabsorbent des ions K^+ et HCO_3^-, et sécrètent des ions H^+; d'autres cellules intercalaires sécrètent aussi des ions HCO_3^-. Les reins peuvent ainsi élever ou abaisser le pH des liquides organiques.

7. Le tableau 27.3 résume les mécanismes qui maintiennent le pH des liquides organiques.

8. L'acidose est caractérisée par un pH artériel systémique inférieur à 7,35; son principal effet est la dépression du système nerveux central (SNC). L'alcalose est caractérisée par un pH artériel systémique supérieur à 7,45; son principal effet est la surexcitation du SNC.

9. L'acidose et l'alcalose respiratoires sont des troubles causés par des fluctuations de la P_{CO_2} du sang, alors que l'acidose et l'alcalose métaboliques sont associées à des fluctuations de la concentration sanguine des ions HCO_3^-.

10. L'acidose et l'alcalose métaboliques peuvent être compensées par des mécanismes respiratoires (compensation respiratoire); l'acidose et l'alcalose respiratoires peuvent être compensées par des mécanismes rénaux (compensation rénale).

11. Le tableau 27.4 résume les effets des divers types d'acidose et d'alcalose.

12. En examinant le pH, le taux de HCO_3^- et la P_{CO_2} du sang artériel systémique, on peut établir avec précision la cause d'un déséquilibre acidobasique.

LE VIEILLISSEMENT ET L'ÉQUILIBRE HYDRIQUE, ÉLECTROLYTIQUE ET ACIDOBASIQUE (P. 1143)

1. Avec l'âge, il se produit une diminution du volume du liquide intracellulaire et de la quantité d'ions K^+ à cause de la réduction de la masse des muscles squelettiques.

2. Le ralentissement du fonctionnement des reins lié au vieillissement influe de manière défavorable sur l'équilibre hydrique et électrolytique.

AUTOÉVALUATION

Vous trouverez les réponses à ces questions à l'appendice D.

COMPLÉTEZ LES PHRASES SUIVANTES.

1. La source d'eau associée à la respiration cellulaire aérobie et à des réactions de synthèse par déshydratation est appelée eau _____.

2. Dans le système tampon acide carbonique-bicarbonate, l'_____ joue le rôle d'une base faible et l'_____, celui d'un acide faible.

INDIQUEZ SI LES ÉNONCÉS SUIVANTS SONT VRAIS OU FAUX.

3. Le système tampon des phosphates est un important régulateur du pH du cytosol.

4. Les deux compartiments dans lesquels on trouve de l'eau sont le plasma et le cytosol.

CHOISISSEZ LA BONNE RÉPONSE.

5. La régulation de l'apport hydrique s'effectue principalement en variant : a) le volume d'eau absorbé, b) le taux d'activité de la respiration cellulaire, c) la formation de l'eau métabolique, d) le volume de l'eau métabolique, e) l'utilisation métabolique de l'eau.

6. Lesquels des changements suivants stimulent la soif ? 1) une diminution de la production de salive, 2) une réduction des influx nerveux provenant des osmorécepteurs de l'hypothalamus, 3) une augmentation de l'osmolarité des liquides organiques, 4) la libération d'angiotensine II, 5) la libération du facteur natriurétique auriculaire, 6) une augmentation du volume sanguin. a) 1, 2, 4 et 6 ; b) 1, 3, 5 et 6 ; c) 1, 3 et 4 ; d) 2, 4 et 6 ; e) 1, 4, 5 et 6.

7. Lequel des énoncés suivants relatifs au système tampon des protéines est *faux* ? a) On considère que l'albumine est le principal tampon protéique dans le plasma. b) L'hémoglobine est un tampon particulièrement efficace dans les érythrocytes. c) Les constituants fonctionnels d'un système tampon des protéines sont les groupements carboxyle et amine. d) Les tampons des protéines sont principalement les tampons des acides dans l'urine. e) Les protéines peuvent tamponner à la fois les acides et les bases.

8. Lesquels des énoncés suivants sont *vrais* ? 1) Les tampons préviennent les fluctuations trop importantes et trop rapides du pH des liquides organiques. 2) Les tampons agissent lentement. 3) Les acides forts font baisser le pH plus que les acides faibles parce qu'ils fournissent moins d'ions H^+. 4) La plupart des tampons sont formés d'un acide faible et du sel de cet acide, qui agit comme une base faible. 5) L'hémoglobine est un tampon important. a) 1, 2, 3 et 5 ; b) 1, 3, 4 et 5 ; c) 1, 3 et 5 ; d) 1, 4 et 5 ; e) 2, 3 et 5.

9. Lesquelles des hormones suivantes régulent la déperdition hydrique ? 1) hormone antidiurétique, 2) aldostérone, 3) facteur natriurétique auriculaire, 4) thyroxine, 5) cortisol. a) 1, 3 et 5 ; b) 1, 2 et 3 ; c) 2, 4 et 5 ; d) 2, 3 et 4 ; e) 1, 3 et 4.

10. Lesquels des énoncés suivants portant sur les ions dans l'organisme sont *vrais* ? 1) Les ions régissent l'osmose de l'eau entre les compartiments hydriques. 2) Ils participent au maintien de l'équilibre acidobasique. 3) Ils créent des courants électriques. 4) Ils servent de cofacteurs de l'activité enzymatique. 5) Ils servent de neurotransmetteurs dans des situations particulières. a) 1, 3 et 5 ; b) 2, 4 et 5 ; c) 1, 4 et 5 ; d) 1, 2 et 4 ; e) 1, 2, 3 et 4.

11. Lesquels des énoncés suivants sont *vrais* ? 1) Une augmentation de la concentration du dioxyde de carbone dans les liquides organiques entraîne une hausse de la concentration des ions H^+ et, par conséquent, une baisse du pH. 2) Le fait de retenir son souffle entraîne une baisse du pH sanguin. 3) Le mécanisme tampon respiratoire peut éliminer un seul acide volatil : l'acide carbonique. 4) La seule façon d'éliminer les acides non volatils est d'excréter les ions H^+ dans l'urine. 5) Quand le régime alimentaire est riche en protéines, le métabolisme normal produit plus d'acides que de bases. a) 1, 2, 3, 4 et 5 ; b) 1, 3, 4 et 5 ; c) 1, 2, 3 et 4 ; d) 1, 2, 4 et 5 ; e) 1, 3 et 4.

12. Relativement aux déséquilibres acidobasiques : 1) l'acidose risque d'entraîner une dépression du système nerveux central en déprimant la transmission synaptique, 2) la compensation rénale peut éliminer l'alcalose ou l'acidose respiratoires, 3) l'un des principaux effets physiologiques de l'alcalose est le manque d'excitabilité du système nerveux central et des nerfs périphériques, 4) l'élimination de l'acidose et de l'alcalose métaboliques s'effectue par compensation rénale, 5) en ce qui concerne la régulation du pH sanguin, la compensation rénale s'effectue rapidement, tandis que la compensation respiratoire met des jours à se produire. a) 1, 2 et 5 ; b) 1 et 2 ; c) 2, 3 et 4 ; d) 2, 3 et 5 ; e) 1, 2, 3 et 5.

13. Laquelle des associations suivantes est *erronée* ? a) hypoventilation : alcalose respiratoire, b) diarrhée grave : acidose métabolique, c) vomissements excessifs : alcalose métabolique, d) obstruction des voies respiratoires : acidose respiratoire, e) incapacité des reins à excréter les ions H^+ provenant du métabolisme des protéines alimentaires : acidose métabolique.

14. Associez les éléments suivants :

_____ a) cation le plus abondant dans le liquide intracellulaire ; joue un rôle clé dans la création du potentiel de repos de la membrane

_____ b) minéral le plus abondant dans l'organisme ; joue un rôle important dans la coagulation du sang, la libération des neurotransmetteurs, le maintien du tonus musculaire et l'excitabilité des tissus musculaire et nerveux

_____ c) au deuxième rang des cations intracellulaires les plus abondants ; cofacteur de la Na^+-K^+ ATPase et des enzymes qui interviennent dans le métabolisme des glucides et des protéines

_____ d) ion extracellulaire le plus abondant ; essentiel à l'équilibre hydrique et électrolytique

_____ e) ions le plus souvent combinés avec des lipides, des protéines, des glucides, des acides nucléiques et l'ATP dans les cellules

_____ f) anion extracellulaire le plus abondant ; contribue à équilibrer la concentration des anions dans les divers compartiments hydriques

_____ g) au deuxième rang des anions extracellulaires les plus abondants ; régulé principalement par les reins ; joue un rôle important dans l'équilibre acidobasique

_____ h) substances qui interviennent pour prévenir des variations rapides du pH d'un liquide organique

_____ i) substances inorganiques qui se dissocient en ions lorsqu'elles sont en solution

1) sodium
2) chlorure
3) électrolytes
4) bicarbonate
5) tampons
6) phosphate
7) magnésium
8) potassium
9) calcium

15. Associez les éléments suivants :

_____ a) augmentation anormale du volume du liquide interstitiel

_____ b) peut résulter d'une insuffisance rénale ou de la destruction de cellules s'accompagnant de la libération de phosphates dans le sang

_____ c) gonflement des cellules par suite d'un déplacement d'eau du plasma au liquide interstitiel, puis aux cellules

_____ d) se produit quand la déperdition d'eau dépasse l'apport d'eau

_____ e) peut résulter d'un apport alimentaire excessif

_____ f) peut se produire quand l'eau passe du plasma au liquide interstitiel, ce qui entraîne une diminution du volume sanguin

_____ g) peut résulter d'une réduction de l'apport en potassium ou d'une maladie rénale ; provoque la fatigue musculaire, une augmentation de la production d'urine et des modifications de l'électrocardiogramme

_____ h) peut résulter d'une hypoparathyroïdie

_____ i) sa cause peut être l'emphysème, l'œdème pulmonaire, une lésion du centre respiratoire du bulbe rachidien, l'obstruction des voies respiratoires ou des troubles des muscles de la respiration

_____ j) peut résulter d'un apport hydrique exagéré, de vomissements excessifs ou d'une déficience en aldostérone

_____ k) sa cause peut être une déperdition d'ions bicarbonate, la cétose ou l'incapacité des reins à excréter les ions H+

_____ l) sa cause peut être des vomissements excessifs, l'aspiration gastrique, l'emploi de certains diurétiques, une déshydratation grave ou l'ingestion excessive de médicaments alcalins

_____ m) sa cause peut être un manque d'oxygène en altitude, un accident vasculaire cérébral ou une anxiété grave

1) acidose respiratoire
2) alcalose respiratoire
3) acidose métabolique
4) alcalose métabolique
5) déshydratation
6) hypovolémie
7) intoxication par l'eau
8) œdème
9) hypokaliémie
10) hypernatrémie
11) hyponatrémie
12) hyperphosphatémie
13) hypocalcémie

QUESTIONS À COURT DÉVELOPPEMENT

Vous trouverez les réponses à ces questions à l'appendice D.

1. Nathalie est enceinte depuis peu et elle a vomi énormément au cours des derniers jours. Comme elle se sentait faible et qu'elle était confuse, on l'a transportée à l'urgence. D'après vous, qu'en est-il de l'équilibre acidobasique de Nathalie ? Comment son organisme essaiera-t-il de compenser ? Sur quels électrolytes les vomissements peuvent-ils avoir un effet défavorable et comment les symptômes de Nathalie reflètent-ils les déséquilibres produits ?

2. Henri est à l'unité des soins intensifs parce qu'il a subi un grave infarctus du myocarde, il y a trois jours. Le laboratoire fait état des valeurs suivantes, obtenues à partir d'un échantillon de sang artériel : $pH = 7,30$; $HCO_3^- = 20$ mmol/L, $P_{CO_2} = 32$ mm Hg. Établissez un diagnostic sur l'état acidobasique de Henri et déterminez s'il y a ou non compensation.

3. Cet été, Samuel s'entraîne pour le marathon en courant 15 km par jour. Décrivez les changements qui apparaissent dans son équilibre hydrique au cours de son entraînement.

RÉPONSES AUX QUESTIONS DES FIGURES

27.1 Le volume plasmatique égale la masse corporelle (60 kg) × pourcentage de la masse corporelle représenté par les liquides organiques (60 % chez l'homme et 55 % chez la femme) × la proportion des liquides organiques représentée par le liquide extracellulaire (1/3) × la proportion du liquide extracellulaire représentée par le plasma (20 % du liquide extracellulaire) × un facteur de conversion (1 L/kg). Chez l'homme :

Volume plasmatique = 60 kg × 0,60 × 1/3
× 0,20 × 1 L/kg = 2,4 L

À l'aide de calculs similaires, on établit que, chez la femme, le volume plasmatique est de 2,2 L.

27.2 L'hyperventilation, les vomissements, la fièvre et les diurétiques sont autant de facteurs qui augmentent la déperdition hydrique.

27.3 Le mécanisme à l'œuvre ici est la rétro-inhibition parce que le résultat (l'augmentation de l'apport hydrique) s'oppose à l'effet du stimulus d'origine (la déshydratation).

27.4 L'excès d'aldostérone favorise une réabsorption rénale de NaCl et d'eau anormalement élevée, ce qui augmente le volume sanguin et la pression artérielle. L'augmentation de la pression artérielle force à son tour les liquides à traverser la paroi des capillaires et à s'accumuler dans le liquide interstitiel, d'où l'œdème.

27.5 Si une solution utilisée pour la réhydratation orale contient une petite quantité de sel, le sel et l'eau sont absorbés en même temps dans le tube digestif. Le volume sanguin augmente alors sans causer une chute de l'osmolarité. En conséquence, il n'y a pas d'intoxication par l'eau.

27.6 Dans le liquide extracellulaire, le principal cation est l'ion Na+ et les principaux anions sont les ions Cl- et HCO_3^-. Dans le liquide intracellulaire, le principal cation est l'ion K+ et les principaux anions sont les protéines et les phosphates organiques (par exemple, l'ATP).

27.7 Le fait de retenir son souffle fait légèrement baisser le pH sanguin en causant une accumulation de CO_2 et d'ions H+ dans le sang.

27.8 Un inhibiteur de l'anhydrase carbonique réduit la sécrétion d'ions H+ dans l'urine et la réabsorption d'ions Na+ et HCO_3^- dans le sang. Il a un effet diurétique et peut provoquer une acidose (baisse du pH sanguin) à cause de l'élimination d'ions HCO_3^- dans l'urine.

LES SYSTÈMES GÉNITAUX

LES SYSTÈMES GÉNITAUX ET L'HOMÉOSTASIE

Les systèmes génitaux de l'homme et de la femme fonctionnent ensemble et de façon complémentaire pour engendrer une descendance. De plus, les organes génitaux de la femme assurent la croissance des embryons et des fœtus.

La **reproduction sexuée** est le processus par lequel un organisme engendre sa descendance au moyen de cellules germinales appelées **gamètes** (*gametê*: épouse, époux). La fusion d'un gamète mâle (spermatozoïde) et d'un gamète femelle (ovule) – phénomène appelé **fécondation** – produit une cellule contenant un ensemble de chromosomes issu de chaque parent. L'homme et la femme ont des organes génitaux anatomiquement distincts qui sont adaptés à la production de gamètes, à la fécondation et, chez la femme, à la croissance de l'embryon et du fœtus.

On peut classer les organes génitaux masculins et féminins selon leur fonction. Les **gonades**, soit les testicules chez l'homme et les ovaires chez la femme, produisent des gamètes et sécrètent des hormones sexuelles. Divers **conduits** emmagasinent et transportent les gamètes, tandis que les **glandes sexuelles annexes** sécrètent des substances qui protègent les gamètes et facilitent leur mouvement. Enfin, les **organes de soutien** tels que le pénis et l'utérus participent à la libération et à la rencontre des gamètes et, chez la femme, à la croissance de l'embryon et du fœtus durant la grossesse.

La **gynécologie** (*gunaïkos*: femme; *logos*: discours) est la discipline médicale qui s'intéresse au diagnostic et au traitement des maladies du système génital féminin. Comme nous l'avons mentionné au chapitre 26, l'**urologie** est la discipline médicale qui étudie le système urinaire; les urologues s'intéressent également au diagnostic et au traitement des maladies et des troubles du système génital masculin. L'**andrologie** (*andros*: homme, mâle) est la discipline de la médecine qui traite des pathologies du système génital masculin, notamment l'infertilité et les dysfonctions sexuelles.

LE SYSTÈME GÉNITAL DE L'HOMME

OBJECTIFS

- Décrire la situation, la structure et les fonctions des organes du système génital masculin.
- Expliquer le déroulement de la spermatogenèse dans les testicules.

Les organes du système génital de l'homme comprennent les testicules, un réseau de conduits (épididyme, conduit déférent, conduits éjaculateurs et urètre), les glandes sexuelles annexes (vésicules séminales, prostate et glande bulbo-urétrale) et plusieurs structures de soutien, dont le scrotum et le pénis (figure 28.1). Les testicules (gonades mâles) produisent des spermatozoïdes et sécrètent des hormones. Le réseau de conduits transporte et emmagasine les spermatozoïdes, participe à leur maturation et les achemine vers l'extérieur de l'organisme. Le sperme contient des spermatozoïdes et des sécrétions des glandes sexuelles annexes. Les structures de soutien assurent diverses fonctions. Le pénis achemine le sperme dans le canal génital de la femme, et le scrotum soutient les testicules.

LE SCROTUM

Le **scrotum** est la structure de soutien des testicules. Il est constitué d'un sac formé de peau lâche et de fascia superficiel suspendu à

FIGURE 28.1 Les organes du système génital de l'homme et les structures adjacentes.

Les organes du système génital sont adaptés à la procréation de nouveaux individus et à la transmission du matériel génétique d'une génération à la suivante.

FONCTIONS DU SYSTÈME GÉNITAL DE L'HOMME

1. Les testicules produisent les spermatozoïdes et la testostérone, l'hormone sexuelle mâle.

2. Les conduits transportent et emmagasinent les spermatozoïdes et participent à leur maturation.

3. Les glandes sexuelles annexes sécrètent la plus grande partie de la portion liquide du sperme.

4. Le pénis contient l'urètre, canal permettant l'éjaculation du sperme et l'excrétion de l'urine.

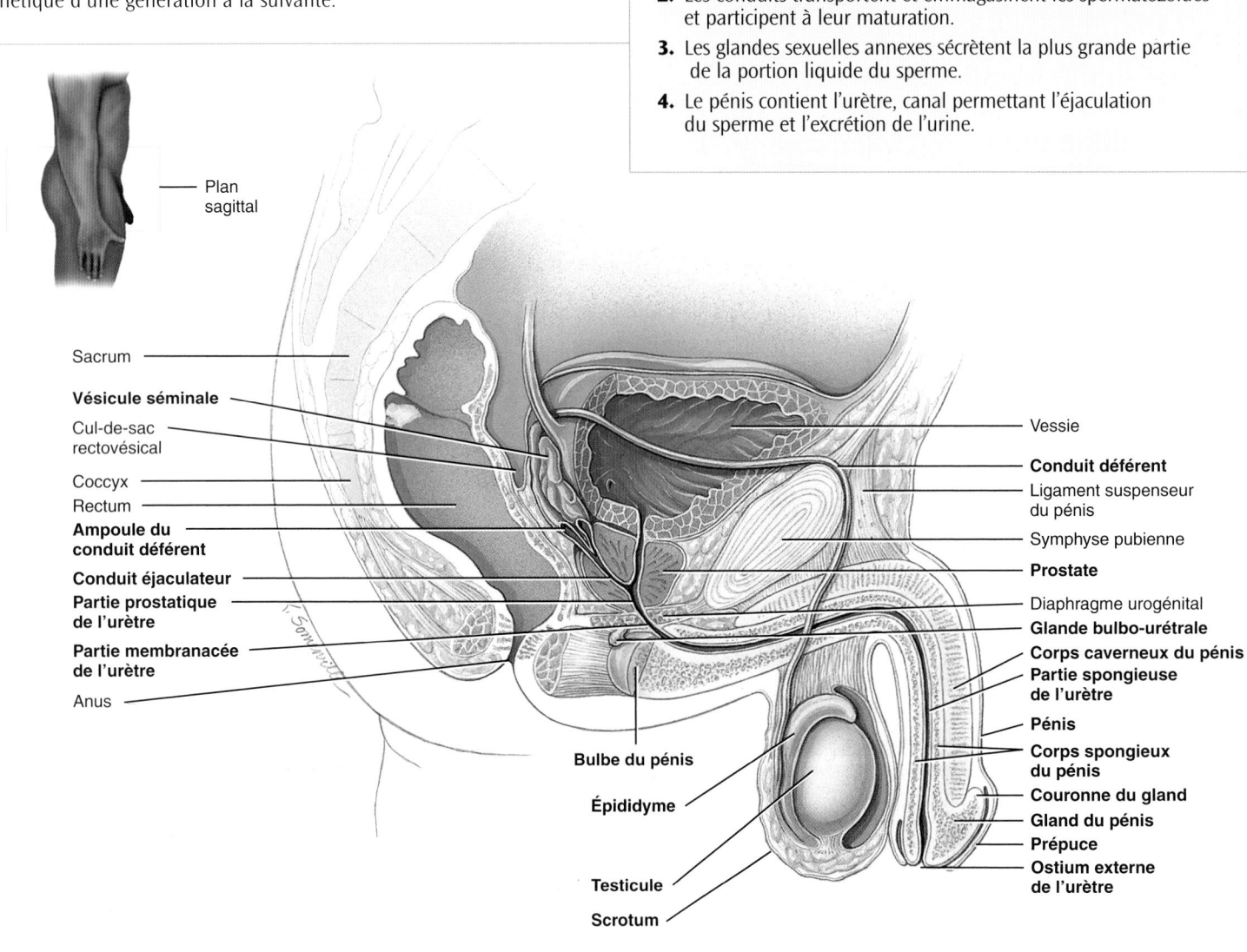

(a) Coupe sagittale

la racine du pénis (figure 28.1a). À l'extérieur, le scrotum ressemble à une poche de peau unique séparée en deux par une crête centrale appelée **raphé du scrotum**; à l'intérieur, le **septum scrotal** divise le scrotum en deux moitiés contenant chacune un testicule (figure 28.2). Le septum scrotal se compose de fascia superficiel et d'un tissu constitué de faisceaux de myocytes lisses, le **dartos**, qui se prolonge dans le tissu sous-cutané du scrotum. Le **muscle crémaster** (*kremaster*: suspenseur), qui est relié à chaque testicule dans le scrotum, est une petite bande de tissu musculaire squelettique qui constitue un prolongement du muscle oblique interne.

Grâce à sa situation et à la contraction de ses myocytes, le scrotum régit la température des testicules. Comme il est situé à l'extérieur de la cavité pelvienne, il parvient à maintenir une température interne inférieure d'environ 2 ou 3 °C à la température profonde du corps, ce qui est nécessaire à la production normale des spermatozoïdes. Lors d'une exposition au froid, le dartos et le muscle crémaster se contractent. La contraction du muscle crémaster rapproche les testicules plus près du corps, ce qui leur permet d'absor-ber sa chaleur. La contraction du dartos provoque le resserrement du scrotum, qui prend une apparence plissée, ce qui réduit la perte de chaleur. L'exposition à la chaleur produit la réaction inverse.

LES TESTICULES

Les **testicules** sont des glandes ovales paires situées dans le scrotum et mesurant environ 5 cm de long et 2,5 cm de diamètre (figure 28.3). Chaque testicule pèse de 10 à 15 g. Les testicules se forment près des reins, dans la partie postérieure de l'abdomen, et commencent habituellement à descendre dans le scrotum par les canaux inguinaux (passages dans la paroi abdominale antérieure; figure 28.2) durant la dernière moitié du septième mois de développement fœtal.

Une séreuse (voir le chapitre 4 et la figure 4.7b) dérivée du péritoine, appelée **vaginale du testicule**, se forme durant la descente des testicules et les recouvre partiellement. Une accumulation de liquide séreux entre les deux feuillets de la vaginale du

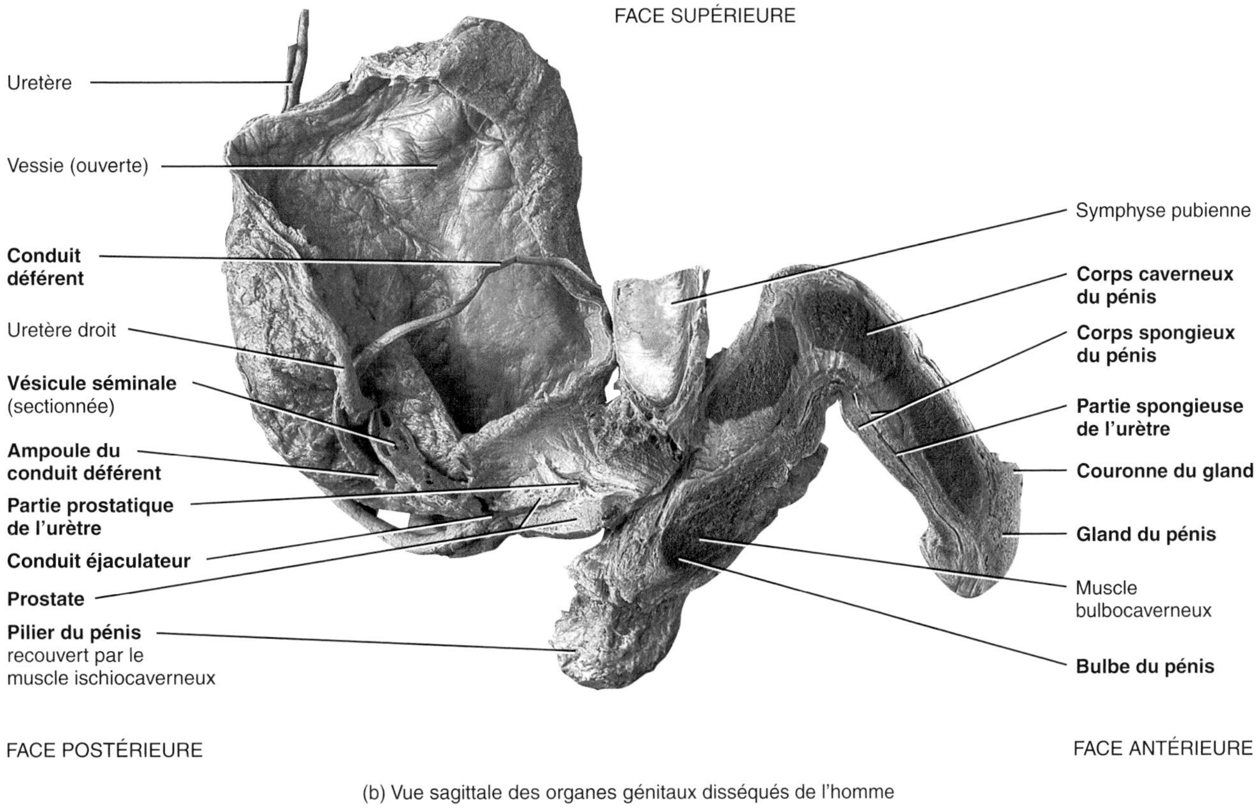

FACE SUPÉRIEURE

Uretère

Vessie (ouverte)

Conduit déférent

Uretère droit

Vésicule séminale (sectionnée)

Ampoule du conduit déférent

Partie prostatique de l'urètre

Conduit éjaculateur

Prostate

Pilier du pénis recouvert par le muscle ischiocaverneux

Symphyse pubienne

Corps caverneux du pénis

Corps spongieux du pénis

Partie spongieuse de l'urètre

Couronne du gland

Gland du pénis

Muscle bulbocaverneux

Bulbe du pénis

FACE POSTÉRIEURE

FACE ANTÉRIEURE

(b) Vue sagittale des organes génitaux disséqués de l'homme

Q Quels sont les groupes d'organes du système génital de l'homme, et quelles sont les fonctions de chaque groupe?

FIGURE 28.2 **Le scrotum : structure de soutien des testicules.**

Le scrotum, qui est constitué de peau lâche et de fascia superficiel, soutient les testicules.

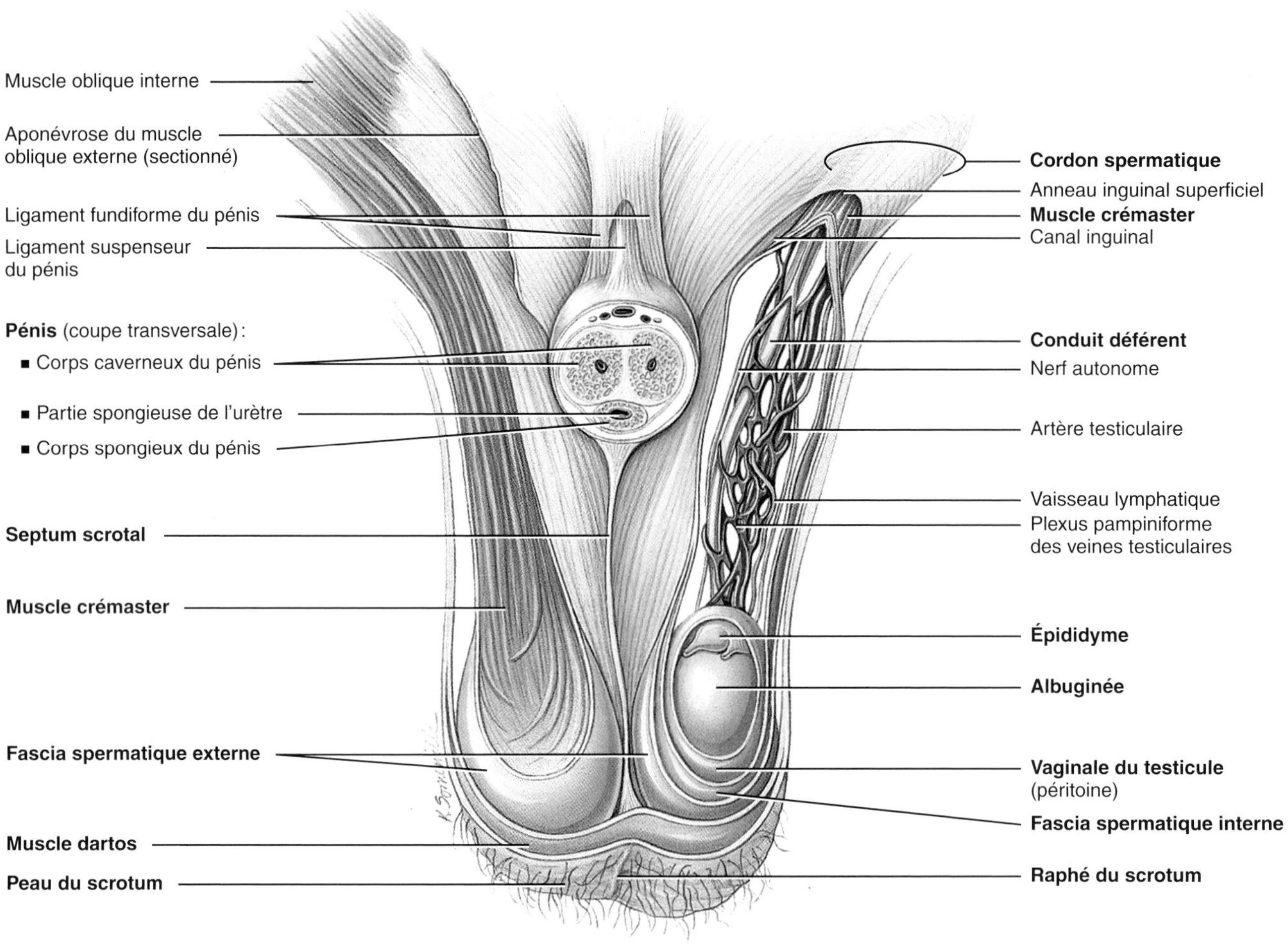

Muscle oblique interne

Aponévrose du muscle oblique externe (sectionné)

Ligament fundiforme du pénis

Ligament suspenseur du pénis

Pénis (coupe transversale) :
- Corps caverneux du pénis
- Partie spongieuse de l'urètre
- Corps spongieux du pénis

Septum scrotal

Muscle crémaster

Fascia spermatique externe

Muscle dartos

Peau du scrotum

Cordon spermatique
Anneau inguinal superficiel
Muscle crémaster
Canal inguinal

Conduit déférent
Nerf autonome

Artère testiculaire

Vaisseau lymphatique
Plexus pampiniforme des veines testiculaires

Épididyme

Albuginée

Vaginale du testicule (péritoine)

Fascia spermatique interne

Raphé du scrotum

Vue antérieure du scrotum et des testicules et coupe transversale du pénis

Q Quels muscles participent à la régulation de la température des testicules ?

testicule est appelée **hydrocèle** (*hudôr* : eau ; *kêlê* : tumeur). Une hydrocèle peut être causée par une lésion des testicules ou une inflammation de l'épididyme. Aucun traitement n'est habituellement nécessaire. Sous la vaginale du testicule se trouve l'**albuginée** (*albus* : blanc), une capsule blanche fibreuse et dense, composée de tissu conjonctif dense irrégulier, dont les projections intérieures constituent des cloisons (septulums) qui divisent le testicule en une série de 200 à 300 compartiments internes appelés **lobules**. Chacun de ces lobules renferme de un à trois petits conduits enroulés, les **tubules séminifères contournés** (*seminis* : semence ; *-fer* : qui porte), où sont fabriqués les spermatozoïdes. La **spermatogenèse** (*genesis* : formation, production) est le processus par lequel les tubules séminifères des testicules produisent les spermatozoïdes.

Les tubules séminifères contournés contiennent deux types de cellules : les **cellules spermatogéniques**, qui produisent les sper-

matozoïdes, et les **épithéliocytes de soutien**, ou cellules de Sertoli, qui contribuent à la spermatogenèse de diverses façons (figure 28.4). Des cellules souches appelées **spermatogonies** (*gônos* : génération) se forment à partir des **cellules germinales primordiales** (*primordium* : commencement) issues du sac vitellin. Ces cellules germinales entrent dans les testicules au cours de la cinquième semaine du développement embryonnaire. Dans les testicules de l'embryon, elles se différencient en spermatogonies, des cellules immatures qui restent en dormance pendant l'enfance et commencent à produire activement des spermatozoïdes à la puberté. Les cellules spermatogéniques en voie de développement se déplacent en couches vers la lumière du tubule séminifère contourné. Ce sont, des moins matures aux plus matures, les spermatocytes de premier ordre, les spermatocytes de deuxième ordre, les spermatides et les spermatozoïdes. Une fois qu'un **spermatozoïde** (*zôon* : être vivant) est formé, il est libéré dans la lumière du tubule séminifère contourné.

FIGURE 28.3 L'anatomie interne et externe d'un testicule.

Les testicules sont les gonades masculines ; ils produisent les spermatozoïdes haploïdes.

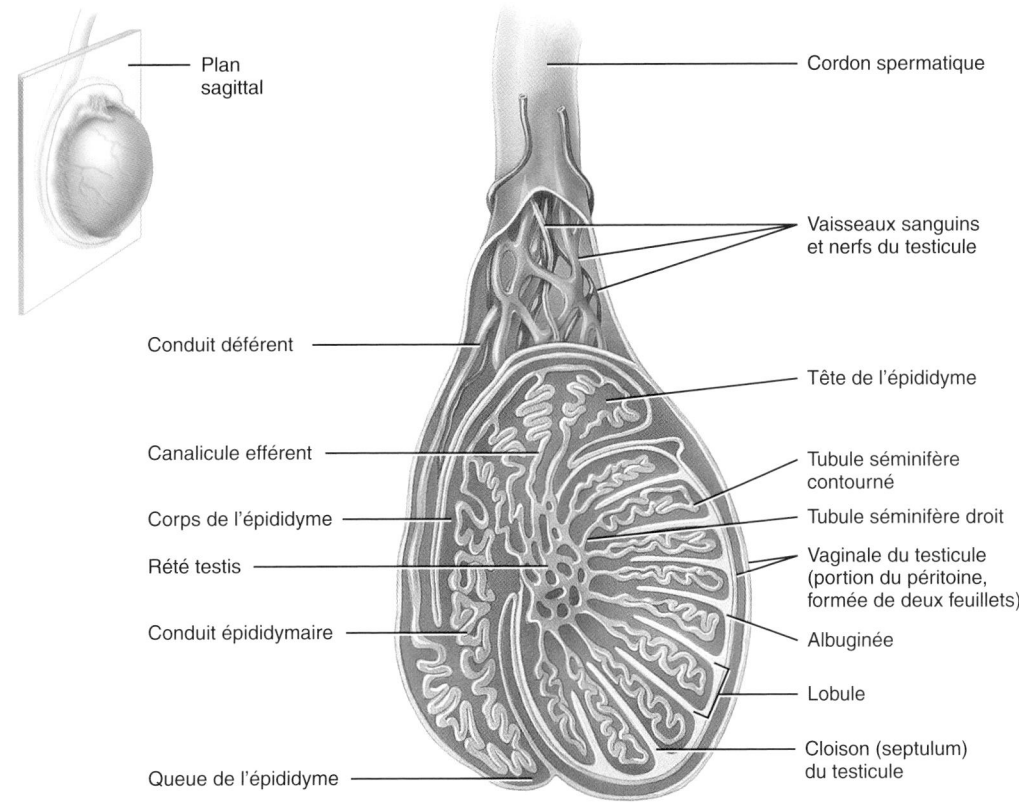

Plan sagittal

Cordon spermatique

Vaisseaux sanguins et nerfs du testicule

Conduit déférent

Tête de l'épididyme

Canalicule efférent

Tubule séminifère contourné

Corps de l'épididyme

Tubule séminifère droit

Rété testis

Vaginale du testicule (portion du péritoine, formée de deux feuillets)

Conduit épididymaire

Albuginée

Lobule

Cloison (septulum) du testicule

Queue de l'épididyme

a) Coupe sagittale d'un testicule montrant les tubules séminifères contournés

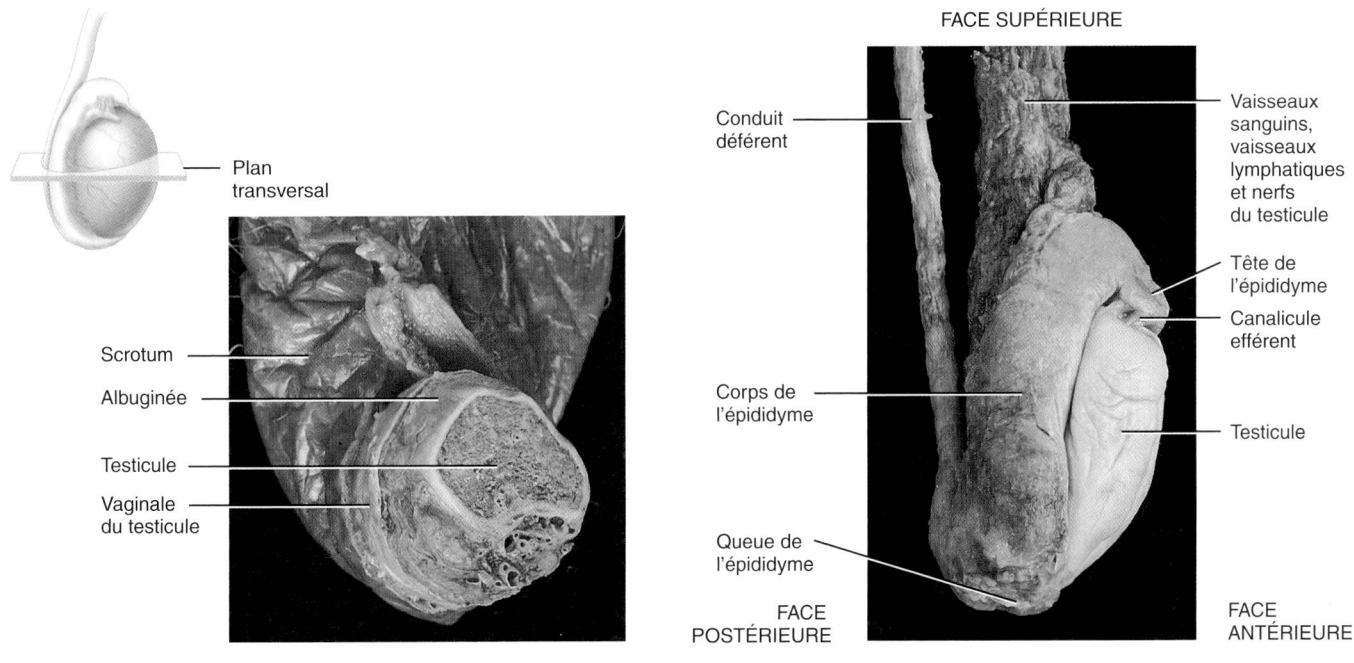

Plan transversal

Scrotum

Albuginée

Testicule

Vaginale du testicule

(b) Coupe transversale

FACE SUPÉRIEURE

Conduit déférent

Vaisseaux sanguins, vaisseaux lymphatiques et nerfs du testicule

Tête de l'épididyme

Canalicule efférent

Corps de l'épididyme

Testicule

Queue de l'épididyme

FACE POSTÉRIEURE

FACE ANTÉRIEURE

(c) Testicule et structures adjacentes (vue latérale)

 Quelles couches de tissu recouvrent et protègent les testicules ?

Dans (b), les flèches indiquent le développement des cellules spermatogéniques, des moins matures aux plus matures.
Les symboles *n* et 2*n* désignent le nombre haploïde et le nombre diploïde de chromosomes, respectivement.

La spermatogenèse a lieu dans les tubules séminifères contournés des testicules.

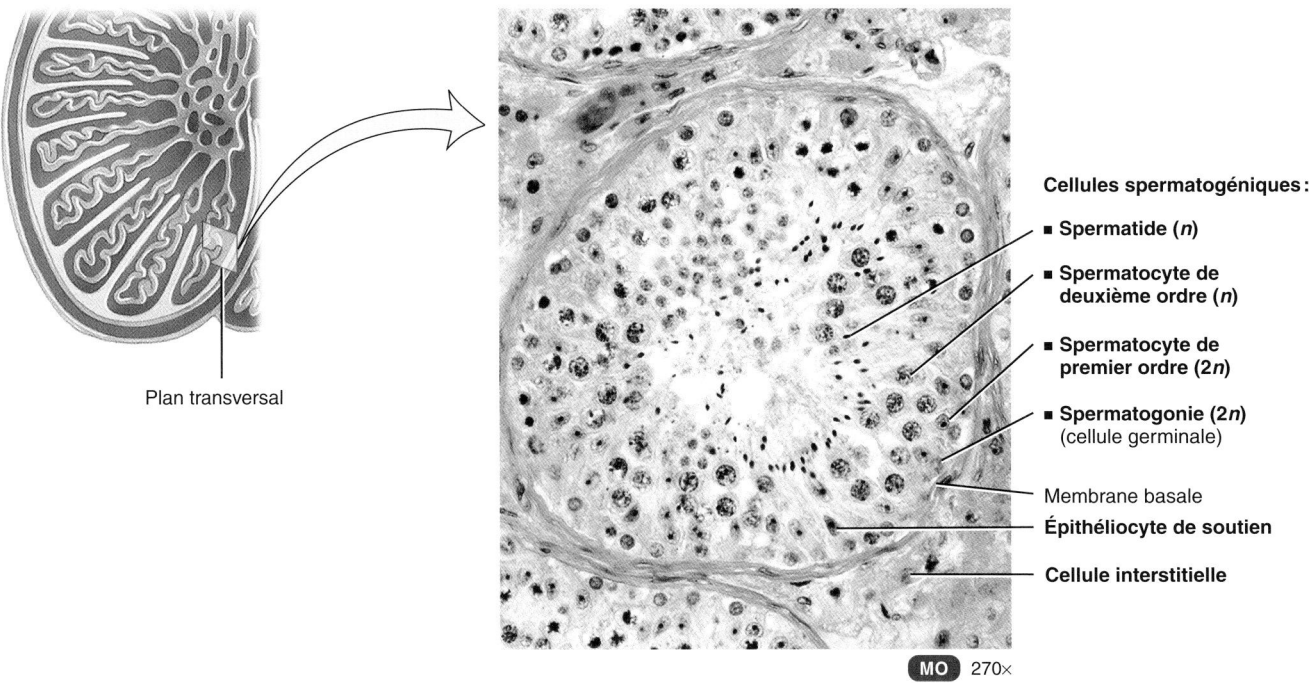

Plan transversal

Cellules spermatogéniques :

■ **Spermatide (*n*)**

■ **Spermatocyte de deuxième ordre (*n*)**

■ **Spermatocyte de premier ordre (2*n*)**

■ **Spermatogonie (2*n*)** (cellule germinale)

Membrane basale
Épithéliocyte de soutien
Cellule interstitielle

MO 270×

(a) Photomicrographie d'une coupe transversale de plusieurs tubules séminifères contournés

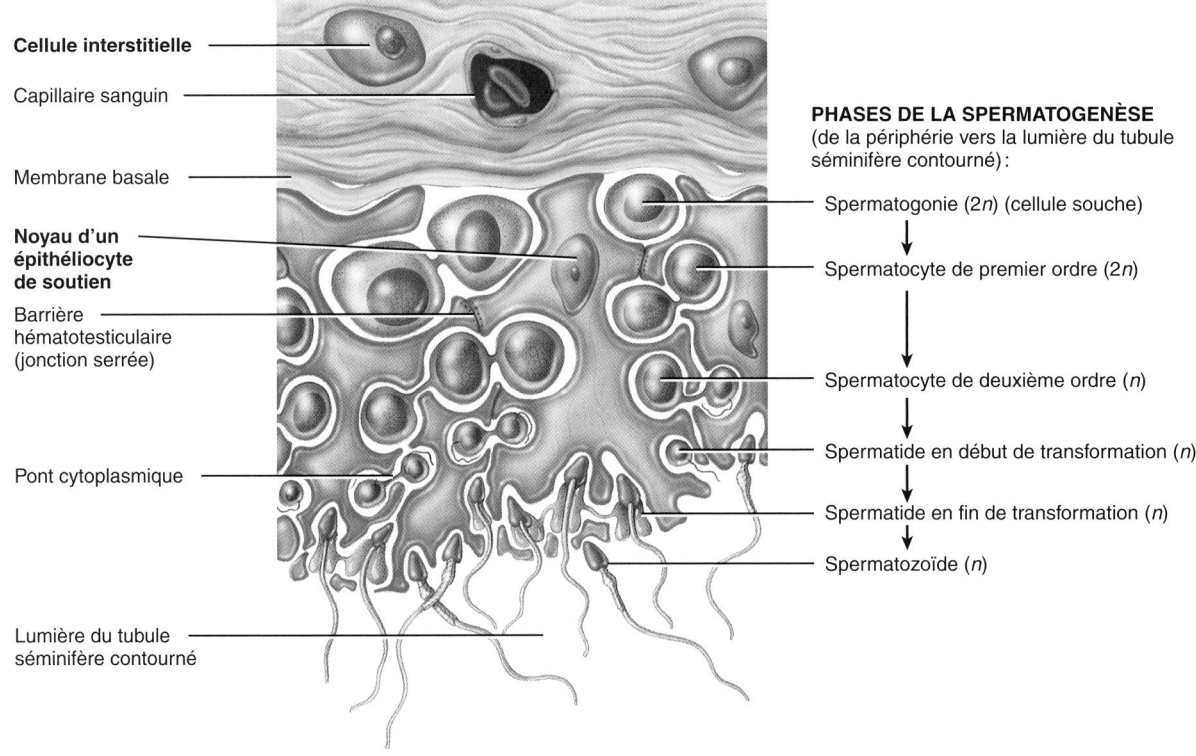

Cellule interstitielle

Capillaire sanguin

Membrane basale

Noyau d'un épithéliocyte de soutien

Barrière hématotesticulaire (jonction serrée)

Pont cytoplasmique

Lumière du tubule séminifère contourné

PHASES DE LA SPERMATOGENÈSE
(de la périphérie vers la lumière du tubule séminifère contourné) :

Spermatogonie (2*n*) (cellule souche)

↓

Spermatocyte de premier ordre (2*n*)

↓

Spermatocyte de deuxième ordre (*n*)

↓

Spermatide en début de transformation (*n*)

Spermatide en fin de transformation (*n*)

Spermatozoïde (*n*)

(b) Coupe transversale d'une partie d'un tubule séminifère

Q Quelles sont les cellules qui sécrètent la testostérone ?

Dans les tubules séminifères contournés, on trouve de grosses cellules, les **épithéliocytes de soutien**. Enchâssés parmi les cellules spermatogéniques, ces épithéliocytes s'étendent de la membrane basale (en périphérie de la paroi) à la lumière du tubule. Sur la surface interne de la membrane basale et des spermatogonies, les épithéliocytes de soutien sont reliés par des jonctions serrées qui forment la **barrière hématotesticulaire**. Pour atteindre les spermatozoïdes en voie de développement, les substances en provenance du sang doivent d'abord traverser les épithéliocytes de soutien. En isolant les gamètes en formation du sang, la barrière hématotesticulaire empêche le système immunitaire de réagir aux antigènes de surface de ces cellules, qu'il considère comme des corps étrangers. La barrière n'arrête toutefois pas les spermatogonies.

Les épithéliocytes de soutien assurent différentes fonctions de protection des cellules spermatogéniques en voie de développement. Ils nourrissent les spermatocytes, les spermatides et les spermatozoïdes ; ils phagocytent le cytoplasme évacué par les spermatides au cours de la spermatogenèse ; ils surveillent le mouvement des cellules spermatogéniques ainsi que la libération de spermatozoïdes dans la lumière des tubules séminifères contournés. Ils produisent également un liquide qui permet le transport des spermatozoïdes, sécrètent l'inhibine, une hormone, et assurent la médiation des effets de la testostérone et de la FSH (hormone folliculostimulante).

Dans les espaces séparant les tubules séminifères contournés, on trouve les **cellules interstitielles**, ou cellules de Leydig (figure 28.4). Ces amas de cellules sécrètent la testostérone, l'androgène (hormone sexuelle mâle) le plus important. L'**androgène** est une hormone qui favorise le développement des caractéristiques masculines. La testostérone participe en outre à la libido de l'homme (pulsion sexuelle).

LA CRYPTORCHIDIE

La **cryptorchidie** (*kruptos* : caché ; *orkhis* : testicule) se produit lorsque les testicules ne descendent pas dans le scrotum. Cette anomalie atteint environ 3% des nouveau-nés à terme et environ 30% des enfants prématurés. Non traitée, la cryptorchidie bilatérale entraîne la stérilité, car la température élevée qui règne dans la cavité pelvienne détruit les cellules actives durant les premières phases de la spermatogenèse. Par ailleurs, le risque de cancer du testicule est de 30 à 50 fois plus élevé dans le cas de testicules non descendus. Dans environ 80% des cas, les testicules descendent spontanément durant la première année de vie. Sinon, une intervention chirurgicale s'impose, idéalement avant l'âge de 18 mois. ■

La spermatogenèse

Avant d'aborder la présente section, vous devriez revoir les pages 102 à 104 du chapitre 3 portant sur la méiose, ou division d'une cellule reproductrice, en accordant une attention particulière aux figures 3.31 et 3.32.

Chez l'homme, la durée de la spermatogenèse varie entre 65 et 75 jours. Elle commence avec les spermatogonies, qui contiennent le nombre diploïde (2*n*) de chromosomes soit 46 chromosomes (figure 28.5). Les spermatogonies sont un type de *cellules souches* ;

FIGURE 28.5 Les étapes de la spermatogenèse. Les cellules diploïdes (2*n*) possèdent 46 chromosomes et les cellules haploïdes (*n*), 23 chromosomes.

La spermiogenèse correspond à la maturation des spermatides en spermatozoïdes.

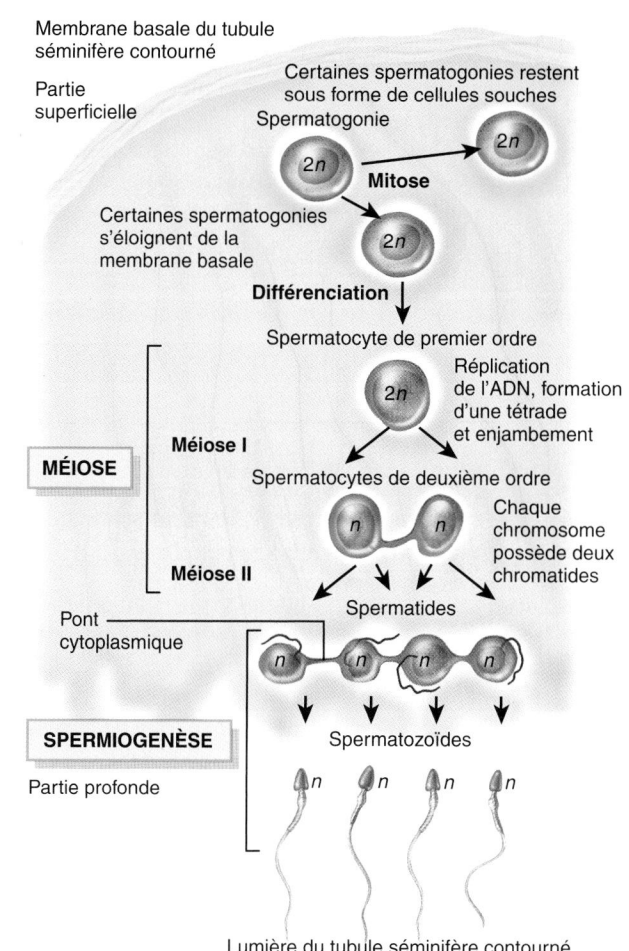

 Qu'est-ce qui est « réduit » pendant la méiose I ?

lors de leur *mitose*, une partie des spermatogonies demeurent près de la membrane basale du tubule séminifère contourné à l'état indifférencié. Qualifiées de spermatogonies de type A, ces cellules servent de réservoir de cellules pour les mitoses et la formation des futurs spermatozoïdes. Les spermatogonies qui restent (appelées spermatogonies de type B) s'éloignent progressivement de la membrane basale, se glissent entre les jonctions serrées de la barrière hématotesticulaire, poursuivent leur développement et se *différencient* en **spermatocytes de premier ordre**, ou spermatocytes I (également appelés spermatocytes primaires). Issus des mitoses des spermatogonies, les spermatocytes de premier ordre sont aussi diploïdes (2*n*).

Peu après la formation des spermatocytes de premier ordre, l'ADN de chacun des chromosomes entreprend sa réplication. À ce stade, chaque chromosome est formé de deux chromatides unies par un centromère. Puis commence la méiose, qui se déroule en deux étapes successives, la méiose I et la méiose II illustrées à la figure 28.5. Au cours de la méiose I, les chromosomes répliqués s'apparient en paires homologues. Ils forment alors des tétrades ; puis les paires homologues de chromosomes répliqués s'alignent sur la plaque équatoriale et des enjambements réunissent alors les différentes chromatides. Ensuite, le fuseau mitotique apparaît et attire un chromosome (répliqué) de chaque paire vers un pôle opposé de la cellule. Les deux cellules formées par la méiose I sont appelées **spermatocytes de deuxième ordre**, ou spermatocytes II (également appelés spermatocytes secondaires) et contiennent chacune 23 chromosomes répliqués (nombre haploïde). Toutefois, chacun de ces chromosomes répliqués d'un spermatocyte de deuxième ordre comporte deux chromatides, c'est-à-dire deux copies de l'ADN, qui sont encore unies par un centromère. Dans les spermatocytes de deuxième ordre, il n'y aura pas d'autre réplication de l'ADN.

Au cours de la méiose II, les chromosomes répliqués des spermatocytes II se réunissent en une seule ligne sur la plaque équatoriale, puis les deux chromatides de chaque chromosome se séparent longitudinalement. Les quatre cellules haploïdes issues de la méiose II sont appelées **spermatides**. Au terme de deux divisions cellulaires (méiose I et méiose II), un seul spermatocyte de premier ordre a donc produit quatre spermatides.

Un phénomène unique se produit durant la spermatogenèse. À mesure que les cellules spermatogéniques prolifèrent, elles subissent une séparation cytoplasmique (cytocinèse) incomplète. Autrement dit, les quatre cellules restent liées les unes aux autres par un pont cytoplasmique, et elles le demeureront tout au long de leur maturation (figures 28.4b et 28.5). On croit que ce mode de développement serait à l'origine de la production synchronisée des spermatozoïdes dans toutes les régions d'un tubule séminifère contourné et qu'il assurerait la survie des spermatozoïdes, dont la moitié contiennent un chromosome X et l'autre moitié, un chromosome Y. Il se pourrait que le grand chromosome X porte les gènes nécessaires à la spermatogenèse qui manquent au chromosome Y de plus petite taille.

L'étape finale de la spermatogenèse, la **spermiogenèse**, se caractérise par la différenciation des spermatides haploïdes en spermatozoïdes. Aucune division cellulaire ne se produit durant ce processus ; chaque spermatide se transforme en un seul **spermatozoïde**. Au cours de ce processus, les spermatides sphériques se transforment en spermatozoïdes allongés et minces. Un acrosome (décrit plus loin) se forme au-dessus du noyau qui se condense et s'allonge, un flagelle se développe et les mitochondries se multiplient. Les épithéliocytes de soutien éliminent l'excédent de cytoplasme qui est expulsé. Finalement, les spermatozoïdes se séparent des épithéliocytes de soutien auxquels ils sont liés au cours d'un processus appelé **spermiation**. Les spermatozoïdes entrent ensuite dans la lumière du tubule séminifère contourné. Le liquide sécrété par les épithéliocytes de soutien les propulse vers les conduits des testicules.

Les spermatozoïdes

Chaque jour, la spermatogenèse produit environ 300 millions de spermatozoïdes. Chaque spermatozoïde mesure environ 60 µm de long et comprend diverses structures qui l'adaptent parfaitement à sa fonction : atteindre et pénétrer dans un ovocyte secondaire (figure 28.6). Les principales parties d'un spermatozoïde sont la tête et le flagelle. La **tête**, pointue et aplatie, mesure de 4 à 5 µm. Elle contient un **noyau** composé de 23 chromosomes hautement condensés. Recouvrant les deux tiers de la partie antérieure du noyau, l'**acrosome** (*akros* : à l'extrémité) est une vésicule en forme de capuchon qui renferme des enzymes, dont l'hyaluronidase et des protéases. Ces enzymes aident un spermatozoïde à pénétrer dans un ovocyte de deuxième ordre et à le féconder. Le **flagelle**, ou queue, comprend quatre parties : le col, la pièce intermédiaire, la pièce principale et la pièce terminale. Le **col** correspond à l'étranglement situé juste à l'arrière de la tête, qui contient les centrioles. Ces organites forment les microtubules qui composent le reste du flagelle. La **pièce intermédiaire** contient de nombreuses mitochondries disposées en spirale. Ces mitochondries fournissent l'énergie (ATP) nécessaire au métabolisme des spermatozoïdes et à leur déplacement vers le site de la fécondation. La **pièce principale** est la partie la plus longue du flagelle et la **pièce terminale** en forme le bout aminci. Après l'éjaculation, la plupart des spermatozoïdes ne survivent pas plus de 48 heures à l'intérieur des voies génitales de la femme.

FIGURE 28.6 Les constituants d'un spermatozoïde.

Environ 300 millions de spermatozoïdes arrivent à maturité chaque jour.

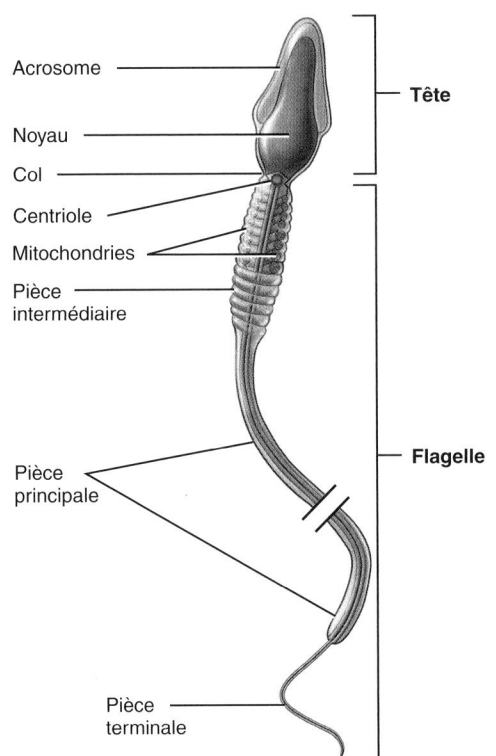

Acrosome — Tête
Noyau
Col
Centriole
Mitochondries
Pièce intermédiaire
Pièce principale — Flagelle
Pièce terminale

Quelles sont les fonctions de chaque constituant d'un spermatozoïde ?

La régulation hormonale des fonctions testiculaires

Même si on ignore la nature des facteurs qui déclenchent ce processus à la puberté, ➊ des cellules neurosécrétrices de l'hypothalamus sécrètent une plus grande quantité de **gonadolibérine** (**GnRH**, *Gonadotropin-releasing hormone*). À son tour, cette hormone stimule les cellules gonadotropes de l'adénohypophyse, qui augmentent leur sécrétion de deux substances gonadotrophines ➋ : l'**hormone lutéinisante** (**LH**) et l'**hormone folliculostimulante** (**FSH**). La figure 28.7 illustre les hormones et les boucles de rétro-inhibition qui assurent la régulation de la sécrétion de la testostérone et de la spermatogenèse.

➋ⓐ La LH stimule les cellules interstitielles, situées entre les tubules séminifères contournés, pour qu'elles sécrètent la **testostérone**. Cette hormone stéroïde dérive du cholestérol ; elle est synthétisée dans les testicules et constitue le principal androgène. Comme la testostérone est liposoluble, elle diffuse rapidement des cellules interstitielles vers le liquide interstitiel et passe dans le sang. ➌ⓐ Par un mécanisme de rétro-inhibition, la testostérone met fin à la sécrétion de GnRH par les cellules neurosécrétrices de l'hypothalamus et à la sécrétion de LH par l'adénohypophyse. Dans certaines cellules cibles, notamment celles des organes génitaux externes et de la prostate, une enzyme appelée *5-alpha-réductase* convertit la testostérone en un autre androgène, la **dihydrotestostérone** (**DHT**).

La FSH stimule indirectement la spermatogenèse. ➋ⓑ Elle agit en synergie avec la testostérone pour stimuler la sécrétion d'une protéine liant les androgènes, l'**ABP** (*androgen-binding protein*) par les épithéliocytes de soutien. L'ABP est déversée dans la lumière des tubules séminifères contournés ainsi que dans le liquide interstitiel entourant les cellules spermatogéniques. Cette protéine se lie ensuite à la testostérone, ce qui contribue à maintenir une concentration élevée de testostérone. La testostérone déclenche les étapes finales de la spermatogenèse dans les tubules séminifères contournés. Lorsque la spermatogenèse est assez avancée pour assurer les fonctions sexuelles masculines, les épithéliocytes de soutien ➌ⓑ libèrent de l'**inhibine**, une hormone protéique qui, comme son nom l'indique, inhibe la sécrétion de FSH par l'adénohypophyse. Si la spermatogenèse se déroule trop lentement, les épithéliocytes de soutien libèrent moins d'inhibine. Il s'ensuit un accroissement de la sécrétion de FSH et une accélération de la spermatogenèse.

➍ La testostérone et la dihydrotestostérone se fixent aux mêmes récepteurs androgènes situés à l'intérieur du noyau des cellules cibles. Ce complexe hormone-récepteur assure la régulation de l'expression génétique ; il active certains gènes et en désactive d'autres. En réaction à ces changements, les androgènes produisent plusieurs effets :

- *Le développement prénatal.* Avant la naissance, la testostérone stimule le développement des conduits du système génital masculin et la descente des testicules. La dihydrotestostérone stimule la formation des organes génitaux externes (décrits à la page 1187). Dans l'encéphale, la testostérone est également convertie en œstrogènes (hormones féminisantes), ce qui peut influer sur le développement de certaines régions de l'encéphale chez l'homme.

FIGURE 28.7 La régulation hormonale de la spermatogenèse et l'action de la testostérone et de la dihydrotestostérone (DHT). Stimulés par la FSH et la testostérone, les épithéliocytes de soutien sécrètent une protéine liant les androgènes (ABP). Les lignes tiretées rouges indiquent l'inhibition du mécanisme de rétro-inhibition.

🔑 La libération de FSH est stimulée par la GnRH et freinée par l'inhibine ; la libération de LH est stimulée par la GnRH et inhibée par la testostérone.

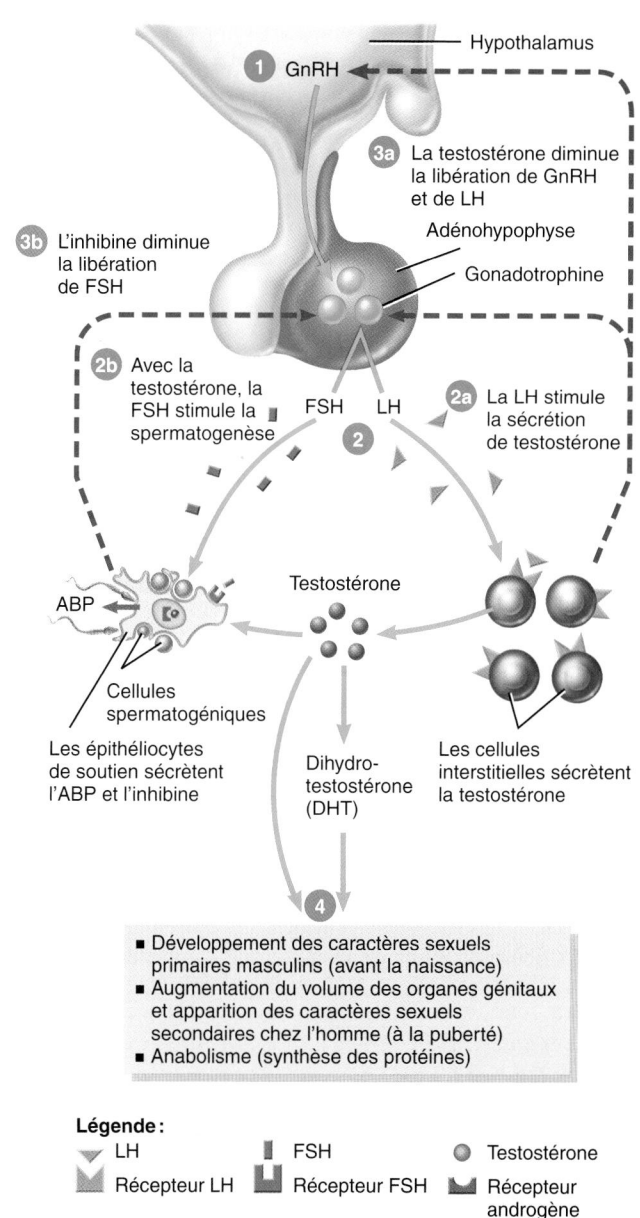

- Développement des caractères sexuels primaires masculins (avant la naissance)
- Augmentation du volume des organes génitaux et apparition des caractères sexuels secondaires chez l'homme (à la puberté)
- Anabolisme (synthèse des protéines)

Légende :
- ▽ LH
- ▮ FSH
- ● Testostérone
- Récepteur LH
- Récepteur FSH
- Récepteur androgène

 Quelles cellules sécrètent l'inhibine ?

- *Le développement des caractères sexuels masculins.* À la puberté, la testostérone et la dihydrotestostérone stimulent le développement et l'augmentation du volume des organes génitaux et l'apparition des caractères sexuels secondaires masculins. Ces caractères comprennent : la croissance musculaire et osseuse, qui donne à l'homme des épaules larges et des hanches étroites ; l'apparition de la pilosité (pubis, aisselles, visage, poitrine), à l'intérieur toutefois des limites de l'hérédité ; l'épaississement de la peau ; l'augmentation de la sécrétion des glandes sébacées ; et l'augmentation du volume du larynx, qui rend le timbre de la voix plus grave.

- **Le développement de la fonction sexuelle.** Les androgènes jouent un rôle dans le comportement sexuel et la spermatogenèse chez l'homme ainsi que dans la pulsion sexuelle (libido) chez les deux sexes. Rappelons que le cortex surrénal est la principale source d'androgènes chez la femme.

- **La stimulation de l'anabolisme.** Les androgènes sont des hormones anaboliques, ce qui signifie qu'elles stimulent la synthèse des protéines. Il en résulte une masse musculaire et osseuse plus dense chez les hommes que chez les femmes.

Un mécanisme de rétro-inhibition régit la production de la testostérone (figure 28.8). ❶ Certaines situations particulières (stimulus), peuvent entraîner ❷ une diminution de la concentration sanguine de testostérone (déséquilibre). ❸ Des cellules hypothalamiques (récepteurs) captent alors cette variation et ❹ le tandem hypothalamus-adénohypophyse (centre de régulation) déclenche un mécanisme de rétro-inhibition afin d'assurer le retour à des concentrations normales de testostérone. Ainsi, une concentration moins élevée de testostérone stimule la libération de gonadolibérine (GnRH) par les cellules neurosécrétrices de l'hypothalamus ; par conséquent, il y a plus de GnRH dans la circulation porte reliant l'hypothalamus à l'adénohypophyse. Les cellules gonadotropes de l'adénohypophyse libèrent alors plus de LH, et la concentration de cette hormone dans la circulation systémique augmente. ❺ Étant plus stimulées par la LH, les cellules interstitielles des testicules (effecteurs) ❻ libèrent plus de testostérone (réponse), ❼ ce qui favorise le rétablissement de l'homéostasie. Si à l'inverse, un stimulus entraîne une hausse de la concentration sanguine de testostérone (déséquilibre), l'hypothalamus ne libère pas de GnRH, ce qui réduit la sécrétion de LH par l'adénohypophyse (centre de régulation) et, par le fait même, les cellules interstitielles des testicules (effecteurs) libèrent moins de testostérone (réponse).

▶ **POINT DE CONTRÔLE**

1. Décrivez comment le scrotum protège les testicules des écarts de température.

2. Décrivez la structure interne d'un testicule. Où les spermatozoïdes sont-ils produits ? Quelles sont les fonctions des épithéliocytes de soutien et des cellules interstitielles ?

3. Décrivez les principales étapes de la spermatogenèse.

4. Nommez les constituants d'un spermatozoïde et énumérez les fonctions de chacun.

5. Expliquez les rôles de la FSH, de la LH, de la testostérone et de l'inhibine sur le système génital de l'homme. Comment la sécrétion de ces hormones est-elle régie ?

LES VOIES GÉNITALES DE L'HOMME

Les conduits du testicule

La pression créée par le liquide sécrété par les épithéliocytes de soutien propulse les spermatozoïdes et le liquide dans la lumière des tubules séminifères contournés, puis dans une série de conduits très courts appelés **tubules séminifères droits** (figure 28.3a). Les tubules séminifères droits débouchent sur un réseau de conduits dans le testicule, le **rété testis**. De là, les spermatozoïdes traversent une série de **canalicules efférents** dans l'épididyme, qui se jettent dans un conduit unique appelé **conduit épididymaire**.

L'épididyme

L'**épididyme** (*epi* : sur ; *didumos* : testicule) est un organe en forme de virgule d'environ 4 cm de long, qui repose sur le bord postérieur de chaque testicule (figure 28.3a). Sa plus grande partie est le **conduit épididymaire**, un long conduit pelotonné sur lui-même. Sa partie supérieure plus volumineuse, appelée **tête de l'épididyme**, constitue le point d'union des canalicules efférents des testicules et du conduit épididymaire. Le **corps de l'épididyme** est sa partie centrale étroite, et la **queue de l'épididyme**, sa petite terminaison inférieure. À son extrémité distale, la queue de l'épididyme devient le conduit déférent (décrit ci-dessous).

S'il était déroulé, le conduit épididymaire mesurerait environ 6 m de long. Il est tapissé d'un épithélium pseudostratifié prismatique et recouvert de plusieurs couches de myocytes lisses. Les surfaces libres des cellules prismatiques contiennent des **stéréocils**. Contrairement à ce que leur nom indique, ces structures sont de longues microvillosités ramifiantes (non pas des cils), qui augmentent la surface de réabsorption des spermatozoïdes dégradés. Le tissu conjonctif entourant la couche de myocytes relie les boucles du conduit épididymaire et soutient les vaisseaux sanguins et les nerfs.

C'est dans l'épididyme que se produit la **maturation des spermatozoïdes**, un processus au cours duquel les spermatozoïdes acquièrent leur mobilité et leur capacité à féconder un ovocyte. Ce processus se déroule sur une période de 10 à 14 jours. Pendant un rapport sexuel, l'épididyme favorise également l'expulsion des spermatozoïdes dans le conduit déférent par les contractions péristaltiques de ses myocytes lisses. En outre, l'épididyme emmagasine les spermatozoïdes, qui restent viables dans le conduit épididymaire pendant quelques mois. Tous les spermatozoïdes qui ne sont pas éjaculés dégénèrent et finissent par être réabsorbés.

Le conduit déférent

Au niveau de la queue de l'épididyme, le conduit épididymaire se déroule et son diamètre augmente. On l'appelle alors **conduit déférent** (figure 28.3a). Mesurant environ 45 cm de long, ce canal monte le long du bord postérieur de l'épididyme, traverse le canal inguinal (figure 28.2) et entre dans la cavité pelvienne. Il fait ensuite une boucle au-dessus de l'urètre et continue sur le côté et la face postérieure de la vessie (figure 28.1a). L'extrémité terminale dilatée du conduit déférent est appelée **ampoule du conduit déférent** (figure 28.9). La muqueuse du conduit déférent est composée d'épithélium pseudostratifié prismatique et d'un chorion (tissu conjonctif aréolaire). La couche musculaire est composée de

FIGURE 28.8 La régulation par rétro-inhibition de la concentration sanguine de testostérone.

Les cellules gonadotropes de l'adénohypophyse produisent l'hormone lutéinisante (LH).

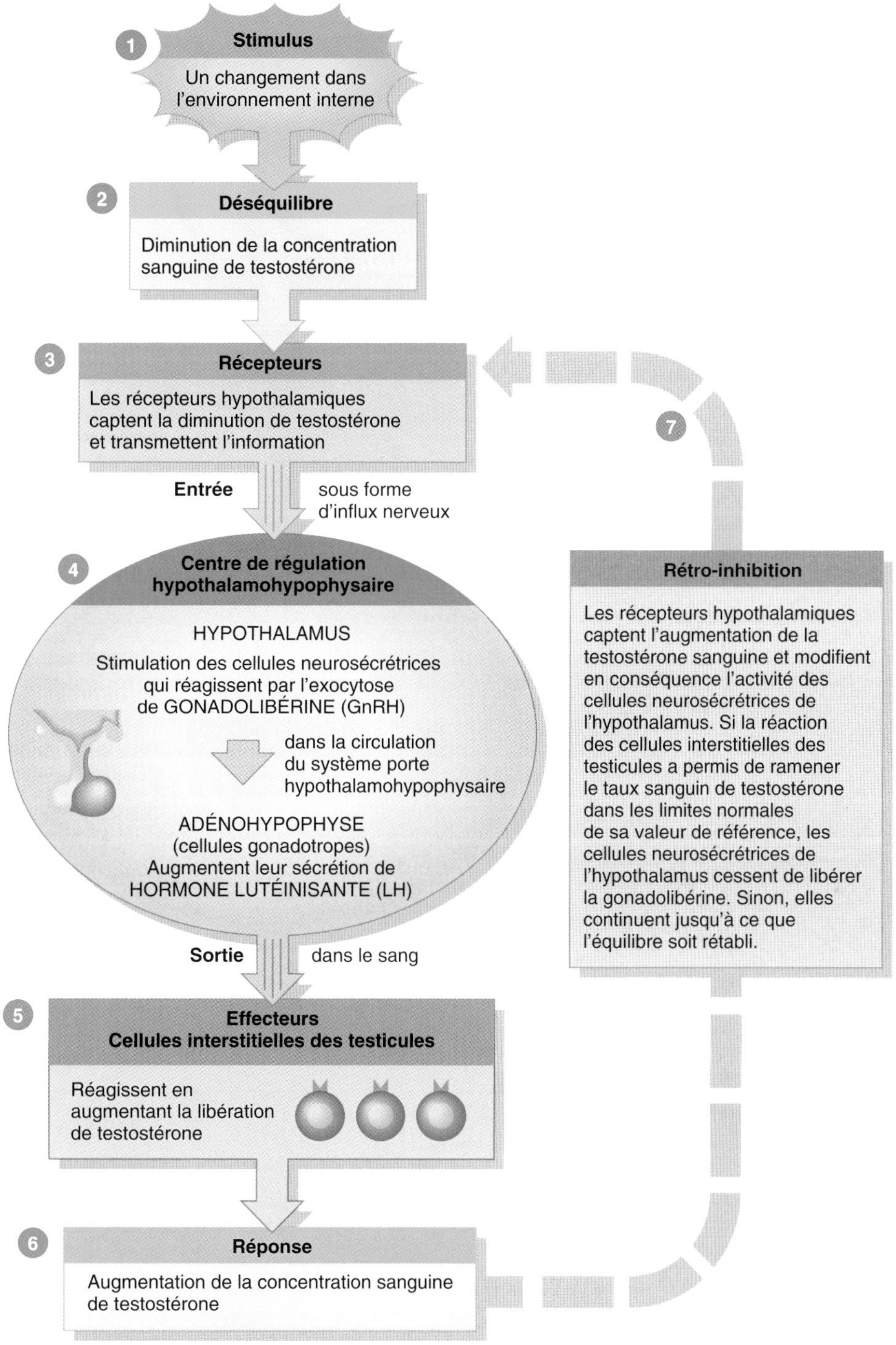

1
Stimulus
Un changement dans l'environnement interne
2
Déséquilibre
Diminution de la concentration sanguine de testostérone
3
Récepteurs
Les récepteurs hypothalamiques captent la diminution de testostérone et transmettent l'information
Entrée
sous forme d'influx nerveux
4
Centre de régulation hypothalamohypophysaire
HYPOTHALAMUS
Stimulation des cellules neurosécrétrices qui réagissent par l'exocytose de GONADOLIBÉRINE (GnRH)
dans la circulation du système porte hypothalamohypophysaire
ADÉNOHYPOPHYSE (cellules gonadotropes) Augmentent leur sécrétion de HORMONE LUTÉINISANTE (LH)
Sortie
dans le sang
5
Effecteurs
Cellules interstitielles des testicules
Réagissent en augmentant la libération de testostérone
6
Réponse
Augmentation de la concentration sanguine de testostérone
7
Rétro-inhibition
Les récepteurs hypothalamiques captent l'augmentation de la testostérone sanguine et modifient en conséquence l'activité des cellules neurosécrétrices de l'hypothalamus. Si la réaction des cellules interstitielles des testicules a permis de ramener le taux sanguin de testostérone dans les limites normales de sa valeur de référence, les cellules neurosécrétrices de l'hypothalamus cessent de libérer la gonadolibérine. Sinon, elles continuent jusqu'à ce que l'équilibre soit rétabli.

Quelles hormones inhibent la sécrétion de FSH et de LH par l'adénohypophyse?

trois couches de myocytes lisses; les couches interne et externe sont longitudinales, et la couche moyenne est circulaire.

Pendant un rapport sexuel, le conduit déférent achemine les spermatozoïdes de l'épididyme jusqu'à l'urètre grâce aux contractions péristaltiques de son enveloppe musculaire. Comme l'épididyme, il peut également emmagasiner les spermatozoïdes pendant plusieurs mois. Les spermatozoïdes non éjaculés après cette période sont finalement réabsorbés.

🔑 L'urètre de l'homme se divise en trois parties : la partie prostatique, la partie membranacée et la partie spongieuse.

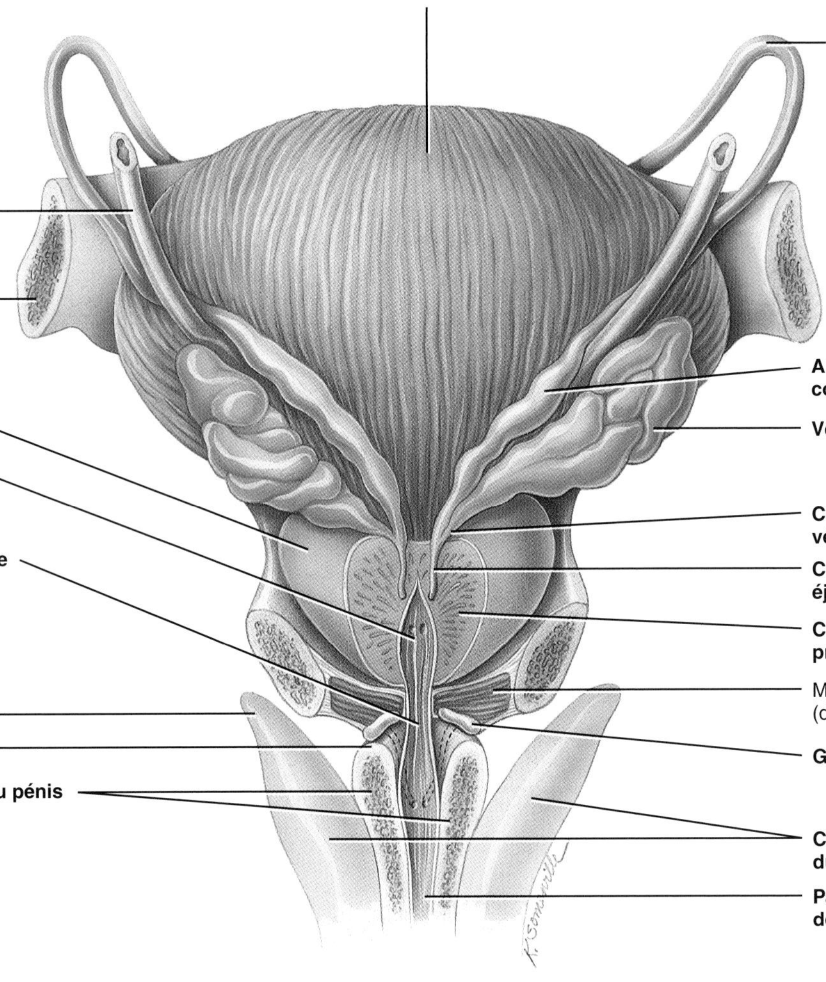

Vessie

Conduit déférent droit

Uretère gauche

Os coxal (sectionné)

Prostate

Partie prostatique de l'urètre

Partie membranacée de l'urètre

Ampoule du conduit déférent

Vésicule séminale

Conduit de la vésicule séminale

Conduit éjaculateur

Canalicules prostatiques

Muscles profonds du périnée (diaphragme urogénital)

Pilier du pénis

Bulbe du pénis

Corps spongieux du pénis

Glande bulbo-urétrale

Corps caverneux du pénis

Partie spongieuse de l'urètre

Vue postérieure des organes génitaux annexes de l'homme

Q Quelle est la glande annexe qui fournit la plus grande partie du liquide séminal ?

Le cordon spermatique

Le **cordon spermatique** est une structure de soutien du système génital de l'homme qui monte à partir du scrotum vers l'extérieur (figure 28.2). Il est constitué de la partie du conduit déférent qui monte dans le scrotum, de l'artère testiculaire, des veines qui drainent les testicules et transportent la testostérone vers la circulation (plexus pampiniforme), d'axones de neurones moteurs autonomes, de vaisseaux lymphatiques et du muscle crémaster. Le terme **varicocèle** désigne une inflammation du scrotum causée par une dilatation des veines qui drainent les testicules. Elle est plus apparente quand la personne se tient debout, et ne nécessite habituellement aucun traitement. Le cordon spermatique et le nerf ilio-inguinal traversent le **canal inguinal** (aine), un passage oblique situé dans

FONCTIONS DES SÉCRÉTIONS DES GLANDES SEXUELLES ANNEXES

1. Les vésicules séminales sécrètent un liquide alcalin visqueux qui contribue à neutraliser l'acidité des voies génitales de la femme, fournissent le fructose nécessaire à la production d'ATP par les spermatozoïdes, favorisent la mobilité et la viabilité des spermatozoïdes et aident le sperme à coaguler après l'éjaculation.

2. La prostate sécrète un liquide laiteux et légèrement acide qui aide le sperme à coaguler après l'éjaculation et contribue par la suite à sa fibrinolyse.

3. Les glandes bulbo-urétrales sécrètent un liquide alcalin qui neutralise l'acidité de l'urètre et un mucus qui lubrifie le revêtement de l'urètre et l'extrémité du pénis durant le coït.

la paroi abdominale antérieure, supérieur et parallèle à la moitié interne du ligament inguinal. Ce canal, qui mesure de 4 à 5 cm de long, prend naissance dans l'**anneau inguinal profond**, un orifice effilé situé dans l'aponévrose du muscle transverse de l'abdomen, et se termine dans l'**anneau inguinal superficiel** (figure 28.2), un orifice triangulaire situé dans l'aponévrose du muscle oblique externe de l'abdomen. Chez la femme, le ligament rond de l'utérus et le nerf ilio-inguinal traversent le canal inguinal.

LA VASECTOMIE

La **vasectomie** (*ektomê*: ablation) est la méthode de stérilisation la plus couramment utilisée chez l'homme. Cette intervention consiste à sectionner ou à clamper une partie de chaque conduit déférent. Dans l'opération traditionnelle, on pratique une incision de chaque côté du scrotum, puis on localise les conduits. On ligature chaque conduit en deux endroits, de manière à en isoler un segment. On sectionne alors cette partie du canal déférent, on l'enlève et on suture le tout. Bien que la spermatogenèse se poursuive dans les testicules, les spermatozoïdes ne peuvent plus être expulsés vers l'extérieur. Ils dégénèrent et sont détruits par phagocytose. Comme aucun vaisseau sanguin n'est rompu, les concentrations sanguines de testostérone restent normales, ce qui assure le maintien de la libido et de la performance sexuelle. Quand elle est effectuée correctement, la vasectomie est efficace à près de 100%. L'intervention est réversible, mais le retour à la fertilité ne survient que dans 30 à 40% des cas. ■

Les conduits éjaculateurs

Chaque **conduit éjaculateur** (*ejaculari*: lancer) mesure environ 2 cm de long et résulte de l'union du conduit de la vésicule séminale et de l'ampoule du conduit déférent (figure 28.9). Les conduits éjaculateurs prennent naissance juste au-dessus de la partie supérieure de la prostate et passent en dessous et en avant de cette dernière. Ils se terminent dans la partie prostatique de l'urètre, dans laquelle ils expulsent les spermatozoïdes et les sécrétions des vésicules séminales juste avant l'émission du sperme de l'urètre vers l'extérieur.

L'urètre

Chez l'homme, l'**urètre** est un conduit urogénital terminal, c'est-à-dire qu'il appartient aux systèmes génital et urinaire et qu'il livre passage à la fois au sperme et à l'urine. Mesurant environ 20 cm de long, il traverse la prostate, les muscles profonds du périnée et le pénis, et se divise en trois parties (figure 28.1 et voir la figure 26.22). La **partie prostatique de l'urètre** masculin mesure de 2 à 3 cm de long et traverse la prostate. Elle descend et passe alors à travers les muscles profonds du périnée (diaphragme urogénital), où elle devient la **partie membranacée de l'urètre**. La partie membranacée de l'urètre masculin mesure environ 1 cm de long. Lorsqu'elle pénètre dans le corps spongieux du pénis, elle devient la **partie spongieuse de l'urètre**, qui mesure de 15 à 20 cm de long. La partie spongieuse de l'urètre masculin se termine par l'**ostium externe de l'urètre**. L'histologie de l'urètre masculin est présentée au chapitre 26.

▶ POINT DE CONTRÔLE

6. Nommez dans l'ordre les conduits qui acheminent les spermatozoïdes dans les testicules.

7. Décrivez la position, la structure et les fonctions du conduit épididymaire, du conduit déférent et du conduit éjaculateur.

8. Situez les trois divisions de l'urètre masculin.

9. Dessinez le parcours des spermatozoïdes dans le réseau de conduits qui les amène des tubules séminifères contournés à l'urètre.

10. Énumérez les structures qui forment le cordon spermatique.

LES GLANDES SEXUELLES ANNEXES

Les conduits du système génital de l'homme emmagasinent et transportent les spermatozoïdes, tandis que les **glandes sexuelles annexes** sécrètent la majeure partie de la portion liquide du sperme. Ces glandes comprennent les vésicules séminales, la prostate et les glandes bulbo-urétrales.

Les vésicules séminales

Les **vésicules séminales**, ou glandes séminales, sont des structures paires contournées en forme de sac qui mesurent environ 5 cm de long ; elles sont appuyées sur la face postérieure de la base de la vessie, en avant du rectum (figure 28.9). Ces glandes sécrètent un liquide alcalin visqueux renfermant du fructose (un monosaccharide), des prostaglandines et des protéines de coagulation différentes de celles du sang. Comme il est alcalin, ce liquide contribue à neutraliser l'environnement acide de l'urètre masculin et des voies génitales féminines, qui risquerait d'inactiver et de détruire les spermatozoïdes. Le fructose intervient dans la production d'ATP par les spermatozoïdes. Quant aux prostaglandines, elles augmentent la mobilité et la viabilité des spermatozoïdes ; de plus, elles stimuleraient les contractions des muscles lisses dans les voies génitales de la femme. Les protéines de coagulation permettent au sperme de coaguler après l'éjaculation. Le liquide sécrété par les vésicules séminales se mélange aux spermatozoïdes lorsque ces derniers passent des conduits éjaculateurs dans l'urètre, et constitue normalement 60 % environ du volume du sperme.

La prostate

La **prostate** est une glande unique en forme de beignet et de la grosseur d'une balle de golf. Elle mesure environ 4 cm d'un côté à l'autre, 3 cm de haut en bas et 2 cm de l'avant à l'arrière. Elle est située en dessous de la vessie et entoure la partie prostatique de l'urètre (figure 28.9). La prostate augmente lentement de volume de la naissance jusqu'à la puberté, puis elle grossit rapidement. Sa croissance se stabilise vers l'âge de 30 ans, puis vers 45 ans elle peut se remettre à grossir.

La prostate sécrète un liquide laiteux et légèrement acide (pH d'environ 6,5) qui contient diverses substances : 1) l'*acide citrique* du liquide prostatique permet aux spermatozoïdes de produire de l'ATP par l'intermédiaire du cycle de Krebs ; 2) les sécrétions prostatiques contiennent également plusieurs *enzymes protéolytiques*, telles que l'*antigène prostatique spécifique* (PSA, *prostate-specific antigen*), le pepsinogène, le lysozyme, l'amylase et l'hyaluronidase. Ces enzymes dégradent les protéines de coagulation provenant des vésicules séminales ; 3) la prostate sécrète aussi de la phosphatase acide, une enzyme dont on ignore encore la fonction ; et 4) de la *séminalplasmine*. Cette dernière substance possède un pouvoir antibiotique puisqu'elle contribue à réduire le nombre de bactéries naturellement présentes dans le sperme et dans les voies génitales inférieures de la femme. Les sécrétions de la prostate s'écoulent dans la partie prostatique de l'urètre par plusieurs canalicules. Représentant environ 25 % du volume du sperme, elles favorisent la mobilité et la viabilité des spermatozoïdes.

Les glandes bulbo-urétrales

Les **glandes bulbo-urétrales**, ou glandes de Cowper, sont des glandes paires de la grosseur d'un pois. Elles sont situées sous la prostate, de part et d'autre de la partie membranacée de l'urètre, dans les muscles profonds du périnée, et leurs conduits s'ouvrent dans la partie spongieuse de l'urètre (figure 28.9). Durant la phase d'excitation sexuelle, les glandes bulbo-urétrales sécrètent un liquide alcalin dans l'urètre, qui protège les spermatozoïdes circulants en neutralisant l'acidité de l'urine qui s'y trouve. Elles sécrètent également un mucus qui lubrifie l'extrémité du pénis et le revêtement de l'urètre. Ces sécrétions contribuent aussi à réduire le nombre de spermatozoïdes qui risquent d'être endommagés pendant l'éjaculation.

LE SPERME

Le **sperme** est un mélange de spermatozoïdes et de **liquide séminal**. Ce liquide est composé de sécrétions provenant des tubules séminifères contournés, des vésicules séminales, de la prostate et des glandes bulbo-urétrales. En temps normal, le volume de sperme éjaculé varie entre 2,5 et 5 mL, pour une numération des spermatozoïdes allant de 50 à 150 millions par mL. Un homme dont la numération des spermatozoïdes est inférieure à 20 millions/mL est probablement infertile. Pour se dérouler avec succès, la fécondation nécessite une grande quantité de spermatozoïdes, puisqu'une fraction infime seulement des spermatozoïdes éjaculés atteint l'ovocyte de deuxième ordre.

Bien que le liquide prostatique soit quelque peu acide, le sperme est légèrement alcalin (pH de 7,2 à 7,7), car les sécrétions des vésicules séminales sont plus alcalines et plus abondantes que les autres. Les sécrétions de la prostate confèrent également au sperme son aspect laiteux, et les liquides produits par les vésicules séminales et les glandes bulbo-urétrales le rendent visqueux. Le liquide séminal transporte les spermatozoïdes, leur procure des nutriments et assure leur protection contre l'environnement acide de l'urètre masculin et du vagin.

Une fois éjaculé, le sperme coagule au bout de 5 min, puisqu'il contient des protéines de coagulation provenant des vésicules séminales. On ignore encore le rôle de la coagulation du sperme, mais on sait que les protéines qui participent à cette réaction diffèrent des protéines de la coagulation sanguine. Au bout de 10 à 20 min, le sperme coagulé se liquéfie sous l'effet fibrinolytique de l'antigène prostatique spécifique et d'autres enzymes protéolytiques produites par la prostate. Une liquéfaction anormale ou retardée du sperme coagulé peut entraîner une immobilisation complète ou partielle des spermatozoïdes, et inhiber leur mouvement dans le col de l'utérus. La présence de sang dans le sperme est appelée **hémospermie** (*haima* : sang ; *sperma* : semence). Dans la plupart

des cas, elle est causée par une inflammation des vaisseaux sanguins qui tapissent les vésicules séminales ; on la traite généralement au moyen d'antibiotiques.

LE PÉNIS

Le **pénis** contient l'urètre et sert de passage pour l'éjaculation du sperme et l'excrétion de l'urine (figure 28.10). De forme cylindrique, il est formé d'un corps, d'un gland et d'une racine. Le **corps du pénis** est constitué de trois masses cylindriques de tissu, chacune entourée de tissu fibreux appelé **albuginée** (figure 28.10). Les deux masses dorsolatérales sont appelées **corps caverneux du pénis**. La petite masse médiane, appelée **corps spongieux du pénis**, entoure la partie spongieuse de l'urètre et la maintient ouverte pendant l'éjaculation. Ces trois masses, enrobées de fascia et de peau, sont composées de tissu érectile. Le *tissu érectile* est traversé de nombreux sinus sanguins (espaces vasculaires) tapissés de cellules endothéliales et entourés de myocytes lisses et de tissu conjonctif élastique.

L'extrémité distale du corps spongieux du pénis est une région légèrement renflée, appelée **gland**, portant à sa base la **couronne du gland**. La partie distale de l'urètre est plus volumineuse à l'intérieur du gland du pénis et forme un orifice terminal effilé, l'**ostium externe de l'urètre**. Le gland d'un pénis non circoncis est couvert d'un repli de peau lâche appelé **prépuce**.

La **racine du pénis** constitue la partie proximale (rattachée) de l'organe. Elle comprend le **bulbe du pénis**, un renflement situé à la base du corps spongieux, et les **piliers du pénis**, deux extrémités effilées du corps caverneux. Le bulbe du pénis est fixé à la face inférieure des muscles profonds du périnée et recouvert du muscle bulbospongieux. Chaque pilier du pénis est fixé à la branche de l'ischium et à la branche inférieure du pubis et recouvert par le muscle ischiocaverneux (voir la figure 11.13). La contraction de ces muscles squelettiques favorise l'éjaculation. Deux ligaments en continuité avec le fascia du pénis supportent le poids de cet organe : 1) le **ligament fundiforme** naît dans la partie inférieure de la ligne blanche ; et 2) le **ligament suspenseur du pénis** est issu de la symphyse pubienne.

LA CIRCONCISION

La **circoncision** (*circumcidere* : couper autour) est l'ablation chirurgicale partielle ou totale du prépuce. Elle est habituellement pratiquée dans les trois à quatre jours suivant la naissance, ou le huitième jour si elle est dictée par la tradition religieuse juive. Bien que certains professionnels de la santé estiment que la circoncision n'ait aucun fondement médical, d'autres lui attribuent plusieurs avantages. Selon eux, cette intervention diminuerait les risques d'infection des voies urinaires et offrirait une protection contre le cancer du pénis et les infections transmissibles sexuellement. En effet, des études effectuées dans plusieurs villages africains ont révélé que les hommes circoncis présentaient un taux plus faible d'infection au VIH. ∎

Lors de l'excitation sexuelle (stimulus visuel, tactile, auditif, olfactif ou produit de l'imagination), les fibres parasympathiques de la région sacrale de la moelle épinière (voir la figure 15.3) provoquent et maintiennent une **érection**, c'est-à-dire le grossissement

FIGURE 28.10 La structure interne du pénis. Le médaillon dans (b) montre les détails de la peau et du fascia.

Le pénis contient l'urètre, passage servant à l'éjaculation du sperme et à l'excrétion de l'urine.

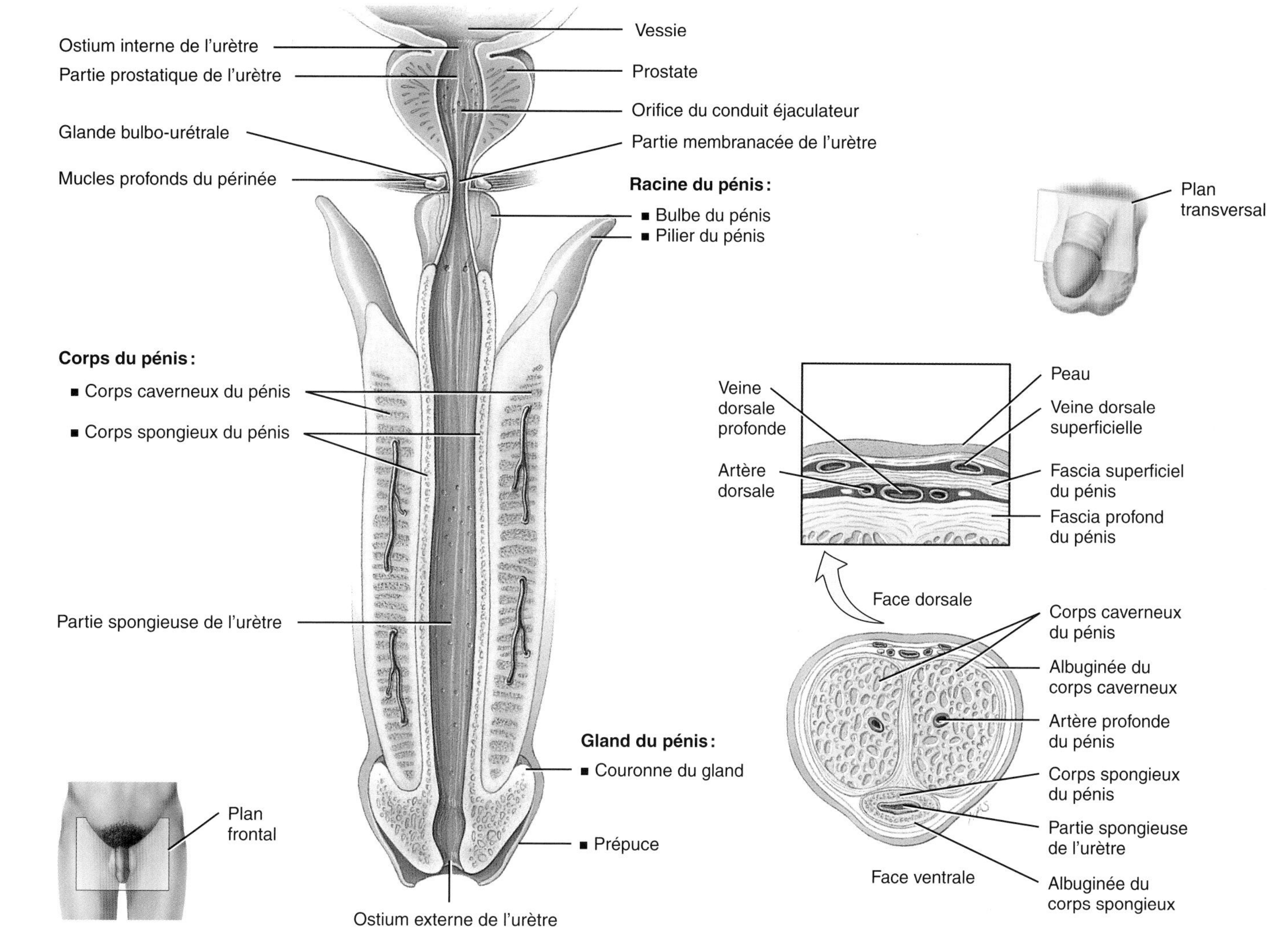
Ostium interne de l'urètre
Partie prostatique de l'urètre
Glande bulbo-urétrale
Mucles profonds du périnée
Vessie
Prostate
Orifice du conduit éjaculateur
Partie membranacée de l'urètre
Racine du pénis:
■ Bulbe du pénis
■ Pilier du pénis
Plan transversal
Corps du pénis:
■ Corps caverneux du pénis
■ Corps spongieux du pénis
Partie spongieuse de l'urètre
Gland du pénis:
■ Couronne du gland
■ Prépuce
Plan frontal
Ostium externe de l'urètre
Veine dorsale profonde
Artère dorsale
Peau
Veine dorsale superficielle
Fascia superficiel du pénis
Fascia profond du pénis
Face dorsale
Corps caverneux du pénis
Albuginée du corps caverneux
Artère profonde du pénis
Corps spongieux du pénis
Partie spongieuse de l'urètre
Face ventrale
Albuginée du corps spongieux

(a) Coupe frontale

(b) Coupe transversale

Q Quelles masses de tissu constituent le tissu érectile du pénis, et pourquoi deviennent-elles rigides pendant l'excitation sexuelle?

et le durcissement du pénis. Les axones parasympathiques provoquent la libération et la production localisée de monoxyde d'azote (NO, oxyde nitrique). Ce dernier provoque le relâchement des myocytes lisses des parois des artérioles irriguant le tissu érectile. Celles-ci se dilatent et reçoivent une quantité importante de sang qui se dirige vers le tissu érectile du pénis où il s'accumule. Le monoxyde d'azote entraîne aussi le relâchement des myocytes lisses à l'intérieur du tissu érectile, ce qui permet aux sinus sanguins de se dilater. L'augmentation de l'irrigation sanguine combinée à l'élargissement et à l'engorgement des sinus sanguins produit l'érection. De plus, en prenant de l'expansion, les sinus sanguins compriment les veines qui drainent le pénis; le sang se trouve emprisonné dans les tissus érectiles, ce qui assure le maintien de l'érection.

Le **priapisme** désigne une érection prolongée et généralement douloureuse du corps caverneux du pénis, qui est causée sans désir ou excitation sexuelle. Cet état peut durer jusqu'à quelques heures et se caractérise par de la douleur et de la sensibilité au toucher. Il découle d'anomalies des vaisseaux sanguins et des nerfs, habituellement à la suite de la prise de médicaments visant à produire des érections chez des hommes qui ne peuvent y arriver autrement. Le priapisme peut également être causé par un trouble de la moelle épinière, la leucémie, la drépanocytose ou une tumeur pelvienne.

Lors de l'**émission**, un phénomène qui se produit habituellement juste avant l'éjaculation, un petit volume de sperme s'écoule dans l'épididyme, le conduit déférent, les conduits éjaculateurs et passe dans la partie spongieuse de l'urètre par suite des contractions péristaltiques que subissent ces différents conduits et glandes. L'émission est un réflexe sympathique coordonné par la partie lombaire (L1 et L2) de la moelle épinière. L'émission peut également se produire pendant le sommeil (émission nocturne). L'**éjaculation** se définit comme l'émission puissante du sperme de l'urètre vers l'extérieur. Elle est commandée par un triple réflexe agissant sur plusieurs groupes de muscles : 1) un réflexe sympathique coordonné par la partie lombaire (L1 et L2) de la moelle épinière entraîne la fermeture du sphincter lisse de l'urètre à la base de la vessie, ce qui prévient l'expulsion d'urine pendant l'éjaculation et le reflux du sperme dans la vessie ; 2) un réflexe parasympathique coordonné par la partie sacrale (S2 à S4) de la moelle épinière

ordonne la contraction de la musculature lisse de l'urètre ; et 3) un réflexe somatique coordonné par la partie sacrale de la moelle épinière (S2 à S4) stimule le nerf honteux qui commande la contraction de la musculature du pénis composée des muscles squelettiques bulbospongieux et ischiocaverneux, ainsi que du muscle transverse superficiel du périnée (voir les figures 11.13, 13.9b, 15.2 et 15.3).

Quand l'excitation sexuelle prend fin, les artérioles qui irriguent le tissu érectile du pénis se resserrent et les myocytes lisses du tissu érectile se contractent, ce qui réduit la taille des sinus sanguins. La pression exercée sur les veines qui irriguent le pénis se relâche, ce qui permet au sang d'y circuler. Le pénis reprend alors son état de flaccidité (relâché).

FIGURE 28.11 Les organes génitaux de la femme et les structures adjacentes.

Les organes génitaux de la femme comprennent les ovaires, les trompes utérines, l'utérus, le vagin, la vulve et les glandes mammaires.

FONCTIONS DU SYSTÈME GÉNITAL DE LA FEMME

1. Les ovaires produisent des ovocytes de deuxième ordre et des hormones telles que la progestérone et les œstrogènes (hormones sexuelles femelles), l'inhibine et la relaxine.
2. Les trompes utérines transportent un ovocyte de deuxième ordre vers l'utérus et constituent le siège de la fécondation.
3. L'utérus est le siège de l'implantation d'un ovule fécondé, du développement du fœtus pendant la grossesse et de l'accouchement.
4. Le vagin reçoit le pénis pendant le coït et livre passage au fœtus pendant l'accouchement.
5. Les glandes mammaires synthétisent, sécrètent et éjectent le lait maternel destiné à nourrir le nouveau-né.

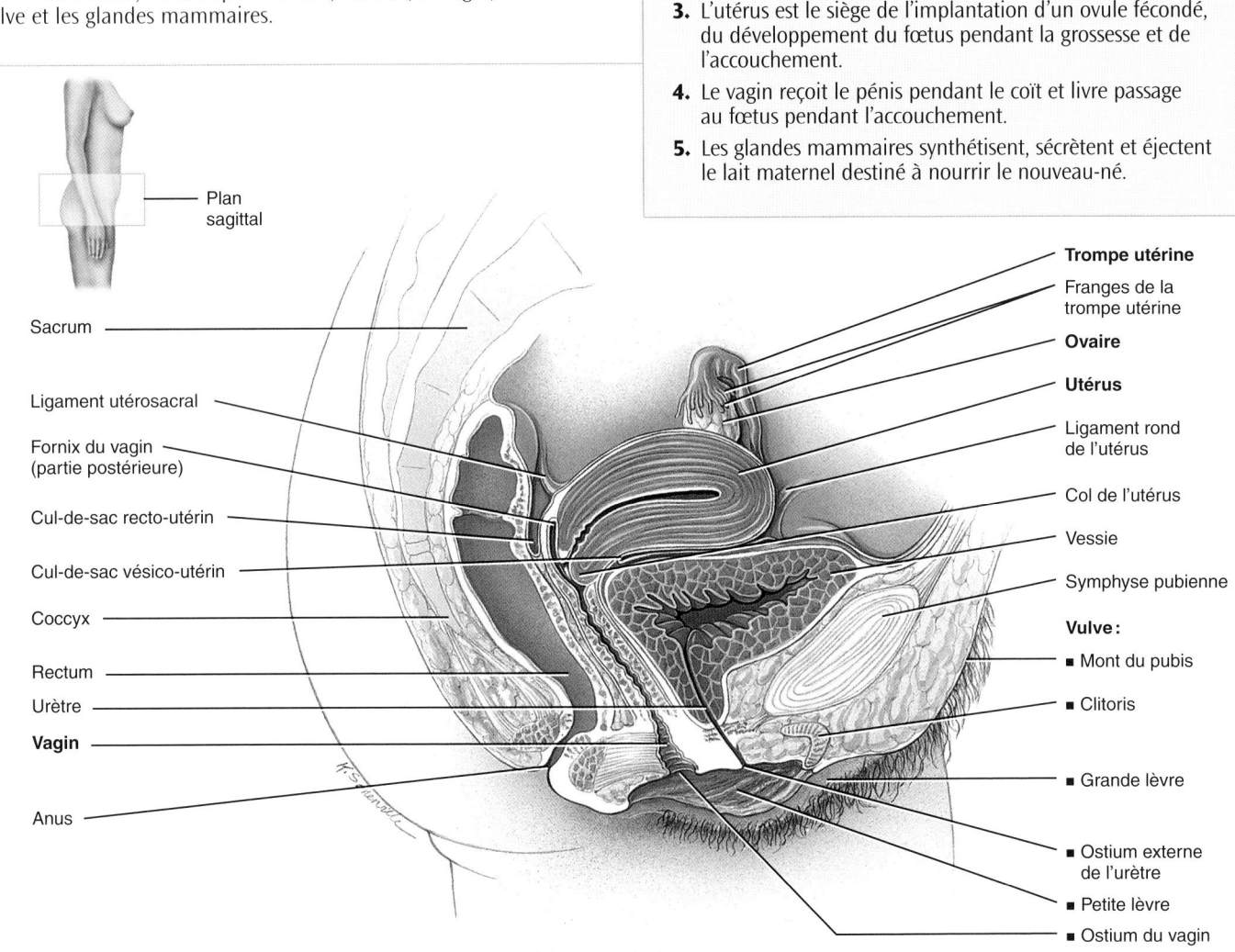

(a) Coupe sagittale

L'ÉJACULATION PRÉCOCE

L'**éjaculation précoce** est une éjaculation qui survient prématurément, par exemple pendant les préliminaires, au moment de la pénétration ou immédiatement après. Elle est généralement causée par l'anxiété, d'autres facteurs psychologiques, ou un prépuce ou un gland d'une sensibilité inhabituelle. Dans la plupart des cas, l'éjaculation précoce peut être corrigée au moyen de diverses techniques (en exerçant une pression sur le pénis à la base du gland, juste avant l'éjaculation, par exemple), ou encore en recourant à une thérapie comportementale ou à des médicaments. ■

▶ POINT DE CONTRÔLE

11. Expliquez brièvement la situation et les fonctions des vésicules séminales, de la prostate et des glandes bulbo-urétrales.

12. Qu'est-ce que le sperme ? Quelle est sa fonction ?

13. Expliquez les processus physiologiques qui mènent à l'érection et à l'éjaculation.

LE SYSTÈME GÉNITAL DE LA FEMME

OBJECTIFS

- Décrire la situation, la structure et les fonctions des organes du système génital de la femme.
- Expliquer le déroulement de l'ovogenèse dans les ovaires.

Les organes génitaux féminins (figure 28.11) comprennent les ovaires (gonades de la femme), les trompes utérines, l'utérus, le vagin et les organes externes dont l'ensemble forme la vulve. Les glandes mammaires font également partie du système génital de la femme de même que du système tégumentaire.

LES OVAIRES

Les **ovaires** (*ovum* : œuf) sont les gonades de la femme. Ces glandes paires dont la forme et la taille ressemblent à celles des

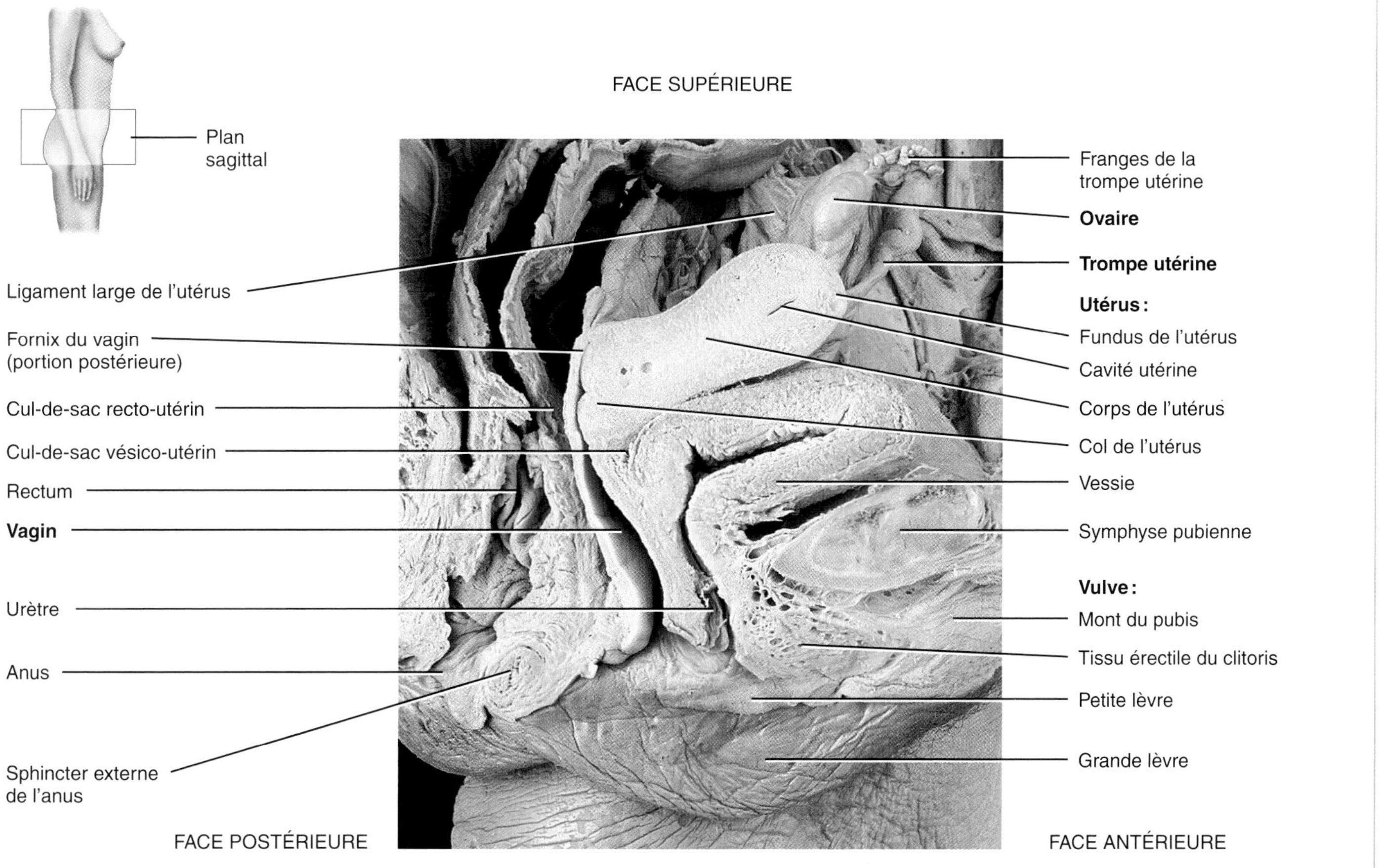

FACE SUPÉRIEURE

Plan sagittal

Franges de la trompe utérine

Ovaire

Trompe utérine

Utérus :

Ligament large de l'utérus

Fundus de l'utérus

Fornix du vagin (portion postérieure)

Cavité utérine

Cul-de-sac recto-utérin

Corps de l'utérus

Cul-de-sac vésico-utérin

Col de l'utérus

Rectum

Vessie

Vagin

Symphyse pubienne

Urètre

Vulve :

Anus

Mont du pubis

Tissu érectile du clitoris

Petite lèvre

Sphincter externe de l'anus

Grande lèvre

FACE POSTÉRIEURE

FACE ANTÉRIEURE

(b) Coupe sagittale

Lesquelles des structures chez l'homme sont homologues aux ovaires, au clitoris, aux glandes para-urétrales et aux glandes vestibulaires majeures ?

amandes non écalées sont homologues aux testicules. (Les structures *homologues* ont une origine embryonnaire identique.) Les ovaires produisent : 1) les gamètes, ovocytes de deuxième ordre qui se transforment en ovules après la fécondation ; et 2) des hormones telles que la progestérone et les œstrogènes (hormones sexuelles femelles), l'inhibine et la relaxine.

Situés de part et d'autre de l'utérus, les ovaires descendent vers le détroit supérieur de la cavité pelvienne au cours du troisième mois de développement fœtal. Une série de ligaments les maintient en place (figure 28.12). Le **ligament large de l'utérus**, qui fait partie du péritoine pariétal, est fixé aux ovaires par un repli double du péritoine appelé **mésovarium**. Le **ligament propre de l'ovaire** ancre les ovaires à l'utérus, tandis que le **ligament suspenseur de l'ovaire** les relie à la paroi pelvienne. Chaque ovaire présente un **hile**, c'est-à-dire une légère dépression anatomique. Cette zone constitue le point d'entrée des vaisseaux sanguins et des nerfs dans l'ovaire, et sert de point d'ancrage pour le mésovarium.

L'histologie de l'ovaire

Chaque ovaire est constitué des structures histologiques suivantes (figure 28.13) :

- **L'épithélium superficiel de l'ovaire**, ou épithélium germinatif, est une couche de cellules épithéliales simples (cubiques ou pavimenteuses) qui recouvre l'ovaire et le met en continuité avec le péritoine. En fait, le terme *épithélium germinatif* est inapproprié, car les ovules ne proviennent pas de ce tissu, contrairement à ce qu'on avait cru initialement. On sait maintenant que les cellules germinales précurseurs des ovules naissent dans le sac vitellin et migrent vers les ovaires durant le développement embryonnaire.

- **L'albuginée** est une capsule blanchâtre de tissu conjonctif dense et irrégulier située immédiatement en dessous de l'épithélium superficiel de l'ovaire.

- Le **cortex de l'ovaire** est un peu plus profond que l'albuginée. Il est composé de follicules ovariques (décrits plus loin) entourés de tissu conjonctif irrégulier dense qui contient des myocytes lisses dispersés dans ce tissu de soutien.

- La **médulla de l'ovaire** est une région plus profonde que le cortex de l'ovaire. Quoique la frontière entre le cortex et la médulla soit imprécise, cette partie de l'ovaire se distingue par la présence de tissu conjonctif plus lâche renfermant des vaisseaux sanguins, des vaisseaux lymphatiques et des nerfs.

FIGURE 28.12 La position relative des ovaires, de l'utérus et des ligaments qui les soutiennent.

Les ligaments qui maintiennent les ovaires en place sont le mésovarium, le ligament propre de l'ovaire et le ligament suspenseur de l'ovaire.

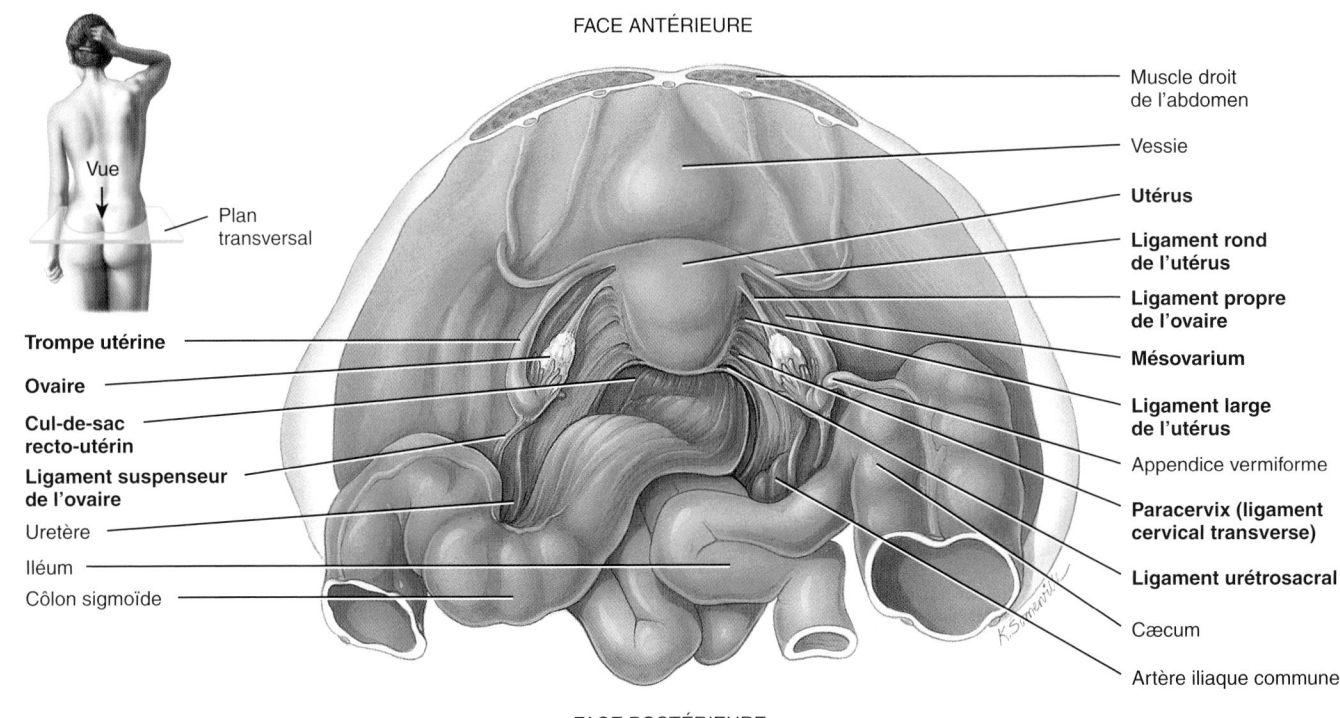

FACE ANTÉRIEURE

Vue
Plan transversal

Muscle droit de l'abdomen
Vessie
Utérus
Ligament rond de l'utérus
Ligament propre de l'ovaire
Mésovarium
Ligament large de l'utérus
Appendice vermiforme
Paracervix (ligament cervical transverse)
Ligament urétrosacral
Cæcum
Artère iliaque commune

Trompe utérine
Ovaire
Cul-de-sac recto-utérin
Ligament suspenseur de l'ovaire
Uretère
Iléum
Côlon sigmoïde

FACE POSTÉRIEURE

Vue supérieure d'une coupe transversale

 À quelles structures le mésovarium, le ligament propre de l'ovaire et le ligament suspenseur de l'ovaire fixent-ils l'ovaire ?

FIGURE 28.13 L'histologie de l'ovaire. Les flèches indiquent la séquence des étapes du développement qui président à la maturation d'un ovocyte durant le cycle ovarien.

 Les ovaires sont les gonades de la femme ; ils produisent des ovocytes haploïdes.

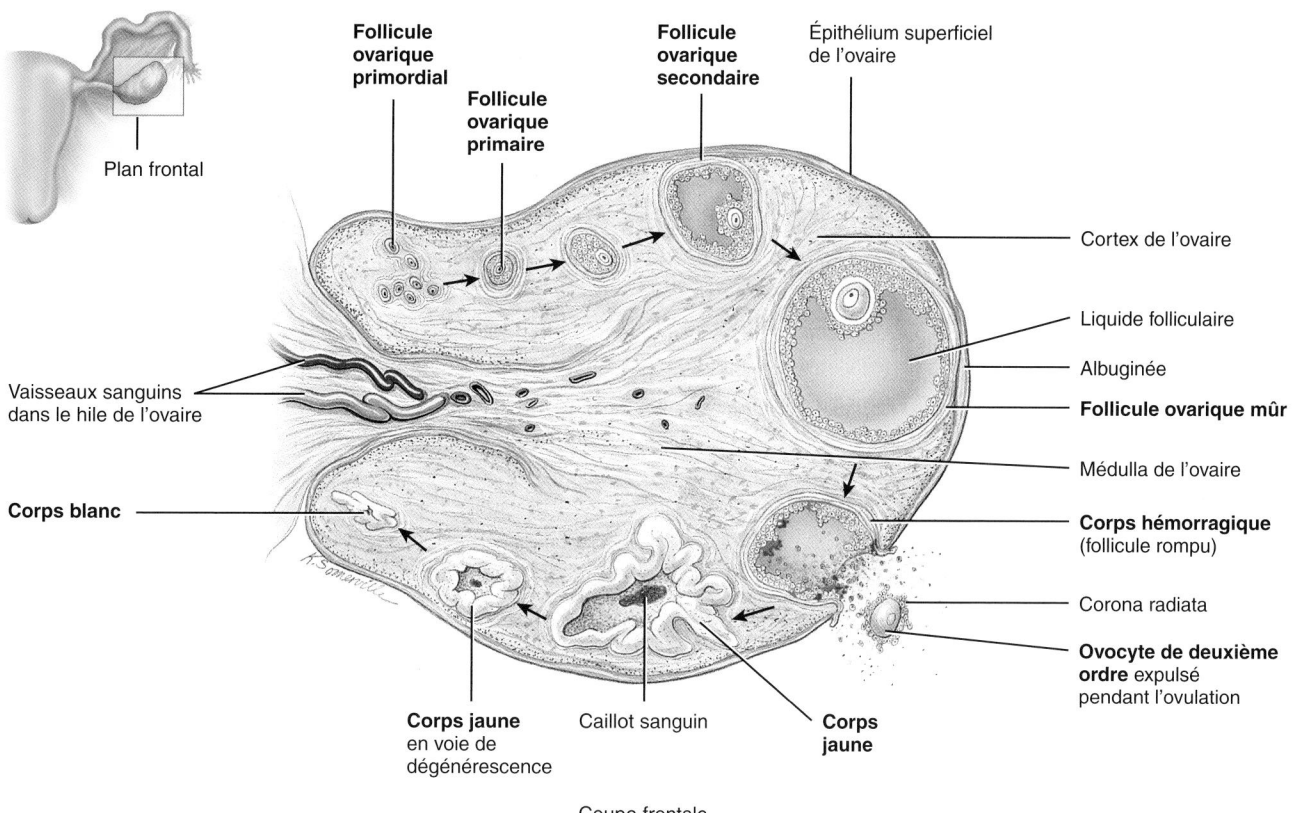

Coupe frontale

Q Quelles structures de l'ovaire contiennent du tissu endocrine, et quelles hormones sécrètent-elles ?

- Les **follicules ovariques** (*folliculus* : petit sac) sont enfouis dans le cortex de l'ovaire et se composent d'**ovocytes** en voie de développement entourés de cellules. Lorsque ces cellules ne forment qu'une seule couche, elles sont appelées **cellules folliculaires**, et lorsque leurs couches se multiplient au cours du développement, elles se transforment en **cellules granuleuses**. Cette enveloppe de cellules nourrit l'ovocyte immature et sécrète des œstrogènes à mesure que le follicule grossit.

- Le **follicule ovarique mûr**, ou follicule de De Graaf, est un gros follicule rempli de liquide, qui est prêt à se rompre et dont l'ovocyte de deuxième ordre sera expulsé durant l'**ovulation**.

- Le **corps jaune** contient les restes du follicule ovarique mûr après l'ovulation. Il produit de la progestérone, des œstrogènes, de la relaxine et de l'inhibine, puis dégénère et se transforme en un tissu cicatriciel fibreux appelé **corps blanc**.

L'ovogenèse et le développement folliculaire

L'**ovogenèse** (*ovum* : œuf) est la formation des gamètes dans les ovaires. Contrairement à la spermatogenèse qui démarre seulement à la puberté, l'ovogenèse commence chez la femme avant même la naissance. Elle se déroule essentiellement comme la spermatogenèse (figure 28.5), en faisant appel à la méiose (voir le chapitre 3)

et en assurant le développement et la maturation des cellules qui résultent de cette division.

Vers la sixième semaine du développement fœtal, les cellules germinales primordiales migrent du sac vitellin au cortex des ovaires. Là, elles se différencient en **ovogonies**. Celles-ci sont des cellules souches diploïdes (2*n*) qui se divisent par mitose pour former des millions de cellules souches. Même avant la naissance, la plupart de ces cellules dégénèrent lors d'un processus appelé **atrésie**. Seul un petit nombre d'ovogonies survivent, se mettent à grossir et deviennent des **ovocytes de premier ordre**, ou ovocytes I (également appelés ovocytes primaires). Ces ovocytes de premier ordre entrent en prophase de la méiose I durant le développement fœtal, mais la division s'arrête à ce stade et ne reprend qu'après la puberté. Durant toute la vie fœtale, chaque ovocyte de premier ordre s'entoure d'une couche unique de cellules folliculaires ; l'ensemble de cette structure forme un **follicule ovarique primordial** (figure 28.14a). À la naissance, chaque ovaire contient de 200 000 à 2 000 000 d'ovocytes de premier ordre et, de ce fait, autant de follicules ovariques primordiaux. À la puberté, il en reste encore 40 000 et, durant la période de procréation de la femme, seuls 400 d'entre eux deviennent matures et parviennent à l'ovulation. Les autres disparaissent par atrésie.

FIGURE 28.14 Les follicules ovariques. (a) Follicule ovarique primordial et follicule ovarique primaire dans le cortex de l'ovaire. (b) Follicule ovarique secondaire.

À mesure que le follicule ovarique croît, il sécrète du liquide folliculaire qui s'accumule dans une cavité appelée *antre folliculaire*.

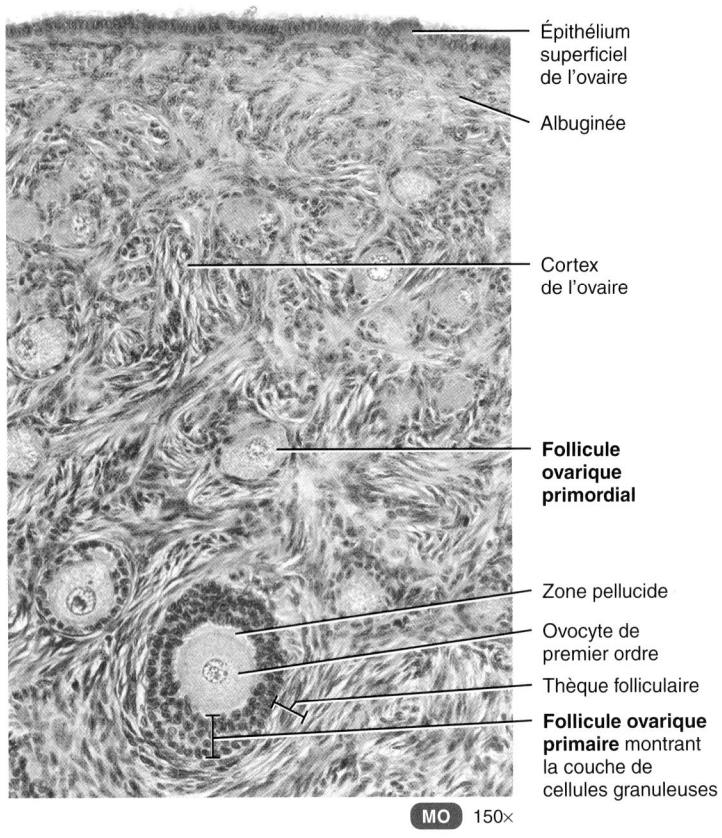

Épithélium superficiel de l'ovaire

Albuginée

Cortex de l'ovaire

Follicule ovarique primordial

Zone pellucide

Ovocyte de premier ordre

Thèque folliculaire

Follicule ovarique primaire montrant la couche de cellules granuleuses

MO 150×

(a) Photomicrographie du cortex de l'ovaire

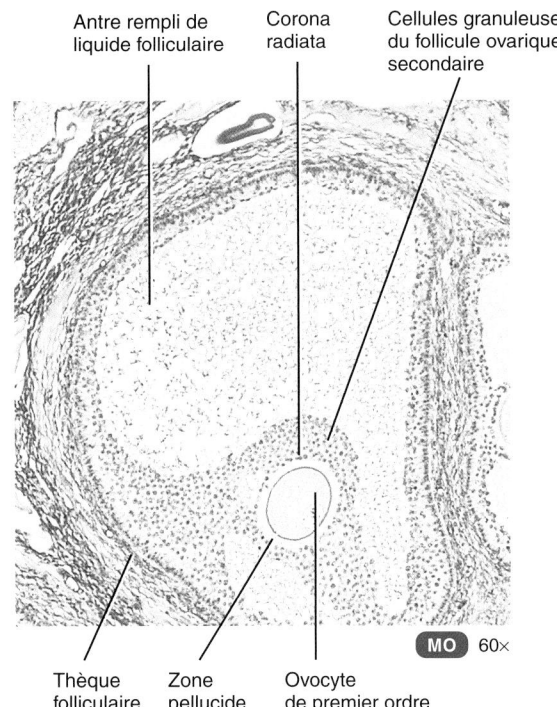

Antre rempli de liquide folliculaire

Corona radiata

Cellules granuleuses du follicule ovarique secondaire

MO 60×

Thèque folliculaire

Zone pellucide

Ovocyte de premier ordre

(b) Photomicrographie d'un follicule ovarique secondaire

 Q Quel est le destin de la plupart des follicules ovariques ?

Tous les mois, de la puberté à la ménopause, les gonadotrophines (FSH et LH) sécrétées par l'adénohypophyse stimulent la reprise de l'ovogenèse, de sorte que plusieurs follicules ovariques primoridaux reprennent leur développement ; normalement, un seul atteindra la maturité nécessaire pour l'ovulation. Sous l'influence de ces hormones, quelques follicules ovariques primordiaux commencent donc à croître, pour devenir des **follicules ovariques primaires** (figure 28.14a). Chaque follicule ovarique primaire est formé d'un ovocyte de premier ordre entouré de plusieurs couches de cellules cubiques et prismatiques appelées **cellules granuleuses**. À mesure qu'un follicule ovarique primaire croît, une couche claire de glycoprotéines, appelée **zone pellucide**, se forme entre l'ovocyte de premier ordre et les cellules granuleuses.

La couche la plus externe de cellules granuleuses repose sur une membrane basale qui s'entoure progressivement d'une **thèque folliculaire**, c'est-à-dire d'une enveloppe de tissu conjonctif. Le follicule ovarique primaire poursuit sa croissance et devient un **follicule ovarique secondaire**, tandis que la thèque se différencie en deux couches : 1) la **thèque interne**, une couche interne vascula-

risée de cellules sécrétrices cubiques ; et 2) la **thèque externe**, une couche externe de cellules de tissu conjonctif et de fibres de collagène. De plus, les cellules granuleuses commencent à sécréter du liquide folliculaire qui s'accumule dans l'**antre folliculaire**, une cavité située au centre du follicule ovarique secondaire. En outre, la couche la plus interne de cellules granuleuses se fixe solidement à la zone pellucide et devient alors la **corona radiata** (corona : couronne ; radiata : radiation ; figure 28.14b).

Le follicule secondaire continue à grossir et se transforme en un **follicule ovarique mûr**. Pendant qu'il se trouve dans ce follicule, l'ovocyte de premier ordre diploïde (2n) termine la méiose I, qui donne deux cellules haploïdes (n) de taille inégale, contenant chacune 23 chromosomes répliqués (possédant deux chromatides unies par un centromère) (figure 28.15). La plus petite cellule issue de la méiose I, appelée **globule polaire de premier ordre**, ou globule polaire I, consiste essentiellement en un amas de déchets de matière nucléaire. La plus grosse cellule est un **ovocyte de deuxième ordre**, ou ovocyte II (également appelé ovocyte secondaire) dans lequel se trouve la majeure partie du cytoplasme. Cet ovocyte de

FIGURE 28.15 L'ovogenèse. Les cellules diploïdes (2n) possèdent 46 chromosomes ; les cellules haploïdes (n) possèdent 23 chromosomes.

 Dans un ovocyte de deuxième ordre, la méiose II ne se termine que si la fécondation a lieu.

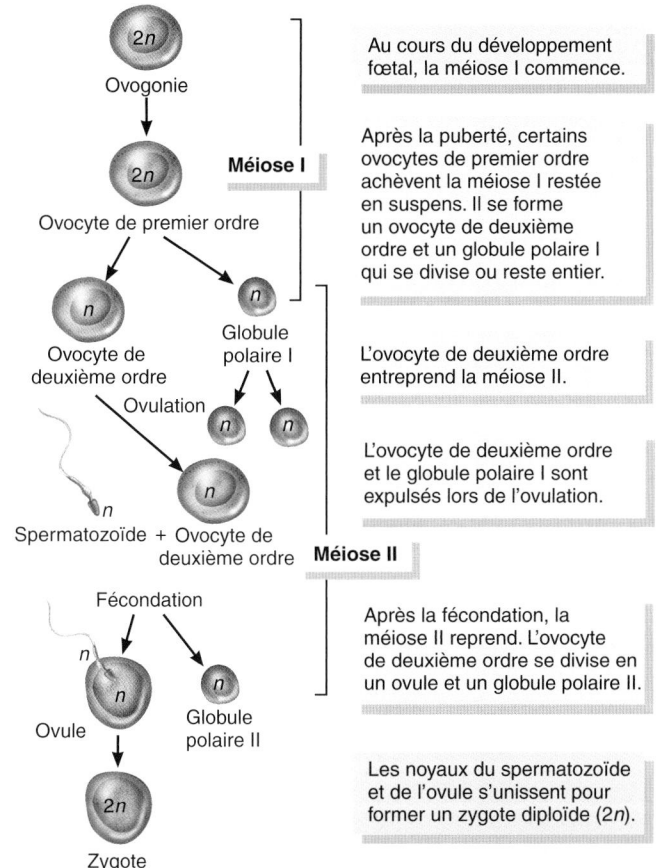

Au cours du développement fœtal, la méiose I commence.

Après la puberté, certains ovocytes de premier ordre achèvent la méiose I restée en suspens. Il se forme un ovocyte de deuxième ordre et un globule polaire I qui se divise ou reste entier.

L'ovocyte de deuxième ordre entreprend la méiose II.

L'ovocyte de deuxième ordre et le globule polaire I sont expulsés lors de l'ovulation.

Après la fécondation, la méiose II reprend. L'ovocyte de deuxième ordre se divise en un ovule et un globule polaire II.

Les noyaux du spermatozoïde et de l'ovule s'unissent pour former un zygote diploïde (2n).

Q Comparez l'âge d'un ovocyte de premier ordre chez la femme à l'âge d'un spermatocyte de premier ordre chez l'homme.

deuxième ordre entreprend alors la méiose II, mais celle-ci s'arrête à la métaphase. Peu de temps après, le follicule ovarique mûr se rompt et libère son ovocyte de deuxième ordre lors de l'**ovulation**.

Au cours de l'ovulation, un ovocyte de deuxième ordre est expulsé dans la cavité pelvienne, avec le globule polaire I et la corona radiata. Ces cellules sont normalement captées par la trompe utérine. Si la fécondation n'a pas lieu, les cellules dégénèrent. En revanche, la méiose II reprend si des spermatozoïdes atteignent la trompe utérine et que l'un d'eux pénètre dans l'ovocyte de deuxième ordre. À l'issue de la fécondation, l'ovocyte de deuxième ordre se divise en deux cellules haploïdes (n) de taille inégale contenant chacune 23 chromosomes simples. La plus grosse de ces cellules est l'**ovule**, c'est-à-dire l'œuf mature, et la plus petite est le **globule polaire de deuxième ordre**, ou globule polaire II. Les noyaux du spermatozoïde et de l'ovule s'unissent ensuite pour former un **zygote** diploïde (2n). Si le globule polaire I se divise (ce qui n'est pas toujours le cas), il forme à son tour deux globules polaires II. Ainsi, l'ovocyte de premier ordre donnera naissance à quatre cellules dont trois globules polaires haploïdes (n), tous appelés à dégé-

nérer, et un ovule haploïde (n). En conclusion, un ovocyte de premier ordre donne donc naissance à un seul gamète (un ovule). Rappelons qu'au contraire, un spermatocyte primaire chez l'homme produit quatre gamètes fonctionnels (spermatozoïdes).

Le tableau 28.1 résume le déroulement de l'ovogenèse et du développement folliculaire.

LES KYSTES DE L'OVAIRE

Un **kyste de l'ovaire** est une excroissance remplie de liquide qui se trouve à la surface ou à l'intérieur de l'ovaire. Généralement non cancéreux, ces kystes sont relativement fréquents et disparaissent souvent d'eux-mêmes. Les kystes cancéreux touchent plus souvent les femmes de plus de 40 ans. Les kystes de l'ovaire peuvent causer les symptômes suivants : compression, douleur sourde ou sensation de plénitude dans l'abdomen ; douleur pendant les rapports sexuels ; cycle menstruel retardé, douloureux ou irrégulier ; apparition subite d'une douleur vive dans le bas de l'abdomen ; et saignements vaginaux. La plupart des kystes de l'ovaire ne requièrent aucun traitement, mais il est parfois nécessaire d'enlever les plus volumineux (plus de 5 cm) par voie chirurgicale. ■

▶ **POINT DE CONTRÔLE**

14. Comment les ovaires sont-ils maintenus en place dans la cavité pelvienne ?

15. Décrivez la structure microscopique et la fonction d'un ovaire.

16. Décrivez les principales étapes de l'ovogenèse.

LES TROMPES UTÉRINES

La femme possède deux **trompes utérines**, aussi appelées trompes de Fallope, situées de part et d'autre de l'utérus (figure 28.16). Enfouis dans les plis des ligaments larges de l'utérus, ces tubes mesurent environ 10 cm de long. Ils permettent aux spermatozoïdes d'atteindre un ovocyte de deuxième ordre et transportent les ovocytes de deuxième ordre et les ovules fécondés des ovaires jusqu'à l'utérus. La portion en forme d'entonnoir de chaque trompe, appelée **infundibulum**, est située près de l'ovaire, mais s'ouvre dans la cavité pelvienne. Elle est bordée de projections digitiformes appelées **franges de la trompe** dont l'une est fixée à l'extrémité externe de l'ovaire. À partir de l'infundibulum, la trompe utérine s'étend vers le plan médian du corps, puis descend et se fixe à l'angle supérieur externe de l'utérus. L'**ampoule de la trompe utérine** est sa portion la plus large et la plus longue, puisqu'elle constitue les deux tiers externes de sa longueur. L'**isthme de la trompe utérine** est une structure courte et étroite à paroi épaisse qui est plus médiale et s'ouvre dans l'utérus.

Sur le plan histologique, les trompes utérines comprennent trois couches : la muqueuse interne, la musculeuse et la séreuse. La muqueuse interne est formée d'épithélium et de chorion (tissu conjonctif aréolaire). L'épithélium simple contient des cellules prismatiques ciliées, agissant comme un « tapis roulant », qui facilitent le mouvement de l'ovule fécondé (ou de l'ovocyte de deuxième ordre) dans la trompe utérine vers l'utérus, et des cellules non ciliées dotées de microvillosités qui sécrètent un liquide nourrissant l'ovule (figure 28.17). La couche moyenne est une musculeuse formée d'un épais anneau interne de tissu musculaire lisse

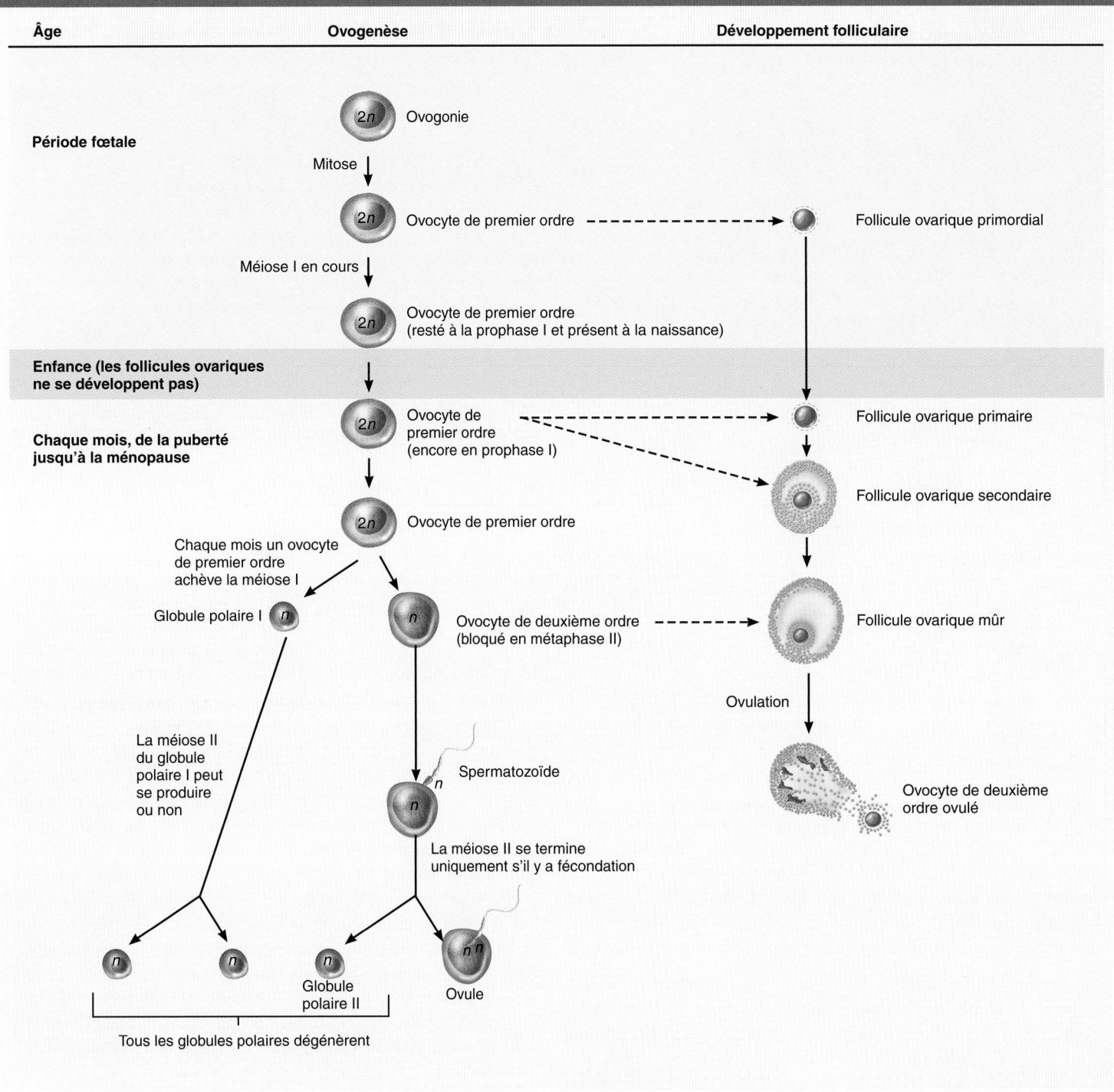

et d'une région externe mince composée de tissu musculaire lisse longitudinal. Les contractions péristaltiques de la musculeuse et les mouvements ciliaires de la muqueuse aident l'ovocyte ou l'ovule fécondé à progresser vers l'utérus. La couche externe des trompes utérines est une séreuse.

Les courants locaux produits par les mouvements des franges de la trompe utérine, qui entourent l'ovaire pendant l'ovulation, propulsent l'ovocyte de deuxième ordre ovulé de la cavité pelvienne jusqu'à la trompe utérine. Normalement, un spermatozoïde

atteint et féconde l'ovocyte de deuxième ordre dans l'ampoule de la trompe utérine, mais cette rencontre peut également se produire dans la cavité pelvienne. La fécondation peut survenir à tout moment dans les 24 h suivant l'ovulation. Quelques heures après la fécondation, la matière nucléaire de l'ovule haploïde et celle du spermatozoïde, haploïde lui aussi, s'unissent; l'ovule fécondé diploïde est maintenant un **zygote**. Celui-ci entreprend la division cellulaire tout en se déplaçant vers l'utérus. Il atteint l'utérus six à sept jours après l'ovulation.

FIGURE 28.16 Les trompes utérines en rapport avec les ovaires, l'utérus et les structures adjacentes.
Du côté gauche de la figure, la trompe utérine et l'utérus ont été sectionnés pour montrer les structures internes.

Après l'ovulation, un ovocyte de deuxième ordre et sa corona radiata progressent de la cavité pelvienne vers l'infundibulum de la trompe utérine. L'utérus est le siège de la menstruation, de l'implantation d'un ovule fécondé, du développement du fœtus ainsi que de l'accouchement.

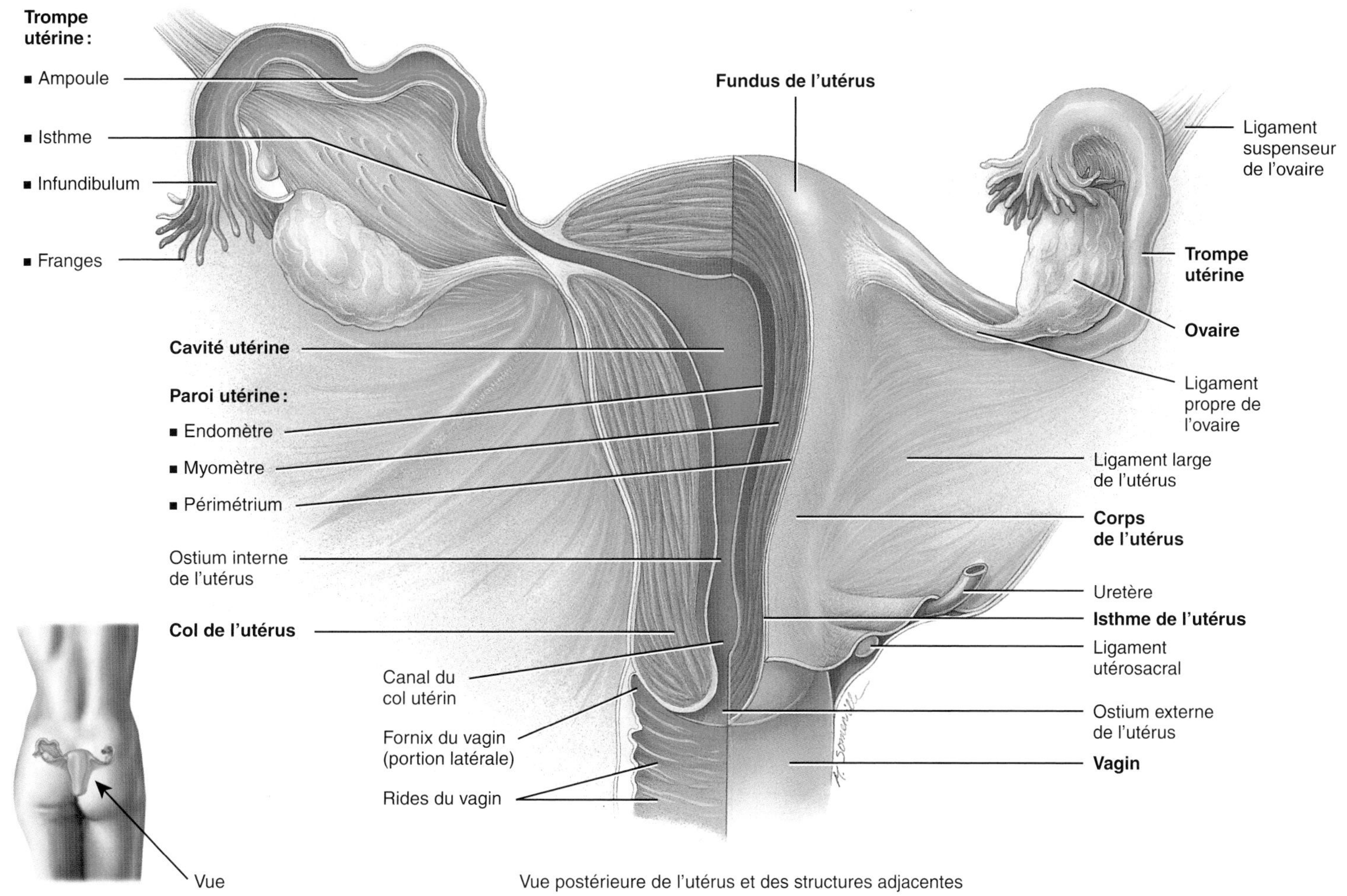

Trompe utérine :
- Ampoule
- Isthme
- Infundibulum
- Franges

Fundus de l'utérus

Ligament suspenseur de l'ovaire

Trompe utérine

Ovaire

Ligament propre de l'ovaire

Cavité utérine

Paroi utérine :
- Endomètre
- Myomètre
- Périmétrium

Ostium interne de l'utérus

Col de l'utérus

Ligament large de l'utérus

Corps de l'utérus

Uretère

Isthme de l'utérus

Ligament utérosacral

Ostium externe de l'utérus

Vagin

Canal du col utérin

Fornix du vagin (portion latérale)

Rides du vagin

Vue

Vue postérieure de l'utérus et des structures adjacentes

Q Où se déroule habituellement la fécondation ?

L'UTÉRUS

L'**utérus** est un organe que parcourent les spermatozoïdes déposés dans le vagin, pendant qu'ils cheminent vers les trompes utérines. L'utérus constitue également le siège de l'implantation de l'ovule fécondé, du développement du fœtus pendant la grossesse, et il participe à l'accouchement. Si le zygote ne s'implante pas au cours d'un cycle de reproduction, l'utérus est la source du flux menstruel.

L'anatomie de l'utérus

Situé entre la vessie et le rectum, l'utérus a la taille et la forme d'une poire reposant sur la pointe (figure 28.16). Sa taille varie selon les étapes de la vie sexuelle de la femme. Chez celle qui n'a jamais été enceinte, l'utérus mesure environ 7,5 cm de long, 5 cm de large et 2,5 cm d'épaisseur ; il est plus gros chez la femme qui

a porté un enfant, et il est plus petit (atrophié) lorsque les concentrations d'hormones sexuelles diminuent, comme cela se produit après la ménopause.

Les divisions anatomiques de l'utérus sont : 1) le **fundus de l'utérus**, qui correspond à la partie supérieure arrondie, située au-dessus des trompes utérines ; 2) le **corps de l'utérus**, sa portion centrale effilée ; et 3) le **col de l'utérus**, sa partie inférieure étroite qui s'ouvre dans le vagin. Situé entre le corps et le col de l'utérus, l'**isthme de l'utérus** est une région rétrécie mesurant environ 1 cm de long. L'intérieur du corps de l'utérus se nomme **cavité utérine**, et l'intérieur du col de l'utérus est appelé **canal du col utérin**. Ce canal communique avec la cavité utérine par l'**ostium interne de l'utérus** (*ostium* : porte) et avec le vagin par l'**ostium externe de l'utérus**.

FIGURE 28.17 L'histologie de la trompe utérine.

Les contractions péristaltiques de la musculeuse et le mouvement des cils de la muqueuse des trompes utérines aident l'ovocyte de deuxième ordre ou l'ovule fécondé à progresser vers l'utérus.

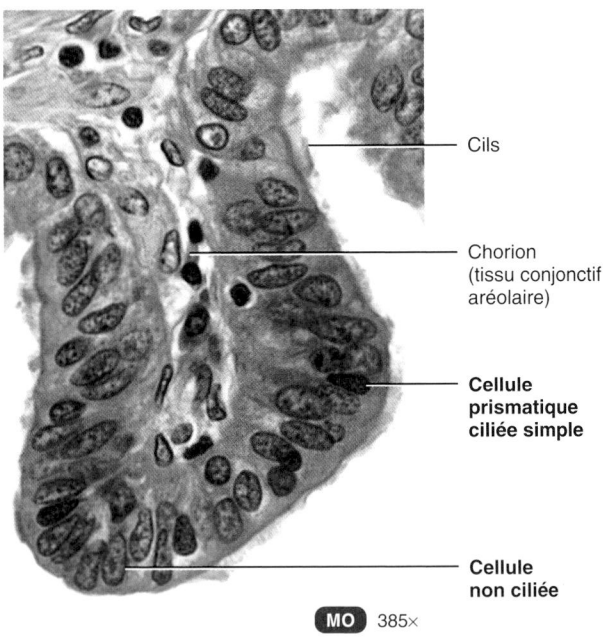

Cils

Chorion (tissu conjonctif aréolaire)

Cellule prismatique ciliée simple

Cellule non ciliée

MO 385×

(a) Photomicrographie d'une section de l'épithélium

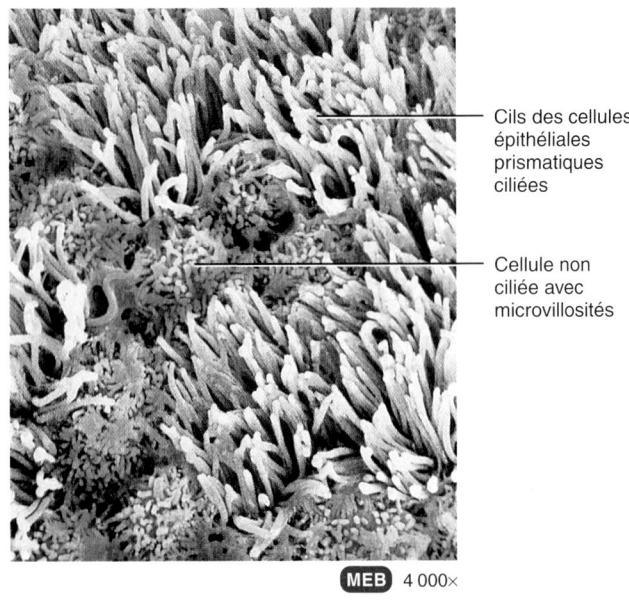

Cils des cellules épithéliales prismatiques ciliées

Cellule non ciliée avec microvillosités

MEB 4 000×

(b) Photomicrographie de la surface de l'épithélium

 Quels types de cellules tapissent les trompes utérines?

Normalement, le corps de l'utérus s'avance au-dessus de la vessie dans une position appelée **antéversion** – il est donc incliné vers l'avant, de sorte que le col de l'utérus pointe vers le bas et l'arrière et communique avec la paroi antérieure du vagin en faisant un angle presque droit (figure 28.11). Plusieurs ligaments, dont cer-tains sont des prolongements du péritoine pariétal et d'autres des cor-dons fibromusculaires, maintiennent l'utérus en place (figure 28.12). Les **ligaments larges de l'utérus** pairs sont deux replis périto-néaux qui fixent l'utérus aux bords latéraux de la cavité pelvienne. Situés de chaque côté du rectum, les **ligaments utérosacraux** pairs sont des prolongements du péritoine qui relient l'utérus au sacrum. Les **paracervix**, ou ligaments cervicaux transverses, se trouvent en dessous de la base des ligaments larges et s'étendent de la paroi pelvienne au col de l'utérus et au vagin. Les **ligaments ronds de l'utérus** sont des bandes de tissu conjonctif fibreux situées entre les couches du ligament large; ils sont tendus d'un point de l'utérus situé juste en dessous des trompes utérines jusqu'à une partie des grandes lèvres de la vulve. Bien qu'ils maintiennent l'utérus en antéversion, les ligaments laissent au corps de l'utérus assez de liberté de mouvement, ce qui explique pourquoi cet organe adopte parfois une mauvaise position. Par exemple, lorsqu'il s'infléchit vers l'arrière, on dit qu'il se trouve en **rétroversion** (*retro*: en arrière). Sans danger, ces changements s'observent sans raison par-ticulière, quoiqu'ils surviennent parfois après un accouchement ou à la suite d'un kyste ovarien.

LE PROLAPSUS UTÉRIN

Un état appelé **prolapsus utérin** résulte généralement de l'affai-blissement des ligaments de soutien et des muscles pelviens. L'origine de cette défaillance est multiple puisqu'elle est associée à l'âge ou à la maladie, à des traumatismes consécutifs à un accouchement par voie vaginale, à une pression constante causée par la toux ou des selles difficiles, ou encore à une tumeur pelvienne. Le prolapsus utérin peut être de *premier degré* (*léger*), le col de l'utérus demeure dans le vagin; de *deuxième degré* (*marqué*), le col de l'utérus fait saillie à l'extérieur du vagin; de *troisième degré* (*complet*), l'utérus en entier fait saillie à l'exté-rieur du vagin. Selon le degré du prolapsus, le traitement peut compor-ter des exercices pelviens, un régime alimentaire si la personne souffre d'embonpoint, la prise d'un laxatif émollient pour diminuer l'effort pen-dant la défécation, l'installation d'un pessaire (dispositif introduit dans le vagin et placé autour du col de l'utérus pour aider à le remonter) ou une intervention chirurgicale. ■

L'histologie de l'utérus

D'un point de vue histologique, l'utérus comprend trois couches de tissu: le périmétrium, le myomètre et l'endomètre (figure 28.18). La couche externe, appelée **périmétrium** (*peri*: autour; *mêtra*: matrice), est une séreuse qui fait partie du péritoine viscéral; il est composé d'épithélium pavimenteux simple et de tissu conjonctif aréolaire. Il se prolonge latéralement pour former le ligament large de l'utérus. Antérieurement, il recouvre la vessie et forme une poche peu profonde appelée **cul-de-sac vésico-utérin** (*vesica*: ves-sie; figure 28.11). Postérieurement, il recouvre le rectum et forme une poche profonde, le **cul-de-sac recto-utérin**, qui constitue le point le plus inférieur de la cavité pelvienne.

La couche moyenne de l'utérus, appelée **myomètre** (*myo*: muscle), se compose de trois feuillets de myocytes lisses; son épais-seur diminue à partir du fundus de l'utérus jusqu'au col de l'uté-rus. Sa couche moyenne plus épaisse est circulaire; ses couches interne et externe sont longitudinales ou obliques. Pendant l'accou-chement, les contractions coordonnées produites par le myomètre

FIGURE 28.18 L'histologie de l'utérus.

Les trois couches de l'utérus sont, de la plus superficielle à la plus profonde, le périmétrium (séreuse), le myomètre et l'endomètre.

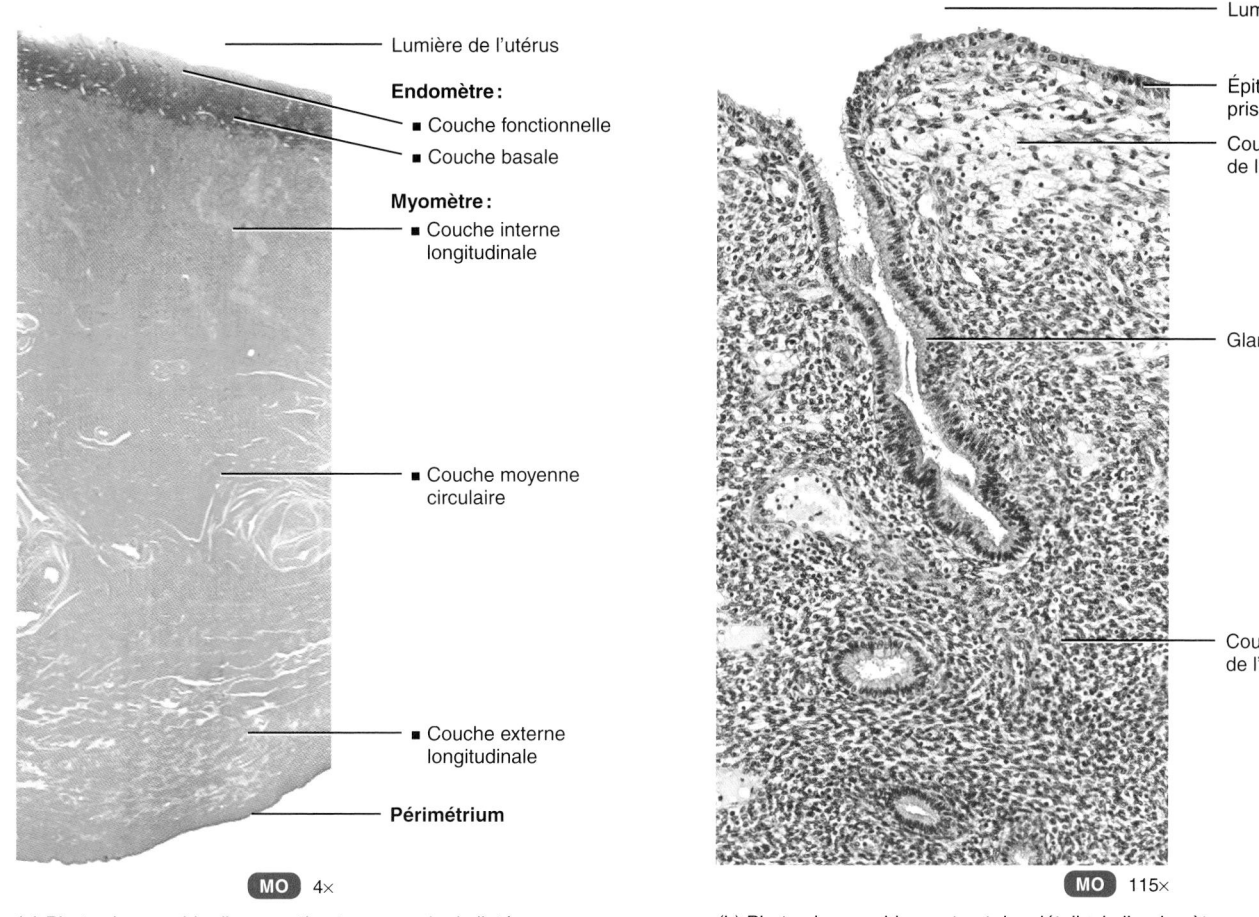

(a) Photomicrographie d'une section transversale de l'utérus

(b) Photomicrographie montrant des détails de l'endomètre

Q En quoi la structure de l'endomètre et du myomètre est-elle adaptée à leurs fonctions?

en réponse à l'ocytocine libérée par la neurohypophyse favorisent l'expulsion du fœtus de l'utérus.

La tunique interne de l'utérus, appelée **endomètre** (*endon*: en dedans), est très vascularisée et comporte trois sortes de tissus: 1) un épithélium prismatique simple (cellules ciliées et sécrétrices) recouvre sa lumière; 2) un stroma sous-jacent très épais composé de tissu conjonctif aréolaire; 3) des glandes utérines qui s'invaginent depuis l'épithélium et s'enfoncent jusqu'en bordure du myomètre. L'endomètre se compose de deux couches. La **couche fonctionnelle de l'endomètre** tapisse la cavité de l'utérus et se desquame au cours de la menstruation. La **couche basale** est permanente et élabore une nouvelle couche fonctionnelle après chaque menstruation.

L'irrigation sanguine de l'utérus est assurée par des branches de l'artère iliaque interne appelées **artères utérines** (figure 28.19). Des ramifications de ces artères, les **artères arquées**, sont disposées en cercle dans le myomètre où elles donnent naissance aux **artères radiales**, qui pénètrent profondément dans cette couche musculaire. Juste avant d'entrer dans l'endomètre, ces rameaux se

divisent en deux pour donner naissance aux artérioles droites et aux artérioles spiralées. Les **artérioles droites** fournissent à la couche basale les substances dont elle a besoin pour élaborer une nouvelle couche fonctionnelle. Quant aux **artérioles spiralées**, elles irriguent la couche fonctionnelle et subissent d'importantes transformations durant le cycle menstruel. Le sang qui sort de l'utérus est drainé par les **veines utérines** jusque dans les veines iliaques internes. L'abondante vascularisation de l'utérus est essentielle à la croissance d'une nouvelle couche fonctionnelle après la menstruation, à l'implantation d'un ovule fécondé et à la formation du placenta.

La glaire cervicale

Les cellules sécrétrices de la muqueuse du col de l'utérus produisent la **glaire cervicale**, un mélange d'eau, de glycoprotéines, de lipides, d'enzymes et de sels inorganiques. La femme en âge de procréer sécrète quotidiennement de 20 à 60 mL de glaire cervicale. Au moment de l'ovulation, la glaire cervicale accueille plus facilement les spermatozoïdes, car elle est moins visqueuse et plus alcaline

Les artérioles droites fournissent les substances nécessaires à la régénération de la couche fonctionnelle de l'endomètre.

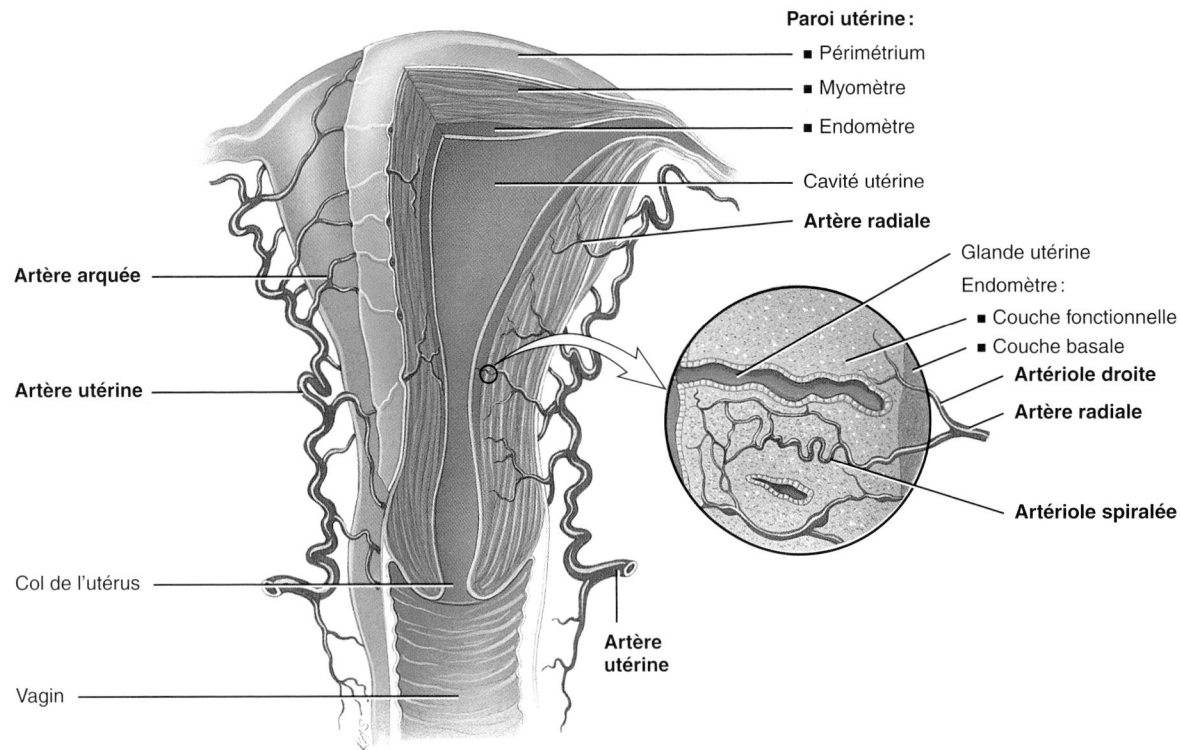

Vue antérieure de l'utérus (côté gauche partiellement sectionné)

 Quelle est l'importance fonctionnelle de la couche basale de l'endomètre?

(pH de 8,5); le reste du temps, elle forme un bouchon qui empêche les spermatozoïdes d'entrer. La glaire cervicale apporte un supplément d'énergie aux spermatozoïdes. Le col de l'utérus et la glaire cervicale protègent également les spermatozoïdes de l'action des phagocytes et des agressions du milieu vaginal et de l'utérus. La glaire cervicale peut également jouer un rôle dans la *capacitation*, c'est-à-dire la série de transformations fonctionnelles que subissent les spermatozoïdes dans les voies génitales féminines avant de pouvoir féconder un ovocyte de deuxième ordre. La capacitation augmente la puissance des battements du flagelle des spermatozoïdes et prépare la fusion de la membrane plasmique des spermatozoïdes avec celle de l'ovocyte.

L'HYSTÉRECTOMIE

L'**hystérectomie** (*hustera* : utérus) est l'ablation chirurgicale de l'utérus; il s'agit de l'intervention gynécologique la plus fréquente. Il est nécessaire de pratiquer cette intervention chez les femmes qui souffrent de léiomyomes (tumeurs non cancéreuses formées de tissu musculaire et fibreux), d'endométriose, de maladies inflammatoires pelviennes, de kystes ovariens récurrents ou de saignements utérins trop abondants. L'hystérectomie s'impose également en cas de cancer du col de l'utérus, de l'utérus ou des ovaires. Dans l'*hystérectomie subtotale*, on retire le corps de l'utérus, mais le col de l'utérus reste en place. Dans

l'*hystérectomie totale*, on procède à la résection du corps et du col. L'*hystérectomie élargie* comprend l'ablation du corps et du col de l'utérus, des trompes utérines, des ovaires (dans certains cas), de la partie supérieure du vagin, des nœuds lymphatiques pelviens et de certaines structures de soutien, comme les ligaments. Une hystérectomie peut être pratiquée par une incision dans la paroi abdominale ou par voie vaginale. ■

▶ POINT DE CONTRÔLE

17. Où se trouvent les trompes utérines? Quelle est leur fonction?

18. Quelles sont les principales parties de l'utérus? Où sont-elles situées les unes par rapport aux autres?

19. Décrivez la disposition des ligaments qui maintiennent l'utérus en position normale.

20. Décrivez l'histologie de l'utérus.

21. Pourquoi est-il important que l'utérus soit abondamment vascularisé?

LE VAGIN

Le **vagin** est un tube fibromusculaire de 10 cm de long tapissé d'une muqueuse qui s'étend de l'extérieur du corps jusqu'au col de l'utérus (figures 28.11 et 28.16). Il reçoit le pénis pendant le coït et sert de passage pour le flux menstruel et l'accouchement. Situé entre la vessie et le rectum, le vagin est orienté vers le haut et l'arrière, où il s'attache à l'utérus. Un cul-de-sac appelé **fornix du vagin** (*fornix* : voûte) entoure le point d'attache du vagin au col de l'utérus. Inséré correctement, un diaphragme servant à la contraception repose sur le fornix du vagin et recouvre le col de l'utérus.

La **muqueuse** du vagin est en continuité avec celle de l'utérus. Sur le plan histologique, elle se compose d'un épithélium pavimenteux stratifié non kératinisé et de tissu conjonctif aréolaire enfoui dans une série de plis transverses appelés **rides du vagin**. Les cellules dendritiques de la muqueuse sont des cellules présentatrices d'antigènes (décrites à la page 887). Malheureusement, elles participent aussi à la transmission de virus comme le VIH (qui cause le sida) d'un homme séropositif à une femme pendant un rapport sexuel. La muqueuse du vagin emmagasine d'abondantes quantités de glycogène qui se dégrade pour produire des acides carboxyliques, ou acides organiques. L'acidité qui en résulte retarde la croissance de microorganismes, mais elle est également nocive pour les spermatozoïdes. Les composantes alcalines du sperme, qui lui viennent principalement des vésicules séminales, élèvent le pH des sécrétions vaginales et augmentent ainsi la viabilité des spermatozoïdes.

La **musculeuse** du vagin est formée d'une couche circulaire externe et d'une couche longitudinale interne de myocytes lisses, dont la grande élasticité permet l'entrée du pénis pendant le coït et le passage du bébé pendant l'accouchement.

L'**adventice** du vagin est une couche superficielle de tissu conjonctif aréolaire ; elle ancre le vagin aux organes adjacents (urètre et vessie à l'avant, rectum et canal anal à l'arrière).

Un mince repli muqueux vascularisé, appelé **hymen**, borde et ferme partiellement l'extrémité inférieure de l'**ostium du vagin**, ouverture du vagin sur l'extérieur (figure 28.20). L'**imperforation de l'hymen** est une fermeture complète de l'ostium du vagin, qu'il est parfois nécessaire de corriger par une intervention chirurgicale visant à ouvrir l'ostium pour permettre l'écoulement du flux menstruel.

LA VULVE

Le terme **vulve** désigne l'ensemble des organes génitaux externes de la femme (figure 28.20). La vulve comprend les éléments suivants :

- Le **mont du pubis**, situé en avant des ostiums du vagin et de l'urètre, est une proéminence de tissu adipeux recouvert de peau et de poils pubiens épais, qui coussine la symphyse pubienne.

- Les **grandes lèvres**, deux replis longitudinaux de peau, s'étendent vers le bas et l'arrière à partir du mont du pubis. Recouvertes de poils pubiens, les grandes lèvres sont riches en tissu adipeux, en glandes sébacées et en glandes sudoripares apocrines (*sudor* : sueur). Elles sont homologues du scrotum.

- Les **petites lèvres** sont deux replis cutanés plus minces à l'intérieur des grandes lèvres. Contrairement aux grandes lèvres, les petites lèvres sont dépourvues de poils et de tissu adipeux ; elles contiennent peu de glandes sudoripares, mais beaucoup de glandes sébacées. Les petites lèvres dérivent des mêmes tissus embryonnaires donnant la partie spongieuse de l'urètre chez l'homme.

- Le **clitoris** est une petite masse cylindrique composée de tissu érectile et de nerfs, qui est située à la jonction antérieure des petites lèvres. Un repli cutané appelé **prépuce du clitoris** recouvre le corps du clitoris au point d'union des petites lèvres. La partie exposée du clitoris est le **gland du clitoris**. Dérivant des mêmes tissus embryonnaires que ceux du gland du pénis chez l'homme, le clitoris réagit également à la stimulation tactile, qui déclenche l'apport de sang dans les tissus érectiles, ce qui contribue à l'excitation sexuelle chez la femme.

- Le **vestibule du vagin** est la région située entre les petites lèvres. Il renferme l'hymen (s'il est intact), l'ostium du vagin, l'ostium externe de l'urètre et les orifices des conduits de plusieurs glandes. Le vestibule provient également des mêmes tissus embryonnaires que ceux de la partie membranacée de l'urètre chez l'homme. L'**ostium du vagin** permet à cet organe de s'ouvrir sur l'extérieur et occupe la majeure partie du vestibule ; il est bordé de l'hymen. En avant de l'ostium du vagin et en arrière du clitoris, on trouve l'**ostium externe de l'urètre**, qui fait communiquer l'urètre avec l'extérieur. De part et d'autre de l'ostium externe de l'urètre se trouvent les orifices des conduits des **glandes para-urétrales**. Ces glandes sécrètent du mucus et sont enfouies dans la paroi de l'urètre. Les glandes para-urétrales dérivent des mêmes tissus embryonnaires que ceux de la prostate. De chaque côté de l'ostium du vagin, on observe les **glandes vestibulaires majeures** (glandes de Bartholin) (figure 28.21), qui s'ouvrent par des conduits sur une rainure séparant l'hymen des petites lèvres. Durant l'excitation sexuelle et le coït, ces glandes produisent une petite quantité de mucus qui s'ajoute à la glaire cervicale et accentue la lubrification. Les glandes vestibulaires majeures sont formées à partir des mêmes tissus embryonnaires que ceux des glandes bulbo-urétrales chez l'homme. Plusieurs **glandes vestibulaires mineures** s'ouvrent également sur le vestibule du vagin. Ces glandes sécrètent un mucus qui humidifie les lèvres et le vestibule.

- Le **bulbe du vestibule** (figure 28.21), composé de deux masses allongées de tissu érectile sous-jacentes aux lèvres, est situé de part et d'autre de l'ostium du vagin. Ces structures se remplissent de sang durant l'excitation sexuelle, ce qui resserre l'orifice vaginal et crée une pression sur le pénis pendant le coït. Le bulbe du vestibule dérive des mêmes tissus embryonnaires que ceux du corps spongieux et du bulbe du pénis chez l'homme.

Le tableau 28.2 résume les structures du système génital de la femme dérivées des mêmes tissus embryonnaires que du système génital de l'homme.

LE PÉRINÉE

Le **périnée** est une région anatomique comprise entre les organes génitaux externes et l'anus. Chez la femme comme chez l'homme, cette région forme un losange dont les côtés sont délimités en avant par les organes génitaux ; sur les côtés, par l'intérieur des cuisses ; et en arrière, par le coccyx (figure 28.21). Plus précisément, il est circonscrit à l'avant par la symphyse pubienne ; sur les côtés, par

FIGURE 28.20 Les structures anatomiques de la vulve.

Le terme vulve désigne l'ensemble des organes génitaux externes de la femme.

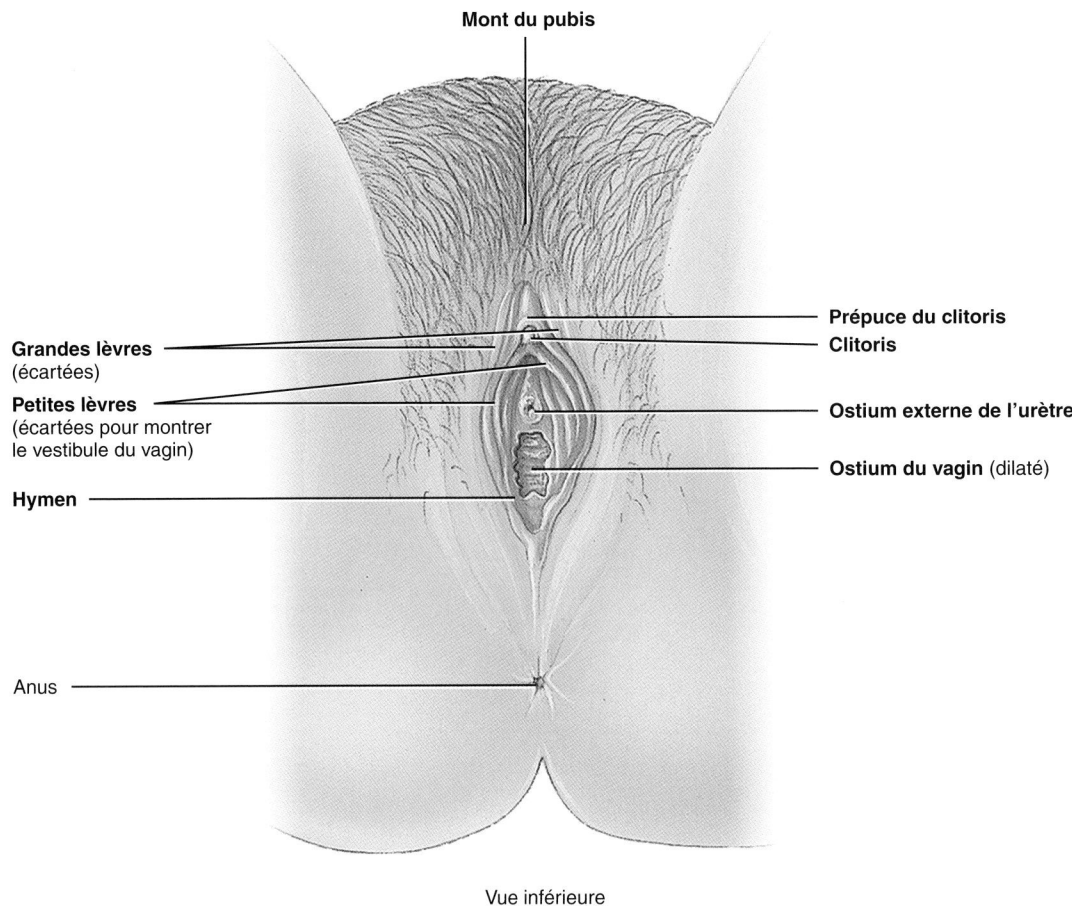

Mont du pubis

Prépuce du clitoris

Clitoris

Grandes lèvres (écartées)

Petites lèvres (écartées pour montrer le vestibule du vagin)

Ostium externe de l'urètre

Ostium du vagin (dilaté)

Hymen

Anus

Vue inférieure

Q Quelles sont les structures de surface situées à l'avant de l'ostium du vagin ? Quelles sont celles situées de chaque côté ?

les tubérosités ischiatiques ; et à l'arrière, par le coccyx. Si on divise le périnée en traçant une ligne transversale entre les tubérosités ischiatiques, on obtient le **triangle urogénital** antérieur qui comprend les organes génitaux externes et un **triangle anal** postérieur qui abrite l'anus.

L'ÉPISIOTOMIE

Pendant l'accouchement, la pression exercée par la tête du bébé étire fortement le périnée. Dans le but de prévenir un étirement excessif des tissus, voire les déchirures de cette région, le médecin pratique parfois une **épisiotomie** (*epision* : pubis ; *tomê* : section). Cette intervention consiste à inciser le périnée, à l'aide de ciseaux chirurgicaux, selon une ligne médiane ou un angle d'environ 45°. Dans les faits, cette incision facilite la sortie du fœtus en agrandissant l'orifice vulvaire, tout en prévenant les déchirures irrégulières susceptibles de survenir lors du passage du fœtus. Il est plus facile de suturer une incision droite et franche que des tissus déchirés et endommagés. L'incision est refermée couche par couche à l'aide de points de suture qui fondent en quelques semaines, ce qui évite à la nouvelle maman de les faire enlever. ■

TABLEAU 28.2 RÉSUMÉ DES STRUCTURES DU SYSTÈME GÉNITAL DE LA FEMME DÉRIVÉES DES MÊMES TISSUS EMBRYONNAIRES QUE CEUX DU SYSTÈME GÉNITAL DE L'HOMME

STRUCTURES CHEZ LA FEMME	STRUCTURES CHEZ L'HOMME
Ovaires	Testicules
Ovule	Spermatozoïde
Grandes lèvres	Scrotum
Petites lèvres	Partie spongieuse de l'urètre
Vestibule du vagin	Partie membranacée de l'urètre
Bulbe du vestibule	Corps spongieux du pénis et bulbe du pénis
Clitoris	Gland du pénis
Glandes para-urétrales	Prostate
Glandes vestibulaires majeures	Glandes bulbo-urétrales

FIGURE 28.21 Le périnée de la femme. (Le périnée de l'homme est illustré à la figure 11.13.)

Le périnée est une région en forme de losange qui contient le triangle urogénital et le triangle anal.

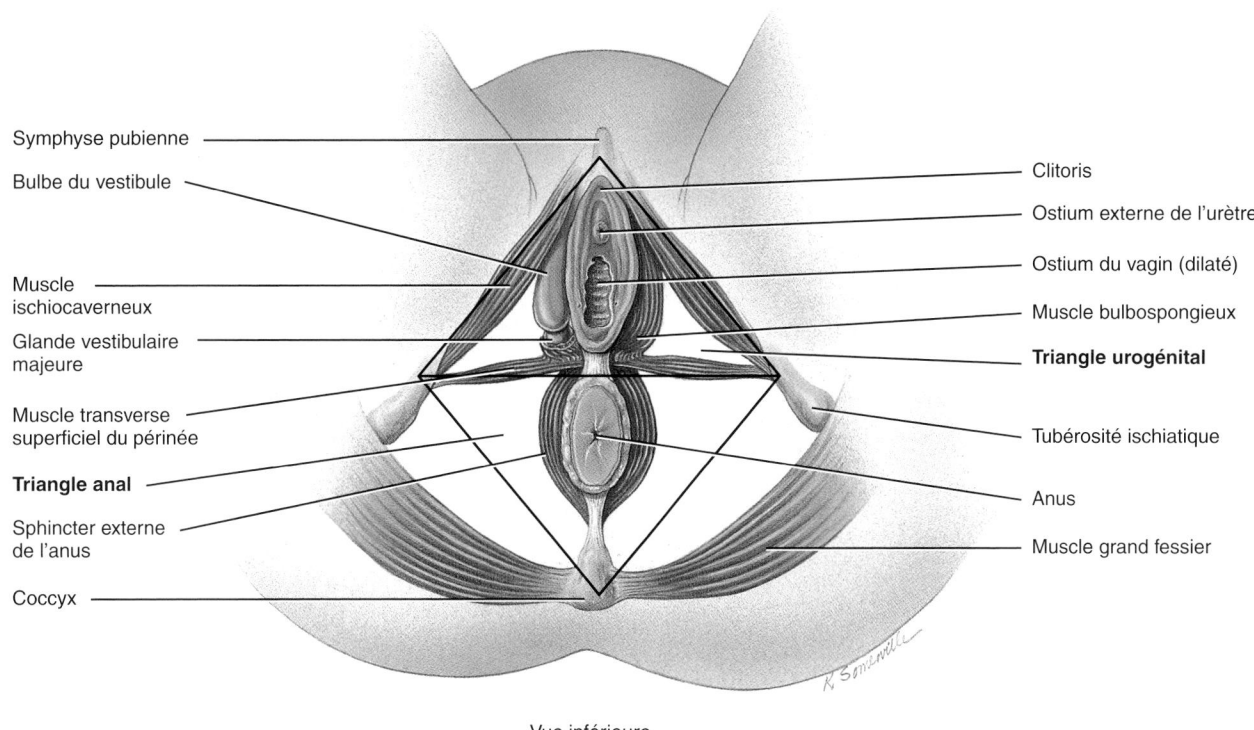

Symphyse pubienne

Bulbe du vestibule

Muscle ischiocaverneux

Glande vestibulaire majeure

Muscle transverse superficiel du périnée

Triangle anal

Sphincter externe de l'anus

Coccyx

Clitoris

Ostium externe de l'urètre

Ostium du vagin (dilaté)

Muscle bulbospongieux

Triangle urogénital

Tubérosité ischiatique

Anus

Muscle grand fessier

Vue inférieure

 Pourquoi la partie antérieure du périnée est-elle appelée *triangle urogénital*?

LES GLANDES MAMMAIRES

Chaque **sein** forme une protubérance hémisphérique de taille variable située à la surface des muscles grands pectoraux et dentelés antérieurs, auxquels elle est fixée par une couche de fascia profond composé de tissu conjonctif dense irrégulier.

L'extrémité du sein est soulevée, pigmentée et dépourvue de poils et de glandes. Elle forme le **mamelon**, qui comporte une série d'orifices très rapprochés menant aux **conduits lactifères**, d'où s'écoule le lait. Le cercle de peau pigmentée entourant le mamelon est appelé **aréole** (*aerola*: petite aire). Celle-ci doit son apparence rugueuse aux glandes sébacées modifiées qu'elle contient. Les **ligaments suspenseurs** du sein qui retiennent le sein sont constitués de bandes de tissu conjonctif situées entre la peau et le fascia profond. Ces ligaments se relâchent avec le temps ou s'ils sont soumis à une contrainte excessive, par exemple lors de séances prolongées de jogging ou de danse aérobique avec sauts. Durant ces exercices, il est conseillé de porter un soutien-gorge sport qui maintient la poitrine et ralentit l'affaissement des seins.

Située à l'intérieur du sein, la **glande mammaire** est en fait une glande sudoripare modifiée qui produit du lait (figure 28.22). L'intérieur de chaque glande mammaire se compose de 15 à 20 lobes ou compartiments séparés par une masse variable de tissu adipeux. Chaque lobe se subdivise en compartiments plus petits, appelés **lobules**, qui renferment les **alvéoles** de la glande mammaire. En forme de grappe et enfouies dans du tissu conjonctif, ces alvéoles abritent les glandes sécrétrices du lait. Autour de ces alvéoles, on observe des **cellules myoépithéliales** en fuseau dont la contraction favorise la propulsion du lait vers les mamelons. Le lait sécrété passe des alvéoles de la glande mammaire à une série de tubules secondaires, appelés **conduits intralobulaires** et **conduits intralobaires**. Près du mamelon, les conduits intralobaires s'élargissent pour former les **sinus lactifères**. Ces derniers font office de réservoirs pouvant emmagasiner une certaine quantité de lait avant que celui-ci passe finalement dans un **conduit lactifère**. Chaque conduit lactifère achemine le lait d'un lobe vers l'extérieur.

Les fonctions des glandes mammaires, qui consistent à synthétiser, sécréter et éjecter le lait, constituent la **lactation**, un phénomène associé à la grossesse et à l'accouchement. La production de lait est principalement stimulée par la prolactine, une hormone sécrétée par l'adénohypophyse, ainsi que par la progestérone et les œstrogènes. L'éjection du lait se produit grâce à l'ocytocine, une hormone libérée par la neurohypophyse en réponse à la stimulation mécanique du mamelon par le bébé qui tète.

FIGURE 28.22 Les glandes mammaires des seins.

Les glandes mammaires assurent la synthèse, la sécrétion et l'éjection du lait (lactation).

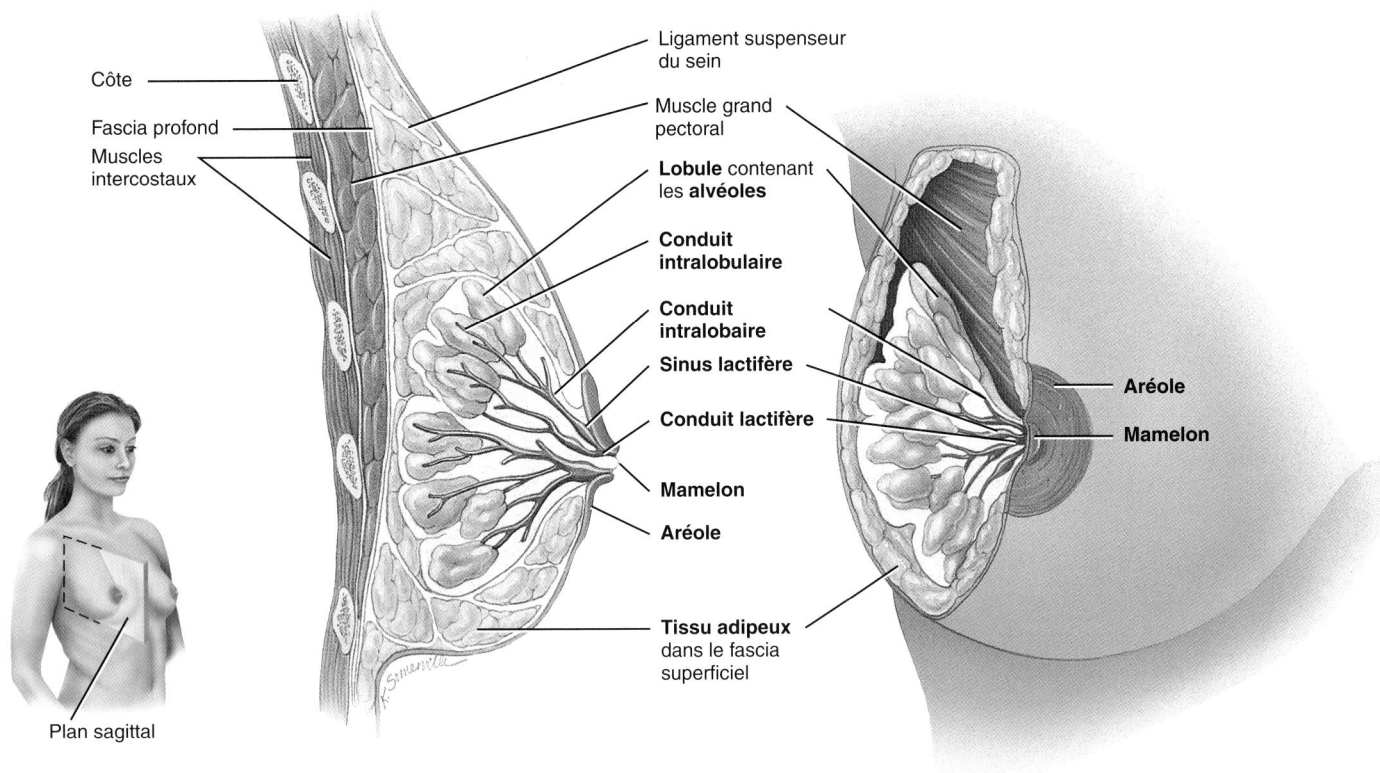

(a) Coupe sagittale

(b) Vue antérieure d'un sein partiellement disséqué

Quelles sont les hormones qui régissent la synthèse et l'éjection du lait?

LA MALADIE FIBROKYSTIQUE DU SEIN

Les femmes souffrent souvent de nodules, de kystes ou de tumeurs au sein. La **maladie fibrokystique du sein**, qui est la principale cause de nodules au sein, se caractérise par la présence d'au moins un kyste (cavité contenant du liquide) et par la formation de tissu fibreux autour des alvéoles de la glande mammaire. Observée surtout chez les femmes âgées de 30 à 50 ans, cette maladie est vraisemblablement causée par un excès relatif d'œstrogènes ou une déficience en progestérone au cours de la phase postovulatoire (lutéale) du cycle de la reproduction (décrit ci-dessous). Des masses se développent dans un sein ou les deux; les seins enflent et deviennent sensibles une semaine environ avant la menstruation. ■

▶ POINT DE CONTRÔLE

22. De quelle manière l'histologie du vagin est-elle reliée à sa fonction?

23. Énumérez les structures et les fonctions de chaque partie de la vulve.

24. Décrivez les composantes des glandes mammaires et des structures qui les soutiennent.

25. Décrivez le parcours du lait, des alvéoles de la glande mammaire au mamelon.

LE CYCLE DE LA REPRODUCTION CHEZ LA FEMME

> **OBJECTIF**
>
> • Comparer les principales étapes des cycles ovarien et menstruel.

Quand elle est en âge de procréer et qu'elle n'est pas enceinte, la femme connaît normalement une séquence cyclique de changements dans les ovaires et l'utérus. Chaque cycle d'une durée d'environ un mois permet l'ovogenèse et prépare l'utérus à recevoir un ovule fécondé. Les hormones sécrétées par l'hypothalamus, l'adénohypophyse et les ovaires régissent les principales étapes du cycle de la reproduction. Le **cycle ovarien** comprend une série d'événements qui se déroulent dans les ovaires durant et après la maturation d'un ovocyte. Le **cycle menstruel** est la série concomitante de changements que subit l'endomètre de l'utérus en vue de l'arrivée d'un ovule fécondé qui pourra s'y développer jusqu'à la naissance. Si la fécondation n'a pas lieu, la production d'hormones ovariennes diminue, ce qui cause la desquamation de la couche fonctionnelle de l'endomètre. Le terme **cycle de la reproduction** chez la femme désigne l'ensemble des cycles ovarien et menstruel, des changements hormonaux qui les régissent et des changements cycliques connexes touchant les seins et le col de l'utérus.

LA RÉGULATION HORMONALE DU CYCLE DE LA REPRODUCTION CHEZ LA FEMME

Les cycles ovarien et menstruel sont régis par la **gonadolibérine** (**GnRH**) sécrétée par l'hypothalamus (figure 28.23). La GnRH stimule la libération de l'**hormone folliculostimulante** (**FSH**) et de l'**hormone lutéinisante** (**LH**) par l'adénohypophyse. La FSH déclenche à son tour la croissance des follicules, tandis que la LH stimule la suite du développement des follicules ovariens. En outre, la FSH et la LH stimulent la sécrétion d'œstrogènes par les follicules ovariques. Ainsi, la LH induit la production d'androgènes dans les cellules thécales d'un follicule en formation. Sous l'influence de la FSH, les androgènes sont absorbés par les cellules granuleuses du follicule, puis convertis en œstrogènes. Au milieu du cycle, la LH déclenche l'ovulation et favorise ensuite la formation du corps jaune. Stimulé par la LH, le corps jaune produit et sécrète des œstrogènes, de la progestérone, de la relaxine et de l'inhibine.

On a isolé au moins six œstrogènes dans le plasma de la femme, mais seulement trois sont présents en quantité significative : le β-*œstradiol*, la *folliculine* ou œstrone et l'*œstriol*. Chez une femme non enceinte, le principal œstrogène est le β-œstradiol, synthétisé à partir du cholestérol dans les ovaires.

Les **œstrogènes** sécrétés par les follicules ovariques remplissent plusieurs fonctions importantes (figure 28.23) :

FIGURE 28.23 La sécrétion et les effets physiologiques des œstrogènes, de la progestérone, de la relaxine et de l'inhibine dans le cycle de la reproduction chez la femme. Les lignes tiretées rouges indiquent un mécanisme de rétro-inhibition.

Les cycles ovarien et menstruel sont régis par la GnRH de l'hypothalamus, les gonadotrophines de l'adénohypophyse (FSH et LH) et les hormones ovariennes (œstrogènes et progestérone).

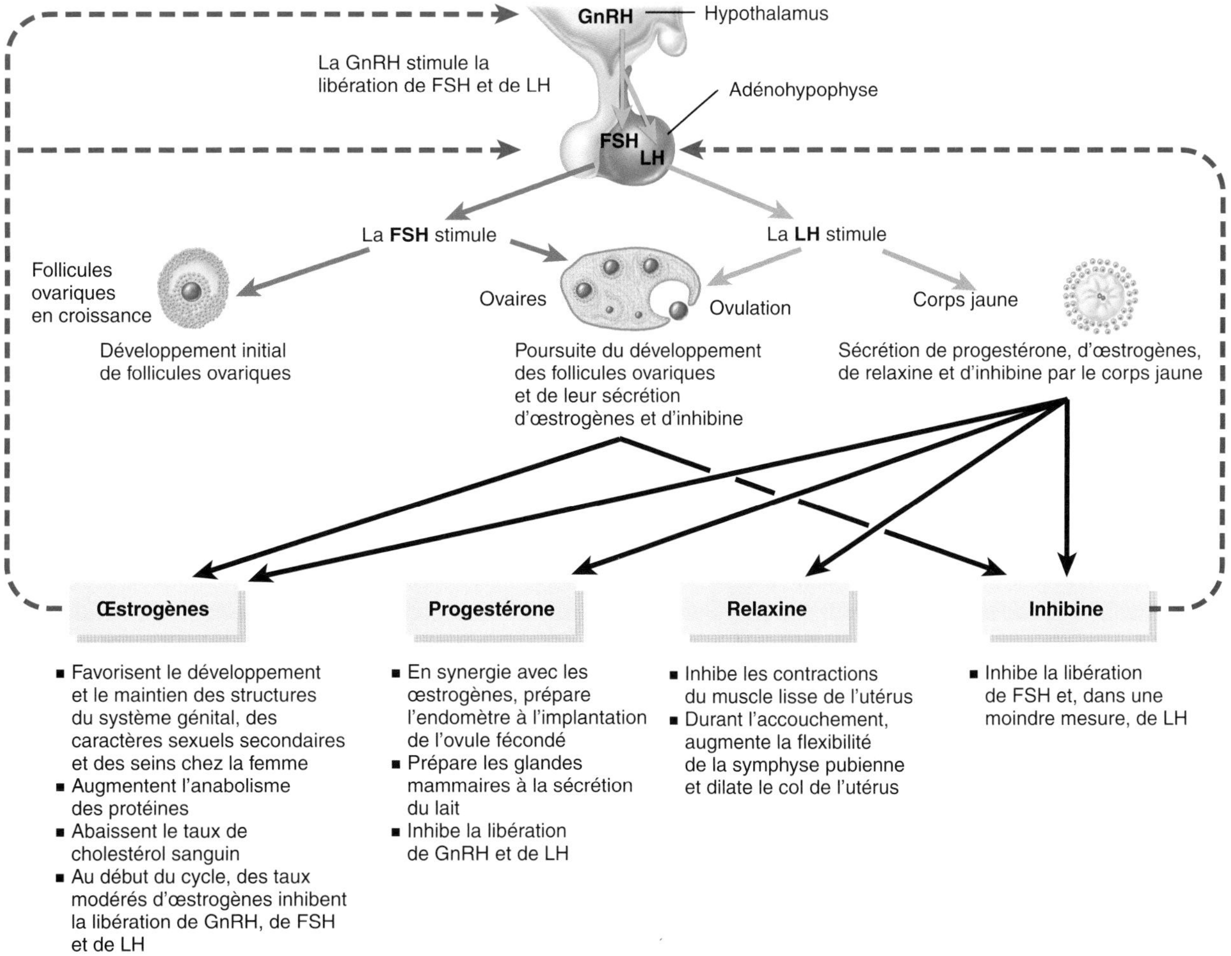

GnRH — Hypothalamus

La GnRH stimule la libération de FSH et de LH

Adénohypophyse

FSH LH

La **FSH** stimule   La **LH** stimule

Follicules ovariques en croissance

Ovaires   Ovulation   Corps jaune

Développement initial de follicules ovariques

Poursuite du développement des follicules ovariques et de leur sécrétion d'œstrogènes et d'inhibine

Sécrétion de progestérone, d'œstrogènes, de relaxine et d'inhibine par le corps jaune

Œstrogènes	**Progestérone**	**Relaxine**	**Inhibine**
■ Favorisent le développement et le maintien des structures du système génital, des caractères sexuels secondaires et des seins chez la femme ■ Augmentent l'anabolisme des protéines ■ Abaissent le taux de cholestérol sanguin ■ Au début du cycle, des taux modérés d'œstrogènes inhibent la libération de GnRH, de FSH et de LH	■ En synergie avec les œstrogènes, prépare l'endomètre à l'implantation de l'ovule fécondé ■ Prépare les glandes mammaires à la sécrétion du lait ■ Inhibe la libération de GnRH et de LH	■ Inhibe les contractions du muscle lisse de l'utérus ■ Durant l'accouchement, augmente la flexibilité de la symphyse pubienne et dilate le col de l'utérus	■ Inhibe la libération de FSH et, dans une moindre mesure, de LH

 Lequel des œstrogènes exerce la plus grande influence durant le cycle de la reproduction ?

- Ils favorisent le développement et le maintien des structures du système génital, des caractères sexuels secondaires et des seins de la femme. Les caractères sexuels secondaires comprennent la répartition du tissu adipeux dans les seins, l'abdomen, le mont du pubis et les hanches ; le timbre de la voix ; l'élargissement du bassin ; et le mode de croissance des cheveux et des poils sur le corps.

- Ils augmentent l'anabolisme (synthèse) des protéines, notamment la formation d'os solides. À cet effet, les œstrogènes agissent en synergie avec l'hormone de croissance (hGH).

- Ils abaissent le taux de cholestérol sanguin, ce qui explique pourquoi les femmes non ménopausées sont moins sujettes aux coronaropathies que les hommes du même âge.

- Au début du cycle, les concentrations sanguines modérées d'œstrogènes inhibent à la fois la libération de GnRH par l'hypothalamus et la sécrétion de LH et de FSH par l'adénohypophyse.

La **progestérone**, sécrétée principalement par les cellules du corps jaune, coopère avec les œstrogènes afin de préparer et de maintenir l'endomètre en vue de l'implantation d'un ovule fécondé et de préparer les glandes mammaires à la sécrétion de lait. Les taux élevés de progestérone inhibent également la sécrétion de GnRH et de LH.

La **relaxine**, produite en faible quantité par le corps jaune durant chaque cycle mensuel, favorise le relâchement du myomètre utérin en inhibant les contractions des myocytes lisses. On croit que ce facteur facilite l'implantation d'un ovule fécondé. Au cours de la grossesse, le placenta produit beaucoup plus de relaxine et continue à détendre le muscle lisse de l'utérus. À la fin de la grossesse, la relaxine assouplit la symphyse pubienne et contribue à la dilatation du col de l'utérus, ce qui facilite le passage du bébé pendant l'accouchement.

L'**inhibine** est sécrétée par les cellules granuleuses des follicules ovariques en croissance et par le corps jaune après l'ovulation. Elle inhibe la sécrétion de FSH et, dans une moindre mesure, de LH.

LES PHASES DU CYCLE DE LA REPRODUCTION CHEZ LA FEMME

La durée du cycle de la reproduction chez la femme varie habituellement entre 24 et 35 jours. Nous la fixerons arbitrairement à 28 jours et nous découperons ce cycle en quatre phases : la phase menstruelle, la phase préovulatoire, l'ovulation et la phase postovulatoire. La figure 28.24 présente les étapes des cycles ovarien et menstruel (figure 28.24a) et la libération d'hormones par l'adénohypophyse et les ovaires (figure 28.24b) qui coïncident avec les quatre phases de ce cycle.

Avant d'aller plus loin, rappelons qu'à la puberté, les ovaires contiennent près de 40 000 follicules ovariques primordiaux et que chacun de ces follicules contient un ovocyte de premier ordre dont la méiose a été bloquée à la prophase I. Rapportez-vous à la figure 28.13 et au tableau 28.1 pour suivre le développement du follicule ovarique primordial et celui de l'ovocyte pour chacune des phases du cycle de la reproduction chez la femme.

La phase menstruelle

La **phase menstruelle**, également appelée **menstruation**, se déroule durant les cinq premiers jours du cycle environ. (Par convention, le premier jour de la menstruation marque le premier jour du cycle.)

L'activité dans les ovaires Sous l'influence de la FSH, plusieurs follicules ovariques primordiaux se développent et se transforment en follicules ovariques primaires, puis en follicules ovariques secondaires. Ce processus peut durer quelques mois. C'est pourquoi un follicule ovarique, qui commence à se développer au début d'un cycle menstruel donné, peut prendre quelques cycles supplémentaires avant de mûrir et d'être prêt pour l'ovulation.

L'activité dans l'utérus Le flux menstruel émanant de l'utérus se compose de 50 à 150 mL de sang, de liquide tissulaire, de mucus et de cellules épithéliales expulsées par l'endomètre. Cet écoulement est provoqué par la diminution de la concentration de progestérone et d'œstrogènes, qui stimule la libération de prostaglandines causant la constriction des artérioles spiralées de l'utérus (figure 28.19). N'étant plus suffisamment irriguées par ces artérioles, les cellules manquent alors d'oxygène et commencent à mourir. Peu à peu, toute la couche fonctionnelle de l'endomètre se desquame. L'endomètre est alors considérablement aminci (de 2 à 5 mm environ), puisqu'il ne lui reste que sa couche basale. Le flux menstruel passe de la cavité utérine au col de l'utérus, puis s'écoule dans le vagin avant de sortir du corps.

La phase préovulatoire

La **phase préovulatoire** est la période comprise entre la fin de la menstruation et l'ovulation. Sa durée est plus variable que celle des autres phases et détermine en grande partie les différences entre les cycles. Cette phase s'étend du jour 6 au jour 13 d'un cycle de 28 jours.

L'activité dans les ovaires Certains follicules ovariques secondaires en croissance commencent à sécréter des œstrogènes et de l'inhibine. Vers le jour 6, dans un des deux ovaires, un seul follicule ovarique secondaire plus gros que tous les autres devient le **follicule ovarique dominant**. Les œstrogènes et l'inhibine sécrétés par ce follicule ovarique (les concentrations d'œstrogènes sont relativement modérées au début de la phase préovulatoire), abaissent la sécrétion de FSH (par rétro-inhibition), ce qui stoppe la croissance des autres follicules ovariques, qui sont ensuite détruits par atrésie. Des jumeaux dizygotes (non identiques) ou des triplés se développent lorsque deux ou trois follicules ovariques secondaires deviennent simultanément dominants et se transforment par la suite en ovocytes qui sont fécondés à peu près en même temps.

Habituellement, le follicule ovarique dominant devient un **follicule ovarique mûr** qui continue à grossir jusqu'à ce qu'il atteigne un diamètre supérieur à 20 mm ; il est alors prêt pour l'ovulation (figure 28.13). Ce follicule ovarique forme une saillie semblable à une vésicule en raison du gonflement de l'antre folliculaire à la surface de l'ovaire. Vers la fin de la phase préovulatoire – au moment où le processus de maturation se finalise –, le follicule ovarique mûr produit de plus en plus d'œstrogènes (figure 28.24b).

FIGURE 28.24 Le cycle de la reproduction chez la femme. Le cycle de la reproduction chez la femme dure habituellement de 24 à 35 jours ; la durée de la phase préovulatoire est plus variable que celle des autres phases. (a) Les étapes des cycles ovarien et menstruel et la libération d'hormones par l'adénohypophyse coïncident avec les quatre phases de ce cycle. Dans le schéma ci-dessous, la fécondation et l'implantation n'ont pas eu lieu. (b) Concentrations relatives d'hormones de l'adénohypophyse (FSH et LH) et d'hormones ovariennes (œstrogènes et progestérone) durant les phases d'un cycle normal de la reproduction chez la femme.

Les œstrogènes sont les principales hormones ovariennes présentes avant l'ovulation ; après l'ovulation, la progestérone et les œstrogènes sont sécrétés par le corps jaune.

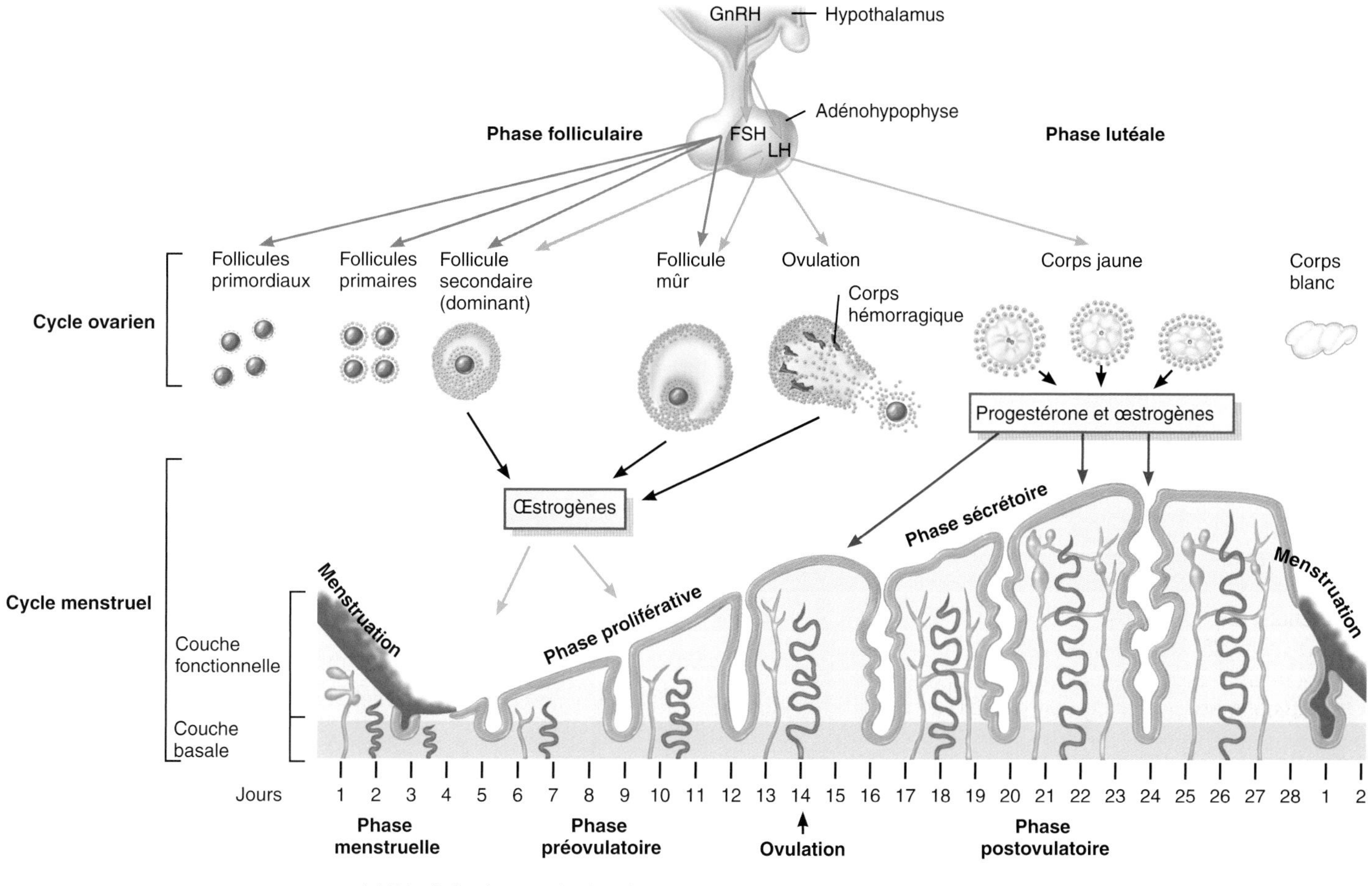

(a) Régulation hormonale des changements survenant dans l'ovaire (cycle ovarien) et l'utérus (cycle menstruel)

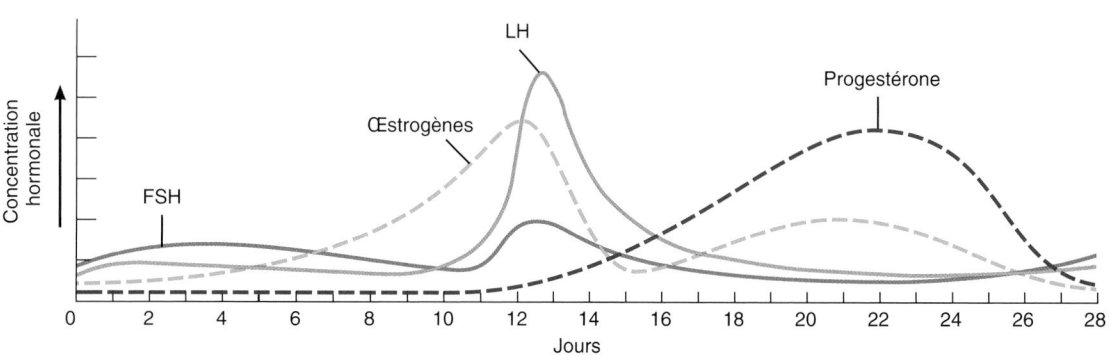

(b) Variation des concentrations des hormones de l'adénohypophyse et des hormones ovariennes

Quelles sont les hormones qui déclenchent la phase proliférative de la croissance de l'endomètre, l'ovulation, la formation du corps jaune et l'afflux de LH au milieu du cycle ?

L'ensemble des phases menstruelle et préovulatoire correspond à la **phase folliculaire** du cycle ovarien, car c'est à ce moment que les follicules ovariques se développent.

L'activité dans l'utérus Les œstrogènes libérés dans le sang par les follicules ovariques en croissance stimulent la reconstitution de l'endomètre ; les cellules de la couche basale se divisent activement par mitose et produisent une nouvelle couche fonctionnelle. À mesure que l'endomètre s'épaissit, des glandes utérines courtes et droites s'y enfoncent et les artérioles qui pénètrent dans la couche fonctionnelle s'enroulent et s'allongent. L'épaisseur de l'endomètre double presque et atteint de 4 à 10 mm.

Dans le cycle menstruel, la phase préovulatoire est également appelée **phase proliférative**, car elle correspond à la prolifération de l'endomètre.

L'ovulation

L'activité dans l'ovaire Durant l'**ovulation**, qui se produit habituellement au 14ᵉ jour d'un cycle de 28 jours, le follicule ovarique mûr se rompt et l'ovocyte de deuxième ordre est libéré dans la cavité pelvienne. Cet ovocyte de deuxième ordre, haploïde (n), porte encore sa zone pellucide et sa corona radiata.

Les *concentrations relativement élevées d'œstrogènes* observées durant la dernière partie de la phase préovulatoire exercent une rétroactivation sur les cellules qui sécrètent la LH et la GnRH, et causent l'ovulation (figure 28.25) :

1. Une concentration élevée d'œstrogènes stimule l'hypothalamus qui libère une plus grande quantité de GnRH. Elle incite aussi directement les cellules gonadotropes de l'adénohypophyse à sécréter la LH.

2. La GnRH favorise la libération de FSH et d'une plus grande quantité de LH par l'adénohypophyse.

3. L'afflux brusque de LH provoque la rupture du follicule ovarique mûr et l'expulsion d'un ovocyte de deuxième ordre environ neuf heures après le pic de l'afflux de LH. L'ovocyte expulsé durant l'ovulation et les cellules de sa corona radiata sont habituellement aspirés dans la trompe utérine.

Il arrive qu'un ovocyte expulsé se perde dans la cavité pelvienne et s'y désintègre. La petite quantité de sang qui s'écoule parfois d'un follicule qui s'est rompu dans la cavité pelvienne provoque à l'occasion de la douleur au moment de l'ovulation ; il s'agit du **syndrome intermenstruel**.

Un test en vente libre permet de détecter l'augmentation de la concentration de LH dans le but de prédire l'ovulation un jour à l'avance.

L'activité dans l'utérus Les concentrations élevées d'œstrogènes stimulent la prolifération de la couche fonctionnelle de l'endomètre qui continue à s'épaissir, à se vasculariser et à s'enrichir de glandes utérines.

La phase postovulatoire

La **phase postovulatoire** du cycle de la reproduction de la femme constitue la période entre l'ovulation et le début de la prochaine

FIGURE 28.25 Les fortes concentrations d'œstrogènes produisent un effet de rétroactivation (flèches vertes) sur l'hypothalamus et l'adénohypophyse, ce qui provoque une augmentation de la sécrétion de GnRH et de LH.

 Au milieu du cycle, un afflux brusque de LH déclenche l'ovulation.

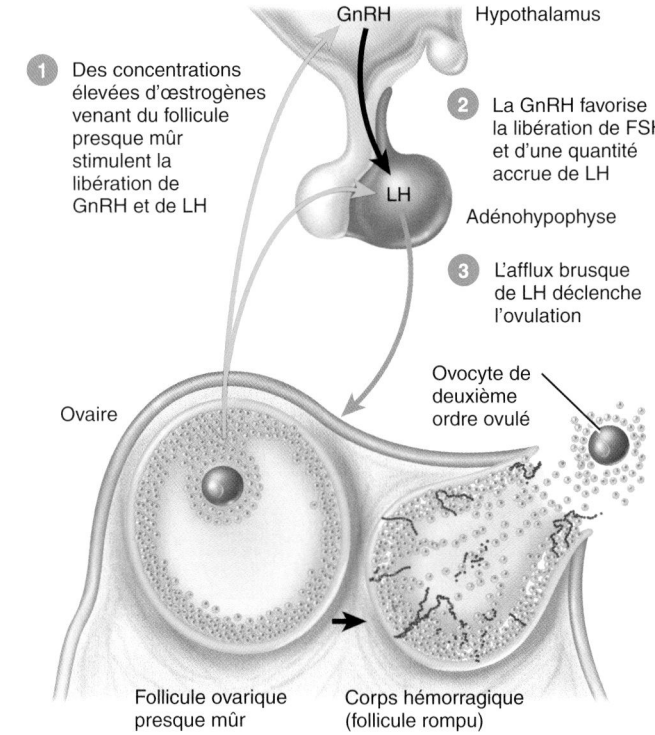

 Quel est l'effet de concentrations accrues mais encore modérées d'œstrogènes sur la sécrétion de GnRH, de LH et de FSH ?

menstruation. C'est la phase la plus constante ; elle dure 14 jours et s'étend des jours 15 à 28 d'un cycle de 28 jours (figure 28.24).

L'activité dans l'ovaire Après l'ovulation, le follicule ovarique mûr s'affaisse et la membrane basale entre les cellules granuleuses et la thèque interne se rupture. Lorsqu'un caillot se forme à partir du léger saignement du follicule ovarique rompu, le follicule ovarique devient le **corps hémorragique** (*haïma* : sang ; *rhagê* : rupture) (figure 28.13). Les cellules de la thèque interne se mêlent aux cellules granuleuses puis se transforment ensemble en **cellules du corps jaune** sous l'influence de la LH. Stimulé par cette dernière, le corps jaune sécrète de la progestérone, de l'œstrogène, de la relaxine et de l'inhibine. Les cellules du corps jaune absorbent également le caillot. Dans le cycle ovarien, cette phase est appelée **phase lutéale**.

Dans l'ovaire, les étapes qui suivent l'ovulation d'un ovocyte varient selon qu'il y a eu ou non fécondation. Si l'ovocyte *n'est pas fécondé*, le corps jaune se maintient seulement pendant deux semaines. Son activité sécrétrice diminue ensuite, et il dégénère en corps blanc (figure 28.13). Lorsque les concentrations de progestérone, d'œstrogènes et d'inhibine décroissent, la libération de GnRH, de FSH et de LH augmente, car elle n'est plus soumise à la rétro-inhibition exercée par les hormones ovariennes. La croissance folliculaire peut donc reprendre et un nouveau cycle ovarien commence.

Si l'ovocyte de deuxième ordre *est fécondé* et commence à se diviser, le corps jaune demeure au-delà de deux semaines. Il échappe à la dégénérescence grâce à la **gonadotrophine chorionique (hCG,** *human chorionic gonadotropin)*, une hormone produite par le chorion de l'embryon environ 8 jours après la fécondation. Comme la LH, la hCG stimule l'activité sécrétrice du corps jaune. La présence de hCG dans le sang ou l'urine de la femme est un signe de grossesse ; c'est la présence ce cette hormone que détectent les tests de grossesse en vente libre.

L'activité dans l'utérus La progestérone et les œstrogènes produits par le corps jaune favorisent la croissance et l'enroulement des glandes utérines, la vascularisation de la couche fonctionnelle de l'endomètre et l'épaississement de l'endomètre entre 12 et 18 mm. Dans le cycle menstruel, cette phase est appelée **phase sécrétoire**, car elle coïncide avec l'activité sécrétrice des glandes utérines qui commencent à sécréter du glycogène. Ces changements préparatoires culminent environ une semaine après l'ovulation, moment qui correspond à l'arrivée possible d'un ovule fécondé dans l'utérus. Si aucun ovule n'est fécondé, la concentration de progestérone et d'œstrogènes diminue par suite de la dégénérescence du corps jaune. L'absence de progestérone et d'œstrogènes cause la menstruation.

La figure 28.26 résume les interactions hormonales et les changements cycliques des ovaires et de l'utérus durant les cycles ovarien et menstruel.

LA TRIADE DE L'ATHLÈTE FÉMININE

Chez la femme, de nombreux facteurs perturbent les cycles ovarien et menstruel, notamment une perte de poids, un faible poids corporel, des troubles de l'alimentation et une activité physique intense. Des chercheurs ont créé l'expression **triade de l'athlète féminine** après avoir observé la présence de trois états – perturbation du comportement alimentaire, aménorrhée et ostéoporose – chez des athlètes féminines.

De nombreuses athlètes s'imposent de fortes pressions et en subissent de la part de leurs entraîneurs, de leurs parents et de leurs pairs pour perdre du poids en vue d'améliorer leur performance. Par conséquent, elles risquent de s'exposer à des troubles de l'alimentation en adoptant des pratiques alimentaires malsaines afin de gagner leur bataille et conserver un poids corporel très faible. L'**aménorrhée** (*a* : sans ; *mên* : mois ; *rhein* : couler) est l'absence de menstruation. Les causes les plus courantes de l'aménorrhée sont la grossesse et la ménopause. Chez les athlètes féminines, elle résulte d'une diminution de la sécrétion de GnRH, laquelle réduit la libération de LH et de FSH. Ainsi, les follicules ovariques ne se développent pas, l'ovulation ne se produit pas, la synthèse d'œstrogènes et de progestérone s'épuise et le saignement menstruel mensuel cesse. Dans la plupart des cas, la triade de l'athlète féminine touche des jeunes femmes dont la masse adipeuse est très faible. Une concentration peu élevée d'une hormone sécrétée par les cellules adipeuses, la leptine, semble être en jeu.

Comme les œstrogènes aident les os à retenir le calcium et d'autres minéraux, des niveaux peu élevés d'œstrogènes sur une longue période sont associés à une perte de la teneur minérale des os. En fait, la triade de l'athlète féminine produit des « vieux os » dans une jeune femme. Une étude a révélé que chez les coureuses dans la vingtaine atteintes d'aménorrhée, la teneur minérale des os était peu élevée et elle était comparable à celle de femmes ménopausées de 50 à 70 ans! De courtes périodes d'aménorrhée chez une jeune athlète ne risquent pas de causer des dommages permanents. Toutefois, l'arrêt à long terme des cycles ovarien et menstruel risque de s'accompagner d'une perte de la masse osseuse et il arrive que les athlètes adolescentes n'acquièrent jamais une masse osseuse suffisante ; ces deux situations peuvent entraîner l'apparition précoce de l'ostéoporose et des dommages irréversibles aux os. ■

▶ **POINT DE CONTRÔLE**

26. Décrivez la fonction de chacune des hormones suivantes dans les cycles menstruel et ovarien : GnRH, FSH, LH, œstrogènes, progestérone et inhibine.

27. Résumez les principales étapes de chaque phase du cycle menstruel, et associez-les aux étapes du cycle ovarien.

28. Dans un schéma, annotez les principaux changements hormonaux survenant dans les cycles menstruel et ovarien.

LA CONTRACEPTION

> **OBJECTIF**

- Expliquer les différences entre les diverses méthodes contraceptives et comparer leur efficacité.

La **contraception** désigne la régulation du nombre de naissances au moyen de diverses méthodes visant à contrôler la fécondité et à empêcher la conception. Il n'existe aucune méthode de contraception parfaite. La seule méthode contraceptive totalement efficace est l'**abstinence**, qui consiste à éviter les rapports sexuels. De nombreuses autres méthodes existent, présentant chacune des avantages et des inconvénients. Nous décrivons ci-dessous la stérilisation chirurgicale, les méthodes hormonales, les dispositifs intra-utérins, les spermicides, les barrières mécaniques et l'abstinence périodique. Le tableau 28.3 donne le taux d'échec de chacune de ces méthodes de contraception. Bien qu'il ne s'agisse pas d'un mode de régulation des naissances, nous aborderons également dans la présente section l'avortement.

LA STÉRILISATION CHIRURGICALE

La **stérilisation** est une intervention qui rend une personne incapable de se reproduire. Chez l'homme, la méthode de stérilisation la plus fréquente est la **vasectomie** (voir p. 1161). Chez la femme, la méthode de stérilisation la plus courante est la **ligature des trompes** qui consiste à ligaturer puis sectionner (ou non) les deux trompes utérines. Cette intervention peut se faire de différentes manières : il est possible de poser des agrafes ou des clamps sur

FIGURE 28.26 Résumé des interactions hormonales dans les cycles ovarien et menstruel. Les lignes tiretées rouges indiquent une inhibition. Les lignes pleines vertes indiquent une stimulation.

 Les hormones de l'adénohypophyse régissent la fonction ovarienne, et les hormones ovariennes régissent les changements touchant l'endomètre de l'utérus.

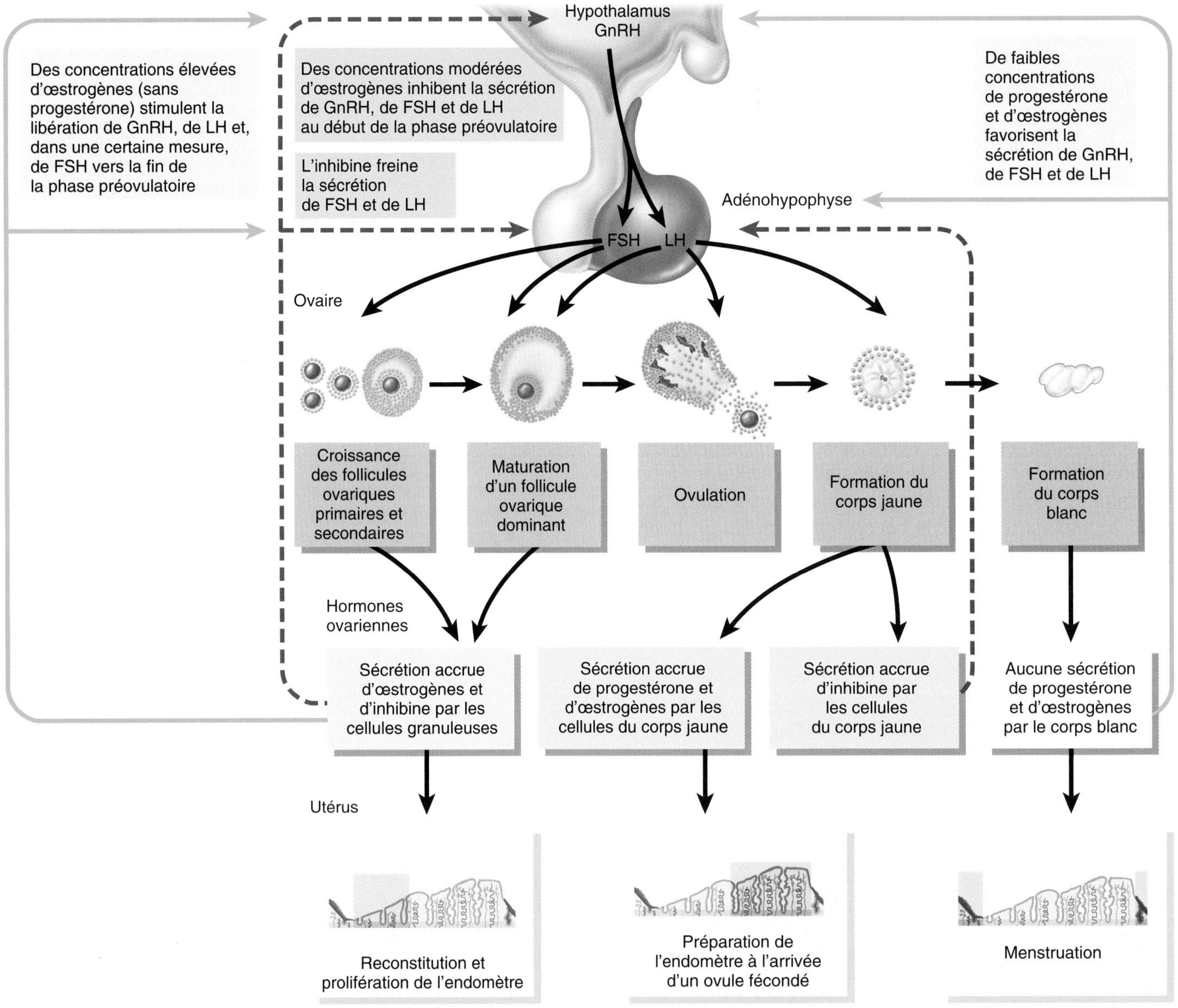

Des concentrations élevées d'œstrogènes (sans progestérone) stimulent la libération de GnRH, de LH et, dans une certaine mesure, de FSH vers la fin de la phase préovulatoire

Des concentrations modérées d'œstrogènes inhibent la sécrétion de GnRH, de FSH et de LH au début de la phase préovulatoire

L'inhibine freine la sécrétion de FSH et de LH

De faibles concentrations de progestérone et d'œstrogènes favorisent la sécrétion de GnRH, de FSH et de LH

Hypothalamus
GnRH

FSH LH

Adénohypophyse

Ovaire

Croissance des follicules ovariques primaires et secondaires

Maturation d'un follicule ovarique dominant

Ovulation

Formation du corps jaune

Formation du corps blanc

Hormones ovariennes

Sécrétion accrue d'œstrogènes et d'inhibine par les cellules granuleuses

Sécrétion accrue de progestérone et d'œstrogènes par les cellules du corps jaune

Sécrétion accrue d'inhibine par les cellules du corps jaune

Aucune sécrétion de progestérone et d'œstrogènes par le corps blanc

Utérus

Reconstitution et prolifération de l'endomètre

Préparation de l'endomètre à l'arrivée d'un ovule fécondé

Menstruation

Q Le phénomène par lequel la diminution des concentrations d'œstrogènes et de progestérone stimule la sécrétion de GnRH constitue-t-il une rétroactivation ou une rétro-inhibition? Pourquoi?

les trompes, de ligaturer les trompes, de les sectionner ou de les cautériser. Dans tous les cas, le résultat est le même : l'ovocyte de deuxième ordre ne peut pas passer par les trompes et les spermatozoïdes sont incapables de l'atteindre. La ligature des trompes diminue les risques de maladie inflammatoire pelvienne chez les femmes vulnérables aux infections transmises sexuellement ; elle réduirait également les risques de cancer des ovaires.

LES MÉTHODES HORMONALES

Mis à part l'abstinence totale et la stérilisation chirurgicale, les méthodes hormonales constituent les moyens les plus sûrs de prévenir une grossesse. Les **contraceptifs oraux** (la «pilule») contiennent divers mélanges d'œstrogènes synthétiques et de progestatifs (substances chimiques dont l'action est semblable à celle de la progestérone). Ces contraceptifs empêchent les grossesses

TABLEAU 28.3 LE TAUX D'ÉCHEC DE DIFFÉRENTES MÉTHODES DE CONTRACEPTION

MÉTHODE	TAUX D'ÉCHEC*	
	UTILISATION CORRECTE†	UTILISATION TYPIQUE
Aucune	85%	85%
Abstinence totale	0%	0%
Stérilisation chirurgicale		
Vasectomie	0,10%	0,15%
Ligature des trompes	0,5%	0,5%
Méthodes hormonales		
Contraceptifs oraux	0,1%	3%‡
Norplant	0,3%	0,3%
Depo-Provera	0,05%	0,05%
Dispositif intra-utérin		
Copper T 380A	0,6%	0,8%
Spermicides	6%	26%‡
Barrières mécaniques		
Condom masculin	3%	14%‡
Condom féminin	5%	21%‡
Diaphragme	6%	20%‡
Abstinence périodique		
Méthode rythmique	9%	25%‡
Méthode symptothermique	2%	20%‡

* Pourcentage des femmes qui ont eu une grossesse non désirée au cours de la première année d'utilisation.

† Taux d'échec lorsque la méthode est utilisée correctement de façon continue.

‡ Inclut les couples qui oublient d'utiliser la méthode.

principalement par rétro-inhibition en induisant une diminution de la sécrétion de FSH et de LH par l'adénohypophyse. Les faibles concentrations de FSH et de LH empêchent le développement d'un follicule ovarique dominant. En conséquence, le niveau d'œstrogène n'augmente pas, l'afflux de LH au milieu du cycle ne se produit pas et l'ovulation n'a pas lieu. Il n'y a donc aucun ovocyte de deuxième ordre à féconder. Même si l'ovulation se produit, comme c'est parfois le cas, les contraceptifs oraux altèrent la glaire cervicale et la rendent plus hostile aux spermatozoïdes et empêchent l'implantation dans l'utérus. S'ils sont pris correctement, les contraceptifs oraux sont pratiquement efficaces à 100%.

Les avantages non contraceptifs de la pilule comprennent la régulation de la durée du cycle menstruel et la diminution du flux menstruel (et, par conséquent, du risque d'anémie). La pilule protège également contre les cancers de l'endomètre et de l'ovaire et réduit les risques d'endométriose. Cependant, cette forme de contraception n'est pas recommandée aux femmes qui souffrent de troubles de la coagulation, de dommages vasculaires cérébraux,

de migraines, d'hypertension, d'une dysfonction hépatique ou d'une cardiopathie. Les femmes qui prennent la pilule et qui fument courent plus de risques de subir un infarctus du myocarde ou un accident vasculaire cérébral que celles qui ne fument pas. On leur conseille donc d'abandonner l'usage du tabac ou de choisir une autre méthode de contraception.

Les contraceptifs oraux peuvent également servir de **contraception d'urgence**, qu'on appelle à tort «pilule du lendemain». Les concentrations relativement élevées d'œstrogènes et de progestatifs dans un contraceptif d'urgence font baisser la sécrétion de FSH et de LH par rétro-inhibition. Ces hormones gonadotrophines n'exerçant plus leur effet stimulant, les ovaires cessent de sécréter leurs propres œstrogènes et progestérone. Par la suite, la réduction des concentrations d'œstrogènes et de progestérone provoque la desquamation de la paroi utérine, ce qui empêche l'implantation. Le traitement consiste à administrer deux pilules dans les 72 h suivant une relation sexuelle non protégée et deux autres, 12 h plus tard. Cette méthode réduit de 75% les risques de grossesse.

D'autres méthodes contraceptives hormonales sont également offertes:

- Le dispositif **Norplant**MD est composé de six bâtonnets hormonaux que l'on implante sous la peau du bras sous anesthésie locale. Les bâtonnets libèrent peu à peu un progestatif qui inhibe l'ovulation et épaissit la glaire cervicale. Les effets de Norplant durent cinq ans et ce dispositif est presque aussi fiable que la stérilisation. Le retrait des bâtonnets rétablit la fertilité.

- Administrée par voie intramusculaire tous les trois mois, la préparation **Depo-Provera**MD contient un progestatif, qui empêche la maturation de l'ovule et modifie le revêtement de l'utérus pour diminuer les probabilités de grossesse.

- Le **Lunelle**MD, injecté par voie intramusculaire une fois par mois, contient de l'œstrogène et un progestatif, et agit comme un contraceptif oral.

- Les **timbres contraceptifs**, que l'on colle sur la peau une fois par semaine pendant trois semaines, contiennent des œstrogènes et un progestatif. Chaque semaine, le timbre est remplacé par un nouveau qui est placé à un endroit différent. Au cours de la quatrième semaine, aucun timbre n'est installé, ce qui permet à la menstruation de se déclencher.

- L'**anneau vaginal** est un dispositif en forme de beignet qui s'insère dans le vagin et libère un progestatif ou l'association progestatif-œstrogène. La femme porte l'anneau pendant trois semaines et le retire la quatrième pour permettre la menstruation.

LES DISPOSITIFS INTRA-UTÉRINS

On entend par **dispositif intra-utérin**, ou stérilet, tout objet de plastique, de cuivre ou d'acier inoxydable que l'on insère dans la cavité utérine pour en modifier le revêtement et empêcher l'implantation d'un ovule fécondé. Un dispositif intra-utérin très utilisé, comme le Copper T 380A, peut servir pendant 10 ans et son efficacité à long terme est comparable à celle de la ligature des trompes. Certaines femmes ne peuvent toutefois pas l'utiliser, car elles éprouvent des complications telles que l'expulsion du dispositif, des hémorragies ou ressentent des malaises.

LES SPERMICIDES

Les **spermicides** sont des agents qui détruisent les spermatozoïdes. Vendus en pharmacie sous forme de mousse, de crème, de gel, de suppositoire ou de douche vaginale, ils rendent le vagin et le col de l'utérus hostiles à la survie des spermatozoïdes. Le spermicide le plus couramment utilisé est le nonoxinol-9, qui tue les spermatozoïdes en perturbant leur membrane plasmique. L'utilisation combinée d'un spermicide et d'une barrière mécanique, comme un diaphragme ou un condom, accroît l'efficacité de cet agent.

LES BARRIÈRES MÉCANIQUES

Les **barrières mécaniques** sont conçues pour empêcher les spermatozoïdes d'atteindre la cavité de l'utérus et les trompes utérines. En plus de prévenir la grossesse, certaines d'entre elles (condoms masculin et féminin) fournissent une forme de protection contre les infections transmissibles sexuellement (ITS), comme le sida. Par contre, les contraceptifs oraux et les dispositifs intra-utérins n'offrent pas une telle protection. Les condoms (masculin et féminin) et le diaphragme sont des barrières mécaniques.

Le **condom** (ou **préservatif**) **masculin** est une gaine de latex non poreux placée sur le pénis pour empêcher les spermatozoïdes de pénétrer dans les voies génitales de la femme. Le **condom féminin** se compose de deux anneaux souples unis par une gaine de polyuréthane. L'anneau qui se trouve à l'intérieur de la gaine est inséré sur le col de l'utérus, tandis que l'autre est placé à l'extérieur du vagin et recouvre les organes génitaux. Le **diaphragme** est un dôme de caoutchouc fin qui se fixe sur le col de l'utérus; il est utilisé en association avec un spermicide. On peut insérer le diaphragme jusqu'à 6 h avant un rapport sexuel. Ce dispositif empêche la plupart des spermatozoïdes d'atteindre le col de l'utérus, et le spermicide tue ceux qui y parviennent. Bien que l'emploi d'un diaphragme diminue les risques de transmission de certaines ITS, il ne constitue pas une protection infaillible contre l'infection par le VIH.

L'ABSTINENCE PÉRIODIQUE

Le couple au fait des modifications physiologiques reliées au cycle de la reproduction chez la femme peut déterminer les jours de fertilité. Il est ainsi en mesure d'établir à quel moment il doit éviter le coït s'il ne désire pas avoir d'enfant, ou à quel moment avoir des rapports sexuels s'il désire concevoir. Chez la femme dont le cycle menstruel est normal et régulier, ces phénomènes physiologiques aident à prédire le jour le plus probable de l'ovulation.

Mise au point dans les années 1930, la **méthode rythmique** (ou **du calendrier**) a été la première du genre. Elle suppose l'abstinence de rapports sexuels pendant les jours où l'ovulation est susceptible de se produire au cours de chaque cycle de la reproduction. Durant cette période (trois jours avant l'ovulation, le jour de l'ovulation et trois jours après l'ovulation), le couple s'abstient de rapports sexuels. La méthode est toutefois peu efficace, car de nombreuses femmes n'ont pas un cycle menstruel régulier.

Par ailleurs, pour utiliser la **méthode symptothermique**, le couple doit apprendre à connaître les signes de fertilité et les com-

prendre. Les signes d'ovulation comprennent l'augmentation de la température corporelle basale, la production d'une abondante glaire cervicale claire et collante et la douleur associée à l'ovulation. Si le couple s'abstient de rapports sexuels pendant la période où ces signes se manifestent et trois jours après, les risques de grossesse diminuent. Cette méthode présente toutefois un inconvénient: la fécondation est très probable si le couple a des rapports sexuels jusqu'à deux jours *avant* l'ovulation.

L'AVORTEMENT PROVOQUÉ

L'**avortement** est l'expulsion prématurée de l'utérus des produits de la conception, le plus souvent avant la 20e semaine de grossesse. L'avortement peut être spontané (avortement naturel, également appelé « fausse couche ») ou provoqué (intentionnel). L'avortement provoqué peut comprendre une aspiration (succion), l'infusion d'une solution saline ou une évacuation chirurgicale.

Certains médicaments permettent de provoquer un avortement non chirurgical. L'un deux, la **mifépristone** (**RU 486**), bloque l'action de la progestérone en se liant aux récepteurs de cette dernière et en les inhibant. Rappelons que la progestérone est une hormone qui prépare l'endomètre à l'implantation d'un ovule fécondé et maintient le revêtement de l'endomètre après l'implantation. Si les concentrations de progestérone chutent pendant la grossesse ou que l'action de cette hormone est inhibée, la menstruation est déclenchée et l'embryon est expulsé avec le revêtement de l'endomètre. Dans les 12 h suivant l'administration du RU 486, l'endomètre commence à dégénérer et, en 72 h, l'expulsion commence. On administre par la suite une forme de prostaglandine E (misoprostol), qui stimule les contractions utérines pour faciliter l'expulsion de l'endomètre. Il est également possible de prendre de la mifépristone au cours des cinq semaines suivant la conception. Les saignements utérins figurent parmi ses effets secondaires.

▶ **POINT DE CONTRÔLE**

29. Comment les contraceptifs oraux diminuent-ils les risques de grossesse?

30. De quelle manière certaines méthodes contraceptives protègent-elles contre les ITS?

LE DÉVELOPPEMENT EMBRYONNAIRE DU SYSTÈME GÉNITAL

▶ **OBJECTIF**

• Décrire le développement des systèmes génitaux de l'homme et de la femme.

Les *gonades* se développent à partir du **mésoderme intermédiaire** au cours de la cinquième semaine de gestation et elles apparaissent sous forme de saillies (figure 28.27). Elles sont adjacentes aux **conduits mésonéphrotiques**, ou canaux de Wolff, qui deviendront plus tard des structures du système génital de l'homme. Une autre paire de canaux, les **conduits paramésonéphrotiques** (ou canaux de Müller) se forment de part et d'autre des conduits mésonéphrotiques et deviendront finalement des structures du système génital de la femme. Ces deux groupes de conduits se jettent dans le sinus urogénital. Le jeune embryon peut donc se développer en mâle ou en femelle, car il possède les deux types de conduits et ses gonades primitives peuvent se différencier soit en testicules, soit en ovaires.

Chaque cellule de l'embryon mâle possède un chromosome X et un chromosome Y. Chez l'embryon mâle, la différenciation est contrôlée par un gène du chromosome Y, appelé **SRY** (*Sex-determining Region of the Y chromosome*, région du chromosome Y déterminant le sexe). Lorsque ce gène est exprimé au cours du développement de l'embryon, les protéines synthétisées (protéines *SRY*) incitent des cellules immatures, qui proviendraient notamment du mésonéphros (figure 28.27), à commencer à se différencier en épithéliocytes de soutien. Ces épithéliocytes entrent en action vers la septième semaine de développement et ils ont pour fonction de stimuler le développement du tissu des gonades mâles. Les épithéliocytes de soutien en voie de différenciation sécrètent aussi l'**hormone antimüllérienne**, une substance qui provoque l'apoptose (destruction) des cellules dans les conduits paramésonéphrotiques. De ce fait, ces cellules ne peuvent contribuer à la formation d'aucune structure fonctionnelle du système génital de l'homme. Stimulées par la gonadotrophine chorionique (hCG), les cellules interstitielles des tissus gonadiques commencent à sécréter un androgène, la **testostérone**, pendant la huitième semaine de gestation. La testostérone stimule ensuite la transformation de chaque conduit mésonéphrotique en un *épididyme*, un *conduit déférent*, un *conduit éjaculateur* et une *vésicule séminale*. Les *testicules* communiquent avec le conduit mésonéphrotique par une série de tubules qui deviendront les *tubules séminifères contournés*. La *prostate* et les *glandes bulbo-urétrales* sont des excroissances **endodermiques** de l'urètre.

Chez l'embryon femelle, les cellules possèdent deux chromosomes X, mais aucun chromosome Y. Comme le gène *SRY* est absent, les gonades se transforment en *ovaires* et l'absence d'hormone antimüllérienne favorise la croissance des conduits paramésonéphrotiques. Les extrémités distales des conduits paramésonéphrotiques fusionnent pour former l'*utérus* et le *vagin* ; les portions proximales non fusionnées des conduits deviennent les *trompes utérines*. Les conduits mésonéphrotiques dégénèrent sans avoir contribué à la formation du système génital de la femme, car la testostérone est absente. Les *glandes vestibulaires majeures* et *mineures* se forment à partir d'excroissances **endodermiques** du vestibule du vagin.

Les *organes génitaux externes* des embryons de sexe masculin et féminin (le pénis et le scrotum d'une part, et le clitoris, les lèvres de la vulve et l'ostium du vagin, d'autre part) sont indifférenciés jusqu'à la huitième semaine de gestation. Avant la différenciation, tous les embryons possèdent une proéminence médiane, appelée **tubercule génital** (figure 28.28), composée d'une **gouttière urétrale** (un sillon parcourant le sinus urogénital), de **plis urogénitaux** pairs et de **tubercules labioscrotaux** pairs.

Chez l'embryon de sexe masculin, une certaine quantité de testostérone est convertie pour former de la **dihydrotestostérone (DHT)**. Ce second androgène stimule le développement de l'urètre,

de la prostate et des organes génitaux externes (scrotum et pénis). Une partie du tubercule génital s'allonge et devient le pénis. La fusion des plis urogénitaux produit la *partie spongieuse de l'urètre* et laisse une ouverture uniquement à l'extrémité distale du pénis, formant l'*ostium externe de l'urètre*. Les tubercules labioscrotaux deviennent le *scrotum*. En l'absence de DHT, le tubercule génital donne naissance au *clitoris* chez l'embryon de sexe féminin. Les plis urogénitaux ne fusionnent pas et forment les *petites lèvres* de la vulve, tandis que les tubercules labioscrotaux deviennent les *grandes lèvres*. La gouttière urétrale donne le *vestibule du vagin*. Après la naissance, les concentrations d'androgène diminuent, car la gonadotrophine chorionique n'est plus là pour stimuler la sécrétion de testostérone.

▶ **POINT DE CONTRÔLE**

31. Décrivez le rôle des hormones dans la différenciation des gonades, des conduits mésonéphrotiques, des conduits paramésonéphrotiques et des organes génitaux externes.

LE VIEILLISSEMENT DU SYSTÈME GÉNITAL

OBJECTIF

• Décrire les effets du vieillissement sur le système génital.

Avant l'âge de 10 ans, le système génital demeure à l'état juvénile. Il subit ensuite diverses modifications dictées par les hormones. La **puberté** est la période de la vie qui marque l'apparition des caractères sexuels secondaires et le début de la période où la reproduction est possible. Le début de la puberté se caractérise par des poussées de sécrétion de LH et de FSH déclenchées par un afflux de GnRH. La plupart des poussées surviennent durant le sommeil. À mesure que la puberté progresse, les afflux d'hormones se produisent le jour comme la nuit. La fréquence des afflux augmente pendant une période de trois à quatre ans jusqu'à l'acquisition des caractères adultes. Les stimulus qui causent les afflux de GnRH ne sont pas encore bien connus, mais il semble qu'une hormone, la leptine, contribue à la stimulation de la sécrétion de la GnRH. Plusieurs faits viennent étayer cette observation. Juste avant la puberté, les concentrations de leptine augmentent proportionnellement à la masse de tissu adipeux. De plus, il est intéressant de souligner que l'hypothalamus et l'adénohypophyse contiennent tous les deux des récepteurs de la leptine. Des recherches effectuées sur des souris ont permis d'établir que les animaux dépourvus à la naissance du gène fonctionnel codant pour la leptine sont stériles et demeurent au stade prépubertaire. Si ces souris reçoivent de la leptine, elles commencent à sécréter des gonadotrophines et deviennent fécondes. La leptine, qui est par ailleurs en relation avec l'accumulation des lipides (voir le chapitre 25) signale peut-être à l'hypothalamus que les réserves d'énergie emmagasinées à long terme (triacylglycérols dans le tissu adipeux) sont suffisantes pour que les fonctions de procréation s'amorcent.

FIGURE 28.27 Le développement des organes génitaux internes.

Les gonades se développent à partir du mésoderme intermédiaire.

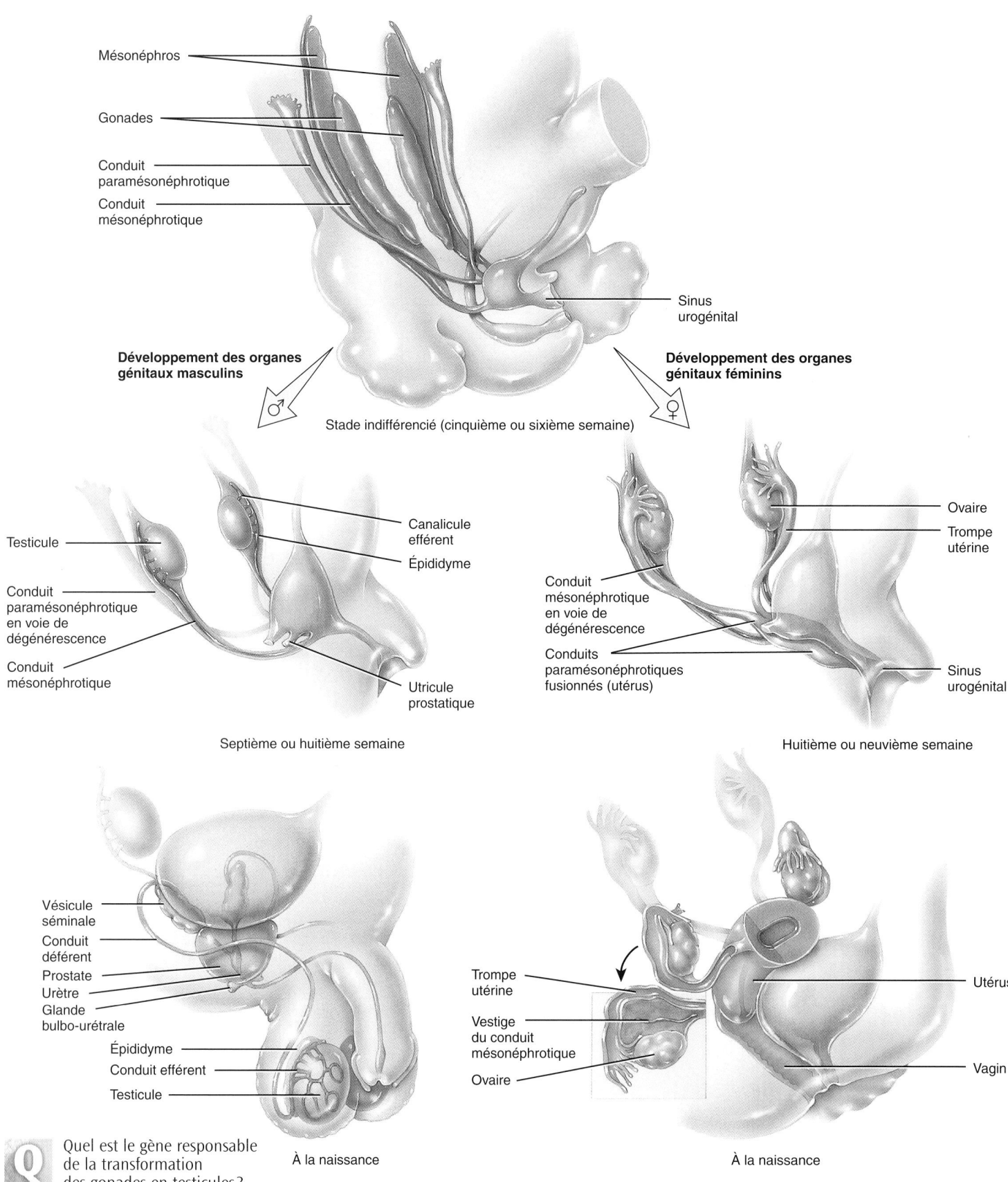

Mésonéphros

Gonades

Conduit paramésonéphrotique

Conduit mésonéphrotique

Sinus urogénital

Développement des organes génitaux masculins

Développement des organes génitaux féminins

♂ ♀

Stade indifférencié (cinquième ou sixième semaine)

Testicule

Conduit paramésonéphrotique en voie de dégénérescence

Conduit mésonéphrotique

Canalicule efférent

Épididyme

Utricule prostatique

Septième ou huitième semaine

Ovaire

Trompe utérine

Conduit mésonéphrotique en voie de dégénérescence

Conduits paramésonéphrotiques fusionnés (utérus)

Sinus urogénital

Huitième ou neuvième semaine

Vésicule séminale

Conduit déférent

Prostate

Urètre

Glande bulbo-urétrale

Épididyme

Conduit efférent

Testicule

À la naissance

Trompe utérine

Vestige du conduit mésonéphrotique

Ovaire

Utérus

Vagin

À la naissance

Q Quel est le gène responsable de la transformation des gonades en testicules?

FIGURE 28.28 Le développement des organes génitaux externes.

 Les organes génitaux externes des embryons de sexe masculin et féminin demeurent indifférenciés jusqu'à la huitième semaine de gestation environ.

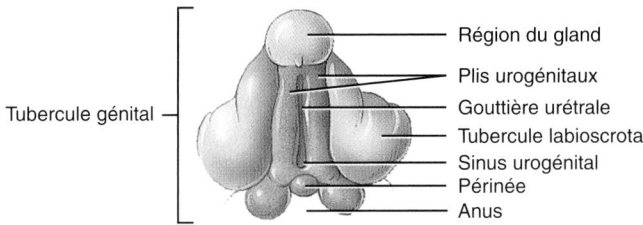

Stade indifférencié (embryon de cinq semaines environ)

Développement de l'embryon mâle ♂

Développement de l'embryon femelle ♀

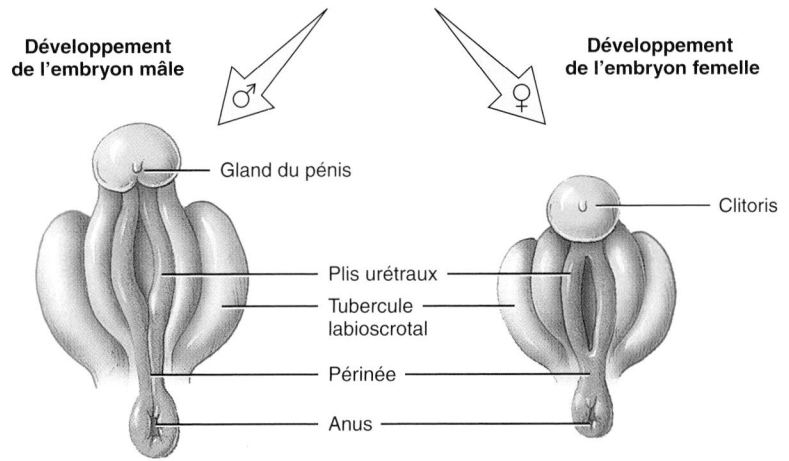

Embryon de 10 semaines

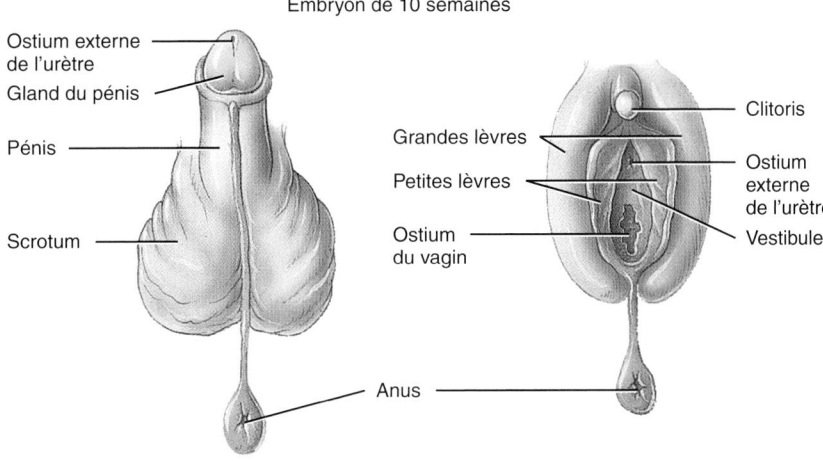

Peu avant la naissance

Q Quelle est l'hormone responsable de la différenciation des organes génitaux externes?

Chez la femme, le cycle de la reproduction se déroule normalement une fois par mois à partir de la première menstruation, appelée **ménarche**, jusqu'à la **ménopause**, période où la menstruation cesse définitivement. Entre la ménarche et la ménopause, la fécondité de la femme est variable. Pendant une année ou deux après la ménarche, seulement 10 % des cycles environ aboutissent à l'ovulation, et la phase lutéale est courte. Graduellement, le pourcentage des cycles ovariens augmente, et la phase lutéale atteint sa durée normale de 14 jours. Ensuite, la fécondité diminue avec l'âge. Entre 40 et 50 ans, la réserve de follicules ovariques s'épuise, ce qui a pour effet de diminuer la réponse des ovaires à la stimulation hormonale ainsi que la production d'œstrogènes, même si l'adénohypophyse continue de sécréter en abondance de la FSH et de la LH. À la ménopause, de nombreuses femmes ont des bouffées de chaleur et transpirent abondamment, indiquant que la libération de GnRH a augmenté. Les autres symptômes, d'intensité variable, accompagnant la ménopause sont les maux de tête, la perte de cheveux, des douleurs musculaires, l'assèchement de la muqueuse vaginale, l'insomnie, la dépression, un gain pondéral et des sautes d'humeur. Après la ménopause, les ovaires, les trompes utérines, l'utérus, le vagin, les organes génitaux externes et les seins tendent à s'atrophier. En raison de la baisse de la concentration d'œstrogènes, la plupart des femmes subissent une diminution de la teneur minérale des os après la ménopause. Le désir sexuel (libido) demeure toutefois constant, probablement sous l'action des corticostéroïdes (hormones sexuelles sécrétées par les surrénales). L'incidence du cancer de l'utérus est optimale vers l'âge de 65 ans, tandis que le cancer du col de l'utérus frappe davantage les femmes plus jeunes.

Chez l'homme, le déclin de la fonction génitale est beaucoup moins marqué. Un homme en bonne santé peut rester fertile jusqu'à l'âge de 80 ans, voire plus. Vers 55 ans, la diminution de la synthèse de la testostérone entraîne une baisse de la force musculaire, du nombre de spermatozoïdes viables et du désir sexuel. Même si la production de spermatozoïdes diminue de 50 % à 70 % entre 60 et 80 ans, les spermatozoïdes restent parfois abondants, même chez les hommes âgés.

Environ le tiers des hommes âgés de plus de 60 ans voient leur prostate augmenter de volume pour atteindre de deux à quatre fois sa taille normale. L'**hypertrophie prostatique bénigne**, qui entraîne une réduction du diamètre de la partie prostatique de l'urètre, se manifeste par des mictions fréquentes, la nycturie, une miction laborieuse, la diminution de la force du jet urinaire, l'incontinence postmictionnelle et la sensation de miction incomplète.

▶ **POINT DE CONTRÔLE**

32. Quels changements surviennent chez l'homme et la femme à la puberté?

33. Quelle est la signification des termes *ménarche* et *ménopause*?

DÉSÉQUILIBRES HOMÉOSTATIQUES

Les troubles du système génital de l'homme

Le cancer du testicule

Le **cancer du testicule** est le cancer le plus fréquent chez les hommes âgés de 20 à 35 ans. Plus de 95 % des cancers du testicule se forment à partir de cellules spermatogéniques dans les tubules séminifères contournés. Un des premiers signes est une masse habituellement indolore dans le testicule, souvent accompagnée d'une sensation de lourdeur dans le testicule ou d'une douleur diffuse dans le bas-ventre. Tous les hommes devraient pratiquer régulièrement l'auto-examen des testicules afin de déceler un signe précoce de cancer et d'entreprendre un traitement au plus vite. Cet examen devrait être pratiqué tous les mois à partir de l'adolescence. Après un bain chaud ou une douche (ce qui a pour effet de relâcher la peau du scrotum), on palpe chaque testicule de la manière suivante. On tient le testicule entre les doigts, puis on le fait rouler délicatement entre le pouce et l'index à la recherche d'excroissances, de renflements, de parties dures ou d'autres changements. Toute personne qui note la présence de bosses ou une modification de la texture d'un testicule devrait consulter un médecin le plus rapidement possible.

Les troubles de la prostate

Comme la prostate entoure une partie de l'urètre, toute infection, hypertrophie ou tumeur qui affecte cet organe risque d'obstruer l'écoulement de l'urine. Les infections aiguës et chroniques de la prostate sont fréquentes après la puberté et s'accompagnent souvent d'une inflammation de l'urètre. Les symptômes comprennent la fièvre, des frissons, la pollakiurie (fréquence anormalement élevée de mictions peu abondantes), des mictions nocturnes fréquentes, de la difficulté à uriner, une sensation de brûlure à la miction, des mictions douloureuses. On observe également des douleurs lombaires, des douleurs articulaires et musculaires, la présence de sang dans l'urine ou de la douleur au moment de l'éjaculation. Il est fréquent, toutefois, que les troubles prostatiques soient asymptomatiques. On administre des antibiotiques pour traiter la plupart des cas d'infection d'origine bactérienne. Dans les cas de **prostatite aiguë**, la prostate enfle et devient douloureuse. La **prostatite chronique** est l'une des infections chroniques les plus fréquentes qui touchent les hommes à partir de l'âge adulte moyen jusque dans la vieillesse. À l'examen, la prostate est hypertrophiée, molle et très sensible, et sa surface est irrégulière.

Chez les hommes au Canada et aux États-unis, le **cancer de la prostate** est celui qui cause le plus grand nombre de décès. En 2006, on estime que 12 % des hommes risquent d'être atteints du cancer de la prostate et que 3,6 % en mourront. Produit uniquement par les cellules épithéliales de la prostate, l'antigène prostatique spécifique (PSA) devient plus abondant lorsque la prostate s'hypertrophie, ce qui peut indiquer une infection, une hypertrophie bénigne ou un cancer de la prostate. Une épreuve sanguine permet de mesurer la concentration de PSA dans le sang. On recommande aux hommes de plus de 40 ans de passer une fois par année l'examen du **toucher rectal**, qui permet de palper la prostate. De nombreux médecins préconisent également un examen de dépistage annuel de l'antigène prostatique spécifique chez les hommes de plus de 50 ans. Le traitement du cancer de la prostate peut comprendre une intervention chirurgicale, la cryothérapie, une radiothérapie, l'administration d'hormones et une chimiothérapie. L'évolution de la maladie étant très lente, certains urologues préfèrent attendre avant de traiter les petites tumeurs chez les patients âgés de plus de 70 ans.

La dysérection

La **dysérection**, auparavant appelée *impuissance*, est l'incapacité permanente d'un homme adulte d'éjaculer ou encore d'obtenir ou de maintenir une érection suffisamment longue pour permettre le coït. De nombreux cas d'impuissance sont causés par une libération insuffisante de monoxyde d'azote (NO), une substance qui détend le muscle lisse des artères du pénis et du tissu érectile. Le Viagra^MD (sildénafil) est un médicament qui amplifie les effets du monoxyde d'azote dans le pénis. Les autres causes possibles de la dysérection comprennent le diabète mellitus, des anomalies anatomiques du pénis, des troubles systémiques comme la syphilis, des affections vasculaires (obstructions artérielles ou veineuses) ou neurologiques, une intervention chirurgicale, une déficience en testostérone. Les troubles de l'érection sont aussi causés par certaines substances (alcool, antidépresseurs, antihistaminiques, antihypertenseurs, narcotiques, nicotine et tranquillisants). Certains facteurs psychologiques comme l'anxiété, la dépression, la peur d'une grossesse, la peur des infections transmissibles sexuellement, des inhibitions religieuses et l'immaturité émotionnelle peuvent également causer la dysérection.

Les troubles du système génital de la femme

Le syndrome prémenstruel et le trouble dysphorique prémenstruel

Le **syndrome prémenstruel** (**SPM**) est un trouble cyclique qui regroupe plusieurs manifestations physiques et émotionnelles graves. Ces manifestations coïncident avec la phase postovulatoire (lutéale) du cycle et disparaissent brusquement au moment de la menstruation. Les signes et symptômes varient beaucoup d'une femme à l'autre. L'œdème, le gain pondéral, des seins gonflés et sensibles, une distension abdominale, des maux de dos et des douleurs articulaires marquent généralement le SPM. Il s'accompagne également de constipation, d'éruptions cutanées, de fatigue, voire de léthargie, d'un plus grand besoin de sommeil, et de divers troubles du comportement (dépression, anxiété, irritabilité, sautes d'humeur), de maux de tête, d'une baisse de la coordination, de maladresse, et d'une envie intense de manger des aliments sucrés ou salés. La cause du SPM est inconnue. Chez certaines femmes, l'exercice régulier, le fait d'éviter la caféine, le sel et l'alcool ainsi que la consommation de glucides complexes et de protéines maigres apportent un grand soulagement.

Le **trouble dysphorique prémenstruel** (**TDPM**) se caractérise par des signes et des symptômes semblables à ceux du SPM, mais il s'en distingue par le fait qu'il ne se résorbe pas après le début de la menstruation. Des études cliniques ont révélé que la suppression du cycle de reproduction au moyen d'un médicament qui interfère avec la GnRH (leuprolide) diminuait considérablement l'intensité des symptômes. Comme ces derniers réapparaissent quand on administre de l'œstradiol ou de la progestérone avec le leuprolide, il se pourrait que le TDPM soit causé par des réactions exacerbées à des concentrations normales de ces hormones ovariennes. Les inhibiteurs spécifiques du recaptage de la sérotonine se sont révélés prometteurs dans le traitement du SPM et du TDPM.

L'endométriose

L'**endométriose** (*endon* : en dedans ; *mêtra* : matrice ; *ose* : maladie non inflammatoire) se caractérise par la croissance de tissu endométrial à l'extérieur de l'utérus. Ce tissu pénètre dans la cavité pelvienne par les trompes utérines ouvertes et peut se loger en plusieurs endroits. Il envahit parfois les ovaires, le cul-de-sac recto-utérin, la surface externe de l'utérus, le côlon sigmoïde, les nœuds lymphatiques pelviens et abdominaux ou le col de l'utérus. Il peut également s'étendre sur la paroi abdominale, les reins et la vessie. Qu'il soit situé à l'intérieur ou à l'extérieur de l'utérus, le tissu endométrial réagit aux fluctuations hormonales et subit les modifications commandées par le cycle menstruel. Ce tissu prolifère donc, puis il se dégrade, ce qui occasionne des saignements. Quand ce processus se produit à l'extérieur de l'utérus, il cause de la douleur et de l'inflammation. Il se forme alors du tissu cicatriciel, qui risque de boucher les trompes utérines et de causer l'infertilité. Les symptômes de l'endométriose sont des douleurs prémenstruelles ou des douleurs menstruelles anormalement intenses.

Le cancer du sein

Au Canada, en 2006, les statistiques indiquent qu'au cours de sa vie, une femme sur neuf risque d'être atteinte du **cancer du sein** et qu'une femme sur vingt-sept en mourra. Aux États-Unis, le cancer du sein guette une femme sur huit. Il vient au deuxième rang des causes de décès chez les femmes canadiennes et américaines, après le cancer du poumon. Il touche rarement les hommes, mai ceux-ci n'en sont pas exempts. Le cancer du sein apparaît rarement avant l'âge de 30 ans, et son incidence croît rapidement après la ménopause. On estime que 5 % des cas diagnostiqués chaque année, en particulier chez les jeunes femmes, découlent de mutations génétiques héréditaires (modifications de l'ADN). Des chercheurs ont isolé deux gènes qui rendent certaines femmes plus vulnérables au cancer du sein : les gènes *BRCA1* (*breast cancer 1*) et *BRCA2*. La mutation du gène *BRCA1* augmente également le risque du cancer de l'ovaire. De plus, les mutations du gène *p53* augmentent le risque du cancer du sein tant chez l'homme que chez la femme et les mutations du gène récepteur d'androgènes sont associées à l'apparition du cancer du sein chez certains hommes. Comme le cancer du sein reste habituellement indolore tant qu'il n'a pas atteint un stade avancé, il est recommandé de signaler immédiatement toute masse palpée sur un sein, même si elle est petite. Le dépistage précoce par l'auto-examen des seins et la mammographie constitue le meilleur moyen d'augmenter les chances de survie.

La technique la plus efficace pour détecter les tumeurs inférieures à 1 cm de diamètre est la **mammographie** (*graphein* : écrire), une forme d'examen radiographique utilisant une pellicule très sensible. On comprime le sein entre deux plateaux pour obtenir une image appelée **mammogramme** (voir le tableau 1.3). On complète parfois l'évaluation par une **échographie**. Bien que cette méthode d'exploration ne puisse pas détecter les tumeurs dont le diamètre est inférieur à 1 cm (que la mammographie peut déceler), l'échographie permet d'évaluer les masses pour déterminer s'il s'agit de kystes bénins remplis de liquide ou de tumeurs solides (éventuellement malignes).

Les facteurs qui augmentent les risques de cancer du sein comprennent : 1) des antécédents familiaux de cancer du sein, surtout chez la mère ou une sœur ; 2) la nulliparité (ne pas avoir eu d'enfant) ou une première grossesse menée à terme après 35 ans ; 3) un cancer antérieur dans un sein ; 4) l'exposition à des rayonnements ionisants tels que les rayons X ; 5) une consommation excessive d'alcool ; et 6) le tabagisme.

La Société canadienne du cancer recommande de prendre les mesures suivantes pour favoriser le dépistage précoce du cancer du sein :

- Toutes les femmes de plus de 20 ans doivent prendre l'habitude d'effectuer une fois par mois l'auto-examen des seins.

- Les femmes âgées de 40 ans et plus doivent passer un examen clinique des seins, effectué par un professionnel de la santé, au moins une fois tous les 2 ans.

- Les femmes âgées de 40 à 49 ans qui n'ont aucun symptôme doivent discuter avec leur médecin de leur risque personnel de cancer du sein ainsi que des avantages et des inconvénients de la mammographie.

- Les femmes âgées de 50 à 59 ans, doivent passer une mammographie tous les deux ans,

- Les femmes âgées de 70 ans et plus doivent demander conseil à leur médecin en matière de dépistage.

- Les femmes de tout âge qui ont déjà eu un cancer du sein, qui ont des antécédents familiaux marqués de la maladie ou qui présentent d'autres facteurs de risque doivent consulter un médecin pour subir une mammographie à intervalles déterminés.

Le traitement du cancer du sein peut comprendre l'administration d'hormones, une chimiothérapie, une radiothérapie, une **tumorectomie** (résection de la tumeur et du tissu adjacent immédiat), une mastectomie radicale modifiée ou radicale, ou une combinaison de ces soins. La **mastectomie radicale** (*mastos* : mamelle) est l'ablation du sein atteint, des muscles pectoraux sous-jacents et des nœuds lymphatiques axillaires, car les métastases des cellules cancéreuses se répandent habituellement par l'intermédiaire des vaisseaux lymphatiques ou sanguins. L'intervention chirurgicale s'accompagne généralement d'une radiothérapie et d'une chimiothérapie afin de s'assurer de la destruction de toutes les cellules cancéreuses qui ont pu se disperser. On dispose aujourd'hui de divers types de médicaments chimiothérapeutiques pour réduire le risque de récidive ou ralentir l'évolution de la maladie. Le tamoxifène (Nolvadex[MD]) est un antagoniste des œstrogènes qui se lie aux récepteurs des œstrogènes et les inhibe, ce qui diminue l'effet stimulant des œstrogènes sur les cellules cancéreuses du sein. Le tamoxifène est utilisé depuis 20 ans et réduit considérablement le risque de récidive du cancer. L'Herceptin[MD] est un anticorps monoclonal qui cible un antigène à la surface des cellules cancéreuses du sein. Il est efficace pour faire régresser les tumeurs et retarder l'évolution de la maladie. Les premières données provenant d'essais cliniques portant sur deux autres médicaments, le letrozole (Femara[MD]) et l'anastrozole (Arimidex[MD]), indiquent des taux de récidive encore inférieurs à ceux du tamoxifène. Ces médicaments sont des inhibiteurs de l'aromatase, une enzyme nécessaire à l'étape finale de synthèse des œstrogènes. Finalement, il existe sur le marché un autre médicament destiné à *prévenir* le cancer du sein, le raloxifène (Evista[MD]). Il est intéressant de noter que le raloxifène bloque les récepteurs des œstrogènes dans les seins et l'utérus, mais les active dans les os, ce qui constitue un traitement efficace de l'ostéoporose tout en diminuant possiblement le risque de cancer du sein ou de l'endomètre (utérus).

Le cancer de l'ovaire

Bien que le **cancer de l'ovaire** occupe le sixième rang au nombre des cancers chez la femme, il représente la principale cause de décès parmi toutes les tumeurs malignes des organes génitaux (à l'exception du cancer du sein), car il est difficile à dépister avant que les métastases se propagent au-delà des ovaires. Les facteurs de risque liés au cancer de l'ovaire comprennent l'âge (plus de 50 ans), la race (femmes blanches), les antécédents familiaux de cancer de l'ovaire, plus de 40 années d'ovulation active, la nulliparité ou une première grossesse après l'âge de 30 ans. Parmi les autres facteurs de risque, il faut mentionner un régime alimentaire riche en gras, faible en fibres et carencé en vitamine A, ainsi que l'exposition prolongée à l'amiante et au talc. Au début, le cancer de l'ovaire n'occasionne aucun symptôme, ou seulement des symptômes légers que l'on associe à d'autres problèmes de santé courants (malaise abdominal, brûlures d'estomac, nausées, perte d'appétit, ballonnements et flatulence). Les signes et symptômes qui coïncident avec les stades plus avancés de la maladie comprennent l'hypertrophie de l'abdomen, des douleurs abdominales ou pelviennes, des troubles gastro-intestinaux persistants, des complications urinaires, des irrégularités menstruelles et un flux menstruel abondant.

Le cancer du col de l'utérus

Le **cancer du col de l'utérus** commence par une **dysplasie cervicale**, c'est-à-dire un changement dans la forme, la croissance et le nombre des cellules cervicales. Les cellules peuvent soit redevenir normales, soit évoluer vers un cancer. La plupart du temps, on dépiste le cancer du col de l'utérus dès les premiers stades au moyen d'une cytologie cervicovaginale (voir p. 126). Il est possible que le cancer du col de l'utérus soit lié au virus qui cause des verrues génitales (virus du papillome humain). Les risques augmentent chez les femmes qui ont de nombreux partenaires sexuels, qui ont leurs premiers rapports sexuels à un jeune âge et qui fument. Depuis peu, il existe un vaccin efficace contre la plupart des souches de papillomavirus responsables du cancer du col, ce qui permettra de protéger bon nombre de jeunes femmes contre ce cancer.

La candidose vulvovaginale

Le *Candida albicans* est un mycète levuriforme qui croît habituellement sur les muqueuses des voies digestives et génito-urinaires. Il cause la **candidose vulvovaginale**, la forme la plus courante de **vaginite**, ou inflammation du vagin. La candidose vulvovaginale se caractérise par des démangeaisons intenses, un écoulement vaginal jaune, épais et caséeux, une odeur de levure et des douleurs. Elle atteint environ 75 % des femmes au moins une fois dans leur vie, et résulte de la prolifération de levures provoquée par des antibiotiques visant à traiter une autre maladie infectieuse. Les facteurs prédisposants comprennent la prise de contraceptifs oraux ou de médicaments de type cortisonique, une grossesse et le diabète.

Les infections transmissibles sexuellement

Une **infection transmissible sexuellement** (**ITS**) est une maladie qui peut être transmise lors d'un contact sexuel. Dans la plupart des pays développés, comme ceux de l'Europe de l'Ouest, le Japon, l'Australie et la Nouvelle-Zélande, l'incidence des ITS a considérablement diminué au cours des 25 dernières années. Au Canada et aux États-Unis, cependant, certaines ITS comme la gonorrhée, la syphilis et l'infection à *Chlamydia*, connaissent une hausse qui frise l'épidémie. Le sida et l'hépatite B, deux ITS susceptibles de se transmettre par d'autres voies, sont décrits aux chapitres 22 et 24, respectivement.

L'infection à Chlamydia

L'**infection à *Chlamydia*** est une ITS causée par *Chlamydia trachomatis* (*khlamus* : manteau). Cette bactérie particulière est incapable de se reproduire à l'extérieur des cellules de l'organisme ; elle vit aux dépens des cellules et s'y divise. À l'heure actuelle, l'infection à *Chlamydia* est la ITS la plus souvent signalée au Canada et aux États-Unis. Dans la plupart des cas, l'infection est asymptomatique au départ et donc difficile à diagnostiquer. Chez l'homme, elle cause une urétrite, qui se caractérise par l'inflammation accompagnée d'un écoulement clair, d'une sensation de brûlure à la miction, et des mictions fréquentes et douloureuses. En l'absence de traitement, l'infection peut atteindre l'épididyme et rendre l'homme stérile. Par ailleurs, 70 % des femmes atteintes de l'infection à *Chlamydia* ne présentent aucun symptôme. Chez la femme, cette bactérie est la principale cause de maladies inflammatoires pelviennes. L'infection peut atteindre les trompes utérines, ce qui augmente le risque de grossesse ectopique (implantation d'un ovule fécondé à l'extérieur de l'utérus) et d'infertilité, car du tissu cicatriciel se forme dans les trompes.

La gonorrhée

L'agent causal de la **gonorrhée** est la bactérie *Neisseria gonorrhoeæ*. Au Canada, la gonorrhée arrive au deuxième rang des ITS les plus souvent signalées et, ces dernières années, le taux de déclaration a pratiquement doublé. La bactérie se transmet par l'écoulement de pus des muqueuses infectées, pendant un contact sexuel ou à la naissance, lorsque la mère est infectée. L'infection peut apparaître dans la bouche et la gorge lorsqu'il y a eu contact buccogénital ; dans le vagin et le pénis, après un rapport sexuel génital ; ou dans le rectum, à la suite d'un rapport sexuel rectogénital.

Les hommes sont souvent atteints d'une urétrite accompagnée d'un écoulement abondant de pus et de mictions douloureuses, et l'infection atteint parfois la prostate et l'épididyme. Chez la femme, la gonorrhée siège habituellement dans le vagin et occasionne souvent l'écoulement de pus. Les hommes comme les femmes peuvent être asymptomatiques tant que l'infection n'a pas atteint un stade plus avancé (environ 5 à 10 % des hommes et 50 % des femmes). Chez la femme, l'infection et l'inflammation subséquente peuvent s'étendre du vagin vers l'utérus, les trompes utérines et la cavité pelvienne. Ces complications sont sérieuses, car la formation de tissu cicatriciel dans les trompes est une importante cause de stérilité. Si la bactérie présente dans le canal génital est transmise aux yeux d'un nouveau-né, elle peut causer la cécité. L'administration systématique d'une solution de nitrate d'argent à 1 % dans les yeux du nourrisson permet de prévenir l'infection.

La syphilis

Causée par la bactérie *Treponema pallidum*, la **syphilis** se transmet lors d'un contact sexuel ou d'une transfusion sanguine, ou encore par le placenta (de la mère au fœtus). L'infection évolue en plusieurs phases. Durant la *phase primaire*, le principal signe est le **chancre**, plaie ouverte indolore au point de contact. Le chancre se cicatrise en une à cinq semaines et disparaît. De 6 à 24 semaines plus tard, divers signes et symptômes, tels qu'une éruption cutanée, de la fièvre et des douleurs continues dans les articulations et les muscles, annoncent la *phase secondaire*, pendant laquelle l'infection se propage dans les principaux systèmes de l'organisme. Lorsqu'il y a signe de dégénérescence organique, l'infection a atteint la *phase tertiaire*. Si le système nerveux est atteint, la phase tertiaire porte le nom de **neurosyphilis**. Les lésions aux aires corticales motrices vont en s'accentuant et les personnes atteintes souffrent parfois d'incontinence urinaire ou fécale, sont immobilisées au lit et sont incapables de s'alimenter seules. De plus, les lésions du cortex cérébral provoquent l'amnésie et des changements de personnalité allant de l'irritabilité aux hallucinations.

L'herpès génital

L'**herpès génital** est une ITS incurable. L'*Herpès simplex virus* de type 2 (HSV2), ou virus de l'herpès simplex humain de type 2, cause des infections génitales récurrentes qui produisent des lésions douloureuses sur le prépuce, le gland du pénis et le corps du pénis chez l'homme, et sur la vulve ou dans le haut du vagin chez la femme. Dans la plupart des cas, les lésions disparaissent et réapparaissent épisodiquement, sans que le virus quitte l'organisme. L'*Herpès simplex virus* de type 1 (HSV1), ou virus de l'herpès simplex humain de type I, est une affection apparentée qui cause des boutons de fièvre sur la bouche et les lèvres. Les personnes infectées voient souvent ces symptômes resurgir plusieurs fois par année.

Les verrues génitales

Les verrues sont des maladies infectieuses causées par des virus. Le *Papillomavirus*, ou virus du papillome humain (VPH), cause des **verrues génitales**, qui sont souvent transmises par contact sexuel. Le VPH est l'infection transmissible sexuellement la plus courante au monde. On estime que près de 75 % des Canadiens contracteront au moins une infection avec l'un des types de VPH (il en existerait plus de 200 types) au cours de leur vie. Les personnes qui ont déjà été atteintes de verrues génitales courent un plus grand risque de souffrir d'un cancer du col de l'utérus, du vagin, de l'anus, de la vulve et du pénis. Il n'existe pas de traitement contre les verrues génitales.

TERMES MÉDICAUX

Castration Ablation, inactivation ou destruction des gonades ; ce terme est habituellement employé pour décrire l'excision des testicules seulement.

Colposcopie (*kolpos* : vagin ; *skopein* : examiner) Examen visuel du vagin et du col de l'utérus au moyen d'un colposcope, instrument muni d'une lentille grossissante (entre 5× et 50×) et d'une source lumineuse. La procédure se déroule habituellement après une cytologie cervicovaginale.

Culdoscopie (*skopein* : examiner) Examen visuel du cul-de-sac recto-utérin de la cavité pelvienne pratiqué au moyen d'un culdoscope (endoscope) inséré dans la paroi postérieure du vagin.

Curetage endocervical Opération consistant à dilater le col de l'utérus et à racler l'endomètre à l'aide d'une curette, un instrument en forme de cuillère à bords dentelés.

Dysménorrhée (*dus* : difficile) Menstruation douloureuse ; on utilise habituellement ce terme pour décrire des symptômes menstruels assez graves pour empêcher une femme de mener une vie normale pendant au moins un jour chaque mois. Dans certains cas, la dysménorrhée est causée par des tumeurs utérines, des kystes ovariens, une maladie inflammatoire pelvienne ou la présence d'un dispositif intra-utérin.

Dyspareunie (*para* : à côté de) Coït douloureux. La douleur peut être ressentie dans la région génitale ou dans la cavité pelvienne, et peut être due à une lubrification insuffisante, à une inflammation, à une infection, à une cape cervicale ou un diaphragme mal installé, à l'endométriose, à une maladie inflammatoire pelvienne, à des tumeurs pelviennes ou à un affaiblissement des ligaments de l'utérus.

Hermaphrodisme Présence de tissus ovariens et testiculaires chez une même personne.

Hypospadias (*hupo* : en deçà ; *span* : déchirer) Anomalie congénitale fréquente de position de l'ostium (méat) de l'urètre ; chez l'homme, l'ostium peut se trouver sur la face inférieure du pénis, à la jonction du pénis et du scrotum, entre les plis du scrotum ou dans le périnée ; chez la femme, l'urètre peut s'ouvrir dans le vagin. Le problème peut être corrigé par une intervention chirurgicale.

Kyste de l'ovaire Forme la plus courante de tumeur de l'ovaire, caractérisée par un follicule rempli de liquide ou un corps jaune qui continue à croître.

Léiomyomes Tumeurs bénignes du myomètre de l'utérus composées de tissus musculaires et fibreux, dont la croissance semble liée à des concentrations élevées d'œstrogènes. Ces tumeurs n'apparaissent pas avant la puberté et elles cessent généralement de se développer à la ménopause. Les symptômes comprennent un saignement menstruel anormal et de la douleur ou une sensation de pression dans la région pelvienne.

Leucorrhée (*leukos* : blanc ; *rhein* : couleur) Écoulement vaginal blanchâtre (exempt de sang) contenant des cellules, du mucus et du pus. La leucorrhée est susceptible de se produire à tout âge chez la majorité des femmes.

Maladie inflammatoire pelvienne Terme désignant l'ensemble des infections bactériennes touchant les organes pelviens, en particulier l'utérus, les trompes utérines et les ovaires. Elle se caractérise par un endolorissement pelvien, des douleurs lombaires, des douleurs abdominales et une urétrite. Les symptômes précoces de la maladie inflammatoire pelvienne apparaissent souvent juste après la menstruation. À mesure que l'infection se propage, elle peut occasionner de la fièvre et des abcès douloureux dans les organes génitaux.

Ménorragie (*-rragie* : jaillir) Menstruation excessivement longue ou abondante. Elle peut être due à un dérèglement hormonal du cycle menstruel, à une infection pelvienne, à des médicaments (anticoagulants), à des léiomyomes (tumeurs utérines bénignes formées de tissus musculaires et fibreux), à l'endométriose ou à un dispositif intra-utérin.

Orchite (*orkhis* : testicule ; *itis* : inflammation) Inflammation des testicules, par exemple à la suite des oreillons ou d'une infection bactérienne.

Ovariectomie Ablation des ovaires.

Salpingectomie (*salpiggos* : trompe) Ablation d'une trompe utérine.

Smegma Sécrétion blanchâtre, produit de la desquamation de cellules épithéliales, observée principalement autour des organes génitaux externes, en particulier en dessous du prépuce chez l'homme.

RÉSUMÉ

LE SYSTÈME GÉNITAL DE L'HOMME (P. 1150)

1. La reproduction est le processus par lequel un organisme engendre sa descendance, et assure la transmission du matériel génétique d'une génération à la suivante.

2. Les organes génitaux comprennent les gonades (qui produisent les gamètes), les conduits (qui transportent et emmagasinent les gamètes), les glandes sexuelles annexes (qui produisent les substances de soutien des gamètes) et les organes de soutien (qui jouent divers rôles dans la reproduction).

3. Les organes du système génital de l'homme comprennent les testicules, l'épididyme, le conduit déférent, le conduit éjaculateur, l'urètre, les vésicules séminales, la prostate, les glandes bulbo-urétrales et le pénis.

4. Le scrotum est un sac de peau lâche et de fascia superficiel suspendu à la racine du pénis ; il soutient les testicules.

5. Les muscles crémaster et dartos régissent la température des testicules ; le muscle crémaster, en se contractant, élève et rapproche les testicules de la cavité pelvienne, et en se détendant, les en éloignent ; la contraction du muscle dartos provoque le resserrement du scrotum, qui prend une apparence plissée, et son relâchement détend le scrotum.

6. Situés dans le scrotum, les testicules sont des glandes ovales paires (gonades). Outre les tubules séminifères contournés, où sont produites les cellules spermatogéniques, ces glandes contiennent des épithéliocytes de soutien, qui nourrissent les cellules spermatogéniques et sécrètent l'inhibine, et des cellules interstitielles, qui produisent la testostérone, l'hormone sexuelle masculine.

7. Les testicules descendent dans le scrotum par les canaux inguinaux durant le septième mois de développement fœtal. Il y a cryptorchidie quand les testicules ne descendent pas dans le scrotum.

8. Les ovocytes de deuxième ordre et les spermatozoïdes, appelés *gamètes*, sont produits dans les gonades.

9. La spermatogenèse, qui se déroule dans les testicules, est le processus par lequel les spermatogonies immatures se transforment en spermatozoïdes. Les étapes de la spermatogenèse (méiose I, méiose II et spermiogenèse) donnent lieu à la formation de quatre spermatozoïdes haploïdes issus de chaque spermatocyte de premier ordre.

10. Le spermatozoïde mature comprend une tête et un flagelle. Sa fonction est de féconder un ovocyte de deuxième ordre.

11. À la puberté, la GnRH stimule la sécrétion de FSH et de LH par l'adénohypophyse. La LH stimule la production de testostérone ; la FSH et la testostérone stimulent la spermatogenèse. Les épithéliocytes de soutien sécrètent l'ABP (*androgen-binding protein*), qui se lie à la testostérone et demeure en concentrations élevées dans le tubule séminifère contourné.

12. La testostérone régit la croissance, le développement et le maintien des organes sexuels. Elle stimule la croissance des os, l'anabolisme (synthèse) des protéines et la maturation des spermatozoïdes, de même que le développement des caractères sexuels secondaires de l'homme.

13. Produite par les épithéliocytes de soutien, l'inhibine freine la sécrétion de FSH et diminue ainsi la spermatogenèse.

14. Les conduits des testicules comprennent les tubules séminifères contournés, les tubules séminifères droits et le rété testis. Les spermatozoïdes sortent des testicules par les épididymes puis les conduits efférents.

15. Le conduit épididymaire est le siège de la maturation et du stockage des spermatozoïdes.

16. Le conduit déférent emmagasine les spermatozoïdes et les propulse vers l'urètre pendant l'éjaculation.

17. Chaque conduit éjaculateur, formé par l'union du conduit d'une vésicule séminale et de l'ampoule du conduit déférent, sert de passage aux spermatozoïdes et aux sécrétions des vésicules séminales qui sont expulsés dans la partie prostatique de l'urètre.

18. L'urètre masculin se divise en trois parties : la partie prostatique, la partie membranacée et la partie spongieuse.

19. Les vésicules séminales sécrètent un liquide alcalin visqueux qui contient du fructose (utilisé par les spermatozoïdes pour la production d'ATP). Ce liquide constitue environ 60 % du volume du sperme et contribue à la viabilité des spermatozoïdes.

20. La prostate sécrète un liquide laiteux légèrement acide qui représente environ 25 % du volume du sperme et contribue à la mobilité des spermatozoïdes.

21. Les glandes bulbo-urétrales sécrètent un mucus lubrifiant et une substance alcaline qui neutralise l'acidité de l'urine.

22. Le sperme est un mélange de spermatozoïdes et de liquide séminal ; il transporte les spermatozoïdes, fournit des nutriments et neutralise l'acidité de l'urètre masculin et du vagin.

23. Le pénis est formé d'un corps, d'une racine et d'un gland.

24. L'afflux de sang dans les sinus sanguins du pénis provoqué par l'excitation sexuelle est appelé *érection*.

LE SYSTÈME GÉNITAL DE LA FEMME (P. 1165)

1. Les organes génitaux de la femme comprennent les ovaires (gonades), les trompes utérines, l'utérus, le vagin et la vulve.

2. Les glandes mammaires font partie du système tégumentaire et également du système génital de la femme.

3. Les ovaires (gonades de la femme) sont situés dans la partie supérieure de la cavité pelvienne, de part et d'autre de l'utérus.

4. Les ovaires produisent des ovocytes de deuxième ordre et les expulsent (processus de l'ovulation) ; ils sécrètent les œstrogènes, la progestérone, la relaxine et l'inhibine.

5. L'ovogenèse (production d'ovocytes de deuxième ordre haploïdes) commence dans les ovaires. Ces étapes, qui comprennent la méiose I et la méiose II, sont terminées seulement après qu'un ovocyte de deuxième ordre ovulé a été fécondé par un spermatozoïde.

6. Les trompes utérines transportent les ovocytes de deuxième ordre des ovaires jusqu'à l'utérus et sont le siège normal de la fécondation. Des cellules ciliées et des contractions péristaltiques favorisent le mouvement de l'ovocyte de deuxième ordre ou de l'ovule fécondé vers l'utérus.

7. L'utérus est un organe de la grosseur et de la forme d'une poire reposant sur la pointe ; il est le siège de la menstruation, de l'implantation d'un ovule fécondé, du développement du fœtus durant la grossesse ainsi que de l'accouchement. Il fait également partie du parcours des spermatozoïdes qui cheminent vers les trompes utérines pour féconder un ovocyte de deuxième ordre. Normalement, l'utérus est maintenu en place par une série de ligaments.

8. Sur le plan histologique, l'utérus comprend trois couches : le périmétrium (séreuse) externe, le myomètre moyen et l'endomètre interne.

9. Le vagin sert de passage aux spermatozoïdes et au flux menstruel, et reçoit le pénis durant le coït ; il forme la partie inférieure des voies génitales féminines. Il est très élastique, ce qui lui permet de se dilater durant l'accouchement.

10. On désigne l'ensemble des organes génitaux externes de la femme sous le nom de vulve. Celle-ci comprend le mont du pubis, les grandes lèvres, les petites lèvres, le clitoris, le vestibule du vagin, les ostiums du vagin et de l'urètre, l'hymen, le bulbe du vestibule et trois groupes de glandes : para-urétrales, vestibulaires majeures et vestibulaires mineures.

11. Le périnée est une région en forme de losange située à l'extrémité inférieure du tronc. Il est circonscrit à l'avant par la symphyse pubienne, sur les côtés par les tubérosités ischiatiques et à l'arrière par le coccyx.

12. Les glandes mammaires sont des glandes sudoripares modifiées situées à la surface des muscles grands pectoraux. Elles ont pour fonction de synthétiser, sécréter et éjecter le lait (lactation).

13. Le développement de la glande mammaire est stimulé par les œstrogènes et la progestérone.

14. La production de lait est stimulée par la prolactine, les œstrogènes et la progestérone ; l'éjection du lait est stimulée par l'ocytocine.

LE CYCLE DE LA REPRODUCTION CHEZ LA FEMME (P. 1178)

1. Le cycle ovarien assure le développement d'un ovocyte de deuxième ordre ; le cycle menstruel prépare chaque mois l'endomètre de l'utérus à recevoir un ovule fécondé. Le terme « cycle de la reproduction chez la femme » désigne l'ensemble des cycles ovarien et menstruel.

2. Les cycles menstruel et ovarien sont régis par la GnRH sécrétée par l'hypothalamus, qui stimule la libération de FSH et de LH par l'adénohypophyse.

3. La FSH et la LH stimulent la croissance des follicules et la sécrétion d'œstrogènes et d'inhibine par les follicules ovariques. La LH assure également l'ovulation, la formation du corps jaune et la sécrétion de progestérone, d'œstrogènes, de relaxine et d'inhibine par le corps jaune.

4. Les œstrogènes stimulent la croissance, le développement et le maintien des structures du système génital de la femme, de même que le développement des caractères sexuels secondaires, la synthèse des protéines et la baisse du taux de cholestérol.

5. La progestérone agit en synergie avec les œstrogènes afin de préparer l'endomètre à l'implantation d'un ovule et les glandes mammaires à la sécrétion de lait.

6. La relaxine détend le myomètre au moment d'une implantation possible du zygote. À la fin de la grossesse, elle augmente l'élasticité de la symphyse pubienne et favorise la dilatation du col de l'utérus pour faciliter le passage du bébé pendant l'accouchement.

7. Durant la phase menstruelle, la couche fonctionnelle de l'endomètre se desquame et déverse du sang, du liquide tissulaire, du mucus et des cellules épithéliales.

8. Durant la phase préovulatoire, un groupe de follicules dans les ovaires amorcent le processus de maturation final. Un follicule plus gros que les autres devient le follicule dominant, tandis que la plupart des autres dégénèrent. Au même moment, la reconstitution de l'endomètre a lieu dans l'utérus. Les œstrogènes sont les principales hormones ovariennes durant cette phase préovulatoire.

9. Durant l'ovulation, le follicule ovarique mûr se rompt et un ovocyte de deuxième ordre est libéré dans la cavité pelvienne. Cette rupture est provoquée par un afflux de LH. Les signes et symptômes de l'ovulation comprennent l'augmentation de la température corporelle basale, la production d'une glaire cervicale claire et collante, des modifications du col de l'utérus et une douleur abdominale.

10. Durant la phase postovulatoire, la progestérone et les œstrogènes sont sécrétés en plus grandes quantités par le corps jaune de l'ovaire, et l'endomètre épaissit en vue de l'implantation.

11. Si aucun ovule n'est fécondé, le corps jaune dégénère, et la baisse de la concentration de progestérone et d'œstrogènes provoque la desquamation de l'endomètre, suivie du début d'un nouveau cycle de la reproduction.

12. Si l'ovule est fécondé et implanté, le corps jaune est maintenu par l'hCG. Le corps jaune et, un peu plus tard, le placenta sécrètent de la progestérone et des œstrogènes qui permettent à la grossesse de se poursuivre et aux seins de se développer en vue de la lactation.

LA CONTRACEPTION (P. 1183)

1. La contraception désigne la régulation du nombre de naissances au moyen de diverses méthodes visant à contrôler la fécondité et à empêcher la conception.

2. Les méthodes de contraception comprennent la stérilisation chirurgicale (vasectomie, ligature des trompes), les méthodes hormonales, les dispositifs intra-utérins, les spermicides, les barrières mécaniques (condoms masculin et féminin, diaphragme), l'abstinence périodique (méthode rythmique et méthode symptothermique) et l'avortement provoqué. Le tableau 28.3 présente le taux d'échec de ces méthodes.

3. Les contraceptifs oraux de forme combinée contiennent des œstrogènes et des progestines en concentrations qui diminuent la sécrétion de FSH et de LH et inhibent le développement des follicules ovariques et l'ovulation.

4. L'avortement est l'expulsion prématurée de l'utérus des produits de la conception; il peut être spontané ou provoqué. Le RU 486 permet de provoquer un avortement en bloquant l'action de la progestérone.

LE DÉVELOPPEMENT EMBRYONNAIRE DU SYSTÈME GÉNITAL (P. 1186)

1. Les gonades se développent à partir du mésoderme intermédiaire. En présence du gène *SRY*, les gonades commencent à se différencier en testicules durant la septième semaine de développement. En l'absence du gène *SRY*, les gonades se différencient en ovaires.

2. Chez l'homme, la testostérone stimule la transformation de chaque conduit mésonéphrotique en un épididyme, un conduit déférent, un conduit éjaculateur et une vésicule séminale, et l'hormone antimüllérienne détruit les cellules dans les conduits paramésonéphrotiques. Chez la femme, l'absence de testostérone et d'hormone antimüllérienne entraîne le développement des conduits paramésonéphrotiques pour former les trompes utérines, l'utérus et le vagin, puis les conduits mésonéphrotiques dégénèrent.

3. Les organes génitaux externes se constituent à partir du tubercule génital et se transforment en structures masculines typiques sous l'effet de la dihydrotestostérone (DHT). Les organes génitaux externes donnent des structures féminines lorsque la dihydrotestostérone n'est pas produite, ce qui est le cas normalement chez l'embryon de sexe féminin.

LE VIEILLISSEMENT DU SYSTÈME GÉNITAL (P. 1187)

1. La puberté est la période de la vie qui marque l'apparition des caractères sexuels secondaires et le début de la période où la reproduction est possible.

2. Le début de la puberté se manifeste par des poussées de sécrétion de LH et de FSH, déclenchées par un afflux de GnRH. Une hormone libérée par le tissu adipeux, la leptine, semble indiquer à l'hypothalamus qu'une quantité suffisante d'énergie à long terme est emmagasinée (les triacylglycérols dans le tissu adipeux) pour que les fonctions de la reproduction commencent.

3. Chez la femme, le cycle de la reproduction survient normalement chaque mois de la ménarche, première menstruation, à la ménopause, arrêt définitif de la menstruation.

4. Entre 40 et 50 ans, la réserve de follicules ovariques s'épuise et les concentrations de progestérone et d'œstrogènes baissent. La teneur minérale des os de la plupart des femmes diminue après la ménopause, et les ovaires, les trompes utérines, l'utérus, le vagin, les organes génitaux externes et les seins s'atrophient. L'incidence des cancers de l'utérus et du sein augmente également avec l'âge.

5. Chez l'homme âgé, le déclin des concentrations de testostérone est associé à une diminution de la force musculaire, du désir sexuel et du nombre de spermatozoïdes viables; les troubles de la prostate sont courants.

AUTOÉVALUATION

Vous trouverez les réponses à ces questions à l'appendice D.

COMPLÉTEZ LES PHRASES SUIVANTES.

1. La _____ est la période de la vie qui marque l'apparition des caractères sexuels secondaires et le début de la période où la reproduction est possible. La première menstruation est la _____, et l'arrêt définitif de la menstruation est la _____.

INDIQUEZ SI LES ÉNONCÉS SUIVANTS SONT VRAIS OU FAUX.

2. La spermatogenèse n'est pas possible à la température interne du corps.

3. De leur production dans les testicules jusqu'à l'extérieur du corps, les spermatozoïdes parcourent les structures suivantes : tubules séminifères contournés, tubules séminifères droits, rété testis, épididyme, conduit déférent, conduit éjaculateur, partie prostatique de l'urètre, partie membranacée de l'urètre, partie spongieuse de l'urètre, ostium externe de l'urètre.

CHOISISSEZ LA BONNE RÉPONSE.

4. Parmi les fonctions suivantes, lesquelles caractérisent les épithéliocytes de soutien ? 1) protection des cellules spermatogéniques en développement, 2) nutrition des spermatocytes, des spermatides et des spermatozoïdes, 3) phagocytose du cytoplasme expulsé par les spermatozoïdes à mesure qu'ils se développent, 4) médiation des effets de la testostérone et de la FSH, 5) régulation des mouvements des cellules spermatogéniques et libération des spermatozoïdes dans la lumière des tubules séminifères contournés. a) 1, 2, 4 et 5 ; b) 1, 2, 3 et 5 ; c) 2, 3, 4 et 5 ; d) 1, 2, 3 et 4 ; e) 1, 2, 3, 4 et 5.

5. Parmi les énoncés suivants, lesquels sont *vrais* ? 1) Une érection est la réponse de la portion sympathique du système nerveux à une stimulation sexuelle. 2) La dilatation des vaisseaux sanguins irriguant le tissu érectile provoque l'érection. 3) Le monoxyde d'azote (NO) entraîne le relâchement du muscle lisse du tissu érectile, ce qui produit un élargissement des sinus sanguins. 4) L'éjaculation est un réflexe du système nerveux sympathique coordonné uniquement par la région sacrée de la moelle épinière. 5) La fonction du corps caverneux du pénis est de garder l'orifice de l'urètre ouvert pendant l'éjaculation. a) 1, 2 et 3 ; b) 1, 2, 3, 4 et 5 ; c) 2 et 3 ; d) 2, 4 et 5 ; e) 1, 2, 3 et 4.

6. Parmi les énoncés suivants, lesquels décrivent les œstrogènes ? 1) Ils favorisent le développement et le maintien des structures génitales et des caractères sexuels secondaires de la femme. 2) Ils contribuent à la régulation de l'équilibre hydroélectrolytique. 3) Ils augmentent le catabolisme des protéines. 4) Ils abaissent le taux de cholestérol sanguin. 5) En concentrations modérées, ils inhibent la libération de GnRH et la sécrétion de LH et de FSH. a) 1, 4 et 5 ; b) 1, 3, 4 et 5 ; c) 1, 2, 3 et 5 ; d) 1, 2, 3 et 4 ; e) 1, 2, 3, 4 et 5.

7. Parmi les énoncés suivants, lesquels sont *exacts* ? 1) La tête du spermatozoïde contient l'ADN et un acrosome. 2) Un acrosome est un lysosome spécialisé qui contient des enzymes permettant au spermatozoïde de produire l'ATP nécessaire à sa propulsion à l'extérieur des voies génitales de l'homme. 3) Les mitochondries dans la portion intermédiaire du spermatozoïde produisent l'ATP nécessaire à sa motilité. 4) Le flagelle du spermatozoïde sert à la propulsion. 5) Une fois éjaculé, un spermatozoïde est viable et normalement capable de féconder un ovocyte de deuxième ordre pendant cinq jours. a) 1, 2, 3 et 4 ; b) 2, 3, 4 et 5 ; c) 1, 3 et 4 ; d) 2, 4 et 5 ; e) 2, 3 et 4.

8. Parmi les énoncés suivants, lesquels sont *exacts* ? 1) Les spermatogonies sont des cellules souches car, lorsqu'elles subissent la mitose, certaines cellules filles demeurent et servent de réservoirs de cellules souches pour les mitoses subséquentes. 2) La méiose I est une division de paires de chromosomes qui produit des cellules filles contenant un seul membre de chaque paire de chromosomes. 3) La méiose II sépare les chromatides de chaque chromosome. 4) La spermiogenèse correspond à la transformation des spermatides en spermatozoïdes. 5) Le processus par lequel les tubules séminifères contournés produisent des spermatozoïdes haploïdes est appelé *spermatogenèse*. a) 1, 2, 3 et 5 ; b) 1, 2, 3, 4 et 5 ; c) 1, 3, 4 et 5 ; d) 1, 2, 3 et 4 ; e) 1, 3 et 5.

9. Parmi les énoncés suivants, lesquels sont *exacts* ? 1) Les cellules issues du sac vitellin donnent naissance aux ovogonies. 2) Les ovules proviennent de l'épithélium superficiel de l'ovaire. 3) Les ovocytes de premier ordre entrent en prophase de la méiose I durant le développement fœtal, mais ne terminent cette phase qu'après la puberté. 4) Une fois l'ovocyte de deuxième ordre formé, il entre en métaphase de la méiose II et s'arrête à cette étape. 5) L'ovocyte de deuxième ordre complète la méiose II et ne forme un ovule et un globule polaire que s'il y a fécondation. 6) Un ovocyte de premier ordre donne naissance à un ovule et à quatre globules polaires. a) 1, 3, 4 et 5 ; b) 1, 3, 4 et 6 ; c) 1, 2, 4 et 6 ; d) 1, 2, 4 et 5 ; e) 1, 2, 5 et 6.

10. Parmi les énoncés suivants, lesquels sont *exacts* ? 1) Le cycle de la reproduction chez la femme comprend la phase menstruelle, la phase préovulatoire, l'ovulation et la phase postovulatoire. 2) Durant la phase menstruelle, de petits follicules ovariques primaires commencent à grossir tandis que l'utérus se desquame. 3) Durant la phase préovulatoire, un follicule secondaire dominant continue à croître et commence à sécréter des œstrogènes et de l'inhibine tandis que l'endomètre se reconstitue. 4) L'ovulation provoque la libération d'un ovule et les produits de la desquamation de l'endomètre nourrissent et soutiennent l'ovule libéré. 5) Après l'ovulation, un corps jaune se forme à partir du follicule ovarique rompu et commence à sécréter de la progestérone et des œstrogènes ; cette sécrétion se poursuit pendant la grossesse si l'ovocyte de deuxième ordre est fécondé. 6) S'il n'y a pas fécondation, le corps jaune se dégrade et devient un corps blanc, tandis que l'endomètre se prépare à une nouvelle desquamation. a) 1, 2, 4 et 5 ; b) 2, 4, 5 et 6 ; c) 1, 4, 5 et 6 ; d) 1, 3, 4 et 6 ; e) 1, 2, 3, 5 et 6.

11. Les contraceptifs oraux agissent de la manière suivante : 1) ils causent l'épaississement de la muqueuse du col de l'utérus, 2) ils bloquent les trompes utérines, 3) ils inhibent la libération de FSH et de LH, 4) ils empêchent l'ovulation, 5) ils altèrent la membrane plasmique des spermatozoïdes, 6) ils irritent la paroi de l'endomètre de manière qu'il ne puisse permettre le développement d'un fœtus. a) 3 seulement ; b) 3 et 4 ; c) 1, 2 et 5 ; d) 1, 3 et 4 ; e) 1, 2, 3, 4 et 5.

12. Associez les éléments suivants :

_____ a) glandes sudoripares modifiées qui contribuent à la lactation

_____ b) petite masse cylindrique composée de tissu érectile et de nerfs chez la femme ; homologue du gland du pénis chez l'homme

_____ c) produisent un mucus chez la femme pendant l'excitation sexuelle et le coït ; homologues des glandes bulbo-urétrales chez l'homme

_____ d) groupe de cellules qui nourrissent l'ovocyte immature et commencent à sécréter des œstrogènes

_____ e) voie empruntée par les spermatozoïdes pour atteindre les trompes utérines ; siège de la menstruation ; siège de l'implantation de l'ovule fécondé

_____ f) produit la progestérone, les œstrogènes, la relaxine et l'inhibine

_____ g) attirent l'ovule dans la trompe utérine

_____ h) orifice reliant l'utérus au vagin

_____ i) couche de muscle de l'utérus ; responsable de l'expulsion du fœtus de l'utérus

_____ j) glandes sécrétrices de mucus chez la femme ; homologues de la prostate

_____ k) organe de copulation de la femme ; permet le passage du bébé pendant l'accouchement

_____ l) passage qu'emprunte l'ovule pour atteindre l'utérus ; siège habituel de la fécondation

_____ m) désigne les organes génitaux externes de la femme

_____ n) couche du revêtement utérin qui se desquame partiellement une fois par mois

1) follicule
2) corps jaune
3) trompe utérine
4) franges
5) utérus
6) col de l'utérus
7) endomètre
8) vagin
9) vulve
10) clitoris
11) glandes para-urétrales
12) glandes vestibulaires majeures
13) glandes mammaires
14) myomètre

13. Associez les éléments suivants :

_____ a) siège de la maturation des spermatozoïdes

_____ b) organe de copulation de l'homme ; passage pour l'éjaculation des spermatozoïdes et l'excrétion de l'urine

_____ c) cellules qui produisent les spermatozoïdes

_____ d) produisent une substance alcaline qui protège les spermatozoïdes contre l'acidité de l'urètre

_____ e) expulse les spermatozoïdes dans l'urètre juste avant l'éjaculation

_____ f) structure de soutien du testicule

_____ g) transporte les spermatozoïdes du scrotum à la cavité abdominopelvienne pour qu'ils soient libérés pendant l'éjaculation ; lorsqu'il est sectionné et attaché, il constitue une méthode de stérilisation

_____ h) conduit terminal commun des systèmes génital et urinaire de l'homme

_____ i) entoure l'urètre à la base de la vessie ; produit des sécrétions qui contribuent à la motilité et à la viabilité des spermatozoïdes

_____ j) produisent la testostérone

_____ k) structure de soutien composée du conduit déférent, de l'artère testiculaire, de nerfs autonomes, des veines qui drainent les testicules, de vaisseaux lymphatiques et du muscle crémaster

_____ l) soutiennent et protègent les cellules spermatogéniques immatures ; sécrètent l'inhibine ; forment la barrière hématotesticulaire

_____ m) sécrètent un liquide alcalin qui contribue à neutraliser l'acidité dans les voies génitales de la femme ; sécrètent le fructose nécessaire à la production d'ATP par les spermatozoïdes

_____ n) sa contraction et sa relaxation rappochent ou éloignent les testicules de la cavité pelvienne

_____ o) siège de la spermatogenèse

1) cellules spermatogéniques
2) épithéliocytes de soutien
3) cellules interstitielles
4) pénis
5) scrotum
6) épididyme
7) conduit déférent
8) conduit éjaculateur
9) tubules séminifères contournés
10) vésicules séminales
11) prostate
12) glandes bulbo-urétrales
13) urètre
14) cordon spermatique
15) muscle crémaster

14. Associez les éléments suivants :

_____ a) détend l'utérus en inhibant les contractions du myomètre durant les cycles menstruels ; assouplit la symphyse pubienne durant l'accouchement

_____ b) stimule la sécrétion de la testostérone par les cellules interstitielles chez l'homme et déclenche l'ovulation chez la femme

_____ c) inhibe la production de FSH par l'adénohypophyse

_____ d) hormone sécrétée par l'adénohypophyse responsable des contractions de l'utérus et de l'éjection de lait par les glandes mammaires

_____ e) déclenche le développement des caractères sexuels masculins ; stimule la synthèse des protéines ; contribue à la libido

_____ f) stimule le développement des organes génitaux externes masculins

_____ g) maintient le corps jaune durant le premier trimestre de la grossesse

_____ h) contribue au comportement sexuel de l'homme, à la spermatogenèse et à la libido

_____ i) favorise le développement des structures génitales de la femme ; abaisse le taux de cholestérol sanguin

_____ j) stimule la sécrétion initiale d'œstrogènes par les follicules ovariques immatures ; favorise la croissance des follicules

_____ k) sécrété par le corps jaune afin de maintenir l'endomètre durant le premier trimestre de la grossesse

_____ l) hormone de l'adénohypophyse qui stimule la production de lait

1) inhibine
2) LH
3) FSH
4) testostérone
5) œstrogènes
6) progestérone
7) relaxine
8) gonadotrophine chorionique
9) prolactine
10) ocytocine
11) androgènes
12) dihydrotestostérone

15. Associez les éléments suivants :

_____ a) durant la méiose, processus pendant lequel certaines parties de chromosomes homologues sont échangées

_____ b) désigne les cellules contenant la moitié du nombre de chromosomes

_____ c) cellule issue de l'union d'un ovule et d'un spermatozoïde

_____ d) dégénérescence des ovogonies avant et après la naissance

_____ e) amas de déchets de matière nucléaire provenant de la première ou de la deuxième division de l'ovule

_____ f) désigne les cellules contenant le nombre complet de chromosomes

1) zygote
2) haploïde
3) diploïde
4) enjambement
5) globule polaire
6) atrésie

QUESTIONS À COURT DÉVELOPPEMENT

Vous trouverez les réponses à ces questions à l'appendice D.

1. Mélissa, 23 ans, et son mari Benoît sont prêts à avoir des enfants. Ils sont tous les deux passionnés de cyclisme et pratiquent aussi l'haltérophilie ; ils surveillent leur alimentation et sont très fiers de leur corps musclé. Mélissa n'arrive toutefois pas à devenir enceinte. Elle pense que c'est à cause de Benoît. Mélissa n'a pas eu de menstruation depuis quelque temps, mais elle affirme au médecin que c'est normal pour elle. À la fin de la consultation, le médecin indique à Mélissa qu'elle doit réduire son entraînement et prendre un peu de poids pour pouvoir devenir enceinte. Mélissa est bien déçue parce qu'elle se disait qu'elle prendrait bien assez de poids une fois enceinte ! Expliquez à Mélissa les transformations qu'elle a subies et la raison pour laquelle un gain pondéral pourrait l'aider à devenir enceinte.

2. La progestérone assure le maintien de la grossesse. Expliquez comment la progestérone contribue à la préparation du corps de la femme à la grossesse et au maintien de cette dernière.

3. Après avoir eu cinq enfants, Isabelle, la femme de Marc, insiste pour qu'il se fasse vasectomiser. Marc a peur que sa performance sexuelle diminue. Que pouvez-vous lui dire pour le convaincre que ses organes sexuels fonctionneront parfaitement bien ? Marc et Isabelle seront-ils certains qu'Isabelle ne deviendra pas enceinte tout de suite après la vasectomie ?

RÉPONSES AUX QUESTIONS DES FIGURES

28.1 Les gonades (testicules) produisent les gamètes (spermatozoïdes) et les hormones ; les conduits transportent les spermatozoïdes, les emmagasinent et participent à leur maturation ; les glandes sexuelles annexes sécrètent des substances qui soutiennent les gamètes ; le pénis permet de déposer les spermatozoïdes dans les voies génitales de la femme.

28.2 Les muscles crémaster (muscle squelettique) et dartos (muscle lisse) contribuent à la régulation de la température des testicules.

28.3 La vaginale du testicule et l'albuginée sont les couches de tissu qui recouvrent et protègent les testicules.

28.4 Les cellules interstitielles des testicules sécrètent la testostérone.

28.5 Pendant la méiose I, le nombre de chromosomes dans chaque cellule est réduit de moitié.

28.6 La tête du spermatozoïde est composée d'un noyau de 23 chromosomes hautement condensés et d'un acrosome qui contient les enzymes qui lui sont nécessaires pour pénétrer dans un ovocyte de deuxième ordre ; le col contient les centrioles qui forment les microtubules composant le reste du flagelle ; la partie intermédiaire contient les mitochondries intervenant dans la production de l'ATP nécessaire à la locomotion et au métabolisme ; la pièce principale et la pièce terminale du flagelle assurent sa motilité.

28.7 Les épithéliocytes de soutien sécrètent l'inhibine.

28.8 La testostérone inhibe la sécrétion de LH, et l'inhibine freine la sécrétion de FSH.

28.9 Les vésicules séminales sont les glandes sexuelles annexes qui fournissent la plus grande partie du liquide séminal.

28.10 Les deux corps caverneux et le corps spongieux du pénis contiennent des sinus sanguins qui se remplissent de sang. Comme le sang ne peut pas sortir des tissus érectiles aussi rapidement qu'il y est entré, il engorge ces tissus, ce qui produit une érection. Le corps spongieux du pénis maintient la partie spongieuse de l'urètre ouverte pour permettre l'éjaculation.

28.11 Un certain nombre de structures formant les organes génitaux de l'homme et de la femme dérivent des mêmes tissus embryonnaires. Cette homologie s'observe dans le cas des testicules et des ovaires, du gland du pénis et du clitoris ; de la prostate et des glandes para-urétrales et, enfin, de la glande bulbo-urétrale et des glandes vestibulaires majeures, respectivement.

28.12 Le mésovarium ancre l'ovaire au ligament large de l'utérus et à la trompe utérine ; le ligament propre de l'ovaire fixe l'ovaire à l'utérus ; le ligament suspenseur de l'ovaire attache l'ovaire à la paroi pelvienne.

28.13 Les follicules ovariques sécrètent des œstrogènes ; le corps jaune sécrète de la progestérone, des œstrogènes, de la relaxine et de l'inhibine.

28.14 La plupart des follicules ovariques se dégradent par atrésie (dégénérescence).

28.15 Les ovocytes de premier ordre sont présents dans l'ovaire à la naissance et ont donc le même âge que la femme. Chez l'homme, les spermatocytes de premier ordre sont continuellement formés par les cellules germinales (spermatogonies) et ne sont vieux que de quelques jours.

28.16 La fécondation se déroule le plus souvent dans l'ampoule de la trompe utérine.

28.17 Des cellules épithéliales prismatiques ciliées et des cellules non ciliées dotées de microvillosités tapissent les trompes utérines.

28.18 L'endomètre est un épithélium sécréteur très vascularisé qui fournit l'oxygène et les nutriments nécessaires à la survie de l'ovule fécondé ; le myomètre est une couche épaisse de myocytes lisses qui soutient la paroi utérine pendant la grossesse et se contracte pour expulser le fœtus lors de l'accouchement.

28.19 La couche basale de l'endomètre fournit des cellules qui remplacent celles qui ont été perdues lors de la desquamation de la couche fonctionnelle pendant la menstruation.

28.20 À l'avant de l'ostium du vagin, on trouve le mont du pubis, le clitoris et le prépuce du clitoris. Les grandes et les petites lèvres délimitent la vulve et encadrent le vestibule.

28.21 La portion antérieure du périnée est appelée *triangle urogénital*, car ses bords forment un triangle qui ceinture les ostiums de l'urètre et du vagin.

28.22 La prolactine, les œstrogènes et la progestérone régissent la synthèse du lait. L'ocytocine régit l'éjection du lait.

28.23 Le β-œstradiol est l'œstrogène qui exerce la plus grande influence.

28.24 Les œstrogènes déclenchent la phase proliférative de la croissance de l'endomètre ; au milieu du cycle, les concentrations élevées d'œstrogènes produisent une rétroactivation ciblant l'hypothalamus, ce qui provoque l'afflux de LH ; cette hormone stimule à son tour l'ovulation et la croissance du corps jaune.

28.25 Au début de la phase proliférative de la croissance de l'endomètre, l'augmentation modérée des concentrations d'œstrogènes produit une rétro-inhibition de la sécrétion de GnRH et conséquemment de LH et de FSH.

28.26 Il s'agit d'une rétro-inhibition, car la réaction est inverse au stimulus. La diminution des concentrations d'œstrogènes et de progestérone stimule la libération de GnRH qui, à son tour, entraîne l'augmentation de la production et la libération de FSH et de LH, deux hormones qui stimulent la sécrétion d'œstrogènes.

28.27 Le gène *SRY* sur le chromosome Y est responsable de la transformation des gonades en testicules.

28.28 Sous l'influence de la dihydrotestostérone (DHT), les organes génitaux indifférenciés se transforment en organes génitaux externes masculins ; en l'absence de cette hormone, les organes génitaux indifférenciés se transforment en organes génitaux externes féminins.

LE DÉVELOPPEMENT PRÉNATAL, LA NAISSANCE ET L'HÉRÉDITÉ

LE DÉVELOPPEMENT PRÉNATAL, LA NAISSANCE, L'HÉRÉDITÉ ET L'HOMÉOSTASIE

Le matériel génétique transmis par les parents (l'hérédité) ainsi que le développement prénatal (l'environnement utérin) jouent un rôle primordial dans l'établissement de l'homéostasie qui assurera le développement normal d'un embryon puis d'un fœtus et, finalement, la naissance d'un bébé en bonne santé.

La **biologie du développement** étudie les étapes successives allant de la fécondation d'un ovocyte secondaire par un spermatozoïde à la formation d'un organisme adulte. La période qui s'écoule de la fécondation à la huitième semaine de développement correspond à la **période embryonnaire**, pendant laquelle l'être humain est un **embryon** (*embruos* : qui se développe à l'intérieur). L'**embryologie** est la science qui s'intéresse aux événements qui se déroulent durant cette période. Au cours de la **période fœtale**, qui commence à la neuvième semaine et se poursuit jusqu'à la naissance, l'être humain est un **fœtus** (*fetus* : grossesse).

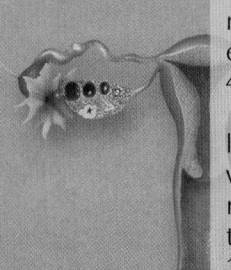

Une fois que des spermatozoïdes et un ovocyte secondaire ont été produits grâce aux processus de la méiose et de la maturation, et que des spermatozoïdes ont été déposés dans le vagin, une grossesse peut se produire. La **grossesse** constitue une série d'événements qui commence par la fécondation, se poursuit avec l'implantation, le développement embryonnaire et le développement fœtal. Normalement, elle prend fin environ 38 semaines plus tard (ou 40 semaines après la dernière menstruation), au moment de la naissance.

L'**obstétrique** (*obstetrix* : sage-femme) est la discipline médicale qui a trait à la gestion de la grossesse, de l'accouchement et de la **période néonatale**, qui correspond aux 28 jours suivant la naissance. Le **développement prénatal**, qui regroupe les développements embryonnaire et fœtal, couvre la période comprise entre la fécondation et la naissance. Il se divise en trois **trimestres**, c'est-à-dire en trois périodes de trois mois chacune.

1. Le **premier trimestre** est l'étape la plus critique de toute la grossesse, car c'est durant cette période que s'ébauchent les principaux systèmes organiques et que la vulnérabilité de l'organisme en développement est la plus élevée vis-à-vis des agents toxiques auxquels il risque d'être exposé (substances chimiques, rayonnements et microorganismes).
2. Le **deuxième trimestre** se caractérise par le développement presque complet des systèmes organiques. À la fin de cette étape, le fœtus présente clairement des traits humains.
3. Le **troisième trimestre** constitue une période de croissance rapide. Pendant les premiers stades de cette période, la plupart des systèmes organiques deviennent entièrement fonctionnels.

Dans ce chapitre, nous étudierons les étapes du développement de la fécondation à l'implantation, les développements embryonnaire et fœtal, l'accouchement, la naissance et les principes de l'hérédité, soit la transmission de caractères d'une génération à la suivante.

LA PÉRIODE EMBRYONNAIRE

> **OBJECTIF**
>
> • Expliquer les principaux événements du développement qui surviennent pendant la période embryonnaire.

LA PREMIÈRE SEMAINE

La première semaine de la grossesse se caractérise par divers événements importants, notamment la fécondation, la segmentation du zygote et la formation de la morula, la formation du blastocyste et son implantation dans la paroi de l'utérus.

La fécondation

Au cours de la **fécondation** (*fecundus* : fécond), le matériel génétique d'un spermatozoïde haploïde (*n*) et celui d'un ovocyte de deuxième ordre haploïde (*n*) fusionnent en un seul noyau diploïde (*2n*). Des 300 millions de spermatozoïdes environ déposés dans le vagin, moins de 2 millions (1 %) atteignent le col de l'utérus et seulement près de 200 atteignent l'ovocyte de deuxième ordre. La fécondation a normalement lieu dans la trompe utérine, ou trompe de Fallope, de 12 à 24 h après l'ovulation. Les spermatozoïdes peuvent survivre près de 48 h dans les voies génitales de la femme, mais la viabilité d'un ovocyte de deuxième ordre ne dépasse guère 24 h après l'ovulation. Il est donc *plus probable* que la femme devienne enceinte si le rapport sexuel survient dans cet intervalle de trois jours commençant deux jours avant l'ovulation et se terminant un jour après.

Les spermatozoïdes se déplacent du vagin au canal du col utérin grâce aux mouvements ondulatoires de leur flagelle. Ils avancent ensuite dans l'utérus proprement dit en direction des trompes utérines principalement sous l'action des contractions des parois de ces organes. En effet, les prostaglandines présentes dans le sperme favoriseraient la motilité utérine au moment du rapport sexuel et faciliteraient le déplacement des spermatozoïdes dans l'utérus et vers les trompes utérines. Bien que des spermatozoïdes puissent se trouver à proximité de l'ovocyte dans les minutes qui suivent l'éjaculation, ils *sont incapables* de le féconder pendant plusieurs heures. Durant sept heures environ, les spermatozoïdes présents dans les voies génitales de la femme, principalement dans les trompes utérines, doivent passer par une étape de **capacitation**, c'est-à-dire par une série de modifications fonctionnelles qui rendent les spermatozoïdes aptes à féconder l'ovocyte. Les battements des flagelles deviennent encore plus vigoureux et les transformations que subit leur membrane plasmique rendront possible la fusion avec celle de l'ovocyte. Pendant la capacitation, sous l'action des sécrétions produites dans les voies génitales de la femme, la membrane plasmique entourant la tête du spermatozoïde est débarrassée de son cholestérol, des glycoprotéines et des protéines (voir la figure 28.6).

Pour qu'il y ait fécondation, un spermatozoïde doit d'abord traverser deux couches entourant l'ovocyte de deuxième ordre : la première est la **corona radiata**, constituée de cellules granuleuses, puis la **zone pellucide**, une couche claire de glycoprotéines sépa-

rant la corona radiata et la membrane plasmique de l'ovocyte (figure 29.1a). Dans la zone pellucide, une glycoprotéine appelée *ZP3* joue le rôle de récepteur du spermatozoïde. Elle se fixe à des protéines membranaires spécifiques dans la tête du spermatozoïde pour déclencher la **réaction acrosomiale**. Cette réaction met en jeu l'acrosome, une structure en forme de casque qui recouvre la tête du spermatozoïde et dans laquelle se trouvent diverses enzymes. À l'issue de cette réaction, les enzymes acrosomiales digèrent un passage dans la zone pellucide, tandis que le spermatozoïde continue d'avancer grâce aux mouvements propulsifs de son flagelle. Même si de nombreux spermatozoïdes se lient à des molécules de ZP3 et subissent une réaction acrosomiale, seul le premier qui réussit à traverser la zone pellucide pour atteindre la membrane plasmique de l'ovocyte fusionnera avec ce dernier.

La fusion d'un spermatozoïde et d'un ovocyte de deuxième ordre, appelée **syngamie** (*sun* : avec ; *gamos* : union), déclenche une série de phénomènes qui empêchent la **polyspermie**, c'est-à-dire la fécondation par plusieurs spermatozoïdes. En quelques secondes, la membrane cellulaire de l'ovocyte se dépolarise, ce qui provoque un *blocage rapide de la polyspermie* empêchant l'ovocyte dépolarisé de fusionner avec un autre spermatozoïde. La dépolarisation stimule également la libération intracellulaire d'ions calcium, ce qui déclenche l'exocytose de vésicules de sécrétion par l'ovocyte. Les molécules libérées par exocytose inactivent les molécules de ZP3 et durcissent toute la zone pellucide lors d'un processus appelé *blocage lent de la polyspermie*.

L'entrée du spermatozoïde dans l'ovocyte de deuxième ordre déclenche la reprise de la méiose II restée bloquée. Cette division forme un ovule plus volumineux (mature) et un petit globule polaire II, qui se fragmente et se désintègre (voir la figure 28.15). Le noyau dans la tête du spermatozoïde se transforme en **pronucléus mâle**, et le noyau dans l'ovule fécondé devient le **pronucléus femelle** (figure 29.1c). Les pronucléus mâle et femelle fusionnent alors pour produire un seul noyau diploïde contenant les deux jeux de 23 chromosomes provenant de chaque pronucléus haploïde (*n*). La fusion rétablit donc le nombre diploïde (*2n*). L'ovule fécondé, qui contient maintenant 46 chromosomes, est devenu un **zygote** (*zugôtos* : attelé).

Des **jumeaux dizygotes** ou hétérozygotes (aussi appelés faux jumeaux) se forment lorsque deux ovocytes de deuxième ordre sont libérés et fécondés par un spermatozoïde différent. D'âge identique, les fœtus se développent en même temps dans l'utérus, mais ils sont génétiquement aussi dissemblables que des frères ou sœurs non jumeaux. Les jumeaux dizygotes peuvent être ou non de même sexe. Par ailleurs, les **jumeaux monozygotes** ou homozygotes (des vrais jumeaux) proviennent d'un seul ovule. Dans ce cas, les cellules en développement se séparent complètement pour donner deux embryons. Comme ils possèdent exactement le même matériel génétique, ces jumeaux sont toujours de même sexe. Dans 99 % des cas, la séparation complète des embryons survient dans les huit jours suivant la fécondation. Si elle se produit plus tard, la séparation est souvent incomplète et il se formera des **jumeaux siamois**, c'est-à-dire des jumeaux soudés l'un à l'autre par deux parties correspondantes de leur corps (le cerveau, le tronc, ou l'abdomen, par exemple) et qui partageront certaines structures corporelles.

FIGURE 29.1 Quelques structures et événements associés à la fécondation. (a) Spermatozoïde pénétrant dans la corona radiata et la zone pellucide entourant un ovocyte de deuxième ordre. (b) Spermatozoïde entrant en contact avec un ovocyte de deuxième ordre. (c) Pronucléus mâle et femelle.

 Durant la fécondation, le matériel génétique d'un spermatozoïde et celui d'un ovocyte de deuxième ordre fusionnent pour former un seul noyau diploïde.

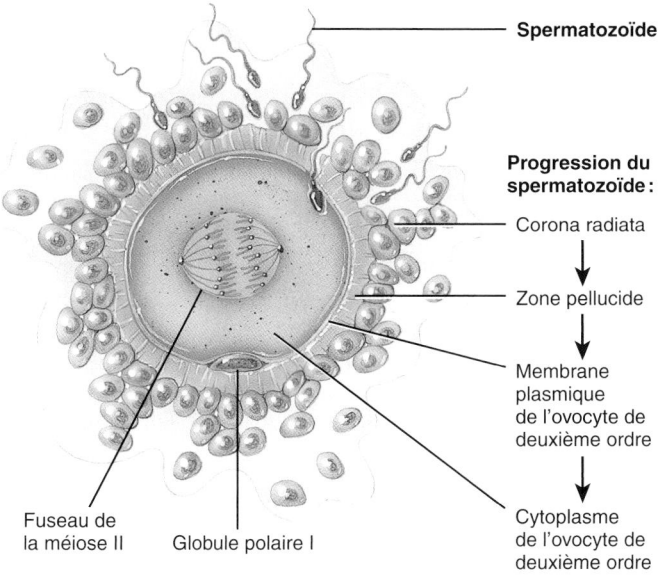

(a) Spermatozoïde pénétrant dans un ovocyte de deuxième ordre

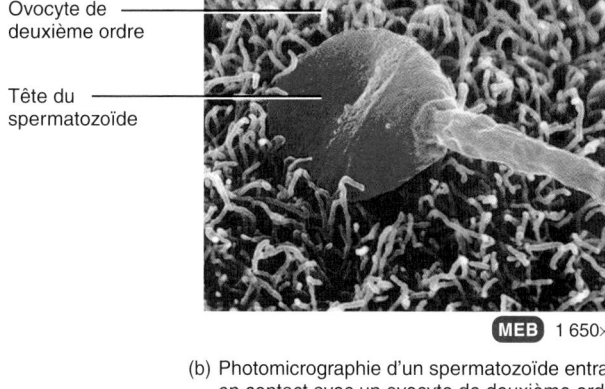

MEB 1 650×

(b) Photomicrographie d'un spermatozoïde entrant en contact avec un ovocyte de deuxième ordre

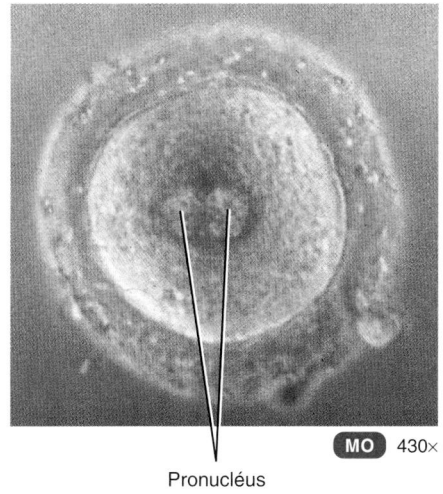

MO 430×

Pronucléus

(c) Photomicrographie des pronucléus mâle et femelle

Qu'est-ce que la capacitation?

La segmentation du zygote et la formation de la morula

Après la fécondation, le zygote subit une série de divisions mitotiques rapides au cours d'un processus appelé **segmentation** (figure 29.2). La première division du zygote commence environ 24 h après la fécondation et dure près de 6 h. Chaque division subséquente se déroule un peu plus rapidement. Deux jours après la fécondation, la deuxième segmentation est terminée et donne quatre cellules (figure 29.2b). À la fin du troisième jour, le zygote segmenté est formé de 16 cellules. Les cellules de plus en plus petites produites par la segmentation sont appelées **blastomères** (*blastos*: germe; *meros*: partie). Cette série de divisions produit finalement une sphère solide, à l'aspect mamelonné, remplie de cellules, la **morula** (*morum*: mûre). Cette dernière est encore entourée de la zone pellucide et elle a pratiquement la même taille que le zygote d'origine (figure 29.2c).

La formation du blastocyste

À la fin du quatrième jour, le nombre de cellules continue d'augmenter dans la morula qui progresse toujours dans la trompe utérine en direction de la cavité utérine. Quand la morula arrive dans la cavité utérine, le quatrième ou cinquième jour, une sécrétion riche en glycogène produite par des glandes de l'endomètre dans la cavité utérine entre dans la morula par la zone pellucide. Ce liquide, appelé **lait utérin**, ainsi que les nutriments emmagasinés dans le cytoplasme des blastomères, servent à nourrir la morula pendant son développement. Quand elle compte 32 cellules, le liquide s'infiltre dans la morula et s'accumule entre les blastomères. Les cellules sont repoussées à la périphérie et se réorganisent autour d'une large cavité remplie de liquide, appelée **blastocèle** (*blastos*: germe) (figure 29.2e). À ce stade, la grappe de cellules en formation prend le nom de **blastocyste**. Même s'il contient maintenant plusieurs centaines de cellules, le blastocyste a toujours pratiquement la même taille que le zygote d'origine.

Les blastomères subissent d'autres transformations aboutissant à la formation de deux structures distinctes, appelées respectivement

La segmentation correspond à la première série de divisions mitotiques rapides d'un zygote.

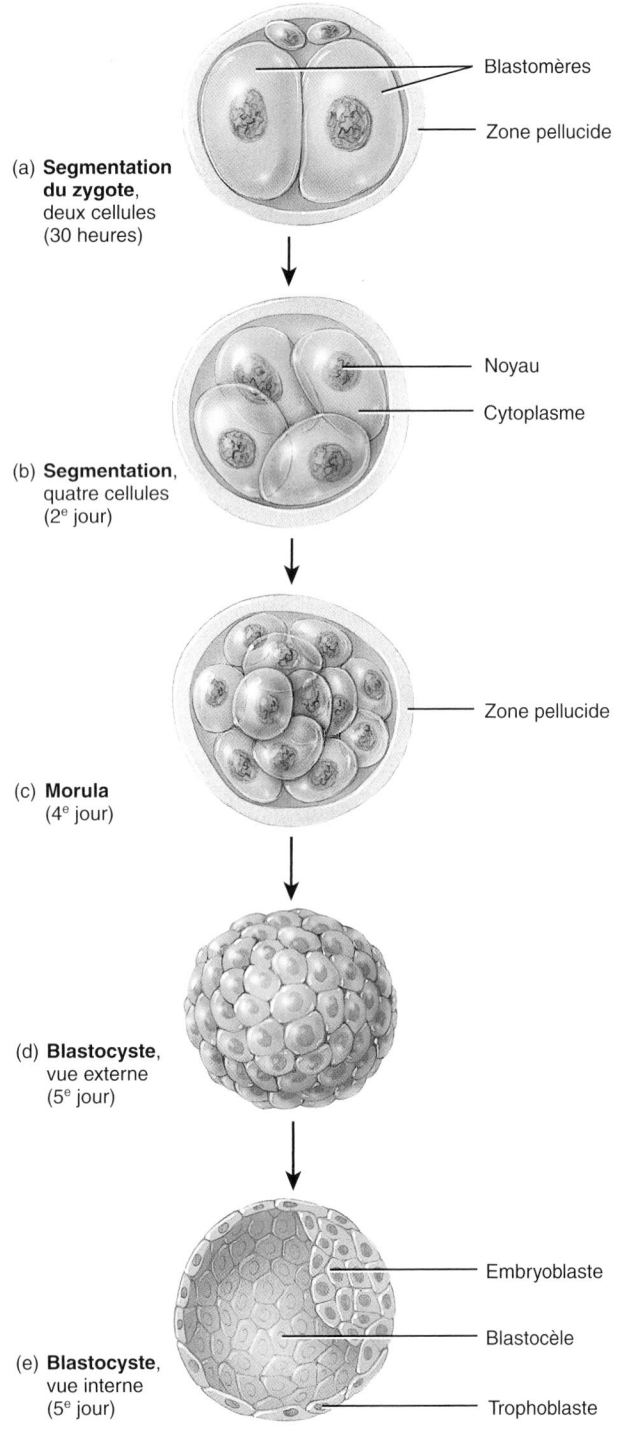

(a) **Segmentation du zygote,** deux cellules (30 heures)

Blastomères

Zone pellucide

(b) **Segmentation,** quatre cellules (2ᵉ jour)

Noyau

Cytoplasme

(c) **Morula** (4ᵉ jour)

Zone pellucide

(d) **Blastocyste,** vue externe (5ᵉ jour)

(e) **Blastocyste,** vue interne (5ᵉ jour)

Embryoblaste

Blastocèle

Trophoblaste

Q Quelle est la différence histologique entre une morula et un blastocyste?

embryoblaste et *trophoblaste* (figure 29.2e). L'**embryoblaste** se trouve à l'intérieur du blastocyste et se présente sous la forme d'un amas compact de cellules situé d'un côté de la cavité. Plus tard, il donnera l'embryon. Le **trophoblaste** (*trophê* : nourriture) est une couche de cellules périphériques qui constituent la paroi du blastocyste. Il deviendra la portion fœtale du placenta et participera à l'échange de nutriments et de déchets entre la mère et le fœtus. Environ cinq jours après la fécondation, le blastocyste perfore la zone pellucide au moyen d'une enzyme pour s'en dégager complètement. En effet, l'étape suivante, l'implantation, ne peut se dérouler tant que la zone pellucide reste en place.

LA RECHERCHE SUR LES CELLULES SOUCHES ET LE CLONAGE THÉRAPEUTIQUE

Les **cellules souches** sont des cellules non spécialisées caractérisées par leur capacité de se diviser à maintes et maintes reprises et de produire des cellules spécialisées. Dans le cours du développement humain, un zygote (ovule fécondé) est une cellule souche. Comme il est en mesure de se transformer en un organisme complet, le zygote représente une *cellule souche totipotente* (*totus* : tout entier ; *potentia* : puissance). Les embryoblastes, appelés *cellules souches pluripotentes* (*plures* : plusieurs), peuvent donner naissance à de nombreux types de cellules, mais pas à tous. Par la suite, les cellules souches pluripotentes peuvent se spécialiser davantage et devenir des *cellules souches multipotentes*, c'est-à-dire des cellules souches remplissant une fonction précise. C'est le cas, par exemple des kératinocytes, qui assurent le renouvellement des cellules de l'épiderme ; des cellules souches myéloïdes et lymphoïdes, qui se transforment en cellules sanguines ; ou des spermatogonies, qui se transforment en spermatozoïdes. Les cellules souches pluripotentes qui sont actuellement utilisées pour la recherche proviennent de deux sources. La première source est celle des embryons au stade du blastocyste obtenus par fécondation *in vitro* au cours de traitements contre l'infertilité. Il s'agit d'embryons surnuméraires, qui n'ont pas été réimplantés dans l'utérus et que la recherche utilise à d'autres fins. Quant à la seconde source, elle est fournie par les fœtus non vivants avortés au cours des trois premiers mois de grossesse.

Le 13 octobre 2001, des chercheurs ont annoncé pour la première fois le clonage d'un embryon humain à des fins de traitement de maladies humaines. Le **clonage thérapeutique** est perçu comme une procédure grâce à laquelle il est possible de traiter une personne atteinte d'une maladie donnée en utilisant son propre matériel génétique pour obtenir des cellules souches pluripotentes. De telles cellules permettent en effet de remplacer les cellules malades par de nouvelles cellules saines. Autrement dit, les scientifiques espèrent se servir des principes du clonage thérapeutique pour produire un embryon cloné d'un patient, récupérer les cellules souches pluripotentes de l'embryon et s'en servir pour faire croître des tissus permettant de traiter certaines maladies et affections. On envisage de recourir à cette méthode pour traiter le cancer, la maladie de Parkinson, la maladie d'Alzheimer, les lésions de la moelle épinière, le diabète, les cardiopathies, les accidents vasculaires cérébraux, les brûlures, les anomalies congénitales, l'arthrose et la polyarthrite rhumatoïde. On suppose que les tissus ne seraient pas rejetés parce qu'ils contiennent le matériel génétique de l'individu.

Les scientifiques étudient également les applications cliniques possibles des *cellules souches adultes*, c'est-à-dire les cellules souches encore présentes dans l'organisme à l'âge adulte. Selon des expériences récentes, les ovaires des souris adultes contiendraient toujours des cellules souches susceptibles de se transformer en nouveaux ovules. En supposant que les ovaires des femmes adultes contiennent des cellules souches identiques, les scientifiques pourraient entreprendre certains types de traitements impensables actuellement. Ainsi, il serait possible de prélever quelques-unes de ces cellules souches chez une femme sur le point de subir un traitement chirurgical entraînant la stérilité (une chimiothérapie, par exemple), conserver ces cellules et les réintroduire dans les ovaires de cette femme après le traitement afin de lui rendre sa fertilité. D'autres études montrent que les cellules souches de la moelle osseuse rouge des humains adultes possèdent la capacité de se différencier en cellules du foie, des reins, du cœur, des poumons, des muscles squelettiques, de la peau et des organes du tube digestif. En théorie, il serait possible de prélever les cellules souches adultes de la moelle osseuse rouge d'une personne donnée, puis de les utiliser pour réparer les tissus et les organes malades de cette personne sans devoir utiliser les cellules souches d'embryons. ■

L'implantation

Le blastocyste flotte dans la cavité utérine pendant deux jours environ avant de se fixer à la paroi de l'utérus. L'endomètre se trouve alors dans sa phase sécrétoire (voir la figure 28.24). Environ six jours après la fécondation, le blastocyste s'attache précairement à la surface de l'endomètre au cours d'un processus appelé **implantation** (figure 29.3). Ce processus s'effectue habituellement dans la partie postérieure du fundus ou dans le corps de l'utérus, et le blastocyste s'implante de telle sorte que l'embryoblaste fait face à l'endomètre (figure 29.3b). Environ sept jours après la fécondation, le blastocyste se fixe à l'endomètre plus solidement, les glandes de l'endomètre avoisinantes grossissent et l'endomètre devient plus vascularisé par suite de la formation de nouveaux vaisseaux sanguins.

Après l'implantation, l'endomètre subit diverses modifications et prend le nom de **caduque** (*cadere* : tomber). La caduque se sépare de l'endomètre après la naissance, de la même manière que lors de la menstruation. Le nom des différentes régions indique leur position par rapport au site d'implantation du blastocyste (figure 29.4). La **caduque basale** est la partie de l'endomètre située entre l'embryon et la couche basale de l'utérus ; elle fournit de grandes quantités de glycogène et de lipides dont l'embryon et le fœtus ont besoin pour leur croissance. Par la suite, elle deviendra la portion maternelle du placenta. La **caduque capsulaire** est la portion de l'endomètre située entre l'embryon et la cavité utérine. La **caduque pariétale** forme le reste de l'endomètre modifié qui tapisse les régions de l'utérus sans contact direct avec l'embryon. À mesure que l'embryon (et le fœtus) grossit, la caduque capsulaire fait saillie dans la cavité utérine et fusionne avec la caduque pariétale (du côté opposé de la cavité utérine), faisant disparaître la cavité utérine. Vers la 27ᵉ semaine de gestation, la caduque capsulaire dégénère et disparaît.

Les principaux événements associés à la première semaine de la grossesse sont résumés à la figure 29.5.

LA GROSSESSE ECTOPIQUE

La **grossesse ectopique** (*ektopos* : déplacé) est le développement d'un embryon ou d'un fœtus à l'extérieur de la cavité utérine. Elle se produit habituellement lorsque l'ovule fécondé ne se déplace pas normalement dans la trompe utérine. Le cheminement de l'ovule peut

FIGURE 29.3 La position du blastocyste par rapport à l'endomètre de l'utérus au moment de l'implantation.

L'implantation, par laquelle un blastocyste se fixe à l'endomètre, commence environ six jours après la fécondation.

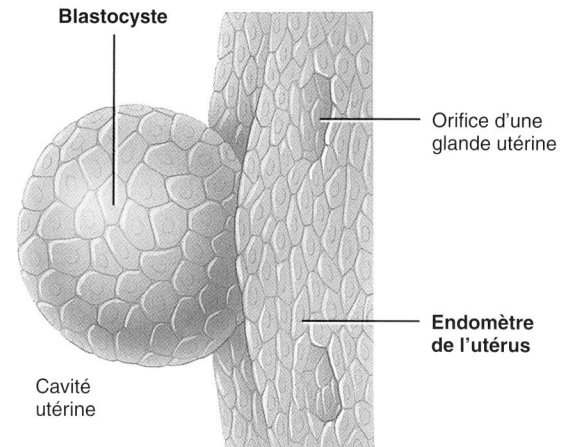

(a) Vue externe du blastocyste, environ six jours après la fécondation

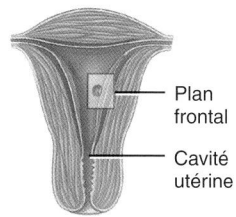

Coupe frontale de l'utérus

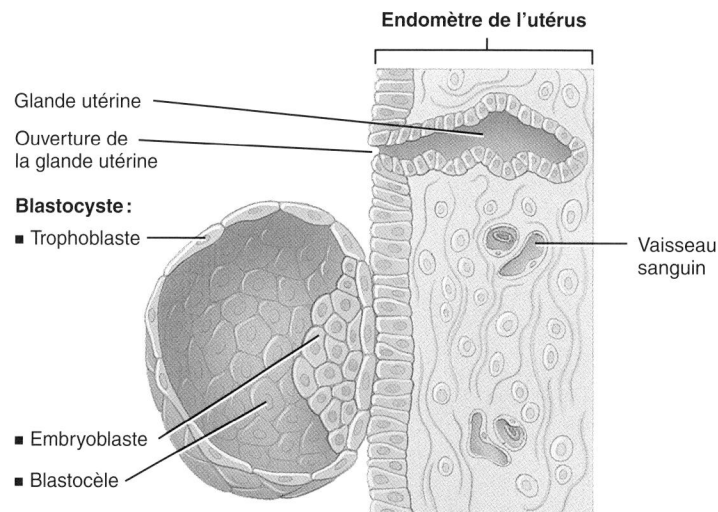

(b) Coupe frontale de l'endomètre de l'utérus et du blastocyste, environ six jours après la fécondation

 Comment le blastocyste fusionne-t-il avec l'endomètre pour ensuite s'y enfouir ?

FIGURE 29.4 Les régions de la caduque.

La caduque est une partie modifiée de l'endomètre qui se développe après l'implantation.

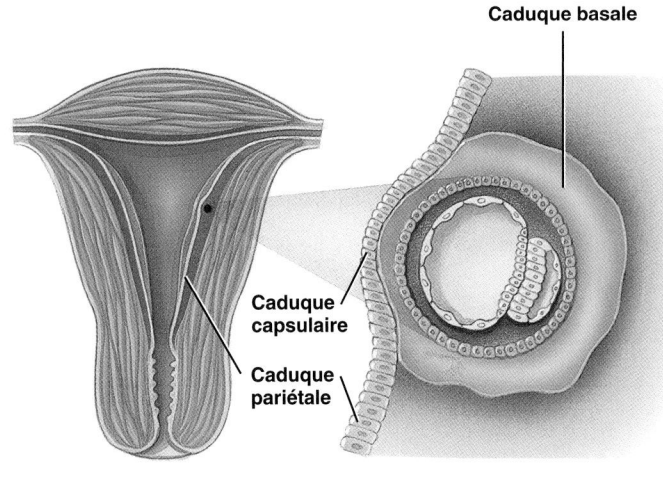

Caduque basale

Caduque capsulaire

Caduque pariétale

Coupe frontale de l'utérus

Détails de la caduque

Quelle partie de la caduque facilite la formation de la portion maternelle du placenta?

être perturbé par la présence de tissus cicatriciels consécutive à une infection des trompes, par une baisse de la motilité du muscle lisse de la trompe utérine ou par une malformation de la trompe. La plupart du temps, la grossesse ectopique a lieu dans la trompe utérine, mais elle peut également survenir dans l'ovaire, la cavité abdominale ou le col de l'utérus. Les femmes qui fument courent deux fois plus de risques d'avoir une grossesse ectopique, car la nicotine de la cigarette paralyse les cils qui tapissent la trompe utérine (comme ceux des voies respiratoires, d'ailleurs). Les cicatrices laissées par une salpingite, par une intervention chirurgicale dans les trompes utérines ou par une grossesse ectopique antérieure peuvent également gêner le déplacement de l'ovule fécondé.

Les signes et symptômes de la grossesse ectopique comprennent l'absence d'apparition des menstruations pendant un ou deux mois, suivie de saignements et de douleurs abdominales et pelviennes aiguës. Si l'embryon reste en place, la trompe utérine risque de se rompre, ce qui peut être fatal pour la mère. On traite les grossesses ectopiques par la chirurgie ou en administrant du méthotrexate, un médicament contre le cancer, qui provoque l'arrêt de la division des cellules embryonnaires, puis leur disparition. ■

▶ POINT DE CONTRÔLE

1. Où la fécondation se produit-elle normalement?

2. Comment la polyspermie est-elle bloquée?

3. Qu'est-ce que la morula, et comment se forme-t-elle?

4. Décrivez les couches d'un blastocyste et leur devenir.

5. Quand, où et comment l'implantation se fait-elle?

FIGURE 29.5 Résumé des événements associés à la première semaine de la grossesse.

La fécondation se déroule habituellement dans la trompe utérine.

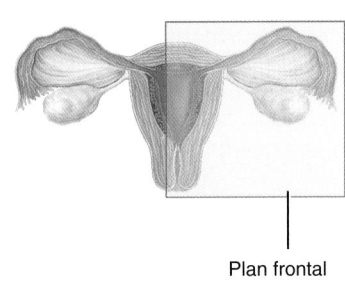

Plan frontal

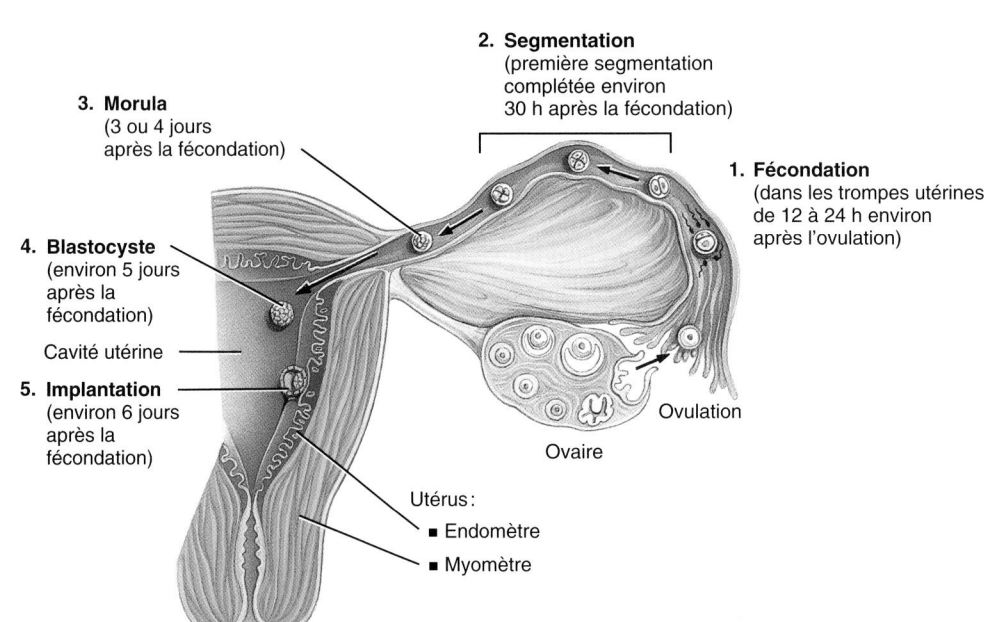

2. Segmentation
(première segmentation complétée environ 30 h après la fécondation)

3. Morula
(3 ou 4 jours après la fécondation)

1. Fécondation
(dans les trompes utérines, de 12 à 24 h environ après l'ovulation)

4. Blastocyste
(environ 5 jours après la fécondation)

Cavité utérine

5. Implantation
(environ 6 jours après la fécondation)

Ovulation

Ovaire

Utérus:
■ Endomètre
■ Myomètre

Coupe frontale montrant l'utérus, une trompe utérine et un ovaire

Durant quelle phase du cycle menstruel l'implantation se produit-elle?

Le développement du trophoblaste

Environ huit jours après la fécondation, au point de contact entre le blastocyste et l'endomètre, le trophoblaste se différencie en deux couches. La première est le **syncytiotrophoblaste**, qui ne présente pas de limitation cellulaire distincte. Quant à la seconde, elle forme le **cytotrophoblaste**, une couche de cellules distinctes située entre l'embryoblaste et le syncytiotrophoblaste (figure 29.6a). À mesure qu'elles croissent, ces deux couches s'intègrent dans le chorion, une des membranes fœtales (schéma à gauche de la figure 29.11a). Durant l'implantation, le syncytiotrophoblaste sécrète des enzymes qui permettent au blastocyste de pénétrer dans la paroi de l'utérus en digérant et liquéfiant les cellules utérines. Le blastocyste finit par s'enfouir dans l'endomètre et dans le premier tiers du myomètre. Une autre sécrétion du trophoblaste, la gonadotrophine chorionique humaine (hCG), agit de la même façon que la LH. En effet, la hCG empêche la dégénérescence du corps jaune et l'incite à poursuivre sa sécrétion de progestérone et d'œstrogènes. Ces hormones maintiennent à leur tour l'endomètre dans sa phase sécrétoire et préviennent par le fait même la menstruation. La sécrétion maximale d'hCG coïncide généralement avec la neuvième semaine de grossesse, quand le placenta est entièrement développé et produit assez de progestérone et d'estrogènes pour maintenir la grossesse. La présence d'hCG dans le sang maternel ou l'urine indique qu'une femme est enceinte ; c'est d'ailleurs cette hormone que détectent les tests de grossesse.

Le développement du disque embryonnaire didermique

Comme celles du trophoblaste, les cellules de l'embryoblaste se différencient, environ huit jours après la fécondation, pour former deux feuillets : l'**hypoblaste (endoderme primaire)** et l'**épiblaste (ectoderme primaire)** (figure 29.6a). Les cellules de l'hypoblaste et de l'épiblaste forment ensemble un disque plat appelé **disque embryonnaire didermique**. De plus, une petite cavité se forme dans l'épiblaste et s'agrandit pour devenir la **cavité amniotique** (*amnios* : agneau).

Le développement de l'amnios

Pendant que la cavité amniotique grossit, on assiste à la formation d'une mince membrane protectrice, l'**amnios**, qui dérive de l'épiblaste (figure 29.6a). L'amnios devient la paroi supérieure de la cavité amniotique, et l'épiblaste, la paroi inférieure. Dans un premier temps, l'amnios recouvre le disque embryonnaire didermique. À mesure que l'embryon grossit, les amnioblastes (cellules de l'amnios) finissent par envelopper complètement l'embryon (schéma à gauche de la figure 29.11a), créant la cavité qui se remplit de **liquide amniotique**. Au début de la grossesse, le liquide amniotique est essentiellement composé d'un filtrat du sang maternel, mais le volume augmente progressivement par suite de l'accumulation de l'urine que le fœtus excrète chaque jour dans la cavité amniotique. Le liquide amniotique protège le fœtus contre les chocs, contribue à la régulation de sa température corporelle, prévient le dessèchement et empêche sa peau d'adhérer aux tissus environnants. L'amnios se rompt habituellement juste avant la naissance ; avec son contenu, il constitue la « poche des eaux ». L'**amniocen-** tèse (*kentêsis* : action de piquer) est une intervention au cours de laquelle on prélève un peu de liquide amniotique afin d'analyser les cellules embryonnaires qui se desquament et restent en suspension (voir p. 1224).

Le développement du sac vitellin

Toujours durant le huitième jour suivant la fécondation, les cellules en bordure de l'hypoblaste migrent et recouvrent la surface interne de la paroi du blastocyste (figure 29.6a). Les cellules prismatiques qui migrent deviennent squameuses (aplaties), puis elles forment une mince membrane appelée **membrane exocœlomique** (*exô* : au-dehors). Avec l'hypoblaste, cette membrane transforme le blastocèle initial en **vésicule vitelline primaire**, qui deviendra le sac vitellin (figure 29.6b). C'est pourquoi le disque embryonnaire didermique se situe ensuite entre deux cavités, la cavité amniotique et la vésicule vitelline primaire.

Étant donné que les embryons humains reçoivent leurs nutriments de l'endomètre, le sac vitellin est pratiquement vide, petit et sa taille diminue à mesure que progresse le développement embryonnaire (schéma à gauche de la figure 29.11a). Néanmoins, le sac vitellin assure plusieurs fonctions importantes chez l'humain : en plus de fournir les nutriments à l'embryon pendant les deuxième et troisième semaines de la grossesse, il est la source de cellules sanguines de la troisième à la sixième semaine ; il contient les cellules germinatives primordiales qui migreront dans les gonades en formation, où elles se différencieront ensuite en cellules germinatives primaires (spermatogonies ou ovogonies) puis en gamètes ; il constitue une partie de l'intestin (tube digestif) ; il sert à amortir les chocs ; et il prévient le dessèchement de l'embryon.

Le développement des sinusoïdes

Neuf jours après la fécondation, l'endomètre recouvre complètement le blastocyste. À mesure que le syncytiotrophoblaste s'étend, il se remplit de petits espaces appelés **lacunes** (figure 29.6b).

Au douzième jour de la grossesse, les lacunes fusionnent pour produire des espaces plus vastes qui communiquent pour former des **réseaux lacunaires** (figure 29.6c). Les capillaires de l'endomètre entourant l'embryon se dilatent, on les appelle alors des **sinusoïdes**. À mesure que le syncytiotrophoblaste érode les sinusoïdes et les glandes de l'endomètre situés à proximité, du sang maternel et des sécrétions provenant de ces glandes s'écoulent dans les réseaux lacunaires. Le sang maternel est à la fois une riche source de substances servant à l'alimentation de l'embryon et un site d'élimination des déchets de l'embryon.

Le développement du cœlome extraembryonnaire

Vers le douzième jour suivant la fécondation, on observe la formation du **mésoderme extraembryonnaire** (*mesos* : au milieu). Ces cellules du mésoderme (dont l'origine est encore incertaine), constituent une couche de tissu conjonctif (mésenchyme) entourant l'amnios et la vésicule vitelline primaire (figures 29.6b et c). En peu de temps, les cellules du mésoderme extraembryonnaire migrent et forment deux feuillets, l'un qui tapisse la face externe de la membrane exocœlomique et l'autre qui adhère à la face interne du cytotrophoblaste. De grandes cavités se forment entre

FIGURE 29.6 Les principaux événements associés à la deuxième semaine de la grossesse.

Environ huit jours après la fécondation, le trophoblaste se différencie en un syncytiotrophoblaste et un cytotrophoblaste; l'embryoblaste se différencie en hypoblaste (endoderme primaire) et en épiblaste (ectoderme primaire), qui forment le disque embryonnaire didermique.

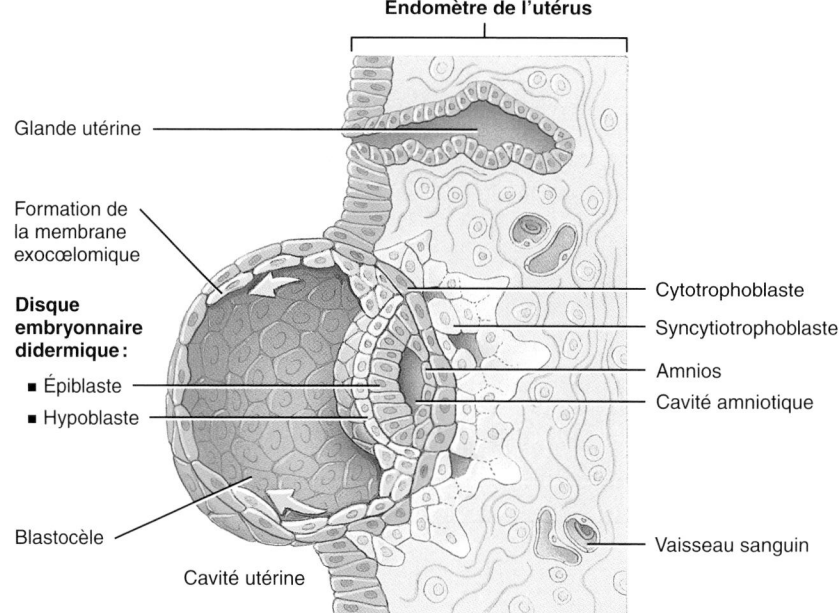

Endomètre de l'utérus

Glande utérine

Formation de la membrane exocœlomique

Disque embryonnaire didermique:
- Épiblaste
- Hypoblaste

Blastocèle

Cavité utérine

Cytotrophoblaste
Syncytiotrophoblaste
Amnios
Cavité amniotique

Vaisseau sanguin

(a) Coupe frontale de l'endomètre de l'utérus montrant le blastocyste, environ 8 jours après la fécondation

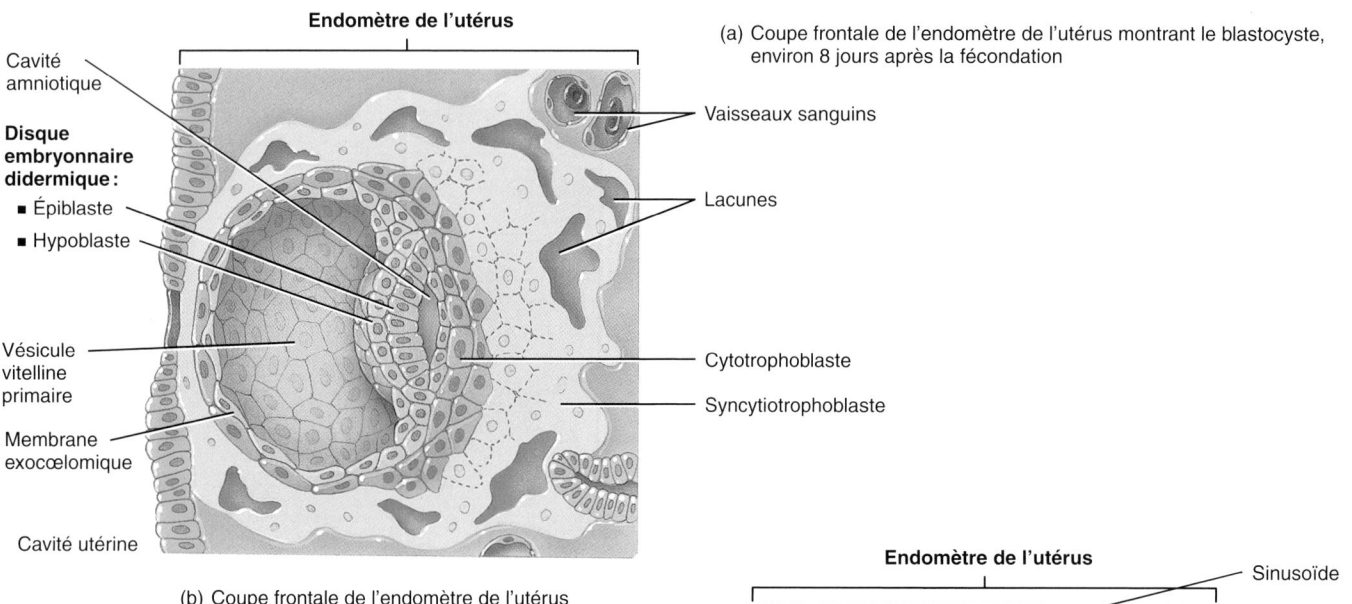

Endomètre de l'utérus

Cavité amniotique

Disque embryonnaire didermique:
- Épiblaste
- Hypoblaste

Vésicule vitelline primaire

Membrane exocœlomique

Cavité utérine

Vaisseaux sanguins

Lacunes

Cytotrophoblaste

Syncytiotrophoblaste

(b) Coupe frontale de l'endomètre de l'utérus montrant le blastocyste, environ 9 jours après la fécondation

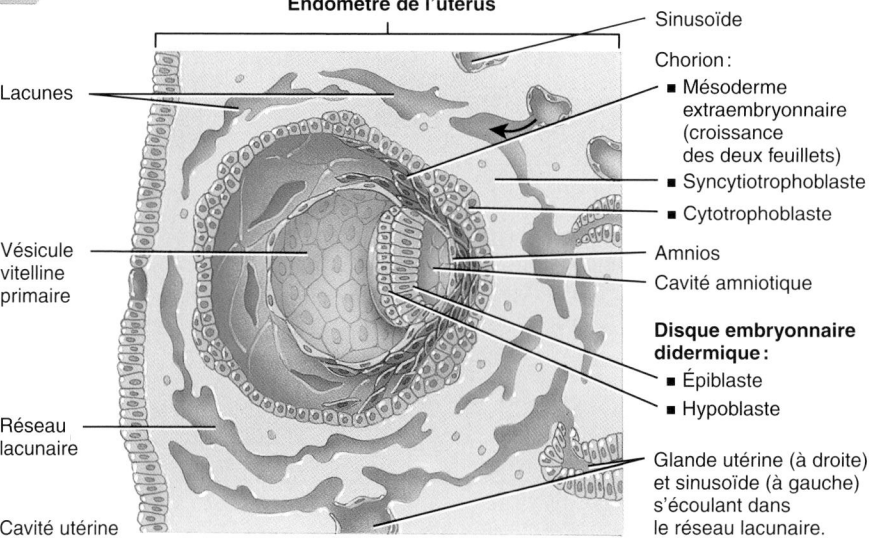

Endomètre de l'utérus

Lacunes

Vésicule vitelline primaire

Réseau lacunaire

Cavité utérine

Sinusoïde

Chorion:
- Mésoderme extraembryonnaire (croissance des deux feuillets)
- Syncytiotrophoblaste
- Cytotrophoblaste

Amnios
Cavité amniotique

Disque embryonnaire didermique:
- Épiblaste
- Hypoblaste

Glande utérine (à droite) et sinusoïde (à gauche) s'écoulant dans le réseau lacunaire.

(c) Coupe frontale de l'endomètre de l'utérus montrant le blastocyste, environ 12 jours après la fécondation

Q De quelle manière le disque embryonnaire didermique est-il relié au trophoblaste?

les deux feuillets du mésoderme extraembryonnaire et fusionnent pour donner finalement une seule grande cavité appelée *cœlome extraembryonnaire*.

Le développement du chorion

Le mésoderme extraembryonnaire ainsi que les deux couches du trophoblaste (le cytotrophoblaste et le syncytiotrophoblaste) forment ensemble le **chorion** (figure 29.6c). Une fois que le chorion s'est formé, le cœlome extraembryonnaire prend le nom de **cavité choriale**. Au même moment, la vésicule vitelline primaire laisse place au **sac vitellin** (ou vésicule vitelline définitive). Le chorion entoure l'embryon, et plus tard le fœtus (schéma à gauche de la figure 29.11a). Cette enveloppe membranaire deviendra la principale partie embryonnaire du placenta, qui fait office de structure d'échange de substances entre la mère et le fœtus. Le chorion protège également l'embryon et le fœtus contre les réactions immunitaires de la mère de deux manières : 1) il sécrète des protéines qui bloquent la production d'anticorps par la mère ; et 2) il favorise la production de lymphocytes T qui suppriment la réponse immunitaire normale de l'utérus. Finalement, le chorion produit la gonadotrophine chorionique humaine (hCG), une importante hormone de la grossesse (figure 29.16).

Le développement et la migration des cellules du mésoderme extraembryonnaire ont finalement pour effet de séparer progressivement l'amnios du cytotrophoblaste. À la fin de la deuxième semaine, le disque embryonnaire didermique, avec la cavité amniotique sur sa face dorsale et la vésicule vitelline définitive sur sa face ventrale, est suspendu dans la cavité choriale par un épais cordon de mésoderme extraembryonnaire appelée **pédicule embryonnaire** (schéma en haut de la figure 29.7). Ce pédicule deviendra le cordon ombilical.

▶ **POINT DE CONTRÔLE**

6. Quelles sont les fonctions du trophoblaste ?

7. Comment se forme le disque embryonnaire didermique ?

8. Décrivez la formation de l'amnios, du sac vitellin et du chorion, et expliquez leurs fonctions.

9. Pourquoi les sinusoïdes sont-ils importants pendant l'embryogenèse ?

LA TROISIÈME SEMAINE

La troisième semaine amorce une période de croissance embryonnaire et de différenciation très rapide qui s'étend sur les six prochaines semaines. La troisième semaine est marquée par la formation des trois principaux feuillets embryonnaires. Ces feuillets formeront les organes de la quatrième à la huitième semaine.

La gastrulation

La première étape importante de la troisième semaine de la grossesse est la **gastrulation**, qui se produit environ quinze jours après la fécondation. Au cours de cette étape, le disque embryonnaire didermique (à deux couches), composé de l'épiblaste et de l'hypoblaste, se transforme en un disque **embryonnaire tridermique** (à trois couches) formé des trois feuillets embryonnaires primitifs :

l'ectoderme, le mésoderme et l'endoderme. Ces feuillets constituent les principaux tissus embryonnaires dont dériveront tous les autres tissus et organes.

La gastrulation se caractérise par la réorganisation et la migration de cellules de l'épiblaste. Le premier signe de la gastrulation est l'apparition de la **ligne primitive** constituée du sillon primitif et du nœud primitif. Le **sillon primitif** se présente sous la forme d'une rainure peu profonde parcourant la face dorsale de l'épiblaste en s'étirant de la face postérieure à la face antérieure de l'embryon (figure 29.7a). La ligne primitive définit clairement l'extrémité céphalique et l'extrémité caudale de l'embryon, de même que ses côtés droit et gauche. À l'extrémité céphalique du sillon primitif, un petit groupe de cellules de l'épiblaste forment une structure arrondie appelée **nœud primitif**.

À la suite de la formation de la ligne primitive, les cellules de l'épiblaste s'enfoncent sous la ligne primitive avant de s'en détacher (figure 29.7b) au cours d'un processus appelé **invagination**. Quand ce processus d'invagination est terminé, certaines cellules déplacent l'hypoblaste pour former l'**endoderme** (*endo* : en dedans ; *derma* : peau). D'autres demeurent entre l'épiblaste et l'endoderme récemment constitué pour former le **mésoderme** (intraembryonnaire) (*mesos* : au milieu). Les cellules qui restent dans l'épiblaste constituent alors l'**ectoderme** (*ectos* : au dehors). L'ectoderme et l'endoderme sont de l'épithélium composé de cellules compactes ; le mésoderme est un tissu conjonctif aréolaire (mésenchyme). À mesure que l'embryon se développe, l'endoderme devient le revêtement épithélial du tube digestif, des voies respiratoires ainsi que de plusieurs autres organes. Le mésoderme forme les muscles, les os, d'autres tissus conjonctifs et le péritoine. L'ectoderme devient l'épiderme de la peau et donne également le système nerveux. Le tableau 29.1 fournit des détails sur l'évolution des feuillets embryonnaires primitifs.

Environ seize jours après la fécondation, les cellules du mésoderme provenant du nœud primitif migrent vers l'extrémité céphalique de l'embryon et forment un tube creux de cellules disposées sur la ligne médiane constituant le **processus notochordal** (figure 29.8). Entre les 22e et 24e jours, le processus notochordal se transforme en un cylindre de cellules plein appelé la **notochorde** (*nôtos* : dos). Cette structure joue un rôle extrêmement important dans l'**induction**, un processus par lequel un tissu (*tissu inducteur*) stimule le développement d'un tissu adjacent non spécialisé (*tissu qui réagit*) en un tissu spécialisé. Un tissu inducteur produit généralement une substance chimique qui provoque une réaction dans un autre tissu. La notochorde induit certaines cellules du mésoderme à se transformer en corps vertébraux. Elle est également à l'origine du nucleus pulposus des disques intervertébraux (voir la figure 7.16d).

Pendant la troisième semaine de développement, deux légères dépressions apparaissent sur la face dorsale de l'embryon. La structure la plus proche de l'extrémité céphalique s'appelle la **membrane buccopharyngienne**, ou oropharyngée, (*oris* : bouche) (figure 29.8a, b). Elle se rompt durant la quatrième semaine pour relier la cavité buccale au pharynx et au reste du tube digestif. La structure avoisinant l'extrémité caudale est appelée **membrane cloacale** ; celle-ci dégénère à la septième semaine pour former les ouvertures de l'anus et des voies urinaires et génitales.

FIGURE 29.7 La gastrulation.

La gastrulation se caractérise par la réorganisation et la migration des cellules de l'épiblaste.

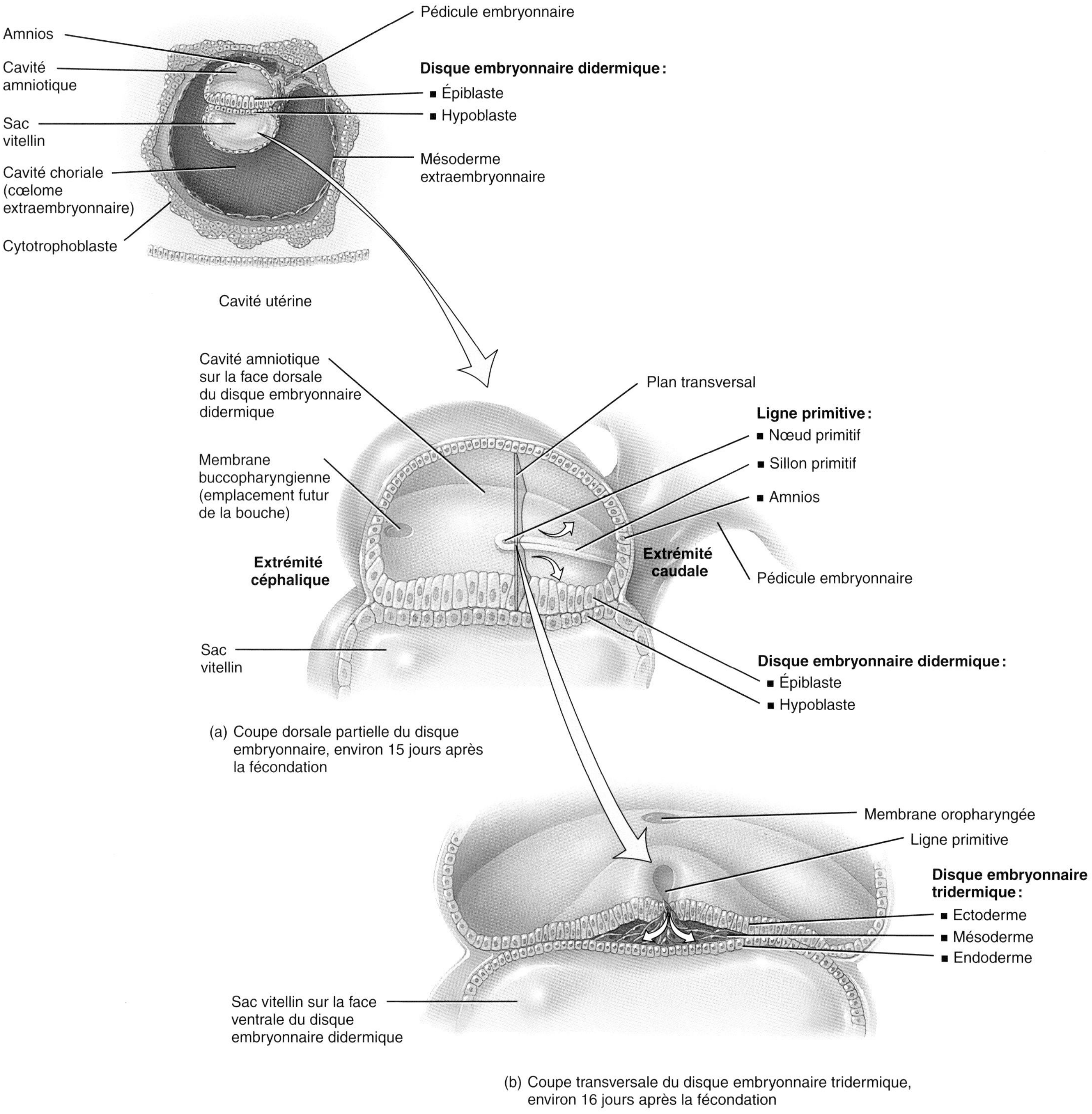

Amnios

Cavité amniotique

Sac vitellin

Cavité choriale (cœlome extraembryonnaire)

Cytotrophoblaste

Pédicule embryonnaire

Disque embryonnaire didermique :
- Épiblaste
- Hypoblaste

Mésoderme extraembryonnaire

Cavité utérine

Cavité amniotique sur la face dorsale du disque embryonnaire didermique

Membrane buccopharyngienne (emplacement futur de la bouche)

Extrémité céphalique

Sac vitellin

Plan transversal

Ligne primitive :
- Nœud primitif
- Sillon primitif
- Amnios

Pédicule embryonnaire

Extrémité caudale

Disque embryonnaire didermique :
- Épiblaste
- Hypoblaste

(a) Coupe dorsale partielle du disque embryonnaire, environ 15 jours après la fécondation

Membrane oropharyngée

Ligne primitive

Disque embryonnaire tridermique :
- Ectoderme
- Mésoderme
- Endoderme

Sac vitellin sur la face ventrale du disque embryonnaire didermique

(b) Coupe transversale du disque embryonnaire tridermique, environ 16 jours après la fécondation

Q Expliquez l'importance de la gastrulation.

ENDODERME	MÉSODERME	ECTODERME
Revêtement épithélial du tube digestif (sauf la cavité buccale et le canal anal) et épithélium de ses glandes.	Tous les muscles squelettiques, le muscle cardiaque, la plupart des muscles lisses.	Tous les tissus nerveux.
Revêtement épithélial de la vessie, de la vésicule biliaire et du foie.	Cartilage, os et autres tissus conjonctifs.	Épiderme de la peau.
Revêtement épithélial du pharynx, des trompes auditives, des tonsilles, du larynx, de la trachée, des bronches et des poumons.	Sang, moelle osseuse rouge et tissu lymphatique.	Follicules pileux, muscles arrecteurs des poils, ongles et épithélium des glandes de la peau (sébacées et sudoripares) et glandes mammaires.
Épithélium de la glande thyroïde, des glandes parathyroïdes, du pancréas et du thymus.	Endothélium des vaisseaux sanguins et lymphatiques.	Cristallin, cornée et muscles internes de l'œil.
Revêtement épithélial de la prostate et des glandes bulbo-urétrales, du vagin, du vestibule du vagin, de l'urètre et des glandes annexes, comme les glandes vestibulaires majeures et mineures.	Derme de la peau.	Oreille interne et externe.
	Tunique fibreuse et tunique vasculaire du globe oculaire.	Neuroépithélium des organes des sens.
	Oreille moyenne.	Épithélium de la cavité buccale, des cavités nasales, des sinus paranasaux, des glandes salivaires et du canal anal.
	Mésothélium des cavités thoracique, abdominale et pelvienne.	Épithélium de la glande pinéale, de l'hypophyse et de la médullosurrénale.
	Épithélium des reins et des uretères.	
	Épithélium du cortex surrénal.	
	Épithélium des gonades et des conduits génitaux.	

FIGURE 29.8 Le développement du processus notochordal.

Le processus notochordal se développe à partir du nœud primitif, qui devient ensuite la notochorde.

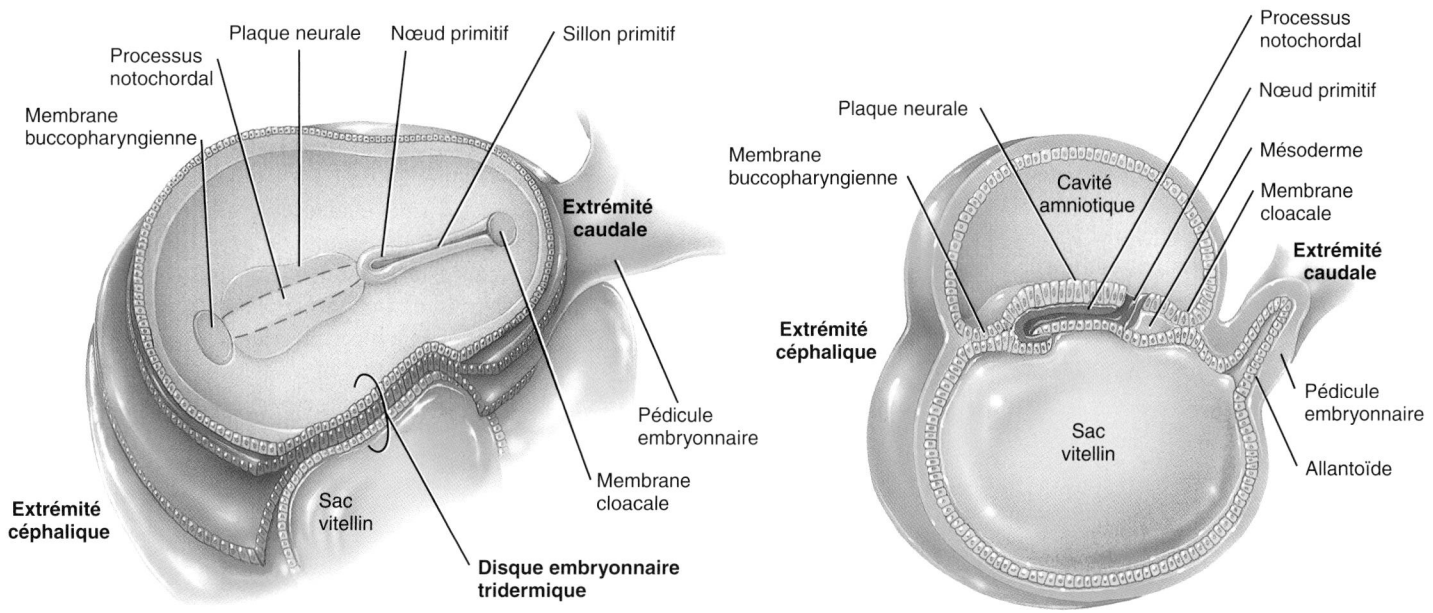

(a) Coupe dorsale partielle du disque embryonnaire tridermique, environ 16 jours après la fécondation

(b) Coupe sagittale du disque embryonnaire tridermique, environ 16 jours après la fécondation

Expliquez l'importance de la notochorde.

Au moment où apparaît la membrane cloacale, la paroi du sac vitellin forme une petite poche membranaire vascularisée, appelée **allantoïde**, qui remonte dans le pédicule embryonnaire (figure 29.8b). Chez la plupart des autres mammifères, l'allantoïde sert aux échanges gazeux et à l'élimination des déchets. Chez l'humain, l'allantoïde n'est pas une structure importante (schéma à gauche de la figure 29.11a), car le placenta joue un rôle déterminant dans le déroulement de ces fonctions. L'allantoïde intervient cependant dans le début de la formation du sang et des vaisseaux sanguins, ainsi qu'à celle de la vessie.

La neurulation

En plus d'induire les cellules du mésoderme à se transformer en corps vertébraux, la notochorde stimule également les cellules de l'ectoderme qui la recouvre à former la **plaque neurale** (figure 29.9a; voir aussi la figure 14.28). À la fin de la troisième semaine, les bords latéraux de la plaque neurale s'élèvent et forment les **plis neuraux** de chaque côté d'une rainure médiane, le **sillon neural** (figure 29.9b). La région médiane déprimée est appelée **gouttière neurale** (figure 29.9c). Les plis neuraux se rapprochent habituellement et fusionnent, ce qui transforme la plaque neurale en **tube neural** (figure 29.9d). Cette transformation se produit d'abord près de la ligne médiane de l'embryon, puis elle progresse vers les extrémités céphalique et caudale. Les cellules du tube neural deviennent ensuite l'encéphale et la moelle épinière. La **neurulation** est le processus qui assure la transformation de la plaque neurale en un tube neural.

Pendant la formation du tube neural, certaines cellules de l'ectoderme provenant du tube neural migrent pour former plusieurs couches de cellules appelées **crêtes neurales** (voir la figure 14.28b). Les cellules des crêtes neurales donnent naissance aux nerfs rachidiens et crâniens et à leurs ganglions, aux ganglions du système nerveux autonome, aux méninges de l'encéphale et de la moelle épinière, à la médullosurrénale et à diverses composantes squelettiques et musculaires de l'extrémité céphalique.

Environ quatre semaines après la fécondation, l'extrémité céphalique du tube neural s'élargit pour former trois renflements appelés **vésicules cérébrales primitives** (voir la figure 14.29), nommées respectivement **prosencéphale**, **mésencéphale** et **rhombencéphale**. À la cinquième semaine, le prosencéphale se subdivise en deux **vésicules cérébrales secondaires**, le **télencéphale** et le **diencéphale**, tandis que le rhombencéphale se transforme en vésicules cérébrales secondaires, le **métencéphale** et le **myélencéphale**. Les régions du tube neural qui avoisinent le myélencéphale deviennent la moelle épinière. Les parties de l'encéphale qui se développent à partir des différentes vésicules cérébrales sont présentées au chapitre 14.

L'ANENCÉPHALIE

Les **malformations du tube neural** résultent de l'arrêt du développement normal et de la fermeture du tube neural. Ces anomalies comprennent le spina bifida (décrit à la page 240) et l'**anencéphalie** (*a-*: sans). Dans l'anencéphalie, les os du crâne ne se développent pas et les parties du cerveau qui restent en contact avec le liquide amniotique dégénèrent. Habituellement, les zones cérébrales qui contrôlent des fonctions vitales, comme la respiration et la régulation cardiaque, sont également touchées. Les bébés anencéphales meurent avant la naissance ou quelques jours après. Cette affection touche une naissance sur 1 000 et elle survient deux à quatre fois plus souvent chez les bébés de sexe féminin. ■

Le développement des somites

Environ 17 jours après la fécondation, la portion du mésoderme adjacente à la notochorde et au tube neural forme deux colonnes longitudinales de **mésoderme para-axial** (*para*: à côté de) (figure 29.9b). Le mésoderme se trouvant de chaque côté du mésoderme para-axial forme une paire de cylindres appelés **mésoderme intermédiaire**. Le mésoderme qui borde le mésoderme intermédiaire est composé d'une paire de feuillets plats appelée **mésoderme de la lame latérale**. Le mésoderme para-axial se segmente rapidement en une série de structures paires arrondies, appelées **somites**. Vers la fin de la cinquième semaine, il s'est formé de 42 à 44 paires de somites. Il est possible de déterminer l'âge approximatif de l'embryon en comptant le nombre de somites qui se développent au cours d'une période donnée.

Chaque somite se différencie en trois régions: un **myotome**, un **dermatome** et un **sclérotome** (voir la figure 10.19b). Les myotomes deviennent les muscles squelettiques du cou, du tronc et des membres; les dermatomes se transforment en tissu conjonctif, notamment le derme de la peau; et les sclérotomes donnent naissance aux vertèbres et aux côtes.

Le développement du cœlome intraembryonnaire

Au cours de la troisième semaine, de petits espaces apparaissent dans le mésoderme de la lame latérale. Ces espaces fusionnent rapidement et donnent naissance à une grande cavité appelée **cœlome intraembryonnaire**. Cette cavité segmente le mésoderme de la lame latérale en deux parties appelées *mésoderme splanchnique* et *mésoderme somatique* (figure 29.9d). Le **mésoderme splanchnique** (*splanchnon*: viscère), forme le cœur et le feuillet viscéral du péricarde séreux, les vaisseaux sanguins, le muscle lisse et les tissus conjonctifs des organes des systèmes respiratoire et digestif, de même que le feuillet viscéral de la membrane séreuse de la plèvre et du péritoine. Le **mésoderme somatique** (*soma*: corps) donne naissance aux os, aux ligaments et au derme des membres, ainsi qu'au feuillet pariétal de la membrane séreuse du péricarde, de la plèvre et du péritoine.

Le développement du système cardiovasculaire

Le début de la troisième semaine est également marqué par l'**angiogenèse** (*aggeion*: vaisseau; *genesis*: formation). La formation des vaisseaux sanguins s'amorce dans le mésoderme extraembryonnaire du sac vitellin, le pédicule embryonnaire et le chorion. L'apparition précoce de ces vaisseaux est nécessaire, car le sac vitellin ne contient pas suffisamment de vitellus pour nourrir adéquatement l'embryon en croissance rapide. L'angiogenèse commence au moment où les cellules du mésoderme se différencient en **hémangioblastes**. Ces derniers se transforment en cellules appelées **angioblastes**, qui s'agglutinent pour former des masses isolées de cellules appelées **îlots sanguins** (voir la figure 21.31). Des lacunes se forment rapidement entre les îlots sanguins et se réunissent pour donner la lumière des vaisseaux sanguins. Certains angioblastes entourent chaque espace pour constituer l'endothélium et les tuniques

FIGURE 29.9 La neurulation et le développement des somites.

La neurulation est le processus qui assure la transformation de la plaque neurale en un cylindre creux, le tube neural.

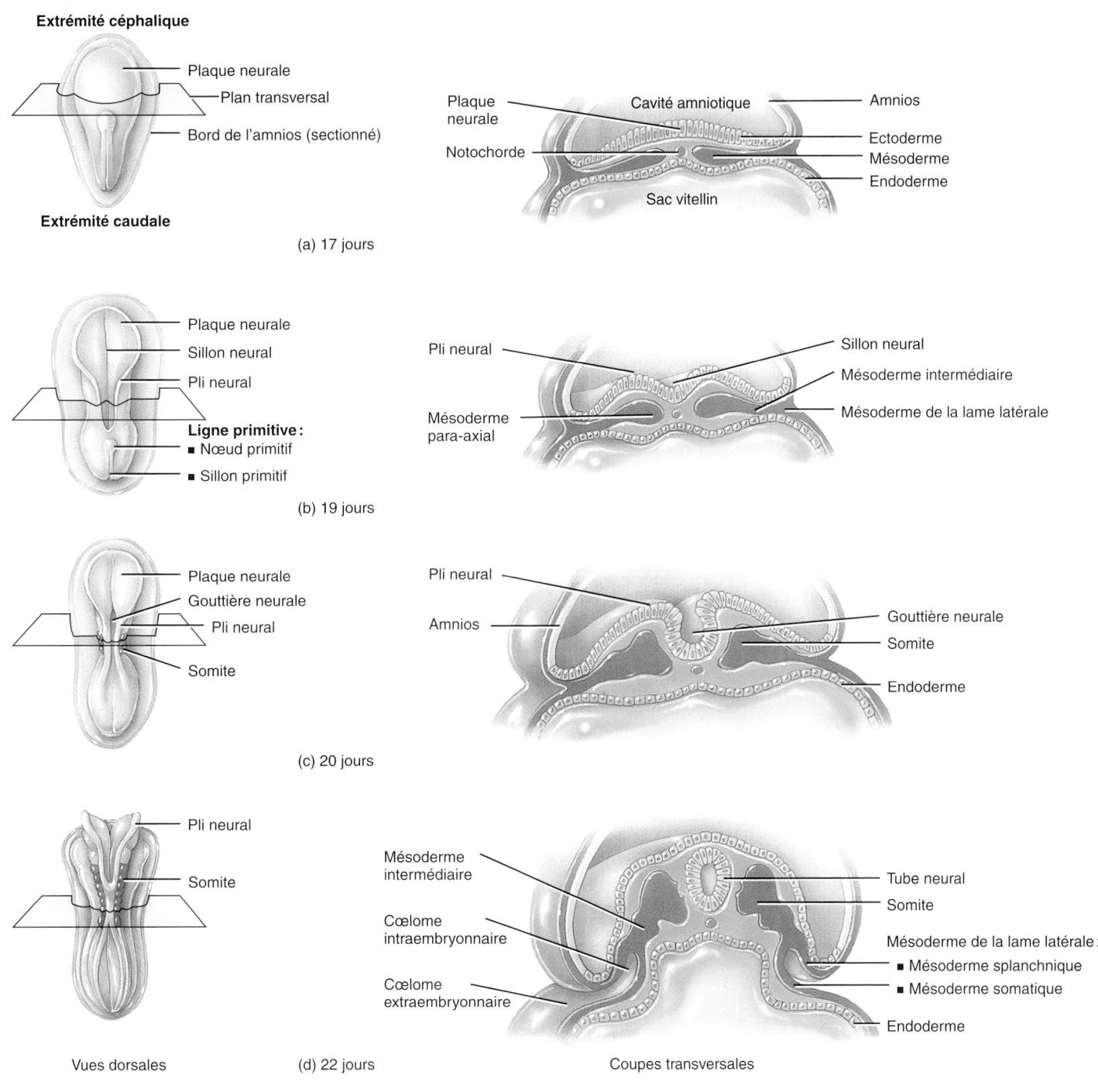

Extrémité céphalique

Plaque neurale
Plan transversal
Bord de l'amnios (sectionné)

Extrémité caudale

Plaque neurale
Notochorde
Cavité amniotique
Amnios
Ectoderme
Mésoderme
Endoderme
Sac vitellin

(a) 17 jours

Plaque neurale
Sillon neural
Pli neural

Ligne primitive :
- Nœud primitif
- Sillon primitif

Pli neural
Mésoderme para-axial
Sillon neural
Mésoderme intermédiaire
Mésoderme de la lame latérale

(b) 19 jours

Plaque neurale
Gouttière neurale
Pli neural
Somite

Pli neural
Amnios
Gouttière neurale
Somite
Endoderme

(c) 20 jours

Pli neural
Somite

Mésoderme intermédiaire
Cœlome intraembryonnaire
Cœlome extraembryonnaire
Tube neural
Somite
Mésoderme de la lame latérale :
- Mésoderme splanchnique
- Mésoderme somatique
Endoderme

Vues dorsales   (d) 22 jours   Coupes transversales

Q Quelles structures se forment à partir du tube neural et des somites ?

(couches) des vaisseaux sanguins en formation. À mesure que les îlots croissent et fusionnent, ils déterminent rapidement un système étendu de vaisseaux sanguins parcourant l'embryon.

Environ trois semaines après la fécondation, les cellules sanguines et le plasma sanguin commencent à se développer *en dehors* de l'embryon à partir des hémangioblastes des vaisseaux sanguins des parois du sac vitellin, de l'allantoïde et du chorion. Ils deviennent ensuite les cellules souches pluripotentes qui donneront naissances aux différentes lignées de cellules sanguines. La formation du sang commence *à l'intérieur* de l'embryon au cours de la cinquième semaine environ dans le foie et à la douzième semaine dans la rate, la moelle osseuse rouge et le thymus.

Le cœur se forme à partir du mésoderme splanchnique de l'extrémité céphalique de l'embryon aux 18ᵉ et 19ᵉ jours. Cette région des cellules du mésoderme est appelée **région cardiogénique**, ou aire cardiogénique (*kardia* : cœur ; *-geneia* : production). En réponse aux signaux d'induction provenant de l'endoderme sous-jacent, ces cellules du mésoderme forment une paire de **tubes endocardiques** (voir la figure 20.18). Les tubes fusionnent ensuite pour donner un seul **tube cardiaque primitif**. Vers la fin de la troisième semaine, ce tube cardiaque se replie sur lui-même, prend l'aspect d'un S et commence à battre. Il se relie alors aux vaisseaux sanguins des autres parties de l'embryon, du pédicule embryonnaire, du chorion et du sac vitellin pour former un système cardiovasculaire primitif.

Le développement des villosités choriales et du placenta

À la fin de la deuxième semaine, on observe l'apparition des **villosités choriales** ou **villosités chorioniques**. Ces projections digitiformes sont composées du chorion (syncytiotrophoblaste entouré de cytotrophoblaste) (figure 29.10a). À la fin de la troisième semaine, des capillaires sanguins se forment dans les villosités choriales (figure 29.10b). Les vaisseaux sanguins des villosités choriales sont reliés au cœur embryonnaire par les artères ombilicales et la veine ombilicale (figure 29.10c). Le sang maternel et celui du fœtus sont donc très proches l'un de l'autre. Notez cependant que ces vaisseaux sanguins ne communiquent pas, et qu'il n'y a habituellement pas de mélange de sang. L'oxygène et les nutriments contenus dans le sang circulant dans les **espaces intervilleux** de la mère, espaces se trouvant entre les villosités choriales, diffusent plutôt par les membranes cellulaires dans les capillaires des villosités. Les déchets, comme le dioxyde de carbone, diffusent en sens opposé.

La **placentation** est le processus de formation du **placenta** (*placente* : galette), qui constitue le siège de l'échange de nutriments et de déchets entre la mère et le fœtus. Le placenta sécrète également les hormones nécessaires au maintien de la grossesse (figure 29.16). Le placenta est unique parce qu'il se forme à partir de deux êtres distincts, la mère et le fœtus.

Au début de la douzième semaine, le placenta comprend deux parties distinctes : 1) la portion fœtale constituée des villosités choriales du chorion ; et 2) la portion maternelle composée de la caduque basale de l'endomètre (figure 29.11a). Lorsqu'il est entièrement formé, le placenta ressemble à une galette (figure 29.11b). Sur le plan fonctionnel, le placenta permet à l'oxygène et aux nutriments de diffuser du sang maternel jusqu'au sang fœtal, et au dioxyde de carbone et aux déchets de diffuser en sens inverse. Le placenta constitue également une barrière protectrice, puisque la plupart des microorganismes ne peuvent pas le traverser. Il laisse cependant passer certains virus, tels ceux qui causent le sida, la rubéole, la varicelle, la rougeole, l'encéphalite et la poliomyélite. De nombreuses drogues, y compris l'alcool et plusieurs autres substances susceptibles de causer des anomalies congénitales, traversent également le placenta. En outre, le placenta emmagasine des nutriments tels que des glucides, des protéines, du calcium et du fer, qui sont libérés dans la circulation fœtale au besoin.

FIGURE 29.10 La formation des villosités choriales.

Les vaisseaux sanguins des villosités choriales sont reliés au cœur embryonnaire par les artères ombilicales et la veine ombilicale.

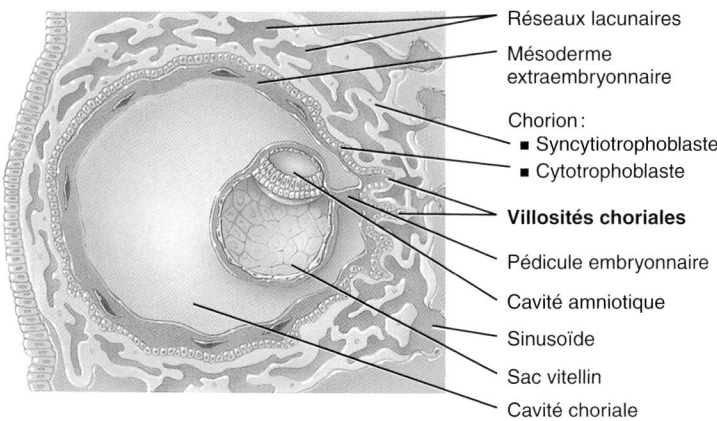

(a) Coupe frontale de l'utérus montrant le blastocyste, environ 13 jours après la fécondation

- Réseaux lacunaires
- Mésoderme extraembryonnaire
- Chorion :
  - Syncytiotrophoblaste
  - Cytotrophoblaste
- **Villosités choriales**
- Pédicule embryonnaire
- Cavité amniotique
- Sinusoïde
- Sac vitellin
- Cavité choriale

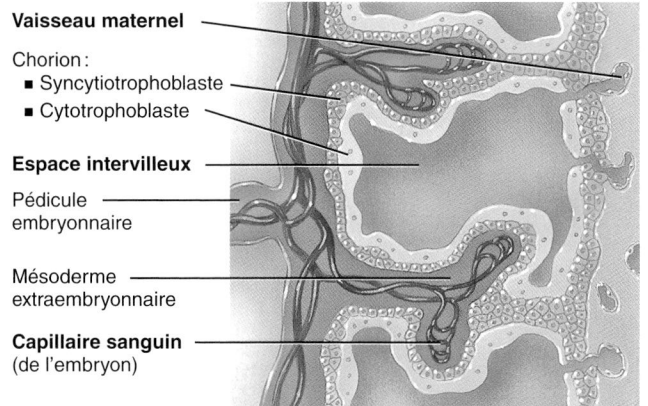

(b) Détails de deux villosités choriales, environ 21 jours après la fécondation

- **Vaisseau maternel**
- Chorion :
  - Syncytiotrophoblaste
  - Cytotrophoblaste
- **Espace intervilleux**
- Pédicule embryonnaire
- Mésoderme extraembryonnaire
- **Capillaire sanguin** (de l'embryon)

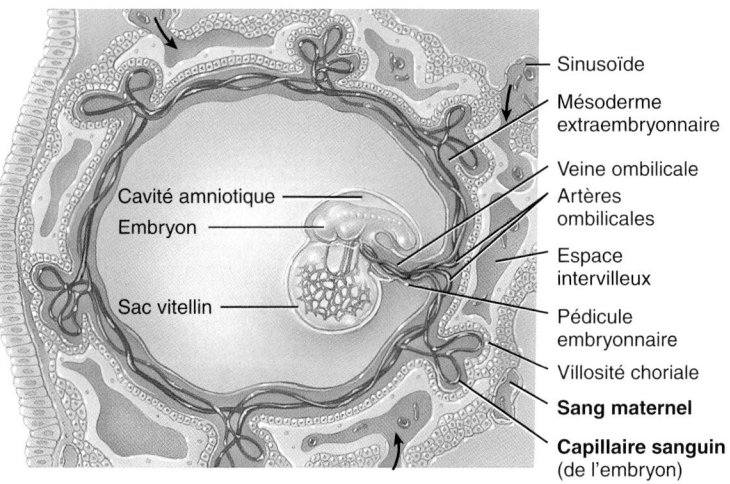

(c) Coupe frontale de l'utérus montrant un embryon et son système vasculaire, environ 21 jours après la fécondation

- Cavité amniotique
- Embryon
- Sac vitellin
- Sinusoïde
- Mésoderme extraembryonnaire
- Veine ombilicale
- Artères ombilicales
- Espace intervilleux
- Pédicule embryonnaire
- Villosité choriale
- **Sang maternel**
- **Capillaire sanguin** (de l'embryon)

 Pourquoi la formation des villosités choriales est-elle importante ?

FIGURE 29.11 Le placenta et le cordon ombilical.

Le placenta est formé par les villosités choriales de l'embryon et la caduque basale de l'endomètre de la mère.

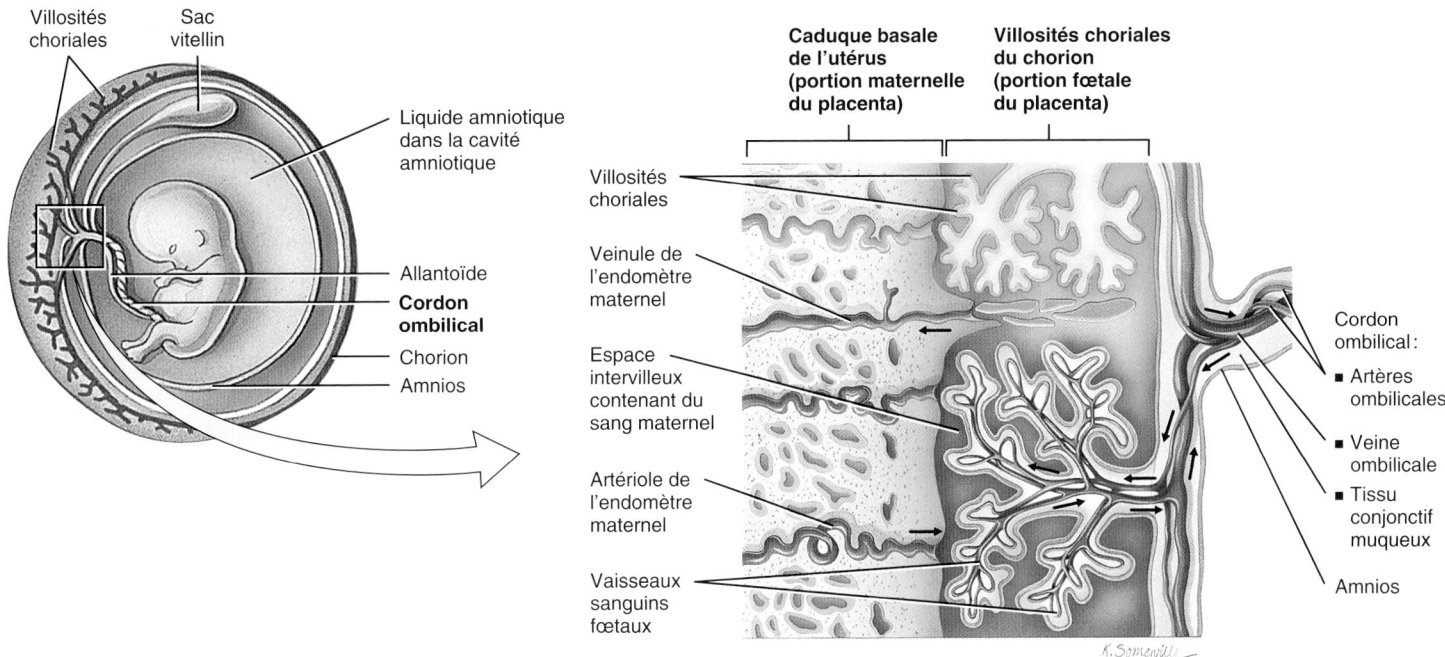

(a) Détails du placenta et du cordon ombilical

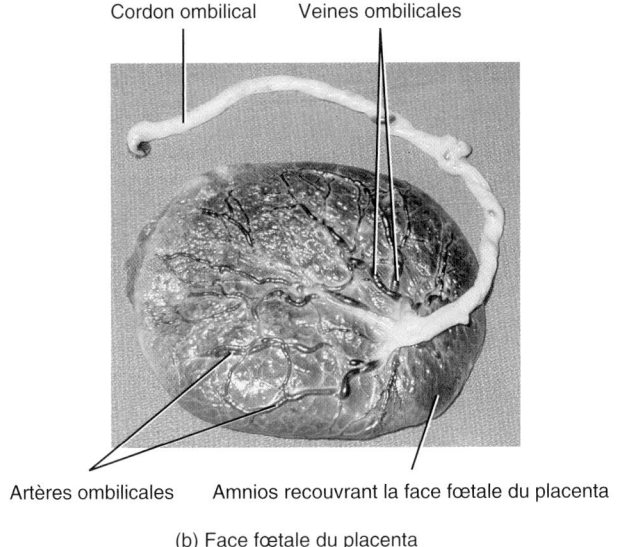

(b) Face fœtale du placenta

 Quelle est la fonction du placenta ?

Le **cordon ombilical** constitue le véritable lien entre le placenta et l'embryon, puis plus tard avec le fœtus. Formé à partir du pédicule embryonnaire, le cordon mesure habituellement environ 2 cm de large et de 50 à 60 cm de long. Il comprend deux artères ombilicales qui amènent le sang fœtal désoxygéné vers le placenta, une veine ombilicale qui transporte l' oxygène et les nutriments obtenus des espaces intervilleux de la mère vers le fœtus, et du

tissu conjonctif muqueux de soutien dérivé de l'allantoïde, appelé **gelée de Wharton**. Le cordon ombilical est entièrement recouvert d'une couche d'amnios qui lui confère son apparence luisante (figure 29.11a). Dans certains cas, on utilise la veine ombilicale pour transfuser du sang à un fœtus ou pour lui injecter les médicaments que nécessitent certains traitements médicaux.

Chez 1 nouveau-né sur 200, le cordon ombilical ne contient qu'une des deux artères ombilicales. Il arrive en effet qu'une des deux artères ne se forme pas ou que l'une d'elles dégénère prématurément. Près de 20 % des nourrissons présentant cette anomalie sont également atteints de malformations cardiovasculaires.

Quelques instants après la naissance, le placenta se détache de l'utérus. Avec l'ensemble des enveloppes fœtales expulsées, il forme le **délivre**. Le cordon ombilical est clampé et sectionné. Le petit segment de cordon (environ 2 cm) qui reste attaché au nouveau-né s'atrophie peu à peu et tombe habituellement dans les 12 à 15 jours suivant la naissance. Le point de fixation du cordon au niveau de l'abdomen du bébé se recouvre d'une mince couche de peau, puis cicatrise. Cette cicatrice est l'**ombilic**, ou nombril.

Les sociétés pharmaceutiques prélèvent dans le placenta humain des hormones, diverses substances et du sang ; certaines parties du placenta servent aussi à recouvrir les brûlures. On prélève parfois les veines du placenta et du cordon ombilical pour en faire des greffons, et il est possible de congeler le sang du cordon et d'en récupérer plus tard les sources de cellules souches pluripotentes, par exemple pour remplacer la moelle osseuse rouge après une radiothérapie que nécessite le traitement d'un cancer.

LE PLACENTA PRÆVIA

Le **placenta prævia** (*prævia* : en avant de) est l'implantation d'une partie ou de la totalité du placenta dans la région inférieure de l'utérus, à proximité ou autour de l'ostium interne du canal du col utérin. Cette insertion anormale du placenta se produit dans environ 1 cas sur 250 naissances d'enfants vivants. En plus de causer des avortements spontanés, le placenta prævia expose le fœtus à divers dangers (naissance prématurée, hypoxie intra-utérine consécutive à une hémorragie maternelle, mauvaise présentation à l'accouchement). De plus, chez la mère, il entraîne des hémorragies fréquentes durant les trois derniers mois de la grossesse et des risques plus élevés d'infection, ce qui accroît les risques de mortalité maternelle. Le principal symptôme du placenta prævia est un saignement vaginal rouge vif soudain et indolore au cours du troisième trimestre. En présence de cette anomalie, il est recommandé de procéder à l'accouchement par césarienne. ■

▶ **POINT DE CONTRÔLE**

10. Quelle est l'importance de la gastrulation ?

11. Comment les trois feuillets embryonnaires primitifs se forment-ils ? Pourquoi sont-ils importants ?

12. Quelle est la fonction de la notochorde ?

13. Décrivez la neurulation. Pourquoi est-elle importante ?

14. Quelles sont les fonctions des somites ?

15. Comment le système cardiovasculaire se développe-t-il ?

16. Comment le placenta se forme-t-il et quelle est sont importance ?

LA QUATRIÈME SEMAINE

La période comprise entre la quatrième et la huitième semaine constitue un moment crucial dans le développement embryonnaire, car c'est l'étape de l'**organogenèse**, c'est-à-dire la phase de formation des différents organes et des systèmes de l'organisme. À la fin de la huitième semaine, tous les principaux systèmes de l'organisme ont commencé à se développer, même si leurs fonctions sont encore très incomplètes. L'organogenèse exige la présence de vaisseaux sanguins pour que les organes en formation puissent recevoir l'oxygène et les nutriments nécessaires. Toutefois, des études récentes indiquent que les vaisseaux sanguins jouent un rôle important dans l'organogenèse avant même que du sang commence à y circuler. Les cellules endothéliales des vaisseaux sanguins fournissent apparemment un certain type de signal qui semble essentiel à l'organogenèse. Il s'agit soit d'une substance sécrétée, soit d'une interaction cellulaire directe.

Au cours de la quatrième semaine suivant la fécondation, l'embryon change radicalement de forme et de taille. Durant cette période, il triple pratiquement sa taille et le disque embryonnaire didermique plat à deux dimensions formant l'embryon se transforme en un cylindre tridimensionnel au cours d'un processus appelé **plicature de l'embryon** (figures 29.12a à 29.12d). Le cylindre est composé d'endoderme au centre (intestin), d'ectoderme à l'extérieur (épiderme) et de mésoderme entre les deux. Les différentes vitesses de croissance des diverses parties de l'embryon, en particulier la croissance longitudinale rapide du système nerveux (tube neural), sont principalement responsables de la plicature de l'embryon. L'inflexion le long de la ligne médiane produit une **plicature céphalique** et une **plicature caudale** ; l'inflexion sur le plan horizontal donne naissance à deux **plicatures latérales**. De manière générale, en raison des plicatures, l'embryon prend la forme d'un C.

Sous l'effet de la plicature céphalique, le cœur et la bouche en cours de développement prennent la position définitive qu'ils occuperont chez un adulte. La plicature caudale place l'anus dans sa position finale. Pendant que les plicatures latérales se forment, les bords latéraux du disque embryonnaire tridermique se replient ventralement. À mesure qu'elles se déplacent vers la ligne médiane, les plicatures latérales intègrent dans l'embryon la face dorsale du sac vitellin qui devient l'**intestin primitif**, c'est-à-dire l'ébauche du tube digestif (figure 29.12b). L'intestin primitif se subdivise en trois régions : le **proentéron**, ou intestin antérieur, le **mésentéron**, ou intestin moyen et le **métentéron**, ou intestin postérieur (figure 29.12c). Le devenir de ces segments de l'intestin est décrit à la page 1016. Rappelons que la membrane buccopharyngienne est située à l'extrémité céphalique de l'embryon (figure 29.8). Elle sépare la région pharyngée de l'intestin antérieur du **stomodéum** (*stoma* : bouche), qui deviendra la future cavité orale. En raison de la plicature céphalique, la membrane buccopharyngienne se déplace vers le bas, et l'intestin antérieur et le stomodéum se rapprochent de leur emplacement final. Quand la membrane buccopharyngienne se rompt au cours de la quatrième semaine, la région pharyngée du pharynx entre en contact avec le stomodéum.

Au cours de l'embryogenèse, la dernière portion de l'intestin postérieur s'étire dans une cavité appelée **cloaque** (voir la figure 26.23). Sur l'extérieur de l'embryon, à son extrémité caudale, se trouve une petite cavité appelée **proctodéum** (*prôktos* : anus ; figure 29.12c). La **membrane cloacale** sépare le cloaque du proctodéum (figure 29.8). Pendant le développement embryonnaire, le cloaque se divise en un sinus urogénital (ventral) et un canal anorectal (dorsal). En raison de la plicature caudale, la membrane cloacale se déplace vers le bas, et le sinus urogénital, le canal anorectal et le proctodéum se rapprochent de leur emplacement final. Quand la membrane cloacale se rompt pendant la septième semaine de la gestation, les orifices urogénital et anal se forment.

Parallèlement à la plicature de l'embryon, la quatrième semaine suivant la fécondation est marquée par la formation des somites et du tube neural (déjà décrite). De plus, on observe l'apparition de nombreux **arcs pharyngiens** de chaque côté des régions futures de la tête et du cou. Ces structures sont donc à l'origine des structures faciales et pharyngiennes (figure 29.13) (Les arcs pharyngiens sont également appelés *arcs branchiaux* en raison de leur évolution à partir des arcs branchiaux des poissons primitifs). Ces cinq paires de structures forment des bourgeons à la surface de l'embryon à partir du 22e jour suivant la fécondation. Chaque arc pharyngien est recouvert d'ectoderme à l'extérieur et tapissé d'endoderme à l'intérieur ; le mésoderme se trouve entre ces deux feuillets. Les arcs pharyngiens contiennent également une artère, un nerf crânien, du cartilage et du tissu musculaire. De plus, à

FIGURE 29.12 La plicature de l'embryon.

La plicature de l'embryon transforme le disque embryonnaire tridermique plat en un cylindre à trois dimensions.

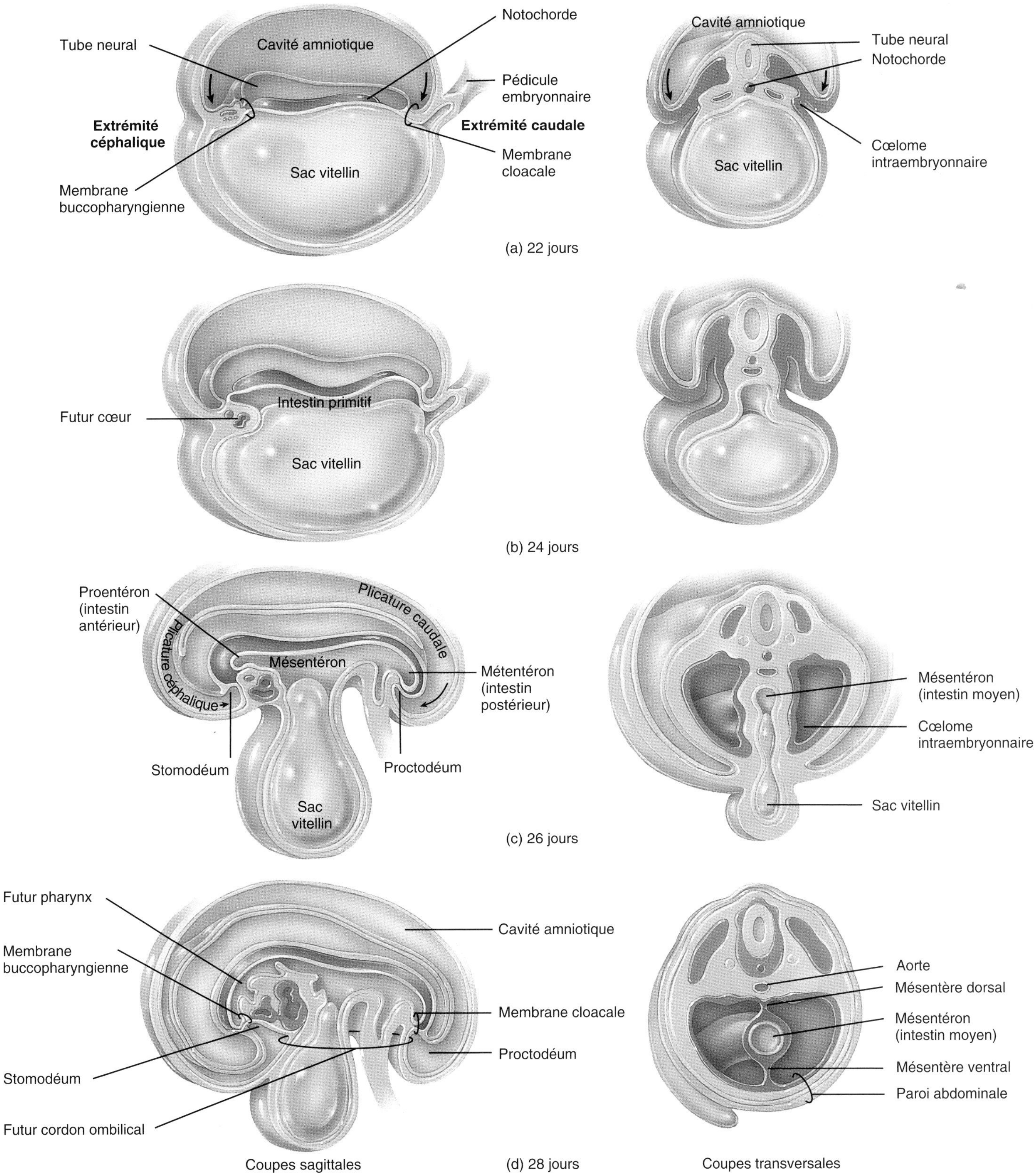

Coupes sagittales

Tube neural — Cavité amniotique — Notochorde

Extrémité céphalique — Extrémité caudale

Membrane buccopharyngienne

Pédicule embryonnaire

Membrane cloacale

Sac vitellin

Coupes transversales

Cavité amniotique — Tube neural — Notochorde

Cœlome intraembryonnaire

Sac vitellin

(a) 22 jours

Futur cœur — Intestin primitif

Sac vitellin

(b) 24 jours

Proentéron (intestin antérieur) — Plicature caudale

Plicature céphalique — Mésentéron

Métentéron (intestin postérieur)

Stomodéum — Proctodéum

Sac vitellin

Mésentéron (intestin moyen)

Cœlome intraembryonnaire

Sac vitellin

(c) 26 jours

Futur pharynx — Cavité amniotique

Membrane buccopharyngienne

Membrane cloacale

Proctodéum

Stomodéum

Futur cordon ombilical

Aorte

Mésentère dorsal

Mésentéron (intestin moyen)

Mésentère ventral

Paroi abdominale

Coupes sagittales — (d) 28 jours — Coupes transversales

Quelles sont les conséquences de la plicature de l'embryon ?

FIGURE 29.13 Le développement des arcs pharyngiens, des fentes pharyngiennes et des poches pharyngiennes.

 Les cinq paires de poches pharyngiennes sont composées d'ectoderme, de mésoderme et d'endoderme et contiennent des vaisseaux sanguins, des nerfs crâniens, du cartilage et du tissu musculaire.

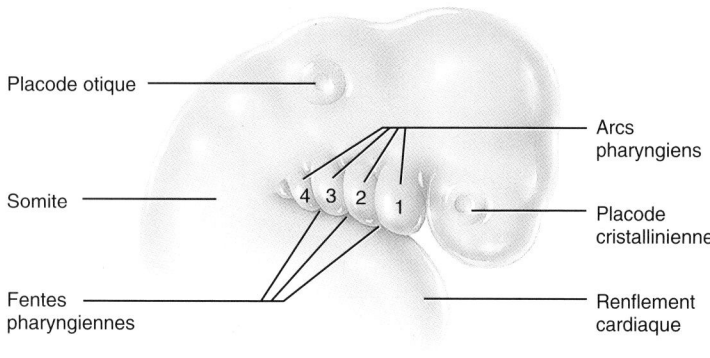

(a) Vue externe, embryon d'environ 28 jours

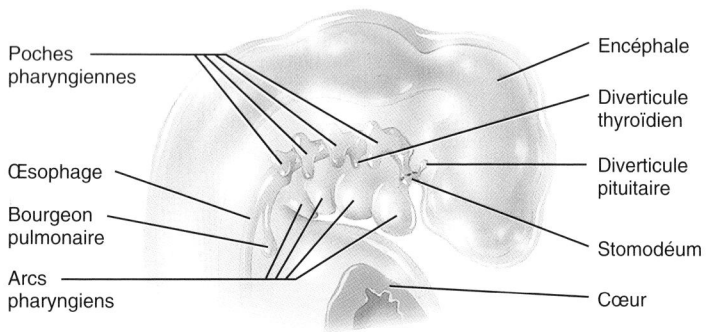

(b) Coupe sagittale, embryon d'environ 28 jours

Q Pourquoi les arcs pharyngiens, les fentes pharyngiennes et les poches pharyngiennes sont-ils importants ?

l'extérieur de l'embryon, entre les arcs pharyngiens, se trouvent des sillons appelés **fentes pharyngiennes** (figure 29.13a). Parallèlement à l'apparition des arcs pharyngiens et des fentes pharyngiennes, il se forme quatre paires distinctes de **poches pharyngiennes** à l'intérieur de l'embryon (figure 29.13b). Les poches pharyngiennes constituent les bourgeons en forme de ballon tapissés d'endoderme du pharynx primitif, partie de l'intestin antérieur la plus proche du crâne.

Ensemble, les arcs pharyngiens, les fentes pharyngiennes et les poches pharyngiennes donnent naissance aux structures de la tête et du cou. Le premier signe de la formation de l'oreille est un épaississement de l'ectoderme, appelé **placode otique** (future oreille interne), qui est visible environ 22 jours après la fécondation (figure 29.13a). Les yeux commencent également à se développer

à peu près au même moment. Ils se reconnaissent à l'épaississement de l'ectoderme appelé **placode cristallinienne** (figure 29.13a).

Vers le milieu de la quatrième semaine, les membres supérieurs apparaissent sous forme d'excroissances de mésoderme recouvert d'ectoderme appelées **bourgeons des membres supérieurs** (voir la figure 8.18b). À la fin de la quatrième semaine, les **bourgeons des membres inférieurs** commencent à se développer. Le cœur présente également une saillie distincte sur la face ventrale de l'embryon, que l'on appelle **renflement cardiaque** (voir la figure 8.18a). À la fin de la quatrième semaine, l'embryon a une **queue** (voir la figure 8.18b).

DE LA CINQUIÈME À LA HUITIÈME SEMAINE

Au cours de la cinquième semaine, l'encéphale se développe très rapidement, ce qui se traduit par une augmentation considérable de la taille de la tête. À la fin de la sixième semaine, la tête devient encore plus grosse par rapport au tronc, et les membres connaissent une croissance importante (voir la figure 8.18c). De plus, le cou et le tronc commencent à se redresser, et le cœur a maintenant quatre chambres. À la septième semaine, il est possible de distinguer nettement les diverses régions des membres, et les doigts commencent à prendre forme (voir la figure 8.18d). Au début de la huitième semaine (dernière semaine de la période embryonnaire), les doigts de la main sont courts et palmés ; la queue est plus courte, mais encore visible ; les yeux sont ouverts et les pavillons des oreilles sont apparents (voir la figure 8.18c). À la fin de la huitième semaine, les membres sont complètement formés ; les doigts ne sont plus palmés par suite de l'élimination des cellules par apoptose. En outre, les paupières se rejoignent et peuvent fusionner, la queue disparaît et les organes génitaux externes commencent à se différencier. L'embryon possède maintenant des traits humains.

▶ **POINT DE CONTRÔLE**

17. Comment la plicature de l'embryon se déroule-t-elle ?

18. Comment l'intestin primitif se forme-il ? Pourquoi est-il important ?

19. Quelle est l'origine des structures de la tête et du cou ?

20. Que sont les bourgeons des membres ?

21. Quels changements se produisent dans les membres au cours de la deuxième moitié de la période embryonnaire ?

LA PÉRIODE FŒTALE

> **OBJECTIF**

- Décrire les principaux événements de la période fœtale.

Pendant la période fœtale, les tissus et les organes qui se sont mis en place pendant la période embryonnaire grossissent et se différencient. Il ne se forme pratiquement pas de nouvelles structures pendant la période fœtale, qui se caractérise plutôt par une exceptionnelle vitesse de croissance de l'organisme, en particulier durant la deuxième moitié de la vie utérine. Par exemple, au cours des deux derniers mois et demi de vie utérine, le fœtus prend la moitié du poids qu'il aura à terme. Au début de la période fœtale, la tête correspond à la moitié de la longueur du corps. Mais à la fin de cette période, la tête ne représente plus que le quart de la longueur du corps. Toujours pendant cette période, la taille des membres passe de un huitième à la moitié de la longueur du fœtus. Par ailleurs, ce dernier est aussi moins vulnérable aux effets nocifs des médicaments, des rayonnements et des microorganismes que pendant la période embryonnaire.

Le tableau 29.2 et la figure 29.14 résument les principaux événements du développement qui surviennent pendant les périodes embryonnaire et fœtale.

Dans le présent ouvrage, chaque chapitre comporte une section sur le développement embryonnaire des divers systèmes de l'organisme. Voici une liste de ces sections, qui devrait vous aider à réviser ce thème.

▶ Le système tégumentaire (p. 171)
▶ Le système squelettique (p. 267)
▶ Les muscles (p. 339)
▶ Le système nerveux (p. 547)
▶ Le système endocrinien (p. 701)
▶ Le cœur (p. 777)
▶ Les vaisseaux sanguins et le sang (p. 856)
▶ Le tissu lymphatique (p. 878)
▶ Le système respiratoire (p. 956)
▶ Le système digestif (p. 1016)
▶ Le système urinaire (p. 1114)
▶ Le système génital (p. 1186)

▶ **POINT DE CONTRÔLE**

22. Quelles sont les tendances générales du développement pendant la période fœtale ?

23. En utilisant le tableau 29.2 comme guide, sélectionnez une structure de l'organisme entre la 9e et la 12e semaine et décrivez son développement pendant le reste de la période fœtale.

LES AGENTS TÉRATOGÈNES

OBJECTIF

• Définir un agent tératogène et en donner quelques exemples.

L'exposition d'un embryon ou d'un fœtus à certains facteurs environnementaux risque de nuire à son développement, voire causer sa mort. Un agent ou un facteur est dit **tératogène** (*teratos* : monstre) lorsqu'il cause des anomalies chez l'embryon. La section qui suit décrit quelques-uns de ces accidents.

LES SUBSTANCES CHIMIQUES ET LES MÉDICAMENTS

Comme le placenta ne constitue pas une barrière infranchissable entre la circulation de la mère et celle du fœtus, il est impératif de considérer comme potentiellement nocif pour le fœtus tout médicament ou agent chimique absorbé par la mère. L'alcool est de loin le tératogène fœtal le plus courant. L'exposition du fœtus, même à de petites quantités d'alcool, peut entraîner le **syndrome d'alcoolisme fœtal**, l'une des principales causes d'arriération mentale et une cause d'anomalies congénitales très répandues qu'il est possible d'éviter. Les symptômes du syndrome d'alcoolisme fœtal incluent généralement un ralentissement de la croissance avant et après la naissance, un faciès caractéristique (fentes palpébrales rétrécies, lèvre supérieure mince et arête du nez enfoncée), une malformation du cœur et d'autres organes, une malformation des membres, des anomalies génitales et des lésions du système nerveux central. Ce syndrome s'accompagne souvent de troubles du comportement comme l'hyperactivité, une nervosité extrême, des difficultés de concentration et l'incapacité de comprendre les relations de cause à effet.

Certains virus, comme ceux de l'hépatite B et C et certains papillomavirus (responsables d'infections transmissibles sexuellement) et les pesticides sont connus pour leur action tératogène. C'est également le cas de nombreuses substances chimiques dont font partie les défoliants (utilisés pour faire tomber prématurément les feuilles des végétaux), les produits chimiques industriels, certaines hormones, certains antibiotiques ; divers médicaments administrés par voie orale, (anticoagulants, anticonvulsivants, substances antitumorales, agents thyroïdiens, thalidomide, diéthylstilbœstrol et de nombreux autres médicaments prescrits sur ordonnance), de même que le LSD et la cocaïne. Une femme enceinte qui consomme de la cocaïne expose son fœtus à un risque plus élevé de retard de croissance, de troubles de l'attention et de l'orientation, d'hyperirritabilité, d'arrêts respiratoires, de malformation ou d'absence de formation d'organes, d'accidents vasculaires cérébraux et de crises d'épilepsie. Les risques d'avortement spontané, de naissance prématurée et de mortinatalité augmentent également.

LE TABAGISME

Il a été clairement démontré que l'usage de la cigarette pendant la grossesse est une cause de faible poids à la naissance ; on a également établi un lien étroit entre le tabagisme et l'augmentation du taux de mortalité des fœtus et des nourrissons. Par ailleurs, le risque de grossesse ectopique est plus élevé chez les femmes qui fument. Certains produits dégagés par la fumée de cigarette sont tératogènes et entraînent des anomalies cardiaques et l'anencéphalie (voir page 1212). Le tabagisme pendant la grossesse semble également contribuer fortement à la formation du bec-de-lièvre et de la fissure palatine ; il pourrait également être lié au syndrome de mort subite du nourrisson. Les bébés allaités par une mère qui fume ont plus souvent que les autres des problèmes digestifs. Même une femme enceinte ou qui allaite exposée à la fumée secondaire de cigarette (c'est-à-dire qui respire de l'air contenant de la fumée de tabac) prédispose davantage son enfant à des problèmes respiratoires, notamment la bronchite et la pneumonie, durant sa première année de vie.

MOMENT	TAILLE ET POIDS APPROXIMATIFS	CHANGEMENTS REPRÉSENTATIFS
Période embryonnaire		
1 à 4 sem.	0,6 cm	Les feuillets embryonnaires primaires et la notochorde se développent. La neurulation se produit. Les vésicules cérébrales primitives, les somites et le cœlome intraembryonnaire se forment. Les vaisseaux sanguins s'organisent et du sang commence à s'élaborer dans le sac vitellin, l'allantoïde et le chorion. Le cœur se structure et commence à battre. Les villosités choriales se développent et la placentation commence. L'embryon se replie. L'intestin primitif, les arcs pharyngiens et les bourgeons des membres apparaissent. Les yeux et les oreilles commencent à se différencier, la queue se forme et les systèmes de l'organisme se mettent en place.
5 à 8 sem.	3 cm 1 g	Les vésicules cérébrales primitives se transforment en vésicules cérébrales secondaires. Les membres deviennent apparents, et les doigts sont visibles. Le cœur a maintenant quatre chambres. Les yeux sont très écartés, et les paupières sont fusionnées. Le nez se forme et est plat. Le visage commence à prendre des traits humains. L'ossification s'amorce. Le foie commence à produire des cellules sanguines. Les organes génitaux externes présentent un début de différenciation. La queue disparaît. Les principaux vaisseaux sanguins se forment. L'organogenèse se poursuit.
Période fœtale		
9 à 12 sem.	7,5 cm 30 g	La tête représente environ la moitié de la longueur du corps du fœtus, et la longueur du fœtus double pratiquement. Le volume de l'encéphale augmente. Le visage est large, et les yeux sont fermés, très écartés, mais entièrement formés. L'arête du nez apparaît. Les oreilles externes sont présentes, mais basses. L'ossification se poursuit. Les membres supérieurs ont presque atteint leur longueur finale, mais les membres inférieurs ne sont pas aussi bien formés. Les battements du cœur sont perceptibles. Les organes génitaux externes sont apparents et permettent de déterminer le sexe du fœtus. L'urine sécrétée par le fœtus s'ajoute au liquide amniotique. La moelle osseuse rouge, le thymus et la rate contribuent à la production des cellules sanguines. Le fœtus bouge, mais sa mère ne le sent pas encore. Les systèmes de l'organisme poursuivent leur maturation.
13 à 16 sem.	18 cm 100 g	La tête est un peu plus petite par rapport au reste du corps. Les yeux gagnent progressivement leur emplacement définitif, de même que les oreilles. Les membres inférieurs allongent. Le visage commence à présenter des traits humains. Les systèmes de l'organisme se développent rapidement.
17 à 20 sem.	25 à 30 cm 200 à 450 g	La tête est mieux proportionnée par rapport au reste du corps. Les sourcils et les cheveux sont visibles. La croissance ralentit, mais les membres inférieurs continuent d'allonger. Le fœtus se recouvre de vernix caseosa (sécrétions grasses provenant des glandes sébacées et de cellules épithéliales mortes) et de lanugo (fin duvet). La graisse brune se forme et produit de la chaleur. La mère perçoit les premiers mouvements du fœtus (dégourdissement).
21 à 25 sem.	27 à 35 cm 550 à 800 g	La tête devient encore mieux proportionnée au reste du corps. Le fœtus prend beaucoup de poids. La peau est rose et plissée. À la 24e semaine, les pneumocytes de type II commencent à produire du surfactant.
26 à 29 sem.	32 à 42 cm 110 à 1 350 g	La tête et le corps sont mieux proportionnés, et les yeux sont ouverts. Les ongles d'orteil sont visibles. Le tissu adipeux représente 3,5% de la masse corporelle totale, et la présence de tissu adipeux sous-cutané donne à la peau un aspect un peu plus lisse. Les testicules migrent vers le scrotum entre la 28e et la 32e semaine. La moelle osseuse rouge est devenue le principal site de l'hématopoïèse. De nombreux fœtus nés prématurément pendant cette période survivent à condition de recevoir des soins intensifs, car les poumons peuvent assurer une ventilation adéquate et le système nerveux central est suffisamment développé pour réguler la respiration et la température corporelle.
30 à 34 sem.	41 à 45 cm 2 000 à 2 300 g	La peau est rose et lisse. Le fœtus se place la tête en bas. Le réflexe pupillaire est présent à la 30e semaine. Le tissu adipeux représente maintenant 8% de la masse corporelle totale. En cas de naissance prématurée, les fœtus de 33 semaines et plus sont habituellement en mesure de survivre.
25 à 38 sem.	50 cm 3 200 à 3 400 g	À la 38e semaine, la circonférence de l'abdomen du fœtus est supérieure à celle de sa tête. La peau est habituellement bleu rosâtre, et la croissance ralentit à l'approche de la naissance. Le tissu adipeux représente 16% de la masse corporelle totale. Habituellement, les testicules sont descendus dans le scrotum chez les nourrissons à terme. Même après la naissance, un nourrisson n'est pas complètement développé; une autre année est nécessaire, en particulier pour achever le développement du système nerveux.

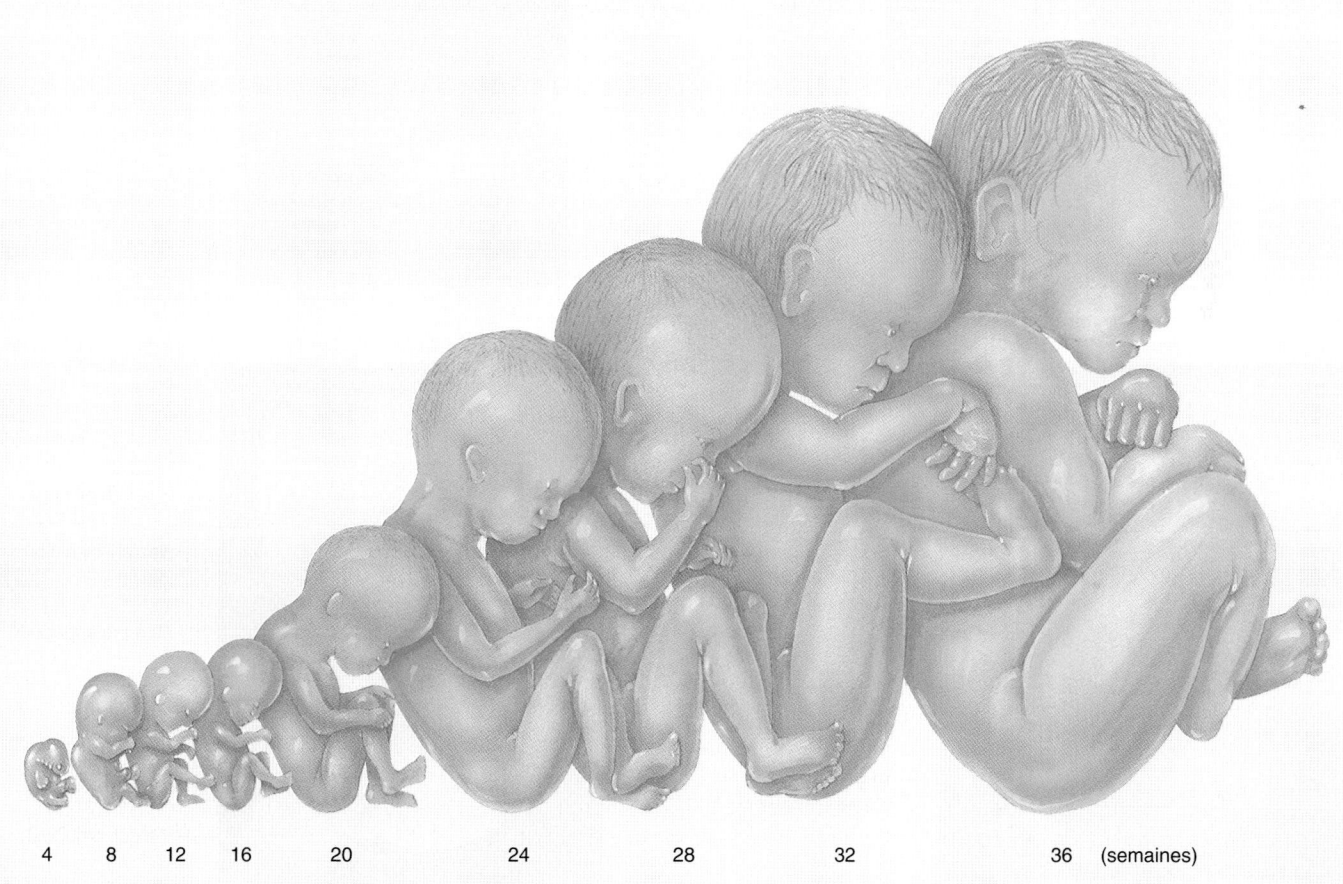

| 4 | 8 | 12 | 16 | 20 | 24 | 28 | 32 | 36 | (semaines) |

FIGURE 29.14 Résumé des événements importants du développement des périodes embryonnaire et fœtale.
La taille des embryons et des fœtus n'est pas réelle.

La période fœtale correspond principalement à la croissance et à la différenciation des tissus et des organes formés pendant la période embryonnaire.

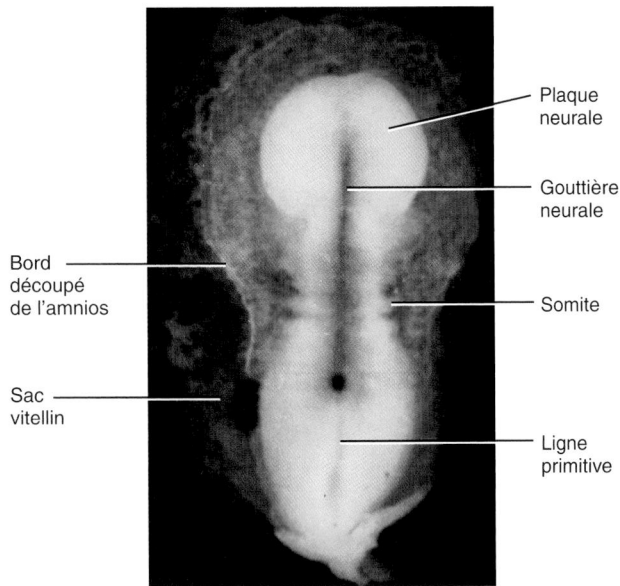

(a) Embryon de 20 jours

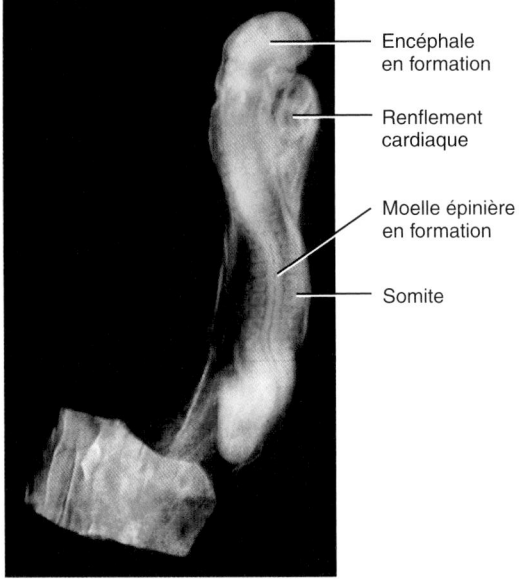

(b) Embryon de 24 jours

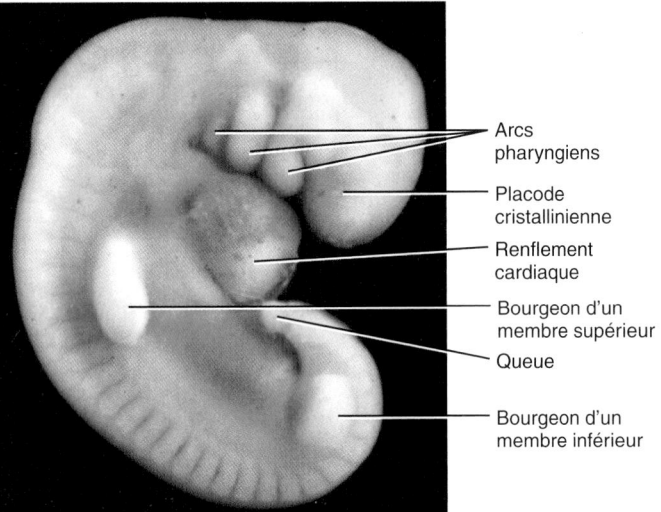

(c) Embryon de 32 jours

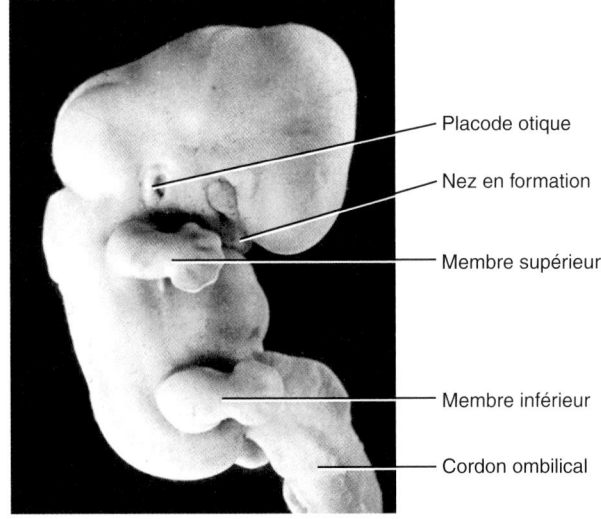

(d) Embryon de 44 jours

LES EFFETS DES RAYONNEMENTS

Tous les rayonnements ionisants sont de puissants tératogènes. L'exposition de la femme enceinte aux rayons X ou aux isotopes radioactifs durant l'embryogenèse, un étape durant laquelle l'embryon est très vulnérable, peut causer la microcéphalie (tête petite par rapport au reste du corps), un retard mental et des malformations osseuses. La prudence est de mise à l'égard de toutes les sources de rayonnements, notamment les rayons X, en particulier durant le premier trimestre de la grossesse.

▶ POINT DE CONTRÔLE

24. Nommez certains des symptômes du syndrome d'alcoolisme fœtal?

25. De quelle manière le tabagisme affecte-t-il le développement embryonnaire et fœtal?

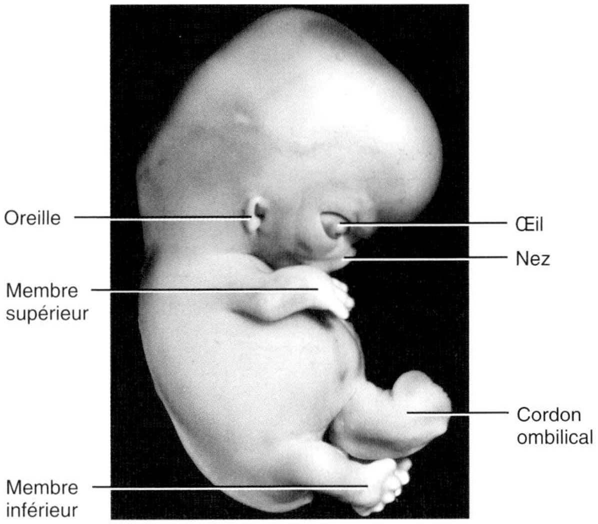

Oreille ——— Œil
Nez
Membre
supérieur
Cordon
ombilical
Membre
inférieur

(e) Embryon de 52 jours

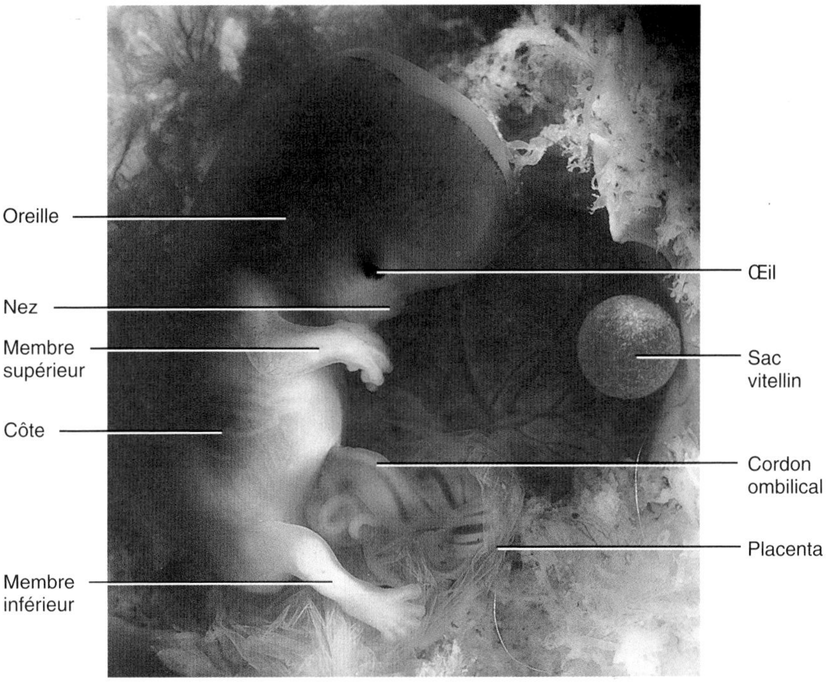

Oreille
Nez
Membre
supérieur
Côte
Membre
inférieur

Œil
Sac
vitellin
Cordon
ombilical
Placenta

(f) Embryon de 10 semaines

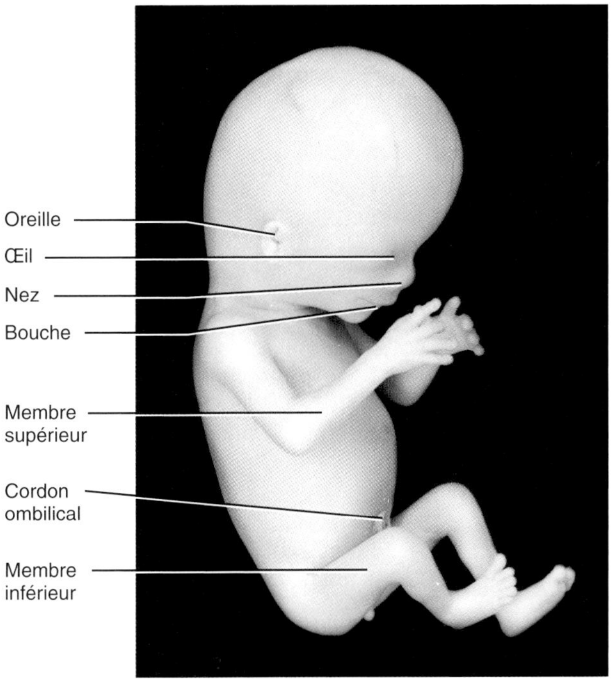

Oreille
Œil
Nez
Bouche
Membre
supérieur
Cordon
ombilical
Membre
inférieur

(g) Fœtus de 13 semaines

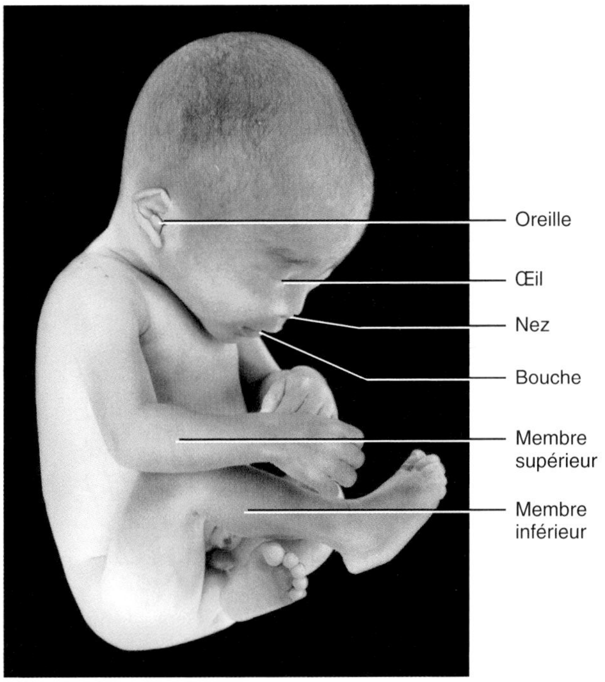

Oreille
Œil
Nez
Bouche
Membre
supérieur
Membre
inférieur

(h) Fœtus de 26 semaines

Q Comment le poids fœtal à la moitié de la grossesse se compare-t-il avec le poids du fœtus à terme ?

LE DIAGNOSTIC PRÉNATAL

▶ **OBJECTIF**

- Décrire l'échographie fœtale, l'amniocentèse et la biopsie des villosités choriales.

Il existe plusieurs moyens de détecter les anomalies génétiques et d'évaluer le bien-être du fœtus. Nous décrivons ci-dessous l'échographie fœtale, l'amniocentèse et la biopsie des villosités choriales.

L'ÉCHOGRAPHIE FŒTALE

On procède à une **échographie fœtale** pour vérifier si la grossesse se déroule normalement. Cette épreuve est de loin la plus utilisée pour déterminer de façon plus précise l'âge du fœtus quand la date de la conception est incertaine. Elle sert également à confirmer une grossesse, à déterminer la viabilité et la croissance du fœtus, à préciser sa position, à détecter les grossesses multiples et à dépister les anomalies entre le fœtus et la mère. Cette technique est utilisée seule ou combinée avec certaines épreuves spéciales, comme l'amniocentèse.

L'échographie fœtale consiste à faire glisser sur l'abdomen un transducteur qui émet des ondes sonores de haute fréquence (ultrasons). Le transducteur capte les ultrasons réfléchis par le fœtus et les convertit en une image appelée **sonogramme** (voir le tableau 1.3). Comme la vessie sert de point de repère pendant cet examen, la patiente doit boire avant l'examen et ne pas uriner afin que sa vessie soit pleine.

L'AMNIOCENTÈSE

L'**amniocentèse** (*kentêsis*: action de piquer) consiste à prélever une petite quantité de liquide amniotique dans lequel baigne le fœtus afin d'analyser les cellules fœtales et les substances dissoutes qu'il contient. Cette épreuve vise à détecter certaines anomalies génétiques telles que le syndrome de Down (ou trisomie 21), l'hémophilie, la maladie de Tay-Sachs, la drépanocytose (ou anémie à hématies falciformes) et certaines dystrophies musculaires. Elle permet en outre de déterminer les chances de survie du fœtus. On procède habituellement à l'amniocentèse entre la 14e et la 16e semaine de gestation. L'amniocentèse permet de détecter toutes les anomalies chromosomiques et plus de 50 anomalies biochimiques. Elle est également utile pour déterminer le sexe du fœtus lorsqu'on soupçonne la présence de troubles liés au sexe transmissibles de la mère à sa descendance de sexe masculin seulement (voir p. 1239).

Avant de procéder à la ponction, il faut commencer par repérer la position du fœtus et du placenta par une échographie et par palpation de l'abdomen de la patiente. Après avoir aseptisé la peau et procédé à une anesthésie locale, on insère une aiguille hypodermique à travers la paroi abdominale et l'utérus pour atteindre la cavité amniotique. Puis, on prélève environ de 10 à 30 mL de liquide et de cellules en suspension (figure 29.15a). Le tout est ensuite examiné au microscope avant d'effectuer une série d'analyses biochimiques. Des concentrations élevées d'alphafœtoprotéine et

d'acétylcholinestérase indiquent parfois une anomalie de développement du système nerveux, comme le spina bifida ou l'anencéphalie (absence d'hémisphères cérébraux). Des taux anormaux de ces substances accompagnent aussi d'autres troubles mentaux ou chromosomiques. Les épreuves chromosomiques, qui nécessitent la culture des cellules pendant deux à quatre semaines, permettent de révéler un remaniement, une addition ou une soustraction de chromosomes. L'amniocentèse n'est indiquée que dans les cas où l'on soupçonne une anomalie génétique, car cette épreuve entraîne un risque d'avortement spontané d'environ 0,5 % après l'intervention.

LA BIOPSIE DES VILLOSITÉS CHORIALES

Dans la **biopsie des villosités choriales**, on insère un cathéter dans le vagin et le col de l'utérus et on le glisse jusqu'aux villosités choriales en se guidant à l'aide de l'échographie (figure 29.15b). On aspire environ 30 mg de tissu, que l'on prépare ensuite pour l'analyse chromosomique. On peut également prélever des villosités choriales en insérant une aiguille dans la cavité abdominale, comme on le fait pour l'amniocentèse.

La biopsie des villosités choriales permet de détecter les mêmes anomalies que l'amniocentèse, car les cellules du chorion et celles du fœtus contiennent le même génome. Cette épreuve offre cependant plus d'avantages que l'amniocentèse: elle se pratique dès la huitième semaine de gestation, et il ne faut que quelques jours avant de connaître les résultats des épreuves, ce qui permet de décider si on interrompt la grossesse ou non. De plus, il n'est pas nécessaire de faire une ponction dans l'abdomen, l'utérus ou la cavité amniotique au moyen d'une aiguille. Cette technique est cependant légèrement plus risquée que l'amniocentèse, car les risques d'avortement spontané après l'intervention sont de 1 à 2 %.

LES EXAMENS DIAGNOSTIQUES PRÉNATAUX NON EFFRACTIFS

À l'heure actuelle, la biopsie des villosités choriales et l'amniocentèse sont les seuls examens qui permettent d'obtenir du tissu fœtal pour le dépistage prénatal des anomalies génétiques. Quand elles sont effectuées par des experts, ces techniques ne comportent que des risques minimes. Il faut toutefois poursuivre les recherches afin d'élaborer de nouveaux **examens diagnostiques prénataux non effractifs**, qui n'exigent pas de perforer les structures embryonnaires. L'objectif est d'élaborer des examens diagnostiques précis, sûrs, plus efficaces et moins coûteux pour le dépistage à grande échelle.

Le premier examen de ce type mis au point actuellement est le **test de dépistage de l'alphafœtoprotéine maternelle**. Dans ce test, on analyse le sang de la mère pour déceler la présence de l'alphafœtoprotéine, une protéine synthétisée par le fœtus et qui passe dans la circulation sanguine maternelle. C'est entre les 12e et 15e semaines de grossesse que les concentrations d'alphafœtoprotéine sont les plus élevées. Par la suite, la production d'alphafœtoprotéine cesse, et sa concentration diminue à un niveau très bas dans le sang fœtal et maternel. Une concentration élevée de cette protéine après la 16e semaine indique habituellement une anomalie du tube neural, comme le spina bifida ou l'anencéphalie. Comme

FIGURE 29.15 L'amniocentèse et la biopsie des villosités choriales.

Pour détecter les anomalies génétiques, on procède à une amniocentèse entre la 14e et la 16e semaine de gestation ; on peut pratiquer une biopsie des villosités choriales dès la 8e semaine de gestation.

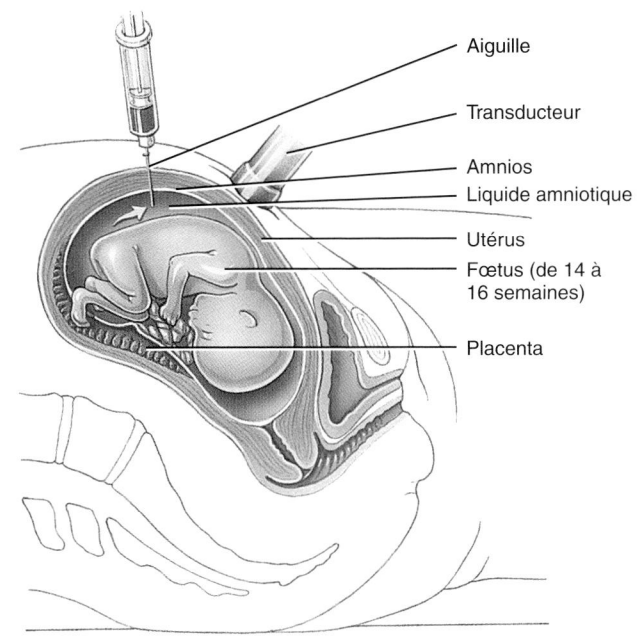

- Aiguille
- Transducteur
- Amnios
- Liquide amniotique
- Utérus
- Fœtus (de 14 à 16 semaines)
- Placenta

(a) Amniocentèse

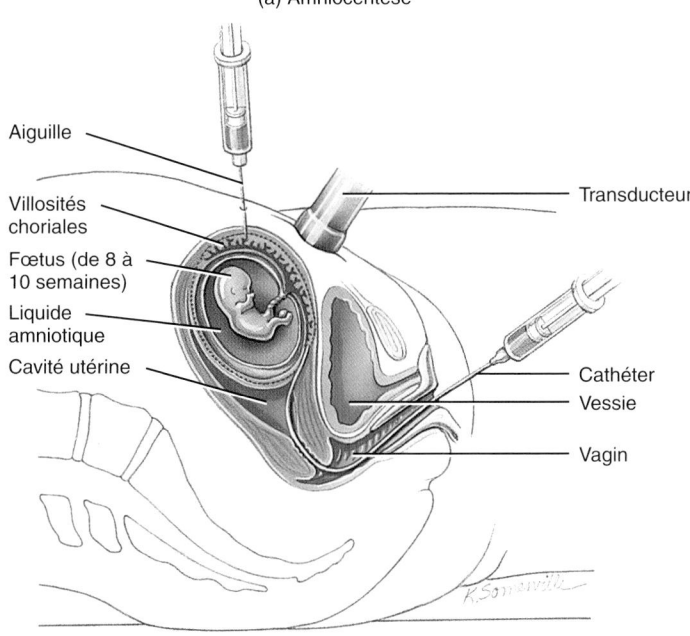

- Aiguille
- Villosités choriales
- Fœtus (de 8 à 10 semaines)
- Liquide amniotique
- Cavité utérine
- Transducteur
- Cathéter
- Vessie
- Vagin

(b) Biopsie des villosités choriales

 Quels types de renseignements l'amniocentèse fournit-elle ?

la précision de ce test est de l'ordre de 95 %, on recommande maintenant à toutes les femmes enceintes de s'y soumettre. Un test plus récent (Quad AFP Plus) mesure les concentrations d'alphafœtoprotéine et de trois autres substances. Il permet de détecter le syndrome de Down, la trisomie 18 et des anomalies du tube neural ; il aide également à prédire la date de l'accouchement et peut révéler la présence de jumeaux.

▶ **POINT DE CONTRÔLE**

26. Quelles affections peuvent être décelées par l'échographie fœtale, l'amniocentèse et la biopsie des villosités choriales ? Quels sont les avantages des examens diagnostiques prénataux non effractifs ?

LES EFFETS DE LA GROSSESSE CHEZ LA MÈRE

OBJECTIFS

- Décrire la source et les fonctions des hormones sécrétées pendant la grossesse.
- Décrire les changements hormonaux, anatomiques et physiologiques chez la femme enceinte.

LES HORMONES DE LA GROSSESSE

Au cours des trois à quatre premiers mois de la grossesse, le corps jaune dans l'ovaire continue à sécréter de la **progestérone** et des **œstrogènes**, qui maintiennent le revêtement de l'utérus pendant la grossesse et préparent les glandes mammaires à la sécrétion de lait. Cependant, les quantités d'hormones sécrétées par le corps jaune ne sont que légèrement supérieures à celles produites après l'ovulation lors d'un cycle menstruel normal. À partir du troisième mois de grossesse jusqu'au terme, le placenta synthétise suffisamment de progestérone et d'œstrogènes pour les besoins. Comme nous l'avons vu, le chorion sécrète la **gonadotrophine chorionique humaine** (**hCG**) dans le sang. À son tour, la hCG stimule le corps jaune pour qu'il continue à sécréter de la progestérone et des œstrogènes, afin de prévenir la menstruation et de permettre à l'embryon, puis au fœtus, de continuer d'adhérer à l'endomètre (figure 29.16a). Huit jours après la fécondation, le sang et l'urine de la femme enceinte contiennent de la hCG en quantités détectables. Vers la neuvième semaine de grossesse, la sécrétion de hCG est optimale (figure 29.16b), puis elle diminue abruptement durant les quatrième et cinquième mois, et reste stable jusqu'à l'accouchement.

Le chorion commence à sécréter des œstrogènes au bout de trois ou quatre semaines de gestation, et de la progestérone vers la sixième semaine. Ces sécrétions augmentent progressivement jusqu'au moment de la naissance (figure 29.16b). Durant le quatrième mois, le placenta est entièrement formé et la sécrétion de hCG diminue considérablement, et les sécrétions du corps jaune ne sont plus essentielles. Une concentration élevée de progestérone assure une détente optimale du myomètre de l'utérus et une fermeture étanche du col de l'utérus. Après l'accouchement, les taux sanguins d'œstrogènes et de progestérone reviennent à la normale.

La **relaxine**, une hormone produite d'abord par le corps jaune de l'ovaire, puis par le placenta, augmente la flexibilité de la symphyse pubienne et des ligaments des articulations sacro-iliaques et

FIGURE 29.16 Les hormones de la grossesse.

Le corps jaune produit de la progestérone et des œstrogènes durant les trois à quatre premiers mois de la grossesse, et le placenta prend le relais par la suite.

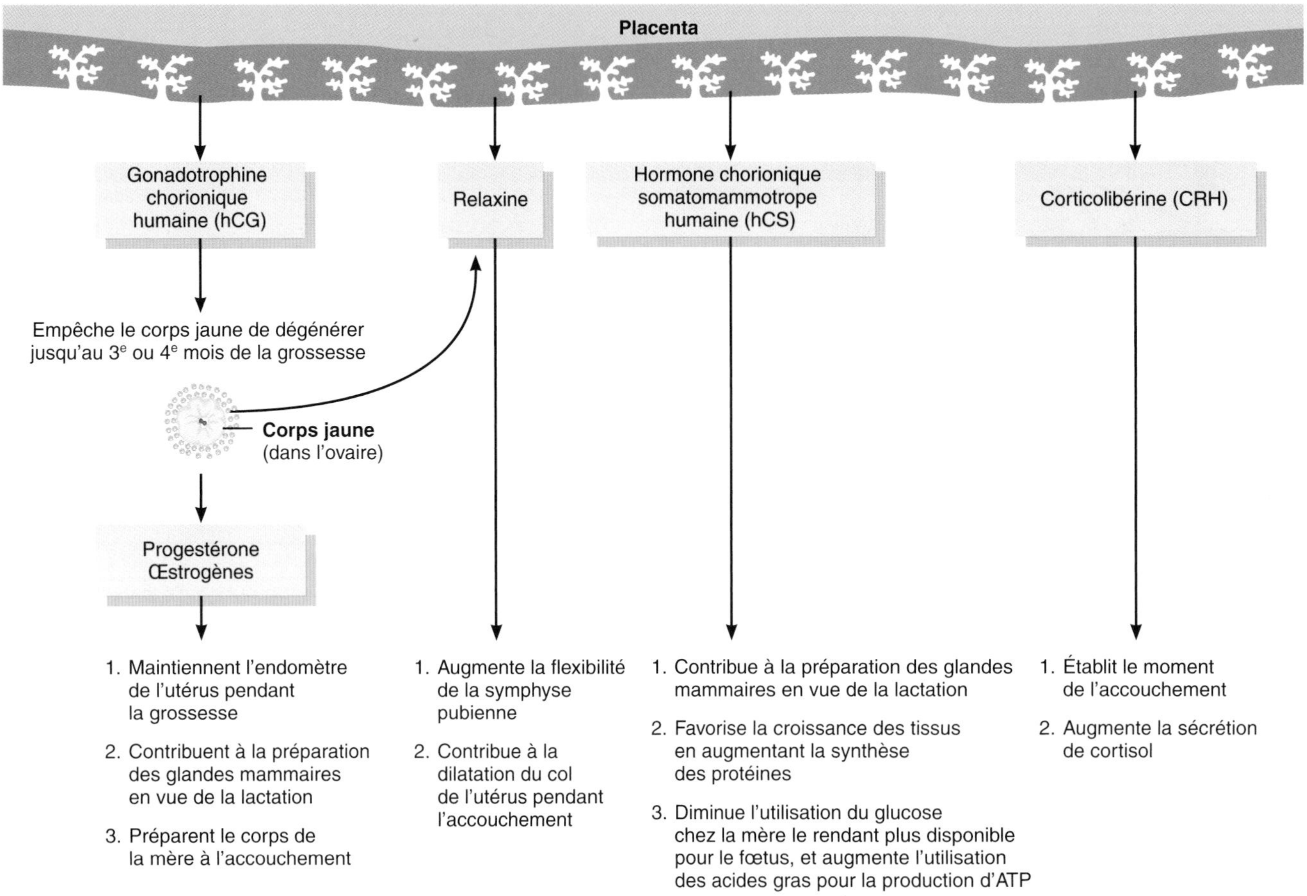

Placenta

Gonadotrophine chorionique humaine (hCG)	Relaxine	Hormone chorionique somatomammotrope humaine (hCS)	Corticolibérine (CRH)

Empêche le corps jaune de dégénérer jusqu'au 3e ou 4e mois de la grossesse

Corps jaune (dans l'ovaire)

Progestérone Œstrogènes

1. Maintiennent l'endomètre de l'utérus pendant la grossesse

2. Contribuent à la préparation des glandes mammaires en vue de la lactation

3. Préparent le corps de la mère à l'accouchement

1. Augmente la flexibilité de la symphyse pubienne

2. Contribue à la dilatation du col de l'utérus pendant l'accouchement

1. Contribue à la préparation des glandes mammaires en vue de la lactation

2. Favorise la croissance des tissus en augmentant la synthèse des protéines

3. Diminue l'utilisation du glucose chez la mère le rendant plus disponible pour le fœtus, et augmente l'utilisation des acides gras pour la production d'ATP

1. Établit le moment de l'accouchement

2. Augmente la sécrétion de cortisol

(a) Source et fonctions des hormones

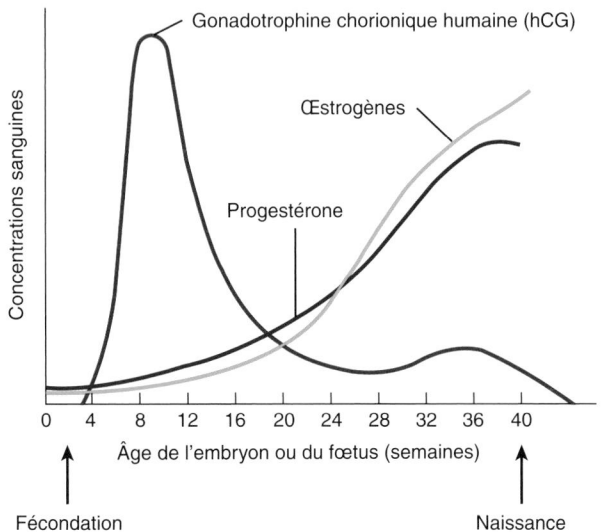

(b) Concentrations sanguines des hormones pendant la grossesse

 Quelle hormone les tests détectent-ils en début de grossesse ?

sacrococcygiennes ; elle contribue à la dilatation du col de l'utérus pendant le travail. Par ces effets, elle facilite l'accouchement et la naissance du bébé.

Le chorion du placenta sécrète une troisième hormone, l'**hormone chorionique somatomammotrope humaine** (**hCS**, *human chorionic somatomammotropin*), aussi nommée hormone lactogène placentaire humaine (hPL, *human placental lactogen*). L'augmentation du taux de sécrétion de cette hormone est proportionnelle à la masse du placenta ; elle culmine après 32 semaines de gestation, puis elle se stabilise par la suite. La hCS contribuerait à la préparation des glandes mammaires en vue de la lactation, favoriserait la croissance des tissus maternels en stimulant la synthèse des protéines et régirait certains aspects du métabolisme, chez la mère comme chez le fœtus. Par exemple, la hCS entraîne une diminution de l'utilisation du glucose par la mère, ce qui permet au fœtus d'en disposer en plus grande quantité. De plus, cette hormone favoriserait la libération des acides gras emmagasinés dans le tissu adipeux en remplacement du glucose pour la production d'énergie (ATP) par la mère.

La dernière hormone placentaire découverte est la **corticolibérine** (**CRH**, *corticotropin-releasing hormone*). En absence de grossesse, cette hormone n'est sécrétée que par les cellules neuro-sécrétrices de l'hypothalamus. Encore mal connue, la CRH agirait comme l'«horloge» qui règle le moment de la naissance. Le placenta commence à sécréter la corticolibérine vers la 12e semaine de gestation et augmente considérablement sa production vers la fin de la grossesse. Il y a de fortes chances que les femmes qui présentent des taux élevés de CRH en début de grossesse accouchent avant terme, et que celles dont les taux sanguins sont bas dépassent la date prévue de l'accouchement. La CRH placentaire produit un autre effet important: elle augmente la sécrétion de cortisol, une hormone nécessaire à la maturation des poumons du fœtus et à la production de surfactant (voir p. 930).

LES TESTS DE GROSSESSE

Les **tests de grossesse** détectent les quantités infimes de gonadotrophine chorionique humaine (hCG) présente dans l'urine environ 8 jours après la fécondation. Présentés sous forme de trousses, ces tests permettent de détecter une grossesse dès le premier jour de retard des règles, c'est-à-dire environ 14 jours après la fécondation. Les trousses contiennent un réactif et des anticorps anti-hCG. Si l'urine contient de la hCG, celle-ci réagit avec les anticorps anti-hCG, ce qui entraîne le changement de couleur du réactif et indique que le test est positif.

Plusieurs tests de grossesse vendus en pharmacie sont aussi sensibles et précis que les méthodes utilisées couramment dans les centres hospitaliers. Ils peuvent cependant donner des résultats faussement négatifs ou faussement positifs. On peut obtenir un résultat faussement négatif (qui indique que la femme n'est pas enceinte alors qu'elle l'est) si on fait le test trop tôt ou en présence d'une grossesse ectopique, et un résultat faussement positif (qui indique que la femme est enceinte alors qu'elle ne l'est pas) si l'urine contient trop de protéines ou de sang, ou si la sécrétion de hCG est causée par un type rare de cancer de l'utérus. Les diurétiques thiazidiques, les hormones, les stéroïdes et les médicaments thyroïdiens peuvent également fausser le résultat d'un test de grossesse. ■

LES MODIFICATIONS DURANT LA GROSSESSE

Vers la fin du troisième mois de grossesse, l'utérus occupe la majeure partie de la cavité pelvienne; à mesure que le fœtus se développe, l'utérus remonte de plus en plus haut dans la cavité abdominale. Lorsque la grossesse arrive à son terme, l'utérus occupe la quasi-totalité de la cavité abdominale et se trouve plus haut que le bord costal, presque au niveau du processus xiphoïde du sternum (figure 29.17). Il repousse les intestins, le foie et l'estomac de la mère vers le haut, élève le diaphragme et élargit la cavité thoracique. Le contenu de l'estomac comprimé se déplace vers le haut, jusque dans l'œsophage, ce qui peut occasionner des brûlures d'estomac. Dans la cavité pelvienne, l'utérus comprime les uretères et la vessie.

La grossesse s'accompagne également des modifications physiologiques suivantes:

- Un *gain pondéral* attribuable au poids du fœtus, du liquide amniotique et du placenta, à l'augmentation de volume de l'utérus et du volume total des liquides organiques; un stockage plus important de protéines, de triacylglycérols et de minéraux; une augmentation marquée du volume des seins en vue de la lactation; des douleurs lombaires causées par la lordose, en réaction au déplacement du centre de gravité corporel.

- La *fonction cardiovasculaire* maternelle subit également plusieurs changements: une augmentation d'environ 30 % du volume systolique; une hausse de 20 à 30 % du débit cardiaque par suite de l'augmentation du débit sanguin maternel vers le placenta et d'un métabolisme plus rapide. On observe également une hausse de 10 à 15 % de la fréquence cardiaque; un accroissement du volume sanguin de l'ordre de 30 à 50 %, surtout pendant la seconde moitié de la grossesse. Ces modifications préparent l'organisme de la mère à répondre aux besoins en nutriments et en oxygène du fœtus. Par ailleurs, lorsqu'une femme enceinte est couchée sur le dos, il arrive que son utérus dilaté comprime l'aorte et entraîne une diminution du débit sanguin dans l'utérus. La compression de la veine cave inférieure ralentit également le retour veineux, ce qui peut causer un œdème dans les membres inférieurs et entraîner l'apparition de varices. La compression de l'artère rénale occasionne parfois de l'hypertension rénale.

- La *fonction respiratoire* subit aussi des changements pendant la grossesse afin de répondre aux besoins accrus en oxygène du fœtus (voir la figure 23.17). On observe alors une augmentation de 30 à 40 % du volume courant, une baisse de 40 % du volume de réserve expiratoire, une diminution de 25 % de la capacité résiduelle fonctionnelle, une augmentation de 40 % de la ventilation-minute (volume total d'air inspiré et expiré en une minute), une baisse de 30 à 40 % de la résistance dans les voies respiratoires de l'arbre bronchique et une hausse de 10 à 20 % de la consommation totale d'oxygène par l'organisme. La femme enceinte peut aussi éprouver de la dyspnée (difficulté à respirer).

- La *fonction digestive* change également. La femme enceinte voit son appétit augmenter en raison des besoins nutritionnels accrus du fœtus. Une baisse générale de la motilité du tube digestif peut causer de la constipation, un retard de la vidange gastrique ainsi que des nausées, des vomissements et des brûlures d'estomac.

- La *fonction urinaire* est modifiée. L'utérus dilaté exerce sur la vessie une pression qui provoque parfois des problèmes urinaires, notamment une augmentation de la fréquence des mictions, des mictions impérieuses et une incontinence urinaire à l'effort. La hausse du débit plasmatique rénal, qui peut atteindre 35 %, et l'augmentation du débit de filtration glomérulaire, qui peut aller jusqu'à 40 %, entraînent l'accroissement de la capacité de filtration rénale, ce qui permet d'éliminer plus rapidement les déchets additionnels produits par le fœtus.

- Les modifications de la *peau* sont plus apparentes chez certaines femmes durant la grossesse que chez d'autres. Elles comprennent une augmentation de la pigmentation autour des yeux et sur les joues, un phénomène appelé chloasma ou «masque de grossesse», ainsi que sur l'aréole des seins et la ligne blanche du bas-ventre (ligne brune). Des vergetures peuvent apparaître sur l'abdomen distendu par l'utérus fortement dilaté, et certaines femmes perdent davantage leurs cheveux.

- Les modifications des *organes génitaux* qui coïncident avec la grossesse incluent l'œdème, une plus grande vascularisation de la vulve et une augmentation de la souplesse et de la vascularisation du vagin. La masse de l'utérus, qui était de 60 à 80 g avant la grossesse, se situe entre 900 et 1 200 g à terme; cette

FIGURE 29.17 La position normale du fœtus à la fin d'une grossesse à terme.

La période de gestation est l'intervalle (d'environ 38 semaines) séparant la fécondation de la naissance.

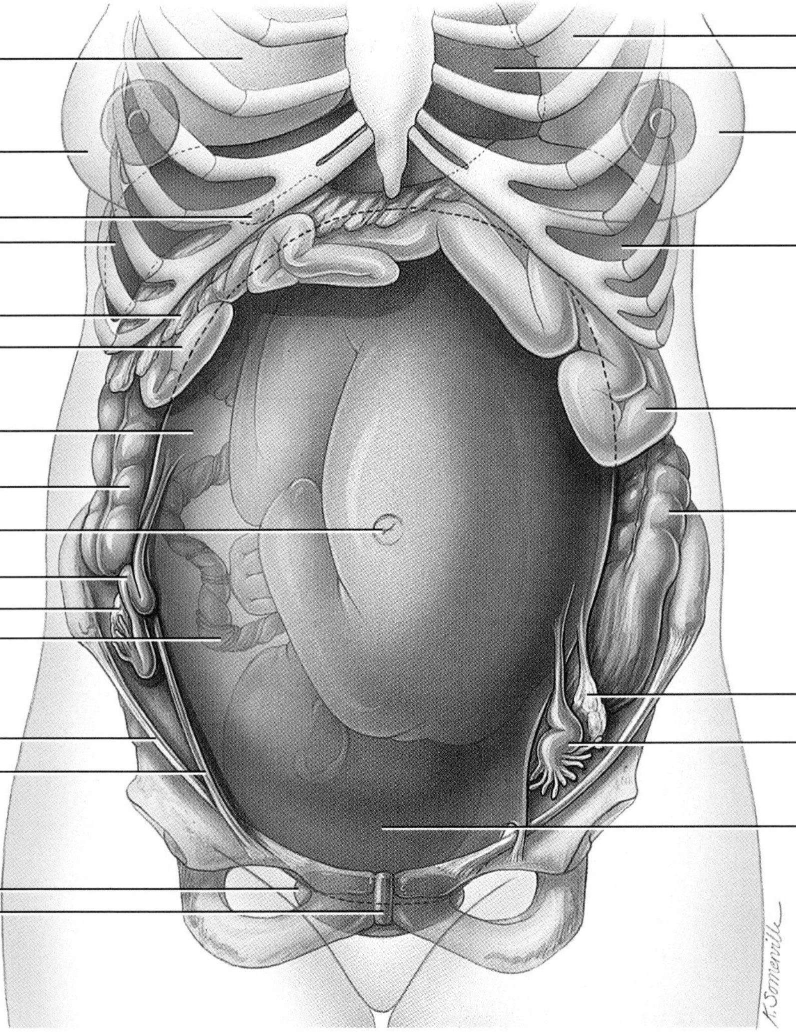

Poumon droit
Sein droit
Vésicule biliaire
Foie
Grand omentum
Intestin grêle
Paroi utérine
Côlon ascendant
Ombilic maternel
Trompe utérine droite
Ovaire droit
Cordon ombilical
Ligament inguinal
Ligament rond de l'utérus
Vessie
Symphyse pubienne
Poumon gauche
Cœur
Sein gauche
Estomac
Intestin grêle
Côlon descendant
Ovaire gauche
Trompe utérine gauche
Tête du fœtus

Vue antérieure montrant la position des organes à la fin d'une grossesse à terme

Q Quelle est l'hormone qui augmente la flexibilité de la symphyse pubienne et contribue à la dilatation du col de l'utérus afin de faciliter la naissance du bébé?

hausse est attribuable à l'hyperplasie des myocytes du myomètre en début de grossesse et à l'hypertrophie des myocytes durant les deuxième et troisième trimestres.

L'HYPERTENSION GRAVIDIQUE

De 10 à 15% des femmes enceintes souffrent d'**hypertension gravidique**, une augmentation de la pression durant la grossesse. La principale cause de ce trouble est la **prééclampsie**, un ensemble de symptômes associés à la grossesse comprenant une hypertension soudaine, un excédent de protéines dans l'urine et un œdème généralisé qui s'installe habituellement après la 20e semaine de grossesse. On observe parfois une vision trouble et des maux de tête. La prééclampsie peut être causée par une réaction auto-immune ou allergique secondaire à la présence du fœtus. Le traitement comprend le repos au lit et divers médicaments. Quand l'état s'accompagne de convulsions et d'un coma, on l'appelle **éclampsie**. ■

▶ POINT DE CONTRÔLE

27. Énumérez les hormones intervenant dans la grossesse et décrivez les fonctions de chacune.

28. Décrivez plusieurs modifications structurales et fonctionnelles qui se produisent chez la mère pendant la grossesse.

L'EXERCICE ET LA GROSSESSE

OBJECTIF

• Expliquer les interactions entre la grossesse et l'exercice.

En début de grossesse, seuls quelques changements entravent parfois la capacité de faire de l'exercice. Une femme enceinte peut se fatiguer plus rapidement que d'habitude ou les nausées matinales risquent de l'empêcher de faire régulièrement de l'exercice. Au fil de la grossesse, la prise de poids et les changements posturaux l'obligent à déployer plus d'énergie pour s'adonner à ses activités, et certains mouvements (arrêts brusques, changements de direction, mouvements rapides) sont plus difficiles à effectuer. En outre, certaines articulations, en particulier la symphyse pubienne, sont moins stables lorsque les concentrations de relaxine augmentent. Pour compenser, de nombreuses futures mères adoptent une démarche traînante, les jambes écartées.

Même si durant l'exercice le sang se déplace des viscères (dont l'utérus fait partie) vers les muscles et la peau, rien n'indique que le débit sanguin dans le placenta soit inadéquat. La chaleur produite pendant l'exercice peut causer une déshydratation et augmenter la température corporelle. La femme enceinte doit donc éviter de s'exercer à outrance et d'avoir trop chaud, surtout au début de sa grossesse, car l'élévation de la température corporelle risque de causer des malformations du tube neural chez l'embryon. L'exercice n'a cependant aucun effet connu sur la lactation, à condition que la femme s'hydrate bien et porte un soutien-gorge renforcé. En général, un niveau d'activité physique modéré ne présente aucun danger pour le fœtus si la mère est en bonne santé et que la grossesse se déroule normalement. Toutefois, il est recommandé de renoncer à toute activité physique représentant un danger pour le fœtus.

Faire de l'exercice pendant la grossesse peut améliorer la capacité de transport de l'oxygène, procurer une sensation de bien-être général et diminuer les malaises mineurs.

▶ **POINT DE CONTRÔLE**

29. Quelles modifications occasionnées par la grossesse influent sur la capacité à faire de l'exercice?

L'ACCOUCHEMENT

OBJECTIF

• Expliquer les étapes associées aux trois périodes du travail lors de l'accouchement.

L'**accouchement**, ou **parturition** (*parturire*: accoucher), est le processus pendant lequel le fœtus est expulsé de l'utérus et passe par le vagin pour venir au monde.

Les interactions complexes de plusieurs hormones placentaires et fœtales déclenchent le travail. Comme la progestérone inhibe les contractions utérines, le travail ne peut commencer qu'au moment où son activité est ralentie. Vers la fin de la grossesse, les concentrations d'œstrogènes dans le sang maternel augmentent brusquement, ce qui produit des changements qui compensent l'effet inhibiteur de la progestérone. Cette augmentation survient lorsque le placenta se met à sécréter une plus grande quantité de corticolibérine (CRH), qui stimule la sécrétion de la corticotrophine (ACTH) par l'adénohypophyse du fœtus. L'ACTH stimule à son tour la glande surrénale du fœtus pour qu'elle sécrète du cortisol et de la déhydroépiandrostérone (DHA), le principal androgène surrénal. Le placenta convertit ensuite la DHA en œstrogènes. En présence de concentrations élevées d'œstrogènes, le nombre des récepteurs pour l'ocytocine sur les myocytes de l'utérus augmente, et des jonctions communicantes se forment entre les myocytes de l'utérus. L'ocytocine libérée par la neurohypophyse stimule les contractions utérines et la relaxine sécrétée par le placenta contribue à l'assouplissement de la symphyse pubienne et à la dilatation du col de l'utérus. Les œstrogènes amènent également le placenta à libérer des prostaglandines induisant la production d'enzymes qui digèrent les fibres collagènes dans le col de l'utérus afin de le ramollir.

Pendant le travail, la régulation des contractions utérines s'accomplit par rétroactivation (voir la figure 1.4). Les contractions du myomètre de l'utérus forcent la tête ou le corps du fœtus à progresser jusqu'au col (stimulus), lequel se distend (déséquilibre) en conséquence. Les mécanorécepteurs (récepteurs) du col de l'utérus transmettent des influx nerveux aux cellules neurosécrétrices de l'hypothalamus (centre de régulation) pour qu'elles libèrent de l'ocytocine dans les capillaires sanguins irriguant la neurohypophyse (voir la figure 18.8). L'ocytocine circule ensuite dans le sang jusqu'à l'utérus, où elle stimule le myomètre (effecteur) pour qu'il se contracte plus vigoureusement. À mesure que les contractions s'intensifient, le corps du fœtus étire davantage le col de l'utérus (réponse) et les influx nerveux qui en résultent stimulent encore davantage la sécrétion d'ocytocine (rétroactivation). Lorsque le bébé naît, la boucle de rétroactivation est rompue, car la distension du col de l'utérus diminue brusquement.

Les contractions utérines se produisent par vagues (d'une façon qui s'apparente aux contractions péristaltiques du tube digestif) commençant au sommet de l'utérus et progressant vers le bas pour favoriser l'expulsion du fœtus. Le **vrai travail** commence lorsque les contractions utérines, qui sont habituellement douloureuses, se produisent à intervalles réguliers. À mesure que ces intervalles raccourcissent, les contractions s'intensifient. On reconnaît également le vrai travail par une douleur ressentie dans le dos et qui est intensifiée par la marche. Les deux indices les plus fiables du déclenchement du vrai travail sont la dilatation du col de l'utérus et la perte du bouchon muqueux, un mucus sanguinolent qui apparaît dans le canal du col utérin durant le travail. Au cours du **faux travail**, les douleurs sont ressenties dans l'abdomen et se produisent à intervalles irréguliers, mais elles ne s'intensifient pas et changent peu sous l'effet de la marche. Il n'y a ni perte du bouchon muqueux ni dilatation du col de l'utérus.

On divise le vrai travail en trois périodes (figure 29.18):

① *La période de dilatation*. La **période de dilatation** va du déclenchement du travail jusqu'à la dilatation complète du col de l'utérus. D'une durée variant de 6 à 12 h, elle se caractérise par

FIGURE 29.18 Les périodes du vrai travail.

Le terme *parturition* est synonyme d'*accouchement*.

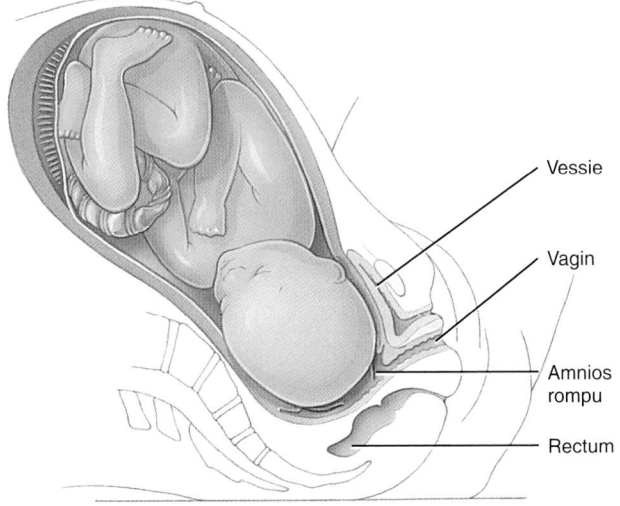

1 Période de dilatation

Vessie

Vagin

Amnios rompu

Rectum

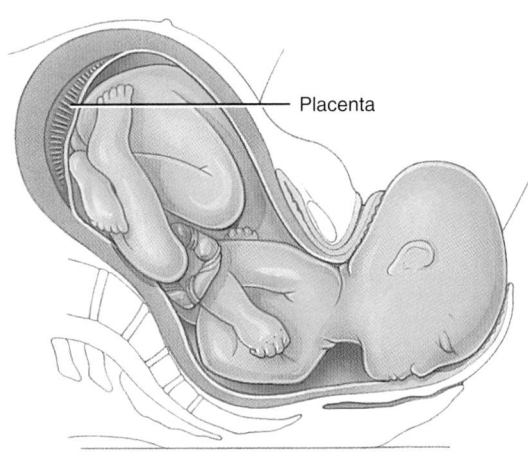

Placenta

2 Période d'expulsion

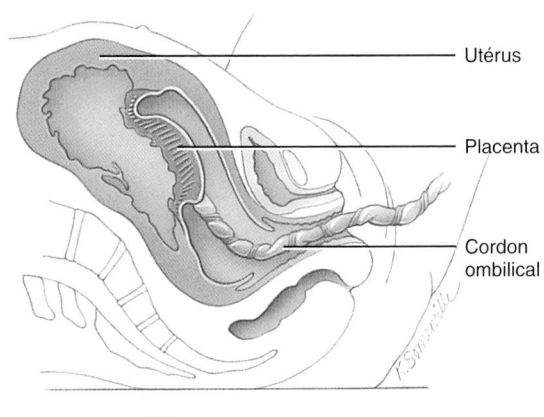

Utérus

Placenta

Cordon ombilical

3 Période de la délivrance

Quel événement marque le début de la période d'expulsion?

des contractions régulières de l'utérus, la rupture de la membrane de l'amnios et la dilatation complète (jusqu'à 10 cm) du col de l'utérus. Si l'amnios ne se rompt pas spontanément, on provoque sa rupture.

2 *La période d'expulsion.* L'intervalle (variant de 10 min à plusieurs heures) séparant la dilatation complète du col de l'utérus de l'expulsion du fœtus est appelé **période d'expulsion**.

3 *La période de la délivrance.* La **période de la délivrance** correspond à l'intervalle (d'une durée de 5 à 30 min, ou plus) entre la naissance du bébé et l'expulsion du placenta (le «délivre») par de vigoureuses contractions utérines. Ces contractions provoquent également une constriction des vaisseaux sanguins qui se sont rompus pendant l'accouchement, et réduisent donc les risques d'hémorragie.

En règle générale, le travail dure plus longtemps pour un premier bébé (environ 14 h). Chez les femmes qui ont déjà accouché, la durée moyenne du travail est d'environ 8 h, bien qu'elle puisse varier considérablement d'un accouchement à l'autre. Comme le fœtus est parfois à l'étroit durant plusieurs heures dans les voies génitales (col de l'utérus et vagin), il subit un grand stress pendant l'accouchement. Sa tête est comprimée et il souffre par intermittence d'hypoxie, causée par la compression du cordon ombilical et du placenta pendant les contractions utérines. En réaction à ce stress, la médullosurrénale du fœtus sécrète de très grandes quantités d'adrénaline et de noradrénaline, les hormones «de lutte ou de fuite». Les hormones sécrétées par la médullosurrénale sont celles qui protègent le mieux contre le stress de l'accouchement et qui préparent le bébé à la vie extra-utérine. Ces hormones dégagent également les poumons et modifient leur physiologie en vue de la première respiration, mobilisent des nutriments immédiatement utilisables pour le métabolisme cellulaire et favorisent l'augmentation du débit sanguin dans l'encéphale et le cœur.

Environ 7% des femmes enceintes n'ont pas encore accouché deux semaines après la date prévue de leur accouchement. Dans de tels cas, il y a risque de lésions cérébrales ou même de mort fœtale, car le placenta qui vieillit ne peut plus fournir suffisamment d'oxygène et de nutriments pour les besoins du fœtus. On procède alors à l'induction du travail, par l'administration d'ocytocine (Pitocin^MD) ou à un accouchement par césarienne.

Après l'expulsion du bébé et du placenta, les organes génitaux de la mère et ses mécanismes physiologiques mettent six semaines à retrouver leur état d'avant la grossesse. Cette période est appelée **postpartum**. Grâce au catabolisme des tissus, le volume de l'utérus diminue considérablement (surtout chez les mères qui allaitent), un phénomène appelé **involution**. Le col de l'utérus perd son élasticité et redevient aussi ferme qu'avant la grossesse. Au cours des deux à quatre semaines qui suivent l'accouchement, un écoulement utérin persiste, que l'on appelle **lochies** et qui se compose d'abord de sang, puis d'un liquide séreux dérivé de la région où se trouvait le placenta.

LA DYSTOCIE ET LA CÉSARIENNE

La **dystocie** (*dus*: difficulté; *tokos*: accouchement) est un accouchement rendu difficile soit par la position (présentation) anormale du fœtus, soit par des voies génitales trop petites pour permettre l'expulsion du fœtus par le vagin. Dans la **présentation du siège**, par exemple, le fœtus se présente par les fesses ou les membres inférieurs plutôt que par la tête ; cette présentation est le plus souvent observée lors de naissances prématurées. Lorsqu'une souffrance fœtale ou maternelle empêche l'expulsion par le vagin, une incision abdominale permet d'extraire le bébé. On pratique une incision horizontale dans le bas de la paroi abdominale et la partie inférieure de l'utérus, puis on retire le bébé et le placenta par cette ouverture. La **césarienne**, dont le nom est souvent associé à la naissance de Jules César, est plutôt nommée ainsi parce qu'elle était décrite dans la loi romaine (*lex cesarea*) 600 ans avant la naissance du célèbre empereur. Rien n'empêche une femme qui a subi de multiples césariennes de tenter un accouchement vaginal. ■

▶ **POINT DE CONTRÔLE**

30. Quels changements hormonaux déclenchent le travail ?

31. Quelle est la distinction entre le faux travail et le vrai travail ?

32. Décrivez les étapes qui caractérisent la période de dilatation, la période d'expulsion et la période de la délivrance.

L'ADAPTATION DE L'ENFANT À LA VIE EXTRA-UTÉRINE

OBJECTIF

- Expliquer les mécanismes d'adaptation des systèmes respiratoire et cardiovasculaire qui ont lieu chez l'enfant après la naissance.

Durant la grossesse, l'embryon (puis le fœtus) dépend totalement de sa mère qui lui fournit de l'oxygène et des nutriments, le débarrasse de son dioxyde de carbone et d'autres déchets. Elle le protège également contre les chocs et les variations de température, et elle lui fournit des anticorps qui le prémunissent contre certains microorganismes nuisibles. À la naissance, un bébé physiologiquement mature devient beaucoup plus autonome et ses systèmes doivent s'adapter en conséquence. Ce sont les systèmes respiratoire et cardiovasculaire qui subissent les modifications les plus spectaculaires.

LES MÉCANISMES D'ADAPTATION DU SYSTÈME RESPIRATOIRE

Le fœtus dépend entièrement de sa mère pour obtenir de l'oxygène et se débarrasser du dioxyde de carbone, car ses poumons sont affaissés ou partiellement remplis de liquide amniotique. La production de surfactant commence à la fin du sixième mois de développement. Comme le système respiratoire est assez développé au moins deux mois avant la naissance, les bébés qui naissent prématurément à sept mois sont capables de respirer et de pleurer. Après la naissance, la mère cesse d'approvisionner le bébé en oxygène, et le liquide amniotique présent dans les poumons du fœtus est absorbé. Comme le dioxyde de carbone n'est pas éliminé, il s'accumule dans le sang. L'élévation de la concentration de dioxyde de carbone stimule le centre respiratoire du bulbe rachidien et incite les muscles respiratoires à se contracter afin que le bébé prenne sa première respiration. Comme la première inspiration est très profonde, puisque les poumons ne contiennent pas d'air, le bébé exhale vigoureusement et se met naturellement à pleurer. Un bébé à terme peut respirer 45 fois par minute pendant ses deux premières semaines de vie. La fréquence respiratoire diminue graduellement jusqu'à ce qu'elle atteigne la valeur normale de 12 respirations par minute.

LES MÉCANISMES D'ADAPTATION DU SYSTÈME CARDIOVASCULAIRE

Après la première inspiration, le système cardiovasculaire doit s'adapter de plusieurs façons (voir la figure 21.30). Au moment de la naissance, la fermeture du foramen ovale entre les oreillettes du cœur fœtal fait dériver le sang désoxygéné vers les poumons pour la première fois. Le foramen ovale est fermé par deux pans de tissu septal du cœur qui se rabattent l'un sur l'autre et fusionnent de façon définitive. Le reste du foramen ovale devient la fosse ovale.

Dès que les poumons sont fonctionnels, le conduit artériel est fermé par les contractions du muscle lisse de ses parois et devient le ligament artériel. On croit que la bradykinine, un polypeptide libéré par les poumons lorsqu'ils se remplissent d'air pour la première fois, sert de médiateur pour ces contractions. Le conduit artériel ne se ferme complètement que trois mois environ après la naissance. Sa fermeture incomplète pour une longue période est une anomalie appelée **persistance du conduit artériel** (voir la figure 20.22b).

Après que le cordon ombilical a été clampé et sectionné et que le sang a cessé de circuler dans les artères ombilicales, ces dernières se remplissent de tissu conjonctif et leurs portions distales deviennent les ligaments ombilicaux médiaux. Quant à la veine ombilicale, elle devient le ligament rond du foie.

Chez le fœtus, le conduit veineux relie la veine ombilicale directement à la veine cave inférieure, ce qui permet au sang provenant du placenta de contourner le foie. Lorsque le cordon ombilical est sectionné, le conduit veineux s'affaisse et le sang veineux des viscères du nouveau-né s'écoule dans la veine porte vers le foie, puis par la veine hépatique dans la veine cave inférieure. Le reste du conduit veineux devient le ligament veineux.

À la naissance, la fréquence cardiaque du bébé varie généralement entre 120 et 160 battements/minute, voire 180 battements/minute lorsqu'il y a excitation. Après la naissance, la consommation d'oxygène augmente, ce qui entraîne une hausse de la vitesse de production des érythrocytes et de l'hémoglobine. La numération leucocytaire est très élevée à la naissance (elle atteint parfois 45×10^9/L), mais elle diminue rapidement à partir du septième jour. Rappelons que la numération leucocytaire d'un adulte est de 5 à 10×10^9/L.

LES BÉBÉS PRÉMATURÉS

La naissance d'un bébé immature sur le plan physiologique comporte certains risques. Tout nouveau-né qui pèse moins de 2 500 g à la naissance est considéré comme un **bébé prématuré**. De mauvais soins prénataux, la toxicomanie, des antécédents de naissance prématurée et l'âge de la mère (moins de 16 ans ou plus de 35 ans) augmentent les risques de naissance prématurée. L'organisme du bébé prématuré n'est pas encore prêt à assurer certaines fonctions vitales et sa survie est donc incertaine sans intervention médicale. Le problème principal des bébés nés avant la 36e semaine de gestation est le syndrome de détresse respiratoire, causé par une insuffisance de surfactant. Ce syndrome peut être soulagé par l'administration d'un surfactant synthétique et par la ventilation assistée, qui fournira au bébé de l'oxygène jusqu'à ce que ses poumons puissent fonctionner de manière autonome. ■

▶ **POINT DE CONTRÔLE**

33. Pourquoi les mécanismes d'adaptation des systèmes respiratoire et cardiovasculaire sont-ils si importants à la naissance?

LA PHYSIOLOGIE DE LA LACTATION

OBJECTIF

• Expliquer la physiologie et la régulation hormonale de la lactation.

La **lactation** est la sécrétion et l'éjection de lait par les glandes mammaires. La principale hormone favorisant la sécrétion de lait est la **prolactine** (PRL), produite par l'adénohypophyse. Sa concentration augmente progressivement au cours de la grossesse, mais le lait ne peut être sécrété parce que la progestérone inhibe les effets de la prolactine. Après la naissance, les concentrations d'œstrogènes et de progestérone dans le sang maternel diminuent et l'inhibition cesse. Le principal stimulus qui maintient la sécrétion de prolactine durant la lactation est la succion du bébé qui tète le mamelon. La succion stimule les mécanorécepteurs des mamelons pour qu'ils transmettent des influx nerveux à l'hypothalamus; ces influx ont pour effet de réduire la libération du facteur inhibiteur de la prolactine (PIH) et d'augmenter celle de l'hormone de libération de la prolactine (PRH), ce qui accroît la quantité de prolactine libérée par l'adénohypophyse.

Sous l'effet du **réflexe d'éjection du lait** (figure 29.19), l'ocytocine stimule la libération de lait dans les conduits lactifères. Le lait produit par les cellules glandulaires des seins est emmagasiné ❶ jusqu'à ce que le bébé commence à téter activement (stimulus). ❷ La tétée entraîne une augmentation des sensations tactiles sur le mamelon (déséquilibre). ❸ Les récepteurs tactiles stimulés transmettent des influx nerveux sensitifs ❹ aux cellules neurosécrétrices de l'hypothalamus (centre de régulation). Les cellules neurosécrétrices (neurones) produisent alors des influx nerveux qui se propagent jusqu'aux boutons synaptiques situés dans la neurohypophyse (voir la figure 18.8). Les boutons synaptiques libèrent par exocytose l'ocytocine dans les capillaires sanguins irriguant la neurohypophyse. ❺ Transportée par la circulation sanguine jusqu'aux glandes mammaires, l'ocytocine stimule la contraction des cellules myoépithéliales (effecteurs) entourant les cellules glandulaires et les conduits. Sous l'effet de cette contraction, le lait des alvéoles des glandes mammaires se déplace jusqu'aux conduits lactifères.

Ce phénomène est appelé **éjection du lait**. ❻ Le bébé se met alors à téter, ce qui entraîne des sensations tactiles sur le mamelon (réponse). ❼ Les neurones sensitifs du mamelon captent cette augmentation des sensations tactiles, ce qui stimule l'activité des cellules neurosécrétrices de l'hypothalamus puis accroît l'éjection de lait par les cellules myoépithéliales des glandes mammaires et des conduits lactifères. Il s'agit donc d'un mécanisme de rétroactivation qui fait en sorte que plus le bébé tète, et plus les glandes mammaires produisent de lait. Bien que le lait ne soit en réalité éjecté que de 30 à 60 s après le début de la tétée (période latente), une certaine quantité de lait emmagasinée dans les sinus lactifères, près du mamelon, est déjà disponible. ❽ C'est l'arrêt de la succion qui interrompt cette boucle de rétroactivation. Divers autres stimulus, tels les pleurs du nourrisson ou le contact des organes génitaux, peuvent également déclencher la libération d'ocytocine et l'éjection du lait. La stimulation par la succion du bébé qui déclenche la libération d'ocytocine inhibe également la libération de PIH, ce qui augmente la sécrétion de prolactine qui maintient la lactation.

À la fin de la grossesse et dans les quelques jours qui suivent l'accouchement, les glandes mammaires sécrètent un liquide jaunâtre, le **colostrum**. Bien qu'il ne soit pas aussi nutritif que le lait, puisqu'il contient moins de lactose et pratiquement aucune matière grasse, le colostrum est un substitut adéquat au vrai lait qui est produit à partir du quatrième jour. Le colostrum et le lait maternel contiennent des anticorps qui protègent le bébé durant ses premiers mois de vie.

Après la naissance du bébé, le taux de prolactine revient progressivement à son niveau d'avant la grossesse. Cependant, chaque fois que la mère allaite, des influx nerveux allant des mamelons à l'hypothalamus augmentent la libération de PRH (et diminuent la libération de PIH), ce qui a pour effet de décupler la sécrétion de prolactine par l'adénohypophyse pendant environ une heure. La prolactine agit sur les glandes mammaires afin qu'elles produisent du lait pour la prochaine tétée. Si l'afflux de prolactine est bloqué par une lésion ou une maladie, ou si l'allaitement est interrompu, les glandes mammaires perdent en quelques jours leur capacité à sécréter du lait. Bien que la sécrétion normale de lait diminue considérablement entre sept et neuf mois après la naissance, elle peut se poursuivre pendant plusieurs années si l'allaitement continue.

Au cours des quelques mois qui suivent l'accouchement, la lactation inhibe souvent les cycles ovariens à condition que la mère donne le sein à une fréquence de 8 à 10 tétées par jour. Cette inhibition est cependant instable et, après la naissance du bébé, il se produit normalement une ovulation avant la première menstruation. Une mère ne peut donc jamais être certaine qu'elle n'est pas fertile, ce qui fait de l'allaitement maternel une méthode contraceptive peu fiable. L'inhibition de l'ovulation au cours de la lactation semble se produire de la façon suivante. Durant la tétée, le mamelon transmet un influx nerveux à l'hypothalamus pour stimuler la production des neurotransmetteurs qui suppriment la libération de la gonadolibérine (GnRH). Par conséquent, la production de LH et de FSH diminue, et l'ovulation est inhibée.

L'**allaitement maternel** présente un avantage certain sur le plan nutritionnel. Le lait humain est une solution stérile qui contient des acides gras, du lactose, des acides aminés, des minéraux, des

FIGURE 29.19 Le réflexe d'éjection du lait (boucle de rétroactivation).

L'ocytocine stimule la contraction des cellules myoépithéliales dans les seins, ce qui comprime les cellules des glandes et des conduits et provoque l'éjection du lait.

1 Stimulus

Succion du mamelon par le bébé

2 Déséquilibre

Augmentation des sensations tactiles sur le mamelon

3 Récepteurs

Les récepteurs tactiles du mamelon captent l'information et la transmettent

Entrée Influx nerveux

4 Centre de régulation hypothalamohypophysaire

HYPOTHALAMUS

Les cellules neurosécrétrices produisent des influx nerveux qui se propagent jusqu'aux boutons terminaux situés dans la neurohypophyse

NEUROHYPOPHYSE

Sécrétion par exocytose d'OCYTOCINE

Sortie dans le sang

7 Rétroactivation

L'augmentation des sensations tactiles sur le mamelon est captée par les récepteurs tactiles du mamelon qui stimulent l'activité des cellules neurosécrétrices de l'hypothalamus. Ce stimulus accroît l'éjection de lait par les cellules myoépithéliales des glandes mammaires et des conduits lactifères.

5 Effecteurs
Glandes mammaires et conduits lactifères (cellules myoépithéliales)

Réagissent en se contractant vigoureusement, ce qui comprime les glandes et les conduits lactifères et provoque l'éjection du lait

La disponibilité du lait stimule la succion du bébé

6 Réponse

Augmentation des sensations tactiles sur le mamelon

8 Interruption de la boucle

Arrêt de la succion qui interrompt la boucle de rétroactivation

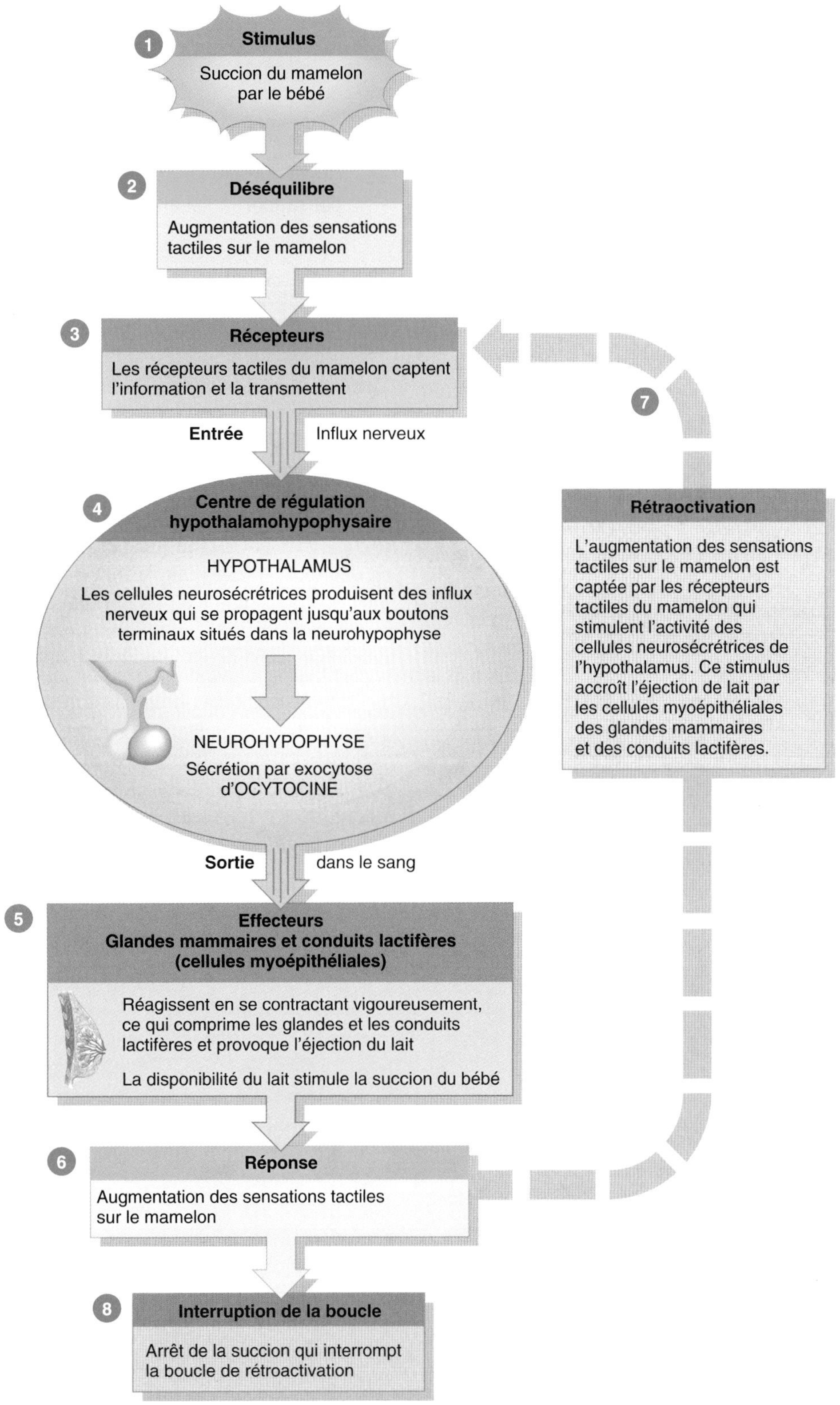

Q Quelle autre fonction l'ocytocine a-t-elle?

vitamines et de l'eau en quantités qui conviennent parfaitement à la digestion, au développement cérébral et à la croissance du nourrisson. L'allaitement maternel procure également au bébé les avantages suivants :

- *Les avantages cellulaires.* Plusieurs types de leucoytes sont présents dans le lait maternel. Les granulocytes neutrophiles et les macrophagocytes, dérivés des monocytes sanguins, jouent le rôle de phagocytes et ingèrent les microorganismes dans le tube digestif du nourrisson. Les macrophagocytes produisent de surcroît du lysozyme et d'autres composantes du système immunitaire. Les plasmocytes, dérivées des lymphocytes B, produisent des anticorps pour lutter contre certains microorganismes, et les lymphocytes T tuent ces agents pathogènes directement ou favorisent la mobilisation d'autres mécanismes de défense.

- *Les avantages moléculaires.* Le lait maternel contient également en abondance des molécules utiles. Les IgA maternels, des anticorps, se fixent aux microorganismes présents dans le tube digestif du nourrisson et les empêchent de migrer vers d'autres tissus. Puisque la mère produit des anticorps pour lutter contre tous les microorganismes pathogènes présents dans son environnement, son lait protège le bébé contre les agents infectieux auxquels il est aussi exposé. De plus, deux protéines du lait se fixent à des nutriments dont de nombreuses bactéries ont besoin pour croître et survivre, ce qui rend ces nutriments inaccessibles aux bactéries : il s'agit de la protéine fixatrice de la vitamine B_{12} et de la lactoferrine, qui se lie au fer. Certains acides gras peuvent détruire plusieurs espèces de virus recouverts d'une membrane lipidique et le lysozyme tue les bactéries en rompant leurs parois cellulaires. Enfin, les interférons stimulent l'activité antimicrobienne des cellules immunitaires.

- *L'incidence réduite des maladies pour l'avenir.* L'allaitement maternel diminue légèrement le risque pour l'enfant de présenter un lymphome, des cardiopathies à l'âge adulte, des allergies, des infections pulmonaires et gastro-intestinales, des otites, des diarrhées, le diabète et la méningite. Il prémunit également la mère contre l'ostéoporose et le cancer du sein.

- *Autres avantages.* L'allaitement maternel permet une croissance optimale du bébé, favorise son développement intellectuel et neurologique et facilite ses relations avec sa mère en instituant un contact précoce et prolongé. Comparé au lait de vache, le lait maternel contient des matières grasses et du fer plus facilement absorbables ainsi que des protéines plus rapidement métabolisées. Il contient, en outre, moins de sodium, ce qui convient davantage aux besoins du nourrisson. Les bébés prématurés sont avantagés par l'allaitement maternel, puisque le lait produit par leur mère semble mieux adapté à leurs besoins ; en effet, la teneur en protéines du lait des mères d'enfants prématurés est plus élevée que celle du lait des mères dont le bébé est né à terme. Enfin, un bébé risque moins d'être allergique au lait de sa mère qu'au lait provenant d'une autre source.

Bien avant la découverte de l'ocytocine, les sages-femmes laissaient souvent le premier-né d'un couple de jumeaux téter le sein de la mère pour accélérer la naissance du deuxième enfant. On sait maintenant que cette pratique était utile parce qu'elle stimulait la libération d'ocytocine. Même après la naissance d'un seul bébé, l'allaitement maternel favorise l'expulsion du placenta (délivre) et aide l'utérus à retrouver sa taille normale. On administre souvent le Pitocin^MD, une ocytocine synthétique, pour induire le travail ou pour augmenter le tonus utérin et contrôler les hémorragies immédiatement après l'accouchement.

▶ **POINT DE CONTRÔLE**

34. Quelles hormones contribuent à la lactation ? Quelle est la fonction de chacune ?

35. Quels sont les avantages de l'allaitement maternel par rapport à l'allaitement au biberon ?

L'HÉRÉDITÉ

> **OBJECTIF**

- Définir l'hérédité et expliquer la transmission héréditaire des caractères dominants, récessifs, complexes et liés au sexe.

Nous avons vu que le matériel génétique du père et celui de la mère s'unissent lorsqu'un spermatozoïde fusionne avec un ovocyte de deuxième ordre pour former un zygote. Les enfants ressemblent à leurs parents parce qu'ils héritent des caractères que chacun d'eux leur a transmis. Nous nous penchons maintenant sur plusieurs principes qui gouvernent le processus de l'hérédité.

L'**hérédité** est la transmission de caractères ou de traits d'une génération à la suivante. Ce processus nous permet d'acquérir certaines caractéristiques de nos parents et de transmettre certaines des nôtres à nos enfants. La branche de la biologie qui traite de l'hérédité est appelée **génétique**. La **consultation génétique** est une spécialité médicale axée sur la recherche de solutions à des problèmes génétiques (actuels ou possibles).

LE GÉNOTYPE ET LE PHÉNOTYPE

Comme nous l'avons vu, les noyaux de toutes les cellules humaines, à l'exception des gamètes, contiennent 23 paires de chromosomes – le nombre diploïde (2*n*). Chaque paire comprend un chromosome provenant de la mère et un chromosome provenant du père. Chacun de ces deux chromosomes homologues contient des gènes qui régissent les mêmes caractères. Par exemple, si un chromosome de la paire contient un gène pour les cheveux, son homologue contiendra aussi un gène pour les cheveux, dans la même position. On appelle **allèles** les formes alternatives d'un gène qui codent pour le même caractère et occupent la même position dans une paire de chromosomes homologues. Un allèle du gène qui code pour les cheveux peut déterminer si ces cheveux seront épais, tandis qu'un autre codera pour les cheveux fins. Une **mutation** (*mutare* : changer) est un changement permanent transmissible dans un allèle qui produit une variante du même caractère.

Le rapport entre les gènes et l'hérédité est mis en évidence dans la figure 29.20, qui prend pour exemple les allèles intervenant dans une maladie appelée **phénylcétonurie**. Les personnes

FIGURE 29.20 La transmission de la phénylcétonurie.

 Le génotype est la constitution génétique d'une personne ; le phénotype est l'expression physique ou extérieure d'un gène.

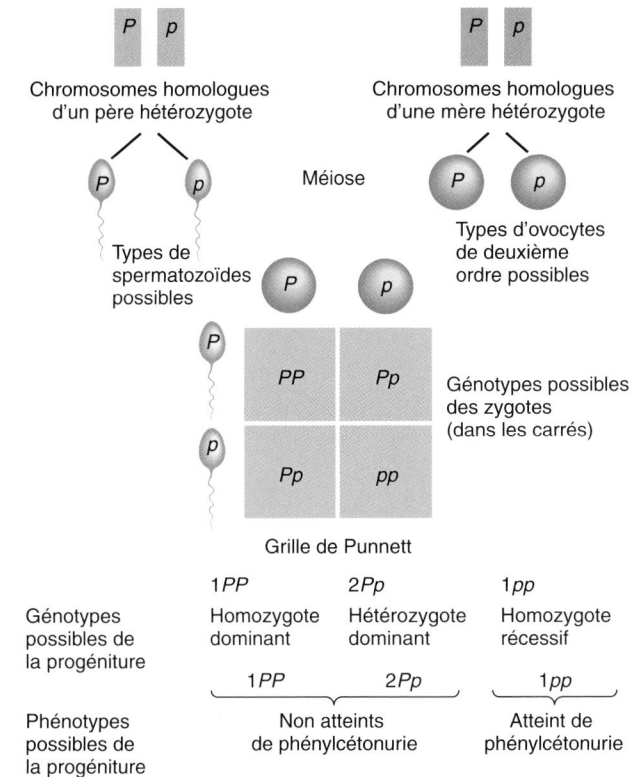

Grille de Punnett

1*PP*	2*Pp*	1*pp*
Homozygote dominant	Hétérozygote dominant	Homozygote récessif

Génotypes possibles de la progéniture

1*PP*	2*Pp*	1*pp*
Non atteints de phénylcétonurie		Atteint de phénylcétonurie

Phénotypes possibles de la progéniture

Q Si des parents possèdent les génotypes ci-dessus, quelle est la probabilité que leur premier enfant soit atteint de phénylcétonurie ? Qu'en est-il de leur deuxième enfant ?

mal (*P*) masque la présence de l'allèle de la phénylcétonurie. Un allèle qui domine ou masque la présence d'un autre allèle et qui est pleinement exprimé (*P* dans le présent exemple) est un **allèle dominant**, et le caractère qu'il exprime est appelé *caractère dominant*. L'allèle dont la présence est complètement masquée (*p* dans notre exemple) est un **allèle récessif** et le caractère qu'il régit est appelé *caractère récessif*.

La tradition veut que les symboles des gènes soient écrits en italiques, les allèles dominants en majuscules et les allèles récessifs en minuscules. Une personne qui possède les mêmes allèles sur des chromosomes homologues (*PP* ou *pp*, par exemple) est dite **homozygote** pour ce caractère. *PP* est homozygote dominant et *pp* est homozygote récessif. Une personne dont les chromosomes homologues possèdent des allèles différents (*Pp*, par exemple) est dite **hétérozygote** pour ce caractère.

Le **phénotype** (*phainein* : sembler) est la manière dont la constitution génétique s'exprime dans l'organisme ; c'est l'expression physique ou extérieure d'un gène. Une personne qui possède les allèles *Pp* (hétérozygote) présente un génotype différent de celle qui possède les allèles *PP* (homozygote), mais les deux ont le même phénotype – elles produisent normalement la phénylalanine hydroxylase. Les personnes hétérozygotes qui portent un gène récessif mais ne l'expriment pas (*Pp*) peuvent transmettre ce gène à leurs descendants. Ces personnes sont dites **porteuses** du gène récessif.

La plupart des gènes donnent le même phénotype, qu'ils soient issus de la mère ou du père. Dans certains cas, cependant, l'origine parentale produit une nette différence. Ce phénomène étonnant, observé pour la première fois dans les années 1980, est appelé **empreinte génomique**. Chez l'humain, les anomalies les plus clairement associées à la mutation d'un gène possédant une empreinte différente sont le *syndrome d'Angelman* (arriération mentale, ataxie, crises d'épilepsie et langage minimal), qui survient quand le gène d'un caractère anormal particulier est transmis par la mère, et le *syndrome de Prader-Labhart-Willi* (petite taille, arriération mentale, obésité, faible réponse aux stimulus extérieurs et immaturité sexuelle), qui survient quand le gène est transmis par le père.

Les allèles qui codent pour des caractères normaux ne dominent pas toujours ceux qui codent pour des caractères anormaux, mais les allèles dominants codant pour des maladies graves sont habituellement létaux ; ils peuvent causer la mort de l'embryon ou du fœtus. La chorée de Huntington (voir p. 600) fait exception, car elle est due à un allèle dominant dont les effets ne se manifestent qu'à l'âge adulte. Les personnes homozygotes dominantes et hétérozygotes sont atteintes de la maladie ; les personnes homozygotes récessives sont normales. La chorée de Huntington est une dégénérescence progressive du système nerveux qui entraîne la mort à plus ou moins long terme. Comme ses symptômes n'apparaissent pas avant l'âge de 30 ou 40 ans, de nombreuses personnes atteintes ont déjà transmis l'allèle codant pour la maladie à leurs enfants.

Il arrive parfois que, au cours de la méiose, une erreur appelée **non-disjonction** donne un nombre anormal de chromosomes. Dans un tel cas, les chromosomes homologues (durant la méiose I) ou les chromatides sœurs (durant l'anaphase de la mitose ou la méiose II) ne se séparent pas correctement (voir la figure 3.32).

atteintes de phénylcétonurie (voir p. 1048) sont incapables de fabriquer une enzyme, la phénylalanine hydroxylase. L'allèle qui code pour la phénylalanine hydroxylase est symbolisé par la lettre *P* ; l'allèle mutant, qui ne produit pas l'enzyme fonctionnelle, est symbolisé par la lettre *p*. Le diagramme de la figure 29.20, appelé **grille de Punnett**, montre les combinaisons possibles de gamètes issus de deux parents qui portent chacun un allèle *P* et un allèle *p*. Lorsqu'on construit une telle grille, on écrit les allèles paternels qui peuvent être présents dans les spermatozoïdes du côté gauche, et les allèles maternels qui peuvent être présents dans les ovocytes de deuxième ordre au-dessus. Les quatre carrés de la grille montrent comment les allèles peuvent se combiner en zygotes formés par l'union de ces spermatozoïdes et de ces ovocytes pour produire les trois constitutions génétiques, ou **génotypes** : *PP*, *Pp* ou *pp*. La grille de Punnett nous apprend que 25 % de la progéniture possédera le génotype *PP* ; 50 %, le génotype *Pp* ; et 25 %, le génotype *pp*. (Ces pourcentages n'expriment que des probabilités ; des parents qui ont quatre enfants n'en n'auront pas nécessairement un atteint de phénylcétonurie.) Les personnes qui héritent du génotype *PP* ou du génotype *Pp* ne sont pas atteintes de phénylcétonurie, contrairement à celles qui possèdent le génotype *pp*. Bien que les personnes ayant un génotype *Pp* possèdent un allèle de la phénylcétonurie (*p*), l'allèle qui code pour le caractère nor-

Une cellule dont au moins un chromosome d'un jeu est ajouté ou soustrait est dite **aneuploïde**. Une cellule monosomique (2*n* − 1) possède un chromosome en moins; une cellule trisomique (2*n* + 1) en possède un de trop. Dans la plupart des cas, le syndrome de Down (voir p. 1241) est une aneuploïdie caractérisée par la trisomie du chromosome 21. La non-disjonction se produit généralement pendant la gamétogenèse (méiose), mais dans environ 2% des cas de syndrome de Down, elle survient pendant les divisions mitotiques au début du développement embryonnaire.

La **translocation** est une erreur qui survient aussi pendant la méiose. Dans ce cas, deux chromosomes qui ne sont pas homologues se rompent et échangent des portions de leur ADN. Une personne dont les chromosomes ont subi une translocation peut être parfaitement normale s'il n'y a pas eu perte de matériel génétique au moment de la réorganisation. Toutefois, dans d'autres cas, certains gamètes ne contiennent pas la bonne quantité et le bon type de matériel génétique. Environ 3% des cas de syndrome de Down sont causés par une translocation d'une partie du chromosome 21 vers un autre chromosome, habituellement le chromosome 14 ou 15. La personne atteinte est normale et ne sait même pas qu'elle est porteuse de cette anomalie. Quand cette personne produit des gamètes, certains ont un chromosome 21 complet, plus un autre chromosome portant le fragment du chromosome 21 qui a subi une translocation. Après la fécondation, le zygote possède alors trois copies de cette portion du chromosome 21 plutôt que deux.

Le tableau 29.3 présente une liste de certains caractères, structurels et fonctionnels, dominants et récessifs transmissibles chez les humains.

TABLEAU 29.3 EXEMPLES DE CARACTÈRES HÉRÉDITAIRES CHEZ L'HUMAIN

DOMINANTS	RÉCESSIFS
Pigmentation normale de la peau	Albinisme
Myopie ou hypermétropie	Vision normale
Capacité de goûter le PTC*	Incapacité de goûter le PTC
Polydactylie (doigts et orteils surnuméraires)	Nombre normal de doigts et d'orteils
Brachydactylie (doigts et orteils courts)	Doigts et orteils de longueur normale
Syndactylie (doigts ou orteils soudés)	Doigts et orteils normaux
Diabète insipide	Excrétion urinaire normale
Chorée de Huntington	Système nerveux normal
Naissance des cheveux en pointe	Naissance des cheveux droite
Hyperextension du pouce	Pouce droit
Transport normal du Cl⁻	Fibrose kystique du pancréas
Hypercholestérolémie (familiale)	Taux de cholestérol normal

* PTC: composé chimique appelé *phénylthiocarbamide*.

LES VARIATIONS DE L'HÉRÉDITÉ DOMINANTE-RÉCESSIVE

La plupart des modèles de transmission héréditaire ne se conforment pas simplement à l'**hérédité dominante-récessive** que nous venons de décrire et qui est caractérisée par l'interaction d'allèles dominants et récessifs. L'expression d'un gène particulier dans un phénotype subit l'influence non seulement des allèles présents, mais aussi d'autres gènes et de facteurs environnementaux. En outre, la plupart des caractères transmis sont déterminés par plus d'un gène et, pour compliquer le tout, la plupart des gènes peuvent déterminer plus d'un caractère. Les variations de l'hérédité dominante-récessive comprennent la dominance incomplète, la transmission par allèles multiples et l'hérédité complexe.

La dominance incomplète

Dans la **dominance incomplète**, aucun des allèles d'une paire n'est dominant par rapport à l'autre; l'hétérozygote possède un phénotype intermédiaire entre l'homozygote dominant et l'homozygote récessif. La transmission de la **drépanocytose**, ou anémie à hématies falciformes (figure 29.21), est un exemple de dominance incomplète chez l'humain. Les personnes qui possèdent le génotype homozygote dominant *Hb^A Hb^A* produisent une hémoglobine normale, tandis que celles qui possèdent le génotype homozygote récessif *Hb^S Hb^S* sont atteintes de drépanocytose et d'anémie grave. Bien qu'ils soient normalement en bonne santé, les individus qui ont le génotype hétérozygote *Hb^A Hb^S* présentent une certaine

FIGURE 29.21 La transmission de la drépanocytose.

La drépanocytose est un exemple de dominance incomplète.

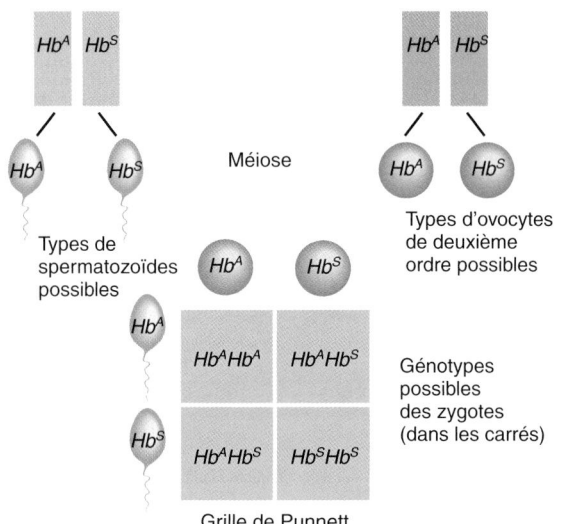

$Hb^A Hb^A$ = normal

$Hb^A Hb^S$ = porteur du trait drépanocytaire

$Hb^S Hb^S$ = atteint de la drépanocytose

 Quelles sont les particularités de la dominance incomplète?

anémie, car la moitié seulement de leur hémoglobine est normale. Les hétérozygotes sont porteurs de ce gène et on dit qu'ils possèdent le *trait drépanocytaire*.

La transmission par allèles multiples

Bien qu'un individu n'hérite que de deux allèles d'un même gène, certains gènes peuvent avoir plus de deux formes dans la population, ce qui permet la **transmission par allèles multiples**. La transmission des groupes sanguins du système ABO permet d'illustrer ce phénomène. Les quatre groupes sanguins (phénotypes) du système ABO – A, B, AB et O – résultent de la transmission de six combinaisons de trois allèles différents d'un seul gène appelé gène *I* : 1) l'allèle *I^A* produit l'antigène A ; 2) l'allèle *I^B* produit l'antigène B ; et 3) l'allèle *i* ne produit ni l'antigène A ni l'antigène B. Chaque personne reçoit deux allèles du gène *I*, un de chaque parent, qui peuvent produire divers phénotypes. Les six génotypes possibles donnent quatre groupes sanguins, comme suit :

Génotype	Groupe sanguin (phénotype)
I^AI^A ou *I^Ai*	A
I^BI^B ou *I^Bi*	B
I^AI^B	AB
ii	O

Remarquez que les génotypes *I^A* et *I^B* sont transmis en tant que caractères dominants, tandis que le génotype *i* est transmis comme un caractère récessif. Puisqu'un individu de groupe sanguin AB possède des érythrocytes de type A et de type B, les allèles *I^A* et *I^B* sont dits **codominants**. En d'autres termes, les deux gènes sont exprimés à part égale dans l'hétérozygote. Selon le groupe sanguin des parents, les enfants peuvent avoir des groupes sanguins différents les uns des autres. La figure 29.22 montre les groupes sanguins dont la progéniture peut hériter selon le groupe sanguin des parents.

L'hérédité complexe

La plupart des caractères dont nous héritons ne sont pas régis par un seul gène mais plutôt par les effets combinés de nombreux gènes. Ce phénomène est appelé **hérédité polygénique** (*polus* : nombreux). Ils peuvent aussi être régis par l'effet combiné de nombreux gènes et de facteurs environnementaux, situation que l'on appelle **hérédité complexe**. La couleur de la peau, des cheveux et des yeux, la taille, la vitesse du métabolisme et la constitution morphologique sont des exemples de caractères complexes. Dans l'hérédité complexe, un génotype peut avoir plusieurs phénotypes, selon l'environnement, ou un phénotype peut comprendre plusieurs génotypes possibles. Par exemple, même si une personne hérite de plusieurs gènes pour la grande taille, certains facteurs environnementaux, comme la maladie ou la malnutrition pendant les années de croissance, peuvent l'empêcher d'atteindre sa pleine grandeur. Nous avons déjà vu que le risque d'avoir un bébé atteint d'une anomalie du tube neural est plus grand chez les femmes enceintes dont l'apport alimentaire en acide folique est insuffisant ; il s'agit encore une fois d'un facteur environnemental. Comme les anomalies du tube neural sont plus fréquentes dans certaines familles que dans d'autres, il est toutefois possible que plus d'un gène y contribue.

FIGURE 29.22 Les 10 combinaisons possibles de groupes sanguins du système ABO transmissibles par les parents, et les groupes sanguins dont leur progéniture peut hériter. Pour chaque couple de parents possible, les lettres bleues représentent les groupes sanguins dont leur progéniture peut hériter.

 La transmission des groupes sanguins du système ABO est un exemple de transmission par allèles multiples.

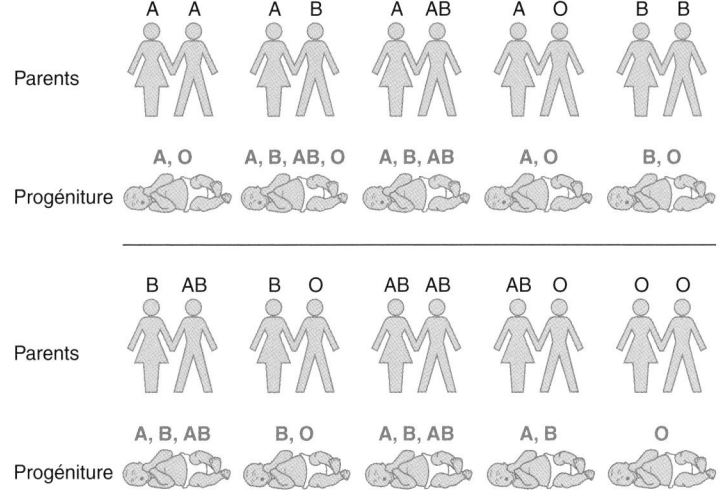

 Comment est-il possible qu'un bébé ait le groupe sanguin O si aucun de ses parents ne possède ce groupe sanguin ?

Un caractère complexe présente souvent des variations graduées et continues entre deux extrêmes chez les personnes. Il est relativement facile de prédire le risque de transmission d'un caractère indésirable imputable à un seul gène récessif ou dominant, mais il est très ardu de faire ce genre de prédiction quand le caractère est complexe. Ces caractères sont difficiles à suivre dans une famille parce que le nombre de variations est grand, le nombre de gènes différents en cause est inconnu et l'effet des facteurs environnementaux n'est pas parfaitement compris.

La couleur de la peau est un bon exemple de caractère complexe. Il dépend de facteurs environnementaux, comme l'exposition au soleil et l'alimentation, de même que de divers gènes. Supposons que la couleur de la peau soit déterminée par trois gènes possédant chacun deux allèles : A, a ; B, b ; et C, c (figure 29.23). Une personne qui possède le génotype *AABBCC* a la peau très foncée, tandis qu'une autre dont le génotype est *aabbcc* a la peau très claire, et une troisième possédant le génotype *AaBbCc* a une peau de couleur intermédiaire. Les parents qui ont une peau de couleur intermédiaire peuvent avoir des enfants à la peau très claire, très foncée ou de couleur intermédiaire. Il faut noter que la **génération P** (génération parentale) est la génération de départ, la **génération F₁** (première génération filiale) est issue de la génération P et la **génération F₂** (deuxième génération filiale) est issue de la génération F₁.

FIGURE 29.23 L'hérédité complexe de la couleur de la peau.

Dans l'hérédité complexe, un caractère est déterminé par les effets combinés de plusieurs gènes et de facteurs environnementaux.

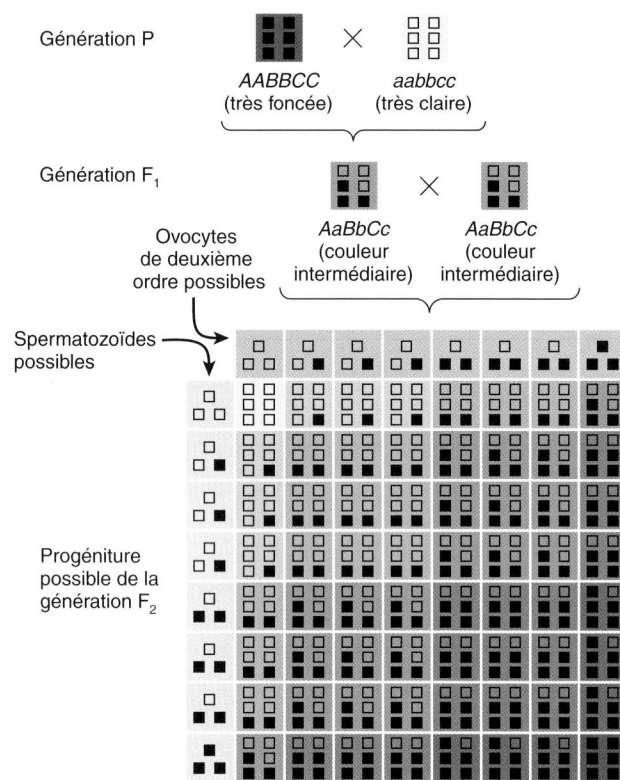

Génération P — *AABBCC* (très foncée) × *aabbcc* (très claire)

Génération F₁ — *AaBbCc* (couleur intermédiaire) × *AaBbCc* (couleur intermédiaire)

Ovocytes de deuxième ordre possibles

Spermatozoïdes possibles

Progéniture possible de la génération F₂

Quels sont les autres caractères transmissibles par hérédité complexe?

LES AUTOSOMES, LES CHROMOSOMES SEXUELS ET LA DÉTERMINATION DU SEXE

À l'examen microscopique, on peut identifier les 46 chromosomes humains d'une cellule somatique normale par leur taille, leur forme et les couleurs qu'ils prennent à la coloration. On peut ensuite les regrouper en 23 paires de chromosomes. Dans 22 de ces paires, les chromosomes homologues sont semblables et ont le même aspect chez l'homme et la femme; ces 22 paires sont dites **autosomes**. Les deux membres de la 23ᵉ paire, appelés **chromosomes sexuels**, ont un aspect différent chez l'homme et chez la femme (figure 29.24). Chez la femme, cette paire se compose de deux chromosomes X, tandis que chez l'homme, elle est formée par un chromosome X et un chromosome Y beaucoup plus petit. Le chromosome Y n'a que 231 gènes, soit moins de 10% des 2 968 gènes présents sur le chromosome 1, le plus gros des autosomes.

Lorsqu'un spermatocyte entre en méiose pour réduire son nombre de chromosomes, il donne naissance à deux spermatozoïdes qui contiennent un chromosome X et à deux spermatozoïdes qui contiennent un chromosome Y. Les ovocytes sont dépourvus de chromosome Y et ne produisent que des gamètes contenant chacun

FIGURE 29.24 Les autosomes et les chromosomes sexuels.

Les cellules somatiques humaines contiennent 23 paires différentes de chromosomes.

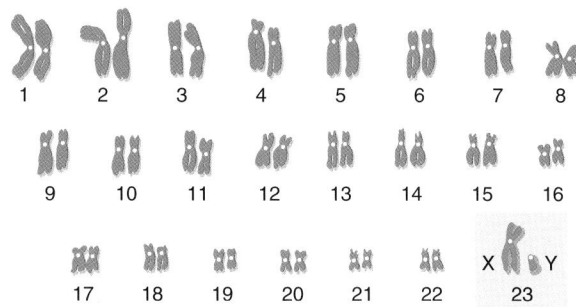

Quels sont les deux chromosomes sexuels chez la femme et chez l'homme?

un chromosome X. Si l'ovocyte de deuxième ordre est fécondé par un spermatozoïde portant un chromosome X, l'embryon est normalement de sexe féminin (XX). La fécondation par un spermatozoïde portant un chromosome Y donne un embryon de sexe masculin (XY). Le sexe d'un individu est donc déterminé par les chromosomes du père (figure 29.25).

Les embryons de sexe masculin et de sexe féminin se développent de façon identique au cours des sept semaines qui suivent la fécondation. Puis, un ou plusieurs gènes déclenchent une série d'événements qui aboutissent au développement d'un individu de

FIGURE 29.25 La détermination du sexe.

Le sexe est déterminé au moment de la fécondation par la présence ou l'absence d'un chromosome Y dans le spermatozoïde.

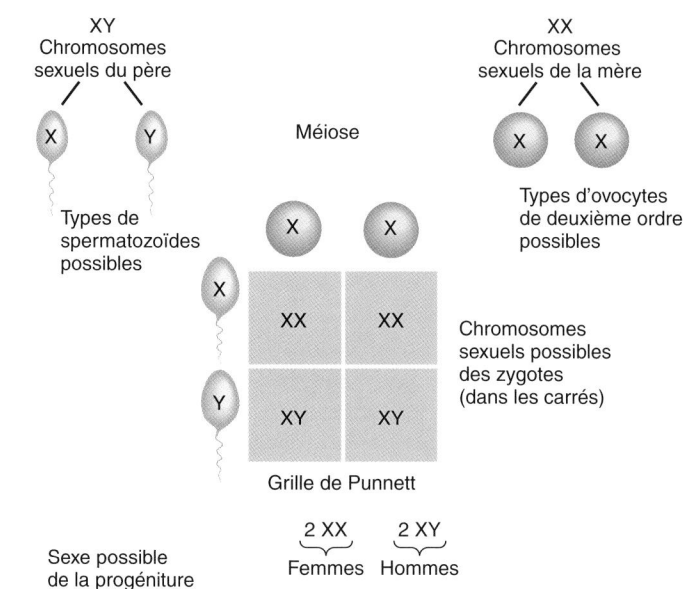

XY Chromosomes sexuels du père

XX Chromosomes sexuels de la mère

Méiose

Types de spermatozoïdes possibles

Types d'ovocytes de deuxième ordre possibles

Chromosomes sexuels possibles des zygotes (dans les carrés)

Grille de Punnett

2 XX Femmes   2 XY Hommes

Sexe possible de la progéniture

Comment appelle-t-on l'ensemble des chromosomes, à l'exception des chromosomes sexuels?

sexe masculin ; si ces gènes ne s'expriment pas, l'embryon acquiert les caractères sexuels féminins. Depuis 1959, on sait que le chromosome Y est nécessaire au déclenchement du développement des caractères sexuels masculins. Des expériences dont les résultats ont été publiés en 1991 ont révélé le principal gène qui détermine le sexe masculin, appelé **SRY** (*Sex-determining Region of the Y chromosome*, « région du chromosome Y déterminant le sexe »). Quand on a introduit un petit fragment d'ADN contenant ce gène dans 11 embryons de souris de sexe féminin, trois d'entre eux ont acquis des caractères masculins. (Les chercheurs ont pensé que le gène ne s'était pas intégré au matériel génétique des huit autres.) Le gène *SRY* se comporte comme un commutateur moléculaire qui déclenche le développement des caractères sexuels masculins. Seule la présence d'un gène *SRY* fonctionnel dans un ovule fécondé garantit le développement des testicules et la différenciation du fœtus en individu de sexe masculin ; si ce gène est absent, le fœtus développera des ovaires et sera de sexe féminin.

Des observations ont confirmé le rôle clé du gène *SRY* dans le développement des caractères sexuels masculins chez les humains. Dans certains cas, les femelles phénotypiques avec le génotype XY sont devenues porteuses de gènes *SRY* mutants. Ces personnes ne sont pas développées en mâles parce que leur gène *SRY* était défectueux. Dans d'autres cas, des mâles phénotypiques avec un génotype XX se sont révélés porteurs d'une petite portion du chromosome Y, y compris le gène *SRY*, inséré dans l'un de leurs chromosomes X.

L'HÉRÉDITÉ LIÉE AU SEXE

En plus de permettre de déterminer le sexe de la progéniture, les chromosomes sexuels ont également pour tâche de transmettre plusieurs caractères non sexuels. De nombreux gènes codant pour ces caractères sont présents sur le chromosome X mais absents du chromosome Y. Cette caractéristique produit un modèle de transmission, appelé **hérédité liée au sexe**, différent de ceux que nous venons de décrire.

Le daltonisme

Un exemple d'hérédité liée au sexe est la forme de **daltonisme** la plus courante. Elle est causée par une déficience en cônes sensibles soit au vert, soit au rouge. La personne atteinte perçoit le rouge et le vert comme une seule et même couleur (soit le rouge, soit le vert, selon le type de cônes qu'elle possède). Le gène codant pour le daltonisme est un gène récessif désigné par la lettre *c*. Le gène de la vision normale des couleurs, désigné par la lettre *C*, est dominant. Comme ces deux gènes ne sont présents que sur le chromosome X, la capacité de voir les couleurs dépend entièrement des chromosomes X. Les combinaisons possibles sont les suivantes :

Génotype	*Phénotype*
$X^C X^C$	Femme normale
$X^C X^c$	Femme normale (mais porteuse du gène récessif)
$X^c X^c$	Femme daltonienne
$X^C Y$	Homme normal
$X^c Y$	Homme daltonien

Seules les femmes qui possèdent deux gènes X^c sont atteintes de daltonisme. Il s'agit cependant de cas exceptionnels découlant de l'union d'un homme daltonien et d'une femme daltonienne ou porteuse du gène. Puisque les hommes ne possèdent pas de deuxième chromosome X pouvant masquer le caractère anormal, tous les hommes possédant un gène X^c sont daltoniens. La figure 29.26 illustre comment le daltonisme se transmet d'un homme normal et d'une femme porteuse à leur progéniture.

Les caractères transmis de la façon que nous venons de décrire sont dits **liés au sexe**. La forme la plus courante d'**hémophilie**, une maladie dans laquelle le sang ne coagule pas ou coagule très lentement par suite d'une blessure, est un caractère dont la transmission est liée au sexe. Tout comme le daltonisme, l'hémophilie est causée par un gène récessif. D'autres caractères liés au sexe chez l'humain sont le syndrome de l'X fragile, le non-fonctionnement des glandes sudoripares, certaines formes de diabète, certains types de surdité, le roulement involontaire des globes oculaires, l'absence de dents incisives centrales, la cécité nocturne, une forme de cataracte, le glaucome infantile et la dystrophie musculaire juvénile.

L'inactivation du chromosome X

Parce que la femme possède deux chromosomes X dans chacune de ses cellules (sauf les ovocytes en voie de développement), elle possède en double tous les gènes qui sont situés sur le chromosome X. Un phénomène appelé **inactivation du chromosome X**, ou hypothèse de Lyon, réduit le nombre de gènes du chromosome X chez la femme à un seul jeu. Dans chaque cellule de l'organisme

FIGURE 29.26 Exemple de transmission du daltonisme.

Le daltonisme et l'hémophilie sont des exemples de caractères liés au sexe.

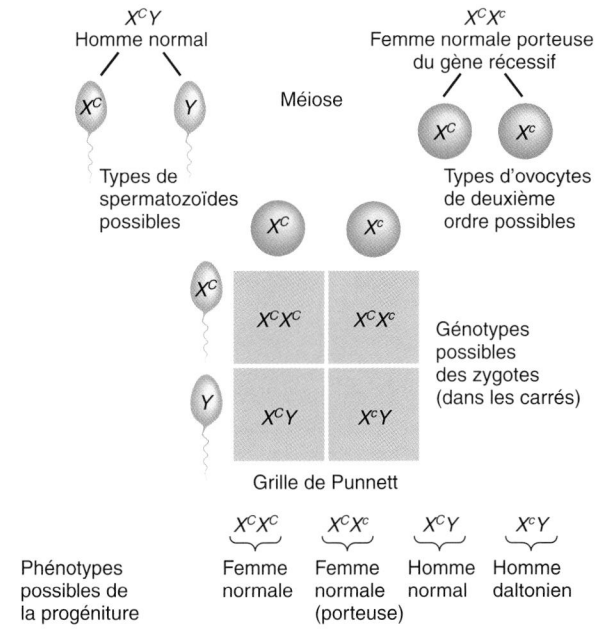

 Quel est le génotype d'une femme daltonienne ?

féminin, un chromosome X est inactivé de façon aléatoire et permanente dès le début du développement, et la plupart des gènes de ce chromosome inactivé ne sont pas exprimés (c'est-à-dire transcrits et traduits). Chez les mammifères femelles, les noyaux cellulaires contiennent une petite masse de chromatine condensée prenant une teinte foncée à la coloration, le **corpuscule de Barr**, qui est absente des noyaux cellulaires des individus mâles. En 1961, la généticienne Mary Lyon a prédit correctement que le corpuscule de Barr est le chromosome X inactivé. Durant l'inactivation, des groupements chimiques empêchant la transcription à l'ARN sont ajoutés à l'ADN du chromosome X. Par conséquent, un chromosome X inactivé réagit différemment aux colorants histologiques et se démarque par son aspect du reste de l'ADN. Dans les cellules qui ne se divisent pas (en interphase), le chromosome X inactivé reste légèrement enroulé et se présente comme une masse sombre condensée visible à l'intérieur du noyau. Dans un frottis

sanguin, le corpuscule de Barr des granulocytes neutrophiles est nommé « baguette de tambour », car il ressemble à un minuscule appendice émergeant du noyau.

▶ **POINT DE CONTRÔLE**

36. Définissez les termes suivants : *génotype*, *phénotype*, *dominant*, *récessif*, *homozygote* et *hétérozygote*.

37. Décrivez l'empreinte génomique et la non-disjonction.

38. Définissez la dominance incomplète. Donnez un exemple.

39. Définissez la transmission par allèles multiples. Donnez un exemple.

40. Définissez l'hérédité complexe. Donnez un exemple.

41. Pourquoi l'inactivation du chromosome X se produit-elle ?

DÉSÉQUILIBRES HOMÉOSTATIQUES

L'infertilité

L'**infertilité féminine**, autrement dit l'incapacité de concevoir, s'observe chez environ 10 % des femmes nord-américaines en âge de procréer. Elle résulte généralement d'une maladie des ovaires, d'une obstruction des trompes utérines ou de conditions qui empêchent un ovule fécondé de s'implanter correctement. L'**infertilité masculine**, ou **stérilité**, est l'incapacité de féconder un ovocyte de deuxième ordre ; elle n'est pas automatiquement associée à la dysfonction érectile (impuissance). Pour qu'un homme soit fertile, ses testicules doivent produire suffisamment de spermatozoïdes viables normaux, et ces spermatozoïdes doivent circuler sans entrave dans les conduits génitaux avant d'être déposés de façon adéquate dans le vagin. Les tubules séminifères contournés des testicules réagissent à de nombreux facteurs tels que les rayons X, les infections, les toxines, la malnutrition et des températures scrotales supérieures à la normale. Ces facteurs peuvent entraîner des changements dégénératifs et causer la stérilité chez l'homme.

Le manque de tissu adipeux est une autre cause d'infertilité, tant chez la femme que chez l'homme. Pour amorcer et maintenir un cycle de la reproduction normal, une femme doit posséder une quantité minimale de tissu adipeux. Même un manque modéré en tissu adipeux (de 10 à 15 % sous le poids idéal) peut retarder la première menstruation (ménarche), inhiber l'ovulation durant le cycle ovarien ou provoquer l'aménorrhée (absence de menstruation). Les personnes qui suivent un régime amaigrissant et qui font de l'exercice de façon intensive peuvent perdre trop de tissu adipeux et devenir infertiles. Elles retrouvent leur fertilité quand elles reprennent du poids ou quand elles réduisent les exercices intensifs, ou les deux. Par ailleurs, des études effectuées auprès de femmes très obèses indiquent qu'elles sont aussi sujettes à l'aménorrhée et à l'infertilité que les femmes très maigres. Quant aux hommes, ils sont également aux prises avec des problèmes d'infertilité lorsqu'ils sont sous-alimentés et perdent du poids. Par exemple, ils produisent moins de liquide prostatique et de spermatozoïdes, et ces derniers ont une motilité réduite.

De nos jours, les couples infertiles désireux d'avoir un enfant bénéficient de nombreuses techniques pour stimuler la fécondité. La naissance de Louise Joy Brown le 12 juillet 1978 près de Manchester, en Angleterre, est le premier cas rapporté de **fécondation *in vitro***, c'est-à-dire une fécondation en éprouvette. Cette technique consiste à administrer à la future mère une hormone folliculostimulante (FSH) peu après la menstruation pour stimuler la production de plusieurs ovocytes de deuxième ordre plutôt que d'un seul, afin de déclencher une superovulation. Lorsque plusieurs follicules ovariens ont atteint la taille appropriée, on prélève les ovocytes de deuxième ordre des follicules ovariens stimulés. On les dépose ensuite dans une solution contenant des spermatozoïdes qui les féconderont. Lorsque le zygote produit par la fécondation *in vitro* atteint le stade des 8 ou 16 cellules, il est introduit dans l'utérus, où il pourra s'implanter et croître. Une autre méthode, appelée **injection intracytoplasmique de spermatozoïdes**, consiste à féconder un ovocyte *in vitro* en injectant dans le cytoplasme de l'ovocyte des spermatozoïdes ou des spermatides, prélevés par aspiration, du testicule dans une micropipette. Cette technique est indiquée dans les cas où l'infertilité est causée par une motilité réduite des spermatozoïdes ou par l'incapacité des spermatides à se transformer en spermatozoïdes.

Dans la méthode du **transfert d'embryon**, on insémine artificiellement une donneuse fertile avec le sperme du futur père. Lorsque la fécondation a eu lieu dans la trompe utérine de la donneuse, on transfère la morula ou le blastocyste dans l'utérus de la femme stérile, qui portera l'embryon, puis le fœtus, jusqu'au terme de la grossesse. Le transfert d'embryon est indiqué pour les femmes qui sont infertiles ou qui veulent éviter de transmettre leurs gènes parce qu'elles sont porteuses de graves troubles génétiques.

Le **transfert intrafallopien de gamètes** vise à imiter le processus normal de la conception en unissant des spermatozoïdes et un ovocyte de deuxième ordre dans les trompes utérines de la future mère. Ce faisant, il est possible de contourner certains problèmes touchant les voies génitales qui peuvent empêcher la fécondation, par exemple un taux d'acidité élevé ou une glaire inadéquate. On administre d'abord à la femme de la FSH et de la LH pour stimuler la production de plusieurs ovocytes de deuxième ordre. Puis, on aspire les ovocytes des follicules ovariens mûrs, on les mélange avec une solution contenant des spermatozoïdes et on injecte le tout sans tarder dans les trompes utérines.

Les anomalies congénitales

Une **anomalie congénitale** est une malformation présente à la naissance, voire avant. Ces anomalies se produisent entre la quatrième et la huitième semaine de gestation, donc pendant l'organogenèse. Cette période au cours de laquelle apparaissent les principaux organes est en effet marquée par une très grande vulnérabilité des cellules souches engagées dans la différenciation des organes à partir des tissus primitifs. Les structures en formation sont alors très sensibles aux facteurs génétiques et environnementaux et des malformations risquent d'apparaître.

Des anomalies structurales graves touchent de 2 à 3 % des nouveaunés vivants et elles constituent la principale cause de mortalité infantile, avec environ 21 % des décès. Les femmes enceintes peuvent prévenir l'apparition de nombreuses anomalies congénitales en prenant des suppléments alimentaires ou en s'abstenant de consommer certaines substances. Par exemple, la consommation d'acide folique durant la grossesse permet de prévenir certaines anomalies du tube neural, comme le spina bifida et l'anencéphalie. Il est très important d'éviter les agents tératogènes pour prévenir les anomalies congénitales.

Le syndrome de Down

Le **syndrome de Down** est une anomalie caractérisée par la présence de trois copies d'au moins une partie du chromosome 21, au lieu de deux. On estime que 1 bébé sur 900 est atteint du syndrome de Down. Cependant, le risque de mettre au monde un bébé trisomique s'accroît avec l'âge. Si les probabilités sont inférieures à 1 sur 3 000 chez les femmes âgées de moins de 30 ans, elles augmentent à 1 sur 300 chez les femmes âgées de 35 à 39 ans, et atteignent 1 sur 9 chez les femmes de 48 ans.

Le syndrome de Down se caractérise par une arriération mentale, un retard du développement physique (petite taille et doigts boudinés), un faciès typique (langue volumineuse, profil plat, crâne large, yeux en amande et tête ronde), des anomalies rénales, un système immunitaire déficient et des malformations du cœur, des oreilles, des mains et des pieds. Le sujet atteint rarement la maturité sexuelle, et son espérance de vie est courte.

TERMES MÉDICAUX

Âge de fécondation Âge d'un embryon ou d'un fœtus calculé à partir de l'âge gestationnel auquel on retranche deux semaines, étant donné qu'un ovocyte de deuxième ordre ne peut être fécondé qu'environ deux semaines après la dernière menstruation normale.

Âge gestationnel (*gestatio* : action de porter) Âge d'un embryon ou d'un fœtus calculé à partir de la date présumée de la dernière menstruation normale.

Caryotype (*karuon* : noyau) Caractéristiques chromosomales d'un individu présentées sous forme d'un arrangement systématique de paires de chromosomes en métaphase, disposées par ordre descendant de taille et en fonction de la position du centromère (figure 29.24). Cet examen permet de déterminer si le nombre et la structure des chromosomes sont normaux.

Chirurgie fœtale Intervention chirurgicale pratiquée sur un fœtus ; dans certains cas, l'utérus est incisé et le fœtus est opéré directement. La chirurgie fœtale est utilisée notamment pour corriger les hernies hiatales et réparer des lésions pulmonaires.

Difformité (*dis* : privation ; *forma* : forme) Anomalie du développement causée par des forces mécaniques qui compriment une partie du fœtus pendant une longue période. Les difformités touchent généralement les systèmes squelettique et musculaire et peuvent être corrigées après la naissance. Le pied bot en est un exemple.

Embryon cryoconservé (*kruos* : froid) Embryon précoce produit par fécondation *in vitro* (fécondation d'un ovocyte de deuxième ordre dans une éprouvette) et conservé pendant une longue période par congélation. Après avoir été dégelé, l'embryon est implanté dans la cavité utérine.

Épigenèse (*epi* : sur ; *genesis* : création) Développement d'un organisme à partir d'une cellule indifférenciée.

Gène létal (*letalis* : mortel) Gène causant la mort au stade embryonnaire ou peu de temps après la naissance lorsqu'il est exprimé.

Infection puerpérale (*puer* : enfant ; *parere* : enfanter) Maladie infectieuse survenant après l'accouchement. Cette maladie, qui résulte d'une infection des voies génitales, affecte l'endomètre et peut s'étendre à d'autres structures pelviennes et provoquer une septicémie.

Présentation du siège Présentation des fesses ou des membres inférieurs du foetus dans le bassin de la mère ; principale cause de naissance prématurée.

Primordium (*primus* : premier) Le début ou le premier signe observable du développement d'un organe ou d'une structure.

Produit de la conception Ensemble des structures formées à partir d'un zygote et d'un embryon, plus la portion embryonnaire du placenta et les membranes connexes (chorion, amnios, sac vitellin et allantoïde).

Syndrome de Klinefelter Aneuploïdie d'un chromosome sexuel, habituellement causée par une trisomie XXY, qui frappe 1 nouveau-né sur 500. Les sujets atteints sont des hommes stériles présentant une légère arriération mentale, des testicules sous-développés, une faible pilosité et des seins hypertrophiés.

Syndrome de Turner Aneuploïdie d'un chromosome sexuel, causée par la présence d'un seul chromosome X (désigné XO), frappant environ 1 nouveau-né de sexe féminin sur 5 000. Le sujet atteint est stérile, ne possède pratiquement pas d'ovaires et présente un développement limité des caractères sexuels secondaires. Le syndrome se caractérise également par une petite taille, le pterygium colli (cou palmé), des seins sous-développés et des mamelons très écartés ; l'intelligence est habituellement normale.

Syndrome triplo-X Aneuploïdie d'un chromosome sexuel, caractérisée par la présence d'au moins trois chromosomes X (XXX), frappant environ 1 nouveau-né de sexe féminin sur 700. Les sujets atteints présentent des organes génitaux sous-développés, sont peu fertiles et souffrent le plus souvent d'arriération mentale.

Vomissements gravidiques (*gravida* : enceinte) Trouble caractérisé par des nausées, parfois accompagnées de vomissements, survenant le plus souvent le matin durant les premières semaines de grossesse ; également appelé *nausées matinales* ; de cause encore inconnue, les vomissements gravidiques pourraient être une réaction aux concentrations élevées de gonadotrophine chorionique (hCG), sécrétée par le placenta, et de progestérone, sécrétée par les ovaires. Quand les symptômes sont si sérieux que la femme doit être hospitalisée pour être alimentée par voie intraveineuse, il s'agit alors d'**hyperémèse gravidique**.

RÉSUMÉ

LA PÉRIODE EMBRYONNAIRE (P. 1202)

1. La grossesse est une série d'événements qui commence par la fécondation, se poursuit avec l'implantation, le développement embryonnaire et le développement fœtal, et prend normalement fin au moment de la naissance.

2. Pendant la fécondation, un spermatozoïde pénètre dans un ovocyte de deuxième ordre et leurs pronucléus s'unissent. Les enzymes acrosomiales du spermatozoïde facilitent la pénétration de la zone pellucide. La cellule issue de la fécondation porte le nom de *zygote*.

3. Normalement, un seul spermatozoïde féconde un ovocyte de deuxième ordre grâce au blocage de la polyspermie.

4. La première division cellulaire rapide du zygote est la segmentation, et les cellules produites par ce processus sont des blastomères. Les cellules produites par la segmentation forment une sphère solide appelée *morula*.

5. La morula se développe et forme un blastocyste, une masse sphérique et creuse de cellules différenciées.

6. Les cellules du blastocyste se différencient pour constituer un trophoblaste et un embryoblaste.

7. L'implantation est le processus par lequel un blastocyste s'enfonce dans l'endomètre dont il dissout localement les cellules par des enzymes.

8. Après l'implantation, l'endomètre se transforme et devient la caduque.

9. Le trophoblaste se différencie en deux couches, le syncytiotrophoblaste et le cytotrophoblaste, qui font ensuite partie du chorion.

10. L'embryoblaste se différencie en hypoblaste et en épiblaste pour former le disque embryonnaire didermique (à deux couches).

11. L'amnios est une mince membrane protectrice qui se développe à partir de l'épiblaste et qui entoure complètement l'embryon.

12. La membrane exocœlomique et l'hypoblaste forment le sac vitellin. Ce sac fournit des nutriments à l'embryon, élabore des cellules sanguines, produit des cellules germinales primordiales et forme une partie de l'intestin.

13. L'érosion des sinusoïdes et des glandes endométriales fournit du sang et des sécrétions qui entrent dans les réseaux lacunaires pour assurer la nutrition de l'embryon et l'élimination de ses déchets.

14. Le cœlome extraembryonnaire se forme à l'intérieur du mésoderme extraembryonnaire. Il devient la cavité choriale une fois le chorion formé.

15. Le mésoderme extraembryonnaire et le trophoblaste forment le chorion, principale membrane embryonnaire du placenta.

16. La troisième semaine de la gestation est caractérisée par la gastrulation, au cours de laquelle le disque didermique se transforme en un disque embryonnaire tridermique (à trois couches) composé d'ectoderme, de mésoderme et d'endoderme.

17. Le premier signe de la gastrulation est la formation de la ligne primitive (constituée du sillon primitif et du nœud primitif), puis du processus notochordal et de la notochorde.

18. Les trois feuillets embryonnaires primitifs donnent naissance à tous les tissus et les organes de l'organisme en développement. Le tableau 29.1 résume les structures qui dérivent des feuillets embryonnaires primitifs.

19. La troisième semaine est également marquée par l'apparition des membranes buccopharyngienne et cloacale. La paroi du sac vitellin forme une poche membranaire vascularisée appelée *allantoïde*, qui contribue à l'hématopoïèse et à la formation de la vessie.

20. La neurulation est le processus menant à la transformation de la plaque neurale en tube neural. L'encéphale et la moelle épinière dérivent du tube neural.

21. Le mésoderme para-axial se fractionne en somites à partir desquelles se forment les muscles squelettiques du cou, du tronc et des membres. Les somites donnent également naissance aux tissus conjonctifs et aux vertèbres.

22. La formation des vaisseaux sanguins, ou angiogenèse, commence dans les cellules du mésoderme appelées *angioblastes*.

23. Le cœur se forme à partir des cellules du mésoderme appelées *région cardiogénique*. À la fin de la troisième semaine, le cœur primitif bat et assure la circulation sanguine.

24. Les villosités choriales, projections du chorion, sont reliées au cœur embryonnaire pour rapprocher les vaisseaux sanguins de la mère et du fœtus. Ce rapprochement permet l'échange de nutriments et de déchets entre les deux organismes.

25. La placentation désigne la formation du placenta, siège de l'échange des nutriments et des déchets entre la mère et le fœtus. Le placenta sert aussi de barrière protectrice, de lieu de stockage des nutriments et de production de plusieurs hormones visant à maintenir la grossesse.

26. Le cordon ombilical constitue le lien réel entre le placenta et l'embryon (et plus tard, le fœtus).

27. L'organogenèse désigne la formation des organes et des systèmes de l'organisme et se produit entre la quatrième et la huitième semaine de gestation.

28. La conversion du disque embryonnaire tridermique plat à deux dimensions en un cylindre tridimensionnel se produit grâce à un processus appelé *plicature de l'embryon*.

29. La plicature de l'embryon place divers organes à leur emplacement final à l'âge adulte et contribue à la formation du tube digestif.

30. Les arcs pharyngiens, les fentes pharyngiennes et les poches pharyngiennes donnent naissance aux structures de la tête et du cou.

31. À la fin de la quatrième semaine, les bourgeons des membres supérieurs et inférieurs apparaissent et, à la fin de la huitième semaine, l'embryon présente clairement des traits humains.

LA PÉRIODE FŒTALE (P. 1218)

1. La période fœtale comprend essentiellement la croissance et la différenciation des tissus et des organes formés pendant la période embryonnaire.

2. La vitesse de croissance de l'organisme est très élevée, en particulier entre la neuvième et la seizième semaine.

3. Les principales modifications associées à la croissance embryonnaire et fœtale sont résumées dans le tableau 29.2.

LES AGENTS TÉRATOGÈNES (P. 1219)

1. Les agents tératogènes causent des anomalies de développement chez l'embryon.

2. Les plus importants tératogènes comprennent l'alcool, les pesticides, les substances chimiques industrielles, certains médicaments délivrés sur ordonnance, la cocaïne, le LSD, la nicotine et les rayonnements ionisants.

LE DIAGNOSTIC PRÉNATAL (P. 1224)

1. Plusieurs méthodes de diagnostic prénatal permettent de détecter les anomalies génétiques et d'évaluer le bien-être du fœtus. L'échographie fœtale donne une image du fœtus sur un écran ; l'amniocentèse consiste à prélever et à analyser une partie du liquide amniotique et les cellules fœtales qu'il contient ; la biopsie des villosités choriales consiste à prélever des tissus dans les villosités choriales que l'on soumet ensuite à l'analyse chromosomique

2. La biopsie des villosités choriales peut être pratiquée avant l'amniocentèse. Elle permet d'obtenir des résultats plus rapidement, mais elle comporte un peu plus de risques que l'amniocentèse.

3. Les examens diagnostiques prénataux non effractifs comprennent le test de dépistage de l'alphafœtoprotéine maternelle, qui permet de déceler des anomalies du tube neural, et le Quad AFP Plus, qui permet de dépister le syndrome de Down, la trisomie 18 et les anomalies du tube neural.

LES EFFETS DE LA GROSSESSE CHEZ LA MÈRE (P. 1225)

1. La gonadotrophine chorionique (hCG), les œstrogènes et la progestérone assurent le maintien de la grossesse.

2. L'hormone chorionique somatomammotrope (hCS) contribue au développement des glandes mammaires, à l'accroissement de l'anabolisme des protéines et au catabolisme du glucose et des acides gras.

3. La relaxine augmente la flexibilité de la symphyse pubienne et contribue à la dilatation du col de l'utérus vers la fin de la grossesse.

4. On croit que la corticolibérine, qui est produite par le placenta, règle le moment de la naissance et stimule la sécrétion de cortisol par la glande surrénale du fœtus.

5. Durant la grossesse, plusieurs modifications anatomiques et physiologiques sont observées chez la mère.

L'EXERCICE ET LA GROSSESSE (P. 1229)

1. Durant la grossesse, certaines articulations sont moins stables et certaines activités physiques sont plus difficiles à exécuter.

2. Un niveau d'activité physique modéré ne présente aucun danger pour le fœtus si la grossesse se déroule normalement.

L'ACCOUCHEMENT (P. 1229)

1. L'accouchement est le processus pendant lequel le fœtus est expulsé de l'utérus et passe par le vagin pour venir au monde. Durant le vrai travail, le col de l'utérus se dilate, le bébé naît et le placenta est expulsé.

2. L'ocytocine stimule les contractions utérines par une boucle de rétroactivation.

L'ADAPTATION DE L'ENFANT À LA VIE EXTRA-UTÉRINE (P. 1231)

1. Le fœtus dépend de sa mère, qui lui fournit de l'oxygène et des nutriments, le débarrasse de ses déchets et le protège.

2. Après la naissance, les systèmes respiratoire et cardiovasculaire du nourrisson subissent des modifications qui lui permettent de s'adapter à la nouvelle autonomie nécessaire à sa vie postnatale.

LA PHYSIOLOGIE DE LA LACTATION (P. 1232)

1. La lactation est la sécrétion et l'éjection de lait par les glandes mammaires.

2. La prolactine, les œstrogènes et la progestérone régissent la production du lait.

3. L'ocytocine stimule l'éjection du lait.

4. L'allaitement maternel constitue le mode de nutrition idéal pour le nourrisson, il le protège contre les maladies et diminue les risques d'allergie.

L'HÉRÉDITÉ (P. 1234)

1. L'hérédité est la transmission de caractères d'une génération à la suivante.

2. Le génotype est la constitution génétique d'un organisme, tandis que le phénotype est l'expression des caractères hérités.

3. Les gènes dominants codent pour un caractère précis ; l'expression des gènes récessifs est masquée par les gènes dominants.

4. De nombreux modèles de transmission héréditaire ne suivent pas le modèle simple de l'hérédité dominante-récessive.

5. Dans la dominance incomplète, aucun des allèles d'une paire n'est dominant ; l'hétérozygote possède un phénotype intermédiaire entre l'homozygote dominant et l'homozygote récessif.

6. Dans la transmission par allèles multiples, les gènes ont plus de deux formes alternatives. La transmission des groupes sanguins du système ABO en est un exemple.

7. Dans l'hérédité complexe, un caractère, comme la couleur de la peau ou des yeux, est régi par les effets combinés de deux gènes ou plus et peut subir l'influence de facteurs environnementaux.

8. Chaque cellule somatique possède 46 chromosomes : 22 paires d'autosomes et 1 paire de chromosomes sexuels.

9. Chez la femme, la paire de chromosomes sexuels est composée de deux chromosomes XX ; chez l'homme, elle est formée par un chromosome X et un chromosome Y beaucoup plus petit, qui contient normalement le principal gène qui détermine le sexe masculin, le gène *SRY*.

10. Si le gène *SRY* est présent et fonctionnel dans un ovule fécondé, le fœtus possédera des testicules et sera de sexe masculin. S'il est absent, le fœtus aura des ovaires et sera de sexe féminin.

11. Le daltonisme et l'hémophilie sont causés par la présence de gènes récessifs sur le chromosome X. Ces caractères liés au sexe surviennent principalement chez les hommes, car le chromosome Y ne comporte aucun gène dominant compensatoire.

12. Un phénomène appelé *inactivation du chromosome X* (ou *hypothèse de Lyon*) équilibre la différence du nombre de chromosomes X entre les hommes (un X) et les femmes (deux X). Dans chaque cellule de l'organisme féminin, un chromosome X est inactivé de façon aléatoire et permanente dès le début du développement et devient le corpuscule de Barr.

13. Un phénotype donné résulte des interactions d'un génotype et du milieu extérieur.

Vous trouverez les réponses à ces questions à l'appendice D.

COMPLÉTEZ LES PHRASES SUIVANTES.

1. Les trois étapes du vrai travail sont, par ordre chronologique, _____, _____ et _____.

2. Les hormones produites par _____ sont responsables du maintien de la grossesse pendant les trois à quatre premiers mois. La sécrétion produite par le trophoblaste et responsable de la prévention de la dégénérescence du corps jaune est _____.

3. Indiquez les feuillets embryonnaires qui sont responsables du développement des structures suivantes : a) muscle, os et péritoine : _____ ; b) système nerveux et épiderme : _____; c) revêtement épithélial des voies respiratoires et du tube digestif : _____.

INDIQUEZ SI L'ÉNONCÉ SUIVANT EST VRAI OU FAUX.

4. Le travail est un exemple de rétro-inhibition qui prend fin avec la naissance du bébé.

CHOISISSEZ LA BONNE RÉPONSE.

5. Parmi les énoncés suivants, lesquels sont *vrais* ? 1) Pendant l'implantation, l'embryoblaste du blastocyste s'oriente vers l'endomètre. 2) La caduque basale fournit du glycogène et des lipides au fœtus en développement. 3) La caduque pariétale devient la portion maternelle du placenta. 4) Pendant l'implantation, le syncytiotrophoblaste sécrète des enzymes qui permettent au blastocyste de pénétrer dans la paroi utérine. 5) Après la naissance du fœtus, la caduque se sépare de l'endomètre et est éliminée de l'utérus. a) 2, 4 et 5 ; b) 1, 2 et 3 ; c) 2, 3, 4 et 5 ; d) 1, 2, 3, 4 et 5 ; e) 1, 3 et 5.

6. Parmi les énoncés suivants, lesquels décrivent des modifications maternelles liées à la grossesse ? 1) modification de la fonction pulmonaire, 2) augmentation du volume systolique, du débit cardiaque et de la fréquence cardiaque, et diminution du volume sanguin, 3) gain pondéral, 4) augmentation de la motilité gastrique causant un retard de la vidange gastrique, 5) œdème et possibilité de varices. a) 1, 2, 3 et 4 ; b) 2, 3, 4 et 5 ; c) 1, 3, 4 et 5 ; d) 1, 3 et 5 ; e) 2, 4 et 5.

7. Parmi les énoncés suivants, lequel est *vrai* ? a) Les caractères normaux sont toujours dominants par rapport aux caractères anormaux. b) Une erreur occasionnelle pendant la méiose appelée *non-disjonction* entraîne un nombre anormal de chromosomes. c) La mère détermine toujours le sexe de l'enfant, car elle possède soit un gène X, soit un gène Y dans ses ovocytes. d) L'hérédité dominante-récessive est le principal modèle de transmission des gènes. e) Les gènes sont exprimés normalement, quelle que soit l'influence d'agents externes comme les substances chimiques ou les rayonnements.

8. Parmi les énoncés suivants, lesquels sont *vrais* concernant la fécondation ? 1) Les spermatozoïdes pénètrent d'abord la zone pellucide, puis traversent la corona radiata. 2) La liaison de protéines membranaires spécifiques de la tête du spermatozoïde à une molécule de ZP3 entraîne la libération du contenu de l'acrosome. 3) Les spermatozoïdes sont capables de féconder l'ovocyte quelques minutes après l'éjaculation. 4) La dépolarisation de la membrane cellulaire de l'ovocyte de deuxième ordre empêche que ce dernier ne soit fécondé par plus d'un spermatozoïde. 5) L'ovocyte de deuxième ordre termine sa méiose II après la fécondation. a) 1, 2, 4 et 5 ; b) 1, 3 et 5 ; c) 1, 2, 3 et 4 ; d) 1, 4 et 5 ; e) 2, 4 et 5.

9. Le liquide amniotique : 1) est entièrement dérivé d'un filtrat de sang maternel, 2) agit comme protection contre les chocs, 3) fournit des nutriments au fœtus, 4) aide à maintenir la température fœtale, 5) empêche la peau du fœtus d'adhérer aux tissus environnants. a) 1, 2, 3, 4 et 5 ; b) 2, 4 et 5 ; c) 2, 3, 4 et 5 ; d) 1, 4 et 5 ; e) 1, 2, 4 et 5.

10. Parmi les structures énumérées ci-dessous, lesquelles se forment pendant la quatrième semaine suivant la fécondation ? 1) plicature embryonnaire, 2) intestin primitif, 3) placode otique (ébauche de l'oreille), 4) ébauche de l'œil, 5) bourgeons de membres supérieurs et inférieurs. a) 1 et 2 ; b) 1, 2 et 5 ; c) 1, 2, 3, 4 et 5 ; d) 2, 3 et 5 ; e) 1, 3, 4 et 5.

11. Associez les éléments suivants :

_____ a) masse sphérique de cellules remplie de liquide qui pénètre dans la cavité utérine	1) segmentation
_____ b) cellules produites par la segmentation	2) blastomères
	3) morula
	4) angiogenèse
_____ c) individu en développement à partir de la neuvième semaine de grossesse jusqu'à la naissance	5) trophoblaste
	6) blastocyste
	7) zygote
_____ d) couche externe de cellules recouvrant le blastocyste	8) gastrulation
	9) neurulation
_____ e) membrane dérivée du trophoblaste	10) chorion
_____ f) premières divisions du zygote	11) fœtus
_____ g) sphère solide de cellules encore entourée de la zone pellucide	
_____ h) étape pendant laquelle il y a différenciation en trois feuillets embryonnaires primitifs	
_____ i) développement embryonnaire de structures qui deviendront le système nerveux	
_____ j) formation de vaisseaux sanguins pour l'embryon en développement	
_____ k) résultat de la fusion des pronucléus mâle et femelle	

12. Associez les éléments suivants :

_____ a) stimule le corps jaune à poursuivre sa production de progestérone et d'oestrogènes	1) ocytocine
	2) hormone chorionique somatomammotrope humaine
_____ b) augmente la flexibilité de la symphyse pubienne et facilite la dilatation du col de l'utérus pendant le travail	3) gonadotrophine chorionique humaine
	4) prolactine
_____ c) substance sécrétée par le placenta ; aide à fixer le moment de l'accouchement et augmente la sécrétion de cortisol pour la maturation des poumons du fœtus	5) corticolibérine
	6) relaxine
_____ d) aide à préparer les glandes mammaires pour la lactation ; régule certains aspects du métabolisme fœtal et maternel	
_____ e) stimule les contractions utérines ; responsable du réflexe d'éjection du lait	
_____ f) favorise la synthèse et la sécrétion du lait ; substance dont l'action est inhibée par la progestérone pendant la grossesse	

13. Associez les éléments suivants :

_____ a) pénétration d'un ovocyte de deuxième ordre par un seul spermatozoïde

_____ b) fécondation d'un ovocyte de deuxième ordre par plus d'un spermatozoïde

_____ c) fixation d'un blastocyste à l'endomètre

_____ d) fusion du matériel génétique d'un spermatozoïde haploïde et de celui d'un ovocyte secondaire haploïde pour former un seul noyau diploïde

_____ e) induction, par les voies génitales de la femme, de changements fonctionnels dans les spermatozoïdes leur permettant de féconder un ovocyte de deuxième ordre

_____ f) examen de cellules embryonnaires ou fœtales prélevées dans le liquide amniotique

_____ g) état de grossesse anormal caractérisé par une hypertension soudaine, un excédent de protéines dans l'urine et un œdème généralisé

_____ h) examen non effractif qui permet de déceler les anomalies du tube neural

_____ i) processus consistant à donner naissance, à accoucher

_____ j) période (d'environ quatre semaines) pendant laquelle les organes génitaux et les mécanismes physiologiques de la mère reviennent à leur état d'avant la grossesse

1) fécondation
2) capacitation
3) syngamie
4) polyspermie
5) implantation
6) amniocentèse
7) prééclampsie
8) parturition
9) postpartum
10) test de dépistage de l'alphafœtoprotéine maternelle

14. Associez les éléments suivants :

_____ a) régulation des caractères hérités par les effets combinés de nombreux gènes

_____ b) les deux formes alternatives d'un gène qui codent pour le même caractère et occupent la même position sur des chromosomes homologues

_____ c) nombre anormal de chromosomes résultant d'une erreur dans la séparation des chromosomes homologues ou des chromatides

_____ d) transmission héréditaire par des gènes qui ont plus de deux formes alternatives ; la transmission des groupes sanguins en est un exemple

_____ e) cellule dans laquelle un chromosome ou plus d'un chromosome d'un jeu est ajouté ou soustrait

_____ f) se dit d'une personne dont les chromosomes homologues possèdent des allèles différents

_____ g) caractères liés au chromosome X

_____ h) modification transmissible permanente d'un allèle qui produit une variation différente du même caractère

_____ i) aucun des allèles d'une paire n'est dominant par rapport à l'autre ; l'hétérozygote possède un phénotype intermédiaire entre l'homozygote dominant et l'homozygote récessif

_____ j) indique la manière dont la constitution génétique s'exprime dans l'organisme ; expression physique ou extérieure d'un gène

_____ k) constitution génétique de l'homozygote dominant, de l'homozygote récessif ou de l'hétérozygote ; façon dont les gènes sont combinés

_____ l) se dit d'une personne qui possède les mêmes allèles sur ses chromosomes homologues

_____ m) chromosome X inactivé chez la femme

_____ n) individus hétérozygotes qui possèdent un gène récessif (qui ne s'exprime pas) qu'ils peuvent transmettre à leur progéniture

_____ o) échange de portions de chromosomes non homologues

_____ p) allèle qui masque la présence d'un autre allèle et qui est pleinement exprimé

1) génotype
2) phénotype
3) allèles
4) aneuploïde
5) dominance incomplète
6) transmission par allèles multiples
7) hérédité polygénique
8) hérédité liée au sexe
9) homozygote
10) hétérozygote
11) porteurs
12) caractère dominant
13) mutation
14) non-disjonction
15) translocation
16) corpuscule de Barr

15. Associez les éléments suivants:

_____ a) membrane embryonnaire qui entoure complètement l'embryon

_____ b) un des premiers sites de la formation des cellules sanguines; contient les cellules qui migrent dans les gonades et se différencient en cellules germinales primordiales

_____ c) devient la partie principale du placenta; produit la gonadotrophine chorionique

_____ d) endomètre modifié après l'implantation; se sépare de l'endomètre après la naissance du fœtus

_____ e) constitue le lien vasculaire entre la mère et le fœtus

_____ f) sa portion fœtale est composée de villosités choriales et sa portion maternelle, de la caduque basale de l'endomètre; permet à l'oxygène et aux nutriments de diffuser du sang maternel au sang fœtal

_____ g) un des premiers sites de la formation du sang

_____ h) projections digitiformes du chorion qui rapprochent les vaisseaux sanguins de la mère et du fœtus

_____ i) joue un rôle important dans l'induction, processus par lequel un tissu inducteur stimule le développement d'un autre tissu non spécialisé en un tissu spécialisé

1) caduque
2) placenta
3) amnios
4) chorion
5) allantoïde
6) sac vitellin
7) notochorde
8) villosités choriales
9) cordon ombilical

QUESTIONS À COURT DÉVELOPPEMENT

Vous trouverez les réponses à ces questions à l'appendice D.

1. Catherine allaite son nourrisson et ressent ce qui ressemble à des contractions précoces du travail. Quelle est la cause de ces douleurs? Comportent-elles un avantage?

2. Jacques est atteint d'hémophilie, un trouble de la coagulation en rapport avec l'hérédité liée au sexe. Il reproche à son père de lui avoir transmis le gène de l'hémophilie. Expliquez-lui pourquoi cette affirmation est erronée. Comment Jacques peut-il être atteint d'hémophilie si ses parents ne le sont pas?

3. Alice a demandé a son obstétricien de conserver et de congeler le sang du cordon ombilical de son bébé après la naissance au cas où il aurait besoin d'une greffe de moelle osseuse plus tard. Quelle substance contenue dans le sang du cordon pourrait servir au traitement d'éventuels troubles futurs de l'enfant?

RÉPONSES AUX QUESTIONS DES FIGURES

29.1 La capacitation consiste en une série de changements fonctionnels que subissent les spermatozoïdes dans les voies génitales de la femme pour pouvoir féconder un ovocyte de deuxième ordre.

29.2 Une morula est une sphère solide de cellules; un blastocyste est composé d'un anneau de cellules (trophoblaste) entourant une cavité (blastocèle) et un embryoblaste.

29.3 Le blastocyste sécrète des enzymes qui digèrent les cellules de l'endomètre au site de l'implantation.

29.4 La caduque basale contribue à former la portion maternelle du placenta.

29.5 L'implantation survient durant la phase sécrétoire du cycle menstruel.

29.6 Le disque embryonnaire didermique est relié au trophoblaste par le pédicule embryonnaire.

29.7 La gastrulation transforme un disque embryonnaire didermique en un disque embryonnaire tridermique.

29.8 La notochorde incite les cellules du mésoderme à se transformer en corps vertébraux et à former le nucleus pulposus des disques intervertébraux.

29.9 Le tube neural forme l'encéphale et la moelle épinière; les somites se transforment en muscles squelettiques, en tissu conjonctif et en vertèbres.

29.10 Les villosités choriales aident le rapprochement des vaisseaux sanguins de la mère et ceux du fœtus.

29.11 Le placenta contribue aux échanges de substances entre le fœtus et la mère, sert de barrière protectrice contre de nombreux microorganismes et emmagasine des nutriments.

29.12 En raison de la plicature embryonnaire, l'embryon se recourbe pour prendre la forme d'un C, divers organes prennent leur emplacement final et l'intestin primitif se forme.

29.13 Les arcs pharyngiens, les fentes pharyngiennes et les poches pharyngiennes donnent naissance aux structures de la tête et du cou.

29.14 Le poids du fœtus double entre le milieu de la période fœtale et la naissance.

29.15 L'amniocentèse sert principalement à détecter des anomalies génétiques, mais elle fournit également de l'information sur la maturité (et la viabilité) du fœtus.

29.16 Les tests de grossesse détectent les concentrations élevées de la gonadotrophine chorionique humaine (hCG).

29.17 La relaxine augmente la flexibilité de la symphyse pubienne et contribue à la dilatation du col de l'utérus afin de faciliter la naissance.

29.18 La dilatation complète du col de l'utérus marque le début de la période d'expulsion.

29.19 L'ocytocine est l'hormone qui régit l'éjection du lait. De plus, elle stimule la contraction de l'utérus pendant l'accouchement.

29.20 La probabilité qu'un enfant soit atteint de phénylcétonurie est la même pour chaque enfant à naître: 25%.

29.21 Dans la dominance incomplète, aucun des allèles d'une paire n'est dominant; l'hétérozygote possède un phénotype intermédiaire entre ceux de l'homozygote dominant et de l'homozygote récessif.

29.22 Un bébé peut avoir le groupe sanguin O si chacun de ses parents possède un allèle i et le lui transmet.

29.23 La couleur de la peau, des yeux et des cheveux, la taille et la constitution morphologique sont des exemples de caractères transmis par l'hérédité complexe.

29.24 Les chromosomes sexuels de la femme sont XX et les chromosomes sexuels de l'homme sont XY.

29.25 Les autosomes regroupent tous les chromosomes autres que les chromosomes sexuels.

29.26 Une femme daltonienne possède le génotype $X^c X^c$.

LE TABLEAU PÉRIODIQUE DES ÉLÉMENTS

Le tableau périodique énumère les **éléments chimiques** connus, qui constituent les unités fondamentales de la matière. Ces éléments sont disposés en rangées, se lisant de gauche à droite, dans l'ordre de leur **numéro atomique**, qui correspond au nombre de protons du noyau. Chaque rangée, numérotée de 1 à 7, correspond à une **période**. Tous les éléments d'une période donnée ont le nombre de couches électroniques indiqué par leur période. Par exemple, un atome d'hydrogène ou d'hélium comporte une seule couche électronique, tandis qu'un atome de potassium ou de calcium en contient quatre. Les éléments d'une même colonne, ou **groupe**, possèdent des propriétés chimiques identiques. Par exemple, tous les éléments de la colonne IA présentent une réactivité chimique très forte, tandis que les éléments de la colonne VIIIA ont des couches électroniques complètes, ce qui les rend chimiquement inertes.

Dans le milieu scientifique, on reconnaît actuellement 113 éléments, dont 92 sont présents à l'état naturel, les autres étant produits à partir d'éléments naturels au moyen de dispositifs comme l'accélérateur de particules ou le réacteur nucléaire. Chaque élément est désigné par un **symbole chimique**, généralement composé de la première lettre, ou des deux premières lettres, de son nom en français, en latin ou dans une autre langue.

Des 92 éléments naturels, 26 sont normalement présents dans l'organisme humain. De ce nombre, seulement quatre éléments, soit l'oxygène (O), le carbone (C), l'hydrogène (H) et l'azote (N) (représentés en bleu), constituent environ 96 % de la masse corporelle. Huit autres éléments, soit le calcium (Ca), le phosphore (P), le potassium (K), le soufre (S), le sodium (Na), le chlore (Cl), le magnésium (Mg), l'iode (I) et le fer (Fe) (représentés en rose), forment 3,8 % de la masse corporelle. Quatorze autres éléments, appelés **oligoéléments,** sont présents en concentrations infimes et constituent le 0,2 % restant. Les oligoéléments sont l'aluminium (Al), le bore (B), le chrome (Cr), le cobalt (Co), le cuivre (Cu), le fluor (F), le manganèse (Mn), le molybdène (Mo), le sélénium (Se), le silicium (Si), l'étain (Sn), le vanadium (V) et le zinc (Zn) (représentés en jaune). Le tableau 2.1, page 30, contient des informations sur les principaux éléments chimiques présents dans l'organisme humain.

NOTE : Les valeurs du tableau ont été mises à jour à patir du site Internet du Conseil National de Recherches du Canada.

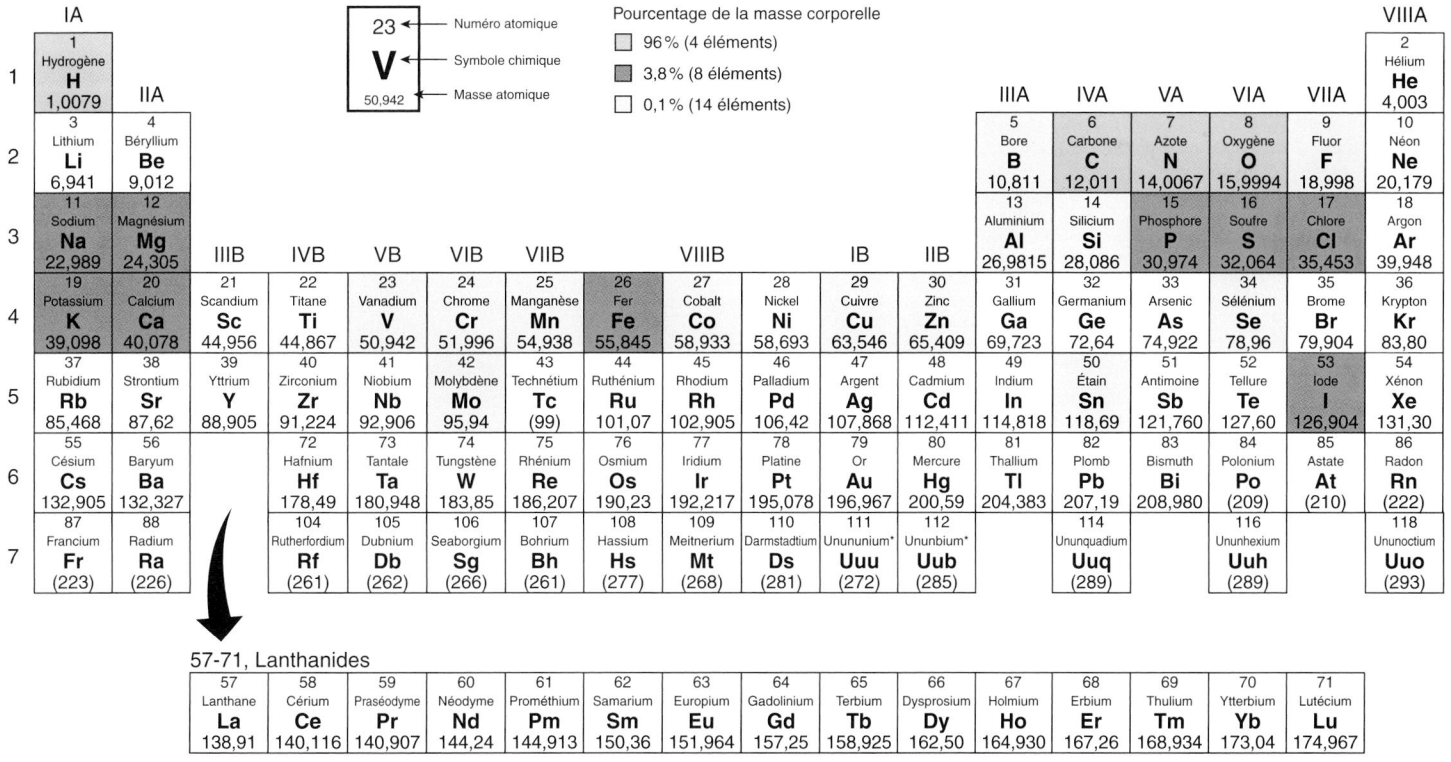

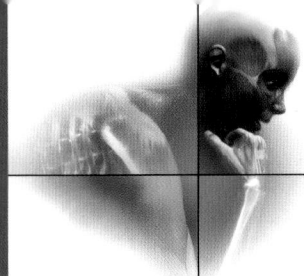

APPENDICE B

LES VALEURS DE RÉFÉRENCE POUR QUELQUES ANALYSES SANGUINES

Les unités du système international (SI) ont cours dans la plupart des pays et des publications médicales et scientifiques. Dans le tableau qui suit, les valeurs sont donc exprimées en unités SI. Elles sont données uniquement à titre de référence et, par conséquent, ne doivent pas être considérées comme des valeurs «normales» absolues pour toutes les personnes en bonne santé. Elles peuvent varier en fonction de l'âge, du sexe, du régime alimentaire et du milieu dans lequel le sujet vit, de même qu'en fonction du matériel, des méthodes et des normes utilisés par le laboratoire procédant aux épreuves.

Légende des symboles

g = gramme
U = unité
L = litre
d = jour

mmol/L = millimoles par litre
μmol/L = micromoles par litre
> = supérieur à ; < = inférieur à

ANALYSES SANGUINES

ANALYSE (ÉCHANTILLON)	VALEURS DE RÉFÉRENCE : UNITÉS SI	ÉLÉVATION DANS LES CAS SUIVANTS	DIMINUTION DANS LES CAS SUIVANTS
Aminotransférases (sérum)			
Alanine-aminotransférase (ALT)	0 à 35 U/L	Atteinte ou lésion hépatique causée par une toxicité médicamenteuse.	
Aspartate-aminotransférase (ASAT)	0 à 35 U/L	Infarctus du myocarde, atteinte hépatique, traumatisme aux muscles squelettiques, brûlures graves.	Béribéri, diabète non stabilisé accompagné d'acidose, grossesse.
Ammoniac (plasma)	12 à 55 μmol/L	Atteinte hépatique, insuffisance cardiaque, emphysème, pneumonie, maladie hémolytique du nouveau-né.	Hypertension.
Bilirubine (sérum)	Conjuguée (directe) : < 5,0 μmol/L Non conjuguée (indirecte) : 18 à 20 μmol/L Nouveau-né : < 200 μmol/L	Conjuguée : dysfonctionnement hépatique ou calculs biliaires, pancréatite. Non conjuguée : hémolyse excessive des érythrocytes.	
Cholestérol, total (plasma)	Valeur souhaitable : < 5,2 mmol/L	Hypercholestérolémie, diabète non stabilisé, hypothyroïdie, hypertension, athérosclérose, néphrose.	Atteinte hépatique, hyperthyroïdie, malabsorption des graisses, anémie pernicieuse ou hémolytique, infections graves.
Lipoprotéines de haute densité (HDL) (cholestérol)(plasma)	Valeur souhaitable : > 0,9 mmol/L		
Lipoprotéines de basse densité (LDL) (cholestérol) (plasma)	Valeur souhaitable : < 3,4 mmol/L		
Créatine (sérum)	Homme : 10 à 40 μmol/L Femme : 30 à 70 μmol/L	Dystrophie musculaire, lésions de tissus musculaires, choc électrique, alcoolisme chronique.	
Créatine-kinase (CK) (sérum)	0 à 170 U/L	Infarctus du myocarde et myocardite, dystrophie musculaire progressive, hypothyroïdie, œdème pulmonaire.	
Créatinine (sérum)	Homme : 62 à 115 mmol/L Femme : 44 à 88 mmol/L	Trouble de la fonction rénale, obstruction des voies urinaires, gigantisme, acromégalie.	Perte de masse musculaire, comme dans la dystrophie musculaire, la myasthénie grave ou la dénutrition.

Analyse (échantillon)	Valeurs de référence : unités SI	Élévation dans les cas suivants	Diminution dans les cas suivants
Électrolytes (plasma)	Voir le tableau 27.2 à la page 1136.		
Érythrocytes (sang entier)	Homme : 4,5 à 6,5 × 10^{12}/L Femme : 3,9 à 5,6 × 10^{12}/L	Polycythémie, déshydratation, haute altitude.	Hémorragie, hémolyse, anémies, cancer, hyperhydratation.
Fer, total (sérum)	Homme : 14 à 32 µmol/L Femme : 11 à 29 µmol/L	Atteinte hépatique, anémie hémolytique, intoxication par le fer.	Anémie ferriprive, pertes sanguines chroniques, grossesse (fin), allaitement, menstruation abondante chronique.
Gamma-glutamyl-transférase (GGT) (sérum)	0 à 40 U/L	Obstruction du conduit cholédoque, cirrhose, alcoolisme, cancer du foie métastatique, insuffisance cardiaque.	
Dioxyde de carbone pression partielle (PaCO$_2$)	4,7 à 6,0 kPa	Diarrhée grave, vomissement grave, inanition, emphysème, aldostéronisme.	Insuffisance rénale, acidocétose diabétique, choc, hyperventilation chronique.
Glucose (plasma)	3,9 à 6,1 mmol/L	Diabète, stress aigu, hyperthyroïdie, atteinte hépatique chronique, syndrome de Cushing.	Maladie d'Addison, hypothyroïdie, hyperinsulinisme.
Hémoglobine (sang entier)	Homme : 140 à 180 g/L Femme : 120 à 160 g/L Nouveau-né : 140 à 200 g/L	Polycythémie, insuffisance cardiaque, bronchopneumopathie chronique obstructive, haute altitude.	Anémie, hémorragie grave, cancer, hémolyse, maladie de Hodgkin, carence nutritionnelle en vitamine B$_{12}$, lupus érythémateux aigu disséminé, atteinte rénale.
Lacticodéshydrogénase (LDH) (sérum)	71 à 207 U/L	Infarctus du myocarde, infection pulmonaire, atteinte hépatique, nécrose des muscles squelettiques, cancer répandu.	
Leucocytes, formule totale (sang entier)	5 à 10 × 10^9/L (Voir le tableau 19.3 à la page 730 pour les pourcentages relatifs des différents types de leucocytes.)	Infections aiguës, traumatisme, affections malignes, maladies cardiovasculaires. (Voir aussi le tableau 19.2 à la page 728.)	Diabète, anémie. (Voir aussi le tableau 19.2 à la page 728.)
Lipides (sérum) Total	4,0 à 8,5 g/L	Hyperlipidémie, diabète, hypothyroïdie.	Malabsorption des graisses.
Triacylglycérols	Varie selon l'âge et le sexe Homme 20-29 ans : 0,5 à 2,09 mmol/L Femme 20-29 ans : 0,45 à 1,45 mmol/L	Alcoolisme	
Protéines (sérum) Total Albumine Globuline	 60 à 80 g/L 40 à 60 g/L 23 à 35 g/L	Déshydratation, choc, infections chroniques.	Atteinte hépatique, carence protéique alimentaire, hémorragie, diarrhée, malabsorption, insuffisance rénale chronique, brûlures graves.
Thrombocytes (plaquettes) (sang entier)	150 à 400 × 10^9/L	Cancer, traumatisme, leucémie, cirrhose, carence en fer.	Anémies, états allergiques, hémorragie, chimiothérapie.
Urate (en acide urique) (sérum)	120 à 420 µmol/L	Trouble de la fonction rénale, goutte, cancer métastatique, choc, inanition.	
Urée (sérum)	2,9 à 9,3 mmol/L	Atteinte rénale, obstruction des voies urinaires, choc, diabète, brûlures, déshydratation, infarctus du myocarde.	Insuffisance hépatique, malnutrition, hyperhydratation, grossesse.

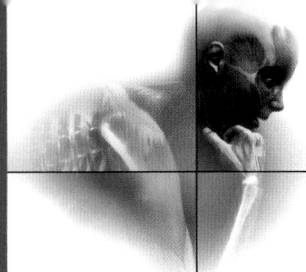

APPENDICE C

LES VALEURS DE RÉFÉRENCE
POUR QUELQUES ANALYSES D'URINE

ANALYSES D'URINE

ANALYSE (ÉCHANTILLON)	VALEURS DE RÉFÉRENCE : UNITÉS SI	CONSIDÉRATIONS CLINIQUES
Amylase (2 h)	6,5 à 48,1 U/h	La valeur augmente dans les cas d'inflammation du pancréas (pancréatite) ou des glandes salivaires, d'obstruction du conduit pancréatique et de perforation d'un ulcère gastroduodénal.
Bilirubine* (aléatoire)	Nulle	La valeur augmente dans les cas d'affection hépatique et d'affection obstructive des voies biliaires.
Sang* (aléatoire)	Nulle	La valeur augmente dans les cas d'affection rénale, de brûlures étendues, de réaction à une transfusion sanguine et d'anémie hémolytique.
Calcium (Ca²⁺) (aléatoire)	2,5 mmol/L ; jusqu'à 7,5 mmol/d	La quantité dépend de l'apport alimentaire ; la valeur augmente dans les cas d'hyperparathyroïdie, de métastases et de cancer primitif du sein ou du poumon ; la valeur diminue dans les cas d'hypoparathyroïdie et de carence en vitamine D.
Cylindres (24 h)		
Cellules épithéliales	Rarement significative	La valeur augmente en cas de néphrose et d'intoxication par un métal lourd.
Cylindres granuleux	Rarement significative	La valeur augmente dans les cas de néphrite et de pyélonéphrite.
Cylindres hyalins	Rarement significative	La valeur augmente dans les cas d'infection rénale.
Érythrocytes	Rarement significative	La valeur augmente dans les cas de lésion de la membrane glomérulaire et en présence de fièvre.
Leucocytes	Rarement significative	La valeur augmente dans les cas de pyélonéphrite, de calcul rénal et de cystite.
Chlorure (Cl⁻) (24 h)	140 à 250 mmol/d	La quantité dépend de la consommation quotidienne de sel ; la valeur augmente dans les cas de maladie d'Addison, de déshydratation et d'inanition ; la valeur diminue dans les cas de d'obstruction du pylore, de diarrhée et d'emphysème.
Couleur (aléatoire)	Jaune, paille, ambre	La couleur varie en fonction de divers états pathologiques, de l'hydratation et du régime.
Créatinine (24 h)	Homme : 9 à 18 mmol/d Femme : 7 à 16 mmol/d	La valeur augmente dans les cas d'infection ; elle diminue dans les cas d'atrophie musculaire, d'anémie et d'affection rénale.
Glucose*	Nulle	La valeur augmente dans les cas de diabète sucré, de lésion cérébrale et d'infarctus du myocarde.
Hydroxycorticostéroïdes (17-hydroxystéroïdes) (24 h)	Homme : 13 à 41 µmol/d Femme : 5 à 36 µmol/d	La valeur augmente dans les cas de syndrome de Cushing, de brûlures et d'infection ; elle diminue dans les cas de maladie d'Addison.
Corps cétonique* (aléatoire)	Nulle	La valeur augmente dans les cas d'acidose diabétique, de fièvre, d'anorexie, de jeûne et d'inanition.
17-Cétostéroïdes (24 h)	Homme : 28 à 87 µmol/d Femme : 17 à 53 µmol/d	La valeur diminue dans les cas d'intervention chirurgicale, de brûlures, d'infection, de syndrome adrénogénital et de syndrome de Cushing.
Odeur (aléatoire)	Aromatique	Odeur de sirop d'érable liée à la présence d'acétone dans les cas de cétose diabétique.
Osmolalité (24 h)	500 à 1 400 mmol/kg d'eau	La valeur augmente dans les cas de cirrhose, d'insuffisance cardiaque congestive et de régime hyperprotéiné ; elle diminue dans les cas d'aldostéronisme, de diabète insipide et d'hypokaliémie.
PH* (24 h)	4,6 à 8,0	La valeur augmente dans les cas d'infection des voies urinaires et d'alcalose grave ; elle diminue dans les cas d'acidose, d'emphysème, d'inanition et de déshydratation.
Acide phénylpyruvique (aléatoire)	Nulle	La valeur augmente dans les cas de phénylcétonurie (PCU).

ANALYSE (ÉCHANTILLON)	VALEURS DE RÉFÉRENCE : UNITÉS SI	CONSIDÉRATIONS CLINIQUES
Potassium (K+) (24 h)	40 à 80 mmol/d	La valeur augmente dans les cas d'insuffisance rénale chronique, de déshydratation, d'inanition et de syndrome de Cushing ; elle diminue dans les cas de diarrhée, de syndrome de la malabsorption et d'hypofonction adrénocorticale.
Protéines* (albumine) (aléatoire)	Nulle	La valeur augmente dans les cas de néphrite, de fièvre, d'anémie grave, de traumatisme et d'hyperthyroïdie.
Sodium (Na+) (24 h)	75 à 200 mmol/d	La quantité dépend de l'apport alimentaire en sel ; la valeur augmente dans les cas de déshydratation, d'inanition et d'acidose diabétique ; la valeur diminue dans les cas de diarrhée, d'insuffisance rénale aiguë, d'emphysème et de syndrome de Cushing.
Densité* (aléatoire)	1,001 à 1,035	La valeur augmente dans les cas de diabète sucré et de perte excessive d'eau ; elle diminue en l'absence d'hormone antidiurétique (ADH) et d'atteinte rénale grave.
Urée (aléatoire)	420 à 580 mmol/d	La valeur augmente en réaction à un accroissement de l'apport de protéines ; elle diminue dans les cas d'altération de la fonction rénale.
Acide urique (24 h)	1,5 à 4,0 mmol/d	La valeur augmente dans les cas de goutte, de leucémie et d'affection hépatique ; elle diminue dans les cas d'affection rénale.
Urobilinogène* (2 h)	1,7 à 6,0 µmol/d	La valeur augmente dans les cas d'anémie, d'hépatite A (infectieuse), d'affection des voies biliaires et de cirrhose ; elle diminue dans les cas de lithiase biliaire et d'insuffisance rénale.
Volume total	1,0 à 2,0 L/d	La valeur varie en fonction de nombreux facteurs.

* Test souvent effectué à l'aide d'une **bandelette réactive** de plastique imprégnée d'un produit chimique. On trempe
la bandelette dans l'échantillon d'urine afin de détecter une substance particulière. Le changement de couleur indique
la présence ou l'absence de la substance ou donne une indication de la quantité présente dans l'échantillon.

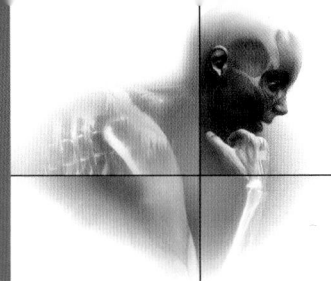

CHAPITRE 1

AUTOÉVALUATION

1. tissu **2.** métabolisme, anabolisme, catabolisme **3.** liquide intracellulaire, liquide extracellulaire **4.** vrai **5.** faux **6.** faux **7.** e **8.** d **9.** a **10.** c **11.** c **12.** a) 1, b) 12, c) 1, 6, d) 6, e) 4, f) 8, g) 7, h) 3, i) 2, j) 10 **13.** a) 4, b) 1, c) 3, d) 6, e) 5, f) 7, g) 2 **14.** a) 6, b) 1, c) 11, d) 5, e) 10, f) 8, g) 7, h) 9, i) 4, j) 3, k) 2 **15.** a) 4, b) 6, c) 8, d) 1, e) 9, f) 5, g) 2, h) 7, i) 3, j) 10

QUESTIONS À COURT DÉVELOPPEMENT

1. La radiographie permet de bien voir les tissus denses comme les os. L'imagerie par résonance magnétique sert à visualiser des tissus mous et non des os. Elle ne peut pas être utilisée en présence de métal parce qu'elle expose le corps à un champ magnétique.

2. Les cellules souches sont des cellules non spécialisées. Des recherches portant sur ces cellules ont montré qu'il est possible de les amener à se différencier de manière à former le type de cellules spécialisées dont on a besoin pour remplacer des cellules endommagées ou qui ne remplissent pas adéquatement leur fonction.

3. L'homéostasie est un état d'équilibre dynamique du milieu interne de l'organisme humain. Celui-ci se maintient même lorsque le corps subit des modifications en réaction aux changements des conditions externes ou internes. La température corporelle devrait avoisiner la température normale de l'organisme (37 °C), qui est supérieure à la température ambiante (laquelle se situe habituellement aux environs de 25 °C).

4. Le terme « bilatéral » signifie « des deux côtés » ; Sarah portera donc des attelles aux deux bras. « Carpien » signifie « région du poignet ».

CHAPITRE 2

AUTOÉVALUATION

1. 8 **2.** solide, liquide, gaz **3.** monosaccharides, acides aminés **4.** vrai **5.** faux **6.** vrai **7.** c **8.** a **9.** d **10.** b **11.** e **12.** a **13.** e **14.** a) 1, b) 2, c) 1, d) 4, e) 3 **15.** a) 11, b) 1, c) 8, d) 3, e) 7, f) 4, g) 5, h) 9, i) 10, j) 12, k) 6, l) 2

QUESTIONS À COURT DÉVELOPPEMENT

1. Il n'est pas recommandé d'utiliser du beurre ou de la margarine pour faire frire des œufs. Le beurre contient des graisses saturées, et on a établi un lien entre ces dernières et les maladies cardiaques. Par ailleurs, certaines margarines renferment des gras *trans* hydrogénés ou partiellement hydrogénés, dont la consommation accroît, elle aussi, le risque de maladie cardiaque. Il est préférable d'utiliser une substance contenant des graisses mono-insaturées ou poly-insaturées, telles l'huile d'olive, l'huile d'arachide ou l'huile de maïs.

2. Une élévation de la température corporelle peut être fatale, surtout chez les enfants. Elle risque de provoquer la dénaturation des protéines structurales et des enzymes essentielles à la vie. Lorsque cela se produit, les protéines ne sont plus fonctionnelles et, si des réactions indispensables pour le maintien de la vie font intervenir des enzymes qui ont été dénaturées, alors l'enfant peut mourir.

3. Le simple fait d'ajouter de l'eau à du saccharose n'entraîne pas la dégradation de ce dernier en monosaccharides. L'eau agit comme un solvant : elle dissout le saccharose, ce qui donne une solution aqueuse de sucre. La dégradation du saccharose (un disaccharide) en glucose et en fructose nécessite la présence d'une enzyme, la saccharase.

CHAPITRE 3

AUTOÉVALUATION

1. membrane plasmique, cytoplasme, noyau **2.** apoptose, nécrose **3.** télomères **4.** UAG **5.** faux **6.** vrai **7.** vrai **8.** e **9.** c **10.** c, g, i, b, d, k, f, j, a, e, h **11.** a **12.** c **13.** a) 2, b) 3, c) 5, d) 7, e) 6, f) 8, g) 1, h) 4 **14.** a) 2, b) 9, c) 3, d) 5, e) 11, f) 8, g) 1, h) 6, i) 10, j) 7, k) 13, l) 4, m) 12 **15.** a) 3, b) 9, c) 1, d) 5, e) 11, f) 4, g) 8, h) 7, i) 2, j) 10, k) 6

QUESTIONS À COURT DÉVELOPPEMENT

1. Itinéraire de la mucine dans la cellule : **synthèse** de la mucine par les ribosomes du réticulum endoplasmique rugueux, vésicule de transport, face *cis* du complexe golgien, vésicule de transfert, citernes du Golgi médian où la protéine est modifiée, vésicule de transfert, face *trans*, vésicule de sécrétion, membrane plasmique, **excrétion** par exocytose de la protéine.

2. La cellule transpercée, l'ovocyte, est entourée d'une membrane qui possède une certaine fluidité. Cette caractéristique permet à la bicouche lipidique de retrouver son étanchéité après avoir été transpercée.

3. L'ablation ou la dérivation d'une partie de l'intestin grêle réduit considérablement la surface totale de la membrane plasmique disponible pour l'absorption des nutriments digérés. Bien que cette intervention soit susceptible d'entraîner une perte de poids, elle risque aussi de causer une baisse importante de l'absorption de vitamines et de minéraux essentiels ; la consommation de suppléments alimentaires est généralement requise.

4. Afin de rétablir l'équilibre hydrique de leurs cellules, les marathoniens devraient consommer des solutions hypotoniques. Une fois absorbée, l'eau contenue dans ces solutions va passer du sang au liquide interstitiel, puis elle va entrer dans les cellules. L'eau du robinet fait très bien l'affaire ; les boissons pour athlètes contiennent de l'eau et des électrolytes (dont certains sont éliminés avec la sueur), mais elles sont tout de même hypotoniques relativement aux cellules somatiques.

3. Eduardo a endommagé la matrice, c'est-à-dire la partie qui fait pousser l'ongle. Puisque la région touchée ne s'est pas bien reformée, il est possible que la matrice ait été irrémédiablement détruite.

CHAPITRE 4

AUTOÉVALUATION

1. épithélial, conjonctif, musculaire, nerveux 2. la disposition des cellules en couches ; la forme des cellules 3. vrai 4. vrai 5. e 6. b 7. a 8. c 9. e 10. b 11. d 12. c 13. a) C, b) M, c) N, d) É, e) C, f) É, g) M, h) É, i) C, j) M, k) N, l) É, m) C, n) É, o) M et N 14. a) 4, b) 8, c) 5, d) 2, e) 6, f) 3, g) 1, h) 7 15. a) 3, b) 5, c) 8, d) 13, e) 9, f) 7, g) 11, h) 6, i) 2, j) 4, k) 10, l) 12, m) 1

QUESTIONS À COURT DÉVELOPPEMENT

1. De nombreuses adaptations sont possibles : augmentation de la masse de tissu adipeux pour renforcer l'isolation thermique ; augmentation de l'épaisseur des os pour accroître le soutien ; augmentation du nombre des érythrocytes pour améliorer le transport de l'oxygène ; accroissement de l'épaisseur de la peau pour limiter les pertes hydriques ; etc.

2. Les bébés possèdent généralement une proportion élevée de tissu adipeux brun, c'est-à-dire une graisse très vascularisée contenant de nombreuses mitochondries. La dégradation du tissu adipeux brun produit de la chaleur, qui contribue à maintenir la température de l'enfant. Cette chaleur peut également servir à réchauffer le sang, qui la propage ensuite dans tout le corps.

3. Votre régime de pain et d'eau ne vous fournit pas les nutriments nécessaires à la réparation tissulaire. Vous avez besoin de plusieurs vitamines essentielles en quantités suffisantes. La vitamine C, en particulier, est indispensable à la réparation de la matrice et des vaisseaux sanguins. La vitamine A contribue à l'entretien du tissu épithélial. En outre, les protéines sont nécessaires à la synthèse des protéines structurales des tissus endommagés.

CHAPITRE 5

AUTOÉVALUATION

1. la couche claire 2. exocrines, cérumineuses, apocrines 3. faux 4. vrai 5. c 6. e 7. a 8. c 9. b 10. e 11. a 12. c 13. a) 3, b) 5, c) 4, d) 1, e) 6, f) 11, g) 2, h) 8, i) 9, j) 10, k) 7 14. a) 3, b) 4, c) 1, d) 2 15. a) 4, b) 3, c) 2, d) 1, inflammation, migration, prolifération, maturation

QUESTIONS À COURT DÉVELOPPEMENT

1. Les particules d'origine humaine sont essentiellement des kératinocytes provenant de la couche cornée de la peau.

2. On n'épaissit pas les cheveux en les coupant. Par contre, certaines coiffures et certains produits capillaires peuvent donner l'illusion que la chevelure est plus fournie. Jeanne est venue au monde avec un certain nombre de follicules pileux dans lesquels poussent ses cheveux. Ce n'est pas en se faisant couper les cheveux qu'elle augmentera la densité de ses follicules pileux.

CHAPITRE 6

AUTOÉVALUATION

1. interstitielle, par apposition 2. dureté, force de tension 3. vrai 4. vrai 5. vrai 6. d 7. a 8. e 9. c 10. a 11. a) 3, b) 9, c) 8, d) 1, e) 5, f) 4, g) 6, h) 7, i) 12, j) 2, k) 11, l) 10 12. a) 12, b) 4, c) 8, d) 6, e) 3, f) 9, g) 13, h) 10, i) 7, j) 5, k) 2, l) 11, m) 1 13. a) 2, b) 6, c) 4, d) 5, e) 7, f) 3, g) 1 14. a) 1, b) 4, c) 3, d) 2 15. a) 3, b) 7, c) 6, d) 1, e) 4, f) 2, g) 5, h) 9, i) 8, j) 10

QUESTIONS À COURT DÉVELOPPEMENT

1. Il est probable que, à cause de son programme d'exercice intense et répétitif, Catherine présente une fracture de stress du tibia. Les fractures de ce type sont causées par un stress répété sur un os, qui y provoque des fissures microscopiques sans que les autres tissus semblent altérés. Une radiographie ne mettrait pas en évidence ce type de fracture, que l'on peut toutefois observer au moyen d'une scintigraphie osseuse. Cet examen devrait donc confirmer ou infirmer le diagnostic du médecin.

2. Lorsque Marc s'est fracturé le bras dans son enfance, la plaque épiphysaire a été endommagée. Elle s'est donc refermée prématurément, ce qui a nui à la croissance en longueur de l'os du bras.

3. L'exercice soumet nos os à des forces mécaniques. Dans l'espace, la gravitation est nulle ; elle ne peut donc produire d'action mécanique sur les os, qui se déminéralisent et s'affaiblissent.

CHAPITRE 7

AUTOÉVALUATION

1. fontanelles 2. hypophyse 3. sacrum, coccyx 4. faux 5. faux 6. c 7. c 8. a 9. e 10. d 11. e 12. a) 4, b) 8, c) 7, d) 5, e) 3, f) 1, g) 2, h) 6 13. a) 7, b) 5, c) 1, d) 6, e) 2, f) 4, g) 8, h) 9, i) 3, j) 10, k) 11, l) 13, m) 12 14. a) 2, b) 3, c) 5, d) 6, e) 4, f) 1, g) 5, h) 4, i) 2, j) 4, k) 3 15. a) 3, b) 1, c) 6, d) 9, e) 13, f) 12, g) 2, h) 4, i) 5, j) 7, k) 10, l) 15, m) 8, n) 11, o) 14

QUESTIONS À COURT DÉVELOPPEMENT

1. Incapacité d'ouvrir la bouche : lésion de la mandibule, probablement à l'articulation temporomandibulaire ; œil au beurre noir : blessure au bord supraorbitaire ; fracture du nez : lésion probable du septum nasal (qui comprend le vomer, le cartilage septal du nez et la lame perpendiculaire de l'ethmoïde) et, peut-être, fracture des os nasaux ; fracture de la joue : fracture de l'os zygomatique ; fracture de la mâchoire supérieure : fracture du maxillaire ; lésion à une orbite : fracture de portions des os sphénoïde, frontal, ethmoïde, palatin, zygomatique et lacrymal et du maxillaire (qui font tous partie de l'orbite) ; perforation d'un poumon : lésions des vertèbres thoraciques, qui ont perforé le poumon.

2. En raison de la tension intense et répétée sur la surface des os de Ron, du nouveau tissu osseux devrait s'y déposer. Les os des bras de Ron devraient épaissir, et les saillies où les tendons s'attachent aux muscles devraient être plus proéminentes.

3. La « partie molle » dont parle l'amie, est la fontanelle antérieure, qui est située entre les os pariétal et frontal. C'est l'une des régions du crâne formées de tissu conjonctif fibreux, non encore ossifié ; l'ossification devrait se terminer entre 18 et 24 mois. Les fontanelles assurent la flexibilité du crâne nécessaire à l'accouchement et à la croissance du cerveau après la naissance. Le tissu conjonctif ne laisse pas passer l'eau ; il est donc impossible de causer des dommages au cerveau simplement en lavant les cheveux du nouveau-né.

CHAPITRE 8

AUTOÉVALUATION

1. os métacarpiens 2. ilium, ischium, pubis 3. petit bassin, grand bassin 4. faux 5. vrai 6. b 7. c 8. e 9. c 10. a 11. d 12. a 13. a) 2, b) 6, c) 9, d) 7, e) 4, f) 5, g) 8, h) 10, i) 1, j) 3 14. a) 3, b) 8, c) 4, d) 11, e) 9, f) 13, g) 5, h) 6, i) 10, j) 14, k) 2, l) 1, m) 7, n) 12 15. a) 4, b) 3, c) 3, d) 6, e) 7, f) 1, g) 3, h) 2, i) 5, j) 9, k) 8, l) 2, m) 4, n) 6, o) 7, p) 9, q) 6, r) 3, s) 4

QUESTIONS À COURT DÉVELOPPEMENT

1. Plusieurs caractéristiques du bassin permettent de distinguer un homme d'une femme. Chez une femme : 1) le bassin est plus large et moins profond ; 2) l'ouverture supérieure du petit bassin est plus large et de forme ovale, plutôt qu'en cœur ; 3) l'arcade pubienne détermine un angle de plus de 90° ; le détroit inférieur du petit bassin est plus large ; la crête iliaque est moins incurvée et l'ilium, moins vertical. D'autres différences entre les bassins de l'homme et de la femme sont décrites dans le tableau 8.1. On détermine l'âge d'un squelette à l'aide de la taille des os, de la présence ou de l'absence de plaques épiphysaires, du degré de déminéralisation des os, et de l'aspect général des « bosses » et des arêtes des os.

2. Les nouveau-nés ont effectivement les « pieds plats » parce que les arcs du pied ne sont pas encore formés. Lorsque l'enfant commence à se tenir debout et à marcher, les arcs devraient se développer peu à peu pour répartir uniformément le poids du corps et le supporter. En général, les arcs sont entièrement formés vers l'âge de 12 ou 13 mois. Papa ne devrait donc pas s'inquiéter !

3. Chaque main comprend 14 phalanges : deux dans le pouce et trois dans chacun des autres doigts. L'ouvrier a perdu 5 phalanges de la main gauche (les deux du pouce et les trois de l'index) ; il lui en reste donc 9 dans la main gauche et 14 dans la main droite, soit 23 en tout.

CHAPITRE 9

AUTOÉVALUATION

1. articulation ou jointure 2. arthroplastie 3. faux 4. faux 5. faux 6. e 7. d 8. b 9. c 10. a 11. c 12. e 13. a) 5, b) 3, c) 7, d) 2, e) 6, f) 4, g) 1 14. a) 6, b) 4, c) 5, d) 1, e) 3, f) 2 15. a) 8, b) 11, c) 10, d) 13, e) 15, f) 9, g) 6, h) 12, i) 3, j) 4, k) 16, l) 2, m) 18, n) 1, o) 7, p) 14, q) 17, r) 5

QUESTIONS À COURT DÉVELOPPEMENT

1. La colonne vertébrale, la tête, les cuisses, les jambes et les avant-bras de Catherine sont fléchis. Ses avant-bras et ses épaules sont tournés vers le plan médian du corps.

2. Les blessures à l'articulation du genou sont fréquentes, surtout chez les athlètes. En se tordant la jambe, il est possible que Jérémie se soit infligé différentes blessures internes à l'articulation du genou mais, chez les joueurs de football, il s'agit souvent d'une déchirure du ligament croisé antérieur ou du ménisque médial. L'enflure qui est apparue immédiatement est due à un épanchement de sang provenant des vaisseaux endommagés, à la lésion de membranes synoviales et à la déchirure du ménisque. Une enflure qui perdure est due à une accumulation de liquide synovial, qui peut causer de la douleur et réduire la mobilité. Le médecin décidera peut-être de prélever une partie du liquide et de procéder à une arthroscopie afin d'évaluer l'importance de la blessure.

3. Tante Agnès a subi une arthroplastie de la hanche. Les personnes âgées sont sujettes à la dégénérescence de cette articulation, causée par l'arthrite. Le remplacement de l'acétabulum et de la tête du fémur par des dispositifs artificiels permet souvent de rétablir le mouvement au niveau de l'articulation coxofémorale, qui est l'articulation la plus mobile du corps. Tante Agnès n'arrivera sans doute jamais à se croiser les jambes derrière la tête, mais elle jouira certainement d'une mobilité accrue.

CHAPITRE 10

AUTOÉVALUATION

1. unité motrice 2. atrophie musculaire, fibrose 3. acétylcholine 4. vrai 5. vrai 6. e 7. a 8. c 9. e 10. d 11. b 12. a) 5, b) 6, c) 9, d) 7, e) 2, f) 4, g) 10, h) 3, i) 1, j) 8 13. a) 7, b) 10, c) 9, d) 12, e) 8, f) 11, g) 6, h) 1, i) 2, j) 3, k) 4, l) 13, m) 5 14. a) 10, b) 2, c) 4, d) 3, e) 6, f) 5, g) 1, h) 12, i) 7, j) 9, k) 11, l) 8 15. a) 2, b) 3, c) 1, d) 1 et 2, e) 3, f) 2, g) 1, h) 3, i) 1 et 2, j) 3, k) 2 et 3, l) 3

QUESTIONS À COURT DÉVELOPPEMENT

1. Après la naissance, les myocytes squelettiques perdent leur capacité à subir la mitose. Le développement des muscles n'est donc pas attribuable à une augmentation du nombre de myocytes, mais plutôt à un accroissement de leur volume (hypertrophie). Cet accroissement peut être provoqué par l'activité musculaire intense et répétée (l'haltérophilie dans le cas de Julien), qui incite les myocytes à produire plus de structures internes – telles les mitochondries et les myofibrilles –, ce qui entraîne une augmentation du diamètre des myocytes et, par le fait même, l'augmentation de la taille du muscle en entier.

2. La « viande brune » de poulet ou de canard se compose principalement de myocytes oxydatifs lents. Les myocytes de ce type renferment une grande quantité de myoglobine et un réseau capillaire très dense, ce qui explique leur couleur foncée. Ils contiennent également un grand nombre de mitochondries et produisent de l'ATP par respiration aérobie. Ils présentent une bonne résistance à la fatigue et peuvent rester contractés pendant des heures. Les pattes des poulets et des canards supportent leur poids, et leur permettent de marcher et de nager (dans le cas des canards) ; ce sont là des fonctions où l'endurance est importante. En outre, les canards migrateurs ont besoin de myocytes oxydatifs lents dans la poitrine de manière à avoir l'énergie requise pour parcourir de longues distances au moment de la migration. La viande brune

peut également contenir des myocytes oxydatifs-glycolytiques rapides, qui renferment eux aussi une grande quantité de myoglobine et un réseau capillaire très dense, et contribuent donc à la couleur foncée de la viande. Les myocytes de ce type peuvent produire de l'ATP par respiration cellulaire aérobie ou anaérobie, et présentent une résistance à la fatigue de bonne à modérée. Ils sont utiles lors des « sprints » que doivent parfois effectuer les poulets et les canards pour se tirer d'une situation dangereuse. Par contre, la viande blanche d'une poitrine de poulet se compose principalement de myocytes glycolytiques rapides, qui renferment une moindre quantité de myoglobine et un réseau moins dense de capillaires, d'où la couleur pâle de la viande. De plus, les myocytes de ce type contiennent peu de mitochondries, de sorte qu'ils produisent de l'ATP surtout par glycolyse. Ils se contractent fortement et rapidement, et sont donc adaptés aux mouvements anaérobies intenses, de courte durée. Les poulets utilisent à l'occasion les muscles de leur poitrine pour voler sur de courtes distances, habituellement pour échapper à un prédateur ou à un danger quelconque. Les myocytes glycolytiques rapides sont donc appropriés pour la composition des muscles de la poitrine de ces animaux.

3. La destruction des neurones moteurs somatiques associés aux myocytes squelettiques provoque une perte de la stimulation des muscles squelettiques. S'il n'est pas stimulé régulièrement, un muscle perd graduellement son tonus. À cause de leur non-utilisation, les myocytes s'affaiblissent, leur volume diminue peu à peu, et ils peuvent être remplacés par du tissu conjonctif fibreux, ce qui entraîne une forme d'amyotrophie par dénervation. Un manque de stimulation des muscles de la respiration (et en particulier du diaphragme) par les neurones moteurs risque de faire perdre à ces muscles leur capacité à se contracter, ce qui cause leur paralysie et, dans certains cas, la mort de l'individu par arrêt respiratoire.

CHAPITRE 11

AUTOÉVALUATION

1. buccinateur **2.** gastrocnémien, soléaire, plantaire, calcanéus **3.** vrai **4.** vrai **5.** b **6.** c **7.** d **8.** a **9.** e **10.** e **11.** a) 6, b) 2, c) 8, d) 5, e) 3, f) 1, g) 7, h) 4 **12.** a) 13, b) 9, c) 8, d) 6, e) 3, f) 11, g) 10, h) 1, i) 2, j) 7, k) 12, l) 4, m) 5 **13.** a) 6, b) 3, c) 7, d) 4, e) 2, f) 9, g) 5, h) 1, i) 8 **14.** a) 10, b) 1, c) 9, d) 8, e) 12, f) 17, g) 2, h) 6, i) 8, j) 14, k) 5, l) 4, m) 2, n) 15, o) 1, p) 11, q) 13, r) 12, s) 7, t) 16, u) 11, v) 17, w) 16, x) 15, y) 3 **15.** a) 3, b) 1, c) 2, d) 1, e) 2, f) 3, g) 3

QUESTIONS À COURT DÉVELOPPEMENT

1. Tous les symptômes suivants peuvent apparaître du côté (droit) du visage qui est atteint : 1) affaissement de la paupière – muscle élévateur de la paupière supérieure ; 2) affaissement de la bouche, écoulement de bave, incapacité d'avaler la nourriture qui reste dans la bouche – muscles orbiculaire de la bouche et buccinateur ; 3) sourire unilatéral – muscles grand zygomatique, releveur de la lèvre supérieure et risorius ; 4) incapacité à plisser le front – ventre frontal du muscle occipitofrontal ; 5) difficulté à aspirer avec une paille – muscle buccinateur.

2. Christian doit contracter le muscle bulbospongieux, le sphincter externe de l'urètre et le muscle transverse profond du périnée.

3. La coiffe des rotateurs est formée par la fusion des tendons de quatre muscles profonds de l'épaule : les muscles subscapulaire, supraépineux, infraépineux et petit rond. Ces muscles confèrent à l'articulation de l'épaule sa force et sa stabilité. Bien que tous les tendons de ces muscles puissent subir des lésions, c'est le subscapulaire qui est le plus fréquemment endommagé. Selon le muscle qui est atteint, Pierre aura de la difficulté à effectuer une rotation médiale du bras (muscle subscapulaire), l'abduction du bras (muscle supraépineux), la rotation latérale du bras (muscles infraépineux, petit rond), l'adduction du bras (muscles infraépineux, petit rond) ou l'extension du bras (muscle petit rond).

CHAPITRE 12

AUTOÉVALUATION

1. somatique, autonome, entérique **2.** sympathique, parasympathique **3.** faux **4.** faux **5.** c **6.** d **7.** c **8.** e **9.** e **10.** d **11.** e **12.** b **13.** a) 6, b) 12, c) 1, d) 2, e) 9, f) 14, g) 4, h) 8, i) 7, j) 13, k) 5, l) 3, m) 10, n) 15, o) 11 **14.** a) 2, b) 1, c) 10, d) 9, e) 6, f) 3, g) 4, h) 5, i) 12, j) 8, k) 7, l) 13, m) 11 **15.** a) 4, b) 5, c) 15, d) 8, e) 7, f) 1, g) 2, h) 10, i) 14, j) 6, k) 3, l) 9, m) 11, n) 13, o) 12

QUESTIONS À COURT DÉVELOPPEMENT

1. Sentir le café et entendre le réveil : récepteurs sensoriels du système nerveux somatique ; s'étirer et bâiller : neurones moteurs du système nerveux somatique ; saliver : neurones moteurs du système nerveux autonome (parasympathique) ; gargouillis de l'estomac : neurones moteurs du système nerveux entérique.

2. La démyélinisation (destruction de la gaine de myéline) peut provoquer de nombreux problèmes, en particulier chez les bébés et les enfants, dont les gaines de myéline sont encore en formation. Les axones touchés dégénèrent, ce qui altère le fonctionnement du SNC et du SNP. Les sensations de l'enfant s'atténuent ; son contrôle moteur diminue ; ses réactions corporelles deviennent moins rapides et moins bien coordonnées. La détérioration des axones dans le SNC peut être permanente. Le développement cérébral du petit Ming risque d'être altéré de manière irréversible.

3. Le Dr Moro pourrait élaborer une drogue qui présenterait les caractéristiques suivantes : 1) c'est un agoniste de la substance P ; 2) elle bloque la dégradation de la substance P ; 3) elle bloque la recapture de la substance P ; 4) elle favorise la libération de la substance P ; et 5) elle empêche la libération des enképhalines.

CHAPITRE 13

AUTOÉVALUATION

1. mixtes **2.** récepteur sensoriel, neurone sensitif, centre d'intégration, neurone moteur, effecteur **3.** vrai **4.** faux **5.** c **6.** c **7.** a **8.** c **9.** d **10.** e **11.** a **12.** d **13.** a) 1, b) 8, c) 4, d) 2, e) 11, f) 1, g) 6, h) 5, i) 3, j) 9, k) 1, l) 12, m) 7, n) 2, o) 10 **14.** a) 14, b) 12, c) 13, d) 1, e) 2, f) 5, g) 11, h) 8, i) 10, j) 9, k) 15, l) 4, m) 7, n) 3, o) 6 **15.** a) 2, b) 1, c) 3, d) 4, e) 1, f) 5, g) 3, h) 2, i) 4, j) 1, k) 2, l) 4, m) 3, n) 5, o) 1

QUESTIONS À COURT DÉVELOPPEMENT

1. L'aiguille traverse l'épiderme, le derme et le fascia superficiel, puis passe entre les vertèbres par la cavité épidurale, traverse la dure-mère, l'espace subdural et l'arachnoïde, et entre finalement

dans le liquide cérébrospinal de la cavité subarachnoïdienne. Le liquide cérébrospinal est produit dans l'encéphale et les méninges spinales prolongent les méninges crâniennes. Le liquide circulant autour de l'encéphale circule donc aussi autour de la moelle épinière

2. Les cornes ventrales contiennent des corps cellulaires de neurones moteurs somatiques et des noyaux moteurs qui génèrent les influx nerveux provoquant la contraction des muscles squelettiques. Parce que la partie cervicale inférieure est touchée (plexus brachial, C5 à C8), Arnaud pourrait avoir du mal à bouger l'épaule, le bras et la main du côté atteint.

3. Les cordons dorsaux (faisceau gracile et faisceau cunéiforme) de la région inférieure (lombaire) de la moelle épinière d'Aline sont endommagés. Ces cordons dorsaux acheminent les influx nerveux qui régissent la conscience de la position des muscles (proprioception) ainsi que le toucher discriminant – deux fonctions qui sont détériorées chez Aline –, mais aussi les sensations de pression légère et de vibration.

CHAPITRE 14

AUTOÉVALUATION

1. le corps calleux **2.** le lobe frontal, le lobe temporal, le lobe pariétal, le lobe occipital et le lobe insulaire **3.** La fissure longitudinale **4.** faux **5.** vrai **6.** d **7.** c **8.** d **9.** e **10.** d **11.** e **12.** a) 3, b) 5, c) 6, d) 8, e) 11, f) 10, g) 7, h) 9, i) 1, j) 4, k) 2, l) 12, m) 1, n) 8, o) 5, p) 7, q) 12, r) 10, s) 9, t) 1, 2 et 8, u) 3, 4 et 6, v) 11 **13.** a) 9, b) 2, c) 6, d) 10, e) 4, f) 11, g) 1, h) 2, i) 5, j) 8, k) 12, l) 7, m) 3, n) 6 et 8, o) 13, p) 7, q) 1 **14.** a) 5, b) 9, c) 11, d) 6, e) 3, f) 1, g) 10, h) 8, i) 2, j) 4, k) 7 **15.** a) 10, b) 2, c) 6, d) 8, e) 7, f) 5, g) 3, h) 11, i) 14, j) 13, k) 4, l) 1, m) 12, n) 9

QUESTIONS À COURT DÉVELOPPEMENT

1. Les mouvements du bras droit sont régis par l'aire motrice primaire de l'hémisphère gauche, qui se trouve dans le gyrus précentral. La production du langage est régie par l'aire motrice du langage, qui est située dans le lobe frontal de l'hémisphère gauche, juste au-dessus du sillon latéral.

2. Le nerf facial droit de Nicole a été touché. Elle souffre d'une paralysie de Bell causée par l'infection virale. Le nerf facial régit la contraction des muscles squelettiques du visage et la sécrétion des glandes lacrymales et salivaires ; en outre, il transmet les influx sensitifs de nombreux calicules gustatifs de la langue.

3. Votre mission consiste à inventer un médicament capable de traverser la barrière hématoencéphalique. Votre produit devra être hydrosoluble ou liposoluble. S'il arrive à ouvrir une brèche entre les jonctions serrées des cellules endothéliales des vaisseaux capillaires de l'encéphale, il aura plus de facilité à franchir la barrière hématoencéphalique. Vous pourriez par ailleurs concevoir un médicament qui entrerait dans l'encéphale par certaines zones voisines des troisième et quatrième ventricules (les organes circumventriculaires), parce que la barrière hématoencéphalique est absente de ces régions et que l'endothélium capillaire y est plus perméable ; les médicaments à diffusion hématogène peuvent donc pénétrer plus facilement dans les tissus encéphaliques.

4. Les nerfs mandibulaire et maxillaire du nerf crânien (V), soit le nerf trijumeau, ont été touchés par l'anesthésie. Plus précisément, l'anesthésie a touché le nerf alvéolaire inférieur – une branche du nerf mandibulaire –, qui innerve toutes les dents d'une moitié de la mandibule ; c'est pourquoi la lèvre inférieure et le bout de la langue sont insensibles. L'anesthésie a aussi touché le nerf alvéolaire supérieur – une branche du nerf maxillaire –, qui innerve les dents d'une moitié du maxillaire ; c'est pourquoi la lèvre supérieure est insensible.

CHAPITRE 15

AUTOÉVALUATION

1. l'acétylcholine ; l'adrénaline ou la noradrénaline **2.** système thoracolombaire, système craniosacral **3.** vrai **4.** vrai **5.** d **6.** e **7.** b **8.** c **9.** e **10.** a **11.** a **12.** c **13.** e, b, g, f, d, a, c **14.** a) 2, b) 1, c) 2, d) 3, e) 3, f) 1, g) 4, h) 5 **15.** a) 2, b) 1, c) 1, d) 2, e) 1, f) 1, g) 2, h) 2

QUESTIONS À COURT DÉVELOPPEMENT

1. La digestion et la relaxation sont déterminées par l'augmentation de l'activité parasympathique. Les sécrétions de vos glandes salivaires, de votre pancréas et de votre foie, votre activité stomacale et intestinale ainsi que les contractions de votre vésicule biliaire vont augmenter ; par contre, la fréquence et la force de vos contractions cardiaques vont diminuer. Ces organes sont desservis par les nerfs suivants : glandes salivaires – nerfs faciaux (nerfs crâniens VII) et nerfs glossopharyngiens (nerfs crâniens IX) ; pancréas, foie, estomac, vésicule biliaire, intestin et cœur – nerfs vagues (nerfs crâniens X).

2. Clara a connu une situation d'urgence qui a déclenché une réaction d'alarme, ou réaction de lutte ou de fuite. L'augmentation de l'activité sympathique produit plusieurs effets notables, notamment l'élévation de la fréquence cardiaque et de la transpiration palmaire ainsi que la contraction des muscles arrecteurs du poil, qui provoque la chair de poule. La sécrétion d'adrénaline et de noradrénaline par la médullosurrénale intensifie et prolonge la réaction.

3. Mme Young doit ralentir l'activité de son système digestif, qui semble sous le coup d'une intensification de la réponse parasympathique. Elle doit donc prendre un médicament qui bloquera l'activité parasympathique. Comme l'estomac et l'intestin possèdent des récepteurs muscariniques, Mme Young devrait prendre un agent bloquant – par exemple, de l'atropine – qui bloquera ces récepteurs et diminuera ainsi la motilité de son estomac et de ses intestins.

CHAPITRE 16

AUTOÉVALUATION

1. sensation ; perception **2.** décussation **3.** faux **4.** vrai **5.** c **6.** a **7.** d **8.** b **9.** d **10.** e **11.** e **12.** d **13.** a) 9, b) 8, c) 4, d) 7, e) 10, f) 2, g) 3, h) 1, i) 5, j) 6, k) 11 **14.** a) 3, b) 2, c) 5, d) 7, e) 1, f) 9, g) 3, h) 11, i) 8, j) 4, k) 6, l) 10 **15.** a) 10, b) 8, c) 7, d) 1, e) 4, f) 3, g) 5, h) 6, i) 9, j) 2

QUESTIONS À COURT DÉVELOPPEMENT

1. Les chimiorécepteurs sont des extérocepteurs qui détectent les odeurs. Les propriocepteurs détectent la position du corps et

contribuent à l'équilibre. Les récepteurs de l'odorat s'adaptent rapidement alors que les propriocepteurs s'adaptent lentement. Par conséquent, les sensations olfactives s'atténuent assez vite, mais les sensations de roulis persistent.

2. Les récepteurs thermiques (de la chaleur) de la main gauche de Monique détectent le stimulus. Des influx nerveux sont transmis jusqu'à sa moelle épinière par les axones des neurones de premier ordre – dont les corps cellulaires se trouvent dans le ganglion spinal de la racine dorsale du nerf spinal correspondant. Les influx nerveux se rendent à la moelle épinière, où les neurones de premier ordre font synapse avec des neurones de deuxième ordre – dont les corps cellulaires se trouvent dans la corne dorsale de la moelle épinière. Les axones de ces neurones de deuxième ordre traversent la ligne médiane (décussation) pour atteindre le côté droit de la moelle épinière, puis s'étendent vers le haut dans le faisceau spinothalamique latéral. Les axones des neurones de deuxième ordre se terminent dans le noyau ventral postérieur du thalamus, où ils font synapse avec les neurones de troisième ordre. Les axones des neurones de troisième ordre transmettent les influx nerveux à l'aire somesthésique primaire du gyrus postcentral du lobe pariétal droit. En résumé, les influx nerveux suivent le trajet tracé par un trio de neurones sensitifs : le neurone de premier ordre transmet les influx nerveux des récepteurs sensoriels jusqu'à la moelle épinière ; de là, le neurone de deuxième ordre les transmet au thalamus ; et, finalement, le neurone de troisième ordre les transmet du thalamus à l'aire somesthésique primaire du cortex cérébral.

3. Quand Martin s'est couché, il a d'abord traversé les stades 1 à 3 du sommeil lent. Son épisode de somnambulisme s'est produit au stade 4. Comme ce stade est celui du sommeil profond, la mère de Martin a pu le ramener jusque dans son lit sans le réveiller. Martin a ensuite traversé une période de sommeil paradoxal, suivie d'une autre période de sommeil lent, et ainsi de suite. Ses rêves se sont produits pendant ses épisodes de sommeil paradoxal. La sonnerie de son réveil a stimulé son système réticulaire activateur ascendant (SRAA). L'activation de ce système envoie de nombreux influx nerveux à de vastes régions du cortex cérébral, à la fois directement et par le thalamus, provoquant ainsi le réveil.

CHAPITRE 17

AUTOÉVALUATION

1. le sucré, l'acide, le salé, l'amer, l'umami 2. statique, dynamique 3. vrai 4. faux 5. d 6. a 7. d 8. b 9. b 10. c, j, k, d, h, l, e, b, f, i, a, m, g 11. c 12. a 13. a) 1, b) 5, c) 7, d) 6, e) 8, f) 2, g) 4, h) 3 14. a) 3, b) 6, c) 9, d) 14, e) 1, f) 5, g) 10, h) 13, i) 7, j) 15, k) 2, l) 11, m) 12, n) 4, o) 8 15. a) 2, b) 11, c) 14, d) 13, e) 3, f) 10, g) 6, h) 12, i) 4, j) 5, k) 9, l) 1, m) 7, n) 8

QUESTIONS À COURT DÉVELOPPEMENT

1. Une lésion du nerf facial affecte l'odorat, le goût et l'ouïe. Dans l'épithélium et le tissu conjonctif de la région olfactive, aussi bien les cellules de soutien que les glandes olfactives sont innervées par des branches du nerf facial. En l'absence de stimulation transmise par ce nerf, la quantité de mucus produite est insuffisante pour dissoudre les substances odorantes. Le nerf facial innerve également les calicules gustatifs situés dans les deux tiers antérieurs de la langue, de sorte qu'une lésion de ce nerf peut aussi altérer les sensations gustatives. L'ouïe est aussi touchée dans le

cas d'une lésion du nerf facial parce que le muscle stapédien, relié au stapès, est innervé par ce nerf. La contraction du muscle stapédien joue un rôle dans la protection de l'oreille interne contre les bruits forts et prolongés. Une lésion du nerf facial rend les sons excessivement forts, d'où un accroissement du risque que les bruits forts et prolongés causent des dommages.

2. Avec le temps, les sens de l'odorat et du goût de tante Géraldine se sont considérablement émoussés en raison d'une diminution du nombre des récepteurs olfactifs et gustatifs. Étant donné que l'odorat et le goût sont intimement liés, Géraldine trouve que la nourriture ne sent plus aussi bon et qu'elle n'a plus autant de goût, ce qui peut affecter son appétit. Géraldine souffre de presbytie, c'est-à-dire d'une perte d'élasticité du cristallin, et a par conséquent de la difficulté à lire. Il est possible qu'elle souffre également, en raison de son âge, d'une perte de netteté de la vision et de la perception de la profondeur. Ses problèmes d'audition sont peut-être dus à l'altération des cellules sensorielles ciliées de l'organe spiral ou à une dégénescence de la voie auditive. Le bourdonnement qu'entend Géraldine est peut-être en fait un acouphène, phénomène plus fréquent chez les personnes âgées.

3. Il est possible qu'une partie des gouttes déposées dans l'œil entre dans le conduit lacrymonasal et se rende dans la cavité nasale, et y stimule les cellules olfactives. Comme la majorité des « saveurs » sont en fait des odeurs, la fillette « goûte » le médicament déposé dans son œil.

CHAPITRE 18

AUTOÉVALUATION

1. réaction d'alarme, stade de résistance, stade d'épuisement 2. hypothalamus 3. moins, plus 4. faux 5. vrai 6. b 7. e 8. d 9. a 10. e 11. c 12. a 13. a) 8, b) 2, c) 7, d) 1, e) 12, f) 20, g) 5, h) 18, i) 22, j) 15, k) 3, l) 17, m) 21, n) 6, o) 13, p) 11, q) 4, r) 10, s) 14, t) 9, u) 16, v) 19 14. a) 10, b) 8, c) 2, d) 12, e) 15, f) 4, g) 1, h) 16, i) 6, j) 9, k) 13, l) 7, m) 5, n) 14, o) 3, p) 11 15. a) 12, b) 1, c) 11, d) 7, e) 3, f) 10, g) 2, h) 9, i) 4, j) 8, k) 5, l) 6

QUESTIONS À COURT DÉVELOPPEMENT

1. Anne-Marie semble atteinte d'une hypertrophie de la glande thyroïde, appelée *goitre*. La cause probable de ce trouble est l'hypothyroïdie, qui occasionne de l'embonpoint, de la fatigue, une diminution des aptitudes mentales et d'autres symptômes.

2. Les problèmes d'Anne-Marie sont liés à son hypophyse, qui ne sécrète pas une quantité normale de TSH. Le fait que la concentration de thyroxine (T_4) ait augmenté après l'injection de TSH indique que la glande thyroïde fonctionne normalement et qu'elle est capable de réagir à une élévation de la concentration de TSH. Si la concentration de thyroxine n'avait pas augmenté, alors le problème aurait été lié à la glande thyroïde.

3. Le diagnostic peut indiquer que M. Hernandez souffre de diabète insipide, dont la cause est soit une production, soit une libération insuffisante d'ADH, provoquée par l'altération de l'hypothalamus ou de l'adénohypophyse. Il est également possible que les récepteurs de l'ADH situés dans les reins ne fonctionnent pas normalement. Le diabète insipide se caractérise par la production d'un grand volume d'urine, la déshydratation et une augmentation de la sensation de soif, sans que du glucose ou des cétones soient présents dans l'urine. (La présence de glucose ou de cétones est un symptôme du diabète sucré plutôt que du diabète insipide.)

1. sérum **2.** rétraction **3.** vrai **4.** vrai **5.** e **6.** a **7.** b **8.** c **9.** d **10.** a **11.** d **12.** e **13.** a) 8, b) 14, c) 7, d) 3, e) 16, f) 2, g) 11, h) 4, i) 1, j) 10, k) 9, l) 12, m) 13, n) 18, o) 15, p) 5, q) 19, r) 6, s) 17 **14.** a) 4, b) 6, c) 8, d) 1, e) 7, f) 3, g) 5, h) 2 **15.** a) 4, b) 7, c) 6, d) 1, e) 3, f) 5, g) 2

QUESTIONS À COURT DÉVELOPPEMENT

1. L'antibiotique à large spectre a peut-être détruit les bactéries responsables de l'infection de la vessie dont souffrait Sophie, mais il a aussi détruit la flore normale du gros intestin qui produit la vitamine K. Cette dernière est indispensable à la synthèse de quatre facteurs de coagulation (II, VII, IX et X). Si la quantité de ces facteurs est insuffisante, Sophie aura des problèmes de coagulation jusqu'à ce que sa flore intestinale se reconstitue et produise davantage de vitamine K.

2. L'insuffisance rénale de Mme Grégoire altère sa capacité à produire de l'érythropoïétine. Son médecin pourrait lui prescrire de l'érythropoïétine recombinante (époétine alpha), qui est très efficace pour le traitement d'une diminution de la production d'érythrocytes associée à l'insuffisance rénale.

3. L'un des troubles initiaux que peut présenter Thomas est un problème de coagulation. Le temps de coagulation augmente parce que c'est le foie qui produit plusieurs des facteurs de coagulation et des protéines plasmatiques, dont le fibrinogène. La thrombopoïétine, qui stimule la formation des thrombocytes, est elle aussi produite par le foie. De plus, le foie est responsable de l'élimination de la bilirubine qui résulte de la dégradation des érythrocytes. Si le foie fonctionne mal, la bilirubine s'accumule, ce qui provoque un ictère. On peut également observer une diminution de la concentration de l'albumine, une protéine plasmique qui agit sur la pression artérielle.

1. ventricule gauche **2.** systole, diastole **3.** faux **4.** vrai **5.** a **6.** c **7.** d **8.** b **9.** b **10.** e **11.** c **12.** a) 3, b) 6, c) 1, d) 5, e) 2, f) 4 **13.** a) 8, b) 4, c) 11, d) 5, e) 1, f) 9, g) 7, h) 2, i) 10, j) 6, k) 3 **14.** a) 3, b) 2, c) 9, d) 14, e) 8, f) 7, g) 11, h) 12, i) 15, j) 4, k) 5, l) 1, m) 6, n) 21, o) 22, p) 19, q) 17, r) 18, s) 20, t) 16, u) 13, v) 10 **15.** a) 3, b) 7, c) 2, d) 5, e) 1, f) 6, g) 4 et 7

QUESTIONS À COURT DÉVELOPPEMENT

1. Le traitement par antibiotiques laisse supposer que la cause du problème est bactérienne. Ainsi, au cours du nettoyage dentaire, des bactéries se sont introduites dans le sang d'Adrien. Elles ont formé un foyer infectieux dans l'endocarde et les valves du cœur, ce qui a provoqué une endocardite bactérienne. Un des signes cliniques de l'endocardite est la présence d'un souffle cardiaque, bruit caractéristique que font les valves cardiaques endommagées. Adrien souffrait peut-être depuis longtemps d'un souffle cardiaque qui n'avait jamais été détecté, mais le souffle peut aussi être dû

à l'endocardite. Le médecin fera un suivi pour vérifier s'il se produit d'autres détériorations des valves.

2. Une fréquence cardiaque très élevée peut entraîner une baisse du volume systolique en raison de l'insuffisance du remplissage ventriculaire. Il en résulte alors une telle diminution du volume systolique et, par conséquent, du débit sanguin que parfois la quantité de sang qui se rend au système nerveux central est insuffisante. Sylvie pourrait d'abord se sentir légèrement étourdie, mais elle pourrait aussi perdre conscience si son débit cardiaque diminue considérablement.

3. L'angiographie cardiaque est un examen qui consiste à injecter un agent de contraste dans le cœur et ses vaisseaux au moyen d'un cathéter cardiaque. Cet examen permet de révéler diverses obstructions telles que des plaques d'athérosclérose dans les artères coronaires, qui irriguent le myocarde (muscle cardiaque). Compte tenu des douleurs au thorax ressenties par M. Paquin lorsqu'il monte un escalier et du fait qu'il présente plusieurs facteurs de risque de la coronaropathie (tabagisme, obésité, sédentarité et sexe masculin), le médecin suppose que M. Paquin souffre probablement d'angine de poitrine, ce que l'angiographie cardiaque devrait confirmer.

1. sinucarotidien ; aortique **2.** pompe musculaire squelettique ; pompe respiratoire **3.** vrai **4.** vrai **5.** b **6.** a **7.** c **8.** e **9.** a **10.** d **11.** a) D, b) C, c) C, d) D, e) D, f) C, g) C, h) C, i) D, j) D, k) C **12.** a) 2, b) 5, c) 1, d) 4, e) 3 **13.** a) 11, b) 1, c) 4, d) 9, e) 3, f) 8, g) 6, h) 2, i) 7, j) 5, k) 10, l) 12, m) 13 **14.** a) 2, b) 6, c) 4, d) 1, e) 3, f) 5 **15.** a) 5, b) 3, c) 1, d) 4, e) 2, f) 4, g) 1, h) 5, i) 3

QUESTIONS À COURT DÉVELOPPEMENT

1. Le trou dans le cœur du bébé de Kim Sung est le foramen ovale, un orifice qui sépare les deux oreillettes (compartiments du cœur). Dans la circulation fœtale, le foramen ovale permet au sang de contourner le ventricule droit, d'atteindre l'oreillette gauche et, finalement, de rejoindre la circulation systémique. Le « trou » en question devrait se refermer peu après la naissance pour devenir la fosse ovale. La fermeture du foramen ovale permettra au sang désoxygéné provenant de l'oreillette droite de passer au ventricule droit et d'entrer dans la circulation pulmonaire. Ce faisant, il sera réoxygéné avant de pénétrer dans la circulation systémique. Si le foramen ovale ne se referme pas de lui-même, le sang désoxygéné se mélange au sang oxygéné et il faut alors, dans certains cas, recourir à la chirurgie, ce qui devrait inquiéter Kim.

2. Michael souffre d'un choc hypovolémique (la pression systolique est de 40 mm Hg) causé par l'hémorragie. Sa faible pression sanguine s'explique par la réduction de son volume sanguin et la baisse du débit cardiaque qu'elle a provoquée. Son pouls rapide et faible montre que son cœur tente de compenser la baisse du débit cardiaque par une stimulation sympathique du cœur et par une augmentation des taux d'adrénaline et de noradrénaline dans le sang. Sa peau est froide, pâle et moite à cause de la stimulation sympathique des vaisseaux sanguins cutanés qui entraîne une vasoconstriction (peau pâle et froide) et de la stimulation sympathique des glandes sudoripares qui sécrètent plus de sueur (peau moite ; contrecarre l'action de l'ADH sur les glandes sudoripares).

La baisse de la formation d'urine résulte de l'augmentation des sécrétions d'aldostérone et d'hormone antidiurétique (ADH); ces deux réactions compensatoires servent à accroître le volume sanguin afin de contrecarrer l'hypotension de Michael. La perte liquidienne causée par l'hémorragie active le centre de la soif qui se trouve dans l'hypothalamus. La confusion mentale et la désorientation s'expliquent par la diminution de l'oxygénation de l'encéphale, elle-même causée par la baisse du débit cardiaque.

3. Martine souffre de varices. Celles-ci sont causées par des lésions au niveau des valvules veineuses. Les valvules lésées laissent alors le sang refluer, ce qui génère une pression qui dilate la veine (d'où la douleur aux mollets) et permet l'infiltration des liquides dans les tissus environnants (d'où les chevilles enflées). Le fait de rester debout sur une surface dure durant de longues heures constitue un risque variqueux. Martine devrait soulever ses jambes aussi souvent que possible afin de contrer les effets de la gravité sur le flux sanguin dans ses mollets. Elle pourrait aussi porter des collants ou bas à varices (des collants ou bas de maintien), qui contiennent les veines superficielles un peu comme les muscles squelettiques contiennent les veines profondes. Si son état s'aggrave, Martine pourrait devoir recourir à un traitement spécifique, par exemple la sclérothérapie, l'oblitération endoveineuse par radiofréquence, l'oblitération au laser ou l'éveinage.

CHAPITRE 22

AUTOÉVALUATION

1. peau et muqueuses; protéines antimicrobiennes, cellules tueuses naturelles et phagocytes 2. antigènes 3. vrai 4. vrai 5. c 6. d 7. e 8. d 9. e 10. b 11. c 12. e, h, b, f, a, d, g, i, c 13. a) 3, b) 1, c) 7, d) 4, e) 2, f) 5, g) 6 14. a) 2, b) 3, c) 4, d) 7, e) 1, f) 6, g) 5 15. a) 12, b) 12, c) 8, d) 1, e) 2, f) 5, g) 4, h) 7, i) 9, j) 14, k) 13, l) 3, m) 6, n) 11, o) 10

QUESTIONS À COURT DÉVELOPPEMENT

1. Le vaccin contre la grippe introduit dans l'organisme un virus atténué ou détruit (qui ne causera pas la maladie). Le système immunitaire reconnaît l'antigène et met en branle une réaction primaire. Lorsqu'il est exposé au même virus de la grippe que celui du vaccin, l'organisme déclenche une réaction secondaire qui prévient habituellement la maladie. Il s'agit d'une immunité acquise artificiellement.

2. On a fait l'ablation des nœuds lymphatiques de Mme Lafrance pour éviter que la tumeur maligne d'origine produise des métastases. En effet, des cellules cancéreuses peuvent se propager par les nœuds et les vaisseaux lymphatiques et créer de nouvelles tumeurs dans les tissus où elles se fixent. L'enflure du bras est un lymphœdème, causé par l'accumulation de liquide interstitiel qui n'est pas drainé normalement par les vaisseaux lymphatiques.

3. Le médecin de Théo devra mesurer le niveau d'anticorps dans le sérum. Si Théo a déjà eu les oreillons (ou s'il a reçu un vaccin contre cette maladie), la concentration sanguine d'anticorps IgG devrait être élevée puisqu'il a été en contact avec sa sœur: son système immunitaire aura déclenché une réaction secondaire. S'il n'a jamais eu les oreillons et qu'il a contracté la maladie en étant en contact avec sa sœur, alors son système immunitaire aura déclenché une réaction primaire. Dans ce cas, la concentration sanguine d'anticorps IgM sera élevée, ces derniers étant sécrétés par les plasmocytes après une première exposition à l'antigène des oreillons.

CHAPITRE 23

AUTOÉVALUATION

1. oxyhémoglobine; CO_2 dissous, composés carbaminés (principalement carbhémoglobine), ions bicarbonate 2. $CO_2 + H_2O \rightarrow H_2CO_3 \rightarrow H^+ + HCO_3^-$ 3. faux 4. vrai 5. c 6. e 7. b 8. d 9. a 10. e 11. e, g, b, a, d, f, c 12. a) 2, b) 11, c) 3, d) 9, e) 1, f) 12, g) 10, h) 5, i) 13, j) 8, k) 4, l) 6, m) 7 13. a) 7, b) 8, c) 1, d) 5, e) 6, f) 9, g) 2, h) 3, i) 4 14. a) 3, b) 8, c) 5, d) 9, e) 2, f) 7, g) 10, h) 1, i) 4, j) 6 15. a) 9, b) 11, c) 3, d) 4, e) 6, f) 1, g) 5, h) 10, i) 7, j) 8, k) 2

QUESTIONS À COURT DÉVELOPPEMENT

1. Une production excessive de mucus cause l'obstruction du nez et des sinus paranasaux, qui forment des cavités de résonance pour le chant et la parole. En outre, le mal de gorge est peut-être dû à une inflammation du pharynx et du larynx, ce qui pourrait altérer le fonctionnement des organes de la phonation. Ainsi, le pharynx joue normalement aussi le rôle de caisse de résonance et les plis vocaux (ou cordes vocales), situés dans le larynx, vibrent pour produire la parole ou le chant. Une inflammation des cordes vocales (laryngite) les empêche de vibrer librement, d'où l'impossibilité pour Ariane de parler ou de chanter comme à l'habitude.

2. La fumée de cigarette contient de la nicotine, du monoxyde de carbone et divers agents irritants; toutes ces substances altèrent les poumons. La nicotine provoque une constriction des bronchioles terminales, entraînant ainsi une diminution de l'écoulement de l'air qui entre dans les poumons et en sort; le monoxyde de carbone se lie à l'hémoglobine, ce qui réduit la capacité de celle-ci à transporter l'oxygène; les agents irritants, tels le goudron et les particules fines, détruisent les cils et font augmenter la sécrétion de mucus, ce qui altère la capacité des voies respiratoires de Mme Brown à se nettoyer d'elles-mêmes, d'où le risque plus élevé d'infections. Lorsque l'emphysème pulmonaire apparaît, il s'accompagne de la destruction des parois alvéolaires. Il se forme alors des espaces aériens anormalement grands, ce qui empêche l'expulsion de l'air au cours de l'expiration. La destruction des alvéoles réduit la superficie de la surface disponible pour les échanges gazeux à travers la membrane alvéolocapillaire, ce qui entraîne une diminution du taux d'oxygène dans le sang. L'altération des parois alvéolaires provoque également une perte d'élasticité qui rend l'expiration plus difficile, ce qui peut causer une accumulation de CO_2. L'emphysème provoque la constriction des bronchioles; ce rétrécissement des conduits aériens augmente la résistance, de sorte qu'il faut une plus grande pression pour que l'air continue de circuler.

3. L'automobile en marche a laissé échapper des gaz d'échappement contenant du monoxyde de carbone (CO). Ce gaz incolore et inodore s'est donc accumulé dans la maison. Durant leur sommeil, le sang des membres de la famille s'est saturé de CO, un composé qui possède une affinité pour l'hémoglobine supérieure à celle de l'oxygène. François et ses parents ont donc souffert d'un manque d'oxygène; leur cerveau n'étant pas oxygéné de façon appropriée, ils sont morts durant leur sommeil.

AUTOÉVALUATION

1. monosaccharides ; acides aminés ; monoacylglycérols et acides gras ; pentoses, phosphates et bases azotées **2.** diffusion, diffusion facilitée, osmose, transport actif **3.** vrai **4.** vrai **5.** b **6.** d **7.** e **8.** c **9.** a **10.** b **11.** d **12.** a **13.** a) 5, b) 13, c) 8, d) 11, e) 9, f) 1, g) 7, h) 12, i) 14, j) 2, k) 4, l) 10, m) 6, n) 3 **14.** a) 4, b) 6, c) 7, d) 1, e) 5, f) 3, g) 9, h) 2, i) 11, j) 10, k) 8 **15.** a) 4, b) 8, c) 2, d) 10, e) 11, f) 7, g) 1, h) 13, i) 12, j) 6, k) 3, l) 9, m) 5.

QUESTIONS À COURT DÉVELOPPEMENT

1. L'acide chlorhydrique (HCl) joue un rôle important dans la digestion. Il stimule la sécrétion d'hormones qui favorisent l'écoulement de la bile et du suc pancréatique ; il détruit certains des microorganismes qui ont pu être ingérés en même temps que la nourriture ; il amorce la dénaturation des protéines alimentaires et fournit un milieu chimique propice à l'activation du pepsinogène en pepsine, qui brise des liaisons peptidiques des protéines ; il active la lipase linguale et facilite également l'action de la lipase gastrique, qui fragmente les triacylglycérols des molécules de graisse présentes dans le lait en acides gras et en monoacylglycérols. Les fonctions importantes de l'HCl prouvent qu'il n'est pas souhaitable d'en supprimer complètement la sécrétion dans l'estomac.

2. L'obstruction des conduits pancréatiques et biliaires par l'excès de mucus empêche les enzymes digestives pancréatiques et la bile de se rendre dans le duodénum. Thomas aura par conséquent du mal à digérer les glucides, vu l'absence d'amylase pancréatique ; à digérer les protéines, vu l'absence de trypsine, de chymotrypsine, de carboxypeptidase et d'élastase ; à digérer les acides nucléiques, vu l'absence de ribonucléase et de désoxyribonucléase ; et à digérer les lipides, vu l'absence de lipase pancréatique. C'est la digestion des lipides qui est la plus problématique parce que les sucs pancréatiques contiennent la principale enzyme de digestion des lipides. Thomas ne digérera pas bien les matières grasses et ses fèces contiendront des quantités de lipides supérieures à la normale. En outre, l'obstruction de l'écoulement de la bile interrompt l'arrivée des sels biliaires, ce qui empêchera son organisme d'assurer une émulsification efficace des lipides et de former les micelles indispensables à l'absorption des acides gras et des monoacylglycérols (obtenus par la fragmentation des lipides). Enfin, quand l'absorption des lipides est insuffisante, celle des vitamines liposolubles l'est aussi (vitamines A, D, E et K).

3. Antonio souffre de reflux gastro-œsophagien, malaise souvent confondu avec une crise cardiaque. La prise d'un repas substantiel, couplée à la position allongée sur le divan, a permis au contenu de son estomac de refluer (remonter) dans son œsophage, car son sphincter œsophagien inférieur ne s'est pas bien refermé. L'acide chlorhydrique (HCl) provenant de l'estomac a irrité sa paroi œsophagienne et provoqué la sensation de brûlure qu'il a ressentie dans la poitrine (et qui provient de l'estomac) ; elle est communément désignée sous le nom de « brûlures d'estomac ». L'alcool et le tabac ont aggravé son état. En effet, ces produits peuvent entraîner le relâchement du sphincter ; de plus, certains aliments (par exemple, les tomates, le chocolat et le café) ont tendance à stimuler la sécrétion d'acide dans l'estomac.

AUTOÉVALUATION

1. hypothalamus **2.** glucose 6-phosphate, acide pyruvique, acétyl coenzyme A **3.** vrai **4.** faux **5.** e **6.** c **7.** b **8.** d **9.** a **10.** b **11.** e **12.** a **13.** a) 2 et 3, b) 1, c) 3 et 5, d) 2, 4, 5 et 6, e) 1, f) 2, g) 1, 4 et 6 **14.** a) 9, b) 12, c) 11, d) 10, e) 4, f) 13, g) 3, h) 5, i) 8, j) 1, k) 6, l) 2, m) 7 **15.** a) 17, b) 15, c) 8, d) 19, e) 1, f) 7, g) 4, h) 10, i) 16, j) 14, k) 11, l) 2, m) 13, n) 6, o) 20, p) 9, q) 5, r) 18, s) 3, t) 12

QUESTIONS À COURT DÉVELOPPEMENT

1. L'ingestion de cyanure affecte la respiration cellulaire. Cette substance se lie au complexe cytochrome oxydase dans la membrane interne des mitochondries et l'inhibition de ce complexe rend impossible la dernière étape du transport des électrons lors de la production aérobie d'ATP. Les cellules de l'organisme de la femme ont rapidement manqué d'énergie pour accomplir les fonctions vitales, de sorte qu'elle est morte.

2. Le cholestérol total et le cholestérol des LDL sont très élevés chez M. Ferland, tandis que le cholestérol des HDL est faible. Des taux de cholestérol total supérieur à 5,2 mmol/L et de cholestérol des LDL supérieur à 3,5 mmol/L sont considérés comme élevés. Le rapport du cholestérol total/cholestérol des HDL est un indicateur du risque de maladie coronarienne. Chez M. Ferland, ce rapport est de 15, et il n'est pas souhaitable qu'il dépasse 5. Pour chaque tranche de 1,3 mmol/L de cholestérol total au-dessus de 5,2 mmol/L, le risque de crise cardiaque double. M. Ferland devrait donc chercher à réduire ses taux de cholestérol total et de cholestérol des LDL, et à augmenter son taux de cholestérol des HDL. Le cholestérol des LDL contribue à la formation de plaques d'athérosclérose sur les parois des artères coronariennes. Par ailleurs, le cholestérol des HDL aide à éliminer l'excès de cholestérol dans le sang, ce qui réduit le risque de maladie coronarienne. M. Ferland devrait réduire sa consommation totale de gras, de gras saturés et de cholestérol, car toutes ces substances font augmenter le taux de cholestérol des LDL. L'exercice permet d'élever le taux de cholestérol des HDL. Si ces changements dans son mode de vie ne donnent pas les résultats escomptés, il devra peut-être prendre des médicaments.

3. Les programmes de perte de poids ont comme objectif de réduire l'apport énergétique afin que l'organisme utilise les lipides qu'il a emmagasinés pour servir de source d'énergie. Ce type de métabolisme des lipides s'accompagne de la production de corps cétoniques, dont une partie est excrétée dans l'urine. Si celle-ci ne contient pas de cétones, cela indique que l'organisme ne dégrade pas les lipides. C'est donc uniquement en utilisant moins de calories que nécessaire que l'organisme de Sarah dégradera les graisses emmagasinées et éliminera des cétones. Sarah ingère donc probablement plus de calories que la quantité requise pour le maintien de ses activités quotidiennes ; autrement dit, elle « triche ».

CHAPITRE 26

AUTOÉVALUATION

1. glomérule, capsule glomérulaire (de Bowman) **2.** miction **3.** faux **4.** vrai **5.** d **6.** e **7.** c **8.** b **9.** e **10.** a **11.** g, a, h, c, o, n, l, j, i, b, d, e, m, k, f **12.** g, f, b, d, h, c, a, e, i **13.** a) 8, b) 2, c) 10, d) 5, e) 3, f) 1, g) 7, h) 4, i) 11, j) 9, k) 6 **14.** a) 4, b) 3, c) 7, d) 6, e) 2, f) 8, g) 1, h) 5 **15.** a) 5, b) 4, c) 6, d) 8, e) 1, f) 2, g) 7, h) 3

QUESTIONS À COURT DÉVELOPPEMENT

1. Sans réabsorption, de 105 à 125 mL de filtrat seraient initialement perdus chaque minute, moyennant un DFG normal. La perte de liquide dans le sang causerait une diminution rapide de la pression artérielle et, par le fait même, une diminution de la PH_G. Si la PH_G chutait en deçà de 45 mm Hg, la filtration cesserait (moyennant une PH_C et une PCO_G normales), car la PNF serait nulle. Il y aurait rapidement intoxication par absence d'élimination des déchets.

2. a) Bien que l'urine soit normalement jaune pâle, sa couleur varie en fonction de la concentration, du régime alimentaire, de l'ingestion de médicaments et de la maladie. Une couleur jaune foncé ne signifie pas nécessairement l'existence d'un problème, mais on peut décider de procéder à des examens. La turbidité augmente si on laisse reposer l'urine, mais elle peut aussi être due à l'ingestion de certains aliments ou de la présence d'une infection bactérienne. Cela exige également des examens additionnels, par exemple une culture microbienne. b) Une odeur d'ammoniac apparaît normalement quand on laisse reposer l'échantillon. c) L'urine ne devrait pas contenir d'albumine (ou seulement une très petite quantité), car les molécules sont trop grosses pour passer à travers les fenestrations des capillaires. Si l'urine contient un taux élevé d'albumine, il y a lieu de s'inquiéter, puisque cela indique que la membrane de filtration a subi des dommages. d) Les cylindres urinaires sont de petits amas de matière solidifiée (par exemple de leucocytes, de cellules épithéliales ou d'érythrocytes) qui sont expulsés en même temps que l'urine. La présence de cylindres dans l'urine n'est pas normale ; elle indique une affection. e) Le pH de l'urine se situe normalement entre 4,8 et 8,0. Un pH de 5,5 est donc normal. f) On appelle *hématurie* la présence d'érythrocytes dans l'urine. Elle est associée à certains états pathologiques et à un traumatisme rénal. L'hématurie peut aussi être causée par le fait que l'urine a été contaminée par du sang menstruel.

3. Christian pourrait souffrir de calculs rénaux (communément appelés «pierres au rein»), qui obstruent ses uretères et empêchent l'écoulement de l'urine des reins vers la vessie. Les douleurs rythmées résultent des contractions péristaltiques des uretères qui tentent de déplacer les calculs vers la vessie. Christian peut attendre que les calculs soient éliminés naturellement, mais il peut aussi les faire extraire par chirurgie ou avoir recours à la lithotripsie par ondes de choc, qui brise les calculs en fragments plus petits, pouvant être éliminés avec l'urine. Dans le but de prévenir la formation d'autres calculs, Christian devrait surveiller son régime alimentaire (en limitant l'apport en calcium), ingérer suffisamment de liquide et, peut-être, prendre des médicaments.

CHAPITRE 27

AUTOÉVALUATION

1. métabolique **2.** ion bicarbonate, acide carbonique **3.** vrai **4.** faux **5.** a **6.** c **7.** d **8.** d **9.** b **10.** e **11.** a **12.** b **13.** a **14.** a) 8, b) 9, c) 7, d) 1, e) 6, f) 2, g) 4, h) 5, i) 3 **15.** a) 8, b) 12, c) 7, d) 5, e) 10, f) 6, g) 9, h) 13, i) 1, j) 11, k) 3, l) 4, m) 2

QUESTIONS À COURT DÉVELOPPEMENT

1. La perte des sucs gastriques acides risque de provoquer une alcalose métabolique. La concentration de HCO_3^- serait plus élevée que la normale. Nathalie présenterait une hypoventilation visant à réduire le pH en ralentissant l'expulsion de CO_2. Des vomissements abondants peuvent entraîner l'hyponatrémie, l'hypokaliémie et l'hypochlorémie. Les deux premières déficiences peuvent s'accompagner de confusion mentale.

2. (Étape 1) Un pH de 7,30 indique une légère acidose, possiblement causée par une hausse de la P_{CO_2} ou une baisse de la concentration de HCO_3^-. (Étape 2) La concentration de HCO_3^- (20 mmol/L) est inférieure à la normale (de 22 à 26 mmol/L), de sorte que (étape 3) la cause est métabolique. (Étape 4) La P_{CO_2} (32 mm Hg) étant inférieure à la normale (de 35 à 45 mm Hg), l'hyperventilation fournit une certaine compensation. Diagnostic : Henri souffre d'acidose métabolique partiellement compensée. Celle-ci peut être attribuable aux dommages rénaux causés par l'interruption du débit sanguin pendant l'infarctus.

3. Samuel perdra davantage de liquide à cause de l'augmentation de l'évaporation au niveau de la peau et de l'augmentation de la quantité de vapeur d'eau expulsée par le système respiratoire au fur et à mesure que le rythme respiratoire augmentera. La perspiration va aussi augmenter (perte d'eau au niveau des muqueuses de la bouche et du système respiratoire). Samuel produira moins d'urine.

AUTOÉVALUATION

1. puberté, ménarche, ménopause **2.** vrai **3.** vrai **4.** e **5.** c **6.** a **7.** c **8.** b **9.** a **10.** e **11.** d **12.** a) 13, b) 10, c) 12, d) 1, e) 5, f) 2, g) 4, h) 6, i) 14, j) 11, k) 8, l) 3, m) 9, n) 7 **13.** a) 6, b) 4, c) 1, d) 12, e) 8, f) 5, g) 7, h) 13, i) 11, j) 3, k) 14, l) 2, m) 10, n) 15, o) 9 **14.** a) 7, b) 2, c) 1, d) 10, e) 4, f) 12, g) 8, h) 11, i) 5, j) 3, k) 6, l) 9 **15.** a) 4, b) 2, c) 1, d) 6, e) 5, f) 3

QUESTIONS À COURT DÉVELOPPEMENT

1. Le fait que Mélissa se soit entraînée de façon excessive a réduit sa masse de tissu adipeux à un niveau anormalement bas. Une certaine quantité de graisse est essentielle à la production de différentes hormones responsables du cycle ovarien. L'aménorrhée résulte d'un manque de gonadolibérine, et cette déficience réduit

à son tour la libération de LH et de FSH. Les follicules ovariques renfermant les ovocytes ne se développent pas, de sorte que l'ovulation n'a pas lieu. De plus, la synthèse d'œstrogènes et de progestérone diminue en raison de l'absence de rétroactivation hormonale et la menstruation ne se produit pas. Un gain de poids devrait permettre aux mécanismes de rétroactivation de revenir à la normale et aider Mélissa à devenir enceinte.

2. Conjointement avec les œstrogènes, la progestérone joue un rôle dans la préparation de l'endomètre en vue de l'implantation possible d'un zygote, en stimulant la croissance de la couche fonctionnelle de l'utérus. Les glandes utérines sécrètent du glycogène qui contribuera à soutenir un embryon qui s'implanterait dans l'endomètre. Si l'implantation a lieu, la progestérone contribue à maintenir l'endomètre durant le développement du fœtus. Elle joue aussi un rôle dans la préparation des glandes mammaires pour la sécrétion du lait. De plus, elle inhibe la libération de GnRH et de LH, ce qui bloque l'amorce d'un nouveau cycle ovarien.

3. Au cours de la vasectomie, on sectionne et ligature les canaux déférents, ce qui empêche l'écoulement de spermatozoïdes dans le conduit éjaculateur et l'urètre. Les glandes sexuelles annexes (la prostate, les vésicules séminales et les glandes bulbo-urétrales) continuent néanmoins de produire les sécrétions formant la partie liquide du sperme. La vasectomie ne modifie pas non plus la performance sexuelle : l'érection et l'éjaculation se produisent comme avant, puisque ces phénomènes sont des réactions du système nerveux. Il est nécessaire de continuer à employer une autre méthode de contraception pendant une certain temps à la suite de la vasectomie, parce qu'il est possible que des spermatozoïdes emmagasinés dans les canaux déférents y survivent quelques mois. Le médecin devrait vérifier la présence de spermatozoïdes dans le sperme durant un court laps de temps.

CHAPITRE 29

AUTOÉVALUATION

1. dilatation, expulsion, délivrance **2.** corps jaune, gonadotrophine chorionique humaine **3.** mésoderme, ectoderme, endoderme **4.** faux **5.** a **6.** d **7.** b **8.** e **9.** b **10.** c **11.** a) 6, b) 2, c) 11, d) 5, e) 10, f) 1, g) 3, h) 8, i) 9, j) 4, k) 7 **12.** a) 3, b) 6, c) 5, d) 2, e) 1, f) 4 **13.** a) 3, b) 4, c) 5, d) 1, e) 2, f) 6, g) 7, h) 10, i) 8, j) 9 **14.** a) 7, b) 3, c) 14, d) 6, e) 4, f) 10, g) 8, h) 13, i) 5, j) 2, k) 1, l) 9, m) 16, n) 11, o) 15, p) 12 **15.** a) 3, b) 6, c) 4, d) 1, e) 9, f) 2, g) 5, h) 8, i) 7

QUESTIONS À COURT DÉVELOPPEMENT

1. La sécrétion d'ocytocine par la neurohypophyse fait partie des mécanismes d'activation de la lactation. Cette hormone est transportée vers les glandes mammaires, où elle provoque la libération de lait dans les conduits lactifères (éjection du lait). L'ocytocine est aussi transportée vers l'utérus, dont le myomètre renferme des récepteurs de l'ocytocine. Cette hormone déclenche la contraction du myomètre, qui s'accompagne d'une sensation douloureuse. Les contractions utérines contribuent à rendre à l'utérus les dimensions qu'il avait avant la grossesse.

2. Les caractères génétiques liés au sexe, telle l'hémophilie, se trouvent sur le chromosome X, mais non sur le chromosome Y. Chez les enfants de sexe masculin, le chromosome X provient toujours de la mère et le chromosome Y, du père. Jacques a donc reçu le gène de l'hémophilie de sa mère, puisqu'il se trouve sur le chromosome X. Ce gène est récessif. La mère de Jacques devrait donc avoir deux gènes récessifs, soit un sur chaque chromosome X, pour être hémophile ; toutefois, elle a transmis à son fils le gène de l'hémophilie dont elle est porteuse. Quant au père de Jacques, il doit avoir un chromosome X portant un gène dominant (non hémophile), puisqu'il ne souffre pas non plus d'hémophilie.

3. Le sang du cordon ombilical est une source de cellules souches pluripotentes, qui sont des cellules non spécialisées susceptibles de se transformer en cellules ayant des fonctions spécialisées. On espère qu'il sera possible d'utiliser des cellules souches pour la formation de cellules et de tissus destinés au traitement d'une large gamme d'affections. On suppose que les tissus ne feraient pas l'objet de rejet, puisqu'ils renfermeraient le même matériel génétique que le patient, soit, dans le cas présent, le bébé d'Alice.

A

Abaissement (n. masc.) Mouvement d'une partie du corps vers le bas ; par exemple, ouverture de la bouche.

Abcès (n. masc.) Accumulation localisée de pus et de tissu liquéfié dans une cavité.

Abdomen (n. masc.) Région située entre le diaphragme et le bassin.

Abduction (n. fém.) Mouvement qui écarte un os, un organe (ou une partie d'un organe) du plan médian du corps.

Absorption (n. fém.) Processus qui permet le passage de petites molécules de l'environnement aux cellules ; permet le passage des aliments digérés (nutriments) du tube digestif dans le sang ou de la lymphe vers les cellules.

Accident vasculaire cérébral – AVC (n. masc.) Destruction de tissu cérébral causée par l'obstruction ou la rupture de vaisseaux sanguins qui irriguent l'encéphale ; le plus répandu des troubles de l'encéphale.

Accouchement (n. masc.) Processus par lequel le fœtus est expulsé de l'utérus par le vagin. Également appelé *parturition*.

Acétabulum (n. masc.) Fosse arrondie située sur la face externe de l'os coxal et qui reçoit la tête du fémur.

Acétylcholine – ACh (n. fém.) Neurotransmetteur libéré par de nombreux neurones du système nerveux périphérique et certains neurones du système nerveux central. L'ACh est excitatrice aux jonctions neuromusculaires, mais inhibitrice à certaines autres synapses (par exemple, elle ralentit la fréquence cardiaque).

Acétylcholinestérase – AChE (n. fém.) Enzyme présente dans la fente synaptique et qui hydrolyse rapidement l'acétylcholine résiduelle une fois que les potentiels d'action ont cessé.

Achalasie (n. fém.) Affection causée par un dysfonctionnement du plexus myentérique, qui empêche le sphincter œsophagien inférieur de se relâcher correctement durant la déglutition. Un repas entier peut ainsi se trouver coincé dans l'œsophage et n'entrer que très lentement dans l'estomac. La distension de l'œsophage provoque des douleurs dans la poitrine souvent confondues, à tort, avec des douleurs d'origine cardiaque.

Acide désoxyribonucléique – ADN (n. masc.) Macromolécule formée de nucléotides, eux-mêmes constitués par l'union d'une base azotée (adénine, cytosine, guanine ou thymine), de désoxyribose et d'un groupement phosphate ; l'information génétique est encodée dans la séquence des nucléotides.

Acide hyaluronique (n. masc.) Molécule constitutive de la substance extracellulaire visqueuse et amorphe, qui fait elle-même partie du tissu conjonctif ; relie les cellules, lubrifie les articulations et concourt à maintenir la forme du globe oculaire.

Acide nucléique (n. masc.) Groupe de molécules organiques dont font partie l'ADN et l'ARN. Les acides nucléiques sont des polymères de nucléotides, chacun d'eux étant composé d'un pentose (sucre), d'un groupement phosphate et de l'une des quatre bases azotées (adénine ; cytosine ; guanine ; thymine ou uracile).

Acide ribonucléique – ARN (n. masc.) Chaîne simple d'acide nucléique composée de nucléotides, chacun d'eux étant constitué par la réunion d'une base azotée (adénine, cytosine, guanine ou uracile), d'une molécule de ribose et d'un groupement phosphate. On distingue trois types d'ARN : l'ARN messager (ARNm), l'ARN de transfert (ARNt) et l'ARN ribosomal (ARNr), qui jouent chacun un rôle spécifique dans la synthèse des protéines.

Acidose (n. fém.) État dans lequel la valeur du pH sanguin est inférieure à 7,35.

Acinus (n. masc.) Unité sécrétrice de certaines glandes exocrines (glandes salivaires, glandes du pancréas exocrine, par exemple). Dans le pancréas, les acini forment environ 99 % des cellules pancréatiques et sécrètent d'importantes enzymes digestives.

Acné (n. fém.) Inflammation des glandes sébacées apparaissant habituellement à la puberté, quand ces glandes se mettent à sécréter une quantité accrue de sébum.

Acoustique (adj.) Relatif au son ou au sens de l'ouïe.

Acrosome (n. masc.) Organite ressemblant à un lysosome, situé dans la tête d'un spermatozoïde et contenant des enzymes qui facilitent la pénétration du spermatozoïde dans l'ovocyte de deuxième ordre.

Actine (n. fém.) Protéine contractile présente en grande quantité dans les myofilaments fins des myocytes.

Adaptation (n. fém.) Ajustement de la pupille de l'œil aux variations de l'intensité lumineuse. Propriété qui permet à un neurone sensitif de transmettre les potentiels d'action d'un récepteur à une fréquence moindre, même si la force du stimulus demeure constante ; diminution de la perception d'une sensation au bout d'un certain temps, même si la stimulation subsiste.

Adduction (n. fém.) Mouvement qui rapproche un os, un organe (ou une partie d'un organe) du plan médian du corps.

Adénohypophyse (n. fém.) Lobe antérieur de l'hypophyse ; sécrète des hormones qui régissent un grand nombre d'activités de l'organisme, de la croissance à la reproduction ; ces sécrétions sont régies par des hormones hypothalamiques.

Adénosine triphosphate – ATP (n. fém.) Molécule organique assurant le transport de l'énergie dans les cellules vivantes ; fournit l'énergie chimique nécessaire aux réactions métaboliques. L'ATP se compose d'adénine (une base purique) et d'un glucide à cinq carbones (le ribose), auquel est attachée une chaîne formée de trois groupements phosphate réunis par une liaison riche en énergie.

Adhérence (n. fém.) Association pathologique de certains tissus ou de surfaces normalement indépendants.

Adipocyte (n. masc.) Cellule adipeuse dérivée d'un fibroblaste (tissu conjonctif), contenant des réserves de lipides et située sous la peau et autour de certains organes.

ADN recombiné (n. masc.) ADN synthétique formé par l'union d'un segment d'ADN provenant d'une source et d'un segment d'ADN provenant d'une autre source.

Adrénaline (n. fém.) Hormone sécrétée par la médullosurrénale qui produit des effets semblables à ceux de la stimulation sympathique. Également appelée *épinéphrine*.

Adventice (n. fém.) Tunique externe conjonctive d'un conduit ou d'un organe.

Aérobie (adj.) Qui a besoin d'oxygène moléculaire pour sa survie ou son développement.

Agent pathogène (n. masc.) Organisme ou microorganisme causant des maladies infectieuses.

Agglutination (n. fém.) Rassemblement de microorganismes ou de cellules sanguines résultant généralement d'une réaction antigène-anticorps.

Agoniste (adj.) Dans le système musculaire, muscle directement responsable de la production d'un mouvement souhaité ; dans le système nerveux, substance qui se lie avec les récepteurs d'un neurotransmetteur et augmente ou mime son effet.

Aigu (adj.) Se dit d'un phénomène apparaissant rapidement, avec des symptômes graves et une évolution courte ; qui n'est pas chronique. Se dit également d'un son de fréquence élevée.

Aine (n. fém.) Pli entre la cuisse et le tronc ; région inguinale.

Aire cardiogénique (n. fém.) Groupe de cellules mésodermiques situé à l'extrémité céphalique de l'embryon et à partir duquel se formera le cœur.

Aire motrice du langage (n. fém.) Région motrice du cortex cérébral située au-dessus du sillon latéral, dans l'un des lobes frontaux (le gauche chez 99 % des individus), et qui traduit les pensées en paroles. Également appelée *aire de Broca*.

Aire motrice primaire (n. fém.) Région du cortex cérébral située dans le gyrus précentral du lobe frontal du cerveau et qui régit les contractions volontaires de muscles ou de groupes de muscles spécifiques.

Aire sensitive (n. fém.) Région du cortex cérébral intervenant dans l'interprétation des influx sensitifs.

Aire somesthésique primaire (n. fém.) Région du cortex cérébral située à l'arrière du sillon central, dans le gyrus postcentral du lobe pariétal du cerveau, et qui localise précisément les endroits du corps où prennent naissance les sensations somesthésiques.

Aires associatives (n. fém.) Grandes régions corticales situées sur les faces latérales des lobes occipitaux, pariétaux et temporaux et sur les lobes frontaux, à l'avant des aires motrices. Ces zones sont reliées aux autres régions du cortex par de nombreux axones moteurs et sensitifs. Les aires associatives interviennent dans la motricité, la mémoire, la compréhension auditive et visuelle des mots, le raisonnement, la volonté, le jugement et les traits de personnalité.

Aisselle (n. fém.) Espace creux situé entre la partie supérieure et interne du bras et la paroi latérale du thorax. Également appelée *région axillaire*.

Albinisme (n. masc.) Absence anormale, non pathologique, partielle ou totale, de pigment dans la peau, les poils, les cheveux et l'iris.

Albuginée (n. fém.) Capsule blanche fibreuse et dense recouvrant un testicule ou située sous la surface d'un ovaire.

Alcalose (n. fém.) État dans lequel la valeur du pH sanguin est supérieure à 7,45.

Aldostérone (n. fém.) Hormone minéralocorticoïde produite par le cortex surrénal (zone glomérulée) qui stimule la réabsorption du sodium et de l'eau par les reins ainsi que l'excrétion du potassium dans l'urine.

Allantoïde (n. fém.) Membrane fœtale vascularisée du sac vitellin, en forme de poche, et qui sert de site précoce pour la formation du sang et le développement de la vessie.

Allèles (n. masc.) Formes alternatives d'un gène qui régissent le même caractère hérité (par exemple, l'appartenance à un groupe sanguin donné, ou la couleur des yeux) et occupent la même position sur des chromosomes homologues.

Allergène (n. masc.) Antigène qui provoque une réaction allergique.

Allergie (n. fém.) *Voir* **Hypersensibilité**.

Alopécie (n. fém.) Chute partielle ou complète des poils ou des cheveux sous l'influence d'un caractère génétique, du vieillissement, de certains troubles endocriniens, d'une chimiothérapie ou d'une dermatose.

Alvéole (n. fém.) Petite poche ou cavité ; poche sphérique tapissée d'épithélium à travers laquelle se produisent les échanges gazeux dans les poumons ; partie de la glande mammaire qui sécrète le lait.

Aménorrhée (n. fém.) Absence de menstruation.

Amnésie (n. fém.) Manque ou perte de mémoire.

Amniocentèse (n. fém.) Procédé de diagnostic prénatal consistant à prélever et à analyser une partie du liquide amniotique, qui contient des cellules fœtales et des substances dissoutes.

Amnios (n. masc.) Membrane fœtale fine et protectrice dérivant de l'épiblaste ; délimite la cavité amniotique et contient le liquide amniotique et le fœtus. Également appelé *poche des eaux*.

Amphiarthrose (n. fém.) Articulation semi-mobile dans laquelle les surfaces articulaires osseuses sont séparées par du tissu conjonctif fibreux ou du fibrocartilage auquel elles sont toutes deux attachées ; la syndesmose et la symphyse en sont deux types.

Ampoule (n. fém.) Renflement en forme de sac d'un canal ou d'un conduit ; accumulation de sérosité dans l'épiderme.

Ampoule hépatopancréatique (n. fém.) Petit renflement dans le duodénum à l'endroit où le canal cholédoque et le canal pancréatique principal fusionnent pour se déverser dans le duodénum. Également appelée *ampoule de Vater*.

Amygdale (n. fém.) *Voir* **Tonsille**.

Amylase salivaire (n. fém.) Enzyme de la salive qui amorce la dégradation chimique de l'amidon pour le transformer en maltose, en maltotriose et en polymères courts du glucose.

Anabolisme (n. masc.) Ensemble des réactions de synthèse dont le déroulement nécessite de l'énergie (réactions endothermiques) et au cours desquelles des molécules simples sont assemblées pour former de grosses molécules et des macromolécules ; par exemple, la formation d'une protéine à partir d'acides aminés.

Anaérobie (adj.) Qui peut survivre ou se développer en absence d'oxygène.

Analgésie (n. fém.) Soulagement de la douleur ; absence de sensations de douleur.

Analyse d'urine (n. fém.) Analyse du volume et des propriétés physiques, chimiques et microscopiques de l'urine.

Anaphase (n. fém.) Troisième étape de la mitose, pendant laquelle les chromatides qui se sont séparées au niveau du centromère se déplacent vers les pôles opposés de la cellule.

Anaphylaxie (n. fém.) Réaction allergique causée par les anticorps IgE qui se fixent aux mastocytes et aux granulocytes basophiles. Cette fixation déclenche la libération des médiateurs de l'anaphylaxie (histamine, leucotriènes, kinine et prostaglandines). Ceux-ci augmentent la perméabilité des capillaires sanguins, la contraction des muscles lisses et la sécrétion de mucus ; par exemple, le rhume des foins (rhinite allergique saisonnière), l'urticaire, le choc anaphylactique.

Anastomose (n. fém.) Communication entre plusieurs nerfs ou plusieurs vaisseaux sanguins ou lymphatiques ; dans le cas des vaisseaux, les anastomoses offrent des voies de circulation secondaires quand la voie principale est obstruée.

Anatomie (n. fém.) Structure ou étude de la structure du corps humain et des relations entre ses parties.

Anatomie de surface (n. fém.) Étude des structures qu'il est possible d'observer de l'extérieur de l'organisme.

Anatomie des systèmes (n. fém.) Étude anatomique des différents systèmes du corps, par exemple les systèmes squelettique, musculaire, nerveux, cardiovasculaire et urinaire.

Anatomie macroscopique (n. fém.) Branche de l'anatomie qui étudie les structures visibles sans l'emploi d'un microscope.

Anatomie pathologique (n. fém.) Branche de l'anatomie qui étudie les altérations structurales causées par la maladie.

Anatomie radiologique (n. fém.) Branche de l'anatomie qui utilise notamment la radiographie pour étudier les différentes structures.

Anatomie régionale (n. fém.) Branche de l'anatomie qui étudie des régions spécifiques du corps, par exemple la tête, le cou, le tronc et l'abdomen.

Androgènes (n. masc.) Hormones sexuelles masculinisantes sécrétées avant tout par les testicules, chez l'homme, ainsi que par le cortex surrénal chez l'homme et la femme ; les androgènes déclenchent la libido (le désir sexuel) ; les deux principaux sont la testostérone et la dihydrotestostérone.

Anémie (n. fém.) État du sang caractérisé par la diminution du nombre d'érythrocytes fonctionnels ou de leur teneur en hémoglobine, entraînant une réduction de la capacité du sang à transporter l'oxygène en quantité suffisante.

Anesthésie (n. fém.) Suppression réversible, totale ou partielle de la sensibilité ; peut être générale ou locale.

Anévrisme (n. masc.) Dilatation localisée d'un vaisseau sanguin entraînée par un affaiblissement de sa paroi.

Angine de poitrine (n. fém.) Douleur dans la poitrine provoquée par une ischémie myocardique (insuffisance de l'afflux sanguin dans le tissu musculaire cardiaque), attribuable à une maladie coronarienne ou à des spasmes du tissu musculaire lisse de la paroi des artères coronaires.

Angiogenèse (n. fém.) Formation, dans le mésoderme extraembryonnaire du sac vitellin, de vaisseaux sanguins qui relient le pédicule et le chorion au début de la troisième semaine du développement de l'embryon ; formation ou croissance de nouveaux vaisseaux sanguins en vue d'augmenter l'irrigation d'un organe.

Ankylose (n. fém.) Perte importante ou totale de la mobilité d'une articulation.

Anneau inguinal profond (n. masc.) Orifice effilé situé dans l'aponévrose du muscle transverse de l'abdomen, qui constitue l'origine du canal inguinal.

Anneau inguinal superficiel (n. masc.) Orifice triangulaire situé dans l'aponévrose du muscle oblique externe de l'abdomen, qui constitue la terminaison du canal inguinal.

Antagoniste (adj.) Dans le système musculaire, muscle exerçant une action opposée à celle de l'agoniste et cédant à l'action de celui-ci ; dans le système nerveux, substance qui se lie aux récepteurs d'un neurotransmetteur afin d'en réduire l'effet ou de le bloquer.

Antérieur (adj.) Vers l'avant ou à l'avant du corps. Équivalent de *ventral* chez les bipèdes.

Anticoagulant (n. masc.) Substance qui retarde, empêche ou prévient la coagulation du sang ; par exemple, l'antithrombine et l'héparine.

Anticodon (n. masc.) Triplet de nucléotides se trouvant à une extrémité de l'ARNt et permettant une liaison avec le codon complémentaire de l'ARNm.

Anticorps (n. masc.) Protéine produite par les plasmocytes en réponse à un antigène spécifique ; l'anticorps se lie avec cet antigène pour le neutraliser, l'inhiber ou le détruire. Également appelé *immunoglobuline (Ig)*.

Antidiurétique (adj.) Qui fait diminuer la production d'urine.

Antigène (n. masc.) Substance dotée d'immunogénicité (capacité de provoquer une réponse immunitaire) et de réactivité (capacité de réagir avec les anticorps ou les cellules issues de la réponse immunitaire). Également appelé *antigène complet*.

Antigènes du complexe majeur d'histocompatibilité – CMH (n. masc.) Protéines situées à la surface des leucocytes et des autres cellules nucléées, qui sont spécifiques de chaque individu (sauf les vrais jumeaux, dont le CMH est identique) et qui sont utilisées dans le typage sérologique pour prévenir le rejet des tissus greffés. Également appelés *antigènes des leucocytes humains (HLA)*.

Antre (n. masc.) Chambre ou cavité presque fermée, en particulier dans un os (le sinus) ou dans un organe (l'antre pylorique).

Anurie (n. fém.) Production inexistante d'urine ou production quotidienne inférieure à 50 mL.

Anus (n. masc.) Partie distale et ouverture du canal anal sur l'extérieur ; protégé par deux sphincters, un sphincter interne composé de myocytes lisses et un sphincter externe composé de myocytes squelettiques.

Aorte (n. fém.) Principal tronc systémique du système artériel de l'organisme ; émerge du ventricule gauche.

Apex (n. masc.) Extrémité pointue d'une structure conique, par exemple l'apex du cœur.

Aphasie (n. fém.) Détérioration de la capacité à s'exprimer correctement par la parole ou à comprendre les messages verbaux.

Apnée (n. fém.) Arrêt temporaire, volontaire ou non, de la respiration.

Aponévrose (n. fém.) Tendon large et plat qui joint un muscle à un autre muscle ou à un os.

Apoptose (n. fém.) Autodestruction cellulaire programmée ; type de mort cellulaire assurant l'élimination des cellules superflues durant le développement embryonnaire, la régulation du nombre de cellules dans les tissus et l'élimination de nombreuses cellules potentiellement dangereuses, par exemple les cellules cancéreuses.

Appareil juxtaglomérulaire (n. masc.) Ensemble formé de la macula densa (cellules du tubule contourné distal adjacent aux artérioles glomérulaires afférente et efférente) et des cellules juxtaglomérulaires (myocytes modifiés de l'artériole glomérulaire afférente, et parfois de l'artériole glomérulaire efférente) ; sécrète la rénine lorsque la pression artérielle commence à baisser.

Appareil vestibulaire (n. masc.) Ensemble des organes de l'équilibre comprenant le saccule, l'utricule et les conduits semi-circulaires membraneux.

Appendice vermiforme (n. masc.) Prolongement du cæcum formant un tube flexueux et mesurant environ 8 cm de longueur.

Aqueduc du mésencéphale (n. masc.) Passage dans le mésencéphale reliant le troisième et le quatrième ventricule et contenant du liquide cérébrospinal. Également appelé *aqueduc de Sylvius*.

Arachnoïde (n. fém.) Méninge comprise entre la dure-mère et la pie-mère et recouvrant l'encéphale et la moelle épinière ; constituée de fibres collagènes disposées en toile d'araignée.

Arbre bronchique (n. masc.) Ensemble des ramifications des voies respiratoires formé de la trachée, des bronches et de leurs ramifications successives jusqu'aux bronchioles terminales.

Arbre de vie du cervelet (n. masc.) Ensemble des faisceaux de substance blanche du cervelet présentant l'apparence d'un arbre en coupe sagittale médiane.

Arc aortique (n. masc.) Partie supérieure de l'aorte située entre les segments ascendant et descendant de l'aorte.

Arc réflexe (n. masc.) Voie de propagation la plus élémentaire de l'influx nerveux ; relie un récepteur et un effecteur ; comprend un récepteur, un neurone sensitif, un centre d'intégration dans le système nerveux central, un neurone moteur et un effecteur.

Aréole (n. fém.) Cercle de peau pigmentée entourant le mamelon du sein.

Arrêt cardiaque (n. masc.) Terme clinique indiquant que les battements cardiaques cessent d'être efficaces ; le cœur peut être complètement arrêté ou se trouver en fibrillation ventriculaire.

Artère (n. fém.) Vaisseau sanguin qui transporte le sang hors du cœur.

Artériole (n. fém.) Petite artère, presque microscopique, qui apporte le sang à un capillaire.

Artériole glomérulaire afférente (n. fém.) Vaisseau sanguin du rein qui se divise en un réseau de capillaires appelé *glomérule* ; il y a une artériole glomérulaire afférente pour chaque glomérule.

Artériole glomérulaire efférente (n. fém.) Vaisseau sanguin du rein qui transporte le sang d'un glomérule à un capillaire péritubulaire.

Artérioles et veinules droites (n. fém.) Ramifications de l'artériole glomérulaire efférente d'un néphron juxtamédullaire qui courent le long de l'anse du néphron (de Henlé) dans la région médullaire du rein. Également appelées *vasa recta*.

Artériosclérose (n. fém.) Ensemble de maladies dégénératives des artères caractérisées par un épaississement et un durcissement de leur paroi (diminution de l'élasticité).

Arthrite (n. fém.) Inflammation d'une articulation.

Arthrologie (n. fém.) Branche de l'anatomie qui étudie les articulations.

Arthroplastie (n. fém.) Intervention chirurgicale consistant à reconstruire une articulation ou à la remplacer, par exemple la hanche ou le genou.

Arthroscopie (n. fém.) Examen visuel de la cavité d'une articulation, généralement le genou, au moyen d'un arthroscope inséré par une petite incision. Cet examen permet de déterminer l'étendue des dommages affectant une articulation, d'enlever le cartilage abîmé, de réparer les ligaments croisés et de prélever des échantillons pour analyse.

Arthrose (n. fém.) Dégénérescence du cartilage dans une articulation.

Articulation (n. fém.) Point de contact de deux os, d'un os et d'un cartilage ou d'un os et d'une dent. Également appelée *jointure*.

Articulation cartilagineuse (n. fém.) Articulation dépourvue de cavité articulaire et dans laquelle les os sont étroitement liés par du cartilage – ce qui permet peu de mouvements, voire aucun, par exemple une synchondrose ou une symphyse.

Articulation condylaire (n. fém.) Articulation synoviale dans laquelle la saillie convexe ovale d'un os s'adapte à la cavité concave, également ovale, d'un autre os ; permet le mouvement autour de deux axes ; par exemple, l'articulation du poignet entre le radius et les os du carpe.

Articulation en selle (n. fém.) Articulation synoviale dans laquelle la surface articulaire d'un os prend la forme d'une selle ; la surface articulaire de l'autre os s'y emboîte comme un cavalier sur sa selle ; par exemple, l'articulation entre le trapèze et le métacarpien du pouce.

Articulation fibreuse (n. fém.) Articulation dépourvue de cavité articulaire ; les os pratiquement soudés les uns aux autres n'effectuent que des mouvements de faible amplitude, voire aucun ; par exemple, une suture, une syndesmose ou une gomphose.

Articulation plane (n. fém.) Articulation synoviale dont les surfaces articulaires sont habituellement plates et ne permettent que des mouvements de glissement de gauche à droite et d'avant en arrière, par exemple entre les os du carpe, entre les os du tarse et entre la scapula et la clavicule.

Articulation sphéroïde (n. fém.) Articulation synoviale dans laquelle la surface sphérique d'un os bouge dans la cavité concave d'un autre os, par exemple les articulations de l'épaule et de la hanche ; permet des mouvements le long des trois axes et dans tous les plans.

Articulation synoviale (n. fém.) Articulation mobile comprenant une cavité articulaire entre les os qu'elle relie, par exemple ceux d'une articulation plane.

Articulation trochléenne (n. fém.) Articulation synoviale dans laquelle la saillie convexe d'un os s'emboîte dans la surface concave d'un autre os, par exemple le genou, le coude, la cheville et les articulations interphalangiennes.

Articulation trochoïde (n. fém.) Articulation synoviale dans laquelle la surface arrondie ou conique d'un os s'adapte à un anneau formé par un autre os et par un ligament, par exemple l'articulation entre l'atlas et l'axis, ou encore l'articulation entre les extrémités proximales du radius et de l'ulna.

Arythmie (n. fém.) Perturbation du rythme cardiaque découlant d'une anomalie du système de conduction cardiaque. Également appelée *dysrythmie*.

Ascite (n. fém.) Accumulation anormale de sérosité dans la cavité péritonéale.

Asthme (n. masc.) Réaction généralement d'origine allergique, caractérisée par des spasmes des muscles lisses dans les parois des bronches et se manifestant par une respiration sifflante ou oppressée. Également appelé *asthme bronchique*.

Astigmatisme (n. masc.) Courbure irrégulière du cristallin ou de la cornée de l'œil qui se traduit par une vision déformée ou brouillée.

Astrocyte (n. masc.) Gliocyte de forme étoilée qui participe au développement de l'encéphale et au métabolisme des neurotransmetteurs, contribue à la formation de la barrière hématoencéphalique et au maintien de l'équilibre des ions K^+ pour la propagation des influx nerveux. Les astrocytes relient également les vaisseaux sanguins et les neurones, ce qui permet à ces derniers de recevoir les nutriments dont ils ont besoin.

Ataxie (n. fém.) Absence de coordination musculaire ou manque de précision dans la coordination musculaire.

Atome (n. masc.) Unité de matière qui forme un élément chimique. Il est constitué d'un noyau (composé de protons, chargés positivement, et de neutrons, neutres) et d'électrons, chargés négativement, qui gravitent autour du noyau.

Atrésie (n. fém.) Dégénérescence et résorption d'un follicule ovarique avant sa maturation complète et sa rupture ; fermeture anormale d'un passage ou absence d'une ouverture naturelle dans un organe.

Atrium (n. masc.) *Voir* **Oreillette**.

Atrophie (n. fém.) Diminution du volume d'une partie du corps résultant d'un trouble fonctionnel, d'une anomalie nutritionnelle ou d'une utilisation insuffisante.

Auricule (n. fém.) Partie saillante de l'oreille externe composée de cartilage élastique et recouverte de peau, en forme de coquille. Également appelé *pavillon de l'oreille*. Appendice ridé en forme de poche sur la face antérieure de chaque oreillette du cœur permettant de recueillir un volume de sang un peu plus grand.

Auscultation (n. fém.) Examen consistant à écouter les sons émis par le corps à l'aide d'un stéthoscope.

Autolyse (n. fém.) Autodestruction des cellules par leurs propres enzymes lysosomiales après la mort ou au cours d'un état pathologique.

Autophagie (n. fém.) Processus de digestion des organites vieillissants par les lysosomes.

Autopsie (n. fém.) Examen du corps après la mort (*post mortem*).

Autorégulation (n. fém.) Ajustement local et automatique du débit sanguin dans une région donnée de l'organisme pour répondre aux besoins des tissus.

Autosome (n. masc.) Tout chromosome autre que les chromosomes X et Y (les chromosomes sexuels).

Avant-bras (n. masc.) Partie du membre supérieur comprise entre le coude et le poignet.

Avortement (n. masc.) Expulsion prématurée, spontanée ou provoquée, de l'embryon ou du fœtus non viable ; fausse couche causée par une anomalie dans le développement ou la maturation de l'embryon ou du fœtus.

Axone (n. masc.) Long prolongement, généralement unique, d'un neurone, dans lequel se propage l'influx nerveux vers les terminaisons axonales ; partie émettrice du neurone.

B

Bandelettes du côlon (n. fém.) Trois bandes plates de muscle lisse longitudinal et épais qui parcourent le gros intestin sur presque toute sa longueur, à l'exception du rectum.

Barorécepteur (n. masc.) Neurone sensible aux variations de pression de l'air, du sang ou d'autres liquides.

Barrière hématoencéphalique (n. fém.) Barrière protectrice composée de capillaires cérébraux et d'astrocytes spécialisés qui joue un rôle sélectif dans le passage des substances entre le sang, d'une part, et le liquide cérébrospinal et l'encéphale, d'autre part.

Barrière hématotesticulaire (n. fém.) Barrière formée par les épithéliocytes de soutien (cellules de Sertoli) unis par des jonctions serrées, et qui empêche le système immunitaire de réagir aux antigènes de surface des cellules spermatogéniques, considérées comme des corps étrangers, en isolant celles-ci du sang.

Bassin (n. masc.) Structure formée par les os coxaux, la symphyse pubienne, le sacrum et les articulations sacro-iliaques ; comprend le grand bassin et le petit bassin. Également appelé *pelvis*.

Bassinet (n. masc.) Cavité située au centre du rein, formée de la partie proximale élargie de l'uretère à l'intérieur du rein, et dans laquelle débouchent les calices rénaux majeurs. Également appelé *pelvis rénal*.

Bâtonnet (n. masc.) Un des deux types de photorécepteurs de la rétine de l'œil, très sensible à l'intensité lumineuse ; responsable de la vision dans la pénombre.

Bicouche lipidique (n. fém.) Disposition particulière des molécules de phosphoglycérolipides, de glycolipides et de cholestérol en deux feuillets parallèles où les « têtes » hydrophiles sont tournées vers l'extérieur, et les « queues » hydrophobes, vers l'intérieur ; présente dans les membranes cellulaires.

Bilatéral (adj.) Relatif aux deux côtés du corps.

Bile (n. fém.) Sécrétion du foie composée d'eau, de sels biliaires, de pigments biliaires, de cholestérol, de lécithine et de plusieurs ions ; émulsifie les lipides avant leur digestion.

Bilirubine (n. fém.) Pigment orange (résultat de la transformation de la biliverdine) formant un des produits terminaux de la dégradation de l'hémoglobine dans les hépatocytes et excrété comme déchet dans la bile.

Biologie du développement (n. fém.) Étude des étapes biologiques qui mènent de l'ovule fécondé à l'individu adulte.

Biopsie de villosités choriales (n. fém.) Ponction d'une partie des villosités choriales au moyen d'un cathéter pour analyser les tissus en vue de détecter les anomalies génétiques avant la naissance.

Blastocèle (n. masc.) Cavité remplie de liquide à l'intérieur du blastocyste.

Blastocyste (n. masc.) Au cours du développement de l'embryon, masse sphérique creuse de cellules formée d'un blastocèle (la cavité interne), d'un trophoblaste (les cellules périphériques) et d'un embryoblaste (la masse cellulaire interne).

Blastomère (n. masc.) Une des cellules résultant de la segmentation de l'ovule fécondé.

Bloc cardiaque (n. masc.) Arythmie (dysrythmie) du cœur dans laquelle les oreillettes et les ventricules se contractent de manière indépendante parce que les potentiels d'action musculaires sont bloqués à un endroit quelconque du système de conduction.

Bol alimentaire (n. masc.) Masse molle et arrondie de nourriture déglutie en une seule fois.

Boulimie (n. fém.) Trouble caractérisé par le fait de manger de manière excessive au moins deux fois par semaine, suivi de comportements compensatoires consistant à se purger en se faisant vomir, en jeûnant ou en suivant un régime strict, en s'imposant un programme d'exercices exagérément vigoureux ou en prenant des laxatifs et des diurétiques.

Bourgeon neurohypophysaire (n. masc.) Excroissance de l'ectoderme située sur le plancher de l'hypothalamus et qui donne naissance à la neurohypophyse (lobe postérieur de l'hypophyse).

Bourse (n. fém.) Sac de liquide synovial protecteur situé à un point de friction, en particulier dans les articulations

Bouton terminal (n. masc.) Extrémité distale renflée d'une terminaison axonale qui contient des vésicules synaptiques.

Bradycardie (n. fém.) Fréquence cardiaque ou pouls au repos qui est lent (inférieur à 60 battements/minute), par exemple chez les athlètes d'endurance.

Branche du faisceau auriculoventriculaire (n. fém.) Une des deux branches, droite ou gauche, du faisceau auriculoventriculaire ; formée de myocytes spécialisés qui transmettent des potentiels d'action musculaires aux ventricules jusqu'à l'apex du cœur.

Bras (n. masc.) Partie du membre supérieur comprise entre l'épaule et le coude.

Bronches (n. fém.) Branches des voies respiratoires comprenant les bronches principales (les deux subdivisions de la trachée), les bronches lobaires (subdivisions des bronches principales à l'intérieur des lobes des poumons) et les bronches segmentaires (subdivisions des bronches lobaires situées dans les segments bronchopulmonaires).

Bronchiole (n. fém.) Branche d'une bronche segmentaire qui se divise elle-même en bronchioles terminales (situées dans les lobules des poumons), lesquelles se subdivisent en bronchioles respiratoires (communiquant avec les sacs alvéolaires).

Bronchite (n. fém.) Inflammation de la muqueuse de l'arbre bronchique caractérisée par une hypertrophie et une hyperplasie des glandes séromuqueuses et des cellules caliciformes qui tapissent les bronches ; provoque une toux grasse.

Bronchopneumopathie chronique obstructive – BPCO (n. fém.) Terme général sous lequel on regroupe plusieurs types de maladies respiratoires, par exemple la bronchite ou l'emphysème pulmonaire, caractérisées par un rétrécissement (sténose) des voies respiratoires inférieures qui fait obstacle au passage de l'air et augmente la résistance de ces conduits.

Buccal (adj.) Relatif à la bouche.

Bulbe du pénis (n. masc.) Renflement de la base du corps spongieux du pénis.

Bulbe olfactif (n. masc.) Masse de substance grise contenant des corps cellulaires de neurones qui font synapse avec des neurones (de premier ordre) du nerf olfactif (I) ; situé sous le lobe frontal du cerveau, de part et d'autre de la crista galli de l'os ethmoïde.

Bulbe rachidien (n. masc.) Partie la plus basse du tronc cérébral ; constitué de faisceaux ascendants et descendants et de noyaux régissant diverses fonctions vitales. Également appelé *moelle allongée*.

Bursite (n. fém.) Inflammation d'une bourse consécutive à une irritation répétée au niveau d'une articulation synoviale.

C

Cadhérines (n. fém.) Famille de glycoprotéines transmembranaires des membranes plasmiques qui participent à l'adhérence cellulaire ; présentes dans les jonctions d'adhérence et dans les desmosomes qui unissent les cellules.

Caduque (n. fém.) Partie de l'endomètre de l'utérus (sauf la couche la plus profonde) qui est modifiée durant la grossesse et expulsée après l'accouchement avec le délivre.

Cæcum (n. masc.) Segment en cul-de-sac situé à l'extrémité proximale du gros intestin, et dans lequel débouche l'iléum.

Cal (n. masc.) Formation de nouveau tissu osseux dans un foyer de fracture et à sa périphérie, qui sera remplacé par de l'os mature ; épaississement localisé non congénital.

Calcification (n. fém.) Dépôt de sels minéraux, principalement de l'hydroxyapatite, dans une charpente formée par des fibres collagènes où le tissu durcit. Également appelée *minéralisation*.

Calcitonine (n. fém.) Hormone produite par les cellules parafolliculaires de la glande thyroïde, qui diminue la concentration sanguine de calcium et de phosphates dans le sang, d'une part en inhibant la résorption osseuse (dégradation de la matrice osseuse extracellulaire), d'autre part en accélérant l'intégration du calcium et des phosphates à la matrice osseuse.

Calcul (n. masc.) Concrétion solide ou masse pierreuse insoluble composée de sels cristallisés ou d'autres substances, et qui se forme dans l'organisme, par exemple dans la vésicule biliaire, le rein ou la vessie.

Calcul biliaire (n. masc.) Masse solide, contenant habituellement du cholestérol, présente dans la vésicule biliaire ou dans un conduit contenant de la bile ; peut se former en n'importe quel point entre les conduits biliaires du foie et l'ampoule hépatopancréatique (de Vater), par laquelle la bile entre dans le duodénum.

Calcul rénal (n. masc.) Agrégat solide habituellement composé de cristaux d'oxalate de calcium, d'acide urique ou de phosphate de calcium, et qui peut se former dans n'importe quelle partie des voies urinaires.

Calice (n. masc.) Cavité en forme de coupe débouchant dans le bassinet (pelvis rénal).

Canal (n. masc.) Conduit ou passage étroit.

Canal anal (n. masc.) Dernière partie du rectum mesurant de 2 à 3 cm ; s'ouvre sur l'extérieur par l'anus.

Canal central (n. masc.) Petit espace qui s'étend sur toute la longueur de la moelle épinière au centre de la substance grise et rempli de liquide cérébrospinal ; communique avec le quatrième ventricule. Également appelé *canal de l'épendyme*.

Canal central de l'ostéone (n. masc.) Canal cylindrique parcourant longitudinalement le centre d'une ostéone et contenant des vaisseaux sanguins et lymphatiques ainsi que des nerfs. Également appelé *canal de Havers*.

Canal de la racine de la dent (n. masc.) Prolongement étroit du cavum de la dent situé à l'intérieur de la racine de cette dent.

Canal inguinal (n. masc.) Passage oblique situé dans la paroi abdominale antérieure, au-dessus de la moitié médiale du ligament inguinal et parallèle à elle, et dans lequel s'engagent le cordon spermatique et le nerf ilio-inguinal, chez l'homme, ainsi que le ligament rond de l'utérus et le nerf ilio-inguinal, chez la femme.

Canal perforant (n. masc.) Minuscule passage par lequel les vaisseaux sanguins et lymphatiques et les nerfs du périoste pénètrent dans l'os compact ; anciennement appelé *canal de Volkmann*.

Canal vertébral (n. masc.) Cavité à l'intérieur de la colonne vertébrale formée par les foramens vertébraux de toutes les vertèbres et contenant la moelle épinière. Également appelé *canal rachidien*.

Canalicule (n. masc.) Petit conduit ou canal. Dans les os, les canalicules relient les lacunes et contiennent les prolongements des ostéocytes.

Canalicule lacrymal (n. masc.) Conduit qui commence au point lacrymal du bord médial de la paupière et qui transporte les larmes dans le sac lacrymal.

Canalicules efférents (n. masc.) Série de conduits enroulés qui transportent les spermatozoïdes du rété testis à l'épididyme.

Canaux semi-circulaires (n. masc.) Trois canaux osseux (antérieur, postérieur et latéral) disposés à angle droit les uns par rapport aux autres, remplis de périlymphe, et dans lesquels reposent les conduits semi-circulaires membraneux remplis d'endolymphe ; contiennent les récepteurs de l'équilibre dynamique.

Cancérogène (adj.) Se dit de tout facteur physique ou chimique susceptible de causer le cancer.

Capacitation (n. fém.) Modifications fonctionnelles subies par les spermatozoïdes dans les voies génitales de la femme et qui leur permettent de féconder un ovocyte de deuxième ordre.

Capillaire (n. masc.) Vaisseau sanguin microscopique, aux parois très minces, situé entre une artériole et une veinule, et qui permet les échanges de substances entre le sang et le liquide interstitiel.

Capillaire lymphatique (n. masc.) Vaisseau lymphatique microscopique fermé à son extrémité distale, qui naît dans les espaces entre les cellules et débouchant dans d'autres capillaires lymphatiques pour former des vaisseaux lymphatiques ; recueille le liquide interstitiel.

Capsule articulaire (n. fém.) Structure en forme de manchon entourant une articulation synoviale ; composée d'une capsule fibreuse à l'extérieur et d'une membrane synoviale à l'intérieur.

Capsule glomérulaire (n. fém.) Coupe à double paroi située à l'extrémité proximale d'un néphron et qui enveloppe les capillaires glomérulaires ; recueille le liquide qui est produit par filtration du plasma au niveau du glomérule. Également appelée *capsule de Bowman*.

Capsule interne (n. fém.) Bande épaisse de substance blanche qui longe le thalamus et relie plusieurs régions du cortex cérébral au tronc cérébral et à la moelle épinière.

Caractère sexuel secondaire (n. masc.) Caractère du corps masculin ou féminin apparaissant à la puberté sous l'influence des hormones sexuelles, mais qui n'intervient pas directement dans la reproduction sexuée ; par exemple, la distribution des poils sur le corps, la hauteur de la voix, la forme du corps et le développement musculaire.

Cardiologie (n. fém.) Étude du cœur et de ses maladies.

Carie dentaire (n. fém.) Destruction progressive d'une dent conduisant à la formation d'une cavité par suite de la déminéralisation de l'émail et de la dentine, puis de la destruction de la pulpe et de l'os alvéolaire.

Carotène (n. masc.) Antioxydant précurseur de la vitamine A, indispensable à la synthèse des photopigments ; pigment jaune-orangé présent dans la couche cornée de l'épiderme. Donne à la peau sa coloration jaunâtre. Également appelé *bêta-carotène*.

Carpe (n. masc.) Nom collectif désignant les huit os du poignet.

Cartilage (n. masc.) Type de tissu conjonctif constitué de chondrocytes logés dans des lacunes enchâssées au sein d'un réseau dense de fibres collagènes et élastiques et d'une matrice extracellulaire de chondroïtine sulfate.

Cartilage articulaire (n. masc.) Cartilage hyalin fixé aux surfaces articulaires des os.

Cartilage de conjugaison (n. masc.) *Voir* **Plaque épiphysaire**.

Cartilage thyroïde (n. masc.) Le plus grand cartilage, impair, du larynx, formé de deux lames soudées qui constituent la paroi antérieure du larynx. Également appelé *pomme d'Adam.*

Cartilages aryténoïdes (n. masc.) Paire de petits cartilages pyramidaux du larynx qui s'attachent aux plis vocaux et aux muscles pharyngiens intrinsèques et actionnent les plis vocaux.

Catabolisme (n. masc.) Réactions chimiques au cours desquelles des composés organiques complexes sont dégradés en atomes, ions ou en molécules plus petites et qui libèrent de l'énergie (exothermiques); par exemple, la dégradation du glucose en acide pyruvique.

Catalyseur (n. masc.) Substance qui accélère une réaction chimique sans qu'elle soit elle-même modifiée; enzyme.

Cataracte (n. fém.) Opacification du cristallin souvent associée au vieillissement, et causée parfois par un traumatisme ou une anomalie génétique.

Caudal (adj.) Qui se rapporte à une structure en forme de queue; partie inférieure.

Cavité abdominale (n. fém.) Partie supérieure de la cavité abdominopelvienne qui renferme l'estomac, la rate, le foie, la vésicule biliaire, le pancréas, presque tout l'intestin grêle et une partie du gros intestin.

Cavité abdominopelvienne (n. fém.) Espace situé en dessous du diaphragme s'étendant jusqu'à l'aine et qui se subdivise en une cavité abdominale (supérieure) et une cavité pelvienne (inférieure).

Cavité articulaire (n. fém.) Espace rempli de liquide synovial et qui sépare les os d'une articulation synoviale.

Cavité crânienne (n. fém.) Espace circonscrit par les os du crâne et contenant l'encéphale.

Cavité du corps (n. fém.) Espace situé à l'intérieur du corps et renfermant divers organes internes.

Cavité médullaire (n. fém.) Espace à l'intérieur de la diaphyse de l'os qui contient la moelle osseuse jaune. Également appelée *canal médullaire.*

Cavité pelvienne (n. fém.) Partie inférieure de la cavité abdominopelvienne qui renferme la vessie, le côlon sigmoïde, le rectum et les organes génitaux internes de l'homme et de la femme.

Cavité péricardique (n. fém.) Petit espace virtuel compris entre les feuillets viscéral et pariétal du péricarde séreux et contenant le liquide péricardique. Ce liquide réduit la friction entre les membranes durant les mouvements du cœur. Également appelée *cavité du péricarde.*

Cavité pleurale (n. fém.) Petit espace virtuel situé entre les plèvres viscérale et pariétale, et contenant une petite quantité de liquide lubrifiant qui facilite le glissement des deux feuillets de la plèvre l'un sur l'autre.

Cavité subarachnoïdienne (n. fém.) Espace entre l'arachnoïde et la pie-mère (qui recouvrent l'encéphale et la moelle épinière) dans lequel circule le liquide cérébrospinal.

Cavité thoracique (n. fém.) Espace situé au-dessus du diaphragme et qui renferme les deux cavités pleurales, le médiastin et la cavité péricardique.

Cavités nasales (n. fém.) Espaces à l'intérieur du nez interne tapissés d'une muqueuse, une de chaque côté du septum nasal, qui s'ouvrent sur le visage par les narines et sur le nasopharynx par les choanes.

Cavum de la dent (n. masc.) Espace situé à l'intérieur de la couronne et du collet d'une dent, et qui est rempli de pulpe dentaire, un tissu conjonctif contenant des vaisseaux sanguins, des nerfs et des vaisseaux lymphatiques.

Cellule (n. fém.) Unité structurale et fonctionnelle de base de tous les organismes; la plus petite structure capable d'accomplir toutes les activités nécessaires à la vie.

Cellule alpha (n. fém.) Cellule des îlots pancréatiques (îlots de Langerhans) qui sécrète l'hormone glucagon.

Cellule bêta (n. fém.) Cellule des îlots pancréatiques (îlots de Langerhans) qui sécrète l'hormone insuline.

Cellule caliciforme (n. fém.) Glande unicellulaire en forme de calice qui sécrète du mucus; présente dans l'épithélium des voies respiratoires, digestives et génitales, ainsi que dans la majeure partie des voies urinaires.

Cellule chromaffine (n. fém.) Cellule ayant une affinité pour les sels de chrome, en partie à cause de la présence de précurseurs de l'adrénaline, un neurotransmetteur; située en divers endroits de l'organisme, par exemple dans la médullosurrénale.

Cellule cible (n. fém.) Cellule dont l'activité est régie par une hormone particulière.

Cellule de Langerhans (n. fém.) *Voir* **Macrophagocyte intraépidermique.**

Cellule de Merkel (n. fém.) Cellule présente dans l'épiderme de la peau glabre et qui entre en contact avec un mécanorécepteur cutané de type I (ou corpuscule tactile non capsulé) intervenant dans les sensations tactiles.

Cellule de Schwann (n. fém.) *Voir* **Neurolemmocyte.**

Cellule delta (n. fém.) Cellule des îlots pancréatiques (îlots de Langerhans) qui sécrète l'hormone somatostatine.

Cellule dendritique (n. fém.) Cellule présentatrice d'antigènes dotée de longues ramifications que l'on trouve couramment dans les revêtements muqueux (par exemple, le vagin), dans la peau (par exemple, les macrophagocytes intraépidermiques) et dans les nœuds lymphatiques (cellules dendritiques folliculaires).

Cellule entéroendocrine (n. fém.) Cellule de la muqueuse du tube digestif qui sécrète des hormones régissant le fonctionnement du tube digestif; les cellules entéroendocrines sécrètent plusieurs hormones: la gastrine, la cholécystokinine, le peptide insulinotrophique glucodépendant (GIP) et la sécrétine.

Cellule gliale (n. fém.) *Voir* **Gliocyte.**

Cellule interstitielle (n. fém.) Cellule qui sécrète la testostérone; située dans le tissu conjonctif, entre les tubules séminifères contournés, dans un testicule mûr. Également appelée *cellule de Leydig.*

Cellule muqueuse (n. fém.) Glande unicellulaire qui sécrète du mucus. Par exemple, les cellules à mucus du collet et les cellules à mucus superficielles de l'estomac.

Cellule neurosécrétrice (n. fém.) Neurone qui sécrète dans les capillaires sanguins de l'hypothalamus des hormones de libération ou d'inhibition hypothalamiques; neurone qui sécrète l'ocytocine ou l'hormone antidiurétique (vasopressine) dans les capillaires sanguins de la neurohypophyse.

Cellule olfactive (n. fém.) Neurone bipolaire (récepteur) dont le corps cellulaire repose entre des cellules de soutien de l'épithélium de la région olfactive, situé dans la muqueuse qui tapisse la partie supérieure de chaque cavité nasale; traduit les odeurs en influx nerveux.

Cellule ostéogénique (n. fém.) Cellule souche dérivée du mésenchyme et qui peut se diviser et se différencier en ostéoblaste.

Cellule pariétale (n. fém.) Cellule sécrétrice des glandes gastriques qui produit l'acide chlorhydrique et le facteur intrinsèque.

Cellule PP (n. fém.) Cellule des îlots pancréatiques (îlots de Langerhans) qui sécrète le polypeptide pancréatique.

Cellule présentatrice d'antigènes – CPA (n. fém.) Classe de cellules migratrices qui traitent les antigènes exogènes et les présentent aux lymphocytes T au cours de la réponse immunitaire ; les CPA comprennent les macrophagocytes, les lymphocytes B et les cellules dendritiques présents dans la peau, les muqueuses et les nœuds lymphatiques.

Cellule principale (n. fém.) Cellule sécrétrice d'une glande gastrique qui produit le pepsinogène et la lipase gastrique. Ce terme désigne également les cellules des glandes parathyroïdes qui sécrètent la parathormone (PTH), ainsi que les cellules du tubule contourné distal et du tubule collecteur du néphron (rein), qui sont stimulées par l'aldostérone et l'hormone antidiurétique.

Cellule réticuloendothéliale étoilée (n. fém.) Cellule phagocytaire située en bordure d'un sinusoïde du foie et qui détruit les leucocytes, les érythrocytes usés, les bactéries et autres substances étrangères provenant du tube digestif. Également appelée *Cellule de Kupffer*.

Cellule souche (n. fém.) Cellule capable de se diviser indéfiniment et qui donne naissance à des cellules qui se différencient.

Cellule souche hématopoïétique pluripotente (n. fém.) Cellule souche immature présente dans la moelle osseuse rouge et qui donne naissance aux cellules précurseurs de toutes les cellules sanguines matures.

Cellule souche pluripotente (n. fém.) Cellule pouvant donner naissance à de nombreux types de cellules, mais pas à tous.

Cellules cardionectrices (n. fém.) Myocytes cardiaques spécialisés et autoexcitateurs générant une suite de potentiels d'action qui déclenchent les contractions du cœur ; jouent le rôle de centre rythmogène du cœur.

Cellules satellites (n. fém.) Gliocytes aplatis qui entourent les corps cellulaires neuronaux des ganglions du système nerveux périphérique pour soutenir et réguler les échanges de matières entre un corps cellulaire neuronal et le liquide interstitiel.

Cément (n. masc.) Tissu calcifié qui recouvre la dentine de la racine d'une dent ; fixe la dent au desmodonte.

Centre apneustique (n. masc.) Région du centre respiratoire du pont qui envoie continuellement des influx stimulateurs à l'aire inspiratoire, ce qui a pour effet d'activer et de prolonger l'inspiration et d'inhiber l'expiration.

Centre bulbaire de la rythmicité (n. masc.) Groupe de neurones du centre respiratoire du bulbe rachidien, qui régit la fréquence respiratoire de base.

Centre cardiovasculaire (n. masc.) Groupes de neurones disséminés dans le bulbe rachidien, qui régissent la fréquence et la force des battements du cœur ainsi que le diamètre des vaisseaux sanguins.

Centre d'ossification (n. masc.) Région du modèle cartilagineux d'un futur os dans laquelle les chondrocytes (cellules cartilagineuses) s'hypertrophient et meurent après la calcification de leur matrice extracellulaire sous l'action des enzymes qu'ils ont sécrétées. La région qu'occupaient ces chondrocytes est alors envahie par des ostéoblastes qui produisent du tissu osseux. Également appelé *point d'ossification*.

Centre de régulation (n. masc.) Groupe de neurones du SNC qui reçoit les influx nerveux sensitifs, les analyse, les interprète et décide de la commande motrice à effectuer ; composante d'un mécanisme de régulation. Également appelé *centre d'intégration*.

Centre pneumotaxique (n. masc.) Région du centre respiratoire du pont qui envoie continuellement des influx nerveux inhibiteurs à l'aire inspiratoire, ce qui a pour effet de réduire l'inspiration et de faciliter l'expiration.

Centre respiratoire (n. masc.) Groupes de neurones du pont et du bulbe rachidien du tronc cérébral, qui régissent la fréquence et l'amplitude de la ventilation pulmonaire ; comprend le centre bulbaire de la rythmicité, le centre pneumotaxique et le centre apneustique.

Centrioles (n. masc.) Paires de structures cylindriques situées à l'intérieur d'un centrosome. Chaque structure se compose d'un anneau de microtubules et est disposée à angle droit par rapport à l'autre ; les centrioles interviennent dans la division cellulaire (formation du fuseau mitotique).

Centromère (n. masc.) Portion resserrée d'un chromosome par laquelle les deux chromatides sont unies ; sert de point d'attache pour les microtubules qui tirent les chromatides lors de l'anaphase de la division cellulaire.

Centrosome (n. masc.) Région dense de petites fibres protéiques située près du noyau de la cellule et contenant une paire de centrioles et de la matière péricentriolaire.

Céphalique (adj.) Qui se rapporte à la tête.

Cercle artériel du cerveau (n. masc.) Réseau d'artères formant une anastomose à la base du cerveau, entre les artères carotide interne et basilaire et les artères qui irriguent le cerveau. Également appelé *polygone de Willis*.

Cérumen (n. masc.) Mélange de sécrétions cireuses produites par les glandes cérumineuses et les glandes sébacées du conduit auditif externe.

Cerveau (n. masc.) Partie la plus grande de l'encéphale formée par deux hémisphères cérébraux et recouvrant le diencéphale.

Cervelet (n. masc.) Partie de l'encéphale située à l'arrière du bulbe rachidien et du pont ; régit la coordination des mouvements fins et de l'équilibre.

Chiasma (n. masc.) Croisement ; en particulier le croisement des axones dans le nerf optique (II).

Chiasma optique (n. masc.) Point de croisement des deux branches du nerf optique (II) en avant de l'hypophyse ; certains de leurs axones y traversent la ligne médiane.

Chimiorécepteur (n. masc.) Intérorécepteur qui détecte la présence de substances chimiques spécifiques dans la bouche (goût), le nez (odorat) ou les liquides de l'organisme.

Chimiotactisme positif (n. masc.) Attraction des phagocytes vers les microorganismes d'un tissu infecté.

Choanes (n. fém.) Deux ouvertures situées à l'arrière des cavités nasales, et qui communiquent avec le nasopharynx.

Choc (n. masc.) Défaillance du système cardiovasculaire qui se trouve incapable de combler les besoins métaboliques de l'organisme en raison d'un débit cardiaque inadéquat. Se caractérise par l'hypotension, une peau pâle, moite et froide, la sudation, une réduction de la formation d'urine, un état mental perturbé, l'acidose, la tachycardie, un pouls faible et rapide, et la soif.

Choc anaphylactique (n. masc.) Réaction systémique d'apparition brutale, par suite de l'introduction, directement dans la circulation sanguine, d'une substance (antigène) chez un sujet hypersensible (allergique) ; entraîne la constriction des voies aériennes, la vasodilatation soudaine, la perte de liquides du sang et une chute de la pression artérielle.

Choc spinal (n. masc.) Période de quelques jours à quelques semaines qui suit une lésion de la moelle épinière et qui se caractérise par la disparition de toute activité réflexe en dessous de la blessure.

Cholécystectomie (n. fém.) Ablation chirurgicale de la vésicule biliaire.

Cholécystite (n. fém.) Inflammation de la vésicule biliaire.

Cholestérol (n. masc.) Lipide de type stéroïde le plus abondant dans les tissus animaux ; constituant des membranes cellulaires et point de départ de la synthèse des hormones stéroïdes et des sels biliaires.

Chondrocyte (n. masc.) Cellule du cartilage mature.

Chondroïtine sulfate (n. fém.) Substance amorphe de la matrice extracellulaire présente à l'extérieur des cellules du tissu conjonctif et qui contribue au soutien et à l'adhérence.

Chorion (n. masc.) Feuillet de tissu conjonctif aréolaire d'une muqueuse qui soutient l'épithélium. Également appelé *lamina propria*. Membrane fœtale la plus superficielle, et qui devient la principale partie embryonnaire du placenta ; assure une fonction de protection et de nutrition et produit l'hormone hCG.

Choroïde (n. fém.) Une des trois parties de la tunique vasculaire du globe oculaire, les deux autres étant le corps ciliaire et l'iris ; partie postérieure de la tunique vasculaire.

Chromatide (n. fém.) Un des filaments d'ADN identiques qui sont reliés par un centromère et qui se séparent durant la division cellulaire, chacun devenant le chromosome de l'une des deux cellules filles.

Chromatine (n. fém.) Masse filiforme de matériel génétique constituée d'ADN et d'histones (protéines) ; présente dans le noyau d'une cellule qui ne se divise pas ou qui est en interphase ; se transforme en chromosome pendant la division cellulaire.

Chromatolyse (n. fém.) Dégradation des corps de Nissl (réticulum endoplasmique rugueux) en petites masses granulaires dans le corps cellulaire d'un neurone dont l'axone a été endommagé.

Chromosome (n. masc.) Petite structure filiforme située dans le noyau de la cellule, normalement au nombre de 46 dans les cellules diploïdes humaines, et qui porte le matériel génétique ; composé d'ADN et d'histones (protéines) qui constituent un délicat filament de chromatine durant l'interphase ; forme des structures compactes en forme de bâtonnets visibles au microscope optique pendant la division cellulaire.

Chromosomes homologues (n. masc.) Deux chromosomes formant une paire et portant des gènes semblables.

Chromosomes sexuels (n. masc.) Vingt-troisième paire de chromosomes, dits X et Y, qui détermine le sexe génétique d'un individu ; la paire est XY chez l'homme et XX chez la femme.

Chronique (adj.) De longue durée ou qui réapparaît fréquemment ; se dit d'une maladie qui n'est pas aiguë.

Chyle (n. masc.) Liquide d'aspect laiteux présent dans les vaisseaux chylifères de l'intestin grêle après l'absorption de lipides alimentaires.

Chyme (n. masc.) Mélange semi-fluide de nourriture partiellement digérée et de sécrétions digestives contenu dans l'estomac et l'intestin grêle durant la digestion.

Cil (n. masc.) Prolongement microscopique filiforme de la surface d'une cellule qui peut servir à déplacer la cellule elle-même ou des substances à la surface de la cellule.

Circonvolution (n. fém.) *Voir* **Gyrus**.

Circulation collatérale (n. fém.) Chemin que le sang emprunte à travers une anastomose.

Circulation coronarienne (n. fém.) Parcours suivi par le sang pour aller de l'aorte ascendante dans les vaisseaux sanguins qui irriguent le myocarde, puis retourner à l'oreillette droite.

Circulation fœtale (n. fém.) Parcours suivi par le sang dans le fœtus, comprenant le placenta et les vaisseaux sanguins spécifiques qui permettent les échanges de substances entre le fœtus et sa mère.

Circulation pulmonaire (n. fém.) Parcours suivi par le sang désoxygéné pour aller du ventricule droit jusqu'aux poumons, et par le sang oxygéné pour quitter les poumons et retourner à l'oreillette gauche.

Circulation systémique (n. fém.) Parcours suivi, d'une part, par le sang oxygéné pour quitter le ventricule gauche et aller jusqu'à tous les tissus de l'organisme en passant par l'aorte, et, d'autre part, par le sang désoxygéné pour retourner des tissus à l'oreillette droite.

Circumduction (n. fém.) Mouvement d'une articulation synoviale au cours duquel l'extrémité distale d'un os décrit un cercle alors que l'extrémité proximale demeure relativement stable.

Cirrhose (n. fém.) Affection du foie caractérisée par la destruction des cellules du parenchyme et leur remplacement par du tissu conjonctif.

Citerne du chyle (n. fém.) Renflement à l'origine du conduit thoracique.

Clairance rénale (n. fém.) Volume de sang débarrassé d'une substance, par unité de temps (s'exprime en mL/min). Par exemple, la clairance rénale du glucose est normalement de 0.

Clitoris (n. masc.) Organe érectile de la femme situé à la jonction antérieure des petites lèvres de la vulve, dérivant des mêmes tissus embryonnaires que ceux du gland du pénis chez l'homme.

Clone (n. masc.) Population de cellules identiques.

Clou plaquettaire (n. masc.) Amas de thrombocytes (plaquettes) adhérant rapidement à l'endroit d'une lésion dans un vaisseau endommagé afin d'arrêter ou de ralentir l'hémorragie ; peut arrêter complètement le saignement si la lésion vasculaire est assez petite.

Coarctation de l'aorte (n. fém.) Anomalie congénitale cardiaque caractérisée par l'étroitesse excessive d'un segment de l'aorte (segment juste en deçà de la subclavière gauche) et qui restreint l'afflux de sang oxygéné dans le corps ; le ventricule gauche doit alors pomper plus de sang, ce qui entraîne une hypertension artérielle.

Coccyx (n. masc.) Os triangulaire résultant de la fusion des vertèbres coccygiennes ; situé à l'extrémité inférieure de la colonne vertébrale.

Cochlée (n. fém.) Canal osseux en forme de spirale formant une partie de l'oreille interne et contenant l'organe spiral (organe de Corti).

Codon (n. masc.) Triplet de nucléotides d'ARNm complémentaire d'un triplet de nucléotides sur l'ADN ; chaque codon est spécifique d'un acide aminé particulier.

Cœur (n. masc.) Organe musculaire creux situé dans la poitrine, légèrement à gauche du plan médian du corps, et qui fait circuler le sang dans le système cardiovasculaire.

Coït (n. masc.) Introduction du pénis en érection d'un homme dans le vagin d'une femme ; acte sexuel.

Col (n. masc.) Partie étroite d'un organe dont la forme rappelle celle du cou ; par exemple, le col du fémur ou le col de l'utérus.

Collagène (n. masc.) Protéine à la fois souple et très résistante qui constitue la principale composante du tissu conjonctif.

Colliculus (n. masc.) Petite éminence ; quatre protubérances de petite taille (colliculus supérieurs et inférieurs) situées dans la partie postérieure du mésencéphale et qui sont des centres réflexes pour les stimulus visuels (colliculus supérieurs) et auditifs (colliculus inférieurs).

Colloïde (n. masc.) Mélange liquide, souvent opaque, où les particules de solutés sont assez grosses pour diffuser la lumière. Par exemple, les protéines du lait en font un colloïde.

Côlon (n. masc.) Partie du gros intestin constituée des segments ascendant, transverse, descendant et du sigmoïde.

Côlon ascendant (n. masc.) Partie du gros intestin qui s'étend au-dessus du cæcum jusqu'au bord inférieur du foie, où il tourne abruptement sur la gauche pour former l'angle colique droit et devenir le côlon transverse.

Côlon descendant (n. masc.) Partie du gros intestin comprise entre l'angle colique gauche, sous l'extrémité inférieure de la rate, et un point situé à la hauteur de la crête iliaque gauche pour rejoindre le côlon sigmoïde.

Côlon irritable (n. masc.) Maladie de l'ensemble du tube digestif caractérisée par différents symptômes en réaction au stress, notamment des crampes et des douleurs abdominales, avec alternance de diarrhée et de constipation. Les fèces peuvent en outre contenir des quantités excessives de mucus. Autres symptômes : flatulences, nausées, perte d'appétit. Également appelé *colopathie fonctionnelle* et *colite spasmodique*.

Côlon sigmoïde (n. masc.) Partie en forme de S du gros intestin qui commence à la hauteur de la crête iliaque gauche, se poursuit latéralement vers le centre du corps et se continue par le rectum à la hauteur de la troisième vertèbre sacrale environ.

Côlon transverse (n. masc.) Partie du gros intestin qui s'étend à travers l'abdomen à partir de l'angle colique droit jusqu'à l'angle colique gauche.

Colonne anale (n. fém.) Repli longitudinal de la muqueuse du canal anal, qui contient un réseau d'artères et de veines.

Colonne vertébrale (n. fém.) L'ensemble des 26 vertèbres de l'adulte (33 vertèbres chez l'enfant) ; renferme et protège la moelle épinière et sert de point d'attache aux côtes et aux muscles du dos.

Colostrum (n. masc.) Liquide jaunâtre peu épais sécrété par les glandes mammaires quelques jours avant ou après l'accouchement, avant la production du lait proprement dit ; contient des anticorps, mais moins de glucose que le lait véritable et pratiquement pas de matières grasses.

Commissure grise (n. fém.) Bande étroite de substance grise reliant les deux masses de substance grise latérales à l'intérieur de la moelle épinière.

Commotion cérébrale (n. fém.) Lésion traumatique du cerveau la plus fréquente, sans contusion visible, mais entraînant parfois une perte de connaissance soudaine et temporaire.

Complexe golgien (n. masc.) Organite membraneux du cytoplasme des cellules constitué de vésicules et de saccules aplatis (citernes) empilés les uns sur les autres et bombés en périphérie ; sa fonction consiste à traiter, à trier et à emballer dans des vésicules de sécrétion certaines molécules produites dans la cellule. Également appelé *complexe de Golgi*.

Complexe QRS (n. masc.) Sur un électrocardiogramme, onde de dérivation qui marque le début de la dépolarisation ventriculaire.

Compliance (n. fém.) Capacité d'une structure de s'étirer. Plus la compliance d'une structure est élevée, plus elle s'étire facilement.

Conduction continue (n. fém.) Propagation d'un potentiel d'action (influx nerveux) de proche en proche, c'est-à-dire d'une région donnée à la région adjacente de la membrane d'un axone amyélinisé ; propagation relativement lente.

Conduction saltatoire (n. fém.) Propagation d'un potentiel d'action (influx nerveux) le long d'un axone myélinisé d'un nœud de Ranvier à un autre ; propagation rapide.

Conduit alvéolaire (n. masc.) Ramification d'une bronchiole respiratoire autour de laquelle sont disposés des alvéoles pulmonaires et des sacs alvéolaires.

Conduit artériel (n. masc.) Petit vaisseau reliant le tronc pulmonaire à l'aorte chez le fœtus ; recueille presque tout le sang qui court-circuite les poumons du fœtus.

Conduit auditif externe (n. masc.) *Voir* **Méat acoustique externe**.

Conduit biliaire (n. masc.) Conduit qui reçoit la bile des canalicules biliaires. Les petits conduits biliaires fusionnent pour former les conduits hépatiques, droit et gauche, qui se jettent dans le conduit hépatique commun pour quitter le foie.

Conduit cholédoque (n. masc.) Conduit formé par la fusion du conduit hépatique commun et du conduit cystique, et qui déverse la bile par l'ampoule hépatopancréatique dans le duodénum.

Conduit cochléaire (n. masc.) Cochlée membraneuse, composée d'un canal en spirale situé dans la cochlée osseuse, le long de sa paroi externe ; situé entre la rampe vestibulaire et la rampe tympanique et rempli d'endolymphe.

Conduit cystique (n. masc.) Conduit qui transporte la bile de la vésicule biliaire au conduit cholédoque.

Conduit déférent (n. masc.) Conduit qui transporte les spermatozoïdes de l'épididyme jusqu'au conduit éjaculateur.

Conduit éjaculateur (n. masc.) Conduit qui transporte les spermatozoïdes du conduit déférent jusqu'à la partie prostatique de l'urètre.

Conduit épididymaire (n. masc.) Conduit pelotonné à l'intérieur de l'épididyme, comprenant une tête, un corps et une queue, et dans lequel se produit la maturation des spermatozoïdes.

Conduit lacrymonasal (n. masc.) Conduit qui transporte les sécrétions lacrymales (larmes) du sac lacrymal jusqu'à la cavité nasale (au-dessus du cornet nasal inférieur).

Conduit lymphatique droit (n. masc.) Vaisseau du système lymphatique qui recueille la lymphe du côté supérieur droit du corps et se déverse dans la veine subclavière droite.

Conduit pancréatique (n. masc.) Grand conduit unique qui communique avec le conduit cholédoque en provenance du foie et de la vésicule biliaire et qui draine le suc pancréatique par l'ampoule hépatopancréatique dans le duodénum. Également appelé *canal de Wirsung*.

Conduit pancréatique accessoire (n. masc.) Conduit du pancréas qui débouche dans le duodénum environ 2,5 cm au-dessus de l'ampoule hépatopancréatique. Également appelé *canal de Santorini*.

Conduit thoracique (n. masc.) Vaisseau lymphatique qui prend naissance dans un évasement (la citerne du chyle) et reçoit la lymphe du côté gauche de la tête, du cou et de la poitrine, du bras gauche et de tout le bas du corps jusqu'aux côtes ; se draine dans la jonction de la veine jugulaire interne et de la veine subclavière gauche.

Conduit veineux (n. masc.) Petit vaisseau qui permet à la circulation de court-circuiter le foie chez le fœtus ; va de la veine ombilicale à la veine cave inférieure.

Conduits semi-circulaires (n. masc.) Parties du labyrinthe membraneux remplies d'endolymphe situées à l'intérieur des canaux semi-circulaires osseux remplis de périlymphe ; communiquent avec l'utricule et le vestibule.

Cône (n. masc.) Un des deux types de photorécepteurs de la rétine à seuil d'excitation élevé ; spécialisé pour la vision très précise des couleurs en pleine lumière.

Cône médullaire (n. masc.) Portion conique de la moelle épinière située sous le renflement lombaire.

Congénital (adj.) Présent à la naissance.

Conjonctive (n. fém.) Fine membrane protectrice qui recouvre le globe oculaire et la face interne des paupières.

Conscience (n. fém.) État de vigilance d'un individu pleinement éveillé, conscient et capable de s'orienter, qui est déclenché en partie par la rétroaction entre le cortex cérébral et le système réticulaire activateur ascendant.

Contraception (n. fém.) Ensemble des méthodes ayant pour but de prévenir la fécondation ou l'implantation sans supprimer la fertilité.

Contractilité (n. fém.) Capacité des cellules ou de certaines de leurs parties à générer activement la force nécessaire pour se raccourcir et permettre le mouvement. Les myocytes possèdent une forte contractilité.

Controlatéral (adj.) Du côté opposé ; affectant le côté opposé du corps.

Convergence (n. fém.) Disposition synaptique dans laquelle des boutons terminaux synaptiques de plusieurs neurones présynaptiques s'accolent à un seul et même neurone postsynaptique ; mouvement vers l'intérieur des deux globes oculaires qui leur permet de fixer tous les deux un objet rapproché afin de produire une seule image.

Cordages tendineux (n. masc.) Cordes fibreuses semblables à des tendons qui relient les valves auriculoventriculaires et les muscles papillaires du cœur.

Cordon (n. masc.) Groupe de faisceaux de matière blanche dans la moelle épinière.

Cordon ombilical (n. masc.) Longue structure semblable à une corde, contenant la veine et les artères ombilicales qui relient le fœtus au placenta.

Cordon spermatique (n. masc.) Structure de soutien du système génital masculin qui s'étend du testicule jusqu'à l'anneau inguinal profond et comprend le conduit déférent, des artères, des veines, des vaisseaux lymphatiques, des nerfs, le muscle crémaster et du tissu conjonctif.

Corne (n. fém.) Une des régions de substance grise de la moelle épinière. On distingue les cornes antérieures (ventrales), latérales et postérieures (dorsales).

Cornée (n. fém.) Couche transparente et avasculaire de tissu fibreux à travers laquelle on peut voir l'iris ; contribue à focaliser la lumière sur la rétine ; partie antérieure de la tunique fibreuse du globe oculaire.

Cornet (n. masc.) Os en forme de lamelle recourbée présent dans le crâne et faisant partie de la structure du nez.

Corona radiata (n. fém.) Couche la plus interne de cellules granuleuses, fermement attachée à la zone pellucide autour d'un ovocyte de deuxième ordre.

Coronaropathie (n. fém.) Maladie qui cause un rétrécissement des artères coronaires, diminuant ainsi le débit sanguin vers le cœur, par exemple l'athérosclérose.

Corps blanc (n. masc.) Tissu fibreux blanc situé dans l'ovaire et formé après la dégénérescence du corps jaune.

Corps calleux (n. masc.) Large bande de substance blanche qui forme la grande commissure du cerveau entre les hémisphères cérébraux.

Corps ciliaire (n. masc.) Une des trois parties de la tunique vasculaire du globe oculaire, les deux autres étant la choroïde et l'iris ; comprend le muscle ciliaire et les procès ciliaires.

Corps jaune (n. masc.) Corps jaunâtre situé dans l'ovaire et qui se forme lorsqu'un follicule ovarique mûr a expulsé son ovocyte de deuxième ordre ; sécrète des œstrogènes, de la progestérone, de la relaxine et de l'inhibine.

Corps mamillaires (n. masc.) Deux petites protubérances arrondies situées sous l'hypothalamus et qui interviennent dans les réflexes reliés à l'odorat.

Corps strié (n. masc.) Région formée de sillons parallèles, située à l'intérieur de chaque hémisphère cérébral et composée du noyau caudé, du noyau lenticulaire (comprenant le globus pallidus et le putamen) et de la substance blanche de la capsule interne ; régit les mouvements automatiques des muscles squelettiques.

Corps vitré (n. masc.) Substance gélatineuse qui remplit la chambre vitrée du globe oculaire et se situe entre le cristallin et la rétine ; retient la rétine contre la choroïde.

Corpuscule aortique (n. masc.) Groupe de chimiorécepteurs situé sur l'arc aortique ou près de lui, et qui réagit aux variations des pressions partielles d'oxygène (P_{O_2}), de dioxyde de carbone (P_{CO_2}) et aux variations de la concentration sanguine d'ions hydrogène (H^+).

Corpuscule lamelleux (n. masc.) Récepteur de la pression, à adaptation rapide, présent dans tout le corps, situé dans le fascia superficiel et parfois le derme, et comprenant des couches concentriques de tissu conjonctif enroulées autour du dendrite d'un neurone sensitif. Également appelé *corpuscule de Pacini*.

Corpuscule rénal (n. masc.) Comprend la capsule glomérulaire (de Bowman) et le glomérule qu'elle enveloppe.

Corpuscule tactile capsulé (n. masc.) Récepteur à adaptation rapide du toucher ; présent dans les papilles du derme, surtout dans la paume des mains et sur la plante des pieds. Également appelé *corpuscule de Meissner*.

Corpuscule tactile non capsulé (n. masc.) *Voir* **Mécanorécepteur cutané de type I**.

Cortex (n. masc.) Couche externe d'un organe.

Cortex cérébral (n. masc.) Couche de substance grise recouvrant chaque hémisphère cérébral et présentant des circonvolutions. Mesure de 2 à 4 mm d'épaisseur et formé de six couches de corps cellulaires de neurones dans la plupart des régions ; siège de la conscience et des fonctions mentales supérieures.

Cortex surrénal (n. masc.) Partie externe d'une glande surrénale, constituant de 80 à 90 % de sa masse et divisée en trois zones qui sécrètent des hormones différentes ; la zone glomérulée produit des minéralocorticoïdes ; la zone fasciculée, des glucocorticoïdes ; et la zone réticulée, des androgènes.

Corticotrophine – ACTH (n. fém.) Hormone produite par l'adénohypophyse qui influe sur la production et la sécrétion de certaines hormones (glucocorticoïdes) du cortex surrénal.

Costal (adj.) Qui se rapporte à une côte.

Cou (n. masc.) Partie du corps reliant la tête et le tronc.

Couche basale de l'endomètre (n. fém.) Couche de l'endomètre (près du myomètre) qui est maintenue pendant la menstruation et la gestation ; point de départ d'une nouvelle couche fonctionnelle après la menstruation ou l'accouchement.

Couche fonctionnelle de l'endomètre (n. fém.) Couche de l'endomètre tapissant la lumière utérine qui se desquame durant la menstruation et forme la partie maternelle du placenta pendant la gestation.

Couche ostéogénique (n. fém.) Couche interne du périoste qui contient les cellules responsables de la formation de nouveau tissu osseux durant la croissance et le remaniement osseux.

Couronne du gland du pénis (n. fém.) Bord renflé du gland du pénis.

Crampe (n. fém.) Contraction spasmodique, généralement douloureuse, d'un muscle.

Crâne (n. masc.) Squelette de la tête qui protège l'encéphale et les organes de la vue, de l'ouïe et de l'équilibre ; comprend les os frontal, pariétaux, temporaux, occipital, sphénoïde et ethmoïde.

Crête ampullaire (n. fém.) Petite éminence située dans l'ampoule de chaque conduit semi-circulaire et qui contient les récepteurs de l'équilibre dynamique.

Cristallin (n. masc.) Organe transparent composé de protéines (cristallines) situé à l'arrière de la pupille et de l'iris du globe oculaire et à l'avant du corps vitré ; focalise la lumière sur la rétine ; siège de l'accommodation.

Croissance (n. fém.) Augmentation de volume résultant de l'accroissement : 1) du nombre de cellules ; 2) de la taille des cellules existantes à mesure que leurs constituants augmentent de volume ; ou 3) de la taille des substances intercellulaires.

Croissance interstitielle (n. fém.) Croissance progressant de l'intérieur vers l'extérieur à l'intérieur de la masse du tissu, par exemple celle des cartilages.

Croissance par apposition (n. fém.) Croissance en périphérie résultant du dépôt de substances en surface, par exemple la croissance du diamètre des cartilages et des os.

Cryptorchidie (n. fém.) État résultant d'une migration incomplète d'un ou des deux testicules dans le scrotum et qui doit être traité pour éviter la stérilité.

Cuisse (n. fém.) Partie du membre inférieur comprise entre la hanche et le genou.

Cul-de-sac recto-utérin (n. masc.) Poche formée par le péritoine pariétal et qui s'étend depuis la face postérieure de l'utérus jusqu'au rectum, qu'elle recouvre; point le plus bas de la cavité pelvienne.

Cul-de-sac vésico-utérin (n. masc.) Poche peu profonde formée par un repli du péritoine, comprise entre la face antérieure de l'utérus, la jonction du col et du corps de l'utérus, et la face postérieure de la vessie, qu'elle recouvre.

Cupule (n. fém.) Masse gélatineuse recouvrant les cellules ciliées sensorielles d'une crête ampullaire (récepteur sensoriel de l'équilibre dynamique) dans l'ampoule d'un canal semi-circulaire.

Cutané (adj.) Qui se rapporte à la peau.

Cyanose (n. fém.) Décoloration de la peau, qui prend une teinte bleutée ou violette, visible surtout sur le lit des ongles et les muqueuses; elle est attribuable à une augmentation de la teneur en hémoglobine non oxygénée (réduite) dans le sang, cette concentration passant à plus de 5 g/dL.

Cycle cardiaque (n. masc.) Battement complet du cœur comprenant la systole (contraction) et la diastole (relâchement) des deux oreillettes ainsi que la systole et la diastole des deux ventricules.

Cycle cellulaire (n. masc.) Croissance et division d'une cellule somatique en deux cellules identiques; comprend l'interphase et la division cellulaire.

Cycle de la reproduction chez la femme (n. masc.) Ensemble des cycles ovarien et menstruel, des changements hormonaux qui les accompagnent et des changements cycliques touchant les seins, le vagin, et le col de l'utérus; comprend, chez la femme non enceinte, les modifications de l'endomètre qui préparent le revêtement de l'utérus à recevoir un ovule fécondé.

Cycle ovarien (n. masc.) Série mensuelle d'événements qui se déroulent dans l'ovaire au fil de la maturation d'un ovocyte.

Cylindre urinaire (n. masc.) Petit amas de matière qui a durci en prenant la forme de la lumière du tubule dans lequel il s'est constitué; évacué avec l'urine; contient diverses substances ou différents éléments figurés ou épithéliaux.

Cyphose (n. fém.) Exagération de la courbure thoracique marquée par une convexité postérieure de la colonne vertébrale et qui donne le « dos arrondi ».

Cystite (n. fém.) Inflammation de la vessie.

Cytocinèse (n. fém.) Distribution du cytoplasme dans deux cellules distinctes durant la division cellulaire; coordonnée avec la division nucléaire (mitose).

Cytologie cervicovaginale (n. fém.) Examen cytologique destiné à détecter et à diagnostiquer les états précancéreux ou cancéreux du système génital de la femme. Les cellules prélevées sur l'épithélium du col de l'utérus ou du vagin sont examinées au microscope.

Cytolyse (n. fém.) Rupture d'une cellule vivante qui laisse échapper son contenu.

Cytoplasme (n. masc.) Comprend le cytosol ainsi que tous les organites (à l'exception du noyau).

Cytosol (n. masc.) Portion semi-liquide du cytoplasme dans laquelle les organites et les inclusions sont en suspension, et les solutés dissous. Également appelé *liquide intracellulaire*.

Cytosquelette (n. masc.) Structure interne complexe du cytoplasme constituée de microfilaments, de microtubules et de filaments intermédiaires.

D

Daltonisme (n. masc.) Trouble de la vue dont la forme la plus courante est causée par une déficience en cônes sensibles soit au vert, soit au rouge. La personne atteinte perçoit les deux couleurs comme une seule et même couleur.

Dartos (n. masc.) Tissu musculaire lisse situé sous la peau du scrotum; sa contraction plisse la peau du scrotum.

Débit de filtration glomérulaire – DFG (n. masc.) Volume total de liquide qui entre dans les capsules glomérulaires de tous les néphrons des deux reins en une minute; environ 125mL/min.

Débit sanguin (n. masc.) Volume de sang qui circule dans un tissu au cours d'une période donnée (exprimé en mL/min).

Décidual (adj.) Qui tombe selon les saisons ou à un moment particulier du développement. Dans le corps humain, désigne la première série de dents.

Décussation (n. fém.) Croisement jusqu'au côté opposé (contralatéral); par exemple, l'endroit où 90 % des axones des gros faisceaux moteurs traversent les pyramides bulbaires d'un côté à l'autre (décussation des pyramides).

Défécation (n. fém.) Évacuation des fèces par l'anus.

Dégénérescence wallérienne (n. fém.) Dégénérescence survenant après une lésion de la partie distale de l'axone et de la gaine de myéline d'un neurone.

Déglutition (n. fém.) Action d'avaler.

Déminéralisation (n. fém.) Perte de calcium et de phosphore dans les os.

Dendrite (n. masc.) Prolongement neuronal qui transporte des signaux nerveux, généralement des potentiels gradués, vers le corps cellulaire; partie réceptrice du neurone.

Dentelé (adj.) Qui présente des dents, des échancrures en forme de morsure; en dents de scie; par exemple, les ligaments dentelés.

Dentine (n. fém.) Tissu conjonctif calcifié entourant le cavum de la dent; lui confère sa forme et sa rigidité.

Dentition (n. fém.) Éruption des dents. Nombre, forme et alignement des dents.

Dents (n. fém.) Organes digestifs annexes, composés de tissu conjonctif calcifié et enchâssés dans les alvéoles osseuses de la mandibule et du maxillaire; coupent, déchirent, écrasent et broient la nourriture.

Dépolarisation (n. fém.) Diminution, voire inversion, de la polarisation de repos d'une membrane cellulaire lors de sa stimulation ou au cours d'un potentiel d'action; perte de charges électriques positives sur la face externe d'une membrane et gain de charges positives sur sa face interne.

Dermatologie (n. fém.) Branche de la médecine qui diagnostique et traite les maladies de la peau.

Dermatome (n. masc.) Région de peau issue d'un segment médullaire embryonnaire et dont l'innervation sensitive provient essentiellement d'un nerf spinal. Instrument tranchant utilisé pour inciser la peau ou prélever des fragments cutanés. Chez l'embryon, portion d'un somite qui donne naissance aux tissus conjonctifs.

Derme (n. masc.) Couche de tissu conjonctif dense et irrégulier située sous l'épiderme.

Déshydratation (n. fém.) Perte excessive d'eau par l'organisme ou ses parties, ce qui fait augmenter l'osmolarité des liquides de l'organisme.

Desmodonte (n. masc.) Tissu conjonctif fibreux dense qui tapisse l'intérieur des alvéoles et fixe la dent aux parois de l'alvéole. Également appelé *ligament parodontal*.

Diabète de type I (n. masc.) Maladie héréditaire auto-immune qui mène à la destruction des cellules productrices d'insuline; il se caractérise par l'hyperglycémie, la polydipsie, la polyurie et la polyphagie. Également appelé *diabète insulinodépendant*.

Diabète de type II (n. masc.) Maladie qui atteint le plus souvent les individus qui font de l'embonpoint; l'hyperglycémie qui le caractérise peut être traitée par un régime approprié. Également appelé *diabète non insulinodépendant*.

Diagnostic (n. masc.) Distinction d'une maladie d'une autre ou détermination de la nature d'une maladie à partir des signes et symptômes obtenus par l'auscultation du corps, par les épreuves de laboratoire et d'autres moyens.

Dialyse (n. fém.) Passage de molécules dissoutes à travers une membrane semi-perméable ; procédé artificiel permettant d'éliminer des déchets du flux sanguin en faisant diffuser le sang à l'extérieur du corps à travers une membrane à perméabilité sélective.

Diapédèse (n. fém.) Processus par lequel les leucocytes (globules blancs) quittent la circulation sanguine en roulant le long de l'endothélium des capillaires, en s'y fixant, et en se faufilant à travers les cellules endothéliales pour se rendre dans les tissus infectés. Les molécules d'adhérence cellulaire (sélectines, intégrines) aident les leucocytes à se fixer à l'endothélium.

Diaphragme (n. masc.) Toute structure qui sépare une région d'une autre, plus particulièrement le muscle squelettique en forme de dôme situé entre la cavité thoracique et la cavité abdominale. Également, dispositif de contraception en forme de dôme placé sur le col de l'utérus, et généralement utilisé avec un spermicide.

Diaphyse (n. fém.) Corps d'un os long.

Diarrhée (n. fém.) Émission fréquente de selles liquides causée par une augmentation de la motilité intestinale.

Diarthrose (n. fém.) Articulation mobile comprenant les articulations planes, trochléennes, trochoïdes, condylaires, en selle et sphéroïdes.

Diastole (n. fém.) Dans le cycle cardiaque, phase de relaxation ou de dilatation du muscle cardiaque, en particulier des ventricules.

Diencéphale (n. masc.) Partie de l'encéphale regroupant le thalamus, l'hypothalamus et l'épithalamus.

Diffusion facilitée (n. fém.) Mécanisme de transport passif faisant intervenir un transporteur spécifique de la membrane plasmique et durant lequel des molécules insolubles dans les lipides, par exemple le glucose, se déplacent selon un gradient de concentration (d'une région de haute concentration vers une région de basse concentration) jusqu'à ce que l'équilibre soit atteint.

Diffusion simple (n. fém.) Mécanisme de transport passif à travers la membrane plasmique consistant en un déplacement de molécules liposolubles ou d'ions selon un gradient de concentration (d'une région de haute concentration vers une région de basse concentration) jusqu'à ce que l'équilibre soit atteint.

Digestion (n. fém.) Dégradation mécanique et chimique de la nourriture en molécules simples (nutriments) pouvant être absorbées et utilisées par les cellules de l'organisme.

Dilater (v.) Augmenter le volume de quelque chose.

Diploïde (adj.) Se dit d'une cellule qui a le même nombre de chromosomes que les cellules somatiques d'un organisme ; possède deux lots de chromosomes haploïdes, l'un provenant de la mère et l'autre du père. Symbole : 2*n*.

Disque articulaire (n. masc.) Coussinet de cartilage fibreux situé entre les surfaces articulaires des os de certaines articulations synoviales ; permet un ajustement entre deux os de forme différente. Également appelé *ménisque*.

Disque du nerf optique (n. masc.) Petite partie de la rétine contenant des ouvertures à travers lesquelles les axones des cellules ganglionnaires passent pour former le nerf optique (II) ; ne contient ni bâtonnets, ni cônes. Également appelé *tache aveugle*.

Disque intercalaire (n. masc.) Jonction intercellulaire transversale de la membrane plasmique des myocytes cardiaques ; contient des desmosomes, qui maintiennent ensemble les myocytes cardiaques adjacents, ainsi que des jonctions communicantes, qui permettent la propagation des potentiels d'action musculaires d'un myocyte à l'autre.

Disque intervertébral (n. masc.) Coussin de cartilage fibreux situé entre le corps de deux vertèbres ; absorbe les chocs verticaux et permet les mouvements de la colonne vertébrale.

Dissection (n. fém.) Action qui consiste à découper les tissus et les parties d'un cadavre ou d'un organe pour en faire l'étude anatomique.

Distal (adj.) Se dit du point le plus éloigné du point d'attache d'un membre au tronc ou de l'origine d'une structure.

Diurétique (adj.) Substance chimique qui augmente le volume urinaire en diminuant la réabsorption de l'eau, le plus souvent par inhibition de la réabsorption du sodium.

Divergence (n. fém.) Disposition synaptique dans laquelle les boutons terminaux d'un même neurone présynaptique s'accolent à plusieurs neurones postsynaptiques.

Diverticule (n. masc.) Évagination ou sac de la paroi d'un conduit ou d'un organe, notamment dans le côlon.

Division cellulaire (n. fém.) Processus par lequel une cellule se reproduit, et qui comprend une division du noyau (mitose) et une division du cytoplasme (cytocinèse) ; on distingue la division des cellules somatiques et la division des cellules reproductrices.

Division des cellules reproductrices (n. fém.) Division cellulaire qui produit les gamètes (spermatozoïdes et ovules) et faisant intervenir la mitose et la méiose.

Division des cellules somatiques (n. fém.) Division cellulaire par laquelle une cellule se reproduit elle-même pour générer deux cellules identiques ; comprend la mitose et la cytocinèse.

Dorsiflexion (n. fém.) Flexion du pied vers le dos (face supérieure) du pied.

Dos (n. masc.) Face postérieure du tronc.

Douleur projetée (n. fém.) Douleur ressentie en un point qui n'est pas le point d'origine.

Duodénum (n. masc.) Partie initiale de l'intestin grêle, mesurant 25 cm, qui relie l'estomac à l'iléum et où se déversent les sécrétions du foie et du pancréas.

Dure-mère (n. fém.) La plus externe des trois membranes (méninges) qui recouvrent l'encéphale et la moelle épinière ; constituée de tissu conjonctif dense et irrégulier.

Dysfonction érectile (n. fém.) Incapacité permanente d'un homme adulte de maintenir une érection suffisamment longtemps pour permettre le coït. Également appelée *impuissance*.

Dysménorrhée (n. fém.) Menstruation douloureuse.

Dysplasie (n. fém.) Altération de la taille, de la forme et de la disposition des cellules par suite d'une irritation ou d'une inflammation chronique ; peut mener à une néoplasie ou revenir à la normale si le facteur de stress disparaît.

Dyspnée (n. fém.) Essoufflement ; respiration difficile ou douloureuse.

Dystrophie musculaire (n. fém.) Affection héréditaire caractérisée par la dégénérescence des myocytes et qui entraîne une atrophie graduelle des muscles squelettiques.

E

Ectoderme (n. masc.) Feuillet embryonnaire primitif qui donne naissance au système nerveux ainsi qu'à l'épiderme de la peau et à ses annexes.

Ectopique (adj.) En dehors de la situation normale ; par exemple, la grossesse ectopique, au cours de laquelle l'embryon se développe le plus souvent dans la trompe utérine.

Effecteur (n. masc.) Organe musculaire ou glandulaire qui réagit aux influx nerveux de neurones moteurs somatiques ou autonomes en déclenchant une réaction qui ramène la valeur d'un facteur contrôlé vers sa valeur de référence ; composante d'un mécanisme de régulation. Effecteurs somatiques : les muscles squelettiques ; effecteurs autonomes viscéraux : notamment le muscle cardiaque, les muscles lisses et les glandes.

Efférents craniosacraux (n. masc.) Axones de neurones préganglionnaires parasympathiques dont les corps cellulaires sont situés dans des noyaux du tronc cérébral et dans les cornes latérales des segments sacraux de la moelle épinière.

Efférents thoracolombaires (n. masc.) Axones de neurones préganglionnaires sympathiques dont les corps cellulaires se trouvent dans les cornes latérales des segments thoraciques et dans les deux ou trois premiers segments lombaires de la moelle épinière.

Effet antagoniste (n. masc.) Interaction hormonale dans laquelle l'effet d'une hormone sur une cellule cible est contré par une autre hormone. Par exemple, la calcitonine diminue la concentration sanguine de calcium, alors que la parathormone l'augmente.

Effet synergique (n. masc.) Interaction hormonale dans laquelle plusieurs hormones agissant de concert produisent un effet plus grand ou plus étendu que la somme de leurs effets individuels. Par exemple, l'action des œstrogènes et de la FSH dans la production d'ovocytes.

Éjaculation (n. fém.) Émission ou expulsion réflexe puissante du sperme par le pénis, de l'urètre vers l'extérieur de l'organisme.

Élasticité (n. fém.) Capacité d'un tissu de retrouver sa longueur et sa forme initiale après une contraction ou un étirement.

Électrocardiogramme – ECG (n. masc.) Tracé des changements électriques enregistrés à la surface du corps, qui rend compte de tous les potentiels d'action produits par les myocytes cardiaques à chaque battement ; peut être mesuré au repos, en période de stress ou durant un effort (ambulatoire).

Électrolyte (n. masc.) Composé qui se dissocie en ions lorsqu'il est dissous dans l'eau et qui peut conduire un courant électrique.

Élévation (n. fém.) Déplacement d'une partie du corps vers le haut ; par exemple, le haussement des épaules.

Émail (n. masc.) Substance blanche et dure qui recouvre la dentine sur la couronne d'une dent ; substance la plus dure du corps.

Embole (n. masc.) Caillot, bulle d'air ou graisse provenant d'os fracturés, amas de bactéries ou tout débris ou substance étrangère transportés dans le sang et susceptible de bloquer un vaisseau.

Embolie pulmonaire (n. fém.) Présence, dans un vaisseau artériel pulmonaire, d'un caillot ou d'une substance étrangère qui bloque l'écoulement sanguin vers le tissu pulmonaire.

Embryoblaste (n. masc.) Masse de cellules présente dans un blastocyste et qui se différencie en trois feuillets embryonnaires primitifs (ectoderme, mésoderme et endoderme) à partir desquels tous les tissus et organes se forment.

Embryologie (n. fém.) Étude du développement de l'embryon depuis la fécondation de l'ovocyte jusqu'à la fin de la huitième semaine de grossesse.

Embryon (n. masc.) Le petit d'un organisme quelconque à un stade précoce de son développement ; chez l'humain, produit de la conception jusqu'à la fin de la huitième semaine du développement.

Émission (n. fém.) Projection de sperme dans l'urètre due à des contractions péristaltiques des conduits des testicules et des épididymes ainsi que du conduit déférent par suite d'une stimulation sympathique ; se produit avant l'éjaculation.

Emphysème pulmonaire (n. masc.) Maladie du poumon caractérisée par la destruction des parois alvéolaires, produisant des espaces aériens anormalement grands et une perte d'élasticité du tissu pulmonaire ; le plus souvent causé par l'inhalation de fumée de cigarette.

Empreinte génomique (n. fém.) Phénomène par lequel l'origine parentale (père ou mère) d'un gène produit une nette différence au niveau du phénotype.

Émulsification (n. fém.) Fragmentation de gros globules lipidiques en particules plus petites, plus uniformément réparties, sous l'action d'un agent émulsifiant, la bile, par exemple.

Encéphale (n. masc.) Partie du système nerveux central contenue dans la cavité crânienne ; comprend le tronc cérébral, le cervelet, le diencéphale et le cerveau.

Endocarde (n. masc.) Couche de la paroi du cœur composée d'endothélium et de tissu conjonctif, et qui tapisse l'intérieur du cœur et recouvre les valves et les tendons chargés d'ouvrir ces valves.

Endocrinologie (n. fém.) Science qui a pour objet d'étude la structure et la fonction des glandes endocrines ainsi que le diagnostic et le traitement des troubles du système endocrinien.

Endocytose (n. fém.) Mécanisme de transport actif permettant l'entrée dans la cellule de grosses molécules et particules : une partie de la membrane plasmique entoure la substance, l'englobe et la fait pénétrer ; comprend la phagocytose, la pinocytose et l'endocytose par récepteurs interposés.

Endocytose par récepteurs interposés (n. fém.) Mécanisme d'endocytose très sélectif permettant aux particules captées par les cellules, habituellement de grosses molécules, de se fixer à des ligands, avant d'être enveloppées dans un sac formé d'une partie de la membrane plasmique. Les ligands sont ensuite dégradés par les enzymes des lysosomes.

Endoderme (n. masc.) Feuillet embryonnaire primitif qui donne naissance au tube digestif, à la vessie et à l'urètre ainsi qu'aux voies respiratoires.

Endodontie (n. fém.) Branche de la médecine dentaire qui a pour objet la prévention, le diagnostic et le traitement des maladies affectant la pulpe, la racine, le desmodonte et l'os alvéolaire.

Endolymphe (n. fém.) Liquide présent à l'intérieur du labyrinthe membraneux de l'oreille interne et contenant une très forte concentration d'ions K^+.

Endomètre (n. masc.) Muqueuse très vascularisée tapissant l'intérieur de l'utérus.

Endométriose (n. fém.) Présence anormale de tissu endométrial à l'extérieur de l'utérus.

Endomysium (n. masc.) Invagination du périmysium séparant chaque myocyte.

Endonèvre (n. masc.) Enveloppe de tissu conjonctif recouvrant chacun des axones.

Endoste (n. masc.) Fine membrane conjonctive qui tapisse la cavité médullaire des os, constituée de cellules ostéogéniques (productrices de matière osseuse) et d'un petit nombre d'ostéoclastes.

Endothélium (n. masc.) Couche d'épithélium simple pavimenteux qui tapisse les cavités du cœur ainsi que la lumière des vaisseaux sanguins et des vaisseaux lymphatiques.

Énergie d'activation (n. fém.) Énergie minimale nécessaire permettant le déclenchement d'une réaction chimique.

Enjambement (n. masc.) Mécanisme permettant aux chromatides d'échanger des segments de matériel génétique pendant la méiose. Permet également l'échange de gènes entre chromatides (recombinaison génétique) et constitue l'un des facteurs qui produisent la variation génétique chez la progéniture.

Entorse (n. fém.) Rupture partielle ou autre lésion des ligaments d'une articulation, causée par une torsion brutale sans luxation.

Enzyme (n. fém.) Substance qui diminue l'énergie d'activation nécessaire à une réaction et accélère les réactions chimiques ; catalyseur organique, généralement une protéine.

Épendymocytes (n. masc.) Gliocytes qui couvrent les plexus choroïdes et produisent le liquide cérébrospinal ; tapissent aussi les ventricules cérébraux et contribuent probablement à la circulation du liquide cérébrospinal. Également appelés *cellules épendymaires*.

Épicarde (n. masc.) Fine couche externe de la paroi du cœur composée de tissu séreux et de mésothélium. Également appelé *feuillet viscéral du péricarde séreux*.

Épidémiologie (n. fém.) Étude de la fréquence et de la transmission des maladies dans les populations humaines.

Épiderme (n. masc.) Couche superficielle mince de la peau, constituée d'un épithélium stratifié pavimenteux kératinisé.

Épididyme (n. masc.) Organe allongé, en forme de virgule, situé le long du bord postérosupérieur du testicule et qui contient le conduit épididymaire dans lequel se produit la maturation des spermatozoïdes.

Épiglotte (n. fém.) Grand cartilage en forme de feuille situé au-dessus du larynx et attaché au cartilage thyroïde ; sa partie libre peut monter et descendre pour recouvrir la glotte (plis vocaux et fente de la glotte) au moment de la déglutition.

Épimysium (n. masc.) Couche la plus externe de tissu conjonctif fibreux qui entoure les muscles.

Épinéphrine (n. fém.) *Voir* **Adrénaline**.

Épinèvre (n. fém.) Enveloppe superficielle de tissu conjonctif qui entoure tout le nerf.

Épiphyse (n. fém.) Extrémité d'un os long, d'un diamètre généralement supérieur à celui du corps de cet os (diaphyse).

Épisiotomie (n. fém.) Incision pratiquée avec des ciseaux chirurgicaux dans le périnée afin d'éviter qu'il se déchire, lors de l'accouchement.

Épistaxis (n. fém.) Perte de sang par le nez attribuable à un traumatisme, une infection, une allergie, une tumeur ou des troubles de la coagulation. Également appelée *saignement de nez*.

Épithalamus (n. masc.) Partie du diencéphale située au-dessus et en arrière du thalamus et comprenant la glande pinéale et d'autres structures.

Épithéliocyte de soutien (n. masc.) Cellule de soutien des tubules séminifères contournés, qui sécrète un liquide apportant des nutriments aux spermatozoïdes ainsi qu'une hormone appelée inhibine, qui phagocyte l'excès de cytoplasme des cellules spermatogéniques, et qui sert de médiateur pour les effets de la FSH et de la testostérone sur la spermatogenèse. Également appelé *cellule de Sertoli*.

Épitope (n. masc.) Petite portion spécifique d'une molécule d'antigène qui déclenche les réponses immunitaires. Également appelé *déterminant antigénique*.

Éponychium (n. masc.) Étroite bande composée de couche cornée, située à la bordure proximale de l'ongle et qui naît de sa bordure latérale. Également appelé *cuticule*.

Équilibre dynamique (n. masc.) Maintien de la position du corps, principalement de la tête, en dépit de mouvements soudains de rotation, d'accélération et de décélération.

Équilibre statique (n. masc.) Maintien de la posture du corps en réponse à des changements d'orientation du corps, principalement de la tête, par rapport au sol.

Érection (n. fém.) État du pénis ou du clitoris qui se dilatent et deviennent rigides par suite de l'afflux de sang dans le tissu érectile spongieux de ces organes.

Éructation (n. fém.) Expulsion forcée de gaz par la bouche depuis l'estomac. Également appelée *rot*.

Érythème (n. masc.) Rougeur de la peau généralement causée par la dilatation des capillaires.

Érythrocyte (n. masc.) Élément figuré du sang, sans noyau, contenant l'hémoglobine ; assure le transport de l'oxygène et une partie du transport du dioxyde de carbone. Également appelé *globule rouge*.

Érythropoïétine (n. fém.) Hormone libérée par les cellules juxtaglomérulaires des reins et qui stimule la production d'érythrocytes.

Espace épidural (n. masc.) Espace entre la dure-mère (méninge externe) et le canal vertébral ; contient du tissu conjonctif aréolaire et un plexus de veines.

Espace mort anatomique (n. masc.) Espaces du nez, du pharynx, du larynx, de la trachée, des bronches et des bronchioles dont le volume moyen totalise 150 mL (soit 30 % du volume courant, qui est d'environ 500 mL) ; l'air contenu dans l'espace mort anatomique n'atteint pas les alvéoles pulmonaires pour participer aux échanges gazeux.

Espace sous-arachnoïdien (n. masc.) *Voir* **Cavité subarachnoïdienne**.

Espace sous-dural (n. masc.) Mince espace entre la dure-mère et l'arachnoïde (méninges qui recouvrent l'encéphale et la moelle épinière) qui contient un peu de liquide interstitiel.

Estomac (n. masc.) Renflement en forme de J du segment du tube digestif situé directement sous le diaphragme dans les régions épigastrique, ombilicale et hypocondriaque gauche de l'abdomen, entre l'œsophage et l'intestin grêle ; forme un réservoir où la nourriture peut être retenue et malaxée et subir une certaine digestion chimique.

Eupnée (n. fém.) Respiration calme normale.

Éversion (n. fém.) Mouvement latéral de la plante des pieds au niveau de l'articulation de la cheville ; mouvement d'une valve auriculo-ventriculaire dans une oreillette au moment de la contraction ventriculaire.

Excitabilité électrique (n. fém.) Capacité des myocytes à recevoir des stimulus et à y réagir ; capacité des neurones à réagir aux stimulus et à générer des potentiels d'action (influx nerveux).

Excrétion (n. fém.) Processus d'élimination des déchets en dehors de l'organisme ; produits excrétés.

Exhalation (n. fém.) Rejet de gaz ou de vapeurs hors des voies respiratoires.

Exocytose (n. fém.) Mécanisme de transport actif par lequel des vésicules sécrétoires entourées d'une membrane se forment à l'intérieur de la cellule, fusionnent avec la membrane plasmique et libèrent leur contenu dans le liquide interstitiel ; permet la sécrétion de matières contenues dans les cellules.

Expiration (n. fém.) Expulsion de l'air des poumons dans l'atmosphère. *Voir aussi* **Exhalation**.

Extensibilité (n. fém.) Capacité du tissu musculaire de s'étirer.

Extension (n. fém.) Augmentation de l'angle entre deux os ; sert généralement à replacer une partie du corps fléchie en position anatomique.

Externe (adj.) Situé sur la surface ou près d'elle.

Extérocepteur (n. masc.) Récepteur sensitif dont la fonction consiste à percevoir les stimulus provenant de l'extérieur de l'organisme.

F

Face (n. fém.) Partie antérieure de la tête.

Facette (n. fém.) Surface lisse et plane généralement tapissée de cartilage et assurant un contact avec un os voisin. *Voir aussi* **Fossette**.

Facteur contrôlé (n. masc.) Variable corporelle dont la valeur est contrôlée par un mécanisme de régulation.

Facteur intrinsèque (n. masc.) Glycoprotéine synthétisée et sécrétée par les cellules pariétales de la muqueuse gastrique, et qui facilite l'absorption de la vitamine B_{12} dans l'intestin grêle.

Facteur natriurétique auriculaire – FNA (n. masc.) Hormone peptidique produite par les oreillettes du cœur en réponse à l'étirement. Ce facteur inhibe la production d'aldostérone et d'ADH et augmente le débit de filtration glomérulaire, diminuant ainsi le volume sanguin et la pression artérielle ; provoque la natriurie (l'augmentation de l'excrétion du sodium dans l'urine). Également appelé *peptide natriurétique auriculaire*.

Facteur Rh (n. masc.) Antigène hérité génétiquement et situé à la surface des érythrocytes uniquement chez les personnes du groupe sanguin Rh⁺ (Rh positif).

Facteur stimulateur de colonies (n. masc.) Groupe de molécules qui stimulent le développement des leucocytes. Par exemple, le facteur stimulateur des colonies de granulocytes et le facteur stimulateur des colonies de phagocytes.

Faisceau (n. masc.) Dans le système nerveux central, groupe d'axones de neurones sensitifs (faisceau ascendant) ou moteurs (faisceau descendant) ; dans un muscle squelettique, petit groupe de myocytes entouré par le périmysium.

Faisceau auriculoventriculaire (n. masc.) Partie du système de conduction du cœur qui commence au nœud auriculoventriculaire, traverse le squelette fibreux du cœur (qui sépare les oreillettes des ventricules) puis s'étend sur une courte distance le long du septum interventriculaire avant de se diviser en branches droite et gauche. Également appelé *faisceau de His*.

Faisceau cunéiforme (n. masc.) Voie ascendante faisant partie de la voie du cordon dorsal et du lemnisque médial ; achemine l'information relative à la proprioception, au toucher fin, à la pression et à la vibration de la partie supérieure du corps.

Faisceau gracile (n. masc.) Voie ascendante faisant partie de la voie du cordon dorsal et du lemnisque médial ; achemine l'information relative à la proprioception, au toucher fin, à la pression et à la vibration de la partie inférieure du corps.

Faisceau hypothalamohypophysaire (n. masc.) Groupe d'axones dont les terminaisons contiennent des vésicules sécrétoires remplies d'hormone ocytocine ou d'hormone antidiurétique (ADH) et qui va de l'hypothalamus à la neurohypophyse.

Famine (n. fém.) État de privation pouvant durer des semaines ou des mois durant lesquels l'apport alimentaire est insuffisant.

Fascia (n. masc.) Membrane fibreuse située profondément sous la peau et qui enveloppe, soutient et sépare les muscles et d'autres organes.

Fascia profond (n. masc.) Feuillet de tissu conjonctif dense et irrégulier qui entoure des muscles pour les maintenir en place.

Fascia superficiel (n. masc.) Feuillet continu de tissu conjonctif aréolaire et de tissu adipeux situé entre le derme de la peau et le fascia profond des muscles. Également appelé *hypoderme*.

Fasciculation (n. fém.) Brève contraction anormale et spontanée de faisceaux musculaires entiers appartenant à une même unité motrice ; visible à la surface de la peau ; ne provoque pas de mouvement du muscle atteint ; présente dans des maladies dégénératives des neurones moteurs, par exemple la poliomyélite et la sclérose latérale amyotrophique (aussi connue sous le nom de *maladie de Lou Gerhig* ou de *maladie de Charcot*).

Fascicule (n. masc.) Petit faisceau. Dans un nerf, groupe d'axones recouvert par le périnèvre.

Fatigue musculaire (n. fém.) Incapacité d'un muscle de maintenir sa force de contraction ou sa tension ; pourrait être causée par le manque d'oxygène, l'épuisement du glycogène ou de la créatine phosphate, ou encore par l'accumulation d'acide lactique ou d'ADP.

Faux du cerveau (n. fém.) Repli de la dure-mère qui s'étend profondément dans la fissure longitudinale du cerveau, entre les deux hémisphères cérébraux.

Faux du cervelet (n. fém.) Petit prolongement triangulaire de la dure-mère qui s'attache à l'os occipital dans la fosse crânienne postérieure et s'étend vers l'intérieur entre les deux hémisphères du cervelet.

Fèces (n. fém.) Matières éliminées par l'anus et composées de bactéries, d'excrétions et de résidus de la digestion. Également appelées *selles*.

Fécondation (n. fém.) Pénétration d'un ovocyte de deuxième ordre par un spermatozoïde, achèvement de la division méiotique de l'ovocyte de deuxième ordre pour former un ovule et fusion subséquente des noyaux des gamètes.

Fenêtre de la cochlée (n. fém.) Petite ouverture située entre l'oreille moyenne et l'oreille interne, juste en dessous de la fenêtre du vestibule, et recouverte par la membrane secondaire du tympan ; elle bombe vers l'oreille moyenne sous l'effet des mouvements ondulatoires de la périlymphe. Également appelée *fenêtre ronde*.

Fenêtre du vestibule (n. fém.) Petite ouverture recouverte d'une membrane, située entre l'oreille moyenne et l'oreille interne, et dans laquelle vient s'insérer la base du stapès ; ses vibrations déclenchent des mouvements ondulatoires dans la périlymphe de la cochlée. Également appelée *fenêtre ovale*.

Fente synaptique (n. fém.) Dans une synapse chimique, espace étroit (de 20 à 30 nm) qui sépare la terminaison axonale d'un neurone d'un autre neurone ou d'un myocyte et dans lequel le neurotransmetteur diffuse pour exercer son effet sur la cellule postsynaptique.

Fesses (n. fém.) Les deux masses charnues situées sur la face postérieure du tronc inférieur et formées par les muscles fessiers, dont le grand glutéal qui leur donne leur forme rebondie.

Feuillet embryonnaire primitif (n. masc.) Une des trois couches de tissu embryonnaire (l'ectoderme, le mésoderme et l'endoderme) dont dérivent tous les tissus et organes du corps.

Fibre de conduction cardiaque (n. fém.) *Voir* **Myocyte de conduction cardiaque**.

Fibre nerveuse (n. fém.) Tout prolongement (axone ou dendrite) issu du corps cellulaire d'un neurone.

Fibrillation auriculaire (n. fém.) Désynchronisation de la contraction des myocytes cardiaques dans les oreillettes, qui se traduit par l'arrêt de l'action de pompage des oreillettes.

Fibrillation ventriculaire (n. fém.) Désynchronisation de la contraction des myocytes cardiaques dans les ventricules ; entraîne l'arrêt cardiaque si elle n'est pas inversée par la défibrillation.

Fibroblaste (n. masc.) Grande cellule aplatie qui sécrète la majeure partie de la matrice extracellulaire des tissus conjonctifs aréolaires et denses.

Fièvre (n. fém.) Élévation de la température corporelle au-dessus de la normale (37 °C) en réponse à une modification du réglage du thermostat hypothalamique ; se manifeste très souvent durant l'infection ou l'inflammation.

Filament intermédiaire (n. masc.) Filament protéique de 8 à 12 nm de diamètre qui peut fournir un renforcement structural, maintenir les organites en place et conférer sa forme à la cellule.

Filtrat glomérulaire (n. masc.) Liquide produit lorsque le sang est filtré par la membrane de filtration dans les glomérules du rein.

Filtration (n. fém.) Passage d'un liquide à travers un filtre (ou une membrane qui agit comme un filtre) sous l'effet de la pression hydrostatique ; par exemple, la filtration exercée par la pression sanguine dans les capillaires.

Filtration glomérulaire (n. fém.) Première étape de la formation de l'urine, durant laquelle les substances du sang passent par la membrane de filtration ; le filtrat entre ensuite dans la capsule glomérulaire, puis dans le tubule contourné proximal d'un néphron.

Filum terminale (n. masc.) Prolongement de la pie-mère (méninge interne) qui part du cône médullaire et qui ancre la moelle épinière au coccyx.

Fissure (n. fém.) Rainure, fente ou échancrure normales ou pathologiques ; plus particulièrement, rainure profonde entre les gyrus du cortex cérébral.

Fissure transverse du cerveau (n. fém.) Sillon profond qui sépare le cerveau du cervelet.

Fixateur (n. masc.) Muscle qui stabilise l'origine d'un agoniste afin que celui-ci puisse agir avec plus d'efficacité.

Flaccidité (n. fém.) État de ce qui est flasque, détendu, mou ; manque de tonus musculaire.

Flagelle (n. masc.) Structure mobile semblable à un poil située à l'extrémité d'une bactérie, d'un protozoaire ou d'un spermatozoïde et servant à déplacer la cellule qui le porte.

Flatuosité (n. fém.) Gaz dans l'estomac ou les intestins, habituellement expulsé par l'anus.

Flexion (n. fém.) Mouvement entraînant une diminution de l'angle entre deux os.

Flexion plantaire (n. fém.) Flexion du pied dans la direction de la plante (face inférieure) du pied ; mouvement effectué pour se tenir sur la pointe des pieds.

Fœtus (n. masc.) Chez l'humain, l'organisme en développement *in utero* depuis le début du troisième mois de grossesse jusqu'à la naissance.

Foie (n. masc.) Organe volumineux situé sous le diaphragme qui occupe la plus grande partie de la région hypochondriaque droite et une partie de la région épigastrique. Sur le plan fonctionnel, produit la bile et synthétise la plupart des protéines plasmatiques ; transforme les nutriments en autres nutriments ; détoxique les substances ; emmagasine le glycogène, le fer et certaines vitamines ; assure la phagocytose des cellules sanguines usées et des bactéries ; contribue à la synthèse de la forme active de la vitamine D.

Follicule (n. masc.) Petit sac ou cavité de sécrétion ; groupe de cellules qui abrite un ovocyte en développement dans les ovaires.

Follicule ovarique (n. masc.) Nom donné à l'ensemble constitué par un ovocyte en voie de développement (ovule immature) et de ses cellules épithéliales environnantes.

Follicule ovarique mûr (n. masc.) Gros follicule rempli de liquide et qui contient un ovocyte de deuxième ordre entouré de cellules granuleuses qui sécrètent des œstrogènes. Également appelé *follicule de De Graaf*.

Follicule pileux (n. masc.) Structure composée d'épithélium, entourant la racine du poil, et à partir de laquelle le poil se développe.

Follicule thyroïdien (n. masc.) Structure microscopique en forme de sphère creuse qui constitue le parenchyme de la glande thyroïde et se compose de cellules folliculaires produisant la thyroxine (T_4) et la triiodothyronine (T_3).

Follicules lymphatiques agrégés (n. masc.) Amas de tissu lymphatique particulièrement nombreux dans l'iléum. Également appelés *plaques de Peyer*.

Fontanelle (n. fém.) Espace membraneux présent à un endroit où la formation des os n'est pas terminée, plus particulièrement entre les os du crâne d'un nourrisson.

Foramen (n. masc.) Passage ou ouverture ; communication entre deux cavités d'un organe ou trou dans un os permettant le passage de vaisseaux ou de nerfs.

Foramen interventriculaire du cerveau (n. masc.) Ouverture ovale étroite par laquelle les ventricules latéraux du cerveau communiquent avec le troisième ventricule de l'encéphale. Également appelé *trou de Monro*.

Foramen ovale (n. masc.) Orifice situé dans la grande aile de l'os sphénoïde et qui offre un passage à la branche mandibulaire du nerf trijumeau (V).

Foramen ovale du cœur (n. masc.) Ouverture du cœur fœtal située dans le septum, entre les deux oreillettes ; normalement, se ferme après la naissance.

Formation réticulaire (n. fém.) Réseau formé de petits groupes de corps cellulaires de neurones (substance grise) disséminés entre des faisceaux d'axones myélinisés (substance blanche), qui commence dans le bulbe rachidien et qui s'étend vers le haut à travers la partie centrale du tronc cérébral ; remplit des fonctions sensorielles et motrices.

Fornix (n. masc.) Faisceau du cerveau formé d'axones myélinisés associatifs et qui relie l'hippocampe et les corps mamillaires.

Fornix du vagin (n. masc.) Cul-de-sac autour du col de l'utérus où celui-ci fait saillie dans le vagin.

Fossette (n. fém.) Petit sillon ou petite dépression. *Voir aussi* **Facette**.

Fossette centrale (n. fém.) Petite dépression creusée au centre de la macula de la rétine et ne contenant que des cônes ; l'endroit où la vision est la plus claire. Également appelée *fovea centralis*.

Foulure (n. fém.) Entorse légère dans laquelle un muscle est étiré ou partiellement déchiré.

Fracture (n. fém.) Rupture de la continuité d'un os.

Franges de la trompe utérine (n. fém.) Projections digitiformes, en particulier aux extrémités latérales des trompes utérines (de Fallope), dont l'une est fixée à l'extrémité externe de l'ovaire.

Frein de la langue (n. masc.) Repli de muqueuse qui relie la langue et le plancher de la bouche ; limite le mouvement de la langue vers l'arrière.

Frein de la lèvre (n. masc.) Repli médian de la muqueuse situé entre la face interne de la lèvre et les gencives.

Fundus (n. masc.) Partie d'un organe creux la plus éloignée de l'ouverture.

Furoncle (n. masc.) Nodule douloureux causé par une infection bactérienne et par l'inflammation d'un follicule pileux ou d'une glande sébacée.

Fuseau mitotique (n. masc.) Assemblage en forme de ballon de football de microtubules sur lequel les chromosomes se déplacent durant la division cellulaire.

Fuseau neuromusculaire (n. masc.) Propriocepteur encapsulé présent dans un muscle squelettique ; sensible aux variations de la longueur des myocytes et participe au réflexe de l'étirement.

Fuseau neurotendineux (n. masc.) Propriocepteur situé surtout dans les tendons, près de leur jonction avec un muscle. Sensible aux variations de la tension musculaire et de la force de contraction et participe au réflexe tendineux. Également appelé *organe tendineux de Golgi*.

G

Gaine de myéline (n. fém.) Enveloppe lipidique et protéique composée de plusieurs couches et formée par les neurolemmocytes (cellules de Schwann) et les oligodendrocytes autour des axones de nombreux neurones des systèmes nerveux central et périphérique.

Gaine tendineuse (n. fém.) Bourse allongée qui entoure des tendons aux endroits soumis à un frottement intense. Également appelée *gaine de tendon*.

Gamète (n. masc.) Cellule sexuelle mâle ou femelle ; spermatozoïde ou ovocyte de deuxième ordre.

Ganglion (n. masc.) En général, groupe de corps cellulaires de neurones situé à l'extérieur du système nerveux central ; associé aux nerfs crâniens et spinaux.

Ganglion autonome (n. masc.) Groupe de corps cellulaires de neurones sympathiques ou parasympathiques situé à l'extérieur du système nerveux central.

Ganglion cervical (n. masc.) Groupe de corps cellulaires de neurones sympathiques postganglionnaires situé dans le cou, près de la colonne vertébrale ; fait partie des ganglions du tronc sympathique ; on distingue les ganglions cervicaux supérieur, moyen et inférieur.

Ganglion ciliaire (n. masc.) Groupe de corps cellulaires de neurones parasympathiques dont les axones préganglionnaires viennent du nerf oculomoteur (III) et dont les axones postganglionnaires acheminent des influx nerveux au muscle ciliaire et au muscle sphincter de la pupille.

Ganglion du tronc sympathique (n. masc.) Groupe de corps cellulaires de neurones postganglionnaires sympathiques situé à côté de la colonne vertébrale et près du corps de la vertèbre. Ces ganglions descendent le long du cou, du thorax et de l'abdomen jusqu'au coccyx, des deux côtés de la colonne vertébrale. Ils sont reliés pour former une chaîne de part et d'autre de la colonne vertébrale.

Ganglion lymphatique (n. masc.) *Voir* **Nœud lymphatique**.

Ganglion prévertébral (n. masc.) Groupe de corps cellulaires de neurones postganglionnaires sympathiques situé à l'avant de la colonne vertébrale et près de l'origine des grosses artères abdominales ; par exemple, le ganglion cœliaque.

Ganglion ptérygopalatin (n. masc.) Groupe de corps cellulaires de neurones parasympathiques dont les axones préganglionnaires proviennent du nerf facial (VII) et dont les neurones postganglionnaires acheminent des influx nerveux aux glandes lacrymales et nasales.

Ganglion spinal (n. masc.) Groupe de corps cellulaires de neurones sensitifs et de leurs cellules de soutien ; situé sur la racine dorsale d'un nerf spinal.

Ganglion terminal (n. masc.) Groupe de corps cellulaires de neurones postganglionnaires parasympathiques situé à proximité des effecteurs viscéraux, ou à l'intérieur des parois des effecteurs viscéraux innervés par des neurones postganglionnaires.

Gastroentérologie (n. fém.) Branche de la médecine qui a pour objet la structure, la fonction, le diagnostic et le traitement des maladies de l'estomac et des intestins.

Gastrulation (n. fém.) Migration de groupes de cellules de l'épiblaste qui transforme le disque embryonnaire didermique en disque embryonnaire tridermique comprenant trois feuillets embryonnaires primitifs (endoderme, mésoderme et ectoderme).

Gencives (n. fém.) Tissus qui recouvrent les processus alvéolaires de la mandibule et du maxillaire et s'étendent légèrement dans chaque alvéole.

Gène (n. masc.) Unité biologique de l'hérédité ; segment d'ADN occupant une position définie sur un chromosome particulier ; séquence d'ADN qui code pour un ARNm, un ARNr ou un ARNt particulier.

Gène suppresseur de tumeur (n. masc.) Gène codant pour une protéine qui inhibe normalement la division cellulaire ; la perte ou la modification du gène suppresseur de tumeur appelé *p53* est le changement génétique le plus fréquent dans une grande variété de cellules cancéreuses qui se divisent de manière anarchique.

Génétique (n. fém.) Étude des gènes et de l'hérédité.

Génie génétique (n. masc.) Fabrication et manipulation de matériel génétique.

Génome (n. masc.) Ensemble complet des gènes d'un organisme.

Génotype (n. masc.) Constitution génétique d'un individu (patrimoine héréditaire) ; reconnaissable par l'apparence (son phénotype) déterminée par les allèles des gènes localisés sur les chromosomes homologues.

Gériatrie (n. fém.) Branche de la médecine qui a pour objet l'étude des troubles de la vieillesse et les soins aux personnes âgées.

Gestation (n. fém.) Période du développement comprise entre la fécondation et la naissance.

Gland du pénis (n. masc.) Région légèrement renflée à l'extrémité distale du corps spongieux du pénis.

Glande (n. fém.) Cellule ou groupe de cellules épithéliales spécialisées qui sécrètent des substances ; peut être endocrine ou exocrine.

Glande apocrine (n. fém.) Glande dans laquelle le produit de sécrétion s'accumule à la surface apicale de la cellule sécrétrice puis se détache sous forme de vésicules libres contenant du cytoplasme entouré d'une membrane pour former la sécrétion ; par exemple, la glande mammaire et certaines glandes sudoripares.

Glande bulbo-urétrale (n. fém.) Une des deux glandes, de la grosseur d'un pois, situées sous la prostate, de chaque côté de l'urètre ; sécrète un liquide alcalin dans la partie spongieuse de l'urètre. Également appelée *glande de Cowper.*

Glande cérumineuse (n. fém.) Glande sudoripare modifiée du méat acoustique externe dont la sécrétion se mélange à celle des glandes sébacées pour produire le cérumen.

Glande duodénale (n. fém.) Glande de la sous-muqueuse du duodénum qui sécrète un mucus alcalin pour protéger le revêtement de l'intestin grêle contre l'action des enzymes et contribuer à la neutralisation de l'acidité du chyme. Également appelée *glande de Brunner.*

Glande endocrine (n. fém.) Glande dépourvue de conduit et qui sécrète des hormones dans le liquide interstitiel puis dans le sang.

Glande exocrine (n. fém.) Glande dont les sécrétions sont transportées par des conduits débouchant dans les cavités corporelles, jusqu'à lumière d'un organe ou jusqu'à la surface externe du corps.

Glande holocrine (n. fém.) Glande dans laquelle le produit de sécrétion correspond à la libération de la cellule elle-même qui se désintègre ensuite pour libérer son produit ; par exemple, les glandes sébacées.

Glande intestinale de l'intestin grêle (n. fém.) Glande qui débouche à la surface de la muqueuse intestinale et sécrète le suc intestinal. Également appelée *crypte de Lieberkühn.*

Glande lacrymale (n. fém.) Glande constituée de cellules sécrétrices situées au-dessus du bord latéral de l'orbite de l'œil et qui sécrètent les larmes dans des ductules excréteurs s'ouvrant à la surface de la conjonctive.

Glande mammaire (n. fém.) Glande sudoripare modifiée de la femme, qui produit du lait pour nourrir le bébé ; située à la surface des muscles grands pectoraux.

Glande mérocrine (n. fém.) Glande constituée de cellules sécrétrices qui restent intactes durant tout le processus d'élaboration et de libération par exocytose du produit de sécrétion ; par exemple, les glandes salivaires et pancréatiques.

Glande parathyroïde (n. fém.) L'une de quatre (habituellement) petites glandes endocrines logées dans les faces postérieures des lobes latéraux de la glande thyroïde, et qui sécrètent la parathormone.

Glande para-urétrale (n. fém.) Glande enfouie dans la paroi de l'urètre (chez la femme), dont le conduit s'ouvre d'un côté ou de l'autre de l'orifice urétral et sécrète un mucus ; dérivant des mêmes tissus embryonnaires que ceux de la prostate chez l'homme.

Glande parotide (n. fém.) Une des deux glandes salivaires situées en avant et au-dessous des oreilles et reliées à la cavité orale par un conduit parotidien qui s'ouvre dans l'intérieur de la joue à la hauteur de la deuxième molaire supérieure ; sécrète une salive séreuse contenant de l'amylase.

Glande pinéale (n. fém.) Glande de forme conique située dans le toit du troisième ventricule ; sécrète la mélatonine.

Glande pituitaire (n. fém.) *Voir* **Hypophyse**.

Glande sébacée (n. fém.) Glande exocrine située dans le derme de la peau et presque toujours associée à un follicule pileux ; sécrète le sébum.

Glande sublinguale (n. fém.) Une des deux glandes salivaires situées sur le plancher de la bouche, sous la muqueuse et de chaque côté du frein de la langue, possédant un conduit sublingual mineur qui s'ouvre dans le plancher de la bouche ; sécrète une salive très épaisse contenant peu d'amylase.

Glande submandibulaire (n. fém.) Une des deux glandes salivaires situées sous la base de la langue, sous la muqueuse de la partie postérieure du plancher de la bouche et derrière les glandes sublinguales, avec un conduit submandibulaire qui débouche à côté du frein de la langue ; sécrète une salive visqueuse contenant de l'amylase et du mucus.

Glande sudoripare (n. fém.) Glande exocrine de type mérocrine (les plus nombreuses) ou apocrine située dans le derme ou dans le fascia superficiel ; produit la sueur.

Glande surrénale (n. fém.) Glande endocrine située au-dessus de chaque rein.

Glande tarsale (n. fém.) Glande sébacée qui s'ouvre au bord de chaque paupière et sécrète un liquide qui empêche les paupières d'adhérer l'une à l'autre. Également appelée *glande de Meibomius*.

Glande thyroïde (n. fém.) Glande endocrine formée de lobes latéraux droit et gauche (de part et d'autre de la trachée) qui sont reliés par un isthme ; située à l'avant de la trachée juste en dessous du cartilage cricoïde ; sécrète la thyroxine (T_4), la triiodothyronine (T_3) et la calcitonine ; il s'agit de la seule glande endocrine qui emmagasine en grande quantité les hormones qu'elle sécrète.

Glande vestibulaire majeure (n. fém.) Une des deux glandes situées de part et d'autre de l'orifice vaginal, qui s'ouvrent par un conduit dans l'espace compris entre l'hymen et les petites lèvres de la vulve ; produit un peu de mucus qui, avec la glaire cervicale, accentue la lubrification durant le coït ; homologue de la glande bulbo-urétrale chez l'homme. Également appelée *glande de Bartholin*.

Glande vestibulaire mineure (n. fém.) Une des glandes sécrétrices de mucus dont les conduits s'ouvrent de part et d'autre de l'orifice urétral dans le vestibule de la vulve.

Glandes gastriques (n. fém.) Glandes de la muqueuse de l'estomac composées de cellules qui déversent leurs sécrétions dans des conduits étroits appelés *cryptes de l'estomac* ; par exemple, les cellules principales (sécrétion du pepsinogène), les cellules pariétales (sécrétion de l'acide chorhydrique et du facteur intrinsèque), les cellules à mucus superficielles et les cellules à mucus du collet (sécrétion de mucus), et les cellules G (sécrétion de gastrine).

Glandes salivaires (n. fém.) Trois paires de glandes situées à l'extérieur de la bouche (au-delà de la muqueuse buccale) et qui déversent leur produit de sécrétion (salive) dans des conduits débouchant dans la cavité buccale ; glandes parotides, submandibulaires et sublinguales.

Glaucome (n. masc.) Affection de l'œil associée le plus souvent au vieillissement et caractérisée par une pression intraoculaire élevée par suite de l'accumulation d'humeur aqueuse dans la chambre antérieure ; peut causer la cécité.

Gliocyte (n. masc.) Cellule du tissu nerveux assurant diverses fonctions, dont la protection, la nutrition et le soutien des neurones. Dans le système nerveux central, comprend les astrocytes, les cellules de la microglie et les oligodendrocytes ; dans le système nerveux périphérique, comprend les neurolemmocytes et les cellules satellites. Également appelé *cellule gliale*.

Globule blanc (n. masc.) *Voir* **Leucocyte**.

Globule polaire I (n. masc.) La plus petite des cellules issues de la méiose I qui se déroule dans l'ovocyte de premier ordre ; il consiste en un amas de déchets de matériel nucléaire.

Globule polaire II (n. masc.) Une des deux cellules haploïdes (la plus petite) issue de la méiose II effectuée par l'ovocyte de deuxième ordre ; il se fragmente et se désintègre.

Globule rouge (n. masc.) *Voir* **Érythrocyte**.

Glomérule (n. masc.) Masse arrondie de vaisseaux sanguins ; en particulier le réseau microscopique de capillaires enchevêtrés qui est entouré de la capsule glomérulaire (de Bowman), les deux formant le corpuscule rénal.

Glomus carotidien (n. masc.) Groupe de chimiorécepteurs situé sur le sinus carotidien ou près de lui, et qui réagit aux variations des pressions partielles d'oxygène (P_{O_2}), de dioxyde de carbone (P_{CO_2}) et aux variations de la concentration sanguine d'ions hydrogène (H^+).

Glotte (n. fém.) Ensemble composé des plis vocaux (cordes vocales) du larynx et de l'espace qui les sépare (fente glottique).

Glucagon (n. masc.) Hormone produite par les cellules alpha des îlots pancréatiques (îlots de Langerhans) et qui commande l'augmentation de la glycémie.

Glucocorticoïdes (n. masc.) Hormones sécrétées par le cortex de la glande surrénale (zone fasciculée), surtout le cortisol, qui influent sur le métabolisme du glucose.

Glucose (n. masc.) Hexose (sucre à six atomes de carbone), $C_6H_{12}O_6$; source d'énergie majeure pour la production d'ATP par les cellules de l'organisme.

Glycocalyx (n. masc.) Couche de glycoprotéines située à la surface membranaire des cellules jouant un rôle de « marqueur d'identité cellulaire » important, par exemple dans la défense immunitaire, l'adhérence cellulaire et les mécanismes de la fécondation.

Glycogène (n. masc.) Polymère de glucose (polysaccharide) de structure très ramifiée contenant des milliers de sous-unités ; constitue une réserve de molécules de glucose dans le foie et les myocytes striés.

Glycosurie (n. fém.) Présence de glucose dans l'urine ; peut être temporaire (bénigne) ou chronique (pathologique).

Goitre (n. masc.) Développement anormal de la glande thyroïde qui déforme le cou ; peut être associé à l'hypothyroïdie, à l'hyperthyroïdie, et parfois au fonctionnement normal de la thyroïde.

Gomphose (n. fém.) Articulation fibreuse immobile dans laquelle une cheville osseuse s'enclave dans la cavité d'un autre os ; seul exemple : l'articulation unissant la racine dentaire au processus alvéolaire de la mandibule ou du maxillaire.

Gonade (n. fém.) Glande qui produit les gamètes et des hormones ; ovaire chez la femme et testicule chez l'homme.

Gonadotrophine chorionique humaine – hCG (n. fém.) Hormone sécrétée par le trophoblaste puis le chorion du placenta ; maintient le corps jaune en fonction.

Gosier (n. masc.) Passage entre la cavité buccale et le pharynx.

Goutte (n. fém.) Affection héréditaire caractérisée par un taux excessif d'acide urique dans le sang ; cet acide se cristallise et se dépose dans les articulations, les reins et les tissus mous.

Graisse mono-insaturée (n. fém.) Triacylglycérol dont les acides gras ne contiennent qu'une liaison covalente double entre leurs atomes de carbone ; abondante dans l'huile d'olive et l'huile d'arachide.

Graisse polyinsaturée (n. fém.) Triacylglycérol dont les acides gras contiennent plusieurs doubles liaisons entre leurs atomes de carbone ; abondante dans l'huile de maïs, l'huile de tournesol et l'huile de coton.

Graisse saturée (n. fém.) Triacylglycérol dont les acides gras ne contiennent que des liaisons simples (pas de liaisons doubles) entre leurs atomes de carbone et, par conséquent, tous les atomes de carbone sont liés au nombre maximal d'atomes d'hydrogène ; présente surtout dans des produits animaux, par exemple la viande, le lait, les produits laitiers et les œufs.

Grand omentum (n. masc.) Grand repli dans la séreuse de l'estomac qui retombe comme un « tablier graisseux » devant les intestins ; contient un grand nombre de nœuds lymphatiques.

Grandes lèvres de la vulve (n. fém.) Deux replis longitudinaux de peau s'étendant vers le bas et l'arrière depuis le mont du pubis ; dérivant des mêmes tissus embryonnaires que ceux du scrotum

Granulocyte basophile (n. masc.) Leucocyte (globule blanc) doté d'un noyau de couleur pâle et dont les grosses granulations prennent une couleur violette ou bleu foncé au contact de colorants basiques ; intervient dans les réactions inflammatoires et allergiques.

Granulocyte éosinophile (n. masc.) Leucocyte (globule blanc) dont les granulations prennent une couleur rouge orangé ou rouge vif selon les colorants acides avec lesquels elles sont mises en contact ; intervient dans les réactions antiallergiques, la phagocytose des complexes antigènes-anticorps et la destruction des vers parasites.

Granulocyte neutrophile (n. masc.) Leucocyte (globule blanc) dont les granulations prennent une couleur pourpre au contact d'un mélange de colorants acides et basiques ; c'est le type de leucocytes phagocytaires qui réagit le plus rapidement à la présence de bactéries dans les tissus.

Gros intestin (n. masc.) Partie du tube digestif mesurant 1,5 m de long et qui s'étend de l'iléum de l'intestin grêle jusqu'à l'anus ; comprend le cæcum, le côlon, le rectum et le canal anal.

Grossesse (n. fém.) Série d'événements comprenant normalement la fécondation, l'implantation, le développement embryonnaire et le développement fœtal ; prend fin à l'accouchement.

Gustatif (adj.) Qui se rapporte au goût.

Gynécologie (n. fém.) Branche de la médecine qui a pour objet l'étude et le traitement des maladies du système génital féminin.

Gynécomastie (n. fém.) Hypertrophie (bénigne) des glandes mammaires de l'homme qui peut être due aux sécrétions d'œstrogènes d'une tumeur de la glande surrénale.

Gyrus (n. masc.) L'un des replis du cortex cérébral. Également appelé *circonvolution*.

Gyrus postcentral (n. masc.) Gyrus du cortex cérébral situé juste à l'arrière du sillon central ; contient l'aire somesthésique primaire.

Gyrus précentral (n. masc.) Gyrus du cortex cérébral situé juste à l'avant du sillon central ; contient l'aire motrice primaire.

H

Haploïde (adj.) Se dit d'une cellule qui possède la moitié du nombre de chromosomes présents dans les cellules somatiques d'un organisme ; caractéristique des gamètes mûrs. Symbole : *n*.

Haptène (n. masc.) Substance de petite taille, incapable de provoquer par elle-même la formation d'anticorps mais capable d'acquérir cette dernière propriété après s'être liée à une molécule plus grosse (comme une protéine) ; par exemple, la pénicilline.

Haustrations (n. fém.) Suite de poches situées le long du côlon et formées par les contractions des bandelettes du côlon.

Hémangioblaste (n. masc.) Cellule mésodermique précurseur qui se développe dans le sang et les vaisseaux sanguins.

Hématocrite (n. masc.) Pourcentage du volume sanguin total occupé par les érythrocytes. Habituellement calculé en centrifugeant un échantillon de sang dans une éprouvette graduée, puis en lisant le volume des érythrocytes et en divisant ce chiffre par le volume total du sang dans l'échantillon.

Hématologie (n. fém.) Étude du sang, des tissus hématopoïétiques et des maladies du sang.

Hématome (n. masc.) Tuméfaction ou zone remplie de sang.

Hématopoïèse (n. fém.) Production des cellules sanguines dans la moelle osseuse rouge après la naissance.

Hémiplégie (n. fém.) Paralysie du membre supérieur, du tronc et du membre inférieur d'un côté du corps.

Hémoglobine (n. fém.) Substance des érythrocytes composée de la globine (une protéine) et de l'hème (un pigment rouge contenant du fer) ; transporte la majeure partie de l'oxygène et une partie du dioxyde de carbone dans le sang.

Hémolyse (n. fém.) Sortie de l'hémoglobine d'un érythrocyte ; causée par la rupture de la membrane cellulaire sous l'effet de substances toxiques ou de médicaments, de l'administration de solutions hypotoniques, d'une transfusion de sang incompatible ou encore d'un réchauffement ou d'un refroidissement excessif.

Hémophilie (n. fém.) Anomalie héréditaire du sang qui se caractérise par une production insuffisante de certains facteurs de coagulation, d'où des saignements excessifs (spontanés ou à la suite de blessures légères) dans les articulations, les tissus profonds et d'autres régions de l'organisme.

Hémorragie (n. fém.) Saignement ; perte de sang hors des vaisseaux sanguins, surtout quand elle est importante.

Hémorroïdes (n. fém.) Vaisseaux sanguins dilatés ou variqueux (habituellement des veines) dans la région anale.

Hémostase (n. fém.) Séquence de réactions qui arrêtent le saignement.

Hépatique (adj.) Qui se rapporte au foie.

Hépatocyte (n. masc.) Cellule du foie.

Hérédité (n. fém.) Transmission de caractères (ou de traits) des parents à leurs enfants par l'intermédiaire des gènes.

Hernie (n. fém.) Saillie partielle ou totale d'un organe par une ouverture dans la membrane ou la paroi d'une cavité, par exemple la hernie discale, la hernie inguinale et la hernie abdominale.

Hernie discale (n. fém.) Rupture d'un disque intervertébral, le noyau pulpeux faisant alors saillie dans le canal vertébral ou dans l'un des corps vertébraux adjacents.

Hiatus (n. masc.) Orifice ; foramen.

Hile (n. masc.) Région généralement déprimée dans laquelle des vaisseaux sanguins et des nerfs entrent dans un organe ou en sortent.

Hirsutisme (n. masc.) Croissance pileuse excessive chez la femme et l'enfant avec répartition des poils similaire à celle de l'homme adulte, par suite de la transformation du duvet en poils adultes sous l'influence d'un taux d'androgènes anormalement élevé.

Histamine (n. fém.) Substance présente dans de nombreuses cellules, en particulier les mastocytes, les granulocytes basophiles et les thrombocytes, libérée en cas de dommage aux cellules ; cause la vasodilatation, une augmentation de la perméabilité des vaisseaux sanguins, ainsi que la constriction des bronchioles.

Histologie (n. fém.) Étude de la structure microscopique des tissus.

Homéostasie (n. fém.) État d'équilibre dynamique du milieu intérieur, dans les limites physiologiques ; résulte de l'interaction des mécanismes de régulation de l'organisme.

Homolatéral (adj.) Du même côté ; affectant le même côté du corps.

Hormone (n. fém.) Produit de sécrétion des cellules endocrines qui modifie l'activité physiologique des cellules cibles de l'organisme.

Hormone antidiurétique – ADH (n. fém.) Hormone produite par les cellules neurosécrétrices des noyaux supraoptique et paraventriculaire de l'hypothalamus, qui stimule la réabsorption d'eau des cellules tubulaires rénales vers le sang, diminue la sécrétion de sueur par les glandes sudoripares et provoque la vasoconstriction des artérioles. Également appelée *vasopressine*.

Hormone chorionique somatomammotrope – hCS (n. fém.) Hormone produite par le chorion du placenta ; elle pourrait préparer les glandes mammaires en vue de la lactation, favoriser la croissance des tissus et régir le métabolisme. Également appelée *hormone lactogène placentaire humaine (hPL)*.

Hormone d'inhibition (n. fém.) Hormone de l'hypothalamus qui peut inhiber la sécrétion d'hormones par l'adénohypophyse.

Hormone de croissance – hGH (n. fém.) Hormone sécrétée par l'adénohypophyse et qui stimule la croissance des tissus de l'organisme, en particulier des tissus musculaires et osseux ; régule certains aspects du métabolisme par l'intermédiaire des somato-médines. Également appelée *somatotrophine*.

Hormone de libération (n. fém.) Hormone sécrétée par l'hypothalamus et qui peut stimuler la sécrétion d'hormones par l'adénohypophyse.

Hormone folliculostimulante – FSH (n. fém.) Hormone sécrétée par l'adénohypophyse et qui déclenche le développement des follicules ovariques, stimule la sécrétion d'œstrogènes par les ovaires chez la femme ; déclenche également la production de spermatozoïdes chez l'homme.

Hormone gonadotrope (n. fém.) Hormone sécrétée par l'adénohypophyse et qui régit les gonades. Également appelée *gonadotrophine* et *gonadostimuline*.

Hormone lutéinisante – LH (n. fém.) Hormone sécrétée par l'adénohypophyse et qui stimule l'ovulation et la sécrétion de progestérone par le corps jaune, prépare les glandes mammaires à la lactation chez la femme ; stimule aussi la sécrétion de testostérone par les testicules chez l'homme.

Hormone mélanotrope – MSH (n. fém.) Hormone sécrétée par l'adénohypophyse et qui stimule la dispersion des granules de mélanine dans les mélanocytes chez les amphibiens. Chez l'humain, son rôle exact reste inconnu ; toutefois, son administration continue pendant plusieurs jours fait foncer la peau.

Humeur aqueuse (n. fém.) Liquide aqueux dont la composition est similaire à celle du liquide cérébrospinal ; remplit le segment antérieur de l'œil et nourrit le cristallin et la cornée.

Hydrocéphalie (n. fém.) Accumulation anormale de liquide cérébrospinal dans les ventricules de l'encéphale ; peut comprimer et endommager le tissu nerveux.

Hymen (n. masc.) Mince repli de membrane muqueuse vascularisé et situé à l'orifice du vagin.

Hyperextension (n. fém.) Prolongement de l'extension au-delà de la position anatomique, par exemple la flexion de la tête vers l'arrière.

Hyperplasie (n. fém.) Augmentation anormale du nombre des cellules normales dans un tissu ou un organe, ce qui accroît son volume.

Hyperpolarisation (n. fém.) Augmentation de la négativité de la face interne de la membrane plasmique, ce qui augmente le voltage et l'éloigne du seuil d'excitation.

Hypersécrétion (n. fém.) Accroissement de l'activité des glandes qui se traduit par une sécrétion excessive.

Hypersensibilité (n. fém.) Réaction démesurée à un allergène et qui provoque des lésions tissulaires. Également appelée *allergie*.

Hypertension (n. fém.) Élévation anormale et persistante de la pression artérielle caractérisée par une pression systolique de 140 mm Hg ou plus et par une pression diastolique de 90 mm Hg ou plus.

Hyperthermie (n. fém.) Élévation de la température corporelle au dessus de la valeur normale.

Hypertonie (n. fém.) Augmentation pathologique du tonus musculaire entraînant un état de rigidité ou de spasticité.

Hypertrophie (n. fém.) Augmentation de volume ou croissance excessive d'un tissu sans division cellulaire.

Hyperventilation (n. fém.) Fréquence des inspirations et des expirations plus élevée que la fréquence nécessaire pour maintenir à son niveau normal la pression partielle de dioxyde de carbone (P_{CO_2}) dans le sang.

Hypoderme (n. masc.) *Voir* **Fascia superficiel**.

Hyponychium (n. masc.) Épaississement de la couche cornée sous le bord libre de l'ongle.

Hypophyse (n. fém.) Petite glande endocrine logée dans la selle turcique de l'os sphénoïde et reliée à l'hypothalamus par l'infundibulum ; sécrète plusieurs hormones qui régissent l'activité d'autres glandes endocrines. Également appelée *glande pituitaire*.

Hyposécrétion (n. fém.) Ralentissement de l'activité des glandes qui se traduit par une diminution de la sécrétion.

Hypothalamus (n. masc.) Portion du diencéphale située sous le thalamus et formant le plancher ainsi qu'une partie de la paroi du troisième ventricule ; régit de nombreuses fonctions physiologiques et constitue l'un des principaux régulateurs de l'homéostasie.

Hypothermie (n. fém.) Baisse de la température corporelle au-dessous de 35 °C ; au cours d'une intervention chirurgicale, diminution délibérée de la température corporelle centrale pour ralentir le métabolisme et réduire les besoins en oxygène de l'organisme.

Hypotonie (n. fém.) Perte ou diminution du tonus musculaire entraînant un état de flaccidité ; généralement causée par une atteinte des neurones moteurs somatiques.

Hypoventilation (n. fém.) Fréquence des inspirations et des expirations insuffisantes pour maintenir à son niveau normal la pression partielle du dioxyde de carbone (P_{CO_2}) dans le sang.

Hypoxie (n. fém.) État résultant d'un apport insuffisant d'oxygène dans les tissus.

Hystérectomie (n. fém.) Ablation chirurgicale de l'utérus.

I

Ictère (n. masc.) Jaunissement anormal de la sclère des yeux, de la peau, des muqueuses et des fluides corporels par suite d'un excès de bilirubine dans le sang. Également appelé *jaunisse*.

Iléum (n. masc.) Dernier segment de l'intestin grêle, et le plus long, mesurant 2 m.

Îlot pancréatique (n. masc.) Amas de cellules de la partie endocrine du pancréas ; selon le type de cellules qu'il contient, sécrète de l'insuline (cellules bêta), du glucagon (cellules alpha), de la somatostatine (cellules delta) et du polypeptide pancréatique (cellules PP). Également appelé *îlot de Langerhans*.

Îlot sanguin (n. masc.) Masse isolée située dans le mésoderme, provenant des angioblastes et donnant naissance aux vaisseaux sanguins au cours de l'embryogenèse.

Immunité (n. fém.) Capacité de l'organisme à se défendre contre les agressions, en particulier les pathogènes envahissants, les poisons et les protéines étrangères. Également appelée *résistance spécifique*.

Immunogénicité (n. fém.) Capacité d'un antigène de provoquer une réponse immunitaire.

Immunoglobuline – Ig (n. fém.) Protéine synthétisée par les plasmocytes dérivés de lymphocytes B en réponse à la présence de certains antigènes. Les immunoglobulines sont divisées en cinq classes (IgG, IgM, IgA, IgD, IgE). Également appelée *anticorps*.

Immunologie (n. fém.) Étude des réponses de l'organisme aux antigènes, ainsi que des réactions immunitaires normales et pathologiques.

Imperforation (n. fém.) Fermeture complète et anormale d'un orifice ou d'un canal.

Implantation (n. fém.) Insertion d'un tissu ou d'un élément dans l'organisme. Fixation du blastocyste à la couche basale de l'endomètre de l'utérus environ 6 jours après la fécondation.

Impuissance (n. fém.) *Voir* **Dysfonction érectile**.

In vitro (loc. adv.) Littéralement, dans un verre ; à l'extérieur de l'organisme vivant et dans un milieu artificiel, en laboratoire, par exemple dans un tube à essai.

Incisure cardiaque (n. fém.) Échancrure située sur la face antérieure du poumon gauche et dans laquelle loge une partie du cœur.

Incontinence (n. fém.) Incapacité de retenir l'urine, le sperme ou les fèces par suite de la perte de maîtrise des sphincters.

Induction (n. fém.) Processus par lequel un tissu (*tissu inducteur*) stimule le développement d'un tissu adjacent non spécialisé (*tissu qui réagit*) qui se transforme en tissu spécialisé.

Infarctus (n. masc.) Région localisée de tissu nécrosé dans laquelle le sang est sorti des vaisseaux et s'est infiltré dans les tissus ; mort tissulaire résultant d'une oxygénation interrompue du tissu.

Infarctus du myocarde (n. masc.) Nécrose importante de tissu myocardique causée par une interruption complète de l'afflux sanguin. Couramment appelé *crise cardiaque*.

Infection (n. fém.) Pénétration et multiplication de microorganismes pathogènes dans les tissus de l'organisme ; peut passer inaperçue ou s'accompagner de lésions cellulaires.

Inférieur (adj.) À l'opposé de la tête ou vers le bas d'une structure. On dit aussi *caudal*.

Infertilité (n. fém.) Incapacité de se reproduire ou difficulté à concevoir une progéniture.

Inflammation (n. fém.) Réaction de protection localisée en cas de lésion tissulaire ; vise à éliminer les agents infectieux, à en réduire le nombre ou à les tenir à distance, ou encore à détruire les tissus endommagés ; se caractérise par la rougeur, la douleur, la chaleur et la tuméfaction ; peut aussi causer une perte fonctionnelle dans la région touchée.

Influx nerveux (n. masc.) Onde de dépolarisation et de repolarisation qui se propage le long de la membrane plasmique d'un neurone. Également appelé *potentiel d'action*.

Infundibulum (n. masc.) Structure en forme de tige qui relie l'hypophyse à l'hypothalamus de l'encéphale ; extrémité distale, ouverte sur la cavité pelvienne et en forme d'entonnoir de la trompe utérine (de Fallope).

Ingestion (n. fém.) Action de prendre des aliments, des boissons ou des médicaments par la bouche.

Inguinal (adj.) Qui appartient à l'aine.

Inhalation (n. fém.) Absorption de gaz ou de vapeurs dans les voies respiratoires.

Inhibine (n. fém.) Hormone protéique produite par les gonades et qui s'oppose à la sécrétion de l'hormone folliculostimulante (FSH) par l'adénohypophyse.

Insertion musculaire (n. fém.) Point d'attache du tendon d'un muscle à un os mobile ; extrémité opposée à l'origine.

Inspiration (n. fém.) Action par laquelle l'air entre dans les poumons. *Voir aussi* **inhalation**.

Insuffisance cardiaque (n. fém.) Défaillance de la pompe cardiaque dont les causes peuvent être nombreuses (anomalie congénitale, hypertension, infarctus, etc.) mais qui entraîne toujours une diminution de la capacité de pompage du cœur.

Insuline (n. fém.) Hormone produite par les cellules bêta des îlots pancréatiques (îlots de Langerhans) et qui diminue la concentration de glucose dans le sang.

Intégrines (n. fém.) Famille de glycoprotéines transmembranaires des membranes plasmiques qui participent à l'adhérence cellulaire ; présentes dans les hémidesmosomes, qui ancrent les cellules dans la couche basale ; assurent l'adhérence des granulocytes neutrophiles aux cellules endothéliales lors de la diapédèse.

Intermédiaire (adj.) Entre deux structures, dont l'une est médiale et l'autre, latérale.

Interne (adj.) Loin de la surface du corps.

Interneurone (n. masc.) Neurone à axone généralement court qui assure le relais avec les neurones avoisinants de l'encéphale, de la moelle épinière ou d'un ganglion ; la plupart des neurones du corps humain sont des interneurones.

Intérocepteur (n. masc.) Récepteur sensitif situé dans les vaisseaux sanguins et les viscères et qui fournit de l'information sur le milieu intérieur de l'organisme.

Interphase (n. fém.) Période du cycle cellulaire qui sépare les divisions cellulaires ; comprend : 1) la phase G1 (*gap*), pendant laquelle la cellule croît, est active sur le plan métabolique et produit les substances nécessaires à la division ; 2) la phase S (synthèse), pendant laquelle les chromosomes sont répliqués ; et 3) la phase G2, où s'accomplissent les derniers préparatifs avant la division cellulaire.

Intestin grêle (n. masc.) Longue partie du tube digestif (3 m chez une personne vivante) qui commence au sphincter pylorique de l'estomac, serpente dans la partie centrale et inférieure de la cavité abdominale et débouche dans le gros intestin ; comprend trois segments : le duodénum, le jéjunum et l'iléum.

Intestin primitif (n. masc.) Structure embryonnaire formée de la face dorsale du sac vitellin et à partir de laquelle se développe la majeure partie du tube digestif.

Invagination (n. fém.) Repliement de la paroi d'une cavité dans la cavité elle-même.

Inversion (n. fém.) Mouvement médial de la plante des pieds au niveau de l'articulation de la cheville.

Ipsilatéral (adj.) Du même côté. *Voir aussi* **Homolatéral**.

Iris (n. masc.) Partie colorée de la tunique vasculaire du globe oculaire visible à travers la cornée et composée de myocytes lisses disposés en cercle ou en rayon ; l'ouverture au centre de l'iris est la pupille. L'iris module la quantité de lumière qui entre dans l'œil par la pupille.

Ischémie (n. fém.) Apport insuffisant de sang à une partie de l'organisme ; causée par l'obstruction ou la constriction d'un vaisseau sanguin.

Isoanticorps (n. masc.) Anticorps spécifique dans le plasma sanguin qui réagit avec des isoantigènes présents sur des érythrocytes, ce qui provoque leur agglutination. Également appelé *agglutinine*.

Isoantigène (n. masc.) Antigène provenant d'un individu et qui, après avoir été introduit dans un autre organisme (de la même espèce), est susceptible de provoquer la formation d'anticorps spécifiques à cet antigène. Les antigènes A et B des groupes sanguins sont des isoantigènes. Également appelé *agglutinogène*.

Isotonique (adj.) Qui a une tonicité ou une tension égale ; solution ayant la même concentration de solutés que le cytosol de la cellule.

Isthme (n. masc.) Bande étroite de tissu ou portion rétrécie reliant deux parties plus grandes d'un organe.

J

Jambe (n. fém.) Partie du membre inférieur comprise entre le genou et la cheville.

Jéjunum (n. masc.) Partie moyenne de l'intestin grêle mesurant 1 m de longueur.

Jonction cellulaire (n. fém.) Point de contact entre les membranes plasmiques de cellules voisines.

Jonction neuromusculaire (n. fém.) Synapse située entre les terminaisons axonales d'un neurone moteur et une portion du sarcolemme d'un myocyte.

Joule – J (n. masc.) Unité d'énergie et de chaleur du système international d'unités. Le kilojoule équivaut à 1 000 joules et une kilocalorie égale 4,18 kilojoules.

K

Kératine (n. fém.) Protéine insoluble présente dans les poils, les ongles et les autres tissus kératinisés de l'épiderme.

Kératinocyte (n. masc.) Cellule épidermique la plus abondante ; produit la kératine.

Kilojoule – kJ (n. masc.) Quantité d'énergie équivalant à 1 000 joules ; unité utilisée pour exprimer le contenu énergétique des aliments et mesurer la vitesse du métabolisme.

Kinésiologie (n. fém.) Étude des mouvements du corps humain.

Kinesthésie (n. fém.) Perception de la direction et de l'ampleur des mouvements du corps ; interprétation des influx nerveux générés par les propriocepteurs.

Kinétochore (n. masc.) Complexe de protéines attaché à l'extérieur d'un centromère et auquel se fixent les microtubules du fuseau mitotique.

Kyste (n. masc.) Cavité ne communiquant pas avec l'extérieur, dotée de son propre revêtement et contenant un liquide ou une autre substance.

L

Labial (adj.) Relatif aux lèvres.

Labyrinthe (n. masc.) Passage compliqué (non linéaire), en particulier celui de l'oreille interne.

Labyrinthe membraneux (n. masc.) Partie du labyrinthe de l'oreille interne située à l'intérieur du labyrinthe osseux et qui en est séparée par la périlymphe ; se compose des conduits semi-circulaires, du saccule et de l'utricule ainsi que du conduit cochléaire ; est rempli d'endolymphe.

Labyrinthe osseux (n. masc.) Série de cavités remplies de périlymphe, situées à l'intérieur de la partie pétreuse de l'os temporal et formant le vestibule, la cochlée et les canaux semi-circulaires de l'oreille interne.

Lactation (n. fém.) Sécrétion et éjection de lait par les glandes mammaires.

Lacune (n. fém.) Petit espace creux. Celles des os contiennent les ostéocytes.

Lame (n. fém.) Structure ou couche aplatie et mince, par exemple la partie aplatie située de chaque côté de l'arc vertébral.

Lame basilaire de la cochlée (n. fém.) Lame dans la cochlée de l'oreille interne qui sépare le conduit cochléaire de la rampe tympanique et sur laquelle repose l'organe spiral (organe de Corti).

Lamelles (n. fém.) Anneaux concentriques de matrice extracellulaire dure et calcifiée présents dans l'os compact.

Lamina propria (n. fém.) Feuillet de tissu conjonctif aréolaire d'une muqueuse qui soutient l'épithélium. Également appelée *chorion*.

Langue (n. fém.) Grand muscle squelettique recouvert d'une muqueuse dont la racine postérieure est attachée au plancher de la cavité buccale.

Lanugo (n. masc.) Poils très fins qui recouvrent le fœtus à partir du cinquième ou du sixième mois.

Laryngopharynx (n. masc.) Partie inférieure du pharynx ; s'étend vers le bas depuis le niveau de l'os hyoïde et devient (à l'arrière) l'œsophage et (à l'avant) le larynx.

Larynx (n. masc.) Court passage qui relie le pharynx et la trachée et sert à la phonation.

Latéral (adj.) Point ou plan éloigné du plan médian ou situé vers l'extérieur du corps.

Lemnisque médial (n. masc.) Bande de substance blanche qui part des noyaux graciles et cunéiformes du bulbe rachidien et s'étend jusqu'au thalamus du même côté ; les axones sensitifs myélinisés qu'il contient transmettent des influx nerveux reliés à la proprioception, au toucher fin, à l'ouïe, à l'équilibre et aux vibrations.

Lésion (n. fém.) Toute modification localisée et pathologique d'un tissu de l'organisme.

Leucémie (n. fém.) Cancer des tissus hématopoïétiques caractérisé par la production anarchique et l'accumulation de leucocytes immatures incapables pour la plupart d'atteindre leur maturité (forme aiguë), ou par l'accumulation de leucocytes matures dans le sang qui ne meurent pas à la fin de leur cycle de vie normal (forme chronique).

Leucocyte (n. masc.) Élément figuré du sang possédant un noyau mais pas d'hémoglobine. Les leucocytes comprennent les granulocytes et les agranulocytes. Également appelé *globule blanc*.

Liaison peptidique (n. fém.) Liaison chimique covalente entre le groupement COOH d'un acide aminé et le groupement NH_2 d'un autre, unissant chaque paire d'acides aminés.

Ligament (n. masc.) Tissu conjonctif dense et régulier qui attache un os à un autre.

Ligament cervical transverse (n. masc.) *Voir* **Paracervix**.

Ligament falciforme du foie (n. masc.) Feuillet de péritoine pariétal compris entre les deux principaux lobes du foie. Le ligament rond du foie, reliquat de la veine ombilicale, est situé à l'intérieur de cette structure.

Ligament large de l'utérus (n. masc.) Double repli de péritoine pariétal qui attache l'utérus aux bords latéraux de la paroi de la cavité pelvienne.

Ligament propre de l'ovaire (n. masc.) Cordon arrondi de tissu conjonctif qui attache l'ovaire à l'utérus.

Ligament rond de l'utérus (n. masc.) Bande de tissu conjonctif fibreux comprise entre les replis du ligament large de l'utérus, émergeant de l'utérus juste en dessous de la trompe utérine et s'étendant latéralement le long de la paroi pelvienne et à travers l'anneau inguinal profond, jusqu'aux grandes lèvres.

Ligament suspenseur de l'ovaire (n. masc.) Repli de péritoine s'étendant latéralement de la surface de l'ovaire jusqu'à la paroi pelvienne.

Ligament utérosacral (n. masc.) Bande de tissu fibreux et prolongement du péritoine, s'étendant latéralement du col de l'utérus jusqu'au sacrum.

Ligand (n. masc.) Substance chimique qui se lie à un récepteur spécifique.

Ligature des trompes (n. fém.) Méthode de stérilisation qui consiste à ligaturer puis à sectionner les trompes utérines (de Fallope) pour empêcher la rencontre des gamètes.

Ligne épiphysaire (n. fém.) Reliquat de la plaque épiphysaire dans la métaphyse d'un os long.

Ligne médiane (n. fém.) Ligne verticale imaginaire qui sépare le corps en deux côtés (gauche et droit) égaux.

Lipase (n. fém.) Enzyme qui détache les acides gras contenus dans les triacylglycérols et les phosphoglycérolipides ; chez l'adulte, provient surtout du suc pancréatique.

Lipide (n. masc.) Composé organique constitué de carbone, d'hydrogène et d'oxygène, qui est généralement insoluble dans l'eau, mais soluble dans les solvants organiques (alcool, éther, chloroforme, etc.), triacylglycérols (huiles et graisses), phosphoglycérolipides, stéroïdes et eicosanoïdes.

Lipoprotéines (n. fém.) Particules sphériques contenant des lipides (cholestérol et triacylglycérol) et des protéines qui les rendent hydrosolubles, ce qui facilite leur transport dans le sang ; des taux élevés de **lipoprotéines de basse densité** (**LDL**) sont associés à une augmentation du risque d'athérosclérose, alors que des taux élevés de **lipoprotéines de haute densité** (**HDL**) indiquent un risque plus faible d'athérosclérose.

Liquide amniotique (n. masc.) Liquide contenu dans la cavité amniotique, qui est l'espace entre l'embryon (ou le fœtus) et l'amnios ; se compose d'abord de filtrat du sang maternel auquel s'ajoute par la suite l'urine du fœtus ; fait office d'amortisseur en cas de choc, contribue à la régulation thermique du fœtus et aide à prévenir sa déshydratation.

Liquide cérébrospinal (n. masc.) Liquide produit par les épendymocytes qui tapissent les plexus choroïdes des ventricules cérébraux ; circule dans les ventricules, le canal central et la cavité subarachnoïdienne autour de l'encéphale et de la moelle épinière et joue un rôle de protection mécanique et un rôle nutritif. Également appelé *liquide céphalorachidien*.

Liquide extracellulaire (n. masc.) Liquide à l'extérieur des cellules, par exemple le liquide interstitiel et le plasma.

Liquide interstitiel (n. masc.) Portion du liquide extracellulaire qui comble les espaces microscopiques entre les cellules des tissus ; milieu intérieur de l'organisme.

Liquide intracellulaire (n. masc.) *Voir* **Cytosol**.

Liquide synovial (n. masc.) Sécrétion des membranes synoviales qui lubrifie les articulations et nourrit le cartilage articulaire. Également appelé *synovie*.

Lobe insulaire (n. masc.) Partie triangulaire du cortex cérébral logée à l'intérieur du sillon latéral et recouverte par les lobes pariétal, frontal et temporal.

Lobe intermédiaire (n. masc.) Petite région avasculaire située entre l'adénohypophyse (lobe antérieur de l'hypophyse) et la neurohypophyse (lobe postérieur de l'hypophyse). Également appelé *pars intermedia*.

Lombaire (adj.) Région du dos et des flancs comprise entre les côtes et le bassin.

Lordose (n. fém.) Exagération de la courbure lombaire convexe de la colonne vertébrale.

Lumière (n. fém.) Espace libre à l'intérieur d'une artère, d'une veine, de l'intestin, d'un tubule rénal ou de toute autre structure tubulaire.

Lunule (n. fém.) Croissant blanchâtre situé à la base de l'ongle.

Luxation (n. fém.) Déplacement d'un os dans une articulation, qui provoque la déchirure des ligaments, des tendons et des capsules articulaires.

Lymphe (n. fém.) Liquide présent dans les vaisseaux lymphatiques et circulant dans le système lymphatique jusqu'à ce qu'il soit retourné au sang.

Lymphocyte (n. masc.) Leucocyte agranulaire participant aux réactions immunitaires humorales (dépendant des anticorps) ou à la médiation cellulaire ; présent dans le sang et les tissus lymphatiques.

Lymphocyte B (n. masc.) Cellule qui peut se transformer en cellule mémoire ou en clone d'un plasmocyte producteur d'anticorps après avoir été adéquatement stimulée par un antigène spécifique.

Lymphocyte T (n. masc.) Lymphocyte qui acquiert son immunocompétence dans le thymus et qui se différenciera en lymphocyte T auxiliaire (*helper*) ou en lymphocyte T cytotoxique, tous deux intervenant dans l'immunité à médiation cellulaire.

Lysosome (n. masc.) Organite du cytoplasme de la cellule enveloppé d'une membrane unique et renfermant des enzymes digestives puissantes.

Lysozyme (n. masc.) Enzyme bactéricide présente dans les larmes, la salive et la sueur.

M

Macrophagocyte (n. masc.) Type de cellule phagocytaire ; participe au mécanisme de défense non spécifique, abondant dans le tissu conjonctif, la lymphe et certains organes ; dérivé d'un monocyte, peut être fixe ou libre. Également appelé *macrophage*.

Macrophagocyte alvéolaire (n. masc.) Cellule hautement phagocytaire présente dans les parois alvéolaires des poumons ; élimine les particules de poussière fine de l'espace alvéolaire. Également appelé *cellule à poussière*.

Macrophagocyte fixe (n. masc.) Cellule phagocytaire immobile, issue d'un monocyte, présente dans certains tissus, notamment dans la peau et le tissu sous-cutané, le foie, les poumons, l'encéphale, la rate, les nœuds lymphatiques et la moelle osseuse rouge.

Macrophagocyte intraépidermique (n. masc.) Cellule dendritique épidermique qui joue le rôle de cellule présentatrice d'antigènes durant la réponse immunitaire ; issu d'un monocyte qui a migré dans l'épiderme. Également appelé *cellule de Langerhans*.

Macrophagocyte libre (n. masc.) Cellule phagocytaire issue d'un monocyte qui quitte la circulation sanguine et migre dans les différents tissus pour se rendre aux sièges d'infection ou d'inflammation.

Macula (n. fém.) Tache jaune située au centre de la rétine et contenant la fossette centrale, le point où l'acuité visuelle est à son maximum. Également appelée *macula lutea*.

Macule (n. fém.) Petite région épaisse de la paroi de l'utricule et du saccule qui contient les récepteurs de l'équilibre statique ; tache colorée ou zone décolorée.

Main (n. fém.) Extrémité du membre supérieur comprenant les os du carpe, du métacarpe et les phalanges.

Maladie (n. fém.) Toute altération de l'état de santé caractérisée par un ensemble identifiable de signes et de symptômes.

Maladie auto-immune (n. fém.) Réponse immunologique dirigée contre les tissus mêmes de l'individu ; par exemple, la polyarthrite rhumatoïde et le diabète de type I.

Maladie d'Alzheimer (n. fém.) Trouble neurologique invalidant, caractérisé par le dysfonctionnement et la mort de certains neurones cérébraux spécifiques, et entraînant d'importantes déficiences intellectuelles, altérations de la personnalité et fluctuations de la mémoire et de la vigilance.

Maladie de Cushing (n. fém.) Affection causée par l'hypersécrétion de cortisol ; signes caractéristiques : jambes grêles, obésité localisée à la face (faciès lunaire), à la nuque et au cou (bosse de bison), et au tronc (abdomen tombant), rougeur du visage, difficultés de cicatrisation, hyperglycémie, ostéoporose, hypertension, susceptibilité accrue aux infections.

Maladie de Parkinson (n. fém.) Dégénérescence progressive ou lésions des neurones de la substantia nigra du cerveau dont les axones se projettent dans les noyaux gris centraux. Cette altération entraîne une diminution de la production de dopamine et cause divers symptômes associés à des tremblements, un ralentissement des mouvements volontaires et une faiblesse musculaire.

Maladie hémolytique du nouveau-né (n. fém.) Anémie hémolytique qui survient chez le nouveau-né par suite de la destruction de ses érythrocytes par les anticorps produits par sa mère ; résulte généralement d'une incompatibilité de groupe sanguin Rh. Également appelée *érythroblastose du nouveau-né*.

Maladies desmodontales (n. fém.) Ensemble de troubles divers caractérisés par la dégénérescence des gencives, de l'os alvéolaire, du desmodonte et du cément. Également appelées *maladies parodontales*.

Malformation du tube neural (n. fém.) Anomalie du développement caractérisée par le fait que le tube neural ne se referme pas correctement ; par exemple, le spina bifida et l'anencéphalie.

Malformation septale (n. fém.) Ouverture du septum interauriculaire résultant d'une fermeture inadéquate du foramen ovale après la naissance (malformation septale interauriculaire), ou ouverture du septum interventriculaire par suite du développement incomplet du septum interventriculaire (malformation septale interventriculaire).

Maligne (adj.) Se dit d'une maladie qui tend à s'aggraver et à causer la mort, plus particulièrement les cancers.

Mamelon (n. masc.) Protubérance pigmentée à la surface du sein où s'ouvrent les orifices des conduits lactifères qui acheminent le lait.

Manœuvre de Heimlich (n. fém.) Manœuvre de désobstruction des voies respiratoires afin d'arrêter la suffocation. Cette manœuvre consiste à appliquer une poussée ascendante brusque contre le diaphragme afin de créer une surpression dans les poumons permettant d'expulser l'air qui s'y trouve avec assez de force pour éjecter les corps étrangers restés emprisonnés.

Mastocyte (n. masc.) Cellule présente dans le tissu conjonctif aréolaire et qui produit l'histamine, substance provoquant la dilatation des vaisseaux sanguins durant l'inflammation.

Matrice de l'ongle (n. fém.) Partie de l'ongle située sous le corps et la racine, et à l'origine de la croissance de l'ongle.

Matrice extracellulaire (n. fém.) Substance fondamentale et fibres occupant l'espace entre les cellules d'un tissu conjonctif.

Méat (n. masc.) Passage ou orifice, en particulier la partie externe d'un canal.

Méat acoustique externe (n. masc.) Tube courbé situé dans l'os temporal et qui conduit à l'oreille moyenne. Également appelé *conduit auditif externe*.

Mécanisme de régulation (n. masc.) Cycle d'événements par lequel la valeur d'un facteur contrôlé donné est constamment surveillée, évaluée, modifiée au besoin, surveillée de nouveau et réévaluée.

Mécanorécepteur (n. masc.) Récepteur sensitif qui détecte l'étirement ou la déformation mécanique du récepteur lui-même ou des cellules adjacentes ; les stimulus ainsi détectés sont reliés au toucher, à la pression, à la vibration, à la proprioception, à l'ouïe, à l'équilibre et à la pression artérielle.

Mécanorécepteur cutané de type I (n. masc.) Récepteur sensitif à adaptation lente situé dans la couche basale de la peau glabre et qui joue le rôle d'un récepteur cutané pour le toucher fin. Également appelé *corpuscule tactile non capsulé* ou encore *disque de Merkel*.

Mécanorécepteur cutané de type II (n. masc.) Récepteur sensitif à adaptation lente enfoui dans le derme et les tissus plus profonds, et qui détecte l'étirement de la peau. Également appelé *corpuscule de Ruffini*.

Médial (adj.) Situé près du plan médian ou vers l'intérieur du corps.

Médian (adj.) Au milieu du corps ou d'une structure.

Médiastin (n. masc.) Large région médiane située entre les plèvres des poumons et qui s'étend du sternum jusqu'à la colonne vertébrale, dans la cavité thoracique.

Médulla (n. fém.) Couche interne d'un organe, par exemple la médulla des reins.

Médulla surrénale (n. fém.) Partie interne d'une glande surrénale, composée de cellules qui sécrètent l'adrénaline et la noradrénaline, ainsi que de faibles quantités de dopamine, en réponse aux stimulations des neurones préganglionnaires sympathiques.

Méiose (n. fém.) Division cellulaire survenant durant la production des gamètes et dont les deux divisions nucléaires successives produisent des cellules avec un nombre haploïde de chromosomes (*n*).

Mélanine (n. fém.) Pigment foncé, noir, brun ou jaune, présent dans certaines parties de l'organisme, par exemple la peau, les poils et les couches colorées de la rétine ; absorbe les rayons ultraviolets nocifs.

Mélanocyte (n. masc.) Cellule pigmentée située entre les cellules de la couche basale de l'épiderme, et qui synthétise la mélanine.

Mélatonine (n. fém.) Hormone sécrétée par la glande pinéale et qui contribue à régler l'horloge biologique de l'organisme.

Membrana tectoria du conduit cochléaire (n. fém.) Membrane gélatineuse flexible qui recouvre les cellules ciliées sensorielles de l'organe spiral (organe de Corti) et entre en contact avec les stéréocils dans le conduit cochléaire, ce qui génère des influx nerveux dans le nerf vestibulocochléaire (VIII).

Membrane (n. fém.) Mince couche ou feuillet de tissu malléable composé d'un feuillet épithélial et du tissu conjonctif sous-jacent, dans le cas d'une membrane épithéliale (muqueuse, séreuse, peau), ou seulement de tissu conjonctif aréolaire, dans le cas d'une membrane synoviale (tapissant les articulations).

Membrane basale (n. fém.) Couche extracellulaire mince située entre l'épithélium et le tissu conjonctif ; constituée d'une lame basale (lamina lucida), d'une lame intermédiaire et d'une lame réticulaire (lamina fibroreticularis).

Membrane des statoconies (n. fém.) Couche glycoprotéique épaisse et gélatineuse située juste au-dessus des cellules ciliées sensorielles de la macule, dans l'utricule et le saccule de l'oreille interne ; porte des statoconies (cristaux). Son glissement lors des mouvements de la tête génère des influx nerveux dans la branche vestibulaire du nerf crânien VIII.

Membrane plasmique (n. fém.) Enveloppe limitante externe qui sépare le contenu de la cellule du liquide extracellulaire ou de son environnement.

Membrane synoviale (n. fém.) La plus intérieure des deux couches entourant la capsule articulaire d'une articulation synoviale ; composée de tissu conjonctif aréolaire qui sécrète le liquide synovial dans la cavité articulaire.

Membre inférieur (n. masc.) Appendice attaché à la ceinture pelvienne et comprenant la cuisse, le genou, la jambe, la cheville, le pied et les orteils.

Membre supérieur (n. masc.) Appendice attaché à la ceinture scapulaire et comprenant le bras, l'avant-bras, le poignet, la main et les doigts.

Mémoire (n. fém.) Faculté d'emmagasiner des informations, de les conserver et de les récupérer afin de les ramener à la conscience ; on distingue généralement la mémoire à court terme et la mémoire à long terme.

Ménarche (n. fém.) Première menstruation et début des cycles ovarien et menstruel.

Méninges (n. fém.) Trois membranes constituées de tissu conjonctif recouvrant l'encéphale (méninges crâniennes) et la moelle épinière (méninges spinales) : de l'extérieur vers l'intérieur, la dure-mère, l'arachnoïde et la pie-mère.

Ménopause (n. fém.) Disparition de la menstruation qui survient généralement entre 40 et 50 ans.

Menstruation (n. fém.) Écoulement périodique de sang, de liquide tissulaire, de mucus et de cellules épithéliales, qui se déroule durant les cinq premiers jours du cycle menstruel ; causée par la chute soudaine du taux d'œstrogènes et de progestérone. Également appelée *phase menstruelle*.

Mésencéphale (n. masc.) Partie de l'encéphale située entre le pont et le diencéphale ; renferme des noyaux et des faisceaux.

Mésenchyme (n. masc.) Tissu conjonctif embryonnaire dont dérivent tous les autres tissus conjonctifs.

Mésentère (n. masc.) Repli du péritoine attachant l'intestin grêle à la paroi abdominale postérieure.

Mésocôlon (n. masc.) Repli du péritoine attachant le gros intestin à la paroi abdominale postérieure.

Mésoderme (n. masc.) Feuillet embryonnaire primitif moyen qui donne naissance aux tissus conjonctifs, au sang et aux vaisseaux sanguins ainsi qu'aux muscles.

Mésothélium (n. masc.) Couche d'épithélium simple pavimenteux qui tapisse les séreuses.

Mésovarium (n. masc.) Court repli de péritoine qui attache un ovaire au ligament large de l'utérus.

Messager chimique (n. masc.) Molécule ou mécanisme de transduction sensorielle qui agit comme intermédiaire dans la réalisation d'une réponse nerveuse ou hormonale.

Métabolisme (n. masc.) Ensemble des réactions biochimiques qui se produisent dans l'organisme ; comprend les réactions de synthèse (anaboliques) et de dégradation (cataboliques).

Métabolisme basal (n. masc.) Vitesse du métabolisme mesurée dans des conditions normalisées, ou basales (état de veille, au repos et à jeun).

Métacarpe (n. masc.) Nom collectif désignant les cinq os (métacarpiens) de la paume de la main.

Métaphase (n. fém.) Deuxième étape de la mitose, durant laquelle les paires de chromatides s'alignent sur la plaque équatoriale de la cellule.

Métaphyse (n. fém.) Partie de l'os où la diaphyse rejoint l'épiphyse ; contient la plaque épiphysaire des os en croissance.

Métartériole (n. fém.) Vaisseau sanguin qui émerge d'une artériole, traverse en l'approvisionnant un réseau de 10 à 100 capillaires et se déverse dans une veinule.

Métastase (n. fém.) Extension d'un cancer aux tissus environnants (locale) ou à d'autres régions de l'organisme (distante).

Métatarse (n. masc.) Nom collectif désignant les cinq os (métatarsiens) situés dans le pied, entre les os du tarse et les phalanges.

Méthode diagnostique non effractive (n. fém.) Tout acte médical ne comportant pas de passage à travers les tissus cutanés ou les muqueuses.

Microfilament (n. masc.) Filament protéique allongé de 6 nm de diamètre ; constitue l'unité contractile dans les myocytes ; assure le soutien des cellules non musculaires, leur confère leur forme et permet leur mouvement.

Microglie (n. fém.) Gliocyte doté d'une capacité de phagocytose.

Microtubule (n. masc.) Filament protéique cylindrique de 18 à 30 nm de diamètre composé de tubuline ; fournit du soutien, maintient la structure et permet le mouvement.

Microvillosités (n. fém.) Prolongements digitiformes microscopiques de la membrane plasmique des cellules, qui augmentent la surface disponible pour l'absorption, en particulier dans l'intestin grêle et les tubules contournés proximaux des reins.

Miction (n. fém.) Action d'expulser l'urine de la vessie.

Minéralocorticoïdes (n. masc.) Groupe d'hormones du cortex surrénal (zone glomérulée) qui contribuent à la régulation de l'équilibre hydrique et de l'équilibre du sodium et du potassium ; la plus importante des hormones de ce groupe est l'aldostérone.

Mitochondrie (n. fém.) Organite limité par deux membranes et qui joue un rôle central dans la production d'ATP ; constitue la « centrale énergétique » de la cellule.

Mitose (n. fém.) Division ordonnée du noyau d'une cellule grâce à laquelle chacun des deux nouveaux noyaux possède le même nombre et le même type de chromosomes que le noyau d'origine.

Le processus comprend la réplication des chromosomes et la distribution des deux nouveaux jeux de chromosomes dans deux noyaux distincts et identiques.

Modalité sensorielle (n. fém.) Désigne l'une des différentes catégories de sensations, par exemple la vue, l'odorat, le goût ou le toucher.

Modiolus (n. masc.) Axe central de la cochlée autour duquel la spirale cochléaire décrit presque trois tours.

Moelle épinière (n. fém.) Masse de tissu nerveux située dans le canal vertébral et d'où émergent 31 paires de nerfs spinaux ; assure la propagation des influx nerveux et l'intégration de l'information.

Moelle osseuse (n. fém.) Substance molle et spongieuse située dans les cavités osseuses. La moelle osseuse rouge produit les cellules sanguines ; la moelle osseuse jaune contient des tissus adipeux (adipocytes) qui stockent les triacylglycérols. Ne pas confondre avec la moelle épinière.

Moelle osseuse rouge (n. fém.) Tissu conjonctif très vascularisé remplissant les espaces microscopiques qui séparent les trabécules des tissus osseux spongieux.

Molécule (n. fém.) Combinaison de deux ou plusieurs atomes unis par des liaisons chimiques.

Monocyte (n. masc.) Le plus gros des leucocytes ; se caractérise par un cytoplasme agranulaire et se transforme en macrophagocyte dans les tissus.

Mont du pubis (n. masc.) Saillie arrondie de tissu adipeux située au-dessus de la symphyse pubienne et couverte de peau et de poils pubiens épais.

Morula (n. fém.) Sphère solide de cellules de même taille que le zygote et produite par les segmentations successives d'un ovule environ quatre jours après sa fécondation.

Mucus (n. masc.) Sécrétion liquide et épaisse des cellules caliciformes, des cellules muqueuses, des glandes muqueuses et des muqueuses.

Muqueuse (n. fém.) Membrane qui tapisse l'intérieur d'une cavité communiquant avec l'extérieur.

Muscle (n. masc.) Organe composé de l'un des trois types de tissu musculaire (squelettique, cardiaque ou lisse) ; spécialisé dans les contractions qui produisent les mouvements volontaires ou involontaires de toutes les parties du corps.

Muscle arrecteur du poil (n. masc.) Muscle lisse attaché à un poil ; sa contraction redresse le poil en position plus verticale, ce qui produit la « chair de poule ».

Muscle cardiaque (n. masc.) Organe dont le tissu musculaire est composé de myocytes striés formant la paroi (myocarde) du cœur et stimulé par un système de conduction intrinsèque et par des neurones moteurs autonomes.

Muscle lisse (n. masc.) Organe dont le tissu musculaire est composé de myocytes lisses et qui est situé dans la paroi des viscères creux et innervé par des neurones moteurs autonomes ; assure le mouvement des organes internes (péristaltisme, vasoconstriction, contractions utérines pendant l'accouchement).

Muscle squelettique (n. masc.) Organe dont le tissu musculaire est composé de myocytes striés, soutenu par du tissu conjonctif, attaché à un os par un tendon ou une aponévrose et stimulé par des neurones moteurs somatiques ; assure les mouvements volontaires.

Muscles pectinés (n. masc.) Saillies musculaires de la paroi antérieure de l'oreillette droite et revêtement des auricules des deux oreillettes.

Muscularis mucosæ (n. fém.) Couche mince de myocytes lisses qui sous-tend le chorion de la muqueuse du tube digestif ; grâce à ses mouvements, toutes les cellules absorbantes sont exposées au contenu du tube digestif.

Musculeuse (n. fém.) Couche de tissu musculaire (enveloppe ou tunique) d'un organe.

Mutation (n. fém.) Tout changement qui touche la séquence de bases de l'ADN et qui produit une modification permanente d'un ou de plusieurs caractères héréditaires.

Myasthénie grave (n. fém.) Maladie auto-immune caractérisée par de la faiblesse et de la fatigue des muscles squelettiques dues à des anticorps qui bloquent les récepteurs de l'acétylcholine.

Myocarde (n. masc.) Couche moyenne de la paroi du cœur composée de tissu musculaire cardiaque, comprise entre l'épicarde et l'endocarde, et qui constitue l'essentiel de la masse du cœur ; responsable de l'action de pompage du cœur.

Myocyte (n. masc.) Cellule musculaire. Également appelé *fibre musculaire*.

Myocyte de conduction cardiaque (n. masc.) Myocyte situé dans le tissu ventriculaire du cœur et spécialisé dans la transmission rapide des potentiels d'action au myocarde ; élément du système de conduction du cœur. Également appelé *fibre de Purkinje*.

Myocytes intrafusoriaux (n. masc.) Ensemble de trois à dix myocytes spécialisés, partiellement enveloppés dans une capsule fusiforme de tissu conjonctif ; font partie du fuseau neuromusculaire.

Myofibrille (n. fém.) Structure filamenteuse qui s'étend sur toute la longueur d'un myocyte ; constituée principalement de myofilaments épais (myosine) et de myofilaments fins (actine, troponine et tropomyosine) ; élément contractile des myocytes.

Myofilament (n. masc.) Structure de deux types (épais et fins) à l'intérieur des myofibrilles, disposée en segments appelés *sarcomères* ; le glissement des myofilaments fins permet la contraction musculaire.

Myoglobine (n. fém.) Protéine qui fixe l'oxygène et contient du fer, présente dans le sarcoplasme des myocytes ; contribue à donner au muscle sa couleur rouge.

Myogramme (n. masc.) Tracé obtenu au moyen du myographe, un appareil qui mesure et enregistre la force des contractions musculaires.

Myologie (n. fém.) Étude des muscles.

Myomètre (n. masc.) Couche de muscle lisse de l'utérus.

Myopathie (n. fém.) Tout état anormal ou pathologique du tissu musculaire squelettique.

Myopie (n. fém.) Vision floue des objets éloignés ; ceux-ci ne peuvent être clairement distingués que s'ils sont très près des yeux.

Myosine (n. fém.) Protéine contractile qui constitue les myofilaments épais des myocytes.

Myotome (n. masc.) Chez l'embryon, portion d'un somite qui donne naissance à certains muscles squelettiques.

N

Narines (n. fém.) Deux ouvertures situées dans la cavité nasale, à l'extérieur du corps.

Nasopharynx (n. masc.) Partie supérieure du pharynx située derrière le nez et descendant jusqu'au palais mou.

Nécrose (n. fém.) Mort cellulaire pathologique causée par la maladie, une blessure ou l'interruption de l'apport sanguin : un grand nombre de cellules voisines gonflent, éclatent et répandent leur contenu dans le liquide interstitiel, ce qui déclenche une réponse inflammatoire.

Néonatal (adj.) Qui se rapporte aux 28 premiers jours suivant la naissance.

Néoplasme (n. masc.) Masse de tissu résultant de la division incontrôlée des cellules ; peut être composé de cellules normales (tumeur bénigne) ou anormales (tumeur maligne).

Néphron (n. masc.) Unité fonctionnelle du rein ; constitué du corpuscule rénal et du tubule rénal.

Nerf (n. masc.) Organe du SNP formé par de faisceaux parallèles d'axones myélinisés ou non, et enveloppés par des couches de tissu conjonctif.

Nerf crânien (n. masc.) Nerf faisant partie des 12 paires de nerfs qui émergent de l'encéphale, traversent les foramens du crâne et acheminent les neurones sensoriels et moteurs vers la tête, le cou, une partie du tronc ainsi que les viscères thoraciques et abdominaux ; chacun porte un nom et un numéro en chiffres romains qui indique son ordre d'émergence de l'encéphale, de l'avant vers l'arrière.

Nerf intercostal (n. masc.) Nerf desservant un muscle situé entre les côtes.

Nerf spinal (n. masc.) Nerf faisant partie des 31 paires de nerfs qui émergent des racines dorsales et ventrales de la moelle épinière.

Nerfs splanchniques pelviens (n. masc.) Nerfs constitués par les axones parasympathiques préganglionnaires issus des nerfs S2, S3 et S4 ; desservent la vessie, les organes génitaux, les côlons descendant et sigmoïde ainsi que le rectum.

Neurilemme (n. masc.) *Voir* **Neurolemme**.

Neurohypophyse (n. fém.) Lobe postérieur de l'hypophyse.

Neurolemme (n. masc.) Couche cytoplasmique externe et nucléée du neurolemmocyte qui forme la gaine de myéline. Également appelé *neurilemme*.

Neurolemmocyte (n. masc.) Gliocyte du système nerveux périphérique formant la gaine de myéline et le neurolemme qui enrobent l'axone en s'enroulant plusieurs fois autour de lui. Également appelé *cellule de Schwann*.

Neurologie (n. fém.) Étude du fonctionnement normal du système nerveux et de ses troubles.

Neurone (n. masc.) Cellule nerveuse constituée d'un corps cellulaire, de dendrites et d'un axone.

Neurone adrénergique (n. masc.) Neurone qui libère de l'adrénaline ou de la noradrénaline comme neurotransmetteur.

Neurone autorythmique (n. masc.) Neurone autoexcitateur du système nerveux central, par exemple dans l'aire inspiratoire du tronc cérébral.

Neurone cholinergique (n. masc.) Neurone qui libère de l'acétylcholine comme neurotransmetteur.

Neurone moteur (n. masc.) Neurone qui conduit les influx nerveux provenant de l'encéphale vers la moelle épinière ou provenant de l'encéphale et de la moelle épinière vers des effecteurs (muscles ou glandes) par les nerfs crâniens ou spinaux. Également appelé *neurone efférent*.

Neurone postganglionnaire (n. masc.) Deuxième neurone moteur d'une voie autonome situé entièrement à l'extérieur du SNC, dont le corps cellulaire et les dendrites sont compris dans un ganglion autonome et dont l'axone amyélinisé s'étend jusqu'au muscle cardiaque, jusqu'à un muscle lisse ou jusqu'à une glande.

Neurone postsynaptique (n. masc.) Neurone activé ou inhibé par la libération d'un neurotransmetteur provenant d'un neurone présynaptique au niveau d'une synapse.

Neurone préganglionnaire (n. masc.) Premier neurone moteur d'une voie autonome, dont le corps cellulaire et les dendrites sont situés dans l'encéphale ou dans la moelle épinière et dont l'axone myélinisé s'étend jusqu'à un ganglion autonome, où il fait synapse avec un neurone postganglionnaire.

Neurone présynaptique (n. masc.) Neurone qui propage l'influx nerveux vers une synapse.

Neurone sensitif (n. masc.) Neurone qui achemine l'information sensorielle des nerfs crâniens et spinaux à l'encéphale et à la moelle épinière, ou d'un niveau inférieur à un niveau supérieur de la moelle épinière ou de l'encéphale. Également appelé *neurone afférent*.

Neuropathie périphérique (n. fém.) Affection du système nerveux périphérique d'origine variée (génétique, inflammatoire, immunologique, infectieuse, etc.) et caractérisée notamment par des troubles sensitifs, la faiblesse et l'atrophie musculaire.

Neurophysiologie (n. fém.) Étude des fonctions des neurones.

Neurotransmetteur (n. masc.) Molécule présente dans les terminaisons axonales, qui est libérée dans la fente synaptique en réponse à un influx nerveux et qui modifie le potentiel de membrane du neurone postsynaptique.

Neurulation (n. fém.) Processus qui assure la transformation de la plaque neurale en tube neural au cours du développement embryonnaire.

Névralgie (n. fém.) Douleur soudaine se manifestant sur toute la longueur d'un nerf sensitif périphérique ou sur l'une de ses branches seulement.

Névrite (n. fém.) Neuropathie périphérique d'origine inflammatoire.

Névroglie (n. fém.) *Voir* **Gliocyte**.

Niveau énergétique (n. masc.) Région d'un atome entourant le noyau et contenant des électrons; chaque niveau énergétique peut comprendre un nombre maximal d'électrons. Aussi appelé *couche électronique*.

Nocicepteur (n. masc.) Intérorécepteur, de type terminaison nerveuse libre, qui détecte les stimulus douloureux.

Nœud auriculoventriculaire (n. masc.) Partie du système de conduction du cœur formée d'un amas compact de cellules cardionectrices et située dans la paroi du septum interauriculaire.

Nœud de Ranvier (n. masc.) Espace situé le long d'un axone myélinisé, entre les neurolemmocytes qui forment la gaine de myéline et le neurolemme.

Nœud lymphatique (n. masc.) Structure ovale ou en forme de haricot située le long des vaisseaux lymphatiques; seul organe à filtrer la lymphe. Également appelé *ganglion lymphatique*.

Nœud sinusal (n. masc.) Partie du système de conduction du cœur formé d'un petit amas de cellules cardionectrices et situé dans la paroi de l'oreillette droite, en dessous de l'ouverture de la veine cave supérieure, qui se dépolarise spontanément et génère un potentiel d'action cardiaque environ 100 fois par minute. Également appelé *centre rythmogène*.

Noradrénaline – NA (n. fém.) Neurotransmetteur et hormone sécrétée par la médullosurrénale et qui produit des effets semblables à ceux de la stimulation sympathique; également appelée *norépinéphrine*.

Notochorde (n. fém.) Tige souple de tissu mésodermique située à l'endroit où se développera la colonne vertébrale; joue un rôle inducteur.

Noyau (n. masc.) Organite sphérique ou ovale de la cellule qui renferme le matériel génétique de la cellule, appelé *gènes*; amas de corps cellulaires de neurones amyélinisés dans le système nerveux central; portion centrale d'un atome, composée de protons et de neutrons.

Noyau cunéiforme (n. masc.) Groupe de neurones situé dans la partie inférieure du bulbe rachidien et dans lequel se terminent les axones du faisceau cunéiforme; relais vers le thalamus.

Noyau gracile (n. masc.) Groupe de neurones situé dans la partie inférieure du bulbe rachidien et dans lequel se terminent les axones du faisceau gracile; relais vers le thalamus. Également appelé *noyau grêle*.

Noyau pulpeux (n. masc.) Substance molle, pulpeuse et très élastique située au centre d'un disque intervertébral; vestige de la notochorde.

Noyau rouge (n. masc.) Groupe de corps cellulaires de neurones occupant une grande partie du tectum du mésencéphale, et à partir duquel des axones partent jusqu'au faisceau rubrospinal qui régit les mouvements précis des membres, des mains et des pieds; lieu de synapse pour des axones provenant du cervelet et du tronc cérébral.

Noyaux gris centraux (n. masc.) Groupe de noyaux de substance grise situés dans chacun des hémisphères cérébraux et comprenant le noyau lenticulaire (le globus pallidus et le putamen) et le noyau caudé. Ensemble, le noyau lenticulaire et le noyau caudé constituent le *corps strié*. Les structures voisines qui sont liées aux noyaux gris centraux sur le plan fonctionnel sont la substantia nigra du mésencéphale et les noyaux subthalamiques du diencéphale.

Nucléole (n. masc.) Corps sphérique situé dans le noyau de la cellule, composé de protéines, d'ADN et d'ARN, et siège de la synthèse de la petite et de la grosse sous-unité ribosomale.

Nucléosome (n. masc.) Sous-unité structurale d'un chromosome constituée d'histones et d'ADN.

Nutriment (n. masc.) Substance chimique dans la nourriture ou issue de la digestion de la nourriture qui procure de l'énergie, forme de nouveaux constituants dans l'organisme ou participe à différentes fonctions corporelles.

O

Obésité (n. fém.) Poids corporel qui dépasse, en raison de l'accumulation de tissu adipeux, de plus de 20 % la norme souhaitable.

Obstétrique (n. fém.) Branche spécialisée de la médecine qui a pour objet d'étude la grossesse, le travail et la période qui suit immédiatement l'accouchement (environ quatre semaines).

Ocytocine (n. fém.) Hormone sécrétée par les cellules neurosécrétrices des noyaux supraoptique et paraventriculaire de l'hypothalamus, et qui stimule la contraction des muscles lisses de l'utérus chez la femme enceinte et celle des cellules myoépithéliales autour des conduits des glandes mammaires.

Œdème (n. masc.) Accumulation anormale de liquide interstitiel dans les tissus sous-cutanés et sous-muqueux par suite d'une trop grande filtration de liquides en provenance du sang.

Œdème pulmonaire (n. masc.) Accumulation anormale de liquide interstitiel dans les espaces tissulaires et les alvéoles pulmonaires résultant d'une augmentation de la perméabilité des capillaires pulmonaires ou d'une élévation de la pression dans les capillaires pulmonaires.

Œsophage (n. masc.) Tube musculaire creux situé derrière la trachée et reliant le pharynx à l'estomac.

Œstrogènes (n. masc.) Hormones sexuelles féminisantes produites par les ovaires; régissent le développement des ovocytes, le maintien des structures du système génital féminin et la l'apparition des caractères sexuels secondaires chez la femme; interviennent également dans l'équilibre hydroélectrolytique et dans l'anabolisme des protéines; par exemple, le β-œstradiol, l'œstrone et l'œstriol.

Olfactif (adj.) Qui se rapporte à l'odorat.

Oligodendrocyte (n. masc.) Gliocyte qui soutient les neurones et produit une gaine de myéline autour d'axones des neurones du système nerveux central.

Oligurie (n. fém.) Production quotidienne d'urine généralement inférieure à 250 ml.

Olive (n. fém.) Renflement ovale bien visible sur chaque face latérale de la partie supérieure du bulbe rachidien; renferme des noyaux qui transmettent au cervelet les informations provenant des propriocepteurs.

Ombilic (n. masc.) Petite cicatrice abdominale qui marque le point d'attache du cordon ombilical au fœtus. Également appelé *nombril*.

Oncogènes (n. masc.) Gènes qui causent le cancer ; bien qu'ils se forment à partir de gènes normaux (les protooncogènes, qui codent pour les protéines intervenant dans la croissance ou la régulation cellulaire), ils peuvent transformer une cellule normale en cellule cancéreuse en cas de mutation ou d'activation inappropriée ; par exemple, le gène *p53*.

Oncologie (n. fém.) Branche de la médecine qui a pour objet d'étude les tumeurs.

Onde P (n. fém.) Sur un électrocardiogramme, onde de dérivation qui indique la dépolarisation auriculaire.

Onde T (n. fém.) Sur un électrocardiogramme, onde de dérivation qui correspond à la repolarisation ventriculaire.

Ondes cérébrales (n. fém.) Signaux électriques détectables à la surface du crâne qui traduisent l'activité électrique des neurones du cerveau.

Ongle (n. masc.) Plaque dure composée principalement de kératine, et qui se développe à partir de l'épiderme de la peau pour former un revêtement protecteur sur la face dorsale de l'extrémité distale des doigts et des orteils.

Ophtalmique (adj.) Qui se rapporte à l'œil.

Ophtalmologie (n. fém.) Branche de la médecine qui a pour objet d'étude la structure, la fonction de l'œil, le diagnostic et le traitement des maladies oculaires au moyen de médicaments, de la chirurgie et de verres correcteurs.

Optique (n. fém.) Qui se rapporte à l'œil, à la vision ou aux propriétés de la lumière.

Ora serrata (n. fém.) Bord dentelé de la rétine situé à l'intérieur et légèrement à l'arrière de la jonction de la choroïde et du corps ciliaire.

Orbite (n. fém.) Cavité osseuse de la face qui contient le globe oculaire.

Oreille externe (n. fém.) Structure composée de l'auricule, du méat acoustique externe et du tympan.

Oreille interne (n. fém.) Structure située à l'intérieur de l'os temporal qui abrite les organes de l'ouïe et de l'équilibre. Également appelée *labyrinthe*.

Oreille moyenne (n. fém.) Petite cavité tapissée d'épithélium, creusée dans l'os temporal et séparée de l'oreille externe par le tympan, et de l'oreille interne par une mince cloison osseuse portant les fenêtres de la cochlée et du vestibule ; contient les trois osselets de l'ouïe.

Oreillette (n. fém.) Une des deux cavités supérieures du cœur. Également appelée *atrium*.

Organe (n. masc.) Structure composée de deux types de tissus ou plus, qui joue un rôle précis dans l'organisme et qui présente généralement une forme bien reconnaissable.

Organe spiral (n. masc.) Organe de l'ouïe ; feuillet enroulé de cellules épithéliales, composé de cellules de soutien et de cellules sensorielles ciliées (récepteurs de l'ouïe) ; repose sur la lame basilaire de la cochlée et s'étend jusque dans l'endolymphe du conduit cochléaire. Également appelé *organe de Corti*.

Organe tendineux de Golgi (n. masc.) *Voir* **Fuseau neurotendineux**.

Organisme (n. masc.) Être vivant complet ; individu.

Organite (n. masc.) Structure permanente située à l'intérieur d'une cellule, dotée d'une forme caractéristique et remplissant des fonctions particulières dans les activités cellulaires ; par exemple, le ribosome, la mitochondrie, le complexe golgien.

Organogenèse (n. fém.) Formation des organes et des systèmes du corps ; commence dès la fin de la huitième semaine du développement fœtal.

Orifice (n. masc.) Ouverture.

Origine musculaire (n. fém.) Point d'attache du tendon d'un muscle à un os stationnaire ; extrémité opposée à l'insertion.

Oropharynx (n. masc.) Partie intermédiaire du pharynx située derrière la bouche et s'étendant du palais mou jusqu'à la hauteur de l'os hyoïde.

Orthopédie (n. fém.) Branche de la médecine qui a pour objet d'étude les affections, la préservation et la correction du système osseux, des articulations et des structures associées.

Os compact (n. masc.) Tissu osseux qui comporte peu d'espace entre ses ostéones ; constitue l'enveloppe externe de tous les os et la majeure partie de la diaphyse (corps) des os longs ; se trouve immédiatement sous le périoste et à l'extérieur de l'os spongieux.

Os sésamoïdes (n. masc.) Petits os (quelques millimètres de diamètre) ressemblant à des grains de sésame, situés à l'intérieur de certains tendons ou à proximité de certaines articulations du pied ou de la main ; subissent de fortes tensions et frictions et leur nombre varie d'un individu à l'autre.

Os spongieux (n. masc.) Tissu osseux constitué d'une trame irrégulière de minces colonnes de tissu osseux appelées *trabécules osseuses* ; les espaces entre les trabécules de certains os sont remplis de moelle osseuse rouge ; présent dans les os courts, plats et irréguliers et dans les épiphyses (extrémités) des os longs.

Os suturaux (n. masc.) Petits os situés à l'intérieur des sutures unissant certains os du crâne ; leur nombre varie d'un individu à l'autre.

Osmorécepteur (n. masc.) Intérorécepteur situé dans l'hypothalamus, qui réagit aux variations de la pression osmotique du sang et qui répond à une pression osmotique élevée (faible concentration d'eau), en stimulant le centre de la soif ainsi que la synthèse et la libération de l'hormone antidiurétique (ADH).

Osmose (n. fém.) Déplacement par diffusion à travers une membrane à perméabilité sélective des molécules d'eau d'une solution diluée vers une solution plus concentrée, et ce jusqu'à ce que l'équilibre soit atteint.

Osselet de l'ouïe (n. masc.) Un des trois petits os de l'oreille moyenne (les plus petits os du corps) appelés *malléus*, *incus* et *stapès*.

Ossification (n. fém.) Formation de l'os. Également appelée *ostéogenèse*.

Ossification endochondrale (n. fém.) Processus de formation des os par lequel le cartilage hyalin – formé à partir de cellules mésenchymateuses – est remplacé par du tissu osseux.

Ossification intramembraneuse (n. fém.) Processus de formation des os par lequel le tissu osseux est formé directement à partir de couches de cellules mésenchymateuses ressemblant à des membranes, sans passer par le stade cartilagineux.

Ostéoblaste (n. masc.) Cellule formée à partir d'une cellule ostéogénique et qui participe à la formation de l'os en sécrétant des composés organiques et des sels inorganiques.

Ostéoclaste (n. masc.) Grosse cellule multinucléée qui résorbe (détruit) la matrice osseuse.

Ostéocyte (n. masc.) Cellule osseuse mature qui effectue les activités métaboliques quotidiennes du tissu osseux.

Ostéologie (n. fém.) Étude de la structure des os et du traitement des troubles osseux.

Ostéone (n. fém.) Unité structurale fondamentale du tissu osseux compact de l'adulte ; constituée d'un canal central (canal de Havers) avec ses lamelles concentriques, lacunes, ostéocytes et canalicules. Également appelée *ostéon*, *système de Havers* ou encore *système haversien*.

Ostéoporose (n. fém.) Trouble lié à l'âge et se caractérisant par la diminution de la masse osseuse et l'augmentation du risque de fractures ; résulte souvent d'une baisse du taux d'œstrogènes, chez la femme, et de plusieurs déséquilibres hormonaux influant sur la balance calcique, chez l'homme.

Otique   (adj.) Qui se rapporte à l'oreille.

Otorhinolaryngologie   (n. fém.) Branche de la médecine qui a pour objet d'étude le diagnostic et le traitement des maladies des oreilles, du nez et de la gorge.

Ouverture médiane du quatrième ventricule   (n. fém.) Une des trois ouvertures situées dans le toit du quatrième ventricule et par lesquelles le liquide cérébrospinal entre dans l'espace sous-arachnoïdien de l'encéphale et de la moelle épinière. Également appelée *trou de Magendie*.

Ovaire   (n. masc.) Gonade femelle qui produit les ovocytes et des hormones : œstrogènes, progestérone, inhibine et relaxine.

Ovariectomie   (n. fém.) Ablation chirurgicale des ovaires.

Ovogenèse   (n. fém.) Formation et développement des gamètes femelles (ovocytes).

Ovulation   (n. fém.) Rupture d'un follicule ovarique mûr (follicule de De Graaf) accompagnée de l'expulsion d'un ovocyte de deuxième ordre dans la cavité pelvienne.

Ovule   (n. masc.) Cellule reproductrice femelle ; est créé à la fin de la méiose d'un ovocyte de deuxième ordre après la pénétration du spermatozoïde.

Oxyhémoglobine   (n. fém.) Hémoglobine et oxygène combinés (HbO_2).

P

Palais   (n. masc.) Structure horizontale séparant les cavités nasales et la cavité buccale ; forme le toit de la bouche.

Palais mou   (n. masc.) Partie postérieure du toit de la bouche qui s'étend des os palatins jusqu'à l'uvule ; cloison musculaire tapissée d'une muqueuse qui sépare l'œsophage du nasopharynx.

Palais osseux   (n. masc.) Partie antérieure du toit de la bouche formée par les processus palatins des maxillaires et les lames horizontales des os palatins et tapissée d'une muqueuse.

Palpation   (n. fém.) Examen des surfaces du corps par le toucher.

Pancréas   (n. masc.) Organe allongé et mou situé le long de la grande courbure de l'estomac et relié par un conduit au duodénum. Glande à la fois exocrine (sécrétion du suc pancréatique) et endocrine (sécrétion de l'insuline, du glucagon, de la somatostatine et du polypeptide pancréatique).

Papille   (n. fém.) Petite éminence ou saillie en forme de bouton.

Papille caliciforme   (n. fém.) Une des éminences circulaires disposées en forme de V inversé sur la partie postérieure de la langue ; ce sont les éminences les plus grandes parmi celles qui contiennent les calicules gustatifs.

Papille du derme   (n. fém.) Éminence digitiforme du derme papillaire qui peut contenir des capillaires sanguins ou des corpuscules tactiles capsulés.

Papille duodénale majeure   (n. fém.) Élévation de la muqueuse duodénale où débouche l'ampoule hépatopancréatique.

Papille filiforme   (n. fém.) Une des éminences pointues disposées en rangées parallèles sur les deux tiers antérieurs de la langue ; ne contient pas de calicules gustatifs.

Papille fungiforme   (n. fém.) Une des éminences en forme de champignon disséminées sur toute la surface de la langue ; la plupart contiennent des calicules gustatifs.

Paracervix   (n. masc.) Ligament de l'utérus s'étendant latéralement depuis le col de l'utérus et le vagin jusqu'à la paroi pelvienne, en prolongement du ligament large de l'utérus. Également appelé *ligament cervical transverse*.

Paralysie   (n. fém.) Perte ou déficience de la fonction motrice par suite d'une lésion d'origine nerveuse ou musculaire.

Paraplégie   (n. fém.) Paralysie des membres inférieurs.

Parathormone – PTH   (n. fém.) Hormone sécrétée par les cellules principales des glandes parathyroïdes ayant pour effet d'augmenter la concentration sanguine du calcium et de réduire celle des phosphates. Également appelée *hormone parathyroïdienne*.

Parenchyme   (n. masc.) Tout tissu fonctionnel d'un organe quelconque, par opposition aux tissus qui forment son stroma, ou tissus de soutien.

Pariétal   (adj.) Qui se rapporte à la paroi externe d'une cavité de l'organisme.

Paroi vestibulaire du conduit cochléaire   (n. fém.) Membrane qui sépare le conduit cochléaire de la rampe vestibulaire.

Parturition   (n. fém.) *Voir* **Accouchement**.

Pavillon de l'oreille   (n. masc.) *Voir* **Auricule**.

Peau   (n. fém.) Revêtement externe du corps constitué de l'épiderme superficiel mince (tissu épithélial) et d'un derme plus profond et plus épais (tissu conjonctif) attaché au fascia superficiel (tissu graisseux).

Pectoral   (adj.) Qui se rapporte à la poitrine.

Pédicelle   (n. masc.) Structure en forme de pied, par exemple sur les podocytes d'un glomérule.

Pédoncule cérébelleux   (n. masc.) Une des trois paires de faisceaux d'axones reliant le tronc cérébral au cervelet.

Pédoncule cérébral   (n. masc.) Un des deux faisceaux (formant une paire) d'axones situés sur la face antérieure du mésencéphale ; transmet les influx nerveux ascendants et descendants entre le pont et les hémisphères cérébraux.

Pelvis   (n. masc.) *Voir* **Bassin**.

Pelvis rénal   (n. masc.) *Voir* **Bassinet**.

Pénis   (n. masc.) Organe de la miction et de la copulation chez l'homme ; dépose le sperme dans le vagin de la femme.

Pepsine   (n. fém.) Enzyme protéolytique (qui décompose les protéines) sécrétée par les cellules principales de l'estomac sous une forme inactive (pepsinogène), et convertie ensuite en pepsine active sous l'action de l'acide chlorhydrique (HCl).

Peptide natriurétique auriculaire – ANP   (n. masc.) *Voir* **Facteur natriurétique auriculaire**.

Percussion   (n. fém.) Action qui consiste à frapper de petits coups secs une structure sous-jacente du corps afin d'établir un diagnostic en fonction de la qualité du son qu'elle renvoie.

Péricarde   (n. masc.) Membrane séreuse lâche recouvrant le cœur et formée d'une couche fibreuse externe et d'une couche séreuse interne.

Périchondre   (n. masc.) Membrane de tissu conjonctif dense et irrégulier qui recouvre le cartilage.

Périlymphe   (n. fém.) Liquide qui ressemble au liquide cérébrospinal et qui est compris entre le labyrinthe osseux et le labyrinthe membraneux de l'oreille interne, qu'il entoure.

Périmétrium   (n. masc.) Séreuse de l'utérus ; fait partie du péritoine viscéral.

Périmysium   (n. masc.) Invagination de l'épimysium qui divise les muscles en faisceaux de myocytes.

Périnée   (n. masc.) Plancher pelvien ; espace compris entre l'anus et le scrotum chez l'homme et entre l'anus et la vulve chez la femme.

Périnèvre   (n. masc.) Enveloppe vascularisée de tissu conjonctif recouvrant les fascicules (groupe d'axones) dans un nerf.

Périoste   (n. masc.) Membrane qui recouvre l'os, constituée de tissu conjonctif dense et irrégulier, de cellules ostéogéniques et d'ostéoblastes ; essentiel à la croissance, à la réparation et à la nutrition des os.

Périphérique (adj.) Qui est situé dans les régions externes ou à la surface du corps.

Péristaltisme (n. masc.) Contractions musculaires ondulatoires se propageant le long de la paroi d'une structure musculaire creuse (l'intestin, par exemple).

Péritoine (n. masc.) La plus grande membrane séreuse de l'organisme ; tapisse la paroi de la cavité abdominale et recouvre les viscères qu'elle contient.

Péritonite (n. fém.) Inflammation aiguë du péritoine.

Perméabilité sélective (n. fém.) Propriété d'une membrane qui permet le passage de certaines substances mais limite celui d'autres substances.

Peroxysome (n. masc.) Organite dont la structure rappelle celle du lysosome et qui renferme des enzymes utilisant l'oxygène moléculaire pour oxyder divers composés organiques ; ces réactions produisent du peroxyde d'hydrogène ; organite abondant dans les cellules du foie.

Persistance du conduit artériel (n. fém.) Anomalie congénitale du cœur : le conduit artériel ne se referme pas comme il le devrait. Le sang aortique s'écoule alors dans le tronc pulmonaire, où la pression est plus faible, ce qui augmente la pression sanguine dans ce vaisseau et surcharge les deux ventricules.

Petit omentum (n. masc.) Repli de péritoine s'étendant du foie jusqu'à la petite courbure de l'estomac et la première portion du duodénum ; il suspend ces deux organes au foie.

Petites lèvres de la vulve (n. fém.) Deux minces replis de membrane muqueuse situés de part et d'autre des grandes lèvres de la vulve chez la femme et dérivant des mêmes tissus embryonnaires que la partie spongieuse de l'urètre chez l'homme.

pH (n. masc.) Mesure de la concentration des ions hydrogène (H⁺) dans une solution. L'échelle des pH varie de 0 à 14 ; la neutralité est fixée à 7, les valeurs inférieures à 7 désignent l'acidité et les valeurs supérieures à 7, l'alcalinité.

Phagocytose (n. fém.) Mécanisme d'endocytose nécessitant la formation de pseudopodes et par lequel les cellules ingèrent et détruisent des microorganismes, des débris cellulaires et d'autres substances étrangères.

Phalange (n. fém.) Os d'un doigt ou d'un orteil ; deux dans le pouce et le gros orteil, trois dans chacun des autres doigts ou orteils.

Pharmacologie (n. fém.) Étude des effets et de l'usage des médicaments dans le traitement des maladies.

Pharynx (n. masc.) Gorge ; tube en forme d'entonnoir qui prend naissance au niveau des choanes et s'étend sur une partie du cou, où il s'ouvre à l'arrière sur l'œsophage et à l'avant sur le larynx.

Phénotype (n. masc.) Expression observable du génotype ; caractéristiques physiques d'un organisme déterminées par la constitution génétique et influencées par l'interaction entre les gènes et les facteurs environnementaux internes et externes.

Phlébite (n. fém.) Inflammation d'une veine, habituellement dans le membre inférieur.

Photopigment (n. masc.) Protéine colorée située dans la membrane plasmique du segment externe d'un photorécepteur ; substance pouvant absorber la lumière, subir des modifications structurales et conduire à la production d'un potentiel récepteur ; par exemple, la rhodopsine.

Photorécepteur (n. masc.) Intérorécepteur qui détecte la lumière atteignant la rétine.

Physiologie (n. fém.) Étude des fonctions d'un organisme ou de ses parties.

Pied (n. masc.) Extrémité du membre inférieur comprenant les os du tarse, du métatarse et les phalanges.

Pie-mère (n. fém.) La plus profonde des trois méninges qui couvrent l'encéphale et la moelle épinière ; constituée d'une fine couche transparente de tissu conjonctif.

Pilier du pénis (n. masc.) Extrémité effilée du corps caverneux du pénis, et qui se détache de sa racine.

Pinéalocyte (n. masc.) Cellule sécrétrice de la glande pinéale qui libère de la mélatonine.

Pinocytose (n. fém.) Mécanisme d'endocytose permettant à la plupart des cellules du corps de faire pénétrer des gouttes de liquide interstitiel entourées d'une membrane.

Pituicyte (n. masc.) Gliocyte spécialisée de la neurohypophyse.

Placenta (n. masc.) Structure spécifique qui se forme dans l'utérus et qui permet l'échange de substances entre les circulations fœtale et maternelle. Après la naissance, le placenta est appelé le *délivre*.

Plan frontal (n. masc.) Plan formant un angle droit avec le plan sagittal médian et divisant le corps ou l'organe en une partie antérieure et une partie postérieure. Également appelé *plan coronal*.

Plan médian (n. masc.) Plan vertical divisant le corps en deux côtés (droit et gauche) égaux.

Plan oblique (n. masc.) Plan qui divise le corps ou un organe selon un plan intermédiaire entre un plan transversal et un plan sagittal médian, parasagittal ou frontal.

Plan parasagittal (n. masc.) Plan vertical qui ne passe pas par le milieu et qui divise le corps ou un organe en parties droite et gauche inégales.

Plan sagittal (n. masc.) Plan vertical qui divise le corps ou un organe en deux côtés, droit et gauche. Il peut s'agir d'un *plan sagittal médian*, lorsque les deux côtés sont égaux, ou d'un *plan parasagittal*, lorsque les deux côtés sont inégaux.

Plan sagittal médian (n. masc.) Plan vertical qui passe au milieu du corps ou d'un organe et le divise en deux côtés (gauche et droit) égaux. Également appelé *plan médian*.

Plan transversal (n. masc.) Plan qui divise le corps ou un organe en une partie supérieure et une partie inférieure.

Plaque d'athérosclérose (n. fém.) Altération dégénérative causée par l'accumulation de cholestérol et de myocytes lisses dans la paroi d'une artère ; peut entraîner l'obstruction plus ou moins totale de l'artère.

Plaque dentaire (n. fém.) Dépôt sur les dents insuffisamment nettoyées et composé de cellules bactériennes qui adhèrent à un support formé de dextran (polysaccharide) et de débris d'origine alimentaire

Plaque épiphysaire (n. fém.) Couche de cartilage hyalin située dans la métaphyse des os longs ; point de croissance en longueur des os longs. Également appelé *cartilage de conjugaison* ou *cartilage de croissance*.

Plaque motrice (n. fém.) Partie du sarcolemme d'un myocyte contenant des récepteurs de l'acétylcholine (ACh) qui se lient à l'ACh libérée par les boutons terminaux des neurones moteurs somatiques.

Plaque neurale (n. fém.) Épaississement de l'ectoderme induit par la notochorde ; se forme dans la troisième semaine du développement de l'embryon et marque le début du développement du système nerveux.

Plaque tarsale (n. fém.) Membrane mobile formée d'un mince feuillet de tissu conjonctif allongé qui soutient la paupière et lui donne sa forme. L'aponévrose du muscle élévateur de la paupière supérieure est attachée au tarse de la paupière supérieure.

Plaquette (n. masc.) *Voir* **Thrombocyte**.

Plasma (n. masc.) Liquide extracellulaire se trouvant dans les vaisseaux sanguins ; le sang *moins* les éléments figurés.

Plasmocyte (n. masc.) Cellule issue de la division d'un lymphocyte B activé et qui sécrète les anticorps.

Plasticité (n. fém.) Capacité du système nerveux de changer et s'adapter selon l'expérience ; pour un neurone, signifie l'ajout de dendrites, la synthèse de nouvelles protéines et des changements au niveau synaptique.

Plèvre (n. fém.) Séreuse recouvrant les poumons et tapissant la paroi thoracique et le diaphragme ; comprend la plèvre pariétale et la plèvre viscérale.

Plexus (n. masc.) Réseau de nerfs, de veines ou de vaisseaux lymphatiques.

Plexus autonome (n. masc.) Réseau d'axones sympathiques et parasympathiques situé le plus souvent le long des principales artères ; par exemple, les plexus cardiaque et cœliaque situés dans le thorax et dans l'abdomen, respectivement.

Plexus brachial (n. masc.) Réseau d'axones formé par la réunion des rameaux ventraux des nerfs spinaux C5, C6, C7, C8 et T1 ; innerve la peau et les muscles des épaules et des membres supérieurs.

Plexus cervical (n. masc.) Réseau d'axones formé par la réunion des rameaux ventraux des quatre premiers nerfs cervicaux et par quelques ramifications de C5, et dans lequel débouchent les rameaux communicants gris du ganglion cervical supérieur ; innerve la peau, les muscles de la tête, du cou et du thorax (partie supérieure de l'épaule, poitrine, diaphragme).

Plexus choroïde (n. masc.) Réseau de capillaires situé dans le toit de chacun des quatre ventricules de l'encéphale ; les épendymocytes qui tapissent les plexus choroïdes produisent le liquide cérébrospinal.

Plexus coccygien (n. masc.) Réseau d'axones formé par la réunion des rameaux ventraux des nerfs spinaux S4 et S5 ; innerve une petite surface de peau dans la région du coccyx.

Plexus cœliaque (n. masc.) Vaste réseau de ganglions et d'axones situé à la hauteur de la partie supérieure des premières vertèbres lombaires ; le plus étendu des plexus autonomes ; innerve un grand nombre de viscères abdominaux et pelviens.

Plexus de la racine du poil (n. masc.) Réseau de dendrites disposés autour de la racine du poil et jouant le rôle de terminaisons nerveuses libres qui sont stimulées lorsque la tige du poil se déplace.

Plexus lombaire (n. masc.) Réseau d'axones formé par la réunion des rameaux ventraux des nerfs spinaux L1 à L4 ; innerve la partie antérolatérale de la paroi abdominale, les organes génitaux externes et une partie des membres inférieurs.

Plexus myentérique (n. masc.) Réseau d'axones autonomes et de corps cellulaires postganglionnaires situé dans la musculeuse de l'intestin grêle ; fait partie du SNE (système nerveux entérique). Également appelé *plexus d'Auerbach*.

Plexus sacral (n. masc.) Réseau d'axones formé par la réunion des rameaux ventraux des nerfs spinaux L4 à S4 ; innerve les fesses, le périnée et les membres inférieurs.

Plexus sous-muqueux entérique (n. masc.) Réseau d'axones autonomes situé dans la partie superficielle de la sous-muqueuse de l'intestin grêle ; fait partie du SNE (système nerveux entérique). Également appelé *plexus de Meissner*.

Plis circulaires (n. masc.) Crêtes transverses, profondes (10 mm) et permanentes situées dans la muqueuse et la sous-muqueuse de l'intestin grêle, et qui favorisent l'absorption en augmentant la surface de la paroi et en forçant le chyme à se déplacer en spirale.

Plis vocaux (n. masc.) Paire de replis muqueux situés sous les plis vestibulaires dans la muqueuse du larynx, et qui interviennent dans la production de la voix. Également appelés *cordes vocales*.

Pneumothorax (n. masc.) Accumulation d'air (spontanée ou provoquée) dans la cavité pleurale causant l'affaissement du poumon.

Poche hypophysaire (n. fém.) Excroissance de l'ectoderme du palais à partir de laquelle se développe l'adénohypophyse (lobe antérieur de l'hypophyse). Également appelée *poche de Rathke*.

Podologie (n. fém.) Étude du pied et de ses affections.

Poil (n. masc.) Structure filiforme produite dans les follicules pileux et qui se développe dans le derme.

Point d'ossification (n. masc.) *Voir* **Centre d'ossification**.

Polycythémie (n. fém.) Trouble caractérisé par un hématocrite supérieur à la normale (qui est de 55 %) et peut causer de l'hypertension, une thrombose ou une hémorragie.

Polyurie (n. fém.) Production excessive d'urine.

Pompe à sodium/potassium (n. fém.) Pompe de transport actif située dans la membrane plasmique permettant de faire sortir des ions sodium de la cellule et d'y faire entrer des ions potassium en utilisant l'ATP cellulaire ; maintient les concentrations de ces ions à des niveaux physiologiques. Également appelée *Na⁺-K⁺ ATPase*.

Ponction lombaire (n. fém.) Insertion d'une aiguille dans la cavité subarachnoïdienne pour prélever du liquide cérébrospinal à des fins diagnostiques ou injecter diverses substances.

Pont (n. masc.) Partie du tronc cérébral qui relie le bulbe rachidien et le mésencéphale, à l'avant du cervelet ; constitué de noyaux et de faisceaux. Également appelé *protubérance annulaire*.

Position anatomique (n. fém.) Position du corps utilisée universellement dans les descriptions anatomiques : la personne est debout, la tête droite, les yeux regardant vers l'avant à hauteur d'horizon ; ses membres supérieurs sont placés le long du corps, les paumes tournées vers l'avant et les pieds posés à plat sur le sol.

Postérieur (adj.) Situé vers le dos ou à l'arrière du corps. Équivalent de *dorsal* chez les bipèdes.

Postpartum (n. masc.) Période qui suit immédiatement la naissance ; habituellement 4 à 6 semaines.

Potentialisation à long terme (n. fém.) Transmission améliorée et prolongée qui se produit dans certaines synapses de l'hippocampe de l'encéphale et dont le neurotransmetteur est le glutamate ; pourrait intervenir dans certains aspects de la mémoire.

Potentiel d'action (n. masc.) Signal électrique qui se propage le long de la membrane d'un neurone ou d'un myocyte ; changement rapide du potentiel de membrane faisant intervenir une dépolarisation suivie d'une repolarisation selon un processus de tout ou rien. Également appelé *influx nerveux* lorsqu'il concerne un neurone, et *potentiel d'action musculaire* lorsqu'il concerne un myocyte.

Potentiel de membrane (n. masc.) Différence de voltage de part et d'autre de la membrane plasmique d'une cellule dont l'intérieur est chargé négativement et l'extérieur, positivement.

Potentiel de repos de la membrane (n. masc.) Différence de voltage de part et d'autre de la membrane plasmique d'une cellule excitable à l'état de repos (non stimulée) ; varie selon les cellules.

Potentiel générateur (n. masc.) Potentiel gradué qui se produit dans les terminaisons nerveuses libres, les terminaisons nerveuses capsulées et la partie réceptrice des récepteurs olfactifs ; peut déclencher un potentiel d'action dans le neurone de premier ordre si la dépolarisation atteint le seuil d'excitation.

Potentiel gradué (n. masc.) Modification locale du potentiel de membrane qui contribue à produire une dépolarisation ou une hyperpolarisation de la membrane d'un neurone.

Potentiel postsynaptique excitateur – PPSE (n. masc.) Potentiel qui dépolarise la membrane plasmique d'un neurone postsynaptique en réponse à la libération d'un neurotransmetteur excitateur par un neurone présynaptique ; augmente la capacité de la synapse à générer un influx nerveux.

Potentiel postsynaptique inhibiteur – PPSI (n. masc.) Potentiel qui hyperpolarise la membrane plasmique d'un neurone postsynaptique en réponse à la libération d'un neurotransmetteur inhibiteur par un neurone présynaptique ; diminue la capacité de la synapse à générer un influx nerveux.

Potentiel récepteur (n. masc.) Potentiel gradué qui se produit dans une cellule spécialisée (cellules ciliées de l'oreille interne, cellules réceptrices gustatives et photorécepteurs) ; si le seuil d'excitation est atteint, entraîne l'exocytose de molécules de neurotransmetteur qui produisent un potentiel postsynaptique (PPS) dans le neurone de premier ordre qui fait synapse avec la cellule spécialisée.

Pouls (n. masc.) Dilatation et rétraction successives d'une artère systémique élastique superficielle causées par l'onde de choc qui se propage le long des artères après chaque contraction du ventricule gauche.

Poumons (n. masc.) Principaux organes de la respiration situés de chaque côté du cœur, dans la cage thoracique.

Prépuce (n. masc.) Repli de peau lâche recouvrant le gland du pénis ou le clitoris.

Presbytie (n. fém.) Perte de l'élasticité du cristallin de l'œil consécutive au vieillissement, et qui se traduit par une incapacité de voir nettement les objets proches.

Pression diastolique (n. fém.) Force exercée par le sang sur les parois artérielles durant la relaxation ventriculaire ; la plus basse pression mesurée dans les grandes artères (normalement, 80 mm Hg environ chez le jeune adulte).

Pression intraalvéolaire (n. fém.) Pression de l'air à l'intérieur des poumons. Également appelée *pression intrapulmonaire.*

Pression intraoculaire (n. fém.) Pression dans l'œil, produite principalement par l'humeur aqueuse.

Pression intrapleurale (n. fém.) Pression entre les deux feuillets de la plèvre des poumons ; normalement sous-atmosphérique (pression négative).

Pression osmotique (n. fém.) Pression qui devrait être exercée sur une solution pour empêcher le mouvement de l'eau (solvant) à l'intérieur de la solution lorsque l'eau et la solution sont séparées par une membrane à perméabilité sélective.

Pression sanguine – PS (n. fém.) Force exercée par le sang contre les parois des vaisseaux sanguins sous l'effet de la contraction du cœur et de l'élasticité des parois des vaisseaux ; sur le plan clinique, mesure de la pression dans les artères durant la systole ventriculaire et la diastole ventriculaire.

Pression systolique (n. fém.) Force exercée par le sang sur les parois artérielles durant la contraction ventriculaire ; la plus haute pression mesurée dans les grandes artères (normalement, 120 mm Hg environ chez le jeune adulte).

Primordial (adj.) Le plus ancien ; qualifie plus particulièrement certains follicules dans l'ovaire.

Processus épineux (n. masc.) Saillie étroite et pointue.

Proctologie (n. fém.) Branche de la médecine qui étudie et traite le rectum et ses troubles.

Profond (adj.) Loin de la surface du corps ou d'un organe.

Progéniture (n. fém.) Ensemble de la descendance d'un être humain, plus particulièrement les enfants (première génération de la descendance).

Progestérone (n. fém.) Hormone sexuelle femelle produite par les ovaires (corps jaune) et qui contribue à préparer l'endomètre de l'utérus pour l'implantation d'un ovule fécondé, à maintenir la grossesse et à stimuler les glandes mammaires à sécréter du lait.

Prolactine – PRL (n. fém.) Hormone sécrétée par l'adénohypophyse et qui déclenche et maintient la sécrétion de lait par les glandes mammaires avec le concours d'autres hormones.

Prolapsus (n. masc.) Glissement anormal d'un organe vers le bas, notamment l'utérus et le rectum.

Prolifération (n. fém.) Reproduction rapide et répétée de nouveaux éléments, plus particulièrement des cellules.

Promontoire sacral (n. masc.) Face supérieure du corps de la première vertèbre sacrale, qui fait saillie antérieurement dans la cavité pelvienne ; ligne de séparation allant du promontoire du sacrum au bord supérieur de la symphyse pubienne et qui divise les cavités abdominale et pelvienne.

Pronation (n. fém.) Mouvement de l'avant-bras qui tourne la paume en position postérieure.

Pronostic (n. masc.) Prévision des résultats probables d'une maladie ; évaluation des probabilités de guérison.

Prophase (n. fém.) Première étape de la mitose, durant laquelle les paires de chromatides sont formées et se rassemblent près de la plaque équatoriale de la cellule.

Propriocepteur (n. masc.) Intérorécepteur situé dans les muscles (fuseaux neuromusculaires), les tendons (fuseaux neurotendineux), les articulations (récepteurs kinesthésiques) et l'oreille interne (cellules sensorielles ciliées de l'appareil vestibulaire). Les propriocepteurs fournissent des informations sur la position du corps, la longueur et la tension des muscles, la position et le mouvement des articulations ainsi que la posture (l'équilibre).

Proprioception (n. fém.) Perception de la position des parties du corps, en particulier les membres, sans les voir ; ce sens repose sur l'interprétation des influx nerveux générés par les propriocepteurs.

Prostaglandine (n. fém.) Lipide (eicosanoïde) associé à une membrane, libéré en petites quantités, agissant comme une hormone locale et exerçant de multiples effets physiologiques.

Prostate (n. fém.) Glande en forme de beignet située sous la vessie, qui entoure la partie supérieure de l'urètre chez l'homme et sécrète un liquide laiteux et légèrement acide contribuant à la motilité des spermatozoïdes et à leur viabilité.

Protéasome (n. masc.) Petit organite cellulaire du cytosol et du noyau contenant des protéases qui détruisent les protéines inutiles, défectueuses ou endommagées.

Protéine (n. fém.) Molécule organique formée par l'assemblage d'acides aminés unis par des liaisons peptidiques ; composée de carbone, d'hydrogène, d'oxygène, d'azote et, parfois, de soufre et de phosphore.

Prothrombine (n. fém.) Facteur de coagulation inactif synthétisé par le foie, libéré dans le sang et converti en thrombine active pendant la coagulation par une enzyme active, la prothrombinase.

Protooncogène (n. masc.) Gène responsable de certains aspects de la croissance et du développement normaux ; peut se transformer en oncogène, un gène pouvant causer le cancer.

Protraction (n. fém.) Mouvement de la mandibule ou de la ceinture scapulaire vers l'avant, parallèlement au sol.

Proximal (adj.) Plus près du point d'attache d'un membre au tronc ; plus près de l'origine d'une structure.

Pseudopodes (n. masc.) Prolongements temporaires de la surface d'une cellule en déplacement ; prolongements cellulaires entourant une particule soumise à la phagocytose.

Ptosis (n. fém.) Déplacement vers le bas, par exemple de la paupière ou du rein.

Puberté (n. fém.) Période de la vie marquée par l'apparition des caractères sexuels secondaires et le début de la période de la reproduction ; survient habituellement entre 10 et 17 ans.

Pulmonaire (adj.) Qui se rapporte aux poumons.

Pulpe blanche (n. fém.) Partie de la rate composée de tissu lymphatique, surtout de lymphocytes B ; intervient dans l'immunité.

Pulpe rouge (n. fém.) Partie de la rate constituée de sinus veineux remplis de sang et de minces plaques de tissu splénique appelées *cordons spléniques* ; intervient dans le traitement des cellules sanguines (production, mise en réserve, destruction).

Pupille (n. fém.) Ouverture au centre de l'iris à travers laquelle la lumière pénètre dans la cavité postérieure du globe oculaire.

Pus (n. masc.) Produit liquide de l'inflammation contenant des leucocytes (ou leurs fragments) et des débris de cellules mortes.

Pyorrhée (n. fém.) Écoulement de pus, plus particulièrement dans les alvéoles et les tissus des gencives.

Pyramide (n. fém.) Structure pointue ou en forme de cône.

Pyramide bulbaire (n. fém.) Un des deux renflements plus ou moins triangulaires situés sur la face ventrale du bulbe rachidien et formés des plus gros faisceaux moteurs qui vont du cortex cérébral à la moelle épinière.

Pyramide rénale (n. fém.) Structure triangulaire située dans la médulla rénale, dont la base fait face au cortex et dont le sommet est orienté vers le centre du rein ; contient les segments droits des tubules rénaux et les artériole et veinule droites (vasa recta).

Q

Quadrant (n. masc.) Terme relatif à l'orientation ; en anatomie, un plan transversal et sagittal médian traversant l'ombilic permet de séparer arbitrairement la cavité abdominopelvienne en quatre quadrants droit et gauche, supérieur et inférieur. (I, supérieur droit ; II, supérieur gauche, III, inférieur gauche ; IV, inférieur droit.)

Quadriplégie (n. fém.) Paralysie des quatre membres : les deux supérieurs et les deux inférieurs.

Quatrième ventricule (n. masc.) Cavité remplie de liquide cérébrospinal et située dans l'encéphale, entre le cervelet, d'une part, et le bulbe rachidien et le pont, d'autre part.

Queue de cheval (n. fém.) Ensemble des racines des nerfs spinaux situés à l'extrémité inférieure de la moelle épinière et qui ressemblent à des mèches de cheveux.

R

Racine dorsale (n. fém.) Une des deux racines d'un nerf spinal par laquelle les axones sensitifs (afférents) pénètrent dans la moelle épinière. Également appelée *racine postérieure*.

Racine du pénis (n. fém.) Partie proximale (rattachée) du pénis comprenant le bulbe et les piliers du pénis.

Racine ventrale (n. fém.) Une des deux racines d'un nerf spinal par laquelle les axones de neurones moteurs (efférents) émergent de la moelle épinière. Également appelée *racine antérieure*.

Radical libre (n. masc.) Atome, ion ou molécule comportant un électron non apparié, ce qui le rend très réactif et nocif pour les molécules environnantes qui sont fractionnées ou dont la structure est endommagée.

Rameau communicant (n. masc.) Ramification d'un nerf spinal contenant des axones des neurones du SNA.

Rameau communicant blanc (n. masc.) Ramification courte d'un nerf spinal contenant des axones préganglionnaires sympathiques qui relient les rameaux ventraux des nerfs spinaux aux ganglions du tronc sympathique.

Rameau communicant gris (n. masc.) Petit nerf contenant des axones de neurones postganglionnaires sympathiques ; les corps cellulaires des neurones sont situés dans un ganglion du tronc sympathique, et les axones amyélinisés s'intègrent au rameau gris pour rejoindre un nerf spinal puis la périphérie afin d'irriguer les muscles lisses des vaisseaux sanguins, des muscles arrecteurs des poils et des glandes sudoripares.

Rameau dorsal (n. masc.) Ramification postérieure du nerf spinal contenant des axones moteurs et sensitifs qui desservent les muscles profonds, la peau et les os de la partie postérieure de la tête, du cou et du tronc. Également appelé *rameau postérieur*.

Rameau ventral (n. masc.) Ramification antérieure du nerf spinal contenant des axones moteurs et sensitifs qui desservent les muscles et la peau de la partie antérieure de la tête, du cou, du tronc et des membres. Également appelé *rameau antérieur*.

Rampe tympanique (n. fém.) Cavité inférieure de la cochlée osseuse, en forme de spirale et remplie de périlymphe.

Rampe vestibulaire (n. fém.) Cavité supérieure de la cochlée osseuse, en forme de spirale et remplie de périlymphe.

Rate (n. fém.) Le plus volumineux des organes lymphoïdes situé entre le fundus de l'estomac et le diaphragme ; intervient dans la formation des érythrocytes au début du développement fœtal, dans la phagocytose des cellules sanguines endommagées et dans la prolifération des lymphocytes B durant la réponse immunitaire.

Réabsorption tubulaire (n. fém.) Retour du filtrat des tubules rénaux dans le sang en réponse à des besoins spécifiques de l'organisme.

Réaction de lutte ou de fuite (n. fém.) Effet produit par la stimulation de la partie sympathique du système nerveux autonome et la libération d'hormones par la médullosurrénale. Également appelée *réaction d'alarme*.

Récepteur (n. masc.) Cellule spécialisée ou partie d'un neurone qui réagit à une modalité sensorielle spécifique (par exemple, le toucher, la pression, le froid, la lumière ou le son) et la traduit en signal électrique. Molécule spécifique ou groupe de molécules qui reconnaît un ligand particulier et s'y lie.

Récepteur adrénergique (n. masc.) Récepteur de l'adrénaline et de la noradrénaline situé dans la plupart des effecteurs viscéraux innervés par les axones postganglionnaires sympathiques. Deux classes : récepteurs alpha et récepteurs bêta.

Récepteur kinesthésique des articulations (n. masc.) Récepteur proprioceptif situé dans une articulation et stimulé par le mouvement de cette articulation.

Récepteur muscarinique (n. masc.) Récepteur de l'acétylcholine (un neurotransmetteur) présent dans tous les effecteurs innervés par les axones postganglionnaires parasympathiques et dans les glandes sudoripares innervées par des axones postganglionnaires sympathiques cholinergiques ; ainsi nommé parce que la muscarine active ces récepteurs muscariniques, mais pas les récepteurs nicotiniques de l'acétylcholine (ACh).

Récepteur nicotinique (n. masc.) Récepteur de l'acétylcholine (un neurotransmetteur) présent dans les neurones postganglionnaires sympathiques et parasympathiques et dans la plaque motrice des muscles squelettiques ; ainsi nommé parce que la nicotine active ces récepteurs nicotiniques, mais pas les récepteurs muscariniques de l'acétylcholine (ACh).

Rectum (n. masc.) Dernier segment du tube digestif, mesurant 20 cm, du côlon sigmoïde jusqu'à l'anus ; situé devant le sacrum et le coccyx.

Réflexe (n. masc.) Réponse rapide et automatique à une variation (stimulus) du milieu extérieur ou intérieur en vue de rétablir l'homéostasie.

Réflexe aortique (n. masc.) Réflexe qui contribue au maintien d'une pression artérielle systémique normale ; déclenché par des barorécepteurs situés dans la paroi de l'aorte ascendante et de l'arc aortique. Les influx nerveux des barorécepteurs aortiques passent par les axones sensitifs des nerfs vagues (X) pour atteindre le centre cardiovasculaire.

Réflexe de l'étirement (n. masc.) Réflexe monosynaptique ipsilatéral qui protège les muscles contre un étirement excessif entraîné par une déchirure. Les récepteurs associés sont les fuseaux neuromusculaires.

Réflexe tendineux (n. masc.) Réflexe polysynaptique ipsilatéral qui protège les tendons et leurs muscles associés contre une rupture résultant d'une tension excessive. Les récepteurs associés sont les fuseaux neurotendineux.

Régulation négative (n. fém.) Phénomène caractérisé par une diminution du nombre de récepteurs en réponse à une quantité excessive d'une hormone ou d'un neurotransmetteur.

Régulation positive (n. fém.) Phénomène caractérisé par une augmentation du nombre de récepteurs en réponse à une faible quantité d'une hormone ou d'un neurotransmetteur.

Régurgitation (n. fém.) Retour d'aliments solides ou de liquides de l'estomac jusque dans la bouche ; reflux du sang par les valves cardiaques restées partiellement ouvertes.

Rein (n. masc.) Un des deux organes rougeâtres situés dans la région lombaire qui régulent la composition, le volume et la pression du sang, et qui produisent l'urine.

Rejet (n. masc.) Processus par lequel le corps reconnaît comme étrangère des protéines (antigènes du complexe majeur d'histocompatibilité – CMH, ou antigènes des leucocytes humains – HLA) des tissus ou organes transplantés et produit des anticorps contre ces greffons.

Relaxine (n. fém.) Hormone féminine produite par les ovaires et le placenta, qui augmente la flexibilité de la symphyse pubienne et des ligaments du bassin et qui contribue à la dilatation du col de l'utérus pendant le travail. Par ces effets, cette hormone facilite l'accouchement et la naissance du bébé.

Remaniement osseux (n. masc.) Remplacement d'un os usé par un nouveau tissu osseux.

Rénal (adj.) Qui se rapporte au rein.

Réponse immunitaire à médiation cellulaire (n. fém.) Composante de l'immunité dans laquelle des lymphocytes spécifiques sensibilisés (lymphocytes T) se lient aux antigènes pour les détruire.

Réponse immunitaire humorale (n. fém.) Composante de l'immunité dans laquelle des lymphocytes (lymphocytes B) se transforment en plasmocytes qui produisent des anticorps capables d'inactiver des antigènes spécifiques.

Reproduction (n. fém.) Formation de nouvelles cellules destinées à la croissance, à la réparation tissulaire ou au remplacement de cellules ; production d'un nouvel individu.

Réservoir sanguin (n. masc.) Veines systémiques contenant un grand volume de sang qui peut être déplacé rapidement vers les régions de l'organisme qui en ont besoin.

Respiration (n. fém.) Ensemble des échanges gazeux entre l'atmosphère, le sang et les cellules de l'organisme ; comprend la ventilation pulmonaire, la respiration externe et la respiration interne.

Respiration externe (n. fém.) Ensemble des échanges gazeux à travers la membrane alvéolocapillaire, entre les alvéoles pulmonaires et le sang des capillaires pulmonaires. Également appelée *échange gazeux pulmonaire*.

Respiration interne (n. fém.) Ensemble des échanges gazeux entre le sang dans les capillaires systémiques et les cellules des tissus. Également appelée *échange gazeux tissulaire*.

Rété testis (n. masc.) Réseau de conduits qui vont des tubules droits aux canalicules efférents, dans les testicules.

Rétention d'urine (n. fém.) Impossibilité d'évacuer l'urine en raison d'une obstruction de l'urètre, de sa contraction nerveuse ou de l'absence de sensation du besoin d'uriner.

Réticulocyte (n. masc.) Érythrocyte immature ; cellule avec hémoglobine et sans noyau.

Réticulum (n. masc.) Réseau.

Réticulum endoplasmique – RE (n. masc.) Réseau de canaux déployés dans le cytoplasme de la cellule, qui sert au transport intracellulaire, au soutien, au stockage, à la synthèse et à l'emballage des molécules à l'intérieur de la cellule. Les segments du RE qui portent des ribosomes attachés à la surface externe forment le *RE rugueux* ; les zones dépourvues de ribosomes forment le *RE lisse*.

Réticulum sarcoplasmique (n. masc.) Réseau de saccules et de tubes entourant les myofibrilles d'un myocyte ; comparable au réticulum endoplasmique lisse ; réabsorbe les ions calcium durant la relaxation et les libère pour provoquer la contraction.

Rétinaculum (n. masc.) Épaississement du fascia profond qui tient des structures en place, par exemple le rétinaculum inférieur (rétinaculum inférieur des muscles extenseurs, ou ligament annulaire antérieur du tarse) et le rétinaculum supérieur (rétinaculum supérieur des muscles extenseurs, ou ligament transverse de la jambe) de la cheville.

Rétine (n. fém.) Enveloppe interne de la partie postérieure du globe oculaire ; composée de tissu nerveux (où commence le processus de la vision) et d'une couche pigmentée de cellules épithéliales qui entrent en contact avec la choroïde.

Retour veineux (n. masc.) Volume de sang qui revient au cœur à partir des veines systémiques ; stimulé par la pompe musculaire et la pompe respiratoire.

Rétraction (n. fém.) Mouvement d'une partie du corps protractée vers l'arrière, parallèlement au sol, par exemple quand on réaligne la mâchoire supérieure sur la mâchoire inférieure.

Rétroactivation (n. fém.) Mécanisme de régulation dans lequel la réponse amplifie le stimulus original.

Rétro-inhibition (n. fém.) Mécanisme de régulation dans lequel la réponse inverse ou réduit le stimulus original.

Rétropéritonéal (adj.) Situé à l'extérieur du péritoine, dans la cavité abdominale ; le duodénum, les reins et le pancréas sont des organes rétropéritonéaux.

Réveil (n. masc.) Réponse de l'organisme à la stimulation du système réticulaire activateur ascendant (SRAA).

Rhinologie (n. fém.) Étude du nez et de ses affections.

Ribosome (n. masc.) Structure du cytoplasme des cellules formée d'une petite sous-unité et d'une grande sous-unité et composée d'ARN ribosomal et de protéines ribosomales ; siège de la synthèse des protéines.

Rigidité (n. fém.) Hypertonie caractérisée par l'augmentation du tonus musculaire, avec maintien des réflexes.

Rigidité cadavérique (n. fém.) Contraction partielle des muscles observée trois ou quatre heures après la mort et due au manque d'ATP ; les têtes de myosine (ponts d'union) restent attachées à l'actine, ce qui prévient le relâchement ; disparaît 24 heures après la mort, lorsque les enzymes protéolytiques des lysosomes décomposent les ponts d'union.

Rotation (n. fém.) Mouvement d'un os autour de son axe longitudinal, sans autre mouvement.

S

Sac alvéolaire (n. masc.) Groupe d'alvéoles pulmonaires ayant une ouverture commune.

Sac lacrymal (n. masc.) Partie supérieure élargie du conduit lacrymonasal qui reçoit les larmes provenant des canalicules lacrymaux.

Sac vitellin (n. masc.) Membrane extraembryonnaire composée de la membrane exocœlomique et de l'hypoblaste ; achemine les nutriments à l'embryon, lui fournit des cellules sanguines, contient les cellules germinales primordiales qui migrent dans les gonades pour former les spermatogonies et les ovogonies, et contribue à empêcher la déshydratation de l'embryon.

Saccule (n. masc.) Le plus petit des deux sacs que contient le labyrinthe membraneux à l'intérieur du vestibule de l'oreille interne, sous l'utricule ; contient des récepteurs pour l'équilibre statique.

Salive (n. fém.) Sécrétion claire, alcaline, un peu visqueuse, produite surtout par les trois paires de glandes salivaires ; contient 99,5 % d'eau et 0,5 % de solutés tels divers ions et des sels, de la mucine, du lysozyme, des anticorps de type A, de l'amylase salivaire et de la lipase linguale ; joue un rôle de défense et exerce des fonctions digestives.

Sang (n. masc.) Liquide comprenant le plasma, différentes cellules et fragments cellulaires, qui circule dans le cœur, les artères, les capillaires et les veines et qui constitue le principal moyen de transport dans l'organisme.

Sarcolemme (n. masc.) Membrane plasmique d'un myocyte, en particulier d'un myocyte strié.

Sarcomère (n. masc.) Unité de contraction d'un myocyte strié qui s'étend d'une ligne Z à la suivante.

Sarcoplasme (n. masc.) Cytoplasme d'un myocyte.

Sciatique (n. fém.) Inflammation et douleur le long du nerf sciatique ; peut s'étendre de la fesse jusqu'à la partie latérale du pied.

Sclère (n. fém.) Couche blanche et avasculaire de tissu fibreux qui forme l'enveloppe protectrice superficielle du globe oculaire, sauf sur sa partie la plus antérieure, et qui lui donne forme et rigidité ; partie postérieure de la tunique fibreuse du globe oculaire.

Sclérose (n. fém.) Durcissement accompagné d'une perte d'élasticité des tissus.

Sclérotome (n. masc.) Chez l'embryon, portion d'un somite qui donne naissance aux vertèbres et aux côtes.

Scoliose (n. fém.) Courbure latérale anormale de la colonne vertébrale, le plus souvent au niveau de la région thoracique.

Scrotum (n. masc.) Sac recouvert de peau qui contient les testicules et leurs structures annexes.

Sébum (n. masc.) Sécrétion des glandes sébacées qui protège les poils et les cheveux, prévient l'assèchement de la peau et inhibe la croissance de certaines bactéries.

Sécrétion (n. fém.) Production et libération d'une substance physiologiquement active par une cellule ou une glande, en particulier un produit utile sur le plan fonctionnel (par opposition à un produit de déchet).

Sécrétion tubulaire (n. fém.) Déplacement des substances du sang dans le liquide tubulaire rénal en réponse à des besoins spécifiques de l'organisme.

Segment bronchopulmonaire (n. masc.) Une des subdivisions du lobe d'un poumon ventilé par une bronche segmentaire ; on peut procéder à l'ablation chirurgicale de l'un de ces segments (lobectomie) sans endommager le tissu environnant.

Segmentation (n. fém.) Divisions mitotiques rapides qui suivent la fécondation de l'ovocyte de deuxième ordre et donnent des cellules de plus en plus petites appelées *blastomères* ; ces divisions produisent la morula.

Selle turcique (n. fém.) Gouttière transversale en forme de selle, creusée dans la face supérieure de l'os sphénoïde et abritant l'hypophyse.

Sensation (n. fém.) Détection consciente ou subconsciente d'un stimulus externe ou interne.

Septum (n. masc.) Cloison séparant deux cavités.

Septum nasal (n. masc.) Cloison verticale composée d'os (lame perpendiculaire de l'ethmoïde et vomer) et de cartilage, et recouverte d'une muqueuse ; sépare les cavités nasales droite et gauche.

Séreuse (n. fém.) Membrane tapissant une cavité du corps qui ne s'ouvre pas sur l'extérieur, comme la membrane qui tapisse les cavités pleurale, péricardique et péritonéale ; enveloppe extérieure d'un organe. Également appelée *membrane séreuse*.

Sérum (n. masc.) Liquide jaunâtre constitué du plasma sanguin sans ses protéines de coagulation.

Signe (n. masc.) Changement objectif indiquant une maladie ; peut être observé ou mesuré, par exemple une lésion, un œdème ou la fièvre.

Signe de Babinski (n. masc.) Extension du gros orteil accompagnée ou non d'une abduction des autres orteils et provoquée par la stimulation de la partie latérale de la plante du pied ; normal chez les enfants de moins de 18 mois ; sa persistance au-delà de cet âge révèle une lésion des voies motrices descendantes, par exemple le faisceau corticospinal.

Sillon (n. masc.) Rainure ou dépression entre des structures, plus particulièrement la rainure superficielle entre les gyrus du cerveau, où elle est également appelée *scissure*.

Sinus (n. masc.) Cavité creusée dans un os (sinus paranasaux) ou d'autres tissus ; canal destiné à la circulation du sang (sinus veineux) ; toute cavité possédant une ouverture étroite.

Sinus carotidien (n. masc.) Petite dilatation de l'artère carotide interne située juste au-dessus du point de ramification de l'artère carotide commune et contenant des récepteurs qui captent les variations de la pression artérielle.

Sinus coronaire (n. masc.) Dilatation veineuse située sur la face postérieure du cœur qui reçoit le sang de la circulation coronarienne et l'envoie à l'oreillette droite.

Sinus paranasal (n. masc.) Cavité tapissée d'une muqueuse, située dans un os de la tête et communiquant avec la cavité nasale. Les sinus paranasaux se trouvent dans les os frontal, sphénoïde et ethmoïde ainsi que dans les maxillaires.

Sinus veineux (n. masc.) Veine dotée d'une fine paroi endothéliale, qui ne comporte ni tunique moyenne ni tunique externe et qui est soutenue par le tissu environnant.

Sinus veineux de la sclère (n. masc.) Sinus veineux circulaire situé à la jonction de la sclère et de la cornée et à travers lequel l'humeur aqueuse se draine de la chambre antérieure du globe oculaire dans le sang. Également appelé *canal de Schlemm*.

Sinusoïde (n. masc.) Capillaire volumineux à paroi mince et présentant de larges fentes intercellulaires permettant à certaines protéines et cellules sanguines de passer d'un tissu dans le flux sanguin. Ce type de capillaire se trouve dans le foie, la rate, la moelle osseuse rouge et dans certaines glandes endocrines.

Solution hypertonique (n. fém.) Solution dont la concentration en soluté est supérieure à celle d'une cellule qui s'y trouve plongée. Au contact de cette solution, la cellule perd de l'eau par osmose, ce qui cause son rétrécissement (plasmolyse).

Solution hypotonique (n. fém.) Solution dont la concentration en soluté est inférieure à celle d'une cellule qui s'y trouve plongée. Au contact de cette solution, la cellule absorbe de l'eau par osmose et se gonfle. Ce gain d'eau peut la faire éclater, comme dans le cas des érythrocytes (hémolyse).

Solution isotonique (n. fém.) Solution de concentration égale en soluté à celle d'une cellule qui s'y trouve plongée.

Somesthésie (n. fém.) Sensibilité somatique et sensibilité viscérale.

Somite (n. masc.) Bloc de cellules du mésoderme de l'embryon qui se différencie en myotome (qui forme la plupart des muscles squelettiques), en dermatome (qui forme les tissus conjonctifs) et en sclérotome (qui forme les vertèbres).

Sommation (n. fém.) Addition des potentiels excitateurs postsynaptiques et des potentiels inhibiteurs postsynaptiques.

Sommation spatiale (n. fém.) Intervient quand des neurones présynaptiques agissent simultanément sur des régions rapprochées d'un neurone postsynaptique.

Sommation temporelle (n. fém.) Intervient quand les stimuli appliqués à un même axone en succession rapide engendrent des PPSE qui se chevauchent et s'additionnent sur la membrane d'un neurone postsynaptique.

Sommeil (n. masc.) État d'inconscience partielle dont une personne peut être tirée ; coïncide avec un faible niveau d'activité du système réticulaire activateur ascendant (SRAA).

Souffle cardiaque (n. masc.) Tout bruit anormal (bruit strident, gargouillis, sifflement) entendu avant, pendant ou après les bruits normaux du cœur, ou masquant ces derniers ; indique souvent une atteinte valvulaire.

Sourcil (n. masc.) Arc de poils au-dessus de l'œil ; protège l'œil contre les corps étrangers, la sueur et le soleil.

Sous-cutané (adj.) Sous la peau. Également dit *hypodermique*.

Sous-muqueuse (n. fém.) Couche de tissu conjonctif aréolaire enfouie sous une muqueuse, par exemple dans le tube digestif ou la vessie ; relie la muqueuse et la musculeuse.

Spasme (n. masc.) Contraction anormale subite et involontaire d'un grand groupe de muscles.

Spasme vasculaire (n. masc.) Contraction du muscle lisse de la paroi d'un vaisseau sanguin endommagé visant à prévenir la perte de sang.

Spasticité (n. fém.) Hypertonie caractérisée par l'augmentation du tonus musculaire et des réflexes tendineux et par la présence de réflexes pathologiques (signe de Babinski).

Spermatogenèse (n. fém.) Formation et développement des spermatozoïdes dans les tubules séminifères contournés des testicules.

Spermatozoïde (n. masc.) Gamète mâle mûr.

Sperme (n. masc.) Liquide (de 2,5 à 5 mL) émis lors de l'éjaculation masculine et comprenant un mélange de spermatozoïdes et de sécrétions des tubules séminifères contournés, des vésicules séminales, de la prostate et des glandes bulbo-urétrales.

Spermiogenèse (n. fém.) Maturation des spermatides en spermatozoïdes.

Sphincter (n. masc.) Muscle circulaire qui provoque la constriction d'une ouverture.

Sphincter de l'ampoule hépatopancréatique (n. masc.) Muscle circulaire situé à l'ouverture du conduit cholédoque et des principaux conduits pancréatiques dans le duodénum. Également appelé *sphincter d'Oddi*.

Sphincter précapillaire (n. masc.) Anneau de myocyte lisse situé au point d'origine des capillaires vrais et qui régule le débit sanguin dans ces capillaires.

Sphincter pylorique (n. masc.) Anneau épais de myocytes lisses par lequel le pylore de l'estomac communique avec le duodénum.

Splanchnique (adj.) Qui se rapporte aux viscères.

Squameux (adj.) Plat ou ressemblant à une écaille.

Statoconie (n. fém.) Agglomérat de cristaux microscopiques inertes, dans lequel prédomine le carbonate de calcium, enfoui dans la membrane des statoconies et qui intervient dans le maintien de l'équilibre statique.

Sténose (n. fém.) Rétrécissement ou constriction pathologique d'un canal ou d'une ouverture.

Stéréocils (n. masc.) Groupes de microvillosités très longues et minces, immobiles, présentes notamment à la surface des cellules sensorielles ciliées des récepteurs de l'équilibre ou des cellules épithéliales tapissant l'épididyme.

Stérile (adj.) Qui ne contient pas de microorganismes vivants. Incapable de concevoir ou d'engendrer une descendance.

Stérilisation (n. fém.) Élimination de tous les microorganismes vivants. Toute intervention qui rend une personne incapable de se reproduire ; par exemple, la castration, la vasectomie, l'hystérectomie, l'ovariectomie.

Stérilité (n. fém.) Incapacité permanente de procréer ou de causer la conception. *Voir aussi* **Infertilité**.

Stéroïde anabolisant (n. masc.) Composé de synthèse apparenté à la testostérone et utilisé pour augmenter le volume musculaire et la performance sportive.

Stimuline (n. fém.) Hormone dont la cible est une autre glande endocrine ; plusieurs hormones de l'adénohypophyse sont des stimulines. Également appelée *trophine*.

Stimulus (n. masc.) Toute variation du milieu intérieur ou extérieur qui modifie la valeur d'un facteur contrôlé et susceptible d'activer certains récepteurs sensoriels.

Stratum (n. masc.) Couche.

Stroma (n. masc.) Tissu qui forme la substance fondamentale ou la charpente d'un organe, par opposition à sa partie fonctionnelle (parenchyme).

Substance blanche (n. fém.) Faisceaux d'axones myélinisés (et de quelques axones amyélinisés) situés dans l'encéphale et la moelle épinière ; la teinte blanche provient de la myéline.

Substance grise (n. fém.) Région du système nerveux central et des ganglions formée de corps cellulaires neuronaux, de dendrites, d'axones amyélinisés, de terminaisons axonales et de gliocytes ; la teinte grisâtre est en partie attribuable aux corps de Nissl ; la substance grise ne contient pas de myéline ou presque.

Substrat (n. masc.) Molécule de réactif sur laquelle agit une enzyme.

Superficiel (adj.) Situé près de la surface ou à la surface du corps ou d'un organe.

Supérieur (adj.) Situé vers la tête ou le haut d'une structure.

Supination (n. fém.) Mouvement de l'avant-bras qui tourne la paume en position antérieure.

Surfactant (n. masc.) Mélange complexe de phosphoglycérolipides et de lipoprotéines qui diminue la tension superficielle ; produit par les pneumocytes de type II dans les poumons.

Suture (n. fém.) Articulation fibreuse immobile qui relie des os, par exemple les os de la tête.

Suture lambdoïde (n. fém.) Suture du crâne qui relie les os pariétaux à l'os occipital.

Symphyse (n. fém.) Ligne d'union ; articulation cartilagineuse semi-mobile (par exemple, la symphyse pubienne) dans laquelle les extrémités des os sont recouverts de cartilage hyalin, les os étant unis par du cartilage fibreux.

Symphyse pubienne (n. fém.) Articulation cartilagineuse semi-mobile comprise entre les faces antérieures des os coxaux (bassin).

Symptôme (n. masc.) Changement subjectif, non apparent pour l'observateur, dans les fonctions vitales (par exemple, la douleur ou les nausées), qui indique la présence d'une maladie ou d'une anomalie.

Synapse (n. fém.) Jonction fonctionnelle entre deux neurones ou entre un neurone et un effecteur, par exemple un muscle ou une glande ; il y a deux types de synapses : électrique et chimique.

Synapsis (n. fém.) Appariement des chromosomes homologues durant la prophase I de la méiose.

Synarthrose (n. fém.) Articulation immobile ; par exemple, la suture, la gomphose ou la synchondrose.

Synchondrose (n. fém.) Articulation cartilagineuse immobile dans laquelle le matériau de jonction est une lame de cartilage hyalin ; par exemple, la plaque épiphysaire unissant l'épiphyse à la diaphyse d'un os long en croissance.

Syndesmose (n. fém.) Articulation fibreuse semi-mobile dans laquelle les os sont unis par du tissu conjonctif fibreux ; par exemple, l'articulation tibiofibulaire distale.

Syndrome d'immunodéficience acquise – sida (n. masc.) Stade ultime et mortel de l'infection causée par le virus de l'immunodéficience humaine (VIH). Signes caractéristiques : test d'anticorps anti-HIV positif ; nombre anormalement faible des lymphocytes T auxiliaires (*T helper*) ; maladies opportunistes, par exemple le sarcome de Kaposi (cancer du tissu conjonctif), la pneumonie à *Pneumocystis carinii*, la tuberculose, les mycoses. Autres signes et symptômes : fièvres ou sueurs nocturnes, toux, angine, fatigue, douleurs physiques, perte de poids, enflure des nœuds lymphatiques.

Syndrome général d'adaptation (n. masc.) Ensemble de changements qui constituent la réponse de l'organisme à des facteurs de stress ; comporte trois stades, soit la réaction initiale d'alarme, le stade de résistance et le stade d'épuisement. Également appelé *réponse au stress.*

Syndrome prémenstruel – SPM (n. masc.) Manifestations physiques et émotionnelles graves se produisant à la fin de la phase postovulatoire du cycle menstruel et coïncidant parfois avec la menstruation ; les symptômes s'intensifient jusqu'au moment de la menstruation.

Synergiste (adj.) Muscle qui assiste l'agoniste en réduisant une action ou un mouvement indésirable.

Synostose (n. fém.) Articulation dans laquelle le tissu conjonctif fibreux dense qui unit les os d'une suture a été remplacé par de la matière osseuse, ce qui produit une fusion complète des os qui bordent la suture.

Synovie (n. fém.) *Voir* **Liquide synovial**.

Synoviocyte (n. masc.) Cellule qui sécrète le liquide synovial.

Système (n. masc.) Association d'organes accomplissant une fonction commune.

Système de conduction du cœur (n. masc.) Ensemble de myocytes cardiaques autoexcitateurs qui génèrent et propagent des potentiels d'action pour stimuler la contraction coordonnée des cavités cardiaques ; comprend le nœud sinusal, le nœud auriculoventriculaire, le faisceau auriculoventriculaire, les branches droite et gauche du faisceau auriculoventriculaire ainsi que les myocytes de conduction cardiaque.

Système limbique (n. masc.) Ensemble de structures disposées en cercle autour de la partie supérieure du tronc cérébral et du corps calleux, sur le bord interne du cerveau et sur le plancher du diencéphale ; intervient dans le comportement et les émotions ; comprend le lobe limbique, le gyrus dentatus, le corps amygdaloïde, les noyaux septaux, les corps mamillaires, les noyaux antérieurs du thalamus, les bulbes olfactifs ainsi que des faisceaux d'axones myélinisés.

Système nerveux autonome – SNA (n. masc.) Neurones sensitifs (afférents) et moteurs (efférents). Les neurones autonomes moteurs sympathiques et parasympathiques transmettent les influx nerveux du système nerveux central vers les muscles lisses, le muscle cardiaque, les glandes et le tissu adipeux. Le SNA est dit « autonome » parce que les réponses motrices sont généralement involontaires.

Système nerveux central – SNC (n. masc.) Partie du système nerveux constituée de l'encéphale et de la moelle épinière.

Système nerveux entérique – SNE (n. masc.) Partie du système nerveux qui se trouve dans la sous-muqueuse et dans la musculeuse du tube digestif ; régit la motilité ainsi que les sécrétions du tube digestif.

Système nerveux parasympathique (n. masc.) Une des deux subdivisions du système nerveux autonome ; caractérisé par la présence des corps cellulaires des neurones préganglionnaires dans des noyaux du tronc cérébral et dans les cornes latérales des segments sacraux de la moelle épinière ; contrôle principalement les activités de conservation et de restauration de l'énergie corporelle.

Système nerveux périphérique – SNP (n. masc.) Partie du système nerveux située à l'extérieur du système nerveux central ; se compose des nerfs crâniens et spinaux, de ganglions et de récepteurs sensoriels.

Système nerveux somatique – SNS (n. masc.) Partie du système nerveux constituée des récepteurs sensoriels somatiques, des neurones somatiques sensitifs (afférents) et des neurones somatiques moteurs (efférents) ; les neurones somatiques moteurs transmettent des influx nerveux vers les muscles squelettiques et conduisent à une réponse motrice volontaire.

Système nerveux sympathique (n. masc.) Une des deux subdivisions du système nerveux autonome ; les corps cellulaires des neurones préganglionnaires sont situés dans les cornes latérales des segments thoraciques et dans les deux ou trois premiers segments lombaires de la moelle épinière ; contrôle principalement les processus exigeant une dépense d'énergie.

Système porte (n. masc.) Passage du sang d'un réseau capillaire à un autre par une veine.

Système porte hépatique (n. masc.) Écoulement du sang des organes gastro-intestinaux vers le foie avant de retourner au cœur.

Système réticulaire activateur ascendant – SRAA (n. masc.) Partie de la formation réticulaire qui comprend de nombreuses connexions ascendantes qui vont au cortex cérébral ; lorsque cette région du tronc cérébral est activée, des influx nerveux se rendent au thalamus ainsi qu'à des régions étendues du cortex cérébral, maintenant ainsi l'état de veille ou provoquant le réveil.

Systémique (adj.) Qui se rapporte à l'ensemble de l'organisme ; généralisé.

Systole (n. fém.) Dans le cycle cardiaque, phase de contraction du muscle cardiaque, en particulier des ventricules.

T

Tache aveugle (n. fém.) *Voir* **Disque du nerf optique**.

Tachycardie (n. fém.) Fréquence cardiaque ou pouls au repos anormalement élevé (supérieur à 100 battements/minute).

Tactile (adj.) Qui se rapporte au sens du toucher.

Tarse (n. masc.) Nom collectif désignant les sept os de la cheville.

Tégumentaire (adj.) Relatif à la peau et à ses dérivés.

Télophase (n. fém.) Dernière étape de la mitose.

Tendon (n. masc.) Cordon blanc fibreux de tissu conjonctif dense régulier qui fixe un muscle à un os.

Tendon calcanéen (n. masc.) Tendon des muscles soléaire, gastrocnémien et plantaire situé à l'arrière de la cheville. Également appelé *tendon d'Achille.*

Tente du cervelet (n. fém.) Prolongement transversal de la dure-mère ; forme une cloison entre le cervelet et le lobe occipital des hémisphères cérébraux.

Tératogène (adj.) Se dit d'un agent ou d'un facteur qui cause des anomalies du développement chez l'embryon.

Terminaison axonale (n. fém.) Branche terminale d'un axone où les vésicules synaptiques subissent une exocytose afin de libérer des neurotransmetteurs.

Testicule (n. masc.) Gonade mâle qui produit les spermatozoïdes ainsi que la testostérone et l'inhibine, deux hormones.

Testostérone (n. fém.) Hormone sexuelle mâle (androgène) sécrétée par les cellules interstitielles du testicule mûr ; indispensable au développement des spermatozoïdes ; avec un deuxième androgène appelé *dihydrotestostérone* (DHT), régit la croissance et le développement des organes génitaux, l'apparition des caractères sexuels secondaires ainsi que la croissance du corps chez l'homme.

Tête (n. fém.) Extrémité supérieure de l'humain comprenant l'encéphale et le cou. Partie supérieure ou proximale d'une structure.

Tétrade (n. fém.) Ensemble de quatre chromatides, deux chromatides de chaque paire de chromosomes homologues, qui s'apparient lors de la prophase I de la méiose.

Tétralogie de Fallot (n. fém.) Ensemble de quatre malformations congénitales cardiaques : 1) sténose (rétrécissement) de la valvule semi-lunaire pulmonaire ; 2) ouverture septale interventriculaire ; 3) émergence de l'aorte des deux ventricules plutôt que du ventricule gauche seulement ; 4) hypertrophie du ventricule droit.

Thalamus (n. masc.) Grande structure ovale située de part et d'autre du troisième ventricule et composée de deux masses de substance grise structurée en noyaux ; principal relais des influx sensitifs ascendants s'acheminant vers le cortex cérébral.

Thermorécepteur (n. masc.) Intérorécepteur qui détecte les variations de la température.

Thorax (n. masc.) Poitrine ; partie du tronc limitée par le cou, la cage thoracique et le diaphragme dans laquelle se trouvent notamment les organes de la respiration, le cœur et les gros vaisseaux sanguins.

Thrombocyte (n. masc.) Fragment de cytoplasme entouré d'une membrane cellulaire et dépourvu de noyau ; présent dans le sang circulant ; intervient dans l'hémostase. Également appelé *plaquette*.

Thrombose (n. fém.) Formation d'un caillot dans un vaisseau sanguin intact, généralement une veine.

Thrombose veineuse profonde (n. fém.) Présence d'un thrombus (caillot de sang) dans une veine profonde des membres inférieurs.

Thrombus (n. masc.) Caillot immobile formé dans un vaisseau sanguin intact, généralement une veine ; peut se dissoudre spontanément ou se déloger et être entraîné dans la circulation sanguine.

Thymus (n. masc.) Organe bilobé, situé dans le médiastin supérieur (derrière le sternum et entre les poumons), et qui joue un rôle essentiel dans les réponses immunitaires ; s'atrophie graduellement avec l'âge.

Thyrotrophine – TSH (n. fém.) Hormone sécrétée par l'adénohypophyse et qui stimule la synthèse et la sécrétion de la thyroxine (T_4) et de la triiodothyronine (T_3).

Thyroxine – T_4 (n. fém.) Hormone sécrétée par la glande thyroïde et qui régit le métabolisme, la croissance et le développement de l'organisme ainsi que l'activité du système nerveux. Également appelée *tétra-iodothyronine*.

Tic (n. masc.) Mouvement convulsif involontaire atteignant des muscles normalement sous contrôle volontaire.

Tissu (n. masc.) Niveau d'organisation constitué de cellules semblables et de leurs substances intercellulaires associées pour accomplir une fonction particulière.

Tissu adipeux (n. masc.) Tissu conjonctif composé d'adipocytes spécialisés dans le stockage des triacylglycérols et présent sous forme de coussinets situés entre divers organes pour assurer le soutien, la protection et l'isolation des tissus voisins.

Tissu conjonctif (n. masc.) Un des quatre types de tissus les plus abondants dans l'organisme ; composé d'un nombre relativement restreint de cellules et d'une abondante matrice extracellulaire ; assure des fonctions de liaison et de soutien.

Tissu épithélial (n. masc.) Tissu composé d'une ou de plusieurs couches de cellules, qui recouvre et protège la surface externe du corps, tapisse ses cavités naturelles et forme la partie sécrétoire des glandes.

Tissu lymphatique (n. masc.) Forme particulière de tissu conjonctif réticulaire contenant de nombreux lymphocytes.

Tissu lymphoïde associé aux muqueuses – MALT (n. masc.) Follicules ou nodules lymphatiques non encapsulés disséminés dans le chorion (tissu conjonctif) des muqueuses tapissant le tube digestif, les voies respiratoires ainsi que les voies du système urinaire et du système génital ; protège ces différentes voies contre l'entrée de corps étrangers.

Tissu musculaire (n. masc.) Tissu spécialisé dans la production du mouvement en réponse aux potentiels d'action musculaires, grâce à sa contractilité, à son extensibilité, à son élasticité et à son excitabilité. Il existe trois types de tissu musculaire : squelettique, cardiaque et lisse.

Tissu nerveux (n. masc.) Tissu contenant des neurones (qui génèrent et transmettent les influx nerveux pour coordonner l'homéostasie) et des gliocytes (ou cellules gliales, qui assurent un environnement propice aux neurones et leur procurent leurs nutriments).

Tonsille (n. fém.) Agrégat de gros follicules lymphatiques enfouis dans la muqueuse de la gorge ; participe aux réponses immunitaires dirigées contre les substances étrangères inhalées ou ingérées. On trouve trois paires de tonsilles : les tonsilles pharyngiennes, les tonsilles palatines et les tonsilles linguales. Également appelée *amygdale*.

Tonus musculaire (n. masc.) Contraction partielle soutenue de parties d'un muscle squelettique ou lisse en réponse à l'activation de récepteurs de tension ou à des potentiels d'action stables dans les neurones moteurs qui l'innervent.

Topique (adj.) Se dit d'une solution ou d'autres produits (pommade, crème) qui sont appliqués sur une surface (au lieu d'être ingéré ou injecté, par exemple).

Trabécule (n. fém.) Cordon fibreux de tissu conjonctif faisant office de fibre de soutien en formant une cloison qui s'étend dans un organe à partir de sa paroi ou de sa capsule.

Trabécule osseuse (n. fém.) Trame irrégulière de minces colonnes de tissu osseux de l'os spongieux.

Trabécules charnues (n. fém.) Saillies constituées de myocytes cardiaques dans les ventricules.

Trachée (n. fém.) Conduit d'air tubulaire situé devant l'œsophage et s'étendant du larynx jusqu'à la cinquième vertèbre thoracique, où il se divise pour former les bronches.

Tractus (n. masc.) Groupe d'axones du système nerveux central. Également appelé *faisceau*.

Tractus olfactif (n. masc.) Faisceau d'axones qui s'étend du bulbe olfactif vers l'arrière, jusqu'à la région de l'aire olfactive primaire du cortex cérébral.

Tractus optique (n. masc.) Faisceau d'axones qui transmet les influx nerveux produits dans la rétine de l'œil jusqu'au thalamus en passant par le chiasma optique.

Transpiration (n. fém.) Évacuation de la sueur produite par les glandes sudoripares, ce qui contribue au maintien de la température corporelle et à l'élimination des déchets. La sueur contient de l'eau, des sels, de l'urée, de l'acide urique, des acides aminés, de l'ammoniaque, du sucre, de l'acide lactique et de l'acide ascorbique.

Transplantation (n. fém.) Transfert d'un organe, de cellules vivantes ou de tissus d'un donneur à un receveur ou d'une partie du corps à une autre afin de restaurer une fonction perdue.

Transport actif (n. masc.) Mouvement d'une substance à travers les membranes cellulaires contre un gradient de concentration, ce qui exige une dépense d'énergie cellulaire (ATP) et met en jeu des transporteurs protéiques.

Travail (n. masc.) Ensemble des contractions utérines régulières et efficaces assurant la dilatation du col et l'expulsion du fœtus.

Tremblement (n. masc.) Contraction rythmique involontaire de groupes de muscles opposés.

Triacylglycérol (n. masc.) Lipide le plus abondant dans l'organisme et les aliments, composé d'une molécule de glycérol et de trois molécules d'acides gras à chaîne carbonée de longueur variable ; source la plus concentrée d'énergie chimique potentielle dans l'organisme. On en trouve surtout dans les adipocytes. Également appelé *graisse neutre* et *triglycérides*.

Triade (n. fém.) Ensemble de trois unités dans un myocyte strié ou cardiaque ; composé d'un tubule transverse et des deux citernes terminales du réticulum sarcoplasmique de chaque côté du tubule.

Triangle anal (n. masc.) Subdivision du périnée de la femme ou de l'homme qui contient l'anus.

Triangle urogénital (n. masc.) Région du plancher pelvien située sous la symphyse pubienne, circonscrite par la symphyse pubienne et les tubérosités ischiatiques et comprenant les organes génitaux externes.

Trigone vésical (n. masc.) Région triangulaire située dans le plancher de la vessie ; renferme les ostiums des uretères et l'ostium interne de l'urètre.

Triiodothyronine – T₃ (n. fém.) Hormone produite par la glande thyroïde et qui régit le métabolisme, la croissance et le développement ainsi que l'activité du système nerveux ; exerce une action plus puissante que la T_4, mais est sécrétée en moins grande quantité.

Troisième ventricule (n. masc.) Cavité étroite remplie de liquide cérébrospinal, située entre les moitiés droite et gauche du thalamus et entre les ventricules latéraux du cerveau, et qui communique avec ces derniers.

Trompe auditive (n. fém.) Structure constituée d'os et de cartilage hyalin qui relie l'oreille moyenne au nasopharynx ; permet l'équilibration des pressions entre l'oreille moyenne et le milieu extérieur. Également appelée *trompe d'Eustache*.

Trompe utérine (n. fém.) Conduit transportant l'ovocyte puis l'ovule fécondé de l'ovaire à l'utérus. Également appelée *trompe de Fallope*.

Tronc (n. masc.) Partie principale du corps sur laquelle la tête, les membres supérieurs et inférieurs sont attachés.

Tronc cérébral (n. masc.) Partie de l'encéphale située immédiatement au-dessus de la moelle épinière ; comprend le bulbe rachidien, le pont et le mésencéphale.

Trophoblaste (n. masc.) Couche superficielle de cellules dans le blastocyste ; se différencie en deux couches : le syncytiotrophoblaste et le cytotrophoblaste.

Tube digestif (n. masc.) Conduit qui s'étend sans interruption de la bouche à l'anus dans la cavité ventrale du corps. Également appelé *canal alimentaire*.

Tubule séminifère contourné (n. masc.) Conduit enroulé, situé dans le testicule et où sont produits les spermatozoïdes.

Tubule séminifère droit (n. masc.) Conduit du testicule reliant un tubule séminifère contourné et le rété testis.

Tubules T – transverses (n. masc.) Minuscules invaginations cylindriques du sarcolemme d'un myocyte strié qui propagent les potentiels d'action musculaires vers le centre du myocyte.

Tunique externe (n. fém.) Enveloppe superficielle d'une artère ou d'une veine, composée surtout de fibres élastiques et de fibres collagènes.

Tunique fibreuse du globe oculaire (n. fém.) Enveloppe superficielle avasculaire du globe oculaire, composée de la sclère à l'arrière et de la cornée à l'avant.

Tunique interne (n. fém.) Enveloppe profonde d'une artère ou d'une veine, composée d'une couche d'endothélium, d'une membrane basale et d'une limitante élastique interne. Également appelée *intima*.

Tunique moyenne (n. fém.) Enveloppe intermédiaire d'une artère ou d'une veine, composée de myocytes lisses et de fibres élastiques.

Tunique vasculaire du globe oculaire (n. fém.) Enveloppe moyenne du globe oculaire comprenant la choroïde, le corps ciliaire et l'iris. Également appelée *uvée*.

Tympan (n. masc.) Mince cloison semi-transparente composée de tissu conjonctif fibreux et située entre le méat acoustique externe et l'oreille moyenne ; vibre sous l'effet des ondes sonores et transmet ces vibrations au malléus. Également appelé *membrane du tympan*.

U

Ulcère gastroduodénal (n. masc.) Lésion en forme de cratère apparaissant dans la paroi du tube digestif, dans les régions exposées à l'acide chlorhydrique (HCl) ; appelé *ulcère gastrique* s'il est localisé dans la petite courbure de l'estomac et *ulcère duodénal* s'il est localisé dans la première partie du duodénum.

Unité motrice (n. fém.) L'ensemble d'un neurone moteur somatique et tous les myocytes qu'il stimule.

Urémie (n. fém.) Accumulation de concentrations toxiques d'urée et d'autres déchets azotés dans le sang ; résulte habituellement d'une dysfonction rénale grave.

Uretère (n. masc.) Un des deux conduits qui relient le rein et la vessie ; l'urine y chemine grâce à des contractions péristaltiques des parois musculaires.

Urètre (n. fém.) Conduit allant de la vessie à l'extérieur du corps et qui achemine l'urine chez la femme, et l'urine et le sperme chez l'homme.

Urine (n. fém.) Liquide produit par les reins, qui contient des déchets et des substances en excès et qui est excrété du corps par l'urètre.

Urologie (n. fém.) Branche de la médecine qui a pour objet d'étude la structure, la fonction et les maladies du système urinaire de la femme et de l'homme et du système génital de l'homme.

Utérus (n. masc.) Organe musculaire creux qui est le siège de la menstruation, de l'implantation et du développement du fœtus ainsi que de l'accouchement.

Utricule (n. masc.) Le plus grand des deux sacs que contient le labyrinthe membraneux, situé à l'intérieur du vestibule de l'oreille interne et contenant des récepteurs pour l'équilibre statique.

Uvée (n. fém.) *Voir* **Tunique vasculaire du globe oculaire**.

Uvule (n. fém.) Saillie charnue et molle, notamment le prolongement pendant en forme de V qui descend du palais mou ; avec le palais mou, ferme le nasopharynx durant la déglutition. Également appelée *luette*.

V

Vagin (n. masc.) Organe musculeux tubulaire allant de l'utérus au vestibule et situé entre la vessie et le rectum, et servant d'organe de copulation ; sert également de passage pour le flux menstruel et reçoit le sperme lors du coït.

Vaisseau chylifère (n. masc.) Un des nombreux vaisseaux lymphatiques situés dans les villosités des intestins et qui absorbent les triacylglycérols et d'autres lipides des aliments digérés.

Vaisseau lymphatique (n. masc.) Grand vaisseau qui recueille la lymphe des capillaires lymphatiques et se joint à d'autres vaisseaux lymphatiques pour former le conduit thoracique et le conduit lymphatique droit.

Valeur de référence (n. fém.) Écart de valeurs à l'intérieur desquelles un facteur contrôlé doit être maintenu.

Valve aortique (n. fém.) Valve semi-lunaire située entre l'aorte et le ventricule gauche du cœur.

Valve auriculoventriculaire (n. fém.) Repli membraneux du cœur, ou cuspide, qui permet au sang de s'écouler dans une direction seulement, d'une oreillette dans un ventricule ; comprend les valves tricuspide et bicuspide.

Valve bicuspide (n. fém.) Valve auriculoventriculaire constituée de deux cuspides et située sur le côté gauche du cœur. Également appelée *valve mitrale*.

Valve iléocæcale (n. fém.) Repli de muqueuse situé à l'ouverture de l'iléum, dans le gros intestin.

Valve pulmonaire (n. fém.) Valve semi-lunaire située entre le tronc pulmonaire et le ventricule droit du cœur.

Valve semi-lunaire (n. fém.) Valve qui permet l'éjection du sang d'un ventricule du cœur dans une artère ; comprend la valve aortique et la valve pulmonaire.

Valve tricuspide (n. fém.) Valve auriculoventriculaire constituée de trois cuspides et située sur le côté droit du cœur.

Varice (n. fém.) Dilatation des veines par suite d'un défaut d'étanchéité des valvules veineuses ; touche le plus souvent les veines superficielles des membres inférieurs.

Varicocèle (n. fém.) Dilatation variqueuse des veines du cordon spermatique ou des veines utéro-ovariennes entraînant une accumulation de sang.

Variqueux (adj.) Qui se rapporte aux varices (dilatation permanente d'une veine).

Vasa vasorum (n. masc.) Vaisseaux sanguins présents dans la paroi des grosses veines et artères ; fournissent des nutriments et de l'oxygène.

Vasculaire (adj.) Relatif aux vaisseaux sanguins ou contenant de nombreux vaisseaux sanguins.

Vasectomie (n. fém.) Méthode de stérilisation masculine consistant à sectionner une partie de chaque conduit déférent.

Vasoconstriction (n. fém.) Diminution du diamètre de la lumière d'un vaisseau sanguin causée par la contraction du tissu musculaire lisse de la paroi de ce vaisseau.

Vasodilatation (n. fém.) Augmentation du diamètre de la lumière d'un vaisseau sanguin causée par le relâchement du tissu musculaire lisse de la paroi du vaisseau.

Vasopressine (n. fém.) *Voir* **Hormone antidiurétique**.

Veine (n. fém.) Vaisseau sanguin qui ramène le sang des tissus jusqu'au cœur.

Veine cave (n. fém.) Une des deux grosses veines qui débouchent dans l'oreillette droite, retournant au cœur tout le sang désoxygéné de la circulation systémique, à l'exception de la circulation coronarienne.

Veine cave inférieure (n. fém.) Grande veine qui recueille le sang issu des parties de l'organisme situées en dessous du cœur et qui le retourne à l'oreillette droite.

Veine cave supérieure (n. fém.) Grande veine qui recueille le sang issu des parties du corps situées au-dessus du cœur et qui le retourne à l'oreillette droite.

Veinule (n. fém.) Petite veine qui recueille le sang des capillaires et l'apporte à une veine.

Ventilation pulmonaire (n. fém.) Entrée (inspiration) et sortie (expiration) de l'air entre l'atmosphère et les poumons.

Ventral (adj.) Qui se rapporte à la partie antérieure ou frontale du corps, par opposition à « dorsal ».

Ventre du muscle (n. masc.) Partie charnue d'un muscle squelettique.

Ventricule (n. masc.) Cavité de l'encéphale remplie de liquide cérébrospinal ou cavité inférieure du cœur.

Ventricule latéral (n. masc.) Cavité d'un hémisphère cérébral remplie de liquide cérébrospinal et qui communique avec le ventricule latéral de l'autre hémisphère cérébral et avec le troisième ventricule par l'intermédiaire du foramen interventriculaire du cerveau.

Vermis (n. masc.) Partie centrale, rétrécie et plissée du cervelet qui sépare les deux hémisphères du cervelet.

Vernix caseosa (n. masc.) Substance graisseuse qui protège la peau du fœtus à partir du sixième mois ; constitué des sécrétions des glandes sébacées et de cellules détachées de l'épiderme du fœtus.

Vésicule biliaire (n. fém.) Réservoir membraneux en forme de poire situé sous le foie, qui emmagasine la bile et se vide par le conduit cystique.

Vésicule (n. fém.) Petit sac membraneux contenant du liquide.

Vésicule séminale (n. fém.) Une des deux glandes contournées, en forme de sac, situées derrière la vessie et en dessous d'elle, et devant le rectum ; sécrète et déverse l'une des composantes du sperme dans les conduits éjaculateurs.

Vésicule synaptique (n. fém.) Sac entouré d'une membrane et situé dans un bouton terminal ; emmagasine des neurotransmetteurs.

Vessie (n. fém.) Organe musculaire creux situé dans la cavité pelvienne, derrière la symphyse pubienne ; reçoit l'urine par les deux uretères et l'emmagasine jusqu'à ce qu'elle soit excrétée par l'urètre.

Vestibule (n. masc.) Petit espace ou cavité situé à l'entrée d'un canal, en particulier dans l'oreille interne, le larynx, la bouche, le nez et le vagin.

Villosité arachnoïdienne (n. fém.) Prolongement digitiforme de l'arachnoïde qui fait saillie dans le sinus sagittal supérieur et par lequel le liquide cérébrospinal est réabsorbé dans la circulation sanguine. Les amas de villosités arachnoïdiennes sont appelés *granulations arachnoïdiennes*.

Villosité choriale (n. fém.) Projection digitiforme du chorion qui croît dans la caduque basale de l'endomètre et contient les vaisseaux sanguins fœtaux. Également appelée *villosité chorionique*.

Villosité intestinale (n. fém.) Projection digitiforme (de 0,5 à 1 mm) des cellules muqueuses de l'intestin contenant du tissu conjonctif, des vaisseaux sanguins et un vaisseau lymphatique ; intervient dans l'absorption des produits finaux de la digestion.

Viscéral (adj.) Qui se rapporte aux organes viscéraux ou au revêtement d'un organe viscéral.

Viscères (n. masc.) Organes situés dans les cavités du crâne, du thorax ou de l'abdomen.

Vitamine (n. fém.) Molécule organique nécessaire en quantité infime et qui agit comme catalyseur (surtout comme coenzyme) dans les processus métaboliques normaux de l'organisme ; la plupart des vitamines ne peuvent pas être synthétisées par l'organisme.

Voie antérolatérale (n. fém.) *Voir* **Voie spinothalamique**.

Voie du cordon dorsal et du lemnisque médial (n. fém.) Voie ascendante (sensitive) qui achemine les informations relatives à la proprioception, au toucher fin, à la pression, à la vibration et à la capacité de percevoir comme distinctes deux stimulations appliquées en des points rapprochés du corps (discrimination tactile) ; comprend les faisceaux gracile et cunéiforme (cordon dorsal) et le lemnisque médial.

Voie spinothalamique (n. fém.) Voie ascendante (sensitive) qui achemine les informations relatives à la douleur, à la température, au toucher vigoureux, à la pression, au chatouillement et à la démangeaison. Comprend les faisceaux spinothalamiques latéral et ventral. Également appelée *voie antérolatérale*.

Voies directes (n. fém.) Faisceaux de neurones moteurs supérieurs dont les corps cellulaires sont situés dans le cortex moteur ; émettent leurs axones dans la moelle épinière, où ils font synapse avec des neurones moteurs inférieurs ou des interneurones dans les cornes ventrales ; produisent les mouvements volontaires et précis des muscles squelettiques. Également appelées *voies motrices pyramidales* ou *voies motrices principales*.

Voies indirectes (n. fém.) Faisceaux de neurones moteurs qui acheminent des informations issues des centres moteurs du tronc cérébral jusqu'aux neurones moteurs inférieurs pour effectuer les mouvements automatiques, la coordination des mouvements du corps avec les stimulus visuels, le tonus squelettique musculaire et la posture, ainsi que l'équilibre. Également appelées *voies motrices secondaires*.

Vulve (n. fém.) Ensemble des organes génitaux externes de la femme.

X

Xiphoïde (adj.) En forme d'épée. La partie inférieure du sternum est le *processus xiphoïde*.

Z

Zone fasciculée (n. fém.) Zone moyenne du cortex surrénal composée de cellules disposées en cordons longs et droits qui sécrètent des glucocorticoïdes, surtout du cortisol.

Zone glomérulée (n. fém.) Zone externe du cortex surrénal, située juste en dessous de l'enveloppe de tissu conjonctif et composée de cellules disposées en amas sphériques et en colonnes arquées qui sécrètent des minéralocorticoïdes, surtout de l'aldostérone.

Zone pellucide (n. fém.) Couche claire de glycoprotéines comprise entre un ovocyte de deuxième ordre et les cellules granuleuses environnantes de la corona radiata ; contient des récepteurs permettant au spermatozoïde de s'attacher à l'ovocyte de deuxième ordre.

Zone réticulée (n. fém.) Zone interne du cortex surrénal formée de cordons de cellules ramifiées qui sécrètent des hormones sexuelles, surtout des androgènes.

Zygote (n. masc.) Cellule unique résultant de la fusion des gamètes mâle et femelle ; ovule fécondé.

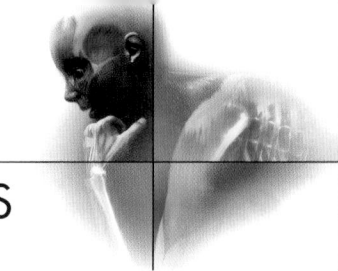

SOURCES

SOURCES DES ILLUSTRATIONS

Chapitre 1
Tableau 1.2 Keith Kasnot. **1.1** Kevin Somerville. **1.2-1.4** Jared Schneidman Design. **1.5** Molly Borman. **1.6** Kevin Somerville. **1.7** Molly Borman. **1.8, 1.9, 1.10 a, 1.10 b** lmagineering. **1.10 e, 1.11, 1.12 a-c** Kevin Somerville.

Chapitre 2
2.1-2.25 lmagineering.

Chapitre 3
3.1, 3.2 Tomo Narashima. **3.3, 3.5, 3.6** Imagineering. **3.7** Jared Schneidman Design. **3.8-3.13** Imagineering. **3.14-3.18** Tomo Narashima. **3.19** Imagineering. **3.20-3.22** Tomo Narashima. **3.23-3.32** Imagineering. **3.33** Hilda Muinos.

Chapitre 4
Tableau 4.1-Tableau 4.6, 4.1-4.7 lmagineering.

Chapitre 5
5.1-5.7 Kevin Somerville. **5.10** Imagineering

Chapitre 6
6.1 Leonard Dank/lmagineering. **6.2** Lauren Keswick. **6.3** Kevin Somerville/lmagineering. **6.4-6.8** Kevin Somerville. **6.9** Leonard Dank. **6.10** Kevin Somerville. **6.11** Jared Schneidman Design.

Chapitre 7
Tableaux 7.1, 7.2 Imagineering. **7.1-7.12** Leonard Dank/Imagineering. **7.13** Kevin Somerville. **7.14-7.24** Leonard Dank/Imagineering. **7.25** lmagineering.

Chapitre 8
Tableau 8.1 Leonard Dank. **8.1-8.17** Leonard Dank/Imagineering. **8.18 a** Kevin Somerville. **8.18 b-e** Leonard Dank

Chapitre 9
9.1-9.3, 9.12-9.16 Leonard Dank/lmagineering.

Chapitre 10
Tableau 10.2 Imagineering. **10.1, 10.2** Kevin Somerville. **10.3** Imagineering. **10.5-10.9** lmagineering. **10.10 a-c** Kevin Somerville. **10.11** lmagineering. **10.12-10.14** Jared Schneidman Design. **10.15** lmagineering. **10.17, 10.18** Imagineering. **10.19** Kevin Somerville.

Chapitre 11
Tableau 11.1 Kevin Somerville. **11.1-11.9** Leonard Dank. **11.10 a** Leonard Dank/lmagineering. **11.10 bc, 11.11-11.16 a-b** Leonard Dank. **11.16 e** Leonard Dank/lmagineering. **11.17-11.1 8 a-b** Leonard Dank. **11.18 e** Leonard Dank/Imagineering. **11.18 d** Kevin Somerville. **11.19-11.20** Leonard Dank. **11.21** Leonard Dank/Imagineering. **11.22, 11.23** Leonard Dank.

Chapitre 12
12.1 Kevin Somerville/lmagineering. **12.2** Jared Schneidman Design. **12.3 a-b** Kevin Somerville. **12.4, 12.5** lmagineering. **12.6-12.8** Kevin Somerville. **12.9-12.20** Imagineering.

Chapitre 13
Tableau 13.1 Jared Schneidman Design. **13.1 a** Kevin Somerville. **13.1c** Imagineering. **13.2, 13.3 a** Kevin Somerville. **13.4 a** Kevin Somerville. **13.5** Kevin Somerville. **13.6, 13.7 a** Steve Oh. **13.7 b** Kevin Somerville. **13.8** Imagineering. **13.9, 13.10** Steve Oh/Imagineering. **13.11** Imagineering. **13.12, 13.13** Kevin Somerville. **13.14** Leonard Dank. **13.15-13.17** Leonard Dank.

Chapitre 14
Tableaux 14.1, 14.2, 14.4 Imagineering. **14.1 a** Kevin Somerville/Imagineering. **14.2, 14.3** Kevin Somerville. **14.4 a, b** Kevin Somerville/Imagineering. **14.4 e** Imagineering. **14.5-14.8** Kevin Somerville/Imagineering. **14.9** Kevin Somerville. **14.10** Kevin Somerville/lmagineering. **14.11** Kevin Somerville. **14.12** Imagineering. **14.13, 14.14** Kevin Somerville/Imagineering. **14.15** Kevin Somerville. **14.17** lmagineering. **14.18** Kevin Somerville/Tomo Narashima. **14.19-14.27** Kevin Somerville/Sharon Ellis. **14.28, 14.29** Kevin Somerville.

Chapitre 15
15.1-15.3 lmagineering. **15.4, 15.5** Kevin Somerville. **15.6** lmagineering.

Chapitre 16
Tableaux 16.3, 16.4 Imagineering. **16.1** Imagineering. **16.2, 16.3** Kevin Somerville. **16.4** Leonard Dank. **16.5** Kevin Somerville. **16.6 a-b** Imagineering. **16.7** Jared Schneidman Design. **16.8** Kevin Somerville. **16.9, 16.10** Sharon Ellis.

Chapitre 17
Tableaux 17.1. 17.2 lmagineering. **17.1** Tomo Narashima. **17.2** Molly Borman. **17.4** Sharon Ellis/Imagineering. **17.5** Tomo Narashima/lmagineering. **17.8** Lynn O'Kelley/Imagineering. **17.9** Tomo Narashima/Imagineering. **17.10, 17.11** Jared Schneidman Design. **17.12** Lynn O'Kelley. **17.13** Jared Schneidman Design. **17.15** Imagineering. **17.16-17.19** Tomo Narashima. **17.20** Tomo Narashima. **17.21, 17.22** Tomo Narashima/lmagineering/Sharon Ellis. **17.23, 17.24** Kevin Somerville.

Chapitre 18
Tableau 18.2 Jared Schneidman Design. **Tableaux 18.4, 18.5, 18.8, 18.10** Nadine Sokol. **Tableaux 18.6, 18.7, 18.9** Imagining. **18.1** Steve Oh/Imagineering. **18.2** Jared Schneidman Design. **18.3, 18.4** lmagineering. **18.5 ab** Lynn O'Kelley/lmagineering. **18.6, 18.7** Jared Schneidman Design. **18.8** Lynn O'Kelley/Imagineering. **18.9** Jared Schneidman Design. **18.10** Molly Borman/Imagineering. **18.11, 18.12** Jared Schneidman Design. **18.13** Molly Borman/Imagineering. **18.14** Imagineering. **18.15** Molly Borman/Imagineering. **18.16, 18.17** Jared Schneidman Design. **18.18** Molly Borman/lmagineering. **18.19, 18.20** Jared Schneidman Design. **18.21** Kevin Somerville.

Chapitre 19

Tableau 19.3 Imagineering. **19.1, 19.3** Imagineering. **19.4** Nadine Sokol. **19.5, 19.6** Jared Schneidman Design. **19.8** Imagineering. **19.9** Nadine Sokol. **19.11** Imagineering. **19.12** Jean Jackson. **19.13** Nadine Sokol.

Chapitre 20

20.1-20.6 Kevin Somerville/Imagineering. **20.7** Imagineering. **20.8-20.16** Kevin Somerville/Imagineering. **20.18, 20.19** Kevin Somerville. **20.21 a-c** Hilda Muinos/Imagineering. **20.22** Kevin Somerville.

Chapitre 21

Tableau 21.3 Imagineering. **21.1** Kevin Somerville. **21.2** Hilda Muinos. **21.3** Nadine Sokol/Imagineering. **21.4** Kevin Somerville. **21.5** Imagineering. **21.6** Jared Schneidman Design. **21.7, 21.8** Imagineering. **21.9** Kevin Somerville. **21.10, 21.11** Jared Schneidman Design. **21.12** Imagineering. **21.13** Kevin Somerville. **21.14-21.16** Jared Schneidman Design. **21.17-21.30** Kevin Somerville.

Chapitre 22

22.1 Molly Borman. **22.2** Sharon Ellis. **22.3** Molly Borman. **22.5** Steve Oh. **22.6 a** Molly Borman. **22.7** Steve Oh. **22.8** Kevin Somerville. **22.9, 22.10** Molly Borman. **22.11-22.16** Imagineering. **22.17** Jared Schneidman Design. **22.18** Imagineering. **22.19** Jared Schneidman Design. **22.20** Jared Schneidman Design. **22.21** Nadine Sokol/Imagineering.

Chapitre 23

23.1a Molly Borman. **23.2** Kevin Somerville/Imagineering. **23.4-23.5** Molly Borman/Imagineering. **23.6** Steve Oh/Imagineering. **23.7** Imagineering. **23.8** Molly Borman. **23.9** Imagineering. **23.10 a-e** Molly Borman/Imagineering. **23.11, 23.12** Kevin Somerville/Imagineering. **23.13** Jared Schneidman Design. **23.14** Kevin Somerville. **23.15-23.24** Jared Schneidman Design. **23.25** Imagineering. **23.26** Jared Schneidman Design. **23.27** Kevin Somerville. **23.28** Jared Schneidman Design. **23.29** Kevin Somerville.

Chapitre 24

24.1 Steve Oh. **24.2** Kevin Somerville. **24.3** Imagineering. **24.4** Steve Oh/Imagineering. **24.5** Nadine Sokol. **24.6** Molly Borman. **24.7** Steve Oh/Imagineering. **24.8** Nadine Sokol. **24.9** Imagineering. **24.10** Nadine Sokol. **24.11 a** Steve Oh. **24.11 b** Imagineering. **24.12** Kevin Somerville. **24.13** Imagineering. **24.14 ab** Steve Oh. **24.14 e** Jared Schneidman Design. **24.15** Kevin Somerville. **24.16** Jared Schneidman Design. **24.17 a** Kevin Somerville. **24.18** Kevin Somerville. **24.20, 24.21** Jared Schneidman Design. **24.22** Molly Borman. **24.23** Kevin Somerville. **24.24** Jared Schneidman Design.

Chapitre 25

25.1-25.20 Imagineering.

Chapitre 26

Tableau 26.1 Nadine Sokol. **26.1** Kevin Somerville. **26.2** Kevin Somerville/Imagineering. **26.3** Steve Oh. **26.4** Steve Oh/Imagineeering. **26.5** Imagineering. **26.6 a** Kevin Somerville/Imagineering. **26.8** Kevin Somerville. **26.9** Imagineering. **26.10-26.18** Jared Schneidman Design. **26.19** Imagineering. **26.20** Jared Schneidman Design. **26.21** Steve Oh/Imagineering. **26.22** Kevin Somerville/Imagineering. **26.23** Kevin Somerville.

Chapitre 27

27.1-27.8 Jared Schneidman Design.

Chapitre 28

Tableau 28.1 Imagineering. **28.1** Kevin Somerville/Imagineering. **28.2** Kevin Somerville. **28.3 a** Kevin Somerville/Imagineering. **28.4-28.7** Imagineering. **28.8** Jared Schneidman Design. **28.9** Kevin Somerville. **28.10-28.13** Kevin Somerville/Imagineering. **28.15** Imagineering.

SOURCES DES PHOTOS

Légende :
H : en haut. B : en bas. G : à gauche. D : à droite. C : au centre.

Chapitre 1

1.1 (6) ERPI. **Tableau 1.3 a G** Biophoto Associates/Photo Researchers. **Tableau 1.3 b C** Breast Cancer Unit, Kong College Hospital, London/SPL/PUBLIPHOTO. **Tableau 1.3 c D** Zephyr/SPL/PUBLIPHOTO. **Tableau 1.3 d HG** Cardio-Thoracic Centre, Freeman Hospital, Newcastle-Upon-Tyne/ SPL/PUBLIPHOTO. **Tableau 1.3 e HC** CNRI/SPL/PUBLIPHOTO. **Tableau 1.3 f HD** SPL/PUBLIPHOTO. **Tableau 1.3 g BG** Scott Camazine/Photo Researchers **Tableau 1.3 h BD** Simon Fraser/SPL/PUBLIPHOTO. **Tableau 1.3 i** Gracieuseté de Andrew Joseph Tortora et Damaris Soler. **Tableau 1.3 j HD** © Howard Sochurek/Medical Images, Inc. **Tableau 1.3 k BG** SIU/Visuals Unlimited. **Tableau 1.3 l BD** Dept. of Nuclear Medicine, Charing Cross Hospital/SPL/PUBLIPHOTO. **Tableau 1.3 m** Camal/Phototake. **1.8 a H** Stephen A. Kieffer et B. Robert Heitzman, An Atlas of Cross-Sectional Anatomy. Harper & Row, Publishers Inc. New York, 1979. **1.8 b C** Lester V. Bergman/The Bergman Collection. **1.8 c** Martin M. Rotker, 2001. **1.10 c** Mark Nielsen. **1.12 a** Andy Washnik.

Chapitre 3

3.4 Andy Washnik. **3.7 b** David Phillips/Photo Researchers. **3.11 b et c** Gracieuseté des Laboratoires Abbott. **3.14 c** Donald Fawcett/Visuals Unlimited. **3.15 d** P. Motta/SPL/PUBLIPHOTO. **3.17 b** Donald Fawcett/Photo Researchers. **3.15 e** David M. Phillips/Visuals Unlimited. **3.18 b** Biophoto Associates/Photo Researchers. **3.20 b** Dr. Gopal Murti/ Visuals Unlimited. **3.21 b** Don Fawcett/Photo Researchers. **3.22 c** Don Fawcett/Photo Researchers. **3.30** Gracieuseté de Michael Ross, University of Florida.

Chapitre 4

Tableau 4.1 a H et f Biophoto/Photo Researchers. **Tableau 4.1 a B, b, c, d, e, g, h et i** Gracieuseté de Michael Ross, University of Florida. **Tableau 4.2 a** Lester V. Bergman/The Bergman Collection. **Tableau 4.2 b** Gracieuseté de Michael Ross, University of Florida. **Tableau 4.3 a et b** Gracieuseté de Michael Ross, University of Florida. **Tableau 4.4 a, b, c, f, g, h, i et k** Gracieuseté de Michael Ross, University of Florida. **Tableau 4.4 d** Andrew J. Kuntzman. **Tableau 4.4 e** Ed Reschke. **Tableau 4.4 j** John Burbidge/SPL/PUBLIPHOTO. **Tableau 4.5 a,b et c** Gracieuseté de Michael Ross, University of Florida. **Tableau 4.6** Science VU/Visuals Unlimited.

Chapitre 5

5.1 b Gracieuseté de Michael Ross, University of Florida. **5.3 b** Gracieuseté de Michael Ross, University of Florida. **5.4 b** VVG/SPL/PUBLIPHOTO. **5.8 a** Alain Dex/PUBLIPHOTO. **5.8 b** Biophoto Associates/Photo Researchers. **5.9 a** Sheila Terry/SPL/PUBLIPHOTO. **5.9 b et c** St. Stephen's Hospital/SPL/PUBLIPHOTO. **5.11** Dr. P. Marazzi/SPL/PUBLIPHOTO.

Chapitre 6

6.1 b Mark Nielsen. **6.2 G** CNRI/SPL/PUBLIPHOTO. **6.2 C et D** Dr. Richard Kessel et Randy Kardon/Tissues & Organs/Visuals Unlimited. **6.7 a** Lester V. Bergman/The Bergman Collection. **6.7 b** Biophoto

Associates/Photo Researchers. **6.9 a, b, c, e et f** Gracieuseté du Department of Medical Illustration, University of Wisconsin Medical School. **6.9 d** Dr. Andrew Schmidt, Hennepin County Medical Center/The Bergman Collection/Project Masters, Inc. **6.12 a et b** P. Motta/SPL/PUBLIPHOTO.

Chapitre 7

7.25 a Princess Margaret Rose Orthopaedic Hospital/SPL/ PUBLIPHOTO. **7.25 b** Dr. P. Marazzi/SPL/PUBLIPHOTO. **7.25 c** Custom Medical Stock Photo, Inc. **7.26** Center for Disease Control/ Project Masters, Inc.

Chapitre 9

9.4 John Wilson White. **9.5** John Wilson White. **9.6** John Wilson White. **9.7** John Wilson White. **9.8** John Wilson White. **9.9** John Wilson White.

Chapitre 10

Tableau 10.1 Biophoto/Photo Researchers. **10.6** Gracieuseté de Hiroyouki Sasaki, Yale E. Goodman et Clara Franzini-Armstrong. **10.10 d** Don Fawcett/Photo Researchers. **10.16** John Wiley & Sons. **10.4** Gracieuseté de D.E. Kelley.

Chapitre 12

12.3 b Science VU/Visuals Unlimited. **12.8 c** Dennis Kunkel/Phototake NY. **12.8 d** Martin Rotker/Phototake NY.

Chapitre 13

13.1 b et c Mark Nielsen. **13.1 c** Mark Nielsen. **13.3 b** Gracieuseté de Michael Ross, University of Florida. **13.4 b** Dr. Richard G. Kesset et Randy H. Kardon/Visuals Unlimited.

Chapitre 14

14.1 b Mark Nielsen **14.9 e** Stephen A. Kieffer et B. Robert Heitzman, An Atlas of Cross-Sectional Anatomy. Harper and Row, Publishers, Inc. New York. 1979. **14.12** N. Gluhbegovic and T. H. Williams, The Human Brain : A Photographic Guide, Harper & Row, Publishers, Inc. Hagerstown, MD, 1980. **14.16** Nature, Vol. 360, 26 novembre 1992, p. 340. Reproduit avec l'autorisation de Nature et Robert Zatorre, Département de neuropsychologie, Université McGill.

Chapitre 17

17.3 John Moore. **17.7** Gracieuseté de Michael Ross, University of Florida. **17.15 a** N. Gluhbegovic and T. H. Williams, The Human Brain : A Photographic Guide, Harper & Row, Publishers, Inc. Hagerstown, MD, 1980.

Chapitre 18

18.5 a Mark Nielsen. **18.5 c** Gracieuseté de James Lowe, University of Nottingham, Nottingham, Royaume-Uni. **18.10 c** Mark Nielsen. **18.10 b** Gracieuseté de Michael Ross, University of Florida. **18.13 b** Gracieuseté de Michael Ross, University of Florida. **18.13 d** Mark Nielsen. **18.15 c** Mark Nielsen. **18.15 d** Gracieuseté de Michael Ross, University of Florida. **18.18 c** Gracieuseté de Michael Ross, University of Florida. **18.18 d** Gracieuseté de Jim Sheetz, Department of Cell Biology, University of Alabama, Birmingham. **18.22 a** Tiré de New England Journal of Medicine, 18 février 1999, vol. 340, nº 7, p. 524. Photo gracieusement fournie par Robert Gagel, Department of Internal Medicine, University of Texas, M.D. Anderson Cancer Center, Houston, Texas. **18.22 b, c et d** © The Bergman Collection/Projects Masters, Inc. **18.22 e** Biophoto Associates/Photo Researchers.

Chapitre 19

19.2 a Juergen Berger/SPL/PUBLIPHOTO. **19.2 b** Gracieuseté de Michael Ross, University of Florida. **19.7** Gracieuseté de Michael Ross, University of Florida. **19.10 a, b et c** David M. Phillips/Photo Researchers. **19.10 d** Dennis Kunkel/Phototake. **19.14 (toutes)** Jean-Claude Revy/ Phototake. **19.15** Lewin/Royal Free Hospital/Photo Researchers.

Chapitre 20

20.3 b Mark Nielsen. **20.4 b** Mark Nielsen. **20.6 e** Mark Nielsen. **20.8 c** Mark Nielsen. **20.17** Gregg Adams/Stone/Getty Images. **20.20 a** © Vu/Cabisco/Visuals Unlimited. **20.20 b** W. Ober/Visuals Unlimited. **20.21 d** © ISM/Phototake.

Chapitre 21

21.1 d Dennis Strete. **21.1 e** Gracieuseté de Michael Ross, University of Florida. **21.5 B et H** Mark Nielsen.

Chapitre 22

22.5 b et c Gracieuseté de Michael Ross, University of Florida. **22.6 b** Leroy, Biocosmos/SPL/PUBLIPHOTO. **22.6 c** Mark Nielsen. **22.7 c** Gracieuseté de Michael Ross, University of Florida. **22.9 b** SPL/ PUBLIPHOTO.

Chapitre 23

23.1 b Tiré de J.W. Rohen, Ch. Yokochi, E. Lüetjen-Drecoll, Color Atlas of Anatomy, 5e, Schattauer Publishing, Stuttgart, Allemagne. Reproduction autorisée. **23.3** Gracieuseté de Lynne Marie Barghesi. **23.6 c** Mark Nielsen. **23.7** John Cunningham/Visuals Unlimited. **23.9** Mark Nielsen. **23.11 b** Biophoto Associates/Photo Researchers. **23.12 c** Biophoto Associates/Photo Researchers.

Chapitre 24

24.11 b Tiré de J.W. Rohen, Ch. Yokochi, E. Lüetjen-Drecoll, Color Atlas of Anatomy, 5e, Schattauer Publishing, Stuttgart, Allemagne. Reproduction autorisée. **24.12 b** Hessler/VU/Visuals Unlimited. **24.12 c** Ed Reschke. **24.17 b** Mark Nielsen. **24.19 a** Fred E. Hossler/Visuals Unlimited. **24.19 b** G. W. Willis/Visuals Unlimited. **24.19 d** Gracieuseté de Michael Ross, University of Florida.

Chapitre 26

26.3 b Mark Nielsen. **26.6 b** Dennis Strete. **26.8 b** Gracieuseté de Michael Ross, University of Florida.

Chapitre 28

28.1 b Mark Nielsen. **28.3 b et c** Mark Nielsen. **28.4 a** Gracieuseté de Michael Ross, University of Florida. **28.10 b** Gracieuseté de Michael Ross, University of Florida. **28.11 b** Mark Nielsen. **28.14 a** Gracieuseté de Michael Ross, University of Florida. **28.17 a** Gracieuseté de Michael Ross, University of Florida. **28.17 b** P. Motta/SPL/ PUBLIPHOTO. **28.18 a et b** Gracieuseté de Michael Ross, University of Florida.

Chapitre 29

29.1 b David Phillips/Photo Researchers. **29.1 c** Myriam Wharman/ Phototake NY. **29.11 b** Siu, Biomedical Comm./Custom Medical Stock Photo, Inc. **29.14 a et h** Photo gracieusement fournie par Kohei Shiota, Centre de recherche en anomalie congénitale, Université de Kyoto, École de médecine. **29.14 b, c, d et e** Gracieuseté du National Museum of Health and Medicine, Armed Forces Institute of Pathology. **29.14 f** Photo de Lennart Nilsson/ Albert Bonniers Förlag AB. **29.14 g** Photo gracieusement fournie par Kohei Shiota, Centre de recherche en anomalie congénitale, Université de Kyoto, École de médecine.

Déviation de la cloison du nez, **224**

Dextran, 1019

DFG (débit de filtration glomérulaire), **1089-1092**

DHEA (déhydroépiandrostérone), 690, 691*t*

DHT (dihydrotestostérone), 1157

Diabète, **706**
de type I, 705
de type II, 705
insipide, **705**
insulinodépendant, 705
non insulinodépendant, 705
sucré, 73

Diacylglycérol, 49

Diagnostic, 12
prénatal, **1224-1225**

Dialyse, **1107-1108**

Diapédèse, 727, 727*f*

Diaphragme, 17, 17*f*, 377*t*, 379*f*, 1087

Diaphyse, 184, 185*f*

Diarrhée, 1011
des voyageurs, 1020

Diastole, 766
ventriculaire, 770

Diencéphale, 506, 506*f*, 507*f*, 517*t*, **519-523**, 547, 549*f*, 702

Différenciation, 8

Difformité, 1241

Diffusion, **69-70**, 69*f*, 71*f*, 79*t*
facilitée, **73**, 79*t*

Digestion
chimique, **981-982**, **986-990**, **1001-1002**, **1011**
des acides nucléiques, **1002**
des glucides, **1001**
des lipides, **1001-1002**
des protéines, **1001**
étapes de la –, **1012-1016**
mécanique, **981-982**, **986-990**, **999-1001**, **1010**

Digitaline, 75

Dihydrotestostérone (DHT), 1157

Dilacération, 528

Dioxyde de carbone
échanges de –, **940-944**
expiration du –, **1139**
transport du –, **948-949**

Dipeptide, 52, **1002**

Diplégie, 498

Disaccharide, 46, 47*t*, 47*f*

Discrimination du poids, 592

Disjonction des côtes, **238**

Dispositif
d'assistance cardiaque, **778**
intra-utérin, **1185**

Disque
articulaire, **279**, 292, 293*f*, 301
de Merkel, 157
du nerf optique, 623

Disque (suite)
embryonnaire didermique, **1207**
intercalaire, 145, 336
intervertébral, **228**, 229*f*
Z, 315

Dissection, 2

Diurétique, **1104**

Divergence, 459

Diversité cellulaire, **104**, 106*f*

Diverticule
intestinal, 1019
thyroïdien, 701

Diverticulite, 1019

Diverticulose, **1019**

Division
cellulaire, 63, **96-104**, 100*f*
des cellules reproductrices, 98, **102-104**, 103*f*
des cellules somatiques, **98-101**
du cytoplasme, **101**
du plexus brachial, 480
équationnelle, 104
nucléaire, **99-101**
réductionnelle, 104

DMLA (dégénérescence maculaire liée à l'âge), **625**

Doigt(s), 251*f*, 253*f*, 255*f*
à ressort, 350
articulation des –, 283*f*
muscles des –, **394-397**, 396*f*, 397*f*, 398, 399*t*

Dominance incomplète, **1236**

Donneur de protons, 43

Dopamine (DA), 457, 566

Dorsiflexion, 285, 285*f*, 286*t*

Dos, blessure au –, **404**

Double hélice d'ADN, 91*f*

Douleur
lente, 587
musculaire à retardement, 315
projetée, 588, 588*f*
rapide, 587
récepteurs de la –, 591*t*
seuil de la –, 607
somatique profonde, 588
somatique superficielle, 588
soulagement, **588-589**
tolérance à la –, 607
types de –, **587-588**
viscérale, 588

Down, syndrome de –, **1241**

Drépanocytose, 53, **739-740**, 1236*f*

Duchenne-Erb, syndrome de –, 483*f*

Ductule excréteur de la glande lacrymale, 619

Duodénum, 996

Dure-mère, 470, 471*f*, 506

Durillon, 178

Duvet, 164

Dynéine, 80

Dynorphine, 458, 458*t*

Dysautonomie, 576

Dysérection, **1190**

Dysménorrhée, 1193

Dyspareunie, 1193

Dysphagie, 1020

Dysplasie, 108

Dyspnée, 962

Dystocie, **1230-1231**

Dystrophie
musculaire, **342**
sympathique, 576

Dystrophine, 317

Dysurie, 1118

E

Eau, 37*f*, **41-42**
métabolique, 1127

Écaille
du frontal, 215, 214*f*
du temporal, 215

ECG (électrocardiogramme), **765-766**

Échange
capillaire, **799-802**
de dioxyde de carbone, **940-944**
d'oxygène, **940-944**
gazeux pulmonaire, 941
gazeux systémique, 943
réaction d'–, 40

Échelle des pH, 43, 44*f*

Échocardiographie, 781

Échographie, 23*t*, 1191
Doppler, 23*t*, 860
fœtale, **1224**

Écoulement de masse, **800**

Écran solaire UVA/UVB, **174**

Ectoderme, 116, 171, 172*f*, 267, 547, 646, 701, 702

Eczéma, 178

Édulcorant de synthèse, 47

EEG (électroencéphalogramme), 532, 532*f*

Effecteur, 9*f*, 10, 10*f*, 11, 11*f*, 431, 490, 491*f*, 492*f*, 574

Efférence
craniosacrale, 563
parasympathique, 566
thoracolombaire, 560

Effet
antagoniste, 665
calorigène, 680
diabétogène, 671
Haldane, 948-949
permissif, 665
synergique, 665

EGF (facteur de croissance épidermique), 160, 170, 460

Eicosanoïde, 48*t*, 51, 661, 662*t*, **696-698**

Éjaculation, **1161**, 1164
précoce, 1165

Prolapsus
   utérin, **1172**
   valvulaire mitral, 756
Promontoire sacral, 256*f*, 257
Promoteur, 94
Pronation, 285, 285*f*, 286*t*, **297**
   douloureuse des jeunes enfants, **297**
Pronéphros, 1114
Pronucléus, 1202
Propagation des potentiels d'action,
   449-450, 450*f*
Prophase, 99, 100*f*, 101*t*, 103*f*, 105*f*
Propriocepteur, 584, 585*t*, 589, 590*f*, 591*t*,
   953-955
Proprioception, 534, 592
Prosencéphale, 506*f*, 547, 549*f*
Prostacycline, 735
Prostaglandine, 48*t*, 51, 661, 697, 882
Prostate, **1161-1162**
   troubles de la –, **1190**
Prostatite, 1190
Protéase, 55, 88
Protéasome, **88**, 91*t*
Protéine, **52-56**, 662*t*
   anabolisme des –, **1047-1048**
   antimicrobienne interne, **880**
   C activée, 735
   catabolisme des –, **1047**
   CMH, 67*f*
   complète, 1048
   contractile, 316
   C réactive, 781
   d'adhésion, 131-132
   de la membrane plasmique, 66*f*
   dénaturée, 55
   des muscles, **316-317**
   de transport, 661
   G, 664, **665**
   incomplète, 1048
   intrinsèque, 65, 66*f*
   -kinase, 664
   membranaire, 65, **66-67**, 67*f*
   métabolisme des –, **1047-1048**
   motrice, 80, 316
   périphérique, 65, 66*f*
   plasmique, 718
   régulatrice, 316
   structurale, 317
   synthèse des –, **92-96**
   transmembranaire, 65, 66*f*
Protéoglycane, 131
Protéome, 93
Protéomique, 108
Proton, 31, 31*f*
Protooncogène, 107
Protraction, 284, 285*f*, 286*t*
Protubérance
   annulaire, 513*f*, **514**
   occipitale externe, 215-216, 216*f*, 217*f*,
      218*f*, 219*f*

Protubérance (suite)
   mentonnière, 222, 223*f*
Provitamine, 1064
Prurit, 179
Pseudopode, 77, 77*f*
Psoriasis, **160**
Psychoneuroimmunité, 902
PTH (parathormone), 200, **683-685**, 684*f*, 685*f*
Ptosis, 651
Pubis, **257**, 258*f*
Puissance, 350
Puits tapissé, 76, 76*f*
Punctum proximum, 626
Punnett, grille de –, 1235
Pupille, 621, 623*f*
   constriction de la –, **629-630**
Purine, 56, **457**
Purkinje, cellules de –, 435, 435*f*
Putamen, 525*f*, 526*f*
Pylore, 986
Pylorospasme, **986**
Pyorrhée, 1019
Pyramide(s), 512, 514*f*
   décussation des –, 512, 514*f*
Pyridoxine, **1067**
Pyrimidine, 56
Pyrosis, 985, 1021
Pyurie, 1107

Q

QID (quadrant inférieur droit), 20*f*
QIG (quadrant inférieur gauche), 20*f*
QSD (quadrant supérieur droit), 20*f*
QSG (quadrant supérieur gauche), 20*f*
Quadrant(s)
   abdominopelviens, **19-21**, 20*f*
   inférieur droit (QID), 20*f*
   inférieur gauche (QIG), 20*f*
   supérieur droit (QSD), 20*f*
   supérieur gauche (QSG), 20*f*
Quadriceps, 357*t*, 412, 413*t*
Quadriplégie, 498
Queue
   de cheval, 472, 473*f*
   du noyau caudé, 525*f*

R

Rachis, muscle du –, 404
Rachitisme, **203**, 1066
Racine
   axonale, 472
   crâniale, 541
   dorsale, 472
   nerveuse, **472**
   spinale, 541
   ventrale, 472
Radiation optique, 632

Radical libre, 33, 33*f*, 760
Radiographie, 21-22*t*
   de contraste au baryum, 22*f*
Radio-isotope, 32, 33
Radius, 251*f*, **252-254**, 252*f*, 253*f*, 254*f*
   muscles des mouvements du –,
      390-393, 392*f*
Radon, 33
Rage, 462
Râle, 963
Rameau
   circonflexe, 758
   communicant, 477, 477*f*, 564, 565
   dorsal, 476, 477*f*
   interventriculaire, 758
   marginal, 758
   méningé, 477, 477*f*
   nerveux, 476
   ventral, 477, 477*f*
Ramification
   aortique, **818-833**
   nerveuse, **476-477**, 477*f*
Rampe
   tympanique, 637
   vestibulaire, 637
Ranvier, nœuds de –, 439
Rate, **876-878**, 877*f*
   rupture de la –, **877**
Rayonnement ultraviolet, 174
Raynaud, syndrome de –, **576**
RE (réticulum endoplasmique), 64*f*, **82-85**, 92*t*
   agranulaire, 84
   granulaire, 82-83
   lisse, 84, 84*f*, 85
   rugueux, 82-83, 84*f*
Réabsorption, 800
   dans l'anse du néphron, **1096**
   dans le tubule, **1096-1097**
   paracellulaire, 1093
   régulation de la –, **1098-1099**
   transcellulaire, 1093
   tubulaire, **1092-1099**
Réactif, 37, 38*f*
Réaction
   à complexes immuns, 908
   acrosomiale, 87
   allergique, **907-908**
   à médiation cellulaire, 908
   anaphylactique, 907
   chimique, **37-40**
   cytotoxique, 907
   d'alarme, 570, **698-700**
   d'échange, 40
   de dégradation, 40
   de libération plaquettaire, 731
   de lutte ou de fuite, 570, **698-700**
   de synthèse, 40
   de synthèse par déshydratation, 41
   d'oxydoréduction, **1031-1032**
   endergonique, 38
   endothermique, 38
   exergonique, 38

PRÉFIXES, RACINES DES MOTS ET SUFFIXES

Un grand nombre des termes utilisés en anatomie et physiologie sont des mots composés, c'est-à-dire qu'ils sont formés de racines, de préfixes et de suffixes. Par exemple, le terme *leucocyte* est formé de la racine *leuco*, qui veut dire «blanc» et de *cyte*, qui veut dire «cellule». La liste suivante donne les préfixes et les racines de mots ainsi que les suffixes les plus courants en anatomie et physiologie. Chaque entrée comprend un exemple. Si vous apprenez le sens de ces parties de mots, vous retiendrez plus facilement les termes qui semblent longs ou compliqués.

PRÉFIXES ET RACINES DES MOTS

A-, an *sans, manque, déficience* Anesthésie.
Ab- *éloignement* Abduction.
Acou- *entendre* Acoustique.
Acr- *extrémité* Acromégalie.
Ad-, af- *vers* Adduction, neurone afférent.
Adén(o)- *glande* Adénome.
Aéro- *air* Aérobie.
Albus- *blanc* Albumine.
Alvéol- *cavité, trou* Alvéole.
Andro- *sexe masculin* Andropause.
Angio- *vaisseau* Angiocardiographie.
Anté- *avant* Veine antébrachiale.
Ant(i)- *action contraire* Anticorps.
Artéri(o)- *artère* Artériosclérose.
Arthr(o)- *articulation* Arthropathie.
Audi- *entendre* Conduit auditif.
Aut(o)- *soi* Autolyse.

Bas- *base, support* Membrane basale.
Bi- *duplication* Bilatéral.
Bio- *vie* Biopsie.
Blast- *germe, bourgeon* Blastula.
Bléphar(o)- *paupière* Blépharite.
Brachi- *bras* Plexus brachial.
Brady- *lent* Bradycardie.
Bronch- *bronches* Bronchoscopie.
Bucc- *bouche* Buccal.

Cancér- *cancer* Cancérigène.
Carcino- *cancer* Adénocarcinome.
Cardio-, -cardie *cœur* Cardiogramme.
Cata- *en dessous, vers le bas* Catabolisme.
Céphal *tête* Hydrocéphalie.
Cérébr(o) *cerveau, encéphale* Liquide cérébro-spinal.
Cervic- *cou, col* Cervicovaginite.
Chimio-, chem- *chimie* Chémorécepteur, chimiothérapie.
Chol(e) *bile* Cholécystite.
Chondr- *cartilage* Chondrocyte.
Chyl(o)- *suc* Chyle, chylomicron.
Circum- *autour* Circumduction.
Cirrh- *jaune* Cirrhose hépatique.
Co- *avec* Coenzyme.
Col- *côlon* Coloscopie.
Contra- *contre, opposé* Contraceptif.
Coron- *couronne* Coronaire.
Cortico- *écorce* Corticosurrénale.

Cost- *côte* Costal.
Crani(o)- *crâne* Craniotomie.
Crypt- *caché* Cryptorchidie.
Cut- *peau* Souscutané.
Cyano- *bleu* Cyanose.
Cyst- *sac, vessie* Cystoscopie.
Cyt- *cellule* Cytologie.

Dé- *suppression* Décidu.
Demi-, hémi- *moitié* Hémiplégie.
Derm(o)-, dermat(o)- *peau* Dermatose.
Desm- *ligament, lien* Desmosome.
Di- *deux fois* Disaccharide, diplégie.
Dis- *séparation* Dissection.
Dys- *difficulté, gêne* Dysfonctionnement, dysphasie.

E-, ec-, ef- *s'éloignant de* Neurone efférent.
Ecto-, exo- *à l'extérieur* Grossesse ectopique.
Em-, en- *dans* Emmétropie.
Endo- *en dedans* Endoscopie.
Enter- *intestin* Entérite.
Épi- *sur, au-dessus* Épiderme.
Érythr(o)- *rouge* Érythrocyte.
Eu- *bon, facile, normal* Eupnée.
Exo- *au-dehors* Exocytose.
Extra *en dehors de* Extrasystole, extrapyramidal.

Fibro- *fibre* Fibrome.

Gastr- *estomac* Gastro-intestinal.
Gén- *naître, produire, former* Organes génitaux.
Gingiv- *gencives* Gingivite.
Gloss- *langue* Hypoglosse.
Glyco- *sucre* Glycogène.
Gyn-, gynéc- *femme, femelle* Gynécologie.

Héma-, hémato-, hémo- *sang* Hématome.
Hémi- *à moitié* Hémiplégie.
Hépat- *foie* Hépatite.
Hétér-, hétéro *autre, différent* Hétérozygote.
Hist- *tissu* Histologie.
Homéo- ou homo- *semblable* Homéostasie, homozygote.
Hydr- *eau* Déshydratation.
Hyper *au-dessus* Hypertension, hypercholestérolémie.
Hypo *au-dessous* Hypoglycémie, hypoventilation.

Immuno- *exempt* Immunosuppresseur.
In- *dedans* Infiltration.
In- *privé de* Inconscient.
Infra- *en dessous* Infraliminaire.
Inter *entre* Intercostal.
Intra- *à l'intérieur* Intradermique.

Ipsi- *même* Ipsilatéral.
Ischi- *hanche* Ischium.
Iso- *égal, semblable* Isotonique.

Juxta- *près* Appareil juxtaglomérulaire.

Kéra- *corne* Kératinocyte.
Kinés- *mouvement* Kinésiologie.

Labi- *lèvre* Labial.
Lacrym- *larme* Glandes lacrymales.
Laparo- *flanc* Laparoscopie.
Laryng- *larynx* Laryngoscopie.
Latér- *côté* Latéral.
Leuco- *blanc* Leucocyte.
Lingua- *langue* Glandes sublinguales.
Lip-, lipo- *graisse* Lipide.
Lomb- *rein, dos* Lombaire.

Macro- *grand* Macroscopique.
Macul- *tache* Macula.
Mal- *mauvais, anormal* Malnutrition.
Mamm-, mast- *sein* Mammographie, mastite.
Médi- *milieu* Médiastin.
Médullo- *moelle* Médullaire.
Méga- *grand* Mégacaryocyte.
Mélan- *noir* Mélanine.
Méning- *membrane* Méningite.
Méta- *après, au-delà* Métacarpe.
Micro- *petit* Microorganisme.
Mono- *un* Graisse mono-insaturée.
Myél- *moelle* Myéloblaste.
My-, myo- *muscle* Myocarde.

Nécro- *mort, cadavre* Nécrose.
Néo- *nouveau* Néoglucogenèse.
Néphro- *rein* Néphron.
Neuro- *nerf* Neurotransmetteur.
Névr- *nerf* Névralgique.
Noso- *maladie* Nosocomiale.

Ocul- *œil* Binoculaire.
Odont- *dent* Orthodontie.
Oligo- *rareté* Oligoélément.
Onco- *masse, tumeur* Oncologie.
Ophtalm- *œil* Ophtalmologie.
Or- *bouche* Oral.
Ortho- *droit, normal* Orthopédie.
Osm- *poussée* Osmorécepteur.
Os-, ostéo- *os* Ostéocyte.
Ot- *oreille* Otite.
Ov- *œuf* Ovocyte.

Palpébr- *paupière* Palpébral.
Para- *contre, à travers* Parathyroïde, paracentèse.
Patho- *maladie* Pathogène.
Pelv- *bassin* Pelvis rénal.
Péri- *autour* Périmysium.
Phago- *manger* Phagocytose.
Phasie- *parole* Dysphasie.
Phleb- *veine* Phlébite.
Phrén- *diaphragme* Phrénique.
Pil- *poil* Dépilatoire.
Pneumo- *poumon, air* Pneumothorax.
Pod- *pied* Podocyte.
Poly- *plusieurs* Polypeptide.
Post- *après, au-delà* Postnatal.
Pré-, pro- *avant, devant* Présynaptique.

Procto- *anus, rectum* Proctologie.
Pseudo- *faux* Pseudopode.
Pulmo- *poumon* Pulmonaire.
Pyro- *fièvre* Pyrogène.

Rén- *rein* Artère rénale.
Rétro- *derrière, en arrière* Rétropéritonéal.
Rhin-, rhino *nez* Rhinite.

Sclér-, scléro- *dur* Athérosclérose.
Semi- *moitié* Canal semicirculaire.
Sep-, septic- *infection* Septicémie.
Soma-, somato- *corps* Somatotrophine.
Spiro- *respiration* Spirométrie.
Stén- *étroit* Sténose.
Stasie-, stabilité Homéostasie.
Sub- *au-dessous, sous* Sublingual.
Super- *au-dessus, au-delà* Superficiel.
Supra- *au-dessus, sur* Suprarénal.
Sym-, syn- *avec, ensemble* Symphyse.

Tachy- *rapide* Tachypnée.
Tég- *couvrir* Tégumentaire.
Therm- *chaleur* Thermogenèse.
Thromb- *caillot* Thrombus.
Trans- *à travers, au-delà, de l'autre côté* Transsudation.
Tri- *trois* Trigone.

Vas-, vaso- *vaisseau* Vasoconstriction.

Zyg- *attelé* Zygote.

SUFFIXES

-able *qui peut, capable* Viable.
-aire *associé à* Ciliaire.
-algie *douleur* Myalgie.
-aque *relatif à* Cardiaque.
-ase *désigne une enzyme* Protéase, amylase.
-ase, -asie, -ésie, -osie *état* Hémostase.
-asthénie *faiblesse* Myasthénie.
-ation *processus, action, état* Inhalation.

-centèse *ponction, habituellement pour drainer un liquide* Amniocentèse.
-cide *tuer, détruire* Spermicide.
-crino *action de sécréter* Endocrinologie, exocrine.
-cyte *cellule* Érythrocyte, monocyte.

-derme *peau* Épiderme.

-ectomie *exciser, retrancher* Thyroïdectomie.
-émie *affection du sang* Anémie.
-esthésie *sensation* Anesthésie.

-férent *porter* Artériole efférente.

-gène *agent qui produit ou engendre* Pathogène.
-genèse *formation* Thermogenèse.
-gramme *écrit* Électrocardiogramme.
-graphe *instrument servant à écrire* Électroencéphalographe.

-icien *personne associée à* Obstétricien.
-ie *état, affection* Hypermétropie.
-ien *relatif à* Circadien.
-ique *art, science* Optique.

-isme *état, affection* Rhumatisme.
-ite *inflammation* Névrite.

-logie *étude, science* Physiologie.
-lyse *dissolution, dégradation, destruction* Hémolyse.

-malacie *ramollissement* Ostéomalacie.
-mégalie *grand* Cardiomégalie.
-mère *partie* Polymère.
-mimétique *qui imite* Parasympathicomimétique.

-ome *tumeur* Fibrome.
-ose *état, maladie* Nécrose.
-ose *indique un glucide* Glucose, fructose.
-ostomie *création d'une ouverture* Colostomie.
-otomie *incision chirurgicale* Trachéotomie.

-pathie *maladie* Myopathie.
-pénie *déficience* Thrombopénie.
-phile *aimer, avoir une affinité pour* Hydrophile.

-phobe *craindre, avoir une aversion pour* Photophobe.
-phylaxie *protection* Prophylaxie, anaphylaxie.
-plasie, -plastie *former, modeler* Rhinoplastie.
-pnée *respiration* Apnée.
-poïèse *création* Hématopoïèse.
-ptose *chute, abaissement* Blépharoptose.

-rragie *jaillissement, écoulement anormal* Hémorragie.
-rrhée *couler* Diarrhée.

-scope *instrument servant à examiner* Bronchoscope.
-stase *arrêt, stagnation* Hémostase.
-stomie *création d'une ouverture artificielle* Trachéostomie.

-tomie *couper, inciser* Laparotomie.
-tripsie *écraser* Lithotripsie.
-trophie *relatif à la nourriture ou à la croissance* Atrophie.

-urie *urine* Polyurie.

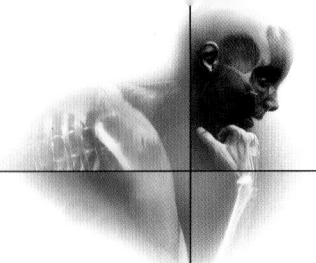

ÉPONYMES COURANTS

En sciences de la nature, un éponyme est le nom d'une structure, d'un médicament ou d'une maladie qui est dérivé du nom d'une personne. Par exemple, vous connaissez peut-être mieux le tendon calcanéen, terme descriptif, sous le nom de tendon d'Achille. La liste suivante donne des éponymes courants accompagnés du terme anatomique correspondant.

ÉPONYME	TERME ANATOMIQUE	ÉPONYME	TERME ANATOMIQUE
Aire de Broca	Aire motrice du langage	Glande de Bowman	Glande olfactive
Ampoule de Vater	Ampoule hépato-pancréatique	Glande de Brunner	Glande duodénale
Anse de Henlé	Anse du néphron	Glande de Cowper	Glande bulbo-urétrale
Aqueduc de Sylvius	Aqueduc du mésencéphale	Glande de Meibomius	Glande tarsale
Canal de Havers	Canal central de l'ostéone	Glande de Skene	Glande para-urétrale
Canal de Müller	Conduit paramésonéphrotique	Glande de Littré	Glande urétrale
Canal de Santorini	Conduit pancréatique accessoire	Îlot de Langerhans	Îlot pancréatique
Canal de Schlemm	Sinus veineux de la sclère	Ligament de Cooper	Ligament suspenseur du sein
Canal de Volkmann	Canal perforant	Organe de Corti	Organe spiral
Canal de Wirsung	Conduit pancréatique	Organe tendineux de Golgi	Fuseau neurotendineux
Canal de Wolff	Conduit mésonéphrotique	Os wormiens	Os suturaux
Capsule de Bowman	Capsule glomérulaire	Plaque de Peyer	Nodule lymphatique agrégé
Cellule de Kupffer	Cellule réticulo-endothéliale étoilée	Plexus d'Auerbach	Plexus myentérique
Cellule de Leydig	Cellule interstitielle	Plexus de Meissner	Plexus sous-muqueux entérique
Cellule de Schwann	Neurolemmocyte	Poche de Rathke	Poche hypophysaire
Cellule de Sertoli	Épithéliocyte de soutien	Polygone de Willis	Cercle artériel du cerveau
Cordon de Billroth	Cordon splénique	Pomme d'Adam	Cartilage thyroïde
Corpuscule de Hassal	Corpuscule thymique	Réflexe de Hering-Breuer	Réflexe de distension pulmonaire
Corpuscule de Meissner	Corpuscule tactile capsulé	Sphincter d'Oddi	Sphincter de l'ampoule hépato-pancréatique
Corpuscule de Pacini	Corpuscule lamelleux	Système de Havers	Ostéone
Corpuscule de Ruffini	Mécanorécepteur cutané de type II	Tendon d'Achille	Tendon calcanéen
Crypte de Lieberkühn	Glande intestinale de l'intestin grêle	Triangle de Scarpa	Triangle fémoral
Cul-de-sac de Douglas	Cul-de-sac recto-utérin	Trompe d'Eustache	Trompe auditive
Faisceau de His	Faisceau auriculo-ventriculaire	Trompe de Fallope	Trompe utérine
Fibre de Purkinge	Fibre de conduction cardiaque	Trou de Luschka	Ouverture latérale du quatrième ventricule
Follicule de De Graaf	Follicule mûr	Trou de Magendie	Ouverture médiane du quatrième ventricule
Gelée de Wharton	Tissu conjonctif muqueux	Trou de Monro	Foramen interventriculaire du cerveau
Glande de Bartholin	Glande vestibulaire majeure		